KÜRSCHNERS
DEUTSCHER LITERATUR-KALENDER
2008/2009

Kürschners
Deutscher
Literatur-Kalender
2008/2009

Sechsundsechzigster Jahrgang

Redaktion:
Andreas Klimt

Band I
A – O

K·G·Saur
München·Leipzig

Redaktion des 66. Jahrgangs

Nina-Kathrin Behr
Andrea Klimt
Andreas Klimt
Jeannette Niegel
Friedrich Klimt (Assistenz)

Anschrift der Redaktion

K. G. Saur Verlag
Ein Imprint der Walter de Gruyter GmbH & Co. KG
Kürschners Deutscher Literatur-Kalender
Ritterstr. 9-13
04109 Leipzig
Deutschland

Tel.: +49 / (0)341 / 486 99 20
Fax: +49 / (0)341 / 486 99 21
E-mail: andreas.klimt@degruyter.com
Internet: www.saur.de/kdl

Bibliografische Information der Deutschen Nationalbibliothek
Die Deutsche Nationalbibliothek verzeichnet diese Publikation
in der Deutschen Nationalbibliografie; detaillierte bibliografische Daten
sind im Internet über *http://dnb.d-nb.de* abrufbar.

⊗

Gedruckt auf säurefreiem Papier

© 2008 by K. G. Saur Verlag, München
Ein Imprint der Walter de Gruyter GmbH & Co. KG
Printed in Germany
Alle Rechte vorbehalten. All Rights Strictly Reserved.
Jede Art der Vervielfältigung ohne Erlaubnis des Verlags ist unzulässig
Satz: Mathias Wündisch, Leipzig
Druck/Bindung: Strauss GmbH, Mörlenbach

ISBN: 978-3-598-23592-4 (2 Bände)

Inhalt

Band I

Vorwort vii

Statistik viii

Redaktionelle Hinweise ix

Abkürzungen xi

Verzeichnis der Schriftstellerinnen und Schriftsteller A – O 1

Band II

Verzeichnis der Schriftstellerinnen und Schriftsteller P – Z 963

Anhänge

Nekrolog
Liste der seit 2006 ermittelten Todesfälle 1509

Festkalender
50., 55., 60., 65., 70., 75., 80., 85., 90., 95., 100. Geburtstag 1514

Literarische Übersetzer
• Sprachenübersicht 1585
• Verzeichnis der nicht im Hauptteil genannten Übersetzer 1609

Belletristische Verlage 1645

Literarische Agenturen 1697

Rundfunkanstalten 1703

Deutschsprachige Zeitschriften zur Förderung oder Kritik der Literatur ... 1705

Literarische Feuilletons 1727

Autorenverbände, literarische Vereinigungen, Akademien,
Literaturhäuser, Literaturbüros 1729

Literarische Preise und Auszeichnungen 1771

Geographische Übersicht 1833

Postleitzahlenverzeichnis zur Geographischen Übersicht 1938

SINN UND FORM

Beiträge zur Literatur
Zeitschrift der Akademie der Künste
Begründet 1949 von Johannes R. Becher und Paul Wiegler
Gründungschefredakteur Peter Huchel
Geleitet von Sebastian Kleinschmidt
Sie ist eine der seltenen traditionsreichen
Kulturzeitschriften in Deutschland.

Erstveröffentlichungen in SINN UND FORM u. a. von: George Steiner, Julien Green, Joachim Fest, Vladimir Jankélévitch, Hans-Georg Gadamer, Hilde Domin, E. M. Cioran, Adam Zagajewski, Jürgen Habermas, Eric Voegelin, Gert Mattenklott, Heiner Müller, Leszek Kołakowski, Ernst Jünger, Rüdiger Safranski, Czesław Miłosz, Norman Manea, Thomas Hürlimann, Robert Spaemann, Botho Strauß, Pawel Florenski, Fritz Mierau, Hartmut Lange, Emmanuel Levinas, Jorge Semprun, Walter Jens, René Girard, Wolfgang Hilbig, Volker Braun, Imre Kertész, Rolf Haufs, Peter Härtling, Friedrich Dieckmann, Durs Grünbein, Seamus Heaney, Hans Bender, Michel Tournier, Robert Gernhardt, Peter Sloterdijk, Eric Hobsbawm, Claudio Magris, Inger Christensen, Jürgen Becker, Agnes Heller, György Konrád, Adolf Muschg

SINN UND FORM erscheint zweimonatlich. Jahresbezugspreis einschließlich Verpackung und Versand 39,90 € (Inland) und 50 € (Ausland). Einzelheft 9 €. Vorzugsabonnement für Schüler und Studenten 30 €. Bestellungen für ein Abonnement und für Einzelhefte an: tableau, Greifswalder Straße 9, 10405 Berlin, Tel. 030/4236606, Fax 030/42850078. E-Mail: bestellung@sinn-und-form.de. Internet: www.sinn-und-form.de Für 10 € erhalten Sie ein Probepaket bestehend aus einer neueren und einer älteren Ausgabe incl. Versand.

Vorwort

Von Aaaba bis Zyx, von A1-Verlag bis Zytglogge: 12.792 Schriftstellerinnen und Schriftsteller mit bio-bibliographischen Angaben, 743 Übersetzerinnen und Übersetzer, 2.867 Institutionen des Literaturbetriebs in 59 Ländern und über 3.800 Orten von Aabenraa in Dänemark bis Zwönitz im Erzgebirge. – Kürzer gefaßt: Der neue Kürschner! Umfassender als in allen vorangegangenen fünfundsechzig Ausgaben versucht er, auf knapp 2.000 Seiten das deutschsprachige literarische Leben der Gegenwart zu spiegeln, indem er die auf nüchterne Fakten zurückgeführten literarischen Aktivitäten der Protagonisten möglichst vollständig, aktuell und wohlgeordnet präsentiert.

Poetischer auszudrücken wußte das Kurt Tucholsky, als er 1928 in der „Weltbühne" den neuen Kürschner rezensierte:

> „[...] Das große Erlebnis, das sich vor einer Schreibmaschine, Bibliotheksbänden, einem Weib entzündet; göttlicher Funke, leuchtendes Auge, tiefe Einsamkeit, schwarzer Kaffee und was jeder so braucht; saubere Reinschrift und Paketsendung an eine Verlegerei; wehende Fahnen und haftende Druckfehler; vor Neuheit krachende Bände und verliebte Widmungen; boshafte Kritiken und Hymnen auf strikte Gegenseitigkeit; eine Postanweisung, ein Scheckchen Honorar; stockender Absatz und staubende Vergessenheit; [...]; angegriffen, abgegriffen, vergriffen ... und dann eine halbe Petitzeile in
> ›Kürschners Literaturkalender‹:
>
> ›Agonie der Leidenschaft‹. Roman. 1901."

Unser Dank gilt deshalb allen, die neben literarischen Freuden, Mühen, Erfolgen und Mißerfolgen Gelegenheit fanden, unsere Fragebögen zu beantworten. Hiermit freundlich zu mahnende Säumige erhalten diese Gelegenheit erneut. In zwei Jahren, für den neuen Kürschner.

Leipzig, am 13. Oktober 2008   Andreas Klimt

Statistik

Einträge zu Personen und Institutionen insgesamt: 17.009

13.399 Autorinnen und Autoren im Hauptteil, davon aktuelle Selbstauskünfte: 5.663, redaktionell: 7.129, namentliche Einträge ohne bio-bibliographische Angaben („Sternchen-Einträge"): 320, im Redaktionszeitraum verstorbene Autorinnen und Autoren (weitgehend mit vervollständigten Angaben, Einträge mit Sterbekreuz): 287

Neu aufgenommene Autorinnen und Autoren nach dem 65. Jahrgang 2006/2007: 1.724, davon Selbstauskünfte: 1.324, redaktionell: 400

Verzeichnete Veröffentlichungen: ca. 180.000, davon ca. 9.000 in den Jahren 2007 und 2008

287 verstorbene Autorinnen und Autoren im Nekrolog, Liste der seit 2006 ermittelten Todesfälle

743 Literarische Übersetzer, Selbstauskünfte: 379, redaktionell: 364

1.249 Verlage, Selbstauskünfte: 627, redaktionell: 622

549 Verbände, Vereine u.s.w., Selbstauskünfte: 290, redaktionell: 259

371 Zeitschriften, Selbstauskünfte: 187, redaktionell: 184

555 Literarische Preise, Selbstauskünfte: 300, redaktionell: 255

72 Literarische Agenturen, Selbstauskünfte: 30, redaktionell: 42

41 Rundfunkanstalten

30 Literarische Feuilletons

Redaktionelle Hinweise

Grundsätze für die inhaltliche Gestaltung

1. Der Literatur-Kalender verzeichnet in periodischer Folge möglichst vollständig die lebenden Verfasserinnen und Verfasser schöngeistiger Literatur in deutscher Sprache mit ihren biographischen und bibliographischen Daten.

2. Der Literatur-Kalender berücksichtigt ausschließlich deutschsprachige Schriftstellerinnen und Schriftsteller unabhängig von ihrer Staatsangehörigkeit und ihrem geographischen Lebens- und Wirkensbereich. „Deutsche" Literatur meint hier den Gebrauch der Sprache zur Formung des literarischen Werkes. In diesem Sinne werden auch Übersetzungen ins Deutsche berücksichtigt.

3. Der Literatur-Kalender beschränkt sich nach Möglichkeit auf die schöngeistige Literatur im Sinne der Belletristik. Er sucht sich abzugrenzen gegenüber der wissenschaftlichen und Sachbuch-Literatur. Wissenschaftliche und Sachbuch-Autorinnen und -Autoren werden in Ausnahme dann genannt, wenn ihre Werke belletristische Bedeutung haben. Außerdem sind auch Autorinnen und Autoren genannt, die sich in ihren Werken mit der deutschen Literatur der Gegenwart befassen.

4. Der Literatur-Kalender erfaßt ausschließlich lebende Schriftstellerinnen und Schriftsteller. Durch diese traditionelle Beschränkung wird mit jeder Ausgabe ein Gesamtüberblick über die jeweilige deutsche Gegenwartsliteratur gegeben. Jeder Band enthält als Orientierungshilfe eine Liste der zwischenzeitlich Verstorbenen.

5. Der Literatur-Kalender enthält sich bei der genannten Abgrenzung und Auswahl jeder kritischen Qualitätsbewertung. Der Grund ist nicht eine Scheu vor dem literarischen Urteil, sondern die Forderung nach einer von tagespolitischen, kulturpolitischen, literaturtendenziösen, ideologischen oder wirtschaftlichen Erwägungen freien Berichterstattung. Ausschlaggebend ist die Veröffentlichung, das heißt die Vervielfältigung und Verbreitung eines literarischen Werkes.

6. Der Literatur-Kalender nennt die Schriftstellerinnen und Schriftsteller mit ihren wesentlichen biographischen Daten, ihren veröffentlichten Werken sowie in Auswahl Literatur über den jeweils Genannten.

Grundsätze für die formale Gestaltung

Die Angaben im Verzeichnis deutschsprachiger Schriftstellerinnen und Schriftsteller beruhen möglichst auf Mitteilungen der Verzeichneten selbst. Wo solche Mitteilungen nicht vorgelegen haben, wurde der betreffende Artikel in der Redaktion aufgrund zusätzlicher Recherchen zusammengestellt und mit (Red.) gekennzeichnet. Die Namen derjenigen Persönlichkeiten, über die weder während der Arbeiten an den letzten beiden Ausgaben noch jetzt nähere Angaben zu erhalten waren, sind mit einem Stern (*) versehen. Ein Kreuz (†) vor dem Namen weist darauf hin, daß

Redaktionelle Hinweise

der Betreffende während der Bearbeitung des Handbuches gestorben ist und der Artikel vervollständigt wurde.

Ein Eintrag setzt sich aus folgenden Angaben zusammen:

Biographische Daten
Familienname – Vorname – Pseudonyme und andere Namensformen (in Klammern) – Titel, Beruf – Postanschrift – Geburtsort, -tag, -monat, -jahr (in Klammern) – Mitgliedschaft in schriftstellerischen Fachverbänden und literarischen Vereinigungen – Preise und Auszeichnungen – literarische Arbeitsgebiete – Übersetzertätigkeit

Bibliographische Daten
V: / **MV:** selbstverfaßte oder mitverfaßte selbständige Bücher in zeitlicher Reihenfolge mit Angabe der Literaturgattung und des Erscheinungsjahres der ersten und letzten Auflage (Übersetzungen in fremde Sprachen in Klammern) – **B:** bearbeitete Bücher – **MA:** Mitarbeit an Büchern und Zeitschriften – **H:** / **MH:** herausgegebene oder mitherausgegebene Bücher und Zeitschriften – **F:** Filmwerke – **R:** Rundfunkarbeiten (Hörspiel, Fernsehspiel u. ä.) – **P:** belletristische Publikationen in anderer Form (Tonband, Schallplatte, CD, DVD, Video) – **Ue:** / **MUe:** Übersetzungen oder Mitübersetzungen belletristischer Werke ins Deutsche – *Lit:* Veröffentlichungen über die Schriftstellerin / den Schriftsteller.

Allgemeine Abkürzungen

AA	Auswärtiges Amt	
AAiS	Autorinnen u. Autoren in Sachsen / hrsg. v. Literaturbüro Leipzig e. V., 2., erw. u. veränd. Aufl. 1996	
Abg.	Abgeordneter	
Abh.	Abhandlung	
AiBW	Autoren in Baden-Württemberg, 1991	
Akad.	Akademie	
allg.	allgemein	
Alm.	Almanach	
Anekd(n).	Anekdote(n)	
Angest.	Angestellte(r)	
Anm.	Anmerkung(en)	
Anst.	Anstalt	
Anth.	Anthologie	
ao.	außerordentlich	
Aphor.	Aphorismen	
Arb.	Arbeit, Arbeiter/in	
Arb.gem.	Arbeitsgemeinschaft	
ARD	Allg. Rundfunkanstalt Deutschlands, Erstes Deutsches Fernsehen	
Art.	Artikel	
Assoc.	Association	
AT	Altes Testament	
Aufl.	Auflage	
Aufs(s).	Aufsatz (Aufsätze)	
Aufzeichn.	Aufzeichnung(en)	
Ausg.	Ausgabe(n)	
Ausw.	Auswahl	
Ausz.	Auszug	
Aut.-Verz.	Autoren lesen vor Schülern –	
Böd.-Kr.	Autoren sprechen mit Schülern: Autorenverz. / hrsg. v. Bundesverb. d. Friedr.-Bödecker-Kreises, 6. Aufl. 1997	
AWMM	Arbeitsgemeinschaft für Werbung, Markt u. Meinungsforschung	
-b.	-buch	
B:	Bearbeiter von	
Ball(n).	Ballade(n)	
Bd(e)	Band (Bände)	
BDI	Bundesverband der Deutschen Industrie	
bearb.	bearbeitet	
Beil.	Beilage	
Beitr.	Beitrag	
Ber.	Bericht	
Beschr.	Beschreibung	
Betracht(n).	Betrachtung(en)	
Bez.	Bezirk	
Bgld	Burgenland	
BHDE	Biographisches Handbuch der deutschsprachigen Emigration nach 1933 – International biographical dictionary of central European émigrés 1933 – 1945 / hrsg. v. Inst. f. Zeitgeschichte München u. von d. Research Foundation for Jewish	

	Immigration, Inc., New York, 2 Bde in 4 Teilbdn, 1980–1983	
Bibliogr.	Bibliographie	
Biogr.	Biographie	
Biogr. Hdb.	Biographisches Handbuch der	
SBZ/DDR	SBZ/DDR : 1945–1999 / hrsg. v. Gabriele Baumgartner u. Dieter Hebig, 2 Bde, 1996–1997	
BKA	Bundeskanzleramt	
Bl(l).	Blatt (Blätter)	
BMfUK	Bundesministerium für Unterricht und Kunst (A)	
BR	Bayerischer Rundfunk	
Brauneck	Autorenlexikon deutschsprachiger Literatur des 20. Jahrhunderts / hrsg. v. Manfred Brauneck, überarb. u. erw. Neuausg. 1995	
Bsp.	Beispiel	
Bst.	Bühnenstück	
Bü.	Bühnenspiel, Bühnenwerk	
Bull.	Bulletin	
BVK	Bundesverdienstkreuz	
Coll.	College	
DAAD	Deutscher Akad. Austauschdienst	
Darst.	Darstellung	
ders.	derselbe	
Dicht(n).	Dichtung(en)	
dies.	dieselbe(n)	
Dir.	Direktor, Director	
DKEG	Deutsches Kulturwerk Europäischen Geistes	
DLF	Deutschlandfunk	
DLL, Bd I ff	Deutsches Literatur-Lexikon / begr. v. Wilhelm Kosch. Hrsg. v. Hubert Herkommer u. Carl Ludwig Lang, 3. Aufl. 1968 ff.; Erg.bde I–VI, 3. Aufl. 1994–1999; 20. Jh., 1999 ff	
DLR	DeutschlandRadio	
Dok.	Dokumentation	
Doz.	Dozent/in	
Dr.	Drama, Doktor	
DRS	s. SFDRS u. SRDRS	
dt.	deutsch	
Dtld	Deutschland	
E.	Ehren-	
E.h.	ehrenhalber	
EB:	Eigenbewertung	
ebda	ebenda	
ehem.	ehemals	
Einf.	Einführung	
Einl.	Einleitung	
EM	Ehrenmitglied	
em.	emeritiert	
EPräs.	Ehrenpräsident/in	
Erg.	Ergänzung	
Erinn.	Erinnerung(en)	
Erl.	Erläuterung(en)	
Erlebn.	Erlebnis	
erw.	erweitert(e)	
Erz(n).	Erzählung(en)	
Ess.	Essay(s)	
ev.	evangelisch	
exper.	experimentell	

Allgemeine Abkürzungen

F:	Filmwerk	Kat.	Katalog
F.	Folge	Kdb.	Kinderbuch
f.	für	Kfm.	Kaufmann
FAZ	Frankfurter Allg. Zeitung	Kiwus	Berlin – ein Ort zum Schreiben, /
Fb(n).	Fabel(n)		hrsg. v. Karin Kiwus 1996
Fdok.	Filmdokumentation	Kl.	Klasse
Feat.	Feature	KLG	Kritisches Lexikon zur
Festg.	Festgabe		deutschsprachigen
Feuill.	Feuilleton		Gegenwartsliteratur / hrsg. v.
FH	Fachhochschule		Heinz Ludwig Arnold,
Förd.pr.	Förder(ungs)preis		Losebl.-Ausg.
FR	Frankfurter Rundschau	KLÖ	Katalog-Lexikon zur
Frhr.	Freiherr		österreichischen Literatur des 20.
Fs.-R.	Fernsehreihe		Jahrhunderts / Hrsg. Gerhard
Fs.-Sdg	Fernsehsendung		Ruiss, 4 Bde, 1995
Fsf.	Fernsehfilm		
Fsp.	Fernsehspiel	Kom.	Komödie
FU	Freie Universität	Komm.	Kommentar
G.	Gedicht(e)	korr.	korrespondierend
Geb.	Geburtstag	Kr.	Kreis
Ged.Schr.	Gedenkschrift	Krim.	Kriminal-
gek.	gekürzt	Kt.	Kanton
GenSekr.	Generalsekretär	Laisp.	Laienspiel
ges.	gesammelt	LBeauftr.	Lehrbeauftragte/r
Ges.	Gesellschaft	Ld(es)	Land(es)
Gesch(n).	Geschichte(n)	LDGL	Lexikon d. deutschsprachigen
Geschf.	Geschäftsführer		Gegenwartslit. seit 1945 / neu
GF:	Geschäftsführer		hrsg. v. Dietz-Rüdiger Moser
GK	Kürschners Deutscher		1997
	Gelehrten-Kalender	Lect.	Lecturer
Gr.	Gruppe	Leg(n).	Legende(n)
Grot(n).	Groteske(n)	Lex.	Lexikon
H:	Herausgeber von	lfd	laufend
H.	Heft	Libr.	Libretto/Libretti
h.c.	honoris causa	Lit:	Veröffentlichungen über den
Hb.	Hörbild		Schriftsteller
Hdb.	Handbuch	lit.	literarisch
HdK	Hochschule der Künste, Berlin	Lit.	Literatur
Hdlex.	Handlexikon	Lit.pr.	Literaturpreis
Hdwb.	Handwörterbuch	Lsp.	Lustspiel
Hf.	Hörfolge	Lyr.	Lyrik
Hfk	Hörfunk	M.	Märchen
hist.	historisch	m.	mit
hj.	halbjährlich	m.a.	mit anderen
Hon.-	Honorar-	M.D.	Doctor of Medicine
HR	Hess. Rundfunk	MA:	Mitarbeit(er) an
Hrsg.	Herausgeber/in	MA	Mittelalter
hrsg.	herausgegeben	Mag.	Magazin
Hs(s).	Handschrift(en)	Mbl(l).	Monatsblatt (-blätter)
Hsp.	Hörspiel	Mda.	Mundart
Hsp.-F.	Hörspielfolge	MDR	Mitteldeutscher Rundfunk
Hum(n).	Humor, Humoreske(n)	Med.	Medaille
Ing.	Ingenieur	Medit(n).	Meditation(en)
Insp.	Inspektor	Mem.	Memoiren
Inst.	Institut	Metzler	Metzler Autoren Lexikon:
intern.	international	Autoren Lex.	dt.sprachige Dichter u.
J.	Journal		Schriftsteller v. Mittelalter bis z.
Jb.	Jahrbuch		Gegenwart / hrsg. v. Bernd Lutz,
Jber.	Jahresbericht		2., überarb. u. erw. Aufl. 1997
Jg.	Jahrgang	Mfr.	Mittelfranken
Jgd.	Jugend	MH:	Mitherausgeber von
Jgd.-R.	Jugendroman	Mh.	Monatsheft
Jgdb.	Jugendbuch	Min.	Minister, Ministerium
Jh.	Jahrhundert	MinDir.	Ministerialdirigent
jl.	jährlich	Miniat(n).	Miniatur(en)
Kal.	Kalender	MinR	Ministerialrat
Kant.	Kantate	MinRef.	Ministerialreferent
Karr	H.P. Karr: Lexikon der deutschen	Mitgl.	Mitglied
	Krimi-Autoren, Internet-Edition	Mitt.	Mitteilung(en)
Kass.	Kassette	Ms(s).	Manuskript(e)
		Mschr.	Monatsschrift

xii

Allgemeine Abkürzungen

Msp.	Märchenspiel	Rev.	Revue
MÜe:	Mitübersetzer von	Rez.	Rezension(en)
mus.	musikalisch	Rh.-Pf.	Rheinland-Pfalz
Mus.	Museum	Rhld	Rheinland
MV:	Mitverfasser von	Rom.	Roman/e
N(n).	Novelle(n)	S.V.	Schriftstellerverband (allg.)
N.F.	Neue Folge	Sa.	Sachsen
N.L.	Niederlausitz	Sa.-Anh.	Sachsen-Anhalt
N.S.	Neue Serie	Samml.	Sammlung
Nachl.	Nachlaß	Sat(n).	Satire(n)
Nachr.	Nachrichten	Sch.	Schauspiel
Nachtr.	Nachtrag	Schild.	Schilderung
Nachw.	Nachwort	Schr(r).	Schrift(en)
Ndb.	Niederbayern	Schr.-R.	Schriftenreihe
NdFr.	Niederfranken	Schriftst.	Schriftsteller
NdÖst./NÖ	Niederösterreich	Schw.	Schwank
NDR	Norddeutscher Rundfunk	Sdg	Sendung
Ndrh.	Niederrhein	Sekr.	Sekretär/in
Nds.	Niedersachsen	Sem.	Seminar
ndt.	niederdeutsch	SF	Science Fiction
Not.	Notizen	SFB	Sender Freies Berlin
Nov.	Novelle/n	SFDRS	Schweizer Fernsehen d.
NRW	Nordrhein-Westfalen		deutschen u. d. rätoroman.
NS	Niederschlesien		Schweiz
NT	Neues Testament	SH	Sonderheft
NZZ	Neue Zürcher Zeitung	SK	Kürschners Deutscher
o.	ordentlich		Sachbuch-Kalender
Obb.	Oberbayern	Soc.	Society, Societé
ObÖst./OÖ	Oberösterreich	Son.	Sonett(e)
ObSchulR.	Oberschulrat	Sp.	Spiel
ObstudDir.	Oberstudiendirektor	Spr.	Sprache(n)
ObStudR.	Oberstudienrat	SR	Saarländ. Rundfunk
öst.(err.)	österreichisch	SRDRS	Schweizer Radio d. deutschen u.
Öst.(err.)	Österreich		d. rätoroman. Schweiz
OL	Oberlausitz	SRG	Schweizerische Radio- u.
oö.	ordentlich-öffentlich		Fernsehgesellschaft
Optte.	Operette	-st	-stück
Orat.	Oratorium	St:	Stifter
ORB	Ostdeutscher Rundfunk	St.	Studie
	Brandenburg	Stellv./stellv.	Stellvertreter/stellvertretend
ORF	Österr. Rundfunk	Stift.	Stiftung
OS	Oberschlesien	Stip.	Stipendium
P:	Publikationen in anderer Form	Stmk	Steiermark
Päd.	Pädagogin, Pädagoge	StudDir.	Studiendirektor
PD/PDoz.	Privatdozent	StudR.	Studienrat
Pf.	Pfalz	SWR	Südwestrundfunk
PH	Pädagogische Hochschule	SZ	Süddeutsche Zeitung
Ph.D.	Doctor of Philosophy	T.	Teil
PL:	Programmleiter	taz	Tageszeitung, Berlin
Pl(n).	Plauderei(en)	Tb.	Taschenbuch
pldt.	plattdeutsch	TH	Technische Hochschule
Pr.	Preis	Thr.	Thriller
Präs.	Präsident	tlg.	teilig
Pres.	President	Tr.	Trauerspiel, Tragödie
Prot.	Protokoll	Transl.	Translation
Ps.	Pseudonym	TU	Technische Universität
Pt:	Preisträger	Twb.	Taschenwörterbuch
Publ.	Publikation	U.	Universität
PV	Postvermerk	u. a.	und andere, unter anderem
R:	Rundfunkarbeiten	u. d. T.	unter dem Titel
R.	Roman, Reihe	u.ö.	und öfter
RB	Radio Bremen	UA	Uraufführung
RBB	Rundfunk Berlin-Brandenburg	UDoz.	Universitätsdozent
rd	rund	Ue:	Übersetzer von
Rdfk	Rundfunk	üb.	über
Rdsch.	Rundschau	übers.	übersetzt
Red.	Redaktion, Redakteur/in	Übers.	Übersetzung, Übersetzer/in
reg.	regional	Unters.	Untersuchung
Reg.	Regierung	UProf.	Universitätsprofessor
Rep(n).	Reportage(n)	V:	Verfasser von

Allgemeine Abkürzungen

Vbg	Vorarlberg	Wer schreibt?	Wer schreibt? Autoren u.
Ver.	Verein		Übersetzer im Land
Verb.	Verband		Brandenburg / hrsg. v.
verb.	verbessert		Brandenburg.
verm.	vermehrt		Literaturbüro 1998
veröff.	veröffentlicht	Wilpert/	Gero von Wilpert/Adolf Gühring:
Veröff.	Veröffentlichung	Gühring	Erstausgaben deutscher Dichtung:
Vers.	Versuch		e. Bibliogr. z. dt. Lit. 1600–1990,
Verz.	Verzeichnis		2., vollst. überarb. Aufl. 1992
VHS	Volkshochschule	Wiss.	Wissenschaft/ler/in
Vj.	Vierteljahr	Wschr.	Wochenschrift
vj.	vierteljährlich	Wztg(n)	Wochenzeitung(en)
Vjzs.	Vierteljahreszeitschrift	ZAK	Zentraler Arbeitskreis
Vors.	Vorsitzende/r	Zbl(l).	Zentralblatt(-blätter)
Vortr.	Vortrag	ZDF	Zweites Deutsches Fernsehen
Vorw.	Vorwort	zeitgen.	zeitgenössisch
Vt:	Verteiler	Zs(s).	Zeitschrift(en)
Wb.	Wörterbuch	Zsstg.	Zusammenstellung
Wbl(l).	Wochenblatt(-blätter)	Ztg(n)	Zeitung(en)
WDR	Westdeutscher Rundfunk	zus.	zusammen
		zw.	zwischen

Abkürzungen von Autorenverbänden und literarischen Vereinigungen

ADA	Arbeitsgemeinschaft deutschsprachiger Autoren
AdS	Autorinnen Autoren der Schweiz
AGA	Arbeitsgemeinschaft Autorinnen, Wien
AGAV	Arbeitsgemeinschaft alternativer Verlage und Autoren e.V.
AGM	Autorinnengruppe München
AIEP	Asociatión Internacional de Escritores Policiacos (Internat. Vereinig. d. Kriminalschriftst.)
AKM	Staatlich genehmigte Gesellschaft der Autoren, Komponisten und Musikverleger (A)
ALG e.V.	Arbeitsgemeinschaft Literarischer Gesellschaften e.V.
ARGE Literatur	Arbeitsgemeinschaft Literatur im NdÖsterr. Bildungs- u. Heimatwerk
ASEM	Schweizerische Schriftstellerärzte-Vereinigung
ASTI-SÜDV	Schweizerischer Übersetzer- und Dolmetscherverband
ASTL-SVLÜ	Schweizerischer Verband Literarischer Übersetzer
AVF	Autorenverband Franken e.V.
AVF	AutorenVerband Franken e.V., vormals Verband fränkischer Schriftsteller e.V. VFS
B.A.	Bundesverband Deutscher Autoren e.V.
B.St.H.	Bund steirischer Heimatdichter
Ba.S.V.	Basler Schriftsteller-Verein
BBK	Bundesverband Bildender Künstlerinnen und Künstler
BDSÄ	Bundesverband deutscher Schriftsteller-Ärzte e.V.
BDÜ	Bundesverband der Dolmetscher und Übersetzer e.V.
Be.S.V.	Berner Schriftsteller-Verein
BJA	Bundesring junger Autoren
BJV	Bayerischer Journalistenverband
BVjA	Bundesverband junger Autoren und Autorinnen e.V.
Concordia	Presseclub Concordia
D.U.	Dramatiker-Union e.V.
DAV	Deutscher Autoren Verband e.V.
DHG	Deutsche Haiku-Gesellschaft
Die Räuber '77	Literarisches Zentrum Rhein-Neckar e.V. – Die Räuber
dju	Deutsche Journalisten-Union
DJV	Deutscher Journalisten-Verband e.V.
DLL	Deutsches Literaturinstitut Leipzig
DSV	Deutscher Schriftstellerverband
DVA	Deutsche Verlags-Anstalt
EDFC	Erster Deutscher Fantasy Club e.V.
ELK	Ernster Lyrik Kreis
Elka Club	Club für Literatur und Kunst
EÜK	Europäisches Übersetzer-Kollegium
F.St.Graz	Forum Stadtpark Graz
FDA	Freier Deutscher Autorenverband e.V.
FIT	Fédération Internationale des Traducteurs
G.dr.S.	Genossenschaft dramatischer Schriftsteller und Komponisten in Wien
G.S.D.	Gesellschaft Schweizerischer Dramatiker
GAV	Grazer Autorenversammlung
GdSL	Gesellschaft für Sprache und Literatur
GEDOK	Verband der Gemeinschaften der Künstlerinnen und Kunstförderer e.V.
GEMA	Gesellschaft für musikalische Aufführungs- und mechanische Vervielfältigungsrechte
GfdS	Gesellschaft für deutsche Sprache e.V.
Gruppe Olten	Schweizer Autoren Gruppe Olten, jetzt: AdS
GvlF-Ges.	Gertrud von le Fort-Gesellschaft zur Förderung christlicher Literatur e.V.
GZL	Gesellschaft für zeitgenössische Lyrik e.V.
IBBY	Internationales Kuratorium für das Jugendbuch/International Board on Books for Young People
IDI	Internationales Dialekt Institut
IGAA	Interessengemeinschaft österreichischer Autorinnen und Autoren
IGdA	Interessengemeinschaft deutschsprachiger Autoren e.V.
IJA	Initiative Junger Autoren e.V.
IKG	Innviertler Künstlergilde
ILF	St. Ingberter Literaturforum
ISDS	Internationaler Schutzverband deutschsprachiger Schriftsteller
ISSV	Innerschweizer Schriftstellerinnen- und Schriftstellerverein

Abkürzungen

Kg.	Die Künstlergilde e.V.
KÖLA	Klub Österreichischer Literaturfreunde und Autoren
Kogge	Europäische Autorenvereinigung "Die Kogge" e.V.
L.S.V.	Lëtzebuerger Schrëftstellerverband
LCB	Literarisches Colloquium Berlin e.V.
LGO	Literarische Gruppe Osnabrück e.V.
LIT	Literaturzentrum e.V.
LU	Literarische Union e.V.
LVG	Staatlich genehmigte Literarische Verwertungsgesellschaft
LWG	Literarische Werkstatt Gelsenkirchen
MKG	Mühlviertler Künstergilde
MLF	Marburger Literaturforum
MÜF	Münchner Übersetzer-Forum
NGL	Neue Gesellschaft für Literatur e.V. 1. Berlin; 2. Erlangen
NLG	Neue Literarische Gesellschaft e.V.
Ö.D.A.	Österreichische Dialektautoren und Archive
Ö.S.V.	Österreichischer Schriftstellerverband
ÖDV	Österreichische Dramatikerinnen Dramatiker Vereinigung
P.E.N.	Poets, Playwrights, Essayists, Editors and Novelists
PALMBAUM	Thüringische Literarhistorische Gesellschaft PALMBAUM e.V.
RFFU	Rundfunk-Fernseh-Film-Union
RSGI	Regensburger Schriftstellergruppe International
SAG	Salzburger Autorengruppe
SAV	Südtiroler Autorenvereinigung
Scheffelbund	Literarische Gesellschaft/Museum f. Literatur am Oberrhein
SDA	Schutzverband Deutscher Autoren
SDS	Schutzverband Deutscher Schriftsteller
SFCD	Science Fiction Club Deutschland e.V.
SSV	1. Podium 70, Salzburger Schriftstellervereinigung; 2. Schweizerischer Schriftstellerinnen- und Schriftstellerverband, jetzt: AdS
St.S.B.	Steirischer Schriftstellerbund
TAK	Tiroler AutorInnen Kooperative
TELI	Technisch-Literarische Gesellschaft e.V.
Übersetzergemeinschaft	Interessengemeinschaft von Übersetzern literarischer und wissenschaftlicher Werke in Österreich
ULNÖ	Unabhängiges Literaturhaus Niederösterreich
UMEM	Union Mondiale des Escrivains Médicins
UNIVERSITAS	Österreichischer Übersetzer- u. Dolmetscherverband "Universitas"
V.G.S.	Verband der Geistig Schaffenden Österreichs
V.S.J.u.S.	Vereinigung Sozialistischer Journalisten und Schriftsteller Österreichs
V.S.u.K.	Verein der Schriftstellerinnen und Künstlerinnen Wien
VDD	Verband Deutscher Drehbuchautoren
VdSI	Verband deutschsprachiger Schriftsteller in Israel
VdÜ	Verband deutschsprachiger Übersetzer literarischer und wissenschaftlicher Werke e.V.
VFLL	Verband der Freien Lektorinnen und Lektoren e.V.
VFS	Verband Fränkischer Schriftsteller e.V.
VG Bild-Kunst	Verwertungsgesellschaft Bild-Kunst
VG Wort	Verwertungsgesellschaft Wort vereinigt mit der Verwertungsgesellschaft Wissenschaft
VKSÖ	Verband Katholischer Schriftsteller Österreichs
VÖT	Verband Österreichischer Textautoren
VS	Verband deutscher Schriftsteller in ver.di
VS/VdÜ	Bundessparte Übersetzer im Verband deutscher Schriftsteller
Wangener Kreis	Wangener Kreis. Gesellschaft für Literatur und Kunst "Der Osten" e.V.
WAV	Westdeutscher Autorenverband e.V.
WSF	World Science Fiction
WWA	World Writers Association (Großbritannien)
ZSV	Zürcher Schriftsteller-Verband und Verband Ostschweizer Autoren

Abkürzungen der Übersetzersprachen

afr	Afrikaans	kurd	Kurdisch
agr	Altgriechisch	ladin	Ladinisch
agr (Koine)	Altgriechisch (Koine)	Lappisch	Lappisch
ahd	Althochdeutsch	lat	Latein
alb	Albanisch	lateinam	Lateinamerikanisch
altägypt	Altägyptisch	lechslav	Lechslavisch
altarab	Altarabisch	lett	Lettisch
altisl	Altisländisch	litau	Litauisch
altndt	Altniederdeutsch	lux	Luxemburgisch
altper	Altpersisch	mak	Makedonisch
altslaw	Altslawisch	mhd	Mittelhochdeutsch
am	Amerikanisches Englisch	mongol	Mongolisch
anord	Altnordisch	ndl	Niederländisch
arab	Arabisch	neugr	Neugriechisch
arm	Armenisch	ngr	Neugriechisch
Bengali	Bengali	nor	Norwegisch
berndt	Berndeutsch	obersorb-wend	Obersorbisch-Wendisch
bosn	Bosnisch	Okzitanisch	Okzitanisch
breton	Bretonisch	ostfries	Ostfriesisch
bulg	Bulgarisch	Pāli	Pāli
chin	Chinesisch	Panjabi	Panjabi
chin (klass)	Chinesisch (Klassisches)	Patois	Patois
Chongono	Chongono	pers	Persisch
dän	Dänisch	plattdt	Plattdeutsch
demot	Demotisch	poln	Polnisch
engl	Englisch	port	Portugiesisch
engl (afrik)	Englisch (Afrikanisches)	port (bras.)	Portugiesisch
engl (austral)	Englisch (Australisches)		(Brasilianisches)
engl (ind)	Englisch (Indisches)		
engl (ir)	Englisch (Irisches)	prov	Provenzalisch
engl (kanad)	Englisch (Kanadisches)	rät	Rätoromanisch
engl (karib)	Englisch (Karibisches)	rum	Rumänisch
engl (scots)	Englisch (Schottisches)	Ruma. sut.	Rumantsch sutsilvan
engl (walis)	Englisch (Walisisches)	russ	Russisch
esp	Esperanto	sanskr	Sanskrit
estn	Estnisch	schott (gälisch)	Schottisch-Gälisch
farö	Faröisch	schott (Lowlands)	lowlandschottisch
finn	Finnisch	schw	Schwedisch
fläm	Flämisch	serb	Serbisch
friaul	Friaulisch	serbokroat	Serbokroatisch
fries	Friesisch	siebenbürg.-sächs	Siebenbürgisches Sächsisch
frz	Französisch	Sindhi	Sindhi
frz (nordafrik)	Französisch	Singhalesisch	Singhalesisch
	(Nordafrikanisches)	skand	Skandinavische Sprachen
gälisch	Gälisch	slowak	Slowakisch
galic	Galicisch	slowen	Slowenisch
georg	Georgisch	sorb	Sorbisch
gr	Griechisch	span	Spanisch
hebr	Hebräisch	span (arg)	Spanisch (Argentinisches)
Hindi	Hindi	span (mex)	Spanisch (Mexikanisches)
holl	Holländisch	Suaheli	Suaheli
Igbo	Igbo	Thai	Thai
indon	Indonesisch	tsch	Tschechisch
ir	Irisch	türk	Türkisch
isl	Isländisch	tuwin	Tuwinisch
ital	Italienisch	ukr	Ukrainisch
jap	Japanisch	ung	Ungarisch
jidd	Jiddisch	Urdu	Urdu
Judeo-Espanyol	Judeo-Espanyol	usbek	Usbekisch
kat	Katalanisch	vietn	Vietnamesisch
kelt	Keltisch	wareng	Warengisch
kopt	Koptisch	weißruss	Weißrussisch
korean	Koreanisch	wogul	Wogulisch
Kotte	Kotte	Zazaki	Zazaki
kroat	Kroatisch	zürichdt	Zürichdeutsch

■ Ernst Jünger
Politik - Mythos - Kunst

Hrsg. v. Lutz Hagestedt

2004. XV, 524 Seiten. 17 Abb. Gebunden
ISBN 978-3-11-018093-0

Ernst Jünger (1895-1998) ist ein bedeutender Repräsentant der deutschen Geistesgeschichte des 20. Jahrhunderts. Sein umfangreiches Werk polarisiert bis heute Literaturkritik und Öffentlichkeit, insbesondere wegen des z. T. mit Gewalt verherrlichenden Tendenzen beschworenen, aus seiner Nietzsche-Rezeption erwachsenen ,heroischen Nihilismus' des Frühwerks. Gleichzeitig machen ihn seine Sprach- und Beobachtungskunst, u. a. in seinen Reiseberichten und Tagebüchern, zu einem der wichtigsten Vertreter der neueren deutschen Literatur. Der Band vereint Analysen zu den wichtigsten Aspekten des Werks, u. a. zu Jüngers Kritik an der Moderne und seinem Konzept eines ästhetischen Eskapismus, zu den Einflüssen von Politik, Literatur, Mythos und Psychoanalyse auf seine Erzählungen und Romane sowie zur Stellung des Schriftstellers im Denk- und Literatursystem der Moderne. Beiträger sind u. a. Jünger-Kenner wie Josef Fürnkäs, Helmut Lethen, Hans-Harald Müller und Karl Prümm. Der Band stellt eine facettenreiche Gesamtschau der aktuellen Jünger-Forschung dar und perspektiviert das Werk des bedeutenden Schriftstellers mit wissenschaftlicher Sachlichkeit neu.

„Die Stärke des Bandes liegt vor allem im fast ausnahmslos hohen wissenschaftlichen Niveau der hier versammelten Beiträge, die im Hinblick auf ihre Methode und Fragestellung vielfach innovativ sind und überwiegend neue und bislang unbeschrittene Zugänge zu Werk und Leben Ernst Jüngers eröffnen."

Thomas Forster in: H-Soz-u-Kult 2006

de Gruyter
Berlin · New York

www.degruyter.de

Verzeichnis der
Schriftstellerinnen und Schriftsteller
A – O

DE GRUYTER

Renate Grumach (Hg.)

Johann W. von Goethe

Goethe – Begegnungen und Gespräche

Begr. v. Ernst Grumach und Renate Grumach

In Vorbereitung

■ Band VII: 1809–1810

Bearb. v. Monika Lemmel

2009. Ca. 650 S. Geb.
ISBN 978-3-11-018999-5

Der siebte Band der bisher umfangreichsten Dokumentation von Goethes Gesprächen umfasst den Zeitraum 1809–1810. Er präsentiert die auf gedruckten und ungedruckten Quellen beruhenden Zeugnisse Goethes und seiner Zeitgenossen exakt datiert in chronologischer Folge. Ein Personen- und Werkregister erleichtert das schnelle Auffinden relevanter Informationen und macht den Band zu einem unerlässlichen Hilfsmittel für die biographische Goethe-Forschung.

Bereits erschienen

■ Band I: 1749–1776

1965. XVIII, 511 S. Geb.
ISBN 978-3-11-005141-4

■ Band II: 1777–1785

1966. IV, 596 S. Geb.
ISBN 978-3-11-005142-1

■ Band III: 1786–1792

1977. IV, 578 S. Geb.
ISBN 978-3-11-006836-8

■ Band IV: 1793–1799

1980. IV, 605 S. Geb.
ISBN 978-3-11-008105-3

■ Band V: 1800–1805

1985. IV, 754 S. Geb.
ISBN 978-3-11-010164-5

■ Band VI: 1806–1808

1999. IV, 713 S. Geb.
ISBN 978-3-11-012862-8

de Gruyter
Berlin · New York

www.degruyter.de

Aaaba s. Clemens, Ditte

Aadlon, Victor; c/o MännerschwarmSkript Verl., Hamburg. Rom., Fernsehsp. – **V:** Alles im Fluß, R. 97; Heim & Garten, R. 01. (Red.)

Abaelardius, Wolfgang (Wolfgang Herrmann), Prof. Dr. Dr.; Homburger Str. 60 A, D-61191 Rosbach, Tel. (0 60 03) 10 20, *wolfghrrmnn@aol.com, members.aol. com/wolfghrrmnn* (* Görlitz 3. 5. 44). Rom. Ue: engl. – **V:** Wahrheitsdämmerung. Ein Briefroman 00; Eurydike. Bekenntnisse e. Leukämie-Ehemannes 08.

Abanto-Ulloa, Anette, Spanischlehrerin; Äußerer Mühlweg 7, D-88630 Pfullendorf, Tel. (0 75 52) 92 92 12 (* Heidelberg 18. 12. 55). VS, Signatur e.V. Lindau; Lit.pr. d. Kr. Sigmaringen; Lyr., Erz. – **V:** Wenn die Sonne im Komponist wäre..., G. 02; Der Mond und das Meer 03. – **MA:** Jurorin bei: Strandgespült 98. – **P:** öffentl. Konzertlesungen. – *Lit:* Schwäb. Ztg Pfullendorf 21.4.02; Südkurier Pfullendorf-Meßkirch 22.4.02, 17.5.02. (Red.)

Abdel-Qadir, Ghazi; In der Humbach 12, D-57234 Wilnsdorf, Tel. (02 71) 39 98 65 (* Palästina 7. 1. 48). Friedrich-Gerstäcker-Pr. 92, Auswahlliste z. Dt. Jgdb.pr. 92, 93, Auswahlliste d. Blauen Brillenschlange 92, Empf.liste z. Gustav-Heinemann-Friedenspr. 93, 94, Lit.pr. d. Stadt Boppard 93, Empf. d. Leselotse u. SWF 93, Empf. d. Lesegruppe d. Erklärung v. Bern 93, Empf.liste d. SR 94, Öst. Kd.- u. Jgdb.pr. 94, Zürcher Kinderb.pr. 94, Liste d. besten Bücher d. SR 95, Empf.liste d. Kommission f. Kd.- u. Jgd.lit. Wien 97, Eselsohr-Auszeichn. 98, Empf.liste d. „iaf" 99, u. a.; Rom., Kinder- u. Jugendb., Märchen, Religionswissenschaft. Ue: altarab, arab. – **V:** Abdallah und ich, R. 91; Die sprechenden Steine, R. 92; Mustafa mit dem Bauchladen, R. 93; Spatzenmilch und Teufelsdreck, Kdb. 93; Das Blechkamel, Kdb. 94; Der Wasserträger, M. 94; Schamsi und Ali Baba, Kdb. 95; Sulaiman, Kdb. 95; Hälftchen und das Gespenst, M. 97; Mister Petersilie, Kdb. 97; Mountainbike & Mozartkugeln, Kdb. 97; Weizenhaar – Ein Sommer in Marokko, R. 98; Das Geschenk von Großmutter Sara, R. 99; Serie „Coco & Laila". 1: Rätsel um Laila, 2: Immer diese Väter, 3: Janka hält dicht, 4: Abenteuer in Kairo, 5: Doppeltes Glück, 6: Überraschung aus dem Orient 00; Bombastus. Ein zweites Pony muß her 00; Tim und der Wolfshund, Kdb. 01; Ein Kamel für den Wiedehopf, Kdb. 03; (Übers. insges. in mehr als 10 Sprachen, darunter türk., arab., papiaments, urdu, chin.). – **MA:** Guck mal übern Tellerrand 93; Neue Kindergeschn. zum Peter-Härtling-Pr. 93; Jugend Österreich 95; Weisheit der Welt – Worte zum Leben 97; ... für den Kick, für den Augenblick 99; Und die Fische zupfen an meinen Zehen 02; Mensch sucht Sinn, Erz. 04; zahlr. Schulbücher. – **H:** Mohammed: Worte wie Oasen (auch Übers.) 95. – *Lit:* W. Gödden/I. Nölle-Hornkamp in: Die Lust, „Nein" zu sagen 97; N. Kiwitt in: Autoren-Reader 00; Dt. Schriftst.lex. 00; Wer ist wer? 01. (Red.)

Abecasis-Phillips, John A. S. (früher: John Phillips), M. A. (Oxon), UProf. i. R.; Sumiyoshi Building 409, Sumiyoshi-cho 1–1, Okayama City 703–8238/Japan, Tel. u. Fax (00 81) 8 62 73 83 53, *abep@mx3.tiki.ne. jp.* Bodenseering 29, D-95445 Bayreuth, Tel. (09 21) 3 03 39, Fax 3 12 37, *abephil@t-online.de* (* London 23. 3. 34). Ess., Autobiogr., Kurzgesch. – **V:** Ein Engländer in Bayern. Skurrile Erlebnisse e. Zugereisten 86, 2. Aufl. 99; Deutsch-englische Komödie der Irrungen um Südwestafrika, Studie 86; Der Schüler John 87; Englisch für Frustrierte!, Ratgeber 89, 91; Double Take. An Anglo-German Novel 90; Wissen Sie, wer ... Anne Boleyn war? 97; Aspekte des Bayerischen 03; – zahlr. engl.spr. Veröff. u. Hrsg. v. a. zur engl. Sprache u.

Kulturgeschichte. – **MA:** zahlr. Beiträge in d. Zs. „Das Bayerland" zwischen 71 u. 75 sowie 85; Ein Engländer in Bayern, in: Das Baugerüst 6/76; Ein Engländer erlebt Deutschland: Stempel, Ausweis u. Schlüssel, in: Frankfurter Allg. v. 3.1.81.

Abedi, Isabel (Isabel Nasrin Abedi); Bismarckstr. 36, D-20259 Hamburg, Tel. (0 40) 40 17 13 43, Fax 40 17 06 26, *mail@isabel-abedi.de, www.isabel-abedi. de* (* München 3. 3. 67). Friedrich-Bödecker-Kr.; 2 x Auszeichn. Buch des Monats, Paderborner Hase d. Paderborner Kinderbuchwoche 06, Segeberger Feder 06; Kinder- u. Jugendb., Erzählendes Bilderb. – **V:** Bilderbücher u. a.: Schlawatz, der Traumwunscherfüller 01; Das 99. Schaf 02 (auch ital., holl. u. korean.); Das 99. Schaf und der kleine Wolf 02 (auch korean.); Blöde Ziege – Dumme Gans 02 (auch korean., ital., belg., holl. u. span.); Kuckuck, wo bist du? Das 99. Schaf sucht Emma 03; Viel Glück, Pechbär 03; Alberta geht die Liebe suchen 04; Lisa und der Krachdrache 04; Torro sieht rot 04; Verschwunden, ruft die kleine Ziege – Gefunden ruft die kleine Gans 04; – Kinderbücher u. a.: Kleine Hexengeschichten z. Vorlesen 02; Ganz schön mutig, kleine Line 03; Kleine Gespenstergeschichten z. Vorlesen 03; Kleine Feriengeschichten z. Vorlesen 04; SOS – Kleiner Wolf sucht ein Zuhause 04; Hier kommt Lola 04; Lola macht Schlagzeilen 05; Lola in geheimer Mission 05; Unter den Geisterbahn 05; Applaus für Lola! 06; Lola Löwenherz 07; – Jugendbücher: Imago. Die geheime Reise 04; Whisper 05; Isola 07. – **MA:** Schlaf ein u. träum schön, Anth. 04; Geschichten zum Lachen, Träumen u. Kuscheln, Anth. 04, u. a. (Red.)

Abegg, Carl M.; Sempacherstr. 15, CH-6003 Luzern, Tel. (041) 2 10 32 25 (* Luzern 56). – **V:** Die Traumplünderer. Eine Satz-Sammlung 06. (Red.)

Abel, Gerd, Dr., Soziologe; Glockenheide 34, D-30916 Isernhagen, Tel. (0 51 36) 87 33 18, *abel@erz. uni-hannover.de* (* Mülheim 2. 6. 41). Marcel-Proust-Ges., VS; Rom. – **V:** Der Glaszug, Ess. 80. – **MA:** 1 Beitr. in Prosa-Anth., 2 Ess. in lit. Zss. (Red.)

Abel, Winfried, Pfarrer; Andreasberg 5, D-36041 Fulda. Tel. (06 61) 7 31 02, Fax 7 10 94, *WAbel@t-online.de* (* Fulda 5. 2. 39). – **V:** Das Gebetbuch des heiligen Bruder Klaus, Lyr. 81, 4. Aufl. 99 (auch dt., engl., frz., ital.); Der Kaiser und der Abt, Sch. 98; Bonifatius lebt, Sch. 04; Der Bauer und der Abt, Sch. 06. (Red.)

Abele, Friedrich s. Bidermann, Willi

Abels, Kain s. Landmesser, Ralf G.

Abend, Barbara, Theaterwiss., Regisseurin; Niederwallstr., D-10117 Berlin, Tel. u. Fax (0 30) 5 29 04 28 (* Luckau/NL 4. 8. 40). – **V:** Erzählungen Hoffmanns, Sch., UA 98; Jud Süß, n. Feuchtwanger, Sch. 03; Das Herz kann nicht vergessen, Erz. 05; – Dramatisierungen: Celestina 77; Sechzig Kerzen, m. Christina Schumann 85; nach Fontane: Effi Briest, UA 92; Unwiederbringlich, UA 96; L'Adultera, UA 04; Unterm Birnbaum, UA 06; – Revuen: Hinterm Ofen sitzt ne Maus, UA 92; Jawoll, meine Herrn – mit Musik geht alles besser, UA 93; Mit der Hand übern Alexanderplatz, UA 01; Ein kleines bißchen Glück – das gibt's nur einmal!, UA 05; – Stückbearb./Neufass.: Die Schule der Welt, n. Friedrich II 00; Einmalhundertausend Thaler, n. D. Kalisch 00; Geiz, n. Molière 04. – **R:** Der Hahn Chantecler 84f; Die Geschichte der Katze Friederike 85, beides Hsp. f. Kinder. (Red.)

Abendrot, Jonathan s. Wekwerth, Rainer

Abendschön, Wolfgang, Textdichter, Komponist, Kirchen- u. Rockmusiker, Autor, Bandleader „Wolfgang Abendschön & AKZENTE"; Postfach 2741,

3

Abercrombie

D-76014 Karlsruhe, Tel. (07 21) 88 54 66, info@abendschoen-akzente.de, www.abendschoen-akzente.de (* Karlsruhe 14. 5.). Gesch., Text, Gebet, Lyr., Erz. – **V:** Anders leben 81; Zwischentöne 83; Mit Mut 84; Und gernhaben müssen wir uns 86, alles Lied-H.; Im Paradiesseits, Buch z. Musical 87; Einmal Himmel und zurück, Texte, Geschn. u. a. 93; Life pur, Texte, Geschn. u. a. 94, 95; Salto vitale, Texte u. Gebete 96; Wanted: Gott, Texte, Geschn. u. a. 98; Un-erhörte Gebete 99; Be happy, Texte, Geschn. u. a. 00. – **P:** Zwischentöne 83; Mit Mut 84; Und gernhaben müssen wir uns 86; Frei(t)räume 89, alles Schallpl.; Keinen Mahagonisarg bitte!, CD 92; Springinsfeld, CD 99; In der Mitte der Nacht beginnt der neue Tag, CD 03. (Red.)

Abercrombie, Brian s. Martins, Toby

Aberg, Lars s. Garbe, Karl

Aberle, Andreas, Ing.; Crailsheimstr. 3, D-80805 München, Tel. (0 89) 3 22 74 19 (* Stolp/Pommern 24. 1. 31). – **V:** Bayerische Königsanekdoten, Samml. selbstverf. u. bearb. Biogr. u. Geschn. 78. – **MA:** H: Es war ein Schütz in seinen schönsten Jahren, Samml. eigener u. fremder Erzn., G. u. Ber. 72, 73; Wie's früher war in Oberbayern, Samml. alter Ber. u. Geschn. 73, 75; Nahui, in Gotts Nam! Schifffahrt auf Donau u. Inn, Salzach u. Traun, Samml. eigener u. fremder Erzn., G. u. Ber. 74; Wie's früher war in Tirol, Samml. alter Ber. u. Geschn. 75; Der Adam hat die Lieb erfunden, Eigene u. fremde Ber., Geschn. u. Interpretationen um das Liebesbrauchtum 77; Aberles Wildereralbum, Samml. alter Ber. u. Geschn. 81. – **MH:** Ludwig Ganghofers Jagdbuch, Selbstverf. Biogr. u. Samml. von Tagebucheintrag. u. Geschn. Ganghofers, m. Jörg Wedekind 78, 98. – **P:** Das graue Gesicht, Erz. auf Kass. 80; Das Geschenk der alten Lok, Erz. auf Kass. 80. (Red.)

Abeska, Doris Maria, selbst. Korrespondentin, Rentnerin; Behringerstr. 17, D-87700 Memmingen, Tel. (0 83 31) 6 39 20 (* Mähr. Schönberg/Sudetenld 5. 2. 26). Lyr. – **V:** Bestand hat nur Vergänglichkeit, Lyr. 81; Rund um die Liebe, Lyr. 04. – **MA:** Lyrische Annalen, Bde 2–15 86–03; Nationalbibliothek d. dt.sprachigen Gedichtes, Bde VI–IX 03–06; zahlr. Beitr. in div. Zss. – *Lit:* Josef Walter König: Sie wahren das Erbe 82; Begegnung, Nr. 126 05.

Abraham, Peter (Ps. Karl Georg von Löffelholz), Verlagsbuchhändler, Dipl.-Film-Dramaturg; Heideweg 34, D-14482 Potsdam, Tel. (03 31) 7 48 01 75 (* Berlin 19. 1. 36). SV-DDR 71, VS 91; Pr. b. Pr.ausschr. d. Min. f. Kultur d. DDR z. Förd. d. soz. Kd.- u. Jgd.-lit. 71, Alex-Wedding-Pr. 80, Nationalpr. d. DDR III. Kl. 87, Autorenstip. d. Stift. Preuss. Seehandlung 91, Rom., Kinderb., Film, Fernsehsp. – **V:** Faulpelzchen, Kdb. 63, 65; Die Schüsse d. Arche Noah oder die Irrtümer u. Irrfahrten meines Freundes Wensloff, R. 70, 86 (auch russ., bulg., poln.); Meine Hochzeit mit der Prinzessin, R. 72, 90 (auch ukr., lett., poln., ung.); Frederic 73, 87; ABC, lesen tut nicht weh 74, 96; Die windigen Brauseflaschen 74, 85 (auch schw., frz., rum.); Ein Kolumbus auf der Havel 75, 94 (auch poln.), alles Kdb.; Kaspar oder das Hemd der Gerechten, R. 76, 2. Aufl. 88 (auch bulg.); Das Schulgespenst, Kdb. 78, 98 (auch russ., tsch.); Komm mit mir nach Chikago, R. 79, 89; Weshalb bekommt man eine Ohrfeige?, Kdb. 84, 00 (auch tsch.); Rotfuchs und andere Leute, Erzn. 84, 85; Der Affenstern, Kdb. 86, 94; Von Elchen und Ohrenpilzen, Kdb. 87; Fünkchen lebt 88; Kaspar oder das Hemd der Gerechten, R. 88; Der Dackel Punkt 91; Kuckucksbrut, R. 91; Piepheini, Jgdb. 96; Carolas Flucht nach Denkdirwas, Kdb. 97 (auch Blindendr.); Tiergeschichten 99; Feriengeschichten 01; Piratengeschichten 01; Das Schulgespenst und die zwei Superdetektive 03, alles Kdb. – **MV:** Das achte Geißlein, m. Hannes Hüttner u. Uwe Kant unter d. gemeins. Ps. Karl Georg von Löffelholz, Kdb. 83; Pfefferkuchenzeit, m. Reimar Dänhardt, Geschn. 88. – **B:** Doktor Aibolit, n. Tschukowski, Kdb. 80, 86. – **H:** Fernfahrten erlebt und erdacht von achtzehn Autoren 76; Wahnsinn!, Geschn. 90 (auch dän.). – **F:** Standesamt – Eintritt frei 71; Rotfuchs 73; Komm mit mir nach Chicago 80; Pianke 82; Das Schulgespenst 87. (Red.)

Abraham, Ulf, Prof. Dr. phil., Hochschullehrer; Sutristr. 26, D-96049 Bamberg, Tel. (09 51) 6 82 48, ulf.abraham@uni-bamberg.de (* Nürnberg 5. 4. 54). NGL Erlangen 80; Prosa, Lyr., Ess. – **V:** Ikarus lebt, Prosa 81; spuren hinterlassen, G. 88; Franz Kafka: Die Verwandlung i. d. „Reihe Grundlagen u. Gedanken erz. Lit." 93; Lesarten – Schreibarten 94; StilGestalten 96; Übergänge 98; Sprechen als reflexive Praxis 08. – **MA:** Dt. Vjschr. f. Lit.wiss. u. Geistesgesch. 57 83; 59 85; Vjschr. d. A.-Stifter-Inst. 35 86; Anth.: Lust auf Lit., Prosa u. Lyr. 86; Geharnischte Rede 88; Yessir, das Leben geht weiter 91; Inspiralation 96; Praxis Deutsch, seit 02. – **MH:** Einige werden bleiben. Und mit ihnen das Vermächtnis, m. Ortwin Beisbart 92; Weltwissen erlesen. Literar. Lernen im fächerverbindenden Unterricht, m. Christoph Lanner 02; Schreibförderung und Schreiberziehung, m. Claudia Kupfer-Schreiner u. Klaus Maiwald 05; Lit.didaktik Deutsch, m. Matthis Kepser 05. – **P:** Ach! Erlangen. Eine literar. Zeitreise, CD 02.

Abraham, Waltraud, Gebrauchsgrafikerin, Illustratorin, Designerin, jetzt im Ruhestand; Schlehdornweg 93, D-69469 Weinheim/Bergstr., Tel. (0 62 01) 6 26 90 (* Preußisch-Holland/Ostpr. 15. 4. 40). Kurzgesch., Märchen, Ged. – **V:** Auf Wolken schwebend – dem Licht entgegen, M. 92; Träume kommen in stiller Nacht, G. u. Geschn. 95; Flucht aus Ostpreußen 99. (Red.)

Abramowski, Günter, Sozialarb.; Hörder Rathausstr. 6, D-44263 Dortmund, Tel. (02 31) 43 35 40 (* Bochum 27. 4. 48). VS 97; Lyr., Erz., Rom. – **V:** Szenen einer Überfahrt, Lyr. 92; Die Umarmung, Erzn. 94; Sterne wie wir, Lyr. 00; weit & hoch & tief & rund, Lyr. 04. (Red.)

Abromeit, Peter, Regisseur, Dramaturg; Wulwestr. 1, D-28203 Bremen, Tel. (04 21) 70 31 10, abromeit-bremen@nord-com.net (* Berlin 19. 10. 51). Bremer Autorenstip. 92. – **V:** Verstürzte Schlote, Prosa 06; – weitere Veröff. u. szenische Realisation: Erst Gräber schaffen Heimat 82; Vorsicht bei der Abkunft 84; Truncken Litanei 87; Faster than food. Reportagen vom Dienstleistungssport 90; Die Besessenheit der Polstermöbel 93; Schweißhaut & Knochen 93; ad acta 95; Datteln & Rinteln 96; Pristäblich regnitzlos. Rottstücke aus d. Vulgarischen 01; Haut ab. Eine phonografische Entkrustung 06. – **MA:** Stint 6/89, 8/90, 10/91, 18/95, 30/01; manuskripte 119/93. – *Lit:* www.literaturhaus-bremen.de

Abshagen, Hans Ulrich, Dr.; c/o Abshagen & Partner, Friedrichstr. 76, D-10117 Berlin, www.abshagen-hans-ulrich.de (* Berlin 18. 10. 26). – **V:** Die Strandräuber von Binz, Erz. 93; Generation Ahnungslos. Momentaufnahmen eines 17-Jährigen '44, Erz. 03; Aufsichtsrat und Beirat, Fachb. 04, 07.

Abt Ort s. Bachmaier, Peter

Abt, Oliver; Hundemstr. 6, D-57399 Kirchhundem, Tel. (0 27 23) 68 89 43, oliver-abt@t-online.de (* Lennestadt-Altenhundem 22. 9. 70). Lyr., Erz. – **V:** Seelenfresser 02; Glasmännchens Traum 04. (Red.)

Abt, Otto, Lehrer f. Tai Chi u. Marga Luyu, freier Mitarb. b. SüdostasienMag.; Engsbachstr. 83, D-57076 Siegen, Tel. u. Fax (02 71) 7 57 00, *otto-abt@ dig-suedwestfalen.de*, *www.otto-abt.de/buch/buch.htm* (* Stenden 13. 1. 31). FDA 04; Rom., Lyr., Erz. – **V:** Aufbruch Unterwegs Abschied, G. 99; Schon schimmert Licht, G. 01; Javanische Fürstenhochzeit 01; Von Liebe und Macht. Das Mahabharata, R. 01, 04; Gamelan aus Java – zum Verständnis der Musik 02; Botschaft der Hoffnung und Freude. Das Ramayana, R. 03; Worte aus der Stille, Haiku 05; Juwelen aus dem Tropenwald, R. 07; Der Alltag ist spannend, Erzn. 08. – **MA:** Orientierungen 2/97; Seminar Nasional Indonesia 05; KORA Kalender, Haiku 07; SüdostasienMag. – **P:** Hauskonzert, Gamelanorchester, CD 98; U. Tworuschka: Religiopolis, CD 05.

Abteuff, Abel s. Opitz, Detlef

Abu-Bakr, Sami (Ps. Jakob Wienther); Babelsberger Str. 51, D-10715 Berlin, Tel. (0 30) 88 62 73 73, *sami. abu-bakr@gmx.de* (* Erlangen 20. 2. 62). Pr. b. Gedichtwettbew. d. Bibl. dt.spr. Gedichte 05; Lyr., Erz. – **V:** Gläserne Weichen, Lyr. 04; Freilaufende Masken, Lyr. u. Erzn. 05; Endstation Zoo – Ein Bahnhof sagt Adé 06; Regenwelten 07; Haikuwelten 07, alles Lyr. – **MA:** Nocturno, Anth. 03; Lesestoff Nr. 6 03; Glaube, Hoffnung, Liebe, Anth. 04; Bibl. dt.spr. Gedichte. Ausgew. Werke VII, VIII 04, 05; Maskenball Nr. 59 04; 25 poems, Anth. 05. – **MH:** Winter Blues, Lyr. u. Erzn. 03. (Red.)

Abuk, Eklis; *eklisabuk@web.de*. – **V:** Traumdeutung, R. 05; Gläserne Welt oder Zwischen Nudelsuppe u. Hängematte, R. 06.

Acél, Eva, Malerin, Schreiberin, Designerin/ Künstlerin; Tönsfeldtstr. 22, D-22763 Hamburg, Tel. (0 40) 39 46 40, *EvaAcel@compuserve.de* (* Paris 10. 8. 29). BBK; Lyr., Prosa, Erz. – **V:** Nur manchmal ist es ganz anders. Gedichte 1962–1982 82, 83 (im Selbstverl.). – **MA:** Lyr. in Anth.: Dichterinnen-Auflauf 81; Heilig Abend zusammen! 82–99; ... und ihr duft kandierte sie sommer 83; Landleben 84, 85; Euterpe 86; Vom Zauber der Rosen 95.

Ach, Friedrich; Turnerheimstr. 20a, D-90441 Nürnberg, Tel. (09 11) 66 71 41 (* Fürth 7. 2. 48). VFS, Gr. Nürnberg, VS, Gr. Nürnberg, Künstlerverein. Erlenstegen (KVE). – **V:** A' Vambier in Närmberch, G. u. Geschn.; hoch ach tungsvoll, G. 82; Weihnachten und Winterzeit, Geschn. u. G. 89; Herr Bayfuß & Herr Ell od. Eine Regel mit kleinem „R", Geschn. 00; Iich wass, wossi wass, Mda.-G. 00; Fesd neigmauärd wäi a Schdaa ..., n. Schillers Ball. „Das Lied von der Glocke" 00; Stille Nacht, heilige Nacht, Weihn.-Lieder in fränk. Mda. – **MV:** Wörterbuch d. Nürnberger Mundarten u. angrenzender Dialekte, m. Johannes Denner 00. – **MA:** Dezember in Nürnberg 00; Adventsgeschichten; Hinter den Nächten; Danach; Das kleine Buch der Renga-Dichtung; Nürnberger Ansichten; Fränkisches Mosaik; Annäherungen; Zeitenecho; Mosaik der Gefühle; unterwegs; Weihnachtsgedichte; Weihnachtsgeschichten; Lass dich von meinen Worten tragen; Das große Buch der Haiku-Dichtung; Das dritte Buch der Renga-Dichtung, alles Anth. – **R:** Hfk-Sdgn im BR, Studio Franken u. Radio Charivari, Nürnberg. (Red.)

Ach, Manfred, StudDir.; Oberhachinger Str. 31, D-82031 Grünwald, Fax (0 89) 6 41 41 52, *post@m-ach. de, www.m-ach.de*. Lindauergasse 37/1/3, A-1160 Wien (* Grünwald 21. 11. 46). Lyr., Rom., Nov., Ess., Aphor., Kurzprosa. – **V:** Undine, Lyr. 67; Sven, N. 68; Moratorium, R. 73; Percussion, Lyr. 74; Beste Empfehlungen, Lyr. 74; Elefantwort, Kurzprosa 77; Anarchismus, Ess. 79; Untertagwerk, Lyr. 79; Das Himmelsal-

phabet, G. 89; Alte Fotos, Prosa 90; Gefährlich ist der bunte Rock, G. 90; Zungensalat, G. 90; Die Hostie im Bienenkorb, Aphor. 91; Zündsilben, G. 91; Husarenstücke, G. u. Prosa 92; Unterirdisches Vergnügen in G, Aphor. 92; Giftblütenstaub, Aphor. 93; Geschichten aus der Brunnenwelt, Prosa 94; Tellereisen & Luftschlangen, Lyr. u. Prosa 94; Goldgewirkte Schlingen, Aphor. 94; Fraktale Fabeln, G. u. Prosa 95; Reiß, Wolf!, Aphor. 95; Under Cover, Ess. 95; Mit Engels Zunge, G. 96; Schädellektion, Prosa 96; Stille Post, Aphor. 96; Dreckwäsche, Aphor. 97; HalloWien, G. u. Prosa 97; Auf keine Kuhhaut, Aphor. 98; Ohrensausen, Aphor. 98; WerkStattBericht 98; Zeitzünder, Aphor. 99; Mausefallen, Aphor. 99; Abbruchbirne, Aphor. 99; Wanze, Aphor. 99; Führen Sie sich nicht so auf!, Stücke 99; Teufel auch!, Aphor. 00; Nicht der Rede wert, G. 00; Impfstoff, Aphor. 00; Märzenbecher, Aphor. 01; Rotes Tuch, Aphor. 01; Das betretene Schweigen, G. 01; Die Rechnung, bitte!, Aphor. 01; Cadavre Exquis oder Corpus Delicti, G. 02; Zwiefacher, Prosa 02; Aus dem Häuschen, Aphor. 02; Zu Rande kommen, G. 03; Unkraut, Aphor. 03; Schnapsideen, Aphor. 03; Auch Innerste zu, Aphor. 04; Weg unterm Kreuz, G. 04; Am Tropf, Aphor. 04; Winterfahrplan, Aphor. 04; Molch, Aphor. 04; Am Tisch der Sehnsucht, G. 04; So zu sagen, G. 05; Schwarzlicht, G. 05; Abgestürzt 05; Flaschengeister 05; Im Quellgebiet 05; Rampensau 05; Schlag, Wort! 06; Gemischter Satz 07; Blunzenstricker 07; Pfiff 07; Bitte wenden 07; Blattläuse 07; Café Blaulicht 07; Volle Schüssel 07; Jahre später 07, alles Aphor.; Hey Joe, Ess. 08; Für die Katz 08; Bekennerschreiben 08; Runter in den Bunker 08; Krätze 08, alles Aphor.; u. a. – **MV:** An der Nase des Mannes erkennt man den Johannes, m. Michael Heininger, Kurzprosa 75; Hitlers 'Religion'. Pseudorelig. Elemente im nationalsozialist. Sprachgebrauch, m. Clemens Pentrop, Ess. 77, 6. Aufl. 01; Die Bibliothek von Babylon, m. Ugo Dossi 77; Joris-Karl Huysmans und die okkulte Dekadenz, m. Joh. Jörgensen, Ess. 79. – **B:** Dr. Johann Faust: Grosser u. gewaltiger Meergeist 76; ders.: Dreifache Höllenzwänge 76; ders.: Vierfacher Höllenzwang 76; ders.: Ägyptische Schwarzkunst 76, alles magische Rituale. – **MA:** zahlr. Beitr. in Lit.zss. u. Anth. seit 72; Beitr. in Sachb. – **MH:** Gegendarstellungen, Lyr. Parodien, m. Manfred Bosch 74; Über den Ursprung der menschlichen Bestialität, m. H. Hasche u. H. Müller, Anth. – **P:** Die Geschichte der Bibel, Schallpl.-Ser. 76; Mit meines Maules Trommel, Lyr. u. Prosa, Tonkass. 95; So schaut's aus!, Kal. 06. – *Lit:* s. auch 2. Jg. SK.

Ach, Marianne; Fax 32 36 22 84, *die_achs@gmx.de* (* Eslarn 8. 2. 42). Rom., Lyr. – **V:** Schlimme Wörter 98; Goldmarie Pechmarie 04; Der Blechsoldat 06; Winterherzen 08.

Achleitner, Friedrich, o. Prof. mag. arch. Dr. techn.; Schönlaterngasse 7, A-1010 Wien, Tel. u. Fax (01) 5 12 54 27, *achleitner@azw.at* (* Schalchen/ObÖst. 23. 5. 30). Theodor-Körner-Pr. (m. J.G. Gsteu) 57, Pr. f. Architekturpublizistik 80, Prechtl-Med. d. TU Wien 82, Camillo-Sitte-Pr. 83, Staatspr. f. Kulturpublizistik 84, Kulturpr. d. Stadt Kapfenberg 89, Pr. d. Stadt Wien f. Publizistik 90, Kärntner Würdig.pr. f. Baukultur 93, ObÖst. Ldeskulturpr. f. Architektur 95, E.med. d. Bdeshauptstadt Wien in Gold 95, Pr. d. Architekturmuseums Basel 99, Pr. d. Stadt Wien f. Lit. 07; Lyr., Prosa, Ess., Sachb.– **V:** schwer schwarz, konkrete poesie 60; prosa, konstellationen, montagen, dialektgedichte 1960; quadratroman 73; Kaaas, Dialekt-G. 91; Die Plotteggs kommen 95; einschlafgeschichten 03; wiener linien 04; und oder oder und 06; zahlr. Veröff. z. Architektur in Österr./Wien. – **MV:** hosn rosn baa, m. H.C. Artmann

Achten

u. Gerhard Rühm, Dialekt-G. 59; die wiener gruppe. Achleitner, Artmann, Bayer, Rühm, Wiener 67; friedrich achleitner + gerhard rühm. super rekord 50+50 80. – *Lit:* s. auch SK. (Red.)

Achten, Willi, Autor; Viergrenzenweg 5, NL-6291 BL Vaals, Tel. u. Fax (0 43) 3 06 60 97, *willi.achten @hetnet.nl.* Hauptstr. 189, D-41372 Niederkrüchten (* Mönchengladbach 21. 3. 58). Herrenlose Zungen 97; Arb.stip. d. Ldes NRW 99, 03, Diotima Lit.pr. d. Stadt Neuss 00, Dormagener Federkiel 01, Arb.stip. d. Stift. Kunst u. Kultur NRW 02, Publikumspr. Nettetaler-Lit.-wettbew. 06; Lyr., Rom., Erz. – **V:** Das Privileg von Pfeffer & Salz, Lyr. 94; Transfer, Erzn. 97; Von Liebe und Blau, R. 99; Ameisensommer, R. 99; Die florentinische Krankheit, R. 08. – **MA:** Paricutin, Anth. 93; Junge Lyrik dieser Jahre, Anth. 93; Muschelhaufen 93, 00; Appel 94, 97; Krautgarten, Lit.zs. seit 96; Signum, H. 6/02, 1/06.

Achtermann, Rudolf; Heinrich-Wahls-Str. 8a, D-29640 Schneverdingen, Tel. u. Fax (0 51 93) 9 72 10 70 (* Hamburg 3. 7. 39). Rom., Erz. – **V:** Tom Patterson – Traurigkeit und Glück, R. 95. (Red.)

Achternbusch, Herbert (Herbert Schild), Filmemacher u. Schriftst.; c/o publication P No 1, Weitra (* München 23. 11. 38). VS; Ludwig-Thoma-Med. 75, Spezialpr. Filmfestival Locarno 82, Pr. d. Arb.gem. d. Filmjourn. 82, Bdesfilmpr. 82, Mülheimer Dramatikerpr. 86, 94, Tukan-Pr. 89, Ernst-Hoferichter-Pr. 99; Prosaische Dramenlyrik. – **V:** Südtyroler, G. u. Siebdrucke 66; Hülle 69; Das Kamel 70; Die Macht des Löwengebrülls 70; Die Alexanderschlacht 71; L'Etat c'est moi 72; Der Tag wird kommen, R. 73, Tb. u. d. T.: Happy od. Der Tag wird kommen 75; Die Stunden des Todes, R. 75; Land in Sicht, R. 77; Servus Bayern 77; 1969 78; Der Komantsche 79; Es ist ein leichtes beim Gehen den Boden zu berühren 80; Der Neger Erwin, Filmb. 81; Das Haus am Nil 81; Die Olympiasiegerin 82; Das letzte Loch, Filmb. 82; Revolte 82; Der Depp, Filmb. 83; Hülle. Das Kamel 83; Wellen 83; An der Donau, Bü. 83; Das Gespenst, Filmb. 83; Mein Herbert, Bü. 82; Sintflut, Bü. 83; Wind 84; Wanderkrebs 84; Gust 84; Weg 85; Breitenbach 86; Du hast keine Chance, aber nutze sie. 1: 1969, Schrr. 1968–69 86, 2: Die Alexanderschlacht, Schrr. 1963–71 86, 3: Die Atlantikschwimmer, Schrr. 1973–79 86, 4: Das Haus am Nil, Schrr. 1980–81 87, 5: Wind, Schrr. 1982–83 89, 6: Die Föhnforscher, Schrr. 1984 91, 7: Breitenbach, Schrr. 1985 91, 8: Das Ambacher Exil, Schrr. 1985–86 91, 9: Wohin?, Schrr. 1985–88 91; Das Ambacher Exil, R. 87; Ella 88; Linz 88; Wohin?, R. 88; MIXWIX, Filmdrehb. u. Prosa 90; Elefant als Straßenkehrer 92; Dschingis Khans Rache 93; Der Stiefel und sein Socken 93; Eight miles high, river deep, Texte u. Lyr. 94; Hundstage, R. 95; Was ich denke, autobiogr. 95; Guten Morgen, Kdb. 95; Die Einsicht der Einsicht, Theaterst. 96; Ich bin ein Schaf 96; Der letzte Schliff 97; Karpfn, Kdb. 98; Schlag 7 Uhr, R. 98; Tukulti, UA 98; Mißlungen. Meine Filme. Drehbücher 99; Die Reise zweier Mönche 99; Weiße Flecken. Der Maler H. A. 99; Die Karawane zieht weiter 00; Von Andechs nach Athen, Bilder u. Texte 01; HinundHerbert, Kal. 01; Schnekidus 03; Ich als Japanerin 03; Liebesbrief 03; Ist es nicht schön zu sehen, wie den Feind die Kraft verläßt?, Zeitungsartikel 03. – **MV:** KiWi-Lesebuch – die 80er Jahre 89. – **F:** Das Kind ist tot 71; 6. Dezember 1971 72; Das Andechser Gefühl 75; Die Atlantikschwimmer 76; Herz aus Glas 76; Bierkampf 77; Servus Bayern 78; Der junge Mönch 78; Der Komantsche 80; Der Neger Erwin 81; Das Letzte Loch 81; Der Depp 82; Das Gespenst 82; Rita Rita 83; Die Olympiasiegerin 83; Die Föhnforscher 84; Blaue Blumen 84; Heilt Hitler 85(?); Punch Drunk 86/87; Wohin? 87; Mixwix 88; Hick's last stand 89; Niemandsland 90; I know the way to the Hofbräuhaus 91; Ich bin da 92; Ab nach Tibet 93; Hades 94; Picasso in München 97; Neue Freiheit keine Jobs 98. – **R:** Hörspiel in München und am Starnberger See 70; Absalom 71; Das Andechser Gefühl 75, alles Hsp. – *Lit:* Thomas Beckermann u. Michael Töteberg in: KLG; s. auch Kürschners Handbuch der Bildenden Künstler, 1. Aufl. 2005. (Red.)

Ackeret, Matthias, Dr. iur., Journalist BR; Rötelstr. 26, CH-8006 Zürich, Tel. (01) 3 61 10 72, *Mack1ch@ aol.com* (* Schaffhausen 9. 9. 63). – **V:** zwei Sachbücher. – **MV:** Die ganze Welt ist Ballermann. Karten an Martin Walser, m. Manfred Klemann 98, 99. – *Lit:* (Schweizer) Schriftstellerinnen u. Schriftst. d. Gegenw. 02; s. auch SK. (Red.)

Ackermann, Claudia; Danziger Str. 30, D-71522 Backnang, *www.claudia-ackermann.com.* Rom. – **V:** Der Krokodilfelsen. Sehnsucht nach Sri Lanka, e. Reiseroman 06.

Ackermann, Marko, freier Werbegrafiker u. Designer; Am Buchengraben 1, D-93149 Nittenau, *markoackermann@aol.com,* *www.feenzauber.info* (* Roßlau 73). Rom., Erz., Sachb. – **V:** Devian & Corvina – Der Fluch von Anaid, R. 05; Devian & Corvina – Feuer von Azmaeh, R. 06; Spione wie wir, Sachb. 06; Geh... und schau nich zurück, Erz. 07; Rouhan – Die Meisterdiebin, R. 09; Devian & Corvina, R., Sammler-Ed. 09.

Ackermann, Michael, Dr. phil., Hauptseminarleiter am Landesinst. Hamburg; Kurze Str. 31, D-20355 Hamburg, Tel. (0 40) 34 49 39, *dr.m.ackermann@web. de* (* Hamburg-Bergedorf 15. 5. 53). Mitgründer d. Dt.-Türk. Stift. 00; „Med. f. Höchste Dienste" d. Außenmin. d. Rep. Türkei; Lebensbild, Hist. Feat., Rom., Sachb. – **V:** Rocky, der Mann mit der Maske 87, Hörkass. 89, 16. Aufl. 03 (auch engl., frz., poln., ung., finn., tsch., russ., ukrain..); „Ich war ein Atheist" 88, 3. Aufl. 91; Biggi. Eine von der Reeperbahn 89, Hörkass. 90, 4. Aufl. 94; Kiddy. Von Kurdistan zum Bahnhof Zoo 90, 91 (auch ukrain., türk.); Jasmin. Zwischen Trümmern wächst die Hoffnung 92; Langer Weg zur Freiheit. Geschichte e. Hamburger Jüdin 92; Stiefel, Bomberjacke, jede Menge Zoff. Ein Skin steigt aus 96; Saul. Israels erster König, R. 07; i. d. Reihe „Im Blickpunkt": Nahostkonflikt Israel u. Palästina, Die Türkei und Europa, Rechtsextremismus, alles Schulb. 08; zahlr. Sachbücher. – *Lit:* s. auch SK.

Ackermann, Peter, Journalist; D-40477 Düsseldorf, Tel. u. Fax (02 11) 44 61 43 (* Braunschweig 30. 4.). Verb. d. dt. Kritiker; Lyr., Erz. – **V:** Eine Reise nach Gallipoli 08; Ungewöhnliche Kurzgeschichten und Gedichte über Menschen, Tiere und Natur 96; Künstler-Portraits 02. – **MA:** G. u. Kurzgeschn. in div. Anth. (Red.)

Ackermann, Rolf (Ps. Manfred Morstein), Journalist, Schriftst.; lebt in Wien, c/o Droemer Knaur, München (* Duisburg 52). – **V:** Der Pate des Terrors 09; Die weiße Jägerin 05; Der Fluch des Florentiners 06; Der Fluch des Diamanten 07. (Red.)

Ackermann, Uta, Dr. phil., Autorin; Lerchenrain 53, D-04277 Leipzig, Tel. (03 41) 8 77 34 50, *uta. ackermann@web.de* (* Dresden 24. 3. 64). GZL; div. Preise u. Stip.; Lyr., Hörsp. Ue: frz, russ. – **V:** Poesiealbum, G. 89. – **MV:** Joseph Süß, Opernlibr. 99; Supermarkt, Theaterst. 01, 03, beide m. Werner Fritsch. – **MA:** zahlr. Veröff. in Zss. u. Anth., zuletzt: Passauer Pegasus 99, 00, 02; Donau-Welten 00; Lektüre zwischen den Jahren 00; Poesie-Agenda 02. – **H:** Johann Kresnik und sein Choreographisches Theater 99. –

MH: Böhmen. Ein lit. Porträt, m. Werner Fritsch 98. – **R:** Das Blut der Distel (DLR) 98; Das Rauschen von Nußbaumblättern im Ohr (SR) 04; Ich bin doch Cheops (DLF) 07, alles Hsp. – **Ue:** Daniel Danis: Das Lied vom Sag-Sager, Theaterst. 00; Alexander Volodin: Fünf Abende, Theaterst. 03. – *Lit:* Annett Gröschner: D. dt. Lit. v. 1890–1990. (Red.)

Ackermann-Wölkart, Trude (Trude Wölkart, Trude Ackermann), Kammerschauspielerin; Lenaugasse 1/8, A-1080 Wien, Tel. (01) 4 05 45 85. Anton-Behacker-Str. 9, A-5020 Salzburg (* Wien 14. 10. 24). Gold. Verd.Zeichen d. Rep. Öst.; Lyr., Erz., Hörsp., Sachb. – **V:** Scheiterhaufen; Verästelungen 94; Über den Beruf des Schauspielers und die Notwendigkeit des heutigen Theaters 97; Im Innern von Wien 00. – **R:** Sternenverdunklung, Hsp. (Red.)

Acklin, Jürg, Dr. rer. pol., Schriftst., Psychoanalytiker; c/o Nagel & Kimche AG, Zürich (* Zürich 20. 2. 45). Gruppe Olten 71; Conrad-Ferdinand-Meyer-Pr. 71, Bremer Lit.pr. 72, Werkjahr d. Pro Helvetia, Buchpr. d. Stadt Zürich 96, E.gabe d. Kt. Zürich 02, Zolliker Kunstpr. 05; Rom., Lyr. – **V:** Der einsame Träumer, G. 67; Michael Häuptli 69; alias 71; Das Überhandnehmen 73; Der Aufstieg des Fesselballons 80; Der Känguruhmann 92; Das Tangopaar 94; Froschgesang 96; Der Vater 98; Defekt 02, alles R. – **MA:** Geschichten von der Menschenwürde 68. (Red.)

Acrémann, Eva; Spitalgasse 6, CH-8400 Winterthur (* Thun 10. 7. 44). Schweiz. Bund f. Jgd.lit.; Erz., Radio-Lesung. – **V:** Der Rosenängel, Erz. 93. (Red.)

Adam, Dieter *

Adam, Frank (eigtl. Karlheinz Ingenkamp), UProf. em., Dr. phil.; Trifelstr. 42, D-76829 Leinsweiler, Tel. (0 63 45) 14 70, Fax 88 76 (* Berlin 20. 12. 25). BVK am Bande; Rom. – **V:** Der junge Seewolf 92, 3. Aufl. 00; Die Bucht der sterbenden Schiffe 94, 3. Aufl. 00; Segel in Flammen 96, 2. Aufl. 00; Die Bombay-Marine 96, 2. Aufl. 01; Der Kapitän der Zarin 97, 2. Aufl. 01; Verrat an Frankreichs Küsten, 1.u.2. Aufl. 98, Tb. 01; Der König von Haiti 99; Der Kampf um die Sieben Inseln 00, 2. Aufl. 03; Eine Brigg zwischen Krieg und Frieden 01, 2. Aufl. 03; Kampf an Preußens Küste 02, 2. Aufl. 03; Die Eroberung der Karibik 03, 2. Aufl. 05; Die Guerillas und der Admiral 04, 2. Aufl. 05; Sieg und Frieden 06; Sven Larsson. Rebell unter Segeln 07; Unter der Flagge der Freiheit 08. – *Lit:* s. auch 2. Jg. SK.

Adam, Peter Michael *

Adam, Sylvia, Gesundheitsberaterin; Altenmittlau, Kegelbahnstr. 3, D-63579 Freigericht, Tel. (0 60 55) 8 11 18, *gesundheitsberatung-adam.de* (* Hanau 20. 10. 72). – **V:** Reise ins Land der Fantasie. Geschichten für Kinder 07.

Adam, Theo, Prof., Kammersänger; Schillerstr. 14, D-01326 Dresden, Tel. u. Fax (03 51) 2 68 39 97 (* Dresden 1. 8. 26). – **V:** Seht, hier ist Tinte, Feder, Papier. Aus der Werkstatt e. Sängers 81, 3. Aufl. 83; Die hundertste Rolle oder „Ich mache einen neuen Adam". Sängerwerkstatt II 86, 3. Aufl. 88; Lyrik unterwegs. Musestunden e. reisenden Sängers 93, 2. Aufl. 94; Ein Sängerleben in Begegnungen und Verwandlungen 96; Sprüche in der Oper 99; Vom „Sachs" zum „Ochs". Meine Festspieljahre 01; Bruder Martin, Opern-Libr. (Red.)

Addai, Patrick K., Schauspieler, Märchenerzähler, Kinderbuchautor, Akad. Kulturmanager; Harterfeldstr. 2A, A-4060 Leonding, Tel. (07 32) 67 32 29, Fax 67 46 06 23, *verlag@adinkra.at*, *www.adinkra.at* (* Accra/Ghana 25. 1. 69). IGAA 02, Hauptverb. d. öst. Buchhandels 03, Friedrich-Bödecker-Kr. Sa.-Anh.; In-

terkulturpr. 99, Kulturförd.pr. 01, Innovationspr. Afrikan. Lit. f. Weltoffenheit 04, Adler Award: Best African Author, Bonn 06; Erz. – **V:** Die Grossmutter übernimmt das Fernsehen, Geschn. 00; Ich habe den Menschen gerne, sagte der Hund 01; Der alte Mann und die geheimnisvolle Rauchsäule 03; Der Jäger und der Hase, Geschn. 04; Das Schnarchen der Ungeheuer 06; Worte sind schön, aber Hühner legen Eier 07; Kofi – das afrikanische Kind 07.

Addicks, Helga, Reitlehrerin; Bahnhofstr. 65, D-26197 Großenkneten, Tel. (0 44 87) 92 09 40 (* Neubrandenburg 8. 2. 42). Rom. – **V:** Tullinchen und Pinchen, R. 00; Pospelchen 02; Das geliehene Paradies 02, beides Erz.

Adelmann, Roland, Doz. f. Kreatives Schreiben; Bergstr. 65, D-44791 Bochum, *roland.adelmann@arcor.de*, *www.undergroundpress.de.* – **V:** Blues im Morgenmantel, G. 94; Der Ruhm der Straße, Kurzgeschn. 98; Einer muss den Dreck wegmachen, G. 02; Die Leichen werden wohl warten müssen, G. 07. – **MA:** Kurzgeschn. in: Das Kopflaus-Syndrom 93; Restlicht 95; Social Beat D 95; Junger Westen 96; German Trash 96; Abgezockt & Zugenäht 99; Die Städte brennen wieder 06; Schreie aus der Finsternis, G. 07; G. u. Kurzgeschn. in zahlr. Underground-Zss., besond.: Cocksucker; Kopfzerschmettern; Der Sanitäter Nr.10 06. – **H:** Zs. Bulettentango 92–94. – **MH:** Anth.: Downtown Deutschland, Kurzgeschn. 92; Asphalt Beat, Kurzgeschn. 94; Zss.: Produkt 86–89; Der Kulturterrorist tanzt den Bulettentango 94–96.

Adelphi, Carl s. Eberhard, Hans-Dieter

Aderhold, Egon, Sprecherzieher; Lindenallee 32, D-16547 Birkenwerder, Tel. u. Fax (0 33 03) 40 32 32, *egon.aderhold@gmx.de* (* Neustadt am Rennsteig 17. 12. 29). SV-DDR 85, Friedrich-Bödecker-Kr.; Gold. Lorbeer d. Fs. d. DDR 86; Rom., Fernsehsp., Dramatik. – **V:** Traumtänze, R. 78, 83; Strichvogel, R. 81; Eros und Psyche, Kom. 83; Rike, Kdb. 85, 89; Der schweigsame Stefan, Kdb. 86, 88; Jahresringe, R. 86, 89; Der verhängnisvolle Torschuß 89; Das Geschenk 90; Vater bekommt eine Eins 90; Der zornige Stefan 91, alles Kdb.; Luther, Libr. z. gleichnam. Oper, UA 03. – **MA:** Drei Stühle und eine Trommel 96. – **R:** Schwarz auf weiß 78; Der Teufel hat ein Loch im Schuh 79; Bau'n Se billig, Schinkel 81; Ein Tag aus Goethes Kindheit 82; Ach, Dornen hat die Liebe, Schauspielereien 84; Der Sohn des Schützen, 7-tlg. 85, alles Fsp.; Rike, Fsf. 89; Der Taugenichts, Hsp. 89. (Red.)

Adib, Mu; Am Neubruch 2–1, D-76307 Karlsbad, Tel. (0 72 02) 81 72, *adib.mu@web.de*, *www.alumpinator.com* (* Teheran/Iran). Rom., Erz. – **V:** Alumpinator, R. 06.

Adleff, Richard; Rotkappenweg 17, D-91058 Erlangen, Tel. (0 91 31) 60 22 97 (* Hermannstadt/Siebenbürgen 6. 12. 32). NGL Erlangen (Gastmitgl.) 03; Erz. – **V:** Herr Flöte und seine Schneider, Erzn. 71; Der lange Weg zum Markt, Kurzgeschn. 92; Die Zugmaschine, Erzn. 92; Ulysses und die Lemuren, Erzn. 95; Passion des Entzugs, Erzn. 03. – **MA:** Erzähltexte in mehreren Anth. u. Zss.: Neue Literatur; Karpatenrundschau; Brassói Lapok; Echinox; Das Neue Erlangen; Südostd. Vjbll., jetzt Spiegelungen. – **H:** Conrad Ferdinand Meyer: Gedichte und Novellen 71.

Adler, Almut, Autorin, Fotografin, Grafikerin; Gottfried-Böhm-Ring 19, D-81369 München, Tel. (0 89) 74 89 99 21, *almut.adler@web.de* (* Oldenburg 10. 11. 51). Lyr., Kurzgesch., Dreh. – **V:** Feuerlöscher 89; Leidenschaftlich ... 96; Zärtlich ... 96, alles Lyr., Aphor. u. Fotos. – **MA:** Ferne Grüße, Anth. 89; Woher kommt nur die Hoffnung, Anth. 91; Mittendrin,

Adler

Schulb. 98; Das neue Gedicht 03, 04. – *Lit:* Das Forum, Mag. 97; Sergej, Stadtmag. München; s. auch Kürschners Handbuch der Bildenden Künstler, 1. Aufl. 2005. (Red.)

Adler, Andrea s. Arold, Marliese

Adler, Dan s. Ambros, Peter

Adlhoch, Christine (Christine Adlhoch-Schöller), Psychologin; Hochweg 13b, D-93049 Regensburg, Tel. (01 71) 3 70 54 53, Fax u. Tel. (09 41) 3 40 03, *adlhochschoeller@aol.com.* 2155 Wood-Street, Park Lane Apt. B-10, Sarasota, FL 34237–7919/USA, Tel. (9 41) 3 66–59 57 (* Regensburg 16. 4. 57). Ue: engl. – **V:** Gefühle eines Jahres, G. 84; Zwischen Glück und Traurigkeit, G. 87; Septemberstürme 88; SHEILA – Eine wahre Hunde-Lern-Geschichte für Kinder 90; Herzen aus Glas 92; Korrigiere das Glück. Corriger la fortune, G. 97; Katze im Glück – Die Glückskatze 00; Rosen in Florida, R. 07. – **P:** Die sanfte Entspannung. Streßabbau leicht gemacht, m. Günter Behrle 88.

Adloff, Roland, Dipl.-Politologe, Krankenpfleger; Pestalozzistr. 56a, D-10627 Berlin, Tel. (0 30) 32 70 68 94 (* Mustin/Lauenburg 10. 5. 56). Rom. – **V:** Evens Buch, R. 96, Tb. 01; Der Advocatus, R. 99, Tb. 01; Der Goldkocher, R. 02. (Red.)

Adolf, Max; Salzweg 6, D-87527 Sonthofen, Tel. (0 83 21) 8 79 12, *max-adolf@t-online.de, www. allgäukabarett.de* (* Sonthofen 31. 7. 58). Signatur 95–98; Mundart, Kabarett, Rom., Lyr. – **V:** Allgäuer Liebeserklärung, Mda.-G. 02; Allgäuer Innenansichten, Mda. 06, 08.

Adorf, Mario, Schauspieler; c/o Agentur Lentz, Peter Reinholz, Barerstr. 48, D-80799 München (* Zürich 8. 9. 30). Carl-Zuckmayer-Med. 96, E.pr. d. Bayer. Filmpr. 01, Dt. Filmpr. in Gold 04, E.pr. d. Eifel-Lit.pr. 04, Gr. BVK, Adolf-Grimme-Pr., Nennung f. d. Oscar, u. a. – **V:** Der Mäusetöter, Autobiogr. 93; Der Dieb von Trastevere 94; Der Fenstersturz u. a. merkwürdige Geschichten 97; Der römische Schneeball, 1.–3. Aufl. 00; Der Fotograf von San Marco 03, alles Geschn.; Himmel und Erde. Unordentliche Erinnerungen 04; Mit einer Nadel bloß. Über meine Mutter 05; Mario Adorf – Bilder meines Lebens 05. – *Lit:* M. Zurhorst: M.A., Filmogr. 92; M.A., Festschrift 97. (Red.)

†**Adrian,** Marc, Prof. em., Kunstmaler, Bildhauer, Filmmacher; lebte in Wien (* Wien 4. 12. 30, † Wien 5. 2. 08). Wiener Künstlerhaus, GAV, Austria Filmmakers Coop.; Theodor-Körner-Förd.pr. 67, Pr. d. Kunstfonds d. Zentralsparkasse d. Stadt Wien 76, Buchprämie d. BMfUK 80, Öst. Würdig.pr. f. Filmkunst 89, Golden Gnome, Filmpr. Münster 92, u. a.; Lyr., Rom., Drama, Ess., Übers., Film. Ue: engl, am. – **V:** Der Regen. Ein Stück in rhythm. Proportionen 55–60; Das Mammut. Ein Lehrstück 69; Inventionen 80; Die Wunschpumpe. Eine Wiener Montage 91, u. a. – **MV:** Syspot. Ein Computerstück, m. G. Schlemmer u. H. Wegscheider 70; zahlr. Texte in Kunstkat. u. a. seit 57. – **MA:** Manuskripte 21 67; Protokolle 70, Bd 1 70; Neues Forum 247/248 74; Grundfragen d. Literaturwissenschaft 79; Marginalisierung, die Lit. u. die Neuen Medien 80; Freibord 52/53 87; Linzer Notate. Positionen, Anth. 94; Strukturen erzählen, Anth. 96; Konzept u. Poesie, Anth. 96. – **F:** zahlr. Kurzfilme 57–00. – **P:** Gesang des werdenden Vaters, Textstück, Tonband 50/65; Üppi-Gaffi-Gur, Textmedit., Tonband 66, u. a. – **Ue:** Harry Mathews: Tlooth u. d. T.: Zlahn 70; Kenneth Patchen: Sleepers awake u. d. T.: Schläfer erwacht 93. – *Lit:* P. Weibel/V. Export (Hrsg.): Wien – Bildkompendium 70; Hein Birgit: Film im Underground 71; Medienkultur in Österreich 88; Avantgardefilm Österreich 1950 bis heute 95; Mudie Peter: Fließende Denkstrecken im

statischen Raum 96; T. Rothschild: Verspielte Gedanken 96; E. Büttner/C. Dewald: Anschluß an Morgen 97; Otto Mörth (Hrsg.): M.A. – das filmische Werk 99; Hans Scheugl: Erweitertes Kino 02.

Adrion, Dieter (Ps. Johann Martin Enderle), Akad. Dir. i. R.; Mergenthalerstr. 4, D-74321 Bietigheim-Bissingen, Tel. u. Fax (0 71 42) 4 22 54, Fax 4 27 75, *adrion @z.zgs.de, www.selber-verlag.de* (* Stuttgart 6. 5. 34). Lyr., Dramatik. – **V:** Der schwäbische Tartüff, Kom. in Versen 89, 00; De renger Verwandschaft, Kom. in Versen 93, 99; De neu Schreiberei 95; Wörtlich betäubt 97, 4. Aufl. 03; Wei macht gsond! 98, 5. Aufl. 04; Dichterlorbeer, Kom. in Versen 99; Selber schuld!, Lustsp. in Versen 99 (alles unter Ps. u. in schwäb. Mda.); Der neuen Schreibe mit Vergnügen zu Leibe 97; Mucka, Macka, Mödela 03. (Red.)

Advanced Poet X s. Holzbauer, Siegfried

Aebli, Egidius, lic. iur., Berufsschullehrer f. Fremdspr., Recht u. Wirtsch.; Ackerstr. 15 B, CH-8704 Herrliberg, Tel. (01) 9 15 16 75, Fax 9 15 19 88 (* Basel 15. 8. 53). ZSV 76, Dt.schweizer. P.E.N. 95; Rom., Lyr., Erz. – **V:** Müllers Aufbruch, R. 94. – **MA:** Anth. d. Dt.schweizer P.E.N.-Zentrums 98.

Aebli, Kurt; lebt in Tagelswangen b. Zürich, c/o Urs Engeler Verl., Basel (* Rüti 20. 10. 55). Aufenthaltsstip. d. Berliner Senats 89, Stip. d. Suhrkamp-Verl. 96, Werkbeitr. d. Kt. Zürich 97 u. 01, Stip. d. Stift. Hombroich 03, Werkbeitr. d. Pro Helvetia 04, Pr. d. Schweizer. Schillerstift. 04, E.gabe d. Kt. Zürich 05, 1. Basler Lyrikpr. 08, Lyr., Prosa. – **V:** Der perfekte Passagier, G. 83; Die Flucht aus den Wörtern, Prosa 83; Die Vitrine, Erzn. 88; Küss mich einmal ordentlich, Prosa 90; Mein Arkadien, Prosa 94; Frederik, Erz. 97; Die Uhr, G. 00; Ameisenjagd, G. 03; Der ins Herz getroffene Punkt, G. 05; Ich bin eine Nummer zu klein für mich, G. 07. – **P:** Sommernacht der Lyrik, 2 CDs 99. (Red.)

Aechtner, Uli (geb. Uli Levermann), M. A., Autorin; *aechtner@online.de, www.uli-aechtner.de* (* Bonn 6. 8. 52). Das Syndikat 99, Sisters in Crime (jetzt: Mörderische Schwestern) 99, Stip. d. CFPJ: „Journalistes en Europe", Paris 85–86. – **V:** Too much TV 95; Talk show down 98; Programmschluss 01; Meine erste Million 02; Liebe Frau Senta, R. 03. – **MA:** Dunkle Wassermänner 00, 01; Mordkompott 00; Wer will schon einen Weihnachtsmann 01; Abrechnung, bitte! Eine mörderische Kneipentour 02; Ingeborgs Fälle 03; Liebestöter 03; Mörderische Mitarbeiter 03; Mords-Appetit 03; Flossen höher! 04; Mordsfeste 05; Fichten, Fälle, Fahnder 05, alles Anth. (Red.)

Aehling, Georg, StudDir., Verleger; Brend'amourstr. 33, D-40545 Düsseldorf, Tel. u. Fax (02 11) 58 89 30, *editionvirgines@t-online.de, www.editionvirgines.de* (* Lügde 1. 11. 51). Rom., Lyr., Dramatik. – **V:** Die Werkstatt des Zauberers. Thomas Mann begegnet seinen Figuren, Drama/Erz. 99, 00; Die letzte Liebe des Dichters. Ein Tagebuch zu Thomas Mann, Lyr./Epos 99, 00; Zahlkönigs Apokalypse. Lyrische Variationen zu Goethe, Heine u. Thomas Mann, Lyr. 00; Schwarzes Licht, Lyr., Vertonung 01. – **MV:** Spiegelsplitter, Lyr. 00, 01; Hebels Strategie, Kurzprosa 00, 01. – **B:** Goethes 250. Geburtstag, Kurzprosa 99; 20 Jahre Literaturbüro NRW, Kurzprosa 00; Heine-Preis 2000, 2002, 2004, Kurzprosa. – **MA:** Neue Literatur. Herbst/ Weihnachten 1999, Lyr. 99; Farbbogen. Kunstlive, Bd 13 03. (Red.)

Aehnlich, Kathrin, Wirtschaftskauffrau, Bauing., Red., Regisseurin, Rundfunk- u. Fernsehautorin, Schriftst.; Kregelstr. 15, D-04416 Markkleeberg, Tel. (01 77) 3 10 87 28, *kathrinaehnlich@t-online.de* (* Leipzig 10. 10. 57). Förd.stip. d. Stadt Leipzig 88,

8

Stip. d. Arno-Schmidt-Stift. u. d. Nordkollegs Rendsburg 99; Rom., Erz., Hörsp., Kinderb., Hörfunkfeat., Fernsehdok. – V: Traumzeit, Erzn. f. Kinder 88, 90; Wenn ich groß bin, flieg ich zu den Sternen 98, Tb. 03; Alle sterben, auch die Löffelstöre, R. 07. – MV: (u. MH:) Der Sensationsfund von Nebra, m. Steffen Lüddemann u. Mario Renner, Sachb. 05. – MA: Erzn. in Anth.: Auf einem Mäuerlein sitzt ein Bäuerlein; Schublade 2 85; Schublade 3; Hoch zu Roß ins Schloß 85; Das Westpaket 00; Gerichtsber. u. Repn. in: Die andere Ztg. (DAZ). – R: Hase Dreiläufer, Hsp. nach G. Holtz-Baumert 85; Verwunschen, Kd.-Hsp. 86; Zimmer 19, Jgd.-Hsp. 88; – Hfk-Feat. im MDR: Geld u. Gedichte; Die Kirche starb stolz 92; Den Fuß bis an die Grenzen setzen 93; Sozialstation 94; Pinguin u. Saxophon 94; Kein Sonntag ohne Klöße 94; Wie ein Paradies 96; Geheimbefehl Nummer 324 96; Alle Jahre wieder 01; Der Fall Bajrami 04; Heilkunde d. Erfahrung 05; Eimerdeckel oder Sensationsfund 05; Der Leipziger Beataufstand 05; Einsturz: Dresden Frauenkirche 05; Eine Totenmesse für Karol 06; Stiller Gefährte d. Nacht 06; Miriams Mischpoke 07; – Fs.-Feat. (m. Walter Brun): Wenn der Kuckuck kommt 94; Seele in Not 96; – Fs.-Dok. (m. André Meier): Soundtrack Ost – Macht u. Musik in der DDR 04; Blauhemd – Bluejeans – Beatmusik. Jugend u. Musik in d. DDR, 3 Filme 05. (Red.)

Aemmer, Ursfelix (eigtl. Hans-Jürg Steiner), Sekundarlehrer phil. hist.; Kirchackerweg 7, CH-3427 Utzenstorf, Tel. (0 32) 6 65 23 64 (* Eggiwil/BE 23. 8. 38). BSV; Rom., Lyr., Erz. – V: Mountain-Bikes u Wienachtszüpfe 91, 8. Aufl. 01; Bärnerplatte 93; Der outomatisca Wienachtsstärn 96, 3. Aufl. 01; U nachär? 98; Bärnerplatte 98; Wienachtskonzärt, 1.u.2. Aufl. 01; Hollywood im Eggiwil 04; Wienachtswunsch uf d Combox 05; U settig wei Lehrer wärde 06, alles Erzn. (Red.)

Aengst, Tom s. Stange, Thomas

Ärfau s. Veigel, Rainer

Aeschbacher-Sinecká, Helena (auch Helena Aeschbacherova), freischaff. Fotografin, Lyrikerin, Malerin; c/o Kloster Kappel, Kappelerhof 3, CH-8926 Kappel am Albis, Tel. (0 44) 7 64 30 31 (* Kozly/CSSR 11. 5. 45). SSV 90, ZSV 06; Lyr., Lyrische Prosa, Übers. Ue: tsch. – V: Mlhave dny 81 (tisch.), 2., überarb. Aufl. 87; Am Rande der tiefsten Schlucht 86, 2., überarb. Aufl. 87; Hab' keine Angst vor dem Winter 89; Herbstzeit – Podzimní čas, dt.-tsch. 91, 98, alles Lyrik; Licht aus der Tiefe, Fotogr. u. Lyrik 00; Entfliehen werde ich mit dem Licht, Lyr. 06. – MA: Fremd in der Schweiz 87, 2. Aufl. 91; Einen Engel schick ich dir 01; Es geht der Stern von Bethlehem 02; Wie das Licht in die Welt kam 02; Wo wir zu Hause Salz haben 03; Jedes Kind hat einen Engel 04; Als wärn es Engel die da kämen, Adventskal. 05 u. 07; Der Engel reicht mir seine lichte Hand 06; Ein warmes Licht erfüllt den Raum 06; Freunde sind wie Sterne in der Nacht 06; Das findet, wer Weihnachten sucht 07; Weil jede Wüste einen Brunnen birgt 08; Adventlich leben 08, alles Lyr. – Lit: s. auch Kürschners Handbuch der Bildenden Künstler, 1. Aufl. 2005.

Affholderbach, Gunter (Jann van den Bosch); Schützenwiese 25, D-57078 Siegen, Tel. (02 71) 8 9 09 7 23, Fax 8 99 26, affholderbach@t-online. de, www.jann-van-den-bosch.de (* Siegen-Geisweid 2. 10. 60). Das Syndikat; Stip. d. Berliner Senats 81; Lyr., Rom., Nov., Ess. – V: Schlimme Zeiten, G. 80; Zur Schwelle Zum Traum, N. 82; Wintertod, R. 05; Wassertod, R. 05. – H: Von Dichtersesseln, Eselsohren, Schusterjungen u. Leseratten 85.

Afshar, Karin, Dr. phil., Verlegerin; Höhenstraße 14, D-60385 Frankfurt/Main, Tel. (0 69) 43 05 61 51, www. khorshid-verlag.de (* 58). – V: Grülö in Bedrängnis 03; Cornelius, der Korallenfisch 03; Das Schwere annehmen ... und das Leichte ernten 06; Moni & Menelaos 07. – H: Die drei Welten 06; Sonnenzeilen – Sonnenzeiten 07. (Red.)

AGA s. Toussaint, HEL

Agdestein, Magdalena (geb. Magdalena Wagner), M. A. phil., Lehrerin, Lehrbuchautorin; Altaveien 65, N-9511 Alta, Tel. (0 474 0 41) 22 26, magdalena. agdestein@hotmail.com (* Mauthausen/OÖ 28. 9. 52). IGAA 05, GAV 06; Buchprämie d. BKA (Öst.) 05, Öst. Rom-Stip. 06; Rom., Erz. – V: Nachlass, R. 04. – MA: Russische Literatur. Almanach 1979–80; Kurzgeschichten 9/06, 10/07; Die Rampe 4/07; AUF, März 07; div. Beitr. in: Norwegen – Österreich, Zs. d. norweg.-öst. Ges., seit 04.

Ah, Carlo von, lic. oec. publ., Unternehmer; Sonnhaldenstr. 46, CH-6331 Hünenberg, Tel. (0 41) 7 80 36 31, cgvonah@bluewin.ch, www.carlovonah.ch (* Giswil/ OW 1. 6. 40). ISSV. – V: Angelo Destino 05; Sylvesterball 06; Der Club zur Vollendung 07, alles Krim.-R.

Ahlsen, Leopold (Ps. f. Helmut Alzmann), Schriftst.; Waldschulstr. 58, D-81827 München, Tel. (0 89) 4 30 14 66 (* München 12. 1. 27). Turmschreiber; Gerhart-Hauptmann-Pr. 55, Hsp.pr. d. Kriegsblinden 55, Schiller-Förd.pr. 57, Gold. Bildschirm 68 d. Fs.-Kritik f. Fsp. „Berliner Antigone" 69, Ehrende Anerkenn. b. Adolf-Grimme-Pr. 68/69, Dachauer Lit.-Med. 88, Bayer. Poetentaler 90, BVK 92; Drama, Hörsp., Fernsehen, Rom. – V: 4 Hörspiele, Teilsamml. 70; Philemon und Baukis, Hsp.; Der Gockel vom goldenen Sporn, R. 81, Tb. 83; Vom Webstuhl zur Weltmacht, R. 83; Die Wiesingers, R. 84, 4. Aufl. 85; Die Wiesingers in stürmischer Zeit, R. 87, 89; Der Satyr und sein Gott, N. 88; Liebe und Strychnin, ges. Erzn. u. Verse 98; Die Wiesingers, Doppelbd. 06; – Sch.: Pflicht zur Sünde 52; Zwischen den Ufern 52; Wolfszeit 54; Philemon und Baukis 56, 94; Raskolnikoff 60; Sie werden sterben, Sire 64; Der arme Mann Luther 69; Ludus de nuptiis Principis, Festspiel d. Landshuter Hochzeit 81; Der zerbrochene Krug bairisch 84; Der Wittiber, n. L. Thoma 86. – MA: Dramen der Zeit, Bd 40 59; theater 2/60, 7/64; Junges deutsches Theater von heute 61; Hörwerke unserer Zeit, Bd 4; texte, Bd 18; Kreidestriche ins Ungewisse; Sechzehn deutsche Hörspiele; Lesespiele, Bd 39; Der Vorhang zu; Hier schreibt München; Schöffler (Hrsg.): Fernsehstücke 72. – R: 11 Schulfk-Skripte u. 22 Hsp., u. a.: Michaelitag; Die Zeit und Herr Adolar Lehmann; Niki und das Paradies in Gelb; Philemon und Baukis 56; Die Ballade vom halben Jahrhundert; Alle Macht der Erde; Raskolnikoff 62; Tod eines Königs 62; Der arme Mann Luther 65; Fettaugen 69; Denkzettel 70; Der eingebildet Kranke 72; Der zerbrochene Krug 77; Da guadmiadige Bosniggl (Goldonis „Le Bourru bienfaisant") 79, (Übertrag. d. letzten drei ins Bairische); – 89 Fsp. Bzw. Fsf., u. a.: Philemon und Baukis 56; Raskolnikoff 59; Sansibar 61; Alle Macht der Erde 62; Kleider machen Leute 63; Sie werden sterben, Sire 64; Der arme Mann Luther 65; Der Ruepp: Berliner Antigone 68; Langeweile 69; Menschen 70; Sterben 71; Fettaugen 72; Ein Wochenende des Alfred Berger 72; Eine egoistische Liebe 73; Die merkwürdige Lebensgeschichte des Friedrich Freiherrn von der Trenck 73; Tod in Astapowo 74; Strychnin und saure Tropfs 74; Der Wittiber 75; Simplizius Simplizissimus 75; Möwengeschrei 77; Die Dämonen 77; Wallenstein 78; Der arme Mann von Paris (François Villon) 80; Der gutmütige Grantler 82; Defekte 82; Das Fräulein 83; Vom Webstuhl zur Weltmacht 83; Tiefe Wasser 83; Die Wiesingers 84; Der Selbstmord 85. – **P:** Raskolnikoff, Schallpl. – *Lit:* Kürschners Biographisches Theater-Hdb. 56; Melchinger: Drama zwischen Shaw u. Brecht 57; Glenzdorfs Internat. Filmlex. 61; Gero v. Wilpert: Lex. d. Weltlit. 63, 97; Lennartz: Dt. Dichter u. Schriftst. 64; Meyers Hdb. üb. d. Lit. 64; Kienzle: Modernes Welttheater 66; Kindlers Lit.gesch. d. Gegenwart 80; Kindlers Lit.lex. 86; Egon Netenjakob: TV-Filmlex. (Fischer Cinema) 94; Heinz Ludwig Arnold: Die dt. Lit. 1945–1960 95. (Red.)

Ahlswede, Elke, M.A., Journalistin, Autorin; 15 Hameau de Meyretière, F-38120 Le Fontanil-Cornillon, *autorin@mama-com.de, www.mama-com.de, www.mum-at-work.de* (* Seesen 16. 12. 68). Rom. – **V:** Mama.com, R. 06, 07; Mum@Work, R. 08.

Ahne (eigtl. Arne Seidel); *ahne0@web.de, www.surfpoeten.de, www.ahne-international.de* (* Berlin 5. 2. 68). – **V:** Wie ich einmal die Welt rettete 01 (auch als CD); Ich fang nochmal von vorne an 03; Zwiegespräch mit Gott 07 (m. CD); Was war eigentlich morgen 08 (m. CD). – **MA:** Frische Goldjungs 01; Die Surfpoeten 04 (m. CD); Die Rückkehr der Surfpoeten 07 (m. CD); Ich bin Buddhist u. Sie sind eine Illusion 08, u. a. (Red.)

Ahr, Isolde (geb. Isolde Theißen), Werbekauffrau, Verwaltungsangest.; Bremsstr. 6, D-50969 Köln, Tel. u. Fax (02 21) 42 88 92, *IsoldeAhr@aol.com, hometown.aol.com/isoldeahr/* (* Köln 18. 1. 40). GEDOK Rhein-Main-Taunus 97–03, VS NRW 99; Finalistin d. IX. Intern. Lit.wettbew. d. GEDOK RMT 97, 3. Pr. b. V. concorso internazionale di poesia, Benevento 99, Diploma di Merito, Benevento 00, 2. Pr. b. VII. concorso internazionale di poesia, Sannio 02; Lyr., Prosa, Hörsp. – **V:** Trau dich, Frau!, Lyr. u. Prosa 98, Sonderausg. 04; Zufrieden und zerrissen 00; 6 Richtige, Lyrik lebt, Bd. 1 05. – **MA:** Beitr. in Anth.: Frau 95; Antworten bauen Brücken 96; Ich bin ich 97; In den Gärten der Phantasie 97; MeerSommerGefühle 97; Miteinander – Füreinander 97; Stadt, Stätte, Denk-mal 97; Frechheiten – nur von Frauen 98; Kamingeflüster 98; Kleine Marktplatzgeschichten 98; Köln im Krieg 98; KÖLNER VAHREN BAHN 98; Rache ist süss ist lustvoll 98; ... denn jeder Tag ist nunmehr ... 99; Hörst du, wie die Brunnen rauschen? 99; Jahrbuch Lyrik 2000 99; KopfReisen 99; Liebe Lust & Leichen 99; Mit leichtem Gepäck 99; 10 Jahre Mauerfall 99; Weihnachtsgeschichten am Kamin 99, 00; Weihnachtslesebuch 99; Groschen gefallen ... 00; Zerrissen und doch ganz heil 00; Kleine Wunder 00; Die Spur des Gauklers in den blauen Mond 01; Angsthasen 01; Begegnungen 01; Sternzeichen-Cocktails 01; Blitzlicht 01; In den Ohren ein Sirren 01; Rot trifft Blau 02; Kriegszeit/Friedenszeit 02; Wieder schlägt man ans Kreuz 02; Städte. Verse 02; Ein leises Du 02; Schreiben = Aussage 02; Besteht die Liebe 03; Lieber Gott, ich rede ... 03; Zeit. Wort 03; Das Lachen deiner Augen 03; Leibspeisen 03; Mutmaßungen über Doris 04; Liebe deine Feinde 04; Augsburger Friedenssamen 04; Lyrik-Bibliothek Bd 1 04; Einmal ist keinmal 04; Liebe schenken 05; Ich – über mich 05; Der diskrete Charme rätselhafter Poesie 05; TraumSchiff. Erotische Fantasien 06; Kai Löfflers Kleines Frauenhasserbuch 06; Bücher, mein Lebenselexier 06, u. a.; mehrere Veröff. in Ztgn u. Zss. – **R:** Das Abenteuer 96; Der Antrag 96; Die Schwestern 96; Nachtlese (tv-nrw) 03/04. (Red.)

Ahr, Reinhold, Dr. med., Dipl.-Psych., Dipl.-Theol., M.A.; Am Renngraben 22, D-67346 Speyer, Tel. (0 62 32) 62 98 80, Fax 62 98 79 (* Mainz 4. 12. 50). FDA Rh.-Pf., GEDOK Rhein-Main-Taunus; Gutenberg-Stip. d. Stadt Mainz 91; Lyr., Ess. – **V:** Empfin-

dungssplitter, G. 91; Fänger sind sie alle, G. 98. – **MA:** Lyr. in Anth.: Und setze dich frei 92; Nacht lichter als der Tag 92; Unterm Fuß zerrinnen euch die Orte 93; Der Himmel ist in dir 95; Selbst die Schatten tragen ihre Glut 95; Zu hoffen wider die Hoffnung. Christlicher Glaube u. Lit., Bd 6/7 96; Das Gedicht 97; heimatGedichte 98; Posthorn-Lyrik 00; Anstöße 01; In den Ohren ein Sirren vom Flugwind der Erde 01; Schreiben=Aussage, Aussage=Schreiben 02; O du allerhöchster Zier 03; LebensBilder 04; Liebe denkt in höchsten Tönen 05; Wie ein Phoenix aus der Asche 08; Denn unsichtbare Wurzeln wachsen 08. – **MH:** Ambo-Forum f. christl. Lit. 99, 01. – *Lit:* J. Zierden: Lit.lex. Rh.-Pf. 98; DLL 20.Jh., Bd I 00; R. Sinkevičiene: Kuřsiynerija ir vokiěciv rǎstojai 02.

Ahrends, Martin, Schriftst.; *mahrends@freenet.de.* c/o Wallstein-Verlag, Göttingen (* Berlin 20. 3. 51). P.E.N.-Zentr. Dtld; Lit.förd.pr. d. Stadt Hamburg 91, Stip. Schloß Wiepersdorf 92, 95, Stip. d. Stift. Kulturfonds 93, 97, 01, 03, 'Das neue Buch' d. VS Nds.-Bremen 95, Essay-Stip. d. Stift. Nds. 95, Stip. d. Dt. Lit.fonds 95, Arb.stip. d. Ldes Brandenbg. 95, 99, 01, 05, Autorenstip. d. Stift. Preuss. Seehandlung 98, Ahrenshoop-Stip. Stift. Kulturfonds 03, Alfred-Döblin-Stip. 06, Burgschreiber zu Beeskow 06; Rom., Erz., Ess. – **V:** Allseitig gefestigt, Sachb. 89; Mein Leben, Teil Zwei, Interviews 89; Klirrende Wörter, Sprachglossen 90; Ihr verbrauchten Verbraucher!, Pamphlet 91; Der König, die Hexe und das Mädchen, M. 91; Der märkische Radfahrer, R. 92; Mann mit Grübchen, R. 95; Zwischenland, autobiogr. Ess. 97; Verlorenwasser, Erz. 00. – **MV:** Museen in Brandenburg, m. Martin Stefke 01. – **MA:** Reisen in Kinderschuhen 90; Die Zeit danach 91; Ein Volk am Pranger 92; Potsdam. Ein Reisebuch 93; Es geht nicht um Christa Wolf 95; Hamburger Ziegel 96; Der Satz des Philosophen 96; Das erotische Kabinett 97, u. a.; – Beitr. in Lit.zss., u. a. in: ndl; Stint; Litfass; Text + Kritik, seit 90. – **H:** Damals im Cafe Heider, Protokolle 06. – **R:** Prosa, Ess., Feat., Hsp. u. a. für: SFB, NDR, SWR, RB, BR, DLF u. DLR Berlin; – Der Geist von Potsdam 96; Durch rauhe Fluten kuschelfrei böse, böse Wassermann 97; Im Rückspiegel – Autobahnsatiren 98; Lob der Hausarbeit 99; Sonderbare Begegnungen 99; Szenen aus dem Grenzgebiet 01; Transit, Hsp. (SWR) 03; Mein flüchtiger Schulkamerad, Hsp. (SWR) 08.

Ahrenholz, Diedrich (Ps. Krid Zlohnerha), Dipl.-Verwaltungswirt; Kuhlenstr. 34 A, D-26655 Westerstede, Tel. (0 44 88) 86 21 46. Morrkampsweg 1 A, D-26689 Apen (* Idafckn 29. 3. 23). Erz., Lyr., Rom. – **V:** Moderne Märchen. Phantastische Geschichten 02; Antje. 25 Jahre Irrenanstalt, R. 06; Kindheit und erste Liebe, Erz. 06. – **MA:** Erzn. in versch. Ztgn u. Zss. seit 65. (Red.)

Ahrens, Barbara; Esmarchstr. 4, D-10407 Berlin, Tel. (0 30) 48 09 70 36, *www.13schwestern.de* (* Lehsen/Meckl. 26. 3. 45). VS, Dau Syndikat, Mörderische Schwestern; Arb.stip. d. Förd.ver. d. VS Bad.-Württ. 95; Rom., Kurzkrimi. – **V:** Operation Schönheit, Krim.-R. 05. – **MA:** zahlr. Kurzkrimiveröff. in Anth. seit 94; Beteiligung an einem Hörb. 07.

Ahrens, Hanna, Pastorin, Autorin; Süntelstr. 85i, D-22457 Hamburg, Tel. (0 40) 5 50 88 11, Fax 5 50 64 56 (* Heiligenhafen/Ostsee 6. 9. 38). Erz., Kurzgesch. – **V:** Jesus – mein Bruder, Interviews m. Frauen aus Papua Neu Guinea 78; Schwerer Stein oder Süßkartoffel, Erz. v. Leben in Papua Neu Guinea 80; Vom Wunder der Regenbogen, Geschn. 82, 10. Aufl. 00; Feste, die vom Himmel fallen, Kurzgeschn. 83, 6. Aufl. 98; Worte, die den Tag verändern, Kurzgeschn. 84, 8. Aufl. 98; Das

Herz hergeben, Interview, Gespr. üb. Leben u. Glauben 2. Aufl. 86; Die kleinen Hindernisse, Kurzgesch. 87, 5. Aufl. 96; Und manchmal liegt im Abschied ein Geschenk 89, 6. Aufl. 99; Augenblicke des Glücks 90, 5. Aufl. 97; Ich möchte über meinen Schatten springen 93, 4. Aufl. 96; Zum Glück kommt manchmal was dazwischen 94, 7. Aufl. 00; So ist das Leben 95, 3. Aufl. 98; Das Leben leise wieder lernen 96, 3. Aufl. 02; Auf Reisen ist der Mensch ein anderer 97, 3. Aufl. 02; Dafür lohnt es sich zu leben 97; Der kleine Stern von Bethlehem, 9., erw. Aufl. 00 (auch CD); Der Geschmack des Himmels, Geschn. 00; Hoffnungszeichen 00; Atempausen 00, 2. Aufl. 02; Nachmittagsglück 01; Freude ist ein herrliches Gefühl, Kal. 01; Und dann beginnt etwas Neues 02; Blumen aus meinem Garten 03. – **P:** Schenk mir einen Regenbogen, 2 Tonkass. 99; Der kleine Stern von Bethlehem, CD 01. (Red.)

Ahrens, Hans, Dekan i. R.; Waldheimweg 30, D-91522 Ansbach, Tel. (09 18) 6 56 50 (* Chur 2. 3. 23). GZL 93; Lyr. – **V:** Ein Atemzug Zeit, G. u. Gedanken 87; Bis dorthin wo die Sterne sind, G. 92. (Red.)

Ahrens, Henning, Dr. phil.; Handorf, Bültener Str. 37, D-31226 Peine, Tel. (0 51 71) 29 02 51 (* Peine 22. 11. 64). Wolfgang-Weyrauch-Förd.pr. 99, Förd.pr. f. Lit. d. Ldes Nds. 00, Hebbel-Pr. 01, Pro-Litteris-Pr.; Lyr., Prosa, Übers. Ue: engl. – **V:** Lieblied was kommt, Lyr. 98; Stoppelbrand, Lyr. 00; Lauf Jäger lauf, R. 02; Tiertage, R. 04; Langsamer Walzer, R. 06; Kein Schlaf in Sicht, G. 08. – **MV:** Im Netz der Worte, m. Jürgen Blume u. Ingo v. Grocling 00. – **Ue:** John Cowper Powys: Die Tagebücher 1929–1939 97; Annie Dillard: Ich schreibe 98; Guanlong Cao: Lange Schatten 98; Martha Baer: Inez an <Francesca> 98; André Alexis: Kindheit, R. 00; Colson Whitehead: Die Fahrstuhlinspektorin, R. 00; Peter Dickinson: Die Kinder des Mondfalken, Kdb.-Reihe 00ff., u. a. (Red.)

Ahrens, Renate (Renate Ahrens-Kramer), freie Autorin; Erikastr. 119, D-20251 Hamburg, Tel. u. Fax (0 40) 47 85 07, *RAhrensKra@aol.com*. Rockingham, Nerano Road, Dalkey, Co. Dublin/Irland, Tel. u. Fax (0 03 53–1) 2 85 91 13 (* Herford 6. 6. 55). Irish Writers' Union 96, P.E.N.-Zentr. dt.spr. Autoren im Ausland 98; Kulturpr. d. Kr. Herford f. Lyr. 89, Christopherus-Autoren-Team-Pr. (m. John Delbridge) 94, Goldener Telix 99, Bertelsmann-Romanpr. (2. Pr.) 00, 1. Pr. d. Kinderjury Limburg/Belgien 01; Rom., Erz., Kinderb., Dramatik, Hörsp., Kinderfernsehreihe. Ue: engl. – **V:** Katzenleiter Nr. 3, Kdb. 98, Tb. 03 (auch kat., ndl., korean. u. als Schulausg.); When the Wall Came Down, Bü., UA 98 engl., 03 dt., dt. Veröff. u. d. T.: Mütter-Los 01; Die Höhle am Strand, Kdb. 99, Tb. 01; Die Welt steht Kopf, Kdb. 00, Tb. 03; Der Wintergarten, R. 01, Tb. 03; Leo gibt nicht auf, Kdb. 01 (auch ndl.); Der Nachlaß, Bü. 02; Zeit der Wahrheit, R. 03, Tb. 05; Daniel und die Suche nach dem Glück, Kdb. 03 (auch ndl.); Hallo Claire – I miss you, Kdb. 05; Hey you – lauf nicht weg!, Kdb. 06; Marie – help me!, Kdb. 07; Hello Marie – alles okay?, Kdb. 07; Detectives at Work: Rettet die Geparde 08, Vergiftete Muffins 08, In den Krallen der Katze 09, alles Kdb.; Die drei Spürnasen. S.O.S. in Dublin, Kdb. 09. – **MA:** Im Zwiespalt 99; Prosa u. Lyr. f. Kinder u. Erwachsene in Anth. u. Zss. – **R:** Irland, Reisefeat. 90; Back to Berlin, Hsp. 91; mehrteilige Radiogeschn. f. d. Reihe „Ohrenbär" 90–92, 94, 01; zahlr. Drehb. f. d. Sendereihen: Tobi und die Stadtparkkids 98; Sesamstraße 92–01. – **Ue:** Meredith Hooper: Watzel Stinkers Tagebuch, Kdb. 91, Neuausg. u. d. T.: Watzels Reise ans Ende der Welt 02.

Ahrens-Kramer, Renate s. Ahrens, Renate

Aib, Bettina s. Braunburg, Rudolf

Aichert, Eva, Heilpäd.; Angerweg 8, D-86872 Konradshofen, Tel. (0 82 04) 17 34 (* München 8. 3. 55). Kinderlit. – **V:** Ein ganz besonderer Tag u. a. Geschn. z. Erstkommunion 98, 00; Ein ganz besonderes Geschenk u. a. Geschn. z. Erstkommunion 99, 00; Ein ganz besonderes Fest u. a. Geschn. zur Erstkommunion 00. (Red.)

Aichhorn, Anton (Toni Aichhorn); Kaiserschützenstr. 10, A-5020 Salzburg, Tel. (06 62) 87 18 86. Bach 67, A-5611 Großarl, Tel. u. Fax (0 64 14) 81 97 (* Großarl/ Sbg 15. 10. 33). Lyr., Prosa, Hörsp. – **V:** ZAN LEBM DERWEIL, Lyr. u. Prosa in Pongauer Mda. 92; Für dih 00. – **MA:** Der Anblick; Österreichs Weidwerk; Salzburger Bauernkal. – **R:** Beitr. üb. Mda. im ORF. (Red.)

Aichinger, Ilse (Ps. f. Ilse Eich); lebt in Wien, c/o Ed. Korrespondenzen, Wien (* Wien 1. 11. 21). Dt. Akad. f. Spr. u. Dicht., Akad. d. Künste Berlin 56, Bayer. Akad. d. Schönen Künste; Pr. d. Gruppe 47 52, Immermann-Pr. d. Stadt Düsseldorf 55, Pr. d. Stadt Bremen 57, Lit.pr. d. Bayer. Akad. d. Schönen Künste 61, Anton-Wildgans-Pr. 68, Nelly-Sachs-Pr. 71, Pr. d. Stadt Wien 74, Würdig.pr. d. Öst. Staatspr. 74, Roswitha-Gedenkmed. 75, Franz-Nabl-Pr. 79, Georg-Trakl-Pr. 79, Lit.pr. d. Salzburger Wirtschaft 81, Petrarca-Pr. 82, Franz-Kafka-Pr. 83, Marie-Luise-Kaschnitz-Pr. 84, Europalia-Lit.pr d. EG 87, Eichendorff-Med. 87, Weilheimer Lit.pr. 88, Manès-Sperber-Pr. 90, Peter-Rosegger-Lit.pr. 91, Gr. Lit.pr. d. Bayer. Akad. d. Schönen Künste 91, Gr. Öst. Staatspr. f. Lit. 95, Joseph-Breitbach-Pr. 00, E.pr. d. öst. Buchhandels 02, u. a.; Rom., Erz., Lyr., Hörsp. – **V:** Die größere Hoffnung, R. 48; Rede unter den Galgen, Erzn. 52, u. d. T.: Der Gefesselte 53; Zu keiner Stunde, Szenen u. Dialoge 57; Besuch im Pfarrhaus, Hsp. u. 3 Dialoge 61; Wo ich wohne, Erzn., Dialoge, G. 63; Eliza Eliza, Erzn. 65; Auckland, 4 Hsp. 69; Nachricht vom Tag, Erzn. 70; Dialoge. Erzählungen. Gedichte 71; Schlechte Wörter. Prosa u. d. Hörspiel „Gare maritime" 76; Verschenkter Rat, G. 78, Tb. 81; Meine Sprache und ich, Erzn. 78; Spiegelgeschichte, Erzn. u. Dialoge 79; Kleist, Moos, Fasane. Kurzprosa, Erinnerungen, Aufzeichn. 1950–1985 87; Seegeister 91; Werke in acht Bänden 91; Das Verhalten auf sinkenden Schiffen, Reden z. Erich-Fried-Pr. 97; Eiskristalle. Humphrey Bogart u. d. Titanic 97; Film und Verhängnis. Blitzlichter auf ein Leben 01; Kurzschlüsse 01; Der Querbalken 02; Unglaubwürdige Reisen 05; Subtexte 06. – **MV:** Der letzte Tag, m. Günter Eich 55; Julia Kospach: Letzte Dinge. Ilse Aichinger u. Friederike Mayröcker, zwei Gepräche über den Tod 08. – **MA:** Hörspiele 61; Atlas 65; Städte 1945 70; Glückliches Österreich 78; Neue Rundschau 2–3/80, 2/83; Moderne Erzähler f. 84; H.G. Adler zum 75. Geburtstag 85; Grimmige Märchen, Prosatexte 86; Weilheimer Hefte z. Lit. Nr.23 88; Dem Dichter des Lesens. Gedichte f. Paul Hoffmann 97; Die Kindertransporte 1938/39. Rettung u. Integration 03. – **R:** Knöpfe, 53; Französische Botschaft, Dialog 60; Weiße Chrysanthemen, Dialog 61; Besuch im Pfarrhaus 62; Die größere Hoffnung, Hfk-Bearb. d. gleichnamigen R. 66; Nachmittag in Ostende 68; Die Schwestern Jouet 69; Auckland 70; Gare maritime 76, Neufass. 77; Die größere Hoffnung 91, alles Hsp. – *Lit:* DLL, Bd I 68; Antje Friedrichs: Untersuchung zur Prosa I.A., Diss. Münster 70; Jürgen Serke in: Frauen schreiben. Ein neues Kap. dt.spr. Lit. 79; Elisabeth Endres in: Neue Lit. d. Frauen 80; Christiaan L. Hart Nibbrig in: Rhetorik d. Schweigens, Versuch üb. die Schatten literar. Rede 81; Dagmar Lorenz: I.A. 81; Carine Kleiber: I.A. Leben u. Werk 84; Heinz F. Schafroth in: Frauenlit. in Öst. v. 1945 bis heute 86; Gisela Lindemann: I.A. 88; Walther Killy (Hrsg.): Literaturlex., Bd 1 88; Samuel Moser: I.A. Mat. zu Leben u. Werk 89; Wilpert/Gühring 92; LDGL 97; Metzler Lex. d. dt.-jüd. Lit. 00; Stefan Moses: I.A. Ein Bilderbuch, m. Texten v. Michael Krüger u. I.A. 06; Text + Kritik, H.175 07; Heinz F. Schafroth/Simone Fässler in: KLG. (Red.)

Aichner, Bernhard, Germanist, Fotograf, Schriftst.; Pradler Str. 30, A-6020 Innsbruck, *b.aichner@chello.at*, *www.bernhard-aichner.at* (* Heinfels/T. 1. 2. 72). Lit.pr. d. Öst. Hochschülerschaft 95, Brachland-Lit.pr. d. Ldes Tirol 98, Pr. d. Ldeshauptstadt Innsbruck f. erzählende Dicht. 02, Christoph-Zanon-Lit.pr. 06, Öst. Staatsstip. f. Lit. 07/08, Gr. Lit.stip. d. Ldes Tirol 07/08; Lyr., Prosa, Drama. – **V:** Babalon, Erzn. 00; Das Nötigste über das Glück, R. 04; Nur Blau, R. 06; – THEATER: Pissoir, UA 04; Poltern, UA 06. – **MA:** Schriftzüge 97; Brachland 00. – **R:** Schick, Hsp. 06. (Red.)

Aigelsreiter, Alfred, Kabarettist; Dr.-Karl-Giannoni-Gasse 17, A-2340 Mödling, Tel. (0 22 36) 4 89 40, Fax 86 60 90, *a.aigelsreiter@aon.at* (* Wien 5. 8. 54). IGAA, VÖT; Kleinbühnenpr. d. BMfUK 87, Kulturpr. d. Stadt Baden 93; Kabarett, Sat., Lied. – **V:** Verhiast und zugemoikt, Kabarett-Texte 94; Wende-Wolfis geheimes Tagebuch, Satn. 01; Vom Bärental zum Ballhausplatz 02; Im Rückspiegel 04; – Kabarett-Texte f. „Die Brennesseln": Alles wie geschmiert 81; Gemma bodn 82; Auf und davon 83; Kein schöner Land 84; Um jeden Preis 85; Die Wende hoch 86; Lasset uns jäten 87; Volle Gruft voraus 88; Ho(h)nig ums Maul 89; Verhiast und zugemoikt 90; Brüder, zur Tonne 91; Kläglich alles 92; Zeitgeisterstunde 93; Reich ins Heim 94; Die Tritte-Republik 95; Zu neuen Daten 96; Bethe sich, wer kann 97; Esel sei der Mensch 98; Durch Park und Schein 99; Am Besten nicht Neues 00; Zur Verwählung alles Gute 01; Made(n) in Austria 02; Spar-Mania 03; Bei Macht und Hebel 04. – **H:** Mödling wie es einmal war, Bildbd, Bd 1 95, 2 00. (Red.)

Aigner, Christoph Wilhelm, Schriftst.; c/o Deutsche Verlags-Anstalt, München (* Wels/OÖ 18. 11. 54). P.E.N. bis 04; Georg-Trakl-Förd.pr. 82, Wiss.pr. d. Rotary Clubs Salzburg 93, Lyr.pr. Meran (2.Förd.pr.) 93, Stip. Schloß Wiepersdorf 93 u. 95, Förd.pr. d. Else-Lasker-Schüler-Lyr.pr. 96, Anton-Wildgans-Pr. 04, Dresdner Stadtschreiber 04, Heinrich-Heine-Stip. 04, Öst. Würdig.pr. f. Lit. 06; Lyr., Prosa, Theater. Ue: ital. – **V:** Katzenspur, Verse u. Marginalien 85; Weiterleben, G. 88; Drei Gedichte, G. 91; Landsolo, G. 93, 3. Aufl. 94; Anti Amor, Erz. 94; Der Mönch von Salzburg. Die weltl. Dichtung 95; Das Verneinen der Pendeluhr, G. 96; Die Berührung, G. 98; Mensch. Verwandlungen 99, 2. Aufl. 01; Engel der Dichtung, e. Lesereise 00; Vom Schwimmen im Glück, G. 01; Logik der Wolken, Prosa 04; Kurze Geschichte vom ersten Verliebtsein, G. 05; Die schönen bitteren Wochen des Johann Nepomuk, R. 06. – **MA:** Beitr. in Lyrik- u. Prosa-Anth. u. Lit.-Zss., u. a. in: Schmetterlinge in der Weltliteratur 81; Der Neue Conrady 00; Es werde Licht 00; Vom Fisch bespuckt 02; Jb. d. Lyrik 07. – **H:** Kein schöner Land. 50 öst. Autoren über Salzburg 81; Sarah Kirsch: Beim Malen bin ich weggetreten, Kunstb. (m. e. Essay d. Hrsg.) 00. – **R:** Scherzo. Anton B., e. Annäherung, Hsp. 77. – **Ue:** Federigo Tozzi: Tiere, Dinge, Personen 97; Giuseppe Ungaretti: Zeitspüren, G. 03. – *Lit:* Wilhelm Bortenschlager: Öst. Dramatiker d. Gegenw. 76; Erich Fried in: Weiterleben 88; Albrecht Holschuh in: Lit. in Wiss. u. Unterricht 96; Evelyne Polt-Heinzl in: Lit. + Kritik 349/00; Johann Holzner in: Vom Gedicht zum Zyklus 00; Riccarda Novello in: Poesia 124/01; Sarah Kirsch entdeckt C.W.A. 01; Wilhelm Bartsch in: ndl 541/02; Lex. d. dt.spr. Gegenwartslit. seit 1945 03; Ulrike Läng-

le in: Natur u. Landschaft in d. österr. Lit. 04; Matthias Kußmann in: KLG.

Aigner, Hans Dieter; Ramsauerstr. 89, A-4020 Linz, Tel. u. Fax (07 32) 34 66 38 (* Linz 7. 2. 58). Lyr., Erz. – **V:** Von einem, der auszog ..., Erz. 99; Sekuloff reist, Erz. 02; Gegenüber, Lyr. 04. – **MV:** Sand und Salz, Lyr. 97; Monologe, Dialoge, Resumees 04. (Red.)

Ajmilr, Herman s. Eimüller, Hermann

Aken, Wijn van s. Schiffers, Winfrid

Akermann, Erika (geb. Erika Oser), Stadtführerin in St. Gallen; Sonnenbergstr. 80, CH-9030 Abtwil, Tel. (0 71) 3 11 25 18, Fax 3 10 17 81, *erika.akermann@bluewin.ch* (* St. Gallen 3. 10. 46). Rom. – **V:** Am Fuße des Rosenbergs, R. 01. (Red.)

Aktoprak, Levent, freier Rundfunkjournalist, Autor; Kantstr. 4, D-59174 Kamen, Tel. u. Fax (0 23 07) 1 39 95, *Levent.Aktoprak@t-online.de* (* Ankara 18. 9. 59). VS; Lit.förd.pr. d. Stadt Bergkamen 80, Stip. in Amsterdam 91; Prosa, Lyr., Rep. – **V:** Entwicklung, Lyr. 83; Ein Stein, der blühen kann, Lyr. 85; Unterm Arm die Odyssee, Prosa, Lyr. 87; Eine türkische Familie erzählt, Rep. 87; Das Meer noch immer im Kopf, Poem 91. – **MA:** Kreuz und quer den Hellweg, Anth. 99; 14 Beitr. in Lyr.-Anth. – **R:** zahlr. Hfk-Repn. u. Feat., u. a.: Eine lyrische Reise durch unlyrische Zeiten, Poem 90; Bittere Heimat Deutschland, Feat. 94; Polonezköy – das Dorf der Polen unweit vom Bosporus; Galatabrücke – die Geschichte und Geschichten; Vorgeschmack auf das Paradies. Treffpunkte islam. Alltagskultur 05; Kopfball ohne Kopftuch 06. (Red.)

Al-Dahoodi, Zuhdi, Dr. phil., HS-Lehrer bis 93, Dolmetscher; Hauptstr. 77 a, D-04416 Markkleeberg, Tel. (03 41) 3 58 44 57, Fax 3 58 44 92 (* Tuz/Irak 22. 4. 40). Union d. Irak. Schriftst. 58, Kurd. P.E.N.-Zentr. 98; Rom., Erz. Ue: arab. kurd. – **V:** Tollwut, 30 Erzn. 91; Das längste Jahr, R. 93; Abschied von Ninive, Nn. 01 (alle auch arab.); Zeit der Flucht 02/03. – *Lit:* amnesty international (Hrsg.): Bücher verfolgter Autoren 01; s. auch 2. Jg. SK. (Red.)

Al-Maaly, Khalid, Verleger; Postfach 210149, D-50527 Köln, Tel. (02 21) 73 69 42, Fax 7 32 67 63, *KAlmaaly@aol.com* (* As'Samawa/Irak 15. 4. 56). VS; Solidaritätsfonds f. Schriftst. im Exil 86, Heinrich-Böll-Fonds f. verfolgte ausl. Autoren im Exil 86, Rolf-Dieter-Brinkmann-Stip. 88, Arb.stip. d. Ldes NRW 90 u. 98, Förd.pr. d. Ldes NRW 90, Stip. Künstlerdorf Schöppingen 95. Ue: arab. – **V:** Gedanken über das Lauwarme, Prosa 89, 2., veränd. Aufl. 94; Mitternachtswüste, G. 90, 2., veränd. Aufl. 97; Klage eines Kehlkopfes, G. 93; Das halbe Sein, Prosa-G. 93; Eine Phantasie aus Schilf, G. arab.-dt. 94; Landung auf dem Festland, G. 97; Die Arabische Welt zwischen Tradition u. Moderne 04; (Übers. dt. Arbeiten in: dt., frz., hebr., isländ., ital., pers.); – zahlr. Veröff. in arab. Sprache seit 78. – **MV:** Lexikon arabischer Autoren d. 19. u. 20. Jahrhunderts, m. Mona Naggar 04. – **MA:** Veröff. in Ztgn u. Zss., u. a. in: Neue Rundschau; Lettre International; die horen; Neue Sirene; Einspruch; Zürich; Akzente; FAZ; NZZ; Berliner Ztg; – Veröff. in Anth., u. a. in: Moderne arabische Literatur 88; In die Flucht geschlagen 89; Literar. Autorenporträts. 163 Autoren aus NRW 99. – **H:** Eros bei den Arabern, 6 Bde 86–95, 3. Aufl. 02 (arab.); Zwischen Zauber und Zeichen, Anth. 00 (auch übers.). – **MH:** u. Ue: Mittenaus, Mittenein, m. Suleman Taufiq u. Stefan Weidner, Lyr. 93; Badr Sakir as-Sayyab, m. Stefan Weidner, G. arab.-dt. 95. – **R:** Beitr. in WDR, DLF, Radio Bremen, SWF, SFB, HR. – **Ue:** Arab. Lyriker in dt. Sprache, u. a. Adonis, As-Sayyabb, Sargon Boulus, Mohamed al-Maghut, Abbas Beidun, Mahmud Darwisch; Dt. Lyriker in arab.

Sprache, u. a. Heinrich Heine, Paul Celan, Kurt Schwitters, Ernst Jandl, Ingeborg Bachmann, Gottfried Benn, Günter Eich, Ernst Meister; – Gottfried Benn: Ausgewählte Gedichte 97, 98; Paul Celan: Ich hörte sagen, G. u. Prosa 99. – **MUe:** Mahmud Darwisch: Weniger Rosen, m. Heribert Becker, G. 89, 2., verb. Aufl. 94; Sargon Boulus: Zeugen am Ufer, m. Stefan Weidner, G. 97; Unsi al-Hadj: Die Liebe und der Wolf, G. arab.-dt. 98; Abdulwahab Al-Bayyati: Aischas Garten, G. arab.-dt. 03; Nach dem letzten Himmel. Neue palästinens. Lyrik, arab.-dt. 03; Saadi Yussef: Fern vom ersten Himmel, G. arab.-dt. 04; Rückkehr aus dem Krieg. Neue irak. Lyrik 05, alle m. Heribert Becker. (Red.)

Al-Mozany, Hussain, Schriftst., Übers., Journalist; c/o Verlag Hans Schiler, Fidicinstr. 29, D-10965 Berlin, *al-mozany@netcologne.de* (* Amarah/Irak 1. 1. 54). Lit.haus Köln; Arb.stip. f. Schriftst. d. Ldes NRW, Adelbert-v.-Chamisso-Pr. (Förd.pr.) 03; Rom., Erz., Lyr. Ue: arab, dt. – **V:** Der Marschländer. Bagdad – Beirut – Berlin, R. 99; Mansur oder der Duft des Abendlandes, R. 02; Das Geständnis des Fleischhauers 07; Erzn. u. R. in arab. Sprache. – **Ue:** Nicolas Born: Die Fälschung, R. 97; Robert Musil: Drei Frauen, Erzn. 97; R.M. Rilke: Das Familienfest 98; Günter Grass: Die Blechtrommel 99. – *Lit:* Isabel Kusé: Drie Kortverhalen uit „Karif Al-Mudun" van Husayn Al-Muzani in literaturwetenschappelijk Perspektief, Mag.arb. Univ. Gent 97/98. (Red.)

AL.WIS, Widdumring 8, D-87480 Weitnau, Tel. (0 83 75) 92 16 27, *radomski@gmx.com* (* Jena 15. 3. 72). Lyr. – **V:** Radomskis Promitalk und Tittenklatsch 03; Das super geniale Buch der Gedichte 04. (Red.)

Aladin, Rex Albert s. Hellwig, Ernst

Alafenisch, Salim, Ethnologe, Psychologe, Soziologe, freier Schriftst. u. Erzähler; Rohrbacher Str. 81, D-69115 Heidelberg, Tel. (0 62 21) 2 68 47 (* Negev-Wüste 20. 11. 48). Erz. – **V:** Der Weihrauchhändler, M. u. Gesch. 88; Die acht Frauen des Großvaters 90; Das Kamel mit dem Nasenring 90; Das versteinerte Zelt 93; Amira, Prinzessin der Wüste 94; Die Nacht der Wünsche 96; Azizas Lieblingshuhn 97; Amira im Brautzelt 98; Die Feuerprobe 07; (mehrere Nachaufl./Lizenzausg.). (Red.)

Alanyali, Iris, Journalistin, Red.; c/o Berliner Morgenpost, Ressort Feuilleton, Axel-Springer-Str. 65, D-10888 Berlin (* Sindelfingen 69). – **V:** Gebrauchsanweisung für die Türkei 05; Die blaue Reise u. a. Geschichten aus meiner deutsch-türkischen Familie 06 (auch als Hörb.). (Red.)

AlB s. Brehm, Alexander Lorenz Arthur

Alba Junis s. Luft-Kornel, Katharina

Albeck, Wilfried, Gärtnermeister; Kirchgasse 14, D-74223 Flein, Tel. (0 71 31) 20 50 75, Fax 57 26 61, *albeck@saitenwurscht.de*, *www.saitenwurscht.de* (* Böckingen 6. 9. 56). Lit.pr. d. Staatsanzeiger-Verl. u. d. Ldes Bad.-Württ. 07; Mundart (Schwäbisch), Sketch. – **V:** Dr Schwobaseckel. Gedichte u. Betrachtungen rund um d. Saitenwurschtäquator, Bde 1–3 98ff.; Kleine Wunder, Bildbd m. Lyr. 07, schwäb. Ausg. u. d. T. Kloine Wunder 07. – **MV:** zus. m. Sonja Albeck: Rotzböbbela und andere Kataschtrophen 01; Saitawürschtla und weitere umegliche Tatsacha 02; Betthupferla und ondere Kloinigkeita 03; Gedanka-Breggela 04; ... auf dr Sau naus! 05; Schwäbische Sketchparade 06; ... no nix Narret's 06; boggelhart und windelweich 08.

Albert, Stefan, Pfarrer; Lindenstr. 1, D-74747 Ravenstein, Tel. (0 62 97) 9 50 50, Fax 9 50 52, *pfarramt-*

ravenstein@t-online.de (* Duisburg 14. 12. 62). Rom. – **V:** Der Schatz des Heiligenmeisters 00; Mord in der Kühle der Nacht 01; Das Thorhammer-Komplott 02. (Red.)

Albert-Kucera, Ulrike A. s. Kucera, Ulrike A.

Alberts, Jürgen, Dr.; Kohlhökerstr. 51, D-28203 Bremen, Tel. (04 21) 32 53 44, Fax 32 40 79, *kontakt@juergen-alberts.de*, *www.juergen-alberts.de* (* Kirchen/Sieg 4. 8. 46). GLAUSER 88, Dt. Krimipr. 94, Stip. d. Dt. Lit.fonds 95, Marlowe-Pr. 97; Rom., Krim.rom. – **V:** Die zwei Leben der Maria Behrens 81; Die Entdeckung der Gehirnstation 85; Tod in der Algarve 85; Landru 87; Der Spitzel 88; Die Chop-Suey-Gang 88; Gestrandet auf Patros 89; Das Kameradenschwein 89; Keplers Traum 89; Zielperson unbekannt 90; In der Gehirnstation 90; Die Falle 90; Die Selbstmörder 91; Der Tiermörder 92; Fatima 92; Tod eines Sesselfurzers 93; Die Geiselnehmer 94; Mediensiff 95; Der Anarchist von Chicago 95; Der große Schlaf des J.B. Cool. Ein Plagiat 96; Kriminelle Vereinigung 96; Hitler in Hollywood 97; J.B. Cools meets Jesus Christ u. a. Stories vom bekifften Bremer Detektiv 99; Gipfeltreffen 00; Der Violinkönig 00; J.B. Cool und der König von Bremen 00; Hitler und Hollywood oder: die Suche nach dem Idealscript 00; Der Anarchist von Chicago 01; J.B. Cool – extra dry 02; Familienfoto 03; Familiengeheimnis 05; Familiengift 06. – **MV:** Gehirnstation, m. Fritz Nutzke, Krim.-R. 84; Entführt in der Toskana, m. Marita Alberts, Krim.-R. 88; Die allerletzte Fahrt des Admirals, m.a., Ketten-Krim.-R. 98; Sieben Rosen in Atlantik, m. Marita Alberts 99; Der Pott kocht, m. Gabriella Wollenhaupt, Geschn. 00; Cappuccino zu dritt, m. Marita Alberts, R. 01; Erbsensuppe flambiert, m. Maj Sjöwall 03. – **B:** Christian Cortés: Bitacora-Logbuch, G. (span.-dt.) 89. – **MA:** Der Pott kocht 00; Sport ist Mord 02; Liebestöter 03, alles Krim.-Anth., u. a. – **H:** Stadt der Angst 95. – **R:** zahlr. Hsp. u. Fsp. (Red.)

Albertsen, Elisabeth s. Corino, Elisabeth

Albig, Jörg-Uwe, Journalist; Samariterstr. 25, D-10247 Berlin, Tel. (0 30) 6 13 47 39 (* Bremen 60). – **V:** Velo, R. 99; Land voller Liebe, R. 06. (Red.)

Albrecht, Dietmar, Dr.; Schloßstr. 15, D-23626 Ratekau, Tel. (0 45 02) 58 68, Fax 30 23 02, *dietmaralbrecht@t-online.de*, *www.dietmaralbrecht.de* (* Neisse 41). literar. Reiseb. – **V:** Literaturreisen – Barlach in Wedel, Hamburg, Ratzeburg und Güstrow 90; Literaturreisen – Storm in Schleswig und Holstein 91; Literaturreisen – Schleswig-Holstein 93; Wege nach Sarmatien – Zehn Tage Preußenland 95 (mit litau., russ., poln.), überarb. u. erweit. Neuausg. 06; Verlorene Zeit – Gerhart Hauptmann 97; Falunrot. Zehn Kapitel Schweden 06; Sampo. Zehn Kapitel Finnland 08; Von Tels-Paddern bis zur Fischermai. 10 Kapitel Lettland u. Estland 09. – **MA:** Text u. Kritik 165 05. – **MH:** Unverschmerzt. Johannes Bobrowski. Leben und Werk, m. A. Degen, H. Peitsch, K. Völker 04; Mare Balticum. Begegnungen zu Heimat, Geschichte, Kultur an der Ostsee, m. M. Thoemmes 05; Provinz als Zentrum. Regionalität in Lit. u. Sprache, m. A. Degen, B. Neumann, A. Talarczyk, Sammelbd 07.

Albrecht, Erich W.; Gottlieb-Daimler-Str. 1, D-89257 Illertissen, Tel. (0 73 03) 90 37 09 (* Mumsdorf/Thür. 8. 2. 23). – **V:** Mensch Walter. Ein bewegtes Leben, Biogr. 03; Gereimte Gedichte(n), G. 04; Afrika-Virus. Land und Leute 07.

Albrecht, Björn, M. A.; lebt in Berlin, c/o Wallstein Verl., Göttingen, *joerg@fotofixautomat.de*, *www.fotofixautomat.de*, *www.phonofix.de* (* Bonn 21. 8. 81). Lit.förd.pr. d. Stadt Dortmund 02, GWK Förd.pr. Lit. 05, OPEN MIKE-Preisträger 05, Förd.pr. d. Ldes NRW

Albrecht

07; Rom., Dramatik, Hörsp. – **V:** Drei Herzen, R. 06; Sternstaub, Goldfunk, Silberstreif, R. 08.

Albrecht, Johannes (Ps. f. Johann-Albrecht Keiler), Dipl.-Chemiker, Dipl.-Wirtsch., Dr. sc. nat., Prof.; Am Goldmannpark 73, D-12587 Berlin, Tel. u. Fax (0 30) 6 45 50 83 (* Breslau 12. 8. 29). Rom. – **V:** Die todbringende Madonna, Krim.-R. 79, 87; Gift im Glas, Krim-R. 82, 00; Lichtenberg, Bahnsteig E. Der Tod des Gurus, 2 Krim.-Erzn. 89, 90. (Red.)

Albrecht, Kathi s. Thoma-Auerbach, Kathleen

Albrecht, Marc (geb. Marc Führer); Glinder Str. 2, D-27432 Ebersdorf, Tel. (0 47 65) 83 00 60, Fax 83 00 64 (* Berlin 9. 1. 70). – **V:** Marius, der Mahr 01; Kurzgeschichten. 1982–1999 01; Elerion. Die Boten des Morgen, Fantasy 01, 03; Pferde, Jungs und Zungenküsse, Jgdb. 06. – **H:** Web-Site-Stories, Anth. 01–04. – **MH:** Die Huf-Rolle, Fachzs., m. Ulrike Albrecht 02–04. (Red.)

Albrecht, Richard s. Parseghian, R. Albrecht

Albrecht, Tobias s. Schamoni, Rocko

Albrecht, Wilma Ruth, Dr. rer. soc., Sprach- u. Sozialwiss.; Wiesenhaus, D-53902 Bad Münstereifel, *dr.w.ruth.albrecht@web.de, www.wiesenhausblatt. de* (* Ludwigshafen 47). Rom., Lyr., Erz. – **V:** Heimatzeit, Erzn., G., Geschichte 06; Harry Heine 07. – **H:** wiesenhausblatt. e-blätter f. Schöne Lit., seit 07.

Albus, Anita; Georgenstr.4, D-80799 München, Tel. (0 89) 34 15 21 (* München 9. 10. 42). Johann-Heinrich-Merck-Pr. 04. Ue: frz. – **V:** Farfallone, R. in Briefen 89, 91; Liebesbande, Erzn. 93; Die Kunst der Künste. Erinnerungen an die Malerei 97, Neuaufl. 05 (auch am., frz.); Paradies und Paradox. Wunderwerke aus fünf Jh. 02 (auch korean.); Von seltenen Vögeln 05; Das Los der Lust. Ein Versuch über Tania Blixen 07; Das botanische Schauspiel. Vierundzwanzig Blumen nach dem Leben gemalt u. beschrieben 07. – **Ue:** Edmond & Jules de Goncourt: Blitzlichter 89. (Red.)

Alexander, Elisabeth (Künstlername f. Elisabeth Schmitz) *

Alexander, Elisabeth s. Starzengruber, Elisabeth

Alexander, Sibylle (geb. Sibylle Kaufmann), Schriftst. u. Märchenerzählerin; 4 Langhaugh Gardens, Galashiels/Scotland TD1 2AU/GB, Tel. (0 18 96) 75 22 14, Fax 75 33 04 (* Hamburg 24. 1. 25). Intern. Storytelling Club, Edinburgh 90, Borders Writers' Forum, Writers in Scotland Scheme; Erz. Ue: engl, dt. – **V:** Flucht und Heimkehr, R. 68; Jetzt gehts los 74; Am Torffeuer erzählt, irische Geschn. 94; Der Mönch aus Iona, gäl., irische u. schott. Geschn. 97; Der Harfenspieler, kelto-irische Geschn. 99; Das Findelkind, irische u. schott. Geschn. 01, alle Geschn. teils nacherzählt, teils selbstverfaßt; Samuel der Zeuge, m. Bildern v. Olga Porum Baru 04. – **B:** Erich Kästner: Das doppelte Lottchen (eigene Übers.) 99. – **MA:** If life is a game ... these are the stories 04; zahlr. Art. seit 60 in: Erziehungskunst; Die Christengemeinschaft; Wege; Novalis; Das Goetheanum; The Times Educational Supplement; The Guardian; The Herald. – **R:** Die Spieldose, wöchentl. Hfk-Sdg f. Kinder 45–46; Pockets of Freedom, Erinn., Hfk-Sdg (Radio Scotland) 80. (Red.)

Alexandra, Alexa s. Tenkrat, Friedrich

Alfare, Stephan; c/o Luftschacht Verlag, Malzgasse 12/2, A-1020 Wien (* Bregenz 28. 1. 66). GAV, Vorarlberger Autorenverb., jetzt Lit. Vorarlberg; Buchprämie d. BKA 97, Öst. Staatsstip. f. Lit. 99/00, Öst. Rom-Stip. 00, Italien-Stip. d. Ldes Vbg 01, Griechenland-Stip. d. Ldes Vbg 01, Anerkenn.pr. f. Lit. d. Ldes Vbg 01, Theodor-Körner-Förd.pr. 02, Lit.stip.d. Ldes Vbg 03; Rom., Erz. – **V:** ... und so, wie mich alle anstarren, genau

so sehe ich aus, Kurzgeschn. 96; Schwangere Filzläuse & Ratteneier, G. 97; Maximilian Kirchberger stellt seinen Koffer vor die Tür, Prosa 98; Begräbnis, Erz. 99; Karl Heinz Zizala hat Krebs, R. 01; Das Schafferhaus, R. 05; Meilengewinner, R. 08. – **MA:** zahlr. Veröff. in Zss. u. Anth. – **R:** Veröff. in Rdfk u. Fs.; Lesung b. Ingeborg-Bachmann-Pr. 00. – *Lit:* Rez. in Tagesztgn u. Rdfk. (Red.)

Alfonsi, Josiane, freie Autorin; Kornhausstr. 21, D-72070 Tübingen, Tel. (0 70 71) 2 37 05 (* Valence/ Frankreich 12. 12. 44). Hölderlin-Ges. 89, VS 99, Inst. Intern. de Géopoétique 99; Würth-Lit.pr. 97, Stip. d. Stuttgarter Schriftstellerhaus 99, Calwer Hermann-Hesse-Stip. 01, 2. Pr. b. Lit.wettbew. „Zuhause ... in der Fremde" 01; Lyr. Ue: frz, dt. – **V:** Je suis/Du bist, G. 90 (dt. u. frz.); Kultur/Culture 97; Le temps du dire/ Sagen-Zeit 98. – **MA:** Hommage à Hölderlin, Jb. 95; Zwischen den Zeiten. Zwischen den Welten, Alm. 95; Retsina für Vauo 95; Dem Dichter des Lesens 97; Terre des Femmes 3/97; Die Lehre der Fremde. Die Leere des Fremden 97; Eva Zippel. Plastische Skizzen 00; Hambacher Frauenmanifest 01; Zuhause ... in der Fremde 01; Kindheit u. Weihnachten im Gedicht, Anth. 01/02; Mein Hermann Hesse 02; D'Allemagne et de Méditerranée 03; 5. Almanach Stuttgarter Schriftstellerhaus 03; Tübingen im Gedicht 04; Poesie / Poésie 04. – *Lit:* Jürgen Wertheimer: Die Lehre der Fremde. Laudatio z. Würth-Lit.pr. 97; Curt Meyer-Clason: Le Temps du dire-Sagen-Zeit, Nachw. 98.

Alge, Patricia; Eichholzstr. 242, CH-9435 Heerbrugg, *info@patriciaalge.ch, www.patriciaalge.ch* (* Thal/SG 6. 1. 74). BDS 99, SSV 00; Hist. Lisebesrom. – **V:** Von der Liebe u. a. wichtigen Dingen, Erzn. 99; Leise Tränen - Starkes Herz, R. 00; Liebe im Schatten des Verrats, R. 02; Geheimnis der Sehnsucht, R. 02; Im Zwielicht der Gefühle, R. 04. (Red.)

Alge, Susanne (Susanne Riemann), Dr. phil.; Landhausstr. 37, D-10717 Berlin, Tel. (0 30) 8 81 79 35, *info @susanne-riemann.de* (* Lustenau/Vbg 29. 7. 58). Aufenthaltsstip. d. Berliner Senats 90, Theodor-Körner-Förd.pr. 91, Lit.stip. d. Ldes Vbg 95, Bundesländer-Stip. in Paliano 99; Prosa, Lyr. – **V:** Die Brupbacherin 95; Philosophie der Tat. Exil u. Antifaschismus als Grundlage f. Elisabeth Freundlichs publizist. Werk, Vortrag 98; Großmutter und Lebensweisheiten und ich, R. 00. – **MA:** Auf der Achterbahn 96; Erde tu' dich auf! 97; Ab in die Wüste! 98; Dann kratz ich dir die Augen aus 98; ... denn es ist viel Arbeit in der Welt, mir zum wenigsten deucht nichts am rechten Platz, Texte f. e. Ausst. üb. Bettina v. Armin 98. – **H:** Elisabeth Freundlich: Die fahrenden Jahre, Erinn. 92. – **R:** Text/Tin-Collagen zu Selma Meerbaum-Eisinger, Franziska Gräfin zu Reventlow, Nelly Sachs, Gertrud Kolmar, Elisabeth Freundlich 93/94. – **P:** Nah-Aufnahme, Erz., Hörb. 02. – **Ue:** Odile Grand: Gelb – auf dem Herzen getragen 97. (Red.)

Alioth, Gabrielle, lic. rer. pol.; Rosemount, Julianstown, Co. Meath, Ireland. Tel. (0 41) 9 82 93 02, Fax 9 82 96 12, *galioth@gabriellealioth.com, www. gabriellealioth.com* (* Basel 21. 4. 55). Gruppe Olten, jetzt AdS, P.E.N.-Zentr. dt.spr. Autoren im Ausland; Lit.pr. „Der erste Roman" 91; Rom., Erz., Rundfunkfeature, Kinderb., Reiseb. – **V:** Der einsame Tanz, R. 90, Tb. 95; Wie ein kostbarer Stein, R. 94, 98; Die Arche der Frauen, R. 96, Tb. 98; Die stumme Reiterin, R. 98; Das magische Licht, Kdb. 01; Im Tal der Schatten, Kdb. 02; Die Erfindung von Liebe und Tod, R. 03; Irland. Eine Reise durchs Land d. Regenbogen, Reiseb. 03; Irland – mit Nordirland, Reiseb. 04; Der prüfende Blick, R. 07; Orpheus!, Theaterst. 07; Die Braut aus Byzanz, R. 08. –

MV: Mitgeteilt, m. Corina Lanfranchi u. Katharina Tanner, Portr. 08. – **MA:** Der Mann im Mond ist eine Frau 98; Magie des Augenblicks 99; Ferienlesebuch 99; Walpurgistänze 00. – **H:** Ach wie gut, dass niemand weiss ..., Anth. 04. – *Lit:* Matthias Bauer in: Trafo. Almanach d. LiteraturBüro, Nr.2 98; Silke R. Falkner in: Glossen, Sonderausg. 15/02, 24/06; dies. in: Seminar 38:4 02; Helen Hauser in: Beziehungen u. Identitäten. Österreich, Irland u. die Schweiz 04; Silke R. Falkner in: Intern. Fiction Review 34 07; Irene Mayer in: Ich wollte immer schon mal weg! 07; Insa Segebade in: Textart 4/07.

Aliti, Angelika, Autorin; Lugitsch 52, A-8091 Jagerberg, Tel. (0 34 77) 2 90 35, Fax 2 90 38, *office@schlangenberg.at, www.schlangenberg.at* (* Hamburg 26. 5. 46). Magischer Frauenkrimi, Sachb. f. Frauen. – **V:** Die Sau ruft 97; Kein Bock auf Ziegen 98; Heißes Herz 00, alles Krim.-R.; mehrere Sachbücher f. Frauen. – *Lit:* s. auch 2. Jg. SK. (Red.)

Alke, D. Harald (Ps. Rik van Leeven), Biotechniker, Yogalehrer, Entwicklung v. Kunstobjekten; c/o Kyborg-Institut u. Verlag, Silvanerring 17 / Postfach 20, D-67592 Flörsheim-Dalsheim, Tel. (0 62 43) 70 57, Fax 70 58, *alke@kyborg-institut.de, www.kyborg-institut.de* (* Oldenburg 23. 10. 46). – **V:** Trivium Charantis 73; Transfertation Anggmagssalik 77; An goldenen Fäden hängt die Welt 84, alles SF-Fantasy-R.; Sag Ja zum Leben, Fotos und Affirmationen; ZEN – Die Kunst zu Denken ohne zu lenken; zahlr. Sachbücher. – *Lit:* s. auch SK.

Allafi, Mohammad H., Dr., Soziologe, Schriftst.; c/o Glaré Verl., Frankfurt/M. (* Westiran 52). Rom., Erz., Dramatik, Sachb. Ue: pers. – **V:** Es schneit im Zagros-Gebirge, R. 91; Die Nähmaschine, Erz. 94, als Bühnenst. u. d. T.: Unter Strom 96; Verloren, Erz. 96; Die Nächte am Main, R. 98; Die letzte Nacht mit Gabriela, R. 00; Ein Fenster zur Freiheit. 100 Jahre moderne iran. Literatur 00. – **MA:** Östliche Brise, Anth. 98. – **H:** Ein Bild zum Andenken 97; Mina mit dem blauen Kleid 99, beides Anth. iran. Erzn.; Simin Daneshwar: Frag doch die Zugvögel, Auswahl v. Erzn. 01. – **MH:** Das kleine Geschenk, m. Sabine Allafi, Anth. iran Erzn. 95; Östliche Brise, m. Mohammad Jalali u. Hossein Nuhazar, Anth. 98. – **MUe:** Moniro Ravanipur: Die Steine des Satans, Erzn. 96; Simin Daneshwar: Drama der Trauer, R. 97; Esmail Fassih: Winter '83, R. 98, alle m. Sabine Allafi. – *Lit:* s. auch 2. Jg. SK. (Red.)

Allemann, Freddy, Schriftst.; Furkastr. 65, CH-4054 Basel, Tel. u. Fax (0 61) 3 02 55 07, *allemanf@yahoo.com* (* Basel 11. 6. 57). Gruppe Olten, P.E.N.-Zentr. Schweiz; Lyr., Prosa, Rom. – **V:** Feuerlauf, Lyr. 91; Hollywood liegt bei Ascona, R. 94; Brandsatz, R. 99. (Red.)

Allemann, Urs, Schriftst., Vorleser, Lyriklehrer; Jägerweg 9, CH-4126 Bettingen, Tel. (0 61) 6 01 76 33, *allemann@magnet.ch, www.allemann.page.ms* (* Zürich 1. 4. 48). AdS; Pr. d. Ldes Kärnten im Bachmann-Lit.wettbew. 01; Pr. d. Schweiz. Schillerstift. 91, Werkbeitr. d. Pro Helvetia 92, 01 u. 07. – **V:** Fuzzhase, G. 88; Öz & Kco. Sieben fernmündl. Delirien 90; Babyficker, Erz. 92; Der alte Mann und die Bank. Ein Fünfmonatsquassel 93; Holder die Polder. Oden, Elegien, Andere 01; schoen! schoen!, G. 03; im rand schwirren die ahnen. 52 gedichte 08. – **MA:** Zwischen den Zeilen Nr.15 00; manuskripte 147/00 u. 168/05; Schreibheft Nr.61 03; Akzente 4/04; Allerseelenwalzer. Neue Totentänze (Bodoni-Druck 59), G. 07; Taktlos Musiklesebuch, G. 07; Jb. d. Lyrik 2008 07. – **MH:** Schnittpunkte, Parallelen, m. Wolfram Groddeck 95. – *Lit:* Martin Maurach in: KLG.

Allendorf, Leif, M. A.; Berliner Str. 74, D-13189 Berlin (* Tübingen 16. 10. 66). Rom., Erz. – **V:** Sieger, Erz. 03. (Red.)

Allert-Wybranietz, Kristiane, Schriftst.; Zum Horsthof 6, D-31749 Auetal-Rolfshagen, *allert-wybranietz@t-online.de, www.allert-wybranietz.de* (* Oberkirchen 6. 11. 55). Lyr., Kurzprosa. – **V:** Trotz alledem 80; Liebe Grüße 82; Wenns doch nur so einfach wär 84; Du sprichst von Nähe 86; Freude spüren 88; Blumen blühen jeden Tag 90; Dem Leben auf der Spur 90; Der ganze Himmel steht uns zur Verfügung 90; Farbe will ich, nicht schwarzweiss 92; Willkommen im Leben 94; Leben ist Liebe 95; Heute traf ich die Sehnsucht 96; Hoffnungsschimmer auf Hochglanz poliert 97; Alles Liebe 98; Laß dir Deine Träume nicht stehlen 99; Lach dem Leben ins Gesicht 00; Verzeih mir 01; Zum Geburtstag das Allerbeste 01; Willkommen liebes Kind 02; Jeder Augenblick ist einzigartig 03, u. v. a. – **MA:** Gedichtbeiträge in: Heroin – die süchtige Gesellschaft 80. – **H:** Abseits der Eitelkeiten, Anth. 87; Kinder schreiben an Reagan und Gorbatschow 88; Schweigen brennt unter der Haut 91, 95?; Regenbogen der Gefühle, Gesch. & M. 96; Ein Stück hoffnung pflanzen 97; Leben beginnt jeden Tag, poet. Texte 98; Nur ein paar Schritte zum Glück, M. u. Geschn. 99. (Red.)

Al'Leu (eigtl. Alois Josef Leu), Bildhauer, Grafiker, Verleger, Schriftst., Kunstkritiker, Maler, Publizist, Doz.; Postfach 1726, CH-8048 Zürich, Tel. (0 79) 6 39 22 15, Fax (01) 8 1 03 2 01, *editionleu@bluewin.ch, www.al-leu.ch* (* Beinwil/Freiamt, Kt. Aargau 26. 5. 53). Dt.schweizer. P.E.N., RSGI, Präs. Zürcher Schriftst.verb. / Vorst. Ostschweizer Autoren 87–95; Lyr., Rom., Lit.- u. Kunstkritik. – **V:** Der Antiheld, R. 75; Der Bildhauer Peter von Burg, Biogr. 00; Neue Plastiken von Peter von Burg, Biogr. 03; 100 Jahre Silbermetz- und Bildhauer-Dynastie Ghenzi, Biogr. 03. – **H:** Lyrik 78, 79/80, 81, 82/83, 84/85, 86/87, 88/89, 90/94; NAOS – Literatur der Gegenwart, Jahres-Zs. 80–86; Sachmet & Leu online, Internet-Zs. f. Lit. u. Kunst, seit 04; 65 Buchtitel in d. Edition LEU – Al'Leu Literatur Verlag Zürich. – *Lit:* Autoren-Bild-Lex. 79, 82; Schweizer Schriftsteller d. Gegenw. 78, 88, 00; Schreiben in d. Innerschweiz 93; s. auch Kürschners Handbuch der Bildenden Künstler, 1. Aufl. 05.

Allgaier, Georg; Bismarckstr. 51/53, D-52066 Aachen (* Aachen 13. 3. 55). Förd. d. Jacob-Eschweiler-Stift. 88, 95; Rom., Hörsp. – **V:** Trude oder die Konstruktion/Melli – über den Tod hinaus, Erzn. 99; Eines Tages, R. 02. – **R:** Auf einem Schiff entkommen, Hsp. 79.

Allitsch-Tiefenbacher, Valerie; Baurat-Schneider-Str. 14, A-2650 Payerbach, Tel. (0 26 66) 5 37 21 (* Nasswald an der Rax/NdÖst. 9. 9. 30). Lit.kr. Schwarzatal 83; Lyr. – **V:** Nimm dir Zeit, G. 92; Loch dih gsund 94; Gedichterln und Gschichterln, Mda. 00. (Red.)

Alman, Karl s. Kurowski, Franz

Almstädt, Eva (Ps. f. Eva-Maria Esch, geb. Eva-Maria Almstädt), Dipl.-Ing., Innenarchitektin, Autorin; Gerkenfelder Weg 16a, D-22941 Hammoor, *info@eva-almstaedt.de, www.eva-almstaedt.de* (* Hamburg 23. 11. 65). Sisters in Crime seit 04; Mörderische Schwestern), Das Syndikat; Mitgewinnerin d. Maxi&BoD Krimi-Wettbew. 02; Rom. – **V:** Kalter Grund 04; Engelsgrube 05; Blaues Gift 07; Grablichter 08; Tödliche Mitgift 09. – **MA:** Die Axt im Haus, Anth. 03; Tee mit Schuss, Anth. 07.

Alóba, Babátólá, Angehöriger d. Wiener Verkehrsbetriebe, Schriftst.; Brünner Str. 209/7/5, A-1210 Wien,

Aloh

Tel. (01) 2 90 52 42, Fax 2 90 81 87, *babatola.aloba @vienna.at, www.aloba.at* (* Akúré/Nigeria 29. 6. 48). MICA 00, MKAG 00, AKM 01, Austro-Mechana 01, IGAA 01; Hörsp., Theaterst., Sachb. – **V:** Afrikanische Märchen mit Liedern, M. 98; Afrikanische Märchen für Tanz-, Spiel- und Schreibwerkstatt 99; Poesie und Schönheit aus dem Herzen – für das Leben 97; Moráyò und Philipp, Musical 99. – **MV:** Kinderlieder der Yorùbá 99. (Red.)

Aloh, Leén, Steuerfachwirtin; PF 80 06 53, D-65906 Frankfurt/M., Tel. (01 77) 8 12 19 89, *mail@leen-aloh. de, www.leen-aloh.de, www.poesie-aus-leidenschaft.de* (* Bad Soden 8. 12. 71). CREATIVO 01; Lyr. – **V:** Poesie aus Leidenschaft, Ausst.kat. 94; Ausbruchgefahr, Ausst.kat. 97; Brandwunden im achten Himmel 01; Ich hätte dich in Blei gießen sollen 02, alles G. – **MA:** zahlr. Beitr. in Lit.zss. seit 85; – Anth.: Jb. f. d. neue Gedicht 01; Zweitausendundeintag, M. 01; Nationalbibliothek d. dt.sprachigen Gedichtes 01; Polarmeerblau, Lyr. 02; Tod, Lyr. 03. (Red.)

Alpers, Hans Joachim (Ps. Daniel Herbst), Ing. (grad.), Schriftst., Lektor; *rhiana@t-online.de* (* Wesermünde 14. 7. 43). Kurd-Laßwitz-Pr. 81, 84, 87, 91 (Sonderpr.), 95, 96, Dt. Abenteuerspiele-Pr. f. Romane 95; (See-)Rom., Science-Fiction, Fantasy, Phantastik, Krimi, Jugendb., Sekundärlit., Lit.kritik, Sat., Hörsp., Drehb., Computersp., Sachb. Ue: engl. – **V:** Wattwanderungen und Kutterfahrten 79; Der verschwundene Schultresor 87; – Jugendb.-Reihe „Die Ökobande": Aktion „Dicker Hund" 92, 98; Die Schokoladenverschwörung 92, 98; Tatort Nordsee 92; Der Berg rutscht 93; Das Geheimnis der leeren Bücher 93; Mord am Wald 93; Die Müll-Mafia 93; Gefährliche Transporte 94; SOS für einen Wald 95; Auf heißer Spur 96; Gift auf Bestellung 96; Geheimsache Bohrinsel 97; Die Piratenhöhle 97; Der importierte Wahnsinn 98; – Die Augen des Riggers, R. 94; Das zerissene Land, R. 94; Die graue Eminenz, R. 95; Hinter der eisernen Maske, R. 97; Flucht aus Ghurenia, R. 97; Das letzte Duell, R. 98; Der Flammenbund, R. 03; Krieg unter Segeln, Sachb. 04; Verschwörung in Havena, R. 05; Gefangene der Zyklopeninseln, R. 06; Kampf um Talania, R. 06. – **MV:** Bei den Nomaden des Weltraums 77; Planet der Raufbolde 77; Das Raumschiff der Kinder 77; Wrack aus der Unendlichkeit 77; Kit Klein auf der Flucht 78; Die rätselhafte Schwimminsel 78; Die Schundklaubande 78; Die Burg im Hochmoor 79; Falsche Fuffziger 79; Ring der dreißig Welten 79; Geld im Hut 80; Das Geheimnis der alten Villa 80; Der Schatz im Mäuseturm 81; Weiße Lady gesichtet 81; Die Spur führt zur Grenze 82; Das seltsame Testament 83; Burg der Phantome 84; Raumschiff außer Kontrolle 85; Das Haus auf der Geisterklippe 86; Weltraumvagabunden 86; Ensslin Krimikiste 87; Krimis mit Pfiff 94, alles Jgdb. m. Ronald M. Hahn; Fröhliches Wörterbuch Eishockey, m. Peter Ruge 89. – **H:** Countdown 79; Bestien für Norn 80; Kopernikus 1–14 80–86; Das Kristallschriff 80; Analog 1–8 81–84; Planet ohne Hoffnung 81; Der große Ölkrieg 81; Science Fiction Almanach 81–87; Metropolis brennt 82; H.P. Lovecraft – der Poet des Grauens 83; Marion Zimmer Bradleys „Darkover" 83; Science Fiction Jahrbuch 1985–1987, alles Anth. – **MH:** Science Fiction aus Deutschland, Anth. 74; Lexikon der Science Fiction Literatur 80, 88; Neue Science Fiction Geschn., Anth. 81; Science Fiction Anth. I–VI 81–84; Reclams Science Fiction Führer 82; Science Fiction Jahrbuch 83 u. 84; Lesebuch der deutschen Science Fiction 83; Isaac Asimov – der Tausendjahresplaner 84; 13 Science Fiction Stories 85; 13 phantastische Rockstories 88, alles Anth.; Lexikon der Horrorliteratur 98; Lexikon

der Fantasyliteratur 04. – **R:** Die Kolonie 87; Der Offund 87; Das Ende von Etwas 88; Tylerton, 15. Juni 88; Aussichtslose Varianten 89; Expedition in die Nacht 89, alle m. Werner Fuchs; Der Tote im Transmitter 90; Geisterfahrer, m. Florian F. Marzin 91; Hinter den Masken 91; Fremde Welten, ferne Klänge 94; Zwei schwarze Männer graben ein Haus für dich 96. – **P:** Talisman, Computersp. 95. – **Ue:** div. Romane u. Erzählungen; SCHWA: Weltbetriebsanleitung 98. (Red.)

Alpsten, Ellen, Wirtschaftsred., Moderatorin u. Autorin; lebt in London, c/o Eichborn AG, Frankfurt/M. (* Kitale/Kenia 71). 1. Pr. b. Kurzgeschn.wettbew. d. Grande Ecole 98. Ue: engl. – **V:** Die Zarin, R. 02, Tb. 04; Die Lilien von Frankreich, R. 05, Tb. 06 (auch span.); Die Quellen der Sehnsucht, Rom. R. 08. – **Ue:** Amy Allen: Zehn kleine Mannequins und andere Lieder und Abzählreime für Super-Mamas 07; Susan Anderson: Porno für Frauen, Bildbd 08. (Red.)

Alsbach, Günther, Druckermeister; Georgshof, Bergstr. 5, D-56754 Dünfuß, Tel. (0 26 72) 91 09 46, *guenther.alsbach@gmx.de* (* Koblenz-Güls 7. 3. 38). – **V:** Die Nacht im Chateau, Jgd.-R. 02, 2., überarb. u. erw. Aufl. 03; Weit vor Berlin, erot. R. (unter Ps. Richard F. Eltz) 03. (Red.)

Alt, Cäcilie, Hausfrau; Beinhauserweg 2, D-56858 Löffelscheid, Tel. (0 65 45) 4 09 (* Liesenich 15. 2. 24). Autorengr. Hunsrück 90; Rom., Lyr., Erz. – **V:** Als wär's erst gestern gewesen, G. u. Erinnerungen 94, 5. Aufl. 07; Aber die Mühlen, sie mahlen nicht mehr, Erzn. 99, 3. Aufl. 07; Regenbogenträume, Lyr. 01; Schnee in der Maiennacht, Erz. 03, 04; Geheimnisvolles Märchenland, M. 04; Veronika, die Tochter des Korbmachers 05; Kirschblütenzeit, Erzn. 07. – **MA:** Spuren der Liebe 99; Zeitspiegel 99; Abenteuer Leben 01; Zweitausend und ein Tag 01, alles Anth.; – Beiträge in zahlr. Zeitungen seit 90.

Alt, Sabine, Lehrerin, freie Autorin; c/o S. Fischer Verl., Frankfurt/M. (* Berlin 16. 6. 59). Mörderische Schwestern 06; 3. Pl. b. Erzählwettbew. d. Buchjournals 08, Nomin. f. d. Kärntner Krimipr. 08; Rom., Erz. – **V:** Kira Royale 01; Die schönen Lügen der Maria Wallot 02; Kinder des Wassers 03, 07; Weras Talent 05; Gretas Verwandlung 06, 07; Vergiss Paris 08, alles R. – **MA:** zahlr. Beitr. in Anth., u. a. in: Zimtsternschnuppen 07; Trockensümpfe 08.

Alten-Bleier, Ingrid (Ps. Nanata Mawatani), Bibliotheks-Assist., Bürokauffrau; Fürsteneckerstr. 9, D-89077 Ulm, Tel. (01 71) 6 46 91 70, (07 31) 3 51 75, Fax 3 98 08 60, *ingrid.alten-bleier@t-online.de, nanata. mawatani@t-online.de* (* Berlin 15. 8. 37). VS 79–89, FDA 89; Prädikat „Besonders wertvoll" 79, Buch des Monats 80, Stichting Nederlandse Kinderjury 91; Rom., Kurzgesch., Übers., Erz. – **V:** Weißer Vogel und Schwarzes Pferd, R. 78, Tb. 83; Kleiner Bär und Weißer Vogel, R. 78, Tb. 84, Neuaufl. beider Bde. u. d. T.: Weißer Vogel – Tochter der Cheyenne 89, 95, u. d. T.: Weiße Tochter der Cheyenne 01; Wo der Adler fliegt, R. 80, 86 (auch port.); Nur ein Indianer, R. 81, 85, Neuaufl. u. d. T.: Indianergeschichten 05; Kleiner Krieger und das Eiserne Pferd 85, 97 (auch span., kat., holl., frz.); Bleib am Leben! Die Straßenkinder von New York, R. 07. – **MA:** Augenblicke der Entscheidung 86; Goldschweif und Silbermähne, Anth. 94, u. weitere Kurzgeschn. in Mädchen-Jb.

Altena, Elfriede (geb. Samhammer) *

Altenburg, Hermann von s. Pössiger, Günter

Altenburg, Matthias s. Seghers, Jan

Altenburg-Kohl, Dadja *

16

†**Altendorf,** Wolfgang, Prof., Prof. e. h., Wirtschaftswiss., Autor, Maler, Grafiker, Bildhauer; lebte in Freudenstadt-Wittlensweiler (* Mainz 23. 3. 21, † Freudenstadt 18. 1. 07). Hsp.pr. d. Bayer. Rdfks 50, Erzählerpr. S.D.A., Hannover 51, Förd.pr. Kultusmin. Rh.-Pf. 52, Sonderpr. d. Vereinig. junger Autoren, Göttingen 54, Gerhart-Hauptmann-Pr. 57, BVK am Bande 72, Turmschreiber v. Deidesheim (erster Preisträger) 78, BVK I. Kl. 81, Lit. Hambach-Pr. 82, Rubens-Med. 86, L'Art de Leonardo da Vinci 86, Oscar de France 86, Palmes d'Or 86, Knight Award plaque for World Peace (Korea-Japan) 86, Gold. Papst-Med. 87, Don-Quixote-Pr. 87, EM versch. europ. u. asiat. Akad., Wolfgang-Altendorf-Archiv im Rathaus Wittlensweiler seit 06; Lyr., Drama, Hörsp., Erz., Nov., Ess., Fernsehsp. – **V:** Heiter-drastische Gedichte 47; Heitere Gedichte z. Vortragen im heiteren Kreis 47; Zeitsatirische Gedichte u. Kurzverse 48; Fahrerflucht, Erz. 54; Jean Merlin u. sein Mädchen, Erz. 54; Das gute Jahr 1954, G. 54; D. Drache d. Herrn Spiering, Erz. 55; Landhausberichte, G. 55, 77; Fahrerflucht 55; Bäume, G. 55; Das Wäldchen, G. 55; Eifel, G.-Zyklus 56; Landhausnovelle 57; Odyssee zu zweit, R. 57 (auch ndl., fin.); Leichtbau, G. 57; Spiel im Herbst 58; D. Transport, R. 59 (auch ital., ndl., span.); D. dunkle Wasser / Tanzstundengeschichte, Erzn. 59 (auch dän.); Die Brille, Erz. 60; Schallgrenze, G. 61; D. geheime Jagdgesellschaft, R. 61 (auch frz.); Hiob im Weinberg, Erz. 62, 89; Katzenholz, Erz. 63; Höhlenfahrt, G. 63, 95; Gedichte z. Vorlesen 64; Hauptquartier, R. 64; Deutsche Vision, Feature, R. 65; Haus am Hang, R. 65; E. Topf ohne Boden, R. 67; Die Flucht d. Thomas Brockhövel, R. 67; Morgenrot d. Partisanen. R. 67; Mein Geheimauftrag, R. 69; D. entmündigte Publikum, Ess. 69; Gesamtwerk 1: Prosa, Lyrik, Hörspiel, Drama, Grafik 71; Liebesgedichte 71; Vom Koch, d. sich selbst zubereitete, 12 Psychos 73, gek. Ausg. 78; Engel an meiner Seite, R. 73; Jahrgang 1921, G. 73; Stadt d. Jugend, G. 75; Mundartgedichte 75; Natur-Gedichte 75; Weihnacht, G. 75; Wie flirtet man mit e. Staatsanwältin?, Sat. 76; Hermann Honnef – sein Leben, Biogr. 76; In meiner Hand d. Schmetterling, G. 77; Wie e. Vogel im Paradiesgarten, Dicht. 78; Weinstraße, G. 79; Henkersmahlzeiten, Gruselstories 79; Poesie, G. 80; Erde, e. Chorwerk 80; Neue Stadtgedichte 80; Schwarzwald, Son.-Kranz 80; Metamorphosen, Lesedr. 81; Pelegrino, Lesedr. 81; Leben, Titel-G. 81; Pfalz, Son.-Kranz 82; Schweiz, Son.-Kranz 82; Liebe in Freudenstadt, Erz. 82; Der Junker will den Obrist sehen, G. 82; ... und litt einen Traum, G. 82; Schleuse, Lesedr. 83; Stahlmolekül, SF-R. 83; D. Wahrheit um d. jungen Schiller, Lesedr. 84; Starkenburg, Lesedr. 84; Amaranda, Lesedr. 84; Schubart, Lesedr. 84; Rheinhessen, Son.kranz 85; Jerusalem, Son.kranz 85; Vogelinsel 85; Jus primae noctis 85; Renée Corbeau 85; Not u. Erfüllung 85; Tribunal Bonaparte 85, alles Lesedrucke; Industrie, Son.kranz 85; Zinnstaub 85; Rheinhessen-Kindheit 86; Mehnert – Erinnerung an ihn 86; Don Alvarez läßt Hütten brennen, Lesedr. 86; Verblühte Zeit, Lesedr. 86; Karrieren, Lesedr. 86; Goldene Federn, Lesedr. 86; Cordon bleu du Saint Esprit 86; Berlin, Son.kranz 87; D. Braut im Weinfaß, Erz. 89; Poesie, Bilder 90; Neue Formen d. Lyrik 93; Maria u. Josef 93; Rebe, Keller u. Wein 94; Dreißigster Januar 1933 95; Eifel 95; Freudenstadt-Sonette 95; Hügel sanft fallend, Rheinhessen, Dicht. 95; Ichthyologisches 95; Sonett Paso doble 95; Sophius d. Weise über d. Ehe 95; Weinballade, Dicht. 95; Weiße züngelnde Flamme, Dicht. 95; Hedwig, Erz. 96; Songs 96; Meine Begegnung m. Gerhart Hauptmann 96?; Carl Zuckmayer, d. Feuerwehr u. ich 97; Katrin, Erz. 97; Zum Lesen

u. Vorlesen, Kurzgeschn. 97; 20 unblutige Kriminalgeschichten 98; Malstrom, Lyr. 98; Wundersame Brotvermehrung, hist. Erz. 98; 1848, Dicht. 98; Apokalypse, Lyr. 99; Baden-Württemberg-Poesie 99; Das Jahrhundert – darf ich's preisen?, Lyr. 99; Koskenniemi u. der Meister, Erz. 99; Wandlung e. Stadt – Oberhausen 99; Weihnacht, Dicht. 99; Der Restaurantkritiker ißt kein Fleisch, Kom. 99, UA 00; Natura Naturaus, Son. 00; Ilse, Kurz-N. 00; Thanatos, G. 00; Tiere u. Pflanzen d. Jahres 00; Das Wort in Lettern ausgestreut, Gutenberg-Son. 00; Wölfe, Hsp. 01; – BÜHNENSTÜCKE: D. arme Mensch 45 (auch schwed.); Flucht vor Madeleine, Kom. 45; D. böse Schwiegermutter 47; D. drei Gesellen 47; Frühling, Sommer, Herbst u. Winter 47; D. Heimkehr, Dr. 47; D. Wunsch! 47; Zurück z. Natur, Lustsp. 47; Südseenacht, Revue-Optte. 48; E. Elternabend 48; D. Fenstersprünge, Schw. 48; Jeder geht seinen eigenen Weg 48; Josef u. seine Brüder, christl. Sp. 48; Rund um die Liebe, Singsp. 48; D. Stuhl d. Wahrheit, Schw. 48; D. verkaufte Osterhase 48; D. Schatzgräber, Lustsp. 49; Wenn die liebe Sonne lacht 49; Wir tragen die Heimat im Herzen 49; Zum Muttertag 49; D. Mücke u. d. Elefant 53; D. Wettermaschine 56; Thomas Adamsohn 56; Das Dunkel 56; Ich schwimme auf e. Insel 81; Kriminalprozeß Oppenheimer Rose 83; Kleio, oder neue Ansichten a. d. Geschichte 82; Bauernpassion 84; Starkenburg 84; D. Niersteiner Spiel v. Liebe u. Not 86; – ZYKLUS „Europ. Komödien" (dramat. Hauptwerk): Phönix, ung. Kom.; Renée Corbeau, frz. Kom.II; Amaranda, brit. Kom.; Turdus (Vogelinsel), schwed. Kom.; Karriere, lux. Kom.; Leichtathletik, norw. Kom.; Galadiner, poln. Kom.; Tribunal Schwejk, tsch. Kom.; Tribunal Andersen, dän. Kom.; Tribunal Troll, finn. Kom.; Columbus entdeckt Portugal, port. Kom.; Inkarnation Rembrandt, holl. Kom.; Auferstehung Sokrates, griech. Kom.; Jus primae noctis, irische Kom.; Reden ist Gold, öst. Kom.; D. satan. Jungfrau, belg. Kom.; Isabellas Höllenpein, span. Kom.; Seminar Wilh. Tell, schweiz. Kom.; Schwarzweiß, dt. Kom.; Rettung d. Theaters, dt. Kom.II; Peregrino, ital. Kom.; Metamorphosen, frz. Kom.I; Napoleon in Moskau, russ. Kom.; D. Tucopia-Konflikt. Absurdes Theater, f. alle. europ. Länder; – DRAMAT. ZYKLUS „Tribunals" 97ff: Trib. Heine; Trib. Theodor Storm; Trib. Maria Stuart; Trib. Troll; Trib. Andersen; Trib. Christiane; Trib. Jahn; Trib. Münchhausen; Trib. Nobel; Trib. Schubart; Trib. Bonaparte; Die Wahrheit um den jungen Schiller; Das Nussdorf Trib.; 1943 Der Mord an Leo Statz; Trib. Luise, Königin von Preussen; Trib. Christian Dietrich Grabbe; Trib. Hahnemann; Trib. Henrik Ibsen; Trib. Berthold Auerbach; Trib. Schwejk; Trib. Wilhelm Busch; Trib. August Strindberg; Interview George Bernhard Shaw; Interview Johan Ludvig Runeberg; Interview Halldór Kiljan Laxness; Richard Wagner flüchtet nach Stuttgart, m. Daniel Jütte; – KUNSTMAPPEN: Antikische Sonette; Frauen in d. Geschichte; Mythos Wirtschaft; Verbindungen; Dynamik Tanz; Faszination d. Sports. – **MV:** D. Speicher 54; D. Fallschirmspringer, Erz. 55. – **MA:** ca. 22.000 Veröff. in Zss. u. Ztgn, u. a. laufend in: Nebelspalter (CH); Tafelfreuden (Öst.); Savoir Vivre; – Dt. Erzähler der Gegenwart (Reclam) 59. – **H:** Theater-Theater, Kunst.-Kat. 02. – **F:** D. Transport 61. – **R:** HÖRSPIELE: D. arme Mensch; D. gequälte Jungfrau; D. Trick m. d. Hose; D. Schienenopfer; D. Pavillon; D. Motorradgesch.; D. Dunkel; Merlin u. sein Mädchen; D. Dienstpistole; Thomas Adamsohn; D. Mücke u.d. Elefant; D. Kraptakenzipfel; D. Bolognesner Hündchen; Hochzeitsnacht; Pfingsten; Stunde d. Mutter; D. satte Herr Géraudin; Herrn Spierings Drache; D. gute Jahr; Sperlinge u. Palmen; D. Weg z. and.

Altenfels

Ende; D. dunkle Wasser; Fahrerflucht; D. Wettermaschine; Wachtmeister Guderjahn; Wenn d. liebe Sonne lacht; Inspektor Ellerbeck; Schleuse 57; Vogelinsel; D. Teufel an d. Wand; D. potemkinische Stadt 61; Reden ist Gold; Geheimauftrag; D. aufgeklappte Messer; D. Gesicht am Fenster; Auftrag f. Smith; D. Aufdringliche; Doppelgänger; E. reichlich komplizierter Fall; D. Fall Breitbach; D. and. Welt; Ball. v. glückhaften Fotografen; D. beschwingte Herr Gérandin; Circulus Vitiosus; Vernehmungen; E. Gesch., die d. Leben schrieb; Gratwanderung; D. Handtasche; Landhausnov.; Lavandu; Mythos; Die Neger v. Watts; D. Prophet d. Unheils; D. Schuldfrage; Schwimmstaffel; D. Wäldchen; Wäscheschiff; Weg durch d. Sumpf; Mein Wintermärchen; Wir müssen es ruhen lassen; Frontalzusammenstoß 75; Wölfe; Visitors; Methusalem; Poesie; Vakuum; E. gourmandisisches Vergnügen; – FERNSEHSPIELE: Schleuse; D. Plüschbär; D. Krise; E. komplizierter Fall; Handtaschenwunder; Botschaft aus le Havre; D. Zeitungsverkäufer; Geheimauftrag; D. abenteuerl. Leben d. Friedrich Ludwig Jahn 75; Per pedes absolutorum 76, u.v.a. – P: Hiob im Weinberg; Katzenholz; Haus am Hang; Eskimomädchen-Story, alles Erzn., Blindenhörb.; Der Marquisard, Krim.-Hsp., Hörb. – Lit: Bibliogr. Lex. d. utop. phant. Lit.; Lit.lex. Rheinl.-Pf.; Irmeli Altendorf: W.A. zum 65.; AiBW 91; J. Zierden: Lit.lex. Rh.-Pf. 98; – (Übers., Aufführg., Sdgn, Buchveröff. in d. Ländern: Ital., Irland, Frankr., Holland, Belg., Finnl., Schwed., Norw., Japan, China, Taiwan, Israel, Span., Tschech., Slowen., Polen, Russl., Österr., Schweiz, Engl., Island, Griechenl., Südafrika, Austral., südamerikan. Länder); s. auch Kürschners Handbuch der Bildenden Künstler, 1. Aufl. 2005.

Altenfels, Markus J. (eigtl. Markus Jabornegg), Dr.; Schumannstr. 63, A-4030 Linz, Tel. (0676) 5244024, *markus@altenfels.at*, *www.altenfels.at* (* Linz 8.10.74). MENSA INTERNATIONAL; Andersenbuch 00; Rom., Kinder- u. Jugendb. – V: Kdb.-Reihe „Vier Kinder und ein Hund". Sonderbd: Die geschrumpfte Bettina 98, Bd 1: Die Rache der Totenköpfe 98, Bd 2: Das Rätsel der vergrabenen Knochen 98, Bd 3: Das Haus der Dämonen 98, Bd 4: Geisterstimmen 98, Bd 5: Das Geheimnis des roten Delfins 99, Bd 6: Schwarze Millionen 99, Bd 7: Der unheimliche Schatten 99, Bd 8: Schaurige Ferien 99, Bd 9: Emma, Ares & der verschwundene Hund 01; Reihe „Unfaßbar". Bd 1: Gefangen im Zeitnebel 00, Bd 2: Schreckensnacht im Hexentempel 00, Bd 3: Die Pyramide des Grauens 00, Bd 4: Das Haus der lebenden Schatten 01, Bd 5: Im Reich der brennenden Fische 03; Occultatis – das Spiel beginnt 03; Alle liben Trallala 06; Computermäuse schlagen zu 07; mehrere Sachbücher. – MA: Oböst. Nachrichten; Salzburger Nachrichten; Kinderwelt; Kid's News; Woanders leben Kinder anders, u.a. (Red.)

Altenweger, Elisabeth; Zürchermatte 47, CH-3550 Langnau im Emmental, Tel. (034) 4205344. – V: Lit.förd.pr. d. Stadt Bern 95. – V: Chrysanthemen, Spionage-R. 89; Riegel, Krim.-R. 95; Sintenmalen, R. 06. (Red.)

Alter, Peter s. Beer, Fritz

Altermatt, Sabina; Brahmstr. 60, CH-8003 Zürich, Tel. (041) 5120524, *briefe@sabina-altermatt.ch*, *www.sabina-altermatt.ch* (* Chur 66). Werkbeitr. von: Kt. Zürich 03, Stift. Lienhard-Hunger 03, Kt. Solothurn 03 u. 07, Kt. Graubünden 07, u.a. – V: Verrat in Zürich West, Krim.-R. 05; Nervengift, Krim.-R. 06. – MA: Liebe und andere Gründe zu morden 07. (Red.)

Altherr, Britta (geb. Britta Huesmann) *

Althoff, Thomas; Weindorfstr. 20, D-45884 Gelsenkirchen, Tel. (0209) 1381 83 (* Münster/Westf. 25.7.43). Rom. – V: Komm, wir schiessen Kusselkopp 00. (Red.)

Althoff, Willfried, Dipl.-Soz.Päd., Verwaltungsfachangest.; *Willfried@althoff-net.org*, *www. kopfbilder.de* (* Rheine 13.4.71). Autorenverein. SchreibArt Bochum 00–03, Lit.werkstatt Druckfest Rheine, Leiter 06; Lyr., Kurzgesch., Rom. – V: Kopfbilder, Lyr. u. Texte 05. – MA: Junge Lyrik 99; Fragil Anth. 02; Die literar. Venus-Anth. 03; Ein Sack voller Fäden 04; Danach. Texte aus Bochum, Herten u. Marl 06. – P: Texte u. Kollagen unter: www.kopfbilder.de 00; www.punkart.de 02; www.lesebilder.de 05. (Red.)

Altinger, Hans Bernd, Prokurist; Hochgarten 42, D-83512 Wasserburg/Inn, Tel. (08071) 1307 (* Wasserburg/Inn 44). – V: Johannes der Täufer. Sein wahres Leben u. Wirken, seine Wiederkehr 96. (Red.)

Altmann, Andreas; Toblacher Str. 38, D-13187 Berlin, Tel. (030) 4714318, *ana.andreasaltmann@ web.de* (* Hainichen/Sa. 4.1.63). P.E.N.-Zentr. Dtld 07; Wolfgang-Weyrauch-Förd.pr. 97, Christine-Lavant-pr. 97, Erwin-Strittmatter-Pr. 04; Lyr. – V: die dörfer am tag des meer 96; wortebilden 97; die verlegung des zimmers 01; Augen der Worte 04; das langsame ende des schnees 05; Gemälde mit Fischreiher 08.

Altmann, Franz Friedrich, Mag.; Oberarzing 9, A-4294 St. Leonhard, Tel. (07952) 8335 (* Hagenberg i.M. 25.3.58). – V: Das heilige Gelächter. Rom. 00; – Theaterst.: Das Drecknest; Ein Kinderspiel. – F: Gelbe Kirschen, m. Leopold Lummerstorfer 00. (Red.)

Altmann, Gerhard, Mag. phil., Autor u. Hrsg.; Waldweg 1, A-7033 Pöttsching, Tel. u. Fax (02631) 2520, *gerhard.altmann@wellcom.at* (* Wien 26.6.66). IGAA Burgenld, Gründ.mitgl., Öst. Dialektautoren (ÖDA); GAV; BEWAG-Lit.pr. 89, 92, Förd.pr. d. Theodor-Key-Stift. 94, Lit.stip. d. Ldes Burgenland 02. – V: Eigentlich (oder?) 92; Lobsagungen und Schmähreden 94; Himmel Hammel Hummel 95; Lese 95; Sim Sala Mander 97; Unterflächen 99; Kuba & Co. Verbalpolaroids 00; hianungraud 02. – MA: Geschichten aus Pöttsching 04. – MH: Hertha Kräftner: Kühle Sterne, m. Max Blaeulich, Prosa, G., Briefe 97. (Red.)

Altmann, Peter Simon; lebt in Salzburg, c/o Otto Müller Verl., Salzburg (* Salzburg 68). – V: Die kalte Schulter des Labyrinths, Kurzgeschn. 04; Der Zeichenfänger, Erz. 06. (Red.)

Altmann, Roland, Bildender Künstler u. Schriftst.; Auf der Horte 8, D-44269 Dortmund, Tel. (0231) 461320 (* Sprötau/Thür. 28.5.25). WAV 87; Lyr., Erz. – V: Zweierlei Licht, G. 88; Mittendrin die Perle 94; In rentierloser Zeit, Erinn. 00, u.a. (Red.)

Altrogge, Maxi Herta, Oberstufenlehrerin i.P.; Kopernukusgasse 13, A-1060 Wien (* bei Weimar 15.6.42). V.S.u.K. 01; Lyr., Dramatik, Erz. – V: Politische Lyrik 01. – MA: Spuren der Zeit, Anth. 01; Stimmen aus Österreich, Anth. 02; Literar. Kostproben, Zs. 01, 02. (Red.)

Altschüler, Boris, Dr. med., Chirurg, Unfallchirurg; Sybelstr. 13, D-10629 Berlin, Tel. (030) 32303686, Fax 32303689, *Aschkenas@t-online.de*, *www.verlag-aschkenas.de* (* GUS 15.12.43). Rom., Kurzgesch., Humor, Drehb., Sachb. – V: Geheimbericht aus der großen Steppe, Dok. 94 (auch russ.); Gegen den Uhrzeigersinn, R. 96 (auch russ.); Im Osten nichts Neues, Drehb. 00; Die Tschetschenen kommen, Drehb. 01; Der Renegat, R. 01; Malereikatalog 01, 03; Die Aschkenasim. Außergewöhnliche Gesch. d. europäischen Juden, Bd 1 06; Malereialbum 08; Europas letztes Geheimnis

08. – **H:** Der jüdische Witz aus dem Osten 96; Der aschkenasische Witz aus der großen Steppe 01. – **F:** Im Osten nichts Neues 00; Die Tschetschenen kommen 01.

Altschüler, Marielú *

Altstadt, Ilse, Hausfrau; Oberdörnen 93, D-42283 Wuppertal, Tel. (02 02) 55 44 36 (* Wuppertal-Elberfeld 12. 4. 24). Lyr. – **V:** Auf der Straße des Lebens, G. 83; Zwischen gestern und morgen 88; Gunst der Stunde, G. 92; Steine am Wegrand, G. 92; Weit gespannter Bogen, G. 94; Keine Zeit zum Träumen, Erinn. 95. – **MA:** mehrere Anth. d. Frieling-Verl. 91–98. (Red.)

Altura, Nessa (Ps.), Lehrerin, Autorin; D-71032 Böblingen, *nessaaltura@online.de, www.nessaaltura.de* (* Franken 51). Das Syndikat, Sisters in Crime (jetzt: Mörderische Schwestern); Kurzkrimi-GLAUSER 02, Prosapr. Fürstenwalde 04, Nominierung z. Agatha-Christie-Pr. 04, Krimipr. d. Stadt Singen (2. Pl.) 05, 1. Pr. im Quo Vadis-Kurzgeschn.wettbew. 07, Stip. Tatort Töwerland 08. – **V:** Die schönsten Sagen aus Nürnberg und Mittelfranken 02; Nacht über Oberstdorf, Krim.-Geschn. 03; Die 13. Klasse, R. 07. – **MA:** bisher Beitr. in über 30 Anth., zuletzt u. a. in: Südliche Luft, Schöne Leich in Wien, Grüße aus Sizilien, Million Dollar Baby, Wer tötete Fischers Fritz?, alle 08.

Altwasser, Volker H., Elektronikfacharbeiter, Matrose, Fernmeldemonteur, Bürokfm., Schriftst.; c/o Literaturhaus Rostock, Ernst-Barlach-Str. 5, D-18055 Rostock (* Greifswald 31. 12. 69). Junge Lit. in Meckl.-Vorpomm. 96, Stip. d. Ldes Meckl.-Vorp. 00 u. 04, Stip. d. Ldeshauptstadt München 01, Stip. d. Stift. Kulturfonds 02, Stip. d. Lydia-Eymann-Stift. Langenthal 02; Lyr., Erz., Dramatik, Hörsp. – **V:** Einige Gedichte 94; Fragte meine Diotima mich, G. 94; Auf der Veranda 95; Irrtum, Herr Minister 98, 40°C, Pflegeleicht, UA 00; Wie ich vom Ausschneiden loskam, R. 03. – **MV:** Laß es uns tun!, Texte u. Fotogr., m. Monika Zielinski-Nauenburg 06. – **MH:** Der Wieker Bote. (Red.)

Alvarez, Viola, freie Autorin, Seminarleiterin; Hausweilerweg 3, D-53919 Weilerswist, Tel. (0 22 54) 84 67 12, Fax 84 67 34, *info@mappa-vitae.com, www.mappa-vitae.com* (* Lemgo 71). – **V:** Das Herz des Königs, R. 03; Wer gab dir, Liebe, die Gewalt, R. 05; Die Nebel des Morgens, R. 06. (Red.)

Alves, Eva-Maria, Journalistin; Hilgendorfweg 24, D-22587 Hamburg, Tel. (0 40) 86 21 80 (* Osnabrück 27. 9. 40). Lit.haus u. Lit.zentrum Hamburg; Lit.förd.pr. Hamburg 92; Lyr., Rom., Nov. – **V:** Hamburg – Wien ohne Rückfahrkarte, Jgd-R. 79; Neigung zum Fluß 81; Versuch einer Vermeidung 81; Maanja 82; Schwärzer, R. 93; Die Bleistiftdiebin, R. 96; Eisfrauen, Erzn. 96. – **MA:** Anfangen, glücklich zu sein, Anth.; Von nun an 80; EVAS BISS 95; Wahnsinnsfrauen III 99; Nun breche ich in Stücke 00. – **H:** Ansprüche, Verständigungstexte 83, 3. Aufl. 86; Namenzauber, Erzn. 86; Stumme Liebe 93. – **R:** Alstervergnügen, Hsp. 89; Transition, Hsp.; Die wilde Braut, Hsp. (SR) 04; div. Rdfk-Feat. – *Lit:* LDGL 97.

Alzmann, Helmut s. Ahlsen, Leopold

Amacia s. Saurer, Jasmin

Amann, Elisabeth (geb. Elisabeth Gehringer); Mühletorpl. 4/29, A-6800 Feldkirch, Tel. (0 55 22) 8 29 42, *office@elisabethamann.com, www.elisabethamann.com* (* Altenmarkt/Sbg 2. 8. 36). Bodensee-Club 78–88, Michael-Felder-Ver. 80, Vorarlberger Autorenverb. 94–02; Lyr., Rom., Kindertheater. – **V:** jedes wesen trinkt raum, Lyr. 93; Frühere Hände, R. 96, 00; TERRA, phil. Ess. 02; Ein Lied ging vorüber, Kunstkat. 02; Mandala, Erz. 04. – **MA:** Barfuss zum Sirtaki in: fer-

ment 11/84. – **H:** Windwurf im Vorarlberger Oberland 04. – *Lit:* Renate Doppler in: Welt der Frau 1/98. (Red.)

Amann, Jürg, Dr. phil., freier Schriftst.; Haus zum Spiegel, Napfgasse 3, CH-8001 Zürich, Tel. u. Fax (0 44) 2 52 43 23 (* Winterthur 2. 7. 47). Gruppe Olten 79, jetzt AdS, P.E.N.-Zentr. Dtld 99; Werkjahr d. Kt. Zürich 77, 97, Ingeborg-Bachmann-Pr. 82, Conrad-Ferdinand-Meyer-Pr. 83, Stip. d. Berliner Senats 83, Lions-Club-Kunstpr. d. Stadt Meilen 84, Werkjahr d. Stadt Zürich 86, Pr. d. Schweiz. Schillerstift. 89, Kunstpr. d. Stadt Winterthur 89, Stip. d. Stuttgarter Schriftstellerhauses 90, Pr. d. Intern. Hörspielzentr. 98, 99 u. 00, Werkbeitr. d. Kt. Zürich 01, Pr. d. Schweizer. Schillerstift. 01, E.gabe d. Kt. Zürich 03, Lit.pr. Floriana 04; Drama, Lyr., Rom., Nov., Ess., Hörsp., Erz. Ue: rät. – **V:** Das Symbol Kafka 74; Hardenberg, N. 78; Verirren oder das plötzliche Schweigen des Robert Walser, R. 78, 03 (auch jap.); Die Kunst des wirkungsvollen Abgangs, Erzn. 79, 83; Die Baumschule, Erzn. 82, 3. Aufl. 84; Franz Kafka, Ess. 83, 84 (frz.); Nachgerufen, Prosa 83, 87; Ach, diese Wege sind sehr dunkel, Stücke 85; Patagonien, Prosa 85; Robert Walser, Ess. 85; Aus dem Hohen Lied, Nachdicht. 87; Fort, Brieferz. 87; Nach dem Fest, Stücke 88; Der Rücktritt, Farce 89; Tod Weidigs, Erzn. 89; Der Vater der Mutter und der Vater des Vaters, Prosa 90; Der Anfang der Angst, Prosa 91; Zwei oder drei Dinge, N. 93; Über die Jahre, R. 94; Und über die Liebe wäre wieder zu sprechen, G. 94; Robert Walser. Eine literar. Biogr. 95, 06; Rondo, Erzn. 96; Schöne Aussicht, Prosast. 97; Ikarus, R. 98; Iphigenie und Operation Meereswind, Prosa-Trag. n. Euripides 98; Golomir, R. 99; Kafka, Ess. 00; Am Ufer des Flusses, Erz. 01; Kein Weg nach Rom, Reiseb. 01; Mutter töten 03; Sternendrift, Tageb. 03; Pornographische Novelle 05; Wind und Weh, Tageb. 05; Zimmer zum Hof, Erzn. 06; Pekinger Passion, Krim.-N. 08; Nichtsangst, Prosa 08; – THEATER/UA: Das Fenster 75; Das Ende von Venedig 76; Der Traum des Seiltänzers vom freien Fall 78; Die Korrektur 80; Die deutsche Nacht 82; Nachgerufen 84; Büchners Lenz 84; Ach, diese Wege sind sehr dunkel 85; Der Rücktritt 89; Nach dem Fest 89; Zweite Liebe 92; Liebe Frau Mermet 92; Jugend ohne Gott (n. Horváth) 93; Ich bin nicht Ihre Luise (n. „Nachgerufen") 95; Sit well, Edith! 96; Ach, diese Wege sind sehr dunkel, Oper 96; Reise zum Nordpol 97; Hotel 97; Weil immer das Meer vor der Liebe ist. Elegie für u. nach Hertha Kräftner 00; Synchronisation in Birkenwald (n. Viktor E. Frankl) 03. – **MV:** Widerschein, m. I. Abka Prandstetter, F. Mayröcker u. J. Schutting 91; Der Lauf der Zeit, m. Anton Christian 93; Übermalungen. Überpinselungen. Van-Gogh-Variationen, m. Urs Amann 05. – **MA:** Fortschreiben, N. 77; Lyrik '78; 1984 – made in switzerland, Nn. 81; Klagenfurter Texte 1982, Nn. 82; Dt. Erzn. aus den Jahrzehnten, Nn. 82; Fünf nach Zwölf, Nn. 83; Dt.spr. Erzn. aus 1945 83; Piper Alm. 84; Die Welt ist ein Versuch, 23 Erzn. 86; Stadtzeiten, Nn. 86, Anth., u. v. a. bis in die Gegenw. – **H:** Georg Trakl. Abendländisches Lied, G. 87, 94; Friedrich Hölderlin. Hälfte des Lebens, G. 88; Mehr bedarfs nicht, G. 06, 07. – **MH:** Engadin. Ein Leseb. 96, 04; Bergell – Puschlav – Tessin. Ein Reiseb. 99, beide m. Anna Kurth; Franz Kafka Lesebuch, m. Winfried Stephan 08. – **R:** zahlr. Hörspielprod., u. a.: Der Traum des Seiltänzers vom freien Fall; Verirren; Die Korrektur; Die deutsche Nacht; Der Sprung ins Wasser; Play Penthesilea; Nachgerufen; Nach dem Fest; Büchners Lenz; Der Aufenthalt; Tod Weidigs; Der Jausenfall; Max Daetwyler, Friedensapostel – oder Der lange Weg nach Genf; Liebe Frau Mermet; Ach, diese Wege sind sehr dunkel; Sit well, Edith!; Kleiner Schmerz;

Amann

Rondo; Ikarus; Weil immer das Meer vor der Liebe ist. – **MUe:** Luisa Famos: Poesias/Gedichte, m. Anna Kurth 95, 3. Aufl. 03. – *Lit:* Beatrice v. Matt (Hrsg.): Antworten. Die Lit. d. dt.spr. Schweiz in d. achtziger Jahren 91; Simone Meier (Hrsg.): Domino. E. Schweizer Lit.-Reigen 98; Arlette Kosch: Literar. Zürich 02; Dietmar Goltschnigg (Hrsg.): Georg Büchner u. die Moderne, Bd 3 04; Rhys Williams u. Elisabeth Kapferer in: KLG.

Amann, Klaus, UProf., Dr., Lit. wiss., Leiter d. Robert-Musil-Inst. d. Univ. Klagenfurt/Kärntner Lit.archiv; c/o Musil-Institut, Bahnhofstr. 50, A-9020 Klagenfurt, Tel. (04 63) 27 00 29 11, Fax 27 00 29 99, *klaus. amann@uni-klu.ac.at* (* Mittelberg/Vbg 22. 2. 49). GAV; Theodor-Körner-Pr., Pr. d. Ldes Kärnten f. Geistes- u. Sozialwiss.; Ess., Sachb., Lit.kritik. – **V:** Adalbert Stifters „Nachsommer" 78; Literaturunterricht 80; P.E.N. Politik-Emigration-Nationalsozialismus. E. öst. Schriftstellerclub 84; Der 'Anschluß' österr. Schriftsteller an das Dritte Reich 88, 2.erw. Aufl. u. d. T.: Zahltag. Der Anschluß öst. Schriftsteller ... 96; Die Dichter und die Politik. Essays z. öst. Lit. nach 1918 92; 'Denn ich habe zu schreiben. Und über den Rest hat man zu schweigen.' I. Bachmann u. d. literar. Öffentlichkeit 97; Robert Musil. Lit. u. Politik 07. – **MV:** Die 'Wiener Bibliothek' Hermann Brochs, m. H. Grote 90; Wut und Geheimnis, m. Peter Handke 02. – **MA:** ca. 130 Aufsätze u. Ess. u. a. in: Zs. f. dt. Philologie; Dt. Vjschr. f. Lit.wiss. u. Geistesgeschichte; Helikon; Neohelicon; Jb. f. Intern. Germanistik; Musil-Forum; Wespennest; Literatur u. Kritik; protokolle; manuskripte; Kolik; Fiction; sichtungen; Studi Tedeschi; Zeitgeschichte; Studi germaninici; Musil-Companion; NS-Herrschaft in Österreich; Austria in the Thirties. – **H:** Karl Tschuppik: Franz Joseph zu Adolf Hitler, Polemiken, Ess., Feuill. 82; Aufhebung der Schwerkraft. Zur Poesie Gert Jonkes 98; Werner Kofler. Texte u. Materialien 00; Kärnten. Literarisch 02; Peter Turrini 07; Werner Kofler. Lesebuch 07. – **MH:** Österr. Literatur der dreißiger Jahre, m. A. Berger 85, 2. Aufl. 90; Österreich und der Große Krieg 1914–1918, m. H. Lengauer 89; Expressionismus in Österreich. D. Lit. u. d. Künste, m. A.A. Wallas 94; Michael Guttenbrunner, m. E. Früh 95; Literatur und Nation. D. Gründg. d. Dt. Reiches 1871 in d. dt.spr. Lit., m. K. Wagner 96; Autobiographien der österr. Literatur, m. K. Wagner 98; Literar. Leben in Österr. 1848–1890, m. K. Wagner u. H. Lengauer 00; Florjan Lipuš, m. J. Strutz 00; Gustav Januš 02; Mein Paradies 03; Freund und Feind 05, m. F. Hafner; Peter Handke. Poesie der Ränder, m. K. Wagner u. F. Häfner 06; literatur/a, m. F. Hafner u. D. Moser, Jb. 06ff. – **R:** regelmäß. Rez. literar. Werke u. a. für d. ORF seit 90. – **MUe:** Anton Haderlap: Graparji. So haben wir gelebt, m. M. Wakonnig 08.

†**Amanshauser,** Gerhard, Dr. h. c., Schriftst.; lebte in Salzburg (* Salzburg 2. 1. 28, † Salzburg 2. 9. 06). Rauriser Lit.pr. 73, Förd.pr. d. Stadt Salzburg 75, Rauriser Bürgerpr. 82, Pr. d. Salzburger Wirtsch. 85, Alma-Johanna-Koenig-Pr. 87, Öst. Würdig.pr. f. Lit. 94; Lyr., Rom., Nov., Ess. – **V:** Aus dem Leben der Quaden, Sat. 68, Neuaufl. 98; Der Deserteur, Erzn. 70; Satz und Gegensatz, Ess. 72; Ärgernisse eines Zauberers, Sat. 73; Schloß mit späten Gästen, R. 76, Neuaufl. 96; Grenzen, Aufzeichn. 77; Aufzeichnungen einer Sonde, Parodien 79, 96; List der Illusionen, Bemerkungen 85; Gedichte 86; Fahrt zur verbotenen Stadt, Satn. 87; Der Ohne-Namen-See, chin. Impress. 88; Moloch Horridus, Aufzeichn. 89, Neuaufl. 00; Lektüre, Aufzeichn. 91; Das Erschlagen von Stechmücken, Geschn. 93; Gegen-Sätze, Leseb. 93; Tische, Stühle & Bierseidel, Vortr. 97; Artistengepäck, Erzn. 98; Mansardenbuch, Prosastücke

99; Terassenbuch, Prosastücke 99; Als Barbar im Prater, Autobiogr. 01; Ohrenwurst aus Österreich, Satn. 02; Der rote Mann wird eingeschneit, Kdb. 02; Fransenbuch, Prosastücke 03; Satz und Gegensatz, Essays 06; Der Ohne-Namen-See, Impress. 07; Der anachronistische Liebhaber. Frühe Prosa 07; Fett für den anonymen Kulturbetrieb. Verstreute Essays 08. – **MV:** Der Sprung ins dritte Jahrtausend, m. Martin Amanshauser, Erzn. 99/00; Die taoistische Powidlstimmung der Österreicher, m. Hermann Hakel 05. – **R:** Schloß mit späten Gästen, Fsp. 82.

Amanshauser, Martin, Dr. phil., freier Schriftst. u. Übers.; *martin.amanshauser@gmx.net, www.amanshauser. at* (* Salzburg 15. 11. 68). Georg-Trakl-Förd.pr. 92, Jahresstip. d. Ldes Salzburg 96, Staatsstip. d. BMf WVK 96, Max-v.-d.-Grün-Pr. (2. Pr.) 98, Theodor-Körner-Förd.pr. 98, Öst. Projektstip. f. Lit. 99/00, 07/08, Wiener Autorenstip. 00, 02, Stadtschreiber von Schwaz 01, Lyr.pr. Lyrik 2ooo S 02; Prosa, Lyr., Dramatik. Ue: port, span, engl. – **V:** Im Magen einer kranken Hyäne, Krim.-R. 97; Erdnußbutter, R. 98; in der todesstunde von alfred alfons schmidt 99; NIL, R. 01, 2. Aufl. 02; 100.000 verkaufte Exemplare, G., 1.u.2. Aufl. 02; Chicken Christl, R. 04; Alles klappt nie, R. 05; Karneval der Tiere, Libr., UA 06; Logbuch Welt, R. 07. – **MV:** Der Sprung ins dritte Jahrtausend, m. Gerhard Amanshauser, Erzn. 99/00. – **MA:** Weihnachten für Fortgeschrittene, Anth. 99; Quer.Sampler 03; zahlr. Veröff. in: Der Standard; Profil; Falter; Literatur u. Kritik; zahlr. reisejournalist. Arb. f.: Der Standard (Beilage Rondo), u.v.; wöchentl. Kolumne in: Die Presse, seit 06. – **P:** Amanshauser & Wenzl: Auf der falschen Seite von Ikebukuro, CD 06. – **Ue:** Rui Zink: Hotel Lusitano 98; ders.: Apokalüpse Nau 99; ders.: Afghanistan, R. 02; Askold Melnyczuk: Mindestens tausend Verwandte, R. 06; ders.: Das Witwenhaus, R. 08.

Amant, Pierre s. Egelhof, Gerd

Amay, Edmond s. Endler, Adolf

Amber, Patricia s. Müller, Hilke

Amberg, Alexander, Dr., freier Journalist; Raiffeisenstr. 8, D-67361 Freisbach (* Waldsee 8. 9. 63). Ue: engl. – V: Seni-Tours Inc. – One-Way-Ticket, Kurzgeschn. 98; Aufs Kreuz gelegt 99; Hexenkind, R. 00. – **MA:** zahlr. Beitr. in Lit.-Zss. seit 94. (Red.)

Amberg, Lorenz s. Jung, Robert

Ambros, Peter (Ps. Dan Adler), Historiker, Publizist, Übers. u. Schriftst.; Franz-Mehring-Str. 34, D-09112 Chemnitz, Tel. (03 71) 3 55 97 89, *PeterAmbros@web. de* (* Trnava/Slowakei 22. 10. 48). VS/VdÜ, Sächs. Schriftst.ver., P.E.N.-Zentr. dt.spr. Autoren im Ausland 06. Ue: tsch, slowak, hebr, jidd. – **V:** Leben vom Blatt gespielt. Eine dramatische Lebensgattrip 03; Abschlußkonzert, R. 04. – **MA:** Essays in: Joachim Braun u. a. (Hrsg.): Verfemte Musik 95, 2. erw. Aufl. 97; Susan Stern (Hrsg.): Speaking out 95; Frank Schirrmacher (Hrsg.): Die Walser-Bubis-Debatte 99; Das Denkmal 99; Regina Hellwig-Schmid (Hrsg.): Donau-Welten 00. – **H:** Literatur aus dem jüdischem Osteuropa heute 92; Golems leiser Atem. Zeitgenössische jüdische Autoren aus Böhmen, Mähren u. der Slowakei 95. – **Ue:** u. a. Werke von: Arnošt Lustig, Ivan Klima, Jan Patocka, u. a.

Ameling, Hermann s. Martin, Stefan

Amerstorfer, Michael, BA, Übers., Buchhändler; 40, Mandeville Road, Canterbury CT2 7HD/GB, *amerstorfer@hotmail.com* (* Innsbruck 1. 8. 49). IGAA Wien 98, Chartered Inst. of Linguists, London 03; Kulturpr. d. Stadt Innsbruck 84, Pr. d. Wiener Ztg 89; Prosa,

Übers., Hörsp., Fernsehsp. Ue: engl. – **V:** Lehrgeld 07, 2.,verb. Aufl. 08; Besuch, dramat. Erz. 08. – **R:** Lebensbilder Adalbert Stifters, Fsp. 93; Auf der Insel Spitzbergen, Hfk-Erz. 96.

Amilié, F. s. Kramer, Bernd

Amling, Christian, Dipl.-Physiker; Unter der Altenburg 6, D-06484 Quedlinburg, Tel. (0 39 46) 90 14 39 (* Frankfurt/Main 23. 5. 53). Krim.rom., Science-Fiction-Rom. – **V:** Quitilinga History Land 05; Odins Fluch 06; Die Superfrucht 07; Der Koffer der Pandora 08, alles Krim.-R.

Amm, Gabriele (Gaby Amm), Hausfrau, Mda.-Autorin, Texterin; Nikolausplatz 5, D-50937 Köln, Tel. (02 21) 42 55 72 (* Köln 26. 4. 29). VS NRW; Umweltschutzpr. d. Stadt Köln f. lit. Arbeiten, 2. Pr. im Wettbew. f. „Et Wunderkind", Köln Lit.pr. 99, Rheinlandtaler 01; Mundart-Lyr., Prosa, Sat., Glosse, Kabarett- u. Liedertext, Puppensp. – **V:** Minschespill. Prosa, Reimreden, Verzällcher, G. u. Kurztexte üb. d. ganze Jahr hin, Mda.buch 80/81; Et Föllhoon, M. 86; Fründe em Levve 89; Kölsche Sproch – un mer sin doheim 93; Kölsch: bes op de Knoche 96; Et kölsche Kinderleederboch 98; E Püngelsche Freud, Reime u. Verse 98; De Heinzemänncher zo Kölle, Bilderb. 99; ... dann levven se noch hück, M. 01; Sage un Legende us dem ahle Kölln 03. – **B:** Max un Moritz op Kölsch 97. – **MA:** zahlr. Veröff. in Kulturzss. u. Büchern d. Stadt im Wettbewerb „Leben in Köln" – **R:** Gedichte in: Luustert ens. (Hört mal zu), Kölner Mundartdichter stellen sich vor, Rdfksdg 80. – **P:** Unse Stammweet weed sich freue 81/82; Ohne wasser, Wärme, Licht, Stadt Köln. (Das GEW-Lied) 82/83; Parodien u. Liedertexte f. d. Karneval 80, u. a., alles Schallpl.; Kölsch bis op de Knoche, Video 96; ... dann levven se noch hück, M., CD 01. (Red.)

Ammar, Angelica, M. A., Übers.; C/ Josep Anselm Clavé 11, 2°, E-08002 Barcelona, Tel. 00 34–9 33 19 16 45, *angelica.ammar@hotmail.com* (* München 22. 4. 72). VS/VdÜ; Lit.förd.pr. d. Ponto-Stift. 06. Ue: span, frz. – **V:** Tolmedo, R. 06. – **H:** „La francophonie". Die übersetzte Wirklichkeit (die horen, 209) 03. – **Ue:** u. a. Titel von: Felisberto Hernández, Gioconda Belli, Arturo Pérez Reverte, Andrés Ibáñez, Santiago Roncagliolo, Mario Vargas Llosa, Sergio Pitol, Carmen Laforet; Santiago Roncagliolo: Roter April 07; Guillermo Martínez: Der langsame Tod der Luciana B. 08.

Amme, Achim (Ps. f. Jürgen Ebeling), Autor, Schauspieler; Eimsbütteler Str. 46, D-22769 Hamburg, Tel. u. Fax (0 40) 4 39 68 17, *webmaster@achim-amme. de, www.achim-amme.de* (* Celle 30. 10. 49). VS, VG Wort, Literar. Ges. Göttingen-Harz, Drehb.werkstatt Hamburg, Lit.zentr. e.V. im lit.haus Hamburg; Arb.-stip. d. Ldes Nds. 84, 1. Pr. b. Hsp.wettbew. (Sat.) d. NDR 84, Publikumssiegerb. Joachim-Ringelnatz-Wettbew. 86, Stadtschreiber v. Soltau 91, Hafiz-Pr. (Sat.) 91, Drehb.förd. d. Nds. Filmförd. 92, Stip. Künstlerhof Schreyahn 93, Oberrhein. Rollwagen 98, Förd.projekt d. Kulturstadt Europas, Weimar 99; Lyr., Prosa, Theater, Hörsp., Drehb. Ue: engl. – **V:** Sonette für Göttinnen 78; Wer ist schon gut zu sich selbst 82, 3. Aufl. 92; Höllenlieder 84, 3. Aufl. 98; Liebeslieder 88, 3. Aufl. 05; Noahs Paarty 96; Auf eigene Gefahr. Sexy Sonnets 07, alles Lyr. – **B:** Traumreise, Prosa 82. – **MA:** Anth., u. a.: Die Geschichte vom Rotkäppchen, Prosa 81, 13. Aufl. 06; Männer schreiben neue Liebesgedichte 87, Aufl. 85; Das ist ja wie im Märchen, Hsp., 1.u.2. Aufl.85; Sprich von hinten – schweig von morgen, Lyr. 86; Der Wald, Lyr. 87; Das Moor, Prosa 87; Die Elbe, Prosa 88; In Liebe, Lyr. 88; Rimbaud, Lyr. 88; Du bist ganz anders als gedacht, Prosa 89; Hexengeschn., Prosa 89;

Deutsch Reden 92; Stimmen im Kreis 94; Funkenflüge 95; Sog Tellheimer Apfelabschuß 95; Pflücke die Sterne, Sultanim 96, alles Lyr.; styx, Prosa 96; Der Dreischneuß, Lyr. 97; Mach die Tür zu, Uwe!, Prosa 98; Wilhelm-Busch-Pr. 98; Tasten 11 98/99; Ort der Augen 98; Groschen gefallen ... 00; Flasche leer! Das kleine Buch vom großen Durst 02; Die literarische Venus 03, alles Lyr.; Mein Song, Prosa 05; Der Sperling 1 06; Nordsee ist Wortsee 06. – **H:** Annabele Bonaparte: Auf eigene Gefahr – Sexy Sonnets, Lyr. 06 (auch übers.). – **F:** Der Mensch wird abgeschafft, Kurzf. 87. – **R:** Rumpelstießchen, Hsp. 84; Meine Frau liest jetzt ein Buch, Monolog 98. – **P:** Sei leise, du könntest den Frieden stören, Tonkass. u. Text 88, 4. Aufl. 95; Hand aufs Herz, CD 93; Noahs Paarty, Hörb. 02, u. a. – **MUe:** Shakespeare Sechsundsechzig, Variationen üb. e. Sonett 96, 2. Aufl. 01.

Ammedysli s. Faes, Armin

Ammer, Sigrid R., Dr.phil.; Amazonon 11, GR-15235 Vrilissia/Athen, Tel. (00 30–2 10) 8 04 53 74 (* Tübingen 15. 3. 36). Rom., Ess., Lyr., Kurzgesch. – **V:** Ein ernstes Kind, R. 85; Das kurze Leben des Rudolf N., R. 02; Die dunkle Seite der Wahrheit, R. 03; Zeiger der Zeit, G. 05; Zeit des Efeus, G. 06; Die mit dem Falken flog, R. 08. – **MA:** Maks Friš kao moralist, Ess. in: Gledišta 69; Prostori, Ess. üb. d. Hsp. in: Književna Smotra 71; G. in: Journal 11 78; Courage 8 79; Buchwelt, Anth. 98; Kindheit im Gedicht 02; neaFon 2/03, u. a. – **MH:** Griechenland der Frauen (auch mitverf.) 89, 92 (auch ngr.). – *Lit:* Aglaia Blioumi: Transkulturelle Metamorphosen 06.

Ammerer, Karin (geb. Karin Götz), Dipl.-Päd., Autorin; Nr. 74, A-8292 Neudau, Tel. (06 64) 3 83 15 49, Fax (0 33 83) 5 12 82, *ka@ammerer.net, www.ammerer. net* (* Hartberg 30. 12. 76). Kinder- u. Jugendlit. – **V:** Die verschwundene Keksdose 04, 05; Drei mörderische Tanten 04, 05; Die Männer aus dem Moor 05, 06; Der Katzenklau 06. (Red.)

Amon, Michael; Griesingergasse 26/6, A-1140 Wien, Tel. u. Fax (01) 9 11 31 34, *amon_lit@com puserve.com, ourworld.compuserve.com/homepages/ amon_lit/homepage.htm.* Am Sonnenhang 26, A-4810 Gmunden (* Wien 25. 2. 54). P.E.N.-Club Öst. 89; Peter-Altenberg-Pr. f. Kurzprosa, 1. Intern. Götzner Theaterpr., Förd.pr. d. Wiener Volkstheaters, Feuill.pr. d. Tiroler Tagesztg 02; Prosa, Rom., Drama. – **V:** Nachtcafé, Erzn. 89; Lemming – Geschichte eines Aufstiegs, R. 98; Horvath Roth Celan – Die Toten von Paris, Theaterst. 99; Villach oder Provinz ist überall, Theaterst. 99; Yquem, R. 02; 91st Floor, Theaterst. 04; Sonnenfinster, R. 06. – **B:** Ruth Wodak: Sprachbarrieren – Die Verständigungskrise d. Gesellschaft, Sachb. 89. – **MA:** Wiener Journal, Zs.; Neuestes Wiener Lesebuch 88; Österreichs Literatur Jetzt Almanach 89; Ganz Wien ist ein Beisel 98; Solidarität, alles Anth. – **H:** exil, Zs. (Gmunden). – **R:** div. Treatments u. Drehbücher f. d. ORF. (Red.)

Amon, Stefan *

Amort, Elisabeth, Sekretärin i. R.; L.-Ganghofer-Str. 25 1/2, D-83471 Berchtesgaden, Tel. (0 86 52) 48 59 (* Berchtesgaden 8. 2. 24). Märchen, Erz. – **V:** Der Neue Märchenschatz 68, 70; Das Zauberspiegelchen, M. 71; Uifala und andere Märchen 89; Die Familienblamage 05. – **MA:** Siegburger Pegasus 82; Weihnacht in den Bergen, Anth. 83; Typisch bayerisch 98; Frankfurter Edition 2001/02/03/04; Frankfurter Bibliothek 06; zahlr. Beitr. in versch. Ztgn. – **R:** Berberitzenstrauch, Hsp.; Der Flötenbaum, Hsp.; Der Neue Märchenschatz; Das Zauberspiegelchen, Rdfk-Sdgn aller M. der o. g. Bücher. – *Lit:* Dt. Schriftst.lex.

Amrain

†**Amrain,** Susanne, Dr. phil., Autorin, Übers., Verlegerin; lebte in Göttingen (* Darmstadt 1. 3. 43, † 5. 6. 08). Frauenbiogr. – **V:** My Soul's Body, Diss. 84; So geheim und vertraut, Biogr. 94, 98. – **MA:** Frauen, Weiblichkeit, Schrift 85; Schwestern berühmter Männer 85, 97; Wahnsinnsfrauen 92. – **Ue:** Victoria Ramstetter: Die Marquise und die Novizin 84; Sarah Waters: Die Muschelöffnerin 02.

Amrein, Nicole, Journalistin u. Autorin; *info@ topmedia-verlag.ch, www.nicoleamrein.ch* (* Bern 70). Rom. – **V:** Die Pfundsfrau, Kurzgeschn. 01; So richtig glücklich 03; Biete Alibi für Seitensprung 03; Fast echt 05; zahlr. Titel in d. Reihen „Dr. Katja König" seit 01, „Diät-Schloss Steinberg" seit 02. (Red.)

Amsel, Gottlieb s. Jung, Jochen

Amstutz, Heidi s. Haas, Heidi

Amthauer, Ottilie, Hausfrau; Schützenstr. 96, D-34346 Hann. Münden, Tel. (0 55 41) 3 20 58, *hermannamthauer@freenet.de* (* Oberrieden 25. 6. 24). Autorentreff Meißner 98; Lyr., Rom. – **V:** Die zweite Haut, R. 79; Was bleibt, ist Erinnerung, R. 84; Vaters Haus, R. 85, erw. Aufl. 06; Der Garten der Sybille Meriander 02; Hasso, eine Hundeleben 04; Drei Brüder 05; Licht auf meinem Wege 06; Seltsame Geschichten aus aller Welt 07; Und der Engel sprach: Fürchtet euch nicht 07; Unter der Linde 08; Gedichte 08. – **MA:** Gedanken unserer Zeit, Anth. 86; Anth. Kasseler Autoren 86; Kurzgeschn. in versch. Ztgn; jährl. Erzn. in ZEITschrift (Stolzalpe/Öst.).

Amthor, Johanna (geb. Johanna Löschner), Autorin, Mitarb. in d. Krankenhausseelsorge; Hauptstr. 14, D-27386 Bothel, Tel. (0 42 66) 9 55 02 97, Fax 9 55 02 98, *jo.amthor@t-online.de, post@johannaamthor.de, www.johanna-amthor.de* (* Zöptau/Mähren 17. 5. 43). Erz., Nov., Kurzgesch. – **V:** Wer kennt schon Boris Meinke? 90; Die Engel-Schwester 01; Frühe Fallwinde, Erz. 06; Zwischenmenschen, Erzn. 07; Eine Weihnachtsgeschichte 07; West-östliche Mailbox, Briefe-Samml. 08.

Amtsberg, Susanne *

Amtsberg, Sven, Autor, Lit.veranstalter, Verleger; *www.textagentur-amtsberg.de* (* Hannover 72). Lit.-förd.pr. d. Stadt Hamburg 01. – **V:** Aufzeichnungen burlesker Fresken 96; Das Mädchenbuch, Erzn. 02. (Red.)

Amzar, Dinu Dumitru, Dipl.-Mathematiker, freier Schriftst.; Adelheidstr. 54, D-65185 Wiesbaden, Tel. (06 11) 5 80 66 79, *dinu.amzar@gmx.de, www.amzar. de* (* Berlin-Charlottenburg 11. 3. 43). Martin-Heidegger-Ges. 86, FDA 92, GZL 93, VS 99, Freundeskr. d. Brüder Ernst u. Friedrich-Georg Jünger 98; E.gabe f. Lyr. b. Wettbew. d. LU 77, 7. Pl. b. Lit.wettbew. d. FDA 98; Lyr., Rom., Kurzprosa, Ess., philosoph. u. mathemat. Abhandlung. – **V:** Sehübungen an Rebengerippen, G. 75; Gebiete den Grillen zu schweigen, G. 79; Langholzabfuhren, G. 90; In Sätzen in Ketten, G.-Ausw. 99; Die Windhose der Rauchsäule aus Rauchringen, G. 02. – **MA:** Frankfurter Hefte 1 75; Diagonalen, Kurzprosa 76; Mauern, Lyr. 78; Werkstattberichte I–V; Horizonte, 4.–6. Jg. / Nr.16–24 80–82; Gauke's Jb. 81 u. 82; Einkreisung, Lyr. 82; Strandgut, Lyr. u. Kurzprosa 82; Siegburger Pegasus, Lyr. u. Kurzprosa 82; Autoren stellen sich vor, Lyr. 83; Lyrik Heute 84; Greife ins Füllhorn, Lyr. u. Kurzprosa 85; Mit dem Fingernagel in Beton gekratzt, Lyr. 85; Das Gedicht 87; Denn Du bist bei mir, Lyr. 88; Sang so süß die Nachtigall, Lyr. 90; Lit.zs. „Exempla" 93–99; Denn der Himmel ist in Dir, Lyr. 95; Schlagzeilen, Lyr. 96; Das Gedicht 02 u. 06; Jonas u. der Walfisch u. a. Erinnerungen. 125 Jahre Werner-von-Siemens-Schule, Festschr. 04. – **MH:** Dumitru Cristian Amzar: Jurnal berlinez 05; ders.: Randuiala 06, beide m. Dora Mezdrea (beide in Bukarest). – **R:** Ausstrahlung e. Essays im RIAS 75; Lesung v. Gedichten im BR 3 79, im SDR 89. – *Lit:* Gabriele Jung in: Wiesbadener Tagebl. 11.8.75; Richard Wernshauser in: Neue Dt. Hefte Nr.147/H.3 75; Karl Schön in: Horizonte 14–15 80; Wer ist Wer? 86ff.; Christoph Wartenberg in: Schwäb. Ztg 12.1.91; Marquis' Who's Who in the World 98ff.; Monika Spiller in: Südkurier 18.5.99; Baron's 500 Leaders for the New Century, Irvine/Calif. 00; Ulrike Brandenburg in: Wiesbadener Kurier 20.3.2003; Stefanie Saur in: Südkurier 24.2.04; Julia Anderton in: Wiesbadener Kurier 11.5.07.

Anatol, Andreas s. Fröba, Klaus

Andel, Heidemarie s. Friedrich, Heidemarie

Anderegg, Erwin, Dr. med. h. c., Pfarrer; Thiersteinerrain 67, CH-4059 Basel, Tel. (0 61) 3 31 73 55 (* Trimbach/Schweiz 25. 12. 33). Kurzgesch. – **V:** Die tausend Masken der Resignation – das Antlitz der Hoffnung 76; Besuchszeit 81; Auf Tod und Leben 83; Lass meine Seele leben 85; Das Glücksrad 87; Gold und Asche 89; Der weiße Wolf 90, alles Kurzgeschn.; Zeichen im Dunkel, Autobiogr. 98; Glaube, der dem Leben dient. Erkenntnisse u. Erfahrungen e. Seelsorgers 02. (Red.)

Anderer, Achim s. Soeder, Michael

Anderka, Johanna, Schriftst.; Tannenäcker 52, D-89079 Ulm, Tel. u. Fax (07 31) 4 21 12 (* Mährisch-Ostrau 12. 1. 33). Kg. 81, GEDOK 88, Kogge 95, Exil-P.E.N. 99; 2. Pr. f. Prosa im Wettbew. „Mauern" d. LU 77, 3. Pr. f. Prosa IGdA 80, Anerkenn. Lyr.wettbew. 'Die Rose' 81, Anerkenn. Lyr.wettbew. 'Soli Deo Gloria' 84, Nikolaus-Lenau-Pr. d. Kg. 85, 89, 2. Pr. 87, 91, Sudetendt. Kulturpr. 88, Hafiz-Pr. 88, 89, Lit.pr. d. GEDOK 90, E.gabe z. Andreas-Gryphius-Pr. 92, Inge-Czernik-Förd.pr. 94, A.-u.-A.-Launhardt-Gedächtnispr. 98, Lit.pr. (3. Pr.) d. Kg. f. Lyr. 02, Lit.pr. (3. Pr.) d. Kg. f. Prosa 03 u. 04, Wolfgang-A.-Windecker-Lyr.pr. 04, Pro Arte-Med. d. Kg. 07; Kurzprosa, Lyr. – **V:** Ergebnis eines Tages, R. 77; Herr, halte meine Hände, Erzn. u. Lyr. 79; Heilige Zeit, Erzn. u. Lyr. 81; Zweierlei Dinge, Erzn. 83; Über die Freude, Erzn. u. Lyr. 83; Für L. 86; Ich werfe meine Fragen aus, Lyr. 89; Sprachlos mein Schrei, Lyr. 91; Nachtstadt, Kurzprosa 92; Gegen die Fremdheit gesprochen, Lyr. u. Kurzprosa dt.-tsch. 94; Vertauschte Gezeiten, Lyr. 95; Ausgefahren die Brücken, Lyr. 97; Bewahrte Landschaft, Kurzprosa 99; Silbenhaus, Lyr. 00; 11. September 2001, Lyr. 02; Zugeteilte Zeit, Lyr. 03; Namen geben den Zeichen, Lyr. 07. – **MA:** Wer kennt sein Herz? 74; Rosen für Eva-Maria 75; Anth. v. Poesie u. Prosa 75, 76; Diagonalen, Kurzprosa 76; Solange ihr das Licht habt, Lyr.; Mauern, Kurzprosa 77; Moderne Lit. I u. II 78; Wie's einstens war zur Weihnachtszeit, Erinnerungsb.; Heimat, Lyr. 80; Unser Boot heißt Europa 80; Meines Herzens Freude und Trost, Andachtsb. 81; Gauke's Jb. 81, 82, 83; 33 phantast. Geschn. 81; Schreiben vom Schreiben, Lyr. 81; Das Rassepferd, Lyr. 82; Doch die Rose ist mehr, Lyr. 82; World Poetry, Lyr. 82, alles Anth.; Das Boot; Cimarron; Unio Prosa u. Poesie mit Bücherspiegel; Horizonte; Bll. f. Lyrik u. Kurzprosa; IGdA aktuell; apropos; Wellenküsser; Silhouette; Schreiben u. Lesen; adagio; Carmen; Formation; Heimat Beskidenland 83; Tübinger Vorlesebuch 84; Mutter und ich 84; Hinter den Tränen ein Lächeln, Lyr. 84; Lebenszeichen 84; Soli Deo Gloria 85; Und das kleine bißchen Hoffnung 85; Lyrische Annalen 85; Gegenwind 85; Die Traumfrau 86; Stumme Zeichen 86; Südliche Waage 86; Sag ja zu mir 86; Kindheitsverluste 87; Du bist mein Leben 87, alles Anth.; – weiterhin ca. 80 Anth. u. lit. Zss.

seit 88. – **MH:** ... wovon man ausgeht, m. Dieter Matzenauer 98. – *Lit:* Sudetenland 2/88; Trauer und Zuversicht – Kat. z. Ausst. d. Bez. Schwabens 95; Romboid (Bratislava) 1/95; Urszula Wozinak, Mag.arb., Pädagog. Hochschule Zielona Góra 00; Franz Peter Künzel in: Sudetenland 3/01.

Anderland, Jonathan (Ps. f. Kai Blitz) *

Anders, Armin, Mag.phil., Theater- u. Filmemacher; Pfluggasse 8/21, A-1090 Wien, *armin.anders@ aon.at* (* Mistelbach/NdÖst. 1. 2. 65). Lyr., Prosa, Drama, Ess. – **V:** Uns ist kein Sprach Hemd, experiment. Prosa 98. – **MH:** Handbuch für Dramatiker/innen & Theatermacher/innen, Bd 1, m. Raimund Kremlicka 00; Texte. Körper. Räume, m. Clemens Stepina 03. – **F:** Weinviertler Trilogie: Chronik. Der Trilogie erster Teil, Kurzf. 04. (Red.)

Anders, Christian (Ps. Lanoo), Sänger, Autor, Schauspieler, Regisseur, Komponist; *service @christiananders.net, www.christiananders.com* (* Bruck a.d. Mur 15. 1. 45). Rom., Hörsp., Film, Sachb. – **V:** Der Mann, der Aids erschuf 00; Der Brief, R. 02; Der Freigänger, R. 03. – **MV:** Literarischer Rebell, polit.-satir. Kolumnen 04; Über Nacht ein Star – Multitalent Christian Anders 05, beide m. Elke Straube. – **F:** Die Brut des Bösen 79; Die Todesgöttin des Liebescamps 81. – **R:** Hühnerbeinchen, Hsp. f. Kinder 74. – **P:** Die Enthüllung: Der wahre Ursprung des Affen, CD 04. – *Lit:* s. auch SK. (Red.)

Anders, Gerd, Dr.-Ing., Städtebauer, Bildhauer, Fotograf; Herderstr. 24, D-64285 Darmstadt, Tel. (0 61 51) 9 18 07 08, *anders.gerd@t-online.de, www. gerd-anders.de* (* Königsberg 8. 3. 41). Stip. d. fläm. Kultusmin. 73; Promotionsstip. 74–77, Kunstpr. d. Stadt Saarbrücken 87, Kunstpr. d. Ldes Rh.-Pf. 91; Belletr., Ess. – **V:** Up up into the air 00; Ruinen der Gegenwart 02; Landschaft als Ort, Ess., Fotobd 09. – *Lit:* Who's who in Germany 99/00; s. auch Kürschners Handbuch der Bildenden Künstler, 1. Aufl. 2005.

Anders, Hellmuth s. Seitz, Helmut

Anders, Klaus; Rheinstr. 114, D-56564 Neuwied, Tel. (0 26 31) 35 83 72, *km.anders@gmx.de* (* 2. 5. 52). Lyr., Übers., Ue: nor, engl. – **V:** Mittag vorüber, G. 04; Bei Potrelli, G. 06. – **Ue:** Olav H. Hauge: Spät hebt das Meer seine Woge, Lyr. (auch hrsg) 06. – **MUe:** Michael Hamburger: Letzte Gedichte, m. Franz Wurm, Uwe Kolbe u. Jan Wagner 09.

Anders, Richard; Stierstr. 16, D-12159 Berlin, Tel. u. Fax (0 30) 8 53 19 27, *richardanders@t-online.de* (* Ortelsburg/Ostpr. 25. 4. 28). NGL Berlin 74, IG Medien 95–06; Arb.stip. f. Berliner Schriftst. 75, 77, 82 u. 87, Arb.stip. d. Hermann-Sudermann-Ges. 83 u. 85/86, Alfred-Döblin-Stip. 85, Aufenthaltsstip. Pourrières/Frankr. 95, Stip. Schloß Wiepersdorf 98, Wolfgang-Koeppen-Pr. 98, F.-C.-Weiskopf-Pr. 07; Lyr., Erz., Rom., Buchkritik, Radio-Ess., Ess., Kurzprosa. Ue: engl, frz. – **V:** Die Entkleidung des Meeres, G. 69; Preußische Zimmer, G. 75; Zeck, Erzn. 79, erw. Ausg. 99; Ödipus und die Heilige Kuh, Erz. 79; Über der Stadtautobahn, G. 80; Ein Lieblingssohn, R. 81; Über den Stadtautobahn eine andere Gedichte 85; Begegnung mit Hans Henny Jahnn, Aufzeichn. 89; Kopfrollen, Prosa-G. 93; Verscherzte Trümpfe, Prosa 93; Das entzweite Gesicht, G. 1949–1974 96; Fußspuren eines Nichtaufgetretenen, Aphor. 96 (auch engl.); SchattenMundReden, automat. Texte 1958–1966 96; Weißes Entsetzen, G. 96; Hörig, Erzn. 97; Marihuana Hypnagogica, Protokolle I/II 98; Die Pendeluhren haben Ausgangssperre, G. 98; Marihuana Hypnagogica, Protokolle I–XV 02; Wolkenlesen, Ess. 03; Mit Gita in Indien, Erz. 05; Niemands Auge, G. 06. – **MV:** Klackamusa. Zwischen

preußischer Kindheit u. Surrealismus, (K)ein Roman, m. Geschn. v. Rajna Jordanović-Anders 04. – **MA:** Akzente 5/63; schnittpunkte 2 u. 3/66; Speichen 70, 71; twen 3/71; Konkret 38 73; bundesdeutsch 74; Die Stadt 75; Contemporary German Poetry 76; Neue Rundschau 4/76, 4/89; Das große dt. Gedichtbuch 77, 2. Aufl. 92; ensemble 8 77; Lapis Lazuli vol.1/no.1, Zs. 77; Paian, H. X 77; Nürnberger Bll. f. Lit. 4/78; Die Ungeduld auf dem Papier 78; Tintenfisch 15 78; Jb. f. Lyrik 1 79, 2 80; Am Rand d. Zeit 79; Das zahnlos geschlagene Wort 80; Zwischen zwei Nächten 81; Die Hälfte d. Stadt 82; Sprache im techn. Zeitalter, H.84 82, H.100 86, H.107– 108 88; Die Paradiese in unseren Köpfen 83; Dies u. Das, Zs. 84; Lit. im techn. Zeitalter, Jb. 84; Begegnung mit Christoph Meckel 85; Luchterhand Jb. d. Lyrik 85, 86, 88/89, 89/90; Bausteine zu einer Poetik d. Moderne, Festschr. f. Walter Höllerer 87; Berlin in Bewegung 87; Berlin! Berlin! Eine Großstadt im Gedicht 87; Lesarten – Gedichte d. Zeit 87; Walter Höllerer (65) 87; Akzente 1/88; Berlin literarisch 88; Mein heimliches Auge 88; Most 2/88; Nachtstücke, Leseb. 88; Michael Hamburger: Dichter u. Übersetzer, Vortr. 89; Rimbaud vivant 89; Rowohlt LiteraturMagazin 23 89; Doppeldecker 90; Jb. d. Lyrik 8 92; Woldemar Winkler. Die Gütersloher Zeit, Kat. 92; Der Ameisenigel in d. Blütenpresse, Kat. 93; Kartoffel T. III, Kat. 93; Von einem Land u. vom andern, G. 93, 98 (frz.); Herzattacke 94–99; park 47/48 94; Walter Muschg: Gespräche m. Hans Henny Jahnn (Vorw.) 94; Aus zerstäubten Steinen, Texte dt. Surrealisten 95; Exact Change Yearbook no.1 95; Literatur vor Ort 95; artischocke 7/96; Berlin – e. Ort zum Schreiben 96; ndl 2 96; Jb. d. Europ. Collegiums f. Bewußtseinsstudien 96; Lieder Franz! Mein lieber Sohn! 96, 2. Aufl. 96; Le surréalisme et l'amour, Kat. 97; Wiecker Bote 13–15 97, 19–26 98; Mythos Ikarus, Anth. 98; Was über dich erzählt wird, Festschr. f. Elke Erb 98; Herzattacke, Sondernr. I 98; Poésie 2000 (Paris) 00; Süddt. Ztg Nr. 111–115 00; ur-vox (Denver/CO) 01; Der neue Conrady, 2., erw. Aufl. 01; Das surrealist. Gedicht, 3., korr. u. erw. Aufl. 00; Jb. d. Intern. Wolfgang-Koeppen-Ges. 01; Akzente 3/02; Aufgabe Nr.2 (New York) 02; Pommersches Jb. f. Lit., Bd 1 03. – **R:** Künstliche Paradiese im Hotel Pimodan 89; Der böse Blick 90; Ein Schimmer der geschlossene Welt – vom Sehen mit geschlossenen Augen 98, alles Radio-Ess. – **Ue:** Ted Joans: Der Erdferkel-Forscher 80; Mary Low: Eine Stimme in drei Spiegeln, G. 91; Ludwig Zeller: Für Aloïse, G. 94; Jean-Pierre Duprey, in: Herzattacke 03, 06. – **MUe:** Andre Breton: Anthologie des Schwarzen Humors 71; Alberto Savinio: Menschengemüse 80; Britische Lyrik der Gegenwart, Anth. 84; Michael Hamburger: Heimgekommen 84; Das surrealistische Gedicht 85; Michael Hamburger: Unteilbar, G. aus 6 Jahrzehnten 97; ders.: Unterhaltung mit der Muse des Alters, G. 04. – *Lit:* Günter Kunert in: Am Rand d. Zeit, Anth. 79; Gabriele Killert in: Neue Zürcher Ztg 95/98; dies. in: Die Zeit 35/96; 46/99; Cornelia Jentsch in: Berliner Ztg 96/98; Wiecker Bote 22–26/98, 27–29/99; Jürgen Brôcan in: KLG 00; Jürgen Egyptien zu: Pommersches Jb. f. Lit., Bd 1 03; ders. in: die horen 211/03. (Red.)

Anders, Sabine, Corporate Service Assistant; Florastr. 26, D-13187 Berlin, Tel. (0 30) 48 09 80 94, Fax 48 09 80 93, *sabine-anders@gmx.de* (* Berlin 10. 4. 83). Rom. Ue: engl. – **V:** Der Freund meiner Freundin, R. 99. (Red.)

Anders, Ulrike s. Thimme, Ulrike

Andersen, Erich R., Seemann, Radio- u. Fernseh-Techniker, Elektronik-Ing. (FH), Leitender Angest. in d. Elektronik- u. Software-Entwicklung, Pensionär seit 96; Uhlandstr. 1, D-25746 Heide, Tel. (0 4 81)

Anderson

7 87 69 29, *info@e-andersen.de, www.e-andersen.de*
(* Westerland/Sylt 30. 10. 37). AG Lit. im ndt. Aus-
schuß d. Schlesw.-Holst. Heimatbundes (SHHB) 83,
Verdener Arb.kr. ndt. Theaterautoren e.V. 86, Klaus-
Groth-Ges. Heide 08; Pr. f. ndt. Jugendbühnenstücke
v. SHHB 83, Pr. d. Freudenthal-Ges. 84, Pr. f. Hsp. v.
intern. Mundartarchiv „Ludwig Soumagne", Neuß 97,
Hans-Henning-Holm-Pr. f. niederdt. Hsp., Bad Bevensen 02; Lyr., Erz., Dramatik, Hörsp., Sachb. – **V:** Nord-
seeinselkind, Lyr. 75; De Weeg un de Sarg 83; Pillen
von Kostumlatzki 84; Mit lieben Wöör 85, alles plattdt.
Einakter; Butenboords, plattdt. Dreiakter 91; Internet-
wiehnachten, plattdt. Einakter 00; Oh du mien Trinidad,
plattdt. Dreiakter 03. – **MV:** u. H: Leben an Bord auf allen Meeren, Sachb. 04; „Pamir" und „Passat" – die letzten deutschen Handelssegler, Sachb. 07. – **MA:** plattdt.
Lyr. in: Schleswig-Holstein, Zs., 84–90; plattdt. Erzn.
in: Plattdüütsch leevt 92; Wind un solten See 93; Platt
för hüüt un morgen 00. – **R:** Betahlen is bitter 86; Butenboords 86; 6. Etage 86; Alles relativ 87; Dörpspa-
radies 87; Bürgermeisteramt 89; Seenot 89; De Deef
un de Dolsch 91; Ole Leev 92; Arvschop, verdreihte
94; Nachtzug 95; Trinidad 96; Iesgang 96; Boß trifft
Boß 98; De Wanz 99; Vermißt 00; Alfa, Beta, Gamma – Omikron 00; Penner und Präsident 01; Sylter Arvschop 02; Exfrünnen 06, alles Hsp. in Radio Bremen u.
NDR. – *Lit:* Bernhard Sowinski: Lex. dt.spr. Mda.-Au-
toren 97.

Anderson, Sascha, Schriftst.; c/o Gutleut Verlag,
Gutleutstr. 15, D-60329 Frankfurt/Main (* Weimar
24. 8. 53). Thomas-Dehler-Pr. (m. Jürgen Fuchs) 87,
Arb.stip. f. Berliner Schriftst. 89, Villa-Massimo-Stip.
91. – **V:** jeder satellit hat einen killersatelliten, G. 82;
totenreklame. eine reise, Lyr. u. Kurzprosa 83; brunnen, randvoll, G. u. Prosa 88; jewish jetset, G. u. Prosa
91; rosa indica vulgaris, G. u. Ess. 94; Herbstzerreißen,
G. 97; Jeder Satellit hat einen Killersatelliten, G., 2.,
erg. Aufl. m. CD: Alles Geld der Welt kostet Geld 98;
Sascha Anderson / Crime sites – nach Heraklit, G.
06; Totenhaus, N. 07. – **MV:** waldmaschine, m. Michael Wildenhain, Cornelia Schleime u. Ralf Kerbach, Dr.
u. Lyr. 84. – **MA:** Bilderlesebuch 87; Proë, G.-Anth.
92. – **H:** Edition Anderson 83–86; Silent rooms 87; Tis-
ké 90. – **MH:** Edition Malerbücher; Schaden, lit. Zs.
84–86; Berührung ist nur eine Randerscheinung. Neue
Lit. aus d. DDR, m. Elke Erb 85; Schriftproben von Peter Hammer, m. Bert Papenfuß 97. – **P:** Dolorosa überhaupt, m.a. 91; Jewish Jetset, m. Anthony Coleman 91,
beides Schallpl. – **MUe:** Moderne russische Poesie seit
1966, Anth. 90. – *Lit:* Gerrit-Jan Berendse in: KLG 93;
Kiwus 96; LDGL 97. (Red.)

Anderson, Tom (Jo Hartwig), Rentner; c/o Kontrast-
Verl., Pfalzfeld (* Stein/Donau 7. 9. 36). – **V:** Der Kon-
zerninfarkt, R. 00; Robert und der magische Knopf 01;
Robert und das Zirkulum 02. (Red.)

Andersson, Lea (auch Laura Green, Nora Sandeau,
eigtl. Andrea Oppelt); Am Berg 11, D-21394 Süder-
gellersen, Tel. (0 41 35) 80 03 69, *rebane@t-online.de,
leaandersson@msn.com* (* Bamberg 29. 11. 61). Erz.,
Rom., Lyr. – **V:** Dinge ins Licht gerückt, Erzn. 02. –
MA: Jahnn lesen. Fluß ohne Ufer 93; zahlr. Beitr. in:
YAho, Lit.zs., 91–95. (Red.)

Andert, Herbert, Lehrer; Lutherstr. 28, D-02730
Ebersbach/Sa. (* Ebersbach/Sa. 16. 10. 10). Lausitz-
Dank f. Mda.-Liedpflege 38, Johannes-R.-Becher-
Med., Kunstpr. d. Oberlausitz 83, E.bürger v. Ebers-
bach/Sa. 94, BVK am Bande 03; Lyr., Mundart-Spiel
u. -Erz. – **V:** Feierobd, Hsp. 34; Derheem' is derheeme
37, 38; Ba uns derheeme I 53, II 54; Mir senn aus dr
Äberlausitz 58, alles Mda.-Lieder; Anne Fuhre Freede

aus dr Äberlausitz 69, 70; Mir Äberlausitzer Ruller 82,
83; Äberlausitz – meine Heemt 83, 84; Aus'n Äberlausitzer Äberlande 85, 2. Aufl. 88; 's gibt sicke und sicke
86; Ich liebe de Äberlausitz 91; Äberlausitz – du ko-
annst lachn 92; Gunn Tag – meine liebe Äberlausitz 97;
Äberlausitz – meine Freede 98, alles in Mda. – **H:** Vu
Cunewaale bis a de Nudl-Eibe 88; Su räd mer uff äber-
lausitzsch 91; Äberlausitz – meine Heemt, mda. Arb.-
heft f. Grundschulen (auch zus.gest.) 93; Unse Äberlausitz labt! (auch zus.gest.) 96; Mir sitzn a dr Spraa (auch
mitverf. u. zus.gest.) 00; Oallerlee aus unser Heemte –
a unser Sprache (auch mitverf. u. zus.gest.) 02. – **P:**
Äberlausitz – meine Heemt, Mda.-Schallpl. 87. (Red.)

Andert, Reinhold; Leipziger Str. 49, D-10117
Berlin, *randert@web.de, www.reinholdandert.de*
(* Teplitz/Böhmen 26. 3. 44). – **V:** Poesiealbum 123
77; Lieder aus einem fahrenden Zug 78; Von ihm lerne
singen und schweigen, Lieder u. Texte 89; Unsere Besten 91; Rote Wende 93; Vom Saul zum Paul 96; Rügen
oder das Ende der PDS 98; Der fränkische Reiter 06;
mehrere Sachbücher. – **MV:** Land unter oder: selten
ein Schaden ohne Nutzen, m. Mathias Wedel 95. – **P:**
Fürsten in Lumpen und Loden, Schallpl. 91; Wir sind
überall, Feat., CD 06; Alte und neue Nummern, Lieder, Doppel-CD 06, u. a. – **Ue:** 90 Wyssotzki-Liedtexte
in: Zerreiß mir nicht meine silbernen Saiten 89; Der
goldene Hahn, Opernlibr. 07. – *Lit:* s. auch SK.

Andrä, Alois, freier Schriftst., Beamter i. R.; Josef-
Haydn-Weg 12, A-8430 Leibnitz, Tel. (0 34 52) 8 35 45
(* Leibnitz 23. 4. 33). B.St.H., V.G.S., VKSÖ, IGAA,
AKM; Lyr., Prosa, Sat., Lied, Kinder- u. Jugendb. – **V:**
Leibnitz in alten Ansichten 92; Im Regenbogen 03. –
MV: Chronik der Gemeinde Gralla 96. – **MA:** Hüben
u. Drüben niedergeschrieben 91; Märchen – heute? 91;
Fünf vor Zwölf 92; Steirische Mundartdichtung d. Gegenwart 92; Heller als das Licht 93; Damals – Erinnerungen 94; Dein Wille gescheha 94; Wege aus d. Alltag
95; Aber d. Liebe ist d. Höchste 96; Es ist e. gutes Land
96; So red't ma ba uns im Steirerland 96; Was mia im
gaunzn Joahr zan feiern hom 97; Heimat einst und jetzt
98; Mit einem Augenzwinkern 98; Steirischer Bauernkal. 98, 99; Die Zeit ist ein seltsam Ding 98; Bis zum
Ende aller Tage 00; Selbsterlebtes in DUR u. MOLL
01; Wovon das Herz voll ist 02; Leibnitz heute 04; Zss.:
Mosaik 91–93; Neues Land 93–96; Silhouette 95–01;
Schreiben und andere Leidenschaften 04; Du und Ich
04. – **P:** Die grüne Mur, Tonkass. 95; Österreich, Tonkass. 96. – *Lit:* Steirische Künstler 90; Literar. Leben in
Öst. 97, 01; Dt. Schriftst.lex. 01/02. (Red.)

Andraschko, Josef, Großhandelskfm.; Nr. 86, A-
4131 Kirchberg, Tel. (0 72 82) 43 39 (* Kirchberg
20. 5. 62). Rom., Kinderb. – **V:** Mark und die Augen der
Medusa, Kdb. 05. (Red.)

André, Walter, Reisebürokaufmann; Gartenstr. 9,
D-67292 Kirchheimbolanden, Tel. (0 63 52) 37 54
(* Kirchheimbolanden 14. 4. 50). Förd.kr. Mundarttage
Bockenheim 90, Lit. Ver. d. Pfalz 95; Lyr., Erz. – **V:**
Uff Pälzisch, Lyr. 86; Pälzer Krimmele, Lyr. 89; Pälzer
Herzschlag, G. u. Geschn. 91; Kerchemer Wörterbuch
93; Pälzer Luft un Sunneschei', G. u. Geschn. 94; Text
z. „Kerchemer Lied" 97. – **MA:** zahlr. Beitr. in Hei-
mat-Jb. seit 90; zahlr. Veröff. in Tagesztgn, u. a. in: Die
Rheinpfalz; Sonntag aktuell; üb. 250 wöchentl. Mund-
artartikel in: Geschäftsanzeiger, reg. Zs.; Nationalbi-
bliothek d. dt.sprachigen Gedichte, Anth. 98, 00, 04. –
R: zahlr. Mundartbeitr. in Radio Donnersberg 99. – *Lit:*
Rudolf Post: Pfälzisch 90; Susanne Faschon: Wie der
Kaiser unter den Edelleuten 91; Jürgen Cronauer: Der
Pfälzer 95; Jürgen Cronauer's Pfalzlexikon 04.

Andree, Axel *

Andres, Uta (geb. Uta Sommer), Rentnerin; Binzengrün 34, D-79114 Freiburg, Tel. (07 61) 47 15 85 (* Eberswalde 21. 9. 40). – **V:** Gewissenlos, R. 96. – *Lit:* s. auch 2. Jg. SK. (Red.)

Andresen, Bernd-Otto *

Andresky, Sophie, Schriftst.; *sophie@sophie-andresky.de, www.sophie-andresky.de.* c/o Agentur Graf und Graf, Berlin (* 73). 1. Pl. b. „Joy Key Award" d. Zs. „Penthouse" 97, 1. Pl. b. Kurzgeschn.wettbew. d. „Journal f. d. Frau" 99; Kurzgesch., Rom. – **V:** Das Lächeln der Pauline, erot. Kurzgeschn. 97; In der Höhle der Löwin, erot. Geschn. 98; Feucht, erot. Verführungen 00; Weihnachtsengel küßt man nicht, Erz. 02; Tiefer, erot. Geschn. 03; Honigmund, erot. Verführungen 05; Echte Männer. Was Frauen wirklich wollen 08. – **MA:** Wer sich nicht wehrt, kommt an den Herd, Kurzgeschn. 98; Das große Halloween Lesebuch 99; Mehr Sex. Ein erot. Stellenbuch 00; Neue Revue, Zs. 00; Das Magazin, April 01; Mein heimliches Auge XVII. 02; Penthouse, 11/03–1/04, 06–08.

Andriessen, Lara (geb. Petra Runge), Autorin; Am Mäuerchen 17, D-67591 Mölsheim, Tel. (0 62 43) 90 52 72, Fax 90 52 71, *lara-andriessen@gmx.de, www. laraandriessen.de.* Villa Kunterbunt, CH-6773 Prato/Leventina (* Berlin-Wedding 1. 4. 56). Erz., Rom., Hörb. – **V:** Verdauung der Masken, Erz. 98; Sternenträume, Lyr. 99; Mondträume, Lyr. 99; Das selbst gewählte Exil, R. 02; Blutiger Sonnenaufgang, R. 02; Die Faust des Märchenprinzen, R. 04; Offene Lippen, R. 05; Sei still kleine Prinzessin, R. 06 (auch Hörb.). – **H:** FEE 98 (auch Mitarb.); Jochen Buske: Gedichte zum Schmunzeln und zum Nachdenken 99 (auch Mitarb.). – **R:** Verdauung der Masken (SWR) 99. (Red.)

Andryczuk, Hartmut (Ps. Robert Reichstein); Elsastr. 4, D-12159 Berlin, *hybriden@t-online.de* (* Barsinghausen/Deister 3. 11. 57). Lit.förd. d. Sozialen Künstlerförd. in Berlin 93, 94, 95. – **V:** Androgynyssee, Erz. 89; Monologe nach dem Neolithikum, experiment. Prosa u. Poesie 94; Ghost of Computergames, experiment. Poesie 95; Eine ethnische Säuberung aller Schneemänner (und andere Zukunftsprojektionen) 95; Dodecatheon medea schizoidii 98; Chimären 98; zahlr. theoret. Schriften zu Buchkunst u. experiment. Poesie sowie zu einz. Autoren. – **MV:** Poetische Landschaften, m. Pierre Garnier 99. – **H:** Teraz Mowie – Hefte f. experiment. Poesie u. Kunst seit 89; Visuelle Poesie aus den USA 95; Solypse-Prospekte; Solypse Poetische Reihe. (Red.)

Andrzejewski, Fritz Johann (Ps. fritzderjohann), Betriebswirt; Im Krahnenhof 5–7, D-50668 Köln, Tel. (02 21) 13 42 57, *fj_andrzejewski@yahoo.de* (* Köln 25. 1. 52). Lit.haus Köln 02–07; Ged., Gesch., Neue Buchformate, Sachb. – **V:** Klopfzeichen, Lyr. u. Prosa 01, 10. Aufl. 03, 1. Verlagsaufl. 05 (auch Hörb.); Wortgeschenke, Lyr. u. Prosa 05, überarb. Aufl. 06; Veränderungen im doppelten Sinn, Lyr., 1–3. Aufl. 06, 07; Wendezeiten, Lyr., Prosa, Sachb. 07, 08; AufSchnitt, Lyr. 08; Kreaktiv, Lyr., Sachb. 08. – **MA:** Kleine Wunder 01; Schön bist Du Fremde/r 02; SMS Gedichtsgrüße. – **H:** Gefühltes Wort, Lyr. u. Prosa 04, 05. – *Lit:* Oliver Buslan in: Text Art 2/06; Karl Oehler in: Bauchredner, DCCV-Journal 08.

Angelowski, Myriane, Dipl.-Sozialarb., freiberufl. Trainerin u. Coach; lebt in Köln, c/o Emons Verl., Köln, Tel. privat: (02 21) 4 50 28 34, *info@ angelowski-coaching.de, www.angelowski-coaching.de* (* Köln 63). – **V:** Gegen die Zeit, Krimi 07. (Red.)

Anger-Schmidt, Gerda, Dipl.-Dolmetsch; Strozzigasse 17/16, A-1080 Wien, Tel. u. Fax (01) 4 07 85 46, *gerda.anger-schmidt@chello.at* (* Wels 28. 2. 43).

IGAA; Steirische Leseeule 95, Anerkenn.pr. d. Stadt Wien 97, E.liste z. Öst. Kd.- u. Jgdb.pr. 04, 07 u. 08, Nominierung f. d. Dt. Jgd.lit.pr. 04, Kd.- u. Jgdb.pr. d. Stadt Wien 07, Öst. Staatspr. f. Kinderlyr. 07; Lyr., Kinder- u. Jugendb., Übers. Ue: engl. – **V:** Nein, mir kommt kein Hund ins Haus 84, 91 (auch dän.); Mücke und Elefant 86 (auch dän.); Das Krokodil in der Hängematte 89; Wünsche wie Wolken 87; Heile heile wundes Knie 88, 03; Matthias unter der Käseglocke 89; Der Igel im Apfelkorb 90 (auch rum.); Manege frei für Katharina 90, 01 (auch dän., schwed., nor., finn., isl.); Der Hamster in der Krippe 91, Tb. u. d. T.: David, Lisa und der Hamster Robinson 94; Tommi und die Kichererbse 91; Wer kommt mit auf den Federnball? 91; Spuren im Schnee 92, 06; Glück gehabt! Denkt das Hängebauchschwein 93; Der Pinguin im Kofferraum 93 (auch rum.); Neue Spuren im Schnee 94; Silberlächeln 96; Ich, Bodo von Bellheim, der Schnauzer 97; Sei nicht sauer, meine Süße! 97; Alles in Butter, liebe Mutter! 98; Kein Hund für Papa? 99 (auch span.); Sattelt die Hühner, wir reiten nach Texas! 00; Freund gesucht! Dringend! 01; Springt ein Schwein vom Trampolin 02; Wohin mit Puma? 02; Freund mit Schnauze 02; Puma und der Fremde am Fluss 03; Neun nackte Nilpferddamen 03; Rate mal, wer dich heute besucht! 04 (auch ital.); Unser König trug nie eine Krone 05; Schau einmal, wie toll ich bin 05; Ein Hamster für Lisa 05; Der Hund ist rund – na und? 06; Muss man Miezen siezen? 06; Wenn ich einmal groß bin, sagt das Kind ... 07; Simsalabim bamba saladu saladim 08. – **MV:** Noch schlimmer gehts nimmer 94, Neuaufl. 09; Du lieber Schreck, mein Hund ist weg! 97. – **MA:** Jahrb.: Die Erde ist mein Haus 88; Was für ein Glück 89; Oder die Entdeckung der Welt 97; Großer Ozean 00. – Anth.: Ich bau mir ein Nest 89; Luftschlösser 93; Im Pfirsich wohnt der Pfirsichkern 94; Immer diese Schule 95; Das Geschichtenjahr 97; Strandgeflüster 98; Engelshaar u. Wunderkerzen 99; Der neue Wünschelbaum 99; Der sprechende Weihnachtsbaum 01; Kürbisfest 01; Weihnachten ganz wunderbar 01; O Gruselgraus! 03; Wenn du ein Gespenst kennst... 04; Kindergedichte zum Vor- u. Selberlesen 05; ABC-Suppe u. Wortsalat 06; Ich bin eins rund um die Uhr 06; Das Sternenbuch 06; Das große Öst.-Buch für Kinder 06; Geschichtenkoffer für Glückskinder 07; Prinzessin gesucht 07; Das neue Sprachbastelbuch 08; Geschichtenkoffer 08; – Beitr. in Kinderzss. seit 90: Bunter Hund; Dicker Hund; Weite Welt. – **Ue:** Lynn R. Banks: Houdini. Der entfesselte Hamster 78, Tb. 92.

Angerer der Ältere (Ludwig Valentin Angerer), freier Architekt, Kunstmaler u. Bildhauer; Abensstr. 1, D-93354 Biburg, Tel. (0 94 43) 71 37, Fax 99 21 37, *Angerer-der-Aeltere@gmx.de, www.angerer-der-aeltere.de, www.ein-verlorener-traum.de* (* Bad Reichenhall 7. 8. 38). Friedrich-Bödecker-Kr. 05; Bayer. Filmpr., Frz. Kulturpr. 08, Kulturpr. d. Landkr. Kelheim 08; Rom., Lyr., Erz. – **V:** Kulturpause. Streitschrift wider den Zeitgeist 94; Ein verlorener Traum 03; Kein verlorener Traum 06, beides Märchen-R.; Das Märchen als Traum – Der Traum als Märchen, Phantastikromane 08. – **P:** Phantastik der Sehnsucht, Video; Momo in der phantast. Welt des Meister Hora, Video; Deutsche Trennung und Einheit, m. Christian Angerer, UA 3.10.90 (ARD/NDR), Video. – *Lit:* Gustav René Hocke: Phantastik d. Sehnsucht 81; Manfred van Well: Kampf u. Vision 84 (auch engl.); s. auch Kürschners Hdb. d. Bild. Künstler Dtld, Öst., Schweiz, 1. Aufl. 05.

†**Angermeier,** Heinz, Prof. Dr.; lebte in Regensburg (* Vilsburg/Ndbay. 11. 4. 24, † Regensburg 7. 12. 07). Bayer. Akad. d. Wiss. (Mitgl. d. Hist. Komm.) 74; Al-

Angermeier

bertus-Magnus-Med. d. Stadt Regensburg 94, BVK am Bande 01. – **V:** Gesichter der Landschaft – Landschaften des Gesichts, lyr. Texte 95, 2., erw. Aufl. 05; – zahlr. wiss. Veröff. – *Lit:* s. auch GK.

Angermeier, Magnus; Eschelberg 3, A-4112 St. Gotthard im Mühlkreis, Tel. u. Fax (0 72 34) 8 73 06, *magnus@eschelberg.net, verlag.eschelberg. net* (* München 49). – **V:** Keine Sorgen, Lyr. 99; Liebe, Tod und Tango, Ess. 06.

Anhäuser, Uwe, Schriftst., Reisejournalist; Hauptstr. 18, D-55626 Bundenbach, Tel. (0 65 44) 93 56, Fax 15 45 (* Rengsdorf 1. 11. 43). Kr. d. Freunde Dülmen, Begründer u. Leiter d. Künstlergr. Herrsteiner Kr. sowie d. Autorengr. „Fachwerk"; Zenta-Maurina-Pr. f. Lit. 77; Lyr., Sachprosa, Ess., Reise- u. Kulturfeuill. – **V:** Unterwegs, G. 74; In der Provence, G. u. Zeichn. 77; Sterben um gelebt zu werden, G. 77; Peyrepertusa, Ess. 78; Sagenhafter Hunsrück. Bd 1: Ein Buch der Geschichte, Geschichten und Geheimnisse zwischen Mosel, Nahe, Saar und Rhein 94, Bd 2: Merkwürdiges und Mysteriöses zwischen Mittelrhein und Westrich, im Nahe- und Moselland 95; Teufelchen im Paradies. Geschichten aus d. Geschichte Hunsrück, Eifel u. Moselland 02; zahlr. Reiseführer seit 81. – **MA:** zahlr. Anth., u. a.: Zwischenrufe; neue texte aus rhld.-pfalz. – **H:** Edition Fachwerk, G. u. Ess. – **MH:** Luxemburger Quartal, Lit.-Zs.; Formation, Lit.-Zs. – **R:** zahlr. Hsp. u. Features im Rdfk. – *Lit:* s. auch SK. (Red.)

Anhalt, Gert (Ps. Raymond A. Scofield), Fernsehjournalist, Leiter d. ZDF-Studios in Tokio; c/o ZDF, Postfach 4040, D-55100 Mainz (* Bad Wildungen 2. 1. 63). – **V:** Gelber Kaiser, R. 99, Tb. 02; Babylon, R. 01; Die Tibet-Verschwörung, R. 01; Unternehmen Hydra, R. 02; Tote mögen keine Sushi, Krim.-R. 02; Für eine Handvoll Yen, Krim.-R. 04. (Red.)

Ani, Friedrich, Schriftst.; Maxlrainstr. 7, D-81541 München, *www.friedrich-ani.de* (* Kochel am See 7. 1. 59). Das Syndikat, VS; Stip. d. Dt. Lit.fonds 88, 90, Aufenthaltsstip. d. Berliner Senats 93, Stip. d. Ldeshauptstadt München 94, Förd.pr. d. Freistaates Bayern 97, Radio-Bremen-Krimi-Pr. 01, Dt. Krimipr. 02 u. 03, 'poet in residence' an d. Univ. Duisburg-Essen 06, Tukan-Pr. 06; Lyr., Erz., Rom., Drehb. – **V:** Die ganze Nacht und morgen, Erzn. 94; Das geliebte süße Leben, R. 96; Killing Giesing, Krim.-R. 96; Abknallen, Krim.-R. 97; Brennender Schnee, R. 98; Die Erfindung des Abschieds, R. 98; Tür zum Meer, G. 99; German Angst 00; Durch die Nacht, unbeirrt, Jgdb. 00; Verziehen 01; Süden und das Gelöbnis des gefallenen Engels 01; Wie Licht schmeckt, Jgdb. 02; Süden und der Strassenbahntrinker 02; Süden und die Frau mit dem harten Kleid 02; Süden und das Geheimnis der Königin 02; Süden und das Lächeln des Windes 03; Süden und der Luftgitarrist 03; Süden und der glückliche Winkel 03; Gottes Tochter 03; Als ich unsterblich war – eine Jesusgeschichte, Jgdb. 03; Süden und das verkehrte Kind 04; Süden und das grüne Haar des Todes 05; Das unsichtbare Herz, Jgdb. 05; Süden und der Mann im langen schwarzen Mantel 05; Idylle der Hyänen 06; Wer lebt, stirbt 07; Hinter blinden Fenstern 07; Wer tötet, handelt 08; Der verschwundene Gast 08; Meine total wahren und überhaupt nicht peinlichen Memoiren mit genau elfeinhalb, Kdb. 08; (Übers. ins Frz., Ndl., Chin., Korean., Span., Dän.). – **MV:** Gregor oder wohin die Träume tragen, m. Quint Buchholz 06. – **R:** Federmann, Fsp.; Keusche Göttin, Fsp.; 21 Liebesbriefe, Fsp.; Drehbücher zu Fs.-Serien: Ein Fall für zwei; Faust; Tatort; Stahlnetz.

Anichhofer, Walter, Autor, Schauspieler, Regisseur; Haunspergstr. 50a, A-5020 Salzburg, Tel. (06 76)

3 53 80 71, *walter.yby@salzburg.co.at, www.theateryby.at* (* Salzburg 14. 5. 62). IGAA, Drehb.forum Wien, IG Freie Theaterarbeit; Drehbuchpr. d. Stadt Salzburg 98, 99, 04; Theaterst., Drehb. – **MV:** Die Reise nach Venedig, m. Werner Friedl u. Christian Sattlecker 94; Die 3 Bonazzi, m. Caroline Richards u. Christian Sattlecker 96; Durch Dick und Dünn, m. Alois Ellmauer u. David Gaines 00; Vorsicht Abgrund!, m. Jos Houben u. Christian Sattlecker 02; Hut ab!, m. dens. 04; Schnickschnack!, m. Alois Ellmauer u. David Gaines 06; Bananas 2 – Die Rückkehr!, m. Alois Ellmauer, Jos Houben u. Christian Sattlecker 06; Zirkus Zebra Zizyphus, m. Christian Sattlecker 07, alles Theaterst.

Ankert, Andreas; Erlenstr. 1, D-03238 Finsterwalde. – **V:** Common sense – gesunder Menschenverstand 06.

Ankowitsch, Christian (Anko Ankowitsch), Dr., freier Journalist, Autor; c/o ento Medienbüro, Kurfürstendamm 226, D-10719 Berlin, *info@enoto.net, www.ankowitsch.de* (* Klosterneuburg 20. 7. 59). Prosa, Glosse, Sachb. – **V:** In der Nähe von Fensterplätzen, Parabel 89; Briefe aus dem Bergwerk, Glossen 98 (Bd 1); Weitere Briefe aus dem Bergwerk der ZEIT 98 (Bd 2); Alles Bonanza 00; Es geht voran 01, u. a. – **MV:** „Von mir hat er das nicht!", m. Bettina Schneuer 05. – **H:** Wie Franz Beckenbauer mir einmal viel zu nahe kam 04. (Red.)

Anlauff, Christine; lebt in Potsdam, c/o Gustav Kiepenheuer Verl., Berlin (* Potsdam 71). Pr. b. Young-Life-Wettbew. 97 (1. Pr.) u. 98 (2. Pr.), 2. Pr. d. Journals f. junge Lit. „Schreib" 02, 6. Pl. d. Autorinnenforums Rheinsberg 02. – **V:** Good morning, Lehnitz, R. 05, Tb. 07 (auch als Hörb.). – **MA:** Einmalig II, Anth. 05; Summerlove, Anth. 06; Lesungen bei Slams u. Literaturnächten; Beitr. f. Zss. sowie Rezensionen. (Red.)

Anna, Elisabeth (eigtl. Mechthild Tschierschky, geb. Mechthild Anna Elisabeth Schulz); Floristin, Lehrerin Dt./Kunsterziehung, Vors. Kulturver. e. V. Ziltendorf, Initiatorin d. Eisenhüttenstädter Friedensinitiative EFI, Mitbegründer d. Friedenshauses Denk mal Am Wall; Klosterweg 8, D-15295 Ziltendorf, Tel. (03 36 53) 52 78, Fax (0 33 64) 74 02 21. c/o Mechthild Tschierschky, Friedenshaus Denk am Wall, Wallstr. 14, D-15890 Eisenhüttenstadt, Tel. u. Fax (0 33 64) 74 02 21 (* Neumecklenburg, Kr. Friedeberg/ Pomm. 24. 9. 38). Rom., Erz. – **V:** Duich – oder Mehr als eins, 2. Aufl. 94; Wendegeschichten. Über den Graben 95; Wunder Israel. Auf der Suche nach e. Land 00; Nimm Blumen mit. Lieder für Eisenhüttenstadt; Wie kommt dieser Glanz in unsere Hütte? Chronik e. Einladung an die Ministerin Dr. Regine Hildebrandt (Briefe v. Mechthild Tschierschky); Landgang Krim – Insel d. Reichen, Insel d. Armen, Reiseeindrücke 03; Weiberwirtschaft. Die etwas andere Sicht, Reisebr. 05; 95 Thesen. Zur Diskussion u. Umsetzung 07.

Annel, Ingrid (geb. Ingrid Tauber); Mittelweg 3, D-99189 Erfurt-Tiefthal, Tel. u. Fax (03 62 01) 75 56, *ingrid.annel@web.de* (* Erfurt 13. 3. 55). VS Thür., Friedrich-Bödecker-Kr. Thür., Lit. Ges. Thür., Lese-Zeichen e.V.; Märchenhafte Gesch. – **V:** Ein Kind, zwei Zwerge, drei Hühner, Geschn. 03; mehrere Städteu. Landschaftsporträts. – **MA:** Weitere Aussichten 03; Geschn. u. G. in Kinderjahrb. d. Kinderbuchverl. Berlin 84–89. (Red.)

Annel, Ulf, Dipl.-Journalist, Kabarettist; Mittelweg 3, D-99189 Erfurt-Tiefthal, Tel. u. Fax (03 62 01) 75 56, *ulf.annel@web.de* (* Erfurt 13. 8. 55). Sat., Text, Hörsp., Erz. – **V:** Kurz und mündig, Aphor. 89; Die gestohlene Melodie, Revue 91; Hausmeisters Kehraus, Satn. 92; Die unernste Geschichte Thüringens, Erzn. 96,

2. Aufl. 97; Kehraus, Satn. 99. – **MV:** zahlr. Kabarett-Stücke. – **MA:** Aphor. in Anth. d. Greifenverl. u. d. Eulenspiegel Verl.; regelm. Sat.-Kolumnen in d. Thüringer Allg. seit 91. – **R:** mehrere Kinder-Hsp. – **P:** Die gestohlene Melodie, Kinder-Hsp., Tonkass. 91. (Red.)

Annen, Franz s. Garbe, Karl

Annuscheit, Sabine, Dipl.-Verwaltungswirtin (FH); *n386hgb@n.zgs.de.* c/o Schneekluth Verl., München (* Stuttgart 28. 10. 61). Rom. – **V:** Bevor es dunkel wird, R. 97, Tb. 99.

Anolleck, Holger; Schleistr. 6, D-38120 Braunschweig, Tel. (05 31) 86 09 06, *holgeranolleck@t-online.de* (* Lüneburg 28. 11. 50). – **V:** Himmelslicht. Gedichte 07.

Anrich, Gerold, Verleger; c/o Anrich-Verlag, Werderstr. 10, D-69469 Weinheim/Bergstr., Tel. (0 62 01) 6 00 73 41, Fax 6 00 73 92, *g.anrich@beltz. de* (* Straßburg 24. 11. 42). Friedrich-Bödecker-Pr. 74. Ue: ndl, engl. – **V:** Räuber, Bürger, Edelmann, jeder raubt so gut er kann 75; Das Flaggenbuch 78, 83. – **B:** Alexander Puschkin: Zar Dadon (auch übers.) 70. – **Ue:** Kara Petit u. Guida Joseph: Und die Kuh lacht dazu. Ein vegetar. Kinderkochbuch 98. (Red.)

Anselment, Monika, Künstlerin; c/o Verlag Hans Schiler, Fidicinstr. 29, D-10965 Berlin. – **MV:** Wahre Geschichten aus Bagdad, m. Ali Habib, Erzn. dt./arab. 01, 03 (auch span., katalan.); TV Wars, Ausst. 05. (Red.)

Anslinger, Winfried, Protestant. Pfarrer, Politiker; Emilienstr. 45, D-66424 Homburg, Tel. u. Fax (0 68 41) 6 44 22 (* Ludwigshafen 11. 8. 51). Lit. Wer. d. Pfalz; Erz. – **V:** Wassermusik für Frau Bercelius. Geschn. aus Dreiviertelland 06. – **MA:** Luftküsse 03; Zweibrücker Weihnachtsbuch 04; Chaussee 18/06, 21/08.

Ansorg, Angelika (Ps. Kleeona, geb. Angelika Brock) *

Ansull, Oskar, freier Schriftst. u. Rezitator; Görschstr. 4, D-13187 Berlin, Tel. (0 30) 47 75 70 90, *Ansull@ gmx.de* (* Celle 29. 5. 50). Stip.: Atelierhaus Worpswede, Künstlerhof Schreyahn, Casa Baldi/Olevano, Stip. d. Ldes Nds., Künstlerhaus Edenkoben, u. a.; Lyr., Prosa. – **V:** Disparates 84; Entsicherte Zeit 88; Im Fortlaufen schon 92; Nimm die Finger fort mein Kind 92; 7 Gedichte über Oma Möcker und mich 92, 3., erw. Aufl. 05; Nebensaetzliches 96; Mit Händen und Füßen 97, alles G.; In einem Dorf bei La Mancha, Erz. 02; Fürs Leben, Erz. 07. – **MA:** Von Dichterfürsten und anderen Poeten, Bd 3 96. – **H:** Namen nennen dich nicht, G. von Ueltzen 98; Zweigeist. Karl Emil Franzos 05 (m. Audio-CD). – **MH:** „... leichthin über Liebe und Tod", m. Georg Eyring 98. – **P:** K.E. Franzos: Der Pojaz, Romanlesung, CD 98. – **Ue:** Charles Baudelaire: Spleen, Nachdicht. 95; Ales Rasanau: Hannoversche Punktierungen, Lyr. 02; Bekim Morina: Etwas besseres als den Tod, Lyr. 06.

Anthes, Natalie s. Bruder, Herta Anna Natalie

Anthon, Hans s. Wagner, Hans Anthon

Anton, Ferdinand (Ps. f. Ferdinand Anton Köck), Archäologe (Amerikanist), Gutachter f. präkolumbische Kunst, Schriftst.; Wilhelmstr. 23, D-80801 München, Tel. (0 89) 34 43 03, Fax 33 85 20 (* München 26. 7. 29). Typo Mundus, Goldmed., New York 68; Sachb., Rom., Fernsehsp. Ue: engl, span. – **V:** Altindianische Weisheit und Poesie, Lyrik 68; Im Regenwald der Götter, R.-Ed. 70, 72; über 30 Sachbücher z. präkolumb. Kunst seit 58. – **MV:** Erklär mir die Indianer 75; Erklär mir die Entdecker 76, beide m. Hans Peter Thiel. – **R:** Die schönen Damen von Tlatilco 64; Geh'n Sie nicht in die Mixteca Alta 65; Hemingway 67; Im Busch von Me-

xiko 68; Die Baumwollpflücker, n. B. Traven 69, alles Fsf. – *Lit:* s. auch 2. Jg. SK. (Red.)

Anton, Karl; Naunhofer Str. 53, D-04299 Leipzig, Tel. (03 41) 8 60 77 58, mobil: (01 72) 3 01 89 83, *art@k-anton.de, www.k-anton.de* (* Staßfurt 25. 8. 53). Rom., Lyr., Erz. – **V:** Die Russenpistole 06; Fünf Stäbe 08, beides Krimis.

Anton, Uwe (Ps. L. D. Palmer), Schriftst. u. Übers.; lebt in Wuppertal, c/o Fabylon-Verl., Markt Rettenbach, *www.uweanton.de* (* Remscheid 5. 9. 56). Rom., Nov., Ess., Übers. Ue: engl, am. – **V:** Die Stadt der Dämonen 88; Der Kaiser von New York 88; Das Schiff der Rätsel 88; Philip K. Dick. Entropie u. Hoffnung 93; Das Star Trek Fan-Buch 2. Generation 94; Wer hat Angst vor Stephen King? 94; Eisige Zukunft 95; Psychospiel 95; Der programmierte Attentäter 97; Statistiker des Todes 98; Die brennenden Schiffe 02; Die Lebensboten 04; Die Schöpfungsmaschine 07; Die Medo-Nomaden 07; Tenebrae 08; Venus ist tot 08. – **MV:** Zeit der Sinis, SF-R. 80; Erdstadt, SF-R. 85, beide m. Thomas Ziegler; Die Roboter und wir (unter Ps. Isaak Asimuff) 88; Donald Duck – Ein Leben in Entenhausen 94; Star Trek Enzyklopädie. Film, TV u. Video 95, alle m. Ronald M. Hahn. – **MA:** zahlr. Beitr. in Prosa-Anth., zahlr. Ess. in lit. Zss., Jb. u. Tb.; Nachwörter zu Romanen angloamerikan. Schriftst. – **H:** Die seltsamen Welten d. Philip K. Dick, Ess.-Samml. 84; Kosmische Puppen u. a. Lebensformen, Anth. 86; Willkommen in der Wirklichkeit 90 (auch amerik.). – **Ue:** ca. 200 Romane u. 500 Comics, u.a.: P.K. Dick: Simulacra 78; E.V. Cunningham: Phyllis u.d. T.: Bianca 80; Algis Budrys: Who? u. d. T.: Zwischen zwei Welten 83; Marion Zimmer-Bradley, Philipp José Farmer, Dorothy Dunnett, Anthony Price, Henry Rider Haggard, Isaac Asimov, Howard Browne, Dean Koontz, Robert Silverberg, David Baldacci, William Shatner, Ed McBain, Russell Andrews. (Red.)

Antonius s. Sembdner, M. Andreas

Antpöhler, Hajo; Ritterkamp 16, D-28757 Bremen (* Bremen 10. 11. 30). Lyr., Prosa, Fotoprosa, Visueller Text. – **V:** Einen Namen schreiben, G. 77; Über die Tauglichkeit von Fotos als Bilder, Prosa u. Fotoprosa 80; Berlin War Cemetery, Fotoprosa 81; 3x täglich, Prosa 83; Auf Ostern zu, Prosa 85; blaugelb, Fotoprosa 89; Der Passant, Erz. 90; Selbstbildnis mit Saxophon, G. 91; aediaevorrae Avforüßms, Visuelle Texte 92; mindestens haltbar bis, Prosa 92; Über einige Denkmale meiner Heimatstadt, Fotoprosa 92; August bis Mai, Prosa 93; waren damals da, Fotoprosa 95; kalt, aber Krokus, Fotoprosa 99. – **MA:** Claasen Jb. d. Lyr. 1–3 79–81; Jb. f. Lyr. 2 80; Hermannstr. 14 6/81; Views beside ..., Fotoprosa 82; die horen 139/85, 157/90. (Red.)

Antrak, Gunter, Kabarettist; Weinbergstr. 68 F, D-01129 Dresden, Tel. (03 51) 8 49 71 93, Fax 8 49 71 94, *GAntrak@web.de* (* Dresden 21. 10. 41). Verb. Dt. Drehb.autoren; Fernsehsp., Kabarett, Dramatik. – **V:** Ausweg Europ! 75; Der Unfall 75; Tödliche Komödie 76; Die Jagd nach der Fiktion 77, alles Krim.-Erzn.; Im Griff der Angst, Krim.-R. 83, 2. Aufl. 85; Die unlustige Witwe, Bst. 03; Die Fruchtfliege, Bst. 03. – **R:** Drehb. zur Fs.-Ser.: Salto Postale 93–96; Salto Kommunale 01–03; Die Hinterbänkler 02. (Red.)

Anzinger, Joschi (Josef Anzinger), Kabarettist; Hohe Str. 212, A-4040 Linz, Tel. (06 64) 4 05 27 39, *literat@joschi.at, www.joschi.at* (* Altdichtenberg/OÖ 27. 12. 58). IGAA, Stelzhamerbund, neue mundart, Ös. Dialektautoren, GAV; Luitpold-Stern-Förd.pr. 95; Lyr., Dialektlyrik. – **V:** ghead & xeng 00; Du Teil von mir, Lyrik a. d. Mühlviertel 02; ned mea und ned weniga 04; oadeiddi zwoadeiddi 05; eisn en feia 06; gounz oda go-

Aparicio

aned 07. – **MV:** Dialekt Dialog, m. Hans Kumpfmüller, G. 96. – **MA:** Beitr. in Ztgn, Zss. u. Anth., u. a. in: Morgenschtean; Lit. aus Österreich; Mostalgie; meridiane; Die Rampe; sand & salz; Zwischenbilanz; ollahaund duachanaund. (Red.)

Aparicio, Guillermo; Marktstr. 54, D-71364 Winnenden, Tel. (0 71 95) 58 48 48, *apavogl@web.de* (* Villadiego/Spanien 15. 4. 40). – **V:** Meine Wehen vergehen, G. 79; Spanisch für Besserwisser. I: Was den Deutschen am Spanischen spanisch vorkommt 95, II: Spanische Dörfer 97, III: Heimat Sprache 98, IV: Des Esels Heimat. Refranes 99, V: Der Teufel im Detail 01, VI: Poesía eres tú. Wenn Sprache sich verdichtet 02; Lob der Pellkartoffel. Literar. Kochbuch f. Deutsche, Halbdeutsche u. Undeutsche 96; Der Schlangenkunde, Geschn. 03; Spanisch für Besseresser, Bd 1 04. – **MA:** Sehnsucht im Koffer 81; Annäherungen 82; Dies ist nicht die Welt, die wir suchen 83; Über Grenzen 87; Land der begrenzten Möglichkeiten 87; Das jüngste Gericht 91; Der jüdische Frisör 92; Die neue Sirene, Lit.zs.; regelmäß. Kolumnen in: Stuttgarter Osten, monatl. Lokalztg 88–99. – **R:** literar. Beitr. im SDR, SWR, SFB, WDR. (Red.)

Apartisahne s. Parise, Claudia Cornelia

Apel, Friedmar, Prof. Dr. phil., Lit. wiss.; c/o Univ. Bielefeld, Fak. f. Linguistik u. Literaturwiss., Universitätsstr. 25, D-33615 Bielefeld, *friedmar.apel@uni-bielefeld.de* (* Osterode 7. 9. 48). – **V:** Das Buch Fritze, R. 03. – *Lit:* s. auch SK u. GK. (Red.)

Apel, Gudrun (verh. Gudrun Brück), Journalistin, Psychotherapeutin; Gartenstr. 31, D-99819 Förtha, Tel. (03 69 25) 2 58 55, Fax 2 58 54, *gudrun@axun-edition. de*, *www.axun-edition.de* (* Eisenach 23. 7. 67). Kinderb., Erz. – **V:** Die Feuerhexe, Kdb. 03. – **MA:** Mein heimliches Auge, Bd XVIII 03. (Red.)

Apelt, Andreas H., Vorstandsbevollmächtigter; Wichertstr. 65, D-10439 Berlin, *andreas.apelt@euinfozentrum-berlin.de* (* Luckau 12. 1. 58). Rom., Erz., Dramatik, Hörsp. – **V:** Schneewalzer, R. 97; Berlin – Berlin, Prosa 99. – **MA:** zahlr. Veröff. in Anth. u. Lit.-zss., u. a. in: Was bleibt – was wird, Anth. 94; Wir Kinder dieser Erde, Anth. 98; Magie des Augenblicks, Anth. 99.

Apfel, Thorsten *

App, Volkhard, Schriftst., Journalist; lebt in Hannover, c/o Wallstein Verl., Göttingen (* Hannover 2. 2. 51). VS 79–99; Arb.stip. d. Ldes Nds. 81, Reisestip. d. Ausw. Amtes 85, Publizistenpr. d. Nds. Bibliotheksges. 85 Helmut-Sontag-Publizistik-Pr. d. Dt. Bibl.verb. 88, Lit.förd.pr. d. Ldes Nds. 90; Lyr., Kurzprosa, Rom., Ess. – **V:** Aufbruch, Lyr. u. Prosa 79, 2. Aufl. 81; Der schöne Tod im Warenhaus, Prosa 83. – **MA:** Beitr. f. Zss., Rez., Repn. u. Feat. f. ARD-Hörfunkanstalten, u. a.: Und der Haifisch, der hat Zähne – B. Brecht 98; Porträt Kurt Schwitters 98. – **H:** Stationen, Lyr. u. Prosa 80; Hannöversches Literaturblatt 83; Lesehefte Literanover 85–90; LesArt 89; Kurt Morawietz: Leg auf die andere Seite deinen Scheitel 05. – **P:** Lyr. Hannover 79. (Red.)

Appaz, Kurt s. Hänel, Wolfram

Appel, Rolf, Schriftst., Red., Verleger; Mundsburger Damm 60, D-22087 Hamburg, Tel. (0 40) 2 20 27 62 (* Süderbrarup 16. 6. 20). Hamburger Autorenvereinig.; Goethe-Verlagspr., Matthias-Claudius-Med., Lessing-Ring; Rom., Lyr., Erz. – **V:** Das Richtehaus, Erz. 67; Das kurze Glück des Gustav Otto Meyer, Erz. 90; Der Mühlengeist, Erzn. 92; Spiegelsäule 92; Jonas im Bauch des Ungeheuers, Erinn. 95; Bunte Vögel flattern im Baum, Erz. 96; Fidèle, Erz. 98; Schröders Erbe,

Rückblick 00; Auf der Suche nach dem verschwundenen Selbst, G. 02; Woher – Wohin, Rückblick 02; Flaschenpost. Flaschen erzählen seltsame Begebenheiten 03; Lessing am Gänsemarkt. Die Gesch. e. Denkmals 04; Sommervögel. Die Geschichte e. Siedlung, Erz. 06; mehrere Sachbücher. – *Lit:* R.A. – Nicht nur ein Freimaurerleben, Biogr. 08.

Appel, Walter (ca. 20 Ps., u. a. Earl Warren); *kontakt @wabook.de*, *www.wabook.de*, *www.earl-warren.de* (* 24. 6. 48). – **V:** Kreuzfahrt des Grauens 74; Kongar, der Schneemensch 75; Morgana, die schwarze Rose 85; Morgana der Geist des Berges 85; Morgana und der Zaubervogel 85; Morgana und die Todesgöttin 85; Morgana, die Schwertkämpferin 01; Ein Yeti am Kudamm, Thr. 01; Kreuzfahrt des Grauens, Thr. 01; Es ist nicht leicht Vampir zu sein 03; Das Ende der Menschheit 05; Der Untergang von Chicago 06; Fluchtpunkt Amazonas 06; Der Kampf um die Erde 07; Luna City 07; – seit 1973 über 800 Heftromane in versch. Reihen, u. a. in: Mark Baxter; Dorian Hunter; Dämonenkiller; Jerry Cotton; Fledermaus; Kommissar X; Lassiter; Mitternachts-Roman; Ronco; Vampir-Horror-Roman. (Red.)

Appeldoorn, Helene; Hauptstr. 32, D-26810 Westoverledingen, Tel. (0 49 61) 38 67 (* Sonneberg 13. 3. 25). Arb.kr. ostfries. Autor/inn/en 85, Verb. Altenkultur Leipzig 95, Förd.kr. Seniorenseminar e.V. Leipzig; Prosa, Lyr. (hdt. u. pldt.). – **V:** Zeit voller Erinnerung 93. – **MA:** Ich tanze nicht mit meinem Spiegelbild 98; Brückenschlag Bd. 2; Apotheker-Senioren Ratg. Apr., Juni, Sept., Dez. 01. (Red.)

Appold, Claas Uwe, Inhaber e. Presseagentur; Koppelsch 28, D-24395 Niesgrau, Tel. (0 46 43) 22 87, Fax 18 64 80, *c.appold@textnetz-pr.de*, *www.textnetz-pr.de* (* Sanderbusch/Nds. 22. 4. 64). BVJA 96; Arb.aufenthalt im Künstlerhaus Selk/Schlesw.-Holst. 90; Lyr. – **V:** Die Métro-Pole. E. Poetik d. öffentl. Verkehrs 92. (Red.)

Arb, Kurt s. Burkart, Rolf A.

Arbor, Antje (eigtl. Erika Bluth), Krankenschwester, StudR.; c/o Mr M. David, 3 Berkeley Mews, New Street, Ross-on-Wye HR9 7DA/GB, Tel. (0 19 89) 56 50 50, *www.antje-arbor.de* (* Insterburg/Ostpr. 8. 3. 36). Rom., Lyr., Erz., Aphor. – **V:** Hexen und schwarze Schafe, R. 02; Gedanken zu den zwischenmenschlichen Beziehungen, Aphor. 02; Ironie und Irrtum, G. 03; Die Zaunkönigin, R. 04; Gegenwind und Schutzhütte, Erzn. 05.

Arbrisseau s. Strauch, Siegfried

Arctis, Siggi s. Strauch, Siegfried

Ard, Leo P. (Ps. f. Jürgen Pomorin); Manacor/ Mallorca, *pomorin@isla-mallorca.com* (* Bochum 15. 1. 53). Dt. Krimipr. 93, Adolf-Grimme-Pr. in Gold 95. – **V:** Roter Libanese, Krim.-R. 84; Fotofalle, Krim.-R. 85; Die Miteß-Zentrale u. a. unglaubliche Geschichten 91; Der letzte Bissen 06. – **MV:** Bonner Roulette 86; Das Ekel von Datteln 89; Gemischtes Doppel 92; Das Ekel schlägt zurück 93; Flotter Dreier 93; Meine Niere, deine Niere 93; Die Waffen des Ekels 93; Der Witwenschüttler 05, alles Krim.-R. m. Michael Illner bzw. Reinhard Junge. – **R:** mehrere Fsf.; Mitarb. an den Fs.-Serien: Polizeiruf 110; Einsatz für Lohbeck; Lisa Falk; Sperling; Ein starkes Team; Zappek; Balko; Inseln unter dem Wind; Titus der Satansbraten, seit 92. (Red.)

Aremberg, Joos s. Jungheim, Hans Josef

Arend, Angelika, Prof. Dr. (D.Phil.Oxon), freie Schriftst.; 8889 Forest Park Drive, North Saanich, B.C. V8L 5A7/Kanada, Tel. u. Fax (2 50) 6 56–00 39. c/o Univ. of Victoria, Dept. of Germanic & Russian

Studies, Victoria, B.C. V8W 3P4/Kanada, Tel. (2 50) 7 21–73 16, Fax (2 50) 7 21–73 19, *angelika@uvic.ca* (* Leipzig 8. 5. 42). German Studies Assoc. (ausgetreten), Soc. f. German-American Studies 02; Walter-Bauer-Pr. 04, zahlr. wiss. Stip.; Lyr., Kurzprosa. – **V:** Nordamerikanische Reisebilder 04; Ding und Wort 04; Im Zeichen der Sanduhr 06; So sage ich's meinem Kind 06; Aus meinen Nächtebuch 07, alles Lyrik.

Arend, Doris (geb. Doris Hillmann), Flugbegleiterin; Siedlerstr. 61, D-63128 Dietzenbach, Tel. (0 60 74) 82 68 27, Fax 82 68 30, *doris@drachensocke.de*, *www. drachensocke.de* (* Bremen 12. 4. 62). Kinder- u. Bilderb. – **V:** Pfui Fisch! Igitt!, Gesch. 00; Hase Willi mit den langen Ohren, Gesch. 02 (auch span.); Das tollste Pony der Welt 04 (auch engl.); Das tollste Pony der Welt und der große Preis 07; Adventsgeschichten 09.

Arens, Annegrit (Ps. Britta Blum, Lea Wilde, Anna Zabel); Wilhelm-Leibl-Str. 27, D-50999 Köln, Tel. (02 21) 9 13 08 00, Fax 9 13 08 02 (* Köln 1. 8. 50). Rom. – **V:** Mom schafft das mit links 93; Hexensabbat 94; Der Mann in meinem Bett 95; Der nächste Mann ist auch nicht anders 95; Herz oder Knete? 96; Mein junger Lover 96; Karrieregeflüster 97; Suche Hose, biete Rock 97; Der Therapeut auf meiner Couch 97; Seidenkatze mit Schlips und Kragen 98; Honig und Stachel 99; Jungfrau zu recyceln oder was kostet eine Venus? 99; Liebesgöttin zum halben Preis oder Wer hat die Monroe geklaut? 99; Die helle Seite der Nacht 00, als Tb. u. d. T.: Fremde Betten 02; Der geteilte Liebhaber 00; Madonna auf Abwegen oder kann denn Tango Sünde sein? 00; Bügelfee im Börsenrausch 02 (auch als Fs.-Film); Süße Zitronen 02; Wer hat Hänsel wachgeküßt? 04; – unter Pseud. Britta Blum: Lea lernt fliegen 96; Vier Söhne und kein Mann 96; Familienleben auf Freiersfüßen 97; Schräge Töne 97; Babys fallen nicht vom Himmel 98; Susanna im Bade 00; Mit ohne Mann 02; – unter Pseud. Lea Wilde: Männer aus zweiter Hand 96 (auch als Fs.-Film); Adam, rück den Apfel raus 97; Väter sind auch nur Helden 99; Aus lauter Liebe zu dir 01; Wenn die Liebe Falten wirft 02; Weit weg ist ganz nah 02; Venus trifft Mars 03; Bella Rosa 07; – unter Pseud. Anna Zabel: Böse Mädchen machen Schule 98; Mona Lisa kommt in Form 98; So schön teuflisch ist kein Mann 98; Der Preis ist heiß 99. – **MA:** Gigolo im Handgepäck, Geschn. 98. (Red.)

Arentzen, Gunter; Max-Bergmann-Str. 7, D-76744 Wörth am Rhein, Tel. (0 72 71) 1 32 00 11, Fax 1 32 00 12, *gunter.arentzen@pegu.de*, *www.der-kelch-von-avalon.de* (* Idar-Oberstein 12. 10. 72). – **V:** Der Kelch von Avalon 03; Der Fluch 05; Das Schwert der Templer 06; Der Götze von Akkon 06; Die verlorene Stadt 06; Die Totenmaske des Pharaos 07; Der Schatz des Königs 07; Das Mysterium 07. (Red.)

Arenz, Ewald, M. A., Schriftst.; c/o ars vivendi Verlag, Cadolzburg (* Nürnberg 26. 11. 65). VS 99, NGL 99, Pegnes. Blumenorden 00; Förd.pr. d. Stadt Fürth 97, IHK-Lit.pr. d. mittelfränk. Wirtschaft 98, Pr. d. Kulturforums Franken 02, AZ-Stern d. Jahres 02, Förd.pr. d. Freistaates Bayern 04, Gr. Kulturpr. d. Stadt Fürth 07; Rom., Erz. Ue: engl. – **V:** Der Golem von Fürth, Erzn. 94; Der Horsbacher Fuchs, Erzn. 95; Don Fernando erbt Amerika, phantast. R. 96; Liebe Provinz, Dein Paris!, R. 99; Der Teezauberer, Erz. 02, 3. Aufl. 08; Die Erfindung des Gustav Lichtenberg, R. 04; Der Duft von Schokolade, R., 1.–4. Aufl. 07; Petticoat & Schickedance. Wirtschaftwunderrevue, UA 07; Meine Kleine Welt, Erzn. 08; Die Odaliske, Kom., UA 09. – **MA:** zahlr. Beitr. in Anth., u. a.: Nürnberger Ansichten 00; Fund im Sand 00; Reisen zum Planeten Franconia

01; Feuill.-Serie in d. „Fürther Nachrichten" – **R:** Das Feiertagsfeuilleton (BR).

Arenz, Michael (Ps. Salomon Dance), M. A., freier Schriftst.; Am Dornbusch 15, D-44789 Bochum, Tel. u. Fax (02 34) 9 35 73 45 (* Berlin 21. 3. 54). IG Medien, jetzt ver.di 87; Erz., Lyr., Journalismus. – **V:** Dezemberblüten, G. 94. – **MA:** Anth.: Der Alte, den keiner wirklich kannte 94; Orte Ansichten 97; Das große Buch der kleinen Gedichte 98; Blitzlicht 01; Städte. Verse 02; Tezitka, Ta Tezitka 02; Zeit. Wort 03; NordWestSüdOst 03; Schlafende Hunde wecken 04; Lyrische Reihe Edition Bauwagen 04; Aus dem Hinterland – Lyrik nach 2000 05; Poesie-Agenda 2006 ff.; Versnetze 07; – zahlr. Veröff. in dt., österr. u. schweiz. Lit.zss. seit 70, u. a. in: Alpha; ätzettera; Bayreuther Ab- u. Zufälle; Die Brücke; Das dosierte Leben; Das fröhliche Wohnzimmer; Findlinge; Gegenwart; Gegenwind; Im Angebot; Lazarus; Lillegal; Der Mongole wartet; Muschelhaufen; Noisma; Reibeisen; ST/A/R; Sterz; Trans-Lit (USA); Unke; Wandler; Westdt. Ztg.; Zenit Das Zündblättchen. – **H:** Der Mongole wartet, Lit.- u. Kunstzs., seit 94. – **R:** 13 Kurzgeschn. im WDR-Hfk 92–97.

Arenz, Sigrun Lucie; Blumenstr. 10, D-90587 Veitsbronn, *sigrun.arenz@gmx.de*, *www.sigrun-arenz. de* (* Nürnberg 3. 5. 78). Rom., Lyr., Erz. – **V:** Ahnungslos, Erzn. 04. (Red.)

Aribert E. s. Ebert, Aribert

Arjes, Seeben, Forstoberamtsrat; Westenholzer Str. 16, D-29664 Ostenholz, Tel. (0 51 67) 2 32 (* Hage/Ostfriesl. 21. 12. 40). Erz. Ue: poln. – **V:** So beginnt ein Hundeleben 04; Der Keiler vom Königsmoor 04, beides Erzn. (Red.)

Arjouni, Jakob (Ps. f. Jakob Michelsen), Autor; c/o Diogenes Verl. AG, Zürich (* Frankfurt/Main 8. 10. 64). Baden-Württ. Jgd.theaterpr. 86/87, Dt. Krimipr. 92, Writer in residence New York Univ./Dt. Haus 05; Rom., Hörsp. – **V:** Happy birthday, Türke!, R. 87, 00 (auch frz., ital., am., poln., holl., finn., jap., chin., türk., span., dän., als Hsp. u. Kinofilm); Mehr Bier, R. 87, 99 (auch frz., ital., am., poln., holl., türk., span., ung.); Ein Mann, ein Mord, R. 91, 99 (auch frz., ital., am., holl., jap., türk., span.); Magic Hoffmann, R. 96, 99 (auch ital., engl., frz., span., gr.); Ein Freund, Erzn. 98, 00 (auch frz., ital.); Kismet, R. 01 (auch engl., am., frz., span.); Idioten. Fünf Märchen 03 (auch am.); Hausaufgaben, R. 04; Chez Max, R. 06; – THEATER/UA: Die Garagen 88 (auch span., kroat.); Nazim schiebt ab 90 (auch span.); Edelmanns Tochter 96. (Red.)

Arki, Mostafa (Ps. A. Gordafarid), Archtitekt, Soziologe, Lektor; Kirchstr. 38, D-31135 Hildesheim, Tel. u. Fax (0 51 11) 1 26 03, *IKW.eV@t-online.de* (* Teheran/Iran 1. 4. 51). P.E.N.-Zentr. Dtld; Pr. d. Friedrich-Weinhagen-Stift. Hildesheim 97. Ue: pers. – **V:** Apokalypse und Revolution, Sachb. 85, 3 Aufl.; Iran – Irak, Sachb. 87; Lehrbuch deutsch-persisch 87, 3.,überarb. Aufl. 04; Gegenwartsschwimmer, Erz. 92; Scharareh, Erzn. 97, 00 (pers.); Kulinarisches aus Persspolis, Kochb. 02; Apokalypse und Revolution. – **MA:** Kein Ort nirgends 88; Verrückte Höhen 90; Ich ist ein anderer 00; In der Nähe die Ferne 01; Hébé, endlich hast du gesprochen 02; Sammle die Scherben der Welt 02. – **MH:** Arkaden, Interkulturelle Zs. 92, 94 (auch Mitarb.). – **Ue:** Forugh Farochzad: Nach der Euphorie, Lyr. 89; Sohrab Sepehri: Der Klang vom Gang des Wassers, Lyr. 01; Samad Behrangi: Ausgewählte Werke, M. 01. (Red.)

Arlt, Ingeborg, Bibliothekarin; Max-Herm-Str. 19, D-14772 Brandenburg, Tel. u. Fax (0 33 81) 70 94 16, *borgarlt@web.de*, *www.ingeborg-arlt.de* (* Berlin 13. 5. 49). VS; Anna-Seghers-Pr. 87, Arb.stip. d. Ldes Brandenbg. 91 u. 03, Stip. d. Konrad-Adenauer-Stift.

00, Stip. d. Käthe-Dorsch-Stift. 01, Stip. Schloss Wiepersdorf 03, C.-S.-Lewis-Pr. 07; Lyr., Prosa, Erz., Ess. – **V:** Das kleine Leben, R. 87, 89; Daemones pecuniae, G. 04; Die Hure und der Henker, R. 08; – Texte z. Künstlerb. d. Malerin Sigrid Noack: Die Mittsommernacht 96; Schneetag 96; Berührung 97; Nihon No E. Bilder aus Japan 99, u.v. a. – **MA:** G. in Zss. u. Anth.: ndl 3/75; temperamente 2/81, 4/82, 3/83; Auswahl 76, 78, 80; Hoch zu Roß ins Schloß 86; Die eigene Stimme 88; Durch den Tag laufen 89; Erographie 89; Selbstbildnis zwei Uhr nachts 89; Shakespeare sechsundsechzig 01, 04; Musen & Grazien in der Mark 02; Marienkalender 01, 04; Signum 1/03; – Erzn. u. Aufss. in Zss. u. Alm.: Argonautenschiff 2/93, 4/95, 8/99, 15/06; Berliner LeseZeichen 8 95; ndl, 1/96; Magazin 2/97; Dieser miese schöne Alltag 98; Marienkalender 02; Signum 2/02, 4/04, 2/05, 2/06, 2/07; Codiers Geschichtenmarkt 05–07. – *Lit:* Eva Kaufmann in: DDR-Lit. im Gespräch 88; Birgit Waberski in: Die großen Veränderungen beginnen leise 97.

Arlt, Jochen (Ps. Achim von Langwege), Journalist, Autor, Hrsg.; Maulbacher Weg 21, D-53902 Bad Münstereifel, Tel. u. Fax (0 22 57) 95 94 44, *jochen.arlt@ web.de* (* Dinklage 6. 5. 48). VS, Literar. Ges. Köln; Gründer KÖLN IM PREIS (87) u. Rheinischer Literaturpreis Siegburg (95); Herausgabe, Ged., Erz., Aufzeichnung, Rezension, Interview, Feat., Rep., Ess. – **V:** J. Arlt: Kölner Stadtgespräche 85; Kölner – met un ohne Verzäll 89; Kölner Stadtgespräche II 94; Auf dem Lande 99; A. v. Langwege: Die Liebe zum röhrenden Hirsch, G. 88; och dat es kölle, G. 90; Das Fenster zum Berg, G. 93; Zickzack Eigelstein, G. 94; Knapp 50 Jahre später, G. 98. – **MV:** Eifel Landschaften, m. N. Scheuer, G. 00. – **B:** u. a. Gestaltung, Vorwort, Lektorat. – **MA:** zahlr. Zss., Lexika, Anth., Jahrb. – **H:** Toni May – Kölner Köpfe, Kölner Skizzen, Biogr. 84; Eine Hand wäscht die andere 87; Links vom Dom, rechts vom Dom 87; Stadt im Bauch 89, alles Anth.; Endstation Ubierring, Text-Bildband 92; Ganz unten fließt der Rhein 93; Drei för Kölle 94; Junger Westen 96, alles Anth. – **MH:** Szene Köln, m. K. Kopper, Rockmag. 81; Kölner Weihnachtsbuch, m. R. Griesbach 89; Vaters Land und Mutters Erde, m. M. Lang 89; Knollen, Kohle und Miljöh, m. A. Kutsch 90; Zwischen Stadt und Dorf, m. D. Brockschnieder 90; Wo wir uns finden..., m. D. Dietsch 91; Teil meiner selbst, m. I. Bernrieder 92; Leben – alle Tage, m. M. Lang 00, alles Anth. – **R:** zahlr. Interviews, Feat., Rez., Repn. – **P:** u. a. CD u. auf CD-ROM. – *Lit:* U. Biedermann: Autorinnen u. Autoren in Köln 92; L. Jannsen: Lit.-Atlas NRW 92; J. Zierden: Die Eifel in d. Lit. 94; B. Sowinski: Lex. dt.spr. Mundartautoren 97; J. Zierden: Lit.lex. Rh.-Pf. 98; A. Kutsch/F.N. Mennemeier/J. Raap: Portr. in: Der Mongole wartet, Zs. 99; I. Nölle-Hornkamp/W. Gödden: Westfäl. Autorenlex. 02; E. Kleinertz/E. Stahl: Das Kölner Autoren-Lex. 1750– 2000 02; www.nrw-literatur-im-netz.de.

Arlt, Johanna, Lehrerin; Am Breul 27, D-61184 Karben, Tel. (0 60 39) 68 01, *johanna-arlt@gmx.de* (* Krefeld 1. 5. 53). Lyr. – **V:** Kristall 99; Lichtstrahl aus ewiger Welt 05, 06; Vom Licht erfüllt 07; Ich bin aus dem L-ich-t 08. – **MA:** zahlr. Beitr. in Lit.-Zss. seit 04; Jb. f. d. neue Gedicht 04; Lyrik und Prosa unserer Zeit, N.F. Bde 1, 2 u. 4.

Arlt, Judith (Ps. Judith Büsser), Dr. phil. I, Polonistin, Übers., Schriftst.; Schleswiger Str. 7, D-25704 Meldorf, *ja@juditharlt.de,* www.juditharlt.de Erstell 4. 10. 57). Gruppe Olten, jetzt AdS, LiteraturFrauen e.V. bis 02; Prosa. Ue: poln. – **V:** Wera R., Erz. 93; Tadeusz Konwickis Prosawerk von Rojsty bis Bohiń 97; Mój Konwicki, wiss. Ess.-Samml. 02 (poln.); „ja" Kon-

wickiego, wiss. Ess.-Samml. 07 (poln.); Entlassen nach: Tod. Todesfalle Krankenhaus. Eine wahre Gesch. 08; Pocztówki z Berlina, Erz.-Samml. 09 (poln.); Zu Fuß auf den Haleakala, R. 09. – **MV:** Schweiz, m. Andreas Gerth u. Wolfgang Arlt 00. – **MA:** Landschaften und Luftinseln 00; Verloren – Gewonnen 01 (auch mithrsg.); Konkursbuch 43: Scham 05; Fraza 05ff.; verliebt, verlobt, ver... 06; ich schreibe dir, weil ich nicht bei dir bin 06; Vergessene Frauen 06; TOP 22, Teil 3 07; Schuhe 07; Jb. d. Oberaargau 08; Wir, dt.-poln. Zs., u. a. – **Ue:** Olga Tokarczuk; Natasza Goerke; Christian Skrzyposzek; Izabela Filipiak; Artur Liskowacki; Marek Jastrzębiec-Mosakowski; Krzysztof M. Załuski; Brigitta Helbig-Mischewski; Joanna Mieszko.

Armanski, Gerhard, Prof. Dr., Sozialwiss., Publizist; Am Pferdeteich 2, D-31087 Landwehr, Tel. (0 51 83) 21 66 (* Windsbach/Bayern 11. 5. 42). – **V:** Fränkische LiteraTouren 92; Fränkische Literaturlese, Ess. 98; Die geflügelte Sonne von Edfu, R. 00; zahlr. Sachbücher u. wiss. Veröff. – **MA:** zahlr. Beitr. in Ztgn u. Zss., u. a. in: taz; Zs. f. Genozidforsch. – **H:** Deutschland, deine Beamten, Leseb. 76. – *Lit:* s. auch SK u. GK. (Red.)

Armborst, Gerhard; Tecklenburgstr. 12, D-48429 Rheine, Tel. (0 59 71) 7 26 82 (* Rosengarth/Ostpr. 17. 4. 42). Rom., Lyr., Erz. – **V:** Im Boot des Glaubens, Lyr. 06.

Armbruster, Annemarie (Ps. Ann Brusta), Hausfrau, Bankkauffrau; Prälat-Fries-Str. 11, D-78098 Triberg, Tel. (0 77 22) 2 13 30 (* Zell am Harmersbach 14. 8. 29). Lyr., Rom. – **V:** Träume, die der Wind verweht, R. 81; Für Dich – statt Blumen, Lyr. 83, 5. Aufl. 86; Für Dich – denn Freude ist nicht nur ein Wort, Lyr. 84, 88; Für Dich – und Zuversicht soll deines Lebens Sonne sein, Lyr. 86, 91. (Red.)

Armeln, Jörg von; Hasenheide 12, D-10967 Berlin, Tel. (0 30) 6 92 56 67, *armeln@snot.de* (* Essen 9. 11. 52). Die 10 Bremer Besten 00. – **V:** Des Königs neuer Hut 99. (Red.)

Arnd, Ueltsch (Ulrich Arnd), lic. rer. pol., Publizist; Hallerstr. 56, CH-3012 Bern, Tel. u. Fax (0 31) 3 02 31 48 (* Bern 15. 6. 34). SSV, Gruppe Olten; Rom., Erz., Lyr. – **V:** Das Blumenfeld im Trolleybus 97, 3. Aufl. 00. (Red.)

Arndt, Martin von, Dr., Schriftst., Musiker, freier Doz.; Siemensstr. 1, D-71706 Markgröningen, Tel. (01 77) 2 16 60 72, Fax (0 30) 4 84 98 32 07, *info@vonarndt.de, www.vonarndt.de* (* Ludwigsburg 4. 6. 68). VS 99, Förd.kr. dt. Schriftst. 02; Rheinpfalz-Förd.pr. d. Stadt Bad Dürkheim 00, Stadtschreiber v. Rottweil 03, Förderstip. d. Auswärt. Amtes 03, Jahresstip. d. Ldes Bad.-Württ. 07, Teiln. am Ingeborg-Bachmann-Wettbew. 08; Erz., Dramatik, Lyr., Rom. Ue: frz, ung, span, engl. – **V:** Sieben Tage Honig, R. 87; Dies Veneris, Erzn. 90; Gescheiterte Individuation, lit.-wiss. Abh. 96; Der 40. Tag vor Siphenlund, Erzn. 97; Gott im Selbst, relig.wiss. Abh. 99; Lemuren. Arbeiten für das Theater 00; Asrael. 53 Beschwörungen eines Engels, Lyr. 01; Nachtmehrfahren, Erz. 03; Geist der schwarzen Tage, Erz. 05; Wir vom Jahrgang 1968 – Kindheit u. Jugend 06; ego shooter, R. 07. – **MV:** Der Fußballcrash, m. Martin Grünitz 02. – **Ue:** Tristan Corbière: Die gelben Leidenschaften 89.

Arndt, Monika (geb. Monika Thieme), Dr. rer. nat., Physikerin; Puschkinallee 50, D-16540 Hohen Neuendorf (* Waltershausen/Thür. 12. 2. 41). Lyr., Erz. – **V:** Sammelsurium 1999; Sammelsurium 2000. (Red.)

Arndt, Peter; Torstr. 32, D-10119 Berlin, Tel. (0 30) 2 47 94 47, *arndt.peter@nexgo.de, www. peterslyrikpage.beep.de* (* Sylda 15. 2. 45). Lyr., Erz. –

V: Traum und Wirklichkeit, Lyr. u. Kurzgeschn. 02;
Gedankenspiele aus der Retorte, Lyr. u. Kurzgeschn.
03; Im Regenbogenland, Erzn. 04; Treffpunkt Zima,
Erz. 06/07. (Red.)

Arndt, Ursula s. Knebel, Hajo

†**Arnheim,** Rudolf, Prof. Dr., Kultur- u. Medienwiss., Kunstpsychologe, 1925–1933 Mitarb. bzw. Kulturred. d. „Weltbühne"; lebte in Ann Arbor/Michigan
(* Berlin 15. 7. 04, † Ann Arbor/Michigan 9. 6. 07).
Helmut-Käutner-Pr. 99. – **V:** u. a.: Stimme von der Galerie. 25 kleine Aufsätze z. Kultur d. Zeit 28; Film als
Kunst 32; Radio 36 (engl. Erstveröff., 79 u. d. T. „Rundfunk als Hörkunst" in dt. Orig.fassung v. 33); Anschau-
liches Denken 72 (vom Verf. selbst übers., Orig.titel:
Visual thinking 68); Kritiken u. Aufsätze zum Film
77; Zwischenrufe. Kleine Aufsätze a. d. Jahren 1926–
1940 85; Zauber des Sehens 93; Eine verkehrte Welt,
phant. Roman 97; Die Seele in der Silberschicht 04; (sowie zahlr. weitere film- u. kunsttheoret. Veröff. in engl.
Sprache). – **Lit:** Christian G. Allesch u. Otto Neumaier
(Hrsg.): R.A. oder die Kunst d. Wahrnehmung. Ein interdisziplinäres Porträt 04; Peter Schütze: Dramaturgie
d. Auges. R.A. z. 100. Geburtstag 04.

Arnhold, Cornelia; Grimnitzstr. 18, D-10318 Berlin, Tel. u. Fax (0 30) 5 08 11 50 (* Frankfurt/Main
27. 3. 43). VS, Das Syndikat. – **V:** Liebe – eine
Schlachtbeschreibung u. a. erotische shorties 90; Lieb
mich wie im Kino, erot. Geschn. 91; Bastardlieben,
erot. Geschn. 95; Rififi, Krimi 99; Pitbull-Ballade,
Krim.-R. 01. – **MA:** Obsession bizarre, Krim.-Anth. 03.
(Red.)

Arni, Bendicht, Sprachlehrer, Schriftst., Lektor; Son-
nenhofweg 2, CH-3006 Bern. büro alphabet, Bernstr. 8, CH-3076 Worb b. Bern, *bueroalphabet@gmx.
net* (* Seon 30. 3. 54). Be.S.V. 86, Vorst.mitgl. bis 00;
Werkbeitr. d. Stadt Bern 86; Prosa, Lyr., Drama. – **V:**
Gezeitenwechsel, Erzn. 83; Gehversuche, G. 87. (Red.)

Arnim, Gabriele von, Dr. phil.; c/o Schweizer Fernsehen, Redaktion Literaturclub, Postfach, CH-8052 Zürich (* Hamburg 22. 11. 46). P.E.N.; Erz. – **V:** Das große
Schweigen, Sachb. 89, Tb. 92; Das dritte Zimmer u. a.
gefährliche Geschichten 94, Tb. 96; Essen, Ess. 98; Ma-
tilde, unverrückbar, Erzn. 99. – **H:** Politiklust 94. –
MH: Jahrbuch Menschenrechte 99–03. (Red.)

Arning, Dieterfritz, Beamter im höheren Polizei-
dienst; Hundsmühler Str. 26b, D-26131 Oldenburg, Tel.
u. Fax (04 41) 50 28 32, *difriarning@aol.com, www.
difriarningbuecher.de* (* Oldenburg 30. 5. 39). Erz.,
Plattdeutsches Drama. – **V:** Auffrischender Wind, Erzn.
02; TidenHUB, Erzn. 02; Widerspiegelungen, Erzn. 03;
Max Kanter, ein toter Konsul u. a. Leute 04; Max Kanter, ein toter Kohlkönig und nochmals andere Leute
zwischen Wangerooge und Paris 06; Corinna Grabinski
und das unheimliche Haus am Eversten Holz, Krimi 07;
Corinnas unseliges Vermächtnis 09. – **MV:** Mit der Ol-
denburgkutsche von Bonn nach Berlin, m. Horst Milde,
Peter Biel u. G.-U. Rump, Bildbd 99. – **MA:** Oldenburger Bürger 02. – **P:** Sömmertied, pldt. Erzn., CD 03
(Mitarb.).

Arning, Eberhard; Hinter dem Heiligen Geist 41, D-
32657 Lemgo, Tel. u. Fax (0 52 61) 9 27 71 0 (* Lünen
30. 1. 38). Diotima Lit.pr. d. Stadt Neuss 95; Rom., Lyr.,
Erz., Hörsp. – **V:** Uns scheint keine andere Sonne, Tageb. 89; Super-Gau 91; Klimawechsel, Lyr. 95; Das
ganze Leben ängstigt mich, Erz. 96; Spurensuche, Lyr.
96; Venus in Opposition 99. – **MV:** Wir buckligen Verwandten, m. Hermann Multhaupt 99. – **MA:** Apostroph
Alm. 90; Die Hintertür v. Bethlehem 91; Das Weihnachtswunder 91; Das Neusser Lesebuch 92; Hell d.
Nacht 96; Liebe Lust u. Leichen 99; polyzei 8/99.

Arno, Carl s. Kötzsch, Karl

Arnold, Armin (Ps. als Krimiautor: Max Frei), Prof.
Dr., Fellow of the Royal Society of Canada; Rauchlen-
weg 332, CH-4712 Laupersdorf, Tel. (0 62) 3 91 25 69
(* Zug 1. 9. 31). Humboldt-Stip. 70/71, Canada Coun-
cil-Stip. 78/79; Krimi, Lit.wiss. Ue: engl, frz, dt. – **V:**
Felix Stümpers Abenteuer und Streiche, Kdb. 67; Die
Tote im Zugersee 96, 03; Neun Tote im Emmental 98,
03; Skelette im Hauensteintunnel 99, 03; Drei Tote im
Altersheim 03; Rache! Rache! Rache! 04; 4 Tote in Hünenberg 07, alles Krimis; Beim Wort genommen. Die
Bibel als Paraliteratur, Ess. 03; Wie der Altar ins Got-
teshaus geriet, Ess. 05. – **MA:** zahlr. Art. in: NZZ 55–
70; Die Welt 64–71. – **H:** D.H. Lawrence: The Symbo-
lic Meaning, Ess. 62, 64; Kriminalerzählungen aus drei
Jahrhunderten 78; Westerngeschichten aus zwei Jahrhunderten 81; Spionagegeschichten aus zwei Jahrhunderten 84, u. a. – **MH:** Kanadische Erzähler der Gegenwart, m. Walter Riedel 67, 84; Reclams Kriminal-
romanführer, m. Josef Schmidt 78, 80 u. a. – **Lit:** The
Canadian Who's Who.

Arnold, Florian L., M. A., freier Autor, Illustrator
u. Karikaturist, freier Doz. f. Grafik u. Kunstpädago-
gik; c/o Satirefabrik, Forstweg 16A, D-89275 Obe-
relchingen/Ulm, *f-l-x@gmx.net, www.florianarnold.de*
(* Ulm-Söflingen 77). Rom., Erz., Kurzdrama, Sat.,
Groteske. Ue: engl. – **V:** Teatrino. Bilder u. Texte,
Kunstb. 05, 2., erw. Aufl. 09; Wie man alte Herren
kocht. Satiren u. Grotesken, m. Ill. 06, Tb. 08; A biß Z!
Das beste Wörterb. aller Zeiten, Sat., Ess. 09; T.O.T. –
Teatrino on Tour, UA 09. – **H:** Scurilicissimus, Ess.,
Sat., H.1–3 05–06 (eingestellt).

Arnold, Heinz Ludwig, Hon. prof. U.Göttingen, freier Schriftst., Hrsg. d. Zs. Text u. Kritik, d. KLG u.
KLfG (bis 07); Tuckermannweg 10, D-37085 Göttingen, Tel. (05 51) 5 61 53, Fax 5 71 96, *harnold@gwdg.
de, etk-muenchen.de* (* Essen 29. 3. 40). P.E.N.-Zentr.
Dtld, Dt. Akad. f. Spr. u. Dicht. 99; Niedersachsen-
Pr. (Publizistik) 98; Ess., Kritik, Reisetageb., Lyr. Ue:
engl, frz. – **V:** Ernst Jünger, Monogr. 66; Brauchen
wir noch die Literatur? Zur lit. Situation d. Bundesrep. 72; Das Lesebuch der 70er Jahre 72; Kritik und
Neuentwurf 73; Tagebuch einer Chinareise 78; Krieger, Waldgänger, Anarch – Versuch üb. Ernst Jünger 90;
Querfahrt mit Dürrenmatt 90, Tb. 98; Die drei Sprünge
der westdeutschen Literatur 93, Tb. u. d. T.: Die westdeutsche Literatur 1945–1990 95; „Was bin ich?" Über
Max Frisch 02; Von Unvollendeten. Literarische Porträts 05. – **MV:** Im Gespräch mit Heinrich Böll 71; Gespräche mit Schriftstellern 75; Friedrich Dürrenmatt im
Gespräch mit H.L.A. 76; Als Schriftsteller leben. Gespräche m. Peter Handke, Franz Xaver Kroetz, Gerhard Zwerenz, Peter Rühmkorf, Günter Grass 79. – **H:**
Text + Kritik, Zs., seit 63; Andreas Gryphius: Nacht,
mehr denn licht. Die geistl. Lyrik 65; Wandlung und
Wiederkehr. Festschrift z. 70. Geb. Ernst Jüngers 65; Dein Leib ist mein Gedicht. Deutsche erot. Lyrik aus 5 Jh. 70; Gruppe 61. Arbeitslit. – Lit. d. Arbeitswelt 71; Literaturbetrieb in Dtld 71; Deutsche über
die Deutschen. Auch ein dt. Lesebuch 72; Franz Josef Degenhardt 72; Quirinus Kuhlmann: Der Kühlpsal-
ter 73; Deutsche Literatur im Exil 1933–1945 74; Andreas Gryphius: Die Lustspiele 75; Deutsche Bestseller – Deutsche Ideologie 75; Rilke? Kleine Hommage
z. 100. Geb. 75; Wolf Biermann 75; Handbuch zur dt.
Arbeiterliteratur 77; Kritisches Lex. zur dt.spr. Gegenwartslit. (KLG), Losebl.-Samml./3 Leif. jährl., seit 78;
Die Gruppe 47. Ein kritischer Grundriß 80; Literaturbetrieb in d. Bundesrep. Dtld 81; Kritisches Lex. zur
fremdspr. Gegenwartslit. (KLfG), Losebl.-Samml 83–

31

Arnold

07; Allerleilust. 100 erot. Gedichte von 100 dt.spr. Autoren des 20. Jh. 86, 88; Vom Verlust der Scham und dem allmählichen Verschwinden der Demokratie 88; Schriftsteller im Gespräch, 2 Bde 90; Die deutsche Literatur seit 1945, 11 Bde 95–00; Friedrich Dürrenmatt. Gespräche, 4 Bde 96; Das erotische Kabinett, Anth. 97, 98; Literatur in der Schweiz 98; Arthur Schnitzler: Ausgew. Werke in 8 Bden 99; Einigkeit und aus Ruinen, Anth. 99; Das KLG auf CD-ROM, 3 Lief. jährl., seit 99; Da schwimmen manchmal ein paar gute Sätze vorbei... Aus d. poetischen Werkstatt, Anth. 01; Deutschland! Deutschland?, Texte 02; Arbeiterlyrik 1842–1932, Anth. 03; Kindlers Lit. Lex., 3., völlig neubearb. Aufl. 09. – **MH:** Günter-Grass-Dokumente z. polit. Wirkung, m. Franz J. Görtz 71; Dokumentarliteratur 73; Grundzüge der Literatur- u. Sprachwissenschaft 73/74; Literarisches Leben in d. Bundesrep. 74; Positionen im dt. Roman der sechziger Jahre 74; Arbeiterliteratur in d. Bundesrep. 75; Autorenbücher, seit 76; Positionen des Erzählens. Analysen u. Theorien zur dt. Gegenwartslit. I 76; Positionen des Dramas. Analysen u. Theorien II 77; Grundzüge der Literaturwissenschaft, m. H. Detering 96. – **Ue:** Nicolas Boileau: Die Dichtkunst 67.

Arnold, Markus, Dr. theol., Studienleiter; Länzweg 6e, CH-8942 Oberrieden, Tel. (01) 7 21 19 49, *dr.markus.arnold@bluewin.ch* (* Zürich 15. 4. 53). Jugendb., Sachb. – **V:** Der Rittertraum. Franz von Assisi – ein Leben für den Frieden, Jgdb. 81; 24 Geschichten zu den Festtagen im Kirchenjahr 95; Guter Gott, du machst mir Mut, Gebete 00, auch u. d. T.: Guete Gott, du machsch mir Muet; Mirjams Kind u. a. Advents- und Weihnachtsgeschichten 02; mehrere Sachb. – **MV:** Komm sei mein Freund, Kdb. 80, 81. – *Lit:* s. auch SK. (Red.)

Arnold, Marlis; Am Rheinufer 21, D-50999 Köln, Tel. u. Fax (0 22 36) 3 27 4 99, *marlis@ maerchenfraukoeln.de*, www.maerchenfraukoeln.de (* Rheinland 4. 10. 39). VS, Lit. Ges. Köln, Lit.haus Köln, Arb.kr. f. Leseförd. Köln, Europ. Märchenges. – **V:** Jakob Rabenaas, Erz. 02 (m. CD). – **H:** Das Märchen-Kochbuch 00; 3-Minuten-Märchen aus aller Welt 01 (m. CD). (Red.)

Arnold, Wolf-Rüdiger, Ing.; Oeserstr. 22, D-04229 Leipzig, Tel. (03 41) 4 79 86 56 (* Leipzig 20. 9. 39). SV-DDR 81, VS 90, Förderkr. Freie Lit.ges. e.V. Leipzig 91; Förd.prämie d. Mitteldt. Verl. Halle u. d. Inst. f. Lit. Johannes R. Becher Leipzig 76; Erz., Skizze, Rom. – **V:** Die mehreren Leben des Anton Joseph, Erzn. 75, 77; Familienmesse, R. 80, 82; Vergebliches Glück, R. 84; Mein Onkel Bernhard oder eine schwierige Annäherung, R. 95; Im Spiegel oder Variationen, Erzn. 06. – **MA:** Der Geschichtenkalender, Jgg. 86–90; Lebensmitte 87, 88; Marienkalender, Jgg. 94, 96–98, 00, 02, 03, 04; Freies Gehege 94; Erinnerungen 95; Ostragehege 2/95, 9/97; Cordiers Geschichtenkalender, Jgg. 06, 07. – **R:** Nachbar mit Mützchen, Fk-Monolog 89. (Red.)

Arns, Melanie, Studentin am DLL 01–05; Berlin. c/o Whale Songs Communications Verlagsges.mbH, Feldbrunnenstr. 43, D-20148 Hamburg (* Kleve/NRW 19. 2. 80). Stip. d. Stift. Kulturaustausch NL-Dtld 03, Stip. Künstlerdorf Schöppingen 05. – **V:** Heul doch!, R. 04, als Bühnenst. 07; Traumpaar, auch R. 06. – **MA:** zahlr Beitr. in: Kreuzer, Leipzig Stadtmag., seit 03; Volltext 13/04; Brigitte 22/06; manuskripte 175/07. – *Lit:* H. Kuhn in: Frankfurter Rundschau 04; S. Handke in: SZ 05.

Arntzen, Helmut, Dipl.-Bibliothekar, Dr. phil., o. Prof.; Am Schloßpark 21, D-48308 Senden, Tel.

(0 25 97) 12 20, Fax 69 11 45, *info@helmut-arntzen.de*, *www.helmut-arntzen.de* (* Duisburg 10. 1. 31). P.E.N.-Zentr. Dtld; Robert-Musil-Med. d. Stadt Klagenfurt, Akad.-Stip. d. Stift. Volkswaschenwerk; Aphor., Fabel, Ess. – **V:** Kurzer Prozeß, Aphor. u. Fbn. 66; Deutschland, ein Winter. Erfahrungen u. Reflexionen aus e. beschädigten Gegend 00; Streit der Fakultäten, Aphor. u. Fbn. 00. – **MA:** R. Dithmar (Hrsg.): Fabeln, Parabeln u. Gleichnisse 70; L. Schmidt (Hrsg.): Das große Handbuch geflügelter Definitionen 71; Th. Poser (Hrsg.): Fabeln 75; G. Fieguth (Hrsg.): Deutsche Aphorismen 78; H. Lindner (Hrsg.): Fabeln der Neuzeit 78; J.M. Werle (Hrsg.): Deutsche Fabeln aus tausend Jahren 98; Nach dem Frieden, Anth. 98. – **H:** Gegenzeitung. Dt. Satire d. 20. Jh. 64; Zur Lage der Nation, Online-Zs., seit 02. – *Lit:* R. Dithmar: Die Fabel 71; H. Geulen in: Sprachlichkeit. Zur Thematik u. zu d. Schriften v. H.A. 99.

Arold, Marliese (Ps. Andrea Adler), Dipl.-Bibl.; Schwabenstr. 5, D-63906 Erlenbach/Main, Tel. u. Fax (0 93 72) 7 17 24, *Marliese.Arold@t-online.de*, *www. marliese-arold.de* (* Erlenbach/Main 29. 3. 58). Buch d. Monats d. Dt. Akad. f. Kd.- u. Jgd.lit. 98; Kinder- u. Jugendb., Rom. – **V:** ZM – Streng geheim, Kdb.-Serie. I: Das Geheimnis des alten Professors 83, II: Grabraub im Tal der Könige 83, III: Die Sonnenstadt von Ol-Hamar 83, IV: Die Feuerhexe 84, V: Das Rätsel von Machu Picchu 84, VI: Der Herrscher von Atlantis 84, VII: Die Geisterhand Roms 85, VIII: Der Schatten Dschingis-Khans 85, IX: Im Land der tausend Träume 85, X: Todeszeichen Drachenschiff 86; Die Muse küßt Mutter, und wer küßt mich?, R. 84; Das Glück hat einen Pferdefuß, R. 85; Was weiß die Taube auf dem Dach von Liebe, R. 86; Keine wächst nicht im siebten Himmel, R. 87; Villa Fledermaus, Kdb. 87; Der achte Siebenschläfer 88; Distel sucht Schmetterling 88; Eine Nasenlänge Sehnsucht 88; Der Eulenbaum 89; Der Fluch des Löwenmenschen 89; Kein Bett mehr frei für Känguruhs 89; Die letzte Nacht von Troja 89; Das Rätsel des dritten Grabes 89; Warum war's nicht der zweite Preis? 89; Die geheimnisvolle Goldgräberstadt 90; Gutenachtgeschichten für den kleinen Igel 90; Die Höhlenmenschen vom Mammuttal 90; Mein Dackel kennt kein Lampenfieber 90; Die Rache des Druiden 90; Der Smaragd von Bagdad 90; Die Todeselefanten 90; Bis morgen sind wir ausgebucht 91; Expedition nach Babylon 91; Karawane ins Verderben 91; Die Maske des Piraten 91; Die Nachtblumen 91; Das Pfützenungeheuer 91; Der Wächter der Pyramide 91; Wer hat Einstein entführt? 91; Bellen genügt, komme sofort! 92, 97; Einerseits Glückssache 92; Elli, das Eichhörnchen 92; Falscher Kurs nach Indien 92; Das Geheimnis der schwarzen Orchidee 92; Im Labyrinth des Stiergottes 92; Die Katastrophe von Pompeji 92; Knuffel ist weg/Ein Drache für Nobs 92; Das Pferd des Schamanen 92; Atlantis II: Die Stadt unter dem Meer 93; Der falsche Maharadscha 93; Felix, der Feldhase 93; Fünf Mäuse für Methusalem 93; Kein Pferd ist wie Samira 93, Neuaufl. u. d. T.: Viel Wirbel um Samira 00; Nele geht auf Reisen/Mario muß zu Hause bleiben 93; Parkverbot für Traumtänzer 93; Die Tempelstadt im Dschungel 93; Das Teufelslied von Löwenstein 93; Anakonda 94; Die Augen des Jaguars 94; Mit dem Glück soll man nicht spielen 94; Piratenfest bei Nobs/Nele kommt zu spät 94; Primel 94, 06; Ricca, das Reh 94; Sabine und der Tigerdino 94; Sternschnuppe sucht ein Zuhause 94; Wenn der Laubfrosch quakt 94; Wenn der Maikäfer fliegt 94; Wie ein Igel am Himmel 94; Die Geschichte vom kleinen Igel 95; Ich will doch leben! 95; Die Reise in den Zauberwald, Erzählsp. 95; Soviel Lust und Liebe 95; Sternschnuppe reißt aus 95; Die Stunde des Kaimans 95;

32

Abgerutscht 96; Die Cityflitzer 96; Einfach nur Liebe 96; Die Geschichte vom kleinen Eichhörnchen 96; Die Irrfahrt der Tiere 96; Kleine Gespenstergeschichten 96; Die Krokobande auf heißer Spur 96; Meine allerliebsten Tiere 96; Morgen fangen wir den Weihnachtsmann 96; O Papageno! 96; Wackelzähne bringen Glück 96; Wo sich Hase und Igel Gute Nacht sagen 96; Die Cityflitzer jagen den Computerhacker 97; Die Cityflitzer voll in Fahrt 97; Ella Vampirella 97; Kunterbunte Teddygeschichten 97; Liebe hat viele Gesichter 97; Osterhase, nimm mich mit! 97; Primel und das Alibi 97, 06; Völlig schwerelos 97; Voll der Wahn 97; Der Affe ist los 98; Bei Sehnsucht dreimal klingeln 98; Die Cityflitzer auf Klassenfahrt 98; Kleine Ponygeschichten 98; Komm nach Hause, Minka! 98; Kunterbunte Weltraumgeschichten 98; Leselöwen-Geheimnisgeschichten 98; Oskars ganz persönliche Geheimdatei 98; So frei wie ihr? 98; Wo bleibt der Pizza-Igel? 98; Leselöwen-Frühlingsgeschichten 99; Der Moritz-Tag, Bilderb. 99; Bildergeschichten mit Piggi Pingelig 99; Crazy Emma 99; Schrubber und die Hühnergang 99; Kleine Vampirgeschichten 99; Oskars ganz persönliche Krisendatei 99; Angel 99; Lesepiraten-Pferdegeschichten 99; Oskars ganz persönliche Skandaldatei 00; Freundschaftsgeschichten von Luzie 00; Schulgeschichten von Luzie 00; Weihnachtsgeschichten von Luzie 00; Gefahr für den kleinen Delfin 00; Leselöwen-Halloweengeschichten 00; Liebesgeschichten von Luzie 01; Pferdegeschichten von Luzie 01; Oskars ganz persönliche Glücksdatei 01; Leselöwen-Ritterburggeschichten 01; Pia und Patty. Eine neue Freundin 01; Leselöwen-Skatergeschichten 01; Zwei Freunde auf acht Pfoten 01; Bildergeschichten von Kommissar Kater 01; Gespensterpark. I: Die Geheimtür zur Geisterwelt 02, II: Der Geheime Rat der Zwölf 02, III: Die Verschwörung der Geister 03, IV: Die Entführung der Geister 04, V: Die Macht des bösen Dschinn 05, VI: Das Rätsel des Einhorns 06; Lisa und Finn auf Drachensuche 02; Timetravel. I: In der Falle des Zauberers 02, II: Der Wächter der Pyramide 02, III: Die Maske des Piraten 03, IV: Gefangen in Pompeji 04; Lesepiraten-Monstergeschichten 02; Das Brezelfresserchen 02; Lesepiraten-Delfingeschichten 02; Vom Träumen, Kuscheln und Fliegen 02; Die schönsten Geschichten von Luzie 02; Kleine Geschichten vom Verliebtsein 02; Sternschnuppe bekommt ein Fohlen 02; Lauf, kleiner Wildfang! 02; Kleine Freundschaftsgeschichten zum Vorlesen 02; Der schnellste Bär der Welt 02; Die schönsten Erstlesergeschichten von Marliese Arold 02; Die Cityflitzer starten durch 02; Flirten erlaubt?! 03; Hexe Winnie und der Zauberigel 03; Lisa und Finn retten die Ritterburg 03; Verliebten verboten! 03; Leselöwen-Mitternachtsgeschichten 03; Hexe Winnie in der Zauberschule 04; Hexe Winnie zaubert Weihnachten 05; Laura und ihr Wackelzahn 05; Die Fantastischen Elf. I: Auf Trainersuche 05, II: Reif für die Bundesliga? 05, III: Das Auftaktspiel 06, IV: Das geheime Training 06, V: Aufregung im Fußballcamp 06, VI: Das Mitternachts-Turnier 07, VII: Wer wird Meister? 07; Lisa und Finn befreien das Feenland 06; Hexe Winnie und der Zauberwettbewerb 06; Sternschnuppe wird berühmt 06; Die Cityflitzer im Liebeswahn 06; Grusel-Rallye 07; Die Delfine von Atlantis 07; Mimi reitet aus 07; Saskia im Liebestaumel 07; Lesepiraten-Schatzsuchergeschichten 07; Crazy Horses. I: Auf die Pferde, fertig, los! 07, II: Pferdetraum und LiebesChaos 07, III: Pferdestars im Rampenlicht 08; Magic Girls. I: Der verhängnisvolle Fluch 08, II: Das magische Amulett 08, III: Das Rätsel des Dornenbaums 09; Die Piratenprinzessin. I: Die große Seeräuberjagd 08, II: Der geraubte Drachenschatz 08, III: Der Fluch

der Meerhexe 08; So geht Flirten 08; Frieda flirtet anders 08; Hexe Winnie auf Klassenfahrt 08. – **MA:** Hell leuchtet uns ein Stern 97; Wer bringt uns weihnachtliche Gaben? 99; 24 Gutenachtgeschichten zum Vorlesen 00; Am liebsten Ferien! 01; 24 Weihnachtsgeschichten zum Vorlesen 01; Warten auf Weihnachten 03; Schlaf gut und träum schön 03; Herzklopfen 06; Die schönsten Geschichten zum Vorlesen 06; Das Fest der Zwerge 07; Sommer, Liebe, Ferienflirts 07; Abrakadabra und Ahoi! 07; Freche Feen, zauberhafte Elfen und mutige Prinzessinen 08; Stelldichein mit Schwein 08, u. a. – **P:** Primel/ Primel und das Alibi 01; Oskars ganz persönliche Geheimdatei 01; Gespensterpark: Die Geheimtür zur Geisterwelt 03, Der Geheime Rat der Zwölf 03, Die Verschwörung der Geister 04, Die Entführung der Geister 04, Die Macht des bösen Dschinn 05, Das Rätsel des Einhorns 06; Kleine Freundschaftsgeschichten 03; Lisa und Finn auf Drachensuche 03; Leselöwen-Geheimnisgeschichten 03; Leselöwen-Halloweengeschichten 03; Hexe Winnie und der Zauberigel 04; Lisa und Finn retten die Ritterburg 05; Kleine Kindergartengeschichten 05; Hexe Winnie in der Zauberschule 05, alles Tonkass./CD; Die Fantastischen Elf: Auf Trainersuche 06, Reif für die Bundesliga? 06, Das Auftaktspiel 06, Das geheime Training 06, Aufregung im Fußballcamp 07, Das Mitternachts-Turnier 07, Wer wird Meister? 07, Sonderausg. d. T. I–III 08, alles CDs.

Aron, Edith, früher Übers., später Deutschlehrerin im Ausland; 147 Grove End Gardens, London NW8 9LR/GB, Tel. (02 07) 2 86 09 74 (* Homburg/Saarland 4. 9. 23). Erz. Ue: span. – **V:** Die Zeit in den Koffern, Erzn. 89; Die falschen Häuser, Erzn. 99. – **MA:** Celan-Jb. 8 01/02. (Red.)

Arten-des Granges, Alain. Lese- u. Lit.-Förd.-Ver. Neusäß b. Augsburg; Lit.pr. Lese- u. Lit.-Förd.-Ver.; Rom., Lyr., Erz., Ess. – **V:** Die Frucht der dunklen Gottes, G. 90; Das Land der toten Dichter, G. 91; Geheimnis – Secreta, Lyr. 03. (Red.)

Arthur, Franz s. Zoderer, Joseph

Artl, Inge M.; Goethestr. 4, D-83209 Prien am Chiemsee, Tel. (0 80 51) 39 23. Ue: frz, engl. – **V:** Mamadou und Sidi Bumsli 72; Sidi Bumsli und der Mann im Mond 72; Othello, der Mops 74; Bären in Pollys Hof 78; 5000 Kilometer durch Kanada 79; Wilde Fahrt stromab 80; Claude le Marin 81; Das Kamel, das einen Höcker los sein wollte 81; Der Dackel Gestuuuher und zwei andere Hundegeschichten 82; Karstwege, Notizen aus Istrien 84; Später, wenn ich groß bin 85; Der Andi, der Flori und Omas Hund 88; Die Abenteuer des Robin Hood 89, 94; Der Andi, der Flori und das grosse Kopfzerbrechen 90; Es war einmal in Lipizza 04. – **MA:** Senza Confini / Ohne Grenzen 99; Karst 99. – **H:** Dubrovnik 01; Zypern 04; Malta 04, alles Anth. – **Ue:** 200 Titel Kinder- u. Jugendlit., Belletristik, afrik. u. arab. Autoren.

Artmann, Rosa s. Pock, Rosa

Artmeier, Hildegunde, Dipl.-Biologin, Übers. u. Autorin; *hildegunde.artmeier@yahoo.de*, *www.hildegunde-artmeier.de* (* Mühldorf/Inn 64). VS, Das Syndikat, Sisters in Crime (jetzt: Mörderische Schwestern)/ Krim.rom. – **V:** Schlangentanz 04; Drachenfrau 04; Katzenhöhle 05; Feuerross 06. – **MA:** Dessert für eine Leiche, Kurzgesch. 08. – **P:** Drachenfrau, Hsp., CD 06.

Arts, Hans-Josef; Konrad-Adenauer-Str. 3, D-47533 Kleve, Tel. (0 28 21) 4 62 45, Fax 4 62 82, *hjarts@t-online.de* (* Uedem 15. 3. 52). Erz. – **V:** ... und gestaltet wurde samstags 97; Zwischen Kirchturm, Kornfeld und Karl May 97; Fliegenkirmes 99. – **MA:** Zwischen Heide und Altbier, Leseb. niederrhein. Autoren 99. (Red.)

Arx, Bernhard von, Prof. Dr. phil. I., Gymnasialprof., U. Lehrbeauftr.; Chrummbächliweg 4a, CH-8805 Richterswil, Tel. u. Fax (01) 3 61 20 79 (* Zürich 15. 3. 24). Uniun da scripturs rumantschs USR 77, SSV 83, Freunde d. Zentralbibliothek Zürich, Vereinig. z. Förd. d. roman. Sprache u. Kultur; Verd.kr. d. poln. Exilregierung in London 68, Pr. d. STEO-Stift. 70, Pr. d. Schweizer. Schillerstift. 81, Auszeichn. durch d. Stift. Kreatives Alter, Zü. 02; Rom., Fernsehfilm, Radio-Feat. Ue: rät. – **V:** Der Fall Karl Stauffer. Chronik e. Skandals, biogr. R. 69; Nacht und Morgen, Monodrama 78; Fremdling im eigenen Haus 80; Marie Barmettler oder Der Sinn, hist. R. 97; Die Kreterin, R. 02; Der arme Conrad, Tr. 03; Die versunkenen Dörfer, R. 04. – **MA:** Die Schweiz – heute 64, 2. Aufl. 69; Jahrbuch 1967 67; – zahlr. Beitr. in: Wochenendausg. d. NZZ 62–70; WELTWOCHE 90–01; Brückenbauer, Zs. d. MIGROS 92–99; NZZ am Sonntag, ab 02. – **MH:** Rumantscheia, romanisch-dt. Anth. 77. – **F:** Allerfeyerlichste Glorificatio eines hochwohllöblichen Standes Zürich 67. – **R:** Radiobeitr.: Beresina 62; Noch ist Polen nicht verloren 64; Waterloo 65; Der Fall Karl Stauffer od. Die Segnungen d. Mäzenatentums 73; Der arme Conrad 76, alles Feat.; Geschichten um Kollegen Feinkopf, Grotn. 78; – Fernsehbeitr.: Noch ist Polen nicht verloren 64; Der Wiener Kongreß, Serie 65; 1000 Jahre Polen 66; Der Fall Karl Stauffer 68; Stirbt das Rätoromanische? 72. – **Ue:** Vic Hendry: Die Sarazenen kommen, R. 76; Toni Halter: Flurin auf der Spur, Erz. 77; Grenzgänge, Erz. 78; Peter A. Dettling/Vic Hendry: Muments ella natira – Eindrücke aus d. Natur 00. – **Lit:** DLL 20.Jh., Bd I 99. (Red.)

Arz, Martin, M. A., freischaff. Künstler u. Autor; Tel. (0 89) 64 29 47 57, Fax 64 29 47 58, *mail@martin-arz. de, www.martin-arz.de* (* Würzburg 3. 7. 63). ver.di 00, Das Syndikat 02; Kodak-Fotobuch-Pr. 00; Krim.rom., Sat. – **V:** Es ist hingerichtet 99; 7 Tuben Leichenblut 00; Mords Rummel 00; Tod eines Luders 04; Das geschenkte Mädchen 04; Reine Nervensache 05; Die Isarvorstadt, Sachb. 08; Die Maxvorstadt, Sachb. 08. – **MA:** Ehegeschichten (9 Beitr.) 93; Queer Crime, Krimianth. 02; Bayerisches Mordkomplott, Anth. 03; Tatort München, Anth. 03; Bearb. zahlr. Übersetzungen v. Fachbüchern. – **Lit:** s. auch Kürschners Handbuch der Bildenden Künstler, 1. Aufl. 2005.

Asbeck, Herbert, freier Autor; Kiefernstr. 52, D-40699 Erkrath, Tel. (0 21 04) 4 07 12, Fax 4 41 84, *HerbertAsbeck@aol.com, www.herbert-asbeck.de* (* Düsseldorf 15. 6. 36). VS NRW, D.U.; Reisestip. d. Ausw. Amtes f. Kreta 95; Drama, Erz., Rom., Lyr. – **V:** Gedichte eines Unmodernen, Lyr. 86; Die Reise nach S., Erz. 91; Der Sommergarten, Erz. 94; Trott, Kom. 99; Dio mio – Fast eine Komödie, Stück 99; Die Graugans, Sch. 00; Lambis, der Geiger, R. 01; Tage auf Kreta, R. 01; Trilogie der Liebe 01; Das liebe Fräulein Klimpernell, R. 03; Hassans Geschenk und andere Erzählungen 06; Reise Zurück, Theaterst. 08. – **MA:** Mein Lesebabend 2 86; Straßenbilder 98.

Aschenwald, Johann, Schriftst.; Kraken 9, A-6130 Schwaz, Tel. (0 52 42) 6 75 99, (06 99) 12 61 93 68 (* Innsbruck 24. 5. 59). Gr. Lit.stip. d. Ldes Tirol 02, Stip. Herrenhaus Edenkoben 05. – **V:** Gedächtnislandschaft, G. 92; Einleibung, G. 97; Nurlaunicht, Stücke 99; Wurzelfieber, G. 03; – THEATER/UA: Über den Berg 97; Aus der Haut 99; Eine Sommernachtsgrippe 99. – **MA:** Zum Glück gibt's Österreich 03; Willst du dem Sommer trauen 04; Österreich 2005 05. – **R:** Herzgespann.Höllenschönheit.Himmelsmord, Hsp. (ORF) 94; Die Andacht, Hsp. (ORF) 98. (Red.)

Aselmeyer, Karola (geb. Karola Wiese), Hausfrau; Zur Alten Schmiede 12, D-46569 Hünxe, Tel. (0 28 58) 67 02 (* Langelsheim 8. 1. 45). – **V:** Kindermund und andere Schicksalsschläge am Rande des Harzes, Erz. 01.

Ashley, Galina, Künstlerin, Kunst-Therapeutin; C.P. 402, CH-1997 Haute-Nendaz, Tel. u. Fax (0 27) 2 88 61 44, *galina.ashley@bluewin.ch* (* Russland 12. 11. 36). Rom., Lyr., Erz. Ue: engl, holl, russ, dt, port. – **V:** Die blaue Rose, G. u. Bilder 99; Grenz-über-Gänge, biogr. R. 02; Aus dem Bauch, Geschn. 02; Der grüne Ritter, Geschn. 03. (Red.)

Asimuff, Isaak s. Hahn, Ronald M.

Askan, Katrin, Schriftst.; *www.katrin-askan. de* (* Berlin 21. 2. 66). Friedrich-Hölderlin-Pr. d. Stadt Homburg (Förd.pr.) 98, Rolf-Dieter-Brinkmann-Stip. 99, 3sat-Pr. im Bachmann-Lit.wettbew. 01, u. a.; Rom., Erz. Ue: schw. – **V:** A-Dur, R. 96, 2. Aufl. 98; Eisengel, R. 98; Aus dem Schneider, R. 00, Tb. 01 (auch schwed.); Wiederholungstäter, Erzn. 02. – **MA:** zahlr. Beitr. in Anth. u. Lit.zss. seit 95, u. a. in: Köln, Blicke. Ein Leseb. 98; Sinn u. Form 2/98; Die Akte Ex, Erzn. 00; Jb. d. Lyrik 2001 00; Beste Deutsche Erzähler 01; Geliebte Lust, Erzn. 02. (Red.)

†**Asmodi,** Herbert, Schriftst.; lebte in München (* Heilbronn 30. 3. 23, † München 3. 3. 07). VS 70, P.E.N.-Zentr. Dtld; Gerhart-Hauptmann-Pr. 54, Tukan-Pr. 71, Bayer. Verd.orden 79, BVK 84; Drama, Lyr., Fernsehsp., Film, Prosa. – **V:** Jenseits vom Paradies, Sch. 54; Pardon wird nicht gegeben 56; Nachsaison 59; Die Menschenfresser 62; Mohrenwäsche 63; Stirb und Werde 66, alles Kom.; Räuber und Gendarm, Kdb. 68; Dichtung und Wahrheit oder der Pestalozzi-Preis 69; Nasrin oder Die Kunst zu träumen 70; Marie von Brinvilliers, Liebende, Giftmischerin und Marquise 71; Geld 73, alles Kom.; Jokers Gala, G. 75; Jokers Farewell, G. 77 (beide in 1 Bd 81); Das Lächeln der Harpyen, Erzn. 87; Eine unwürdige Existenz, R. 88; Die kleine Anna u. der wilde Friedrich, Kdb. 88; Landleben, Erzn. 91; Das Große Rendezvous, R. 92; Die Geschichte von dem kleinen blauen Bergsee und dem alten Adler, Libr. 97; Das geheimnisvolle Flußpferd, Erz. 98; Königsmarck oder Die Ewigen Gefühle, Operette 99; Gustaf, Erz. 02. – **B:** Alexandre Bisson: Der Schlafwagenkontrolleur, Kom. 68; ders.: Der Abgeordnete von Bombignac, Kom. 69. – **F:** Der junge Törless, m. a. 66. – **R:** Drehbücher zu d. Fernsehspielen: Nachsaison; Mohrenwäsche; Der Monat der fallenden Blätter; Reisegesellschaft; Lord Arthur Savilles Verbrechen; Die Geschichte der 1002. Nacht; Palace-Hotel; Die Marquise von B.; Eine unwürdige Existenz; Wer ist der Nächste?; Die Frau in Weiß; Der rote Schal; Der Monddiamant; Der Strick um den Hals; Die Affäre Lerouge; Du Land der Liebe; Onkel Silas; Lady Audleys Geheimnis; Der Eiserne Gustav; Lucilla, Beate u. Mareile; Im Totenreich; Vor dem Sturm; Konsul Möllers Erben; Montagsgeschichten (I); Die ewigen Gefühle, 1962–1983. – **P:** Anna und der wilde Friedrich, 2 CDs. – **Lit:** Marianne Kesting: Panorama d. zeitgenöss. Theaters 70.

Asmuss, Katrin, Autorin, Red.; Waldstr. 26, D-12489 Berlin, *katrin.asmuss@gmx.de, www.katrin-asmuss.de, www.speakart.de, www.trauer-feind.de* (* Königs Wusterhausen 7. 1. 66). – **V:** Querbiss, Kurzgeschn. u. Ess. 04. – **H:** culoer – die Kulturgazette f. d. Südosten Berlins, LDS & TF. – **P:** Trauer Feind, Hsp., CD 06.

Aspen, Chris van s. Strobel, Arno

Aspöck, Ruth, Dr. phil., Kulturwiss., Autorin; Burggasse 79/12, A-1070 Wien, Tel. u. Fax (01) 5 22 21 47, *ruth.aspoeck@gmx.at, www.donauliteratur. at* (* Salzburg 7. 2. 47). GAV, Vorst.mitgl., IGAA, LVG

u. Literar-Mechana; Adolf-Schärf-Pr. f. Sprachwiss.
81, Staatsstip. f. Lit. 85; Prosa, Rom., Drama, Ess.
Ue: span, engl, frz. – **V**: Emma oder die Mühen der
Architektur 88; Ausnahmezustand für Anna, Festgabe
92; Wo die Armut wohnt, Ess. 92; Gedichtet, prosaische Lyr. 95; Muttersöhnchenmärchen, R. 96; tremendo
swing 97; Konjunkurs 98; Geld oder Leben, Theaterst.
99; Schnaitheim 00; (S)Trickspiel 03; Kannitverstan,
R. 05; Am Quell der Donau, Prosa 06. – **MV**: Was
ist Kunst? Diskussion in Permanenz, Ess. 04. – **MA**:
Anth., u. a.: Aufschreiben 81; unbeschreiblich weiblich
81; Männergeschichten/Frauengeschichten 83; Angst –
Antrieb und Hemmung 87; Wie weit ist Wien?; Vertriebene Vernunft; Zss., u. a.: Sterz; Die Rampe 1/90; Lit.
aus Österreich; Zwischenbilanz 2/06. – **H**: Donaugeschichten, Anth., I 92, II 02; Alles Theater?, Dok. 92;
Ein Buch von Flüssen, Anth. 94; Ganz schön fremd,
Prosa (auch Mitarb.) 94; Flüsse, Brücken, Ufer, Kurzprosa u. Lyr. 04; Reihe „Kommentierte Neudrucke v.
Texten d. 20.Jh.", 5 Bde, u. a.; – Theaterst.: Konfe-
renzzwischenfall, UA 94; Er ging dann nach Amerika,
UA 96. – **MH**: AUF, e. Frauenzs. vor 88. – **F**: Drehb.:
Schlafträumen; Die Tage von Genf. – **P**: Der Wahnsinn,
eine Form des Protestes?, Hörb. 02. – **MUe**: Nicolás
Guillén. Lyrik u. Prosa, m. Renata Zuniga 02. – *Lit*:
Autorensolidarität 4/97, 1/98; OÖN 8/99; Buchkultur
2/02.

Assion, Peter (Ps. f. Walter Divossen), Verleger; c/o
Bonner Buchverl., Bonn (* 38). – **V**: Die Dehnung der
Zeit, Erz. 91; Jonathan das kleine Gespenst, Kdb. 92;
Die Gespenster-Detektive, Kdb. 92; Der Kamellendieb,
Geschn. 93; Ein Pfennig zu wenig, Kdb. 94; Worte auf
Schwingen, G. 95; Godesberger Elegie, R. 95; Frieda
Klapperich: So ist das! 95; Frieda Klapperich: Na und?!
96; Kuddel-Muddel, Reime, Lieder u. Geschn. f. Kinder 96; Entweder e ränt – oder de Schranke sin zou 97;
Die Klapperichs. Szenen e. rheinischen Ehe 97; Immer
wieder Frieda, Geschn. 98; Jan, Therese und die Andere, Gesch. 98; – Krimis: Der tote Penner 90; Mord am
Funkenmariechen 92; Muffensausen 92; Lombardo und
die Tote im Rhein 93; Treffpunkt Münsterplatz 94; Der
alte Mann und das Mädchen 95; Hermine Pfefferkorn
schnallt ihr Bein ab 95; Tod im Stadthaus 96; Herbstblätter 97; Der Katzenmörder von Rheinbach 97; Dreck
am Stecken oder ein Grab in Vilich 97; Das Mädchen
am Fenster 97; Mord in Münster 98; Rache am Drachenfels 98; Der fiese Möpp von Muffendorf 98; Gewitter über Poppelsdorf 00; Tatort Bonngasse 02; Die
Geisterbahn. Mord auf Pützchens Markt 04, u. a. (Red.)

Assmann, Armin, Pfarrer i. R.; Holunderweg 44, D-
06849 Dessau, Tel. (03 40) 8 58 21 61, *ai.assmann@t-
online.de* (* Dessau 25. 2. 36). Erz. (Mda. u. hdt.), Historiensp. – **V**: Was der Kronsohn so machte un der
Pfarre so dachte 99; Mache dich dein Dreck alleene
01; Der Erntewagen 03; De Lieweskrankheet 05, alles
Erz.; Historienspiele f. Laientheater: Turtim; Wie Anhalt Evangelisch wurde; Von Quiena zu Kühnau; Fürst
Georg der Gottselige. – *Lit*: C. Lamprecht: Männerbekanntschaften 86. (Red.)

Assmann, Peter, Mag. phil., Dr. phil., Kunsthistoriker, Bildender Künstler, Schriftst., Mus. dir.; c/o Oberösterreichische Landesmuseen, Museumstr. 14, A-4010
Linz, Tel. (07 32) 77 44 82 42, Fax 77 44 82 66, *p.
assmann@landesmuseum.at, www.peter-assmann.info*
(* Zams/T 28. 8. 63). Lyr. – **V**: beim begleiter 01; BE-
REITS-bemerktes 06; zahlr. Ausst.kataloge, Veröff. –
Herausgaben z. bildenden Kunst. – **MV**: Überschrei-
tungen, m. Peter Bischof 95; brüche stücke, m. Erdmu-
the Scherzer-Klinger 97; netz, m. Walter Weer 98; nicht
nur der Maulwurf zwischen den zeilen, m. Peter Kraml

06. – **MA**: regelm. Beitr. in: Facetten. Literarisches Jb.
d. Stadt Linz, seit 96. – *Lit*: s. auch SK. (Red.)

Astel, Arnfrid (Ps. Hans Ramus), Rundfunkred.,
Lektor; St. Ingberter Str. 52, D-66123 Saarbrücken, Tel.
(06 81) 6 34 35, *www.zikaden.de* (* München 9. 7. 33).
RFFU 68, VS 70, P.E.N.-Zentr. Dtld; Kunstpr. d. Stadt
Saarbrücken 80, Kunstpr. d. Saarlandes 00; Lyr., Kritik,
Gespräch, Epigramm. Ue: engl. – **V**: Notstand, 100 Epi-
gr. 68; Kläranlage, 100 neue Epigr. 70; Zwischen den
Stühlen sitzt der Liberale auf seinem Sessel, Epigr. u.
Arbeitsgerichtsurteile 74; Neues (& altes) vom Rechts-
staat und von mir. Alle Epigr. 78; Die Faust meines
Großvaters und andere Freiübungen, Lyr. 79; Die Am-
sel fliegt auf. Der Zweig winkt ihr nach, Lyr. 82; Ohne
Gitarre, 84 Epigr. (dt.-ital.) 88; Wohin der Hase läuft,
Epigr. 92; Jambe(n) & Schmetterling(e) oder Amor &
Psyche 93; Sand am Meer. Sinn- und Stilübungen, seit
94; Das erste Paradies: Poesie aus Norwegen (Nachdicht.) 97; Sternbilder. West-östliche Konstellationen
99; Dionysos et l'Amour au Jardin des Plantes (frz.) 99;
Was ich dir sagen will ... kann ich dir zeigen 01. – **MA**:
Neue Dt. Hefte 93, 63; Aussichten. Junge Lyriker d. dt.
Sprachraums 66; Doppelinterpretationen 66; Das große
dt. Gedichtbuch 77; Klassenlektüre 82; Schreibheft 25
85; ZET 86; Harig lesen 87; Punktzeit 87; Was zu sagen ist, Lyr. u. Prosa 88; Die Außenseite des Elementes 98; Oktoberland 98; Das verlorene Alphabet, Lyr.
98; Autorenpatenschaften. – **H**: Lyrische Hefte 59–70;
Quirin Kuhlmann: Himmlische Liebes-Küsse ..., n. d.
einzigen Druck v. 1671 60; Jewgenij Jewtuschenko: 27
Gedichte 65; Jossif Brodskij: Gedichte 66; Ho Tschi
Minh: Gefängnistagebuch, 102 chines. G. 68, Tb. 70. –
MH: Briefe aus Litzmannstadt. Bericht aus dem Getto Lodz 67 (auch mitübers.); Über dem Spiel hinaus.
Freizeitträume der Zukunft (Olympiade) 73; Einzelhei-
ten. Saarbrückener Alternativpresse, seit 73. – **R**: zahlr.
Rdfk-Gespr. m. Schriftstellern seit 67. – **P**: Kopf-Stein-
Pflaster, Lyr., Tonkass. 82. – *Lit*: M. Buselmeier in:
KLG 79, 89; Mara Baruffi: A.A. Tesi di Laurea, Diss.,
Bologna 82; Walther Killy (Hrsg.): Literaturlex., Bd 1
88; LDGL 97; Wer ist Wer 97/98; P.E.N. Autorenlex.
2000/2001ff.; M. Buselmeier/R. Schock (Hrsg.): Seit
ein Gespräch wir sind. Ein Buch üb. A.A. 03. (Red.)

Asten, Verena von (Verena von Asten-Eckart); c/o
GEV Grenz-Echo-Verlag, Eupen (* Ulm 10. 8. 32). Pr.
f. Lit. d. Dt.spr. Gemeinschaft, Eupen/Belgien; Kurzgesch., Rep., Bericht, Kleine Alltagsgesch. (Glosse),
Kinderb., Tierb., Krim.rom., Geschichtensammlung,
Nov. – **V**: Aus unserer kleinen Stadt 80; Junge Reiter
auf dem Wiesenhof 80, 82; Glücklicher Reitersommer
81; Die Weserbande 81; Geheimnis auf dem Wiesenhof,
1.u.2. Aufl. 82; Hilfe, ich bin ein Tiernarr 89; Gemischter Salat 89; Endstation Talsperre 99; Tod in der Sauna 00; Schatten der Vergangenheit 03; Tessiner Dorfgeschichten, N. 04. – *Lit*: Auslandsdt. Lit. d. Gegenwart
86. (Red.)

Atanassoff, Maria s. Scheidgen, Ilka

Attelln, Gisela, Real- u. Berufsschullehrerin, freischaff. Autorin u. Journalistin; Burgstr. 23, D-67105
Schifferstadt, Tel. (0 62 35) 9 82 52, Fax 9 82 58, *attelln
@t-online.de* (* Fürth 25. 12. 44). Literar. Verein d.
Pfalz 89; Erz., Lyr., Kurztext, Märchen, Reiseb. – **V**:
Der gläserne Kubus, M. 89; Angelus, Erzn. 92; Mörder sind auch Leichen, experiment. Kurztexte 93; Deutsche Weinstraße, Reiseb. 97, 00; Nürnberg & Fränkische Schweiz, Reiseb. 00. – **MA**: zahlr. Beitr. in Anth.,
u. a.: Der Himmel von Speyer 90; Gestern wird meine
Zukunft morgen 94; Novemberdeutsch 95; Klopfholz,
Zwiebelfisch & Fliegenkopf 96; 1 plus 1 96; Abrakada-

bra an Casablanca 98; Die Seele wird nie satt 00. – *Lit:* Josef Zierden: Lit.lex. Rh.-Pf. 98; s. auch SK. (Red.)

Attersee, Christian Ludwig (eigtl. Christian Ludwig), Prof., Maler; Tuchlauben 17, A-1010 Wien, Tel. (01) 5 33 25 91, Fax 53 32 59 14, *attersee@utanet.at* (* Preßburg 28. 8. 40). IGAA, GAV; Lyr., Erz. – **V:** Die Taulocke, G. u. Kurzprosa 1972–1992 92; zahlr. Filme u. Tonträger seit 64. (Red.)

Attilaohm s. Löchner, Ulrich Friedrich

Atzbach, Ulrich; Am Neurott 2B, D-64711 Erbach, Tel. (0 60 62) 42 43, *www.atzbach.de* (* Frankfurt/Main 6. 1. 64). Rom., Fachb. – **V:** Freiers Einsatz, R. 06. – **MV:** Das Trauma-Buch, med. Fachb. 08.

Auberger, Georg s. Bergauer, Conrad

Auburger, Leopold-Franz, Assesor; Maxstr. 31, D-93093 Donaustauf, Tel. (0 94 03) 15 75, *LeopoldF. Auberger@t-online.de* (* Berlin 10. 5. 14). ALMA e.V. Laufen; Rom., Lyr., Erz. – **V:** Gezeiten, G. 95; Kaleidoskop der Liebe, Erzn. 97; Briefe an eine unbekannte Geliebte 00. – **MA:** Nationalbibliothek d. Dt.sprachigen Gedichtes, Bd I u. II 99; Lyr. u. Erzn. in: Senioren schreiben nicht nur für Senioren, seit 93. (Red.)

Audretsch, Elmar, Lehrer; Scottweg 52, D-70439 Stuttgart (* Einbeck 15. 5. 50). Drama, Lyr., Rom., Nov., Ess. – **V:** Abenteuer im sozialist. Gremium, G. u. Prosa 80; Verschleißstellen an der Sehnsucht, Lyr. u. Prosa 83; Lenz oder Vom Heimweh der Kämpfer, e. Versuch 92. – **MV:** Doppelmord. Störfall im Berufsschulzentrum, m. Volker Groschwitz, R. 85. (Red.)

Aue, Edmund, Dipl.-Journalist, Offizier, Studium am Lit. inst. „Johannes R. Becher" (* Jägerndorf/Mähren 18. 10. 30). SV-DDR 77–90; Kunstpr. d. DDR, Theodor-Körner-Pr.; Rom., Erz., Nov. – **V:** Zweimal zum Tode verurteilt, Nov. 76; Im Sommer sieht alles ganz anders aus R. 77, 3. Aufl. 86; Der Weg zu den Birken, Erzn. 86; Reise zum Dalmatinischen Archipel, Erz. 90; Reise in die Vergangenheit, Erz. 02. – **MA:** Anth.: Im Herzen das Feuer 63; Postengang 67; Grüne Leuchtkugeln 69; Nur ein paar Stunden 75; Berlstedter Geschichten 80; Wir über uns 85; Neumärkische Erzn.; Geschn. um Hottelsdorf; Veddelshusner Bauerngeschn.; Märkte u. Feste ..., alle 82–89. (Red.)

Aue, Holger, Dipl.-Grafik-Designer, Illustrator, Comic-Zeichner; c/o Eichborn Verlag, Frankfurt/M. (* Pinneberg 30. 1. 60). Comic, Cartoon. – **V:** MOTOmania, Bde 1–6 94–02 (teilw. m. Nachaufl. u. ins Frz. übers.); MOTOmania. All you need is speed 01, Bullenrennen 01, Total abgefahren 02, Nach fest kommt lose 02, alles Comic-Strips. – **MV:** Hasso Hübner, m. Jens Förster, Comic 92. – **MA:** ständ. Comic in d. Zs. „Motorrad" seit 94. (Red.)

Aue, Walter, freier Schriftst., Mitarb. versch. Rdfk-Anst., Kurator; Leonhardtstr. 10, D-14057 Berlin, Tel. (0 30) 3 22 74 09, *aue43@aol.com* (* Schönbach/ČSSR 8. 7. 30). Förd.pr. f. Dicht. d. Ldes NRW 64, Pr. f. Dicht. v. Mykonos 65, Price of Spezial Press USA 67, Villa-Massimo-Stip. 68/69, Berlin-Stip. 70/71, Arb.stip. d. Ldes NRW 72, Alfred-Döblin-Stip. 86, Arb.stip. f. Berliner Schriftst. 86 u. 92, Stip. Künstlerhof Schreyahn 05, u. a.; Hörsp., Anthologie, Prosa, Lyr. – **V:** Worte die Worte die Bilder, G. 63; Einbrüche, G. 64; Cocon, G. 64; Der Tod des Gregori Rasputin, G. 65; Chronik des Galilei, G. 65; Michelangelo oder die Art des Fleisches, Textmontage 65; Galaxis, G. 65, 67; Berliner Romanze, Prosa 66; Memorandum, G. v. Berlin 66; Image, Prosa 67; New York new York; Marilyn oder der Astronaut, Prosa 69; Blaiberg oh Blaiberg, Prosa 70; Rom z. B., Prosa 72; Lecki oder der Krieg ist härter geworden 73; Monte Isola, Prosa 76; Metaphysik der Orte, Prosa 78;

Der Stand der Dinge, G. 98; Flügel im Kopf, G. 99; Auf freiem Fuß, Lyr. 99; Die Augen sind unterwegs, Prosa 00; Unterbrochene Orte, Prosa 00; Am Ende des Lichts, Ess. 00; Paradiso Terrestro. Die Spur zu Ezra Pound, Ess. 03; Im Blau des Südens 04; Mit Fontane in Italien 05; Mit Fontane in Frankreich 07. – **MV:** MA: zahlr. Texte z. bild. Kunst, u. a.: Fritz Gilow: Cristoforo Colombo 84; ders.: Blei-Pompeji 85; Rüdiger Preisler: Mezquita-Projekt 86; Paul Pfarr: Hölderlin-Räume 88; Jahre des Lichts. Bilder e. blinden Fotografen 91; Haus der Wörter, Ort der Blicke 93. – **H:** Jahrbuch, Anth. 66, 67; Berlin Report 69; Science and Fiction 71; Projecte, Concepte & Actionen 71; Typos I, II 72. – **R:** Die Frau und anderes 70; Tate & Tate 71; Das Schweigen des Ezra Pound 73; Olof. Das Hakenkreuz 74; Alltag im Paradies 75; Transsibirienexpress 75; Grün in Kyoto I. u. II. T. 75; Die Testpuppenfamilie 75; Andorra – ein Klassenspiel 75; Die Berührung des roten Planeten 76; Kleist. Ein Radiopanorama 76; Die Vernichtung der Dörfer 76; Dachauer Moos 76; Italienische Reise 76; Rund um den Kilimandscharo 76; Der Attentäter 76/77; Im Land der Massai 77; Der Tod von Rousseau 77; Artaud: Die Tarahumaras 77; Kleistbriefe 77; Die gefiederte Schlange 77; In Erwartung der Bilder 77; Befragung der Väter 77/78; Das gezeichnete Ich 78; Im Licht des Augenblicks 78; Televisionsfrieden 78; Zu den tibetischen Klöstern von Ladakh 78; Nepal: Ein Königreich der Sehnsucht 78; Die verdrossenen Blicke der Indianer 78; Mythen & Legenden 78; Thaipusam: Das Fest des Leidens 79; Bali: Museum des Lächelns 79; Montauk 79; Durchquerung eines Kontinents 79; Cannery Row: Die Strasse der Ölsardinen 79; Big Sur: Begegnung mit Henry Miller 79; Übungen im Denken 79/80, alles Hsp. (Red.)

Auen, Agnes s. Nandi, Ines

Auenveldt, Michael zu s. Wimmer, Michael

Auer, Helmut G.P. (Ps. Richard Ringel, Bruno Brau), Red. i. R.; c/o Libri, Gutenbergring 53, D-22848 Norderstedt (* Riegel/Schlesien 6. 2. 20). BDS; Rom., Erz., Zeitgesch., Sachb. – **V:** Du deutsch, du Spezialist, Erz./Sachb. 96, rev. Neuaufl. 02; Ich glaub' Sie sind ein Gauner, Herr Bürgermeister, Erz. 00; Der Kuli ist zu hart zum Kauen, Sachb. 03. – **MA:** Brieger Gänse fliegen nicht, Erzn. 82. (Red.)

Auer, Marianne s. Auer, Nanni

Auer, Martin, Dichter u. Zauberkünstler; Rotenmühlgasse 44, A-1120 Wien, Tel. u. Fax (01) 9 13 66 03, *martin.auer@alplus.at*, *www.martinauer.net* (* Wien 14. 1. 51). IGAA; Auswahlliste z. Dt. Jgdb.pr. 89, Kinderb.pr. d. Berliner Senats 90, Kinderb.pr. d. Ldes NRW 90, Pr. d. Kinder-Jury im Rahmen d. öst. Staatspr. 93, Anerkennpr. d. Steier. Jgdb.pr. 94, Öst. Kd.- u. Jgdb.pr. 94, 98, 00 (2x), Anerkenn.dipl. d. Kd.- u. Jgdb.pr. der Stadt Wien 94, 95, 96, Auswahlliste z. Öst. Kd.- u. Jgdb.pr. 95, 96, Nominierung f.d. Dt. Kdb.pr. 97, Nominierung f.d. Hans-Chr.-Andersen-Pr. 97, Kd.- u. Jgdb.pr. d. Stadt Wien 97, 99, 01, 02, Verleih. d. Prof.-titels 05, u. a.; Kinderb., Rom., Kurzgesch. – **V:** insges. über 40 Bücher, u. a.: Was niemand wissen kann, Kdb. 86; Der Sommer des Zauberers, Geschn. 88; Von Pechvögeln und Unglücksraben 89; In der wirklichen Welt, Geschn. 90; Die Jagd nach dem Zauberstab, R. 91; Der wunderbare Zauberer von Oz, R. n. Frank L. Baum 92; Die seltsamen Leute von Planeten Hortus 92; Tri Tra Trallala, St. 92; Als Viktoria allein zu Hause war 93; Joscha unterm Baum 94; Lieschen Radieschen und der Lämmergeier 94; Der bunte Himmel 95; Ich aber erforsche das Leben 95; Küss' die Hand, gute Nacht, die liebe Mutter soll gut schlafen! 96; Deutsch für Außerirdische 97; Der dreckige Prinz, Gesch. 97; Die Erbsenprinzessin 98; Blues und Balladen, G. 99; Lieblich klingt der Gartenschlauch 99; Prinzessin mit der Rotznase, Kdb. 00; Der seltsame Krieg, Geschn. 00; Ein älterer Herr in den Anden, Limericks 01; Herr Balaban u. seine Tochter Selda, Geschn. 02; Stadt der Fremden, R. 03; Hurentaxi. Aus d. Leben der Callgirls, Reportageroman 06, u. a.; zahlr. Bilderbücher. – **F:** Die abenteuerliche Reise des Herrn von Pallavicini 85. – **R:** Echos, Hsp. (BR) 90; Nachrichten aus d. Kuckucksnest, Hsp. (ORF) 90. (Red.)

Auer, Nanni (eigtl. Marianne Auer), Schauspielerin, Sängerin, Autorin, Übers.; Rauchfangkehrergasse 28/14, A-1150 Wien, *marianne.auer@boltblue.com* (* Wien 2. 10. 69). Ue: frz, engl. – **V:** Die Geschichte von der Ursl 85. – **R:** Fortsetzung folgt nicht, Drehb. 88–93. – **Ue:** F. Bernard u. R. Roca: Ushi 01. (Red.)

Auerbach, Dieter, selbstst. Gärtnermeister, Baumschulbetrieb, Rentner; Steinerhart 42, D-53773 Hennef/Sieg, Tel. (0 22 42) 91 22 67, Fax 45 26, *info@auerbachsgarten.de* (* Ludwigshafen 4. 6. 31). Erz. – **V:** Ja, so war es 08.

Aufderheide, August-Wilhelm; Remmerskamp 17, D-32257 Bünde, Tel. (0 52 23) 6 02 36 (* Bünde-Holsen 21. 11. 28). Erz. – **V:** Roahner Isenbahngeschichten 91; Lauten und Pfeifen 93; Bremszettelmemoiren 95; Platt kuiern 96; Van Kinnern un anneren Minsken 02. (Red.)

Aufderheide, Dorothea; Siefenfeldchen 39, D-53332 Bornheim. c/o Schardt-Verlag, Oldenburg (* Aurich/Ostfriesld. 30. 8. 25). Erz. – **V:** Als der Großvater die Großmutter nahm, Erzn. u. Betracht. 04; Der Tiger, der keine Streifen hatte und andere Tier-Abenteuer, Kdb. 07. – **MA:** Begegnungen 01.

Aufenanger, Jörg; c/o Patmos Verl., Düsseldorf (* Wuppertal 16. 12. 45). Ess., Hörsp. Ue: frz. – **V:** Philosophie, Ess. 84, 90 (ital., fläm.); Hier war Goethe nicht. Biographische Einzelheiten zu Goethes Abwesenheit, Ess. 99; Das Lachen der Verzweiflung. Grabbe. Ein Leben 01; Friedrich Schiller, Biogr. 04; Schiller und die zwei Schwestern 05; Silbermanns Reise um die Welt in neunzig Jahren. Rom. e. Lebens 05; Heinrich Heine in Paris 05; Richard Wagner und Mathilde Wesendonk. E. Künstlerliebe 07. – **MV:** Eine Tanzwut. D. Tanz-Theater Skoronel, m. Judith Kuckart. – **R:** Helden im Niemandsland, Hsp. 84; Die fröhlichen Nihilisten, Hsp. 86. – **Ue:** Patrick Modiano: Ein so junger Hund, R. 00; Pascal Quignard: Das amerikanische Besatzung, R. 00; ders.: Auf einer Terasse in Rom, R. 02. (Red.)

†**Auffarth,** Susanne (* Gr. Malchau, Kr. Uelzen 8. 9. 20, † vor 30. 8. 06). GEDOK, FDA 82, GZL, Stift. Frauenlit.-Forsch. e.V. Bremen, Else-Lasker-Schüler-Ges.; 1. Pr. f. d. GEDOK-Weihnachtsgesch. 75, 3. Pr. d. Herta-Bläschke-Gedächtnis-Stift. f. Lyr. 83, 2. Pr. f. Lyr. d. Edition L 88; Drama, Lyr., Erz., Märchen. – **V:** Gedichte 60; Acht Märchen 61; Haus aus Jade, G. 62; Parallelen, G. 70; Erinnerung und Traum, Prosa 77; Olympias, Dr. 79; Spiegelungen, G. zu Aquarellen v. Else Winter 80; Chronik von Gr. Malchau 82; Ich rede zu Dir in meiner Sprache, G. 83; Lofoten, G. zu Aquarellen v. Else Winter 85; Kalender '88, G. zu Fotos 87; Der Knabe mit der gelbe, zwölf M. 89; Unvergessenes Leben, G. 90; Zwischenzeit, G. 03. – **MA:** Halbe-Bogen-Reihe; Jb. dt. Dichter 79; Lyrik und Prosa vom Hohen Ufer 79; Gauke Jb. 83, 85; Reise nach Wienhausen 85; Das Gedicht 87; Hab gelernt durch Wände zu gehen 92; Weil du mir Heimat bist 94; FDA-Alm. 96 u. 97; Himmelsmacht & Teufelswerk 97; Logbuch ins Abseits 97; In meinem Gedächtnis wohnst du 97.

Auffermann, Verena; *v.auffermann@t-online.de* (* Höxter 19. 11. 44). Rom., Erz., Dramatik. – **V:** Das geöffnete Kleid, Ess. 99. – **MV:** Nelke und Caruso,

m. Iso Camartin 97, 99. – **MA:** Die Ecke. The corner 86; Bill Viola, Kunstb. 99; Jahrhundertfrauen, Sachb. 99; Das Guggenheim Prinzip, Sachb. 99; Theaterjahr 1999 99; Wildes Wetter, Ess. 00. – **H:** Beste Deutsche Erzähler 2000, 2001, 2002. (Red.)

Augstburger, Urs, Journalist, Redaktor, Schriftst.; Schlösslistr. 42, CH-5408 Ennetbaden, Tel. (0 56) 2 22 12 44 (* Brugg 18. 1. 65). Werkbeitr. Pro Helvetia 04. – **V:** Für immer ist morgen, R. 97; Chrom, R. 99; Schattwand, R. 01; Gatto Dileo, e. Liebesball. 04; Graatzug, R. 07. (Red.)

Augstein, Gisela s. Stelly, Gisela

Augustin, Alois s. Willinger, Martha

Augustin, Ernst, Dr. med., Facharzt f. Neurologie u. Psychiatrie, Schriftst.; c/o C.H. Beck Verlag, München (* Hirschberg/NS 31. 10. 27). Bayer. Akad. d. Schönen Künste, Dt. Akad. f. Spr. u. Dicht.; Hermann-Hesse-Pr. 62, Kleist-Pr. 89, Tukan-Pr. 96, Lit.pr. d. Ldeshauptstadt München 99, Ernst-Hoferichter-Pr. 08; Rom. – **V:** Der Kopf 62, 90; Das Badehaus 63; Mamma 70, 72; Raumlicht 76, 04; Eastend 82, 05; Der amerikanische Traum 89, 91; Mahmud der Schlächter oder Der feine Weg 92, 95, Neuaufl. u. d. T.: Mahmud der Bastard 03; Gutes Geld, 97; Die sieben Sachen des Sikh. Ein Leseb. 97; Die Schule der Nackten, R. 03; Der Künzler am Werk 04; Badehaus zwei, R. 06; Schönes Abendland, R. 07; Romane und Erzählungen, 8 Bde in Kassette 07; (Übers. ins Frz., Ital., Span., Russ., Poln., Ndl., Dän., Schwed.). – *Lit:* LDGL 97; Lutz Hagestedt in: KLG 98.

Augustin, Hans, Schriftst., Journalist; c/o Verlag Skarabäus, Erlerstr. 10, A-6020 Innsbruck (* Salzburg 5. 7. 49). GAV, IGAA; Kulturpr. d. Stadt Innsbruck 90, Gr. Lit.stip. d. Landes Tirol 91, Lyr.pr. Meran (Publikumspr.) 93, Max-v.-d.-Grün-Pr. 95, Kulturpr. d. Stadt Innsbruck f. Lyr. (3. Pr.) 02, Josef-Steininger-Urkunde 02, Lit.pr. f. Lyr. (August) 02; Lyr., Prosa, Drama, Hörsp. – **V:** Canciona para una paloma, Lyr. dt./span. 79; Der Hebräer, Lyr. 81; Die Anhänglichkeit der Reisenden an den Weg, G. 90; Sturm in den Achselhöhlen, G. 96; Grosnyj u. a. Erzählungen 98; Weggelebte Zeit, G. 01; Una morte cantabile, Theaterst., UA 02; Fayum u. a. Erzählungen 04; und wohnt mitten unter uns, G. 05. – **MA:** DaDa 21/22 88; Schnittpunkt Innsbruck 90; Und kein Wort Deutsch 90; Wären die Wände zwischen uns aus Glas 92; Rampe. Zs. f. Lit. 93; Übermalung der Finsternis 94; Ansichtssachen 96; Resonanzias/Nachklänge, dt./span. 96; Tanz auf den Stukkaturen (Texttürme 3) 97; Geschichten aus der Arbeitswelt 97; Noisma. Zs f. Lit. 97; Schriftzuege 3 97; Wo ist Tirol? 98; Literatur Hauskalender 99; Innseits, Anth. 07. – **MH:** INN, Zs. f. Literatur 88–95; Hitlerzeit im Villgratental 95. – **F:** HolzLeben, Kurzfilm 05. – **R:** Ein Engel für eine seltsame Zeit 91; Tadesse oder ich gehe dahin zurück, wo ich hergekommen bin 91; Der letzte dieser Erde ist ein Kosmonaut 92; Der Fall 94; Eine langjährige Erhebung 95; Der Preis des Paradieses 95; Der Hühnerbaron 97; Die Königin der Nacht 97; Der Ritter von der schaurigen Gestalt 99; Frauenleben 01; Die Gänghofers 02; Emil & Emilia 05; Die schönsten 50 Minuten im Leben des Trödlers Alberto Lampedusa 07, alles Hsp.

Augustin, Michael, Rundfunkred.; Alexanderstr. 38, D-28203 Bremen, Tel. (04 21) 70 65 41, 2 46 14 33, *augustim@dickinson.edu* (* Lübeck 13. 6. 53). VS 78, Johannes-Bobrowski-Ges., Mitbegr.; Friedr.-Hebbel-Pr. 77, Kurt-Magnus-Pr. 82, Intern. Writing Program, Univ. Iowa 84, Hon. Fellowship in Writing, Univ. Iowa 84, Stip. Stichting Culturele Uitwisseling Amsterdam 86, Medienpr. d. Stift. Ostdt. Kulturrat 97, Max-Kade-Writer-in-Residence 03 sowie Gastprof. u. Honorary Fellow am Dickinson College/USA 04, Writer in residence

Univ. of Bath 06; Lyr., Prosa, Rundfunkfeature, Übers. Ue: engl. – **V:** Vom Nachbarn S., Epigr. 76; Das Quieken im Schuh, Epigr., G., Kurzprosa 82; Der Apfel der Versuchung war angespritzt, Epigr. 83; Walkür und Willkür, Epigr. 86; Koslowski, Prosa 87, 98 (auch engl., poln., span.); Denkpause, Lyr. 89; Mal eben Zigaretten holen, Prosa 91; Ach und Krach, Dramolette 92; Der Polarstern ist durchgebrannt, Lyr. 93; Klein-Klein, Prosa 94; Anundfürsich, Prosa 96; Mehr nicht! Letzte Augenblicke, Kurzprosa 00; Ad Infinitum, Lyr. engl./ir./dt. 01; Das perfekte Glück, G. 01; Kleines Brimborium, G., Zeichn. u. Epigr. 03; Der Chinese aus Stockelsdorf, Prosagedichte 05. – **MV:** Stadtothek, m. T. Gallert, Dr. 79; Wir grüßen alle unsere Hörer, m. Peter Dahl 95; Zeitwanderer, m. Ria Eïng u. Sujata Bhatt, Lyr. 00. – **MA:** Lyr. in div. Anth. u. Zss.: die horen; Akzente; stint; Sirena (USA); PN Review (GB); Cyphers (IRL); in Zss. Übers. v. Gedichten v. S. Bhatt, K. Koch, A. Mitchell, P. Hutchinson, R. Carver u. a. – **H:** Friedo Lampe: Am Rande der Nacht, CD 99. – **R:** seit 76 div. Feat., Hsp. u. literar. Porträts üb. G. Grass, R. Wolf, J. Bobrowski, E. Fried, Th. Mann, H. Hesse u. a. – **P:** Zu Hülfe!, CD 01; This is Harry Frohman Speaking, CD, m. W. Weber. – **MUe:** Bill Morrisson: Blindflug, Dr. 80; Simon Gray: Ende des Spiels, Dr. 80, beide m. D. Dombrowski; John B. Keane: Dat Stück Land, m. M. Peper, J. Schütt, Dr. 80; John Berger: The Vertical Line, m. H.H. Ott. – *Lit:* G. Nadiani in: Prendo le sigarette e torno 99; ders. in: Prosa breve tedesca 04; J. Sagastume in: Un tal Koslowski 05. (Red.)

Augustin, Rolf, Dr. med. habil., Arzt, verantwortl. Schriftleiter d. 'Deutschen Medizinischen Wochenschrift' 1987–99; Falkenweg 4, D-71665 Vaihingen, Tel. (0 70 42) 3 76 98 88 (* Frankfurt/Main 9. 9. 41). BDSÄ; Lyr., Ess., Kurzprosa. – **V:** Diesseits und jenseits der Grenze, kurze Prosatexte 97; Diesseits und jenseits der Grenze. Der kurzen Prosatexte ander Theil, vermehrt durch einige Gedichte 00; Und klingt aus Zeitnischen, ausgew. G. u. Ess. 01; Wer das Wort sät, Lyr. u. Kurzprosa 06. – **MV:** Gelebt in Traum und Wirklichkeit, Biogr. u. Bibliogr. ... Tony Schumacher – eine Recherche, m. Heide Augustin 02; Aus Tony Schumachers Leben. Geschn. und Begegnungen, R., m. ders. 06. – **MA:** Der Herzschlag eines neuen Jahrtausends, Anth. 00; Postmichel-Brief 2/00; Rems-Ztg s. 5.10.00; Hie auf Württemberg, Beil. d. Ludwigsburger Kreisztg, Nr.1/01, 4/01, 2/03, 2/04; Ludwigsburger Kreisztg 2/03, 3/04, 4/07, 1/08; Schwäbische Heimat 3/03, 4/04, 4/05, 4/06; Im Miteinander Zukunft gestalten, Anth. 07.

Augustin-Grill, Margarete; Eschbachstr. 2, D-52156 Monschau, Tel. (0 24 72) 80 35 58, *an@grille-layout. de, www.grille-layout.de.* – **V:** REIHE: ... und der Wind singt. I: vom Frieden 06, II: von der Liebe 07, III: von der Freiheit 08/09, alles Bilder u. dt. Texte; Die hängenden Gärten von Montjoie 07; Regensburg – meine Liebe 08/09, alles Lyr. u. Fotogr.

Aul, Victor, Mittelschullehrer; Grillparzerstr. 1, A-9300 St. Veit an der Glan, Tel. u. Fax (0 42 12) 63 11 (* Rosenheim/Wolga/Rußl. 26. 7. 18). – **V:** Das Manifest der Zarin, R. 92; Vom Regen in die Traufe, Erlebnisber. 97; Die Taiga erzählt, Erlebnisber. 99. (Red.)

Aumaier, Reinhold, Schriftst., Musiker, Zeichner; Pohlgasse 54/2/18, A-1120 Wien, Tel. u. Fax (01) 8 17 21 73, *reinhold.aumaier@gmx.net* (* Linz 12. 5. 53). Nachwuchsstip. d Ldes OÖ 77, Nachwuchsstip. d. BMfUK 78, Förd.pr. d. Stadt Wien 85, Wiener Autorenstip. 91, Kulturpr. d. Ldes OÖ Lit. 99; Nov., Ess., Lyr., Hörsp., Kurzprosa, Rom. – **V:** Briefe an Adalbert Stifter, Brief-R. 82; Zwischenlösung, Texte u. ein bedROHlichES, Lyr. 88; All blues, alles Walzer,

NotenTexte 95; Fahren Sie fort!, 49 Romananfänge 95; Liebesgedichte 96; RAPID, RAPID... 99; So gengan de Gang, Mda.-G. 99; Auch Christen machen Heidenlärm, Aphor. 00; Knusper, Knusper. 51 Textriegel f. Zwischendurch 01; Zündstoff, Prosa 03; Augenausfischerei, R. 04; Lusthäusl & Lottabång, G. u. Bilder 04. – **MA:** Lyr. in: gangan Jb. 87; Unter d. Wärme d. Schnees 88; Das fröhliche Wohnzimmer, Texte 89; LichterFest, Weihnachtsanth. 93; Übermalung d. Finsternis, Lyr. 94; Landstrich, Lyr. 04. – **R:** Gemischtwarenhandlung oder AnNäherungsVersuchsKANINCHEN, Hsp. 83; Guten Morgen, Hsp. 85; musikal.-lit. Sdgn f. ORF, BR, Saarl. Rdfk, NDR, DLF, SWF u. WDR, u. a.: Himmelhoch jauchzend, zu Tode betrübt 04. (Red.)

Aurich, Irmgard (Ps. Irmgard A. Michael), kfm. Angest., Buchhalterin, Leiterin d. Buchhaltung, jetzt Rentnerin (* Karlsruhe 11. 1. 25). Lit. Ges. Karlsruhe; Leipziger Lit.pr. (3. Pr.) 92, Intern. Lit.pr. Montegrotto/Italien 96, 1. Pr. b. Lit.wettbew. d. FDA 98, u. a.; Rom., Kurzgesch., Ged., Gesch. f. Kinder. – **V:** Sternstunden und andere, G. 84; Traum und Wirklichkeit, G. 86; Rosen für ein sonderbares Kind, R. 01. – **MA:** Mach mit 59. – **P:** Der Clown und das Kind, Tonkass. u. Schallpl. 82. (Red.)

Aussen, Hans von s. Henneberg, Claus

Außerlechner, Hilda (geb. Hilda Wieser); Oberkanterhof, Nr. 174, A-9941 Kartitsch, Tel. (0 48 48) 53 16 (* Strassen 9. 7. 40). Lyr. – **V:** Tiaf verwurzelt im Hamatbodn 90; Olle Johr um de Zeit 93; Farben des Lebens 96; Kraft aus dem Stille 99; Alls hat sein' Sinn 03, alles G. – **MA:** Nationalbibliothek d. dt.sprachigen Gedichtes. (Red.)

Ave, Ralf, Fachlehrer Polizei; Prinzenstr.13, D-77948 Friesenheim/Baden, Tel. u. Fax (0 78 21) 6 20 01, *info@aveverlag.de, www.aveverlag.de* (* Ludwigsburg 11. 3. 57). Lyr., Rom., Kinderb., Musik. – **V:** Alles aus meiner Hand, G., Prosatexte, Aphor. 89, 92; Stationen, Nn., G., Aphor. 91; Facetten, G., Kurzgeschn., Aphor. 04. – **H:** Ben, der Bär, und Ludwig, sein Freund, Kdb. 92. – **P:** Zeit vergeht 96; Vielfalt 02; Kapriolen 02, alles CDs.

Averwald, Käthe; Stadtbergstr. 90, D-48429 Rheine, Tel. (0 59 71) 7 00 25, *kaethe@Averwald.de* (* Rheine 22. 2. 31). Augustin-Wibbelt-Ges., Druckfest – Schreibu. Lit.werkst. Rheine bis 05; Kulturpr. d. Stadt Rheine 01, Wanderpr. f. Heimat- u. Brauchtumspflege d. Kr. Steinfurt 02. – **V:** Rausen un Nietteln, Erzn. u. G. 89; Swalwenleed, Erzn. u. G. 90; Niee Wiäge, R. 99, alles in Münsterländer Platt. – **MV:** Usch Hollmann: Stoffel lernt spuken – Stoffel läert spöken. Eine Gespenstergeschichte aus dem Münsterland m. e. pldt. Übers. v. K.A. – **MA:** Rheine, gestern, heute, morgen, Zs., seit 79; Unser Kreis, Jb., seit 91–05. – **MH:** Aus Liebe 96; Weihnachten unverpackt 97; ... ohne Ende ... 98; Frostatemzauber und Schneemannsgarn 04, alles Anth. – **R:** Pldt. Kolumnen in Radio RST.

Avi-Yonah, Eva (geb. Eva Bojko), Dr. phil., Kunsthistorikerin; 15 Bialik St., IL-96221 Jerusalem, Tel. (0 64 35) 4 02 (* Wien 11. 4. 21). Voices, Israel Group of Poets in English 85, Lyris – Dt. Lyr. aus Israel, Jerusalem 96, VdSI 97; Lyr. – **V:** Lyrisches für die Katz, G. 93; Still, keine Schwüre. G. 94; Veröff. in engl. u. hebr. Spr. – **MH:** Lyris. Dt. Lyr. aus Israel, m. Annemarie Königsberger. (Red.)

Avila, Frank s. Hackenberg, Egon

Awad, Fouad (Fouad El-Auwad), Schriftst., Musiker, Architekt; lebt in München u. Syrien, c/o Verl. Hans Schiler, Berlin (* Damaskus 15. 1. 65). VS 01;

Lyr., Erz. – **V:** Gesicht der Nacht, Lyr. 91; Am Achten Tag, Lyr. 94; Der Namenshändler u. a. arabische Geschichten 94; Das elfte Gebot. Gedichte a. d. Jahren 1996–2001 04. – **MA:** Kindsein in der Mediengesellschaft 01; Nationalität: Schriftsteller, Anth. 02. – **H:** Stein der Oase, Anth. 1. Dt.-arab. Lyriksalon 05; Garten der Illusion, Anth. 2. Dt.-Arab. Lyriksalon 06. – **Ue:** Fuad Rifka: Die Reihe der Tage ein einziger Tag, G. 06. (Red.)

Awad-Geissler, Johanna, Wiss.journalistin, Nahostexpertin; Gartenheimstr. 23, Haus 9, A-1220 Wien, Tel. u. Fax (01) 7 74 57 53, *johanna-geissler@aon.at* (* Wien 19. 7. 55). Rom. Ue: engl. – **V:** Safia. Eine Scheichtochter kämpft für ihr Land 03 (auch ndl., span.); Die Schattenkalifin, R. 07. (Red.)

Awadalla, El (Elfriede Awadalla); Wien, *el@awadalla.at, www.awadalla.at* (* Wien 31. 3. 56). Lyr., Prosa, Drama, Sachb. – **V:** mia san mia – wean un de wööd 01; Der Riesenbovist u. a. Geschichten 03; der zwerg mit den silbernen rippen, R. 05; Mein Weg zur Million, Ber. 05; wienerinnen. geschichten v. guten u. bösen frauen 06. – **MA:** zahlr. Veröff. in Sammelbden u. Zss., u. a. in: Texte zum Nachlesen – Arb.kr. Schreibender Frauen 82; Arbeite, Frau – die Freude kommt von selbst 82; Stimme der Frau 2/83, 7+8/84; Die Frau 40/83, 35/84; Wortmühle 3+4/84; Geschichten aus der Arbeitswelt 2, 84; Linkes Wort für Österreich 85; Poesie-Agenda 86; Schatten u. Licht, Lyr.-Anth. 91; Wienzeile 8, 11, 13, 14; Margeriten u. Mohn, Prosa-Anth. 93; Morgenschtean 14/93; Ich + Ich sind zweierlei 95; Linkes Wort beim/am Volksstimmenfest 98ff.; Die Sprache des Widerstandes ist wie die Welt u. ihr Wunsch 00; Podium 121/122 01; Wiener Wandertage 02. – **MH:** Female Science Faction 01; ... bis sie gehen. 4 Jahre Widerstandslesungen, m. Traude Korosa 04. (Red.)

Awiszus, Rainer, Dipl.-Ing.; Weissenseer Weg 6, D-10367 Berlin, Tel. (0 30) 9 71 93 43, *raiawi@aol.com* (* Königsberg/Ostpr. 25. 10. 35). Erz. – **V:** Ich verstehe nicht, wie ein Stein so etwas machen kann, Geschn. 02; Achtet auf den Kartoffelkäfer, Geschn. 02; Genosse Soldat! Kommen Sie mal zurück! 02; Ein merkwürdiger Blumenstrauss 02. (Red.)

Axmann, David; Praterstr. 70/8, A-1020 Wien, *axmanndavid@hotmail.com.* A-7322 Lackenbach (* Wien 2. 3. 47). Öst. P.E.N.-Club; Buchprämie d. BMf UK 89; Lyr., Prosa, Sat. – **V:** Das Waldviertel. Porträt e. Kulturlandschaft, Ess.bd 80, 92; Die Doppelkreutzer, Krim.-Erz. 89; Jäger und Sammler. Hunters and Collectors, G. u. Kurzprosa 93. – **H:** Neuestes Wiener Lesebuch 88; Gesicht des Widerspruchs 92; Torberg für Anfänger, Sammelbd 02. – **MH:** 10 Bde aus d. Nachlass v. Friedrich Torberg, m. Marietta Torberg, R., N., Ess., Briefe 81–98. (Red.)

Axmann, Elisabeth; c/o Rimbaud Verl., Aachen (* Sereth/Bukowina 19. 6. 26). – **V:** Spiegelufer. Gedichte 1968–2004 04. (Red.)

Axnick, Sabine, Erzieherin, Gästeführerin (* Stetten am kalten Markt 22. 6. 61). FDA Hessen 04; Lyr., Kurzgesch., Erz., Kunstmärchen. – **V:** Der gewürfelte Mops, G. 01; Schleiergeiereiernest, G. 02; Mord in Gangeris, Krim.-G. 03; Die Lösskindel. Ein Odenwaldepos, Lyr. 05. – **MA:** Auf der Silberwaage 03; Edition Leben, Kurzgeschn.-Anth. 06/07. – **H:** Felicitas, die kleine Fee, Bilderb. m. Zeichn. v. Barbara Nowak-Schneider 05. (Red.)

Axster, Lilly, Mag., Autorin, Regisseurin; c/o Corinne Eckenstein, Leichtensteinstr. 42/6a, A-1090 Wien, *lilly.axster@gmx.at,* *www.theaterfoxfire.org* (* Düsseldorf 16. 1. 63). Bodensee-Lit.pr. 87, Baden-Württ. Jgd.theaterpr. 88 u. 95, Kathrin-Türks-Pr. d.

Stadt Dinslaken 94, Niederländ.-Dt. Kinder- u. Jgd.-dramatikerpr. 01, Kd.- u. Jgdb.pr. d. Stadt Wien 03, Öst. Kd.- u. Jgdb.pr. 04, 06; Drama, Hörsp., Kinder- u. Jugendb. – **V:** THEATER/UA: Leben eben 91; Ich habs satt 92; Geige Cello Baß 92; Endlich allein 92; Doch einen Schmetterling hab ich hier nicht geseh'n 94; Wenn ich groß bin, will ich fraulenzen 96; Gestohlenes Meer 97; Tochtertag 99; Schattenriß 00; Königinnen 00; Gift 00; Verhüten & Verfärben 01. – **MA:** Blickwechsel. Fünf Stücke für e. Theater d. Generationen 98; Scheiden tut weh, Theaterst. f. Kinder 01; Liebe und Sexualität, Theaterst. f. Kinder u. Jgdl. 03. (Red.)

Axt, Renate, Schriftst.; Karlstr. 100, D-64285 Darmstadt, *renate.axt@web.de,* *email@renateaxt.de,* *www.renateaxt.de.* bis März 2009: Kilianstr. 12, D-64367 Mühlental u. Kiesstr. 96, D-64287 Darmstadt (* Darmstadt). Kogge 88, P.E.N. 02; LITTERA-Med. (intern), Münchner Lit.pr. 81, Stip. d. Dt. Lit.fonds 81, Auszeichn. d. Theaterzs. heute 83, Stadtschreiberin v. Otterndorf 88, Stip. Künstlerhof Schreyahn 95/96, Künstlerwohnung Soltau 02, Stip. d. Stuttgarter Schriftstellerhauses 02; Drama, Lyr., Rom., Kinderb., Hörsp. – **V:** Panderma, Lyr. 57; Die Schneekönigin, Dr. 70, 95; 365 Tage, Lyr. 71; Wir suchen Manitou, Dr. 74; Kasper, paß auf, Kd.musical 77; Ohne Angst, Lyr. 80; Jeder in seiner Nacht, Dr. 80; Töle sagt: Ich schaff das schon, Kdb. 81; Da kam der große Bär, Kdb. 81; Gute Besserung, Kdb. 82, 92; Max und Moritz, Dr. 83/84; Jede Sekunde leben, Lyr. 84; Für Nicky ist alle Tage Kirmes, Kdb. 85; Till Eulenspiegel, Dr. 85; Lichtpunkte, Lyr. 86; Florian, du träumst zuviel, Kdb. 86; Felix und die Kreuzritterbande, Kdb. 87, 3. Aufl. 01; Und wenn du weinst, hört man es nicht, R. 86/87; Der Träume Wirklichkeit, Dr. 87; Das tapfere Schneiderlein, Dr. 88; Die Reise mit dem Wunderauto, Kdb. 90; Der kleine Muck, Dr. 92; Liebe kleine Katze, Kdb. 94; Nur im Flug aufwärts, Lyr. 00. – **MV:** Kommen und Gehen, m. Christine Eckert 90; Vier Gedichte, m. Irmtraud Klug-Berninger 90; Otterndorf, m. Bernd Schlüsselburg, Bildbd. – **MA:** Lob der Provinz, Anth. 67; Georg Büchner und die Moderne, Bd 24: zarys. magazyn kulturalny 4 05; Das Gedicht Nr. 13 05/06, u. v. a. – **R:** Ein glücklicher Toter 73; Als Kind verurteilt 73, beides Hsp. – **Ue:** Gipsy, Musical 79. – *Lit:* Karl Krolow: Nachw. in: 365 Tage 71; Jede Sekunde leben 84.

Ayata, Imran; c/o Kiepenheuer & Witsch, Köln (* Ulm 69). – **V:** Hürriyet Love Express, Storys 05. – **MA:** Die Beute, Zs. 94–96; Globalkolorit, Sammelbd 98; Pop & Mythos, Sammelbd 01.

Aydt, Brünhild (Ps. Brünhild Miller), Hausfrau; Schweitzerweg 33, D-75217 Birkenfeld/Württ., Tel. (0 72 31) 47 13 74 (* Künzelsau 15. 6. 38). Rom. – **V:** Zwischenbilanz. Geschichten um einen Banker, R. 86; Wer sucht, der findet, R. 01. (Red.)

Aydt, Helmut, Bankdir. i. R.; Schweitzerweg 33, D-75217 Birkenfeld/Württ., Tel. (0 72 31) 47 13 74 (* Bilfingen 24. 8. 37). Rom. – **V:** Abel, R. 01; Singles und andere Gestörte, R. 03. (Red.)

Ayoub, Susanne, Dr. phil., Dramaturgin u. Regisseurin, freie Autorin; lebt in Wien, c/o Johann Lehner Verl., Wien (* Bagdad). Theodor-Körner-Förd.pr. 89, Öst. Staatsstip. f. Drama 96, 98 u. 00, „Bester Ausländ. Film" b. Filmfestival Santa Monica/Cal. 97, Hans-Nerth-Radio-Stip. 03; Prosa, Drama, Hörsp., Fernsehsp./Drehb. – **V:** Die sanfte Rache, N. 00; Alfred Hrdlicka und der Fall Flora, dramat. R. 00; Engelsgift, R. 04; Schattenbraut, R. 06; Liebe, G. (m. Zeichn. v. A. Hrdlicka) 06. – **F:** Hannah, Drehb. 96. – **R:** Der Fall Flora, S. 01; Geboren in Bagdad 03; Prolet ist kein

Ayren

Schimpfwort 03, alles Hfk-Feat. – **P:** Geboren in Bagdad, Hörb. 04. (Red.)

Ayren, Armin (Ps. Hermann Schiefer, Meister Konrad), Dr., StudDir. a.D.; Oberweschnegg 28, D-79862 Höchenschwand, Tel. u. Fax (0 77 55) 88 97 (* Friedrichshafen 7. 3. 34). VS 70–05, P.E.N.-Zentr. Dtld 98; Georg-Mackensen-Lit.pr. f. d. beste dt. Kurzgesch. 67; Rom., Erz., Ess., Lit.kritik, Hörsp. – **V:** Wer abschreibt, kriegt ne 5!, humor. sat. Sachb. 67; Der Brandstifter und andere Abweichungen, Erz. 68; Die Kunst, Lehrer zu ärgern, humor. sat. Sachb. 69; Der Mann im Kamin, R. 80; Buhl oder der Konjunktiv, R. 82; Das Blaue vom Ei, Erz. 85; Der flambierte Säugling, humor. sat. Tb. 85; Der Nibelungenroman 87, Tb. u. d. T.: Meister Konrads Nibelungenroman 91; Der Baden-Badener Fenstersturz, Erz. 89; Die Trommeln von Mekka, Erz. 90; Über den Konjunktiv, Ess. 92; Von der Lust des Vergleichens, Ess. 02; Der Sautrog. Unheimliche Geschn. 04; Die Leiter zu den Sternen. Musikgeschichten 05; Der Reiter im Vorgebirge, Erzn. 08. – **MV:** Ein Mann, eine Frau, m. Eva Berberich, Erz. 97. – **MA:** ICD-10 literarisch 06. – **R:** zahlr. Hsp. in ORF, SDR, SWF, WDR.

Aziz, Mohamed Abdel, Dr., Elektroing., Dolmetscher; c/o Diwan, Orientalisches Kulturzentrum, Badenerstr. 109, CH-8004 Zürich, Tel. (01) 2 40 22 22, Fax 2 40 22 23, *info@diwan.ch*, *www.diwan.ch* (* Alexandria 45). – **V:** Öl ins Feuer 98; Pausenapfel 99; Sonnenfinsternis 00, alles G. dt./arab.; Sesam öffne dich, Lyr. 00; Leben mit Liebe in Frieden, Lyr. 02. – **H:** Reise durch die Welt der arabischen Poesie I 97, II 98. (Red.)

Aziz, Omar, Prof., Dr. med., Physiologe i.R.; Am Schmidtborn 18, D-35274 Kirchhain, Tel. (0 64 22) 27 50 (* Nainital/Indien 1. 10. 32). Rom., Kurzgesch., Lyr. – **V:** Gratwanderungen. Lebenserinnerungen e. Deutsch-Inders 01; Baumriesen, Kurzgesch. 02; Rapport aus der Anstalt 03. – **MA:** Frankfurter Bibliothek d. zeitgenöss. Gedichts 00–03. (Red.)

B., Fatma s. Bläser, Fatma

Ba-Ling s. Strätling, Barthold

Baade, Michael, Diplomlehrer, Schriftst.; Vagel-Grip-Weg 13, D-18055 Rostock (* Rostock 10. 2. 44). Intern. Goethe-Ges. Weimar 66, VS 93; Pr.träger d. Lit.-wettbew. „Neuland" d. FDA 99; Lyr., Erz. – **V:** Dornbuschinsel 86; Der Taubenäugigen 87; Künstler auf Hiddensee 92; ... und Eva ist sehr schön, 1.u.2. Aufl. 99; Lyrik. Poetische Notate zu Landschaft u. Meer; Sturmkinder ... auf Hiddensee und anderen Inseln, Lyr. u. Prosa, m. Graphiken v. Armin Münch 05, 2., durchges. u. erg. Aufl. 06. – **MV:** Hiddensee. Insel d. Fischer, Maler u. Poeten 92; Kunst im Ostseeraum. Malerei, Graphik, Photographie von 1900 bis 1920 95. – **MA:** Paradiesäpfel, intern. Haiku-Anth. 96; MUT, Nr.361 97, 392 00, 409 01, 455 05; Das Ende wird zum Anfang, Anth. 00; Quickborn, H.3/01, 2/02; Eberswalder Jb. f. Heimat, Kultur u. Naturgesch. 01/02; Dialog der Kulturen, 2. Aufl. 03; Zeitzeichen. Eberswalde, Geschichte u. Geschn., Festschr. z. 750 jährigen Stadtjubiläum 03; DIE BRÜCKE, H.127 03, 132 04, 142 06, 144 07, 148 08; Jb. f. d. neue Gedicht 06; Literaturwüste City-Nord – oder Die WaschhausSAGA 07; Ostsee-Ztg 22./23.3.08; Hiddensee – Inselgeschichten aus e. anderen Zeit 08. – **H:** Yerushalayim JERUSALEM El-Quds. Dreimal Heilige Stadt 03, Neuausg. 09; Zeit und Ewigkeit 04; Von Moskau nach Worpswede. Jan Vogeler – Sohn d. Malers Heinrich Vogeler. Mit Bildern u. Briefen v. Heinrich Vogeler 07. – **R:** Fachberater f. Fernsehfilme: Hiddensee. Insel d. Berliner Boheme (SFB) 93; Porträt des Malers Erich Kliefert (NDR) 93; Mitar-

beit an: Zeitreise – Egon Schultz (NDR) 01; Heldentod (ZDF u. ARTE) 01; Uwe Johnson schaut fern (NDR) 06. – *Lit:* Dt. Schriftst.lex. 00, 05; s. auch SK.

Baage, Jadwiga s. Schuenke, Christa

Baake, Bodo *

Baake, Franz, Schriftst., Regisseur, Photograph; Bamberger Str. 18/I, D-10779 Berlin, Tel. (0 30) 2 11 59 88 (* Chemnitz 31. 12. 31). VS; Silb. Bär d. XII. Intern. Filmfestspiele Berlin 62, Bundesfilmprämie 62, 63, 66, 67, 69, Kleist-Pr. 65, Oscar-Nominierung 74, u.a.; Lyr., Ess., Film. – **V:** Lyrik/Essays 66; Engagierte Lyrik 75; Christusgedichte 77; Pia, Pio und ich 88; Jesus total – oder der rehabilitierte Christus 92; zahlr. Drehb. – **F:** Schlacht um Berlin; Kaiser – Bürger und Genossen, m.a zahlr. Kurzfilme. – **R:** ca. 60 Fsf., u. a.: Europäische Tragödie; Schwarz- Weiss-Rot; Auftrag Europa; Grenzstein der Zeit. (Red.)

Baale, Olaf, Journalist, Autor; *info@grigori.de*, *www.grigori.de* (* Wolgast 11. 10. 59). Rom. – **V:** Steinmaus, R. 00. (Red.)

Baars, Jörg *

Babendererde, Antje, Töpferin, Autorin; Liebengrün Nr. 107, D-07368 Remptendorf, Tel. (03 66 40) 2 77 46, *AntjeBabendererde@t-online.de*, *www.antje-babendererde.de* (* Jena 19. 12. 63). VS Thür. 00, Friedrich-Bödecker-Kr. 01, Literar. Ges. Weimar 01; Stip. d. Stift. Kulturfonds 02, Reisestip. d. Ausw. Amtes f. USA 02, Arb.stip. d. Min. f. Wiss., Forsch. u. Kunst 02, Eselsohr 03, Harzburger Jgd.lit.pr. 06, Sonderpr. z. Erwin-Strittmatter-Pr. 07, DeLiA-Pr. f. d. besten dt.spr. Liebesroman 07; Rom., Erz. – **V:** Es gibt einen Ort in uns, Erz. 96; Der Pfahlsitzer, R. 99; Der Walfänger, R. 02; Wundes Land, R. 03, Tb. 05; Die Suche, R. 05; – Jgd.-Romane: Der Gesang der Orcas 03, Tb. 04 (auch frz. u. als Hörb.); Lakota Moon, Jgd.-R. 05, Tb. 07 (auch frz. u. als Hörb.); Talitha Running Horse 05, Tb. 08; Libellensommer 06 (auch litau. u. als Hörb.); Zweiherz 07, Tb. 09; Die verborgene Seite des Mondes 07, 2.,erw. Aufl. (auch als Hörb.).

Bach, Andrea s. Brams, Stefan

Bach, Ansgar, Dr.; Kreuzbergstr. 74, D-10965 Berlin, Tel. (0 30) 6 94 56 24, Fax 41 72 37 28, *ansgar.bach@literarisch-reisen.de*, *www.literarisch-reisen.de* (* Köln 66). – **V:** Ukrainische Verbindung, Krim.-Gesch. 00; Literarisches Köln. Der Dichter- u. Denker-Stadtplan 07. – **MA:** Zenit, Lit.-Zs. 00; Lesestoff, Mag. 02. – **H:** Berlin. Ein literar. Reiseführer 07.

Bach, Gabriele, M. A. phil., Kunstwiss. u. Fotografin; Neue Poststr. 10, D-85598 Baldham (* Essen 2. 8. 56). Lyr. – **V:** Porenweit, Lyr. 90; Phönix, Lyr. 93. – **MA:** Lyrik für die Westentasche 1/92; Das Gedicht (Ed. L) 02. – *Lit:* B. Bauer in: Lit. in Bayern Nr.28/92. (Red.)

Bach, Inka, Dr. phil., freie Autorin, Lit. wiss.; Fuggerstr. 33, D-10777 Berlin (* Berlin 27. 4. 56). VS 03; Drehbuchstip. 86, New-York-Stip. d. Berliner Senats 89, Stip. Frauenförd. 93, Autorenstip. d. Stift. Preuss. Seehandlung 98 u. 03, Hsp. d. Monats Mai 98, Stadtschreiberin zu Rheinsberg 98, Stadtschreiberin v. Erfurt 02; Drehb., Hörsp., Ged., Prosa. – **V:** Hesel, Prosa 92; Pansfüße, Lyr. 94; Wir kennen die Fremde nicht, literar. Tageb. 00; Bachstelze, Kolumnen 03; Glücksmarie, R. 04; Mitlesebuch, Lyr. 08. – **MV:** Deutsche Psalmendichtung vom 16. bis zum 20. Jahrhundert, m. Helmut Galle, Diss. 89. – **MA:** Anfang sein für einen neuen Tanz ... 88; C'est la vie! 89; Bahnhof Berlin 97; Das erotische Kabinett 97; Zungenküsse & Einkaufszettel 03; Kanzlerinnen, schwindelfrei über Berlin 05, u. a.; Lyr. in: ndl; die horen; Lit. im techn. Zeitalter; lettre; Mein heimliches Auge, seit 84. – **R:** Wodka, Wanzen und Genies, Fsf. 88; Nathan in Addis Abeba, Feat. 93; Wie weit ist es von einem Mann zu einer Frau!, m. F.C. Delius, Fsf. 97; Der Schwester Schatten 98; Hesel 98; Wer zählt die Opfer, nennt die Namen, m. Regine Ahrem, 02, alles Hsp. – *Lit:* s. auch SK.

Bach, Johanna S. s. Bartl, Silvia J. B.

Bach, Leonie s. Werz, Sabine

Bach, Mischa (eigtl. Michaela Bach), Dr., Filmwiss., Dreh.autorin, Dramaturgin, Dramatikerin, Journalistin, Übers., Malerin; Essen, *mischa_bach@gmx.de, mischabach.blogg.de* (* Neuwied 66). Das Syndikat, Sisters in Crime (jetzt: Mörderische Schwestern); Martha-Saalfeld-Förd.pr. 01, Nominierung f. d. Kurzkrimi-GLAUSER 02, Nominierung f. d. Debut-GLAUSER 05; Rom., Erz., Dramatik, Film/Fs. – **V:** Der Tod ist ein langer, trüber Fluss, Krim.-N. 04; Stimmengewirr, Krim.-R. 06; Die Türen, UA 07. – **MV:** Das 13. Opfer, m. Jörg Schade, Jugendst., UA 04. – **B:** Hasch mich, ich bin der Mörder, Übers. v. Alec Coppels „Die Gazebo", UA 04. – **MA:** Kurzkrimis in: Rheinleichen 00; Teuflische Nachbarn 01; Tödliche Beziehungen 01; Die vielen Tode des Herrn S. 02; Leise rieselt der Schnee 03; Tödliche Touren 03; Mörderische Mitarbeiter 03; Mord am Niederrhein 04; Die Winterreise 04; Brillante Morde 04; Dennoch liebe ich dich! 05; Mords-Feste 05; Tödliche Torten 05; Mord am Hellweg 3 06; Passport to Crime 07; Todsicher kalkuliert 08. – **MH:** Die vielen Tode des Herrn S., m. Ina Coelen u. Ingrid Schmitz 02; Brillante Morde, m. Ina Coelen 04. – **R:** in d. Reihe Polizeiruf 110 (ARD): In Erinnerung an ... 93; Schwelbrand 95, beides Drehb. m. Jörg Schade.

Bach, Tamara; lebt in Berlin, c/o Verl. Friedrich Oetinger, Hamburg (* Limburg/Lahn 18.1.76). Oldenburger Kd.- u. Jgdb.pr. 02, Dt. Jgd.lit.pr. 04, Stadtschreiberstip. 'Feuergriffel' Stadt Mannheim 07, Stip. d. Stuttgarter Schriftstellerhauses 07, Luchs 07, u. a.; Jugendb. – **V:** Marsmädchen 03 (Übers. in mehrere Spr., auch als Hörb.); Busfahrt mit Kuhn 04 (auch als Hörb.); Jetzt ist hier 07. (Red.)

Bach, Ulla (eigtl. Ursula Lambacher, geb. Ursula Kleber), Beamtin a.D., Hausfrau; Rauchäcker Ring 1, D-74889 Sinsheim-Waldangelloch, Tel. (0 72 65) 72 54, *ursula.lambacher@freenet.de, freenet-homepage.de/UllaBach* (* Mannheim 25.1.56). – **V:** Der Roman 02; Gestern (noch) war alles anders, R. 06.

Bach, Wilfried, Maler, Fotodesigner, Schriftst., Fachjournalist; Ortsstr. 22, D-56288 Krastel, Tel. (0 67 62) 68 56, 40 18 46, Fax 40 18 47, *wilfriedbach@t-online.de, www.pferde-staerken.de* (* Essen 25.11.40). Fachlit., Erz. – **V:** Hubertus und Dorothea, Erz. 00. – *Lit:* s. auch SK. (Red.)

Bach-Puyplat, Ursula (geb. Ursula Bach, gesch. Ursula Radtke, Ps. UBX), staatl. gepr. Übers., Dipl.-Verwaltungswirtin/Verw. anno d.D.; Täublingsstr. 33, D-91058 Erlangen, Tel. (09131) 641 33, Fax 68 52 23, *bonjour.bp@t-online.de* (* Reichenberg/Sudetenld 4.2.43). Rom., Erz., Reiseber., Schausp., Kinderb., Ged., Kurzgesch. Ue: russ. – **V:** Bonjour Afrika, Reiseber. 95; Damals zu Weihnachten, Erzn. 95; Spiel mit Rot-Osterhase, Kdb. 96,06; Eugen der Kommissar 00. Irren ist menschlich, wenn aber polizeilich, dann verzeihlich?, Sch., gedr. 99, UA 00; Im Gleichschritt marsch, R. 00; Der Irrtum begann im Nirwana, Erz. 04; Im Westen, R. 08. – **MA:** Frankfurter Bibliothek 02; Frühjahrsanth. 03; Ich habe es erlebt 04; Die besten Gedichte 06 u. 07; Weihnachtsanthologie 07, alles Anth.

Bachauer, Sarah s. Thoma-Auerbach, Kathleen

Bache, Wolfgang, Ing. f. Holztechnik i. R.; Bergstr. 2, D-16259 Bad Freienwalde-Bralitz, Tel. (03 33 69) 7 60 49, *wolfgang.bache@gmx.de* (* Fürstenwalde/Spree 7.9.34). Krim.rom. – **V:** Der bittere Weg der Freundschaft 04; Schatten der Vergangenheit 05; Die Vermittlungsagentur 05; Doppelte Moral 07.

Bachem, Herbert, Dipl.-Verwaltungswirt; Kantweg 2, D-53498 Bad Breisig, Tel. (0 26 33) 88 42, Fax 47 37 22, *herbert.bachem@t-online.de, www.herbert-bachem.de* (* Ellen/Kr. Düren 22.9.42). Rom., Erz., Ess. – **V:** Doch der Kopf blieb dran, Erz. 05; VS – vertraulich, R. 07; Lebensernte, R 08.

Bachér, Ingrid (verh. Ingrid Erben); Kaistr. 10, D-40221 Düsseldorf, Tel. (01 70) 4 64 44 77, (02 11) 3 98 29 06, Fax 9 30 43 83 (* Rostock 24.9.30). VS 71, Gruppe 47, P.E.N.-Zentr. Dtld 82, Präs. 95, Austritt 96; Villa-Massimo-Stip. 60, Förd.pr. d. Stadt Düsseldorf 61, Berlin-Stip. d. Kulturkr. im BDI 64, Märk. Stip. f. Lit. 82, Stip. d. Stuttgarter Schriftstellerhauses 84, Lit.pr. d. GEDOK 86, Kunstpr. Düsseldorf 0. Stadt-Sparkasse 89, Ferdinand-Langenberg-Kulturpr. d. Stadt Goch 95; Rom., Nov., Hörsp., Fernsehsp., Jugendb., Erz. – **V:** Lasse Lar oder die Kinderinsel, Erz. 58, 73; Schöner Vogel Quetzal, R. 59; Karibische Fahrt 61; Ich und Ich, R. 64; Das Kinderhaus, Kdb. 65, 80; Ein Weihnachtsabend, Bü.; Erzähl mir nichts, Jgdb. 74; Gespenster sieht man nicht, Kdb. 75; Das war doch immer so, Jgdb. 76, 91; Morgen werde ich fliegen, Kdb. 79; Unterwegs zum Beginn, Erz. 79; Das Paar, R. 80, 87; Woldsen oder Es wird keine Ruhe geben, R. 82, 85; Die Tarotspieler, R. 86, 89 (auch Tb.); Assisi verlassen, Erz. 93, 95; Schliemanns Zuhörer, 95 (auch engl.); Sarajewo 96, Erz. 01 (auch engl); Sieh da, das Alter, Tageb. 03, Tb. 06; Der Liebesverrat, Erz. 05. – **MA:** Kunstkat. u. Zss.: Raum – Licht – Wirklichkeit. Adolf Luther 90; Begegnung mit Gerhard Hoehme 92; Gegenüberstellungen Bildende Künstler und Literatur 95; Kunstforum 1939 – Kunst und Literatur I. Peter Weiß 98; Alexej von Jawlensky 98; Standpunkt Plastik 99, u. a. – **H:** Hans Dieter Schwarze: Zwölf Türen, G. 02. – **R:** Das Fest der Niederlage, Fk-Erz. 67; Das Karussell des Einhorns; Marie Celeste; Um fünf, die Stunde des Klavierspielers; Die Ausgrabung; Ein Tag Rückkehr 68; Ein Schiff aus Papier 77; Der Zuhörer 89, alles Hsp.; Die Straße 62; Tiger – Tiger 63; Mein Kapitän ist tot 68; Siesta 70; Verletzung oder Unterweisung für eine Tochter 71; Rekonstruktion 72; Der Fußgänger 87; Mutter Ey 88, alles Fsp. – *Lit:* Brockhaus-Enzyklopädie, 19. Aufl. 87.

Bachér, Peter, Journalist, Autor, Publizist; Mauerkircherstr. 193, D-81925 München (* Rostock 4.5.27). – **V:** Laß' uns wieder von der Liebe reden 78, 00 (auch Blindendr.); Trotz allem glücklich sein. Wofür zu leben lohnt 82, 95; Das Glück, auf dieser Welt zu sein, Geschn. 90, 97; Heute ist Sonntag 91, 96; Und wieder ist Sonntag 92, 96; Eine Woche Sonnenschein 94, 95 (auch Blindendr.); Momente der Nähe – Begegnungen 97, 99; Glücklicher Sonntag 01. – **MA:** Kolumnist d. Welt am Sonntag seit 88. (Red.)

Bachl, Ilse Maria (geb. Ilse Maria Hager), Lehrerin f. Deutsch u. Geschichte; Suttnerstr. 58, A-4055 Pucking, Tel. (0 72 29) 7 96 85, *i.bachl@eduhi.at* (* Sierning/ObÖst. 27.7.52). IGAA 00; Rom., Lyr., Erz. – **V:** Herbst der Nachkommen, R. 01. (Red.)

Bachmaier, Peter (Ps. Gero Hermes, Abt Ort), Dr. phil., Verleger, Unternehmensberat., Geschf., Autor; Kagerstr. 8b, D-81669 München, Tel. (0 89) 68 00 82 55, Fax 68 51 20, *contact@verlag-drbachmaier.de, www.verlag-drbachmaier.de* (* Freising 31.1.47). Goethe-Ges. Weimar, Lessing

Bachmann

Soc.; Lyr., Philosoph. Abhandlung. Ue: engl, frz. – **V:** Paraphrasisches 70; zahlr. philosoph. Veröff. – **MA:** zahlr. Aufss. u. Rez., u. a. in: Salzburger Jb.; Lessing Yearbook; Goethe Jb.; Philosoph. Rundschau; Akten d. L. Wittgenstein Congresses; Dialogo Filosofico. – *Lit:* s. auch SK. (Red.)

Bachmann, Daniel Oliver, Schriftst., Dipl.-Betriebswirt (FH), Dipl. d. Filmakad. Bad.-Württ.; Eduard-Pfeiffer-Str. 10, D-70192 Stuttgart, Tel. (07 11) 2 26 23 09, Fax 2 26 23 25, *bachmann@salzundpfeffer.de, www.danieloliverbachmann.de* (* Schramberg 26. 6. 65). VS 02; Lit.pr. Biennale dei Giovani Artisti dell'Europa 99 George-Sand-Lit.pr. 99, Finalist b. Würth-Lit.pr. 00, Lit.pr. d. Akad. Ländl. Raum 00, Hemingway-Lit.pr. 01, Stip. d. Förd.kr. dt. Schriftst. 02, Writer in Residence, I-Park, East Haddam/USA 04, Writer in Residence, Fond. Bogliasco, Genua/Italien 04, 3. Pr. im Wettbew. „Schreiben in einem Zug" 04, Lit.pr. d. Akad. Ländl. Raum 04, Writer in Residence, Rowohlt-Ledig-Foundation, Lavigny/Schweiz 05; Rom., Erz., Hörsp., Fernsehsp. – **V:** Flammen des Zorns, R. 01; Judas 2000, R. 02; Bergmann veredelt 03; Mahl der Engel, Erzn.; Raus aus der Provinz!, R. 06; Die Gopalan-Strategie, Sachb. 06. – **H:** Dialog – Das Interview-Magazin. – **F:** Check it out! 04. – **R:** Bergmann, veredelt; Der Schwarzwald-Ranger; Der Gockel; Die Nippenheims, I u. II; Viva Italia!; Nur keine Panik!; Raus aus der Provinz!; Der Rüber-Mann, alles Hsp. im SWR; Auf der Walz 03; Die Wüsten-Apotheke 04; Es werde Licht! 04, alles Dok.-Filme; Der Ranger, Fsf. (Red.)

Bachmann, Dieter, Dr. phil., Autor, Chefred. d. Zs. „du" 88–98, Dir. Istituto Svizzero di Roma; c/o Istituto Svizzero di Roma, Via Ludovisi 48, I-00187 Rom (* Basel 17. 12. 40). Werkjahr d. Kt. Aargau 83, Zürcher Journalistenpr. 84, E.gabe d. Kt. Zürich 02, Pr. d. Schweizer. Schillerstift. 03; Rom., Ess., Rep., Theater. Ue: frz, engl, ital. – **V:** Raub, R. 85; Sorgen im Paradies, Repn. 87; Der kürzere Atem, R. 98; Grimsels Zeit, R. 02; mehrere Sachb. – **MA:** Die Rhone. Ein Fluß u. seine Dichter 97; zahlr. Beitr. in Ztgn u. Zss. – **H:** Fortschreiben. 98 Autoren d. dt. Schweiz 77. – **MH:** Der kühne Heinrich, Alm. 75. – **R:** Pechritter und Glücksraben. Drei Einakter n. Jacques Offenbach, Fs.-Bearb. 80; Der Mikado, Oper für Schauspieler n. W.S. Gilbert u. A. Sullivan, Fs.-Bearb. 84. – **P:** Mikado, Schallpl. 84. (Red.)

Bachmann, Hildegard, Vortragsrednerin, Mundartautorin; Heßlerweg 6, D-55127 Mainz, Tel. (0 61 31) 47 69 41, *www.hildegard-bachmann.de* (* Wiesbaden 10. 5. 48). – **V:** E gonz ofach Geschicht 02; Quellkartoffele un Hering. Meenzer Brunnengedichte 02; Dämmderstindche 03; Als ich e Kind noch war 03; Wonn's en Has war, war's en Has 04; Ebbes Feinesje 07. (Red.)

Bachmann, Rolf s. Lampe, Rolf Heinrich

Bachmann, Thomas, freiberufl. Autor; *www.thomas-bachmann-autor.de.* c/o K.G. Saur Verl., Hr. Klimt, Ritterstr. 9–13, D-04109 Leipzig (* Erfurt 30. 10. 61). Stip. d. Studios Internat./Denkmalschmiede Höfgen 02/03 u. 06, Stadtschreiber in Ranis 03; Rom., Lyr., Erz., Kinderlit. – **V:** Das Dagobertprinzip, Krim.-Erz. 96; Auszug, Kurzprosa 98; Knastlochblues, R. 99, 2. Aufl. 02; Stuhl im Cafe Maître, Kurzprosa 99; Geschichte vom Glück, Prosa 03; Der fette Mann auf dem Fahrrad, Erzn. 04; Der verwirrende Anspruch auf Glück, R. 05; Häng dich auf und lebe, 35 Geschn. 08. – **MV:** Hirnbrand, m. Steffen Birnbaum u. Wolfgang Zander 98, 2. Aufl. 01. – **MA:** Kurzprosa u. Lyr. in Anth.: Engel über dem Erpetal 93; Weiß hinterläßt Spuren 96; Komma 97; Sprache ist Sehnsucht 97; Wind

machen für Papierdrachen 97; Doppelpunkt 98; Hinter den Glitzerfassaden 98; Leipzig musikalisch 00; Und hab kein Gewehr 01; KORA-Kalender 2006, Haiku; – Zss.: Freitag, seit 95; Koitus, Lit.zs. 98, 99, 01; Junge Welt 01–02. – **H:** Weiß hinterläßt Spuren 96; Wozu das Verlangen nach Schönheit, Texte 03; Schlafende Hunde – Polit. Lyrik in d. Spaßgesellschaft 04.

Bachmann, Tobias, Heilerziehungspfleger, Musiker, freier Autor; Koldestr. 2, D-91052 Erlangen, Tel. (0 91 31) 9 23 53 73, *webmaster@tobias-bachmann.com, www.tobias-bachmann.de* (* Erlangen 25. 11. 77). Montségur Autorenforum 07; Erz., Rom., Lyr. Ue: engl. – **V:** Steine, N. 98; Konvolut 98, Erzn. 99; Kaleidoskop der Seele, Erzn. 00, 3., überarb. Aufl. 02; Das Blut des Poeten, Lyr. 01; grotesques, Erzn. 02; Die Ruhe nach dem Tod, R. 03; Novalis' Traum, Erzn. 06; Das Spiel der Ornamente, R. 07; Auspizien, Episoden-R. 07; Kaleidoskop der Seele – Retrospektive 1993–2007, Erzn. 08; Dagons Erben, R. 08. – **MV:** Das Arkham-Sanatorium, m. Markus K. Korb, Episoden-R. 07. – **MA:** Arkham und andere Orte des Grauens 98; Liber XIII u. a. unerwünschte Nachlässe 99; Reisen zum Planeten Franconia, SF aus Franken 01; Des Todes bleiche Kinder 02; Jenseits des Hauses Usher 02; Nachtgeschichten IV – unplugged 02; Die Legende von Eden 05; Liberate Me 06; Rückkehr zum Planeten Franconia 06; Masters Of Unreality 07; Creatures 08; Disturbia 08, alles Anth. – **H:** In der Schleuse wohnen die Mäuse. Kreatives Schreiben mit geistig Behinderten 00. – **F:** Puppen, Kurzf. 04. – **R:** Und Jesus lachte ..., Hsp. 02. – **P:** M.I.GOD. – „bionic". Cyber-Metal, CD 01. – Ue: M.F. Korn: Rachmaninoff's Ghost, R. 08; Jason Brannon: Winds Of Change, Erzn. 08.

Bachmayer, Helga, Hauptschullehrerin; Glanhofen 8a, A-5020 Salzburg, Tel. (06 62) 83 25 61, (06 99) 11 66 36 94, *helga.bachmayer@utanet.at, web.utanet.at/bachmayer* (* Villach 5. 2. 52). Salzburger Lit.forum LESELAMPE. – **V:** Zeitmalerei 00; Reflexion, G. 01; Bild/Text-Kalender 01. (Red.)

Bachofner, Wolfgang; Wylerringstr. 85, CH-3014 Bern, Tel. (0 31) 3 32 82 36. – **V:** Seemannsgarn 02. (Red.)

Bachot, Luc s. Tobatzsch, Stephan-Lutz

Bachstein, Stefanie (Ps. f. Hanne Schnabel), Pädagog., theolog. u. psycholog. Ausbildungen, Vorträge, Lesungen, Hörfunk- u. Fernsehauftritte, Initiatorin d. Leseureihe „Schwabach liest" 02; Beim Biengarten 1b, D-91126 Schwabach, Tel. (0 91 22) 58 75, *hw.schnabel@t-online.de, horst@stefanie-bachstein.de, www.stefanie-bachstein.de* (* Wöhrden/Dithmarschen 21. 3. 50). FDA 04; Publizistikpr. d. Stift. Gesundheit 04; Lyr., Erz., Erfahrungsbericht. – **V:** Du hättest leben können, Erlebnisber. 02; Blauort, G. 04; Meer und mehr, Erzn. 06. – **MA:** zahlr. Beitr. in Anth., u. a. in: Das Gedicht 02; Nordsee ist Wortsee 06; Nie wieder Krieg 07; Bibliothek dt.sprachiger Gedichte. Ausgew. Werke III, VII, VIII, IX. – *Lit:* Marc-Anton Hochreutener, Dieter Conen, Klaus-Heinrich Damm in: Schweizerische Ärzteztg (SÄZ) v. 12.3.08.

Backert, Paul M.; St. Hansveien 11, N-4816 Kolbjørnsvik (Arendal), Tel. u. Fax (03 70) 1 19 06, *pabacker@frisurf.no* (* Eschau b. Aschaffenburg 29. 11. 48). Rom., Lyr., Erz. Ue: nor. – **V:** Liebe auf den fünfundzwanzigsten Blick, Erzn. 98, 00 (nor.); Die Reise in den achten Himmel, Erz. 99; Schielen oder wie Karl die Welt sah 99; Der Penisadvokat 01. – **MUe:** Paal-Helge Haugen: Lyrik 02 (dt.-tsch.). (Red.)

Backes, Lutz (Ps. Bubec), Karikaturist, Autor, Schauspieler; Gersweilerstr. 22, D-90469 Nürnberg, Tel. (09 11) 4 80 42 12, Fax 4 80 42 13, *info@Lutz-*

Backes.com, *www.Lutz-Backes.com* (* Mannheim 16. 7. 38). BJV; Gold. Palme (Letteratura illustrata) f. „Köpfe mit Köpfchen" d. Humorfestivals San Remo 99; Lyr., Erz., Dramatik. – **V:** Bis zum letzten Wutstropfen, Drama, UA 65; Wetterfroschnosen, Lyr. 83, 96; Mensch, ändere Dich nicht, musikal.-lit. Revue, UA 88; Lacher, Löcher, Lampenfieber, Humoresken 90; Gebet einer Jungfrau zu vier Händen mit Übergriffen, Revue 96; Nasch mich, ich bin der Honig, Kom., UA 96 (auch ndl. u. schwyzerdütsch); Köpfe mit Köpfchen. 50 Jahre Buchmesse Frankfurt u. ihre Autoren, Humoresken 98; Hinz und Kunz, Sketche, 1. u. 2. Teil 99; Perlicke, Perlacke, Kom., UA 00 (auch ndl. u. fränk.); Ein falscher Fuffziger, Revue 03; Wenn nachts die Liebe schreit, musikal.-lit. Revue, UA 04; Morgen bleibt alles anders, Tragikom., UA 05; Die Morde des Giuseppe Verdi, Humoresken 05; Der falsche Schein, Boulevard-Kom. 06, u. a.; – außerdem Song-, Couplet- u. Chansontexte, Solo-Nummern, Sketche, Glossen, Features; – Karikaturenbücher ohne eigene Texte: Auf's Maul geäugt; Kopfjagd; Showt her – wir sind's; Die Pracht am Rhein; Personiflage. – **MV:** Ene-mene-mink-mank, m. Horst W. Blome u. Wolfgang Gast, Drama, UA 66; Pinke-Pinke – Die Jagd nach dem Keingeld, m. Eberhard Weber u. Otto Höpfner, Posse, UA 06. – **MA:** Erzn. u. Glossen in: EUROjournal pro management 03 ff. (auch engl., ital., poln., tschech., frz.). – **H:** Jürgen Scheller: Bloß nicht alles so ernst nehmen, Erzn. 84. – **R:** div. Sketche f. d. Sendereihe „Ein Platz für Satire" (ZDF) 65. – *Lit:* Umberto Domina in: Umorvisti a Bodighera 74; The Intern. Register of Profiles (Cambridge) 81; Allg. Künstlerlex. (AKL), Bd 14 96; Dizionario degli illustratori contemporanei (Bozen) 01; s. auch Kürschners Handbuch der Bildenden Künstler, 2. Jg. 06/07.

Backes, Maria Th. (geb. Maria Th. Fuchs), selbständ. Friseurin; In der Acht 7, D-66636 Tholey-Bergweiler, Tel. (0 68 53) 67 87 (* Tholey-Hasborn 18. 2. 50). Mda.-ring Saar 02; Lyr. – **V:** Blumenwiese und Stolperwege, Lyr. 02. – **MA:** Frankfurter Bibliothek d. zeitgenöss. Gedichts 01; Kindheit im Gedicht 02; Unter meiner Haut 03. – **H:** Gedanken von mir, G. 98; Mir schwätze platt am Schambersch, G. 00. (Red.)

Backes, Volker, Dipl.-Soziologe, Mitarb. Kulturamt d. Stadt Bielefeld, freier Autor; dienstl.: Viktoriastr. 19, D-33602 Bielefeld, Tel. (05 21) 9 23 84 16, Fax 9 23 84 17, *volker.backes@web.de*, *www.sitzen73.de* (* Bielefeld 3. 2. 66). Rom., Erz. – **V:** Schnelle Biere, Erzn., Geschn. 06. – **MA:** Bielefeldbuch 03; Das Buch vom Trinken 04; Zirkeltraining 04; Arminia Bielefeld 05; Halbzeit ist Mahlzeit 06; Die UEFA EURO 2008 08. (Red.)

Baco, Walter (Ps. Heinzl Winzig, Dr. Piccolo), Mag., Autor, Regisseur, Komponist, Choreograph; Clusiusgasse 11/18, A-1090 Wien, Tel. 03 15 27 68, *walter.baco@telecom.at*, *www.kulturag.com* (* Wien 19. 6. 52). GAV, Intern. Ges. f. Neue Musik, Öst. Komponistenbund, IG Freie Theater; Theodor-Körner-Pr., 1. Pr. Kreativwettbew. z. Jahr d. Wassers 03, Aufführungsprämie f. „Wiener Glut", Stadtschreiber in Neumarkt/Wallersee u. Castelrotto/Südtirol; Lyr., Prosa, Rom., Drama, Kabarett, Fernsehsp./Drehb., Sat., Film, Lied. Ue: engl. – **V:** System Success, Sat. 93; Die Nirwana-Connection, R. 94; Die Zöglinge der Schwerkraft, poet. Prosa 95; Brainstorm, Sch. 98; Darf ich dich einladen mit euo auf ein Gefühl, Lyr. 00; Die Erhebung, R. 01; Der endgültige Roman 03; Doctrine Supreme, Sat. 05. – **MA:** Freiheit, Anth.; Mein Mord am Freitag, Anth. – **H:** Literatalk – Worte über Worte 96; Peter Bosch: Der Spurenzeichner 05; Thomas Duschlbauer: Moskwa Blues 06. – **R:** Der dunkle Wald der Seele, Fs.-Portr.

üb. Robert Schneider; dichter leben, Fs.dok.-Reihe, T. 1: üb. Peter Henisch; Hallo, Kurzhsp. 06. – **P:** Treasures of a poet, CD 01; Klangwelt, CD 03; „timeless ...", CD 03; Das getanzte Gedicht, Höranth., CD 04; Lautbild-Wortklang, Höranth., CD. – *Lit:* Eva Schörkhuber in: morgen 03. (Red.)

Badertscher, Christoph, Online-Redakteur; Cäcilienstr. 28, CH-3007 Bern, Tel. u. Fax (0 31) 3 31 77 11, *caecilien@hotmail.com* (* Gossau/St. Gallen 15. 7. 66). AdS 04, Be.S.V 05, Autillus 05; Werkzeitbeitr. d. Stadt St. Gallen 93, Förd.pr. d. Dienemann-Stift. 97; Kurzprosa, Kinderlit. – **V:** Herr Mann, Erz. 96; Toboggan oder Das gestohlene Bild, R. f. Kinder 04. – **MA:** Beitr. in. Lit.zss. seit 88, u. a.: Zündschrift; Noisma. (Red.)

Bächer, Monika (geb. Monika Buhmann), Dr. phil., Germanistin; Berchstr. 63a, D-80686 München, Tel. u. Fax (0 89) 58 99 70 48. Desa Damansara Phase II, Unit 10–7-1, No. 99 Jalan Setiakasih, Bukit Damansara, 50490 Kuala Lumpur/Malaysia, *monika_baecher@yahoo.de* (* München 17. 3. 74). Sachb. – **V:** Oda Schaefer (1900–1988). Leben u. Werk, Diss. 06.

Bächer, Rosa Maria (geb. Rosa Maria Schreier), Autorin, Lehrerin a. d. Schule f. Kranke; Sieglgut 50, D-94034 Passau, Fax (08 51) 4 04 28, *RomaBaecher@gmx.info* (* Thierhaupten 26. 2. 50). Passauer Lit.kr., RSGI; 1. Pr. f. Prosa d. Autorentage Weinstadt 92, Inge-Czernik-Förd.pr. 97; Lyr., Erz. – **V:** Flügelschläge, G. 87; Gegen den Wind, G. 91; Jazzkonzert, G. 96; Das Gerede der Vögel, G. 98; Zimt und Marihuana, G. 03. – **MA:** Veröff. in zahlr. Anth., Ztgn, Zss.

Bächer, Susanne; Rathausgasse 6, D-72070 Tübingen, Tel. (0 70 71) 2 67 29, *susanne@baecher.net*. – **V:** Wandelwald 96; Kellerkult, R. 98; Für Sterbliche 02.

Bächler, Dietrich, MinDir. a. D.; Berchemstr. 24, D-82152 Krailling, Tel. u. Fax (0 89) 8 57 34 27, *katjabaechler@yahoo.de* (* München 6. 5. 29). Rom., Erz. – **V:** Nachtgesichtige, R. 86; Der beamtete Korse, sat. R. 00; Anschlag auf Goethe, R. 00; Ruhestand, R. 01; Der Überflieger, R. 03; Engelsbotschaft, Erz. 05; Reden wir nicht über Philipp, Erz. 07.

†Bächler, Wolfgang (Ps. Wolfgang Born), Schriftst.; lebte in München (* Augsburg 22. 3. 25, † München 24. 5. 07). VS Bayern 68, P.E.N.-Zentr. Dtld, Gruppe 47 47; Tukan-Pr. 75, Arb.stip. f. Berliner Schriftst. 79, Schwabinger Kunstpr. f. Lit. 79, Villa-Serpentara-Stip. 80, Lit.pr. d. Stift. z. Förd. d. Schrifttums 82, E.gabe d. Kulturkr. im BDI 84, BVK am Bande 93, Med. 'München leuchtet' in Silber 95; Lyr., Rom., Erz., Ess., Nov., Kritik. Ue: frz. – **V:** Der nächtliche Gast, R. 50, 88; Die Zisterne, G. 50; Lichtwechsel, G., Bd.1 55, Bd.2 60; Türklingel, G. 62; Türen aus Rauch, G. 63; Traumprotokolle, Prosa 72, 78; Ausbrechen. Gedichte aus 30 Jahren 76, 81; Stadtbesetzung, Prosa 79, 83; Die Erde fleht noch. Gedichte 1942–1957 82, 88; Nachtleben, G. 82, 85; Im Zwischenreich, Prosa 85; Ich ging deiner Lichtspur nach, G. 88; Im Schlaf, Traumprosa 88; Der auszog, sich köpfen zu lassen, R. 90; Wo die Wellenschrift endet, ausgew. G. 00. – **MA:** zahlr. Beitr. seit 47, u. a. in: Dt. Prosagedichte d. 20. Jh.s 76; Der mißhandelte Rechtsstaat 77; Das gr. dt. Gedichtbuch 77; Das große Rabenbuch 77; Und ich bewege mich doch ..., G. vor u. nach 68 77; Wer ist beim Nächster? 77; Tintenfisch 11 77; W Cieniu Lorelei, Poznan 78; Das gr. dt. Balladenb. 78; Mit gemischten Gefühlen 78; Psalmen vom Expressionismus bis z. Gegenw. 78; In einem kühlen Grunde ..., Mühlen-G. 78; Jahresring 77–78/79–80; Jb. d. Lyrik 79; Aber besoffen bin ich von dir, Liebes-G. 79; Dt. Gedichte v. 1900 – Gegenwart 71/80; Aus Liebe zu Dtld, Prosa 80; Uj kalandozasok, G. 80; Straßen Gedichte 82; Klassenlektüre, G. 82;

Bäck-Moder

BRD heute, e. Leseb., Prosa 82; Das große Hausbuch dt. Dicht., G. 82; Stadtbesichtigung, Prosa 82; Mein Gedicht ist d. Welt 82; In d. weite Welt hinein, G. 83; Stadtleben, e. Leseb. 83; Dt. Gedichte 1930–1960 83. – **H:** Kredit, Lyr.-Anth. 90. – **MUe:** Adriaan Morriën: Ein unordentlicher Mensch, Erzn. m. Heinrich Böll u. Georg Goyert 55. – *Lit:* Kindlers Neues Lit.lex., Bd 2 89; Vera Botterbusch: Schräg im Nichts. Der Dichter W.B., Film (BR) 96; LDGL 97; Wilhelm Große in: KLG.

Bäck-Moder, Gerlinde Susanna (Gerlinde Susanna Moder), Dipl.-Päd., Lehrerin, Autorin; Carl-Richter-Str. 11, A-4600 Wels, Tel. (0 72 42) 6 62 01, Fax 2 67 98, *gerlinde.baeck-moder@liwest.at* (* Wels 2. 10. 52). IGAA; Talentförd.prämie d. Ldes ObÖst. 85, Lit.pr. d. Stadt Wels 86, Silb. Kulturmed. d. Stadt Wels 00, Verdienstmed. d. Ldes. Öst. 06; Kinderb., Kindermusical, Kindertheater, Lyr., Kurzprosa. – **V:** Wege meiner Gedanken, Lyr. 79; Mausical, Kindermusical I 88 (auch CD u. Video), II 90 (auch Tonkass.); Theaterstücke für Kinder- und Jugendgruppen 92; Die Veilchenstraßendetektive 97; Die Veilchenstraßendetektive und der fremde Junge, 99, beides R. f. Kinder; Labyrinth der Fantasie, Erzn. 01; Oma-Tage, Kd.-R. 05; Das Knoblauchgespenst, Kd.-R. 06. – **MV:** Zirkus Morio, m. F. Moser, Kindermusical 96 (auch CD); Hirtenspiele, m. H. D. Mairinger u. G. Schwaberger 98; Die Maske des Pharao 04 (auch CD); Karneval im Zoo 04 (auch CD), beides Kindermusicals m. F. Moser. – **MA:** Rampe 2/78; Es leuchtet uns ein Stern 95; Literatour, Anth. (Red.)

Baecker, Heinz-Peter (Ps. Peter Brighton), Journalist, Regisseur, Buch- u. Drehb.autor; *heinz-peter.baecker@t-online.de, www.heinz-peter-baecker.de.* c/o Pandion Verlag, Simmern u. Kontrast Verlag, Pfalzfeld (* Trier 12. 9. 45). DJV 75, Das Syndikat 01; Moddersprochpr. Koblenz 01, Nominierung f.d. Stadtschreiber Flensburg 02; Rom., Sat., Krimi, Film- u. Fernsehdrehb. Ue: engl. – **V:** Der Tod des Lächelns, Thr. 98, Tb. 99 (auch engl.); Das Kleid der Lüge, R. 00, 04; Schwarze Konten, Rote Köpfe, Gold'nes Schweigen, Sat. 01; Heut fall ich über Linda her, Sat. 02, 03; Diana – Das Komplott, Thr. 04, 07; Das Fleisch-Kartell, Thr. 04, 08; – KRIMIS: Herzflimmern in Simmern 99, 07; Koblenzer Schängel jagt Hunsrücker Bengel 00, 08; Mädchenleiche unter der Hunsrückeiche 01, 07; Der Zirkusclown von Kastellaun 02, 04; In die Falle gehen alle 02, 07; Der Mann meiner Mutter 03, 08; Rachegelüste 05; Tödliche Träume 05, 07; Fatale Folgen 07; Verborgene Verbrechen 08.

Bäcker, Thomas, Postbeamter; Leeger-Weezer-Weg 66a, D-47574 Goch, Tel. (0 28 23) 8 05 34 (* Goch 5. 2. 25). Rhein. Mundartschriftst.; 3 × 1. Pr. b. Mundartwettbew. – **V:** Wat es geböört I 78, II 81. – **MA:** Os Beäs op Platt, Anth., 85, 86, 87, 93, 96; Niederrhein. u. pfälzer. Mda.-Lieder; wej senge op Platt; En Huckske op Platt, Mda.); Beitr.in Heimatkal. u. Zss. (Red.)

Bähr, Dieter, Dr., Unternehmensberater, Autor; Pfizerstr. 19, D-70184 Stuttgart, Tel. (01 71) 9 53 58 44, Fax (07 11) 24 68 04, *DrDieter.Baehr@t-online.de* (* Stuttgart 23. 3. 53). Rom., Fernsehsp. – **V:** Esmeralda. Ein Kdb. für Erwachsene 07.

Bähr, Helmut (Ps. B. Helm), Dr. iur., Abt. dir. i. R.; Floriansmühlstr. 1d, D-80939 München, Tel. u. Fax (0 89) 3 22 63 38 (* München 4. 8. 29). Heiterer Vers, Erz., Vershrswesen. – **V:** G'schwindt, heit. Verse-Elexier 81, 83; Es weihnachtelt 02. (Red.)

Bänziger, Hans, Dr. phil., Prof. em.; Feldeggstr. 4, CH-8590 Romanshorn, Tel. (071) 4 63 75 26, *h.baenziger@freesurf.ch* (* Romanshorn 15. 1. 17).

MLA, IVG, SAGG, SSV, jetzt AdS; Erz., Soziolog. Thematik i.d. Lit. – **V:** Werner Bergengruen. Weg u. Werk 50, 83; Heimat und Fremde 58; Frisch und Dürrenmatt 60, 7. Aufl. 76; Zwischen Protest und Traditionsbewußtsein 75; Schloss – Haus – Bau 83; College-Erinnerungen 83; Peter Bichsel. Weg u. Werk 84, 2. Aufl. 98; Frisch und Dürrenmatt. Materialien u. Kommentare 86; Kirchen ohne Dichter 92–93 II; Institutionen – literarische Feindbilder? 95; Augenblick und Wiederholung 98; Ehre als Ideal, Idol oder Freipass zu töten 02. – **MA:** Aufss. in Ztgn/Zss.: Basler Nachrichten 44–75; Neue Zürcher Ztg 48–78; St. Galler Tagebl. 51–84; Schweizer Monatshefte 51–99; Reformatio 53–79; Merkur 56–78; Universitas 70–73; Modern Austrian Lit. 74–75; Dt. Vjschr. für Lit.wiss. u. Geistesgesch. 79–80; Pädagog. Rundschau 00; Mitarb. an Lexika/Handb.: H. Olles (Hrsg.): Kl. Lex. d. Weltlit. im 20. Jh. 64; ders.: Lit.lex. 20. Jh. 71; M. Brauneck (Hrsg.): Autorenlex. dt.spr. Lit. d. 20. Jh.s 84; Columbia Dict. of Modern European Lit. 80; Mitarb. an Festschr. für: Werner Neuse 67, Max Frisch 77, Rudolf Henz 77. – **H:** Max Frisch, Andorra 85. – **MH:** Zs. Reformatio 55–67. – *Lit:* Bodensee-Ztg. v. 17.2.83; Marianne Burkhardt (Hrsg.): Festschr. u. Personalbibliogr. in: Newsletter, Vol. XXI, Nr.2 85; Armin Arnold/C. Stephen Jaeger: Der gesunde Gelehrte. Festschr. z. 70. Geb. 87; Kürschners Gelehrten-Kal. 70ff.; Schweizer. Lit.archiv Bern; Dt. Lit.archiv Marbach; Kantonsbibl. St. Gallen Vadiana (Vor- u. Nachlass). (Red.)

Baer, Frank (eigtl. Frank Widmayer), Journalist; Konradstr. 12, D-80801 München, Tel. (0 89) 33 60 58 (* Dresden 30. 7. 38). Rom., Nov., Ess., Film. – **V:** Votivtafelgeschichten, Sachb. 76; Die Magermilchbande, R. 79 (zahlr. Nachaufl. u. Übers. in mehrere Sprachen, auch verfilmt); Kein Grund zur Panik, R. 82; Die Brücke von Alcántara, R. 88. – **MV:** Cirkus Zapzaroni, m. Jan Habarta u. Dieter Klama, Kdb. 70; Der schwarze Stein, m. Rita Mühlbauer, Kdb. 90. (Red.)

Bär, Hubert, Dr. phil.; Im Biengarten 7, D-69151 Neckargemünd, Tel. (0 62 23) 7 37 50, *E.u.H.Baer@t-online.de* (* Sonneberg/Thür. 17. 6. 42). VS Bad.-Württ.; 1. Pr. b. Lit.wettbew. d. GEW Rh.-Pf. 92; Rom., Kurzgesch., Sat., Lyr. – **V:** Natur und Gesellschaft bei Scheerbart 77; Verbrannte Legenden, R. 91; Kopfmorde, Krim.-Gesch. 95; Seitenstiche. Satn. 05; Es liegt vielleicht an Heidelberg, Krim.-R. 06. – **MA:** Deutsch an berufsbildenden Schulen 82; Passagen, Zs. f. Lit. u. Kunst (Mitred.) 93–97. – **MH:** Reihe Rhein-Neckar-Brücke, m. R. Bergmann, M. Krausnick u. F. Schneidewind 05. – *Lit:* Zierden 98.

Baer, Reto, Journalist; Mettlenstr. 34, CH-8330 Pfäffikon, Tel. (0 44) 9 50 55 52, *baer.stalder@freesurf.ch* (* Zürich 13. 2. 60). Kurzprosa, Lyr., Comic-Szenario. – **V:** die erfindung des sehens, G. 99. – **MV:** schöner lieben, m. Boris Zatko, Comic 96. – **MA:** Lyr.-Anth: Standort 94; angst – immer nachts 95. (Red.)

Bär, Ruth (geb. Ruth Hammond), Hausfrau, ehrenamtl. Laienpredigerin u. Leiterin eines christl. Buchcafés; Untere Hagenstr. 36, D-91217 Hersbruck, Tel. (0 91 51) 7 01 11, Fax 82 33 97 (* Insel Sheppey, Kent/England 25. 8. 48). Erz. Ue: engl. – **V:** Ketchup-Trouble, Geschn. 94; Greifbare Segensworte, Kärtchen-Samml. 93, 4. Aufl. 01; Die Tiere im Stall, Geschn. 00. – **MA:** Geschn. in: Was ich mit Gott erlebte 97; Kurzgeschn. u. a. Beitr. in versch. christl. Zss., u. a. in: heute; Unterwegs, seit 85. – **R:** Kurzansprachen, u. a. b. Evangeliums-Rdfk (Radio ERF). – **MUe:** R. Byrd Wilke/J. Kitchens Wilke: Glaubensschritte, m. Eberhard Schilling u. Walter A. Siering 94. (Red.)

Bär, Willi (Willy Bär), Journalist; Windegg 69, CH-8203 Schaffhausen, Tel. (0 52) 6 24 39 64, *willi.baer@ datacomm.ch* (* Schaffhausen 1. 3. 55). Gruppe Olten; Rom. – **V:** Tobler, R. 90; Doppelpass, R. 94. (Red.)

†**Bärenbold,** Kuno, freier Schriftst.; lebte in Karlsruhe (* Pfullendorf/Bad.-Württ. 7. 7. 46, † 6. 5. 08). VS Bad.-Württ. 80; Arb.beihilfen d. Förd.kr. dt. Schriftst. Bad.-Württ. 80, Arb.stip. d. Kunststift. Bad.-Württ. 82; Kurzgesch., Rom., Rep., Buchkritik. – **V:** Drinnen & draußen 79; Kellerkinder 80; Der Einzelgänger 81, alles Kurzgeschn.; Heroes und Zeroes, Erzn. 84; In bester Gesellschaft, Repn. u. Stories 90; Das Leben ist auch nicht mehr das, was es mal war, Erzn. 92; C'est la vie, Erzn. 94; Bye-Bye, Erzn. 99. – **MA:** Beitr. in versch. Anth.

Bärfuss, Lukas, freier Schriftst. u. Theatermacher; Zürich, *lukasbaerfuss@bluewin.ch* (* Thun 30. 12. 71). Stip. d. Lydia-Eymann-Stift. Langenthal 98, Kulturpr. d. Stadt Thun 01, Anerkenn. d. Stadt Zürich 02, Buchpr. d. Kt. Bern 03 u. 05, Bester Nachwuchsautor d. Zs. „Theater heute" 03, Deutschweizer Radiopr. 04, Mülheimer Dramatikerpr. 05, Gerrit-Engelke-Lit.pr. 05, Dramatiker d. Jahres d. Zs. „Theater heute" 05, Spycher: Lit.pr. Leuk 07, Lit.pr. d. Kt. Bern 08, Anna-Seghers-Pr. 08, mehrere Werkbeiträge; Rom., Dramatik, Ess. – **V:** Stories 97; Die toten Männer, N. 02 (auch frz.); Meienbergs Tod. Die sexuellen Neurosen unserer Eltern. Der Bus, Stücke 05; Alices Reise in die Schweiz. Die Probe. Amygdala, Stücke 07; Hundert Tage, R. 08; – THEATER/UA: Sophokles' Oedipus 98; Siebzehn Uhr siebzehn 00; Vier Frauen 00; Medeää 00; Die Reise von Klaus und Edith durch den Schacht zum Mittelpunkt der Erde 01; Meienbergs Tod 01; Othello. Kurze Fassung 02; Vier Bilder der Liebe 02; Nationalulk 02; Die sexuellen Neurosen unserer Eltern 03; Der Bus 05; Die Probe 07. – **MA:** einspeisen 99; Swiss Made 01; Ohne alles 07, u. a. – **R:** Jemand schreit in unseren Rosen, Hsp. 04.

Bärnighausen, Eckehard, Dr. rer. nat., Physik-Doz.; Dieburger Str. 77, D-64287 Darmstadt, Tel. (0 61 51) 71 84 03 (* Chemnitz 24. 8. 37). Rom., Erz., Hörsp., Ess. – **V:** Die unsichtbare Wolke, R. 86; Das Bornholmer Sommer-Semester, Erz. 89. – **MA:** 10 kurze Prosatexte in: Simplicissimus 60–67; 7 Ess. in: Damals, Geschichtsmag. 87–93. – **R:** James Bond is over, Hsp. 72.

Bärnwick, Dirk, Realschullehrer, EDV-Doz.; Nieländerweg 20, D-48165 Münster, Tel. (0 25 01) 85 00, Fax 26 25 21, *baernwick@t-online.de* (* Dortmund 26. 5. 48). Dramatik. – **V:** Muckermanns Stereo 92; Alle Jahre wieder 92, 99 (holl.); Die Lehrerkonferenz 93; Der Unterrichtsbesuch 93. (Red.)

Bärtels, Gabriele, Journalistin u. Autorin; *www. gabriele-baertels.de*. 1. Pr. b. Autorenwettbew. „Worte für den Tag" 96, 3. Pr. b. Berner Kurzgeschn.-Wettbew. 04, Alternativer Medienpr. 05, Journalistenpr. d. Robert-Bosch-Stift. f. ehrenamtl. Engagement 06; Kurzgesch., Erz., Ess., Porträt, Rep. Ue: engl. – **V:** Homme bizarre. Lebensgeschichten 02. – **MA:** Funkenflüge, Anth. 96; Mein heimliches Auge XVI 01; zahlr. Beitr. in Ztgn u. Zss. seit 98, u. a. in: Elle; Marie Claire; Brigitte; Die Zeit; Die Welt; SZ; Berliner Ztg; Ossietzky; Freitag; Tagesspiegel. – **Ue:** Joe R. Landsdale: Akt der Liebe 99; Garry Disher: Gier 99; Antihero, Anth. 02.

Bärthel, Hermann, ObStudR., Funkautor; Meiendorfer Str. 114i, D-22145 Hamburg, Tel. (0 40) 6 78 91 09, Fax 6 78 19 30. PL 1216 Belganet, S-370 12 Hallabro, Tel. (04 57) 45 20 47 (* Hamburg 8. 8. 32). Hörsp., Kurzgesch., Glosse, Sat., Liedtext, Bühnenst., Rom., Erz. – **V:** Strohwitwers, Kurzgeschn. 77, 90; Locker öbern Hocker 78, 4. Aufl. 83; Ick, dat Lustobjekt 80;

Mann in de Tünn! 80, alles Glossen, Sat., Grotn.; Platt för Plietsche 81; Fardig – loos – Wiehnachten 81; Hermann in Äkschn 83; Lüüd von hüüt 84, alles Glossen, Satn.; Hacke, Pieke, 1–2-3, Sportglossen 85; Nich to glöven, Grotn., Satn. 86; Er nu wieder ... 88; Nee aber ok!, ndt. Satn. u. Grotn. 88; Düvel, Blitz un Dunnerschlag 90; Fidele Wiehnachts-Äkschn 92; Meschugge Tieden 94, 95; Hermann Bärthel vertellt 96; Fix wat los!, Glossen u. Satn. 98; Witte Wiehnacht, Sat. 99; Bärthels Allerbest, Satn. u. Grotn. 00; Pläseer & Plagen 01. – **MA:** Schanne Wert – Schanne Wert, Kurzgeschn., Kommentare 76; Wo de Seewind üm den Michel weiht 80; Ünnern Dannenboom 85, beides Kurzgeschn.; STOP 85; Dat grote Hör mal'n beten to Book 91; Dat grote plattdüütsche Wiehnachtsbook 94; ... für alle, die Hamburg lieben 94; Dat grote plattdüütsche Leesbook 96. – **R:** Stress vör Klock acht 75; Tolerantes Ehepaar gesucht 75; Camper Korl sien tweten Droom 78, alles Hsp. – **P:** Denn mal wi eerst mol Foffteihn, Prosatexte u. Lieder, Schlallpl. u. Tonkass. 81; Nee aber ok! 86; Meschugge Tieden 92, beides Tonkass.; Bärthels Platt-Pläseer 99; Bärthels fidele Weihnacht 01, beides CD. (Red.)

Baethge, Ulrich; *ulrichbaethge.ohost.de*. – **V:** Ein verklemmter Fall, R. 06.

Bätz, Johann Theodor; Traunseestr. 6, D-81241 München, Tel. u. Fax (0 89) 8 34 88 35 (* Forchheim 19. 11. 28). Lyr. – **V:** Und Gott sprach mit den Patriarchen, bibl. Balln. 93; Graf Hallberg, ein bayerischer Münchhausen, Lyr. 98; Die Straßennamen unseres Münchner Stadtviertels, Sachb. 01; Wo du hingehst, will auch ich hingehn, Lyr. 03; Ich weiß, dass mein Erlöser lebt. Die Geschichte v. Hiob, Lyr. 06; Der Dornbusch spricht. Ein bibl. Lesespiel, Lyr. 07; Das Bistum dem Mohren und den Bären, Sachb. 09. (Red.)

Bäuchl, Robert, Autor, Kinderanimator, Obmann versch. Vereine; Platzl 4, A-6441 Umhausen, *baeuchl @yline.com* (* Tumpen/T. 12. 5. 57). Rom., Kinderb., Bühnenst. – **V:** Karli. Zwei Kätzchen auf Reisen, Kdb. 98; Ötzi. Das Geheimnis des hohlen Steins, Jgd.-R. 99; Kätzchen Karli auf Entdeckung, Kdb. 00; Karli. Die Gewalten der Natur, Kdb. 00; Weihnachtszeit in der Jahrtausendwende, Bühnenst. 00. – **P:** Christi Geburt im 2. Jahrtausend, Bühnenst., Video 99. (Red.)

Bäuerlein, Theresa, freie Autorin; lebt in Tel Aviv u. München, c/o S. Fischer Verl., Frankfurt/M. (* Bonn 80). – **V:** Das war der gute Teil des Tages, R. 08. – **MA:** Kolumnen f. Mag. „Neon" (München). (Red.)

Bäumli, Urs s. Hörr, Peter

Baeuschle, Alfons Jan van s. Pittertschatscher, Alfred

Baganz, Arne-Wigand; Heinrichstr. 20b, D-10317 Berlin, *a.baganz@web.de*, *www.anti-literatur.de* (* Neustrelitz 78). Lyr., Kurzprosa, Ess. Ue: span., russ. – **V:** seelengründe. Gedichte 1999–2004 04; fahnenrost. Neue Gedichte 06. – **MA:** Kalmijus/Schislo (Donetsk, Ukraine) 3/05.

Bagnall, Ursula (Uschi Bagnall), Grafikerin, Malerin; Tizianstr. 102a, D-80638 München, Tel. (0 89) 17 13 93, Fax 1 78 36 99, *uschi@bagnall.de*, *www. bagnall.de* (* Oberaudorf 9. 3. 45). VG Wort 80; Rom., Nov., Lyr., Kinderb., Hobbyb. Malerei u. Zeichnen. – **V:** Huly Guly Land 73; Dobby 76, 85; Bauernhof 82; Bonni, der Hase 82; Bubu, der Hamster 82; Coco, der Kater 82, alles Bilderb.; Momodoch, Sat. 82; Pony Hof 82; Spielplatz 82; Spotti, der Hund 82; Zoo 82, alles Bilderb.; Trullibu + Trull, Kd.-R. 86; Neues von Pumuckl 88; Kur-iositäten 89; Kuren & Kneippen, lust. Wörterb. 89; Vielen Dank für die nette Einladung!, lust. Wörterb.

Bagusat

90; Ei, Ei, Ei, wir malen Eier 92; Die Wahrheit über den Stiefel. Das Italien-Fanbuch 92; Die Kindermalschule 97; Pumuckl, seine schönsten Geschichten 97; Vorsicht, wenn Helene kocht, R. 98; zahlr. Mal- u. Zeichenbücher f. Kinder u. Erwachsene. – **B:** Pumuckl 1–32 81, 98; Spiel u. Spaß mit Pumuckl, Geschn. 98. – **MA:** ca. 10 Beitr. in Lyrik-Anth. – **F:** Pumuckls Zirkusabenteuer 02 (Mitautorin). – *Lit:* s. auch SK; s. auch Kürschners Handbuch der Bildenden Künstler, 1. Aufl. 2005. (Red.)

Bagusat, Anneliese, Hausfrau; Frankfurter Str. 33, D-84513 Töging am Inn, Tel. u. Fax (0 86 31) 9 04 78 (* Günzburg 5. 2. 39). Lyr. – **V:** Erdenzauber, lyr. Impressionen 96. (Red.)

BAHAUS, OK s. Pointner, Josef

Bahl, Elisabeth s. Voigt, Jutta

Bahl, Luc/Lucas s. Schnurrer, Achim

Bahr, Eckhard, Dr., freier Schriftst. u. Publizist; Dresden, *bahdres@t-online.de*. – **V:** Sieben Tage im Oktober 90; Wassermann Braunauge 91; Stadtigel Raschelbein 92, Neuaufl. dt.-engl. 08; Verfluchte Gewalt 93; Balzzeit der Kraniche. Lyrik aus vier Jahrzehnten 06, 07; Chrisanze und der Tischler ohne Hände, Erzn. 07; Stunde der Verkäuferinnen, Feuill. u. Miniatn. 07; Beinchen vom Beinerle 08; Flederpeter und Arthour, die Kleine Hufeisennase 08; Innovation, Geschn. aus d. sächs. Wirtschaft 08; Der Schattensprung, R. 09; Mein Afrika 09. – **R:** über 40 Hörspiele u. Radiofeat., u.a.: Verlorene Zeit, Hsp. 88; Flug nach Kiew, Hsp. 88; Einsatz Dresden Hbf 90 (120 min); Sonderzug Theresienstadt 90; Die Elbe – von d. Quelle z. Mündung 91; – über 45 Fs.-Dokumentationen (dt./engl.), u. a.: Seeadler – ein dt. Naturschutzsymbol 91/92; Theresienstadt – Bahnhof d. Todes 91; Kurden in Deutschland 91, Kurden – Ferne Nachbarn so nah 93; Der Judenzug 92; Peregrinus muß leben 92; Die Geheimnisvollen der Nächte 92; Die Elbe – von d. Quelle z. Mündung – Bilder e. Genesung 92/94; Israel zwischen Terror u. Tourismus 93; Den Zugvögeln nachgereist; Lebensraum Wüste; Im Tal d. Eulen; Schlangen; Ratten; Lebensraum Friedhof, u. a., alle 94; Igelleben 97/98; Zukunft Wald 98.

Bahr, Ehrhard, Dr., Prof. em. Dept. of Germ. Lang.; 2364 Nalin Dr, Los Angeles, CA 90077–1806/USA, Tel. (3 10) 4 72–19 75, Fax 8 25–97 54, *bahr@humnet. ucla.edu.* c/o Univ. of California, Dep. of German Lang., 212 Royce Hall, Box 951539, Los Angeles, CA 90095–1539/USA (* Kiel 21. 8. 32). Thomas-Mann-Ges., Schiller-Ges., Goethe-Ges.; Biogr. Ue: engl. – **V:** Georg Lukács, Biogr. 70 (auch engl., franz.); Die Ironie im Spätwerk Goethes 72; Ernst Bloch, Biogr. 74; Nelly Sachs, Biogr. 80; The Novel as Archive. Goethe's Wanderjahre 98; Weimar on the Pacific. German Exile Culture in Los Angeles 07. – **MA:** Goethe in Gesellschaft 05; Art. u. Rez. in: Goethe-Jb.; Germanistik; Exilforschung. – **H:** Was ist Aufklärung? 78, 96; J.W. Goethe: Wilhelm Meisters Lehrjahre 82, 95; ders.: Wilhelm Meisters Wanderjahre 82, 02; Geschichte der deutschen Literatur, 3 Bde, 87, 98 (auch tsch.); Thomas Mann: Tod in Venedig 91, 05. – **MH:** Humanität und Dialog. Lessing u. Mendelssohn in neuer Sicht 82; The Internalized Revolution 92. – *Lit:* Thomas P. Saine/Victor Fusilero in: The Intersection of Politics and German Literature, Festschr. 05.

Bahr, Trudi, Hausfrau; Baustr. 13, D-47441 Moers, Tel. (0 28 41) 2 58 57 (* Braunschweig 28. 1. 26). Lyr., Erz. – **V:** Inseltage, Lyr. 93; Winter auf Juist, Lyr. 93; Jahreszeiten des Lebens 94; Gestohlene Jahre, Autobiogr. 97. – **R:** 14tägl. eigene Rdfk-Sendungen seit 93 (nach 02 eingestellt). (Red.)

Bahre, Jens, Dipl.-Journalist; Am Friedrichshain 9, D-10407 Berlin, Tel. (0 30) 4 25 71 24 (* Unterloquitz/ Thür. 24. 10. 45). SV-DDR 78, VS 90; Rom., Erz., Kinderb., Filmszenarium. – **V:** Der Dicke und ich, Kdb. 76, 80 (dän. 80, poln. 82); Regen im Gesicht, Erzn. 76; Benjamin, Jgd.-R. 77, 3. Aufl. 80; Nicky oder Die Liebe einer Königin, Kdb. 78, 90 (auch ung., frz., slow.); Der stumme Richter, Krim.-R. 79, 90 (auch slow.); Der Mörder macht Eintopf, Erzn. 84; Der blinde Zeuge, Krim.-R. 87; Wir armen, armen Mörder, Erzn. 87; Mord im Nebel, Krim.-R. 90; Blauauge oder die Blindheit der Tauben, Krim.-R. 94; Julie im Windhaus, R. 95; Die Sekte, R. 95; Barfuß im Paradies, R. 96; Das Consortium, R. 00. – **F:** Nicki, Kinderf. 80; Der Dicke und ich, Kinderf. 81. – **R:** Der Unfall (nach Motiven „Der stumme Richter"), Fsf. 82; Auskünfte in Blindenschrift, Fsf. 83. (Red.)

Bahrim, Peter s. Bauer, Ingeborg

Baier, Christian, Dr.; Greifgasse 4/10, A-1110 Wien, Tel. (01) 7 49 45 34, *menschenbuehne@gmx.net* (* Wien 16. 10. 63). IGAA, GAV, AKM, Literar-Mechana, Erstes Wiener MigrantInnen-Theater DIE MEN-SCHENBÜHNE; Lyr., Prosa, Rom., Fernsehsp./Drehb., Hörsp., Lied, Übers., Ess. – **V:** Joseph. Ein deutsches Schicksal, R. 01; The Indian Queen, Kinderoper 03; Farbe der Zeit, Theaterst. 03; Flugbahn der Geister, Theaterst. 05; Letzte Vorstellung, Oper 05; Romantiker, R. 06. – **MV:** Leidenschafften. Eine Anthologie, m. Batya Horn 06. – **B:** Antoine de Saint-Exupéry: Der kleine Prinz, UA 8.6.96; Shakespeares Romeo+Julia Cover-Version, UA 30.5.97; Slawomir Mrozek: Emigrant[inn]en, UA 20.9.97; Wie frau/man eine Spitzmaus zähmt, n. Shakespeare: The Taming of the Shrew, UA 29.5.98; Flanegan: Meerschweinchen 01; Balyaschowa: Die wilden Geschichten der Mädchen 01; dies.: Phantom Airport 02. – **MA:** Landmassaker 86; Angst hat keine Flügel 87; Luft 90; Darum ist es am Rhein so schön 93; Junge Lyrik dieser Jahre 93; Junge Europäische Prosa 94; Ich und Ich sind zweierlei 95; Um die Reichweite zu fangen ... 98; Wozu Literatur 98; Hypochondria 03; Schreibrituale 04. – **F:** A Journey Via Vienna 93; Rot wie Schnee 94. – **P:** O moon my pin-up, Cantata 98; Orpheus in der Unterwelt, n. J. Offenbach 02; The Indian Queen, n. Henry Purcell 03; Fear Death by Water. A Beach-Opera 03. – **Ue:** Übers. in: Zum Sterben bin ich viel zu jung 94; Orfeo e Euridice 95; La Didone 97. (Red.)

Baier, Jo (eigtl. Joseph Albert Baier), Dr. phil., Regisseur; Willibaldstr. 23 A, D-80689 München, Tel. (0 89) 54 64 63 53, Fax 54 64 40 51 (* München 13. 2. 49). Bdesverb. Dt. Film- u. Fs.regisseure; mehrmals Bayer. Filmpr., Adolf-Grimme-Pr., u. a.; Fernsehsp. – **V:** Grenzgänge 85; Wildfeuer, R. 91. (Red.)

Baisch, Milena; Eduard-Arnhold-Str. 9, D-16356 Hirschfelde, Tel. (03 33 98) 6 93 45, *milenabaisch@ya hoo.de* (* Bochum 21. 4. 76). VS 99, FAU-Kultursyndikat; Drehb., Kinderb. – **V:** zahlr. Kinder- u. Bilderbücher, u. a.: Leselöwen-Freundschaftsgeschn. 97; Das Geheimnis im Park 98; Leselöwen-Verkehrsgeschn. 98; Leselöwen-Raumschiffgeschn. 99; Lesepiraten-Geschwistergeschn. 00; Gefahr aus dem Internet 00; Der verbotene Tempel 00; 3-Minuten-Kuschelgeschn. 02; Kleine Lesetiger-Abenteuergeschn. 02; Kleine Lesetiger-Geheimnisgeschn. 03; Wirbel in der Hexenschule 03; Die Verschwörung der frechen Mädchen 03; Blumen im Bauch, Jgdb. 07. (Red.)

Baisch-Gabriel, Margot (Margot Gabriel) *

Baker, Jeanette s. Weber, Annette

Baker, Vivian s. Duensing, Jürgen

Bakšić, Veseljka s. Billich, Katharina

Baladin, Bert s. Otto, Bertram

Balàka, Bettina, Mag.; c/o Literaturverlag Droschl, Alberstr. 18, A-8010 Graz, *www.balaka.at* (* Salzburg 27. 3. 66). GAV, IGAA, Verb. dramat. Schriftst. Öst.; Rauriser Förd.pr. 92, Alfred-Gesswein-Lit.pr. 93, erost-epost-Lit.pr. 93, 2. Pr. b. Wettbew. f. Kurzprosa d. Akad. Graz 97, Lit.förd.pr. d. Stadt Wien 97, Öst. Förd.pr. f. Lit. 98, Öl–1-Essay-Pr. 99, Lit.pr. „freies lesen" 99, Meta-Merz-Pr. 99, Buchprämie d. BKA 01, Robert-Musil-Stip. 02–05, Theodor-Körner-Förd.pr. 04, Wiener Dramatikerstip. 04, 'Auszeichn. f. lit. Gedankenblitze im aufgezogenen Jubeljahr' 05, Elias-Canetti-Stip. 07, Lit.pr. d. Stadt Bad Wurzach 08; Lyr., Drama, Hörsp., Rom., Erz. Ue: engl. – **V:** Die dunkelste Frucht, G. 94; Krankengeschichten, Erzn. 96; road movies. 9 versuche aufzubrechen, Erzn. 98; Der langangehaltene Atem, R. 00; Messer, Ess. 00; Im Packeis, G. 01; Unter Jägern, Erzn. 02; Dissoziationen – Gedichte aus Pflanzen und Vögeln 02; Eisflüstern, R. 06; – THEATER/UA: Zu dünn, zu reich 01; Steinschlag 01. – **MA:** manuskripte; Lit. u. Kritik; Salz; Lichtungen; die Rampe; Podium; erostepost; Kolik; Script; Limes; Die Presse; Wiener Ztg, u.v. a. – **R:** Als ich Mutter wurde 02; Ja, Sir! Ginkgo-Baum, Sir! 03; Das Herz aus der Decke 04; Steinschlag 06; Nur Wasser. Wie wir 06, alles Hsp. (Red.)

Bald, Marie-Luise (geb. Marie-Luise Schliephake), MTA; Assmuthweg 8, D-64285 Darmstadt, Tel. (0 61 51) 6 24 29 (* Darmstadt 24. 7. 21). Lyr., Mundart-Ged. – **V:** Kaleidoskop der Gedanken 91; Kaleidoskop des Menschlichen 96; Kaleidoskop des Jahres 96; Kaleidoskop der Erfahrungen 97; Kaleidoskop der Empfindungen 97; Owwerhessische Menschetywe 03; Mensch Sein 04, alles Lyr. (Red.)

Baldrich-Brümmer, Frauke (geb. Frauke Brümmer), Schriftst.; Sallstr. 17, D-30171 Hannover, Tel. (05 11) 81 69 59, Fax 81 69 98 (* Hannover 25. 12. 56). D.A.V. 75–78, Gruppe Poesie 93, VS 99; Inge-Czernik-Förd.pr. (2. Pr.) 98; Lyr., Kurzprosa, Märchen, Rezension. – **V:** Pfauenliebe, G. 99; hör ich das wort wachsen, G. 99. – **MA:** Lyr. u. Prosa in: Der Kaktus 75; Kaleidoskop 76; Lyrik u. Prosa vom Hohen Ufer 79; Worte im Licht 95; Allein mit meinem Zauberwort 98; Umbruchzeit 98; Anemonenhell 99; Hörst du, wie die Brunnen rauschen? 99; Tag hoch im Zenit 99; Wilhelm-Busch-Preis 99; Sattreife Früchte 99; Rauhreifgirlanden 00; alles Anth.; – in: die horen; Wegwarten; Niedersachsen; Heimatland, alles Zss.; versch. Tagesztgn, Lyr.-Tel. Hannover, u. a. – *Lit:* Kurt Morawietz in: Heimatland, Apr. 94; Joachim Grünhagen in: Worte im Licht 95; Ekkehard Blattmann: Liebeskosmos weiblich 99, u. a. (Red.)

Baldwin, Gerry s. Zebothsen, Geert

Balles, Andreas; Bergstr. 18, D-74722 Buchen, Tel. (0 62 81) 46 93 (* Buchen 9. 11. 72). Lyr., Kurzgesch., Rom. – **V:** Gefundenes Fressen, G. 98; Urknallfest, G. 02.

Ballhausen, Thomas, Lektor Univ. Wien, Mitarb. d. Filmarchivs Austria, Leiter d. Studienzentrums ebda, Red.; Taborstr. 27/1/45, A-1020 Wien, Tel. (01) 2 18 39 24, *www.projektberggasse.at, www.skug. at, www.kultur.at/see/thomas.htm* (* Wien 21. 5. 75). IGAA 97, die flut 00; Lit.pr. Steyr 05, Reinhard-Priessnitz-Pr. 06. – **V:** Mind the Bug, Comic 99; Abstiege. Drei eindeutige Gedichte 00; Zerlesen. Raubzüge durch Kulturlandschaften, Ess. u. Aufss. 01; Der letzte Sommer vor der Eiszeit, Ess. u. Aufss. 03; Leibeserziehung. Hundert Übungen, Erz. 03; Geröll. Abecedarium. 26 Lektionen 05; Die Unversöhnten, Erz. 07. – **MA:**

zahlr. lit. u. wiss. Veröff. in Sammelbänden u. Zss., u. a.: ANZEIGER; biblos; Kolik; Spektrum d. Wiss. – **H:** Listenweise. Poetik u. Poesie der Liste 04, u. a. – *Lit:* Peter Hiess in: Wiener 01. (Red.)

Ballien, Tilo, Theaterarbeit in versch. Funktionen, Journalist, Archivar, entwicklungspolit. Arbeit; Donaustr. 94, D-12043 Berlin, Tel. (0 30) 68 82 25 80, *tilo @ballien.de, www.ballien.de* (* Diemarden b. Göttingen 24. 7. 50). VS, Das Syndikat; Rom., Drehb. Ue: span. – **V:** Die Klonfarm, R. 00 (auch tsch.); Tödlicher Mais, R. 01; Die Kinder der Klonfarm, R. 02. – **MA:** Mord ist die beste Medizin 04; Berlin, wie es lacht und lästert 05; Herz und Schmerz 06; Gefährliche Gefühle 06.

Balling, Adalbert Ludwig (Ps. Bert Balling, Luigi Bertini, Ludwig Treblada), Journalist, Chefred., Theologe, Pater; Brandenburgerstr. 8, D-50668 Köln, Tel. (02 21) 12 11 46 (* Gaurettersheim/Würzburg 2. 3. 33). DJV 71; Reiseber., Ess., Aphor., Biogr. Ue: engl. – **V:** Brasilianisches Potpourri 71; Am Rande der Kalahari 72, 3. Aufl. 79; Abenteuer in der Südsee 73, 2. Aufl. 77; Wo Menschen uns mögen 75; Das Leben lieben lernen 76, 5. Aufl. 82 (auch engl.); Mit dem Herzen sehen 76, 4. Aufl. 81 (auch engl.); Gute Medizin gegen schlechte Laune 76, 5. Aufl. 82 (auch engl., chin.); Liebe-volle Plaudereien 77, 5. Aufl. 82; Nicht jeder, der hüh sagt 77; Es gibt Sottene und Sottene 77; Schöne Welt im Weitwinkel 77; Heiter bis hintergründig 77; Ich bin mein bestes Stück 79; Er war für Nägel mit Köpfen 79 (auch engl.); Gute Worte heitern auf 80; Tierisch-heiter/affenklug, Aphor. 79; Sende Sonnenschein und Regen 80, 3. Aufl. 82; Das Glück wurde als Zwilling geboren 80, 3. Aufl. 82; Mit dem Herzen folgt 80, 3. Aufl. 82; Freut euch mit den Fröhlichen 80, 2. Aufl. 82; Bade deine Seele in Schweigen 80, 3. Aufl. 83; Ein Herz für die Schwarzen 81; Der Trommler Gottes 81; Binde deinen Karren an einen Stern 81; Hoffentlich geht alles gut 82; Wer lobt, vergisst zu klagen 82; Wissen, was dem andern wehtut 82; Lustige Leute leben länger 83; Wenn die Freude an dein Fenster klopft 83; Eine Spur von Liebe hinterlassen 84; Liebe macht kein Lärm 84; Wenn die Freude Flügel hat 84, 7. Aufl. 87; Wo das Glück zu Hause ist 85, 5. Aufl. 87; Lebensweisheit aus Schwarzafrika 85; Die Weisheit der Humorvollen 86, 2. Aufl. 87; Liebe wärmt wie Sonnenschein 86, 3. Aufl. 87; Nimm die Freude mit... 86; Mit Gott riskiert man alles 87; Als Gott die Welt erschuf 94, 5. Aufl. 95; Gott liebt die Fröhlichen, Humor 94; Lasst und die Liebe leise lernen 94; Manchmal träum' ich Märchen an den Himmel 94; Wer liebend sich am Leben freut 94 (auch tschech.); Als spräche er mit der Rose, Schmunzel- u. Weisgeschn. 95; Das leise Lied des Lebens 97; Ihr habt die Uhr, wir haben die Zeit 98; Rosen blühen auch im Winter 00; Gottes Spuren in meinem Leben 00; Was man mit Liebe betrachtet 00; Suche die Weiheit bis nach China 00; Rosen blühen überall 00; Im Licht der Heiligen Nacht 02; Gute Menschen lachen gern 02; Unsichtbar, doch stets dir nah 02; Ein neuer Tag ist wie ein Wunder 03, u. a. – **MV:** Mariannhill 20, 76; Alle guten Wünsche 78, 20. Aufl. 99; Liebe ist (k)eine Hexerei 79, 7. Aufl. 86; Dankeschön für Selbstverständliches 79, 7. Aufl. 87; Freude – eine Liebeserklärung ans Leben 79, 7. Aufl. 87; Glücklich ist ... 79, 5. Aufl. 83; Speichen am Rad der Zeit 85; Für wen gehst du? 86, 2. Aufl. 87; Von heiteren Tagen 87. – **H:** Zwischen den vier Meeren 78, 3. Aufl. 83; Lachen reinigt die Zähne 78; Weisheitchen mit Humor 77, 3. Aufl. 83; Sie standen am Ufer der Zeit 81; Weisheit der Völker 81, 2. Aufl. 83; Unser Pater ist ein grosses Schlitzohr 83; Humor hinter Klostermauern 85; Ein freundliches Lächeln 86; Gott ist die Heimat der

Balluch

Menschen 87; Dank für alles Gute 88; Gut getroffen! 88; Sehnsucht nach dem, was bleibt, Leseb. 92; Gott ist unser Freund 93; Dem Tiefsten im Menschen Stimme geben, Leseb. 95; Liebe macht keinen Lärm 98; Reif werden heißt dankbar werden 02. – **R:** Trappisten waren unsere Großväter, Hsp. (Red.)

Balluch, Walter; Gartengasse 19A/6, A-1050 Wien, Tel. (01) 5 45 87 54, *walt@chello.at* (* Wien 5. 6. 68). V.S.u.K.; Lyr. – **MA:** Lyrik von Generationen 99; Auf den Spuren der Zeit 01; Vom Ursprung bis zur Gegenwart 03; Eine poetische Reise 03; Das Wort als Botschaft und Brücke des Lebens 05; Jb. f. d. neue Gedicht 06; Frankfurter Bibliothek. Die Besten 2007; – Literarische Kostbarkeiten, Zs.

Balmer, Ruth; Burgdorfstr. 14, CH-3510 Konolfingen, Tel. (0 31) 7 91 04 95, *rhg.balmer@datacomm.ch* (* Trachselwald 20. 10. 40). femscript 96, Be.S.V. 07; Rom., Erz. – **V:** Kindsmörderin. Die tiefe Verlassenheit der Barbara Weber, R. 06.

Balmer, Ueli; Haldenstr. 27, CH-4806 Wikon, Tel. (0 62) 7 51 56 01 (* Zofingen 2. 4. 37). Gruppe Olten, Be.S.V., Dt.schweizer. P.E.N.-Zentr.; Werkbeitr. d. Aargauer Kuratoriums z. Förd. d. kulturellen Lebens. – **V:** Das Haus in Monte Bosco 92; Zwei Tickets nach Amerika 96; Der Junge vom Lubéron, R. 00. (Red.)

BaLo s. Lorenz, Barbara

Balsewitsch-Oldach, Ellen (Ps. Doro F. Gerhardt), freie Autorin u. Journalistin; Eulenstr. 51, D-22765 Hamburg, Tel. u. Fax (040) 27 86 11 88, *elbaol_fda@gmx.de* (* Hamburg 7. 3. 55). Sisters in Crime (jetzt: Mörderische Schwestern) 02, FDA Hamburg/ Schleswig-Holstein 04, 1. Vors. seit 05, Hamburger Autorenvereinig. 04, Europa-Lit.Kr. Kapfenberg 06; Kurzprosa, Rom. – **V:** Mörderische Blumengrüsse, Erzn., Kurzprosa 03 – **MA:** Heute ist doch Weihnachten 03; Madrigal für einen Mörder 05; Traumschrift 06; Ruhestörung, Erzn. u. Lyr. 06; Tee mit Schuss, Erzn., Kurzprosa 07; Gefährliche Gewässer, Erzn., Kurzprosa 08.

Balthasar (Ps. f. Thorsten Behrens), Journalist, Autor; c/o Balthasar Verlag, Am Kuhlenberg 1, D-38518 Gifhorn, *balthasar.verlag@freenet.de, www.ug-balthasar.de* (* 66). Kulturpr. d. Stadt Helmstedt 93; Rom., Lyr., Erz., Rep., Interview. – **MA:** zahlr. Beitr. in Lit.zss. u. Anth. seit 86. – **P:** Spaziergänge durch's Herz, Lyr. 02; Mordsaison, Lyr. u. Prosa 03; Am Anfang war der Urknall, Lyr. 03, alles CD-ROMs.

Baltruweit, Fritz, Pastor u. Liedermacher; c/o Michaeliskloster, Hinter der Michaeliskirche 3, D-31134 Hildesheim, Tel. (0 51 21) 6 97 15 40, Fax 6 97 15 55, *baltruweit@kirchliche-dienste.de, www.studiogruppe-baltruweit.de* (* Gifhorn 28. 7. 55). VG Wort, GEMA. – **V:** Meine Lieder 96; 30 Gemeindelieder-Partituren Bd 1, ... in deinen Händen. Partituren Bd 2, beide 07. – **MV:** Gemeinde gestaltet Gottesdienst. Bd 1: Arbeitsbuch zur erneuerten Agende 94, Bd 2: Taufe, Konfirmation, Trauung, Beerdigung 00, Bd 3: Arbeitsbuch zum „Evangelischen Gottesdienstbuch" 02, Bd 4: Unterwegs durch das Jahr 04 Bd 5: Begleitet durch Jahr und Tag 05, alle m. Günter Ruddat; – Sinfonia oecumenica – Feiern mit den Kirchen der Welt 98; Kirche, die sich öffnet, m. Dieter Haite u. Jan Hellwig 01; Gottesdienstentwürfe zur Ökumenischen Dekade „Gewalt überwinden" 01–10 (jährlich); Hinführungen zu den biblischen Lesungen 04; Lesungen und Psalmen lebendig gestalten 04; Tagesgebete – nicht nur für den Gottesdienst 06; Fürbitten für die Gottesdienste im Kirchenjahr 06; Gottesdienstportale 07. – **H:** Fürchte dich nicht. Lieder u. Gedichte z. Kirchentag 97. – **P:** Medienkombinationen aus Dias/Tonkass./Textheft: Fürchte dich nicht 81; Der Herr ist mein Hirte, m. Herbert Lindner 81; Die Erde ist

des Herrn, m. Johanna Linz 85; – zahlr. Schallpl., Tonkass. u. CDs seit 76, v. a. Texte u. Kompositionen für bzw. Aufnahmen mit d. „Studiogruppe Baltruweit"; – Musiktheaterstücke f. Kinder u. Jugendliche, u. a.: Verkehrte Welt; Das Wunder, das uns menschlich macht; Zwei Kinder erleben die letzten Tage Jesu.

Baltscheit, Martin, Dipl.-Kommunikationsdesigner; Konkordiastr. 60, D-40219 Düsseldorf, Tel. (02 11) 4 79 06 10, Fax 4 08 91 42, *martin@baltscheit.de, www.baltscheit.de* (* Düsseldorf 16. 9. 65). Lit.förd.pr. d. Ldeshauptstadt Düsseldorf 01, Kinderb.pr. d. Ldes NRW 02, Kaas&Kappes Niederl.-Dt. Kinder- u. Jgd.-dramatikerpr. 03 u. 05, Nominierung z. Kinder- u. Jgdb.pr. 02 u. 06; Bilder- u. Kinderb. – **V:** KINDER-/BILDERBÜCHER u. a.: Valerius, Vom Index bedroht 91; Valerius 94; Lotte u. Leo 94; Papa kuck mal! 95; Paul trennt sich 96; Kurz der Kicker 97; Der Neue 98; Hokus Pokus, Sala Bim u. die Zauberprüfung 02; Die Geschichte vom Löwen, der nicht schreiben konnte 02; Die Pinabriefe 03; Gold für den Pinguin 04; Der kleine Herr Paul 04; Leuchte, Turm, leuchte 04; Ich bin für mich 05; Die Belagerung 05; Der kleine Herr Paul macht Urlaub 05; Der Winterzirkus 05; Da hast du aber Glück gehabt 05; Die Elefantenwahrheit 06; Der kleine Herr Paul im Schnee 06; Major Dux oder der Tag, an dem die Musik verboten wurde 07; – PROSA: Die Zeichner, R. 00; – THEATER: Vaterland 97; Krach in Alfabetanien 99; Die Überredung 05; Schneewittchen darf nicht sterben 05; Der Winterzirkus 05; Nur ein Tag 06. – **R:** Der König hat Geburtstag 02; Der harte Hans 02; Der Winterzirkus 03; Major Dux, Jazzhörspiel 06, alles Hsp. im WDR. – **P:** u. a.: Paul trennt sich, Hsp.; Kurz der Kicker, Hsp. Die Elefantenwahrheit / Der Löwe, der nicht schreiben konnte, musikal. Erzn.; Die Heinzelmännchen u. a. Balladen, Hsp.; Herr Z, Herr B u. das Fräulein Wunder, Hörb. f. Kinder; Hörb.-Reihe „Die Abenteuer d. Herrn Benedict": Auf der Flucht, Der Löwe, Das Mühle 02, alles Tonkass./CDs. (Red.)

Bam-Bi-No s. Hirsch, Helmut

Bambach, Kurt, Beratungsing. i. R.; Speckgasse 4, D-60599 Frankfurt/Main, Tel. (0 69) 65 93 77 (* Frankfurt/Main 11. 6. 30). Mundart-Vers. – **V:** Die Garteparty (un was mer da so babbelt) 87; Zum Hersch 89; Da hasde Töne... 91; Omas nadierliche Ratschläsch un annern Versjer in hessischer Mundart 92; Reddensarte 94; Blumme redde nix un saache viel 95; Mer kann's ja mal saache 97; So isses, un so war's, Gedanken 99; Warum dann net? 02; Unpässlichkeite 04; Hessisches fer viele Geleeschenheite 06. – **MA:** Mundartverse in versch. Ztgn u. Broschüren. – **P:** Literaturtelefon Offenbach. (Red.)

Bamberg, Maria, Sprachlehrerin, freiberufl. Übers.; Sprechstundenhilfe; Haus Rüsternallee, Platanenallee 3–5, D-14055 Berlin, Tel. (0 30) 3 01 17 55 22 (* Berlin 10. 12. 15). VS/VdÜ; BVK 05; Rom., Erz., Hörsp. Ue: span. – **V:** Ella und der Gringo mit den großen Füssen, Familiengesch. 97/98, Tb. 00 (auch span., engl.); Zwischen Argentinien und Deutschland. Erinn. in zwei Welten, Erz. 04, 04. – **MA:** Zs. f. Kulturaustausch 4/86; Lateinamerika-Institut d. FU Berlin 89; Iberoamerikanisches Institut (Archiv), H. 1 90. – **Ue:** Vlady Kociancich: Letzte Vorstellungen, R. 85; Carlos Fuentes: Verbranntes Wasser 87; ders.: Der alte Gringo 89; ders.: Christof Ungeborn 91; Octavio Paz: Sor Juana In es de la Cruz oder die Fallstricke des Glaubens 91, u. a.

†Bamberger, Richard, Dr.phil., Gymnasialprof., Gründer u. Leiter d. Österr. Buchklubs d. Jugend, d. Intern. Inst. f. Jugendlit. u. d. Inst. f. Schulbuchforsch. a. D., Dr. h. c.; lebte in Wien (* Meidling im Tal/NÖ 22. 2. 11, † Wien 12. 11. 07). Ö.S.V. 57; Öst. E.kreuz f.

48

Wiss. u. Kunst I. Kl., Gold. E.zeichen f. Verd. um d. Rep. Öst., Gold. E.zeichen f. Verd. um d. Land Wien, Orden d. Tschech. Rep. f. Verd. um d. intern. Verständigung, Gr. Pr. d. Dt. Akad. f. Kinder- u. Jgd.lit., Verd.-med. d. österr. Buchhandels, „Intern. Citation of Merit" u. Aufnahme in die „Reading Hall of Fame", Jella-Lepmann-Med., EM d. IBBY, Dr. h.c. U.Dortmund; Jugendb., Leseerziehung, Lesbarkeitsforschung, Schulbuchforschung. Ue: engl, russ. – **V:** Der junge Goethe. Lyrik u. Leben, Biogr. 49; – Fachbücher: Jugendlektüre 55, erw. Aufl. 65; Dein Kind u. seine Bücher 57; Wege zum Gedicht 59; Die Klassenlektüre 61; Zum Lesen verlocken 67; Erfolgreiche Leseerziehung in Theorie u. Praxis 01. – **MV:** Die unterwertige Lektüre, m. W. Jambor 60; Lesen – Verstehen – Lernen – Schreiben, m. E. Vanecek 84; Zur Sprache d. Fibeln, m. E. Mayer 91; Erfolg im Lesen – Erfolg im Lernen, m. L. Boyer 92; Besser lesen – besser lernen, m. K. Stretenovic 93; Zur Gestaltung u. Verwendung v. Schulbüchern, m. dems. u. H. Strietzel 98. – **MA:** ca. 500 Aufss. in Zss. u. Sammelwerken, u. a. in: Jugend u. Buch; Erziehung u. Unterricht; Bookbird; Schrr.-Reihen d. Buchklubs d. Jugend. u. d. Intern. Inst. f. Jugendlit. u. Leseforsch.; Die Barke; Elternhaus u. Schule; Europa-Hefte; Jugendschriften-Warte; Bertelsmann Briefe; Schulbuch-Kontakte; Lesen u. Lernen. – **H:** Das große Balladenbuch für Schule u. Haus 57; Mein erstes großes Märchenbuch 60, 5. Aufl. 70 (auch engl., jap., südafrik.); Mein zweites großes Märchenbuch 62; Mein drittes großes Märchenbuch 64; Grimm-Märchen – Mein erstes Buch 69; ... Mein zweites Buch 70; ... Mein drittes Buch 71; Abenteuer u. Schicksal, Erzn. 78; Kindergedichte 80. – **MH:** Die Welt von A bis Z, m. Maria Bamberger 52, 20. Aufl. 70 (auch holl., span., ital.); Die Kinderwelt von A bis Z 54; Die schönsten Gedichte 59; Österreich-Lexikon, m. M. Bamberger u. F. Maier-Bruck 66, Neubearb. m. M. Bamberger, E. Bruckmüller u. K. Gutkas 95; Die neue Kinderwelt von A bis Z 91; – Schrr. d. Öst. Buchklubs d. Jgd. 55ff. XXV; Die Barke 55ff. XXV; Jugend u. Buch, Zs. 55ff.; Bookbird, Zs. 63ff.; Schrr. zur Jugendlektüre 65ff. XII; 25 Jahre Öst. Buchklub d. Jugend. – **Ue:** E.A. Poe: Der Brunnen u. das Pendel 47; Oscar Wilde: Der glückliche Prinz 47; L. Tolstoi: Lebensstufen 47; N. Gogol: Der Revisor 47. – *Lit:* Klaus Doderer in: V. Böhm/H. Steuer (Hrsg.): Theorie u. Praxis d. Kinder- u. Jgd.lit. in Österr. 87; Richard Olechowski: Festvortrag z. 90. Geb., in: Lesen u. Lernen 1/01.

Bamert, Daniel, Künstler, Autor; Aegeristr. 17, CH-6300 Zug, Tel. (041) 7 11 51 13, *atelierKunst@bluewin.ch* (* Tuggen/Kt. Schwyz 7.7.41). ZSV 80, ISSV 04; Rom., Lyr., Erz., Kinderb. – **V:** Die Perle unter Perlen, R. 03. – **MA:** Im Regenbogenland, Anth. 95, 07 u. 08.

Banatius s. Bradean-Ebinger, Nelu

Banciu, Carmen-Francesca, freischaff. Autorin, Leiterin v. Seminaren u. e. Weiterbildungswerkst. f. Autoren in Vlotho; Leipziger Str. 61, 11–1, D-10117 Berlin, Tel. u. Fax (030) 2 08 25 09, *www.banciu.de* (* Lipova/Rumänien 25. 10. 55). Lit.pr.d. Zs. Luceafârul Bukarest 82, Intern. Kurzgeschn.pr. d. Stadt Arnsberg 85, Pr. d. Schülerjury Arnsberg 85, Salzburger Stip. d. Kulturmin. 90, Stip. d. Künstlerprogr. d. DAAD 91, Arb.stip. f. Berliner Schriftst. 92, 96, Lit.stip. d. Stift. Preuss. Seehandlung 91 u. 98, Amsterdam-Stip. Senat Bln 93, Arb.-stip. Senat Bln 93, Ahrenshoop-Stip. Stift. Kulturfonds 94 u. 99, Stip. d. Anna-Krueger-Stift. 94/95, GEDOK-Lit.förd.pr. 07, u. a.; Prosa. – **V:** Fenster in Flammen, Erzn. 92 (übers. v. Ernest Wichner); Filuteks Handbuch der Fragen, Prosa 95 (übers. v. Georg Aescht); Vaterflucht, R. 98; Ein Land voller Helden, R. 00; Berlin ist

mein Paris, Geschn. 02; Das Lied der traurigen Mutter, R. 07. – **MA:** Um die Ecke gehen 93; Warum heiraten 97; – Ess., lit. u. journalist. Texte in Ztgn, Zss. u. f. versch. Rundfunk-Anstalten im In- u. Ausland. – **MH:** Zss.: Contrapunct; Robinson 90–92 (in Rumänien). – **R:** Sdgn f. HR u. WDR 85–90; Arb. b. SFB u. NDR seit 92, u. a.: Tagebuch in Deutschland 93; Ein Vater, eine Tochter und die Scheintote 97; Meine Schallplatte 98. (Red.)

Bandel, Jan-Frederik; Pappelweg 26b, D-21244 Buchholz, *jfbandel@yahoo.com*, *www.jfbandel.de* (* Wuppertal 27.4.77). – **V:** Hubert Fichte, Hotel Garni, Doppelzimmer 04; Fast glaubwürdige Geschichten. Über Hubert Fichte 05; Signierte Wirklichkeit. Zum Spätwerk Arno Schmidts 05. – **MV:** Palette revisited, m. Lasse Ole Hempel u. Theo Janßen 05. – **MA:** zahlr. Veröff. in Zss. u. Ztgn, z.B.: Schreibheft; Konkret; Jungle World; TAZ. – **H:** Tage des Lesens. Hubert Fichtes „Geschichte der Empfindlichkeit" 06. (Red.)

Bandera, Monika (eigtl. Irma Vinagera y Valle), Dolmetscherin; Karl-Rudolf-Str. 167, D-40215 Düsseldorf, Tel. (0211) 9 94 49 77, *www.monika-bandera.de* (* Düsseldorf-Kaiserswerth 15.4.41). Jan-Wellem-Pr. 58; Rom., Erz. Ue: span, engl. – **V:** Flüstern im Wind, Erzn. 97; Kuba – Illusionen und Tränen, R. 99; Rechtsextremismus und Voodoo, Erzn. 01; Gregoria Carolina, R. 02; Der Inka, R. 04; Mambo Cha-Cha-Cha, R. 04. – **MA:** Autoren im Dialog, Anth. 97.

Bandini, Ditte (früher Ditte König), Dr., wiss. Mitarb. Akad. d. Wiss. Heidelberg, freie Schriftst. u. Übers.; Panoramastr. 47, D-69257 Wiesenbach, Tel. u. Fax (06223) 43 95, *ditte.bandini@urz.uni-heidelberg.de* (* Mainz 31.12.56). – **V:** Der Held der Feen. Von d. Wiederverzauberung d. Wirklichkeit 96; Gefährlich ist's, das Weib zu wecken, R. 97; – mehrere Sachbücher m. Giovanni Bandini. – **MUe:** Seamus Deane: Im Dunkeln lesen 98; Matt Ruff: GAS. Die Trilogie d. Stadtwerke 98; Haruki Murakami: Mister Aufziehvogel, R. 98; Susanna Moore: Aufschneider, R. 99; Cathleen Schine: Darwins Launen, R. 99; Seamus Heany: Elektrisches Licht, G. 02; Linda Grant: Eigentlich eine Liebeserklärung 03, u. a., alle m. Giovanni Bandini. – *Lit:* s. auch SK. (Red.)

Bandtlow, Elisabeth, Dr.; Ringstr. 18, D-94121 Salzweg, Tel. (0851) 4 15 19 (* Jena 24. 11. 27). Lyrik Kabinett München 94; Lyr., Erz. – **V:** Du bist der Baum, G. 89; Herzgespann, Skizzen u. G. 90; Amixel, Skizzen u. G. 91; Späte Liebe – Late Love, G. 94; ... nach Jena gehn, Skizzen 96. – **MA:** Flussschleifen, Anth. 96; ... obwohl sie eine Frauensperson ist, Geschichtsb. 99; Kunst + Literatur im Landkreis Passau, Kat. 00. (Red.)

Banholzer, Nadja (geb. Nadja Sabliskaja), Gymnasiallehrerin Russisch, Lehrerin an d. Fremdspr. akad. München, Doz. f. Psychologie u. Chin. Sprache; c/o Karin Fischer Verlag, Aachen. Science-Fiction-Erz., Erz., Kurzgesch., Reiseber. Ue: russ, chin. – **V:** Der Vampir aus dem Weltall u. a. Science-Fiction 02. – **MA:** Beitr. in Anth. u. Sammelbden seit 02, u. a.: Auslese (Frieling-Verl.) 03, 04; Kollektion deutscher Erzähler 03; Reise, Reise 04; Analogie meiner Geschichten 04; Neue Literatur 04; Auslese zum Jahreswechsel 05/06, 06/07; Anth. Buchwelt 06; Prosa de Luxe 06; Damals war's 06–08. – Ue: Alte chinesische Fabeln.

Banholzer, Rosemarie (geb. Rosemarie Amann); Wallgutstr. 19, D-78462 Konstanz, Tel. u. Fax (07531) 2 54 40 (* Konstanz 10. 2. 25). Johann-Peter-Hebel-Med. d. Muettersproch-Ges., BVK 99; Lyr., Mundart-Ged., Prosa. – **V:** 100 und no meh ... 80; Des und sell 81; Wie ein Blatt im Wind, lyr. Texte 82; Nämme wie's kunnt 84; Wenn's weihnachtet 85; Glacht und sinniert

Bánk

88; Gschenkte Zit 89; Mir Leit vu heit 91; Wenn de Evangelischt Lukas alemannisch gschwatzt het..., 92; Vu nint kunnt nint 94; Guck emol, Mda.-G. u. Prosa 98; Geschichten von Wilhelm Busch in alemannischer Mundart 99; Mitenand vewobe, Mda.-Lyr. 00; Des Lebens Art, G. 00; Alemannisch kocht und geschwätzt 02; Unser Weg, Lyr. 05, 2. Aufl. 06. – **P:** Geschichten von Wilhelm Busch in alemannischer Mundart, CD 99; Wägedem, G. u. Jazz auf Konschtanzer Art 01. (Red.)

Bánk, Zsuzsa, freie Autorin; lebt in Frankfurt/M., c/o S. Fischer Verl., Frankfurt/M. (* Frankfurt/M. 24.10.65). OPEN MIKE-Preisträger 00, Aufenthaltsstip. d. Berliner Senats im LCB 01, Lit.förd.pr. d. Ponto-Stift. 02, aspekte-Lit.pr. 02, Mara-Cassens-Pr. 02, Deutscher Bücherpr. 03, Bettina-von-Arnim-Pr. 03, Adelbert-v.-Chamisso-Pr. 04. – **V:** Der Schwimmer, R. 02; Heißester Sommer, Erzn. 05. – **MA:** Verwünschungen, Anth. 01. (Red.)

Bankhofer, Hademar, Prof., Schriftst.; Neidhardgasse 32, A-3400 Klosterneuburg, Tel. (0 22 43) 36 93 90, *ProfBankhofer@gruenehaus.at, www.prof. bankhofer.at* (* Klosterneuburg 13.5.41). Gold. Möwe (Stockholm) f. d. besten Tiererzn. 75, Kulturpr. d. Stadt Klosterneuburg f. Lit. 77, Gold. Feder, Zürich 79, Künzle-Pr. f. lit. Bemüh. f. gesundes u. natürl. Leben 83, Gold. E.zeichen d. Stadt Wien 90, Verleih. d. Prof.titels 91; Rom., Sach- u. Fachb., Ess., Erz., Hörsp., Kinder- u. Jugendb. – **V:** Treffpunkt Humor, sat. Erzn. 61; Tiere, die Schlagzeilen machten, Geschn. 67; Tiere, Stars und Anekdoten, Geschn. 70; Gespenster, Geister, Aberglaube, Erz. 74; Ungewöhnliche Tierfreundschaften, Geschn. 75; Tiere als Lebensretter, Geschn. 77; Tierarzt Dr. Daxmayer, Jgdb. 78; Die großen Naturheiler, Erzn. 79; Der Wunderdoktor von Wien, R. 79; Menschen brauchen Tiere, Geschn. 80; Tiere, unsere besten Freunde, Geschn. 80; Zoowärter Camillo Hagen, Jgdb. 80; Wildfohlen Blizzard, Jgdb. 80; Geheimnis um Blizzard, Jgdb. 81; Fritz Eckhardt – Mit einem Lächeln durchs Leben, Biogr. 81; Fauni, Flori und die Tiere, Kdb. 81; Großer Tag für Blizzard 81; Der Schatz von Burg Gruselstein 82; Es spukt auf Burg Gruselstein 83; Eine Falle für Blizzard 85, alles Jgdb.; Abenteuer auf Burg Gruselstein. Bd 1: Gespensterspuk um Mitternacht, Bd 2: Unerwarteter Besuch, Bd 3: Die geheimnisvolle Inschrift 91; – zahlr. Sachb. zum Thema Gesundheit. – **MV:** Marek und der Frauenmord, R. 77. – **R:** Fauni, Flori und die Tiere, Fs.-Ser. f. Kinder 80–82; Wendelin Grübel, Hsp.-Reihe f. Jgdl. 80–82; Coco, der verrückte Papagei, Hsp. f. Kinder 82. – *Lit:* s. auch SK. (Red.)

Bannert, Eva Maria, M.A.; Maderspergerstr. 1–3/5/6/11, A-1160 Wien, Tel. (06 99) 17 33 55 33, *embannert@gmx.at, members.chello.at/ evamariabannert* (* Wien 30.8.53). Lyr., Film. – **V:** hedone, G. u. Prosa 00. – **F:** Die Farbe meines Lebens 06.

†**Bannier,** Rudolf Moritz, Autor, Musiker; lebte in Berlin (* Schwerin 11.5.51, † Berlin 5.1.07). Erz., Lyr. – **V:** Savt 89; Nackt. Ungewöhnliche Notizen e. Außenseiters 92; Schweres Trauma DDR 97, alles Erzn.; Beobachtungen vom Kampf des Teufels mit der Krätze, Dicht. 98; Nackt 2, Erzn. 98; Kakerlaken im Kaffee, Lyr. 99; Ein Löwe in der U-Bahn, Erzn. f. Kinder 00. – **P:** Hey, Mister Zimmerman! 'you are my friend, Lyr. u. Musik 96; Romantica Red, Musik 01, beides CDs.

Bannmann, Manfred, Rentner; Kleiberweg 8, D-24321 Lütjenburg, Tel. (0 43 81) 40 98 76, *M.Banmann @t-online.de* (* Berlin 1.2.41). Rom., Erz. – **V:** Leben

im Wind 02; Hugo Schwanitz. Ein Mitläufer 03; Kurz vor Jericho 07; Schlafender Tiger 08, alles R.

Banny, Leopold, Zahnarzt; Schloßgasse 3, A-7322 Lackenbach/Burgenl., Tel. u. Fax (0 26 19) 86 48 (* Ungereigen a.d. March 23.11.28). Öst. P.E.N.-Club 03; Doppelter Theodor-Kery-Pr. (Geisteswiss.) 89; Kurzgesch., Jagderz., Zeitgesch. – **V:** Gänseruf und Keilerfährte 72; Wind im Gesicht, Jagderlebn. 80; 3 Sachb. 83–87. (Red.)

Banscherus, Jürgen, freier Schriftst.; Zedernweg 2, D-58456 Witten, Tel. (0 23 24) 3 14 24, *juergen.banscherus@gmx.de, www.jbanscherus.de.vu* (* Remscheid 13.3.49). P.E.N.-Zentr. Dtld 94; Pr. d. Leseratten 85, Pr. d. Blauen Brillenschlange 85, Arb.-stip. d. Ldes NRW 86, Hans-im-Glück-Pr. 90, Harzburger Jgd.lit.pr. 96, Lit.pr. Ruhrgebiet 97, Buch d. Monats d. Akad. f. Kd.- u. Jgd.lit. 97, Kinderkrimipr. 'Emil' 01, Eule d. Monats 02, Hansjörg-Martin-Pr. 06, u.a.; Kinder- u. Jugendb., Lyr., Ess. – **V:** Keine Hosenträger für Oya, Kdb. 85; Asphaltroulette, Jgd.-R. 87; Das Dorf in den Zitronenbergen, Kdb. 87; Landgang, Lyr. 89; Valentin-Valentino, Jgdb. 89; ... und zum Nachtisch Schokoküsse, Kdb. 90, u.d.T.: Spagetti für den Nörgelfritz 98; Kommt ein Skateboard geflogen, Kdb. 91; Frohes Fest, Lisa! Kdb. 92; Davids Versprechen, Jgdb. 93; Besuch für Esel Jaja, Kdb. 94; Ein Fall für Kwiatkowski, Kdb., 18 Bde 95–08; Die besten Freunde der Welt, Kdb. 96; Max Freundefinder, Bilderb. 97; Die verrückte Geschichte von Sebastian und dem Flügel, der im Hausflur steckenblieb, Jgdb. 97; Gottliebe, der Killerhai, Kdb. 98; Paul und Paule, Kdb., 4 Bde 00–02; Die Stille zwischen den Sternen, Jgdb. 01; Novemberschnee, Jgdb. 02; Der Smaragd der Königin 03; Das Lächeln der Spinne 04; Das Gold des Skorpions 04; Die Warnung 05; Bis Sansibar und weiter 06; (Übers. ins Span., Engl., Ital., Thai., Schw., Norw., Slowen., Kat., Frz., Chin., Bask., Fläm., Dän., Poln., Litau., Mallorquin., Blindenschr.). – **MA:** zahlr. Beitr. in Lyr.- u. Prosa-Anth., Ess. in Lit.zss. – **MH:** Stadt-Ansichten, Anth. 85.

Bantlhans s. König, Wilhelm Karl

Baranowski, Ottilie, Bibliothekarin, pens. Sachgebietsleiterin im Verwaltungsdienst (* Bevergern 6.11.25). Augustin-Wibbelt-Ges., Annette-von-Droste-Ges.; Rottendorf-Pr. 86, Freudenthal-Pr. 89, Kulturpr. Kr. Steinfurt 91, Fritz-Reuter-Pr. 94; Lyr., Kurzgesch., Übers. Ue: holl, engl. – **V:** Wind weiht, Lyr. 78, 6. Aufl. 94; Nagelholt, erz. G. 82. – **MV:** Nu kiek doch nal' den annern nal!, m. Josef Uhlenbrock 84. – **MA:** 2 volkskundl. Beitr. 66; 10 Beitr. in Lyr.-Anth. 74; 11 Beitr. in Prosa-Anth. 85; Lyr.- u. Prosa-Beitr. in Jb., Kal. u. Zss.; Kleine Bettgeschichte för Lüde ut Westfaolen. – **R:** Vakanzendagebook, ndt. Hsp. 76, 82, 86. (Red.)

Barbara Rossa s. Höfer, Gerald

Barbee, Phil (Philipp Artur Czulowski), Chemikant, Medien-Designer, DJ, Produzent; Rotherstr. 3, D-10245 Berlin, *barbee-ibmm@gmx.de, www.philbarbee. com* (* Ruda Ślanska/Polen 2.2.76). VG Wort 05; Rom., Hörsp. – **V:** Das DJ-Liebesbuch – 33 Wochen in Brasilien, autobiogr. R. 04. – **MA:** Titus Magalog 00–03; Monster Skateboard Mag.; Vice 06. – **F:** Inoshiro, Kurzf. 07. – **R:** Barbee Switch, Hsp. 06. – **P:** PB. – CarrachoUplifting 99; P.B. – Gefährliche Beatschaften 01, beides Tonkass. – *Lit:* Hans Nieswandt in: Disko Ramallah 06.

Barber, Wilfried Georg, Maler; Wagenschwender Straße 6, D-74838 Limbach/Baden, Tel. (0 62 87) 92 51 83, Fax 92 57 59, *ars.barber@t-online.de, www. wilfried-georg-barber.de* (* Köln 22.3.41). belletrist.

Sachb. – **V:** Vergessener Garten, Autobiogr. 95; Vindemiatrix, Sachb./Prosa 00; Mein Bild, Sachb./Prosa 04. – **MV:** BuchenBlätter, m. Friederike Kroitzsch, Sachb./Prosa 02.

Barbetta, María Cecilia, Dr., Lehrerausbildung f. Deutsch als Fremdspr.; lebt in Berlin, c/o S. Fischer Verl., Frankfurt/Main (* Buenos Aires 8. 7. 72). Arb.-stip. f. Berliner Schriftst. 06, Alfred-Döblin-Stip. 07, Stip. Schloß Wiepersdorf 08, aspekte-Lit.pr. 08, Stip. Künstlerdorf Schöppingen 08/09, u. a. – **V:** Änderungsschneiderei Los Milagros, R. 08. (Red.)

Barbina, A. (Ps.), Studentin; c/o Hagemann, Danzigerstr. 15, D-82110 Germering, Tel. (0 89) 8 41 47 38, *a_barbina@yahoo.de, www.barbina.de* (* Gräfelfing 25. 2. 81). 3. Pl. b. Schreibwettbew. f. Schüler d. Mosambik e.V. 04; Rom., Lyr. – **V:** Irische Rose 01; Shannon 02; Delicia, der schwarze Engel 03; Sonnenwind über Irland 03, alles R.; Goldene Tränen, R.-Trilogie 04. (Red.)

Barck, Maximilian; Scharnweberstr. 44, D-10247 Berlin, Tel. (0 30) 2 92 96 74 (* Rostock 62). V.-O.-Stomps-Pr. 06. – **V:** zahlr. Künstlerbücher, u. a.: Kaspar Hauser 85; Der ewige Redner 90; Metaphysisches Intermezzo 90; Opake Blöcke 92; Maulwurf-Fragmente 93; Juris Traum 93; Fragmente über den Sinn einer Poetologie als Verweisen 93; Sensitive Splitter 93; Unbedingt Unmögliches 95; Ausnahmslos K. 96; Vehementes Veto 01. – **H:** Los gatos fantasmas, span. Lyr. (zweisprachig) 92; Ein Riss im Gesicht, G. 94; Gedichte 94; Der Sonnenafter 94; Folge 95; Monolithen 95; SchattenMundReden 95; Das entzweite Gesicht 1949–1974 96; Nerventheateranstalt 96; Das Sonnentier. Die Katze, G. 96; Gott des Scheiterns 97; Lit.- u. Kunstzs. HERZATTACKE. (Red.)

Barckhausen, Christiane (auch Christiane Barckhausen-Canale), Dolmetscherin, Schriftst.; lebt in Berlin, c/o BS-Verlag Rostock (* Berlin 9. 5. 42). SV-DDR 78; Kunstpr. d. FDGB 86, Kubanischer Lit.pr. Casa de las Americas; Rom., Literar. Rep., Hörsp., Übers. Ue: span, frz. – **V:** Mañana, mañana. Erlebnisse in Mexiko 80; Doroteos gefährlicher Weg, Kdb. 81; Wie ein Vulkan, Begegnungen in Nikaragua 82; Schwestern, Tonbandprotokolle 85; Auf den Spuren von Tina Modotti 88; Tina Modotti, Biogr. 89; Männer erzählen ..., Tonbandprotokolle 89. – **H:** Johanna Mieth: Im Tal der singenden Hügel, Autobiogr. 91; Tina Modotti. Leben, Werk, Schriften 96; Schwestern. Tonbandprotokolle aus sechs Ländern 07. – **F:** Ein April hat 30 Tage (Mitarb.). – **R:** Der kleine Lehrer, Hsp. 82; Nacht der Entscheidung, Hsp. 83. – **Ue:** José Vicente Abreu: Die Hölle von Caracas 69; Luis Corvalàn: Aus meinem Leben 78; Nguyen Ngoc: Die Feuer der Ba-na 82; Alfredo Bauer: Verlorene Hoffnung 85; ders.: Trügerischer Glanz 86; Elena Poniatowska: Tinissima, R. 98; Elsa Osorio: Mein Name ist Luz 00. (Red.)

Barckhausen, Elfriede s. Brüning, Elfriede

Barczewski, Careen Verena (Sharida), Hausfrau, Schriftst., Lebensberaterin, Autorin; Wormser Landstr. 8, D-67551 Worms, Tel. (0 62 41) 38 44 13, *www.sharidaspricht.de* (* Ebermannstadt/Oberfranken 23. 3. 50). Lyr., Aufsatz, Ess., Artikel, Prosa. – **V:** Märchenhafte Emanzipation. Von Fröschen und anderen Prinzen, Lyr. u. Sachb., Ill. v. Antje M. Böttger 00. – **MV:** Die Welt der Wesenhaften. Von Zwergen, Elfen u. Riesen, Prosa (auch hrsg.) 99; Weihnachtlicher Zauber, G. u. Geschn. 03. – **MA:** Ess u. Art. in: Gralswelt, Zs. f. Geisteskultur; 1400 Jahre Hasalaha 00. – *Lit:* s. auch 2. Jg. SK. (Red.)

Bardeli, Marlies, stud. Musik u. Germanistik; Hoibeken 4a, D-21465 Reinbek, Tel. (0 40) 72 81 00 47,

marliesbardeli@arcor.de (* Celle 1. 6. 51). Hamburger Autorenvereinig. 05; Buch d. Monats d. Dt. Akad. f. Kd.- u. Jgd.lit., Auswahlliste z. Heinrich-Wolgast-Pr.; Kinderb. – **V:** Merle kann nicht singen 88, 3. Aufl. 90, auch Tb. (auch holl., jap., korean.); Jakob und die Regenfrieda 91; Däumlings Reise zum Entchen von Tharau 92; Hast du Töne, Papa? 95; Die Befreiung des Herrn Kartuschke 01 (auch fläm., chin., korean., jap., Thai.); Philines Zirkusreise 04 (auch jap.); Timur und die Erfindung des Weihnachtsbaums, Kdb. 07. – **MA:** Die schönsten Geschichten zur Weihnachtszeit 94; Weihnachtszeit, Zauberzeit 98; Sonne, Strand und noch viel Meer 02. – **R:** Die Befreiung des Herrn Kartuschke, Hsp. (HR). (Red.)

Bardill, Linard, Autor, Liederer; Cresta, CH-7412 Scharans, Tel. u. Fax (0 81) 6 51 60 66, *www.bardill.ch* (* Chur 16. 10. 56). Gruppe Olten; Dt. Kleinkunstpr., Salzburger Stier; Rom., Kinderb. – **V:** Nachtgesichte, Lyrikmappe m. Holzschnitten von Hans Häfliger 84; Fortunat Kauer, dt./rät. 98; Das geheimnisvolle Buch 98; Das gelbe Ding, Bilderb. 01 (auch in Schweizer Mda.); Ro und die Windmaschine, Jgd.-R. 01; Ro & Gambrin, Jgd.-R. 02; Die Baumhütte Falkenburg, Bilderb. 02; Beltrametti kann nicht schlafen 03; Ro Ramusch, Jgd.-R. 03; versch. Bühnenprogramme seit 86. – **P:** zahlr. Schallplatten/CDs seit 85. (Red.)

Bardola, Nicola, Lic. phil., Red., Lektor, freier Journalist u. Übers., Autor; Würmseestr. 56, D-81476 München, Tel. (0 89) 75 07 53 63, *bardola@t-online.de, www.bardola.de* (* Zürich 27. 4. 59). VS 06; Rom., Lyr. Ue: ital, frz, engl. – **V:** Liebesxenien, Lyr. 84; Schlemm, R. 05; Lies doch mal! Ganz aktuell – Die 50 besten Kinder- u. Jugendbücher 05; Lies doch mal! 2 – 50 wichtige Jugendbücher 06. – **MV:** Meine Besten. Deutsche Jugendbuchautoren erzählen 06. – **Ue:** Bücher von: Beatrice Masini, Guiseppe Bufalari, C.D. Payne, Jesse Martin, Luciano Comida, u. a. (Red.)

Bareiss, Frauke s. Ohloff, Frauke

Barella, Ruth Agatha, Schriftst., Lehrerin; Via Ronchetto, CH-6838 Muggio, Tel. (0 91) 6 84 14 52, Fax 68 14 52, *rabar@freesurf.ch* (* Biel-Bienne 6. 11. 42). Rom. – **V:** Aufbruch zu zweit, R. 97. – **MA:** Donna Avanti; Libera Stampa; Emanzipation; du, Kunstzs.

Bares, Peter, Organist, Komponist, Dichter; Kirchplatz 6, D-53489 Sinzig, Tel. (0 26 42) 4 24 83. c/o Sankt Peter/Kunst-Station, Jabachstr. 1, D-50676 Köln, Tel. (02 21) 92 13 03 23 (* Essen 16. 1. 36). GEMA. – **V:** Aus Dir Wunder 92; Judas rostet nicht 93; Noch bin ich schneller 93; Erbrochenes Wort 94; Geraubter Mund 95, alles G. – **MA:** Salve festa dies, Gesangb. (Red.)

Baresch, Martin (geb. Martin Eisele, Ps. Mareike Berger, Mike Burger, Martin Caine, Jerry Cotton, Roger Damon, Jason Dark, Ryder Delgado, Martin Eisele, Martin Hollburg, Mike Shadow), Autor, Übers.; c/o K.G. Saur Verl., Hr. Klimt, Ritterstr. 9–13, D-04109 Leipzig (* Eislingen 14. 9. 54). VS 90; Nominierung als bester Übers. d.J. 03 im Kurd-Laßwitz-Pr.; Rom., Film, Hörsp., Übers. Ue: engl. – **V:** Das Arche Noah Prinzip, R. 84, 2. Aufl. 85 (poln. 90); Der Zauberstein von Camelon, R. 84, 3. Aufl. 84; Das Geheimnis der Geisternebel, R. 84, 3. Aufl. 84; Hexensturm über dem Teufelsmeer, R. 84, 3. Aufl. 84; Der Schatz im Drachentempel, R. 85; Kampf um den Kobold-Zirkus, R. 85; Joey, R. z. gleichn. Kinofilm 85; Hollywood Monster, R. z. Film 87; Moon 44, R. z. Film 90; Eye of the storm, R. z. Film 91; Highlander 94; Stargate SG-1: Kinder der Götter 99; Tatort: Bluthunde 99; Der Blutengel von Tschernobyl 00; Leselöwen-Entdeckergeschichten 04; Das Geheimnis des alten Leuchtturms, Kdb. 04. – **MA:** zahlr. Beitr. in Ztgn, Zss. u. Prosa-Anth., u. a. in: Das große Rea-

Barfod

der's Digest Jugendbuch 04; Holmes und der Kannibale 05; Trucks 06; Reader's Digest SUPER-Jugendbuch 07 u. 08/09. – **F:** Mitarb. am Treatment d. Emmerich-Filmes 'Moon 44' 90; Mitarb. an d. Grundkonzeption d. Emmerich-Filmes 'Nekropol', realisiert als 'Stargate' 94. – **Ue:** zahlr. belletrist. Werke, u. a.: Philip José Farmer: Stories u. d. T.: Der Dienstagsmensch 84; Hilbert Schenk: Im Auge des Ozeans 87; Eric Van Lustbader: Ronin 88; ders.: Dai-San 90; Nancy Farmer: Das Skorpionenhaus 03; H.L. McCutchen: Das Land d. verlorenen Erinnerung 03; Shelley Peterson: König d. Pferde 04; dies.: Tochter d. Stürme 04; Richard L. Thierney: Im Haus der Kröte. Ein Lovecraft-R. 04; Nancy A. Collins: Der Todeskuss der Sonja Blue 06; Brian Lumley: Dreamland, Bd 3 06; Jason Lethcoe: Benjamin Piff, Bde 1–4 08 u. 09; Anna Kashina: Das erste Schwert 08; Justin Richards: TIME RUNNERS-Serie, Bde 1–4 08.

Barfod, Albrecht (Ps. Hans Werder), Fachjournalist; c/o Verlag Robert Wohlleben, Hamburg 9. 4. 35). Der Meiler, Berlin 61–90; Scheffel-Pr. 55; Lyr. Ue: engl, lat, gr. – **V:** Alp und Ohm, G. 92; Einschlafstörungen. 1954–2004, G. 04. – **MA:** Mauerwerk, Anth. 94; Beitr. in Zss.: alternative 3/60; lynx 5/6 60; Literatte 16/91; Zirkular 7/94; Zirkular/Zeitstrand 1/00.

Barg, Agnes s. Berkenkamp, Anneliese

Bargeld, Blixa (Ps. f. Christian Emmerich), Komponist, Autor, Schauspieler, Sänger, Musiker, Performer, Doz. f. Darst. Kunst; c/o Bargeld Entertainment, Potsdamer Str. 93, D-10785 Berlin, Tel. (0 30) 2 80 70 95, Fax 2 80 70 94, *info@blixa-bargeld.com*, *www.blixabargeld.com* (* Berlin 12. 1. 59). – **V:** Stimme frißt Feuer 88; Realisten, Theaterst., UA 91; Heine Rückwärts, Theaterst., UA 96; Headcleaner, Liedtexte engl.-dt. 97. – **MV:** 233° Celsius, m. Kain Karawahn, Erz. 99. – **MA:** Geniale Dilletanten 82; Hör mit Schmerzen 89; serialbathroomdummyrun, Ausst.kat. 97, u. a. – **F:** Das Auge des Taifun 93 (auch Video), u. a. – **P:** zahlr. Schallpl., Tonkass., CDs seit 80. (Red.)

Barın, Ertunç, Dipl.-Kfm., Lehrer; *ertuncbarin@ya hoo.de* (* Aydın/Türkei 6. 1. 51). Adelbert-v.-Chamisso-Pr. (Förd.pr.) 86; Rom., Erz. Ue: türk. – **V:** Kosswigs Vögel kommen immer noch, R. 99. – **MA:** Erzn. in: In zwei Sprachen leben 83; Türken deutscher Sprache 84; Über Grenzen 87, alles Anth. – **R:** Der Tag, an dem Andreas zu Ali kam, Erz. im Rdfk 85. – *Lit:* Who's Who in Turkey 98; Dt. Schriftst.lex. 00. (Red.)

Baringer, Ewald; Meynertgasse 12, A-3400 Klosterneuburg, Tel. (0 22 43) 3 16 39, *ewaldbaringer@ hotmail.com* (* Wien 19. 10. 55). Lit.ges. Klosterneuburg. – **V:** Mein Name ist nicht Josef. Lasso ins Netz, Erzn. 99; Hunzils Reise, Prosa 03; Endlich Ruhe. Kleine Geographie d. Wahnsinns. R. 05; landauf. landab. landüber, Prosa 08.

Barišić, Klaudia (verh. Klaudia Ehnis), Dipl.-Rechtspfleger (FH); Gerhart-Hauptmann-Str. 19, D-75345 Calw, Tel. u. Fax (0 70 52) 53 25, *klaudia.ehnis@ t-online.de*, *ehnis-online.de* (* Sindelfingen 18. 8. 71). Erz., Prosatext. – **V:** Ich möchte das Meer sehen, Prosatexte 94. (Red.)

Barkawitz, Martin; Spiegelkamp 1, D-49080 Osnabrück, Tel. (05 41) 8 34 65, *martin.barkawitz@delia-online.de*, *www.barkawitz.de.vu* (* Hamburg 22. 2. 62). Das Syndikat, DeLiA. – **V:** Die Blutgräfin, R. 04; über 250 Kurzgeschn., Heftromane u. Taschenbücher unter versch. Pseud. (Red.)

Barkelt, Johannes Theodor; c/o Aufbau Verl., Berlin, *theobarkelt@compuserve.de* (* 67). Ahrenshoop-Stip. Stift. Kulturfonds 00; Rom., Drehb., Hagiographie. – **V:**

Klarer Fall, Krim.-R. 99; Karibischer Traum, Krim.-R. 00; Glänzende Zeiten, Krim.-R. 01. (Red.)

Barner, G. F. s. Basner, Gerhard

Barnhausen, Walter s. Mummendey, Hans Dieter

Barnick, Laetitia, Journalistin, Malerin; Hochburg, D-88239 Wangen/Allg., *por.ticula@freenet.de*, *www. porticula.de*, *www.watch-for-care.de* (* Kiel 8. 5. 55). VS Bad.-Württ.; Kinder- u. Jugendb., Rep. – **V:** Anastasias Phantom 92; Grit, Jens und die Frau im 13. Stock 93; Die unglaubliche Geschichte von den Pfefferminzbuben 06.

Baron, Karin, Dipl.-Übers. f. Engl. u. Frz., freie Texterin; Caprivistr. 61, D-22587 Hamburg, Tel. (0 40) 86 86 17, *Karin.Baron@t-online.de* (* Darmstadt 26. 1. 58). Kinder- u. Jugendb. – **V:** Lametta-Sophie haut auf die Pauke, Kdb. 03 (auch gr.); Lametta-Sophie auf Tour, Kdb. 04, als Theaterst. UA 06; Lametta-Sophie fliegt raus, Kdb. 05; Als die Sterne vom Himmel fielen, Kdb. 09.

†**Baroth,** Hans Dieter (eigtl. Dieter Schmidt), Journalist; lebte in Berlin (* Oer-Erkenschwick 12. 2. 37, † Berlin 16. 7. 08). VS; Dt. Journalistenpr. 72, Lit.pr. Ruhrgebiet 92; Rom., Sachb. – **V:** Aber es waren schöne Zeiten, R. 78, 82 (als Hörb. 04); Streuselkuchen in Ickern, R. 80, 83; Gebeutelt, aber nicht gebeugt. Erlebte Geschichte 81; Das Revierbuch, Fotos u. Texte 82; Mann ohne Namen, R. 87; Streuselkuchen und Muckefuck, Fotos u. Texte 03; Das werde ich nie vergessen, Bild-Textbd 05; Nie mehr Wattenscheid oder Merkel trägt sein Toupet, R. 06; Café Endlich 08; – Sachbücher: In unseren Betrieben. Ein Schwarzbuch über dt. Betriebe 77; Das Gras wuchs ja umsonst 83; Das Revier-Buch, Bild-Textbd 85; Jungens, euch gehört der Himmel. Geschichte d. Oberliga-West 1947–1963 88, erw. Neuaufl. 06; Anpfiff in Ruinen 90; Des deutschen Fußballs wilde Jahre 91; Unsere letzten Zechen, Bild-Textbd 91; Als der Fußball laufen lernte 92; Aber jetzt ist überall Westen 94. – **MV:** Mit Politik und Porno, 2. Aufl. 74; Pressefreiheit und Mitbestimmung 77. – **H:** Schriftsteller testen Politikertexte 70. – **R:** Frauen. Eine Mehrheit, die wie eine Minderheit behandelt wird, 4-tlg. Serie 72; Anpassung 74; Eine Früh-Ehe 75; Im Pott. Eine proletar. Familiengeschichte 78, alles Fsf. – **P:** Als wir Blagen waren, Hörbuch, CD 07. – *Lit:* s. auch SK.

Barr, Christopher s. Fischer, Claus Cornelius

Barring, Ludwig s. Schreiber, Hermann

Barry, James s. Fischer, Claus Cornelius

Barry, Roland s. Bull, Bruno Horst

Bars, Peter s. Franciskowsky, Hans

Barsch, Frank, Dr., Werbetexter, Lit.- u. Theaterkritiker, Doz. U.Heidelberg; Turnerstr. 175, D-69126 Heidelberg, Tel. (0 62 21) 37 34 57, *frank.barsch@web.de* (* Helmstedt 2. 3. 60). Rom., Hörsp., Lyr., Ess., Kritik. – **V:** Schach, R. 97; Déjà vu. Romantische Reisen 98; Ansichten einer Figur. Die Darstellung d. Intellektuellen in Martin Walsers Prosa, Diss. 00. – **H:** Wenn Amor trifft, Geschn. 00. – **MH:** Martin Walser: Werke, 12 Bde, m. Helmuth Kiesel 97. – **R:** Nachtwache, Hsp. 97; Geht's Ihnen manchmal genauso?, Hsp. 02. (Red.)

Barski, Klaus; Im Fasanengarten 6, D-61462 Königstein, Tel. u. Fax (0 61 74) 20 94 87, *klaus@barski.de*, *www.barski.de* (* Bremen 8. 4. 43). BDW, Florida's Finest Award 97; Rom. – **V:** Der Frankfurter Spekulant 99; Der Loser 00; Der deutsche Konsul 01; Scheißparadies 02; Exil Ibiza 03; Lebenslänglich Cote d'Azur 05; Die Blut-Zeitung 08. – **MA:** Florida Journal 97–00. (Red.)

Barthel

Bartel, Andreas; Rehlackenweg 12, A-1220 Wien, Tel. (01) 2 04 82 32. – **V:** Federlesen, G 00; Weisser Teer, G. 02. (Red.)

Bartel, Christian, Red., Autor; Bonner Talweg 115, D-53113 Bonn, Tel. (02 28) 2 61 83 21, *redaktion @exot-magazin.de, www.exot-magazin.de* (* Bonn 22. 2. 75). – **V:** Seit ich Tier bin, sat. Erzn. 08. – **MA:** Mannsbilder – sie leben mitten unter uns 08. – **MH:** EXOT – Zs. f. komische Literatur. (Red.)

Bartel, Mike, Red., Autor; Hans-Thoma-Str. 24, D-75196 Remchingen, Tel. u. Fax (0 72 32) 7 04 50, *Mike. Bartel@t-online.de, www.mikebartel.de* (* Pforzheim 11. 1. 62). VS, VG Wort; Lit.förd.pr. d. Kunstmin. Bad.-Württ. 98, 3. Pr. b. Leverkusener Short-Story-Wettbew. 00; Sat., Kurzprosa, Lyr. – **V:** Fräulein Müllers Gespür für genmanipulierte Gartenzwerge 98; Der Körperbeherrscher 00; Das Hecheln der Bonner Lisa 02; Begrabt mein Gedicht an der Biegung des Abflusses 02; Wie uns Froschschenkel die Orientierung erleichtern, Kurzgeschn. 05. – **MA:** Veröff. in zahlr. Anth. u. Lit.zss., u. a.: Buch der Langeweile; Von Traum- u. a. Männern; Wandler; Wortwahl; Süddt. Ztg; taz; Eulenspiegel; Stuttgarter Ztg; Badische Neueste Nachrichten. (Red.)

Bartels, Klaus, Dr. phil., Prof.; Gottlieb Binder-Str. 9, CH-8802 Kilchberg b. Zürich, Tel. (0 44) 7 15 29 23 (* Hannover 19. 2. 36). Präs. d. Ges. von Freunden d. Zentralbibliothek Zürich seit 03; Pr. d. Stift. f. Abendländ. Ethik u. Kultur 04. Ue: gr, lat. – **V:** Klassische Parodien 68; Was ist der Mensch? Texte z. Anthropologie d. Antike 75; Technik – Triumph und Tragik des Menschen 86; Veni vidi vici. Geflügelte Worte aus d. Griechischen u. Lateinischen, 7. Aufl. 89, 12., durchg. erneuerte u. erw. Aufl. 08, Tb. 92, 10. Aufl. 08; Roms sprechende Steine. Inschriften aus zwei Jahrtausenden 00, 3., durchges. u. erg. Aufl. 04; – „Streiflichter"-Sammlungen: Streiflichter aus der Antike 81; Sokrates im Supermarkt 86, 3. Aufl. 97, Tb. 00; Eulen aus Athen 88; Zeit zum Nichtstun 89; Homerische Allotria 93; Internet à la Scipio 04; – „Wortgeschichten"-Sammlungen: Wie Berenike auf die Vernissage kam 97, 3., durchges. Aufl. 04; Wie der Steuermann im Cyberspace landete 98; Wie die Murmeltiere murmeln lernten 01; Trüffelschweine im Kartoffelacker 03; Die Sau im Porzellanladen 08. – **MA:** Neunzehn Trugschlüsse 95; Die Familie Mann in Kilchberg 00; Der europäische Bildungsauftrag d. alten Sprachen. Kölner humanist. Reden 04; – insges. über 600 NZZ-Kolumnen: „Streiflichter a.d. Antike" 1973–97; „Ars vivendi" 98–01; „Viva vox" 02; Stichwörter, seit 03; – über 500 Wortgeschn. „Auf deutsch" in d. Stuttgarter Ztg, seit 82. – **H:** Buchreihen „Lebendige Antike" 66–72; „Dialog mit der Antike" 72–76. – **R:** zahlr. Radio-Matineen.

Bartels, Steffen, M. A., Red., Ref. PR/ Öffentlichkeitsarb.; Birkenbreite 6, D-37127 Löwenhagen/Niemetal, Tel. u. Fax (0 55 02) 99 98 56, *steffen. bartels@lotto-niedersachsen.de, sbartels@gmx.net* (* Göttingen 21. 5. 60). FDA 85, Vors. FDA Nds. 94–99; Ess., Prosa, Lyr., Übers. Ue: engl. – **V:** Zwischen Tagen, Texte 1979–1991, Prosa, Lyr. 91; Fairy Dream Glück, Dok. 06; Fahrtenbuch. Kleine Textkunst, Lyr., Prosa 07, u. a. – **MA:** Worte wachsen durch die Wand, Alm. d. FDA Nds. 97; mach mit, Mag. seit 98; Lotto aktuell, Mag. seit 07, beide auch mithrsg. – **H:** Northeimer Kulturmag. 91–93.

Bartfeld-Feller, Margit, Musikleiterin, heute Schriftst.; Sderot Nordau 76, Apt. 4, IL-62381 Tel Aviv, Tel. (03) 6 05 56 10, Fax (03) 6 05 56 11, *margitfeller@gmail.com, margitfeller.googlepages. com* (* Czernowitz 31. 3. 23). VdSI 98; Erz., Kurz-

gesch., Memoiren. Ue: russ. – **V:** Dennoch Mensch geblieben. Von Czernowitz durch Sibirien nach Israel 1923–1996 96 (auch russ.); Nicht ins Nichts gespannt. Von Czernowitz nach Sibirien deportiert. Jüdische Schicksale 1941–1997 98; Wie aus ganz anderen Welten. Erinnerungen an Czernowitz u. die sibirische Verbannung 00; Am östlichen Fenster. Gesammelte Geschn. aus Czernowitz u. aus d. sibirischen Verbannung 02; Unverloren. Weitere Geschn. aus Czernowitz u. aus d. sibirischen Verbannung 05; Erinnerungswunde. Weitere Geschn. aus Czernowitz u. aus d. sibirischen Verbannung, Zeitungsbeiträge u. Berichte 07; Aschenblumen. Eine Fotodok. aus Czernowitz sowie von d. sibirischen Verbannung u. danach 07.

Barth, Johann (Ps. joba); Fürstenbrunnstr. 1, A-5020 Salzburg, Tel. u. Fax (06 62) 84 03 25, *j.barth@aon. at* (* Mettersdorf/Siebenbürgen 19. 3. 31). IGAA 85, GAV 87; kleinere Lit.pr.; Lyr., Prosa, Rom., Ess. – **V:** Schmetterlinge, G. 86; Reflexionen, zeitkrit. G. 87; Archivroman, G. 88; Tausendundkeine Frau, Erzn. 89; Zwischenschnitte, lit. Portr. 92; Hirnlaufmaschen, erot. G. 93; Vaters Leiden, Protokoll-R. 97; MENSCHEN.BILDER – J.B. sieht Salzburg 05. (Red.)

Barth, Monika; J.-H. Laubscher-Weg 9, CH-2503 Biel, Tel. (0 32) 3 65 14 84. – **V:** Katzbach. Drei Erzn. 06.

Barth-Grözinger, Inge (* Bad Wildbad 12. 7. 50). Jgdb.pr. „Goldene Leslie" von „Leselust in Rh.-Pf." 07; Rom., Jugendb. – **V:** etwas bleibt, R., 1.u.2. Aufl. 04 (auch engl.); Beerensommer, R. 06. (Red.)

Barthel, Helmut, Dipl.-Landwirt; Am Feldrain 8, D-09350 Lichtenstein, OT Rödlitz, Tel. (03 72 04) 8 98 33, *rouheba@bycall24.de* (* Seifersbach, Kr. Rochlitz 27. 3. 34). – **V:** Streiflichter auf ein Bauernleben, Erz. 06.

Barthel, Karl Wolfgang, ehem. Verlagslektor, Ausbildungsleiter, Bildungsreferent, Reporter, seit 89 freier Schriftst.; Hatzfeldtallee 6, D-13509 Berlin, Tel. (0 30) 4 33 65 70, Fax 43 74 92 37, *info@abw-musikverlag.de, www.abw-musikverlag.de* (* Berlin 9. 5. 29). Dt. Textdichter-Verb. (DTV), GEMA; Lyr., Chorliedertext, Autobiogr., Fachb. – **V:** Advent – Öffnet das Tor zur Weihnachtszeit, Kant. 93; Fördern durch Fordern 95; Tausend Jahre wie ein Tag, Kant. 99; Jahre wie Gedichte 00; In den Farben des Lebens, G. 04; Pulsschläge, G. 04; Augenblicke, G. 04; Kostbare Zeit, G. 04; Gedankensplitter in zwei Zeilen, Sinnsprüche 05; Spiegelungen, G. 05; Lebensgefühl, G. 06; Spreu und Weizen, Autobiogr. 06. (Red.)

Barthel, Maila (Ps. Henriette Günther), Schauspielerin, Autorin; Hohenfriedbergstr. 9, D-10829 Berlin, Tel. (01 76) 21 86 98 00, *maila_barthel@yahoo.de, www. spuren-des-lebens.com* (* Berlin 17. 10. 69). Anerkenn. d. Hermann-Südermann-Stift. 08; Lyr., Erz., Theaterst. – **V:** Schatten auf meiner Seele, Gedanken u. G. 06; Himmel ohne Obdach, Thetaerst. 07. – **MA:** Zs. d. DGZFP, H. 106 07.

Barthel, Manfred (Ps. Michael Haller, Wolfgang Hellberg), Dr. phil., freier Schriftst.; Jaiserstr. 29 a, D-82049 Pullach, Tel. (0 89) 7 93 21 95, Fax 7 93 80 38 (* Chemnitz 25. 2. 24). BVK; Sachb., Rom., Film. Ue: engl. – **V:** Heinz Rühmann 50; Auf Wiedersehen, Uli, R. 54; Sein größter Fall, R. 55; Schinderhannes, R. 59; Das chinesische Wunder, R. 77; Das Paradies hat 18 Löcher 78, 03; Amors süße Pfeile 84, u. d. T.: Das Adamu. Evaspiel 91; Wenn der Vater mit dem Sohne/Das Wunder von Hongkong, 2 R. 84; Zärtlichkeit mit scharfen Krallen 86; zahlr. Sachb. – **MV:** Heinz Rühmann: Das war's, Autobiogr. 82; Gert Fröbe: Auf ein Neues, sagte er, Autobiogr. 88. – **B:** Peter Voss, der Millionendieb; Macht u. Geheimnis der Templer 79; Das Geheimnis d. Goten 81, beide auch übers. – **MA:** Beitr. in: Damals 4/85, 8/85, 12/85, 1/86, 3/87, 4/87, 7/88, 4/89, 8/89, 7/90, 10/90, 7/91, 9/91, 9/95; Fernsehstadt Berlin 87. – **H:** Schauspielerbriefe aus zwei Jahrhunderten 49, bearb. Neuaufl. 83; Gottlieb Moritz Saphir: Mieder und Leier, Anth. 78; Mutterwitz und Vatermörder 80; Das Guinness-Buch der Rekorde, dt. Ausg. 80; Das schöne Buch abendländischer Weisheit 85; Heinz Rühmann. Ein Leben in Bildern 87; Geschichten rund ums Mittelmeer. Griechenland 88; ... Italien 89 u. a., mehrere Aufl. unter versch. Titeln, alles Anth.; Abendländische Weisheiten 90, 97. – **MH:** Die Tarzanfilme 83; Signaturen 83, beides Tb. – **F:** Erinnerungen an die Zukunft, Dok.-F. nach Däniken; Der Maulkorb, nach Spoerl (Mitautor); Botschaft der Götter, Dok.-F. nach Däniken; Und die Bibel hat doch recht, Dok.-F. nach Werner Keller; Das chinesische Wunder, Spielfilm (Mitautor); Erinnerung an die Zukunft; Sie nannten ihn Christus. (Red.)

†**Bartl,** Gustl; lebte in Salzburg (* Salzburg 12. 4. 24, † lt. PV). Lyr., Kurzgesch., Dokumentation. – **V:** Aus heiterem Himmel, G. 85; ... es ist mal wieder Hammerwetter, Lyr. 87; Alles im grünen Bereich, Lyr. 94; Wolken, Wind und weiße Adler, Dok. 00; Weh' dem, der fliegt, Kurzgeschn. 00.

Bartl, Silvia J. B. (Ps. Johanna S. Bach), Autorin, freie Künstlerin, Einzelhandelskauffrau, Werbegrafikerin, ehrenamtl. Geschäftsf. d. Verl. art of arts; Hinteres Schlehental 7, D-91301 Forchheim, Tel. (0 91 91) 3 47 08, *silvia@artofarts.de, www.artofsilvia. de.gg, www.wordhealing.de* (* Forchheim 30. 6. 62). VG Wort 06. – **V:** Die wahnwitzige megastarke Geschenkefibel 00; Das Zauberwort DAS 02; Ohnemilch / Agent 0815 03; Art of Words 05; Unglaubliches unter uns 06; Perfekt – defekt ... oder ein perplexes Paradoxon 06; geDANKE ... be your reality 07; Erdennebel in Eisblau 07; (alle Titel auch als e-books). – **MA:** Frankfurter Allgemeine Bibliothek, seit 00; Lust auf Gefühl / Lust auf Xmas 05/06; art of mind, art of heart 06; art of mystery 06; ourStory 07, 2 08; art of erotica, art of women 08; Bibliothek dt.sprachiger Gedichte. Ausgew. Werke X 08. – **P:** zahlr. Veröff. unter: www.mystorys.de.

Bartmer, Eugen; Körnergasse 1/1/20, A-1020 Wien (* Wien 17. 6. 37). IGAA, GAV seit 80; Förd.pr. d. Theodor-Körner-Stift.fonds f. Lit. 80; Lyr., Prosa. – **V:** Vierzig Möglichkeiten, G. 78; Steuerfreie Mehrwerte, G. 83; Ein seltsamer Wiener, Geschn. 86; Wien bleibt magnetisch, G. 91; Trockendock Kalksburg, Erz. 93; Der Speibteufel, Geschn. 96; Der Dirigent mit den sieben Ohren, G. 97; Der Menschenfresser, Lyr. 01; sufficated, Erzn. 04. – **MA:** Lyr. in: (Un)Verlangt eingesandt 88; Ich + ich sind zweierlei 95. (Red.)

Bartos, Burghard; Jahnstr. 41, D-21614 Buxtehude, Tel. (0 41 61) 33 08, Fax 5 41 82, *b.bartos@t-online.de* (* Hamburg 3. 4. 52). Nominierung f. d. Dt. Jgd.lit.pr. 00; Biogr., Rom., Erz. – **V:** Abenteuer Lambarene. Albert Schweitzer, R.-Biogr. 89; Ich bin Karlchen, ich will leben 89 (auch schw., jap.); Abenteuer Menschenrecht. Mahatma Gandhi, R.-Biogr. 89; Ich bin Lottchen, ich will leben 90 (auch jap.); Ich kann es aber durch Töne. Wolfgang Amadeus Mozart, R.-Biogr. 90; Old Shatterhand, das bin ich. Karl May, R.-Biogr. 91; Brotzeit. Geschichten um d. tägl. Brot 97; Omas Tipps zur Weihnachtszeit 99; Zauber des Orients 06; zahlr. Sachbücher v. a. zu Tieren, Umwelt u. Umweltschutz. – **MV:** Bartos-Höppners Weihnachts-ABC, m. Barbara Bartos-Höppner 82; ... lebt der große Name noch 87, u. a. – **H:** Das große Buch der Lachgeschichten 85; Ich bin schon hier 86; Meine Frau, die Ilsebill 86; Spieglein, Spieglein an d. Wand 86; Gute Besserung 89; Schöne Besche-

rung 90; Die schönsten Kinderreime 00. – **MH:** Das große Weihnachtsbuch 79; Das große Buch zur Guten Nacht 80; Das große Buch der schönsten Tiererzählungen 82; Das große Buch der schönsten Dorfgeschichten 83; Das große Gespensterbuch 84; Vom Himmel hoch da komm ich her 99, alle m. Barbara Bartos-Höppner. – **Ue:** Kinder machen 50 starke Sachen 91. – *Lit:* s. auch SK. (Red.)

Bartos, Karlheinz (Ps. H. Heart), Mag. phil., Prof.; Sandgasse 23A, A-8010 Graz, Tel. (03 16) 68 15 29, *wladimir.iwanow@kfunigraz.ac.at* (* Graz 26. 11. 50). Künstlergr. „Odysseus in domino" Graz; Lyr., Prosa, Übers. Ue: frz. – **V:** Halbwertzeit 95. (Red.)

†**Bartos-Höppner,** Barbara (geb. Barbara Höppner); lebte in Nottensdorf (* Eckersdorf, Kr. Bunzlau/Schles. 4. 11. 23, † Nottensdorf 7. 7. 06). VS 59, P.E.N.-Zentr. London 70, P.E.N.-Zentr. Dtld 79, Dt. Akad. f. Kd.- u. Jgd.lit. 76; Auswahlliste z. Dt. Jgd.lit.pr. 58, 60, 62, 64, 66, 69, 79, 1. Pr. d. N.Y. Herald Tribune Children's Spring Book Festival 63, Dipl. of Merit d. Intern. Hans-Christian-Andersen-Pr. 68, E.liste z. Öst. Kd.- u. Jgdb.pr. 75, 77, E.liste z. europ. Jgdb.pr. 76, 82, BVK am Bande 77, Christophorus-Pr. 77, Friedrich-Gerstäcker-Pr. 78, Gr. Pr. d. Dt. Akad. f. Kd.- u. Jgd.lit. 82, BVK I. Kl. 99, Dt. Schallpl.pr. ECHO 00; Kinder- u. Jugendb., Bilderb., Reiseb., Rom., Musikalische Erz. – **V:** D. Töchter d. Königsbauern, Mädchenb. 56; Wir wollen Freundschaft schließen, Nina!, Mädchenb. 56; D. gezähmte Falke 57; D. tönende Holz 58; Entscheide dich, Jo! 59; Kosaken gegen Kutschum-Khan 59, 89; Taigajäger 60; Rettet d. großen Khan! 61, 00; Sturm üb. dem Kaukasus 63, 95; Aufregung im Reimerhaus 63; Achtung – Lawine! 64; D. Buch d. schwarzen Boote 65, alles Jgdb.; Hein Schlotterbüx aus Buxtehude, Bilderb. 66; Aus einer Handvoll Ton, Jgdb. 67; Aljoscha u. d. Bärenmütze 68, 96; Schnüpperle, 24 Geschn. z. Weihn.zeit 69, 00; Marino lebt im Paradies 69; D. Schützenfest 69, alles Kdb.; D. Laternenkinder, Bilderb. 70; E. Ticket nach Moskau, Reiseb. 70; D. Königstochter aus Erinn, Jgdb. 71, 97; Ferien mit Schnüpperle, Kdb. 72, 99; Ponyfest m. Schnüpperle, Kdb. 73, 99; E. schönes Leben f. d. kleine Henne, Bilderb. 74; Tausend Schiffe trieb d. Wind, Jgdb. 74; Auf dem Rücken d. Pferde, Jgdb. 75; Ich heiße Brummi, Bilderb. 76; D. Mädchen v. d. Insel, Mädchenb. 77, 93; B.B.-H. erzählt Tiermärchen 77; B.B.-H. erzählt Wintermärchen 77; Silvermoon – Weißer Hengst aus d. Prärie 77; B.B.-H. erzählt Zaubermärchen 78; D. Ponys v. Gulldal 78, 90; D. große Buch d. schönsten Schwänke 79; Silvermoon – Zwischen Cowboys u. Comanchen 79; Meine allerliebsten Bäume, Bilderb. 79; B.B.-H. erzählt Gruselmärchen 80; D. Bonnins – E. Familie in Preußen, R. 80, 95; D. große Bartos-Höppner-Buch 80; Meine allerliebsten Tiere, Bilderb. 81, 86; Silvermoon – Geschichten am Lagerfeuer 81; Bartos-Höppners-Weihnachts-ABC 82, 91; D. Freischütz, Opernerz. 82; D. Erben d. Bonnins, R. 82, 97; Riesengebirge in alten Ansichtskarten, Bildbd 82; D. Rattenfänger v. Hameln, Bilderb. 84, 95; Schnüpperle, 24 Ostergeschn. 84, 00; D. wunderbare Braut, Bilderb. 85; Meine allerliebsten Vögel, Bilderb. 85; Elbsaga. Ein Fluß erzählt Geschichte 85, 98; Lieselott v. Bonnin, R. 85, 97; Meine allerliebsten Blumen, Bilderb. 86; Sankt Nikolaus, Bilderb. 86; Nun singet u. seid froh, Adventskal. 86; Schnüpperle kommt in die Schule 86, 99; Schnüpperle hat Geburtstag 88, 98; Denkt euch, ich hab d. Christkind gesehen 88; D. Waldmaus macht e. Weihnachtsbesuch, Bilderb. 88; D. Friedensfest, Bilderb. 89; Kommst du mit, Kolja? 89; Münchhausen 89, 95; Schnüpperle u. sein bester Freund 89, 99; Muz, kleiner Muz 90,

98; Rebekka 91; Maria 91; Rübezahl, Bilderb. 91; D. Schildbürger u. D. sieben Schwaben 91; Schnüpperle u. sein grüner Garten 91, 98; Zaubertopf u. Zauberkugel, Bilderb. 91; Mein grosses Märchenbuch 92; Katinka, d. Bär u. d. Flüstern im Schilf, Bilderb. 93; D. Schuld d. Grete Minde 93, 96; Schnüpperle auf Reisen u. a. neue Geschichten 94; Till Eulenspiegel 94; Weit u. breit Weihnachtszeit, Kdb. 95; Hans Hampel, Bilderb. 96; Kein Platz für d. Spatzen?, Bilderb. 96; Pocahontas – Häuptlingstochter, Bilderb. 96; Schnüpperle ist d. Größte 97; Vom Himmel hoch, da komm ich her 99; Mit Schnüpperle durchs ganze Jahr 99; Ein heller Stern in dunkler Nacht, Bilderb. 01; Die Weihnachtsgeschichte, Bilderb. 01; Heimlich-unheimliche Weihnachts- u. Wintergeschichten 03; Lauf zur Krippe, kleiner Esel, Bilderb. 04; Die große Kinderbibel 05; Bergkristall, Bilderb. 06, u. a.; (Übers. insges. in über 20 Sprachen). – MV: Lebt der große Name noch, 100 Portr. 87; Norddeutsche Feste und Bräuche 87; Das Osterbuch für die ganze Familie 87; Von Aachener Printen bis Zürcher Leckerli 89. – H: Weihnachtsgeschn. unserer Zeit 71; Tiergeschn. unserer Zeit 72; Abenteuergeschn. unserer Zeit 73; Mädchengeschn. unserer Zeit 74; Schulgeschn. unserer Zeit 75; Kriminalgeschn. unserer Zeit 76; Kalendergeschn. unserer Zeit 77; D. schönsten Geschn. unserer Zeit 78; Kinderlieder unserer Zeit 78; D. polnische Leutnant 80; D. grosse Reimebuch für Kinder 90; Osterfest u. Frühlingszeit 00. – MH: D. große Weihnachtsbuch 79; D. große Buch z. Guten Nacht 80; D. große Buch d. schönsten Tiererzn. 82; D. große Buch d. schönsten Dorfgeschn. 83; D. große Gespensterbuch 84; Kindergedichte unserer Zeit 84, alles Anth. – R: Ab nach Nazareth, Fsf. 94; Auf nach Bethlehem, Fsf. 94. – P: Ich heiße Annette 78; Tiermärchen 78; Zaubermärchen 79; Ferien mit Schnüpperle; Schnüpperle u. sein bester Freund; Schnüpperle u. sein grüner Garten 91, alles Tonkass.; Weihnachten mit Schnüpperle, Tonkass. 91, CD 97; Ostern mit Schnüpperle, Tonkass. 92, CD 98; Schnüpperle hat Geburtstag, Tonkass. 92; Ponyfest mit Schnüpperle, Tonkass. 95; Schnüpperle kommt in die Schule, Tonkass./CD 95; Die Waldmaus macht e. Weihnachtsbesuch 98, Tonkass./CD 98; Der Rattenfänger von Hameln, Tonkass./CD 99; Nun singt u. seid froh, Tonkass./CD 99, u. a. – Ue: König Artus 96. – Lit: Lex. d. Kinder- und Jugendlit. 75; B.B.-H. – 20 Jahre Jgdb.-autorin 76; Zwischen Trümmern u. Wohlstand: Lit. d. Jugend 1945–1960 88; Kinder- u. Jugendlit., Lex. 96.

Bartoschek, Eva s. Rechlin, Eva

Bartram, Angelika, freie Autorin u. Regisseurin; c/o Comedia Colonia, Löwengasse 7–9, D-50676 Köln, *info@angelika-bartram.de*, *www.angelika-bartram.de* (* Hannover 19. 10. 52). VS, Verb. Dt. Drehb.autoren; Hörspielstip. d. Filmstift. NRW 94. – V: Klakamüschenshow, UA 82; Hans im Glück, UA 82; Der große Ömmes & Oimel Show, UA Sylvester 82/83; Perucco Quack und der Geldknauser Raffsack, UA 83; Die kluge Bauerstochter, UA 84; Das Geheimnis der gelben Ohren, UA 84; Mondragur oder die Geschichte vom goldenen Ei, UA 84; Kniffel-Knaffel-Show, UA 85/86; Kobald und Karmesina, UA 86; Hexenlied, UA 87; Hannibal Sternschnuppe, UA 87; Die Heldin, UA 89; Der Rotkäppchenreprot, Comedy-Revue, UA 89; Europa à la Pichelsteiner, Comedy-Show 89; Prinz Mumpelfitz, UA 91; Teddys Weihnachtsirrfahrt, UA 91; Das Geheimnis der Kristallquelle, UA 95; Die Therapeutin, UA 96; mehrere Puppenspiele; Sketche f. d. Springmäuse, Bonn; mehrere Trivialromane unter Ps. – MV: Konrad, das Kondom, m. Markus Bär 93. – MA: Frauen schreiben Geschichte(n) 89; Autorinnen u. Autoren in Köln 92. – R: Hfk-Arb.: Das Wolkenschloß im

Wohnzimmer 85; Das Hexenlied 86; Das kleine Krokodil geht verloren 86; Der weggeworfene Teddybär 87; Der Giftzwerg 87; Der Holzwurmsamba 87, alles Kurzhsp. f. d. Vorschulserie „Der grüne Punkt"; Der Rotkäppchenreport, 30 Kurzhsp. 86; Erster Vierter Einundneunzig, Hsp. 91; Prinz Mumpelfitz, 10tlg. Hsp.-Ser. 92–96; Knut kommt gut, Abenteuer e. Seepferdchens, Kurzhsp.-Ser. 93–96; Die Kristallquelle, Hsp. 98; Hannibal Sternschnuppe – Weihnachtsmann 2000, Comedy-Musical 99; Drehbücher u. Konzepte f. Shows, Sitcoms u. Familienserien seit 90. – P: Dino u. seine Freunde – Abenteuer im Reich d. Saurier, T. 1–3 87, Neuaufl. 93; Fritz Mumpelfitz – Im Reich d. Klangmonster, T. 1–3 93, alles Kinderhsp.-Kass. (Red.)

Bartsch, Irene s. Böhme, Irene

Bartsch, Klaus-Ulrich (Ps. Ulrich Bartsch-Siling)

Bartsch, Kurt, Schriftst.; Detmolder Str. 16, D-10715 Berlin, Tel. u. Fax (0 30) 8 53 19 49. Kreienberg 5, D-24321 Giekau, Fax (0 43 85) 8 97 (* Berlin 10. 7. 37). Förd.pr. f. Lit. d. Dt. Akad. d. Künste 81, Arb.stip. f. Berliner Schriftst. 86, Dt. Fs.pr. TeleStar 97; Lyr., Nov., Drama, Erz., Parodie, Film, Fernsehen. – V: Poesiealbum 13, Lyr. 68; Zugluft, G., Sprüche, Parodie 68; Die Lachmaschine, G., Songs u. e. Prosafragm. 71; Kalte Küche, Parodien 74, 75; Der Bauch, Gensp. 77; Kaderakte, G. u. Prosa 79; Wadzeck, R. 80; Geschichten vom Floh, Kdb. 81; Die Hölderlinie, Parodien 83, 84; Annas Wiese, Kdb. 83; Weihnacht und Wotan reitet, G. 85; Die Raupe Rosalinde, Kdb. 85; Reisen und Abenteuer der Maus Belinda, Kdb. 86; Fanny Holzbein, R. 04; Mein schönes Gegenüber, Lyr. 04. – MV: Eins, zwei, drei zurück ins Ei 89. – R: Checkpoint Charlie, Hsp. 86; Leiche im Keller 86; Peter Strohm 90 (3 Folgen; Mord Ost, Mord West 91; Unser Lehrer Doktor Specht 90–98 (70 Folgen), alles Hsp. – Ue: Moliere: Der Menschenfeind 74; Aristophanes: Die Vögel 73; Die Acharner 82. (Red.)

Bartsch, Michael, Journalist; Conertplatz 10, D-01159 Dresden, Tel. u. Fax (03 51) 4 21 43 30, *Michael.Bartsch.Dresden@t-online.de* (* Meiningen 19. 4. 53). ASSO Unabhängige Schriftst. Assoz. Dresden; Stip. d. Sächs. Staatsmin. f. Wiss. u. Kunst 02. – V: Die Krähen sammeln sich, G. 00; Das System Biedenkopf, Sachb. 02. – MA: Neustadt-Lesebuch 96; Altstadt-Lesebuch 97; Wenn das Wasser im Rhein 00; Dresdner Kuriosa 01; – SIGNUM, Lit.zs., seit 01. (Red.)

Bartsch, Paul D., Dr.phil., Lit. wiss., Medienpäd.; Klausbergstr. 4, D-06114 Halle/S., Tel. (03 45) 5 22 64 76, Fax 5 23 88 26, *pdbhalle@aol.com, www. zirkustiger.de* (* Wernigerode 30. 6. 54). Förd.kr. d. Schriftst. in Sa.-Anh. 96, Friedrich-Bödecker-Kr. Sa.-Anh. 98; Stadtschreiber v. Halle 06/07; Lied, Lyr., Prosa, Sachb., Lehrb. – V: Sag mir, wo du stehst! Ein Land in seinen Liedern 97; Lieder, Chansons & Sprüche 97; ... manchmal wird daraus ein Lied 99; wenn ich aufhör anzufangen fange ich an aufzuhörn 00; Große Brüder werfen lange Schatten 02; Amt des Sängers 02; Das Wasser am Hals oder 20 Sätze über die Trägheit, Erz. 07; mehrere regionalkundl. Bildbände. – MH: Fritz O. Hartmann: Mein Traum von Glück war groß und tief, G., m. Alfred Bartsch 03. – P: Leben in der Stadt, Schallpl. 90; Ein deutsch/deutscher Spitzen-Salat 92; Deutschland. Ein Herbst-Märchen 94, beides Tonkass.; Geliebte G. 95; 68er 97; Die Macht der Musik 98; Weißes Kreuz auf rotem Grund 01; Bruchpiloten 03; Stechen 05; Wer weiß schon wie alt es wird, alles CDs.

Bartsch, Susanne, c/o Schwartkopff Buchwerke GmbH, Monbijouplatz 2, D-10178 Berlin, *susannebartsch@web.de* (* Hannover 4. 8. 68). Stip. d. Arno-Schmidt-Stift. u. d. Nordkollegs Rendsburg 96,

Bartsch

d. Kester-Häusler-Stift. Fürstenfeldbruck 97, d. Dreh-buchwerkst. München 98/99. – **V:** Familienquiz, Erz. 93; Rent A Friend, R. 99; Campingsaison, R. 04. – **MA:** Strandbuch 92; Sommerfest 93; Urlaubslesebuch 96; Wenn der Kater kommt 96; Glossen u. Buchbespre-chungen in: Allegra, seit 96. (Red.)

Bartsch, Wilhelm, Schriftst.; Richard-Wagner-Str. 30, D-06114 Halle/S., Tel. u. Fax (03 45) 5 23 06 19, *bartschwilhelm@web.de* (* Eberswalde 2. 8. 50). P.E.N.-Zentr. Ost 93, Präs.mitgl. seit 96, GZL, Förd.kr. d. Schriftst. in Sa.-Anh., Friedrich-Bödecker-Kr.; Brü-der-Grimm-Pr. d. Stadt Hanau 87, Stadtschreiber v. Halle 93/94, Stip. Schloß Wiepersdorf 94 u. 00, Am-sterdam-Stip. Senat Bln 94, Teiln. Weltfestival d. Poesie in Struga/Mazedonien 95, Fellow Virginia Center for the Creative Arts, Mt. San Angelo 96, MDR-Lit.pr. (3. Pr.) 97, Lit.pr. d. Stadt Wolfen 97, Stip. d. Stift. Kul-turfonds 99 u. 02, Walter-Bauer-Pr. 00, Stip. d. Konrad-Adenauer-Stift. 00/01, Stip. Künstlerhof Schreyahn 04, Wilhelm-Müller-Lit.pr. d. Ldes Sa.-Anh. 07, Stip. d. Dt. Lit.fonds 07; Lyr., Ess., Kinderb., Prosa, Nachdichtung, Sachb., Herausgabe. Ue: serbokroat. – **V:** Poesiealbum 208 85; Übungen im Joch, G. 86; Erdmute Warzenau, Kdb. 89; Gohei und der Dämon Tsunami, Kdb. 89, überarb. Aufl. 05; Rachab, Jgdb. 92; Der Edle Flick und der Baron Hops ..., Erz. 93; Gen Ginnungagap, G. 94; Heldenlärm, Erz. 98; Ganz am Rande, Künstlerb. 00; Unter Null, G. 01; Hallorenkugelrund und federleicht 01; Gnadenorte Eiszeitwerften, G. 03; Schwanken-de Gründe, Erzn. 04; Geisterbahn, G. 1978–2005 05; Spanschachtel, Haikus 07. – **MV:** Halle – eine Wasser-musik, m. Klaus Adolphi, Bildbd 01; Strich und Faden, m. Dieter Gilfert 08. – **MA:** zahlr. Beitr. in Anth. u. Zss., u. a.: Sinn u. Form 87. – **MH:** Zwischen Staats-macht und Selbstverwirklichung, m. Thomas Kupfer (Sonderbd d. Zs. HALMA) 98. – **R:** Das Schnabel-tier mit dem Skalpell, Funkess. zu J.F. Meckel d.J. 02; Hirnanatomie der Geschichte, Funkess. zu J.C. Reil 03; Des Mannes Feld, m. Andreas Splett, Filmess. 06. – **MUe:** Vasko Popa: Die Botschaft der Amsel, G. 89, u. a. (Red.)

Bartsch-Siling, Ulrich s. Bartsch, Klaus-Ulrich

Barudio, Günter, Dr., gelernter Öltechniker, Histori-ker, freier Autor u. Publizist; Pestalozzistr. 13, D-60385 Frankfurt/M., Tel. (0 69) 46 15 23 (* Dahn 5. 4. 42). Pfalzpr. f. Lit. 89. – **V:** Der Kornkönig, R. 06; mehrere Sachbücher. (Red.)

Barüske, Heinz, Prof., Skandinavist, freier Schriftst. (* Kolberg/Pomm. 6. 3. 15). Kogge, korr. Mitgl. Dansk Forfatterforening 72; Stud.pr. d. Stadt Minden 71, Rit-terkreuz d. isl. Falkenordens 75, Prof. e.h. 75, Rit-terkreuz 1. Grades d. Danebrog-Ordens 77, BVK 85, Gränländ. Orden „Nersornaat" 00; Ess. Ue: skand. – **V:** Grönland. Größte Insel der Erde 68; Die nordischen Literaturen 74; Das Nordmeer u. die Freiheit der See 74; Grönland. Reise in d. Wunderland d. Arktis 77; Die Wikinger und ihre Erben 81; Im Land der Meerjung-frau 82; Norwegen, Kunst- u. Reisef. 84, 86; Dänemark 86; Schweden. Auf d. Spuren v. Nils Holgersson 86; Grönland. Kultur u. Landschaft am Polarkreis 90 (auch ung.); Island, Kultur- u. Reisef. 91; Norwegen. Peer Gynts Land 91; Erich von Pommern. Ein nord. König a. d. Greifengeschlecht 97; Hans Christian Andersen in Berlin 99, u. weit. größere Abhandl. m. skand. Thema-tik. – **MA:** Anth. d. Dän. Lit. 78; Welt-Literatur heu-te 82. – **H:** Eskimo-Märchen 69, 91 (auch jap., ndl.); Skandinav. Volksmärchen 72 (auch ndl.); Mod. Erzäh-ler d. Welt: Island 74; Märchen d. Eskimo 75; Skan-dinav. Märchen 76; Mod. Erzähler d. Welt: Dänemark 77; Aus Andersens Tagebüchern I–II 80; Land aus dem

Meer 80; Die Heiden im Eis 86; Dänische Märchen 93; Isländische Märchen 94 (alle übers. u. kommentiert). – **Ue:** Land aus dem Meer. Junge isländ. Lyrik (auch im Rdfk) 63; Elsa Jacobsen: Junge Helden 65; Viola Wahl-stedt: Keiner glaubt Aslak 69; Auf der Flucht mit Alex-ander 72. (Red.)

Barwasser, Frank-Markus (Ps. Erwin Pelzig), Kaba-rettist; Kopenhagener Str. 27, D-97084 Würzburg, Tel. (09 31) 6 66 81 31, Fax 6 66 81 34, *info@barwasser.de*, *www.pelzig.de* (* Würzburg 60). Thüringer Kleinkunst-pr. 00, Dt. Kabarettpr. 01, Salzburger Stier 02, Würz-burger Kulturpr. 02, Dt. Kleinkunstpr. 04, Bayer. Ka-barettpr. 04, Bayer. Poetentaler 05, Grau-Kulturpr. 06, Bayer. Fernsehpr. 06. – **V:** PROGRAMME: Nüssleins Fügung 93; Leih mir a Mark 95; Das Superwahljahr 98; Aufgemerkt! 99; Worte statt Taten 01; Vertrauen auf Verdacht 04; – BÜCHER: Erwin Pelzig. Was wär' ich ohne mich? 03. – **R:** regelm. Radioglossen für B3 „Pel-zig & Co" seit Anfang d. 90er Jahre; Beitr. f. NDR u. DLR; Fs.-Sdg „Pelzig unterhält sich", viermal jährl. im BR. – **P:** Erwin Pelzig kurz u. treffend für den Funk 95; Herbstdepression 96; Parteivertehr 98; Erwin Pel-zig live – DIE ERSTE: Aufgemerkt! 00; Erwin Pelzig live – DIE ZWEITE: Worte statt Taten 02; Erwin Pel-P.I.S.A. – Pelzig in Sachen Abitur 03; Erwin Pelzig – Vertrauen auf Verdacht 05. (Red.)

Barwasser, Karlheinz, Schriftst.; Corneliusstr. 42, D-80469 München, Tel. u. Fax (0 89) 54 84 87 95, Fax 2 01 44 27, *office@karlheinz-barwasser.de*, *www. karlheinz-barwasser.de* (* Paderborn 26. 6. 50). VS 81–92; Förd.stip. f. Lit. d. Ldes NRW 86, Stip. d. Ldes-hauptstadt München 92, Lyr.pr. Meran (2. Förd.pr.) 96, erostepost-Lit.pr. 06; Prosa, Lyr., Rom., Nov., Ess., Hör-sp., Kulturkritik. – **V:** Kaputte Sommertage in S., Lyr., 81; Schwulenhatz im Knast, Dok. 81; Doch Zufall ist hier nichts, Lyr. 82; Seelenhunger, Lyr. 82; Erst ma' erst ha-be Jahr, R. 83; Nachtwellen, Lyr. 83; Noch mal davon-gekommen, Samml. Lyr. u. Prosa 83; Wider die Räuber, Lyr., Erzn. 84; Das Ypsilon der verdrehten Achsel, Lyr. 92; Richtungen, Lyr. 95; Mutterkorn, R. 96; Topogra-phien, Lyr. 97; Der Bilderesser 98; Fleisch: Kölner 98; ÜberGänge, Lyr. 00; Passover, Lyr. 01. – **MV:** Im ei-genen Schatten, Lyr. 86; 2 Männer, Interviews, Biogr., Erzn. 86, beide m. Robert Stauffer. – **MA:** zahlr. Beitr. in Anth., Ztgn u. Zss. im In- u. Ausland. – **H:** Schrei Deine Worte nicht in den Wind 82; Mauern halten uns nicht auf 83; Wir sind weitergekommen 83; cet, Zs. f. Lit.; Pcetera, Multimedia-CD f. Lit. u. Kunst; cet – Lite-ratur im Internet. – **MH:** Lovestories, Erzn. 86. – **R:** Die Liebe zu seinem Bewacher 85; Der Turm 85; Urbi et orbi, m. R. Stauffer 85; Die Gesinnungsbörse, m. dems. 86; Am Morgen danach, m. dems. 86; Polyglotte – Hörverunsicherung, m. dems. 86; Laßt mich bitte noch mal vo vorn anfangen 87; Der Deuvel ist bange vor mir, m. Dagmar Töpfer 87; Kathleen im Turm 87; Apoka-lypse 87; Tatort Wohnmaschine 88; Jeanne de Jeannette du monde – We doch der Kampf beginnt 88; Revolutions-collage: André Chénier, e. besserer Dichter ohne bes-seres Schicksal, m. Michael Peter, R. Stauffer 88/89; Eukalyptusgarten 88; Die Rundfunklesersorge 89; Fro-he Ostern 88; Robinson muß sterben 89; Brilium, m. R. Stauffer 89; Der Anschlag 89; 6 Lieder vom Tag 89; RadiOh!, m. R. Stauffer 89; Kein Traum kann dich be-trügen 90; Seinen Baum suchen 90; Die meisten wollen ja offen, m. R. Stauffer 90; Deadline 91; Babylon 91. Deformation 91; Allegro Barbaro, m. R. Stauffer 92; Und trotzdem 93; Fallen ... 94; The Skies Over Bagdad 95; Bilderfressen 97; ÜberGänge 97; Go West 99; Jahr-hunderttempel 01; 11:09:01 02; Chalaf 02, alles Hsp.; Kein Schrei von dessen Lippen 91; Gesang vom Untergang 91; Vor meinen Augen ist es kalt 91; Wo ich sterbe ist meine Fremde 92; Im falschen Körper 92; Jüdisch, links und schwul, m. R. Stauffer 92; Wies'n-Herrlichkeit oder Die Bierolympiade, m. dems. 96; Eine einzige Hitlerey in Stein, m. dems. 98; Vorwärts immer – Rückwärts nimmer 99; WAR! 01; Halacha und Haskala 05, alles Feat. – **P:** Astrid Gehlhoff-Claes liest Lyrik & Prosa v. K.B. 82; Das bißchen Leben, Schüpbach liest Barwasser 83; Schreiben im Knast, m.a. 86; Vorwärts immer – Rückwärts nimmer, m. R. Stauffer, CD 99. – *Lit:* Jost Schüpbach: E. Versuch, Abstand zu verringern. Üb. d. Schriftst. K.B. in: Kontiki 65 83. (Red.)

Barylli, Gabriel, Autor, Regisseur, Schauspieler; lebt in Wien, *www.gabrielbarylli.at* (* Wien 31. 5. 57). Bayer. Filmpr. 90, Adolf-Grimme-Pr. 99; Rom., Dramatik, Fernsehsp. – **V:** Butterbrot 89; Folge dem gelben Steinweg ... 91; Honigmond 93; Zweimaldrei Stücke 93; Nachmittag am Meer 97; Denn sie wissen, was sie tun 98; Wer liebt, dem wachsen Flügel 99; Alles, was du suchst 01; Wo beginnt der Himmel 02; Bis zur Unendlichkeit 04; Salzburg – eine Liebe! Ein lit. Reiseverführer 05; Ballerina 07; – THEATER/UA: Kleist 81; Na also – Good Bye 81; Abendrot 85; Am Zenit 85; Butterbrot 86; Im Mittelpunkt 89; Morgentot 89; Waiki – A – Chiakooh Pa Pa Pa 90; What a wonderful world 91; Honigmond 92; Rette sich wer kann 92; Abendwind 93. – **MV:** Schmetterling, m. Sharron Gold 92. – **F:** Butterbrot 90; Honigmond 95; Wer liebt, dem wachsen Flügel 99. – **R:** Honigmond, Hsp. 90. (Red.)

Barz, Ingo; Dorfstr. 25/Schnitterhof, D-17179 Lühburg, Tel. u. Fax (03 99 72) 5 01 73, *schnitterhof@web. de* (* Ribnitz 18. 5. 51). Arb.stip. d. Ldes Meckl.-Vorp. 01; Lyr., Prosa, Liedgut. – **V:** Positionslichter, G. 89; April-April oder konkrete Standpunkte zur allgemeinen Lage 92; Respektloser Umgang mit den Absonderlichkeiten des Alltäglichen 93, beides G., Lieder, Prosa; Solang ich denn ein Wort hab, G., Geschn. 96; Donner, Blitz und Ofenrohr, Kinderlieder, G. 98; Du sprachst vom Feigenbaum und seinen Früchten, Lyr. 00; Verbreitung pessimistischen Gedankengutes in Tateinheit mit Gitarrenspiel, Ess., Liedtexte, Dok. 05. – **MA:** Anzeichen 6 88; Spielpläne 7/8 98; Spuren und Wege 90; Türklinken zum Leben 90; Christlicher Kinderkalender 91–97; Christlicher Hauskalender 91, 95; Herbstzeitlose 91; Davids Stern steht über Bethlehem 92; 111 Lieder – Songbук 93; Das Land, die Zeit, der Mensch 95; Das Kind in der Krippe 98; Himmel überm Asphalt 00; Kennt ji all dat niege Leed, Liederb. f. Meck.-Vorp. 03. – **MH:** Knospen am Baum – Liederleute ohne „Spielerlaubnis" in Mecklenburg 1979–1989, m. Jörg Boddien, Dok., Texte u. Fotos 00. – **P:** Und alle brauchen Wärme 91; Was ist der Mensch, daß du seiner gedenkst 92; Verlierer, Träumer, Deserteure 93; Wo ist ein Platz zu bleiben 94; Der letzte Wolf 96, alles Schallpl. u. CD; Donner, Blitz und Ofenrohr, CD z. Kdb. 98; Im Anfang war das Ohr, Liedgedichte, Texte 99; Drum fragt mich jemand wie es war, Liedgedichte 00; Das macht dass wir uns finden, Liedgedichte 03; Und manchmal möcht ich traurig sein, Liedgedichte 05; Das wollt' ich dir noch singen, Liedgedichte 07, alles CDs.

Barz, Jörn-Uwe, Red.; Hafenstr. 12, D-38179 Schwülper, Tel. (0 53 03) 60 90, *joern-uwe@labsch. com* (* Weimar 6. 2. 43). – **V:** Verdichtet zu Bildern von Bartold Asendorpf, G. 96; Zwischen den Monden, Lyr. 03. (Red.)

Barz, Paul, Publizist, Journalist; Heckenweg 17 b, D-21465 Wentorf, Tel. (0 40) 7 20 97 27, Fax 7 20 95 17, *paul.barz@on-line.de* (* 28. 8. 43). – **V:** Die Menschen von Versailles. Biographie e. Schlosses 73, Neuausg. 80; Heinrich der Löwe, Biogr. 77, Neuausg. 87; Götz

Friedrich. Abenteuer Musiktheater 78; Motiv Geschichte. Berühmte Gemälde u. berühmte Ereignisse 81; Der wahre Schimmelreiter. Die Geschichte e. Landschaft u. ihres Dichters Theodor Storm 82, Neuausg. 00; Zar und Zimmermann. Oper f. Kinder 82; Bach Händel Schütz. Meister d. Barockmusik 84; Doktor Struensee. Rebell von oben 85; Theodor Storm und Schleswig-Holstein 88; Menschen auf Sylt 88; Mein Norddeutschland 93; Theodor Storm. Wanderer gegen Zeit u. Welt 04; Die Gegenspieler. Friedrich Barbarossa u. Heinrich der Löwe 04; Mozart. Prinz u. Papageno 05; Ich bin Bonhoeffer 06; Christoph Columbus 06; Heinrich der Löwe. Sein Leben u. seine Zeit 08; Händel 08; – Bühnenstücke: Mögliche Begegnung 85; Der wahre Störtebeker 86; Nie sollst du mich befragen 86; Der Butler ist immer der Mörder (n. E. Wallace) 88; Viva Verdi! 90; Karoline letzter Akt 92; Der Schimmelreiter (n. Th. Storm) 98; La Paloma ade! 03; Der fliegende Holländer (n. R. Wagner) 06. – **MA:** Paläste Schlösser Residenzen 73, Neuausg. 86; Danach war Europa anders 81; Die Oper. Führer durch Oper, Operette, Musical 81; Die großen Helfer 83; Kultur Tagebuch. 1900 bis heute 84; Sylt 91; Ermittlungen in Sachen TATORT 00. – **H:** Ein anderes Leben wagen. 2000 Jahre alternative Daseinsformen 84; Wo die Musen frieren. 20 norddt. Künstlerbiographien 87. – **R:** Hörspiele: Requiem für Josephine 67; Die schwarze Villa 69; Der Einzug 69; Laudatio 70; Die Nachfolger 71; Mit Francesco leben, Funkerz. 71; Das Wolfsspiel 72; Der Vampirreport 73; Mordsspaß 74; Oblonski vor der Tür 74; Schädlingsbekämpfung 75; Mordgedanken 76; Verkehrsstau 76; Schreckmümpfeli, Kurzhsp.-Serie ab 76; Die Kümmerin 77; Wer werden nichts von mir hören 78; MacGuffin 79; Eine Frau allein, Kurzhsp.-Serie ab 79; Das mißlungene Mündel 80; Die sizilianische Vesper 81; Blahnfahrt Husum/Husum 83; Möglichkeiten einer Sternstunde 85; Rache für Störtebeker 86; Gralserzählung 86; Retter der Königin 89; Viva Verdi! 91; Just oder das Datengluck 94; Bombenrolle 97; Abendschein am Wolfgangsee 99; Ewige Jagdgründe 03; Der Schimmelreiter (n. Th. Storm) 04; Titelverteidigung 04. – **P:** Möglichkeiten einer Sternstunde, Hsp., Tonkass./CD 89.

Barzany, Javad, Soziologe (* Esfahan/Iran). Anerkenn. Video-Film-Tage Rh.-Pf. 92; Rom. – **V:** Eine wunderbare Natur. Drei Kurz-Romane 00; Licht im Wasser, G. dt./pers. 01; Warum starben wir?!, R. 02; Global für Frieden, R. 03; Der unbekannte Held Hercules, R. 04; Die Kunst zu helfen, R., 05; Javads Mai, G. 06; Besser als gut. Zwei Kurz-Romane 07. (Red.)

†**Barzel**, Rainer, Dr., Jurist, Politiker (* Braunsberg/Ostpr. 20. 6. 24, † München 26. 8. 06). – **V:** Souveränität und Freiheit. Eine Streitschrift 47; Gesichtspunkte eines Deutschen 68; Es ist noch nicht zu spät 76; Auf dem Drahtseil 78; Das Formular, R. 79; Unterwegs – woher und wohin? 82; Im Streit und umstritten 86; Geschichten aus der Politik, Erinn. 87; Ermland und Masuren 88; Plädoyer für Deutschland 88; Deutschland – was nun? 96; Von Bonn nach Berlin 97; Die Tür blieb offen 98; Ein gewagtes Leben, Erinn. 01; Konrad Adenauer. Deutscher u. Europäer 02; Was war, wirkt nach 05, u. a. – **H:** Sternstunden des Parlaments 89. – *Lit:* Ludwig von Danwitz: Apropos Barzel 72; H.-D. Bamberg: Über den Werdegang, Aktivitäten u. Ansichten R.B.s 72; K. Dreher: Zur Opposition verdammt 72, u. a.

Baseda-Maaß, Karin, Freie Autorin, freie Journalistin, Werbetexterin; Besenheide 7, D-21149 Hamburg, Tel. (0 40) 70 19 69 8, *Baseda.Maass@t-online. de, www.Baseda-Maass.de* (* Hamburg 2. 2. 52). E.pr. „Lebenslanges Lernen" d. Forums DestancE-Learning 03; Glosse, Erz. – **V:** Nicht wirklich. Notizen aus dem

Basner

Alltag 01. – **H:** Alle beisammen. Wandern mit Seume, Goethe, Heine ..., Anth. 02. – *Lit:* s. auch 2. Jg. SK. (Red.)

Basner, Gerhard (Ps. G. F. Waco, G. F. Barner, Howard Duff, G. F. Wego, Johnny Ringo, Claus Peters, Gerald Frederick, Ded Derrick), Autor; Brokhauser Str. 4, D-32758 Detmold, Tel. (0 52 31) 2 71 11 (* Rummelsburg/Pom. 10. 1. 28). Rom. – **V:** Oregon-Express; Schnelle Hand; Mormonengesetz; Es begann in Yuma; Die Feuerprobe; Wolfsfährten; Roter Mond; Sieben Sterne; Blutsbrüder; Yankee Doodle; Gila-Wüste; El Paso; Bis zum letzten Mann; Schatten der Vergangenheit; Brennendes Land; Die letzte Patrone; Die ungleichen Brüder; Der letzte Ritt; Die Morgan-Sippe; Das Aufgebot; Der Schuß fiel aus dem Hinterhalt; Ein rauhes Rudel; Der Galgenhügel; Tate Sutton treibt nach Norden; Marshall für einen Tag 64; Duell im River-Saloon 64; Mannschaft der Furchtlosen 64; Eine Kugel für Butch 64; Zum Sterben verdammt 66; Heisse Leidenschaft 67; Ein Mörder für Steve Perrett 72; Stern im Staub 72; Todesmelodie 72; Red-River-Ballade 72; Tötet Terrigan 72; Schwadron der Ehrlosen 73; Comancheros 74; 1000 $ auf Logans Kopf 74; Wölfe unter s.ich 74; Clay, der Trickser 74; Er starb wie ein Hund 75; Kleiner Hirsch und Donnerpfeil; Puma-Jim u. Feuerkopf; Fluch üb. Durango 76; Der Teufelscaptain 77; White Devil 78; Geistercanyon 79; Trailmen-Song 80; Ein Name in Blei geritzt 80; Einer kämpfte bis zuletzt 80; Wie Cochise es befahl 80; Eine Million in kleinen Scheinen 81; Krieg mit den Blauröcken 81; Wer anderen eine Grube gräbt 82; Ein Sarg für Don Carlos 83; Old Tuffy pokert um sein Leben 83; David kann's nicht lassen 84; Jericho unter Geiern 85; Bragg, der Schweiger 86; Hoogan, der Kopfgeldjäger 87; Topwestern, R.-Serie seit 98; in d. R.-Serie „US Marines": Das Drogenkartell, Beirut-Massaker, Cuba Libre, Operation Kashmir, Verschollen in Vietnam, Flug 711 seit 98. – **MA:** Silber-Wildwest; Roland-Wildwest; Rodeo-Western; Westman; Kelter-Western; Jericho-Western. (Red.)

Basnizki, Eva, Medizinische Sekretärin, freie Journalistin, Schriftst., Rentnerin; D.N. Harei Yehuda, IL-90830 Bet Nakofa, Tel. (02) 5 34 22 69, Fax 5 33 50 80 (* Jever 15. 6. 33). The Voices Group of Israeli Poets in English 79, Lyris – Dt. Lyr. aus Israel, Jerusalem 85 VdSI 86, Vorst.mitgl.; B.A. 86; 3. Pr. Intern. Writer's Workshop, New Zealand 80; Ess., Lyr., Übers. Ue: engl, hebr, dt. – **V:** Leaves in the Wind, Poems 85; Windfurchen, G. 86; Hoffnungsringe, G. 90. – **MA:** jährl. Beitr. in: Voices Israel; 10 G. in: Shalom We Are Here, Anth. 81; 6 G. in: Seven Gates, Poetry from Jerusalem 85–86; G. in: Lyris 85–97; Auf dem Weg 89; Spurenlese 96. – **MUe:** Roman Frister: Die Mütze oder Der Preis des Lebens, m. Georges Basnizki, R. 97. (Red.)

Bassand, Françoise, Künstlerin; Ankerstr. 11, CH-8004 Zürich, Tel. (01) 2 41 10 14, *fromatoz@access.ch* (* 63). – **V:** Das andere Selbst, m. Fotos v. M. Furler 91; Tanz in der Kapelle, Monolog, UA 91; Ange Passe, Textcollage, UA 92. – **MA:** Frauenarbeit, Anth. 88; Anbetungswürdig 90; Frauen sehen Schweizer Männer 91; Ange passe ... Ein Engel tanzt vorbei 92; Entwürfe f. Lit. u. Ges., Nr. 6 93; Ein Summen im Garten 93; NOISMA, Nr. 37 98; Im Jahr der Maus, SF-Anth. 00. (Red.)

Basse, Michael, Autor; Rosenheimer Str. 92, D-81669 München, Tel. (0 89) 48 99 96 58, Fax 44 71 71 59, *www.michaelbasse.de* (* Bad Salzuflen 14. 4. 57). VS; Stip. d. Stuttgarter Schriftstellerhauses 93; Lyr., Erz., Kritik. – **V:** Und morgens gibt es noch Nachricht, G. 92, 2. Aufl. 94; Die Landnahme findet

nicht statt, G. 97; Partisanengefühle, Lyr. 04 (m. CD). – **MA:** Milchstraßenatlas 86; Alm. Stuttgarter Schriftstellerhaus 3 93, 4 94; Jb. d. Lyr. 1998/99, alles Anth.; Beitr. z. Krit. Lex. d. Gegenwartslit. (KLG) u. z. „Kindlers Neuem Lit.lex." – **H:** Literaturwerkstätten und -büros in d. Bdesrep. 88. – **R:** Aldous Huxleys Negativutopie: Schöne Neue Welt – 60 Jahre danach 93; Das Risiko ist die Abweichung: Portr. d. bulg. Schriftstellerin Blaga Dimitrova 93; Für wenn ich tot bin ...: Deutschlandbilder im Werk Uwe Johnsons 94; Ich sitze auf Ruinen und skizziere ...: Bosniens Lit. d. unausgesprochenen Wörter 95; Die wiedervereinigte Literatur: Deutschlandbilder nach d. Wende 95; Die (heimlichen) Literaturmacher: Macht u. Ohnmacht dt. Lektoren 96; Vom Schreiben – oder: Wie entsteht Literatur? 96; Island ist die Welt: Portr. d. isländ. Nobelpreisträgers Halldór Laxness 97; Schreiben von der anderen Seite: Portr. d. ungar. Schriftstellers Imre Kertész 99; Rebellin aus Passion: Portr. d. Essayistin u. Übersetzerin Eva Hesse 04, alles Hfk-Sdgn. – **Ue:** Boiko Lambovski: Unter lauter Helden, G. 90; Ljubomir Nikolov: Nur ein Steinwurf vom Diesseits das Jenseits, G. (auch m. e. Nachwort vers.) 93; Blaga Dimitrova: Hinter den Zähnen blutet die Zunge, G. 94; dies.: Samuels geblendete Männer, G. 99; John F. Deane: Ein West-of-Ireland-Man, G. in: Akzente 6/03. (Red.)

Bassermann, Lujo s. Schreiber, Hermann

Bastel, Knut, Dipl.-Philosoph, Psychotherapeut (HPG); Rotdornweg 16, D-39120 Magdeburg, Tel. (03 91) 6 20 90 31, Fax 6 20 90 32, *knutb@t-online.de*, *bastel-zahn.de* (* Magdeburg 26. 3. 55). Rom. – **V:** Laute Gedanken 04, 05. (Red.)

Bastian, Till, Dr. med., Red., freier Schriftst.; Am Friedhag 7, D-88316 Isny, Tel. (0 75 62) 33 27, Fax 5 59 80 (* München 20. 6. 49). Das Syndikat; Krim.-rom., Sachb. – **V:** Eine Hand im Park 98; Sprung in die Tiefe 99; Tödliches Klima 00; Die letzte Nacht 01; Tango Criminale 01, alles Krim.-R.; Nicht nur blaue Bohnen. Kriminelles u. Kulinarisches 03; zahlr. Sachbücher. – *Lit:* s. auch SK. (Red.)

Batavia, Hannes s. Grabau, Hannes

Batberger, Reinhold; c/o Suhrkamp Verl., Frankfurt/M. (* Würzburg 21. 10. 46). Rom., Prosa, Hörsp. – **V:** Auge, R. 83; Beo, Erz. 85; Skalp, R. 87; Drei Elephanten, Erz. 88; Buster, Bestie, Stück 91; Pirckheimers Fall, Erz. 95; Blutvergiftung, Erz. 04; Der Jahrhundertjongleur Francis Brunn, biogr. R. 08. – **Ue:** Joseph Conrad: Herz der Finsternis 92.

Bato s. Neumayer, Gabi

Batouche, Marion (geb. Marion Lang), Sachbearbeiterin; c/o Karin Fischer Verl., Aachen (* Waren/Müritz 3. 6. 62). Lyr. – **V:** Stille Sehnsucht 08.

Batt, Christa s. Heise-Batt, Christa

Baubkus, Horst, Verleger; Nr. 34, D-01819 Friedrichswalde, Tel. u. Fax (03 50 25) 5 07 61 (* Königsberg 8. 12. 39). Förd.pr. f. christl. Lit. in Öst. 84; Rom., Lyr., Erz. – **V:** Der Friedensstock und andere Erzn. 75, 2. Aufl. 80; ... und führe mich, Kurz-R. 86; Vater unser 94; Tu mir, Herr ... 95; Splitter auf unserem Weg 96. – **MA:** Kirschblüten im Rauch 84; Türklinken zum Leben 90. (Red.)

Bauer, Alexander s. Bauer, Walter Alexander

Bauer, Alexandra, Erzieherin; Am Hühnerberg 25, D-65719 Hofheim, *mail@Alexandra-Bauer.de*, *www.Alexandra-Bauer.de* (* München 15. 11. 74). Kinderb. – **V:** Kleine Flügel machen Freunde 98. (Red.)

Bauer, Alfredo (eigtl. Alfred Adolf Bauer), Dr. med.; Superí 1430–5 9, RA-1426 Buenos Aires, Tel. u. Fax (00 54 11) 45 52 62 46, *alfredobauer@ciudad.com.*

ar (* Wien 14. 11. 24). SV Argentinien, EM Germ.-
Verb. Argentinien, Heinrich-Heine-Ges. Düsseldorf, Ju-
ra-Soyfer-Ges., Theodor-Kramer-Ges., Alfred-Klahr-
Ges., Antonio-Gramsci-Soc./argent. Abt.; E.schleife d.
VS Argentinien 82, 91, Jacob-u.-Wilh.-Grimm-Pr. d.
DDR 87, Stip. f. lit. Übers. d. Stadt Wien 94 u. 97,
Theodor-Kramer-Pr. 02; Rom., Ess., Erz., Lyr., Komö-
die. Ue: span. – **V:** Argentinien 68; Reisen am Rio de
la Plata 74; Verlorene Hoffnung 85; Trügerischer Glanz
86; Der Mann von gestern und die Welt, biogr. R. 93;
Zwei Theaterstücke und ein Essay (Die Antwort / Des
Teufels Wettermacher / Antifaschist. Arbeit d. dt. u.
österr. Emigration) 95; Der Hexenprozeß von Tucumán,
Ess. u. Repn. 96; Geliebteste Tochter 97; Antikoloniale
Kleinkunststücke 00; Kritische Geschichten der Juden
04; Anders als die andern. 2000 Jahre jüdisches Schicksal, e. Szenen-Folge 04; Verjagte Jugend, R. 04; Eine
Reise, R. 05; Vom Menschen, vom Glauben, vom Wahn
und von der Vernunft, Erzn. 06; Kritische Geschichten
der Juden II 07. – **MA:** D. Bruns (Hrsg.): Argentinien
88; Die Welt des Jura Soyfer 91; U. Brand: Argentini-
en u. Uruguay 95; G. Eisenbürger (Hrsg.): Lebenswege
95; Hier heb' ich zu singen an ... Dichtungen im Umfeld
d. argent. Gaucho-Epos „Martín Fierro", m. Gerhard
Giesa 03 (m. CD); André Thiele (Hrsg.): In den Tüm-
mern ohne Gnade, Festschr. f. Peter Hacks 03; Wolfgang Kühn (Hrsg.): TOP 22, 03/04; – Zss.: Lit. + Kritik;
Mit der Ziehharmonika; ILA. – **P:** Aus allen Blüten Bitternis. Stefan Zweigs Weg in die Emigration, Libr. 96. –
Ue: Estanislao Del Campo: Fausto 93; José Hernández:
Der Gaucho Martin Fierro 95. – *Lit:* Jean-Marie Winkler: Wiener Kleinkunst im argentin. Exil. Vom Engagement d. Humanisten A.B. 95; Nicolás Jorge Dornheim:
Claves exilológicas en la obra literaria de A.B., Córdo-
ba 98; Metzler Lex. d. dt.-jüd. Lit. 00; Dirk Grunke: De
Vienne a Buenos Aires – l'œvre de A.B., Diss. Univ.
Rouen/Frankr. 05/06.

Bauer, Angeline s. Costa, Friederike

Bauer, Birgit, Autorin, Filmemacherin, Cutterin; Helmstedter Str. 29, D-10717 Berlin, Tel.
(0 30) 3 44 13 14, *bit.bauer@t-online.de.* Amsterdam-
Stip. Senat Bln 03/05. – **V:** Holy Mood Blvd. 98, Tb.
00; Im Federhaus der Zeit 03. – **F:** PS 93; Licht Aus
96/97, beides Kurzf. (Red.)

Bauer, Christoph, Buchhändler; Le Hubel 88, CH-
1783 Pensir (* Luzern 30. 3. 56). Gruppe Olten, jetzt
AdS; Werkpr. d. Stadt Luzern 81; Rom., Erz., Ess.,
Theaterst. – **V:** Ekstase 81; Missgeburten 82; Harakiri
83; Europäisches Totenbuch 84; Paranormal 85; Nah-
kampf 87, alles Erz.; Volkstümliche Enzyklopädie alltäg-
licher Widerlichkeiten 90; Amoralische Fabeln 93; Mi-
kromelodramen 94; Die selbstreflexive Endlosschleife.
Eine Polemik 95; Affengeist 96; Die natürliche Bescheidenheit der Gurken, Miniatn. 04. – **MV:** Unter-
schwarz, Kurzgeschn. 82. – **MA:** Onkel Jodoks Enkel,
Anth. 88; Jahnn lesen: Fluss ohne Ufer, Anth. 93. (Red.)

Bauer, Christoph, Doz. f. künstliche Intelligenz, Taxifahrer, Unternehmens- und Politikberater, Schriftst.;
c/o S. Fischer Verl., Frankfurt/M. (* München
8. 11. 57). Alfred-Döblin-Stip. 99, Autorenstip. d. Berliner Senats; Rom., Erz., Fernsehsp. Ue: engl. – **V:** Jetzt
stillen wir unseren Hunger, R. 01. – **MA:** Kurzgeschn.
u. Prosastücke in Anth.: Da schwimmen manchmal ein
paar ganz Sätze vorbei 01; Damals, hinterm Deich 02;
Ähnliches ist nicht dasselbe 02; Du allein 03; Neues
aus der Heimat 04; Tausend und ein Kuß 06. (Red.)

Bauer, Christoph W. (Christoph Wolfgang Bauer), Autor, Chefred.; Innstr. 85, A-6020 Innsbruck,
Tel. (06 64) 4 31 80 26, *submarino@cewebe.com, www.
cewebe.com* (* Kolbnitz/Kärnten 11. 12. 68). Autorenpr.

d. Bank Austria 98, Gr. Lit.stip. d. Ldes Tirol 00, 1. Pr.
im Lyr.wettbew. d. Akad. Graz 01, Reinhard-Priessnitz-
Pr. 01, Kelag-Publikumspr. im Bachmann-Lit.wettbew.
02, Pr. d. Ldeshauptstadt Innsbruck f. Lyr. 02, Öst. Pro-
jektstip. f. Lit. 06/07, Öst. Romstip. 07; Lyr., Prosa,
Drama, Hörsp., Ess., Übers., Herausgabe. – **V:** wege
verzweigt, G. 99; die mobilität des Wassers müsste man
mieten können, gedichte 01; Fontanalia, Fragmente 03;
Aufstummen, R. 04; supersonic. logbuch e. reise ins
verschwinden 05; Im Alphabet der Häuser, R. 07; –
THEATER/UA: Gegenstände, Raumstück (in Koop. m.
Herbert Hinteregger) 04; Miles G. 07. – **H:** (Ausw.:)
Ahoi! Gedichte aus 25 Jahren Haymon Verlag 07; Zs.
Wagnis (Chefred.). – **R:** Und immer wieder Cordoba,
Hsp. (ORF) 06. (Red.)

Bauer, Dieter (Heinz Dieter Bauer, Ps. Hedi Bauer), Dr., Referent; Engelbert-Zimmermann-
Str. 33, D-53913 Swisttal, Tel. (0 22 55) 95 89 21,
*heinz_dieter_bauer@web.de, www.meinewebseite.net/
autordieterbauer* (* Köln 14. 9. 42). VS; Jugendb., Krimi. – **V:** Roboter Kasimir 77; Alles dreht sich um
Zuckerlady 82; Wir haben ein Klassenpony 82; Zuckerlady ist wieder da! 82; Alles steht kopf 85; Die total verrückte Tandem-Rallye 85; Rätselhafter Fund im Land-
schulheim 87; Im Reitercamp 92; Ein Fall für Schnüf-
felnasen 93; Toter Macho – guter Macho, Krim.-R. 00;
Arsch auf Grundeis, Krim.-R. 02; Nibelungen in Not,
gedr. u. UA 06; Helena – und wer küsst das Trojanische Pferd?, gedr. u. UA 06; Tatwaffe: Eierlikör, gedr.
u. UA 07; Nicht in jeder Kiste liegt 'ne Leiche, gedr. u.
UA 07; Vorsicht, fliegender Koffer!, UA 07; Rabatz um
Rumpelstilzchen, UA 07.

Bauer, Eva-Maria; c/o Life-Musik-Verlag Eva Bauer,
Kunigundenstr. 41, D-80805 München, *info@lifemusik.
de, www.lifemusik.de* (* München). – **V:** Musik ist eine
Zauberin, lit. Sachb. 02; Mit Herz und Hund. Eine Frau
lernt mit ihrem Podenco, Erz. 06; Mein lila Liederbuch.
Neue Kinderlieder 07.

Bauer, Friedhold; Eschengraben 52, D-13189 Berlin,
Tel. (0 30) 4 72 13 55 (* Schweikershain 13. 4. 34). Dra-
ma. – **V:** Baran und die Leute im Dorf, Bü. 68; Das Idol
von Mordassow, Kom. nach Dostojewski 71; König von
Moskau, St. nach Shuchowizki 73; Der Hahn oder Die
Träume des Schusters Mikyll, Bü. 83, 87. – **B:** Szen.
Neufass.: W. A. Ljubimowa: Schneeball, Bü. 69; Aufschwung oder Das Paradies nach E. Redlinski, Bü. 75. –
F: Der Magdalenenbaum, Drehb. u. A. Müller 89; Der
Streit um des Esels Schatten, Drehb. u. C.M. Wieland
90. – **R:** Die barfüßige Lu, Hsp. 73; Jozia – Die Tochter
der Delegierten, Fsf.-Szenarium u. A. Seghers 76; Katharina d. Glückliche, Hsp. 77; Kalaf u. Turandot, Hsp.
78; Der andere Sergej, Hsp. n. A. Alexin 79; Das Gespenst v. Canterville, Hsp. n. O. Wilde 80; Der Hahn,
Hsp. 82; Der Froschmäusekrieg, Hsp. 86; Simone Plan-
chard, die Jeanne d'Arc im zweiten Weltkrieg, Hsp. n.
L. Feuchtwanger 88; Sulamit oder Die hohe Liebe Salomos, Hsp. 89.

Bauer, Günter, ObStudDir. i.R.; Schlapper Pfad 6,
D-44267 Dortmund, Tel. (02 31) 46 43 20 (* Dortmund
9. 5. 27). – **V:** Die Namen der nordrhein-westfälischen
Gymnasien 83; Helene Lange – Leben und Werk 84;
Zwischenrufe, 47 Satn. u. Glossen 95; Leberfleck, R.
96; Mord aus den Sternen 02; Tödliche Beichte 02;
Neun Millimeter Gütertrennung 02; Leiche auf Raten
02; Käse, Koks und kleine Mädchen 02; Bismarcks Ent-
lassung – oder das Wunder von Luxor 02; Die nackte
Leiche unter Wilhelm I. 02, alles Krim.-R. – **MA:** 30 J.
Kulturred. d. Sauerland-Ztg. (Red.)

Bauer, Gustl; Alpenstr. 23, D-83734 Hausham, Tel.
u. Fax (0 80 26) 56 87 (* Hausham 15. 6. 35). Münch-

Bauer

ner Turmschreiber 00; Oberbayer. Bezirksmed. in Silber f. Verd. im Bereich Kultur u. Heim; Lyr., Erz. – **V:** I mag Di, G. 82; Gedanknflinsal 84; De staade Zeit 90; A gschenkta Tag 93, alles G. u. Kurzprosa in obb. Mda.; Blaadl im Wind 01. – **MA:** Das große bayerische Weihnachtsbuch 93; Es lebe der Humor 01; Sprecher b. Schallpl.-Aufn. u. Rdfk-Sendungen (Volksmusik u. Mda.).

Bauer, Hedi s. Bauer, Dieter

Bauer, Heinz Dieter s. Bauer, Dieter

Bauer, Hermann, Fotojournalist, Graphic- u. Webdesigner; Daiserstr. 34, D-81371 München, Tel. u. Fax (0 89) 7 25 45 89, *shen-bauer@t-online.de*, *www.shen-bauer.de* (* München 12. 8. 51). Reiserep., Kurzgesch., Interview, Lyr. – **V:** Das Lied des Waldes, Kurzgeschn. 00 (auch CD-ROM); Ein hungriger Bär tanzt nicht, Kurzgeschn. 05. – **MA:** über 300 Veröff. seit 92: christl. orientierte Kurzgeschn. u. a. in: Frau im Leben; Stadt Gottes; Monika; heitere Geschn. in Heimatkal. u. a. in: Paulinus-Kal.; Caritas-Kal.; Hypo-Bank-Kal.; Reiserepn. u. a. in: Alpin; Tours; Deutsches Ärzteblatt; Lyr. u. a. in: Die christliche Familie; Heinrichskal.; Das Zeichen; Märchen u. a. in: Trierischer Volksfreund; Junge Zeit; Allgäuer Heimatkal.; Interviews u. a. für: Du & ich. – **H:** Josy – erotisches Lesebuch, Bd 9 04. – *Lit:* Ina Shen in: München Mosaik, Jan./Feb. 85. (Red.)

Bauer, Ingeborg (geb. Ingeborg Konz), StudR., Doz., Mitarb. in e. Galerie; Pfarrstr. 26, D-73733 Esslingen, Tel. (07 11) 37 41 66, *bauer-esslingen@t-online.de*, *www.ingeborgbauer.de* (* Ravensburg 14. 5. 43). Lyr., Kurzprosa, Ess. – **V:** Mental Maps, Lyr. u. Prosa 03; Das Blau des Himmels aber birgt den Engel, Lyr. 04; Traumverwandt die Schatten der Dinge, Lyr. u. Ess. 05; Sommerschwer die Vogelbeerdolden, Lyr. 05; Die Melodie des Ölbaums und der Palme. Reisen in d. Maghreb, Prosa 07; Am blauen Rand Europas. Griech. Inseln, Lyr. 08; Ägyptischer Bilderbogen, Lyr. u. Prosa 09. – **MA:** Texte in Künstlerkat.

Bauer, Ingeborg (ps. Peter Bahrim, Anne Lemmen, Marga Velo), Dipl.-Ing.; Vier JahreszeitenHaus Verlag, August-Brust-Str. 6, D-48249 Dülmen, *info @jahreszeitenhaus.com*, *www.jahreszeitenhaus.com* (* Saalfeld 54). Rom., Lyr., Erz. – **V:** Weltengrüße, Lyr. u. Erz. 04; Totem Pfähle, Lyr. u. Erz. 06; Yul. Sie weiss es, R. 06; Backup. Das neue Leben des Prof. Grey, R. 07; Vom Anfang und Ende, Lyr. u. Erz. 07; Die Betrugsfalle, Krimi 07; Zeit ist unfehlbar, Krimi 08. – **MV:** u. H: Reihe Krüüswiäge/Kreuzwege, seit 07. – **H:** Georg Bauer: Eschatol 04; Zeiten für Glück 07; Zeiten für Stille 07.

Bauer, Insa, Schriftst.; Schützenhofstr. 25, D-26180 Rastede, Tel. (0 44 02) 46 52, Fax 5 12 81, *insa.bauer @gmx.de* (* Oldenburg 12. 10. 48). VG Wort; Kinder-u. Jugendb. – **V:** Die Grille auf der Brille 86; Nicht schlecht, Herr Specht! 88; Die Regenbogen-Lesekiste (4 Hefte) 88/89; Sommersprossen für Papa 89; Didi Detek 90; Didi Detek und der Zwieback dieb 91; Ferien in der Steinzeit 92; Didi Detek – Streng geheim! 93; Ferien bei den Sauriern 94; Die Kniffels 95; Raubritter Raffioli und die rosarote Rüstung 95; Detektiv-Rallye 96; Knifflige Fälle für Pia und Mecki 97; Kühle Köpfe, heiße Spuren 98; Überraschung für den Weihnachtsmann 98; Glitzernüsse für den Weihnachtsmann 99; Rittergeschichten 99; Wir haben dich so lieb, kleiner Brummbär! 99; Detektiv Kralle jagt den Paketdieb 99; Wie spät ist es, Maxi Maus? 00; Club der Rätseldetektive, 10 Titel 00–02; Achtung, Auftrag! 01; Der Spürnasen Klub 01; Kühle Köpfe, heiße Spuren 01; Was steckt hinter JUPITTHER? 01; McFox und der Londoner Nebel 02; Vorsicht Hochspannung! 02; Ein tol-

ler Schultag 02; Die schwarze Gestalt 04; Das Phantom 04; Lukas und die kleinen Igel 06; – in d. REIHE „Leselöwen": Pferde-Wissen 04, Dinosaurier-Wissen 04, Indianer-Wissen 05, Detektiv-Wissen 06, Bibel-Wissen 06, Steinzeit-Wissen 07, Mineralien-Wissen 08; in d. REIHE „4 City Agents": Der Erpresser von London 07, Dunkle Schatten in Amsterdam 07, In den Katakomben von Paris 08, Heiße Spuren in Berlin 08. – **MA:** zahlr. Texte in Schulb. u. Anth.

Bauer, Joe, Journalist; c/o Stuttgarter Nachrichten, Plieninger Str. 150, D-70567 Stuttgart (* Mögglingen 54). – **V:** Stuttgart – my cleverly hills, Geschn. 98; Ich heiße alles, Glossen u. Geschn. 00; Neues aus Cleverly Hills, Glossen u. Geschn. 03. – **MA:** Cotta's kulinarischer Alm.; Häuptling eigener Herd; Kolumnen u. Glossen in: Stuttgarter Nachrichten. (Red.)

Bauer, Kerstin (Kerstin Petra Bauer), M. A.; Berliner Str. 2c, D-68809 Neulußheim, Tel. (0 62 05) 3 16 04 (* Mannheim 27. 9. 69). VS 03; Rom. – **V:** Hommage an eine Schlampe, R. 97, 5. Aufl. 99, Sonderausg. 01 u. 04; Der Familienschandfleck, 1.u.2. Aufl. 00; Die Köchin, der Botschafter und die schöne Helena, R. 03. – **MA:** Wer will schon einen Weihnachtsmann, Anth. 01; Ingeborgs Fälle, Anth. 03.

Bauer, Manfred, staatl. gepr. Landwirt i. R.; Setzsteig 2, D-14827 Wiesenburg/Mark, Tel. (03 38 49) 5 49 05 (* Blumberg (Barnim) 29. 3. 42). Rom., Erz., Hörsp. – **R:** Der Sitzenbleiber, R. 06. – **R:** Wie der dumme Lamet König wurde, Hörsp. (DLR Kultur) 92.

Bauer, Michael, freier Red.; *MBauer6209@aol.com*, *www.bauer-pfalzlyrics.de* (* Kaiserslautern 29. 3. 47). Kunstförd.pr. d. Pfalz-Pf. 75, Förd.pr. z. Dt. Kleinkunstpr. 77, Auslandsreisestip. d. Auswärt. Amtes 78, Förd.pr. d. SWF 80, Förd.gabe z. Pfalzpr. f. Lit. 88, Jakob-Stoll-Pr. 94 (zurückgegeben), Buch d. Jahres d. FöK Rh.-Pf. 97, Hermann-Sinsheimer-Plakette 04. – **V:** Em Meier Jean soi Määnung 75; Es Landauer Jaköbsche 87; Sätisfäktschen 88; Die Liebestinte 91; Heimat-Maladie 97; Der Hupsmichel und die Herz-Jesu-Marie 00; De klääne Pälzer 01; Mütter, Väter, Dome oder Lobel weiß alles, Geschn. 02; Klääner Pälzer, hopp verzehl! 03; Klääner Pälzer, bleib am Ball! 05. – **H:** Fremd in unserer Mitte 94. (Red.)

Bauer, Petra A., Dipl.-Ing., Autorin; Kiefheider Weg 10, D-13503 Berlin, Tel. u. Fax (0 30) 4 31 19 34, *petra. a.bauer@t-online.de*, *webmaster@writingwoman.de*, *www.writingwoman.de* (* Berlin 5. 5. 64). KiBuLi 03; Kinderb., Kindergesch., Jugendrom. – **V:** Bauer Claus bleibt heut zu Haus, Kdb. 04; Gute Nacht, hab ich gesagt, Kdb. 04; Wer zuletzt lacht, lebt noch, Krimi 06; San Francisco Love Affair/Verliebt in San Francisco, Jgdb. engl./dt. 06; An Exciting Cruise/Eine aufregende Kreuzfahrt, Kinderkrimi engl./dt. 07. – **MV:** Mama im Job, m. Karina Matejcek, Sachb. 07. – **MA:** Goethe im Wedding 01; Herrin verbrannter Steine 01; Bitte mit Schuss! 07, u. a. – zahlr. Fachbeitr. seit 02. – **H:** Orientology, Anth. 04. – **R:** Vom Baumhaus ohne Baum, 3-tlg. Gesch. f. Kinder 04. (Red.)

Bauer, Rudolph, Dr. phil., Prof. d. Sozialarbeitswiss., Autor, Schriftst., Maler; Kohlhökerstr. 6, D-28203 Bremen, Tel. (04 21) 7 87 81, *rudolphbauer@aol.com*, *www.rudolph-bauer.de* (* Amberg 28. 4. 39). VS; Lyr., Prosa, Drama. – **V:** Widerton, G. 86; Ittinger Vignetten, G. 88; Ätze terra, literarische Texte 89; tanger und anderorts, G. 06; Die Flammen des Profits, Dr. 08. – **MA:** zahlr. Beitr. in Lit.zss., u. a. in: Streit-Zeit-Schrift; Flugasche; Litfass; die horen; Stint, seit 56. – **R:** Heimat, Feat. 86. – *Lit:* s. auch 2. Jg. SK u. GK.

Bauer, Thomas (auch Antonio Partant), Mitarb. d. Goethe-Instituts; Fasanenweg 16, D-70734 Fellbach,

Tel. (07 11) 58 79 76, Fax 56 92 72, *tho-bauer@web.de*, *www.literaturnest.de*. c/o Dagmar von Keller, Traubinger Str. 50, D-82327 Tutzing (* Stuttgart 9. 76). Autorengr. Wortjongleure, Gründer, BVJA, 42erAutoren; Rom., Lyr., Erz. – **V:** Orkan des Lebens, G. 98; Simone träumt, G. 00; Die helle und die dunkle Seite, Prosa 03; 2500 Kilometer zu Fuß durch Europa, Erz., 1.u.2. Aufl. 06, 3. Aufl. 07; Wo die Puszta den Himmel berührt, Erz. 07; Ostwärts. Zweitausend Kilometer Donau, Erz. 08. – **MA:** Silberstreifen am Horizont, G. 01; Polarmeerblau, G. 02 (auch hrsg.). – **H:** Zwischen den Orten, Erzn. 03, 04; Zwischen Estland und Malta, Erzn. 04. – **P:** Poètes Maudits, m. Ralf Neubohn 03; Vers la lumière, CD 03.

Bauer, Ulrike s. Halbe-Bauer, Ulrike

Bauer, Uwe s. Levin, U. S.

Bauer, Walter Alexander (auch Alexander Bauer), Schriftst. u. Kulturpublizist; Wörpedahlerstr. 22, D-27726 Worpswede (* Bremen 24. 5. 21). P.E.N.-Zentr. Dtld, Kogge, VS; Kogge-E.ring 79; Lyr., Rom., Ess. – **V:** eros und maske, Lyr. 60; Nachts im Hotel, Kurzprosa 63; Straßen der Unrast, Lyr. 71; Metropolis, Kurzprosa 77; Eine Liebe in Ungarn, R.-Tril. 99/00; Tanz im Trocadero, R. 00; An der Wiege der Roten Zaren, Reisenotn. 00; Die Wache, R.-Ess. 00; Die Bahn der Parabel, Kurzprosa 00; Die Graphologin, N. 00. – **MA:** Tau im Drahtgeflecht 61; Keine Zeit für Liebe 64, beides Lyr. u. Prosa; Die Schwarze Kammer. Unheiml. Geschn. 72; Prosa heute 75; P.E.N. Autorenlex. 93ff. (Red.)

Bauer, Werner, Dr. med., Abt. dir. a. D.; Eduard-Spranger-Str. 15, D-72076 Tübingen, Tel. (0 70 71) 6 58 20 (* Tübingen 31. 3. 12). Rom. – **V:** Bin ich's?, R. 48. (Red.)

Bauer, Winfried, Dr. phil., Unternehmensberater; Melemstr. 9, D-60322 Frankfurt/Main, Tel. (0 69) 59 43 04, Fax 59 46 96, *Winfried.Bauer@gmx.de* (* München 9. 1. 28). Rom., Drama, Fernsehsp., Fachb. – **V:** Ruth und der Kinderchor 57, 68; Ursula hat ein Ziel 59, 76; Modehaus Schweiger 61; Werben und umworben werden 63; Cousu de fil blanc 64, alles Jgdb.; Der Mann aus dem Weltraum, SF-R. 69; Glück gehört dazu, Jgdb. 69; Planet ohne Himmel 70; Wo der Raum zu Ende ist 72; Der Mann, der seine Zeit verlor 74, alles SF-Romane; Julia, Jgdb. 04; Machtspiele, Sch. 08/09; mehrere Sachb. seit 85, u. a. zum Thema Management. – **R:** Nur ein toter Kollege ist ein guter Kollege, Sch. 75; Wer einmal in die Mühle kommt, Fsp. 76; Der Innovator, Sch. 78; Träume, Sch. 80; Was sie nicht greifen können, Sch. 82. – *Lit:* s. auch SK.

Bauer-Prümmel, Angeline s. Costa, Friederike

Bauer-Staeb, Ulrich, Kulturjournalist, Medizintechniker; Jakoberstr. 14, D-86152 Augsburg, Tel. (08 21) 3 46 38 39, Fax 3 46 38 41, *bauerstaeb@aol.com* (* München 28. 6. 68). Lyr., Erz., Rom. – **V:** Sanfter Hauch Glückseligkeit ..., Lyr., Kurzprosa 88; klippenblicke, G. 91; gegenströme, G. 95; das warten ist eine landschaft, G. 99. – **MA:** zahlr. Beitr. in Anth. u. Lit.zss. seit 87, u. a.: Noisma; Der Literat; Lichtungen; Decision. – **P:** WEMU: als wolken tauten, Songtexte, CD 98. (Red.)

Bauernfeind, Walter s. Urbanek, Walter

Bauknecht, Werner, Dipl.-Soziologe; Bricciusstr. 22, D-72108 Rottenburg, Tel. (0 74 72) 70 96 17, *weba10@yahoo.de* (* Tübingen 2. 8. 53). Rom., Drehb., Bühnenst. – **V:** Der Autor 04; Das Gesellschaftsspiel 07; Ende auf Anfang 08, alles Bühnenst. – **F:** 10.000 und 1 Nacht 05.

Baum, Agnes s. Holler, Christiane

Baum, Beate, M. A., freie Journalistin; lebt in Dresden, c/o Aufbau Verl., Berlin u. Gmeiner Verl., Meß-

kirch (* Dortmund 19. 10. 63). Das Syndikat 03; Krimiautoren-Seminar d. Bertelsmann-Stift. 91; Krim.rom. – **V:** Dresdner Silberlinge 01; Dresdner Geschäfte 05 (auch als Hörb.); Mörderische Hitze 06; Häuserkampf 08. – **MA:** Mords-Sachsen 1 07 u. 2 08; Mördorrisch legger 06; Mord zwischen Klüeß u. Knölla, Hütes u. Hebes 07.

Baum, Doris s. Klemens, Doris

Baum, Günter (Ps. Waltraud Günter), freier Schriftst.; Kappelbergsteig 52, D-91126 Schwabach, Tel. u. Fax (0 91 22) 7 81 08, *www.deutsche-buecher.de* (* Görlitz 22. 3. 36). VS 96, Freudenthal-Ges. 99; Künstlerwohnung Soltau 99 u. 02; Rom., Lyr., Erz. Ue: engl. – **V:** Die Sonne ist hinter den Wolken 89, 5. Aufl. 96; Mutter! Oh Mutter!, R. 90; Die Mädchen von der Daimlerstrasse, Erz. 91; Viel mehr als Fleisch und Blut oder Der angepaßte Deutsche, R. 92; Erst als die letzte Trommel schwieg, N. 94, Neuaufl. 06; Agnes Stöcklin oder als der Teufel an der Kirche kratzte, N. 96, Neuaufl. 03; Als die Sonne ins Meer fiel, Lyr. 98; Die Glut der kalten Tage oder das Lächeln der Madonna, R. 98; Der Eris-Apfel – Die Geschichte der Michaela R., Sachb. 98; Die vier Wochen des Mondes und Als der Klang zum Sound wurde, Erz. 99 (auch engl.); Die Kinder der Mama Baikowski, Erz. 00; Der Sturm, Erz. 01; Der letzte Vorhang, Erz. 08. – **MV:** Ein Sylter Tagebuch, m. Madeleine Weishaupt, Erz. 05; Das Geheimnis einer Bank, m. Katharina Storck, Erz. 07; Die zwei Leben der Helen Schätzler, m. Katharina Stork Duvenbek, Erz. 08. – **MA:** Anth. u.a.: Morgenrot im Nebel 91; Autorenwerkstatt 93; Reisegepäck 3 94; Mit Worten Brücken schlagen 94; Buchwelt '94; Autoren im Dialog: Fremd unter Fremden? 94; Sonnenreiter-Anth. 95; Lesezeichen 6 95, 7 96; Gauke-Lyrik-Kal. 96; Gauke-Jb. 96; Fremde(s) um uns 97; Zwei Städte 00; Unser 20. Jahrhundert 02; Rothfeder 05; Zug blieb stehen 07; Mohland Jb. 07; Nie wieder Krieg 07 – Zss.: adagio, Lit.zs. 94–95; WORTLAUT Nr.3 97, Nr.9 03 u. Nr.11 05. – **P:** Ein Sylter Tagebuch, Hörb. 06.

Baum, Jost, Lehrer i. d. Erwachsenenbildung; Amalienstr. 4, D-42287 Wuppertal, *jostbaum@aol.com* (* Mettmann 13. 10. 54). VS 89; Nominierung f.d. Rhein. Lit.pr. 95; Rom., Hörsp. – **V:** Computer weinen nicht, Krim.-R. 89; 68er Spätlese. Der 1. Eddie-Jablonski-Krimi 91; Schrebergarten-Blues. Der 2. Eddie-Jablonski-Krimi 92, 2. Aufl. 94; Sohle Sieben. Der 3. Eddie-Jablonski-Krimi 94 (auch kroat.); Die Feriendetektive, Krim.-Gesch. f. Kinder 99 (auch chin.); Picasso sehen und sterben, Krim.-R. 07. – **R:** Keine Chance für Rudi, Hsp. 92; Hard boiled, Feat. 99; Killing pools, m. Dieter Jandt, Hfk-Feat. 04. – **P:** Links von Hollywood, R., CD-ROM 01.

Baum, Margot (geb. Margot Renate Schmidt), Lehrerin, freie Mitarb. TA; Tiefslücke 6, D-99947 Behringen, Tel. u. Fax (0 36 254) 7 06 76, *mababehr@t-online.de* (* Eisenach 1. 4. 32). Zirkel Schreibender Arbeiter Bad Langensalza, Zirkel Schreibender Pädagogen Erfurt, beide ab 90; Kinderb., Lyr., Kurzgesch., Mundart. – **V:** Prinzessin Windi, Kdb. 02. Aufl. 07; Morles große Liebe, Kdb. 06. – **MA:** Anth. d. Kr. Bad Langensalza u. Erfurt 79, 84; Das Magazin 2/84; Blätter aus dem Klassenbuch 87; Arsenal 7 88; Heimatbll. d. Eisenachers Landes 94; Hainich Geschichtsbuch 99; Von Luftschnappern ... 05; Die Literareon Lyrik-Bibliothek, Bd III 05. – **P:** Treffpunkt Backs, Mda., I 96 (Tonkass.), II 01, III 05 (CDs); Fragt mich, Lyr., CD 07.

Baum, Oliver s. Becker, Kurt E.

Baum, Sonja (eigtl. Ingrid Safaric), Pensionistin; Eichenstr. 18, A-9065 Ebenthal i.K., Tel. u.

Baum

Fax (04 63) 7 34 36, *evsafaric@utanet.at* (* Leoben 13. 9. 40). Lyr. – **V:** Spannung in der Alltagskiste 99; Ach sooo! Von Dingen u. a. Begebenheiten 01; Dos Lebm – a Kindergspü? 02; Die Weisheit in Dir 03, alles Lyr. – **MA:** Kärnten dichtet 98; zahlr. Beitr. in Nachrichten d. Dichter Stein Gemeinsch. Zammelsberg DGZ seit 02; Wasser 04. (Red.)

Baum, Sonja; Doenchstr. 60, D-59077 Hamm, Tel. (01 60) 98 48 02 54, *Baum@helimail.de* (* Werne 71). Rom., Lyr. – **V:** Romina, R. 01. (Red.)

Baum, Thomas, Dramatiker, Lebens- u. Sozialberater; Schmiedegasse 20, A-4040 Linz, Tel. (07 32) 61 01 11, *thomas.baum@servus.at, www.thomasbaum. at* (* Linz 28. 12. 58). Drehb.forum Wien, IGAA, Neues Forum Lit., ÖDV; Dramatikerstip. d. BMfUK 87, 88 u. 89, Prix d'Aide à la Creation Télévisuelle Genève-Europe 89, Fs.pr. d. öst. Volksbild. (m. Berthold Mittermayr) 91, Kulturpr. d. Ldes ObÖst. f. Lit. 98; Drama, Fernsehsp./Drehb. – **V:** H.J. 93; Querschläge 95; Best of Baum 97; Inversion 98; Süleyman pfeift, Kdb. 99; – Stücke: Rauhe Zeiten, UA 88 (auch Video); Und in Ewigkeit Amen, UA 89; Kalte Hände, UA 90 (auch Video); Affenkäfig, UA 91; Geburtstag, UA 92; H.J., UA 93; Grenzpass, UA 95; Time Out, UA 98; Alles Okay, UA 00; Shit Happens, UA 02; Schlafende Hunde, UA 03; Hart auf hart, UA 03; Harte Bandagen, UA 06. – **F:** In 3 Tagen bist du tot, Kinofilm 06. – **R:** Und in Ewigkeit Amen, Hsp. 89; Der Achte Tag, Hsp. 93; Drehb.: Im Dunstkreis 91; Zigeunerleben, m. Susanne Zanke 94; Verkaufte Seele 95; Das Geständnis 96; Spurensuche 95; Ausgeliefert 03; Tatort: Tödliches Vertrauen 06, alles Fsf. (Red.)

Baum, Wilhelm, Dr. phil., Dr. theol., U.-Doz., Verleger, Deutenhofenstr. 26, A-9020 Klagenfurt, Tel. (04 63) 59 21 74, Fax 59 21 74–44, *wilhelm.baum@aon. at, www-gewi.uni-graz.at/staff/baum/* (* Düsseldorf 30. 1. 48). P.E.N.-Zentr. Dtld, Öst. P.E.N., Oswaldvon-Wolkenstein-Ges.; Lit.gesch., Philosophie, Geschichte. – **B:** France Preseren: Deutsche Dichtungen. Kunstwerke und Stationen auf dem Passionsweg zu e. verlorenen Paradies. Briefe u. Dokumente z. Nötscher Kreis 04. – **MA:** Literatur u. Kritik; Österreich in Gechhichte u. Literatur; Zs. f. dt. Philologie; Jb. d. Oswaldvon-Wolkenstein-Ges. – **H:** Ludwig Wittgenstein: Geheime Tagebücher 91; Paul Feyerabend – Hans Albert: Briefwechsel 97; Enea Silvio Piccolomini (Pius II.): Beschreibung Asiens 05. – *Lit:* Who is who in Germany 02; Who is who in Österreich 05; s. auch GK, 19.Ausg. 03. (Red.)

Baumann, Astrid; Kandlerstr. 3, D-82216 Maisach, Tel. u. Fax (0 81 41) 40 44 15, *baumann-astrid@arcor. de, www.sunpyramid-verlag.de* (* München 8. 6. 62). – **V:** Die Macht der Erinnerungen, R. 05.

Baumann, Brigitte, Journalistin; Tegernseer Platz 4, D-81541 München, Tel. u. Fax (0 89) 69 37 28 53, *bribaumann@aol.com.* c/o AVA – Autoren- u. Verlagsagentur GmbH, Seeblickstr. 46, D-82211 Herrsching (* München 16. 12. 56). Rom. – **V:** Ein schöner Mann im Handgepäck, R. 97, 99 (auch kroat.); Piloten und andere schlechte Liebhaber, R. 99; Traumberuf Pilotin, R. 00. (Red.)

Baumann, Claus (Ps. Klingtheler), Dr. phil., Kunstwiss., Publizist, Kunsthändler, Schriftst.; Max-Planck-Str. 11, D-04105 Leipzig, Tel. (01 72) 3 19 85 07, *saechsische.kunstwerk@t-online.de, www.galeriebaumann.de, www.saeku-leipzig.com* (* Klingenthal 30. 9. 45). Rom., Erz., Ess., Künstleru. Werkmonographie, Kunstkritik, Kunstb. – **V:** Das verwunschene Land, R. 97; kunstkrit. Veröff. sowie Künstler- u. Werkmonographien. – **MV:** Bilder wie

das Leben bunt, m. Eckhard Hollmann 80; Klingende Täler. Geschichte u. Geschichten e. Landschaft u. ihrer Menschen, m. Karl-Heinz Bley 87; Kunst im Bau, m. Thomas Topfstedt 03. – **MA:** Beitr. in: Leipziger Blätter; Der kleine Drache; Erinnerungen an Wolfgang Mattheuer, u. a. – *Lit:* s. auch SK.

Baumann, Iren, freie Schriftst.; Arosastr. 5, CH-8008 Zürich, Tel. (0 44) 4 22 00 17 (* Cobham/GB 22. 10. 39). Gruppe Olten, jetzt AdS, Pro Litteris; Halbes Werkjahr d. Stadt Zürich 91, E.gabe d. Kt. Zürich 91, Werkbeitr. d. Pro Helvetia 93, Pr. d. Intern. Bodenseekonferenz 94, Werkjahr d. Kt. Zürich 00; Lyr. – **V:** Das blaue Zimmer 90; In unbekannter Richtung 93; Die vorgewärmten Schuhe 00; Die Gesichter schon weiss 06, alles G. – **MA:** Kurzwaren 5 88; Eremiten Alphabet 91; Die schönsten Gedichte der Schweiz, Anth. 02; Der Engel neben Dir, Anth. 02; zahlr. Beitr. in Lit.-Zss. seit 87, u. a. in: NZZ; Manuskripte; Drehpunkt; Entwürfe; Das Gedicht; Vision International 03. (Red.)

Baumann, Margot S.; Unterworbenstr. 41, CH-3252 Worben, Tel. (0 32) 3 52 18 70 (* 28. 10. 64). – **V:** Wind und andere Gedichte 02; Reise und andere Gedichte 03; Das Balladenbuch 03; Gewitter – Gedichte aus der Nebelzone des Lebens 04; dichtungsArt – anders geblieen 05. – **H:** Wortgestöber 05. (Red.)

Baumann, Marlies (eigtl. Marlies Wermelinger); Postfach 159, CH-8335 Hittnau, Tel. (0 44) 9 50 40 48, *loewen-verlag@pop.agri.ch* (* Zürich 3. 8. 62). Erz. – **V:** Wahre Katzengeschichten 96; Katzen, die Geschichte(n) machten 00.

Baumann, Martin, Dr. rer. nat.; Mainstr. 119, D-63065 Offenbach (* Villingen 22. 6. 59). Dt. Haiku-Ges. 02; Lyr., Haiku. – **V:** Gesänge der Nachtigall 91, 96; Taubedeckte Wege 91; Am Anfang der Ewigkeit. Begegnungen m. Friedhöfen 92; Im Garten der Schwermut 92; Fantasia Galactica 96; Liebesreigen einer Nacht. Ein Wechselspiel v. Erotik m. Haiku 01; Haibum – Haiku der schießenden Haijin 02; Dichter und Revolvermann. Serielle Haiku e. Wiederlaters 04. – **MA:** Tiefe des Augenblicks, Ess. 04.

Baumann, Max, Publizist, Fotograf; Repfergasse 8, CH-8200 Schaffhausen, Tel. u. Fax (0 52) 6 24 57 84, *baumann.foto@bluewin.ch* (* Schaffhausen 16. 3. 31). Rom., Ess., Sachb., Bildband. – **V:** Im Schatten des Kilimandschara, Jgd.-R. 70, 74; Sabonjo, Jgdb. 70; Land der weißen Wege, Bildbd 73; Vom Geist der Natur, Ess. u. Zitatensamml. 73; Schaffhausen. Stadt u. Landschaft 75; Schaffhausen. Landschaft, Kultur, Geschichte, Sehenswürdigkeiten 80, 3. Aufl. 89; Schaffhausen, Rheinfall, Stein a. Rh. und die Region Klettgau-Randen 82. – **MA:** mehrere Textbeitr. u. zahlr. Fotos in: Zs. d. Naturforschenden Ges. 52/00. (Red.)

Baumann, Peter, Journalist, Buch- u. Filmautor; c/o Buchverlage LangenMüller, München (* 18. 5. 39). VS Berlin. – **V:** Der Herr des Regenbogens, R. 99; Die Liebe der Isabel Godin, R. 02; Das Lied vom Missouri, R. 04; über 30 Sachbücher seit, 70. – **MA:** Chefred. „Berliner Leben", verantwortl. Red. „Tagesspiegel", bis 74. – **R:** zahlr. Dok.filme f. ZDF u. WDR, u. a.: Terra X. Sie brauchten seine Götter 82. (Red.)

Baumann-von Arx, Gabriella; Im Langstuck 14, CH-8044 Gockhausen, *gabriella@baumannvonarx.ch, www.baumannvonarx.ch.* Wörtersh-Verlag, Rütistr. 38, CH-8044 Gockhausen, Tel. (0 44) 3 68 33 68, Fax 3 68 33 69, *www.woerterseh.ch* (* Zürich 4. 3. 61). Journalistenpr. d. Emmentalischen Industrievereinigung (Agro-Preis) 01. – **V:** Nella Martinetti. Fertig lustig, Biogr. 00; Schritte an der Grenze. Die erste Schweizerin auf d. Mount Everest, Evelyne Binsack, Biogr. 02, 2. Aufl. 03; Lotti, La Blanche. Eine Schweizerin in d. Elendsvierteln von Abidjan, Portr. 03, 5. Aufl. 04 (auch frz.); Schräge Vögel. Einblick bei Karl's kühne Gassenschau, Biogr. 03; Madame Lotti. In den Slums von Abidjan zählt nur die Liebe 04 (auch frz.); Solo. Der Alleingänger Ueli Steck 06; Ein Mann weint nicht. Die Gesch. d. Junior B. Manizao 06. – **MV:** Bei Baumanns. Aus d. Epizentrum e. normalen Schweizer Familie, m. Frank Baumann-von Arx, Kolumnen 00. (Red.)

Baumeister, Anton (Ps. zus. m. Dorothee Baumeister: Karl Friedrich, weiteres Ps. Georg Telemann), Lektor, Schriftst.; Alban-Stolz-Str. 5, D-79108 Freiburg/Br., Tel. (07 61) 5 72 96 (* Saarbrücken 17. 1. 32). Heidelberger Leander 00; Bilderb., Kinderb., Sachb., Feuill., Rom. Ue: engl, frz. – **V:** Das verzauberte Schloß, Bilderb. 65; Das große Fest, Bilderb. 67; Unser Freiburg damals, Bilder u. Geschn. 85; Nonni und Manni, Erz. 88, 6. Aufl. 95; Tanzen macht Spaß, Feuill. 94; Herders großes Bilderlexikon 95, 11. Aufl. 08; Die Kürbisrassel, Bilderb. 95; Komm mit mir ins Wörterland. Mein erstes Lexikon 97; Die Welt in Bildern von A-Z 98, 2. Aufl. 99; Blicke durchs Fenster. Miniaturen u. Denkpausen 01; Winterzirkus Colombino, Geschn. 02; Mein erstes großes Bildwörterbuch von A-Z 04; Das neue Bilderlexikon 09. – **MV:** Josef und seine Brüder 88; König David 89, beides Bilderb. – **B:** Gustav Schwab: Die schönsten Sagen des klassischen Altertums 61, 4. Aufl. 68; A. Dumas: Zwanzig Jahre später, R. 68; M. Brandis: Weltraum-Partisanen. Bordbuch Delta VII 97, Verrat auf der Venus 97, Unternehmen Delfin 98, Aufstand der Roboter 98, Vorstoss zum Uranus 98, Die Vollstrecker 98. – **H:** Mit den Augen der Liebe 69, 2. Aufl. 85; Das kommt davon 75, 4. Aufl. 79; Das Raumschiff 77, alles Anth.; W. Matthiessen: Das alte Haus, M. 84, 8. Aufl. 98; Die grüne Schule, M. 85, 3. Aufl. 90; Die Katzenburg, M. 86; S. Duflos: Der Wald lebt 87; Taten und Träume. Bildatlas z. Weltgesch. 91. – **MH:** mobile Jb., m. Renate u. Daniel Ferrari 95. – **Ue:** Ryan: Kapitän Seebär 57; Allward: Flugzeuge 71; Young: Schiffe 73; Duvoisin: Pinguin Peter 74; Young: Autos 75; White: Eisenbahnen 76; Simon: Schau genau 78; Unstead: Die Welt der alten Städte 82; Fagg: Brücken, Burgen und Paläste 83; Das bunte Schülerlexikon 84; Nicholson/Watts: Ägypter 91, Chinesen 91, Wikinger 91, Griechen 92, Römer 94; Newton: Kater Fritz 92; Watson: Unsere Welt 93; Truus: Kuka 93; Waddell/Barton: Kleiner Bär geht aufs Eis 94. – *Lit:* s. auch 2. Jg. SK.

Baumeister, Pilar (geb. Pilar Andreo Vila), Dr. phil.; An der Pulvermühle 18, D-51105 Köln, Tel. (02 21) 88 34 70, *pios@nexgo.de* (* Barcelona 25. 8. 48). VS; Rom., Kurzprosa, Lyr. Ue: span, engl, russ. – **V:** Die literarische Gestalt des Blinden im 19. und 20. Jahrhundert, Diss. 91; Die Erfindung des Erlebten, Erzn. 00; Zwei Länder die sich lieben. Geschn. aus Spanien u. Deutschland 05. – **MA:** Beitr. in: Frauen schreiben Geschichte/n 89; Weiter im Text 91; Wortnetze III 91; Die Palette, Zs. f. Lit. v. Randgruppen 93; Potztausend I 93; Fremde deutsche Literatur 96; Jb. d. Blindenfreunde 96–98; Jahrhundert der Migration. Gedichte, Erzn. u. Berichte 97; Im Zeichen der Windrose 98; Lese-Zeichen 98; Zuhause ... in der Fremde, Bde 1 u. 2 01; Wegziehen/Ankommen 02; Nationalität: Schriftsteller 02; Weite Blicke, G. u. Kurzgeschn. 05.

Baumer, Franz, Dr. phil., Red.leiter b. BR a. D., Schriftst.; Tengstr. 37, D-80796 München, Tel. (0 89) 2 71 10 35 (* München 7. 5. 25). Premio Speciale C.I.D.A.L.C. d. Intern. Filmfestival Trient 71, 74, Award d. Hollywood Festival of World Television 72, Fs.pr. d. Ldes NRW im Rahmen d. Adolf-Grimme-Pr. 72; Silbergriffel 82; Rom., Ess., Biogr., Feat., Fernseh-

dok. – **V:** Hermann Hesse, Biogr. 59, 7., erw. Aufl. 02; Franz Kafka, Biogr. 60; Die Maulwurfshügel, R. 61; Hermann Hesse: Prosa u. Gedichte 63; Franz Kafka: Sieben Prosastücke 65, beides Interpret.; Ernst Jünger 67; Teilhard de Chardin 71; Otto Hahn 74; Siegfried v. Vegesack 74; Erich Maria Remarque 76, 3. Aufl. 94, alles Biogr.; Zauberwald, R. 78; Propheten auf d. Dampfrollschuh. Zukunftsträume von anno dazumal. Ess.-Bildb. m. G. 79; Traumwege durch Rätien, Sachb. 81; Reinhold Schneider 87; Christa Wolf 88, 2. Aufl. 96; Adalbert Stifter 89; Ludwig Anzengruber 89, alles Biogr.; König Artus und sein Zauberreich, Sachb. 91; Arthur Schnitzler, Biogr. 92; Der Kult der Großen Mutter, Sachb. 93 (auch ital.); Else Lasker-Schüler, Biogr. 98; Hermann Hesse. Seine Zeit im Engadin, Sachb. 99; Die Giacomettis. Eine Künstlerfamilie aus d. Bergell, Sachb. 02; Ms. z. Fs.-Reihen: König Artus 88, 2. Aufl. 91; Europäische Kostbarkeiten 89; Skizzen aus Frankreich 96 (auch frz.). – **MA:** Große Frauen der Weltgeschichte 60; Der Altbairische Volks- u. Heimatkal. 00, 03, 04, 05; Vjschr. d. Adalbert-Stifter-Inst. ObÖst. – **H:** Hesses weltweite Wirkung 77. – **MH:** Der Königliche Kaufmann 54. – **F:** Der Kondor 82. – **R:** Wolken, Wind u. Wälder weit, ..., Siegfried v. Vegesack u. seine Welt, Fsp. 65; Hermann Hesse, Fsp. 65; Giovanni Segantini 1858–99, Dok.film 69; Die Rätoromanen – Inform. a. d. antiken Welt, Dok.film 71; Propheten a. d. Dampfrollschuh. A. d. Mottenkiste d. Futurologie, Filmfeuill. 71; Singen will ich von Aphrodite 73; Der Mann aus Tagaste. Aurelius Augustinus 74; Theologie in Stein 74; Chronos und seine Kinder 75; Oswald von Wolkenstein 75; Nach den Träumen jagen ... E.T.A. Hoffmann 76; Grüße ich euch, ein später Gladiator – E.M. Remarque 77; Das sanfte Gesetz. A. Stifter. E. Dichterleben im Biedermeier 78; Franz Marc, der blaue Reiter 79; Die Welt als Uhr 80; Vincent van Gogh 81; Sagt ja, sagt nein, getanzt muß sein ... 81; Walther von der Vogelweide 82; Das Taschenweltchen 83; Abschied von Gutenberg? 83; Glockenspiel in Flandern 83; Musik für das Auge – A. Stifter als Maler 83; Der Teppich von Bayeux 84; Die Bestensäule im Dom zu Freising 84; Die besänftigten Dämonen 85; Klänge, die zum Himmel steigen 85; Geschichten aus dem Bayerischen Wald 85; Vom Kult der Großen Mutter 86; Auf Traumwegen durch Rätien 86, alles Filmfeuill.; Das Périgord; Eleonore v. Aquitanien; Die stillen Kanäle; Garten d. Musen u. a. Fsf. seit 88. – *Lit:* Wer ist Wer? 97/98.

Baumer, Gerhard s. Raithelhuber, Jörg

Baumer, Harald, Parlamentskorrespondent, Theologe; Levetzowstr. 16, D-10555 Berlin, Tel. (0 30) 28 09 44 43, *HBaumer@aol.com, www.nn-online.de* (* Neumarkt/Opf. 3. 7. 62). – **V:** Wenn der Richter leise quietscht, Glossen 01; Alles was Recht ist, Glossen 01. (Red.)

Baumert, Walter, Dipl.-Philosoph; Rotkäppchenstr. 35, D-12555 Berlin, Tel. (0 30) 6 57 52 19, *walter. baumert@tele2.de* (* Erfurt 19. 2. 29). SV-DDR 78; Lit.pr. d. FDGB 59, 61, Erich-Weinert-Med. 60, Lit.- u. Jgdb.pr. d. DDR 76, Hauptpr. d. Intervision, Intern. Festival d. Fernsehdramatik Plowdiv 81, Kunstpr. d. FDGB 81, 82, 83 u. 87; Drama, Rom., Lyr., Film, Fernsehdramatik. – **V:** Sieg der Musen, Musical, Libretto 68; Und wer der Teufel nicht peinigt...: Die Jugend des Dichters Georg Weerth, R. 75; Schau auf die Erde d. i. Der Flug des Falken – Die rebellische Jugend des Friedrich Engels, R. 81, 96 (auch russ., ukr.); Das Ermittlungsverfahren, dokumentar. R. üb. E. Thälmann 85, 87 (auch bulg.); Gedichte aus fünf Jahrzehnten 96. – **MA:** Frieden heut bist du so nah, Anth. 51; Gedichte und Lieder für den Frieden, Anth. 52; Anekdoten, Anth. 62;

Baumgart

Das Gesetz der Partisanen, Anth. 72; Über Bodo Uhse, Alm. 84. – **F:** Wenn du zu mir hältst 61. – **R:** Die grüne Mappe, Fsp. 59; Liebe auf dem letzten Blick, Fsf. m. W. Nonnewitz 60; Die Lawine, Fsp. 60; Flitterwochen ohne Ehemann, Fsf. 61; Die unbekannte Größe, Fsp. 61; Die Nacht an der Autobahn, Fsf. 62; Die neue Losung, Fsp. m. W. Dvorski 62; Die Silberhochzeit, Fsf. 63; Episoden vom Glück, zweiteil. Fsf. 65; Der Anwalt, Fsp. m. O. Bonhoff 67; Füreinander, zweiteil. Fsp. 67; Geheimcode B 13, n. dem Roman von A. Fiker, vierteil. Fsp. 68; Der schwarze Reiter, 3teil. Fsf. 68, beide m. A. Müller; Sehnsucht nach Sabine 69; Staub und Rosen 70; Eine Chance für Manuela 76; Abenteuer mit Constance 76; Abschied von Gabriela 76, alles Fsp.; Das Ermittlungsverfahren, Fsf. 81; Flug des Falken, vierteil. Fsf. üb. d. Jugend Friedr. Engels 85; Die Herausforderung, Fsp. 86. – *Lit:* Für Kinder geschrieben – Autoren der DDR 78.

Baumgart, Angela; Clara-Zetkin-Str. 7, D-18209 Bad Doberan, Tel. (03 82 03) 35 57. – **V:** Ein Clown verliebt sich nicht, R. 95. (Red.)

Baumgart, Dieter J., Schriftst., Geschichtenerzähler, Fotograf, Skulpteur; c/o edition salagou, Le Village, F-34800 Mourèze, Tel. (04) 67 88 09 40, *baumgart@ edition-salagou.de, www.edition-salagou.de* (* Berlin 22. 11. 34). Kurzgesch., Fabel, Lyr., Aphor., Ess. – **V:** Geschichten im Bergwerk, Kurzgeschn. u. Fbn. 78; Flugenten – 19 unordentliche Geschn. 98; Die Eulen von Mourèze, dt./frz. 04; Rencontre imprévue, Kurzgeschn. 04 (frz.); Schmetterlinge, Parabel 04. – **MA:** LiteratenTreff Köln, Anth. 91/92–97/98; Impressum. Periodikum f. VerlegerInnen & AutorInnen, Nrn 13–16 99; Die Brücke. Forum f. antirassist. Politik u. Kultur, seit 01; Frankfurter Edition, Anth. 01, 02; Weltbilder Kosmopolitania, Anth. 02; Bibliothek dt.sprachiger Gedichte. Ausgew. Werke VII 05 u. IX 06; 24 weihnachtl. Geschichten, Lit.-Adventskal. 06; Beitr. in zahlr. Lit.-Zss. seit 98. – **P:** Lyr.-Poster (engl.-frz.); à la carte, Textpostkarten (dt.-frz.); Licht- u. Schattenseite; Anmerkungen e. unordentl. Menschen, beides Aphor.bll.; Prosa, Lyr., Ess., Aphor. unter: www.the-short-story.de u. www.aduru.de/dernu (Portal f. Kunst u. Lit.); polit. Ess. unter: www.klinger.online.de. – *Lit:* Wer ist Wer?

Baumgart, Klaus, Dipl.-Graphikdesigner, Autor, Illustrator; Lachmannstr. 3, D-10967 Berlin, Tel. (0 30) 6 93 33 03, Fax 69 50 86 89, *ok.baumgart@arcor.de* (* Salzgitter-Bad 1. 12. 51). E.liste z. Öst. Kd.- u. Jgdb.pr. 90, 92, Das Goldene Buch 94, mehrere Pr. b. Plakatwettbew.; Bilderb., Kinderb. – **V:** Ungeheuerlich 90; Wirklich wahr 91; Wo ist Hugo? 91; Ertappt 92; Ungeheuer stark 93; Überrascht 94; Der Tigerhit 94; Schweinerei 95; Lauras Stern 96 (Übers. in üb. 25 Sprachen); Tommy kein Angsthase 97; Nils und der Nikolaus 97; Tobi, ein allerliebstes Ungeheuer 98; Lauras Weihnachtsstern 98; Lauras Sternenreise 99; Rosa will ein Schwein um 00; Lukas und der Wunschkäfer 00; Lauras Sternenabenteuer, Sammelbd 01; Lenny und Twiek 01; Lauras Geheimnis 02; Die Feder 03; Laura kommt in die Schule 03. – **P:** Lauras Stern 99; Lauras Sternenreise 00; Lauras Weihnachtsstern 00; Tobi, das kleine grüne Ungeheuer 00, alles Tonkass./CDs. (Red.)

Baumgart, Siegfried, Lehrer; Am Volkspark 9, D-06388 Gröbzig, Tel. (03 49 76) 2 23 40, *s.baumgart1 @freenet.de* (* Lieznitz 29. 8. 27). DSV 64–68; Drama, Nov. – **V:** Ixe-axe-U, Kinderkabarett 56; Die letzte Magd, Schwank 59; Der geheimnisvolle Schatten, Krim.-St. f. Kinder 60; Weiberarbeit, Einakter 60; Der gestohlene Weihnachtsbaum, Weihn.-St. f. Kinder u. Erwachs. 64; Die Stunde der Schwester, N. 75; Pracks Gesellschaft, Erzn. 84; Ist alles menschlich, Herr Pastor,

Erzn. 93. – **MA:** Der Tolpatsch, e. Puppensp. 58; Die Goldene Drei, Einakter in: Hier war einmal ein Rain. G. u. Sz. f. Agitpropgruppen a. d. Lde 61; Der Eintagsstumme 67; Die Spur, die jemand hinterläßt in: Passion in Xique-Xique, Erzn. 72; Auf schmalem Grat, Erz. 74; Marienhausbuch, Erz. 75; Frech wie Oskar, Kinderrev. 76; Anzeichen drei, Anth. 77; Als Stern uns angelagen, Anth. 78; Eines Menschen Stimme 79; Geheimnis des Glücks, Anth. 80; Es geht um Silentia 81; Lakritz, Latein und Große Wäsche 89; Weihnachtsgeschichten aus Sachsen-Anhalt 95; Frankfurter Bibliothek 00–03. (Red.)

Baumgartl, Nomi, Dipl.-Des.; Zentnerstr. 18, D-80798 München, Tel. (0 89) 27 29 91 99, Fax 27 29 91 88, *nomi@i-wonder-nomi.com, www.i-wonder-nomi.com* (* Bissingen/Donauries 26. 8. 50). – **V:** Mumo, R. 05. (Red.)

Baumgartner, Amedeo, Rechtsanwalt, Kunstmaler; *www.art-amedeo.ch* (* Zürich 26. 3. 53). – **V:** Plankton in Ton, Künstlermonogr. 05; Krokodeal, R. 06; Der Kuss der Kali, R. 08.

Baumgartner, Hans (eigtl. Johann Matthäus Baumgartner), Lehrer a. D., Schriftst.; Klosterweg 4, D-83512 Wasserburg a. Inn, Tel. (0 80 71) 29 59, Fax (0 12 12) 5 19 81 78 10, *kontakt@hansbaumgartner. info, www.hansbaumgartner.info* (* Wasserburg a. Inn 16. 5. 39). Lyr., Erz., Aphor., Szenisches, Bairische Mundart. – **V:** Zu meiner Zeit, Bilderz. 78, 4. Aufl. 01; Ochs am Berg, Erzn. u. Wechselreden 80; Bairische Sagen (aufgez. u. hrsg.) 83, 2. Aufl. 08; Das Gewitter, Schulsp. 88; Dialekt im Wasserburger Land 96; Sang Tag gehst du die ganze Erde ab, Aphor. 03; Halb sieben, Erz. 06; Die Wolken von gestern, Aphor. 08. – **MA:** Lyrik 81, Anth. 82, 01. – **H:** Gleichwie der Inn fliesst alls dahin, Wasserburger Leseb. 88. – **R:** Der Nachher; Kalendergeschichte, Erzn. 95.

Baumgartner, Harry *

Baumgartner, Katharina (Ps. Katharina Sallenbach), Bildhauerin; Klusstr. 8, CH-8032 Zürich, Tel. (01) 3 81 64 06, Fax 3 81 64 05 (* Zürich 22. 2. 20). Lyr. – Radier.; Punto – Briefe an einen jungen Hund 89; Frühlingsgedichte der Traurigkeit 03; Meditationen 04. – **MV:** Flechtskulpturen und Zeichnungen, m. Angelika Affentranger-Kirchrath 96. – *Lit:* Sinnreich/Panchaud/Brändle: Schale u. Kern. Die Bildhauerin K.S., Bildbd 07; K. Dobai/J. Jedlicka: Saint François. Das Kirchenportal v. K.S., Bildbd 02. (Red.)

Baumhauer, Peter, Doz.; Gußmannstr. 8, D-73252 Lenningen-Gutenberg, Tel. (0 70 26) 75 21 (* Schwäbisch Gmünd 14. 7. 31). Lyr., Erz. – **V:** Am Ufer des Zeitlands, G. 85; Spur deines Wortes, G. 85; Schatten von weither, G., Bilder, Meditn. 96. (Red.)

Baumm, Stefanie, Autorin; c/o Droemer Knaur, München, *info@stefanie-baumm.de, www.stefanie-baumm.de* (* Pforzheim 14. 11. 63). Das Syndikat 06, Sisters of Crime 06; Rom. – **V:** Der Gesang der Bäume, R. 97; 101 Gründe keine Kinder zu kriegen, Ratgeber 00; Unsterblich wie der Tod, R. 06; Der Tod wartet nicht, R. 08.

†**Baur,** Alfred, Dr. phil., Sprachtherapeut; lebte in Kirchschlag b. Linz (* Wels 31. 8. 25, † 2. 2. 08). Kinderb., Fachb. – **V:** Bli-Bla-Blu 72, 93; Das Fingertheater 74, 93; Kinder spielen Theater 75; Die kleine Plaudertasche 77, 87; Salzburger Sträußchen 79; Fließend Sprechen 79, 87; Die Finger tanzen 80, 87; Sprachspiele für Kinder 85; Gisela Sellerie 87; Lautlehre und Logoswirken, Lehrb. 89, 96 (auch ital., port., engl. u. schw.); Mei-

ne Henne heißt Hanne, G. 95; Schlaf- und Wachlieder, G. 95.

Baur, Eva Gesine s. Singer, Lea

Baur, Margrit; Sihlhaldenstr. 35, CH-8136 Gattikon, Tel. (0 44) 7 21 14 79 (* Adliswil 9. 10. 37). Anerkenn.-gabe d. Stadt Zürich 71, Pr. d. Schweiz. Schillerstift. 81, E.gabe d. Stadt Zürich 81, d. Kt. Zürich 83, Buchpr. d. Kt. Bern 84, 88, Werkjahr d. Kt. Zürich 88, d. Stadt Zürich 93, Schiller-Pr. d. Zürcher Kantonalbank 93; Kurzprosa, Erz., Rom. – **V:** Von Straßen, Plätzen und ferneren Umständen, 3 R. 71; Zum Beispiel irgendwie 77; Ueberleben. Eine unsystemat. Ermittlung gegen die Not aller Tage 81, 85; Ausfallzeit, Erz. 83, 89; Geschichtenflucht, R. 88; Alle Herrlichkeit, R. 93. – *Lit:* Th. Kraft in: Neues Hdb. d. dt. Gegenwartslit. 90; Ch. Grimm: Gesch. d. dt.spr. Schweizer Lit. im 20. Jh. 91; E. Pulver in: KLG 97. (Red.)

Baur, Ursula (geb. Ursula Schmidt); Poignring 24c, D-82515 Wolfratshausen, Tel. 21 75 15, *verlag@kunstalltag.de* (* Weiden 27. 8. 46). – **V:** Im Keller ist es dunkel, Geschn. u. Gedanken 97.

Baur, Wolfgang, Dr. phil., Doz., Verleger; Poignring 24c, D-82515 Wolfratshausen, Tel. (0 81 71) 21 75 14, Fax 21 75 15, *verlag@kunstalltag.de, www.kunstalltag. de* (* Boos/Schwaben 20. 7. 42). Robert-Walser-Ges. Zürich; Rom., Lyr., Dramatik, Aphor., Ess. – **V:** Privatunterhaltung, Prosa 77; Vom Abraham. Notizen-R. 82; Merkleucht oder Erinnerungen an die Erde, R., 2 Bde 85; Philipp, hör zu! Kom. 87, 90; Tirpitz. History fiction 88, 95; Die Tafel der 100 Verknüpfungen, R. 90; Madeleine und der Streit der Elektriker oder Handbuch der Krisenexperimente: Sprache u. Chaos 91; Die entfernten Bekannten, 195 Statements 94; Der Rest der Temperatur oder Die acht Welten, R. 02; Der blinde Passagier. Ges. Sätze, Aphor. 08. – **MV:** Dokumentation d. Aktion 'Umsonst'. Graphik u. Texte. – **H:** Karin Arndt: Gedichte 81.

Baur, Wolfgang Sebastian; Birkbuschstr. 14, D-12167 Berlin, Tel. u. Fax (0 30) 84 41 14 48, Tel. dienstl. 01 72–8 42 60 85, *info@sebastianbaur.de*, *www.sebastianbaur.de* (* Toblach/Südtirol 56). VS/VdÜ, GAV, Herrigsche Ges., Bundesverb. d. Film-u. Fernsehschauspieler. Ue: ital, frz, engl, jidd. – **V:** Puschtra Mund Art. Gedichte u. Nachdichtungen in Pustertaler Mundart 03, 2. Aufl. 04. – **MA:** Wortkörper, Anth. 07; – Beitr. in: Arunda; Kulturelemente; Quart Heft für Kultur Tirol. – **Ue:** u. a. Titel von: Alfred Jarry, Boris Vian, Rocco + Antonia, Henri-Pierre Roché, Rochl Korn.

Bauriedl, Doris, Übers., Ergotherapeutin; Hellgasse 7, D-08626 Adorf/Vogtland, Tel. (03 83 74) 8 04 96, *verlag@editionkirchhofundfranke.de*, *editionkirchhofundfranke.de* (* München 17. 2. 65). Lyr., Erz. Ue: frz. – **V:** Bausteine – eine unvollendete Aufbaugeschichte im Dialogversuch mit dem Ort des Geschehens baubiographisch illustriert 01. (Red.)

Baus, Lothar, Autor, Hrsg. u. Verleger; Zum Lappentascherhof 65, D-66424 Homburg, Tel. (0 68 41) 7 18 63, *lotharbaus@web.de, www.asclepiosedition.de* (* Homburg/Saar 8. 5. 52). Erz., Rom., Sachb. (Lit.-forsch.), Philosophie. – **V:** Das süße Gift der Venus, Erz. 85; Olaf Tryggvison, König der Wikinger, Jgd.-R. 88, 2., überarb. Aufl. 99; Also sprach Zarathustra. Ein Theaterstück für alle u. keinen 99; zahlr. Sachbücher. – **H:** (Entdecker u. Hrsg. mehrerer anonym od. pseudonym veröff. belletrist. Werke Goethes:) Petrarchische Oden u. Elegien an meine Urania 89, 98; Nachtwachen von (des) Bonaventura, anonyme Erz. 92, 98; Diana von Montesclaros – Eine Gesch. aus d. Zeiten d. Befreiung Spaniens, anonyme Erz. 93, 01; Bruch-

stücke aus d. Begebenheiten e. unbekannten Beherrschers der verborgenen Obern ..., anonymer Illuminaten-R. 93, 01; Fragmente a. d. Tagebuch e. Geistersehers, anonyme Erz. 00; Die existentialist. Reflexionen d. William Lovell, alias J.W. Goethe, Brief-R. 00; Friedrich Christian Laukhard: Leben und Taten des Rheingrafen Carl Magnus, Erz., 2. erw. Aufl.; Buddhismus und Stoizismus, Sachb. 06, 3., erw. Aufl. 08. – *Lit:* s. auch SK.

Bauschinger, Sigrid, Dr. phil., Prof. Univ. of Massachusetts, Amherst; 7 Pease Place, Amherst, MA 01002/USA, Tel. (4 13) 2 53 95 25 (* Frankfurt/Main 2. 11. 34). Hon. Member American Assoc. of Teachers of German. – **V:** Else Lasker-Schüler. Ihr Werk u. ihre Zeit 80; Die Posaune der Reform 89; Else Lasker-Schüler, Biogr. 04, Tb. 06. – **H:** Else Lasker-Schüler. Lyrik, Prosa, Dramatisches 91; „Ich habe etwas zu sagen". Annette Kolb 1870–1967 93; Die freche Muse/ The Impudent Muse 00; Else Lasker-Schüler. Briefe 1925–1933 05. – **MH:** Amerika in d. dt. Lit. 75; Film u. Literatur 85; Hermann Hesse 86; Was soll ich hier? Else Lasker-Schüler: Exilbriefe 86; Nietzsche heute 88; Vom Wort zum Bild 91; Wider d. Faschismus 93; 'Neue Welt'/'Dritte Welt' 94; Rilke-Rezeptionen 95; Staub und Sterne 01.

Bautsch, Carl Friedrich, Landwirt; Gr. Hesebeck 1, D-29549 Bad Bevensen, Tel. u. Fax (0 58 21) 74 56, *people.freenet.de/c.f.bautsch/homepage.htm, c-bautsch.de* (* Gr. Hesebeck 27. 4. 26). BVK am Bande; Plattdt. Erz. u. Lyr., Dramatik. – **V:** Dütt und dat in Heidjerplatt 93; Sing mal wat in Heidjerplatt, Lieder 94; Allerhand ut Stadt u Land, Geschn. u. G., Bd 1 95, Bd 2 98; Mal ernst, mal froh 95; Gollern und seine alte Burgkapelle 97; Noch mal wat i Heidjerplatt 97; Ringparabel Nathan der Weise in Heidjerplatt 97; Allerhand aus Stadt und Land, Geschn. u. G. 99; Erinnerungen an eine Zeitspanne, die das Landwirtschaft veränderte 00; Vör jeden wat, Sprüche in „Hoch" und „Platt" 02; 1000 Jahre Gr. Hesebek 03. (Red.)

Bautz, Hans-Willy, Verleger, Red., Autor; PF 1280, D-31305 Uetze, Tel. (0 51 73) 21 10, Fax 2 44 20, *die.zeitung.uetze@t-online.de, www.bod.de* (* Haslev/ Dänemark 12. 8. 46). Krim.rom., Erz. – **V:** Uetze by night – erlebt von Céline, Erzn. 00; Mord zwischen Genova und Palermo, Krim.-R. 06; Mit Céline unterwegs, Erzn. 08; Die Tote von Sizilien, Krim-R. 08.

Baviera, Silvio O., Schriftst., Künstler, Verleger, Galerist, Museumsmacher; Zwinglistr. 10, CH-8004 Zürich, Tel. (01) 2 41 29 96, Fax 2 41 29 92 (* Zürich 8. 8. 44). Aufmunterungsgabe d. Stadt Zürich 68, Werkjahr d. Stadt Zürich 69, Werkjahr d. Kt. Zürich 72. – **V:** Der Sechzehnkampf des Hans Anders 68; Ein Tage- & Nächtebuch des Hans Anders 69; Das Vermächtnis des Hans Anders 92; Die Durchtunnelung der Normalität, Texte 96. – **MA:** Zürcher Alm. 68, 72; Zürcher Album 70; dieses buch ist gratis 71; Der Schriftsteller in unserer Zeit 72; Kleine Bettlektüre für hellwache Zürcher 75; Textbuch der Gruppe Olten 76; Der blaue Berg 6 79, 9 81; Zürcher Spektrum in der Lyrik 84; Poesie-Agenda 85, 87; – Texte in Ztgn u. Zss. seit 68, u. a.: Zürcher Student; Volksrecht; Tages-Anzeiger; Diskus; Sonntags-Journal; neutralität; Schaffhauser Nachrichten; drehpunkt; SPEKTRUM Nr. 44, 53, 55, 72, 76, 100, 102, 104, 107, 117; – Texte in Kat. seit 77, zuletzt: Heinz-Peter Kohler: Wassermalen 94; Schang Hutter: Graugussreliefs 95; Gottfried Honegger: Erkennen Bewahren Erneuern 96; Heinz-Peter Kohler: Aquarelle – ein Tage- u. Nächtebuch 98; Grösse: klein 00; – mehrere Texte auf Postern u. Flugblättern, zahlr. Texte f. Lesungen u. Aktionen, u.v. a. – **R:**

Bay

Juli, 13 Monate für 12 Autoren 72; Schauplatz 80; Literatureinschub 00. – *Lit*: Marc Welti in: Züri Woche 94. (Red.)

Bay, Michael, Dipl.-Psych.; In de Kamp 20, D-47533 Kleve/Ndrh., Tel. (0 28 21) 4 82 43 (* Rheine 29. 9. 55). – MV: Königsschießen 92, 10. Aufl. 97 (auch ndl.); Belsazars Ende 93, 10. Aufl. 98 (auch ndl.); Jenseits von Uedem 94, 9. Aufl. 97 (auch ndl.); Feine Milde 95, 4. Aufl. 98; Clara!, 1.–3. Aufl. 97; Eulenspiegel 98; Ackermann tanzt 99; Augenzeugen 02; Die Schanz 04, alles Krim.-R. m. Hiltrud u. Artur Leenders. (Red.)

Bayer, Agnes, Lehrerin; An der Obererft 70a, D-41464 Neuss, Tel. (0 21 31) 4 39 55 (* Büren/Westf.). FDA 91, GEDOK 96; Finalistin b. 2. NRW-Autorentreffen 82, Pr. b. Lyr.wettbew. 'Soli Deo Gloria' 85, Finalistin b. IX. GEDOK-Lit.wettbew. RMT 96/97; Lyr., Prosa, Kurzsp., Kinderb. – V: Mit wachen Augen 81; Ich geh den Spuren nach 84; Hoffnungsblüten im November 92, alles Lyr.; Leben hat viele Gesichter 96; Die roten Pferde 97; Der Trompeter von nirgendwoher 02; Aufgetischt 03; Eine Rose für Immanuel 07, alles Lyr. u. Prosa. – MA: Hinter den Tränen ein Lächeln 84; Soli Deo Gloria 85; Zwischen den Zeilen das Leben 85; Eigentlich einsam 86; Taube und Dornenzweig 87; premiere I 87; Die Jahreszeiten 91; Nacht lichter als der Tag 92; Der Himmel ist in dir 95; Schlagzeilen 96; Wir sind aus solchem Zeug, wie das zu Träumen 97; Umbruchzeit 98; Hörst du, wie die Brunnen rauschen 99, alles Lyr.-Anth., u. a.

Bayer, Christine; Eggfluhstr. 15, CH-4054 Basel, Tel. (0 61) 4 21 34 85, *christine.maria.bayer@gmx.ch* (* Bern 30. 5. 49). Kinderb. – V: Karamell und andere Gute-Nacht-Geschichten 07.

Bayer, Ingeborg, wiss. Dipl.-Bibliothekarin, Schriftst.; Am Ohrensbächle 30, D-79286 Glottertal, Tel. u. Fax (0 76 84) 3 70 (* Frankfurt/Main 3. 7. 27). Friedrich-Bödecker-Kr. 65, VS 70–75, 82, P.E.N.-Zentr. Dtld; Bestliste z. Dt. Jgd.lit.pr. 64, 69, 75, 76, 80, Öst. Staatspr. 75, Pr. d. Friedrich-Ebert-Stift. 82, Kathrin-Türks-Pr. d. Stadt Dinslaken, Friedrich-Bödecker-Pr. 89, Dt. Jgd.lit.pr. 89, E.liste d. Öst. Staatspr. 89, IBBY-Ehrenliste 90; Rom., Jugendrom., Sachb., Funkerz., Theater. – V: Fliegende Feuer im Jahr, zwei Rohr', R. 63; Ein heißer Wind ging über Babylon, R. 65; Der Teufelskreis, R. 68 (auch als Bü.); Julia und die wilde Stute, R. 70; Begegnung mit Indira, R. 70; Trip ins Ungewisse, R. 71; Natascha, R. 72; Boris und Natascha, R. 73; Die vier Freiheiten der Hanna B., R. 74 (auch als Bü.); Hernando Cortez 75; Yamba, R. 76; Dünensommer, R. 77; Zwiesprache mit Tobias, Erzn. 78; Träume für Tadzio, Erzn. 78; Der Drachenbaum, R. 82; Die Reise nach Vichy, R. 86; Flug des Milan, R. 87; Zeit für die Hora, R. 88; Stadt der tausend Augen, R. 91; In den Gärten von Monserate, R. 93; Die Spur der Kometen, R. 95; Das schwarze Pergament, R. 97; Der brennende Salamander, R. 00; Jacobäas Traum 04; (zahlr. Nachaufl., Übers., Bühnenbearb. u. Verfilmungen). – MV: Die Großen des 20. Jahrhunderts 70; David und Dorothea, m. Hans-Georg Noack, R. 77. – MA: Schriftsteller erzählen von d. Gewalt 70; Schriftsteller erzählen vom Frieden 73; Die Straße, in der ich spiele 74; Die Familie auf dem Schrank 75; Die beste aller möglichen Welten 75; Schriftsteller erzählen von d. Gerechtigkeit 77; Kein schöner Land? 79; Heilig Abend zusammen 82, alles Anth., u. a. – H: Johannesgasse 30 75; Ehe alles Legende wird. Das 3. Reich in Erzählungen, Berichten, Dokumenten 79. – *Lit*: Leben gegen den Strich, Bull. Jgd u. Lit. 5/76; Für Jüngere schreiben – wozu?, Bull. Jgd u. Lit. 6/76; Die Welt

beunruhigen – Berichte v. Schreiben 87; DLL 20.Jh., Bd II 00. (Red.)

Bayer, Thommie (Ps. f. Thomas Bayer-Heer), Musiker, Maler, Autor; *Thommie.Bayer@t-online. de, Thommie-Bayer.de.* c/o Piper Verl., München (* Esslingen/Neckar 22. 4. 53). GEMA, VG Wort; Arb.-stip. d. Förd.kr. dt. Schriftst. Bad.-Württ. 86, Thaddäus-Troll-Pr. 92; Rom. – V: Eine Überdosis Liebe, R. 85, 96; Einsam, Zweisam, Dreisam, R. 87, 95; Die frohe Botschaft abgestaubt, Nacherz. d. Evangeliums 89, Tb. 93; Sellavie ist kein Gemüse – 30 Typen wie du und er, Kurzprosa 95; Es ist nicht alles Kunst, was glänzt ..., Kurzprosa 91, 97; Das Herz ist eine miese Gegend, R. 91; Spatz in der Hand, R. 92, Tb. 94; Sponto, Carla, Mike und Bobby McGee, Kurzgesch. 92; Der Himmel fängt über dem Boden an, R. 94, Tb. 96; Irgendwie das Meer, G. 95; Der langsame Tanz, R. 98, Tb. 99; Andrea und Marie, R. 00; Das Aquarium, R. 01, 03; Die gefährliche Frau, R. 04; Singvogel, R. 05; Eine kurze Geschichte vom Glück, R. 07. – MV: Wir, die wir mitten im Leben steh'n, mit beiden Beinen in der Scheiße, Prosa, Lyr., Glossen, Liedtexte 77, 4. Aufl. 79; Übermenschen und Untermenschen – ein Leseb. für Zwischenmenschen, Prosa, Lyr., Glossen, Liedtexte, Hsp. 79, beide m. Thomas C. Breuer. – MA: Beitr. in Liedtext- u. Prosa-Anth., literar. u. a. Zss. – F: Neues vom bewegten Mann. – R: Georg Moser – Eine Karriere, Hsp. 80, 81; Spatz in der Hand; Tatort: Brandwunden; Andrea und Marie; Ein Weihnachtsmärchen 99; Wenn man sich traut 00, alles Fsp. – P: Silcher's Rache 78; Abenteuer 79; Feindliches Gebiet 80; Kamikaze Bodenpersonal 81; Paradies 82; Was ist los 83; Alles geregelt 84, alles Schallpl.; Fliegender Teppich von Gleis 8 88; Das blaue Wunder 96; Cowboys und Indianer 08, alles CDs. – *Lit*: Allmende 36/37 93. (Red.)

Bayer, Xaver; lebt in Wien, c/o Jung und Jung Verl., Salzburg (* Wien 5. 5. 77). Öst. Förd.pr. f. Lit. 05, Hermann-Lenz-Pr. 08. – V: Heute könnte ein glücklicher Tag sein, R. 01; Die Alaskastraße, R. 03; Als ich heute aufwachte, aufstand und mich wusch, da schien mir plötzlich, mir sei alles klar auf dieser Welt und ich wüsste, wie man leben soll, Theaterst. 04; Weiter, R. 06; Das Buch vom Regen und Schnee, Prosa 07; Die durchsichtigen Hände, Erzn. 08.

Bayer-Heer, Thomas s. Bayer, Thommie

Bayrak, Ute (eigtl. Ute Pfab-Bayrak), Astrologin, Aromaexpertin; Blasenbergstr. 22, D-88175 Scheidegg, Tel. (0 83 81) 55 90, Fax 94 25 22 (* Köln 5. 4. 54). Lyr. – V: Ich reiche Dir meine Hand, G. 93; Gedankensamen, G. 94. (Red.)

Bazant, Ingrid; Felberstr. 118, A-1150 Wien, Tel. (01) 9 82 34 24, (06 64) 4 63 30 11, Fax 98 23 42 45, *bazant@nextra.at* (* Wien 26. 1. 39). – V: Brigitta – Wunderdroge Sport für eine mental behinderte Autistin 07.

Beau, Volker (Ps. Reklov Schön), Autor u. Maler; Schloßbergring 6, D-79098 Freiburg/Br., Tel. (07 61) 2 25 07, *Volker_B.at@gmx.net.* Abstract Art Academy (AAA), Postfach 5321, D-79020 Freiburg/Br. (* Elmshorn 9. 7. 44). Lyr., Poesie. – V: Fall und Aufstieg, Poesie 97; Poesiesammlung mit Abbildungen aus "Fall und Aufstieg" 98; Es geht, Poesie 99; Gruppe "Zeitgeist". Biografien e. Gesprächsgruppe d. Jahrtausendwende, poet. Beschreibung 00; Kunterbund und Zeit-Geist. Poetische Texte im Zeitalter d. Germanns 02/03. – *Lit*: Nationalbibliothek d. dt.sprachigen Gedichtes, 2. Aufl. 99, 3. Aufl. 00, 04, IX.Jg. 06; Who's Who in German 99/00, 01/02; Dt. Schriftst.-lex. 01; Frankfurter Edition 1,1/01, 1,2/02; Dt. Nationalbibliogr., Reihe E 1996–2000 u. 2001–2005; s. auch Kürschners Handbuch der Bildenden Künstler, 1. Aufl. 2005. (Red.)

BeBe s. Breidenbach, Brigitte

Becher, Herbert Jaime s. Salas, Jaime

Becher, Martin Roda, Schriftst., Lit.kritiker; c/o Nagel & Kimche AG, Zürich (* New York 21. 10. 44). Gruppe Olten; Werkbeiträge d. Basler Lit.kreditkomm., Öst. Staatsstip. f. Lit.; Nov., Lyr., Rom., Drehb. – **V:** Chronik eines feuchten Abends, Erzn. 65; Flippern, R. 68; Saison für Helden, R. 70; Die rosa Ziege, R. 75; M.R. Becher: Prosa / Frank Geerk: Gedichte 79; Im Windkanal der Geschichte, Erzn. 81; An den Grenzen des Staunens. Aufsätze zur phantast. Lit. 83; Der rauschende Garten, Erzn. 83; Nachwelt, Erzn. 84; Unruhe unter den Fahrgästen, Aufzeichn. 86; Abschiedsparcour, Erzn. 98; Die letzte Flèche, Erz. 99; Dauergäste. Meine Familiengesch. 00. – **H:** Geschichten von Atlantis 86. – **F:** Sommersprossen 68. – **R:** Der Mann, der nur aus Haaren besteht, Hsp. 80; Vorher und nachher, Hsp. 81. (Red.)

Becher, Peter, Dr. phil., Lit.historiker; St.-Georg-Str. 13 B, D-86911 Diessen (* München 3. 11. 52). Tschech. Zentr. d. P.E.N.-Clubs 92; Sudetendt. Kulturpr. f. Lit. 06; Ess., Feuill., Erz. – **V:** Ein winziger westböhmischer Augenblick, Erz. 93; Zwischen München, Prag und Wien, Ess. u. Feuill. 95; Begegnungen mit der tschechischen Literatur der 90er Jahre 01; Adalbert Stifter. Sehnsucht nach Harmonie, Biogr. 05. – **MV:** Ach Stifter. Ein dt.-tsch. Briefwechsel, m. Ludvík Vaculík 91, 2. Aufl. 92. – **MA:** München 99; Fremd(w)orte 00. – **MH:** Böhmen – Blick über die Grenze, m. Hubert Ettl 91; Deutsch-tschechischer Almanach, m. Ivan Binar 92, 00, 02; Autorenporträts München-Prag-Dresden, m. Jozo Džambo 94. – **R:** „Dieses Vergöttern der Todten...“ Adalbert Stifters Weg in die Walhalla, Hfk-Feat. 05. (Red.)

Becher, Ralf; c./República de Venezuela, 38, E-38300 La Orotava/Teneriffa, Tel. (00 34) 9 22 36 42 40, 9 22 32 25 65, *ralfyrosa@hotmail.com* (* Arolsen 5. 6. 41). Erz. Ue: span. – **V:** Buxhausen, Erz. 06; Zeichen setzen in Würmelingen, Erz. 07.

Becher, René, Dipl. d. Dt. Lit. inst. Leipzig, freier Autor; c/o Plöttner Verlag, Leipzig, *beygo@web.de* (* Bayreuth 77). OPEN MIKE-Preisträger 04; Rom., Erz. u. Etzadla, Erz. 08.

Becher, Wolfgang, Polizei-Verwaltungsbeamter; Schulstr. 11, D-56237 Nauort (* Freusburg/Sieg 21. 10. 51). Rom., Kurzprosa, Drehb. – **V:** unruhig, Kurzprosa 87; Aufzeichnungen eines Nestbeschmutzers oder ... Dichter sterben dagegen sehr!, Satn. 91. – **MV:** Zwei in einem B, m. Marga Bach, Kurzprosa 88. (Red.)

Bechstein, Charlotte, Dipl.-Bibl. (FH); Klosterstr. 1, D-99867 Gotha (* Waltershausen 39). SV-DDR, Austritt 80; 2. Pr. d. Kinderbuchverl. Berlin 71; Erz., Lyr., Fernsehsp., Kinderb. – **V:** Ein Brief für Wang, Bilderb. 71; Mit den Wölfen sollst du heulen, Erzn. 93; Du darfst nicht daran zerbrechen, Erz. 97; Anna-Susanna geht stiften 04. – **MA:** Hab gelernt durch Wände zu gehen, Anth. 93. – **R:** Die Bibliothekarin, Szenarium 76. (Red.)

Bechtle-Bechtinger, Joachim (Ps. Joachim S. Gumpert, Joachim Schreck), Lektor (* Köthen 16. 9. 26). SV-DDR 74, P.E.N.-Zentr. Dtld 93; Erz., Feuill., Ess. – **V:** Bettenanbieten und andere Belagerungszustände, Geschn. u. Feuill. 78, 89; Museum der verschwundene Liebhaber, Geschn. 81, 88; Die Strumpfbandaffäre. Chronique scandaleuse eines Herzogtums 85. – **H:** Ludwig Thoma. Ausgew. Werke in 5 Bänden 65–76;

Roda Rodas Cicerone, Werkausw. 65; Karl Valentin: Monologe, Dialoge, Couplets, Szenen 73, 76; Alfred Lichtenstein: Die Dämmerung, G. 77; Wolfgang Hildesheimer: Tynset, Zeiten in Cornwall, Dr., Hsp. 78; Franz Hessel: Spazieren in Berlin 79; Café Klößchen, dt.spr. Grotn. 80, 88; Ernst Jandl: Augenspiel, ausgew. G. 81; Klabund: Die Harfenjule, G. 82; Schwitters: Anna Blume und andere, Werkausw. 85; Benn: Einsamer nie, ausgew. G. 86; Ringelnatz: Mein Herz im Muschelkalk, ges. G. 86; Tango mortale. Groteske Gedichte von Wedekind b. Brecht 88; Ludwig Speidel: Fanny Elßlers Fuß, Wiener Feuill. 89; Vom Marabu im Hindukuh, humorist. Leseb. 94; Alfred Lichtenstein: Große Mausefalle, grot. G. 96, u. a.

Beck, Albin, Bankdir. i. P.; Jahnstr. 6, D-89584 Ehingen/Donau, Tel. (0 73 91) 89 10 (* Grenzach-Wyhlen 31. 12. 35). Mundart-Gesch. – **V:** 's Hemmed ischt hinta und vorna, Geschn. u. Glossen 96 (auch CD); Jeden Tag stoht a Dummer auf, Geschn. 98; Ma muss au Ja saga könna, Geschn. 01. – **MA:** Kurzgeschn. in schwäb. Mda. in: Schwäbische Ztg; Katholisches Sonntagsbl. d. Diözese Rottenburg-Stuttgart. (Red.)

Beck, Alfred, Städt. Beamter i. R., Autor; Bahnstr. 79, CH-3008 Bern, Tel. (0 31) 3 81 06 87 (* Bern 16. 4. 27). Be.S.V. 82; Biogr., Mundart-Erz. – **V:** Rudolf Wyss, das Leben eines aussergewöhnlichen Menschen, Biogr. 80; Ds Chlepfschryt 81; Der Härzchäfer 83; Der Bschyscheib 85; Der Schlarpezwicker 88; Begägnige 90; Käthi u Philipp 90; Der Bärentchlemmer 93; Der Brunneputzer 96; Der Meitschimärit 00, alles Geschn. in berndt. Mda. (Red.)

Beck, Eleonore, freiberufl. Schriftst.; Habichtweg 14, D-72076 Tübingen, Tel. (0 70 71) 6 22 65 (* Balingen 26. 2. 26). Bibelwissenschaft. Ue: frz. – **V:** Biblische Unterweisung Band III (Handb. z. Schulbibel Reich Gottes) 70; Lieber Gott, Kindergebete 70; Gottes Traum: Eine menschliche Welt (Kleinkommentar zu Hosea-Amos-Micha) 72; Gottes Sohn kam in die Welt, Sachb. 77, 3. Aufl. 80 (port. 82); Meine Bilderbibel 83, 94 (auch ital.); Gott spricht zu seinen Kindern. Texte zu d. Bibel 88 (Übers. in üb. 100 Spr.); Unter dem Apfelbaum habe ich dich geweckt. Das Hohelied Salomos 88; Das „Gegrüßt seist du, Maria“ 95; Die Geschichte mit Jona den Kindern erzählt 98; Ich glaube. Kleiner kath. Katechismus 98 (auch engl., span., frz.); Geschichten von Adam und Eva, Erz. 99; Die Bibel für Kinder, Erz. 00. – **MV:** Biblische Unterweisung I 64, II 68; Frauen vor Gott. Gedanken u. Gebete 65, 68; Mein neues Meßbuch, Kinder feiern Messe 65, 69; Gottes Sohn auf Erden 65; Gehmännchen und Stehmännchen 66; Peter, Ulrike und andere Kinder 66; Weihnachtszeit kommt nun heran 66; Heilige Messe. E. Buch f. Kinder 67; Christus ist unser Lehrer. Schulgebete 68; zum Thema Wille Gottes (holl. 77); Zukunft das sind wir 73; Frau und Gott 76; Die Psalmen. Der ökumen. Text, Einl. u. Erläuterung 79; Die Heilige Schrift: Einheitsübers., Einleit. u. Kommentierung 80; Höre Israel! Jahwe ist einzig 87; So können Kinder beten 88; Von Babel bis Emmaus. Bibl. Texte spannend ausgelegt 93; Bibel-Leseschl. 1993–1999. – **B:** Meßbuch stett 74; Sipke van der Land: Meine Bilderbibel 76, 2. Aufl. 86. – **MA:** Intern. Zss.schau f. Bibelwiss. u. Grenzgebiete 51–86. – **H:** Reden mit den Herren Gott 69; Ich habe vor dir eine Tür geöffnet 87; Ihr werdet Wasser schöpfen voll Freude 88; Zeig mir den Weg, den ich gehen soll 89; Menschen werden alt wie die Bäume 90; Gebete meines Lebens 99; Was wäre, wenn Eva den Apfel nicht gegessen hätte 00. – **MH:** Das Neue Testament, übers. m. V. F. Stier 89; Wenn aber Gott ist ... 91; Die Nacht mit dein Gesicht berührt, Erzn. 91; Wenn ein Stern in deine Seele

Beck

fällt, Erzn. 91; Wenn du deinem Gott begegnest, Erzn. 92; Wenn du zu dir selber kommst, Erzn. 92; Wenn der Morgen deinen Odem weckt, Erzn. 92; Wenn du deinen Nächsten triffst, Erzn. 92; Ich führe ein Gespräch ... 93; Für helle und dunkle Tage. Texte a. d. AT 94; Fritzleo Lenzen-Deis: Das Markus-Evangelium, e. Komment. f. d. Praxis 98. – **Ue:** A. Gelin: Die Botschaft des Heils im AT 57; Gottes Wort und Werk 60; J. Hoeberechts: Gott, ich habe eine Überraschung für dich 80. – **MUe:** Moses 63; X. Léon-Dufour: Wörterb. z. Neuen Testament 77. (Red.)

Beck, Ellen s. Ohngemach, Gundula Leni

Beck, Erich, Dr. med., Augenarzt, Psychotherapeut; Holzbachstr. 37, D-86356 Neusäß, Tel. (08 21) 4 86 13 57, Fax 4 86 14 81 (* Ingolstadt 26. 1. 47). – **V:** Erzählst du mir noch eine Geschichte? 89. – **H:** Aus der Verwandlungskünstler; Ich bleibe wach; Wolkenverhangen und sonnenberührt; Anna Knoche: Der versteinerte Engel, Jgd.-R. 99. (Red.)

Beck, Fritz, Dipl.-Ing. (FH) Fahrzeugtechnik; Beuthener Str. 4, D-85053 Ingolstadt, *kontakt@fritz-beck.de*, *www.fritz-beck.de* (* Vohburg/Donau 8. 7. 60). FDA 01; Lyr.pr. Nationalbibl. d. dt.spr. Gedichts 98, 99; Rom., Lyr., Erz. – **V:** Die Zeit der Räder, R. 01; Willst du der Stern in meiner Nudelsuppe sein? 98. – **MA:** Nationalbibliothek d. dt.sprachigen Gedichtes 98–01; Der Erstkontakt 01. (Red.)

Beck, Götz, UProf. i. R., Dr. phil.; Kirchrather Str. 43, D-52074 Aachen, Tel. u. Fax (02 41) 8 55 63 (* Bitterfeld 13. 1. 34). Lit.büro d. Euregio Maas-Rhein 88–99; Lyr., Ess., Aphoristik. – **V:** Manche ... Aphorismen und Mensturbationen über Gott und die Welt 01. (Red.)

Beck, Lisl, Hausfrau; Albrechtsgasse 26, A-2500 Baden b. Wien, *lisl.beck@gmx.at* (* Wien 17. 7. 50). Lyr., Erz. – **V:** Seiltanz. Lebens-Texte, Lyr. u. Erz. 05, 06.

Beck, Marc s. Hünnebeck, Marcus

Beck, Simon Rhys; c/o dead soft verlag, Glücksburger Str. 71 A, D-49477 Ibbenbüren, *verlag@deadsoft.de*, *www.deadsoft.de* (* 17. 10. 75). – **V:** Ewiges Blut – ein Vampirroman 99, 4. Aufl. 04; Julians süßes Blut 00, 2. Aufl. 04; Strange Love 00, 3. Aufl. 04; Blutige Tränen 01, 2. Aufl. 02; be-coming 01; 2 Heaven 03; Jungs sind auch Mädchen 04, alles R. – **MV:** Obsession, m. Wolfram Alster, R. 04; 2 men kissing, m. Justin C. Skylark, Kurzgesch. 02. – **MA:** Aus der Villa Diodati 00; Love and other demons 01; Moral 01; Unstille und Feuerreigen 02; Welten voller Hoffnung 02; La methode 03, alles Anth. – **H:** Aus der Villa Diodati 00, 2. Aufl. 04; Love and other demons 01, 2. Aufl. 04; La methode 03, alles Anth. (Red.)

Beck, Sinje, freiberufl. Autorin, Texterin, Layouterin; Hochstr. 20, D-57518 Betzdorf, Tel. (0 27 41) 9 7 31 58, Fax 9 7 31 59, *worte@becktext.de*, *www.becktext.de* (* 69). Krim.rom. – **V:** Deckname Werner 00; Einzelkämpfer 05; Duftspur 06; Totenklang 08. (Red.)

Beck, Thomas (Thomas Taxus Beck), Komponist; Dunkelnberger Str. 16, D-42697 Solingen, Tel. u. Fax (02 12) 4 41 33, *TaxusBeck@aol.com* (* Solingen 21. 9. 62). Ahrenshoop-Stip. Stift. Kulturfonds 01, Förd.stip. d. Ldes NRW f. Paris 01, Pr. b. intern. Wettbew. „Prix Acustica" 01, 1. Pr. d. Wiener Sommerseminars f. Neue Musik 03, Stip. d. Studios Internat./Denkmalschmiede Höfgen 03 Stip. d. ZKM Karlsruhe 08, u. a.; Lyr., Kurzprosa, Sat., Kindergesch., Hörsp. – **V:** Mitlesebuch Nr. 22 Thomas Taxus Beck, 1.u.2. Aufl. 98; Fizz im Land der Farbenfresser 02; Achtung, hier kommt Arabella 03; Moppe und der Mond-

vogel 04; Mara begegnet dem Zosch 05. – **MV:** Wanja und die Speideleulen 06; Tine und die Trassenräuber 07; Ralle und der Wuppergeist 08, alles Kindergeschn. m. Dagmar Stöcker. – **MA:** zahlr. Beitr. in Anth., u. a.: Man denkt sich jemanden aus 98; Mach die Tür zu, Uwe! 98; Hausbewohner 00; Mythos des Unsichtbaren 07; zahlr. Beitr. in Lit.zss. im In- u. Ausland seit 96, u. a.: Scriptum Nr. 25; impressum Nr. 8; cet Nr. 3, 6; Paloma; Nr. 17; jederart Nr. 13, 14; wortwahl Nr. 6. – **R:** Hackordnung (überhühner Nr. 9), Hsp./Sprachkomposition 01. – **P:** Der Graf von Berg und die Noddel, CD 99; Quaddel und die Meierlinge, CD 00; Susu und die Sonnenschleifer, CD 01, alles Kindergeschn. m. Dagmar Stöcker.

Beck, Thorsten, Richter; Milchgrund 3, D-21075 Hamburg, Tel. (0 40) 7 92 51 60, *beck_thorsten@yahoo.de*, *www.thorstenbeck.de* (* Hamburg 28. 4. 56). Das Syndikat; Krimi. – **V:** Harburg-Blues 00; Ausgestempelt 03; Der chinesische Pfeil 04; Tim Börne Trilogie 06. – *Lit:* Lex. dt.spr. Krimi-Autoren 06.

Beck, Uwe, Dr. theol., Theologe, Journalist, Schriftst.; Illerstr. 43, D-89171 Illerkirchberg, Tel. (0 73 46) 85 80, Fax 82 75, *Uwe-Beck@t-online.de* (* Reutlingen 14. 3. 59). Ged., Kurzgesch. – **V:** Braucht Ihr einen Sündenbo(e)ck 95; Kirche im SPIEGEL – Spiegel der Kirche 95; Darf's noch etwas Gebeck sein? 96; Das Netz ist zerrissen, und wir sind frei, theol. Meditn. 96; Comeback für Beck 98; Selig sind die Verrückten 99; Erst der Kamm schuf den Zerzausten!, G., Aphor. u. Gedanken 00; Gott sieht alles – auch Illerkirchberg! 01. – **MA:** Ethik und Identität 98. – **P:** Näher zu Dir, CD 98; Braucht Ihr einen Sündenbeck, CD 99; Selig sind die Verrückten 99. (Red.)

Beck-Herla (geb. Erika Rohn, Ps. Erika Becker), Psychotherapeutin, Reiki-Lehrerin, Aura-Soma-Beraterin; An den Klostergründen 1, D-93049 Regensburg, Tel. (09 41) 30 77 91 40, Fax 3 73 54, *info@beck-buecher.de*, *www.beck-buecher.de* (* Eger 1. 11. 39). – **V:** Charly. Das abenteuerliche Leben e. kleinen Kämpfers, Tierb. 99; – Romane: Grenzland-Affären 01; Wenn Gefühle eskalieren 01; Eisblumenblüten im Dezember 01; Spanisches Intermezzo 03. – *Lit:* s. auch SK.

Beck-Höllbacher, Marianne (Marianne B. Hoellbacher), Kinderkrankenschwester, Romanistin; Franz-Josef-Straße 6, A-5020 Salzburg, Tel. u. Fax (06 62) 87 03 22, Fax 87 63 52. 811, A-5411 Oberalm (* Krispl/Sbg 9. 8. 55). IGAA 92; Max-v.-d.-Grün-Pr. (Anerkenn.pr.) 92; Lyr., Erz., Rom. Ue: ital. – **V:** Gold der frühen Jahre, G. 91; Nordland & Orient, G. 91; Bänderhut, Erzn. 94; Epitaphe I–XIII, Bruchstücke, Fragm., Erinn. 95; „Bei meinen Augen", Erzn. 97; Das bäuerliche Leben. Kama Sutra, Erzn. 99; Der schwarze Kramer, Erzn. 01; Saufhaus, Erzn. 04. (Red.)

Beck-Schmitt, Monika s. Schmitt, Monika

Becke, Julius, Grundschullehrer; Am Elisabethenbrunnen 13, D-61348 Bad Homburg, Tel. (0 61 72) 48 98 38 (* Leipzig 15. 1. 27). Autorenbuchhandl. Frankfurt a.M. 79; Lyr. – **V:** Grundschule Innenstadt, G. 81; Really the Blues. Eine Jugend 1927–1948 99. (Red.)

†**Beckelmann,** Jürgen (Ps. Georg Günther, Hans Richling, Hans Gardelegen), Journalist, Schriftst.; lebte in Berlin (* Magdeburg 30. 1. 33, † Lit. PV). VS 69, NGL Berlin 73; Kurt-Tucholsky-Pr. 59; Lyr., Rom. – **V:** Der Wanderwolf, G. 59; Das Ende der Menschheit. Entwicklungen u. Tendenzen in d. dt. Malerei 59; Der goldene Sturm, R. 61, u. d. T.: Aufzeichnungen eines jungen Mannes aus besserer Familie 65 (auch russ., poln.); Das gläserne Reh, Erzn. 65; Lachender Abschied, R.

69, Neuaufl. 78 u. 84; Herrn Meiers Entzücken an der Demokratie, Mini-R. 71; Drohbriefe e. Sanftmütigen, G. 76, 80; An solchen Tagen, Prosa 83; Ich habe behauptet. Ik heb beweerd. J'affirme, G. dt.-holl.-frz. 88; Eine Qualle trocknen, G. 97; Mitlesebuch, Lyr. 03. – **MA:** Beitr. in: Deutsche Lyrik, Anth. 61; Zeitgedichte, Anth. 63; Japanische Anthologie deutscher Lyrik 63; aussichten 66; Deutsche Teilung 67; außerdem 67; Thema Frieden 67; Nachkrieg und Unfrieden 70; Politische Gedichte 70; Der Friedensnobelpreis, Gala-Ausg. 88ff; Der Wasserhahn oder Die Wiederauferstehung des Schrotts 89; Komm. Zieh dich aus. Das Hdb. der lyr. Hocherotik dt. Zungen 91; Wörterbuch des Friedens 93; Diese Rose pflück ich Dir 01, u. a.; – Zss.: seit Mitte d. 50er Jahre u. a. in Frankfurter Hefte; Dt. Rundschau; augenblick; Panorama; SZ; Nürnberger Nachrichten; Frankfurter Rundschau; Stuttgarter Ztg.; Mannheimer Morgen; Tages-Anzeiger Zürich; Spandauer Volksblatt; – weiterhin im WDR; DLF; SFB. – **MH:** Umsteigen bitte, G. aus Berlin 80.

Becker, Alexander; Gartenstr. 28, D-61440 Oberursel, Tel. (0 61 71) 77 94, Fax 5 40 95, *A.Becker@taunuscargo.de, www.treffpunkt-alte-Linde.de* (* Bad Homburg v.d.H. 2. 12. 47). Rom., Theater. – **V:** Treffpunkt alte Linde, Kdb./Jgdb. 03; Der Schlüssel zum Glück, Theaterst. 06 (auch auf DVD); Ein hist. Rundgang durch Stierstadt, Bildbd 07. – **H:** Stierstädter Blättche, Zs. 97–06.

Becker, Artur, M. A., freier Schriftst.; c/o Hoffmann u. Campe Verl., Hamburg, *info@arturbecker.de, www. arturbecker.de* (* Bartoszyce/Warmia u. Masuren, Polen 7. 5. 68). 'Das neue Buch' d. VS Nds.-Bremen 97, Autorenstip. d. Bremer Senats 97, Stip. Villa Decius Krakau 98, New-York-Stip. d. Kulturstift. d. Länder Berlin 00, Stip. d. Dt. Lit.fonds 00/01 u. 07, Jahresstip. d. Ldes Nds. 02, Aufenthaltsstip. d. Berliner Senats im LCB 03, Stip. Casa Baldi/Olevano 05, Else-Heiliger-Stip. d. Adenauer-Stift. 06; Rom., Erz., Lyr., Hörsp., Übers. Ue: poln. – **V:** Der Dadajsee, R. 97; Der Genosse aus dem Zauberbottich, G. 98; Jesus und Marx von der ESSO-Tankstelle, G. 98; Dame mit dem Hermelin, G. 00; Onkel Jimmy, die Indianer und ich, R. 01, 03; Die Milchstraße, Erzn. 02; Kino Muza, R. 03; Die Zeit der Stinte, N. 06; Das Herz von Chopin, R. 06; Wodka und Messer. Lied vom Ertrinken, R. 08. – **MV:** Czerwonka, m. Gerald Zschorsch, Prosa 06. – **MA:** Peine, Paris, Pattensen 06. – **R:** Schuri Buri, m. Gerald Zschorsch, Hsp. 99; Kein Spaß am Wasser, Hsp. 02. (Red.)

Becker, Christoph s. Twardowski, Daniel

Becker, Dirk (Ps. George Dubé), Dipl.-Ing., Beamter, Künstler, Literat; Weidenkamp 5, D-25791 Linden, Tel. (0 48 36) 2 32, (01 71) 5 67 19 57, *dirk-uwe. becker@t-online.de, www.lyrik-gedichte.de* (* Rheydt 29. 1. 54). FDA 01, 42erAutoren 02, Europa-Lit.R2 Kapfenberg 02, VS 05; Lyr., Prosa. – **V:** Seelentänze, Lyr. 02, 05. – **B:** Silke Porath: Der Bär auf meinem Bauch, R. 05. – **MA:** zahlr. Beitr. in Lit.zss. u. Anth. seit 00, u. a.: Dulzinea; Wortspiegel; Neue Cranach Presse; Storyolympiade; Ubooks; Freiberger Lesehefte. (Red.)

Becker, Erika s. Beck-Herla, Erika

Becker, Frank Stefan, Dr. rer. nat.; Wiltrudenstr. 1, D-80805 München, Tel. (0 89) 63 63 39 28, *adlerabend@ yahoo.de* (* Marburg/Lahn 11. 11. 52). Quo vadis – Autorenkr. Hist. Roman 04; Hist. Rom. – **V:** Der Abend des Adlers 04; Der Preis des Purpurs 07. – **MV:** Nelles Guide Türkei, m. I. Bergmann u. M. Ferner 00, 05; Das Dritte Schwert, m. Guido Dieckmann, Malachy Hyde, Jörg Kastner u. a., hist. R. 08.

Becker, Horst (H.A. Becker, Rolf A. Berger), Dr., Tierarzt; Meifortweg 5, D-25524 Itzehoe

(* Wimmelburg 15. 6. 29). Rom., Erz., Sachb. – **V:** Zwischen Adler, Kreuz und Sichel 97; Tiere, Leute und ein Doktor 00; Freunde und andere Schlawiner, Geschn. 01. – *Lit:* s. auch 2. Jg. SK. (Red.)

Becker, Jürgen, ehem. Rundfunkred., jetzt Schriftst.; Am Klausenberg 84, D-51109 Köln, Tel. (02 21) 84 11 39, *literatur@juergen-becker.com, www.juergen-becker.com* (* Köln 10. 7. 32). P.E.N.-Zentr. Dtld 69, Akad. d. Künste Berlin 69, Dt. Akad. f. Spr. u. Dicht. 74, Akad. d. Wiss. u. d. Lit. Mainz 84; Förd.pr. d. Nds. Kunstpr. 64, Pr. d. Gruppe 47 67, Lit.pr. d. Stadt Köln 68, Villa-Massimo-Stip. 65–67, Lit.pr. d. Bayer. Akad. d. Schönen Künste 80, Bremer Lit.pr. 87, Berliner Lit.pr. 93, Peter-Huchel-Pr. 94, Heinrich-Böll-Pr. 95, Uwe-Johnson-Pr. 01, Hermann-Lenz-Pr. 06, d.lit. – Lit.pr. d. Stadtsparkasse Düsseldorf 07; Prosa, Lyr., Hörsp., Ess. – **V:** Felder, Prosa 64; Ränder, Prosa 68; Bilder, Häuser, Hausfreunde, Hsp. 69; Umgebungen, Prosa 70; Schnee, G. 71; Die Zeit nach Harrimann 71; Das Ende der Landschaftsmalerei, G. 74; Erzähl mir nichts vom Krieg, G. 77; In der verbleibenden Zeit, G. 79; Erzählen bis Ostende, Prosa 81; Gedichte 1965–1980 81; Die Abwesenden, 3 Hsp. 83; Die Türe zum Meer, Prosa 83; Odenthals Küste, G. 86; Das Gedicht von der wiedervereinigten Landschaft 88; Das englische Fenster, G. 90; Beispielsweise am Wannsee, ausgew. G. 92; Foxtrott im Erfurter Stadion, G. 93; Die Gedichte 95; Gegend mit Spuren, Hsp. 95; Der fehlende Rest, Erz. 97; Journal der Wiederholungen, G. 99; Aus der Geschichte der Trennungen, R. 99; Schnee in den Ardennen, Journal-R. 03; Die folgenden Seiten, Journal-Geschn. 06; Dorfrand mit Tankstelle, G. 07. – **MV:** Fenster und Stimmen 82; Frauen mit dem Rücken zum Betrachter, Prosa 89; Korrespondenzen mit Landschaft, G. 96; Häuser und Häuser, Prosa u. Bilder 02, alle m. Rango Bohne; – Zugänge-Ausgänge, m. Wolfgang Pehnt u. Otl Aicher, Photos v. Timm Rautert 90; Geräumtes Gelände, m. Photos v. Boris Becker 95. – **MH:** Happenings, Dok. 65; Luchterhand Jb. d. Lyrik 1987/88, m. Christoph Buchwald 88. – **R:** Bilder 69; Häuser 69; Hausfreunde 69; Geräusche finden in den Erzählungen statt 71; Türen u. Tore 71; Die Wirklichkeit der Landkartenzeichen 71; Einzelne Bäume. Im Wind 72; Bahnhof am Meer 95; Die Züge hinter den Wäldern 98; Möbel im Regen 00, alles Hsp. – **P:** Häuser, Hsp. 72. – *Lit:* Walter Hinck: Die offene Schreibweise J.B.s (Basis I) 70; Leo Kreutzer: Über J.B. 72; Walther Killy (Hrsg.): Lit.lexikon, Bd 1 88; Peter Bekes in: KLG 89; LDGL 97; J.B. – Texte, Dokumente, Materialien 98; Text u. Kritik, H.159 03; Ilka Ivanova Becker: „Das Spurengeflecht aus Früher und Jetzt". Das Spätwerk J.B.s im Kontext seines Ouvres 07. (Red.)

Becker, Kurt E. (Ps. Oliver Baum), M. A., Dr. phil., Publizist, Kommunikationsberater, Soldat, Verlagslektor, Journalist, Autor u. Hrsg. von mehr als 40 Büchern; Martin-Luther-Str. 7/IV, D-79312 Emmendingen, Tel. (0 76 41) 4 17 67, Fax (0 63 56) 91 92 79. c/o BSK GmbH, von-Blumencron-Ring 17, D-67319 Wattenheim, *keb@kommunikation-bsk.de, www.kommunikation-bsk.de* (* Ludwigshafen/Rhein 26. 10. 50). Lyr., Rom., Ess., Erz., Sachb., Wiss. u. journalist. Arbeit. – **V:** Pais Paizon, Erz. 82; Du darfst Acker zu mir sagen, R. 82, Tb. u. d. T.: Unerlaubte Entfernung 85; Charisma: Der Weg aus d. Krise, Ess. 96. – **MH:** Die Informationsgesellschaft im neuen Jahrtausend 97; Geht uns die Arbeit aus? 98. – *Lit:* www.wikipedia.com

Becker, Lothar, Sozialpäd.; Rußdorfer Str. 23, D-09212 Limbach-Oberfrohna, Tel. u. Fax (0 37 22) 9 53 94, *Becker_Lothar@web.de, lothar-becker.net* (* Limbach-Oberfrohna 5. 9. 59). Rom., Lyr., Erz., Dra-

Becker

matik. – **V:** Busstop Memories, Musical 02; Polaroid Sommer, Lyr. 03; Penthouse Schiwago, Short Stories 04; Sein Name war Klang und Rauch, R. 05; Elecs Geheimnis, Musical 08. – **MA:** Eisfischen, Anth. 07.

Becker, Martin; Berlin, *www.martinbecker.com* (* Attendorn 82). Teilnahme am Bachmann-Lit.wettb. 07, GWK Förd.pr. Lit. 07, Märk. Stip. f. Lit. 08; Rep., Glosse, Feat. – **V:** Ein schönes Leben, Erzn. 07. – **MA:** Morgens ziehen wir unseren Horizont zurecht 03; Tippgemeinschaft 04; Entdeckungen II. Digitale Bibliothek 05; Sprache im techn. Zeitalter 06; Zornesrot 07; VOLLTEXT 3/07. – **R:** Magmaherz und Flügelrauschen – Werner Fritsch 06; Hinterm Kafka-Museum: Links abbiegen 07; Die mutwillige Schönheit der Gedichte – Thomas Kunst 07, alles Radiofeat. im WDR 3. (Red.)

Becker, Paul, Dr., ObStudDir.; Oppelner Weg 5, D-48231 Warendorf, Tel. (0 25 81) 72 26 (* Wennemen/heute Meschede 17. 2. 27). Augustin-Wibbelt-Ges. Münster/Westf. 83; Lyr., Erz., Ess. – **V:** Aufbaugymnasium Warendorf, Festschr. 77; Augustin-Wibbelt-Gymnasium Warendorf, Festschr. 81; Mut zum Leben 94; Bibliographie Eugen Kotte (1931–1994) 96; Für andere reich 97; Augustin Wibbelt, Sonderdr. 97; Wibbelt für jedermann 99; Der vergessene Wibbelt 99; „Das Erforschliche zu erforschen..." 01. – **MA:** 75 Jahre Augustin-Wibbelt-Gymnas. Warendorf, Festschr. 97; Die Loburg. 50 Jahre Colleg. Johanneum Ostbevern, Festschr. 98; Das Hohelied der Liebe 98. – **H:** Die Loburg, Jahresschr. d. Colleg. Johanneum Ostbevern 61–71; Leih mir die goldne Schaukel 92; Freudesucher sind wir alle 93; Märchen für kleine u. große Kinder 97, alles Texte v. Aug. Wibbelt. (Red.)

Becker, Rolf A. (Ps. Malcom F. Browne, frühere Veröff. unter: Rolf Becker); Schlierseer Str. 1, D-83703 Gmund, Tel. u. Fax (0 80 22) 7 62 22, *rolfabecker@t-online.de* (* London 25. 11. 23). Rom., Hörsp., Fernsehsp., Film. – **V:** Marienhof 92; Harry und Sunny 93; Der Mixer 94; Von Gangstern, Gaunern und Ganoven, Krim.-Erzn. 01; Saldo mortale, Krim.-R. 01; Bei Gangstern herrschen raue Sitten, Krim.-Erzn. 01; Weit is der Wech nach Bedlehem, sat. Weihnachts-G. 01; Hoppla, jetzt kommt Siegfried, Sat. 01; Der Krimi, unser täglich Brot, Sachb. 03; Mord bleibt in der Familie, Krim.-R. 03. – **MV:** Rolf u. Alexandra Becker: Dickie Dick Dickens, Krim.-Sat. 59; Gestatten, mein Name ist Cox, Krim.-R. 60; Familie Schölermann, R. 60; Dickie gibt kein Fersengeld, Krim.-Sat. 61; Dickie Dick Dickens gegen Chicago 61; Mord auf Gepäckschein 3311, Krim.-R. 67; Ein Spaßvogel im Kampf mit der Unterwelt, Krim.-R. 67; Frachtgut für die Hölle, Krim.-R. 68; Spuren im Moos, Krim.-Geschn. 69; Rendezvous mit meinem Mörder 77; Pinkus der Hochhausdetektiv 82; Pinkus und der einsame Wolf 83; Kommissar Lamm und das große Geheimnis 84; Kommissar Lamm ist in Bombenstimmung 84; Kommissar Lamm gerät in's Stolpern 86; Dickie Dick Dickens schlägt Wellen, R. 86; Geheimauftrag für Flinky 87; Antonia, R. 88; Rendezvous mit meinem Mörder; Witwer mit fünf Töchtern; Das Ding; Schlafen Sie vorsichtig, Mr. Morton!; Die Scheidungsanwältin; Neues von Familie Schölermann; Schußfahrt in's Glück; Die Heiratsvermittlerin; Saldo mortale; Wir klauen uns eine Supermaus; Hotel Wendler; Die Entführung; Der Mord bleibt in der Familie; Wenn man Schmidt heißt, alles Fortsetz.-R., zahlr. Kurz-R., Kurzgeschn., Kurzkrimis; Dickie Dick Dickens I–III 02–03; Gestatten, mein Name ist Cox I–III 02–04. – **F:** Gestatten, mein Name ist Cox; Kein Auskommen mit dem Einkommen; Witwer mit 5 Töchtern; Die schwar-

ze Witwe. – **R:** HÖRFUNK: Gestatten, mein Name ist Cox, 4 Ser./38-tlg.; Dickie Dick Dickens, Krim.-Sat., 5 Ser./51-tlg.; Die Experten, Krim.-Sat., 8-tlg.; Wer ist Dr. Yllart, utop. Krim.-Ser; Der Gespensterreiter, utop. Krim.-Ser.; Schachmatt, Krim-Ser.; Die Stunde 0 war 3 Uhr 45, Krim.-Ser.; Sylvia Dorn, Rate-Krimi-Ser; The lady of murder, Agatha-Christie-Feat.; Plattitüden, musikal. Unterhalt.-Ser.; Der Hausmann, heit. Monologe, 147-tlg.; Ach, Sie kennen Stanley Adler nicht?, Krim.-Hsp. 99; Mordspielereien 1–3, Krim.-Erzn. 01; Raue Sitten, Krim.-Erzn. 01; Der Schrei des Kormoran, Hsp. 02; – FERNSEHEN: Familie Schölermann, Ser.; Gestatten, mein Name ist Cox, 2 Krim.-Ser./26-tlg.; Hauptstraße Glück, Ser.; Lautlose Jagd, Ser.; Arsène Lupin, Krim.-Ser.; Kommissar Stein, Mini-Krimi-Ser.; Die Reise nach Mallorca, 3 Spiele; Die Chateleine, Einakter; Sing ein Lied; Schachmatt; Tatzeit 15 Uhr 56; Sonnenblumenweg 57; Die Spur führt nach Amsterdam, alles Krim.-Spiel; Wer war Conan Doyle, Dok.-Spiel; Feuer an Bord, Krim.-Spiel; Die Halunkenspelunke, Musical; Blüten der Gesellschaft, Kom.; Ganz ohne Umgang geht die Chose nicht, Kalman-Show; Das Studium d. Frauen, Lehar-Show, u.v. a. – **P:** Dickie Dick Dickens 04; Neues von Dickie Dick Dickens 04; Gestatten, mein Name ist Cox 04 II, alles Hörb. (Red.)

Becker, Sophie (Ps. Sophia Becker); Breiteweg 4, D-55286 Sulzheim, Tel. (0 67 32) 79 24, *sophie.becker@online.de* (* Aichberg 3. 5. 51). VS 94; Kinderlit., Rom., Lyr. – **V:** Die Naturalisten Gang liebt ihre Heimat, Erz, 05; Chucky aus Somalia, Erz. 06; Hilfe, ich habe Probleme, Erz. 07; Gefangen, im Strudel der Gefühle, R. 07; Natur und Worte, Lyr. 08. – **MA:** Und setze dich frei 92; Uns ist ein Kind geboren 93; Laß dich von deinen Worten tragen 94; Selbst die Schatten tragen ihre Glut 95; Alle Dinge sind verkleidet 97; Allein mit meinem Zauberwort 98; Gestern ist nie vorbei 01; Auszeit 04; Lyrik Heute 05, alles Lyr.-Anth.

Becker, Thorsten; Kreuzstr. 17c, D-13187 Berlin (* Oberlahnstein 4. 9. 58). F.A.Z.-Pr. f. Lit. 85, Stip. d. Dt. Lit.fonds 89, Premio Grinzane Cavour, Turin 90, Förd.pr. d. Ldes NRW 91, Stip. d. Stift. Kulturfonds 03, Stadtschreiber zu Rheinsberg 05, Alfred-Döblin-Stip. 05. – **V:** Die Bürgschaft 85, Tb. 87 (auch frz., ital.); Die Nase 87; Schmutz 89; Tagebuch der Arabischen Reise, darin der Briefwechsel mit Goethe, Prosa 91; Mitte 94; Schönes Deutschland, R. 96, Tb. 98 (auch frz.); Der Untertan steigt aus der Zauberberg, R. 01; Die Besänftigung, R. 03; Sieger nach Punkten, R. 04; Fritz, R. 06; Das ewige Haus, R. 09. – *Lit:* Peter Langemeyer in: KLG. (Red.)

Becker, Uli, freier Autor; Burgherrenstr. 2, D-12101 Berlin (* Hagen 14. 9. 53). Hungertuch 79, Villa-Massimo-Stip. 85/86, Stip. d. Dt. Lit.fonds 91, Arb.stip. f. Berliner Schriftst. 92; Lyr. Ue: engl. – **V:** Meine Fresse!, G. 77; Menschen, Tiere, Sensationen, e. Poem 78; Der letzte Schrei, G. 80; April April, e. Fragment 80; Daß ich nicht lache, G. 82; Frollein Butterfly, Haiku 83; Das reale Ding, e. Tirade 83; So gut wie nichts, ausgew. G. 84; Das blaue Wunder, e. Poem 85; Das höchste der Gefühle, G. 87; Das Wetter von morgen, G. 88; Das dreizig Dutzend, G. 88; Sechs Richtige, G. 89; Alles kurz und klein, Erinn. 90; Das nackte Leben, G. 91; Fallende Groschen, Haiku 93; Dr. Dolittles Dolcefarniente, Haiku 00; Augsburger Mottenkiste, Erinn. 02. – **MV:** United Colors of Buxtehude 96; Den Shinkansen nach Jottweedee 98; Licht verborgen im Dunkel 00, alles Renshi-Kettendicht. – **MH:** Ich mal wieder, Leseb. 87. – **P:** Bananenrepublik, G., Schallpl. 78. – **Ue:** Joe Brainard: Erinnerungen 80; Harry Matthews: Der Obstgarten 91; Mark Beyer: Agony 92; Joseph Moncure March: Das wilde Fest 95. – *Lit:* Rainer Kühn in: KLG 91; Kiwus 96; LDGL 97. (Red.)

Becker, Zdenka, Dipl.-Ing., freie Schriftst., Übers.; Dr.-Hübscher-Gasse 8, A-3105 St. Pölten, Tel. (06 99) 10 25 57 11, Fax u. Tel. (0 27 42) 34 63 30, *zdenka. becker@gmx.at* (* Cheb 25. 3. 51). Podium, P.E.N.-Club Öst., P.E.N.-Club Slowakei, IGAA, ÖDV, Übersetzergemeinschaft; Werkstattpr. f. Theaterautoren 93, Anerkenn.pr. d. Ldes NdÖst. 93, Theodor-Körner-Förd.pr. 95, Förd.pr. d. Literar-Mechana 95, Kulturpr. d. Ldes NdÖst. 96, Lit.pr. d. NÖ Kulturforum 00, Übers.prämie d. BKA 00 u. 02, Öst. Rom-Stip. 00, Pr. d. Autorinnenforums Rheinsberg 02, P.O.-Hviezdoslav-Pr., Slowak. Staatspr. f. lit. Übersetzung 05, Theodor-Körner-Förd.pr. 07, u. a.; Prosa, Lyr., Drama, Übers., Fernsehsp./Drehb. Ue: slowak, tsch. – V: Berg, R. 94; Verknüpfungen, Erzn. 95; Das einzige Licht die Mondfinsternis, G. 99; Der Duft des Weizens, Bühnenmonolog 00; Good bye, Galina, Erz. 01; Die Töchter der Róza Bukovská, R. 06; – THEATER/UA: Minu-Minuto, der Zeitgeist 90; Smogis heiße Küsse 92; Berg 93; Das ausgetrickste B 94; Das Fünf-Tage-Paradies 94; Küß mich Frosch 96; Safari 96; Der Duft des Weizens 98; Odysses kam nicht zurück 00; Good-bye, Galina oder Intercity Vienna Art Orchestra 03; Boogie & Blues 04. – MA: Beitr. in zahlr. Anth. – MH: Annäherung, Anth. 96. – R: Der Traum vom geretteten Wald, Erz. 90; Odysseus kam nicht zurück, Erz. 93; Berg, Fsf. 95. – Ue: Jana Kákošová: Hundert Stunden bis zur Dämmerung, Theaterst. 97; Mila Haugová: Das innere Gesicht, G. 99, u. a. (Red.)

Beckerle, Monika, Schriftst.; Am Schafgarten 4, D-67373 Dudenhofen, Tel. (0 62 32) 9 51 02 (* Friedberg/Hess. 14. 9. 43). Förderpr. f. Lit. d. Bezirksverb. Pfalz, Auslandsstip. Amsterdam d. Kultusmin. Rhld.-Pfalz, Fasanerie-Schreiberin Zweibrücken; Erz., Rom., Lyr. – V: Menschen u. Masken, Lyr. nach Batikbildern 78; Ein Sommer in Antibes, Erz. 78; Das Kartenhaus, R. 83; Schattenliebe, G. 85; Der Toten Tanz, R. 88, 91; Mich wundert, daß ich fröhlich bin, Erzn. 89; Die fremde Frau, Erz. 93; Die Geliebte, R. 97; Mut zum Glück, R. 02; Der gestohlene Rosenkranz, R. 07. – MV: Pfalzbilder, G. zu Fotografien 83; Gute Butter – Die 50er Jahre, m. Henrike Supiran, Ber. 02. – MA: Lenz in Landau und andere Erzählungen 81; Der Seilgänger, Anth. 88. – H: Dachkammer und literarischer Salon 91. – MH: W. Gutting: Hinter dem Spiegel, Erz. 85. – *Lit:* s. auch 2. Jg. SK.

Beckmann, Dieter, Beleuchtungs- u. Theatermeister; Eschenweg 8, D-46397 Bocholt, Tel. (0 28 71) 3 29 74 (* Stettin 25. 4. 36). Lyr. – V: Er lenkte im Silberlot den magnetischen Fluß, Lyr. 78. – MV: Lebenszeichen, G. u. Erzn. 92. (Red.)

Beckmann, Gerhard, Forstamtmann (* Dortmund 30. 10. 17). – V: Kommissar Fink, R. 01; Der Architekt, R. 02; Westfälische Familienchronik 02; Zwei Jagdnovellen 02. (Red.)

Beckmann, Herbert; Pohlstr. 85, D-10785 Berlin, *info@herbertbeckmann.de, www.herbertbeckmann. de* (* Ahaus/Westf. 25. 9. 60). VS Berlin/Brandenburg; Erz., Ess., Kinderb., Hörsp., Krim.rom. – V: Jonas und die Sache mit der Freundschaft, Erz. 97; Atlantis Westberlin, autobiogr. Erzn. 00; Leas Plan, Krim.-R. 07; zahlr. Sachbücher sowie Hörspiele. – *Lit:* s. auch SK.

Beckmann, Mani; Berlin, *mail@manibeckmann.de, www.manibeckmann.de* (* Kalstädt/Westf. 26. 12. 65). VS 99; Das Syndikat 02, Quo vadis – Autorenkr. Hist. Roman 02; Rom. – V: Die Kette 94; Tabu 97; Sodom und Gomera, R., 1.u.2. Aufl. 99, 02 (tsch.); Moorteufel, R. 99, 4. Aufl. 08; Tödliche Vergangenheit 01; Die

Kapelle im Moor, R. 02; Filmriss, Krim.-R. 03; Teufelsmühle, hist. R. 06. – MA: Alte Götter sterben nicht 02; Die sieben Häupter 04; Der zwölfte Tag 06.

Beckmann, Regine (geb. Regine Fischer), Heilpraktikerin, Fachbuch-Übers.; Deichschlippe 3, D-21785 Belum (* Frankfurt/Main 16. 7. 57). Lit.pr. d. Stadt Wolgast 97, Peter-Härtling-Pr. 00; Rom., Erz. Ue: engl. – V: Angel Mike, Jgdb. 01. – MA: Deutschland wird noch deutscher 95; Oder die Entdeckung der Welt 97; Lollipop Lesebuch 3 01. (Red.)

Bedä, Klaus s. Gäbelein, Klaus-Peter

Bedenig, Dieter, Dr.; Schererstr. 11, CH-4500 Solothurn, *bedenig@sunrise.ch* (* Berlin 19. 8. 40). Rom. – V: Mord auf St. Urs 04; Tod eines Künstlers 06.

Bedijs, Erik, Architekt; Kolbeweg 3, D-30655 Hannover, Tel. (05 11) 5 46 31 83 (* Hannover 12. 2. 54). – V: Das Fahrrad mit der Nummer 13 01; Alarm auf Middeloog 02; Mann über Bord! 05, alles Krim.-Geschn. f. Kinder. (Red.)

Bednarski von Liß, Georg, Dipl.-Ing.; Dinkelbergstr. 18, D-76684 Östringen, Tel. (0 72 53) 2 64 58, *gbednarski@web.de* (* Königshütte/Oberschles. 3. 4. 19). Schriftst.-Zirkel Berlin-Ost 80–89; Rom., Lyr., Erz. – V: Wenn die Liebe stirbt, Anth. 94; Meine Jahre mit Franz, Geschichte u. Geschn. 99; Angel- und Flußgeschichten, R. 00; Die Vernehmer 00; Carolas Liebe, R. 01; Trutta, die Raubforelle, Erz. 01; Gekappte Wurzeln 03; Willkommen in meinem Leben, Lyr. 09.

Bedners, Ursula (geb. Ursula Markus); P-ţa. Hermann Oberth Nr. 39, RO-545400 Sighişoara-Judeţul Mureş, Tel. (02 65) 77 35 42 (* Sighişoara 14. 5. 20). Rum. S.V.; Übers.pr. Schriftst.vereinig. Hermannstadt/Rum. 80, Silberdistel d. Karpatenrdsch 84, Honterus-Med. 00; Belletr. Ue: ung. – V: Im Netz des Windes, G. 67; Schilfinseln, G. 73; Märzlandfahrt, G. 81; Hinter steilen Bergen, Prosa 86; Der Meisterdieb und andere Geschichten aus Siebenbürgen 01; Poeme, G.-Ausw. (rum.). – MA: Neue Lit.; Karpatenrdsch., allg. Dt. Ztg. – R: Die Sprache der Liebe 96. – Ue: Bálint Tibor: Der schluchzende Affe, R. 79. – *Lit:* Peter Klein: Bedners Abschied oder das hartnäckige Verweilen der siebenbürgischen Dichterin U.B. an Ort u. Stelle, Hfk-Feat. 93; Reka Santa-Jakobházy: Diss. U.B. u. ihr Werk 03. (Red.)

Bee, Brigitte (eigtl. Brigitte Brühl, auch Brigitte Brühl-Elsässer), Schriftst.; Morgensternstr. 43, D-60596 Frankfurt/Main. Tel. u. Fax (0 69) 61 28 80, *www.kunstraum-liebusch.de/html/brigitte_bee.html* (* Langenselbold 20. 5. 53). VS; Lyr., Kunstausz., Sat., Hörsp. – V: Gartenzwerg 90; Halt's Maul 90; Die Endzeitkommission 91; Reifenkiller 91; Es begab sich aber ... 92; Komm doch mit 92; Hundert Tage 92; Dein Halgock gispert gööl ins Geisch, Aphrodismen 97; ich war einmal am meer, Lyr. 97; Herr Fruchtlos, Kurzgeschn. 99, 2. Aufl. 00 (auch Video); bankerott 00; Buskenschnalter, Lyr. 01; Vickis Sehnsucht-Universum, Lyr. u. Kurzprosa 02; Plickanlagen, Lyr. u. Kurzprosa 02; Schokoparcours, Lyr. 03, 4. Aufl. 07; wär ich ein Bär, Lyr. 05; das Lybyrynth, Lyr. 06; Seelenkräuter und Kräuterseelen, Lyr. 07; Hyazinthia Sonnenhütes kleine Sehnsuchtsreise. Geschn. u. Gedichte 07; Herzblattrauke und Quellsalztränen, Lyr. u. Lieder 07 (unter Ps.: dag-mar); Wenn Du einen blühenden Zweig in Deinem Herzen trägst, Geschn. 07. – MA: div. Veröff. in Anth., u. a. in Verlage Eichborn, Maro, Konkursbuch, Fechner & Kroemer, Timm-Gierig sowie d. Autoreninitiative Köln, 82–90; Zacken im Gemüt 93; Mein heimliches Auge 96; Die Feder schreibt kratzend, 96; ... es muß anders werden 98; im Hinnerkopp 98; Nordsee in Wortsee 06; Hessische Literatur im Portrait

Beeler

06; Beitr. in Ztgn u. Zss., u. a. in: Pflasterstrand; Auftritt; AZ; Umbruch-Kulturmag.; Kulturpolitik, 82–90; AZ; Frankfurter Rundschau; Lillegal; Alpha; Scriptum; Krash; Störer; Pips 93; Lillegal; Kompilation; ART-Profil 96; Diagonal 2/98, 3/98, 01; div. Kunstkat. – **H:** u. Red. d. Zs. „Kunst-Szene-Frankfurt", seit 82. – **MH:** Projekt Schreibwerkstatt, H.1–6 02–07 (H.5 m. Anke Brettnich). – **F:** Leck-Film, m. W. F. Klee, Experimentalf. 82. – **R:** Gerhard Bergers Weltreise 00. – **P:** Halgock-Literatur-Performance 97 (teilw. auch im Fs.); So oiner mit zwoi stange 98; Nukkenkazzen 01; Vickis wunderbare Welt (auch Video) 02, u. a. literar. Performances; Inszenierung literar. u. künstler. Events u. Ausstell.; Als ich das Licht der Welt erblickte, Internetanth. 05; Liebe, Treue, Eifersucht, Internetanth. 06 (beide unter: www.kunstraum-liebusch.de). – *Lit:* B. Bauser: Ich war einmal am Meer, Video 99.

Beeler, Jürg, freischaff. Schriftst.; Weggengasse 6, CH-8001 Zürich, Tel. (043) 2 68 95 90 (* Zürich 9. 6. 57). SSV 87; Dr.-Erwin-Jaeckle-Förd.pr. d. Goethe-Stift. Basel 87, Förd.pr. Solothurner Kurat. f. Kulturförd. 87, Lyr.pr. Meran (Förd.pr.) 94, Lit.pr. d. Kt. Solothurn 97, Werkbeitr. d. Kt. Zürich 99, 02, 04, Pr. d. Schweizer. Schillerstift. 02, Heinz-Weder-Pr. f. Lyr. (Anerkenn.pr.) 03, Stip. Atelierhaus Worpswede 04/05; Lyr., Ess., Rom. – **V:** Tag, Steinfaust, Maulschelle, Tag, G. 86; Blues für Nichtschwimmer, R. 96; Das Alphabet der Wolken, R. 98; Die Liebe, sagte Stradivari, R. 02; Das Gewicht einer Nacht 04; Solo für eine Kellnerin, R. 08. – **MA:** Beitr. in Lyrikanth. (Red.)

†**Beer,** Fritz (Ps. Peter Alter), Journalist, Schriftst.; lebte in London (* Brünn 25. 8. 11, † London 2. 9. 06). P.E.N. 45, Präs. Verb. d. Auslandspresse 77–79, Präs. P.E.N.-Zentr. dt.spr. Autoren im Ausland 88 bis zur Auflösung 02; Intern. Friedenspr., Moskau 34, Lit.pr. „Dt. Zeitung", London 41, Josef-Brunner-Journalisten-Pr. 69, O.B.E. 76, EM Collegium Europaeum Jenense 97, BVK 99; Erz., Nov., Rom., Hörsp., Ess. – **V:** Schwarze Koffer, Erzn. 34; Das Haus an der Brücke, Erzn. 49; Die Zukunft funktioniert noch nicht. Ein Portr. d. Tschechoslowakei 1948–1968 69; Hast du auf Deutsche geschossen, Grandpa?, Autobiogr. 92 (tsch. 98); Rückblick auf die Zukunft, hist. Ess. 93; Eine Unbequeme Existenz, Ess. 94; Heimat, Exil, Sprache, Ess. 96; Brauchen wir Rebellen?, Ess. 99; Kaddisch für meinen Vater. Ess., Erzn., Erinn. 02. – **MV:** Strafexpedition gegen die Tschechoslowakei 68. – **MH:** Exil ohne Ende. Das P.E.N.-Zentr. dt.spr. Autoren im Ausland, m. Uwe Westphal, Ess., Biogr., Mat. 94. – **R:** Das Ende der Teufelsinsel; Die Geschichte des Parfüms; Ungelöste Rätsel der Geschichte; Warum haben Frauen immer Geld?, u. a. Hsp.

Beer, Tania s. Gleissner-Bartholdi, Ruth

Beer, Ulrich, Dipl.-Psych., Dr. phil., Prof. h. c.; Steinbruchstr. 26, D-79871 Eisenbach/Schwarzw., Tel. (0 76 57) 17 03, Fax 93 36 12, *www.dr-ulrich-beer.de* (* Langlingen, Kr. Celle 11. 2. 32). VG Wort, Schiller-Ges., Wilhelm-Busch-Ges., Christian-Wagner-Ges.; Stadtschreiber in Soltau 80/81; Sachb., Lyr., Prosa. – **V:** versucht – Verfolgt – Versöhnt 79; ... gottlos und beneidenswert. W. Busch u. seine Psychologie 82, 2., erw. Aufl. u. d. T.: Wilhelm Busch – Lausbub – Lästermaul – Lebensweiser 00; Tag in Bernstein, Lyr. u. Prosa 82; Lebensdummheiten, Sat. 84, 3. Aufl. 90; Sanne und Tine, Lyr. 87; Fromme Freigeister, Biogr. 01; Lebenskunst und Lebensfreude 02; 70 Jahre Ulrich Beer, G. 02; Lebensdummheit und Lebensweisheit 04; Sanne und Tine, Kdb. 04; ca. 70 Sachbücher populärpsycho., soziolog. u. pädagog. Inhalts, seit 60. – **MA:** Kolumnen in „Chrismon" seit 00; Beitr. in zahlr. Zss. –

H: Lebensformen, seit 03. – **R:** Religiöse Früherziehung, Fs.-Ser.; Ehekonflikte, Treatments; Hörspiele üb. zeitgesch. Themen; Kommentare z. Fs.-Serie „Ehen vor Gericht" – *Lit:* s. auch SK. (Red.)

Beer, Viola s. Cronenburg, Petra van

Beermann, Renate, Kauffrau; An den Teichen 5, D-31535 Neustadt, Tel. (0 50 32) 23 81, *BeermannNai@ aol.com* (* Neustadt 18. 3. 44). Erz. – **V:** Wenn die fremde Frau kommt, Anekdn. u. Geschn. 99. (Red.)

Beese, Klaus, Dr.; lebt in Lübeck, c/o Projekte-Verlag Cornelius GmbH, Halle/Saale (* Bad Oeynhausen 1. 6. 31). – **V:** Reiseunterbrechung, R. 83; Fluchthilfe 84; Heilanstalt 04; Das Jahr des Gerichtsvollziehers 05; Sexfalle oder Gehirnfabrik 06; Zobeljagd 06; Die Lehrerin aus Oberbayern 07; Der Mutator 07; Fernsehspiele 07; Der große Fabulator 07. – **MA:** Begegnungen – heimliche u. unheimliche 06. – *Lit:* Günther Deschner: Ungeschminkte Momentaufnahme, in: Die Welt v. 6.7.1984; Spektrum d. Geistes, 35. Jg. 86.

Beese, Marianne, Dr.; Ziolkowskistr. 8, D-18059 Rostock. c/o Ingo Koch Verlag, Rostock (* Stralsund 25. 11. 53). VS, GZL; Stip. d. Ldes Meckl.-Vorpomm. 99, 02, 05; Lyr., Biogr., Ess. – **V:** Friedrich Hölderlin 81, 82; Georg Büchner 83 (später veränd. Neuaufl.); E.T.A. Hoffmann 86, alles Bildbiogr.; Wiederkehr, G. 94, erw. u. veränd. Aufl. 04; Äquinoktium, G. 95, erw. u. veränd. Aufl. 05; Familie, Frauenbewegung u. Gesellschaft in Mecklenburg 1870–1920 99; Novalis. Leben u. Werk 00; Kampf zwischen alter und neuer Welt. Dichter d. Zeitenwende, Ess. 01; Die Erkundung der Räume, G. 04; Poetische Welten und Wandlungen. Dichter Europas von 18.–21. Jh., Ess. 06. – **MV:** Hauptsache Arbeit, m. Christiane Bannuscher 03. – **MA:** Veröff. in Anth., Jb. u. Zss., u. a. in: Bere grie 1 96, 3 98, 6 01; Risse 99, 03, 08; Friedrich Hölderlin: Hundert Gedichte, m. e. Nachw. v. M.B. 05. – **V:** Hellmuth v. Ulmann: Beinahe ein König, R. 02.

Beetz, Dietmar, Dr. med., Facharzt f. Hautkrankheiten (Betriebsmedizin), MedR; Silberdistelweg 21, D-99097 Erfurt, Tel. u. Fax (03 61) 4 23 28 32, *info @beetz-dietmar.de, www.beetz-dietmar.de* (* Neustadt am Rennsteig 6. 12. 39). SV-DDR 72, VS 90–04, Friedrich-Bödecker-Kr. Thür. 90–05, Lit.ges. Thür. 91, Das Syndikat 91–04, Thür. Literarhist. Ges. PALMBAUM 93–00; Louis-Fürnberg-Pr. 77, Förd.pr. d. Mitteldt. Verl. Halle u. d. Inst. f. Lit. Johannes R. Becher Leipzig 78, Kunstpr. d. FDJ 84, Kulturpr. d. Stadt Erfurt 86, Lit.pr. d. Bdesärztekammer 98; Rom., Erz., Lyr., Aphor., Hörsp. Ue: litau. – **V:** Arzt im Atlantik, Erz. 71, 2. Aufl. 74; Blinder Passagier für Bombay, Jgd.-R. 74, 5. Aufl. 84; Visite in Guiné-Bissau, Ber. 77; Der Schakal im Feigenbaum u. a. Märchen aus Guiné-Bissau, Kdb. 77, 4. Aufl. 83; Skalpell und Sextant, G. 77; Späher der Witbooi-Krieger, R. 78, 3. Aufl. 83; Weißer Tod am Chabanec, R. 79, 3. Aufl. 90; Malam von der Insel, Kdb. 81, 2. Aufl. 83; Mord am Hirschlachufer, R. 82, 1. Leinen-Aufl. 84; Oberhäuptling der Herero, R. 83, 3. Aufl. 89; Familien-Theater, Kdb. 84, 2. Aufl. 86; Labyrinth im Kaoko-Veld, R. 84, 3. Aufl. 88; Tintenfisch dressiert, G. 85; Der fliegende Löwe u. a. Märchen der Nama, nach alten Quellen neu erzählt, Kdb. 86; Gift für den Herrn Chefarzt, R. 87; Rabenvater Schmidt, Jgdb. 87, 2. Aufl. 89; Attentat in Rutoma, R. 88; Abrechnung am Klosterfriedhof, R. 89; Das Goldland des Salomo, R. 93; Haupthaarstudie, Erzn. 94; Kurzschluß im Hirnkasten, Aphor. 96; Rhinos Reise, Jgdb. 96; Der Alte und das Biest, Erzn. 98; Unterm Gedankenmüll, G. 98; Rhön-Flirt, R. 98; Am mittleren Rennsteig, Wanderf. 99; Fahndung am Rennsteig, Krim.-R. 00; Tamba und seine Tiere. Märchen aus Afrika, nach alten Quellen neu erzählt 01; Experten für Sex 01; Urwaldparfüm 01; Subtiler Quark 01, alles Aphor.; Weihnachtshund und Bambusrüssel 01; Cowboy Pitt 01; Insel der Piraten 01; Räuber-Hexe-Monster-Teufel 03, alles Jgdb.; Humani-tätärätä 03; 2/3-Dummheit 03; Süßes Geheimnis 04; Reform-Dracula 04; Kuscheltier-Gruß 05; Vor Gottvaters Bürotür 05, alles Aphor.; BeziehungsKästen, Erzn. 05; Frust-Frucht, Aphor. 05; Anton G. Eine Krankengeschichte, Ber. 06; E-Mail in Keilschrift 06; Ball-Kunst mit Spiel-Datsch 07; ... und mählich weltkriegsreif 07, alles Aphor. – **MV:** Die Gräfin und der Spielmann, m. Karl Otto, M. 02. – **R:** Wie Dagbatschi säte und erntete, Hsp. 79; Der Steinbock und sein Weib, Hsp. 88. – **Ue:** Zita Mažeikaité: Anker Vergangenheit, G. 00, 04.

Beger, Arnulf, Bundesbahn-Amtsrat a. D.; Kopernikusstr. 6, D-76185 Karlsruhe, Tel. (07 21) 57 21 11 (* Freiburg/Br. 4. 6. 16). Ged., Ballade, Kurzgesch. – **V:** Unterwegs erlebt 86; Über uns und andere 87; Abenteuer im Alltag 88; Ungereimtes in Versen 90; Menschen wie Du und ich 92; Menschenskind, das gibt's doch nicht 94; Wehe dem, der lacht 96; HOMO SAPIENS 96; MIXED PICKLES 98; Saure Kutteln – Süße Rache 99. (Red.)

Behar, Isaak *

Behl, Ilse, Lehrerin; Im Dorfe 5a, D-24146 Kiel, Tel. (04 31) 78 25 68, Fax 20 50 95 89, *ilbehl@t-online.de* (* Salzhausen 28. 7. 37). VS Schlesw.-Holst. 86; Hansim-Glück-Pr. 87, Hebbel-Pr. 90; Lyr., Rom., Kurzprosa, Engel-Phänomene, Texte z. zeitgenöss. Kunst. – **V:** Es ist ein Weg oder Der Mittelpunkt der Welt, R. 81; Engel, Lyr. 84, 2. Aufl.; Undine oder der Schweiger, R. 85; Das Honigmesser, Geschn. 88; Der Spätzünder oder Pappkameraden, R. 88; Flitzenatter, R. 92, 2. Aufl.; Gewitterluft, R. 95, 2. Aufl.; Schneewittchens Spiegel – Eine Wendezeit, R. 99; Schattenmensch oder Ein Haus im Widerstand, R. 01; Ich grenz noch an ein Wort, Ess. 02; Goethe mein Faustrick, Geschn. 04; Engelsverkündigung, Kat. z. 750-Jahr-Feier v. Kiel; Die Spielzeugpistole, Privatkrimi 06. – **MA:** Reisen nach Acapulco und anderswo, Anth. 97; Ich schenk dir eine Geschichte 98; Fertigkeit Sprechen. Fernstudienangebot 06. – *Lit:* W. Kaminski in: Hans Gärtner (Hrsg.): 8. Alm. d. Kd.- u. Jgd.lit. 90. (Red.)

Behlau, Alfred, Tischlermeister, Liedermacher; An der Schachtbahn 11, D-31084 Freden, *alli.behlau@web.de* (* Hermannsburg 29. 3. 56). Lyr., Erz., Kurzgesch. – **V:** Der Vogel und die Krake 00. (Red.)

Behlert, Josef, Postoberamtsrat i. P.; Ulmenstr. 26, D-24306 Plön, Tel. (0 45 22) 67 21 (* Seppenrade/Westf. 6. 9. 27). Lyr., Ess. – **V:** Gedanken über das Sein des Lebens, Aphor., Lyr. 86; Im Weltenstrome 1–3, Aphor. 00–02; Gespräche mit Dorothee, Erz. 03; Kalenderblätter – Ein Almanach, Aphor. 04; Impressionen und Fiktionen, Aphor., Lyr. 06.

Behme-Gissel, Helma (geb. Helma Behme), Dr. phil., wiss. Angest. d. Univ. Kassel; Ihringshäuser Str. 230, D-34125 Kassel, Tel. (05 61) 8 16 01 44, Fax 8 04 38 15, *behme_g@uni-kassel.de* (* Meschede 2. 11. 47). Marburger Autorenkr.; Lyr., Kürzestgesch. – **V:** Alles in allem mit dir, G. 86; Einfach tierisch – so ein Mensch, G. 90; Das Gute siegt nicht, noch das Böse, G. 95. – **MA:** G. in mehreren Anth. (Red.)

Behmenburg, Wolfram, Pfarrer, Kirchenkabarettist; Ignystr. 6, D-50858 Köln (* Wiehl 54). – **V:** Krümel vom Tisch des Herrn, Satn., Glossen u. Geschn. 01. (Red.)

Behnen, Hans-Joachim (Ps. Günter Benoris), Dr. med., Internist i. R.; Hölderlinstr. 12, D-40667 Meerbusch, Tel. (0 21 32) 7 19 42, Fax 7 19 44, *hajo.behnen@t-online.de* (* Oberhausen/Rhld. 21. 12. 28). Literar. Arb.kr. Dorsten, Diotima-Lit.ver. Neuss, BD-SÄ; Rom., Lyr., Erz. – **V:** Stadtzeilen, G. 98; Tandem. Neue Gedichtform, Prosa, Aphorismen 98; Weg nach Lapolim, R. 00; Düsseldorf-Krefeld und zurück, R. 01; Immenmann in Krieg und Frieden, R. 03; Walters Walzer, G. 04. – **MV:** Eine Rose für dich, m. Martine van Geertruy-Behnen, G. 06. – **MA:** Ärzte schreiben, Anth. 94, 95, 96, 97; Dorstener Geschichten 00; Jb. Lyrik (Heike Wenig Verl.) 00; Ich sags, wie's ist. Frauen schreiben über Männer, Männer schreiben über Frauen; Lyrik und Prosa unserer Zeit, N.F. 1+2 05. – **MH:** 10 Jahre Mauerfall, m. Peter Küstermann, Edelgard Moers u. Heike Wenig 99. (Red.)

Behnert, Günter, Hauer/Bergbautechniker, Dipl.-Phil., Lehrer; Levinèstr. 3, D-08058 Zwickau, Tel. (03 75) 52 53 29 (* Zwickau 6. 7. 30). – **V:** Die Schachtziege 99, 02; Kohleberg und Weiberarsch 01, beides Kurzgesch. (Red.)

Behnert, Heinz Günter, Autor, Produktionsleiter f. Veranstaltungen, Kulturfachschulstudium; Bernkasteler Str. 12, D-13088 Berlin, Tel. (0 30) 9 25 64 69, Fax 54 49 44 22 (* Berlin 20. 12. 34). Arb.gem. junger Autoren (AJA), Gastmitgl. 67–70; Goldener Spatz 79, Völklinger Senioren-Lit.pr. (9. Pl.) 02, Kinderliederpr. in Sofia; Lyr., Erz., Dramatik. – **V:** Bodos Flug zum Märchenstern, Kinderoper 88/89; Dracheneierabenteuer, Märchenst. 93; Der verzauberte Märchenwald, Kindermusical 97; Menetekel – Aufstand der Bücher, SF-Gesch. 00; Berlin, dich hab' ich noch lange nicht satt ..., Lyr. 00; komplette Kabarettprogr. in den 80er Jahren. – **MA:** zahlr. Beitr. in versch. Publ., u. a. in: Pointe, Textheftsamml., seit 72; Eulenspiegel, Zss., seit 73; 66 kesse Liebe 77; Lustig weil's wir singen 82; Musik in der Schule, bis 89; Frösi, Kinderzs., bis 89; Lichtjahr, Anth. 89; Tage in Dur u. Moll 02; Wortspiegel 22/02, 25/02, 26/03, 28/03, 31/04, 41/06; Puchheimer Leseb. 03; Anth. Buchwelt 03; Bibliothek dt.sprachiger Gedichte, Anth. 04–08; Neue Literatur. Berlinische Kaleidoskopie, Anth. 06 u. 07. – **F:** Jeder lacht so gut er kann ..., Kinderkabarett, Kurzfilm 79. – **R:** zahlr. Kinderliederbeitr. im Rdfk seit 77 sowie sat. Beitr. – **P:** Der verzauberte Märchenwald, CD 97. – *Lit:* s. auch SK.

Behnke, Manfred, StudR. a. D.; c/o Edition Yin und Yang, Eppstein (* Lissa/Posen 14. 3. 34). – **V:** Kirchspiele 01.

Behnke, Simone, Schriftst.; Südliche Münchner Str. 46, D-82031 Grünwald, *simone.behnke@web.de*, *www.simonebehnke.de* (* 1. 4. 67). Rom., Hörsp. – **V:** Federspiel, R. 04; Mittsommernächte, R. 06.

Behr, Friedemann, Pfarrer i. R.; Am Mispelgütchen 6, D-99310 Arnstadt, Tel. (0 36 28) 60 25 35 (* Arnstadt 30. 6. 31). Erz. – **V:** Frau B. wartet auf Post, Erzn. 82, 2. Aufl. 83; Der ausgestopfte Pfarrer, Geschn. 84, 3. Aufl. 88; Von Giftmord, Pest und Feuersbrunst, Erzn. 87; Immer Jahr 1945 88; Ein buntes Jahr 90; Um Trost war mir sehr bange 91; Schlimme Jahre 98; Von Schäfern, Garten und Gesang 98. (Red.)

Behr, Sophie (eigtl. Sophie-Elisabeth von Behr-Negendanck, Ps. Nasenbaer, Brunhilde Hertzfehler), Autorin; Barhof 3, D-94099 Ruhstorf a.d. Rott, Tel. (0 85 34) 13 54 (* Neubrandenburg 7. 1. 35). Kurzgesch., Glosse, Rom., Erz. Ue: engl, am, span. – **V:** Ida & Laura, R. 97; Marie Schlei. Ihr Leben, 4-spr. 04; Reisen, Spreisen und anderes. Über Verhütung u. Schwangerschaftsabbruch in d. Vor-Pillenzeit, Erzn. 07; Barhof, Erz. 08. – **MV:** Ich erziehe allein, m. Helga Häsing, Sachb. m. belletr. Passagen 80, 86. – **MA:** seit 94 regelm. u. zahlr. Beitr. in „ab 40", Frauen-Kultur-Zs.,

behrend

u. a. – **H:** Riecher Innerungen (auch mitverf.) 91. – **R:** 30 Kurzgeschn. f. WDR; Feat. f. SFB, u. a. – *Lit:* Medien-Jb. 91; Who's Who 96; S. Trömel-Plötz in: Virginia 24/98; S. Jacobs: Somiglianza e differenza ..., Diss. Univ. Urbino 99; Wer ist Wer? 00; Annegret Stopczyk in: ab 40, Frauen-Kultur-Zs., H.2 05.

behrend, ruth s. Burkart, Rolf A.

Behrendsen, Günter; Dientzenhoferstr. 4A, D-90480 Nürnberg, Tel. (09 11) 5 46 04 07 (* Uetersen/Holstein 9. 5. 24). BVK; Rom., Erz. – **V:** Der große Regenbogen und der Despot von Leubnitz und sein Sohn. Roman für Menschen ab 10 Jahren aufwärts 04; Invicta, R. 05.

Behrendt, Fritz Alfred, Journalist, Pressezeichner; Parmentierlaan 57, NL-1185 CV Amstelveen, Tel. (0 20) 6 41 67 46 (* Berlin 17. 2. 25). Jugosl. Orden d. Arbeit I. Kl. 47, Award World Newspaper Forum 60, Award Salon of Humor, Montreal 67, 76, BVK I. Kl. 73, Orden d. jugosl. Fahne m. Stern 74, Orden Leopold II 75, Ritter i. Orden Oranien-Nassau 76, Orden d. Phoenix I. Kl., Griechenl. 80, Widerstandskreuz 40–45, Ndl. 81, Intern. Award for editorial Cartoons 85, EM d. Red. d. Krokodil, UdSSR 89, Krokodilmed. 90, Thomas-Nast-Pr. f. polit. Karikaturen 90, Tiroler Adler-Orden in Gold 91, Offiziersorden Oranien-Nassau 95, Kroat. Orden Danica Hrvatske 95, Gr. E.zeichen d. Rep. Öst. 96, Athena-Med. v. griech. Parlament 96, Intern. Consultant of The Museum of Cartoon Art, Florida 96, Gr. Verd.kr. d. Bdesrep. Dtld 02. – **V:** Spaß beiseite 56; F. Behrendt's Omnibus 63; Schön wär's 67; Einmal Mond und zurück 69; Der Nächste bitte 71; Helden und andere Leute 75; Menschen 75; Haben Sie Marx gesehen? 77; Zw. Jihad u. Schalom 78; Menschen u. Menschenrechte 80, alles Samml. polit. Karikat. m. Text; Vorwärts in's Jahr 2000 81; In Friedens-Namen 85; Bitte nicht drängeln 88; Eine Feder für die Freiheit 92 (auch ndl. u. engl.); Teilweise heiter, Biogr. 96 (auch ndl.); Grafische Signale 00 (dt. u. ndl.); Israel zwischen Krieg und Frieden 03 (ndl.). – **P:** CD-ROM m. 2500 polit. Karikaturen 97/98, erw. Ausg. 04. (Red.)

Behrendt, Karl-Heinz, Dr. oec., Rentner; Zingster Str. 54, D-13051 Berlin, Tel. (0 30) 43 07 17 17, *behrendtkh@freenet.de* (* Marienburg/Westpr. 11. 9. 27). Erz. – **V:** Spuren unter der Haut, Erz. 02. (Red.)

Behrens, Alfred, Journalist, Übers., Autor, Dramaturg u. Regisseur, Gastprof. Dt. Lit. inst. Leipzig 1999/2000, Dramaturg an d. Master School Drehb. d. Filmboard Bln-Brandenburg; Rüdesheimer Platz 11, D-14197 Berlin, Tel. (0 30) 8 59 29 89, Fax 8 59 39 78 (* Hamburg 30. 6. 44). VS 71, P.E.N.-Zentr. Dtld, RFFU 77, Arb.gem. d. Drehb.autoren 86; Hsp.pr. d. Kriegsblinden 73, Adolf-Grimme-Pr. 79 u. 83, Bundesfilmpr. 82, Unifilm-Sonderpr./Max-Ophüls-Pr. 86, Tagesspiegel-Lit.pr. 87, Frankfurter Hsp.pr. 87, Arb.stip. f. Berliner Schriftst. 91, Premios Ondas 95, Drehb.pr. d. Bundesmin. 96, Günter-Eich-Pr. d. Medienstift. d. Sparkasse Leipzig 07 (erster Preisträger); Prosa, Hörsp., Dok.film, Fernsehsp., Spielfilm. Ue: engl. – **V:** Gesellschaftsausweis, Social SF 71; Künstliche Sonnen. Bilder aus d. Realitätsprod., Prosa 73; Die Fernsehlisa, Prosa 74. – **MV:** Berliner Stadtbahnbilder, m. Volker Noth, Bild-Bd 81. – **R:** HÖRSPIELE: Also manchmal hat man Tage die sind wie Gummi 69; Wünsche und Warensprache 70; Die Schlagertexte heissen nicht mehr ich hab mich so an Dich gewöhnt 71; John Lennon du mußt sterben 71; Nowhere Man 72; Nur selbst sterben ist schöner 72; Das große Identifikationsspiel 73; Frischwärts in die große weite Welt des totalen Urlaubs 73; Lucy in the sky with diamonds 73; Der synthet. Seeler 74; Das Problem d. Glücks frontal angehen 75; Der

Tod meines Vaters 75; Annäherungen an meinen Vater 76; Von sechs Uhr früh bis sieben Uhr abends 77; Tagebuch einer Liebe 77; Worpsweder Tagebuch 79; Der Zustand d. Sehnsucht 79; Traumradio 79; Die Reise an den Anfang d. Erinnerung 80; Die Durchquerung d. Morgentiefs 80; Mottenburger Erinnerungen, m. and. 82; Die Betelnuß im Kopf 83; Der elektronische Playboy 83; Der unsichtbare Film 84; Train of Thoughts, m. and. 87; Der Augenblick d. Verlangens 87; LocoMotion, m. and. 87; Autoreverse 88; Abschied in der Dämmerung 88; Die Fabrik, das Zimmer, die Fabrik 90; Die Verabredung in Samarra 92; Jahrgang 1949. Deutsche Demokratische Lebensläufe 92; Der Mann gegenüber 93; Die Liebe, der Tod u. die Wörter 93; Der Körper, der Schmerz 93; Stealth fighter – Krieg auf der Autobahn 94; Nur Pferden gibt man den Gnadenschuss oder Der Verlierer 95; Li dolce assalto – Der Liebesangriff 96; Stadt aus Glas 97; Dann eines Nachmittags 98; Lokis – der Bär 98; Ein armer verlassener Mann sieht in einen grauen Sonntag mit Regen 99; Die Tür nach Hochtief 00; An einen unsichtbaren Mann 00; Riverside Drive 68/2000 00; A las cinco de la tarde – Atemlose Stille 01; Die Liebe ist das was du siehst 01; Neuromancer 03; You'll never walk alone 06, u. a.; – FILME: Die Fernsehliga, Drehb. 75; Der Tod meines Vaters, m. and., Kurzf. 76; Familienkino, m. and., 7-tlg. Kompilations-Filmser. 78/79; Sie verlassen den amerikanischen Sektor, Musikfilm 80; 3 Dok.filme 80–82; Walkman Blues, Spielf. 85; LocoMotion 87; CineMemo 90; Volkskino 92; Boogie Woogie Victory 95; Fabrik/Leben 98. (Red.)

Behrens, Christian, freier Schriftst., Kleinkünstler u. Fotograf; Elsa-Brändström-Str. 24, D-47228 Duisburg, Tel. (0 28 41) 3 45 11, (0 20 65) 89 97 07, *cb@kleinewelten.de, www.kleinewelten.de* (* Rheinhausen/Kr. Moers 15. 8. 69). IGdA; Dorfpoet v. Hamminkeln-Marienthal seit 01; Lyr., Kurzprosa. – **V:** Kleine Welten am Niederrhein 97; Neues aus den Kleinen Welten 98. – **MV:** der Niederrhein ist immer Sommer ..., m. Thomas Hunsmann 01. – **MA:** zahlr. Veröff. in d. Westdt. Allg. Ztg. – **P:** Neues aus den Kleinen Welten – live, m. Thomas Hunsmann, CD 00. (Red.)

Behrens, Katja (geb. Katja Oswald), Schriftst.; Edschmidweg – Park Rosenhöhe 23, D-64287 Darmstadt, Tel. u. Fax (0 61 51) 5 47 62, *behrenskatja@aol.com, www.katja-behrens.de* (* Berlin 18. 12. 42). P.E.N.-Zentr. Dtld, Vizepräs. u. Writers-in-Prison-Beauftr.; Förd.pr. z. Ingeborg-Bachmann-Pr. 78, Förd.pr. d. Märkischen Kulturkr. 78, Thaddäus-Troll-Pr. 82, Villa-Massimo-Stip. 86, Stadtschreiber-Lit.pr. Mainz 92, Stip. d. Dt. Lit.fonds 93, Premio internazionale Lo Stellato 00, George-Konell-Lit.pr. 02, E.gabe d. Dt. Schillerstift. 02; Erz., Rom., Lyr., Hörsp. Ue: am. – **V:** Die weiße Frau, Erz. 78 (auch schw.); Jonas, Erz. 81; Die dreizehnte Fee, R. 83 (auch ndl., schw., frz.); Von einem Ort zum andern, Erzn. 87; Im Wasser tanzen, Erzn. 90; Salomo und die anderen, Erzn. 93; Die Vagantin, R. 97; Zorro, R. 99; Alles Sehen kommt von der Seele. Die Lebensgesch. d. Helen Keller 01 (auch slow., korean. u. als Hörb.); Hathaway Jones, R. 02 (auch frz.); Alles aus Liebe, sonst geht die Welt unter. Sechs Romantikerinnen u. ihre Lebensgeschn. 06; Roman von einem Feld 07. – **MA:** Beitr. in zahlr. Anth., u. a. in: Das dritte Jahr, G. 79; Der Hunger nach Erfahrung, Erzn. 81; Einfach mal raus hier 86; Nenne deinen lieben Namen 86; Von Büchern u. Menschen 87; Literatura Alemana 93; Die großen Frankfurter 94; Sögur frá dýskland 94; Die schönen und die Biester 95; Fuoricampo 00; Da schwimmen manchmal ein paar gute Sätze vorbei 01; Contemporary Jewish Writing in Germany 02. – **H:** Chilenische Erzählungen 77; Das Insel-Buch vom Lob

74

der Frau 82; Frauenbriefe der Romantik 83; Weiches Wasser bricht den Stein 84; Abschiedsbriefe 87; Die schönsten Pferdegeschichten 92; Ich bin geblieben – warum? 02. – **R:** Jerusalem – Berlin, eine Begegnung, Drehb. u. Regie 93; mehrere Hsp., u. a.: Leo; Der Regen; Josef geht; Einstmals in Amazonien; Dorfleben; Arthur Mayer oder Das Schweigen; zahlr. Feat. – **P:** So-oft ich deiner gedenke. Briefe d. Romantik, Hörb. 99. – **Ue:** William S. Burroughs: Naked Lunch 62; Junkie 63; Auf der Suche nach Yage 64; Kenneth Patchen: Erinnerungen eines schüchternen Pornographen 64; Henry Miller: Mein Leben und meine Welt 72; Insomnia oder die schönen Torheiten des Alters 75; Tessa Bridal: Der Baum der roten Sterne 98, u. a. – **Lit:** Jürgen Serke in: Frauen schreiben 79; Liz Wieskerstrauch in: Schreiben zwischen Unbehagen u. Aufklärung 88; Thomas Kraft in: Neues Hdb. d. dtspr. Gegenwartslit. 93; Uta Schwarz in: KLG.

Behrens, Rinje Bernd, Dipl.-Handelslehrer, Stud.-Dir.; Müggenburgweg 2, D-27607 Langen, Tel. (0 47 43) 55 87, Fax 27 66 73, *rinje.bernd.behrens@t-online.de* (* Bremen 17. 8. 34). Verdener Arb.kr. ndt. Theaterautoren e.V.; BVK am Bande, Hermann-Allmers-Pr.; Dramatik. – **V:** De Schatzkist, Kom. 90 (unter Ps. Uvo Wilhelm); De goden Lüüd, St. 94 (unter Ps. Uvo Wilhelm); Kattenjammer, Schwank 96 (hochdt. 98); Hackelümmels, Kom. 97; Dütmal Valentine, Kom. 98; De Brodermoord, Kom. 00; Wiehnachtsmann, dar büst du ja!, St. 00; De schöne Striet, Kom. 01; Dat Tött-chenhotel, Lustsp. 02; Fritz Kaptein und seine Schwestern, Kom. 02; Peter kümmt inkognito, Kom. 03. (Red.)

Behrens, Sigrid, freie Autorin; lebt in Hamburg, c/o Carl Hanser Verl., München, *info@sigridbehrens. de*, *www.sigridbehrens.de* (* Hamburg 28. 5. 76). Forum Hamburger Autoren 00/ Lit.förd.pr. d. Stadt Hamburg 02, Stipendiatin d. 7. Klagenfurter Lit.kurses 03, vorgeschlagen f. d. Bachmann-Pr. 06, Leonhard-Frank-Pr. 07, Aufenthaltsstip. d. Berliner Senats im LCB 07, u. a.; Drama, Prosa. Ue: frz. – **V:** Diskrete Momente, Prosa 07; – Theaterstücke: rapport 01; Grenzland / ab jetzt 02; Unter Tage 03, Ursdg als Hörsp. 04, UA als Theaterst. 07; Paarweisen 04; solitaire 05, UA 05; Fallen 05, UA 06; Es tröstet mich zu sehen, dass du schläfst 05; Musik der Sterne 06, UA 06; instant 06; Feuer! oder: Ich bringe dir Schulden und übernehme mich, mein Herz 07, UA 07; Weggeparkt!, UA 07; Einäuglein, Zweiäuglein, Dreiäuglein (Die Augen / die Gewöhnlichkeit) 07, UA 07; Haustorien oder: Deine Küche sieht mir ähnlich 08. – **MA:** zahlr. Beitr. in Zss. u. Anth., u. a. in: SprITZ 03; Akzente 04; Volltext 06; An einem anderen Ort 07. – **Ue:** Marivaux: Die Unbeständigkeit der Liebe 08.

Behrens, Thorsten s. Balthasar

Behringer, Heribert, Reg. Dir. i. R.; Ringstr. 7, D-81375 München, Tel. u. Fax (0 89) 74 02 99 30 (* München 7. 5. 30). Freundeskr. d. Münchner Turmschreiber 00; Lyr. – **V:** Menschlich Tierisches 98, 3. Aufl. 02; Fliangfanga, G. in bayer. Mda 01. (Red.)

Behringer, Klaus (Klaus Meinrad Behringer), freier Schriftst., Journalist, Hrsg., Lektor; Ferdinand-Dietzsch-Str. 3, D-66113 Saarbrücken, Fax (06 81) 7 17 78, *klaus.m.behringer@web.de*, *www.sulb.uni-saarland.de//de/literatur/saarland/autoren.* Nahestr. 19, D-66113 Saarbrücken (* Saarbrücken 6. 10. 58). VS Saar 85, Vors. 95, Melusine, lit. Ges. Saar-Lor-Lux-Elsass, Gründ.mitgl. 06; Förd.stip. d. Stadt Saarbrücken 89, Stip. Casa Baldi/Olevano 97, Arb.stip. d. Kunstver. „Bosener Mühle" 00, Stip. Schloß Wiepersdorf 02, Ahrenshoop-Stip. Stift. Kulturfonds 04, Urwald-schreiber im Urwald vor d. Toren d. Stadt 06; Prosa, Ess., Rep., Kritik. – **V:** Nonoxinol 9. 3 Fahrten ins Blaugrüne. Erzn. 90, 4., durchges. u. korr. Aufl. 94; Kronkorken im Hünengrab, Prosa-G. u. Fotos 03. – **MA:** Stadtztg. Saarbrücken 85–90; Streckenlaeufer, Lit.zs. 91–08 (auch Hrsg.); 50 Jahre Universitätsbibliothek d. Saarlandes 00; div. lit. Texte, Artikel u. Feat. in Anth. u. Zss. – **MH:** Einhornjagd & Grillenfang, m. Angela Fitz u. Ralf Peter, Anth. 92; Ein Dialog zwischen Blinden und Taubstummen, m. Ralph Schock u. Uschi Schmidt-Fehringer, Dok. 95; Kähne, Kohle, Kußverwandtschaft, m. Marcella Berger u. Fred Oberhauser, Anth. 98; Randwortfaktor. Saarbrücker Lit.stip. 1999, Dok. 01; Hans Arnfrid Astel: Was ich dir sagen will, kann ich dir zeigen 01; Internat. Interaktionslabor Göttelborn. I: Wechselwirkung, m. Johannes Birringer u. Uschi Schmidt-Lenhard 04, II: Spielsysteme, m. J. Birringer 06, beides Dok.; Werner Laubscher Werkausgabe, m. Andreas Dury, 2 Bde u. 2 CDs 07–08. – **R:** Tot Mann Schaltung, R.fragment, Hfk. 96; zahlr. Ess., Kritiken u. lit. Feat. f. d. SR, u. a.: Penischen und Kabinenkreuzer 93; Von der Roten Burg zum Mondsee 93; Schuh über Kopf 93; Sagenhaft Kohle 94; Vom Nutzen der Koksgase für die Lunge 94; Die Königseltern auf dem Baugerüst 94; 87 Kirchtürme und 100 Dörfer 95; Weißes Gold und Scherben 96; „Von eines jeden Juden Seel ..." 96; Im Skriptorium von Echternach 98; Manilahanf und Silbersand 00; Kohle gegen Eier, schwarz gegen weiß 00; Gehirntier, verschwunden im Werk? 04; No al Cuarto Reich. Jahreswechsel auf Kuba, lit. Tageb. 04; 7 Hfk-Sdgn. i. d. Reihen „Literatur im Gespräch" u. „Literatur am Samstag" (SR). – **P:** Topicana 13, Hörb., m. and. 05.

Behrmann, Alfred, Dr. phil., UProf., Schriftst.; Ferdinandstr. 22, D-12209 Berlin, Tel. (0 30) 7 73 40 61, *lesal.behrmann@gmx.de* (* Berlin 21. 2. 28). Luftbrücken-Gedenkstip. USA 63; Lyr., Ess. Ue: engl. – **V:** Facetten. Unters. z. Werk Johannes Bobrowskis, Ess. 77; Was ist Stil?, Dialoge 92; Das Tramontane ... Dt. Schriftst. in Italien, Vorträge 96; Der Autor, das Publikum und die Kunst, Ess. 99; Streiflichter, Aphor. 01; Wörterwelten, Ess. 02; Volterra, Lyr. 03; Fluchtpunkte, Aphor. 05; s. auch GK. – **MV:** Büchner: Dantons Tod, m. Joachim Wohlleben 80. – **MA:** zahlr. Beitr. in Zss. u. Sammelbden, u. a.: Schweiz. Monatshefte; Reclams Universal-Bibliothek; Jb. Berl. Wiss. Gesellsch., seit 65. – **Ue:** Zwei englische Farcen. A. Behn: The Emperor of the Moon/ H. Fielding: The Tragedy of Tragedies 73. (Red.)

Bei, Neda, Dr. iur.; Theresianumgasse 8/3/8, A-1040 Wien (* Wien 11. 7. 52). GAV 83; Käthe-Leichter-Staatspr. 98, Öst. Staatsstip. f. Lit. 01/02; Prosa, Hörsp., Ess., Lyr. – **V:** ich nagte grade am m, anagrammgedichte 92. – **MV:** Renate Bertlmann: Farphalla Desiderosa. Stationen e. fotograf. Reise, m. Lipogrammen von Neda Bei 97. – **MA:** Blauer Streusand 87; PORNOST. Triebkultur u. Gewinn 89; Vokabelmischungen über Walter Serner 90; manuskripte 109/90; TEXTWECHSEL 92; Konzept und Poesie 96; Strukturen erzählen: die Moderne der Texte 96; Fremd, Anth. 97; :Engel :Engel. Legenden der Gegenwart, Ausst.kat. 97; Jelineks Wahl. Literar. Verwandtschaften 98; Die Sprache des Widerstandes ist wie die Welt und ihr Wunsch 00. – **MH:** Das ewige Klischee. Zum Rollenbild u. Selbstverständnis von Männern u. Frauen 81; Das lila Wien um 1900. Zur Ästhetik d. Homosexualitäten. Dok. e. Symposions, m. Wolfgang Förster, Hanna Hacker u. Manfred Lang 86; Vernunft als Institution? Geschichte u. Zukunft d. Universität 86. – **R:** Fleisch. Zwei Frauen befragen vier

Beichhold

Männer, m. Liesl Ujvary, Hsp. 85; Zwei Stimmen, zwei-eins, Musikhsp. (Musik: Josef Stolz) 93. (Red.)

Beichhold, Ilse; Am Lerchsfeld 4, D-37247 Großal-merode, Tel. (0 56 04) 63 00 (* Penzig/Schles. 1. 1. 20). Autorentreff Meißner 81; 1. Pr. Autorenwettbew. v. G. Kohlstädt, Witzenhausen, 1. Pr. M.wettbew. d. Kultur-gemeinsch. Witzenhausen. – **V:** Heimat ist mehr als nur ein Wort, G.; Mach die Liebe zu deinem Lied, G. z. Zeit; Der Zauberstrauch, M. u. Sagen 89; Die Marguer-ten-Kinder, M. u. Sagen 92; Heilkräuter der Heimat, G. 97; Einmal Himmelreich und zurück, G. u. Geschn. z. Weihnachtszeit 98. – **MA:** G. u. Kurzprosa in Büchern, Ztgn, Zss., Wbll. u. Kal. (Red.)

Beicken, Peter, Prof. Dr., Ph. D. Stanford-U., Prof. of German studies and Film U.Maryland seit 76; 4320 Van Buren Street, University Park, MD 20782/USA, Tel. (3 01) 9 27–27 67, Fax 3 14–98 41, *pb11@umail. umd.edu* (* Wuppertal-Barmen 16. 5. 43). Exil-P.E.N., Soc. for Contemp. American Lit. in German (SCALG); Eduard-von-der-Heydt-Pr. 83, Elisabeth Fraser De Bus-sy Prosa-Pr. 98; Lyr., Prosa, Ess. Ue: engl. – **V:** Franz Kafka. Eine krit. Einf. in die Forsch. 74; Kindheit in W., G. u. Prosa 83; Franz Kafka „Die Verwandlung". Er-läuterungen, Dokumente, Komm. 83, 3. Aufl. 98; Franz Kafka. Leben u. Werk 86; Ingeborg Bachmann 88, 2. Aufl. 92; Franz Kafka „Der Process". Interpretation 95, 2. Aufl. 99; Bach, dreifach, G. 01; Wie interpretiert man einen Film? 04; Aufsätze zu I. Bachmann, M. Flei-ßer, F. Fühmann, F. Kafka, A. Seghers, Ch. Wolf, u. a. – **MV:** The Films of Wim Wenders, m. Robert Kolker 93. – **MA:** zahlr. Beitr. von Lyrik, Prosa u. Ess. in Anth. u. Zss., u. a. in: Aufbau; bateria; die horen; Dimension; Frankfurter Hefte; Lit. u. Kritik; Litfass; Das Schreib-heft; Sinn u. Form; Tintenfisch; Trans-Lit; Red. d. Zs. literatur-express 88–90; Red. d. Zs. Trans-Lit seit 98. (Red.)

Beierwaltes, Margot; Wodanstr. 62, D-90461 Nürn-berg, Tel. (09 11) 49 86 82, *MargotBeierwaltes@web. de* (* Steinwiesen/Frankenwald 61). – **V:** Ende des Kla-gens, G. 04. – **MA:** NordWestSüdOst 03; Gegen die Schwerkraft der Sinne 04; Daß ich nicht lache 05, alles Lyr.-Anth.; div. Beitr. in Lit.zss. seit 02, u. a. in: Falt-blatt; Decision. (Red.)

Beig, Maria, Hauswirtschaftslehrerin i. R.; Tobel-weg 1, D-88090 Immenstaad, Tel. (0 75 45) 94 19 51 (* Senglingen/Bodenseekreis 8. 10. 20). Pl. 5 d. Besten-liste d. Südwestfunks 82, Alemann. Lit.pr. 83, Jahres-stip. d. Ldes Bad.-Württ. 90, Verd.med. d. Ldes Bad.-Württ. 90, Lit.pr. d. Ldeshauptstadt Stuttgart 97, Jo-hann-Peter-Hebel-Pr. 04; Rom. – **V:** Rabenkrächzen, R. 82 (Auszüge als Rdfk-Sdgn), 93; Hochzeitslose, R. 83 (engl. 90); Hermine. Ein Tierleben 84, 91 (engl. 05); Ur-großelternzeit, Erzn. 85, 94; Minder oder zwei Schwe-stern, R. 86, 89; Die Ruferin 87; Kuckucksruf, R. 88, 91; Die Törichten, R. 90, 00; Jahr und Tag 93; Töch-ter und Söhne 95; Annas Arbeit, Erzn. 97, 2. Aufl. 00; Treppengesang, R. 00; Buntspechte, R. 02. – *Lit:* Os-wald Burger (Hrsg.): Was zählt – M.B. z. 75. Geb. 95; Peter Blickle: M.B. u. die Kunst d. scheinbaren Kunst-losigkeit 97; Georg Braungart in: KLG. (Red.)

Beigang, Martell, Musiker; Tel. (02 21) 88 24 69, *martell@infinitemusic.de,* *www.infinitemusic.de* (* Ratingen 8. 3. 67). Rom. – **V:** Unveranschbar 07.

Beikircher, Konrad, Dipl.-Psych., freiberufl. Musi-ker, Autor u. Kabarettist; lebt in Bonn-Bad Godesberg, c/o Rosa Tränert Promotion, Elberfelder Str. 156 A, D-40724 Hilden, *konrad@beikircher.de, www.beikircher. de* (* Bruneck/Südtirol 22. 12. 45). Morenhovener Lupe 89, Rheinlandtaler 93, Lit.pr. d. Bonner Lese 95, Verd.orden d. Ldes NRW 01, Friedestrompr. 02, Em-ser Pastillchen 03, Benediktspr. 04, Gr. Kulturpr. d. Rhein. Sparkassenstift. 05, Köln Lit.pr. 06; Prosa, Ess., Sat. – **V:** Is doch klar, Frau Walterscheidt 86; Him-mel un Ääd 91; Notti, Erzn. 92; Wie isset? Jot! 93; Konrads Küchen-Kabarett, Kochb. 94; Wo sie jrad sa-gen: Beikircher 95; Konrads Kalorien-Kabarett, Kochb. 95; Andante spumante. Der Beikircher – ein Konzert-führer 01; Et kütt wie't kütt 01; Scherzo furioso. Der neue Konzertführer 01; Palazzo Bajazzo, Opernführer 04; Bohème suprême. Der neue Opernführer 07. – **MV:** Und? Schmecket?!, Kochb. m. Anne Beikircher 03. – **R:** zahlr. Beitr. in: Unterhaltung am Wochenende; Oh-renweide; Klassikforum (alle WDR-Hörfunk); Fs.-Auf-zeichn. div. Kabarett- u. Musikprogramme; Einzelbei-tr. zu versch. Fs.-Sdgn. – **P:** med ana schwoazzn dintn 80, i sok da s 81, beides Gedichte v. H.C. Artmann, vertont v. K.B.; Merry go round. barbershop songs 81; Glitzertropfen, Lieder 83; Sarens, Frau Walterscheidt 89; Himmel un Ääd 90; Notti, Lieder 93; Wie isset? Jot! 93; Sprüche an der Wand. Lieder gegen Ausländer-feindlichkeit, m.a. 93; Kinderhörspiel-Reihe „Trullo", 8 Folgen 93ff.; Guten Tag Herr Bach 94; Guten Tag Herr Beethoven 94; ... Und singt ein Lied dabei 94; Wo sie jrad sagen: Beikircher 95; Feiertagsgeschichten 95; 360° Beikircher 96; Wie: Bücher?! Betrachtungen z. Buchhandel 97; Nee... Nee... Nee 97; OVID „Lie-beskunst", m. Manfred Schoof 97; Notti 2 97; Peter u. der Wolf / Carneval d. Tiere (eigene Texte) 98; Nor-mal: Beikircher 99; Konrad Beikircher singt H.C. Art-mann 99; Bedaure höflichst. Wiener Kaffeehausgeschn. 00; Raymond Queneau: Stilübungen 00; Die Lieblings-gedichte d. Deutschen 00; Loreley u. Schindermanns 01; Kater Mikesch 01; Elias Canetti: Der Ohrenzeuge, m. Elke Heidenreich 01; Ja sicher! 01; Ciao ciao bam-bina 01; Pinocchio 01; Andante spumante 02; Scherzo furioso 02; Mussorgsky: Bilder einer Ausstellung, m. Lars Vogt 02; ... und sonst?! 03; Neues und Altes zwi-schen Himmel un Ääd 05; Die rheinische Neunte 08, alles Schallpl./Tonkass./CDs; – Reihe „Komponisten-portraits": Guten Tag Herr Beethoven, Guten Tag Herr Bach, Wie isset, Robert (Schumann), Schmecket, Ros-sini, Ein (Max) Bruch u. seine Folgen; – Kompositio-nen: Lieder in italienischer u. dt. Sprache 85ff.; Film-musiken: Die Zimmerlinde (SWF) 85, Da Capo (SR) 86; – Programme f. Kollegen: Die Riesenpackung, m. Thomas Freitag 92; Hoppla – ein deutsches Schicksal, für Thomas Freitag 93. (Red.)

Beil, Lilo (geb. Lieselotte Seiferling), ObStudR.; Hö-henstr. 3, D-69488 Birkenau 3, Tel. (0 62 01) 3 23 00, *lilobeil@web.de* (* Klingenmünster 11. 1. 47). Schef-felbund 66; Scheffel-Pr. 66; Erz., Ged., Sat. – **V:** Mai-käfersommer, R. 97, erw. Neuaufl. 04; Sonnenblumen-reise, Erzn. 99; Heute nette Spaziergang, Krim.-Geschn. 02. – **MA:** zahlr. Beitr. im R.G. Fischer Verl. 99ff.; Weihnachtsgeschichten am Kamin, Bde 13 98, 16 01, 17 02; Das große Rowohlt Weihnachtsbuch 99; Das Buch der Hundertjährigen 00. (Red.)

Beilharz, Johannes (Ps. William Halsband, Jay Wal-ker Benine, Justinian Belisar), Autor u. Übers.; Klin-genstr. 78, D-70186 Stuttgart, Tel. (07 11) 4 70 87 05, *jb@jbeilharz.de, www.jbeilharz.de, www.beilharz.com* (* Oberndorf/Neckar 15. 1. 56). Autorengr. Neckar-Enz, Dt.-Ind. Ges., VS Bad.-Württ., Kulturtreff Stutt-gart-Ost; Erz., Lyr., Rom., Dramatik, Übers. Ue: engl, frz, span, kat. – **V:** Die gottlosen Ameisen, Erzn. 03; Sonderdr. z. Ausst. „Alle werden am einem großen Web-stuhl" 04. – **MA:** Akzente 6/82; Brit. Lyrik d. Gegen-wart, Anth. 84; textwelt 00; Roman der Woche 01; Salt River Review, vol. 4, no. 2 01; Loop, Summer 01; An den Toren einer unbekannten Stadt, Anth. 02; Jacket,

Nr. 16 u. 18 02; Adirondack Review, April 02; The Drunken Boat, Frühj. u. Herbst 02; Web Del Sol Magazine, Sommer 03. – **P:** Fortgehen, Stille / Wandern im surrealen Raum, Collage, Video 03. – **Ue:** William Bell: Sprich mit der Erde, Jgd.-R. 01; Pete Johnson: Letzte Rettung für Paps, Jgd.-R. 02; Rolf Kerler: What keeps the social organism healthy? 03. (Red.)

Beinhölzl, Ria; Am Erlanger 3, D-91207 Lauf, Tel. (0 91 23) 98 71 53. – **V:** Veit, R. 06, 07.

†**Beinhorn,** Elly, Sportfliegerin, Schriftst.; lebte zuletzt in München (* Hannover 30. 5. 07, † Ottobrunn 28. 11. 07). – **V:** Ein Mädchen fliegt um die Welt 32, 39; 180 Stunden über Afrika 33, 37; Flugerlebnisse 34; Grünspecht wird ein Flieger. D. Werdegang e. Flugschülers 35; Mein Mann, der Rennfahrer. D. Lebensweg Bernd Rosemeyers 38, 55; Berlin – Kapstadt – Berlin. Mein 28000-km-Flug nach Afrika 39, 43; Ich fliege um die Welt 52; Madlen wird Stewardess. Ausbildung u. Abenteuer e. Flugbegleiterin auf internat. Luftlinien 54; Fünf Zimmer höchstens! E. Buch f. alle, die bauen wollen [...] 55; So waren diese Flieger 66, 91 u. u. T.:, Premieren am Himmel. Meine berühmten Fliegerkameraden; Alleinflug. Mein Leben 77, 08. – *Lit:* Rolf Italiaander: Drei deutsche Fliegerinnen. E.B., Thea Rasche, Hanna Reitsch 40, 2., verb. Aufl 42.

Beinßen, Jan, Red., Schriftst.; Fax (0 91 32) 73 57 78, *jan.beinssen@t-online.de*, *www.beinssen.gmxhome.de* (* Stadthagen 30. 1. 65). Das Syndikat. – **V:** Zwei Frauen gegen die Zeit, R. 97; Die Genfalle, R. 98; – Krimromane: Messers Schneide 01; Dürers Mätresse 05; Sieben Zentimeter 06; Hausers Bruder 07; Die Meisterdiebe von Nürnberg 08. (Red.)

Beismann, Marita, Verwaltungsangest.; Schärstr. 32, D-21031 Hamburg (* Lauterbach 8. 5. 48). Lyr. – **V:** Kaleidoskop des Lebens, Reime u. G. 98; Los der Zeit, Reime u. G. 02.

Beissert, Gerd, Dr. h. c., Regisseur, Kameramann; Akazienweg 1, D-25474 Ellerbek, Tel. (0 41 01) 3 16 00 (* Karalene 28. 5. 12). Goldmed. Acad. Ital. delle Arti e del Lavoro, Oskar d'Italia der Acad. Italia 86, Dr. h.c. Univ. Interamericana, Florida 87; Lyr. – **V:** DU – Begegnung mit mir, G. 81; Gesänge der Prärie, G. 84; Masuren. Sagen, Märchen u. Gruselgeschn. 87. – **F:** zahlr. Dok.-, Kultur-, Industrie- u. länderkundl. Filme (auch Fsf.). (Red.)

Beissner, Helga (geb. Helga Fink), Sekretärin u. selbst. Kauffrau; Kurzer Steinweg 3, D-32825 Blomberg, Tel. (0 52 35) 73 16 (* Breslau 8. 1. 26). Lip-PEN Treffpunkt lippischer Autoren 98; Rom., Lyr., Erz. – **V:** Wohin die Wege führten, R. 98; Im Sog des Lebens, G. 00; Gedankensplitter, G. 01; Augen-Blicke, Geschn. u. G. 02; Spuren eines Lebens. Ein Frauenschicksal 1921–45, R. 05. – **MA:** ZEITschrift, Bde 102, 109, 115 01–02. (Red.)

Beißwenger, Kai, Betriebswirt, Außenhandelskaufmann; Hülsmeyerstr. 58, D-40629 Düsseldorf, Tel. (02 11) 28 16 07, *kai-beisswenger@planet-interkomm.de, www.kai-beisswenger.de* (* Seesen/Harz 19. 5. 61). – **V:** Das Traum-Puzzle 00, II 01; Das Zeit-Puzzle 02. – **MA:** Leselupe-Anth. (Red.)

Beitlich-Dörfler, Gertrud; Deichstr. 57, D-49393 Lohne, Tel. (0 44 42) 55 71 (* Karlsbad 21. 11. 20). FDA 83; Rom., Lyr., Erz. – **V:** Ende eines Dorfes 96; Sualks Träume, R. 01; Zurück zu den Quellen, Erzn. 02. – **MA:** zahlr. Beitr. in Ztgn. u. Anth. seit 83, u. a. in: Das Egerland lebt, Anth. 84.

bejot s. Jacobs, Bernd

Bekemann, Kathrin, Grafik-Designerin; Vogelsangstr. 55, D-70197 Stuttgart, *kabe.artworx@web.*

de (* Stuttgart 22. 6. 80). Lyr. – **MV:** Metaphoria, m. Benjamin Rakidzija, Lyr. 99. – **MA:** zahlr. Kritiken, Interviews u. a. Beitr. in: Newszine. Lesermag. d. Plattenfirma C.O.D.E., seit 10/98 (ab 9/99 als Internet-Mag.). (Red.)

Bekh, Wolfgang Johannes (Ps. f. Wolfgang Johannes Schröder), Schriftst.; Rappoltskirchen 7, D-85447 Fraunberg, Tel. (0 80 84) 4 30, Fax 33 39 (* München 14. 4. 25). RFFU 61, VG Wort 63, Turmschreiber 65, Tukanier 65, IKG 67; Goldmed. d. Bayer. Rdfks 68, tz-Rose 73, Bayer. Poetentaler 75, BVK am Bande 75, Dipl. di Merito Salsomaggiore 82, Poetenteller Deggendorf 82, Bayer. Verd.orden 83, Kulturpr. d. Ldkr. Erding 87; Drama, Lyr., Rom., Nov., Ess., Hörsp. – **V:** Maler in München, Ess. 64; Apollonius Guglweid oder Unterhaltungen mit dem Tod, R. 65, 91; Baierische Kalendergeschichten f. Stadt- u. Landleut, Erzn. 66, 80; München in Bayern, Bayern in Europa. Unzeitgemäße Meinungen aus d. 600er Jahren, Ess. 69; E. Wittelsbacher in Italien. D. unbekannte Tageb. Kaiser Karls VII., Erz. 71; Richtiges Bayerisch: e. Streitschr. gegen Sprachverderber 73, 83; Die Münchner Maler, Ess. 74, 79; Die Herzogspitalgasse oder Nur die Vergangenheit hat Zukunft, R. 75, 85; Bayer. Hellseher: vom Mühlhiasl bis zum Irlmaier, Volkstexte 76, Tb. 95; Gott mit dir du Land der Bayern, Ess. 76, Tb. 78, 79; Sehnsucht läßt alte Dinge blühen u. Mauern, Hüllen, Grüfte, R. 78; Das dritte Weltgeschehen u. bayerische Seher darüber berichten, Volkstexte 80, 86; Adventgeschichten, Erzn. 81; Alexander von Maffei, der bayer. Prinz Eugen, Biogr. 82; Tassilonisches Land, Ess. 83; Dichter der Heimat, Ess. 84; Das dritte Weltgeschehen und seine Folgen für Deutschland, Tb. 85; Land hinter dem Limes, Liebeserklärungen an Bayern und Österreich, Ess. 86; Nur der Not koan Schwung lassen, Bair. Spruchweisheit 87, 97; Am Vorabend der Finsternis, Europ. Seherstimmen 88, 03; Laurin, Beschreibung e. Innenraums, R. 88; Alois Irlmaier, der Brunnenbauer v. Freilassing, Biogr. 90, 92, 05; Von Advent bis Lichtmess, Gesch., Gedichte u. Gedanken 90; Mühlhiasl, Biogr. 92, 05; Des geheimen Reiches Mitte oder der Südflügel, R. 93, Tb. 03; Im Erdinger Land, Ess. 93; Der Bildhauer Richard Engelmann und Wartenberg, Biogr. 94; Denkschr. z. Ergänzung u. Sanierung d. Münchner Altstadt 94; Erwein von Aretin und sein Bekenntnis zu Konnersreuth, Sonderdr. 94; Therese von Konnersreuth oder die Herausforderung Satans, Biogr. 94, Tb. 02; Am Brunnen der Vergangenheit, Erinn. 95; Bayerisch, Ratgeber 96; München, Bildbd 96; Münchner Winkel und Gassen 96; Der Seher Mühlhiasl 96; München, Miniaturb. 97; Selbstbildnis mit Windrad, Erinn. 2. Bd 97; Das Ende der Welt 97; Traumstadt Schwabing 98; Vorhersagen u. Prophezeiungen 99 V; Visionen u. Prophezeiungen d. Endzeit, Ess. 99; Die Entdeckung der Nähe, Erinn. 3. Bd 99; Vom Glück der Erinnerung, Ess. 00; Anton Bruckner. Biographie eines Unzeitgemäßen 01; Geheimnisse der Hellseher, Prophezeiungen 02; Berühmte Visionen 03; Landschaften rund um München 04; Andechs, der heilige Berg 05; Gustav Mahler oder Die letzten Dinge, Biogr. 05; Unvergleichliches München 05; Festhalten und Loslassen, Erinn. 4. (u. letzter) Bd 08. – **MA:** Jb. d. Innviertler Künstlergilde 66–04; Weißblau u. heiter 67, 74; Liebe in Bayern 68, 75; Alpenländische Weihnacht 70, 87; Bairisch Herz 73; Romantik 73; Beitr. z. Heimatkde v. Ndb. 76; Bayer. Geschn., Erzn. 77, Tb. 79; Morgen kommt d. Weihnachtsmann, Erzn. 71, 78; In dene Dag had da Jesus gsagt, NT. bairisch 78; Grenzsteine ..., Lyr. v. Andreas Schuhmann 78; Das Münchner Turmschreiberb. 79; Weiteres Weißblau-Heiteres 79; Das große bayer. Geschichtenbuch 79; Turmschrei-

ber-Kal. 82–05; Bayer. Bauerngeschn. 84; Die Apokalypse als Hoffnung 84; Ein Spaßvogel auf d. Richter-
stuhl 84; Das Buch d. Freude 85; Bayer. Lausbuben
u. Lausdirndln, Geschn. u. Erinn. 88; Mein Schulweg
88; Weiberleut, Mannerleut 88; Zum Christkindl 89;
Wenn's Weihnacht wird 91; Zum Namenstag alles Guade 91; Für den Ober-Bayern 92; Das Land ist gut, lieblich anzusehen 92; Das große bayer. Weihnachtsbuch
93; Bayer. Glückwünsche 94; Daadst du dees glaum?,
Bibl. Geschn. 95; Weißblaue Lach- u. Schmunzelpa-
rade 95; Bayer. Heimatkal. 97; Christl. Hauskal. 97;
Jahrhundert-Münchner 00, alles Anth.; Mitarb. an Zss.:
Vorabdr. a. d. Bruckner-Biogr. in: Lit. in Bayern Nr.
46, Dez. 96. – **H:** Joseph Maria Lutz: Die schönsten
Geschn. (Einl., Ausw., Quellennachw.) 74, 80; Reserl
mit'n Beserl, bayr. Volksreime 77, 94; Hans Mayr: Alte
bayerische Erde 90; Carl Oskar von Soden: Das falsche
Reich 99; Andechs, der heilige Berg 05. – **R:** Moritz v. Schwind, e. Wiener in München 62; J.G. Edlinger, e. Maler a. d. Herzogspitalg. 63; Niklas Prugger,
d. Hofmaler aus Trudering 64; Georg v. Dillis, Bayer
u. Europäer 67; J.N. v. Ringseis, e. bayer. Patriot 71;
L.E. Grimm, Kunststudent im romant. München 71; D.
Servitinnen in München 72; D. Grafen v. Seinsheim
auf Schloß Grünbach 73; Lauriacum, die Mutterkirche
der Baiern 73; Bischof Michael Wittmann 73; Jos.M.
Lutz, einem bayer. Dichter z. Gedenken 73; Bayer. Al-
lerseelendicht. 73; D. Himmelblaue Skapulier 74; Lorenz Westenrieder, Aufbruch u. Umkehr 74; Abendröte
(August v. Seinsheim) 74; Dank an den Baumsteften-
lenz, ein Portr. aus d. Bayer. Wald 74; Drenten hart am
Inn. Die Osternberger Künstlerkolonie 74; Die Innvirtler Nachtigall (Franz Stelzhamer) 74; Pfarrer Kißlin-
gers Gartenhaus 75; Zwischen Traum u. Tag (Carossa)
75; Sichel am Himmel (Billinger) 75; Heimat, von der
ich rede (Dieß) 76; Geigenbauer u. Poet (Schatzdorfer)
76; Ein Mensch wie ich ... (Waggerl) 77; Wilh. v. Kobell, ein Kapitel d. Münchner Landschaftsmalerei 78;
Hans Mielich, d. Münchner Stadtmaler 79; Innvirtler
Impressionen 79; Du bist gebenedeit unter d. Weibern,
Erzn. 79; Was mir zum Josefitag einfällt 80; Warum mu-
tet man uns zu, all das zu vergessen ...? (Wugg Retzer)
u. a.; Laurin, lit. Sendg. 88; – Lesungen aus: Appolonius
Guglweid 91; Des geheimen Reiches Mitte 93; Therese v. Konnersreuth 94; Am Brunnen der Vergangenheit
95; Selbstbildnis mit Windrad 97; Die Entdeckung der
Nähe 99; Anton Bruckner 01. – *Lit:* W.J.B., Festschr. z.
50. Geb. 75; Franz R. Miller: Interview mit einem Sepa-
ratisten in: Zs. Ebbes I 81; Das Münchner Turmschreiberb. 79; Die Turmschreiber 82; Hans F. Nöhbauer: Kl.
bair. Literaturgesch. 84; Pers. Erfahrungen mit dem literarischen Leben in: Gymnasium Dingolfing, Jber. 85;
W.J.B., Festschr. z. 60. Geb. 85; Chronik d. Turmschreiber 94; Heinz Puknus in: Lit. in Bayern, Nr. 39 95;
Christoph Walther in: Lit. in Bayern, Nr. 59 00; Erich
Jooß in: Münchner Kirchenztg v. 30.4.00; Dietz-Rüdiger Moser in: Lit. in Bayern., Juni 01; zahlr. Veröff. in
Ztgn u. Zss. sowie Fs.-Sdgn.

Bekker, Alfred (Ps. u. a.: Neal Chadwick, Janet Farell, Leslie Garber, Robert Gruber, Jack Raymond, Henry Rohmer, Conny Walden); *alfredbekker
@alfredbekker.de, www.alfredbekker.de* (* Borghorst
27. 9. 64). DeLiA. – **V:** Axtkrieger. Der Namenlose 02;
Eine Kugel für Lorant, Krim.-R. 04; Münster-Wölfe,
Krim.-R. 05; Verschwörung gegen Baron Wildenstein,
Kdb. 05; Der Hund des Unheils, Kdb. 05; Das Reich
der Elben, Bd 1 07; – ca. 300 Romane in div. Reihen u.
unter versch. Pseudonymen, weiterhin ca. 100 Kurzgeschn. (Red.)

Bekker, Eva (eigtl. Eva Bekker-Schmerse); Meckel-
stedter Str. 9, D-27624 Lintig, Tel. u. Fax (0 47 45)
79 44, *eva@pigasus-publishing.de, www.pigasus-
publishing.de* (* Hamburg 4. 10. 51). Rom., Erz., Lyr. –
V: Meiers Leben 03; 5 Hefte aus St. Luke, R. 03; Wildes
Kraut, Lyr. 03; Luigis Engel, Erzn. 03; Stagonat Sturm-
reiter, Lyr. 03/04; Ein halber Mond im Honigmantel,
Lyr. 06. (Red.)

Bektas, Habib (eigtl. Habib Tektas), Gastwirt,
Schriftst., Verleger; Zenkerstr. 20, D-91052 Erlangen, *mail@habibbektas.com, www.habibbektas.com*
(* Salihli/Türkei 1. 3. 51). NGL Erlangen; Kultur-
förd.pr. d. Stadt Erlangen 82. Ue: türk. – **V:** Ohne
dich ist jede Stadt eine Wüste, G. 84; Sirin wünscht
sich einen Weihnachtsbaum, Kdb. 91; Metin macht Geschichten 94; Wie wir Kinder. Çocukça, G. türk./dt. 96;
Zaghaft meine Sehnsucht 97; Etwas. Probe, UA 00, gedr. 02; Ein gewöhnlicher Tag 05; mehrere Veröff. in
türk. Sprache. – **MV:** Mein Freund, der Opabaum, m.
Irmtraud Guhe, Bilderb. 91; babel zum trotz, m. Bernd
Böhner, Foto-Text-Bd 02. – **H:** Das Unsichtbare sagen!,
Prosa u. Lyr. 83. – **MH:** Seiltänzer, m. Werner Steffan,
Texte u. Ill. 91. (Red.)

Bekusch, Erhard John, Kaufmann; Verdener Str. 21,
D-28205 Bremen, Tel. (04 21) 49 23 57, *EBO@gmx.de,
www.bekusch.de* (* Danzig 20. 1. 31). Rom., Erz. – **V:**
„An der Weichsel gegen Osten ...“, R. 94.

belbaer s. Thetmeyer, Bärbel

Belden, Dirck van s. Emersleben, Otto

Belden, Dirck van s. Mechtel, Hartmut

Beleites, Edith; Schwenckestr. 60, D-20255 Hamburg, Tel. (0 40) 40 24 15, Fax 43 28 26 78, *Edith.
Beleites@web.de* (* Bremen 10. 6. 53). VS 96; Rom.
Ue: engl. – **V:** Die Sturzflieger 94; Frankie, Jgd.-R. 95
(unter Ps. Patrick Reichenberg); Frankie spielt, Jgd.-R.
96 (dito); Männerpension, R. z. Film 96; Vatertag, R. z.
Film „Irren ist männlich“ 96; Widows, R. z. Film 97; 2
Männer, 2 Frauen – 4 Probleme, R. z. Film 98; Funky
Five, Jgdb.-Reihe 98ff.; Die Hebamme von Glückstadt
03; Claras Bewährung, hist. R. 04; Das verschwundene Kind, hist. R. 05; Die versprochene Braut, hist. R.
06. – **MV:** Zehn Etagen bis zum Glück, R. z. Fs.-Se-
rie 98; Hotel Elfie, R. z. Fs.-Serie 00, beide m. Christian Pfannenschmidt. – **MA:** Wann bitte findet das Leben statt? 99, 02. – **H:** Der Ausflugsverführer Hamburg,
Reisef. 98. – **Ue:** Dave Barry: Von Enter bis Quit, Sat.
97; Martha C. Lawrence: Mord im Zeichen des Skorpions, Krim.-R. 97; dies.: Das kalte Herz des Stein-
bocks, Krim.-R. 98; Ann M. Martin: Freunde, Veränderung, zusammen, allein, Kdb. 99; dies.: Maggie, Kdb.
99; Rose Leiman Goldenberg: Dickie Dog, R. 99; Nicholas Waller/Angela Sommer-Bodenburg: Der kleine
Vampir, R. z. Film 00; Rachel Resnick: Wo, bitte, geht's
nach Hollywood?, R. 00; Coerte V.W. Felske: Stadt der
Lügen, R. 01; Dave Barry: Big Trouble, R. 01; ders.:
Die Achse des Blöden 03; ders.: Tricky Business 04;
ders.: D.B. erklärt, was in echter Kerl ist 05; Eran Katz:
Der ultimative Nahostfriedensplan, R. 05; Michael Baron: Als sie ging, R. 06; Rosalind B. Penford: Und das
soll Liebe sein?, R. 06; Graphic Novel 06; Stephen Arnott: Du
sollst nicht deine Tante aufessen, Ratgeber 06; Mose-
ley/Strachau: Man-Management, Ratgeber 06. – *Lit:* s.
auch 2. Jg. SK. (Red.)

Belinga Belinga, Jean-Félix, Journalist; Buchenweg 3, D-64395 Brensbach, Tel. (0 61 61) 91 23 73,
Fax 91 23 74, *Js250980@aol.com* (* Ndele/Kamerun
22. 1. 56). Rom., Lyr., Erz. – **V:** Wenn die Palme die
Blätter verliert ..., Erzn. 88; Ngono Mefane, das Mädchen der Wälder, M. 90; Gesang der Trommel, G. 98;
Wir drei gegen Onkel Chef, R. f. Kinder 98. (Red.)

Belisar, Justinian s. Beilharz, Johannes

Beljow, Kirk s. Kappler, Paul

Bell, Christina s. Brendle, Christine

Bell, Marisa s. Klingler, Maria

Bellartz-Naghibi, Elsbeth (Elsbeth Bellartz), Malerin, Schriftst., Karma-Astrologin; *mail@elsbethbellartz.com, www.elsbeth-bellartz.com* (* Solingen 13. 6. 56). VS 94; Rom., Lyr., Erz. – **V:** Wenn es Dich trifft ..., G. u. Dialoge 86, 90; Dir widme ich in Liebe mein Gedicht 87, 96; Ein Hauch von Zärtlichkeit oder Momente zwischen Dir und mir, G. 87, 96; Weihnachtszeit bei Tanta Anasthasia, M. 88; Momente zwischen Dir und mir, G. 89; Der Duft im Hyazinthenblau, Lyr. u. Erz. 95; LebensZeitAbschnitte, Bild-Bd 96; Im Zeichen des Aquamarins, R. 96; Sehne mich so nach Dir, G. 95; Die verzauberte Schneekönigin Klio, M. f. Erwachsene 97. (Red.)

Bellasi, Andreas, Schriftst., Journalist; Obere Stallstr. 2, Postfach, CH-7430 Thusis, Tel. (0 81) 6 51 26 08 (* Zürich 26. 2. 51). Werkbeitr. d. Kt. Graubünden 92 u. 97, Ostschweizer Medienpr. 00, Bündner Lit.pr. 06; Rom., Erz., Ess., Feuill. – **V:** Borromini, R. 97. – **MA:** Scala 3/03. – **H:** Höhen, Tiefen, Zauberberge. Literarische Wanderungen in Graubünden, Ess. (auch mitverf.) 04. – *Lit:* DLL 20.Jh., Bd II 00; (Schweizer) Schriftstellerinnen u. Schriftsteller d. Gegenw. 01; s. auch SK. (Red.)

Bellebaum, Paul, StudDir., Essayist; Kolpingplatz 2, D-44805 Bochum (* Siegen 26. 2. 28). – **V:** Denken über Kunst, 5 Ess. 98. (Red.)

Beller, Gerta s. Thier, Gerta

Beller, Thomas (Paul Rosenstern), Bankkfm.; *thomasbeller@gmx.de* (* Meldorf/Dithm. 28. 8. 70). VG Wort 01, BVJA 01; Lyr., Erz. – **V:** Einkehr, Lyr. 99; Mit bebender Seele, Lyr. 00; Entferntes Lachen 03; Dahinter 04; Vom Verlust der Stille 05; Beim Betrachten des Verschwindens 07. – **MA:** Junge Lyrik 00; Kostbarkeiten 02; Dich zu lieben 02, alles Anth. – **P:** aurora, Hörb., Lyr. u. Musik 01. (Red.)

Bellermann, Erhard Horst, Dipl.-Ing.; Seestr. 3, D-01640 Coswig/Sa., *eh.bellermann@freenet.de, www.e-bellermann.de* (* Łódź 13. 1. 37). – **V:** Veilchen, so weit das Auge reicht 00; Menschs Tierleben, sat. Verse 01; Dümmer for One, Aphor., Satn., Verse 03; Gedankenreich, Aphor., Sprüche u. G. 04; Schmetterlinge im Kopf, Reim u. Prosa 06; Die nackte W., Lyr., sat. Texte 08.

Bellersen Quirini, Cosima s. Q., Bella

Bellin, Klaus; Zaucher Weg 24, D-12527 Berlin, Tel. (0 30) 6 75 85 13, *Klaus.Bellin@t-online.de* (* Bornstedt b. Potsdam 35). Anna-Seghers-Ges. Berlin/Mainz 95, Goethe-Ges. Weimar 97; Kritik, Publizistik, Ess. – **V:** Augenblicke der Literatur. Dichter zwischen Klassik und Moderne, Ess. 06. – **R:** Unterwegs nach Jericho oder Die Welt des Uwe Johnson 91; Ein Winter auf Mallorca oder Auf den Spuren von George Sand 91; Hubertusweg oder Exil in Wilhelmshorst 93; Frostige Jahre oder Später Besuch bei Anna Seghers 95; Mein ganzer Aufenthalt hier will kritisch beleuchtet werden 98; Der umworbene Dichter 02; Der gelehrte Magier 07, alles Radiofeat.

Bellingen, Barbara von (Ps. Ilka Paradis-Schlang); Eschelbachstr. 18, D-53129 Bonn, Tel. (02 28) 5 38 88 91 (* Ründeroth 8. 12. 44). – **V:** Die Tochter des Feuers, R. 83; Luzifers Braut, R. 88; Ein Jahr und ein Tag 92; Hüt' dich, schön's Blümelein, Krim.-R. 94; Mord und Lautenklang, Krim.-R. 94; Die Bronzespange, hist. R. 95; Die Hetze, Krim.-R. 95; Jungfernfahrt, R. 96; Der Todesreigen, Krim.-R. 97;

Verlorene Seelen, R. 97; Dreißig Silberlinge, hist. R. 98; Kranzgeld, hist. R. 99; Die Sterndeuterin, R. 00; Der steinerne Gast, R. 02; Wer ohne Schuld ist, R. 03. (Red.)

Bellingradt, Daniel *

Bellini, Marisa s. Ropeter, Maria Edith

Bellm, Thekla (Thea Bellm, geb. Thekla Schmid), Lehrerin; Eisenlohrstr. 45, D-76135 Karlsruhe, Tel. (07 21) 81 34 87 (* Cham/Obpf. 27. 2. 26). Erz., Lyr. – **V:** Mein Kommunionbüchlein 66; Schau mich an und rat mich dann, Bilderrätsel 75; Vier im Nest 80; Am Morgen des Lebens 83; Oma macht alles mit, Geschn. f. Kinder 88; Maria, ein Mädchen wie du und eine Mutter wie deine Mama 91; Blumen für dich und mich 93. – **MA:** Konradsblatt, Wochenztg d. Erzbistums Freiburg (Red.). – **H:** Gutenachtgeschichten für Tom und Tina 76.

Bellmann, Johann Diedrich (Ps. Dieter Bellmann), Landwirt, StudDir. a. D.; Apenser Str. 9, D-21643 Nindorf, Tel. (0 41 67) 2 07 (* Ruschwedel/Kr. Stade 8. 5. 30). Klaus-Groth-Pr. 66, Quickborn-Pr. 82, E.brief d. Fritz-Reuter-Ges. 85, Intern. Dialekt-Hsp.-Pr. 96, Fritz-Reuter-Lit.pr. d. Stadt Stavenhagen 99, Ndt. Lit.pr. d. Stadt Kappeln 04; Drama, Lyr., Ess., Hörsp., Erz., Rom. – **V:** Miten irste Buck, Erz. 58; De Himmel is hoch, Dr. 63, UA 68; Inseln ünner den Wind, G. 64; Ulenspeegel op Reisen, Kom. 71, UA 70; Louis Harms als plattdeutscher Gemeindepastor, Ess. 81; Lüttjepütt, R. 83; Lüttjepütt oder In Grootvadder sien Hüüs 94; Inseln ünner den Wind, G. u. Lieder 95; Margareta Jansen. De letzte Professa 98; Jan u. Lene / Dat Callgirl / Insa Findewöör, Hörspiele 00; Paradiestiet 04. – **MV:** Eiderdamm. Natur u. Technik 72. – **B:** Hennynk de Han 76. – **MA:** Handbuch der niederdt. Philologie 83. – **H:** Kanzelsprache und Sprachgemeinde 75; Kennung, Zs. f. plattdt. Gemeindearbeit 78–82; Wilhelm Martens: Und immer waren Träume da 88; Keen Tiet för den Maand, norddt. Mda.lyrik 93. – **MH:** Plattdt. Erzähler u. plattdt. Erzn. 68; De Reis na'n Hamborger Dom von Theodor Piening (Vorw.) 72; Wolfgang Sieg: Wahnungen 74; De Geschicht von de gollen Weig von Friedrich Georg Sibeth (Nachw.) 76; Dissen Dag un all de Daag, Plattdüütsch Andachtsbook 76; Depe Insichten von Hans Henning Holm (Nachw.) 77; Sprache, Dialekt und Theologie 79; Hör mi du fromme Gott, Plattdüütsch Gebedbook 81; Mien leeve Tohörer, pldt. Morgenandachten 82; Friedrich Freudenthal: Von Stade bis Gravelotte 94. – **R:** De Soot 63; De Himmel is hoch 65; Vergeten will Kriemhilde nich 68, alles Hsp.; De Himmel is hoch, Fsp. 71; Mond un witte Insel 72; Een Engel is kommen 74; Jan und Lene 95, 00; Dat Callgirl oder Scheherezade mutt starven 96; Insa Findewöör oder Söbentehn Sorten Regen 97, alles Hsp. – **MUe:** Issa, Nachdichtung dt. Dichter 81. – *Lit:* Ulf Bichel: Ein Dokument d. Suche, in: Quickborn, 55. Jg.; Konrad Hansen u. a.: Klaus-Groth-Pr. 66; Werner Eggers: D.B.s irste Buck, in: Pldt. Erzähler u. pldt. Erzn. 68; Gerhard Cordes: Christl. Frömmigkeit in ndt. Dicht., in: Sprache, Dialekt u. Theologie 79; Michael Töteberg: De Himmel is hoch un breet de Erd, in: Quickborn 73. Jg.; Eiben v. Hertell / Bichel in: Hdb. z. ndt. Sprach- u. Lit.wiss.; Ulf Bichel: Laudatio f. J.D.B., in: Quickborn 76. Jg.; Friedrich W. Michelsen: All uns' Leven höört dit to, Festschr. m. Bibliogr. 92; Joachim Müller-Rosellus: J.D.B.s „Lüttjepütt", Impulse v. Inge u. Ulf Bichel: J.D.B.s „Lüttjepütt" im Spiegel v. Reaktionen auf dieses Werk 92; Bernd Jörg Diebner: Klook warrst dorvon nich, aber Klugheit. Skizze zu Leben u. Werk 92; Jochen Schütt: Gegen de Welt an vertellen, in: Jan u. Lene... (m. e. ergänzn Bibliogr.) 00; Ulf Bichel: Dor denk ik noch över naa 01; Franz Schüppen: De

Bello

Wohrheit hett Geschichten 01; B.J. Diebner: Laudatio op Dichter Bellmann, in: De Kennung 03. (Red.)

Bello, Gerardina, Informatikassistentin, Studentin d. Sozialanthropologie, Soziologie u. Philosophie; Mindstr. 9, CH-3006 Bern, Tel. (0 79) 6 85 67 50, *bellogerardina@vtxmail.ch* (* Bern 10. 12. 76). – **V:** Ein Stichling kommt selten allein. Erkenntnisse aus d. Leben d. speziellen Art 06.

Bellosa, Gerhard, StudDir. i. R.; Fichtestr. 4, D-96450 Coburg, Tel. (0 95 61) 3 95 99, *Gerhard.Bellosa @bellosa.de* (* Schweinfurt 20. 10. 27). 1. Pr. d. Künstlerbären-Gedichtwettbew. Rödental 04; Lyr., Erz. Ue: engl. – **V:** Menschen und Wege, Gedanken u. Erinn. 99; Die Sprache der Musik 00; Neue Lieder – nicht nur im Kindergarten, dt./engl. 02; Unsere Welt in Malerei, Dichtung und Musik 03 (auch engl.); Unsre Zeit im Spiegel von Leserbriefen 04; Leben. Lieben. Leiden. Eine musikalische Zeitreise (mit 2 CDs). – **P:** Songs throughout the Year 04; Mit neuen Liedern duch die Zeit 05; Zauber der Musik 05; Lieder unserer Heimat 06; Unvergessliche Evergreens, 2 Teile 07; Die Jahreszeiten 07; Lieder der Liebe 07; Songs of Love 08; Lieder aus Opas heiler Welt 08; Grandfather's Old Songbook 08; Wir reisen durch das Jahr 08; Musik zum Träumen, alles CDs.

Beltle, Erika (Ps. Anja Kern), Red. a. D.; Engelhornweg 14, D-70186 Stuttgart, Tel. (07 11) 2 36 47 78 (* Stuttgart 19. 2. 21). Lyr., Rätsel, Erz., Kinderb., Geisteswiss. Arbeit, Ästhetik, Rom. – **V:** Lyr.: Wanderung 56; Schaue, lausche ... 62; Stern überm Dunkel 67, 2. Aufl. 84; Welt im Widerklang 70, 2. Aufl. 91; Sich selber auf der Spur 81; Im Windgeflüster 84, 3. Aufl. 98; Zauber der Begegnung 86, 2. Aufl. 93; Sonnenkringel; Im Rosenschatten; Schwalben vom Niemandsland; Erde – vielgeliebte; Tau der Frühe; Mit dem Sonnengang 98; Auf hellen Wegen 03; Melodie des Lebens 05; Gesammelte Gedichte 08; – Kdb.: Pascha u. seine Freunde 77; Meister sprecht, wär ich Euch als Helfer recht? 79; – Rätselb.: Pfiffikus 58; Pfiffikus Schelmennuß 65, 5. Aufl. 06; ... rückwärts schlüpft er aus dem Ei 75, 5. Aufl. 06; ... einfach rätselhaft 86; Der Anfang spricht sogleich ums Ende 05; Der erste Bruder wird gebunden 06; Die halbe Mutter geht voran 07; – Erzn. u. R.: Angus Og – unser Rotkehlchen 78, 2. Aufl. 94; Im Waffenrock eine Rose rot; Unter griechischer Sonne; Silbermöwen, R. 97; Weil ich Dich liebe, R. 98; – geisteswiss. Arb.: Dichtkunst – was ist das?; Erkenntnis und Liebe; Lyrik – entzauberte Prosa; Phenomenologien; Wandlungen der Liebe; Was die Sprache versteckt hält 07. – **MV:** Liebe im Herbst 97; Das Wielandfenster in Heidenheim. – **MA:** Erde ich spüre dich 92; Im Andern sich finden 96; Gedichte 98; Engelwesen 00; Neue Literatur, Anth. 02. – **H:** Gestalt u. Bewegung, Festschr. f. Else Klink 77; Erinnerungen an Rudolf Steiner, Gesamm. Beitr. 79, 2. Aufl. 01.

Belwe, Andreas, Dr. phil., Publizist; Schmellerstr. 34, D-80337 München, Fax 76 70 13 91, *kyon @moving-people.net, www.kyon-muenchen.de* (* Burghausen 20. 2. 62). – **V:** Gesicht aus Stein, Kurzprosa-Samml. 96; Das Totenbuch, Prot. 96; Ungesellige Geselligkeit, philosoph. Abh. 00. – **MA:** „Ungehaltene Reden" mündiger Bürgerinnen und Bürger 99. – *Lit:* Wer philosophiert, lebt anders, Zs.-Art. 00. (Red.)

Belz, Corinna, M. A., Autorin, Filmemacherin; *CORASWIFT@aol.com.* c/o Carlsen Verl., Hamburg (* Marburg 23. 11. 55). Rom., Hörsp., Fernsehsp. – **MV:** Fanny & Pepsi 00 (auch Tb.); Fanny & Pepsi – Alles wird gut 01 (auch Tb.), beide m. Regina Schilling. (Red.)

Bemmann, Helga, Diplomjournalistin; Seekorso 30, D-15754 Heidesee, OT Prieros, Tel. (03 37 68) 5 03 34, Fax 2 09 52, *helga.bemmann@freenet.de, helga-bemmann-books.de* (* Oberranschütz/Sa. 4. 5. 33). B.A. 93–97; Carl-v.-Ossietzky-Pr. 92; Ess., Biogr., Porträt, Miniatur, Hörbild, Herausgeberschaft. – **V:** Otto Reutter, Biogr. 77, 85, erw. Ausg. Tb. 96; Daddeldu ahoi, Biogr. 80, 3. Aufl. 88, Tb. 82; Berliner Musenkinder-Memoiren, Porträts 81, 87; Claire Waldoff, Biogr. 82, 84; Erich Kästner, Biogr. 83, 4. Aufl. 87, Tb. 85, 94, 98; Marlene Dietrich, Portr. 86, 89; Von Rheinsberg bis Gripsholm: Tucholsky-Portr. 87; Tucholsky als Chanson- und Liederdichter 89; Kurt Tucholsky, Biogr. 90, Tb. 94; Claire Waldoff – Wer schmeißt denn da mit Lehm, Biogr. 94; Joachim Ringelnatz, Biogr. 96; Theodor Fontane, Biogr. 98; Marlene Dietrich – Im Frack zum Ruhm, Biogr. 00. – **MV:** Berthold Leimbach (Hrsg.): Tondokumente der Kleinkunst u. ihre Interpreten 1898–1945 91. – **B:** Trude Hesterberg: Was ich noch sagen wollte, Erinn. 71; Die Lieder der Claire Waldoff, Chansons 83 (m. Schallpl.). – **MA:** Serien „Frau Berolinas Musenkinder-Memoiren" sowie „Komödianten-Chronik" in: Das Magazin 1972–90. – **H:** H. Mann: Künstlernovellen 61, 4. Aufl. 65; Immer um die Litfaßsäule 'rum, dt. Kabarettlyrik 65, 5. Aufl. 82 (Blindendr. 68); Fürs Publikum gewählt – erzählt, dt. Kabarettprosa 66, 5. Aufl. 83; Mitgelacht – dabeigewesen, Kabarett-Erinn. 67, 4. Aufl. 84; Klassische Kleine Bühne in 3 Bänden (u. a.: Wedekind, Mühsam, Morgenstern, Dehmel, Thoma, Arno Holz, Klabund, Kerr, Kästner, Ringelnatz, Tucholsky, W. Mehring, Brecht) 67–77; Leute, höret die Geschichte, dt. Bänkeldichtg. 77, 84; Die wilde Miß von Ohio, Prosa-Werkausw. Ringelnatz 77, 94; Erich Mühsam: War einmal ein Revoluzzer, Bänkellieder u. G., Tb. 78; Sätze meines Lebens, Werkausw. Alfred Kerr 78, 80; Friedrich Hollaender – Mit eenem Ooge kiekt der Mond, Chansons 78 (m. Schallpl.); Herz auf der Zunge, dt. Chansons 79, 84; Der kleinen Stadt Refrain, Werkausw. Max Herrmann-Neisse 84; So pfeift's von allen Dächern, Berliner Liederdichtg. 87; Zwieback amüsiert sich, Prosa-Werkausw. Ringelnatz 87; Siehste woll, da kimmt er, Altberliner Gassenhauer 87; Otto Reutter: Kinder, Kinder, was sind haun' für Zeiten, heitere Lieder u. Couplets 91, 96; ders.: Haben Sie 'ne Ahnung von Berlin, Couplets & CD 02. – **P:** Fredy Sieg: Zickenschulze aus Bernau 95; Otto Reutter: Es geht vorwärts 96; Joachim Ringelnatz spricht 01; Otto Reutter: Gräme dich nicht 01, alles CDs; Marlene Dietrich: Im Frack zum Ruhm, CD-ROM; Marlene Dietrich: Portrait, CD 06. – *Lit:* A.-L. Zimmermann in: Börsenbl. f. d. dt. Buchhandel 2/79; W. Köhler in: Dokumentation z. Carl-v.-Ossietzky-Pr. d. Stadt Oldenburg 92; W. Schroeder in: Berliner Ill. Ztg. v. 21./22.3.98; Dt. Schriftst.Lex. (BDS); Wer ist wer? Das dt. Who's Who.

ben jakov s. Mannheimer, Max

Ben Zakkai, Jochanan s. Trilse-Finkelstein, Jochanan

Ben, Conny s. Wyppich, Kornelius-Benjamin

Benasseni, Gitta (eigtl. Gitta Ströbele), Schriftst.; Hugo-Eckener-Str. 14, D-70794 Filderstadt, Tel. (07 11) 70 19 21 (* Stuttgart 31. 8. 35). FDA 87, Autorenring Calw 87; Lyr., Ess., Kinderb., Märchen. – **V:** Ich lebe aus meinem Herzen, G. 74, 78; Rüttelmann, Kdb. 79; Die Kürze des Flugs, Lyr. 83; Blau tragen die Talschatten, Lyr. 85; Eine kleine Post, Lyr. 91; Unsere kleine Post, Geschn. 95; Sterngras 95; Wenn der Sommer geht, Geschn. 96. – **MV:** Lyrik heute, Anth. – **R:** Gedichte im Hfk. (Red.)

Bendel, Oliver, Dr. oec., M. A. Philos. u. Germanistik, Dipl.-Inf.-Wiss.; Hohenklingenstr. 27, CH-8049 Zürich, *oliver.bendel@gmx.net* (* Ulm 10. 3. 68). Rom., Lyr. – **V:** Die Stadt aus den Augenwinkeln, Lyr. 04; Nachrückende Generationen, R. 07; Künstliche Kreaturen, R. 08. – **P:** Lucy Luder und der Mord im Studi VZ, Handy-R. 08.

Bender, Evelyn; c/o Fouqué Literaturverl., Frankfurt/M. (* Schwalbach/Wetzlar). BDS 99; Lyr., Krim.-story. Ue: engl. – **V:** Markierungen, G. 99; Radfahrer Adieu, Krim.-Story 99; Frankfurter Morde, 2 Krim.-Geschn. 00. – **MA:** Fouqué Neue Autoren, Anth. 99; Goethe-Anthologie 99. (Red.)

Bender, Hans, Prof., freier Schriftst.; Taubengasse 11, D-50676 Köln, Tel. (02 21) 23 01 31 (* Mühlhausen/ Kraichgau 1. 7. 19). Akad. d. Wiss. u. d. Lit. Mainz 65, Akad. d. Künste Berlin 70; Kurzgeschn.pr. d. Süddt. Ztg 57, E.gabe d. BDI 61, Premio Calabria 73, Jahresstip. d. Ldes Bad.-Württ. 84, Dr. h.c. U.Köln 86, E.gast Villa Massimo Rom 87, Kunstpr. d. Ldes Rh.-Pf. 88, Wilhelm-Hausenstein-Ehrung 89, Verleih. d. Prof.titels durch d. Land NRW 96, Kulturpr. Köln d. Buchhaus Gonski 00, E.gabe d. Dt. Schillerstift. 06; Lyr., Erz., Rom., Ess. – **V:** Fremde soll vorüber sein, G. 51; Die Hostie, Erzn. 53; Eine Sache wie die Liebe, R. 54, 91; Lyrische Biographie, G. 57; Wunschkost, R. 59, 05; Wölfe und Tauben, Erzn. 57; Das wiegende Haus, Erzn. 61; Mit dem Postschiff, 24 Geschn. 62; Die halbe Sonne, Gesch. u. Reisebilder 67; Programm und Prosa der jungen dt. Schriftsteller, Ess. 67; Worte bilder Menschen, Sammelbd 69; Aufzeichnungen einiger Tage 71; Die Wölfe kommen zurück, Kurzgeschn. 72, 91; Einer von ihnen, Aufzeichn. 79; Der Hund von Torcello, Erzn. 84; Bruderherz, Erzn. 87; Postkarten aus Rom, autobiogr. Texte 89; Gedichte und Prosa, Ausw. 90; Hier bleiben wir, G. 92; Die Orte, die Stunden, Aufzeichn. 92; Geschichten aus dem Kraichgau 95; Ich schreibe kurz, Aufzeichn. 95; Wie die Linien meiner Hand. Aufzeichn. 1988–1998 99; Ausgewählte Aufzeichn., Erzn. u. Gedichte 99; Nachmittag, Ende September, G. 00; Ich erzähle, ich erinnere mich, Rede 01; Jene Trauben des Zeuxis, Aufzeichn. 02; Verweilen, gehen, G. 03. – **MV:** Hans Bender/Rainer Brambach: Briefe 1955–1983 97. – **MA:** Unsere Zeit, Erzn. 56; Deutsche Lyrik 61, 63; Deutsche Prosa 63; Erfundene Wahrheit, Geschn. 65, 95; In der Gondel, Liebesgeschn. 65; Vor dem Leben, Schulgeschn. 65; Unser ganzes Leben, ein Hausb. 66; Neue dt. Erzählgedichte 68, 83; Dt. Gedichte von 1900 bis z. Gegenwart 71, 87; Dt. Erzählungen aus 3 Jahrhunderten 75; Erzählte Zeit, Kurzgeschn. 80; Erzählungen seit 1960 aus der BRD, Österreich u. der Schweiz 83; Kinderszenen, Geschn. 87; Eine Pilgerfahrt zu Beethoven, Musikergeschn. 88; Die dt. Literatur 1945–1960 90; Das literar. Bankett 96; Von Büchern u. Menschen 96, 00; Ich denke mir eine Zeit. Lit. in NRW 1945–1970 00; Wörter sind Wind in Wolken, Anth. 00; – Zss.: Dimension 2/89 u. 20/94; Akzente 1/94, 3/99, 5/01; Sinn u. Form 2/00, 2/01; Das Plateau 69/02, u.v. a. – **H:** Konturen, Bll. f. junge Dicht. 52–54; Mein Gedicht ist mein Messer, Lyriker zu ihren G. 55; Junge Lyr., Anth. 56–58, 60; Widerspiel, Anth. dt. Lyr. seit 1945 61; Il Dissenso. 19 nuovi scrittori tedeschi, ital. Anth. 62; Klassiker d. Feuilletons, Anth. 65; Insel-Alm. auf d. Jahr 1971 f. M.L. Kaschnitz 70; Sonne, Mond u. Sterne, Anth. 76; Das Insel Buch vom Alter, Anth. 76; V. O. Stomps: Fabel vom Bahnhaus u. a., Fbn. u. Texte 77; Heinrich Zimmermann: Reise um die Welt mit Capitain Cook, Reiseber. 78; In diesem Lande leben wir, G.-Ausw., Schallpl. 78; Das Inselbuch v. Reisen 78; Das Inselbuch d. Freundschaft 80,

91; Das Herbstbuch 82, 94; Mein Gedicht ist d. Welt I 83; Geschn. aus d. 2. Weltkrieg 83; Dt. Gedichte 1930–1960 83; Dt. Jugend 83; Das Sommerbuch 85, 98; Dt. Erzähler 1920–1960 85, 94; Das Inselbuch d. Gärten 85; Spiele ohne Ende. Erzn. aus 100 Jahren S. Fischer Verl. 86, alles Anth.; Atom u. Aloe. Ges. Gedichte v. Wolfgang Weyrauch 87; Annette Kolbe / René Schickele: Briefe im Exil 1933–1940 87; Was sind das für Zeiten?, dt.spr. G. 88, 90; In diesem Lande leben wir, Anth. in 10 Kap. 90, 95; Wer einer Geschichte zuhört, Anth. 90; A. v. Platen: G.-Ausw. 92; E. v. Mörike: G.-Ausw. 92; J. v. Eichendorff: G.-Ausw. 92; C.F. Meyer: G.-Ausw. 93; F. Hebbel: G.-Ausw. 93; H. Heine: G.-Ausw. 93; Marie Luise Kaschnitz: Der Tulpenmann, Erzn. 93; Nikolaus Lenau: Stimme des Windes, ausgew. G. 94; Das Gartenbuch, G. u. Prosa 96, 98; Freunde erinnern sich meiner. Rainer Brambach z. 20. Todestag 03. – **MH:** Akzente, Zs. f. Lit. 54–80; Jahresring 62–88; Was alles hat Platz in einem Gedicht? 77; Das Katzenbuch 82, 89; Das Winterbuch 83, 12. Aufl. 99; Das Frühlingsbuch 86, 96; Capri 88; Schwarzwald und Oberrhein 93; Im Totengarten, m. Peter Andreas 96; Komm, schöne Katze, G. u. Prosa 97, alles Anth. – *Lit:* Metzler Autoren Lex. 86; Jb. d. Bayer. Akad. d. Schönen Künste 3 89; Deutsche Dichter, Bd 8 90; Geteilt der Welt gehören. H.B. – ein Portr., Tonkass. 90; Gelegenheit macht Dichter: H.B. z. 75. Geb., Ausst.kat. 94; Lit. als Heimat: H.B. zu Ehren, Festschr. 94; Norbert Schachtsiek-Freitag in: KLG. (Red.)

Bender, Helmut (Ps. Lutz Berner, Christoph Lang, Ernst Lang, Theo Mahler, H. E. Weiher, B./Berthold Zähringer), Dr. phil., Cheflektor a. D., Hauptschriftleiter d. DLL 68–78; In den Wiermatten 1, D-79108 Freiburg/Br., Tel. (07 61) 5 37 28 (* Freiburg/ Br. 23. 3. 25). Heinrich-Hansjakob-Ges., Präs. 82–95; E.schild d. südbad. Reg.präsidenten 79, BVK 87; Lyr., Kurzgesch., Aphor., Journalist. Arbeit, Sachb. Ue: holl. – **V:** Geschichten und Erinnerungen aus dem Badischen 80; Vom Hochrhein, Hotzenwald und südlichen Schwarzwald 80; Aus dem Wiesental 83; Badisches. Ein landesgeschichtl. Mosaik 83; Der Feldberg 83; 25 Texte für 24 Stunden 83; Heinrich Hansjakob und das Elztal 83; Happenings, G. 83; Badisches Kaleidoskop 84; Bodensee- und Hegauperspektiven 84; Freiburg, Stiche u. Texte 85; Kleine Antiquariatskunde 85; Hansjakob und Freiburg 86; Südbaden, Stiche u. Texte 86; Vor Ort im Badischen, G. 87; Bücherlust und Bücherunlust, G. 88; Kuriositäten, Erzn. u. Ess. 88; Einfälle, G. 89; Zur Badischen Literatur, Ess. 89; Cave canem, Prosa 90; Im Nebel, Kurzgeschn. 90; Der Volksschriftsteller Heinrich Hansjakob 90; Dieses Alter, G. 91; Fünf Lebensläufe 91; Badische Erzählerinnen 92; Bild und Spiegelung, Autobiogr., I 92, II 95; 65 + 1 Facetten 92; H.B.'s kleiner Hotel-Knigge 93; Mein Weinkeller 93; Unergründlichkeit 93; Wetterregeln 93; Von Hansjakob und über Hansjakob 93; Restaurants und Restaurationen 94; Wir Weintrinker/innen 94; Rätsel... Rätsel... Wer kann's raten? 94; Sammlerlatein, Kurzgeschn. 95; Das Buch geht alle an, Ess. 96; Erwachsen zu sein 96; Vor über 50 Jahren 97. – **MV:** Dt. Literatur von d. Anfängen bis z. Gegenwart in 423 Fragen u. Antworten 65, 4., neubearb. Aufl. 91; Die Weltliteratur in Fragen u. Antworten 67, beide m. J. Ferring; Burgen im südlichen Baden, m. K.-B. Knappe u. K. Wilke 79; Hansjakob, m. Elisabeth Bender 85. – **MA:** vorw. Beitr. landeskundl., germanist., biogr. u. bibliophiler Art; zahlr. Geleitworte, Vorw., Nachw., Kommentare; weit über 600 Rez.; weit über 600 Aufss., Art., Erzn., G., Glossen, über 200 Lokalspitzen in: Südwest-Rundschau, seit 50; Zs. f. dt. Philologie 51–90 Zähringer Echo seit 52; Der

Bender

große Herder, Bd 2ff. 52/53ff.; Deutschland im Querschnitt 53; Herders Volkslex. 53ff.; Heinrich-Hansjakob-Brief seit 56; Lex. f. Theologie u. Kirche 57ff.; Lex. d. Weltlit. im 20. Jh. 60f.; Kleines Lex. d. Weltlit. 64; DLL Bd 2ff. 69ff.; Prüfungsfragen f. den Buchhändler, 3. Aufl. 79; Festschr. f. Wolf Middendorf 86; Freiburg, e. Lesebuch 87; Heinrich-Hansjakob-Festschr. 87 Alb Bote; Archiv f. Kulturgeschichte; Aus d. Antiquariat; Badenweiler Kur- u. Badeblatt; Badische Biographien; Badische Heimat; Badische Neueste Nachrichten; Badische Ztg; Bodensee-Hefte, Börsenblatt f. d. dt. Buchhandel; Buchhändler heute; Colloquia Germanica; Das Elztal-Mag.; Das Markgräflerland; Der Freiburger Tierfreund; Der Jungbuchhandel; Der Junge Buchhandel; Die Begegnung; Die Bücherkommentare; Die Furche; Ekkhart; Euphorion; Forschen u. Bewahren; Frankfurter Hefte; Freiburger Almanach; Freiburger Kath. Kirchenblatt; Freiburger Univ.blätter; Freiburger Wochenbericht; German.-Roman. Monatsschr.; Geroldsecker Land; Hansjakob Jahrbuch; Hegau; Heinrich-Hansjakob-Brief; Imprint; Intern. Bodensee u. Boot Nachrichten; Konradsblatt; Konradskalender; Kultur u. Gesellschaft; Lahrer Hinkender Bote; Lektüre m. Bücherkommentaren; Markgräfler Tagblatt; Merkur; Mitt.blatt Meersburg Hagnau; Muetter-sproch-Ges.; Mühlacker Tagblatt; Neue Dt. Hefte; Oberbadisches Volksblatt; Regio Mag.; Saeculum; Schapbach im Wolftal; Schau-ins-Land; Schwarzwälder Bote; Simpliciana; Singener Jahrbuch; Südhandel; Südkurier; Universitas; Waldkircher Heimatbrief; wla/Wiss. Lit.anzeiger; Wolfenbütteler Barock-Nachrichten. – **H:** zahlr. Herausgeben v.w. regionaler Autoren bzw. regional-/lokalhist. Veröff., u.a.: Badische Reihe 80ff.; mehrere Veröff. v. Heinrich Hansjakob. – **R:** Der Ruf, Erz. 56; Zurückgefunden, Erz. 56; Freiburg u. die Zähringer 84; Der Feldberg 85; Zur badischen Lit. 89, alle im SWF-Hörfunk. – *Lit:* H.B. Bibliogr. 1949–1989 90; DLL 20.Jh., Bd II 01. (Red.)

Bender, Kim s. Weiß, Tanja

Bender, Octavia; Südgeorgsfehner Str. 20, D-26847 Detern, *www.octavia-bender.de* (* Bonn 22.1.58). Rom., Erz., Kurzgesch. – **V:** Eine irische Liebe, R. 97; Stürmischer Herbst auf Thunder-Rock, R. 99; Sommer unterm Regenbogen, R. 01; Gestatten, Bishop ..., Erz. 01; Josie u. dieser zauber ohne Nähe, R. 02; Heitere Weihnachtsgeschichten 02; Teresa & Felicity, R. 05. (Red.)

Bendt, Gisela; Magdeburger Str. 19, D-40822 Mettmann, Tel. u. Fax (021 04) 739 03, *hallifax27@aol.com* (* Esborn/Wengern 27.4.50). Kinderb. – **V:** Weihnachten mit Hallifax 01; Besuch vom Planeten Saga 02; Ferien mit Hallifax 03. (Red.)

Benecke, Tobias, freier Schriftst.; Heidenauer Str. 2, D-21646 Holvede (* Buchholz/Nordheide 23.1.89). Belletr., Lyr. – **V:** Das Reich des Xeydon. Der Traum der Wirklichkeit 06; Das Reich des Xeydon II. Das Rad der Zeit 06; Sieh das Licht, nicht das Feuer, Zitatesamml. 07; Tenchun Baima. Des Meuchlers Mörder, hist. Krim.-R. 07. – **MA:** Frankfurter Bibliothek, seit 07; zahlr. Beitr. in Ztgn, u.a.: Hollenstedter, Dez. 07.

Benedetti, Eugenio s. Herhaus, Ernst

Benedickt, Maria, Sinologin, Red.; c/o Fischer Taschenbuch Verl., Frankfurt/M. (* Österreich 58). Rom. – **V:** Ein Hund in Teufels Küche, R. 98; Blutrotes Passepartout, R. 98; Fräulein Gloria geht baden, R. 99; Nichts für ungut, R. 01; Gefährliche Träume, R. 02; Die Fährte der Füchsin 04. (Red.)

Benedikt, Kris s. Spindler, Christine

†**Beneke-Szelag,** Inge (eigtl. Inge Szelag, geb. Inge Beneke); lebte in Aachen (* Köln 29.10.30, † vor 18.5.03). Krim.rom. – **V:** Mord nach Noten, Krim.-R. 95.

Beneker, Wilhelm, Pastor i. R.; Buchenweg 3, D-26160 Bad Zwischenahn, Tel. (044 86) 84 23, *wilhelm.beneker@ewetel.net* (* Abbehausen/Wesermarsch 3.5.25). Laiensp., Erz. f. Kinder, Übertragung v. Bibeltexten, Übertragung in niederdeutsche Mundart. – **V:** Die Emsteker Christgeburt, Laisp. 70; Der Wächterbericht, Laisp. 71; Die Jesusgeschichte. Das NT f. Kinder 72, 92 (auch holl., schw.); Gott und sein Volk. Das AT f. Kinder 74, 75 (holl.); Bei Gott sind wir geborgen, Psalmen u. Bibelworte 77; Ich singe dein Lob durch die Tage, Psalmen u. Bibelworte 78; Im Horizont d. Hoffnung leben, Textübertr. 80; Lasset die Kinder zu mir kommen, Einlad. z. Taufe 80; Gebete zum Kirchenjahr 83; Nur die Liebe läuft in deiner Spur 83; Das will ich wissen. Bibellex. f. Kinder 84/87 II; In die Stille reifen Gedanken, meditative G. 87; Wir Kinder beten und singen 87; So redest du, Gott 88; Wasser des Lebens. Gedanken z. Taufe 88; Dat evangelische Gesangsbook 95, u. a. (Red.)

Benesch, Kurt (Ps. Florian Hilbert), Dr. phil., Schriftst. (* Wien 17.5.26). D.g.d:S. 53, P.E.N. 60, Öst. Ges. f. Lit., Podium, IGAA, Ö.S.V., VKSÖ; Förd.pr. d. Stadt Wien 51, 59, Theodor-Körner-Pr. 56 u. 70, Anerkenn.pr. z. Öst. Staatspr. 60, Kinder- und Jugendbuchpreis der Stadt Wien 66, Ernst-u.-Rosa-v.-Dombrowski-Pr. 94; Rom., Drama, Nov., Film, Hörsp. Ue: engl. – **V:** Ein Boot will nach Abaduna, Dr. 53; Die Flucht vor dem Engel, R. 55; Der Maßlose, R. 56; Tribun des Herrschers, Jgd.-Erz. 56; Mogul und Mönch, R. 57; Valère – ein Spiel um die Wahrheit, Kom. 60; Akt mit Pause, Dr. 61; Die einsamen Wölfe, R. 64; Die vielen Leben d. Mr. Sealsfield, R. 65; Die Frau mit den hundert Schicksalen, R. 66; Nie zurück!, R. 67; Süß wie die Liebe. Kaffee gestern und heute 69; Der Sonne näher. Notizen eines Outsiders 72; Italien hat mehr als Meer, Kinderb. 72; Till Eulenspiegel 72; Otto und das Kielschwein, Kinderb. 73; Rübezahl 73; Münchhausen 73; Schildbürger 74; Meeressagen 75; Gespenstersagen 76; Zigeunersagen 77; Indianersagen 78; Begegnung, Erzn., Ess., Hsp. 79; Sagen aus Österreich I–III 83–85; Die Spur in der Wüste, R. 85, 91 (ung.); Fabrizio Alberti, R. 87; 366 Bibelgeschichten für Kinder 88; Zwischen damals und Jericho 90; Die Suche nach Jägerstätter, biogr. R. 93; mehrere Sachb. u. Bildbände seit 75. – **MA:** Israel 82. – **H:** H. Schliemann: Die Goldschätze der Antike 78; H. M. Stanley: In fernen Afrikas 79. – **R:** Die Geschichte der Unsterblichkeit; Der große Gatsby; Mr. Hunekers Daumenopfer; Die Frau von La Rochelle; Die Seuche; Alt aber grau; Herr und Diener; Im Mittelpunkt des Interesses, alles Hsp.; Diapositive, Fsp. – **Ue:** Noel Coward: Begegnung, Mittel und Wege, Bestürzung des Herzens, Stilleben, alle Dr. (Red.)

Benestante, Sabina s. Trooger, Sabina

Benfer, Dirk, Glaser, freier Kinder- u. Märchenbuchautor; Echelnteichweg 92, D-58640 Iserlohn, Tel. (0177) 4 30 35 79 (* Iserlohn 8.5.64). Canadian Children's Book Centre 02; Kinderb., Märchen, Kurzgesch., Illustration. Ue: engl. – **V:** Kind des Erdenfeuers, M. 98. – **MA:** Frankfurter Bibliothek 03–06; Dichterhandschrift 03; Neue Literatur Herbst 2003 03; Märchenanthologie d. Zwiebelzwerg-Verl. 06; Einblicke, Anth. 06.

Bengtsson Stier, Maria (Maria Bengtsson), Schriftst.; Nobelvägen 147 C IV, S-212 15 Malmö, Tel. (040) 18 92 54, *www.mariabengtssonstier.de* (* Alzey 25.4.24). IGdA, das book, Författarcentrum Syd Malmö, Skånes Författarsällskap Lund; Hist. Rom., Lyr., Kurzgesch., Kindermärchen, Alzeyer Mundart, Haiku, Tanka. – **V:** Jeder Tag ein Geschenk, Lyr. 89; Die Hexe und ihr Rächer, hist. R. 94, Neuaufl. u. d. T.: Als der Teufel regierte ... und die Hexenfeuer wüteten 07; Als die Schreie verstummten, blutete der Himmel, hist. R. 96, Neuaufl. 07; Das unschuldige Opfer, hist. R. 96, Neuaufl. 07; Mit den Wolken sing dein Lied, Lyr. 97; Der Augenzeuge, hist. R. 99, 00, Neuaufl. 08; Gebabbel iwwerm Gaadezaun, Alzeyer Mda. 99; Siehst du denn nicht?, Lyr.; Der Wunschsee, Erzn. 02, Neuaufl. 08; Und der Ostwind sang ..., hist. R. 02, Neuaufl. 08; Begegnung in der Stille, G. 02; Der Heiratsantrag, hist. R. 03, Neuaufl. 08; Das Wolkenschiff und andere Märchen 04; Marianne das Heidelbeermädchen und andere Märchen 05, Hörb. 06; Das Hasenschloss und andere Märchen 07 (mit CD); Wie ein leichter Sommerwind, Erzn. u. G. 07 (mit CD); Es ist nie zu spät, Lyr. dt./schwed. 08 (mit CD). – **MA:** Beitr. in zahlr. Anth. u. Lit.zss., u. a.: Gauke's Jahrbuch 91, 92, 94, 95; Gauke's Lyrik-Kalender 91–94; Lesezeichen-Anthologie 1–6 90–94; Haiku-Kalender auf das Jahr 1991; Heimlich webt Erinnerung 91; Hinter Herbstlichen Schleiern 91, alles Kasen-Anth.; Das große Buch der Senku-Dichtung 92; Zwischen weißen Birken, Sommerkasen aus Dalarna 92; Heimatjahrbuch Ldkr. Alzey-Worms 97–08; Ausblick, Lüneburg (Senioren-Red.), Nrn. 29, 32–36, 38, 40–46, 52, 54 97–05; IGdA-aktuell 2/3 u. 4 00, 1 u. 3 03; Ich lass Dich nicht allein 01; Du bist mein Ein und Alles 01; Weihnachtstraum 01; das boot, Nr. 156, 158–159, 161–166, 168–173 01–06; Mauer Bruch, Nr. 1 02; Mauer Bruch, Spezial 02; Spuren der Zeit, Bd 11 03; Hemmets Journal, Malmö, 32/03, 2/04, 14/04, 37/04; Das Buch der Tanka-Dichtung; Das große Buch der Haiku-Dichtung; In der Eulenflucht, Hyakuin-Anth.; Lyrikkalender (aktuell-Ver.). – **P:** Bryggan till ditt hjärta, Schallpl. 79. – *Lit:* Daniel Söderqvist in: Sydsvenskan Direkt v. 6.5.99 00; DLL 20.Jh., Bd II 00.

Benine, Jay Walker s. Beilharz, Johannes

Benke, Michael, Lehrer; Lübecker Str. 2, D-48231 Warendorf, Tel. (0 25 81) 24 69 (* Breslau 24. 5. 44). VS 82; Prosa, Drama. – **V:** Ortsnetz, Kurzprosa 79; Druck, Einakter 96. – **MA:** zahlr. Beitr. in Lit.-Zss., u. a. in: Zwischen den Zeilen; Scriptum. – **R:** Die Bäume am See, Hsp. 86; Blauer Montag, Hsp. 94; Straßenbekanntschaften, Stories 97. (Red.)

Benkel, Holger, Schriftst.; Lessingstr. 19, D-39218 Schönebeck/Elbe, Tel. (0 39 28) 84 61 67 (* Schönebeck/Elbe 11. 7. 59). Förd.kr. d. Schriftst. in Sa.-Anh. 96, VS 97; Georg-Kaiser-Förd.pr. d. Ldes Sa.-Anh. 96, Lit.pr. Forum Lit. Ludwigsburg 08; Lyr., Kurzprosa, Ess., Aphor., Rezension. – **V:** Kindheit und Kadaver, Lyr. 95; Reise im Flug. Traumnotate 95; Erde und Feuer, Lyr. 03; Scherbenwald, Lyr. 03. – **MA:** div. Beiträge in dt., öst. franz. u belg. Lit.zss., Almanachen, Anth., Katalogen, Kunstbüchern u. Kalendern, seit 96. – **MH:** Phönix, Lit.zs. 90/91.

Bennet, Douglas s. Göbel, Dieter

Benoris, Günter s. Behnen, Hans-Joachim

Bensberg, Gabriele, Dr. phil., Dipl.-Psych.; Böcklinstr. 75, D-68163 Mannheim, Tel. (06 21) 3 24 89 16, *g.bensberg@t-online.de, www.Gabriele-Bensberg.de* (* Siegen 28. 5. 53). GEDOK 00–05; Rom., Erz. – **V:** Anderssein, Geschn. 94; Eine alte Venus gibt es nicht 05; Altersgrauen 06. – **MA:** Angst. Begegnung im Keller 96; Politeia 99; Randmenschen 07; Abschied und Neubeginn 07, alles Anth.

Bentele, Günther, StudDir.; Comeniusstr. 6, D-74321 Bietigheim-Bissingen, Tel. (0 71 42) 94 00 74, Fax 94 00 85, *Guenther@Bentele.de* (* Bietigheim 24. 3. 41). Das Syndikat 06; Friedrich-Gerstäcker-Pr. 98, MARTIN, Kd.- u. Jugendkrimipr. d. Autoren 00, Buch d. Monats Aug. 01; Jugendrom. – **V:** Der Feu-

erbaum 96; Wolfsjahre 97; Schwarzer Valentinstag 99; Dunkle Zeichen 01; Blutiges Pergament 02; Das große Spiel des Herrn Trabac 03; Die zwei Leben der Isolde G. 04; Riss im Spiegel 06, alles hist. Jgd.-R.; – mehrere Sachbücher. – *Lit:* s. auch SK. (Red.)

Bentfeld, Jo, Schriftst., Dipl. Verwaltungswirt VWA; Kanada; c/o Versand-Buchverlag Blankenburg, Bentfelder Str. 83, D-33129 Delbrück, Tel. u. Fax (0 52 50) 93 90 26 (* Berlin 22. 6. 32). VS; Abenteuerb., Populärwiss. Abhandlung. – **V:** Zu Hause in der Yukon Wildnis, Erz. 88, 9. Aufl. 06; Alaska Highway, Erz. 91, 3. Aufl. 01; Abenteuer im Yukon Land 95, 2. Aufl. 99; Tod eines Trappers, Tatsachen-R. 95; Auf dem Yukon River, Erz. 99; mehrere Kanada-Reiseführer. – **MV:** Politik am Ende des 20. Jahrhunderts, 1.u.2. Aufl. 97; Politik am Anfang des 21. Jahrhunderts 00, beides m. Klaus Schreiber, u. a. – **MA:** zahlr. Art. in div. Zss. – **R:** Als Robinson in den Rocky Mountains, Fsf. n. d. Erz. „Zu Hause in der Yukon Wildnis" 94.

Bentfeldt, Erika (eigtl. Erika Christopei-Bentfeldt), Dipl.-Ing., Architektin, Stadtplanerin i. R.; Ernst-Derra-Str. 69, D-40225 Düsseldorf, Tel. (02 11) 68 97 45 (* Magdeburg 18. 7. 33). Lyr. – **V:** Licht in Steinen 06.

Benthin, Anna s. Jäckel, Karin

Bentin, Jenny s. Herzfeld, Franca

Benvenuti, Jürgen, Schriftst.; lebt in Wien, c/o Haymon Verl., Innsbruck (* Bregenz 23. 1. 72). Nachwuchsstip. d. BMfUK 95; Rom., Drehb. – **V:** Harter Stoff 94; Leichenschänder 95; Schrottplatz-Blues 96; Das Lachen der Hyäne 00; Remora 00; Die Trägheit der Krokodile 01; Eine Chance zuviel 02; Barcelona-Blues 03; Kolibri 05; Big Deal 07. – **MA:** Wegen der Gegend 00. (Red.)

Benyoëtz, Elazar, Schriftst.; Gat-Str. 8/II, IL-96103 Jerusalem, Tel. u. Fax (02) 6 52 75 48, *benyoetz@gmail. com.* 3. Yellin Str., IL-62964 Tel Aviv (* Wiener Neustadt 24. 3. 37). P.E.N., Hebrew Writers' Assoc. in Israel 57, Dt. Akad. f. Spr. u. Dicht. 02; Förd.pr. d. Theodor-Körner-Stift.fonds 64, Adelbert-v.-Chamisso-Pr. 88, BVK 97, Joseph-Breitbach-Pr. 02, Öst. E.kreuz f. Wiss. u. Kunst 08, Stip. Berliner Künstlerprogr. d. DAAD 08; Lyr., Aphoristik, Ess. Ue: hebr. dt. – **V:** Entre Moi Et Moi-Meme 59; Sahadutha, Aphor. 69; Annette Kolb und Israel 70; Einsprüche, Aphor. 73; Einsätze 75; Worthaltung 77; Eingeholt, neue Einsätze 79; Wort in Erwartung 80; Mishpatim/Sentences 80 (hebr.); Vielleicht – Vielschwer 81; Fraglicht 81; Im Vorschein 82; Nahsucht 82; Andersgleich 83; Für- und Gegenwart 84; Treffpunkte 85; Weggaben 86, alles Aphor.; Kzot ha-Choschech oder: Das Jahr in dem Dan Pagis gestorben war 89 (hebr.); Treffpunkt Scheideweg, Ess. 90; Filigranit, Ess. u. Aphor. 91; Paradiesseits, e. Dicht. 92; Taumeltau, Aphor. 92; Was nicht zündet leuchtet nicht ein 92; Beten, Ess. u. Aphor. 93; Träuma, Ess. u. Aphor. 93; Brüderlichkeit, Ess., G. u. Aphor. 94; Höricht, e. Dicht. 94; Ichmandu. Wenn nichts mehr trifft, kommt nicht an, Briefe 94; Wirklich ist was sich träumen läßt, Aphor. 94; Endsagung, Aphor. 95; Identitäuschung, Ess. 95; Mein Weg als Israeli und Jude ins Deutsche 95; Querschluss, Ess. u. Aphor. 95; Entwirt 96; Variationen über ein verlorenes Thema 97; Keineswegs 98; Anschluss 99, alles Ess. G. u. Aphor.; Die Zukunft sitzt uns im Nacken, Dicht. aus Aphor. 00; Ichmandu. Eine Lesung (Herrlinger Drucke N.F. 3) 00; Allerwegsdahin 01; Der Mensch besteht von Fall zu Fall, Aphor. 02; Imgleichen oder Gottum, G., Ess. u. Aphor. 03; Hinnähmlich, Aphor., Ess., G. 03; Himmel – Festland der Bodenlosen, Aphor., Ess., G. 04; Keine Macht beherrscht die Ohnmacht 04; Finden macht das Suchen leichter 04; Sandkronen, Aphor. 06; Das Mehr Gespal-

Benz

ten. Einsprüche u. Einsätze 07; Die Eselin Bileams u. Kohelets Hund 07; Die Rede geht im Schweigen vor Anker, Aphor. u. Briefe (hrsg. v. Friedemann Spicker) 07; Jüngste Tage 08; Paul Engelmann. Essays, Erinn., Briefe 09; Das gerichtete Wort, Briefe 09; Variationen über ein verlorenes Thema, Teil 2 09; Unter den Gegebenheiten kommt auch das Mögliche vor, Aphor. 09. – **MV:** Solange wie das eingehaltene Licht. Briefe 1966–1982, m. Clara v. Bodman 89. – **MA:** Juden in d. dt. Literatur. Ein dt.-jüd. Symposion 86; Spontaneität u. Prozess. Zur Gegenwärtigkeit krit. Theorie 92; Ich habe etwas zu sagen. Annette Kolb 1870–1967 93; Wir tragen d. Zettelkasten m. d. Steckbriefen unserer Freunde 93; Max Zweig. Krit. Betrachtungen 95; Facetten. Literar. Jb. d. Stadt Linz, 97; Poesie u. Erinnerung. Jenaer Poetik-Vorlesungen ... 98; Paul Engelmann (1891–1965). Architektur/Judentum/Wiener Moderne 99; Aphorismen d. Weltliteratur 99, 2. Aufl. 08; Exzerpt u. Prophetie. Gedenkschr. f. Michael Landmann (1913–1984) 01; Poesie als Auftrag. Festschr. f. Alexander v. Borman 01; Österreich-Konzeption u. jüd. Selbstverständnis im 19. u. 20. Jh. 01; Jb. d. dt. Wittgenstein-Ges. 02; Viele Kulturen – eine Sprache. Hommage an Harald Weinrich 02; Oskar Goldberg: Die Wirklichkeit der Hebräer (Geleitwort) 05; Lichtenberg-Jb. 2006; Stimmen aus Jerusalem. Zur dt. Sprache u. Lit. in Palästina/Israel 06; Je näher man ein Wort ansieht, desto ferner sieht es zurück 07; – gelegentl. Beiträge in „Neue Siren" – **H:** Paul Engelmann: Dem Andenken an Karl Kraus 67. – **Lit:** M. Susman in: Das neue Israel 63; dies.: Ich habe viele Leben gelebt, Erinn. 64; R. Heuer in: Judaica 1/66; dies. in: Eckart, Jb. 67; Hans Weigel in: FAZ 30.4.77 u. 14.4.79; Dov Amir: Leben u. Werk d. dt.spr. Schriftsteller in Israel 80; M.-T. Scheffczyk in: Südkurier 6.4.82; L. Gerster in: Thurgauer Volksfreund 8.4.82; S. Ben-Chorin in: MB (Tel Aviv) 7.9.83; T. Amann in: Südkurier 21.4.85; J. Hessing in: Israel Nachrichten 10.7.87; H. Kappler-Borowska in: Judaica 4/87; E. Schwarz in: FAZ 15.5.90; C. Grubitz in: Jüd. Almanach 93; ders.: Der israel. Aphoristiker E.B. 94; W. Mieder in: Modern Austrian Lit. 31/98; W. H. Fritz in: Was einmal im Geist gelebt hat 99; Metzler Lex. d. dt.-jüd. Lit. 00; D. Hoffmann (Hrsg.): Handb. z. dt.-jüd. Lit. d. 20. Jh.s 02; A. Wittbrodt in: Zs. f. dt. Philologie 121/02; LDGL 03; R. Dausner in: Akzente Febr. 04; H. Fricke in: Lichtenberg-Jb. 04; F. Spicker: Der dt. Aphorismus im 20. Jh. 04; J. Wohlmuth in G.M. Hoff: Erkundung 05; Konturen. Rothenfelser Burgbrief 1/05; H.-M. Gauger in: FAZ 6.7.05 u. 26.3.07; R. Dausner in: W. Schmied-Kowarzik (Hrsg.) Franz Rosenzweigs „neues Denken", Bd 2 06 (S. 892–910); R. Dausner: Schreiben wie e. Toter. Poetologisch-theolog. Analysen z. dt.-sprachigen Werk d. israel.-jüd. Dichters E.B., Diss. 07; Grubitz/Hoheisel/Wölpert (Hrsg.): Keine Worte zu verlieren. E.B. z. seinem 70. Geb. 07; C. Wiedemann in: SZ 24./25.3.07, J. Wohlmuth: Portr. in: An der Schwelle z. Heiligtum; 2007 ders.: Jerusalemer Tageb. 2003/04 08; D. Wetterwald: Konzision. Zur Rhetorik d. Aussparung bei Lichtenberg, Karl Kraus u. E.B., Diss. Univ. Fribourg 09; F. Spicker in: KLG.

Benz, Doris, Schriftst.; Föhrenweg 7, D-78078 Niedereschach, Tel. u. Fax (0 77 28) 2 73, *DorisBenz @gmail.com* u. Schwenningen 2.7.43). Publikumspr. d. obösterr. Buchhandels 95, Aesculap-Anerkenn.pr., Tuttlingen 06; Rom., Sachb. – **V:** MorgenLand, Märchen-R. 92; LebensWasser, Märchen-R. 95; mehrere Sachb. – **MA:** Alm. d. Schwarzwald-Baar-Kr. 03, 05, 07. – *Lit:* s. auch SK.

Benz, Susanne (geb. Susanne Quetsch), Dipl.-Geographin, Autorin u. Verlegerin; Schmiedgasse 10, D-

55283 Nierstein, Tel. (0 61 33) 92 76 88, Fax 92 76 89, *benz-traumland@t-online.de, www.traumland-verlag. de* (* Saarbrücken 6.2.59). Kinderb., Kindertheater, Märchen. – **V:** Timotheus. Das erste Gruseln 97; Timotheus. Der Gruselurlaub 98; Hoppla, hier kommt Bruno 01, alles Kdb.; Ich sehe nicht aus wie eine Prinzessin, Bilderb. 03; Emma, das Schaf, Kdb. 06; Windblumentanz, Märchenb. 07; – Theaterstücke/UA: Die Abenteuer des kleinen Knappen 96; Weihnachtsbescherung im Zoo 96; Komm zu uns ins Traumland 97; Angst geht um im Mäuseland 98; Der blaue Stein 99; Abenteuer im Computerland oder mit Gefühl geht es besser 00; Der Kuss des Meeres 01; Der Bann der Bäume 02; Geheimnisvolles Andersland 03; Rätselzeiten 04; Magie im Spiel 06; Träne des Meeres 08. – *Lit:* Wolfgang Bürkle in: Mainzer Allg. Ztg v. 15.5.06.

Benzen, Willie (Wilfried Benzen), Reiseleiter u. Busfahrer, gelernter Verlagskfm.; Projensdorfer Str. 18, D-24106 Kiel, *williebenzen@arcor.de.* Postfach 1471, D-24013 Kiel (* Kiel 8.6.56). NordBuch, Euterpe, Schriftst. in Schlesw.-Holst., EVU-Ges.; Rom., Erz., Lyr., Dramatik. – **V:** Herbstblatt, Lyr. 79, 81; Aphorismen – Gedanken, die über Hürden denken 98; Dalnij Vostok – Ferner Osten, Erzn. 08. – **MA:** Loccumer Hefte; Bandwurm 74–77; Poetische Portraits, Anth. 06; Poetische Gärten, Anth. 08. – **H:** Wundersame Weihnachten, Prosa u. Lyr. 98; Täglich lauert das Verbrechen, Krim.-Geschn. 00; ... mir graut vor dir, Gruselgeschn. 00 – **MH:** Bandwurm, Lit.zs. 74–77; Fundstücke, Jb. f. zeitgenöss. Lit. 01, 03 – 06.

Benzien, Rudi, Lehrer, Journalist; Alt-Friedrichsfelde 73, D-10315 Berlin, Tel. (0 30) 5 13 32 38 (* Berlin 18.1.36). SV-DDR 80, VS 91; Kunstpr. d. FDJ 78, Johannes-R.-Becher-Med. 87; Lyr., Rom., Fernsehfilm, Rep., Kinderb. – **V:** Gitarre oder Stethoskop 77, 88 (auch russ.); Berlin, hier bin ich, R. 79, 87; Pierre, Kdb. 80; Schwester Tina, R. 82, 87; John-Lennon-Report, Biogr. 89 (auch russ.); Jonas, erzähl' mal von Paris, R. 97; Simons Reise zum Es-war-einmal-Stern, Kdb. 97; Das bayerische Jahr, R. 06. – **MA:** Himmel meiner Stadt, G. 66; Dreimal Himmel, G., Erzn. (auch Mithrsg.) 70. – **R:** Gitarre oder Stethoskop, Fsf. 82; Berlin, hier bin ich, Fsf. 82. – *Lit:* M. Hinze in: Beiträge z. Kinder- u. Jgd.lit. 81. (Red.)

Beppler, Willy, Pfarrer, Künstler; Bleichstr. 18, D-65343 Eltville, Tel. (0 61 23) 70 90 38, Fax 70 90 39, *wyb.beppler-kunst@t-online.de* (* Neuwied/Rhein 4.10.33). – **V:** Zum Frühstück nur Wasser 01. – **MA:** Blätter um d. Freudenberger Begegnung 91, 92, 96. (Red.)

Bérard, Margot (Ps. Margot Kotté) *

Bérard, Sophie s. Gier, Kerstin

Berberich, Eva; Oberweschnegg 28, D-79862 Höchenschwand, Tel. u. Fax (0 77 55) 89 58 (* Karlsruhe 8.1.42). 1. Pr. d. Umweltmin. Bad.-Württ. u. d. Klettstift. f. Kindertheaterstücke z. Umweltproblematik 96; Eislinger Feder 97; Erz., Hörsp., Kinder u. Jugendb., Kinder- u. Jugendtheater. – **V:** Drachenlos, Erz. 87; Wie Kater Bimbl die Erde rettet, Kindertheaterst. 96; Alles für den Kater, Erz. 01, 07; Der Teufel steckt im Bild, Erzn. 01; Das Glück ist eine Katze, Erzn. 05; In der Blauen Stunde kommen die Katzen, Erz. 09. – **MV:** Ein Mann, eine Frau, m. Armin Ayren, Erz. 97. – **R:** Die Löwen des Herrn Rousseau, Hsp. 93, 97.

Berdel, Dieter (Ps. Da Bredl), M. A.; Fillgradergasse 6/12, A-1060 Wien, Tel. (01) 5 81 31 58, *dieter.berdel@ chello.at* (* Kittsee/Bgld 30.9.39). ÖDA 91, GAV 99; Lyr., Mundart, Visuelle Poesie, Prosa. – **V:** Mia wean mia, G. 95; ann und pfirsich, G. 98; fost kane rosn, G. 99; 60 ausgesuchte und numerierte Limericks aus

Wien / 60 ausxuachte und numariate Weanarix 99; Nansens Ferse & andere Verfrorenheiten, Lyr. u. Prosa 00; en 4 fiadln ..., gedichta, liada, schbrüch, anagrammaln 05. – **MV:** Lachen gefährdet die Gesundheit, Humoriges für Lesende und Schreibende, m. R. Topka, Lyr. u. Prosa 00. – **MA:** lach-dichter, launige lyrik 02; nach wörteralgen taucht der dichter, Lyrik aus 4 Jahrzehnten 04; Europa erlesen 04. – **P:** Bredl & Nogl, Weanarix, Liada, Gedichta, m. G. Hufnagel, CD 02; Lautbild Wortklang, m. and., CD 05. (Red.)

Berendes, Viola, Urkundenübersetzerin, Autorin; Westring 62, D-75180 Pforzheim, Tel. u. Fax (0 72 31) 76 72 25, *Viola_Berendes@yahoo.de, www. violaberendes.de* (* Fontainebleau/Frankr. 5. 1. 50). Rom., Erz. – **V:** Überlebenstraining für Mütter, Sachb. 94; Und Hunde lächeln doch!, Erz. 96, 04; Vorsicht Sackgasse, R. 03. (Red.)

berendsohn, r. a. s. Burkart, Rolf A.

Berens, Damian (Stephan Damian Berens), Philosoph, Historiker, Komponist, Klavierlehrer; Birrekoven 55, D-53347 Alfter, Tel. (02 28) 9 66 93 81, Fax (0 22 22) 92 23 75, *damianberens@hotmail.com* (* Bonn 26. 6. 74). Kurzgesch. – **V:** ... ins Freie 98; Der Weg der 444 Maximen 03; Die Straße ins Licht, Kurzgeschn. 04.

Berentzen, Detlef, freier Journalist u. Autor; Apostel-Paulus-Str. 27, D-10823 Berlin, Tel. (0 30) 6 94 99 23, Fax 78 71 05 78, *info@dberentzen.de, www. dberentzen.de* (* Bielefeld 16. 2. 52). VS Berlin 03; Silver World Medal, New York 00; Rom., Erz., Lyr., Feat., Hörsp., Lesung. – **V:** Hermann. Die Erinnerungen e. Nachkriegsgeborenen 02; Warum Schlund lieber malen würde, Textbild 04; „Vielleicht ein Narr wie ich". Peter Härtling. Das biogr. Leseb. 06. – **MV:** die taz – Das Buch, m. Mathias Bröckers u. Bernhard Brugger 89; Die Deutschen und ihre Hunde, m. Wolfgang Wippermann 99. – **MA:** zahlr. Beitr. u. a. in: taz; Frankf. Rdsch.; Tagesspiegel; Wiener Ztg; ZEIT; Psychologie heute; WDR; SWR; RBB; MDR; NDR. – **H:** enfant t, Zs. 88–92 (auch Autor u. Red.).

Bereska, Jan, Schauspieler, Regisseur, Autor; lebt in Berlin, c/o edition ost, Berlin (* Berlin 31. 10. 51). – **V:** Schwelgen auf verlorenem Posten, G. 07. – **MA:** Kürbiskern, Anth. 88. – **F:** Autor b.d. DEFA. – **R:** Dresdner Kostbarkeiten, Fs.-R. (Red.)

Bereuter, Elmar, Inhaber e. Werbeagentur; Am Klostergarten 2, D-88069 Tettnang, Tel. (0 75 43) 66 42, Fax (0 75 43), *bereuter@t-online.de, www. der-hexenhammer.de, www.schwabenkinder.de* (* Lingenau/Bregenzerwald 2. 3. 48). Rom. – **V:** Die Schwabenkinder 02 (auch tsch., verfilmt 03, Buch u. Regie: Jo Baier); Hexenhammer 03; Die Lichtfänger 05; Felders Traum 07; Störmeldungen 08.

Berg, Alex s. Reinecker, Herbert

Berg, Andreas, Schriftst., Fernsehred. u. – regisseur; Buchenweg 11, D-65396 Walluf, Tel. (0 61 23) 7 25 14, dienstl. (0 61 31) 9 29 35 66, *andreasberg@ swr-online.de*. Im Heideheck, D-67742 Herrensulzbach (* Wiesbaden 23. 5. 59). VS Rh.-Pf.; Lyr., Erz., Fernsehsp. – **V:** Poesiebeton oder: Im allgemeinen keine Elegien 85; Herrn Dudens Klangkurtisanen oder: Die Dichter gehen auf und ab und schweigen ..., G. 92; Ach, Gedichte 00. (Red.)

Berg, Benjamin s. Schweizer, Hans

Berg, Björn s. Heimberger, Bernd

Berg, Carsten *

Berg, Christian, Entertainer, Textdichter, Schauspieler, Kindermusical-Macher u. -Regisseur; Cuxhaven, *TaminoPinguin@aol.com, www.tamino-pinguin.*

de (* Bad Oeynhausen 66). – **V:** Tamino Pinguin 01 (auch als 5tlg. Hsp.); Tamino Pinguin und der Geist Manitus 02; Tamino Pinguin und die Sache mit dem Ei 03; Tamino Pinguin und das größte und schönste Geschenk der Welt 04; Tamino Pinguin und der kleine, böse Klaus 04. – **MV:** zahlr. Kindermusicals, u. a.: Der kleine Glöckner von Notre Dame, m. Donato Deliano, 99; Heidi – Das Alpical, m. Stefan Sulke; Urmel, m. Tobias Künzel; zus. m. Konstantin Wecker: Pinocchio; Das Dschungelbuch; Jim Knopf u. Lukas der Lokomotivführer; Jim Knopf u. die Wilde 13; Tamino Pinguin; Petterson u. Findus. (Red.)

Berg, Eva-Maria (geb. Eva-Maria Wingerath), Germanistin/Romanistin; Ziegeleiweg 9, D-79183 Waldkirch/Br., Tel. (0 76 81) 94 10, Fax 4 93 58 79, *eva-maria-berg@web.de* (* Düsseldorf 9. 12. 49). VS 83, Förd.kr. Dt. Schriftst. Bad.-Württ., Lit. Forum Südwest; Writer in Residence, Fundación Valparaiso, Andalusien 82; zwölf gedichte 82; Zimmer Flucht, G. u. Texte 84; Probe Alarm, G. u. Kurzprosa 84; Die doppelte Herkunft, Kurzprosa 93; klopfzeichen bilde ich mir ein, G. 93; im netz mit den anderen, G. 98; aus dem rahmen fällt die uhr, G. 01; Die tägliche Abwesenheit – L'Absence Quotidienne, dt.-frz. Lyr. 02; Kontakt Aufnahme, Lyr. 05; ins leben der räume, Lyr. 06; MENSCHEN(M)ENGE, Lyr., lyr. Prosa 09. – **MV:** Molinéris, un peintre, témoin et acteur de son temps, Lyr. dt.-frz., m. R. Bonaccorsi, G. Triquet, M. Kern 05. – **MA:** zahlr. Beitr. in Lit.zss., u. a. in: Allmende 21, 70/71, 74, 79/07; die horen 46, 204, 211, 217; Du 61; Orte 120, 124, 130, 136, 145 u. a.; Revue Alsacienne de Littérature 87, 90, 92, 93, 99, 102 u. a.; Les Temps d'Arts 8, 11, 23; der literat 9/07; Poesiealbum neu, 1/08; Die halbe Herrlichkeit der Frauen/Compartir el señorío con las mujeres, dt.-mex. Anth. 07.

Berg, Günther K. s. Kümmelberg, Günther

Berg, Jochen, Dichter; Rykestr. 50, D-10405 Berlin, Tel. (0 30) 44 05 90 10 (* Bleicherode 25. 3. 48). P.E.N.-Zentr. Ost; Dramatik. – **V:** Dave, Sch. 72; Wechsel, Sch. 73; Die Axt, Sch. 74; Strephart, Kom. 75; Niobe, Sch. 83; Tetralogie. Eine dramat. Dichtung 85; Theatertexte 89; Verschwendungen/Wastes / Aufgaben/Tasks / Erneuerungen/Renewals, Ton-Buch-Kass. 91; – THEATER/UA: Die Phoenizierinnen des Euripides 81; Iphigenie 82, als Hsp. 84; Klytaimnestra 83; Niobe 83; Niobe an Sipylos 85; Im Trauerland 87; Die Engel, Kurzoper 89; Tantalos' Erben 89; Fremde in der Nacht 92. (Red.)

Berg, Klara s. Garbe, Karl

Berg, Matthias s. Kruse-Seefeld, Matthias-Werner

Berg, Renate, Krankenschwester; Salmstr. 23, D-41472 Neuss, Tel. (0 21 31) 8 17 05, Fax 45 00 77, *Renate-Berg@web.de, www.renate-berg.de* (* Düsseldorf 23. 6. 62). BVJA 01; Rom., Lyr., Erz., Dramatik. – **V:** Hexe und Harlekin, Erzn. 00. – **MV:** Zugeständnisse, m. Michaela Kura, Lyr. u. Prosa 01 (m. CD). – **MA:** Tränen, Anth. 01; Buchstäblich 01; Seitenwind, Anth. (Arb.titel) 02. (Red.)

Berg, Sibylle; c/o hermes baby – Die Agentur rund ums Buch, Wagnergasse 6, CH-8008 Zürich, *hermesbaby@hispeed.ch, www.sibylleberg.ch* (* Weimar 2. 6. 66). SSV; Marburger Lit.pr. 08, Wolfgang-Koeppen-Pr. 08; Rom., Erz., Dramatik, Hörsp. – **V:** Ein paar Leute suchen das Glück und lachen sich tot, R. 97; Sex II, R. 98; Amerika 99; Gold 00; Helges Leben, Theaterst. 00; Das Unerfreuliche zuerst, Geschn. 01; Ende gut, R. 04; Die Fahrt, R. 07; – THEATER/UA: Ein paar Leute suchen das Glück und lachen sich tot 99; Helges Leben 00; Herr Mautz 01; Hund Mann Frau

Berg

01; Schau, da geht die Sonne unter 03; Wünsch dir was, Musical 06. – **H:** Und ich dachte, es sei Liebe 06; „Das war's dann wohl". Abschiedsbriefe von Männern 08. – **R:** Sex II, Hsp.; Kulturbeitr. im WDR. (Red.)

Berg, Sophie s. Farago, Sophia

Berg, Udo M., Schriftst.; Gewann Kriegäcker 3, D-76187 Karlsruhe, Tel. (07 21) 56 14 09 (* Karlsruhe 4. 11. 48). FDA 81; Rom., Nov., Lyr., Hörsp. – **V:** Sie 77; Eis 78; Gatz oder die Erstbesteigung 78; Sei, Son. 79; „Sie" sal, Erzn. 79, 80; Einakter 80; Wenn die Träume geträumt sind 80; Er an Sie, G. 82; Längst in den Dingen 86; Ich hielt meinen Bruder im Arm, Kurzgeschn. u. Lyr. 88; Menschenland, Lyr. 89; Umlugg, 2. Aufl. 89; Der unheilvolle Same, e. Streitschr. 89; Forada oder das Prinzip Gesellschaft 92; Zeitkristalle, e. Zus.fass. 94; Heinrich in Canossa, Stück in vier Akten 95; Reise nach Norden, philosoph. Werk, Teilausg. 00; Von Vergangenheit und Zukunft, Balln. 04, 05. – **MA:** rd 12 Beitr. in lit. Zss. – **R:** zahlr. Hsp. – **P:** Fliegen, Tonkass. – **Ue:** engl. Liedertexte.

Berg-Oldendorf, Gertrud (eigtl. Gertrud Berg, geb. Gertrud Oldendorf), VHS-Kursleiterin i. R.; c/o Odenwald-Verl., Otzberg (* Niedernhausen, heute Fischbachtal 2. 5. 25). VS 90; Lyr., Erz., Mundart. – **V:** Dorfgeschichten aus dem Fischbachtal 85; Uff de Linnebenk 86; Nochber, kummt, meer wolle vezzeile 87; Bunte Träume 89; „Waos ich noch vezejle wollt ..." 91; Denn auch ein Esel braucht seine Freiheit 92; Meer gedenkt's noch, Geschn. 94; Am Zaune schimmern Platinringe, G. 97; Die Kinder von der Stadtmauer, Erz. 97; Zeit der Ernte, G., Bd 2 01; De Ourewäller im Himmel, Geschn. u. Ge. in Mda. 02; Weihnachten in einem Odenwälder Dorf 03; Quetsche, Niss und Bätzelbeern 05. (Red.)

Bergauer, Conrad (Ps. Georg Auberger, Conrad Münchberg); Sauerbruchstr. 8/III, D-81377 München, Tel. (0 89) 70 32 57 (* Santa Cruz/Bras. 29. 7. 28). ver.di 91–04; Erz., Rom. – **V:** Bayerische Feierabendgeschichten 81; Das Herz in der gläsernen Kugel, Erzn. 83; Traumaugen, R. 86; Kettenhunde, R. 88; Die Hofwerd, R. 90; Auf den Höhen, Geschn. 93. – **MA:** Beitr. in anth., u. a.: Das Buch der Freude; 85; Liebe in unserer Zeit 86; Erzn. in: Bayerland, Zs. 85/86. – **R:** Beitr. zur Sdg „Bairisch' Herz" im BR.

Berge, G. s. Gerlach, Hubert

Bergel, Hans (Ps. Curd Bregenz), Dr. h. c., Schriftleiter, Hrsg.; Wallbergstr. 14c, D-82194 Gröbenzell, Tel. (0 81 42) 96 37, Fax 44 75 85 (* Kronstadt/Siebenbürgen 26. 7. 25). Kg. 69, P.E.N. 73; Erzählerpr. Bukarest 57, Georg-Dehio-Pr. 71, Stip.-Pr. d. Mozart-Stift. 71, Erzählerpr. d. Stift. Ostdt. Kulturrat 71, Medienpr. 82 u. 89, BVK 86, Kulturpr. d. Siebenbürger Sachsen 87, Andreas-Gryphius-Pr. 90, E.mitgl. d. Acad. Olimpica Româna, Bukarest 93, Adam-Müller-Guttenbrunn-Plak. 95, E.bürger d. Stadt Kronstadt 96, E.mitgl. d. Acad. Civica, Bukarest 00; Rom., Erz., Nov., Ess., Lyr., Kunst-, Lit- u. Kulturgesch. Ue: rum. – **V:** Fürst und Lautenschläger, N. 56; Die Straße der Verwegenen, Nn. 56; Die Abenteuer des Japps, R. 58; Die Rennfüchse, R. 69, 75; Würfelspiele des Lebens, 4 Biogr. 72; Im Feuerkreis, Erzn. 72; Der Tanz in Ketten, R. 77, 95 (rum. 94, ung. 99); Siebenbürgen, Bilder e. europ. Landschaft, Ess. 80 (engl. 82); Joh. Schreiber: Aquarelle, Ess. 81; Gestalten und Gewalten, Aufss. u. Ess. 82; Herbert Oberth, Monogr. 83; Dunja, die Herrin, Erz. 83; Drei politische Reden 83; Heinrich Schunn: ein Maler, sein Werk, seine Zeit, Biogr. 83; Der Tod des Hirten, Ess. 85; Lit.-Gesch. d. Deutschen in Siebenbürgen 87, 88; Das Venusherz, Erz. 87; ... und Weihnacht ist überall, Erzn. 88, 95; Das Motiv der Freiheit, Ess. 88; Zikadensommer, G. 91; Kammermusik in Bronze und Stein,

Ess. 94; Zuwendung und Beunruhigung, Ess. 94; Erkundungen und Erkennungen, Ess. 95; Die Heimkehr des Odysseus, Ess. 95 (rum.); Im Spiegellicht des Horizonts, G. u. Nachdicht. 96; Wenn die Adler kommen, R. 96, (rum. 98), 99; Gesichter einer Landschaft, Ess. 99; Wenn die Adler kommen. 6 Texte, v. Autor gesprochen, CD 01; Bukowiner Spuren, Ess. 02; Gedenkblatt f. eine Stadt, Ess. 05 (rum.); Gedanken über Europa, Ess. 05; Die Wiederkehr der Wölfe, R. 06; Erich Bergel. Ein Musikerleben. Persönliche Notizen z. Biogr. 06. – **MA:** Begegnung mit Treff, N. in: Dt. Erzähler d. RVR 56; Mensch ohne Gegenwart, N. in: Ihre Züge haben keinen Fahrplan 71; Am Todestag meines Vaters, Erz. in: Auf den Spuren d. schwarzen Walnuß 71; ... und Weihnacht ist überall, N. in: Die ganze Erde soll sich freuen 97; Als ich den Weihnachtsmann zum ersten Mal sah, N. in: Weihnachten rund um die Welt 99; Kunstgeschichtl. Streiflichter, Das andere Siebenbürgen, Ess. in: Kronstadt 99; Die deutsche Schriftstellergruppe Kronstadt 1959 (rum.), in: Şcoala Memoriei, Bukarest 03, u. a.; – Aus jedem Dorf ein Hund 75; Der Dachstöter 78; Die Forelle 79; Die Rache 84; Rote Nelken für Gisela 85; Die längste Nacht des Jahres 87; Der Ring 88; Taj Tekuana 92; Das nicht gehaltene Weihnachtsversprechen 97; Die Richterin und ihre Söhne 98; Vaganten, Bänkelsänger 00; Der weiße Elch 01; Die Karpaten, Kronstadt 02; Ballade vom Wiedersehen am Gardasee, Die Rückkehr des Rees, Steppe am Schwarzen Meer 03, alles Erzn. in: Herzhafter Hauskal.; – zahlr. Beitr. in Lit.-Zss. seit 68, u. a. in: Südostdeutsche Vj.blätter; Spiegelungen; DAV-Jb.; Revista Scriitorilor Roman; Kaindl-Archiv; ASTRA; MUT, u. a. – **MH:** Vir Siebenbürger 86; Siebenbürgen 89; Südostdeutsche Vj.blätter, seit 89; Spiegelungen, seit 06. – **R:** Bauern, Bürger, Burgen 81; Zwischen Wien und Stambul 83; Oberth: Sprung in den kosmischen Abgrund 84; Der Exodus ist nicht zu Ende 85; Kronstadt: Zwischen Abend- und Morgenland 85; Civitas Cibiniensis 89; Waren 800 Jahre zuviel? 92; Honterus, ein siebenbürgischer Luther 93; Goethe und Kleist 93; Zipser Tagebuch 93; Einheit und Zerrissenheit Südosteuropas (III) 94, u. a. – **Ue:** Francisc Munteanu: Die Lerche u. a. Erzn. 56; Die Stadt am Mieresch, R. 58; Jacob Popper: Gefangen im Packeis, R. 74; – Lyrik von: M. Eminescu, G. Bacovia, L. Blaga, R. Gyr, N. Catanoy, D. Danila, L. Mihai-Cioaba, M. Stroe, Ana Blandiana, Romulus Rusan, u. a. – *Lit:* H. Pongs: Symbolik d. einfachen Formen 74; Motzan/Sienerth: Worte als Gefahr u. Gefährdung 93; P. Motzan: H.B.: Prosa, Lyrik 95; St. Sienerth: Gespräche m. dt. Schriftstellern aus Südosteuropa 98; G. Gutu: Studia z. Kulturhorizonts. Südosteuropa im Werk H.B.s, in: Südostdt. Vj.bll. 3/02; E. Martschini: H.B. – Unters. zu Leben u. Werk 05; St. Sienerth u. a.: H.B. wird 80, in: Südostdt. Vj.bll. 2/05; P. Motzan: Theoriekonstruktion u. schriftsteller. Praxis, in: Zs. d. Germanisten Rumäniens 1–2/04–05, u. a.

Bergelt, André; Seumestr. 20, D-10245 Berlin, Tel. (0 30) 2 94 10 32, *iche@gmx.de* (* Berlin 5. 11. 70). Lit. Ges. Thür. 96; Stip. d. Stiftes Thüringen 96, 99, Stip. d. Stift. Kulturfonds 01; Prosa, Drehb. – **V:** 15 Seiten Wunderschön 96. – **MA:** Die Provinz, Jb. 98; Intendenzen, Lit.-Zss. 4/99; Sklavenmarkt – Utopie oder Verlust 00. – **F:** Instant 94; It's a teddys teddys teddys world 95; Es ist niemand da 96; Babulja 97; Füsse 97; Inas Geburtstag 01. (Red.)

Bergelt, Bill (eigtl. Reinhard Bergelt); Mozartstr. 7, D-71720 Oberstenfeld-Gronau, Tel. (0 70 62) 2 26 95, Fax (0 12 12) 5 10 95 73 42, *info@bergelt-musik.de,* *www.bergelt-musik.de* (* Landshut). Lyr. – **V:** Inmitten der Bucht – vom Rand her. Poesie in Konglomeraten, Faxen und Feilchen 06.

Bergenthal, Georg s. Puhl, Widmar

Berger, Antoinette s. Berger, Netty

Berger, Bella s. John, Heide

Berger, Clemens, Mag.; Lerchengasse 26/15, A-1080 Wien, Tel. (01) 4 09 66 63, (06 76) 9 16 42 29, *clemens.berger@gmx.at* (* Güssing 20. 5. 79). GAV; 1. u. 2. Pr. im Ess.-Wettbew. „Europa gegen Rassismus, Antisemitismus u. Xenophobie" 97, Pr.träger b. 2nd Poetry Slam Vienna 99, Pr.träger b. BEWAG-Lit.pr. 00 u. 05 (2. Pr.), Burgenländ. Jugendkulturpr. 00, 03, Aufenthaltsstip. d. Ldes Burgenland f. Paliano/Ital. 02, Marktschreier in St. Johann in Tirol 04, Öst. Staatsstip. f. Lit. 05/06; Rom., Erz., Ged., Ess., Dramatik, Hörsp. – **V:** Der späte Hans Mayer. Aspekte im Lebens-Werk e. Außenseiters, Dipl.arb. 03; Der gehängte Mönch, Erz. 03; Paul Beers Beweis, R. 05; Gatsch. Einakter für Sie u. Ihn, UA 05; Die Wettesser, R. 07. – **MA:** Beitr. im Rdfk (Ö1) sowie in Lit.zss. u. Ztgn, u. a.: Am Erker; Krautgarten; Podium; Lichtungen; Freibord; Literatur u. Kritik; Der Standard; Die Presse; manuskripte; entwürfe; – ANTH.: Der dritte Konjunktiv 99; Stromabwärts 05; Stimmenfang 06. – **R:** Die Wettesser, Hsp. (Ö1) 07. – *Lit:* E. Hackl in: Die Presse/Spectrum 31.1.04; W. Weisgram in: Der Standard/Album 28.2.04 u. 7.1.06; S. Mayr in: Lit.haus Wien 11.3.04; P. Pisa in: Kurier 7.1.06; K. Zeyringer in: Lit. u. Kritik, März 06. (Red.)

Berger, Franziska s. Kaltenberger, Friederike

Berger, Fred s. Kümmelberg, Günther

Berger, Frederik (eigtl. Fritz Gesing), Dr. phil.; Angerweg 33A, D-86938 Schondorf am Ammersee, Tel. (0 81 92) 17 64, Fax 79 43, *fritz.gesing@t-online.de, www.frederikberger.de* (* Bad Hersfeld 16. 8. 45). Quo vadis – Autorenkr. Hist. Roman; Rom., Erz., Ess. – **V:** Die Weichen sind gestellt, Theaterst. 80; Die Psychoanalyse der literarischen Form: „Stiller" von Max Frisch 89; Offen oder ehrlich?, Ess. in: Freiburger lit.-psycholog. Gespräche, Bd 11 92; Kreativ schreiben 94, 00, Neuausg. 04; Die Provençalin, R. 99; Die Geliebte des Papstes, R. 01; Die Madonna von Forlì, R. 02, als Tb. u. d. T.: La Tigressa 04; Der provençalische Himmel, R. 03; Canossa. Aus den geheimen Annalen des Lampert von Hersfeld, R. 04, Tb. 06; 'Kreativ schreiben' für Fortgeschrittene 06; Die heimliche Päpstin, R. 06, Tb. 08; Die Tochter des Papstes, R. 08. – **MA:** seit 85 lit. Ess. in: SZ; seit 90 Ess., Rez. u. Vorträge z. zeitgenöss. Poetik u. Lit. u. a. in: Die Zeit; Die Woche; Die Neue Rundschau; Freiburger lit.psycholog. Gespräche. – **R:** Karin 74; Verwaschenes Sommerblau 76, beides Erzn. im BR. – **P:** Die Geliebte des Papstes 03; Die heimliche Päpstin 06, beides CD-ROMs.

Berger, Friedemann (Li Deman), Dr., Schriftst., Publizist; Elsterberg 11, D-04159 Leipzig, Tel. (03 41) 4 61 87 34 (* Schroda b. Posen 13. 4. 40). Förderkr. Freie Lit.ges. e.V. Leipzig; Lyr., Prosa, Ess., Sachb. Ue: russ, tsch, chin. – **V:** Krippe bei Torres, R. 71, 94; Die Fahndung, Erz. 75; Ortszeichen, G. 75; Einfache Sätze, G. 87; Archäologie. Ausgew. G. 1961–1999 00. – **MA:** Der Weise und der Tor 78; Walther Killy (Hrsg.): Lit.lexikon, Bd. 1 88; Weltreligionen 97; Börsenbl. f. d. Dt. Buchhandel; minima sinica, u. a. – **H:** insg. 40 Buch-Hrsg., bes. 'Bibliothek d. 18.Jh.', 'Oriental. Bibliothek', 'Gustav Kiepenheuer Bücherei', u. a.: Eugène Fromentin: Dominique 71; Friedrich Nicolai: Geschichte eines dicken Mannes 72; J.W. Wodowosowa: Im Frührot der Zeit 73; Ferdinand Kürnberger: Der Amerikamüde 74; Ludwig Tieck: Straußfedern 74; Sig-

mund v. Herberstain: Moskowia 75; Johann Gottwerth Müller: Siegfried von Lindenberg 76; Theodor de Bry: Amerika oder die Neue Welt, I 77, II 78; India orientalis, I 79, II 81; Joseph Roth: Perlefter. Fragmente u. Feuill. aus d. Berliner Nachlaß 78; Justus Möser: Anwalt d. Vaterlands. Ausgew. Werke 78; Johann Konrad Friederich: Denkwürdigkeiten od. Vierzig Jahre aus d. Leben eines Toten, genannt auch d. 'dt. Casanova' 78 III; Paul Wiegler: Figuren 79; Henry Fielding: Tom Jones 80 II; Daniel Defoe: Robinson Crusoe 81 II; Chesterfield: Briefe an seinen Sohn Philip Stanhope üb. d. anstrengende Kunst e. Gentleman zu werden 83; Thema – Stil – Gestalt 1917–1932, Anth. 84; Oliver Goldsmith: Der Weltbürger od. Briefe e. in London weilenden chines. Philosophen an seine Freunde im fernen Osten 85; Alexander Moritz Frey: Solneman der Unsichtbare 87. – **MH:** George Meister: Der Orientalisch-Indianische Kunst- u. Lust-Gärtner 73; Charlotte Lennox: Der weibliche Quichotte 76; Oliver Goldsmith: Der Weltbürger 77; Im Zeichen der Ahnen. Chronik e. angolan. Dorfes 81; In jenen Tagen – Schriftsteller zw. Reichstagsbrand u. Bücherverbrennung 83; Die Schaffenden 84. – **R:** Die größere Hoffnung, Hsp. 65; Eine lange dunkle Nacht, Hsp. 67; Onkel Hamilkar, Hsp. 68, insg. 5 Hsp. 66–68. (Red.)

Berger, Hilde, Schriftst., Drehb.autorin, Schauspielerin, Drehb.-Doz.; c/o Agentur Rehling, Mommsenstr. 47, D-10629 Berlin, *HildeBerger@compuserve.com, www.hilde-berger.de* (* Scharnstein 18. 10. 46). IGAA 85, ARGE Drehbuch 90; Fernsehsp./Drehb., Rom., Übers. Ue: engl. – **V:** Ob es Haß ist, solche Liebe?, hist. R. 99, Tb. 01. – **MV:** Das Menschenkindl, m. Dieter Berner, Fsf.-Drehb. 80. – **MA:** Wiener Journal, Nr. 211 98. – **F:** Joint Venture 94. – **R:** Der richtige Mann 82; Lenz oder die Freiheit 88; August der Glückliche 09, alles Fsf. (Red.)

Berger, Jürgen, Dipl.-Ing. f. Kraftfahrzeugwesen; Karl-Marx-Str. 30, D-98527 Suhl, Tel. (03 6 81) 70 06 33 (* Gersdorf/Sachsen 21. 9. 33). – **V:** Criminalfälle aus dem alten Thüringen. Bd 1: Der Jahre 1882–1925 98, Bd 2: Der Jahre 1806–1914 00, Bd 3: Der Jahre 1632–1912 01, Bd 4: Der Jahre 1883–1908 02, Bd 5: Der Jahre 1783–1930 04; Der Schwiegermuttermord u. a. Kriminalgeschn. 07.

Berger, Kenny, Zootechniker, Schriftst., Red.; *kennyberger@web.de* (* Görlitz 14. 9. 53). VS; Ingeborg-Drewitz-Lit.pr. 95, 96, 00, 02, Arb.stip. d. Ldes Brandenbg. 97, Kd.- u. Jgd.lit.pr. Berlin 98; Kinder- u. Jugendlit., Rom., Drehb. – **V:** Kevin Mörderkind 96; Rinnsteinkatzen 97; Little Sunny oder der Pirat vom Müggelsee 98, alles Jgdb.; Flash 00; Boy 01; Mörderkind 02; Piratensommer 02; Weiße Segel, R. 04; Regen aus Staub, R. 05; Rattenkind, R. 07; KIRO. Ohne Schatten auf der Welt, R. 09.

Berger, Marcella (Ps. Marzella/Marcella Schäfer), Schriftst.; Edenstr. 10, D-66113 Saarbrücken, Tel. (06 81) 499 11 15, *marcella-berger@t-online.de, www. marcella-berger.de* (* Brücken b. Kusel 28. 1. 54). VS Saar 84; Pr. b. Lit.wettbew. d. LSV Luxemburg 95, Förd.stip. f. Lit. d. Stadt Saarbrücken 99; Prosa, Lyr., Feat., Ess. – **V:** Märchen lösen Lebenskrisen, Ess. 83, 3. Aufl. 93; Die Fliege, Erz. 99. – **MV:** Saarbrücken, m. Axel Burmeister u. Gerhard Franz, Sachb. 99, 01. – **MA:** In diesem fernen Land 93; Passagen. Neue Texte 93; Intercity 95; Fabrik 99, alles Anth.; Die Seele wirst nie satt 00; Der Karpfen ist noch lange nicht blau 02; Damit das Alphabet nicht vor die Hunde geht 04, alles Alm.; Von Wegen, Anth. 05; O.T., Anth. 06; zahlr. Beitr. in Lit.-Zss., u. a. in: Radius 1/90; Strecknäufer 15/98, 17/01, 20/04, 25/06, 27/08; Neue Literar-

Berger

Pfalz 28/00, 29/00, 34–35/04, 38/06, 40/07; Chaussee 21/08. – **H:** Bilderleben, lit. Festschr. 06. – **MH:** Kähne, Kohle, Kußverwandtschaft, m. Klaus Behringer u. Fred Oberhauser, lit. Leseb. 98. – **R:** zahlr. Hfk-Feat. in SR u. SWR seit 79; lit. Erstveröff. im Hfk 99 (SR) u. 00 (SR, SWR); Die Bauernhochzeit, Fsf. (SWR) 05 (Co-Autorin). – **P:** Veröff. unter: www.vs-saar.de/texte; Textausstellung „Endloser September" unter: www.carpe.com/literaturwelt. – *Lit:* Andreas Dury in: Neue Literar. Pfalz 28/00; Katja Leonhardt: Weibliches Schreiben in regionalen Strukturen, Diss. 08.

Berger, Mareike s. Baresch, Martin

Berger, Margot (geb. Margot Spielmeyer), Journalistin; Lerchenhöhe 11, D-22359 Hamburg, Tel. (0 40) 6 03 48 00, Fax 6 03 25 59 (* Belm/Osnabrück 1. 2. 49). DJV; Rom., Kurzgesch. – **V:** Mein Herz schlägt für Pferde, Kurzgeschn. 95; Traber, 8 1/2, jünger aussehend, R. 98, 01; Starke Tipps für Pferde-Fans, Kurzgeschn. 00; Hände weg von Gamasche, R. 00; Zu zweit durch dick und dünn, Geschn. 03; Jgdb.-Reihe „Reiterhof Birkenhain": Aufregung im Stall 98, 02, Großer Auftritt für Sally 98, 02, SOS – Pferd verschwunden 98, 02, Ein starkes Team 98, 02, Sturmnacht am Meer 99, 02, Rettung in letzter Minute 99, 02, Rätsel um das braune Fohlen 00, 02, In den Sattel, fertig, los ... 00, 02, Achtung: Pferde in Not! 01, Spuk im Stall 01, Lyrik für die Reitschule? 02, Nicht ohne unsere Pferde! 02; Jgdb.-Reihe „Die Pferde vom Friesenhof": Start mit Hindernissen 03, Wilde Jagd am Meer 03, Flucht bei Nacht und Nebel 03; einige Sachbücher. – *Lit:* s. auch 2.Jg. SK. (Red.)

Berger, Netty (eigtl. Antoinette Berger), Vertriebsmanagerin; Salzburgerstr. 7, D-83451 Piding, Tel. (0 86 51) 7 87 80 (* Bad Reichenhall 19. 9. 66). Theater. – **V:** G'schäft is G'schäft, Lsp. 98; Da Teifi spielt die Karten aus, Lsp. 98. (Red.)

Berger, Peter (Ps. Peter); Johannisstr. 33, D-90419 Nürnberg, Tel. u. Fax (09 11) 36 31 85, *ii.peter@odn.de*, *www.ismairresta.de* (* Radeburg/Sa. 30). – **V:** isma irresta, G. 96; es war einmal eine sonnenblume 97; sprüche 98; Im Grenzbereich 06; Augenblicke 06; Es ist und ist und ist und bleibt. (Red.)

Berger, Rolf A. s. Becker, Horst

Berger, Rudi W., Tischler, Berufsschullehrer, Journalist; Genossenschaftsstr. 17, D-07957 Langenwetzendorf, Tel. (03 66 25) 2 03 56, Fax 2 21 19, *RudiBerger@web.de*, *www.poesieprovokant.de.vu* (* Löhma 3. 1. 24). Förderstudio f. Lit. Zwickau; Rom., Lyr., Erz., Dramatik, Hörsp. – **V:** Das Wagnis, Bü. 74; Traum nirgendwo/Heißer Lippen Hauch, Lyr. 03; Bevor du gehst, Erzn. 04; Laura, R. 05; Spitzenrausch, R. 06; Auf Leben und Tod, Erzn. 07. – **MA:** G. in: Volkswacht; Neues Deutschland; ndl 60–80; G. u. Prosa in: Heimatbote Greiz 99; Gedanken-Fontäne, Lit.zs. 99; Zwischen den Küssen, Anth. 99; Frankfurter Bibliothek 00; Freiberger Lesehefte 00; Nun lacht er wieder, Anth. 02; Astgeflecht, Anth. 02; Sommersalon Zwickau; Jahresring Zwickau.

Berger, Ruth, Dr. phil., Judaistin, LBeauftr. U.Frankfurt/M., freie Autorin; c/o Goethe-Universität, FB 09, Seminar f. Judaistik, Bockenheimer Landstr. 133, D-60325 Frankfurt/Main, *ruth.berger@em.uni-frankfurt.de* (* Kassel 67). Hist. Rom. – **V:** Die Reise nach Karlsbad 03; Die Druckerin 03; Miss Lucy Steele 05; Gretchen. Ein Frankfurter Kriminalfall 07, alles hist. R.; Warum der Mensch spricht, Sachb. 08. (Red.)

Berger, Senta, Schauspielerin u. Produzentin; c/o Sentana Filmproduktion GmbH, Gebsattelstr. 30, D-81541 München (* Wien 13. 5. 41). – **V:** Ich habe ja ge-

wusst, dass ich fliegen kann, Erinn. 06, Tb. 07. – *Lit:* Heiko R. Blum: Senta Berger – Mit Charme und Power, Biogr. 06. (Red.)

Berger, Thomas, Gymnasiallehrer; Berliner Ring 9, D-65779 Kelkheim (* Magdeburg 2. 2. 52). Lyr., Ess., Gedankliche Kurzprosa, Aphor. – **V:** Die Asche der Zivilisation. Zwischenrufe 87; Die Blüten der Erkenntnis. Berührungen 87; Die Sterblichkeit der Worte. Ermutigungen 87; Die Innenseite der Worte 88; Möwen im Gleitflug, Haiku 92, 2. Aufl. 00; Morgenfels, Prosa-Miniatn. 93, 2. Aufl. 00; Eisblau. Ein Porträt 96; Das Zepter der Nyx 98; Im Angesicht der Finsternis, Ess. 99; Einkehr in die Nacht, Haiku 00; Von Haiku zu Haiku. Eine Jahreszeitenreise 02. – **MA:** Wehmut nach dem Tod der Götter, Thesen in: Vorgänge. Zs. f. Ges.politik, Nr. 40/41 79; Alles hat seine Zeit 96; Horchen in dem Tag 96; Land der offenen Fernen 98; Autoren-Werkstatt 65 98; Frankfurter Bibliothek I 2 01, 13 07; Auf den Weg schreiben 03; Ich träume deinen Rhythmus ... 03; Das Gewicht des Glücks 04; Auf Cranachs Spuren 04; Dass ich nicht lache 05; Und Kronach blüht auf 05; Der Klang der Kugeln 05; Lyrik und Prosa unserer Zeit, N.F. 1–8 05ff.; Bibliothek dt.sprachiger Gedichte. Ausgew. Werke IX u. X 06, 07.

Berger, Uwe, Red., Lektor; Birkenstr. 8, D-12559 Berlin, Tel. u. Fax (0 30) 6 51 48 88, *info@uwe-berger.net*, *www.uwe-berger.net* (* Eschwege 29. 9. 28). KB-DDR 49, Vizepräs. 82–89, SV-DDR 53, Vorst.mitgl. 73–89; Johannes-R.-Becher-Pr. 61, Heinrich-Heine-Pr. 68, Nationalpr. d. DDR 72, Johannes-R.-Becher-Med. 82, Theodor-Körner-Pr. d. DDR 88; Lyr., Nov., Rom., Ess. Üe: russ, engl. – **V:** Die Einwilligung, Erzn. 55; Straße der Heimat, G. 55; Der Dorn in dir, G. 58; Der Erde Herz, G. 60; Hütten am Strom, G. 1946–61 61; Rote Sonne, Tageb. 1946–63 63; Mittagsland, G. 65, 69; Gesichter, G. 68; Die Chance der Lyrik, Ess. 71; Bilder der Verwandlung, G. 71; Arbeitstage, Tageb. 1964–72 73; Feuerstein, G. 1946–72 74; Lächeln im Flug, G. 75, 80 (russ.); Backsteintor u. Spreewaldkahn, Prosa 75, 3. Aufl. 79; Zeitgericht, G. 1946–75 77; Nebelmeer u. Wermutsteppe, Prosa 77; Leise Worte, G. 78; Der Schamanenstein, Prosa 80; Nur ein Augenblick. 99 Reiseskizzen, Prosa 81; Auszug aus der Stille, G. 82; Das Verhängnis oder Die Liebe des Paul Fleming, R. 83, 3. Aufl. 87, 88 (estn.); Die Neigung, R. 84, 86; In deinen Augen dieses Widerscheinen, G. 85; Woher und wohin, Ess. 1972–84 86; Das Gespräch der Delphine, G. 86, 89; Weg in den Herbst, Autobiogr. 87; Traum des Orpheus, G. 1949–84 88; Last und Leichtigkeit, Oden 89; Flammen und Das Wort der Frau, Erz. 90; Atem, G. u. Grafiken 03; Räume, Verse u. Bilder 04; Pfade hinaus, Autobiogr. 05; Wegworte, G. 06; Kater-Vater, G. 06; Den Granatapfel ehren. Hundert G. 1949–89 07. – **MA:** zahlr. Beitr., Ess. u. G. in den Zss.: Aufbau 50–56; ndl 52–89; Sinn u. Form 55–91; Ess. u. Rez. in den Ztgn Zeit u. Tagesspiegel 90–92 u. 92–96; – Das Wort Mensch. Deutschsprachige G. aus 3 Jh., Anth. 72. – **H:** C.F. Meyer: Huttens letzte Tage, Dicht. 53; L.C.H. Hölty: Werke und Briefe 66; Logau: Sinngedichte 67; Gertrud Kolmar: Die Kerze von Arras, G. 68; Oskar Loerke: Die weite Fahrt, G. 70; G. Hauptmann: Verdüstertes Land, G. 71; L. Uhland: Frühlingsglaube, G., Betracht., G. 74; Paul Fleming: Sei dennoch unverzagt, G. 77; Gertrud Kolmar: Das Wort der Stummen, Nachgelass. G. 78, u. a. – **MH:** Deutsches Gedichtbuch 59, 5. Aufl. 77; Lyrik der DDR 70, 6. Aufl. 84, beide m. Günther Deicke. – **MÜe:** Russische Liebesgedichte 65; Prosa und Lyrik der britischen Inseln 68; Alexander Block: Lyrik und Prosa 82; Litauische Poesie aus zwei Jahrhunderten 83; Bulgarische Lyrik des 20. Jh. 84. – *Lit:* Günther Deicke in: Liebes- u. a. Erklärungen 72; Armin Zeißler in: Feuerstein 74; Werner Neubert: Ess., Interview in: Weimarer Beiträge 2/82; Walther Killy (Hrsg.): Literaturlex., Bd 1 88; Regina Nörtemann in: Gertrud Kolmar, Das lyr. Werk, Bd 3 03; Anneliese Berger in: Treptow-Köpenick. Ein Jahr- u. Leseb. 08.

Berger-Oberfeld, Ruth s. Oberfeld-Berger, Ruth

Berger-Thurm, Brigitte s. Thurm, Brigitte

Bergerfurth, Bruno, Dr. iur., Vors. Richter am Oberlandesgericht a. D.; Wandastr. 14, D-45136 Essen, Tel. (02 01) 25 24 83, *bruno.bergerfurth@t-online.de* (* Essen 30. 10. 27). – **V:** Rückblicke mit 80 (1927–1945), Biogr. 07. – **MA:** Barbara Grunert-Bronnen (Hrsg.): Die Ehe 68. – *Lit:* Dieter Schwab in: FamRZ 07; Klaus Schnitzler in: Forum Familienrecht 08.

†**Berggruen,** Heinz, Kunstsammler u. Mäzen, Dr. h. c.; lebte zuletzt in Berlin (* Berlin 6. 1. 14, † Paris 23. 2. 07). EM Bayer. Akad. d. Schönen Künste 98, Nationalpr. d. Dt. Nationalstift. 99, Dr. h.c. HdK Berlin 00, Gr. BVK m. Stern u. Schulterband 04, Pr. f. Verständigung u. Toleranz d. Jüdischen Mus. Berlin 05. – **V:** Angekreidet. Ein Zeitbuch 47, durchges. Ausg. u. d. T.: Abendstunden in Demokratie 98; Hauptweg und Nebenwege. Erinnerungen e. Kunstsammlers, Autobiogr. 96; Ein Berliner kehrt heim. Elf Jahre (1996–1999) 00; Monsieur Picasso und Herr Schaften, Erinn.stücke 01; Kleine Abschiede. 1935–1937: Berlin – Kopenhagen – Kalifornien (m. e. Vorw. v. Klaus Harpprecht) 04; Die Giacomettis und andere Freunde, Erinn.stücke 05.

Berghöfer, Erika s. Engen-Berghöfer, Erika

Berghöfer, Gerd, Schriftst.; Saazer Str. 4, D-91166 Georgensgmünd, Tel. (0 91 72) 66 95 52, Fax 66 95 53, *gerd.berghofer@t-online.de, www.gerd-berghofer.de* (* Nürnberg 26. 8. 67). VS 98, Pegnes. Blumenorden, NGL Erlangen (Hrsg.); Lit.pr. d. Kg. f. Lyr. 98, Förd.pr. d. VFS 00, FDA-Lit.pr. 01, Elisabeth-Engelhardt-Lit.pr. d. Ldkr. Roth 03; Lyr., Erz., Rom., Hörsp. – **V:** UnverWundbare Perspektive 98; Naßgeschwitzt 99; Lichthungrig 00; Die Geschmeidigkeit der Stunden 02; Sprachverknappung, alles Lyr.; Beziehungen und andere Feindschaften, Erz. 03. – **MA:** zahlr. Beitr. in Anth. u. Lit.zss., u. a. in: Rabenflug; Literat; Progreß; Ausschauen, Anth. – **R:** div. lit. Feat. u. Hörbilder im BR. (Red.)

Berghoff, Dagmar *

Berghoff, Tobias, Student; Goslarsche Str. 13A, D-38678 Clausthal-Zellerfeld, Tel. (0 53 23) 98 77 37, *toby.kadett_c@gmx.de, tobias.berghoff@tu-clausthal.de* (* Neheim-Hüsten 1. 1. 80). Lyr., Kurzgesch. Ue: engl. – **V:** Vorstadtromanze, Kurzgeschn. u. Lyr. 05. – **MA:** Hinter den Spiegeln, Lyr.-Sammelbd 96.

Berghorn, Paul-Bernhard, Musikalienhändler, Dipl.Sozialpäd.; Zolliker Str. 233, CH-8008 Zürich, Tel. 0 4 22 18 87, *oxford1@bluemail.ch, www.artepura-puraarte.com* (* Gelsenkirchen-Buer 5. 12. 57). Lit. Ges. Köln 77, ZSV 86, Assoc. Intern. Centro Culturale AI MIRACOLI, Venedig 95, Pro Lyrica, Vorst.mitgl. 97; Lyr., Ess., Sat., Kinderb., Erz. – **V:** Siehst du den Abend nicht, Lyr. 83; Stimmen der Stille, Lyr. 91; Über das Schweigen, Ess. 98; Was ist Improvisation, Ess. 99; Wo der Wind verweilt, Lyr. 00; Fragmentarische Gedanken zur Kunst, Ess. 02; Assoziationen, Gedanken u. Reflekt. 02; umarme mich mit deiner Stille, Lyr. 03; Stichworte, Aphor. 03; Das Lächeln der Eva oder Warum Adam in den Apfel biss, Sat., Glossen, Persiflagen 07; Reisenotizen 08. – **MA:** Lyrik (Ed. Leu) 81, 82/83, 83/84; Tippsel 1 85, 4 88;

Autoren im Dialog – Gedanken über Deutschland 91; Autoren im Dialog – Krieg um Frieden 91, alles Anth.; – zahlr. Beitr. in Lit.-Zss. seit 80, u. a. in: Kunst Redet; Die Synthese; Der Literat; Die Silhouette (Jerusalem). – *Lit:* Hans W. Zink in: Der Literat 92; J. Fröhlich / K. Meine / K. Riha (Hrsg.): Wende-Literatur 96.

Berginz, Arthur, Maschinenmonteur i. R.; Meilistr. 11, CH-8400 Winterthur, Tel. u. Fax (0 52) 2 12 98 29, *a.berginz@bluewin.ch* (* Zürich 16. 5. 46). – **V:** Licht im Dunkeln 06; Abenddämmerung 08; Lautlos schwebt ein Blatt zur Erde 09, alles G. u. Kurzgedichte.

Bergmaieli s. Doyon, Josy

Bergmann, Andreas, Dipl.-Kfm.; *a.bergmann@aliapharm.de.* c/o Books on Demand GmbH, Gutenberggring 53, D-22848 Norderstedt (* Eisenach 70). Lyr., Erz. – **V:** Das Leben macht Zukunft zur Gegenwart, Son. 02. (Red.)

Bergmann, Gottfried, Lehrer i. R.; Im Eichhölzli 12, CH-2502 Biel, Tel. (0 32) 3 23 15 49 (* Oberwil im Simmental 21. 10. 35). – **V:** Hans und der Falke, Kdb. 94; Pflanzenstudien, 4 Bde 97–07.

Bergmann, Heidi (geb. Heidi Bradhering); Goethestr. 53, D-08060 Zwickau, Tel. (03 75) 5 97 79 53, *heidi.bergmann@trentis.com, www.heidibergmann.de vu* (* Bad Doberan 17. 10. 35). Förd.studio Lit. Zwickau e.V., Mitbegründerin 95, Autorenverb. Berlin 97; Zwickauer Lit.pr. 95, 03, 1. u. 3. Pl. b. lit.-künstler. Wettbew. d. sächs. Ldes.zentrale f. polit. Bildung Dresden 03, 04, 06; Lyr., Erz. – **V:** Wach bleibt die Scham, G. 96; Geheimnis hütet der Stein, G. 97; Miesmuscheln und anderes mehr vom Meer, G., 1.–3. Aufl. 99; Aus der Ferne flüstert der Mond, lyr. Prosa, 1.–2. Aufl. 00; Fliegen können, Briefe u. G. 01; See Augen Blicke 03; Wenn die Steine wandern am Meer, G. u. Verserzn. 06. – **MA:** Beitr. in Anth.: Wenn blau es leuchtet 95; frech und fremd 96; Wind machen für Papierdrachen 97; Zwischen den Küssen 99; Flügelschlag zwischen den Horizonten 06; Angsthasen 01; Nun leicht er wieder 02; Erlkönig & Co, Balln. 02; Nationalbibliothek d. dt.sprachigen Gedichte / Bibliothek dt.sprachiger Gedichte. Ausgew. Werke V–IX 02–04, 06, 07; Flügellandüber 03; Augen-Blicke, Leseb. 03; Ein Sack voller Fäden 04; Umbrüche – Die Jahre 1989/1990 im Osten Dtlds, Leseb. 06; Ein ganz normaler Tag, Leseb. 07; Kinder, Kinder, Anth. 07. – in Lit.zss., u. a. in: Ostragehege 6/96, 13/98; Freiberger Lesehefte Nr. 3–10 00–07; Jahresring d. Förd.kr. Lit. Zwickau 96, 98, 00, 02, 04, 07; Bad Doberaner Jb., 10. Jg. 03. – *Lit:* W. Rauschenbach in: Signum, H. 1 07.

Bergmann, Karl Hans, Schriftst. (* Berlin 17. 3. 10). VS Berlin 65, Gutachter-Ausschuß f. d. Gerhart-Hauptmann-Pr. 53–66; Hist. Sachb., Ess. Ue: frz. – **V:** Im Kampf um das Reich, Ess. 44, erw. Neudruck 74; Babeuf. Gleich u. Ungleich 65; Die Bewegung „Freies Deutschland" in der Schweiz 1943–1945 74; Blanqui. Ein Rebell im 19. Jh 86; Der Schlaf von den Erwachen. Stationen d. Jahre 1931–1949 02. – **MA:** Klassiker des Sozialismus 91; Zeitmaschine Kino 92. – **H:** Die Rampe, Zs. 33–34; Neue Filmwelt, Zs. 47–49; Bll. d. Freien Volksbühne Berlin, Zs. 53–66. (Red.)

Bergmann, Martin, Dipl.-Ing.; Rotenhofgasse 62/4/2, A-1100 Wien, Tel. (06 50) 8 22 85 59, *M_Bergmann@gmx.at, www.burk-buch.info* (* Wien 25. 3. 75). – **V:** burk 06.

Bergmann, Rolf, Reiseverkehrskfm., Taxifahrer, Journalist, Studienleiter; Heynahtsstr. 10, D-01309 Dresden, Tel. (03 51) 3 14 64 89, Fax 31 46 64 75, *rolfbergmann@hotmail.com* (* Dresden 4. 9. 42). Werkkr. Lit. d. Arb.welt 74–99, VS 78; Mannheimer Kurz-

Bergmann

geschn.pr. 84, Reisestip. d. Ausw. Amtes f. Ostafrika 86; Rom., Erz., Kritik. – **V:** Cuba libre in Benidorm, R. 77, 83; Der Faule Pelz, Geschn. 89; Der Mann mit der Plastiktasche. Erinnerungen an den Bürger Kolb, Biogr. 00; Vier-Zwo-Zwo. Ein Taxiroman 03; Damals im Roten Kakadu, R. 05; Der Mann, der aus den Quadraten fiel, R. 08. – **MA:** Weg vom Fenster 76; Kriminalgeschichten (auch mithrsg.) 78, 79; Sportgeschichten 80.

Bergmann, Ulrich, Gymnasiallehrer für Deutsch u. Geschichte, Schriftst., Red.; Lotharstr. 9, D-53115 Bonn, Tel. (02 28) 26 33 70, *uli.bergmann@web.de, www.ulrichbergmann.de* (* Halle/S. 6. 4. 45). VS NRW 99–07; Pr. d. Forum Literatur Ludwigsburg 06; Prosa, Lyr., Visuelle Poesie. – **V:** Aeuszerste Ansicht der inneren Werte, visuelle Poesie 96; Kopflose Handlungen, Erzn. 99; Arthurgeschichten 05; Liebe Schlange Liebe Liebe, Erzn. 02; Kritische Körper, Erzn. 06. – **MA:** zahlr. Beitr. in Lit.-Zss. seit 90, u. a. in: Die Brücke; Dichtungsring; Gegner; jederart; Konzepte; Krautgarten; Muschelhaufen; ndl; ort der augen; Philotast; Die Rampe; sterz; Wohnzimmer; Zeichen & Wunder; Hans-Henny-Jahnn-Alm. 94; Westdeutscher Alm. 96; Heinrich-Heine-Alm. 97; Brecht-Alm. 98; Herbst, Lyr.-Anth.; Vorkehrungen 04; Apa amara cîntec alba-stru/Bitteres Wasser blaues Lied, Anth. 04. – **H:** Korrespondenz (Dichtungsring 24/25) 96; Treibhaus (Dichtungsring 32) 04; Zwischenmensch (Dichtungsring 34) 06. – **MH:** Dichtungsring, Zs., seit 91; Philotast, m. Nicole Traut u. Patrick Keßler, Internet-Kultur-Mag., seit 01; Heinz Küpper: Lyrik (Werkausg.), m. Armin Erfurthagen 08ff. – *Lit:* Leo Gillessen in: Krautgarten 36/00; Peter Lindemann in: Rheinzeitung 4./5.9.1999 Zirkular am Zeitstrand 6 01; Ronald Klein in: LIBUS, Nr. 15,04/02; Holger Benkel in: Philotast V, 02; ders. in: Eremitage 10 05; ders. in: Die Brücke 144 07; ders. in: Matrix 11 08.

Bergmeier, Florian; lebt in Hamburg, c/o Mitteldeutscher Verl., Halle/Saale (* Heidelberg 28. 8. 67). Rom., Übers. Ue: engl. – **V:** Nosig, R. 99; Gänsebucht, R. 07. – **Ue:** Theodore Lux Feininger: Zwei Welten. Mein Künstlerleben zwischen Bauhaus u. Amerika 06; Bill Niven: Das Buchenwaldkind 08.

Bergner, Elisabeth, hauptamtl. Kantorin (* Gräfenthal/Thür. 1. 2. 30). Lyr. – **V:** Ein Blatt in meiner Hand, Lyr. 99, erw.Aufl. 00. – **MA:** mehrere Lyr.-Beitr. in anth. d. Arnim Otto Verl. seit 97. (Red.)

Bergstroem, Charles s. Berling, Peter

Beriger, Andreas, Dr. phil.; Chesa Trais Stailas, CH-7502 Bever, Tel. (0 81) 8 54 03 65, *aberiger@sunrise. ch* (* Zürich 15. 2. 56). Rom. Ue: lat, ital, engl. – **V:** Hepa das Knuffeltier, Kinderb. 81; Das Netz. Engadiner Kriminalroman 06. – **H:** (u. Ue:) Johannes Butzbach: Odeporicon. Eine Autobiogr. aus d. Jahr 1506 91; Windesheimer Klosterkultur um 1500. Vita, Werk u. Lebenswelt d. Rutger Sycamber 04. – **Ue:** Huldrych Zwingli: Wie Jugendliche aus gutem Haus zu erziehen sind (1523), päd. Abhandlung 95; Die Vorsehung (1530), theolog. Abhandlung 95; Erklärung des christlichen Glaubens (1531), theolog. Abhandlung 95.

Berisa, Katja, Malerin; Sedlmayrstr. 18, D-80634 München, Tel. (0 89) 50 08 05 55, *katja.berisa@t-online.de, www.katja-berisa.de* (* München 5. 2. 72). – **V:** Jakob und das Zauberlächeln, Erz. f. Kinder 03. (Red.)

Berke, Joachim, Prokurist i. R.; An der Marienschule 6, D-49808 Lingen, Tel. (05 91) 6 36 01, Fax 6 78 17, *jberke@foto-gisela.de, www.foto-gisela.de* (* Bad Landeck 18. 11. 30). – **V:** Das Emsland im Bild, Bildbd 83; Im Zauber des Skorpions, Erzn. 02; die krokodilleder-

stiefel, Erzn. 05; Heimreise in die schles. Grafschaft Glatz, Biogr. 08; Erinnerungen an die schles. Grafschaft Glatz, Bildbd 08. – **MA:** Fotografieren vom Pol bis zum Äquator, Reiseerzn. 80; Durch tausend Türen 92; Das kleine Glück ist oft das große 94; Frischer Wind 95, alles Anth.; Ich Dich nicht, Sammelbd 03. – **H:** Grofschoftersch Feierobend 1923–1933; Guda Obend 1911–1939, alles Reprints v. Heimatkal. – **P:** zahlr. CD-ROMs seit 99.

Berkeley, Ann s. Lundholm, Anja

Berkenkamp, Anneliese (Ps. Agnes Barg), Malerin, Schriftst.; Carmerstr. 11, D-10623 Berlin, Tel. (0 30) 3 12 38 30, *annelieseberkenkamp@freenet.de* (* Berlin 7. 1. 25). VS (ausgetreten), NGL Berlin; Rom., Erz., Gesch., Lyr., Sat., Märchen, Hörsp. – **V:** Die Nacht des Stiers, Erzn. 01; Mein kleines Dorf, R. 04; Die alten Stühle, R. 05. (Red.)

†Berkensträter, Bert (Herbert Berkensträter), Texter, Fotograf; lebte in Wien (* Neuwied 15. 4. 41, † Wien 12. 4. 08). Sonderpr. f. Aphor. d. Öst. Jugendkulturwoche Innsbruck 69. – **V:** zungen-schläge 71; Schriftverkehr 74; Der Himmel ruht 86; An der Küste. Meer-Geschichten 06.

Berkéwicz, Ulla (Ps. Johannes Fein), Schriftst. u. Schauspielerin, Verlegerin d. Verlage Suhrkamp u. Insel; Suhrkamp Verlag, Lindenstr. 29–35, D-60325 Frankfurt/Main (* Gießen 5. 11. 51). P.E.N.-Zentr. Dtld; Ingeborg-Bachmann-Stip. 82, Andreas-Gryphius-Pr. 82, Stip. d. Dt. Lit.fonds 83, Pr. d. Hansestadt Hamburg 83, Märk. Stip. f. Lit. 88, Rheingau-Lit.pr. 95, Premio Grinzane Cavour, Turin 06. Ue: engl, span. – **V:** Josef stirbt, Erz. 82 (auch engl.); Michel, sag ich 84; Adam 87; Maria, Maria, 3 Erzn. 88; Nur Wir, Sch. 91; Engel sind schwarz und weiß, R. 92 (auch engl.); Mordad, Erz. 95; Zimzum, Erz. 97; Der Golem in Bayreuth, Musiktheaterspiel 99, UA 99; Ich weiß, daß du weißt, R. 99; Vielleicht werden wir ja verrückt, Ess. 02; Überlebnis 08. – **P:** Der Golem in Bayreuth, m. Lesch Schmidt, CD m. Textbook 02. – *Lit:* Hedwig Appelt: Die leibhaftige Lit. 89; Tilmann Moser: Lit.kritik als Hexenjagd 94; Sylvia Schwab in: KLG.

Berlin, Hartmut, Diplom-Journalist, Chefred. der Sat.-Zs. Eulenspiegel; c/o Redaktion Eulenspiegel, Gubener Str. 47, D-10243 Berlin, Tel. (0 30) 29 34 63 11, Fax 29 34 63 21 (* Siggelkow/Mecklenb. 2. 4. 44). Satirische Kurzgesch. – **V:** Die Nacht mit Brigitte, Geschn. 86, 89. – **MA:** Satn u. Kurzgeschn in: Eulenspiegel, Zs. – **P:** Die Eulenplatte, Schallpl. 85; Und wieder die Eule, Schallpl. 87. (Red.)

Berlin, Malou; Bremenweg 6, D-15537 Grünheide-Hangelsberg, *Malou-Berlin@gmx.de, www.malou-berlin.ber-it.de* (* Neckarsulm 20. 3. 61). Rom., Erz., Drehb. – **V:** Zeit bis Mitternacht, R. 06. – **MA:** Sappho küsst die Sterne, Erz. 04.

Berling, Peter (Ps. Charles Bergstroem, Manuel Stromberger), Produzent, Schauspieler, Schriftst.; lebt in Rom, c/o AVA international GmbH Autoren- u. Verlagsagentur, Herrsching, *www.peterberling.com* (* Meseritz-Obrawalde 20. 3. 34). GVL, VDFS, VG Wort, GEMA, SIAE, IMAIE; Leone d'oro b. IFF Venedig 64, Gr. Pr. b. IFF Taormina 78, Goldener Hugo b. IFF Chicago 78, Grand Prix b. IFF New Delhi 78, BVK am Bande 00; Rom. – **V:** Franziskus oder Das zweite Memorandum 89 (auch span., katalan.); Die Kinder des Gral, R. 91 (auch span., katalan., frz., estn., slowak., tsch., russ., ndl., port., griech., bras., poln.); Die 13 Jahre des Rainer Werner Fassbinder, Biogr. 92; Das Blut der Könige, R. 93 (auch span., katalan., frz., bras., poln., port., ndl., griech.); Die Nacht von Jesi, R. 94 (auch span., katalan.); Die Krone der Welt, R. 95

(auch span., frz., ndl.); Der schwarze Kelch, R. 97 (auch span., frz.); Die Ketzerin, R. 00 (auch span., frz.); Zodiak – Die Geschichte d. Astrologie, Sachb. 02 (auch tsch.); Das Kreuz der Kinder, R. 03 (auch span., frz.); Der Kelim der Prinzessin, R. 05 (auch span.); Das Paradies der Assassinen, R. 06. – **MA:** Zss., u. a.: Cinema; Kino; Spiegel; Lui; Penthouse; Playboy; NZZ u. GEO-Heft Rom 84–88. – **H:** Liebeskonzil 81. – **F:** als PRODUZENT von KURZFILMEN u. a.: Rennen 60; Der Sommer d. Grafen Trips 61; Protokoll e. Revolution 62/63; La femme fleur 64; Entwurf für e. Jahrhundert 65; Peggy Guggenheim 65; Alvar Aalto 65; Das seltsame Fest des Mr. Beardsley 66; Alastair 66; Duell 66; Ein Haus am Meer 66; Auftrag ohne Nummer 68; Das Kleid 68; Die Geschäftsfreunde 68/69; – Mitwirkung an über 100 SPIELFILMEN, davon als PRODUZENT/COPRODUZENT: Negresco – Eine tödliche Affäre 67; Whity 70; Warnung vor einer heiligen Nutte 70; Kowloon Chop (dt.: Les Humphries: Es knallt – und die Engel singen) 73/74; Marcia trionfale 75; Black & white in colour 78; Prova d'orchestra 78; Regno di Napoli 78; Concilio d'amore 81/82; Franziskus 88; – als SCHAUSPIELER u. a. in: Liebe ist kälter als der Tod 69; Die Niklashauser Fahrt 70; Aguirre, der Zorn Gottes 72; Mordi e fuggi 73; Martha 73; Die Ehe d. Maria Braun 78; Die Sehnsucht d. Veronika Voss 81; Fitzcarraldo 81; Der Name der Rose 85; Cobra Verde 87; The last temptation of Christ 87; The voyager (dt.: Homo Faber) 90. – **R:** ca. 100 Sdgn „facts & fakes" in Zus.arbeit m. Alexander Kluge ab 1991 (Ausstrahlung durch: RTL, SAT 1, VOX, XXP, n-tv, arte). – **P:** Mario Adorf liest „Das Blut der Könige", Hörb. 93. (Red.)

Berlinger, Joseph, Autor, Regisseur, Journalist; Uferstr. 7, D-93059 Regensburg, *ufer7@tiscali.de, www.josephberlinger.de* (* Furth i. Bayr. Wald 28. 2. 52). VS 80–03; Kulturpr. d. Kulturver. Bayer. Wald 82, Adalbert-Stifter-Stip. 96, ObPf. Kulturpr. Theater 01, Regensburger Kulturpr. 02; Theater, Lyr., Ess., Hörsp., Feat., Film. – **V:** Wohnzimma – Gflimma, G. u. Szenen in bair. Mda. 76, 79; Die neue dt. Mundartdichtung 78; Emerenz. Szenen, Briefe, Gedichte. Aus d. Leben d. bayer. Dichterin, Wirtin u. Emigrantin Emerenz Meier 80; Das zeitgenössische dt. Dialektgedicht 83; F.C. Delius gegen H.C. Artmann. Verbal(l)hornungen 84; Oskar Panizzas Liebeskonzil 90; Das Meer muss ich sehen. Eine Reise m. Adalbert Stifter 05; — THEATER/UA: Emerenz 82; auto mobile 85; Eisenbarth 86; Dollinger 89; Conquista 90; Blomberg 93; Dollingerspiel 95; Werther Goethe 99; SFinX 00; Don Juan 02; Die kleinen Todsünden 2005. – **MA:** Anth.: Sagst wasd magst. Mda.dicht. heute aus Bayern u. Öst. 75; Zammglaabt. Oberpfälzer Mda.dicht. 77; Oberpfälzisches Leseb. Vom Barock bis z. Gegenw. 76; Regensburger Leseb. 79; Für d'Muadda 80; WAA – Leseb. 82; Land ohne Wein u. Nachtigallen, G. 82; Dichten im Dialekt 85; Haß-Liebe Provinz 86; Reise-Leseb. Böhmen 91; Reise-Leseb. Bayer. Wald 93; Reise-Leseb. Oberpfalz 95; Böhmen. E. literar. Portr. 98; Lit. in Bayern, Zs., darin Kolumne: Ostbayer. Tageb. – **H:** Grenzgänge. Streifzüge durch den Bayerischen Wald 85; Nimm die Sonne in deinen Mund 92. – **F:** Der Damenherr. D. Heimsuchung d. Alfred Kubin (Buch u. Regie) 98. – **R:** ca. 50 Hfk-Feat. – **P:** Dollinger Blomberg Conquista. Drei Stücke, CD 97. – *Lit:* Fritz Wiedemann (Hrsg.): Überall brennt e. schönes Licht. Literaten u. Lit. aus Ostbayern 93; Eva Maria Fischer in: die dt. bühne 4/04. (Red.)

Berlinghof, Regina, Rechtsassessorin, Bibliotheks-Assessorin, PC-Trainerin, Verlegerin; Im Tal 1, D-65779 Kelkheim, Tel. (0 61 95) 90 00 04, Fax 90 00 10,

mail@regina-berlinghof.de, berlinghof@yahoo.de, www.regina-berlinghof.de (* Freiburg/Br. 12. 11. 47). VS Hessen; Rom., Lyr., Erz., Ess., Sat. Ue: engl, am. – **V:** Mirjam, Maria Magdalena und Jesus, R. 97, 2. Aufl. 98, Tb. 04; Wüste, Liebe und Computer, Erzn. 99, 3. Aufl. 06, beide auch als e-Book; Schrödingers Katharina oder Liebe am anderen Ende, R. 03. – **MA:** Sommerfest, Anth. 93. – **H:** Hafis: Der Diwan 99–05 (Reprint v. 1812/13); Hans Bethge: Nachdichtungen orientalischer Lyrik, 12 Bde 01–05; Das Hohelied Salomos – Der Gesang der Gesänge, dreispr. 05. – **P:** Geschn., Satn., G., Reiseberichte, Essays, Web-Tagebuch im Internet. – **MUe:** Garfield-Comics, m. Wolf Kugler, 6 Bde 84–86. (Red.)

Bern, Maria (Ps. f. Anna-Maria Niehues), Krankenschwester, Altenpflegerin, Frührentner seit 05; Seidenstr. 20, D-47918 Tönisvorst, *mabe06@gmx.de, www.maria-bern.de* (* Reimerzhoven 17. 6. 52). Lyr., Erz. – **V:** Ein Hauch Liebe und zarter Humor 04; ... ist heute Dienstag oder Mai 05; Lebensgedanken. Worte u. Liebe einer Altenpflegerin 05; Ein Teddy für Alle 05; Ich glaube indem ich lebe, mein Leben ist der Glaube, Autobiogr. 06; Wohin der Wille mich trägt, Autobiogr. 06; Weihnacht im Herzen 07. – **MA:** Menschlichkeit im Sein und Werden 07; Sinfonie des Lebens 08 (auch hrsg.).

Bernard, Frits (Ps. Victor Servatius), Dr., Klin. Psychologe/Sexuologe; Zisinglaan 350, NL-3026 BG Rotterdam, Tel. u. Fax (0 10) 4 37 07 74, *federico@euronet. nl.* Postbus 6591, NL-3002 AN Rotterdam (* Rotterdam 28. 8. 20). Rom., Nov., Ess. – **V:** Costa Brava. Gesch. e. jungen Liebe, R. 79 (auch holl., engl., frz.); Verfolgte Minderheit. e. pädophiler R. 80, 2. Aufl. 82 (auch holl., engl., frz.); 4 Sachb., teilw. auch fremdspr. 49–85. – **MV:** Männerfreundschaften. Die schönsten homosex. Liebesgeschn. 79; Der heimliche Sexus. Homosex. Belletristik in Dtld v. 1900 bis heute 79; 5 Sachb., teilw. auch fremdspr. 72–97. – *Lit:* Intern. Who's Who of Intellectuals 87/90; Men of Achievement, Intern. Biographical Centre Cambridge 87–89. (Red.)

Bernard, Jean-Marie s. Müller-Bernhardt, Jürgen

Bernard-Schwegmann, Ursula (Ps. Ursula Bernard), Lyrikerin, Malerin, Lehrerin; Hunteburger Weg 187, D-49086 Osnabrück (* Quakenbrück 7. 7. 52). LGO 75, Vors. seit 90; Lyr., Kurzprosa, Erz., Poetisches Kindertheater. – **V:** Bilder und Gedichte 84; Warte, laß mir Zeit, Bilder u. G. 86; Urkräfte, Lyr. u. Bilder v. S. Poller 87, frz. 88, russ. 89; Im mir Worte, Lyr. m. Fotos 88; Dir entgegen, Aquarellpoesie 90. – **MV:** Schlagader auf Eis, m. Thorsten Stegemann; Lyr. 99. – **MA:** 29 Beitr. in Lyr.-Anth., 2 Beitr. in: Aufbau, Zs. 84, 86. – **H:** Wittlager Lesebuch 89; Spurensuche 90; Wortlandschaften. Lyr. u. Prosa v. Autoren a. Lit. Gr. Osnabrück z. 25jährigen Jubiläum 96. – **P:** Lit.-Tel. Osnabrück z. Lübeck. (Red.)

Bernarding, Klaus, Reg.-Schuldir. a. D.; Malstatter Markt 7, D-66115 Saarbrücken, Tel. u. Fax (06 81) 4 61 99, *autorbernarding@t-online.de.* 20, rue du Pressoir, F-55210 Billy-sous-les-Côtes (* Schmelz, Kr. Saarlouis 8. 5. 35). VS; VS-Reisestip. 73, Saarbrücker Stadtteilautor 81/82, Elsasspr. – Pr. d. Acad. d'Alsace 87, Reisestip. Institut Français, Saar-Uni 93; Lyr., Erz., Hörsp. Lyr. – **V:** Härtefälle, Mappe M. G. u. Graf. 71; Die Regierungs-v-erklärung, Sprechst. 72; Familientreff, Prosa 75; Laut- und Stillstände, G. 77; Glückauf und Nieder, Prosa 78; Grenzgänge, G. 81; Molschder Momente, Prosa 83; Peñiscola, Prosastücke 88; Der Leitz wird's richten, Ber. 91; Mein achter Mai 95; Voltaire in Briefen 95; Cura Nostra 96; Tage der Mirabelle 98; Hambacher 99; Grenz Schreib Art 01; Mein Freund

Bernardoni

Georges 04; Lothringer Passagen, I 07, II 09. – **R:** Unser Kandidat, Hsp. 87; Weit und breit kein Hugenott 00, u. a. – **Ue:** François de Bassompierre: Mémoires 69; Voltaire: Lettres philosophiques 70; M'Hamsadji: Fleurs de Novembre 71; Claude Tillier: Pamphlets 74, alle f. d. Funk bearb.

Bernardoni, Claudia, Dr. phil., Autorin u. Moderatorin; Waldparkstr. 57, D-85521 Riemerling, Tel. (0 89) 6 09 08 56, Fax 66 59 66 38, *Claudia. Bernardoni@t-online.de, www.claudia-bernardoni.de* (* Berlin 13. 6. 39). Rom. – **V:** Die Opfer des Minotaurus, philosoph. R. 02; weitere Publikationen auf nichtliterar. Gebiet. (Red.)

Bernardy, Jörg, Mag.; Pionierstr. 50, D-40215 Düsseldorf, Tel. (02 11) 17 80 68 05, *giorgiobernardy@aol. com* (* Dueren 29. 4. 82). BVJA; Heidelberger Kunst- u. Kulturpr. 07; Rom., Lyr. Ue: frz. – **V:** seelenknospen – psychotisches erleben, Lyr. 07; !leb dich frei – eine lyrische apokalypse 07. – **MA:** Ricochets Poésie, revue de poésie (Paris) Nr. 0/08.

Bernasconi, Rosmarie; Schifflaube 26, CH-3011 Bern, Tel. (0 31) 3 11 01 08, Fax 3 12 38 87, *verlag@ astrosmarie.ch, www.astrosmarie.ch.* Rom., Erz. – **V:** Der gebeichtete Apfel u. a. Erzählungen 97; Der getaufte Pfarrer, Geschn. 99. – **MV:** Das Jahrhunderthochwasser, m. Peter Maibach 99. (Red.)

Bernays, Ueli, Journalist, Musikredaktor d. NZZ; Pfirsichstr. 15, CH-8006 Zürich, Tel. 04 32 55 00 62 (* Zürich 25. 6. 64). E.gabe d. Kt. Zürich 00, Robert-Walser-Pr. 01. – **V:** August, R. 00. (Red.)

Berndl, Klaus (Ps. Lukas Bernhardt), Dr. phil., Schriftst., Historiker, Lektor; c/o ÄNDERUNGSTEXTEREI GbR Berndl – Lindhorst – Krull, Otawistr. 13, D-13351 Berlin, Tel. (0 30) 3 96 31 35, *berndl@arcor. de, www.aenderungstexterei.de/berndl.htm* (* Mayen 3. 12. 66). NGL 97, GNL 04; Martha-Saalfeld-Förd.pr. 01; Rom., Sachb. – **V:** Alfred Biolek. Szenenwechsel, Biogr. 00; Feindberührung, R. 04. – **MV:** Geschichte der Welt, m. Markus Hattstein, Arthur Knebel, Hermann-Josef Udelhoven, Sachb. 06.

Berndorf, Jacques (Ps. f. Michael Preute), Journalist, Schriftst.; Heyrother Str. 1, D-54552 Dreis-Brück, Tel. (0 65 95) 1 05 91, Fax 1 05 94, *info@jacques-berndorf. de, www.jacques-berndorf.de* (* Duisburg 22. 10. 36). Eifel-Lit.pr. 96, Ehren-GLAUSER 03. – **V:** Krim.-Romane: Magnetfeld des Bösen 70; Der Reporter 71; Der Verführer mit dem goldenen Herzen 73; Der General und das Mädchen 90; Requiem für einen Henker 90; Der letzte Agent 93, Neuaufl. 05; Eine Reise nach Genf 93; Der Kurier 96; Die Raffkes 03; Ein guter Mann 05; Der Bär 07; Bruderdienst 07; – Eifel-Krimis: Eifel-Blues 89; Eifel-Gold 94; Eifel-Filz 95; Eifel-Schnee 96; Eifel-Feuer 97; Eifel-Rallye 97; Eifel-Jagd 98; Eifel-Sturm 99; Eifel-Müll 00; Eifel-Wasser 01; Eifel-Liebe 02; Eifel-Träume 04; Eifel-Kreuz 06; Mond über der Eifel 08; – Sachbücher: Mord-Schmitt 75; Elvis Presley 77; Aberglauben-GmbH, Jugendsachb. 84; Deutschlands Kriminalfall Nr. 1, Vera Brühne – ein Justizirrtum? 79; Vom Bunker der Bundesregierung 84; Der Bunker. Eine Reise in d. Bonner Unterwelt 89; Drogenmarkt Schule 91; Wenn du wirst in Deutschland 94; Rechts um – zum Abitur 95; 111 Jahre Gerolsteiner Brunnen, Chron. 99; Gebrauchsanweisung für die Eifel 07. – **H:** Jürgen würgen... 99; Mords-Eifel 04; Tatort Eifel 07. – **R:** Eifel-Schnee, Fsf. 00. – *Lit:* Rutger Booss (Hrsg.): J.B. – Eifel-Täter, e. Fanbuch 01. (Red.)

Berneburger, Cordt s. Brussig, Thomas

Berneck, Ludwig s. Schreiber, Hermann

Bernecker, Paul G. (Ps. P. Georg Bernecker); Haidingergasse 19, A-1030 Wien, Tel. (01) 7 18 87 63, Fax 71 88 76 34, *pgbernecker@gmx.at* (* Wien 18. 4. 37). Lyr., Dramatik. – **V:** Auf dem Seelenwagen, Lyr. 02; Gesänge an die Katze. Lyr. 04; Gibt's hier eine Welt?, Sch. 05. (Red.)

Berner, Heinrich s. Kaune, Rainer

Berner, Lutz s. Bender, Helmut

Berner, Urs, Schriftst.; Schärerstr. 9, CH-3014 Bern, Tel. (0 31) 3 3 17 77 74, *urs.berner@sunrise.ch* (* Schafisheim 17. 4. 44). AdS, Dt.schweizer. P.E.N.-Zentr., Pro Litteris, VG Wort; Werkjahrpr. d. Stadt Zürich 80, Pr. d. Schweiz. Schillerstift., Werkjahr d. Aargauer Kuratoriums 87, Werkaufenthalt d. Aargauer Kuratoriums in Prag 00, Stip. Künstlerdorf Schöppingen 02; Rom., Erz., Theaterst. – **V:** Purzelbaum rückwärts, Prosa 72, 75; Der Nachmittag auf dem Zimmer, Geschn. 75; Friedrichs einsame Träume in der Stadt am Fluss, R. 77; Fluchtrouten, R. 80; Wunschzeiten, R. 85, 86; Das Wunder von Dublin, Geschn. 87; Die Lottokönige, R. 89; Irisches Labyrinth, R. 04; Himmelsspiel, R. 06. – **MA:** Pack deine Sachen in einen Container u. komm. Sieben Schweizer Autoren begegnen Israel 79; Gasthausschildereien 89; Das große Lesebuch d. Schweiz 93; Literaturkritik u. erzählerische Praxis: Dt.sprachige Erzähler d. Gegenwart 95; Berner Texte 02; Top 22, Teil II 05. – **P:** Undereinisch. Gschechte i de Muetersproch, CD 04. – *Lit:* Jolanda Melanšek: Wenn man in die Haut d. andern Geschlecht schleicht, Dipl.arb. Univ. Maribor/Slowenien 00.

Bernet, Dominik, lic. phil., Restaurateur, Webetexter, Maknenprüfer, Projektleiter, PR-Verantwortlicher, seit 06 freier Drehb.- u. Romanautor; Röschibachstr. 79, CH-8037 Zürich, Tel. (0 79) 4 34 81 18, *dominik.bernet@hispeed.ch* (* Basel 29. 5. 69). AdS 07, Suissimage, Pro Litteris; Drehb.-beitr. von: Bundesamt f. Kultur, Filmstift. Zürich, Media Ersatzmassnahmen 05 u. 07, Kuratorium Aarau 07, Werkbeitr. d. Kt. Zürich 08; Rom., Drehb. – **V:** Marmorera, Drehb. 06, 3. Aufl. 07, Tb. 1.u.2. Aufl. 08. – **F:** Marmorera, Drehb. 07. – **R:** Hunkeler macht Sachen, Drehb. 07.

Bernhagen, Bärbel, Lehrerin; Büscherweg 9, D-58566 Kierspe (* Neudamm/Neumark 5. 1. 40). Lyr. – **V:** Gleichgewichtsstörungen, G. 86; Restposten Liebe, Lyr. 99. (Red.)

Bernhard, Dagmar, M. A., Reiki-Lehrerin, Autorin; Leiblstr. 14, D-83024 Rosenheim/Obb., Tel. (0 80 31) 8 67 06, *DagmarBernhard@aol.com, www. reiki-chosdorje.de* (* Rosenheim/Obb. 19. 4. 62). Theaterst., Kurzgesch. Ue: engl. – **V:** Bierflaschenkrieg u. a. Stücke 91; Servus Paula!, Drehb. 91; Biertraum 92; Die Biertester 94; Grüne Eier 95; Göring-Gröning 98, alles Theaterst. – **R:** Verpaßt, Hsp. 91. – **Ue:** F. Hodgson Burnett: Der kleine Lord Fauntleroy, R. 99.

Bernhard, Wolfgang, Hauptschullehrer; Wagnerstr. 16, D-48336 Sassenberg, Tel. (0 25 83) 7 72 (* Gronau/ Westf. 13. 8. 46). Lyr., Erz. – **V:** Schattenliebe, G. 84. – **MA:** Abseits der Eitelkeiten, Lyr.-Anth. 87; Pyrit, Lyr.-Anth.; ZEITschrift, Bde 8, 26, 39, 49, 51, 59, 66, 71, 76, 82, 92, 99. (Red.)

Bernhardt, Christian; lebt in Köln, *hallo@ christianbernhardt.de, www.christianbernhardt.de* (* Köln 64). – **V:** tagelang, R. 04; Bis es anders wird, R. 06. (Red.)

Bernhardt, Lukas s. Berndl, Klaus

Bernhart, Toni, Dr. phil.; Zinggweg 3, I-39026 Prad, *bernhart.berlin@web.de, www.bernhart.it* (* Meran 4. 10. 71). GAV 03; Förd.pr. d. Goethe-Stift., Basel 99;

Prosa, Drama, Hörsp. Ue: ital. – **V:** Passio, UA 91; Vinschgauwärts. Eine literar. Wanderung 98; Lasamarmo, UA 99; Lasamarmo und andere Stücke 02; Langes afn Zirblhouf, Volksst., UA 02; Martinisommer. Neue Stücke 05; Martinisommer, UA 06. – **MA:** eDiT 12 96, 16 98; Literatur in Südtirol, Anth. 97; Schriftzüge 97; Arunda 48 98; Texttürme 4 99; Leteratura, Literatur, Letteratura 99; Arunda 53 00; Villa Augusta 01; Podium 119/120 01; Orte 126 02; Aus der neuen Welt 03; Signum 2 04; Weinlesen 06. – **H:** Johannes Ulrich von Federspiel: Hirlanda, Dr. u. Kommentar 99; Sizilien, Anth. 01; Josef Feichtinger: Sadistik und Satire 03. – **R:** Zwei weiter und dann rechts 02; Langes afn Zirblhouf 04; von da nach dort und zu mir zurück 04; Martinisommer 06, alles Hsp. – **Ue:** Luca De Bei: Hund und Hase, Stück 04. (Red.)

Bernhof, Reinhard, freischaff. Schriftst.; Roßlauer Str. 8, D-04157 Leipzig, Tel. u. Fax (03 41) 9 12 02 38, *www.reinhard-bernhof.de* (* Breslau 6. 6. 40). SV-DDR 74, Neues Forum, Gründ.mitgl. 89 Lit.büro Leipzig, Gründ.mitgl. 90 VS Leipzig, Vors. 92; Louis-Fürnberg-Pr. 76, Stip. d. Dt. Lit.fonds 91; Lyr., Prosa, Kinderb. – **V:** Was weiß ich, Spanien ist viel mehr ..., G. 74; Landwechsel, G. 77; Der Angriff des Efeus, G. 82, 3. Aufl. 87; Leipzig, Hauptbahnhof, G. 86; Tägliches Utopia, G. 87; Die Ameisenstraße, Erz. 87, 88; Der Siegersturz, Poem 91; Stechapfel 30, G. 96; Liebesfische, G. 03; Interzonenzug I & II, Erzn. 04; Leipziger Protokolle 04; Wegen Schweigens zeige ich mich an. Die verbotenen Texte 1976–1992 05; Herbstmarathon. Innenräume einer Revolution 06; Augenblicke der Kinder, Erzn. 06; Fluchtkind oder Die langen Schatten der Lokomotiven, R. 06; – KINDERBÜCHER: Die Kuckuckspfeife, G. 73, 2. Aufl. 76; Als die Pappel zur Sonne wuchs, Bilderb. 75, 3. Aufl. 77; Pelop und der Delphin, Bilderb. 82; Die Kürbiskernkopeke, Bilderb. 82; Ben sucht die Quelle, Erz. 77, 10. Aufl. 83; Der Mann mit dem traurigen Birnengesicht, Erz. 82, 2. Aufl. 83; Hupe, Klingel, Pfiff, Bilderb. 83, 3. Aufl. 87; Pelop und der treue Delphin, Bilderb. 04; Lockerlangbarts Geheimnis, M. 04; Die grosse goldene Weltzeituhr 05. – **MV:** Neue Kindergeschichten, ausgew. aus Manuskr. z. Peter-Härtling-Pr. f. Kinderlit. 89, 90; Unbekannte Aktionen zur Leipziger Revolution 89; Nicht allein im Rosental 89. – **MA:** Poezie NDR. Poesie der DDR, G., dt.-poln. 79; Dimension, Bd. 14 81; Regine Möbius 95; Von Abraham bis Zwerenz 95; Orte und Landschaften. Lyrik und Prosa 97; Großstadtlyrik 99; zahlr. Beitr. in: ndl; Sinn und Form. – **H:** Umfeldblätter, illegale Lit.zs., 3 Hefte 88–89. (Red.)

Bernig, Heinrich H. s. Kurowski, Franz

Bernig, Jörg, Dr. phil., Germanist, Schriftst.; Am Gottesacker 32, D-01445 Radebeul, Tel. (03 51) 8 62 84 80, *Joerg.Bernig@web.de* (* Wurzen 17. 1. 64). Autorenkr. d. Bdesrep. Dtld, P.E.N.-Zentr. Dtld; Arb.-stip. d. Ldes Sa. 99, Friedrich-Hölderlin-Pr. d. Stadt Homburg (Förd.pr.) 00, Else-Heiliger-Stip. 01, Kunstpr. d. Hanna-Johannes-Arras-Stift. 03, Förd.pr. z. Lessing-Pr. d. Ldes Sa. 05, Sudetendt. Kulturpr. f. Lit. 05, Stip. d. Kulturstift. Sachsen 07, Stip. d. Dt. Lit.fonds 08; Rom., Lyr., Erz. Ue: engl. – **V:** Eingekesselt. Die Schlacht um Stalingrad im dt.spr. Roman nach 1945 97; Winterkinder, G. 98; Dahinter die Stille, R. 99; Niemandszeit, R. 02; billett zu den göttern, G. 02; Weder Ebbe noch Flut, R. 07; Die ersten Tage, Erz. 07; wüten gegen die stunden, G. 09. – **MA:** zahlr. Beitr. in Anth. u. Zss., u. a. in: Krieg u. Literatur / War and Literature 94, 00; Landschaft mit Leuchtspuren 99; ndl 00; Amsterdamer Beiträge z. neueren Germanistik 00 u. 53 03; Antigones Bruder u. a. Erzählungen, Anth. 03; Heine-

Jb. 03; Gottfried-Benn-Jb., 2. Jg. 04; Stadt Land Krieg, Anth. 04; Die Zerstörung Dresdens. Antworten d. Künste 05; Signum, Sonderh. 10 06; Dresden. Eine lit. Einladung 06; Stifter-Jb. 07. – **MH:** Literaturlandschaft im Wandel 06; Deutsch-deutsches Literaturexil 08, beide m. W. Schmitz. – *Lit:* Christoph Perels in: Friedrich-Hölderlin-Preis. Reden z. Preisverl. am 7.6.00; Ulrich Fröschle in: Lit.bl. f. Baden u. Württemberg 2/02; Barbara v. Wulffen in: Bayer. Akademie d. Künste (Hrsg.): Jb. 16 02; Thomas Kraft in: LDGL 03; Nicole Birtsch in: Orbis Linguarum 04; Tomáš Kafka in: Lessing-Preis d. Freistaates Sachsen 05; Dankreden und Laudationes 05; Ulrich Staschik in: Lesart 1/08.

Bernstein, F. W. (Ps. f. Fritz Weigle), Prof. em., Schriftst., Cartoonist, Zeichenlehrer; Südendstr. 2, D-12169 Berlin, Tel. (0 30) 7 91 65 58, *fwb@fw-bernstein. de, www.fw-bernstein.de* (* Göppingen 4. 3. 38). Göttinger Elch 03, Binding-Kulturpr. (m.a.) 03, Kasseler Lit.pr. f. grotesken Humor 08. – **V:** Reimwärts 81; Sag mal Hund, Kdb. 82; Sternstunden eines Federhalters 86; Lockruf der Liebe, G. 88; Reimweh, G. u. Prosa 94; Der Dinggang, G. 94; Der Struwwelpeter umgetopft 94; Wenn Engel, dann solche 94; Die Stunde der Männertränen, Texte u. Zeichn. 95; Der Untergang Göttingens und andere Kunststücke in Wrt & Bld 00; Elche, Molche, ich und du, Reime 00; Richard Wagners Fahrt ins Glück, Bilder u. Verse 00; Die Gedichte 03; Kunst & Kikeriki. Gewählte Texte u. Lobreden 04; Die Superfusseldüse. 19 Dramen in unordentlichem Zustand 06; Luscht und Geischt, ausgew. G. 07, u. a. – **MV:** Die Wahrheit über Arnold Hau, m. Robert Gernhardt u. F.K. Waechter 66; Besternte Ernte, m. Robert Gernhardt 76; Welt im Spiegel. WimS-Vorlesebuch 1964–1976, m. R. Gernhardt u. F.K. Waechter 79; Hört, Hört! Das WimS-Vorlesbuch, m. R. Gernhardt 89; Berliner Bilderbuch brominenter Bersönlichkeiten, m. Manfred Bofinger 99, u. a. – **MA:** pardon, Sat.-Mag. (Red.), 84–99; Titanic; konkret. – **H:** Bernsteins Buch der Zeichnerei 89. – **MH:** Unser Goethe 82. – **P:** Im Wunderland der Triebe, Schallpl. 67; Die drei Frisöre, CD 99, beide m. R. Gernhardt u. F.K. Waechter; Die schärfsten Kritiker der Elche waren früher selber, CD 04; Horch, ein Schrank geht durch die Nacht, CD 05, u. a. – *Lit:* W.P. Fahrenberg (Hrsg.): Die schärfsten Kritiker 87; www.literaturkritik.de, Ausg. Nr.3, März 03. (Red.)

Bernsteiner, Katrin; Parkgasse 2, A-2123 Unterolberndorf, Tel. (06 80) 2 11 95 31, *katrin.bernsteiner@ gmx.at* (* Mistelbach 27. 10. 89). Rom. – **V:** Das Kristallene Schwert. Eine Prophezeiung wird Wirklichkeit 06.

Bernt, Eva Christina, Erzieherin, Heilpäd.; Uferweg 2, D-36251 Ludwigsau-Mecklar, Tel. u. Fax (0 66 21) 7 77 93, *Berntec2@aol.com* (* Rotenburg/Fulda 30. 4. 70). Kinderb. – **V:** Sascha 00; Jana und die frechen Jungs 02. (Red.)

Bernuth, Christa von, freie Journalistin; Bischof-Adalbert-Str. 24, D-80809 München, Tel. (0 89) 36 10 91 14, *bernuth@gmx.de, www.christa-bernuth.de* (* 61). – **V:** Die Frau, die ihr Gewissen verlor 99; Die Stimmen 01; Untreu 03; Damals warst du still 05; Innere Sicherheit 06. (Red.)

Berov, Liliana (Ps. Liliana Berov-Bejanova), Lic. phil.; Rappenstr. 42, CH-8307 Effretikon, Tel. (0 52) 3 43 63 16, *liliana.berov@hispeed.ch* (* Gorna-Orehowiza/Bulg. 22. 2. 36). AdS, GZL 93; Lyr., Erz., Märchen, Kurzgesch. – **V:** Die wilde Rose und der Gärtner, M. f. Erwachsene, Erzn., G. 86; Geteilte Sonne, Lyr. 88; Ritualtanz, Lyr. 93. – **MA:** Beitr. in Lyr.- u. Prosa-Anth.; Märchen u. Gedichte in lit. Zss., u. a.: Noisma; Philodendron; Lyr. Annälen; Gaucke's Jb. 87, 88,

91; Tippsel 3 – Begegnungen; Reisegepäck 2; Al'Leu; Standort ZSV 1994; ZEITschrift; Kindheit im Gedicht, Anth. 02; Stimmen der Natur 05; Die besten Gedichte 05, 06; Neue Literatur 06. (Red.)

Berr, Annette, Autorin, Texterin, Malerin, Sängerin; Berlin, *info@annette-berr.de, www.annetteberr.de* (* Berlin 7. 6. 62). – **V:** Nachts sind alle Katzen breit, Geschn. 86; Flamingos und andere schwarze Vögel, Erzn., Songs u. G. 87; Orpheus und Sibirien, R. 88; Orgasmusmaschine, erot. Erzn. 00; Ein Wimpernschlag, der Fallbeil ist, G. 04; Schwarzes Öl, Erotik-Thr. 06; Die Stille nach dem Mord, Thr. 07. – **P:** Blaue Krokodile 91; Haus mit 13 Zimmern 92; schlaflos 94; „... und decke mich mit Sehnsucht zu" 97; màscará 00. (Red.)

Berres, Georg K. (Ps. Bill GoGer), Autor; Beuelsweg 5, D-50733 Köln, Tel. u. Fax (02 21) 72 36 82, *Go Ger@web.de* (* Köln 11. 2. 51). IG Medien; Arb.stip. d. Ldes NRW 92; Krimi, Sat., Kindergesch. – **V:** Gibt es ein Leben nach dem 40.?, Sat. 91, 4. Aufl. 96; O Solo Mio – Das Single-Buch, Sat. 92; Tips & Tricks: Singles 93, Neuaufl. u. d. T. Fröhlicher Ratgeber: Single 96. – **H:** ZEBRA, das anspruchsvolle dt. Comic-Mag. 1–17, seit 83. – **R:** zahlr. Krim.-Hsp. f. versch. Hfkprogr. seit 80, 43 RateKrimis f. d. Reihe „Wer ist der Täter" im BR, teilw. m. Tom Blaffert seit 85; 8 Kindergeschn. f. „Ohrenbär" seit 93; Fsf. f. Kinder: Goodbye – Johnny 79; Post! 79; Petzi und seine Freunde, 2 Drehb. 98. – **P:** Dem Täter auf der Spur, m. Tom Blaffert, 6 DVDs 08.

Berry, Thomas s. Schenk, Lis

Berssen, Traute, Autorin; Oldenburger Str. 136, D-27753 Delmenhorst (* Braake b. Bremen 15. 6. 53). Erz. – **V:** In Rot und Moll, Erzn. 05. – **MA:** zahlr. Beitr. in dt. u. öst. Lit.-Zss. seit 80, insbes. in: Wegwarten, Zs.; Bremer Texte 2, Anth. 05.

Berster, Rosemarie; Von-der-Recke-Str. 28, D-58300 Wetter, Tel. (0 23 35) 6 69 09 (* Hohenlimburg 28. 7. 36). Lyr., Erfahrungsbericht. – **V:** Begegnungen unter dem Himmel, Gedanken u. G. 87; Das Lächeln des Trompeters, Lyr. 97; Freiheit, die ich meine, Lyr. 01. – **MA:** Kraft in den Schwachen 89, 93. (Red.)

Bertelmann, Fred, Sänger, Schauspieler (Kino, Theater u. Musical); Am Hohenberg 9, D-82335 Berg, Starnb. See, Tel. (0 81 51) 5 05 26, *www.fredbertelmann.de* (* Duisburg 7. 10. 25). BVK, 1. Pr.träger „Goldener Hund"; Hörsp., Fernsehsp. – **V:** Der lachende Vagabund, Autobiogr. 95. – *Lit:* Peter Kranzpiller: F.B. – Ein Senkrechtstarter hält die Spur (Stars der Kinoszene Sonderbd 2) 04. (Red.)

Bertelsbeck, Norbert, Dipl.-Biol., Lehrer, StudR.; Curtmannstr. 30, D-35394 Gießen (* Coesfeld 8. 8. 58). Rom., Nov. – **V:** Menschen nach Ihrem Bilde, R. 85. (Red.)

Berthold, Jürgen, ObStudR. am Gymnasium; Am Branddorn 2, D-58675 Hemer, Tel. (0 23 72) 34 09, *berthold.home@t-online.de, www.nrw-autoren-imnetz.de* (* Halle/S. 11. 4. 48). Kinderb. – **V:** Das tolle Auto Ottocar 83; Das tolle Auto Ottocar ... und die schwarzen Ritter 84, ... und die Weißwetterhexe 86, ... und der Zauberer Spitzeck 86, ... und das Piratenschiff 87, ... und die Feuerzwerge 87; Der Tag, an dem Onkel Paul verschwand 85. – *Lit:* Lit.atlas NRW 92; DLL, Erg.Bd II 94; Westfäl. Autorenlex., Bd 4 03. (Red.)

Berthold, Karin, Kommunikationswiss., Lehrerin f. Deutsch als Fremdspr.; Karl-Marx-Str. 34, D-12034 Berlin, *karinberthold@msn.com, www.karinberthold. de.* GR-29092 Lithakis-Faneromi/Zakynthos, Fax (00 30–2 69 50) 5 27 83 (* Düsseldorf 9. 11. 57). Rom., Lyr., Erz. – **V:** Eins und Eins ist Zwei, R. 06; ... und immer wieder gedichte und lieder, Lyr. 08. – **MA:**

Frankfurter Bibliothek 08; Jahrmarkt der Geschenke 08; 100% Schokolade 08; Menschen am Fluss 08, alles Anth. – **P:** Praxismappe Deutsch, Mat.-Samml. f. Sprachlernspiele, CD 04.

Bertini, Luigi s. Balling, Adalbert Ludwig

Bertram, Erika B. s. Blaas, Erika B.

Bertram, Heinz-Wilhelm, freier Journalist u. Autor; *bertram-media@t-online.de* (* Kalefeld/Harz 30. 5. 56). Gr. Pr. d. Verb. Dt. Sportjournalisten. – **V:** Sprich, altes Dorf. Eine literar. Nachlese z. Leben auf d. Lande, literar. Dok. 03. (Red.)

Bertram, Hilde s. Bertsch, Hilde

Bertram, Nika, Autorin; *chefkoch@nikaweb. de, www.nikabertram.com* (* Aachen 24. 5. 70). VS 01; Rolf-Dieter-Brinkmann-Stip. 00, Stip. d. Arno-Schmidt-Stift. 02, Stip. d. Ldes NRW 08, u. a.; Rom., Hörsp. – **V:** Der Kahuna-Modus, R. 01. – **MA:** Geliebte Lust 02; Literatur.digital 02; noch weiter im text 04; Tierische Liebe 05; Gänsehautprothesen 07; Das Kölner Kneipenbuch 07. – **R:** Toward Another (NDR) 98; Octopussy (NDR) 06. (Red.)

Bertram, Peter, Lehrer i. R.; Henkelbrey 86, D-46286 Dorsten, Tel. (0 23 69) 9 12 93, *ber15344@aol. com* (* Oranienburg 15. 3. 44). Literar. Arb.kr. Dorsten 90; Lyr., Erz. – **V:** Traumblüten, Lyr., Erz. 00. – **MA:** Wie ein entwurzelter Baum 93; Die Jahre der Blüte 94; div. Heimatkal. seit 95; Pflücke die Sterne, Sultanim 96; Dorstener Geschichten 00. (Red.)

Bertram, Rüdiger, Autor; Mainzer Str. 24, D-50678 Köln, Tel. (02 21) 37 53 04 (* Ratingen 5. 67). Kinderb., Drehb. – **V:** Pizza Krawalla 05; Thelonius in der Sofawelt 05; Fünf Wunder für den Weihnachtsmann 06; Der hundsgemeine Bücherklau 06; Leonard Grille & Band 07; Knastkinder, Jgd.-Theaterst., UA 07; Knastkinder, Jgdb. 09, u. a. (Red.)

Bertrand, Wolfgang s. Kudrnofsky, Wolfgang

Bertsch, Alexander; Im Landgraben 16, D-74232 Abstatt, Tel. (0 70 62) 6 17 48, Fax 97 40 94, *alex.bertsch@t-online.de, www.alexander-bertsch.de* (* Heilbronn 4. 2. 40). VS 93, Literar. Ver. Heilbronn e.V., Vors. bis 04; Erna-Jauer-Herholz-Lit.pr. 95; Rom., Lyr., Erz., Dramatik. – **V:** Fluchtpunkte, G. 88; Wie Asche im Wind, R. 93; Die endliche Reise, R. 99; Die Liebe, die Kunst und der Tod, R. 04; Philemons Aufzeichnungen, Erzn. 06; – THEATER/UA: Träume flußabwärts 91; Käthchen ... Käthchen ... Käthchen 95; Kunigunde, Käthchen, Kaiser & Co 96; Die listigen Weiber von Weinsberg 00; Kabarett, Kabarett – Bilderbogen z. Gesch. d. dt. Kabaretts 05. – **MV:** Verseschmiede, m. Hartmut Merkt, Sachb. 86, 96. – **MA:** Die Zeit wird abgelesen ... ungefähr, Prosa-Anth. 85; Ich lebe in den Nadeln des Regens, Lyrik-Anth. 87; Teiln. am Kulturprojekt 'Segni di Pace' d. Univ. Rom 01 (veröff. u. übers.). (Red.)

Bertsch, Hilde (Ps. Hilde Bertram), Lektorin; Postfach 182, D-71601 Ludwigsburg, Tel. u. Fax (0 71 41) 92 46 61 (* Ludwigsburg 28. 12.). Reisestip. d. Ldes Bad.-Württ. f. Frkr. 80, f. Italien 87; Rom., Jugendb. Ue: frz, engl, ital. – **MA:** Gib meinem Liede deine Stimme 84. – **H:** Schwäbisches Immergrün 78. – **Ue:** Giuseppe Bufalari: Commando per un Dirottamento u. d. T.: Kursändserung 74; Jack Raynor: Pennington's seventeenth summer u. d. T.: Pat spielt sich nach vorn 74; Vero Roberti: Il mito del Mary Celeste u. d. T.: Das Geheimnis d. Mary Celeste 74; Edwyn Gray: The Devil's Device u. d. T.: Die teuflische Waffe 75; B.F. Beebe: Moses' Band of Chimpazees u. d. T.: Dschungelkind 76; Asher: Prova anche in a volare u. d. T.: Und plötzlich wachsen dir Flügel 79; Alberto Manzi: Il filo d'erba

u. d. T.: Stunden im August 81; Stelio Mattioni: Alma 88; Marialba Arpa: Gatto Europeo u. d. T.: Hauskatzen 91, u. a. (Red.)

Bertsch, Martin s. Carver, David

Beseler, Horst; Töpferweg 11, D-18292 Hinzenhagen, Tel. (03 84 56) 6 09 56 (* Berlin 29. 5. 25). SV-DDR, Friedrich-Bödecker-Kr.; Theodor-Fontane-Pr. 57, Erich-Weinert-Med. 66, Fritz-Reuter-Pr. 73, Alex-Wedding-Pr. 75, Nationalpr. f. Kunst u. Lit. d. DDR 82. – **V:** Die Moorbande, Erz. 52, Sch. 53; Heißer Atem 53; Im Schatten des großen José, Erz. 55; Im Garten der Königin, R. 57, 89; Käuzchenkuhle 64, 98; Der Baum, Erz. 69; Auf dem Fluge nach Havanna, Erz. 70; Jemand kommt, Erz. 70, 74; Die Linde vor Priebes Haus 70, 74; Tiefer blauer Schnee, Erz. 76; Tule Hinrichs' Sofa 81, 2. Aufl. 82; Der lange Schatten, Erz. 87; Der Fall schwarze Eule, Erz. 97. – **MV:** Bullermax, m. E. Rimkus, Kdb. 64; Matti im Wald, m. ders., Kdb. 66; 1 Fotobd. 58. – **MA:** Mein Ort, Anth. 89; Landsleute, Anth. 89. – **F:** Wo der Zug nicht lange hält, m. J. Hasler 60; Der Tod hat ein Gesicht 61; Nebel 63. – **R:** Der unbekannte Gast. Fsp. um Lukas Cranach 55. (Red.)

Bessel, Wolfgang M. A.; Kratzberger Str. 49, D-42855 Remscheid, Tel. (0 21 91) 46 35 42, Fax 46 35 44, *wolfgang@bessel-autor.info*, *www.bessel-autor.info* (* Herne 3. 6. 42). Erz. – **V:** Püttmann auf Ibiza drauf 06; Püttmanns ehrliche Grabreden 06; Achtung! Treiber Püttmann kommt 07, alles Erzn. – **MA:** Dt. Jagd-Ztg 05–06; Ibiza heute, Zs. 06; Druckfrisch, Anth. 07.

Besser, Peter, Verkehrsing.; Bautzner Str. 120a, D-01099 Dresden, Tel. (03 51) 4 88 35 63, *Pecabesser@aol.com* (* Radebeul 23. 4. 45). Erz. – **V:** Marcolinisches Porzellan, Krim.stück in 2 Akten 00; Die Sonne geht im Westen unter oder die Verbeamtung des Sandmännchens, N. 00; Die Sonne geht im Osten auf oder Pittiplatsch und der General, N. 00; Was sie als Autofahrer noch wissen sollten und was Ihnen der Händler nicht erzählt. (K)ein Fachbüchlein 02; Rot und Blau oder der mutige Weg zur Freiheit 05; Die Königskinder von Dresden 06. (Red.)

Besserer, Luise *

Bessing, Joachim (Joachim Hennig von Lange), Journalist; Berlin, *Joachimbessing@aol.com*, *www. joachimbessing.de* (* Bietigheim 26. 6. 71). – **V:** Wir Maschine, R. 01; Rettet die Familie! 04; – THEATER/UA: Tristesse Royale 01; Eine Sprache der Liebe 01; Bad 01. – **MV:** Tristesse Royale 99. – **MA:** Kolumnen u. a. in: Playboy; Vogue. (Red.)

Best, Otto F., UProf. em., Dr. phil.; Stämmesäcker Str. 5, D-72762 Reutlingen (* Steinheim/M. 28. 7. 29). Erz., Ess., Feuill., Sachb. Ue: frz, jidd. – **V:** Der Dualismus im Welt- und Menschenbild Jean Giraudoux' 63; Peter Weiss. Vom existentialist. Drama zum marxist. Welttheater 71; Handbuch literar. Fachbegriffe 72, überarb. u. erw. Neuausg. 94; Mameloschen. Jiddisch – e. Sprache u. ihre Lit. 73; Das verbotene Glück 73, 78; Abenteuer – Wonnetraum aus Flucht und Ferne 80; Bertolt Brecht. Weisheit u. Überleben 80; Der weinende Leser 85; Der Witz als Erkenntniskraft und Formprinzip 89; Volk ohne Witz 93; Die blaue Blume im englischen Garten 98; Der Kuß 98; Die Sprache der Küsse 01. – **MV:** Geschichte der deutschen Literatur 88. – **B:** Jacob Klein-Haparasch: ... der vor der Löwen fleiht, R. 01. – **H:** Das siebzigste Jahr, Jubiläums-Alm. 56; Deutsche Lyrik und Prosa nach 1945, Anth. 57; Elisabeth Langässer: Mithras, Lyr. u. Prosa 59; Jean Giraudoux: Zwei Stücke 59; ders.: Dramen I u. II 61; Hommage für Peter Huchel 68; Heinrich Lautensack: Die Pfarrhauskomödie 70; Reinhard Göring: Seeschlacht 72; P. Weiss: Der Turm 74; Moses Mendelssohn: Ästhet. Schriften in

Ausw. 74; Th. Bernhard: Der Wetterfleck 75; Theorie d. Expressionismus, Anth. 76; Aufklärung u. Rokoko, Anth. 76; Über die Dummheit d. Menschen, Anth. 79; Das Groteske in der Dichtung, Anth. 80; Ibn Tufail: Der Ur-Robinson 87 (auch übers.); Lob der Zärtlichkeit, Anth. 94; Eros. Kussgedichte, Anth. 02. – **MH:** Die Deutsche Literatur. Ein Abriß in Text u. Darst., m. Hans-Jürgen Schmitt, 16 Bde 74ff. – **Ue:** Jean Giraudoux: Die Schule der Gleichgültigen 56; Die Schule der Männer 57; Suzanne und der Pazifik 58; Sainte Estelle 58; Die Schule des Hochmuts 59; Die Irrfahrten des Elpenor 60; Siegfried 62; Die Auserwählten 63; Judith 64; – Stendhal: Über die Liebe 61; I. B. Singer: Mein Vater, der Rabbi 70. – **MUe:** Jean Giraudoux: Die Irre von Chaillot 61; Sodom und Gomorrha 61. – **Lit:** s. auch 2. Jg. SK. (Red.)

Bestenreiner, Erika, Dr. phil., Schriftst.; Am Düllanger 5, D-82031 Grünwald, Tel. (0 89) 6 41 38 28, Fax 6 49 23 42, *bestenreiner@aol.com* (* Wien 6. 5. 26). Rom., Biogr. – **V:** Die Reise nach Mexiko. Roman um Kaiser Maximilian 95; Luise von Toscana. Skandal am Königshof, Biogr. 99; Sisi und ihre Geschwister, Biographien 02; Franz Ferdinand und Sophie v. Hohenberg. Verbotene Liebe am Kaiserhof, hist. Sachb. 04, Tb. 05; Charlotte von Mexiko, Sachb. 07; Die Frauen aus dem Hause Coburg, Sachb. 08.

Bestenreiner, Friedrich, Dr. phil., Physiker, Poet, Philosoph; Am Düllanger 5, D-82031 Grünwald, Tel. u. Fax (0 89) 6 49 23 42, *fbestenreiner@aol.com* (* Wien 20. 10. 24). Hsp. d. Monats Nov. 92, Aug. 97, Kurd-Laßwitz-Pr. 93, 96; Hörsp., Ess., Sachb. – **V:** Vom Punkt zum Bild 88; Der phantastische Spiegel 89; Die Menge alles Guten 92. – **MV:** Ich: sehe, denke, träume, sterbe, m. Giselher Guttmann 91. – **R:** Ich erschoß Schatenbach 91; Big Bang, 15tlg. 92; Dream War – Der Krieg der Träume 93; CyberNoon 95; Fünf Uhr Morgens 95; CyberLady 95; Paradise Hospital 96; Hotel Magic Holiday – alles inclusive 96; Honeymoon 97; Jernigan – The Visible Human Project 97; Zikaden – Bericht über ein Experiment 98; Das langsame Sterben des Gottfried K. 99; Schrödingers Katze 99; Der Fall Agostino 99; Die Päpstin Johanna, 5tlg. 99/00; Die schöne Mörderin 00; Schwarze Hyazinthe 00; Otto geht fremd 01; Muttermord 01; Lauras Wiederkehr 01; Schreckmümpfeli. Die Duplizität der Falle 02/03; Eine Ehrenwerte Gesellschaft 02/03; Code Black 03; Schreckmümpfeli. Anima Bona 03; Schreckmümpfeli. Auf eines Messers Schneide 04; Schreckmümpfeli. Sachbeschädigung 04, alles Hsp.

Beta, Katharina, Schriftst.; c/o Freya Verl., Linz (* Berlin 2. 2. 38). Pro Oriente, IGAA; Prosa, Jugendb., Sachb. – **V:** Sylke und ihr Narr 83; Eine Flamme erfüllte sein Herz 86/87 (auch fläm.); Die russische Seele 88; Der Malermönch Andrej Rubljov 93; Janus, Jgdb. 95; Katharsis, Autobiogr. 00; Erkennst Du mich?, R. 01; Du kannst mich nicht verstehn 05; Bist Du der, auf den ich gewartet habe?, Autobiogr. 05; Ich liebe mich, R. 06. (Red.)

Bethke, Christel; Gotthelfstr. 7, D-26131 Oldenburg, Tel. (04 41) 50 12 90 (* Barten 30). Erz. – **V:** Ewig kann der Lenz nicht lächeln, Erzn. u. G. 99; Mein langer Weg zu mir 02; Weiße Schatten über fremden Spiegeln, Erzn. 03. (Red.)

Bethke, Ricarda, Lehrerin, Autorin; Greifswalder Str. 220, D-10405 Berlin, Tel. (0 30) 2 81 86 21 (* Berlin 4. 7. 73). P.E.N.-Zentr. Erz. – **V:** Die andere rote Fahne, R. 01, Tb. 03. – **MA:** ndl 1/04. – **R:** zahlr. Hörspiele. – **P:** Zottelknäuel, CD 01. (Red.)

†**Betke-Ponnier,** Lotte (Ps. Lotte Betke), Schauspielerin, Schriftst.; lebte zuletzt in Siegburg (* Hamburg

Betsch

5. 11. 05, † Siegburg 25. 7. 08). VS; Marlen-Haushofer-Pr. 86, BVK am Bande 90; Lyr., Märchen, Drama, Kinderb. – **V:** Lieschen, Kdb. 41; Heimweh, G. 42; Wir, die wir im Aschengarten sind, Sch. 47; Tinka und Matten. Zwei Kinder finden nach Hause, Kdb. 50; Tinka und Matten helfen sich weiter, Kdb. 50; Tiedemanns Tochter, Mädchen-R. 53; Im Reich der Wichtel 54; Klüt und der Klabautermann 63; Mantje und die Wolkenherde 65; Vorhang auf für Mutter 67; Das Geschenk der Tümmler 73; Im Haus der alten Bilder 74; Das Lied der Sumpfgänger 75; Lampen am Kanal, Erz. 76; Mehr als nur ein Augenblick Rotdornallee, R. 79; Zeitblick, G. 81; Der schwarze Schwan 82, Neuaufl. u. d. T.: Libans Nacht 89; Da, wo deine Freunde sind 83; Wir würden's wieder tun 85; Spuk im September 86; Ein Schiff für den Klabautermann 86; Das Zwiebelchen 87; Trulla Lilla 88; Den Schmugglern auf der Spur 89; Jens und der Klabautermann, Bilderb. m. W. Blecher 89; Strandgut 91; Herbstwind, Jgdb. 91; Feuermoor oder sieh dich nicht um, R. 93; Jeder kann mal Robin sein, Kdb. 96; Inmitten der Steine, ges. G. 97; Die Fahrt nach Jevensand, Erzn. 03; Heide Schmidt: „Dich merke ich mir!“. Lotte Betke erzählt ihr Leben 07. – **R:** über 50 Hörspiele, u. a.: Das Zwiebelchen 70; Roll und Stop 77.

Betsch, Elisabeth *

Betschart, Hansjörg, Regisseur, Dramaturg; Gerbergässlein 8, CH-4051 Basel, Tel. (0 61) 2 61 89 76, *betsch_art@directbox.com* (* Basel 9. 2. 55). Autorenförd.pr. d. Ldes Baden-Württ. 84, Luchs 87, Auswahlliste z. Schweizer Jgdb.pr. 94, Special Mention in „The White Ravens" 94. Ue: schw, engl. – **V:** Soheila oder Ein Himmel aus Glas, Kinder-R. 93; 97; Julie's game, Stück n. Strindberg, UA 99; x = Liebe oder Ewig währt am längsten, Jgdb. 99; Unruh, R. 02, Tb. 04. – **Ue:** A. Strindberg: Fräulein Julie 01; Todestanz 02; Mit dem Feuer spielen 03; Richtfestbier 04; Grillen 05; Nach Damaskus 08; sämtliche Stücke u. Hsp. v. Henning Mankell; Stücke von L. Modysson, U. Starck, L. Noren, u. a.

Betschart, Josef, Redaktor; Steinbruchweg 21, CH-4600 Olten, Tel. (0 62) 2 12 72 42 (* Linthal/Glarus 30. 3. 25). – **V:** Poetisches Vademecum 95; An der Schwelle zum „Ernst des Lebens"; Durch die Monde eines Jahres, G. – **MA:** Jubiläumsschrr.: 75 Jahre Jodlerclub Olten 93; 75 Jahre Schwingklub Olten-Gösgen 96; 100 Jahre Kaufmännischer Verein Olten; Ber. u. Erzn. in versch. Periodika: Glarner Land u. Walensee; Atel Forum-Broschüre; Jurablätter. Mschr. f. Heimat u. Volkskunde; Oltner Schulblatt. (Red.)

Bettinger, Martin; Obere Kaiserstr. 127, D-66386 St. Ingbert, Tel. (0 68 94) 5 26 10, Fax 58 14 75, *info@martin-bettinger.de*, *www.martin-bettinger.de* (* Neunkirchen/Saar 29. 4. 57). VS 93, Friedrich-Bödecker-Kr. 94; Jurypr. beim Wettbew. „Luxemburg – europ. Kulturstadt" 95, Reisestip. d. Kunsw. Amtes f. Neuseeland 98, Arb.stip. d. Kunstver. „Bosener Mühle" 98, Gustav-Regler-Förd.pr. 99, Hans-Bernhard-Schiff-Lit.pr. 01, Bird's Clearing Award d. Stadt Nelson, Neuseeland 05, u. a.; Rom., Lyr., Kurzgesch. – **V:** Der Himmel ist einssiebzig groß, R. 86; Dachschaden, G. 94; Der Panflötenmann, R. 99; Engelsterben, R. 06. (Red.)

Bettisch, Johann, Dr. phil., Sprachforscher, HS-Lehrer, Hon. prof., Dipl.-Schriftst.; Engelbergstr. 42, D-70499 Stuttgart, Tel. (07 11) 8 89 25 54, Fax 88 68 08, *jbettisch@aol.com*, *hometown.aol.com/ jbettisch* (* Temeschburg 29. 7. 32). Wiss. Akad. New York 90, WWA 02, Diplomat. Akad. London 05; A.-Schweitzer-Med. d. Univ. Genf; Lyr., Erz. Ue: rum, ung, russ. – **V:** Grimassen hinter dem Spiegel, Aphor. 00; Kaffeepause 00, 01; das verbotene grinsen, Anekdn.

02; Philosophische und andere Pillen 02; La mintea cocoşului 02; Gedankensplitter zur guten Laune 03; Zu zweit um die Welt 03; Dino meinte 03; Kurze Erzählungen 03; Zwischen Sinn und Unsinn 03; Geschichten aus der Wirklichkeit 03; Der Junge 03; Pastillen 04; Quarzit 04; Bilder aus dem Alltag 04; Weiße Mäuse im Gurkenglas 04; Um die Erziehung herum 05; Kommentierte Sprüche und Sprichwörter 05; Luftschlossruinen 05; Absolut Tierisch 05; Nadel und Pfeile 06; Ein Herz für Tiere 06; Reschitzaer Geschichtn 06; Auf der Schattenseite der Paragraphen 06; Lache wer kann 06; Bittere Pillen süß überzogen 06; 77 kurze Gedichte 06; Das Märchenbuch für Erwachsene 07; Momente der Reflexion, G. 07; Gute Laune, G. 07; Essays und andere 07; Kontrapunkt 08; Schrullige Hühner 08; Zu Befehl 08; Die Unbelehrbaren 08; Uni 08; Philosophieren im Alltag, Aphor. 08; Am Lande tut sich was 08; Gedichte 08; Die graue Perspektive 08; mehrere Sprachlehrbücher. – **MA:** über 200 in Rumänien. – **MH:** Studii de limba, literatura si folclor, m. M. Deleanu u. a. – **Ue:** Emil-Aron Gherasim: Taschenphilosophie 00; Bajor Andor: Lückenbüßer 06. – *Lit:* M. Deleanu in: Resita filologica; W. Hager: Bücherherbst auf d. Stolzalpe, Bd 2 03; Mirbea M. Pop in: ARCA, Kulturzs. (Arad), 1, 2, 3 (154, 155, 156) 03; T. Popescu in: Dorul (Dänemark), Aug. 05; D. Weisz in: Reflex, Jg.VI. Neue Serie, 7–12 05; M. Deleanu: ebda; M. Weisz in: Echo, Monatsschr., Nr.3 (195) 06; Kat. d. rumäniendt. Bücher, Sonderbeil. Nr.67, April 08; Who's Who in Dtld, Who's Who in America, Who's Who in Transsylvania, Who's Who in the World, Who's Who in Science and Engeneering.

Betts, Peter J., Schriftst., Lehrer, Journalist, Übers., Kulturbeauftr. d. Stadt Bern 77–03; Schlossmatte 2, CH-3032 Hinterkappelen, Tel. (0 31) 9 01 29 85, *betts @freesurf.ch* (* Livingstone/Nordrhodesien 8. 4. 41). Be.S.V. 72, Gruppe Olten 75, jetzt AdS, P.E.N.-Club 79; Dr. pr. d. Städtebundtheaters Biel-Solothurn 72, Kurzgesch.pr. d. 'Beobachter' 74, Förd.pr. d. Stadt Bern 76, 1. Pr. im Dr. wettbew. d. Stadt Bern (m. Sam Jaun) 74, Buchpr. d. Kt. Bern 78; Drama, Rom., Erz., Lyr., Ess., Hörsp., Fernsehsp., Übers. Ue: engl. – **V:** Fata Morgana, Lyr. Prosa 61; Die Stufe, Dr. 62; Saul, Stück 73; Die Pendler, R. 75; Anpassungsversuche, R. 78; Lorbeer und Salat, Ess. 80; Der Spiegel des Kadschiwe, R. 83; Natter – Ein Imperium, R. 89; Notbremse, Stück 85; Tag der Tulpen, Stück 86; Der Letzte will bezahlen, Stück 95; Sie singen, die Delphine, Stück 96; Das Mass der Unordnung, Performance 96; Die schwarze Kiste, R. 98. – **MV:** Ach Auerbach, St. 72; Bier, St. 74; Das neue Berner Lust-, Schreck- u. Trauerspiel 74, alle m. Sam Jaun. – **F:** Marrons Glacés 80; Das Märchen vom Zigarrenkönig 84. – **R:** Sechzehnter August, Fsp. 74; Blau – Blaugrün u. Weiss, Kurzhsp. 74; Schreckmümpfeli 80; Den Dienst halt machen, Hfk 84; Schlittschuhlaufen auf dem Zambesi, Hfk 86. (Red.)

Betz, Eberhard Ludwig, Prof., Dr. med., Physiologe; Sudetenstr. 41, D-72072 Tübingen, Tel. u. Fax (0 70 71) 3 28 33, *eberhard.l.betz@gmx.de*, *www.eberhard-l-betz.de* (* Holzhausen 10. 6. 26). Erz., Rom., Lyr. – **V:** Gustav, Erz. Aus'm Déllfeld, Dialektgeschn. 95, 00; Wie Bäume im Sturm, Erzn. 95; Bauernkappe – Fürstenhut, hist. R. 96; Arzt auf dunklem Pfad, Erz. 96, 98; Der Freipirschler, hist. R. 99; kleingeschriebener Tag, wiss. R. 00; Lebenswende aus Zoller, hist. Erz. 00; Stetten und Ingen, Erz. 01; Hüttenplatz. Mord und Erinnerung, hist. Erz. 04; Das Ende an ein Anfang, Erz. 05; Malukkes Experiment, R. 06; Der Zeuge aber schweigt, Erz. 06; zahlr. med. Fachbücher seit 64, u. a.: Biologie des Menschen, Hand- u. Lehrb. 67, 15. Aufl. 00. – **MV:** Etz bass off,

m. Albrecht Thielmann, Lese-, Hör- u. Bilderbuch m. CD 07.

Betz, Maria (geb. Maria Reis); Am Dorfgemeinschaftshaus 1, D-35753 Greifenstein-Arborn, Tel. (0 64 77) 2 75 (* Greifenstein-Neuderoth 13. 6. 63). – V: Wäller. Erlebnisse m. Menschen u. Tieren, Erzn. 90, 2. Aufl. 94; Zerreißprobe einer Ehe. Liebe braucht viel Verzeihung u. Vergebung, 2 Kurz-R. 96. (Red.)

Betz, Martin, Autor, Musiker; Weserstr. 56, D-12045 Berlin, *mail@martinbetz.de*, *www.martinbetz.de* (* Chicago/Ill. 17. 6. 64). VS; Esslinger Bahnwärter 97, Stadtschreiber v. Otterndorf 99; Lyr., Ess., Erz., Chanson. – V: Der Ballonfahrer, G. 83; Von Kopf bis Kissen, G. 92; Der Bergsee. Solo für einen Sänger, Erz. 96; Die Berliner pauschal 98. (Red.)

Betz, Otto, Dr. theol., Prof. f. Allg. Erziehungswiss. (* Frankfurt/Main 18. 7. 27). Goethe-Ges., Hölderlin-Ges., Rilke-Ges., Europ. Märchenges.; Märchenpr. d. Stift. Walter Kahn 87. – V: Perlenlied u. Thomas-Evangelium 85; Elementare Symbole 87, 5. Aufl. 01 (auch frz. u. ital.); Vom Schicksal, das sich wendet 87 (auch ngr.); Die geheimnisvolle Welt der Zahlen 89, 3. Aufl. 99, Tb. 05 (auch tsch.); Der Leib als sichtbare Seele 91 (auch jap.), Tb. u. d. T.: Der Leib und seine Sprache 03; Vom Zauber der einfachen Dinge 91; In geheimnisvoller Ordnung 92; Ein Spiegel für die Seele 93; Das Unscheinbare ist das Wunderbare 94; Vom Umgang mit der Zeit 95, 3. Aufl. 99, Tb. 04; Hildegard von Bingen 96, 2. Aufl. 98 (auch ndl.); Das Hildegard-Jahr 98; Märchen als Weggeleit 98; Labyrinth des Lebens 99; Sinnspuren auf dem Weg 00; Des Lebens innere Stimme 01; Kostbarkeit der Seele 02; Du hast Engel um Dich 02, u. a. – H: Da gedachte ich der Perle 98; Bettine und Arnim. Briefe d. Freundschaft u. Liebe 1806–1811, 2 Bde 86/87. – Lit: s. auch GK. (Red.)

Beuscher, Armin, Pfarrer; Krieler Str. 66, D-50935 Köln, Tel. (02 21) 2 82 83 08, Fax 4 20 82 49, *Beuscher @kirche-koeln.de* (* Ellern/Hunsrück 28. 8. 58). – V: Einen Augenblick mal 97, 98; Über den großen Fluß, Bilderb. 02, 2. Aufl. 03 (auch ital., franz., ndl., katalan., kastil., korean., jap., taiwanes.); Der Engel in dir lächelt, G. u. Geschn. 03. – MA: Aufgeschlossen für Himmel u. Erde 03. – H: Praxishilfe Weihnachten, Sachb. 01. – MH: Gewagtes Glück. Reflexionen, G., Liturgien, Impulse zu Trennung u. Scheidung, m. Elisabeth Mackscheidt u. Hartmut Miethe 98. (Red.)

Beuse, Stefan, freier Autor; lebt in Hamburg, *info@ stefanbeuse.de* (* Münster/Westf. 31. 1. 67). VG Wort; Lit.förd.pr. d. Stadt Hamburg 98, Aufenthaltsstip. d. Berliner Senats 98, Pr. d. Ldes Kärnten im Bachmann-Lit.wettbew. 99, GWK Förd.pr. Lit. 99, Stip. Atelierhaus Worpswede 02, Aufenthaltsstip. in Eckernförde 03, Writer in Residence, Cornwell Univ. Ithaca/N.Y. 05, Lit.förd.pr. d. Stadt Hamburg 06, u. a.; Rom., Erz., Drehb. – V: Wir schießen Gummibänder zu den Sternen, Kurzgeschn. 97, Tb. 00; Kometen, R. 00, Tb. 02; Die Nacht der Könige, R. 02, Tb. 03; Meeres Stille, R. 03; Lautlos – sein letzter Auftrag, R. 04; Alles was du siehst, R. 09. (Red.)

Beutel, August-Wilhelm, Handwerksmeister, Betriebswirt; Tonndorfer Weg 16, D-22149 Hamburg, Tel. u. Fax (0 40) 6 68 33 85 (* Hamburg 22. 11. 37). Schlesw.-Holst.-Autorenvereinig., Hamburger Autorenvereinig., Nietzsche-Kr.; VS; Dipl. d. Dt. Lit. Inst. Leipzig 93; Lyr., Aphor., Aufsatz. – V: Die Beugung der reinen Vernunft zur Religion, aphor. Betracht. 82; Dionysische Fragmente, Aphor. 84; Gott ist tot – was nun, Aphor. 84; Der Wanderer zwischen den Zeiten; Der Wanderer zwischen den Räumen; Der Wanderer zwischen den Wörtern, alles Lyr.; Frühling ist angesagt;

Frieden und Kriege, Aphor.; Jünger des Sein, F. Nietzsche, Aphor. u. Gegen-Aphor. 87; Ein Meer trinkt Zeit, G.-Aphor. 88; Auf dem Weg durchs Dorf der Zeit, G. 90; Dörfliche Symphonie, G. 91; Es kündigt sich der Frühling an in Mecklenburg, G. 91; Das Balticum, G. 92; Rosenrand der Zeit, G. 94; S ... oder heimgekehrt 94; Das große Abenteuer Mensch, Festschr. 95; Apokryphen – für Menschenohren viel zu fein 97; Wurzelzeiten, G. 98; Melodie der Seele, Erinn. an F. Nietzsche 99; Schollenerotik, Gedanken 00; Der Weg ist mein Ziel/Mein Ziel ist der Weg 01; Der Schrei 02; Einmal Arkadien und zurück 04, alles Lyr. u. Kurzprosa; Die Gläserne Amphore 05; Die Grüne Brücke 05/06; AINA. Die Geschichte e. Lächelns, Lyr. 06; Höltigbaum. Grüne Insel zwischen Stadt (HH) und Land (SH), Lyr. 07; Dort, wo der Regenbogen geboren wird ... ich war da, lyr. Philosophie 08.

Beutel, Heike, Regisseurin, Autorin; c/o Dittrich Verl., Köln (* Esslingen). VS 02; Stip. d. Stift. Kunst u. Kultur d. Ldes NRW u. d. Min. f. Kultur d. Ldes NRW; Biogr. – V: Rheinrevue, Text-Collage, UA 87. – MV: Irmgard Keun. Einmal ist genug 95; Trude Herr. Ein Leben 97; Elisabeth Minetti. Hochzeitskind, Erinn. 02, alle m. Anna B. Hagin. – B: Bühnenfass.: Nizami: Leyla und Madschnun, UA 91; I. Keun: Man kann furchtbar billig leben, wenn man reich ist, UA 92; Erdem/ Fühmann/Sotirius: Irgendwo weint eine Rose, UA 96; F. Ani: German Angst, UA 01. (Red.)

Beutin, Wolfgang (Paul-Wolfgang Beutin), Dr. phil. habil., Privatdoz.; Zum Windhoch 11, D-94169 Thurmansbang, Tel. (0 85 54) 94 24 10. Hohenfelder Str. 13, D-22929 Köthel/Stormarn, Tel. (0 41 59) 5 75, Fax (0 41 59) 81 09 37, *huw.beutin@web.de*, *www.wolfgang-beutin.beep.de* (* Bremen 2. 4. 34). VS Schlesw.-Holst. 68; Kurt-Tucholsky-Pr. (Anteil d. Pr.) 56 u. 57, Arb.stip. d. Hansestadt Bremen 60, Arb.stip. d. Hansestadt Hamburg 77; Rom., Ess., Hör- u. Fernsehsp., Aphor., Sachb. – V: Drei Zweipersonenstücke je in einem Akt 65; Der Fall Jean Calas 65; Königtum u. Adel in den hist. Romanen v. W. Alexis 66; „Deutschstunde" v. Siegfried Lenz. Eine Kritik. Mit einem Anh.: Vorschule der Schriftstellerei 70; Invektiven – Innotionen 71; Komm wieder, Don Juan! Auch ein Anti-R. 74; Unwahns Papiere, R. 78; Der radikale Doktor Martin Luther: e. Streit- u. Leseb. 82; Das Jahr in Güstrow, R. 85; Sexualität und Obszönität, e. lit.psycholog. Studie 90; Der Wanderer im Wind, R. 91; Barlach oder der Zugang zum Unbewußten 94; Vom Mittelalter zur Moderne, 2 Bde 94; Eros, Eris 94; Der Demokrat Fritz Reuter (Mecklenb. Profile, 2) 96; Hommage à Kant 96; Zur Geschichte des Friedensgedankens seit Immanuel Kant 96; ANIMA: Untersuchungen z. Frauenmystik d. MA, 3 Bde 97/99; Die Revolution trifft in die Literatur 99; Knief oder Des großen schwarzen Vogels Schwingen, hist. R. 04; Aphrodites Wiederkehr. Beitr. z. Gesch. d. erot. Lit. v. d. Antike bis z. Neuzeit 05; Der Fall Grass. Ein dt. Debakel 08; Günter Grass – Repräsentant dt. Literatur, dt. Kultur, Deutschlands? Nachträgliches zu den Jubelfeiern anläßl. seines 80. Geb. 08. – MV: Der Löwenritter in den Zeiten der Aufklärung 94; „Rinnsteinkunst"? Zur Kontroverse um d. literar. Moderne während d. Kaiserzeit in Dtld u. Öst. 04; Historiographie zwischen Mythologie und Ideologie 07; Schöne Seele, roter Drache 04, alle m. Heidi Beutin. – MA: seit 56 über 200 Beitr. in Lit.zss. u. Anth., u. a.: Lynx, Jb. 67/68, 68; Das andere Weihnachtsbuch 83/84; Fundstücke. Jb. f. zeitgenöss. Lit. 01–08. – H: Lynx 60–66; Reihe Mecklenburger Profile. – MH: Berufsverbot. Ein bundesdt. Leseb. 76; Reihe Hamburger Stadtteilschreiber 80–84; Friedens-

Beutler

Erklärung. Ein Leseb. 82; 100 x Kurt Hiller 1885–1985 85; Gottfried August Bürger (1747–1794), m. Thomas Bütow 94; Freiheit durch Aufklärung: Joh. Heinr. Voß (1751–1826), m. Klaus Lüders 95; Barlach-Studien, (Mecklenb. Profile, 1), m. T. Bütow 95; Franz Mehring (1846–1919), m. Wilfried Hoppe 97; Europäische Mystik vom Hochmittelalter zum Barock, m. T. Bütow 98; Zu allererst antikonservativ. Kurt Hiller (1885–1972), m. Rüdiger Schütt 98; Die dt. Revolution v. 1848/49 u. Norddtld, m. Wilfried Hoppe u. Franklin Kopitzsch 99; Gottes ist der Orient! Gottes ist der Occident! Goethe u. die Religionen d. Welt, m. T. Bütow 00; Willibald Alexis (1798–1871), m. Peter Stein 00; „Die Emanzipation des Volkes war die große Aufgabe unseres Lebens". Beitr. z. Heinrich-Heine-Forsch., m. T. Bütow, Johann Dvořák u. Ludwig Fischer 00; 125 Jahre Sozialistengesetz, m. Heidi Beutin, H. Malterer u. F. Mülder 04; Es dämmert ein neuer Glaube an Freiheit u. Ehre, m. H. Beutin u. Ernst Heilmann 06; „Wenn wir es dahin bringen, daß die große Menge die Gegenwart versteht...". Zum 150. Todestag v. H. Heine, m. H. Beutin u. H. Malterer 07; „Dann gibt es nur eins!...". Beiträge d. Konferenz anläßl. d. 60. Todestages v. Wolfgang Borchert, m. H. Beutin, Heinrich Bleicher-Nagelsmann u. H. Malterer 08; Reihe Bremer Beiträge z. Literatur- u. Ideengeschichte. – **R:** Fingerspitzengefühl 60; Muscheln u. Papierblumen 60; Denunzianten 61; Die Mäuse 62; Was sagen wir in Elberfeld? 63; Ein guter Engel wird abgesägt 64; Der Fall Jean Calas 66, alles Hsp.; Wir Negativen. Zur Gesch. d. „Weltbühne" 1918–1933, Funkess. 69; Jubipenser, Fsp. 71; Der Junker schwenkt, nicht faul, sich auf des Fräuleins Maul, od.: Alte Wortbedeutungen in neuerer Lit. 71; Geschichtsschreibung als Gegenwartsbeschimpfung 71; Willibald Alexis. Zu seinem 100. Geb. 71; Preußenadler – Bundesadler. Schwarzweiße Tradition u. d. Bundesrep. 72; Pulver ist schwarz, Blut ist rot, golden flackert die Flamme. Die dt. Revolution 1848/49 73; Jetzt müssen euch die Schuster lehren, od.: Der Anbruch d. Neuzeit in d. dt. Lit. des 16. Jhs. 77; Wissenschaft stillgestanden! Ein neuer Beitr. z. alten Diskussion um die Hochschulen d. Bundeswehr 78; Marie Freifrau von Ebner-Eschenbach oder: Eine Dichterin aus dem Hochadel verläßt den vornehmen Ost. Salon hinaus zur falschen Tür 78; Lessings „Rettungen". Theorie u. Praxis 79; Stadtrundgang. Ein Stückchen DDR namens Güstrow 79; Staatsspitzen. Die Präsidenten d. Bundesrep. Dtld: G. Heinemann 79; Aber wenn die Lüge herrscht, wie soll die Wahrheit nicht in Aufruhr sein? Ein Versuch üb. C.G. Jochmann (1789–1830) 79; Rettung Luthers 80; Ist die Geistesfreiheit bedroht? 80; Der Mitläufer 85; (MV): Friedenserklärung. Der Friedensgedanke von d. Reformation bis z. französischen Revolution 81; Opium u. die literarische Unterwelt oder: Triv.allit. u. Medien im Spiegel d. Hochlit. 81; Luther u. die verweltlichte Welt oder: Welche Veränderungen der Kirchenmann außerhalb der Kirche bewirkte 83; Galerie der Lutherbilder 83, alles Funkess. – *Lit:* Spektrum d. Geistes 73; Butzbacher Autorenbefragung. Briefe z. Deutschstunde 73; Literaten. 250 dt.spr. Schriftst. d. Gegenw. 83; DLL, Erg.bd II 95; Hans Wollschläger: D. Revolution tritt in d. Lit. 99; Angela Beuerle: Ausw.bibliogr. W.B., ebda; s. auch SK u. GK.

Beutler, Maja (eigtl. Maja Beutler-Maroni), Verhandlungsdolmetscherin, Übers.; Allmendstr. 15, CH-3014 Bern, Tel. (0 31) 3 52 35 38, *maja.beutler@ swissonline.ch* (* Bern 8. 12. 36). ASTI 65, Be.S.V. 76,

Gruppe Olten 84, P.E.N. 95; Buchpr. d. Stadt Bern 76, 81, 84, Pr. d. Schweiz. Schillerstift. 83, Welti-Pr. f. d. Drama 85, Lit.pr. d. Stadt Bern 88; Drama, Erz., Rom. Ue: engl, frz, ital. – **V:** Flissingen fehlt auf der Karte, Geschn. 76; Fuss fassen, R. 80; Die Wortfalle, R. 83, Neuaufl. 90; Wärchtig, ges. Radiobeiträge 86; Das Bildnis der Doña Quichotte, Erzn. 89, 4. Aufl. 90; Beiderlei, ges. Radiobeiträge 91, 3. Aufl. 94; Die Stunde, da wir fliegen lernen, R. 94; Tagwärts, neue Radiobeiträge 96; – Theaterstücke: Das Blaue Gesetz 79; Das Marmelspiel 85; Lady Macbeth wäscht sich die Hände nicht mehr 92, UA 94. – **MA:** Anth.: Fortschreiben; Bewegte Frauen; Kursbuch f. Mädchen; Klagenfurter Texte 81; Zwischenzeilen; Frauen in d. Schweiz; Schweizer Erzn.; Das große Leseb. d. Schweiz; MiniDramen; Berner Lit. Alm. 98; Die Schweiz in der Vernehmlassung 03; – Zss.: Bern u. Berner Oberland, Merian-H.; Reformatio; Ztg N.1, 98'. – **R:** Ich hab's gewagt, 2tlg. Feat. 78; Es gibt kein zurück 81. – *Lit:* Lex. d. Schweizer Lit.gesch.; Walther Killy (Hrsg.): Dt. Lit.gesch.; Kindlers Lex. d. Dt. Gegenwartslit. (Red.)

Beutner, Bärbel (Bärbel Brigitte Beutner), Dr., M. A., ObStudR.; Käthe-Kollwitz-Ring 24, D-59423 Unna, Tel. (0 23 03) 1 40 17 (* Stolp/Pommern 27. 1. 45). FDA 98; Erz., Wiss. (Germanistik), Ess. – **V:** Die Bildsprache Franz Kafkas 73; Musik und Einsamkeit bei Grillparzer, Kafka und del Castillo 75; Die Legende von der Christrose, Geschn. 92, 93; Außergewöhnliche ostpreußische Frauen 90, 2. Aufl. 96; Agnes Miegel. Eine Persönlichkeit d. neueren dt. Lit. 92; Hermann Sudermann. Dramatiker u. Erzähler 95; Die Darstellung der Preußen im Werk Agnes Miegels 00; Der Garten von Barthenen 05. – **MV:** Mittelalt. Jb. 73. – **B:** Georg Artemjew: Susannenthal 00. – **MA:** Heimatbuch des Kreises Unna, Jb. 88–98; Jahrbuch des Kreises Unna 00, 01, 02, 04. – **H:** Auf der Flucht geboren 86, 3. Aufl. 05. – **MH:** Und dann kamen wir hier an. Flüchtlinge im Nachkriegs-Unna 86; Königsborner Spaziergänge, m. Gerhard Rademacher, Lyr. u. Erzn. 89; Von bleibenden Dingen. Über Ernst Wiechert, m. Hans-Martin Pleßke 02 (auch mitverf.). (Red.)

Beyer, Claire, Autorin; Wimpelingasse 2, D-71706 Markgröningen, Tel. (0 71 45) 93 18 96, Fax 93 18 87, *claire.beyer@t-online.de* (* Blaichach 13. 7. 47). VS; Stip. d. Ldes Bad.-Württ. 01, Lyr.pr. d. Stadt Ludwigsburg 01; Lyr., Theaterst., Libr. – **V:** Texte 89; Rauken, R. 00, 4. Aufl. 06 (auch als Hörb.); Rosenhain. 6 Geschn. von 5 Sinnen 03, Tb. 04; Remis, R. 06. – **MV:** Der Rosenhain / Kaspar Hauser, u. a. Geschichten, m. Wolfgang Benne 95. – **MA:** Fellbacher Magie 02. (Red.)

†**Beyer,** Frank, Film- u. Fernsehregisseur, Drehb.autor (* Nobitz/Thür. 26. 5. 32, † Berlin 1. 10. 06). Akad. d. Künste Berlin 91; Nationalpr. d. DDR I. Kl. 63, Silb. Bär d. Intern. Filmfestspiele Berlin 75, Nationalpr. d. DDR II. Kl. (Kollektiv) 75, Oscar-Nominierung (bester ausländ. Film) 77, Kritikerpr. Berlin-West 84, Kritikerpr. DDR 84, Bundesfilmpr./Filmband in Gold 91, DAG-Fs.pr. 96, Adolf-Grimme-Pr. 99, E.pr. d. Schweriner Filmkunstfestes 02, u.a. – **V:** Wenn der Wind sich dreht. Meine Filme, mein Leben 01, Tb. 02. – **F:** Kino- u. Fernsehfilme: Wetterfrösche, Kurzf. 54; Roznicky, Kurzf. 54; Das Gesellschaftsspiel 57; Zwei Mütter 57; Polonia-Express 57; Friedericus Rex, T.11 57; Eine alte Liebe 59; Fünf Patronenhülsen 60; Königskinder 62; Nackt unter Wölfen 62; Karbid und Sauerampfer 63; Spur der Steine 66; Rottenknechte, 5-tlg. Dok.spiel 69/70; Die sieben Affären der Doña Juanita, mehrtlg. 72/73; Jakob der Lügner 74; Das Versteck 77; Geschlossene Gesellschaft 78; Der König und sein Narr 80; Die zweite Haut 81; Der Aufenthalt 82/83;

Beyse

Bockshorn 83; Der Bruch 88/89; Ende der Unschuld 91; Sie und Er 91; Das große Fest 92; Das letzte U-Boot 92/93; Wenn alle Deutschen schlafen 94; Nikolaikirche 95; Der Hauptmann von Köpenick 97; Abgehauen 98. – *Lit:* Ralf Schenk (Hrsg.): Regie: Frank Beyer 95; Ulrich Kasten / Ralf Schenk: Spur der Zeiten, Film/Video 97.

Beyer, Marcel, Schriftst., Übers.; lebt in Dresden, c/o Suhrkamp Verl., Frankfurt/M. (* Tailfingen/Württ. 23. 11. 65). P.E.N.-Zentr. Dtld; Lit.pr. d. Ldes NRW 87, Rolf-Dieter-Brinkmann-Stip. d. Stadt Köln 91, Ernst-Willner-Pr. im Bachmann-Lit.wettbew. 91, Neusser Diotima-Lit.pr. 92, Förd.pr. d. Ldes NRW 92, Aufenthaltsstip. d. Berliner Senats 92, Autorenförd. d. Stift. Nds. 93, Kritikerpr. f. Lit. 95, Berliner Lit.pr. u. Johannes-Bobrowski-Med. z. Berliner Lit.pr. 96, Uwe-Johnson-Pr. 97, Horst-Bienek-Förd.pr. 98, New-York-Stip. d. Dt. Lit.fonds 99, Förd.pr. z. Lessing-Pr. d. Ldes Sa. 99, Poetik-Gastprofessur d. U.Bamberg 00, Jean-Paul-Lit.förd.pr. d. Stadt Bayreuth 00, Heinrich-Böll-Pr. 01, Stip. d. Stift. Hombroich 02, Hölderlin-Pr. d. Stadt Tübingen 03, Spycher: Lit.pr. Leuk 04, Stip. d. Dt. Lit.fonds 06, Erich-Fried-Pr. 06, Joseph-Breitbach-Pr. 08, Arras-Pr. 08, Kieler Liliencron-Dozentur f. Lyrik 08, u. a.; Ess., Kritik, Journalistik, Lyr. – **V:** Obsession, Prosa 87; Kleine Zahnpasta, G. 1987–1989 89; Walkmännin, G. 1988/89 91; Das Menschenfleisch, R. 91; Friederike Mayröcker, Bibliogr. 1946–1990 92; Brauwolke, G. 94; HNO-Theater/Im Unterhemd, zwei G. 95; Flughunde, R. 95; Falsches Futter, G. 97; Schilf, Gedicht 98; Spione, R. 00; Erdkunde, Lyr. 02; Nonfiction 03; Aurora (Münchner Reden zur Poesie) 06; Vergeßt mich, Erz. 06; Kaltenburg, R. 08. – **H:** Friederike Mayröcker: Gesammelte Gedichte 1939–2003 04; William Butler Yeats: Die Gedichte 05. – **MH:** Reihe „Vergessene Autoren der Moderne" 89–00; Grosz – Berlin 93; Rudolf Blümner: Ango laïna u. a. Texte 93, alle m. Karl Riha; Gertrude Stein: Spinnwebzeit / Bee time vine u. a. Gedichte, m. Andreas Kramer u. Barbara Heine 93; William S. Burroughs, m. A. Kramer 95; Ausreichend lichte Erklärung. Jb. d. Lyrik 1998/99, m. Christoph Buchwald 98; Friederike Mayröcker: Gesammelte Prosa. 1949–2001, 5 Bde 01; Thomas Kling: Gesammelte Gedichte. 1981–2005, m. Christian Döring 06. – *Lit:* Michael Braun (Merzenich) in: KLG 99; Marc-Boris Rode (Hrsg.): Auskünfte von u. über M.B. 00. (Red.)

Beyer, Martin, Dr. phil., Germanist; Mittelstr. 13a, 96052 Bamberg, *martin.beyer@gmx.net, www.hinterden-tueren.de* (* Frankfurt/Main 28. 12. 76). VS 01; Pr.träger Junges Lit.forum Hessen-Thür. 00, Aufenthaltsstip. Künstlerhaus Kloster Cismar 02; Rom., Erz. – **V:** Fragezeichen, Erz. 95; Nimmermehr, R. 98; Sterzik, R. 01; Hinter den Türen, R. 02 (Hörb. 04). – **MA:** Treibgut, H.1 02. – **MH:** Best of Poetry Slam Bamberg I, Anth. 02. (Red.)

Beyer, Monika *

Beyerl, Beppo; Fockygasse 36/40, A-1120 Wien, Tel. u. Fax (01) 8 17 39 71, *b.beyerl@aon.at, members. aon.at/beppos_literatur* (* Wien 16. 11. 55). Podium, Öst. P.E.N.; Wiener Autorenstip. 06; Prosa, Rom., Hörsp., Fernsehsp./Drehb., Sat., Ess., Kinder- u. Jugendb. – **V:** Eckhausgeschichten 92; Wienerisch, das andere Deutsch, Ess. 92; Wien, Ess. 95; Unterwegs, Rep. 98; Wiener Krankheit, R. 00; Hüben und Drüben, Geschn. 06; Als das Lügen noch geholfen hat, R. 07; zahlr. Sachbücher. – **MV:** Flucht, m. Klaus Hirtner u. Gerald Jatzek, Prosa 91; Freddie Flink in Schilda, Jgdb. 93; Das Goldhorn, Anth. 93; Lexikon der Nervensägen, Satn. 98; Valentin & Wanda oder Die Reise zum grünen See, Kdb. 03, alle m. Gerald Jatzek. – **H:** PODIUM (Chefred.). – **MH:** Der Geräuschalchimist, m. Bir-

git Schwaner u. Gerald Jatzek 99. – **R:** Hörspiele: Emil und Wanda, Ser. 91; Valentin und Wanda 96; Wer haglich is bleibt über 96, beide m. G. Jatzek; – Expedition Schmalspur, Fsf.; Die Winterreise, Fsf. – **P:** Der Mörder und sein Henker, Internetogramm 99. (Red.)

Beyerlein, Gabriele (Gabriele Korthals-Beyerlein), Dr., Dipl.-Psych.; Kaisermühle / Mühltalstr. 137, D-64297 Darmstadt, Tel. (0 61 51) 29 34 07, Fax 95 48 36, *GKortBeyer@aol.com, www.gabriele-beyerlein.de* (* Roding/Cham 1. 3. 49). Quo vadis – Autorenkr. Hist. Roman 03; Bestenliste Zürcher Kdb.pr. 00, Jury d. jungen Leser 00, Buch d. Monats d. Dt. Akad. f. Kd.- u. Jgd.lit. 05, Nomin. f.d. Buxtehuder Bullen 05, Nomin. f.d. Sir-Walter-Scott-Pr. 07, Heinrich-Wolgast-Pr. 08; Rom., Kinder- u. Jugendb. – **V:** Die Keltenkinder 87, 88 (auch ndl.); Die Maske im See 88, 92 (auch ndl.); Der dunkle Spiegel 89, 02; Die Kette der Dragomira 89, 90; In ein Land, das ich dir zeigen werde 90, alles Jgdb.; G.B. erzählt von den Steinzeitjägern, Kdb. 91, 93; Der goldene Kegel, Jgdb. 91, 07 (auch dän.); G.B. erzählt vom Mittelalter, Kdb. 92, 94; Entscheidung am heiligen Felsen, Jgdb. 93, 04; G.B. erzählt vom Gletschermann, Kdb. 93; Wie ein Falke im Wind, Jgdb. 93, 01; Am Berg des weißen Goldes, Kdb. 94, 05; G.B. erzählt von den Keltenfürsten, Kdb. 95; Die Höhle der weißen Wölfin, Jgdb. 96, 03; Die Göttin im Stein, R. 99, 00 (auch tsch.); Das Feuer von Kreta, Jgdb. 99, 02; Der Schatz von Atlantis, Kdb. 00, 04; Der schwarze Mond, Kdb. 01, 06 (auch chin.); Die Maske des Verräters, Sammelbd 01; Verloren auf Burg Frankenstein, Kdb. 02; Vollmondnächte, Jgdb. 03 (auch chin.); Lara und das Geheimnis der Mühle, Kdb. 04; In Berlin vielleicht, Jgdb. 05; Das Mädchen mit dem Amulett, Kdb. 06; Berlin, Bülowstr. 80a, Jgdb. 07, Tb. 08; Steinzeit, Kindersache. 08; Bea am anderen Ende der Welt, Kdb. 08. – **MV:** Die Sonne bleibt nicht stehen, m. Herbert Lorenz, Jgdb. 88, 06 (auch kastil.).

Beyersdörfer, Helga; c/o Buch & Medi@, München, *mail@helga-beyersdoerfer.de, www.helga-beyersdoerfer.de* (* Erlensee/Hessen 9. 5. 50). Das Syndikat; Rom., Erz. – **V:** Mitten im Wort, R. 98, 02; Asams Pfeil 99, 02; Mit geschlossenen Augen, Krim.-R. 99, 02 (auch Hörb.); Emmilys Erbe, R. 02; Die Sammlerin, Krim.-R. 06; Die Frau im blauen Kostüm, Krim.-R. 05; Tatorte 06. – **MA:** Erzn. in Anth. u. a. in: Mord am Niederrhein 05; Tatorte 06.

Beyersdorff, Anke; *anke.beyersdorff@unigreifswald.de.* Lyr., Erz., Prosa. Ue: isl. – **V:** Winterwald. Der Weg nach Norden oder wie man einen Rentier küßt, Erz. 05. – **MUe:** Auður Jónsdóttir: Der kleine Rechtsanwalt, Erz., in: out of the cool 05.

Beyrichen, Jutta (Jutta Öhring); Ludwig-Weis-Str. 3, D-97082 Würzburg, Tel. (09 31) 4 17 39 49, *jutta @beyrichen.de, www.beyrichen.de.* Jugendb. – **V:** Die Pferdefrau, R. 98, Tb. 08 (auch verfilmt); Die Tochter der Pferdefrau, R. 02, Tb. 07; Der Ruf der Pferde, Jgd.-R. 06, Tb. 07.

Beyse, Jochen, Dr. phil., freier Schriftst.; c/o Suhrkamp Verlag, Lindenstr. 29–35, D-60325 Frankfurt/ Main (* Bad Wildungen 15. 10. 49). aspekte-Lit.pr. 85, Lit.förd.pr. d. Stadt Hamburg 85, Pr. d. Kärntner Industrie 86, New-York-Stip. d. Dt. Lit.fonds 88 (abgelehnt), Villa-Massimo-Stip. 88, Stip. d. Dt. Lit.fonds 89, 89, 91, 96; Drama, Rom., Nov. – **V:** Der Ozeanriese, R. 81, 89; Der Aufklärungsmacher, N. 85, 88; Das Affenhaus, Erz. 86; Ultima Thule, Erz. 87; Die Tiere, Erz. 88; Ultraviolett, Erz. 90, 93 (franz.); Unstern. Bericht, R. 91; Larries Welt, R. 92; Bar Dom, Erzn. 95; Ferne Erde, Erz. 97; Fremdenführung, Erz. 00. – **R:** Der Aufklä-

99

rungsmacher, Hsp. 86. – *Lit:* LDGL 97; Matthias Auer in: Kindlers Neues Lit.lex. 98; ders. in: KLG 99. (Red.)

Bez, Helmut, Schauspieler, Autor; Am Mahlbusen 24, D-16321 Bernau, Tel. (01 72) 4 25 62 15, Tel. u. Fax (0 33 38) 75 63 45 (* Sondershausen/Thür. 28. 8. 30). SV-DDR 79; Hsp.pr. d. Rdfks d. DDR 76, Kritikerpr. f. Filmdrehb. 88, Heinz-Bolten-Baeckers-Pr. d. GEMA f. Musical-Libretti 99; Drama, Lyr., Erz., Hörsp., Fernsehsp., Film. – **V:** Zwiesprache halten, Sch. 77; Jutta oder Die Kinder von Damutz, Sch. 78; Dobberkau ist da, Sch. 78; Warmer Regen, Kom. 79; Nachruf, Sch. 80; Die verkehrte Welt, Sch. 83; Der Tiger, Kom. 98; Nele und die Leute von Altwreech, Kom., UA 99. – **MV:** Servus Peter, mus. Lsp. 61; Musik ist mein Glück, mus. Lsp. 62; Die schwarze Perle, Musical 62; Mein Freund Bunbury, Musical 64; Kleinstadtgeschichten, mus. Lsp. 67; Froufrou, Musical 69; Bretter, die die Welt bedeuten, Musical 70; Die Wette des Mr. Fogg, Musical 72; Terzett, Musical 74; Keep Smiling, Musical 76; Casanova, Musical 76; Liebhabereien, mus. Lsp. 78; Prinz v. Preußen, Musical 78. – **B:** Die Gondolieri, Optte 67; Kleiner Mann, was nun, Sch. (n. Fallada) 94; Das Glas Wasser, Kom. (n. Scribé) 96. – **MA:** Neue Texte 67; Wochentage 73; Vor meinen Augen... 77. – **F:** Wengler & Söhne, Szenarium u. Drehb. 87. – **R:** Auf Tuchfühlung 67; Das zweite Feuer 69; Französisch fakultativ 70; Die Rückfahrt 73; Zwiesprache halten 76; Letzte Nachrichten 77; Jutta oder Die Kinder von Damutz 78; Spätvorstellung 79; Dieser lange Vormittag 81; Verfrühte Ankunft – verspätete Rückkehr 82; In ihrem Sinne 82; Die Befreiung oder Liesgen hör zu 83; Die erste große Fahrt der Hoffnung 85; Dobberkau ist da 88; Der 37. Kongreß 89; Große Taten 89; Das Reich von Geist u. Seele 89; Juventus bricht den Nimbus von Livorno 89; Gentz oder Alles paletti 90; Als ginge ich mir selbst verloren 90; Nützliche Erhebung 93; Jopp oder Die Wohlgefälligkeit 94; Die Armee Wenck 95; CRASH oder Letzte Ausfahrt Brilon 96; Tod in der Provinz 97; Klischnigg 98, alles Hsp.; Kaberts Reisen u. der Versuch, ihm dabei zuzusehen 90; Bin ich noch in meinem Haus? 93; Selzthal oder War ich das wirklich 96; Kathmandu oder Die Erörterung der vorletzten Dinge 99, alles Funk-Erzn.; Heiraten/weiblich 75; Frauengeschichten 79; Sag doch, was du willst 81; Späte Ankunft 88; Jutta oder Die Kinder von Damutz 96; Dein Wille geschehe 96; Mein Gott, Martin 97, alles Fsp. (Red.)

Bhattacharyya, Barin, Dipl.-Sozialarb.; Dellbrücker Str. 6, D-51067 Köln, Tel. (02 21) 6 92 05 49 (* Homberg/Efze 21. 7. 67). Erz. – **V:** Das einsame Land, Erzn. 01; Die Katze des Teemeisters, Erz. 06.

Biancone, Tobias C., Schriftst.; Postfach 5753, CH-3001 Bern, Tel. (0 31) 3 0 23 2 84, Fax 3 0 17 1 17, *biancone@pignet.ch* (* Bern 19. 10. 51). Be.S.V. 81, P.E.N. 87, Ver. Solothurner Lit.tage 83, Intern. Theater-Inst. 89, SSV 98, Intern. Playwrights' Forum, AdS 03; Förd.pr. d. Stadt Bern 82, Dramatiker-Förd. d. Kt. Bern 85; Rom., Erz., Drama, Lyr., Film, Hörsp. Ue: engl. – **V:** Zyklen, G. 78; Das Märchen vom Blauen Berg, M. 78; Bewegende Ruhe, G. 81; Der andere Raum, H. f. Erw. 82; Spuren, Erzn. 85; Spitzel, Theaterst, UA 88; Bewegende Ruhe, G. 90, 95; Spiel der Masken, G. 90, 95; Tanz der Gefühle, Lyr. 04. – **MA:** Versch. Beitr. in Kunstb., Lyr.-Anth., Prosa-Anth. u. zahlr. Zss. – **H:** Literatur in der Medizin, Dok. Solothurner Literaturtage 86. – **MH:** Der Blaue Berg seit 77 XIV; Original, Zs. f. Kunst u. Lit. seit 86. (Red.)

Biank, Sanaa Baghdadi s. Osiries

Biberger, Liane; Lohgrabenstr. 12, D-93049 Regensburg, *service@dumia-design.de*, *www.dumia-design.de*

(* 60). RSGI 98. – **V:** Dumia, Lyr. 01. – **MA:** Künstlerportr. in „Donaustrudl", Ztg. (Red.)

Biberstein, Anne s. Eckert, Hanna

Bican, Michaela, Hauptschullehrerin; Bisamberg, *michaelabican@hotmail.com* (* Wien 24. 5. 76). Rom. – **V:** Auf ewig mein, R. 04. – **MA:** Literatur der Literaten, Anth. 04. (Red.)

Bichet/Bichette s. Hirsch, Helmut

Bichler, Albert, Dr.; Brückenstr. 7a, D-82110 Germering, Tel. u. Fax (0 89) 84 92 11, *albert.bichler@t-online.de* (* 35). BVK am Bande 01, Walter-Kolbenhoff-Pr. d. Stadt Germering 03; Volks- u. Heimatkunde, Kinderlit., Schulb., Lyr., Sachb. – **V:** Heimatbilder. Erinn. an d. alte Dorfleben 88; Wallfahrten in Bayern, Sachb. 90, Neubearb. 06, 2. Aufl. 07; Wie's in Bayern der Brauch ist 95; Die vierzehn Nothelfer 98, alles Volks- u. Heimatkundeb.; Das Kinderbuch der Heiligen und Namenspatrone 95; Kindergebete. Weil ich mit dir reden will 96; Feste und Bräuche. Mit Kindern feiern 97; Über uns der Himmel. Neue Kindergebete 97; Mein bunter Namenstagskalender 98, alles Kdb.; Nun gute Nacht und schlafe schön 02; Du bist nicht allein 03; Ein Engel beschütze Dich 03; Wir freuen uns auf Ostern 03; Ich wünsche gute Besserung, Lyr. 04; Frohe Weihnachten, Lyr. 05; Kommt die Heilige Nacht, Sachb. 05; Glück und Gesundheit, Lyr. 06; Ein Engel an deiner Seite, Lyr. 06; Damals auf dem Lande, Sachb. 07, 08.

Bichsel, Peter, Schriftst.; Nelkenweg 24, CH-4512 Bellach, Tel. (0 32) 6 18 10 26 (* Luzern 24. 3. 35). Akad. d. Künste Berlin, Korr. Mitgl. Dt. Akad. f. Spr. u. Dicht., Gruppe Olten; Stip. d. Lessing-Pr. d. Stadt Hamburg 65, Pr. d. Gruppe 47 65, Pr. Suisse 73, Kunstpr. d. Kt. Solothurn 79, Gastprofessur U.Essen 80, Stadtschreiber v. Bergen-Enkheim 81/82, Frankfurter Poetik-Vorlesungen WS 81/82, Joh.-Peter-Hebel-Pr. 86, Pr. d. Schweiz. Schillerstift. 87 u. 99, Stadtschreiber-Lit.pr. Mainz 95, Gottfried-Keller-Pr. 99, Buchpr. d. Kt. Bern 99, Kasseler Lit.pr. f. grotesken Humor 00, Europ. Essaypr. 'Charles Veillon' 00; Prosa, Lyr., Ess. – **V:** Eigentlich möchte Frau Blum den Milchmann kennenlernen, 21 Geschn. 64; Die Jahreszeiten, R. 67; Kindergeschichten 69; Des Schweizers Schweiz 69, erw. Neuausg. m. Photos v. H. Cartier-Bresson 84, Neuausg. 89; Stockwerke, Prosa 74; Geschichten zur falschen Zeit, Prosa 79; Der Leser. Das Erzählen, Frankfurter Poetik-Vorlesungen 82; Der Busant. Von Trinkern, Polizisten u. d. schönen Megalone, Prosa 85; Schulmeistereien, Reden, Aufss. 85; Irgendwo anderswo. Kolumnen 1980–1985 86; Im Gegenteil. Kolumnen 1986–1990 90; Möchten Sie Mozart gewesen sein?, Rede 90; Zur Stadt Paris, Gesch. 93; Das ist ein Tisch, Gesch. 95; Gegen unseren Briefträger konnte man nichts machen. Kolumnen 1990–1994 95; Die Totaldemokraten. Aufsätze über d. Schweiz 98; Cherubin Hammer und Cherubin Hammer, Erz. 99; Alles von mir gelernt. Kolumnen 1995–1999 00; Doktor Schleyers isabellenfarbige Winterschule. Kolumnen 2000–2002 03; Kolumnen, Kolumnen 05. – **MV:** Das Gästehaus, m. W. Höllerer, K. Stiller u. a., R. 65; Der dornige Schulweg, Erz. 92. – **MA:** Akzente 5/68; Tschechoslowakei 1968. Die Reden v. P.B., F. Dürrenmatt, M. Frisch, G. Grass, K. Marti u. ein Brief v. H. Böll 68; Niklaus Meienberg: Reportagen aus der Schweiz (Vorw.) 74; Allmende 13, 86. – **F:** Unser Lehrer, m. A.J. Seiler 71. – **R:** Inhaltsangabe der Langeweile, Hsp. 71. – **P:** Kindergeschichten, gelesen v. P.B., Schallpl. 79; Warum ist die Banane krumm?, CD 00. – *Lit:* Herbert Hoven: P.B.. Klara Obermüller. Teschuwara. Umkehr. Zwei

Gespräche 89; H. Hoven (Hrsg.): P.B. Texte, Daten, Bilder 91; Heinz W. Schafroth in: KLG 92; LDGL 97; H. Hoven (Hrsg.): In Olten umsteigen. Über P.B. 00. (Red.)

Bichsel, Therese, Schriftst., lic. phil.; Schulhausstr. 18, CH-3800 Unterseen, Tel. (0 33) 8 22 73 79, *thebian @quicknet.ch* (* Hasle 17. 2. 56). AdS, Be.S.V.; 1. Pr. b. Berner Kurzgeschn.wettbew. 96; Rom., Kurzgesch. – **V:** Schöne Schifferin, R. 97, 2. Aufl. 98; Die Reise zum Einhorn, R. 99; Das Haus der Mütter, R., 1.u.2. Aufl. 01; Catherine von Wattenwyl, R., 1.u.2. Aufl. 04; Ihr Herz braucht einen Mann, R. 06; Nahe dem Eisriesen, Erzn. 09.

Bick, Martina, M. A., Referentin d. Gleichstellungsbeauftragten d. HS f. Musik u. Theater Hamburg; Unzerstr. 18, D-22767 Hamburg, Tel. (040) 4 30 30 85, *Martina.Bick@gmx.de* (* Bremen 17. 9. 56). VS 94, Das Syndikat 96; Aufenthaltsstip. Künstlerhaus Kloster Cismar 97, Reisestip. d. Ausw. Amtes f. Mexiko 98, Krimi-Stadtschreiber Flensburg 01; Rom. – **V:** Unscharfe Männer, R. 93, 97; Tödliche Ostern, 2 Krim.-R. 95; Tödliche Prozession 96; Die Tote am Kanal 96; Mordsee 97; Puppen lügen nicht 98, alles Krim.-R.; Die Landärztin, R. 00; Neues von der Landärztin, R. 01; Die Spur der Träume, R. 01; Blutsbande, Krim.-R. 01; Heute schön, morgen tot, Krim.-R. 02. – **MA:** zahlr. Beitr. in Krim.-Anth. u. Zss. – **H:** Die Winterreise, Erzn. 04. – **MH:** Die schönste Jugend ist gefangen, m. Thorwald Proll, Anth. 94; Mordsgewichte, m. Tatjana Kruse, Krim.-Kurzgeschn. 00; Modell Mania, m. Beatrix Borchard, Katharina Hottmann u. Krista Warnke, wiss. Aufsätze 07.

Bickel, Lis, Künstlerin, therapeut. Beraterin; Mendelssohnstr. 115, D-70619 Stuttgart, Tel. (07 11) 4 79 06 00 (* Hannover 3. 10. 42). Sachb., Rom., Lyr., Erz. – **V:** Judas, R. 96. – **MV:** mehrere Sachbücher m. Daniela Tausch-Flammer, seit 94. – *Lit:* s. auch SK. (Red.)

Bickel, Margot (Margot Bickel-Bruns), Praxis f. Lebensberatung; Praxis: Schmiedstr. 19, D-88239 Wangen (* Lahr 27. 6. 58). Prosa, Lyr. – **V:** Pflücke den Tag 81, 03 (auch fin., schw., am., ital.); Wage zu träumen 82, 88; Geh deinen Weg 83 (auch fin., schw.); Die Wüste befreit 84 (auch fin., schw.); Das Büchlein der Geschenktage 85; Kommt wir gehn nach Bethlehem 86; Das Büchlein der guten Freunde 87; Nahe bei dir 88; Jeder Tag ist Leben 89, 01; Schön, daß es Dich gibt 95; Sehnsucht die verwandelt 95; Es ist Liebe 96; Vertrau deinem Herzen 96; Alles hat seine Zeit 98; Jede Nacht birgt einen Stern 98; Öffne die Fenster deiner Seele 98; Bäume wachsen in den Himmel 98; Weite des Lebens 01; Zauber der Liebe 01; Geschenk der Freiheit 02; Spuren des Herzens 02; Ermutigung für jeden Tag 02; Umarme deine Wirklichkeit 02; Jahreszeiten. – *Lit:* s. auch 2. Jg. SK. (Red.)

Bider, Christine; Nünenweg 7, CH-3123 Belp. – **V:** Störfälle und Filmrisse, Krimis 02. (Red.)

Biedermann, Willi (Ps. Friedrich Abele), Pfarrer i. R., Religionslehrer, Schriftst.; Hildastr. 2, D-76593 Gernsbach, Tel. (0 72 24) 65 23 58, *mail@bidermann. de*, *www.bidermann.de* (* Aach/Landkr. Freudenstadt 2. 7. 32). Nov., Ess., Lyr., Theaterst., Leseb., Malb., Predigt, Sachb., Erz. – **V:** Mit der Kirche auf der Kreuzung 69; Der kleine Sulzerich, Märchen-u. Malb. 78; Friedrich Abele: Wir Stephanskinder von der Webersgasse 79; Cröffelbacher Orts- u. Vereinschronik 80; Ein Einkorn. Ein sagenhafter Berg u. Wald 80; Hohenloher „Gänseflügle". Dörfliches Leben in d. „guten alten Zeit" 81; Der Krieg der Könige. Ein hohenloh. Märchen 82; Sulzerich in den Dolinenstadt. Ein hohenloh. Märchen 82; Konrad der Aussteiger. Anhäuser Theaterbüchlein 82; Vier Kolb-Biografien 84–88; Josef, laß das Träumen sein 83; Mutter Rebekka, was machst du denn da? 84; Liebe Ruth, geht es dir im Ausland gut? 85; Wunderbar ist Jesus von Nazareth 86; So liebt uns Jesus von Nazareth 86; Unterwegs mit der guten Nachricht von Jesus 87, alles bibl. Text- u. Malb. (alle auch port.); Es ging ein Sämann aus, Autobiogr. 86; Dagersheimer Predigt-Spitzen 86; Biografie über den Maler u. Dichter Heinrich Schäff-Zerweck 87; Grünkohl, Kluntjes u. Watt, Erz. 88; Vom Vater großgezogen – Josefsgeschichten 88; Mit Blumhardt u. Strauß im Stift, Biogr. 89; Die Bidermann-Chronik 1550–1990 90; Von Aach nach Amerika u. zurück 90; Vom Schwarzwald ins Heilige Land, Erz. 90; Die Kirchenmaus, heitere Geschn. 92, 00; Das Ehrenkränzlein, Erz. 93; The Bridal Garland 93; Missionar in den Blauen Bergen, Biogr. 97; Es begab sich zur Weihnachtszeit, Erz. 99; Mut für tausend Jahre 00; Lothars weihnachtliche Bescherung 00; Willkommen bei Bruder Ulrich 01; Milad – ein Junge aus Bethlehem 01; Salam – das gerettete Findelkind in Bethlehem u. a. Weihnachtsgeschn. 02; Der verzweifelte Kampf um das Kloster Kniebis 02; Offen sind die Tore zum Paradies, Klosterführer Kniebis 02; Das reformatorische Meisterstück des Ambrosius Blarer 03; Vom Kreuz zur Krippe. Das neue Weihnachts-Christentum 03; Ruhestein. Vom Rastplatz zum Luftkurort 04; Der Höhenluftkurort Ruhestein im Wandel der Zeit 05; Die Stahltür zwischen den Herzen, Erz. 08. – **MV:** Tausend Jahre Sulzdorf, m. K. Ulshöfer, G. Wunder u. a. 76. – **H:** Friedrich Neu: Bilder u. Geschichten aus meinem Leben 79. – **P:** Zwischen Berg u. Tal. Sieben Heimatlieder, Schallpl. 77.

Bidmon, Elfriede; Ringstr. 76, D-91126 Rednitzhembach, Tel. (0 91 22) 78 17 44, *elfriede.bidmon@ onlinehome.de* (* Altkinsberg b. Eger 37). Autorenverb. Franken, Collegium Nürnberger Mda.dichter, Arb.kr. Egerländer Kulturschaffender; Elisabeth-Engelhardt-Lit.pr. d. Ldkr. Roth 06; Lyr., Prosa (in Hochdt. u. fränk. Mundart). – **V:** Greina mechst, wennsd kennst 91; Allmächt, des ging u. 94; Aamol Christkindla saa! 95; Loreto. Ein Schicksalsroman 07. (Red.)

Bieber, Horst, Dr. phil.; Oktaviostr. 90, D-22043 Hamburg, Tel. (0 40) 6 56 29 43, Fax 68 28 38 72, *Horst. W.Bieber@t-online.de* (* Essen 12. 1. 42). Dt. Krimipr. 87, DAG-Fs.pr. 93; Krimi, Fernsehsp. – **V:** Sackgasse 82; Wrozeks Meineid 85; Sein letzter Fehler 86; Jede Wahl hat ihren Preis 87; Scherenschnitte 88; Zeus an alle 89; Schnee im Dezember 90; Fehlalarm 91; Der Lauscher an der Wand 93; Auf Anraten meines Anwalts 94; Kaiserhof 96; Eckhoffs Fall 99; Der Staubiger 01; Die tote Tante aus Marienthal 02; Das graue Loch 02; Beas Beute 03; Soko Feuer 04; Anna verschwindet 05; Sein letzter Tresor 06. – **MA:** Mordslust, KrimiMag 2, 5, 7; Schwarze Beute 89; Good bye, Brunhilde 92; Dagobert 94, alles Anth. – **R:** Der Irrtum 86; Alter schützt vor Scharfsinn nicht 87; Ein morderischer Ruf 88; Gefunden und verschwunden 89; Alter schützt vor Scharfblick nicht 91; Und ich habe zurückgeschlagen 93; Tödliches Vertrauen 96; Onkels Erben 97; Kaltschnäuzig 98; Wahlkrieg, 07 alles Krim.-Hsp.; Reihe Tatort: Tod eines Mädchens, Drehb. 91; Gerichtstag, Drehb. 92; Vom Ende der Eiszeit, nach Motiven des R. „Schnee im Dezember", Fsf. 07. – *Lit:* Karr: Lex. dt. Krimi-Autoren 98.

Bieder, Klaus s. Wartenberg, Rolf

Biedermann, Holger, Gitarrist, Komponist, Journalist, Autor; Dorfstr. 27A, D-21521 Wohltorf, Tel. (0 41 04) 64 74 (* Hamburg 30. 10. 52). Rom. – **V:** Von Ratten und Menschen 02; Die Spur des Dr. Death 04; Der zehnte Drache 06. (Red.)

Biehn

Biehn, Wilma s. Klevinghaus, Wilma

Bieker, Gerd, Buchdrucker; Scheffelstr. 90, D-09120 Chemnitz (* Grünhainichen 23. 7. 37). SV-DDR 69; Kulturpr. d. Rates d. Bezirkes Karl-Marx-Stadt (kollektiv) 72, Kurt-Barthel-Pr. 79. – **V:** Sternschnuppenwünsche, Jgd.-R. 69, 89; Eiserne Hochzeit, R. 78, 90; Mach's gut, Paul!, Jgd.-R. 80, 88; Rentner-Disko, Jgd.-R. 82; Dorflinde, R. 88. – **MV:** Zirkusreportage, m. G. Glante, R. Merkel 63; Geschichten ohne Ende, Rep. m. J. Arnold, K. Steinhaußen, H. H. Wille, K. Walther 71; Chemnitz bevor es brannte, m. G. Ittner 98. – **MA:** Wie der Kraftfahrer Karli Birnbaum seinen Chef erkannte, Erz. aus d. DDR 78. – **R:** Die schlimmen Ritter vom Wiedenstein 71; Die Beton-Onkels 71; Der Spatz ist auch ein Vogel 72; Festraketen 72; Hinter den sieben Hügeln 73; Paule-Geschichten, 10tlg. Serie 73/77, alles Hsp. (Red.)

Bielefeld, Freya, Fremdspr.sekretärin; Im Bans 15/XI., D-25421 Pinneberg, Tel. (0 41 01) 58 60 90 (* Hamburg 18. 10. 44). Dt. Haiku-Ges. 99, Lit.haus Hamburg 00; Lyr., Kurzgesch. – **V:** Lila geht der Tag zu Ende, Lyr. 99; Klagend ruft der Kauz, Lyr. 00; Gelbe Rapsfelder – Sonnenflecken gleich 02. – **MA:** div. Beitr. in Anth. v. Ingo Cesaro, d. Ferber-Verl. sowie d. Dt. Haiku-Ges., seit 98.

Bielen, Tina s. Ouillon, Martina

Bielenberg, Udo, Dipl.-Ing.; Norderstr. 3b, D-24340 Eckernförde (* Itzehoe 29. 4. 38). – **V:** Schiet an't Geld! 96; Wenn de Grogketel klötert ... 97; Wetten dat ...??? 98; Klöönsnacken un Klookschieten 99; Wiehnachten ... un'n beten mehr 00; Allns nich so eenfach! 01; Ede, smiet den Trecker an 02; So as dat fröher weer! 03; Güstern so un morgen so 05; Domools op'n Gootsherrnhoff 06; Op'n Trödelmarkt 07; Je öller ... je döller 08; Wat deit de Minsch, wenn he nix deit? 09, alles Geschn. in pldt. Mda. – **MV:** Marie un Johann. Riemels un Vertelln 81; Dummtög un Kreienschiet, Geschn., Pln. 83, 2. Aufl. 84; Disse verdreihten Bengels... Geschn. aus Marsch u. Geest 84; Studentenöög und Schobernack, Geschn., Pln. 85; Hinne – dat Original, Geschn., Pln. 86; Musst di wunnern. Allerlei Lüüd un ehr Geschichten 87; Von Buurn, Swien un anner Ort Lüüd, Geschn., Pln. 88, 2. Aufl. 90; Is doch wohr ... oder wat?, Geschn., Pln. 89; Ick un du un all de annern ..., Geschn, Pln. 90; Ut Pütt un Pann. Vertellen von Eten un Drinken 91; Wachtmeister Schütt op Spitzbovenfang, Krim.-Geschn. 92; Wachtmeister Schütt op hitte Spoor, Krim.-Geschn. 93; Wenn een op Reisen geiht ... 94, 2. Aufl. 96; Wachtmeister Schütt ünner Spitzboven un Ganoven, Krim.-Geschn. 95, alles m. Hermann Levsen. – **MA:** Kieler Wiehnachtsgeschichten 88; Wiehnachtsgeschichten ut Sleswig-Holsteen 94; Wiehnachtsgeschichten ut Neddersassen 95; Geschichten von de Waterkant 96; In Sleswig-Holsteen bün ik tohuus 97; Morgen kümmt de Wiehnachtsmann. Vertellen un Riemels 97; Dat hest di dacht! Plietsche Vertellen 98; En lütt Licht an'n Dannenboom, Geschn. 99. – **P:** Riemels un Vertellen ut Masch un Geest, m. Hermann Levsen, Schallpl. 85.

Bielenstein, Daniel, freier Journalist u. Autor; lebt in Hamburg, *mail@db-press.de, www.db-press.de* (* Bonn 31. 7. 67). Rom. – **V:** Die Frau fürs Leben 03; Max und Isabelle 04; Ein Mann zum Stehlen 05; Das richtige Leben 07; Zwei Singles zu dritt 08.

Bielicke, Gerhard (Geb.name u. Ps.: Gerhard Kerfin), Betriebsschlosser, Zollinspektor, Schriftst.; Willibald-Alexis-Str. 18, D-10965 Berlin, Tel. u. Fax (0 30) 6 92 73 87 (* Nauen, Kr. Osthavelland 1. 4. 35). NGL Berlin 75–80, 89–00, EM Kurt-Mühlenhaupt-Museum Bergsdorf e.V. 07; Schwalenberg-Stip. d. Inst. f.

Lipp. Ldeskunde Detmold 81; Lyr., Kleine Prosa, Sat., Aphor. – **V:** von hollywood bis hinter tegel, G. 65; moderne stadt, G. 66; vorwurf an den mond, G. 67; wem die polizeistunde schlägt, G. 68; Allgemeine Hausordnung, Kurztexte 69; In den Hosenlatz gesprochen, G. 70; Die wundersame Rettung der Stadt F., G. u. kleine Prosa 72; Zwischenrufe, G. 75; doch gering ist die hoffnung, G. u. kleine Prosa 76; Wenn Menschensprache verdächtig klingt, Aphor., G., Sat. u. kl. Prosa 78; gedichte die namen tragen, G. 79; Wer Wachteln liebt, fürchtet ihre Zungenfresser, G. 82; Schwalenberg, kleine Chronik in Gedichten, G. 82; In Würfelwurfweite wissen wir Hölle, G. 88; Als ich mit Sauriern spazieren ging 93; im dämmerlicht alter alleen, G. 96; indonesisches tagebuch, G. 98; fährtensuche, lyr. Stenogr. 02; Unstillbarer Durst, G. 04; Erinnerungen und Augenblicke, G. u. Geschn. 06; Mitlesebuch Nr. 7. – **MA:** Beitr. in Anth., Kat. u. Nachschlagewerken, u. a.: Die Stadt, Alm. 9 75; Wege, Kurz-Anth. 76; Umsteigen bitte, Gedichte aus Berlin, Anth. 80; seit 2001: Mühlenhaupt – Maler der Liebe, Kat.; Das Gedicht lebt, Anth.; Geschichte wird gemacht, Kat.; Krieg u. Frieden, Anth.; Neue Literatur, Anth.; Ich habe es erlebt, Anth. – **Ue:** Alexander Galitsch: Die Königin des Kontinents 75.

Bielka, Hildegard, Laborantin i. R.; Dietrichstr. 100, D-53175 Bonn, Tel. (02 28) 31 14 19 (* Ratibor 5. 10. 30). – **V:** Lebenszeit – Jahreszeit. Besinnliches u. Fröhliches aus sechs Jahrzehnten 00. (Red.)

Bielohlawek-Hübel, Gerold; Riedstr. 26, D-64560 Riedstadt, Tel. (0 61 58) 25 33 (* Ingolstadt 12. 12. 48). – **V:** Der Hennerer, Gesch. 85; Ich Vogel, Erz. 1887; Martin, der Enkel des Korbflechters, Erz. 92, 97; Kühkopf Geschichte(n) 02; Erlebnis Kühkopf – Knoblauchsaue 03; Wie der Kühkopf entstand 04; Wer fand den Urvogel 05. – **H:** Schmunzelgeschichten aus dem Juraland 87, 2. Aufl. 97; Mein Juraland-Lesebuch 88, 05. (Red.)

Biemer, Annette; Franzenburg 39, D-35578 Wetzlar (* 66). Krimi. – **V:** Brückenschlag 03, 04; Stille Post 05; Schadensfall 05, alle Krim.-R. (Red.)

Bienert, Christine (Chris Bienert); Otto-Ehrhardt-Str. 15, D-30823 Garbsen, *cdd.bienert@t-online.de, www.chrisbienert.de* (* Bad Sachsa 55). Sisters in Crime (jetzt: Mörderische Schwestern). – **V:** Kein Lolli für den Mörder, R. 03; Leben, Lyr. 03; Hände weg von fremden Päckchen, R. 05; Erdbeeren für den Zeugen, R. 06. – **MA:** Lyr. u. Kurzgeschn. in zahlr. Anth., u. a. in: Stark genug um schwach zu sein; Weihnachtsgeschichten am Kamin, mehrere Bde. – **H:** u. MA: Frieden, Lyr.-Anth. 03; Liebe, Lyr.-Anth. 04; Gute-Nacht-Geschichten und mehr, Kdb. 04; Fröhliche Weihnachten, Geschn. u. G., I 04, II 07; Natur, Lyr.-Anth. 05; Blumengrüße, Anth. 06. – **Lit:** Klaus-Peter Walter: Lex. d. Krim.lit 04.

Bieniek u. Band s. Jablonski, Marlene

Bieniek u. Band s. Walder, Vanessa

Bienmüller, Adelheid, Lyrikerin; Deichstr. 57, D-49393 Lohne, *ABienmueller@web.de* (* Böhmisch-Kamnitz 18. 7. 43). FDA 83; Lyr., Kurzprosa. – **V:** Dann fallen Bilder aus nächtlichen Träumen, Lyr. 88; Geheimnisvolle Türen, Kurzprosa 92. – **B:** Und Dunkelheit wird wie der Morgen sein 99. – **MA:** Lyr. in: Laßt den Kinder die Träume 89; Meiner Sehnsucht wachsen Flügel 93; Das Lied der Erde 94; Freude für alle Tage 96, u. a.

Bienwald, Arno s. Knebel, Hajo

Bierawski, Ruth (geb. Ruth Ebenau), Lehrerin i. R.; Wartburgblick 8, D-99819 Ütteroda, Tel. (03 69 26) 9 94 05 (* Büdingen 4. 12. 36). Pr. d. Nationalbibliothek d. dt.spr. Gedichts 00 u. 01; Lyr., Erz. – **V:** Zauber sich ewig wandelnder Sicht, Lyr. 05. – **MA:** Nationalbibliothek d. dt.sprachigen Gedichtes. Ausgew. Werke, seit 00 (jährl.).

Bierbaß, Dirk, Journalist, Autor; Lessingstr. 19, D-06114 Halle/S., Tel. (03 45) 2 90 73 42, Fax (0 12 12) 5 11 08 12 80, *Dirk_Bierbass@web.de, dirk-bierbass. kulturserver-san.de* (* Halle 27. 11. 66). Förd.kr. d. Schriftst. in Sa.-Anh., VS, Lit.büro Sa.-Anh.; Arb.stip. d. Ldes Sa.-Anh. 96, 02; Ged., Prosa, Kabarett-Text, Hörfunkfeature. – **V:** Die Betrüger, UA 94; Sackgesicht, G. 97; Ausschankschluß, Lyr. 03; Tägliches Arsen, Lyr. 05. – **MV:** Hilfe, besetzt!, m. W.D. Schmidt 91; Sitzenbleiber 97; Dumm gelaufen 01, alles Kabarettprogr.; Ich wär so gerne in Arabien 04. – **MA:** Anth.: Poesiealbum 83, 85; Offene Fenster 8 85; Inter-Leseb. II 95; Eröffnungen 96; Hinter den Glitzerfassaden 98; Das Kind im Schrank 98; Wer d. Rattenfänger folgt 98; Stillgestanden 99; Wendepunkte 99; Die dünne dunkle Frau 00; Gegenwind 02; – Lit.zss.: Ort der Augen, seit 94; Fliegende Lit.-Bll. 02; Decision 02; Der Mongole wartet 05, 06. – **F:** Die Farce, Dok.film 02 (Mitautor). – **R:** Ich habe die Mauer nie abgetragen ..., m. Thomas Gaevert, Hfk-Feat. 99; Heiligabend, Rdfk-Sdg 99; Ich war immer mein eigener Herr – Ralph Wiener, Hfk-Feat. 01; Ich werde auch ohne Platten leben – Julia Axen, Hfk-Feat. 01.

Bierbaum, Fritz s. Popp, Fritz

Bierbichler, Josef, Schauspieler; Seeuferstr. 31, D-82541 Ambach (* Ambach, Starnberger See 26. 4. 48). Theaterpr. Berlin 08. – **V:** Verfluchtes Fleisch 01. – **MV:** Engagement und Skandal, m. Harald Martenstein, Christoph Schlingensief, Diedrich Diederichsen 98. – **F:** Triumph der Gerechten 87. (Red.)

Bieri, Madeleine, lic. rer. soc., Politologin, Religionswiss.; Tscharnerstr. 12a, CH-3007 Bern, Tel. (0 79) 2 39 97 37, Fax (0 31) 3 24 38 39, *mail@ madeleine-bieri.ch, www.madeleine-bieri.ch* (* Bern 18. 6. 74). AdS 05; Rom. – **V:** Der Kuss im Garten, R. 02. – **MA:** Suche nach dem Unbedingten, Schr. 08.

Bieri, Peter s. Mercier, Pascal

Bierich, Rosmarie (geb. Rosmarie Schmeil), Laborantin, Sekretärin, Rentnerin; Goldsternstr. 14, D-04329 Leipzig (* Seebenisch b. Markranstädt 21. 10. 24). Zirkel schreib. Arbeiter. – **V:** Teddy Tolpatsch, M. 04; Bei uns zu Haus 05. (Red.)

Biering, Helmar, Dr. paed.; Hofstr. 12, D-09322 Penig, OT Tauscha, Tel. (03 73 81) 8 14 42, *helmarbiering @gmx.de* (* Tauscha 9. 11. 46). Kinderb., Sachb. – **V:** Aus dem Leben der chinesischen Mäusefamilie U 06; Geschichten von den chinesischen Mäusefamilien U und Hu 07; Neuigkeiten von der Mäusefamilien U, Hu und Si 08; – Sachbücher: He, Opi – wart' mal! 03; Lebenszufriedenheit zwischen Wunsch und Wirklichkeit 05. – **MA:** Körpererziehung 4/87, 5/90 u. 7–8/92; Gesundheitssport u. Sporttherapie 6/03; Bewegungstherapie u. Gesundheitssport 5/07, alles sportwiss. Zss.

Biermann, Pieke (eigtl. Lieselotte Hanna Eva Biermann), M. A., freie Schriftst. u. Übers.; PF 151410, D-10676 Berlin, Tel. u. Fax (0 30) 8 81 62 07, *pieke.biermann@gmail.com, kaliber38.de, www. alligatorpapiere.de, www.literaturport.de* (* Stolzenau/ Weser 22. 3. 50). VS/VdÜ; 3sat-Stip. im Bahnhofsmus.-Lit.wettbew. 90, Dt. Krimipr. 91, 94, (2. Pr.) 98, Berliner Krimifuchs 97; Krim.rom., Short-Story, Ess., Radio-Feat., Rep., Kolumne, Sat. Ue: engl., am., ital. – **V:** Das Herz der Familie 77; Wir sind Frauen wie andere auch. Prostituierte u. ihre Kämpfe 80; Potsdamer Ableben, Krim.-R. 87, 98 (auch frz., ital.); Violetta, Krim.-R. 90, 99 (auch frz., ital.); Herzrasen, Krim.-R.

93, 00 (auch frz.); Vier, Fünf, Sechs, Krim.-R. 97, 99; Berlin, Kabbala, Kurzgeschn. 97, Tb. 00 (ital., teilw. auch frz., am.); Herta & Doris, Kurzgeschn. 02; Gojisch gesehen, Glossen 04; Der Asphalt unter Berlin, Repn. 08. – **MA:** ZSS.: underground 1/90, 3/91; literar. Repn. in: Dt. Allg. Sonntagsbl. 94; Der Tagesspiegel, seit 98; SZ 99; Berliner Morgenpost, seit 99; Rez. in: Die Woche 99; Jüdische Allg., seit 01; – ANTH.: Berlin, eine Ortsbesichtigung 92; Der Schuß im Kopf des Architekten, Anth. 00; Wir hatten die Wahl 05; Tödliche Pässe 05. – **H:** Mit Zorn, Charme & Methode (auch Nachw.) 92, 94 (auch ital.); Wilde Weiber GmbH (auch Nachw.) 93. – **R:** HÖRFUNK: Daß ich sachte etwas überschreite, Feat. 82; Multiple Joyce, Feat. 82; Für viele Millionen Glück, Rerv. 84; Die AlgonQueen, Feat. 86; Erbschaften, Feat. 87; Lady Writes The Blues, Feat. 87; Mein Königreich für dies Weib!, Funkess. 87; Eine Frau steigt aus, Ein Mann steigt aus, Hsp.-Fass. d. R. „Potsdamer Ableben", 2 T. 89–90; Please mention the war, I'm German!, Feat. 97; Lesefass. d. R. „Vier, Fünf, Sechs", 5 T. 98; BERONEWS 17. Juni 2006, Feat. 02; Die Kriminalreportage von PB, Serie (RBB-inforadio), seit Juni 03; Radiofeuill., Buchempfehlungen, seit April 04; Lichter der Großstadt, Feat. 05; Menschen – Orte – Kriminalität mit PB, Serie (RBB-inforadio), seit Feb. 06; – FERNSEHEN: Mitarb. an zahlr. Dok.features. – **Ue:** u. a. von: Lidia Ravera, Rosetta Froncillo, Maria Rita Parsi, Stefano Benni, Dacia Maraini, Fruttero & Lucentini, Dorothy Parker, Joseph Wambaugh, Robin Cook (Derek Raymond), Sara Paretsky, Liza Cody, zuletzt: Agatha Christie: Tod auf dem Nil, Krim.-R. 99; Walter Mosley: Socrates in Watts, Krim.-R. 00; Liza Cody: Gimme more, R. 03; Agatha Christie: The Hollow, Krim.-R. 03; dies.: Die Mausefalle 04; Anya Ulinich: Petropolis, R. 08. – **MUe:** Mannheimer/Presser (Hrsg.): Nur wenn ich lache. Neue jüd. Prosa 02. – *Lit:* Melanie Stitz in: Von Dichterfürsten u. a. Poeten. Kleine nds. Lit.gesch. III 96; Veronica Lee in: The Guardian (London) 96; Crow Dillon-Parkin in: Crime Time No.9 (Birmingham) 97; Florian Goldberg in: WDR Funkhaus Europa 99; Sigrid Eßlinger: Berliner Ableben. Die Schriftstellerin P.B., Fs.-Feat. 02; Florian Felix Weyh in: LDGL 03.

Biermann, Ulfried, Maler; Im Siedlergarten 39, D-47807 Krefeld, Tel. (0 21 51) 31 24 39 (* Oppeln/OS 3. 3. 38). – **V:** Feldergelb und Wälderschatten. Geschichten aus dem alten Eichsfeld 02; Die glücklichen Jahre des Carl Duval. Einem Halb-Vergessenen zum Geburtstag, Biogr. Erz. 06.

Biermann, Wolf, Dr. h. c., Dichter u. Liedermacher; lebt in Hamburg, c/o Hoffmann u. Campe Verl., Hamburg, *www.wolf-biermann.de* (* Hamburg 15. 11. 36). Theodor-Fontane-Pr. 69, Åereskunstner 69, Jacques-Offenbach-Pr. 74, Dt. Schallplattenpr. 75, Friedrich-Hölderlin-Pr. d. Stadt Homburg 89, Georg-Büchner-Pr. 91, Mörike-Pr. 91, Heine-Pr. d. Stadt Düsseldorf 93, Nationalpr. d. dt. Nationalstift. Weimar 98, Heinz-Galinski-Pr. 01, Joachim-Ringelnatz-Pr. 06, Med. f. Kunst u. Wiss. d. Stadt Hamburg 06, Gr. BVK 06, E.bürger d. Stadt Berlin 07, Theodor-Lessing-Pr. d. Dt.-Israel. Ges. Hannover 08, Dr. h.c. Humboldt-Univ. Berlin 08; Ballade, Lied, Ess. Ue: schw, korean, jap, frz, span, russ, hebr, am. – **V:** Die Drahtharfe, Balln., G., Lieder 65; Mit Marx- und Engelszungen, G., Balln., Lieder 68, Tb. 00; Der Dra-Dra. Die große Drachentöterschau, in 8 Akten m. Musik 70, UA 90; Deutschland. Ein Wintermärchen 72; Für meine Genossen, Hetzlieder, Balln., G. 72; Berichte des Julij Daniel aus dem sozialistischen Lager 72; Das Märchen vom kleinen Herrn Moritz, in die Glatze kriegt 72; Nachlaß I 77; Preu-

Biermann-Berlin

ßischer Ikarus, Lieder, Balln., G., Prosa 78; Das Märchen von dem Mädchen mit dem Holzbein, Bilderb. 79; Verdrehte Welt – das seh ich gerne, Lieder, Balln., G., Prosa 82; Affenfels und Barrikade 86; Klartexte im Getümmel 90; Alle Lieder 1960–1990 91; Über das Geld und andere Herzensdinge 91; Der Sturz des Dädalus 92; Großer Gesang vom ausgerotteten jüdischen Volk, nach Jizchak Katzenelson: Dos lied vunem ojsgehargetn jidischn volk 94; Alle Gedichte 95; Wie man Verse macht und Lieder – eine Poetik in acht Gängen 97; Paradies uff Erden – Ein Berliner Bilderbogen, Anth. 99; Liebespaare in politischer Landschaft, G. u. Lieder 00; Die Ausbürgerung. Anfang vom Ende d. DDR, m. and. Autoren 01; Über Deutschland Unter Deutschen, Ess. 02; Bob Dylan/W. B.: Eleven Outlined Epitaphs / Elf Entwürfe für meinen Grabspruch, engl./dt. 03; „Das ist die feinste Liebeskunst", 40 Shakespeare Sonette 04; Heimat. Neue Gedichte 06; Heimkehr nach Berlin Mitte 07. – P: Wolf Biermann (Ost) zu Gast bei Wolfgang Neuss (West) 65; Vier neue Lieder 68; Chausseestr. 131 69; Der Barrikadentango kommt (Ausbürgerung) 70; Warte nicht auf beßre Zeiten 73; aah – ja! 74; Liebeslieder 75; Es gibt ein Leben vor dem Tod 76; Das geht sein' sozialistischen Gang 76; Der Friedensclown (Kinderlieder) 77; Trotz alledem 78; Hälfte des Lebens 79; Eins in die Fresse, mein Herzblatt 80; Wir müssen vor Hoffnung verrückt sein 82; Im Hamburger Federbett 83; Die Welt ist schön – pardon, will sag'n – ganz schön am Rand 85; Seelengeld 86; VEB – volkseigener Biermann 88; Gut Kirschenessen 90; Nur wer sich ändert, bleibt sich treu 91; Süßes Leben – saures Leben 96; Lieder vom preußischen Ikarus (The best of Biermann) 99; Brecht, deine Nachgeborenen 99; Paradies uff Erden – Ein Berliner Bilderbogen 99; Ermutigung im Steinbruch der Zeit 01; Großer Gesang des Jizchak Katzenelson vom ausgerotteten jüdischen Volk 04; „Das ist die feinste Liebeskunst", Shakespeare Sonette 04; Heimkehr nach Berlin Mitte 07, alles Schallpl./CDs. – Lit: W.B. – Liedermacher u. Sozialist 76; Exil. Die Ausbürgerung W.B.s aus der DDR 77; Thomas Rothschild: Liedermacher. 23 Portr. 80; Roland Berbig (Hrsg.): In Sachen Biermann 94; Eva-Maria Hagen: Eva u. d. Wolf, Autobiogr. 98; Fritz Pleitgen (Hrsg.): Die Ausbürgerung 01; Mensch Biermann, Film v. Heiner Herde u. Carsten Krüger; „Wie kann ich singen". Jizchak Katzenelson u. W.B., Film v. Amora Öhler u. Pamela Biermann; Mensch Wolf, Film v. Wolfgang Drescher; Hunger nach Heimat, Film v. Trude Trunk u. Andreas Öhler 06.

Biermann-Berlin, Brigitte; Hohle Eiche 19, D-44229 Dortmund. – **V:** Der Himmel ist hoch und weit, Erzn. 94; Dongxi, Krim.-R. 02. (Red.)

Bieronymus s. Gessl, Hans

Bierschenck, Burkhard P. (Ps. Peter Hardcastle, Scher Wachtang, Burkhard Schenck, Peter Erfurt), M. A., Journalist u. Verleger; Paul-Gerhardt-Allee 46, D-81245 München, Tel. (089) 3 18 90 50, Fax 31 89 05 86, info@bookspot.de, www.bookspot.de, www.peter-hardcastle.de, www.bierschenck.de (* Bocholt 30.3.50). Presse-Club München 88, Quo vadis – Autorenkr. Hist. Roman; Lit.pr. 'Arbeitswelt' 76; Rom., Lyr., Dramatik. – **V:** Im Kreis der blinden Pilze, Erzn. u. Lyr. 76; Kranke Götter, Lyr. 79; Admiral Moses, R. 84; Die geraubte Sieg, R. 84; Robinson Oxbrow, R. 84; Der geraubte Sieg, R. 84; Rache in Nuristan, R. 84; 50 Gedichte 02; Die Sonne weint, R. 02; Fitzmorton und der lächelnde Tote, Krim.-R. 02; Tschulup Khan, Erzn. 02; Die Halbzeit der Ewigkeit, G. 03; Schaf matt, Erzn. 03; Fitzmorton und der sprechende Tote, Krim.-R. 05; Kalte Stufen 03; Die Axt im Haus 03; Das dunkle Mal 04; Mord zur besten Zeit 04;

Das Vidjaja-Komplott 05; Fitzmorton und der reisende Tote, Krim.-R. 08; – SACHBÜCHER: Das Hochzeitsbuch 84; Rund um's Wohnmobil 86. – **MA:** Gaukes Jb. 81 u. 84; Schweigen brennt unter der Haut, Anth. 91; Kennwort 11, lit.gesch. Arbeitsb. 92; – zahlr. Veröff. in Tagesztgn seit 76, u. a. in: Mannheimer Morgen; Donau Kurier. – **H:** Auch PC-Freaks sind nur Menschen, Cartoons 88; Der Seminarberater 99. (Red.)

Biesalski, Kurt, Dipl.-Germanist, Schriftst.; Waldweg 1, D-23996 Hohen Viecheln, Tel. u. Fax (03 84 23) 3 07 (* Frankenau 16. 2. 35). SV-DDR/VS 73; Stip. d. Ldes Meckl.-Vorpomm. 02; Rom., Nov., Sage. – **V:** Duell, R. 72, 2. Aufl. 81, Tb. 00; Runter bis zur Eselstraße. Bulgar. Mosaik, Reiserz. 78, Tb. 01; Der kleine Mann, R. 79, 2. Aufl. 85, Tb. 00; Letzte Liebe, N. 86, 2. Aufl. 89, Tb. 01; Von Feuerkugeln, Schätzen und Ungeheuern, Sagen 97; Die rauhbeinigen Zwerge von Mecklenburg, Sagen 99; Der Hauptgewinn, R. 00; Eine Mutter, Erzn. 02; Die Frau des Trinkers, R. 02. – **MA:** Beitr. in: Begegnung, Anth. neuer Erzähler 69; Tage für Jahre, Anth. 74; Mecklenburg – ein Reiseverführer, Anth. 85; Mein Vater – meine Mutter, Anth. 87. – **F:** (MA): Mann gegen Mann 76; Letzte Liebe 90.

Biesemann, Jessika (geb. Jessika Geukes), M. A.; Reinhold-Friedrich-Str. 26, D-48151 Münster, Tel. (02 51) 79 13 91, Fax 9 74 27 11 (* Münster 9. 3. 61). Lit.ver. Münster 87. – **V:** Das kleine Kaminbuch 00; Das kleine Buch vom guten Schlaf 01; Hereingeschneit!, Geschn. u. G. 03. – **H:** Fröhliche Weihnachtszeit 01; Eine ganz besondere Liebe. Die Mütter in Geschn. u. G. 02; Herzbeben, Liebesanth. 03. (Red.)

Biesen, Ingrid van, Konzertsängerin, Autorin; c/o Gollenstein Verlags GmbH, Handwerkstr. 8–10, D-66663 Merzig, Ingrid.VanBiesen@t-online.de (* Neunkirchen/Saar 27. 4. 46). VS Saar 06, VS Bayern 07, Lit. Ver. d. Pfalz; Pr.trägerin b. Concours Litteraire Intern. du Cepal Palmares 03, Einlad. z. Irseer Pegasus 04; Lyr. – **V:** Wir – ein Aufblitzen im All, Lyr. 02, 2. Aufl. 04; im zwischenlicht der Zeit, Lyr. 05 (m. CD). – **MA:** Beitr. in Lit.zss. u. Anth., u. a. in: La revue internationale Mil'Feullies 23/03, 26/04; Federwelt Feb./04; Dulzinea 6/04; neue literar. pfalz 1/05; Von Wegen, Anth. – Lit: www.buchtest.com 06; Bücherwurm 1/06.

Big Daddy KLN s. Nöstlinger, Klaus

Bildt, Hildegard (geb. Hildegard Stein), Gastwirtin (1945–85); Hohenschöpping 1, D-16727 Velten, Tel. (03 3 04) 52 18 80 (* Velte-Hohenschöpping 23. 2. 27). – V: das Gasthaus „Zum weißen Schwan", Erzn. 94–06 V; Bunt gemischt, Lyr. 05. – **MA:** Erinnerungen aus guten und schlechten Zeiten 08. – **P:** Hopp, hopp, hopp, Pferdchen lauf Galopp, Lieder, CD 07.

Bilgeri, Ricarda, Dipl. Krankenschwester, Pensionistin; Schmittenstr. 30, A-6700 Bludenz, Tel. (0 55 52) 6 64 46 (* Schnepfau/Vbg 17. 7. 29). Max-v.-d.-Grün-Pr. 88, Öst. Staatsstip. f. Lit. 93; Rom., Drama, Hörsp., Ess. – **V:** Kinderverschickung, R. 90; Habe ich Ehre: Behindertenbuch – Ausgrenzung 94; Die Verdrängung, R. 98; Kapricen einer alten Diva, R. 00; mehrere aufgeführte Theaterstücke. – **MA:** zahlr. Anth. in Österr., Dtld u. Liechtenstein; seit Jahren Kolumne in d. Ztg „Bludenzen" – **H:** 6. Kat. des Autorenverb. Vorarlberg. – **R:** Hsp., Textsdgn u. Lesungen im Rdfk. – **P:** 4 Hsp. auf Tonträger. – Lit: zahlr. Kritiken in Ztgn u. Rdfk, eine Diss. (Red.)

Bille, Michael, Schriftst.; Pützberg 2, D-53902 Bad Münstereifel, Tel. (0 22 53) 23 98 (* Gerolstein 16. 12. 60). – **V:** Die Enkel des Barbarossa, hist. R. 97, 99. (Red.)

Biller, Konrad, Architekt u. Schriftst.; Schildgasse 30, D-90403 Nürnberg, Tel. (09 11) 2 41 88 10, 59 15 24. Günthersbühler Str. 38, D-90491 Nürnberg (* Nürnberg 3. 5. 37). VS; Lyr., Erz. – **V:** Lebenslänglich Franken 00; Hasenfuß mit Affenzahn 01; Uns kippt es aus den Socken!, Lyr.-Satire 03; nuremberg high quality, Prosa u. Lyr. 03; Die Spaßvogelhenne überlebt jede Jagd 05; Schnipp-Schnapp! 08, beides Lyr.-Satn.; Gegen die Regel, Prosa 08.

Biller, Maxim; lebt in Berlin, c/o Kiepenheuer & Witsch, Köln (* Prag 25. 8. 60). Aufenthaltsstip. d. Berliner Senats 91, Stip. d. Ldeshauptstadt München 92, Tukan-Pr. 94, Stip. d. Dt. Lit.fonds 95, Otto-Stoessl-Pr. 96, Hauptpr. d. „Europ. Feuill.", Brno 96, Theodor-Wolff-Pr. f. Essayist. Journalismus 99. – **V:** Darstellung u. Funktion d. Judentums im Frühwerk Th. Manns, Mag.arb. 83; Wenn ich einmal reich und tot bin, Erzn. 90, 2. Aufl. als Tb. 00 (auch dän., frz., ndl., tsch.); Die Tempojahre, Feuill. 92; Land der Väter und Verräter, Erzn. 94, 97 (auch ndl., dän., frz., tsch.); Harlem Holocaust 98; Die Tochter, R. 00; Deutschbuch, Erzn. 01; Kühltransport, Dr. 01, UA 02; Ein ganz normales Leben, Erz. in: Seen, Fotobildbd v. Delphine Durieux 01; Esra, R. 03; Der perfekte Roman, Leseb. 03; Bernsteintage, Erzn. 04; Adas größter Wunsch, Kdb. 05; Moralische Geschichten 05; Menschen in falschen Zusammenhängen, Kom. 06; Liebe heute, shortstories 07; Ein verrückter Vormittag, Kdb. 08. – **MV:** Zigarettenroman 04. – **MA:** Brauchen wir eine neue Gruppe 47? 95. – **P:** Maxim Biller Tapes, CD 05. – *Lit:* Manuel Köppen (Hrsg.): Kunst u. Lit. nach Auschwitz 93; Thomas Nolden: Junge jüd. Lit. 95; Dieter Lamping: Von Kafka bis Celan 98; Jan Strümpel in: KLG 99; Helene Schraff in: Metzler Lex. d. dt.-jüd. Lit. 00; Hannes Stein in: Thomas Kraft (Hrsg.): aufgerissen 00, u. a. (Red.)

Billetta, Rudolf, Dr. phil., MinR i. R.; Fasangasse 47/13, A-1030 Wien, Tel. (01) 7 99 21 38 (* Wien 6. 1. 23). Gr. E.zeichen d. Rep. Öst. – **V:** Sternheim-Kompendium 75; Der Heilige Berg Athos in Zeugnissen aus 7 Jahrhunderten, 5 Bände 92–94. – **H:** Athos (Europa erlesen) 00.

Billich, Katharina (Ps. Veseljka Bakšić), Diplom-Philologin; D-69115 Heidelberg (* Milna/Rep. Kroatien 15. 7. 39). GEDOK; Erz., Ged., Ess. Ue: kroat. – **V:** Verwandlungen, G. 68; Die Tür zum Hof, Erzn. 86; Die unsichtbare Mauer, Ess. 93, 2. Aufl. 96. – **MA:** 1 G. in: und, Anth. 74; Beitr. in: Autoren aus dem Rhein-Neckar-Raum zu Gast in Mannheimer Schulen 87; Heidelberger Lesebuch 88; Seit ein Gespräch wir sind 03. – *Lit:* Ich schreibe, weil ich schreibe 90; Autoren in Bad.-Württ. 91. (Red.)

Billig, Susanne, freie Journalistin u. Autorin; Weichselstr. 28, D-12045 Berlin, *susanne-billig@t-online.de* (* 2. 4. 61). – **V:** Mit Haut und Handel 92; Sieben Zeichen. Dein Tod 94; Im Schatten des schwarzen Vogels 95; Die Tage der Vergeltung 97, alle Krim.-R.; Ein gieriger Ort, R. 00; Angriff von innen, Krim.-R. 02. – **MA:** zahlr. Beitr. in Zss. sowie f. Rdfk u. Fs. zu wiss., umweltpolit., kulturellen u. sozialen Themen. (Red.)

Billowie, Gudrun; Triftstr. 12, D-39326 Wolmirstedt, Tel. (03 92 01) 2 00 35 (* Wismar 22. 5. 67). – **V:** Hänschen klein und die Lawine, Geschn. 98. – **MA:** Verrückt nach Leben, Anth. 99; Ort der Augen, Lit.zs. 99; Anders sind wir alle, Anth. 01. (Red.)

Biltgen, Raoul, freier Schauspieler, Dramaturg u. Schriftst.; Kirchengasse 27, A-1070 Wien, Tel. (01) 9 24 27 36, *r.biltgen@utanet.at, www.raoulbiltgen.com* (* Esch/Alzette 1. 7. 74). LSV, IGAA; Dramatikerstip. d. Literar-Mechana 01, Sieger d. Wettbew. „Szenisches Schreiben", Bregenz 03; Rom., Dramatik, Lyr. – **V:**

Manchmal spreche ich sie aus, G. 99; Heimweg Triologien, Prosa 00; perfekt morden, R. 05; – Theaterstücke: Nachspiel 00; Kazachok 02; Ene Mene Mu 02; R.I.P. 03; Restroom 05; Aloha! 05; I will survive 06. – **MA:** Europa erlesen: Eros, Anth. 00. (Red.)

Bind, Rudolf; Gartenweg 24, CH-4144 Arlesheim (* Basel 10. 5. 50). P.E.N. 93; Pr. b. Dramenwettbew. d. zehn (Schweizer) Städte 78, Pr. b. Lit.wettbew. d. Pro Helvetia 80, Pr. b. Filmwettbew. d. Solothurn. Kuratoriums f. Kulturförd. 80, Werkauftr. d. Stift. Pro Helvetia 85, Pr. b. Wettbew. f. e. Buchprojekt d. Staatl. Kunstkredits Basel-Stadt 88, u. a.; Kurzprosa, Lyr., Erz., Rom., Dramatik, Ess. – **V:** Kritik der Basler Kulturpolitik, Ess. 77; Inszenierung von aufgebrochenen Geschichten, Theaterst. 79; Günther Anders, Ess. 79; Am Goetheanum getroffen, Ess. 91; Freunde, Sternschnuppen und Schneeflocken, Erz., Kurzprosa 91; Flaneure, Schmugglerinnen und Partisanen, Erz., Kurzprosa 92; Tagediebe, Luft, Licht und Liebe, Erz., Kurzprosa 94. – **MV:** Basler Münster – Poetische Augenblicke, Fotos v. Jürg Buess 93. – **MA:** Ess. in: Gedanken zur Hoffnung 95; Ahriman – Profil e. Weltmacht 96; zahlr. Beitr. in Zss. seit 77, u. a. in: Basler Ztg.; Filmfront; Das Goetheanum; Info 3. – **H:** Wissenschaft, Kunst, Religion, Ess. 98. – **MH:** Heinrich Barth: erscheinenlassen, m. Georg Maier u. Hans Rudolf Schweizer, Ess. 99. – **R:** Werner Lutz, Fs.-Feat. 96. – *Lit:* Schriftstellerinnen u. Schriftsteller d. Gegenwart, Lex. 88; Solothurner Autorinnen u. Autoren, Lex. 92. (Red.)

Binder u. Ko s. Kolkhorst, Willy

Binder, Beatrice (verh. Beatrix Friedl), Direktionsassistentin; Eckenheimer Landstr. 70, D-60318 Frankfurt/Main, Tel. (0 69) 20 09 88 28, (01 72) 2 72 98 66, *Beatrix.Binder@web.de* (* Sibiu/Hermannstadt 27. 12.). 2 Arb.stip. d. VS Bad.-Württ.; Rom. – **V:** Die gläserne Falle, Krim.-R. 06. – *Lit:* www.kasselerkuenstlerkreis.de/members.htm.

Binder, Elisabeth, Schriftst.; Kellhofstr. 20, CH-8476 Unterstammheim, Tel. (0 52) 7 45 19 04 (* Bürglen/Thurgau 10. 7. 51). Pr. d. Schweiz. Schillerstift. 00, Werkbeitr. d. Pro Helvetia 03, Mörike-Pr. (Förd.pr.) 03; Rom. – **V:** Der Nachtblaue, R. 00; Sommergeschichte, R. 04; Orfeo, R. 07. – **MA:** Merkur, H.8 01, 05. – **H:** Feuer und Skepsis. Ein Lesebuch zu Brigitte Kronauer 05; mehrere Sachb. – *Lit:* s. auch SK.

Binder, Franz, Schriftst., Journalist, Fotograf, Grafiker; Löffzstr. 1, D-80637 München, Tel. (0 89) 1 57 11 08, Fax 15 67 18, *Binder.Franz@t-online.de, www.franzbinder.de* (* München 5. 9. 52). Rom., Erz., Lyr. – **V:** Querung. Ein Triptychon, G. 86; Reisegeschichten. Erzn. 89; Der Sonnenstern, R. 89, überarb. Neuausg. 08; Ariya. Herz aus Feuer, M. 90; Herr des Rades, M. 91; Auf dem Seil, Erz. 96; Der Name der Finsternis, R. 97; Die weiße Feder, Erz. 99; Kailash – Reise um die Götter, Reiseerz. 02; Oper. Kleine Philosophie der Passionen 05; mehrere Sachb. – *Lit:* s. auch SK.

Binder, Helmut, Dr., Dipl.-Kfm.; Staufenecker Str. 20, D-73079 Süßen (* Göppingen 12. 6. 27). Lyr., Erz., Aufsatz. – **V:** Der Jungfraufels, Erz. 90; Ein schwäbisches Wörterbuch. Abdackla bis Zwetschgaxälz 03, 05. – **MA:** Schönes Schwaben; Südwestpresse; Passauer Neue Presse; Märkische Allgemeine; Neue Osnabrücker Ztg, u. a. – **R:** Lesungen im Rdfk. (Red.)

Binder, Maria (Maria Binder-Trautner, geb. Maria Trautner), Autorin; Türkengasse 8, A-8700 Leoben, Tel. (0 38 42) 2 33 03 (* Knittelfeld 18. 1. 27). B.St.H., Stelzhamerbund, V.G.S., Rosegger-Ges.; E.zeichen d. Stadt Leoben, Lyr. – **V:** Leobmarisch gredt, Mda.-G. 81;

Binder

A Sunnstrohl ban Fenster, G. in steir. Mda. 85; Freude am Schönen, G. 90; Gedanken der Seele, Lyr. u. Prosa 97. – **MA:** Beitr. in mehreren Anth. – **P:** Heimat in Wort und Lied, CD u. Tonkass.

Binder, Rita, Dichterin, Zeichnerin, Kunstvermittlerin; Talstr. 4, D-79235 Bischoffingen, Tel. (0 76 62) 22 64 90, *rita-binder@gmx.de* (* Meißenheim/Ortenau). Dichtung. – **V:** Haus aus Licht, G. 99. – **MA:** zahlr. Beitr. in Lit.-Zss. seit 83, u. a. in: Allmende, Lyrik. – *Lit:* s. auch Kürschners Handbuch der Bildenden Künstler, 1. Aufl. 2005; Kunstadressbuch Deutschland, Österreich, Schweiz 08.

Binder, Theo (Theodor Stephan Binder), Dr. phil., Germanist, Leiter Fachbibliothek f. Erwachsenenbildung b. Bdesmin. f. Unterr. u. Kunst a. D., Hofrat; Postgasse 11/2/10, A-1010 Wien (* Essegg 2. 9. 24). E.dipl. u. Sonderpr. b. Lyr.wettbew. Witten 84, Pr. b. Haikuwettbew. 92, 95 u. a.; Lyr., Prosa, Märchen, Märchenforschung. – **V:** Vom Ufer löst ein Kahn, G. (m. e. Vorw. v. Heimito v. Doderer) 60; Die Wandlung, G. 64; Verborgenes Flötenspiel, G. 71; Dt. Messe (vertont v. Hajo Kelling) 76; Opfer u. Werk. Briefwechsel e. Dichterfreundsch. Paul Stotzer, T.B., G. u. Prosa 79, 80; Annaberger Messe (vertont v. J. Bähr) 78/79; Sonette an den Hüter, G. 80; Das Buch der Bäume, der Krüge und der Brunnen, G. 91; Aus Sonnengold getrieben, G. 92; Es träumen die Rosen, G. 00; Die Schale, G. 04; Liedvertonungen v. Hajo Kelling, Alois Steiner u. Alexander Blechinger. – **MA:** zahlr. Sammelwerke, Zss. u. Anth.

Binder, Wilhelm (Will Binder), Pensionist; Lainzer Str. 109a/9/4, A-1130 Wien, Tel. (0 1) 8 79 17 63. c/o Eva Huber, Buchbergstr. 13/7/2, A-1140 Wien (* Wien 23. 4. 09). Verb. demokrat. Schriftst. u. Journal. Öst. 46, SÖS 63, Der Kreis, Heimatland, Der Karlsruher Bote 85–92; div. Förd.prämien d. Ges. f. Lit. Wien u. d. BMf UK; Lyr., Drama, Rom., Kleine Prosa, Ess., Hörsp. – **V:** Christian und Ann, Wiener R. 44; Nach einer Münze, Lyr. 65; Im Zeitwind, Lyr. 66; Mit dem Holzwurm, Sat. 67; Wanderung, Lyr. 74; Kursbuch, Lyr. 76; Die Reise zu meiner Schwester, Erz. 77; Sturz in die Sonne, R. 80; Stufen und Schritte, Lyr. 82; Wiederkehr d. Schatten, Erz. 82; Die weißen Schiffe, Erz. 87; Das kalte Blühen der Blumen, R. 88; Studienrat Gimpel, Satn. 88; Der Wanderer am Fluss, R. 88; Das Wolkenmädchen, R. 89; Der Auftrag des Zeugen, Geschn., Repn. u. Kurzprosa 90; Bekenntnisse eines Stadtstreichers, R. 91; Die Frau mit dem Kinderwagen, Erz. 96; Erde an den Schuhen, Erz. u. Anekdn. 96; Ungefragtes Herz, G. 96; Augenblick der Stille, Skizzen u. G. 97; Das Heute und das Gestern, Kurzgesch. 00; Arbeitsmann Schimme, dokumetar. R. 00; Casanovas Frauen, Dramolette 00; Ich bin ein Klosterbub, biogr. Erz. 00; Der Stein von Taormina 02. – **MA:** Simplicissimus 56–65; Heiter bis Wolkig, Anth. 72; Die Horen 74, 76; Der Karlsruher Bote; Begegnung, u. a. – **H:** Cata Scrobogna-Binder: Mein Sizilien, Erzn. 97. – **MH:** Weiße Nomadin, R. 82; Der ehrliche Name, Biogr. 00. (Red.)

Binder-Trautner, Maria s. Binder, Maria

Bindernagel, Karl; Herzbachweg 31, D-63571 Gelnhausen, Tel. u. Fax (0 60 51) 83 48 88 (* Gelnhausen 11. 8. 23). Erz. – **V:** Kleines Lesebuch. Stationen eines Lebens 03. (Red.)

Binder, Susanne (geb. Susanne Theurer), Kauffrau; Heerweg 63, D-76307 Karlsbad, Tel. (0 72 48) 92 78 80, Fax 92 78 82, *sbindner@immofina-online.de*, *www.kreaktiv-verlag.de*. Kronenstr. 3, D-76337 Waldbronn (* Calw 5. 10. 54). Ged., Gesch., Kindergesch., Hörb. – **V:** Das Lächeln in dir, Lyr. 01; Karli ist unser dicker Kater, Kdb. 01. – **MV:** Keine Zeit für Einsam-

keit, m. Gerrit Schüle, Lyr. 07. – **P:** Gefühle ja danke, Hörb., CD 01.

Biner, Urs s. Daniell, Dan

†**Bingel,** Horst, Schriftst.; lebte in Frankfurt/Main (* Korbach 6. 10. 33, † Frankfurt/Main 14. 4. 08). Sdt. S.V. 57, P.E.N.-Zentr. Dtld 66, ISDS Zürich 66, VS Hessen 66, P.E.N.-Zentr. Ost 95, Oskar-Maria-Graf-Ges. 99; Reisestip. d. Ausw. Amtes 66, Schriftst. im Bücherturm 83–85, Wilhelm-Leuschner-Med. d. Ldes Hessen 84; Lyr., Erz., Kurzgesch., Ess. – **V:** Kleiner Napoleon, G. 56, 58; Auf der Ankerwinde zu Gast, G. 60; Die Koffer des Felix Lumpach, Geschn. 62; Elefantisches, Geschn. 63; Wir suchen Hitler, G. 65; Herr Sylvester wohnt unter dem Dach, Erz. 67, 82; Lied für Zement, G. 75; Werner Bucher (Hrsg.): H.B. – Aufs Rad geflochten, Themenheft ʼOrteʼ 118/00. – **H:** Junge Schweizer Lyrik 58; Deutsche Lyrik. Gedichte seit 1945 61, 78; Zeitgedichte. Deutsche polit. Lyrik seit 1945 63; Deutsche Prosa-Erzn. seit 1945 63, 77; Literarische Messe 1968. Handpressen, Flugblätter, Zss. d. Avantgarde 68, 69; Streit-Schrift 56–69; Streit-Zeit-Bücher 68–69; Streit-Zeit-Bilder 68–69. – *Lit:* Aloisio Rendi in: Scrittori nuovi di Lingua Tedesca 62; Walter Helmut Fritz in: Schriftst. d. Gegenw. 63; Karl Krolow in: Kindlers Lit.gesch. d. Gegenw. 73; José M. Minguez-Seuder in: Antología lírica alemana actual 86; Hansers Sozialgesch. d. dt. Lit., Bd 10 86, Bd 12 92; Walther Killy (Hrsg.): Literaturlex., Bd 1 88/94.

Bingül, Birand, Dipl.-Journalist, Red. b. WDR; Moltkestr. 30, D-50674 Köln, Tel. (02 21) 9 23 67 10, *birand@binguel.com*, *www.binguel.com* (* Wickede-Wimbern 10. 7. 74). – **V:** Ping.Pong, R. 02; Was lebst Du? jung, deutsch, türkisch – Geschichten aus Almanya 05. (Red.)

Bintig, Ilse, Lehrerin, Schriftst.; Buschkamp 21, D-59077 Hamm/Westf., Tel. u. Fax (0 23 81) 46 14 39, *Bintig@web.de* (* Hamm/Westf. 7. 4. 24). VS 84; 1. Pr. b. Schreibwettbew. d. WDR 89, Alfred-Müller-Felsenburg-Pr. 90, Wappenteller d. Stadt Hamm 94, Jgdb. d. Monats d. Akad. f. Kd.- u. Jgd.lit. 95; Kinder- u. Jugendb., Kurzgesch., Rom., Spielszene, Hörsp. – **V:** Der Riesenpeter, Kdb. 84; Die Gartengeister, Kdb. 85; Lieber Hanno, Jgdb. 86, Tb. 88, Neuaufl. 00; Adventskalenderbuch 88; Der Wiesenkönig, Bilderb. 88; Motze Glotzenguck und das schwingende, singende Ayagak, Kdb. 88; Ruhrpotträuber, Kdb. 89; Luftballons für Karsten, Kdb. 90, Tb. 95; Unterm Strohdach, Geschn. 90; Dominik und Löwenmähne, Geschn. 92; Paß bloß auf, du ..., Geschn. 94; Die Leierkastenfrau – eine Uroma erzählt von früher, Kdb. 95; Trümmer und Träume, Jgdb. 95; Der Schatz in der Schublade, Kdb. 96; Zi-Za-Zauberhut – Lisa zaubert richtig gut!, Kdb. 96; Annas schönster Schultag, Kdb. 97; Max und Maxi retten das Osterfest, Wort-Such-Bilderb. 97; Wolkenschaukel, flieg!, Bilderb. 97; Pusteblume oder Wie klaut man einen Opa 99; Baalabu oder Die Reise zum Glück, Bilderb. m. Otmar Alt 00; Zwischen Fördertürmen und Fabrikschornsteinen, Erz. 08; Buchmachgeschichten 07, 08. – **B:** i. d. Reihe „Kinderbuchklassiker zum Vorlesen": C. Collodi: Pinocchio 00, 01; J. Spyri: Heidi 01, 02; S. Lagerlöf: Nils Holgersson 02; J.M. Barrie: Peter Pan 03; E.T.A. Hoffmann: Nussknacker und Mausekönig 04; H.C. Andersen: Die kleine Meerjungfrau 04; ders.: Die Schneekönigin 05; J. Spyri: Heidi kann brauchen, was es gelernt hat 08; i. d. Reihe „Kinderbuchklassiker für Erstleser": G. von Bassewitz: Peterchens Mondfahrt 05; Die schönsten Prinzessinen-Märchen 06; R.L. Stevenson: Die Schatzinsel 06; Till Eulenspiegel 07; H.C. Andersen: Däumelinchen 07; L. Carroll: Alice im Wunderland 08; (alle auch als Hörb. sowie

Übers. insges. in mehrere Sprachen, u. a. ins Korean.). – **MA:** Der kleine Prinz lebt 00 (auch CD); Das große Geburtstagsbuch, Erzn. 06; Weihnachtsstern und Mandelkern, Erzn. 06; Hic, haec, hoc. Schulgeschn. aus d. Ruhrgebiet 07; Beitr. in zahlr. Anth., Leseb., Ztgn u. Zss. – **R:** üb. 100 Hfk-Kindergeschn. im WDR u. SFB; Zeit zum Warten, Erz. 89. – *Lit:* Schule heute, 12/95; Festschr. z. 75. Geb. 99.

Bionda, Alisha (Ps. Sky, Domino, Amber), Autorin, Journalistin, Hrsg., Lektorin; Av. America 9, Chalet No. 6, E-07181 Portals Nous, Mallorca, Tel. u. Fax 9 71 68 40 89, *alisha-bionda@wanadoo.es*, *www. alisha-bionda.de* (* Düsseldorf). Rom., Lyr. – **V:** Luftschlösser, Lyr. 97; Die Welt der Finsternis 99; Das Reich der Katzen 00; Jolina – Gespielin der Nacht. Bd 1: Blutiger Reigen, Erotik-R. 04; Regenbogen-Welt, Fantasy-R. 04. – **MA:** Abgezockt & Zugenäht; Antologia di Poesi 95; Ly-La-Lyrik 95; Leben beginnt jeden Tag; Capriccio; Liebesgedichte; Himmel und Hölle der Drogen; Mit Worten Brücken schlagen; Sonnenreiter-Anth. 95; Gaukes Lyr.kal.; Gaukes-Lesezeichen-Anth. 5–8; Gaukes Jb. 95–97; Unser Bestes – Autoren der Gegenwart; Die Frau; Wolfgang Hohlbeins Fantasy Selection 99; jenseits des happy ends 01; Des Todes bleiche Kinder 02; Welten voller Hoffnung 02; Seltsame Begegnungen 03; Rattenfänger 04; Futter für die Bestie 04. – **H:** Headline, Lit.zs.; Kein bißchen tote Hose, Headline-Anth. 01; Wellensang, Fantasy-Anth. 04; Schattenchronik – Der ewig dunkle Traum, Horror-Anth. 04. (Red.)

Biondi, Franco, Dipl.-Psych., Elektro-Schweißer; Im Kinzdorf 8, D-63450 Hanau, Tel. (0 61 81) 2 84 46 (* Forli/Ital. 8. 8. 47). VS 81, Bayer. Akad. d. Schönen Künste 83; E.gabe d. Bayer. Akad. d. Schönen Künste 84, Adelbert-v.-Chamisso-Pr. 87; Drama, Lyr., Rom., Nov., Ess. – **V:** Isolde e Fernandez, Dr. 77; Nicht nur gastarbeiterdeutsch, G. 79; Passavantis Rückkehr, Erzn. 82, Tb. 85; Die Tarantel, Erzn. II 82; Abschied der zerschellten Jahre, Nn. 84; Die Unversöhnlichen oder im Labyrinth der Herkunft, R. 90; Ode an die Fremde, G. 1973–1993 95; In deutschen Küchen, R. 97; Der Stau, R. 01. – **MA:** Da bleibst du auf der Strecke 77; Geschichten aus der Kindheit 78; Sportgeschichten 80; Zuhause in der Fremde 81; Das Ziel sieht anders aus 82; Als Fremder in Deutschland 82; In zwei Sprachen leben 83; Türken raus? 84; LiLi 5 6 84; Sindbads neue Abenteuer 84; Weißbuch 86. – **MH:** Der Prolet lacht 78; Im neuen Land 80; Zwischen Fabrik und Bahnhof 81; Sehnsucht im Koffer 81; Annäherungen 82; Zwischen zwei Giganten 83; Das Unsichtbare sagen! 83. (Red.)

Biondi, Ursula, EDV-Kursleiterin; *umb@bluewin. ch*, *www.umueller.ch* (* Zürich). – **V:** Ursula Biondi – Geboren in Zürich. Eine Lebensgeschichte 03. – **R:** Vorstellung d. Buches in „STAR TV" (Red.)

Biqué, Peter, Außenhandelskaufmann; Im Ölgarten 6, D-61440 Oberursel, Tel. (0 61 71) 5 61 34 (* Oberursel 11. 4. 48). Rudolf-Descher-Feder 94; Rom., Kurzgesch., Story u. Artikel f. Zeitungen, Sat., Reiseglosse. – **V:** Nacht eines Trinkers 76; Unterwegs 78; Und was machst du im nächsten Jahr? 83, alles Kurzgeschn.; Sturmnacht, R. 86; Ein weiter Weg nach Syrakus, R. 87; Wo der Wind die Wolken jagt, Reisegeschn. 92; Daniel und das blaue Auto, Kdb. 93, 2. Aufl. 95; Bernemann, warum hast du bei Kirchners den Spiegel kaputtgemacht?, Kurzgeschn. 94; Das spurlose Verschwinden des Reisebusses, Reisegeschn. 08. – **R:** Ein Lied für Carmencita 91; Latein bildet 00; Kein Führerschein für Bernemann 01.

Birbaek, Michel; Glasstr. 30, D-50823 Köln, Tel. (02 21) 9 52 52 12, *Kontakt@Birbaek.de*, *www.Birbaek.*

de (* Kopenhagen 21. 7. 62). – **V:** Was mich fertig macht, ist nicht das Leben, sondern die Tage dazwischen, R. 97; Wenn das Leben ein Strand ist, sind Frauen das Mehr, R. 04; Beziehungswaise, R. 07. – **R:** Der Clown: Das Duell, Dreckiges Geld, Tod durch Erpressung 97; Lieben und Sterben 98. – **P:** Lachfalten, CD. (Red.)

Birgfeld, Harald (Harald), Dipl.-Ing., Dichter, Maler; Montafoner Str. 1 c, D-79423 Heitersheim, *Harald.Birgfeld@t-online.de*, *www.harald-birgfeld.de* (* Rostock 13. 11. 38). ars nova e.V. 84–92, GZL 02; Lyr., Drama. – **V:** LYRIK: Auf deiner Reise zum Rande im Kwade des Randes der Sonne 84, Neuaufl. 86; Gespräche zweiter Art in Art der Art 03; Wo die schwarzen Blätter wachsen 03; Sofortige Lähmung 03; Feuer, das zur Speise wird 03; Die Frau des Terroristen 03; Im Reißverschluss der Illusion 03; Die Insassinnen 03; Von Haut zu Haut 03; Mund aus Glas am Rand aus Fleisch 03; Die Zeit der Gummibärchen ist vorbei 03; Alsterwanderweggedichte 03; Wir gerieten in den Gürtel der Meteoriten, Bd. 1–10 06, Bd. 13–16 07–08; – Mann aus Blech und Plastikfrau, Theaterst., 2., bearb. Aufl. 06; Warten auf die Anderen 06; Die Tätowierungen der jungen Petra S. 06, beides Prosa. – **MA:** Deutsche Lyriker der Gegenwart 84, 88, 90; Lebenszeichen, G. u Erzn. 92, alles Anth.

Birk, Anne (Ps. f. Rosemarie Tietz), Schriftst.; Barbarossastr. 38, D-73732 Esslingen a. N., Tel. (07 11) 37 87 58, Fax 3 70 18 67 (* Trossingen 20. 8. 42). VS, Initiative schreibender Frauen in Bad.-Württ., Gründ.mitgl. 10, Förd.kr. Dt. Schriftst. Bad.-Württ., Jury- u. Vorst.mitgl. 78–85; Erz., Rom., Kurzgesch., Ess. – **V:** Nestbeschmutzung, Theaterst., UA 5.10.84; Papierboote, Prosatexte u. Satn. 84; Der Ministerpräsident. Bernies Bergung, 2 Erzn. 89; Das nächste Mal bringe ich Rosen oder Warum Descartes sich weigert, seine Mutter zu baden, Erzn. 91; Zumutungen. Frauen u. ein Paragraph, Erzn. z. § 218 92; Astern im Frost, R. 99; Weiße Flecken an der Wand, R. 00; Scherbengericht, R. 02; Carlos oder Vorgesehene Verheerungen in unseren blühenden Provinzen, R. 05; Examen 68, Erz. 08. – **MA:** Texte in Kunstkat.: Friedensgeruche m. Margit Lehmann 93; GEDOK Kat. zum Projekt Menschenbild 94; Kurzgeschn., Ess. in Ztgn, Zss., u. a.: Exempla; Tübinger Lit.zs. – **MH:** Schreibende Frauen, e. Leseb. 82; Jb. Schreibende Frauen 2 85; Lesebuch Schreibende Frauen 88; Beifall für Lilith 91; Kat. Eurolit, m. Karin Siegel 94; Die halbe Wahrheit machen den Frauen, m. Regine Kress-Fricke u. Graciela Salazar Reyna, dt.-mex. Anth. 07. – **P:** regelm. Beitr. am Lit.-Tel. Stuttgart.

Birkefeld, Richard, Mag., Historiker; c/o Göran Hachmeister, Isernhagener Str. 53, D-30163 Hannover, *RK-Birkefeld@t-online* (* Hannover 8. 6. 51). Das Syndikat 03; Dt. Krimipr. 03, Debut-GLAUSER 04; Rom. – **MV:** Die Stadt, der Lärm und das Licht, m. Martina Jung 94; Wer übrigbleibt, hat Recht 02; Deutsche Meisterschaft 06, beides hist. Krim.romane m. Göran Hachmeister. – **MA:** Wochenend u. schöner Schein 91; Altes u. Neues Wohnen 92; Werkstatt Geschichte 3 92; Abdrücke aus d. Region 93; Wer sind d. Niedersachsen 96; Mit 17 ... Jugendliche in Hannover 97; Hannover 1848 98. – *Lit:* C. Dipper (Hrsg.): Neue polit. Literatur. Berichte üb. d. internat. Schrifttum, H.2 95. (Red.)

Birkholz, Renate, Lehrerin, Organistin; Adelbytoft 11, D-24943 Flensburg, Tel. (04 61) 6 27 02 (* Groß Boschpol/Pommern 7. 10. 40). Kurzgesch., Humor. – **V:** Das etwas andere Orgellexikon 05; Weihnachtsgeschichten zum Schmunzeln 05; Der feuerrote Hund oder: Das ABC hat Urlaub, Kdb. 08; Musiker sind auch

Birkigt

nur Menschen, Anekdn. 08. – **MA:** Jb. f. Heimatkunde Oldenburg 06.

Birkigt, Marion, Lehrerin i. d. Erwachsenenbildung; Möhlendannen 11, D-22391 Hamburg, Tel. (0 40) 5 36 16 81 (* Hamburg 10. 3. 51). – **V:** Kdb.-Reihe: Die Drei vom Brombeerweg: ... und das verschwundene Flugzeug; ... auf Schatzsuche; ... und der Juwelendieb; ... und der „Schwarze Edgar"; ... in der Schloßruine; ... und das entführte Baby; ... und ihr vierbeiniger Detektiv; ... auf Klassenfahrt; ... und viel fauler Zauber 92–95; Franzi, fast dreizehn 93; Steffi – danke bestens! 96; Kdb.-Reihe „Caro & Co". Bd 1: Treffpunkt: Friedhof, Bd 2: Parole „Holzauge", Bd 3: Ein Baby zuviel, Bd 4: Geheime Fundsache, Bd 5: Panda gesucht, Bd 6: Alarm um Mitternacht, Bd 7: Das Geheimnis vom „Höhlenberg", Bd 8: Überfall am Hühnermoor 97ff.; Steffi – was dagegen? 99; Auch ein Pastor braucht mal Urlaub, R. 00; Steffi – alles klar!? 02; Mensch, Mama! 02; www.-sarah-bee.de 03. (Red.)

Birnbaum, Brigitte (Brigitte Birnbaum-Fiedler), Dipl. phil., Schriftst.; Repgowstieg 6, D-22529 Hamburg, Tel. (0 40) 5 60 71 20 (* Elbing 29. 5. 38). Fontane-Ges., Friedrich-Bödecker-Kr. bis 03, Lit.-Kollegium Brandenbg; Fritz-Reuter-Kunstpr. 77, Kunstpr. d. Ges. f. Deutsch-Sowjet. Freundschaft 85, Stip. d. Stift. Kulturfonds 96; Erz. f. Kinder, Jugendliche u. Erwachsene, Fernsehsp. – **V:** Bert, der Einzelgänger, Kdb. 62; Reise in den August, Jgdb. 67; Der Hund mit dem Zeugnis, Kdb. 71, 79; Tintarolo 75, 81 (auch estn., Auszüge dän., schw.); Winter ohne Vater 77, 89; Ab morgen werd ich Künstler 77 (auch estn.); Alexander in Zarskoje 80; Löwen an der Ufertreppe 81; Das Siebentagebuch 85; Kathusch 86 (Auszüge dän., schw.); Fragen Sie doch Melanie! 87; Von einem der auszog, neue Eltern zu suchen u. a. Erzählungen 89 (auch russ.); Die Maler aus der Ostbahnstraße, Jgdb. 90; Das Schloß an der Nebel, Erz. 91; Spaziergänge durch Güstrow, lit. Stadtführer 92, 2. Aufl. 97; Fontane in Mecklenburg, Erz. 94, 3. Aufl. 05; Wider die kleinen Mörder, Kdb. 94; Ernst Barlach/Annäherungen 96; Noch lange kein Sommer, Erz. f. Kinder 98 (Auszüge poln.). – **MA:** Zwischen 13 und 14 65; Die Kastanien von Zodel 71; Die Räuber gehen baden 77; Das Ahörnchen 80; Ich leb so gern 82; Mit Kirschen nach Afrika 82; MECKLENBURG-MAGAZIN, seit 91 (pro Jg. 6–8 Beitr.); Was war? Was ist? 91; Kleine Bettlektüre für liebenswürdige Schweriner 93; Frankfurter Blätter Nr. 1 93; Schreiber-Innen 93; Zwischen nicht mehr und noch nicht 94; Erst am Tag bereue ich 94; Ansichten 98; Das Haas und Voss ABC 02; Herr Anton 03; Neue Schriftreihe 03, 05; Die Erde dreht sich unter meinen Füßen 06; Schriftzüge 07. – **R:** Die Leute von Karvenbruch, Fsf. m. B. Voelkner 68; Tigertod, Fsp. f. Kinder 69; Pawlucha 70; Nur ein Spaß 72; Wer ist Fräulein Papendiek 72, alles Fsp.

Birnbaum, Steffen, wiss. Dipl.-Bibliothekar; Breslauer Str. 37, D-04299 Leipzig, Tel. (0 3 41) 8 61 22 03, *birne.birnbaum@web.de*, *www.vs-in-leipzig.de* (* Leipzig 16. 12. 58). VS Sachsen, Kulturwerk dt. Schriftst. in Sachsen. – **V:** Schlaraffenland – letzte Ausfahrt, UA 99. – **MV:** Hirnbrand, m. Wolfgang Zander u. Thomas Bachmann 01. – **H:** Leipzig – City Guide & Plan 95. – **MH:** Beim Verlassen des Untergrunds, m. Tom Pohlmann 08. – **R:** Die Kassette, Hsp. 90; Fahrenheit 451, n. Ray Bradbury, Hsp. 94; Mein Kriegsende, Radio-Feat.-Serie 05. (Red.)

Birnbaum, Thomas s. Böhme, Thomas

Birnbaum-Fiedler, Brigitte s. Birnbaum, Brigitte

Birnstein, Uwe, Dipl.-Theol., freier Journalist u. Autor; Tel. (0 89) 45 83 53 18, Fax 45 83 53 15, *uwe@birnstein.de*, *info@huren-heuchler-heilige.de*,

www.birnstein.de, *www.huren-heuchler-heilige.de* (* Bremen 62). – **V:** Tödliches Abendmahl, Krim.-R. 03; Göttliches Gift, Krim.-R. 03; Johannes Rau – der Versöhner 06; Der Erzieher. Wie J. H. Wichern Kinder u. Kirche retten wollte 07; Der Reformator. Wie Johannes Calvin Zucht u. Freiheit lehrte 09. – **MV:** Huren, Heuchler, Heilige. Interviews m. Menschen d. Bibel, m. Juliane Werding 08.

Biron, Georg (Ps. Dino Silvestre, Alice Hefner), Schriftst.; Märzstr. 65/3, A-1150 Wien, Tel. u. Fax (01) 9 83 47 06, *georg@biron.at*, *www.biron.at* (* Wien 18. 10. 58). GAV 78, Frischfleisch e.V. 75–80, P.E.N. 87, IGAA 90; Nachwuchsprosapr. P.E.N.-Club Liechtenstein 77, Theaterpr. Klub Öst. Lit.freunde 78, Theodor-Körner-Pr. 79, Lit.stip. d. Stadt Wien 80, Lit.pr. Zs. Penthouse 83, Nachwuchsstip. d. BMfUK 89, Dramatikerstip. 94; Rom., Erz., Lyr., Literar. Rep., Drehb. – **V:** Glück & Glas, G. 78; Höchste Zeit, R. 84; Sex & Crime, G. 85; Männa ohne Fraun, G. 85; Das ist Amerika, G. 85; Lieder 85; Männer Männer Männer, Erzn. 86; Die Stunde der Wölfe, R. 87; Die letzte Beichte, dok. R. 89; Waikiki, Erz. 90; Frauen bei Vollmond, R. 93; Gibt es ein Jenseits?, Sachb. 94; Der Qualtinger, Biogr. 95; Rot ist die Sünde, R. 96; Im Park der Spione, Erz. 97; Die pornographische Nacht, Lyr. 98; Rebellen im Internet, Ess. 98; Das mit den Männern und den Frau'n, Erzn. 02; on the road. 26 stories von unterwegs 04. – **MA:** Reise in Lyrik- u. Prosa-Anth., Essays in Lit.zss. – **H:** Extrablatt, 4 Mag. 86; Das Joe-Berger-Lesebuch 94. – **MH:** Geschichten nach '68, Anth. 78; Nils Jensen: Was Hände schaffen, Lyr. 78; Karli Berger: Supermann, Cartoons 78; Lesebuch 1979, Anth.; Gerald Grassl: Zärtlichkeit, Lyr. 80; Camillo Schaefer: Die Erfindung der Angst, R. 80; Hysterisch funktionieren, m. Elisabeth Grebenicek 02. – **F:** Ciao Alberto 98. – **R:** Das Glück liegt in Waikiki 92; Ciao Bello 95; Glück auf Raten 95; Crazy Moon 97; Hart im Nehmen 99; Nichts wie weg 01, alles Fsp. m. Peter Patzak. – **P:** Stell Dir vor, Schallpl. 85. (Red.)

Bischel, Antoneta (geb. Antoneta Nedelcu), Dipl.-Pianistin, Klavierlehrerin; Langeneßweg 1, D-22926 Ahrensburg, Tel. (0 41 02) 4 09 45, *antoneta_bischel @yahoo.de* (* Focsani/Rumänien 24. 1. 50). Lyr. – **V:** Nächste Woche, gleiche Zeit 06.

Bischof, Alois, Journalist; Alemannengasse 27, CH-4058 Basel, Tel. (0 61) 6 93 13 27 (* 51). Zürcher Journalistenpr. 89. – **V:** Das Verhängnis, R. 01; Der Blues, der See, die Heimat. Menschen, Szenen, Orte 07. – **MV:** 1310 Grad Celsius. Grossgiesserei Sulzer, m. Andreas Wolfensberger, Bildbd 93. – **MA:** Beitr. u. a. für: WoZ; Magazin d. Tages-Anzeiger; Basler Ztg. (Red.)

Bischof, Heinz (Ps. Günther Imm), Konrektor i. R.; Elisabeth-Großwendt-Str. 8, D-79137 Karlsruhe, Tel. (07 21) 8 73 85 (* Külsheim/Baden 10. 2. 23). Preisträger Heimatpr. d. Ortenau 64, Silberne E.nadel d. Stadt Rastatt 99, BVK am Bande 99, EM GroKaGe Niederbühl 02, E.nadel d. Stadt Külsheim 05; Rom., Nov., Lyr., Hörsp., Reise- u. Landschaftsschilderung. – **V:** Gestaltenwende, R. 65; Im immergrünen Ferienland, Reise-N. 66; Brückenheiliger, N. 68; Horch emol her, I 74, 3. Aufl. 87, II 76; Im Schnookeloch, Sagen u. Anekdn. 80; Dezembergeschichten 81; Typisch badisch 81, Tb. 84, 01; Im Schwarzwald und am Hohen Rhein. Sagen aus Südbaden u. Nordschweiz 82; Kleinstadtgeschichten 83; Fränkische Dorfbilder 85; Chronik der Buscher-Brüder 88; Walldürner Weihnachtspost, 88–02; Paß emol uf, Geschn. 98; Sagenstätten im Nordschwarzwald, lit. Reiseführer 06; 950 Jahre Niederbühl, Festschr. 07; zahlr. Heimatbücher u. Landschaftsbildbände seit 64. – **MV:** Baden, alles je lacht 69, 4. Aufl.

85, Tb. 77; Anekdoten um Hansjakob 81. – **MA:** Beitr. in 2 hist. Fachb. – **H:** Der Fränkische Landbote, Heimatkal., 1. Jg. 66; Zwischen Murg und Kinzig, Heimatbeil. d. Bad. Tagbl., 68–86; zahlr. Reiseführer, Städteb. u. Bildbände seit 67. – **R:** Wo aber Gott hilft bauen das Haus ... 62; Die untere Murg 63; Bauernkrieg im Frankenland; Geronnene Wirklichkeit. Über d. Lyrik v. Kurt Scheid 63; Die Dreikönige im Madonnenland, Fs.-Beitr. 85, u. a. – **P:** Ich erzähl euch was ..., Tonkass. 82. – *Lit:* Wer ist Wer? Das dt. Who's Who 03/04; s. auch SK.

Bischoff, Gustaf (Ps. Adrian Greyff, Sandor Molnar, Julia Rudnay), Red. (* Kattowitz 24. 5. 31). Rom., Kurzkrimi, Ess. – **V:** Keine Rosen für Susan 70, 83; Das falsche Spiel 72; Tödliche Romanze 73; Niemand ist ohne Schuld 73; Kaiser vom Kiez 74, 87; Whisky zum Frühstück 75, 82; Sündiger Sommer 76; Frau ohne Vergangenheit 77; Opfergang einer Geliebten 79; Ein Mädchen aus gutem Haus 82; Mädchen für alles 82; Nackt im Sommerwind 83; Weinen an den Ufern Babylons 83; Blackout 84; Eine Jungfrau in Paris 87, 95; Tagebuch einer Toten 02, alles R. – **MA:** Die Stunde d. Fledermaus, Krim.-Anth. 86; zahlr. Beitr. in Zss. seit 67. – *Lit:* s. auch 2. Jg. SK.

Bischoff, Hans-Christoph, Coach, Paartherapeut, Lehrtrainer f. Transaktionsanalyse, Theologe; Teichweg 3, D-57078 Siegen, Tel. (02 71) 4 05 85 02, Fax 4 05 85 03, *institut@inspiratio.de*, *www.inspiratio.de* (* Siegen 27. 10. 51). Ged. – **V:** Engelfeder 02; Engelkuss 04; Engelreigen 06.

Bischoff, Holger, StudR.; Bernadettenstr. 1, D-36119 Neuhof, Tel. (0 66 55) 91 99 61, *holgerbischoff@aol.com* (* Kassel 16. 8. 54). Kurzprosa, Rom., Lyr. – **V:** Kriminell 04, 06; Alles Liebe 06, beides Kurzprosa. (Red.)

Biskupek, Matthias, Maschinenbauer, Dipl.-Ing., Dramaturg; Schillerstr. 41, D-07407 Rudolstadt, Tel. u. Fax (0 36 72) 42 29 05, *m.biskupek@web.de*, *www.matthias-biskupek.de*. Kolmarer Str. 3, D-10405 Berlin, Tel. (0 30) 4 48 95 07 (* Chemnitz 22. 10. 50). VS 91, P.E.N.-Zentr. Dtld 98; Kreisschreiber Neunkirchen/ Saar 94, Stip. Schloß Wiepersdorf 97, Stip. Casa Baldi/Olevano 00; Erz., Sat., Groteske, Kabarett, Hörsp., Rom. – **V:** Meldestelle für Bedenken, Geschn., Sat. u. Grotn. 81; Leben mit Jacke, Geschn. 85; Der Bauchnabel und andere schöne Mittelpunkte einer Reise zu zweit, Erz. 86; Veröffentlichtes Ärgernis, Satn. u. Glossen 87; Blumenfrau & Filmminister, Rep. 88; Die Abenteuer der andern, Geschn. 90; Wir Beuteldeutschen, Satn., Glossen u. Feuill. 91; Buch im Korb 92; Das Fremdgehverkehrsamt, satir. Feuill. 92; Karl Valentin, Bildbiogr. 93; Der Blick von drausse. Beobacht. 94; Biertafel mit Colaklops 95; Der Quotensachse, R. 96, Tb. 98; Schloß Zockendorf, Gesch. 98; Die geborene Heimann, spöttische Lobreden 99; Wetterbericht, Humoresken 02, 03; Was heißt eigentlich „DDR"? 03, 04, Tb. u. d. T.: Das kleine DDR-Lexikon 06; Horrido, Genossen!, Anth. 04; Der soziale Wohnraum, Sat. 05; Eine moralische Anstalt, R. 07; Streifzüge durch den Thüringer Kräutergarten 07; Lob des Kalauers u. a. Für- und Widerreden, Ess. 07; – Bibliophile Künstlerbücher: Schwarz angesagt & andere bestechende Gefühle 89; Höhnische Landschaften 91; Das Gebetbuch des Zynikers 93; Das hinterwältliche Liederhandbuch 96; Rot angeschwärzt und andere verklärende Botschaften aus dem Reich des Bösen 96; Das Totenbuch des Wäldlers 00; Goldener Schnitt und andere ästhetische Katastrofen 02; Der kleine Gönneral 05; Elf Meter. Fußläufige Texte zur WM 06; Farbenblond 07. – **MV:** Streitfall Satire 88; Urlaub, Klappfix, Ferienscheck – Reisen in der DDR 03, beide m. Mathias Wedel. – **MA:** Prosa-Beitr. in zahlr. Anth. in versch. Ländern, u. a. in: Zeit läuft 90; Profit 90; Literatur im Widerspruch 93; Von Abraham bis Zwerenz 95; Fragebogen Zensur 95; Deutschland / Germany / Allemagne 96; Dürfen die denn das 96; Wenn's mal wieder anders kommt 96; Rumore tecnico 96; Festessen mit Sartre u. a. Sonntagsgeschichten 96; Wendezeiten 97; Wie im Westen so auf Erden 97; Wandern über den Abgrund 99; Grüner Mond u. a. Erzählungen 99; Öffentlich predigen 00; Die alten Hasen 01; Ossi bezwingen Dich! 02; Menschen sind Menschen. Überall 02; Doppelpass 04; Guten Rutsch oder Was fange ich Silvester an? 04; Die traun sich was 04; Fußball-Land DDR 05; So lachte man in der DDR 05; Die Provinz im Leben und Werk von Hans Falada 05; – **Zss.:** Die Weltbühne 1978–1993; Eulenspiegel, seit 1982; ndl; OSSIETZKY; – Kabarett-Texte, u. a. für: Kab. am Obelisk (Potsdam); SanftWUT; Pfeffermühle (beide Leipzig); – **MH:** Es sind alle so nett, m. Gudrun Piotrowski 93; Rotkäppchen. Durch den Wolf gedreht, m. Jens Henkel 99; Die geballte Ladung, m. Mathias Wedel 05. – **R:** Rede um Omis Gewissen, Hsp. 81; Der kleine Wald, Kinder-Hsp. 82; seit 1991 Features u. Ess. für DLR u. MDR. – **P:** Libretto z. Musical „Allemann-Center", UA 97; Höhnische Landschaften, CD 00; Dreist, CD 03. – *Lit:* Udo Scheer: Vision u. Wirklichkeit 99; Martin Kane (Hrsg.): Legacies and Identity – East and West German Literary Responses to Unification 02; Thüringer Autoren d. Gegenwart, Lex. 03; Jill Ellen Twark: Promotionsschr., Univ. Madison/ Wisconsin 03; dies.: Humor, Satire and Identity – Eastern German Lit. in the 1990s 07.

Bissinger, Manfred, Geschf. f. Corporate Publishing d. Hoffmann u. Campe Verlages; c/o Hoffmann u. Campe Verl., Hamburg (* Berlin 5. 10. 40). P.E.N.-Zentr. Dtld, GenSekr. 91–93; BVK I. Kl., Gold.med. Art Directors Club für „Die Woche" 94, World's Best-Designed Newspaper 96, 97 u. 99, Europ. Newspaper Award 00; Sachb. – **V:** Hitlers Sternstunde. Kujau, Heidemann u. die Millionen 84. – **MA:** Zss.: Stern 67 – Jan. 78; konkret 81–84; natur 84–88; Merian-Hefte 89–92; – Bücher: Afrika wird totgefüttert 86; Einigkeit und aus Ruinen 99; Was die Republik bewegte 99, u. a. – **H:** Zss.: Congress & Seminar 86–98; Country 91–93; Die Woche, seit 93; – Bücher: Ungehaltene Reden von dem Deutschen Bundestag 85; Auskunft über Deutschland 87; Günter Anders: Gewalt – ja oder nein 87; Roman Herzog: Wahrheit und Klarheit 95; ders.: Das Land erneuern 97; Stimmen gegen den Stillstand. Roman Herzogs Berliner Rede u. 33 Antworten 97; Roman Herzog: Freiheit des Geistes. Reden z. Kultur 99. – **MH:** Merian, seit 92; SPD – Anpassung oder Alternative 93; Konsens oder Konflikt. Wie Deutschland regiert werden soll, m. Dietmar Kunth u. Dieter Schweer 99. – **R:** Reporter f. „Panorama" (ARD) 65–67; Co-Moderator d. Fs.-Sdg „3-zwei-eins" (HR) 96 – März 01. – *Lit:* Andersen, Bruhns u. a.: Medienmacher; Erich Kuby: Der Fall „stern" u. d. Folgen; Michael W. Thomas: Porträts d. dt. Presse; Jochen Klein: World's Best-Designed Newspaper, u. a. (Red.)

Bitter, Claudia (Claudia Sykora-Bitter), Autorin, Übers., Bibliothekarin/Mag.; Gebrüder-Lang-Gasse 16/5, A-1150 Wien, Tel. u. Fax (01) 8 92 99 54, *sykora-bitter@tele2.at*, *www.claudiabitter.at* (* Antiesenhofen/ObÖst. 23. 6. 65). Übers.innen-Kollektiv DAJA, IGAA; Haidhauser Werkst.pr. 93, Anerkenn. b. Bene-Lit.pr. 94, Öst. Nachwuchsstip. f. Lit. 94, Talentförd.prämie d. Ldes ObÖst. 97, Arb.stip. d. Bdeskanzleramtes 98, Arb.stip. d. Ldes ObÖst. 01, Siemens-Lit.pr. (Förd.pr.) 02 u. 03, Öst. Projektstip. f. Lit. 03/04, Lit.stip. Wallersee 05, artist-in-residence,

Bitter

Warschau 07, u. a.; Lyr., Prosa, Übers. Ue: russ. – **V:** was man hier verloren hätte, Prosa 01; stimme verliert sich, G. 05; verloren gehen, Erzn. 08. – **MA:** u. a. Die Rampe; Facetten; Podium; Salz. – **MUe:** Marina Palej: Rückwärtsgang der Sonne, m. Martina Lebbihiat-Müller u. a., Prosa 97. (Red.)

Bitter, Kerstin *

Bittermann, Klaus (Ps. Artur Cravan), Verleger, Autor; c/o Edition Tiamat / Verlag Klaus Bittermann, Grimmstr. 26, D-10967 Berlin, Tel. (0 30) 6 93 77 94, Fax 6 94 46 87, *Editiontiamat@aol.com, www.editiontiamat.de* (* Kulmbach 8. 4. 52). Viva-Maria-Pr. 94. – **V:** Das Sterben der Phantome, Ess. 88; Tod in der Schonzeit 91; Fluchtpunkt Berlin 92; Der tödliche Bluff 95, alles Krim.-R.; Geisterfahrer der Einheit 95; Strandgut der Geschichte 01; Noch alle Schweine im Rennen? 01; Wie Walser einmal Deutschland verlassen wollte 05. – **MA:** Hunter S. Thompson: Gonzo-Generation (Vorw.) 07. – **H:** Das Wörterbuch des Gutmenschen I 94, II 95; Serbien muß sterbien 95; Warum sachlich, wenn's auch persönlich geht, jl. seit 97; It's a Zoni 99; Wie Dr. Joseph Fischer lernte, die Bombe zu lieben 99; Meine Regierung 00; Vom Feeling her ein gutes Gefühl 02; Auf Lesereise 04; Perlen & Trüffel 04; Lesen? Das geht ein, zwei Jahre gut, dann bist du süchtig 04; Little Criminals 06; Literatur als Qual und Gequalle 07. – **P:** Sieben Abschweifungen über Hunter S. Thompson, Hörb., CD 06.

Bittl, Monika, M. A., Schriftst.; Ridlerstr. 34, D-80339 München, *kontakt@monikabittl.de, www. monikabittl.de* (* Beilngries 9. 1. 63). Bayer. Fernsehpr. 96; Rom., Fernsehsp. – **V:** Irrwetter, R. 06; Bergwehen, R. 08. – **MA:** Beitr. u. a. für: SZ; Donaukurier; Motorrad; Tourenfahrer; Globo 80–90; Bloody Mummy, Erz. 97; Alles Lametta, Erz. 99. – **R:** Drehbücher: Sau sticht, Heimatdr. (ZDF) 95; Heimlichkeiten, Kom. (BR) 97; Pumuckls Abenteuer (BR), fünf Folgen 99; Lindenstraße (WDR), neun Folgen 99/00; Bergwehen, Fsf. (ZDF) 09; Am Seil (BR/ORF) 09.

Bittner, Wolfgang, Dr. jur., freier Schriftst., Publizist; Gotenring 31, D-50679 Köln, Tel. (02 21) 81 20 34, *www.wolfgangbittner.de* (* Gleiwitz 29. 7. 41). VS 74, P.E.N.-Zentr. Dtld 97; Pr. d. Minipressen-Messe Mainz 76, Egon-Erwin-Kisch-Pr. 78, Kulturpr. Schlesien d. Ldes Nds. (Förd.pr.) 79, Stadtschreiber v. Soltau 79, Nds. Nachwuchsstip. 82, Stip. Künstlerhof Schreyahn 87, Arb.stip. d. Ldes NRW 89, Dormagener Federkiel 93, Cité International des Arts Paris 01, Stip. Villa Decius Krakau 03, Gastprof. Polen 04/05, 06, Praxiteles-Stip. Datça/Türkei 07; Rom., Kurzgesch., Lyr., Sat., Hörsp., Feat., Drehb., Theater, Wiss. Arbeit. – **V:** Rechts-Sprüche, Texte zum Thema Justiz 75, 6. Aufl. 85, Neuausg. 02; Erste Anzeichen einer Veränderung, G., Kurzgeschn., Erzn. 76; Probealarm, G. 77; Der Aufsteiger oder Ein Versuch zu leben, R. 78, 81, Neuausg. 08; Alles in Ordnung, Sat. 79; Kasperle geht in die Fabrik, Kdb. 79; Abhauen, R. f. Jgdl. 80, 81; Nachkriegsgedichte, G. 80; Bis an die Grenze, R. 80; Weg vom Fenster, R. f. Jgdl. 82, 6. Aufl. 92, Neuausg. 01; Der Riese braucht Zahnersatz, Kdb. 83; Badewannentieftaucher, Kdb. 84; Bundestäglich, Sat. 84; Fische eß ich nicht, Kdb. 84; Früher war alles besser, Kdb. 84; Kopfsprünge, G. 84; Ludwig Verkehrt, Kdb. 84; Die Rabenkolonie, Theaterst. 84; Von Beruf Schriftsteller, Sachb. 85; Afrika wär wunderbar, Kdb. 86; Die Fährte des Grauen Bären, R. 86, 91, 4.Tb.-Aufl. 99, Neuausg. 04; Langeweile ist gemein, Kdb. 86; Der Kaffeestreik, Theaterst. 87, 95; Das Gerücht, Theaterst. 88; Wo die Berge namenlos sind, R. 89, 98; Die Lachsfischer vom Yukon, R. 91, Neuausg. 06; Narrengold, R. 92, Neu-

ausg. 05; Niemandsland, R. 92, Neuausg. 00; Salzgitter, Sachb. 92; Groß und klein, Kdb. 93; Kleines Kätzchen zieht sich an, Kdb. 93; Die Insel der Kinder, R. f. Kinder 94; Der Mond fährt mit der Straßenbahn, Kdb. 95; Felix, Kemal und der Nikolaus, Kdb. 96, 97; Die Grizzly-Gruzzly-Bären, Kdb. 96, 03; Wie das Feuer zu den Menschen kam, Theaterst. 96; Tommy und Beule, R. f. Kinder 97; Wie Fabio das Eis erfand, Kdb. 97; Bärenland. Ein Kanada-Zykl. 98; Der schwarze Scheitan, R. f. Kinder 98; Spurensuche, G. 98; Wochenende bei Papa, Kdb. 99; Marmelsteins Verwandlung, R. 99; Der alte Trapper und der Bär, Kdb. 00; Vom langen Warten auf den neuen Tag, G. 01; Beruf: Schriftsteller, Sachb. 02, Neuausg. 06; Der Kaiser und das Känguru, Kdb. 02; Gleiwitz heißt heute Gliwice, Ess. u. Erz. 03, 04; Überschreiten die Grenze, G. u. Ess. 04; Felix und Mario wollen nach Italien, Erz. für Kinder 05; Schreiben, Lesen, Reisen, Ess. u. Vortr. 06; Das andere Leben, Erz. 07; Flucht nach Kanada, R. 07; Minima Politika, polit. Texte u. Karikaturen 08; (Übers. ins: Engl., Frz., Span., Ndl., Dän., Schw., Nor., Finn., Poln., Tsch., Chin., Korean., Alban., Türk.). – **MA:** zahlr. Anth. u. Zss., u. a.: Merkur; L 76; die horen; Kürbiskern; Theater heute; Pardon; Konkret; Buchreport; Bulletin Jugend & Lit.; Zblizenia/Annäherungen; Nebelspalter; Ossietzky; Kunst & Kultur. – **H:** Wem gehört die Stadt? 74; Strafjustiz. Ein bundesdt. Lesebuch 77. – **MH:** Sturmfest und erdverwachsen, m. Hasso Düvel, Werner Holtfort u. Eckart Spoo 80; Vor der Tür gekehrt, m. Rainer Butenschön u. Eckart Spoo 86; Friedrich Gerstäcker: Die Regulatoren in Arkansas (auch bearb.) 87, Tahiti 87, Die Flußpiraten des Mississippi (auch bearb.) 88, Gold 89, Im Busch 90, Unter dem Äquator (auch bearb.) 90; Ich mische mich ein, m. Mark vom Hofe 06. – **R:** zahlr. Rdfk-Sdgn., u. a.: Der Fall Silvia Gingold 77; Auf den Spuren des Schriftstellers B. Traven 79; Kleinmoskau oder Aufgewachsen in Ostfriesland 85; Wiedersehen mit Gleiwitz 91; Am Yukon oder Ein unfreiwilliges Überlebenstraining 92; Friedrich Gerstäcker – Ein Abenteuer-Klassiker 93, 94; Grenzüberschreitungen 04, alles Feat.; Der Verwaltungsrat, Hsp. 95; Tommy und Beule, Drehb. 96; Der alte Trapper und der Bär, Drehb. 97; Taxi frei, Hsp. 99, 00; Lesekultur – Prophylaxe gegen Gewalt?, Ess. 03; Schlesische Botschaft, Ess. 05. – **P:** div. Publ. auf Tonkass., CD u. Video, u. a.: Der Mond fährt mit der Straßenbahn 90; Tommy und Beule 98. – *Lit:* Niedersachsen literarisch 78, 81; Lit. Porträts Nordrhein-Westfalen 91; Autorinnen u. Autoren in Köln 92; 3. Autoren-Reader NRW 93; U. Hoffmann in: Zblizenia/Annäherungen 2/99; Kölner Autoren-Lex., Bd.2 02; Lex. d. Reise- u. Abenteuerlit.; Lex. d. Kinder- u. Jugendlit.; Munzinger-Archiv; Andreas Rumler in: KLG.

Bittrich, Dietmar; Lisztstr. 45, D-22763 Hamburg, *dbittrich@aol.com, www.dietmar-bittrich.de* (* 58). Lit.förd.pr. d. Stadt Hamburg 91, Hamburger Satirepr. 99. – **V:** Bett und Schrank, Schrank und Bett 83; In der Bibliothek 83; Herz und Nieren 89; Dosen 90, alles Stücke; Das Faust-Erlebnis meines Vaters 92; Zwerge 93; Kiez statt Kompost 95; Das Gummibärchen-Orakel 96; Männerschreck 96; Das Liebesspiel der Sterne 97; Der bitterböse Weihnachtsmann 99; Mann oh Mann 99; Das Osterkomplott 00; Die Weihnachtsgeschichte der Gummibärchen, Kdb. 01; Dann fahr doch gleich nach Haus! Wie man auf Reisen glücklich wird 02; Böse Sprüche für jeden Tag 03; Der tödliche Rasierspiegel 03; Das Gummibärchen-Orakel für Kinder 03; Liebesgeschichte der Hansestadt Hamburg 04; Das Weihnachtshasserbuch 05; Böse Bauernsprüche für jeden Tag 05. (Red.)

Bittrich, Franz s. Woerner, Frank Peter

Bjerg, Bov (eigtl. Rolf Böttcher), Schriftst., Kabarettist, Mitbegr. d. Zs. „Salbader" sowie mehrerer Lesebühnen in Berlin; Berlin, *bov.bjerg@bjerg.de*, *www. bjerg.de* (* Heiningen/Württ. 65). Kleinkunstgral Goldener Schoppen 00, Stip. d. Klagenfurter Lit.kurses 01, Dt. Kabarettpr. (Programmpr.) 02, MDR-Lit.pr. 04, u. a. – **V:** Deadline, R. 08. – **MA:** Frische Goldjungs 01; Volle Pulle Leben. 10 Jahre Reformbühne Heim & Welt 05; – Zss.: Salbader, Eulenspiegel, Titanic, u. a. – **P:** Mittwochsfazit 01; Dumm fickt gut! – Die Tragik der Hochbegabten 02; Geile Teile – Bäckereifachverkäuferinnen packen aus 05, alles CDs m. Horst Evers u. Manfred Maurenbrecher. (Red.)

Björkson, Snorre (Snorre Martens Björkson); c/o Aufbau Verl., Berlin (* 8. 12. 68). Freudenthal-Pr. 98, Werkstip. d. Ldes Nds. 00, Stip. Künstlerhof Schreyahn 07; Rom., Erz., Aktdichten, Hörsp., Dramatik. – **V:** Amadeus. Eine Hartz IV-Oper 06; Präludium für Josse, R. 06, Tb. 08; Der Gesang der Muschel, R. 09. – **MA:** Summerlove, Anth. 06. – **R:** Der Clown, der in einer Seifenblase flog (in d. Reihe 'Ohrenbär') 05. – **P:** Dat Swimmen inn Speegel, Hsp. 01.

Blaas, Erika B. (Ps. Erika B. Bertram), Dr. phil., Prof.; Elsenheimstr. 14/12, A-5020 Salzburg, Tel. (06 62) 64 66 32 (* Kirchdorf/Krems 10. 9. 17). Öst. Autorenverb., American Transl. Assoc., Der Kreis, Wien, Turmbund, Innsbruck; Lyr., Nov., Kurzgesch., Märchen, Ess., Hörsp. Ue: engl. – **V:** Der Wolf mit den drei goldenen Schlüsseln, M. 46; Wie Rohr im Ried, G. 87; Strandgut, Erz.; Tidal Waves, Aphor. 02; Auf Windstraßen hingesät, G. 05. – **MV:** Salzburg von A-Z 54 (auch engl.). – **MA:** G. u. Prosatexte in Anth. u. Lesebüchern, u. a. in: Anth. d. Öst. Autorenverb. 79; Anth. d. Schriftstellerinnen u. Künstlerinnen 02–05, Jubiläumsausg. (120 Jahre) „Wortmelodien zwischen Fantasie u. Wirklichkeit" 06; Jb. d. Brentano-Ges. 01–08; Lyrik und Prosa unserer Zeit, N.F. 05–07; Lyrik des XXI. Jahrhunderts. Die besten Gedichte 05–07. – **H:** Leo Blaas: Das Dorfbuch von Natters 79. – **R:** Auf den Straßen von New York; Eine Reise durch Amerika, beides Hsp. 52. – *Lit:* C.H. Watzinger: Lit. u. Kunst im Raum Kirchdorf, in: Stadt Kirchdorf a. d. Krems, Festgabe 76; Salzburger Lit. Hdb. 90; Who is Who in Öst. 93; Intern. Authors and Writers Who's Who 93/94; Dt. Schriftst.lex. 03.

Blachnik, Christa, Malerin, ehem. Grundschullehrerin, Autorin, Rentnerin; An den Feldern 7, D-07607 Hainspitz, Tel. (03 66 91) 5 12 80 (* Kochsdorf/Schles. 30. 3. 39). 2 x Kunstpr. d. Bd V Thür., Förd.pr. d. Saale-Holzland-Kr.; Lyr., Erz. – **V:** Kornblumen blühten am Wegesrand, Erz. 99, 01; Zauber der Natur, Gemälde u. G. 00; Katzengeschichten. Von Schmusekatzen u. Tigerlingen 01, 03; Blütenträume voller Poesie, Gemälde u. G. 03. (Red.)

Blackkolb, Jutta, Lehrerin; Am Ziegenberg 8, D-35041 Marburg, Tel. (0 64 21) 3 22 42 (* Schierke/Harz 22. 3. 45). Lyr. – **V:** Insektengesichter, G. 00; Kaskaden stürzen violett, Lyr. 04. (Red.)

Blackstone, William s. Kruse-Seefeld, Matthias-Werner

Blackwood, Carola s. Weigand, Karla

Bladt, Regina (geb. Regina Liese), Erzieherin; Erich-Klausener-Str. 42, D-47802 Krefeld, Tel. (0 21 51) 56 38 99 (* Berlin 12. 2. 59). Rom. – **V:** Dann wär man nicht mehr so allein 88; Herzklopfen 91. (Red.)

Blaes, Renate, Grafikdesignerin, Autorin; Am Steig 11, D-86938 Schondorf, *info@renate-blaes.de*, *www. renate-blaes.de* (* 49). – **V:** Alltägliche Geschichten 91;

Augen auf und durch, R. 96; Die Klügere denkt nach, R. 98; Liebe und andere Gefühle, Geschn. 99; Post von Dornröschen, R. 03. (Red.)

Bläser, Fatma (Ps. Fatma B.), Zahnarzthelferin; Karlstr. 5, D-51379 Leverkusen, Tel. (0 21 71) 10 41, Fax 2 85 78, *fatma.B@t-online.de*, *www.fatma-B.de* (* Kars/ Vezinkoy/Türkei 2. 3. 64). Arb.kr. f. Jgd.lit. – **V:** Hennamond, Jgdb. 99, 02. (Red.)

Blättler-Schmid, Adelheid, Schriftst., Künstlerin; Cornouillerstr. 4, CH-2502 Biel, Tel. (0 32) 3 22 18 50, *a.blaettler@solnet.ch* (* Frauenfeld/ Thurgau 20. 12. 47). Die Literar. Ges. Biel 05, Be.S.V. 06; Rom., Lyr., Erz. – **V:** Schritte, Erz. 04. – **MA:** Bibliothek dt.sprachiger Gedichte. Ausgew. Werke VI 03, VIII 05, IX 06, X 07.

Blaeulich, Max, Dr., Antiquar, Maler, Autor; Antiquariat, Steingasse 14, A-5020 Salzburg, Tel. (06 62) 88 29 49, *maxkunst@utanet.at* (* Aiglhof/Sbg 16. 4. 54). Prosa, Rom. – **V:** Viktor, Erz. 92; Der umgekippte Sessel, Erz. 93; Abendessen mit kleinen Dialogen in einem Kleiderständer zum Aufhängen 94; Bukarester Geschichten 94; Trauerkabinen. Ein Dramolett 98; Lachschule Gebrüder Laschensky. Ein Dramolett 00; Dolly. Ein Dramolett 00; Ottensheimer Überfuhr 00; Der Zahn der Zeit. Ein Dramolett 01; Die Knopffabrik, R. 02; Kilimandscharo zwei Meter acht, R. 04; Gatterbauerzwei oder Europa überleben, R. 06. – **MA:** zahlr. Beitr. in Zss. u. Sammelwerken seit 78. – **H:** Karl Ziegler: Zerrissmuss 88; Lajos Kassak: Das Pferd stirbt und die Vögel fliegen aus 89; Robert Reiter: Abends ankern die Augen 89; Gellu Naum: Zenobia 90; Emil Szittya: Ahasver Traumreiter 91; René Altmann: Wir werden uns kaum mehr kennen 93; Jakub Deml: Unheilige Visionen aus Tasov 93; H.C. Artmann: Der Wiener Keller 94; Hertha Kräftner: Kühle Sterne 97; Carl Armandola: Täuschung 98. (Red.)

Blaikner, Peter, Mag. phil.; Wolf-Dietrich-Str. 18, A-5020 Salzburg, Tel. (06 64) 2 22 57 75, *blaikner@gmx. at*, *www.blaikner.at* (* Zell am See 28. 1. 54). prolit Salzburg, IGAA; Rauriser Förd.pr. 05; Drama, Kabarett, Sat., Übers., Lied, Kinder- u. Jugendb., Lyr., Prosa. Ue: frz. – **V:** Ritter Kamenbert, musik. Kinderst., UA 91; Iphigenie in Rauris, Volksst., UA u. gedr. 92; Das Hausgeisterhaus, musik. Kinderst., UA 93, Erz. 99; Alex, die Piratenratte, musik. Kinderst., UA 96; Weil ich für mein Leben gern lebe, Lyr. 96; Du bist ein Vulkan, Musical, UA 97; Astromaxx, der Sternfahrer, SF-Musical f. Kinder, UA 00; Freistunde, Prosa u. Lyr. 00; Aus dem Innergebirg, Geschn. 00; Schweijk, Musical 01; Pommes Fritz und Margarita, Musical f. Kinder 05. – **H:** Ferdinand Sauter: Gedichte 95; Special poetics, Prosa 98. – **P:** Ritter Kamenbert 91; Das Hausgeisterhaus 93, beides Tonkass.; Ich bitte mit deine Hand, CD 93; was damma, CD 95; Alex, die Piratenratte, Tonkass./CD 96; Chansons, CD 00. (Red.)

Blake, Alan s. Eckl, Wolfgang

Blanck, Z., Ing. Produktionstechnik, Lehrer, Maschinenschlosser, Hilfsarbeiter, kfm. Angest.; Berlin, *zettblanck@zblanck.de*, *www.zblanck.de*. Rom., Lyr., Bühnenst. – **V:** Schreie der Nacht, Gedichte; Die Allee, R. 02. (Red.)

Blank, Johannes; Parkallee 2, D-28209 Bremen (* Brettheim-Rot am See 21. 4. 51). Lyr. – **V:** Und aus der Ferne fließt Stille ein 01; Leuchtende Stille 05; Einen Augenblick des Glücks gewinnen 08.

Blank, Richard, Dr. phil., Regisseur u. Autor; Straßlacher Str. 3, D-81479 München, Tel. u. Fax (0 89) 7 91 29 98, *richardblank@el36.de*, *www.richardblank. de* (* Langenfeld/Rhld. 5. 5. 39). – **V:** Sprache und Dramaturgie 69; Schah Reza, der letzte deutsche Kaiser 77, 79; Fridolin, UA 87; Jenseits der Brücke. Bernhard Wicki, ein Leben für den Film 99; Schauspielkunst in Theater und Film – Strasberg, Brecht, Stanislawski 01; Die Optimisten 03. – **H:** Der beseelte Unterleib 69; Das häusliche Glück 75. – **F:** Friedliche Tage 84; Prinzenbad 94; Casanova – Das Geheimnis seines Erfolges 04. – **R:** mehrere Fs.-Dok., u. a.: Der Laden wird geschlossen 70; Zirkus ohne Zelt 73; Weiße Russen 75; Die Zigeuner kommen 76; Kinder der Welt. Reime, Lieder, Verse, Fs.-Reihe 94–01; – zahlr. Fs.-Spielfilme, u. a.: Sicaron 80; Das Hausschaf 81; Aida Wendelstein 84; Fridolin 85; Die Heiratsschwindlerin 90; Matthäus-Passion 06; – Hörspiele: Im Herzen des Kontinents 69; Passion 70; Allkämpfer Kampendonck 72.

Blanke, Huldrych, Pfarrer; Ob. Plessurstr. 9, CH-7000 Chur, Tel. (0 81) 2 52 65 51 (*Zürich 18. 6. 31). SSV 59–99, P.E.N.; Kulturpr. d. Gemeinde Riehen 84; Erz., Ess., Drama. Ue: Ruma. sut. – **V:** Das Menschenbild in der modernen Literatur als Frage an die Kirche, Ess. 66; An der Grenze, Erzn. 71; Über die Schwierigkeit, Gott los zu sein. Die Werke Wolfgang Borcherts, Wolfgang Hildesheimers u. Peter Weiss' als Beispiel, Ess. 77; Berichte über J., Erzn. 78; Ochino, Dr. 83; Die Betonfresser u. weitere Stadtrandgeschichten 93; Zillis – Evangelium in Bildern 94. – **MV:** Atheismus als Anfrage an die Theologie, Ess. 74; Weltbilder: Religion. Eine Kontroverse, Ess. 85. – **Ue:** Tumasch Dolf: Meine Geige, Erzn. 04.

Blankenburg, Ingo (eigtl. Andreas Grade), EDV-Berater; Hornstr. 4, D-10963 Berlin, Tel. (01 70) 9 45 81 18, *10tage@tiscali.de, home.tiscali. de/ingoblank* (*Berlin 2. 6. 54). Rom. – **V:** Zehn Tage, R. 04; Der Bungalow, R. 06. – *Lit:* H. Illmer in: Schauerfeld, H. 3 04. (Red.)

Blankertz, Stefan, Dr., Soziologe; Gilbachstr. 1, D-50259 Pulheim, Tel. (0 22 38) 96 36 40, Fax 96 36 41, *info@pro-change.de* (*Bünde 23. 6. 56). Hist. Rom. – **V:** Die Konkubine des Erzbischofs 01; Die stumme Sünde 03; Credo 04; Verbotene Früchte 05, alles hist. Krim.-R.; mehrere Fachveröff. (Red.)

Blaschke-Pál, Helga (geb. Helga Blaschke), Bacc. phil., freischaff. Schriftst.; Sparkassenstr. 7/15, A-5020 Salzburg (*Käsmark/Hohe Tatra 22. 5. 26). Ö.S.V., V.G.S., Vorst.mitgl., SSV, Präs. seit 86, RSGI, Bodensee-Club, IGAA, Turmbund, Salzburger Autorengr.; Silberrose d. Künstlerbdes Die Silberrose, E.plakette d. PODIUM 70, Gedichtpr. Salzburg, Silb. u. Gold. E.zeichen d. karpatendt. Landsmannsch. Stuttgart u. ObÖst. m. E.urkunden, E.urk. d. RSGI, Intern. Lyr.pr. Brüssel 82, Öst. E.kreuz f. Wiss. u. Kunst 97, 1. Lyr.pr. „Venedig – San Marco" 99; Lyr., Kurzprosa, Ess., Hörbild, Märchen, Rom. – **V:** Triangel, G. 65; Zerbrochene Spiegel, G. 69; Der Salzburger Jedermann, dramat. Lang-G. 70, 75; Auf des Herzens heimlichen Altar, G. u. Kurzprosa 80; Es singen die steinernen Quellen, G. 81, 99; Aussaat der Hoffnung, G. 81; Eure Freude, Prosa, Hb., Ess., Lyr. 86; Unsichtbare Brücken, Prosa, Ess. 88; Glasssscherben im Sand, G., Aphor. 93; Impressionen einer Italienreise, G. 99; (Lyr. teilw. slowen., slowak. u. vertont). – **MV:** Gedichte (dt.-ung.), m. Olga Elisabeth Jagoutz u. Titus Lantos 91. – **MA:** Beitr. in ca. 40. Anth. u. a.: Salzburger Silhouette; Menschen im Schatten; Wie weise muß man sein, um immer gut zu sein 72; Quer 74; Funkenflug 75; Erdachtes – Geschautes 75; Auf meiner Straße 75; Alle Mütter dieser Welt 79; Anth. 3 79; Das immergrüne Ordensband 79; Haiku 80; Gedichte u. a. Meditn./Der Mensch spricht mit Gott 82; Heiter bis wolkig; Mödlinger Anth. 83; Mutter und ich 84; Wiesenblumen 85; Wer verzeiht 85; Im Spiel v.

Licht u. Schatten 86; Du bist mein Leben 87; Vom Wort zum Buch; Gedanken – Brücken 00; Anthologie 2005 (ÖSV). – *Lit:* Brennpunkte 77; Wilhelm Bortenschlager: Dt. Lit.gesch. v. 1. Weltkrieg bis z. Gegenwart 78, 86, 88, 97. (Red.)

Blaser, Kurt, Rentner; Rütiweg 117, CH-3072 Ostermundigen, Tel. (0 31) 9 31 43 24, *roskur@hispeed. ch, kurt-blaser.de.vu, kurt-blaser.magix.net/website/* (*Langnau i.E. 7. 12. 33). Erz., Rom. – **V:** Das Leben und Sterben des H. M., Erz. 06; Das sechste Zeichen, Krimi 08.

Blasinski, Marianne (geb. Marianne Schliep), Schriftst.; General-Barby-Str. 55, D-13403 Berlin, Tel. (0 30) 4 13 34 76 (*Berlin 29. 6. 28). FDA Berlin 86, GEDOK 87; Rom., Erz. – **V:** ... und dennoch liebt mich das Leben 80; Die große P(l)umpe, Geschn. über d. Berliner Wasserwerke 81; Os Mine, unsere Großmama 84; Das deutsche Leben des Siegfried von Mircowicz, R. 85; Tschüß, ich fliege nach Australien 90; Getrenntes Glück, R. 94; Marie Schlei 94; Und plötzlich war ich sechzig 95; Großer Zauber auf meinen Lidern, R. 98; Rendezvous mit St. Petersburg 02; Der stumme Schrei, Erz. 05; Liebe Jane ..., die Briefe meiner Großmama, R. 06. (Red.)

Blatter, Silvio, freier Schriftst.; Erlenstr. 31, CH-8154 Oberglatt, Tel. (0 44) 8 51 40 71 (*Bremgarten 25. 1. 46). Gruppe Olten, jetzt AdS, Präs. Dt.-schweiz. P.E.N. 84–86; Förd.pr. d. Stadt Zürich p. u. 78, Conrad-Ferdinand-Meyer-Pr. 74, Werkbeitr. d. Kt. Aargau, Pr. d. NLG Hamburg 79, Writer in residence Washington Univ. St. Louis 85, Kunstpr. Zollikon 93, E.gabe d. Kt. Zürich 01, Werkbeitr. d. Kt. Zürich 05; Rom., Erz., Hörsp. – **V:** Brände kommen unerwartet, Prosa 68; Eine Wohnung im Erdgeschoss, Prosa 70; Schaltfehler, Erzn. 72; Mary Long, R. 73; Nur der König trägt Bart, Erz. 73; Flucht und Tod des Daniel Zoff, Prosa-G. 74; Genormte Tage, verschüttete Zeit, Erz. 76; Zunehmendes Heimweh, R. 78; Love me tender, Erz. 80; Die Schneefalle, R. 81; Kein schöner Land, R. 83; Wassermann, R. 86; Das sanfte Gesetz, R. 88; Das blaue Haus, R. 90; Avenue America, R. 92; Die Glückszahl, N. 01; Zwölf Sekunden Stille, R. 04; Eine unerledigte Geschichte, R. 06; Zwei Affen, R. 08. – **MA:** Beitr. in versch. Anth. – **R:** Alle Fragen dieser Welt, Hsp. 75; Bologna kann warten, Hsp. 80, u. a. – *Lit:* Wend Kässens/Nicolai Riedel in: KLG. (Red.)

Blatter, Ulrike (geb. Ulrike Hohn), Dr. med.; Oderstr. 37, D-78244 Gottmadingen, Tel. (0 77 31) 83 65 01, *ulrikeblatter@aol.com, ulrike-blatter-krimi.de* (*Köln 29. 5. 62). VKSÖ 06, Mörderische Schwestern 06, Das Syndikat 08; Arb.stip. d. Förd.kr. Dt. Schriftst. Baden-Württ. 05/06; Lyr., Krimi, Kinderb., Fachartikel, Rep. – **V:** Simons nächtliche Reisen, R. f. Kinder 97; Vogelfrau, 08; Schnittmenge 09, beides Krim.-R. – **MA:** div. Beitr. in Zss. u. Anth. seit 00, u. a.: Nationalbibliothek d. dt.sprachigen Gedichtes / Bibliothek dt.sprachiger Gedichte 03–05; Frankfurter Bibliothek 05; Grenzfälle, Anth. 05; BRIGITTE 05; Tödlichs Blechle, Anth. 06; Lob einer Stunde, Anth. 06; ab vierzig 4/06; dulzinea, Lit.zs. 06; Wahrnehmung Anth. 07; Meine Nachbarn, Anth. 07; Schweizer Franziskus-Kal. 07, 08; Verschenk-Kal. (ed. trèves) 07, 08; Kind, Jugend, Gesellschaft 1/07; Kunst-Raum-Lyrik, Anth. 08.

Blattl, Gaby G.; Anton-Baumgartner-Str. 44/C3/2503, A-1230 Wien, Tel. u. Fax (01) 9 67 10 24, *gabyblattl@chello.at* (*Wien 8. 9. 44). Ges. d. Lyr.-freunde, Club d'Art Intern., Ass. Freis, Heimito-von-Doderer-Ges., Mitterer-Ges., IGdA; Lyr., Prosa, Ess. – **V:** Gedanken, G. 88; Waka 90; Jugendstil 94; So, wie Träume enden 01; Phantasie einer Regennacht 06, (beide auch CD); Vertonung u. Übers. zahlr. G. ins Poln., Engl., Frz., Jap., Ital., Chin., kroat., russ., u. a. – **MA:** Beitr. in mehr als 45 Anth. seit 88. – **H:** Ed. Musagetes 07.

Blau, Magda, Kunstmalerin/Design Porzellan u. Textil; Schilfweg 25/27, CH-6402 Merlischachen, Tel. (0 41) 8 50 79 10, Fax 8 50 79 17, *office@magdablau.ch, www.magdablau.ch* (* Zürich 6. 8. 29). Ges. schweiz. bildender Kunst (GSBK) 67, Künstlerverein. Kt. Schwyz 94; 1. Pr. Kreisel-Design Goldau 06. – **V:** Werdegang, Augenblicke, G. 87; Bilder 1987–1990 90; Augenblicke, Augen blicken 91; Bilder aus der Werkserie 1994/95 „Lebensteile" 95; Fahrt ins Blau. Oder das kleine Nachtbuch mit drei wahren Geschichten 97; Baum; Papagei Cram; Stellina; Un-er-wartet, Erz. 01; Suni Sonnenkind 01; New York und die Welt danach, Kunstb. 01 (engl.); Samanta; Bebildertes Leben 03; Mein Engel – Dein Engel; Do-Re-Mi, Erz. 05; Engel-Geheimnis, Lyr. m. Bildern 06; Gedanken denken, Lyr., Buch I u. II 06; Suchen finden und das Glück im Rucksack, Lyr. u. Erz. 07. – *Lit:* s. auch Kürschners Handbuch der Bildenden Künstler, 1. Aufl. 2005.

Blau, Urban (Ps. f. Andreas E. Peter), M. A., Doz. f. Kreatives Schreiben, Moderator; Nehringstr. 18, D-14059 Berlin, *urban.blau@urban-blau.de, www.urbanblau.de, www.urbanblau.com* (* Sylt 58). VS, Das Syndikat; Dr.-Jost-Henkel-Stift., EU-Stip. Straelen, Drehbuchwerkstatt München, Reisestip. d. Berliner Senats; Rom., Krim.rom., Film- u. Fernsehdrehb. – **V:** Vatermörder, Krim.-R. 97; Salomes letzter Sommer, Krim.-R. 98; Engelherz und Nachtteufel, Krim.-R. 99; Von Einem, der so aussah wie Jemand, in Wahrheit jedoch ganz etwas Anderes war, Erz. 02; Max Heller und der schöne Schein, Krim.-R. 02; „Schön, Sie zu sehen – Schön, dass Sie da waren", Texte u. Fotos 05; Vereinigung, Erz. 07.

Blau, Walter, Maler, Karikaturist, Fotokünstler, Lyriker; Königsberger Str. 18, D-82319 Starnberg, Tel. (0 81 51) 32 91 (* Münsterberg/Schles. 4. 7. 29). Lyr. – **V:** In Spanien, G. u. Prosa 92. – **MA:** Neue Literatur, Lyr.-Anth. 02. – *Lit:* s. auch Kürschners Handbuch der Bildenden Künstler, 1. Aufl. 2005.

Blauchbach, Pitter vum s. Caspers, Peter

Blaudez, Lena (geb Lena Gebauer), Dipl.-Volkswirtin, Journalistin; *LBlaudez@aol.com* (* Jarmen 25. 8. 58). Krimiwelt-Bestenliste (3. Pl.) März 05; Rom. – **V:** Spiegelreflex. Ada Simon in Cotonu 05; Farbfilter. Ada Simon in Douala 06. – **MA:** Hiddensee. Geschn. von Land u. Leuten 00; Postcard Stories Crime 06 u. 08; Tatort Hessen 08; – div. Beitr. in: Der Tagesspiegel; Berliner Ztg; taz; Frankfurter Rundschau; FAZ Sonntagsztg., u. a. – *Lit:* Dieter Paul Rudolph (Hrsg.): Krimi-Jb. 06.

Blauhut, Anna; Röntgenstr. 16, D-18055 Rostock (* Nikl 24. 12. 39). – **V:** Mit August dem Schwachen nach Afrika, Reiseber. 04. (Red.)

Blauhut, Holger; Ludwigstr. 24, D-18055 Rostock, Tel. (01 73) 2 34 98 29, *hb@charlatan.de, www. blauhut.info* (* Rostock 20. 7. 69). Stip. d. Ldes Meckl.-Vorpomm. 07; Erz., Kurzgesch. – **V:** Moskauer Geschichten 99; Pawels wundersame Träume, Kurzprosa 00; Absurd Wodka. 100% russische Absonderlichkeiten 07. – **MA:** regelm. Beitr. in d. Zs. „Charlatan", seit 02.

Blauscha, Wolfgang s. König, W. B.

Blauth, Theophil, Elektriker, Rentner; Gartenstr. 5, D-67688 Rodenbach, Tel. (0 63 74) 13 17 (* Rodenbach 22. 2. 20). Literar. Verein d. Pfalz 80. – **V:** Dein Leben

im Rhythmus des Jahres, G. 89; Erinnerung an Morgen, Kurzgeschn., Hsp., Ess., Parabeln 91; Gedankensplitter, Aphor. 94; Das Dorf im Wechsel des Jahrhunderts, autobiogr. Erz. 00. – **MA:** Evang. Kirchenbote seit 75; Handgeschrieben, Anth. 95; Neue literarische Pfalz. (Red.)

Blazejewski, Carmen, Dipl.-Theaterwiss., Autorin; Haus 2, D-23974 Neu Nantrow, Tel. u. Fax (03 84 26) 2 07 54 (* Grimma 14. 1. 54). VS 90, VG Wort 90, Lit.-Kollegium Brandenbg 90, Lit.förd.kr. Kuhtor 94, Friedrich-Bödecker-Kr. 94; Stip. d. Ldes Brandenbg 91, Publikumspr. b. Max-Ophüls-Festival 91, Kulturpr. Meckl.-Vorpomm. 94, Stip. d. Ldes Meckl.-Vorpomm. 96, 00 u. 07, Jgdb.pr. Segeberger Feder 02; Drehb. f. Film u. Fernsehen, Hörsp., Kinderb., Erz. – **V:** Wie fange ich einen Vogel 92, 96; Das Kinderzimmer vom lieben Gott, Kdb. 96; Brüderchen und Schwesterchen, n. Gebr. Grimm, Theater-M. 97; Küss mich, sagte der Vampir, Kdb. 98; Hauptsache, du bist meine Freundin, Kdb. 99; Der Reiterhof am Meer, Kdb. 00; Störtebekers Tochter, Jgdb. 01. – **MA:** Nicht für die Schublade geschrieben 89; Weihnachten, als ich klein war 96; Von Gestern und Morgen 00, alles Anth. – **F:** Drehb.: Der Straß 91; Die Vergebung 94; BaumNarren, Dok.film (auch Mitarb.) 02; Traumfänger 05. – **R:** Hsp.: Um Himmelswillen – fliegen 82; Faz, das Katastrophenmonster 84; Der glückliche Prinz 85; Der Alte und die Bank 91; Der Riese und dem Kiekeberg 92; Vom Faulen Mehmet und der Klugen Akilleh 93; – Drehb. f. d. Fsf.: Der letzte Winter 90; Die Sauwut 93. – **P:** Beruf: Pflegeeltern 03. (Red.)

Blazon, Nina; Im Heppächer 17, D-73728 Esslingen a. N., Tel. (07 11) 3 05 15 86, Fax 3 05 15 87, *info@ ninablazon.de, www.ninablazon.de* (* Koper/Slowenien 69). Wolfgang-Hohlbein-Pr. 03, Der Dt. Phantastik-Pr. 04; Krimi, Fantasy, Hist. Rom., Kinder- u. Jugendb. – **V:** Die Woran-Saga. 1. Im Bann des Fluchträgers 03; 2. Im Labyrinth der alten Könige 04; 3. Im Reich des Glasvolks 05; Die Rückkehr der Zehnten 05; Der Kuss der Rusalka 06; Der Bund der Wölfe 06; Der Spiegel der Königin 06; Katharina 07. (Red.)

Blazy, Sabine, M. A. Geschichte; Adalbertsteinweg 100, D-52070 Aachen, Tel. (02 41) 9 00 51 31 (* Leverkusen 4. 9. 72). Rom., Kinder- u. Jugendb. – **V:** Der dunkle Turm 00, Tb. 04; Das Versteck in der Burg 01, Tb. 07; Das Tal der Raben 03; Die Insel der verlorenen Seelen 03; Das Geheimnis der Egerton House 04; Das goldene Zepter des Pharao 05; Reihe „Paula Pepper ermittelt": Die verschwundene Statue 07, Schatten im Nebel 08, Die schwarze Bucht 09.

Blecher, Verena, Schriftst., Hrsg., Leitung div. literar. Workshops u. kreativer Schreibwerkstätten; Weingasse 12, D-65817 Eppstein, Tel. (0 61 98) 3 23 20, *verena. blecher@t-online.de, www.verena-blecher.homepage.t-online.de/index.htm* (* Wiesbaden 6. 9. 58). VS 01; 2. Platz (Sparte Erz.) b. Lit.wettbew. „Das Andere anders sehen" 03; Rom., Lyr., Erz., Jugendb. – **V:** Blaue Zitronen, Erzn. 94, 01; Schattengeflecht, Lyr. 02; – vertonte G. in: Concerto da Camera II, UA 96. – **MA:** Wunschbilder oder Die Reise ins Jahr 2000 95; Gauke's Lyr.-Kal. '96, '97; Kinder(kram)? 96; Am Kamin 96; Wie ein bunter Schmetterling 97; Gauke's immerwährender Lyr.-Kal. 97; Alle Dinge sind verkleidet 97; Paßwort 98; Und redete ich mit Engelzungen 98; Paßwort Auferstehung 98; Hörst du, wie die Brunnen rauschen? 99; ablaufdatum 31.12.2000 99; ... mit leichtem Gepäck 99; Das große Dorfhasserbuch 00; Posthorn-Lyrik 00; Tränen 00; Uns reichts! 01; Verlaßnen, Verlies, Verlassen 01; Das große Verwandtenhasserbuch 01; Märchenschlösser u. Dichterresidenzen 01; Spinnen Spinnen 01; Herbst 01; Angsthasen 01; Rund

Blechschmidt

um den Schlüssel 02; Gestorben ist nicht tot 02; Fluchtzeiten 02; Der dunkle Keller 02; Weltbilder Kosmopolitania 02; Ein leises Du 02; Amour de tête – Platonische Liebe 03; Leibspeisen 03; Das Andere anders
sehen, ausgew. G. 03; Das Andere anders sehen, ausgew. Erzn. 03; Alles in Ordnung? 03; Fiori Poetici 03;
Augsburger Friedenssamen 04; Odyssee – Lyrik 2000 S
04; Marzitöffkampanelchen – Christbaumgeflüster 04;
Schlafende Hunde 04; Easteregg 05; Mystische Märchen 05; Nicht ohne Konsequenzen 05; Natur 05; Von
Wegen 05; Leben und Tod 06; Das Mädchen aus dem
Wald 06; Der Tod aus der Teekiste 06; Das geteilte Königreich 06; Liebe in all ihren Facetten 07; Nacht 07;
Meine Nachbarn 07; Wortbeben 07; zahlr. Beitr. in Fo-
ren u. Lit.zss. seit 99, u. a.: Die Brücke; Sterz; Kult. –
H: Die Spur des Gauklers in den blauen Mond, Prosa u.
Lyr. (auch Mitarb.) 01, 02; Ein leises Du, Lyr. 02. – **F:**
Last Minute nach Kreta, Kurzfilm 05. – **P:** Text in; „...
ich bin des regenbogens angeklagt“, CD 02; Schatten-
geflecht, CD 02. – **Lit:** Datenbank Schriftstellerinnen in
Dtld 1945ff. 98.

Blechschmidt, Manfred, Dir., Gründer u. Leiter
d. Erzgebirgsensembles 63–89, freiberufl. Schriftst.;
Am Rothenberg 10, D-08340 Schwarzenberg-Erla,
Tel. (0 37 74) 2 56 15, *manfredblechschmidt@hotmail.
com* (* Bermsgrün/Erzgeb. 17. 9. 23). SV-DDR/VS 60;
Kunstpr. d. Rates d. Bez. Karl-Marx-Stadt 60, Staatspr. f. künstler. Volksschaffen I. Kl. 69, J.-R.-Becher-
Med. i. Gold 73, Kurt-Barthel-Pr. 82, Lit.pr. „Kammweg“; Erz., Landschaftsschilderung, Rom., Lyr. – **V:**
Sieg der Zukunft, Kant. 60; Viel Troppen machen e
Wasser 60; E armes Luder derf net traame 66; Dr Äp-
pelbaam, daar blüht zer Lust, Erzn. 68, 03; Ein frohes
Lied dem jungen Tag, Kant. 68; Auersberggebiet, Landschaftsschild. 62; Polezeier Bummermann, Geschn. in
erzgeb. Mda. 81; Erzgebirge – Sachsens silbernes Berg-
gland 92; Vogtland – Sachsens grünes Herzstück 94;
Das Erzgebirgsjahr 96; Bei uns zu Hause 98; Seid getrost, ihr guten Leit 00; Schwarzenberg – Bergstadt
an der Silberstraße 00; Himmelblauer Wochentog 02;
Mein Weihnachtsbuch 02; In dr Hutzenstub, Alm. 01;
E neier Tog steigt aus dr Nacht 05; Of dr Ufenbank,
Alm. 06. – **MV:** Bergland-Mosaik 69; Aue-Schneeberg
73; Sachsen – Ein Reiseverführer 74; Fichtelberggebiet
75; Vogtlandbilder 75; Böhmische Spaziergänge 78, alles Landschaftsschild.; – zusammen m. Klaus Walther:
Erzgebirgs-Lexikon 91; Vogtland-Lexikon 92; Silbernes Bergland. Das große Buch v. Erzgebirge 98; Das
große Buch vom Vogtland 99. – **MA:** Zwiebelmarkt
und Lichterfest 83. – **H:** Stimmen der Heimat, Anth.
60; Vun Balzerkar e Rutkallegeschicht, Mundarterz. 66;
Dr Vugelbeerbaam, Mundart-Liederb. 71; Wos die fer
schwarze Nosen habn, Mundarterz. 72; Behüt eich fei
dos Licht, Mundart-Anth. 71; Die silberne Rose, Sagen-
samml. 74; Ben Wasserhaus de Habutt blüht, Anth. 77;
Grüne Kließ un alter Korn 91; Vogelbeerzeit, Anth. 94;
Sachsen braucht seen König meh! 94; Das Himmels-
waagele 96; Sagen aus Sachsen 96; Gescheitheiten, die
mer esu vun de Leit härt 96; Christian Lehmann: Erzge-
birgisches Kuriositätenkabinett 97; Schwammezeit 01;
Glitzerstaanle 01; Die 156 Strophen des altberühmten
Heiligobndliedes 01. – **MH:** Weihnachten im Erzgebirge, m. Siegfried Rentzsch 95; Siegfried Sieber: Geliebte
Gebirgsheimat, m. Klaus Walther 97. – **P:** In dr Ham-
merschenk, Schallpl. 73; Erzgebirgsweihnacht, Schallpl. 74.

Bleeker, Herta (Herta Bleeker-Scheel), Kinderpflegerin, Hauswirtschaftsmeisterin, Autorenstudium; Weidenweg 12C, D-26524 Hage, Tel. (0 49 31) 9 56 84 48,
Herta.Bleeker@web.de (* Norden 27. 10. 55). VG

Wort. – **V:** Anna – oder als Urgroßmutter das elfte
Kind bekam, R. 03; Wie eine Feder, R. 06; Gib die
Hoffnung nie auf, R. 09.

Bleier, Bianka, Bibliothekarin; c/o R. Brockhaus
Verlag im SCM-Verlag GmbH & Co. KG, Bodenborn
43, D-58452 Witten (* Forst 1. 4. 62). – **V:** Stinknormal
und einfach herrlich 98, 9. Aufl. 06 (auch CD); Tonnen-
schwer und Federleicht 00, 4. Aufl. 06; Mein Jahr, Kal.-
Tageb. 01–09; 40 werden immer nur die anderen 03,
5. Aufl. 08; Ich halte mich fest an dir, Aufstellb. 04; Wo
Himmel und Erde sich berühren, Bildb. 04, 3. Aufl. 07;
Gezeitenwechsel, Tageb. 05, 3. Aufl.; Strandgut, Bildb.
06, 07; Das Leben feiern 07, 3. Aufl. 08 (auch CD); Notizen aus dem prallen Leben, Tageb. 07; Versammeltes
Chaos 08. – **MV:** Besser einfach – Einfach besser, m.
Birgit Schilling, Sachb. 02, 10. Aufl. 08; Das Wort, das
mein Herz bewegt, m. H. Steeb, J. Werth u. P. Strauch
05; Das Fromme-Hausfrau-Kochbuch, m. U. Chuchra
06, 07; Das Fromme-Hausfrau-Lesebuch, m. ders. 07. –
MA: Beitr. in Zss.: Joyce; Family; Aufatmen; Wo Himmel und Erde sich berühren, Kal. 05–07, Postkartenb.
04, 06; Leuchtende Tage, Adventskal. 05; Das Warten
wird Freude, Adventskal. 06; Unser Familienbuch 06–
09; Das Leben ist so schön, wenn es schön ist, Postkarten. 08; Herz, was begehrst du? Meer! 08; Mehr Lust
auf Leben, Kal. 09.

Bleier, Wolfgang, Buchhändler, Schriftst.; Sonn-
wendgasse 30/12, A-1100 Wien, Tel. (01) 6 07 03 79,
wbleier@gmx.at (* Klaus in Vorarlberg 27. 1. 65). Vorarlberger Autorenverb., jetzt Lit. Vorarlberg 98; Aner-
kenn.pr. f. Lit. d. Ldes Vbg 02; Prosa, Lyr. – **V:** Vorübergehend Indien, Ber. 92; Der Buchmacher, Prosa 05; Verzettelung, Prosa 07. – **MA:** V. Zss. d. Vorarlberger Autorenverb., 1/98, 11/03, 15–16/05; Textstellen 00; Pyrgi
01; Lit. & Kritik, Juli 05 u. Nr.421/422 März 08; Koch
au Vin, Prosa 07.

Bleske, Bernhard, Immobilienkfm., Autor, Dipl.-
Volkswirt; Höningstr. 32, D-41363 Jüchen, Tel.
(0 21 82) 40 54, Fax 5 81 74 (* Röhrsdorf, Kr. Fraustadt/
Schles. 15. 1. 40). – **V:** Sommertage, Erz. 93; Pit Jan
auf der Mühle, Erz. 97; Der Birnbaum im Eichsfeld,
Geschn. u. Erinn. 00; Du selber machst die Zeit 02.
(Red.)

Blessing, Bianca; Im Slieper 28, D-31848 Bad
Münder, Tel. (0 50 42) 50 64 74, *info@bunte-blaetter.
de*, *www.bunte-blaetter.de* (* St. Andreasberg/Harz
27. 3. 43). Rom., Erz. – **V:** Das Land der blauen Blumen, R. 01; Der Schwanensee 00; Nur Himmel noch
und Meer, R. 02; Mira-Lisa und Michelle, Kd.-Geschn.
03, 04. – **H:** Zwischen den Zeiten und den Tagen,
Anth. 00; Eines Freundes Freund zu sein 02. – **Ue:** Rabindranath Tagore: Gitanjali 02. (Red.)

Bletschacher, Richard, Dr. phil., Schriftst., Regisseur; Tuchlauben 11, A-1010 Wien, Tel. (01) 5 35 42 21.
Badstr. 9, A-2095 Drosendorf (* Füssen 23. 10. 36).
AKM 68, Ö.S.V. 71, Literar-Mechana 71, LVG 71, VS
71, P.E.N. 77, Vizepräs.; Pr. d. Ges. d. Freunde A. Kut-
schers 56, Förd.stip. d. BMfUK, Öst. Bundesverdienst-
zeichen; Drama, Lyr., Libr., Kinder- u. Jugendb., Rom.,
Erz., Musikwissenschaft, Ess., Übers. Ue: lat, engl, frz,
span, ital. – **V:** Der Zaungast des Lebens, Sch. 60; Idis,
ein tödliches Spiel, Sch. 60; Urban Schratt oder die
Pflaumendisten, Sch. 61, Neufass. 79; Kyrillo Ypsilon, Sch. 64, u. d. T.: Der Einzelgänger 79; Der Fremde,
Sch. 65; Die Seidenraupen 65; Die Elefanten des Pyr-
rhos, Sch. 66, Neufass. 80; Milchzahnlieder, Kinder-G.
70; Lebenszeichen, G. 70; Der lange Weg zur großen
Mauer, Sch. 70–72; Die Seidenraupen u. a. Theaterstücke f. Musik, Bd I 73; Krokodilslieder, Kinder-G.
73; Die sieben Probleme der Frau Woprschalek, Erzn.

73; Tamerlan, sat. R. 73, 3. Aufl. 95; Augenblicke, G. 76; Die Lauten- u. Geigenmacher des Füssener Landes 78, 2. Aufl. 91; Der Grasel. Chronik e. Räuberlebens 81, 3. Aufl. 02; Der Mond liegt auf dem Fensterbrett, Hausbuch 02; Flugversuche, Erzn. 82; Schauspiele I 85; Apollons Vermächtnis. 4 Jahrhunderte Oper 94; Die Tochter des Kerensteiners 95; Wein u. Wasser, Oper 98; Die Verbannung oder die Reise nach Brindisi, R. 98; So weiß wie Schnee, so rot wie Blut..., Oper 99; Das Schloss an der Thaya, R. 00; Zirkuslieder, G. 02; Die Liebesprobe, kom. Oper 02; Mozart u. da Ponte. Chronik e. Begegnung 04; Gesammelte Lyrik in 3 Bänden, Bd I 04; Illyrien, 7 Erzn. 05, 08; – THEATER/UA: Die Ameise, Oper 61; Die Seidenraupen 68; Der lange Weg zur großen Mauer 75; Nachtausgabe, Oper 87; Ossiacher Tryptichon 92; Gomorra, Oper 93; An der Grenze 93; Gesualdo, Oper 95; Der Grasel 95; Johannes Stein oder der Rock des Kaisers, Monodram 96. – **B:** bzw. Ue: Marivaux: Das Spiel um Liebe u. Zufall, Sch. 61; Henry Purcell/Nahum Tate: Dido und Aeneas, Oper 61; Luigi Candoni: Siegfried in Stalingrad, Sch. 65; Sergio Magaña: Die Zeichen des Tierkreises, Sch. 66; Kaiser Leopold I./Francesco Sbarra: Die Trauer des Weltalls 71; Antonio Draghi/N. Minato: Das Leben im Tode 78; Joh. Jak. Fux/P. Pariati: Der Schwur d. Herodes 79; A. Banchieri: Festino, Madrigalsp. 80; Kaiser Leopold I./Pietro Monesio: Der verlorene Sohn 82; F. Cavalli/G.F. Busenello: Apollo u. Daphne, Oper 82; die Da Ponte-Opern v. W.A. Mozart 93–95; William Shakespeare: Die Sonette 96; W.A. Mozart: Davide penitente u. Thamos, König in Ägypten, Orat. 98; Johann Strauß: Indigo, Operette 99; Puccini: La Bohème, Oper 08; Rossini: Der Barbier von Sevilla, Oper 09. – **MA:** zahlr. Beitr., v. a. Gedichte, in Anth. bzw. Schulbüchern. – **H:** Reihe „dramma per musica", 4 Bände 85–94. – **R:** mehrere Senderreihen im ORF. – **P:** Schallpl., CDs u. Tonbänder m. Opern, Liedern u. Übers. v. Opern mehrerer Komponisten, u. a.: Shakespeares Sonette 96. – **Ue:** Gedichte von: Petrarca, Tasso, Metastasio, Hopkins, G. Ungaretti, E. Montale, San Francesco d'Assisi, G. Leopardi, U. Saba, Lope de Vega, R. Alberti, Apollinaire, Verlaine, u.v.a.

Blettenberg, Detlef Bernd; Wilhelmshöher Str. 1, D-12161 Berlin, Tel. (0 30) 8 59 27 21, Fax 8 52 34 22, *D.B.Blettenberg@t-online.de, www.dbblettenberg.de* (* Wirges/Westerwald 13. 10. 49). VG Wort; Edgar-Wallace-Pr. 81, Dt. Krimipr. 89, 95 u. 04; Rom., Erz., Reiseber., Rep., Drehb. – **V:** Weint nicht um mich in Quito, R. 81, 88; Agaven sterben einsam, R. 82, 89; Barbachs Bilder, R. 84, 96, Neuaufl. 07; Siamesische Hunde, R. 87, 03; Farang, R. 88, 04; Inka grollt und Buddha lächelt, Repn. 88; Blauer Rum, R. 94, 02, Neuaufl. 07; Harte Schnitte, R. 95, Neuaufl. 05; Victoria Falls, Erz. 95; Bis zum späten Morgen, Erzn. 96; Null Uhr Managua, R. 97, Neuaufl. 06; Berlin Fidschitown 03; Weint nicht um mich in Quito/Agaven sterben einsam, Doppel-Bd u. d. T.: Blut für Bolívar 05; Land der guten Hoffnung, R. 06. – **MA:** div. Erzn. in: Schwarze Beute, TB-Mag.; div. Repn. in Zss. u. Mag., u. a. in: Transatlantik; Lui; Tip; Cosmopolitan; Merian 12/91 (Thailand). – **F:** Bangkok Story, u. d. Roman „Siamesische Hunde" 89. – **R:** Fernsehfilme: Der Elefant vergißt nie 97; Whiteface 97; Die Straßen von Berlin: Blutwurst und Weißwein 98; Falling Rocks 99. – *Lit:* Jochen Schmidt: Gangster, Opfer, Detektive 82; Peter M. Hetzel in: Schwarze Beute, Thriller Mag. 6/91; Rudi Kost/Thomas Klingenmaier: Steckbriefe. Die Krimi-Kartei von A-Z 95; Spektrum d. Geistes, Lit.kal. 96; Wolfgang Rüger in: die horen 96; Frank Göhre/Jürgen Albers: Kreuzverhör. Zur Gesch. d. dt.spra-

chigen Kriminalromans, Radioportr., Funkmanuskript Radio Bremen 98.

Bleutge, Nico, Lyriker, Lit.kritiker; Wilhelmstr. 119, D-72074 Tübingen, Tel. (0 70 71) 3 76 37 (* München 13. 10. 72). OPEN MIKE-Preisträger 01, Wolfgang-Weyrauch-Förd.pr. 03, Stip. von: Kunststift. Bad.-Württ. 04, LCB 04, Künstlerdorf Schöppingen 06, Hermann-Lenz-Stift. 06, Jahresstip. d. Ldes Bad.-Württ. 06, Anna-Seghers-Pr. 06, Kranichsteiner Lit.förd.pr. 06, Villa-Aurora-Stip. Los Angeles 08; Lyr., Ess. Ue: engl, span. – **V:** Klare Konturen, G. 06; Fallstreifen, Lyr. 08. – **MA:** Das Gedicht Nr.9 u. Nr.10; ndl 5/01 u. 2/03; Lyrik von Jetzt 03; Feuer, Wasser, Luft & Erde 03; Sinn u. Form 1/04, 5/05; Jb. d. Lyrik 2006 u. 2008; Zwischen den Zeilen 24; Sprache im techn. Zeitalter 173, 176; Neue Rundschau 119/1 08, u. a.; – Kritiken u. a. für: SZ; NZZ; Stuttgarter Ztg; Tagesspiegel. – *Lit:* M. Braun in: Sprache im techn. Zeitalter 173; T. Lehmkuhl in: Text u. Kritik 171.

Bley, Wulf E.; Brauerstr. 85a, CH-9016 St. Gallen, Tel. (0 71) 2 80 01 87, *info@wulfbley.de, www.wulfbley.de* (* Neuenburg b. Oldenburg 30. 6. 46). – **V:** Mallorca: Hölle oder Paradies? 02; Das Doppelleben des Mr. X 02; Waffen für Djihad 03; Nicole 03; Lyrisches Intermezzo 03; Eine schicksalhafte Reise 03; Kein leichtes Erbe 04; Späte Einsichten 07. (Red.)

Blickle, Martina Helga, Malerin, Lyrikerin; Kornhausplatz 2, D-89073 Ulm, Tel. (07 31) 61 97 73 (* Ulm 16. 2. 29). Ulmer Autoren 81, Gründ.mitgl.; Lyr. – **V:** Einsam mitten Himmel 74; Zwischen Welle und Ufer 76; Zypressenpforte 77; Rindenmuster 82; Die anderen Strassen 94 (m. eigenen Bildreprod.). (Red.)

Bliefert, Ulrike, Schauspielerin, Drehb.autorin; *www.ulrikebliefert.de* (* Düsseldorf 18. 9. 51). – **V:** Lügenengel, Thr. 07. (Red.)

Blieffert, Manfred, bildender Künstler, Doz. d. Städt. Musik- u Kunstschule Osnabrück; Augustenburger Str. 5, D-49078 Osnabrück, Tel. (05 41) 43 32 82 (* Kiel 29. 9. 54). mehrere Pr. im Bereich bild. Kunst; Erz. – **V:** Luises Geheimnis, Erz. 98. (Red.)

Blinker, Bärbel; Adalbertstr. 11, D-26382 Wilhelmshaven, Tel. (0 44 21) 45 50 51, *www.oldenburg. de/kulturdatenbank* (* Wilhelmshaven 10. 11. 62). Lyr., Kinderb. 89. – **MA:** Von wechselnden Orten, Anth. 93; Über diese Entfernung hinweg, Anth. 96; Frankfurter Bibliothek d. zeitgenöss. Gedichts 05. – **R:** Quinke, Kinderfunkbeitrag im RB 88.

Blitz, Kai s. Anderland, Jonathan

Blitzer, Hanna (auch Ilse Hanna Blitzer, geb. Ilse Pagel), Sprachlehrerin i. R.; Kehilat-Sofia 14, IL-69018 Tel Aviv, Tel. (03) 6 47 94 06, Fax 5 47 11 70, *barcom @netvision.net.il* (* Beuthen/OS 9. 4. 15). VdSI, Vizevors., RSGI, Else-Lasker-Schüler-Ges.; Lyr., Journalistik. Ue: hebr. – **V:** Staub und Sterne 82; Lyrik Hanna Blitzer 84; Noch ein Akkord 87; Akkord, ausgew. G. in hebr. Spr. 88; Ein Zeichen setzen 91; Worte die Leben sagen 94; Auf der Suche nach der Milchstraße 97, alles Lyr.; Wir Dichter 05 (hebr.); Menschen und Ereignisse 08. – **MA:** Kaleidoskop Israel; Auf dem Weg; Spurenlese; Gauke's Jb.; Impressum Paul Tischler; Silhouette; Das neue Israel; Illustr. Neue Welt; Feuerprobe; Mnemosyne; Script; Israel Nachrichten; Neue Wurzeln; Zwischenwelt; Herbstzeitlose; Frauen erinnern. – *Lit:* Renate Wall: Lex. dt.spr. Schriftstellerinnen im Exil 1933–1945.

Blobel, Brigitte (eigtl. Brigitte Blobel-van Waasen), Schriftst.; lebt in Hamburg, c/o Ullstein Verlag, Berlin (* Hamburg 21. 11. 42). Hamburger Autorenverei-

Blobel

nig. 04; div. Auszeichn. u. Stip.; Rom., Kurzgesch., Jugendb., Fernsehsp. – **V:** Alsterblick 79, vollst. überarb. Aufl. 99; Das Osterbuch 80; Fliegender Wechsel 80; Kollege Gabi 81; Die Hörigen, R. 82; Venusmuschel, 1.u.2. Aufl. 82; Der geträumte Mann, R. 84; Die Grotte, R. 85; Das Haus des Portugiesen, R. 86; Nachtfalter, erot. Geschn. 86; Tödliche Schlingen, Krim.-R. 86; Eine Tür fällt zu 88; Kannst du schweigen? 88; Die Botschafterin, R. 89; Ein ganz intimer Mord, Krim.-R. 89; Die Kolumbianerin, R. 89; Tanzen sehr gut – Mathe ungenügend, R. 89; Verliebt in Afrika 89; Das Bad in der Oase, Erzn. 90; Herzsprung 90; Meine schöne Schwester 90; Ohne dich kann ich nicht leben 90; Der Ruf des Falken, R. 90; Plötzlich ist alles anders, R. 91; Traumschritte 91; Die Hörigen, R. 92; Pans Flötenlied, Erzn. 92; Der Duft des Fremden, R. 93; Immenhof, R. 93; Die Neue, mein Bruder und ich 93; Die Power-Girls, R. 93; Lockruf 93; Ach, Schwester ..., 95; Ciao, Bella! 94; Einen Lehrer liebt man nicht 94; Die Unzertrennlichen 94; Noahs Wut 95; Schöne der Nacht, erot. Erzn. 95; Seine Mutter mag mich nicht 95; Sturmfreie Bude 95; Bruderherz 96; Das kalte Land, R. 96; Mensch, Pia! 96; Wer mit dem Feuer spielt 96; Keine Panik, Jenny 97; Liebe, Lügen und Geheimnisse 97; Antonia liebt gefährlich, Jgdb. 98; Die Kerze brennt nur bis zum Morgenrot, R. 98; Starke Mädchen: Sofies Geheimnis u. a. 98; Heimlich verliebt 98; Mörderherz, R. 99; einfach Liebe, R. 00; Die dunklen Wasser der Trägheit, R. 00; Die Kolumbianerin, R. 00; Der Duft des Fremden, R. 00; Der schönste Platz der Welt Sylt 00; Die Liebenden von Son Rafal, R. 01; Mutterglück, Krim.-Erz. 01; Das Model, Jgdb. 01; Tanz ins Glück 02; Die Clique 02; Liebe wie die Nacht 03; Die Nächte von Beirut, R. 03; Solo für Sarah 03; Der andere Sohn, R. 04; Glücksucher, R. 05; Herz im Gepäck 05; Alessas Schuld 06; Zwischen Bagdad und nirgendwo 07, alles Jgdb.; Ein Jahr leben, R. 07; Jeansgröße 0, Jgdb. 08; (zahlr. Nachaufl. u. Übers.). – **R:** Neues vom Süderhof, Fs.-Ser.; Liebe, Lügen und Geheimnisse, Fs.-Film.

Blobel, Reiner, Prof., Dr. med., Kommunalpolitiker, Schriftst.; Auf dem Klingenberg 18, D-74523 Schwäbisch Hall, Tel. u. Fax (07 91) 27 60, blobel@online.de (* Waltersdorf/Schles.). BVK am Bande 00. – **V:** Außerhalb der Mauern, R. 92; Ein erfülltes Leben, N. 94; Der Eid, UA 03; Unfertige Geschichten, Erz. 05; ... und sie höret nimmer auf, R. 04; Nebenan schläft Miriam 07; Brandner und der tote Engel, N. 07; Langer Film der kurzen Zeit, N. 07; Die Perle in der Muschel, 2 Tageb. 08; Liebe, sagt 08; Valse triste, UA 08. – **MA:** Wenn die Schaukelpferde laufen lernen 02.

Bloberger, Josef F.; Marodenhausstr. 11, A-4600 Wels (* Wels 9. 5. 49). – **V:** Bemerktes, Aphor. 84; Bedachtes, Aphor. 87; Julius der Zauberlehrling, Kdb. 91; Spieglein, Spieglein an der Wand, G. 92; Die Händler, Jgdb. 97; Loisl und Herr König, Kdb. 97.

Bloch, Peter, ev. Pfarrer; Breite Str. 6, D-79350 Sexau, Tel. (0 76 41) 25 80 (* Konstanz 26. 8. 35). Pr. d. Stadt Hürth f. d. Roman „Der Baumbesetzer"; Lyr., Aphor., Kurzprosa, Rom., Sachb. – **V:** Erzähl mir von Gottes Güte, Sachb. 84; Freude ist ein Geheimnis, Meditn., kurze Texte 75; Gut ist was verrottet, Lyr., Aphor., kurze Prosa 78; Der Baumbesetzer, R. 84; Die Natur im Blickfeld einer neuen Ethik, Ess., ca. 85, 86; Die Dohlen u. a. Erzählungen 88; Der fröhliche Jesus, Sachb. 99; Erzähl mir von Gottes Güte. – **MV:** Der kleine Stern 88, u. a. Bilderb.

Bloch, Walter, Dr. phil., Gymnasiallehrer; Hubelackerstr. 2, CH-4513 Langendorf/SO, Tel. (0 32) 6 22 02 83, w.bloch@bluewin.ch (* Solothurn 24. 5. 43). Rom. – **V:** Heinrich IV. Moser und seine Mütter, R. 93.

Blochwitz, Falk; Neusässer Str. 1, D-04416 Markkleeberg, Tel. u. Fax (03 41) 3 58 51 53, blochwitz-fm@gmx.de. – **V:** Die Strafe und andere haarsträubende Geschichten 00. (Red.)

Block, Detlev, Prof. h. c., Theologe, Schriftst.; Marcardstr. 7, D-31812 Bad Pyrmont, Tel. (0 52 81) 96 99 34, Fax 16 06 70 (* Hannover 15. 5. 34). VS Nds. 68, Kogge 76, Autorenkr. Plesse 76, GZL 93, VG Wort, VG Musikedition; Lyr.pr. Thema Frieden 67, Lyr.pr. Junge Dicht. in Nds. 72, A.-G.-Bartels-Gedächtn.-Ehrg. 80, Dr.-Heinrich-Mock-Med. 84, 1. Pr. Geistl. Lieder Konvent Luther. Erneuerung Bayern 86, Prof. h.c. 89, Burgschreiber zu Plesse 99, Inge-Czernik-Förd.pr. 02. Lyrik – 1. Pr. Kurpfälzer Lyriktage Schwetzingen 06; Lyr., Geistliches Lied, Kurzprosa, Kinderb., Sachb., Biogr., Bildband, Theologie. – **V:** Gärten am Wege, G. 64; Heimweh u. Gnade, G. 65; Leise Ausfahrt, G. 67; Mein kleines Süntelbuch, Erz. 68; Amateur-Astronomie, G. 69, 3. Aufl. 93; Argumente für Ostern, G. 69; Geglaubt in der Welt, Andachten 70; Dem Lobpreis zugewandt, G. 72; Nichts ist botschaftslos, G. 72; Mein Geburtstagsbuch, Meditn. 74, 75; Jetzt erkenne ich stückweise, Lesestück 74; Gut, daß du da bist, Andergebete 74, 7. Aufl. 95; Der Telegrafenmast, G. 75; Gute Erholung, Kurgastbüchlein 76; Der Himmel in der Pfütze, Erz. 76, 77; Passantenherz, G. 77; Stichprobe, G. 77, 82; Anhaltspunkte, ges. G. 78, 3. Aufl. 94; In deinen Schutz genommen, Geistl. Lieder 78, 4. Aufl. 01; Öffne mir die Augen, Meditn. 78; Pyrmonter Predigten 78; Du krönst das Jahr, Foto-Lyr.bd 79; Ich nehme mich immer mit, G. 80; Auserwählt im Ofen des Elends. Lebensbild Jochen Kleppers 82; Freude an der Schöpfung, Naturbetracht. 82; Lieber Kurgast. Chancen d. Besinnung 82; Astronomie als Hobby. Sternbilder u. Planeten erkennen u. benennen 82, 15. Aufl. 99; Feuersalamander, Laubfrosch u. Gelbrandkäfer 83; Kleine Anfrage an den Pächter, G. 83; Keine Blätter im Wind, Orient. im Glauben 83, 2. Aufl. 87; Die Welt ist voller Wunder, Texte z. Dankbarkeit 84; Geführt u. bewahrt auf wechselnder Fahrt, Texte u. Verse z. Geb. 84, 4. Aufl. 95; Sag ja zu dir, 48 Geistl. Lieder z. Texten v. D.B. 84; Gast an deinem Tisch, Mittagsgebete f. ältere Menschen 84; Haben, als hätten wir nicht 85; Hinterland, ges. G. 85; Kindergebete 85; Türen ins Freie, Kleine Lesefrüchte 86; Bibelgeschichten AT 86, 4. Aufl. 98; Christkindgeschichten 86, 4. Aufl. 92; Wann ist unser Mund voll Lachen? Bibl. Gesänge f. d. Gemeinde 86; Bibelgeschichten NT 87, 4. Aufl. 97; Engelgeschichten 88, 4. Aufl. 98; Mein Engel soll bei euch sein 88, 2. Aufl. 93; Vom Wort begleitet, Meditn. 88; Spatzen im Lorbeer, G. 89; So singen wir die Weihnacht an, Neue geistl. Lieder 89; Das Christusjahr, Geistl. G. 89; Zur Hoffnung ermutigt, Predigten 89; Dankbarkeit macht alle Wege gut, Bildtextbd 91; Daß ich ihn leidend lobe: Jochen Klepper – Leben u. Werk 92, 3. Aufl. 95; Kommt mit Gaben u. Lobgesang, Neue geistl. Lieder 92; Wie Blüten gehn Gedanken auf 92; Die große bunte Kinderbibel 93, 3. Aufl. 01; Einladung zur Quelle, Bildtextbd 93; Glaubensgeschichten 93, 2. Aufl. 94; Die verbindende Mitte 93; Wenn der Wind nicht wäre u. die Wolke im Blau 94; Das Lied der Kirche: Gesangb.autoren d. 20. Jh. I 95; Nimm Raum in unserer Mitte 95; Der Engel u. die Eselin, Geschn. 96; Ganz einfach fängt das Wunder an 96; Gute Erholung! 96; Der Lilienfeld u. Vögel zur Gleichnissen erhob: Gesangbuchlieder v. D.B. 96; Sternenhimmel Posterbook 97; Jona, Elia & Co., Prophetengeschn. 99; Dich zu rühmen, macht uns Mut, Geistl. Lieder 99; Lichtwechsel, ges. G. 99; Meine große farbige Kinderbibel 99; Erde, atme auf, Geistl. Lieder 01; Der Weg zu das Ziel, Notenausg. 04;

Wo ist das Christkind? Weihnachten in d. Familie 04; Deine Liebe ist wie die Sonne 05; Astronomie, völlig neu überarb. 05; Der Himmel hat viele Farben, G. 06; Das Gefühl zu leben, G. 06; Vergiss nicht, was er dir Gutes getan hat, Bild-Text-Bd 07; Auf der Suche nach d. Stern, Advents- u. Weihnachtsb. 08; Hier bin ich, wie ich bin, Notenausg. 09; Tapfer bis fröhlich. Lyrisches Credo 09. – **MV:** Ich falte die Hände 76, 9. Aufl. 89; Ich rede mit dir 83, 4. Aufl. 90; Ein neuer Tag ist da 98; Meine ersten Kindergebete 98; Ich bin gern auf der Welt 05, alles Kindergebete m. Karin Block. – **MA:** Beitr. in zahlr. Anth., u. a. in: Thema Frieden, G. 67; Alm. f. Lit. u. Theol. 67, 71; Wort für die Woche, seit 69; Junge Dichtung in Niedersachsen 73; Bundesdeutsch, Lyr. z. Sache Grammatik 74; Kurze Geschn. 75; Wer ist mein Nächster? 77; Indizien, Kurze Texte z. längeren Nachdenken 77; Zugänge u. Herwege, Mat. f. Predigt u. Verkünd. z. Frage n. Gott 77; 20 Annäherungsversuche ans Glück, G. 78; Rufe, Relig. Lyr. d. Gegenw. I 79, II 81; Manfred Hausmann – Weg u. Werk, Festrede z. 80. Geb. 79; Wege entdecken, Bibl. Texte, Gebete u. Betracht. 80; Der helle Tag, Lieder, Texte, Gebete 80; Jetzt ist d. Zeit zum Freuen, Neue Weihnachtslieder 80; Ostern ist immer, Texte v. Leben 81; Erzählbuch zum Glauben I 81, IV 89; Im Gewitter d. Geraden, Dt. Ökolyr. 81; Horizonte, Gebete u. Texte f. heute 81; Das Wort ins Gebet nehmen, Lyr.-Anth. 81; Seismogramme, Lyr. Kürzel f. Be-Denkzeiten 81; Plädoyer f. den Hymnus 81; Auf u. macht d. Herzen weit, Liederheft f. d. Gemeinde 82; Komm, süßer Tod, Thema Freitod, Anth. zeitgenöss. Autoren 82; Frieden u. noch viel mehr, G. 82; Einkreisung, Lyr.-Anth. 82; Reichtum d. Jahresringe, Hausb. f. Feste u. Gedenktage 82; Wo liegt euer Lächeln begraben, G. 83; Wir haben lang genug geliebt u. wollen endlich hassen, G. 84; Wem gehört u. Erde, Neue relig. G. 84; Hdb. Psalmlieder 85; Lieder z. Trauung 86; Im Gitter grüner Zweige, Christl. G. aus fünf Jahrzehnten 86; Psalmgedichte 86; Melancholie, e. dt. Gefühl 89; Gedichte z. Weihnachtszeit 90; Miteinander wachsen in Partnerschaft u. Familie, lit. Leseb. 92; Mein Liederbuch 2: Oekumene heute 92; Die Fontäne in Blau, Lieder 93; Evang. Gesangbuch (zahlr. Liedtextbeitr. in d. versch. landeskirchl. Ausg.) 94ff.; Nach Bethlehem – wohin denn sonst? 95; Loccumer Brevier 96; Nach Golgatha – um d. Hoffnung willen 97; Der Psalter 97; Splitter vom Kreuz, e. Pass-sions-Anth. 98; Grenzenlos, Reisebilder, Kogge-Leseb. 98; Passion/Ostern, Mat. u. musikal. Impulse 99; Die schönsten Advents- u. Weihnachtsgeschn. 99; Advent/Weihnachten, Mat. u. musikal. Impulse 00; Jugendlyrik 00; Gedicht u. Gesellschaft, Jb. f. d. neue Gedicht 01; Dein Engel, G. u. Holzschn. 03; Lass mich, Engel, nicht allein 04; Christsein konkret – 50 wichtige Themen 05; Laacher Messbuch 05; Was die Nacht hell macht, Eschbacher Adventskal. 05; Jeden Augenblick segnen, Segensworte 05; Das Gedicht, Eine Ausw. neuer dt. Lyrik 06; Gott im Gedicht 07; Wort Laute, Liederh. z. Ev. Gesangb. d. Ev. Kirche 07; Mit Kindern beten 08. – **H:** Der tönende Tag, G. v. Ludwig Bäte 67; Das unzerreißbare Netz, Lyr.-Anth. 68; Hamburger Lyriktexte, 20 Bände 69–78; Gott im Gedicht, Lyr.-Anth. 72, 76; Themen der Woche, Betracht. 73; Meinem Gott gehört die Welt, Kindergebete 75; Nichts u. doch alles haben, G. z. Thema Hoffnung 77, 2. Aufl. 77; Mach täglich einen neuen Anfang 79; Ihr werdet finden, G. u. Lieder d. Gegenw. z. Advent, Weihnacht u. Jahreswechsel 82; Stundenglocke, Worte in unsere Zeit v. Manfred Hausmann 93; Laß dich beschenken, Texte aus Jesus Sirach 96; Schau auf zu den Sternen, Bildtextbd 96; Sagt, dass die Liebe allen Jammer heilt. Geistl. Lieder u. Gedichte v. Arno Pötzsch, m. e. Einf. in Leben u. Werk 00; Sternengedichte, Anth. 08. – **R:** div. Rdfk-Sdgn (z.B. über Jochen Klepper u. Arno Pötzsch). – **P:** D. B. liest eigene Gedichte 70; Der Weg ist schon das Ziel, CD 04; Hier bin ich, wie ich bin, CD 09. – *Lit:* M. Hausmann/K. Krolow/K. Marti u. a.: Schneisen u. Schnappschüsse 74, 79; Paul Konrad Kurz: D. Neuentdeckung d. Poetischen 75; Spektrum d. Geistes, Lit.kal. 76, 84; Carl Heinz Kurz: Autorenprofile 76; Zwischenbilanz 76, 80; Imprint. Berufe neben d. Schriftstellerberuf 76; Nds. literarisch 77, 81; Paul K. Kurz (Hrsg): Über mod. Lit. 7, 2.T. 80; C.H. Kurz: Christl. Dichtung. Z.B. D. Block 81; Rudolf O. Wiemer: D.B. z. 50. Geb., Laudatio 84; C.H. Kurz (Hrsg.): E. Handvoll Wörter. Der Lyriker D.B. 87; Hans Gärtner (Hrsg.): Leselöwen in d. Grundschule; Kurt Morawietz (Hrsg.): Eines weißen Tages weiß ich warum: Zum 60. Geb. v. D.B. 94; Dietrich Meyer (Hrsg.): Das neue Lied im Ev. Gesangb. 96, 2. Aufl. 97; Wolfgang Herbst (Hrsg.): Hdb. z. Ev. Gesangb., Bd 2: Komponisten u. Liederdichter 99; Lit. in Nds. 00; Wer ist wer im Gesangbuch? 01; Dt. Schriftst.-lex. 02; Siegward Kunath (Hrsg.): Vespergeläut, Festschr. z. 70. Geb. von D.B. 04; Lichtwechsel & Lobgesang. Das lit. Werk v. D.B., Dok. d. Ausst. im Schloß-Mus. Bad Pyrmont 04; Autoren stellen sich vor 05; Wer ist Wer? Das dt. Who's Who 05; – div. Rdfk-Sdgn über D.B. (u. a. Lichtwechsel – z. 70. Geb.).

Block, Friedrich W., Dr. phil., Lit.wissenschaftler; Georg-Thöne-Str. 5 B, D-34121 Kassel, Tel. (05 61) 28 19 27, Fax 2 88 80 45, *block@brueckner-kuehner.de,* *www.brueckner-kuehner.de/block/* (* Berlin 11. 1. 60). Freie Akad. d. Künste Leipzig; Intermediale Poesie, Ess. – **V:** IO. poesis digitalis 97; Beobachtung des „ICH", wiss. Abh. 99. – **MV:** Großstadt, Technik, Industrie in d. dt.sprachigen Literatur d. Moderne, m. Hans Otto Horch, wiss. Abh. 03; Jenny Holzer. Die Macht d. Wortes 06. – **MA:** WO. Visuelle Poesie in Berlin 92. – **H:** Die beflügelte Schnecke. Grot. Humor aus 6 Jh. 88; Transfutur. Visuelle Poesie aus d. SU, Bras. u. dt.spr. Ländern 90; Verstehen wir uns? 96; Passauer Pegasus 29/30 97; pOes1s. internationale digitale poesie, Kat. 00; Komik – Medien – Gender 06; Christine Brückner u. Otto Heinrich Kühner 07. – **MH:** Kunst – Sprache – Vermittlung 95; pOes1s. Poetologie digitaler Texte, m. Christiane Heibach u. Karin Wenz 04; POIE-SIS. Poema entre pixel e programa, m. André Vallias u. Adolfo M. Navas, Kat. 08. – **P:** www.sjschmidt.net 00; www.pOes1s.net 01; www.stuttgarter-schule.de.

Block, Maria-Magdalena s. Durben, Maria-Magdalena

†**Blöcker,** Günter, Lit.kritiker (* Hamburg 13. 5. 13, † 06). Dt. Akad. f. Spr. u. Dicht. 65; Theodor-Fontane-Pr. 58, Johann-Heinrich-Merck-Pr. 64; Ess., Kritik, Lit.gesch. Ue: engl, frz. – **V:** Die neuen Wirklichkeiten. Linien u. Profile d. modernen Lit. 57, 68; Kritisches Lesebuch. Literatur unserer Zeit in Probe u. Bericht 62; Literatur als Teilhabe. Kritische Orientierung z. liter. Gegenw. 66. – **MV:** Das Treppenhaus. 33 Gedichte aus unserer Zeit, m. Walther Karsch u. Walter Schürenberg 53; Kritik in unserer Zeit 62; Definitionen. Ess. z. Lit. 63; Sprachnot u. Wirklichkeitszerfall, Ess. 72; Gottfried Benn, Ess. 79; Hdb. d. dt. Dramas 80. – **MA:** Üb. Uwe Johnson 70; Üb. Thomas Bernhard 70; Üb. Jürgen Becker 72; Gabriele Wohmann, Mat. 77; Üb. Adolf Muschg 76; Frankfurter Anth. 1–8, G. u. Interpret. 76–84; N. Hawthorne: Der Marmorfaun, Nachw. 61; Virginia Woolf: Nachw. 77; Die besten Bücher 81; Deutsche Literatur 1981, Jahresüberblick 82; Uwe Johnson, Mat. 84; Üb. Arno Schmidt 84; Günter Grass. Auskunft f. Leser 84; „Die Blechtrommel",

Blöcker

Attraktion u. Ärgernis 84; Johnsons „Jahrestage", Mat. 85; Hubert Fichte, Mat. 85; Gründlich verstehen. Lit.-kritik heute 85; Gustafsson lesen 86; Strauss lesen 87; Wie Sie sich selber sehen 99. – **H:** Edgar Allan Poe: Meistererzählungen 60, 62. – **Ue:** C. Odets: Awake and Sing u. d. T.: Die das Leben ehren 46; Elmer Rice: Die Rechenmaschine 46; S.N. Behrmann: Biographie und Liebe 46; Maxwell Anderson: Maria von Schottland 46; John Steinbeck: Von Mäusen u. Menschen 47; Alfred de Musset: Man spielt nicht mit der Liebe 47; J.M. Synge: The Playboy of the Western World u. d. T.: Der Gaukler von Mayo 48. – *Lit:* F. Sieburg: Verloren ist kein Wort 66; Kindlers Lit.gesch. d. Gegenw.: Die Lit. d. Bdesrep. Dtld 73; F. Lennartz: Dt. Schriftst. d. Gegenw. 78.

Blöcker, Herbert; Twiedelftsweg 66, D-28279 Bremen, Tel. (04 21) 82 92 01, Fax u. Tel. (01 70) 2 94 73 48 (* Bremen 21. 1. 38). Kunst in d. Provinz, Sullingen 01. – **V:** Ein Gärtner ... ist auch nur ein Mensch, G. 98, 03; Kraut oder Rüben ... ein Gärtner gräbt aus, G. 04. (Red.)

Blohm, Jan Christian *

Bloid, Helmut, Gymnasiallehrer, StudDir. i. R.; Dr.-Troll-Str. 59, D-82194 Gröbenzell, Tel. (0 81 42) 54 07 83 (* Augsburg 8. 11. 29). Katakombe, ELK, Schwabinger Kultur-Pavillon, Künstlerkr. 83, München-Pasing, Künstlerkr. Kaleidoskop; Literatenkerze d. Katakombe, ELK-Feder; Lyr. u. Prosa in Hochdt. u. oberbayer. Mundart. – **V:** Beamtenhaus No 19, Milieuschild. 88; Und draußen 's Gepritschl vom Reeng, G. 90; Vo hintrei werds heller, G. 90; Besser nichts als gar nichts, Epigr. 91; Bedenklichkeiten, Epigr., Aphor. 93; Der Drache im Wind, Lyr. 96; Da ging er ganz nackt, 276 Limericks 98; Da Pfarra hockt am Radl, Witze 00; Richtig Falsch. Literarisches Kaleidoskop, Lyr. u. Prosa 04. – **MA:** Veröff. in Anth. u. anderen Buchausg.; freie Mitarbeit b. Münchner Merkur u. dessen Reg.ausg. in „Bayer. Heimat" – **R:** freie Mitarb. b. BR (Hfk). – *Lit:* Autoren u. Autorinnen in Bayern, 20. Jh. 04. (Red.)

Blom, Philipp, Übers., Journalist u. Schriftst.; c/o Verlag Tisch 7, Köln (* Hamburg 70). – **V:** Die Simmons-Papiere, R. 97; Sammelwunder, Sammelwahn. Szenen a. d. Geschichte e. Leidenschaft 03; Das vernüftige Ungeheuer. Diderot, d' Alembert, de Jaucourt u. die Große Enzyklopädie 05; Luxor, R. 06. (Red.)

Blood, John s. Duensing, Jürgen

Blos, Wiltrud, Dipl.-Krankenschwester; Vorbach 24, D-96106 Ebern, Tel. (0 95 31) 66 35 (* Ebern 15. 8. 51). – **V:** Ein Sommer mit Sissi und Max, Jgdb. 99; Der schwarze (B)Engel, Jgdb. 01. (Red.)

Blosche, Renate (Ps. Renate Dalaun), Dr., ObStudR.; Königsberger Str. 40, D-92637 Weiden/Obpf., Tel. (09 61) 6 34 40 56 (* Karlsbad/Fischern 17. 1. 35). VS; Lyr., Hörsp., Bühnenst., Epische Kurzform, Erz., Rom., Tragikkömodie. – **V:** Gesamtwerk. Bd I: Lyrik-Anthologie 1968–1998, enth.: Unter dem Lid des schwarzen Monds (68), Sekante am Kreis (75), Vermachtes Netz (77), Am Nullmeridian zur Hoffnung berufen (79), Metamorphosen (81), Mit der Ausweisung im Knopfloch (83), Ostinato und Variation (85), Zeit oder Unzeit (98) 98; – Bd II: Lyrische Hörbilder und Bühnenstücke 1968–1998, enth.: Turmbau zu Babel (68), Nirgendwo (77), Der Justizirrtum (77), Freispruch für Vogelsteller (79), Der Zuverlässigkeitskoeffizient (79), Lyrischer Dialog (81), Amplituden (83), Innentheater (85), Kamala (98) 98; – Bd III: Kurzepik-Anthologie 1975–1999, enth.: Auszüge aus: Sekante am Kreis (75), Die mit dem Fernrohr (87), Im Anziehungsfeld einer Luftmasche (88), „Selig, die Verfolgung leiden" (99), Ruhetag (99), Tigerbalsam (99), Kein Gen für die Liebe (99), „Kain, wo ist dein Bruder Abel?" (99) 99; –

Bd IV: Erzählungen I, enth.: Hallo, Herr Gott, bis morgen (90), Warum nicht Romeo und Julia (99) 99; Bd V: Erzählungen II, enth.: Der ich bin oder ein anderer (93), Frontalansichtig und im Profil (95) 99; – Bd VI: Erzählungen III, enth.: Ungeflügelt-geflügelt oder Du bist Adam (97), Tho' an an Lulualuli (96) 99; – Bd VII: Im Mondschatten, R. 00; – Bd VIII: Sisyphos, R. 01. – Bd IX: Im Zeichen der Schwarzen Sonne, Tragikomödien, 02; – Bd X: Die Einsamkeit der Grenzlandwanderer/Im fliegenden Galoppwechsel, Erzn. 03; – Der Zeittourist, R. 04; Ausnahmezustand, R. 05; Feinstofflich, Erz. 06; Kraftimpulse, Lyr. 06; Paradies und zurück, R. 07; Warten auf Ignotus oder Lichtspur, Lex. 08. – *Lit:* J. Weinmann (Hrsg.): Egerländer biograf. Lex. 87; Das Goldene Buch d. Kunst u. Kultur d. BRD 93; Who's Who Hanseatenste 94; Who's Who in Germany 02; Dt. Schriftst.lex. 02.

Bloss, Andrea, Lehrerin; Steigerwaldstr. 27, D-70469 Stuttgart, Tel. (07 11) 85 53 84, *feublo@victorvox.de* (* Stuttgart 24. 10. 56). Lyr. – **V:** Rosenspur, meditative G. u. Aphor. 01. (Red.)

Bludau-Ebelt, Sybille s. Lindt, Sybille B.

Blue, Tom s. Tannhäuser-Gerstner, Sylke

Blüm, Norbert, Dr., Werkzeugmacher, Bundesmin. f. Arbeit u. Sozialordnung a. D., Vors. d. Stift. Kindernothilfe; c/o Büro Norbert Blüm, Fuchspfad 3, D-53639 Königswinter, Tel. (0 22 44) 87 34 87, Fax 87 61 21, *sekretariat.norbert.bluem@t-online.de* (* Rüsselsheim 21. 7. 35). BVK Kath. Männer 83, Gold. E.nadel d. Bdesverb. Metall 84, Orden wider den tierischen Ernst 85, Karl-Valentin-Orden 87, Thomas-Morus-Med. 87, Pro-Log-Pr. 88, Heinrich-Brauns-Pr. 90, Münchhausen-Pr. d. Stadt Bodenwerder 00. – **V:** Werkstücke, Aufss., Reden, Ess. 1967–1980 80; Dann will ich's mal probieren, Geschn. 94; Sommerfrische – Regentage inclusive 95, Tb. 98; Die Glücksmargerite, Geschn. 97; Das Sommerloch. Links u. rechts d. Politik 01; Franka & Nonno, Kdb. 01; Vom Weihnachtsmann, Geschn. 01; Unverzagt & Unverblümt 02; Das Defilee der hohen Rösser 04. – **MA:** Christliche Demokraten der ersten Stunde 65. (Red.)

Blüml, Harry; In den Kämpen 89, D-45770 Marl, Tel. (0 23 65) 3 46 81. – **V:** Haus ohne Wiederkehr, R. 95; Unruhige Zeiten 95; Die Odyssee der Verlierer 98. – **MA:** Der Adler und der Geier 96. (Red.)

Blümmert, Gisela, Dipl.-Päd., NLP-Master, freiberufl. Kommunikationstrainerin; Ginnick, Lehmkuhl 1, D-52391 Vettweiß, Tel. u. Fax (0 24 25) 76 68, *gisela. bluemmert@t-online.de* (* Köln 57). – **V:** Eine Woche Mallorca, Krimi 98; Bin kurz morden und gleich wieder zurück, Krimi 00; – weiterhin Sachbücher. – *Lit:* s. auch SK. (Red.)

Blüthgen, Ralf, selbständiger Schlossermeister; Geranienweg 9, D-24610 Trappenkamp, Tel. (0 43 23) 20 93, Fax 24 91 (* Berlin 8. 6. 34). Heimatver. d. Kr. Segeberg; Lyr. – **V:** So gesehen 94, 2. Aufl. 00; Es weihnachtet 94; Liebe und Gedanken 95; Blütenlese 97, alles Lyr. – **MA:** Jb. d. Heimatvereins Kr. Segeberg 99. (Red.)

Bluhm, Detlef, Geschf. im Börsenverein d. Deutschen Buchhandels; Fasanenstr. 37, D-10719 Berlin, Tel. (0 30) 83 23 29, Fax 88 70 91 45, *mail@ detlefbluhm.de, www.detlefbluhm.de.* Sandberg 1, D-36129 Gersfeld/Rhön (* Berlin 15. 1. 54). Rom. – **V:** Auf leichten Flügeln ins Land der Phantasie, erz. Sachb. 97 (auch türk.), Tb. u. d. T.: Wenn man im Himmel nicht rauchen darf, gehe ich nicht hin 00; Das Geheimnis des Hofnarren, R. 99; Der Zug nach Wien, R. 01, Tb. 04; Katzenspuren 04, Tb. 06; Die Katze, die Anchovis liebte 06, beides erz. Sachb. – **H:** Reihe „Berliner Texte". Walther Kiaulehn: Berlin – Lob der stillen Stadt 89, Karl Scheffler: Berlin – Ein Stadtschicksal 89, Leo Colze: Berliner Warenhäuser 89, Mynona: Graue Magie 89, François-Olivier Rousseau: Bahnhof Wannsee 89, Ingeborg Wendt: Notopfer Berlin 90. – **MH:** Berlin. Eine Ortsbesichtigung, m. M. Hamm, R. Klinkenberg u. R. Nitsche 92, 2., veränd. Aufl. 96; Berlin ist das Allerletzte 93, 5. Aufl. 01; Bonn: Viel größer als ich dachte 98; Leipziger Allerlei – Literarische Leckerbissen 01, alle m. Rainer Nitsche. – **R:** Das Geheimnis des Hofnarren, Hsp. 01. (Red.)

Blum, Angelika (geb. Angelika Lange); Tammannstr. 7, D-58706 Menden, Tel. (0 23 73) 1 05 39 (* Oeventrop 30. 10. 52). Erz. – **V:** Die hochmütige Hummel u. 36 weitere Geschichten 91, 93; Lukas hockt im Kletterbaum u. 29 weitere Geschichten 92, 93; Bernis wunderbare Reise 93; Bonbons von Gott 93; Ein Krümel mit Hund 94; Eine Tüte voller Freude 95; Lieber Gott, ich sprech' mit dir 95; Gott erhört auch Mütter 96; Das kunterbunte Kinderbuch 96; Das kunterbunte Weihnachtsbuch 96; Frühling, Sommer, Herbst und Winter – immer ist was los!, Geschn., Lieder u. G. 97; Viele Teddys, groß und klein 97; Wo steckt bloß Bommelinchen?, Bilderb. 97; Bubis großer Tag, Bilderb. 98; Ein Tag wie dieser, Geschn. 98; Ein Päckchen für Kai 99; Das Weihnachts-Lese-Bastel-Buch 99; Ist der Weihnachtsstern nichts wert? 99; Mücke auf Station 7 01; Du verstehst nicht 01; Farbe bekennen 02; Lebenslänglich frei 04. – **MV:** Hallo, Kinder! Freut euch mit uns, m. Ruth Heil 94/95 II. – **MA:** zahlr. Beitr. in Anth., u. a.: Kerzen leuchten überall 91/92; Bitte, gieh nicht fort 92; Rolf Krenzers großes Geschichtenbuch für die ganze Familie 95; Tag für Tag auch für Jahr 96; Martin, Martin, guter Mann 97/98; Willkommen, lieber Nikolaus 98; Wir feiern fröhlich Ostern 01. – **H:** Wo die Liebe ist 96; Wo wir Weihnachten finden 97; Ein Christbaum und viel mehr 98, alles Geschn. – **R:** Beitr. f. d. Kinder-Sdg „babbelgamm" (Red.)

Blum, Anne s. Stachels, Angela

Blum, Britta s. Arens, Annegrit

Blum, Egon Alexander, Prof.; Leipziger Str. 13, D-45549 Sprockhövel, Tel. u. Fax (0 23 24) 7 18 05 (* Duisburg 22. 5. 32). Lyr. – **V:** Eros und Polis, Lyr. 04. (Red.)

Blum, Eveline, Autorin, Journalistin, Künstlerin; Simonstr. 3, CH-3012 Bern, Tel. (0 31) 3 02 95 08, *eveline.blum@bluewin.ch, www.liebeleben. ch* (* Zürich 13. 8. 57). P.E.N. 94, femscript 97, SSV 00, AdS 03, Be.S.V. 04; 1. Pr. b. Berner Kurzgeschn.wettbew. 98, Auszeichn. b. Wettbewerb „Perlentaucherin" 00, Text d. Monats, Lit.haus Zürich 01; Lyr., Kurzprosa, Prosa, Performance, Hörst. – **V:** Massliebchen, Tausendschönchen, Fuchsie 92; sehnsucht nach dem nichts 04. – **MA:** div. Anth. – **R:** was mich nährt ist unsagbar, Hör.-G. m. Musik 97; Im Spiegel der Kunst, Radio-Collage 00; Umbau 04; wenn ich himmel wär 06. – **P:** was mich nährt ist unsagbar, CD 97; imshalé, CD 00, beides Hör.-G. m. Musik; bitte danke, Hör.-G., CD 01; wenn ich himmel wär (spoken word u. bass), CD 06.

Blume, Bruno, Kinderbuchautor, Fachjournalist, Regisseur u. Theaterautor; Wangelin Anbau 1, D-19305 Buchberg, Tel. (0 38 73) 7 3 31 49, Fax 7 33 98 49, *blumengleich@vr-web.de, blumengleich.de* (* Zug/Schweiz 10. 4. 72). Autillus 03, AdS 09; „Die 10 Bremer Besten" 05; Kinderb., Dramatik. – **V:** Tamara und die Liebe 05; Tamara und der Teufel 06; Gufidaun – Martin und der Außerirdische 07; Aus dem Fenster gelehnt, UA 08. – **MV:** Bilderbücher m. Ill. von

Jacky Gleich: Ein richtig schöner Tag 01, 02 (auch korean., dän.); Mitten in der Nacht 02 (auch katalan.); Der gestiefelte Kater, n. L. Tieck 03; Die kleine Piratin und die neuen 13 04; Wie? Ein Jahreszeitenb. 05; Wer liest, ist 06; Ein richtig schöner Geburtstag 09. – **MA:** Ich bin aber noch nicht müde 04; Geschichtenkoffer für Schatzsucher 06; Neue Texte aus d. Schweiz 08; – Beitr. für: Die Zeit; SZ; Eselsohr; Buch&Maus (Zürich); Buch-Markt; Berner Ztg; 1000 & 1 Buch (Wien); 4 bis 8 (St. Gallen). – **R:** Ein richtig schöner Tag, m. Jacky Gleich, Trickfilm (NDR) 03.

Blume, Gesche, Dr., derzeit Studentin am DLL; lebt in Leipzig, c/o ERATA Literaturverl., Leipzig (* Wolfenbüttel 67). – **V:** Irmgard Keun. Schreiben im Spiel mit der Moderne 05; Lilith im blauen Kleid, Erzn. 05. (Red.)

Blume-Werry, Ferdinand (Ps. Booi Raschen), M. A.; Andersenstr. 31a, D-22589 Hamburg, Tel. (0 40) 82 60 19, Fax 82 03 57 (* Sinn 29. 3. 56). VS 95, Kg. 95–99; Nikolaus-Lenau-Pr. d. Kg. 95; Lyr., Ess. – **V:** Entlang der Lahnung 92; O Sossego Inesperado – Die unerwartete Ruhe, port.-dt. 95; Tungklat, sylterfries.-dt. 96; Zitronenwald 97; Ich, Sohn des Sternenpredigers 99; Entwegtes Land 01; Chamamento, galicischdt. 01, alles Lyr. – **MA:** Lyr. in: Auf der Balustrade – schwebend 82; Hundert Hamburger Gedichte 83 (beide auch mithrsg.); Lyrik '87 87; Wortnetze I–III 88–91; Drachenmag. Nr.6 90; Das große Buch d. Haiku-Dicht. 90; Das große Buch d. Senku-Dicht. 92; Zehn 93; Zacken im Gemüt 94; Die Künstlergilde 4/94, 5/95; Das Gedicht Nr.2 94; Der Mond ist aufgegangen 95; Hamburger Jb. f. Lit. IV 95, VII 00; Ventile Nr.5 95; Dtld wird noch deutscher 95; Jahrhundertwende 96; Orte – Ansichten 97; Unterwegs, Rh.-pfälz. Jb. f. Lit. 4 97; Alle Dinge sind verkleidet 97; Heine Quartett 97; Zeichen & Wunder, Vjzs. f. Kultur 28 u. 31 97; WortBrüche, Rh.-pfälz. Jb. f. Lit. 5 98; Versfluß 02; Ess. in: Tranvía 99 98; Lyrik heute 99; Jb. Lyrik 2000 99; Almanach Spanien 2000 99. – **MH:** Karin Dosch-Muster: Späte Stunde 96; Elisabeth Axmann: Spur meiner Stadt 96; Carl Bianga: Tambouriner – Verlorenes Austrommeln 97; Jürgen Kross: Totenhag 97; Kevin Perryman: Eingeschneit 97; Herbert Rauner: Fehl 98; Jürgen Kross: Sonnengeflecht 98; Elisabeth Axmann: Verlorene Noten 99; Peter H. Gogolin: Ich, nichts, vorbei 99; Carl Bianga: Fenster 00; Herbert Rauner: Schimmelbogen 00; ders.: Angespül 01; Herbert Rauner: Coram 02, alles m. Maxi van Stoeken. – **P:** Barfüßige Bilder, G. u. Musik, CD 95. – *Lit:* Ferdinand Leopold in: Zeichen & Wunder 31/97. (Red.)

Blumenfeld, Delphine s. Janach, Christiane

Blumenthal, Bernhardt, Dr. phil., Prof.; c/o Dept. of Foreign Langs./Lits., La Salle University, 1900 W. Olney Av., Philadelphia, PA 19141, Tel. (2 15) 9 51–12 01, Fax (2 15) 9 24–11 85, *blumenth@lasalle. edu* (* Philadelphia 8. 3. 37). Robert-L.-Kahn-Lyr.pr. 99. – **V:** Aspects of love in the life and works of Else Lasker-Schüler, Diss. 90. – **MA:** zahlr. Beitr. in Zss. seit 67, u. a. in: The German Quarterly; German-American Studies; Seminar: A Journal of Germanic Studies; Modern Austrian Lit.; TRANS-LIT; Impressum; Das Boot; IGdA-Aktuell; Deutschschreibende Autoren in Nordamerika, Bd 2 90; Best poems of 1998; The colors of Life 03; Best Poems and Poets of 2005; The Intern. Who's Who in Poetry 07; Centres of Expression 07.

Blunck, Hanns-Diethelm (Hanns Blunck), Lehrer, Kfm., freier Journalist, Seelsorger, Sozialpäd.; Bütlinger Str. 42A, D-21395 Tespe, Tel. (0 41 33) 82 97, Fax 22 39 19, *hannsblunck@web.de* (* Lüneburg 1. 3. 53).

Blunder

Lyr., Dramatik. – **V:** In schwerer See zu Hause, R. 94; Über die Scham, 2 St. 95; Krieg und Bereinigung, 2 St. 96; Held der anderen Welt. Lieder ohne Musik 00; Und die Frechen lachen, Neue G. 01; Gespräche am Wurmloch 02; Das Heilige Buch Bico 06/07. (Red.)

Blunder, Robert (Ps. Robert Lundberg), Prof. Dr., Doz. HS Liechtenstein; c/o Hochschule Liechtenstein, Fürst-Franz-Josef-Str., LI-9490 Vaduz, robert.blunder @hochschule.li (* Kufstein 5. 6. 57). Lit.stipendien d. Rep. Österreich, d. Ldes Tirol u. d. Stadt Kufstein, Schwäb. Lit.pr. 08; Rom., Erz., Lyr. – **V:** Falken des Friedens, R. 00. – **MA:** Leben in der Stadt. Literaturpreis d. Bez. Schwaben 2008, Anth. (Red.)

Bluth, Erika s. Arbor, Antje

Bobretzky, Edith, Schulrat, Lehrer; Grünwaldgasse 29/3, A-3430 Tulln, Tel. (0 22 72) 6 35 02, edith.bobretzky@aon.at (* Wiener Neustadt 21. 1. 26). Schreibstube Tulln (Leiterin), Lit. Kr. Traismauer, Lit. Kr. Krems, Lit. Kr. St. Pölten, Kr. Wien; Lyr., Prosa, Rom., Ess., Märchen. – **V:** Wie teuer ist das Leben, Lyr. u. Prosa 95; Land am Stein, R. 99; Augenblicke 03; Ich suche Dich auf vielen Wegen 03; Athenes Adoptivkinder 04; Glaubst du das wirklich? 05, alles Erzn. u. Lyr. – **MA:** Beitr. in 17 Anth. u. div. Zss., u. a. in: Schreibstube; Nachlese; Sonderhefte. (Red.)

Bobrowski, Philipp (Ps. Ben Philipp), Freiberufler; Buchenweg 21, D-18069 Lambrechtshagen, Tel. (01 76) 50 38 85 85, webmaster@philippbobrowski.de, www.philippbobrowski.de (* Marburg/Lahn 20. 10. 70). Gewinner versch. Poetry-Slams, Pr. b. Landesschreibwettbew. Schwerin u. b. Schreibwettbew. d. Norddt. Büchertage 04, Stip. Ostseevilla ARTique, Nienhagen 05; Rom., Lyr., Erz., Kurzprosa. – **V:** Das Lächeln der Kriegerin, R. 08; Des Boten Prüfung, Kurzprosa 08. – **MA:** zahlr. Beitr. in Anth. u. Lit.-Zss., u. a. in: Tödliches von Haff und Hering 08. – **MH:** Burgturm im Nebel, m. Johanna Michallik, Kurzprosa 07.

Boccarius, Peter (Ps. Matthias Nicolai), Journalist, Schriftst.; Römerstr. 28, D-80803 München, Tel. (0 89) 39 54 38 (* Leipzig 8. 6. 29). VG Wort. – **V:** Junge Ehe, Sachb. 73; Heiligenhall, R. 82; Lesung zum Mittagessen, R. 84, u. d. T. Steinbrotzauber 86; Glanz und Elend des Giovanni Gozzi und seines Hundes Nickel, R. 87; Michael Ende, Biogr. 90, Tb. 95 (auch jap.); Gespensteroper, Libr., UA 94. – **MA:** zahlr. hist. Beitr. in P.M. Das historische Ereignis u. P.M. History. – **R:** zahlr. hist.-biogr. Wort/Musiksdgn üb. Komponisten u. Interpreten. (Red.)

Bock, Ernst Ludwig, Journalist; Burgstr. 45, D-06114 Halle/S. (* Zeitz 29. 4. 33). – **V:** Zeitz. Geschichte u. Gesicht e. Stadt 67; Walküre lächelt nicht 77, 3. Aufl. 89 (umg. 82, tsch. 85); Der letzte Tag, Erz. 85, 87, 3. Aufl. u. d. T.: Der letzte Tag des Claus Schenk Graf von Stauffenberg 07; Übergabe oder Vernichtung, Dok. 93; Eine Kindheit im Kriege, Erz. 01; Halle im Luftkrieg 1939–1945, Dok. 02; Krieg und andere Grenzgänge, Erinn. 06. – **MA:** German Guzman: Camilo Torres 69; Günther Gereke: Ich war königl.-preuß. Landrat 70.

Bock, Guido (Ps. Fabian Falter) *

Bock, Margot, Dipl.-Agrar., Dipl.-Päd.; Prohliser Allee 37, D-01239 Dresden, Tel. (03 51) 2 81 20 84, mabo12@gmx.de (* Liegnitz/Schles. 6. 3. 35). Lyr. – **V:** Kirschblüten am Zweig. Haiku und andere (Un)Gereimtheiten 06.

Bock, Susanne (geb. Susanne Hakl), Dr. phil.; lebt in Wien, c/o Passagen Verl., Wien (* Wien 13. 5. 20). Übers., Feuill., Ged., Zeitgeschichtl. Literatur. Ue: engl. – **V:** Mit dem Koffer in der Hand. Leben in den

Wirren der Zeit 1920–1946 99; Heimgekehrt und fremd geblieben. Eine alltägliche Geschichte aus Wien 1946–1954 03. – **MA:** Europa erlesen – London 01; „Wir haben nichts damit zu tun“. Gedichte im Angesicht der Shoah 03; Zwischenwelt, Zs. (Red.)

Bock-Grabow, Barbara s. Hundgeburt, Barbara

Bodack, Reinhard, Dipl.-Psych., Schriftst.; Am Timpen 43, D-45481 Mülheim a.d. Ruhr, Tel. (02 08) 38 03 14, Fax 3 01 84 64, R.I.Bodack@t-online. de (* Mühlhausen/Thür. 6. 4. 41). Lyr., Rom., Erz. – **V:** tosterasta. Torne in seiner Lyrik 01; Einhäuser, R. 02. – Lit: s. auch 2. Jg. SK. (Red.)

Bodden, Tom (eigtl. Thomas Möller), Mechaniker, Musiker, z. Z. Gewerkschaftssekr.; thomasmoeller@ aol.com, www.tom-bodden.de (* Greifswald 13. 6. 60). Rom., Erz., Ged., Kabarett-Text. – **V:** Eiskalt, Thr. 02; Schilf, Krim.-R. 05. (Red.)

Bode, Christel (geb. Christel Birk), Malerin u. Autorin; Ernst-von-Harnack-Str. 18, D-65197 Wiesbaden, Tel. (06 11) 7 24 25 88, bodekunst@web.de, www. bodekunst.keepfree.de (* Wiesbaden 23. 12. 56). IGdA 02; Lyr., Erz. – **V:** Augenblicke 99; Mein Kaleidoskop des Lebens 02; Lust zu Lachen? Lust zu Lachen! 06, alles Malerei u. Lyr. – **H:** LyrikArt, Zs. 02–03. (Red.)

Bode, Ulrich; Alfred-Tack-Str. 52, D-38364 Schöningen, Tel. (0 53 52) 28 39, autor@tirilo.de, www. tirilo.de (* Unter-Lindow 4. 10. 44). Kinderb. – **V:** Tirilo – Flecki-Langohrs Abenteuer, Kdb. 02. (Red.)

Bodelle, Jürgen s. Koenig, Stefan

Bodendorff, Werner, Dr., Musikwiss., Doz., Dirigent; Waldwinkel 14, D-24306 Plön, Tel. (0 45 22) 76 48 25, bodendorff@aol.com (* Radolfzell 22. 7. 58). – **V:** Schwimmbad-Reigen 96; Die Wette. Eine schwäb. Provinzposse, Erz. 07; Der Zorn des Marsyas, R. 08. – **MA:** Das Orchester 4/97. – **R:** Die kleineren Kirchenwerke Franz Schuberts, Feat. 98; Das Frauenbild in den Liedern des beginnenden 19. Jh. im Zuge d. 200. Geburtstages v. Fanny Hensel, Feat. 05.

Bodenmann, Mona; Zürichstr. 139, CH-8700 Küsnacht, Tel. (044) 9 10 90 57, monab@vtxmail.ch (* Aarau 15. 10. 58). AdS 01; Rom. – **V:** Tod einer Internatsschülerin, Krim.-R. 00.

Bodrožić, Marica, freie Schriftst.; Hohenfriedbergstr. 16/I, D-10829 Berlin, Fax (0 30) 81 47 31 98, maricabodrozic@web.de (* Zadvarje/Dalmatien 3. 8. 73). Stip. d. Hermann-Lenz-Stift. 01, Heimito-v.-Doderer-Lit.pr. (Förd.pr.) 02, Adelbert-v.-Chamisso-Pr. (Förd.pr.) 03 Arb.stip. d. Robert-Bosch-Stift. 03, 04, Adalbert-Stifter-Förd.pr. 05, Jahresstip. d. Else-Heiliger-Fonds 05, writer in residence, Bordeaux 05, Jahresstip. d. Dt. Lit.fonds 06/07, Lit.pr. z. Kunstpr. d. Akad. d. Künste Berlin 07, Grenzgänger-Stip. d. Robert-Bosch-Stift. 07, Stip. Herrenhaus Edenkoben 07, Stip. d. Stift. Syltquelle 07 Initiativpr. z. Kulturpr. Dt. Sprache 08; Rom., Lyr., Erz., Ess. Ue: kroat. – **V:** Tito ist tot, Erzn. 02; Der Spieler der inneren Stunde. 05; Sterne erben, Sterne färben 07; Ein Kolibri kam unverwandelt, G. 07; Der Windsammler, Erzn. 07; Lichtorgeln, G. 08. – **MA:** Bilder eines neuen Jahrhunderts 02; Werkstatt II 03; Mit Lessing ins Gespräch 04; Ungefragt. Über Lit. u. Politik 05; Kluge Mädchen. Wie wir wurden, was wir nicht werden sollten 06. – **R:** Das Herzgemälde der Erinnerung. m. Katja Gasser, Fsf. – **Ue:** Igor Štiks: Die Archive der Nacht, R. 08.

Böcher, Karin s. Howard, Karin

†**Böck,** Emmi, Sagenforscherin, freischaff. Autorin (* Zweibrücken 17. 6. 32, † Ingolstadt 18. 12. 02). VG Wort 00, IG Medien 00; BVK 81, Bayer. Verd.orden 87, Veranst.trilogie d. Stadt Ingolstadt 97/98, Kultur-

pr. d. Stadt Ingolstadt 00; Sagensammlung, Kulturhistorie, Volkskunde. – **V:** Ingolstadt, Bildbd 66; Sagen u. Legenden aus Ingolstadt u. Umgebung 73, 4. Aufl. 96; Die Hallertau, Bildbd 73; Sagen aus der Hallertau 75, 2. Aufl. 83; Sagen aus Niederbayern 77, 3. Aufl. 96; Sagen u. Legenden aus Eichstätt u. d. Altmühltal 77, 2. Aufl. 85; Regensburger Stadtsagen, Legenden u. Mirakel 82; Bayerische Legenden 84; Sagen aus der Oberpfalz. Aus d. Lit. 86; Sitzweil. Oberpfälz. Sagen a. d. Volksmund 87; Regensburger Wahrzeichen 87; Sagen aus dem Neuburg-Schrobenhauser Land 89; Köschinger Sagenbiachl 93; Sagen aus Mittelfranken. Aus d. Lit. 95; Kleine Regensburger Volkskunde 96; Legenden u. Mirakel aus Ingolstadt u. Umgebung 98; Nürnberger Stadtsagen 02; Münchner Stadtsagen; „Sind Sie noch da, Frau Fleißer?" – **MV:** Bayerische Schwänke, m. Max Direktor 92. – **MA:** Bayerland 74; Pfaffenhofer Heimatb. 74; Jb. d. Dt. Alpenvereins 75, 77; Pustet-Alm. 76; Weiteres Weiß-blau Heiteres 78; Begegnung im Altmühltal 81; Lesespaß 3 u. 4 82; Ingolstädter Leseb. 83; Cor unum 84; Gaimersheimer Heimatb. 84; Die Donau zwischen Lech u. Altmühl 87; Lindenzeit 91; Festschrift 29. Bayer. Nordgautag 92; Pförringer Heimatb. 92; Hepberger Heimatb. 93; Erlingshofener Heimatb. 96; Heimatbuch Titting im Anlautertal 98; Vohburger Heimatb. 02. – **H:** Alexander Schöppner: Bayerische Legenden 84; Heinz Gassner: Kleine Regensburger Volkskunde 96. – *Lit:* Die Sagen d. Emmi Böck, Fsf. 79; Lesespaß 4 82; Institutionen – Namen – Adressen (Ethnologia Bavarica 11), 2. Aufl. 84; Volkskundler in und aus Bayern heute 85; Die Sagenforscherin E.B., e. Filmess., Fsf. 86; ebf, Fsf. 94; Lex. d. Pfälzer Persönlichkeiten 95; Profile aus Ingolstadt, Bd I 95; H. Alzheimer-Haller: Frauen in der Volkskunde 96; Dt. Schriftst.lex. 00; Who's Who (Dtld, Engl., Öst., Schweiz, USA); Intern. Who's Who of Professional & Business Women; Munzinger-Archiv; Deike Gedenktage, u. a.

Böckelmann, Angelika, Dr. phil., Autorin; Breisenbachstr. 31, D-44357 Dortmund, Tel. (02 31) 35 36 88 (* Dortmund 14. 1. 55). Lit.pr. Ruhrgebiet (Förd.pr.) 94, 02; Kinder- u. Jugendb., Hörsp., Theaterst. – **V:** Kinder- u. Jugendb.: Die Klasse mit dem fliegenden Teppich 88; Die Zaubertaube 90; Ich tanze den Regen 94; Ein Schwein liebt Schuhcreme und Musik 96; Geschwisterzoff und Brausebonbons 97; Sonnenblumen-Zaubermaler 97; – Theaterstücke: Die Engel von der Eulenschule 91; Daß der auch nie die Treppe schrubbt 92; Familie Holz' chaotische Weihnachtsfeier 92; Achtung, Schnarchprobe! 93; Weihnachtsmänner fluchen nicht 93; Felix auf dem Wunschzettel 94; Im Himmel ist die Hölle los 94; Ananas für Oma Nase 97; Das Weihnachtsbaby 97; Schneemann Cool 98; Küsse von Lametta 99; Weihnachtsduft für Mama 02; Ein Geschenk fürs Jesuskind 03; Dreißig Kilo Weihnachtsglück 04; Kleiner Häuptling Weihnachtsmann 05; Weihnachten im siebten Himmel 06; Wer glaubt schon an den Weihnachtsmann? 07; Weihnachtsmann-Räuber 07; Engelfedern 08; – Hörspiele für Kinder. Kinderliteratur als Vorlage f. Hörspiele – Otfried Preußler als Autor – Bewertungskriterien, Diss. 2002. – **R:** Sirrsulupf, der Dachhüpfer 95; Der Weihnachtsschimmel 97, beides Hsp. f. Kinder.

Böcking, Werner, Archäolog. Zeichner, Rentner; Erprather Weg 32, D-46509 Xanten, Tel. (0 28 01) 16 30 (* Homberg a. Niederrhein/heute: Duisburg 25. 1. 27). VG Wort 79; Rheinlandtaler d. Landsch.verb. Rhld 81; Lyr., Rom., Ess., Hörsp., Erz., Sachb. – **V:** Das geheimnisvolle Waldhaus, Jgdb. 83; Fähre im Nebel, Erzn. 84; Menschen am Strom, Hsp. u. Erzn. 86; Kielwas-

serrauschen, Geschn. 93; – insges. über 400 Einzelbeitr.; 12 Sachbücher, 19 Bücher insges. – **MA:** Niederrhein-Autoren 81; Niederrhein. Weihnachtsbuch 81; Gedicht u. Gesellschaft 01, alles Anth.; – zahlr. Kurzgeschn. u. Erzn. sowie G. in: Rheinische Post; Heimatkal. Kr. Moers; Heimatkal. Landkr. Rees; Der Niederrhein; Die Heimat. Krefelder Jb.; Jb. Kr. Bernkastel-Wittlich, u. a. – **R:** Sein erster Brief, Funkerz. 58; mehrere Schulfunksdgn 1966, 67, 69, 70. – *Lit:* Irmgard Bernrieder in: neues rheinland, Jan. 83; Renate Wilkes-Valkyser in: WIR am Niederrhein, Feb. 86; Rolf Toonen: Römer, Fischerei u. Schiffahrt, Bibliogr. 1955–1988 88; Lit.atlas NRW 92; Wer ist Wer? 99/00; Dt. Schriftst.lex. 01; s. auch SK.

Böckl, Manfred, freier Schriftst.; Frankldorfer Str. 44, D-94121 Salzweg, Tel. (0 85 05) 64 18, Fax 9 34 95 (* Landau/Ndb. 2. 9. 48). NGL Erlangen (Gast), VS Ostbayern, Mitbegr., Vors. 83–86, Austritt 95; Stadtschreiber v. Otterndorf 86, Neumüller-Stip. d. Stadt Regensburg 87/88; Rom., Erz., Sachb. – **V:** Der Meister von Amberg, R. 84; Die Leibeigenen, R. 86, 97; Das Lied von Hadulona, R. 84; Land und Meer, N. 86; Der Stromkiesel, Geschn. 88, 99; Erdbeermund, R.-Biogr. Fr. Villon 89, 96; Räuber Heigl, R. 90, 98; Das Regenbogenschlüsselheu, Geschn. 90; Der rote Hengst von Kinsale 90; Said und der Hengst aus der Wüste 90; Die Hexe soll brennen, R. 89, 96; Mühlhiasl, R. 91, 98; Die neun Leben der Grainne O'Malley, R. 91; Der blinde Hirte von Prag, R. 92; Im Höllbach ist die Hölle los oder das Geheimnis der Burgruine 92, 94; Der Rappe mit der Elchschaufel 92; Sumava 92; Agnes Bernauer, R. 93, 99; Die Jahrhundertgründung, R. 93; Jennerwein, R. 93, 97; Nostradamus – Der Prophet, R.-Biogr. 93, 99; Hasenbrote, Autobiogr. 94; Die Piratin, R. 94; Svenja und der Hexenjäger 95; Der Hexenstein, R. 97, 00; Die schwarzen Reiter, R. 97; Der Alchimist des Teufels, R. 98; Mathias Kneißl, R. 98; Der Etruskerdolch, R. 99; Prophezeiungen für das neue Jahrtausend 99/00 VIII; Prophet der Finsternis, R. 00; Die Säumerfehde am Goldenen Steig, R. 00; Die Braut von Landshut, R. 01; Der Glasteufel, R. 02; Die Bischöfin von Rom, R. 02; Cúchulainn, R. 03; Der Hund des Culann 03; Die Geliebte des Kaisers, R. 03; Ceridwen. Die Rückkehr d. dreifaltigen Göttin d. Kelten, erz. Sachb. 03; Der Herzog mit dem Janusgesicht, R. 04; Die letzte Königin der Kelten, R. 05; Der Prophet aus dem Böhmerwald, R. 06; Schlangenring und Werwolfstein, erz. Sachb. 06; Merlin – Der Druide von Camelot, R. 07; Von Alraunhöhlen und Seelenvögeln, erz. Sachb. 07; Die Einöder, Erz. 07; Das große Weltabräumen, Sachb. 08, sowie weitere Sachb.; (Übers. ins Port., Russ., Ndl., Estn., Ital., Bulg.). – **MV:** Geheimbund Blaue Rose, m. H. Watzke, R. 82–84 IV (unter Ps. Jean de Laforet). – **B:** Alexandre Dumas: Der Graf v. Monte Christo, R. 84; ders.: Die drei Musketiere 84; Daniel Defoe: Robinson Crusoe, R. 84; Robin Hood, R. 84. – **MA:** Beitr. in Anth., lit. Zss., Feuill. – **R:** div. Rdfk-Sdgn u. Drehbücher, u. a. z. Fsf. Jennerwein. – **Ue:** Prophezeiungen Merlins, n. Geoffrey Monmouth (verschl. Fass.) 99, 00. – *Lit:* zahlr. Lit.zss. u. Feuill.; s. auch SK.

Böckler, Michael, Journalist; Rabenkopfstr. 44, D-81545 München, Tel. (0 89) 6 42 33 78, *mail@michael-boeckler.de, www.michael-boeckler.de* (* Berlin 2. 10. 49). Rom. – **V:** Sturm über Mallorca 97, überarb. Neuausg. 99; Wer stirbt schon gerne in Italien? 99, Tb. 01; Verdi hören und sterben 01; Nach dem Tod lebt es sich besser 02, Tb. 03; Sterben wie Gott in Frankreich 03, Tb. 04, alles R. (Red.)

Bödeker, Johann Dietrich, Dr. phil., StudDir.; Margaretenhöhe 21, D-38108 Braunschweig, Tel. (05 31)

Bödeker

35 01 14. Im Rundling 15–16, Wendischbrome, D-38489 Nettgau (* Rönneburg, Kr. Harburg 25. 2. 18). VS 78; E.bürger d. Samtgemeinde Brome 85; Lyr., Rom., Erz., Sat., Hist. Lit. – **V:** Reichsapfel u. Pflaumenbaum. Dt.-Wend. Geschn., R. 76, 2. Aufl. u. d. T.: Mutterland – Vaterland? Dt.-Wend. Geschn. 79; Eros reitet das Reh, Erzn. 79; Blicke ins Tausendauge, G. 82, 92; Das Land Brome u. der obere Vorsfelder Werder 85, 2. Aufl. 86; Gedichte zur Deutschen Revolution 90. – **MA:** 1415–1965 Gymnas. Martino-Katharineum Braunschweig, Festschr. z. 550-Jahr-Feier 65; Schmähwinkel, Satyrikon, Vjschr. 79–83. (Red.)

Bödeker, Wolfgang; Friedrichstr. 49, D-44137 Dortmund, *wboedeker@boede.de, www.boede.de* (* Dortmund 59). Das Syndikat 03. – **V:** Kleine Geschäfte, Krim.-R. 03; Auf dem Rücken des Tigers, Krim.-R. 04. – **MA:** Der Aufhocker, Anth. 03. (Red.)

Boeger, Wilhelm, Ministerialrat a. D.; Waldblick 37, D-53359 Rheinbach-Merzbach, Tel. (0 22 26) 58 11, Fax u. Tel. (0 22 26) 1 46 97 (* Münster 30). Gr. E.zeichen d. Rep. Österr. – **V:** Der Leihbeamte, Realsatire 98; Der Leihbeamte kehrt zurück, Realsatire 99, Tb. 00; Der Schimmel läßt das Wiehern nicht 03. – **B:** (u. Initiator:) Von Abraham bis Zwerenz, Anth. 94. – **H:** Texte der deutschen Gegenwartsliteratur. 1: Reden und Essays aus den Jahren 1989 bis 1997, 2. Orte und Landschaften – Lyrik u. Prosa, 3: Lebensläufe in Deutschland 97. – *Lit:* Christel Berger (u. a.) in: Berliner Lesezeichen 2/97. (Red.)

Bögle, Brigitte s. Riebe, Brigitte

Böhler, KaJo (eigtl. Karljosef Böhler), Grundschullehrer i. P., Dreher, Polizeibeamter; Stachstückstr. 10, D-57482 Wenden, Tel. (0 27 62) 98 98 01, *kajo-boehler @gmx.de* (* Wenden/Sauerland 3. 7. 38). voja-Lit.pr. Siegen 04. – **V:** Der Friedensläufer, Erz. 02. (Red.)

Böhler-Mueller, Charlotte El. (Ps. ChBM), Journalistin, Dichterin, Malerin, Sängerin; Buckmatten 18, D-79639 Grenzach-Wyhlen, Tel. (0 76 24) 62 35, *chbm24@t-online.de* (* Buxheim/Iller 5. 4. 24). Hebelbund Lörrach 81; Lyr., Erz., Journalist. Arbeit. – **V:** ca. 30 Bücher, u. a.: Buxheimer G'schichten u. Gedichte 80; Sendepause der Erwartungen, Aphor. 81; Nimm Dr Zit, Mda. u. Hochdt. G. 82; Für jeden Augenblick, Glückwunsch-, Dank- u. Trostgedichte 82; Perlen für Dich, Aphor. 82; Genau das, was i wott, 6 kleine Theaterst. in alemann. Mda. 83; D'Schatull, G. in Schwäb. u. Hochdt. 83; in SEINER hand. Steigende Gedanken 84; Ich gratuliere. Glückwunsch, Dank, Trost, G. 92; Haus Nr. 37, Erinn. 93; Heiteres 92; „Hütet Euch vor Begeisterung", Erinn. 98; Ohne „Laisser-passez" 00; Von der Muse geküsst 05; Aphorismen. Geistesblitze 06; Wie Schmetterlinge 07; Wie die Alten sungen 07; Mundart ist Heimat 08; Lauter Wunder 08; Träume sind Eskapaden der Seele 08. – **MA:** Poesie auf allen Wegen, G. 86; zahlr. weitere Bücher u. Zss. – **H:** insges. 18 Titel.

Böhm, Adelheid (Adelheid Aurelia Böhm), M. A., Kultur- u. Neuropsychologin, Doz.; Postfach 1924, D-37009 Göttingen, Tel. (05 51) 5 31 31 27, *boehm13@ gmx.net, www.kulturwandel.net.* Ges. d. Lyr.freunde; 99; Lyr. – **V:** Zeitkanäle, G. 00.

Boehm, Karin, Bankangest.; Kronenstr. 25, D-45889 Gelsenkirchen (* Gelsenkirchen 2. 4. 59). – **V:** Frau Malenki liebt Heinz Maegerlein 94, 2. Aufl. 96. (Red.)

Böhm, Kurt, Tischler, Rentner; Carl-Samuel-Senff-Str. 1, D-01833 Stolpen, Tel. (03 59 73) 2 50 79 (* Teplitz/Böhmen 20. 9. 37). Erz., Lebenserinn. – **V:** Abschied ... ist ein scharfes Schwert, autobiogr. Erz. 02. (Red.)

Böhm, Manfred, Berufsschullehrer, freischaff. Schriftst.; MiniVerlag MaBö, Friedrich-Engels-Str. 31, D-08523 Plauen, Tel. (01 63) 1 54 94 55, (01 63) 1 54 94 57 (* Pudigau, Kr. Strehlen/Schlesien 13. 7. 38). Lyr., Rom., Erz. – **V:** Fabelhaftes. Wenn Tiere sprechen, Lyr. 98; Allerlei Sachen zum Schmunzeln und Lachen, Lyr. 02; Aus meiner Kindheit in Schlesien, Erz. 04; Alida – Eine Frau zwischen Liebe und Leidenschaft, R. 06.

Böhm, Wolfgang, Wiss.historiker, Hochschullehrer a. D., Dr. sc. agr. habil., apl. Prof.; Postfach 1924, D-37009 Göttingen, Tel. (05 51) 5 21 16 21 (* Brünlos/ Erzgeb. 19. 7. 36). IGdA 02; Lyr. – **V:** Der Globalprofessor 05; Akademische Träume 06; Mit dem Zeitgeist auf Du und Du 06; Weltgeschichtliche Einsichten 06; Kognitive Lyrik 06; Der Zitierkönig 07, alles G. – **MA:** Beitr. in Lit.zss. seit 00, u. a. in: IGdA-aktuell. – **H:** Dichtkunst und Landbau. Meisterwerke aus vergangener Zeit 03, 2. Aufl. 04; Eduard Mörike: Im Rosengarten der Poesie 04; Joseph von Eichendorff: Zauberwelt der Romantik 04; Johann Wolfgang von Goethe: Edelsteine für die Seele 04; Standortbestimmung. 12 Gedichte üb. Dichtkunst u. Dichtertum 06, alles G.

Böhm-Duwe, Ingrid, Chefsekretärin; Bergheimer Str. 133, D-41464 Neuss, Tel. (0 21 31) 4 58 66, *bohmduwe@aol.com, hometown.aol. de/annakarenina7022/homepage/privat.html* (* Düsseldorf 10. 1. 54). Verein freier Schriftsteller, AOV e.V.; Rom., Erz. – **V:** Menschen im Vorübergehen 00; Begegnungen oder wie das Leben so spielt 99; Von Männern, Hampelmännern und Teddybären 02; Nur der Atem deiner Welt 04.

Böhm-Raffay, Helmut (Ps. Heinz Brandtner), Dipl.-Ing., Dr. techn., Ing.; Silbergasse 5, A-1190 Wien, Tel. (01) 3 69 28 51, *helmut.boehmraffay@aon.at* (* Wien 5. 3. 22). Kurzprosa, Lyr., Prosa, Drama, Ess., Lied, Lyr. – **V:** Im schwarzen Kreis, Geschn. 83; Traumbilder – zwischen dem Augenblick und der Ewigkeit 95; Yves Tanguy – Gedichte 97. – **MA:** rd 20 Beitr. in Lit.zss. u. Beilagen. (Red.)

Böhme, Günther, Dr. Dr. h. c., UProf.; Idsteiner Str. 26, D-65193 Wiesbaden, Tel. (06 11) 52 58 30 (* Dresden 4. 5. 23). Lyr., Ess. – **V:** Liebeserklärung an den Wein 66, 2. Aufl. 79; Der wohlempfohlene Mord und die unterkühlte Liebe, Moritaten 70; Urbanität, Ess. 82; Verständigung über das Alter, Ess. 92; Ins Glas und die Tellerrand 02. – **H:** Die zehnte Muse, 721.– 730. Tsd. 74. (Red.)

Böhme, Irene (Ps. f. Irene Bartsch), Dipl.-Theaterwiss.; Dönhoffer Str. 16, D-10715 Berlin, Tel. u. Fax (0 30) 8 53 19 49. Kreienberg 5, D-24321 Giekau, Fax (0 43 85) 8 97 (* Bernburg 3. 6. 33). Arb.stip. f. Berliner Schriftsteller 87; Rom., Hörsp. – **V:** Die da drüben. 7 Kapitel DDR 82; Die Buchhändlerin, R. 99, Tb. 00. – **MA:** zahlr. Beitr. seit 81 in: KURSBUCH. – **R:** Das Wesen, Hsp. 86. (Red.)

Böhme, Olaf, Dr. rer. nat.; PF 341136, D-01160 Dresden, Tel. (03 52 04) 7 97 22, Fax 7 97 23, *ob@ avitrea.de, www.avitrea.de* (* Dresden 23. 9. 53). Lyr., Humor, freie Texte. – **V:** Herrn Pichmann's Gedichte, heitere Lyr. 97, 5. Aufl. 04, Teil 2 04; Die Tage der Nächte des Jahres, Lyr. 03; Na klar, Kolumnen 05. – **P:** Der betrunkene Sachse, CD 94, 97, Teil 2 98; Der betrunkene Sachse 95; Böhme Best of 99, 01; Der Mitternachtssachse 03, alles Videokass.; Der ganze Sachse, CD 05; Kein Anschluss unter dieser Nummer, DVD 05; Gezählt – gelebt – gewusst, DVD 05, alles Kabarett.

Böhme, Rolf, Dr. paed., Rentner; Niels-Bohr-Ring 18, D-14480 Potsdam, Tel. (03 31) 62 11 60 (* Leipzig 9. 7. 28). Lit.kollegium Brandenburg 00; Lyr. – **V:**

Herbstmond 01, 3. Aufl. 04; Jahreszeiten – Lebensweiten 03, 2. Aufl. 04; Im Weinlaub 04, 2. Aufl. 05; Abendgedanken 06; Luginsland 06; Nur ein Hauch 08, alles G.; – Blumen und Gedichte; Bildgedichte, beides G. u. Fotos. – **MA:** Bibliothek dt.sprachiger Gedichte. Ausgew. Werke V–X; Silberdistel, Bd 6; Schriftzüge 02; Märkischer Alm. 03, 2 06; Querschnitte (novum verl.) 06.

Böhme, Thomas (Ps. f. Thomas Birnbaum), Bibliotheksfacharbeiter, Werbered., z. Zt. freier Autor; Bayreuther Str. 25, D-04207 Leipzig, Tel. (03 41) 4 21 20 55 (* Leipzig 24. 11. 55). VS, P.E.N.-Zentr. Dtld, Freie Akad. d. Künste Leipzig; Georg-Maurer-Pr. d. Stadt Leipzig 88, Stip. d. Dt. Lit.fonds 92, E.gabe d. Dt. Schillerstift. 94, Erstes Leipziger Lit.stip. 96, Lit.förd.pr. d. Ldes Sa. 06 (1. Preisträger); Lyr., Prosa, Ess. Ue: engl. – **V:** Mit der Sanduhr am Gürtel, G. u. Gebilde 83; Die schamlose Vergeudung des Dunkels, G. 85, 88; stoff der piloten, G. 88; Die Einübung der Innenspur, R. 90; häutungen, häufiger herbst 91; ich trinke dein. plasma november 91; ballett der vergeßlichkeit 92; topographien einer wundvermessung 93; manessischer ikarus 95; heimkehr der schwimmer 96, alles G.; Geruch des Gastes, R. 96; Im Ort – Mansfelder Texte, G. u. Prosa 96; Die Zöglinge des Herrn Glasenapp, Erzn. 96; Alle Spur wird Fell, Prosagedichte 98; Jungen vor Zweitausend, Porträtfotogr. 98; Die Körper und das Licht, R. 98; Die Cola-Trinker, G. 1980–1999 00; Schwarze Archen, Geschn., Fabeln, Grotn. 03; Balthus und die Füchse, Erzn. 04; Nachklang des Feuers, G. 1998–2004 05; Widerstehendes, Fotogr. u. Texte 07. – **MA:** zahlr. Erzn. u. G. in Zss. u. Anth. seit 81, u. a. in: Sinn u. Form; ndl; die horen; Castrum Peregrini; Jb. d. Lyrik; – Lyrik d. 20. Jahrhunderts 95; Lauter schöne Lügen 00. – **H:** Walter Vogt: Maskenzwang, Erzn. 91; Klabund: Romane der Leidenschaft 91 (beide m. e. Nachw. vers.); John Henry Mackay: Die Anarchisten, R. 92; Peter Hille: Die Hassenburg, R. 92; Poet's Corner 15 92. – **R:** Frohe Stimmen aus heiterem Himmel, Hsp. 91. – **Ue:** Gedichte v. Bob Dylan, W.C. Williams, Allen Ginsberg u. a. – *Lit:* Walther Killy (Hrsg.): Literaturlex., Bd 2 89; B. Heimberger, H. Happel in: die horen 183 96; Crauss in: Kritische Ausgabe, Zs. f. Germanistik u. Lit. Univ. Bonn 1/01.

Böhme, Wolfram, Dr. theol., Dr. phil., wiss. Oberassistent an d. Theolog. Fak. d. Univ. Leipzig bis 92; Mozartstr. 13/009, D-04107 Leipzig (* Zöblitz/Erzgeb. 29. 4. 37). Lyr., Verkündigungssp. – **V:** Lebenskreise um die eine Mitte 71; In Gottes Spur 76; Weg und Ziel 83; Verbunden mit der Stadt. Gedichte über Dresden o. J. (90); Steiger, Engel, Räuchermann 99; Musik in Leipzig... 00; Wolkn, Wiesn, Barg un Baam, G. in erzgebirg. Mda. 00; Mir könne net anersch, G. in erzgebirg. Mda. 02; Dresden – meine Liebe, G. 03; Der Kreis des Jahres, G. 04; Harte Köpp un häße Harzn, G. in erzgebirg. Mda. 05; Jung sein heißt Tanzen, G. 05; In Kostüm und Maske, G. 06; Bei uns läuft alles rund, erzgebirg. G. 06; A Fünkl Glück, erzgebirg. G. 07; – Uraufführungen v. Bühnenstücken: Versuchungsspiel 56; Totenspiel 56; Hiob 58; Kreuzspiel 59; Abraham 72; Das Schweißtuch der Veronika 74; Adventsspiel 76; Pfingstspiel 77; Der Blindgeborene 85; Jakob 87; Krippenspiel Nr.2 87; Das Spiel von den guten Werken 88; Krippenspiel Nr.1 89; Der junge Mose 90; Esther 91; Krippenspiel Nr.3 91; Osterspiel 93; Elia 93; Weisheit und Liebe 94; Krippenspiel Nr.4 94; Krippenspiel Nr.5 96; Krippenspiel Nr.6 98; Engel, Tod und Teufel 05; Krippenspiel Nr.10 06; Der kranke Syrer 06; (insges. 55 Reim-Spiele bis 07, 2 unveröff. Prosastücke). – **MA:** Spaziergang in Dresden, G. 08.

Böhmer, Heinrich, Dipl.-Ing.; Spatzenberg 8, D-41061 Mönchengladbach, Tel. (0 21 61) 2 31 55 (* Mönchengladbach 14. 8. 08). BVK; Nov., Ess. – **V:** Leidenschaften und Kaninchen u. a. Erzählungen 85; Angeheiterte Fantasien über Kardinalshüte 90; Die Schiffschaukel u. a. Erzählungen 94; Die zweierlei Herren Meuten sowie anderes Zwischenmenschliches 98. (Red.)

Böhmer, Otto A., Dr. phil., freier Schriftst. u. Filmemacher; Niddastr. 26, D-61206 Wöllstadt, Tel. (0 60 34) 53 41, Fax 93 00 82, *Otto.A.Boehmer@t-online.de* (* Rothenburg ob der Tauber 10. 2. 49). Intern. P.E.N.-Club; Erich-Fried-Pr. 01, Kulturpr. d. Ldkr. Cuxhaven 02, Werkstip. d. Ldes Hessen 03, Stip. d. Dt. Lit.-fonds 04, Landesstip. d. Ldes Nds. 04/05, Wetterauer Kulturpr. 07; Lyr., Prosa, Hörsp., Film. Ue: engl. – **V:** Was wißt denn ihr, G. 78; Faktizität u. Erkenntnisbegründung 79; Ein blasser Sommer, ein kühler Herbst, ein kalter Winter, G. 81; Der Wunsch zu bleiben, R. 83, 85; Der Schwadroneur, Theaterst. 84; Das Jesuitenschlößchen, R. 85, 87; Vom jungen & vom ganz jungen Schopenhauer 87; Die Sichtbarkeit der Dinge, G. 90; Holzwege. Ein Philosophen-Kabinett 91; Der Zauberer Luntenmann 91; Zeit des schönen Scheins, Essays 92; Sternstunden der Philosophie 93, 5. Aufl. 03 (auch holl., chin., korean., u. a.); Der Hammer des Herrn, R. 94, Tb. 00; Neue Sternstunden der Philosophie 95, 2. Aufl. 96; Lady Rose, R. 96; Sofies Lexikon 97, 99 (übers. in 10 Spr.); Als Schopenhauer ins Rutschen kam, Geschn. 97, 2. Aufl. 98 (auch holl., chin., korean., u. a.); Fogerty, R. 98; Der junge Herr Goethe, R. 99, Tb. 01; Weimarer Wahn, R. 99; Sternstunden der Literatur. Von Dante b. Kafka 03; Warum ich ein Schicksal bin. Das Leben d. Friedrich Nietzsche 04; Lexikon der Dichter 04; Das verborgene Heimweh 04; Immer nach Hause, G. 04; Goethe. Sein Leben erzählt v. O.A.B. 05; Schiller. Sein Leben erzählt v. O.A.B. 05; Möglichst Heine 06; Heine. Sein Leben erzählt v. O.A.B. 06; Der Zuwender, R. 06; Das Jesuitenschloß, Theaterst. 06; Nietzsche. Sein Leben erzählt v. O.A.B. 07; Eichendorff. Sein Leben erzählt v. O.A.B. 07; Wenn die Eintracht spielt, R. 07. – **MV:** Wir Zauberlehrlinge, m. Paul Schallück 00. – **MA:** Jb. f. Lyrik 2 80, 3 81; Akzente 83; Das Paradies in unseren Köpfen 83; Auf dem Eis gehen 83; Litfass 85/86, alles Anth.; – Beitr. in Ztgn u. Zss., u. a. in: FAZ; NZZ; Die Zeit; SZ; Frankfurter Rdsch.; Basler Ztg; Wiener Ztg; Merkur; Akzente. – **H:** Arthur Schopenhauer: Kopfverderber 82; Annette von Droste-Hülshoff: Bei uns zulande auf dem Lande, Prosaskizzen 83; Vom Nutzen d. Nachdenklichkeit, e. Schopenhauer-Brevier 87; Vom versunkenen schönen Tagen, e. Eichendorff-Leseb. 87; Leben ist immer – lebensgefährlich, G. 90; Denken mit Schopenhauer 07. – **R:** zahlr. HÖRSPIELE, Hörstücke, u. a.: Seltsames schlummerndes Land 84; Schopenhauer 88; Des Tages müde, krank vom Licht 92; So will es der Träumer 92; Der Denker im Turm 92; Die Abmachung, Krimi 94; Das Haus der Seligen, Krimi 95; Geschn. vom Zauberer Luntenmann, 7 F. 95; Hahnenkampf, Krimi 95; Tod e. Führers, Krimi 95; Tod e. Klienten, Krimi 95; Lohmeyers Ende, Krimi 96; Das natürliche Licht – Descartes 96; Entweder – Oder. Kierkegaard u. die Gottseite des Menschen 97; In dieser reinsten Hölle 97; Let it be oder Als die Träume noch wahr werden wollten 97; Der letzte Kunde, Krimi 97; Die Nächte mit Lenny, Krimi 97; Wahnsinn. Nietzsches seltsamer Weg an den Ruhm 98; Was bleibt aber, stiften die Dichter – Heidegger u. Hölderlin 99; Mit Fernen rühren wir uns an – Marina Zwetajewa, Boris Pasternak, R.M. Rilke 99; Zündend für's ganze Leben – J. v. Eichendorff 00; Das Land, wo noch niemand war – E.

Böhmer

Bloch 00; Wer bin Ich u. wer sind Sie? 00; Der Geistes-fürst – G.W.F. Hegel 01; Die Achse des Bösen 04; Theresa u. der Erfinder, 2 F. 05; – RADIOFEATURES seit 86, u. a.: Die Poesien d. Herrn Brentano 92; Philosop. Schlüsselerlebnisse, 8 Folgen 90, 2.Staffel in 8 F. 93, 3.Staffel in 12 F. 95; Zeit d. schönen Seins, 8 F. 91; Das kleine Ich, 1 97, 2 98; Erprobtes Glück – Goethe, 5-tlg. Funkbiogr. 98 (auch als Hörb.); Warum ich e. Schicksal bin – Nietzsche, 5-tlg. Funkbiogr. 00 (auch als Hörb.); – zuletzt: Mehr als die Tiefgelehrten wissen – Novalis, 2 F. 00; Mit anderen Augen sehen – Brigitte Kronauer 01; Das Grab auf meinen Wangen 01; Kleine Schule d. Selbstfindung, 3 F. 01; Daß ihn der Teufel hole – Diderot 01; Das Abenteuer d. Inspiration, 11 F. 02/03; Zurück zur Natur! Welche Natur? 03; Als der Mensch Mensch war – J.G. Herder, 2 F. 03; Adorno 03; Du kannst, denn du sollst – I. Kant 04; An einem fremden fernen Ort 04; In der großen Weltenuhr – Schiller, 5 F. 05; Brigitte Kronauer, e. Porträt 05; Ein stilles Heiligtum 06; Knipser, Brecher, Eisenfuß 06; Nichts als ein Dichter – H. Heine, 5 F. 06; Es ist, wie es ist – Hegel 07; Das Lachen will ich überlassen/den minder hochbegabten Klassen 08; – zahlr. FERNSEHARBEITEN, u. a.: Nah bei den Nachbarn 87; Schopenhauer 88; Die Tagtraum-Therapie 90; Ein Blick d. Glücks – F. Nietzsche 91; Beschreibung e. Dorfes –M.L. Kaschnitz 92; Jahre am See – H. Hesse 94; Das waren noch Zeiten 95; Die tollkühnen Leute in ihren kleinen Verlagen 95; Schöpferische Landschaft – Heidegger 96; Von Büchern & Menschen 96; Es wär' zu schön gewesen – J.V. v. Scheffel 97; Die Zeit in uns – Reinhold Schneider 98; Zwischen Wüste u. See 98; In geheimer Mission – Fritz Mühlenweg 00; In Feld u. Wald u. Tal 00; Faden, Fuchs u. Fingerhut 03; – Magazinbeitr. u. a. für: Lit.magazin (SWR); Kulturkalender (HR); Lesezeichen (BR); aspekte (ZDF). – **P:** HÖRBÜCHER: Erprobtes Glück 02; Warum ich ein Schicksal bin 03; Sternstunden d. Philosophie 03; Sternstunden d. Literatur 03; Als der Mensch Mensch war. Kant – Herder – Novalis 04; In der grossen Weltenuhr 05; Nichts als ein Dichter 06. – **Ue:** Dux Schneider: Bolkar 82.

Böhmer, Paulus, Industriekfm., Stauden- u. Ziergraszüchter, Leiter d. Lit.büros Frankfurt 1985–2001; Schadowstr. 9, D-60596 Frankfurt/Main, Tel. (0 69) 61 54 53, Fax 61 99 41 29 (* Berlin 20. 9. 36). VS Hessen 71–89; Premio internationale di Poesia 'Pro Gradara' 71, Projektstip. d. Ed. Mariannenpresse 90/91; Lyr., Prosa, Hörsp., Übers. Ue: hebr. – **V:** Liederbuch der Quantität, Lyr. 64; Aktionen auf der äußeren Rinde, Lyr. u. Prosa 72; Softgirls, erot. Prosa 72; Des Edelmannes Ernst muß Luxus sein, Lyr., Bilder, Collagen 84; Darwingrad, Lyr. 87; Mein erster Tod 89; Da sagte Einstein, G. 1987–1989 90; Kaddish, G. 91; Dein schwarzgekacheltes Blut – Dein Blut, G. 1990–1993 93; Säugerleid. Kaddish u. a. G. 1993–1995 96; Die Ohm 97; Eben noch, vor langer Zeit, jetzt, G. 97; Palais d'Amorph, G. 99; Du aber bist schön wie eine Million Waggons 00; Wäre ich unsterblich, G. 1996–1999 01; Kaddish I–X, G. 02; Lama, Lama Sabachthani 01; Fuchsleuchten, G. 03; Kaddish XI–XXI, G. 07. – **MV:** Von denen Schnecken, m. Katharina Hacker, Erzn. 99. – **MA:** Aussichten, Anth. dt.spr. Lyr. 68; Egoist 76; Konkursbuch 6 80, 11 84; Mein heimliches Auge, Erotika 82; Die Sprache des Vaters im Körper der Mutter, Lyr. 83; Literar. Sinn u. Schreibprozeß 83; Hütet den Regenbogen, mod. M. 84; Jb. d. Lyrik 86, 89/90, 98/99; die horen 90; ndl 91, 92, 94; Alles andere steht geschrieben, Lyr. 93; Reichweite, Lyr. 94; Akzente 98; Das verlorene Alphabet, Lyr. 98; Von Büchern & Menschen, Prosa. – **R:** Goldjörgli oder eine ganz schön Kaputte

Familie, m. P.O. Chotjewitz, Hsp.; Stiefmütterchen 73; Wilhelm's Ruh oder: Mild strahlte der Vater 74; Gute Herzen: Oder können Sie Theo und Helga eine Schuld geben? 75; Haben Sie vielleicht Harry gesehen? 76, alle m. Uwe Schmidt. – **MUe:** Jehuda Amichai: Zeit, Lyr., 1.u.2. Aufl. 98; ders.: Jerusalem-Gedichte 00, beides m. Lydia Böhmer. (Red.)

Böhmke, Heinz, Industriekfm. u. Schriftst.; Milsper Str. 156, D-58285 Gevelsberg, Tel. (0 23 32) 8 06 43, *Heinz.Boehmke@t-online.de* (* Gevelsberg 16. 7. 25). Autorenkr. Ruhr-Mark 77, 2. Vors. u. Geschf. 80, Else-Lasker-Schüler-Ges. 95; 2. Pr. Lyr.wettbew. Die Rose 81, 3. Pr. Lyr.wettbew. Soli Deo Gloria 84; Lyr., Aphor., Erz., Kritik. – **V:** Wie Diamanten sind Herz und Gewissen, Lyr. u. Aphor. 79; Und Einsicht ebnet des Lebens Straße, Lyr. u. Prosa 81; Reichskristallnacht in Gevelsberg 92; An jenem Tage 98; Und es wird Tag, G. 01. – **MA:** Beitr. in div. Anth., Fachzss. u. Tagesztgn, u. a.: Bürger erinnern sich!, Leseb. 87. – **Lit:** Lit.atlas NRW; Literar. Heimatkunde d. Ruhr-Wupper-Raumes; Autorenverz. d. Börsenvereins d. Dt. Buchhandels; Verz. d. Hebräischen Univ. Jerusalem; Verz. Yad Vashem, Jerusalem. (Red.)

Böhner, Thorsten, Industriekfm.; Ükern 29, D-33098 Paderborn, Tel. (0 52 51) 2 11 09, *thboehner@t-online. de* (* Bielefeld 23. 10. 67). Sketch, Einakter, Kinderst. – **V:** bzw. MV: Horch, was kommt von draußen rein 90; 50 werden will gelernt sein 91; Mutters Tips sind die besten 91; Schneewitti 91; Flaschenputtel 92; Hänsel + Gretel beim Anwalt 92; Politik für Anfänger 92; Szenen einer (wilden) Ehe 92; Alles reine Nervensache 94; Dinner for five 94; Das Ganze nochmal 94; Licht an, der Vorhang klemmt 94; Matt auf der Scheibe 96; Sweet Home Alabama 96; Zur Hölle mit der Verwandschaft 97; Aus dem Bauch heraus 98; Dreimal zwei gleich Chaos 98; Pädagogisch wertvoll 98; Golden Girlies 99; Taxi Chaos 99; Strandgeflüster 00; Mobbing – aber richtig 01; Ich hätt' da mal 'ne Frage 02; In frecher Trauer – Golden Girlies 2 02; Männer unter sich 03; Das Leben geht weiter – Golden Girlies 3 03; Showdown 03; Die permanente Frau 03; Kinderwahnsinn 03; Rechts vor links 03; Golden Girlies und die Erbsünde 04; Vier Herren im Bad 04; Das Klassentreffen 04, alle Sketche/Einakter; – Kasperle kommt 93; Der gestohlene Geburtstag 94; beides Kasperle-St.; Die drei Rätsel des Feuerfalken 93; Der schwarze Kristall 95; Die phantastische Insel 97, alle drei M. m. Musik; Das kalte Herz 99; Kalif Storch 00, beides Bü. n. Hauff; Kaspar Hauser, Musical 04; Ich, Kasper, Dr. 05; Operation gelungen, Comedy 05; Ganze Wahrheiten, Comedy 05; Die sieben Siegel, Kinderst. m. Musik 06; Die Tiere vom Traumwald, Kinderst. m. Musik 06; König Artus, M. 07; Dem Nachwuchs keine Chance?!, Comedy 07; Welt der kleinen Wunder, M.; – Spiele, die Beziehung knüpfen, Fachb. 00 (auch engl.). – **P:** Die drei Rätsel des Feuerfalken 91; Die phantastische Insel 96; Das kalte Herz 99; Kalif Storch 00; Welt der kleinen Wunder 01, alles CDs. – **Lit:** s. auch SK.

Böhning, Gabriele, freie Journalistin, Schriftst.; Langenhain, Eppsteiner Str. 64, D-65719 Hofheim a. Taunus, Tel. (0 61 92) 74 73, Fax 2 49 06 (* Borgholzhausen 20. 6. 48). FDA Hessen 95; Lit.förd.pr. d. Naspa-Stift., Wiesbaden 98, Finalist b. Wilhelm-Busch-Pr. 99, Finalist b. Ausschr. „Pure Lust" d. Rowohlt-Verl. 99. – **V:** Feuervögel, Lyr. 95; Das Lächeln des Wanderers, G. u. Erzn. 97; Der Hammel Neid und andere ..., Reime 97; Auf der Suche nach dem Paradies, G. 99; Vögel im Wind, G. 99. – **MA:** Rast-Stätte 01; Anstöße 01; FDA Hessen Rundbrief Nr.53 02; Seitenwechsel 02; Frankfurter Bibliothek 02; O du allerhöchste Zier 03; Das

Buch d. Dichterhandschriften 03; Nationalbibliothek d. dt.sprachigen Gedichtes 03; Das Gewicht des Glücks 04; Mitten im Leben 04; Mit Herz und Seele 04; Wir träumen uns 05; Autoren stellen sich vor 05; Im Sonnenlicht 05; Im Kerzenschein 05; In den Tag hinein 05; FDA-Hessen Rundbrief 05; Dass ich nicht lache, Haiku 05; Lyrik u. Prosa unserer Zeit 06; Ich lebe aus meinem Herzen 06. – **P:** Im Mainzer Kulturtelefon: Die Apfelblüte, Fb. 00; Auf der Suche nach dem Paradies, Lyr. 02, sowie auch Lyrik 06. – *Lit:* Dt. Schriftst.lex. 01. (Red.)

Boehning, Larissa, M. A.; lebt in Berlin, c/o Eichborn-Verlag, Berlin, *larissa.boehning@gmx.de* (* Wiesbaden 71). Lit. Ges. Lüneburg e.V.; Lit.pr. Prenzlauer Berg 02, Alfred-Döblin-Stip. 04, Mara-Cassens-Pr. 07, Kulturpr. d. Kr. Pinneberg 08. – **V:** Schwalbensommer, Erzn. 03; Lichte Stoffe, R. 07. (Red.)

Böhnisch, Eckart, Lehrer; c/o vhs Leutkirch e.V., Markstr. 32, D-88299 Leutkirch, *eckartboehnisch@ya hoo.de* (* Neutitschein/Mähren 29. 10. 41). Rom., Lyr., Erz., Dramatik. – **V:** Das Lied des Pirols, Lyr. 91; Davids Harfe, Lyr. 96; Konzil in Konstanz, R. 00; Talk mit Tepl/Monopteros oder Trubel im Tempel, Dr. 03; 1945 oder Wohin in Weimar?, Dr. 06; Der Scheintote, Erz. 08.

Böhnke, Gunter, Lektor, Kabarettist, Autor; Moschelesstr. 1, D-04109 Leipzig, Tel. u. Fax (03 41) 5 90 01 71, *mail@gunter-boehnke.de, www.gunter-boehnke.de* (* Dresden 1. 9. 43). Die Fähre, VS/VDÜ; Übers., Reiseskizze. Ue: engl, am. – **V** Ein Sachse besnarcht sich die Welt 98, 08; Mit dem Floß unters Eis 02. – **H:** Schonzeit für Ideale. 40 Jahre Kabarett. Fast 40 Fröhlich-Freche Texte 99. – **Ue:** Robert Cormier: Das war's Mr. Handyman; Cyprian Ekwensi: Den Frieden überleben; Nurrudin Farah: Aus einer Rippe gebaut; Alex La Guma: Im Spätsommernebel; Hermann Melville: Israel Potter; Meja Mwangi: Wie ein Aas für Hunde.

Böhringer, Dieter, Food-Technologist, Exportkfm.; Bottwarbahnstr. 49, D-74081 Heilbronn, Tel. (0 71 31) 57 05 51, *dboewhare@t-online.de* (* Heilbronn 15. 4. 41). Erz., Rom. – **V:** Baked beans and spuds, biogr. Erz. 04 (engl.); Sonntags um fünf, Erz. 06; Reißaus, R. 09.

Boehringer, Sabine s. Süßmann, Christel

Böker, Carmen, Einkaufssachbearbeiterin; Lerchenhöhe 10, D-96158 Reundorf, Tel. (0 95 02) 14 78, *info@hundeausbildung-boeker.de, www.hundeausbildung-boeker.de* (* Scheßlitz 4. 4. 64). – **V:** Und immer wieder Hunde. Gedichte über den Hund in unserer heutigen Gesellschaft 06.

Bölck, Lothar, Kabarettist u. Autor; c/o Magdeburger Zwickmühle, Leiterstr. 2a, D-39104 Magdeburg (* Fürstenwalde/Spree 27. 1. 53). Ostdt. Kabarettpr., Leipzig 99, Reinheimer Satirelöwe (Sparte Kabarett) 00, Leipziger Löwenzahn 01, Schweizer Kabarettpr. „Cornichon" 03, u. a. – **V:** Durchgedreht, Texte 97; Mit der Macht ist der Mensch nicht gern alleine 00; Ein echter Fuffziger 03; Oh Solo mio, satir. Figuren 04. – **P:** Vor uns die Sintflut; Wir haben uns überlebt; Unter allen Zipfeln ist Ruh'; Jenseits von Gut und Börse; Amisiert Euch; Und suche uns nicht in der Führung 03, alles CDs. (Red.)

Böldl, Klaus, Dr.phil., wiss. Assistent LMU München, Autor, Übers., Kritiker; Bergmannstr. 20, D-80339 München, Tel. (0 89) 50 89 22, *klaus.boeldl@lrz.uni-muenchen.de* (* Passau 21. 2. 67). Stip. d. Ldeshauptstadt München 95, Tukan-Pr. 97, Förd.pr. d. Freistaates Bayern 01, Brüder-Grimm-Pr. d. Stadt Hanau

03, Hermann-Hesse-Lit.pr. 03; Rom., Erz., Ess. Ue: altisl, schw. – **V:** Studie in Kristallbildung, R. 97; Südlich von Abisko, Erz. 00; Der Mythos der Edda, Diss. 00; Die fernen Inseln 03; Drei Flüsse, Erz. 06. – **H:** u. Ue: Die Saga von den Leuten auf Eyr 99. – *Lit:* Uwe Schütte: Epiphanien unter eiskaltem Himmel. Zum Prosawerk v. K.B., in: Neophilologius, 89 05 (S. 419–445); LDGL 03; Matthias Auer in: KLG. (Red.)

Böll, Viktor, Leiter d. Heinrich-Böll-Archivs d. Stadt Köln; c/o Heinrich-Böll-Archiv, Antwerpener Str. 19–29, D-50672 Köln (* 48). – **V:** Zwischenbericht. Zu e. neuen Bibliogr. d. Werke Heinrich Bölls 94; Fortschreibung. Bibliographie z. Werk Heinrich Bölls 97; Visionen. Eine Groteske 01. – **MV:** Heinrich Böll, m. Jochen Schubert, Biogr. 02. – **H:** Das Heinrich-Böll-Lesebuch, 82; Böll und Köln 90. – **MH:** Heinrich Böll: Erzählungen, m. Karl Heiner Busse 94. (Red.)

Bölling, Karl-Heinz, Hörspielautor; Am Osterbruch 20, D-44287 Dortmund, Tel. (02 31) 3 95 23 95 (* Dortmund-Aplerbeck 9. 7. 47). – **R:** Hörspiele u. a.: Briefer 85; Ausflug nach Winterberg 86; Der Träumer 88; Der Rentner 90; Ein Freitag auf dem Lande 92; Hedigs letztes Band 94; Kalamitäten Katzen Kassetten 95; Können Vogelspinnen schwimmen? 96; Wo bin ich? 97; Das ewige schöne Leben 99; Hände noch! 03; Der Friseur 02; Ein netter Abend 03; Die Putzfrau 04; Fritz und Willy 04; Der Sitzplatz 06; Der Polizist 07; Die Wiese 08.

Böni, Franz, freier Schriftst.; Frohwiesweg 3, CH-8488 Turbenthal, *mariofranz.boeni@bluewin.ch* (* Winterthur 17. 6. 52). Gruppe Olten; Gastpr. d. Kt. Bern 79, E.gabe a. d. Lit.kredit d. Kt. Zürich 79, Conrad-Ferdinand-Meyer-Pr. 80, Bremer Lit.förd.pr. 82, Buchpr. d. Kt. Zürich, Werkjahr d. Luzerner Lit.förd. 88, Pr. d. Marianne u. Curt Dienemann-Stift. 88, Werkbeitr. d. Kt. Zürich 02, Werkbeitr. d. Pro Helvetia 02, u. a. – **V:** Ein Wanderer im Alpenregen, Erzn. 79; Die Wanderarbeiter, R. 81; Alvier, Erzn. 82; Die Alpen, R. 83; Die Fronfastenkinder, Aufs. 85; Das Zentrum der Welt, aufzeichn. 87; Die Residenz, R. 88; Wie die Zeit vergeht, Erz. 88; Am Ende aller Tage, Erzn. 89; Die Wüste Gobi u. a. Geschichten 90; Der Hausierer, N. 91; Amerika, R. 92; In der Ferienkolonie 00; Der Puls des Lebens, Geschn. 01; Rimini. Ein Auskunftsbuch 02; Die Geisterstadt, R. 02; Lange habe ich dich nicht gesehen. Briefe 1964–2002 04. (Red.)

Böning, Marietta, M. A., freischaff. Publizistin u. Kulturmanagerin, Autorin; Linzer Str. 242/10, A-1140 Wien, Tel. (01) 9 25 86 98, *marietta.boening@chello.at* (* Hanau 12. 12. 71). GAV, IGAA; Grazer Lyr.pr. 98, Luaga, Losna-Dramatikerstip. 02, Theodor-Körner-Förd.pr. 06, Lit.förd.pr. d. Stadt Wien 07; Lyr. – **V:** raumweise 99; seh-gänge 02; Rückzug ist eine Trennung vom Ort 06; Die Umfäller, Dr. 08.

Bönt, Ralf, Dr., Physiker, Autoschlosser, freier Schriftst.; Berlin, *r.boent@debitel.net, www.ralf-boent.de, www.boent.eu* (* Lich 31. 3. 63). 3sat-Stip. im Bachmann-Lit.wettbew. 98, German Book Office Grant 99, Reisestip. d. Berliner Senats 99, Lit.förd.pr. d. Landes NRW 00, Stip. d. Rowohlt-Stift. Lausanne 01, Stip. Schloß Wiepersdorf 01, Stip. Künstlerdorf Schöppingen 03, Stip. Casa Baldi/Olevano 04; Rom., Erz., Dramatik, Hörsp., Ess. – **V:** Icks, R. 99, als Bü. UA 99; Gold, R. 00; Berliner Stille, Erzn. 06. – **MA:** Der Alltag 69/96, 72/97, 76/98; Konzepte 17 96, 18 97; ndl 96, 97, 04; Akzente 2/99; Die Außenseite des Elementes 00; Akte Ex 00; Rituale des Alltags 02; Das Magazin 9/03; Signale aus dem Bleecker Street 2 03; Doppelpass 04; – seit 99 zahlr. Essays, Berichte u. Erzn. in: FAZ (u.

Boer

FASZ); Die Welt; SZ; taz; Freitag. – **H:** Konzepte 17 96, 18 97; Traumstadtbuch. New York, Berlin, Moskau 01; Titelkampf, m. Albert Ostermaier u. Moritz Rinke 08. – **R:** Icks, Hsp. 00; Das weiße Herz, Hsp. 01. (Red.)

Boer, Hans A. de, Pastor, Berufsschulpastor; Fürst-Bismarck-Str. 23, D-47119 Duisburg, Tel. u. Fax (02 03) 8 19 46 (* Hamburg 13. 4. 25). VS 83; Bericht. – **V:** Unterwegs notiert 56, 16. Aufl. 62 (Übers. in 8 Spr.); Unterwegs in Ost und West 1.u.2. Aufl. 60 (Übers. in 2 Spr.); Unterwegs erfahren 75, 8. Aufl. 89; Entscheidung für die Hoffnung 84, 3. Aufl. 94; Gesegnete Unruhe 95, 3. Aufl. 00. – **R:** Von der CIA zur Kanzel, Fsf. 85. – *Lit:* Dietrich Steinwede (Hrsg.): Unbeirrbar 1.u.2. Aufl. 92. (Red.)

Börner, Albrecht, Dr. phil., Dramaturg, Autor; Tieckstr. 52, D-07747 Jena, Tel. u. Fax (0 36 41) 33 52 37 (* Schmiedefeld/Rennsteig 8. 2. 29). FDA 92; Erz., Fernsehfilm. – **V:** Morgenröte färbte ihre Wangen. Goethe u. Christiane, Filmerz. 99, 2., veränd. Aufl. als Tb. 00; Die Großfürstin und der Rebell. Maria Pawlowna u. Richard Wagner, Filmerz. 02, 2. Aufl. 07; Die Macht des Nichts, Filmerz. üb. Otto v. Guericke 02; Fortschritte auf dem Holzweg, Erinn. e. Hinterwäldlers 04; Sachsens Glanz u. Preußens Gloria, R. (n. d. gleichnam. Film) 07. – **MV:** Geheimkommando Ciopaga, m. Rudolf Böhm 76; Jena, das liebe närrische Nest, m. Günter Schorlitz 90; Seltenes Handwerk, m. Roger Melis 90; Seltenes Handwerk in Mitteldeutschland, m. Russel Liebman 00; Jena. Historische Stätten, Kultur, Landschaften, m. Günther Praetor 00. – **MA:** Peter Mast (Hrsg.): Es steckt Ungehobenes in meinem Werk 93; Günter Gerstmann (Hrsg.): Lebendige Geschichte 95; ders.: Armin Müller – Abschied und Ankunft 99; Palmbaum 99; Die Braut 99. – **R:** Die Brüder Lautensack, 3-tlg. Fsf. u. Lion Feuchtwanger 73; Sachsens Glanz u. Preußens Gloria, 6-tlg. Fs.-Zyklus n. Josef I. Kraszewsky 85–87; Hierzulande: Seltenes Handwerk, 13-tlg. (MDR) 93ff.

Börner, Egon, Diplomgesellschaftswiss., Elektromaschinenbauer, Berufssoldat, Gebietsrepräsentant; Kaufmannstr. 23, D-09117 Chemnitz, Tel. (03 71) 8 57 93 04, Fax (03 71) 8 44 91 71, egon.boerner@ arcor.de (* Siebigerode 17. 8. 41). 1. Chemnitzer Autorenver. 03; Rom., Erz., Spielgeil, Erzn. 03; Feuer im Golfclub, Erzn. 06; Seitenwechsel, R. 07; Die Odyssee der Victoria L, R. 09. – **MA:** versch. Beitr. in Lit.zss. seit 03, u. a. „Ein Gespenst geht um", in: Tarantel; Texte in Anth. d. 1. Chemnitzer Autorenver. u. d. Cornelia-Goethe-Lit.ver. Frankfurt/M. seit 04; W. Emmerich/B. Leistner (Hrsg.): Literarisches Chemnitz, Dok. 08.

Börrnert, René (geb. René Flohr), Dr. phil., Dipl.-Päd., Erziehungswiss., Doz. f. kreatives Schreiben; Heberleinstr. 21, D-17438 Wolgast (* Wernigerode 14. 7. 71). Lyr. – **V:** Betrachtungen in der Hütte der Zeit ..., Dok. 99; Mehrgang, Lyr. 07. (Red.)

Bösch, Gabriele; Bagoltenweg 6, A-6845 Hohenems, Tel. (06 64) 1 63 09 99, Fax (0 55 76) 7 49 03, b.gabriele @gmx.at (* Koblach 7. 1. 64). Lit. Vorarlberg 04, Autorinnenvereinig. e.V. 07, Lit.haus Liechtenstein 07; Lit.-stip. d. Ldes Vbg 04, Prosapr. Brixen-Hall 05, 6. Autorinnenforum Berlin/Rheinsberg 07; Erz., Kurzgesch., Rom., Dramatik. – **V:** Der geometrische Himmel, Erz. 07, als Theaterfass. 08. – **MA:** div. Veröff. in: Wissen und Gewissen, Anth. 05; V, Zs. d. Lit. Vbg, Nr.13, 15/16, 21; miromente 5/06, 10/07, 12/08; Literaturgespinst Liechtenstein, Jb., 2 07; Beitr. unter: www.literaturradio.at. – **MH:** V, Zs. d. Lit. Vbg, Nr.21, m. Daniela Egger.

Boesch, Katharina, Keramikerin, Sozialarb., Hausfrau; Hebelstr. 15, CH-9000 St. Gallen, Tel. (0 71)

2 22 63 85 (* Walldorf b. Heidelberg 30. 9. 40). Rom. – **V:** Thana und das Mädchen von Thykala 96. (Red.)

Boesche, Tilly (Ps. Eva Trojan, Ilka Korff, Eve Jean, Tilly Zacharow, Tilly Boesche-Zacharow), Dr. litt. h. c.; Wollankstr. 99, D-13359 Berlin, Tel. (0 30) 4 01 90 09, www.boesche-verlag.de. Hapoel 14, IL-33536 Haifa (* Elbing 31. 1. 28). VdSI 80, World Poetry Soc. Intern. 79; Dipl. d'Onore Accad. Leonardo da Vinci 82, Dipl. di Merito U. delle Arti 82, Studiosis Humanitas 84; Rom., Lyr., Sachb., Erz., Kinderb., Journalistik. – **V:** zahlr. R. u. Erzn. 51–83, u. a.: Kleiner Junge in einer großen Stadt 64; Einer unter Vielen 65; Der erste Tag in Mellenberg 65, alles Kdb.; Metamorphische Variation 69; Frohnauer Facette 70; Reflexe einer Position 71; Glück der Toten 71, alles Lyr.; Die Orgien der Nelly A., R. 71; Aphorismen 71; Gedanken in d. Nacht 73; Auf der Suche nach der Liebe, M. 72; In fremden Betten, R. 74; Zwischen Schule und Bett, R. 74; Ungewöhnliche Leidenschaften, R. 74; Stellas Seitensprung, R. 74; Vergänglich ist das Leid, R. 74; Quartettspiele, R. 74; Nimm an, damit du reiner wirst, Lyr. 74; Stückwerk, Lyr. 76; Bambina-Inspiration, R. 77; Andy auf d. Schaukel, R. 77; Ralf beißt sich durch, Kdb. 77; Blue is the color of the sky, Lyr. 83; My Foot Gropes For a Sign, Lyr. 85; En passant, Stimmungsbilder 89; Haifaer Tagebuch 92, 96; In deinen Augen die ganze Welt, Lyr. 93; Einen Grabstein zu setzen 96; Der Rabbi 98; Ruth von Ruth gesucht, R. 99; Der Traum von Jalna, R. 00; Oh Israel – sie wollen dich verderben. Lieder – im Feuerofen gesungen 01; Die schmale Linie zwischen Himmel und Wasser, N. 01; Ich bin der Welt abhanden gekommen. Der Jerusalem Dichter Carl Stern, Biogr. 04; 30 Jahre Verband deutschsprachiger Schriftsteller in Israel, Dok. 05; Auf dem Thron Petri. Staffellauf d. Päpste, Biogr. 07; Aweyden. Chronik eines masurischen Dorfes 08. – **MA:** Anth. 65, 66, 69–77; Glauben, Liebe, Vertrauen 76; Lyr. 78; Diagonalen 76; Mauern 78; Solange ihr d. Licht habt 77; Jb. dt. Dichtung 77, 78, 79; Der redliche Ostpreuße 79, 80; Dichterhandschriften unserer Zeit 80; Olympia-Press 75–78; Besinnung u. Einsicht 81; Gauke's Jb. 82–87; Groh-Kal., Besinnung im Alltag 83; Poet 80, 81, 82; Premier Poets 80, 82; Poetry Europe 82; Voices Intern. 82; Flowers of the Great Southland 82 (alle engl.); World Poetry (korean.) 83; World Poetry (engl.) 83–85, 90–94; Schatzkammer dt. Sprache (USA) 80; Feuilleton: Israel Chadaschot 90–00; International Poets XIX 94; New Global Voices 95; Prophetic Voices 95; Global Poetry 96 (alle engl.); Lyris VI 97; Israel-Nachrichten 80 – **H:** Lebendiges Fundament. Lyrik d. Gegenwart 78; Silhouette. Literatur International 80–90; Schattenriß (Nachf.bl. v. Silhouette) 94–96; Literatur zum Angedenken 1–80, 82ff.; Franz Lichtenstein: Die Zeit, die uns entglitt, G. 98; Avigdor Ben-Trojan: Liebe Grüße an Frl. Ilse 00, erw. 2. Aufl. 03; Pintus von Seehausen, Dok. 02; Avigdor Ben-Trojan: Ich denke oft an Onkel Franz, 1.u.2. Aufl. 04. – **R:** Kindererzn. 68, 75, 76; Krimierz. 76; Reiseber. 77, 78; Interv. m. Alexander Czerski 81, 88. – **Ue:** Mazo de la Roche: Die Freudenfeier. – *Lit:* Rasmus: Lebensbilder westdt. Frauen 84; Wolfgang Adolphi: Profile aus d. Norden Berlins 97; Wilfried Eymer in: Eymers Pseudonymen Lexikon 97, u. a.; s. auch 2. Jg. SK.

Boese, Cornelia, Musiktheatersouffleuse, Dichterin; Konradstr. 1, D-97072 Würzburg, Tel. (09 31) 4 35 75, Cornelia@BoeseSouffleuse.de, www.BoeseSouffleuse. de (* Würzburg 22. 4. 70). Theaterförd.pr. d. MainfrankenTheaters 02, Kulturförd.pr. d. Stadt Würzburg 05; Ged., Erz. Ue: schw, ital. – **V:** Die gute Fee im Kasten, Fachb. 97; Ich bin die unsichtbare Herrscher einer magischen Welt, G. 01, 03; Polska für den Elch, Erz. 02; Gaulimauli, G. 03; Von Räubern, Feen und großen Geistern, G. 04; Boese Träume, G. 05. – **Ue:** Antonio Salieri: Kublai, großer Khan der Tataren, Oper 98. (Red.)

Böseke, Harry, freier Schriftst.; Graf-Albert-Str. 40, D-51709 Marienheide-Müllenbach, Tel. u. Fax (0 22 64) 15 67, *harry@boeseke.de*, *hausdergeschichten.de* (* Jützenbach/Thür. 7. 1. 50). VS 78; Arb.stip. d. Ldes NRW 88, 92 u. 95, Rheinlandtaler 05; Reiseber., Kurzprosa, Sat., Jugendb. u. -theater, Sprachsp., Fernsehfilm. – **V:** Der letzte Dreck, Tageb. aus einem Jugendclub 77; Türen raus! Gemeinsamer Weg mit d. Ausländern, R. 84; Night Driver. Eine Vision aus dem Videozeitalter, Bü. 85, UA 86; Randale!, Jgd.-R. 86; 33 ziemlich wahre Lügengeschichten 98; Geschichtenzirkus 99; Spiele mit Worten 99; Das Oberbergische Land, erz. Bildbd 00; Wenn Engel surfen ..., Jgd.-R. 00; Der bergische Fuhrmann, erz. Bildbd 01; Sagenhafte Irrtümer, erz. Sachb. 06; mehrere Sachbücher. – **MV:** Vaterlandshiebe, m. Chr. Schaffernicht 78; Ich glaub ich steh im Wald, m. Heidi Böseke, Wandergeschn. 79; Schlüsselgewalt, m. W. Richter 81; Ab in den Orient-Express, m. Martin Burkert, Jgd.-Theaterstück 83, UA 84; Jugend ohne Arbeit, m. Albert Spitzner 83. – **H:** (MH:) Kölner Lesebuch 73; Dieser Betrieb wird bestreikt, Streikber. 74; Mit 15 hat man noch Träume 75, 4. Aufl. 79; Motz alledem 78; Unsere Zukunft 80; Täglich eine Reise vor der Türkei nach Deutschland 80; Morgen beginnt heute 81; Wer ist denn hier im Abseits 81; Ich steh vor meinem Plastikbaum ... 81; Der (un)demokratische Alltag 82; Sind es noch die alten Farben 87; Herzenwärme und Widerspruchgeist, oberbkeg. Leseb. 92; Ein Buch hat viele Seiten 98. – **F:** Straße der Arbeit, Dok.film 01. – **R:** Der bergische Fuhrmann, Fs.-Dok. 01. – **P:** Texte gegen Ausländerfeindlichkeit, m. Martin Burkert u. Cem Karaca, Schallpl. 85; Straße der Arbeit, Lieder, CD. – *Lit:* s. auch SK. (Red.)

Böseler, Birgid, Dipl.-Päd., Fachkraft f. Umwelt- u. Naturschutz, Lerntherapeutin; Unterm Berg 86, D-26123 Oldenburg, *birgid.boeseler@ewetel.net*, *www. birgid-boeseler.de* (* Oldenburg 12. 12. 52). Norddt. Krimiford.pr. d. Stadt Seelze (1.u.3. Pr.) 98, Wardenburger Krimiwettbew. (2. Pr.), Buch d. Woche im www.krimi-forum.de 06; Prosa. – **V:** Mord(s)gefühle 96; Meine Freundin – seine Freundin oder Mord(s)beziehungen 01; Kleinanzeigen oder Mord(s)verwandtschaft 02, alles Krim.-R.; Oldenburger Geschichten, Kurzkrimis 05; Hexenkräfte, Krim.-R. 06. – **MA:** Tatort Wardenburg 95; Tatort Wardenburg 2 98; Frankfurter Rdsch. 9/98; Tagesspiegel 10/98; Rundbrief d. dib (Dt. Ingenieurinnen Bund e.V.) 12/98; Der Oldenburger Hauskalender 2000 99; Tee mit Schuss 07; Im Nordwesten mordet's sich am besten 07.

Boeser, Knut, Dr.; *kboeser@aol.com, www.knut-boeser.de*. – **V:** Nostradamus, R. 94, 96 (Übers. in 11 Spr.); Rosa Roth, R. 96; Nach Brasilien, R. 97. – **F:** Der Brocken 92; Bitte verlassen Sie Ihren Mann 93; Nostradamus 94; Die Häupter meiner Lieben 99, m. R. Fs.-Ser., u. a.: Schade um Papa; Der Havelkaiser; Tatort; Der Clan der Anna Voss; Schloßhotel Orth; Anna Marx; Vater wider Willen; Rosa Roth; Conny Knipper; Polizeiruf 110; Fsf., u. a.: Die beiden Freundinnen; Duett; Mallinger; Mörderisches Erbe; Tödliche Besessenheit; Natascha: Der Tod wartet nicht. (Red.)

Bösken, Clemens-Peter, Richter; Am Wagenrast 14, D-40629 Düsseldorf, Tel. u. Fax (02 11) 29 49 59 (* Düsseldorf 2. 7. 46). – **V:** Hexenprozeß 96; Tatort Düsseldorf 97; Sternhagelstunden 98; Zwergenwerfen

99; Pizza Mortale 00; Zünder und Gerechte 02; Wörterbuch des tieferen Sinns 02. (Red.)

Böss, Monika-Katharina; c/o Iatros Verl., Dienheim (* Bingen-Büdesheim 17. 9. 50). VS Rh.-Pf., Literar. Verein d. Pfalz; Kulturpr. d. Landkr. Bingen 01, 03, Martha-Saalfeld-Förd.pr. 03; Rom., Erz., Hörsp. – **V:** Das Jubiläum, Erzn. 94; ... und als ein Jahr vergangen ..., R. 98; Hemshof Blues, R. 99; Krautrübenkönigin, Erzn. 02; Marvins Bräute, R. 05; Landauswärts, Erzn. 07. – **MA:** zahlr. Erzn. in Anth., Zss. u. im Radio. (Red.)

Bötefür, Markus; Teichfeldstr. 24, D-46049 Oberhausen, Tel. (02 08) 85 16 37, *kontakt@markus-boetefuer.de, www.markus-boetefuer.de* (* Oberhausen 23. 7. 65). Rom., Erz., Reiserep. – **V:** Leichenschau, Krimi 07; Damenjagd, Krimi 08.

Böthig, Peter, Dr. phil.; c/o Kurt Tucholsky-Gedenkstätte, Schloß Rheinsberg, D-16831 Rheinsberg, Tel. (0 30) 4 43 46 10, *pvboethig@landkr.de* (* Altenburg 11. 2. 58). P.E.N.-Zentr. Dtld 97; Ess. Ue: am. – **V:** Grammatik einer Landschaft 97. – **MA:** F. Lanzendörfer: Unmöglich es leben (Zsstg. u. Bearb.) 92; Slam! poetry (Übers. u. Ausw.) 93; zahlr. Beitr. in Anth., literar. Zss., Kat. u. Ztgn. – **H:** Kurt Tucholsky: Jeländer jelieber 95; Christa Wolf, Gerhard Wolf – Unsere Freunde, die Maler 95. 2. Aufl. 96; Reflexe aus Papier und Schatten 96; Die Poesie hat immer Recht 98; Christa Wolf. Eine Biogr. in Bildern u. Texten 04. – **MH:** Machtspiele, m. Klaus Michael 93. – **R:** Und Claire war real, Rdfk-Feat. 98. (Red.)

Boëtius, Henning, Dr. phil.; c/o Goldmann Verlag GmbH, München (* Langen 11. 5. 39). Drama, Lyr., Rom., Nov., Ess., Film, Hörsp., Übers. Ue: nor. – **V:** Troll Minigoll von Trollba 81, 85; Der verlorene Lenz 85; Selbstgedichte 86; Steinchen von der Küste 86; Die Mondsteinsonate 88; Schönheit der Verwilderung 87, 92; Lauras Bildnis 91, 94 (auch span.); Der Gnom 89, 98; Joiken 92, 99 (auch dän.); Blendwerk 94, 96; Ich ist ein anderer 95, 97 (span.); Der Walmann 96, Tb. 98 (auch dän.); Undines Tod 97, 99; Das Rubinhalsband 98, Tb. 00 (auch dän.); Phönix als Asche, R. 00, Tb. 02 (auch span., port., holl., frz., ital., am., jap. fin.); Der Lesereiser, N. 01; Tod am Wannsee, N. 02; Rom kann sehr heiß sein 02; Die blaue Galeere, R. 04; Der Strandläufer, R. 06; Berliner Lust, R. 08, u. a.; mehrere Sachb. – **Ue:** Jens Björneboe: Haie 83; Hans Jaeger: Bibel der Anarchie 97.

Böttcher, Bas (Bastian Böttcher); Berlin, *www. basboettcher.de* (* Bremen 31. 12. 74). u. a. 1. Pr. d. 3. Intern. Poetry Slam, Amsterdam 97, Stip. d. LCB 00, Ecrivain en residence Sorbonne Nouvelle Paris 05. – **V:** Megaherz, R. 04; Das ist kein Konzert, G. 06 (m. CD). – **MH:** Poetry Clips Volume 1, m. Wolf Hogekamp 05. (Red.)

Böttcher, Jan, freier Autor u. Veranstalter; Sänger u. Texter; c/o Rowohlt Berlin Verl., Berlin (* Lüneburg 73). Märk. Stip. f. Lit. 05, Stip. d. Dt. Lit.fonds 06, Ernst-Willner-Pr. im Bachmann-Lit.wettbew. 07, London-Stip. d. Dt. Lit.fonds 09. – **V:** Lina oder: Das kalte Moor, Erz. 03; Geld oder Leben, R. 06; Nachglühen, R. 08. – **P:** Der Krepierer, Erz., CD 04. (Red.)

Böttcher, Rolf s. Bjerg, Bov

Böttcher, Sven, Schriftst., Drehb.autor, Konzeptioner, Übers., Journalist, Kolumnist; *mail@sven-boettcher.de, www.sven-boettcher.de* (* Buchholz/Nordheide 24. 8. 64). Rom., Sachb., Drehb. Ue: engl. – **V:** Eimer wie ich, Kaysonn. 88; Gefährliche Aura 90, 2. Aufl. 91; Der Auslöser 91; Alte Freunde 92; Götterdämmerung 92; Sherman schwindelt 94; Wal im Netz 97; Der Aufsteiger 98; Psychopathos 00; Hel-

Böttger

denherz 03, alles R. – **MV:** Störmer im Dreck, R. 89, Tb. 92; Mord zwischen den Zeilen, R. 91, beide m. Kristian Klippel; Der tiefere Sinn des Labenz, m. Douglas Adams u. J. Lloyd, Wörterb. 92, 8. Aufl. 03, Tb. 05; Held, m. Dieter Wedel 96, Tb. 97; Liebesleder, m. Reinhold Beckmann, Sachb. 96, Tb. 05; Kuckuckskind, m. Katia Böttcher 05. – **B:** William Gibson: Vernetzt 94; Douglas Adams: Raumschiff Titanic 99. – **MA:** Titanic 86–87; Kowalski 87–98; Der Rabe 90–94; Die Woche 93–00; Maxim 01–05. – **R:** Die Zeit ist reif für Ernst Eiswürfel, 36-tlge Ser. (BR/WDR) 89–92; Comedy Club (NDR); Ran Fun, Comedy-Ser. (SAT.1) 95–96; Helmut + Hellmuth, Comedy-Ser. (SAT.1); Ein Kuckuckskind der Liebe (ZDF) 05; Die Krähen (SAT.1) 06; Hunde haben kurze Beine (ZDF) 06; Manatu (SAT.1) 06/07; Wie angelt man sich seine Chefin? (SAT.1) 07. – **P:** Fußball + Fun, Comedy 00. – **Ue:** Raymond Chandler: Einsame Klasse, R. 89, Tb. 92; Douglas Adams: Die Letzten ihrer Art, Sachb. 92, Tb. 99; ders.: Einmal Rupert und zurück, R. 93, Tb. 98; Groucho Marx: Groucho und ich, Autobiogr. 95, Tb. 98; ders.: Memoiren eines spitzen Lumpen, Autobiogr. 95, Tb. 98. – **MUe:** Die Marx Bros. Radio Show, m. Harry Rowohlt 90, 4. Aufl. 97; Monty Python's Flying Circus 94, Tb. 98; Dr. Seuss: Der Kater mit Hut, m. Eike Schönfeldt, Lyr. 99.

Böttger, Colin *

Böttger, Dirk, Dr., Dramaturg, Regisseur, Intendant, Doz., Lektor; Walter-Delius-Str. 13a, D-27574 Bremerhaven, Tel. (04 71) 20 00 37 (* Frankenberg/Sachs. 12. 2. 39). – **V:** Die Lilien beginnen zu welken, hist. R. 97, Tb. 99; Kebes, R. 06/07; zwei Sachbücher; – THEATER/UA: Der kleine Muck 79; Sindbad der Seefahrer 81; Gockel, Hinkel und Gackeleia 84; Hänsel und Gretel 89; Schi Yung und der Drachenkönig 97; Das Männlein Mittentzwei 03; Der Feuervogel 03; Die Pomeranzenprinzessin 06/07. – **P:** Champions der Oper, Opernführer, CD-ROM 98. (Red.)

Böttger, Helmut, Dr. phil., Journalist, Kolumnist u. Kritiker; Berlin (* Creglingen 8. 9. 56). – **V:** Graue Verführung, G. 83; Fritz Rudolf Fries und der Rausch im Niemandsland, Diss. 85; De Soto Diplomat. Notizen zu Kuba 91; Kein Mann, kein Schuss, kein Tor. Das Drama d. dt. Fußballs 93, 2., erw. u. aktual. Aufl. 97; Günter Netzer – Manager und Rebell, Biogr. 94; Rausch im Niemandsland. Es gibt ein Leben nach d. DDR 94; Ostzeit – Westzeit. Aufbrüche e. neuen Kultur 96; Orte Paul Celans 96; Nach den Utopien. Eine Geschichte d. deutschsprachigen Gegenwartslit. 04; Schlußball 05; Wie man Gedichte und Landschaften liest. Celan am Meer 06. (Red.)

Boge-Erli, Nortrud; Buchenweg 8, D-40822 Mettmann, Tel. (0 21 04) 7 49 68, Fax 5 07 37, *Nortrud. Boge-Erli@web.de* (* Pècs/Ung. 26. 11. 43). VS 79; Reisestip. d. Ausw. Amtes f. Rumänien; Jugendb., Kinderb. – **V:** Seidelbast sucht Insel Mi, M.-Erz. 70; Bei Pfefferkorn spukt ein Gespenst 72; Ein Zimmer irgendwo 75; Körnchen Kamintier 79; Zeugin Nina Baumgärtner 80; Barfuß gehen und träumen, R. 82; Erinnerung an Barbara, R. 82; Wenn's regnet, weint der liebe Gott, Kdb. 82; Lauf gegen den Wind, R. 84; Eine gewisse Zeit im Jahr, R. 85; Bolanek kann zaubern, Kdb. 87; Faja, König von Wildland, R. 87; Das Glück der Elli G. 88; Bianca Vampirrutschi oder die Wahrheit oder Vampire 89; Bonnie Siebenzack oder die Saurier kehren zurück, R. 91; Kassiopeia 91; Löwen brauchen keine Kleider 92; Lilli kennt das Gruseln nicht 93; Papa wohnt im Wintergarten 93; Zwei Väter sind besser als keiner, Kdb. 93; Sehnsucht nach Winnie 94; Dreimal lieber Angelo 95; Satans rote Augen 95; Emil Reisereschwein und

die Meermonster 96; Geisterbotschaft 97; Das Gespenst im Bettkasten 97; Manche Monster schmusen gern u. a. Monstergeschn. 98; Vampirnebel 98; Mink, der kleine Hexer 99; Ein kleines Gespenst für Lia 00; Voodoo, schwarze Liebe 00; Dunkle Engel 01; Sandras Baby 01; Monster mögen Makkaroni 02; Nachtschattenzeit 03; Vampirgeschichten 03; Melissa in der Hexenschule 04; Dance 04; Vampirfieber, R. 06; Flaschengeist-Geschn., Kdb. 06; Die Fremde im Steinbruch, R. 07; Glücksdrachen-Geschn., Kdb. 08; Zauberfaxen, Kdb. 08; Fight ohne Regeln, R. 08. – **MV:** Max Krachmach, m. Dorotheé Kreusch-Jacob 92; – Feengeschn. 06, 08; Rittergeschn. 07, 08; Olivia total umschwärmt 07, alles Kdb. m. Chris Boge. – **MA:** Auf der ganzen Welt gibt's Kinder 76; Die Stunden mit Dir 76; Morgen beginnt mein Leben 77; Liederspielbuch f. Kinder 78; Das große Zittern 79; Anfangen, glücklich zu sein 79; Das neue Sagenbuch 80; Das große Buch vom kleinen Bären 80; Frieden mehr als ein Wort 81; Naturspielzeug 81; Kreidepfeile und Klopfzeichen 81; Das Liedmobil 81; Gesichts-Punkte 82; Der Sandmann packt aus 81; Geschenk-Geschichten 83; Die großen Helfer 83; Schön und klug und dann auch noch reich 85; Rotstrumpf 6 85; Erzählbuch zum Glauben 1–3 81, 83, 85; Erzählbuch zur Weihnachtszeit 86. – **P:** Das Liedmobil 81, 82; Guten Abend, gut' Nacht 82; Heut Nacht steigt der Mond übers Dach 86.

Boger, Fred (Fritz Boger), Lehrer i. A., Rentner; Deinenbachstr. 2–2, D-74081 Heilbronn, Tel. (0 71 31) 57 22 04. c/o Knödler Verlag, Hofstattstr. 17, D-72764 Reutlingen (* Schorndorf 9. 3. 37). Literar. Gesprächskr. Ludwigsburg; Ged., Kurzgesch., Sketch, Hörsp., Bericht, Erz. – **V:** Don't smile before Christmas. Ein dt. Lehrer berichtet von seinen Schulerfahrungen im schwarzen Getto v. Chicago 81; Aus em Ländle, G. u. Geschn. 82; Die Hanna und ihr Häusle, Erzn. 00. – **R:** Die schwarze Perle 83; Reise nach Hannibal 83, u. a. Hsp.

Bogner, F. J., Schriftst., Bühnenautor, Schauspieler, Performer, Theaterpäd., Regisseur; Mailänder Str. 14/104, D-60598 Frankfurt/M., Tel. u. Fax (0 69) 68 66 50, *fj@bogner-theater.de, www.bogner-theater.de* (* 19. 6. 34). Erz., Dramatik, Hörsp. – **V:** Die Maus mit dem Sparbuch, Fbn. 70, 74; DAS arabische SYSTEM, Lyr. 71; ich bin. so?!, Theatertexte 72, 88; goethes V'st, Theatertexte 73, 74; von A bis ZETT, Lyr. 92; Memoiren eines Clowns 79; F.J. Bogners grosses kritisches FABEL-BUCH 05; – THEATER: zahlr. Bühnen-Bild-Folgen, u. a.: goethes V'st, UA Zürich 71; Die Irr-Fahrten des Odysseus, UA Baden/CH 73; sind wir so? wir sind so, UA Frankfurt/M. 83; Wiener Tisch-Gespräche, UA Wien 84; Heinrich Anton Leichtweis, UA Wiesbaden 90; ZombieKüsse, UA Dortmund 91; HÄNSEL + GRETEL allein zu Haus, UA Köln 92. – **MA:** Lyr. in: Spektrum, Nr. 49–61 70–74; Kolumn. in: Kultur Jetzt, Nr. 29–37 83–85. – **R:** DAS arabische SYSTEM 70; goethes V'st 71; Unsere Zukunft liegt im Meer 72; Israel und die Kinder 80; und führe uns 82; Wiener Tisch-Gespräche 86, alles Hsp., u. a. – **P:** Die Maus, die den Halt verlor, Fbn., Schallpl. 74; Brüder Grimm + Die Folgen, Tonkass. 86. – *Lit:* Götz Arnold: Bogners Clown-Theater SISYPHOS, Diss. 90; W. Nold: Mensch Bogner 92; zahlr. Beitr., u. a.: Christian Gampert in: DIE ZEIT; Jürgen Richter in: FAZ; Peter Bu in: Clowns & Farceurs 82; ders. in: Mime Journal 82; Livio Negri in: Guido al Mimo e al Clowns 82.

Bogner, Ralf Georg, Prof. Dr. phil., Lit.historiker; c/o Universität d. Saarlandes, Lehrstuhl f. Neuere deutsche Philologie u. Lit.wiss., Postfach 15 11 50, D-66041 Saarbrücken (* Wels/ObÖst. 4. 1. 67). Erz. – **V:** Totenacker-Spaziergänge, Erzn. 98; mehrere wiss. Veröf.

Bogner, Waltraud, Hrsg.; Natschlag 1, A-4160 Aigen, Tel. (0 72 81) 65 01, *bof@kronline.at, www. kronline.at/waltraud.bogner* (* Ulrichsberg/ObÖst. 17. 1. 58). – **V:** Kletzn im Soarg, Erzn. 98; Der Zuchthäuslerbub, R. 00; Häferlsterz, Erzn. 95; Die Bärigelbande, Kdb., Bd 1 96, 2 97; Findelkind, Aufzeichn. dt./russ. 96. – **H:** Publ. im Verlag „bibliothek ohne filter" seit 96. (Red.)

Bogner, Wolfgang, freischaff. Künstler; Rennsteinerstr. 7, A-9500 Villach, Tel. (0 42 42) 21 92 73, Fax 29 12 73 (* Wels/ObÖst. 15. 11. 42). Lyr., Zeitkrit. Prosa. – **V:** Wendeltreppe, Fotos m. Lyr. 99; Die Oberflächengesellschaft, Fotos m. zeitkrit. Prosa 00. – *Lit:* s. auch Kürschners Handbuch der Bildenden Künstler, 1. Aufl. 2005. (Red.)

Bohdal, Martha s. Jazz Gitti

Bohl, Erika (geb. Erika Grimm), Dr. med., Ärztin; Rosenstr. 5, D-82449 Uffing, Tel. (0 88 46) 91 42 26, Fax 91 43 71, *erika.bohl@t-online.de* (* Gross-Boschpol/Hinterpommern 6. 10. 36). Lit.pr. 'Arzt u. Schriftsteller'; Rom., Medizinjournalismus. – **V:** Zwischen Lehrbuch und Windel, Autobiogr. 70; Weihnachtszeit kommt nun heran, Erzn. 72; Studentenehen in Deutschland, Dok. 75. – **MV:** Für die Amsel, Erz. 79.

Bohlen, Helmut; Fritschestr. 67, D-10585 Berlin, Tel. (0 30) 3 05 38 42, Fax 30 81 26 48, *helmut.bohlen@ t-online.de, www.helmutbohlen.homepage.t-online.de* (* Spekerfehn 28. 9. 46). Rom. – **V:** Zwischen Mafia und Versicherungskonzernen, Erz. 00; Wundersturm, R. 01; Facer 1, R. 05; Mystik, Martyrium, Mallorca, R. 08.

Bohley, Peter, Prof. Dr., Facharzt f. Biochemie; Mohlstr. 58, D-72074 Tübingen, Tel. (0 70 71) 55 00 44, *peter.bohley@t-online.de* (* Sulzbach-Rosenberg 31. 10. 35). Erz., Dramatik. (Lyr. Ue: engl. – **V:** Sieben Brüder auf einer fliegenden Schildkröte, Erz., Erinn. 04, 2. Aufl. 05. – **MA:** Mey/Schmidt/Zibulla: Streitfall Evolution 95; Naturwissenschaften 95. – **MH:** Wir sind das Volk?, m. Andrea Pabst u. Catharina Schultheiß, Ber. 01.

Bohmeier, Bernd, M. A., Maler, Schriftst.; Händelstr. 53, D-50674 Köln, Tel. u. Fax (02 21) 25 22 03, *Bohmeier@t-online.de.* Dorfstr. 1, D-54552 Südersdorf-Trittscheid (* Bad Oeynhausen 26. 9. 43). VS 79 -06, Literar. Ges. Köln 96; Arb.stip. d. Ldes Rh.-Pf. 91, Arb.stip. d. Ldes NRW 95; Lyr., Rom. – **V:** Im Schwitzkasten, Erz. 78; Die Faust in der Tasche, R. 79; Spiegelungen, G. u. Zeichn. 81; Ins Gegenbild, Aquarelle u. ein lit. Text 83; Nichts geschieht zufällig – alles ist Zufall, Erz. 90; Der Rückzug. Eine Verwilderung, R. 92; Notizen zur Unlesbarkeit der Welt, G. 97; Südlich meiner Linken, G. 02. – **P:** Aus der Farbstille, G. u. Vertonungen, CD 99. – *Lit:* Dieter Wellershoff: Verstörung und Dekonstruktion 03; s. auch Kürschners Handbuch der Bildenden Künstler, 1. Aufl. 2005.

Bohn, Aloisia s. Kondrat, Kristiane

Bohn, Dieter, Dipl.-Ing. Maschinenbau, Techn. Autor; Koniferenstr. 66a, D-41542 Dormagen, Tel. (0 21 33) 26 63 54, *troll_incorporation@t-online. de, www.perrypedia.proc.org/Dieter_Bohn* (* Trier 19. 5. 63). 3. Pl. b. Ulupho-Story-Wettbew. 92, Marburg-Award (jeweils 2. Pl.) 06 u. 08; Phantastik, Science-Fiction. – **V:** Letzte Mahnung!, phant. Geschn. 07. – **MA:** Eldorado und weitere phantastische Geschichten 08.

Bohn, Nicolette *

Bohnert, Joachim; Archivstr. 2, D-14195 Berlin, Tel. (0 30) 8 33 68 66, *bohnert@zedat.fu-berlin.de* (* Freiburg/Br. 22. 7. 46). Rom., Erz., Dramatik. – **V:**

Grützke oder die Freuden der Assoziation, Dialog 97; Oreithyia. Sieben badische Etüden 98; Rosamunde, Bst. 99; Stiftsbriefe. Die Altersbriefe d. Mathilde v. Glümer, Erz. 99; Zug, Erz. 99; Salgor. Interlinearversionen, Erz. 00; Wie de Günter Amok geloffe isch, Volksst. 01; Krimi, R. 01/02; Bedingungslose Kapitulation, R. 04; Bülbül, Erz. 05; See- und Bruchstücke nach Art des Johannes Chrysostomus Hochstetter, Erz. 05; Daniels Abreise, Erz. 07; Auf der Halde, Erz. 07.

Bohnhardt, Wolfgang; Im Heidenfeld 62, D-60431 Frankfurt/M., Tel. (0 69) 51 01 82, *texter@online.de, www.frankfurtkrimi.de* (* 59). – **V:** Das Geheimnis der Ruine, Kinderkrimi 02. (Red.)

Bohnhorst, Brigitte (Brigitte Bohnhorst-Simon), freie Autorin; Ziegeleistr. 23 a, D-27607 Langen b. Bremerhaven, Tel. u. Fax (0 47 43) 27 55 35, *Bohnhorst Langen@aol.com* (* Bremerhaven 10. 11. 48). VS 85, Förd.kr. dt. Schriftst. 85, Dt. Haiku-Ges. 87, Humboldt-Ges. f. Wiss., Kunst u. Bildung; Bundespräsidialamt 87, A.-G.-Bartels-Gedächtn.-Ehrg. 91, Renga-Meisterin 93, Krimipr. d. Stadt Seelze 93, Westend-Lit.pr. 94; Lyr., Kurzprosa, Krim.erz., Sachb., Kunstb., Reiseber. – **V:** Staub unter den Füssen 89; Auf dem Weg zu Dir, Lyr. 91; Auf dem Weg durch die Jahreszeiten, Lyr. 92; Schattenrisse, Krim.-Geschn. 94; Augenblick der Stille, Lyr. 95; Spüre die Kraft, Lyr. 98, 4. Aufl. 06; Jeden Morgen ein neuer Anfang, Texte 03 (auch ndl.); mehrere Sachb. – **MV:** Stimmen des Lebens, m. Carl Heinz Kurz 92. – **MA:** Maja Langsdorff: Die Geliebte 96; Bremer Blüten, Lyr. 97; ca. 60 Anth., mehrere Zss., u. a.: Vjschr. d. dt. Haiku-Ges.; skript. – **R:** Die letzten Tage sind vorbei, Prosa 85; Schlußfahrt, Krim.-Hsp. 95. – *Lit:* wer ist Wer? 98; Bio-Bibliogr. d. dt. Haiku-Ges.; www.oldenburg.de/Kulturdatenbank; s. auch SK. (Red.)

Bohnlich, Uriel s. Holbein, Ulrich

Bohren, Rudolf, Dr. theol., Prof. f. Prakt. Theol.; Im Hosend 6, D-69221 Dossenheim, Tel. (0 62 21) 86 69 88, Fax 87 89 34. Gerbi, CH-3818 Grindelwald (* Grindelwald 23. 3. 20). VS 71, Be.S.V., P.E.N. Schweiz; Buchpr. d. Kt. Bern 85; Lyr., Sachb., Prosa, Wiss. Arbeit. Ue: canon, jap, engl, span. – **V:** Bohrungen, Lyr. 67; Predigtlehre, Ess. 71; Wiedergeburt des Wunders 72; Texte zum Weiterbeten 76, 88; Liebeserklärung an Fernost. Ein kirchl.-kulinar. Tageb. 80; Vom Heiligen Geist 81; Trost 81; Lebensstil. Fasten und Feiern 86; Heimatkunst, Lyr. 87; In der Tiefe der Zisterne 90, 05; Texte zum Aufatmen 90; Der untaugliche Christ 95; Schnörkelschrift, 90 Geschn. 98; Der Ruf in die Herrlichkeit 02; Wege in die Freude 03; Edition Bohren, 6 Bde: Sterben und Tod 03, Das Gebet (2 Bde), Ekklesiolgie, Auslegung u. Redekunst, Große Seelsorger, 05; berge/weinberge, Lyr. – **MA:** Alm. 5 f. Lit. u. Theologie, Ess. u. Lyr. 71; Das Glück liegt auf d. Hand, Ess. 84; Vom bleibenden stiften die Dichter?, Ess. 86. – **P:** Kluster zwei Osterei 71. – *Lit:* Bruno Bürki u. a. (Hrsg.): Theologische Profile 98; M. Ludwig: Kunst Raum Kirche 05. (Red.)

Bohrn, Irene s. Prugger, Irene

Boie, Kirsten, Dr. phil., Schriftst.; lebt b. Hamburg, *www.kirsten-boie.de* (* Hamburg 50). Nominierung f. d. Hans-Christian-Andersen-Pr. 04, Evang. Buchpr. 06, Poetik-Professur z. U.Oldenburg WS 06/07, Dt. Jgd.-lit.pr. (Sonderpr. f.d. Ges.werk) 07, Gr. Pr. d. Akad. f. Kinder- u. Jgd.lit. 08, u. a.; Kinder- u. Jugendb., Bilderb. – **V:** bisher über 80 Bücher, u. a.: Paule ist ein Glücksgriff 85; Mit Jakob wurde alles anders 86; Kinder mögen saure Gurken 86, Neuausg. u. d. T.: Sehr gefräßig, aber nett 95; Mellin, die dem Drachen befiehlt 87; Jenny mist meistens schön friedlich 88; Opa steht auf rosa Shorts 88; Manchmal ist Jonas ein Löwe 89; King-

Bojack

Kong, das Geheimschwein 89; King-Kong, das Reiseschwein 89; Lisas Geschichte, Jasims Geschichte 89; Entschuldigung, flüstert der Riese 89; Mit Kindern redet ja keiner 90; Alles total geheim 90; Das Ausgleichskind 90; Kein Tag für Juli 91; Ein Tiger für Amerika 91; Moppel wäre gern Romeo 91; Geburtstagsrad mit Batman-Klingel 91; Ich ganz cool 92; Der kleine Pirat 92; Alles ganz wunderbar weihnachtlich 92; Kirsten Boie erzählt vom Angsthaben 92; King-Kong, das Zirkusschwein 92; Juli der Finder 93; Mittwochs darf ich spielen 93; Jeder Tag ein Happening 93; King-Kong, das Liebesschwein 93; Lena hat nur Fußball im Kopf 93; Juli tut Gutes 94; Mutter, Vater, Kind 94; Nella-Propella 94; Erwachsene reden – Marco hat was getan 94; Klar, daß Mama Ole/Anna lieber hat 94; Vielleicht ist Lena in Lennart verliebt 94; Abschiedskuß für Saurus 94; Sophies schlimme Briefe 95; Prinzessin Rosenblüte 95 (auch als Theaterst.); King-Kong, das Schulschwein 95; Juli wird Erster 96; Ein Hund spricht doch nicht mit jedem 96; Lena zeltet Samstag nacht 96; Eine wunderbare Liebe 96; Juli und das Monster 97; Lena findet Fan-Sein gut 97; Man darf mit dem Glück nicht drängelig sein 97; Der Prinz und der Bottelknabe oder Erzähl mir vom Dow Jones, Jgdb. 97; Krippenspiel mit Hund 97; King-Kong, das Krimischwein 98; Krisensommer mit Ur-Otto 98; Lena möchte immer reiten 98; Ein Stier im Wohnzimmer 98; Juli und die Liebe 99; Bärenmärchen 99; Du wirst schon sehen, es wird ganz toll 99; Nicht Chicago. Nicht hier, Jgdb. 99; Linnea geht nur ein bisschen verloren 99; Linnea will Pflaster 99; Linnea klaut Magnus die Zauberdose 99; Linnea rettet Schwarzer Wuschel 00; Zum Glück hat Lena die Zahnspange vergessen 00; Nee, sagte die Fee 00; Wir Kinder aus dem Möwenweg 00; Der durch den Spiegel kommt 01; Kerle mieten oder das Leben ändert sich stündlich 01; Josef Schaf will auch einen Menschen 02; Kann doch jeder sein, wie er will 02; Lena – Allerhand und mehr 02; Linnea macht Sachen 02; Linnea macht Sperrmüll 02; Sommer im Möwenweg 02; Verflixt – ein Nix! 03; Monis Jahr 03; Geburtstag im Möwenweg 03; Linnea schickt eine Flaschenpost 03; Die Medlevinger 04; Was war zuerst da? 04; Skogland 05; Der kleine Ritter Trenk 06; Prinzessin Rosenblüte, wach geküsst 07; Alhambra 07; (Übers. in zahlr. Sprachen). – MA: Beitr. in: Ich glaub, ich hab dich lieb 87; Oetinger Lesebuch 1987/88; Texte dagegen 93; Was für ein Glück, 9. Jb. der Kinderlit. 93; Erzähl mir, wie ich früher war 95; Früher war auch mal heute 95, alles Anth.; Dt. Allg. Sonntagsblatt Nr.52 96; Ab in die Ferien, Anth. 97; Der bunte Hund 98 – Artikel, Aufsätze, Referate in: Beiträge Jgd.lit. u. Medien 1/95; Jahresgabe 1995 d. Freundeskreises d. Inst. f. Jgdb.forsch. d. J.-W.-Goethe-Univ.; JuLit 4/95, 1/98; Frankfurter Rundschau (Beil.) v. 23.3.95; Blickpunkt: Autor 96; Lesezeichen 3/97; Die Zeit v. 25.4.97; Kulturpädagog. Nachrichten 50/98; Grundschule 12/98, u. a. – R: Drehbücher z. ZDF-Kinderserie „Siebenstein": Der Nikolausstiefel, Die Riesentorte, Die Froschprinzessin, Die Nacht ist nicht zum Schlafen da, Der Koffer ist weg!, Das Gewitterpicknick, Verloren – gefunden, Weihnachten, Ich bin schön. – P: zahlr. Buchtitel auch als Kass./CD.

Bojack, Waltraud, examinierte Altenpflegerin; Bierkeller 3, D-97286 Winterhausen, Tel. (0 93 33) 90 35 40, *www.bojack-buch.de* (* 58). – V: Bobtailrüde Ernie – Memoiren eines Hundes 06.

Bokpe, Annette (geb. Annette Kraus), Bankkauffrau, Dipl.-Theaterwiss., Geschf. Berlin Service Individuell, Autorin, Doz.; Tempelhofer Weg 2, D-12099 Berlin, Tel. (0 30) 70 17 86 98, *info@annette-bokpe.de, office @berlin-service-individuell.de, www.annette-bokpe.de*

(* Gotha 27. 8. 59). – V: Der Kuss des Voodoo. Mein Leben als afrikanische Prinzessin 02, 04. – H: Keine Angst es zu lesen, Kurzgeschn. 04. (Red.)

Bolaender, Gerhard, Schriftst.; Georg-Speyer-Str. 49, D-60487 Frankfurt/Main, Tel. (0 69) 7 07 14 68. Am Hange 18a, D-58119 Hagen (* Bochum 6. 12. 57). VS; Arb.stip. d. Dt. Lit.fonds 82, Lyr.pr. b. NRW-Autorentreffen 85, Arb.stip. d. Ldes NRW 86, 94; Lyr., Prosa, Rom. – V: Aus den Augen, Lyr. 86; Jazzstimmen, Lyr. 91; Körperbrennen, Prosa 95. (Red.)

Bolius, Uwe, Dr. phil., Schriftst., Filmemacher; Margaretenstr. 67/2/18, A-1050 Wien, Tel. u. Fax (01) 5 87 13 42, *uwe@bolius.at, www.uwebolius.at* (* Linz 6. 8. 40). LVG 76, GAV 79, IGAA; Öst. Staatsstip. f. Lit. 79/80, Sonderpr. d. Rauriser Lit.tage m.a. 82, Pr. f. Menschenrechte d. Grünen Salzburg 02, Queer-Lit.pr. 05; Lyr., Drama, Epik, Sachb., Rom. – V: Die Abschiedsrede, Theaterst. 69; Der gewollte Mißerfolg, Sachb. 71; Standhalten, R. 79; Der lange Gang, R. 83, Neuaufl. 06; Individuum, ein philosophischer Versuch 84; Geschichten von anderen Leben, Erzn. 85; Im Aschenlicht, G. dt./frz. u. Fotos 88; Landnahme, Sachb. 98; heinrich hanna gert, R. 02; Hinter von innen, R. 08. – H: Joop Koopmans: Ein neues Volk wird dich preisen, Sachb. 86; ders.: Das Leben umarmen, Sachb. 90. – F: Ein neues Volk wird dich preisen 89; Die Begegnung der Inseln 94; Landnahme 97; „Wir müssen die Erde retten". Der alternative Nobelpreisträger José Lutzenberger im Gespräch 99; VIDA. Industrielle Abfallverwertung in Brasilien 98; Rincão Gaia, Schlupfwinkel Gaia 98; Erinnerungen aus dem Widerstand. Margarete Schütte Lihotsky 1940–1945 99; Agnes Primocic. „Nicht stillhalten, wenn Unrecht geschieht" 02, alles Dok. filme. – Ue: Marie Fougère: Mauves Briefe, Erz. 87. – Lit: Kurt Adel: Die Lit. Öst. an d. Jahrtausendwende 01.

Bollacher, Wolfgang, Dr., Rechtsanwalt; Königsberger Str. 33, D-71638 Ludwigsburg, Tel. (0 71 41) 8 39 35 (* Heilbronn 23. 5. 33). – V: Nestingsektion. Mundelsheimer Jahre 1943–1951, Erinn. 84, 4. Aufl. 86; Kleinbus mit Badewanne und andere Merkwürdigkeiten 00. (Red.)

Bollag, Amy Abraham, Maler, Cartoonist, Landwirt, seit 40 Jahren Studium d. Sonnenflecken, hauptsächl. m. Bezug auf das Wetter; Uetlibergstr. 282, CH-8045 Zürich, Tel. (01) 4 61 55 50, Fax 4 61 54 77. Höhenweg 8, CH-8836 Bennau b. Einsiedeln (* Baden/Aargau 12. 7. 24). Erz., Kurzgesch. (m. Ill.), Dramatik. – V: Die Zeit angehalten, Erz. 99; Geliebtes Gestern, 40 Geschn. m. 50 eigenen Ill. 06. – B: Die Bibel für Kinder erzählt, m. Abrascha Stutschinski 64, 4. Aufl. 95. – MA: seit 1985 Geschn. u. Illustrationen in versch. Ztgn, u. a.: monatl. eine Kurzgesch. m. Ill. in d. Aargauer Ztg; seit 27 Jahren wöchentl. ein Cartoon in d. Einsiedler Ztg; Ill. zu Theater-Spektakeln (international) im Zürcher Tagblatt; weiterhin in: Badener Tageblatt; Zürich Express; Schweizerischer Beobachter; Israelit. Wochenblatt Schweiz; Jüdische Rundschau (Basel); Musik u. Theater (Zürich); – Alex Jakobowitz: Ein klassischer Klezmer (Mitarb., Ill.) 98. – P: Zweiter Weltkrieg in der Schweiz, Video (aufgenommen v. Bundesamt f. Kultur) 01; Antisemitismus in der Schweiz im 2. Weltkrieg, Video (im Auftrag Prof. Wutka, Leipzig) 05. – Lit: Lex. d. zeitgenöss. Schweizer Künstler 81; – Kritiken in versch. Ztgn, u. a. in: Badener Tagebl.; Aargauer Ztg; Einsiedler Ztg; Zürich Express; Schweizerischer Beobachter; Israelit. Wochenbl. Schweiz; Jüdische Rundschau (Basel); Tachles (Zürich), seit 85.

Bollermann, Henrik, Organisator Poetry Slam Bielefeld; Hörsterbruch 55, D-32791 Lage, *henrik@netz-*

kasten.de, bollermann.netz-kasten.de, www.texteratur. de (* 4. 73). Kurzprosa, Internetlit. – **V:** Texteratur, m. Johannes Rose u. Torsten Steinhoff, Anth. 00. – **P:** www.texteratur.de, m. Johannes Rose u. Torsten Steinhoff 98–04; www.textropolis.de, Lit.projekt 00–03. (Red.)

Bolli, Julia (Julia Bolli-Todorova), Choreographin, Klavierlehrerin; Sommerwiesstr. 13, CH-8200 Schaffhausen, Tel. u. Fax (0 52) 6 25 21 48 (* Karlukovo, Kr. Lovetsch/Bulg. 26. 10. 62). ZSV 99, BSV 00, KV Schaffhausen 00, SH Buchwoche 01, Pro Lyrica 02; Lyr., Erz. Ue: bulg. russ. – **V:** Meine Seele 94; Nur für Dich 96; Willkommen 96; Alles ist Liebe 98; Aus der Ferne 00 (alle bulg.); Aus heiterem Sinn, G. 00; Dornenteppich, G. 02. – **MA:** Autoren-Werkstatt 77 00; Sesam öffne dich 00; Das Gedicht lebt 00; Welt der Poesie 01; Lyrikkalender 01/02; Leben mit Liebe in Frieden 02. – **R:** Metamorphosen, Gesch. im Rdfk 99. (Red.)

Bolliger, Hedwig, Lehrerin i. R.; Eichengasse 9, CH-6331 Hünenberg (* Cham/Schweiz 18. 2. 13). ISSV 56; 1. Pr. b. Jgdschrr.-Wettbew. d. schweiz. kath. Lehrerver. 50, Jgdlit.pr. d. Kt. Zug 68, 1. Pr. b. Schulfk-Wettbew. (Unterst.) d. Schweiz. Radios 69; Jugendb. Ue: frz. – **V:** Die Drei vom Grabenhaus 51; Kameraden 51; Monika hat Sorgen 52; Judith muß verzichten 60; Flöckli 60; Jürg hat keinen Vater 61; Der Wundervogel Miralu 62; Der Königskuchen 63; Bettinas großer Wunsch 65; Dem Heiland zulieb 67; Komm mit, Mustafa 76; Mustafa, wo bleibst du? 77; Der Wohnwagen und sein Geheimnis; Patrick und das große Los 81, alles Jgdb.; Tausend Jahre sind es her 78; Hüt isch e Tag zum Fyre, Mda.-G. 80; E Zyt zum Fröhlichsy, Glückwunschg., Mda.-G. 81; Benjamin und der Stern, Geschn. 91; Spurlos verschwunden, Erz. 95, 5. Aufl. 03. – **MA:** Kurzgeschn. in: Zytlos, Zs. – **R:** Wenn de Winter streikt; Wenn's nur kei Gumel gäb; Die größt Freud, alles Jgdhsp.; Er hed sich um eus kümmeret, Mda.-Adventssp. 73; Wiehnacht im Hochhuus, Mda.-Erz. f. Kinder. – **Ue:** Marie Joseph Lory: Die fliegend Kröte; Marcelle Pellissier: Wohin Sophia? – *Lit:* Ged.schr. d. Jgdschr.komm. d. Kt. Zug 68; Hedwig Bolliger (Schriftst.-portr. d. Schweiz. Bdes f. Jgdlit.). (Red.)

Bolliger, Max, Heilpäd.; Mariahaldenstr. 5, CH-8872 Weesen, Tel. u. Fax (0 55) 6 16 16 30 (* Glarus 23. 4. 29). ZSV 70, SSV 72; 1. Pr. Lyr.wettbew. Radio Basel 57, E.gabe a. d. Lit.Kredit d. Kt. Zürich 62, Ringier-Feuilleton-Pr. 65, Dt. Jgd.lit.pr. 66, Schweiz. Jgdb.pr. 73, Conrad-Ferdinand-Meyer-Pr. 74, Der silb. Griffel (NL) 76, Kath. Kd.- u. Jgdb.pr. 91, Gr. Pr. d. Akad. f. Kd.- u. Jgd.lit. (Dtld) 05; Lyr., Kurzgesch., Kinderb., Drehb. Ue: engl. – **V:** Gedichte 53; Verwundbare Kindheit, Erzn. 57; Ausgeschickte Taube, G. 58; Der Clown, Fragmente zum Thema 59; Der brennende Bruder, Erzn. 60; Knirps, Bilderb. 62; Das alte Karrussel 63; David, Erz. 65; Joseph 67; Daniel 68; Alois 68; Leuchtkäferchen 69; Der goldene Apfel, Fbn. 70; Peter 71; Der Regenbogen 72; Der Mann aus Holz 74; Die Puppe auf dem Pferd 75; Das Riesenfest 77; Eine Wintergeschichte 76 (alles Bilderb.); Schweigen, vermehrt um den Schnee, G. 69; Mose, Kdb. 72; Was soll nur aus dir werden, Jgdb. 77; Weisst du, warum wir lachen und weinen, Jgdb. 77; Ein Funke Hoffnung, Jgdb. 81; Euer Bruder Franz, Biogr. 82 (auch ndl.); Jesus, Kdb. 82; Der Weihnachtsnarr, Lgn. 82; Die Kinderbrücke; Das Hirtenlied; Das schönste Lied (auch engl.); Heinrich; Der Bärenberg (auch engl., Afrikaans); Eine Zwergengeschichte; Die Riesenberge; Der bunte Vogel; Die beiden Weihnachtssesel (auch Afrikaans, Zulu, Xhosa); Der Hase mit d. rosaroten Ohren, alles Bilderb.; Der goldene Fisch, M. 84; Franziskus u. die Tiere, Legn.

86; Stummel, Erzn. 86; Das Riesenfest 87, 97; Stummel im Winter, Erzn. 87; Ein Stern am Himmel. Niklaus v. Flüe, Biogr. 87; Daniel u. ein Volk in Gefangenschaft 88; Stummel unterwegs, Geschn. 88; Barri, Gesch. 89; Das Klassenlager 89; Pedro, Gesch. 89; Stummel, das Hasenkind, Geschn. 89; Biblische Geschichten 90; Der Hase mit den himmelblauen Ohren, Gesch. 91; Jakob der Gaukler 92; Ein Sommer mit dreizehn u. a. Erzählungen 92; Ich will hinaus, G. 93 (auch ndl.); Der Drache. der Hase, Fbn. 93; Bim, Bam, Bum 94; Bim, Bam, Bum u. das Bärenbrot 94; Bim, Bam, Bum u. die kleine Katze 95; Hinter den sieben Bergen, Kdb. 95; Bim, Bam, Bum u. die Katzentaufe 96; Heinrich, der kleine Prinz 96; Der Weihnachtsengel auf dem Seil, Kdb. 96; Ein Sommerfest, Fbn. 98; Eine Zwergengeschichte, Bilderb. 98; Das Ravensburger Buch der biblischen Geschichten 99; Stummel. Ein Hasenkind wird groß, Geschn. 99; Der Weg zur Krippe, Kdb. 99; Kater Clemens 00 (auch dän.); Stoppel, Poppel oder Hoppel? 00 (auch frz., dän., jap., korean., ital.); In einer Höhle am Waldrand 00; Kleines Glück & Wilde Welt 00, alles Bilderb.; Weihnachten ist, wenn ... 03; Bevor du einschläfst 03; Der aufgeblasene Frosch u. 80 andere Fabeln 05; Georg u. der Drache, Legn. 05. – **H:** Mein erstes Vorlesebuch der schönsten Legenden 90, 93. – **F:** Claudia oder was ist Timbuktu 74; Ein Sommer mit 13 76; Liliput oder zu klein in einer großen Welt. – **R:** Der Stern, Hsp. 62, 63. – **P:** Einmal zum Monde fliegen 68; Niggi 79; Die Kinderbrücke; Weihnachten, u. a. Tonkass. – **Ue:** Kinderbücher. – *Lit:* Walther Killy (Hrsg.): Literaturlex., Bd 2 89. (Red.)

Bollwahn, Barbara; Boxhagener Str. 121, D-10245 Berlin, Tel. (0 30) 6 24 14 18, *barbara.bollwahn@ freenet.de, barbarinella.jimdo.com* (* Borna 11. 3. 64). Wächter-Pr. d. Tagespresse; Jugendb. – **V:** Mond über Berlin 06; Der Klassenfeind und Co 07. – **MV:** Leipzigbuch 05; Hauptstadtbuch 05; Frankfurtmainbuch 07.

Bolte, Bianca, Buchhalterin; Zur Finterei 1D, D-28844 Weyhe, *www.bianca-bolte.de* (* 68). – **V:** Wossis – drei Jahre im Osten 02. (Red.)

Bolz, Alexander, Dr., M. A., Dokumentarfilmer; Auf dem Meere 46, D-21335 Lüneburg, Tel. (0 41 31) 9 99 27 89, *alexanderbolz1@aol.com, www.albech.de* (* Jülich 12. 7. 62). Rom., Erz., Drehb. – **V:** Trinakria, R. 91; Ça ira, R. 92; Alles oder Nichts, Erzn. 95; Il Viaggio, R. 04. – **H:** Gabriele D'Annunzio: Der Unschuldige, R. 88.

Bolz, Michael (Ps. Jan van Burgh), Student/ Frauenrechtler; Havelberger Str. 18, D-10559 Berlin, Tel. (0 30) 51 05 16 48, *micha_bolz2000@yahoo.de, www.mordkunstwerk.de* (* Kempten/Allg. 12. 2. 71). VG Wort. – **V:** Ausschnitte aus traumlosem Bewusstsein – oder: schlafen tu ich in der Nacht, Erzn., Satn., G. u. Zitate, vw. m. Liebe u. Leben und sterben in Neukölln, Krim.-Gesch. 08; Ex codex: Pontius Pilatus, Groteske (z.T. vierspr.) 08.

Bomberg, Karl-Heinz, Dr. med., Arzt, Psychotherapeut, Liedermacher u. Autor; Steengravenweg 4, D-10407 Berlin, Tel. u. Fax (0 30) 4 21 78 00, Fax 42 80 74 15, *k-h.bom@gmx.de, www.kh-bomberg. de* (* Creuzburg/Werra, Thür. 30. 9. 55). Lied, Chanson, Lyr., Kurztext. – **V:** Sing mein neualtes Lied. Zwischentexte 96; Autor ohne Lenker. Lieder u. Texte vw. se 02; einige Fachveröff. – **MV:** Das Klosterleben 94; Die Klosterbrüder 98, beides Kdb. m. Manfred Tekla. – **MA:** Mitwirkung bei zahlr. u. Medienproduktionen. – **P:** Wortwechsel, Schallpl./Tonkass. 91; Worüber soll ich heut noch singen?, CD 99; Hoffnung, CD 06.

Bomm, Manfred, Journalist; Eybach, Eibenstr. 14, D-73312 Geislingen, Tel. (0 73 31) 6 17 11,

Bonack

manfredbomm@aol.com, *www.bomm-online.eu* (* Geislingen-Eybach 8. 8. 51). Krim.rom., Wanderb., Erz. – **V:** Himmelsfelsen 04; Irrflug 04; Trugschluss 05; Mordloch 05; Schusslinie 06; Beweislast 07; Schattennetz 07; Notbremse 08, alles Krim.-R. – Sachbücher: Schwaben mit Leib und Seele 03; Das Filstal auf und ab 04; Wandern rund ums Filstal und darüber hinaus 06; Vor und auf der Alb 08.

Bonack, Reiner, Fräser; J.-Göderitz-Str. 111, D-39130 Magdeburg, Tel. u. Fax (03 91) 7 22 63 06, *reinerbonack@t-online.de* (* Senftenberg 3. 1. 51). Dt. Haiku-Ges. 89, VS 94–03; Haiku-Pr. Zum Eulenwinkel 95; Lyr. u. Prosa f. Erwachsene u. Kinder. Ue: dän. – **V:** Standorte, Lyr. 82; Kopf im Wind, Lyr. 87; Die Clique oder Schlag nicht meinen Schneemann tot, Theaterst. 94; Gespannte Stille, Lyr. 95; Die silbernen Nächte, Haiku 01; Im Schnee der Dünen, Lyr. 02; Blauer Grund der Sirenen. Lyr. 07; Schnee tropft vom Strohdach, Haiku 07; Wie Wendelin Wurz zum Teufel ging, Kdb. 08. – **MV:** Beug' dich zum Wasser, Lyr. 94. – **MA:** Das große Buch der Haikudichtung 90; Das große Buch der Tankadichtung 90; Haiku 1995, 1998; Das Kind im Schrank, Lyr. 98; Schauplatz Magdeburg, Anth. 05. – **H:** Im Duft der Gärten 94; Atemzug Haiku 98; Zwischen den Ufern 99, alles Lyr.; Treidler. Literar. Zs. d. Künstlergemeinschaft Elbaue, seit 03; H. Müller: Pfennige tropften in meinen Hut, G. 07. – *Lit:* Bio-/Bibliographie d. Dt. Haiku-Ges. 94; Schriftst. in Sa.-Anh. 99, 05.

Bonatti, Hugo J., freier Schriftst.; Lindnerfeld 1, A-6370 Kitzbühel, Tel. (0 53 56) 7 42 09, *hugoj@bonatti. at* (* Innsbruck 1. 4. 33). Turmbund 67, Öst. P.E.N.-Club 87; Prosapr. d. Ldeshauptstadt Innsbruck 66, 3. Pr. f. dramat. Dicht. d. Ldeshauptstadt Innsbruck 84; Kurzprosa, Ess., Rom., Drama, Lyr., Sprechoratorium. – **V:** Irrlichter, Kurzgeschn. u. Nn. 72; Centuricus oder Die Constellationen, experim. Texte 74; Das Danaergeschenk, Studien 78; Politik, sagte er, Ess. 79; Das Tal der Häßlichen, R. 84; Quodlibet, Kurzgeschn. u. Nn. 97; Der Nihilist (Ein Ikarus), R. 97; Signale aus dem Raum, Kurzgeschn. 97; St. Helena (Die Periöken), Chron. u. R. 98; – Stücke: Der Antichrist 77; Wendekreis 90; Die Abreise 06 (auch poln.). – *Lit:* W. Bortenschlager: Gesch. d. Spirituellen Poesie 76; Paul Wimmer: Wegweiser durch d. Lit. Tirols 78.

Bondy, Luc, Theater- u. Opernregisseur, künstler. Leiter u. Geschäftsf. d. Wiener Festwochen; c/o Wiener Festwochen, Lehárgasse 11, A-1060 Wien, Tel. (01) 58 92 23 36, Fax 5 89 22 49, *bondy@festwochen.at*, *www.festwochen.at* (* Zürich 17. 7. 48). Deutscher Kritikerpr. 84, Hans-Reinhart-Ring 97, Berliner Theaterpr. 98, Theaterpr. d. Stift. Preußische Seehandlung 98, Nestroy-Pr. 00, Stanislawski-Pr. Moskau 01, Zürcher Festspielpr. 08; Erz. – **V:** Das Fest des Augenblicks 97; Wo war ich? Einbildungen 98; Meine Dibbuks, Erzn. 05. – *Lit:* Dietmar N. Schmidt (Hrsg.): Regie ... Luc Bondy 91; C. Bernd Sucher: L.B. Erfinder, Spieler, Liebhaber 02, u. a.

Boneberger, Ottmar Georg, Schriftst., Lebensberater/Coach; Falkenweg 1, D-88299 Leutkirch, Tel. (0 75 61) 73 63, *ogb_boneberger@yahoo.de* (* Leutkirch 25. 10. 47). Bodensee-Club bis 84; Lyr., Prosa, Ess. – **V:** Stromland, Lyr. u. Prosa 80. – **MA:** 32 Beitr. in Zss.; 2 Ess. in Lit.zss.; 9 Beitr. in Kunstzss.

Bonetto, Bettina; Friedrich-Ebert-Str. 55, D-37520 Osterode, *betzoid@gmx.de* (* Osterode/Harz 9. 3. 77). Rom., Kurzgesch., Lyr. – **V:** Der Fall Weintraube 02. – **MA:** Nationalbibliothek d. dt.sprachigen Gedichtes 99. (Red.)

Bonewitz, Herbert, Kabarettist, Publizist; An der Krimm 10a, D-55124 Mainz, Tel. (0 61 31) 4 41 76, Fax 46 65 43, *herbert.bonewitz@web.de*, *www.bonewitz.de/ Herbert-Bonewitz.htm* (* Mainz 9. 11. 33). Silb. Rheingoldplakette, Gutenbergplakette d. Stadt Mainz, Ehrenglocke v. Mainzer „unterhaus", BVK am Bande, Stern d. Satire; Kabarett, Glosse, Satirischer Kommentar, Übers. in Mundart, Lied. – **V:** Typisch Bonewitz, Sketche, Vortr., Songs, G., Glossen, Kommentare 93 (auch CD); Zwischen allen Stilen, Autobiogr. 00; Gereimtes Leben, G. u. Lieder 04; BoneWitziges Satirikum, Glossen 06; 17 Kabarettprogramme seit 75. – **B:** Asterix uff määnzerisch: Kuddelmuddel ums Kupperdibbe 01. – **MA:** zahlr. Glossen u. satir. Kommentare in Ztgn, Zss. u. Büchern, u. a. in: Der Mainzer, Stadtmag.; Rheinzeitung; Allg. Ztg Mainz; Mainzer Vierteljahreshefte.

Bongard, Katrin, Malerin u. Autorin; c/o Scriptpool, Friedrich-Ebert-Str. 56, D-14469 Potsdam, *bongard@ scriptpool.de*, *www.katrinbongard.de* (* Berlin 62). Peter-Härtling-Pr. 04, Jury der jungen Leser, Wien 05, Jgdb.pr. „Goldene Leslie" von „Leselust in Rh.-Pf." 06; Jugendb. – **V:** Radio Gaga 05, Tb. 08; Radio Gaga on Air 06; Rocco 07.

Bongard, Karl, Dipl.-Bibl., freischaff., Cheflektor i. R.; Redwitzgang 16, D-12487 Berlin, Tel. (0 30) 6 31 74 09, 6 51 69 44 (* Erfurt 9. 11. 25). Stefan-Andres-Ges., Reinhold-Schneider-Ges., Elisabeth-Langgässer-Ges., Fachbeirat Lit. d. Romano-Guardini-Stift., Dt. Lit.landschaften e.V., EM 00; Lyr., Publizistik, Herausgabe. – **V:** Alles und jedes ein Zeichen, G. 80; Den Kern zu wahren, G. in Ausw. 90, 00; Mein Thema ist der Mensch – Stefan Andres 90, 05. – **MA:** Wesen und Widerstand 97, 99. – **H:** Gefährten auf gemeinsamem Weg – Portr. 73; Fahndungen – 22 Autoren üb. sich selbst 75; Spuren im Spiegellicht, Lyr.-Anth. 82; Eva Zeller: Unveränderliche Kennzeichen, Ausgew. Erzn. u. G. (m. e. Nachw. vers.) 83; Das Schloß über der Unstrut. Burgscheidungen i. Gesch. u. Gegenw. E. Leseb. 87; Der Sonnengesang des heiligen Franziskus von Assisi, zweispr. (m. e. Nachw. vers.) 89. – **MH:** ... und ist der Ort, wo wir leben. E. Heimat-Anth. 87.

Bongartz, Barbara, Dr., Schriftst.; lebt in Berlin, c/o Weissbooks Verl., Frankfurt/M. (* Köln 11. 7. 57). P.E.N.-Zentr. Dtld; Lit.förd.pr. d. Ldeshauptstadt Düsseldorf 96, Stip. d. Stadt Amsterdam 97, Arb.stip. d. Stadt Düsseldorf 98, Solitude-Stip. 99, Stip. Künstlerhaus Röderhof 00, Ahrenshoop-Stip. Stift. Kulturfonds 01; Erz., Rom., Nov., Ess. – **V:** Das Böse möglicherweise, Erzn. 94; Stücke fürs Herz, Erzn. 95; Eine der Geschichten aus Donner+Sturm, R. 97; Örtliche Leidenschaften – Compilations, R. 97; Herzbrand. Der Fall Cordelia Richter, R. 99; Die Amerikanische Katze, R. 01; Der Tote von Passy, R. 07; Perlensamt, R. 09. – **MV:** Inzest oder die Entstehung der Welt, m. Alban Nikolai Herbst, R. (Schreibheft Nr.58) 01; Rosa Immermergruen. Ein Florilegium, m. Barbara Köhler u. Suse Wiegand 02.

Bongartz, Dieter, Autor; Tel. (02 21) 35 40 28, *dbongartz@hotmail.com* (* Dülken 25. 3. 51). VS 83; Nomin. f. d. Grimme-Pr. 85, 89, 00, Arb.stip. d. Ldes NRW 92, 97, Luchs 95, Drehbuchstip. von: Filmstift. NRW 96, Filmbüros NRW 98, Bundesreg. 04, Filmförderanstalt ffa 05; Erz., Lyr., Rom., Drehb. – **V:** Wie durch Scheiben siehst du dich, Erzn. u. Lyr. 82; Ich singe vom Frieden, erzähl. G. I 83, II 84; Chronik einer Dienstentfernung, lit. Rep. 85; Blumen für Angie, Erz. 94; Humpelstilzchen, Erz. 95; Makadam, R. 97, 98; Der leichte Sommer des Kalli Spielplatz, Kd.-R. 98. – **H:** ... zurückgeschossen. Ein Leseb. über 33 u. die Zeit danach, Erzn., G., Dok. 79; Ganz anders als du denkst 02. – **F:** Der zehnte Sommer 03. – **R:** Dok.filme u. a.:

Die versteckte Stadt 88; Ich bin, ich bin ich ... 89; Die Herren der Platte 90; Wasserland 90; Sternentaler 91; Straßenkämpfer 96; Ein Sommer und eine Liebe, Reihe 99; – Fernsehspiele: Kahlschlag 93; Absprung 95; Der beste Lehrer der Welt 06; Das tapfere Schneiderlein 08.

Bonini, Séverine, lic. phil. I, Red. u. freie Autorin; Jurastr. 52, CH-4053 Basel, Tel. (061) 3 63 12 24, *sbonini@dplanet.ch* (* Basel 77). Rom., Lyr., Erz. Ue: frz. – **V:** Tiefenflüge, Lyr. 02. (Red.)

Bonk, Karl-Heinz, Kfm., Doz.; Salbeistr. 11, D-26129 Oldenburg, Tel. (04 41) 7 32 09 (* Oldenburg 22. 5. 37). Schrieverkring 90; Lyr., Prosa, Sachb., Niederdeutsche Lit. – **V:** Van Minschen, Müüs un wietet Land 87; Dor achter de Wüpp 89, beides Geschn. u. G.; Slapen Vigelien, Geschn. 96; Wiehnacht/Weihnacht, Erzn. u. G. 96; Der Pastor, N. 97; Unter dem Ölbaum, R. 98; Agnetzka, R. 99; Dat eenfache Läven, Erinn. 01; Nu is Wiehnachts-Tiet/Nun ist Weihnachtszeit, Erzn. 01; Steffi lehrnt Platt 05; Dat Ammerland in Platt 07; Oldenburger Weihnacht 07; – Sachb.: De Utrooper's kleines Buch ... vom Grünkohl 97, von der Nordsee 98, von der Geschichte Ostfrieslands 02, der Kirchen in Krummhörn 03, vom Oldenburger Land 03, vom Land am Jadebusen 05; Mein Heimatbuch vom Ammerland 99; Grünkohl-Zeit 03; Tee. Von Assam bis Zubereitung 05. – **MV:** Land am Jadebusen, m. Jürgen Woltmann, Bildbd 03; Die Krummhörn, m. dems., Bildbd 05. – **MA:** Oldenburger Sonntagsztg, seit 86; Windmühle in Hengstlage 92; Dwarsdör 93; Meine Weihnachtsgeschichte 93; Deutsche Mundarten an der Wende? 95; Oldenburg. Unsere Kunden schreiben ein Buch 96; An't open Füer 98, 2. Aufl. 03; Kirche au Eversten 02; Wi in us Tiet 03; Morgen roop ich di wedder an 04; „Krieg ist nicht an einem Tag vorbei!" 05; Spiegelsplitter – Speegelsplitter – Speigelsplitter 07, alles Anth./Sammelwerke; De plattdüütsch Klenner, Kal.; div. Kurzgeschn. f. d. Lit.telefon. – **R:** div. Hfk-Beitr., Erzn. u. Lesungen b. Radio Bremen, OK-Oldenburg, Radio Jade, seit 87. – *Lit:* Die B. Sowinski: Lex. dt.spr. Mda.-Autoren 97; Ursula Prettin in: Nordwest-Ztg v. 29.11.01; s. auch SK.

Bonn, Karl-Heinrich, Lehrer; Geizenberg 24, D-99880 Waltershausen, Tel. (0 36 22) 90 19 47 (* Waltershausen 11. 5. 27). SV-DDR 75–90, VS 93–95; Hörsp., Fernsehsp., Theaterst., Hist. Rom., Kinderb. – **V:** Studenten. 8 Szenen aus e. süddt. Universitätsstadt 59; Ihre große Liebe, Bü. 63; Das letzte Wochenende, Einakter 68; Häng deine Träume in den Wind, hist. R. 82, 4. Aufl. 00; Die geheimnisvolle Münze 88; Der lange Hans 89; Die Kutsche mit den Schwanenhälsen, hist. R. 95; Mein stiller Freund, Jgdb. 01. – **R:** Nächtlicher Besuch 61; Das Spiel der Wölfe 63; Das unheilige ABC 66; Schweigekur 68; Die Reise nach K. 69; Protokoll einer Brandstiftung 70; Die lange Nacht von Amorbach 93, alles Hsp.; – Eine fabelhafte Partie 72; Und wenn ich nein sage ...? 73; Hilfe für Maik 75; Die Explosion 75; Die Zechtour 77, alles Fsp. – *Lit:* Frank Lindner in: Palmbaum, Lit. Journal aus Thür. (Red.)

Bonné, Mirko; c/o Schöffling & Co., Frankfurt/Main (* Tegernsee 9. 6. 65). Treffen der Dreizehn 99–03, P.E.N. 03; Förd.pr. literar. Übers. Hambg 90, 96, Lit.förd.pr. 98; Ernst-Willner-Pr. im Bachmann-Lit.-wettbew. 02, Stip. d. Dt. Lit.fonds 03, Stip. d. dt. Übers.-fonds 03, Förd.pr. 2. Kunstpr. Berlin 04, New-York-Stip. d. Dt. Lit.fonds 08; Lyr., Rom., Übers. Ue: engl, frz, ndl. – **V:** Langrenus, G. 94; Gelenkiges Geschöpf, G. 96; Der junge Fordt, R. 99; Ein langsamer Sturz, R. 02; Hibiskus Code, G. 03; Der eiskalte Himmel, R.

06; Die Republik der Silberfische, G. 08. – **H:** John Keats: Werke und Briefe 95. – **R:** Roberta von Ampel, Hsp. 92. – **Ue:** E.E. Cummings: 39 Alphabetisch, G. 01; Ghérasim Luca: Das Körperecho, G. 04; Robert Creeley: Alles, was es für immer bedeutet, G. 06; Emma Lew: Nesselgesang, G. 08. – **MUe:** William Butler Yeats: Die Gedichte 05; Rutger Kopland: Dank sei den Dingen, G. 08. – *Lit:* Der Sprache das Sentimentale abknöpfen, Gespräch (WDR 3) 03.

Bonßdorf-Priebst, Gudrun (geb. Gudrun Pietzsch), Dipl.-Wirtschaftsing. (FH), Rentnerin; Am Schleifersberg 8, D-01824 Rosenthal-Bielatal, Tel. (03 50 33) 7 15 54, Fax 7 65 90, *gudrun-priebst@gmx.de*, *www.bod.de/autoren/bonssdorf-priebst_gudrun.html* (* Meißen 23. 5. 43). – **V:** Und schon geht es mir wieder gut ..., Erlebnisber. 97; Steig ich den Berg hinauf ..., Erinn. 00. – **MA:** zahlr. Artikel in versch. Zss.

Bontjer-Dobertin, Elke (Ps. Schorse Brück, El-BonDo); Oldenburger Str. 18, D-26835 Schweringsdorf, *elke.bontjer-dobertin@gmx.de* (* Hannover 10. 2. 43). Freundeskr. Südbrookmerlander Schriever 82, Arb.kr. ostfries. Autor/inn/en 83; Prosa, Lyr., Kinderb., Niederdeutsche Literatur. Ue: plattdt. – **V:** De Uulendroom, M. 84. – **MA:** Lyr. in: Gezeitenwende, Anth. 98; Liebe + Leben, Anth. 99; Prosa in: Schiefer als Pisa, Anth. 03. (Red.)

Bontschek, Frank s. Sikora, Frank

Bónya, André (Ps. Karl Graf), Autor, Jenseitskontakter; postlagernd, A-7471 Rechnitz (* Nürnberg 16. 6. 62). – **V:** Unternehmen „Taifun", R. 02; Gottes erste Ritter, Templer.-R. 03; Sturm im Kursker Bogen, R. – **MV:** Feenauge, fant. Märchen, m. Melissa Bónya 03; zahlr. Sachbücher. – *Lit:* s. auch SK. (Red.)

Bónya, Melissa (Ps. Lara Moran), Autorin, Reinkarnationstherapeutin, Heilpraktikerin; postlagernd, A-7471 Rechnitz (* Kansas City/USA 24. 10. 55). – **V:** Der Sohn des Elfenkönigs 02; Das Geheimnis der Templer 02; Das Atlantis-Orakel 02, alles Fantasy. – **MV:** Feenauge, fant. Märchen, m. André Bónya 03. (Red.)

Boom, Britta van den s. Brandt, Sylke

Boom, Dirk van den, Dr. phil., M. A., Politikwiss., Schriftst.; Mainzer Str. 199, D-66121 Saarbrücken, Tel. (06 81) 6 85 07 62, *www.sf-boom.de* (* 66). – **V:** mehrere R. in d. Reihen: Ren Dhark; Rettungskreuzer Ikarus; Sirius, u. a. – **B:** SF-Romanheftserie „Rex Corda" 03f. – **MA:** Kurzgeschn. in: Alien Contact 14/93, 19/95, 24/96; Das Herz des Sonnenaufgangs 96; Legale Fracht 02. (Red.)

Boos, Christiane (Ursula Kirchner); Pirolweg 1, D-26316 Varel, Tel. (0 44 51) 80 45 17, Fax 8 54 11, *cboos @hotmail.com* (* Essen 31. 12. 51). VG Wort; Lit.pr. d. Stadt Oldenburg 98; Prosa, Kurzgesch., Krimi, Christl. Lit. – **V:** Glück und Segen zum Geburtstag 99; Ich, der Nächste und was sonst noch zählt 02, beides Kurzgeschn. – **MA:** zahlr. Kurzgeschn. in Illustrierten u. Kirchenztgn. (Red.)

Bopp, Oliver, gelernter Drucker, Verleger, Hrsg., Autor; Ariel-Verlag O. Bopp, Marie-Curie-Str. 4, D-64560 Riedstadt, Tel. (0 61 58) 74 73 33, *www.ariel-verlag.de* (* Darmstadt 69). – **V:** Der Nylonair 93; Oliven und Bier 95; BAM WAM 99; Cocksucker-Blues 99, alles R.; Ruckzuck Kultpoet. So wird man Szenedichter 03; Dieses Land ist es nicht, G. – **H:** Cocksucker, Ztg f. Undergroundlit. 92ff. (Red.)

Borchardt, Erika, Kulturwiss.; c/o Edition digital, Voßstr. 15 a, D-19053 Schwerin (* Großdorf 22. 4. 44). VS; Erz., Dramatik. – **V:** Wie Petermännchen zu Hut und Stelzen kam, M. 90, 3. Aufl. 92; Petermännchen

Borchardt

Der verwunschene Prinz, Sagengeschn. 91, 92; Peter-
männchen. Der Poltergeist 92; Der habgierige Fischer,
Puppensp. 95; Das Geheimnis der Felsengrotte, Sagen
96; Im Paradies des Verkehrsteufels, Bü. f. Kd. 96. –
MV: Mecklenburgs Herzöge 91; Petermännchen. Der
Schweriner Schloßgeist 92, 94; Petermännchen. Der
geheimnisvolle Zwerg 94; Das sagenhafte Schwerin,
Wanderführer 06. – **MH:** Brüder Grimm: Das blaue
Licht, M. 94. – **R:** Bei Petermännchen zu Gast, Hsp.
95. (Red.)

Borchardt, Jürgen, Germanist, Dr. phil.; c/o Edition digital, Voßstr. 15 a, D-19053 Schwerin (* Laack
10. 10. 44). VS; Ess., Hist. Arbeit, Dokumentation, Herausgabe. – **MV:** Mecklenburgs Herzöge 91; Petermännchen. Der Schweriner Schloßgeist 92, 94; Petermännchen. Der geheimnisvolle Zwerg 94; Zwischen Hoffnung und Verzweiflung 94; Das sagenhafte Schwerin.
Wanderführer, Geschn. 06. – **B:** Ernst Klatt: Der Durst
der Seele, Lebensber. 98. – **H:** Kiek in. Mecklenburgische Beitr. z. Lit.erbe (auch Mitarb.) 86, 88, 89, 91; Dat
Petermänken 96; Erika Borchardt: Das Geheimnis der
Felsengrotte, Sagen 96. – **MH:** Reifezeugnisse. Über
Schwerin. 85; Ur-Kunden. Über Schwerin 85; Brüder
Grimm: Das blaue Licht, M. 94. (Red.)

Borchardt, Ursula, Verwaltungsangest.; Obere Liebfrauenstr. 43, D-61169 Friedberg/Hess., Tel. (0 60 31)
43 55, Fax (0 69) 79 82 94 61, *Borchardt@chemie.uni-
frankfurt.de* (* Bad Nauheim 9. 3. 59). Lyr., Prosa. – **V:**
Der Weg zur Lyrik, Lyr. u. Prosa (Kurzgeschn.) 80. –
MA: Von ... Carmens Traum ... bis ... Der Antrag 93;
ZEITschrift, Bde 24, 36, 65, 70, 77 93–98; Nationalbibliothek d. dt.sprachigen Gedichtes, Ausgew. Werke II
99; Das Gedicht der Gegenwart 00; Immer geradeaus,
Zs. 01; Du und ich, Zs. 01; Der Sarg in der Waschkü-
che, Zs., Bd. 114 02; Bibliothek dt.sprachiger Gedichte,
Ausgew. Werke X 07.

Borchers, Elisabeth, Verlagslektorin; Arndtstr. 17,
D-60325 Frankfurt/Main, Tel. (0 69) 74 63 91, Fax
74 09 39 09 (* Homberg/Ndrh. 27. 2. 26). P.E.N.-Zentr.
Dtld, Akad. d. Wiss. u. d. Lit. Mainz, Erich-Fried-Ges.
Wien, Dt. Akad. f. Spr. u. Dicht., Acad. Européenne
de Poésie Luxembourg; Funkerz.pr. u. Erzählerpr. d.
SDR 65, Kulturpr. d. Kulturkr. im BDI 67, Roswitha-
Gedenkmed. 76, Friedrich-Hölderlin-Pr. d. Stadt Hom-
burg 86, u. a.; Lyr., Prosa, Kinderb., Hörsp., Übers. Ue:
frz. – **V:** Gedichte 61; Die Igelkinder, Kdb. 63; Und
oben schwimmt die Sonne davon, Kdb. 65; Nacht aus
Eis, Spiele u. Szenen 65; Der Tisch, an dem wir sitzen,
G. 67; Das rote Haus in einer kleinen Stadt, Kdb. 68;
Eine glückliche Familie u. a. Prosa 70; Papperlapapp
sagt Herr Franz der Rennfahrer 71; Schöner Schnee 70;
Das Bilderbuch mit Versen 75, alles Kdb.; Gedichte 76;
Die Zeichenstunde 77; Briefe an Sarah 77; Paul und Sarah 79; Das Adventbuch 79; Wer lebt, G. 86; Ich weiß
etwas, was du nicht weißt, nach e. Idee v. M.E. Ago-
stinelli 91; Von der Grammatik des heutigen Tages, G.
92; Was ist die Antwort 98; Alles redet, schweigt und
ruft, G. 01; Eine Geschichte auf Erden, Lyr. 02; Licht-
welten. Abgedunkelte Räume, Frankfurter Poetik-Vorlesungen 03; Zeit.Zeit, Lyr. 06. – **MV:** W. Symborska:
Hundert Freuden (Vorw.), 2. Aufl. 91; Ein Weihnachtstraum, m. Friedrich Hechelmann 95; Acht mal zwei 96;
Walter Schmögner: Arbeiten 1963–1995 96. – **B:** Das
Märchen vom herrlichen Falken u. a. russ. Märchen 74;
Russische Märchen 74; Wassilissa, die Wunderschöne
u. a. russ. Märchen 74; Liebesgeschichten 84; Marie L.
Kaschnitz: Liebesgeschichten (auch m. e. Nachw. vers.)
86; dies.: Elf Liebesgeschichten 89; Lektüre zwischen
den Jahren 89; Der sehr nützliche Geburtstagskalen-
der 94; Die schönsten Liebesgeschichten 98. – **H:** Das

große Lalula u. a. Gedichte u. Geschichten von morgens bis abends f. Kinder 71; Ein Fisch mit Namen
Fasch u. a. Gedichte u. Geschichten f. Kinder 72; Märchen deutscher Dichter 72; Das Weihnachtsbuch 73;
Das Buch der Liebe, G. u. Lieder 74; Das Weihnachtsbuch für Kinder 75; Das Insel-Buch der Träume 75;
Das sehr nützliche Merk-Buch für Geburtstage 75; Liebe Mutter 76; Deutsche Märchen 79; Das Poesiealbum
79; Das Insel-Buch für Kinder 79; Das Geburtstagsbuch
für Kinder 82; An dem Mond 86; Deutsche Gedichte
von Hildegard von Bingen bis Ingeborg Bachmann 87;
Marie Luise Kaschnitz: Gedichte 01; Ziemlich viel Mut
in der Welt, Leseb. 02; Das ist die Nachtigall, sie singt
04. – **MH:** Luchterhand Loseblatt, Lyr. – **R:** Nacht aus
Eis, Hsp. 65; Feierabend, Hsp. 65; Rue des Pompiers
65. – **Ue:** Janine Aeply: Rendezvous 61; Pierre Jean
Jouve: Paulina 1880 64, 70; Marcel Proust: Der Gleichgültige 78. – *Lit:* Gert Kalow in: Doppelinterpretationen
66; Karl Krolow in: Kindlers Lit.gesch. d. Gegenw. 80;
Walther Killy (Hrsg.): Literaturlex., Bd 2 89; LDGL 97;
Magdalene Heuser in: KLG. (Red.)

Borchers, Jürgen, Realschullehrer, Fachseminarlei-
ter f. Gesch. i. R.; von-Ossietzky-Weg 8, D-31139 Hil-
desheim, Tel. (0 51 21) 4 13 76 (* Hannover 18. 4. 34).
Gruppe Poesie, Förd.kr. dt. Schriftst. in Nds. u. Bremen
86–02; Lyr.pr. im Wettbew. Junge Dichtung in Nds. 71;
Lyr., Kurzprosa, Übertragung aus dem Mittelndt. ins
Hochdt. – **V:** Störanfällige Kreise, G. 81; Keine Zeit
für Dekorationen, G. 85; Davongehn mit kleiner Beute,
G. 97. – *Lit:* Niedersachsen literarisch 81; Hildesheimer
Lit.lex. v. 1800 bis heute 96. (Red.)

Borchers, Wolfgang, Rechtsanwalt; Postfach 1308,
D-35523 Wetzlar, Tel. (0 64 41) 4 89 36, Fax 4 89 50,
info@joni-verlag.de, www.mordskrimi.de. Rom. – **V:**
Mord in Blasbach, R., 1.u.2. Aufl. 03; Das Logo, R. 04.
(Red.)

Borchert-Buchholz, Manon, Univ.angestellte; c/o
Universitätsbibliothek Marburg, Inst. f. Rechtsgeschichte u. Papyrusforsch., Universitätsstr. 7, D-35037
Marburg (* Kassel 5. 4. 47). Kinderb. – **MV:** Borsti, der
kleine Igel 94; Biene Dolly fliegt nach Afrika und andere Tiergeschichten 95, beide m. Barbara Schneider.
(Red.)

Borde-Klein, Inge (geb. Inge Hoyer); Stühlinger-
str. 9, D-10318 Berlin, Tel. (0 30) 5 09 85 86 (* Berlin
18. 3. 17). SV-DDR 57, Verb. d. Theaterschaffenden d.
DDR 68, VS 90, Union Intern. de la Marionette (UN-
IMA), Vizepräs. 57, ZAG Puppentheater, Vors.; Pr. f.
Kd.lit. d. Min. f. Kultur 55, Puppensp.pr. f. künstl.
Volksschaffen d. Min. f. Kultur 61, Alex-Wedding-
Med. 72, Lit.pr. d. FDGB (Kollektiv) 74, Johannes-R.-
Becher-Med. 74, 79, E.nadel d. Ges. f. DSF als Autorin
82, Kurt-Barthel-Med. d. Min. f. Kultur 84, EM UNI-
MA; Puppensp., Sachb., Märchen, Ged., Hörsp., Fernsehsp. – **V:** Weihnachten im Walde, Msp. 54; Der Wettlauf 54 (auch bulg., fläm.), UA 55; Die vier Jahreszeiten 55; Das goldene Korn 56, UA 58; Fips auf Bä-
renfang 57 (auch rum., russ.); Der ratlose Weihnachtsmann 59; Reingefallen, Klauke 59; Trombis Erdenrei-
se, UA 59, gedr. 63; Vom Mäuschen, Vögelchen und
der Bratwurst 59 (auch fläm.); Frau Holle, UA 60, gedr. 69 (auch russ.); Wie Klauke die 4 besiegt 60; Wer
fängt Hugo? 62; Familie Morgenwind 64; Der schlaue
Kobold 68; Lütt Matten und die weiße Muschel, UA
72; Das Lied der Bambusflöte 73, alles Puppensp.; Das
große Buch vom Puppenspiel 68; Spiel mit Solopup-
pen 74; Treffpunkt Puppentheater, Handschattensp. 75;
Bummi-Kalender, Puppensp. 77; Von dem Fischer un
syner Fru 78; Tuppi Schleife und die drei Grobiane 78;
Das Geschenk des Totems 78 (auch tsch.); Puppenspie-

lereien II 77; Der kluge Schneider, Puppensp. 81; Der freundliche Drache, Puppensp. 81; Spielen wir Puppentheater, Freizeitb. 81; Die vier Kürbisse, M. 82. – **MV:** Die Prinzessin und der Clown, m. Bedrich Svaton 67 (auch tsch., poln.); Sprengstoff für St. Inés, Opernlibr. 73; Der Mann von drüben, Puppensp. (auch Hrsg.) 77; Puppenspielereien I 75, 3. Aufl. 77; Mein Schiffchen, das segelt daher, m. Eduard Klein, Bildérb. 81; Das Zauberschloß, m. dems. 93. – **B:** Die Schneekönigin 58; Die verzauberten Brüder, Puppensp. 60; Die feuerrote Blume, Puppensp. 67; Rotkäppchen 72; Aschenbrödel, Puppensp. 82; Bauer Strohhalm, Fs.-Puppensp. n. Prosa v. Edith Bergner 90. – **MA:** Schulfeierbuch 59; Das fliegende Schweinchen; Chile, Gesang u. Bericht; Die Katze sitzt im Fliederbaum 77; Im Rathaus zu Groß-Schilda 79; Gespenst Mariechen spielt Posaune, Kdb. 86; zahlr. Kritiken in: ndl; Beiträge z. Kinder- u. Jgd.lit. – **H:** Handpuppenspiel für die Jüngsten 55; Puppenspiel 67; Die bunte Puppenkiste 6–12 66–70; Spaß und Spiel 76. – **MH:** Puppenspiele aus aller Welt f. d. Jüngsten (auch Mitarb.) 84; Mitt. Puppentheatersamml. Dresden, 10. Jg. H.1/2 67. – **F:** Severino, Spielf.szenarium 78. – **R:** Der Feuerberg, Kd.-Hsp. 57; Das rote Stirnband, Kd.-Hsp. 67; Die vier Kürbisse, Fs.-Puppensp. 78; Frau Holle, Fs.-Puppensp. 79; Cocorioco, Puppentrickf. 81; Woher – wohin, Clown Fridolin, m. Eduard Klein, Rdfkerz. 86. – **P:** Puppentheater Schatztruhe; Frau Holle; Die vier Jahreszeiten; Rotkäppchen; Die feuerrote Blume; Aschenbrödel; Bauer Strohhalm, alles Videokass. – *Lit:* Mitt. Puppentheatersamml. Dresden, 10. Jg. H.1/2 67; G. Haase in: Material z. Theater 3/70; Klaus Krähner in: Das andere Theater, Zs. d. UNIMA 97. (Red.)

Borée, Susanne, Red.; Klingergasse 18, D-91541 Rothenburg ob der Tauber, Tel. (0 98 61) 9 36 88 54, *boree@gmx.de, www.boree.de* (* Coesfeld 24. 6. 70). DJV; Lyr., Kurzgesch., Rom. – **V:** Aufbrüche, Lyr. 03. – **MA:** Tastend nach dem Licht 88; Die Erklärung 88; Poetische Porträts 05. (Red.)

Borell, Gisela (geb. Gisela Taube); Weyprechtstr. 28, D-80937 München, Tel. (0 89) 37 42 84 48 (* Sangerhausen 24. 3. 30). – **V:** Auf der Suche nach Filippoli, R. 04; Reise nach Tunesien, R. 04. (Red.)

Borger u. Straub s. Straub, Maria Elisabeth

Borger, Martina (Borger u. Straub); c/o Diogenes Verlag AG, Sprecherstr. 8, CH-8032 Zürich (* Gunzenhausen 56). FrauenKrimiPreis 02. – **V:** Lieber Luca 07. – **MV:** Katzenzungen, R. 01; Kleine Schwester, Erz. 02; Im Gehege, R. 04, alle m. Maria Elisabeth Straub. – **R:** über 250 Scripts f. Fs.-Serien m. Maria Elisabeth Straub; Katzenzungen, e. Film v. Thorsten C. Fischer (ZDF) 03. (Red.)

Borghorst, Hans, freier Buch- u. Fernsehautor; Einsteinstr. 3A, D-49716 Meppen, Tel. (01 74) 7 45 77 61, *nachbarslumpi@t-online.de* (* Haren/Ems 16. 8. 61). – **V:** Das kleine Buch vom besten Freund 01; Warum Männer saufen und Frauen zu zweit Pipi machen 03; Echte kerle 03; Zieh dich aus, leg dich hin – ich muss mit dir reden 03; Der Dieter 03; Ebay bis der Arzt kommt 04. – **R:** Co-Autor v.: Olm!, 3.Staffel 03/04; Das Büro, 2.Staffel 04, beides Comedies. (Red.)

Borgmann, Ulf, Autor, Kaufmann; John-Brinckman-Str. 15, D-18273 Güstrow, Tel. (0 38 43) 68 19 40, Fax 68 77 61, *ulf_borgmann@web.de, ulfborgmann.de* (* Halle/S. 22. 5. 49). SV-DDR 89/VS, Friedrich-Bödecker-Kr.; Lyr. – **V:** Papperln, Lyr., visuelle Poesie 99. – **MV:** Ein Esel flog 87, 3. Aufl. 89; Warum? 89, beides Bilderb. m. Peter Bauer; Es fliegen zehn Ziegen, m. Günter Wongel, Lyr. 89; Der Hund schlägt zu, m. Manfred Bofinger, Lyr. 92. – **MA:** Vogelbühne 83; Temperamente 4/84; Hundert Schafe 87; Ka-

ter Kasimir geht angeln 88; Bunte Märchenwelt 1991 90; Unsere Muttersprache 4 91; Sprachspiele für Kinder 95; Sprechen, Schreiben, Spielen 97; Mit List und Tücke 99. – **R:** Erz. in „Abendgruß", Fs. 90. (Red.)

Borgsmüller, Horst (Ps. Burghard Müller), Lyriker; Kaiserstr. 87, D-45468 Mülheim/Ruhr, Tel. (02 08) 3 38 46 (* Mülheim 16. 1. 31). VS 86; Lyr. – **V:** Ich möchte so wenig 80; Ich weiß noch nicht 83; Eisblumen an der Fensterscheibe 84; Gesichter 84; Sommerwiese 85; Nachtbäume 87; Sehnsucht nach Zuhaus 89; Zerbrochene Träume 91; Überleben 97, alles Lyr.; Raum der Stille 03. – **MV:** Mülheimer Ansichtssachen 97; Mülheimer Ansichtsachen II 99, beide m. Manfred Ehrich, Werner Joppek u. Heinz Hohensee. – **MA:** zahlr. Kurzgeschn. u. G. in Ztgn u. Zss. seit 68; Lyr.-Postkarten, Lyr.-Lesezeichen u. Lyr.-Bierdeckel 85–91; Lesungen in Rdfk/Fs.; Hugo Ernst Käufer: Ortszeit Ruhr 1. – *Lit:* Hugo Ernst Käufer: Ortszeit Ruhr 1 84. (Red.)

Bork, Thomas s. Riediger, Günter

Bork, Uwe, Journalist u. Autor; Reutlinger Str. 59/5, D-73728 Esslingen, Tel. (07 11) 3 18 09 08, *www.bork@swr.de* (* Verden 14. 7. 51). IG Medien; Caritas-Journalistenpr. Bad.-Württ. 92, 2. Pr. b. Dt. Wirtsch.filmpr. 92, Dt. Journalistenpr. Entw.politik 96, 97; Erz., Sachb. Ue: engl. – **V:** Väter, Söhne und andere Irre 97 (3 Aufl.); Ist was, Papa? 99; Schwangere Söhne 00; Wie begrüße ich korrekt den Freund meiner Tochter am Frückstückstisch? 02; Frauen sind toll! 03; Paradies und Himmel, Sachb. 04. – **MA:** zahlr. Beitr. in Ztgn., Zss. u. Anth. – **R:** zahlr. Hfk- u. Fs.-Beitr. seit 78, u. a.: Politisches Feuilleton (DLR). (Red.)

Borkowski, Vera-Anna s. Wunderlich, Monika

Borkowsky, Oscar, Publizist; c/o QuaMedia Verlags- u. Medienges., Dortmund (* Dortmund 13. 8. 55). Lyr., Erz., Ess., Drama. – **V:** Die Ärmel des Anderen, Erzn. u. Lyr. 94; Absinth & Patina, G. u. Tageb.-Auszüge 99. – **B:** Christian Götz: Die Rebellin – Bertha von Suttner, Biogr. 96. – **MA:** zahlr. Beitr. in Fach- u. Lit.-Zss. sowie in Anth. seit 80.

Borlik, Michael; Postfach 101119, D-42782 Leichlingen, *kontakt@borlik.de, www.borlik.de* (* Brühl 18. 10. 75). Kinder- u. Jugendb. – **V:** Das Geheimnis des Drachenamuletts 01; Unsichtbare Augen 05; Stumme Schatten 06; Wer ist der Klassendieb?, Kdb. 06; Die Geheimbund der Vampire 06; Abgerechnet 07; Geisterspuk an Halloween, Kdb. 07; – mehrere Lesebände (Red.)

Bormuth, Lotte (geb. Lotte Hannemann), Vortragsrednerin; Sperberweg 8, D-35043 Marburg, Tel. (0 64 21) 4 13 47 (* Sofiental/Bessarabien 3. 1. 34). Erz., Biogr. Ue: engl. – **V:** Staunen vor Freude, Geschn. 97; Geprägt von Liebe. Bodelschwingh, Biogr. 98; Ich staune über Gottes Führung, Geschn., 11. Aufl. 98; Mutter, warum weinst du, Briefe 98; Und doch lacht mir die Sonne, Erinn. 99; Dichter, Denker, Christ. Dostojewski, Biogr. 00; Hoffnung wird immer groß geschrieben, Erz. 01; Spurgeon. Er predigte in Vollmacht, Biogr. 02; Geschichten nach ihrer Zeit bewegen, Erz. 03; Meines Lebens bunte Blätter, Autobiogr. 04; Fröhlich soll mein Herze springen. Paul Gerhardt, Biogr. 05; Von Wundern will ich erzählen, Erz. 05; Und doch wird es Weihnachten, Erz. 05; Sternstunden des Glaubens, Biogr. 05; Mich hoffen lässt, Erz. 06; Leben im Gegenwind, Biogr. verschiedener Menschen 06; Käthe Kollwitz, Biogr. 06; Ein feste Burg ist unser Gott. Martin Luther, Biogr. 06. – **Ue:** Lungu/Coomes: Der aus dem Schatten kam, Biogr. 01, 03/04. (Red.)

Born

Born, Georg (Ps. George Bertran de Born), Dr. phil., Pastor; Südermarkt 12, D-24937 Flensburg, Tel. (01 77) 6 00 23 83, *georgwilhelmborn@gmx.de* (* Hamburg-Harburg 14. 3. 28). VG Wort 79; Erzählerwettbew. 'Unsere Kirche' 1. Pr. 56, 3. Pr. 58; Erz. – **V:** Born's Tierleben, Kurzgeschn. 55; Weiße Maus und kleiner Käfer, Traumb. 61; Isabella, Spaniens verjagte Königin oder die Geheimnisse des Hofes von Madrid, R. (russ.); Der Türkenkaiser und seine Feinde oder die Geheimnisse des Hofes von Konstantinopel (russ.). – **MA:** Er kam denselben Weg 56; Der Testpilot 60; Die Humorbox 69, alles Erzn.; Arbeitstexte f. d. Unterr. 75; Seid klug wie d. Schlangen 78; Erzählen 2 79; Lesen, Darstellen, Begreifen 82, 94; Beruf und Sprache 87; Lesespass 7 87; Spracherfahrungen 90, 97; Das lesende Klassenzimmer 92, 98; Wortwechsel 9 93, 00; Velut in speculum inspicere 97; Okidoki 98; Projekt Lesen 99; Bücherwurm 99; Dasda Aufbaukurs 00; Sprache 7 00; Wegweiser 00; Textwelten 00; Dialog 01; Wortstark 02; Deutsch Leben 03, 04; Deutschbuch 03, 04; Sprache neu entdecken 6 03; Deutsch Werk 04; Seitenwechsel 04, alles Fb.

Born, Gesine s. Durben, Maria-Magdalena

Born, Klaus-Dieter, Dipl.-Bauing., Bauassessor; Adolph-Kolping-Str. 12, D-41063 Mönchengladbach, Tel. (02161) 89 53 76, *KDBMG@aol.com*, *www.siriussynthese.com* (* Schweinfurt 29. 5. 61). Esoterik. – **V:** Das Sternenkind spricht im Licht. Ein triadischer Dialog 06, Neuaufl. 08.

Born, Roswitha, Schriftst.; Querstr. 16, D-44139 Dortmund (* Heidelberg). Märchen-Ges. 80, GEDOK 94, Hesse-Ges. 95, Schiller-Ges. 95, Goethe-Ges. 00; Pr. Benevento/Italien; Lyr., Ess., Erz., Kurzgesch., Bühnenst., Pfälzer Mundart. – **V:** Aus Schneewolken geschüttelt, Erzn. 97. – **MA:** zahlr. Veröff. in Anth., Ztgn u. Zss., u. a.: Heimkehr 94; Annäherungen 95; Dein Himmel ist in Dir 95; Selbst die Schatten tragen ihre Glut 95; Schlagzeilen 96; Passagen Nr. 37 96; Zähl mich dazu 96; Wir sind aus solchem Zeug wie das zu Träumen 97; Und redete ich mit Engelszungen 98; Umbruchzeit 98; Banater Schwaben, Zs. 98, 99; Lyrik heute 99; Hörst du wie die Brunnen rauschen 99; Raststätte 01; Das Gedicht 02; Zeit der dunklen Frühe 04; Unser Land, Jb. 05–09; Ich lebe aus meinem Herzen 06; Schwarzwälder Hausschatz, Jb. 06, 07; Liebe denkt in süßen Tönen 06.

Born, Will (Ps. f. Herbert Neppert); c/o Dagmar Dreves Verlag, Celle (* Wandsbek 22. 6. 31). Reiseber., Schausp., Moritat, Gesch., Hörsp. – **V:** Ihr Leute aus Bad Doberan, Reiseber. 93; Mein liebes Tantchen Ratio, M. 94; Quaternio, Reiseber., Sch., Moritat u. Geschn. 01; Die Quintendrossel oder Kryscha und ihre Enkelin, Sch. 03, als Hsp. 05. – *Lit:* Interview am 7.5.96 auf NDR 4.

Born, Wolfgang s. Bächler, Wolfgang

Bornemann, Winfried (Ps. Carola von Gästern, Gerda von Nussink), Lehrer; Lipper Kamp 29, D-49078 Osnabrück, Tel. (05 41) 4 430060, Fax 4 430061, *wibornemann@t-online.de*, *www.briefmacker.de* (* Göttingen 26. 11. 44). VS 82–90; Heiterstes Buch d. Jahres 83; Belletr., Humor. – **V:** Briefmacken 1, Briefe 82, 23. Aufl. 87; 2 83, 13. Aufl. 87; Bornemanns Beißerchen, Sprüche 83, 8. Aufl. 87; Bornemanns lachende Erben, Briefe 85, 89; Bornemanns Fehlanzeigen, Briefe 86, 88; Fehlanzeige 89; Bornemanns grenzenlose Briefmacken, Leseb. in Briefen 90; Bornemanns gesammelte Briefmacken 91; Bornemanns beste Briefe 92; Beste Briefmacken 00; Bornemanns neue Briefmacken 06; Best of Bornemanns Briefmacken 06. – **MV:** Zu schade zum Wegradieren, m. Ronald Geyer u. Jochen Piepmeyer, Gags u. Cartoons 80; Null und

wichtig, m. dens., Gags u. Cartoons 82; Schöne Weihnachts-Männer. Rote Verführer f. kalte Tage, m. Jochen Piepmeyer 06. (Red.)

Borner, Matthias E., Red.; Silberweg 35, D-33334 Gütersloh, *redaktion@vox-rindvieh.de*, *www.vox-rindvieh.de* (* Gütersloh 8. 3. 74). Kurzprosa. – **V:** Ausgerechnet Gütersloh! 03, 4. Aufl. 05; Pölter, Plörre und Pinöckel 1 04, 5. Aufl. 07, 2 06; Pömpel, Patt und Pillepoppen 07, alles Kurzprosa; mehrere Sach- und Rätselbücher z. Thema Fußball.

Bornfeld, Uwe s. Hengsbach-Parcham, Rainer

Bornhöft, Peter; Schneiderstr. 35, D-33613 Bielefeld, Tel. (05 21) 88 62 92, *peter.bornhoeft@web.de* (* Rostock 15. 11. 36). VS NRW; Lyr., Prosa, Hörsp., Ess. – **V:** Irgendwo ist auch woanders, Prosa 90; Übers Wasser gehen, Lyrik 95; Die Mysterien des Körpers, Ess. 97; Warum wir so leben, G. 03; Ariane spricht mit dem Mond, Kdb. 04; Zeitwechsel, Erz. 05. – **MA:** Frankfurter Edition 01; Der Engel neben dir, Lyr.-Anth. 02. (Red.)

Borowiak, Simon (früher Simone Borowiak), freier Schriftst.; lebt in Hamburg, c/o Eichborn-Verl., Frankfurt/M. (* Frankfurt/Main 8. 11. 64). LITERAturpr. d. Linzer Buchmesse 08. – **V:** Frau Rettich, die Czerni und ich, R. 92; Ein Zug durch die Gemeinde 94; Baroneß Bibi, R. 95; Erste Zeile, letzte Klappe 98; Pawlows Kinder, R. 99, 01; Alk. Fast ein medizinisches Sachbuch 06; WerWemWen, R. 07; – THEATER: Papst Pit startet durch; Das Sofa. – **MA:** Titanic, Zs., 85–92; F.W. Bernstein: Der Blechbläser und sein Kind 93. – **F:** Frau Rettich, die Czerni und ich, m. Hans Kantereit 98. – **R:** Lukas, Sitcom; Der Joker; Der Blinde von Nottingham; Das Karussell d. Todes, alles Fsf. m. Hans Kantereit. (Red.)

Borowsky, Kay, Dr., Buchhändler; Christian-Laupp-Str. 5, D-72072 Tübingen, Tel. (0 70 71) 7 80 40 (* Posen 28. 1. 43). Kurzprosa, Lyr., Übers. Ue: russ, frz. – **V:** Alphörner sind in die Stadt gekommen, Kurzprosa 78; Goethe liebte das Seilhüpfen 80, 89; Landschaften fürs Ohr, G. 82; Und schon geht sie auf der Reise, G. 82; Schnee fällt auf die Hüte 83; Guter Mond, du gehst so stille 84; Schatten am Fluß 84, alles Krim.-R.; Ein bißchen Lachen kann nicht schaden, Geschn. 85; Die Hinfälligkeit des Todes, G. 85; Heimwege, G. 86; Dauerlauf am Abend, Krim.-R. 88; Lange hält uns die Zeit, G. 88; Bächlers Methode, Krim.-R. 90; Der Treffpunkt aller Vögel, G. 90; Treppen, G. 90; Am Septembermeer, G. 91; WortBerge 92; WortWege, G. 95; Über die Liebe und andere Gegenstände, G. 96; Vorsichtig! Vorsichtig!, Geschn. 96; Initiales, G. 99; Les mots chemins – Wortwege, G. dt.-frz. 00; Alter statt Friedhof, Aphor. 01; Medizynika, G. 03; In Tübingen und drumherum 03; AmselArien, G. 03; Wanderungen in Tübingen und Europa 05. – **MV:** Karl Poralla: Plastiken / K.B.: Gedichte 92; 9–5 14, m. Axel v. Criegern, Orig.-graph. u. G. 94; Verse, m. Tamara Bukowskaja, russ.-dt. (Übers.) 94; Wege in Burgund, m. Axel v. Criegern, Collagen u. G. 97. – **H:** Tübingen im Gedicht, Anth. 03. – **Ue:** zahlr. Übers., vorw. aus d. Russ., u. a. Lit. v. A. Puschkin bis Solschenizyn, seit 71; Pariser Traum. Nerval, Baudelaire, Mallarmé, Verlaine, Rimbaud, G. frz.-dt. 83; L. Tschukowskaja: Aufzeichnungen über Anna Achmatowa 87; M. Alexandre: Memoiren eines Finessisten 87; Ch. Juliet: Journal 87; E.A. Poe: Die Maske des Roten Todes u. a. Geschn. 95; N.W. Gogol: Tagebuch eines Wahnsinnigen 95; F.M. Dostojewskij: Ein kleiner Held 96; Petersburg – die Trennung, G. 96; Bei mir in Moskau, G. 97; I. Bunin: Nur die Trauer tröstet 98; F.M. Dostojewskij: Weiße Nächte 98; A. Puschkin: Gedichte, russ.-dt. 98; L. Andrejew: Der Gedanke,

Erz. 99; Russische Liedermacher 99; M. Lermontow: Gedichte 00; 50 russische Gedichte 01; A. Achmatowa: Der Abend, G. 02; Französische Lyrik d. 19. Jahrhunderts 03; Ch. Baudelaire: Pariser Spleen, frz.-dt. 08; Russische Gedichte, russ.-dt. 09. – **MUe:** V. Nabokov: Gesammelte Werke, Bd 15; A. Achmatowa: Poem ohne Held. Erinnerungen an A.A. 97; W. Schalamow: Ankerplatz der Hölle, Erz., G. 97; A. Tarkowskij: Wir stehn am Meeresrand schon lange Zeit 02; S. Jessenin: Gegen die Seßhaftigkeit des Herzens, russ.-dt. 02; S. Hippins: Verschiedner Glanz, G. u. Briefe 02; A. Tschechow: Erzählungen, Bd 1 u. 2 03, u. a.

Borrmann, Mechtild; Hobusch 6, D-33619 Bielefeld, *homepage@mechtild-borrmann.de, www. mechtild-borrmann.de.* – **V:** Wenn das Herz im Kopf schlägt, Krimi 06; Morgen ist der Tag nach gestern, Krimi 07; Mitten in der Stadt, Krimi 09.

Borrmann, Walter; Bagnosstr. 20, D-48565 Steinfurt. Lyr. – **V:** Glückliche Aussicht, G. 00. (Red.)

Borsch, Frank, Übers., Journalist u. Autor; Astrid-Lindgren-Str. 10, D-79100 Freiburg/Br., Tel. (07 61) 4 76 75 06, *info@alienearth.de, www.alienearth.de* (*Pforzheim 66). – **V:** Fleisch der Erinnerung 02; Der Schattenspiegel 03; Das strahlende Imperium 04; Die Sternenarche 04; Die Liebenskrieger 05; Alien Earth – Phase 1 07, Phase 2 07, Phase 3 08. (Red.)

Bortlik, Wolfgang; Breisacherstr. 48, CH-4057 Basel, Tel. u. Fax (0 61) 6 93 32 75, *wolfbortlik@bluewin. ch, www.partysounds.ch* (* München 8. 6. 52). AdS 03; Förd.beitr. Lit.fonds Basel 00, 02; Rom., Erz., Lyr. Ue: engl, frz. – **V:** Wurst & Spiele, R. 98; Halbe Hosen, R. 00; Hektische Helden, R. 02. – **P:** Bermuda Idiots, Lyr. 97; Aufwasch, Erz. u. Lyr. 99; Chez Heico, Lyr. u. Lieder 01; Blind & Blau, Lyr. 04; Blutgrätsche, Erz. u. Lyr. 04, alles CDs. – **Ue:** Stewart Home: Purer Wahnsinn, R. 91; Stellungskrieg, R. 95; Drecksjob, R. 00. (Red.)

Borwin, Uwe, Familientherapeut; Manzweg 28, D-88662 Überlingen, Tel. (0 75 51) 9 44 59 91, *borwinbeer @web.de, borwinbeer.de* (* Posen 24. 12. 48). Psycho-poetische Prosa. – **V:** Der Freiheitsschock. Lebensveränderungen 99, 2., überarb. Aufl. 02. (Red.)

Bosch, Jann van den s. Affholderbach, Gunter

Bosch, Manfred, Autor, Publizist; Dinkelbergstr. 2 b, D-79540 Lörrach, Tel. (0 76 21) 1 42 46, *manfred. bosch@gmx.com* (* Bad Dürrheim 16. 10. 47). Forum Allmende, 1. Vors., Leopold-Ziegler-Stift., Vors.; Bodensee-Lit.pr. 78, Alemann. Lit.pr. 85, Johann-Peter-Hebel-Pr. 90, Bodensee-Lit.pr. 97, Ludwig-Uhland-Pr. 05, Kulturpr. d. Bodensee-Kr. 08; Lyr., Prosa, Kulturkritik, Ess. – **V:** das ei, Lyr. 69; konkrete poesie 69; ein fußb in der tür, Epigr./Lyr. 70; lauter helden, Western-G. 71; mordio & cetera, Lyr. u. Prosa 71; lautere helden, neue Western-G. 75; Uf den Dag wart i, Dialektlyr. 76; Mir hond no gnueg am Aalte, Dialektlyr. 78; Ihr sind mir e schäne Gsellschaft, Dialektlyr. 80; Zeit-Gedichte 80; Der Kandidat 80; Wa sollet au d' Leit denke, Dialektlyr. 83; Als die Freiheit unterging 85; Zu Gast bei unseren Feinden 86; Der Neubeginn. Aus dt. Nachkriegszeit 88; Bodensee (Fotos u. K.H. Raach) 89; Was willst du mehr?, Epigramme 91; „Ins Freie will ich". Harriet Straub u. d. Glaserhäusle 96; Hiergeblieben oder Heimat u. a. Einbildungen. Essays, Porträts, Aufsätze u. Reden a. zwanzig Jahren 97; Bohème am Bodensee. Literarisches Leben am Bodensee 1900–1950 97, 3., verm. Aufl. 07; Vom Bürgerschreck zum Theatervisionär. Moritz Lederer – urop. Grenzgänger aus Mannheim 99; Kulturland. Kunst u. Kultur im Südwesten von 1900 bis 2000, 2 Bde 00; Herz auf Taille. Curt Weller, d. Entdecker Erich Kästners in Horn am Bodensee 03; „Der schönen Abseitig-

keit froh". Hans Leip am Bodensee 04; Das Bodenseebuch. Zur Gesch. e. grenzüberschreitenden Jahrbuchs 06; Zeit der schönen Not 08. – **MV:** Geschichten aus d. Provinz, m. J. Hoßfeld 78. – **H:** Beispielsätze, Anth. 71; Epigramme, polit. Kurzgedichte 75; Mundartliteratur. Texte aus sechs Jh. 79; Nie wieder! 81; Wir trugen die Last, bis sie zerbrach. Ein dt. Briefwechsel 1933–38 83; ... du Land der Bayern 83; Sepp Mahler: Ich der Lump, Philosoph der Straße 84; Das Ende der Geduld 86; Max Barth: Flucht in die Welt 86; Max Picard: Wie der letzte Teller eines Akrobaten, Werk-Ausw. 88; Der J. P. Hebel-Preis 1936–1988 88; Josef W. Janker: Werkausg. in 4 Bden 88; Mit der Setzmaschine in die Opposition. Ausw. aus E. Schairers „Sonntags-Ztg" 89; Franz Schneller 1889–1968, Ausst.kat. 89; Kindheitsspuren. Literar. Zeugnisse aus d. Südwesten 91; Jacob Picard 1883–1967, Ausst.kat. 92; Will Schaber: Profile der Zeit. Begegnungen in sechs Jahrzehnten 92; Jacob Picard: Und war ihm leicht wie nie zuvor im Leben, Erzn. 93; ders.: Werke 96; Welches Verfallsdatum haben wir kaum?, Portr. Peter Salomon 97; Max Barth 1896–1970, Ausst.kat. 97; Käthe Vordtriede: Mir ist es noch wie ein Traum, daß mir diese abenteuerliche Flucht gelang 98; Paul Heinrich Dingler: Persönliche Verschlußsache. Kommentare 1939–1947 99; Unser aller Weg führt übern Bodensee. Eine Landschaft in d. Lit. d. 20. Jh.s 00; Warum brüllt Frau Bichler Frau Kirkowski so an? 02; Literar. Texte aus d. Raum Lörrach 00; Alemannisches Judentum. Spuren e. verlorenen Kultur 01; Dichterleben am Bodensee 02; Tami Oelfken: Fahrt durch das Chaos 03; Robert Reitzel: Ich will nur auf einem Ohre schlafen... 04; Bruno Epple. Der Poet 05; – Hrsg. u. Red. d. Kultur-Zs. „Allmende" seit 80. – **MH:** Gegendarstellungen, m. Manfred Ach, Anth. 74; Otto Ehinger. Ein Portr., m. Peter Salomon 94; Fang auf, Europa, Silberspäne fliegen. Eduard Reinacher 1892– 1968, m. Norbert Heukäufer 95; Leben nach Ordre, m. Wolfgang Bocks 95; Erich Schairer: Bin Journalist, nichts weiter, m. Agathe Kunze 02; „Und du willst Malerin werden?" Barbara Michel-Jaegerhuber 02; Schwabenspiegel. Lit. vom Neckar bis zum Bodensee 1800– 1950, 4 Bde 06. – *Lit:* Hannes Schwenger in: KLG 80; Daniel Draßzek in: Hdb. d. dt.spr. Gegenwartslit. seit 1945 90.

Bosch, Stefan, Dr. med., Arzt, Feldornithologe, Publizist; Metterstr. 16, D-75447 Sternenfels-Diefenbach, Tel. (0 70 43) 95 58 57, *stefan-bosch@web.de* (* Heilbronn 25. 5. 62). – **V:** Segler am Sommerhimmel 03; Tagebuch eines Kleibers 06. – **MA:** zahlr. Beitr. u. Rez. in ornitholog. u. medizin. Zss. u. a. Naturschutz heute, Red.mitgl. seit 87; Der Notarzt (Thieme Verl.); Notfallmedizin (Spitta Verl.).

Boscheinen, Helga s. Colbert, Helga

Boschmann, Werner (Ps. Jott Wolf, Wernfried Stabo); Gerichtstr. 1, D-46236 Bottrop, *post@ruhrig.de, www.ruhrig.de* (* Bottrop 12. 4. 51). – **V:** Max und Moritz im Kohlenpott 91; Lexikon der Ruhrgebietssprache 92, 06; Emscherzauber. M. a. d. Ruhrgebiet 98; Sternkes inne Augen, Erzn. 01; Du ey fröhliche ..., literar. Adventskal. 03. – **H:** Reihe „LitRevier"

Bosetzky, Horst (Ps. -ky), Prof. Dr.; lebt in Berlin, c/o Jaron Verl., Berlin, *kontakt@horstbosetzky.de, www.horstbosetzky.de* (* Berlin 1. 2. 38). Pr. d. Arb.gem. Krim.Lit. f. beste dtspr. Veröff. 80, Prix Mystère de la Critique 88, Ehren-GLAUSER 92, Berliner Krimifuchs 95, BVK 05; Rom., Film, Hörsp. – **V:** KRIMINALROMANE/-STORIES: Zu einem Mord gehören zwei 71; Einer von uns beiden 72; Von Beileidsbesuchen bitten wir abzusehen 72; Stör die feinen Leute nicht 73; Ein Toter führt Regie 74; Es reicht doch, wenn nur einer stirbt 75; Mitunter mörderisch, Stories 76; Einer will's gewesen sein 78; Von Mördern und anderen Menschen, Stories 78; Kein Reihenhaus für Robin Hood 79; Mit einem Bein im Knast, Stories 81; Feuer für den großen Drachen 82; Friedrich der Große rettet Oberkommissar Mannhardt 85; Älteres Ehepaar jagt Oberregierungsrat K. 87; Da hilft nur noch beten 88; Die Krimipioniere, Stories 88; Ich lege Rosen auf mein Grab 88; Catzoa, Stories 90; Nieswand kennt Tag und Stunde 90; Ich wollte, es wäre Nacht 91; Ein Deal zuviel 92; Von oben herab 92; Mit dem Tod auf du und du 93; Blut will der Dämon 93; Fendt hört mit 94; Der Satansbraten 94; Unfaßbar für uns alle 95; Wie ein Tier – Der S-Bahn-Mörder 95; Ein Mann fürs Grobe 96; Einer muß es tun 98; Der kalte Engel, dok. Krim.-R. 02; SpreeKiller 02; Das Double des Bankiers 02; Im Bramme geht die Bombe hoch 04; Die Bestie vom Schlesischen Bahnhof, dok. Krim.-R. 04; In Bramme fließt Dozentenblut 06; Kappe und die verkohlte Leiche 07; Der Lustmörder 08; Ein Mord für die Unsterblichkeit 09; – ANDERE BÜCHER: Aus der Traum, R. 83; Heißt du wirklich Hasan Schmidt?, Jgdb. 84; Gleich fliegt alles in die Luft, Jgdb. 86; Ich glaub', mich tritt ein Schimmel!, Satn. 86; Geh' doch wieder rüber!, Jgdb. 86; Sonst ist es aus mit dir!, Jgdb. 94; Sonst Kopf ab!, Jgdb. 94; Brennholz für Kartoffelschalen, R. 95; Capri und Kartoffelpuffer, R. 97; Einsteigen bitte, Türen schließen! 97; Der letzte Askanier, R. 97; Sonst gibt's den großen Crash!, Jgdb. 97; Champagner und Kartoffelchips, R. 98; Mord und Totschlag bei Fontane 98; Mein Lesebuch 99; Tamsel, R. 99; Quetschkartoffeln und Karriere, R. 00; Zwischen Kahn und Kohlenkeller, R. 01; Hoch zu Ross 01; Zwischen Barrikade und Brotsuppe 03; Kante Krümel Kracher 04; Küsse am Kartoffelfeuer 04; Das Duell des Herrn Silberstein, R. 06; Die Liebesprüfung, R. 06; Die schönsten Jahre zwischen Wedding und Neukölln 06; Bratkartoffeln oder die Wege des Herrn 08; Das Attentat 08; – mehrere Romanhefte unter John Taylor u. John Drake in d. 60er Jahren. – **MV:** Die Klette, m. Peter Heinrich, Brief-R. 83; Schau nicht hin, schau nicht her, m. Steffen Mohr, Krim.-R. 89; Tatort Umwelt, m. Michael Molsner u. Lydia Tews, Krim.-Stories 89; Noch jemand ohne Fahrschein?, m. Alfred B. Gottwaldt 97; Das Berlin-Lexikon, m. Jan Eik 98; Tegel – zurückbleiben bitte. U-Bahn-Erinn., m. Uwe Poppel u. a. 99; Nach Verdun, m. Jan Eik 08. – **H:** Phantastische Wahrheiten über Dagobert 94; Bekanntniste Berliner Büroinsassen 96; Berliner Zehn-Minuten-Geschichten 03; Berlin wie es lacht u. lästert 05; Herz u. Schmerz 06; Tatort Tegel 07, alles Anth. – **R:** zahlr. Hörspiele u. Frs.-Drehbücher seit 73. – **P:** Haftentschädigung für Harry; Ausgerechnet Achternholt; Das Ende eines Nestbeschmutzers; Bei Notwehr sagt man Gott sei Dank; Dem Manne kann geholfen werden; Schotts letzte Fahrt; Ein Schmarotzer weniger; Niemand kennt Tag und Stunde; Mit einem Bein im Knast; Ein neuer Anfang für Conradi; Burn out, alles Tonkass./CDs, u. a. – *Lit:* Richard Albrecht in: Frankfurter Hefte 39 84; Michael Bengel in: D. neue dt. Krim.-R. 85; Helmut Schmiedt: die horen 31 86; Walther Killy (Hrsg.): Literaturlex., Bd 2 89; Kiwus 96; Karin u. Lutz Tantow in: KLG.

Boss, Fritz (geb. Fritz Prester), selbständig; Postfach 16, D-91339 Röttenbach, Tel. (01 70) 4 17 60 68, *fritz.boss@pkboss.de*, *www.pkboss.de* (* Regensburg 4. 8. 51). FDA 06; Rom., Lyr., Erz. – V: sternenweit, Erz. 02. – **MA:** zahlr. Beitr. in Lit.zss. u. a: apropos; der Literat; german underground Lyrics, seit 82; Gedichte – Poèmes (dt.-frz.) 07, 08.

Bosse, Liane, Dipl.-Bibliothekarin; Am Munschteiche 42, D-99428 Weimar, *tom.bosse@web.de*

(* Schwerin 15. 2. 60). Literar. Ges. Thür. 05; Lyr. – **V:** Niemandem gleich, Lyr. 05. – **MA:** G. in: Palmbaum; Ort d. Augen; ndl; Literat; Eintragung ins Grundbuch, Anth.

Bosse, Sarah, M. A., freie Autorin, Übers.; Ludgeristr. 30, D-48727 Billerbeck, Tel. (0 25 43) 85 78, *info @sarah-bosse.de*, *www.sarah-bosse.de* (* Düsseldorf 18. 4. 66). Auswahlliste z. Dt. Jgd.lit.pr. 97; Kinder- u. Jugendb. Ue: schw. – **V:** Nashorn vor, noch ein Tor! 96, 99; Das große Arena-Oster-ABC 97; Linus, Leonie und die Wildpferde 97; Die Weihnachtsuhr 97; Kunterbunte Familiengeschichten 98; Lena und die Fjordpferde 98; Nichts geht ohne Lisa 99; Die Osterhasenschule 99; Der kleine Pirat und das Seeungeheuer 99; Kunterbunte Spukgeschichten 00; Kdb.-Serie „Vier wilde Skater". Daniel kriegt die Kurve 99, Wirbel um die Fuchsbande 99, Alles nur für Alex 00, Applaus für Daniel und Sara 00, Ein Schulfest für Skater 01; Kdb.-Serie „Vicky und die Pferde". Ein Fremder auf dem Pferdehof 00, Pferde in Gefahr 00, Neue Freunde 00, Vier für den Pferdehof 00, Vickys Entscheidung 01, Liebe, Zoff und Siegesschleifen 02; Allererste Geschichten vom Mutigsein 00; Gefährliches Spiel mit Hanni und Nanni 00; Kunterbunte Ponygeschichten 01; Der kleine Bär lernt lesen 01; Paul und Sina auf dem Reiterhof 02; Vier halten zusammen 02; Kunterbunte Hundegeschichten 02; Lenas erster Schultag und andere Schultütengeschichten 02; Maries Weihnachtsreise 02; Kleine Bauernhof-Geschichten 03; Paul und Sina retten den Reiterhof 03; Meine allerschönsten Kuschelgeschichten 03; Meine allerschönsten Kindergartengeschichten 03; Gruseldis, das kleine Gespenst 03; Bauernhofblues 04; Paul und Sina jagen den Pferdedieb 04; Kleine Schlaf-Gut-Geschichten 05; Paul und Sina und das große Reiterfest 05; Paul und Sina in den Reiterferien 06; Fünf Freunde Bd. 41–50, als Ghostwriter v. Enid Blyton. – **MA:** Halb so schlimm 95; Am liebsten schulfrei 96, beides Kdr.- u. Jgdb.; Schlaf ein und träum schön 03. – **R:** „Die Zauberrosinen" in: Siebenstein, Kd.-Fs.-Reihe 01. – **Ue:** Hans Olsson: Rollenspiele, Jgd.-R. 96; Åke Holmberg: Der Erpresser von Preiselbeerhausen 99; ders.: Verbrecherjagd in der Wüste 99, beides R. f. Kinder; Gull Åkerblom: Moa und Sam. Zwei wie Pech und Schwefel 02; Fluch der Vergangenheit 03; Moni Nilsson-Brännström: Flucht nach Zara Terra 03, u.v. a. (Red.)

Bossen, Maria D.; Schwedlerstr. 7, D-14193 Berlin, Tel. (0 30) 89 73 53 77 (* Hohenfeld a. Main 3. 9. 21). – **V:** Lalabo Afrika, Autobiogr. 01. (Red.)

Bosshard, Marco Thomas, M. A., wiss. Mitarb. U./Freiburg/Br.; c/o Albert-Ludwigs-Universität, Romanisches Seminar, Platz der Universität 3, D-79098 Freiburg/Br., *marco.bosshard@romanistik.uni-freiburg.de*, *www.marco-thomas-bosshard.de* (* Zürich 5. 10. 76). Pro Litteris 99, Gruppe Olten 99, AdS 03; Werkjahr d. Kt. Solothurn 99, Stipendiat am 3. Klagenfurter Lit.kurs 99; Rom., Lyr.: Ue: span. – V: Gesang ohne Landschaft, R. 98. – **H:** Paso doble. Junge span. Literatur 08; Madrid. Eine lit. Einladung 08. (Red.)

Bossong, Nora; lebt in Berlin, c/o zu Klampen Verl., Springe (* Bremen 9. 1. 82). Bremer Autorenstip. 01, Klagenfurter Lit.kurs 03, Leipziger Lit.stip. 04, Wolfgang-Weyrauch-Förd.pr. 07, Arb.stip. f. Berliner Schriftst. 07, Heinrich-Heine-Stip. 10, u. a. – **V:** Gegend, R. 06; Reglose Jagd, G. 07. – **MA:** Bardinale 2004 (Signum Sonderheft, 6) 04; Zwischen den Zeilen, H.24 05; Wat los, Parzen? 06; in diesem garten ente mauer (Leonce-u.-Lena-Preis 2007) 07, u. a. (Red.)

Bostroem, Annemarie; Paul-Heyse-Str. 23, D-10407 Berlin (* Leipzig 24. 5. 22). Lyr., Nachdichtung. – **V:** Terzinen des Herzens, G. 46 (zahlr. Aufl.); Die Kette fällt, Sch. 49. – **B:** zahlr. Nachdicht., u. a.: Balwant Gargi: Die irdene Lampe, Dr. 58; Sergej Michalkow: Die Wunderpillen 68; Nâzim Hikmet: Und im Licht mein Herz 71; Wie könnte ich Dich nennen? Ung. Liebesgedichte 71; José Marti: Mit Feder und Machete 74; Seufzend streift der Wind durchs Land. Mod. Hindi-Lyrik 76; Endre Ady: Gedichte 77; Avetik Isaakjan: Der Glockenton der Karawane 78; Ivan Krasko: Gedichte 78; Jan Botto: Gedichte 78; Attila József: Gedichte 78; Ojârs Văcietis: Stilleben mit Schlange, Baum und Kind 79; Nâzim Hikmet: Dreizehn Jahre 80; Eduardas Miezelaitis: Denn ich bin die Brücke 80; Die Berge beweinen die Nacht meines Leides. Klass. armen. Dichtung 83; Mihály Babits: Frage am Abend 83; Bálint Balassi: Gedichte 84; Mihály Csokonai Vitéz: Gedichte 84; Hab fünf Truhen voller Lieder. Lett. Dainas 85; Jaroslav Seifert: Wermut der Worte 86; István Vas: Rhapsodie in einem herbstlichen Garten 86; Vilém Závada: Die wahre Schönheit der nackten Worte 86; Árpád Tóth: Abendlicher Strahlenkranz 87; Manuel Rui: Das Meer und die Erinnerung 88; Ai Qing: Auf der Waage der Zeit 88; Nahapet Khutschak: Hundertundein Hairen 88; Stevan Tontic: Handschrift aus Sarajevo 98; Ein Wort aus dem betrübten Herzen. Klass. armen. Dicht. 98. – **H:** Nâzim Hikmet: Gedichte 59. – **P:** Nâzim Hikmet. Zum 100. Geb., Lyr.-Nachdicht., CD 01. – **MUe:** Balwant Gargi: Theater und Tanz in Indien 59. (Red.)

Boström, Eva, ausgebildete Fotografin u. Malerin, arbeitet als Traumtherapeutin, Lyrikerin u. Künstlerin; lebt in Oldenburg, c/o Karin Fischer Verl., Aachen (* 36). – **V:** Schattenrand, Lyr. 08.

Bote, Horst, Journalist, Partnervermittler; *hotte @horstbote.info, www.horstbote.info* (* Hamburg 10. 11. 66). Erz. – **V:** 1 Euro. Weißmüllgeschichten, Erz. 05. (Red.)

Both, Sabine, freie Autorin; lebt in Köln, c/o Thienemann Verl., Stuttgart (* 70). Kinder- u. Jugendb., Rom. – **V:** Endlich Neinsager 02; Umzug nach Wolke Sieben 02; Herzkribbeln im Gepäck 02; Was reimt sich auf Liebe? 03; Liebe geteilt durch zwei 04; Mellis Teufelchen 05; Rosa Wolken 06; Herzklopfen auf Rezept 06; Die Liebe, Herr Otto und ich 06; Doppelter Salto mit Kuss 07; Kim Krabbenherz 07; Kim Krabbenherz pfeift auf die Schule 07; Fangfrisch 07; Klappe Kuss die zweite 08; Kim Krabbenherz feiert eine Party 08, alles R. – **MV:** It's Showtime, Mick 05; It's Showtime, Nelli 05; Liebeslied 07, alles R. m. Frank M. Reifenberg. – **MA:** Sommer, Sonne, Ferienliebe 04; Ich bin aber noch gar nicht müde 04; Liebe, Kuss, O Tannenbaum 05; Am Tag als ich Weltmeister wurde 06; Sommer, Sonne, erste Liebe 06; Schneeflöckchen, Kuss und Kerzenschein 07.

Both, Sergius s. Franke, Herbert W.

Both, Ulrich; Heerstr. 41, D-41542 Dormagen, Tel. (0 21 33) 9 05 40, Fax 9 35 72 (* Essen 22. 10. 43). Rom. – **V:** Villa Rustica, R. 97; Cornelia, Herrin von Nivoheim, R. 00. (Red.)

Bottenberg, Ernst Heinrich, Dr. phil.; c/o S. Roderer Verlag, PF 110506, D-93018 Regensburg (* Gummersbach 2. 8. 37). Ess., Lyr. – **V:** Seele im Lichtzwang, im Lichtzwang der Seele, Ess. 94; Entfernungen der Erde, Lyr. u. Ess. 02; Tau-Verlust 03; Atem-Schaltungen 05; Tal: Unschärferelationen 06; Ich: Textviren des Ich 07; anwesen. abwesen 08, alles Lyr.

Bottini, Oliver (Ps. f. Oliver Neumann), Autor, Red.; *kontakt@bottini.de, www.bottini.de* (* Nürnberg 21. 4. 65). Das Syndikat 04; Stip. d. Ldeshauptstadt München 99, Dt. Krimipr. (3. Pr.) 05 u. 07, Stip. Tatort Töwerland 06, Radio-Bremen-Krimi-Pr. 07; Rom.,

Erz. – **V:** Das große O.W.Barth-Buch des Zen 02; Das große O.W.Barth-Buch des Buddhismus 04; Mord im Zeichen des Zen, Krim.-R. 04; Im Sommer der Mörder, Krim.-R. 06; Im Auftrag der Väter, Krim.-R. 07. (Red.)

Bottländer, Reinhard, Kriminalbeamter a. D.; In den Kämpen 22, D-44577 Castrop-Rauxel/Merklinde, Tel. (0 23 05) 6 32 92, Fax 9 20 98 88, *r.bottlaender @cityweb.de, reinhard-bottlaender@t-online.de, reinhard-bottlaender.de* (* Bochum 25. 3. 48). VS 78, Friedrich-Bödecker-Kr. 83; Arb.stip. d. Ldes NRW 79, 85; Rom., Erz., Kurzgesch., Lyr., Krim.rom. – **V:** Das As der Rasselbande, Kdb. 78; Wissen sie, was sie tun? Krim.-Erzn. 79; Das As der Rasselbande und die große Chance, Kdb. 80; Polli, Pauly und Polizeihund Karo, Kdb. 81; Mit Blaulicht und Martinshorn, Jugendsachb. 81; Gefährliche Kundschaft, Krim.-Erzn. 82; Konrad oder die lange Flucht, R. 82; Die abenteuerliche Reise zur Schokoladeninsel, Kdb. 86; Das Geheimnis der Feme, Kdb. 88; Das Geheimnis der Höhle, Kdb. 89; Mord im Sumpf, Krimi 07; Ene-mene-muh... und tot bist du!, Krimi 08. – **MA:** Das große Zittern, Krim.-Erzn. 79; Nicht mit den Wölfen heulen, Lit. Bilderb. 79; Sie schreiben in Bochum 80; 100 Jahre Bergarbeiter-Dichtung 82; Drucksachen 7, Leseb. 82; Ein völlig klarer Fall, Krim.-Erzn. 84; Europäische Begegnungen, Leseb. Kogge 84; Advent-Weihnachten-Jahreswende, Autoren u. ihre Texte 84; Augenblicke der Entscheidung, Erzn. 86; Erzistimmen, Leseb. Autorenkr. Ruhr-Mark 86; Die Superrutsche, Erzn. 87. – **R:** Mein Sonntag in Bochum, Radioerz. 81. – *Lit:* Sie schreiben in Bochum 80.

Bottländer, Rosemarie s. Harbert, Rosemarie

Boura, Ewa, B. A. hons. Univ. London, Lyrikerin, Übers.; Naunynstr. 54, D-10999 Berlin (* Thessaloniki 54). VS 00, Vereinig. Griech. Schriftsteller in Dtld 00; Stip. d. Stuttgarter Schriftstellerhauses 02; Lyr. Ue: gr, engl, rum, dt. – **V:** Proben aus der Erotik der Stadt 93; Das erste Buch Eytyxia 94; Narzissen für Persephone 95; Gefrorene Nächte 96; 16 Gesänge 96; Lyrische Szenen 97; Eine Hand voller Hoffnung 98; 28 Gesänge für Engel + I 98; Tätowierungen meiner Zeit 99; 3 Gedichte 99, alles Lyr. – **MA:** Beitr. in Lyrik- u. Prosa-Anth., u. a. in: NOVALIS 95; Deutschland, deine Griechen 98; Buchlabor Literaturkal. 00; – in Lit.-Zss. u. a.: Die Brücke; Ort der Augen, seit 94. – **MH:** Zwischen den Zeiten – Zwischen den Welten, Alm. 95. – **MUe:** Minerva Chira: Die Reise auf dem Todesstreifen, G., m. Hilde Gött 97. (Red.)

Bourg de la Roche, Meunier s. Müller-Felsenburg, Alfred

Bourg, Wolfgang Berthold van der (Ps. Bert van der Bourg) *

Bournic s. Werf, Fritz

Bourquin, Irène, Dr. phil. I, Journalistin; Am Bach 25, CH-8352 Elsau. Seeblickstr. 20, CH-8038 Zürich, *irene-bourquin@irene-bourquin.ch, irene.bourquin.ch* (* Sonvilier/Bern 28. 8. 50). SSV 91, AdS 03, P.E.N.-Zentr. dt.spr. Autoren im Ausland 06; Anerkenn.pr. b. SMS-Lyr.-Wettbew. 03; Lyr., Erz., Dramatik, Hörsp., Chanson (auch Dialekt). – **V:** Wie der Fisch 86; Lyrik-Kalender 1988. 12 Monatsgedichte 87; Lyrik-Kalender 1989. Mond u. Meer 88; Lyrik-Kalender 1990. Wind u. Wolken 89; Atlasblau, Kurzprosa u. Lyr. 91; Im Auge des Taifuns, Lyr. 92; Engelromanze, Erz. 93; Ein-Blatt-Texte. 2 Blätter, Lyr. u. Kurzprosa 93; Waldschatten, Lyr. 94; Das Meer im Dachstock, Lyr. u. Kurzprosa 95; Insektenbrevier, lyr. Kurzprosa 95; Literaquarium, Prosa 96; Ein-Blatt-Texte. 5 Blätter, Lyr. u. Kurzprosa 97; Vogelschau, lyr. Kurzprosa 98; Klone, erhebt euch!, Bü. 98; Tyrannosaurus rex, Bü. 99; Laptop und Lachs,

Bouvier

Bü. 00; Patmos – Texte aus der Ägäis, Lyr. u. Kurzprosa 01; Sprechen wir nicht mehr über den Papst, Bü. 02; Elch in der Dämmerung, Erzn. 04; Angepirscht die Grillen, Lyr. 07; Im Nachtwind, Erzn. 08; Im Tempo Blitz!, Chansonprogr. 09; – THEATER/UA: Klone, erhebt euch! 99; Tyrannosaurus rex 00; Laptop und Lachs 02; Sprechen wir nicht mehr über den Papst 03; Geschwister, Szenen 05. – **MA:** Anth.: Aussagen 86; Zeit Spur 92; ch.eese – Eine Zeitreise durch d. Schweiz 00; Stimme der Natur 05; Liebe im Schatten der Ehrlichkeit 06; Lyrik u. Prosa unserer Zeit, N.F. Bd.4 06; Die Macht der Dichter / Pushteti i poëtere, dt./alban. 08; – Lyr. u. Kurzprosa in div. Lit.zss. u. Ztgn, u.a: Die Literaturzeitung; Poesie-Agenda; entwürfe; noisma; NZZ; Der Bund. – **R:** Der Wolfsziegel, Hsp. (DLR Berlin) 05. – *Lit:* Thomas Heckendorn in: Winterthur Jb. 2002 01.

Bouvier, Arwed, Dr. phil., wiss. Bibliothekar, Bibliotheksrat; Ikarusstr. 2, D-19306 Neustadt-Glewe (* Waren/Müritz 14. 8. 36). SV-DDR 76, VS 90; Fritz-Reuter-Pr. 84; Rom., Erz., Kinderb., Feuill. – **V:** Solo für den Sperling, R. 72, 80; Nr. 14 ist ein Einbettzimmer, Erz. 74; Wie ich Kap Arkona verkaufte, Erzn. 75, 77; Mein Generaldirektor kommt vorbei und andere Geschichten 81; Mein allerbester Zwillingsbruder, Kdb. 83, 2. Aufl. 88; Meine sogenannte Freundin, Kdb. 84, 3. Aufl. 89; Vom allzu blauen Himmel der Erinnerung, Feuill. 87; Den Nagel auf den Kopf, Feuill. 88, 2. Aufl. 90; Mein Butler und ich, Kd.-R. 94; Der falsche Hauptmann, R. 96. – **MA:** Im Fußballtor steht Maus Mathilde, Jb. f. Kinder 89; Kleine Bettlektüre mit Extra-Wünschen zum 55. Geburtstag 92; Kleine Bettlektüre mit Extra-Wünschen zum 33. Geburtstag 93; Kleine Bettlektüre für liebenswürdige Schweriner 93. – **MH:** Die Ziege als Säugamme und andere Ergötzlichkeiten aus dem Bücherschrank eines alten Arztes, m. Jürgen Borchert 83, 3. Aufl. 96. – *Lit:* s. auch 2.Jg. SK.

Bouxsein, Stefan; Johanna-Kirchner-Str. 20, D-60488 Frankfurt/M., Tel. (0 69) 76 97 10, Fax 15 39 31 64, *stefan.bouxsein@traumwelt-verlag.de, www.traumwelt-verlag.de* (* Frankfurt/Main 17. 6. 69). Rom. – **V:** Das falsche Paradies 06, 07; Die verlorene Vergangenheit 07; Die böse Begierde 08.

Bovenschen, Silvia, Dr., Lit.wissenschaftlerin; Dernburgstr. 26, D-14057 Berlin, Tel. (0 30) 30 83 92 82 (* Point/Obb. 46). Roswitha-Pr. 00, Johann-Heinrich-Merck-Pr. 00, Ernst-Robert-Curtius-Pr. 07. – **V:** Die imaginierte Weiblichkeit 79, 9. Aufl. 00; Schlimmer machen, schlimmer lachen 00; Über-Empfindlichkeiten 00; Älter werden 06; Verschwunden 08. – **MA:** Schmuck-Zeichen am Körper 87; Werner Sombart: Liebe, Luxus u. Kapitalismus (Vorw.) 92, u. a. – **H:** Die Listen der Mode 86; Der fremdgewordene Text. Festschrift f. Helmut Brackert z. 65. Geb. 97. – **MH:** Rituale des Alltags, m. Jörg Bong 02. (Red.)

Bowles, Albert C. s. Grasmück, Jürgen

Boy, Barbara (Geb.name v. Barbara Steube), Lehrerin; Am Rhönblick 27, D-97618 Wollbach (* Obhausen 24. 7. 48). Rom., Lyr., Erz. – **V:** Traumschuster, R. 01. (Red.)

Boy, Dieter, ObStudR., Gymnasiallehrer; c/o Shaker Verl., Aachen (* Wesel 4. 3. 34). – **V:** Eine unruhige Kindheit im Krieg und 3. Reich 02, 03; Die Zeit danach 03, 04; Kleines Latinum 05, alles illustr. Erzn.

Braatz, Ilse *

Brabetz, Gerti; Tel. (0 64 21) 6 45 26, *www.gerti-brabetz.de* (* Český Krumlov 19. 6. 39). NLG Marburg 03; Rom., Erz. – **V:** Das falsche Bild, R. 02; Das graue Haus auf Korsika, R. 05. – **MA:** Buchwelt 2000, Anth. 00; 2 Erzn. in: Sudetendt. Ztg 12/06, 22/06. (Red.)

Brach, Gisela (Ps. Alesig Charb, Ria Geblasch), Dipl.-Bibl.; Granastr. 1, D-54294 Trier, Tel. (06 51) 8 53 00 (* Trier 2. 10. 26). VS Rh.-Pf., Förd.kr. dt. Schriftst. Rh.-Pf. 80, Literar.-mus. Arb.kr. Trier 75, Christl. Autorinnengr. 83, GvlF-Ges. 83, Trierer Autorengr. (TAG) 95; EM d. Ver. Trierisch 97; Lyr., Ess., Fabel, Märchen, Kurzgesch. – **V:** Mitteilungen, G. 76; Erfahren, G. auf Reisen u. Ereignisse 1976–1977 79, 80; Nach Santiago de Compostela. G.impress. 80; Posiekalender 1–11 81–03, Gesamtausg. 04; Irisch-Fries. Impress., G. 85; Drei Dutzend u. eine, Fbn. 86; Oberitalien-Blicke, G. 88; Die gesprungene Zeit, M. 90; Ach Mama Du, G. 92; Shalom-Salam-Pax. Frieden für Israel, G. 94; Trierer Mundartdichter, Lex. 97; Alles bloß (kein) Alltag 99; Von den Wäldern Rußlands bis zur Wüste Marokkos, M. 01; Immerwährender Poesiekalender, G. 05. – **MA:** Regionale Kal. u. Jb. 88–97; Gedanken über Deutschland 91; Heute zur Heiligen Nacht 92; Makrelentod 97.

Bracharz, Kurt, Schriftst.; Strabonstr. 22, A-6900 Bregenz, Tel. u. Fax (0 55 74) 7 28 71, *kbracharz@bracharz.vol.at* (* Bregenz 28. 9. 47). Vorarlberger Autorenverb., jetzt Lit. Vorarlberg, IGAA; Öst. Staatsstip. f. Lit. 86, Dt. Krimipr. 91, Buchprämie d. BMfUK 93; Rom., Short-Story, Ess., Rezension, Sat., Übers., Kinder- u. Jugendb. – **V:** Wie der Maulwurf beinahe in der Lotterie gewann, Kdb. 81, 92; Esaus Sehnsucht, Gastrosoph. Tageb. 84; Grassoden, Prosa-G. 84; Pappkameraden, Krim.-R. 86, 95; Wortfilme, Lit. Texte 1977–1987 87; Ein Abendessen zu Fuß. Lichtenberg-Notizen 87; Die Trüffelreise, Gesch. 90; Höllenengel, Krim.-R. 90; Die grüne Stunde, Krim.-R. 93; Cowboy Joe, Krim.-R. 94; Esaus Erfüllung. Tageb. e. zyn. Feinschmeckers 95; König Zahnlos, Kdb. 01; In einem Jahr vor meinem Tod. Y2K-Tageb. 01. – **MA:** Beitr. in Kulturzss.: Sterz, Kultur; zahlr. Kolumnen u. Art. in: Vorarlberger Nachrichten, Stuttgarter Nachrichten, NZZ, Online PC Ztg. – **H:** Zeichen. Erster Kat. zur Vorarlberger Lit. 83. – **P:** Wie der Maulwurf beinahe in der Lotterie gewann, mus. Erz. 95. (Red.)

Bracher, Karl Dietrich, Prof. Dr., Dr. h. c. mult.; Stationsweg 17, D-53127 Bonn, Tel. (02 28) 28 43 58 (* Stuttgart 13. 3. 22). P.E.N.-Zentr. Dtld, Dt. Akad. f. Spr. u. Dicht., Wiss. Akad. in Dtld., Öst., USA, Großbritannien; Pour le mérite f. Wiss. u. Künste 92, Ernst-Robert-Curtius-Pr. 94, Gr. BVK m. Stern u. Schulterband 98. – **V:** Wendezeiten der Geschichte, hist.-polit. Ess. 92 (auch engl.); Geschichte als Erfahrung, Betrachtn. 01. (Red.)

Bracher, Ulrich, Übers., Lehrer; Kappisweg 1, D-70192 Stuttgart, Tel. (07 11) 2 56 09 51, Fax 2 57 83 65, *ubracher@t-online.de* (* Stuttgart 5. 11. 27). VS/VdÜ 67, Schweiz. Ges. f. skand. Studien, Zürich; versch. Stip.; Übers., Lyr., Prosa, Memoiren. Ue: engl, am, schw, dän, nor. – **V:** Geschichte Skandinaviens 68; Gustav Adolf von Schweden. Eine hist. Biografie 71; Antonio Janigro 99. – **MA:** Innen- und Außenpolitik unter nationalsoz. Bedrohung 77; Der Große Ploetz 08/09. – **Ue:** zahlr. Übers., u. a.: Georgiana Masson: Christina von Schweden 68; Samuel Sandmel: Herodes. Bildnis eines Tyrannen, Biogr. 68; Lyr. v. Edith Södergran, Elmer Diktonius, Rabbe Enckell, Gunnar Björling, Henry Parland; Prosa v. Tove Jansson, Tito Colliander. – **MUe:** Per Wästberg: Gelöste Liebe 73; Eyvind Johnson: Notizen aus der Schweiz 76; M.F. Alvarez: Imperator Mundi (Karl V.) 77; Hugh Thomas: Geschichte der Welt 84, alle m. Dr. U. Bracher.

Brachmann, Eva Maria; Dautweiler Weg 4, D-66636 Tholey, Tel. (0 68 88) 86 83. Lyr. – **V:** Margeriten verstreut in die Zeit 91; Sieh mit deinem Herzen 94;

Trauer, Hoffnung, Leben 97; Rosenbüchlein 99. – **MA:** Die Christliche Familie, Zs. (Red.)

Brack, Robert (auch Virginia Doyle, eigtl. Ronald Gutberlet), Schriftst. u. Journalist; Fischers Allee 73, D-22763 Hamburg, Tel. (0 40) 3 90 87 81, *post @gangsterbuero.de*, *www.gangsterbuero.de* (* Fulda 4. 5. 59). Marlowe-Pr. 93 u. 97, Dt. Krimipr. 96. – **V:** Blauer Mohn 88; Die Spur des Raben 88; Rechnung mit einer Unbekannten 89; Die siebte Hölle 90; Schwere Kaliber 91; Das Mädchen mit der Taschenlampe 92; Psychofieber 93; Das Gangsterbüro 95; Die Feinschmecker-Morde 98; Nachtkommando 98; Das blutrote Chevrolet 99; Todestropfen 00; Brandnacht 01; Blutgericht in Altona 02; Der Schatz des Störtebeker 02; Lenina kämpft 03; Haie zu Fischstäbchen 05; Kalte Abreise 06; Schneewittchens Sarg 07; Und das Meer gab seine Toten wieder 08; – unter Virginia Doyle: Die schwarze Nonne 99; Das Blut des Sizilianers 99; Kreuzfahrt ohne Wiederkehr 99; Tod im Einspänner 00; Das giftige Herz 00; Die Burg der Geier 00; Das Totenschiff von Altona 02; Mord im Star-Club 03; Die rote Katze 04; Der gestreifte Affe 05; Die schwarze Schlange 06; – zahlr. Sachbücher. – **H:** Eine Leiche zum Geburtstag 97; Eine böse Überraschung (Kettenkrimi, verfaßt m. 24 Autoren) 98. – **Ue:** Ronald Tierney: Die Tequila-Falle 97; Mark Richard Zubro: Mord in der Highschool 97; ders.: Mordshitze 97; Doug J. Swanson: Dreamboat 97; Fred Hunter: Geheimsache: Schwul 98; Jerry Oster: Sturz ins Dunkel 98; Robert B. Parker: Das dunkle Paradies 98; ders.: Schmutzige Affären 99; Jerry Oster: Höhenangst 01, u. a. – *Lit:* s. auch SK. (Red.)

Bracker, Jörgen, Prof. Dr., Dir. d. Mus. f. Hamburgische Gesch. 1976–2001; Hamburg, Tel. (0 40) 3 90 74 36, (01 72) 5 155 236, *joergen.bracker @hamburg.de, info@zelander.de, www.zeelander.de* (* Braunschweig 19. 12. 36). Quo vadis – Autorenkr. Hist. Roman. – **V:** Hamburg von den Anfängen bis zur Gegenwart 87, 3., erw. Aufl. 92; Unser Strom. Hamburg u. die Niederelbe von Boizenburg bis Cuxhaven 95; Zeelander – Der Störtebeker-Roman 05, 3. Aufl. Tb. 07; Die Reliquien von Lissabon – Störtebekers Vermächtnis, R. 08.

Bradean-Ebinger, Nelu (Ps. Banatius), UProf., Dr. phil., Lehrstuhlinhaber; Szakály M. u. 20, H-2040 Budaörs, Tel. (00 36 23) 44 08 09, *nelu@uni-corvinus.hu, www.wirtschaftsdeutsch.corvinus-uni.hu.* c/o Corvinus-Universität, Közraktár utca 4–6, R. 523, H-1093 Budapest (* Arad/Rum. 22. 7. 52). Verb. Ungarndt. Autoren u. Künstler (VUDAK) 74, IDI 80; Aufenthaltsstip. d. IDI f. Südtirol 94, 1. Pl. b. Kolping-Pr. Budapest 05; Lyr., Kurzprosa, Ess. Ue: ung, rum, engl, frz, schw, finn, Lappisch. – **V:** Budapester Resonanzen, Lyr. 86; Auf der Suche nach ... Heimat, Lyr., Ess. 95; Bekenntnisse eines Mitteleuropäers, Lyr. u. Ess. 01 (auch ung.). – **MA:** Bekenntnisse – Erkenntnisse 79; Jahresringe 84; Bairische Burgschreiber 88; Tie Sproch wiedergfune 89; Das Zweiglein 89; Das Zweiglein. Nachrichten aus Ungarn 91; Die Erinnerung bleibt 95; Erkenntnisse 2000, 05; G. u. Ess. in ungarndt. Anth. sowie in dt. u. österr. Lit.zss., u. a.: Kafka. Zs. f. Mitteleuropa 7/02; Lingua, 19 08, Ess. – **H:** Janko Messner: Pesmi-Dalok-Lieder, Lyr. (auch übers.) 99; Interkulturelle Studien, Festschr. 05. – **MH:** Lingua, 19 08. – Ue: Péter Domokos: Handbuch der uralischen Literaturen 82, u. a. – *Lit:* Oskar Metzler: Gespräche m. ungarndt. Schriftst. 85; Ingmar Brantsch: N.B.-E. – der polyglotte donauschwäb. Mitteleuropäer, Ess. 89; János Szabó (Hrsg.): Ungarndt. Lit. d. 70er u. 80er Jahre, Dok. 91; Bettina Bergstedt-Busch: Lyr. als Ausdruck unterschiedlicher Gefühle 93.

Bradun, Johanna s. Brandenberger, Anne

Brägelmann, Paul (Paul Anton Brägelmann), Dr. rer. pol., Dipl.-Volkswirt; Falkenrotter Str. 34, D-49377 Vechta, Tel. (0 44 41) 23 65, Fax 90 68 82 (* Lohne 12. 12. 26). Plattdt. Kurzgesch., Zeitgesch. – **V:** Braoms Bernd un Reuklosen Ziskao 83; Ool Siebzig un Reuklosen Fannand 84; Aals was noch ünner ein Dack 85; Ampart kien Kiewittsei 87; Auf den Rheinwiesen 1945 92; Wenn jeder sien Deil dee, Hsp. u. Theaterst. 92; Dei Baukerner 96; Als die Kreuze Haken hatten, Erinn. 98. – **B:** Wilhelm Busch: Max un Moritz, naovertellt up ollenborger Platt van P.B. 90. – **R:** etwa 40 Beitr. z. Sdg „Land un Lüe" v. Radio Bremen. (Red.)

Brägger-Bisang, Elisabeth (Karani), Lyrikerin; Propstei 19, CH-8260 Wagenhausen, Tel. u. Fax (0 52) 7 41 20 73 (* Luzern 18. 7. 31). P.E.N.-Zentr. Schweiz, Intern. P.E.N., ZSV 87, ISSV 87–98, Intern. Lyceum-Club Zürich 96, Signat(h)ur Schweiz 96; Gedichttafel auf d. Schaffhauser „Dichterpfad"; Lyr. Ue: frz, ital, engl, port, Suaheli. – **V:** Graffiti I. Menetekel auf der Mauer 88; Graffiti II. Graffitene Nächte 89; Venussextil 93; Feuerrisse 03, alles Lyr. – **MA:** Frauen öffnen Grenzen 89; Lyrik 89, 90/94; Lyrik Windrose 90; Standort 93; Schreiben Innerschweiz 93; Frauenlyrik 96; Schweigen ist Sterben 96; Signat(h)ur-Harass-Anth. 96/04; Ich bin Ich 97; Lyrik Anth. 98; PEN-Anth. 98; In deinem Zeichen, Anth. 02; ... lesen, wie krass schön ist bei konkret (Shakespeares Sonett 18) 03. – *Lit:* Mario Andreotti: Zur Lyr. v. E.B.-B. 96; Alfred Richli: Schaffhauser Dichterpfad 01; dies.: Noch ein Wort (zu „Feuerrisse") 03. (Red.)

†**Bräker,** Siegfried, Rektor i. R.; lebte in Leverkusen (* Opladen/heute Leverkusen 16. 3. 26, † 2003?). Rheinlandtaler 90; Lyr., Ess., Autobiogr. – **V:** Jahre der Okkupation. Vorgesch. u. Gesch. d. Okkupation d. Evangel. Kirchengemeinde Opladen durch d. Nationalsozialismus 84; Vor hoffnungsvollen Zweigen und anderen Gedichte 86; Autobiographische Berichte 96, als Ms. gedr., überarb. u. erw. Aufl. 00; Texte 98. – **MA:** Niederwupper. Histor. Beiträge., seit 79.

Braem, Harald (Ps. Wolfram von Stein), Prof., Dipl.-Designer, Schriftst.; Miehlener Str. 4, D-56355 Bettendorf, Tel. (0 67 72) 9 52 60, Fax 9 52 61, info *@haraldbraem.de, www.haraldbraem.de* (* Berlin 27. 7. 44). KULT-UR-Inst. f. interdiszipl. Kulturforschg. 88; Ritter d. Nassauer Runde, Verd.med. d. Ldes Rh.-Pf. 05; Lyr., Rom., Erz., Märchen, Sachb. – **V:** Ein blauer Falter über der Rasierklinge, Prosa 80; Die Nacht der verzauberten Katzen, Prosa 82; Morgana oder die Suche nach der Vergangenheit, R. 86; Sirius grüßt den Sohn der Maus Prosa 87; Zodiac – die Märchen der 12 Tierkreiszeichen, Prosa 87; Der Eidechsenmann, Prosa 88; Der Löwe von Uruk, R. 88, 98; Ein Sommer aus Beton, R. 89; Hem-On, der Ägypter, R. 90; Der Kojote im Vulkan, Prosa 90; Tanausu, der letzte König der Kanaren, R. 91; als Puppensp. 96; Große Spinne, kleine Spinne, Prosa 92; Der Herr des Feuers, R. 94; Der Vulkanteufel, R. 94, verfilmt u. d. T.: Der Feuerläufer 98; Das Hotel zum Schwarzen Prinzen, Prosa 95; Der Wunderberg, R. 96; Der König von Tara, R. 97, 00; An den Küsten der Sehnsucht, G. 99; Das Blaue Land, R. 00; Morgana oder die Suche nach dem verlorenen Land, R. 00; Frogmusic 01; Meine Steppe brennt, G. 06; (Übers. ins Span., Dän., Kat., Hebr., Türk., Pers., Ital., Frz., Engl., Bulg., Russ., Chin., Korean., Tsch.). – **MA:** ca. 300 Veröff. in Anth. – **H:** Meinungsfreiheit 69–71; Kunst als Experiment 82; Wasser – Lebensmittel Nr.1 82; Die letzten 48 Stunden, Anth. 83; Das Große Guten-Morgen-Buch 84; KULT-UR-notizen, Mag. 90–99. – **R:** Terra X: Die Inseln des

Braendle

Drachenbaums 90; Der Herr der Zeichen 96. – **P:** Ich schenke dir diesen Baum, Schallpl. 86; Die Trauminsel, Tanztheater 97; G. in Blindenschr., Prosa auf Tonkass. f. Blinde. – *Lit:* Literar. Rh.-Pf. heute 88; Harenberg Lex. d. Weltlit. 90; Wer ist Wer? 90, 98; Monika Dudt: Hildesheimer Lit.lex. v. 1800-heute 96; Who is Who Schweiz 96; E. Jänsch in: Vampir-Lex. 96; Who is Who Deutschland 98; Zierden 98; U. v. Borries in: Planet d. Pyramiden 99; Dt. Schriftst.Lex. 00; Spektrum d. Geistes 01; Who is Who in German 01; Online-Lex. Lit. Rh.-Pf. unter: www.literatur-rlp.de 01; Who is Who Europa 02.

Braendle, Christoph; Karmelitergasse 5, A-1020 Wien, Tel. (01) 2 19 77 78, *chrisbraendle@yahoo.de* (* Bern 1. 7. 53). SSV, GAV; Prosa, Rom., Drama, Ess. – **V:** Die Wiener 92; Jede Menge Kafka 94; Liebe, Freud und schöner Tod, Reisegeschn. 98 (auch chin.); Der Unterschied zwischen einem Engel 00; Fritz Molden – ein österreichischer Held 01; Der kleine Reporter 07; – Stücke/UA: Heinrich Ohnesorg 87; Prometheus. Am Kreuz 88; Hasenfuß 92; Shakespeares Vögel 94; Henkers Mahl 95; Shakespeares Faust 96; Shakespeares III 97; Zwei Sommer in Zseliz 98. (Red.)

Bräuel, Ulrich, Dr. iur., Rechtsanwalt; Heldenweg 4, D-88131 Lindau, Tel. (0 83 82) 2 59 23, Fax 58 73 (* Danzig 6. 1. 30). Rom., Erz., Historie. – **V:** Die schwarze Mappe. Reise nach Danzig 02; Das Tantchen oder Die Lust an Eigentum, R. 07; Das Tagebuch der Susanne K. 08/09. – **MH:** Ein Bischof vor Gericht, m. Stefan Samerski 05.

Bräuner, Helmut, Schriftsetzer, Korrektor, Gewerkschaftssekr., Jurist; Senefelder Str. 81, D-63069 Offenbach/Main, Tel. (0 69) 83 14 46, *Helmut.Braeuner@t-online.de* (* Essen 5. 1. 35). VS, Lit.ges. Hessen; Rom., Kurzgesch. – **V:** Die Stadt am Hohenstein, R. 94; Salomo, R. 95. (Red.)

Bräuning, Herbert, Übers., Lektor, Red., Journalist, Autor; Planegger Str. 11, D-82110 Germering, Tel. (0 89) 8 41 23 58 (* Kassel 11. 4. 21). Ue: frz, engl, port, span. – **V:** Du erbst einen Alptraum, R. 82; Eine herbe Entäuschung, R. 93; Fernzündung, R. 94; Der Charme des Zufalls oder: Ein sonderbarer Büchner-Fan, R. 99. – **MA:** Der Anfang, Anth. junger Autoren 47; Das neue weißrote Ungeheuer, Alm. 77. – **P:** Alexandre Dumas: Die drei Musketiere, Hsp., Phonussa./CD 03. – **Ue:** Jorge Amado: Tote See 50, Die Auswanderer vom Sao Francisco 51, Das Land der goldenen Früchte 53; Roger Vailland: Erlebnisse in Ägypten 53; André Kédros: Königsvolk 54; Vladimir Pozner: Irrfahrt 55; Henri Barbusse: Jenseits 55; A. Vidal: Henri Barbusse 55; Alexandre Dumas: Die drei Musketiere 55, 06; Mohammed Dib: Das große Haus 56, Der Brand 56. – **MUe:** Jorge Amado: Jubiaba, m. H. Wiltsch 50; F.R. Velarde: Stollen der Angst, m. dems. 51; Alfredo Varela: Der dunkle Fluß, m. H. Eisen 52.

Bräunling, Elke, freie Autorin, Lektorin u. Ghostwriterin; c/o Strube Verlag GmbH, Pettenkoferstr. 24, D-80336 München (* Edenkoben 11. 4. 59). Rom., Erz., Hörsp., Kinderb., Kurzgesch., Liedtext, Kindertheater. – **V:** Alle Jahre wieder, Weihnachts-Sp. 89; Mein Jahr im Kindergarten, Bilderb. 90; Bethlehem ist überall, Weihnachts-Sp. 90; Weihnachtsland, Erz. 91; Noch 24 Tage, Geschn. 91; Nun zünden wir die Kerzen an, Weihnachts-Sp. u. Lieder 91; O du schöne Weihnachtsfreude, Weihnachts-Sp. 91; Fragen, Fragen, so viele Fragen, Geschn. G. 92; Das Haus mit den Butzenscheiben, Erz. 92; Phantasiegeschichten 92; Auf der Zauberwiese, Erz. 93; Komm mit ins Land der Phantasie, Geschn. 94; Viel Glück, kleiner Bär, Geschn., Spiele, Rätsel 95; Mia Fantasia, Erzn. 95; Mein Adventskalen-

derbuch 95; Mein Dezemberbuch 97; Da wird die Angst ganz klein 98; Traumwolke 98; Bunte Feste im Kinderjahr 99; Von Angsthasen und kleinen Helden 99; Zündet an die Kerzen 99; Muffelbär und Spielverderber 99; Mia und die Hexe Brittalixia, Internet-R. 99. – **MV:** Wir feiern den Advent, m. Rolf Krenzer, Texte u. Lieder 91; Wenn's draußen früher dunkel wird 92 II; Wenn's draußen wieder grünt und blüht 93 II; Der Weihnachtsdrache, Geschn. 93; Weihnachtszeit in aller Welt, Arbeitsb. 93; Wenn die Blätter bunt sich färben 93 II; Wenn die Sommersonne lacht 94 II, alle m. Alfons Schweiggert. – **MA:** zahlr. Texte, Geschn. u. G. in Anth., Zss. u. Ztgn. – **H:** Geschichten von Advent und Weihnachten 92 (unter Ps. Edith Meyendorff); Stern, wir folgen deinem Licht, Advents- u. Weihn.-Sp. 92; Wir singen den Engeln, Spiele, Advent- u. Weihn.-Sp. 94 (beides unter Ps. Stefan Fredrik); Schöne Advents- u. Weihnachtsgeschichten 94. – **P:** D. Bärenberg, Hsp.; Alle Jahre wieder 89; Die Weihnacht ist da; Kerzen an; Bethlehem ist überall 90; E. Wolkenpferd reiten; Wir feiern d. Advent; Erzähl mir keine Märchen; Weihnachtsland 91; Komm mit ins Land d. Phantasie; Wenn's draußen früher dunkel wird 92; Wenn's draußen wieder grünt u. blüht; Weihnachtszeit in aller Welt; Wenn d. Blätter bunt sich färben 93; Wenn d. Sommersonne lacht; Mia Fantasia u. d. Zauberschaukel; Mia Fantasia u. d. Spielzeugland; Mia Fantasia u. d. Traumgeist; Ich bin noch nicht müde, Papa 94; D. Sandmann u. das Traumschäfchen; Viel Glück, kleiner Bär; D. Geisterbande, Hsp. 95; Kopf hoch, kleiner Bär; Schneewittchen u. d. 7 Zwerge; Mia Fantasia u. d. Trampelriese; D. Adventskalenderbär 96; Lauras Stern; Komm mit auf meine Traumwolke 97; Mach mal Pause, kleiner Bär; Keiner ist so stark wie du; Wenn du einmal krank bist; Von Angsthasen u. kleinen Helden; Zündet an d. Kerzen 99; Papa, lass d. Auto stehn; Hey, wir haben so viele Fragen 00, u.v. a.

Bräutigam, Gerd, Red.; Körnerstr. 5, D-51373 Leverkusen, Tel. (02 14) 4 69 07 (* Aachen 12. 3. 37). IDI 77, Max-Dauthendey-Ges. 79; Siegespr. im Mda.-Theater-Wettbew. „Bei uns in Unterfranken"; Lyr., Prosa, Mundart, Schausp., Sketch. – **V:** Es griecht ajeds sei Huckn vuull, Fränk. Mda.-Lyr. 78; Ächeta Gnörz, Fränk. Mda.-Lyr. u. Prosa 83; Hoosepfaffer und Kesseltreiben, Mda.-Lyr. u. Prosa 87; Männer wia mia, Sch., Mda.-Rollentextb. 89. – **B:** Ludwig Soumagne: Litanei (Übertrag. in eig. Mda.) 88; Arthur Hofmann: Zammgekährda Gedankn 89. – **MA:** Weil mer so sען 80; Bayer. Mundarten-Leseb. 85; Grenzenlos (Übertrag. in eig. Mda.) 88; Schbrüch u. Widerschbrüch, Lyr. 91; Möcherlesresri, Lyr. u. Kurzprosa 93; Morgenschtean, Lyr. 96; Made in Franken / Best of Mund-Art 98, alles Mda.-Anth.; Sehnsucht nach gelingendem Leben 02; Wasser u. Salz 04. – **R:** Volksmusik und Wort, Mda.-Lyr. 77–98; Fränk. Poeten u. Musik, Mda.-Lyr. 82–98; A Maschmusich köhrt har, Hsp. 83; Bairisch Herz, Mda.-Lyr. u. Prosa 83; Literatur am Montagnachmittag, Mda.-Lyr. 85; Laßt Blumen sprechen, Sketch 96, alle Lesgn. im Rdfk. – *Lit:* Fritz Schuster: G.B. Autorenportr., Fs.-Sdg 81; Landkreis Kitzingen 84; Frankenland 84; Autorenportr. im BR u. Radio Gong 87. (Red.)

Bräutigam, Hermine s. Ehrenberg, Hermine

Brahe, Bilkis s. Sparre, Sulamith

Brahma, Santosh Kumar (Ps. Kushal Mitra), Schriftst.; WIB(R), Phase-IV. 14/3. Golf Green Urban Complex, Calcutta-700095, India, Tel. (00 91-33) 24 73 78 11, *skbrahma@hotmail.com*. Turnsee Str. 43, D-79102 Freiburg/Br., Tel. u. Fax (07 61) 7 11 81 (* Howrah, Westbengal/Indien 1. 3. 34). Ue: engl, dt. – **V:** Regenfeld oder Der Ruf eines Meereskindes, G. bengal./dt. 85; Harijonatala bheratikala. Vertikal Auf Horizontal, G. bengal./dt. 88; Mitlesebuch Nr. 48 01 (2 Aufl.). – **MH:** Kalkutta, Lyrik, Hsp., Essay 86, 92 (bengal./engl.). (Red.)

Brahms, Nora s. Müller, Hilke

Brain, Brenda (eigtl. Heidi Mühlemann), eidg. dipl. Apothekerin, Texterin; c/o Rent a Brain, Bergstr. 320, CH-8707 Uetikon am See, Tel. 0 17 90 16 71, Fax 0 17 90 16 74, *h.muehlemann@rab.ch*, *www.rab.ch* (* 19. 9. 53). 1. Pr. im Kurzgeschn.-Wettbew. '100 Jahre Jubiläum Pestalozzi-Bibl. Zürich'; Kinderb. – **V:** Zum Glück hat Herr Grünzweig einen Fehler gemacht 95; Leo Lamperts wundersame Begegnung mit der Kuh 98; Leo Lampert u. das unheimliche Konzert 99; Leo Lampert u. das mysteriöse Medaillon 01; Leo Lamperts kuriose Nacht 02; Leo Lampert u. das furchterregende Feuer 03; Leo Lampert u. das verschwundene Spiegelei 05. (Red.)

Braitenberg, Valentin (eigtl. Valentino von Braitenberg), Prof. Dr., em. Dir. Max-Planck-Inst. Tübingen,; Madergasse 5, D-72070 Tübingen, Tel. (0 70 71) 2 25 93, Fax 60 15 77, *valentino.braitenberg@ tuebingen.mpg.de*. Zenoberg 42, I-39019 Meran (Tirol) (* Bozen 18. 6. 26). Ess. – **V:** Gescheit sein (u. a. unwissenschaftliche Essays) 87, 89 (ital.); Ill oder der Engel und die Philosophen, R. 99, 06 (auch ital.); Das Bild der Welt im Kopf 03. (Red.)

Brakel, Johannes F., Lehrer; Korte Blöck 2, D-22397 Hamburg, Tel. (0 40) 6 09 55 63, *Joh.Brakel@t-online. de* (* Bonn 24. 1. 58). Erz. – **V:** Afrikanische Begegnungen, Erzn. 92, 95; Von Faltern und Sommervögeln, Erzn. 98.

Bramerdorfer, Hermann, Offizier d. Bundesheeres, Brigadier i. R.; Schachermairdorf 34, A-4621 Sipbachzell, Tel. u. Fax (0 72 40) 83 15 (* Weißenkirchen/ Attergau 24. 6. 32). – **V:** Rotzbuben, Rotznasen, Rotzlöffel, Erz. 01. (Red.)

Bramkamp, Helmut; Mohnblüte 34, D-45309 Essen, *helmut.bramkamp@googlemail.com*, *www.helmutbramkamp.de*. – **V:** Galeeren vor Korfu, R. 06; Ferne Zeiten – Ferne Welten, R. 07; Das Land an der Lagune, R. 08.

Braml, Ariane, Germanistin; Rainstr. 76, CH-8712 Stäfa (* Zürich 16. 7. 69). SSV; Lyr. – **V:** Stille Ruder, G. 00; Im Sterngras reisst der Wind, G. 02; Weltquerüber fliegen Träume und Schatten, G. 05. (Red.)

Brams, Stefan (Ps. Andrea Bach), Red.; Dornberger Str. 174, D-33619 Bielefeld, Tel. (05 21) 13 27 57, (01 60) 97 87 08 11, Fax (0 52 41) 88 65, *stefan.brams@ neue-westfaelische.de* (* Wilhelmshaven 18. 12. 62). IG Medien, Hölderlin-Ges., Intern. Peter-Weiss-Ges.; Kulturförd.pr. (Sparte Lit.) d. Kr. Herford 95; Erz., Rom., Monologischer Text. – **V:** Franziska Spiegel. Ein Monolog 96 (auch als Hörb.); Löhne einsteigen. Eine Stadt im Spiegelbild. Glosse 00; Wladimir Majakowski – Ich, Poet in den Alleen aus Stein 02.

Brand, Barbara s. Smitmans-Vajda, Barbara

Brand, Gregor, Ass. iur., Schriftst., Verleger; Am Denkmal 4, D-24793 Bargstedt, Tel. (0 43 92) 84 05 99, *Gregor.Brand@t-online.de*, *www.angelfire.com/art/ gregorbrand* (* Bettenfeld/Eifel 7. 6. 57). VS Schlesw.-Holst.; Order of Excellence, Intern. Biogr. Centre Cambridge; Lyr., Ess., Sachb., Biogr., Mundart, Aphor. – **V:** Ausschaltversuche, G. 85; Der schwarze Drachen stürzt ins Meer, G. 87; Spätes zweites Jahrtausend, G. 98; Gesammelte Gedichte I 00; Sefer Pralnik, G. 01. – **MV:** So schwätzen mir, m. J. Hoscheid u. J.L. Kiefer, n. moselfränk. Mda. 92. – **MA:** Schmittiana, Bd. V 96; Trierer Biographisches Lexikon 00; G. u. Prosa in Zss.: Etappe; Krautgarten; G. u. Abhandlgn in versch. Jb. u. Fachzss.; Biogr.-Bibliogr. Kirchenlex. – *Lit:* Dt. Lit.lex., 3. Aufl. 94; Josef Zierden: Die Eifel in d. Lit. 94; ders.: Lit.lex. Rh.-Pf. 98; Wer ist wer? 00; Dt. Schriftst.lex. 02; J. Reinhold-Tückmantel in: Der Prümer Landbote 73/02. (Red.)

Brand, Jule s. Gier, Kerstin

Brand, Matthias, Dr. phil.; Sanderstr. 26, D-12047 Berlin (* Braunschweig 2. 10. 52). Arb.stip. f. Berliner Schriftst. 88, Hsp. d. Monats Nov. 88, Projektstip. d. Ed. Mariannenpresse 90/91, Stip. Schloß Wiepersdorf 93, Publikumspr. f. d. beste Kd.stück b. Figurentheater-Festival Mülheim 01; Erz. f. Kinder u. Erwachsene, Ess., Lyr., Hörsp., Theaterst. (Figurentheater). – **V:** Fritz Kortner in der Weimarer Republik 81; Das Grundstück 82; Die Flatternde Straße, Erzn. 91; Die Abwesenheit und die Rückkehr, G.-Zykl. 93, 2. Aufl. 98; See Traum Gelächter, Erzn. u. Geschn. 97; – STÜCKE f. Figurentheater: Zasper 84; Die Ratte im Teich 87; Der Räuber der Richter die Ratte, n. W. Gombrowicz 94; Das eigensinnige Gänschen 00; Kohlhaas, n. d. Historie 00. – **MV:** Skizzen in Berlin, m. P. Huth, Lyr. u. Prosa 80; Stärker als Superman, m. R. Kift 81, 2. Aufl. 82. – **H:** Fritz Kortner: Theaterstücke 81. – **R:** Leben mit Kindern, Ess. üb. Janusz Korczak 84; Verlorenes Sarmatien. Spuren zu Johannes Bobrowski 87; Feat.: Die Wunder der Orte, üb. M.L. Kaschnitz 98; Die Lust der Lustigen 99; Über Leichen gehen. Terrorismus im Spiegel d. Lit. 01; Der große Krieg der weißen Männer, m. Diethelm Blecking 02; „Erschießen will ich nicht", n. dems. 02; Der Tod des Athleten, m. dems. 05; – HÖRSPIELE: Das Ende der Träume 88; Der Zwerg Nase, n. W. Hauff 91; Abwesenheit und Rückkehr 97; Verbrechen mit Vorbedacht, n. W. Gombrowicz 89; 30. Juni 1934: Mord in Neubabelsberg 00; Verschleppung eines polnischen Priesters 02; Das Malheur oder Der Krater im Wohnzimmer 05; Herr Reisenauer spielt Beethoven 06. (Red.)

Brand, Volker, Dr., Lehrer, Dipl.-Päd.; Görlitzer Str. 22, D-32545 Bad Oeynhausen, Tel. (0 57 31) 9 64 48, *dr.volker.brand@t-online.de* (* Bad Oeynhausen 9. 1. 59). Lyr., Kurzgesch., Song. – **V:** Anthologie. storieslyricssongtexteaphorismen 00. – **MA:** Lyrik u. Prosa unserer Zeit, N.F. 1, 05. – *Lit:* s. auch 2. Jg. SK. (Red.)

Brand-Smitmans, Barbara s. Smitmans-Vajda, Barbara

Brandau, Birgit, Autorin, Übers., Red.; Bartholomäusstr. 5, D-37269 Eschwege, Tel. (0 56 51) 2 28 74 57, *agens.B-S@t-online.de* (* Eschwege 3. 8. 51). VG Wort 95; Intern. Ue: engl. – **V:** Der Sieger von Kadesch, R. 01, 02 (auch türk.); – mehrere Sachb. – **Ue:** Stephen Solomita: Räche sich, wer kann, Thr. 98; Alev Lytle Croutier: Palast der Tränen, R. 02. – *Lit:* s. auch SK.

Brandau, Thorsten, Dr., Dipl.-Chemiker; c/o Engelsdorfer Verl., Leipzig, *www.crash-online.de*. Rom., Lyr., Erz., Kurzgesch. Ue: dt, engl, frz. – **V:** Gedanken, Lyr. 06; Sündige Stadt, R. 07. – **MA:** Ewiger Herbst, Anth. 06.

Brandauer, Ernst; Feldstr. 35, A-3420 Kritzendorf, Tel. (0 22 43) 2 47 10 (* Göblasbruck/NdÖst. 29. 8. 21). Rom., Erz. – **V:** Die Hütte, R. 93; Hexe auf Lanzarote, R. 98; Die Rose wird blühen, R. 04. (Red.)

†**Brandauer,** Paula (geb. Paula Dultinger), Hausfrau; lebte in Altaussee u. Salzburg (* Wilhelmsburg/NdÖst. 24. 5. 26, † lt. PV). Erz. – **V:** Chaos und Hoffnung 95; Ausseer Geschichten 97.

Brandenberger

Brandenberger, Anne (Ps. Johanna Bradun), ehem. Hotelière; Via Carona 16, CH-6815 Melide, Tel. 09 16 49 74 65 (* Flaach-Winterthur 19. 6. 26). Humboldt-Ver.; 3 Kunstpr.; Rom., Erz., Biogr., Lebensber. – **V:** Drogen, Gold und Mädchen, Krim.-R. 79; Begegnung international, Biographien 80; Abu Simbel – Reise in die Vergangenheit, utop. R. 81; Die goldene Hochzeitsreise; Kurzgeschn. in Heftform. – **MA:** Beitr. in Anth. d. Brentano-Ges. seit 01.

Brandenburger, Moritz s. Wiesner, C. U.

Brandenstein, Jolanthe von s. Ossowski, Leonie

Brandes, Michelle s. Brandt, Michael

Brandes, Sophie (eigtl. Sophie-Marlene Kafka-Huber-Brandes), Grafikdesignerin; Am Blumenstrich 27, D-69151 Neckargemünd, Tel. (0 62 23) 21 25 (* Breslau 30. 3. 43). Premio critici in Erba/Bologna 86, Troisdorfer Bilderbuchpr. (Sonderpr.) 90, Öst. Kd.- u. Jgdb.pr. 95; Erz., Kinderrom., Bilderbuchtext. – **V:** Trinkmann's Traumreisen, Comic-Bilderb. 74; Hauptsache, jemand hat dich lieb, Kinder-R. 76; Billie aus der Altstadt, Kinder-R. 77; Stiefelgasse 13, Bilderb. 77; Grünes Gras, erzähl mir was, Geschn. 80; Einer wie Fledermaus 81; Die Zaubertrompete, Bilderb. 84; Komm mit nach Irgendwo, Bilderb. 84; Alles für die Katz, Kdb. 86; Der einsame Riese, Bilderb. 86; Wo die grauen Schlangen schliefen, Kd.-R. 87; Ein Brief an die Königin von England 88; Total blauäugig, R. 88, 95; Was macht der Mond im Teich? 89; Wer hat Bombo gesehen? 89; Gustav Hundeherz 90; Cascada, eine Inselgeschichte, R. 91; Fototermin 91; Als Friedrich zaubern lernte 92; Lena – wohin fliegst du? 92; Leselöwen-Flunkergeschichten 92; Leselöwen-Bärengeschichten 94; Ein Baum für Mama 95; Flickflack u. a. Geschichten aus einem verwunschenen Land 97; Oma, liebe Oma 97; Sag mir mal, was Liebe ist, Jgdb. 97; Traumjob: Model 97; Kein bisschen cool, Jgdb. 95; Familienkonzert mit Kater, R. f. Kinder 99; Leerzeit 03. – **MA:** Alles Liebe oder was? 99; Mädchen sind stärker 00. (Red.)

Brandes, Volkhard, Dr. phil.; Fichardstr. 39, D-60322 Frankfurt/Main, Tel. (0 69) 59 43 31, Fax 27 29 95 17 10, *vbrandes@gmx.net*, *www.brandes-apsel-verlag.de* (* Lemgo 26. 6. 39). VS 74; Ess., Erz., Rom., Lyr. – **V:** Black Brother 71; Good Bye Onkel Sam, Erz. 71; Den letzten Calypso tanzen die Toten, R. 82, Neuausg. 87; Wie der Stein ins Rollen kam, Tageb.not., Texte, Ess. u. Lyr. 88; Die kleinen Dinge des Lebens, Erzn. 92; Paris, Mai '68, Texte u. Bilder 08. – **MV:** USA: Vom Rassenkampf zum Klassenkampf, Ess. 70, 72. – **MA:** zahlr. Beitr. in Anth. u. Jahrbüchern, u. a.: Indianer 92–05; Afrika 97ff.; Rheinland-pfälz. Jb. f. Lit. 3; In naher Ferne (Jb. f. Lit. 10) 03; Vor dem Umsteigen (Jb. f. Lit. 14) 08. – **MH:** Now. Der Schwarze Aufstand, Aufs.samml. 68; Merde. Karikaturen der Mairevolte Frankreich 1968, sat. Samml. 68; Unterentwicklung, Aufs.samml. 75; Staat, Ess. 77; Stadtkrise, Ess. 78; Leben in d. BRD, Aufs.samml. 80; Ermutigung auf steinigen Wegen, Aufs.samml. 09. – *Lit:* Peter Hahn (Hrsg.): Lit. in Frankfurt 87; Lit.lex. Rh.-Pf. 98; Westfäl. Autorenlex., Bd 4 02; A. Djafari in: Literatur Nachrichten 78/03; s. auch 2. Jg. SK.

Brandhoff, Nina, Schauspielerin; lebt in München, c/o Rowohlt Verl., Reinbek (* Berlin 10. 9. 74). – **V:** Küssen ist seine, R. 07. (Red.)

Brandhorst, Andreas (Ps. Andreas Weiler, Thomas Lockwood, Anders Werning), Übers. u. Autor; Via Fratte 49, I-33080 Fiume Veneto, Tel. (0 434) 56 42 51, *www.kantaki.de* (* Sielhorst 26. 5. 56). Kurd-Laßwitz-Pr. 83. Ue: engl, ital. – **V:** Schatten des Ichs 83; Der Netzparasit 83; Verschwörung auf Gilgam 84; Mondsturmzeit 84; Planet der wandernden Berge 85; Das

eherne Schwert 85; Dürre 88; Flut 88; Eis 88; Die Macht der Träume 91; Exodus der Generationen 04; Diamant 04; Der Metamorph 05; Der Zeitkrieg 05; Die Trümmersphäre 06; Feuervögel 06; Feuerstürme 07; Feuerträume 08; Äon, Mystery-Thr. 09. – **MV:** In den Städten, in den Tempeln 84; Der Attentäter, R. 86; Das Exil der Messianer, R. 86; Die Renegatin von Akasha, R. 86, alle m. Horst Pukallus. – **Ue:** zahlr. Bände d. Reihen „Star Trek" u. „Scheibenwelt"

Brandhurst, Christoph s. Feige, Marcel

Brandis, Katja (Ps. f. Sylvia Englert), Autorin, Journalistin, Lektorin; Lohensteinstr. 14, D-81241 München, *KatjaBrandis@web.de*, *www.katja-brandis.de* (* 70). Autorengr. Seitenspinner, München; Nominierung f. d. Dt. Jgd.lit.pr. 02; Jugendb. – **V:** Trilogie ‚Kampf um Daresh'. 1: Der Verrat der Feuer-Gilde 02, 2: Der Prophet des Phönix 03, 3: Der Ruf des Smaragdgartens 04; Delfin Team. 1: Das Geheimnis der Antares 04, 2: Verschollen im Bermuda-Dreieck 05, 3: Sharkys Crew 06; Feuerblüte 05, 2: Im Reich der Wolkentrinker 06; mehrere Sachb. – **MA:** Beitr. u. a. für: SZ; Frankfurter Rundschau; Hannoversche Allg. Ztg; natur+kosmos; TV Today. – *Lit:* s. auch SK. (Red.)

Brandl, Friedrich, Lehrer, Schriftst.; Othmayrstr. 176, D-92224 Amberg, Tel. (0 96 21) 1 43 23, Fax 32 06 88, *mail@brandl-amberg.de*, *www.brandl-amberg.de* (* Amberg 12. 6. 46). VS, IDI; Lyr., Erz., Schultheaterst. – **V:** Zum Nouchdenka 84, 2. Aufl. 87; Meine Finga in deina Rindn 92, 2. Aufl. 02; Flussabwärts bei den Steinen 02, 2. Aufl. 06; schiefer, dt.-frz. 06; granit – gedichte, dt.-tsch. 07, alles Lyr. – **MV:** Zu Fuß auf der Goldenen Straße, m. Grill, Setzwein 09. – **MA:** Steinsiegel 93; Zwischen Radbuza und Regen 93; Lichtung 4/05, 2/06; Reiselesebuch Oberpfalz 95; Waldland 99; Literatur im Museum 00; Signum 2/05, 2/07; Das Gedicht Nr. 13 05. – **R:** Die Wege von gestern heute neu begehen, m. Grill, Setzwein, Hb. u. F. (Bayern 2) 07. – **P:** Zu Fuß auf der Goldenen Straße, m. Grill, Setzwein, Hör-CD m. Musik 08. – *Lit:* Lichtung 1/92, 3/02; Lit. in Bayern, Nr. 32 93, 59 00; Sch. Wiesmaier in: Die Demokratische Schule 1/78 96.

Brandl, Gerwalt, Mag.; Hietzinger Hauptstr. 38d/20, A-1130 Wien, Tel. (01) 8 76 25 64, *gerwalt.brandl@newsclub.at* (* Wien 23. 2. 39). Podium – Lit.kr. Schloß Neulengbach, GAV, IGAA; 1. Pr. d. Jungen Generat. d. SPÖ NdÖst. 74, Förd.beitr. d. Wiener Kunstfonds 75, Theodor-Körner-Förd.pr. 75, Öst. Staatsstip. f. Lit. 76, Buchprämie d. BMfUK 81; Lyr., Prosa, Hörsp., Visueller Text. – **V:** Drachenköpfe, Prosa-Zykl. 80; Die chinesischen Karten, G. 95; Colorado, Fluss des verbrannten Holzes, Lyr. 05. – **H:** Vom Wortfall vom Sammeln 02. – **R:** Jetzt sprechen der Ober und die Gäste 77; Ich und der Oberkellner 78; Gemischtes Doppel 79; Turm von Babel 80, alles Hsp. (Red.)

Brandl, Martina, Komikerin u. Sängerin; lebt in Schwaben, c/o S. Fischer Verl., Frankfurt/M., *binder@martina-brandl.de*, *www.martina-brandl.de* (* 16. 5. 66). Prix Pantheon Bonn 98, Kritikerpr. d. Berliner Ztg 99, Berliner Kleinkunstpr. „Der goldene Schoppen" (1. Pr.) 00, „Tuttlinger Krähe" (1. Pr.) 03. – **V:** Was von Brandl übrig blieb, Kurzgeschn. 03; Halbnackte Bauarbeiter, R. 06, Tb. 08 (auch als Hörb.); Glatte runde Dinger, R. 08 (auch als Hörb.); mehrere Soloprogramme seit 95 sowie zahlr. Fernseh-, Theater- u. Varietéauftritte. – **MA:** Kurzgeschn. in: Mainer aktuell 02; Salbader, Lit.-Zs. 02; Eulenspiegel 07; Zimtsternschnuppen, Anth. 07; Lieder auf d. Samplern: Auf anderen Bühnen 96; Auf anderen Bühnen 2 97, beides CDs. – **P:** Martina Brandl 98; Nur keine Angst 00, beides CDs. (Red.)

Brandner, Marta, Autorin, früher wiss. Dokumentarin; Belgradstr. 66 b, D-80804 München, *www.marta-brandner.eu* (* Prag 3. 3. 43). Rom., Lyr., Erz. – **V:** Die Frau Die Zeit Die Liebe, Lyr. 95; Der verborgene Inka, R. 00; Der Tod hat keine Farbe, Erzn. 01, 3. Aufl. 03; Vaterland Mutterland, R. 04. – **MA:** Augenblicke, G. 98; Brot und Heimat 05.

†Brandstätter, Horst, Schriftst., Buchhändler, Dipl.-Bibl., Antiquar, Galerist (* Stuttgart 15. 1. 50, † Baden-Baden 19. 8. 06). VS; Schubart-Pr. 78, Förderpr. d. Stadt Konstanz 87, Stip. d. Stuttgarter Schriftstellerhauses 87, Stip. d. Kunststift. Bad.-Württ. 92; Ess., Drama, Sachb. – **V:** Die „Zertrümmerung der Hirnschale mit einem Spitzhammer“ oder vom Leben der Bücher, Ess. 86; Mayer – Eine tatsächliche Komödie 87, UA 88; Stuttgarter Documenta. Eine Rede u. ihre Folgen, Ess. 87; Vom Dichten und Trachten 90; Badenwyler Marsch 99. – **MA:** Beitr. in versch. Anth.; Ess. u. a. in: Freibeuter, Kürbiskern. – **H:** Asperg. Ein dt. Gefängnis 78; Friedrich Schiller: Der Verbrecher aus verlorener Ehre. 84, 05; Joh. Chr. Friedrich Haug: Wahls ungeheure Nase 85; Dichteralphabet für eine Buchhandlung 85; Nikolaus Lenau: Notizbuch aus Winnenthal 86; Festbündel für Wendelin Niedlich 87; Dichter sehen eine Stadt 89; Emma Herwegh: Im Interesse der Wahrheit 98; Justinus Kerner: Kleksographien 98; Neuestes „Basler Narrenschiff“ der Werkstatt Rixdorfer Drucke 01. – **MH:** Wagner. Lehrer, Dichter, Massenmörder, m. Bernd Neuzner 96; Johannes Vennekamp. Arbeiten 1999–2003, m. Michael Faber 03. – *Lit:* Jochen Greven (Hrsg.): H.B. Autor, Galerist u. Antiquar – Anreger, Kämpfer, Wegbereiter 08.

Brandstetter, Alois, Dr. phil., UProf.; Weihergasse 5, A-9020 Klagenfurt, *alois.brandstetter@uni-klu.ac.at* (* Pichl/ObÖst. 5. 12. 38). Öst. P.E.N. 74, Kärntner S.V. 75; Förd.pr. d. Ldes ObÖst. 73, Lit.förd.pr. d. Ldes Kärnten 75, E.gabe d. Stift. z. Förd. d. Schrifttums 75, Kulturpr. d. Ldes ObÖst. f. Lit. 80, Rauriser Bürgerpr. 83, Wilhelm-Raabe-Pr. 84, Kulturpr. d. Ldes Kärnten f. Lit. 91, Heinrich-Gleißner-Pr. 94, Öst. E.kreuz f. Wiss. u. Kunst I. Kl. 01, Gr. Kulturpr. d. Ldes ObÖst. 90 Adalbert-Stifter-Pr. (Gr. Kulturpr. d. Ldes OÖ) 05; Rom., Prosa. – **V:** Überwindung der Blitzangst, Kurzprosa 71; Ausfälle, Natur- u. Kunstgeschn. 72; Zu Lasten der Briefträger, Erz. Ausg. 04; Der Leumund des Löwen, Geschn. 76; Die Abtei, R. 77; Vom Schnee vergangenen Jahre, Geschn. 79, Neuaufl 03; Die Mühle, R. 81; Über den grünen Klee der Kindheit, Geschn. 82; Altenehrung, R. 83; Die Burg, R. 86; Landessäure, Geschn. 86; Kleine Menschenkunde 87; So wahr ich Feuerbach heiße, R. 88; Romulus und Wörthersee, poet. Wörterb. 89; Stadt, Land, Fluß 89; Vom Manne aus Eicha, R. 91; Zu Lasten der Briefträger, UA 92; Almträume, R. 94; Vom HörenSagen 92; Hier kocht der Wirt, R. 95; Schönschreiben, R. 97; Groß in Fahrt, R. 98; Meine besten Geschichten, Samml. 99; Die Zärtlichkeit die Eisenkeils, R. 00; Der geborene Gärtner, R. 05; Ein Vandale ist kein Hunne, R. 07. – **MV:** Winterspiele, Neue Skigeschn. 75. – **H:** Daheim ist daheim, Neue Heimatgeschn. 73; Gerhard Fritsch: Kazenmusik 74; Ferdinand Zöhrer: Inkognito oder Da lachte der Kaiser souverän 73; Österreichische Erzn. d. 19. Jh. 86; Österreichische Erzn. d. 20. Jh. 89; Die besten österreichischen Erzn. d. 19. u. 20. Jh. 94; Heiteres aus Österreich 94; H. C. Artmann: Ich brauch einen Wintermantel etz. Briefe an Herbert Wochinz 05. – **MH:** Der Ort, an dem wir uns befinden, m. György Sebestyén 85. – **R:** Drehbuch: Zu Lasten der Briefträger (ORF) 84; Die Enthüllung (ORF) 85. – *Lit:* Ludwig Harig: A.B., Herrscher auf Harfen, in: Wie d. Grazer auszogen, die Lit.

zu erobern 75; Josef Laßl: Spiele d. Spotts, in: Mitt. d. Adalbert-Stifter-Inst. d. Ldes OÖ 74; Walther Killy (Hrsg.): Literaturlex., Bd 2 89; LDGL 97; Johann Strutz in: KLG. (Red.)

Brandström, Mikael s. Brandt, Michael

Brandt, Gerald, M. A., Germanist, Textarbeiter, Schreiblehrer; Peter-Schneider-Str. 1, D-97074 Würzburg (* Gerolzhofen 22. 9. 70). Lyr., Erz., Ess. Ue: engl. – **V:** CORA und andere böse Geschichten, Erzn. 97. – **MA:** ZEITschrift, Bde 79 u. 80 98; Heiligabend mit Cher 01; Kein bißchen tote Hose 01; Hot Schrott 01; Nationalbibliothek d. dt.sprachigen Gedichtes, Bd VI 03, alles Anth.; zahlr. Beitr. in Lit.-Zss. seit 95, u. a. in: Impressum; Der arme Poet; Headline; Unicum. – **MH:** Fisch, Zs. 96–00. (Red.)

Brandt, Hans-Ulrich, Musiker (Trompete), TV-Unterhaltungspublizist, Red.; c/o edition ost, Berlin (* Berlin 21. 5. 39). V.S. 08. – **V:** Treffpunkt Ilha Calma, Thr. 02; Treffpunkt Beirut, Thr. 03; Hans im Pech und ich dachte, man ist nicht allein 03; Immer den Bach rauf, Kurzgeschn. 04; Der Alptraum, R. 04; Das Globalisierungs-Komplott, R. 04, 05; Den Bach rauf und runter, Kurzgeschn. 06; Sieg Heil! Wird abgeblasen!, R. 06; Leipzig – New York und zurück, R. 07; Klapperplausch, gereimte Tiergeschn. 07; Damals in Ostberlin, R. 08; NA SO WAS, 31 Kurzgeschn. u. ein Krimi 08; ACH WAS, 21 Kurzgeschn., 10mal Kasperletheater u. ein Krimi 08; Die Ohnmacht der Mächtigen, R. 09. – **MV:** Das war unser Kessel Buntes 02.

Brandt, Heike; Kreuzbergstr. 75, D-10965 Berlin, Tel. (0 30) 7 85 41 24, Fax 7 85 04 17, *heibran@berlin. snafu.de* (* Jever 20. 5. 47). Autorenstip. d. Stift. Preuss. Seehandlung 98. Ue: am, engl. – **V:** Die Menschenrechte haben kein Geschlecht, Biogr. 89; Wie ein Vogel im Käfig, R. 92, Tb. 96, 03; Katzensprünge, R. 95, Tb. 99. – **Ue:** div., u. a.: Mildred D. Taylor: Der Brunnen 96, 98. (Red.)

Brandt, Klaus, Dipl.-Päd., Autor; Paulsborner Str. 53, D-14193 Berlin. Tel. (0 30) 36 74 34 07, Fax 36 74 34 08, *Brandt-Klaus@t-online.de* (* Ovelgönne 11. 2. 50). Verb. Dt. Drehb.autoren 91; 1. Kurzfilmpr. f. „Frieda“, Magdeburg 93; Fernsehsp. u. -serie, Hörsp. – **V:** Die Legion der Märchenprinzen, R. 86. – **MV:** Urlaub auf italienisch, m. Sven Severin, R. 86.

Brandt, Lars, Autor, Regisseur u. Künstler; lebt in Bonn, c/o Carl Hanser Verl., München (* Berlin 3. 6. 51). – **V:** H.C. Artmann – ein Gespräch 01, m. CD „Lars Brandt – H.C. Artmann: Die Lesung“ (Zusammenstellg. d. Textausw. v. L.B., gelesen v. H.C. Artmann 25.8.00); Andenken 06 (auch als Hörb.); Gold und Silber, R. 08. – **R:** The Berliner Freund, Dok.film (WDR/ARTE) 98; Momente des Glücks – H.C. Artmann, Dok.film (WDR/ARTE) 00.

Brandt, Michael (Ps. Michelle Brandes, Mikael Brandström, Mike Brandt), Autor, Musiker; Am Brokhof 5, D-33184 Altenbeken, *mbluesmoon@aol.com, www.mikebrandt.de* (* Paderborn). BVJA; Rom., Lyr., Hörsp. – **V:** Der Mönch am Meer, Biogr. 86; Farben der Stadt, Lieder, Lyr. u. Kurzgeschn 02; James K. in: Das Geheimnis der Pizza-Studie, R. 03; Moon-Ripper, Krimi 05; Das geheime Wort, Kdb. 05. (Red.)

Brandt, Sabine (eigtl. Sabine Rühle), Journalistin, Lit.kritikerin FAZ; Zum Hedelsberg 42, D-50999 Köln, Tel. (0 22 36) 6 66 16, Fax 3 79 97 10, *brandt-ruehle-sabine@web.de* (* Berlin 18. 4. 27). – **V:** Einmal Berlin, einfach, R. 91; Vom Schwarzmarkt nach St. Nikolai, Monogr. 98. – **B:** Mary von Glasenapp: Soldatka, Autobiogr. 69. – **MA:** Literatur und Gesellschaft in der DDR

Brandt

69; Bad Trips 93. – **R:** 4 Sdgn zu „Historisches Stichwort", Fs.-Serie 78; Reichsadler Roter Stern, Fsf. 80.

Brandt, Sylke (eigtl: Britta van den Boom), freiberufl. Grafikerin; *info@federn-und-wasser.de* (* Wilhelmshaven 70). Rom., Lyr., Liedtext. – **V:** Der Gott der Danari 00; Netzvirus 01; Das Leid der Schluttnicks 03; Das Anande Komplott 04; Die letzten Movatoren 05; Rache aus der Zukunft 05; Das Dedra-Ne 05; Kokon der Verheißung 06; Infektion der Liebe 07; Held wider Willen 07; Tänzer am Abgrund 08; Grauen an Bord; Der Todesbaum.

Brandtner, Heinz s. Böhm-Raffay, Helmut

Brannath, Peter, Dipl.-Ing. (FH); Bifänge 70, D-79111 Freiburg, Tel. (07 61) 48 43 27, *peter@brannath. de, www.brannath.de* (* Ehrenstein, Kr. Ulm 13. 8. 60). Das Syndikat 06–07; Krim.rom. – **V:** Seebacher. Mord mit Vorgänger 05; Seebacher. Teufel in Menschengestalt 05; Seebacher. Totentanz 06, alles Krim.-R.

†Branstner, Gerhard, Dr., UDoz., Cheflektor, freier Schriftst.; lebte in Berlin (* Blankenhain/Thür. 25. 5. 27, † Berlin 18. 8. 08). Aphor., Anekdote, Spruch, Erz., Drama, Kurzgesch., Lyr. – **V:** Ist der Aphorismus ein verlorenes Kind?, Aphor. 59; Zu Besuch auf der Erde, G., Aphor., Erz. u. a. 61; Neulichkeiten, Kalendergeschn. 64; Der verhängnisvolle Besuch, Krim.-R. 67, 69; Die Weisheit des Humors 68; Die Reise zum Stern der Beschwingten, utop. Volksbuch 68, 90; Nepomuks philosophische Kurzanekdoten 69; Der falsche Mann im Mond, utop. R. 70, 5. Aufl. 89; Der Narrenspiegel 71, 3. Aufl. 76; Ich kam, sah und lachte 73; Der astronomische Dieb 73, 4. Aufl. 80; Plebejade, oder die wundersamen Verrichtungen eines Riesen 74; Vom Himmel hoch oder Kosmisches Allzukomisches 74; Der Esel als Amtmann oder Das Tier ist auch nur ein Mensch, Fbn. 76, Tb. 95; Der Sternenkavalier oder die Irrfahrten des ein wenig verstiegenen Großmeisters der galaktischen Wissenschaften Eto Schik und seines treuen Gefährten As Nap, utop. R. 76, 5. Aufl. 89; Der Himmel fällt aus den Wolken, Theaterstücke 77; Kantine. Eine Disputation in 5 Paradoxa 77; Handbuch der Heiterkeit, Werkausw. 79, 5. Aufl. 86; Der indiskrete Roboter, utop. Erzn. 80, 4. Aufl. 82; Kunst des Humors – Humor der Kunst, Diss. 80; Die Ochsenwette. Anekdoten, nach d. Oriental. geschrieben 80, 4. Aufl. 85; Gerhard Branstners Spruchsäckel 82, 2., veränd. u. erw. Aufl. 89; Das eigentliche Theater 84; Das Verhängnis der Müllerstochter, Reime u. Sänge 85, 2. Aufl. 89; Der negative Erfolg, phant. Erzn. 85, 2. Aufl. 87; Heitere Poetik. Von der Kantine z. Theater 87; Heitere Dramatik, Stücke 88; Mensch – Wohin?, Traktat 93; Verbürgerlichung – das Verhängnis der sozialistischen Parteien 96; Das Prinzip der Gleichheit, Traktat 96; Das philosophische Gesetz der Ökologie 97; Revolution auf Knien oder der wirkliche Sozialismus 97; Rotfeder, Ess. u. Glossen 98; Der eigentliche Mensch 98; Witz u. Wesen der Lebenskunst oder die zweite Menschwerdung 99; Marxismus der Beletage 00; Die Welt in Kurzfassung 01; Das System der Heiterkeit 01; Die Neue Weltofferte, Traktat 02; Gegenwelt, Traktat 02; Die Weisheit des Humors, Ausw. in einem Bd 02; Werkauswahl in 10 Bänden 03/04; Branstners Brevier. Das Kommunistische Manifest von heute 04; Kuriose Geschichten 04; Die Pyramide 06; Neue Lieder 06; Liebengrün. Ein Schutzengel sagt aus, Autobiogr. 07. – **MA:** An den Tag gebracht, Prosa-Anth. 61, u. a. – **MH:** Anekdoten, e. Vortragsbuch 62.

Brantsch, Ingmar (Ps. Hermann Eris), StudR., StudProf., Red., Bibliothekar, Dokumentarist, Lehrer; Eckertstr. 18, D-50931 Köln, Tel. u. Fax (02 21) 44 36 34. Tannenweg 4, D-72076 Tübingen (* Kronstadt/Brasov, Siebenbürgen/Rumän. 30. 10. 40).

Rum. S.V. 70, VS NRW 71, Lit. Ges. Köln 71, Intern. Autorenrunde Dietrichsblatt 84, RSGI 85, Ver. f. Dt. Kulturbeziehungen im Ausland e.V. VDA 90, Kg. 91, Intern. P.E.N. dt.spr. Autoren 98; Lyr.pr. d. Jungen Akad. Stuttgart 68, Anerkenn.dipl. d. Jungen Akad. München 68, Siegburger Lit.pr. 87; Lyr., Kurzprosa, Ess., Rom., Aphor., Dramat. Text, Reisebeschreibung, Rep., Dokumentation, Lit.- u. Kunstkritik. Ue: rum, lux. – **V:** Deutung des Sommers, Lyr. 67; Ein 20. Jahrhundert, Lyr. 70; Einführung in die Grundlagen des Antisophismus, Ess. 78; Ausbildung oder Gehirnwäsche?, Ess. 80; Individualismus als Politik, Ess., Aufs., G., Polemik 83; Neue Heimat BRD oder Spätheimkehr nach 1000 Jahren, Lyr. 83; Karnevalsdemokratie od. Eulenspiegel der einsame Rebell, Prosa 85; Mozart u. d. Maschinengewehr. Alternativroman in 11 Antisalven u. a. Ausgewogenes, R. u. Prosa 87; Das Leben der Ungarndeutschen nach dem Zweiten Weltkrieg im Spiegel der Dichtung, Ess.samml. 95; Ungarndeutsche Literatur, Ess.samml. 99; Das Leben der Rußlanddeutschen nach dem Zweiten Weltkrieg im Spiegel ihres Schrifttums, Ess.samml. 99; Goethe u. Heine hinter Gittern, Prosa 05; Pisastudie getürkt, Prosa 06; Das Weiterleben d. rumäniendeutschen Literatur nach d. Umbruch 1989, Ess.samml. 07; Inkorrektes über d. Political Correctness, Aphor. u. Ess. 08. – **MA:** Lyr., Prosa, Ess. in: 17 Ich – ein Wir 65; Zeitgenöss. Blätter 92 (auch rum.); Sequenzen 66; Dt. Humorist. Lyr. aus Rumänien 68; Worte u. Wege 70; Grenzgänge 70; Für unsere Kulturheime 70; 203 Elegie 71; Nachrichten aus Rumänien 76; Nachrichten vom Zustand d. Landes 78; Sprachgitter 79; Beispielsweise Köln 80; Friedensfibel (Übers.) 82 (auch rum.); Lyrik 81, 82; Siegburger Pegasus 82, 83; Stich ins Auge 83; Gauke's Jb. 83–86, 96; Im Wind wiegt sich d. Rose 83; Tabula Rasa 84; Dietrichsblatt 56 84; Wortkristall 85; Tippsel 1 85, 2 86; Im Schatten d. Ulme 86; Eine Hand wäscht die andere, Kölner Leseb. 87; Kölner Lit.kal. 87; Köln zwischen Himmel u. Ääd 87; Ortsangaben 87; 33. Westdt. Kurzfilmtage (Übers.) 87; Dt. Aphorismen 88; Ungarndt. Lit. d. siebziger u. achtziger Jahre 91; Kölner Autorinnen u. Autoren 92; RSG-Studio international 91; Schubladentexte 92; Heimatbuch d. Deutschen aus Rußland 92–94; Jb. d. Bundesinst. f. ostdt. Kultur u. Gesch., Bd 1 93; Annäherungen, Leseb. 93; Gauke's Lyr.kal. 93, 96; Die Bewohner d. blauen Stadt 94; Festschrift 30. Bayer. Nordgautag 94; Ilona 94; Auf d. Suche nach Heimat 95; Fremde Lit. in NRW 96; Helga Rosts Rheinfälle (Vorw.) 96; Pflücke die Sterne, Sultanim, Leseb. 96; General Moresi od. der Orden am Weihnachtsbaum 96; Lauenstein od. die innere Logik d. Lebens 96; Nimm das Wort u. lebe 97; Ein spanischer Hund 97; Bunte Herbstblätter (Les cahiers luxembourgeois) 97; Die Zeit d. Näherkommens 98; Der alte Mann u. d. Mädchen 98; Das A u. das E 98; Der Tod in Essigsocken 98; Kamingeflüster 98; Alibi im Himmel 99; Ein Geschenk zum Abschied 99; Lege dein Ohr an den Tag 00; Meine Muse blickt mit offenen Augen ins Leben ... Über Victor Klein 00; Im Zenit 01; Weltgeschichte 01; Feuer, das ewig brennt 01; Literaturblätter d. Deutschen aus Rußland 01; Geflechte 02; Stafette 03; Lex. d. russlanddt. Lit. 04; Der gestohlene Alois 04; Bibliothek d. dt. Gedichtes 04, 05; Gedankenflug Aphorismen 05; Mundarten im Blickpunkt 05; Kindheit in Rußland 05; Spitzmündchens Rendezvous 06; Die Eroberung d. Äquators 06; Guttenbrunner Bote 06; Meine Quelle fragt 07; Gedankenspiel Aphor. Essays 07; Zeitgeschenke Aphor.-Lyrik 07; Festschr. Viktor Heinz 07; Festschr. Agnes Giesbrecht-Gossen 08; – JAHRB.: Ostdt. Gedenktage 90, regelm. seit 93; Jb. d. Ungarndeutschen 93, 96, 99, 03, 04, 06; –

ZSS.: Neues Rheinland; Les Cahiers Luxembourgeois; Steaua (Cluj-Napoca); Neue Ztg (Budapest); Karpatenrundschau (Kronstadt/Brasov); Der Nordschleswiger; Die Dolomiten (Bozen); Lëtzebuerger Journal (Luxemb.); Luxemburger Wort; Ost-Express, dt.-russ. Zs.; Kulturpolit. Korrespondenz; Dt.spr. Ostdienst (D.O.D.); Der gemeinsame Weg; Siebenbürgische Ztg; Südostdt. Vj.bll.; Hj.schrift f. südosteurop. Gesch., Lit. u. Politik; Globus; Volk auf d. Weg; Ztg für Dich (Slawgorod/Russld); Neue Banater Ztg (Temeswar/Rumän.); ADZ – Allg. Dt. Ztg f. Rumänien (Bukarest); Unsere Post; Sächs. Ztg; Die Künstlergilde. – **R:** im Radio: Bericht über ein Schiff, Lyr.montage 68 (auch tsch.); Die Siegerin; Er war daheim 69; Mündlicher Brief e. kleinen Mädchens 72; Ein moderner Doktor Jekyll u. Mister Hyde 75; Die Rußlanddeutschen 93; Sinziana Pop u. Carmen Elisabeth Puchianu 94; Siebenbürg. Lexikon 94; Donau, Biogr. e. Flusses, v. Claudio Magris 95; Amsel, schwarzer Vogel, v. C.E. Puchianu; Land an der Donau – 1000 Jahre Österr.; Wo bist du, Vater 96; Oskar Pastior wird 70 97; Rumäniens Rückkehr nach Europa literarisch 97; Geschichte Siebenbürgens; Lit. Siebenbürgens 97; Siebenbürg. Lit. in Mundart 97; Rumän. Lit. aus der Diaspora Westeuropa 97; Janos Szabó u. d. ungarndt. Lit. nach d. 2. Weltkrieg 97; Nordreiche Landschaft 97; Rumänien – ein Land im Umbruch 98; Bischof Glondys Tagebuch 98; Der rußlanddt. Autor Rudolf Jacquemien 90 Jahre 98; 75 Jahre Wolgadt. Republik 99; E. Schlattners Roman „Der geköpfte Hahn" 99; Ungarn – 1000 Jahre Sieger in Niederlagen 00; 10 Jahre danach – Rumänien nach d. Umbruch 00; Ein kaum bekanntes Freundesland – die Slowakei 00; Estlands Kulturbeitrag 01; 28.8.1941 Auflösung Wolgadt. Republik 00; Unbekanntes Moldawien 02; Lenau heute 02. – *Lit:* Dieter Schlesak: Linien im Sinnlosen. Zu I.B. Lyr., in: Neue Lit., Bukarest 85; Laurentin Ulici: Stimmen d. Dichter – I.B., in: Rum. Rdsch 1 70 (auch rum., frz., engl., russ.); Gerhard Csejka: Ein Gedicht u. sein Autor, in: Neue Lit., Bukarest 70; Hans Lindemann: Rumäniens dt. Nachkriegsliteraten, in: Europ. Ideen. H.19 76; Peter Motzan: Die rumäniendt. Lyr. nach 1944 80; D. Schlesak: Um zu überleben, auch Verse. Vorw. zu: Neue Heimat BRD... 83; Kölner Schriftst. (2) 84; I.B. in: Blitz-Mag.11; Wer ist Wer?, seit 85; Detlev Arend: Vorw. zu: Karnevalsdemokratie... 85; ders.: Vorw. zu: Mozart u. d. Maschinengewehr 87; Roger Peschi: Lit. aus Siebenbürgen 95; Karin Wagner: Fremde dt. Lit., Autorinnen u. Autoren ausländ. Herkunft in NRW 96; mehrere Beitr. z. 60. Geb. in versch. Ztgn/Zss. 00; Eva Weisweiler/Klaus Kammerichs: Nationalität Schriftsteller. 10 Autoren ausländ. Herkunft in NRW, 120-min-Film 03; Carl Dietmar in: Kölner Stadtanzeiger 05; Agnes Giesbrecht in: Siebenbürgische Ztg, Aug. 05; Karl B. Szábo in: Neue Ztg Budapest, April 05, 07; H. Lindemann: im Information Nr.1/05 Intern. P.E.N. Zentrum Schriftst. im Exil dt.spr. Länder; Olivia Spiridon in: Spiegelungen, H.1/06; W. Schulz in: Die Künstlergilde 07; D. Michelbach in: Siebenbürg. Ztg 07; A. Podlipnyi-Hehn in: Karpatenrdsch. 07; A. Zanfir in: Magazinul Romanesc 07; H. Fassel in: Germanistik, H.1–2 07; M. Schmidt in: Globus, H.4 07; W. Knopp in: Karpatenrdsch. 08; A. Potche, W. Schlott in: Dtldarchiv, Nr.2 08; B. Stamm in: Spiegelungen, Nr.2 08; H. Lindemann in: Mitt.bl. Nr.1 Exilpen 08.

Braron, T. N. s. Randow, Norbert

Brase Schloe, Ingrid, Schriftst., Malerin; Farverhus 78, DK-6200 Aabenraa, Tel. (00 45) 74 62 80 34 (* Mönkeberg 6. 6. 25). VS Schlesw.-Holst.; Lit.pr. (Kurzprosa) d. Hamburger Autorenvereinigung 87, Lit.pr. (Kurzprosa) d. Masur. Ges. Olsztyn 97; Lyr.,

Erz. – **V:** Grenzlanddrosseln 89; Eselsohren auf Mallorca 90; Moin Oldemor 91; Karpfen, Kaellingen (Muhme), Kutschen, Kurpark, Königliche und sogar ein Kaiser in K & K in Gravenstein 92 (auch dän.); Mönkeberger Sprotten 92; Winterlicht 93; Storchenspuren in Masuren und Nordschleswig 94; Lyrik aus der Masurischen Storchenpost 95 (auch poln.); Onesmus. Weiße Kinder m. schwarzer Haut in Namibia 96; Einlogiert in Omis Tierpension 98 (auch plattdt., dän.); Enkel sind Engel 99. – **MA:** Dt. Volkskalender Nordschleswig, seit 82; Jahrbuch f. Schlesw.-Holst., seit 93; Heimatkundl. Arb.gem. f. Nordschlesw., H. 59, 63, 69, 74, 75, 77. – **P:** Tonkass. v. fünf Büchern. – *Lit:* Niels Westergaard: Lit. d. dt. Minderheit Nordschleswigs, Examensarb. PH Flensburg. (Red.)

Braslavsky, Emma, freie Autorin, Kuratorin, Übers.; c/o Claassen Verl., Berlin, *www.emmabraslavsky.de* (* Erfurt 2. 6. 71). Werkstatt-Stip. d. LCB 05, Grenzgänger-Stip. d. Robert-Bosch-Stift. 06/07, Uwe-Johnson-Förd.pr. 07, Franz-Tumler-Lit.pr. 07 Aufenthaltsstip. am Dt. Studienzentrum Venedig 08; Rom., Ess., Erz. Ue: ital, russ. – **V:** Aus dem Sinn, R. 07, Tb. 08; Das Blaue vom Himmel über dem Atlantik, R. 08. – **H:** Bulletin d. Papirossa-Netzmuseums f. Sprache. I: Zivilgeneratur, Ess. 04, II: I House You, dt.-engl. Ess., Erzn. 05.

Brassard, Gabriele, Familienmanagerin, Veranstalterin v. Lese-Events seit 97, Empfangsdame; Mainzer Str. 33a, D-55545 Bad Kreuznach, Tel. (06 71) 7 53 23, *gbrassard@web.de* (* Bad Kreuznach 27. 1. 62). 1. Pr. b. Flonheimer Poetry-Slam 98, 1. Pr. b. Online-Poetry Slam d. Bibliothek dt.spr. Gedichte Juni 04 u. 05; Lyr., Humoreske. – **V:** Das Taschen-Buch. Packende u. getragene Texte e. Wortspielerin, Lyr. u. Humoresken 04, 05. – **MV:** Weinleserliches, m. Barbara Hennings, Lyr. 03. – **MA:** Veröff. in Anth. u. Lit.zss. seit 97. – **MH:** Leibspeisen, m. Barbara Hennings, Anth. (Red.)

Brassat, Hans Joachim, Lehrer; c/o Florian Isensee GmbH, Oldenburg (* Insterburg/Ostpr. 22. 2. 43). Rom., Erz., Lyr. – **V:** Bei uns passiert so etwas nicht, Kurzkrimis 96; Heute fällt die Schule aus, Krim.-R. 97; Die Bremer Stadtmusikanten 98; Der Vertreter, R. 98; „...und samstags gibt's was Feines". Kindheit in Oldenburg (1946–1952) 98; „Jakoob" u.a. Weggefährten. Kindheit in Oldenburg II (1952–1957) 99; Von der Bolzwiese zur Schweinebucht. Jgd. in Oldenburg (1957–1962) 00. – **MA:** Nationalbibliothek d. dt.sprachigen Gedichtes. Ausgew. Werke I 98. (Red.)

Bratke-Jorns, Ursula; Zulehenweg 15, D-83471 Schönau am Königssee, Tel. u. Fax (0 86 52) 45 20, *bratke-jorns@bully-verlag.de*, *www.bully-verlag.de* (* Bad Kudowa/Niederschles. 26. 10. 31). Lyr. – **V:** Der Bully, Sachb. 93, 3. Aufl. 03; Das Glück hat Sommersprossen. Sinniges u. Besinnliches, Lyr. 97. – **MA:** Nationalbibliothek d. dt.sprachigen Gedichtes 03/04. – *Lit:* s. auch SK.

Brau, Bruno s. Auer, Helmut G.P.

Brauer, Arik (eigtl. Erich Brauer), Maler, Graphiker, Bühnenbildner, Sänger, Dichter, o.Prof AdbK Wien 1986–97; Colloredogasse 30, A-1180 Wien, *info @arikbrauer.at*, *www.arikbrauer.at* (* Wien 4. 1. 29). Lyr., Prosa, Lied. – **V:** Die Zigeuner-Ziege, Erz. 76; Sieben auf einen Streich, Singsp. 78; Das Runde fliegt, Texte, Lieder, Bilder 83; Die Ritter von der Reutenstopf, Kdb. 86; Der Teufel und der Maler. Ein Satyrikon 00; Die Farben meines Lebens, Erinn. 06. – **R:** Sesam öffne dich, m. Timna Brauer, Fsp. 89. – **P:** Chants d'Israel par Neomi und Arik Bar-Or, um 60; Brauers Liedermappe 68; Arik Brauer 71; Alles was Flügel hat fliegt 73; Petroleumlied / Das goldene Nixerl 73; 7 auf

Brauerhoch

einen Streich 78; Poesie mit Krallen, m. Timna Brauer 84; Au 85; Schattberglied / Schattbergsong 87, alles Schallpl.; Die Ersten, Wiederveröff. 88; Geburn für die Gruam? 88; Farbtöne 89; Von Haus zu Haus, m. Timna Brauer u. Elias Meiri 94; Master Series 98; Die Brauers „Adam & Eve" 99, alles CDs.

Brauerhoch, Juergen (Ps. Job), Texter; Mitterhofer Str. 6, D-80687 München, Tel. (0 89) 1 57 50 55, Fax 18 85 43, *j.brauerhoch@t-online.de*. c/o JOB CONCEPT, Zentnerstr. 19, D-80798 München, Tel. (0 89) 1 29 33 31 (* Gera 23. 1. 32). Rom., Lyr., Erz., Dramatik Reisebeschreibung. – **V:** Wie eine Jungfrau entsteht. Die zwölf Zeugungsarten, humor. Belletr. 77; Dein zweites Gesicht. Eine heitere Popologie 78; Zakynthische Briefe, Reisebeschr. 79; Berufe mit Zukunft, Sat. 83; Das Föhn-Syndrom 85; Nie mehr verlegen 86; Die Mittagsrunde; Mein Stundenbuch; Die Russen, der Hitler und ïch, R. 06. (Red.)

Brauers, Antje; Auf der Röde 8, D-63584 Gründau, Tel. (01 77) 2 72 83 77, Fax (0 60 58) 91 62 61, *brauers @antjebrauers.de, antjebrauers.de* (* Köln 14. 10. 67). Rom. – **V:** Geliebte ist das falsche Wort, R. 03.

Braun, Alois C., Journalist; Schreinerweg 1, D-93152 Nittendorf, Tel. (0 94 04) 96 11 33, *a.c. braun@gmx.de, www.alois-c-braun.de* (* Regensburg 17. 2. 59). Lyr. – **V:** Funkenflug, Lyr. 84; Mei oanzigs Lebn, Lyr. 86. – **P:** Zamma Samma 91; Live in Roding 00; Wieda guat drauf 02; Los Alamos 04, alles CDs. – *Lit:* Taschenlex. zur bayer. Gegenwartslit., seit 86. (Red.)

Braun, Anne, Dipl.-Übers., Kinderbuchautorin; Balgheimer Str. 32, D-78549 Spaichingen, Tel. u. Fax (0 74 24) 50 27 66, *Anne.Braun@gmx.de* (* Gosheim 22. 1. 56). VS. Ue: engl, ital, frz. – **V:** Das Hexen-Spiel- und Spaßbuch 95; Hexenfest und Besenzauber 96; Das Ritter-Spiel-und-Spaßbuch 96; Guten Tag, kleiner Hund 98; Leselöwen-Ponyhofgeschichten 98; Kinderfeste, Kinderspiele 99; Das Weihnachtskarussell 00; Drei Freunde im Baumhaus 03. – **H:** Das große bunte Bärenbuch 92; Geister, Spuk und Hexenzauber, Geschn. 94; Weihnachten ist es bald, Geschn. 94; Das große Frühlings- und Osterbuch für Kinder, Anth. 95; Die schönsten Tiergeschichten 95; Von Weihnachtsengeln und Kinderträumen, Anth. 95, u. a. – **Ue:** Judith Clarke: Noch normal, Jgdb. 98; Lois Lowry: Anastasia will hoch hinaus 99; Thierry Lenain: Das Mädchen am Kanal 99, u. a. (Red.)

Braun, Anne-Kathrin (geb. Anne-Kathrin Zopf), Dipl.-Übers., Doz., Lehrerin, Red. (* Jena 11. 4. 76). 3. Pr. b. Wettbew. „Junge Autoren schreiben: Ich habe einen Traum", Meckl.-Vorpomm. 92/93; Lyr. – **V:** Ihr habt nur Traurigkeit, G. 02. – **MA:** Ich habe einen Traum, Anth. 93. (Red.)

Braun, Annette, M. S., Ernährungswiss.; Am Geisberg 18, Wettersdorf, D-74731 Walldürn, Tel. (0 62 82) 62 77, *braunies@freenet.de* (* Gulu/Uganda 1. 10. 64). Erz., Lyr. – **V:** Sonnenstrahlen, G. u. Fotos 02. (Red.)

Braun, Bernhard; Lorenz-Mandl-Gasse 51–53/4/4, A-1160 Wien (* Steyr 12. 1. 60). Prosa, Lyr. – **V:** Wortgischt, G. 99; Gutenachtgeschichten für einen Trinker 01. (Red.)

Braun, Edith (Ps. Juliane Herrmann, geb. Edith Herrmann), Dr. phil., Dipl. Übers.; Am Gehlenberg 2, D-66125 Saarbrücken, Tel. (0 68 97) 7 15 81, Fax 76 47 95, *ebraun@saarmail.de* (* Saarbrücken 7. 8. 21). VS; Aufenthaltsstip. Rußland 91; Tageb., Erz., Dramatik, Ged., Hörsp., Feat., Wörterb. (Mundart). Ue: engl, frz, russ. – **V:** Saarbrücker Mundart-Lektionen 86; Niggs, niggs, niggs wie Limmeriggs 87; Saarbrücker Homonym-Wörterbuch 89; Necknamen der Saar und drum herum, 1.u.2. Aufl. 91; Rußland in Rußland suchen, Tageb. 92; Lebacher Mundart 94; Wenn ein Saarländer sagt ... 95; Neues Lebacher Mundartbuch 95; Schaff ebbes, G. u. Geschn. in Mda. 95; Lebendige Mundart. Gudd gesaad I 96, II 00; Quierschieder Mundartbuch 02; Saarländisches Adventskalenderbuch 03; Geheimsache Max und Moritz 05. – **MV:** Saarbrücker Wörterbuch, m. Max Mangold, 1.u.2. Aufl. 84; Hostenbach-Saarland, m. Ewald Britz 94; Hasenbrot u. Gänsewein, m. Anna Peetz 95; Mundart von Werschweiler/Ostertal, m. Adelinde Wolff 97; St. Ingberter Wörterbuch, m. Max Mangold u. Eugen Motsch 97; Die Mundart von Saarlouis, m. Karin Peter 99. – **B:** Max und Moritz in Saarbrücker Platt 83; De Saarbrigger Schdruwwelpeeder 87; Der Saarbrücker Jedermann, n. Hugo von Hofmannsthal 88; Gedichte bunt gemischt 99; Saarländische Weihnachtsgeschichte 99; Der saarlännische Schdruwwelpeeder 99, 2. Aufl. 00; Goscinny/Uderzo: Asterix Bd 24, m. Karin Peter u. Hans Lang 00; De saarlännische Max unn Moritz 03, alles Übertrag. in Mda. – **MA:** Sonntagsgruß, Ztg seit 81; Kleine Geschichten aus dem Saarland 89; Die Litanei Bd 2 in 52 Sprachen u. Mundarten 90; Heij bei uus, Mda.-G. 92; Do sin mer dehääm 93; Durch s ganze Johr 93; In diesem fernen Land 93; Die Weihnachtsgeschichte in deutschen Dialekten 94; Der Mundart Struwwelpeter in 25 deutschen Mundarten 95; Max und Moritz in deutschen Mundarten von A-Z 95; Rubrik „Unsere Mundart" in Saarbrücker Ztg seit 96; Westrichkalender 96–03; Hans Huckebein in 65 deutschen Dialekten 97; Quierschied – die Gemeinde im Saarkohlenwald 98; Wilhelm Buschs Plisch und Plum in 40 deutschen Mundarten 99; Kähne, Kohle, Kohlenverwandschaft 99; Einatmen will ich die Zeit, Anth. 03. – **H:** Wilhelm Busch: Plisch und Plum. Hans Huckebein (Mda.) 92; Tonton der Erzlügner (Mda. u. Schriftspr.) 00. – **MH:** Nachbarschaften – Festschr. f. Hans Mangold, m. Maria Bonner u. Hans Fix 93. – **R:** De Bäärwadds, nach Anton Tchechovs „Medvjed" 88; Mundwerkstatt, Rdfk-Sdg 90–99; zahlr. Hsp. u. Szenen im Saarland. Rdfk seit 84. (Red.)

Braun, Elke; Denninger Str. 96, D-81925 München, Tel. (0 89) 91 24 08 (* Kusel 20. 6. 44). Lyr. – **V:** Herzklopfen – und keiner macht auf 00.

Braun, Ernst, Programmierer; Waldbrunnenweg 35, D-63741 Aschaffenburg, Tel. (0 60 21) 41 27 40 (* Schwaderbach/Sudetenld 26. 4. 21). Arb.kr. Egerländer Kulturschaffender 78; 1. Pr. f. heimatl. Schrifttum 65, 2. Pr. f. heimatl. Schrifttum 67, Adalbert-Stifter-Med. 85; Prosa, Rom., Nov., Lyr. – **V:** Der Salzgraf, Erzn. 62; Bunte Lichter, Erzn. 71; Schwaderbach, Heimat an d. böhm.-sächs. Grenze, Heimatb., Dok. 76; Damals im Erzgebirge, Erzn. u. G. 81; Blumen am Wegesrand, Erzn. 85; Ein Dorf in Böhmen, R. 86; Der verlorene Haufe, R. 88; Schau heimwärts, Erzn. 91; Licht und Schatten, G. 92; Damals, Erinn. 96; Der Wasserheger, Erz. 01; Porzellangesicht, R. 03. – **MA:** Stimmen einer Stadt 77; Der König und der Kapuziner 81; Weihnacht daheim 94. – **H:** Dort wu de Grenz ve Sachsen is, Anth. 83. (Red.)

Braun, Günter, Publizist; Körnerstr. 13, D-19055 Schwerin, Tel. (03 85) 5 81 54 84 (* Wismar 12. 5. 28). DSV 58–82; Kunstpr. d. Bez. Magdeburg 69, Phantastik-Pr. d. Stadt Wetzlar 85, Marburger Lit.pr. (Förd.pr.) 88, Pr. Europ. Kurzprosa 89, Lit.förd.pr. 90, Phantastik-Pr. „Traum-Meister" Berlin 90; Erz., Nov., Rom., Ess., Fernsehsp., Hörsp. – **MV:** Einer sagt nein 55; José Zorrillas letzter Stier 55 (auch chin.); Tsuko und der Medizinmann 56, 60; Herren der Pampa 57, 62, alles Jgd.-Erz.; Preußen, Lumpen und Rebellen, R. 57, 66; Gauner im Vogelhaus, Jgd.-Erz. 58; Gefangene, Erz. 58; Krischan und Luise, R. 58, 63; Kurier für sechs Taler, Jgd.-Erz. 58; Menne Kehraus fährt ab, R. 59, 74; Die seltsamen Abenteuer des Brotstudenten Ernst Brav, R. 59, 60; Mädchen im Dreieck, R. 61, 62; Eva und der neue Adam, N. 61, 64; Ein unberechenbares Mädchen, R. 63, 64; Die Campingbäume von M. 67; Ein objektiver Engel, R. 67, 68; Die Nase des Neandertalers, Kurzgeschn. 69; Der Irrtum des Großen Zauberers, R. 73, 87 (auch ung.); Bitterfisch, R. 74, 76; Lieber Kupferstecher Merian, Rep. 74; Unheimliche Erscheinungsformen auf Omega 11, R. 74, 84 (auch schwed.); Der Fehlfaktor, Erzn. 75, 86; Fünf Säulen des Eheglücks, Kurzgeschn. 76; Conviva Ludibundus, R. 78, 82; Der Utofant, Erz. 81, 86; Kleiner Liebeskochtopf. Nebst erprobten Rezepten 81, 99; Das kugeltranszendentale Vorhaben, R. 83, 90; Der unhandliche Philosoph, R. 83; Die unhörbaren Töne, Erz. 84; Der x-mal vervielfachte Held, Erzn. 85, 90; Die Geburt des Pantamannes, R. 88; Die Zeit in ich, Paskal, R. 89; Georg Kaiser, Ess. 90; Das Ende des Pantamannes, R. 91; Professor Mittelzwercks Geschöpfe, Erz. 91; Die Apologie des Sokrates, Sch., UA 93; Herr A. Morph, Geschn. 98, alle m. Johanna Braun. – **MA:** Städte und Stationen in der DDR 69, 70; Befunde moderner Kurzprosa I 70, III 73, XI 89; Bettina pflückt wilde Narzissen 72, 79; Die Anti-Geisterbahn 73; Erzähler aus der DDR 73; Die Deutschen 74; Fernfahrten 76; Ich und Ich 76; Auskunft 2 78; Lichtjahr 1 80, 2 81, 7 99; Lessing heute 81; Polaris 5 81; Von einem anderen Stern 81; Bitterfisch 82; Die andere Zukunft 82; Phantastische Träume 83; Seit wir beieinander sind 83; Auf der Suche nach dem Garten Eden 84; Phantastische Welten 84; Willkommen im Affenhaus 84; Phantastische Aussichten 85; Vergessen, was Angst ist 86; Der Eingang ins Paradies 88; Siebenquant oder der Stern des Glücks 88; Arche Noah 89; Poesie und Maschine 89; Phantastische Begegnungen 91; Die Zeitinsel 91; Zeitspiele 92; Fabelhafte Eskalation 95; Science Fiction – Werkzeug oder Sensor 95. – **R:** Eva und der neue Adam 62; Dialoge über die Liebe 65; Geschichten aus dem letzten Urlaub 67; Dialoge über den Neandertaler 68, alles Fsp.; Arturs elementarer Strom, Hfk-Erz. 92; Das echte, freie, ungebundene Losfahrgefühl, Hfk-Erz. 92; Herr A. Morph 92; Spaziergang durch Magdeburg 93; Achills Abgang 93; Maikäfer-Saison 96, alles m. Günter Braun. – *Lit:* Darko Suvin in: Polaris 5 81; Heinz Entner: Die Science Fiction d. DDR 88; Sandra Uschtrin in: Quarber Merkur Nr. 89/90 99; Christel Hartinger in: Kulturwiss. Studien 4 99; Annette Karthaus in: Quarber Merkur, Nr. 97/98 03, 99/100 04; Christian Schobeß in: ebda, Nr. 105/106 07.

Braun, Johanna, Publizistin; Körnerstr. 13, D-19055 Schwerin, Tel. (03 85) 5 81 54 84 (* Magdeburg 7. 5. 29). DSV 58–82; Kurzgeschn.pr. d. Stadt Neheim-Hüsten 69, Kunstpr. d. Bez. Magdeburg 69, Phantastik-Pr. d. Stadt Wetzlar 85, Marburger Lit.pr. (Förd.pr.) 88, Pr. Europ. Kurzprosa 89, Phantastik-Pr. „Traum-Meister" Berlin 90; Erz., Nov., Rom., Ess., Fernsehsp., Hörsp. – **MV:** Einer sagt nein 55; José Zorillas letzter Stier 55 (auch chin.); Tsuko und der Medizinmann 56, 60; Herren der Pampa 57, 62, alles Jgd.-Erz.; Preußen, Lumpen und Rebellen, R. 57, 66; Gauner im Vogelhaus, Jgd.-Erz. 58; Gefangene, Erz. 58; Krischan und Luise, R. 58, 63; Kurier für sechs Taler, Jgd.-Erz. 58; Menne Kehraus fährt ab, R. 59, 74; Die seltsamen Abenteuer des Brotstudenten Ernst Brav, R. 59, 60; Eva und der neue Adam, N. 61, 64; Mädchen im Dreieck, R. 61, 62; Ein unberechenbares Mädchen, R. 63, 64; Ein objektiver Engel, R. 67, 68; Die Campingbäume von M. 67; Die Nase des Neandertalers, Kurzgeschn. 69; Der Irr-

tum des Großen Zauberers, R. 73, 87 (auch ung.); Bitterfisch, R. 74, 76; Lieber Kupferstecher Merian, Rep. 74; Unheimliche Erscheinungsformen auf Omega 11, R. 74, 84 (auch schwed); Der Fehlfaktor, Erzn. 75, 86; Fünf Säulen des Eheglücks, Kurzgeschn. 76; Conviva Ludibundus, R. 78, 89; Kleiner Liebeskochtopf. Nebst erprobten Rezepten 81, 99; Der Utofant, Erz. 81, 86; Der unhandliche Philosoph, R. 83; Das kugeltranszendentale Vorhaben, R. 83, 90; Die unhörbaren Töne, Erz. 84; Der x-mal vervielfachte Held, Erzn. 85, 90; Die Geburt des Pantamannes, R. 88; Die Zeit bin ich, Paskal, R. 89; Georg Kaiser, Ess. 90; Das Ende des Pantamannes, R. 91; Professor Mittelzwercks Geschöpfe, Erzn. 91; Die Apologie des Sokrates, Sch., UA 93; Herr A. Morph, Geschn. 98, alles m. Günter Braun. – **MA:** Städte und Stationen in der DDR 69, 70; Befunde moderner Kurzprosa I 70, III 73, XI 89; Bettina pflückt wilde Narzissen 72, 79; Die Anti-Geisterbahn 73; Erzähler aus der DDR 73; Die Deutschen 74; Fernfahrten 76; Ich und Ich 76; Auskunft 2 78; Lichtjahr 1 80, 2 81, 7 99; Lessing heute 81; Polaris 5 81; Von einem anderen Stern 81; Bitterfisch 82; Die andere Zukunft 82; Phantastische Träume 83; Seit wir beieinander sind 83; Auf der Suche nach dem Garten Eden 84; Phantastische Welten 84; Willkommen im Affenhaus 84; Phantastische Aussichten 85; Vergessen, was Angst ist 86; Der Eingang ins Paradies 88; Siebenquant oder der Stern des Glücks 88; Arche Noah 89; Poesie und Maschine 89; Phantastische Begegnungen 91; Die Zeitinsel 91; Zeitspiele 92; Fabelhafte Eskalation 95; Science Fiction – Werkzeug oder Sensor 95. – **R:** Eva und der neue Adam 62; Dialoge über die Liebe 67; Geschichten aus dem letzten Urlaub 67; Dialoge über den Neandertaler 68, alles Fsp.; Arturs elementarer Strom, Hfk-Erz. 92; Das echte, freie, ungebundene Losfahrgefühl, Hfk-Erz. 92; Herr A. Morph 92; Spaziergang durch Magdeburg 93; Achills Abgang 93; Maikäfer-Saison 96, alles m. Günter Braun. – *Lit:* Darko Suvin in: Polaris 5 81; Heinz Entner: Die Science Fiction d. DDR 88; Sandra Uschtrin in: Quarber Merkur Nr. 89/90 99; Christel Hartinger in: Kulturwiss. Studien 4 99; Annette Karthaus in: Quarber Merkur, Nr. 97/98 03, 99/100 04; Christian Schobeß in: ebda, Nr. 105/106 07.

Braun, Lothar (auch Lothar Ralph Braun, Ps. Ralo), Journalist; Tulpenhofstr. 17, D-63067 Offenbach, Tel. (0 69) 83 19 43, Fax 83 19 76, *lothar_braun@yahoo.de* (* Hanau 15. 3. 28). Sachb., Anekdote, Hist. Darstellung, Bildbandtext. – **V:** Ernte. Glossen zur Zeit 63–71; Krieh die Kränk, Offebach!, Anekdn. 68, 70; In Offenbach hockt der Teufel auf dem Dach, Anekdn. 73; Offenbacher gab's schon immer, Stadtgesch. 76, 77; Auf Offenbacher Pflaster, Anekdn. 96. – **MV:** Es begann in Offenbach, m. Hans G. Ruppel 04, u. weitere Bildbände u. Sachbücher zu Offenbach. – **MH:** Offenbach. Die Geschichte e. Liebe auf den 2. Blick, m. Klaus Hansen 98.

Braun, Marcus; lebt in Berlin, c/o Suhrkamp Verl., Frankfurt/M., *www.marcusbraun.net* (* Bullay/Mosel 28. 11. 71). Lit.förd.pr. d. Stadt Mainz 93, Arb.stip. d. Ldes Rh.-Pf. 93, Martha-Saalfeld-Förd.pr. 97, Joseph-Breitbach-Pr. 97, Kulturpr. d. Ldkr. Cuxhaven 99, Förd.pr. z. Kunstpr. d. Ldes Rh.-Pf. 06; Rom., Dramatik. – **V:** Ohlem, Fragment 95; Delhi, R. 99; Nadiana, R. 00; Hochzeitsvorbereitungen, R. 03; Armor, R. 07; – THEATER/UA: Neues vom Untergang des Abendlandes 03; Väter Söhne Geister 05; Lernbericht 06; Bilder von Männern und Frauen 07. (Red.)

Braun, Michael, Dr. phil. habil., Leiter Ref. Lit. Konrad-Adenauer-Stift., PD f. Neuere dt. Lit. U.Köln; Ellener Str. 36, D-52399 Merzenich, Tel. (0 22 75)

Braun

45 39, Fax (0 22 41) 24 65 73, *michael.braun@kas.de* (* Simmerath/Eifel 5. 6. 64). American Assoc. of Teachers of German 89, Intern. Germanistenverb. 95, Dt. HS-Verb. 00; Stip. d. Studienstift. d. dt. Volkes 91–92, Habil.-Stip. d. Görres-Ges. 99; Dt. Lit.wiss., Rezension. Ue: engl. – **V:** Exil u. Engagement. Untersuchung zu Lyrik u. Poetik Hilde Domins 93; Stefan Andres. Leben u. Werk 97; Hörreste, Sehreste. Das literar. Fragment b. Büchner, Kafka, Benn u. Celan, Habil.-Schr. 02; – zahlr. Aufss. z. Lit. d. 20. Jh. – **MV:** Hilde Domin – Hand in Hand mit der Sprache 97; Nelly Sachs – An letzter Atemspitze des Lebens 98, beide m. Birgit Lermen. – **MA:** zahlr. Rez. in wiss. Fachzss. u. Anth.; NZZ; Rhein. Merkur; Welt, u. a. – **H:** Faszination Wort. Sprache u. Rhetorik in d. Mediengesellschaft 94. – **MH:** Stefan Andres – Zeitzeuge d. 20. Jh. 99; Thomas Mann – Demokrat, Europäer, Weltbürger, m. B. Lermen 02; Aspekte Österreichischer Gegenwartsliteratur 03; Niederländische Gegenwartsliteratur 03; Brücke zu einem größeren Europa: Literatur, Werte, Europäische Identität 03, alle m. B. Lermen. (Red.)

Braun, Olga Maria, Dr. phil., Konzertpianistin, Schriftst.; Brauerstr. 115, CH-8004 Zürich, Tel. (01) 2 42 37 05. Jardillets 29, Box 111, CH-2068 Hauterive, Tel. 03 27 53 32 51, Fax 03 13 72 67 81 (* Brüx 26. 12. 26). Dt.schweizer. P.E.N.-Zentr., P.E.N., ZSV; Lyr., Prosa, Rom., Erz. – **V:** Kompositionen. G. üb. Liebe u. Musik 80, 2., bearb. Aufl. 00; Für Dich 89; Blumengespräch 90; Die Wunderharfe und andere Märchen 91; Wir fahren auf die Kanaren 94; Mein Leben, Autobiogr. 97; Lulu, die Mondblume, M. dt./span. 99; Sono, der Weg zur Liebe, M. dt./span. 03; Spass muss immer sein. Sechs Lieder, mit denen man Freunde verlieren kann, G. 04. – **MA:** Krieg um Frieden? 91; Ly-La-Lyrik 91; Die schöne Nachbarin; Von Carmens Traum bis Der Antrag. (Red.)

Braun, Otto Rudolf (Ps. Rolf Rimau, Rudolf Otten, Pitt Strong, Peter Stark, Otto R. Braun) *

Braun, Peter, freiberufl. Autor u. Journalist; Dominikanerstr. 2, D-96049 Bamberg, *mail@braun-buch.de*, *www.braun-buch.de* (* Bamberg 60). – **V:** Die Zauberin sollst du nicht leben lassen, Hsp. 96; Dichterhäuser 03; E.T.A. Hoffmann. Dichter, Zeichner, Musiker, e. Biogr. 04; Corona Schröter. Goethes heimliche Liebe, Biogr. 04; Dichterleben – Dichterhäuser 05; Schiller, Tod und Teufel, Theatermonolog 05, UA 05; Von Taugenichts bis Steppenwolf 06; Komponisten und ihre Häuser 07; Der Fluch des Goldes, Jgdb. 08. (Red.)

Braun, Tanja s. Kieffer, Rosi

Braun, Volker, Dipl.-Philosoph, Dramaturg, Tagebaumaschinist; Wolfshagener Str. 68, D-13187 Berlin, Tel. (0 30) 47 53 57 52 (* Dresden 7. 5. 39). SV-DDR 73, Vorst.mitgl., Akad. d. Wiss. u. d. Lit. Mainz 77, Akad. d. Künste d. DDR 83, Akad. d. Künste Berlin 90, Akad. d. Künste Berlin-Brandenbg 94, Sächs. Akad. d. Künste 96, Dt. Akad. f. Spr. u. Dicht. 97; Heinrich-Heine-Pr. 71, Heinrich-Mann-Pr. 80, Lessing-Pr. 81, Bremer Lit.pr. 86, Nationalpr. d. DDR I. Kl. 88, Berliner Lit.pr. 89, Schiller-Gedächtnispr. 92, Kritikerpr. f. Lit. 96, Hans-Erich-Nossack-Pr. 98, Erwin-Strittmatter-Pr. 98, Brüder-Grimm-Professur d. Univ. Gesamthochschule Kassel 99/00, Georg-Büchner-Pr. 00, Serb. Lit.pr. „Gold. Schlüssel v. Smederevo" 05, ver.di-Lit.pr. 07; Drama, Lyr., Prosa. – **V:** Provokation für mich, G. 65, 75; Wir und nicht sie, G. 70, 79; Die Kipper, Dr. 72; Gedichte 72, 79 (auch frz., poln. tsch., dän., ital., bulg., ung., jap.); Das ungezwungne Leben Kasts 72, 88 (auch poln., russ., frz., kirgis., lett.); Stücke 1 (Die Kipper, Hinze u. Kunze, Tinka) 75, 81; Es genügt nicht die einfache Wahrheit, Notate 75, 00; Gegen die symme-

trische Welt, G. 74, 85 (auch frz.); Der Stoff zum Leben, G. 77, 90; Unvollendete Geschichte 77, 99 (auch dän., frz., schw., nor., holl., neugr., jap., russ.); Training des aufrechten Gangs, G. 79, 87; Stücke 2 (Schmitten, Guevara od. Der Sonnenstaat, Großer Frieden, Simplex Deutsch) 81; Berichte von Hinze und Kunze 83, 90 (auch frz., tsch., russ.); Rimbaud. Ein Psalm d. Aktualität 85; Hinze-Kunze-Roman 85, 00 (auch frz., russ.); Die Übergangsgesellschaft, Kom. 87, 90 (auch slow., russ., amerik., jap.); Langsamer knirschender Morgen, G. 87, 90; Verheerende Folgen mangelnden Anscheins innerbetrieblicher Demokratie, Schr. 88, 90; Lenins Tod 88 (auch russ.); T. 89; Texte in zeitlicher Folge, 10 Bde 89–93; Bodenloser Satz, Erz. 90, 93 (auch frz.); Böhmen am Meer, Stück 92; Die Zickzackbrücke 92 (auch frz.); Iphigenie in Freiheit 92 (auch korean., ital., jap.); Der Wendehals 95, 00; Der Weststrand 95; Das Nichtgelebte, Erz. 95 (auch jap.); Lustgarten, Preußen, G. 96, 00; Die vier Werkzeugmacher, Parabel 96, 99 (auch frz., jap.); Die unvollendete Geschichte und ihr Ende 98, 00; Wir befinden uns soweit wohl. Wir sind erst einmal am Ende, Ess. 98, 99; Tumulus, G. 99; Der Staub von Brandenburg, UA 99 (auch jap.); Das Wirklichgewollte, Erzn. 00 (auch jap.); Die Verhältnisse zerbrechen. Rede z. Verleihung d. Georg-Büchner-Pr. 2000 01 (auch jap., frz.); Wie es gekommen ist. Ausgewählte Prosa 02; Limes. Mark Aurel, UA 02; Der berüchtigte Christian Sporn, zwei Erzn. 04; Das unbesetzte Gebiet, Erz. 04; Auf die schönen Possen, G. 05; Das Mittagsmahl 07; Machwerk oder Das Schichtbuch des Flick von Lauchhammer 08. – **R:** Iphigenie in Freiheit 97; Der Staub von Brandenburg 98; Die Geschichte von den 4 Werkzeugmachern 99; Das Wirklichgewollte 02; Das unbesetzte Gebiet 05; Der berüchtigte Christian Sporn 05, alles Hsp. – **MV:** Jetwuschenko, Lance u. a. – *Lit:* Text + Kritik: Volker Braun 77; Jay Rosellini: Volker Braun 83; Walther Killy (Hrsg.): Literaturlex., Bd 2 89; Wilfried Grauert: Ästhet. Modernisierung bei V.B. 95; Kai Köhler: V.B.s Hinze-Kunze-Texte 96; Isabella von Treskow: Franz. Aufklärung u. sozialist. Wirklichkeit 96; Kathrin Bothe: Die imaginierte Natur d. Sozialismus 97; LDGL 97; Chung Wan Kim: Auf der Suche nach d. offenen Ausgang 03; Klaus Schuhmann: Ich bin der Braun, den ihr kritisiert ... 04; Rolf Jucker (Hrsg.): V.B. in perspective 04; ders.: Was werden wir die Freiheit nennen 04; Verena Kirchner/Heinz-Peter Preußer in: KLG. (Red.)

†**Braunburg,** Rudolf (Ps. Bettina Aib), Flugkapitän; lebte in Waldbröl (* Landsberg/Warthe 19. 7. 24, † Waldbröl 21. 2. 96). VS; Erzählerpr. 'Unsere Kirche'; Rom., Kurzgesch., Sachb. – **V:** Den Himmel näher als der Erde, R. 57; Kraniche am Kebnekaise, R. 59; Geh nicht nach Dalaba, R. 60; Bitte anschnallen, Erzn. 61; Schattenflug, R. 62; Leichter als Luft. Aus d. Geschichte d. Ballonluftfahrt 63; Schanghai ist viel zu weit 63; Atlantikflug 64; Alle meine Flüge 65; Elefanten am Kilimandscharo, Erzn. 67; Septemberflug, R. 68; Traumflug über Afrika, R. 69; Vielleicht über Monschau, R. 70; Zwischenlandung, R. 71; Kursabweichung 72; Monsungewitter, R. 73; Deutschlandflug, R. 75; Der Töter, R. 76; Nachtstart, R. 77; Der verratene Himmel, R. 78; Kranich an der Sonne 78; Keine Landschaft f. Menschen, R. 79; Wolken sind Gedanken 79; Wassermühlen in Deutschland 80; Kennwort Königsberg 80; Masurengold 81; Drachensturz 82; Die schwarze Jagd 83; Die letzte Fahrt der „Hindenburg" 83; Jetliner 83; Im Dunstkreis d. Planeten 85; Rauchende Brunnen 86; Der Abschuß 87; Nordlicht 87; Keine Rückkehr nach Manila 88; Piratenkurs 88; Rückenflug 88; Wolkenflüge, Texte 88; Dschungelflucht, R. 89; Der Engel auf der

Wolke, M. 89; Hinter Mauern, R. 89; Im Schatten der Flügel, R. 90; Das Kranichopfer, Erz. 91; Hongkong International, R. 91 (auch ung.); Noch eine Stunde bis Loch Ness, R. 92; Abflug 9 Uhr 30, R. 94; Der überfüllte Himmel. Luftfahrt im 21. Jh. 94, u.v.a. – MA: über 500 Veröff. (Reiseber., Erzn., Repn., Sachartikel) in allen namhaften Zss. u. Ztgn, u.a. in: Die Zeit; FAZ; Transatlantik. – R: zahlr. Reiseber., Erzn., Repn. u.a. Sendungen in allen dt. Rdfkanstalten.

Braune, Rainer, Autor, Zeichner, Regisseur, ehem. Zirkusdirektor; c/o Gustav Kiepenheuer Verl., Berlin (* Kirchmöser 53). Theaterpr. d. Stuttgarter Ztg 88, Stip. d. Kunststift. Bad.-Württ. 94, Kunstpr. d. Ldkr. Augsburg 00, u.a.; Rom. – V: Die Krokodilfärberei, R. 04, Tb. 06; Die Drachenwerft, R. 06. – MA: Summerlove, Anth. 06.

Braunewell-Soltau, Christa (geb. Christa Soltau)*

Brauns, Axel, Steuerfachangest.; Schopstr. 19, D-20255 Hamburg, Tel. (0 40) 4 91 69 50, *hallo @axelbrauns.de*, *www.axelbrauns.de* (* Hamburg 2. 7. 63). Writer's Room e.V. 99–00, VS 02, Filmstube e.V. 05; Heymann Buchpr. 99, Teiln. am Oldenburger Filmfestival 99, Lit.förd.pr. d. Stadt Hamburg 00, Nominierung f. d. dt. Bücherpr. 02, Stip. Künstlerhaus Lauenburg/Elbe 03, Künstlerturm Stein am Rhein 05, Nominierung f. d. Burgdorfer Krimipr.; Rom., Drehb. – V: Buntschatten und Fledermäuse, autobiogr. R. 02, 7. Aufl. 03, Tb. 04 (auch engl., jap., taiwan., korean. sowie Hörb.); Kraniche und Klopfer, R. 04, Tb. 06; Tag der Jagd, R. 06; Haie in Hamburg, R. 07. – F: Der Fotograf, Kurzf. 05; Frühstücken, Bierlaune, Chlüppli, Kurzf. 06; Tsunami und Steinhaufen, Spielf. 07; Der rote Teppich, Dok.film 07. (Red.)

Brechbühl, Beat, Schriftst., Verleger; Käsereistr. 9, CH-8505 Pfyn/Thurgau, Tel. (0 52) 7 28 89 28, Fax 7 28 89 27, *bb@waldgut.ch*, *www.waldgut.ch* (* Oppligen 28. 7. 39). Gruppe Olten, jetzt AdS; Lit.pr. d. Kt. Bern 66 u. 68, Werkjahr d. Kt. Zürich 73, Conrad-Ferdinand-Meyer-Pr. 75, Zürcher Kinderb.pr. 78, Lit.pr. d. Stadt Bern 85, Öst. Kdb.pr. 87, Buchpr. d. Stadt Bern 92, Pr. d. Schweiz. Schillerstift. 99, Kulturpr. d. Kt. Thurgau 99, Bodensee-Lit.pr. 99, V.-O.-Stomps-Pr. 01; Lyr., Rom., Nov., Ess., Film, Hörsp. – V: Spiele um Pan, G. 62; Lakonische Reden, G. 65; Gesunde Predigt eines Dorfbewohners, G. 66; Die Bilder und ich, G. 68; Die Litanei von den Bremsklötzen, G. 69; Auf der Suche nach den Enden des Regenbogens, G. 70; Kneuss, R. 70, 86, Neuausg. 03; Der geschlagene Hund pisst an die Säulen des Tempels, G. 72; Meine Füße lauf ich ab bis an die Knie, G. 73; Branchenbuch, G. 74; Nora und der Kümmerer, R. 74; Die Schrittmacher, G. 74; Draußen ein ähnlicher Mond wie in China, G. 75; Geschichten vom Schnüff 76; Mörmann und die Ängste der Genies, R. 76; Traumhämmer, G. 77; Schnüff, Herr Knopf u.a. Freunde. Kdb. 77; Das Plumpsfieber, Kdb. 78; Lady raucht Gras und betrachtet ihre Beine, G. 79; Schnüff, Maria, 10 Paar Bratwürste, Geschn. f. Kd. 82; Ein Verhängtes Aug, G. 82; Die Nacht voll Martinshörner, Haiku u. Senryu 84; Temperatursturz, G. 84; Die Glasfrau u.a. merkwürdige Geschichten 85, 91; Dschingis, Bommel und Tobias, Geschn. f. Kd. 86; Katzenspur, hohe Pfote, Haiku u. Senryu 88; Josef und Eliza 91; Liebes Ungeheuer Sara, R. 91; Schnüff 91 III; Das Wesen des Sommers mit Zuckerfrau 91; Auf dem Rücken des Sees, m. Fotos v. Simone Kappeler 97; L'Oeil voilé/Ein verhängtes Aug, Haiku u. Senryu frz./dt. 98; Fußreise mit Adolf Dietrich, Erz., 1.u.2. Aufl. 99; Missa Verde/Grüne Messe, UA 99; vom absägen der berge, G. 01; Gedichte für Frauen und Basaminen 06; Die Tanne brennt, Anth. 07. – MA: Tex-

te, Anth. 64; Kurzwaren, Zs. 76; Fortschreiben 77. – H: Der Elefant im Butterfaß, Geschn. f. Kd. 77. – R: Wohnrecht 72; Die Elchjagd 73; Einführung in den Mittelstreckenlauf 88. – P: Gras ist Gras, Schallpl. 80. – Ue: Gustave Flaubert: Bücherwahn, Erz. 86; Maurice Chappaz: Das Herz auf den Wangen, Lyr. 04. – Lit: Frank Karlhans in: die horen 1/69; Die Zeit im Buch 2 76, 3 77; Dt. Bücher 3/77; Benita Cantieni: Schweizer Schriftst. persönlich, Interviews 83; Walther Killy (Hrsg.): Literaturlex., Bd 2 89; Bruno Weder in: KLG 92; LDGL 97.

Bredendiek, Bernd, Industriekfm., Erzieher; Gartenweg 5, D-85111 Adelschlag, Tel. (0 84 21) 8 98 62, *bbredendiek@web.de*, *www.berndbredendiek. de* (* Essen 27. 1. 65). Rom., Lyr., Erz. – V: Du sprichst mich an, Lyr. 04. – MA: Report., Art. u. G. im: Brennessel-Magazin 95–06. – P: Kohlgesang, CD 98. (Red.)

Brednich, Rolf Wilhelm, Dr., Prof. f. Volkskunde, Germanistik u. Lit.; Tuckermannweg 6, D-37085 Göttingen, Tel. u. Fax (05 51) 48 55 57, *rbredni@gwdg. de*, *www.gwdg.de/~enzmaer*. 21 Moana Rd, Wellington/ Neuseeland (* Worms 8. 2. 35). Akad. d. Wiss. u. d. Lit. Mainz, Kgl. Gustav-Adolf-Akad. Uppsala; Premio Pitrè 99, Brüder-Grimm-Pr. d. Univ. Marburg 05; Erz. – V: Die Maus im Jumbo-Jet 91, 98 (Blindendr.); Das Huhn mit dem Gipsbein 93, 96; Sagenhafte Geschichten von heute 94; Die Ratte am Strohhalm 96; Der Goldfisch beim Tierarzt u.a. sagenhafte Geschichten von heute 97; Der Dauerbrenner 99, alles Geschn.; Neuseeland macht Spaß 03; Pinguine in Rückenlage. Brandneue sagenhafte Geschichten von heute 04; www.worldwidewitz.com. Humor im Cyberspace, Erz. 05, (auch korean.); zahlr. wiss. Veröff. – H: Enzyklopädie des Märchens, Erz. 75, 06; Die Spinne in der Yucca-Palme, Geschn. 90, 95 (auch ndl., dän., isl., jap.), auch CD. – MH: Fabula. Zs. f. Erzählforsch., m. Ulrich Marzolph 04; Prägungen. Biografie einer Mädchenklasse 1937–1946, Erz., m. Uli Kutter 06. – Lit: Gudrun Schwibbe (Hrsg.): Der Hahn im Korb, Festschr. 95; s. auch GK.

Bredow, Ilse Gräfin von, Journalistin; Hallerstr. 3b, D-20146 Hamburg (* Teichenau, Kr. Schweidnitz/ Schles. 5. 7. 22). – V: Kartoffeln mit Stippe, Erlebn.-Ber. 79 (Übers. in mehrere Spr.); Deine Keile kriegste doch, Erinn. 81; Willst du glücklich sein wie leben, Erinn. 84; Ein Fräulein von und zu, Geschn. 87; Glückskinder, R. 90; Ein Bernhardiner namens Möpschen, Erinn. 91; Der Spatz in der Hand 92; Denn Engel wohnen nebenan 95; Familienbande, Geschn. 97; Ich und meine Oma aller Liebe, Geschn. 98 (auch Hörb.); Ich sitze hier und schneide Speck. Die Küche meiner Kindheit, m. Rezepten v. Dagmar v. Cramm 00; Gieß Wasser in die Supp. Die Küche meiner Kindheit, m. Rezepten v. Dagmar v. Cramm 01; Der Glückspilz 02; Meine schönsten Geschichten 02; Benjamin, ich hab' nichts anzuziehen 03; Denn im Herbst, da fallen die Blätter 04; Adel vom Feinsten 05; Die Grafen und das liebe Vieh 06; Was dem Herzen gefällt 07; Und immer droht der Weihnachtsmann 07. – R: Kartoffeln mit Stippe, 6-tlg. Fs.-Serie 96. (Red.)

Bredow, Iris von, Dr. habil., Privatdoz.; Jahnstr. 107, D-74321 Bietigheim-Bissingen, Tel. (0 71 42) 3 36 55, *ivonbredow@yahoo.de* (* Hannover 28. 2. 48). VS 96; Rom. – V: Die zierliche Rhodope. Ein Roman aus dem frühen Griechenland 07.

Bredt-Thöne, Irmela, Dr. med.; Gartenstr. 37/4, D-72074 Tübingen (* Essen 17. 4. 50). – V: Komm mit in unsere Stadt. Ein Streifzug durch Tübingen um 1820 91. (Red.)

Breer, Michael, Dr. med.; Niemannsweg 41, D-24105 Kiel, Tel. (04 31) 5 60 13 83, *Michael.Breer@*

Breest

t-online.de, www.michael-breer.de (* Recklinghausen
6.10.61). – V: Bruder Schatten, Schwester Licht, Gedichte 06.

Breest, Jürgen, Fernsehed. 1963–99; Bürgermei-
ster-Spitta-Allee 36E, D-28329 Bremen, Tel. u. Fax
(04 21) 24 92 20 (* Karlsruhe 1.7.36). GLAUSER 90;
Rom., Hörsp., Fernsehsp. – **V:** Dünnhäuter, R. 79, Tb.
81; Wechselbalg, Erz. 80, Tb. 83; Morgen ist auch noch
ein Tag 81; Tollwut, Kdb. 81; Das Mädchen, das nicht
nein sagen konnte 87; Kennwort Pinguin 87; Der Spatzenmörder 87; Der Dreckfleck 88; Böses Blut 88; In
memoriam Vincent 89; Schade, daß du ein Miststück
bist 90; Doppeltes Leben – doppelter Tod 91; Treppen-
stürze 92; Eine offene Rechnung 93; Großes Finale 94,
alles Krim.-R.; Muttermal, biogr. R. 03. – **F:** Tollwut
82. – **R:** Wechselbalg, Fsf. 85; Der Spatzenmörder, Fsf.
89. (Red.)

Bregel, Michael Georg; Übers., Autor, Journalist,
Fotograf, Dipl.-Politologe; Joachim-Friedrich-Str. 52,
D-10711 Berlin, Tel. (01 76) 20 84 37 33, *mgbregel
@hotmail.com, www.seerosenblatt.de* (* München
30.11.71). Gruppe 94, VS 03; Anerkenn.pr. Lyrischer
Oktober 95, Lit.pr. d. U.Regensburg f. Lyr. 99, Journa-
listenpr. d. Konrad-Adenauer-Stift. 01, 04; Lyr., Erz.,
Hörfunkbeitrag, Sat., Glosse, Übers., Graphic Novel.
Ue: engl, am. – **V:** PulsAdernBunt. Eine Wortversamm-
lung, Lyr. 97; Die Farben Grau, Erz. 01; Ansichtssachen, Glossen 03. – **MV:** Basileia, Graph. Novel, m.
Titus Müller u. Roloff 06. – **MA:** Lyrischer Oktober,
Lyr.-Anth. 93–95; Lyrischer Oktober, Dokumenation
96; Stichwort Stadt 96; Innen und Außen 97; Farb-
bogen 03; – zahlr. Beitr. in Lit.-Zss. seit 94, u. a. in:
Wandler; Zeitriss; Zäpfchen; Der Salamander; Federwelt; zahlr. Glossen f. 'Berliner Morgenpost', 'Die
Welt' seit 99. – **MH:** u. MA: Mund voll Sand, Anth.
96; Kein gelber Schal, Anth. 97. – **R:** zahlr. Berichte, Hörspiele, Kommentare, Glossen f. versch. Sender
seit 91. – **P:** Blutblumen, CD 94; Freakshow Revival-
Electric, CD 05; mehrere Tonkass. seit 99. – **Ue:** zahlr.
Comics aus d. USA u. Europa (Ital., Dänemark), sowie
Texte von u. zu Comic-Zeichnern und -Autoren. – *Lit:
s.* auch 2. Jg. SK. (Red.)

Bregenz, Curd s. Bergel, Hans

Brehm, Alexander Lorenz Arthur (Ps. AlB), M. A.
Polit. Wiss.; Kreuzweidenstr. 87, D-53604 Bad Honnef,
Tel. (0 22 24) 11 22 11 75, *alexander_brehm@hotmail.
com* (* Zwiesel 8.9.80). Bdesverb. d. Jungautoren 03,
Poltron – Freies Theater 05; Lyr., Epik, Drama. – **V:**
Mit meinen Augen und euren Worten, Lyr. 01; Schöner
Wohnen, Kurzgeschn. 06; Explosionskörper – Hautnah,
Dr. 06. – **MA:** Kunst Leute Kunst, Nr. 1 03; Bläuliches
03; Liebe. Lyrik zum Schmökern 04; Die Literareon Ly-
rik-Bibliothek 05; Best german underground Lyriks 06,
alles Anth. – **P:** Divadem – Orte tragen Namen, Songtext, CD 02.

Brehmer, Ilse, Prof. Dr., Erziehungswiss., Rentnerin; Kulturheimstr. 6, D-80939 München, Tel.
u. Fax (0 89) 3 22 63 07, *Ilse.Brehmer@t-online.de*
(* Hamburg 16.8.37). Rom., Erz. – **V:** Das Weib an
sich und die Frauen im Besonderen, Erzn. 03; mehrere Fachveröff. – **MV:** Leben kann tödlich sein, m. G.
Schubert u. K. Koepp, Erzn. 07. – *Lit:* s. auch GK.

Breidenbach, Brigitte (Ps. BeBe), freischaff. Autorin; Reumontstr. 36 A, D-52064 Aachen, Tel.
(02 41) 2 83 30, *bri.brei@gmx.de, brigitte-breidenbach.
de* (* Aachen 2.2.47). La Belle-Lit.pr. 96, Nominierung
z. Poetess of the Millennium d. Intern. Poets Acad. in
Indien; Lyr. Ue: engl. – **V:** Männer sind Ansichtssache,
Lyr. 98; PurPur, G. u. Aphor. 98; Schattenland und Morgenröte, Lyr. 00. – **MA:** Lyr., Kurzgeschn., Aphor. in

Anth. u. Lit.zss. d. In- u. Auslandes, u. a.: Nationalbibliothek d. dt.sprachigen Gedichts 99; Deutsche Dichterbibliothek 00; Frankfurter Bibliothek d. zeitgenössischen Gedichts 01; engl.spr. G. in indischen Anth. –
MH: Cassiopeia, Lit.zs. 96–98. – **R:** Texte im Hfk 95,
97. – **P:** Schwingels Lesebuch, CD 00. – *Lit:* DaSind.
Datenbank Schriftellerinnen in Dtld 00; Archiv f. alter-
natives Schrifttum NRW, Datenbank 01. (Red.)

Breidenstein, Gisela, ObStudR. i. R.; Am Pappel-
graben 43, D-49080 Osnabrück, Tel. (05 41) 8 89 31
(* Dillenburg 7.11.33). LGO 75, stellv. Vors. 90–08,
Kg. 92, GEDOK Rhein-Main-Taunus 96, Mitgl. im
Lit.vorstand 00–03, VS Berlin/VdÜ 00–08; Pr. b. e. literar. Wettbew. d. Neuen Osnabrücker Ztg 74, Pr. d. Stadt
Osnabrück in e. Plakatgedichtwettbew. 94; Lyr., Erz.,
Kurzgesch., Ess., Märchen, Fabel. Ue: frz. – **V:** Wan-
delstern, G. 92; Taubenflügel auf blauer Kugel, G. 03. –
MA: Lyr. u. Prosa in Anth., u. a.: Schreibfreiheit 79;
Treffpunkt 86; Lyrik heute 88; Spurensuche 90; Neue
deutsche Literatur, Jb. 92; Uns ist ein Kind geboren
93; Wo deine Bilder wachsen 94; Nachdenken über Felix Nussbaum 94; Mosaik der Gefühle, Lyr. (chin./dt.)
95; Wortlandschaften 96; Wir sind aus solchem Zeug
wie das zu Träumen 96; In meinem Gedächtnis wohnst
du 97; In den Ohren ein Sirren vom Flugwind der Erde 01; Das Gedicht 02; Schreiben = Aussage 02; Wir
träumen uns 05; Die Lerche singt der Sonne nach 07;
Denn unsichtbare Wurzeln wachsen 08; Vom Haas,
Heimatkal. 08 u. 09; Veröff. in: Ztgn, Lit.zss., Lit.-
Tel. Osnabrück, Rdfk u. Internet, u. a. in: Publik-Forum
Extra 2/06. – **Ue:** Ursula Bernard: Urkräfte, G. 88. –
Lit: Hildegard Schmaglinski in: Heimatjb. Rhein-Lahn-
Kreis 95.

Breier, Isabella, Mag., Dr. phil.; Tel. (06 76)
6 63 25 03, *isabreier@yahoo.com* (* Gmünd/NdÖst.
27.6.76). Pr. d. Dr.-Schaumayr-Stift. 05, Arbeitsstip-
pendien d. Bdes 07 u. 08, 2. Pr. b. Do!Pen-Lit.wettbew.
2/07, Theodor-Körner-Förd.pr. 08; 2001, Rom., Lyr. –
V: 101 Käfer in der Schachtel. Ihr Verschwinden in
Bildern, fragment. R. 07; Interferenzen, Erzn. u. Kurzprosa 08. – **MA:** Lyrik- u. Prosaveröff. in Anth., Jb. u.
Zss. seit 06, u. a. in: Facetten 08; Entwürfe; Lichtungen;
Ostragehege; DUM; Krautgarten; Wienzeile; plumbum.

Breinersdorfer, Fred, Prof. Dr. jur., Anwalt, Autor;
Leipziger Str. 48/1404, D-10117 Berlin, Tel. (0 30)
22 48 86 97, Fax 22 48 86 98, *fred@breinersdorfer.
com, www.breinersdorfer.com* (* Mannheim 6.12.46).
P.E.N.-Zentr. Dtld, VS, Vors. bis 05; Ehren-GLAUSER
01, Adolf-Grimme-Pr. m. Gold 03, Gold. Kamera 03,
ver.di-Medienpr. 03, Berliner Krimifuchs 04, Bayer.
Filmpr. 05, TH. Nominierung f. d. Europ.
Filmpr. u. Academy Award 06; Drehb., Rom., Hörsp.,
Theater, Erz. – **V:** Reiche Kunden killt man nicht 80,
überarb. Neuaufl. 97; Das kurze Leben des K. Rusinski
80, überarb. Neuaufl. 98; Frohes Fest Lucie 81, überarb.
Neuaufl. 98; Noch Zweifel, Herr Verteidiger 83, über-
arb. Neuaufl. 98; Notwehr 86, überarb. Neuaufl. 98; Der
Hammermörder 86, 00, alles Krim.-R.; Schlehmühl und die
Narren, Erzn. 87; Desperados Kinder, Jgd.-R. 88; Quarantäne 89; Höhenflucht, Thr. 92; Die Welt zu Füßen. Der böse Roman vom lieben Geld, R. 93; Das
Biest, Thr. 98; (Übers. ins Bulg., Engl., Franz., Poln.,
Span. u. Tsch.); – THEATER: Die Nacht davor, UA 93;
Der Hammermörder, UA 93; – zahlr. Sachb. u. Fachveröff. seit 77. – **MA:** Stories in: Der moderne dt. Kriminalroman 2 82; Heyne Krimi Jahresband 1983, 84,
85, 86, 88, 89, 91; Das Rowohlt-Lesebuch der Morde
84; Volle Pulle, ein Kneipenbuch 85; Schwarze Beute

Breitenmoser

85, 87; Soweit die Netze reichen... 87; ZEITmagazin 48/89; Die tolle Kiste 91; Stuttg. Nachrichten 10/97; Der Bär schießt los 98; GONG 9/00, u. v. a. – **F:** Sophie Scholl – Die letzten Tage 05. – **R:** DREHBÜCHER zu d. Fsf.: Notwehr 88; Quarantäne 89; Der Hammermörder 90; Alles Paletti: Paraguay läßt grüßen 90; Alles Paletti: Erste Klasse, einfach 90; Frohes Fest Lucie 92; Das tödliche Auge 92; Brandheiß – Auch Engel können sterben 93; Brandheiß – Sein Kampf 94; Der Mann mit der Maske 94; Angst, m. B. Schadewald 94; Zaubergirl 95; Ich bin unschuldig, Ärztin im Zwielicht 95; Operation Medusa, m. T. Näter 96; Der Kindermord 97; Jagd nach CM 97; Mein ist die Rache 98; Beckmann u. Markowsky: Gehetzt 99; Nichts als die Wahrheit: Duell der Richter 99; Alphamann 1: Amok 99; Alphamann 2: Die Selbstmörderin 99; Todesflug 00; Die Hoffnung stirbt zuletzt 02; Nachts, wenn der Tag beginnt 03; – in d. REIHE „ANWALT ABEL": Der Dienstagmann 88; Noch Zweifel, Herr Verteidiger? 91; Reiche Kunden killt man nicht 91; Kaltes Gold 92; Sprecht mir diesen Mörder frei 93; Ihr letzter Wille gilt 94; Rufmord 94; Ihre Zeugin, Herr Abel 96; Ein Richter in Angst 96; Ein schmutziges Dutzend 97; Erpresserspiel 97; Todesurteil für eine Dirne 98; Die Spur des Mädchenmörders 98; In tödlicher Gefahr 99; Die Mörderfalle 99; Der Voyeur u. das tote Mädchen 00; Das Geheimnis der Zeugin 00; Zuckerbrot u. Peitsche 01; Salut Abel 01; – in d. REIHE „TATORT": Zweierlei Blut, m. Felix Huby 84; Schneefieber 96; Jagdfieber 98; Money! Money! 98; Mordfieber 99; Einsatz in Leipzig 00; Tödliches Verlangen 00; Quartett in Leipzig 00; Rotkäppchen 03; Sonne und Sturm 03; Der Schächter 03; Die Spieler 04; Teufelskreis 04, u. a. m.; (Vertrieb d. Fs.-Filme in über 20 Ländern); – HÖRSPIELE: Quarantäne 89; Geld für gute Werke 90; Big City in Gefahr, m. H.-P. Archner, 51-tlg. 90; Wenn Wagner zahlt (Der Hammermörder) 93. – *Lit:* Norbert Pötzl in: Der Spiegel 17/86; Sabine Messinger: Die Nonfiction Novel zwischen Journalismus u. Lit., Mag.arb. Univ. Stuttgart 87; Irene Bayer: Juristen u. Kriminalbeamte als Autoren d. neuen dt. Krim.-Romans: Berufserfahrungen ohne Folgen? 88; Christiane Schieferdecker: Kriminallit. u. Dichterjuristen am Bsp. F.B., Mag.arb. Univ. Freiburg 89; Jochen Schmidt: Gangster, Opfer, Detektive 89; Andreas Obst in: FAZ v. 26.6.91; Anne Kleiber in: Stern TV-Mag. 5/94.

Breisach, Emil, Intendant ORF Landesstudio Steiermark 67–88, Präs. d. „Akademie Graz" 88–07; c/o Bibliothek der Provinz, Weitra (* Stockerau 21.3.23). F.St.Graz, Öst. P.E.N.; Josef-Krainer-Pr. 77, Hanns-Koren-Kulturpr. 79, Gr. Gold. E.zeichen d. Ldes Steiermark 82, E.ring d. Ldes Steiermark 93, Öst. E.kreuz f. Wiss. u. Kunst I. Kl. 03, E.ring d. Stadt Graz 03, Gr. E.zeichen f. Verd. um d. Rep. Österr. 08; Prosa, Ged., Ess., Theaterst., Hörsp., Kabarett-Text, Epigramm. – **V:** Humor auf Zehenspitzen, G. 50; Ich kann die Verantwortung nicht übernehmen, Sp. 54; Kleine Schmugglerschule. Autounfall. Die Liebesprobe, lustige Kurzsp. 59; Hieronymus und sein Nachbar, Bü. u. Hsp. 63; Die Angst vor den Medien. Zähmbare Giganten?, Unters. 78; Am seidenen Faden der Freiheit, Prosa, Hsp., Kabarett-Texte, Theaterst., G. 83; Wider den Strich 93; Tiere schauen dich an, G. 97; draureg und gschpaseg, Dialekt-G. 98; Kramuri, G. u. Prosa 00; Klangstaub, Lyr. 01; Aderngeflecht, Lyr. 05; Augenblicke des Zauderns, Lyr. 07; Den Sand hören, Epigr. u. G. 08; Vertonung v. Gedichten durch Friedrich Cerha: Auf der Suche nach meinem Gesicht, UA Brüssel 07; Aderngeflecht, UA Graz (Musikprotokoll) 07; Malinconia, noch keine UA. – **H:** Pagat ultimo. Das Spiel um d. steir. Moderne, hist. Dok. 04. – **R:** 30 Minuten Sendepause, Funkgrot. 83; Der

Clown, die Blume und der Mond, Kurzhsp. 83, u. a. – **P:** Fetzentheater: Wer frißt wen, Straßentheater 79.

Breit-Keßler, Susanne (Susanne Keßler), Pfarrerin, Publizistin, Oberkirchenrätin u. Regionalbischöfin; Meiserstr. 11, D-80333 München, Tel. (0 89) 5 59 53 60, Fax 5 59 55 15, *breit-kessler@elkb.de* (* Heidenheim a.d. Brenz 11.3.54). Wilhelm-Sebastian-Schmerl-Pr. 89; Erz., Ess., Meditation, Hörfunk. – **V:** Die Welt im Kleinen, Meditn. 91; Die Seele in die Sonne halten, Erzn. 96; Freude wie Wasser schöpfen 97; Wo meine Füße Wege finden 97; In tiefen Furchen säen 97; Wüstenzeiten – Sonnenseiten, Erzn. 99; Danke 01; Sympathie 01; Alles Gute 02, alls Meditn.; Mitverfasser v. Schulb. f. Ethik. – **MA:** zahlr. Beitr. in Zss., Mag., Sammelbden u. Anth., u. a.: Chrismon, Monatsmag. – **H:** auf ein Wort, Rdfk-Beitr. 90; Nehmet einander an 93; nachrichten, Zs. seit 97. – **MH:** aufgeschlossen, m. Dieter Breit, Mag. 95–99. – **R:** Die Sprache der Bäume, Fsf. 92; zahlr. Hfk-Sdgn. (Red.)

Breitenbach, Roland, Pfarrer; Florian-Geyer-Str. 11, D-97421 Schweinfurt, Tel. (0 97 21) 7 83 10, Fax 78 31 31, *rbreitenbach@gmx.de, www.stmichael.de* (* Chemnitz 7.8.35). – **V:** Liebe ist Glück, Handb. 86; Eine Zeit des Glücks, Handb. 86; Gott wird wissen warum, Tageb. 88; Kurz vor elf 88; Der kleine Bischof, R. 90, 03 (auch ital.); Lautlos wandert der Schatten, Reiseber. 90, 00; Der Schlüssel zum Himmel 90, 02; Ein Glaube aus Fleisch und Blut 91, 95; Seht, der Befreier kommt, Gesch. 92, 94; Eine kleine weiße Feder 93, 4. Aufl. 99; Wallfahrt, Werkb. 93; Heute ist der Tag 94; Sicht auf das Ganze, Lyr. 96; Fußnoten zum Alltag, Glossen 97; Gott liebt es bunt, Radioansprachen 97, 98; Mit dir will ich leben, Werkb. 97; Schauen ist mehr als Sehen, Erzn. 97; Sehnsucht die reicht heißt, Werkb. 97; Aus Träumen geboren 2. Aufl. 98; Echolot, Briefe 00; Passionsblume, R. 00, 01; Immer wieder sonntags und mittwochs 03. – **MV:** Reihe „Meine Geschichte mit Jesus": Geburt u. Kindheit Jesu 94; Gleichnisse Jesu 95; Zeichen u. Wunder Jesu 95; Leben, Tod u. Auferstehung 96, alle m. Caroline Rothe; Unsere Familie feiert das Jahr, m. Joachim Schäd 88, 00 (kroat.). – **P:** Poesie und Musik CD 99; Gott auf der Anklagebank, CD 00, beides Hsp. m. Stefan Philipps. (Red.)

Breitenfeld, Gerd, Dr. jur., Hochschuldoz. i. R.; c/o Kontrast-Verl., Pfalzfeld (* Ratibor/Schles. 9.6.25). Sozialkrit., utop. Rom. – **V:** Fahrt nach Futuras!, R. 00.

Breitenfellner, Kirstin, Autorin, Lit.kritikerin, Mag.phil.; Gumpendorfer Str. 30, A-1060 Wien, Tel. (01) 5 23 29 43, *kirstin.breitenfellner@aon.at* (* Wien 26.9.66). Wiener Autorenstip. 03, AutorInnenprämie d. BKA f. besond. gelung. Debüt 04, Ausz. b. d. Intern. Buchmesse „Grüne Welle" (Kategorie Bestes ausländ. Buch / Beste Übers.), Odessa 04, Buchprämie d. BKA 05, Staatsstip. f. Lit. 06/07; Rom., Lyr., Ess. Ue: russ. – **V:** Lavaters Schatten. Physiognomie u. Charakter bei Ganghofer, Fontane u. Döblin, Lit.theorie 99; Der Liebhaberreflex, R. 04; das ehr klingt nur vom horchen, G. 05; Falsche Fragen, R. 06. – **MV:** Wie ein Monster entsteht. Zur Konstruktion des anderen im Rassismus und Antisemitismus, m. Charlotte Kohn-Ley, Ess. 98. – **MA:** Veröff. v. Lyr. in Anth. u. Zss., u. a. in: Wien. Eine literar. Einladung 01; Das Plateau; Gegenwart; ndl; Lichtungen; Die Rampe; Kolik; Wespennest; Was für Zeiten. – **Ue:** Vera Zubareva: Traktat über Engel, Lyr. 03.

Breitenmoser, Ivar, lic. phil. I, Gymnasiallehrer; Hegianwandweg 37, CH-8045 Zürich, Tel. u. Fax (01) 4 61 04 06 (* Näfels, Kt. Glarus 2.5.51). E.gabe d. Kt. Zürich, Leonardo-da-Vinci-Pr. (IBM), versch. Förd.pr.; Lyr., Multimedia-Poesie. – **V:** Zürich tanzt Bolero, G.

Breitenmoser

98. – **MA:** Entwürfe; Drehpunkt; Flugasche; NZZ; Tages-Anzeiger. – **P:** Zürich tanzt Bolero. 17 multimediale Poesie-Clips, Video 98. (Red.)

Breitenmoser, Johanna s. Klasing, Johanna

Breiter, Kurt; Scharnhorststr. 4, D-83646 Bad Tölz, Tel. (0 80 41) 14 43 (* Bad Tölz 26. 11. 42). – **V:** Geschichten vom Knecht Ruprecht. Spannende Geschichten u. lustige Anekdoten beim Nikolausabend 04. (Red.)

Breither, Karin (Ps. Joy Erlenbach), Altenpflegerin, Rentnerin; Köpperner Str. 110, D-61273 Wehrheim, Tel. (0 60 81) 5 96 30 (* Berlin 26. 12. 39). FDA, Arb.kr. f. dt. Dicht., Humboldt-Ges.; E.gabe d. Gem. Wehrheim 85, 2 Lyr.anerkenn.pr. 85 E.urkunde Bragi-Lit.kr. 87, Anerkenn.pr. d. Nds. Min.präs. 89, 3. Czernik-Lyr.pr. 95, 6. Intern. Lyr.pr. Sanio/Italien 95, Auszeichn. d. Gem. Wehrheim 96, Grand prix méditerranée d. EU 98, Lyr.pr. d. Akad. v. Neapel; Lyr. – **V:** Flüchtende ins Paradies (Gedicht i. Brief 33) 82; Dietrichsblatt Nr.49 83; Schattenbruder 83; Sommerkorn, Lyr. 84; Geborgtes Licht, Lyr. 86, 3. Aufl. 87; In den Falten des Mondes, Lyr. 88; Der du die Zeit auf Taubenfüßen trägst, Lyr. 89; Sternkristalle 90; Noch blüht die Gerbera aus deinem Zimmer, G. 03. – **MA:** Beitr. in 62 Anth, u. a.: Lichtbandreihe; Die ersten Schritte; Renga-Reihe Nr. 5; Am Horizont; Im Frühlicht; Entleert ist mein Herz; Sag ja und du darfst bei mir sein; An der Pforte; Wie es sich ergab; Jb. d. Karlsruher Boten; Jb. d. Gauke-Verl.; Doch die Rose ist mehr; Der Mensch spricht mit Gott; Lichtband-Autoren-Lex. 79/82; Begegnung im Wort 84; Soli Deo Gloria. Lyr. Ann. 85/86; Augenblick u. Ewigkeit 87; Gaukes Lyrik-Kal. 85–87; Wegzeichen 92; Weihnachten im Wandel der Zeit; Frankfurter Bibliothek 01–03; Nationalbibliothek d. dt.sprachigen Gedichtes 02–04, u. a. – **H:** Mit deinem Wort hast du mich wunderbar verwundet, Lyr. in Handschrift 81. – **MH:** Seidenfäden spinnt die Zeit 81; Hinter den Spiegeln 85. – *Lit:* Autoren-Bild-Lex. 79, 80; Goldnes Buch 89; Autorenporträts 92; Wer ist Wer? Das dt. Who's who.

Breitmeier, Ilonka, Dipl.-Päd., Komponistin, Musikerin, Autorin, Schauspielerin; *IlonkaWort@hotmail. com, Ilonka-Breitmeier.de* (* Münster 12. 10. 53). Kinderb., Belletr. – **V:** Von Krokodilen und ganz anderen Ungeheuerlichkeiten 97 (auch als Tonkass. u. d. T.: Traumzeiten); Die Reise des ersten Anfangs 98; Das Sandmann-Weihnachtsbuch, Geschn. 98; Hurra, ein Elefant ist da 98; Wer macht hier so viel Wind 98; Inlineskates für Franzi 99; Grobi rennt 99; Ich heiße Tabaluga 99; Kennst du Grünland 99; Hallo, wohnt hier jemand? 99; Schäfchen zählen 99; Einfach abgefahren 00; Das Freundschaftsspiel 00; Womit kommt der Sandmann 00. (Red.)

Breitsprecher, Claudia, Dipl.-Soziologin; Berlin, *ClaudiaBreitsprecher@web.de* (* Dülmen 64). Pr. d. Autorinnenforums 07. – **V:** Vor dem Morgen liegt die Nacht, R. 05; zwei Sachbücher. (Red.)

Brekalo, Jure; Neue Kantstr. 21, D-14057 Berlin, Tel. u. Fax (0 30) 3 21 79 55, *jure@brekalo.com, www.brekalo.com* (* Imotski Glavina Donja/Kroatien 15. 10. 45). – **V:** Die Geburt des Vergessenen 89; Die Beichte des steinernen Mannes 91; Windnarbe 94; Im Fluß der Zeiten 97; In Gesellschaft meiner Einsamkeit 01; Verlorene Wahrheit 02/03; Die ewige Frage 08, alles Lyrik.

Breloer, Heinrich, freier Fernsehautor u. Regisseur; Mainzer Str. 28, D-50678 Köln, Tel. (02 21) 32 75 92 (* Gelsenkirchen 17. 2. 42). DAG-Fs.pr. in Gold 94 u. 98, Bambi, Gold. Löwe, Bayer. Fs.-Pr., Gold. Gong, TeleStar 97, Gold. Kamera 98, Adolf-Grimme-Pr. in Gold 02, Bayer. Filmpr. 02, International Emmy Award 02. –

V: Blutgeld 82; Todesspiel, dokumentar. Erz. 97; Unterwegs zur Familie Mann. Begegnungen, Gespr., Interviews 01; Speer und er. Hitlers Architekt u. Rüstungsminister 05. – **MV:** Mallorca, ein Jahr, m. Frank Schauhoff, R. 95 (auch span.); Die Manns, m. Horst Königstein, R. 01, Tb. 03. – **H:** Mein Tagebuch. Geschichten v. Überleben 1939–1947 84; Geheime Welten. Deutsche Tagebücher aus d. Jahren 1939–1947 99. – **R:** Treffpunkt im Unendlichen 83; Das Beil von Wandsbek 83; Größenwahn 85; Das verlorene Gesicht 86; Eine geschlossen Gesellschaft 87; Die Staatskanzlei 89; Kollege Otto – Die Coop-Affäre 91; Herbert Wehner 92; Die unerzählte Geschichte 93; Einmal Macht und zurück – Björn Engholm 95; Todesspiel 97; Die Manns, 3-tlg. 00; Speer und er, 3-tlg. 05, u. a. Fsp./Fsf. (Red.)

Brem, Ilse, Schriftst., Malerin; Talkengasse 4/1/6, A-1238 Wien, Tel. (01) 9 71 51 76 (* Aggsbach-Dorf 22. 3. 45). Ö.S.V. 81, Öst. P.E.N.-Club, Humboldt-Ges., IGAA; Theodor-Körner-Förd.pr. 79, 96, Anerkenn.pr. d. Ldes NdÖst. 79, Wiener Autorenstip. 82, 85, Buchprämie d. BMfUK 83, Förd.pr. d. Ldes NdÖst. 97; Lyr., Erz., Ess. – **V:** Spiegelungen, G. 79; Beschwörungsformeln, G. u. Graph. 81; Lichtpunkte, G. u. Graph. 83; Das Gesicht im Gesicht, G., Prosa u. Graph. 84; Das Lied überm Staub, Ess. 84; Aufbruch zur Hoffnung, G. u. Fotos 85; Die Antwort ist Schweigen, G. u. Graph. 86; Funksprüche, G. u. Graph. 87; Grenzschritte, G. u. Graph. 88; Spuren der Stille, G. 91; Engel aus Stein, G. u. Graph. 93; Licht der Schatten, G. 95; Verschwiegene Landschaften, Prosa u. Graph. 97; Bruchstücke, G. u. Graph. 99; Fragezeichen, Erzn. u. Parabeln 01; Gitter, G. 04; Wortbrücken 05; Nur ein kurzer Flügelschlag 07. – **MA:** Beitr. in Lyrikanth. u. Ess. in lit. Zss. (Red.)

Brem, Jakob (Ps. Zoe Libig), Lebensberater, Musiker; c/o Brem Verlag, Veglia, CH-6695 Peccia, *brem@ belletristik.ch, www.belletristik.ch* (* Gottshaus/Thrg. 28. 12. 36). SSV 80, Pro Litteris 83; Rom. – **V:** Lausbubenstreiche eines guten Geistes, m. F. Jugendl. 80; Die Wohlstandsegoisten und das grüne UFO Rabe, M. f. Erwachsene 82; Lebenserinnerungen im Sterben 83; Liebe Worte möchte ich dir flüstern, Lyr. 84; Schattenspiele 97; Spielland. Gedanken im Koma 97; Gedankenkinder, M. 99; Bilder aus dem Koma 99. (Red.)

Bremer, Fritz (FW Bremer), Dipl.-Päd., Autor, Hrsg.; c/o Paranus-Verl., Ehndorfer Str. 15–17, D-24537 Neumünster, Tel. (0 43 21) 2 00 41 20, Fax 2 00 41 12. Schmiedekoppel 18, D-24802 Groß Vollstedt, Tel. (0 43 05) 4 42 (* Lübbecke 12. 5. 54). Förd.pr. d. Friedr.-Hebbel-Stift., Little Award; Erz., Lyr., Kurzgesch., Aufsatz. – **V:** In allen Lüften hallt es wie Geschrei. Jakob van Hoddis. Fragmente e. Biogr., Erz. 96, 2. erw. Aufl. 01. – **B:** Red. von: Orte der Heimat 99. – **MA:** Hamburger Ziegel 94; Es bleibt dabei. Schnurre zum 75. 95; Stimmen hören 98; All meine Pfade rangen mit der Nacht. Jakob. van Hoddis, Begleitbd z. Ausst. 01; Gespenstische Informationen; Soziale Psychiatrie; Brückenschlag, Bd. 20, 22. – **H:** Brückenschlag, Zs. f. Sozialpsychiatrie, Lit. u. Kunst, seit 85; Stimmen in der Stille, Geschn. 93; Neben mir im Sand lag Gott und schlief, CD 99, u. a. – *Lit:* s. auch SK. (Red.)

Bremer, Jan Peter; Mehringdamm 57, D-10961 Berlin (* Berlin 20. 2. 65). Projektstip. d. Ed. Mariannenpresse 86/87, Bertelsmann-Stip. im Bachmann-Lit.wettbew. 93, Ingeborg-Bachmann-Pr. 96, Lit.stip. d. Stift. Preuss. Seehandlung 96, Stip. d. Berliner Senats f. bestes Hsp. 98, Förd.pr. f. Lit. d. Ldes Nds. 00, Lit.stip. Sylt-Quelle Inselschreiber 07. – **V:** In die Weite, Kurztexte 88; Einer im einzog das Leben zu ordnen, R.

91; Der Palast im Koffer 92; Der Fürst spricht, R. 96 (auch span.), als Stück UA 00; Feuersalamander, R. 00, 02; Still leben, Kurz-R. 06. – **MV:** In die Weite, m. Heike Kürzel 87. – **R:** Der Fürst spricht 98; Der Palast im Koffer 99; Feuersalamander 03, alle im SWR. (Red.)

Brencken, Julia von s. Collignon, Jetta

Brendel, Alfred, Pianist; c/o Ingpen & Williams Ltd., 7 St George's Court, 131 Putney Bridge Road, London SW15 2PA, *www.alfredbrendel.com* (* Wiesenberg/ Mähren 5. 1. 31). Hans-v.-Bülow-Med. 92, EM d. Wiener Philharmoniker 98, Beethoven-Ring 01, Preise f. das Lebenswerk b. den MIDEM Cannes Classical Awards sowie b. den Edison Awards in Holland 01, Robert-Schumann-Pr. 02, Léonie-Sonning-Musikpr. 02, South Bank Classical Music Award 02, Chevalier de la Légion d'Honneur 03, Ernst-von-Siemens-Musikpr. 04, Herbert-von-Karajan-Musikpr. 08, u. a., Dr. h.c. d. Universitäten Exeter, Oxford u. Yale, u. a.; Lyr., Musikess. – **V:** Nachdenken über Musik 77 (zahlr. Nachaufl.); Musik beim Wort genommen 92; Fingerzeig, Texte 96; Störendes Lachen während des Jaworts, neue Texte 97; Kleine Teufel, G. 99; Ein Finger zuviel, G. 00; Ausgerechnet ich. Gespräche mit Martin Meyer 01; Spiegelbild und schwarzer Spuk, G. 03; Cursing Bagels, G. 04; Über Musik. Sämtliche Essays u. Reden 05; Friedrich Hebbel: Weltgericht mit Pausen. Aus den Tagebüchern, Ausw. u. Nachw. v. A.B. 08; (Bücher erschienen auch in Großbritannien, USA, Frankr., Italien, Ungarn, Niederlande, Griechenland, Japan, Spanien). – **MA:** Jb. d. Lyrik 98/99, 00, 02; Es fielen Töne in die Stille. Musik u. Poesie 01; Das Gedicht, Nr.9 01/02; versch. G. in: FAZ; NZZ. – **P:** Fingerzeig. Störendes Lachen während des Jaworts, gelesen v. Alfred Brendel, CD 97. – *Lit:* s. auch Kürschners Dt. Musik-Kal. 01.

Brender, Irmela (geb. Irmela Gütle), Autorin, Übers.; Görlitzer Weg 2, D-71065 Sindelfingen, Tel. (0 70 31) 87 14 67 (*Mannheim 20. 4. 35). VS/VdÜ, P.E.N.; Bestliste z. Dt. Jgd.lit.pr. 66, E.liste z. Hans-Christian-Andersen-Pr. 80, Lit.pr. d. Ldeshauptstadt Stuttgart 81, Helmut-Sontag-Pr. 89, Wieland-Med. in Gold 92; Rom., Feat., Prosa. Ue: engl, am. – **V:** Fünf Inseln unter einem Dach, Jgdb. 71, 95; Streitbuch für Kinder 73; Ja-Buch für Kinder 74; Man nennt sie auch Berry, Jgdb. 73; Die Kinderfamilie, Jgdb. 76; Stadtgesichter, Erzn. 80; Schanett und Dirk, Kdb. 82; Fenster sind wie Spiegel, Erzn. 83; In Wirklichkeit ist alles ziemlich gut, R. 84; Über Pater Brown 84; Nolle Kroll u. d. Amseln, Kdb. 86; Vor allem die Freiheit, Biogr. George Sand 87; Julias anderer Tag 88; Schweigend mit Murmeln spielen, Geschn. 88; Christoph Martin Wieland 90; Die Schwäbische Sphinx 90; Von Mooren, Felsen, Krokuswiesen 92; Plitsch-Platsch-Patrizia, Kdb. 94; War mal ein Lama in Alabama, Lyr. f. Kinder 01. – **MH:** Bei uns zu Haus und anderswo, Kdb. 76/77. – **R:** Junger Mann sucht ruhigen Posten 66; Und dann war ich unterwegs 71; Ich nehme eine Abwaschschüssel aus meiner frühesten Kindheit auseinander, die zum Mond führt 71; Wie prächtig ist die Stadt, die ihr zerstört 77; Ein Dunkel, welches Kindheit heißt 79; Waldleben 86; Das literarische Nachtgespräch, Sende-R. 90–98; Mit Schirm und blinkender Pistole, 4 F. 97; Dichter in der Barbarei. Wieland in Biberach 98; Bildnis einer Königin 99. – **P:** George Sand – Skandalöse Muse, zärtliches Genie, Tonkass. – **Ue:** Timothy Leary: Politik der Ekstase 70; Thomas A. Harris: Ich bin o.k. – Du bist o.k. 73; James/Jongeward: Spontan leben 74; Rosalyn Drexler: Eine unverheiratete Witwe 76; Ronald Lee: Verdammter Zigeuner 78; Judith Beth Cohen: Jahreszeiten 79; T.H. White: Das Buch Merlin 80; Joan Aiken: Ein Raunen in der Nacht 83; Kathryn Lasky: Jen-

seits d. Wasserscheide 86; Rudyard Kipling: Geschichten f. d. allerliebsten Liebling 87; Hilary McKay: Vier verrückte Schwestern 92; Martha Grimes: Mit Schirm u. blinkender Pistole 93; H. McKay: Vier verrückte Schwestern u. ein Freund in Afrika 95; Jean Webster: Daddy Longlegs 95; J. Aiken: Ein Schrei in der Nacht 97; Jean Ure: Reiner Speck muß weg! 97; H. McKay: Vier verrückte Schwestern voll verknallt 98; Jan Whybrow: Wölfchen Wolfs tapfere Taten, Kdb. 98; J. Aiken: Hüter das Lichts 99; T.A. Barron: Merlin – Wie alles begann 99; Patricia Reilly Giff: Manchmal werden Wünsche wahr, Jgdb. 99; Fatima Shaik: Melinde 99; T.A. Barron: Merlin u. die sieben Schritte zur Weisheit 00; ders.: Merlin u. die Feuerproben 00; ders.: Merlin u. der Zauberspiegel 01; H. McKay: Der Geisterwelt-Express, Kdb. 01; T.A. Barron: Merlin u. die Flügel der Freiheit 02; Lian Hearn: Das Schwert in der Stille 03; T.A. Barron: Das Geheimnis der Halami 03; Catherine Fisher: Die Macht des Amuletts 03; T.A. Barron: Das Baumkind 04; J. Aiken: Der Todesruf d. Nachtigall 04; Lian Hearn: Der Pfad im Schnee 04; Kathryn Cave: Des Kaisers Gruckelhund, Kdb. 04; Dick King-Smith: Aristoteles, Kdb. 04; T.A. Barron: Das Wunder d. angehaltenen Zeit 05; ders.: Der Zauber von Avalon. I: Sieben Sterne u. die dunkle Prophezeiung 05, II: Im Schatten der Lichtertore 06, III: Die ewige Flamme 07, R.; H. McKay: Eine Rose zum Frühstück 05; dies.: Ein Gefühl wie beim Fliegen, Jgdb. 07; Linda Buckley-Archer: Der Lord ohne Namen, Jgdb. 08.

Brendle, Christine (Christina Bell), freie Autorin; Auf der Stelle 37, D-72461 Albstadt, Tel. (0 74 32) 9 07 38 16, Fax 9 07 38 17, *Christine.Brendle @t-online.de, www.christinebrendle.de, www.littlepen. de* (* Lustenau/Vorarlberg 14. 2. 51). Autorenkr. Little Pen, Gründerin u. Leiterin; Rom. – **V:** Zwischen Herbst und Sommer, R. 03. – **MA:** Schwarze Bräute leben länger, Krim.-Anth. 02. – **H:** Goethe, Schiller und jetzt wir. D. Preisträger d. Nachwuchsautoren-Wettbewerbs der Schriftst.vereinigung Little Pen stellen sich vor 03.

Brendler, Barbara s. Schroubek, Barbara

Brenjo, Heidrun-Auro, Therapeut. Lebensberaterin; Postfach 100610, D-44006 Dortmund, Tel. (02 31) 43 37 06, Fax 3 95 04 84, *heidrun@brenjo.de, www. brenjo.de, www.symbioose.de* (* Dortmund 26. 9. 53). VG Wort; div. Urkunden u. Sachpreise; Lyr., Ged., Poesie, Kindergesch., Songtext. – **V:** Biegsames Nein, Lyr. 03; Marvin Hai, Bd 1–4, Gesch. f. Kinder 06–07; Neuaufl. Bd 1 u. 2 07; Stille, du bist so laut. Gekritzel & Gekleckse 07. – **MA:** Welt d. Poesie 98; Das Gedicht d. Gegenwart 00; Frankfurter Bibliothek 2 genöss. Gedichts 01, 03–06; Buch d. Dichterhandschriften; Scheitern, Anth.; Das Beste hört sich scheiße an; Nationalbibliothek d. dt.sprachigen Gedichtes, Bd 5; Weihnachten im Gedicht, alle 02; Amour fou, Lyr. u. Prosa; Jb. 2005: Fröhliche Weihnachten; Festtagsgeschichten, alle 04; Ein Zeichen von dir; Engel; Glück zu verschenken; Natur – Lyr. 2. Schmökern; Weihnachten, alle 05; Literareon Lyrik-Bibliothek, 4 05, 9 08; Blumengrüße; Frühling, Sommer, Herbst und Winter; Kamingeschichten, alle 06; Bibliothek dt.sprachiger Gedichte. Ausgew. Werke IX 06, X 07; Momente Landschaften; Für Dich, beide 07; Und was ich dir noch sagen wollte; Kascherl(w)ätzchen, alle 08; – Lyrik-Veröff. in versch. Ztgn 86, 87, 91 u. 96; Kurze Kindergeschn. in versch. Printmedien, seit 93. – **P:** Songtexte zu 10 CDs d. Musikgruppe „symbioose", seit 95. – *Lit:* Dt. Schriftst.lex. 99.

Brenneisen, Wolfgang (Ps. Konrad Salik); c/o Silberburg-Verlag, Schönbuchstr. 48, D-72074 Tübingen (* 41). VS Bad.-Württ. 85; Kurzgesch., Reiseerz., Lyr.,

Brenner

Sat., Glosse, Kinderb., Erz., Hörsp. – **V:** Von den Schauplätzen, G. 85; Die fünfzig schönsten ungeschriebenen Romane von Konrad Salik, Satn. 85; Da hörten wir Friedel Sturm jauchzen, G. 86; Also, die Kohle stimmt, G. 88; Survival in der Schule, Prosa-Satn. 88; Traumjobs für Ausgebuffte, Satn. 89; Oberschwaben – Deutschlands tiefer Süden 90; So sind die Schüler, Satn. 91; Survival an der Uni 91; Schwaben – heiter betrachtet 92; Dô lacht dr Schwôb 93; Unsere Pauker 93; Vom Apfelaffen zum Zauberzebra 93; Echt passiert – schier unglaubliche Berichte aus den Weltpresse 94; Das fliegende Frühstücksei 94; Max und Moritz – die Story von zwei irren Fuzzis 94; Pöng, der Rumpelfritze 94; Fußball im Klassenzimmer 95; Die Hochzeit in Steinhausen 95; Die Kuh im Saloon 95; Schule, Schtreß und Schillers Glocke 95; So schimpft dr Schwôb 95; Rächt-Schraip-Rephorm 96; Die tollen Abenteuer des Barons von Münkhase 96; Böse Nachbarn, Erzn. 97; I mag di, Erzn. 97; (Alp)traum Urlaub, Erzn. 98; Andy der Fußball-Joker 98; Unterwegs, Erzn. 99; Das Dichterhäusle, R. 01, Theaterst. 04; Das Büchle vom Bäuchle 08. – **MV:** G'schimpft und g'lacht über's Geld 02; G'schimpft und g'lacht über d'Verwandtschaft 02; G'schimpft und g'lacht über d'Kehrwoch 03; G'schimpft und g'lacht über's Heiligs-Blechle 03, alle m. Peter Ruge. – **R:** Der Päddy von Australien 95; Das Dichterhäusle 99; Der Streit um des Esels Denkmal 00; Runde Geburtstage 01; Sauzwickel und Pfaffenwäldle 02; Die Disko-Kelter 04; Die große Kehrwoche 05; 'S Bähnle 07, alles Hsp.

Brenner, Annemarie (Ps. Anne-Marie Salome Brenner), Malerin, Dichterin; Hintere Grabenstr. 13, D-72070 Tübingen, Tel. (0 70 71) 2 16 82, *www.ASBrenner.de* (* Sindelfingen 13. 3. 57). VG Wort, LiteraturFrauen e.V.; Arb.stip. d. Förd.kr. dt. Schriftst. in Bad.-Württ. 85, Stip. d. Kunststift. Bad.-Württ. 87; Lyr., Prosa. – **V:** Stufen zur Nacht, G. 79; Isolde im Winter, G. 83; Goldene Uhren?, Erzn. 86; menschenorts, Malerei u. Dichtung 97. – **MA:** Bedenkliche Zeiten, G. u. Texte 85; Jahrbuch schreibender Frauen, Bd 2 85. – *Lit:* Erich Fried in: Gedanken in u. an Dtld 88, online unter: www.zeit.de/1983/46/Irrtum-schafft-Kaelte-Kaelte-ruft-Feuer.

Brenner, Tonio, Architekt, Autor, Ing., Spieleerfinder; Goldsterngasse 5, A-1140 Wien, Tel. u. Fax (01) 9 14 07 11, *edition-brento@gmx.net, www.brentoverlag.at* (* Wien 12. 11. 25). Verb. Öst. Textautoren 90; Lyr., Prosa, Kurzgesch., Biogr. – **V:** Sind wir so?, ill. G. 90, 2., erw. Aufl. 06; Ja, wir sind so!, G. u. Kurzgeschn. 95; Der neueste Bestseller, G. u. Kurzgeschn. 99; Die Ehre, für Machtbesessene den Kopf hinzuhalten, Tageb. 04; Die Wahrheit ist oft schwer zu ertragen, Tageb. 05; Verdammter Krieg / Österreich ist wieder frei, G. 05; Die bittersten Jahre meines Lebens, Tageb. 05; Mit Ach und Krach durchs Leben, Autobiogr., 1. 05 2. Wirtschaftskrise u. Naziktatur 06 3. Das Indienabenteuer 07; Mit Zeichenblock und spitzer Feder durch Österreich 07; Die amtlich provozierte Verkehrsmisere 08 II.

Brenner, Wilhelm, Dipl.-Ing., Prof., Architekt; Morellenfeldgasse 36, A-8010 Graz, Tel. (03 16) 37 44 22. Nr. 39, A-7522 Reinersdorf (* Szombathely/Ungarn 20. 3. 27). Kulturpr. d. Dt. Jagdschutzverb. 84; Landschafts- u. Jagdpoesie, Kunst- u. Kulturgesch. Ue: ung. – **V:** Stimmung u. Strecke, Erzn. 70; Wege, Wild u. Wechsel, Erzn. 79; Auf vertrauten Pfaden 81. – **MV:** Auf Pirsch II. Ausgew. Jagdgeschn. 79; 1 Jagdb. 69. – **MA:** zahlr. wiss. u. erzählende Publ. in Zss. – **R:** 8 Hsp. (Red.)

Brenner, Wolfgang; Auf dem Sand 15, D-54497 Morbach, *schmalenbach@brennerhome.de, info@schmalenbach-kommt.de, www.brennerhome.de, www.schmalenbach-kommt.de* (* Quierschied 12. 11. 54). Berliner Krimifuchs 07; Rom., Drehb. – **V:** Welcome, Ossi 93 (auch frz., ital.); Schmalenbach 97; Stieber 97; Der Patriot 98; Die Exekution 00; Der Adjutant 03; Die schlimmsten Dinge passieren immer am Morgen 04; Walther Rathenau. Deutscher u. Jude 05; Ich dachte schon, es ist was Schlimmes 06; Bollinger und die Frieseuse 07; Bollinger und die Barbaren 08. – **MV:** Vegetarische Weihnachten, m. Waldemar Thomas, Erz. 96; Alle lieben Billy, m. Frank Johannsen, Geschn. u. Repn. 98. – **R:** zahlr. Hsp., Erzn. u. Feat. im Radio seit 85; Drehb. f. Fsf. u. Serien sowie mehrere Dok.filme seit 95. (Red.)

Brenni, Paolo; St.-Leodegar-Str. 17, CH-6006 Luzern, Tel. (0 41) 4 10 09 32 (* Bern 16. 8. 26). ISSV. – **V:** Das Abenteuer mit dem Nächsten 77; Zuerst ausgelacht, dann aber ... 78; Dem Gewissen treu 80, alles Jgdb.; Ferien, Fahrt, Urlaub, Gebete u. Gedanken 81; Der Sonnengesang, Meditn. 81; Erzählungen zur Erstkommunion 85; Freunde des Friedens 86; Erzählungen zur Firmung 88; Beat und der Drache 89; Erzähl' mir von den Engeln 90, alles Jgdb.; Das Lied der Schöpfung 91. – **MA:** Kolumnen in: Neue Luzerner Ztg seit 97; Schreiben in der Innerschweiz, u. a. – **H:** Tapfer und Treu, Zs. seit 58; Jungmannschaft, Zs. 60–70. – **R:** Don Bosco, Hfk-Sdg. (Red.)

Brentrup, Lilo, Künstlerin, Autorin; Drosselweg 6, D-79682 Todtmoos-Prestenberg, Tel. (0 76 74) 85 66 (* Düsseldorf 23. 10. 20). Weg-Ged., Haiku, Senryu, Spürbild, Zeichnung, Text. – **V:** Texte auf dem Weg 82; Jeder Tag ein neuer Tag, G. u. Texte 83; Meditation, Zeichn. u. Texte 84; Weg-Spuren. Einen Sommer lang 85; Kreisend durch die Zeit 86; Transparente Welt 87; Zeit-Zeichen 89; Unterwegs hier und dort 90; Fern und Nah 92; Inseln der Fülle 94; Insel-Spuren 96; Inseln der Einsamkeit 98; Auf neuen Wegen 01; Spätlese. Japan 2001–2007 08; Insel der Stille – La Palma. Spätlese 09, alles Haiku, Senryu u. Weg-G., z.T. m. skripturalen Tusche-Zeichn. – **MA:** Haiku, Senryu und Weg-Gedichte in der neuen Zeit 93.

Brentzel, Marianne, Autorin; Am Surck 33, D-44225 Dortmund, Tel. (02 31) 71 53 31, Fax 71 53 38, *marianne@brentzel.de, www.mariannebrentzel.de* (* Erpen/Nds. 11. 12. 43). Ver. f. Lit. Dortmund; Biogr. – **V:** Rudi. Geschichten a. d. Jahre Null 86; Neuaufl. u. d. T.: Rudi und der Friedenspudding 01; Da kukste wa? Dortmunder Graffiti 87; Nesthäkchen kommt ins KZ. Eine Annäherung an Else Ury 92, 96; Die Machtfrau. Hilde Benjamin 1902–1989 97; Anna O. – Bertha Pappenheim, Biogr. 02, Tb. u. d. T.: Sigmund Freuds Anna O. 04; „Mir kann doch nichts geschehen". Das Leben d. Nesthäkchenautorin Else Ury 07. – **MV:** „Ich habe mich geirrt – was soll's". Margherita Sarfatti – Jüdin, Mäzenin, Faschistin, m. Ute Ruscher 08. – **MA:** FrauenStadtBuch 93; Dick/Sassenberg (Hrsg.): Jüd. Frauen im 19. u. 20. Jh., Lex. 93; Berlin im Spiegel v. 16 Frauenportr. 97; Wiedersehen m. Nesthäkchen, Ausst.-Mat. 97; Iasevoli/Widmaier (Hrsg.): Die Nacht d. schönen Frauen 97; A. Jüssen (Hrsg.): Frauensichten. Politeia. Essays z. Frauengeschichte 00; H. Knorr (Hrsg.): Mythos Zeitenwende, Foto-Ess.-Bd 00; E. Widmaier/M. Schrickel (Hrsg.): Saar Emscher Kanal. Graphik, Malerei, Geschichten, Gedichte 02. – *Lit:* Herbert Knorr in: Mythos Zeitenwende 00.

Bresching, Frank *

Bretelle, Leo s. Kock, Erich

Bretl, Monika, M. A.; c/o Verl. Regionalkultur, Ubstadt-Weiher (* Karlsruhe 9. 8. 67). Mundartpr. d. Reg.Präs. Karlsruhe; Hörsp., Kurzgesch. – **V:** Kloinigkaite, Geschn. u. G. 95. – **R:** Zwische Wohnkich un Märcheschloss, Hsp. 95. (Red.)

Bretschneider, Hagen, Heilerziehungspfleger u. Heilpäd.; Echternstr. 6, D-31832 Springe, Tel. (0 50 41) 6 33 77, *hagimail@gmx.net*, *scherbensammler. homepage.t-online.de* (* Springe b. Hannover 64). – **V:** Scherbensammler 06.

Brettschuh, Gerald; Nr. 11, A-8454 Arnfels, Tel. (0 34 55) 61 34, Fax 82 81 (* Arnfels 8. 4. 41). Ess. – **V:** Aufzeichnungen 96. (Red.)

Bretz, Hans; Rübenacher Str. 72, D-56218 Mülheim-Kärlich, Tel. (0 26 30) 23 78, *hansbretz@t-online. de, www.hansbretz.de* (* Mülheim-Kärlich 24. 7. 50). – **MV:** Pünktchen und Anton, Musical n. Erich Kästner 99; Die geheimnisvolle Spieluhr, R. u. Musical 01, Songbuch (m. P. Sattler) 01; Ba-Ba-Balla, Musical 03, Songbuch 04, alle m. Martin Becker. – **P:** Die geheimnisvolle Spieluhr, CD u. Video 01; Ba-Ba-Balla, CD 04, beide m. Martin Becker. (Red.)

Breuckmann, Manfred (Manni Breuckmann), Radiomoderator, Sportreporter; Poßbergweg 24, D-40629 Düsseldorf (* Datteln 11. 6. 51). – **V:** Rote Karte für Pommes, Krimi 88; Mein Leben als jugendlicher Draufgänger, Autobiogr. 06. – **MA:** Fritz Walter, Kaiser Franz und wir, Anth. 04. (Red.)

Breuer, Norbert J. s. Breuer-Pyroth, Norbert

Breuer, Rolf, Prof. Dr.; Brakenberg 50, D-33100 Paderborn, Tel. (0 52 93) 13 28 (* Wien 13. 10. 40). Rom., Erz. – **V:** Nacht, Tag, Prosa 93; Wi(e)dererzählungen, Prosa 02.

Breuer, Sonja, Schauspielerin; c/o Liebfrauentheater e. V., Thorwaldsenstr. 27, D-80335 München, Tel. (0 89) 12 73 78 51, Fax 12 71 38 52, *liebfrauentheater @t-online.de, www.liebfrauentheater.de* (* 62). – **MV:** RehVue en ivre 99; ScheiternHaufen 00; Abendrot-BallerMann 02, alles Theatertexte m. Martin Leitner. (Red.)

Breuer, Theo, Essayist, Hrsg., Kleinverleger, Lyriker, Mail Artist, Übers.; Neustr. 2, D-53925 Kall-Sistig, Tel. (0 24 45) 14 70, *TheoBreuer@t-online.de, www. editionye.blogspot.de* (* Bürvenich 30. 3. 56). Buchvorstellung, Collage, Ess., Lyr., Prosa, Übers., visuelle Poesie. Ue: engl. – **V:** Eifeleien 88; Die Zeit danach 89; Septembertagebuch 89; Für sich allein 90; Mittendrin 91; Stillstand in der Arena 92; Der blaue Schmetterling 93, 94; Augensee 95; Black Box 95; Im Block 96; Das letzte Wort hat Brinkmann 96; M%nday 96; t&h – kurts- + sch!merzgedichte 96; White Box 98; Alpha und Omega und 98; Momentmale 99; Black & White 99; Selvagismo 00; Ich oder nicht 01; Land Stadt Flucht 02; Drei Sonette 06; Nacht im Kreuz 06; Word Theatre 07; Wortlos 08, 09, alles Lyrik/visuelle Poesie; – Ohne Punkt & Komma. Lyrik in d. 90er Jahren 99; Aus dem Hinterland. Lyrik nach 2000 05; Kiesel & Kastanie. Von neuen Gedichten u. Geschichten 08, alles lyr. Essays. – **MA:** Beitr. in zahlr. Lit.- u. Künstlerzss. seit 1987, zuletzt u. a. in: Das Zweite Bein; Decision; el mail Tao; Freiberger Hefte; Lyrikzeitung & Poetry news; Macondo; Matrix; Muschelhaufen; Ort der Augen; orte. Schweizer Lit.zs.; Titel Magazin. Literatur in mehr; Zeichen & Wunder; – Gedichte in zahlr. Anth. u. Künstlerbüchern seit 1990, zuletzt u. a. in: Blitzlicht. Dt.spr. Kurzlyrik aus 1100 Jahren 01; Poetische Sprachspiele. Vom Mittelalter bis z. Gegenwart 02; Zeit. Wort. Dt.spr. Lyrik d. Gegenwart 03; Kurze Weile 03; Poesie-Agenda, seit 03; In höchsten Höhen 05; Spurensiche-

rung 05; Gruse, Künstlerb. 06; Humilia, Künstlerb. 06; Der dt. Lyrikkalender, seit 07; Versnetze 08; Der Große Conrady 08. – **H:** Schachteledition YE m. Lyrik, visueller Poesie, Graphik, seit 93, zuletzt N° 13. Keine Eile 08; – Faltblatt – die Lyrikzs. m. neuen Gedichten, Buchvorstellungen, Essays, seit 94; – Lyrische Reihe Edition YE, seit 02 (bisher 11 Bde): T. Breuer: Stadt Land Flucht 02, Antje Paehler: Schlingen Legen Fallen 03, NordWestSüdOst, Anth. 03, Margot Beierwaltes: Ende des Klagens 04, Marianne Glaßer: Die Augen der Kartoffeln 04, Andreas Noga: Nacht Schicht 04, Maximilian Zander: 'Antrobus' Tagebuch 04, T. Breuer: Aus dem Hinterland 05, Joseph Buhl: Die Nacht ist nicht die Nacht / Das Licht ist nicht das Licht 06, Frank Milautzcki: Naß einander nicht fremd 06, T. Breuer: Kiesel & Kastanie 08; – Lyrische Reihe edition bauwagen (Künstlerbücher, bisher 17 Bde): jährl. Hrsg. handgeschriebener Lyrikanth.: Wörter sind Wind in Wolken 00, VorBild 01, 2002 02, Ein Dach aus Laub 03, Gegen die Schwerkraft der Sinne 04, In ein anderes Blau 05, Vulkan Obsidian oder Schrittmacher des Erinnerns 06; – Einzeltitel: T. Breuer: Momentmale 99; T. Breuer: Selvagismo 00; Andreas Noga: Hinter den Schläfen, Lyr. 00; Heike Smets: Farben 01; Jan Volker Röhnert: Fragment 2 in zwanzösischen Süden 1 & 2 01; Frank Milautzcki: Silberfische 02; Wortrakete, visuelle Poesie, Anth. 02; Jürgen Völkert-Marten: So liegen so lieben 03; Maximilian Zander: Ende der Saison 03; Axel Kutsch: Fegefeuer, Flamme sieben 05; Gerd Sonntag u. Ursula Brunbauer: Schattenseiten 06, u. a. – **Ue:** Richard Burns: Baum 89; dies.: Schwarzes Licht 96. – *Lit:* Enno Stahl in: Das Kölner Autoren-Lex. 02; Valentin Boor in: Pop-Literatur, Sonderbd text + kritik 03.

Breuer, Thomas C., Schriftst., Kabarettist; Hochbrücktorstr. 32, D-78628 Rottweil, *contact@tc.world. com, www.tc-world.com* (* Eisenach 5. 10. 52). VS 79; Stip. Kunststift. Bad.-Württ. 84, Stip. Förd.kr. Dt. Schriftsteller 85; Sat., Kabarett, Rom., Hörszene. – **V:** Kulturschocks chwerenot! 80; Hotel Vaterland 82; Exotick 84, alles Texte; Säntimäntls Reise, R. 84, Neuausg. 97; Buch Müssen Bescheid Wissen, G. 85; Schnell Époque, Satn. 87; Huren, Hänger und Hanutas, Krim.-R. 87; ZickZack, G. 88; Der Deutsche liebt, Satn. 91; Café Jähzorn, Texte 92; Küß mich Käfer, Reiseb. 94; Espresso dauert 'n bißchen, Satn. 95; Sekt in der Wasserleitung, R. 96; Heidelberger Demenz, Satn. 97; Stadt. Land. Blues, Kürzestgeschn. 00; Schweizerkreuz und Quer, Satn. 01; Paradies, etc. 03; – 19 Kabarettprogramme seit 77, u. a.: Espresso; Quatsch, ich mein's ernst!; Piranha Sushi. – **MV:** Wir, die wir mitten im Leben steh'n 77; Über Menschen & Unter Menschen 79, beides m. Thommie Bayer. – **H:** Lieder, Folk- & Kleinkunstreader 78. – **R:** Konferenzschaltung, Hsp. 80; Vorsicht, Satire!, Fs.-Show; regelmäß. Rdfk-Arb. f. WDR u. SWR. – **P:** Morgen beginnt der Krieg und der Trompeter kann sein Solo noch nicht, Schallpl. 80; Exotick, Schallpl. 84; Quatsch, ich mein's ernst!, CD 98. (Red.)

Breuer-Pyroth, Norbert (Norbert J. Breuer), Managementberater, Seminardoz., Autor. Dt. Konsulent f. Betriebansiedlung, LBeauftr. HS f. Technik u. Wirtschaft d. Saarlandes; Rostocker Weg 3, D-66763 Dillingen, Tel. (0 68 31) 70 47 54, *info@breuer-exportmarketing.de, www.breuer-exportmarketing.de* (* Saarlouis 8. 6. 54). FDA 76; Fachb., Erz., Sat., Humorist. Wörterb. – **V:** Vaschtesche mich?, Wörterb. 95, überarb. Aufl. 96; Monsieur Gruyères wundervoller Supermarkt ... u. weitere Erzählungen um Käuze u. Karrieristen 99. – **MA:** Mehrstimmig, Anth. 04. – *Lit:* s. auch 2. Jg. SK. (Red.)

Breunig, Eva, Mag. rer. nat., Gymnasiallehrerin Mathematik; Petersplatz 10, A-1010 Wien, Tel. (01) 5 33 30 28, Fax 5 33 30 28 16, *familie.breunig@gmx.at* (* Wien 29. 5. 60). Pr. d. Lebens (2. Pl.), Heidelberg 00; Rom., Zeitungsartikel. – **V:** Lucies Väter oder: drei sind keiner zuviel 97, Tb. 01; Frösche, Prinzen, Meteore 98, 00 (finn.); Lucies Katastrophen oder: eine ist nicht genug 99, Tb. 01; Ninas Traum vom Leben 00; Florian und das Geheimnis des alten Tagebuchs 00; Lucies Wunder oder: wenigstens eins wäre nett 01; Florian und die rätselhafte Spur 01; Ein total verrückter Herbst 01, alles R.; Total verhexte Ferien 02; Das Tor nach Edoney 02; Vergessene Träume, R. 04. – **MA:** Beschenktwerden u. loslassen 99; Ein bisschen beim Stern sitzen 99; Wunder die das Herz bewegen 03; zahlr. Beitr. in: Lydia, seit 98; Family, seit 98. (Red.)

Brewster, Detlev s. Roering, Joachim

Breyer, Charlotte; Berliner Platz 8, D-97080 Würzburg, Tel. (09 31) 5 62 95, Fax 1 56 05, *charlotte.breyer @t-online.de* (* Würzburg 7. 4. 40). Erz. – **V:** Bunt wie das Leben 03 (3 Aufl.); Alle Jahre wieder 04; Wolkig bis heiter 05, 06; Christbaumkugeln und Lametta 06, alles Erzn.

Brezina, Friedrich F., Mag. Dr. phil., Ing., Philosoph, Autor; Kaisergartengasse 1A, A-1030 Wien, *friedrich. brezina@univie.ac.at* (* Wien 12. 6. 57). Rom., Nov., Märchen, Sachb. – **V:** Der kleine Fritz, M. 84. – *Lit:* s. auch 2. Jg. SK.

Brezina, Thomas, Schriftst., Drehb.autor, TV-Präsentator; c/o Kids & Co GmbH, Aschbachgasse 1a, A-1230 Wien, Tel. (01) 8 88 32 63, Fax 88 83 26 34, *office@thomasbrezina.com*, *www.thomasbrezina.com* (* Wien 30. 1. 63). Gr. Öst. Jgd.pr. 78, Die Weiße Feder 92, E.bürger v. Disneyland Paris 93, Steirische Leseeule 93, 95, 97, 99, Offizieller Botschafter v. unicef-Öst. 96, Jan zonder Vrees 96, Pr. b. New York-Festival d. TV-Programme 96, 99, 1. Pr. d. CINEDUC-Festival Rio de Janeiro 97, Anerkenn.pr. d. Österr. Kuratoriums f. Verkehrssicherheit 98, Fs.-Pr. Romy 04, Kinder-Prof. h. c. d. Kinderuniv. Graz 04, u. a.; Hörsp., Fernsehdrehb., Erz., Rom., Lied, Übers., Film, Kinder- u. Jugendb. – **V:** bisher über 400 Bücher (Übersetzungen z.Z. in über 30 Sprachen), u. a.: Das Traummännlein kommt, M. 85; zahlr. Bde zu d. Serien: Die Knickerbocker-Bande 90ff.; Bronti Super-Saurier 91; Tom Turbo 93ff.; Alle meine Monster 94ff.; Sieben Pfoten für Penny 94ff.; Ein Fall für dich u. das Tiger-Team 95ff. (bisher 36 Bde, in 22 Spr. übers.); Geheimauftrag für dich, Mark Mega u. Phantom 96ff.; Geheimbund Bello Bond 96ff.; Die Knickerbocker-Bande Junior 96ff.; Dein großes Abenteuer. Entdecken, Erforschen, Erleben 98ff.; Der Grusel-Club 98ff.; Superfälle für dich u. das Tiger-Team 99; Pssst – Unser Geheimnis! 99ff.; Drachenherz – eine großes Fantasy-Abenteuer 00ff; No Jungs 01ff.; Amy Angel, Jgdb. 07. – **MA:** Das Knickerbocker-Bandenblatt. – **F:** Das sprechende Grab, Spielf. 95. – **R:** HÖRSPIELE: Das Rentier mit der roten Nase 83; Birger, Nils u. Swippitiswop 84; Der blaue Kristall 84; Tüfteltik & Co, Hsp.-Reihe 85–87; Mollimop, der Weihnachtshund 86; – FERNSEHEN: Der Inselschatz, M. 83; Der goldene Turban, M. 84; Die Bravissimobande, Sketche 85; – zahlr. TV-/RADIOSERIEN, u. a.: Die heiße Spur 93; Die Rätselburg 95ff.; Die Knickerbocker-Bande 97; Forscher-Express. (Red.)

Brežná, Irena (Brezna), Lic. phil., Journalistin, Schriftst. u. Publizistin, Slawistin, Psychologin; Allschwilerstr. 103, CH-4055 Basel, Tel. u. Fax (0 61) 3 02 21 47, *ibrezna@swissonline.ch*, *www.brezna.ch* (* Bratislava 26. 2. 50). Gruppe Olten, AdS 03; 1. Pr. f. Ausländerlit. in Dt. Spr. d. U.Bern 84, Medienpr.

d. Eckenstein-Stift., Genf 89, Journalistinnenpr. d. Zs. Emma, Köln 92 u. Sonderpr. 02, Förd.pr. d. Kiwanis Stift., Bern 97, Medienpr. d. Stift. Ostdt. Kulturrat, Bonn 99, Zürcher Journalistenpr. 00, Theodor-Wolff-Pr., Berlin 02, versch. Werkbeitr. von Pro Helvetia, Kt. Basel-Stadt u. d. UBS-Kulturstift., Zürich; Rom., Nov., Ess., Rep., Übers., Hörsp. Ue: russ, slowak, tsch. – **V:** Slowakische Fragmente. So kam ich unter die Schweizer 85; Die Schuppenhaut, Erz. 89; Karibischer Ball, Rom. u. Repn. 91; Psoriaza, moja laska 92 (slowak.); Falsche Mythen, Repn. 96; Die Wölfinnen von Sernowodsk, Repn. aus Tschetschenien 97; Die Sammlerin der Seelen, Repn. 03; Tekuty fetis, Sammelbd 04 (slowak.); Die beste aller Welten, R. 08 (auch slowak.). – **MV:** Biro und Barbara, m. Alpha Oumar Barry, Jgdb. 89. – **MA:** ANTH., u. a.: Jb. schreibender Frauen 2, 85; Fremd in der Schweiz 87; Die Sitzung 90; Wie Laub an e. Baum 94; Sprachwechsel 97; Grenzen sprengen 97; Blickwechsel 98; Europa erlesen – Siebenbürgen 99; Ch.eese. 30 Swiss stories 00; Herzschrittmacherin 00; Vo Gschicht zu Gschicht ... wie neu geboren 04; Ungefragt 06; Innsbrucker Wochenendgespräche 06; Grenzen überschreiten. Ein Europa-Leseb. 08; – LIT.ZSS., u. a.: Transatlantik, Drehpunkt, Kafka, Podium, Lit. u. Kritik, Entwürfe, Individualität, Poesie, ndl; – ZEITUNGEN in d. Schweiz, in Dtld u. in d. Slowakei, u. a.: NZZ, Die Weltwoche, Annabelle, Berner Ztg, Tages-Anzeiger, Tages-Anzeiger-Mag., Basler Ztg, Bolero, WOZ; – Freitag, Merian, Frankfurter Rundschau, Zeit-Mag., Süddt. Ztg, Berliner Ztg, Badische Ztg; – Kulturní život, Aspekt, SME, OS, Pravda, Romboid; – mehrere Jahre lang Schweizer Korrespondentin d. slowak. Senders Free Europe, BBC u. Deutsche Welle. – **MH:** Individualität, Jb. ab 87. – **R:** In der Anlage, Hsp. 87; regelm. Beitr. f. WDR 3 (Kultursdgn) u. DRS. – *Lit:* Claire Horst: Der weibl. Raum in der Migrationslit. 07.

Breznay, Aranka, Lehrerin; Röthenbacher-Str. 6, D-92702 Kohlberg, Tel. (0 96 08) 5 09 (* Mährisch-Ostrau 31. 7. 38). RSGI 67; Lyr., Lyrische Prosa. Ue: ung. – **V:** Fluchtskizzen, Lyr. Prosa 77; Ich lehn mich in den Garten bei der Nacht, Lyr. 81; Milch + Honig, Lyr. Prosa 83. – **MA:** Anthologie 2, Prosa 69; Anthologie dt.spr. Lyrik d. Gegenwart 74; Anthologie 3, Lyr. in 47 Spr. 79; Land ohne Wein und Nachtigallen, G. aus Niederbayern 82.

Breznik, Melitta, Dr., Ärztin; Arcas 26, CH-7000 Chur (* Kapfenberg/Stmk 61). Lit.pr. d. Ldes Stmk 01, Anerkenn. d. Stadt Zürich 02, Werkbeitr. d. Pro Helvetia 02, Robert-Musil-Stip. 05–08, u. a. – **V:** Nachtdienst, Erz. 95 (auch ndl., span., am.); Figuren, Erzn. 99; Das Umstellformat, Erz. 02; Nordlicht, R. 09. (Red.)

Brian O. (eigtl. Brian Oehlschlägel); *Brian-o@gmx. de*, *www.brian-o.de* (* Duisburg 3. 1. 80). – **V:** Fegefeuer, Geschn. 06.

Brichnull, Heino s. Holbein, Ulrich

Brickwell, Ditha, freie Schriftst., Förderprojekt-Expertin d. Europ. Kommission; Hindenburgdamm 11, D-12203 Berlin, Tel. (0 30) 8 33 39 13, Fax 84 31 23 72, *email@ditha-brickwell.de*, *www.ditha-brickwell.de* (* Wien 28. 7. 41). GAV; Bruno-Kreisky-Pr. 07, Rom., Erz., Ess. – **V:** Angstsommer, R. 99; Wendekreis der Arbeit, Wendekreis der Bildung, Ess. 00; Der Kinderdieb, R. 01; Vollendete Sicherheit, Ess. 03; Zahlen!, Ess. 04; Jede Stunde stille Nacht, Gesch. 05; 7 Leben. Poetische Frauenbiographien aus dem Jh. d. Kriege 05; Die Akte Europa, Ess. 07. – **MA:** zahlr. Kurzgeschn. u. Ess. in Lit.zss. u. Anth. – **R:** Die Ratte, Funkerz. 86; Schwarzes Lland, Hörbild 88. – **P:** Die Reden der Eveline, poet. Ess. 01.

Brie, André, Dr. sc. rer. pol., Politikwiss., Mitgl. d. Europ. Parlaments; Köhlerweg 13, D-19399 Neu Poserin, *www.andrebrie.de* (* Schwerin 13. 3. 50). Aphor. – **V:** Die Wahrheit lügt in der Mitte 82; Am Anfang war das letzte Wort 85; Brieoritäten, Aphor. 1978–1985 92; Ich tauche nicht ab. Selbstzeugnisse u. Reflexionen 96; Nur die nackte Wahrheit geht mit keiner Mode 00; Aufbegehren zwischen Schmerz und Zorn, Tageb.-Notizen 03; – zahlr. wiss. u. populärwiss. Schriften z. polit. Fragen. – **MV:** Der Weisheit letzter Schuß, m. Manfred Hinrich, Bernd-Lutz Lange, Sigmar Schollak, Wolfgang Tilgner, Peter Tille, Albert Wendt 80, 2. Aufl. 81. (Red.)

Brie, Hartmut, Dr. phil., StudDir. i. R.; Bugginger Weg 32, D-79379 Müllheim, Tel. (0 76 31) 1 43 68, Fax 70 48 61, *hartmut.brie@t-online.de*, *www.gedichte-brie.de* (* Freiburg/Br. 18. 3. 43). FDA 04, GZL 05; Lyr. – **V:** Brückenschläge, Lyr. 03; Dem Gedicht auf der Spur, Lyr. 04; Denkspur, Lyr. 06. – **MA:** zahlr. Beitr. in Anth. seit 02, u. a. in: Neue Literatur. – *Lit:* Bianca Flier in: REGIO Magazin 1/04, 1/05; Heike Wolff in: Lesestoff-Leipzig 15/05. (Red.)

Brieger, Carsten; Luruper Weg 53, D-20257 Hamburg, Tel. (0 40) 30 89 50 59, Fax 29 12 63 65, *info@carsten-brieger.de*, *www.carsten-brieger.de* (* Hamburg 24. 2. 66). Erz. – **V:** Wrestling-Girls und Bistrowagen, R. 02.

Brier, Ralf (Ralf E. Brier), Dipl.-Soz.päd.; Kiesenbacher Str. 58, D-79774 Albbruck, Tel. u. Fax (0 77 53) 97 82 39, *ralfbrier@t-online.de* (* Wilsdruff b. Dresden 11. 1. 53). Lyr., Prosa, Erz., Rom., Fachb., Sat. – **V:** Ohnmacht, Kurzgeschn. 80; Herzschlag, Kurzgeschn. 83; Der Philosoph von Hendisse-Ville, Prosa 83; Wie zu eigenen Kindern, Fachb. 95; Vier Jahreszeiten mit Dir, Lyr. 96; Alle Wege führen irgendwohin, Sat., R. 06; mehrere unveröff. Titel. – **MA:** Lyrik u. Erzn. in versch. Anth. seit 84. – **R:** Leseprobe aus d. bisher unveröff. R. „Der Kopfbäuchler" (Lit.-Radio Kiel) 85. – **P:** MitGift, Musik-CD 98.

Briese, Hans-Hermann, Dr. med.; Ekeler Weg 11, D-26506 Norden, Tel. u. Fax (0 49 31) 1 59 95 (* Norden 30. 12. 40). Arb.kr. ostfries. Autor/inn/en 82, Oldenburger Schrieverkring 85, VS 89, Schrieverkring Weser-Ems 96; Rdfk-Pr. Radio Schlesw.-Holst. 87, Radio Nds. 88, Freudenthal-Pr. 90, Borsla-Pr. 00, Keerlke-Pr. d. Vereins „Oostfreeske Taal" 04, Totius-Frisiae-Med. d. Ostfries. Landschaft 04; Niederdeutsche Lit., Prosa, Lyr. – **V:** Kalender Seenot 1984 83; Suchen und Retten 85; Wat di bleiht 85; Up een Woort 87, 2. Aufl. 90; Kört un knapp 89; Bilder aus der Kindheit 90; Wor to Huus 90; Neet anners as anners 95; Marine Impressionen 98; Ik loop mien Dag vörut, Lyr. 03. – **MV:** Mitnanner, m. Manfred Briese, hdt. u. ndt. Kurzgeschn. 99. – **MA:** Ostfriesland – Texte d. voraufgegangenen 150 Jahre, Bd 2 84; Uns Ostfriesland güstern u. vandag 85, 88; Ostfries. Ansichten 87 (Vorw.); Das alte Friesenspiel ist jung 88; Woorden um Brüggen to bauen 88; Wiehnachten tohuus 89; Nix blifft as, t is 89; ... uns raus bist Du ... arbeitslos in Ostfriesland 89; Pharaonen, Fjorde u. ein Farewell 89; Plattdütsch Bökerschapp 90, 96; Das Erbe d. Brüder Freudenthal 91; PLATT-formen 91; Jahresgabe d. Klaus-Groth Ges. 91, 01; Keen Tied f. den Maand 93; Tweesprakenland 93; Dwarsdör 93; Wie gut, daß es euch gibt 94; Ich habe schon viele fremde Wolken gesehen 94 (Vorw.); Neje plattdütske Theaterstücken für Kinner un jung Lü 94; Religiosität u. Mitmenschlichkeit in ndt. Texten 95; Dt. Mundarten an d. Wende 95; Ostfriesland literar. 96; Oeze Volk 1956–1996 96; Dat rote plattdüütsch Leesbook 96, 98; Norddt. Chorlieder 97; Gezeitenwende 98; Der

schwarze Planet 00; Faszination See 00; Smuster-Book 00; Das Gedicht der Gegenwart 00; Jaarboek Achterhoek en Liemers 01; 2000 un mehr 01; Koppheister 01; Kindheit in Ostfriesland 02; Schöler leest Platt; Pldt. Lesen Bd 2–4; Kongreßber., u. a.: Frömde bi uns – wie in de Frömde; Man de Leevde; In'n Noorden nix Nieges; Bevensen Tagung III; Man Doon is'n Ding 94–99. – **MH:** Diesel – dar oostfreeske Bladdje, Lit.zs. 02; Jürgen Byl: Sprachbetrachtungen 01 (auch Mitarb.); Unner de Buukreem, erot. Texte ndt. 06. – **R:** Ostfreeske Utsöksel 86; Dat Wicht mit dat blonde Haar, Feat. 86; Hört sük dat? 89; Zyklus Israel, Feat. 90; Arbeitskreis ostfries. Autoren u. Autorinnen 93. – **P:** Lit.-Tel. Ostfriesland 84/85, 87, 89, 91, 94; Tweesprakenland I–IV, Tonkass. 93/94/95; Norden – Eine Stadt mit Tradition, Video 94; Ndt. Chorlieder, CD m. Begleith. 97. – *Lit:* Wortlängenhäufigkeit in ostfries. ndt. Gedichten von H.-H. B. 00; Joarboek Achterhoek en Liemers 01. (Red.)

Briese, Manfred, Realschullehrer; Alter Postweg 23, D-26427 Esens, Tel. (0 49 71) 16 14 (* Norden/Ostfr. 14. 4. 42). Arb.kr. ostfries. Autor/inn/en 99; Lyr., Erz. – **V:** Tag und Traum, Erz. 00; Taxi nach Esens, Erz. 02; De Utroopers kleines Buch der Urlaubsgeschichten 02. – **MV:** Mitnanner, m. Hans-Hermann Briese, Erz. 99. (Red.)

Brietzke, Helga, Therapeutin; Ruscheweyhstr. 27, D-22399 Hamburg, Tel. (0 40) 6 02 63 54 (* 27. 4. 41). – **V:** Du bist nicht allein!, Erlebnisber. 01. (Red.)

Brighton, Peter s. Baecker, Heinz-Peter

Brigl, Kathrin, Autorin, Journalistin; Nestorstr. 14, D-10709 Berlin, Tel. u. Fax (0 30) 8 91 43 89. Tel. u. Fax (00 34–9 71) 39 59 38 (* Berlin 23. 8. 38). VG Wort, GVL, GEMA; Drama, Rom., Film, Hörsp. – **V:** Nur ein bißchen Zärtlichkeit 76, 88; Selbstredend ... Interview – Portraits I 86, II 87; Ich bin ein Frosch – na und?, Rock-Revue; Das Kind und der Kater, Musical. – **MV:** Fritz Rau. Buchhalter der Träume, m. Siegfried Schmidt-Joos 86; My back pages, m. dems.; Knuffertango, m. Christine Brigl, Musical. – **R:** Tips für Hausfrauen oder Was wollen Sie eigentlich, Herr Meier? Fsf.; Der Fan; Anna Kasischke; Motiv Liebe; Caterina, Fs.-Show; Ehen vor Gericht, Fs.-Serie. – **P:** Sie zu ihm 79; Das Kind und der Kater, Musical, CD/Tonkass. (Red.)

Brikcius, Eugen, B. A. (Philosophy); Kardinal-Nagl-Platz 6–7/34, A-1030 Wien, Tel. u. Fax (00 43–1) 7 18 42 71, *eugen.brikcius@chello.at* (* Prag 30. 8. 42). Intern. P.E.N., IGAA, Obec spisovatelů, Prag, Unie výtvarných umělců, Prag; Lyr., Prosa, Übers., Ess., Kinder-u. Jugendlit. Ue: tsch, engl, lat. – **V:** Die Muserei, G.; Das Schicksal, Moritat; zahlr. Veröff. in tsch. Sprache. – **MA:** Grand Café Slavia 98, u. a.; Zss.: Paternoster 83–92; Halbasien, Es. f. dt. Lit. u. Kultur Südosteuropas 93; Podium 129/130 03. – **H:** versch. Bücher in Tschechien seit 93. – **R:** Öst. Spaziergänge, kultur. Ess. üb. Öst. im tschech. Rdfk seit 96. – *Lit:* Who is who in der Tschech. Republik 98; weitere Publ. in tsch. Sprache. (Red.)

Brill, Hans-Helmut, Dr. med., niedergelass. Kinderarzt; Klingelpütz 33–35, D-50670 Köln, Tel. (02 21) 1 30 01 29, Fax 13 43 45, *mail@hh.brill.de* (* Türkismühle 30. 8. 60). Lyr. – **V:** Friedensblume 82. – **MV:** Endlich – Ich bin da, m. Arne Birkenstock u. Steffi Becker 04. (Red.)

Brink, Elisabeth, Dipl.-Übers.; Hildesheimer Str. 256, D-30519 Hannover, Tel. (05 11) 8 48 57 95, dienstl. 6 79 85 57, *Elisabeth.Brink@gmx.de* (* Hamburg 26. 3. 58). GEDOK 05; Kurzgesch., Rom., Krimi, Sat. Ue: engl. – **V:** Der Megalone, Sat. 05. – **MA:** Tatort Hannover, Krimi-Anth. 04, 2 05. – **P:** Ein bescheidener Vorschlag, Kurzsat. unter: www.ulberverlag.de (text!ware). (Red.)

Brinkmann, Hans, freischaff. Dichter; Zwickauer Str. 10, D-09112 Chemnitz, Tel. (01 62) 3 28 40 41, *Hans-Brinkmann@web.de* (* Freiberg/Sa. 26. 12. 56). Sächs. Schriftst.ver.; Villa-Massimo-Stip. 91/92, Arb.-stip. d. Ldes Sa. 00, 01 u. 04; Lyr. – **V:** Wasserstände und Tauchtiefen 85; Federn und Federn lassen 88; Außer Trost, G. u. Prosa 91; Schlummernde Hunde 06. (Red.)

Brinkmann, Martin, Autor, Journalist; Hollerallee 6, D-28209 Bremen, Tel. u. Fax (04 21) 3 46 94 59, *bremen@krachkultur.de,* *www.wiedernichts.de* (* Bremerhaven 76). Arb.stip. d. Ldes Nds. 01, Stip. Künstlerhaus Lauenburg/Elbe 04, Bremer Autorenstip. 05; Rom., Lyr., Erz. – **V:** Weidwundes Trauerspiel, G. 96; Heute gehen alle spazieren, R. 01. – **MA:** ANTH. u. a.: Trash-Piloten 97; Orte. Ansichten 97; Das große Buch der kleinen Gedichte 98; Blitzlicht 01; 20 unter 30 02; Städte. Verse 02; Hamburger Ziegel VIII 02, IX 04, XI 08; Männer kennen keinen Schmerz 03; Himmelhoch jauchzend – zu Tode betrübt 04; Rund um kurze Geschichten 05; Herz, was soll das geben? 05; Grüne Liebe, grünes Gift 06; Sex ist eigentlich nicht so mein Ding 07; Zu mir oder zu Dir? 08; Das Hamburger Kneipenbuch 08; – LIT.ZSS., u. a.: ndl; das haupt; die aussenseite des elementes; Krachkultur; Büchner; Macht; die horen; Am Erker; Stint; Im Gespräch; Das Gedicht; Salz; Achimer Hausfreund; Der Sanitäter. – **MH:** Zs. 'Krachkultur', m. Fabian Reimann, seit 93; 20 unter 30, m. Werner Löcher-Lawrence 02. – *Lit:* Peter Henning in: Büchner Nr.12 00; Christian Schuldt in: Rhein. Merkur 4.4.01; Hanne Kulessa: Die Alternative, in: Hess. Rdfk 7.6.01; Klaus Modick in: Die Woche 15.6.01; Christian Heuer in: literaturkritik.de Nr.6 01; Tim Schomacker in: taz Bremen 23.10.01; Britta Frischemeyer in: Die Welt Bremen 15.4.02; Daniel Dubbe in: Rhein. Merkur 23.5.02; Kriss Kupka in: taz Bremen 29./30.6.02; Wolfgang Schneider in: FAZ 14.9.02; Marie-Claire Jur in: Engadiner Post 14.6.03; Norbert Caspar in: buten un binnen, Radio Bremen, Fs.-Sdg 04; Susanne Mayer in: Die Zeit 31.3.05; Thomas Andre in: Welt kompakt 10.1.08.

Brinks, Helmut W. (Ps. Willem de Haan), Dipl.-Päd., Reha-Inst.-Dir. i. R.; Zur Scharfmühle 10, D-37083 Göttingen, Tel. u. Fax (05 51) 7 98 97 70, *hwbrinks@web.de, www.hwbrinks.de, www.baronmuenchhausen.de, www.literarischegesellschaft.de* (* Oberhausen/Rhld. 25. 8. 32). VS 69, Göttinger Literar. Ges., Vors.; Lyr., Sachb., Erz., Abenteuergesch., Hörsp., Feat., Ess., Aphor., Übers. Ue: engl, span, gr, chin. – **V:** Pandora lächelt, G. 69; Anteilnahme, G. 71; Gedichte zum Selbermachen, Exper.-Texte 72; Betrifft Betroffenheit, G. 73; Ich gebe nur weiter, G. 80; Kreuzzeichen, Kreuz-Meditn. 87; Worte zum Weiterdenken, Meditat.-Texte 87; Ich will sehen, schweigen, hören, G. 90; Montags-Texte, G. 91; Wege in die Tiefe, Aphor. 91; Der junge Hitler. Einblicke in seine geistige Welt 92; Jetzt wohin?, G. 93; Heine in Göttingen, Ess. 93; Unterwegs: Literarische Wanderung mit Hund, Erz. 93; Große Deutsche – aber Juden: Paul Ehrlich, Heinrich Heine, Salomon Heine, Rosa Luxemburg, Biogr. 94; Blackout in Halle – Dichter auf Durchreise, Erz. 95; Kaddisch für Sarah und Herschel 95; Laotse 2000, Rekonstruktion d. Weisheiten d. chin. Meisters 95, 98; Muse des Alltags, Ess. 95; Münchhausens neue wunderbare Reise- und Liebesabenteuer 97; Kopfspiele, Gedanken-Verführungen 97; Nirgendwo ein Licht? Heines Spannungsverhältnis zu Göttingen 00/01; Neues von Münchhausen 02/03; Eine Dame im Salon und ein Teufel im Bett, Neufass.

d. Novelle v. M. de Cervantes Saavedra 04; Griechische Liebeslyrik 04; Münchhausens Liebesabenteuer 06; Geliebt hab ich sie fast alle (Göttinger Alm. 6 extra) 08. – **MA:** mehr als 60 Beitr. in Lyr.-Anth. u. lit. Zss., u. a. in: Stunde d. Phantasten, Geschn. aus Halle 96; Zusammenklänge, dt.-poln. Anth. 97; 38 Kalendersprüche, Aphor.; 19 Beitr. in pädagog. Zss.; – 950-Jahr-Chronik Göttingen-Geismar 05. – **H:** Heinrich Heine: Gedichte und Lieder 94, 96; Heinrich Heine im Harz 95; Deutsche Dichter jüdischer Herkunft, Lyr. 95; Vielleicht ist mein Herz die Welt, Lyr. 95; Göttinger Poesie-Album, Lyr. 96; Liebe duftet von den Zweigen, Lyr. 96; Und kennt euch! 97; Mit Lust und Liebe ins neue Jahrtausend 97; Deutsche Dichterinnen, G. 99; Griech. u. römische Liebesgedichte, neue Übertrag. 99; Japan. u. chin. Gedichte, neue Übertrag. 00; Jüdisches Dichtertreffen, G. 00; Göttinger Gegenwind, Göttinger Texte 00; Sprüche fürs Leben, Aphor. 00, alles Anth. – **R:** Wir wollen Erfolge sehn, verfilmte Sportg. 74; Helft mir leben oder sterben, Fsf. 76; Mitarb. u. Mitwirkung in Fsf. üb. H. Heine 96/97; Neue Reise- und Liebesabenteuer des Barons Münchhausen, Hf. 97. – **P:** Das Beispiel der Stadtmusikanten, Reha-Lehrstück Video 83; 3 Tonkass. m. Meditat.-Texten 86.

Brinx, Thomas, Autor; Kaiserstr. 107, D-53113 Bonn, Tel. (02 28) 1 80 37 74, Fax 2 42 23 42, *brinx @brinx-koemmerling.de,* *www.brinx-koemmerling.de* (* Bocholt 3. 11. 63). Kinderb. – **MV:** Fritz Schröder – König der Lüfte 89; Willi Wunders Wolke 94; Koch Edward träumt 95; Elli Hotelli 97; Elli Hotelli in den Bergen 98; Weiberalarm! 01; Ibo hat einen Vogel 01; Tigerlily 02; Der grosse Gismo 02; Weiberalarmstufe Rot 02; Alles Hühner – ausser Ruby! 03; Alles Machos – ausser Tim! 03; Ibo traut sich 03; Ein Paul zum Küssen 03, alles Kdb. m. Anja Kömmerling. – **MUe:** Such uns doch 95. (Red.)

Brischke, Lars-Arvid, Dr.-Ing.; c/o Deutsche Energie-Agentur GmbH, Chausseestr. 128 a, D-10115 Berlin, *lars-arvid.brischke@web.de* (* Dresden 29. 6. 72). Lyr. – **V:** eine leichte acht 06. – **MA:** zahlr. Beitr. in Lit.-Zss. seit 1999, u. a. in: Das Gedicht; Jb. der Lyrik; manuskripte; ndl; BELLA triste.

Britten, Uwe, Dipl.-Germanist, Verleger u. Lektor; Magdalenenstr. 29, D-96129 Geisfeld, Tel. (0 95 05) 80 43 65, Fax 80 43 66, *U.Britten@bnv-bamberg.de, textprojekte.de* (* Werl 27. 3. 61). Rom. – **V:** Ronnie Vahrt: Abgefahren – Mein Leben als Crash-Kid, aufgeschrieben v. U.B. 97; Straßenkid 97, 2. Aufl. 99, Tb. 03, Neuausg. 08; Ab in den Knast 99, Tb. 03, 07; Abschieben? 01, Tb. 07; Pille 04, Tb. 07; Selfmade 05; School's out 07, alles Jgd.-Romane; mehrere Sachb. – **H:** 2020 – Kinder u. Jugendliche über unsere Zukunft, Textsamml. 00. – *Lit:* s. auch SK.

Britzke, Horst, Dipl.-Betriebswirt, Univ.verwaltungsrat a. D.; c/o Residenz Katharinenhof, Belziger Str. 53 c, D-10823 Berlin, Tel. (0 30) 7 73 26 62 76 (* Berlin 20. 11. 29). Lyr., Erz., Kurzgesch. – **V:** I' steig' auf die Berg', G. u. Lieder 54, erw. u. m. Noten versehene Aufl. 01; Tausend Gedanken, Sonette 97; Horsts Leben, biogr. Anmerkungen in Kurzgeschn. 02, erw. Aufl. 07; Horsts Ahnen-Kabinett. Erinnerung an die Vorfahren 03, erg. Aufl. 04; Hannelores Ahnen. Die Familie Blümel 04; Gewichtige Gedanken. Weitere Sonette 05; Poetische Edition sämtl. G. u. Lieder. I: Pubertät u. IV: Altersgedichte 06, II: Jugend u. III: Lebens-Höhen u.-Tiefen 07,; Bocksgesang, Kurzgeschn., G. u. Lieder 07. – **MA:** zahlr. Beitr. in Anth., u.a.: Reise, reise! 97; Damals war's 99; Worte auf den Weg 99;

Winter- u. Weihnachts-Anth. 00; Schreiben heißt intensiv leben 01.

Broca, Carlos (eigtl. Friedrich Karrenbrock) *

Brockmann, Matthias; Waldstr. 1, D-61184 Karben, Tel. (0 60 39) 93 11 04, Fax 93 11 05, *bolay-brockmann @gmx.net* (* Schweidnitz 21. 9. 44). VS 99, Literatur-ges. 99; Pr. b. Ess.-Wettbew. d. Büchergilde Gutenberg 98, Völklinger Senioren-Lit.pr. (Prosa) 99, Aufenthalts-stip. d. Baltic Centre for Writers and Translators, Visby/ Schweden 01, Künstlerwohnung Soltau 04. – **V:** David oder die Villa Barbaro in Amerika, R. 99, 2. Aufl. 00; Herr Luk und Mademoiselle Marianne, Erzn. 99; Sturm im Meer der Gedanken 00; Die Reise nach Visby 02; Der durchgelaufene Sand der Zeit 02; Mela oder das zweite Leben der Melanie Knie 05, alles R. – **MA:** Ess. in: Jugend, Politik, (Sub)Kultur. Eine große Weigerung? 98; – Erzn. in: Doppelpunkt, Anth. 98; Es könnte heute sein 98; Punkt, Anth. 99; Schlüssel-Kinder 99; Lebertran and Chewing Gum 00; Zvezda (russ.) 02; Bunte Träume 03; Gedanken im Netz 2 03; – Beitr. in div. Ztgn u. Lit.zss., u. a.: Frankfurter Rundschau; SZ; Berliner Lesezeichen. (Red.)

Brockpähler, Wolfgang, StudDir. i. R.; Goldstr. 19a, D-48147 Münster, Tel. (02 51) 51 99 14, Fax 04 03 60 38 64 8 42, *Brockwolf@aol.com* (* Hettstedt/ Sa.-Anh. 12. 4. 29). VS 80; Buch d. Monats d. Liechtensteiner Ldesbibl. März 06; Rom., Erz., Sat., Lyr., Märchen, Ess. – **V:** Das Lachen des Kleophas, Erzn. 80; Ich verteidige doch nur eure Freiheit! Texte gegen d. Aufrüstung in Ost u. West 83; Im Innern dieses Molochs brennt ein Feuer, Kurzprosa u. G. 83; Habichtshöhe. Charakterbilder aus d. westfäl. Provinz 84; Heimatliebe, Geschn. 88; Achtung! Autofreier Sonntag: Bitte anhalten!, Theaterst. 95; Abschied von Amalek?, Erzn. 98; Von der Sonne, die Fieber bekam, M. 99; Der Kampf der Kulturen zwischen dem Islam und dem Westen, Ess. 03; Die Besessenen, R., Bd 1 04, Bd 2 05. – **H:** Entwürfe anderer Welten, Texte schreibender Gymnasiasten 94. – **MH:** Die unsichtbare Mauer, Schülertexte, m. W. Pilsak u. W. Sandfuchs 95. – **R:** Mein Bruder Ramazan 95; Das Phantombild 95, beides Schulfk-Sdgn. – *Lit:* Autoren in Bad.-Württ. 91; Westfäl. Autoren-Lex., Bd 4 02. (Red.)

Broda, Karl s. Wiegemann, Hartmut

Broder, Henryk M., Journalist, Publizist; c/o Ölbaum-Verlag, Postfach 111728, D-86042 Augsburg, *mail@henryk-broder.de, oelbaum@gmx.de, www.henryk-broder.de, www.oelbaum-verlag.de* (* Katowice/Polen 46). Schubart-Lit.pr. 05, Ludwig-Börne-Pr. 07, Hildegard-von-Bingen-Pr. f. Publizistik 08. – **V:** Wer hat Angst vor Pornografie? 70; Linke Tabus 76; Danke schön. Bis hierher u. nicht weiter 80; Der ewige Antisemit 86; Ich liebe Karstadt u. a. Lobreden 87; Erbarmen mit den Deutschen 93; Schöne Bescherung! Unterwegs im Neuen Deutschland 94; Volk und Wahn 96; Die Irren von Zion 98; Jedem das Seine 99; www.Deutsche-Leidkultur.de 01; Der Nächste, bitte! 06; Hurra, wir kapitulieren 06; Kritik der reinen Toleranz 08. – **MV:** Die Juden von Mea Shearim, m. Amos Schliack 86; Premiere und Pogrom. Der Jüdische Kulturbund 1933–1941, m. Eike Geisel 92; Kein Krieg, nirgends: Die Deutschen und der Terror, m. Reinhard Mohr 02. – **MA:** regelm. Beitr. f. SPIEGEL. – **H:** Die Schere im Kopf 76; Deutschland erwacht 78; Fremd im eigenen Land 79. (Red.)

Brodhäcker, Karl; Volkmarstr. 10, D-36304 Alsfeld, Tel. (0 66 31) 80 15 85 (* Alsfeld 23. 12. 19). Kulturpr. d. Stadt Alsfeld 94; Lyr., Erz., Jugendb., Rom., Historiensp., Sachb. – **V:** Der verlorene Haufen. Erlebnisber. aus d. 2. Weltkrieg 50, 2. Aufl. 00; Blauer Himmel

über Alsfeld 51; Handiel und Jerlud, G. 50, 74; Zwiwelstee, G. 56; Peter fliegt nach Island 63; Das Geheimnis in der Klosterruine 64; Alarm Viehdiebe, alles Jgdb. 66; Ernst Eimer. Mensch u. Werk 67; Der General von der Bunnsopp 68; Politiker im Spiegel der Karikatur 75; Da lachst de dich kabutt 76, 99; De fidehle Owwerheß, G. 78; Mir lache als noch 83; Mir heern net uff zu lache 85, 99; Die oberhess. Eisenbahn 84, 99; Hoch auf dem gelben Wagen. Aus d. oberhess. Postkutschenzeit 85; Wilderer in Oberhessen, Geschn. 89, 99; Das Skelett in der Mauer, Geschn. 90; Das Herz im Schnee, R. 91; Trompetensolo für Ernestine, Erz. 92; Alsfelder Platzkonzert ohne Noten, Reminiszenzen 96; Immer lustig und fidel, G. 99; Und küsste sie den kleinen Mandelbaum, Erz. 99; Mein Schorsch, das Olwel, Erz. 01; Aber die Liebe bleibt, Erzn. 02; Wer war wer? Alsfelder Namen, die in d. Stadt od. anderswo Spuren hinterließen 02; Alsfelder Historienspiele 02; Die Raben vom Galgenberg, Sagen 02; Wer schrieb was? Alsfelder Autoren u. Autorinnen vom 16.Jh. bis Ende 2002; Mord auf dem Herrenhof, Erz. 04; Alsfelder Platt, 2 Bde 06; Der Löwe an der Treppe, Sagen 06; Jahre am Meer. Inselleben auf Gran Canaria, Erlebnisber. 07; Auf Spurensuche nach Willingshäuser Malern u. ihren Bildern 08. – **MV:** Gießen, ich lieg dir zu Füßen, G. u. Lieder an d. Stadt an d. Lahn 75; Handkäs mit Musik, G. u. Schw. aus Oberhessen 77; Ds Schlappmaul aus de Owwergaß, G. 78; Kerle, woas Kerle 79; Hessische Sache zum gizzeln, gazzel un lache, G. 79; Grine Grozze, G. 80; Heckeviechel 83; Nee, so ebbes 83; Die Speckschwoart 84; Hessisch Oart 85; Mein Mann, mei Kinner un mei Eingemachtes 88; Bawarische Schlitzohrn 90; Owwerhessisch Oart 96; Die Parrersch- und die Lehrerschleut 97; Die Doktorschleut un ihr Patiente 97; Die Förschter un die Jägersleut 98; Das Haus auf dem Atlantik, Krim.-Erzn. 04. – **H:** Hessen-Journal 59–67; Ulrichsteiner Bücherei 65–94; Großmutters Liederbuch. Verklungene Weisen a. Spinnstube u. Küche 70.

Brodhäcker-Herd, Susanne, Red.; Bleichstr. 34, D-35390 Gießen, Tel. u. Fax (06 41) 7 32 35, *s. brodhaecker-herd@t-online.de* (* Alsfeld 9. 5. 50). Erz., Kindergesch., Krimi, Lyr., Reiserep. – **V:** Liebe Tyrannen, Kdb. 82; Apfel, Nuss und Mandelkern 85, 2. Aufl. 86; Stine fiel vom Regenbogen, Kdb. 91; Distanz, Lyr. 97; Inseln der Sehnsucht 02; Heimweh nach der Ferne 02, beides Reiserepn. – **MV:** Das Haus über dem Atlantik, m. Karl Brodhäcker, Krim.-Geschn. 04. (Red.)

Brodmann, Gundi (geb. Gundi Blömer), Schuldienst Deutsch/Französisch; Am Steinacker 1, D-69517 Gorxheimertal, Tel. (0 62 01) 2 28 10, *gundi@ brodmannlyrik.de, www.brodmannlyrik.de* (* Damme/ Old. 10. 7. 43). Die Räuber '77 88, VS Bad.-Württ. 96; Lyr., Kurzprosa. – **V:** Ich finde den Wind, G. 04. – **MV:** Schule und Identität im Wandel 91. – **MA:** Muschelhaufen 27/28 89, 29 92; Wortnetze II 90, III 91; Verschenk-Calender 91–05; Zehn 93; Perforierte Wirklichkeiten 94; Versfluss 02; Verszeit 04; Auszeit, G. 04. (Red.)

Brodowsky, Paul, Dipl.-Kulturwiss.; lebt in Berlin, c/o Suhrkamp Verl., Frankfurt/M., *www. paulbrodowsky.de* (* Kiel 3. 1. 80). Arb.stip. d. Ldes Nds. 03, New-York-Stip. d. Lit.fonds 05/06, Förd.pr. f. Lit. d. Ldes Nds. 06, Johannes-Poethen-Stip. 07, Stip. d. Stuttgarter Schriftstellerhauses 07, Villa-Aurora-Stip. Los Angeles 08, Publikumspr. d. Hamburger Autorentheatertage 08, Pr. d. Frankfurter Autorenstiftung (m. Anne Weber) 08, Stip. Künstlerhof Schreyahn 09, u. a.; Erz., Kurzprosa, Dramatik, Hörsp. – **V:** Milch Holz Katzen, Prosaminiatn. 02; Die

Brodtmann

blinde Fotografin, Erzn. 07; – THEATER/UA: Stadt Land Fisch 06; Dingos 08; W. Shakespeare „Troilus und Cressada" in e. Übers. v. P.B. 08; Regen in Neukölln, Werkstattinszen. 08. – **MA:** In meinem Kopf da brennt es 00; Kleine Hildesheimer Anth. 02; 20 unter 30, 02; Landpartie 05, 06, 07; Peine, Paris, Pattensen 06; Die Besten 2006. Klagenfurter Texte 06; Erst lesen. Dann Schreiben 07; – seit 01 zahlr. Beitr. in Lit.zss., u. a. in: Büchner; Edit. – **MH:** u. Mitbegründer d. Lit.zs. „Bella triste", Nr. 0 – 9 01–04. – **R:** Stadt, Land, Fisch, Hsp. (WDR) 07; Endstation Wüste, Hsp. (WDR) 08. (Red.)

Brodtmann, Bettina; c/o Verlag Dr. Eike Pies, Mettberg 18, D-45549 Sprockhövel, Tel. (01 70) 4 88 80 47, Fax (0 12 12) 5 18 59 73 82, *post@ bettina-brodtmann.de*, *www.bettina-brodtmann.de* (* Wuppertal 26. 10. 79). Lyr. Ue: dt. – **V:** Seele, G. 00. – **MA:** In arte voluptas, Eike Pies z. 60. Geb. , Festschr. 02. (Red.)

Brödenfeld, Margret s. Richter, Margret

Brödl, Herbert; Oberau 5, A-4761 Enzenkirchen, Tel. (0 77 62) 38 88, Fax 4 27 33, *hbroedl@aol.com* (* St. Pölten 23. 5. 49). Arb.kr. Lit.produz. Wien 70; Film, Fernsehfilm, Prosa. – **V:** Fingerabdrücke 72; Der kluge Waffenfabrikant und die dummen Revolutionäre 73; Silvana 80. – **F:** Nachrichten richten nach 72; Hauptlehrer Hofer – 74; Fehlschuß 75; Die Straße 76; Zivilisierte Tropen 76; Feuerzeichen 78; Arnulf Rainer 79; Signorina Mafalda 80; Gefängnispostsack X4 82; Schlangenfischkanu 84; Feuerberg 85; Inseln der Illusion 85; Die Farben der Vögel 86; Trance-Atlantik 90; Djadje 91; Jaguar und Regen 93; Sternsucher 94; Goldland 95; Früchtchen 97; Bad Boy 99. – *Lit:* Peter Kremski: Grenzgänge – Der Filmemacher Herbert Brödl, Portr. 99. (Red.)

Bröer, Christel; Aalborgring 42, D-24109 Kiel, Tel. (04 31) 52 41 66 (* Schönberg/Holst. 29. 4. 48). NORD-BUCH e.V. Schlesw.-Holst.; Lyr., Erz. – **V:** Morgenlichter und Wolkenschiffchen, G. u. Zeichn. 89; Gedanken – Nähe, Lyr. 98. – **MA:** G. u. Erzn. in: Wundersame Weihnachten 98; ... mir graut vor Dir – Gruselgeschichten 00; Die poetische Welt um uns 00, alles Anth. (Red.)

Bröger, Achim, Schriftst.; Friedrich-Ebert-Ring 27, D-23611 Sereetz, Tel. (04 51) 39 30 35, Fax 3 98 10 73, *abroeger@t-online.de*, *www.achim-broeger. de* (* Erlangen 16. 5. 44). VS 76, P.E.N.-Zentr. Dtld, Friedrich-Bödecker-Kr. 74, Arb.kr. f. Jgd.lit. 80; u. a. Schallplattenpr. d. Dt. Phonoakad. 75, E.liste z. Europ. Kdb.pr. 76, Selection des Treize 79, Die schönsten Bücher 77, 79, Bestliste z. Dt. Jgd.lit.pr. 80, 84, Dt. Jgd.lit.pr. 87, E.liste z. Öst. Kdb.pr. 89; Kinder- u. Jugendb., Bilderb., Fernsehfilm, Hörsp., Theater. – **V:** Der Ausredenerfinder und andere Bruno-Geschn., Kdb. 73; Doppelte Ferien, Kdb. 74; Steckst du dahinter, Kasimir?, Kdb. 75; Herr Munzel geht die Wand hoch, Kdb. 76; Kurzschluß, Jgdb. 76; Wie groß die Riesen sind, Kdb. 78; Mensch, wär' das schön, Kdb. 77; Moritzgeschichten, Kdb. 79; Pizza und Oskar, Kdb. 82 (auch CD u. Kass.); Meyers großes Kinderlexikon 82, Neubearb. 05, weitere Neubearb. u. d. T.: Meyers erzählte Kinderlexikon 08; In Wirklichkeit ist alles ganz anders, Kdb. 82; Der Geburtstagsriese, Kdb. 84; Mein 24. Dezember, Kdb. 85; Die kleine Jule, Kdb. 85; Ich mag dich, Jgdb. 86; Oma und ich, Kdb. 86; Schön, daß es dich gibt, Jgdb. 87; Geschwister ... nein, danke!?, Kdb. 87; Für Mama, Gesch. 88; Mama, ich hol Papa ab, Kdb. 88; Hand in Hand, Jgdb. 90; Zwei Raben mit Rucksack, Kdb. 90; Heini aus bis fünf, Kdb. 91; Schulgespenster, Kdb. 91; Nickel wird Lehrerin, Kdb. 93; Flockis Geburtstag, Kdb. 93; Die Kuschelbande 94; Nickel wird

die Eltern tauschen, Kdb. 94; So klein und schon verknallt, Kdb. 94; Nickel wird Hexe, Kdb. 97; Wahnsinnsgefühl, Jgdb. 97; Kleiner Bär, Kdb. 98; Verrückt nach dir, Jgdb. 99; Der große Diercke-Kinderatlas 99; Nickel ist die Beste, Kdb. 00 (auch CD u. Kass.); Unzertrennlich dicke Freunde, Kdb. 01; Jakobs Zauberhut: 1. Was für ein Schultag! 01, 2. Spuk im Lehrerzimmer 03, 3. Das große Geheimnis 05, 4. Der magische Trick 07 (als Kdb.); Flammen im Kopf, Jgdb. 02; Pizza u. Oskar gehen zur Schule 03 (auch CD u. Kass.); Moritz entdeckt einen Stern 03; Mein Vorlesebuch 04; Hier kommt Flocki, Kdb. 05; Bleib bei uns, lieber Weihnachtsmann, Kdb. 06; Ich komme in die erste Klasse, Kdb. 07; Nickel und die wunderbare Geheimtür, Kdb. 08, u. a.; (Übers. insgesamt in 27 Spr.). – **MV:** versch. Bilderbücher, u. a.: Guten Tag, lieber Wal 74; Bruno verreist 77; Ich war einmal 80; Bruno und das Telefon 82; Mein Schultütenbuch, m. Rita Mühlbauer 88; Der rote Sessel 88; Endlich kann ich allein einkaufen gehen 98; Endlich knann ich Rad fahren 98; Nick muß keine Angst mehr haben 03 (auch CD u. Kass.); Jetzt ist Sina nicht mehr sauer 03 (auch CD u. Kass.); Immer nur Amelie 04; Sophie will aber 04 (auch CD u. Kass.); Lena läßt sich nichts gefallen 05; Leonie hält zu David 05; Du bleibst hier 05; Nur noch zehn Minuten 06; Florian passt auf sich auf 07; Gefühle machen stark 08. – **MA:** zahlr. Beitr. in Anth. u. Leseb. – **H:** bzw. MH: So ein irrer Nachmittag, Jgdb. 81; Der Bunte Hund, lit. Mag. f. Kinder 81, 82. – **R:** Der Ausredenerfinder 81; Ich war einmal 82; Schrecklich – schrecklich 82; Das Geräusch 82; Nickel u. Herr Siemon hinter der Wand, Hsp.-Ser. f. Kinder, seit 84; Uhlenbusch, Fsf. f. Kinder 81, 82; Löwenzahn, Fsf. f. Kinder 82; Moritzgeschichten, Fsf. f. Kinder 82; Ein Bruno kommt selten allein 88; Ein ganz merkwürdiger Tag 88; Guten Tag, lieber Wal 88; Miststück mit dem Glitzerzahn 88; Neues aus Uhlenbusch, Fsf. für Kinder, u. a. – **P:** Der Ausredenerfinder 74; Doppelte Ferien 75; Steckst du dahinter Kasimir? 76; Nickel u. Herr Siemon hinter d. Wand, Tonkass.-Reihe seit 90; Osterfeuer, Tonkass. 91; Mein 24. Dezember, CD u. Kass. 02. – *Lit:* Doderer: Lex. d. Jgd.lit. 82; Malte Dahrendorf: Lex. d. Kd.- u. Jgd.lit. 98, u. a.

Bröker, Frank (F. B. Pichelstein), Dipl.-Sozialarb.; Lampestr. 5, D-04107 Leipzig, Tel. (03 41) 9 62 99 84. c/o Schreibtisch Größenwahn, Postbox 10 04 08, D-04004 Leipzig, *frank.broeker@gmx.de*, *www. st-groessenwahn.de* (* Meppen 31. 8. 69). Rom., Hörsp., Prosatext, Ess., Kolumne. – **V:** schwer verletzt, R. 01; Jukebox BRD 02; Das Liederbuch Pratajevs 04; Schwer verletzt II 04 (m. CD); Barwars 06. – **MA:** Kaltland Beat 99; SLAM! Wir fahren den Wagen vor 01; Social Beat SLAM! Poetry 01; Hommage an den Underground 01; Jeder bißchen tote Hose 01, alles Anth., u. a.; Veröffn. in ca. 150 Mag., Heften u. Büchern seit 95. – **H:** Härter, Lit.ztg, seit 95; Alexander Scholz: Vom Anfang bis zum Ende des Regenbogens, R. 01. – **P:** Zahlr. Schallplatten und CDs mit d. Bands Caution Screams, Fette helden, Spark*n bow, Frank B. Pichelstein & Klaus Maiksу u. The Russian Doctors, seit 92; Dirk und Heidi, Hsp., CD 00; Alexander Scholz: Winter, Hörb.-CD 04; Schnaps und Weiber. Eine Pratajev-DVD 05. (Red.)

Brömel, Gerda (geb. Gerda Ohrtmann), tätig in d. Bereichen Bank, Industrie, Kirche, Forschungsanstalt, wiss. Inst.; Hülsenberg 5, D-24248 Mönkeberg, Tel. (04 31) 23 12 71 (* Ludgerbüll b. Itzehoe 10. 4. 32). Schriftst. in Schlesw.-Holst. 95; Putlitzer-Pr. (4. Pl.) 06; Rom., Kurzgesch. – **V:** Aus dem Takt gekommen, R. 02; Eine Frau in den zweitbesten Jahren, Geschn. 03, Bd 2 04; Farbeffekte, Kurzgeschn. u. Limericks 05; Das Limit – Ausgrenzungen/Eingrenzungen, Kurzgeschn. 05; Begegnungen unterwegs, Geschn. 06; Auf der Schaukel, Geschn. 07; Vun wat Fruunslüüd dröömt, Kurzgeschn. 08. – **B:** Johann Ohrtmann: Sind Kriege notwendig?, Erinn. 95. – **MA:** Weihnachtsgeschichten am Kamin 8, 10, 11, 14, 19, 20 93–05; Brückenschlag 9–12, 17, 19, 23, 24 93–08; Jb. f. Schleswig-Holstein 97–06; Dat eerste Mal 00; Wat den een sein Uul ... 01; Autorenkal. 2007 07; Also, um eins in Düsternbrook 07.

Brömme, Bettina, Autorin, Journalistin; Dreimühlenstr. 27, D-80469 München, Tel. u. Fax (0 89) 7 21 31 72, *szenator@gmx.de, www.szenator.de* (* Karlsruhe 15. 1. 65). – **V:** So toll kann doch kein Mann sein, R. 98; Sommerfinsternis, R. 00; Durchgedreht, Filmkrimi 00. – **MA:** Öde Orte 2 99; Die größten Schurken der Filmgeschichte 00; Der Machoguide 00; Osten. Geschichten von der anderen Seite d. Welt 03. – **MH:** Ein Herz und eine Serie, Anth. 99; Mutters Tochter – Vaters Sohn, Anth. 01, beide m. Thomas Endl. – **R:** SOKO 5113 – Abschiedsfeier, Drehb. 98. (Red.)

†**Brogna,** Luigi; lebte in Eislingen (* Messina/ Sizilien 31. 3. 61, † 29. 2. 08). – **V:** Das Kind unterm Salatblatt, Geschn. 06; Spätzle al dente, neue Geschn. 07.

Broich, Josef, Dipl.-Päd., Dipl.-Betriebswirt; Kurfürstenstr. 18, D-50678 Köln, Tel. (02 21) 32 34 82, Fax 32 48 89, *broich@rast-koeln.de* (* Batenhorst/Westf. 23. 10. 48). VS NRW. – **V:** ... ich Dich auch! 90, 5. Aufl. 92; Kommen und loslassen 90, 3. Aufl. 92; Wüten und wollen 91, alle m. Geschn.; zahlr. spielpäd. Veröff. – *Lit:* s. auch SK. (Red.)

Brombach, Hildegard s. Fritsche, Iven

Brombacher, Ellen, Dipl.-Russistin; Leipziger Str. 55, D-10117 Berlin (* Westerholt 15. 2. 47). – **V:** Halt auf der Strecke 91; Der Schlag 93; Rückkehrer 94; Das neue Undenken 97; Die Moderne ist schön 03. – **MA:** Nachdenken über Sozialismus 99. (Red.)

Brombacher, Margret, Liedermacherin; Spittelrain 12, D-79588 Egringen, Tel. (0 76 28) 14 24. Muettersproch-Gsellschaft; Sonderpr. im Wettbew. „Von 9 bis 99" d. Muettersproch-Gesellschaft 94, 2. Pr. b. Wettbew. „Literatur u. Landschaft" 99. – **V:** Gedankensprünge – vo mir zue dir, Kurzgeschn., M., G. u. Liedtexte 00. – **P:** Alemannische Lieder 89; grade use 90, beides Tonkass.; Zeig mir Blueme 91; Schmetterlinge 95; Wulketraumschiff 97, alles CD. (Red.)

Brommelhuber, Alois (Ps. f. Norbert Promberger), Dr. med. vet., Amtstierarzt; Ankenmoosstr. 15, D-88326 Aulendorf, Tel. (0 75 25) 18 06, *brommelhuber@online.de, www.brommelhuber.de*

(* Pressath 21. 5. 50). – **V:** Die Ohrmarke 02, 03; Lu.Ziefer 04; Tollbrand 05, alles Krimis.

Brommer, Bernhard, Schriftst.; Volkartstr. 31, D-80634 München, Tel. u. Fax (0 89) 16 10 88. An der Kapelle 2, D-78050 Villingen-Schwenningen, Tel. (0 77 21) 2 65 66 (* Hindenburg/OS 14. 5. 54). Kg. 78, Fachgr.leiter Lit. in Bayern, Wangener Kr. 78, Seerose 80, VG Wort 80, VS 81, GZL 96, Künstlerkr. Kaleidoskop 01; Hsp.- u. Erzählerpr. d. Ostdt. Kulturrats 77, Oberschles. Studienhilfe 79, Lyr.wettbew. ʼDie Roseʼ 81, Stadtschreiber v. Bad Harzburg 81, Förd.pr. z. Oberschles. Kulturpr. 84, Wettbew. Lyr. auf Achse 94, 97, Nacht d. Lyriker, Krakau 97, Arb.stip. Bert-Brecht-Hus, Svendborg/DK 99, Stip. Künstlerhaus Rolfshagen/ Auental 99, Brücke-Ost-West, Cesky Krumlov/CZ, 02, Aufenth. im Intern. Writers' and Translators' Centre of Rhodos 02; Lyr., Prosa. – **V:** Schattenseiten, G. 79; Szenen aus dem modernen Leben, Erz. 79; Zeit-Gedichte 93; Trotzdem lieben, G. 95; Atemzüge, G. 99; Am Rande der Zeit, G. 00; Augenblicke, G. 00; Unruhe des Inneren, G. 02, (einzelne G. ins Poln., Ukr., Dän., Arab., Tsch., Griech. übers.). – **MA:** Alm., Schwarzwald-Baar-Kr.; das boot, Zs. f. Lyr.; Beitr. in div. Anth. – **H:** Aufbruch-Blick 2000, G. 95. – **MH:** Denn wo ist Heimat?, Ausstellungskat. 98. – **R:** Wege und Stationen in Deutschland 81; Spuren der Vergangenheit 84. – *Lit:* Lit. in d. Schule 80; Who's Who in the arts and lit., Schweiz 82; Taschen-Lex. z. Bayer. Gegenw.lit. 86; AiBW 91; Autorenverz. Lit.Forum Südwest 97, Neuaufl. 00; Schriftst.-Lex. 00; www.autoren-bw.de 01; E. J. Krzywon in: Orbis Linguarum 01. (Red.)

Bromund, Dieter; Breitseeweg 12, D-63303 Dreieich, Tel. (0 61 03) 6 82 89 (* Bromberg 9. 4. 38). GLAUSER 03; Erz., Hörsp. – **V:** Die erste Reise war angenehm 82; Tod für die Startbahn West 83; Die korsischen Freunde 83; Schatten über d. Golf 84, alles Krim-R.; Die Heiligen des Störtebecker 88, 90; Mord ist nichts für feine Nasen Krim.-R. 88; Kompasskurs Mord, Thriller 89; Der Schatz des Schweden 89, 91; Das Geheimnis der Karina 90; Ein Mann mit stillem Kielwasser, R. 92; Der Schrei der Krähe 92; Die Frau aus der Brandung, Krimi 02. – **R:** Mord ist nichts für feine Nasen, Krim.-Hsp. 86, u. a. – **Ue:** Alexander Kent: Unter dem Georgskeuz, R. 98; Richard Woodmann: Satan der See, R. 98; Vivian Stuart: Tapfer bis zum Untergang, R. 98; dies.: Dem Feind entgegen, R. 99; Alexander Kent: Das letzte Gefecht, R. 99, u. a. (Red.)

Bronikowski, Rosemarie s. Oppeln-Bronikowski, Rosemarie von

Bronisch, Matthias, Lehrer; Reichenbergerstr. 22 d, D-33605 Bielefeld, Tel. (05 21) 20 53 99, *mbronisch @hotmail.com, www.matthias-bronisch.de* (* Stettin 17. 3. 37). VS 79; Grigor-Pričev-Pr. d. Übersetzerges. Makedoniens f. d. beste Übers. in eine Fremdspr. 78; Lyr., Prosa. Ue: mak, rum. – **V:** Mit anderen Augen, Erzn. 76; Aus einer südlichen Landschaft, Lyr. 79; Kopnež po cele, Lyr. 79 (in mak.); Der Lärm der Straße dringt herein 89; Die Stille vor dem Spiegel, Erzn. 97; In der Stadt des Schweigens, Erz. 03; A povesti despre pietre, Lyr. rum.-dt. 06. – **H:** Makedonien 76; Moderne makedonische Lyrik 78 (auch mitübers.); Flaschenpost 84. – **MH:** Tentakel, m. Peter Bornhöft, Ralf Burnicki, Hellmut Opitz, Lit.mag., seit 08. – **Ue:** Blaže Koneski: Unter dem weißen Kalkstein der Tage, G. 86. – **MUe:** Moderne Erzähler der Welt, Bd 53, Erzn. 76; Carolina Ilica: 13 Doppel-Liebesgedichte, m. Mariana Bronisch 06.

Bronks, Folka der, Unternehmer; c/o Folkasko Verlag, Delsterner Str. 20, D-58091 Hagen, Tel. (0 23 31) 73 58 59, Fax 7 27 08, *info@folkasko.de*

Bronnen

folkasko.de (* Hagen/Westf. 23. 12. 55). VG Wort 03; Belletr. – **V:** Mir war so danach ... 03. (Red.)

Bronnen, Barbara, Dr. phil., Schriftst.; Zentnerstr. 19, D-80798 München, Tel. u. Fax (0 89) 18 81 67, *www.bronnen.de* (* Berlin 19. 8. 38). P.E.N.-Zentr. Dtld; Silb. Feder d. Dt. Ärztinnenbundes 78, Tukan-Pr. 80, Förd.pr. Lit. d. Bdesmin. f. Kultur 86, Stip. d. Dt. Lit.fonds 86, Max-v.-d.-Grün-Pr. 87, Stip. Linzer Geschn.schreiber 88/89, Poetik-Gastprofessur d. U.Bamberg 87, Ernst-Hoferichter-Pr. 90; Rom. – **V:** Ich bin Bürger der DDR und lebe in der Bundesrepublik 70; Wie mein Kind mich bekommen hat, Kdb. 78, Tb. 83; Das Versteck auf dem Dachboden, Kdb. 78; Die Tochter, R. 80, 95; Die Diebin, R. 82, 96; Mein erotisches Lesebuch 83; Die Überzählige, R. 84, Tb. 86; Bevor ich ins Gras beiße, Bü. 85, 92; Die Briefstellerin 86, 88; Bevor ich ins Gras beiße, Bü. 86; Liebe um Liebe, R. 89, 95; Dschungelträume, R. 90, 93; Donna Giovanna, R. 92, 94; Meine Toskana 95, 97; Friedhöfe 97; Karl Valentin und Liesl Karlstadt 98; Leas siebter Brief, R. 98; Das Monokel, R. 00; Gebrauchsanweisung für die Toskana, Sachb. 04; Du brauchst viele Jahre, um jung zu werden, Brief-R. 04; Lametta im August, Erz. 04; Aller Anfang, R. 04; Bierschaumwölkchen und Frauen-Türme 05; Am Ende ein Anfang, R. 06; Fliegen mit gestutzten Flügeln. Die letzten Jahre d. Ricarda Huch 07; Liebe bis in den Tod, R. 08. – **MV:** Liebe ist deine Liebe nicht. Psychogramm e. Ehe, m. Manfred Grunert 70; Die Filmemacher, m. Corinna Brocher 73. – **MA:** Herzmanovsky für Touristen; in: Lit. u. Kritik 5 66; Beitr. in: Schwestern, Anth. 87; Eifersucht, Anth. 87. – **H:** Ehe, Anth. 89; Mamma mia, Geschn. 89; Frauen in Italien, Erzn. 90; Kind, ach Kind, Geschn. 91; Alt am Morgen und am Abend jung, Geschn. 92; Männer, Leseb. 93; Geburt 94; Eifersucht, Leseb. 95; Lauter Seitensprünge, Leseb. 97; Geschichten vom Überleben. Frauentagebücher aus d. NS-Zeit 99. – **R:** Dichter und Richter. Die Gruppe 47, Fsf. 70; Frauen und ihre Ärzte, Fsf. 71; Ein Tier ist auch ein Mensch, Hsp. 75; auf der suche nach A. B. Der Schriftsteller Arnolt Bronnen, Dok.film 79; Marmorengel, Hsp. 86; Deutsche Paare I+II 93; Leutnant Gustl in der DDR. Die Ostberliner Jahre d. Schriftstellers Arnolt Bronnen 97; Die Todesarten der Inge Müller 97; Warum ich für mein Leben gern auf Friedhöfe gehe 97; Ich bin eine Voyeurin 97; Die beiden Fasolte. Die unvollendete Freundschaft zwischen Arnolt Bronnen u. Bertolt Brecht 98, alles Feat. – **P:** Affenfrau, Tonkass. 90.

Bronnenmeyer, Veit, Dipl.-Soz.päd.; c/o ars vivendi verl., Cadolzburg, *veit.bronnenmeyer@web.de* (* Kulmbach 10. 4. 73). Das Syndikat; Krim.rom., Kurzgesch. – **V:** Russische Seelen, Krim.-R. 05. – **MA:** Postcard-Stories, Kurzgeschn.-Samml. 05, 06. (Red.)

†**Bronner,** Gerhard, Kabarettist, Komponist, Schriftst.; lebte in Wien, zeitweise in d. USA (* Wien 22. 10. 22, † Wien 19. 1. 07). P.E.N., AKM, Austro-Mechana; E.zeichen f. Kunst u. Kultur d. Nestroy-Ring, Gold. E.zeichen d. Stadt Wien 02, Dt. Kleinkunstpr. 05, u. a.; Lyr., Erz., Dramatik, Hörsp., Fernsehsp. Ue: engl. – **V:** Kein Blattl vor'm Mund. Ein ungeschriebenes Buch 92; Die goldene Zeit des Wiener Cabarets, Erinn. 95 (m. CD); Tränen gelacht, Ess. 00; Meine Jahre mit Qualtinger 03; Spiegel vor'm Gesicht, Erinn. 04; – zahlr. Kabarettprogr. 1952–59, u. a.: Brettl vor'm Kopf; Glasl vor'm Aug; Marx und Moritz; Brettl vor'm Klavier; Ich und der Teufel; Dachl über'm Kopf; Hackl vor'm Kreuz; Die Arche Nowak; – Neubearb. klass. Operetten, u. a.: Die Fledermaus; Im Weißen Rössl; Offenbach-Bearbeitungen. – **MV:** Trautes Heim, m. Lore Krainer 83; Lauter Hauptstädte, m. Peter Wehle. – **R:**

über 120 eigene Fernseh- u. etwa 2000 Radiosendungen. – **P:** über 60, vorwiegend selbstprod. Schallplatten; weiterhin zahlr. eigene musikal. Lustspiele u. Kabarettshows. – **Ue:** Musicals: Cabaret; Alexis Sorbas; My Fair Lady, u. a.

Brons, Thomas Michael, Schriftst., Rundfunkautor, Dr. phil.; Hermundurenstr. 9, D-90461 Nürnberg, Tel. (09 11) 4 59 61 92, *brons@t.online.de, www.thomas-michael-brons.de.* Aristófanes 244, Ramaditas, Valparaíso/Chile (* Nürnberg 11. 11. 43). VS 85; Forsch.auftrag d. DFG 87–89; Lyr., Zeitdokument, Experiment. hist. Rom. Ue: span, ital, frz. – **V:** Aus dem Tagebuch eines Spätheimkehrers 75; Aus dem Tagebuch eines Frühaufstehers 77; Ätsch, ich habe gelebt 83; Aus Logbüchern des Narrenschiffs 88, 2. Aufl. 90; Taxi Tage Buch 93; Stimmen aus dem Off 99; Priska und Paulus – ein Entwurf 01; Bruder Paulus 07; Xenos, der Fremde 07; Trilogie – Ätsch, Narrenschiff, Off 07; mehrere Sachb. sowie Veröff. in span. Sprache. – **MA:** Beitr. in Zss. u. Sammelbdn, u. a. in: Tribüne, H.56 75; Neue Sammlung, H.2 80; Lateinamerika Studien, Nr.19 85; Kann man den Russen vertrauen? 87; Kultur, Identität, Kommunikation 88, II 93; gehört gelesen, Dez. 91; America Latina (Moskau), Nr.7 97; – zahlr. Zss.-Art. seit 93 in: La Epoca (Santiago de Chile); Cóndor; Freitag. – **R:** Carolina Maria de Jesus: Tagebuch der Armut 84; Johann Palm und die Folgen 91; Migration. Eine Geschichte von Flucht u. Heimkehr (BR) 01, alles Hfk-Sdgn. – **Ue:** Tao Te King, Nachdicht. n. Lao Tse 85, 3. Aufl. 01; María Luisa Bombal: Die neuen Inseln (auch Nachw.) 86; Jorge Edwards: Adios, Poeta 92. – **MUe:** Lateinamerikaner über Europa, Sammelbd 87. – *Lit:* Max Ackermann: Thomas Brons, Chile, Hfk-Sdg 94; s. auch 2.Jg. SK.

Bronski, Max (Ps.); lebt in München, c/o Kunstmann Verl., München (* 64). Krim.rom. – **V:** Sister Sox, Krim.-R. 06; München-Blues, Krim.-R. 07; Schampanninger, Krim.-R. 08. (Red.)

Bronsky, Alina; c/o Agentur Georg Simader, Woogstr. 43, D-60431 Frankfurt/Main, *alinabronsky@t-online.de, www.alinabronsky.de, www.scherbenpark.de* (* Jekaterinburg 2. 12. 78). Rom. – **V:** Scherbenpark, R. 08.

Brooks, Patricia; Guttenbrunnstr. 7, A-3400 Klosterneuburg, Tel. (0 22 43) 3 35 71, *patbro222000@yahoo.de* (* Wien 22. 11. 57). Theodor-Körner-Förd.pr. 97, Hans-Weigel-Lit.stip. 00/01; Prosa. – **V:** Aquadrom, Kurzgeschn. 93; Feuerfahrt, Winterspiel, Erzn. 96; Kimberly, R. 01; – THEATER/UA: Szenenwechsel, Textmontage 02; Odysseus fragment 8 : Penelope 03; Flussbar 04. (Red.)

Brosche, Heidemarie (geb. Heidemarie Graf), Lehrerin, Autorin; Unterer Dorfweg 2, D-86316 Friedberg/Bay., Tel. (08 21) 78 22 46, Fax 7 80 93 47, *email @h-brosche.de, www.h-brosche.de* (* Neuburg/Donau 31. 3. 55). VS; Buch d. Monats Jan. 01; Kinderb., Kindersachb., Humorb., Glosse, Rep., Ratgeber. – **V:** Heiteres Überlebenstraining für Tolpatsche 93; Das fleißige Faultier, Kdb. 97; Lukas und der Blechdepp, R. f. Kinder 97, Tb. 03; Max und die Skaterbande, R. f. Kinder 99, Tb. 03; Ein ganz besonderer Osterbrief, Geschn. 00, Neuaufl. u. d. T.: Hurra, der Osterhase kommt 02; Ich will nicht auf den Thron! 00; Der Zauberer aus Bade-schaum 00; Abenteuer mit dem Roller 01 (auch engl.), alles Kdb.; LesePiraten Computergeschichten 02; Ich hab dich lieb, große Schwester, Kdb. 03; Die Prinzessin sucht ihren Schnuller, Kdb. 03; Leserabe Gespenstergeschichten 05; Timmi der kleine Stürmer, Geschn. 06; Lisa und die Trickse-Hixe, R. f. Kinder 06; Der Zauberer von Oz, Bilderb.-Adaption 07; Trickse-Hixe auf

Klassenfahrt 07; Marie und das magische Pony 08, beides R. f. Kinder; Schlaf gut, Anton! 08; Die Funkelfeder 08, beides Bilderb.; mehrere (Kinder-)Sachb. – **MV:** Jede Menge Spaß im Haushalt! 95; Der besten Freundin! 95; Detektiv auf vier Pfoten: Tierkinder spurlos verschwunden 04, Unliebsame Überraschung 04, Eiskalte Tricks 04, Gelegenheit macht Diebe 04, alle m. Astrid Rösel; Wie meine Eltern?, m. Nele Maar 04. – **MA:** Die Kinder, der Krieg und die Angst 91; Bunt wie der Regenbogen 92; Der Korngeist. Geschichten aus d. Wasaland 93; Ich gehe in den Kindergarten 95; Chaos im Kinderzimmer 95; Schneider-Schülerkalender 96; Auch Bärenkinder werden groß 96; Jahrbuch für Kinder 96, 97; Der Hase Franz 97; Treff Schülerbuch 97–00; Geschichten aus dem Osterhasenland 00; Der Diercke Deutschlandatlas für Kinder 02; Von frechen Engeln und himmlischen Geschenken 03; regelmäß. Kolumnen 97–02 in: Kinder – Das Journal d. Kindergartens; Baby und die ersten Lebensjahre; zahlr. Beitr. in Zss. seit 90: Hoppla; Spielen u. Lernen; Leben u. erziehen; Kinder; Baby. – **R:** Kinder- u. Kurzgeschn. f. versch. Hörfunkprogramme; Beitr. f. BR, SWF4, WDR. – *Lit:* s. auch SK.

Brose, Michael (Ps. Pastor, geb. Michael Steinhorst); Brückenmatt 21, CH-6440 Brunnen, Tel. (0 78) 8 57 27 10. c/o Verlag Ch. Möllmann, Schloß Hamborn, D-33187 Borchen (*Königs Wusterhausen 2. 8. 51). VG Wort; Lyr., Rom., Erz., Sat., Hörsp. – **V:** Kassandra, R. 99; Schizozoikum, G. u. Satn. 99; Gobao, R. 00; Mein Bruder Ahriman, Erz. 02; Tod in Weimar, R. 07.

Brotschi, Peter, Red.; Bergstr. 36, CH-2540 Grenchen, Tel. (0 32) 6 53 94 88, *brotschi@mails.ch*, *www. peterbrotschi.ch* (* Grenchen 26. 5. 57). Krim.erz. – **V:** Liebe einer Fasnacht, Erz. 84; Brandteufel, Erz. 87; 4 Sachb. – *Lit:* s. auch SK.

Brouwer, Joana; Kokenmühlenstr. 13, D-48529 Nordhorn, Tel. (0 59 21) 63 48, *www.joana-brouwer.de* (* Grafschaft Bentheim 51). VS, Sisters in Crime (jetzt: Mörderische Schwestern). – **V:** Wenn die Sonne weggegangen, R. 06 (auch als Hörbuch); Die Teufelsfrucht, Krimi 06; Schein und Sein, Krimi 07. (Red.)

Brown, Andrea, Mag. d. Ethnologie, Drehb.autorin; lebt in München, c/o Deutscher Taschenbuch Verl., München (* München). Rom., Fernsehdrehb. – **V:** Frösche und Prinzen 97; Träum weiter, Baby! 99; Der Quicky in der Küche, Kochb. 99; Sex oder Liebe? 04; Luxus-Girl 06. (Red.)

Brown, Francis s. Bruns, Frank

Brown, Terence s. Duensing, Jürgen

Browne, Malcom F. s. Becker, Rolf A.

Brownman, John U. s. Lüdemann, Hans-Ulrich

Broza-Talke, Helga (Ps. Helga Talke), Dipl.-Philosoph; Platanenweg 64, D-12437 Berlin, Tel. (0 30) 5 32 86 74 (* Berlin 3. 6. 36). SV-DDR 75; Kinderb. – **V:** Kurierpost für Berlin 70, 71; Ich werde Seeräuber 74, 86 (auch russ.); Der Ritter von der Hubertusjagd 77, 81; Der vermurkste Plüschbär 77, 79; Sebastian und der Spielplatz 79, 81; Der Kohlrabi Kunigunde Meier 80, 86; Matti 82; Ein Schiff nach Tscheljabinsk 83, 86; Zumzuckel, der Flaschengeist 83, 85; Namsu im Land der Morgenfrische 85, 89; Mampfotius schmatz 86; Das Fräulein mit den roten Katze 88; Lisan und der gelbe Drache 88; Franziskus, der Klabautermann, M. 89; Die verdächtige Villa 00; Mein Verkehrsbilderbuch 01; Spiele für unterwegs 01; Geisterstunde im alten Gutshaus 02; Dein Auftrag in der unheimlichen Villa 03, alles Kdb. – **MV:** Am Montag kommt Maria 76; Eine Badewanne f. Balthasar 78. (Red.)

Bruckböck, Eva (geb. Eva Fuchs), Buchhändlerin; Grünburgstr. 20a, A-4060 Linz-Leonding, Tel. (07 32) 68 28 86 (* Linz 4. 9. 37). Autobiogr. Erz. – **V:** Auf ins Schlaraffenland. Kindertransport in die Schweiz 1945 00. (Red.)

Brucker, Philipp, Dr. phil., Oberbürgermeister a. D.; Bertholdstr. 31, D-77933 Lahr/Schwarzw., Tel. (0 78 21) 2 36 79 (* Lahr/Schwarzw. 2. 9. 24). Muettersproch-Gesellschaft; Lyr., Erz., Mundart-Lyr., Mundart-Erz., Journalist. Arbeit. – **V:** 's Wundrgigli 65, 80; 's Danzknöpfli 67, 77, beides Geschn. i. alem. Mda.; Wo gehen wir hin? Aus d. Handakten e. Oberbürgermeisters 74, 77; Gestern u. Heute, Ein Gang durch d. Lahrer Altstadt 78, 82 (engl. 79, franz. 80); Wohin gehen wir jetzt? Neues aus den Handakten 81, 82; Striwili, Geschn. i. alem. Mda. 82, 85; Der blühende Traum. E. Heimatb. 83; Jo, Pfiffedeckel 84, 90; Schlaudrikauz 86, beides Geschn. i. alem. Mda.; Sparifandili 89; Brücke zur Heimat, Geschn. 91; Ritscherli 92; Ringkiisili, Geschn. in alem. Mda. 96; Von Schachteln und Schächtili, 2. Aufl. 99; Alleritt. Gschichtli vun geschtert un hit 01; Ihr liäwi Lit 03. – **MV:** 2 Bildbde. üb. d. Stadt Lahr 64, 69. – **P:** D'Gälfiässler un de Brucker 79, 80; Jo, Pfiffedeckel, Geschn. u. G. 94; Fir d'Wihnachtszit, m. René Egles, Geschn., G. u. Lieder 00; D'Zit isch do, m. dems., Geschn., G. u. Lieder 01. (Red.)

Bruder Grimm s. Brunke, Timo

Bruder Manfred s. Heller, Manfred G. W.

Bruder, Herta Anna Natalie (Ps. Natalie Anthes), Dr. med., Ärztin i. P.; Hansjakobstr. 23, D-79117 Freiburg/Br., Tel. (07 61) 70 12 71 (* Limburg 5. 11. 21). GEDOK; Rom., Erlebnisbericht. – **V:** Ein Stück Speck für Frau Doktor 86, 92 (auch Blindenhörb.); Sie waren wie Blätter im Wind, R. 87; Mach mal Pause, Frau Doktor 88, 91. – **MA:** Beitr. in Prosa-Anth. u. zahlr. Zss. u. Ztgn. (Red.)

Bruder, Karin (Karin Tittes-Bruder), Dipl.-Ing. Garten- u. Landschaftsarchitektur; Tulpenstr. 19, D-76337 Waldbronn, Tel. (0 72 43) 52 63 26, *info@ KarinBruder.net*, *www.karinbruder.net* (* Kronstadt/ Siebenbürgen 4. 8. 60). GEDOK Karlsruhe, VS; Frau-Ava-Lit.pr. 07. – **V:** Katzenzauber für Kolumbus, Kdb. 99; Die Erben der Pharaonin, R. 04. (Red.)

Brudermann, Esther A. (geb. Esther Kabus), Theologiestudentin; *esther@brudermann.de*, *www. brudermann.de* (* Frankfurt/Main 19. 6. 69). Jugendb. – **V:** Viel Glück und viel Segen, christl. Lyr. 82. – **MV:** 5 Geschwister – die Endlosgeschichte, m. Dieter B. Kabus 94; Wer befreit die 5 Geschwister? 96; Gangsterjagd im Internet u. a. a. knifflige Geschichten zum Mitraten 00, beide m. Jesko Brudermann. – **P:** 5 Geschwister auf der Abenteuerburg, m. Jesko Brudermann, Brettspiel. (Red.)

Brüchert, Erhard, ObStudR.; Einsteinstr. 34, D-26160 Bad Zwischenahn, Tel. (04 41) 6 97 98, *ebruechert@nwn.de*, *www.erhard-bruechert.de.vu* (* Schlönwitz/Pomm. 25. 3. 41). Schrieverkring 79, Bevensen-Tagung 82, VS 96; Pr. d. Oldenburg. Landsch. f. dt. Kindertheaterst. 79, Pr. d. Schlesw.-Holst. Heimatbundes f. ndt. Kindertheaterst. 82, Freudenthal-Pr. 94, Hans-Henning-Holm-Pr. 96, Borsla-Pr. 03; Hist. Rom., Hoch- u. niederdt. Kinder- u. Jugendtheater, Hörsp., Historien- u. Dokumentartheater, Freilichttheater. Use plattdt. – **V:** Robitur, Jgd.-Theaterst. 78; Nun sag's doch endlich, Sch. 80; Tanker up Schiet, Kinder-Theaterst. 80; Ein Tag im Leben von Martina und Volker, Jgd.-Theaterst. 82; So'n Theater um de Schohkopere! 83; Sneewittchen un de Rockers 83, beides Kinder-Theaterst.; Unser neues Haus, Sch. 85; Das schwarze Brack, hist. Erzn. 87; Treibeis, R. 95; Frostfieber in Friesland,

Brüchmann

R. 99; Franz Fritsch: Weer dat nich 'n Jöd?, UA 99; De Glovens-Striet van Oldersum 01, beides ndt. Dok.-Theater; Börsen-Feewer, Kom. 02; De Nordseewarkers, UA 03; Van Karken, Klocken und Leewde, UA 03, beides ndt. Theaterst.; De halwe Fiskermann, Nn. 04; Platt neben Hoch in der dt. Lit., Interpretationen 07; Dusend Dalers, UA 07; De söte Hex up Gallimarkt, UA 08; Smacht, UA 09; Moorblömen, UA 09. – **B:** Ut mien Hollwäger Jungenstiet, ndt. Lebenserinn. von Georg Willers 80. – **MA:** Heimat 90; Dwarsdär: Dat Schrieverkringbook II 93; Frauenwelten 93; Ostfriesland-Magazin seit 94; Niedersachsen seit 96; Kiek mol 'n bäten in!, Bd 3, pldt. Anth. 99; Spiegelsplitter – Speegelsplitter – Speigelsplitter 07. – **H:** Snacken un Verstahn III 83. – **MH:** Snacken un Verstahn, I 82, II 84. – **R:** Een Stedinger Mönk 82; Dat nie Huus 83; De Negerpaster 83; Wenn Mudder op Arbeit geiht 83; Marathon 86; Ick, Wilhelmine 87; Willemshaben 1918 88; Emigrant in't eegen Land: Ernst Barlach 93; De halwe Fiskermann 97; Börsen-Feewer 01; Elfstedentocht 04; Lütetsburg (RB) 06; Blauwaterseilen (RB) 09, alles Hsp. – *Lit:* Karl Veit Riedel in: Plattdt. Theaterstücke Bd I–III 91–94.

Brüchmann, Ulli (Heinz-Ulrich Brüchmann), Lehrer; Weddelbrook 41, D-24594 Hohenwestedt, Tel. u. Fax (0 48 71) 16 00 (* Erfde 14. 12. 48). Kurzgesch., Lyr. – **V:** Dat ward je ümmer schöner!, Kurzgeschn., Satn., Glossen 98, 00; Dor büst du platt! 00; Vun nix kümmt nix!, Geschn. 02; Wat'n Wunner ok!, Sat. 04; Kiek mal an, de Weihnachtsmann, Sat. 05. – **MA:** Dat hest di dacht; En lütt Licht an'n Dannenboom, beides Anth. – **R:** Hör mal n beten to, Rdfk-Reihe; regelm. Moderator u. Sprecher plattdt. Sendungen, u. a. bei: NDR 1 Welle Nord, N3. – **P:** Dor büst du platt!, Sat. 00; Dat hest die dacht, Sat. 03; Schöne Weihnachten överall, Sat. 04, alles Hörb.-CD. (Red.)

Brück, Schorse s. Bontjer-Dobertin, Elke

Brückbauer, Helga s. Kullak-Brückbauer, Helga

Brücken, Ziska s. Sivkovich, Gisela

Brückl, Reinhold (Ps. Laterne-Schorsch), Schriftst.; Landgrafenstr. 48, D-61350 Bad Homburg, Tel. (0 61 72) 8 42 11 (* Frankfurt/Main 29. 4. 23). Lyr., Prosa, Hist. Schrift. – **V:** U-Bahn Gebuddel am Maa 76; Nix Gewisses waas mer net 76; Gelle, Frankfort is schee 77; Net nur Gebabbel 78, alles G.; E Vertel waam Achtel-geschnitte am Stick, Frankf. Sprüche u. Redensarten 80; Von Herze gern! Frankf. Mda. 83; Lord Blumenkohl und andere Frankfurter Originale 86; Laternche-Laternche, Mda. 91; Sachsenhausen – Von den Anfängen bis 1806 93; Gedruckt und gelesen. Gesch. d. Ztgswesens im heutigen Hochtaunuskr. 97; 100 Jahre Homburger Golf-Club 99. – **MA:** Lachhannes, Mda. 76; Mauern, Lyr. 78; Frankfurter Leut' – fröhliche Menschen 79; Heimat, Lyr. 79; Bürger-Buch-erzählen von Frankfurt 81, alles Anth.; Siegburger Pegasus Jb. 82; Heckeviechel 83; Die Speckschwort 84; Taunus-Kurier, Ztg 89–95; Alt Homburg, Heimatztg seit 89; Lache is gesund! 92; 1200 Jahre Frankfurt am Main, Mda.-Texte 93; Jb. d. Hochtaunuskreises 94, 96–00; Aus dem Stadtarchiv – Homburg im Gedicht 97; Das Jahrhundert im Taunus 99. – **H:** Lino Salinis Frankfurter Bilderbogen 78. – **MH:** Hessisch Herzkloppe, Mda.-Lyr. aus Hessen 79. – **R:** versch. Mundartvortr., Lyr. u. Prosa im Hfk 78–87.

Brückle, Ines Beatrix (geb. Ines Beatrix Kannengießer), Journalistin, Autorin, Lit.-Doz. (VHS); Hans-Böckler-Str. 2, D-95111 Rehau, Tel. (0 92 83) 39 76, ib-brueckle@t-online.de, www.ines-beatrix-brueckle.de (* Kulmbach 2. 2. 60). Anerkenn.pr. d. Stadt Rehau 99; Kinderb., Kurzgesch., Lyr. – **V:** Gedankenbrücken, G. 05; Knollidor und Wippeldi, Kdb. 06; Brückenwelten,

G. u. Geschn. 06; Rent a Oma, Geschn. 07; Mascha Maus, Kdb. 08. – **MA:** RNT, Ztg; Nordbayerischer Kurier; Lydia, Zs.; Literareon Lyrik-Bibliothek, Bde 4 u. 5 05, 06.

Brückner, Horst-U., Rentner; Rehmer Feld 36, D-30655 Hannover, Tel. (05 11) 5 46 38 84 (* Zobten 24. 12. 31). Lyr. – **V:** Esoterische Eingaben, Lyr. 96. – **MA:** Mitarb. an 124 Anth.: – des Haag u. Herchen Verl.: Lyrik-Expedition 3–42 88–07; Anthologie 9, 10, 12, 14–31, 33 88–00; Die Silberschlange 90; Weihnachtsanthologie 91, 93–07; Osteranthologie 93–95, 97, 04, 06; Wir schreibe 94; Pfingstanthologie 96, 98, 05; Im Wind des Lebens segeln. Jubiläums-Anth. 97; Neuen Herausforderungen begegnen 98; Die Unendlichkeit der Gedanken, Bd 1 01, Bd 2 02; Sommeranthologie 03, 04, 08; Worte als Spiegel der Zeit, bis Bd 2 07; – d. Arnim Otto Verl.: Winter-Weihnachts-Anthologie 00–07; Frühjahrs-Anthologie 01–08; Sommer-Herbst-Anthologie 01–08; Freude und Dankbarkeit. Jubiläums-Anth. 03.

Brückner, Julia s. Dieck, Barbara

Brückner, Klaus (Ps. Otto Neubrunn, Pasquino, One, Klab), Lit.wissenschaftler, Publizist, Schriftst.; Neustädter Str. 115, D-98667 Schönbrunn, Tel. u. Fax (03 68 74) 7 02 21 (* Oberneubrunn 15. 3. 52). VS Thür.; Thür. Lit.pr. 97; Prosa, Lyr., Drama, Szenarium. Ue: engl, frz, russ. – **V:** Mitten ins Herz, Feuill. 91; Die Goldpumpe, Erzn. 97; Jackel und Jockel – Ein Briefwexel, Sat. 98/99; Zwischenfall auf östlicher Alm, Dr. 99; Goethe – Eine Suche, Ess. 99; Die Zeit hinter den Ringen, R. 00; Der Karolinenmann, Ess. 00; Die Bernsteinhexe, Dr. 00. – **MA:** Hildburghausen und die Hildburghäuser 98; Hildburghäuser Lesebuch 99. – **F:** Die Jagd nach dem Meteor, n. Jules Verne 98; Der Schläfer, n. Walter Kolbenhoff 98. – **Ue:** G. von: Paul Valery, Charles Baudelaire, Ossip Mandelstam, Alexander Puschkin, T.S. Eliot, Dylan Thomas, Kenneth Patchen, Robinson Jetters. (Red.)

Brücksken, Harald F. *

Brüggebors, Traute s. Dittmann, Traute

Brüggemann, Gaby, Kulturmanagerin, Journalistin, Autorin; Martin-Treu-Str. 6, D-90403 Nürnberg, Tel. (09 11) 2 44 76 35 (* Düsseldorf 24. 3. 60). – **V:** Von wegen Freiheit und Abenteuer, Geschn. 99. (Red.)

Brüggemann, Hermann Josef, Dipl.-Päd.; Schulstr. 22, D-32791 Lage/Lippe, Tel. (0 52 32) 6 78 07, brueggemann@miraculo.de (* Paderborn 4. 4. 52). Lyr., Gedankentext. – **V:** Liebe dein Leben 85, veränd. Neuausg. 99; Friede im Herzen, 1.u.2. Aufl. 86; Wege zum Licht 88, 2. Aufl. 90; Lebenslinien 90; Höre die Stille 91, 4. Aufl. 97; Du bist die Quelle 92, 2. Aufl. 96; Schritte zu dir 93, 2. Aufl. 94; Neige dein Herz 94; Danke dem Tag 95, 2. Aufl. 96; Liebe dein Leben, Postkartenb. 95, 2. Aufl. 96; Folge dem Fluß des Lebens 96; Vertraue dem Herzen 97. (Red.)

Brüggemann, Ursula; Alexianergraben 44, D-52062 Aachen, Tel. (02 41) 2 06 58 (* Bochum 27. 11. 25). IGdA. – **V:** Das Leben tanzt 98; Wie die Wasser aller Meere 99; Jahre wie ein Tag 99; Eine starke Brise Glück 01, alles G.; Schüsse am Tantallon Castle, Krim.-Geschn. 01; Wandervögel, Geschn. f. Kinder 02. (Red.)

Brüggen, Franziska (Ps. Leanky), Schülerin; Paulstr. 25, D-49509 Recke, Tel. (0 54 53) 79 96, Leanyka_kreativ@web.de (* Berlin 31. 7. 89). – **V:** Mein Reich der Lyrik 06. – **MA:** Anth.: Sehnsucht nach Griechenland, Lyr. 06; Bibliothek Dt.sprachiger Gedichte IX 06; Farbenfroh, Lyr. 07; Liebe in all ihren Facetten, Lyr. 07; Uferlos, Bilder u. G. 07; Wolfszauber, Kurzgeschn. 07; Sternenstaub, Kurzgeschn. 07; Abschied und Neu-

beginn, Erzn. 07; 10 Minibücher, Erzn. 07; – Kurzgeschichten, 7/06 u. 3/07.

Brügger, Margret, Dr. phil., StudDir.; Rabenkopfstr. 46, D-81545 München, Tel. u. Fax (0 89)
64 87 09, *margret.bruegger@gmx.de, margretbruegger.*
de (* Emden 20. 7. 27). Lyr., Märchen, Kurzgesch. – V:
Im Augenblick Sein, Lyr. 80; Die Blaue Hand, Lyr. 83;
Märchen vom dicken Drachen und anderen Tieren 93;
Traumwege ins Licht, 1. F. 95; Venezianische Masken,
Erzn. 01; Sieg ohne Gewalt, Erzn. 02; Lichtblicke 05;
Winterlicht 06; Steine und Kronen 07; Die Schlange
mit den goldenen Flügeln 07; weggehen – Weg gehen
07; Bäume 07, alles Erzn. u. Lyr. – **MA:** Die Märchen-
zeitschrift; Lichtforum. – **P:** Winter- und Weihnachtsmärchen, CD 02.

Brügmann-Eberhardt, Lotte (Ps. Lotte Droste, Lot-
te Brügmann, Lotte Eberhardt), Journalistin, Schriftst.;
Schillerstr. 3, D-24116 Kiel, Tel. (04 31) 55 31 91,
lottebruegmann@yahoo.de, www.lottebruegmann.de
(* Dortmund 1. 2. 21). Schriftst. in Schlesw.-Holst.,
Frau u. Kultur, Euterpe Lit.kr., NordBuch, Schlesw.-
Holst. Heimatbund; Lyr., Märchen, Nov., Erz., Rom.,
Jugendb., Ged. – **V:** Grauvöglein, G.; Die bunte Wiese,
Erzn.; Das zerstörte Gesicht, R. 54; Das Sterneneng-
lein, M. 54, 94; War es nicht doch ein Schritt vom
Wege? 54; Mit deinem Bild im Herzen 55; Es wird
ja alles wieder gut 55; Es gibt noch einen Weg zu-
rück 55; Für deine Liebe danke ich dir 55; Kann ein
Herz so lügen? 55; Die Würfel sind gefallen! 56; Die
Halligfriesin 56; Der Weg der Dethleffsenfrauen 56;
Susanne hält nichts von der Liebe! 56, alles R.; Ihre
Schuld war Liebe 57; Ein Grab in fremder Erde 57;
Nur die Nacht sah ihre Tränen 58; Vertrau, wenn du
liebst 58; Das unselige Erbe derer v. Waldern 58; Bei
mir bist du geborgen 58; Verzeih Inka 60; Spiel mit der
Liebe 60; Dornenvoller Weg zum Glück 60; Wenn die
Liebe lügen muß 61; Das Probejahr der Liebe, R. 61;
Du sollst nie wieder Angst haben, R. 62; Bedenk, was
du versprichst, R. 63; Das Leben spielt oft sonderbar,
R. 64; Dornenvoll ist oft der Weg zum Glück, R. 64;
Liebe ist kein Unglück, R. 65; Ein Licht entzünden 84,
5. Aufl. 93; Ein bunter Kranz 85, 3. Aufl. 92; Der Tag
ist nicht nur grau 87, 4. Aufl. 93; Schmetterlinge 89,
2. Aufl. 91; Schmetterlinge fliegen noch, Kurzgeschn.
89, 2. Aufl. 98; Unter jedem Dach 91, 2. Aufl. 95; Rast
am Wegesrand 93; Das alles ist Leben 96; Wat schast
dorto seggen? 98; Wie schillernde Falter, G. 98; Lächeln ist wie Sonnenschein, Kurzgeschn. 00, Tb. 02;
Fröhlich geht's besser, Erzn. 04; Lütt beten Sünnschien
04; Im Jahreskreis, Kurzgeschn. 06; Laat di nich ünner-
kriegen, Geschn. 06; weitere 90 Heftromane 65–96. –
MA: Städte in Schleswig-Holstein 72; Schriftsteller in
Schleswig-Holstein 80; Musik, e. Leseb. 80; Soli Deo
Gloria 85; Eutiner Klenner 86, 88–98; Zeig mir einen
Narren 87; Lebendiges Alter 90; De Tieden ännert sick
91; Jahrbuch für Schleswig-Holstein 95–00; Bei uns in
Norddeutschland 98; Dichten aus dem schönsten Winterwetter
98; Reihe: Geschichten aus Norddeutschland 98–00;
Adventsgeschichten 99; Sommer, Sonne, Strand und
Mehr 00; Weihnachtsgeschichten 00; Lütt beten Spaaß
01; Vergnöögte Wiehnachten 01; Schleswig-Holstein
04/05; Jb. f. Schleswig-Holstein 01–05; Advents- u.
Weihnachtsgeschichten 03; Weihnachten steit vör de
Döör 04; Heute wir, morgen Ihr 06; Es ist so schön, das
Leben 06; Liebe in allen ihren Facetten 07; Weihnachten
06; weitere 90 Heftromane 65–96. – **P:** Die Welt ist trotzdem schön, Geschn., CD
u. Tonkass. 99; Dat is mi upfulln, pldt. Erzn., CD u.
Tonkass. 07. – *Lit:* 52 Wochen-Autoren, Kieler Kultur-

telefon 79; S. Kohlung in: Kieler Nachrichten v. 1.2.06;
B. Mienkus-Lange in: Kieler Express v. 4.2.06.

Brühl, Brigitte s. Bee, Brigitte

Brühl, Marcus, M. A., Schriftst.; Spandauer Str.
2, D-10178 Berlin, Tel. (0 30) 4 64 32 50, *bruehl*
@henningstadt.de, www.henningstadt.de (* Siegen
4. 11. 75). NGL Berlin, der zirkel; Treffen Junger Autoren 93, 95; Rom., Lyr., Erz. Ue: engl. – **V:** Atemlicht
geräuschlos, G. 98; Henningstadt, R. 01; Lars, Geschn.
03; Spielzeug, G. 06. (Red.)

Brühl, Ruth (geb. Ruth Gellissen); Friedrich-
Schmidt-Str. 18, D-50931 Köln, Tel. u. Fax (02 21)
40 12 57 (* Mönchengladbach 17. 2. 27). Literat. Ges.
Köln 98; Lyr. – **V:** Ruth Brühl und Eva Degenhardt, ein
neuer Tag 89; Flügelschlag 91; Echolot 93; Rasterpunk-
te 97; Saumpfad 00; Brandung 03; Landeinwärts 07. –
MA: Wortnetze 88, 90, 91; Autorinnen u. Autoren in
Köln 92; Jb. f. d. neue Gedicht 95; Die besten Gedichte 07. – *Lit:* Lit.-Atlas NRW 92; Schriftst. am Niederrhein 00.

Brühlmann-Jecklin, Erica (geb. Erica Jecklin),
M. Sc., Psychotherapeutin SPV, Schriftst., Liedermachi-
cherin; Urdorferstr. 69a, CH-8952 Schlieren, Tel. (0 44)
7 30 17 39, Fax 7 31 15 81, *ebj@hispeed, www.ebj.ch.*
Praxis: Uitikonerstr. 9, CH-8952 Schlieren (* Küblis/
Graubünden 30. 7. 49). AdS, P.E.N.-Club Schweiz;
Lit.pr. d. Stadt Luzern 86, Werkauftr. d. Stift. Pro Helvetia 88; Rom., Lyr., Erz., Sachb., Fachb., Lied. – **V:**
Kinder in der Bibel, Musical 83; Irren ist ärztlich, R.,
1.u.2.Aufl. 86, Tb. 90; Balz und Bettina, Kdb. 87,
94 (jap.); Vogelbeeren, Erzn. 89; Amalgam-Report 90,
2. Aufl. 93; Das Schwesterkreuz nicht mehr ertragen,
hist. R. 91, 2. Aufl. 94; Ümit wil in Doktor werden,
Kdb. 97; Wolkenkind – Björns Vermächtnis, Sachb. 01,
Tb. u. d. T.: Wie im freien Fall 07; 2 Fachb. u. mehrere Fachart. – **MV:** Ich lese sehr gerne, m. Marco Müller, Lebensber. 01, 2. Aufl. 02; halb so rosig, m. Therese Thalmann, Erz. 05; Januarkälte, m. Michael Lusten-
berger, Erz. 06. – **MA:** gredt u gschribe 87; Behinderte Menschen in Kirche und Gesellschaft 88; Schweizer
Liedermacher 90; Schreiben in der Innerschweiz
93; friz spezial. Schweizer AutorInnen schreiben zum
50-Jahr-Jubiläum d. Schweizerischen Friedensrates 95;
Kulturmag., Nr. 114 96; Das Spiel mit der Erde 97;
PEN-Anth. 98; Barfuss über die Erde. 100 Songs zur
Natur u. Umwelt 00; Kindheit im Gedicht 02; Ein vertrauter, silberheller Klang 02; Die Beufsberatung. Panorama Spezial 03; Neue Wege 3/04. – **P:** Stägetritte,
m. and., Schallpl. 80; Wenn d' mi verschtasch 83; Zä-
trume 87, beides Schallpl. u. Tonkass.; Jä Jesus uf
em Bärg, Kindermusical, Tonkass. 91; Un pocchetino –
es birebitzeli, CD 93; Trio „SAITENsprung ARTiger
Frauen": Sprüng, Tonkass. u. CD 97, 05, läbesluschtig –
läbeslaschtig, CD 01. – *Lit:* B-Kalender 81; Schriftstellerinnen d. dt. Schweiz 85; Lex. d. SSV 88; Schreiben
in der Innerschweiz 93; Schreiben + Illustrieren, Lex.
98; Dt. Schriftst.lex. 02; s. auch 2. Jg. SK.

Brüll, August s. Schrey, Helmut

Brümmer, Maria (geb. Rosina Maria Wagner), Autorin, Hausfrau; Lortzingstr. 5, D-71640 Ludwigsburg,
Tel. (0 71 41) 8 14 48 (* Bühlerzell 23. 8. 18). Lit. Ver.
Ludwigsburg, Literar. Gesprächskr. Ludwigsburg 93,
Forum Lit. Ludwigsburg 98; Lyr., Erz. – **V:** Vom kleinen Mariele zur jungen Mutter 92; Die Kinder aus der
Lortzingstraße 92; Ludwigsburg und Gschichde drom
rom 94; Hosch des au schon ghört?, G. 96; Venezianisches Treiben in Ludwigsburg, Gesch. 98; Der Geiz-
kraga 01. – **MA:** Was für ein Glück 93; Reisegepäck 3
94–95; Für Senioren und die es noch werden 95 VII;
Dok. lebensgeschichtl. Aufzeichnungen 98; Märchen-

Brüning

haftes aus Ludwigsburg 99; Ludwigsburger Spaziergänge 00; Lebensläufe, Frauen erzählen von ihrem Leben; Ludwigsburg erzählt, Geschn. aus unserer Stadt; Ludwigsburger Geschichtsblätter; Ludwigsburg mit einem Lächeln; Ludwigsburg tanzt; Mein Name ist Ludwigsburg einfach nur Ludwigsburg; Wortstark 5; Dorothea Muthesius (Hrsg.): Schade um all die Stimmen 01; Ludwigsburger Schlossgeschichten 04; mehrere Back- u. Kochb.; zahlr. Veröff. in Ztgn, u. a.: Ludwigsburger Wochenbl.; Ludwigsburger Ztg; Stuttgarter Nachrichten; Stuttgarter Ztg; Heilbronner Stimme, Leonberger Ztg; Sachsenheimer Ztg; Kornwestheimer Ztg; Marbacher Ztg; Bietigheimer Ztg; Schwäb. Haller Tagbl. – **R:** Beitr. im Stadtradio Ludwigsburg 94–95; Märchentante im Blühenden Barock, Fs.-Sdg (SWR) 99. (Red.)

Brüning, Barbara (geb. Barbara Haase), PD Dr., Hochschullehrerin, Verlegerin, Autorin; Langenjären 20a, D-22339 Hamburg, Tel. (0 40) 5 38 72 71, Fax 5 38 36 71, *barbara@bruening-hamburg.de*, *www. bruening-hamburg.de* (* Leipzig 29. 8. 51). VS 03; Kinder- u. Jugendb., Biogr., Sachb. Ue: engl, russ. – **V:** Fredericks Traum 86; Der Tag ist eine Honigblüte 86; Mit dem Kompass durch das Labyrinth der Welt, wiss. Veröff. 90; Nicki sucht das Ende des Himmels 93 (auch frz.); Ethik Klasse 1, Lehrb. 96; Ethik Klasse 4, Lehrb. 96; Wenn das Leben an Grenzen stößt, wiss. Veröff. 00; Methoden u. Medien d. Philosophierens, wiss. Veröff. 03; Kleines Lex. großer Philosophinnen u. Philosophen 04, u. a. – **MV:** u. **MH:** Ethik Klasse 8/9 97; Ethik Klasse 9/10 98. – **MA:** Zss.: Ethik u. Unterricht; Zs. f. Didaktik d. Philos. u. Ethik 1/95, 1/97; Der Kindergarten, 85. Jg. 95 (Zürich); Beiträge Jugendlit. 2/98; Religion heute 3/99; Ästhetik d. Kinder 99. – **H:** Der Zauberteig u. a. Geschichten für Kinder 88; Philosophieren mit Kindern, wiss. Veröff. 96; Philosophinnen-Sprüche 03; – Lehrbücher: Staunen, fragen, die Welt begreifen, Lehrb. 00; Denken, träumen, weiterdenken 00; Vom Sinn u. Zweck d. Welt 03; Philosophische Ethik 04, u. a. – **R:** Anja im Baum – Was soll ich tun? 87; Jetzt reden Kinder (Mitarb.) 93. – **Ue:** Ronald Reed: Rebeccas Gedanken 86; Konstantin Kolenda: Ethik für die Jugend 86; Naum Blodski: Manche Töne schwingen leise 96. – *Lit:* R. Schmolling in: Buch u. Bibliothek 5/86; Hans-Peter Mahnke in: Ethik u. Unterricht 4/00; s. auch 2. Jg. SK. (Red.)

Brüning, Elfriede (gesch. Elfriede Barckhausen), Red.sekretärin; Koppenstr. 62, D-10243 Berlin, Tel. (0 30) 2 01 23 14 (* Berlin 8. 11. 10). SV-DDR, VS, GE-DOK, NGL Berlin; Goethe-Pr. d. Hauptstadt d. DDR 80, Lit.pr. d. DFD 81, Kunstpr. d. FDGB 83; Rom., Erz., Fernsehsp., Dramatik, Rep. – **V:** Und außerdem ist Sommer, R. 34, 04; Junges Herz muß wandern, R. 36; Auf schmalem Land, R. 38; Die Umkehr. Das ist Agnes, Erzn. 49; Damit du weiterlebst, R. 49, 96 (auch tsch., poln., ung.); Ein Kind für mich allein, R. 50, 03; Vor uns das Leben, R. 53; Regine Haberkorn, R. 55, 74; Gabriele, Tageb. 56, 72; Rom hauptpostlagernd, R. 58, 61 (auch ung.); Sonntag, der Dreizehnte, R. 60, 61; Wege und Schicksale, lit. Porträts 62; Die Heiratsanzeige, Lsp. 65; Kinder ohne Eltern, Rep. 68; Kleine Leute, R. 70, 03; Jasmina und die Lotosblume, Kdb. 73, 86; Septemberreise, Erz. 74, 04; Hochverrat, Bü. 75; Zu meiner Zeit 77, 81; Partnerinnen 78, Tb. 82, 87 (auch bulg. u. als Hörkass.); Wie andere Leute auch, R. 83, 86 (bulg.); Altweiberspiele u. a. Geschichten 86; Lästige Zeugen, Tonbandgespräche 90; Kinder im Kreidekreis, Rep. 92; Und außerdem war es mein Leben, Autobiogr. 94, Tb. 98, Großdruck 04; Jeder lebt für sich allein. Nachwende-Notizen 99; Spätlese, Erzn. 00; Zeit-Besichtigung. Reportagen u. Feuill. aus 7 Jahrzehnten

03; Gefährtinnen. Portraits vergessener Frauen 04; Gedankensplitter 06; Ich mußte einfach schreiben. Briefwechsel m. Zeitgenossen 1930–2007 (hrsg. v. Eleonore Sent) 08. – **MA:** Hammer und Feder 55; Des Sieges Gewißheit 59; Tapferkeit des Herzens 61; They lived to see it 63; Auskunft. Neue Prosa aus der DDR 74; Dyzur w niedziele 75; Frauen in der DDR, Tb. 76; Robert, Tb. 84; Barbara, Tb. 85; Jetzt. 50 Geschn. vom Alltag 86; Nenne deinen lieben Namen 86; Wendezeiten 97 (auch als Dok.film). – **F:** Szenarium zu: Ein Mädchen u. zwei Romane 88, 03. – **R:** Rom, via Margutta, Fsp. 63; Nach vielen Jahren, Fsp. 65; Frauen, die anders sind – Lesbische Frauen (WDR) 87; Alte Menschen in der DDR (WDR) 87; Der Widerspenstigen Zähmung – E.B. bei Biolek 90. – *Lit:* Ursula Steinhaußen in: Zu meiner Zeit, Ausgew. aus 4 Jahrzehnten 77; Elisabeth Simons: Eigenes Erleben von d. Seele schreiben / Interview mit E. B., beides in: Weimarer Beitr. 4/84; Walther Killy (Hrsg.): Literaturlex., Bd 2 89; „Ich wollte immer nur schreiben", Filmporträt v. Tille Ganz 06.

Brüning, Tanja (geb. Tanja Moll), gelernte Floristin, z. Zt. Hausfrau; Im Brennholt 10, D-44805 Bochum, Tel. (02 34) 9 26 63 14 (* Bochum 19. 2. 65). Lyr., Gesch. – **V:** Poesie der Sinne, G. 07; Abenteuer auf dem Wanderweg, Gesch. 07; Kids schwingen den Kochlöffel für märchenhafte Kochrezepte 07; Wir lernen spielerisch das ABC mit märchenhaften Reimen 07; Wie einst die Römer baden gingen 08. – **MA:** Jb. f. d. neue Gedicht 05, 06, 08; Bibliothek dt.spracliger Gedichte 06; Mohland Jb. 06, u. a.

Brünjes, Hermann, Diakon; Küsterweg 2, D-29582 Hanstedt, Tel. (0 58 22) 28 29, Fax 28 22, *HBruenjes@t-online.de* (* Osterholz-Scharmbeck 11. 9. 51). – **V:** Oliver. Biblische Geschn. von heute, Biogr. 98; Godavari. Biblische Geschn. von heute, Indien-Erzn. 99. – *Lit:* s. auch SK. (Red.)

Brugger, Jürgen, Dipl.-Päd.; Bonifaciusstr. 2, D-99084 Erfurt, Tel. (03 61) 7 89 67 57u. 2 22 90 06, *bruggi57@gmx.de*. Klettbacher Weg 20, D-99102 Rohda am Haarberg (* Erfurt 17. 11. 57). Lyr. – **V:** Ge(b)(k)(sp)rochenes Wort. Dienstgeheimnisse e. Träumers 05; Im Lampenschein. Diverse Verse 07.

Brugger, Karla s. Dillenburger, Ingeborg

Brugger, Veronika, Rentnerin; Im Hintereck 9, D-67753 Relsberg, Tel. u. Fax (0 63 63) 16 13 (* Wiblishauserhof/Günzburg 18. 4. 34). Lyr., Erz. – **V:** Zum Nilpferd sprach das Pferd im Heu, Sprüche 98; Koljas Stern, Erz. 02.

Bruggey, Jürgen, Dr. rer. nat.; Römerstädter Str. 4e, D-86199 Augsburg, Tel. (08 21) 90 60 30, Fax 9 06 03 33, *brugger-geotec@t-online.de* (* München 14. 3. 38). Kurzgesch. – **V:** Kurths Geschichten und Kurzgeschichten 04. (Red.)

Bruhin, Anton, Maler, freischaff. Künstler, Musiker, Schriftst.; Bahnhofstr. 1a, CH-8862 Schübelbach, Tel. u. Fax (0 55) 4 40 32 56 (* Lachen/SZ 6. 4. 49). Anerkenn.pr. d. Kt. Schwyz 99, E.gabe d. Kt. Zürich 05, versch. Kunststip.; Lyr., Lied. – **V:** Alfred Bruck, Vn. 68; Rosengarten & Regenbogen, G. 68; Gott lebt!, Anekd. 69; 11 Heldengesänge & 3 Gedichte 77; Spiegelgedichte und weitere Palindrome 1991–2002 03; Reihe hier. 500 Typogramme u. 10.000 Palindrome 05. – **MA:** Zwischen den Zeilen 13/99; Orte 04. – **H:** St. Wittwer: Komm lieber Mai, Lyr. 69; Beck: Songs of The Revolution, Lieder 69. – **R:** Reittier, Hörst. 08. – **P:** Vom Goldabfischer 70; rotomotor 78; 11 Heldengesänge & 3 Gedichte, CD 03; Singende Eisen, Spangen und Gleise, m. Bodo Hell, Michel Mettler u. Peter Weber, CD 07; Komponist u. Interpret von zahlr. LP- u. CD-Publikationen. – *Lit:* Trümpi – Anton

Bruhin, der Maultrommler, e. Kinofilm v. Iwan P. Schumacher 00; DLL, Erg.Bd II 94.

Brumme, Christoph D., Schriftst.; c/o Geisel, Winsstr. 29, D-10405 Berlin, Tel. (0 30) 4 44 69 42, *honigdachs@christophbrumme.de, www. christophbrumme.de* (* Wernigerode 11. 11. 62). Stip. d. Dt. Lit.fonds 96, 00 u. 04, Aufenthaltsstip. Villa Concordia Bamberg 98/98, Arb.stip. f. Berliner Schriftst. 08; Rom. – **V:** Nichts als das, R. 94; Tausend Tage, R. 97; Süchtig nach Lügen, R. 02. – **MA:** Prosa u. Ess. in Anth. u. Zss., u. a. in: Freibeuter, H.53 92; BAR-GELD-LOS (Konkursbuch 31) 96; Wenn der Kater kommt 97; Akzente 98; Die Stadt nach der Mauer 98; Die WELT v. 17.7.99. (Red.)

Brun, Dominik, lic. phil., Schriftst., Gymnasiallehrer; Chleygandli 1, CH-6390 Engelberg, Tel. (0 41) 6 37 18 55, *dominikbrun@gmx.ch* (* Entlebuch 21. 8. 48). ISSV 78, Präs. 85–97, Gruppe Olten 79–02, AdS 03; Lit.förd.pr. d. Kt. u. d. Stadt Luzern 79, Anerkenn.pr. d. Stadt Luzern 78, 1. Rang im Einakter-Wettbew. anlässl. d. 800-J.-Feier d. Stadt Luzern, Stip. z. Ingeborg-Bachmann-Pr. 81, Zentralschweizer Publikumspr. f. Lit. 98, Werkjahr in London d. Stift. Landis u. Gyr 02; Drama, Rom., Hörsp., Lyr. – **V:** Puurechrieg, Stück m. Dok. 77; Notlandung im Entlebuch, R. 81; Die Höhlenfrau, R. 87; Die Garnspinnner, R. 90; Der fliegende Heuwender, Jgd.-Gesch. 91; Die Nacht, da mein Vater starb, Erzn. 03; ahnungslos, R. 04. – **MA:** Klagenfurter Texte 81; Geschichten 95; Das fünfte Zimmer 03. – **R:** D Abtriibig, Hsp. 74. (Red.)

Brun, Georg (geb. Georg Liebler), Dr.; c/o Bayer. Staatsmin. f. Wissenschaft, Forschung u. Kunst, Salvatorstr. 2, D-80333 München, *Georg.Brun@stmwfk. bayern.de* (* München 10. 1. 58). Kogge, Vorst. d. Dt. Schillerstift. v. 1859; Förd.pr. d. Freistaates Bayern 89, Stip. Casa Baldi/Olevano 97; Rom., Dramatik. – **V:** Das Vermächtnis der Juliane Hall, R. 88, 02; Der gläserne Mond, R. 90, 93; Leben und Werk von Heinrich Mitteis, Biogr. 91; Im Vogel singt auf Mykonos, R. 92; Fackeln des Teufels, R. 98, UA 99; Das Vermächtnis der Katharer, R. 00, 02; Das Engel der Kurie, R. 02; Der Augsburger Täufer, R. 03; Der Magier, R. 06. (Red.)

Brun, Marcel s. Villain, Jean

Brune, Bert; Steinbrecher Weg 24, D-51069 Köln, Tel. (02 21) 8 69 82 40, *bertbrune@yahoo.de* (* Büren/ Westf. 24. 4. 43). VS 95; Rom., Lyr., Erz. – **V:** Südstadt-Idylle, G. 85; Kölner Streuner 86; Barbara 87; Südstadt-Blues 87; So weit, daß du die Träume lebst, R. 89; Der lange Weg 92; König der Südstadt, R. 93; Cappucino, G. 95; Der Aquarellist, R. 98; In Omas Läubchen, G. 00; Rotwein, G. 00; Die Krümel auf dem Tellerrand, R. 01; Eine Runde um den Block, Erz. 07. – **MA:** Wörter sind Wind in Wolken, Anth. 00; Nord West Süd Ost, G. 03. – **H:** Kölner Bucht, Leseb. 90.

Bruners, Wilhelm, Dr. theol., Priester, Doz. u. Leiter d. Bibelpastoralen Arbeitsstelle Jerusalem; P.O.B. 19600, IL-91194 Jerusalem, Tel. (02) 6 27 46 36, Fax 6 27 14 72. Labbèstr. 9, D-41169 Mönchengladbach (* Meschede 4. 6. 40). Lyris – Dr. Lyr. aus Israel, Jerusalem, VG Wort; Lyr. – **V:** Schattenhymnus 89; Und die Toten laufen frei herum 94; Verabschiede die Nacht 99; Das Gespräch mit dem Engel 02. – **MV:** Großer Gott klein, m. O. Berg u. Th. Villiger 93; Und es kam die Zeit, m. Wolfgang Schwarz 00; Sich erzählen lassen, m. Waltraud Griesser 02. – *Lit:* s. auch 2.Jg. SK. (Red.)

Brunetto d'Arco s. Haueter, Bruno

Brunke, Timo (Ps. Bruder Grimm, Martha Schlesinger, Reimelinchen); Versdichter, pathetischer Kabarettist; Alte Weinsteige 1B, D-70180 Stuttgart, Tel. (07 11)

6 01 97 27, *brunke@timobrunke.de, www.timobrunke. de* (* Stuttgart 11. 3. 72). Kabarettdichtung, v. a. in Versen, Liedtext, Libr. – **V:** Erpichte Gedichte – Lyrische Pfirsische 96; Die Läuterlabe, Versrevue 97. – **P:** All das. All diese Dinge, CD 06. (Red.)

Brunn, Clemens, Germanist, Dr. phil.; Am Lindenbrunnen 15, D-69493 Hirschberg, Tel. (0 62 01) 9 59 99 30, *clemens.brunn@web.de* (* Würzburg 15. 1. 68). Prosa. Ue: engl. – **V:** Der Ausweg ins Unwirkliche 00. – **MA:** zahlr. Beitr. in Lit.zss. u. Anth., u. a.: ndl 2/97; aussen und innen 97; Erostepost 21 99; Der Dreischneuß 6 99, 12 02; Fluchtzeiten 02; Jenseits des Hauses Usher 02. – **Ue:** Eric Burdon: My Secret Life, Autobiogr. 04.

Brunner, Brigitte s. Conte, Letizia

Brunner, Elmar, Schauspieler u. Regisseur; St. Antönienweg 7, CH-7000 Chur, Tel. u. Fax (0 81) 2 53 54 23, *headline-studio@deep.ch* (* Domat/Ems 25. 7. 51). – **V:** Der Geschlechterkampf, Musical 85; In die hohle Hand gesagt, G. 95; Gegawind 97; Generation 99, beides Musicals; Bannholz, Bst. 01; Ufbruch, Musical 03; Die Erlöser, Bst. 04. (Red.)

Brunner, Erika, ObStudR. i. R., Prädikantin d. ev. Kirche; Seyberstr. 3, D-65191 Wiesbaden, Tel. (06 11) 56 14 11 (* Darmstadt 25. 4. 32). Lyr., Biogr., Rom., Drama. – **V:** Poetische Paradiese, Lyr. 96; Der tragische König, Biogr. 98, 3. Aufl. 02. – **MV:** Herrlichkeit und Tragik eines Märchenkönigs. m. Peter Glowasz u. Sunhild Hopfgartner, hist.-biogr. Diskussion 03, 04. – **P:** Herrlichkeit und Tragik eines Märchenkönigs, m. and., 3tlg. Hörb.-Serie 00–02. – *Lit:* s. auch 2.Jg. SK. (Red.)

Brunner, Helwig, Dr. Mag. Mag.; Körblergasse 57/45, A-8010 Graz, Tel. (03 16) 35 16 50 13, *helwig. brunner@gmx.at, www.helwigbrunner.at.* (* Ökoteam, Bergmanngasse 22, A-8010 Graz, Tel. (03 16) 35 16 50, Fax 3 51 65 04 (* Istanbul 20. 11. 67). GAV, Podium; Forum Stadtpark-Lit.förd.pr. 92, Lit.förd.pr. d. Stadt Graz 93, Nachwuchsstip. f. Lit. d. BMfUK 94, 3. Pr. b. Lyr.wettbew. d. Akad. Graz 95, 2. Pr. b. Lyr.-wettbew. d. Akad. Graz 98, 1. Pr. b. Ess.wettbew. d. Akad. Graz 99, Ernst-Meister-Pr. (Förd.pr.) 01, eroste-post-Lit.pr. 03, Autorenprämie d. BKA 03, Reisestip. d. BMfUK 08; Lyr., Prosa, Ess. – **V:** Gelebter Granit, Haiku, Senryu, Tanka 91; Auf der Zunge das Fremde, G. 96; Gehen, schauen, sagen, G. 02; Aufzug oder Treppe, G. u. Anagr. 02; grazer partituren, G. 04; Rattengift, Erzn. 06; Nachspiel, R. 06; Die Zuckerfrau, R. 08; Süßwasser meinen, G. 08. – **MV:** Dichterpaare: Helwig Brunner und Anna T. Szabó, G. 08. – **MA:** Jb. d. Lyrik 04, 06, 07; Lyrik von Jetzt 03; New European Poets 08; zahlr. Beitr. in Lit.zss., u. a.: manuskripte; Lose Bll.; edit; Sterz; Ostragehege. – **MH:** TON-SATZ. Schnittstellen zur Literatur in Musik, m. C. Wiesenhofer 05; Lichtungen, m. Werner Fenz, Markus Jaroschka, Georg Petz u. Nicole Scheiber, Zs. f. Lit., Kunst u. Zeitkritik (auch MA). – **R:** Beitr. in Lit.sdgn d. ORF.

Brunner, Kristina s. Walter, Dieter

Brunner, Leo, Bäckermeister, Schriftst., Musikproduzent; Meckenhausen A 18, D-91161 Hilpoltstein, Tel. (0 91 79) 61 31, Fax 96 96 42, *leo-brunner@t-online. de* (* Hilpoltstein 24. 12. 64). BVJA; Rom., Drehb. Ue: engl. – **V:** Der Fluch des Chamäleonmörders, Krim.-R. 02, 04. – **F:** Rojal Trash 04 (auch DVD). – **R:** Marie, Fsf. 05 (auch DVD). (Red.)

Brunner, Maria E., Dr. phil., Prof. f. Dt. Lit. PH Schwäbisch Gmünd, Übers., Schriftst.; Pfitznerstr. 13, D-86938 Schondorf, *Elisabrunn@aol.com.* c/o Pädagogische Hochschule Schwäbisch Gmünd, Oberbettringer Str. 200, D-73525 Schwäbisch Gmünd, *mariae.*

Brunner

brunner@ph-gmuend.de (* Pflersch/Südtirol 12. 9. 57). SAV 86, Vors. 87–89, IGAA 89, GAV 96; Pr. b. Kurzgesch.wettbew. d. RAI Senders Bozen, Premio Casentino, Florenz 86, Nachwuchsstip. d. BMfUK f. Lit. 87, Jahresstip. d. Südtiroler Ldesreg. f. Lit. 90, Pr. d. Dok.-stelle f. Lit. in NdÖst. 90, Jahresstip. d. BMfUK 93, Wien-Stip. d. BMfUK 93; Prosa, Rom., Ged., Dramatik, Ess., Feat., Drehb. Ue: ital. – V: Berge Meere Menschen, R. 04; Was wissen die Katzen von Pantelleria, Prosa 06. – MA: ZSS.: Sturzflüge 48/83, 12 u. 13/85, 21/87; Wespennest 62/86; Die Distel 30/87; Drehpunkt 68/87; Inn 7/88; Merian 8/88; Gaismaier-Kal.'88; Eva & Co 89; Perspektive 18/89; Das Fenster 47/90, 54/93, 57/94, 58/95, 64/97; Lit. + Kritik 285/286, u. a.; – ANTH.: Kulturtage Lana 86; Blaß sei mein Gesicht 88; Das Unterdach 88. Abendlandes 88; 20 Jahre brauchbare Texte 89; Zeitgeschichte anders 90; Sah aus als wüßte sie die Welt 90; Häm u. Tücke 90; Schnittpunkt Innsbruck 90; Keine Aussicht auf Landschaft 91; Lit.kal. d. Südtiroler Lit.archivs Bozen 95; Sprich, lies u. schreib 96; Es wird nie mehr ein Vogelbeersommer sein. In memoriam Anita Pichler 98; Leteratura, Literatur, Letteratura 99, u. a. – MH: Sturzflüge, 1.–17. Jg. 71–88; Horizonte, seit 96. – R: mehrere Hfk-Sdgn, zuletzt: Der Tiermensch, Gesch. 90; Rück- u. Wiederkehr d. Bilder, R.auszug 94; Sprich, lies u. schreib, Prosa 97; Bei Polen, Kindergeschn. 97. – Ue: Umberto Gandini: Fremde im eigenen Land, in: Merian 9/87; Luigi M. Lombardi Satriani/Mariano Meligrana: Die Brücke von San Giacomo 96; Vincenzo Consolo: Bei Nacht, von Haus zu Haus, R. 03, u. a. – Lit: Sabine Gruber in: Skolast Nr. 1 86; dies.: Südtiroler Schriftstellerinnen d. Gegenw., Dipl.arb. Innsbruck 88; H.G. Grüning: Die zeitgenöss. Lit. Südtirols 92. (Red.)

Brunner, Peter (Ps. Peter Erni); Brünggen, CH-8483 Kollbrunn, idvbrunner@swissonline.ch (* Berlin 31. 3. 36). Lyr. – **V:** Adagio, Lyr. 83; Die gute Form 83; Geschriebene Landschaft 00; Der Judas-Tag, Tatsachen-R. 02. – **MV:** Querschlank, m. Roland Stiefel, Fotos u. Dreizeiler 88; Transfer, erkennen und bewirken, m. M. Huwiler u. C. Marchand 99. (Red.)

Brunner, Rainer, Autor; Hinterm Holz 17, D-79618 Rheinfelden, Tel. (0 76 23) 48 41, Rai.Zen@t-online.de (* Herten 17. 4. 57). VG Wort 01; Rom., Lyr., Erz., Dramatik, Hörsp., Fernsehsp. – **V:** Menschmal, Lyr. 00. – **MA:** Beitr. in Lit.-Zss., u. a. in: Allmende 70/71 01; Federwelt; Headline. (Red.)

Brunner, Roland, Referent f. musisch-kulturelle Bildung u. Leiter d. „Theater Apfelbaum" d. Ev. Ldeskirche in Baden; roland.brunner@ekiba.de (* Karlsruhe 22. 3. 49). Dramatik. – **V:** Jedermanns Vorladung 95; Wer waren die Zwölf? 97; Wenn wir euch nicht hätten! 00; Das Leuchten vom Bethlehem 01; Auf dem Feld vor Bethlehem 02, alles Theaterst. (Red.)

†**Brunner,** Rudolf; lebte in Bad Neustadt a. d. Saale (* Bad Neustadt a. d. Saale 4. 9. 35, † 2. 08). Lyr., Erz. – **V:** „Lumpis" Lehr- und Wanderjahre. Ein „Krummbeiner" erzählt 01; Es grüßt der Rudi aus der Rhön 01; Vom Rhöner Lausbub zum Rhöner Rentner 02; Großes „W" wie Wein und Wandern 02; So ist das Rhöner Holzwurmleben 03; Das Erzähl-Café 05; Geschichten ausdenken, in Reime versenken 06.

Brunner, Silke B. (geb. Silke B. Hauswirth); Irisstr. 16, D-80935 München, Tel. (01 77) 2 98 29 08, girltrooper@yahoo.de, www.silke-brunner.de (* Lichtenfels/Obfr. 24. 2. 68). Lyr., Märchen, Rom. – **V:** Die Träume einer Seele, G. 02; Betsi und Alfi im Zauberwald 02; Wenn Satan dich küsst..., R. 08. – **MA:** Auf der Silberwaage, Lyr.-Anth. 03; Literaturpreis 2004 Rosenstadt Sangerhausen, Lyr. 04.

Brunner-Blöchliger, Ursula; Hirschenstr. 5b, CH-9536 Schwarzenbach, Tel. (0 71) 9 23 55 89, eu.brunner @bluewin.ch (* 22. 7. 45). – **V:** Aufbruch 96; Dir nahe – in schwerer Zeit 99; Das Weihnacht werde 01; Lausche dem Klang deiner Seele 01; Voll Licht sind meine Tage 03. (Red.)

Brunnhuber, Uta; Am Gotengraben 6, D-87616 Marktoberdorf, Tel. u. Fax (0 83 42) 28 04 (* Bodenbach 15. 3. 37). Lyr., Erz. – **V:** Die Zeit des Weißdorns 92; Kopfüber – kopfunter 95; Von Deutschland nach Deutschland 98; Lisa auf Karpathos, Erz. 01. (Red.)

Brunnschweiler, Thomas, Dr. phil., Schriftst. = Journalist; Steinmattweg 11, CH-4143 Dornach, Tel. (0 61) 7 02 14 90, t.brunnschweiler@buespi.ch (* Basel 9. 12. 54). Dt.schweizer P.E.N., SIGNAThUR; 1. Dt.schweizer Anagrammpr. 06. – **V:** Perpetuum fumabile. Cigarren machen Geschichte(n) 99; Naive Eva in Evian, Anagramme 04; Der letzte Traum, Erzn. 06; Raucherfreuden. Das Hohe C der Cigarre oder Das Tier raucht nicht 07. – **MA:** Die Welt hinter den Wörtern, Anth. 04; Redaktionsmitgl. d. Zs. Reformatio. (Red.)

Brunold, Georg, stellv. Chefred. „du" bis 2003, freier Autor, Reporter u. Berater; c/o Georg Brunold & Partner GmbH, Haus Silvana, CH-7050 Arosa (* Arosa 15. 1. 53). Werkbetr. d. Pro Helvetia 03; Literar. Rep., Ess. – **V:** Sandrosen 87, Tb. 91; Afrika gibt es nicht 94, Tb. 97; Afrikanische Reporterspur 95; Ein Haus bauen. Besuche auf fünf Kontinenten 06. – **MV:** Fernstenliebe, m. Klaus Hart u. R. Kyle Hörst, Erzn. 99. – **MA:** Der Zorn altert, die Ironie ist unsterblich. Über H.M. Enzensberger 99; Literarische Landkarte 99; Krieger ohne Waffen. Das Internat. Komitee v. Roten Kreuz 01. – **H:** Nilfieber 93, 2. Aufl. 95. – **Ue:** Mohamed Choukri: Das nackte Brot 86. (Red.)

Brunotte, Klaus-Dieter, Schriftst.; Iffezheimer Weg 6, D-30853 Langenhagen, Tel. (05 11) 77 63 02, Fax 7 24 92 04, mail@brunotteart.de, www. klausdieterbrunotte.de. Hafenstr. 20, D-25992 List auf Sylt (* Hannover 19. 10. 48). VS 91–03; Lyr., Sat., Visuelle Poesie. – **V:** Erinnerungen 80; Aus meinen Tagen 81; Landnahme 82; Rückzug 83; Tage hinter den Hecken 86; Atlantis 88, alles G.; Im Ottensteiner Land, lyr. Notate 90; Ebbe und Flut, G. 91; Gesänge des Meeres, G. 93; Kapitänsgeschichten, G. 94; Ikarus, G. u. Collagen 95; Kaltenweider Elegien, G. 96; Ein Rosmarin im Handgepäck, satir. Betrachtungen 97; Aus den Federn des Albatros, G. 99; Bleimeer, visuelle Poesie 99; Schneeregentage, G. 99; Räucherfisch & Kunst, satir. Betrachtungen 00; Rungholt 00; Meerdrache & Melusine 01; www.rueckzug.de 02; der augenblick der wahrheit 03; andersorts 04, alles G.; der wasserverkäufer 05; von lieben und schönen büchern 05. – **MA:** Signaturen, Lyr.-Anth. 81; Ansichtssachen, G. 82; Lyrik und Prosa vom Hohen Ufer II 82; Ansichtssachen 83; Leseheft Literanover 85; Wortfelder 86. – **R:** Junge Autoren im Gespräch, Hfk 86. (Red.)

Brunow, Heide (geb. Heide Tappert), Theologin; c/o Verlag 71, Plön (* Cuxhaven 63). – **V:** Hugo, das Plöner Schlossgespenst, Kdb. 02. (Red.)

Bruns, Frank (Ps. Francis Brown, Amanda McGrey), Galerist, Mus.päd.; c/o Verlag Romantruhe, Röntgenstr. 79, D-50169 Kerpen, www.genevier.de, www.kriminal-roman.de (* Mülheim a.d. Ruhr 2. 6. 49). Gelsen-Art Gelsenkirchen, Lit.verb. Ruhrgebiet; Rom., Theater. – **V:** Das Haus der Lady Florence, Theater 98; Genevier – eine Frau kämpft für das Recht. 1: Verzweiflung – Hoffnung – Neubeginn, 2: Aufbruch nach Britannien, 3: Unter dem Banner der Göttin 07/08; Die Corsarin, 6 Bde 07/08, alles hist. R.; Sheila Cargador, 8 Bde 07/08, alles

Krim.-R.; Die Herrin der Wüste 09. – **H:** El enigma de San Salvador de verder 05, 06.

Bruns, Line s. Völler, Eva

Bruns, Marianne (geb. Marianne Siepe); Hufenstuhl 20, D-51491 Overath, *Marianne.Bruns@gmx.de.* Gruppe K60 Köln, Wort u. Kunst, Berg. Gladbach, VS, Bez. Köln; Rom., Kurzprosa. – **V:** Fremder Sohn, R. 97; Die Schattenspielerin, R. 01. – **MA:** Beitr. in versch. Anth. sowie im WDR-Hfk. (Red.)

Bruns, Rosalie, Fotolaborantin, Kauffrau, Leitung d. eigenen Tischlerei über 3 Jahrzehnte (zusammen m. d. Ehemann), seit 02 ausschließl. Autorin; Liebigstr. 2a, D-30926 Seelze, Tel. (0 51 37) 12 49 62, Fax 12 48 63, *mail@rosalie-bruns.de*, *www.rosalie-bruns. de* (* Seelze 25. 11. 37). Lyr., Prosa, Kurzgesch. – **V:** Wind in meinem Haar, Lyr. 04; Von Zuckerschiffen und Hamstertouren. Eine Kindheit in den vierziger Jahren, Kurzgeschn. 05; Träume wie Ebbe und Flut, Lyr. 06; Sah ich einen Regenbogen, Lyr. u. Prosa 07. – **MA:** zahlr. Lyrik- u. Prosabeitr. u. a. in: Weihnachtsgeschichten am Kamin, Bd 17 02, Bd 18 03; Weihnachtliche Klostergeschichten 03, Neuaufl. 05; Fröhliche Weihnachten (Schmöker-Verl.) 04; Liebe, Lyrik-Anth. (Schmöker-Verl.) 04; Weihnachtliche Schlossgeschichten mit Rezepten aus d. Schlossküche 04; Bibliothek dt.sprachiger Gedichte. Ausgew. Werke VII 04, X 07, XI 08; Frankfurter Bibliothek – Jb. f. d. neue Gedicht, seit 05; Collection dt. Erzähler, Bd 4 05; Natur, Lyrik-Anth. (Schmöker-Verl.) 05; Mohland-Jb. 2005; Advent in Seelze 05; Die schönsten Weihnachtsgeschichten am Kamin aus zwanzig Jahren 05; Lyrik u. Prosa unserer Zeit, N.F. Bd 3 06; Chronik d. Yachtclubs Mardorf; – regelm. Lesungen in Stadtbibliotheken, Schulen, Museen u. Kirchen; Lesung im Radio. – *Lit:* nol in: Leine-Ztg (Seelze) 28.6.06; Dt. Schriftst.-lex. 07/08; weiterhin Presseberichte aus versch. Regionen; Buchvorstellungen im Radio (Radio Brocken, Radio Herford).

Brunsch, Wolfgang Hans-Joachim, Dr. phil., Ägyptologe, Sprachwiss., Fremdspr.lehre, Übers.; Im Ziegelwinkel 9, D-96317 Kronach, Tel. (0 92 61) 61 04 87 (* Würzburg 18. 3. 48). Accad. Valdarnese del Poggio, Montevarchi 95, Marcel-Proust-Ges. 02; Lyr., Ess. Ue: altägypt, demot, kopt, agr, lat, ital, frz, ung, engl. – **V:** Stille der Zeit – Lyrische Texte m. photograph. Bildern & v. Reinhard Brunsch, Lyr. 04; Im Licht der Pappeln, G. 07. – **MV:** Italo Svevo – Samuel Spiers Schüler 96; The true Story of Max and Moritz 97. – **MA:** Groschen gefallen ... 00; Wie Schnee von gestern? 01; Aus anderer Landschaft 01; Niemandsland 01; Das Haus des Herrn Pius 02; Frankfurter Bibliothek – Jahrbuch f. d. neue Gedicht, Lyr. 06; – zahlreiche wiss. Veröff. – **Ue:** Die Oden des Horaz 96; S. Quasimodo: Parola, ausgew. G. 96; G. Ungaretti: Vita d'un uomo, ausgew. G. 97; Anchscheschongi und die Frauen 97; Ungaretti/Quasimodo/Ady: Triften, G. 98; S. Mallarmé: Ausgew. Gedichte 98; P. Valéry: Gedichte und Dialog über den Baum 98; E. Ady: Ausgew. Gedichte 99; Rimbaud/Lautréamont: Texte 99; Liebeslyrik aus vier Jahrtausenden 99; Kaleidoskop ital. Gedichte d. 20. Jahrhunderts 00; Flaubert/Montherlant: Texte 00; József/Radnóti: Gedichte 00; Proust – Lesebuch 00; Aussprüche der Wüstenväter 00; Texte aus Fin de Siècle 01; Erotische Blütenlese 01; Baudelaire: Die Blumen des Bösen 01; Und ich bin trunken auch ohne Bier 03. – *Lit:* Wer ist Wer?; Who is Who? (Red.)

Brunswig, Kai; Am Stühm Süd 31, D-22175 Hamburg, Tel. (0 40) 61 46 51 (* Hamburg 29. 10. 53). Erlebnis. – **V:** Das Licht 92; In Vino Veritas 95. (Red.)

Brus, Günter, Künstler u. Schriftst.; lebt in Graz, c/o Jung u. Jung Verl., Salzburg (* Ardning/Steiermark 27. 9. 38). Gr. Öst. Staatspr. 97, Oskar-Kokoschka-Pr. 04, u. a. – **V:** Stillstand der Sonnenuhr, Dichtn. u. Bilddichtn. 83; Der Geheimnisträger, R. 84; Das Namenlos 86; Amor und Amok 87; Holde Muse, gib mir Kunde 92; Schriften. 1: Morgen des Sprache, Mittag des Mundes, Abend der Sprache. 1984–88, 93ff.; Weißer Wind, Bilddichtn. (Ausst.) 95; Leuchtstoff-Poesie und Zeichen-Chirurgie, Bilddichtn. (Ausst.) 99; Die gute alte Zeit, Autobiogr. 02; Nach uns die Malflut 03; De Lyrium 03; Das gute alte Wien 07, u. a. – **MA:** Kolumnist u. Zeichner b. öst. Mag. „Datum", seit 05. – **P:** Panisches Liederbuch. Dichtung u. Musik, Schallpl. 88. (Red.)

Brusatti, Otto, Dr. phil., Schriftst., Ausstellungs- u. Filmemacher, Moderator, Musikwiss.; Wiedner Hauptstr. 40/10, A-1040 Wien, Tel. (06 64) 5 25 01 83 (* Zell am See 29. 6. 48). Literar-Mechana 85; Kulturpr. d. Stadt Baden 03 (abgelehnt); Rom., Lyr., Drehb. – **V:** Atomgewicht 94, R. 82; Damengambit, R. 83; Die Logik des Zyklamen, G. 91; Alles schon wegkomponiert 92, 97; Schubert '97 97; Luk aut long PukPuk, G. 98; Verklärte Nacht 98; Drei mal neun mal Leben 02. – **MV:** Apropos Czernowitz 99; Apropos Cáceres 01; Joseph Lanner. Compositeur, Entertainer & Musikgenie 01. – **MA:** Beitr. in Lyrik u. Prosa-Anth.; Ess. in Zss.; mehrere wiss. Arb. bzw. selbständige Publ. zu musikhistor. Fragen. – **R:** Ulysses-Musik 82; Liebe Clara ... 82; Mahler Drei 83; Lyrische Suite 84; Die letzten Stunden der Menschheit 84; Malina Suite 85; Don Juan 85; Kreutzersonate 85; Doktor-Faustus-Musik 86; Schubert '97 98; Strauß im Karakorum 98, alles Hörstücke. – *Lit:* s. auch GK. (Red.)

Brussig, Thomas (Ps. Cordt Berneburger), Schriftst.; Knaackstr. 70, D-10435 Berlin, Tel. (0 30) 44 00 84 56, *www.thomasbrussig.de* (* Berlin 65). Drehb.pr. d. Bdesmin. (m. Leander Haußmann) 99, Hans-Fallada-Pr. 99, Carl-Zuckmayer-Med. 05. – **V:** Wasserfarben, R. 91; Helden wie wir, R. 95 (auch als Bühnenfass.); Am kürzeren Ende der Sonnenallee, R. 99 (auch als Bühnenfass.); Leben bis Männer 01; Wie es leuchtet, R. 04; Berliner Orgie 07; Schiedsrichter Fertig. Eine Litanei 07; (Übers. insges. in über 20 Sprachen); – THEATER: Heimsuchung, UA 00; Leben bis Männer, UA 01. – **MA:** Geliebte Zone, Vorw. 97; Sandra Uschtrin: Handbuch f. Autorinnen u. Autoren, 4. Aufl. 97; Jenseits von Hollywood 00; Kleines Deutsches Wörterbuch 02. – **F:** Helden wie wir 99; Sonnenallee, Drehb. m. Leander Haußmann 99; NVA, Drehb. m. Leander Haußmann 05. – **R:** Heimat 3. Chronik e. Zeitenwende, 6-tlg. Fsf., Drehb. m. Edgar Reitz 04. (Red.)

Brusta, Ann s. Armbruster, Annemarie

Bruyn, Günter de, Dr. h. c., Lehrer, Bibliothekar; Görsdorf-Blabber 1, D-15848 Tauche, *gdebruyn@web. de* (* Berlin 1. 11. 26). SV-DDR 63, P.E.N.-Zentr. Dtld, Akad. d. Künste d. DDR, Akad. d. Künste Berlin, Dt. Akad. f. Spr. u. Dicht., Fontane-Ges., Fouqué-Ges., Dt. Schiller-Ges.; Heinrich-Mann-Pr. 64, Lion-Feuchtwanger-Pr. 81, E.gabe d. Kulturkr. im BDI 87, Heinrich-Böll-Pr. 90, Thomas-Mann-Pr. 90, Gr. Lit.pr. d. Bayer. Akad. d. Schönen Künste 93, Lit.pr. d. Adenauer-Stift. 96, Brandenburg. Lit.pr. 96, Jean-Paul-Pr. 97, Fontane-Pr. f. Lit., Neuruppin 99, Lit.pr. d. Stadt Bad Wurzach 00, Ernst-Robert-Curtius-Pr. 00, Deutscher Bücher-pr. (Zeitgeschichte) 02, Nationalpr. d. dt. Nationalstift. Weimar 02, Eichendorff-Lit.pr. 03, Jacob-Grimm-Pr. Dt. Sprache 06, Gleim-Lit.pr. 07, Hoffmann-von-Fallersleben-Pr. 08, Dr. h.c. U.Freiburg, Dr. h.c. Humboldt-U. Berlin; Rom., Nov., Hörsp., Parodie, Ess. – **V:** Wie-

Bruyn

dersehen an der Spree, Erz. 60; Hochzeit in Weltzow, Erzn. 60, 68; Ein schwarzer, abgrundtiefer See, Erzn. 63, 66; Der Hohlweg, R. 63, 73; Maskeraden, Parodie 66; Buridans Esel, R. 68, 99; Preisverleihung, R. 72, 93; Tristan und Isolde, Neuerz. nach Gottfried von Straßburg 75, 00; Das Leben des Jean Paul Friedrich Richter, Biogr. 75, 93; Märkische Forschungen, Erz. 78, 93 (auch ital.); Babylon, Erz. 80, 96; Neue Herrlichkeit, R. 84, 96; Lesefreuden, Ess. 86, 96; Frauendienst, Erzn. u. Ess. 86, 88; Jubelschreie, Trauergesänge, Ess. 91, 94; Mein Brandenburg, Ess. 93, 06; Zwischenbilanz. Eine Jugend in Berlin, Autobiogr. 92, 96 (auch ndl.); Das erzählte Ich. Über Wahrheit u. Dicht. in d. Autobiogr. 95; Vierzig Jahre. Ein Lebensbericht 96, 02; Die Finckensteins, Ess. 99, 01; Deutsche Zustände, Ess. 99, 01; Preußens Luise 01, 02; Unzeitgemäßes. Betrachtungen über Vergangenheit u. Gegenwart 01; Unter den Linden. Geschichten um e. Straße 03; Abseits. Liebeserklärung an eine Landschaft 05; Als Poesie gut. Schicksale aus Berlins Kunstepoche 1786 bis 1807 06. – **MA:** Der erste Augenblick der Freiheit 70; Städte und Stationen 69; Blitz aus heiterem Himmel 75; Eröffnungen 74, alles Anth., u. a. – **H:** Das Lästerkabinett. Deutsche Lit. in d. Parodie 70, 76; Jean Paul: Quintus Fixlein 76; T.G. v. Hippel: Über die Ehe 79; Schmidt von Werneuchen: Einfalt und Natur 81; F. Nicolai: Vertraute Briefe 82; L. Tieck: Die männliche Mutter 83; Fouqué: Ritter und Geister 80, 84; Rahels erste Liebe 85; E.T.A. Hoffmann: Gespenster in der Friedrichstadt, Geschn. 86, 96; Friedrichshagen und sein Dichterkreis 92; Moritz Heimann: Die Mark, wo sie am märkischsten ist 96. – **MH:** Buch-Reihe „Märkischer Dichtergarten", m. Gerhard Wolf seit 80. – **R:** Aussage unter Eid, Hsp. 64; In einer dunklen Welt, Hsp. 65. – *Lit:* Karin Hirdina: G.d.B. 83; Domenico Mugnolo: G.d.B. narratore 93; Uwe Wittstock: Mat. zu G.d.B. 93; Anja Kreutzer: Untersuchungen z. Poetik G.d.B.s 95; G.d.B., Text+Kritik 129 95; Dennis Tate (Hrsg.): G.d.B. in perspective (Amsterdam) 99; B. Allenstein/H. Kern/M. Töteberg in: KLG.

Bruyn, Wolfgang de, Dr. phil., Dir. d. Kleist-Mus. Frankfurt (Oder)/Brandenbg; Blabber 2, D-15848 Görsdorf/Beeskow, Tel. u. Fax (03 36 75) 7 20 59, *debruyn @kleist-museum.de* (* Berlin 15. 2. 51). Gerhart-Hauptmann-Ges. 98, Heinrich-von-Kleist-Ges. 08; Erz. Ue: engl. – **V:** Die letzte Runde, Erzn. 83, 2. Aufl. 85; Varianten eines Lebens, Erzn. 88, 2. Aufl. 90; Rosenhof, Tageb. 91. – **MV:** Zwischen Oder und Spree, m. H.-J. Rach, R. Schmook u. R.-R. Targiel, Bild-Textbd 05, 2. Aufl. 06; Gerhart Hauptmann und seine Häuser, m. Antje Johanning, lit. Reiseführer 06 (auch poln.). – **H:** Ernest Hemingway: Gefährlicher Sommer 88; ders.: Die fünfte Kolonne 90; Burgschreiber erzählen 98; Fidus 98; Carl Petersen: Die Geschichte des Kreises Beeskow-Storkow 02; Gerhard Wienckowski. Bll. zu Heinrich von Kleist, Ausst.kat. 07; Kleist spielen: Zur Aufführungsgeschichte, Begleitb. 07. – **MH:** Indianische Zeltbemalung 90. – **Ue:** Elizabeth Shaw: Irish Berlin 90, erw. Aufl. 00 (Tb.).

Bubalu, Sprinkling Sparkling s. Hildebrand, Norbert

Bube, Friedrich W. (Ps. F.-W. Bube-Scharrenberg, Michael Scharrenberg), Prof., Dr., Mediziner; Chemnitzer Str. 48, D-51067 Köln, Tel. (02 21) 69 40 50 (* Elberfeld 19. 6. 24). Rom., Lyr., Erz. – V: Heitere Boshaftigkeiten, Erzn. 83; Ein Kolibri mit 4 H's, R. 84; Ein Pfirsich ohne Kern, Erz. 86; Ist Väterchen krank?, Erz. 87; Troja ... und zurück oder Der Umweg nach Ithaka, Erzn. 86; Außergewöhnliche Erzählungen 86; Barbecue unter Deutschen, Erz. 91; Stille im Tal, R. 93; Wenn das Licht im Tunnel verlöscht..., Erz. 93; Die Jahrhundertdroge, R. 94; Mafia, R. 94; Zwischen blin-

kenden Kieseln zerläuft die Ewigkeit, G. 94; Freiheit seinem Träger, R. 96; ... denn seine Stimme ruft im Abendwind, Erz. 97; Die Hausmanns vom Neandertal, R. 98; Andalusische Träume, R. 00; Die grossen Verlierer des 20. Jahrhunderts, R. 00; Konstantin der Ziegenwedel und sein Erbe 02; Dr. Jellinek und der 19. Juni 02; Der vierte Kreuzzug und das Mädchen Anbara 04, alles hist. Erzn.; Ein kanarischer Garten, Anth. 04; Berühmte Persönlichkeiten unter dem Einfluss ihrer Eltern, geschichtl. Erzn. 05. (Red.)

Bubec s. Backes, Lutz

†Bubna, Ulrich, Dr. jur. utr., Jurist; lebte in Frankfurt/Main (* Berlin 25. 4. 19, † 4. 2. 08). Erz. – **V:** Die Bestie aus der Linzergasse, heit. Erzn. 84. – **MA:** Das Buch der geheimen Leidenschaften 91. – **R:** 22 Rdfk-Send. seit 80, alles Erzn.

bubu s. Buchinger, Wolf

Buch, Hans Christoph, Dr. phil.; Thomasiusstr. 13, D-10557 Berlin, Tel. (0 30) 3 93 27 45, (0 58 65) 6 33, *hcbuch@aol.com, hans-christoph-buch.de* (* Wetzlar 13. 4. 44). P.E.N.-Club, Gruppe 47, LCB 63/64, Intern. Writers' Workshop, Univ. of Iowa 67/68, VS bis 86; Officier de l'ordre des arts et des lettres 84, Stip. d. Dt. Lit.fonds 87 u. 00, Frankfurt Poetik-Vorlesungen SS 90, Pr. d. Frankfurter Anthologie 04; Erz., Ess., Kritik, Rom., Rep. Ue: engl, frz, russ. – **V:** Unerhörte Begebenheiten, Geschn. 66; Das große Abenteuer, R. 70; Kritische Wälder, Ess., Kritiken u. Glossen 72; Ut Pictura Poesis. Die Beschreibungslit. u. ihre Kritiker v. Lessing b. Lukács 72; Aus der Neuen Welt, Nachrichten u. Geschn. 75; Die Scheidung von San Domingo, hist. Dok. 76; Das Hervortreten des Ichs aus den Wörtern, Ess. 78; Bericht aus dem Inneren d. Unruhe. Gorlebener Tageb. 79; Tatanka Yotanka, hist. Dok. 79; Zumwalds Beschwerden. Eine schmutzige Gesch. 80; Jammerschoner, Nachr. 82; Die Hochzeit von Port-au-Prince, R. 84; Karibische Kaltluft, Berichte u. Repn. 85; Der Herbst des Großen Kommunikators. Amerikanisches Journal 86; Waldspaziergang, Ess. 87; Neue Aufzeichnungen eines Wahnsinnigen, Geschn. 87; Haïti Chérie, R. 90; Die Nähe und die Ferne, Poetik-Vorlesung 91; Rede des toten Kolumbus am Tage des Jüngsten Gerichts, R. 92; Tropische Früchte. Afro-amerikan. Impressionen 93; An alle!, Reden, Ess. u. Briefe 94; Der Burgwart der Wartburg, hist. Dr. Geschichte 94; Die neue Weltunordnung, Repn. 96; Traum am frühen Morgen, Erzn. 96; Übung mit Meistern, Begegn. u. Gespräche 96; In Kafkas Schloß. Eine Münchhausiade 98; Kain und Abel in Afrika, R. 01; Blut im Schuh, Repn. 01; Wie Karl May Adolf Hitler traf u. a. Wahre Geschichten 03; Standort Bananenrepublik 04; Tanzende Schatten oder Der Zombie bin ich, Romanessay 04; Black Box Afrika – ein Kontinent driftet ab, Ess. 06; Tod in Habana, Erz. 07; Das rollende R der Revolution, Repn. 08. – **MV:** Das Gästehaus, R. 65. – **MA:** Beitr. in zahlr. Anth. – **H:** Parteilichkeit der Literatur oder Parteiliteratur? Theorie e. undogmat. marxist. Ästhetik 72; Lu Hsün: Essays üb. Lit. u. Revolution in China 73; Lit.mag. 1 73, 2 74, 4 75; Tintenfisch 12 77, 15 78; Isabelle Eberhardt: Sandmeere 81; Black and blue, Anth. 95; John Reed: Eine Revolutionsballade 05; Magnus Hirschfeld: Weltreise eines Sexualforschers 06. – **F:** Nachrichten vom Stamme der Mandan-Indianer, Dok.film 78; Die Leidenschaftlichen, Spielfilm 82. – *Lit:* Thomas Reschke/Michael Töteberg in: KLG. (Red.)

Buch, Wolfgang von, Rechtsanwalt; Schlierbergstr. 78a, D-79100 Freiburg/Br., Tel. (07 61) 4 56 14 52, Fax 3 87 09 30, *e-post@wvonbuch.de, www.wvonbuch. de* (* Wilmersdorf/Uckermark 15. 10. 28). Verd.orden

d. Bdesrep. Dtld 1. Kl.; Hist. Erz. – **V:** Wir Kindersoldaten 98. (Red.)

Buchbaum, Elephantasie s. Parise, Claudia Cornelia

Buchenländer, Hans s. Stephani, Claus

Bucher, Werner (Ps. Jon Durschei), Schriftst., Journalist, Verleger; Wirtschaft Rütegg, Rütegg 278, CH-9413 Oberegg, Tel. u. Fax (0 71) 8 88 15 56, *info @wernerbucher.ch, www.wernerbucher.ch* (* Zürich 19. 8. 38). ISSV 76, SSV 88, AdS 03; Anerkenn.gabe d. Kt. Zürich 75, E.gabe d. Stadt Zürich 76, Werkpr. d. Kt. Luzern 80, Stip. d. Stuttgarter Schriftstellerhauses 92, Pr. d. Kt. Zürich 97, Pr. d. Schweizer. Schillerstift. 98, Pr. d. Stadt Zürich 98; Lyr., Rom., Sachb. Ue: frz. – **V:** Nicht solche Ängste, du ..., G. 74; Eigentlich wunderbar das Leben ..., G. 76; & jetzt das Glas, der Beton, G. 76; Der Energiesparer 77; Tour de Suisse, e. Rapport 77; Die Wand, R. 78; Noch allerhand zu erledigen, G. 80; Ein anderes Leben. Versuch, sich einem Unbekannten anzunähern, R. 81; Das bessere Ende, G. 83; Dank an den Engel, G. 87; einst & jetzt & morgen, G. 89; Was ist mit Lazarus?, R. 89; Mouchette, G. 95; Wegschleudern die Brillen, die Lügen, G. 95; Wenn der Zechpreller gewinnt, G. 97; Unruhen, R. 98; In Schatten des Campanile, R. 00; Weitere Stürme sind angesagt, G. 02; Den Fröschen zuhören, den toten Vätern, G. 05; Du mit deinem leisen Lächeln, G. 07; Die schlafende Santa Maria von Vezio, Erzn. 08; – als Jon Durschei: Mord über Waldstatt 88; War's Mord auf dem Meldegg? 92; Mord am Walensee 93; Mord in Luzern 94; Mord im Züricher Oberland 95; Schattenberge oder Das gottverdammte Entlebuch 96; Mord in Stein am Rhein 98. – **MV:** Schweizer Schriftsteller im Gespräch, m. Georges Ammann, Interviews 70/71 II; Kandidaten im Schatten der Liebe, m. Jürgen Stelling, G. 97; Mord in Mompé, m. Irmgard Hierdeis 87; Urwaldhus, Tierhag, Ochsenhütte & Co., m. René Sommer 97. – **MA:** Zeitzünder 1. Drei Gedichtbände in einem 76; Kurzwaren, Schweizer Lyriker 2 76; Zeitzünder 3 87; Der kleine Mord zwischendurch, Anth. 97, u. viele weitere Anth. – **H:** Lit.zs. „orte", seit 74; Poesie-Agenda, seit 84. – **MH:** Rolf Hörler: Erlkönigs Tochter und die Achillesverse, G. 97; Peter Morger: Hailige Bimbam 97; Virgilio Masciadri: Gespräche zu Fuss 98; Erwin Messmer: Das Gelächter der Fahrräder, G. 98; Claus Bremer: Wir sind andere, G. u. Texte aus d. Nachl. 99, alle m. Ueli Schenker; Poesie-Agenda, m. Jürgen Stelling, seit 07 m. Virgilio Masciadri. – **R:** Goldfische, m. Vera Piller, Hsp. 88. – **Ue:** La vie d'un autre, R. 85. – *Lit:* Bodennah, Portr. 98; DLL 20. Jh., Bd IV 03.

Bucher-Waldis, Angelika s. Waldis, Angelika

†**Buchheim,** Lothar-Günther, Prof. Dr.phil. h. c., Verleger; lebte in Feldafing (* Weimar 6. 2. 18, † Starnberg 22. 2. 07). Ernst-Hoferichter-Pr. 93, Gr. BVK m. Stern 96, Bayer. Maximiliansorden 98, Max-Pechstein-Ehrenpr. d. Stadt Zwickau 99, Gold. E.ring d. Ldkr. Weilheim-Schongau 02. – **V:** u. a.: Tage und Nächte steigen aus dem Strom 41, 79, 00, Tb. 81; Jäger im Weltmeer 43, 96; Die Künstlergemeinschaft Brücke 56; Picasso, Bildbiogr. 58; Der blaue Reiter 58; Max Beckmann 59; Graphik des deutschen Expressionismus 59; Otto Mueller. Leben u. Werk 63; Das Boot, autobiogr. R. 73, (engl. 99, poln. 00); U-Boot Krieg 76; Staatsgala 77; Mein Paris. Eine Stadt vor 30 Jahren 77; Die Tropen von Feldafing 78; Staatszirkus. Mit der Queen durch Dtld 78; Der Luxusliner 80, Tb. 82; U 96. Szenen aus dem Seekrieg 81; Der Film – Das Boot 81; Das Segelschiff 82; Die U-Boot-Fahrer. Die Boote, die Besatzungen u. ihr Admiral 85; Das Museum in den Wolken 86; Zu Tode gesiegt. Der Untergang d. U-Boote 85; Malerbuch 88; Die Festung 95; Der Abschied, R.

00. – **F:** Das Boot 81. – *Lit:* Mirko Wittwar: Das Bild v. Krieg. Zu d. Romanen „Das Boot" u. „Die Festung" v. L.-G.B., Diss. Berlin 02.

Buchheit, Harriet, Flugbegleiterin; c/o Arena Verlag, Pferdebuch, Rottendorfer Str. 16, D-97074 Würzburg (* Landau i. d. Pfalz 17. 4. 63). Kinder- u. Jugendb. – **V:** Ein Pferd und eine Freundin 78; Schöne Zeit mit Koralle 79; Ein Herz für alle Pferde 80; Alle Liebe für ein Pferd 80; Sehnsucht nach Rosette 81; Am Ziel meiner Träume 81; Das beste Pferd für Regine 82; Wer redet von Glück 82; Ein Pferd zum Verlieben 83; Mädchen und Pferde 83; Mein Pferd gehört Anja 84; Träume um ein Pferd 84; Kein Pferd für zwei 85; Aus Gabi wird doch eine Reiterin 86; Mädchen im Sattel 86; Galopp im Sommerwind 87; Glück mit Pferden 87; Traumpferd Lucky Star 87; Beinahe ein Wildpferd 88; Pferdesommer in Schweden 88; Reiterträume 88; Pferde, Pferde, gute Freunde 89; Das Pferd Gitana 89; Pferdeverrückt 89; Ein Jahr auf dem Ponyhof 90; Sattelfest 90; Es begann mit Abendstern 91; Liebe zu Pferden 91; Reiten um jeden Preis 91; Steckenpferd Reiten 91; Vier Freunde beim Turnier 92; Billy und Cheyenne 93; Mädchen und Pferde 93; Am Tag des Pferdes 93; Ein Herz für Pferde 94; Sprung für Sprung mit Aladin 94; Reihe „Julia". 1: Julia und die Pferdefreunde 94, 2: Julia siegt auf Diamant 94, 3: Julia träumt von einem Pferd 95, 4: Julia reitet durch den Sommer 96, 5: Reite weiter, Julia 97, 6: Reiterferien für Julia 97; Kopfstand für Capri 98; Neuer Start mit Wirbelwind 99; Ein Stall für Hexe 02; Pferde, Ponys, Reiterglück 03; Wer reitet Silbermond? 04; Pferde, Fohlen, neue Freunde 05; Ein unvergesslicher Pferdesommer 05, u. a. (Red.)

Buchholz, Martin, Schriftst., Schauspieler, Kabarettist; Carrer Lloret de Vista Alegre 13, E-07158 S'Arracó, Tel. u. Fax (0 03 49 71) 67 13 02, *MBUCHHOLZ@aol.com, www.martin-buchholz.de* (* Berlin 12. 5. 42). P.E.N.-Zentr. Dtld, IG Medien; Dt. Kleinkunstpr. (Kabarett) 90, Kritikerpr. d. Münchner Abendztg, „Stern d. Jahres" 96, Dt. Kabarett-Pr. 97, Schweizer Kabarett-Pr. 06; Erz., Ess., Drehb. – **V:** Die deutsche Verfassung 89; Wir sind, was volkt 93; Man wird uns eine Männin heißen, Geschn. 94; Das Schweigen der Belämmerten 97; Stille Tage im Klischee 00; Stupid white GerMan 04; Deutsches Wortissimo 07; zahlr. Kabarettprogr., u. a.: Alle Macht den Doofen; Nichts als die Wahrheit; Alzheimer im Wunderland; Männer und andere Geschlechtskrankheiten. – **R:** Drehb., u. a.: Die Faust in der Tasche. – **P:** Akte Icke: Ein Alien packt aus, Kabarettprogr., CD 97; Alles in bester Verfassung, CD 99. (Red.)

Buchhorn, Hans-Jürgen; Haus 109, D-25938 Oldsum, Tel. (0 46 83) 96 39 90, *hjbuchhorn@t-online.de, www.inselart.de* (* Stolk 15. 11. 53). Lyr. – **V:** Vertrautes Glück, Lyr. 83, 86; Ein Tag im Sommer, Gedanken 95. (Red.)

Buchinger, Anja; Reiherstr. 9, A-3430 Tulln, Tel. (06 64) 3 87 24 15, *anja.buchinger@gmx.net, www. anjabuchinger.blogspot.com* (* Tulln 17. 8. 87). – **V:** Wenn mein Herz spricht, G. 06.

Buchinger, Wolf (Ps. Kernbeissers, bubu, Pingpong, Xan Tippe, Pater Noster, Tatjana Hungerbühler), Doz., Kleinkünstler; Städelistr. 15, PF, CH-9403 Goldach, Tel. u. Fax 07 18 41 07 76, *kernbeissers@bluewin.ch, www.kernbeissers.ch, wolf-buchinger.com* (* Homburg 28. 12. 43). P.E.N.-Zentr. Schweiz, Suisa u. a.; Sonnenreiter-Prosa-Pr. 98, Kulturpr. d. Kt. St. Gallen, UNES-CO-Pr. f. Kurzgesch.; Lyr., Chanson, Kurzgesch., Theater, Rom., Kleinkunst. – **V:** Der Kanton St. Gallen 89, 97; 1200 Jahre Goldach 91, beides Foto-Bde; Knackpunkte, G. 95; Mathieu Puissetoutgrain, Geschn. 96,

Buchmann

erw. Neuaufl. 98; Dorte oder 1000:1 für Vadder, Einfrau-St. 96; ... und plötzlich ist der Spatz wichtig 98; 1x Neptun und zurück, Einmann-St. 98; Euro-TV, Jgd.-Theaterst. 99; Kein Mord auf dem Freudenberg 99; ... noch mehr knackpunkte, sat. G. 99; Das Erbe der Anna A., Einfrau-St. 00; Fronkreisch, Fronkreisch, Satn. 00, erw. Neuaufl. 04; Schweizer Geschnetzeltes, Sat. 00; SOLO, Erz. 01; Kommunikation und Präsentation, Fachb. 04; Linie 1, R. 05; Bodensee-Speck, Krimi 06; abseits, Krimi 06; 7 Kleinkunst-Progr. (Kernbeissers). – **MA:** innen – aussen 97; monatl. Beitr. in: Nebelspalter, Sat.-Zss., seit 00; üb. 100 Veröff. in Anth., Lit.zss. u. Ztgn versch. Länder. – **P:** über 50 Chansons auf versch. Tonträgern als Komponist u. Arrangeur sowie 12 abendfüllende musikal.-literar. Progr. als Haupttexter u. Komponist.

Buchmann, Knud Eike, Dipl.-Psych., Dipl.-Päd., Dr. phil., Prof.; Seible 27/3, D-78073 Bad Dürrheim (* Naumburg/Saale 12. 7. 41). Lyr., Erz., Sachb. – **V:** Gedankengänge durchs Jahr, Ess. 84; Flügelschlag der Seele 85, 95; Gedanken für dich 87; Weite Horizonte 87; Ich wünsche dir..., Lyr. 88, 21. Aufl. 00; Laufen erleben 90; Radfahren erleben 90; Jenseits deiner Trauer, Lyr. 92, 9. Aufl. 98; Im Garten des Lebens 93; Kunst der Gelassenheit 93; Leben heißt wachsen, Meditn. 94; Ich schenk' dir eine Insel 96; Von ganzem Herzen wünsch ich dir 97, 9. Aufl. 00; Laß doch deine Seele baumeln, Lyr., 1.–3. Aufl. 00; Dein Weg soll weitergehen 02; Aus dem Herzen gesprochen 02; Wünsche aus dem Herzen 03; Glück ist etwas Leichtes 04; Menschenbeben 05; Worte wie Rosen, Lyr. 05, 2. Aufl.; Stille durch die Weihnachtszeit, Lyr. 05; Freude öffnet dir die Welt, Lyr. 06; mehrere Sachb. z. Thema Lebens-u. Konfliktberatung. – *Lit:* s. auch SK. (Red.)

Buchmüller, Christina; Pfistergasse 15, CH-4800 Zofingen, Tel. (0 62) 7 51 60 55 (* Zofingen 22. 1. 48). Gruppe Olten, jetzt AdS; Förd.pr. d. Aargauer Kuratoriums 93, 97, Pr. d. Schweiz. Schillerstift. 97, Werkbeitr. d. Wilhelm-Wirz-Stift., Werkbeitr. d. Pro Helvetia 02, Förd.pr. d. Aargauer Kuratoriums 03; Rom., Erz. – **V:** Winterhaus, R. 96, 98; Anders, R. 00. – **MA:** Neues vom Leben, Anth. 93; Binnenwelten, Anth. 98; Domino. Ein Schweizer Literatur-Reigen 98; Spuren, Anth. 01. – *Lit:* Margrit Schriber in: Domino 98. (Red.)

Buchna, Jörg, Pastor, Pressesprecher; Leipziger Str. 46, D-26506 Norden, Tel. (0 49 31) 53 15, Fax 1 66 81 (* Wittenberge 13. 3. 45). Humoreske, Gebet, Bildmeditation, Erz. – **V:** Kanzelschwalben fliegen nicht nur sonntags, heitere Geschn. 80, 3. Aufl. 88; Glaubenszwiebeln tränen nicht, heitere Geschn. 82; Dich rufen wir an, Gebete 82; Kasualgebete f. Taufe, Konfirmation, Trauung u. Beerdigung 82, 2. Aufl. 84; Auch Kirchenmäuse schmausen manchmal, heitere Geschn. 83; Dein sind Wogen und Wind 85; Auf den Spuren deiner Liebe 86; Leben aus deiner Hand 89, 2. Aufl. 90, alles Bildmeditn.; Palmen und Harfen, wacht auf!, Geschn. 93; Zu dir rufen wir, Gebete 95; Gebete für Gottesdienst und Kasualien 97; Engel fliegen auch zu dir, Erzn. 99; Mit Zurückweisungen leben 00. – **H:** Die Tür zur Weihnacht, Erzn. 94. (Red.)

Buchta, Andreas Tilman, Dipl.-Päd., Lehrer; Eduard-Trautmann-Str. 1A, D-77709 Wolfach, Tel. (0 78 34) 62 07, *ATBuchta@aol.com, atbuchta. kinzigtalforum.de* (* Karlsruhe 1. 2. 42). Lyr., Erz., Rom. – **V:** Das feindliche Rauschen im Ohr, G. 82; Bevor das Fenster blind wird, Erzn. u. G. 84; In ihren Augen blinde Liebe, Erz. 89.

Buchwald, Andreas H.; Steinpilzweg 9, D-04249 Leipzig, Tel. (03 41) 2 52 88 83, *buchwalda@gmx.de* (* Leipzig 12. 3. 57). Rom., Erz. – **V:** Romanzyklus

„Die Kohle ist es nicht allein ...". Bd 1: Stiefel Stuben Stoppelfelder 02, 03, Bd 2: Kühe Küsse Konfirmanden 03, Bd 3: Genossen Gammler Geisterhäuser 05; Soldaten unterm Spaten. Ein Abenteuer wider Willen 04; Der Goldsucher, Kurz-R. 06; Der Tangozigeuner, Erz. 06; Sommertraums Liebesleben u.a Erzählungen 07; Geschichten aus der Jakobsmuschel 08; Sein Werden Wachsen Erschaffen Wachsen Werden Sein, Künstlerkat. 08. – **MA:** Südraumblätter, H.18 03, 04.

Buchwardt, János Stefan, lic. phil., Germanist, Textoptimierung -und -konzeption, Sprecher; c/o büro für sprachgestaltung, Seestr. 112, CH-8266 Steckborn, Tel. u. Fax (0 52) 7 70 22 47, *jstb@smile.ch* (* Hagen/Westf. 5. 5. 62). Lyr., Erz. – **V:** Ankündigung der Sterblichkeit, G. 00. (Red.)

Buck, Inge, Dr. phil., Prof.; Am Dobben 110, D-28203 Bremen, Tel. (04 21) 70 32 58, Fax 7 94 09 75, *Inge.Buck@t-online.de, www.ingebuck.de* (* Tübingen 13. 10. 36). VS 82; Bremer Förd.pr. f. Dok.film 91, Robert-Geisendörfer-Hfkpr. 95; Lyr., Prosa, Ess., Feat., Hörbild, Originaltondokumentation, Biogr., Film, Edition. – **V:** Gegen die Scheibe, Lyr. 86; Krähenherz, G. 99; Orte.Blicke, Lyr. u. Prosa 03; Ich habe eine Landkarte im Kopf, Hörbilder 05; An diesem Tag, Lyr. 06. – **MA:** Lyrik in: Mörikes Lüfte sind vergiftet 82; Wenn das Eis geht 83, 2. Aufl. 85; Und was ist das für ein Ort 84; Bedenkliche Zeiten 85; Mit Fischen leben 89; Land in Sicht, Lyr. u. Prosa 90; Deutsche Gedichte über Polen 94; – Prosa in: Bremer Blüten 97; Stint 34/35 05, 36 06; Engelsgeschichten am Kamin, 2. Aufl. 06; – Essays in: Geborsten u. vergiftet ist das Land, Biogr. 84; Grenzgängerinnen 85; Lessing u. die Toleranz 86; Frauen – Literatur – Politik 88; Weil wir nun mal Schwestern sind 90; Bremer Frauen A-Z 91; Frauen im Parlament 91; Frauen – Literatur – Revolution 92; Glück, Alltag u. Desaster 93; Frauenstimmen, Frauenrollen in der Oper u. Frauenselbstzeugnisse 00; Die Wiederkehr der Gärten 00; Utopie Heimat 06; – weiterhin Mitarb. an Zss. – **H:** Ein fahrendes Frauenzimmer: Die Lebenserinn. d. Komödiantin Karoline Schulze-Kummerfeld 1745–1815 88, 94. – **MH:** Frauenleben, hrsg. Ess., Dok. 82; Boleslaw Fac. Dichter u. Vermittler deutschpolnischer Literatur 02; Städtebilder. Bremen – Danzig – Riga, m. Wolfgang Schlott u. Birgid Hanke 08. – **F:** Warum starb Nirmala Ataie, m. Barbara Debus u. Konstanze Radziwill, Dok.film, UA 93, ARD 94. – **R:** Frauen im Gefängnis, Orig.tondok. 77; Abgeschoben. Frauen in d. Psychiatrie, Feat. 79; Wie ein Raubtierflug, Feat. 80; Abends Ruhm, am Tage Tränen, Feat. 81; Es waren ja nur Mörderinnen, Biogr. Käthe Popall 83; Ich habe alles gesehen, Biogr. Krystyna Zywulska 83; Ich lebe – ich lebe, Biogr. Lina Haag 84; Das Pfandleihhaus, Hb. 87; Wir sind am Leben geblieben, Biogr. Käthe Popall 92; Nirmala Ataie, m. Barbara Debus, Feat. 93; Friede den Hütten, Feat. 95; Die Schönheit d. Pfuinazztheaters, Feat. 96; Seele vergiss sie nicht, Hb. 98; Denn der Stein ist für ewig, Hb. 99; Unter dem Schutt der Menora, Hb. 00; „Nach dem Leben gemahlet u. selbst auf Kupfer gebracht", Maria Sibylla Merian, Lit.feat. 00; Engel gibt's die?, Hb. 00; Ich habe eine Landkarte im Kopf. Gespräche m. Blinden, Hb. 01; Wegen Personenschaden. Oder: Was zu tun bleibt nach e. Bahnsuizid, Hb. 02; Kräuterschmalz vom Klosterschwein, Hb. 03; Bruder Schwein, Schwester Kuh, Feat. 04; Ladendiebstahl. Oder: Die Verführbarkeit, Feat. 05; Einsamkeit, O-Ton-Feat. 06, alles Hörfunkarb. (DLF, Radio Bremen, u. a.).

Bucovineanu, Ion s. Stephani, Claus

Budde, Harald (Ps. Roger Demare Edbud), Journalist; Reichenberger Str. 95, D-10999 Berlin, Tel. (0 30)

6 18 19 13 (* Berlin 30. 11. 34). 2 Hsp.pr. d. Intern. Star-Clubs u. d. Freien Jgd.-Form 64, Auszeichn. d. Intern. Kulturwettbew. d. Stadt Bocholt 78, Anerkenn. d. Stift. Ostdt. Kulturrat 84, Lob. Erwähn. b. Westermann's Lit.pr. 86, Oblomow-Film- u. Lit.pr. 97; Drama, Lyr., Film, Hörsp. – **V:** Colm, Dr. 56; Lehrlingsoper, Anti-Oper 73; Hallo Partner, musikal. Dr. 75; Chile-Kantate, Dr. 76; Der moderne Trend, R. 86, 89; Der Tod der Puppe, Erzn. 87; Die Überblendungen des unbestechlichen Auges, Erzn. 88; Zwischen Bett und Sofa, R. 94; Mirabelle, R. 96; Mit beiden Beinen fest in den Wolken, R. 98; Swenty, phantast. R. 04; Der Weg nach Colm, Dr. 06. – **MA:** Lyrik- u. Prosabeitr. in 160 Anth., in Zss., Schulbüchern, u. a., zuletzt: Das Gedicht (Hockenheim) 02; Verszeit 04; Die Literareon Lyrik-Bibliothek 05. – **H:** Das Neue Arbeitertheater, Monats-Zs. 73–83. – **F:** Drehb., Regie u. Kamera üb. 70 Lit.- u. Musikfilmen, u. a.: Ein wichtiger Punkt 58; Oh, Drübermutter! Oh, Drübermutter! Wer zwang dich in die Wand? 87; Das aus dem Himmel herausgebrochene Fenster 88; Erlösung von Fremdheit 90/91; Das Haus d. Kindheit 90–94; Traumschwestern 93; Das Gelb d. Zitrone 94; Melancolica oder: Das Rauschen d. Muscheln im Gras 95; Adieu Dädäerrr! 96; Sticheleien 96; Traumschatten 97; Sindbad – Bericht aus e. anderen Leben 97; Oblomow-Zyklus, 4 T. 97–99; Bericht aus e. anderen Leben 99; Obsession sentimentale 98; Die Farbe Sehnsucht 98/99; Les Adieux 99; Das Brot d. Dichters 99; Abendrot d. Erinnerung 99; Augenblicke e. langen Reise zu dir 99; Suworow 00; Absurdo oder die bittersüße Dimension 00; Die weiße Frau im eigenen Haus 00; Die Gärten d. wilden Schwestern 00; Aus d. Tagebuch e. Wahnsinnigen oder: Wozu soll es gut sein, erwachsen zu werden 00; Wenn Joseph Beuys Mirabelle gekannt hätte 00; Der Gesang d. türkisblauen Mondgöttin 00; ANGAKOK – Ohne Zärtlichkeit kann ich nicht leben 01; Mit beiden Beinen fest in den Wolken 01; Un Jour sentimental 01; Der Weg von Colm nach Colm 01; In einer klaren Nacht kamen die Kinder u. wurden schmerzhafte Träume 02; Flow – Die Sprache d. Träume 03; Hundert Farben hat d. Liebe 03; Die unendliche Suche nach e. Blume, die sich vielleicht hinter d. Farbe Türkis verbirgt 04; Ich aber nahm mit alle Träume 04; Masken oder: Die unerhört schrillen Töne ... 04; Und alle suchen die Liebe im Regen, der d. meisten Tränen hat 04; Nach einer langen Reise kehre ich wieder zurück nach La Boheme 04; Mädchen, Mädchen! Auch ich bin auf der Suche ... 04; Romantische Imagination: Eines Tages werde ich Antwort finden ... 04/05; Die Legende von der Liebe, die den Tod besiegte 05/06; Alle meine Bäume wachsen in den Himmel 05; Die Nacht, in der mir Jasmin ihren Liebesapfel schenkte 05/07; Der Tag, an dem ich Jasmin Zwo aus einem Container befreite 06/07; Der Schrei 06/07; Der aufrechte Gang oder: Ich danke euch Ihr wunderbaren Frauen 07; Die Träume der Birke sind auch meine 08; Ich habe doch nur für einen kurzen Moment das Fenster zu einer wunderbaren Welt geöffnet 08; Die Zeit mit Maria 08; Ich grüsse Sie – Sergej Paradshanow! 08; Worte in das Meer geschrieben 09; Jasmine, Nadine, Sabine, Philine und alle anderen magischen Frauen oder: Die unendliche Sehnsucht nach einem Blick, der ein ganzes Leben verändert 09; Im Labyrinth der Sehnsüchte 09. – **R:** Der Weg nach Colm, Hsp. 64; Das Häuschen an der Schranke, Hsp. 64. – **P:** Musik im Moor, Lyr., Schallpl. 84; Die Träume des Funktionärs (Texte u. Musik), Lyr.; ANGAKOK 1 u. 2, CDs 03. – **Lit:** Michael Schönauer in: Einblicke 94; Detlef Kuhlbrodt in: taz 95; Gerald Jung in: Zitty 2/03.

Buddeberg, Benedikta; Hohenlimburger Str. 90, D-58099 Hagen, Tel. (0 23 34) 4 27 78, *bubuddeberg@ya*

hoo.de (* Herne 55). Lyr. – **V:** ... nicht um bunten Traum ..., Gedanken u. G. 02; ... dann leben sie noch heute ..., G. 03. (Red.)

Buddenkotte, Katinka, freie Autorin, Vorleserin, Poetry-Slammerin u. Kolumnistin; Köln, *k.buddenkotte@web.de*, *www.la-buddenkotte.de* (* Münster 15. 3. 76). – **V:** Ich hatte sie alle, sat. Erzn. 06; Mit leerer Bluse spricht man nicht 09; – Programme: Wüst 'n' Rot, Leseprogr. m. Dagmar Schönleber; Ich hatte sie alle. – **MA:** Mannsbilder – sie leben mitten unter uns 08. (Red.)

Budek, Josef, Theaterwiss.; Kirchplatz 6, D-83569 Vogtareuth, *j.budek@t-online.de*, *www.josefbudek.de* (* Halle/S. 5. 6. 40). NGL Berlin 85, VS 86–91; Erzählerpr. d. Stift. Ostdt. Kulturrat 85; Drama, Prosa. – **V:** Ole Bienkopp (n. Strittmatter), Opernlibr. 79; Eine schöne Karriere, Dr. 79; Makrelische Komödie, Dr. 80; Die Witwe, Dr. 82; Leonore '83, Erz. 85; Das geteilte Moskau, Erz. 86; One-Way-Ticket, Erz. 86; Hinterhof Berlin-Mitte, Hsp. 86; Treffen am Wannsee, Erz. 89; LAV: letzte außerwissenschaftliche Verglimpfung von DDR-Wortpraxis 96; Referent Hase, Erzn. 00. (Red.)

Budinger, Linda (Marion Frost), Autorin, Übers.; Am Beckers Busch 18, D-42799 Leichlingen, Tel. (0 21 75) 97 06 31, *Linda@menhir.de*, *Linda@Lindabudinger.de*, *www.lindabudinger.de* (* Leverkusen 14. 2. 68). mehrf. Nom. f. d. „Dt. Phantastik-Pr."; Rom., Lyr., Erz. Ue: engl. – **V:** Der Geisterwolf, Fantasy-R. 99; Goldener Wolf, Fantasy-R. 06. – **B:** Peter Freund: Laura und das Labyrinth des Lichts, R. 07. – **MA:** Nur ein paar Schritte zum Glück 99; ... im grauut vor Dir 00; Die Spur des Gauklers in den blauen Mond 01; Jenseits des Happy Ends 01; Aufruhr in Aventurien 02; Die Nacht der Masken 03; Wellensang 04; Die Schattenchronik 04; Rezensionen in: Penthouse Mag. 03; Schattenreich, pulp mag. 05; Das Geheimnis des Geigers 06; Wolfszauber 07; Der Himmelspfeifer 08; Funk Uhr/ TV neu. – **P:** Die Legende von Mythrâs. 1. Die Karte des Propheten, Hsp. 08. – **Ue:** Marilyn Todd: Bad Day on Mount Olympus; in: Hokus Pokus Hexenschuss 02; Derek Wilson: The Bothersome Business of the Dutch Nativity, Erz. 03; Steve Perry: The adventure of the touch of god, Erz. 03; Poppy Z. Brite: The curious case of Miss Violet Stone, Erz. 05. – **MUe:** Simon Beaufort: Das Geheimnis der heiligen Stadt 05, Der Spion des Königs 06, Das Gold des Bischofs 07, alles R. m. Alexander Lohmann.

Budke, Gudula (geb. Gudula Rabe), freischaff. Kulturred., freischaff. Autorin; Meller Str. 27, D-49082 Osnabrück, Tel. (05 41) 57 26 20 (* Osnabrück 16. 2. 26). VS Nds. 75, Kogge 80, Gründ. u. Vors. Lit. Gruppe Osnabrück 71–80, Autorenkr. Plesse 78; Pr. f. Bildgedichte 74, 76, Lyr.pr. d. Stadt Osnabrück 78, Stadtschreiberin v. Soltau 79, Nds. Künstlerstip. f. Lit. 87, Dr.-Heinrich-Mock-Med. 87, Intern. Mölle-Lit.pr. (Schweden) 88, Stip. Künstlerdorf Schöppingen (Gast d. Literaten) 90, Burgschreiber zu Plesse 94, Das Neue Buch 6. VS Nds.-Bremen 97; Rom., Erz., Kurzgesch., Erzählged., Lyr., Ess. – **V:** Rückspiegel, Lyr. 70, 72; Mit meinem langen Haar, G. 72; Engel die Sekt trinken, Erzn. 74; Auch Sterben wird Gewohnheit, Erzn. 75; Hilfe mein Mann ist Lehrer, Erz. 76, 77; In deinen Wohnungen, Israel, G. 78; Ballspiele, R. 81; Bilderstürmer, R. 82; Mutterhände, Erz. 86; Trauer muß die Witwe tragen, G. 89; Imdugud oder Hochzeit mit dem Löwen, großes Poem m. Fotos 93; Jesus Nacht, R. 96; Änne und Leonid – Eine unerhörte Geschichte, R. 97; Grass verkauft Lakritze, Erzn. 97. – **H:** Osnabrücker Autoren – Lyr. u. Prosa 75; Schreibfreiheit, Lyr.- u. Prosa-Anth. 80; 10

Budzinski

Litfaßsäulen-Gedicht-Plakate 80. – *Lit:* G. Rademacher in: die horen 94/74, 98/75, 114/79, 128/82; ders. in: Profile, Impulse 3 87; H.J. Haecker in: die horen 167/92; R.O. Wiemer in: die horen 186/97.

Budzinski, Klaus, Autor, Journalist; Bahnhofstr. 91, D-82166 Gräfelfing, Tel. u. Fax (0 89) 8 54 58 36 (* Berlin 6. 12. 21). P.E.N.-Zentr. Dtld; Ess., Drama, Rom., Übers. Ue: engl, frz, ital, am. – **V:** Die Muse mit der scharfen Zunge, Kulturgesch. d. lit. Kabaretts 61; Hurra – wir sterben, satir. Rev. 65, UA 76; Die öffentlichen Spaßmacher. Das Kabarett in d. Ära Adenauer 66; Die Völker der Erde – Professor Schreibers Sittengeschichte in 24 Bänden, Bd 6: Deutschland, Österreich u. die Schweiz 73; Pfeffer ins Getriebe. So ist u. wurde das Kabarett 82; Wer lacht denn da? Kabarett von 1945 bis heute 89; Der Riß durchs Ganze, autobiogr. R. 93; Darf ich das mitschreiben? Kurze Begegnungen mit großen Leuten 97. – **MV:** Metzlers Kabarett Lexikon, m. Reinhard Hippen 96. – **H:** Soweit die scharfe Zunge reicht, Anth. 64; Werner Finck. Witz als Schicksal – Schicksal als Witz 66. – **R:** Witz als Schicksal – Schicksal als Witz, Fs.-Dok. 62; Zweehundert Jahre nischt wie Ärjer. Eine Berlin-Revue 1762–1961, Fsf. 70; zahlr. Feat., insbes. Lebensbilder v. Literaten, die im Zus.hang m. d. literar. Kabarett standen, u. a.: Max Herrmann-Neiße, Erich Knauf, Friedrich Hollaender, Fritz Löhner-Beda, Robert Gilbert, Walter Mehring, Werner R. Heymann. – **Ue:** Jacques Deval: Heute Nacht in Samarkand 52; Tony Palmer: Electric Revolution 71; Rosa Leviné: Leviné – Leben u. Tod eines Revolutionärs 72; Trevenian: Ein Herzschlag bis zur Ewigkeit 77; John Russell Taylor: Die Hitchcock-Biographie 80; François Cavanna: Das Lied der Baba 81; James Brough: Die Ford-Dynastie 87; Art Buchwald: Guten Morgen, Amerika! 89; André Brunelin: Jean Gabin – Leben, Filme, Frauen 89; Carlo Goldoni: Der Herr Molière, Vers-Kom. 89; Art Buchwald: In den Pfeffermühlen 91.

Büchel, Simak (eigtl. Daniel Schneider), M. A.; c/o Geest-Verlag, Vechta, *www.simakbuechel.de* (* Bonn 19. 9. 77). Inklings 85, Kunstver. Rhein-Sieg-Kr., Lit. Beauftr.; RSGI-Jungautorenpr. (9. Pl.) 02, Stip. Denkmalschmiede Höfgen 02, 03, 04; Rom., Kinderb., Lyr., Erz. – **V:** Balance, Erz. 01; Oropoi oder wie die Paviane zu ihren roten Hintern kamen, Kdb. 01, 10. Aufl. 06, erw. Tb.-Aufl. 04, 05 (auch als Hsp.); Eloe & Ellenai, R. 03; Meister Perlboot, R. 05. – **MV:** Zweistromland, mit Tim Ernst 00. – **MA:** zahlr. Beitr. in Lit.zss. u. Anth. seit 97, u. a.: Erlkönig & Co, Balln. 02; Karl Schumann (Hrsg.): Herbst 02; Ein leises Du 02; Fiori Poetici 03; Mythos Fremde 05; Kids for Kids. Kinderrechte 05; KULT; Dichtungsring; Kritische Ausgabe; Federwelt; Volksfest. – **P:** Lilians Rückkehr, Hörfeat. 04; Lilians Zauber, Schallpl. 04. – *Lit:* Monika Hoegen in: Deutsche Welle (auch unter: www.dwelle.de/hausa/gesellschaft/1.65324.1.html) 04; Ulrich H. Baselau in: Julien Journal der AJUM 06. (Red.)

Büchers, Sabine, angehende Sonderpäd., Sekretärin; Tel. (02 21) 24 87 38, Fax (0 40) 36 03 21 98 77, *Buechers@aol.com,* hometown.aol.com/buechers/myhomepage/business.html (* Geilenkirchen 18. 8. 63). Rom., Lyr., Erz. – **V:** Die Geburt eines Todes 03. – **MA:** Über den April ist nicht viel zu sagen. Frauen aus Ost u. West erzählen Geschn. 98; Nationalbibliothek d. dt.sprachigen Gedichtes, Bd. IV 01. (Red.)

Büchle, Elisabeth; Schwalbenweg 4, D-78647 Trossingen, *elisabeth.buechle@gmx.net* (* Trossingen 26. 6. 69). Rom., Kurzgesch. – **V:** Im Herzen die Freiheit 06; Die Magd des Gutsherrn, 1.–3. Aufl. 07; Wohin der Wind uns trägt, 1.u.2. Aufl. 07; Sehnsucht nach der fernen Heimat 08. – **MA:** Kerzenschein und Plätz-

chenduft, Kurzgeschn. 07; Sternenglanz und Tannenduft, Kurzgeschn. 08.

Büchner, Barbara (Ps. Julia Conrad), Schriftst.; c/o AVA international GmbH, Seeblickstr. 46, D-82211 Herrsching-Breitbrunn, *barbara.buechner@chello.at, members.chello.at/barbara.buechner* (* Wien 1. 2. 50). IGAA; Öst. Staatspr. f. journalist. Leistungen 77; Prosa, Rom., Übers., Kinder- u. Jugendb., Sachb. Ue: engl. – **V:** über 70 Bücher, u. a.: Das Institut, R. 86; Die Sterbehelfer, R. 88; Zwischenfall im Magic Land, Erzn. 90; Falsche Zeugen, Krim.-R. 93; Die schwarze Köchin, Krim.-R. 94; Aus dunkler Tiefe, Fantasy-R. 97; Blut und Rosen, erot. Schauergeschn. 97; Das Galgenschloß, SF 98; Blaubarts Schloß, R. 99; Blutopfer, SF-R. 99; Die Sklaven des Traumfressers, R. 99; Herz im Stein 00; Das Hotel Agarthi, R. 01; Kopfkönig, R. 01; Liebhaber des Todes, R. 01; Nadine, mein Engel 02; Vatertage 03; Der Pestarzt 05; Die Drachen 05; Die Frau des Ketzers 07; Hurrikan 07; Terminal 07, u. a.: – KINDER- u. JUGENDBÜCHER: Abenteuer Bethel, Sachb. 91; Das Gasthaus zur Mitternacht 91; Feuernacht 92; Das Mädchen in der Glaskugel 93; Irrlicht – Im Bannkreis der Sekte 93; Und Joni, die weiß Polizist 93; Einmal Socken mit Senf, bitte 94; Das Geheimnis der alten Fabrik 94; Das Geheimnis im Geisterschloß 94; Geheimnisvolle Briefe 94; Keine Angst vor Rasputin 94; Tanzen will ich, tanzen, Bilderb. 94; Cleo, Theo und die Vampirkatze 95; Flucht aus dem Geisterhaus 95; Zeffy gewinnt das Spiel 95; Black Box 96; Falscher Verdacht 96; Julia – Die Macht des Wunderheilers 96; Das verquorksmoggelte Mädchen, Bilderb. 96; Verrat kein Wort, Sandra 96; Wirbel um Ronas Rockband 96; Zur Hölle mit Harold 96; Biggi – Spurlos verschwunden 97; Kennwort Phänomen. 1: Im Haus der Geisterjäger, 2: Schritte ins Nichts 97; Schwarze Koffer, weißes Kreuz 97; Der Teufel kommt nach Köbberswil 97; Tierschutzverein „Setter" schlägt zu 97; Fühl mal, ob dein Herz noch schlägt, Sachb. 98; Das Sekten-Fragebuch, Sachb. 98; Im Netz des Wahrsagers 98; Viele Frösche und ein Prinz 98; Jagd nach Dracula 99; Wenn Gefühle Achterbahn fahren, Sachb. 00; Aliens auf dem Teufelsberg 00; Bunte Flügel hat die Liebe 00; Eddies Gespenster 04; Das Haus mit dem Katzenkopf 05; Das Haus im kreischenden Wald 05; Das Haus des Mäusebischofs 06, u. a. – **H:** Tieftaucher, Kurzprosa junger Menschen 00. (Red.)

Büchner, Gitta, Red.; c/o Ihrsinn e.V. / auszeiten e.V., Herner Str. 266, D-44809 Bochum, *info@ihrsinn. net, www.ihrsinn.auszeiten-frauenarchiv.de* (* Hagen 28. 12. 53). 1.Pr. (Prosa) b. Lit.wettbew. f. lesbische Autorinnen u. schwule Autoren 01; Erz. – **V:** Nie wieder Rigoletto, Erzn. 02. – **MA:** Alltägliche Träume 89, 90; augenblicke 99; Kulturtrip 8 00; begehren 06; as long as 06; fund und gemein 08; zahlr. Art., Erzn., Glossen in: IHRSINN, Zs., seit 90. – **MH:** IHRSINN, m. Ulrike Janz, Rita Kronauer, Lena Laps, Zs. 90–04.

Büchner, Marianne, Realschullehrerin; Selztalstr. 111, D-55218 Ingelheim (* Mainz 6. 3. 47). Kulturpr. (Lit.) d. Ldkr. Mainz-Bingen 97; Erz., Lyr. – **V:** Taglieb, Erz. 94. – **MA:** Heimatjb. Mainz-Bingem 99; Artischockenkinder 06; Jb. f. das neue Gedicht 06, 07; Anth. d. Lichtstrahlverl. 07. – **P:** G. in: Jokers Lit.portal 07. – *Lit:* Aloe: Lit.dienst Rh.-Pf. in Büchern 94; U. Müller-Hückstedt: D. evang. Buchberater 94; H.J. Maurer: Heimatjb. Mainz-Bingen 99; C. Fuchs in: Lit. im Land, Rdfk-Sdg (SWR).

Büchner, Ernst-Wolfgang, Buchhändler, Marketingu. Verlagsleiter; Wiesenauel 49, D-51491 Overath, Tel. (0 22 06) 67 74, 38 04, Fax 69 88 (* Leipzig 25. 11. 37). FDA NRW 06. – **V:** Aus dem Leben gekniffen, Lyr. 04;

Wie das Leben so schielt, Lyr. 06. – **MH:** Humor im Hoch- und Tiefbau 69; Heiteres Bauen und Wohnen 72, beides m. Hans-Alfred Herchen. (Red.)

Büge, Lutz, Autor, Journalist; Eysseneckstr. 56, D-60322 Frankfurt/Main, Tel. (0 69) 95 10 93 26, *mail @lutz.buege.de, www.lutz-buege.de* (* Eutin 10. 6. 64). VS; Rom., Sat. – **V:** Uschi, Lotte und Amerika 96; Reife Leistung, R. 98; Genetics, SF-Thr. 99. – **MV:** Der Fall Edwin Drood, m. Charles Dickens, R. 03. – **MA:** Satn. in versch. Tagesztgn seit 98; d. facto Kulturjournal (Red.-Ltg.) 00; Lauter Lügen, Anth. 00. (Red.)

Bügel, Edgar; Beim Schloß 19, D-75223 Niefern-Öschelbronn, Tel. (0 72 33) 34 51. – **V:** Das geheimnisvolle Haus im Park 95; Der Fuchstanz, Notenbuch 98; Die plötzlichen Aufregungen des Herrn S., Kom. 98; Das Rad der Geschichte, Erzn. 01; Die Stunde der Masken, Sch. 02; Die Tränen der Furchtlosen, Sch. 03; Aufzeichnungen eines Narren, Sch. 05.

Bühler, Gero, Dr. med., Psychiater; Schererstr. 3, D-85055 Ingolstadt, Tel. u. Fax (08 41) 8 81 36 85, *gero. buehler@t-online.de* (* Leipzig 1. 8. 68). Prosa, Lyr. – **V:** Abstieg, Erz. 94; Wenn Wen, Lyr. 00; Probedüne, Lyr. 06.

Bühler, Traute (Ps. Traute Bühler-Kistenberger, geb. Traute Kistenberger), Lyrikerin, Malerin, Illustratorin; Schmid-Schneider-Str. 3, D-82211 Herrsching, Tel. (0 81 52) 84 16. Milchstr. 6, D-81667 München (* Landau i. d. Pfalz 7. 4. 26). VFS 64–70, Freie Dt. Kulturges. Frankfurt/M. 46–48, Dauthendey-Ges. 59–60, Rosenheimer Künstlerverb. 60–70, IGdA, Else-Lasker-Schüler-Ges. 93, VFS/AVF 95; Lyr.pr. Wien 03; Lyr., Erz., Nov., Legende. – **V:** Die Nachricht, Prosa 71; Schattenplätze, G. 83, 91; Mit der tonlosen Stimme, Lyr. 84; Inselrufe 90. – **MA:** Main-Post 46–50; Bänkelsang d. Zeit 47; Paul A.C. Steffan: Geschichte des Marian K. (Vorw.) 81/82; Fränk. Jb. 73; IGdA 82; Zwischenbereiche 81–85; Jb. Siegburger Pegasus 83; Jb. Windrad 83; Karlsruher Reb 86–92, u. a.; unzählige Lyr.- u. Prosa-Beitr. sowie Grafiken in d. Veröff. der Verlage W. Hager (Stolzalpe/Öst.); Edition L (Hockenheim); Wort u. Mensch (Erlangen). – **MH:** u. Mitbegründerin von „Zwischenbereiche", Kunstzs. 81–85. – **R:** Lesung v. Gedichten im Rdfk 52. – **P:** So wie die weiße Mandel / Im Stahl das Öhr / Sternsaat, 3 G.-Zyklen 74; Ins Nachtgesicht; Dunkle Schläfer, u. a. lyr. G. 74; Stationsgedicht; Geh – schreite fort 1946–1974; Granit kehrt wieder; Mit der tonlosen Stimme 75; Lichtinseln, Liebeslyr. 75; Zur Stunde d. Windes, 136 G.; Fluchtgepäck; Die Windsprache verstehn, 133 G. 76; Schattenplätze, Nichts als der Möwe Schrei, mod. Lyr. 76; Botschaften, G. 77; Hinter der Träne 78; Um die Handvoll Reis ..., 65 G.; Traumleicht, traumschwer, Abschiedslieder 80; Mit der tonlosen Stimme 85, alles Lyr. auf Tonkass.; – zahlr. Ausstellungen unter d. Thema „Menschenbilder" in Verbindg. m. Lyrik- u. Prosa-Lesungen. – *Lit:* W. Knote-Bernewitz in: Zwischenbereiche, H.6 83; A.-A. Ziese: Allg. Lex. d. Kunstschaffenden in d. bild. u. gestaltenden Kunst d. ausgehenden XX. Jh. 84; Who is Who 03/04, u. a. (Red.)

Bühler-Leinweber, Ingrid s. Kortina, Liv

Bühnau, Ludwig s. Schreiber, Hermann

Bühren, Georg, Rundfunkjournalist u. Autor; Turmstr. 7, D-48151 Münster, Tel. (02 51) 77 64 09 (* Mettingen/Westf. 55). Augustin-Wibbelt-Ges.; Förd.pr. d. Ldes Nds. 91, Rottendorf-Pr. 96, Fritz-Reuter-Pr. 02. – **V:** Houßensaap, Stück 90; De Lüe, de Wäör, de Tied, ndt. G. 92; Üerwergang, Stück 93; Mats und die Wundersteine, Lieder-Hsp. n. Marcus Pfister 99; düssiets affsiets gientsiets, ndt. G. 00 (m. CD). – **MV:** Emslandschaften, m. Max Thannhäuser, Bildbd

94. – **H:** Geschichten von Land und Leuten 91; Neue niederdeutsche Lyrik aus Westfalen, Anth. 95; Nach dem Frieden, Anth. 98. – **R:** zahlr. Repn., Interviews, Feat., Filmbeitr. u. Hsp. seit 78, u. a.: Botterbrot, Hsp. 91; Achtern Bahndamm, Hsp. 93; Voss un Wulf, Hsp. 95; Und darf nur heimlich lösen mein Haar, Fsf. 96; Störung des allgemeinen Landfriedens, Feat. 99; Stimmen im Dunkel. Richard Hughes u. die Hörspielkunst d. frühen Jahre, Feat. 00. – **P:** Mats und die Wundersteine, CD 99; Kleiner Dodo was spielst du?, CD 01; Kleiner Eisbär kennst du den Weg? 01; Hoppel und der Osterhase, CD 01, alles Hsp.-Bearb.; – „G.B. – Amerika-Fotografien u. plattdeutsche Lyrik", Ausst. 02. (Red.)

Bührmann, Traude (Ps. Olga Linz), freie Schriftst., Übers.; Lohmeyerstr. 21, D-10587 Berlin, Tel. (0 30) 3 42 23 55, *t_buehrmann@web.de* (* Essen 26. 11. 42). Lesberatur-Pr. 87; Erz., Rom., Ged. Ue: frz. – **V:** Gen-Manipulation und Retortenbaby, Sachb., 81; Flüge über Moabiter Mauern, Erz. 87, 2. Aufl. 89; Ahornblätter / Feuilles d'Erable, G. 92; Die Staubstrasse nach Matala u. a. Reiseerzählungen 94; Mohnrot, R. 97; Faltenweise, Lesben und Alter, Portr. 00; Die Straßensängerinnen, R. 04; Nachtcafé, Erzn. um Leben und Tod 05. – **MA:** zahlr. Beitr. in Lit.-Zss. seit 84, u. a. in: AltersWachsinn; Beitr. z. feminist. Theorie + Praxis, H. 27 89, 33 92; Virginia Frauenbuchkritik 7/89, 8/90, 17/94, 27/99, 33/03; Ihrsinn 109/94, 25/26/02; Frauenliebe – Männerliebe. E. lesbisch-schwule Lit.gesch. in Portr. 97. – **H:** Sie ist gegangen, Geschn. 97; Lesbisches Berlin – die Stadtbegleiterin 99. – **MH:** Lesbisches Paris – die Stadtbegleiterin, m. Suzanna Robichon 02; Mehr als eine Liebe, polyamouröse Beziehungen, m. Laura Merrit u. Nadja B. Schefzig, Sachb. 05. – **Ue:** Nicole Brossard: Die malvenfarbene Wüste 89; Anne Marie Alonzo: Der ungeschriebene Brief 91; Jacqueline Julien: Feuer – Chronik des Verlangens, poet. Hörst. 95; Dominique Silvain: Blutsschwestern 98.

Büld Campetti, Christiane, Journalistin, Rundfunkkorrespondentin; Borgo degli Albizi 11, I-50122 Florenz, Tel. u. Fax (0 55) 24 41 99, *chris.bueld@iol.it* (* Gronau/Westf. 31. 3. 56). – **V:** Die Aussenstelle des Paradieses. Toskanische Tagträume 03. – **MV:** Toskana (Nelles Guide), m. Stephan u. Ulrike Bleek 95. (Red.)

Büllmann, Katja, Journalistin, Soziologin, Amerikanistin u. Politikwiss., freie Autorin; lebt in München, c/o Piper Verl., München (* 69). – **V:** Eine einzige Reise kann alles verändern. Frauen erzählen 05, Tb. 07. (Red.)

Bülow, Vicco von s. Loriot

Büngener, Horst, Ing.; Gutsparkstr. 18, D-04328 Leipzig, Tel. (03 41) 2 51 63 51 (* Döhringen/Ostpr. 5. 3. 34). Feuill., Kurzgesch. – **V:** Eine Tankstelle voll Zeit, Feuill. u. Aphor. 76, 3., erw. Aufl. 84. – **MV:** Kreise ziehen. Feuill. aus unseren Jahren 74; Schattensprünge, Feuill. 75, 2. Aufl. 76; Ernte und Saat 79, 80. – **MA:** Vom Geschmack der Wörter, Miniatn. 80, 2. Aufl. 87; Ernte und Saat 81; Kein Blatt vorm Mund, Aphor. u. Epigr. 82, 2., erw. Aufl. 86; Sein ist alle Zeit, Kath. Hausb. 1983 83; Wirklich ist nur der Ozean 83; Blick durchs Astloch, Anekdn. u. Episoden 86; Der Geschichtenkal. 1987 87. – *Lit:* Heinz Knobloch: Lobende Einschränkung in: Eine Tankstelle voll Zeit 76. (Red.)

Bünger, Klaus Ulrich; Hinterholzen 4, D-84329 Wurmannsquick, *www.hof-theater.de* (* München 27. 9. 46). – **V:** Henko: Schäfermatt 07.

†**Büning-Laube,** Elisabeth, Autorin; lebt in Düsseldorf (* Mülheim/Ruhr 25. 11. 35, † 1. 05). Lyr. – **V:** SpiegelSplitter 01; Bindestriche 02; Geflochtene Zeit 04. – **MA:** Cogito, Lit.zs. 95, 96; Kontraste, Anth. 97; Federwelt, Lit.zs. 01. – **H:** Farbbogen 03.

Büren

Büren, Erhard von; Blumenrain 5, CH-4500 Solothurn, *erhard.vonbueren@tiscalinet.ch* (* Oberdorf 29. 12. 40). Gruppe Olten; Werkpr. d. Kt. Solothurn 89, Werkjahrbeitr. 93; Rom. – **V:** Abdankung, Ber. 89; Wespenzeit 00. (Red.)

Bürger, Eric (eigtl. Erich Bürger), Dr.-Ing. habil., Prof., ehem. Forschungsdir.; Am Schösserholz 46, D-09127 Chemnitz, Tel. (03 71) 77 31 67, Fax 7 71 46 30, *eric.buerger@t-online.de* (* Thüringen 27. 5. 28). 1. Chemnitzer Autorenverein e.V. 93, Vors. 95; Lit.pr. d. Sächs. Staatsmin. 99, 2. Pr. d. Sächs. Ldeszentrale 00; Rom., Erz., Hörsp. – **V:** Laß uns einen besseren Ort suchen 92; Gottfried August Bürger. Ein Lebensbild 95; Liebling Franzi, Erzn. 98; Bürger Goethe und die Frauen, hist. R. 02. (Red.)

Bürger, Ernst, Lehrer, Schriftst.; Berberitzenweg 55, D-12437 Berlin, Tel. u. Fax (0 30) 6 31 81 35, *www.ernst-buerger.de*. Hochstr. 35, D-64750 Lützelbach-Wiebelsbach (* Lörrach 17. 6. 28). SV-DDR 61–90, VS 91; Exposépr. d. Min. f. Kultur d. DDR 60, 71, Gold. Lorbeer d. Fs. d. DDR 86; Fernsehsp., Fernsehfilm, Hörsp., Theaterst., Erz. – **V:** Klaus und Christine im Zauberwald, M., UA 55; Jugend 1944, Dr., UA 59, gedr. 59 (auch tsch.); Streit um den Dicken, Stück f. Kinder, UA u. gedr. 62; Veilchen für Dolly, Schw., UA 73, gedr. 73 (auch russ.); Ossi-Gespräche, Erz. in Dialogen 04; Bertram der Träumer, Erz. 05. – **R:** Drei Wünsche; Der grüne Trabant; Der Sohn des Cotopaxi; Fritz Schmenkel 53–70; Die Kinder von Brummershagen 59; Die Eule 78; Der Sturz 83; Wespennest 88; Der Staatsanwalt hat das Wort. Leben auf Vorschuß 88, alles Fsp./Fsf.; – 12 Fsp. i. d. Reihe „Geschichte ohne Schluß" 60–63, u. a.: Streit um den Dicken; 3 Fsp. i. d. Reihe „Bei Hausers zu Hause" 83–85; – 9 Hsp. b. Berliner Rdfk, u. a.: Die Zauberwurzel; Der Dieb von Santa Vera; Einbruch am Donnerstag.

Bürger, Helmut, Lehrer; Dorfstr. 1, D-39291 Möckern, Tel. (03 92 21) 51 11, *he-buerger@t-online.de*, *www.helmert-buerger.de* (* Magdeburg 29. 7. 39). SV-DDR 85–90, Friedrich-Bödecker-Kr. Sa.-Anh. 03, Förd.ver. d. Schriftst. Magdeburg 04; Kunstpr. d. Kr. Burg; Rom., Lyr., Erz., Hörsp. – **V:** Auf nach Mauretanien, Erz. 76; Feuer backbord voraus, Erz. 88; Krach der Neunten, Jgdb. 88; Das Haus, Erzn. 95; Unterwegs, Erzn. 99; Schulzeit, Erzn. 04; Spiegelungen, Lyr. 06; Dies und das, Erzn. 08. – **MA:** Der Fährmann, Alm. 77–89; ndl 8/70, 1/71, 4/74; Wie der Kraftfahrer Karli Birnbaum seinen Chef erkannte 78; Die vierte Lärme 71; Auf dem Rücken der Schwalben 97; Alte erzählen Geschichten 04; Aus meiner Feder 07; Kraut und Räuben 07. – **R:** Nein, in die Schule geh ich nicht 80; Ein leerer Zettel 80; Mein Freund Jaschin 82, alles Hsp. f. Kinder. – *Lit:* Brigitte Böttcher in: Bestandsaufnahme 2 81; Harald Korall in: Schriftst. in Sa.-Anhalt 05.

Bürger, Jan, Dr., Journalist, Schriftst., Lit. wiss., wiss. Mitarb. d. DLA Marbach; Alexanderstr. 153, D-70180 Stuttgart, Tel. (07 11) 4 70 92 97 (* Braunschweig 3. 10. 68). Förd.pr. f. Lit. d. Stadt Hamburg 97; Rom., Lyr., Ess. – **V:** Verlängerte Reise, R. 00; Der gestrandete Wal, Biogr. Hans Henny Jahnn 03; Benns Doppelleben oder wie sich selbst zusammensetzt 06. – **MA:** zahlr. Beitr. in: Literaturen, Zs. (Red. 00–02). – **H:** Hans Henny Jahnn/Ernst Kreuder: Der Briefwechsel 1948–1959 95; Ich bin nicht innerlich. Annäherungen an Gottfried Benn 03; Friedrich Schiller. Dichter, Denker, Vor- u. Gegenbild 07. – **MH:** Hans Henny Jahnn: Briefe, 2 Bde, m. Ulrich Bitz, Sandra Hiemer u. Sebastian Schulin 94; Jörg Fauser: Tournee. Roman a.d. Nachl., m. Rainer Weiss 07. – *Lit:* s. auch 2. Jg. SK. (Red.)

Bürkle, Dieter, Geschf. i. R. (Kreisjägermeister); Arndtstr. 31, D-74074 Heilbronn, Tel. (0 71 31) 64 51 70, Fax 64 51 71 (* Heilbronn 15. 9. 37). – **V:** Mit der Büchse im Gepäck... 97, 3., erw. Aufl. 07.

Bürli-Storz, Claudia s. Storz, Claudia

Buerschaper, Margret, M. A., Lehrerin; Auenstr. 2, D-49424 Goldenstedt-Lutten, Tel. (0 44 41) 8 11 77 (* Wissen 22. 4. 37). Autorenkr. Plesse, Haiku Intern. Assoc. Tokyo, EPräs. d. Dt. Haiku-Ges. seit 03; A.-G.-Bartels-Gedächtn.-Ehrg. 85, Dr.-Heinrich-Mock-Med. 86, Senryu-Pr. zur Flußweide 87, Peter-Coryllis-Nadel 89, Renga-Meisterin 89, Lyr.pr. Zum Halben Bogen 92, Graphikum-Lit.pr. 96, Moorschreiberin zu Goldenstedt 97, „Goldene Blume" d. Heimatbdes f. d. Oldenburger Münsterld 97; Lyr., Reiseber., Kettendichtung, Wiss. Arbeit u. Ess. zur dt. Kurzlyr. nach jap. Vorbild. – **V:** Atemholzeiten 79; Freude auf das Mögliche 83, 3. Aufl. 89; Zwischen allen Ufern 85; Zwischen den Wegen 86; Rasten auf bemoostem Stein 87, 2. Aufl. 88, alles G.; Das Dt. Kurzgedicht in d. Tradition japanischer Gedichtformen Haiku, Senryu, Tanka, Renga. Mag.arbeit 87; Die kleinen Freuden am Weg, Haiku, Senryu, Tanka 87 (auch Blindenschr.); Hast du heute schon gelebt, G., Gebete, Betrachtn. 88; Carl Heinz Kurz ein deutscher Haijin, literar. Biogr. 88; Zyklus Kindheit, G. 92; Auch wenn ich im Herbst komme ..., Ber. 92; Schnee des Sommers, Haiku, Senryu, Hai-Sen, Tanka 93; Lebenskreis/A Circle of Life. Bio-bibl. Schau Werner Mannheim z. 80. (dt./engl.) 95; Meerweit Moor, G., Haiku 95; ... und manchmal fällt Sonne in meinen Garten, G. 96; Das Land in dem ich wohne, G. 97; Worte kehren zurück am Spinnenfaden. E. Jahr im Goldenstedter Moor, Haiku, Tanka, G. 98; (Übers. zahlr. G. in engl., frz., holl., engl., poln., kroat., jugosl., jap.). – **MV:** Erstes Pappellaub, Hyakuin 88; Im Gräserneigen, Hyakuin 92; Eulen und Fichtenzweige. D. 2. Buch d. Senku-Dicht. 92, alle m. Carl Heinz Kurz; Loslassen ... neue Wege zum Selbst, m. Hildegard Tölke 02. – **MA:** zahlr. Lyrikbeitr., Vor- u. Nachw. in Anth., u. a. in: Schwing diene Flügel 84; Die Feuernarbe 85; Als die Nacht anbrach 85; Reise nach Weinhausen 85; Und das kleine bißchen Hoffnung 85; Auf überschatteten Pfad 85; Mit dem Fingernagel in Beton gekratzt 85; Carl Heinz Kurz 85; Sprich von heute schweig vor Morgen 86; Prosa-Jb. I 86; Weit noch ist mein Weg 86; Wohin führt der Tag 87; Jb. Oldenburger Münsterland 80–87; Gauke-Jb. 83–85; versch. Zss. u. Ztgn. – **H:** Hinter fliehenden Wolken 85; Im Schein der Königskerze 86; Hell wird die dunkelste Nacht 86, alles Kasen; Laut knirscht der Schnee, Haiku 86; Golden im Blatt steht der Ginkgo, Festschr. 91; Haiku-Kette 92; Haiku 1995, Anth.; Korallenperlen, Haiku-Anth. 96; – Vjschr. d. Dt. Haiku-Ges. e.V. 88–02; R. „pocket print im graphikum", jap. Kurzlyr. 89–03; Haiku-Kal., seit 92; Sonderdrucke d. Dt. Haiku-Ges. – **MH:** Tränen im Schweigen, m. Carl Heinz Kurz 88; Beug dich zum Wasser, m. Reiner Bonack 94. – *Lit:* Pater Günter Esser: Laudatio – günstige Zeugenaussage. M.B. z. 50. 87; Barbara Stroszer: Natur u. Haiku-Dicht., dargest. an ausgew. Bsp. d. Lyrikerin M.B. Mag.arbeit Univ. Gorze, Polen 93; Reiner Bonack: Blüten – gebunden zum Strauß. M.B. z. 60. 97. (Red.)

Büscher, Anita, Malerin, Illustratorin, Kinderbuchautorin; Erika-Köth-Str. 56, D-67435 Neustadt/Weinstr.-Königsbach, Tel. (0 63 21) 96 84 85 (* Ludwigshafen 25. 12. 40). Kinderb., Bilderb. – **V:** Süsse Grüsse von Zimtmonden, Marzipanmäusen und Dschungelkeksen 88; Konrad mit grünen Pfoten, Kdb. 89; Vorhang auf für Anton Zwerg, Theaterst. 89; Wiesenkräutermärchen 96. – *Lit:* s. auch Kürschners Handbuch der Bildenden Künstler, 1. Aufl. 2005. (Red.)

Buess, Madeleine, lic. phil.I, Psychologin; Brittnauerstr. 6, CH-4800 Zofingen, *madeleine.buess@hispeed. ch* (* Strengelbach/Schweiz 4. 8. 48). Rom., Lyr. – **V:** Gangwechsel, R. 84/85; Frau Linder mit Nelke im Knopfloch, Lyr. 04. – **MA:** Am Rande in: Stadtzeiten, Anth. 86.

Büsser, Judith s. Arlt, Judith

Büttel, Flori s. Wohlleben, Rudolf

Büttner, Olaf; *o.buettner@t-online.de, www. olafbuettner.de.vu* (* Wilhelmshaven 17. 9. 56). VS, Verb. Dt. Drehb.autoren, DeLiA; 4. Pr. b. „prima"-Lit.-wettbew. 93, DeLiA-Pr. f. d. besten dt.spr. Liebesroman 05, Arb.stip. d. Ldes Nds. 07; Rom., Erz., Kurzgesch., Drehb., Jugendb. – **V:** Gemischte Gefühle, Erz. 95; Blueprint, R. 96; Nordwind. Das Geheimnis im Watt, R. 98; Die Gier nach Glück, Erzn. 01; Sommersturm, R. 04; Als könnt ich fliegen, R. 05; Schlaf, mein Junge, schlaf ein, R. 06; Tod im Hafen, R. 07; Die letzte Party, R. 08. – **MA:** Ich möchte so gern mit dir ..., Erzn. 88; Liebe – was denn sonst?!, Erzn. 93, 99; Für alle Liebeslagen, Erzn. 04; Spektrum d. Geistes, Lit.kal. 06; – Beitr. in versch. Lit.zss., u. a.: Impressum; Eros & Psyche, seit 88. – **R:** über 50 Erzn. f. BR, SWF, HR, NDR u. WDR. (Red.)

Büttner, Renate, Hausfrau; Behringstr. 19 a, D-42653 Solingen, Tel. (02 12) 5 01 75 (* Solingen 16. 9. 45). – **V:** Leben, Lyr. 99. (Red.)

Büyükeren, Hildegard (Ps. f. Hildegard Eren), Lehrerin, Schriftst.; Eskenshof 7, D-45277 Essen (* Essen 35). 3. Pr. d. Sonnenreiter Publ. Lyrikagon 95, Mitgl. d. Jury d. Freudenstädter Lyriktage 97, Mitarb. b. d. Dornacher Lyrikertagung 03; Lyr., Ess. u. Gesch. f. Kinder. – **V:** Tagwärts, G. 89; Sprich dein Schweigen, G. 91; Wüstenrose, G. 95; Unter den Dächern der Zeit, G. 02; Jede Blüte eine Pietà, G. 04; Mit meiner Flußstimme rufe ich euch, G. 06. – **MA:** Lyr. u. Ess. in Zss.: Das Goetheanum (Dornach/Schweiz); Die Drei; Die Christengemeinschaft; Trigonal; pà väg (Schweden); – Lyr. in zahlr. Anth., u. a. in: Wort sei mein Flügel – Wort sei mein Schuh – Ein Lyrikkreis stellt sich vor 99; Jb. f. Schöne Wissenschaften 02; Annual of the Literary Arts and Humanities 02; – Geschn. f. Kinder in: Im Regenbogenland 95, 04–06. – *Lit:* Sigrid Nordmar-Bellenbaum: Das Geistwort hören, in: Die Christengemeinsch. 11/90; dies.: Wir Ahnende, Zukunftsäende, in: Das Goetheanum 22/03.

Buggenhagen, Marianne, Sportlerin, Erzieherin u. Sozialtherapeutin b. d. Betreuung v. Querschnittsgelähmten; c/o Sportverlag, Zummerstr. 23, D-10969 Berlin, *buggenhagen@nexgo.de, www.marianne-buggenhagen.de* (* Ueckermünde 26. 5. 53). – **V:** Ich bin von Kopf bis Fuß auf Leben eingestellt, Autobiogr., aufgezeichnet v. Klaus Weise 96, 2. erw. Aufl. 01. – **H:** Paralympics 2000 00. (Red.)

Buggert, Christoph, Dr., Leiter Abt. Hörspiel/Prod. Hörfunk b. HR; Kiefernweg 17, D-61440 Oberursel (* Swinemünde/Usedom 37). Akad. d. Darst. Künste Frankfurt, Präs.mitgl.; Hsp.pr. d. Kriegsblinden 78, Drama Award d. Brit. Theatre Assoc. 83, Jean-Thevenot-Pr. 85, Morishige Award d. Telev. and Radio Writers Assoc. of Japan 91; Hörsp., Rom. – **V:** Das Pfarrhaus – Buch d. Entzückungen, R. 88; Lange Reise, R. 02, Tb. 04; Deutschlandbesuch, R. 06. – **R:** ca. 25 Hsp. (in 16 Spr. übers.) seit 59; u. a.: Der blaue Vogel 60; Ikarus auf der Wolke 64; Reisen nach Mazedonien 65; Auslandsgespräch 68; Weichgesichter 71; Bumerang 73; Vor dem Ersticken ein Schrei. Nullmord.

Blauer Adler, roter Hahn, Trilogie d. brgl. Wahnsinns 77–89; Mein Sommernachtstraum 83; Deutschlandbesuch 90; Kulturprogramm 96; Tag der deutschen Einheit 98; Obsession 99. (Red.)

Buhl, Joseph, Lehrer; Eichenweg 14a, D-86637 Wertingen, Tel. (0 82 72) 43 60 (* Bocksberg 29. 1. 48). Lyr., Ess., Erz. – **V:** Ist es dem Licht ein Haus, G. u. Ess. 97, 2., neubearb. Aufl. 01. – **MA:** zahlr. Lyr.- u. Ess.-Beitr. in Lit.zss. seit 88, u. a. in: Lit. in Bayern; Muschelhaufen; Faltblatt; – G. in Anth.: Federleichte Mädchen 91; Vitamine für VauO 94; Höre, Gott! Psalmen d. Jahrhunderts 97; Blitzlicht. Dt.spr. Kurzlyr. aus 1100 Jahren 01; Vor-Bild 01; NordWestSüdOst 03. – *Lit:* Theo Breuer: Ohne Punkt & Komma 99; Paul Konrad Kurz in: Stimmen d. Zeit, H.5 00. (Red.)

Buhl, Krimi, Dipl.-Bibliothekarin; Greinbergweg 51, D-97204 Höchberg, Tel. (09 31) 40 78 60, Fax 4 04 39 51, *Krimi-Buhl@gmx.de* (* Innsbruck 12. 9. 51). Rom., Jugendb., Erz. – **V:** Amelie oder Hilfe, die Jungs kommen 95; Eiskalte Bescherung, Krim.-R. 95, 97; Giftige Nachbarn, Krim.-R. 97 (auch Tb.); Amelie oder Hilfe, die Insel kippt 98; Amelie oder Hilfe, nichts als Brüder 99. – **MA:** Oder die Entdeckung der Welt 97. (Red.)

Buhl, Marc, freier Journalist u. Schriftst.; lebt in Freiburg/Br., Tel. (07 61) 4 76 95 35 (* Sindelfingen 67). DeLiA-Pr. f. d. besten dt.spr. Liebesroman 07 (2. Pl.); Rom. – **V:** Der rote Domino 02; Rashida oder Der Lauf zu den Quellen des Nils 05; Das Billardzimmer 06; Drei Sieben Fünf, R. 08. (Red.)

Buhl, Wolfgang, Dr. phil., Hon.-Prof. f. Publizistik Univ. Erlangen-Nürnberg, bis 1990 Leiter Studio Franken d. BR; Schnaittacher Str. 10, D-90482 Nürnberg, Tel. (09 11) 50 23 44 (* Reinsdorf/Zwickau 15. 4. 25). BJV 53, P.E.N.-Zentr. Dtld 73, Erich-Kästner-Ges. 73; Max-Dauthendey-Plakette, Bayer. Verf.Med. in Silber, Wolfram-v.-Eschenbach-Pr., Bürgermed. d. Stadt Nürnberg; Parodie, Kritik, Feat., Ess., Hörbild, Rom. – **V:** Äpfel des Pegasus, Parodien 53; Franken – eine deutsche Miniatur 78; Lob der Provinz 84; Pflaumen des Pegasus, neue Parodien 85; Schneller als der Schmerz 85; Überall ist Franken, Miniatn., Ess., Reisebilder 89; Verachtet mit die Sachsen nicht 91; Weihnachtsland Erzgebirge 92; Karfreitagskind, R. 99; Requiem für einen Chefredakteur, R. 02. – **MV:** für Hermann Kesten – Nürnberger Reden z. 75. Geb. 75; Franken – Bayerns zweite Garnitur? 76; Der Nationalsozialismus in Franken 79 (beide als Tutzinger Studien); Michael Matthias Prechtl 81. – **MA:** Ad absurdum, Parodie-Anth. 67; Aufklärung heute – Probleme d. dt. Gesellschaft 67; Opposition in d. Bdesrep. 68; Scharf geschossen, Parodie-Anth. 68; Ortstermin Bayreuth 71; Netzer kam aus d. Tiefe d. Raumes 74; Jugend im dritten Reich 75; Hommage à Hermann Kesten 80; Industriekultur in Nürnberg 80; StadtKulturLandschaft 80; Erlangen 1950–1980 81; Typisch fränkisch 82; Dt. Lyrik-Parodien 83; Berühmte Nürnberger aus neun Jh. 84; Frauengestalten in Franken 85; Nenne deinen lieben Namen, den du mir so lang verborgen 86; Altmühl 87; Dt. Prosa-Parodien 88; Rose u. Kartoffel: H.-Heine-Symposium in Rotterdam 88; Gejcherejd – Nachw. zu Wilh. Staudachers G. im Rothenburger Dialekt 88; Bamberger Leseb. 88; Horst Krüger – e. Schriftsteller auf Reisen 89; Walpurga, d. taufrische Amme, Parodien u. Travestien 89; Kein Pardon für Klassiker, Parodien 92; GoldrauschEngel 96; Wolfgang Koeppen: Proportionen der Melancholie (Nachw.) 97; Kultur als intellektuelle Praxis 98; Selbstporträt 99; Nürnberger Ansichten 99; Typisch deutsch ...! Typisch fränkisch ...! 03; Da liegt d. Himmel näher an d. Erde. Literaturlandschaft Franken

04; Ins Land der Franken fahren ... 04; Nie wieder Krieg 07; Studio Franken – Die Gespräche 08; – desweiteren Mitarb. im NDR, HR, BR (gehört – gelesen); – Zss.: Der Ruf; Tribüne; Merian; Westermanns Monatshefte; Universitas; Das neue Erlangen; Nürnberg heute. – **H:** Barock in Franken 69; Fränkische Städte 70; Poetisches Franken 71; Fränkische Klassiker 71; 7 x Nürnberg 72; Karolingisches Franken 73; Kleine Städte am Main 75; Der Nürnberger Christkindlesmarkt 76; Bäder in Franken 81; Machd när su weida – Vom Frieden u. ob es den noch gibt 83; Panorama Franken 84; Fränkische Reichsstädte 87; Rokoko in Franken 89; Mit Menschen leben. Ein Nürnberger Leseb. v. H. Kesten 99. – **MH:** Ich hatte Glück mit Menschen. Zum 100. Geb. H. Kestens 99; Hermann Kesten: Die Zwillinge von Nürnberg, R., Neuausg. 04. – **R:** Aktuelle (Theater-)Krit. u. Berichte; Schwarzer Mann will weise werden, Hb. üb. farb. Studenten in Erlangen 63; Widerstand in Franken, Hb. 64; Verfemt, entehrt und doch geliebt: Ist der Groschenroman wirklich so schlecht wie sein Ruf? 64; König Fußball und König Lear 74; Dichter im Abseits: Die Intellektuellen und der Fußball (120 min O-Ton) 74; Der freye Thon: Franken u. seine musikal. Bedeutung 79; Zeitungslandschaft Franken 81; Bericht üb. e. Weltreise 1986: Am Fensterplatz rund um den Weihnachtsstern 88, u. a. – **P:** seit 1966 „Gespräche im Studio Nürnberg" u. „Der Prospekt"; Sinn oder Unwert der Kritik: Gespräch zwischen August Everding u. Marcel Reich-Ranicki 90. – *Lit:* Von Freunden u. Poeten 85; Wenn Du der erste bist 90; H. Glaser: Von einem, der auszog, Franken zu lieben 00; K. Möller: Der Vater der Poeten 01; I. Höverkamp: Ein freier Geist, ein Literat, eine Künstlernatur 05; T. Schön: Rundfunk in Nürnberg 07, sowie zahlr. Einzelkritiken.

Buhmann, Horst (Ps. O.V.N.), Dr. phil., ObStudDir. a. D., Altphilologe, Historiker, Sportwiss., Kulturvermittler; Aindorfer Str. 8, D-80686 München, Tel. u. Fax (0 89) 58 64 72, *dr.horst.buhmann@web.de* (* Passau 14. 6. 33). Bayer. Philologenverb. 61; Anerkenn.pr. Carl-Diem-Wettbew. 70, BVK 95; Lyr., Sachb. – **V:** Der Sieg in Olympia und in den panhellenischen Spielen, Diss. 72, 2. Aufl. 75; Sehnsucht nach Sizilien, Lyr. 90 (ital. 95); Mediterrane Welt. Eine – unvollständige – Materialsamml., Prosa u. Lyr. 08. – **B:** Fachl. Beratung: Edwin Klein: Olympia. Vom Altertum bis z. Neuzeit 02. – **MA:** G. in: Menschen im Sport 97; – div. G., Aufss., Rez. in Ztgn, Fachzss., Kulturzss., Festschr., Jahrb., Jahresberichten seit 63, u. a. in: Südt. Ztg; Neues Land; anno, Die Zs. f. Archäologie u. Gesch.; Anregung; Griechenland Ztg; Alpheios; Rethemnos (nach neugriech.); – zahlr. Beitr. in Sachbüchern, u. a. in: Hundert Jahre Altes Realgymnasium München 64; Welt d. Verkehrs, 4 Bde 71–76 (auch ndl.); Logbuch e. interessanten Reise (Karawane Verl.), seit 73 (z. T. m. eigenen Zeichn.); Sport u. Jugendarbeit 78; Sport in Freizeit u. Umwelt 84; Sport u. Religion 86; Studien z. Alten Geschichte, Festschr. f. Siegfried Lauffer 86; Frauen u. Mädchen im Sport 88; Griechenland Lexikon d. hist. Stätten 89; Sport nach d. Lebensmitte 90; Sport in unserer Zeit. Texte z. Verständnis d. Olymp. Idee 90. – **H:** u. eigene Beitr.: 25 Jahre Wilhelm-Hausenstein-Gymnasium München, Prosa u. Lyr. 95. – **P:** Ansichtskarte „Prost" im 102 Spr., Dialekten u. Formen, m. eigener Zeichn. 63. – *Lit:* D. Jakob u. M. Pfeiffer in: WHG München, Jahresber. 97.

Buhmann, Inga, Autorin; Schleiermacherstr. 10, D-60316 Frankfurt/Main, Tel. (0 69) 43 05 66 93, Fax 48 00 96 30, *ingabuhmann@t-online.de* (* Hannover 2. 6. 40). VS 81; Erz., Dokumentation, Ess., Lyr. – **V:** Ich habe mir meine Geschichte geschrieben, Autobiogr.

77, 98; das eine und das andere, Lyr. 80; Makedonischer Grenzfall, Erz. 84, 87; Geschichten um Herrn Vonderwand, erot. Farce 86. – **MA:** Marina Zwetaewa und Anna Achmatowa, lit. Ess. in: Avantgarde u. Weiblichkeit 87; Beitr. in Anth., u. a. in: Bluebox seit 89, sowie in Zss., u. a. in: Kommune; NGFH seit 90. – *Lit:* Klaus Hartung in: Literaturmag. 11 79; Sigrid Weigel in: Die verborgene Frau 83; dies. in: Die Stimme der Medusa 87. (Red.)

Buhr, Heiko, Dr. phil.; c/o Suhrkamp Verl., Frankfurt/M. (* Neumünster 1. 7. 64). Heinz-Dürr-Stückerp. 99, Einladungen zu versch. Stückemärkten u. Autorenfestivals u. a. in Berlin, Konstanz u. Heidelberg; Dramatik, Hörsp., Prosa, Lyr. – **V:** Brückenschlag, Lit.zs. 3/87, 4/88; Wortwahl, Lit.zs. 2/97, 4/98, 12/00; Ähnliches ist nicht dasselbe. Eine rasante Revue f. Ror Wolf, Festschr. 02; Kopfhörer. Kritik d. ungehörten Platten, Ess. 08. – **R:** Abfall, Hsp. 04.

Buhss, Werner; Gleimstr. 42, D-10437 Berlin, Tel. (0 30) 4 49 22 94, Fax 44 35 99 68 (* Magdeburg 14. 1. 49). Arb.stip. f. Berliner Schriftst. 91, Stip. Künstlerdorf Schöppingen 95, Mülheimer Dramatikerpr. 96, Ahrenshoop-Stip. Stift. Kulturfonds 96 u. 99; Dramatik, Hörsp., Dok.film, Prosa, Lyr. Ue: engl, russ, bulg. – **V:** Die Festung 82, UA 86; Nina, Nina, tam Kartina 84, UA 88; Tagebuch eines Wahnsinnigen/Der Mitarbeiter, n. Gogol 85, UA 86; Nackt in Wien 87, UA 90; Pour le mérite 87, UA 88; Der Revisor, n. Gogol 87, UA 88; Bastard 88/94; Jenseits von Eden. Gegen Osten 88; Friedrich Grimm. E. Weg 90; Bevor wir Greise wurden 92, UA 95; Peng 94; Abendmahl 96, UA 97; Das wüste Siegel 97, UA 98; Letzte Fuhre 98, UA 98; Dreissig, UA 00; Deutsche Küche 02, alles Theaterst. – **R:** Hsp.: Am Seil; Auf halbem Weg nach Afrika; Hotte, enichefd hotte; Der Schimmelreiter, n. Storm; Des Kaisers neue Kleider; Der Schmied seines Glücks, beide n. Keller; Pastorale; Ganz hinten. Am Ende des Ganges; Die beiden bartlosen Betrüger; Bandriß; Kein Lied nach meinem Kopf; Peng; Mann außer Haus, u. a. – **Ue:** Gogol: Der Revisor; Tagebuch eines Wahnsinnigen; Goldoni: Chaos zweier Herren; Shakespeare: Viel Lärm um nichts; Othello; König Lear; Richard III. – *Lit:* Theater d. Zeit 87, 91; Deutsche Bühne 3/97. (Red.)

Bukowski, Oliver, freier Schriftst.; c/o IT WORKS! Medien GmbH, Office 750, Franz-Mehring-Platz 1, D-10243 Berlin, *ob@itworksmedien.de* (* Cottbus 6. 10. 61). Alfred-Döblin-Stip. 92, Arb.stip. f. Berliner Schriftst. 92, 95, Gerhart-Hauptmann-Pr. 94, Stip. Schloß Wiepersdorf 94, 98, Stip. Dt. Jgd.theaterpr. 96, Förd.pr. d. Goethe-Inst. 96, Mülheimer Dramatikerpr. 99, Pr. d. Potsdamer Werkstatt-Tage 99, Förd.pr. z. Lessing-Pr. d. Sabes Sa. 01, Heinz-u.-Heide-Dürr-Stip. 01/02. – **V:** THEATER/UA: Die Halbwertzeit der Kanarienvögel 91; Burnout 92; Inszenierung eines Kusses 92; Das Lachen und Das Streicheln des Kopfes 92; Londn – LÄ – Lübbenau 94; Ob so oder so 94; Die Elche, die Antilopen 95; Lakoma 96; Bis Denver 97; Goodby Lucy hello Lucy 96; Nichts schöneres, Monolog 98; Nichts den Linien 98; Gäste 99; Nature & Friends 01; It works 01; Allerseelen rot 01; Steinkes Rettung 05; Nach dem Kuss 06. – **F:** Bis zum Horizont und weiter, Drehb. 99; Chiquita for ever, Drehb. 99. – **R:** Schnittpunkt oder Das Gähnen Frösteln Schweigen, Hsp. 93; Monis Männer, Hsp. 95, u. a. (Red.)

Bulkowski, Hansjürgen, Schriftst.; Plöner Str. 13, D-14193 Berlin, *hj.bulkowski@t-online.de* (* Berlin 26. 4. 38). VS NRW 72, Zus.arb. RE'UN'ANZ 73; Förd.stip. d. Ldes NRW 73, 77, 81, Auslandsreisestip.

d. Auswärt. Amtes 82, 99, Amsterdam-Stip. Senat Bln 84, 88, Arb.stip. d. Ldes NRW 86, 90, 99, Stip. Künstlerdorf Schöppingen 91, Stip. Vertalershuis Amsterdam 93, Stip. Künstlerhaus Ahrenshoop 96, Stip. Vertalershuis Löwen 97, 99; Erz., Kurzprosa, Lyr., Ess., Hörsp. Ue: ndl, frz. – **V:** Bulkowski live. Ein Vorlesest., Dr., Lyr., Prosa, Ess. 71; Lesen, ein Vorgang, Lyr., Prosa, Ess. 72; Tempo, Erzn. 77; Die Stimmung d. Flusses zu beobachten ist immer reizvoll, Erzn. 79; Netz der Augenblicke, Kurzprosa 80; Atlas, e. geogr. Gedicht 83; Ambrosias Himmel, Erzn. 92; Greets Augen, Erz. 93; Das Modul, Erz. 95; Blickliebe, G. 97; Hellers Fall, Erzn. 99; Nach dem Kino 03; Es ist wie es ist, und wie, G. 08; Mitlesebuch, G. u. Prosa 08. – **MV:** Media News of RE'UN'ANZ, m. Landfried Schröpfer, Prosa, Ess. 73. – **MA:** zahlr. Beitr. in Lit.-Zss. seit 66, u. a. in: Rowohlts Lit.mag; Sprache im techn. Zeitalter; Schreibheft; ndl 00–03; Merkur 05; zahlr. Beitr. in Anth. seit 66, u. a. in: Olymp. Lesebuch; Denkzettel; Leselust; small talk im holozän 05; Wandel vor Ort 07. – **H:** PRO, ein schriftlicher Vorgang, Zs. 66–77, Jb. seit 71; Das ist ein Mensch, Kindertexte 74; Der zweite Mond. Texte d. Gruppe „Flattersatz" 84; Schwerkraft und Schweben. Neue Lyr. aus Flandern (auch übers.) 99. – **R:** Autorenmusik, Feat. 76; Das Spiel, auf das wir alle gewartet haben, Hsp. 77; Das nichtverstandene Signal, Radioess. 78; Die Suche nach d. verborgenen Ordnung d. Dinge, Radioess. 80; Der Kybervater, Hsp. 80; Der Pfirsich der Unsterblichkeit, Radioess. 87; Kolibri, e. Spurensuche, Feat. 88; Erst grau dann weiß dann blau, Radioess. 93. – **P:** Einige Hörst., Tonbd/Tonkass. 70. – **Ue:** Evert Rinsema: Der Mensch ist von Natur aus eckig, Aphor. 80; Theo van Doesburg: Das Andere Gesicht, R. 83; Paul van Ostaijen: Besetzte Stadt, G. 91; Theo van Doesburg: Auf dem Weg zu einer konstruktiven Dichtkunst 91; Paul van Ostaijen: Der Pleitejazz, Filmszenario 96. – *Lit:* L. Schaumann: Düsseldorf schreibt 74; H. Landau in: Antenne Düsseldorf 99; F. Schmitz in: Muschelhaufen 41/00; E. Stahl in: Poplit.-geschichte(n) 07.

Bull, Bruno Horst (Ps. Roland Barry), ehem. Jugendjournalist, Hrsg. e. Pressedienstes; Bergstr. 7, D-81539 München, Tel. u. Fax (0 89) 6 91 14 08 (* Stülow/ Mecklenbg. 17. 3. 33). VS Bayern 63; Xylos-Lyrikpr. z. Jahr d. Kindes; Lyr., Kinderb., Herausgabe v. Anthologien, Seniorenb. Ue: engl. – **V:** D. schöne Schläfer 60; D. Perspektive d. Reitknechte 60; D. Jahr d. Kindes, Verse 61; D. Freunde d. Hauses 61; D. ländlichen Provinzen, G. 62; E. Kahn im Moorland, Neue G. 62; Daß d. Kindheit ewig währe 62; Aphorismen I 62; Glück u. Segen, 570 G. f. alle Feste d. Jahres u. d. Lebens 64; D. Kinder gratulieren, Verse 64; Verskinder, Kd.-G. 66; Aussagen, Lyr. 68; Aus d. Kinderwunderland, Kd.-G. 68; Wenn d. Tante Annegret ohne Schirm spazieren geht, Kd.-G. 69; Afrika im letzten Jahr, Kd.-G. 69; Vergnüglicher Silvestertag 67; Neues v. Till Eulenspiegel, Erz. 68; Familienwichtel leben gefährlich, Erz. 68; E. Katze ging ins Wirtshaus, Kd.-G. 72; D. Wunderhuhn, Erzn. f. Kinder 72; Geschichten vor d. Einschlafen 73; Herr Teddy geht spazieren, Kdb. 73; Pudel, spielst du mit mir Ball?, Kd.-G. 73; D. Riese Bluff, Erz. 73; Sandra fliegt nach Syrakus, Mädchenb. 74; Robi u. Robina, Erz. 74; Danni u. sein Schwalbensommer, Erz. 75; Schabernack u. Lesespaß, Kdb. 76; Mein buntes Geburtstagsbüchlein 78; Abenteuer – Spiele – Freizeit, Kd.-Sachb. 80; Elmars Menagerie, Kd.-G. 80; Brittas Traum geht in Erfüllung, Mädchenb. 81; Sandra möchte hoch hinaus, Mädchenb. 82; Mädchen fliegen für ihr Leben gern, Sammelbd 82; Britta- u. Sandra-Erzn. 82; Fröhlich durch d. Kinder-

jahr, Anth. f. Kinder 82; Familie Wichtel geht auf Reisen 83; Heute geh' ich in d. Schule 83; Von komischen Käuzen u. Spaßvögeln 84; D. ausgeflippten Roboter 84; Neue Geschichten vor d. Einschlafen 84; D. Mäuse v. Rom, Erz. f. Kinder 84; Mein erstes Geschichtenbuch (84); Kleine Gratulanten, Kd.-G. 84; Glückwunsch-Telegramme, Kd.-G. 84; E. Feuerwerk f. Familie Wichtel 85; Familie Wichtels Katzenjagd 85; Manege frei 85; In d. Schule geh' ich gern 85; Tomas und Andrea 85; Tomas und Andrea auf d. Bauernhof 85, beides Kd.-Erz.; Kunterbunte Geschichtenkiste 86; D. übermütige Gespenst 86; Großmutter erzählt, Kdb. 86; Mein erstes Fernsehgeschichten-Buch 86; Kindergedichte f. Familienfeste 87; Gutenachtgeschichten f. d. kleinen Bären 88, 91; Gutenachtgeschichten f. d. kleinen Elefanten 88, 91; Mein großes buntes Vorlesebuch 90; D. schönsten Gutenachtgeschichten f. Kinder 92; Boris u. d. Schwalben 93; Schwungvoll durchs Jahr, Mitmachb. f. Senioren 98. – **MV:** Toni der u. zahlr. Bilderb., u. a.: Wer kennt d. Farben? 63 (auch port.); D. funkelnagelneue Stadt 64; Alle Leute sind schon wach 65; Mein Kindchen hat Geburtstag 65; Wer kennt d. Zahlen 66 (auch poln., port.); Katzen 67 (auch jap.); Pferde 67; Christian u. seine Welt 67; Wenn d. Sonne freundlich lacht 67; Husch-husch, d. Eisenbahn 70; Meine bunte Rätselwelt 70; Der Weihnachtsmann klopft wieder an 73; Stummel 74; Meine Tiere habens schön 75; Mit d. Eisenbahn 75; Scheine, Sonne, scheine 77; Sand u. Wasser 79 (auch holl.); Lieder mit Pfiff, Kinderliedtexte 82; Fabrikdirektor Peter 84; D. Spatz u. d. Eule 87; Kommt d. Zirkus in d. Stadt 89; Katzenglück, G. 88; D. große Fragezeichen Ratespaß 90. – **B:** Verse fürs Poesiealbum 93; Glückwünsche zu Polterabend u. Hochzeit 94. – **MA:** ca. 700 Anth., Schulleseb., Jb. u. G.-Samml. f. Kinder, u. a.: Geschichten v. Zauberer 96, Schlaf gut ein..., Geschn. 96 (darunter Ue: holl, ital, rät.). – **H:** Abc, d. Katze lief im Schnee 64; Geschichten für alle Tage 67; Spaß mit Kindern 68; D. Nutte kichert 70; Rätselkönig 72 (geb. jap.); Rätselkiste 73; Ritzel-Ratzel-Rätselbuch 73; Alle meine Entchen 75; Kunterbuntes Glückwunschbuch 76; Kunterbuntim Albumverse 77; 365 neue Gutenachtgeschichten 77; D. Riesen-Rätsel-Rennmobil 78; Kreativer Kinderalltag 78 (auch ital.); 365 neue Gutenachtgeschichten v. A-Z 78; Komm, lach mit mir 78, 80; Kunterbuntes Sprachspielbuch 79; Ratespaß – für jeden was 80; D. darf gelacht werden 80; Ein Haufen Schülerwitze 80; Guten Morgen, liebe Sonne, Kdb. 80; Guten Abend, lieber Mond, Kdb. 80; Geschichten aus aller Welt 80; Pfiffiges aus Kindermund 80; Franz. Märchen 80; Bist du d. liebe Gott?, Kd.-Witze 82; Verse z. Feiern, G. 83, 3., veränd. Aufl. 91; D. fröhliche Kindergarten, Kd.-Witze 83; Fuchs, du hast die Gans gestohlen, Kd.-Lieder 84; Hoppe hoppe Reiter, Kd.-Reime 84; Laterne, Laterne, Kd.-Sp. u. Lieder 84; Poesie f. Album 84; Lachen hält gesund, Kd.-Witze 86; Wir freuen uns auf Weihnachten 87; Herzliche Glückwünsche!, G. u. Texte 88, 10. Aufl. 97; Prominenz in Kinderschuhen, Anekdn. 90; So feiern wir Fasching, Sachb. 90; Verse fürs Poesiealbum 90; Lachen, bis die Hosenträger krachen, Kd.-Witze 91; Rund ums Jahr..., Geschn. 92; D. schönsten Glückwünsche 92, u. d. T.: D. große Buch d. Glückwünsche 96; D. bunte Weihnachtskugel 93; Trinksprüche u. Trinklieder (z.T. Ps.: Bruno v. Iven) 98; D. schönsten Glückwünsche u. Reden f. jeden Anlass 02; Die schönsten Versprecher 04. – **MH:** Für Herz u. Gemüt 67; Mit Kindern durch d. ganze Jahr 70; Die schönsten Kindergedichte z. Hochzeit, m. Gerald Drews 04. – **R:** D. geheimnisvolle Heft 65; D. Prinzessin u. d. Hexe 65; D. Gesch. v. d. Prinzessin, d. zu ihrem Glück gezwungen werden mußte 65; D. Narr, d. alles wörtlich nahm 66; D.

Bull

unzufriedene Prinzessin 66; D. Prinzessin u. d. Müller-
bursche 67, alles Kinderfksdgn. – **P:** Kinderzirkus Ni-
colino, Kd.-Lieder 79; Neue Lustige Kinderlieder 79;
Laternelieder 80. – **Ue:** Toni, d. Ziegenhirt 66; Coco,
d. neugierige Affe 66; Wer kennt d. Elefanten 66; D.
Kätzchen u. d. Mond; Vom satten kleinen Löwenkind;
E. Leben wie e. Hund; Meckerli fährt z. Markt; Maud
wird erwachsen 73, u. a. – *Lit:* Lex. d. Kd.- u. Jgd.lit. I,
u. a.

Bull, Reimer, Dr. phil., Prof. em.; Am Wiesengrund 6, D-24631 Langwedel, Tel. (0 43 29) 13 81
(* Marne/Dithmarschen 16. 12. 33). Fritz-Reuter-Pr. 93,
Ndt. Lit.pr. d. Stadt Kappeln 00. – **V:** Över'n Weg lopen,
Geschn. 88; De langsamen Minuten un anner Vertellen,
Geschn. 90; So sünd wi je wull, Geschn. 92; Hett allens
sien Tiet, Geschn. 94; Langs de Straten, Geschn. 97; De
besünnern Daag 98; Wiehnachten so oder so 98; Allens
wasst na baven, bloots de Kohsteert nich, Geschn. 00;
Wat för en Leven, Geschn. 02; Insichten un Utsichten
03. (Red.)

Bulla, Hans Georg, Dr. rer. soc., Schriftst., Kritiker,
Hrsg.; Hellendorfer Kirchweg 54, D-30900 Wedemark,
OT Mellendorf, Tel. u. Fax (0 51 30) 3 92 58. Falken-
weg 12, D-48167 Münster (* Dülmen/Westf. 20. 6. 49).
VS 78–99, P.E.N.-Zentr. Dtld; Kurzgeschn.pr. d. Stadt
Osnabrück 78, Marburger Lit.pr. (Förd.pr.) 82, Hsp.- u.
Erzählerpr. d. Ostdt. Kulturrats 82, Lit.förd.pr. d. Stadt
Konstanz 83, Reisestip. d. Ausw. Amtes 84, Annette-v.-
Droste-Hülshoff-Pr. 85, Stip. d. Kulturpr. Schlesien d.
Ldes Nds. 88, Stip. d. Dt. Studienzentr. Venedig 88/89,
Nds. Künstlerstip. 90, Kurt-Morawietz-Lit.pr. 96; Lyr.,
Kurzprosa, Erz., Ess., Hörsp., Kritik. – **V:** Kleinigkei-
ten, G. 75; Rückwärts einparken – Friedliche Geschich-
ten 77; landschaft mit langen schatten 78; Fallen 79;
Weitergehen 80; Ferner Ort zu zwein 82; Der Schwim-
mer 82; Nachtaugen 83; Auf dem Landrücken 85; Al-
ter Schuhschrank 86; Kindheit und Kreide 86; Verzö-
gerte Abreise 86; Vogels (dt.-ndl.) 87; Die Bücher. Die
Bilder. Die Stimmen 89; Katzentage 90; Verlorene Gegenden 90; Schreiben Bücher, Büchermachen 91; Über
Land 93; Iltaan Yksin – Abend allein, G.-Ausw. dt.-
finn. 94; Doppel 95; Flügel über der Landschaft 97;
Nachtgeviert 97; Gedichte mit Katzen, Postkartenb. 98;
Stürzen. Notizen für Gedichte 00; Was kommen wird
01; Mit der Hand auf der Schulter 06, alles G.; (Übers.
mehrerer G. ins Ital. u. Amerikan.). – **MA:** Göttinger
Musenalm. 75; Science Fiction Story Reader 9 78; Ausgeträumt 78; Tintenfisch 14/78; Protokolle 3/79; Das
achte Weltwunder 79; Claassen Jb. d. Lyr. 1 79; Schüler 80; Lit.mag. 13 80; Jb. f. Lyr. 2 u. 3 80/81; Areopag
1981 80; Lit. am See 1 81; 111 einseitige Geschn. 81;
Von d. Lust, mit d. Bahn zu reisen 82; Wo liegt Euer Lächeln begraben 83; Erot. Gedichte v. Männern 87;
Poet Lore, Zs. 87; die horen, Nr. 168, 175, 180, 186 92–
97; Euterpe – Jb. f. Lit. 92; Stint, Nr. 11, 22, 24 92–98;
Am Erker, Nr. 26 93; Spielwiese f. Dichter 93; Ort der
Augen 4/94; Dreißig auf Fünfzig – Für Hermann Kin-
der 94; Nachdenken üb. Felix Nussbaum 94; Schweizer
Monatshefte, H.11 94; Muschelhaufen, Nr. 33/34 95, 36
97; Du mußt dein Unruh erden 95; Das Gedicht 95/95;
Zeitvergehen, Anth. (Vorw.) 96; ndl 6/96; Jb. Westfalen
96, 99; Lyr. unterwegs 97; Gerd Kolter: Ortsgedächtnis
(Nachw.) 97; D. große Krischker-ABC 97; forum 3/97;
Nach dem Frieden, Anth. 98; Jederzatt 13/98; Jb. d. Lyr.
98/99; Bei Anruf Poesie, Anth. 99; Nebenbei, Anth. 99;
Griffel 8/99; Übrigens ... Spracherziehung 99, u. v. a. –
H: HD 50 – Hugo Dittberner zum Geburtstag 94; Wo-
von wir sprechen wollten, Anth. 95; Lyr. u. Prosa zeit-
genöss. Autoren u. Autorinnen in versch. Verl. – **R:** Das
Versprechen d. Körpers, Hsp. 87; u. a. Rundfunkbeitr. –

Lit: Gerhard Rademacher: Von Eichendorff bis Bienek
93; Winfried Freund: D. Lit. Westfalens 93; Eva Bau-
er Lucca in: Poesia tedesca contempranea 96; Johann
Tammen in: Das Abenteuer e. Drei-Minuten-Lektüre 97; Volker
Langeheine in: Focus on Lit., Vol.5, No.1 98; Hans-
Jürgen Singer in: Muschelhaufen, Nr.39/40 00; Gerhard
Kolter in: KLG 00. (Red.)

Bulla, Jürgen, StudR., Gymnasiallehrer; Adelheidstr. 34, D-80796 München, Tel. (0 89) 14 30 47 72,
Juergen_Bulla@gmx.de (* München 8. 1. 75). Aufenthaltsstip. Künstlerhaus Kloster Cismar 04; Lyr., Erz.
Ue: engl. – **V:** Glas, G. 99; A8. Gedichte 07. – **MA:**
zahlr. Beitr. in Anth. u. Lit.zss. seit 95, u. a.: Neue Sirene 3 95; Das Gedicht 5, 9, 10, 12 97–04; Anth. dt.spra-
chiger Lyrik 97–05. – **P:** Schattenwerfen, G., CD 08. –
Ue: G. v. Ken Smith, Helen Dunmore, Sean O'Brien in:
Das Gedicht 10/03. – **MUe:** Richard Dove: Aus einem
anderen Leben, Lyr. 03; Michael Hamburger: Unterhaltung mit der Muse des Alters, Lyr. 04.

Bullerdiek, Bolko; Ohlenkamp 9, D-22607 Hamburg, Tel. (0 40) 88 16 89 92. Quickborn, Schriftst. in
Schlesw.-Holst.; Freudenthal-Pr. 93, Fritz-Reuter-Pr.
95, 1. Pr. b. „Vertell doch mal", ndt. Erzählwettbew. d.
NDR 00; Lyr., Erz. Ue: engl, ndt. – **V:** Blangenbi und
doch weit weg, Lyr. in plattdt. Mda. 89; Tohuus un an-
nerwegens, Geschn. 91; Windhaken, Geschn. 93; Dist-
elblöden, Satn. u. Glossen in plattdt. Mda. 95; Flattern
auf grünem Granit, Erzn. 97. – **MH:** Swartsuer, m. Dirk
Römmer 02. (Red.)

Bullinger, Heinz, Gymnasiallehrer; Alte Schwegen-
heimerstr. 4, D-67346 Speyer, Tel. (0 62 32) 9 51 01
(* Speyer 6. 12. 48). Lit. Ver. d. Pfalz 91; Lyr. – **V:** Liebe
Zeit, G. 92; Gelebte Bilder, G. 94. – **MA:** einzelne G.
in Lit.-Zss.: Neue Literarische Pfalz; Pegasus. (Red.)

Bullinger, Martin, Weinhändler; c/o axel dielmann
verl. KG, Frankfurt (* 56). – **V:** Bussard, Erzn. 96;
Schnelle Messer, R. 00; Einblicke in eine Liebesgeschichte und ihre Romane 00. – **H:** Der Traum
vom Fliegen 01. (Red.)

Bullo, Heinrich s. Holbein, Ulrich

Bumbach, Felix s. Diehl, Wolfgang

Bundi, Markus, lic. phil. I, Autor; Wettingerstr. 17,
CH-5400 Baden, Tel. 05 62 22 31 02, *bundi@wortraum.
ch*, *www.wortraum.ch* (* Wettingen/Aargau 69). Förd.-
beitr. d. Aargauer Kuratoriums 01, 05. – **V:** AusZei-
ten, G. u. Notate 01; licherdings, G. u. Prosa 02; Die
Geschichte, UA 03; Entsichert, G. 04; Der Bastard,
UA 05; Die Schwerkraft im Gleichgewicht, Ess. z.
Klaus Merz 05; ausgezogen, Erz. 06. – **H:** EISWAS-
SER schweiz.01, Lit.zs. 01. (Red.)

Bundschuh, Gerhard, Prof. em., Dr. med. habil.;
gerhard-bundschuh@t-online.de, *www.gerhard-
bundschuh.de* (* 33). – **V:** Untergang eines Esels, R.
05; Verwandlung eines Esels, R. 07; Geheimnis einer Beichte, R. 07; mort d'amour, Krim.-Erz. 07; Das
Amulett, Erzn. 09.

†**Bungert,** Alfons (Alfons Keswick, Martin Oster),
Pfarrer; lebte in Paderborn (* Weilerbach 29. 5. 29,
† Paderborn 7. 10. 07). 3 Lyrikpreise; Erz., Ess., Lyr.,
Predigt. – **V:** Das Gesicht am Fenster, Erzn. 73; Ein
kritischer Abend in Assisi, Erzn. 76; Wieder beichten,
Predigten 79; Die heilige Hildegard v. Bingen, Erzn. u.
Kurzbiogr. 79; Meditationen 79; 50 mal angesprochen,
Predigten 80; Pauline von Mallinckrodt, Kurzbiogr. 80;
Kind du in der Krippe, Weihn.-Erzn. 81; Engel, Boten
d. Ewigen 84; Ostern. Kinder erleben d. Osterzeit 85;
Dann reiß' mich aus den Ängsten 90; Der Tag der Ab-
stimmung, Erzn. (o. J.). – **MV:** Weil du das sagst, Erzn.

m. H. Multhaupt 74. – **B:** John Hussey: Pionier unter Goldsuchern 85. – **MA:** Dt. Rundschau 12/58, 12/61, 3/62, u.ö.; Merian 3/63; Erdkreis, regelm. seit 9/72. – *Lit:* DLL, Erg.Bd IV 97.

Bungert, Gerhard, Schriftst., Journalist; Molières, F-11250 Saint-Hilaire (* Spiesen/Saar 11. 11. 48). VS 77; Kurt-Magnus-Pr. d. ARD 79, Saarländ. Verd.orden 98; Regionallit., Hörsp., Ess., Erz., Sat. – **V:** Fauschd. Goethes Urfaust auf saarländisch, Parodie 80; Graad selääds, Schimpfwörterb. 81; Alles über das Saarland, Satn. u. Ess. 81; Sellemols, Geschn., Erzn. u. Mda.-G. 81; Alles geschwätzt, Redewendungen u. Sprichwörter 83; Hundert Worte Saarländisch 87; Die heiligen Kühe der Saarländer 96, u. a.; – Soloprogr. f. Alice Hoffmann: Vanessa Backes in Mallorca; Vanessa Backes in „Die Marienerscheinungen von Marpingen"; Vanessa Backes: Komme die oder komme die net? Vanessa Backes: Supp-Kultur. – **MV:** Bergmannsgeschichten von der Saar 79; Eckstein ist Trumpf 79; Kaffekisch unn Kohleklau, Anekdn. 80; Mit Mussik unn Lyoner, Anekdn. 81; Gudd gess 84; Die Heinz-Becker-Story 84; Mir sinn halt so 87; So schwätze mir 87; Hann mir gelacht!, Episoden, Anekdn. u. Witze 87; Hauptsach es schmeckt 87; Quer durch de Gaade 89, u. a. – **B:** Das Peter-Maronde-Buch 89. – **H:** Typisch saarländisch, Anth. 82; Mit uns kann ma schwätze, Mda.-G. 84. – **MH:** Karl Marx: Lenchen Demuth und die Saar 83; Das saarländische Weihnachtsbuch 88. – **R:** mehrere 1000 Beitr. f.d. Hfk, darunter zahlr. Hsp. (auch als Mitautor), u. a.: Fauschd; Eckstein ist Trumpf; Schinderhannes in Sötern; Lyoner 1 antwortet nicht; Lyoner 2 kennt keine Grenzen; Lenchen Demuth; Na, dann tschüß, Herr Schiller; Das Medium heiligt die Mittel (4tlg). – **P:** Typisch saarländisch, CD 99. (Red.)

Bungter, Tobias, freier Schriftst.; Im Ferkulum 35, D-50678 Köln, Tel. (02 21) 3 48 79 70 (* Bonn 74). – **V:** Kinderkrimi-Reihe „Kokolores & Co.": 1: Gemein! 02, 2: Futschi Kato! 03, 3: Jeck 03, 4: Abrakadabra! 04, 5: Rote Karte 05, 6: Das Geisterdorf 06, 7: Der Fall Marlar 08; – Sachbücher: Sackjeseech! Das andere kölsche Wörterbuch 02; Kinder in Köln 04; Wise Guys – Das Buch 08. – **MV:** Sprachführer Kölsch, m. Helga Resch, 2 Bde 04, 05. (Red.)

Bunje, Dirk, Dipl.-Bauing.; Albert-Einstein-Str. 11, D-46485 Wesel, Tel. (02 81) 5 15 74, *dirk.bunje@tele2. de* (* Brake/Wesermarsch 21. 5. 28). Dt. Haiku-Ges. 98; Rom., Lyr., Erz. – **V:** Der Schachspieler und andere skurrile Geschichten 02; Rechtschläge, R. 04; Lichtblicke, Lyr. – **MA:** Beitr. in: Jb. Kreis Wesel; Kal. f. d. Klever Land; Edition L (Czernik-Verl.); Neue Cranach Presse (Kronach); Lit.gruppe Wesel; Lit.gruppe Wort 9.6; Kopf-Weide; KORA-Kalender 2007 Haiku. – **R:** Natur u. Technik, Erz. im Regional-Fs.

Bunke, Helga s. Königsdorf, Helga

Burckhardt, Christof W., Dr., Physiker, Prof. EPFL i. R.; 20 Av. du Château, CH-1020 Renens, Tel. (0 21) 6 34 31 33, Fax 6 34 59 33, *christof.burckhardt@epfl.ch*. Giudecca 439, I-30133 Venedig (* Zürich 16. 2. 27). Krim.rom. – **V:** Der Roboter 98 (auch frz.); Mephisto in Venedig 99 (auch frz., engl.); Mörder mit Grazie 00 (auch frz.), alles Krim.-R. (Red.)

Burda, Holger F.; Schumannstr. 109, D-53113 Bonn, *info@verlag2020.de*, *www.verlag2020.de* (* Beckum/ Westf. 4. 6. 75). Lyr. – **V:** ... zu lauschen 98; Gegen den Krieg 99; Ein Löffel Leben 01; An Dich 04, alles G.; Flüchtig, Notn. 04.

Burda, Klaus (* Wicklitz/Sudetenld 9. 4. 42). VG Wort 03; Erz. – **V:** Das Märchen vom Schäfer, der Millionär werden wollte 01; Oyer Nachkochbüchle, Geschn. 03; Drüben am schwarzen Bach, Nn. u. Sat.

04; Zwischen Kesselbrüh und Feinkotz, Humoreske 04. (Red.)

Bureš s. Schmid, Georg

Buresch, Wolfgang (Ps. Wolf Orloff), Autor, Coach; Am Hehsel 13, D-22339 Hamburg, Tel. (0 40) 53 89 88 80, Fax 53 89 88 81, *wolfgangburesch@web. de*, *www.wolfgangburesch.de* (* Kiel 4. 2. 41). Erz., Kinder- u. Jugendb., Film, Fernsehserie. – **V:** Der Hase Cäsar 67, 78; Der Räuberzirkus 70, 77; Neues vom Hasen Cäsar 73; Stoffel und Wolfgang 71; Räuber & Gendarm 77, 89; Geheimnachrichten und -schriften, -tinten, -zeichen 78; Der Fernsehhase Cäsar 79; Hellseher und Tricktricks 79; Das Huhn am Band 79; Detektiv AHA 80, 81; Handbuch der Geheimnisse 82, 88; Fabeln, oder Tiere sind Menschen wie du und ich 82, alles Kdb. – **MV:** Das Maxi und Mini Buch 75; Fantasiefutter 76; Sommersprossen sind keine Gesichtspunkte 76, alles Kdb. – **MA:** Angst, Kdb. 80; Televizion 06. – **H:** Kinderfernsehen. Von Hasen Cäsar bis zu Tinky Winky, Dipsy & Co. 03. – **R:** üb. 350 Fsp. u. Fsf. seit 61. – **P:** Schlager f. Schlappohren 70; Maxifant und Minifant auf Hoher See 74; Maxifant und Minifant III 74; Hör-Spiel-Spaß 1–7 75; Maxifant und Minifant 76; Räuber und Gendarm 77; Die Sniks 78; Hase Cäsar 79. – *Lit:* I. Wolkenhaar in: Blickpunkt Bildung 79; W. Biesterfeld in: Lex. d. Kinder- u. Jgd.lit 82; T.P. Gangloff in: Medien & Erziehung 04; Paus-Hasebrink in: Medien-Journal 2/04.

Burger, Mike s. Baresch, Martin

Burger, Rudolf; Hauptstr. 35, CH-5736 Burg, Tel. (0 62) 7 71 22 08, Fax 7 71 96 38, *burgereiche@ bluewin.ch*. – **V:** Zwischen Morgen und Abend, Erzn. u. G. 89; Silberspuren 90; Wo die Stille zu reden beginnt 90; Zeichen der Hoffnung über den Schatten der Zeit 92; Im Licht der Berge 93; Wanderer sind wir wie alle, Bildbd m. G. 96; Im Zeichen des Grossen Bären, Prosa u. G. 98; Wegspuren zwischen Licht und Schatten 07.

Burger, Sigrid (geb. Sigrid Aechtler), Schriftst.; Rudolfstr. 27, D-75177 Pforzheim, Tel. (0 72 31) 35 77 65 (* Pforzheim 28. 2. 40). Ged. u. Text. – **V:** Verloren ist nichts 92; Mehr Herz ins Hirn! 96; Knallfrösche 00; Mit tiefen Augen 00.

Burger, Thomas s. Lutz, Berthold

Burger, Wolfgang, Dr.-Ing., wiss. Angest.; Gabelsbergerstr. 5, D-76135 Karlsruhe, Tel. (07 21) 84 24 30, Fax 8 30 55 99, *wolfgang.burger@mach.uni-karlsruhe. de*, *www.Wolfgang-Burger.com* (* Görwihl/Oberwihl 3. 10. 52). VS 98, Das Syndikat 99; Krim.rom. – **V:** Mordsverkehr 98, 2., überarb. Aufl. 00 (auch als Hörb.); Marias Sohn 00; Projekt Dark Eye 01; Der Mord des Hippokrates 03; Abgetaucht 03; Heidelberger Requiem 04, 4. Aufl. 06; Heidelberger Lügen, 1.u.2. Aufl. 06; Ausgelöscht 06, alles Krim.-R. – **MA:** Jürgen würgen 99; Der Pott kocht 00, u. a. (Red.)

Burgermeister, Jörg; Hochrain 27, CH-2502 Biel, Tel. u. Fax (0 32) 3 23 74 28, *bgm.precitext@freesurf.ch* (* Biel 10. 7. 34). Ue: frz, russ. – **V:** Hööch im Gring, Kom. 97; Ds nöie Testamänt, Theaterst. 00. – **Ue:** Labiche: La grammaire 48; Feydeav: Feu la mère de madame 98, Hortense a dit 99, Léonie est en avance 99, alles Theaterst. (Red.)

Burggraf, Hannelore s. Semar, Nelly

Burgh, Jan van s. Bolz, Michael

Burghardt, Rüdiger, freier Schriftst., Verleger; Zum Engelberg 14, D-79249 Merzhausen, Tel. (07 61) 4 09 83 85, *ruediger-burghardt@hotmail.de*, *www.vr-ja. de* (* Liegnitz 7. 5. 41). 1. Pr. b. Freiburger Lit.wettbew. 94; Rom., Lyr., Erz., Dramatik, Sachb. – **V:** Herzspende, R. 00; Der Ehrfurchterzähler oder Abromeids end-

Burghardt

liches Glück, R. 01; Der Odilienberg. Bd 1: Odilia von Hohenburg 03, Bd 2: Herrad von Landsberg 04; Rzasiny 02; Schlesisches Tagebuch, R. 06; Geschichten für Flieger, Erzn. 06. (Red.)

Burghardt, Tobias; Obere Waiblinger Str. 156, D-70374 Stuttgart, Tel. u. Fax (07 11) 5 28 18 47, *tob @z.zgs.de, www.tobiasburghardt.net* (* Essen-Werden 9. 11. 61). VS/VdÜ 92, Kommune d. Dichter in Vršac 02; Reise- u. Arb.stip. v. Freundeskr. z. intern. Förd. literar. u. wiss. Übersetzungen e.V., Arb.stip. d. Förd.kr. Dt. Schriftst. Bad.-Württ., Reisestip. d. Dt. Übersetzerfonds Berlin; Lyr., Übers., Ess., Kritik. Ue: span. – **V:** Sonnengeräusche 91; Flußabwärts, flußaufwärts 96; Flußufer 01; Flußinsel, dt./span./Maya-Quiché/vietnam. 02; Bordbuch, dt./span. 02; Tokioter Bagatellen, dt./jap. 04, alles Lyr. – **H:** Neue Lit. aus Spanien u. Lateinamerika 91; Neue lateinamerikan. Poesie 96; Jüdische Lit. Lateinamerikas 98; Gesamtwerk v. Antonio Porchia 99–02. – **Ue:** Rubén Darío: Das Colloquium der Zentauren, G. 89; Jean Tardieu: Wort-Kompositionen, G. 90; Die spanische Welt. Die regionale Vielfalt, Ess. 91; Juan Ramón Jiménez: Tiempo/Espacio, 10 poet. Fragm. 91; Jaime Siles: Suite der See, G. 92; Roberto Juarroz: Vertikale Poesie (1958–1993), G. 93; Pedro Shimose: Bolero der Chevalerie, G. 94; Antonio Porchia: Neue Stimmen, Aphor. dt./span. 95; R. Juarroz: Dreizehnte Vertikale Poesie, G. dt./span. 97; Juan Gelman: Darunter, G. dt./seph./span. 99. – **MUe:** Chili & Salz. 10 Erzn. u. Hsp. aus Mexiko 96; – gem. m. Juana Burghardt: R. Juarroz: Poesie und Wirklichkeit, Ess. 97; Humberto Ak'abal: Blätter und Mond, G. dt./Maya-Quiché 97; A. Porchia: Stimmen, Aphor. dt./span. 99; Enrique Fierro: Die rote Kuh, G. dt./span. 01; Olga Orozco: Die letzten Splitter des Lichts, G. dt./span. 01; A. Porchia: Verlassene Stimmen, Aphor. dt./span. 02; Alejandra Pizarnik: Asche, Asche, G. dt./span. 02; Juan Gelman: Spuren im Wasser, G. dt./span. 03; Clara Janés: Die unaufhaltsame Ruhe, G. dt./span. 04. (Red.)

Burgschat, Udo s. Rabusch, Ralf

Burgschweiger, Jens, Pfarrer, Hörfunkautor; Im Grünen Winkel 16, D-32427 Minden, Tel. (05 71) 2 55 27, Fax 8 29 35 61, *Burgschweiger@ martinigemeinde.de* (* Minden 24. 1. 64). Kurzprosa. – **V:** Mit dem Herzen sehen, Kurzprosa 04. – **MA:** Immergrün. Christl. Hauskal. 07. (Red.)

Buri, Fritz Dominik, Mitarb. in e. Automobilkonzern; *fritz.buri@bluewin.ch* (* Stans/Nidwalden 5. 63). – **V:** Hypnosis 04; Varius 05.

Buring, Hans, Schriftst., Komponist, Kabarettist; Tannscheidtweg 7, D-45259 Essen, Tel. (02 10) 46 05 08, *hans-buring@t-online.de* (* Essen 19. 6. 38). VS; Gladbecker Satirepr. 88, Melsunger Kabarettpr. 97. – **V:** Die Kettwichte, Kabarett-Monogr. 99; Ferdinand, der Stier, Stück u. Munro Leaf 99, 2. Aufl. 07 (auch CD); Des Kaisers neue Kleider, Stück n. H. Chr. Andersen 99, 2. Aufl. 05 (auch CD); Die Maus in der Schule, Singsp. 00, 2. Aufl. 06 (auch CD); Jacko, der Rabe, Jgd.-R. 02, 7. Aufl. 07; Heiter, R. 03; Wie man Bananen krümmt, Kindermusical 04 (auch CD); Die Lotterköppe, Jgd.-R. 07; Die Sudokuh, sat. Lieder, G., Kurzprosa 08. – **MA:** zahlr. Beitr. in Anth. u. Zss., u. a.: Satire-Jb. 1 78; Schule in Aktion 10/98; Grundschule 9/99; Politisches Kabarett und Satire 07. – **P:** Deutschland Geweih(t); Höhenflüge, beides Kabarett-Songs auf CD. – *Lit:* Die Kettwichte, Fsf. (WDR) 81; Metzlers Kabarett Lex. 96; N. Heller: Das handlungsorientierte Umgang mit dem Jgb. „Jack, der Rabe" von H.B. 07, u. a.

Burk, Heinrich (Ps. Peter Zellner), Buchhändler i. R.; Parkstr. 20, D-61231 Bad Nauheim, Tel. (0 60 32) 3 39 79 (* Bad Nauheim 16. 3. 14). Verdienstmed. d. Stadt Bad Nauheim 96; Erz., Lyr., Schausp. – **V:** Der besondere Tag im Leben des Badearztes Dr. Gottlieb Bennemann, Erzn. 78; Tatort Grand-Hotel, Erz. 79; Bomans, Erzn. 85; Bad Nauheim in alten Ansichten, Bild-Bd 86, 00; Die Lisbet, Bild-Bd m. Mda.-Versen 86; Die Schlacht des Hauptmann Mondorf, Sch. 90; Mord in der Bad Nauheimer Spielbank, Erz. 91; Zwischentöne, Verse 93; Elvis in der Wetterau, Erzn. 95; Dies ist meine Stadt, Erzn. 95; Das Hunderttage-Stadion, Erz. 99. (Red.)

Burkard, Eva, Psychoanalytikerin, Autorin; Kosakenweg 29, CH-8052 Zürich, Tel. u. Fax (01) 3 02 14 87, *syam@bluewin.ch* (* Dessau 27. 4. 49). Gruppe Olten; sabz-Lit.pr. 96, Heinz-Weder-Pr. f. Lyr. (Anerkenn.pr.) 01; Lyr., Kurzprosa, Prosa. – **V:** Da, wo Staubkörner ..., Lyr. 86; Frankensteins Mutter, R. 99. – **MA:** deFloration – entBlütung 85; text. Zs. f. literaturen 2/98; drehpunkt 95/96, 103/99. (Red.)

Burkart, Erika (Ps. f. Erika Halter); Althäusern, Haus Kapf, Kapfstr. 24, CH-5628 Aristau, Tel. (0 56) 6 64 14 92 (* Aarau 8. 2. 22). ZSV, SSV 58; Dichterpr. d. intern. Lions-Clubs 56, Meersburger Droste-Pr. 58, Pr. d. Schweiz. Schillerstift. 59, Pr. d. Conrad-Ferdinand-Meyer-Stift. 61, Kulturpr. d. Pro Argovia 64, E.gabe d. Stadt Zürich 70, Ida-Dehmel-Lit.pr. d. GEDOK 71, Johann-Peter-Hebel-Pr. 78, Ehrung d. Stadt Zürich 79, Aargauer Lit.pr. 80, Mozart-Pr. d. FvS-Stift. Hamburg 90, Gottfried-Keller-Pr. 92, Joseph-Breitbach-Pr. 02, Gr. Pr. d. Schweizer. Schillerstift. 05; Lyr., Rom. – **V:** Der dunkle Vogel, G. 53; Sterngefährten, G. 55; Bann und Flug, G. 56; Geist der Fluren, G. 58; Die gerettete Erde, G. 60; Mit den Augen der Kore 62; Ich lebe 64; Die weichenden Ufer 67; Moräne, d. R. v. Lilith u. Laurin 70; Die Transparenz der Scherben, G. 73; Rufweite, Prosa 76; Das Licht im Kahlschlag, G. 77; Augenzeuge, G. 78; Der Weg zu den Schafen, R. 79; Die Freiheit der Nacht, G. 81; Sternbild d. Kindes, G. 84; Die Spiele d. Erkenntnis, R. 85; Schweigeminute, G. 88; Die Zärtlichkeit der Schatten, G. 91; Das Schimmern der Flügel, R. 94; Stille fernster Rückruf, G. 97; Grundwasserstrom, Prosa 00; Langsamer Satz, G. 02; Ortlose Nähe, G. 05; Die Vikarin, Aufzeichn. 06. – **MV:** Das verborgene Haus, m. Ernst Halter u. Fotogr. v. Alois Lang 08. – **MA:** Sieben mal sieben 55; Junge Schweizer Lyr. 59; Sonnenringe 59; Welch Geheimnis ist e. Kind 60; Treue Begleiter; Die irdene Schale 60; Bestand u. Versuch 64; Begegnung mit d. Zukunft; Schweizer Gedichte, alles Anth.; Belege. Schweizer Lyr. – *Lit:* E. Max Bräm: Dichterporträts aus d. heutigen Schweizertum; Heinrich Meyer: Was bleibt; Werner Bucher: Schweizer Schriftst. im Gespräch; Frieda Baumann: Von d. Landschaft z. Sprache; Doris Rudin Lange: E.B. Leben u. Werk; Benita Cantieni: Schweizer Schriftst. persönl.; Judith Gautschi-Canonica: Poetik u. Raum. Zu d. R. „Moräne" u. „Die Spiele d. Erkenntnis" v. E.B., Lic.-Arb., Univ. Zürich 92; Rainier Sielaff: Teachings of the Mystics and their occurence in two contemporary novels: Marlen Haushofer's „Die Wand" and E.B.s „D. Weg zu d. Schafen", Diss., Univ. of Laramie, Wyoming 96; Jürgen Egyptien in: KLG, u. a.

Burkart, Rolf A. (Ps. r. a. berendsohn, Flora Tarbruk, Kurt Arb, Alexander Cien, ruth behrend), freischaff. Zeichner, Buchkünstler, Autor; Siebeldorfer Str. 61, D-40721 Hilden, *mail@rab-art.de, www.rab-art. de* (* Worms 5. 1. 62). EM FDA 84–91, Berufsverb. bild. Künstler 95, EM Förd.kr. dt. Schriftst. Rh.-Pf. 97; Kunst- u. Kulturpr. d. Stadt Bad Kreuznach 98, Reisestip. d. Ldes Rh.-Pf. 99; Drama, Lyr., Rom., Hörsp., Ess., Rezension. Ue: engl, frz. – **V:** Prismen, G. 81; Hoffnung – Oasen mit vereister Quelle 82; t – ein nekroskopisches tagebuch 85; Zarathustra kam nicht nach Korsika 85; Das Brevier der Evasion. Gracian Apokryphen 87; Am Fenster, Sendbriefe 94, 95; Aufzeichnungen aus dem toten Winkel I–III 94/95, 95; IV–V 94/95, 97; VI–IX 94/95; CHI WARA oder Der Durst der Dinge 03. – **MA:** Beitr. in Ztgn u. Lit.zss., u. a.: Rhein. Merkur; Nürnberger Ztg; Zitty; Vis-à-Vis seit 86; Herzattacke seit 92; Anth.: Lyrik 81; 82/83; Einkreisung 82; Stadtansichten 82; Autoren stellen sich vor 83; Mauerechos 83; Gauke's Jb. 83, 84. – **H:** Tabula Rasa, Lit.zs. 82–86; Wortkristall, Anth. (auch Mitarb.) 85; Hulisser, Hommage f. Walter Hilsbecher 87; artischocke, Künstler-Zs. seit 92. – **MH:** Saint-Pol-Roux: Werkausg., 16 Bde m. F.J. Schultz (auch mitübers.) 86 ff. – **Ue:** Saint-Pol-Roux: Genèses 87; Repoètique, u. d. T.: Res Poetica od. Die Republik d. Poesie 87, 89; Leon Bloy: Exegese der Allgemeinplätze, Ausw. 94; Lew Schestow: Vorletzte Worte 94; Malcolm de Chazal: Plastische Sinne 96; François Mathé: Auf Schweigestegen 96; Charles Asselineau: Die Hölle des Bibliophilen 96.

Burkert, Dolores, Dipl.-Sozialarb., Schriftst.; Desdorfer Weg 12, D-50181 Bedburg, Tel. (0 22 72) 46 84, *kontakt@dolores-burkert.de, www.dolores-burkert.de* (* Kattowitz 30. 4. 66). Literatentreff Köln, Leiterin seit 89, Autorenkr. Rhein-Erft 02; Pr.trägerin d. Jgd.-Schreibwettbew. d. Ldesarb.gemeinsch. Jgd. u. Lit. NRW 85; Lyr., Prosa. – **V:** Auf Reisen und Abwegen, Lyr. 04. – **MA:** zahlr. Beitr. in Anth., u. a.: Begegnungen 99; Dialog w Srodku Europy 02; Zeit.Wort 03; Liebe deine Feinde 04. – **MH:** Freistil unter 18, m. Uschi Schröter u. Sebastian Koerber 02; Kölnflocken 02. (Red.)

Burkert, H. Dieter (HaDiBu), StudDir. a. D., Hon.-Doz., Mag. theol.; Vorläuferweg 2, D-44269 Dortmund, Tel. (02 31) 45 14 38 (* Bischofstal/Oberschles. 10. 4. 33). – **V:** Lebenskreise. Moderne Lyrik 91; Predigt 2004 05; Von den letzten Dingen 05; Theologie und Kurzschrift 06; Ideologie oder Theologie? 07; Verheißungsn, evang. Predigten 08; zahlr. Fach- u. Sachbücher. – **MA:** Ein Winter der Zuversicht 90; Im Wind des Lebens spürt 90; Mein Leben. Mein Denken. Mein Fühlen 00; Wer schreibt, der bleibt 02; Der Seele Flügel geben 03; Freude und Dankbarkeit 03; Und wieder blüht es überall 04; Tage der Besinnung 04; Ruhe suchen wie die Natur 05; Der mißachtete Gott, Ess. in: Der Zündschlüssel 1/06; Zwischen Kirchturm u. Minarett, Vortr. in: Der Zündschlüssel 1/07; Wetter-Kapriolen u. a. Freuden 07; Gott u. die Welt, Ess. in: Der Zündschlüssel 6/08, u. a. – *Lit:* s. auch SK.

Burkert-Sauer, Ilse, Soz.-Päd.; Spitalgasse 1/1, D-74336 Brackenheim (* Ilshofen 63). – **V:** Schauplatz Apotheke, Krim.-Erzn. 00. – **MA:** Spekulatius 03; Schlaf in himmlischer Ruh 03; Streifschüsse 03; Tatort Kanzel 04; Mord isch hald a Gschäft 04; Mördorrisch legger 06, alles Krim.-Anth. – **P:** Stäffelesrutscher morden besser, CD-ROM 03. (Red.)

Burkhard, Jörg; Kaiserstr. 54, D-69115 Heidelberg, Tel. u. Fax (0 62 21) 2 91 52 (* Dresden 22. 5. 43). Prosa, Montage, Live-Hörsp. – **V:** In Gauguins alten Basketballschuhen, Lyr. 78; Julifieber, Lyr. 80; Als ich noch der Ultrakurzwellenbub war 83; Live in Zombombie 90; Muzak for killing rooms 90; Euroica 99 96 (enth.: Kevin Limbos größter Fall); Der Große Roman 00; Frozen City Finalize 04; Die Welt ist schön, Prosa 05. – **MV:** Ein paar Dinge von denen ich weiß, G. u. B. 77; volumes of friendly fires, m. Jan Polacek 92. – **MA:** Prosa u. a. in: Der Sanitäter, Nr.10; Gegener Heft 18, 06. – **R:**

versch. Rdfk-Arb. (Dtld, NL). – **P:** mehrere Tonkass., CDs u. Videos, zuletzt: Unplugged Stories, Lesung 01; Best of 90 04; Frozen City 05; Die Welt ist schön 06, alles CDs. – *Lit:* Flugasche Nr. 45 93. (Red.)

Burkhard, Ursula, Schriftst.; St. Albanring 202, CH-4052 Basel (* Basel 3. 5. 30). Lyr., Märchen, Erz. – **V:** Gute Träume für die Erde, M. 85, Bd 1 u. 2 94; Karlik. Begegnungen m. e. Elementarwesen, Erz. 86, 95; Das Große Auge, M. 87; Schnips. E. Zwerglein macht Dummheiten, M. 87; Steinäckerchen, M. 87; Fizzlifax. Till erlöst e. Lachzweg, M. 88; Das Märchen und die Bilderwelt des Kindes 88; Elementarwesen. Bild und Wirklichkeit, Lyr., M., Aufs. 98; Weihnachten 00; Auch die Stille hat eine Sprache 02. – **MA:** Neues Denken, Zs. seit 86; Unter Basels Bäumen, Lyr. 90; mehrere G. in versch. Anth. w. Rolf Krenzer (Hrsg.). (Red.)

Burkowski, Boris, M. A.; Berlepschstr. 45a, D-14165 Berlin, Tel. u. Fax (0 30) 8 01 45 45 (* Berlin 27. 4. 64). Lyr., Erz. – **V:** Mitte. Eine Collage 98; Probezeit, Erz. 99 (auch CD). (Red.)

Burmeister, Brigitte (Ps. Franziska von Saalburg, Liv Morten), Dr., Übers.; Fehmarner Str. 13, D-13353 Berlin, Tel. u. Fax (0 30) 2 01 24 15, *brigburmeister@aol.com, www.Brigitte-Burmeister.de* (* Posen 25. 9. 40). P.E.N.-Zentr. Ost 91, P.E.N.-Zentr. Dtld 96; Stip. d. Dt. Lit.fonds 91, Arb.stip. f. Berliner Schriftst. 92, New-York-Stip. d. Dt. Lit.fonds 94, Kritikerpr. f. Lit. 94, Villa-Waldberta-Stip. 95, Stip. Künstlerinnenhof „Die Höge" 03; Rom., Erz. Ue: frz. – **V:** Streit um den Noveau Roman 83; Anders oder Vom Aufenthalt in der Fremde, R. 87, 88; Das Angebot, Krim.-R. 90; Unter den Namen Norma, R. 94, 96 (auch span.); Abendspaziergang 95; Herbstfeste, Erzn. 95; Pollok und die Attentäterin, R. 99; Claude Simon. Leben u. Werk, Monogr. 09. – **MV:** Wir haben ein Berührungstabu, m. Margarete Mitscherlich 91, 93. – **MA:** Schaufenster, Prosat. 89; Schöne Aussichten, Prosa 90; Mein Deutschland findet sich in keinem Atlas 90; Gute Nacht, du Schöne 91. – **H:** Alain Robbe-Grillet: Eine Textauswahl (auch Beitr.) 87. – **R:** zahlr. Beitr. f. „Archiv der Poesie" u. „Streiflichter" (NDR Hannover). – Ue: Maurice Merleau-Ponty: Der Zweifel Cézannes, Ess. 85; Claude Simon: Stockholmer Rede 85; Jean-Jacques Rousseau: Abhandlung über den Ursprung der Ungleichheit unter den Menschen 89; Bernard Vinot: Saint-Just 89; Pierre Bergouinoux: Das rosa Haus 91; Alain Corbin: Das Dorf der Kannibalen 92; Alain Nadaud: Der andere Tod, R. 00; ders.: Eisschmelze, R. 03. – *Lit:* Dorothea Schmitz-Köster: Trobadora u. Kassandra. Weibl. Schreiben in d. DDR 89; Kiwus 96; Steffen Richter in: KLG 97; Holly Liu in: The German Quarterly, Vol.73/No.3 00; Henk Harbers in: Weimarer Beiträge 2/04; Irmtraud Ackermann in: Killy Lit.-lex. 07.

Burmeister, Erwin (Ps. Christian Casós), Dr. phil., Industrie-Manager i. R.; An den Eichen 16, D-91083 Baiersdorf-Igelsdorf/Mfr., Tel. (0 91 33) 21 78 (* Hamburg 8. 5. 27). NGL Erlangen; Rom., Erz., Kultur. – **V:** Aufstiege und steile Abgänge, Geschn. üb. Verlierer 93; Das geheime Tagebuch des Peter von Morrone, Erz. 96; Hilflos in Gomorrha, Erz. 00. – **MA:** Geharnischte Rede, Anth. 88; Yessir, das Leben geht weiter, Anth. 92; Der große ADAC-Kulturführer 94; Inspirationen, Anth. 96 (auch russ.); Fund im Sand, Anth. 00. – **MH:** Strukturen der Wirklichkeit, Zs., m. Gerhard Smiatek, seit 00. – **R:** Böhmen liegt am Meer 90; Zwerge und Maulwurfshügel 91; Von Inversionen und neuen Perspektiven 93; Eine Feder im Steinbruch 99, alles Rdfk. (Red.)

Burmeister

Burmeister, Jürgen, Polizeibeamter a. D.; Ölmühlenallee 7, D-24306 Plön, Tel. (0 45 22) 81 54 (* Kiel 30. 7. 38). – **V:** Bosau. Auf der Spur v. Bränden u. rätselhaften Todesfällen, hist. R. 07, 08; Bosau. Kirchenschatz u. Teufelsgeld, hist. R. 08. – **MA:** zahlr. Beitr. im Jb f. Heimatkunde Eutin, seit 93.

Burmeister, Rolf, Dr. rer. nat., Rentner; Schöppestr. 4, D-07639 Bad Klosterlausnitz, Tel. (03 66 01) 8 37 33, Fax 9 14 77, *robur2909@t-online.de*. Freischützstr. 31, D-01259 Dresden (* Herzberg, Kr. Parchim 29. 9. 28). Rom., Lyr. – **V:** Tagebücher 1946–1951, R. 03; ... am Ende Remis, R. 04; Du und Ich, Lyr. 04. (Red.)

Burnicki, Ralf, Dipl.-Soz.päd., M. A., Doz., Dr.; Im Bruch 10, D-32051 Herford, Tel. (0 52 21) 1 04 53 76, *burnicki@yahoo.de* (* Bielefeld 27. 6. 62). Fraktal – Netzwerk libertärer AutorInnen 97, VS 98; Pr.träger „Jugend schreibt" Bielefeld; Prosadichtung. – **V:** Auf der Suche nach einem Namen für die Luft im Mund, G. 94; StadtSchluchten, G. 96, 3., erw. Aufl. 00; Überhitzung. City Poetry 03; Zahnweiß. Kaufhaus-Poetry 07. – **MV:** Die Wirklichkeit zerreißen wie einen mißlungenen Schnappschuß, m. Michael Halfbrodt, Prosadicht. 00; Die Straßenreiniger von Teheran, m. Maryam Sharif, dt.-pers. Lyr. 04. – **MA:** Beitr. in: Kaltland-Beat, Anth. 99; Literatour A 45, Anth. 00; Phobi, Nr. 4–6 98–00; zahlr. Beitr. in Lit.-Zss. 90. – **R:** div. Beitr. im Radio u. am Lit.telefon 96–99. – *Lit:* J.A. Dahlmeyer in: Der Störer 16/97; A. Reiffer in: SUBH 22/97; www.specht-art.de/r.burnicki.html; www.wikipedia.org; www.edition-av.de; www.nrw-literatur-im-netz.de.

Burnsteyn, Benjamin van s. Harreus, Dirk

Burow, Olaf-Axel (Axel Olly), Dr. phil. habil., UProf.; Am Lindenstein 6, D-34225 Kirchbauna, Tel. (05 61) 7 39 67 05, Fax 73 97 03, *burow@uni-kassel.de*, *www.gottesgehirn.de*, *www.uni-kassel.de/fb1/burow* (* Berlin 19. 7. 51). Rom., Erz., Kurzgesch. – **MV:** Bye, bye Rudolstadt, R. 95; Gottes Gehirn, R. 01, Tb. 03, beide m. Jens Johler. – *Lit:* s. auch GK. (Red.)

Burren, Barbara (Maerlitante Barbara), Autorin, Moderatorin, Sprecherin; Bahnweg 14, CH-3661 Uetendorf, Tel. u. Fax (0 33) 3 45 37 16, *barbara.burren @vtxmail.ch*, *www.maerlitantebarbara.ch* (* Bern 22. 10. 69). Erz., Hörsp. – **V:** Ig der Miki. Lusbuebegschichte 02; Tiergeschichten: Hunde 07. – **MA:** Mir warte uf ds Chrischtchind 06; Engelsgeschichte 07; Häxegschichte und Lieder 08; Zoolieder und Gschichte 08; Prinzässinne Gschichte 08; Bäregschichte und Lieder 08; Guetnacht Gschichte und Lieder 08; Schutzängu Gschichte und Lieder 08, alles CDs.

Burren, Ernst, Lehrer; Reckholderweg 24, CH-4515 Oberdorf, Tel. (0 32) 6 22 12 31 (* Oberdorf 20. 11. 44). Gruppe Olten; Pr. d. Schweizer. Schillerstift. f. d. Gesamtwerk 97, Buchpr. d. Kt. Bern 03 u. 07; Mundart-Lyr., Mundart-Erz. – **V:** derfür und derwider, G. 70; Scho wider Sunndig, Geschn. 71; So ein Tag so wunderschön wie heute, Theaterst. 73; um jede pris, G. 73; „I Waud go Fahne schwinge", Geschn. 74; Dr Schtammgascht, Erz. 76; D Nacht vor dr Prüefig, Geschn. u. G. 77; S chürzere Bei, G. u. Geschn. 77; Dr Zang im Pfirsich, Geschn. 79; Begonie u. Schtifmüetterli, Erz. 80; Am Evelin si Baschter, Geschn. 82; Näschtwermi, Erz. 84; Schtoh oder hocke, G. 85; Chueglogegglüt, Erz. 87; Rio Negro, Erz. 89; Schneewauzer, Erz. 90; Dr Löi vo Floränz, Texte 94; Dr guudig Ring, Texte 97; So ne Gans, Geschn. 00; Chrüzzfahrte. Geschn. 03; Zirkusmusig, Geschn. 04. – **R:** Schueukommission, Hsp. 72; Chauti Suppe, Hsp. 75; Wer darf Lehrer sein?, Fsp. 77; Begonie und Schtifmüetterli, Hsp. 82. (Red.)

Burri, Peter, Hörfunk-Redakteur, Journalist; c/o Lenos Verlag, Spalentorweg 12, CH-4051 Basel (* Basel 6. 5. 50). Rom., Lyr., Übers. Ue: ital, frz. – **V:** Glanzzeiten, Erz. 80; Tramonto, R. 81; F., Erz. 83. – **MV:** Cantautore Republic. D. ital. Rockpoeten, ihre Gesch., ihre Texte, m. Ruedi Ankli (teilw. ital.) 85. – **MA:** Paul Nizon, Materialien 85; Onkel Jodoks Enkel. Die Lit. u. ihre Schweiz, Jubil.nr. d. Zs. drehpunkt 88. – **H:** Lucio Dalla, Texte u. Materialien (auch übers.) 82; neuübers. u. erw. Ausg. u. d. T.: Lucio Dalla. Liedtexte 1977–1992 93; Cendrars entdecken. Blaise Cendrars, sein Schreiben, sein Werk im Spiegel d. Gegenw. 86. – **Ue:** Blaise Cendrars: Ich bin der Andere, ges. G. 04. – *Lit:* Evelyn Braun/Dieter Fringeli: Wohnhaft in Basel. 25 Autoren u. ihre Stadt 88. (Red.)

Burri-Bayer, Hildegard (geb. Hildegard Kantert), Autorin; Starenweg 2, D-41564 Kaarst, Tel. (0 21 31) 66 82 62, Fax 79 66 10, *hillaburribayer@t-online.de*, *www.burri-bayer.de* (* Düsseldorf 2. 10. 58). Rom. – **V:** Die Sternenscheibe, R. 03, Tb. 04; Der goldene Reif, R. 04, Tb. 05; Das Vermächtnis des Raben, R. 05; Die Bluterbin, R. 07. (Red.)

Burschik, Karin, Autorin, Kursleiterin; Bensberger Str. 22, D-51503 Rösrath, Tel. (0 22 05) 90 78 30, *postmaster@karin-burschik.de*, *www.karin-burschik.de* (* Duisburg 24. 6. 58). VS 89, Das Syndikat 95–04; Rom., Erz., Hörsp. – **V:** Der Karate-Peter, Jgd.-R. 88; Yves, Jgd.-R. 91; Ein Mord ist schnell passiert 95; Endspurt 95; Letzte Grüße von Papa 96; Kölner Sommer 97, alles Krim.-R.; Was fürs Herz, R. 98; Schuldig oder nicht schuldig?, Gerichtskrimis 02. – **MA:** über 100 Art., Satn., Kurzkrimis u. Kurzgeschn. in Ztgn, Zss. u. Anth., u. a. in: Leidenschaft, die Leichen schafft, Nr. 8–11; Der kleine Mord zwischendurch 97; Die Stunde des Vaters, Krim.-Anth. 02; Die Welt; Badische Ztg; Emma. – **R:** Erzengel Gabriel, Hsp. 89. – **P:** New Start, Text z. Gospeloper, Schallpl. 90.

Burth, Hugo; Riedstr. 15, D-88699 Frickingen, Tel. (0 75 54) 10 34 (* Frickingen 12. 1. 26). Ehrennadel mit Lorbeerkranz d. Gemeinde Frickingen 99; Erz. – **V:** Tränen im Meer. Versuch e. Bewältigung 96; Ein Junge klagt an. Bericht eines verlorenen Jugend 01. – **MV:** Als wär' es gestern gewesen... Zwei Freunde erzählen aus ihrem Leben, m. Alfons Gaugel 06.

Bury, Marc, gelernter Bankkfm., Student Lehramt BBS; Alexanderstr. 272a, D-26127 Oldenburg, Tel. (04 41) 4 08 82 59, *MarcBury@gmx.de*, *www.marcbury.de* (* Ankum 26. 8. 77). – **V:** Die verlorene Nacht, Thr. 02; Bis dass der Tod euch scheidet, Krim.-R. 03; Schwarzes Blut, Thr. 05; Das schwarze Loch, Thr. 06. (Red.)

†**Busch,** Andrea C., Dipl.-Übers., Autorin, Hrsg.; lebte in Groß-Zimmern (* Darmstadt 22. 6. 63, † Darmstadt 2. 9. 08). VS/VdÜ, Sisters in Crime (jetzt: Mörderische Schwestern) 91, BücherFrauen 92; Rom., Kurzgesch. Ue: engl, am, ndl. – **V:** Mord stinkt zum Himmel, Krim.-R. 96, Neuaufl. 98. – **MA:** Tückische Krebse 00; Mordsgewichte 00. – **H:** Mord zwischen Messer und Gabel, Krimis u. Rezepte, erw. Neuaufl. 01. – **MH:** Bei Ankunft Mord 00; Mord im Grünen 01; Mord zum Dessert 03, erw. u. überarb. Neuausg. u. d. T.: Mord zwischen Lachs und Lametta 05; Mord im Weinkeller 07, alle m. Almuth Heuner. – **Ue:** Marijke Höweler: Von Glück sagen 95; Rosita Steenbeek: Die letzte Frau 96, u. a. – **MUe:** P. M. Carlson: Vorspiel zum Mord 90; Timothy Findley: Liegt ein toter Mann am Strand 97; Lora Roberts: Der Mörder von nebenan 00; Nisa Donelly: Die Liebesgesänge der Phoenix Bay 00, alle m. Almuth Heuner, u. a.

Busch, Andreas (Andrew Sutherland); Geschwister-Scholl-Str. 3, D-48346 Ostbevern, Tel. (0 25 32) 74 67, *info@autorandreasbusch.de*, *www.autorandreasbusch.*

de (* Berlin 20. 8. 55). Rom., Drehb., Kurzgesch. – **V:** Sundermann und der Tote ohne Herz, Krim.-R. 01; Ich komme von Münster her ..., hist. R. 05; Von Droste und der grüne Jaguar 06; Von Droste und der Obdachlose 04; Von Droste und die Vergangenheit 05.

Busch, Fritz, Automobil-Schriftst.; Haus Birkenhof, D-88267 Vogt, Tel. u. Fax (0 75 29) 4 30 (* Erfurt 2. 5. 22). Erz., Kolumne, Reiseber., Sachb., Jugendb. – **V:** Bob und seine Autos 64; Einer hupt immer 65; Lieben Sie Vollgas? 65; Sturmvogel hat Räder 65; Ein Junge und 1000 Autos 67; Wer einmal unterm Blechdach saß 70; Das große Wohnwagenbuch 70; Berühmte Automobile 71; Der große Test 75; Alaska-Feuerland 76; Blick in den Rückspiegel 80; 100 heitere Automobil-Geschichten 86; Das Daimler-Benz-Museum 86; Als Jim den heissen Ofen stahl 90; Benzin vom Fass 90; So weit der Motor trägt 90; Mercedes-Benz-Museum 91. (Red.)

Busch, Gudrun (geb. Gudrun Berge), Pianistin, Schauspielerin, Autorin; Postfach 33, D-18368 Ostseebad Zingst, Tel. u. Fax (03 82 32) 8 95 55, *nurdugverlag@gmx.de* (* Prestewitz 16. 8. 36). Lyr., Erz., Kinderb. – **V:** Jeder Tag ist ein kleines Leben, G. 91, 4. Aufl. 01; Mit-Teilungen 92, 2. Aufl. 96; Die Harfe an meiner Tür, Verse u. Prosa 94, 2. Aufl. 97; Geliebtes Zingst. Erlebte Poesie d. Ostseelandschaft 97; Das himmelblaue Violinchen und ein unmöglich buntes Orchester, Kdb. 05, 3. Aufl. 08.

Busch, H. P. s. Kehl, Wolfgang

Busch, Peter, Buchhändler, Dipl.-Soz.päd., Autor; Deutzer Str. 41, D-41468 Neuss, Tel. (01 62) 3 09 15 77, *Peter-Busch@ars-etcetera.de*, *www.ars-etcetera.de* (* Essen 21. 6. 52). Lyr., Ess., Prosa. – **V:** Ödland des Herzens, G. 98; Spur aus der Ferne, G. (o. J.); Hüttenreste, G. 99; Wege. Brüche., G. u. Erzn. 01. – **MA:** Lyrik in: Allein mit meinem Zauberwort, Anth. 98; Zwischen Heine und Altbier, Leseb. niederrhein. Autoren 99; Lyrik heute 99; G. in Lit.-Zss., u. a. in: Literatur am Niederrhein; Ess. in: Yâna, Zs. 92–95.

Busch, Tobias, Dr. iur., Rechtsanwalt; c/o Rechtsanwälte Dr. Damm & Dr. Busch, Westliche Ringstraße 8, D-67227 Frankenthal, Tel. (0 62 33) 45 27, Fax 45 29, *www.dr-damm-dr-busch.de* (* Mainz 3. 4. 63). Rom. – **V:** Wen der Schein trügt 05; Jenseits des Friedens 07; Tod im Dreieck 08.

Buscha, Angelika, Dipl.-Germanistin, Journalistin u. Autorin; *a.buscha@t-online.de* (* Salzwedel 19. 10. 55). Rom. – **V:** Wie der Tod so spielt, R. 00, Tb. 01; Mein Mann, der Liebhaber und der Tote im Garten, R. 03, Tb. 04; Seitenwechsel, R. 04. – **MA:** Beitr. in div. Publikums-Zss. 90–01.

Buschendorf, Klaus, Offizier, Kaufmann, Wachdienst i. R.; Weimarische Str. 27C, D-99099 Erfurt, Tel. u. Fax (03 61) 4 22 42 92, *juk.buschendorf@tiscali.de* (* Leipzig 30. 11. 41). Rom., Erz. – **V:** Filosofische Märchen 02; Kann ich mit dir ...?, Erzn. 04/05. (Red.)

Buschey, Monika, Journalistin, Autorin; c/o Kreuz Verlag GmbH & Co. KG, Breitwiesenstr. 30, D-70565 Stuttgart, *chronide@gmx.de* (* Bochum 28. 8. 54). Gratwanderpr. f. erot. Lit. (2. Pr.) 97, Lit.pr. Ruhrgebiet (Förd.pr.) 97, Literatenohr-Lit.pr. 99, Arb.stip. d. Ldes NRW 00; Erz., Biogr., Hörsp. – **V:** Die Rosen deines Mundes 99; An jenem Tag im blauen Mond September 00; Geliebte die Geschichte machten 01. – **MA:** Geschn. in Anth., u. a. in: Wenn die Ritter schlafen gehen 98. – **R:** Repn., Porträts, Geschn. im WDR-Hfk. (Red.)

Buschhauer, Dagmar; Walsmühlener Ende 8, D-19073 Schossin, *daggibuschhauer@onlinehome.de*

(* Bochum 12. 10. 52). Lyr., Erz., Fabel, Märchen, Gesch., Kurzgesch. – **V:** Kathis zauberhafte Welt 07; Fabelhafte Tiergeschichten 07; Der Sohn des Gouverneurs 07. – **MA:** Die Drachenblume; Die indische Braut; Das geteilte Königreich; Besinnliches zur Weihnachtszeit; Tierische Geschichten; Das Lyrische Gedicht.

Buschhausen, Irmgard, Schriftst.; Seminargasse 22, D-92224 Amberg/Obpf., Tel. (0 96 21) 25 09 60 (* Köln 10. 9. 53). VG Wort 86, ADA 87, IGdA 87, Vereinig. d. Freunde Bayer. Lit. 86, Friedrich-Bödecker-Kr. 86; Kinderb., Lyr. – **V:** Die kleine Wolke, Kdb. 86, 2. Aufl. 86; Übers Lebm und so was Ähnlichs, bayer. Lyr. 87; August ist verschwunden 89; Biwaggl Monster 90; Was nun? fragte der Weihnachtsmann 90; Die Gipfelstürmer 92; Die Strandpiraten 92; David Hasselhoff erzählt 93. (Red.)

Buschheuer, Else (geb. Sabine Knoll), freie Journalistin, Moderatorin; c/o MDR Fernsehen, kino royal, D-04360 Leipzig, *else@else.tv*, *www.else.tv* (* Eilenburg 12. 12. 65). Rom., Erz. – **V:** Ruf! Mich! An!, R. 00, Tb. 01; Masserberg, R. 01; www.else-buschheuer.de. Das New York Tagebuch 02; Klick! Mich! An!, R. 02; www.else.tv. Das New York Tagebuch II 03; Calcutta – Eilenburg – Chinatown. Das New York Tagebuch III 03; Harlem, Bangkok, Berlin. Das New York Tagebuch IV 05; Venus, R. 05; Der Koffer 06; leipzig tagebuch 07. – **MA:** zahlr. Beitr. in Ztgn u. Zss., u. a. in: Der Tagesspiegel; Aufbau (New York); Welt am Sonntag; Berliner Morgenpost; Schweizer Kultmagazin; Spiegel; Emma; BZ; Freitag; Weltwoche; Allegra. – **H:** Hochzeitstanz 03. (Red.)

Buschhoff, Walter, Schauspieler; Hochwaldstr. 26, D-81377 München, Tel. (0 89) 7 14 87 99, Fax 71 28 25 (* Worms 8. 7. 23). Rom. – **V:** Seniorenwinter, R. 03. (Red.)

Buselmeier, Michael, M. A., Freier Publizist; Kühler Grund 58, D-69126 Heidelberg, Tel. u. Fax (0 62 21) 37 21 58 (* Berlin 25. 10. 38). Freie Akad. d. Künste Mannheim 99; Thaddäus-Troll-Pr. 95, Martha-Saalfeld-Förd.pr. 95, Pfalzpr. f. Lit. 00, Richard-Benz-Med. f. Kunst u. Wiss. 03; Lyr., Rom., Erz., Ess., Hörsp., Lit.-kritik, Polit. Journalismus. Ue: dän, nor. – **V:** Nichts soll sich ändern, G. 78; Die Rückkehr der Schwäne, G. 80; Der Untergang von Heidelberg, R. 81; Radfahrt gegen Ende des Winters, G. 82; Monologe über das Glück. Kl. Prosa 84; Auf, auf, Lenau!, G. 86; Schoppe, R. 89; Literar. Führungen durch Heidelberg, Kulturgesch. 91, Neufass. 96, Neufass. 06; Erdunter, G. 92; Spruchkammer, Erzn. 94; Ich rühm dich, Heidelberg. Poem in sechs Gesängen 96; Ode an die Sportler, G. 98; Nietzsches Spuren, Reiseber. 98; Bormanns Silberlöffel, Erz. m. Bildern v. Florian Haas 98; Die Hunde von Plovdiv, Reisetageb. 99; Erlebte Geschichte – erzählt. 14 Gespr. üb. Heidelberg 00; Amsterdam. Leidseplein, R. 03; Erlebte Geschichte – erzählt, Bd 2. 15 Gespr. üb. Heidelberg 03; Lichtaxt, G. 06. – **MV:** United Colors of Buxtehude, Ketten-G., u. M. Becker, K. Hensel u. H.M. Novak 96. – **MA:** zahlr. Veröff. in Büchern, Anth. u. Zss., u. a.: Nach dem Protest 79; Über die allmähliche Entfernung aus dem Lande 84; Zwielicht 95. – **H:** Das glückliche Bewußtsein, Ess. 74; Heidelberger Reportagen 84; Heidelberg-Lesebuch 86; Der Knabe singts im Wunderhorn, Anth. 06; Erinnerungen an Wolfgang Hilbig 08; Edition Künstlerhaus, 24 Titel seit 95. – **MH:** Neue Deutsche Hefte 75; Jb. der Lyrik, m. Michael Braun u. Christoph Buchwald 96; Seit ein Gespräch wir sind. Ein Buch üb. Arnfrid Astel, m. Ralph Schock 03. – **R:** Der unterdrückte Mensch kann nicht singen 72. – **P:** Bring mir den Kopf, Kurzprosa u. G., Tonbd-

Busemann

kass. 81. – *Lit:* Michael Braun/Hans Thill (Hrsg.): Oktoberlied. M.B. z. 60. Geb. 98. (Red.)

Busemann, Faridah (Andrea Diekmann), Lehramt Englisch, Deutsch, Kunst; Ferdinand-Kopf-Str. 6, D-79117 Freiburg, Tel. (07 61) 6 24 99, Fax 6 32 52, *busemann@arborist.de* (* Duisburg 19. 6. 67). Kinderb., Kindergesch. – **V:** Der Mond auf meinem Kissen. Wie Nuri ein Geschichtenerzähler wurde 00. (Red.)

Buslau, Oliver, Journalist, Red., freier Autor; Gierather Mühlenweg 15, D-51469 Bergisch Gladbach, Tel. (02 21) 6 80 69 85, Fax 68 67 71, *info@oliverbuslau.de*, *www.oliverbuslau.de* (* Gießen 21. 6. 62). Das Syndikat 01; Krim.rom. – **V:** Die Tote vom Johannisberg 00; Flammentod 01; Rott sieht Rot 02; Schängels Schatten 03; Bergisch Samba 04; Bei Interview Mord 06; Das Gift der Engel 07, alles R. – **MH:** TextArt – Magazin f. kreatives Schreiben, m. Carsten Dürer 00.

Busse, Adolf, Schriftst., Kunstzeichner; Mansfeldstr. 13, D-40625 Düsseldorf, Tel. u. Fax (02 11) 28 50 79 (* Düsseldorf 12. 3. 28). Rom., Erz., Gesch., Aphor., Groteske, Sat., Brief, Lyr. – **V:** Die Düsseldorfer, Erzn. 77; Von Düsseldorfern und anderen Leuten, Erzn. 79, 81; Liebesfälle mit und ohne Happy End, Geschn. 98, 00; Ein Legat – Zeitgeist, Zukunft und Vergessen, Aphorismen, G. 01; Bürger und Abenteurer. Ein erstaunliches Doppelleben, R. 01; Bürger und Abenteurer. Ein unglaublicher Lebensweg, R. 02; Im Schutz der Nornen, R. 05.

Bussenius, Ruth s. Kraft, Ruth

Bussmann, Rudolf, Dr. phil., Schriftst.; Rheingasse 21, CH-4058 Basel (* Olten 21. 6. 47). P.E.N. 00, AdS 03; Pr. f. Lit. d. Kt. Luzern 91, Stip. d. Dt. Lit.fonds 93, Pr. f. Lit. d. Kt. Basel-Landschaft 96, d. Kt. Solothurn 97; Prosa, Lyr. – **V:** Einzelner und Masse. Zum dramat. Werk Georg Kaisers 78; Der Flötenspieler, R. 91; Die Rückseite des Lichts, R. 97; Nimm die Dinge, G. 01; Das 25-Stundenbuch, G. 06; Ein Duell, R. 06. – **MA:** Der Schriftsteller und sein Verhältnis zur Sprache, Dok. 72; Der Schriftsteller in unserer Zeit 77. – **H:** Irmtraud Morgner: Rumba auf einen Herbst, R. 92; Friedrich Glauser: Der Chinese (auch Anmerk. u. Nachw.) 96; Irmtraud Morgner: Das heroische Testament (auch Erläut. u. Nachw.) 98. – **MH:** Jakob Bührer Lesebuch 77; Onkel Jodoks Enkel 88; Über Erwarten, m. Martin Zingg, Anth. 98; Von A bis Schlusz, m. dems., Anth. 06; drehpunkt, Lit.zs.

Buster, Dolly (geb. Katja-Nora Bochnicková, verh. Katja-Nora Baumberger); c/o Dolly Buster GmbH Am Schornacker 66, D-46485 Wesel (* Prag 31. 10. 69). Das Syndikat 03; Krim.rom. – **V:** Alles echt! Durchhänger u. a. Höhepunkte 00; Hard Cut, Krim.-R. 01; Tiefenschärfe, Krim.-R. 03. (Red.)

Buth, Matthias, Dr., Schriftst.; Unterste Sülz 6, D-51503 Hoffnungsthal/Rösrath, Tel. u. Fax (0 22 05) 32 02, *matthias.buth@gmx.net* (* Wuppertal-Elberfeld 25. 5. 51). Lit.förd.pr. d. Ldes NRW 82, Amsterdam-Stip. Senat Bln 91, VS; Lyr., Ess., Kritik. – **V:** Gezeitet, G. 74; Ohne Kompaß, G. 84; Kopfüber nach Deutz, G. 89; Die Stille nach dem Axthieb, G. 97, erw. Fassg 98 (rum.-dt.); Der weite Mantel Deutschland 01; (Übers. ins Amerik., Arab., Rum., Poln., Frz.). – **MA:** zahlr. Anth. u. Zss., u. a. in: Der neue Conrady. Das große dt. Gedichtbuch; Deutsche Lyrik unseres Jahrhunderts; Das Gedicht. – **H:** Heimblick, G. 84. – **R:** Vertonung v. üb. 40 Gedichten in Kammermusik- u. Chorwerken, im WDR gesendet. – *Lit:* Einzel- u. Ges.würdigungen von: G. Aescht, A. v. Bormann, U. Grüning, K. Krolow, P. Motzan, F.N. Mennemeier, H.D. Schmidt. (Red.)

Butkus, Günther, Verleger; c/o Pendragon-Verlag, Stapenhorststr. 15, D-33615 Bielefeld, Tel. (05 21) 6 96 89, Fax 17 44 70, *pendragon.verlag@t-online. de*, *www.pendragon.de* (* Brackwede b. Bielefeld 18. 11. 58). VG Wort 82; Lyr. – **V:** Gedichte 81, 3. Aufl. 82; Heute Nacht – morgen Du, G. 97. – **H:** Hanne F. Juritz: Ges. Werke. I: Unbezähmbarkeit d. Piranhas, Erz. 82, II: Der Weiche Kragen Finsternis, G. I 83, III: Gelegentlich ist Joe mit Kochsalz unterwegs, G. II 85, IV: Die Nacht d. Trommlers, G. III 86; Die Beatles und ich 95, 96. – **MH:** Das Schrumpfkopf-Mobile, Anth., zus. m. Karl Riha 98; Edition Moderne Koreanische Autoren, m. Heyong Chong 98ff. (Red.)

Buttadeus s. Schneidewind, Friedhelm

Butterweck, Harald, Pfarrer i. R.; Zum Stumpfen Kreuz 7B, D-51143 Köln, Tel. (0 22 03) 8 61 12 (* Schmidthachenbach, Kr. Birkenfeld 9. 10. 32). Arb.kr. blinder u. sehbehinderter Autoren BLAutor 94, Lit.haus Köln 99, Schriftst.verein Wort u. Kunst 01; 2 Preise b. Kölner Lit.wettbewerben; Lyr., Kurzprosa. – **V:** Der Augenschein trügt. Erste Tastversuche eines Blindgängers, Lyr. 96 (als Hörb. 01); Fluchtversuche. Vom Gedanken verfolgt flieh ich ins Wort, Lyr. 06. – **MA:** div. Beiträge u. Lyrik in: Kultur u. Freizeit, Hörz. d. Dt. Zentralbücherei f. Blinde in Leipzig, seit 96; Lyrik in: Lesestücke für Sehleute 98; Ensemble (Journal des Eglises Protestantes de la Region de Strasbourg) 00; Auslese (Frieling-Verl.) 04; Frankfurter Bibliothek 04; Die besten Gedichte 2006 (Frankfurter Bibliothek) 06; zahlr. weitere Veröff. in Ztgn, Zss., Jahrbüchern u. Tagungsumdrucken. – **R:** Lyrik in: Bürgerradio (Radio Köln) 98; Forum Literatur: Blindflug (WDR 3) 99. – *Lit:* Köln aktuell (WDR-Fs.) 96; N. Scholz in: Unser Schaffen (Hilfsgemeinsch. d. Blinden u. Sehschwachen Öst., Wien) 99; E. Kleinertz in: Kölner Autorenlex. 02; Dt. Schriftst.lex. 04; zahlr. weitere Veröff. in Ztgn u. Zss.

Butterwegge, Marianne *

Buttinger, Haymon Maria, Schauspieler; Schönbrunner Str. 22/9, A-1050 Wien, Tel. (06 64) 5 76 39 60, *haymon@haymonline.at*, *www.haymonline.at* (* Wien 3. 5. 53). – **V:** Haymon's rauhe Romanzen, Lyr. (Red.)

Buttlar, Johannes von (eigtl. Johannes Freiherr von Buttlar-Brandenfels) *

Buttler, Monika, M. A., Journalistin, Autorin; Brahmsallee 26, D-20144 Hamburg, Tel. (0 40) 4 10 58 67, Fax 4 10 49 98 35, *monika.buttler@web.de*, *www.monikabuttler.de* (* Berlin 6. 5. 39). Sisters in Crime (jetzt: Mörderische Schwestern) 01, Bücher-Frauen 01–07, Das Syndikat 02, Lit.zentr. Hamburg 05, Hamburger Autorenvereinig. 06; Rom., Erz. – **V:** Bei Lesung Mord, Kurzroman 02; Herzraub, Krim.-R. 04; Abendfrieden, Krim.-R. 05; Das Hitler-Ei, Autobiogr. 05; Dunkelzeit, Krim.-R. 06 (auch als Hörb.). – **MA:** Mord im Grünen 01; Verhängnisvolle Affären 01; Flossen hoch! 02; Liebestöter 03; Donauleichen 03; Weinleichen 03; Mordsjubiläum 03; criminalis 03; Tatort Hamburg 03; Mord à la carte 03; Mörderisches Wiesbaden 2 04; Mord ist die beste Medizin (auch mithrsg.) 04; Tatort Flora Farm 04; Dennoch liebe ich! 05; Fiese Friesen 05; Mördorrisch Legger! 06; Mord zwischen Klüeß u. Knölla, Hütes u. Hebes 07; Mords-Sachsen 07; Liebe und andere Gründe zu morden 07; Tee mit Schuss (auch mithrsg.) 07; Tödliches von Haff und Hering 08.

Butzlaff, Wolfgang, Dr. phil., ObStudDir. a. D., Kritiker, freier Schriftst.; Schlimbachallee 5, D-24159 Kiel, Tel. u. Fax (04 31) 37 26 56, *wolfgang.butzlaff@ arcor.de* (* Massow/Pommern 31. 10. 25). Goethe-Ges. Kiel, 1.Vors. 69–97, EVors. seit 97, Goethe-Ges. Weimar, EM seit 03, Dt. Schiller-Ges.; Rom., Erz., Literar. Ess. – **V:** Nachtkonzert, R. 95; Es kommt alles ganz anders, Erzn. 99; Goethe. „Trostlos zu sein ist Liebenden der schönste Trost.", ges. Studien 00; „Wir selber haben jahrelang gewartet". Verlobte in der Lit. und im Leben 04; Nein, sagte der Zwerg, laßt uns vom Menschen reden, Vortr. über Lit. und Spr. 05; Mit anderen Augen. Zehn Einblicke in d. Kaleidoskop d. Lebens, Erzn. 07. – **MA:** Gottfried Benn zum 100. Geburtstag 89; zahlr. Beitr. in: Der Deutschunterricht; Theater heute; Jb. d. Goethe-Ges. Weimar; Jb. d. Wiener Goethe-Ver.; Jb. d. Freien Dt. Hochstifts; Die Pforte. Veröff. d. Goethe-Nat.museums 8/06. – *Lit:* Jürgen Klose in: Goethe-Jb. 01; Jens Kruse in: The Goethe Society of North America. The Goethe Yearbook 02; Waltraud Maierhofer in: German Studies Review 30/3 07.

Bydlinski, Georg, Mag. phil., freier Schriftst.; Passauergasse 14/4, A-2340 Mödling, Tel. u. Fax (0 22 36) 4 63 37, *g.bydlinski@kabsi.at, www.georg-bydlinski.at* (* Graz 30. 5. 56). Podium 80, Ö.S.V. 81, IGAA 82, Friedrich-Bödecker-Kr. Hannover 85, GAV 86; Lit.stip. d. Ldes NdÖst. 79, Buchprämie d. BMfUK 81 u. 84, Anerkenn.pr. d. Ldes NdÖst. f. Dichtkunst 82, Theodor-Körner-Förd.pr. 82, 87 u. 93, E.liste z. Öst. Kd.- u. Jgdb.pr. 84, E.liste z. Kd.- u. Jgdb.pr. d. Stadt Wien 85 u. 00, Förd.pr. d. Ldes NdÖst. f. Lit. 85, Übers.prämie d. BMfUK 88, Förd.pr. f. Kd.- u. Jgd.lit d. Ldes Steiermark 91 u. 95, Kd.- u. Jgdb.pr. d. Stadt Wien 93, Pr. d. Kinder-Jury im Rahmen d. öst. Staatspr. f. Kinderlyr. 95, Hans-Weigel-Lit.stip. 98/99, Öst. Staatspr. f. Kinderlyr. 01, 'Luchs d. Monats' April 04, Öst. Kd.- u. Jgdb.pr. 05, Nominierung f. d. Dt. Jgd.lit.pr. 05, Dulzinea-Lyrikpr. 05; Lyr., Erz., Kinderb., Übers. Ue: engl. – **V:** Pimpel und Pompel aus Limonadien, Erz. 80; Der Mond heißt heute Michel, G. f. Kinder 81; Die Sprache bewohnen, G. 81, 92; Distelblüte, G. 81, 2. Aufl. 82; Schritte, G. 84; Hinwendung zu d. Steinen, G. 84; ... weil wir Heinzelmännchen sind, Bilderb. 84, 85 (auch engl., poln.); Kopf gegen Beton, Erzn. 86; Der himbeerrote Drache, Bilderb. 88, 4. Aufl. 92, Tb. 00 (auch span. u. bask.); Landregen, G. 88; Satellitenstadt, Erz. 88; Im Halblicht, G. u. Aufzeichn. 91; Wurfparabel, Erz. 91; Die bunte Brücke, G. f. Kinder 92; Der Schattenspringer und das Monster, Erz. f. Kinder 93, 2. Aufl. 94 (auch kan.-engl., dän.); Das Gespenst im Badezimmer, Kurzgeschn. f. Kinder 95; Wintergras, G. 95; Immer diese Nervensägen!, Erz. f. Kinder 98, 2. Aufl. 07; Zimmer aus Licht, G. 99; Höre mich, auch wenn ich nicht rufe, G. 00; Der dicke Kater Pegasus, Geschn. f. Kinder 00; Schneefänger, G. 01; Wasserhahn und Wasserhenne, G. f. Kinder 02; Stadtrandnacht, Jgd.-R. 02; Sieben auf der Suche 03; Lindas Blues, Erz. 04; Ein Gürteltier mit Hosenträgern, G. f. Kinder 05; Wie ein Fisch, der fliegt, Geschn. vom Glück 06; Schattenschaukel, G. 06; Wir bleiben am Ball, Erz. f. Kinder 08; – BILDERBÜCHER seit 90: Ein Krokodil geht in die Stadt; Guten Morgen, die Nacht ist vorbei; Der Hinzel-Henzel-Hunzelmann; Ein Krokodil entdeckt die Nacht; Krok bleibt am Ball; Bärenschüler; Katzenpostamt; Tierfeuerwehr; Vogelzirkus; Die 3 Streithasen; Krok geht in die Schule; Affentheater; Hasenfußball; Hundepolizei; Schweinchenexpress; Bald bist du wieder gesund; Daniel hilft wie ein Großer; Der Zapperdockel u. der Wock; Hier ist alles irgendwie anders; Das kleine Buch f. gute Freunde; Das kleine Buch z. Trösten; Lena u. Lukas lernen teilen. – **MV:** Das Entchen u. der große Gungatz, m. Käthe Recheis, Bilderb. 81, Neuausg. 99. – **MA:** Beitr. in über 100 Anth. – **H:** Der Wünschelbaum, G. f. Kinder 84; Der neue Wünschelbaum, G. f. Kinder 99. – **MH:** Mödlinger Lesebuch. Annäherung an e. Kleinstadt 85,

2. Aufl. 86; Angst hat keine Flügel. Texte f. d. Frieden 87; Unter der Wärme des Schnees, m. Franz M. Rinner, Lyr. 88; Übermalung der Finsternis, m. dems., G. 94; – zus. m. Käthe Recheis: Weißt du, daß die Bäume reden? Weisheit d. Indianer 83, 25. Aufl. 98; Freundschaft mit der Erde, Indianertexte 85, 7. Aufl. 98; Auch das Gras hat ein Lied, Indianertexte 88, 6. Aufl. 98; Die Erde ist eine Trommel. Indianerweisheit 88, 3. Aufl. 94; Zieh einen Kreis aus Gedanken. Texte u. Bilder v. Leben d. Indianer 90; Ich höre deine Stimme im Wind. Weisheit d. Indianer 94, 5. Aufl. 97; Kreisender Adler, singender Stern. Indianische Spiritualität 96, 2. Aufl. 98 (alle auch mitübers.). – **P:** Freunde sind wichtig für jeden. Lieder f. Kinder, Tonkass./CD, Notenausg. 98; Wasserhahn und Wasserhenne, Tonkass./CD 03. – *Lit:* Johannes W. Paul: Der Sprache beiwohnen, in: Niederöst. Kulturber., Mschr. f. Kultur u. Wiss. 82; Die Barke 82; Jugend u. Buch 83; Mit einfachen Worten wichtige Dinge sagen, Interview in: Unsere Kinder 6 85; weitere Interviews u. Berichte, zuletzt z.B. in: Die Zeit v. 7.4.04; Eselsohr, Mai 06.

Byer, Doris, Dr. phil., Doz. U.Wien/Inst. f. Gesch.; Stiftgasse 27/26, A-1070 Wien (* Wien 8. 5. 42). – **V:** Fräulein Elfi, R. 82, 93, u. d. T.: Das Rätsel Weib 85; Fremde Frauen, Ess. 86; Nicht im Kasten, R. 93; Die Große Insel, autobiogr. Ber. 96; Der Fall Hugo A. Bernatzik, Biogr. 99; Essaouira, endlich! 04. – **MA:** Herzleitlos 86; Spectrum 20./21.12.86, 5./6.12.87, 13./14.5.89; Zeitgeschichte 11/12 87; Die ersten 100 Jahre. Österr. Sozialdemokratie 1888–1988 88; Der Freidenker 4/89; profil 29 89; Der geraubte Schatten (Ess.) 89. – **R:** Reisender zwischen den Welten 88; Koroma – Nichts zu danken, Feat. 90. (Red.)

C.-Avgerinos, Britta s. Clotofski-Avgerinos, Britta

Cabadağ, Matthias (geb. Matthias Wittzek) *

Caesar s. Kaiser, August-Wilhelm

Caesar, Hieronymus (Ps. f. Lutz Dönges); Schiller-str. 10, D-36304 Alsfeld, Tel. (0 66 31) 15 94 (* Gießen 31. 8. 18). – **V:** Laßt mal frische Luft herein, G. 75; Prost, Hessegebräurer!, G. u. Anekdn. in Mda. 78, 83; Gesaad eaß gesaad, Mda. 81; Das Haar in der Suppe, G. 81; Lappe-Ärsch, G. 85; Aach doas noch, G. 86; Plasterschisser, Alsfelder Schmunzelbuch 86; De Watz eam Färrerbett, Anekdn. u. G. 86, 2. Aufl. 95; Emma, es bressiert!, G. 87; Aich deed's nit!, G. 88; Nit ims Verplatze!, Anekdn. u. G. 89; Beim Schälchen Hääße..., G.-Samml. 93, alles in Mda.; Ohrmuscheln in Essig, Satn. 95; Quer dorch de Goade, G., Anekdn., Redensarten in Mda. 96; Es geht de Mensche wie de Leut, G. in Mda. 99. – **MV:** Nee, so ebbes! 83; Heckeviechel 83; Die Speckschwoart 84; Hessisch Oart 85; Mei Mann, mei Kinner unn mei Eingemachtes 88; Barwarische Schlitzohrn 90; Owerhessisch Oart 95; Die Parrersch unn die Lehrerschleut 97; Die Dokterschleut unn die Patiente 97; Die Förschter unn die Jägersleut 98; Aus'm Zettelkaste 99. (Red.)

Cagney, Peter s. Kägi, Peter

Cahn, Peter s. Schmidt, Peter

Cailloux, Bernd, Schriftst., Autor; Neue Steinmetz-str. 6, D-10827 Berlin, Tel. (0 30) 7 84 21 61, *Bernd_Cailloux@web.de* (* Erfurt 9. 7. 45). Alfred-Döblin-Stip. 88, Arb.stip. f. Berliner Schriftst. 90, 94, 97, 06, Autorenförd. d. Stift. Nds. 98, Stip. d. Stift. Rh.-Pf. f. Kultur 03, Stip. d. Dt. Lit.fonds 08; Erz., Rom., Ess., Hörsp., Rundfunkfeuilleton, Kolumne. – **V:** Intime Paraden, Erzn. 86, 90; Die sanfte Tour, Erzn. 89; Der gelernte Berliner, Erzn. 91; Das Geschäftsjahr 1968/69, R. 05; german writing, Erzn. 06; Der gelernte Berliner. 7

Caine

neue Lektionen, Erzn. 08. – **MA:** mehrere Beitr. in Prosa-Anth. u. Zss., 5 Ess. in Zss. bzw. Materialbänden.

Caine, Martin s. Baresch, Martin

Çakan, Myra, Autorin; *info@dardariee.de, www.dardariee.de* (* Hamburg 31. 10.). Rom., Erz., Hörsp., Drehb. – **V:** When the Music's over, R. 99; Begegnung in der High Sierra, R. 00; Zwischenfall an einem regnerischen Nachmittag, R. 00; Downtown Blues, R. 01. – **MA:** Die Woche; Konr@d; c't; SZ. – **R:** Hörspiele: Signale (RB) 99; Das kalte Licht der Sterne 01; Wartungsferien 02; Keine Sterne über Downtown 02; Mondgöttin 513 03; Sonnenaufgang über Tharsis 03; Landgang 04; Trau keinem von der Erde 04; Der Fall Sumara Huff 05; Mondbeben 05; Unbegrenzte Lösungen. I: Fundsache 06, II: Staatsaffairen 07, III: Touristenfalle 08; Schieß mich zum Mars, Liebling 06; When the Music's over, 5-teil. Hsp. nach d. gleichnam. R. 06; Hollywood Shootout 08; Tanzpartner 09, alle im SWR bzw. WDR. – *Lit:* Silja Ukena in: Hamburger Abendbl./Wochenendbeil. v. 11.12.99; Interview in: Herbert Gehr/Stephan Ott: Film Design, Sachb. 00.

Calaverno, Susanna; c/o Rowohlt Verl., Reinbek (* 55). – **V:** Verborgene Blüten 03, Lizenzausg. 04; Das Erwachen der Tigerin 04; Die Schule der Sinne 05; Fantasien in Samt und Seide 07; SIE sucht IHN 08, alles erot. R. (Red.)

Calcagno, Karin (geb. Karin Gruschwitz), Autorin; Florianshöhe 8, D-94372 Pilgramsberg, Tel. (0 99 64) 97 62, Fax 60 17 78, *calcagno.karin@gmx.de* (* Schweinfurt 16. 3. 49). Rom. – **V:** Regenzeit für eine Liebe, R. 03. – *Lit:* Straubinger Tagblatt v. 6.11.03. (Red.)

Calina, Anna Carmen, Filmemacherin, Autorin; c/o Edition Kaiki, Kaiser-Friedrich-Ufer 11, D-20253 Hamburg, Tel. (0 40) 42 10 88 33, Fax 42 10 88 22, *anna.calina@t-online.de* (* Hamburg). Hamburger Autorenvereinig.; Rom., Lyr., Erz., Dok.film. Ue: frz. – **V:** FreiheitsFunken. Ein ikaräischer LichtFlug, Lyr. 06. – **MA:** Herzattacke 00; Meere, Anth. 07; Wie ein Phönix aus der Asche, Anth. 08. – **H:** Einsteiger, Reiseztg 88. – **F:** Wir sind die Letzten – fragt uns aus/Interrogez-nous, nous sommes des survivants, dt./frz. Dok.film (Arte, ZDF, 3-Sat) 93.

Callahan, Frank s. Duensing, Jürgen

Callesen, Gyde (geb. Gyde Ibisch), M. A. Germanistik/Philosophie/Biologie, Schriftst.; Holbeinstr. 15, D-30177 Hannover, Tel. (05 11) 9 79 44 84, *gydecallesen @gmx.de, www.gydecallesen.de* (* Flensburg 14. 3. 75). VS, BVJA, european writing centers association EWCA; Förd. durch ungar. Lit.ges. Budapest, Nominierung f. d. Leonce-u.-Lena-Pr. 05, Lyr.pr. d. C.H. Beck Verl. 05; Lyr., Kurzprosa, Rom., Kinderb. Ue: engl. – **V:** Augenblicke – Blickwinkel. Lyrische Perspektiven 01; Jenseits des Kommas 02; Maya mein Mädchen, R. 03, 3. Aufl. 05; Der Fluss unter dem Fluss, G. 04, 05; Käfer sind einzigste, Kurzprosa 06; paradiesäpfel angebissen, G. 07. – **B:** G. Báger: Heißkaltes Wasser, Lyr. 01 (auch Vorw.). – **MA:** Veröff. in zahlr. Anth. u. Zss., u. a.: Gegenwind; Maskenball; Federwelt; Archenoah. – *Lit:* Rez. in: SUBH; Federwelt; Der Fisch; Archenoah; KULT; Fliegende Literaturbll.; Libus u. a.

Caloja, Jürgen, freier Autor, Lektor; Flutgraben 1, D-53604 Bad Honnef, Tel. (0 22 24) 94 08 83, *juergen. caloja@epost.de, www.caloja.de* (* Wuppertal-Elberfeld 11. 3. 75). Rom., Lyr., Erz. – **V:** Das Wrack des Jonas, Erz. 74, 2. Aufl. u. d. T.: Abschied von Gewalt und Irrsinn 93; Jesus Ohio, Erz. 75; Standortbestimmung, lyr. Kurzprosa 76, erw. Neuaufl. u. d. T.: Übergang aus Macht zur Freiheit 93; Die Zeit der

schwarzen Wolken, R. 76, Neuaufl. u. d. T.: Atomterror 04; Panorama-Meditationen, lyr. Tagesnotizen 02; Martes Reise, R. 05. – **MV:** Das neue Haus, m. Ralf Caloja 93; Die Lebensuhr, m. Klaus-Heinrich Breuer 84. (Red.)

Calonego, Bernadette, freiberufl. Auslandskorrespondentin, Schriftst.; c/o Calonego Media Inc., 1277 Marlene Rd., Roberts Creek, BC VON 2W2/Kanada, *poscht@bernadettecalonego.com, www. bernadettecalonego.com* (* Stans). – **V:** Nutze Deine Feinde, R. 05; Unter dunklen Wassern, R. 07. – **MA:** GEO; Vogue; Neue Zürcher Ztg; natur + kosmos; Schweizer Radio; foto magazin; Börse Online; Tages-Anzeiger; EMMA; abenteuer + reisen; Häuser; Weltwoche, u. a. (Red.)

Camartin, Iso, Prof. Dr., Sprach- u. Lit.forscher, freischaff. Publizist, Autor; Ekkehardstr. 8, CH-8006 Zürich, Tel. (01) 3 50 47 25, Fax 3 50 47 28, *camartin@ bluewin.ch* (* Chur 24. 3. 44). Dt. Akad. f. Spr. u. Dicht., AdS; Charles-Veillon-Pr., Conrad-Ferdinand-Meyer-Pr., Prix littéraire Lipp, Johann-Heinrich-Merck-Pr. 99, E.gabe d. Kt. Zürich 99; Erz., Ess. – **V:** zahlr. Publ., u. a.: Nichts als Worte?, Ess. 85, Tb. 92; Lob der Verführung, Ess. 87; Karambolagen, Geschn. u. Glossen 90; Von Sils-Maria aus betrachtet 91; Die Bibliothek von Pila 94, Tb. 96; Der Teufel auf der Säule, Geschn. 98; Graziendienst 99; Hinauslehnen 00; Jeder braucht seinen Süden 03; Belvedere. Das schöne Fernsehen 05; Im Europäer? Eine Tauglichkeitsprüfung 06; Heimat, m. Ill. v. Tomi Ungerer 07; Die Geschichten des Herrn Casparis 08; Schweiz (in d. Reihe „Die Deutschen u. ihre Nachbarn") 08. – **MV:** Nelke und Caruso, m. Verena Auffermann, R. 97. (Red.)

Camastro, Giorgio; Knechtstedenstr. 70, D-40549 Düsseldorf, Tel. (02 11) 5 04 71 28 (* Rom 21. 5. 41). Lyr., Konkrete Poesie. – **V:** Io – tu, konkrete Poesie 89; Die Kraft der Verführung 89; Opus 56–2 ragione di vita 90; lingua nova 91; Rhythmische Figuren 91; Pomerigio d'autunno 92; the andere Seite 92; Konkrete Poesie – zwei Generationen 93; Visuelle Poesie 96. (Red.)

Camberley, D.D. s. Walter, Dieter

Camee, Leon s. Denda, Sebastian

Camera, Cristina, Schriftst., Seminarleiterin f. kreatives Schreiben, Coach; lebt in München, c/o Rowohlt Verl., Reinbek, *info@cristinacamera.com, cristinacamera.com*. Kurzgesch., Rom. – **V:** Der Zitronenbaron, R. 07. (Red.)

Cameron, Elkie s. Kammer, Elke

†Cammann, Alfred, ObStudR. i. R.; lebte in Bremen (* Han. Münden 7. 8. 09, † Oyten bei Bremen 20. 4. 08). Intern. Soc. d. folk-narrat. res., Dt. Ges. f. Volkskunde/Komm. d. dt. u. osteurop. Volkskunde u. Komm. f. Lied-, Musik- u. Tanzforschung, EM Hist. Komm. f. ost- u. westpreuß. L.desforschung; E.gabe z. Georg-Dehio-Pr. 71, Europa-Pr. f. Volkskunst d. Stift. FVS 75, Verd.med. d. Landsmannsch. d. Westpr., Gold. E.zeichen d. Landsmannsch. d. Deutschen aus Rußland, Bdes-Kulturpr. f. Wiss. d. Landsmannsch. Ostpr.; Erzählforschung, Märchen. – **H:** / **V:** Westpr. Märchen 61; Dt. Volksmärchen aus Rußland u. Rumänien, Monogr. 67, 88; Die Welt d. nddt. Kinderspiele 70; Märchenwelt d. Preußenlandes 73, 92. – **H:** / **MV:** Donauschwaben erzählen I 76; II 77; III 79; IV 80; Turmberg-Geschichten-Westpreußen 80; Volkserzählung d. Karpatendeutschen-Slowakei 81, II; Ungarndeutsche Volkserzählung 82, II; Heimat Wolhynien 85; Aus d. Welt d. Erzähler, m. rußld- u. rum.-dt. Ber. u. Geschn. 87; Märchen – Lieder – Leben in Autobiographie und Briefen der Rußlanddeutschen Ida Prieb 91; Glück und Unglück des

Ostpreußen Otto Bysäth 93; Pommern erzählt – Volkskunde und Zeitgeschichte 95. – *Lit:* R.W. Brednich: Der Märchensammler u. Erzählforscher A.C., in: Jb. f. ostdt. Volkskde 19 76 (m. Bibl.); ders. in: Enzyklopädie d. Märchens, Bd 2/5 79; G. Petschel: Das Cammann-Arch. in Rotenburg/Wümme, in: Jb. f. ostdt. Volkskde 29 86; ders.: Veröff. v. A.C., in: ebda 37 94.

†Camp, Anne (geb. Cäcilie Anne Margret Pfeuffer, eigtl. Cäcilie Anne Margret Gänßle-Pfeuffer), Dr. phil., Doz. f. Italienisch; lebte in Dossenheim (* Würzburg 24. 2. 25, † lt. PV). FDA 90; Lit. Förd.pr. 87, 1. Pr. Autoren-Oscar f. d. Erz. „Nächtl. Gewitterwolken üb. Würzburg" 95, Dipl. di Merito speciale b. il concorso internazionale di Poesia, Benevento 95, Lyr.pr. f. d. G. „Macht d. Schicksals" u. „Hommage an d. Callas" 97, Lyr.pr. b. V. Concorso Internazionale di Poesia, Benevento 99, Ausz. f. d. Gedicht „Paradies" 99; Theaterst., Kurzgesch., Erz., Rom., Kinderb., Lyr. – **V:** Schmierentheater und andere Stücke, Theaterst. 84; Zwei Berühmtheiten auf den Kopf gestellt. Doña Quijote und der Herr von Stein, Erzn. 85; Die Katze des Papstes und andere Katzengeschichten 88; Salieri, der Mörder Mozarts?, Erzn. 89; Ein Bestseller?, Erzn. 91; Das Mädchen Pinocchia 92; Die Kleine Prinzessin vom blauen Stern 94, beides Kinder-R.; Der Gang von Canossa, Erzn. 95; Die Bretter, die die Welt bedeuten, R. 98; Würzburg, Hommage an eine liebenswerte Stadt, Erzn. 98; Worte wie Träume im Wind, G. 99; Die ganze Welt ist eine Bühne, Theaterst. 00; Das Katzendecamerone, Erzn. 02; La migliore opera di Verdi (Verdis beste Oper) 04; Der Cornet kehrt heim. Friede, Friede, Friede, N. 06; Kater Don Juan. Sein Leben, seine Abenteuer in Würzburg... 06; Süßes Gift, Krim.-Gesch. 07. – **MA:** G. u. Erzn. in versch. Anth. seit 89, u. a. in: Ich, Ettore Majorana, habe die Atombombe vernichtet 91; Nächtliche Gewitterwolken über Würzburg, Anth. 95; Gedicht, Faust im 20. Jh. (in ital. Übers.), ital. Anth. 96. – *Lit:* Franz Rauhut: A.C., e. neue Autorin f. d. Theater 85; „Wer schreibt Theaterstücke, Anne Camp". Gespr. im Würzburger Theater, Rdfk-Sdg (BR, Welle Main-Franken) 86; Nils Brennecke in: MeinFranken persönlich 99; Wer ist wer?; Who's Who in Germany?; Autoren in Bad.-Württ., Online-Verz.

Camp, Sarah s. Pflanz, Elisabeth

Campa, Peter, Lit. u. Textgestaltung; Hirschengasse 3/3, A-1060 Wien, Tel. (01) 5 97 60 62, *campa@nusurf.at*, campa.heim.at (* Wien 9. 6. 54). GAV, IGAA; Dramatikerstip. 04; Lyr., Prosa, Hörsp., Fernsehsp./Drehb. – **V:** Auf der Reise, Erz. 95; Die zweite Reise, Erz. 97; Paul Wolf und die Katze Ursula, Tier-Fb. 00; Der ganz normale Franz, Entwicklungsroman 02. – **R:** div. Sendungen im ORF. – **P:** Lautbild-Wortklang, Lyr. CD 05. (Red.)

Campe, Joachim, Dr. phil., Autor; c/o Suhrkamp Verl., Frankfurt/M. (* Hagen/Westf. 23. 12. 49). Arb.stip. d. Ldes Nds.; Biogr. – **V:** Die Liebe, der Zufall und das Paar, Ess. 01. – **H:** Andere Lieben. Homosexualität in der dt. Lit. 88, 92; Matrosen sind der Liebe Schwingen. Homosexuelle Poesie v. der Antike bis z. Gegenwart, Anth. 94.

Canetta, Christa s. Kanitz, Christa

Cantieni, Monica, Schriftst.; Klosterstr. 20, CH-5430 Wettingen, Tel. u. Fax (0 56) 4 26 11 69, *mc_satzbau@bluewin.ch* (* Thalwil 9. 3. 55). SSV; Werkjahr d. Pro Helvetia, Förd.beitr. d. Goethe-Stift. Zürich, E.gabe d. Stadt Zürich, Förd.beitr. d. Marianne u. Curt Dienemann-Stift. Luzern; Rom., Erz., Dramatik. – **V:** Erzählwaisen, Geschn. 93; Die weisse Lüge. Eine Bildbetrachtung 95; Hieronymus' Kinder, Erz. 96;

Lucia, Mädchen, Monolog, UA 98. – **MA:** Binnenwelten, Anth. 98; Das Netz Lesebuch 98. (Red.)

Capeder, Dumeni, Pensionist; Tribschenstr. 46b, CH-6005 Luzern, Tel. (041) 3 60 71 17 (* Trun 1. 5. 34). Uniun per la Litteratura Rumantscha (ULR) 82; Stip. Pro Helvetia, Förd.pr. d. ULR; Rom., Lyr., Erz., Dramatik. Ue: rät. – **V:** ... und wär's ein bisschen Liebe 97; Jenseits des Regenbogens, Erzn. 05; Das Orakel des Amun-Re, R. 05; Viva la veta!/Es lebe das Leben!, Lyr. 07. – **MA:** Sbrinzlas/Funken, Lyr.-Anth. 05. – *Lit:* s. auch 2. Jg. SK.

Capella, Ana s. Herzberger, Sylvia

Capelli, Lisa; c/o Panini Verlags GmbH, Rotebühlstr. 87, D-70178 Stuttgart. – **V:** Reihe „Pferde – Freunde fürs Leben". Bd 1: Das Rätsel um den weißen Hengst 03, Bd 2: Das geheimnisvolle Mädchen 03, Bd 3: Weißer Hengst in Gefahr 03, Bd 4: Caro unter Verdacht 04. (Red.)

Capitani, Sabrina s. Korsukéwitz, Sabine

Capresa, Ana (eigtl. Monica Ana Capresa-Wolter), Gymnasiallehrerin, Doz., bildende Künstlerin, Lyrikerin; Am Langenbruchbach 21, D-40668 Meerbusch, Tel. u. Fax (0 21 50) 28 19, *woltercapresa@gmx.de*, *www.kunstausmeerbusch.de* (* Kleve 24. 1. 41). Diotima-Lit.ver. Neuss, Vors. seit 00; Lyr., Erz. – **V:** (u. teilw. m. eigenen Ill.:) Scherbenschnitte, gemischte Lyr. 96; ... von deinen Lippen nicht betteln. Liebes-G. u. span. Impressionen 98, 07 (dt. u. span.); Dunkles Wachs und Magenta. Menschenbilder, Lyr. Prosa u. Lyr. 00; Null-Linie. Lyrik d. Besinnung u. Stille 00; Zimtstaub am Kleid. Lyrik u. chilen. Impressionen 02; Intertexturen, Lyr. 06; Sandbuchten. Lyrik v. Niederrhein 08. – **MA:** Ich sag, wie's ist, Anth. 00; Neuss – literarisch, H. 6 u. 7 02; Passagen 4 04, 6 06 (beide auch mithrsg.).

Capricornia, s. Klaassen-Boehlke, Silke

Capus, Alex (Alexandre Michel Ernest Capus); Bleichmattstr. 52, CH-4600 Olten, Tel. (0 62) 2 12 67 83, *alexcapus@hotmail.com* (* Mortagne-au-Perche/Normandie 23. 7. 61). Gruppe Olten; Werkjahr d. Kt. Solothurn 94, Werkauftr. d. Stift. Pro Helvetia 98, Förd.pr. z. Hans-Erich-Nossack-Pr. 98, Förd.pr. d. Kt. Solothurn 05, Anerkenn.pr. d. Stadt Olten 05; Rom., Erz., Hörsp. – **V:** Munzinger Pascha, R. 97, Tb. 98, überarb. Neuausg. 03; Eigermönchundjungfrau, Erzn. 98, Tb. 00; Mein Studium ferner Welten, R. 01, Tb. 03; Fast ein bißchen Frühling, R. 02, Tb. 04; Glaubst du, dass es Liebe war?, R. 03; 13 wahre Geschichten 04; Reisen im Licht der Sterne, Tatsachen-R. 05; Patriarchen. Zehn Porträts 06; Eine Frage der Zeit, R. 07. – **MA:** Akte X, Erzn. 00; Bitte streicheln Sie hier!, Erzn. 00. – **R:** Der weisse Tennisball 99; 25 nackte Mädchen 99; Ein umgekehrt abgespielter Lehrfilm für Golfspieler 99; Ackermännchen 00, alles Hsp. (Red.)

Caputo, Carmen; Iserlohn, *carmen.caputo@tiscali.de*, *www.carmen-caputo.de* (* Iserlohn 9. 5. 65). Autorengr. Federstift 00–04; Intern. Lit.pr. Lyrik, Fürstenwalde 04, Märkischer Krimipr. 04, Lyr.pr. Lyrik 2ooo S 05, Songpreis f. Lyr. b. Litwettbew. „Nordhessen Intim" 05, Lyrikpr. d. FDA Hamburg 06, u. a. – **V:** Calabrisella, G. 06; Good Bye Lupus 08; Sexy wie ein Frühstücksbrettchen 09. – **MA:** Beitr. in Lit.-Zss. seit 04, u. a. in: Die Brücke; Etcetera; Kult; Krautgarten; Dulcinea; Podium; Federwelt; Federkiel; cet; Dum; Freiberger Lesehefte; Rez. in: Titel-Magazin 08; – Beitr. in Anth.: Erlkönig 02; Die Axt im Haus 03; Mord zur besten Zeit 04; Spurensicherung 05; Ein Teddy aus alten Tagen 07; Literaturkalender 07; Gedichte (Cenariusverl.), u. a. – **R:** Menschen unserer Stadt 04; LeseStücke 05 u. 07,

Cardellino

alle beim Sender Fölok. – *Lit:* Theo Breuer: Aus dem Hinterland 05; ders.: Kiesel & Kastanie 08.

Cardellino s. Dübi, Heiner

Carels, Maeve; c/o copywrite Literaturagentur, Woogstr. 43, D-60431 Frankfurt/M. (* Jever 56). Das Syndikat; Krim.rom. – **V:** Arnies Welt 96; hot line 97, neubearb. Ausg. u. d. T.: Chat 'n' Kill 02; Julias Orakel 97; Rabenkind 97; Lieb Töchterlein 98; Hannahs Morde 99; Das Kuckucksnest 99; Schneewittchens Unschuld 99; Raphaels Frauen 00; Blondes Gift 03; Wintereinbruch 04; Das Amulett des Toten 05. (Red.)

Carius, Anne s. Friedrich, Margot

Carl, Dieter, Historiker; Obervellmarsche Str. 60, D-34246 Vellmar, Tel. (05 61) 82 66 04, Fax 82 21 79, *carl. vellmar@t-online.de* (* Niedervellmar 20. 1. 52). Kasseler Autoren, Vorst.vors. 87–95, VS 90. – **V:** Chronik von Breuna mit Rhöda 88; 1150 Jahre Rhöda 90; Von Filmare bis Vellmar 95; Der Pfarrer und der stille Don, Krim.-R. 97; Geschichte beider Listingen 99; zahlr. Hrsg. u. Beitr. zu regionalgesch. Themen seit 90. – *Lit:* Hdb. hess. Autoren 93. (Red.)

Carl, Heike; Tönnisbergstr. 58, D-53721 Siegburg, Tel. (0 22 41) 6 78 58 (* Schotten/Oberhessen 29. 9. 45). Kinderb. – **V:** Bärenstarke Ferien 93, Tb. 97; Das ist auch meine Straße 93; Die Wölfe kehren zurück 94, 99, alles Kdb. (Red.)

Carl, Heinz-Ulrich, Fernsehred., Regisseur, Theaterleiter; Ernst-Bark-Gasse 1, D-79295 Sulzburg/Baden, Tel. u. Fax (0 76 34) 65 92, *Gisela.Carl@t-online.de* (* Stuttgart 28. 8. 24). Drama, Hörsp., Film. – **V:** Wo ein grüner Besen winkt 60; Wo man Wein trinkt 63; Das heiterschwäbische Dreh-(Scheiben-) Buch 66; Zweimal Götz, Musical 76; Das Rheingauer Königsspiel 75; Die Wunschmaschine, Jgd.-Musical 76; Oh Gran Canaria, Volksst. 78; Zwerg-Nase 79; Rumpelstilzchen; Das blaue Licht; Dornröschen; Der Teufel mit den drei gold. Haaren, alles M.; Der Schillerkopf, Volksst.; Die schöne Lau, Opernlibretto; Ganz nah am Ende, Rep. 97. – **R:** Pater Pimpis Freunde. (Red.)

Carl, Verena (verh. Verena Hagedorn), freie Journalistin, Red., Schriftst.; Ottenser Marktplatz 15, D-22765 Hamburg, *info@verenacarl.de, www.verenacarl. de* (* Freiburg 5. 12. 69). Förd.stip. d. Ldes Bad.-Württ. 00, Lit.förd.pr. d. Stadt Hamburg 00 u. 07, Stip. d. Klagenfurter Lit.kurses 04, u. a. – **V:** Herzklopfen im Cyberspace, erz. Jgd.-Sachb. 99; Lady Liberty, R. 01; Eine Nacht zuviel, R. 03; Mein Freund, der Drache, Kdb. 06; Max Klitzeklein, Kdb. 08; Irgendwie, irgendwann, R. 08. – **MA:** Erotikon 00; Was die Mikrofone halten, Slam-Poetry-Anth. 00; Mein heimliches Auge 00; Mittendrin – berauscht von dir 01; Sex ist eigentlich nicht so mein Ding 07; – journalist. u. lit. Beitr. u. a. in: Globo; freundin; Welt am Sonntag; Fit for Fun; Petra; EDIT; STINT; entwuerfe. – **MH:** Stadt Land Krieg, m. Tanja Dückers 04. (Red.)

Carl, Viktor, Rektor i. R.; Am Hofstück 18, D-76835 Hainfeld/Pf., Tel. u. Fax (0 63 23) 58 04 (* Scheibenhardt/Pf. 26. 3. 25). E.nadel d. Ldes Rh.-Pf. 80; Sage, Legende, Märchen, Darst. v. Persönlichkeiten. – **V:** Pfälzer Sagen 67, zahlr. Neuaufl.; Pfälzer Legenden 81; Die Pfalz im Jahr 86, 2. Aufl. 90; Pfälzer Schmunzelgeschichten 89, 2. Aufl. 90; Berühmte Pfälzer im Ausland 93; Mein ist die Rache, Einakter 95; Lexikon der Pfälzer Persönlichkeiten 95, 2., erw. Aufl. 98 u. d. T.: Lexikon Pfälzer Persönlichkeiten, 3. Aufl. 02; Die Glocken stürmten, Dreiakter 96; Pfälzer Märchen 98; Pfälzer Sagen und Legenden 00; Pfälzer Anekdoten 01. – **R:** Drehbücher f. d. Fs.filme: Sagenhaft 77; Jung-

fernsprung in Dahn 77; 1000 und eine Meile – Komm mit in die Pfalz 79. (Red.)

Carlesso, Giovanna-Beatrice, Schülerin; Schellinggasse 13, D-74336 Brackenheim, Tel. (0 71 35) 1 43 33, *carlesso.carlesso@t-online.de* (* Brackenheim 25. 6. 91). Pr. b. Treffen Junger Autoren 04; Erz. – **V:** Das Blutbad der Unschuldigen, Erzn. 03. – **MA:** Hinter der Stirn. Treffen Junger Autoren 2004, 05. (Red.)

Carlhoff, Sibylle Renate (geb. Sibylle Renate Baier), Kindergärtnerin i. R.; Platanenstr. 69, D-47829 Krefeld, Tel. (0 21 51) 47 45 29 (* Łódź 12. 9. 21). Märchen, Lyr., Vertonung, Autobiogr., Sachb. – **V:** 25 Jahre Waldorfkindergarten Krefeld (1972–1997), Sachb., enth. 13 eigene Märchen 97; Und das Schicksal führt die Wege, Autobiogr. 99. (Red.)

Carlitscheck, Hans-Joachim, pens. Realschullehrer; Im Falkenhorst 4–61, D-51145 Köln, Tel. (0 22 03) 3 50 16, *Hans-Jo.Carlitschek@t-online.de, www.hjc38-38.homepage.t-online.de* (* Berlin 3. 8. 38). VG Wort 03; Rom., Erz. – **V:** Babs Babsfuß, R. 03; Die kleine Ahiq, R. 04; Die Anstalt, Erz. 05; Babs Babsfuß – kleine Eva, R. 06; Das Leben hat oft Spitzen, Reime u. Prosa 08. – **MV:** Arabische Augenblicke, m. Alfred Carlitscheck, Reiseber./Erinn. 01.

Carlo, Aldo s. Hülsmann, Harald K.

Carlotto s. Otto, Karl-Heinz

Caro, Rodolfo s. Cohrs, Enrique

Carol, Ly s. Winkler-Sölm, Oly

Carrington, Ashley s. Schröder, Rainer M.

Carsten, Catarina, Journalistin, Schriftst.; Bachweg 162, A-5412 Puch (* Berlin 23. 4. 20). Öst. P.E.N.-Club 77; Kraußer Kurzgeschn.pr. 77; Alma-Johanna-Koenig-Pr. 77, Pr. Christl. Lit. Kurzgeschn. 82; Lyr., Nov., Ess. – **V:** Morgen mache ich das Jüngste Gericht, G. aus d. Anstalt 75; Herr Charon, Geschn. 77; Was eine Frau im Frühling träumt..., Geschn. 80; Sind Sie etwa auch frustriert?, Geschn. 81; Der Teufel an der Wand, Kindergeschn. f. Erwachsene 81; Der Fall Ottilinger. Eine Frau im Netz polit. Intrigen 83; Wie Thomas ein zweites Mal sprechen lernte 85; Meine Hoffnung hat Niederlagen, G. 88; Nicht zu den Siegern, G. 94; Wenn es am schönsten ist, Erzn. 95; Zwischen Rose, Chimäre und Stern, G. 96; Hungermusik, autobiogr. Skizzenb. 97; Das Beste von der Welt, Kindergeschn. f. Erwachsene 98; Ich wünsche gute Feiertage, Geschn. 98; Im Labyrinth der tausend Wirklichkeiten, G. 99; Auf Nimmerwiedersehen, Erz. 01; Glück und Glas, Erinn. 04, 2., erw. Aufl. 05; Noch ist es Zeit, G. 07. – **R:** Und laß dir's wohl gefallen, Hsp.; Das Land hinter d. Mond, Fsp. f. Kinder. (Red.)

Carstensen, Hans (auch Anscar Stehnsen), Realschulkonrektor a. D.; Raiffeisenweg, D-25927 Neukirchen, Tel. (0 46 64) 8 96, *hans-carstensen@t-online.de* (* Nordhackstedt b. Flensburg 1. 7. 28). Lyr., Erz. – **V:** Gereimtes und Ungereimtes aus unserer Gegend 07; Alte Geschichten aus der Wiedingharde 04; Wiedingharder Kirchenführer 08. – **MA:** Jb. f. d. Schleswigsche Geest, versch. Jg, zuletzt 08; Nordfriesisches Jb., versch. Jg., zuletzt 08.

Cartal, Undine s. Helmer, Pamela

Cartier, Anne, freie Journalistin, Autorin u. Fotografin; D-08468 Reichenbach/Vogtl., Tel. (0 37 65) 71 87 51 (* Reichenbach/Vogtland 25. 4. 67). ASSO Unabhängige Schriftst. Assoz. Dresden Dt. Lyrikges.; Stip. d. Sächs. Staatsmin. f. Wiss. u. Kunst 96; Lyr., Kurzprosa, Drehb., Rezension, Artikel, Interview. – **V:** Straßen, Lyr. 97. – **MA:** Schwarze Schuhe, Frauenleseb. 96; Doppelpunkt 98; Zum anderen Ufer 99; Punkt 99; Vogtlandpoeten 01; – Ztgn u. Zss.: Freie Presse Chemnitz; Vogtlandanzeiger; Wochenpost; NIKE european new modern art München; Frankenpost; Wochenspiegel Plauen; Lit.kal. Dresden; Impressum (Essen), 4. Jg.; Der Störer; Reichenbacher Kal., u. a. – **H:** COITUS KOITUS – Independent review of poetry, seit 97. – **P:** Haben die Deutschen noch Träume? 95; Die Wolke 96, beides Videoclips. (Red.)

Carus, Roman (Ps.), UProf.; c/o Verlag Josef Knecht, Hermann-Herder-Str. 4, D-79104 Freiburg. Rom. – **V:** Mein Vater, der Papst 06; Ritenstreit 07; – über 700 Bücher u. Zeitschriftenartikel aus d. Bereich Philosophie u. Theologie.

Carver, David (Ps. f. Martin Bertsch), Dr. phil., Astronom, Philosoph; Rinkesta Björnebo Sällskap, S-640 43 Ärla, Tel. (00 46–16) 7 41 24 (* München 4. 4. 38). Lyr., Rom. Ue: engl, schw, russ, ital, span. – **V:** Grenzerlebnisse 80; METATERRA, Lyr. je drei Aufl.; Die Entdeckung der 10. Dimension, lyr. R. 07; zahlr. Broschüren u. polit. Rundbriefe. – **MA:** zahlr. Beitr. in Ztgn u. Zss. – **R:** mehrere Hörspiele. (Red.)

Casaretto, Irmgard (geb. Irmgard Sternal); Bombergweg 17, D-34431 Marsberg, Tel. (0 29 92) 39 63, *Irmgard@Casaretto.de* (* Brockau/Breslau 6. 1. 23). Lit.kr. „Die Feder" Marsberg 97; Rom., Lyr., Erz. – **V:** Unterwegs sein 95; Die offene Tür 00; Herbstzeitlose 03. (Red.)

Casati, Rebecca, Journalistin; c/o SPIEGEL, Ressort Kultur, Brandstwiete 19, D-20457 Hamburg (* Hamburg 70). – **V:** Hey Hey Hey, R. 01, Tb. 03. – **MV:** Wie sehen Sie denn aus? Über Geschmack läßt sich nicht streiten, m. Moritz von Uslar 99. – **MA:** zahlr. Repn. u. Kolumnen in Ztgn. u. Zss, u. a. in: jetzt-Mag.; SZ-Mag.; SZ; Tagesspiegel; Die Woche; Glamour; SPIEGEL. (Red.)

Casós, Christian s. Burmeister, Erwin

Caspak, Victor s. Drvenkar, Zoran

Caspari, Carlheinz (Ps. Arthus C. Caspari), Regisseur, Dramaturg; Grüne Twiete 114a, D-25469 Halstenbek, Tel. (0 41 01) 4 26 59 (* Köln 13. 12. 21). Labyrist. Ges., Initiator, Vereinig. Het Spinozahuis, Amsterdam, OR-TON-FILM Inc., Heidelberg; Adolf-Grimme-Sonderpr. 86, Prix Futura (Hsp.) 87; Drama, Hörsp., Film, Rom., Lyr., Ess. – **V:** Friedhof der Maulwürfe, R. 58; Volkslieder 64; Sex-Lieder 64; Initiationsrede eines Seiltänzers 65; Tausend Jahre sind vergangen, Lieder 66; Labyrinsen 66; Das Buch aller Lieder 80; Carlos u. Pablo 80, 87; Machtergreifung, Theaterst. 82; Lessing, Theaterst. 83; Juana la Loca, Theaterst. 82; Oder etwa nicht, Farce 83; Dialoge 87; Und wozu, Theaterst. 01; Einfühlung in den Kanibalismus, Theaterst. 02; Zockrates, Theaterst. 04. – **MA:** Die Außerirdischen sind da 79; Mat.hefte 34/35 98; Asger Jorn in München; Beitr. in Kat. u. Biogr. d. Maler: André Thomkins, A. Jorn, Constant, Hans Platschek, H.P. Zimmer, Nam June Paik. – **R:** Fs-Sdgn.: Der Zweikampf; Die Barrikade; Die Fremde; Keine Angst vor Thomas B.; Fliegen und stürzen; Ut de Franzosentid; Jenseits von Schweden; Wieviel Erde braucht der Mensch 83; Ut mine Festungstid, Fsp. 84; Kurt Schumacher 86/87; Haben Sie Shoa gesehn 87; Ut mine Stromtid, Fsp. 87; Afrikanische Impressionen, Fsp.; Finkenwerder Geschn., Fsp.-Serie; Geben Sie Gedankenfreiheit, Fsp.; Hauptstadt der Welt, Fsp.; Joseph Haydn, Fsp.-Serie – Hsp.: Könemanns Vernichtung u. Erneuer. d. hamburg. Dramaturgie; Die Versuchung des heiligen Antonius; Das Verhör des Spinoza 85; Die Gleichzeitigkeit d. Vereisung, Hsp. u. Fsp. 86; Du mußt fragen, denn es gibt keine Antwort; Eintausend Engel über All; Kein Märtyrer für die Revolution; Siegfried Lenz: Deutschstunde, Hsp.-Serie; Ungebetene Gäste. – **P:** Hausmann 1–4, C.C. im Gespräch

m. Raoul Hausmann, CD. – *Lit:* Wilfried Dörstel: Labyrhizom; Das Atelier Mary Bauermeister; Wilfried Dörstel: LABYR. Die Entopie 08.

Caspari, Tina s. Schach, Rosemarie von

Caspari, Hans-Joachim, Orthopädiemeister; Weidenweg 8, D-73733 Esslingen a. N., Tel. u. Fax (07 11) 37 37 56 (* Stuttgart 29. 5. 42). Dramatik. – **V:** Dreck am Stecka, Kom. 97; 's Wonderwasser, Schw. 98; Mit Leib und Seele, Kom. 01. (Red.)

Casper, Sigrun, Lehrerin an Sonderschulen; Tel. u. Fax (0 30) 8 73 79 03, *sigrun.casper@gmx.de.* c/o Konkursbuch Verl., Tübingen (* Kleinmachnow 18. 5. 39). GNL Berlin 07; Arb.stip. f. Berliner Schriftst. 89, Walter-Serner-Pr. 90, Burgschreiber zu Beeskow 98; Lyr., Kurzprosa, Rom. – **V:** Der unerfindliche Schmandlau, ill. Erzn. 83; Das Ungeheuer. 10 Berliner Liebesgeschn. 83; Der Springer über den Schatten, R. 90; Gleich um die Ecke ist das Meer, Jgdb. 96, Tb. 01; Mitlesebuch Nr. 25, G. 97; Handschrift eines Mordes, R. 99; Bleib, Vogel, Erzn. 00; SUMSILAIZOS, R. 02; Saki & Schmetterling, R. 02; Zweisamkeit und andere Wortschätzchen, Kurzprosa 04; Eine andere Katze, R. 05; Ost-West-Geschichten, Erzn. 09. – **MH:** Alter, m. Klaus Berndl, Hartmut Kieselbach u. Jenny Schon, Anth. 02; Scham, m. Klaus Berndl, Salean Maiwald u. Heidrun Voigt, Anth. 04. – **P:** Die Japaner machen es mit Stühlen, Kurzprosa, CD 07.

Caspers, Peter (Ps. Pitter vum Blauchbach); Vürfelser Kaule 34, D-51427 Bergisch Gladbach, Tel. (0 22 04) 6 99 70, Fax 20 55 23 (* Köln 21. 9. 28). – **V:** Am Stammdesch ähnz un löstich, Erz. 95; Kölle un sing Ömland, Erz. 00; Op Kölsch, Wörterb. Kölsch – Hdt./Hdt.-Kölsch 06. – **MV:** Op Kölsch jesaat, m. Willi Reisdorf, Wörterb. Hdt.-Kölsch 94.

Cassar, John s. Freyermuth, Gundolf S.

Castell, Wolfgang J.; Michstr. 19, D-20148 Hamburg, Tel. (0 40) 44 44 01, 4 10 44 23, *castell@h2o.de* (* Königsberg/Pr. 20. 2. 41). Hamburger Autorenvereinig.; Lyr., Rom., Nov., Ess., Film. – **V:** ... sagte da einjed jemand etwas, Lyr. 81, 82; Die Abenteuer einer kleinen Welle, Kdb. 99; Haarausfall, Sachb. – **MA:** Weihnachtsgeschichten am Kamin 98/99; Segler Ztg. – **R:** Irr, Fsf. 99.

Castor, Rainer, Baustoffprüfer, freier Autor; Stadionstr. 21, D-56626 Andernach, Tel. (0 26 32) 9 40 91, Fax 9 40 93 28, *Rainer.Castor@t-online.de* (* Andernach 4. 6. 61). Hochbegabtenstip. d. Arno-Schmidt-Stift. 98; Science-Fiction. – **V:** Die Macht des Goldenen, Erz. 96; Für Arkons Ehre, Erz. 96; Der Blutvogt, hist. R. 97, Tb. 99; Das Versteck der Sternengarde, Erz. 98; Gea, die verlorene Welt, SF-R. 98, 2. Aufl. 00; Admiral der Sterne 99; Der letzte Gonozal 99; Arkon-Trilogie. 1: Imperator von Arkon 99, 2: Monde des Schreckens 99, 3: Juwelen der Sterne 00 (Atlan 14, 15, 16); Der Kristallprinz 00; sowie PERRY RHODAN-Hefte Nr. 1973/1974, 1986, 1993, 2003, 2012, 2028, 2039, 2048. – **MA:** Die neue klassische Sau, Anth. 97; Die allerneueste klassische Sau, Anth. 00. – **P:** Atlan-Zeitabenteuer-CD, CD-ROM 99. (Red.)

Castorp, Muriel s. Hartlaub, Geno

CAT Schroedinger s. Hug, Ernst-Walter

Cattepoel, Jan, Dr. jur., Dr. phil., Rechtsanwalt; Dantestr. 7, D-55128 Mainz, Tel. (0 61 31) 36 94 36, Fax 36 35 59, *jan@cattepoel.de* (* Krefeld 22. 3. 42). FDA 86; Pr. in d. dt. Abt. d. Intern. Lit.pr. 'Mons Aegrotorum' d. Stadt Montegrotto Terme, Italien 95; Rom., Märchen, Kurzgesch., Lyr., Fernsehsp., Dramatik. Ue: ngr. – **V:** Alija und die lebende Leiche, Krim.-R. 89; Alija und der Oktopus, Krim.-R. 89. – **MA:** Aufbruch,

Caumanns

Anth. 91; Zauber Zeit, Anth. 01; Wagnis Zukunft, Lyr.-Anth. 01. – **H:** Mainzer Landbote, Zss. 97ff. – **MH:** Festschrift z. zehnjährigen Bestehen d. FDA Rhld-Pf., m. Ralph Arneke 96. – *Lit:* Gunda Achterhold in: Frankfurter Allg. Sonntagsztg v. 27.10.91; s. auch 2. Jg. SK.

Caumanns, Peter; Herterstr. 40, D-71254 Ditzingen, Tel. (0 71 56) 3 37 80. – **V:** Goldene Geschäfte, R. 88; Das Gerücht, R. 05.

Cavanaugh, Thomas Patrick; Weiglgasse 21/9, A-1150 Wien, Tel. (06 99) 10 17 28 57, *tomrat2@gmx.at* (* Oakland/Calif., USA 8.3.63). Prosa, Rom. Ue: engl. – **V:** Blutkreis, Geschn. 91; Der Wiedergänger, R. 92; Schattentanz, Erzn. 95; Die guten und die toten Kinder, R. 06. – **MA:** zahlr. Beitr. in Lit.-Zss., u. a. in: David, Lillegal, Wienzeile. (Red.)

Cavelty, Gion Mathias; Bertastr. 31, CH-8003 Zürich, *nichtleser@hotmail.com, www.nichtleser.com* (* Chur 4.4.74). Stip. d. Suhrkamp-Verl. 96. – **V:** Trilogie: Ad absurdum oder Eine Reise ins Buchlabyrinth 97, Qui fecit oder Eine Reise im Geigenkoffer 97 (auch span.), Tabula rasa oder Eine Reise in Reich des Irrsinns 98; Das verlorene Wort, UA 98; Endlich Nichtleser 00. – **MA:** Love Game, Kinofilm 95; Die Jäger der Zeit, Theaterst., UA 96; Grenzen sprengen 97; Binnenwelten. Stimmen aus d. Schweiz 98; Die Schweiz erzählt 98; Iss was. Schriftsteller stürmen d. kalte Buffet 98; NETZ-Lesebuch 98; freistosz und laufpasz 98; Sex, Drugs, Rock'n Roll 99, alles Anth.; Passagen Nr.21, 96; entwürfe für literatur 96, 97; orte Nr.101 97; Literatura 21, 97, alles Zss., u. a. (Red.)

Cejpek, Lucas, Dr., freier Schriftst., Theater- u. Hörspielregisseur; Joanelligasse 8/19, A-1060 Wien, Tel. u. Fax (01) 5 86 96 88, *zettelwerk@utanet.at* (* Wien 14.12.56). Rom., Drama, Hörsp., Ess. – **V:** Diebsgut, Ess. 88; Ludwig, R. 89; Nach Leningrad, Stück 89; Und Sie, Ess. 91; Vera Vera, R. 92; Ihr Wunsch, R. 96; In geparkten Autos, Foto-R. 97; 16.000 Kilometer, Poetik 98; Keine Namen, R. 01; Wunschproduktionen, Minoritentheater 02; Hier spricht Paul Wühr, Theaterst. 02; Kannen fangen 03; Dichte Zugfolge, Ess. 06. – **MV:** Feige Vena, m. Ingram Hartinger 95; Mein Schrank riecht nach Tier, m. Walter Grond u. Dimitri Papageorgiu, Kammeroper 90; Einsingzimmer, m. Annette Schönmüller, Prosa 06. – **H:** Nach Musil, ess. Prosa 92; Paul Wühr: Wenn man mich so reden hört. Ein Selbstgespräch 99; Zettelwerk. Gespräche 99; Paul Wühr: Was ich noch vergessen habe. Ein Selbstgespräch 02; Beckett Pause. Minidramen 07. – **MH:** Orte der Liebe, m. Dieter Bandhauer, ess. Prosa 87; Platon aula, m. Walter Grond, Textdialoge 89; Der Geschmack der Fremde, m. Margret Kreidl, dok. Prosa 04. – **R:** Exzeß 91; Keine Vögel 93; Nickelsdorf 97; Im Ernstfall 97; Das Auto sagt alles 00; Wunschland Österreich 00; Keine Fragen 02; Sirenen 05; Einsingzimmer, m. Annette Schönmüller (ORF) 08, alles Hsp.

Celan, Conny, Freie red. Mitarb., Autorin; c/o AR-Cult Media, Dahlmannstr. 26, D-53113 Bonn, Tel. (01 60) 2 12 90 19, Fax (0 72 31) 92 79 61, *Conny-Celan @web.de* (* Pforzheim 15.10.55). Rom., Kurzgesch. – **V:** Neubeginn im Haus am Meer, R. 06.

Celavy, Francois s. Hengel, Willi van

Çelik, Aygen-Sibel; *kontakt@aygenart.de, www. aygenart.de* (* Istanbul 69). Arb.stip. d. Ldes Hessen 06, Nominierung f. d. „Feuergriffel", Stadtschreiberstip. d. Stadt Mainz 06; Kinder- u. Jugendb. Ue: türk. – **V:** Lieder für unterwegs 04; Lieder für herbstliche Tage 04; Lieder zur Guten Nacht 04; Sinan und Felix 07; Seidenhaar, Jgdb. 07, 3. Aufl. 08, Tb. 08; Geheimnisvolle

Nachrichten 08. – **MA:** ... und dann war alles anders. Geschichten v. Krieg u. Frieden 04.

Çelik, Hidir Eren, Dr. phil., Politologe, Soziologe, LBeauftr. Univ. Köln 99/00, Vors. Inst. f. Migrationsforsch. u. interkult. Lernen, Ausländerbeauftr. d. Kirchenkr. Bonn; Camminer Str. 34, D-53119 Bonn, Tel. (02 28) 69 74 91, Fax 9 69 13 76, *emfa@bonn-evangelisch.de, migration-bonn.de.* Thomas-Mann-Str. 1, D-53111 Bonn (* Tunceli/Türkei 16.6.60). dju 83, VS, stellv. Vors. Bez. NRW-Süd 01–03; Rheinlandtaler 06; Lyr., Erz., Sat. – **V:** Ich bin nicht erschöpft in blutigen Kämpfen, G. 84 (türk.); Wi(e)der AusländerInnen-Feindliches in Bonn 92; Suche in der Fremde, G. 92; Ausschnitte aus meiner Sehnsucht, G. 92 (türk.); Die Migrationspolitik bundesdeutscher Parteien und Gewerkschaften. Eine krit. Bestandsaufnahme ihrer Zeitschriften 1980–1990 95; Mein Gott ist schwarz, G. 99, 2. Aufl. 06; Der kleine Fisch auf der Flucht, M. 00; Sa(u)tierisch – satirisch, aber ernst ..., Satn. 03; Der Apfelbaum und der kleine Vogel, M. dt./türk. 07; Der Fluss meiner Träume, autobiogr. R. 08. – **MA:** Das Album einer Familie 93. – **H:** Mehrsprachigkeit. Aspekte u. Standpunkte, Sachb. 99 (auch Mitarb.); Migrare, Zs. 99–02. – **MH:** 30 Jahre Migration – 30 Jahre Frauen in der Fremde, m. A. Schubert, Fotogr. u. Interviews 95 (auch Mitarb.); Nationalität: Schriftsteller. Zugewanderte Autoren in NRW, m. Eva Weissweiler u. Helle Jeppesen 02 (auch Mitarb.).

Cellar, Horst, Dr. Ing., Verleger, Autor; Hingbergstr. 309, D-45472 Mülheim a.d. Ruhr, Tel. (02 08) 43 08 92, *horst@cellar.de* (* Rumburg 12.4.39). Lyr., Erz., Kinder- u. Jugendlit., Sat., Humor, Autobiogr. – **V:** (Un)sinniges, Reime 86, 2. Aufl. 88; Tierisches Sati(e)risches, Reime 87, 2. Aufl. 89; Sympathie, Reime 88; Möndchen und Klönchen, Kdb. 89; Jungenjahre, autobiogr. Kurzgeschn. 92, 2. Aufl. 96; (Un)menschliches, Reime 01, 2. Aufl. 03; Junge Jahre, autobiogr. Kurzgeschn. 02; Jungendjahre, autobiogr. Kurzgeschn. 04. – **R:** zahlr. Hfk-Beitr. im Inland u. dt.spr. Sendern im Ausland. – *Lit:* DLL. (Red.)

Cepok, Christine, Musiklehrerin; Potsdamer Str. 8, D-68623 Lampertheim, Tel. u. Fax (0 62 41) 8 14 52, *xcepok@aol.com* (* Geistingen 20.6.43). Die Räuber '77; Lyr. – **V:** Begegnung mit dem Bewußtsein, G. 99. – **MA:** Hörst du die Brunnen rauschen 99; Das Gedicht 2000 00; Posthorn-Lyrik 00. (Red.)

Cern, Martin s. Dörken, Gerd

Cerutti, Herbert, Dr. phil. nat., Journalist, Red.; Bühlhofstr. 8, CH-8633 Wolfhausen/Zürich, Tel. 05 52 43 25 40, Fax 05 52 43 28 60 (* 43). – **V:** Wie die Krähe das Auto benutzt 95; Sorgen eines Platzhirsches 99; Wenn Elefanten weinen 03, alles Geschn. (Red.)

Cerutti, Silvano; Weissensteinstr. 53, CH-4500 Solothurn, Tel. u. Fax (0 32) 6 21 15 56, *www.certext.ch* (* Kelkheim/Dtld 8.6.73). AdS 08; 2 Förd.beitr. d. Kt. Zug, Aufenthalt im Berliner Atelier d. Kt. Zug; Erz., Songtext, Ged. – **V:** Geschnätzlets, short stories 07. – **P:** We nefer wonderful, m. Fallmond 98; Selberattack, m. Selber 00; Kafi Trästch 08, alles CDs.

Cerveny, Anneliese (Anne Liese Cerveny, geb. Anneliese Matzke); Geyersberg 2, A-3122 Gansbach, Tel. u. Fax (0 27 53) 3 35. Gebauergasse 16/19, A-1210 Wien (* Wien 16.3.33). Ö.S.V. 85; Der Kreis 70, Lit.Ges. St. Pölten/NdÖst. 85; Lyr., Kurzprosa. – **V:** fremde neibe ende Korsika, Lyr.bildbd. 80; Tage, aus den neuen Brot wird, Lyr., Kurzprosa 81; Mensch in der Zeit, Lyr., Kurzprosa 82; Wenn auch die Regen fallen, Lyr. 83; Sand knirscht mir im Schuppenkleid, G. 86. – **MA:** Beitr. in einigen Anth. (Red.)

Cerxú (eigtl. Stephan Kubitza); Emmericher Str. 14, D-46147 Oberhausen, Tel. (0208) 6216871, *webmaster@cerxu.de, cerxu.de* (* 56). – V: Verdichtetes 96. (Red.)

Cesaro, Ingo (Ps. Ingo Hümmer), Praktischer Betriebswirt, freier Schriftst. u. Kulturvermittler; Joseph-Haydn-Str. 4, D-96317 Kronach, Tel. (09261) 5303 68, Tel. u. Fax (09261) 63373, *ingocesaro@gmx.de, www.ingo-cesaro.de* (* Kronach 4.11.41). VS Hessen 75, RSGI 76, Kogge 76, Dt.schweizer. P.E.N.-Zentr. 80, NGL Erlangen 82, Dt. Haiku-Ges. 88, Vierter Fall 92, ver.di 02; Reisestip. 71, Pr. Rosenthal Lyr. Wettbew. 79, 3. Pr. Erzählwettbew. d. Ostdt. Kulturrates 81, Pr. f. Christl. Kurzprosa 82, Hafiziyeh-Lit.pr. 86, Jörg-Scherkamp-Pr. 87, Gr. Kulturpr. d. Ldkr. Kronach 96, Förd.pr. d. DHG 00, E.med. d. Stadt Kronach 01 (abgelehnt); Lyr., Prosa, Hörsp., Theater. Ue: engl. – V: Vom Nächsten Mittag 65; Verdauungsschwierigkeiten 75; Weiße Raben; Kurzer Prozeß 76; Freischwimmer; Kunstflieger 77; Ausweitungen; Amortisation, ges. Werke Bd I 78; Zeichensprache 79; Die Kuh Marie, Geschn.; Schutzimpfung 80; Der Goldfisch im Glas redet u. redet 81; Brief in die Provinz 83; Der einbeinig schwimmende Nichtschwimmer 84; Wortlandschaften & Wasserbilder 85; Kuh-Marie-Geschichten ... allerhand Schnappschlüsse, Kdb.; Kulturbeutel, Prosa; Schiffe versenken, Poesie-Würfel 86; Nur Schminke; Hexenjagd 87; Fai ka Gewaaf 88, 97; Dedswischennaigegnüädschd; Haiku; Ginkgo Senryu; Wölfe im Garten 88; Ein einsamer Rekord; Moses oder das Schweigen d. Papageis; 3-Zeiler 89; Schwarzarbeit; Dreizeiler; Überdruck; Schattenbild; Klimawechsel; Hoffnungsfäden; Unter gelben Flügeln; Henry; Dass mir der Atem stockt; Mexico nähert sich; Fernweh; Gedichte; Sitzend überleben 90; Über die Gründe; Vogelscheuchiges; Haiku; Was ich mir noch wünschen möchte; Papstfinken 91; Erinnerungspläne; Landschaft mit Vogelscheuche; Landstriche; Vogelhaft; Hochsprung 92; Liebesbriefe; Lebenszeichen; 10 3-Zeiler; Schneckentreiber; Schlafliederzeit 93; Die Kuh Marie; Jeder Fremde; Schafsherz 94; Die Musik d. Poesie; Nachrichten f. Wenige 95; Wo bleibt mein Trainer?; Die Eroberung der Stille; Fischblut, G. aus 30 Jahren; Nur Prinzen wagen e. Blick; Fischblut Leporello 96; Die Papageienfeder 96, 2. Aufl. 99; Fußwege, Camino Santiago; Auf e. Bein; Mein Süden liegt so weit im Osten; Es brennt nicht d. Engel; Haiku; Patagonien; Zwischen den Lippen geträumt 97; Verhallte Schritte; Walser-Weg; Das Schweigen besetzt; Auch noch nach Jahren; Beweis, G.; Schlaflose Nächte 98; Wege zur Mitte; In Augenhöhe; Den Zugvögeln nach; Vom Sofa aus; Kein Schlüssel; Wie d. Wind; Geheimnisse; Dich löchern; Sand auf d. Zunge; Markierung; Mondvogel; Treibgut; 11 Dreizeiler; Flugversuche im Osten d. Krähenschreie; Zwischen den Ozeanen; Ach, Vincent; Ohne Zauberkraft; Wassersteine; Vom Gewicht d. Stille; Gegen das Echo d. Stille; Wie Neugeboren; In heißen Hinterhöfen; Stoßgebete; Hexen heutzutage; Ach, Loreley; In Amerika leben; Ach, wie gerne würd' ich reimen; Ungeöffnete Bücherkisten; Mein Schatten bricht aus; Wie ein Frauenkörper; Stille wird hörbar, Kal.; Krähenfüsse; Hoffnung; Nach den Spielen; Erste Schritte; Verfangen; Verrat; Vieldornig; Alter Mörtel; Der Geschwindigkeit ergeben; Heimlich; Verletzungen; Ohne den Lärm; Rückzug; Behinderung; Blut ist im Schuh; Umfrage; Das ist d. Gipfel; Trost; Ausfallstraßen; Drohung; An der Gedenkmauer; Leichtsinnig; Alle Nothelfer; Erst zwei Zeilen; Das Schiff vertäut; Vom Licht schreiben; Ein Druckfehler; Wie Atmen; Aus dem Traum heraus; Dienst nach Vorschrift; Das Meer ist nicht blau. 300 Dreizeiler aus

dreißig Jahren; ... nach Santiago 99; Wie die Zeit vergeht; Den Himmel teilen; Wolken unter mir; Lorcas Land; El pais de Lorca, G. span.; Träumereien II; Wie eine Reise; Der verlorene Traum, Kdb.; Zeit/los Fort/ schritt Schritt/weise; Der Himmel wird greifbar, Kal. 00; Am Grashalm ein Tautropfen; Rinder würden gerne; Wahre Künstler, Lyr.; Ein blauer Montag; ZWEI 1; Vom Gewicht d. Stille; Ginkgo; Bruchstellen zwischen Land u. Meer; 90 – 60 – 90; In jeder Stadt; SCHUHlische Betrachtungen; Wie e. Frauenkörper; Scheinbar von Kindern bewegt; Hinter e. Atemspur; Gemalte Sehnsucht, Kal.; Nordlandbilder Kanada, Kal. 01; Vorfahrt f. Schmetterlinge; Über die Jahre; Beschwingt gehe ich; Engel; Engel transparent; Über Wasser halten; Die sieben sprichwörtl. Leben; Augenblicksschatten; Tag-Engel; Nachtengel; Engel-Bausätze; Engel-Splitter; Aus d. Erinnerung; Über Wasser halten, ges. Sport-G.; Flattergeräusche; Restrisiko; Zwischen Wasser u. Himmel, Kal. 02; Angels Translucent, engl.; Eine Feder bleibt; Angenommener Horizont; Keine Zeile/Not a single line, dt.-engl.; Schatten der Engel, ges. Engel-G.; Schon wieder verschnupft?; Wir schlagen die Sätze; Tageb. Wilhelm Schramm; Ein wertvoller Schatz; Wortschichten; Scheinbare Stille, Kal. 03; Scheinbare Stille, Kal.; Schwierige Übung; Proof/Beweis, dt.-engl.; Fast wie Froschkönig; Windschatten; Flügellos; Mitten in d. Schonzeit, Grafik-Text-Mappe; Geflickt verknotet; Erinnerungsgold; Wortschichten I, dt.-engl.-arab.; Stuttgarter Allee; Engelgedichte; Vom Engel bestochen; Aus d. Erinnerung; Liebeskummer II; Schatten der Engel II; Keine Zeile, dt.-chin.; Tausend Engelszungen, dt.-engl.-korean.; Vernetzte Träume, Kal. 04; Keine Zeile II, dt.-chin.; Nix wie Weg; Weiße Flecken; Gläserne Engel; Baugrubentauscher; Im Schweigen wohnen Engel; Wahre Künstler; Wenn Du; Scheinbare Stille, Kal.; Schon in Licht getaucht 05; Auf den Punkt gebracht, Kal.; Tschernobyl. I: Opfer, II: Aufgeschoben, III: Brief an den Sohn, IV: Damals, V: Notlügen; Der Wind wird sichtbar, dt.-jap.; Staune mit mir, dt., engl., Hindi; Dort wachen Wolken; Auf dem Jakobsweg; Dieses Angebot Hoffnung; Niemals schlafen; Never sleeping, engl.; Unter den Wolken, Kal. 06; Briefe I; Zikadenschatten; Regenwolken; Ohne Probleme; Kulturbeutel; Fußwege – Caminadas a Pé, dt.-galego; Tage gereist; Den steilen Berg hoch; Wurde überholt; Oft verweile ich; Langsam sinkt der Mond; Der heutige Weg; Regenwolken zieh'n; Auf langen Wegen; Während des Gehens; Menschenleerer Weg; Die Handvoll Haiku; Die Naht zwischen Himmel u. Ozean, dt. engl. arab. Nachdicht.; Hinter dem Wortbergen, dt., engl., katalan.; Keine Zeile IV, dt., engl., chin.; Stutgarta ako 31, esperanto; Nachtschmetterlinge; Nach vorne blicken, Kal.; „Luther in Coburg", Theater 07; Fußspuren d. Glücks; Aus einem vergessenen Traum; Briefe II 08. – MV: Auf der Rückseite der Schatten 94; Zehen – Ess Erodischada 96; Schmetterlingsflügel 96; Uferwärts 96; Träumereien 96; Armes Schweinderl 2000 s. Kürschners Dt. Lit.kal. 63. Jg. 02/03 – Treffen in Bochum-Gerthe; Aus anderer Landschaft; Uns reichts!; Gestalt gereist gegen Rechts; 10. Intern. Ausst. f. Künstlerbücher u. Handpressendrucke; Blitzlicht; Adam über malt Eva?; Spass; Literatur 01; Perikles u. seine Frau; Tschernobyl, Peri-Nr. f. Aldona Gustas; Alindex; Weltbilder – Kosmopolitania; Erlkönig & Co; Siebzehn Silben; Dich zu lieben; Ubangi-Schari; Deutsch – Weg 2; Sicheren Sprachgebrauch 5; Kriegszeit/Friedenszeit 02; Die Entwickl. d. Haiku; Nein; Hirst. Stadtlaseb. Kronach; Solange du die Antwort bist; Unterm wachsenden Mond; Zeit – Wort; Pozama – Die Rose; Die literar. Venus; Von Ufer zu Ufer; Alles in Ordnung?; Above

Cesco

Treetops; Fiori Poetici; Da liegt d. Himmel näher an d. Erde 03; Augsburger Friedenssamen; Schlafende Hunde; Pausenhofliebe; Weil du lebst; Projekt Z Null; Brother in Art; Weltenschwimmer; The Road, engl.; Regensburg 2010 04; Brücke zwischen den Welten in d. Stadt am Strom; Spring; Wenn dein Kind dich morgen fragt; Guido Häfner, chin.; Peter Zaumseil; Tiefe d. Augenlicks; Spurensicherung; Von Bären, Bambergern u. Brunnennymphen; 1200 Zeilen – Liebeserklärung an Forchheim; Brigitte Kal.; Von Wegen; Werkstatt-Drucke IV; Gwiazda za Gwiazda, poln.; Schreibwetter 05; KORA-Kal. 2007, Haiku; Vulkan Obsidian oder Schrittmacher d. Erinnerns; 30/dreißig; Haiku; Engelgesänge 06; Send me your shaman, Bde II – XI; Haiku 2007; Versnetze; Werkstattdrucke VIII; Ingo Cesaro – ein westl. Hai-jin 07. – **H:** Begegnung. Texte zu Zeichn. v. Gottfried Wiegand 76; Nachrichten für Wenige. Lyr., Graf. v. Peter Schindhelm 76; Annäherungen 81, erw. Aufl. 82; Am Ende d. Flüsse 83; Litera-Tour II 90, III 95; Weit hinausschwimmen; Nur siebzehn Silben 95; Stunden auf e. Hügel; Unterwegs z. Ziel; Gleich hinter d. Moor d. Welt; Des Waldes Kinderstube 96; Ohne Quartier f. d. Nacht; D. Weg z. Gipfel; Wipfel uns über 97; Toni Kurz Juli bis Aug. 1992; Im Haus d. Wörter; Morgentau perlt ab; Tage im April; Schöne Aussicht; Es regnet Blüten; Ansichts – ja – Karten; Weg d. Poesie; Verwirrter Kompaß; Sichelspuren; Farbenrausch im Herbst; „und wir verweilen"; Rabengekrächze 98; Mit leichtem Gepäck; Loslassen können...; KörperLandschaften; Die Hände im Gras; Endlose Weite im Blick; Die Sprache d. Spiegel; Spuren aus d. Kreis; Zeit z. Nachdenken 99; Groschen gefallen; ZusammenHänge; Der Sommer verglüht; Auf blauen Wegen; Grenzenloser Blick; Der Augenblick zählt 00; Weite überall; Farbe bekennen; Wie Schnee v. gestern; Käfig auf d. Schulter; Treffen in Bramsche; Launen d. Windes; Wie d. Zeit verrinnt 01; Raps im Sonnenschein; Weg d. Poesie II; Kunst/stoff/stadt/münchberg; Die Frühlingssonne wandert; Wünsdorfer April; Ein Koffer voller Träume; Schreib ich in taumelnder Lust; An Wolken angelegt; Fortunato Securo; Tanze in den Herbst; Reifbedecktes Land; Nur e. Atemzug 02; Suche nach Worten; Gefühlte Natur; Bewegte Stille; Auf den Weg schreiben; Ich träume deinen Rhythmus; Ein Nebelmantel; Jetzt zurück blicken; Rundherum Blätter; Horst Böhm – e. Maler aus Kronach 03; Losgelöst vom Tag; Wir brauchen keine Trauer; Treffen m. Freunden; Wer wog die Träume; Von der Burg heraus; Und wir wolkennah; Das Gewicht des Glücks; Auf Cranachs Spuren; Dem Himmel so nah; Tanz durch die Pfützen; Novembertage; Steine erzählen; Ganz in Gedanken 04; Möwen wissen es; Der Klang der Kugeln; Du lebst deinen Traum; Gedanken verstreut; ... und Kronach blüht auf; Bedenkt; Dass ich nicht lache; Ein Blätterteppich; Im Laufe der Zeit; Johann Kaspar Zeuss 05; Märchenhaftes; Ein steiniger Weg; Die Burg wirft Schatten; Gewonnene Zeit 06; Ein neues Märchen; ... vergeht im Fluge; Weg z. Langsamkeit; In Wolkennähe 07; ... auch ohne Flügel 08. – **MH:** Wassilij Linke: ich höre eine birke weinen, G. 81; Umbrüche. Oberfränk. Tendenzen III 85; Zeitgenöss. oberfränk. Maler, Kal. 87. – **R:** Kuh-Marie-Geschichte: Vom Fotografieren, Bildergesch. I 86, II 87, Fs.; Bauer Schorsch u. seine Marie, Rdfk 94; Sport- u. Spottgeschn. 95. – **MUe:** 48 Haiku von Issa Kobayashi 82; China China – Poesie d. Gegenwart aus d. Rep. China, Taiwan 86. – *Lit:* I.C. – das literar. Werk, Bibliogr. 01.

Cesco, Federica de (verh. Federica Kitamura); Grand-Rue 16, CH-1820 Montreux, Tel. (0 21) 9 61 33 84, *kafe23@span.ch*   (* Pordenone/Italien 23. 3. 38). Pr. d. Leseratten 86, Auswahlliste z. Schweizer Jgdb.pr. 95; Rom., Jugendb., Bildband. – **V:** Der rote Seidenschal 58; Nach dem Monsun 60; Die Lichter von Tokyo 61; Das Mondpferd 63; Manolo 64; Der Berg des großen Adlers 65; Im Wind der Camargue 66; Der Prinz von Mexiko 65; Der Türkisvogel 67; Frei wie die Sonne 69; Was wißt ihr von uns 71; Zwei Sonnen am Himmel 72; Die Spur führt nach Stockholm 73; Der einäugige Hengst 74; Der Tag, an dem Aiko verschwand 74; Die goldenen Dächer von Lhasa 74; Mut hat viele Gesichter 75; Kel Rela 76; Achtung, Manuela kommt 77; Schweizer Bräuche und Feste 77; Ananda 77; Sterne über heißem Sand 77; Pferde, Wind und Sonne, Jgd-R. 78; Verständnis hat viele Gesichter 78; Das Geheimnis der indischen Perle 78; Im Zeichen der roten Sonne 79; Im Zeichen des himmlischen Bären 80; Ein Armreif aus blauer Jade 81; Das Jahr mit Kenja 81; Im Zeichen der blauen Flamme 82; Der versteinerte Fisch 82; Flammender Stern 83; Reiter in der Nacht 84; Das goldene Pferd 85; Das Lied der Delphine 85; Aischa oder die Sonne des Lebens 86; Sonnenpfeil 86; Freundschaft hat viele Gesichter 86; Kalte Füsse im Frühling 84; Ein Pferd für mich 88; Die Indianer in der 6 B 89; Der rote Seidenschal, Geschn. 89; Das Geheimnis der schwarzen Maske oder Tim & Tam 90; Judith und das Licht auf dem Schiff 90; Pferde im Mond 90; Sternenschwert 90; Das goldene Pferd 91; Die Schwingen des Falken 91; Venedig kann gefährlich sein 91; Der Flug des Falken 92; Silbermuschel 94; Feuerfrau 95; Fern von Tibet 96; Seidentanz 97; Die Tibeterin 98; Kerima. Weg in die Freiheit 98; Wüstenmond 00; Shana, das Wolfsmädchen 00; Die Tochter der Tibeterin 01; Das Vermächtnis des Adlers 04. (Red.)

Cessari, Michela, Dr. phil., Schriftst.; Gierkeplatz 6, D-10585 Berlin, *dr.cessari@web.de* (* Pisa/Ital. 27. 12. 62). Lyr., Erz., Ess. – **V:** Abendliche Grammatik in Blau, G. u. Prosa 06; Mona Lisas Enkelinnen. Reflexionen aus der femme fragile, Ess. 06. – **MA:** zahlr. Beitr. in Lit.zss. seit 01, u. a. in: Zeichen & Wunder; Neue Sirene; Federwelt; Dulzinea. (Red.)

Cestnik, Ilja; *iljacestnik@freenet.de, www.ilja-cestnik.de* (* Hamburg 15. 10. 62). Lyr., Erz., Kurzgesch. – **V:** Der Narziß 95; Geisteskönig 98; Normally Amok 99; Nordwindmelancholie 02; Grenzfahrt 06. (Red.)

Ceuss, Conrad s. Tzscheuschner, Jürgen

Chademony, André s. Feldmann, Arthur

Chadwick, Neal s. Bekker, Alfred

Chambre, Siegfried *

Chambure, Lore de (geb. Lore Schmöle); 13 rue de Tournon, F-75006 Paris, Tel. (01) 43 29 50 25, *ldechambure@free.fr* (* Menden/Sauerland). – **V:** Geschichten vom kleinen Mädchen, Erzn. 05; Alle heißen Elisabeth, Erzn. 05; Helga Friederike Karoline, biogr. R. 06.

Chanel, Christine s. Kieffer, Rosi

Chaplet, Anne (Ps. f. Cora Stephan), Dr. phil., Schriftst.; Hansaallee 9, D-60322 Frankfurt/M., *mail @anne-chaplet.de, www.anne-chaplet.de* (* Strang 7. 4. 51). Sisters in Crime (jetzt: Mörderische Schwestern) 01–07, Das Syndikat 02; Dt. Krimipr. (2. Pr.) 01 u. 04, Radio-Bremen-Krimi-Pr. 03, Nominierung f. d. GLAUSER 04; Rom. – **V:** Caruso singt nicht mehr 98, 00 (auch Tb.); Wasser zu Wein 99 (auch Tb.); Nichts als die Wahrheit 00 (auch Tb.); Die Fotografin 02 (auch Tb.); Schneesterben 03; Russisch Blut 04; Sauberer Abgang 06; Doppelte Schuld 07; Schrei nach Stille 08, alles R.; – mehrere Sachbücher (Cora Stephan). – **MA:**

div. Kurzerzn. in Anth.; Mitarb. in „Literarische Welt" –
Lit: s. auch SK.

Charb, Alesig s. Brach, Gisela

Charlet, Sigrid (Sigrid Kohlschmidt), Innenarchitektin; Rue de Château 9, CH-1616 Attalens, Tel. u.
Fax (021) 9474059, *sigrid.charlet@tele2.ch* (* Stettin
1.11.31). Rom. Ue: frz. – **V:** Tief wie der Kormoran
taucht, R. 00 (auch frz.); Der Junge Nummer 500, R. 01
(auch frz.); Légende de l'arrière-saison (frz.), Biogr. 08;
Die Hoffnung stirbt zuletzt, Biogr. – **MA:** Kurzgeschn.
in Zss.: Annabelle; Bolero, seit 3/97; Für UNS 97; Texte in Anth. seit 90, u. a. : Begegnungen 01; Krieg und
Frieden 01. – **R:** 4 Hfk-Sdgn u. 1 Fs.-Sdg 05/06.

Charlott, Johann s. Döring, Gottfried

Chatzitzanou-Walthard, Eleni, Romanistin, Germanistin; Skopeloy 7, GR-546 36 Thessaloniki, Tel.
(03 03 10) 20 66 12, Fax 20 64 42, *skopeloy@axiom.gr*
(* Thessaloniki 16. 1. 47). Rom. – **V:** Der Tag, da alles
anders wurde, R. 00. (Red.)

ChBM s. Böhler-Mueller, Charlotte El.

Chevallier, Sonja (Ps. Sonja Lasserre), Ärztin, Medizinjournalistin, med. Gutachterin; Max-
Brauer-Allee 127, D-22765 Hamburg, Tel. (040)
82 51 50, *s.chevallier@gmx.de*, www.sonja-chevallier.
de (* Hamburg 22. 8. 46). Lit.zentr. e.V. im Lit.haus
Hamburg 00, Das Syndikat bis 07; 2. Pr. Carl-Gustav-
Carus Stift. 94; Rom. – **V:** Nachtreise – Wartesaal Les-
benklasse, R. 81; L. Liebe. Eine Abrechnung, R. 83;
Gestern, heute und kein Morgen 91; Rapsblüte, Krim.-
R. 95; Alles bindend, Krim.-R. 97; Fräulein Profes-
sor – Lebensspuren d. Ärztin Rahel Hirsch 98; mehrere
Sachb. – **MA:** Der tut nix, Erzn. 99. – *Lit:* s. auch SK.

Chidolue, Dagmar (geb. Dagmar Schildt);
Thorwaldsenplatz 6, D-60596 Frankfurt/Main,
chidoluedagmar@aol.com, www.dagmar-chidolue.de
(* Sensburg/Ostpr. 29. 5. 44). Hans-im-Glück-Pr. 79,
Stip. d. Dt. Lit.fonds 83, Dt. Jgd.lit.pr. 86, Eule d. Monats 89 u. Jan. 03, Empf.liste „White Ravens" d. IJB
6/01; Kinder- u. Jugendb., Rom., Erz., Kurzprosa. – **V:**
Das Maisfeld, R. 76; Fieber od. der Abschied der Gabriele Kupinski, R. 79; Das Fleisch im Bauch der Katze,
R. 80; Juls Haus, Erz. 80; Aber ich werde alles anders
machen, R. 81; Ruth hat lange auf den Herbst gewartet,
Erz. 82; Ein Jahr und immer, R. 83; Annas Reise, R.
84; Diese blöde Kuh!, R. 84; Lieber, lieber Toni, Erz.
84, überarb. Ausg. 03; Lady Punk, R. 85; Bist du irre?,
R. 86; So ist das nämlich mit Vicky 86; Mach auf, es
hat geklingelt 87; Pink Pätti 87; Ponzl guckt schon
wieder 88; Anton Pochatz. Klassenclown 89, überarb.
Ausg. u. d. T.: Der Klassenclown 04; London, Liebe
und all das 89; Mein Paulek 90; Pischmarie 90; Millie
auf Mallorca 91; Millie in Paris 91; Floraliebling 92;
Millie feiert Weihnachten 92; Magic Müller 92; Millie
in Italien 94; Der Schönste von allen 95; No Bahamas
95; Juppie, tapferer kleiner Tapezierer 96; Liebkind &
Scheusal 96; Millie in London 96; Fritz + Willi 97;
Juppie, wer ist denn hier der Boss? 97; Juppie, zum
Teufel mit der Wut! 97; Millie geht zur Schule 98;
Der Mond hat heute Schweineohren 00; Nicht alle Engel sind aus Stein 00; PLUMPS! Da fällt der Bär vom
Stuhl 01; Engelchen 01; Zuckerbrot und Maggisuppe
02; Millie auf Kreta 02; Millie in New York 03; Liebe
ist das Paradies 04; Millie und die Jungs 05; Millie in
Berlin 05; Millie in Ägypten 06; Flugzeiten 07; Millie
in Hollywood 07; Millie in Moskau 08; Die schönsten
Erstlesegeschichten 08. – **MA:** div. Anth. – *Lit:* Leseladen Nr.1 76; Walther Killy (Hrsg.): Literaturlex., Bd 2
89; DLL, Erg.Bd II 94.

Chiellino, Gino, Dr., Lehrer, Prof.; Römerweg 40, D-
86199 Augsburg, Tel. (08 21) 99 16 26, Fax 9 98 41 64,
Chiellino@sz.uni.augsburg.de, www.chiellino.com
(* Carlopoli/Ital. 11. 7. 46). PoLiKunst 80–87; Adel-
bert-v.-Chamisso-Pr. 87; Ess., Lyr., Übers. Ue: ital. – **V:**
Mein fremder Alltag, G. 84; Sehnsucht nach Sprache,
G. 87; Hommage à Augsburg, G. u. Graph. 91; Gino
Chiellino 91; Equilibri estranei 91; Sich die Fremde
nehmen, G. 92; Die großen Mythen um das Wort, G.
u. Graph. 97; Gedichte von Gino Chiellino 97; Ich in
Dresden. Eine Poetikdozentur 03; In Sprachen leben,
Ess. 03; Weil Rosa die Weberin. Ausgew. G. 1977–91
05. – **MA:** Tagungsprot. 34/88 d. Ev. Akad. Iserlohn;
Zielsprache Deutsch 91; Mitt. d. DGAVL 92; Interkul-
turelles Verstehen u. Handeln, Bd 8 93; Inn, Nr.35/Okt.
95; Social Pluralism and Literary History 96; Wenn bei
Capri die rote Sonne 97; Die Fremde 98; Grosse Werke
der Literatur, Bd VI 99; Buchstäblich, Dok. 99; Die
Tinte und das Papier, Anth. 99; Atti „L'italiano oltre
frontiera" 00. – **H:** Geschichte der Italiener in Deutschland 1870–1995. Bd 1: Giuseppe De-Botazzi: Italiani in
Germania 99, Bd 2: Ina Britschgi-Schimmer: Die wirt-
schaftl. u. soziale Lage der italien. Arbeiter in Deutschland 96; Die interkulturelle Literatur in Deutschland,
Hdb. 00; Es gab einmal die Alpen 04. – **MH:** Reihe
„Südwind-Literatur" 83–86; Das Unsichtbare sagen,
Anth. 83; G.C.: Mein fremder Alltag 84; Carmine Aba-
te: Den Koffer und weg! 84; Franco Biondi: Abschied
der zerschellten Jahre 84; Rafik Schami: Die letzte Rede der Wanderratte 85; Freihändig auf dem Tandem,
Anth. 85; Eleni Torossi: Der Tanz der Tintenfische 86;
Land der begrenzten Möglichkeiten 87; Die Tinte und
das Papier, m. Franco Bondi u. Giuseppe Giambusso,
Anth. 99. – **Ue:** Gaetano Lenti-Melle: La gloria dei
morti – Frammenti di tempo, G. ital.-dt. 87; Ich habe
dich an diesen wilden Ort geführt, erot. G. aus Italien
88; Michael Krüger: Kurz vor dem Gewitter 05 (ins
Ital.). – *Lit:* Mechthild Borries/ Hartmut Retzlaff: G.C.
92; Immacolata Amodeo: Die Heimat heißt Babylon
96; Pasquale Gallo in: Die Fremde 98; Giovanni Sci-
monello in: Cultura tedesca 10/98; Maurizio Pinarello:
Die italodt. Lit. 98.

Chiquet, Pierre, Lic. phil. I; Bernoullistr. 4, CH-4056
Basel, Tel. (061) 2 61 82 69 (* Basel 8. 12. 56). Gruppe
Olten, jetzt A&S; Oberrhein. Rollwagen 90, Preisträger
Lit.wettbew. d. Dienemann-Stift. 92, Werkbeitr. d. Lit.-
kreditkomm. d. Stadt Basel, d. Landsch. Basel u. d. Pro
Helvetia. – **V:** Blister, Erz. 89; Die Peilung, R. 95; Kö-
nigsmatt, R. 03; Kleopatrafalter. Ein kleiner R. 07. – **R:**
Totengrube, Hsp. 91; Der Penner, Hsp. 94. (Red.)

Chiromo s. Stein, Jörg

Chladek, Peter, Dipl.-Soz.päd.; Heckerstr. 8,
D-68723 Schwetzingen, Tel. (0 62 02) 60 73 27,
peterchladek@t-online.de (* Schwetzingen 60). Rom. –
V: Abstieg, R. 02. – **MA:** zahlr. Beitr. in: Ketchup
86–90; Journal (Burkert & Müller Verl.) 90–94. (Red.)

Chlanda, Pedro, Autor u. Regisseur; Lerchenfelder
Str. 81/37, A-1070 Wien, Tel. u. Fax (01) 5 22 64 61,
pedro.chlanda@newsclub.at (* Mühldig 20. 8. 50). 15.
Dt.spr. Wirtschaftsfilmtage f. BRD, Schweiz u. Öst. –
GRAND PRIX Bester Film aller Kategorien 04, Bronze Apple Award Los Angeles 96. – **V:** Streifzüge durchs
Niemandsland im Jedermannland Amerika 80. – **R:** i. d.
Fs.-Reihe „Unser neues Europa": Ungarn – Mulatschag
und Mikrochip 01; TV-Dokus: Ungarn – Genies, Verlierer, Lebenskünstler, m. P. Lendvai 99; Wie Sieger gemacht werden 00; Das Märchen von der Powerfrau, m.
E. Hammerl 00; Bodyguards 00; Heimwerken – Kult
der Nation 01; Sportreporter unterwegs 01. (Red.)

Cho

Cho, Antonio, Fachpsychologe f. Psychotherapie; Auf der Mauer 4, CH-8001 Zürich, Fax (0 44) 2 51 90 17, *skepsis@lyrik.ch, www.skepsis.ch, www. lyrik.ch.* Lyr., Ess. – **V:** schwarze harfe, G. 98. – **H:** Internet-Zss.: Skepsis & Leidenschaft, seit 96; Lyrik online. (Red.)

Chobot, Manfred, Schriftst.; Yppengasse 5/5, A-1160 Wien, Tel. u. Fax (01) 4 05 64 16, *manfred@chobot.at, www.chobot.at* (* Wien 3. 5. 47). Kogge 74, GAV 75, Arb.kr. öst. Lit.produz. 71, Podium 72, IDI 76; Förd.pr. d. Wiener Kunstfonds 72, 77, Arb.stip. d. Gemeinde Wien 74, 78, 82, Förd.pr. d. Theodor-Körner-Stift.fonds 76, Nachwuchsstip. d. BMfUK 77, Dramatikerstip. 79, 82, Stip. z. Produktion v. Fsp. 79, Arb.-stip. d. Ldes NdÖst. 79, Pr. d. Arbeiterkammer 81, Öst. Staatsstip. f. Lit. 86/87, 96/97, Max-v.-d.-Grün-Pr. (Anerkenn.pr.) 91, Förd.pr. d. Ldes NdÖst. 92, Öst. Arb.-stip. f. Lit. 98/99, Lit.pr. d. Ldes Burgenland 06, Projektstip. f. Lit. 07/08; Prosa, Hörtext, Lyr., Ess., Hörsp., Kabarett, Feat., Sat., Kinder- u. Jugendb. Lit: engl. – **V:** Projekte, ill. Prosa 72; Neue Autoren I, „Edition Literaturproduzenten", Prosa 72; Der Gruftspion, Prosa 78; Waunst in Wean, Dialekt-G. 78; reform-projekte, sat. Kurzprosa 80; I wüü net alaane sei, Dialekt-G. 83; Krokodile haben keine Tränen, G. 85; Lesebuch 87; Spreng-Sätze, Sat. 87; Sportgedichte 89; Ich dich und du mich auch, G. 90; Atlantis – Staat der Kinder, Kdb. 92; Dorfgeschichten, Prosa 92; Die Enge der Nähe, Erzn. 94; Ziegelschupfen, Erz. 94; Der etrunkene Fisch, Erzn. 96; ansichtskarten. statt/stadt-bilder, G. 97; Stadtgeschichten 99; puppenspiele, G. dt./slowak. 99; Die Enge der Nähe, G. u. Prosa dt./poln. 99; Kumm haam in mei Gossn, Wiener Dialekt-G. 00; Römische Elegien. 69 und 6 Ein/stellungen z. Liebe, G. 00; Maui fängt die Sonne, nach aus Hawaii 01; Das Weite suchen und die Nähe erfahren, Reisegeschn. 03; Zimmer der Liebe, Erzn. dt./ukr. 04; nur fliegen ist schöner, G. dt./span. 05; ich, don quixote, G. tsch./dt. 05; nach dirdort, G. u. Bild-G. 05; schwarze lava, G. dt./frz. 06; podium porträt Manfred Chobot, G. 07; Aloha! Briefe aus Hawaii 08. – **MV:** Der Hof, m. Jindrich Streit 95; Der Wiener Blumenmarkt, m. Petra Rainer 03, beides Text-Foto-Bde. – **MA:** Lit.zs. Podium 92–99; Öst.-Red. d. Zs. „Das Gedicht" 99–02. – **H:** Reibflächenmultiple. Hrdlicka u. die Öffentlichkeit 77; Die Briefe der Leopoldine Kolecek, gefund. Briefe 78; Mit'm Schmäh. Das Große öst. Liederbuch 80; Reihe „Lyrik aus Österreich", Bde 51–100 91–04; Auslese, G.-Anth. 04; Karl Anton Fleck: Hinter jedem Gesicht versteckt sich Gott, G. u. Filmmontagen 05. – **MH:** endlich was neues, Jb. f. neue Dicht. 73/74; Dialekt-Anth. 1970–1980, m. Bernhard C. Bünker 82; Friedensmarsch der 70.000, Wien 15. Mai 1982 82; Das Wiener Donaubuch, m. Hubert Christian Ehalt u. Gero Fischer 87; Schmäh ohne, m. Gerald Jatzek 87; Essen und Trinken. Kultur-Jb. Nr. 7, m. Hubert Christian Ehalt u. Rolf Schwendter 88; Erleichterung beim Zungezeigen, m. Gerald Jatzek, Lyr. 89; Mord vor Ort, m. Sylvia Unterrader, Krim.-Geschn. 94. – **R:** A day in a life, Kurzhsp. 72; Interviews kurz vor d. Hinrichtung, 6 Kurzhsp. 74; Partygesellschaft oder Krieg im Salon 74; living-street 75; Sonntag nach der Mess' 75; Bettelhörspiel 77; Inventur 77; Duell auf der Brücke 80; Rechtssprechung 80, alles Hsp.; Straßenkriegszustand, Funk-Erz. 81; Vom Geben und vom Nehmen, Hsp. 81; Lebenslänglich Wichtelgasse 82; Auf der Suche nach den verlorenen Sekunden 83; Wer nicht schweigt, wird verbrannt 83; Illmitz – Porträt e. Ortes 83, alles Feat.; Von drei Millionen Drei, n. Leonhard Frank, Funkerz. 84; Beim Branntweiner 84; Herzmanovsky-Orlando 84;

100% reduziert 85; Erleben Sie einen herrlichen Tag 85; Totem & Tabu – Flaktürme in Wien 85; Wie neu – Stadterneuerung 85; Das Wasser, mit dem die Wiener gewaschen sind 86; Vereinsmeier 86, alles Feat.; Investitionen oder Schlußmachen zu dritt, Hsp. 86; Das Öffnen der Schreibtischladen, 4-tlg. 86; Die bunte Donau 86; Ein Unangepaßter – Peter Schleicher 86; Shopping City Ost 87; Grand Prix 87; ca. 30 weit. Feat. im ORF seit 87, zuletzt: Nicht was wollen, sondern was machen. Portr. Jos. Haninger 95; Portr. Zsofia Balla 96; Zigeunerleben od. Welche Farbe hat deine Seele? 97. – **P:** I wüü net alaane sei, Tonkass. m. Liedern 83; Künstler für den Frieden, Schallpl. 83; Lichtermeer 93; NÖ Mundart Anth. 93; Lassen wir ruhig die Himmel hinseite 95; extra '96/97 – from classic to contemporary 97; Der große Hallamasch '97 97; TOIMAGOTON 98; entschuidigns, m. Marwan Abado 03, alles CDs. – **Ue:** Pop-Songtexte, u. a. v. Frank Zappa, Pete Brown, Jack Bruce, Jim Morrison, John Lennon, Ian Anderson, Van Morrison, alles Rdfksdgn. – *Lit:* R. Heger: Das öst. Hsp. 77; W. Kratzer in: Morgen 11/80; Maria Gornikiewicz in: Kulturpr.träger d. Ldes NdÖst. 92; Joachim Jung in: Frankfurter Rdsch v. 12.11.94; Wendelin Schmidt-Dengler in: Morgen 114/97; Nils Jensen in: Buchkultur, H.49/6 97; Kathya Doser: Dipl.arb. über M.C. anhand d. „Stadtgeschichten"; Zdenek Marecek in: Der Dichter als Kosmopolit 03; Carl Aigner in: Eikon, H.41 03; Ernst Bruckmüller (Hrsg.): Lex. Österreich, Bd 1 04; Günther Nenning in: Kronentzg v. 14.8.05; Wolfgang Müller-Funk (Hrsg.): M.C. z. 60er 07.

Chollet, Hans-Joachim (Ps. Hans-Joachim Wolter), Realschullehrer i. R.; Jahnplatz 6a, D-33102 Paderborn, Tel. (0 52 51) 3 31 16, *hans-joachim@chollet.de, www.chollet.de* (* Schwedt/Oder 1. 9. 33). Erzählerpr. d. Stadtbibl. Paderborn 77, 2. Pr. „Christsein heute" Aschaffenburg 90; Lyr., Erz., Jugendb. – **V:** Die König-Elf und der tote Briefkasten, Jgd.-Tb. 70; Die König-Elf und der Warenhausdieb, Jgd.-Krimi 73; Klassenfahrt nach Sonderburg, Schülermusical, UA 9.73; In 80 Gedichten um die Welt – Kleine Poetische Geographie 82; Die Eroberung des Abdinghofs 98; Die Liebe der Frau Sommer u. a. Geschichten 04; Weihnachten kommt immer wieder, Erzn. 05; Abenteuer im (un?)christlichen Alltag, Erzn. 06; Der Lebensbaum und andere Ich-Geschichten 07. – **MA:** Beitr. in: Gauke's Jb. 83–84 u. 86–97; Die Warte 87; 16 Beitr. f. d. lit. „ZEIT-SCHRIFT" (Hager, Stolzalpe); Herz über Kopf 88; Vier Weihnachtsgeschn. in: Christkinnekens 92; Nikolaus- u. Adventsgeschn., 4. Aufl. 99; In allen Häusern brennen Lichter 00; Weihnachtsgeschn. aus Ostwestfalen-Lippe 01; Geschichten aus d. Provinz 04; Lyrik und Prosa unserer Zeit, Anth. 07. – **R:** Der Fliegenpilz – ein Sennemärchen 63; Der erste Schultag 65, beide Kinderfunk; div. Beitr. f. „Augenblick mal", Radio Hochstift 92–99.

Chonhuber, Lili s. Holbein, Ulrich

Choram, Roland s. Maroch, Hans-Georg

Chotjewitz, David, Schriftst., Theaterregisseur; Billrothstr. 4, D-22767 Hamburg, Tel. (0 40) 3 90 31 72, *davidchotjewitz@yahoo.de* (* Berlin 14. 5. 64). VS 88; Lit.förd.pr. d. Stadt Hamburg 96, Autorenstip. d. Stift. Preuss. Seehandlung 97, Stip. d. Stuttgarter Schriftstellerhauses 06; Rom., Hörsp., Dramatik. Ue: engl, ital. – **V:** Das Abenteuer des Denkens 94, Neufass. 04; Tödliche Safari 95, 99; Karl Marx 96, 98; Daniel Halber Mensch 00, alles R.; Die Traumwandler 01; Blut on the Dancefloor 02; Stirb, Popstar, stirb 03, alles Theaterst.; Crazy Diamond, R. 05. – **R:** Mitten in der Masse 90; Das Grosse Schweigen 94; Javanische Schatten 98; Einfache Fahrt 00, alles Hsp. (Red.)

Chotjewitz, Peter O.; Salzmannweg 16, D-70192 Stuttgart, Tel. (0173) 3 27 88 86, Fax u. Tel. (0711) 2 56 03 97, *Chotjewitz@t-online.de*. Hauptstr. 18, D-56759 Eppenberg, Tel. (0 26 53) 41 56 (* Berlin 14. 6. 34). VS; Villa-Massimo-Stip., Stip. d. Dt. Lit.-fonds, Lit.pr. d. Ldeshauptstadt Stuttgart 00; Rom., Erz., Dramatik, Hörsp. Ue: ital. – **V:** Ulmer Brettspiele, G. m. Maschinendruckgraph. v. Joh. Vennekamp 65; Hommage à Frantek. Nachrichten für seine Freunde, R. 65; Die Insel. Erzählungen auf dem Bärenauge, R. 68; Roman – Ein Anpassungsmuster, R. m. Photogr. v. G. Rambow 68; Abschied von Michalik, Erzn. 69; Vom Leben und Lernen, Stereotexte 69; Die Weltmeisterschaft im Klassenkampf, Theaterst. 71; Die Trauer im Auge des Ochsen, Erzn. 72; Malavita. Mafia zwischen gestern u. morgen, Sachb. 73; Itschi hat ein Floh im Ohr, Datschi eine Meise, Erz. 73; Kinder, Kinder! Ein Märchen aus 7 Märchen, Erz. 73; Reden ist tödlich, schweigen auch, Erz. 74; Die Briganten, Sachb. 75; Die Gegenstände der Gedankenstille. Requiem f. ein Haus mit Bewohnern, G. 76; Durch Schaden wird man dumm, Erzn. 76; Der 30-jährige Friede, R. 77; Die Herren des Morgengrauens, R.-Fragm. 78; Saumlos, R. 79; Mein Mann ist verhindert, R. 85; Tod durch Leere, Romanstudien 86; Die Rückkehr des Haußherrn, Erz. 91; Mein Schatz unterm Dachboden, Erz. 95; Kannibalen, Satn. 97; Das Wespennest, R. 99; Rom. Spaziergänge auf der Antike, Sachb. 99; Als würdet ihr leben, R. 01; Der Fall Hypatia. Eine Verfolgung, R. 02; Macchiavellis letzter Brief, hist. R. 03; Alles über Leonardo, R. 04; Mein Freund Klaus, R. 07. – **MV:** Die mit Tränen säen. Israelisches Reisejournal, m. Renate Chotjewitz-Häfner 80; Der Mord in Davos, m. Emil Ludwig, Texte 86; Straßenkinder, m. Lukas Ruegenberg 91. – **MA:** publizist. Beitr. in Zss. u. Anth. – **MH:** Der Landgraf zu Camprodon, Festschr. f. H.C. Artmann 66. – **R:** zahlr. Hsp. u. Radio-Features. – **Ue:** zahlr. Übers. aus d. Ital., insbes. Theaterstücke v. Dario Fo. – *Lit:* Peter Bekes in: KLG. (Red.)

Chotjewitz-Häfner, Renate (geb. Renate Häfner), Autorin, Übers.; Allerheiligenstr. 3, D-60313 Frankfurt/Main, Tel. (0 69) 4 95 07 23, *renate.chotjewitz@gmx.de*. Alte Schule, D-36166 Haunetal-Kruspis, Tel. (0 66 73) 12 13 (* Halberstadt 1. 5. 37). VS 79; Arb.stip. d. Hess. Min. f. Wiss. u. Kunst 85; Kritik, Feat., Literar. Dokumentation, Erz. Ue: ital. – **V:** Feminismus ist kein Pazifismus 77. – **MV:** Die Juden von Rhina 78, 88; Die mit Tränen säen 80; Literarisches Frankfurt, m. Robert Brandt 99; Literarische Spaziergänge, m. M. Mosebach u. P. Kurzeck 05; Neukirchen – zwischen Haune u. Stoppelsberg 05 (auch Red.). – **MA:** Kunst & Kultur seit 80; Die stillenden Väter 83; Hess. Literaturbote 86–89; Unbekannte Wesen – Frauen in d. sechziger Jahren 87; Vater und ich 93; Weil du ein Mädchen bist 97; Der Literaturbote, H. 85 07, u.v. a. – **H:** Die dicke Frau 93; Sex? – Aber mit Vergnügen! 98; Hessische Literatur im Porträt, Texte u. Fotos 06. – **MH:** Die Biermannausbürgerung und die Schriftsteller 94; Verfeindete Einzelgänger – Schriftsteller streiten über Politik u. Moral, m. Carsten Gansel, Dok. 97 (beide auch mitverf.). – **R:** Ich gehöre mir 77; Die Juden von Rhina I 78, II 80; Alte Kameraden 83, alles Feat.; zahlr. Rdfk-Arb. m. P.O. Chotjewitz 69–85. – **Ue:** Franca Rame/Dario Fo: Nur Kinder, Küche, Kirche 79, 98; Offene Zweierbeziehung 84, 98; Ein Tag wie jeder andere 93, 97; Dario Fo: Geschichten einer Tigerin u. a. Geschn. 80, 97; Der Papst und die Hexe 90, 97; Comica Finale, frühe Farcen 98; Franca Rame/Dario Fo: Sex? – Aber mit Vergnügen! 98; Dario Fo: Der Teufel mit den Titten, Kom. 99; Franca Rame/Dario Fo: Mutter Pace 07;

dies.: Oma ist schwanger! 08, u.v. a. – **MUe:** Carlo Goldini, Dritter Akt, erste Szene 71; Dario Fo: Zufälliger Tod eines Anarchisten 72; Nanni Balestrini: Angaben der Mutter William Calley's im Prozeß über das Massaker von Song-My 73; Dario Fo: Elisabeth, zufällig Frau 85; Diebe, Damen, Marionetten 87, u. a.

Chrambach, Agnes, Gymnasiallehrerin; Katzwanger Hauptstr. 38d, D-90453 Nürnberg, Fax 6 32 98 47, *agnes.chrambach@t-online.de, www.agneschrambach.de* (* Deggendorf 25. 4. 60). GEDOK bis 03; Lyr., Kurzgesch. – **V:** ... und die Spatzen pfeifen es von den Dächern 93; Aufgewacht! G. u. Prosa 95; Die Spatzen pfeifen wieder 00; Zauber der Erinnerung, G. u. Prosa 03; Ein Stern. Erzn. zur Weihnachtszeit 07.

Christ, Jan (Ps. f. Christian Hoffmann), Schriftst.; Innsbrucker Str. 39, D-10825 Berlin, Tel. (0 30) 78 71 79 29, *www.janchrist.4wb.net* (* Goslar 28. 6. 34). Stip. d. dt. Lit.fonds 83/84, Lit.förd.pr. d. Stadt Hamburg 86, Stip. d. Stuttgarter Schriftstellerhauses 89, Stip. Künstlerdorf Schöppingen 92, Aufenthaltsstip. Künstlerhaus Kloster Cismar 97, Stip. d. Öst. Ges. f. Lit. 02; Lyr., Rom., Erz., Hörsp., Drama, Rep. – **V:** Asphaltgründe, Erzn. 76; Der Morgen auf dem Lande, R. 80; Gehen wir die Hunde bewegen oder Brokdorfgespräche, Szenenfolge, UA 81; Der Landschaftsunternehmer, G. 84; Schlagschatten, lyr. Zykl. 88; Glas, lyr. Zykl. 90; Rauchschrift, lyr. Zykl. 92; Wizenzeile, Prosa 93; Anna Wentscher, R. 95; Lossage, lyr. Zykl. 95; Kleist fiktional. 84 Treibsätze, Anekdn. 99. – **MA:** Reportagen u. a. in: FAZ; Frankfurter Rundschau; Geo; Natur; Transatlantik; Zeit Mag.; – Beiträge in: Edition Weitbrecht; Manuskripte; Merkur; Literaturmag. 78; Klagenfurter Texte 79; Protokolle 96; Cum Beispiel Cismar 99; Heilbronner Kleist-Blätter 01; L. Literaturbote 01, 04. – **R:** Warum sich der Lehramtskandidat erst um das Lehramt bewirbt und sich dann zurückzieht, Funkmonolog 76; Mann Kreidler, Funkmonolog 78; Gehen wir die Hunde bewegen oder Brokdorfgespräche, Hsp. 79; Die Vollversammlung, Hsp. 82; Der Landschaftsunternehmer, Funkmonolog 86; Marie von Kleist im Gespräch mit ihrem Vetter Heinrich, Funkmonolog 87; Gleisballade, Hsp. m. Musik 89; Die Lehre von der Erhaltung der Kraft in ihrer Anwendung auf Herrn Kubicek, Funkmonolog 89; Orphyreus oder die Vorstellung von der unendlichen Bewegung, Hsp. m. Musik 90; Das Feuerwerk oder Bismarck vor Paris, Hsp. 91, u. a. (Red.)

Christ, Richard, Dipl.-Philologe, Schriftst., Publizist; Püttbergeweg 13, D-12589 Berlin, Tel. (0 30) 64 84 97 32 (* Speyer 30. 12. 31). SV-DDR 71, P.E.N.-Zentr. Ost 85, VS 94, P.E.N.-Zentr. Dtld; Heinrich-Heine-Pr. 74, Kunstpr. d. FDGB 77, Verd.med. d. DDR 70, Kunstpr. d. DSF 80, Vaterländ. Verd.orden in Bronze 81, Gold. Feder d. Verb. d. Journalisten d. DDR 81, Johannes-R.-Becher-Med. 82, Wilhelm-Bracke-Med. in Silber 82, Goethe-Pr. d. Hauptstadt d. DDR 88; Erz., Reisebelletristik, Feuill., Sat., Ess., Fernsehfilm, Hörsp. – **V:** Immer fehlt was, Feuill. 71, 76; Remis, Erz. 72; Das Chamäleon oder Die Kunst, modern zu sein, Erzn. 73, 82; Reisebilder 74; Monologe eines Fußgängers, Feuill. 1971–1974 75; Die Zeichen des Himmels, Satn. 75, 79; Um die halbe Erde in hundert Tagen, Reisegeschn. 76, 87; Nichts als Ärger, Geschn. 78, 80; Der Spinatbaum in der Wüste, Kdb. 78, 81; Adieu bis bald, Reisebriefe 80, 82; Die Sache mit den Haken, Feuill. 1975–1979 80; Mein Freund Ziberkopf, 25 Geschn. u. Interview 80; Blick auf Pakistan, Tageb. 82; Ganz wie daheim, Feuill. 1980–1983 84; Mein Indien 84, 87; Sieben Wunder für Jim, Kdb. 85; Die Zimtinsel 87, 90; Weltbetrachtung 89; Kleines Reisebrevier in 17 Lek-

Christa

tionen 90; Dessau und das Wörlitzer Gartenreich 97; Küstenspaziergänge, Erzn. 00, 01; Halle/Saale, m. Fotos v. Peter Kühn, Bild-Text-Bd 00; Der Tag, die Nacht und ich dazwischen 01. – **MA:** ndl, seit 64; Weltbühne 70–93; Gegengift 95–08; Buchkultur Wien 3/94–116/08 (Kolumnen seit 96), alles Zss.; Lesebuch für Sonne, Sand und Strand, Anth. 05; Die Fahrt ins Glück, Anth. 06. – **H:** Franz Werfel: Menschenblick, ausgew. Lyr. 67; Cella, R.-Fragment 70; Die Geschwister von Neapel, R. 71; Dramen, Ausw. 73; – Erich Kästner: Da samma wieda!, ausgew. Publizistik 69 (alle auch m. Nachw. vers.); Simplicissimus. Auswahl a. d. Jgg. 1896–1914 71 (auch Vorw.). – **MH:** Fünfzig Erzähler der DDR, m. M. Wolter 74. – **R:** Aber – glauben Sie das?, Hsp. 73; Sechs Episoden um Paul, Hsp. 73; Kalendergeschichten, Hfk-Feat. 74; Sigis Orden, Hsp. 75; Die Gleichberechtigung des Mannes 76; Von Elefanten, Rikschas u. Saris 79; Der Wein des Erinnerns 83; Mit Kisch gehen 85; Unterwegs nach Berlin 86; Paris, ein Schiff fürs Leben 90; Heimatlos am Strand von Goa 94; Nachsaison 95; Ausg'steckt is – der Wiener Heurige 96; Die Kunst des Reisens 97; Die Lieder des Carl Michael Bellman 97, alles Hfk-Feat.; – Kennen Sie Naumburg?, Fsf. 74; Um die halbe Erde in hundert Tagen, Fsf. 77; Kultur des Trauerns, Radiofeat. 03; Der Mythos der Schöpfung, Radiofeat. 05. – *Lit:* Berlin – ein Ort zum Schreiben 96; J. Zierden: Lit.lex. Rh.-Pf. 98.

Christa, Michaela; Michael-Imhof-Str. 21, D-86609 Donauwörth (* 1. 9. 70). Kinderb. – **V:** 33 Gute-Nacht-Geschichten aus der Bibel 98. (Red.)

Christiansen, Hauke, Pastor, Dipl.-Psych.; Lübecker Str. 41, D-23909 Ratzeburg, Tel. (0 45 41) 80 33 00, *christiansen_hauke@hotmail.com* (* Kaltenkirchen 16. 5. 41). Stip. d. Studieninstit. d. dt. Volkes; Reimpredigt. – **V:** Von Versagern und Talenten in entscheidenden Momenten, Kurzgeschn. 97.

Christiansen, Hilde, ehem. Bürokauffrau; Klaus-Groth-Str. 22, D-25917 Leck, Tel. (0 46 62) 29 55 (* Enge-Sande 27. 11. 39). Künstlergr. Drei Harden e.V. Tinnigstedt 05–06; 3. Pr. in e. Erzählerwettbew. d. niederdt. Spr. Stadt Niebüll, Nordfr. Ver. 04; Lyr., Erz. (hoch- u. plattdt.). – **V:** Gedanken aus Nordfriesland 91; Nachdenkliches. Gedanken aus Nordfriesland 06; Unnerwegs opsammelt 06. – **MA:** Bibliothek dt.sprachiger Gedichte, jährl. 01–07; Leben auf dem Land 02; mehrere Beitr. f. niederdt. Zss.

Christmann, Gerold; Mozartstr. 8, D-85080 Gaimersheim, Tel. (0 84 58) 59 27, Fax (0 18 05 01 98 00) 1 38 60, *gerold.christmann@t-online.de, www.gerold-christmann.homepage.t-online.de* (* Theresienfeld/ Sud. 30. 7. 35). – **V:** Schule heiter, Bü. 94; Die Scheufel sind los!, Bü. 96; Vergnügt durchs Schuljahr, G. 02. (Red.)

Christoff, Charlotte (geb. Charlotte Berghäuser), Lektorin; Kellerkopfstr. 26, D-65232 Taunusstein-Bleidenstadt, Tel. (0 61 28) 4 36 09, Fax 94 09 20 (* Bonn 5. 6. 33). VS Rh.-Pf. 71–00, Kogge 73, FDA 99; Förd.pr. d. Theaters in d. Josephstadt Wien 61, Lyr.pr. d. Edition L 94, Lyr.pr. d. Liselotte-u.-Walter-Rauner-Stift. 99, Pr. im Wettbew. „Nachbarn" d. Kg. 00, Lit.pr. (2. Pr.) d. Kg. f. Lyr. 02; Drama, Lyr., Rom., Kurzprosa. – **V:** Die Spiele der Erwachsenen (Pelagia), Sch. 60; Aller Staub der Welt, Sch. 61; Im Schatten Helenas, Kom. 62; Gegenbeweise, G. 69; Auch Dir wurde Bescheid getan, G. 74; In der Obhut des Windes, G. 75; Lernen was man immer gewusst hat, R. 79; Der Feurige Elias, M. 80; Die Zeit ist eingeholt, G. 83; Im freien Fall, G. 90; Früher oder später, Erzn. 90; Die Nah-Fern-Spirale, G. 94; Ein Zettel für den Brocken 96; Kannst du heute still sein, R. 97; Warte am Ausgang, G. 00; He-

xenspiele, R. 02; Uhrenvergleich, Lyr. u. Prosa 05; Bevor die Schatten wachsen, Erzn. 08. – **R:** Die Spiele der Erwachsenen 63.

Christopei-Bentfeldt, Erika s. Bentfeldt, Erika

Christopher, Joan s. Klingler, Maria

Chromik, Therese (Resi Chromik, geb. Therese Rieffert), Schulleiterin, ObStudDir. i. R., Autorin; Kiel u. Husum, *ThereseChromik@aol.com, www.theresechromik.de* (* Liegnitz/Schles. 16. 10. 43). Kg., Wangener Kr., VS, GEDOK, Euterpe Lit.kr., Schriftst. in Schlesw.-Holst., Lübecker Autorenkr.; GEDOK-Ldeskunstpr. 89, E.gabe z. Andreas-Gryphius-Pr. 94, Stip. Künstlerhaus Edenkoben, Reisestip. f. St. Petersburg; Lyr., Kurzprosa, Ess. – **V:** Unterwegs, G. 83, Neuaufl. 90; Schlüsselworte, G. 84; Lichtblicke, G. u. Kurzprosa 85; Flugschatten, G. 87, 2. Aufl. 95; Stachelblüte, G. u. Kurzprosa 90; Als es zurückkam, das Paradies, Zykl. 92, 2. Aufl. 05; Holzkopftexte, Kurzprosa 93; Kores Gesang, G. 97; Wir Planetenkinder, G. 00; Der Himmel über mir, G. 02; Das schöne Prinzip, G. 06 (auch poln.); Da ich ein Kind war, Prosa 08. – **MV:** Kreatives Schreiben 93. – **MA:** zahlr. Beitr. in Anth. u. Zss., u. a. in: Euterpe, Jb. f. Lit. 85–87; Bäume sind Gedichte 85; Sprich von heute 86; Es kommt ein Bär von Konstanz her 86; Kiel – ein Lesebuch 87; Frankfurter Anth. 91; 1000 dt. Gedichte u. ihre Interpretation 94; Schlesien, seit 94; Schleswig-Holstein, seit 94; Frauen dichten anders 98; Aber das Meer 05; Zbliżenia Interkulturowe 2/07 u. 3/08; Günter Grass. Bürger u. Schriftsteller 08; Aufsätze in: Praxis Schule. – **H:** Edition Euterpe, Buch-R. 84ff.; Junge Lyrik 85; Sage und schreibe 87; Windschatten der Wörter 88; Zwischen Wort und Wort 89; Mit dem Mai so eine Sache 91; Ich schenke dir ein Wort 93; In den Netzen der Zeit 99; Husum und um Husum herum 03, alles Lyrik-Anth.; Julia Ziegler: Nachmitternachtssonne, G. 07; Elisabeth Melzer-Geissler: Schweigen ist Silber, G. 08. – **MH:** Euterpe, Jb. f. Lit., 10 Bde seit 93; Schattenspiegel 97; Bild und Wort, G. u. Bilder 00; Poetische Landschaften 01; Poetische Porträts 05; Poetische Gärten, m. Bodo Heimann 08, alles Anth. – *Lit:* Klin/Koch: Übungsbuch z. dt. Stilistik, Warschau 79; Erich Trunz in: Frauen dichten anders 98; Eugeniusz Klin in: Studia i Materiały XLV, Zielona Gora 98; Bodo Heimann in: Die Künstlergilde 03; ders. in: Schleswig-Holstein, H.10 03; Spektrum d. Geistes, Lit.-kal. 06, u. a.

Chrystal s. Hasenclever-Zbeida, Christine

Chudožilov, Petr; Kartausgasse 11, CH-4058 Basel, Tel. (0 61) 6 81 91 39 (* Prostejov/Mähren 43). Europ. Märchenpr. – **V:** Charlotte von Huglfing 96; Als Julia die Fledermaus rettete 99; Das Wunder von Jasina, Gesch. 99. (Red.)

Chvojka, Erwin, Hofrat, Mag. phil., Gymnasialdir.; Vorgartenstr. 162/7/22, A-1020 Wien, Tel. (01) 7 28 06 73 (* Wien 16. 2. 24). Theodor-Kramer-Ges. 84. – **V:** Die Welt will ich behalten. Gedichte aus 40 Jahren 84. – **MV:** Vielleicht hab ich es leicht, weil schwer, gehabt. Theodor Kramer 1897–1958. Eine Lebenschronik, m. Konstantin Kaiser 97. – **H:** Theodor Kramer: Einer bezeugt es ... 60; Lob der Verzweiflung 72; Orgel aus Staub, G. 83; Gesammelte Gedichte 84–87 III; Der Braten resch, der Rotwein herb 88; Laß still bei dir mein liegen, Liebes-G. 94; Spätes Lied, G. 96; Unser Land 96; Der alte Zitherspieler. Menschenbilder 99. (Red.)

Chwalek, Johannes (Ps. Paul W. Konrad), Germanist; Bismarckplatz 4, D-55118 Mainz, Tel. (0 61 31) 9 71 84 46, *Johannes.Chwalek@gmx.de, www.philosophem.de* (* Flörsheim/Main 24. 5. 59). Kurzprosa, Lyr., Theaterst. – **V:** Durch die Luft kutschieren,

G. u. Erzn. 86; Robert James F., Sch. 92; Georg Forster – Reisebericht eines Revolutionärs, Sch. 94; Who are Goethe and Schiller, Kofferstück 99; Die Rache der Frau von P., Szenen n. Diderot 02; Fraglich bleibt das Unerkannte 05; Drei Rektoren 06. – **MA:** Beitr. in: Blickkontakt, Anth.; ... zu spüren, daß es mich gibt; – div. Beitr. in: ZEITschrift 8/93, 9/93, 30/94, 44/95, 52/95, 57/96, 58/96, 65/96, 79/98, 82/99, 86/00. – **H:** Richard Wisser: Halt ohne Anhalt, G. 04. (Red.)

Cibach, Anke, Dipl.-Psych.; c/o Leda-Verl., Leer (* Hamburg 49). Das Syndikat, Sisters in Crime (jetzt: Mörderische Schwestern). – **V:** Küchenmäuse kochen klasse, Geschn. u. Rezepte f. Kinder 02; Die schönsten sagen. Region Hamburg u. Niederelbe 02; Stumme Schreie auf dem Dom, Krim.-Erz. 03. – **MA:** Mord zwischen Messer und Gabel 99; Mordsgewichte 00. – **H:** Alter schützt vor Morden nicht 00; Mord mit Biss 01; Liebestöter 03, alles Krim.-Geschn. (Red.)

Cibura, Manfred; Letterhausstr. 19, D-50321 Brühl, Tel. (01 74) 3 30 28 39, *kontakt@manfred-cibura.de*, *www.manfred-cibura.de* (* Brühl 5. 11. 59). – **V:** Heiliges Blech, Erz. 06.

Cien, Alexander s. Burkart, Rolf A.

Cierjacks, Anke, Ärztin; Ebertstr. 34, D-76351 Linkenheim-Hochstetten, Tel. (0 72 47) 58 30, *anke. cierjacks@t-online.de* (* Kiel 27. 3. 40). Literaturrunde Karlsruhe e.V. 99; Lyr., Erz. Ue: plattdt. – **V:** Der verliebte Theodor, Lyr. 95; Mathilde entdeckt die Kunst 99; Pegasus am Schwanz gepackt, Lyr. 04. (Red.)

Ciesielski, Andreas (Ps. Karleberhard von Rendsburg, Andreas Schako), Journalist, Verleger; Kolonie 4, D-18317 Kückenshagen, Tel. (03 82 23) 5 93 08, Fax 5 93 09, *scheunen-verlag@t-online.de*, *info@scheunen-verlag.de*, *www.scheunenverlag.de* (* Rendsburg 2. 10. 45). SV-DDR/VS bis 02; Erz., Dokumentation. – **V:** Die letzte Runde 75; ... und er sagt NEIN! 94; Die versunkene Stadt 98; Täve – Eine Legende wurde siebzig, Rep. 01; Mein indisches Tagebuch, Erzn. 04; Das wunder von Warschau 05; Wer wird das bezahlen? 06; Löwenherz 07; Das war der Gipfel oder Angriff der Regierung auf die Demokratie, Dok. 07, 2. bearb. Aufl. 08. – **MV:** Zwischen Arkona und Govindpur, Rep. 99; Ein Leben für den Radsport, Erz. 04. – **MA:** Beitr. in d. „Kassette" d. Henschel Verl. Berlin 81–88. – **H:** Ich war und bin Sozialist 97; Es gibt keinen Weg zum Frieden, der Frieden ist der Weg! (auch Mitarb.) 99; Typisch Täve 06; Erich Schulz – Sein Leben für den Radsport 06. – *Lit:* s. auch 2. Jg. SK.

Cilenšek, Thomas, Pfarrer, Glasmaler, Notenschreiber, Kunsttherapeut, Betreuer in e. Alten- u. Pflegeheim; Hohenstein 10, D-71540 Murrhardt, Tel. (0 71 92) 90 08 19 (* Erfurt 13. 3. 50). Lyrikkr. 'Das blaue Band' 00; Lyr. – **V:** Im Gespräch mit der Erde, Lyr. 99, 2. Aufl. 01; Das Wort mit dem wir leben 03. – **MA:** Die Christengemeinschaft, Mschr. seit 83; Lazarus, Zs. seit 94; Wortfelder steigend, Anth. 04. – *Lit:* G. Dreißig in: Christengemeinschaft 12/99; Sigrid Nordmar-Bellebaum in: Das Goetheanum 34–35/00; J. Raßbach in: Christengemeinschaft 4/05. (Red.)

Cimarron, John s. Duensing, Jürgen

Cinglar, Bochdan s. Czernik, Theo

Cipriano della Volpe s. Vosen, Klaus-Peter

Çirak, Zehra; Kolonnenstr. 10, D-10829 Berlin (* Istanbul 60). Arb.stip. f. Berliner Schriftst. 87, Adelbert-v.-Chamisso-Pr. (Förd.pr.) 89, Friedrich-Hölderlin-Pr. d. Stadt Homburg (Förd.pr.) 93, Arb.stip. d. Käthe-Dorsch-Stift. Berlin 98, Adelbert-v.-Chamisso-Pr. 01. – **V:** Flugfänger, G. 87; Vogel auf dem Rücken eines Ele

fanten, G. 91; Fremde Flügel auf eigener Schulter, G. 94; Leibesübungen, G. 00; In Bewegung, G. u. Miniatn. 08. – *Lit:* Will Hasty / Christa Merkes-Frei (Hrsg.): Werkheft Literatur 96.

Claas, Günter, Dipl.-Verwaltungswirt; Lilienstr. 1, D-49762 Lathen, Tel. (0 59 33) 92 37 15, Fax (0 12 12) 6 28 10 19 38, *jambos.bookshop@yahoo.de*, *www.dastierbuch.eu* (* Burscheid). Rom. – **V:** Jambo (K)ein bisschen Hund, R. 05, 07. – **B:** Franz Josef Mundt: Wikingerreise, R. 07.

Claes, Astrid s. Gehlhoff-Claes, Astrid

Clamor, Georg s. Kock, Erich

clapü s. Pütz, Claudia

Clas s. Grün, Gerd

Clasen, Carola, Fremdspr.assistentin; Mohlbergstr. 9, D-50354 Hürth, Tel. (0 22 33) 6 78 34 (* Köln 50). Krimi. – **V:** Atemnot 98; Novembernebel 01; Das Fenster zum Zoo 02; Tot und begraben 03; Auszeit 04; Schwarze Schafe 05; Wildflug 06; Fünf-Uhr-Tod 07. (Red.)

Claßen, Andrea; Buschstr. 227, D-47800 Krefeld (* Krefeld 26. 9. 55). Rom. – **V:** Lauter Männer zum Verlieben, R. 97, Tb. 99; Last minute, R. 99. (Red.)

Claßen, Hans, Rektor, Dichter; Ernst-Schlensker-Str. 4, D-59821 Arnsberg, Tel. (0 29 31) 1 33 46, Fax (0 29 37) 13 36, *Hans-Clahsen.Dichter@t-online. de*, *www.hans-clahsen.de* (* Oberschledorn/Sauerland 28. 4. 53). Christine-Koch-Ges. 93 (Vorsitz. seit 04), Lit.kr. Novalis 96, Autorenkr. Möhnesee (Sprecher) 02; Polen erlesen NRW 00, Dt.-poln. Autorenbegegnung Allenstein/Olsztyn 02, Alfred-Müller-Felsenburg-Pr. 05, Edelrabe-Lit.Pr. 05; Lyr., Ballade, Ess., Erz. – **V:** In Sauerländer Landschaft, G. illustriert 92; Ich fühle mich so fern und doch auch bei G. 93, 2. veränd. Aufl. 96; Yggdrasil heißt die Esche am Urdbrunnen, Lyr. u. Balln. 94; Jahreskreis um Fachwerkgiebel, Erzn., Ess. u. G. 95; Wie ein erstarrter Schrei, Erzn. 95; Freilandmuseum. Neue Lyr. v. Lande, G. illustriert 99; Mondlicht fiel auf Blütenstaub, G. 01. – **MV:** An Sauerländer Wegen, m. Winfried Weustenfeld 93; Leute. Über Menschen im Sauerland, m. Ria Dülberg u. Philipp Portman 97; Landschaft, Lyrik, Literatur, m. Mathias Knoll, G. u. Prosa illustriert 00. – **B:** ten Haaf: Sie atmete Lyrik. Szenen üb. d. Droste, Theaterst. 97. – **MA:** zahlr. Beitr. in Anth., Jbb. u. Kultur-Zss. seit 88, u. a.: Poetischer Frühling. Polen erlesen NRW 2000 02; Das neue Gedicht, Jb. 02, 03, 05; Neue Literatur 05, u.v. a. – **H:** Der Edelrabe, Blatt d. Christine-Koch-Ges., erst 05; Joseph von Eichendorff: Und die Welt hebt an zu singen. Die schönsten G. 07. – **R:** Moderation d. Regionalen Literar. Frühschoppens von Radio Sauerland, 12 Folgen 92–94. – **P:** Spurenfinden, m. Mathias Knoll, G. u. Prosa, CD 02. – *Lit:* Das Lesezeichen 37/99; Lit-Form 55/99; Wilhelm Gössmann: Die stilist. Merkmale in 'Freilandmuseum' von H.C. 99; Monika Willer: Moderne Mondnacht 01; Ixlibris 9/03; Haus der Literatur 4/05.

Classen, Rita, freie Schriftst.; c/o Bertelsmann Verl., München (* Herzogenrath). Rom., Lyr., Erz. – **V:** Der Schlag der Welle unterm Wind, G. 88; Durch die verschlossene Tür, Erzn. 89; Ich frage. Ich frage, G. 89; Ich bin die Herrin des Hauses, R. 96, Tb. 98; Jessicas Brüder, R. 99, Tb. 01; Mein Herz bin ist du schön, R. 01; Ruhe sanft, mein Kind, R. 04.

Claus, Andy, Designerin; Postfach 410203, D-53024 Bonn, *andy@akr-design.de*, *www.akr-design.de*, *www. andy-claus.de* (* Troisdorf 29. 4. 60). Rom. – **V:** Masken aus Glas, R. 01; Herbstgewitter, R. 02; Sascha – das Ende der Unschuld 03; Ulrich von Eichendorf 04; Die Qual der Bestie 05; Tödliche Verführung 05; Ju

Claus

stin und Louis 06; Kristallseele 06, alles R. – **MA:** Gay Universum, 1 04, 2 05; Mein schwules Auge 04; Skate! 05; Wortstarke Frauen, Jb. 05; Denk Anstöße 06; art of mind – Gedankenkunst 06. (Red.)

Claus, Uwe, Religionspäd.; Rathausstr. 4, D-01189 Dresden, Tel. (03 51) 4 03 60 55, *uwe-claus@t-online. de* (* Meißen 16. 9. 60). ASSO Unabhängige Schriftst. Assoz. Dresden 95, VS 02; Aufenth. im Baltic Centre for Writers and Translators Visby 04, Stip. Denkmalschmiede Höfgen 07; Lyr., Erz., Dramatik. – **V:** Carola oder Schwarze Magie, 13 Erzn. 97; Anspielung zur Christnacht, Stück 98; Café Europa, G. 00; Haiku. Prisma und Worte wie Fächer, Lyr. 01; Ein Stern geht auf oder 24 Bilder zur Ankunft des Herrn, Stück 01; Bojen oder Der Tanz um den goldenen Rathausmann, Erzn. 04; Herodes oder Die Königsperspektive, Stück 04; Christi Geburt oder Eine Variation zum Thema Babyklappe, Stück 05; Streitpunkt Gottes Sohn, UA 05; Raben halten Siesta, G. 06; Zwischen Himmel und Erde, UA 06, gedr. 07; Die Kinder von Bethlehem, UA u. gedr. 08. – **MV:** weihnachtsouverTÜRe, m. Andreas Bartuschk, Stück 00. – **MA:** Warteräume im Klee 95; Orte. Ansichten, Lyr. 97; Der Garten meines Vaters 99; Zum anderen Ufer 99; Passauer Pegasus, H.34 99/00; Blitzlicht. Dt.spr. Kurzlyr. aus 1100 Jahren 01; Das Gedicht 9/01/02, 12/04; Signum, H.1 00/01, H.1 01/02, H.1 02; Städte. Verse 02; Orte der Augen 3/03; Grün pflanzen 05; Krautgarten 48/06; KORA-Kalender 2007, Haiku; Mutters Hände, Vaters Herz, G. 07.

Clausen, Anke; c/o Gmeiner-Verl., Meßkirch, *ankeclausen@web.de* (* Oldenburg i.O. 22. 9. 70). Das Syndikat 07. – **V:** Ostseegrab, Krim.-R. 07, 3. Aufl. 08.

Clausen, Peter Heinrich, Rentner; Dorfstr. 9, D-25853 Ahrenshöft, Tel. (0 48 46) 9 23 (* Ahrenshöft 6. 7. 32). Plattdt. Gesch. – **V:** Huusreinmaken 01; Poor Punsch toveel 02; Motten un Müüs 03; Fröher weer dat anners! 05, alles pldt. Geschn. (Red.)

Clausen, Robert (Ps.), Journalist; lebt in Hamburg u. auf Sylt, c/o S. Fischer Verl., Frankfurt/M. – **V:** Die Weihnachtsüberraschung, R. 04, 06; Als die Zeit im Sterben lag, Krimi 04; Das strenge Herz des Todes, Krimi 05. (lag.)

Clausnitzer, Ingolf; Nußstr. 1A, D-53340 Meckenheim-Merl, Tel. (0 22 25) 38 19 (* Gera 21. 4. 30). VG Wort 97; Lyr., Erz., Dramatik. – **V:** Das Bildnis der Schönheit 99; Spuren ins leuchtende Land 01; Etwas zu dunkel der Saum, Lyr. 05. – **MA:** Fluchten u. Wege; Orte u. Zeiten; Anverwandlungen; Brechungen; Zeichensuche 93–96; Theater, Lyrik, Prosa d. Gegenwart, Bde 3–7 94; Lesebuch f. Kultur, Literatur u. Sprache, Bd 1 94; Weihnachtswunderkinderland; Goldene Fenster schneenachtschön 94–95; Es gibt noch viel zu sagen; Fremde(s) um uns; Worte in d. Hektik d. Zeit; Premiere 6; Premiere 7; Reisegepäck 95–99; Kaleidoskop; Licht u. Hoffnung; Wort u. Bild; Schreiben unser Leben; Unsere wunderbare Welt d. Wortes; Winter- u. Weihnachtsanth. 96–97 u. 00; 20 Jahre Edition Fischer 97; Gedicht u. Gesellschaft 01; Das Gedicht lebt, Bd 3; Jubiläumsband 25 Jahre R.G. Fischer Verl. 02; Kindheit im Gedicht 02; Erlebt, Erdacht u. Aufgeschrieben 02; Freude u. Dankbarkeit, Anth. 03; Der Seele Flügel geben 03; Welt d. Poesie, Musenalm. 03; Weihnachten, Jb. f. d. neue Gedicht 03; Herbstlaub 04; Tage der Wonne, kommt ihr ... 06; Anthologie-Kal. 06, 07, 08; Wetter-Kapriolen u. a. Freuden 07.

Clauss-Schleicher, Sibylle s. Schleicher, Sibylle

Claussen, Johann Hinrich, Dr. theol., Propst, LBeauftr. U.Hamburg; Heilwigstr. 22, D-20249 Hamburg, *j_h_claussen@hotmail.com* (* Hamburg 15. 7. 64). Lit. u. Religion. – **V:** Moritz und der lie-

be Gott, Jgdb. 04. – **MV:** Den Himmel auf die Erde holen. Literatur-Gottesdienste, m. Thies Gundlach u. Peter Stolt 01. – **H:** Spiegelungen. Bibel u. moderne Lyrik, Anth. 04. (Red.)

Clemens, Ditte (Ps. Aaaba), Dr. paed., Schriftst., freie Journalistin; Ernst-Thälmann-Str. 6, D-18273 Güstrow, Tel. (0 38 43) 84 39 94, *ditte.clemens@t-online.de* (* Rügen 16. 9. 52). VS Meckl.-Vorpomm., Friedrich-Bödecker-Kr., Lit.förd.kr. Kuhtor; Biogr., Kurzgesch., Gesch. f. Kinder, Literar. Kinderreiseführer. – **V:** Stille Seen und sanfte Hügel, Reisebilder 92, 96; Pauli Schussel und Claudia Sommersprosse 93; Schweigen über Lilo, dok. Erz. 93, 95; Die Suche nach der gestohlenen Freude, Kd.-Reiseführer 94; Marga Böhmer, Barlachs Lebensgefährtin 96, 98; Die gestohlenen Zahlen, Kd.-Reiseführer 96; Reisebilder aus dem Landkreis Güstrow 96; Unser Sandmännchen, Geschn. 98, 99, 00; Nirgendwo ist der Himmel so offen, Erzn. 01; 7 Weihnachtsgeschichten, Lesekarten 01; Mit Ditte Clemens durch das Jahr, Lesekarten 02; Vorfreude ohne Freude, Weihn.geschn. 02; Schweigen über Lilo. Die Gesch. d. Liselotte Herrmann, Jgd.-Sachb. 03; Die Frau im Schrank, Geschn. 04; Bloß nicht stolpern, Geschn. 05; Mann oh Mann-Kolumnen 2006 07; Mann oh Mann, Erzn. 07; Wundersames Leben, Kolumnen 07. – **MA:** Erzn. u. Geschn. in: Mecklenburg reformatorisch? Ich will Spaß 97; Alles klappt für Bücherwürmer 97; Norddeutsche Weihnachten 99; So viel Licht 99; Sternengebrüll 00; Güstrow 00; Mecklenburg-Vorpommern 01; Auto 04; Das dicke Weihnachtsbuch 04, 05; aber das meer 05; Wo ist meine Brille 06; Das dicke Geburtstagsbuch 06. – **R:** Kindergeschn. f. Rdfk u. Fs. – *Lit:* Wer ist Wer?

Clemens, Elisabeth-Charlotte (Ps. Lieselotte Clemens), ObStudR.; Godesbergerstr. 34, D-23714 Malente, Tel. (0 45 23) 41 17 (* Berlin 2. 2. 20). Pommerscher Kulturpr. 91; Ess., Gereimte Geschichte. – **V:** Pasters Lieselotte vertellt 67; Dat Niegst' von Pasters Lieselotte 69; De leiwen Pommern 72; Die Auswanderung der pommerschen Altlutheraner in the U.S.A. 76; Freistadt-Lüüd, 5 Generatione pommersche Inwannerer in Wisconsin 82; Wundersamer Advent und andere Geschichten 84, 93; Komm mit nach Pommern 96; Ich sing ein Lied dir, Lieder, G., Aphor. 00. – **MA:** Pommern 2/70, 3/89, 4/95, 3/97; Globus 1/71; Wer verzeiht, kann wieder lachen 85; Mitte u. Ost, Bd 3 92; Bd 4/5 93/94; Bd 6/7 95/96; Die Weihnachtsgeschichte in Deutschen Dialekten 93. – **MV:** So jung zu raten, manches mitzunehmen, Hsp. 77. – *Lit:* Schriftsteller in Schlesw.-Holst., Alm. 80; A. Borgwardt: Menschen in Osthols. 86; Lebendige Lit. in Schlesw.-Holst. 87; Walter T. Rix in: Pommern 3/97. (Red.)

Clemens, Lieselotte s. Clemens, Elisabeth-Charlotte

Clementi, Georg, Schauspieler, Liedermacher, Regisseur; Dr. Petter Str. 30, A-5020 Salzburg, Tel. (06 62) 62 53 52, *beckertclementi@utanet.at, www.clementi.de* (* Bozen 21. 7. 69). Lyr., Erz., Dramatik, Liedtext. Ue: ital. – **V:** Amor mein Freund 96; Das Herz in der Hose 01 (auch Mitarb.), beides Kleinkunstprogr. (Red.)

Clotofski-Avgerinos, Britta (auch Britta C.-Avgerinos, geb. Britta Noeske), MA phil., Psychotherapeutin; Rönnestr. 3, D-14057 Berlin (* Berlin 10. 11. 38). VS 78, Werkkr. Lit. d. Arb.welt 70–98; Erz., Kurzgesch., Lyr. – **V:** Noch immer unsere Falle, Ess., Studie 82; Ins Leben gerufen – kein Bettelgesang, Lyr. 93. – **MA:** Bis unter die Haut 88. – **MH:** Liebe Kollegin, Texte 73, 7. Aufl. 80; Für Frauen. E. Leseb. 79, 3. Aufl. 80; „Ich steh' auf und geh' raus", Anth. 84, alle m. Gabriele Röhrer (auch Mitarb.). (Red.)

Clou, Dimitri (eigtl. Dimitri Sagioglou); Zehntwall 85, D-50374 Erftstadt-Lechenich, Tel. (0 22 35) 7 67 78, *info@lechenicher-lesenacht.de*, *www.lechenicher-lesenacht.de* (* Aldenhoven 59). Jugendb., Drehb. – **V:** Die Jagd nach dem kleinen Großmogul 95; Paul, das Phantom 98; Das Quiz des Teufels 03; Im Zeichen des Ypsilon 05. (Red.)

Coblenz, Katharina (eigtl. Katharina Coblenz-Arfken), Dr.; Hohnstedt, Dragonerstr. 17, D-37154 Northeim, Tel. (0 55 51) 9 14 93 60, *arfkencoblenz@yahoo. de* (* Uhyst 6. 6. 52). Voigtl. Kunstsozietät 02; Rom., Lyr. – **V:** Insel-Expressionen. I: Meine Sehnsucht bekommt eine Stimme, 2. Aufl. 1996, II: Du, meine Liebe... 98; Katharina, Katharina, e. Fragment 97, Neuausg. 03. – **MA:** Pommern in der frühen Neuzeit 94. – **H:** G.L.T. Kosegarten: Hier ist gut sein 88; ders.: Briefe eines Schiffbrüchigen 94, 5. Aufl. 07; 825 Jahre Christianisierung Rügens 93. – **P:** Als Frau Gott schauen. Hildegard v. Bingen, CD 98; für dich, alles für dich, m. Musik v. Ernst Arfken, CD 07.

Coelen, Ina (Zora Schreiber), Dipl.-Designerin, Grafikerin, Illustratorin u. Autorin; Richard-Wagner-Str. 15, D-47799 Krefeld, Tel. (0 21 51) 95 06 92, Fax 50 01 64, *info@coelen-krimi.de*, *www.coelen-krimi.de* (* Vorst 21. 6. 58). Sisters in Crime (jetzt: Mörderische Schwestern) 99, Das Syndikat 00. – **V:** 19 Uhr 11 ab Nordbahnhof 02; Spurensuche 02; ... und Du bist weg 02, alles Krim.-Geschn.; 88 Gründe, warum Katzen die besseren Menschen sind 02 (unter Linea Gato); Ehrbare Mörder, R. 08. – **MV:** Killer, Küche, Knast, R. 06; Tödliches Dinner, R. 07, beide m. Ulrike Renk. – **MA:** Kurzkrimis in: Mord mit Biss 01; Die Stunde des Taters 02; The World's finest Mystery and Crime Stories 03; Mords-Lüste 03; Leise rieselt der Schnee 03; Schlaf in himmlischer Ruh 03; Mord ist die beste Medizin 04; Dennoch liebe ich dich 05; Mördorrisch legger! 06; Insel Krimis 06; Pizza, Pasta u. Pistolen 07; Tatort Niederrhein II 07. – **MH:** (u. MA:) Rheinleichen 00; Tödliche Beziehungen 01; Teuflische Nachbarn 01; Die vielen Tode des Herrn S., m. Mischa Bach 02; Mörderische Mitarbeiter 03; Tatort Niederrhein 03; Mords-Appetit 03; Tödliche Touren 03; Mord unter Kopfweiden 04, alle m. Ingrid Schmitz; Brilliante Morde, m. M. Bach 04; Tödliche Torten 05; Mords-Feste 05; Radieschen von unten, m. G. Schulz 06; Dessert für eine Leiche 08, alles Krim.-Erzn. – **P:** Mörderisches Alibi 04; Tatort Niederrhein, m. Ulrike Renk u. Niklaus Schmid, Hörb. 06; Hexer, Henker, Hurensöhne, m. Gabriele Keiser u. Leonard Tourney, Hörb. 07.

Cölfen, Hermann, Priv.-Doz. Dr. phil. habil., M. A., Privatdoz. an d. U.Duisburg-Essen; Paschacker 75, D-47228 Duisburg, Tel. (0 20 65) 6 64 35, *hermann.coelfen@uni-due.de*, *www.hermann-coelfen. de* (* Rheinhausen/heute: Duisburg 1. 10. 59). Das Syndikat 03; Krim.rom. – **V:** Abgeführt. Care & Crime 01; Bettflüchtig. Care & Crime 02. (Red.)

Coenegrachts, Medina (geb. Prinzessin Medina Mamleew), Dipl.-Ing. (FH), Dolmetscherin/Übers., Schriftst., Parapsychologin; Brühlweg 23, D-89233 Neu-Ulm (* St. Petersburg 15. 4. 22). – **V:** Edelsteingarten. Märchen von Juwelen u. Kristallen 97 (auch chin. u. russ.), als Bühnenst. UA 98; Die Macht des Juwels, Edelstein-M. 98 (auch russ.); Ich öffne meine ganze Seele, Erinn. 99 (ersch. in vier Verl. in sechs Aufl., als Blindenhörb. 00, als Tb. 01 u. 02, auch russ.); Witz und Weisheit der Tataren 04; Heilende Steine 06, 2. Aufl. 08. – **MA:** Dieter Alt/Georg Weiss (Hrsg.): Im Leben bleiben 91, darin: s. Kap.11; Silvester Lechner (Hrsg.): Schönes, schreckliches Ulm 96. – **R:** Fs.-Sdgn: Jürgen Fliege, 27.9.99; tvm, 21.2.00. –

Lit: Rez. u. Portr. in Ztgn, u. a. in: Schwäbische Ztg v. 29.3.96; Neu Ulmer Ztg v. 1.4.96; Berliner Kurier v. 14.4.98; Oberwarter Ztg (Öst.) v. 22.4.98; Die Rheinpfalz v. 24.6.98; Schwarzwälder Bote v. 18./19.7.98; Tages-Anzeiger Zürich v. 28.8.98; Neu-Ulmer Anzeiger v. 11.11.98; Südkurier v. 21.11.98; Tatarskie Nowostie (Moskau) Nr.6 (131) 05; Wetschernie Čelni (Kasan) Nr.32 v. 10.8.05; Neu-Ulmer Ztg v. 8.5.06.

Cohen, Mitch, freiberufl. Übers.; Hagelbergerstr. 13, D-10965 Berlin, Tel. u. Fax (0 30) 6 92 72 70, Fax 78 99 15 21, *ccfmc@snafu.de*, *mitch.co@snafu.de* (* Pasadena/Kalif. 25. 6. 52). Autorenkr. d. Bdesrep. Dtld; Pr. d. Liter. Colloquium Berlin 83; Lyr. – **H:** Berlin: contemporary writing from East and West Berlin 83; Dem Stein reib die Augen 90; Zwischen den Stimmen bist du wie auf einem Schlachtfeld 93, alles Lyr.-Anth.

Cohen, Tal; Thunstr. 24, CH-3005 Bern, Tel. (0 31) 5 35 02 26, *lilitshka@gmail.com* (* Bern 11. 5. 74). Heinz-Weder-Pr. f. Lyr. 01; Lyr. – **V:** Nachdunklung, Lyr. 03. (Red.)

Cohn, Hans W., Psychotherapeut; 7 Fabyc House, Cumberland Rd., Kew/Richmond/Surrey TW9 3HH, Tel. (0 20) 9 40 37 48. c/o edition memoria, Hürth bei Köln (* Breslau 16). – **V:** Gedichte 64; Else Lasker-Schüler. The broken world 74; Mit allen fünf Sinnen, G. 94. – **MA:** zahlr. Beitr. in Anth. u. Zss., u. a.: Transit 56; Expeditionen 59; Herbst 01; Akzente; Merkur; Neue Rundschau; (Red.)

Cohrs, Enrique (Rodolfo Caro), Doz. f. Fremdspr., Entertainer; c/o interact!, Rissener Str. 58, D-22880 Hamburg, *megalante@gmx.de* (* Hamburg 27. 7. 67). Hörsp., Fernsehsp. – **V:** Felix qui potuit rerum cognoscere! Glücklich ist, wer alles versteht! 04; Mens sana in corpore sano! beziehungsweise Ein gesunder Geist in einem gesunden Körper, Theaterst. u. Hsp. 05. (Red.)

Colbert, Helga (eigtl. Helga Boscheinen), Schriftst.; Streitbergstr. 79, D-81249 München (* Berlin 19. 3. 39). Humboldt-Ges.; AWMM-Lyr.pr. 84 (nicht angen.) – Lyr., Rom., Nov., Ess., Philosoph. Arbeit. – **V:** Der Mandelbaum, Lyr. 69; Der Leuchtturm, Lyr. 75; Der Mensch und die Folgen seiner Existenz, philosoph. Ess. 97; Stimme im Sein, G. 03. – **MA:** Publikation, Zs. 70; Licht vor dem Dunkel, Zs. 82–85; – Lyr. in zahlr. Anth. seit 72, u. a. in: Gott im Gedicht 72; Verse d. Lebenden 74; Der Karlsruher Bote Nr.68 80; Jb. Dt. Dichtung 82; Lyrische Texte 82; Lyrik 84, 90, 93; Das Gedicht 87, 97; Sang so süß die Nachtigall 90; Die Jahreszeiten 91; Nacht lichter als der Tag 92; Und setze dich frei 92; Laß Dich von meinen Worten tragen 94; Dein Himmel ist in dir 95; Schlagzeilen 96; Annäherungen 96; Alle Dinge sind verkleidet 97; Wir sind aus solchem Zeug, das zu träumen 97; Umbruchzeit 98; Gedicht u. Gesellschaft 00; Das Wort – Ein Flügelschlag 00; Gestern ist vorbei 01; Das neue Gedicht, Jb. 01–05; O du allerhöchste Zier 03; Blätter um d. Freudenberger Begegnungen, Bd 7 04; Packen wir's an 05; Freude geben – das Schönste im Leben 05; Tage der Wonne kommt ihr so bald? 06; In Erwartung ruhiger, besinnlicher Tage 06; Tage der Einkehr 07.

Colditz, Dorothee (geb. Dorothee Grab, Ps. Dorothee Schumann); Stumpfenbachstr. 28, D-85250 Altomünster, Tel. (0 82 54) 99 47 71, *info@dorotheecolditz. de*, *www.dorotheecolditz.de*, *www.design-malerei.de* (* Dillenburg 23. 11. 44). – **V:** Wellen des Lebens, G. 83; Die Anzeige, Erz. 03. – **MA:** Jb. f. d. neue Gedicht 02, 03, 04; Neue Literatur 02; Welt d. Poesie, Musenalm. 03; Ly-La-Lyrik Edition 04; Frankfurter Bibliothek 05.

Collignon

Collignon, Jetta (Ps. Julia von Brencken, Britta Rentzow, Jetta Sachs, Jetta Sachs-Collignon), Schriftst.; Gerauer Str. 69b, D-60528 Frankfurt/Main, Tel. (069) 67 56 23 (* Berlin 15. 3. 23). Hist. Rom., Unterhaltungsrom., Frauenrom., Sachb. – **V:** Anna u. Seydlitz, R. 75; Der Reiterhof Lisa von der Tankstelle Leocadie, R.-Tril. 81, 82, 83; Leocadie, die Löwenherzige, R. 83; Sophie La Roche 86; Bettine Brentano 87; Königin Olga 91; Poesie und Algebra 91; Doktorhut und Weibermütze 92, 03; Mein Herz an deiner Seite 93; Die Wüstenschwalbe 93; Anemonen pflückt man nicht 95; Caterina Cornaro, Königin von Zypern 95, 98; Isabella d'Este 97; Sophie von Österreich 98; Maria Stuart – Leben u. Lieben einer Königin, R. 00; Luise von Weimar, R. 02; Corisande und Heinrich IV. 06; Marysienka. Liebreiz und Klugheit auf Polens Thron, hist. R. 06. – **MV:** Solang die Hufe traben, m. Hans Joachim Bruno 79. (Red.)

Collin, Christian s. Homberg, Bodo

Colling-Jorissen, Nicole, Geschf. e. Werbeagentur; c/o Traumland-Verl., Schloß Holte-Stukenbrock (* Remscheid 66). Erz. – **V:** Der Schnullermann, Kdb. 02. (Red.)

Collins, Gertie (geb. Gertie Hahn), Rentnerin; c/o Materialis Verl., Biberach (* Berlin 10. 4. 25). Rom., Kurzprosa. – **V:** Nord-Süd-Linie: 1. Wer A sagt ... 95, 2. Gleich nach A kommt Afrika 01, 3. Momente, Minuten und Tagträume 06, alles autobiogr. R.; Mutter, mein Max 03.

Compart, Martin, Studium d. Politikwiss., Drehb.- u. Buchautor, Hrsg.; c/o Alexander Verl., Berlin (* Witten/Ruhr 54). – **V:** Von Alf bis U.N.C.L.E. – Anglo-american. Kult-TV 97; Crime TV. Lexikon d. Krimiserien 00; 2000 Lightyears from Home. Eine Zeitreise m. den Stones 04; Der Sodom-Kontrakt, R. 07, 08. – **MV:** u. H: Noir 2000. Ein Noir-Reader 04. Der Dzone. Ein Noir-Reader 04. – **MA:** u. a.: Funk-Korrespondenz; Spiegel; BuchKultur; TransAtlantik; Tip SZ; Musik-Express; Science Fiction Times; Comixene; Zürcher Weltwoche; Lui; Esquire; taz; TV-Spielfilm. – **H:** Reihen: Ullstein-Krimi-Reihe 82–86; Ullstein-Abenteuer-Reihe 83–86; Populäre Kultur (Ullstein) 83–86; Schwarze Serie (Bastei-Lübbe) 86–89; Thriller (Bastei-Lübbe) 86; Polit-Thriller-Reihe (Bastei-Lübbe) 86–89; DuMont-Noir 89–01. – **R:** Verräter und Spione, Doku-Drama (ZDF) 97; 4 Fs.-Porträts: Horst Frank, Günter Neutze, Günther Ungeheuer u. Harald Leipnitz (NDR) 00; Moneyshot 03; Jack rechnet ab 04; Gefährliche Körperverletzung 06, alles Krim.-Hsp. (WDR).

Comploj, Brigitte, Mittelschullehrerin i. P.; Peter-Anich-Siedlung 12b, I-39031 Bruneck, Tel. (04 74) 53 02 04 (* Milland b. Brixen 17. 4. 38). IGAA, Lit.-haus am Inn, Turmbund, Kr. Südtiroler Autoren, Ges. d. Lyr.freunde Innsbruck; Lyr., Prosa. – **V:** Mein Leben zwischen zwei Welten 06. – **MA:** Das Unterdach des Abendlandes 88; Arunda; Der Skolast; Die Frau; Das Fenster, alles Zss. 96; Tiroler Impulse, Lit.zs. 97; Literatur aus Südtirol 99; Südtiroler Autoren schreiben zur Zeitenwende 99/00; Begegnung, Zs. d. Ges. d. Lyr.freunde, März 01; Bruneck. Franz Stadtztg, seit 01; Kal. d. Caritas d. Provinz Bozen/Südtirol 02; Deutschland – Wunderland 03; Meine kleine Lyrikreihe. – **R:** Lyr. u. Prosa im ORF u. RAI-Sender Bozen 80–88. – **P:** Lyr.-Lesung im Lit.-Tel. Innsbruck u. Bibliotheken in Südtirol 90/91. – *Lit:* Heinrich Holzner in: Öst. in Gesch. u. Lit. – H. Südtirol, Okt./Nov. 90; Siegrun Wilduer: Worte 05/06.

Comte Jean-Lupin s. Graf, Hans-Wolff

Končić-Kaučić, Gerhard Anna (eigtl. Gerhard Kaučić, gemeins. Ps. m. Anna Lydia Huber: GACK), Dr., Grammatologe, Dekonstruktivist, Schriftst. Philo-

soph., Übers., Radreisender; Guglgasse 8/4/80, A-1110 Wien, *gack@chello.at, gack@utanet.at, web.utanet.at/gack* (* Kufstein 2. 6. 59). IGAA, GAV 91–92; Prosa, Rom., Übers., Ess., Lyr., Hörsp., Dekonstruktion. Ue: frz, hebr, arab, chin. – **V:** Grammatotechne als Grammatologie der „Herzgewächse" oder von der Inkommunikabilität, Ess. 86; Paradies verloren oder was heisst hier mit Telqueleuropa 91; /S/E/M/EI/ON//A/OR/IST/I/CON/ oder zur Autobiographie Sem Schauns, Lekritüre R., Bd I–V 94–05, Bd VI: Das Echelon-Projekt 06. – **MA:** Zur Theorie der Philosoph. Praxis, Bd 3 91; Textwechsel 92; 10 Jahre Wohnzimmer, das „fröhliche" 96; Zs. Abyss 21, 23, 28. – **H:** Die Grüne FAbyss, Zs. 89–91, 96–99. – *Lit:* KLÖ 95; G. Ruiss/Ch. Binder (Hrsg.): Lit. macht Schule, Autorenhdb. 95; G.E. Moser in: Weimarer Beiträge 3/96; Zirkular, Sonder-Nr.51 98, u. a. (Red.)

Condrau, Alexander, Drogist, Lebensmittelinspektor; Glärnischstr. 111, CH-8708 Männedorf, Tel. (043) 8 44 31 62, *a.condrau@gmx.net* (* Disentis 26. 7. 31). Förd.beitr. d. Kt. Graubünden. – **V:** Beamtenmikado, R. 99; Der Rosinenpicker, Kurzgeschn. 02; Connections, Krim.-R. 05; Scherben im Verkaufsladen, Kurzgeschn. 07; Helfen und Heilen. Aussergewöhnliche Bündner Ärzte, Sachb. 08. – **MA:** Querschnitte, Bd I, Anth. 06.

Conrad, Hans-Jürgen, Rentier; Wörthstr. 6, D-42855 Remscheid, Tel. (02191) 3 91 02 (* Gelsenkirchen 13. 3. 37). Werkkr. Lit. d. Arb.welt 91; Rom., Lyr., Erz. – **V:** Zeit ohne Liebe, R. 91; Der Bergische Wanderer, Erzn. u. Lyr. 97; Wolgor, der Zauberer, M. 00. – **MA:** Kurzgeschn. in zahlr. Anth. seit 89; zahlr. Beitr. in Ztgn. (Red.)

Conrad, Julia s. Büchner, Barbara

Conrad, Klaus s. Haugk, Klaus Conrad

Conrad, Michael; c/o AVA – Autoren- u. Verlags-Agentur GmbH, Herrsching (* 64). – **V:** Die Tänzerin, R. 99, 00. (Red.)

Conrad, Thea/Torsten s. Müller-Mees, Elke

Conradi-Bleibtreu, Ellen (auch Ellen Conradi, eigtl. Ellen Schmidt-Bleibtreu, geb. Ellen Kesseler), Prof. h. c., Schriftst.; Pregelstr. 5, D-53127 Bonn (* Heidelberg 11. 6. 29). Conseillère regional Europe, Arts et Lettres, Paris, Kogge 73, Humboldt-Ges. 73; Lyr.pr. im Wettbew. 'Zwei Menschen' 76, E.gabe im Wettbew. 'Mauern' d. LU 77, Companion of West. Europe Diploma, Cambridge 80, Med. Lyr.wettbew. 81; Verd.urkunde d. Univ. delle Arti, Parma 81, Weltkulturpr. Accad. Italia 84, Prof. h.c. Istituto Europeo Di Cultura 89; Lyr., Ess., Nov., Erz., Rom., Ballett-Libretto. Ue: engl, span. – **V:** Jahre m. F.J., G. 51; Kraniche, Lyr. 70; Fragmente, Lyr. 73; Ruhestörung, Erzn. 75; Unter dem Windsegel, Lyr. 78; Im Schatten d. Genius. Schillers Familie im Rheinland, Prosa 81, 89; Zeitzeichen, Lyr. 83; Die Schillers, Prosa 86/89; Klimawechsel, Lyr. 89; Begegnung über Grenzen hinweg, Erzn. 93; Die Kuhlmanns im Wandel der Zeiten, R., I 00, II 03; Zeitzeichen II, Lyr. 06. – **MV:** auch f. BRD 1950–1975, Wandtabl. 76. – **MA:** Gott im Gedicht, Lyr.-Anth. 72; Ruhrtangente 72; anth. de la poésie féminine mondiale (auch mithrsg.) 73; Westermann, Erz. 73; Erinke. Univ. Ibadan, Nigeria, Erz. 78; Mauern, Erz. 78; Prisma Minden, Kogge-Anth. 78; Heimat, Lyr. 80; Side by Side, Kurzgeschn., Weltanth. 80; Für Otto trauernder Winde, Renga 80; Freundschaft zw. Schiller u. Goethe. Das geist. Band – Charlotte v. Schiller, Prosa 81; Das Bildgedicht 81; Gauke's Jb., Lyr. 82; Kogge Anth.: Europa in Lyr. u. Prosa 84; Edith Stein, Ess. 87; Versöhnung neu entdecken, Anth. 94; Die segensreiche Ebene wo alles froh ist 96; Grenzenlos 98; Meine Weihnachtsgeschichte 98; Blumen werden immer blühen 03; Die Bot-

204

schaft der Glocken 05; Worte als Spiegel der Zeit 06. –
MH: Inter Nationes/Women Writers 1950–80 81; Kinder aus 14 Ländern, Kurzgeschn. 82; Deutsche Komponistinnen des 20. Jh. 84. – *Lit:* Sie schreiben zw. Goch u. Bonn, Autoren in NRW 75; Autorinnen der BRD; Gisbert Kranz: Literatur u. Leben 81.

Conrady, Karl Otto, Dr. phil., em. oö. UProf., Dir. d. Inst. f. Dt. Sprache u. Lit. Köln; Fröbelstr. 16, D-51503 Rösrath, Tel. (0 22 05) 56 69, Fax 8 41 10 (* Hamm 21. 2. 26). P.E.N.-Zentr. Dtld, Präs. 96–98; Verd.orden d. Ldes NRW, Rhein. Lit.pr. Siegburg 04, BVK I. Kl.; Lyr., Ess. – **V:** Latein. Dichtungstradition u. dt. Lyrik d. 17. Jh. 62; Einführung in die Neuere dt. Lit.-wiss. 66; Literatur u. Germanistik als Herausforderung 74; Goethe. Leben und Werk, I 82, II 85, Neuausg. 94, einbändige Paperback-Ausg. 06; Goethe was here, Parodie 94; Goethe 250. Gesprächsblätter 99; Wörtertreiben, G. 03; Klärungsversuche, Ess. 05. – **H:** Texte deutscher Literatur 1500–1800 (rowohlts klassiker) 68–72; Das große deutsche Gedichtbuch 77, Neuausg. 91; Von einem Land und vom andern, G. (m. e. Ess.) 93 (auch frz.); Der Neue Conrady. Das große deutsche Gedichtbuch v. den Anfängen b. zur Gegenwart 00; Lauter Lyrik. Der Hör-Conrady 08; Der Große Conrady. Das Buch deutscher Gedichte 08, u. a. – *Lit:* s. auch GK.

Conrath, Martin; Volmerswerther Str. 204, D-40221 Düsseldorf, Tel. (02 11) 3 11 34 00, *maconrath@saarlandkrimi.de*, *www.saarlandkrimi.de* (* Neunkirchen/Saar 59). Krimi. – **V:** ACHT!, Erz. 01; Stahlglatt 04; Das schwarze Grab 05; Der Hofnarr 06; Der Schattenreiter 08. – **MV:** ZOFF! – Wir machen eine Zeitung. Bd 1: Das Straßenfest 02, Bd 2: Der Mohrenkopfkrieg 02, Kdb. m. Peter Tiefenbrunner; Das Geheimnis der Madonna, m. Sabine Klewe 07. (Red.)

Conring, Edzard, bis 88 tätig in d. Chemiebranche, jetzt Rentner; Blumenstr. 17, D-26725 Emden-Petkum, Tel. u. Fax (0 49 21) 5 72 52 (* Juist 21. 11. 28). Arb.kr. ostfries. Autor/inn/en 92, IGdA 94, FDA 98; Lyr., Erz., Mundart (Niederdeutsch). – **V:** Insel im Eis, Sachb. 93, 94/95; Ein Insulaner erzählt, Erzn. 01; Ik bin un Oostfrees, Lyr. u. Prosa 03. (Red.)

Conring, Gisela (Ps. Viola Sering), Sekretärin; Blumenstr. 17, D-26725 Emden, Tel. u. Fax (0 49 21) 5 72 52 (* Witten 30. 5. 29). IGdA, FDA 00, Arb.kr. ostfries. Autor/inn/en 89; 1. Pr. b. Wolfgang-A.-Windecker-Lyr.pr. 07; Lyr., Erz., Biogr. – **V:** Gib mir deine Hand, G. 89; Qualmende Schlote, Biogr. 94; In die laute Stille hineinhören 95; Keine Falte meiner Zeit würde ich ausradieren, Lyr. u. Prosa 00; Wolkenhaus und Nebelstriche, Prosa u. Lyr. 02; Empfindungen, Lyr. u. Erzn. 07. – **MV:** „... und dann der Brief“. Gedankenaustausch mit Lyrikern u. Freunden 05. – **MA:** G. u. Prosa in zahlr. Anth., u. a. der Verlage Czernin, Gauke, Heyne; IGdA-Jbb.; Volksfest 99/00.

Constantinescu Schlesak, Magdalena; c/o Novalis-Kreis, St.-Paul-Str. 8, D-80336 München, Tel. u. Fax (0 89) 59 91 84 88 (* Bukarest 26. 12. 38). LiteraturFrauen e.V., VS Bayern, Rum. S.V., GEDOK; Lyr., Prosa, Übers. Ue: rum. – **V:** Abwesenheit um Mitternacht 70; Abstieg aus der Metapher 74; Vom einsamen Gewicht der Welt, Prosa 91; Nachts Weinen 96; Novalis Erbinnen 99; Magnet, Poesie u. Prosa dt./rum. 00; Empathia Divina, Poesie u. Prosa 01; Unsichtbares Gesicht, Lyr. dt./rum./engl. 02; Magie, G. u. Interviews. – **MV:** Briefe über die Grenze, m. Dieter Schlesak 78. – **H:** Himmelsschlund, Lyr. dt./rum./frz. 05. (Red.)

Conte Belek s. Hentsch, Gerhard

Conte, Carl s. Cropp, Wolf-Ulrich

Conte, Letizia (weitere Autorennamen: Brigitte D'Orazio, Brigitte Brunner, eigtl. Brigitte Kanitz), Red., Autorin; Via Monte Rosa 25, I-61020 Borgo S. Maria/Pesaro-Urbino, Tel. (07 21) 20 00 22, *brigitte_dorazio@yahoo.de* (* Lübeck 3. 6. 57). DeLiA 03; Rom. – **V:** Die Sterne über Florenz, R. 03; Tierärztin Sandra Baum, R. 07; Villa Monteverde, R. 08.

Contraquies, Amadeus s. Schneidewind, Friedhelm

Cooper, Benjamin s. Keilson, Hans

Cooper, Steve s. Weinland, Manfred

Corazon, Marcos (eigtl. Mirko Zuleger), Dipl.-Rechtspfleger (FH) (* Bad Schlema 16. 7. 72). Rom. – **V:** Die Wundermacher, R. 05. (Red.)

Corda, Eric s. Kövary, Georg

Cordonnier, Marie s. Schuster, Gaby

Cordts, Georg (Ps. gemeins. m. Renate Cordts: Georg R. Kristan), MinDir. i. R.; Steinacker 37, D-53229 Bonn, Tel. u. Fax (02 28) 48 14 77, *GuRCordts@t-online.de* (* Minden 6. 5. 27). Das Syndikat 86; Rom. – **MV:** Das Jagdhaus in der Eifel 85, 89; Fehltritt im Siebengebirge 86, 95; Ein Staatsgeheimnis am Rhein 87, 93; Spekulation in Bonn 88, 92; Schnee im Regierungsviertel 89; Anschlag auf Bonn 90, 93; Diplomat im Abseits 91; Die Dame aus Potsdam 92; Eine Hauptstadt-Affäre 92; Staatskarossen 93; Blütenzauber 95; Goldspur 96; Salonwagen Berlin 97; Sonderkurier 99, alles Krim.-R. m. Renate Cordts. (Red.)

Cordts, Renate (Ps. gemeins. m. Georg Cordts: Georg R. Kristan), Fotografin; Steinacker 37, D-53229 Bonn, Tel. u. Fax (02 28) 48 14 77, *GuRCordts@t-online.de* (* Versmold 1. 2. 35). Das Syndikat 86; Rom. – **MV:** Das Jagdhaus in der Eifel 85, 89; Fehltritt im Siebengebirge 86, 95; Ein Staatsgeheimnis am Rhein 87, 93; Spekulation in Bonn 88, 92; Schnee im Regierungsviertel 89; Anschlag auf Bonn 90, 93; Diplomat im Abseits 91; Die Dame aus Potsdam 92; Eine Hauptstadt-Affäre 92; Staatskarossen 93; Blütenzauber 95; Goldspur 96; Salonwagen Berlin 97; Sonderkurier 99, alles Krim.-R. m. Georg Cordts. (Red.)

Corduan, Ruth s. Petzold, Jutta

Corino, Elisabeth (Ps. Elisabeth Albertsen), Dr. phil., Schriftst.; Biesingerstr. 8, D-72070 Tübingen, Tel. u. Fax (0 71 01) 94 89 52, *karl.corino@t-online.de* (* Breitenberg 15. 9. 39). Kom-Stip. d. Fritz-Thyssen-Stift. 66/67; Rom., Erz., Ess., Lyr. – **V:** Ratio und Mystik im Werk Robert Musils, Ess. 68; Das Dritte. Gesch. e. Entscheid., Erz. 77, 79; Das Herz, die Löwengrube 94; Bredenbarg 97; Stimmfühlung 97; Die Erde summt 02; Lust auf Täuschung 08, alles Rom. – **B:** Robert Musil: Der deutsche Mensch als Symptom, Ess. 67. – **MA:** zahlr. Beitr. in: Studi germanici 66–69; Musil-Forum, H.1 u. 2 79; Kinderwunsch, Anth. 82; Über Arno Schmidt, Anth. 87; West-östlicher Divan zum utopischen Kakanien, Festschr. 99; Homme de lettres et Angelus tutelaris, Festschr. 00; Hessen: Wo die Liebe hinfällt, Anth. 01. – **MH:** Robert Musil. Stud. zu seinem Werk, Ess. 70; Nach zwanzig Seiten waren alle Helden tot, Anth. 95, 08. – **R:** Kai oder Die Freundin bedeutender Männer, Hb. 71; Zauberberge 90; Ged. u. Gespräch 90; Spuckstein 00. – *Lit:* Kay Donke in: Steinburger Jb. 79.

Corino, Eva (verh. Eva von Weizsäcker) *

Corino, Karl (Tobias Gerstäcker), Dr. phil., Leiter d. Lit.abt. d. HR bis 02; Biesinger Str. 8, D-72070 Tübingen, Tel. u. Fax (0 70 71) 94 89 52, *karl.corino@t-online.de* (* Ehingen am Hesselberg 12. 11. 42). Leporello-Pr. d. Verl. S. Fischer 71, Kurt-Magnus-Pr. d. ARD 74, Fellow am Wissenschaftskolleg Berlin 97/98, BVK am Bande 03; Lyr., Erz., Ess., Rezension, Biogr. – **V:**

Corleis

Robert Musil – Thomas Mann. Ein Dialog, Ess. 71; Robert Musils „Vereinigungen", Ess. 74; Tür-Stürze, G. 81; Robert Musil. Leben u. Werk in Bildern u. Texten 88; Außen Marmor, innen Gips. Die Legn. d. Stephan Hermlin 96; Robert Musil, Biogr. 03. – **H:** Intellektuelle im Bann des Nationalsozialismus, Ess. 80; Dieter Leisegang: Lauter letzte Worte, G. u. Miniatn. 80; Autoren im Exil, Ess. 81; Genie und Geld. Vom Auskommen dt. Schriftsteller 87; Gefälscht! 88; Die Akte Kant. IM „Martin", d. Stasi u. d. Literatur in Ost u. West 95. – **MH:** Robert Musil. Studien zu seinem Werk, Ess. 70; Nach zwanzig Seiten waren alle Helden tot 95. (Red.)

Corleis, Gisela, Dr. phil., Kunsthistorikerin; Kunzweg 13a, D-81243 München, Tel. (0 89) 83 10 72 (* Höxter 18. 12. 44). VG Wort, GEDOK; Rauriser Lit.pr. 87, Stip. d. Stadt München 87, Stip. Atelierhaus Worpswede 99; Erz., Rom., Lyr. – **V:** Der Genfer Zeichner Rodolphe Toepffer (1799–1846) 79; Unverwandt. Reisen in eine fremde Gegend 86; Brand, R. 93. – **MA:** Lob der Faulheit, Alm. 86; Träume, Alm. 87; Was mich tröstet, Alm. 88; Paare, Alm. 89; Rauriser Lesebuch 90; Stein-Sichten, Kat. 91; Slow Motion, Kat. 91; Die Jazz-Frauen 92; Orte hinterlassen Spuren, Portr. 94; Der Die Das Fremde. Mit einem Komma aufhören 95; SALZ, Juli 95; Entwürfe wurden aus Entwürfen reif 98; Nach dem Frieden 98. – **R:** Turris 88. (Red.)

Cormann, Marte (Ps. f. Gabriele Gedatus-Cormann), Dipl.-Verwaltungswirtin, ORR'in, Autorin, Drehb.autorin; Moderatorin; Suitbertusstr. 5, D-40668 Meerbusch, Tel. dienstl. (0 21 50) 91 24 58, Fax 53 28, Wort-SchatzCormann@t-online.de (* Düsseldorf 3. 5. 56). DeLiA; Rom., Erz., Fernsehsp., Sachb. – **V:** Gute Nacht, Liebling! 93; Der Club der grünen Witwen 96, 99, Tb. 00 (auch griech.); Frauen al dente 98 (auch griech.); Der Mann im Ohr 99 (auch griech.); Die Männerfängerin 00; Der Club der grünen Witwen/Frauen al dente 00; Lieber gut geschminkt als vom Leben gezeichnet 02; Wer braucht denn schon Liebe?! 02. – **MV:** Brauchen starke Frauen Gott? 98. (Red.)

Cornelius, Jan, Schriftst., Lehrer, Übers.; Sternwartstr. 36a, D-40223 Düsseldorf, Tel. u. Fax (02 11) 70 33 34, jancornelius@t-online.de, www.jancornelius.de (* Reschitz/Rum. 24. 2. 50). VS 86; Arb.stip. d. Ldes NRW 87, 1. Pr. b. NRW-Autorentreffen 87, Stip. Künstlerdorf Schöppingen 92, Auswahlliste z. österr. Kinderb.pr. 92 u. 95, Heinrich-Schmidt-Barrien-Lit.pr. 01; Humor, Sat., Kinderb., Hörsp. Ue: frz. – **V:** Balthasar 87; Der geschenkte Führerschein 87; Das schaffst du mit links! 90; Ein Cowboy namens Balthasar 90; Hanna und Hugo hauen ab 92; Meine Kusine Sabine 96; Der Hamster Halli-Galli 97; Benjamin der Zauberlehrling 00; Benjamin und sein Hund Onkel 00; Karli Kaktus 02; Der Radwechsel und andere Katastrophen 04. – **MV:** Heiteres Europa, m. Klaus Waller 90. – **R:** zahlr. Glossen, humorist. Hfk-Texte, Kindergeschn. f. WDR, BR, SR, SWF, NR. (Red.)

Cornelius, Reiner (Ps. George Craval), akad. Kunstmaler; Keltenring 60, D-74535 Mainhardt, Tel. (0 79 03) 6 88 (* Irschenhausen/Isartal 14. 10. 26). VG Wort, FDA, RSGI bis 03; Lyr., Drama, Erz., Hörsp., Sachb., Journalist. Arbeit. – **V:** Die Masken, märchenhafte Erz. 76; Kunstkalender m. Gedichten 79–95; Stimme der Frühe, G. 86; In der Sonne Kreis, Kal.-G. 87; Eingebunden in die Ewigkeit, Kal.-G. 96; Es schien ein Wunder zu sein, Sch. in 5 Akten m. Vorsp. 96; Freundesgabe für R. C., Lyr. u. Prosa 02. – **MA:** Lyr. Annalen 86 bis 00, 03; Anth. Edition L 87, 95; Tippsel 3 87; Gauke's Lyrik-Kal. 88, 89; Gauke's Jb. 88; IGdA-Alm. 87/88, 90; Das Gedicht 87/88, alles Lyrik. – **P:** Poesie in Wort und Ton, Lyr.-Lesung u. Musik, CD

06. – Lit: s. auch Kürschners Handbuch der Bildenden Künstler, 1. Aufl. 05.

Cornelius-Hahn, Reinhardt O. s. Hahn, Reinhardt O.

Cornelsen, Claudia (Ps. Robert Musil, Karl Marx), Autorin, Ghostwriterin, PR-Beraterin, Doz.; Palmaille 54, D-22767 Hamburg, sekretariat@claudiacornelsen.de, www.claudiacornelsen.de (* Hannover 4. 11. 66). – **V:** bisher insges. über 40 Bücher als Autorin, Co-Autorin oder Ghostwriterin, u. a.: Das 1 × 1 der PR, Sachb. 98, 4. Aufl. 02; Lila Kühe leben länger 01; Robert Musil: Der Manager ohne Eigenschaften 03; Karl Marx: Das Kapital-Verbrechen 03; Ich. Bin. Eine. Mörderin, R. 08. – **MV:** Expedition Knigge, m. Moritz Frhr. von Knigge, Jgdb. 06; Zeichen der Macht, m. dems., Sachb. 06; ArmSelig. Die Mannheimer Versperkirche, m. Ilka Sobottke, Sachb. 08. – **MA:** Den eigenen Beruf erfinden 00; Handbuch Werbetext 02; Conrady/Jaspersen/Pepels (Hrsg.): Online Marketing 02, u. a.; Mannheimer Seufzer, Hörb.-CD 04; Maerz in Hannover, Hörb.-CD 06. – Lit: Stefan Baron/Julia Leendertse (Hrsg.): Kreative Zerstörer 01. (Red.)

Cornelsen, Dirk, Journalist, Buchautor, Rezitator; Weberstr. 10, D-53639 Königswinter, Tel. (0 22 44) 61 05, DirkCornelsen@t-online.de (* Stuttgart 15. 10. 40). – **V:** Ankläger im Hohen Haus, Sachb. 86; Anwälte der Natur, Sachb. 91; Das zertretene Angelspiel. Eine Berliner Kindheit nach 1945 03.

Corsten, Willi; Am Kallmuth 1, D-97855 Triefenstein, Tel. (0 93 95) 87 80 87, Willi.Corsten@t-online.de (* Jüchen 3. 7. 39). – **V:** Behüte Deinen Traum, Kurzgeschn. u. G. 02, 04; Rabenland, Kurzgeschn. u. G. 06; Wildes Verlangen, G. 06; Hempels Bosheiten, G. u. Geschn. 06; Mit einem Augenzwinkern, G. 07; Ja, das ist Leben, G. 07; Sagen und Märchen, satirisch gewürzt, G. 07; Erotik, satirisch heiter verpackt, Lyr. u. Prosa 07; Süßsaure Drops, für die Großen 07; In der Hand des Teufels 07; Weihnacht und Bibel satirisch 08; Satirisches Kaleidoskop 08; Unsere tierischen Brüder 08; Von guten und weniger guten Zeitgenossen 08; – **Für Kinder:** Zauberhafte Kindheit, oder? 07; Lausbubenstreiche 07; Kleiner Bär 07. – **MA:** Zwischen Heine und Altbier. Lesebuch niederrhein. Autoren 99; Beitr. in rund 50 weiteren Anth.

Cortin, Conrad s. Stuhlmann, Helmut

Corvis, Arno Erich (eigtl. Gottfried Karenovics), Dipl.-Chemiker, Waldorflehrer; c/o Literareon-Verlag, München (* Göttingen 17. 11. 43). Rom., Lyr., Erz. Ue: engl. – **V:** TR-Trilogie (Die Botschaft von Sherlan": Bd 1: Das Geheimnis des blauen Opals 01; Der Wächter, Erzn. 02. – **MA:** Treffpunkt Schreiben, Anth. 01; Literareon Lyr.-Bibliothek, Bd I 04. (Red.)

Cosi Ma s. Q., Bella

Cosmus, Wolfram, Zahntechnikermeister; Unter der Emst 12, D-58644 Iserlohn, Tel. (0 23 74) 7 48 20, Fax 7 49 51, gross-m-punkt@freenet.de (* Cottbus 8. 1. 40). VG Wort; Rom., Erz. – **V:** Das teuflische Buch, R. 03. – **P:** Puppe Tilly, Geschn.-Lieder, CD 04. (Red.)

Costa, Friederike (Ps. f. Angeline Bauer-Prümmel, Geb.name u. Sachbuchautorennanme Angeline Bauer), Autorin; Ledererstr. 12, D-83224 Grassau, angeline.bauer@yahoo.de, www.angeline-bauer.de (* Kelheim 10. 3. 52). VG Wort 90, DeLiA; DeLiA-Pr. (3. Pl.) f. d. besten dt.spr. Liebesroman 06; Rom., Erz., Sachb. – **V:** Michaela und ihre Pferde, Jgdb. 85; Nie wieder einen Mann 88, 99; Die Traumtänzer 88; Vater gesucht 88; Eine Frau für Bertwin 89; Wer erntet noch die Pferdeäpfel 90, 01; Zwei unter einem Dach 90, 99; Weil Gott Zahnweh hat 91, 96; Is ja irre, Herr Doktor! 93, 99;

Liebesbrief mit Verspätung 93; Drei Frauen 94 (auch russ.); Endlich mal wieder Liebe 95; Vier in Südfrankreich 95; Ein Mann zum Träumen 96, 98; Als Gott den Mann schuf, hat sie nur geübt 98, 02 (auch gr.); Besser immer einer als einer immer 99 (auch gr.); Der Zaubermann 00; Lügen, lästern, lieben 01; Zu viel Glück für eine Nacht 02; Hahnemanns Frau, hist. R.-Biogr. 05; Die Seifensiederin 06; Die Närrin des Königs 08; Das Mädchen und der Maler 09; zahlr. Sachbücher. – **MV:** Das steinerne Auge, Episodendrama (m. versch. Quo vadis-Autoren) 08. – **MA:** versch. Fortsetzungsromane u. Kurzgeschn. in Zss., u. a. in Tina, Das Goldene Blatt, Neue Post. – **H:** Die Nacht der Mondfrauen, Märchen u. Erzn. 97 (unter Angeline Bauer). – *Lit:* s. auch SK.

Cotswold, B.J.P. s. Parsa-Nejad, Bouzard

Cott, Georg Oswald; Birkenkamp 1, D-38110 Braunschweig, Tel. u. Fax (05307) 1802 (* Salzgitter 21.9.31). VS 80, P.E.N.-Zentr. Dtld 98; Lyr.pr. Junge Dicht. in Nds. 72, Künstlerstip. f. Lit. d. Ldes Nds. 84, Stip. Atelierhaus Worpswede 91/92, E.gast Villa Massimo Rom 97, 'Das neue Buch' d. VS Nds.-Bremen 98; Lyr., Hörsp., Ess., Erz. – **V:** Ding und Gegending 72; Pusteblumentage 75; Tontaubengewißheit 76; Unhörbar hörbar 77; Wenn alles eben wäre 81; Kreuzbrav 87; Wurfholz 91; Als ob dir Flügel wachsen 92; Herzschrittmacher 93; Blindweg nach Klötze 96; Über zwölf Körperlängen 97, alles G.; Lessings Grab, Erz. 98; Stolpersteine, G. 98; Gargantuas Käfig, Sat. 98; Tagwerk, G. 99; Transit, Kat. 00; Karrenspur, G. 01; Mitlesebuch Nr. 41, G.-Ausw. 02; Die GÜStpublic Nr. 1, westostelbische G. 03; Die Flugbahn der Elster, G. 06; Lessings Grab, Erz. dt.-russ. 07; Was in der Nähe geschieht, G. 07. – **MA:** Beitr. in div. Anth., Lit.zss., Liederbüchern, Schulbüchern, Kal., Almanachen, Katalogen. – **R:** Steckbrief der Wale, G. 80; Gedichte aus dem Alltag 82; Das Angstgrün d. Bäume, G. 83; Gargantuas Käfig, Hsp. 85; Die siebente Seite d. Würfels, G. 86; Tontaubengewißheit, G. 88; Zur deutschen Geographie, Texte 89; Figur der Hoffnung, Feat. 90; Vier Gräber, Ess. 90; Wort aus der Leere, Feat. 91, 96. – *Lit:* nds. literarisch 81; Profile, Impulse 2, Nds. Künstlerstipendiaten 1982–84 84; Lit. um acht, Hb. 85; Atelierhaus Worpswede – Stipendiaten 89/90/91 92; Haus im Teufelsmoor, Fsf. 92; Martin Jasper in: transparent 13, 96; Hans-Jürgen Heise in: Das Abenteuer e. Drei-Minuten-Lektüre 97; Wilhelm Steffens in: die horen 189, 98; Thomas Blume in: die horen 192, 98; Johann P. Tammen in: Griffel 6, 99; Erich Franz in: Evang. Ztg 9, 01; Olaf Kutzmutz in: Forum 3, 01; Thomas Blume in: Börsenbl. d. Dt. Buchhandels 32, 02; Grit Hartmann in: Berliner Ztg 277, 05.

Cotten, Ann, Lyrikerin, Übers.; Soldiner Str. 13, D-13359 Berlin, Tel. (030) 34 62 49 96 (* Ames/Iowa 82). Reinhard-Priessnitz-Pr. 07, Clemens-Brentano-Pr. 08, George-Saiko-Reisestip. 08. – **V:** Fremdwörterbuchsonette 07. – **MA:** G. in Lit.-Zss. u. Anth., u. a. in: Der Große Conrady 08. – *Lit:* Ina Hartwig in: Frankf. Rdsch. v. 17.8.07; Ruben Donsbach in: Die Zeit v. 20.2.08. (Red.)

Cotton, Jerry s. Baresch, Martin

Cotton, Jerry s. Erichsen, Uwe

Cotton, Jerry s. Friedrichs, Horst

Coufal, Günter; Im Bregel 4, D-73733 Esslingen a. N., Tel. (0711) 3 70 18 70 (* Dresden 3.4.37). Clemens-Brentano-Pr. 93; Lyr., Erz., Märchen. – **V:** Wezembeeker Liebeslieder, G. 88; Hundeherzen, G. 91; Am Fenster, Erz. 93; Überlaut, M. 96; Zimmer nach Norden, G. 96; Zuhause, Erz. 96; Der Katzenmann, M. 97; Der Klumprich, M. 98; Von Leben + Tod, Erz. 98; Zwei Ziegen, M. 98; Golgatha, G. 99; Menschenliebe –

Hexenliebe, M. 01; Unterwegs, G. 02; Regen im Innern der Steine, Lyr 05. (Red.)

Counge, Lester s. Müller-Felsenburg, Alfred

Courage, Simone s. Richter, Claudia

Craemer, Annette, Dipl.-Ing., Architekt; Philipp-Loosen-Str. 5, D-54295 Trier, Tel. (0651) 3 14 36, Fax 30 73 17 (* Cochem-Mosel 25.2.23). Otto-u.-Elsbeth-Schwab-Pr. 87; Erz., Märchen, Gesch. – **V:** Trierer Geschichten 74; Erzählungen 75; Geschichten aus Trier 76; Erlebtes und Erdachtes 79; Pit und Grit od.: Als Moselinchen trockene Füße bekam 78; Stundenbuch, G. 88; Der Fall Neuerburg, Krim.-R. 98; Das Fräulein vom Frankenturm, M. u. Geschn. 03. – *Lit:* J. Zierden: Lit.-Lex. Rh.-Pf. 98. (Red.)

Cramer, Klaus-Peter; Schleiblick 3, D-24882 Schaalby, Tel. (04622) 18 89 76, Fax 13 44 (* Marienburg 1.8.41). Verb. Schles.-Holst. Schriftst. e.V. – **V:** Der Igel Willi und das Kachelbett 87; Der Hund von Eckernförde 93; Hase Udo Landohr's Erste Reise 94; Bertha das Suppenhuhn 97, alles Erzn. (Red.)

Cramer, Mark s. Fischer, Claus Cornelius

Cramer, Sibylle, Kritikerin; Retzdorffpromenade 3, D-12161 Berlin, Tel. (030) 8 22 42 72, Fax 82 70 82 42 (* Schweidnitz/Schles. 29.1.41). P.E.N.-Zentr. Dtld; Lyr., Ess., Erz. – **MA:** Christa Wolf, Materialienbuch (Ess.) 79; Guntram Vesper: Kriegerdenkmal ganz hinten (Nachw.) 85; Gründlich verstehen 85; Adolf Muschg: Materialienbuch 89; Gerhard Roth: Materialienbuch 92; Deutschsprachige Gegenwartsliteratur. Wider ihre Verächter 95; Der Kulturbetrieb 96; Migrationsliteratur. Schreibweisen e. interkulturellen Moderne 04; Hinter die Fassade: Libuše Moniková 05; – Essays/Beitr. in: Merkur 7/86; Neue Rdsch 1/91; Flugasche 43/Herbst 92; Text+Kritik, H.88, 112, 123, 125; Sinn u. Form 1/95; Dt.spr. Gegenwartslit. 95; Literar. Moderne 95; Klaus Wagenbach (Hrsg.): Kopfnuss 95; Jürgen Becker 98; die horen, 48. Jg./4.Quartal; manuskripte 122/93, 146/99, 147/00, 159/00, 166/04; – Autorenporträts in: Die neueren polit. Entwicklungen in d. DDR 91; Paul Wühr Jb. 97. – **H:** Lexikon d. dt.spr. Gegenwartslit. (LDGL), 2., erw. Aufl. 87. – **R:** seit über 30 Jahren regelmäß. Mitarb. in SWF, WDR, DLF, SFB, NDR: Ess., Portr., Buchkritiken, u. a.: Thomas Mann & Co. Die nicht mehr biograph. Autobiographie. – **P:** von weiblicher Autorschaft zu feminist. Lit. 93–94.

Crauer, Pil, Schriftst., Regisseur; Zumhof, CH-6048 Horw/Luzern, Tel. (078) 8 30 06 09, Fax (041) 3 40 50 25, *pilcrauer@bluewin.ch*, *www.pilcrauer.ch*. Sur Gougeas, F-84580 Oppède (* Luzern 7.1.43). Gruppe Olten 76; Werkjahr d. Schweiz. Eidgenoss. sowie dreier Kantone 79, Buchpr. Luzern 82, Schweiz. Dramatiker-Pr. 83, Turmstip. Mannheim 85; Drama, Lyr., Nov., Film, Hörsp., Fernsehsp. Ue: frz. – **V:** Lesestücke für Nichtleser, Sprechst., G., Lieder, Erzn. 76; Rolland Laporte begegnet Minister Colbert, oder die Vorzeit endet 1704, Bü. 80, 86 (auch engl.); Das Leben und Sterben des Paul Irniger 81, 83; Wer braucht da Drogen, Schwester Stahl?, Bü. 82, 86 (auch engl.); Oh, schwarze Blume ..., Bü. 85; Schiebung Schiebung 86; Europäisch-plurilinguale Gedichte und Gesänge 01 (dt.-ital.). – **MA:** Einmal war's schön 99; Ein Herz und eine Serie 99. – **F:** Achtung Feuer! The curtain of the Temple. – **R:** Dissidenten 79; Das Leben und Sterben des Paul Irniger, 4tlg; Dissidents 80, Hsp.; Die Knellbells, Fk-Erz. 78; Bassregister, Fk-Erz. 78; Der Staat hört mit; Der Untergang des Tempels oder der verlorene Weg zur Friedfertigkeit 83 III; Lenin, lass den Herrn in Ruhe, Hsp. 00; ca. 25 Fsf. – **P:** Ein uraltes Lied, Lyr., DVD 01; Jugo-Vesper, CD 01; Lieber Gott, nimm dich

Crauss

in Acht, Lyr., DVD 02. – *Lit:* Henriette Placides v. Brentano in: Poesie europee 02. (Red.)

Crauss; Gustav-v.-Mevissen-Str. 125, D-57072 Siegen, Tel. (02 71) 2 38 27 69, *crauss@crauss.com, www. crauss.de* (* Siegen 71). Aktion Musenflucht, Lit. Liaison Berlin, Literatour Siegen, Forum der 13; F. Ake-Pr. 98, Aufenthaltsstip. d. Berliner Senats 99, arteco-Pr. d. Ldes Kärnten 00, electronic vibes-Pr. d. Stadt Dortmund 00, Stip. z. Klagenfurter Lit.kurs 00, Am Erker-Kurzgesch.pr. 01, Lyr.pr. Lyrik 2ooo S 02, Märk. Stip. f. Lit. 02, Stip. d. Stift. Kulturfonds 03, Stip. Künstlerdorf Schöppingen 07, mehrere Nominierungen f. Pr. u. Stip.; Lyr., Kurzprosa, Kolumne, Aufsatz, Lit.kritik. Ue: engl, frz. – **V:** Berlin 99. Tagebuch e. Sommers 00; Craussstreichungen, Remixes 00; Crausstrophobie. Texte & Remixes 01; Ein scharfes Bild. Monitortexte 01; Crauss auf dem See. Single-Auskopplung z. Crausstrophobie 01; KONtext sieGEN. Digging the dirt 03; Alles über Ruth, Lyr. 04; Die Frau von Gründau. Drei Dorf-Geschn. 06; do yar thang / campari passion, Comic 08; zahlr. Kunstaktionen, lit. Veranstaltungen u. Lesungen. – **MV:** Marcel Diel & Crauss und was man sonst noch anheulen kann 01. – **MA:** ANTH.: Großstadtlyrik 99; Die Welt ausstellen 00; Lyrik von Jetzt 03; – ZSS.: Lyr. u. Prosa seit 96 u. a. in: Prairie Schooner (Nebraska); Zeitriss; Macondo; Der Dreischneuß; Perspektive; Diagonal; – Red. d. Zss.: Konzepte. Lit. z. Zeit; Krit. Ausgabe. Zs. f. Germanistik u. Lit.; INSIDE. In Sachen Siegen; – Netztexte in versch. Zss. u. Lit.foren; Ess., Rez. u. Kolumnen unter: www.kritische-ausgabe.de. – **H:** Martin C. Stoffel: Angels Rest / Sascha Seidel: Kometen 01; Auf die Melodie von Martin C. Stoffel. Craussstreichungen, die Originale 01. – **MH:** manuscripties, Anth. Inner City, Anth. 98; MYTHOlogics, 4 Bde 02. – **R:** div. Funkfeat. u. Craussendungen auf WDR, Radio Siegen, Radio Q/Münster seit 96; div. Fs.-Feat. auf WDR, tm3 u. 3sat seit 96; Nur Nürri jetzt, m. and., Hörst. 98. – **P:** campari & jazz, CD 05; whiskey & funk. Remixes, CD 06.

Craval, George s. Cornelius, Reiner

Cravan, Artur s. Bittermann, Klaus

Craven, R. s. Kehl, Wolfgang

Craven, Robert s. Hohlbein, Wolfgang

Crawford, Vanessa s. Schwekendiek, Margret

Crazy Praetorius s. Titz, Uta

Crecelius, Rita, Dipl.-Psych. u. Autorin; Hinter der Wiese 12, D-38162 Cremlingen, Tel. (0 53 06) 99 06 53, Fax 99 06 92, *crecelia@gmx.de* (* 59). – **V:** Was die Hexe sagt 96.

Crefeld, Sven, ehem. Kulturred., jetzt freier Journalist; lebt in Berlin, c/o Plöttner Verl., Leipzig (* Wülfrath 68). – **V:** Könige im Bauernland, Glossen, Feuill., Satn. 06; Gustav Jaenecke. Idol auf dem Eis, Biogr. 08; „Volkstreue Kultur", Ess. 08. – **MA:** Beitr. unter: www.netzeitung.de sowie u. a. f.: FAZ; Kunststoff; politik und kultur; Radio Eiskalt; Romain Gary: Frühes Versprechen, R. (Nachw.) 08. (Red.)

Cremer, Drutmar, ehem. Prior d. Benediktinerabtei Maria Laach, Leiter d. Kunstverlags u. d. Kunstwerkstätten; Benediktinerabtei Maria Laach, D-56653 Maria Laach, Tel. (0 26 52) 5 93 60, Fax 5 93 86 (* Koblenz 26. 1. 30). Erz., Ess., Lyr. Ue: engl. – **V:** Frohe Legenden der Hl. Nacht 64, 69; Päpstin Johanna, heit. Erz. 68; Samson, Deut. e. Laacher Meisters 69; Mensch, wo bist du? 72; Öffne meine Augen 74; In meine Stummheit leg ein Wort 75; Ich komme zu euch 75; Preisen sollen dich alle Völker, Bildbetracht. z. Holztür v. St. Maria im Kapitol 77; Malaika, der schwarze Engel, Weihnachts-Legn. 77, Neuaufl. 05 (mit Hörb.); Zister-

nen, Bildmeditn. z. Bildern v. E. Alt 79; Gerufen ins Licht. Benedikt von Nursia, Leitbild f. d. heut. Menschen? 80 (auch ital.); Aber einmal fällt Stille ein. Wege durch e. Inseljahr, Gedanken u. G. 81; Friede sei mit euch. Der leidende Mensch unserer Zeit u. sein Weg im Glauben 82; Denn Sterne wollen stets geboren sein, G. u. Gebete 82, 97; Dein Atemzug holt Zeiten heim, G. zu bibl. Bildern v. Marc Chagall 84; Leichter schweben als der Albatros, G. 85; Ich preise dich, Herr, darum hüpfe ich, heit. Tiergebete 86, 10. Aufl. 99; Randgefüllt mit Liedern voll Lavendel 87; Bei mir piept es, Herr, heit. Vogelgebete 88, 6. Aufl. 98; Heimwehstraßen – eingebrannt ins Windgehäuse Welt, G. 88; Da die Zeit erfüllt war, Legn. 89; Wo Licht gesät ist und Lavendelträume blühen, G. u. poet. Texte 91; Nanu, was sagt dazu St. Benedikt, Anekdn. 93; Bin ich ein Mauerblümchen, Herr?, Gebete 95; Im Morgenrot singst du das neue Lied, G. 4. Aufl. 95 (auch span.); Ein Engel bläst den Schöpfungstusch..., heit. Verse 97; Laßt uns das Lied der Sehnsucht singen, G. 98; Mit Feuerhand erwählt bei Nacht, G. zu Bildern v. Sieger Köder 99; Licht ist künde euch große Freunde. Wunder der Weihnacht 00; Sei uns willkommen Herre Christ. Licht u. Freude zum Wunder d. Weihnacht 03; Für euch trag ich die Nase hoch. Liebesbriefe an Adam u. Eva von Tieren, die das Paradies nicht vergessen können 03; Du strahlst Licht im Wind der Zeiten 06. – **MV:** Du siehst mich an 73; Und überall der Mensch (Bildmeditn. f. d. Unterricht) 74; Laacher Impressionen 76; Benedikt von Nursia, Meditn. dt., schweizer u. österr. Benediktinerinnen u. Benediktiner 80. – **H:** Wohin, Herr, Gebete in die Zukunft 71 (auch frz., ital., ndl.); Laßt euch versöhnen 72 (auch mitverf.); Sing mir das Lied meiner Erde, Bitten um den Geist 78 (auch frz., engl.); Benedikt von Nursia, Bilder seines Lebens 80. – **R:** Frohe Legenden der Hl. Nacht, Rdfk-Erz.; Malaika, der schwarze Engel 77. – **P:** Frohe Legenden der Hl. Nacht 75; Malaika, der schwarze Engel 77; Ich preise dich, Herr. Darum hüpfe ich, Schallpl. 87. – **Ue:** Passion, Zodiaque-Bildbd 73.

Crepon, Tom (Ps. Claus Wendt), Lit.wissenschaftler, Schriftst.; Seekenkamp 3, D-23909 Ratzeburg, *info@tom.crepon.de, www.tom.crepon.de* (* Demmin 23. 11. 38). Kurzprosa, Biogr. – **V:** Leben und Tode des Hans Fallada, Biogr. 78, 9. Aufl. 92; Kunst-Stücke, Aphor. 84; Vollmanns Frau, Erzn. 87; Leben u. Kämpfe d. Leberecht v. Blücher 88; Leben u. Leiden d. Ernst Barlach 88; Friedrich Schult. Leben u. Werk 97; Kinderspiele in Norddeutschland 97; Kurzes Leben – langes Sterben. Hans Fallada in Mecklenburg 98; Gebhard Leberecht von Blücher. Sein Leben, seine Kämpfe 99; Wie geht's ihrer Meise 99; Das Ende vom Lied 00; Familien-Bilder. Geschichte(n) e. Hugenotten-Familie 01; Hunds-Tage 02. – **MV:** Heinrich Schliemann. Odyssee seines Lebens, m. W. Bölke 90; An der Schwale liegt (k)ein Märchen, m. M. Dwars 93. – **H:** Eine Stadt wie aus Marzipan 93; Mecklenburg-Vorpommern. Bilder e. Landschaft 93. – **R:** Das Fahrrad, Hsp. 87; Das zweite Leben der Anna D., Feat. (Red.)

Creutz, Helmut, Architekt, Wirtschaftsanalytiker; Monheimsallee 99, D-52062 Aachen, Tel. u. Fax (02 41) 3 42 80, *helmut.creutz@iit-online.de* (* Aachen 8. 7. 23). VS 78–01; Sonderpr. Rep.wettbew. Lit. d. Arbeitswelt Mannheim 70; Sachbezogenes Tageb. – **V:** Gehen oder kaputtgehen, Betriebsbuch 73, 74; Haken krümmt man beizeiten. Schultagebuch e. Vaters 77, Tb. 80. – **MA:** Lauter Arbeitgeber. Lohnabhängige sehen ihre Chefs 71; Ihr aber tragt das Risiko, Repn. aus d. Arbeitswelt 71, 72; Schulverdrossenheit, päd. Texte 78; Das Faustpfand, Geschn. u. Ber. 78; Plötzlich brach der Schulrat in Tränen aus. Texte v. Schülern u. Lehrern 80; Schulge-schichten 77; Meiner Meinung nach, Schulb. 79; Würde am Werktag 80; Wir behaupten d. Gegenteil. Texte aus d. Arbeitswelt 86; 3 Fachbücher 84–87. – *Lit:* s. auch 2. Jg. SK.

Crevoisier, Jacqueline, Journalistin, Red., Film- u. Fernsehregisseurin, freie Schriftst.; J. van Gaesbeeklaan 11, NL-1391 CE Abcoude (* Zürich 17. 5. 42). SSV (BR) 79–03, AdS 03, P.E.N. 89; Hsp. d. Monats 87, The second round table of European Poetry 99, Werkbeitr. d. SSV 00; Lyr., Nov., Ess., Film, Hörsp. Ue: ndl. – **V:** Geliebter Idiot, Lyr. 71; Salto Morale, Lyr. 77; Bitte nicht stören 88; Madame Lunette, Geschn. 92; Patridio-tisches, Lyr. 00; Fabulöses, Kurzgeschn. 02; Gelasse-ne Federn, Lyr. 03. – **B:** Marten Toonder: Ausfäller 89; ders.: Die Überdirektoren 89. – **MA:** Das Schreckhup-ferl/Schreckmümpfeli, Hsp.-Anth. 84; Poesie-Agenda 89, 93, 94, 00–08; Wechseltausch – Übersetzen als Kul-turvermittlung: Dtld u. d. Niederlande 95; PEN-Anth. 98; Vivat Helvetia – die Herausforderung einer natio-nalen Identität 98; orte, Nr. 111, Lit.zs. 99. – **R:** Ein Schwan ist auch nur ein Mensch, Hf.; O Weih, O Weih. O Weihnachtszeit, Hsp. 81; Die bonbonrosa fluores-zierende Einkaufstasche – od. Frau Hennipmann probt d. Aufstand, Hsp. 87; Luftwurzeln, Ess. 90; Wo bitte, geht's denn hier zur Wirklichkeit?, Ess. 98; Ungreifbar, Hsp. 99; Fabulöses, Kurzgeschn. 01; Prof. Dr. Mäuse-bius von Eulenburg, F. 1–7, Hfk-Erzn. 07; zahlr. Kurz-beitr. u. Erzn. im Rdfk. – **P:** Fabulöses, Kurzgeschn., CD 01. – *Lit:* Aart van Zoest: Grieshaber, Goodspice, Cornchaff en Grosgrain – Bommel auf Ausländisch 88; Hans Ester: Autorengespr. m. J.C. 96; Aart van Zoest in: Nynade, Nov. 07.

Criegern, Axel von, Prof. Dr., Hochschullehrer; Froschgasse 9, D-72070 Tübingen, Tel. (0 70 71) 2 16 40, Fax 55 13 68, *criegern@t-online.de, axel-von-criegern.de* (* Berlin 23. 8. 39). Biogr., Fachb., Comic. – **V:** Tatort Tübingen oder das gefährliche Le-ben des Wachtmeisters Glotz 87; Tübinger Impressio-nen 87; Landesgeschichten, schwäb. Chronik 88; Das war Buri 90; Vom Text zum Bild. Wege ästhetischer Bildung 96; Wie die Alten sungen..., Ess. u. Dok. 99; Dramaturgie eines Bildes, Ess. u. Dok. 04; Lustige Ge-sellschaft auf einer Gartenterrasse, Ess. u. Dok. 06. – **MV:** Begegnung mit einem alten Mann, m. Friederike Waller 92; Bilderträume, m. ders., Texte u. Bilder 00. (Red.)

Cristen, Gabriele Marie s. Schuster, Gaby

Crohn, Cornelia, Galeristin, Managerin, Dipl.-Leh-rerin; Osterstr. 18, D-18347 Wustrow, Tel. (03 82 20) 8 01 46 (* Rostock 18. 7. 54). Lyr., Kurzprosa, Szenari-um. – **V:** Unter Wasser, G. 01. – **H:** Käthe Miethe: Unter eigenem Dach, Erzn. 93. (Red.)

Cronenburg, Petra van (Ps. Viola Beer), freie Jour-nalistin, Autorin u. Publizistin; lebt im Elsass, *pvc @cronenburg.net, www.cronenburg.net* (* 61). Sachb., Rom., Geschenkb. – **V:** Geheimnis Odilienberg 98 (auch span.); Schwarze Madonnen 99 (auch ital.); El-sass. Wo der Zander am liebsten an der Riesling schwimmt 04, 2. Aufl. 06 (auch als Hörb.); Stechapfel und Bella-donna, R. 05 (auch litau.); Ein neuer Tag voll Sonnen-schein, Geschenkb. 06; Lavendelblues, R. 06 (auch li-tau.); Trennkost. 13 süße Lektionen z. Singleglück, Ge-schenkb./Sat. 07; Voller Elan in den neuen Tag, Ge-schenkb. 07; Das Buch der Rose 08. – **P:** Francis Pou-lenc: Stabat Mater, m. and., DVD.

Cronstätter, Gerch s. Stephani, Claus

Croon, Winfried, Dr. phil.; Zwergfelderstr. 20, D-54296 Trier, Tel. (06 51) 1 74 90, *ikks@gmx.de.* 1, rue Baugru, F-88200 Remiremont, Tel. 3 29 62 00 64

(* Merzig 27. 7. 33). Rom. – **V:** Domsta Domsta, R. 86; Auszeit. Geschichten im Kreis, R. 93; Der Zustand Omega, Theater 95; Ikksens A B C 97; Katzen in Elsi-nor 99; Transit 00; Krater 01; Nicolas und Joséphine 02; Ein Schattenmann 03; Dabbelju scheitert 04; Gespen-ster 05; Nach Timbuktu 06; Fußball mit Kreidweiss 07; Im Turm. Geschn. vom Ende 08, alles R.

Cropp, Wolf-Ulrich (Ps. Lup Lupus, Carl Con-te), Ph. D. in B. A., Dr. rer. oec. h. c., Dipl.-Wirtsch.-Ing., Generalbevollmächtigter, Schriftst.; Hoheneichen 32, D-22391 Hamburg, Tel. (01 72) 4 22 41 64, (0 40) 5 36 58 41, Fax (0 40) 5 36 29 40, *cropp1@web.de, www.wolf-ulrich-cropp.de* (* Hamburg 25. 7. 41). Lit.-haus Hamburg 97, VS 98, Hamburger Autorenvereini-nig. 99, Lit.zentr. e.V. im Lit.haus Hamburg 01; Jgdb. d. Monats Dez. d. Akad. f. Kd.- u. Jgd.lit. Volkach 84, Lord of the Manor of Broadwas 99, Buch d. Jahres 00, DIE WELT-Leser-Liste 01; Rom., Erz., Sachb. – **V:** Fangtage, R. 81; Im Herzen des Regenwaldes. Bei den Indianern Equadors, erzählendes Sachb. 85, 3. Aufl. 90; Alaska-Fieber, erzählendes Sachb. 83, 10. Aufl. 03; Schwarze Trommeln. Auf Entdeckungsreise durch Westafrika, erzählendes Sachb. 86, 3. Aufl. 90; Aus den Ambas ins Tal des Todes, Reiseerz. 87; Mit der Bounty durch die Südsee, erzählendes Sachb. 93; Gletscher und Glut 95; Die Batavia war ihr Schicksal 97; Goldrausch in der Karibik 00; Models und Mönche 03; Treffpunkt Kabul 06, alles Erzn.; mehrere Sachbücher seit 77. – **MA:** Deutsche Erzähler der Gegenwart 02; Engel En-gel, Anth. 02; Mensch, Hamburg! 04; Meere, Erz. 07. – **P:** Alaska-Fieber 85; Im Herzen des Regenwaldes 90; Schwarze Trommeln 91; Gletscher und Glut 96, alles Tonkass.; Die Batavia war ihr Schicksal, CD 01. – *Lit:* Verena Fink in: Hamburger literarisch 88; Nicola Scheife-le in: Autoren-Porträts 92; Wer ist Wer? Das Dt. Who's who 92/93, 01/02 ff.; Karin v. Behr: Freie Akad. d. Kün-ste in Hamburg e.V. 01; s. auch SK.

Crowley, Alisha s. Peters, Stephan

Crueger, Hardy (Hardy Krüger); c/o Verlag Andre-as Reiffer, Hauptstr. 16b, D-38527 Meine, *crueger1@ gmx.de, www.rick.istcool.de* (* Oldenburg 1. 9. 62). VS Nds. 95; Rom., Kurzgesch., Hörsp. – **V:** Göttlicher Met, R. 93; Meine Woche, Stories 95; Dilettanten, Krim.-R. 96, 2. Aufl. 00; Profis, Krim.-R. 01 (auch als in-szen. Lesung); Das Glashaus, R. 04; Experten, Krim.-R. 06. – **MA:** Anth.: Naturbulenzen 89; Am Ende des Tun-nels 90; Erzählungen der Phantast. Literatur 90; Down-town Deutschland 92; Wie Seifenblasen, die zerplat-zen 92; Geschichten aus das Leben schrieb 92; Das Kopflaus-Syndrom 93; Asphalt-Beat 94; Märchens Ge-schichte 94; Die Landschaft im Kopf 94; Restlicht 95; Asparagus Stories 95; That's Social-Beat(?), Tonkass. 96; social beat & act kalender 97; Social beat, open poetry 97; Kaltland Beat 99; SUBH. „shut up-be hap-py“ 01; Die Alptraumfabrik 03; Lit.zss. seit 89: Story Center; Tatenlos; Hokahe; Der Störer; Kopfzerschmet-tern; Brain Surfer; Bulettentango; Impressum; Cock-sucker; 3D-Silbig; Shut up – Be happy; Versammelte Schriften. – **H:** In Deutschland nichts Neues, Anth. 92; Die sehr verschiedenen Kriminalfälle des Privatdetek-tivs Rick Xaver Morton, Krim.-Anth. 94; Das Turm-Projekt, e. Konzeptions-N. 97; Augenzeugen, Konzep-tionskrimi 06. – **MH:** Der Störer, Lit.zs., 90–92. – **R:** Chor der Verdammten, Hsp. 97; Der Vorstadtphilosoph, Story 97; Zu treuen Händen, Hsp. 00. – **P:** Victor Ro-senfels, Biogr., CD 09.

Csamay, Ildiko, Studentin; Erzherzog-Johann-Str. 20, A-8670 Krieglach, Tel. (06 64) 5 49 89 45, *ildiko_ csamay@hotmail.com* (* Graz 12. 3. 88). Rom. – **V:**

Csampai

Man sagt hallo zu den Engeln, R. 05; Lichter. Die wahre Geschichte d. Welt im inneren Monolog, R. 08.

Csampai, Sabine; Piazza del Castello 3, I-58050 Montemerano/Grosseto, Tel. (05 64) 60 25 54, *sabinecsampai@web.de*. Rodensteinstr. 4, D-81375 München, Tel. (0 89) 7 19 52 35 (* München 17. 1. 52). Rom. – **V:** Kiesbett 97; Hasenjagd 98; Spur in den Süden, R. 01. – **MA:** Was ist dran an Mann 97. (Red.)

Csiba, László, Chemiker, Schriftst., Übers.; Albert-Schweitzer-Str. 13a, D-06114 Halle/S., Tel. (03 45) 5 22 36 62 (* Mosonmagyaróvár/Ung. 30. 3. 49). VS 94, Förd.kr. d. Schriftst. in Sa.-Anh., Friedrich-Bödecker-Kr. Sa.-Anh.; Stip. Schloß Wiepersdorf 93, 04, Adelbert-v.-Chamisso-Pr. (Förd.pr.) 95, Stip. d. Stift. Kulturfonds 96, Arb.stip. d. Kultusmin. Sa.-Anh. 97, 99, 03, Stip. d. Robert-Bosch-Stift. 00, Arb.stip. d. Kunststift. Sa.-Anh. 05, Stip. d. Batuz-Found. Kloster Altzella/Sa.; Lyr., Erz., Dramatik, Hörsp., Ess. – **V:** Gleichgewichtsstörung, Erzn. 95; Durch das Flugloch der Bleistiftspitze, G. 98; Ich töte Mozart nicht, Hsp. 00; Das Lachen der Fische, G. 03; Ich liebe zu frühstücken, G. 04; Autorenheft L. Csiba, Ess., Prosa, Lyr. 01; Ich töte Mozart nicht, szen. Adap. e. Hsp. 06. – **MA:** Grenzgedanken 91; Jahreszeiten des Verlangens 92; Am Erker 94; Jb. f. dt.-finn. Lit.beziehungen 94; Halbasien 96; Fremde Augen-Blicke 96; Wer dem Rattenfänger folgt 98; Das Kind im Schrank 98; Neue Sirene 9/98, 11/99; Kunst und Kultur 2/99; WendePunkte 99; Ort der Augen 3/99, 4/99, 1/01; Künstlergilde, Nr. 1 99; Prisma, Nr. 3 00; Ort der Augen 01–05; Zuhause in der Fremde 02; OFRA. Liebesgedichte 03; Signum 03–04; Bastard. Choose my identity 06. (Red.)

Csongár, Almos, Gymnasiallehrer, Doz., Publizist, Lit.kritiker, Übers.; Konrad-Wolf-Str. 140, D-13055 Berlin, Tel. (0 30) 9 86 54 09 (* Ungvár/Ungarn 6. 9. 20). SV-DDR 52; Pro Litteris Hungaricis 68, Majakowskij-Plakette 73, Móricz-Plakette 79, Gedenkmed. d. Hauses d. Ungar. Kultur Berlin, Verd.orden d. Arbeit d. UVR 85, Med. d. Ung. P.E.N.-Clubs 86, Arb.-stip. f. Berliner Schriftst. 91, Vaterländ. Verdienstorden in Gold d. Rep. Ungarn 00, u. a.; Ess., Lit.kritik, Publizistik. Ue: russ, tsch, ung. – **V:** Mit tausend Zungen. Beichte e. wechselvollen Lebens, Autobiogr. 84 (auch russ. u. ung.); Den Gefangenen Nietzsche befreien, Aufss. 00; Der gute Europäer aus der Sicht von Friedrich Nietzsche 03; Wie die Jungfrau zum Stier wurde. Fluch u. Segen e. Jahrhunderts, Autobiogr. 06 (verb. u. erw. Neuaufl. von "Mit tausend Zungen); Ich liebe dich auf Ungarisch, Erzn. 07; Das ZK – ein Tropfen auf den heißen Stein, philos. Essays (in Vorbereitung). – **MA:** Was einem Siege gleichkommt, Erzn. 51; Sonne über der Donau, Erzn. 62; Die Magyaren im Spiegel ihrer Literatur – Kurze Geschichte d. ungar. Lit. 65; Imre Dobozy: Der Betschemel der Prinzessin (Nachw.) 78; Pál Szabó: Der König der Kreuzfahrer (Nachw.) 79; Europa feiert Weihnachten, Anth. 80; Ess. in: Friedrich Nietzsche und die globalen Probleme unserer Zeit, Anth. 97; – Essays u. Repn. in: Wochenpost; Neues Deutschland; regelm. Essays in: etwa philosophia; Gegner; RotFuchs. – **H:** Jenő J. Tersánszky: Marci Kakuk, R. 75; Zsigmond Móricz: Das Rindvieh mit dem Adelsbrief, Erzn. 79; Gábor Thurzó: Die Bereitschaft, Erzn. 82. – **MH:** Ungarn erzählt. Ein Einblick in d. ung. Lit. 54; Béla Gádor: Schutzengel gesucht 66. – **Ue:** István Asztalos: Der Wind weht nicht von ungefähr, R. 51; Was einem Siege gleichkommt, ung. Erzn. 51; Kálmán Sándor: Der weiße August, R. 53; Imre Keszi: Bálint Zsóry muß sterben, R. 55; Jenő Tersánszky: Die Geschichte eines Bleistifts 57; Nichts als Ärger 59; Imre Németh: Am Ufer des Purpurmeeres, R. 64;

Zsigmond Móricz: An einem schwülen Sommertag 65; Béla Gádor: Schutzengel gesucht 66; Jenő J. Tersánszky: Marci Kakuk im Glück, R. 68; Martin Kuckuck auf Wahlfang, R. 68; Auf Wiedersehen Liebste, R. 73; Marci Kakuk, R. 75; Antal Hidas: Die Abenteuer des braven Schusters Ficzek, R. 73; Tamás Bárány: Die Wendeltreppe, R. 76; Jenő J. Tersánszky: Legende vom Hasengulasch 80; József Lengyel: Die Kettenbrücke 80; Zsigmond Móricz: Himmelsvogel 79; Gábor Thurzó: Die Bereitschaft, ung. Erzn. 82; Weihnachtsgemälde, Erzn. 83; Imre Dobozy: Frontwechsel, R. 83; Imre Keszi: Unendliche Melodie, Wagner-R. 83; Ferenc Sánta: Das fünfte Siegel, R. 85; Tibor Cseres: Rebell wider Habsburg, Lebensr. d. Laios Kossuth 87, (alle Publ. m. ausführl. Nachw. vers.); István Lázár: Kleine Geschichte Ungarns 90; Árpád Göncz: Sandalenträger, R. 93, Tb. 95. – **MUe:** Zsigmond Móricz: Zaubergarten, R. 72; Der große Fürst, R. 73; Schatten der Sonne, R. 74; Befunde u. Entwürfe. Zur Entwickl. d. ung.marx. Lit.-Kritik (1900–1945) Ess. 84; Literatur Ungarn 1945 bis 1980, Ess. 84; I. Lázár: Von kühnen Räubern und Rebellen 89. (Red.)

Cueni, Claude (Ps. Claudius Kuhfuß, Nadine Nauer, Marcel Schwarz), Schriftst.; Waldeckweg 29, CH-4102 Binningen, Tel. (0 61) 4 21 88 88, Fax 4 21 88 81, *claude @cueni.ch*, *www.cueni.ch* (* Basel 13. 1. 56). Gruppe Olten 80, VG Wort 80, Pro Litteris, Teledrama 80, G.S.D. 82; Welti-Pr. f. d. Drama 82; Rom., Hörsp., Drama, Film. Ue: frz. – **V:** Quasi, Satn. 76; Ad Acta 80; Weisser Lärm 81; Schneller als das Auge 87; Der vierte Kranz 89; Cäsars Druide 98; Der vierte Kranz 05; Das grosse Spiel 06, alles R. – **R:** Hörspiele: Ohne Preis kein Fleiß 82; Das andere Land 82; Die Klon-Affäre 83; Parkgarage 86; Sprechstunde 87; FAX, 20 F. 90; Die Hörbriefe von Crazy Horse 91; – Fernsehfilme: Der Millionenfund 86; Der Astronaut 87; Kampf ums Glück 88; Lucas lässt grüssen 90; Auf der Suche nach Salome, 6-tlg. Serie 90; Drehbücher z. d. Fs.-Serien: Eurocops; Peter Strohm; Alarm für Cobra 11. (Red.)

Cugel, Dacapo s. Henneberg, Claus

Cumart, Nevfel A. (Ps. Milton Wöhrmann), Schriftst., Übers., Lit.kritiker; Michaelsberger Weg 23, D-96135 Stegaurach b. Bamberg, Tel. (0 9 51) 29 62 99, Fax 29 93 14, *info@cumart.de*, *www.cumart. de* (* Lingenfeld 31. 5. 64). VS 87, NGL Erlangen 97, P.E.N.-Zentr. Dtld 02; Förd.pr. z. Kunstpr. d. Ldes Rh.-Pf. 92, Förd.pr. d. Freistaates Bayern 95, Aufenthaltsstip. d. Berliner Senats 95, 96, Stip. d. Yamantük-Stift. Istanbul 00, u. a.; Lyr., Erz., Ess., Übers. Ue: türk. – **V:** Im Spiegel, G. 83; Herz in der Schlinge, G. 85; Ein Schmelztiegel im Flammenmeer, G. 88; Das ewige Wasser, G. 90, 4. Aufl. 00; Das Lachen bewahren, G. 93, 3. Aufl. 96; Verwandlungen, G. 95, 2. Aufl. 96; Zwei Welten, G. 96, 2. Aufl. 98; Schlaftrunken die Sterne, G. 97, 4. Aufl. 00; Waves of time/Wellen der Zeit, G. 98; Hochzeit mit Hindernissen, Erzn. 98, 2. Aufl. 99; Auf den Märchendächern, G. 99; Ich pflanze Saatgut in Träume, G. 00; Seelenbilder, G. 01; Unterwegs zu Hause, G. 03, 2. Aufl. 04; Beyond Words / Jenseits der Worte, G. dt./engl. 06. – **MA:** Zeit Vergleich 93; Tatort Klassenzimmer 94; Fluchtwege 95; Alles so schön bunt hier 96; Denn du tanzt auf einem Seil 97; Kamingeflüster 98; Heim a.d. 98; Selbstporträt. Lit. in Franken 99; Little Artur & Freunde 99; Fund im Sand 00; Little Artur macht Geschichten 01; Projekt Lesen 01; Lebenslinien 01; „... das liegt der Himmel näher an der Erde?" 02; Von Ufer zu Ufer 03; Frei von Furcht und Not 04; Briefe an Anne Frank 06; 30, Anth. d. NGL 07; Beat Stories 08, u. a.; – Lit.-Red. d. Stadtmag. „Fränkische Nacht" 4; – **H:** Generation 3000 98. – **MH:** Die Palette 90. – **Ue:**

Yaşar Kemal: Der Baum des Narren 97; Fazıl Hüsnü Dağlarca: Steintaube – Taş Güvercin, G. 99; Yaşar Nuri Öztürk: 400 Fragen zum Islam – 400 Antworten, Hdb. 00; Yaşar Kemal: Gut geflunkert, Zilo! 02; Yaşar Nuri Öztürk: Rumi und die islamische Mystik 02; Celil Oker: Letzter Akt am Bosporus, R. 04; Yaşar Nuri Öztürk: Der verfälschte Islam 06; Celil Oker: Dunkle Geschäfte am Bosporus, R. 08. – **MUe:** Azis Nesin: Zübük der Erzgauner, R., m. Yildirim Dagyeli 87. – *Lit:* Mustafa Çakir in: Diyalog 94; Wolf-Dieter Aries in: Moslemische Revue, Apr. 94; Ilyas Meç in: Diskussion Deutsch Nr.145, Sept. 95; Eoin Bourke in: Denn du tanzt auf einem Seil 97; Hans Schlicht in: Schulreport 97; Josef Zierden: Lit.lex. Rh.-Pf. 98; Stefan Neuhaus in: Moderna Sprak, Vol. XCII, Nr.1, Mai 98; Michael Schmidt in: Stark Unterrichtsmat. Deutsch 99; S. Neuhaus in: Lex. d. dt.spr. Gegenwartslit., Bd 1 04.

Cunz, Doris s. Lott, Doris

Cuonz, Romano, Journalist BR, Redakteur, Publizist; Ziegelhüttenstr. 13, CH-6060 Sarnen, Tel. (0 41) 6 60 31 05, Fax 6 60 51 36, *romano.cuonz@bluewin.ch, www.cuonz.ch* (* Chur 25. 8. 45). Gruppe Olten, jetzt AdS, ISSV/Vorst.tätigkeit, Künstlertreff 13, Obwalden, Art GEDOK Rhein-Main-Taunus; Buchpr. d. Federer-Stift. 88, Werkbeitr. „Werkstattgespräche" Jules-Grüter-Stift. 95, Aufn. in Anth. d. 44 besten Kurzgeschn. b. GEDOK-Lit.wettbew. RMT 95, Aufn. in Anth. mit 153 G. b. GEDOK-Lit.wettbew. RMT 97, Finalist im GEDOK-Lit.wettbew. „Umwelt-Lyrik" 98, Beat-Jäggi-Pr. 99, Ausz. b. Wettbew. „Kreuz2001", Anerkenn.pr. b. 8. Berner Kurzgeschn.wettbew. 04; Lyr. in Obwaldner Mundart u. Hochdt., Kurzgeosch., Literar. Biogr., Kinderb., Naturbeschreibung, Hörsp. – **V:** Zwischen Schilf und Gebüsch, Naturbetracht. 84; Wenn d Sunnä durä Näbel schynd, Naturlyr. in Obwaldner Mda. 88, 2. Aufl. 89; Sein Kreuzweg unser Wegkreuz, Lyr. 90; Abenteuer Nationalpark, Jgdb. 91; Hotelkönig, Fabrikant – Franz Josef Bucher 98. – **MV:** Paxmontana – Hotelgeschichten, m. Christof Hirtler u. Niklaus v. Flüe 96; Einst in Obwalden – Fotografien erzählen Geschn., m. Chr. Hirtler u. Heidy Gasser 99; Veränderungen, m. Franz Bucher, Prosag. u. Kurzgeschn. 02; Geschichten, Farbe und Gerüche – Entlang der Lorze 04. – **MA:** Künstlertreff 13, Jahresgabe 85 u. 88; Gredt u gschribä, Mda.-Lyr. 87; Maschwander Dorfchronik 91; Geschiebe, Mda.-Lyr. 92; Schreiben in d. Innerschweiz, Lex./Anth. 93; Heitere Geschichten 93; Geschichten (Raeber-Verl., Luzern) 95; Quere Geschichten 95; Zähl mich dazu, Erzn. 95; In meinem Gedächtnis wohnst du, Liebesg. 97; In den Ohren ein Stirren vom Flugwind der Erde, G. 01; Kindheit im Gedicht 01; Dichterhandschriften 02; LebensBilder 04. – **R:** seit 1967 regelmäß. Mitarb. b. Schweizer Radio DRS: Redakteur, Moderator, Kulturkritiken, Feat.; Ä Bahn ufs Stanserhorn: Zläid und ztrotz, Hsp. 04/05. – *Lit:* Schreiben in d. Innerschweiz 83; Intern. Authors and Writers Who's Who, Cambridge 99/00; Dt. Schriftst.lex. 02; Schriftstellerinnen u. Schriftst. d. Gegenw., Aarau 02. (Red.)

Curtius, Mechthild (geb. Mechthild Wittig), Dr. phil. habil., PDoz. f. Lit., Schriftst.; D-60322 Frankfurt/Main, Tel. u. Fax (0 69) 59 59 45, *me@drcurtius. de, www.mecur.de.* c/o Olaf Hauke, Wilhelm-Thoer-le-Str. 9, D-63456 Hanau (* Kassel 11. 2. 39). VS 76; Drehbuchpr. d. Ldes NRW 88, Lichtenberg-Pr. f. Lit. 88, Kulturpr. d. Main-Kinzig-Kr. 95, 'Poetik d. Grenze' – writer in residence, Graz 01, Moldau-Stip. d. Ldes Hessen u. d. Tschech. Rep. 02, Superprace, Polen 03; Rom., Ess., Nov., Kurzgesch.; Funk- u. Fernsehfeat. – **V:** Mode und Gesellschaft 71, 74; Kritik der Verdinglichung in Canettis Roman „Die Blendung" 73; Theorien

der künstlerischen Produktivität 76; Wasserschierling, Geschn. 79; Jelängerjelieber, R. 83; Erotische Phantasien bei Th. Mann, Habilschr. 84; Vater, der du bist auf Erden. Vater u. Gott bei Ernst Weiß 88; Autorengespräche 91; Neiße und Pleiße, R. 92; Im Rüschhaus und anderswo, Erzn. 95; Bernstein, R. 99; Neidkopf, R. 00; Porentief, Erzn. 02. – **MV:** in d. Edition „Curtius & Hauke": Sprichwörter 89; Wortbilder 91; Miniaturen & Mücken etc. 93; Private Provinzen 96; Pasticci & Capricci 99; Blautopf – Das Detail des Sujets 01; Krumau 01; Grabgabe 03; Bleizeit I & Zeitblei II, Erzn. 03; Bella Chioggia 04; Slonsk und Irgendwo 05, alles Ausst. bzw. bibliophile Bücher m. Olaf Hauke (Editionen in Staats- u. Univ.bibl. u. Lit.-Archiven, u. a. Marbach, Nottbek, Wolfenbüttel). – **MA:** Friedensfibel 82; Hütet den Regenbogen 84; Lieben Sie Deutschland? 85; Elias Canetti. Experte d. Macht 85; Dichterschwestern 93; – regelm. Beitr. in d. Zss.: Lit. u. Kritik (Salzburg); Lichtungen (Graz); ndl (Berlin). – **R:** Hess. Landschaftsbilder, Serie 85–89; Miniaturen Südnete: Hermann Hesse in Calw, Hermann Lenz in Hohenlohe, Dostojewski in Bad Ems, Marquis de Sade 86; Glockenjahr 86; Lacoste u. Lubéron (Reisewege z. Kunst), Filmerz. 86; Die Rüschhausjungfrau, Drehb. 88; Rückkehr in die Oberlausitz 91; Horizont aus Hügeln, Filmerz. 93; Businesskraut, Drehb. 97, alles Fs.-Arbeiten; – Was tun mit dem Unland – Umbria Verde, Funk-N. 86; Gespräche m. vielen Autoren u. a. Canetti, Burger ... – *Lit:* Wer ist Wer?; Autoren in Hessen; Autoren in Frankfurt; Westfäl. Autorenlex. 01, u. a. (Red.)

Cybinski, Nikolaus; Haagenerstr. 42, D-79539 Lörrach, Tel. u. Fax (0 76 21) 4 51 31, *nikolauscybinski@ freenet.de* (* Bitterfeld 18. 5. 36). Lyr., Erz., Dramatik. – **V:** Von Gupf, südlich, Prosa 88; Der Anruf während der Tageschau, Erzn. 90; Der Rest im Risiko, Aphor. 92; Blicke, Prosa 98; Der vorletzte Stand der Dinge, Aphor. 02; Von Wieden nach Irgendwo, G. 06. – **MA:** Allmende 5, 8, 11, 13, 23, 36, 48, 52, 62, 68/69; Aphor. in d. Süddt. Ztg. d. Schwäb. Ztg sowie zahlr. Zss. – **R:** Der Grabbegrüner, Hsp. 83. (Red.)

Cynonotus s. Knebel, Hajo

Czappek, Gundula, Hauptschullehrerin, Leitstellendisponentin Samariterbund Tirol; Am Bach 121, A-6334 Schwoich, Tel. (06 99) 14 41 46 17 (* Vöcklabruck 20. 6. 62). Rom., Kinderb. – **V:** Powerfrau erbt Dackelmops, R. 07, Alarm in Hamsterfelden, Kdb. – **MA:** Querschnitte, Anth. 08.

Czar, Reinhard (Reinhard M. Czar), Mag., Journalist, Autor; Weblinger Str. 66, A-8054 Graz, Tel. (06 64) 2 14 04 05, *reinhard.czar@derbleistift.at, www. derbleistift.at* (* Graz 5. 9. 64). Rom., Comic. – **V:** Hausmann noch, Kochb. 97; Sackstraße 3–5, Krimi 99; Sirtaki, Souvlaki & Co, satir. R. 02; Pulverschnee & Pistenspaß, satir. R. 06. – **MV:** Peter, der Waldbauernbub, Comic 06, 07. – **MA:** Steirischer Brauchtums-Kal. 02, 05–07; Grazer Tagebuch, Anth. 03.

Czechowski, Heinz; Karl-Albert-Str. 49, D-60385 Frankfurt/Main, Tel. u. Fax (0 69) 97 94 57 99 (* Dresden 7. 2. 35). SV-DDR 63–89, P.E.N. 90–96; Kunstpr. d. Stadt Halle 64, Goethe-Pr. d. Hauptstadt d. DDR 70, Heinrich-Heine-Pr. 77, Heinrich-Mann-Pr. 78, Bergen-Enkheim 90, Stip. d. Dt. Lit.fonds 92, 06, Hans-Erich-Nossack-Pr. 96, Dresdner Stadtschreiber 98, E.gabe d. Dt. Schillerstift. 99, Brüder-Grimm-Pr. d. Stadt Hanau 01; Lyr., Nachdichtung, Drama, Prosa, Ess. – **V:** Nachmittag eines Liebespaares, Lyr. 62, 63; Wasserfahrt, Lyr. 68; Schafe und Sterne, Lyr. 75, 77; Spruch und Widerspruch, Ess. 74; Was mich betrifft, Lyr. 81; Von Paris nach Montmartre

Czedik-Eysenberg

81; Ich, beispielsweise, G. 82; An Freund und Feind, G. 83; Herr Neithardt geht durch die Stadt, Prosa 83; Der Meister und Margarita, Bü. n. Bulgakow 86; Sanft gehen wie Tiere die Berge neben dem Fluß 88; Mein Venedig, G. u. Prosa 89; Auf eine im Feuer versunkene Stadt, G. 1958–1988 90; Tag im Februar, G. 90; Nachtspur, G. u. Prosa 1987–1992 93; Unstrutwärts 94; Wüste Mark Kolmen, G. 97; Mein Westfälischer Frieden 98; Das offene Geheimnis, Lyr. 99; Die Zeit steht still, ausgew. G. 00; Seumes Brille, Lyr. 00; Schriften. Bd 1: Einmischungen 00, Bd 2: Der Garten meines Vaters. Landschaften und Orte 03; Die Pole der Erinnerung, Autobiogr. 06. – **MA:** Nachw. zu Erich Arendt: Gedichte aus fünf Jahrzehnten, Ess. 68; Dresden – Landschaft der Kindheit, in: Städte und Stationen, Prosa 69; Oberlößnitz, Haus Sorgenfrei: d. Malerin Gussy Hippold, in: Menschen in diesem Land 74; Nachw. zu Wulf Kirsten: Der Bleibaum 76; Mit Dresden leben, in: Semperoper Dresden 85; Erinnerung an P. H., in: Peter Huchel 86; Nachw. zu Novalis: Heinr. v. Ofterdingen 86; Dem Nichts einen Namen geben, Ess. in: Du 5/98 (Zürich); Im schalltoten Raum, Ess. in: Sinn u. Form 1/98; Inferno, ein Zyklus, Lyr. in: ndl 2/99. – **H:** Sieben Rosen hat der Strauch. Dt. Liebesg. aus 9 Jh., Anth. 64; Zwischen Wäldern und Flüssen. Natur u. Landschaft in 4 Jh. dt. Dicht., Anth. 65; Brücken des Lebens, Anth. 69; Hölderlin: Morgendämmerzeichen, eine Ausw. 70; Klopstock: An Freund und Feind. Ausgew. Oden 75; Marie Luise Kaschnitz: Notizen d. Hoffnung, ausgew. G. 84; Georg Maurer: Bäume im Rosental, ausgew. G. 87; Wilh. Lehmann: Gesang der Welt, ausgew. G. 87; Friedrich Hölderlin: Gedichte 91. – **P:** Von allen Wundern geheilt, Lyr., CD 06. – **Ue:** Eduardis Miezelaitis: Der Mensch, Poem 67; Justinas Marcinkevicius: Auf der Erde geht ein Vogel, G. 69; Semjon Gudsenko: Portrait einer Generation, G. 70; Eduard Bagritzki: Vom Schwarzbrot und von der Treue der Frau, G. 70; Janis Rainis: Nachtgedanken über ein neues Jahrhundert 74; Anna Achmatowa: Poem ohne Held 79, 93; dies.: Gedichte, russ.-dt. 88, 90; Andrej Wosnessenski: Wenn wir die Schönheit retten, G. 88. – **MUe:** Gedichte u. Poeme v. Boris Pasternak 96. – *Lit:* Metzler Autoren Lex. 94; Joachim Walther: Sicherheitsbereich Lit. 96; Lex. d. Dt.spr. Gegenwartslit. seit 1945 97; Jürgen Serke: Zuhause im Exil 98; Wolfgang Emmerich in: KLG.

Czedik-Eysenberg, Maria (Ps. Maria Czedik), Dipl.-Ing.; Schwindgasse 10, A-1040 Wien, Tel. u. Fax (0 1) 5 05 32 63, *czedik-eysenberg@aon.at* (* Wien 2. 10. 27). IGAA; Rom. Ue: engl, frz. – **V:** Ein Mädchen aus gutem Haus, R. 80, Tb. 82; Uns fragt man nicht, Tageb. 88; Das Erbe, R. 05; Ein Geburtstag mehr, R. 07. – **B:** Klaus Störtebeker 96; Münchhausen 91; Stevenson: Die Schatzinsel; Swift: Gullivers Reisen; Defoe: Robinson Crusoe; Melville: Moby Dick; Dickens: David Copperfield; Pyle: Robin Hood; Beecher-Stowe: Onkel Toms Hütte; Collodi: Pinocchio; Twain: Tom Saywer; Twain: Huckleberry Finn; Burnett: Der kleine Lord. – **Ue:** Elleston Trevor: Flammende Küste 62; Alan White: Sonderkommando 67; Kopelinsky: Solange mein Herz schlägt; McCune: Wu Jao; Spoto: Jesus, der Mann aus Nazareth; Maxwell: Das Vermächtnis der Anne Boleyn; Ball: Sturmblüte; Teresa Bloomingdale: Witz und Mutterwitz 85; Bill Pronzini: Blauer Skorpion 03; Patrick Martin-Smith: Widerstand vom Himmel 04. – **MUe:** Robert Payne: Der Triumph der Griechen, m. J. Winger 66; Ursula Zilinsky: Ehe die Sonne versank, m. Helga Marquet 69; Jean Saint-Geours: Es lebe die Marktwirt-

schaft, m. Hermann Czedik 73; Camille Gilles: 400.000 $ f. den Mörder, m. H. Czedik-Eysenberg 74.

Czelinski, Ulrich B. L.; Am Markt 24, D-26452 Sande, Fax (0 44 22) 99 97 47, *u.czelinski@freenet.de*, *www.ulrichczelinski.de* (* Königsberg/Ostpr. 38). – **V:** Von Fettnäpfen und anderen Wahrheiten, G. 01; Gedankensprünge, G. 03, Neuaufl. 07; Der Schnüffler, Krim.-R. 06f. II; Einfach lachhaft, G. 06. – **MA:** Frankfurter Bibliothek 02–04, 06, 07; Literareon Lyrik-Bibliothek 03, 04; Anth. d. Sollermann-Verl. 04; Nationalbibliothek d. dt.sprachigen Gedichtes. Ausgew. Werke VIII, IX 05, 06.

Czepuck, Harri, Journalist, Publizist; Gärtnerstr. 55, D-13055 Berlin, Tel. (0 30) 9 82 66 89, *HarriCzepuck@aol.com* (* Breslau 30. 7. 27). – **V:** Republik der Skandale, Reporte 94; Der Tod an der Tankstelle, Erz. 99; Meine Wendezeiten, Autobiogr. 99; Der weiss-blaue Filz, Report 01; Die längste Nacht. Wahrheiten über Halbe, Report 06; Glanz und Elend eines Weltunternehmens, Report 08. – **MV:** Döring sagt wie's ist 64. – **R:** Döring sagt wie's ist, Fsf. 64; Ich, Axel Cäsar Springer, Fsf. 68/69.

Czernik, Theo (Theodor Czernik, Ps. Heinrich Feld, Bochdan Cinglar), Grafiker, Texter, Werbeberater BDW, Verleger, Veranstalter d. Freudenstädter Lyriktage 89–01, Kurpfälzer Lyriktage 06; Albert-Einstein-Str. 8, D-68766 Hockenheim, Tel. u. Fax (0 62 05) 10 10 21, *www.czernik-verlag-edition-l.de* (* Hruschau/ČSR 12. 11. 29). Kg., FDA; Erz., Rom., Hörsp., Fachartikel. – **V:** Saison für Mörder, Krim.-R. 69; Coyoten jagen einen Jaguar, Jgdb. 73; Der Racheschwur des Feuerschluckers, Jgdb. 77. – **H:** Ich lebe aus meinem Herzen 74; Spuren der Stille 79; Gewichtungen 80; Einkreisung 82; Heimkehr 82; Lyrischer Oktober, G. u. Dok. 84–87; Autoren stellen sich vor 84–87; Mit dem Fingernagel in Beton gekratzt 85; Eigentlich einsam 86; Der Stoff, aus dem Gedichte sind, Dok. 86; Sag ja zu mir, Dok. 86; Literatur Aktuell, Zs. 85, 86; Denn Du bist bei mir 88; Das Gedicht 89, 92, 94, 97, 00, 02, 06; Der Wald steht schwarz und schweiget 89; Sang so süß die Nachtigall 90; Lyrik heute 90, 93, 96, 99, 02, 07; Singt ein Lied in allen Dingen 91; Die Jahreszeiten 91; Nacht lichter als der Tag 92; Und setze dich frei 92; Unterm Fuß zerrinnen euch die Orte 93; Laß dich von meinen Worten tragen 93; Die Götter halten die Waage 93; Uns uns ein Kind geboren 93; Heimkehr 94; Annäherungen 95; Selbst die Schatten tragen ihren Glanz 95; Dein Himmel ist in dir 95; Schlagzeilen 96; Alle Dinge verkleidet 97; Wir sind aus solchem Zeug zu Träumen 97; Und redete ich mit Engelzungen 98; Umbruchzeit 98; Allein mit meinem Zauberwort 98; Hörst du wie die Brunnen rauschen 99; Das Wort – ein Flügelschlag 00; Posthornlyrik 00; Raststätte 01; Gestern ist nie vorbei 01; Anstösse 01; Beschwörungen, Dok. 02; Netzwerk 03; Auszeit 04; Zeit der dunklen Frühe 04; Wir träumen uns 05; Ich lebe aus meinem Herzen 06; Liebe denkt in süßen Tönen 06; Die Lerche singt der Sonne nach 07; Wie ein Phönix aus der Asche 08; Denn unsichtbare Wurzeln wachsen 08. – **R:** Zugänste 61; Das Hütchen 62. – *Lit:* Ch.W. Schenk in: Poesis, rumän. Lit.- u. Lyrkzs. 94; Nikola Hahn in: IGdA-aktuell 26/02.

Czernin, Franz Josef, Schriftst.; Inneres Kaltenegg, Feistritzwald 34, A-8674 Rettenegg, Tel. (0 31 73) 86 69, *fjczernin@netway.at* (* Wien 7. 1. 52). GAV 79, Dt. Akad. f. Spr. u. Dicht. 08; Theodor-Körner-Pr. 79, Pr. d. Stadt Wien 97, Heimito-v.-Doderer-Lit.pr. (Sonderpr.) 98, Öst. Projektstip. f. Lit. 98/99, Anton-Wildgans-Pr. 98, Heimrad-Bäcker-Pr. 03, Lit.pr. d. Ldes Stmk 04, Georg-Trakl-Pr. 07, Öst. Staatspr. f. Lit.kritik 07; Drama, Lyr., Rom., Ess., Theaterst. – **V:** Ossa und Pelion, Lyr. 79; Anna und Franz, Mundgymnastik und Jägerlatein. Fünf Sonette, Lyr. 82; Glück. Ein Fragment d. Maschine 84; Die Kunst des Sonetts I 85, II u. III 93; Gelegenheitsgedichte 86; Die Reisen. In achtzig Gedichten um d. ganze Welt 87; Die (Un)Ordnungen, Ess. 88; Das Stück. Ein Theater 91; Die Aphorismen, 8 Bde 92; Gedichte 92; Sechs tote Dichter, Aufss 92; Terzinen, G. 94; Marcel Reich-Ranicki. Eine Kritik 95; Natur-Gedichte 96; Die Schreibhand, Ess. 97; Wiederholungen 97; Anna und Franz, 16 Arabesken 00; O Stern und Blume, Geist und Kleid. Brentanos Gedichte, Ess. 98; Dichtung als Erkenntnis. Zur Poesie u. Poetik Paul Währs, Ess. 99; Apfelessen mit Swedenborg, Ess. 00; elemente, Son. 02; Voraussetzungen. Vier Dialoge 02; das labyrinth erst erfindet den roten faden. einführung in die organik 05; Der Himmel ist blau. Aufsätze z. Dichtung 07; staub.gefässe. gesammelte gedichte 08. – **MV:** Die Reise. In achtzig flachen Hunden in die ganze tiefe Grube; Teller und Schweiss, G. 91, beide m. Ferdinand Schmatz; Ein Gewand, m. James Brown, G. 92. – **MH:** Zur Metapher. Die Metapher in Philosophie, Wiss. u. Lit., m. Thomas Eder 07. – **Ue:** William Shakespeare: Sonetts, Übersetzungen 99. (Red.)

Czernoch, Erich Johann, Lyriker, Schriftst., Kunstmaler, Verleger; ars poetica, Verlag f. Lit. u. Kunst, Scharrerstr. 29a, D-94481 Grafenau/Ndb., Tel. u. Fax (0 85 52) 9 14 28 (* Grafenau/Ndb. 6. 4. 58). VS 00, P.E.N.-Freundeskr. 00–04; Lyr., Ess., Aphor., Kunsttheoret. Lehrsätze. – **V:** Der Wind erzählt 96; Der Achat 98; Ahnungen um die Stimme des Todes 98; Ausblicke 98; Die Imagination des Wirklichen 98; Kosmisches Horchen 98; Seitdem es tagt 98; Stadtgespräche 98; Die Verhüllung des Abendrots 98, alles Lyr.; Einige Lehrsätze zu Lyrik und Malerei, Kunstwiss. 98; Entfremdetes Ich 00; Die Idee der Lyrik 00; Fünf Gedichte für Maria und andere Frauen 00; Zur Sprache gewendet 00, alles Lyr.; Bildnis und Lichten. Eine Poetik d. Sehens (Philos. d. Kunst) 01; Werke in zwei Bänden (m. Texten a. d. Jahren 1980–2008) 09. – **MA:** Lyr. u. Ess. in: KULT 4/96, 5 u. 6/97, 7/98, 9 u. 10/99; Die Brücke 4/19. Jg., 1 u. 4/24. Jg., 2/25. Jg., u. a.; Weihnachtsbuch 2008 d. VS Ostbayern 08. – **Lit:** Karl-Heinz Schreiber in: KULT 5/97, 9 u. 10/99, 15/02; Allg. Künstlerlex. AKL (CD-ROM) 00; DLL 20. Jh., Bd V 03; s. auch Kürschners Handbuch der Bildenden Künstler, 1. Aufl. 2005.

Czerwenka, Rudi (Ps. Rudolf Wenk); Lehrer; Friedrichstr. 2, D-18057 Rostock, Tel. (03 81) 2 08 75 75 (* Breslau 4. 4. 27). DSV 65, VS; Jugendb., Heiteres Fernsehdrama, Regionale Belletr. – **V:** Magellans Page, Jgdb. 58, 59; Geheimnisvoller Strom, Jgdb. 60, 62; Anker auf! Die Geschichte um e. Boot, Jgdb. 62, 04; Tatort Studentenheim, Erz. 70; Rostocker Bodderkrieg, Bü. 82; De Tüffelschauh, Bü. 83; Die Rostocker Bordellwirtschaft 98; Die Hexe vom Fischland, hist. Erz. 99; Störtebekers Erben, Jgdb. 00; Dorfschulmeister Franz Kuhlmann 02; Wo Kapitäne geboren werden 03; Viel erlebt – viel verpasst, Biogr. 04; Achterbahn 05; Die Waldschenke, R. 05; Unser täglich Brötchen gib uns heute, R. 06; Julias wilde Zeiten, R. 07. – **MA:** Rostock zwischen zwei Sommern, jährl. Anth. seit 95 (bisher 13 Folgen); Rostocker Zorenappels, Anth. 07. – **R:** Fahrerflucht im Motorboot, Fsf. f. Kinder 65; Der Bodden hütet ein Geheimnis, Fsf. f. Kinder 65; Shanghaied in St. John's, Hsp. 70; Antons liebe Gäste, Fs.schwank 76; Geborener Rostocker, Hsp. 78; Stolzer Hahn 79; Kleine Fische 79; Am Rande der Saison 80; Volles Haus 81; Besuchszeit 84, alles Fs.-Schwänke.

Czerwinka, Martin; Berliner Ring 4/6/13, A-8047 Graz, Tel. (06 99) 12 76 20 82 (* Graz 14. 2. 63). Steiermärk. Kunstver. Werkbund 03; Dombrowski-Stiftungspr. f. Lit. 06; Rom., Erz., Lyr., Dramatik. – **V:** Zirbengeist und Steirerstiefel 03; Mursäuseln, Geschn. 04; Solideias Reise zur Sonne, Jgdb. 04; Glimmer, N. 05; Gläserne Brücken, R. 06; Hundsbraten, hist. R. 08. (Red.)

Cziborra, Pascal, M. A.; c/o Lorbeer-Verlag e.K., Eckernkamp 9, D-33609 Bielefeld, *info@ lorbeer-verlag.de, www.lorbeer-verlag.de* (* Chemnitz 15. 1. 81). Preisträger d. Berliner Friedenslesung 07; Rom., Lyr. – **V:** Metamorphosen. Roman e. Entwicklung 01; Seelensegel, Lyr. 05; mehrere Sachb. zu nationalsozialist. Konzentrationslagern. – **MA:** Nationalbibliothek d. dt.sprachigen Gedichtes. Ausgew. Werke V, VI, VIII 02ff.; Die literar. Venus 03; Ich Dich Nicht 03; Jb. f. d. neue Gedicht 05, 06. (Red.)

Cziesla, Wolfgang, Dr. phil., U.-Gastprof., LBeauftr. Univ. Köln, freier Schriftst.; Katharinenstr. 6, D-45131 Essen, Tel. u. Fax (02 01) 1 76 85 20, *wolfgangcz@web. de, www.wolfgang-cziesla.de, www.firwitz.de/autoren. html, www.nrw-autoren-im-netz.de* (* Essen 3. 2. 55). VG Wort 86; Arb.stip. d. Kunststift. NRW 04, Stip. Künstlerdorf Schöppingen 05; Rom., Ess., Übers. Ue: ital, engl, span, port. – **V:** Das Werk ist ein unaufgeräumter Kriegsschauplatz. Oskar Panizzas Einzelkampf gegen eine übermächtige Ordnung. Ein Traktat 83; Visitatio, R. 86; Aktaion polyprágmon, Diss. 89; Anomalie, R. 92, 93; Kaffeetrinken in Cabutima, R. 00, überarb. Aufl. 05; Die Austauschstudentin, R. 04 (auch Hörb.). – **MA:** Die Entschiedenheit für das Eine, Ess. in: Rudolf Borchardt. Beitr. d. Pisaner Coll. 87; Theater im Revier 1 91, 7 96; Cóndor, Wochenztg 94–98; Weltempfang, Ess. 06; Wulf Noll: Dann, gute Nacht, Madame!, R. (Nachw.) 06; zahlr. Beitr. in Sammelbden., Handb., Kongreßakten u. Jb. – **MH:** Vergleichende Literaturbetrachtungen, m. Michael v. Engelhardt, Ess. 95; El cóndor pan, m. Rita Glaser, Festschr. 95; 40 anos Casa de Cultura Alemã. Deutsches Kulturhaus – handgemacht, m. Tito Lívio Cruz Romão, Anth. port.-dt. 03. – **Ue:** Erzn. v. Francisco Coloane in: Cóndor 97. – **Lit:** Monika Grunert: Ein Flaneur in den Straßen Santiagos, in: Cóndor v. 5.10.95; N.N.: O novo diretor da Casa de Cultura Alemã, in: O Povo v. 12.3.98.

Czipin, Jana A. (eigtl. Angelika Czipin) *

Czoppelt, Alexander L., ObStudR., Lehrer, Schriftst., Künstler; Richard-Strauss-Str. 20, D-91315 Höchstadt, Tel. (0 91 93) 37 50, *alexander.czoppelt@ t-online.de, www.alexander-czoppelt.de* (* Sächsisch-Regen/Siebenbürgen 10. 12. 37). Rom., Lyr., Erz. – **V:** Wo bleibt Hitler, Mathilda? 00; Geschichten zwischen Tag und Traum 01; Der Lilienprinz 02; Als Ikarus fiel 03; Der Urlauber 04; Ophelia oder die Unbekannte aus dem See 06; Ullo, der Neandertaler 07; Giraffen am Horizont 08; Tod auf Santorin 08.

Czuba-Konrad, Susanne s. Konrad, Susanne

Czulowski, Philipp Artur s. Barbee, Phil

Czurda, Elfriede, Dr. phil., Kunsthistorikerin, freie Autorin; Johann-Strauß-Gasse 10–14/2/13, A-1040 Wien, Tel. (01) 5 05 60 25, *vieledinge@hotmail.com* (* Wels 25. 4. 46). GAV 75, NGL 81, VS 98; Hsp.pr. d. ORF 79, Marburger Lit.pr. (Förd.pr.) 80, Sandoz-Lit.pr. 82, Theodor-Körner-Pr. 84, Öst. Förd.pr. 84, Stip. d. Dt. Lit.fonds 85 u. 89, Arb.stip. f. Berliner Schriftst. 88 u. 91, Elias-Canetti-Stip. 91, 92 u. 03, Alexander-Sacher-Masoch-Exilpr. 97, Öst. Projektstip. f. Lit. 98/99, Kulturpr. d. Bds von dÖst. f. Lit. 00; Poesie, Prosa, Hörsp., Ess., Rom., Übers., Visuelle Arbeit. Ue: frz. – **V:** griff – eingriff inbegriffen, lyr. Prosa 78; Fast 1 Leben, Prosa 81; Diotima oder Die Differenz des Glücks, Prosa 82;

Da Bredl

Signora Julia, Prosa 85; Kerner, R. 87; Fälschungen – Anagramme u. G. 87; Die Giftmörderinnen, R. 91; Das Confuse Compendium 92; Voik 93; Buchstäblich: Unmenschen 95; UnGlüxReflexe, G. 95; Die Schläferin, R. 97; Gemachte Gedichte 99; wo ich wo ist es. sindsgedichte 02; Krankhafte Lichtung, Prosa 07; ich, weiß. 366 mikro-essays für d. westentasche 08. – **MA:** Dimension 76; Magyar Mühely 76; edition neue texte 77–81; Zweitschrift 80; 20 Jahre manuskripte 80; Die andere Hälfte d. Stadt 82; Tintenfisch 82; Rowohlt-Almanach 82; Österreich zum Beispiel 82; Berliner Autoren-Stadtbuch 85; Eine Frau ist eine Frau ist eine Frau... 85; Das Wunder von Wien 87; platon ade 87; Lektion d. Dinge 91; Fragen nach dem Autor 92; Fuszspuren. Füsze 94; Die bessere Hälfte 95; Absolut Homer 95; Discourse. Theoretical Studies in Media and Culture, Nr.18.3, Michigan 96; Berlin. Ein Ort zum Schreiben 96; Anthologie öst. Literatur 96; Die deutsche Literatur seit 1945, Bd 9: Letzte Welten 1984–1989 99, Bd 10: Augenblicke des Glücks 1990–1995 99, Bd 11: Flatterzungen 1996–1999 99; Profile 5 00 u. 7 01; Kleine Fibel d. Alltags 02; Himmel 03; Schreibweisen. Poetologien 03. – **H:** Mustermädchen/Mädchenmuster 96. – **MH:** Beispiele zeitgenöss. Frauendarstellung d. Literatur, m. Elfriede Gerstl, Sonderh. Wespennest 44/81. – **R:** Der Fußballfan oder Da lacht Virginia Woolf 80; Der Rabe oder Ein Märchen vom verstockten Sprechen 82; Sprechprobe oder Jede Stadt liegt im Westen 84; Autobahn & c. 84; Krieger 94; Das Nirgendwo die Nacht 97, alles Hsp. (meist unter eig. Regie); Rondo in P-Dur 01. – **P:** Der Fußballfan oder Da lacht Virginia Woolf, Tonkass. 82. – **Ue:** Pierre Bamboté Makombo: Tagebuch e. Bauern aus Zentralafrika 83; Michèle Métail: Gehen und Schreiben. Gedächtnisinventar 02. – **MUe:** Neue Bulgarische Lyrik 80; Unter dem Flammenbaum 86. – **Lit:** W. Grond: Das Österreich E.C.s, Ess. 92; D. Kremer: Schnittstellen. Erhabene Medien u. groteske Körper. E. Jelineks u. E.C.s feminist. Kontrafakturen 94; R. Kühn: D. Rosenbartlein-Experiment 94; K. Thorpe: Undine revisited 96; H. Müller-Dietz in: Neue jurist. Wochenschr. 96; E. Görlacher: Zwischen Ordnung u. Chaos 97; D. Kremer: Groteske Inversionen. E. Jelineks u. E.C.s Vernichtung d. phall. Diskurses 98; W. Grond: Der Erzähler u. der Cyberspace 02; U. Vedder in: Autorinnen-Lex. 02; B. Fraisl: Auf-Bruch u. Ab-Gesang. E.C.s rebellische Tonfolgen 03; H.-P. Preußer: Dekonstruktion d. Mannes im Klischee 04; Florian Neuner u. Christian Steinbacher (Hrsg.): Porträt E.C. (Die Rampe) 06, u. a.

Da Bredl s. Berdel, Dieter

Da Ponte, Tomasso s. Gast, Wolfgang

Daams, Andreas; Waldstr. 17, D-47533 Kleve, Tel. (0 28 21) 89 56 73, *ad@absurd.de, www.absurd.de* (* Goch 3. 2. 71). BVJA 01–05; Moerser Literaturpr. 99, Fördpr. d. Satirepr. Pfefferbeißer, München 02, Nettetaler Lit.pr. 06. – **V:** Gebäck zum Ich, Kurzgeschn. 01. – **MV:** Drei Herren, m. Franz Neige u. Arno Zweden, Kurzgeschn. 03. – **MA:** Der Kampf des Organisten, Sat. 01; Geschichte vom kleinen Gedicht, M. 01; Weltuntergang/Sonnenstrahl, Satn. 02. – **H:** Scheitern, Erz. 02. – **MH:** Pausenbrot und Liebesbrief, Kurzgeschn. 03; echt.net, m. Heiner Frost, Kurzgeschn. 06.

Dach, Yla Margrit von, freischaff. Übers., Schriftst.; 23, rue Turgot, F-75009 Paris, Tel. u. Fax (01) 44 53 99 03, *yla.von-dach@wanadoo.fr.* Burggasse 6, CH-2502 Biel, Tel. (032) 3 23 23 48 (* Lyss/Bern 24. 6. 46). Gruppe Olten, jetzt AdS; Buchpr. d. Kt. Bern 90, Werkauftr. d. Stift. Pro Helvetia 93, Förd.pr. d. CH-Reihe 98, Prix lémanique de la traduction 00; Rom., Erz., Dramatik. Ue: frz. – **V:** Geschichten vom Fräulein

82; Niemands Tage-Buch 90. – **MA:** Beitr. in Ztgn, Zss. u. Anth. – **Ue:** Michel Campiche: Das traurige Kind 81; Alexandre Voisard: Das Jahr der dreizehn Monde 85; Jean-Michel Thibaux: Das Gold des Teufels 89; Marie-Claire Dewarrat: Im Winter des Kometen 89; François Debluë: Jubel Trubel 92; Sylviane Roche: Der Salon Pompadour 95; Alice Ferney: Eine Kette schöner Frauen 97; Catherine Colomb: Kopf oder Zahl 97; Henry Troyat: Rasputin 98; Sylviane Chatelain: Das Manuskript 99; Isabelle Daccord: Der Grabe, Bst. 00; dies.: Die Ratten, die Rosen 01; Jean-Claude Boré, Gil Pidoux: Worte der Wüste, Lyr. 03; Nathacha Appanah: Blue Bay Paradise, R. 06. – **MUe:** Jean Pierre Richardot: Die andere Schweiz, m. Gabriela Zehnder, Sachb. 05. (Red.)

Dachs, Johann, Dipl.-Verwaltungswirt (FH), Erster Polizeihauptkommissar i. R., Autor; Joseph-Effner-Str. 22, D-85221 Dachau, Tel. (0 8131) 7 97 08 (* Altrandsberg/Kr. Cham 4. 3. 28). VG Wort 97; Erz., Biogr. – **V:** Die Landstorferbande, Krim.-Gesch. 92, Tb. 97; Tollkirschen im Blaubeersaft, Krim.-Geschn. 95, 2. Aufl. 97; Tod durch das Fallbeil, Biogr. 96, Tb. 00; Tod im Wald, Geschn. 98; Verurteilt und hingerichtet, Krim.-Gesch. 00; Emil Kettner – Lebensbild eines Mörders, Tatsachen-R. 02; Wahre Mordgeschichten aus der Oberpfalz und Niederbayern 04. – **MA:** Altbayerische Heimatpost, seit 92; Focus, Zss. 96; Beitr. in regionalen Ztgn 97. – **R:** Tod durch das Fallbeil, Lesung (BR) 98; Das ruchlose Treiben und böse Ende der Landstorferbande, Hsp. (BR) 00. – **Lit:** s. auch SK. (Red.)

Dachsel, Joachim, Dr. phil., Doz.; Dardanellenweg 7, D-01468 Moritzburg, Tel. (03 52 07) 9 93 55, *Joachim. Dachsel@t-online.de* (* Leipzig 6. 12. 21). Nov., Kurzgesch., Ess., Biogr., Lyr. – **V:** Der Blick in den Spiegel, Erzn. 53, 56; Jörg und Peter, Geschn. 56; Die Kamera, Kurzgesch. 60; Aurelius Augustinus, Biogr. 61, 63; Franziskus von Assisi, Biogr. 62; Jan Hus, Biogr. 64; Vor diesen Augen, G. 74; Der Mann aus Assisi. Franziskus unsere Welt 77; Ich bin heute, Lyr. 81, 2. Aufl. 83; Zwischen Hammer und Nagel 88; Unter die Lupe genommen. Anstöße zum Nachdenken 05. – **MA:** Ein Stück vom Ufer, Gesch. 60, 61; Begegnung unter Tage, Gesch. 62, 63; Heute abend: Hörspielprobe! 63; Anzeichen neuer christl. Dichtung, Lyr. 67; Anzeichen zwei 72; Anzeichen drei 77; Nichts und doch alles haben 77; Rufe, Lyr. 79; Spuren im Spiegellicht 82, alles Anth. – **MUe:** Věroslav Mertl: Die Suche nach dem Feuer, Erz. 79; Lubomír Nakládal: Das Gras blüht, Erzn. 81; Věroslav Mertl: Das Haus zwischen Wind und Fluss, R. 85; ders.: Rostiger Regen, R. 88; ders: Friedhof der Träume, R. 02, alle m. U. Dachsel.

Dack, Dragobert s. Orthofer, Peter

DaDa-Lust von Seidenschal s. Groh, Klaus

Dadelsen-Dovifat, Dorothee von, Dr. phil., Red.; Eduard-Haber-Str. 3, D-72074 Tübingen, Tel. (0 70 71) 5 27 81, Fax 25 25 86 (* Stettin 5. 9. 20). Hölderlin-Ges., Reinhold-Schneider-Ges.; Lyr. – **V:** Mörikes Landschaft, Ber. 90; Vom Schnee, vom Licht, Lyr. 96. – **H:** Emil Dovifat: Die publizistische Persönlichkeit, Samml. v. Vorträgen 90. (Red.)

Dächer, Eveline; Helene-Weber-Weg 5, D-50354 Hürth, Tel. (0 22 33) 70 74 66, *info@eveline-daecher. de, www.eveline-daecher.de* (* Danzig 19. 5. 36). Lyr., Erz. – **V:** Kleiner Vogel Hoffnung 04; Mein Weihnachten 04; Seelenfarben 05; Die Muttergottes und der Blumenkohl 05; Komm mit in den Wald 05; Gedanken zum Advent 06; Öffnet die Tore weit 06; Wo ist der Trost? Wo ist die Hoffnung? 07; Früchte der Fantasie 07; Sommerzeit – Rosenzeit 07.

Dähling, Arno; c/o Kapuzinerkloster Kurseelsorge, Würzburger Str. 3, D-97980 Bad Mergentheim. – **V:** Halte inne, nimm dir Zeit!, Gedanken u. Gebete 04; Spiegelbilder. Gedichte durch die Jahreszeiten 06; Wunder über Wunder. Gedichte zur Weihnacht 07.

Däniken, Erich von, Dr. h. c., Schriftst.; Chalet Alpli, CH-3803 Beatenberg, Tel. (0 33) 8 41 20 80, Fax 8 41 20 81, evd@aas-fg.org, www.daeniken.com (* Zofingen 14. 4. 35). SSV 76, P.E.N.-Club Schweiz 81; Dr. h.c. U.Boliviana 75, E.bürger d. Städte Nazca u. Ica, EM Orden 'Cordon bleu du Saint-Esprit', Lourenço-Filho-Prêmio in Gold u. Platin; Ess., Film, Sachb. – **V:** Ich liebe die ganze Welt, heitere Geschn. 83; Das Erbe von Kukulkan, Jgdb. 93; Die seltsame Geschichte von Xixli und Yum, Tatsachen-R. 03; Für hundert Franken die ganze Welt, Kurzgeschn. 03; Tomy und der Planet der Lüge, autobiogr. R. 06; – SACHBÜCHER: Erinnerungen an die Zukunft 68; Zurück zu den Sternen 69; Aussaat u. Kosmos 72; Meine Welt in Bildern 73; Erscheinungen 74; Beweise 77; Erich von Däniken im Kreuzverhör 78; Prophet d. Vergangenheit 79; Reise nach Kiribati 81; Strategie d. Götter 82; Der Tag an dem die Götter kamen – 11. August 3114 v.Chr. 84; Habe ich mich geirrt? Neue Erinn. an die Zukunft 85; Wir alle sind Kinder d. Götter 87; Die Augen d. Sphinx 89; Kosmische Spuren 89; Die Spuren d. Außerirdischen 90; Die Rätsel im alten Europa, Jugendsachb. 91; Die Steinzeit war ganz anders 91; Der Götter-Schock 92; Im Namen von Zeus. Griechen – Rätsel – Argonauten 92; Auf den Spuren d. All-Mächtigen 93; Neue kosmische Spuren 93; Raumfahrt im Altertum 93; Fremde aus dem All, Kosmische Spuren 95; Der jüngste Tag hat längst begonnen 95; Botschaften u. Zeichen aus dem Universum 96; Das Erbe d. Götter 97; Zeichen für die Ewigkeit. Das Rätsel Nazca 97; Die Götter waren Astronauten! 01; Mysteries, Bildbd 05; Falsch informiert 07; (Übers. insges. in 31 Spr.). – **H:** Lex. d. Prä-Astronautik 79; Sagenhafte Zeiten, Mag. – **F:** Erinnerungen an die Zukunft; Botschaft der Götter, beides Dok.filme. – **R:** Auf den Spuren des All-Mächtigen, 25-tlg Fs.-Ser. 93. – *Lit:* Rocholl/Roggersdorf: Das seltsame Leben des E.v.D. 70; Dokumentation über E.v.D. (ARD) 98; Biogr. E.v.D. d. brit. TV-Senders Twenty-Twenty 01, u. a.

Dänzer, Irmtraud s. Tzscheuschner, Irmtraud

Däs, Nelly, Schneiderin, Kinder- u. Jugendbuchautorin; Richard-Wagner-Str. 36, D-71332 Waiblingen, Tel. u. Fax (0 71 51) 1 58 84, Nelly.Daes@gmx.de, www.nellydaes.de (* Friedental/Ukraine 8. 1. 30). Friedrich-Bödecker-Kr. 70, Kg.; BVK am Bande 82, Lit.pr. Bad.-Württ, Gold. E.nadel d. Landsmannsch. d. Deutschen aus Rußland. E.nadel d. Ldes Bad-Württ., Gold. E.nadel d. Verwaltung d. Vertriebenen 04; Rom., Erz. – **V:** Wölfe und Sonnenblumen 69, 78; Der Zug in die Freiheit 76, beide in 1 Bd 99; Mit Timofey durch die Taiga 77, 90; Schicksalsjahre in Sibirien 85, 89; Das Mädchen vom Fährhaus 88, als 2tlg. Fsf. 96; Rußlanddeutsche Pioniere im Urwald 93; Aljoscha – ein Junge aus Krivoj-Rog 91, alles R.; Laßt die Jugend sprechen 94; Kochbuch der Deutschen aus Rußland 96 (auch engl.); Der Schlittschuhclown, R. 00; Emilie, Herrin auf Christiansfeld 02; Alle Spuren sind verweht (auch engl.). – **MA:** Deutsche Volksmärchen aus Rußland und Rumänien; Wir selbst, rußlanddt. Alm.

†**Dagan,** Avigdor (früher Viktor Fischl), Dr. iur., Botschafter a. D.; lebte in Israel (* Königgrätz/Ostböhmen 30. 6. 12, † Jerusalem 28. 5. 06). Sekr. Tschech. P.E.N. 40–46; Melantrich-Pr. f. Lyr. Prag 36, Pr. d. Europ. Lit. Klub (ELK) Prag 48, Hostovsky-Pr. f. Lit. 92, T.G. Masaryk Order 92, ThDr. h.c. Karls-Univ. Prag, Dr. paed.

h.c. Päd. Fak. Königgrätz; Lyr., Rom. Ue: tsch. – **V:** insges. über 30 Bücher in tsch. Spr. seit 1933, darunter: Der Hahnenruf, R. 80; Die Störche im Regenbogen, R. 83; Die Spieluhr, R. 83; Gespräche mit Jan Masaryk, R. 86 (alles eigene Übers. a. d. Tsch.); Die Hofnarren, R. 90, 92; Das fünfte Viertel, R. 92 (aus d. Engl.); Kafka in Jerusalem, Geschn. 93 (aus d. Engl.).

Daghofer, Günter Reinhold, Dipl.-Ing.; Reichenhaller Str. 11, A-5020 Salzburg, Tel. (06 62) 84 26 67. Klausweg 6, A-5321 Koppl (* Oberndorf/Sbg. 14. 9. 35). Erz. – **V:** Alte Wechsel, neue Fährten, Erzn. 98; Jagen ist mehr als ..., Erzn. 03. (Red.)

Dahimène, Adelheid (geb. Adelheid Seeburger), Werbetexterin; Klopstockgasse 20, A-4600 Wels, Tel. (0 72 42) 35 03 25 (* Altheim/ObÖst. 2. 6. 56). Öst. Kd.-u. Jgdb.pr. 98 u. 04, Öst. Staatsstip. f. Lit. 98/99, Öst. Förd.pr. f. Kd.- u. Jgd.lit. 02, Adalbert-Stifter-Stip. d. Ldes ObÖst. 02, Feldkircher Lyr.pr. 06, Kd.-u. Jgd.lit.pr. d. Ldes Stmk 06, u. a.; Prosa, Drama, Ess., Kinder- u. Jugendb. – **V:** Verflechtungen. Texte zu Lit. u. Musik 94; Ich, Rosa Lii, die Beträumte 95; Meine Seele ist eine schneeweisse Windbäckerei 96; Indie Underground, Jgdb. 97; Gar schöne Spiele, R. 98; Spezialeinheit Kreiner, Jgdb. 03; Buttermesser durch Herz. Fügungen 05. – **MV:** MA-O-MA in der Sprechblase 96; Apo Stroph 97; Hicks! Paulas holpriger Tag mit dem Schluckauf 99; Voller Mond und leerer Bär 00; Das Brillenhuhn 01; Der Schatten von Hans 02; Esel 02; Die seltsame Alte 03, alles Bilder-/Kinderb. m. Heide Stöllinger, u.v. a. – **MA:** Beitr. in versch. Anth., u. a. in: Der Maschek-Seite. – **R:** Nur angelernt, Ess.; div. Kurzprosa im ORF. (Red.)

Dahl, Edwin Wolfram; Kidlerstr. 39, D-81371 München, Tel. (0 89) 76 64 51 (* Solingen 17. 6. 28). Hölderlin-Ges., Else-Lasker-Schüler-Ges., GZL; Arb.stip. d. Ldes NRW 73, Kulturpr. d. Stadt Solingen 92, BVK f. d. lyrische Gesamtwerk 02; Lyr., lyrische, aphorist. u. essayist. Prosa, Hörsp. – **V:** Zwischen Eins und Zweitausend, G. 70; Gesucht wird Amfortas, G. u. lyr. Prosa 74; Außerhalb der Sprechzeit, G. 78; Zum Atmen bleibt noch Zeit, G. (m. e. Vorw. v. Heinz Piontek) 84; Von draussen einen Rest, G. 89; An einem einzigen Tag, G. 91; Frühe Bilder – Späte Spiegel, G. u. Hörspiele 95; Zweiseelenhaus, lyr. u. essayist. Prosa 96; Und niemand ist Zeuge, G. 98; Lichtstaub, G. 98; Rosenschwenge, G. u. Hörspiele 00; Wasserzeichen in Augen, G. 08. – **MA:** Lyrik aus dieser Zeit 1967/68 67; Nachkrieg u. Unfrieden – G. als Index 1945–1970 70; Lobbi – Junge dt.spr. Lit. 70, 74, 78; Frieden aufs Brot 72; Ruhrtangente – Nordrh.-Westfäl. Jb. f. Lit. 72; Solinger Mosaik 73; Dt. Bildwerke im dt. Gedicht 75; Sie schreiben zwischen Köln u. Bonn 75; Frankfurter Anth., Bd 1 (Interpr.: Marie Luise Kaschnitz) 76; Lit.Kal. Spektrum d. Geistes 79; Jb. f. Lyr. 1 – Am Rand d. Zeit 79; Jb. f. Lyr. 1 79, 2 80; Liebe – Liebesg. dt.spr. Autoren 80; Gedichte über Dichter 82; Komm, heilige Melancholie 83; Gedichte d. ihren Frieden 83; Dt. Gedichte d. sechziger Jahre 84; Rheinblick 84; Ich will Wolken u. Sterne. Jeden Tag 85; Damals, damals u. jetzt: Heinz Piontek z. 60. Geburtstag 85; Meisterwerke in Bildgedichten 86; Apokalyptische Zeit – Zur Lit. d. mittleren 80er Jahre 87; Otto Wolfgang Bechtle zum Siebzigsten 88; Die Loreley 88; Litfass 46 89, alles Anth.; Marie Luise Kaschnitz: Ges. Werke, Bd 7 (Essays) 89; Das Große Dt. Gedichtbuch 91, 00; Wo wir uns finden – Begegnungen Leseb. 91; Dein aschenes Haar, Sulamith – Dicht. über d. Holocaust 92; Dt. Lyr. unseres Jh. 92, alles Anth.; Festschriften z. Stadt Solingen zu den Kulturpreisen 1992, 1993, 2003; Die Welt der Museen 93; Wien im Gedicht 93; Von einem Land u. vom andern –

Dahl

G. zur dt. Wende 93, dt./frz. 98; 1000 dt. Gedichte u.
ihre Interpretationen, Bd 9 94; Wir träumen ins Herz d.
Zukunft – Lit. in Nordrh.-Westf., Bd 4 95; Nachkrieg
u. Unfrieden – G. als Index 1945–1995 95; Der Rhein
97; Schlaf, süßer Schlaf 00; Romanik in Köln – Eine
Anth. über d. Kirchen 01; Prisma – Begegnung mit Dtld
im Spiegel dt.spr. Gegenwartslit. 02; In höchsten Höhen
05; 25. Jb. d. Lyrik 07; Der Große Conrady 08; Lauter
Lyrik. Der Kleine Conrady 08; Der Hör-Conrady 08,
alles Anth.; – zahlr. Veröff. v. Lyrik u. Prosa in Zss.
u. Ztgn d. In- u. Auslandes seit 66. – *Lit:* Karl Krolow: Folgerichtige Dichtung, in: Zeitwende IV/74, Die
Einsamkeit d. Lyrikers mit d. Wort, in: ebda II/79; Wer
ist Wer? Das dt. Who's Who, seit 85; Otto Knörrich:
Zur Lyrik von E.W.D., in: Lit. u. Kritik, H. 245–246
90; Frauke Bülow in: Neues Hdb. d. dt.spr. Gegenw.lit.
seit 1945 90, 93, 97; Cornelius Hell: Gegen d. Verfüg-
barkeit d. Welt einen poet. Kosmos setzen. Der Lyriker
E.W.D., in: NEuropa (Lux.), H. 97–99 99; Ernst Josef
Krzywon: Gedichte gegen den Tod in d. Welt. Zum lyr.
Gesamtwerk v. E.W.D., in: Orbis Linguarum (Legnica)
99; DLL 20.Jh., Bd V 03; – 230 Rez. zu d. Lyrikbänden
v. E.W.D. in Zss., Ztgn im In- u. Ausland, bei Rdfk- u.
Fernsehanstalten.

†**Dahl**, Günter, Freier Journalist; lebte in Hamburg
(* Berlin 30. 7. 23, † Hamburg 16. 4. 04). Silbermed. Art
Director's Club Deutschland 88; Erz., Rep., Sat., Ess. –
V: Heute schon gelebt? Geschn. eines schüchternen Re-
porters 82, 85; Was wären wir ohne uns. Geschn. am
Rande 84. – **B:** Uns dürfte es gar nicht geben. Dreizehn
Wege aus d. Sucht (Red.) 94.

Dahlberg, Hannes, Verlagsleiter, Fachjournalist,
Dramaturg, Screenwriter, Scriptconsultant; Weissen-
stätterstr. 6, D-95234 Sparneck, Tel. (0 92 51) 8 09 70,
Fax   8 08 65,   *av-report@t-online.de*   (* Stockholm
11. 1. 31). Writers Guild of America, D.U., IGAA,
Union international de la Presse, DJV; Rom., Drehb.,
Bühnenst., Presseberichte, Übers. Ue: am. – **V:** Die Plastikfrau, R. 98; Die Vasenschlacht, Kom. 00; Im Weltraum nichts Neues, Kom. 00, R. 02; Sans Atout, grot.
Kom. 00; Wer braucht schon Knete?, grot. Kom. 00;
– Bühnenstücke: Figaros Silberhochzeit 00; Was mor-
gen geschah 02; Im Weltraum weiter nichts Neues 02;
Das Bankräuberspiel; Das Geisterhaus; – Drehbücher
f. Spielfilme: Tödliche Prognosen, n. Klaas Apitz u.
Rüdiger May; Der Zeitzug, n. Dagmar Bachmann-Bau;
– mehrere Sachbücher. – **MV:** Psychopathen liebt man
nicht, m. Monika Seger, R. – **H:** AV-Report (auch Red.)
71–86. – **F:** Erotik in der Schule 68; Winnetou und Old
Shatterhand im Tal der Toten 68. – **R:** Tim Cooper,
FBI, Hsp.; Anfrage, Fsf. n. C. Geissler; Drehb. zu Fs.-
Serien u. Fs.-Mag.: Familie Werner; Kinokarussell;
Salto Mortale, m. Heinz Oskar Wuttig; Die Tante ist an
allem schuld. – **Ue:** lippensynchrone Drehbuchübers. v.
Spielfilmen u. Fs.-Serien: Earthquake; Carter's Army;
The Monster; Miracles still happen; The Bountyman;
Hawaii 5–0; The Waltons; Bonanza; General Hospital;
Hart to Hart. (Red.)

Dahlke, M., Dr., Schulleiter i. R.; Backhausweg 30,
D-38173 Sickte, Tel. u. Fax (0 53 05) 27 56, *prigorine
@web.de*, *www.lebenshunger.de* (* Hamburg 15. 4. 43).
Rom., Lyr., Erz. – **V:** Die wahnsinne Schnecke, Lyr. 05;
Na also, ich lebe noch ..., Autobiogr. 05. (Red.)

Dahlmanns, Ferdinand, Rechtsanwalt; Silcher-
str. 5, D-40579 Düsseldorf, Tel. – (02 11) 35 01 77
(* Geilenkirchen 53). Rom., Erz. – **V:** Die lange Flucht,
R. 91. (Red.)

Dahm, Oliver Martin s. Ligneth-Dahm, Oliver

Dahmen, Irmgard (geb. Irmgard Baumann), gelernte Hauswirtschafterin, Besitzerin e. Hofladens;

Theodor-Heuss-Str. 76, D-52428 Jülich, Tel. (0 24 61)
5 16 91, *dahmen.i@gmx.de*, *www.drachen-elfen-und-
co.de* (* Jülich 29. 9. 61). – **V:** Lia auf der Suche nach
dem Mondstein 04; Lia bei den Polarelfen 05; Lia rettet
die Lavendelelfen 06.

Dahn, Daniela, Schriftst.; Husstr. 126, D-12489
Berlin, *kontakt@danieladahn.de*, *www.danieladahn.de*
(* Berlin 9. 10. 49). P.E.N. 91; Berlin-Pr. 87, Theodor-
Fontane-Pr. 88, Kurt-Tucholsky-Pr. 99, Louise-Schro-
eder-Med. d. Stadt Berlin 02, Ludwig-Börne-Pr. 04;
Prosa, Erz., Feuill., Ess., Hörsp., Feat. – **V:** Spitzen-
zeit, Kurzprosa 83; Prenzlauer Berg-Tour, dok. Prosa
80, u. d. T.: Kunst und Kohle. Die Szene am Prenzlauer
Berg 91; Wir bleiben hier oder Wem gehört der Osten,
polit. Sachb. 94; Westwärts und nicht vergessen, Ess.
96, 8. Aufl. 98; Vertreibung ins Paradies, Ess. 98; Wenn
und Aber, Ess. 02; Demokratischer Abbruch 05. – **MA:**
Kreise ziehen 74; Schattensprünge 75; Vom Geschmack
d. Wörter 80; Im Kreislauf d. Windeln 82; Die Schublade 85; Auf du und du 86; Berliner Ring 90; Ein Land,
genannt die DDR 05; Weltgesellschaft. Ein Projekt von
Links! 08, alles Anth.; – Ossietzky, Wochenschr. f. Politik, Kultur u. Wirtsch. – **MH:** u. MA: Und diese verdammte Ohnmacht 91; Eigentum verpflichtet. Die Erfurter Erklärung 97; In einem reichen Land, m. Günter Grass u. Johano Strasser 02; Mithrsg. d. Wochenzs.
„Freitag", seit 06. – **F:** Liane 87; Zeitschleifen – im
Dialog mit Christa Wolf, Dok.film m. Karlheinz Mund
91. – **R:** Hsp.: Auf daß wir klug werden 84; Warum ausgerechnet ich? 86; Die Ehen der Hedwig B. 88; – Feat.:
Das amerikanische Bethlehem 92; Lieber Gott, mach
mich bitte anders! 93.

Daiber, Hans *

Dajka-Hagmanns, Franz-Josef s. Dannen, Funny
Van

Dalaun, Renate s. Blosche, Renate

Dalek, David s. Dath, Dietmar

Dalla Piazza Popp, Mirca, Kindergärtnerin, Theaterpäd.; Espistr. 9, CH-5425 Schneisingen, Tel. u. Fax
(0 56) 2 41 23 78, *kontakt@atelierkunterbunt.ch*, *www.
atelierkunterbunt.ch* (* Zürich 27. 2. 60). Kinderb.,
Lehrmittel. – **V:** Oli der Olivenzwerg, Kdb. 99; Aufruhr auf dem Olivenhain, Erzähltheater/Marionetten-
Gesch. 00; Safran, Dattel und Tannenbaum, interakti-
ves Figurenspiel 01; „Ciao Oli ciao", Erzähltheater 04
(auch CD). – **MV:** Sonnengelb + Erdbeerrot 98; Der
Nussknacker 00, beides Lehrmittel m. Barbara Bucher
Senn. – **MA:** zahlr. Beitr. in den Zss.: Kindergarten; S &
E. – **H:** Königriich Winterland, Theatermappe 97. – **P:**
Der Nussknacker, Lieder u. Verse z. Musik v. P. Tschai-
kowsky, CD 00; Ciao, Ciao Oli Olivenzwerg, CD 02.
(Red.)

Dall'Agnola, Stefan, Buschauffeur; Warteggstr.
34, Postfach, CH-6005 Luzern, Tel. u. Fax (0 41)
3 60 56 87, *stda@swissonline.ch.*, *www.agnolaverlag.
de.tl* (* Gurtnellen 21. 6. 60). Pro Litteris 05; Rom. – **V:**
Jakobs längster Heimweg / Tod einer Brieffreundin, R.
04; Molnar und der Teufelsbaum, R. 07.

Dallmann, Gerhard, Pastor; Knud-Rasmussen-Str.
10, D-17493 Greifswald, Tel. (0 38 34) 84 11 22
(* Stettin 18. 6. 26). SV-DDR bis 88; Rom., Hörsp.,
Erz. – **V:** Gedankenstriche, Kurzerzn. 75; Logbuch und
Agende, autobiogr. R. 75, 3. Aufl. 80; Geh hin, es klin-
gelt, Erzn. 76, 93; Das Kahnweib, R. 77, 92; Ihr erster
Tag, Kurzerzn. 77, 2. Aufl. 80; Die Sommerkinder von
Ralswiek 80, 3. Aufl. 84; Weihnachtserzählungen 78;
Brücke, Boot und Bienenhaus, Kdb. 85, 89, Neuaufl.
08; Das Blechpottorchester, Kdb. 88; Otto Schmeer-
lapps Weihnachtspredigt 92, 97 (auch als Tonkass. u.

CD); Das Jahr hat viele Farben, Geschn. 92; Dornenzeit, hist. R. 93, Neuaufl. 06; Philipp Otto Runge, biogr. R. 95; Fluchtweg Grosser Belt, autobiogr. Erz. 95 (auch dän.); Carl Loewe. Ein Leben f. d. Musik, Lebensskizze 96; Hiddensee-Inselgeschichten 00, Neuaufl. 08 (auch als Hörb.); Wintergeschichten 02; Polonaise in moll, Erz. (auch poln.). – **MA:** Beitr. in Anth., u. a.: Als Stern uns aufgegangen 78, 2. Aufl. 82; Kußkarpfen 80; Silentia 82; Neue Abenteuer mit Tieren 85. – **R:** Daß ich verstanden werde, Hsp. 73 (auch Schallpl.); Wenn die Amsel bölkt, Hsp. 84. – **P:** Sabine Kopicka – eine Art Liebeserfahrung, CD 06. – **Ue:** 10 Weihnachtslieder aus d. Poln.

Dama, Hans, Mag. phil., Dr. phil., U.Lektor; Starkenburggasse 8/15, A-1160 Wien, Tel. u. Fax (01) 3 18 05 72, *johann.dama@univie.ac.at, hans.dama@ gmx.at, www.univie.ac.at/Romanistik/html/personen/ dama.html* (* Groß-Sankt Nikolaus/Rum. 30. 6. 44). Intern. Lenau-Ges., Köla, IGAA, ARGE Literatur; Lyr.pr. d. Studenten-Zs. „Viata Studenteasca", Bukarest 63, Wiss.pr. d. Nikolaus-Lenau-Stift., Linz 96, Übers.pr. b. XXIII. Internat. Lucian-Blaga-Festival, Sebes/Siebenb. 03; Lyr., Übers., Prosa, Ess. Ue: rum. – **V:** Schritte 80, 2. Aufl. 90; Gedankenspiele 90; Rollendes Schicksal 93; Spätlese 99; Vereinsamtes Echo 02, alles G.; Unterwegs, Prosa 03; Launen des Schicksals/Capriciile Destinului, Lyr. zweispr. 06. – **MA:** Österr. Lyr., Anth. XXVIII 81; Rudolf Hollinger: Gedankensplitter aus dem Osten (Ausw. u. Einleit.) 85; ders.: Gedichte (Nachw.) 86; An Donau und Theiß. Banater Leseb. 86; Hans Wolfram Hockl: Oweds am Brunne, Mda.-G. (Geleitw.) 88; zahlr. Einzelveröff. in Anth. u. Zss. d. Inu. Ausl., u. a.: Der Donauschwabe; Orizont; Tribuna; Periodico de Donau; Südostdt. Vjbll.; Lit. aus Öst.; Österr. Lyr.; Literaricum, u.v. a. – **H:** Rudolf Hollinger: Mosaik eines Untergangs, Prosa 03. – **MH:** Rudolf Hollinger: Deine Stunde, Tod, ist groß, m. Hans Wolfram Hockl (auch Vorw.) 97. – **P:** Mit Lyrik von H.D durch das Jahr, Poesie-Kal. 05; Ada-Kaleh. Zauber einer versunkenen Donau-Insel, Bildkal. m. Ess. v. H.D. 06. – **Ue:** Teresa Reiner: Jocul florii de colt/Der Tanz des Edelweiß, G. 80; Nora Ferentz: Clipe de Îndoală. Augenblicke der Schwäche, Lyr. 06. – *Lit:* Horst Fassel in: Südostdt. Vjbll., Nr. 2 89; Biograph. Lex. d. Banater Deutschtums 92; Die Erinnerung bleibt. Donauschwäb. Lit. seit 1945, Bd 1 95; Wiss.-Lex., Reihe 1, Bd 1: Geisteswiss. 96; s. auch 2. Jg. SK. (Red.)

Damann, Gustav s. Rehm, Gottfried

Damerow, Mathias (eigtl. Kaspar-Mathias von Saldern); Kettelerpfad 2a, D-13509 Berlin, Tel. (0 30) 4 33 14 08 (* Rostock 7. 1. 36). – **V:** Wenn eine junge Frau ..., Erzn. 02; Im Jenseits. Erlebnisse u. Erfahrungen d. Herrmann Taus 04; Nur Notis und Nonsens?, G. u. Fbn. 04. (Red.)

Damköhler, Friedrich, techn. Angest.; Teichweg 2, A-3710 Ziersdorf, Tel. (06 64) 5 01 48 62, Fax (0 29 56) 24 60, *damkoehler@aon.at, www.arts-schmidatal.at* (* Hollabrunn 22. 6. 45). Autorengemeinsch. Doppelpunkt, IGAA, ARTSchmidatal; Lyr., Erz., Chronik. – **V:** Ich habe einen Raben singen gehört 97, 98; Querfeldein 99; Über das Leben gestolpert 02, alles Lyr. – **H:** Ziersdorf, im Wandel eines Jahrhunderts, erz. Chronik u. Anekdn. 05. – **MH:** Weinviertel, m. Barbara Waldviertler, Anth. 05. (Red.)

Damkowski, Kai; Biernatzkistr. 16, D-22767 Hamburg. – **V:** angst sucht hase, R. 98. – **MA:** Anth.: Schwarze Beute 95; Poetry! Slam! 96; Team Compendium, Selfmade Matches 96; Slam! Poetry 99; Beitr. in Zss., u. a. in: Szene/Hamburg; PNG; Cocksucker; Super!; Gags + Gore; Bierfront. – **H:** KLAUSNER,

Mag., Nr. 1–14 90–99. – **R:** Breit vom Heiligen Geist, Dok. 95. – **P:** Hrubesch Youth / Happy Grindcore 93; Hrubesch Youth: Dahlin Orgel, LP 95; dies.: Schiffer Klavier, LP 99; Klausner Klang Kommando auf: Camp Imperial 96; Zehn 97. (Red.)

Damm, Dörte (eigtl. Doris Gacinski, geb. Doris Emrich), Sozialarb.; Wiesenstr. 32d, D-76887 Bad Bergzabern, Tel. (0 63 43) 70 08 39, *doerte.damm@web.de* (* Ludwigshafen 25. 10. 36). Lit. Ver. d. Pfalz 04; Rom., Jugendrom., Erz., Drama. – **V:** Das Mondkalb, R. 98; Der Wolf ist tot 98; Viola Muckenfuß 00; Die Els und ich 02; Daphne Wildermuth 03, alles Jgd.-R. – **MA:** Von Wegen, Anth. 05. (Red.)

Damm, Jutta (geb. Jutta Braun), Schriftst., Red.; Schlagintweitstr. 8, D-80638 München, *jutta.ms.damm @web.de* (* Hamburg 50). VS Bayern 02; Kinderb. – **V:** Ali. Ein Kamel macht Karriere 97, 08; Der Esel Elias 98, 08; Ferdinand Ferkel – sauber und gepflegt 99, 08; Pepe. Der Hund, der Amerika entdeckte 00, 08; Ali und Aladin. Zwei Kamele auf dem Weg zum Ruhm 01, 08; Die rote Villa 03. – **B:** Girma Fisseha (Hrsg.): Die schwatzhafte Schildkröte, Erzn. 01. – **MA:** Beitr. in zahlr. Publikationen u. Periodika d. SOS- Kinderdorf e.V., München. – **H:** Die Eidechsenfrau. Erzn. 02. – **P:** 10 wunderschöne Gute-Nacht-Geschichten, Hörb., CD 06

Damm, Sigrid, Dr. phil., Schriftst.; lebt in Berlin, c/o Insel Verl., Frankfurt/M. (* Gotha 7. 12. 40). P.E.N.-Zentr. Dtld, Akad. d. Wiss. u. d. Lit. Mainz 04; Lion-Feuchtwanger-Pr. 87, Evang. Buchpr. 89, Förd.pr. z. Hans-Erich-Nossack-Pr. 93, Mörike-Pr. 94, Theodor-Fontane-Pr. 94, E.gabe d. Dt. Schillerstift. 97, Thür. Lit.pr. d. Lit. Ges. Thür. 05 (erste Preisträgerin); Rom., Erz., Biogr., Ess. – **V:** Vögel, die verkünden Land, Biogr. 85, Tb. 92; Cornelia Goethe, Biogr. 87, 92 (auch ital., jap.); Ich bin nicht Ottilie, R. 92, 99, Tb. 00; Diese Einsamkeit ohne Überfluß, Prosa 95 (als Hörb. 08); Christiane und Goethe. Eine Recherche 98, 21. Aufl. 02, Tb. 01, mehrere Sonderausg. (auch span., frz., chin. u. als Hörb.); Atemzüge, Ess. 99; Tage- und Nächtebücher aus Lappland, m. Bildern v. Hamster Damm 02, Neuaufl. 04; Das Leben des Friedrich Schiller. Eine Wanderung 04, Tb. 05 (auch als Hörb.); Goethes letzte Reise 07 (als Hörb. 08). – **MA:** Metzler Autoren Lex. 86; ndl 6/94; Sinn u. Form 1/88, 2/93, 6/94; Lit.archiv u. Lit.forschung 96; Franz Fühmann, Biogr. (Geleitw.) 98; Verleihung d. Thüringer Literaturpreises an Sigrid Damm, 6.11.2005. – **H:** Begegnungen mit Caroline, Briefe 79; Hyacinth und Rosenblüt, M. 84; Leben und Briefe von Jakob Michael Reinhold Lenz, 3 Bde 87, 92 (alle auch m. e. Ess. vers.); Die schönsten Liebesgedichte 96, 00 (auch als Hörb.); Caroline Schlegel-Schelling: Die Kunst zu leben 97; Behalt mich ja lieb! Christianes u. Goethes Ehebriefe 98 (beides auch m. e. Ess. vers.); Christiane Goethe Tagebuch. Tagebuch 1816 u. Briefe 99; Romantische Märchen 02; Die seligen Augenblicke. Gedichte v. F. Schiller 05 (auch als Hörb.). – **MH:** Die schönen Insel-Karten, m. Hamster Damm 07. – **F:** Das Bergwerk – Franz Fühmann, m.a. 97. – **R:** div. Lesungen u. Gespräche in Rdfk u. Fs., u. a.: Cornelia Goethe 88; Am liebsten tät ich auf die Straße gehn und brüllen, Fk-Ess. 92; Vögel, die verkünden Land, 29-tlg. Rdfk-Sdg; Mamsellchen und Geheimer Rat, Feat. 99; Christiane Vulpius – Frau von Goethe, Feat. 99; Gespräch m. Hans Sarkowicz (HR 2) 05; Lit. im Foyer m. Thea Dorn (SWR) 08. – **P:** Sigrid Damm liest. Ein Hörbuch, 5 CDs 05. – *Lit:* Karlheinz Fingerhut in: Diskussion Deutsch 107 89; Albert von Schirnding in: Dokumentation Mörike-Pr. d. Stadt Fellbach 94; Helmut Nürnberger in: Fontane-Bll. 59 95; Ulrich

Damm

Kaufmann in: Palmbaum 2/98; Andreas Nentwich: Gespräch m. S.D., in: Sinn u. Form 4/02; Karl Otto Conrady: Auf lit. Spurensuche, in: Verleihung d. Thür. Lit.pr. an S.D. 05; Hans-Joachim Simm: Zu S.D., ebda; Ulrich Kaufmann: Ein Gespräch m. S.D., in: Palmbaum 1+2/05; Arno Widmann in: Frankfurter Rundschau v. 16.5.08.

Damm, Tonia (geb. Toni Lohnes), Dipl.-Bibl.; Eintrachtstr. 28, D-65193 Wiesbaden, Tel. (06 11) 5 41 09 46 (* Offenbach 12. 7. 24). GEDOK 87, Ver. d. Schriftst., VS Hessen 87, Lit.ges. Wiesbaden 03; Inge-Czernik-Förd.pr. 95, Finalistin d. Gedok RMT 96 u. 01; Lyr., Kurzprosa, Sat., Rezension. – **V:** Blaue Blume Hoffnung, Lyr. 84; Blick zum anderen Ufer, Lyr. 87; An einer Libelle halte ich mich fest, Lyr. 88; Ein Ölzweig für den Frieden, Lyr. 90; Der Zauberring, M.-G. 91; Das Untier und andere Verwirrlichkeiten, Kurzgeschn. 94; Muschelgeheimnis, Lyr. 94; Lichtspur im Nebel, Lyr. 95; Erwartungsland, G., Kurzprosa, Aphor. 97; Die Katzenprinzessin, Geschn. 05; – Essays über: Marie Luise Kaschnitz 91, Fritz Usinger 95, Anja Lundholm 98, 08. – **MA:** Beitr. in etwa 100 Anth. in Vers u. Prosa; Der Literat 1/91, 4/98, 4 u. 5/08; Nationalbibliothek d. dt.sprachigen Gedichtes, seit 03. – *Lit:* Vera Lebert-Hinze in: Der Literat 7/8/99; Heidelore Wallenfels in: Wiesbadener Kurier 97; Wer ist Wer, seit 00/01; Daniel Honsack in: Wiesbadener Kurier v. 8.11.07.

Damm-Wendler, Ursula, Schauspielerin; Str. in Walde 37, D-12555 Berlin, Tel. (0 30) 6 56 43 10 (* Dresden 31. 3. 22). SV-DDR 69; Gold. Lorbeer d. Fs. d. DDR m. H. U. Wendler 79, 87; Drama, Fernsehsp., Puppensp. – **V:** Der Hasegeist, Puppensp. 55; Der Wundertopf, Puppensp. 58; Das tapfere Schneiderlein, Bü.-M. 58; Wiedersehn am Wochenend, Lsp. 58; Das Zauberkochbuch, Puppensp. 58; Wirbel unter einem Dach, Lsp. 60; Herbstgewitter, Musical 83. – **MV:** Die Fehde des Michael Kohlhaas, Sch. 63; Die drei Musketiere 66; Für 5 Groschen Urlaub 69; Die vier Musketiere 70; Letzter Ausweg Heirat 74, alles Musicals m. H.U. Wendler. – **R:** Das Gänseblümchen und der Kapitän, Fsp. 73; Eine Schwäche für Musik, Fsf. 73; Mögen Sie Hecht?, Fsp. 75; Ein Zimmer mit Ausblick, Fsp.-Serie 77; Ein unerwünschter Gast, Fsp. 77; Rentner haben niemals Zeit, Fsp.-Serie 79; Verliebt, verlobt ..., 4 Einakt., Fsp. 79; Eine Perle zuviel, Fsp. 76; Auf heißer Spur, Fsp. f. Kinder 78; Der Schwimmwettbewerb, Hsp. f. Kinder 78; Die Rolle 78; Ein Korb Haselnüsse 78; Gastfreundschaft 78; Kalte Füße 79; Der Altmeister 79; Der Schmalfilm 79, alles Hsp.; Auf ein Neues! 4 Szenen 81; Vom Regen in die Traufe, Lsp. 82; Geschichten übern Gartenzaun, Fsp.-Serie 82; Neues übern Gartenzaun, Fsp.-Ser. 85; So bitte nicht!, Fsp. 85; Solange noch das Lämpchen glüht, Fsp. 86; Der Vogel, Fsp. 87; Auf den Hund gekommen, Fsp. 89; Von Fall zu Fall, 3 F., Fsp. 89/90. – **MUe:** Leoš Janáček: Šárka, m. H.U. Wendler, Opernlibr. 00. – *Lit:* Die Familienserie „Rentner haben niemals Zeit" in: Reinhold Viehoff: Die Liebenswürdigkeit d. Alltags. 04; Sascha Trültzsch (Hrsg.): Abbild – Vorbild – Alltagsbild 07.

Dammann, Syelle, Schriftst., Antiquarin; Am Wendentor 2, D-38100 Braunschweig, Tel. (01 63) 3 26 62 66, *info@athenabooks.de*, *www. wendentorhaus.de* (* Braunschweig 8. 8. 72). Lyr., Dramatik, Kurzgesch. – **V:** Kastors Rosen, Lyr. 05. – **MA:** Bibliothek dt.sprachiger Gedichte 98; Neue Literatur, Anth. 03; Frankfurter Bibliothek d. zeitgenöss. Gedichts 03/04.

Damon, Roger s. Baresch, Martin

Damon, Roger s. Weinland, Manfred

Damsen, Birgit van, Mag. Pädagogik, Dr. phil., Buchautorin, Journalistin, Tierfotografin; Flessinghauser Str. 50, D-34431 Marsberg-Leitmar, Tel. u. Fax (0 29 93) 90 80 09, *vandamsen@web.de*, *www.vandamsen.tierfoto.homepage.ms* (* Düsseldorf 14. 4. 60). Jugendrom. – **V:** Jgdb.-Reihe „Pferdehof Falkenstein". Bd 1: Ein neuer Anfang 99, Bd 2: Im Schatten der Wintersonne 99, Bd 3: Fohlen im Frühlingswind 00, Bd 4: Eine Zukunft für Feuerherz 00, Bd 5: Unter dem Glücksstern 01 (Bde 1–3 auch ndl.). – *Lit:* s. auch 2. Jg. SK. (Red.)

Damwerth, Dietmar, freiberufl. Schriftst., Hrsg., Lektor; Um Süd 16, D-26465 Langeoog, Tel. (0 49 72) 65 81, Fax (02 51) 4 68 77, *damwerth@t-online.de*, *www.damwerth.de*, *nordsee-sturm.de*, *autorenland.de*. Wilmergasse 12–13, D-48143 Münster, Tel. (02 51) 4 68 77 (* Münster 1. 6. 64). VS NRW, Geschf., Ges. f. Lit. in NRW; Stip. d. Ges. f. Lit. in NRW 86; Lyr., Erz., Hörsp. – **V:** Do lachet de Westfaole üewer 95; verbrannt – verfolgt – vertrieben. Schriftstellerinnen u. Schriftsteller im Gebiet d. heutigen Nordrh.-Westf. zur NS-Zeit, Dok. 03. – **MV:** Münster auf alten Postkarten 84; Pest und Lepra in Münster (auch Mithrsg.) 85. – **MA:** Nachlese – Dichterstrippe Münster 92. – **H:** Reihe „Kleine Bettlektüre" 88–96; Nordsee Sturm 93, 4. Aufl. 00; Geschichten aus Ostfriesland 95; Strandkorbgeflüster 97; Sagen und Märchen aus Ostfriesland 97. – **F:** Mitten in Deutschland, Drehb. 86; Der Verdacht, Drehb. 86. – **P:** Wilhelm Damwerth – Kurzgeschichten u. Gedichte, CD. (Red.)

Damwerth, Ruth (geb. Ruth Stork), M. A.; Münster, *ruthdamwerth@biografieverlag.de*, *www.biografieverlag.de* (* Marl 7. 11. 67). Liste d. besten 7 Bücher d. DLF Aug. 05; Biogr., Jugendrom. – **V:** Arnold Munter. Ein biogr. Geschichtsb. 94, 2.,erw. Aufl. 04; Wo gehst du, Mariechen, Biogr. 04; Schwarz Rot Braun, R. 05.

Dance, Salomon s. Arenz, Michael

Danella, Utta (Ps. Sylvia Groth, Stefan Dohl, eigtl. Utta Schneider, geb. Utta Denneler), Schriftst.; Franz-Joseph-Str. 19, D-80801 München (* Berlin 18. 6.). BVK I. Kl. 98; Rom., Erz. Ue: engl. – **V:** Alle Sterne vom Himmel 56, 75; Regina auf den Stufen 57, 74; Die Frauen der Talliens 58, 73; Alles Töchter aus guter Familie 58, 75; Die Reise nach Venedig 59, 76; Stella Termogen oder die Versuchung der Jahre 60, 75; Tanz auf dem Regenbogen 62; Der Sommer des glücklichen Narren 63, 98; Der Maulbeerbaum 64, 76; Der Mond im See 65, 75; Vergiß, wenn du leben willst 66, 00; Quartett im September 68, 99; Jovana 69, 74; Niemandsland 70, 98; Gestern oder die Stunde nach Mitternacht 71; Der blaue Vogel 73, 76; Die Hochzeit auf dem Lande 75, 77, Tb. 00; Zwei Tage im April 75; Gespräche mit Janos, Erlebn. 75; Der Schatten des Adlers 75; Der dunkle Strom 77; Die Tränen vom vergangenen Jahr 78; Das Familienfest 79; Flutwelle 80; Eine Heimat hat der Mensch 81; Sophie Dorothee – eine historische Geschichte 81; Jacobs Frauen 83; Die Jungfrau im Lavendel 84, Tb. 00 (auch chines.); Die Unbesiegte 86; Das verpaßte Schiff 86; Der schwarze Spiegel 87; Eine Liebe, die nie vergeht 88; Das Hotel im Park 89; Der Garten der Träume, 4 Erzn. 90; Meine Freundin Elaine 90; Ein Bild von einem Mann 92, 97, Tb. 00; Im Land des blauen Vogels, Anth. 92; Wo hohe Türme sind 93; Wolkentanz 96; Die andere Eva 98, 99, Tb. 00; Unter dem Zauberdach 02, alles R. – **MA:** versch. Anth. – **H:** Das Paradies der Erde, Reitergesch. 76; Die schönsten Circusgeschichten der Welt 80; Mein Brandenburg, e. Leseb. 90, alles Anth. – **R:** Zwei gute Freunde, Jgd.-Hsp.; Tanz auf dem Regenbogen, 13tlg. 71; Regina auf

218

den Stufen, 10tlg. 92, beides Fs.-Ser. – **Ue:** Margaret Bell Houston: Die silbergrauen Bäume der Jugend, R. 59; Era Zistel: Das glückliche Jahr 61; Gwen Bristow: Morgen ist die Ewigkeit, R. 64; Evelyn Anthony: Weißer Mond von Barbados 73. (Red.)

Daniel, Bahumil s. Hildebrand, Norbert

Daniel, Gerd (Gerd Antonius Franz Daniel), Red.; Kantstr. 1, D-86529 Schrobenhausen, Tel. (0 82 52) 23 88 (* Schrobenhausen 13. 6. 28). BVK II. Kl. 84; Rom., Erz., Dramatik. – **V:** Der Stern von Rio, Nov. in Forts. in: Schrobenhausener Ztg 49; Bairische, Östreicher und Schweizer Geschichten 75, 76; Die „Schanz". Ingolstadt in Erzn., Anekdn. u. Originalen 80; Mit Armbrust und Büchse 85; Pausebrot und Marschgepäck. Junge Liebe in dunkler Zeit, R. 00; – THEATER: Fabiola, UA 51; Der Schritt vom Wege, UA 51; Im Schatten des Diktators, UA 52; Hüter des Grals, UA 52; Die Schweden in der Stadt, UA 56. – **MA:** anno domini. Leben u. Taten vergessener Bayern 76; Schrobenhausener Lese- u. Bilderbuch 82; Lebensraum Landkreis Neuburg-Schrobenhausen 88; Schrobenhausener Kunstschätze 92.

Daniel, Peter, Dr. iur., freier Schriftst., bildender Künstler; Wipplinger Str. 23/Tür 31, A-1010 Wien, Tel. u. Fax (01) 5 32 44 31. c/o Edition SPLITTER, Salvatorgasse 10, A-1010 Wien, Tel. (01) 5 32 73 72, Fax 5 32 11 09 (* Wien 30. 9. 63). GAV, IGAA, Literar-Mechana; div. Arbeits- u. Projektstip.; Konkrete u. visuelle Poesie, Lyr., Text-Fragmente, Ess., Kinderb., Sachb. Ue: engl. – **V:** En-Sof. Ewiges Immer 91, 3., erw. Aufl. 93; Hommage an G"tt, exper.-konkr. Text-Zeichen 91; als der ich dasein werde 95; Lab-Art 1990–1995, Kat. 95; Zaun. Normen als Zaun um das jüd. Volk 95; Der Buchstabentempel, Erz. 96; bruch. oder: von der sehnsucht nach leere 96/97; Der Buchstabenberg, Erz. 97; Beschneidung. Zwischenräume – Leerräume 98; Buchstaben sind Nomaden – Bruchstaben sind Monaden, Kat. 98; an den flüssen des jordan 00. – **MV:** gezeitenalphabet. fraktale poesie, m. Burghart Schmidt 98. – **MA:** div. Beitr. – **MH:** Wären die Wände zwischen uns aus Glas, m. Johannes Diethart u. Herbert Kuhner 92. – **R:** div. Rdfk- u. Fs.-Arb. – **P:** AIRAM, Video 01; Ausstell. Visueller Poesie im In- u. Ausland. – *Lit:* B. Schmidt: Über: „LAB-ART ist.", dt./engl. 93; E. Gomringer/B. Schmidt: SchriftBild in Collage 94; B. Schmidt: Bild im Ab-wesen 96, 2., erw. Aufl. 98, alles kunstphilos. Ess.; s. auch 2. Jg. SK. (Red.)

Danieli, Enrico, Arzt; Via ai Colli 22, CH-6648 Minusio, Tel. (0 44) 3 83 59 89, (0 91) 7 43 47 89, Fax 3 83 33 42, 7 43 47 89, *e.b.danieli@bluewin.ch* (* Zürich 2. 9. 52). SSV 93; Gerhard-Fritsch-Lit.pr. 93, E.gabe d. Stadt Zürich 94, Förd.pr. z. Hans-Erich-Nossack-Pr. 95. – **V:** Reisen nach Striland, Erz. 93; Schatten der Nacht, Prosa 94; Die Ruhe der Welt am Gäbris, N. 97; Kalendergeschichten, Anth. 98; Die Rapp, Erz. 98; Wie durch ein Prisma, N. 98; Konzert für einen Engel, R. 00; Michaele oder der Himmel ist ein grosses Loch, Erz. 01; Villa Leon, R. 04; Suvretta – eine Fantasie, Erz. 04; Delaval, N. 06; Meret, R. 07; Splitter. Maxima Minimalia, Prosa 08.

Daniell, Dan (Urs Biner), Restaurantsfachmann, Sänger; Wiesty, CH-3920 Zermatt, Tel. (0 27) 9 67 16 30, Fax 9 67 16 31 (* Zermatt 22. 7. 61). Goldene Schallplatte 91. – **V:** Bergsplitter, Gedanken, G., Geschn. 94. – **P:** Augenblicke 92; Bergsplitter 94; Weihnachten mit Dan Daniell 94; Jenseits der Nacht 98; 1001 Nacht 99, alles CDs. (Red.)

Daniels, Dorothea s. Walter, Dieter

†**Danneberg,** Erika (Ps. Anna Gräfe, Erich Danneberg), Dr. phil., Psychoanalytikerin; lebte in Wien (* Wien 9. 1. 22, † Wien 29. 6. 07). IGAA, GAV; Lyr., Prosa, Übers. Ue: frz, engl, span. – **V:** Das Abenteuer des Leutnant Prentjes, Jgdb. 58, 63; In Nicaragua: Notizen/Briefe/Reportagen 89; Wie leistet man Widerstand 95; Nicaragua – eine lange Liebe, Ber. 00; Manchmal auch Verse. Gedichte aus sechs Jahrzehnten 01. – **MA:** Psychoanalyse in Selbstdarstellungen III 95; Schnittstellen. H. 1 u. 2 97; Jb. d. Psychoanalyse 98; Linkes Wort am VolksstimmeFest: Das „Eigene" u. das „Fremde" 98, Verkehrte Welt 99, Schubumkehr 00, Hierorts unbekannt 01. – **Ue:** Colette: Claudines retraite sentimentale, R. 58; Jane Simpson: Gestohlene Jahre, R. 59; Oriel Malet: Die Sonnenpferde, R. 60; Eric P. Mosse: Sieg über die Einsamkeit, R. 60; John W. Wadleigh: Die Nächte sind grausam, R. 61; ders.: Mexikanischer Sommer, R. 65; William B. Huie: Drei Leben für Mississippi, R. 65; Noah Gordon: Ein Haus für den Herrn, R. 65; Norman Douglas: Südwind, R. 66; Rumer Goddon: Die Küchenmadonna, R. 69, u. a.; – zahlr. Gedichte lateinamerikan. Autorinnen u. Autoren. – *Lit:* Elke Mühlleitner in: Wissenschafterinnen in u. aus Österreich 02.

Dannen, Funny Van (eigtl. Franz-Josef Dajka-Hagmanns), Autor, Musiker, Maler; Berlin, *mail@funny-van-dannen.de, www.funny-van-dannen.de* (* Tüddern 58). – **V:** Spurt ins Glück 91; Jubel des Lebens 93; Am Wegesrand 95; Der Tag, als Rosie kam 97; Komm in meine Arme 98; Neues von Gott 04 (auch als CD); Zurück im Paradies 07. – **MA:** Zs. Salbader. – **P:** CDs: Clubsongs 95; Basics 96; Info3 97; Uruguay 98; Melody Star 00; Grooveoman 02; Herzscheiße 03; Nebelmaschine 05; Authentic Trip 05; Trotzdem Danke 07. (Red.)

Dannenberg, Robby *

Dannenmann, Eva (geb. Eva Fleer); Georg-Wagner-Weg 5, D-89233 Neu-Ulm, Tel. (07 31) 71 38 04, *peter.dannenmann@onlinehome.de* (* Gelsenkirchen 20. 10. 50). Rom., Ess., Erz., Kurzgesch. – **V:** Die Früchte des Keuschbaumes, R. 01. – **MA:** Neue Literatur, Anth. 04. (Red.)

Danner, Heinz, Dr. med.; Alte Schwegenheimer Str. 15, D-67346 Speyer, Tel. (0 62 32) 9 23 23 (* Germersheim 2. 7. 17). – **V:** Die Wörter fallen von der Decke 87; Dem Leben entlang, G. u. Erzn. 92; Begegnungen 00. (Red.)

Danz, Daniela, M. A.; An der Petruskirche 16, D-06120 Halle/Saale, Tel. (03 45) 5 25 07 83, *mail@chiragon.de, www.chiragon.de* (* Eisenach 5. 9. 76). Lit. Ges. Thür., Förd.kr. d. Schriftst. in Sa.-Anh.; Hess.-Thür. Lit.pr. 97, 00 u. 01, Stip. d. Klagenfurter Lit.kurses 01, Stip. d. Stift. Kulturfonds 04, Stip. d. Dt. Lit.fonds 05, Stip. d. Hermann-Lenz-Stift. 06, Georg-Kaiser-Förd.pr. d. Ldes Sa.-Anh. 06, Autorenförd. d. Stift. Nds. 08; Rom., Lyr., Erz. Ue: tsch. – **V:** Arachne, Erz. 02; Serimunt, G. 04; Türmer, R. 06. – **MA:** Schreibwelten 05; Jb. d. Lyrik 2006; – zahlr. Beitr. in Lit.zss., u. a. in: Literaturbote; Manuskripte; bella triste; Ort der Augen. (Red.)

Danz, Orla, Theologin, Rentnerin; Windthorststr. 11, D-99974 Mühlhausen, Tel. (03 601) 75 87 40, Fax 81 65 75, *arved.danz@t-online.de* (* Gotha 16. 4. 38). Lit.verein Mühlhausen, Autoren Kreis Mühlhausen, Gründerin 05; Lyr., Erz., Meditation, Betrachtung. – **V:** Aufbruch und Verweilen, Betracht., Erzn., Lyr. 00; Lebensweise, G. u. Betracht. 03; Adventsbegegnungen, Prosa 04; Augenblicke, G. u. Betracht. 05; Ihr habt mich gefragt nach der Heimstatt vom Glück, G. 07. – **MA:** Teddybären nicht nur für Kinder 93; Wir schreiben 94; Welten im Zeitenkreis 94; Auslese zum Jahreswechsel 1994/95 95; Kaleidoskop – bunte Vielfalt des Lebens 96; Licht und Hoffnung 96; Schreiben – unser Leben

Danzer

97; Land der offenen Ferne 98; Auslese zur Jahrtausendwende 00; Schreiben heißt intensiv leben 01; Wer schreibt, der bleibt 02; Das neue Gedicht 03–07; Literareon Lyrik-Bibliothek 04, 05, 06 in 2 Bde, 08; Jb. f. d. neue Gedicht, Brentano Gesellschaft 04, 05; Bibliothek dt.sprachiger Gedichte 04–07; MOMENT, monatl. Kulturmag. 04–08; Tage der Wonne 06; Lyrik u. Betracht. in Tages- u. Wochenztgn seit 90, u. a.: Mitautoren d. „Wort d. Kirchen z. Sonntag" in Thür. Allg. – **MH:** Mit dem Herzen gesehen 01. – *Lit:* Dt. Schriftst.lex. 03; Thüringer Autoren d. Gegenwart 03; Dieter Fechner in: Literar. Mühlhausen, 41. Folge 05; Glaube und Heimat, Zg. 51, 18.12.2005.

Danzer, Alexander, Wissenschaftler; Untere Parkstr. 55, D-85540 Haar, Tel. (0 89) 46 55 10, *alex.danzer@gmx.de*. Tel. (01 76) 61 07 75 81 (* München 15. 11. 78). BVJA 02; Stip. d. Studienstift. d. dt. Volkes, Stip. d. tsch. Regierung, Stip. d. DAAD, 2. Pl. b. Literareon-Kurzgeschn.wettbew. 05; Rom., Erz. – **V:** Glutenkiste 02. – **MA:** Uni-Laut, Anth. 03; /kladde.auf/die.reihe/: Dazwischen, Bd 8/04, Peinlich, Peinlich, Bd 9/05; Lit. in Bayern, Vjschr. 04. – *Lit:* Roswitha Grosse in SZ 9.10.01. (Red.)

†**Danzer,** Georg, Liedermacher (* Wien 7. 10. 46, † Asperhofen 21. 6. 07). – **V:** Die gnädige Frau und das rote Reptil, Erzn., Lieder, Gedanken, Betrachtn. 82, 85; Auf und davon, Autobiogr. 93; Jetzt oder nie. G.D. im Gespräch m. Christian Seiler 06. – **P:** zahlr. Tonträger seit 68.

Danzer, Helga, Schriftst.; Werastr. 20A, D-70182 Stuttgart, Tel. (07 11) 24 62 67, *hdanzer@web.de* (* Freyung 10. 10. 43). Forum Lit. Ludwigsburg 01, Lit.haus Stuttgart 01, FDA 04, Stuttgarter Schriftst.haus 06; Lyr.pr. d. FDA Bad.-Württ. 04, Lyr.pr. „Plochinger Pegasus" 07; Lyr., Kurzprosa. – **V:** Es ist wie es ist, Lyr. 04. – **MA:** Eremitage, Nrn 2–15 01ff.; Nationalbibliothek d. dt.sprachigen Gedichtes 04–06; ... u dann und wann auch mal geplant, Anth. 07; 6. Almanach Stuttgarter Schriftst.haus 08.

Danzinger, Peter; Meiselstr. 65/18, A-1140 Wien, Tel. (01) 7 89 49 97 (* Wien 24. 10. 62). Öst. Staatsstip. f. Lit. 99/00; Rom., Dramatik, Hörsp. – **V:** Die geflederte Schlange, hist. R. 01; Die alphabetische Thalia. Alles (oder fast alles) rund ums Theater A-Z 04. (Red.)

Dark, Jason s. Baresch, Martin

Dark, Jason s. Rellergerd, Helmut

Darnhofer-Demár, Edith (Ps. Maria delMar, eigtl. Edith Drekonja-Darnhofer-Demár); Wiesbadener Str. 3, A-9020 Klagenfurt, Tel. (04 63) 51 63 36, (06 99) 12 91 40 29. Bischoffgasse 16/23, A-1120 Wien, *edith.darnhofer@chello.at* (* Mauthen/Kärnten 5. 2. 45). Presseclub Concordia; Prosa, Ess., Kurzgesch., Krim.-erz., Rom., Dramatik, Lyr. – **V:** First Land. Hommage an Kärnten, weiblich, Text m. Lyr. 95; Hekate. Klagenfurt-Passagen, Ess., Texte, Vortr. u. a. 00; Hekabe. Klagenfurt-Roman 00; Bestiarium einer Feministin, Ess., Reden, Briefe 02. – **MA:** Zss.: New Scientist (London), 20.5.82; Die Brücke 3/83, 3/86, 1/87, 4/91, 2/92, Winter 94/95, 1–2/96; Podium 115/116 00; Katalog Christine de Pauli-Bärenthaler 85; – Erzn. in Anth.: Im kleinen Kreis, Krim.-Geschn. 87; Drama Dreieck 90; sidesteps 94; Paßwort Auferstehung 98; O Schreck laß nach! 99; Viecherein 01; Mein Mord am Freitag 02; Mein Mahl am Donnerstag 04; – Ess. in: Schriftstellerinnen sehen ihr Land 95. (Red.)

D'Aron, Erhard; Wilhelminenstr. 179, A-1160 Wien, Tel. (01) 4 80 01 80. – **V:** Kleine Geschichte von Gott und der Welt, Aphor. 07; Der Lauf aller Dinge, Erzn. 08.

Das Ei s. Hemken, Heiner

Dasenbrock, Dirk; Sielwall 47, D-28203 Bremen, Tel. (04 21) 7 94 29 47. – **V:** Wiederkehr, Lyr. 04; Aus der Savanne, Lyr. 01, 08. – *Lit:* Hans Lösener in: G. Geduldig: Wörter u. Moor 07.

Dasgupta, Alokeranjan, Dr. phil., Prof.; Odenwaldstr. 2, D-69493 Hirschberg/Bergstr., Tel. (0 62 01) 5 17 01, Fax 5 39 06. 23/G/4 Bade Raipur Road, Calcutta-700032, India (* Kalkutta 6. 10. 33). Stip. d. Alexander-von-Humboldt-Stift. 71–77, Lit.pr. d. U. Kalkutta 83, Goethe-Med. 85, Ananda-Lit.pr. West-Bengalen, Ind. 85, Rabindranath-Tagore-Lit.pr. 87, Sromoni-Lit.pr. 91, Großer Lit.pr. d. Lit.-Akad. New Delhi 93; Lyr., Ess., Hörsp., Übers., Dramat. Collage, Journalist. Arbeit, Monographie. Ue: Bengali, engl, dt. – **V:** Kalkuttazyklus, Lyr. 75; Terrakotta eines Schlafes, Lyr. 79; Buddhadeva Bose, Monogr. ind. Autoren 91; Der König und der Barde, Ess. 94; Die mystische Säge, G. 99. – **MV:** 1 Sachb. 77. – **MA:** Ibykus Nr. 67 99; regelmäß. belletrist. Beitr. in versch. Anth. u. in dt., engl. u. bengal. Kulturzss. – **H:** Gelobt sei der Pfau, ind. Lyr. d. Gegenw. 86; Rabindranath Thakur 86, auch Übers.; Der andere Tagore, Lyr. u. Prosa 87. – **MH:** Ganges-Delta, Lyr. aus Indien u. Bangladesh 74; Rabindranath Thakur: Späte Lyrik 75; Leben in Liedern, Lyr. aus Indien 92. – **R:** Unter dem Kronleuchter, szen. Dialog 85. – *Lit:* Autoren in Bad.-Württ. 91; Monika Carbe in: Goldenes Bengalen? 02; Harenbergs Lex. d. Weltlit. (Red.)

Dassanowsky, Robert von (Robert Dassanowsky) UProf., Schriftst., Red., Produzent; c/o Dept. of Languages and Cultures, Univ. of Colorado, Colorado Springs, CO 80933/USA, Tel. (7 19) 2 62–35 62, Fax (7 19) 2 62–31 46, *belvederefilm@yahoo.com, www.belvederefilm.com* (* New York 28. 1. 56). P.E.N. Colorado (Präs. 94–00), P.E.N. USA/West, Los Angeles (Vorst.mitgl. seit 92), Austrian American Film Assoc. (Vizepräs. seit 97), Los Angeles Poetry Festival (Vorst.-mitgl. seit 97), ProEuropa: Assoc. of Journalists and Scholars (Charter-Mitgl. 98–02), Intern. Lernet-Holenia Ges. (Vizepräs. USA seit 98), Modern Language Assoc., Poets and Writers, Öst. P.E.N.-Club, The Intern. Experimental Cinema Exposition, Colorado 02, Modern Austrian Lit. and Culture Assoc. MALCA (Executive Council Member) 06–09; Karolyi Foundation Award, Frankr. 79, Pr. d. Kulturstift. d. Stadt Los Angeles 90 u. 91, Univ. of Colorado President's Fund for the Humanities Award 96, Europ. Akad. d. Wiss. u. Kunst 01, U.S. Prof. of the year for Colorado 2oo4 Carnegie Found. and CASE, Silb. E.zeichen d. Rep. Öst. 05, Chancellor's Award, Univ. Colorado 06, Fellow Royal Hist. Soc., London 07; Lit.kritik, Filmkritik, Kulturkritik, Poesie, Übers., Theater, Fernsehdrehb. Ue: engl. – **V:** Tristan im Winter, Dr. 84; Lieder eines fahrenden Gesellen, Dr. 87; Phantom Empires. The novels of Alexander Lernet-Holenia 96; Telegrams from the metropole, Lyr. 99; Austrian cinema. A history 05. – **MA:** Literatur der Inneren Emigration aus Öst. 97; Hist. Lex. Wien, Bd 5 97; Mit den Geistes hinter Waffen ... 97; Alexander Lernet-Holenia. Poesie auf dem Boulevard 99; Komm. zu Leni Riefenstahls Film: Tag der Freiheit (auf DVD) 00; Intern. Directory of Films and Filmmakers, Bd 4, 4. erw. Aufl. 00; F. Aspetsberger (Hrsg.): Der BergFILM 1920–1940 02; Landvermessung 05; Cinema and the Swastika 06; Greenwood Encyclop. of world popular culture 07; G. Berger (Hrsg.): Viajes. Festgabe f. Herwig Zens 07; Austrian History Yearb., Vol. XXXIX 08; Crime and Madness in modern Austria 08; Österreich 1918 08; Sexuality, Eroticism and Gender in Austrian Lit. and Culture 08; Hans Moser 09; – ZSS.: Sprachkunst 90; American Book Review, seit 91; Modern Austrian Lit., seit 91; Studies

220

in Popular Culture 92; Germanic Review 94; Seminar 95; Camera Obscura 95; Filmkunst 154/98; Maske u. Kothurn (Wien) 46/01; Medien u. Zeit (Öst.) 02; Celluloid in Österr., seit 02; Die Furche 05; Central Europe, Vol.3/Nr.2 05; Austrian Studies, Vol.13 05; Film International Nr.27 07 u. 31 08. – **H:** Gale Encyclopedia of Multicultural America, 2. Aufl. 99; Modern Austrian Literature (Gastred.: Michael Haneke) 09. – **MH:** Rohwedder: Intern. Journal of Lit. and Art 86–93; PEN Center Mag. 92–98; Osiris, seit 92; Rampike: Postmodern Art and Lit., seit 92; Modern Austrian Lit. 97–00; Poetry Salzburg Review, seit 02; New Austrian Film, m. Oliver C. Speck 09. – **F:** (als Produzent:) Epicure 01; Semmelweis 01; The Nightmare stumbles past 02; Believe 03, alles Kurzf.; Wilson Chance, Langf. 05; The Archduke and Herbert Hinkel, Dok.film 08. – **R:** versch. Fernsehscripts. – **Ue:** (ins Engl.:) Hans Raimund: Verses of a marriage, Lyr. 96; A. Lernet-Holenia: Mars in Aries, R. 03. – *Lit:* K. Edgar in: Contemp. Authors, Vol.150 96 (Gale/Thompson); D. Pinkerton in: Austrian Studies Newsletter, Vol.II/Nr.2 99; Contemp. Authors New Revision Series, Vol.95 01 (Gale/Thompson); L. Lewis in: Wiener Ztg v. 18.3.02; D.C. Rusch in: Celluloid, Nr.2 02; Halliwell's Who's Who in the Movies, 4th. ed. 06.

Dath, Dietmar (Ps. David Dalek), Journalist, Übers., Autor; Gallwitzstr. 23, D-79100 Freiburg/Br., Tel. (07 61) 80 72 80 (* Rheinfelden 3.4.70). Förd.pr. z. Lessing-Pr. f. Kritik d. Akad. Wolfenbüttel 08. – **V:** Braut. Kontingenz. Bruckner. Kevillismus 93; Liz Disch und der Hermit King 94; Cordula killt dich! oder Wir sind doch nicht Nemesis von jedem Pfeifenheini, R. 95; Die Ehre des Rudels, Horror-N. 96; Charonia Tritonis. Ein Konzert, Dumme bitte wegbleiben, Erz. 97; Am blinden Ufer, SF-R. 00; Skye boat song 00; Höhenrausch 03; Phonon oder Staat ohne Namen 03; Sie ist wach 03; Für immer in Honig, R. 05; Die salzweißen Augen. Vierzehn Briefe über Drastik u. Deutlichkeit 05; Dirac, R. 06; Heute keine Konferenz. Texte für die Zeitung 07; Waffenwetter, R. 07; Das versteckte Sternbild, R. 07; Maschinenwinter. Wissen, Technik, Sozialismus, e. Streitschr. 07; Die Abschaffung der Arten, R. 08. – **MV:** Schwester Mitternacht, m. Barbara Kirchner, R. 02; The Shramps, m. Daniela Burger 07. – **MA:** Titanic, seit 90; Konkret; Spex (98–00 Chefred.); FAZ (Red. Feuill. 01–07). (Red.)

Daub, Ronald, Dipl.-Päd.; In der Kummel 35, D-67729 Sippersfeld, Tel. (0 63 57) 12 49 (* Sippersfeld 11. 10. 58). Lit.pr. d. Kath. Akad. Trier 96. – **V:** Tine und die No Names rocken los 96; Jugendzentrum Sherwood Forest 98; Backstage sieht alles anders aus 00, alles Jgdb.; Schrötertod 03. (Red.)

Daubach, Saskia, M. A., Red.; Bergstr. 9, D-56379 Weinähr, *saskiadaubach@aol.com, www. saskiadaubach.eu* (* Nassau 18. 2. 80). Rom., Fachlit. – **V:** Linguist. Aspekte d. Analyse von Talkshows am Bsp. d. Talkshow Arabella 05; Unheilbar – Zurück ins Leben, R. 08.

Daube, Birgit s. Hechler, Birgit

Daubenmerkl, Sven, Physiklehrer; Irisw10 20, A-4623 Gunskirchen, Tel. (0 72 46) 76 75, *sven. daubenmerkl@aon.at* (* Kemnath/Bayern 27.1.65). GAV; 1. Pr. b. Limes-Kurzprosawettbew. 91, Heinrich-Gleißner-Förd.pr. 95, Talentförd.prämie d. Ldes ObÖst. 99; Rom., Erz. – **V:** Offene Rechnungen, 12 Kurzgeschn. 91; An unseren Grenzen, 10 Kurzgeschn. 95; Nachprüfung, Jgdb. 97; Träume süß, Kurzgeschn. 99; Forschers Geist, R. 00; Vom Kriege, N. 02. – **B:** Gemma halt a bisserl unter, n. Jura Soyfer, Theaterst., UA 90. – **MA:** zahlr. Beitr. in Lit.-Ztgn u. Anth., zuletzt

in: Die Rampe 1/00. – **H:** Pangloss, Lit.zs. 88–90; Edition Pangloss, seit 91. – *Lit:* Martin Kammerer in: Zeitgenöss. Lit. in Wels (1968–1992) 93; Johanna Tragler: Lit.- u. Kulturverlage in Oberöst. 00. (Red.)

Dauberschmidt, Stephan, Mitarb. d. Deutschen Post; Bischofsweg 72, D-01099 Dresden, Tel. (03 51) 4 70 01 54, Fax 2 01 66 32, *stephan_dauberschmidt@ web.de.* Oberonstr. 13, D-01259 Dresden (* Dresden 22. 7. 72). Freundeskr. Rose Ausländer e.V.; Lyr. – **V:** Pollenflug 02; Fessellos 04; Wechselkurs 06, alles Lyr. – **MA:** Krieg im Irak 03; Welt der Poesie 03; Die Literareon Lyrik-Bibliothek 04; Und wieder blüht es überall 04; best german underground lyriks 05, alles Lyr.; Winter- und Weihnachtsanth. 05.

Dauenhauer, Erich, UProf. Dr.; Fax (0 63 95) 77 45, *www.dauenhauer-walthari.de, www.walthari.com.* PF 100019, D-66979 Münchweiler (* Münchweiler 9. 3. 35). Lit. Ver. d. Pfalz; Prosa, Lyr., Dramatik. – **V:** Republikanisch-satirische Skizzen 78; Und kamen nach Santo Domingo 80; Die Abordnung, R. 82; Helles Geleit, R. 86; Herrenhaut und Armenseele, R. 92, 4., überarb. Aufl. 01; Wege und Irrwege ins 3. Jahrtausend, Breviar 94, 7. Aufl. 99; Weisheitliche Lebensführung, Breviar 96, 3. Aufl. 99; Endläufe, R. 96, 2. Aufl. 97; Das veruntreute Land, 1.u.2. Aufl. 98; Namenlose Überfahrt, R. 01; Bilderschaum – Gedichte 1978–2005, Lyr. 05; mehrere Sachb. u. wiss. Veröff. zu d. Themen Beruf, Wirtschaft, Humankapital. – **H:** Walthari, Lit.zs. seit 84. – *Lit:* s. auch GK. (Red.)

Davi, Hans Leopold, Buchhändler a. D.; Hünenbergstr. 76, CH-6006 Luzern, Tel. (0 41) 4 20 67 26, *davisilvia@freesurf.ch* (* Santa Cruz de Tenerife 10. 1. 28). ISSV 63, SSV 71, jetzt AdS, Pro Litteris 90, Suisa 01; Anerkenn.pr. d. schweiz. Schillerstift. 59, Anerkenn.pr. d. Stadt Luzern 61, Werkbeitr. d. Gesamtwerk v. Stadt u. Kt. Luzern 70, Werkbeitr. (Übersetzer) d. PRO HELVETIA 99, Pr. d. Schweizer. Schillerstift. 01; Lyr., Erz., Aphor. Ue: span, frz, dt. – **V:** Gedichte einer Jugend 52; Spuren am Strand, G. 56 (auch span.); Kinderlieder, G. 59, 3. Aufl. 81 (auch span.); Stein und Wolke, G. 61 (auch span.); Distel- und Mistelworte, Aphor. 71, 76; Luzern. Stadtbuch, Illustr. v. Eugen Bachmann 72; Aumenta el nivel de los ríos/Es steigt der Wasserspiegel der Flüsse, G. span.-dt. 75; Der Herzmaler u. and. Erzn. 82; Neue Distel- und Mistelworte, Aphor. 84; El esqueleto del molino de viento/Das Gerippe der Windmühle, G. span.-dt. 90; Der Vorkoster, Erzn. 92; Wortwirbel/Wirbelwesen, Aphor. 95; Ein Reisepass für das Wort, Lyr. span.-dt. 00; Me escaparé por el hueco de la chimenea/Ich werde durchs Kaminloch entkommen, Lyr. span.-dt. 00; CD. Dichtung im Originalton, Lyr., Prosa, Aphor. 04; Canciones de niños, Lyr. span.-russ. 04; Erlebtes und Erdachtes, Erzn. 07. – **H:** Spanische Erzähler der Gegenwart (auch mitübers.) 68. – **Ue:** Juan Ramón Jiménez: Herz. stirb oder lebe, G. 58, 10. Aufl. 01; Spanische Erzähler der Gegenwart 60; Ana María Matute: Die Rettung, 3 Erzn. 77, 88, alles zweispr.; J.M. Espinás: Dein Name ist Olga, Briefe 89, Tb. 94; Antología de la poesía suiza alemana contemporánea, dt.-span. 98; Kurt Marti: Leichenreden, dt.-span. 98; Hilde Domin: Gedichte dt.-span. 02; Franz Hohler: Als Zeichen einer neuen Zeit, G. dt.-span. 03; Concha García: Bäume und Schlüssel, G. dt.-span. 03; Marie Luise Kaschnitz: Steht noch dahin/Aún no está decidido, zweispr. – **MUe:** Juan Pérez Jolote: Tzotzil 79, 95; Ana Diosdado: Spiegelbild, Hsp. 80; Mario Benedetti: Wenn ein Blitz einschlägt, Haikus span.-dt. 04, alle m. Silvia Davi. – *Lit:* Emil Lerch in: Schweizer Rundschau H. 4/62; Wolfgang Mieder

David

in: Sprachspiegel H. 4/90; Ernst Nef in: Erlebtes und Erdachtes 07.

David, C. s. Weiß, Norbert

David, Ernst s. Eichler, Ernst

David, Wolfgang, Dr.; Pohlandstr. 7, D-01309 Dresden, Tel. (03 51) 2 81 99 34, Fax 3 12 84 18 (* Oberseifersdorf/Zittau 29. 8. 48). VS, Förd.kr. f. Lit. in Sachsen; Förd.pr. d. Lit.inst. Leipzig 86; Belletr., Publizistik. – **V:** Bendgens Frau oder Prüfungen ohne Testat, R. 80, 3. Aufl. 88; Hund unterm Tisch?, Ess. 85; Brennaburg, hist. R. 91, Tb. 95, Sonderausg. 97 (auch Blindenhörb.). – **MA:** Landschaft mit Leuchtspuren, Anth. 99; Signum, Lit.-Zs., H. 1/99, 2/02, 1/06; Steinlese, Anth. 01; angezettelt, 2–3/01, 2/02; Feuill./Kulturpublizistik in: Sächs. Ztg. – **R:** Furcht vor Amseln, Hsp. 83. (Red.)

Davids, Hendrik, Dr. phil., wiss. Mitarb., Schriftst.; Vorländerweg 120, D-48151 Münster, Tel. (02 51) 79 53 46, (01 71) 2 83 55 04 (* Münster 3. 2. 53). Krim.-rom. – **V:** Der Fluch der „Madonna", 1.u.2. Aufl. 04; Die Tochter der Domina 05; Die Göttin der letzten Tage 07; Henkersnacht über der Aa 08, alles Krim.-R. – *Lit:* Daniel Paterok in: draußen! Stadtmag. f. Münster u. Umland, 5/08.

de Lupe s. Peters, Luise

De Piere, Jan (Ps. Johann Peter Roteichen), Dr. phil., Prof.; Kapelstraat 27/3, B-2910 Essen/Antwerpen, Tel. u. Fax (03) 6 67 77 69, *jan.depiere@belgacom.net* (* Brügge 9. 11. 45). Friedrich-Bödecker-Kr. Sa.-Anh. 01; Rom., Lyr., Erz. Ue: ndl, engl, frz, span. – **V:** Leuchtende Schmetterlinge 98; Gaudium im Deutschlandpark, R. 02; Adriana, G. 02; Der Reisemond, Erzn. 02/03; Die abenteuerliche Auswanderung. Auff dem Fleming, R. 03. – **MV:** Grenzübergänge, m. Jürgen Jankofsky 01. (Red.)

De Plattdütsche s. Steckling, Karsten

Dean, Martin R., freier Schriftst. u. Journalist; Friedensgasse 6, CH-4056 Basel, *mrdean@bluewin.ch*, *www.mrdean.ch* (* Menziken 17. 7. 55). Gruppe Olten 82; Werkjahr d. Kt. Aargau 82, Werkpr. d. Kt. Luzern 82, 85, Rauriser Lit.pr. 83, Werkbeitr. d. Pro Helvetia 87, 93, Förd.pr. d. Kulturkr. im BDI 88, Werkauszeichn. d. Migros-Genossensch. 88, Aargauer Lit.pr. 88, Werkstip. Ist. Swizzero Rom 88/89, Gr. Pr. d. Frankfurter Autorenstift. 90, Stadtbeobachterstip. d. Stadt Zug 92/93, Werkjahr d. Kt. Luzern 93, Pr. d. Schweiz. Schillerstift. 94, Jahresstip. d. Ldes Bad.-Württ. 96, Förd.pr. Lit. d. Kunstpr. Berlin 99, Werkbeitr. d. Pro Helvetia 02, Pr. d. Schweizer. Schillerstift. 03; Rom., Ess. – **V:** Die verborgenen Gärten, R. 82, Tb. 85 (auch frz., schw., nor.); Die gefiederte Frau, Erz. 84 (auch frz., schw., nor., holl.); Der Mann ohne Licht, R. 88; Außer mir, autobiogr. Prosa 90; Gilberts letztes Gericht, UA 92; Der Guayanaknoten, R. 94; Die Ballade von Billie und Joe, R. 97; Monsieur Fume oder Das Glück der Vergeßlichkeit, Erz. 98; Meine Väter, R. 03. – **MV:** Les Voyages Parallèles, m. Ueli Michel u. Hans Ulrich Reck 93. – **MH:** Literatur aus der Schweiz 87. – *Lit:* LDGL 97; Rainer Landvogt in: KLG. (Red.)

Debelts, Inge; Hannoversche Str. 3, D-26954 Nordenham, Tel. (0 47 31) 3 13 01 (* Stollhamm/ Wesermarsch 16. 2. 32). Theaterst., Hörsp., Erz. – **V:** Vadder anropen, Hsp. 95; de kostenlose Bibelstünn, ndt. Kom., UA 95; Willi, de Fruchtbore, ndt. Kom., UA 96; die Überschreibung und Anchillisfieber, 2 Einakter, UA 97; Albrecht bruckt 'n Therapie, ndt. Kom., UA 97; Junkie, Sch., UA 98; wenn das Frl. Maria wüßte, UA 98; der Friesenhäuptling, UA 99; Meuteree op R.S. Eumel, SF-Kom., UA 00. – **MV:** Katharina die Große,

m. D. Jorschik 96. – **B:** Wolfgang Deichsel: Blieven laten, Kurzstücke 00. (Red.)

Debes, Astrid (Anna Höhn), Dr. med., prakt. Ärztin, Psychotherapeutin; Schleusinger Str. 77, D-98693 Manebach, Tel. (0 36 77) 20 29 48, 84 08 50, *Astrid. Debes@goldhelm-verlag.de*, *www.goldhelm-verlag.de* (* Hardheim/Odenwald 9. 6. 44). Lyr., Prosa. – **V:** Und jene Traurigkeit, die es gut mit uns meint, Lyr. 95; Doch soweit der Himmel, Lyr. 96; Abriß, Erz. 99; ... daß es das alles noch gibt, Lyr. 00. – **MA:** Bll. aus d. Baumbachhaus 85; Jahresringe 85; Ztgn: Freies Wort; Sonntag. – **H:** Walter Werner: Nach weißem Mondlicht tauchen, Lyr. 01. (Red.)

Debon, Günther (Ernst Fabian), Prof. em., Dr. phil.; Im Rosengarten 6, D-69151 Neckargemünd, Tel. (0 62 23) 26 91 (* München 13. 5. 21). Goethe-Ges. Weimar, Goethe-Ges. Heidelberg, Eichendorff-Ges.; Eichendorff-Med. 94; Wiss. Arbeit, Übers., Lyr. Ue: chin, jap. – **V:** Ein Lächeln Dir, G. 89, 2. Aufl. 94; Das Glück der Welt, Sekundensätze 90; Ein gutes Jahrtausend, Studien, Ess., dramat. Szenen 00. – **MV:** Chinesische Geisteswelt 57. – **H:** Li Tai-bo: Rausch u. Unsterblichkeit 58; Wilhelm Gundert: Bi-yän-lu. Meister Yüan-wu's Niederschrift von der Smaragdenen Felswand III 73; Chinesische Weisheit (auch übers.) 93; Thomas-Mann-Brevier 94; Ernst Fabian: Es gab einen Lehrer in Leipzig, Limericks 97, 3. Aufl. 04. – **Ue:** Herbstlich helles Leuchten überm See, chin. Lyr. 58, G. 53, 89; Im Schnee die Fähre, jap. G. 55, 60; Ein weißes Kleid, ein grau Gebände, chin. Lieder 57; Laotse: Tao-Tê-King. Das heilige Buch vom Weg u. von der Tugend 61; Li Tai-bo, G. 62; Chinesische Dichter der Tang-Zeit 64; Mein Haus liegt menschenfern doch nah den Dingen, Anth. chin. Poesie 88; Mein Weg verliert sich fern in weißen Wolken, chin. Lyr. 88; Am Gestade ferner Tage, jap. Lyr. 90; Der Kranich ruft, chin. Lieder 03. – **MUe:** Lyrik des Ostens 52, 58. – *Lit:* H. Koopmann in: Aurora, 55 95; Lutz Bieg in: Hefte f. Ostasiat. Literatur, 30 01; s. auch GK.

Debray, Hans s. Gelberg, Hans-Joachim

Debus, Heinrich, StudDir. i. R.; Goethestr. 35, D-65549 Limburg, Tel. (0 64 31) 4 57 60 (* Wiesbaden 11. 12. 31). Lyr., Ess. – **V:** Wie Gott in Frankreich, G. 90; Flusslandschaften des Acheron, G. 91; Julianus oder Orpheus zwischen Abend und Morgen, Textcollage 91; Stratford oder Shakespeare und kein Ende, G. 95; Als hätt' ich eine Rose, G. 98; Robespierre oder die Geburt des Selbst-Genügsamkeit aus dem Geist des Narziß, G. 00; West-östlicher Kompass, G. 01; Die Windrosen des Dädalus, Lyr. 05; Labyrinthische Paradiese, Lyr. 05.

Decker, Gunnar, Dr., freier Publizist; Moosdorfstr. 3, D-12435 Berlin, Tel. u. Fax (0 30) 2 91 03 53 (* Kühlungsborn 11. 4. 65). Fontane-Reisejournalisten-pr. 97, Arb.stip. f. Berliner Schriftst. 01, Fellow am Nietzsche-Kolleg Weimar 05/06. – **V:** Kriegerdämmerung. Polemischer Versuch zu e. Porträt Ernst Jüngers 97; Hesse-ABC 02; Rilkes Frauen oder Die Erfindung der Liebe 04; Gottfried Benn, Genie und Barbar 06; Der Zauber des Anfangs. Das kleine Hesse-Lexikon 07; Franz Fühmann oder Die Kunst des Scheiterns 09; Vincent van Gogh. Eine Pilgerreise zur Sonne 09. – **MV:** Gefühlsausbrüche oder Ewig pubertiert der Ostdeutsche 00; Letzte Ausfahrt Ost. Die DDR im Rückspiegel 04, beide m. Kerstin Decker.

Decker, Jan, Dipl. d. Dt. Lit. inst. Leipzig 08, freier Autor; Shakespeareplatz 7, D-04107 Leipzig, Tel. (03 41) 2 27 07 15, *jd.2000@t-online.de* (* Kassel 9. 11. 77). 2. Platz b. Leipziger Hörsp.wettbew. 06, bester Autor ebda 08; Dramatik, Hörsp., Erz. – **V:** er.-ich, Hsp. 05; Sibiu-Blues. Hermannstadt-Blues, Hsp. 06; Letzte Bilder, Hsp. n. e. Text v. Christoph Schwarz

08; – THEATER/UA: Kassensturz, Kom. 06; Rückenschwimmer 08. – **MA:** zahlr. Beitr. in Lit.zss. u. Anth., u. a. in: Risse Nr.20; Pommersches Jb. f. Lit. 2; Tippgemeinschaft 2008. – **R:** Letzte Bilder, Hsp. (MDR) 08; Hachiko, Hsp. (SWR 2) 08.

Decker, Kerstin, Dr., Journalistin; Moosdorfstr. 3, D-12435 Berlin, Tel. u. Fax (0 30) 29 10 3 53, *kerstindecker@aol.com* (* Leipzig 22. 11. 62). – **V:** Oscar Wilde für Eilige 04; Heinrich Heine. Narr des Glücks, Biogr. 05; Paula Modersohn-Becker, Biogr. 07. – **MV:** Gefühlsausbrüche oder Ewig pubertiert der Ostdeutsche, m. Gunnar Decker 00; Angelica Domröse: Ich fang mich selbst ein 03; Letzte Ausfahrt Ost. Die DDR im Rückspiegel, m. Gunnar Decker 04; Annekathrin Bürger: Der Rest, der bleibt 07.

Decker, Kurt G., Versicherungskfm., Betriebsorganisator; Lehárstr. 4, D-70195 Stuttgart, Tel. (07 11) 69 56 56 (* Stuttgart 12. 1. 20). FDA 88–96; 2. Pr. „Ältere Menschen schreiben" d. FDA u. d. Sozialmin. Bad.-Württ., 2 × 3. Preise in Wettbew. d. Ldeszentrale f. polit. Bildung, Sonderpr. d. Galerie Weber-Wassertheurer, 1. Pr. d. IGA Stuttgart; Kurzgesch., Erz., Glosse. – **V:** Schreibereien. Kurzgeschichten aus d. Alltag 87. – **MA:** Erzn. in Anth. sowie Jahr- u. Heimatbüchern; Glossen in Tagesztgn; Artikel in versch. Versicherungs-Fachzss.

Decker-Voigt, Hans-Helmut (Ps. Jörg/Jürgen Morgen, Alexander v. d. Heide), Prof. Dr., Lehrstuhlinhaber f. Musiktherapie u. Dir. d. Inst. f. Musiktherapie d. HS f. Musik u. Theater Hamburg, Präs. d. Akad. d. Herbert v. Karajan-Stift. Berlin, Mitbegründer d. Europ. HS f. Berufstätige (EHB) Luzik/Schweiz, Psychologe (M. A.), Musiktherapeut; Allenbostel, D-29582 Hanstedt, Tel. (0 58 22) 50 05, Fax 50 90, *Prof.Dr.Decker-Voigt@t-online.de*, *decker-voigt-archiv.de*. berufl.: Harvesthuder Weg 12, D-20148 Hamburg (* Celle 17. 3. 45). VS-Gründ.mitgl., Kogge 70, EM Berufsverb. d. Musiktherapeut/inn/en (BVM) 99; Ritter v. Yuste d. Royal Ass. Caballeros de Yuste/Span. 74, Auslandsreisestip. d. Auswärt. Amtes nach Finnland 78, Kulturpr. f. Lit. d. Neuen Schauspielhauses Uelzen 05, E.med. d. ELTE-Univ. Budapest 06, u. a.; Nov., Rom., Feuill., Kritik, Hörsp., Fachb., Kolumne. – **V:** Pfarrherrliches, Anekdn.-Samml. 67; Feuilletönnchen 68; Der zweite Schritt vor dem ersten. R. 68; Lapislazuli, G. 68; Minnesöldner, Nn. 69; Nah ab vom Schuß oder die Kleinstadtpäpste, Erz. u. Sat. 72; Das Make up des Make down, Aphor. 72; Zwischen den Mainzelmännchen, G. u. Lieder f. Kinder 74; Geschichten aus Kl.-Süstedt, R. 77; Komm sing mit, Liederb. 77; Zwischenbilanz, R. 79; Der Brief, Erz. 79; Wir lernen durch Spielen, Photoband 79; Erinnerungen an heute 82; Stina, Tageb. 86; Esmeraldas Tod, Erz. 92; „Du mußt zurücktreten, Junge!", autobiogr. Erzn. 95; Der Blick in gelbe Augen, ges. Kolumnen 98; Christine in Jeanshosen, ges. Kolumnen 98; Sissi und die Mücken, ges. Kolumnen 98; Gänseliesel u. a. einseitige Liebesgeschichten, Erzn. 00; Kirchenmäuse, R. e. evang. Pfarrhauses 00; 36 musikpäd. Fachbücher seit 67. – **H:** ENGRAMME, Lit.-Zs. 68–71. – **R:** Der Schauspieler, Esp. 70; Der Abgeordnete, Hsp. 70; Der Generalbevollmächtigte u. d. liebe Gott, Hsp. 75; Das Strickzeug für die Entladung der Aggression, Hsp. 76; Lit.kritiken im Rdfk. – **P:** Lieder aus dem öffentl. Dienst 70; Serie: ENERGON – Musik und Gesundsein, CD m. Handb. 98ff.; Nicht vor den Kindern anzusacken!, Geschn., CD 03. – *Lit:* Von Landschaftskindern u. Lebenskünstlern. begegnungen in d. Heide 06; s. auch SK u. GK. (Red.)

Dedecius, Karl, Prof. Drs h. c., Gründer u. Dir. d. Deutschen Polen-Instituts in Darmstadt a. D.; Reichs-

forststr. 16, D-60528 Frankfurt/Main, Tel. (0 69) 6 66 26 21 (* Łódź 20. 5. 21). P.E.N.-Zentr. Dtld 67, EM VdU 68, Bayer. Akad. d. Schönen Künste 69, Dt. Akad. f. Spr. u. Dicht. 77, EM Bibliophile Ges. Thorn 86, EM A.-Mickiewicz-Lit.ges. Warschau, EM Akad. d. Wiss. Krakau 90, Coll. Europaeum Jenense, Acad. Scientiarium et Artium Europaea Salzburg 93; Förd.pr. d. Kg. 62, E.gabe d. Kulturkr. im BDI 65, Übers.pr. d. poln. P.E.N.-Clubs Warschau 65, Übers.pr. d. Dt. Akad. f. Spr. u. Dicht. 67, Übers.pr. d. Polish Inst. of Art and Science New York 68, Übers.pr. d. Godlewski-Stift. Rapperswil/Schweiz 76, BVK am Bande 76, Übers.pr. d. Poln. Autorenverb. in Warschau 79, Pr. d. poln. Sektion d. Soc. Europ. de Culture 81, Med. d. Poln. Autorenverb. ZAIKS 81, Gr. BVK 85, Wieland-Übers.pr. 85, Hess. Kulturpr. 86, Rheinland-Pfälzer Verd.orden 87, Pr. d. Poln. Kulturstift., Friedenspr. d. Dt. Buchhandels 90, Hess. Verd.orden 90, Frankfurter Poetik-Vorlesungen WS 90/91, Gr. Verd.kr. m. Stern 94, Samuel-Bogumil-Linde-Lit.pr. 97, Andreas-Gryphius-Pr. 97, Verd.plakette d. Stadt Darmstadt in Silber 97, Silb. Med. d. Stadt Glogau Nr.1, Wilhelm-Leuschner-Med. d. Ldes Hessen 98, 1. Preisträger d. Viadrina-Pr. d. Europa-Univ. Viadrina Frankfurt/Oder 99, Nossack-Akad.pr. 00, Nikolaus-Lenau-Pr. d. Kg. 00, Goethe-Plakette d. Stadt Frankfurt 00, Lit.pr. d. poln. Lit.zs. 'Odra' f.d. Lebenswerk 02, E.bürger d. Städte Łódź 92, Płock 96, Cracoviae merenti (Nr.7) 97, Poln. Verdienstorden d. Weißen Adlers 03, Übers.pr. d. Kulturpr. Schlesien d. Ldes Nds. 04; Ess., Lit.wiss., Kritik, Übers. Ue: poln, russ, serbokroat. – **V:** Deutsche und Polen, Botschaft der Bücher 71, 73; Überall ist Polen 74; Polnische Profile 75; Zur Literatur und Kultur Polens 81; Vom Übersetzen, Ess. 86; Von Polens Poeten, Ess. 88; Lebenslauf aus Büchern und Blättern 90; Poetik der Polen, Frankfurter Vorlesungen, Ess. 92; Ost-West-Basar, Reden, Würdigungen aus d. Jahren 1985–1995 96; Mein Rußland in Gedichten 03; Ein Europäer aus Łódź, Erinn. 06, u. a. Schriften. – **MA:** Walter Bähr (Hrsg.): Die Stimme des Menschen; Wörterbuch des Friedens. Ein Brevier (auch hrsg.) 93; Deutschland in kleinen Geschichten, 5. Aufl. 99; mehrere Dutzend Vorw., Nachw., Ess., Lyrik-Übers. – **H:** Hrsg. u. Übers. von ca. 150 Büchern, u. a.: Leuchtende Gräber. Verse gefallener Polen, Anth. 59; Lektion der Stille, neue poln. Lyr. 59; Wladimir W. Majakowskij: Gedichte 59; Stanisław Jerzy Lec: Unfrisierte Gedanken, Aphor. 60, 15. Aufl. 82; Zbigniew Bieńkowski: Einführung in die Poetik, Poeme 61; Vasko Popa: Gedichte 61; Sergej Jessenin: Gedichte 61; A.N. Nowaczyński: Polnische Eulenspiegeleien 61; Polnische Pointen, Satn. u. kl. Prosa 62; Julian Przyboś: Gedichte 63; Polnische Poesie des 20. Jh.s, Anth. 64; Zbigniew Herbert: Gedichte 64; Stanisław Jerzy Lec: Neue unfrisierte Gedanken 64, 10. Aufl 81; Tadeusz Różewicz: Formen der Unruhe, G. 65; Wladimir W. Majakowskij: Liebesbriefe an Lilja 65; Neue polnische Lyrik, Anth. 65; A. Ważyk: Farbe der Zeit, G. 65; Czesław Miłosz: Gedichte 66; W. Brudziński: Aphorismen 66; Polnische Prosa des 20.Jh.s, Anth. 66; Zbigniew Herbert: Inschrift, G. 67; Polonaise erotique, Thema u. Variationen, G. 68; Stanisław Jerzy Lec: Letzte unfrisierte Gedanken, Aphor. 68, 8. Aufl. 80; K.I. Gałczyński: Die grüne Gans, Sat. 69; J. Szaniawski: Professor Tutkas Geschichten 69; Tadeusz Różewicz: Offene Gedichte 69; Vasko Popa: Nebenhimmel, G. 69; Zbigniew Herbert: Im Vaterland der Mythen, Anth. 70; W. Brudziński: Die rote Katz, Aphor. 70; Stanisław Jerzy Lec: Das große Buch der unfrisierten Gedanken, Aphor., Prosa 71; Ajgi: Beginn der Lichtung, G. 71; Wladimir W. Majakowskij: Die Wirbelsäulenflöte 71;

Dedekind

Wisława Szymborska: Salz 73; Wladimir W. Majakowskij: Ich 73; Zbigniew Herbert: Herr Cogito 74; Wladimir W. Majakowskij: Der Löwe ist kein Elefant 75; ders.: Wolke in Hosen 76; Stanisław Jerzy Lec: Spätlese unfrisierter Gedanken 76; Julian Przyboś: Werkzeug aus Licht, Poesie u. Poetik 77; Polnisches Lesebuch 78; Tadeusz Różewicz: Schattenspiele, G. 79; Karol Wojtyła: Der Gedanke ist eine seltsame Weite, Betracht. G. 79; Czesław Miłosz: Zeichen im Dunkel, Poesie u. Poetik 79; Polnische Liebesgedichte 80; Vasko Popa: Gedichte 80; Stanisław Jerzy Lec: Alle unfrisierte Gedanken 82, 7. Aufl. 94, Großdruck 02; ders.: Steckbriefe, Epigr., G., Prosa 86; Bube, Dame, König, Geschn. u. G. 90; Adam Zagajewski: Mystik für Anfänger, G. 97; Wisława Szymborska: Auf Wiedersehn, bis morgen, G. 98; Adam Mickiewicz: Dich anschaun, G. 98; Polnische Passagen, Prosa dt.-poln. 00; Adam Zagajewski: Die Wiesen von Burgund, G. 03; Wisława Szymborska: Augenblick, G. dt.-poln. 05; Polnische Gedichte des 20. Jahrhunderts 08; – zweisprachige Ausg. in Polen: 100 polnische Gedichte 82 (mehrere Aufl. bis 03); Polnische Liebeslyrik 82; Frauen Quartett. Zwei Variationen 87; Wisława Szymborska: Hundert Gedichte – Hundert Freuden 97; Czesław Miłosz: Gabe 98; Adam Mickiewicz: Liebe spinnen 98; Tadeusz Rożewicz: Formen der Unruhe 99; Zbigniew Herbert: Gedichte 00; K.I. Gałczynski: Ich, Konstantin 03; Lektion der Stille, poln. Lyr.; (zahlr. Nachaufl. versch. Titel); – REIHEN: Polnische Bibliothek, 50 Bde 82–00, u. a.: Die Dichter Polens. Hundert Autoren vom Mittelalter bis heute 82; Leon Kruczkowski: Rebell und Bauer 82; Das Junge Polen. Lit. z. Jh.wende 82; Czesław Miłosz: Gedichte 1933–1982 82; Tadeusz Różewicz: Gedichte, Stücke 83; Der Monarch und der Dichter, poln. M. u. Legn. 83; Bedenke bevor du denkst, Aphor. 84; Wisława Szymborska: Hundert Freuden, G. 86; Lyrisches Quintett 92; Stanisław Wyspiański: Die Hochzeit, Dr., UA u. gedr. 92; Adam Mickiewicz: Dichtung und Prosa, e. Leseb. 94; – Ansichten. Jb. d. Dt. Polen-Inst. (Begründer); 12 Bde 89–01; – Panorama der polnischen Literatur des 20.Jh., 7 Bde 03. – R: etwa 100 Rdfk-Ess. in BR, HR, NDR, SR, WDR u. a., darunter: Dichtung als Dokument; Instinkt und Intellekt; Namen der Unruhe; Ich klopfe an die Tür des Steins; Existenz im Tagebuch; Polnische Pointen; Die Gärten verließen ihre Bäume; Die Anfänge der modernen polnischen Lyrik; Polnische Lyrik im 20. Jahrhundert. – P: Meine süße europäische Heimat. Jazz u. Lyr. aus Polen 70; Der Walzer vom Weltende. Jazz u. Lyr. aus Polen 86, beides Schallpl. – Lit: 5 Jahre Dt. Polen-Institut. Arbeitsber. 85; Elvira Grötzinger/Andreas Lawaty (Hrsg.): Suche die Meinung. K.D., dem Übers. u. Mittler z. 65. Geb. 86; Polonica Dedeciana. Poln. Lit. i. d. Schr., Übers. u. Veröff. v. K.D., Bibliogr. d. Buchausg. 1959–86 86; Ehrenpromotion K.D. 14. Mai 1987, Kath. Univ. Lublin 87; Friedenspreis d. Dt. Buchhandels 1990; K.D. u. das Dt. Polen-Institut 91; 15 Jahre Dt. Polen-Institut. Werkstattbesichtigung 95; Helmut Schmidt, u. a.: „Setze den ersten Schritt ...". Für K.D. nach 18 Jahren Zus.arbeit 97/98; Stift. Viadrina-Pr. Univ.schr. Viadrina-Pr. 1999; Natasza Stelmaszyk: Poln. Lit. u. ihre Übers. in Dtld anhand d. Übers.- u. Publ.arb. v. K.D., Mag.arb., Univ. Siegen 99; Krzysztof A. Kuczyński: Czarodziej z Darmstadt 99; 20 Jahre Dt. Polen-Institut 00; K.A. Kuczyński/I. Bartoszewska (Red.): K.D. Botschafter d. poln. Kultur in Dtld (teilw. dt.) 00; Anita Kasperek (Red.): Poznanie Dedeciusa 00; Elisabeth Niggemann, Günther Pflug, u. a.: Poln. Lit. in Übers. v. K.D., Kat. z. Ausst. d. Dt. Bibl. Ffm., 13.10.–22.12.00; – ständige Ausst. u. Archiv in: Museum d. Stadt Łódź im Poznański-Palais;

Europa-Univ. Viadrina Frankfurt/O.; Collegium Polonicum Słubice; Dt. Polen-Institut Darmstadt.

Dedekind, Tanja s. Jeschke, Tanja

Dederichs, Gunther; Tel. (0 30) 85 60 40 65, *gunded @gmx.de, www.gunther-dederichs.de* (* Hameln 13. 6. 51). – **V:** Die Kaumaschine und andere Geschichten aus der frühen Resopalzeit 06.

Dedina-Jezik, Sidonia (Ps. Sidonia Dedina, geb. Zdena Sidonia Dědinová), lic. phil., freie Autorin, Publizistin; Wendelsteinring 14, D-85737 Ismaning, Tel. u. Fax (0 89) 96 20 73 75 (* Prag 14. 6. 35). Kg.; Nominierung f. d. Andreas-Gryphius-Pr. 00, Sudetendt. Kulturpr. f. Lit. 04, Hausner-Stift. 07; Zeitgeschichtl. Rom., Belletr., Ged. Ue: dt, tsch, engl. – **V:** Als die Tiere starben, R. 88, Tb. 91; Edvard Beneš – Der Liquidator, Thr. 00 (auch engl., tsch., ung.); Der Pyrrhussieg des Edvard Benesch, zeitgesch. R. 05 (auch tsch.); Phantom in Kurland, R. 09. – **MA:** Wege und Fronten, Anth. 61 (tsch.); Begegnungen. Frauen auf Reisen, Anth. 88. – **H:** Hören wir auch die andere Seite an, Dok. (Übers. dt. Quellen, Nachw.) 91 (tsch.). – **MH:** Jan Mlynarik: Thesen z. Aussiedlung d. Deutschen aus der Tschechoslowakei 1945–1947 (auch Übers.) 85. – **R:** Reiseber., Ess., polit. Berichterstattung Radio Free Europe, Tsch. Red., 84–02. – *Lit:* NZZ 88; Kronenztg, Febr. 02; Sudetendt. 04; Sudetendt. Ztg. *

Dee, Georgette *

Dee, Tony s. Dekan, Anton

Degen, Charlotte, Religionslehrerin; Bergblickstr. 43, D-77654 Offenburg, Tel. u. Fax (07 81) 3 35 84 (* Sulzburg 8. 12. 43). – **V:** Offenburger „Innenansichten" 91; Guten Morgen, lieber Kastanienbaum. Gespräche um Anne Frank 94. (Red.)

Degen, Kristina, Lyrikerin, Malerin, Textil- u. Schriftkünstlerin; Hugo-Schilling-Weg 11, D-22926 Ahrensburg, Tel. (0 41 02) 5 30 31 (* Duisburg 16. 6. 33). Schriftst. in Schlesw.-Holst. 89–01, Colloquium zu den Schönen Wissenschaften, Hamburg 04; Lyr. – **V:** Lichtklänge, G. 91; Kosmosfuge, G. 02. – **MA:** Das Gedicht 92, 94, 97, 00, 02; Das Wort, ein Flügelschlag 00; Beitr. in Anth. seit 90. – **P:** Der Erde Mahnen 87; Gesang der Sterne 87; Im Zeitenwind 00, als vertonte Lyr.-Zyklen. – *Lit:* s. auch Kürschners Handbuch der Bildenden Künstler, 1. Aufl. 2005.

Degen, Michael, Schauspieler, Regisseur; c/o Rowohlt Berlin Verl., Berlin (* Chemnitz 31. 1. 32). – **V:** Nicht alle waren Mörder. Eine Kindheit in Berlin, Erinn. 99 (auch verfilmt); Blondi, R. 02; Der Steuertierzieher, R. 05; Mein heiliges Land. Auf d. Suche nach meinem verlorenen Bruder 07. (Red.)

Degener, Volker W.; Bochumer Str. 48, D-44623 Herne, Tel. u. Fax (0 23 23) 4 01 09, *volker.w.degener @citweb.de, www.volkerwdegener.de* (* Berlin 12. 6. 41). LWG 69, VS NRW 71, 1. Vors. 78–95 u. 97, danach weiterhin Vorst.mitgl., Kogge 73, Lit.-Rat NRW 86, Dt.schweizer. P.E.N.-Zentr. 94; Arb.stip. u. Ldes NRW 73, 78 u. 90, Förd.pr. d. Ldes NRW 77, BVK 96; Lyr., Rom., Hörsp., Kurzgesch., Kinderb., Buchkritik. – **V:** Du Rollmops, R. 72; Kehrseiten und andere Ansichten, Lyr. u. Prosa 73; jens geht nicht verloren, Kdb. 73; Katja fragt sich durch, Kdb. 75; Heimsuchung, R. 76; Einfach nur so leben, Erz. 78; Geht's uns was an?, Erz. 81, 17. Aufl. 00; Die Reporter aus der vierten Klasse, Kinder-R. 81; No future? Erz. 84; Katrin, fünfzehn: ... und eigentlich gehör ich mir, Jgdb. 85; Dennoch doch mich!, Kdb. 88; Froschkönig soll leben!, Jgdb. 91, 01; Stinknormal – Heile Welt oder was?, Jgdb. 97; Benni, der Fensterspringer, Krim.-Gesch. 98; Friederike rabenschwarz, Kdb. 08. – **MV:**

Mit Blaulicht und Martinshorn, Jgdb. 81; Gefährliche Kundschaft u. a. Kriminalerzählungen, Jgdb. 82, beide m. R. Bottländer; Zirkus – Geschichte u. Geschichten, m. W. Chr. Schmitt, Jgdb. 91. – **MH:** Ulcus Molles Scenen-Reader. Texte u. Dok. d. jungen dt.sprachigen Szene, m. Josef Wintjes u. Frank Göhre 71; – zus. m. Hugo Ernst Käufer: Sie schreiben in Bochum 80; Reihe: Forum Lyrik 00; Sieben Schritte Leben. Neue Lyrik aus NRW 01; Sie schreiben in Bochum. Biobibliograf. Daten, Selbstaussagen, Texte u. Fotos v. 36 Autorinnen u. Autoren 04. – **R:** Der Job 72; Knautschzone 74; Okay, geht niemand was an 78; Kaltblütig? 79, alles Hsp.; Der Schrei des Shi-Kai, Fsf. n. d. Jgdb. „Geht's uns was an?" 84. – **P:** Deutsche Autoren heute, 2 Tonkass. 82; Einfach nur so leben, 5 Erzn., Tonkass. 84. – *Lit:* Klaus Hübner in: KLG 85ff.; Walther Killy (Hrsg.): Literaturlex., Bd 3 88; Peter K. Kirchhof (Hrsg.): Liter. Porträts 91; Lit.-Atlas NRW 92; Gisela Schwarze (Hrsg.): Westfäl. Autorenverz. 93; Habicht/ Lange (Hrsg.): Lit.-Brockhaus, Bd 2 95.

Degenhardt, Axel, M. A., Drehb.autor, Kameramann, Produzent; *axel.degenhardt@pp-film.de, www. pp-film.de* (* Regensburg 9. 3. 79). Sonderpr. b. „Jugend filmt", 03; Rom., Comedy, Sat., Drehb. – **V:** Venezia. Spiel der Masken, R. 00; Hauptrolle Alte(r), Sachb. 07. – **F:** Ziel:gerichtet, Kurzspielf. 02. – **P:** Die Chemie auf den Jahrmärkten des 18. Jahrhunderts, Dok. 02; audi::MAX, Videokollagen 03; ProKids Kinderferien, Dok. 03; Plasma Science and Technology at Ruhr University Bochum, Dok. 06; Das menschliche Gehirn, Dok. 08.

Degenhardt, Franz Josef, Dr. jur., Autor, Musiker, Rechtsanwalt; Jahnstr. 39, D-25451 Quickborn, Tel. u. Fax (0 41 06) 38 08, *FJDegenhardt@ aol.com, www.franz-josef-degenhardt.de* (* Schwelm/ Westf. 3. 12. 31). P.E.N.-Zentr. Dtld, Akad. d. Künste Berlin; Lied, Hörsp., Rom. – **V:** (Liedtexte m. Noten:) Spiel nicht mit den Schmuddelkindern, Balln., Chansons, Grotn., Lieder 67, 68; Im Jahr der Schweine 70, 71; Kommt an den Tisch unter Pflaumenbäumen 79; Die Lieder 06 (sämtl. Lieder); – Romane/Erzn.: Zündschnüre, R. 73, 96; Brandstellen, R. 75, 97; Petroleum und Robbenöl, Erz. 76, 91; Die Mißhandlung, R. 79, 97; Der Liedermacher, R. 82, 98; Die Abholzung, R. 85, 99; August Heinrich Hoffmann, genannt von Fallersleben, R. 91; Der Mann aus Fallersleben, R. 96; Für ewig und drei Tage, R. 99, 03. – **MV:** Da habt ihr es, Stücke u. Lieder, m. Neuss, Hüsch u. Süverkrüp 70, 71; Kurt Tucholsky: Kritische Justiz (Vorw.) 70. – **R:** Der Nachbar; Ein Suzja-Fan; Mayak und die Seinen; Ein gefährliches Tier. – **P:** Rumpelstilzchen 63; Spiel nicht mit den Schmuddelkindern 65; Väterchen Franz 66; vatis argumente (single) 67; Wenn der Senator erzählt 67; Degenhardt live 68; Im Jahr der Schweine 69; Die Wallfahrt zum Big Zeppelin 71; Mutter Mathilde 72; Kommt an den Tisch unter Pflaumenbäumen 73; Mit aufrechtem Gang 75; Wildledermantelmann 77; Liederbuch 78; Der Wind hat sich gedreht im Lande 80; Durch die Jahre 81; Du bist anders als die andern 82; Lullaby zwischen den Kriegen 83; Vorsicht Gorilla 85; Junge Paare auf Bänken. F.J.D. singt Georges Brassens 86; Da müssen wir durch 87; Stationen 88; Aus diesem Land sind meine Lieder 89; Wer jetzt nicht tanzt 89; Und am Ende wieder leben 92; Nocturn 93; Aus dem Tiefland 94; ... weiter im Text 96; Sie kommen alle wieder oder? – Live 98; Café nach dem Fall 00; Quantensprung 02; Krieg gegen den Krieg 04; Dämmerung 06. – *Lit:* H.L. Arnold: FJD. 72; Alexander v. Bormann in: KLG 84, 03. (Red.)

Degenhardt, Jürgen (Ps. Hans Hardt), Regisseur; Am Hopfenberg 27, D-99096 Erfurt, Tel. (03 61) 3 73 52 41 (* Dresden 21. 10. 30). Journalisten- u. Publikumspr. 67, Songwettbewerbssieger 70, Autorenpr. d. Chansontage 77, Preisträger im 1. Wettbew. f. Musiktheaterstücke 79, Kulturpr. d. Stadt Erfurt 80, Heinz-Bolten-Baeckers-Pr. d. GEMA 99; Libr., Song- u. Chansontext, Lyr., Film, Feat., Ess., Drama. Ue: engl. – **V:** Die schöne Helena, neue dt. Textfassung der Offenbach-Operette 80; Ein Fall für Sherlock Holmes, Musical, UA 82; Caballero, Musical, UA 88; Martin oder Die Gerechtigkeit Gottes, UA 93. – **MV:** Servus Peter, musikal. Lsp. 61; Musik ist mein Glück, musikal. Lsp. 62; Die schwarze Perle, Optte. 62; Die Frau des Jahres, Rev. St. 63; Mein lieber Freund Bunbury, Musical 64; Der Mann, der Dr. Watson war, Rev. St. 64; Urlaub mit Engel, Optte. 65; Sie sind zauberhaft, Madame, Rev. 66; Kleinstadtgeschichten, Singsp. 67; Die Gondolieri, Optte. 67; Calamity Jane, Musical 68; Froufrou, Musical 69; Bretter, die die Welt bedeuten, Musical 70; Die Wette des Mr. Fogg, Musical 71; Terzett, Musical 74; Keep Smiling, Musical 76; Casanova, Musical 76; Liebhabereien, musikal. Lsp. 78; Prinz von Preußen, Musical 78; Musical, Gesch. u. Werke, pop. wiss. Buch 80, alle mit Helmut Bez. – **F:** Revue um Mitternacht 62; Reise ins Ehebett 66; Heißer Sommer 68; Der Mann, der nach der Oma kam 72; Hiev up 78. – **R:** Servus Peter, Fsp. 64, 74; Um Mitternacht beginnt hier das Leben, Fs.-Rev. 67; Vorsicht, Kurven, Fs.-Musical 69; Mein Freund Bunbury, Fs. 69, Hsp. 70. – **P:** Servus Peter 62; Mein Freund Bunbury 65, 72; Heißer Sommer 68; Bretter, die die Welt bedeuten 78; Terzett 75; Casanova 78; Ein Fall für Sherlock Holmes 83; Singles aus: Die Frau des Jahres; Der Mann, der Dr. Watson war; Lieder u. Chansons auf Schallpl. u. CDs. (Red.)

Degens, Marc; lebt in Eriwan/Armenien, c/o satt.org/ SuKuLTuR, Frank Maleu Nach der Höhe 3, D-13469 Berlin, *degens@satt.org, www.marcdegens.de* (* Essen 18. 8. 71). Arb.stip. f. Berliner Schriftst. 02, Stip. f. Villa Decius Krakau 05. – **V:** Farben und Formen, Lyr./Prosa 93; Frickie-Frickie u. a. komische Geschichten, Erzn. 94; Der Knubbel, Erz. 96, 5. Aufl. 04; Absichten und Einsichten, Texte 96, 2. Aufl. 00; Der Weg eines Armlosen in die Top Ten der Tennisweltrangliste, Erzn. 96; Man sucht sich, Lyr./Prosa 96; Die geraffte Wahrheit dieses Tags, Erz. 97, 3. Aufl. 04; Im Un- und Hintergrund. Von d. literar. Sackgasse z. Social Beat u. wieder zurück, Aufs. 97; Vanity Love, R. 97; Hure Liebe. Verschwiegene Wahrheit, Erz. 97; Himmel die Berge, Erz. 99; pop.mitte.berlin. Ein Lob auf d. Mittelmäßigkeit 01, 3. Aufl. 05; Rückbau, Erz., 1.u.2. Aufl. 03; Für mich, Prosa 04; Unsere Popmoderne. Das Beste aus schlechten Büchern, Erz. 04; Hier keine Kunst 08. – **MA:** zahlr. Beitr. in Lit.zss., u. a. in: Am Erker; Der Alltag; Merkur; ndl; perspektive; Testcard; Wandler. – **H:** Elfenbeinturm, Nr. 1–6 90–99; Der Sprung, Nr. 1–10 95–99. – **MH:** satt.org (Kulturzs. im Internet), m. Torsten Franz u. Frank Maleu, seit 00. – **P:** Stendal Blast: Müll, Lieder 93; Superschiff: Wir sind das Superschiff, Lieder u. Videos 02; Superschiff: Frauen, Lieder 03.

Degler-Rummel, Gisela; Am Gnadenberg 14, D-22339 Hamburg, Tel. (0 40) 5 38 41 91, Fax 5 38 37 95 (* Hamburg 5. 4. 40). Friedrich-Bödecker-Kr. Hamburg; Ausw.listen z. Dt. Jgd.lit.pr.; Bilderb., Erz. f. Kinder, Rundfunkgesch. – **V:** Jan und die Großmutter 78; Großer Professor, ganz klein 94; Eine Stadt voller Musik 94; Der rote Dampfer 00; Magie des Malens 02, u. a. – **R:** i. d. Kinder-Hfk-Reihe „Ohrenbär": Eine Stadt voller Musik, Erzn. 01; Magie des Malens, Erzn. 02. (Red.)

Dehm

Dehm, Diether (Ps. Dora Diese, N. Heirel, Lerryn), Dr. phil., Liedermacher, MdB; c/o Büro MdB Dr. Diether Dehm, Deutscher Bundestag, Platz der Republik 1, D-11011 Berlin, *diether.dehm@bundestag.de, www.diether-dehm.de* (* Frankfurt/Main 3. 4. 50). VG Wort, GEMA; Lied, Ess., Satire, Rom. – **V:** Die Seilschaft, Krim.-Novelle 04; Bella ciao, R. 07, u. a. – **MA:** Neue Gesellschaft/Frankfurter Hefte; Sozialist. Politik u. Wirtschaft (SPW). – **R:** Autor div. Unterhaltungs- u. Satiresendungen im Fs., u. a. Hurra Deutschland; Die Hunger-Gala; Öko-SAT. – **P:** über 600 Lieder auf Tonträgern. (Red.)

Dehm-Hasselwander, Eva, Oberlehrerin i. R., Schriftst.; Osterseenstr. 15, D-82402 Seeshaupt, Tel. (0 88 01) 12 94 (* München 23. 7. 23). FDA Bayern 87, VG Wort; Rom., Nov., Kinder- u. Jugendb., Kurzgesch., Ged., Ess., Sachb., Sachartikel, Zeitschriftenbeitrag. – **V:** Züpfi 79; Moorauge 79; Knickebeins und Schlampels 79, alles Kdb.; Der Kellner Samuel, R. 84; Claudia und Tobias, R. 86; Purzel auf Wanderschaft, Kdb. 86; Ein Jahr mit Martha und Moritz 87; Goldsamt, Kdb. 87, 95; Das Versteck, Jgdb. 87, 95; Das Füllhorn, Geschn. 88; Tante Eulalia, Jgdb. 89; Das verlorene Ei, Kdb. 89; Lury, Gickwitt und andere Freunde in der Not 90; Die Neue, Jgdb. 91; Die Zwillinge von Lustland, R. 92, 94; Der Kindernarr, R. 97; Bunte Welt. Bd 1: Die Höhle am Stadtrand, Bd 2: Die Neue, beides Erzn., Fbn. u. G. 02; Lebendige Natur, Lyr. 03; Die Schwägerin, R. 04; – psych. Sachbücher: Altwerden ... 80; Ich will bei dir bleiben 81, 84, 99; Helft mir werden 84; Ich passe nicht in diese Welt 92; Familie morgen 06; Dein Kind ist eine Persönlichkeit – wie fördere ich es auf dem Weg ins Leben? 06; Familie und Zukunft 08. – **MA:** Beitr. in Lyr.-Anth., mehrere Ess., Kurzgeschn. u. G. in Zss., u. a. in: Mutter und ich 84; Wie das Leben so spielt 85; Als trieb' ein Cherub flammend ihn von hinnen 99, alles Anth.; Gedicht u. Gesellschaft, Jb. 01. – *Lit:* Interviews in: Süddt. Ztg 85, 86; Starnberger Neueste Nachrichten 86, 87; Weilheimer Tagebl. 87; Münchner Merkur 89; Belg. Rdfk.; Kulturprogr. Starnberger-/Ammersee; Seeshaupter Dorfztg; Literaturreport; Lit. in Bayern; Borromäus-Verein; SDR; SFB, u. a.; zahlr. Rez. im In- u. Ausland.

Dehne, Andreas, Sozialpäd.; Heimbacher Gasse 11, D-74523 Schwäbisch Hall, Tel. u. Fax (07 91) 65 54, *andreas-dehne@andreas-dehne.de, andreasdehne.de, andreas-dehne.de* (* Heilbronn 26. 8. 61). Lyr. – **V:** Verwunderung, G. 90.

Dehnerdt, Eleonore, Dipl.-Soz.päd.; Lange Reihe 63A, D-37191 Katlenburg-Lindau, Tel. (0 55 52) 70 97 60 (* Urbach 56). Hist. Rom., Rom.biogr. – **V:** Kloster, Pest und Krippenspiel. Das Leben d. Katharina von Bora 99; Anna Magdalena Bach 01; Katharina von Siena 04; Die Sängerin. Anna Magdalena Bach 07. (Red.)

Deichsel, Wolfgang; Chablisstr. 9, D-55430 Oberwesel (* Wiesbaden 20. 3. 39). Kulturpr. d. Autorenstift. Binding; Drama, Hörsp., Fernsehsp. Ue: frz. – **V:** Agent Bernd Etzel, Bü. 67; Frankenstein. Aus dem Leben der Angestellten, Bü. 72, 78; Zelle des Schreckens, Stück 74; Loch im Kopp, Stück 76; Zappzarapp, Bü. 83; Midas, Stücke 87; Werke 88ff.; Rott, Bü. 99. – **MV:** So schlecht war mir noch nie! Aus dem Tageb. von Curt Bois, m. C. Bois 67. – **B:** Molière: Der Bürger als Edelmann 68; Die Schule der Frauen 70; Der Tartüff 72; Der Menschenfeind 72; Shakespeare: Die lustigen Weiber von Windsor 95 (alle ins Hess. übertrag.); Carlo Goldoni: Die Welt auf dem Mond (auch übers.) 95; John Dryden: König Arthur (auch übers.). 96. – **MA:** Berühmte Frankfurter 93. – **R:** Bleiwe losse, Kurzhsp. 65/66; Der

Gänsebraten vom Dienst, Fsp. 66; Ich auf Bestellung, Fsp. n. e. Kurzgesch. v. R. Bradbury 67. (Red.)

Deinert, Wilhelm, Dr. phil., freier Schriftst.; Wilhelmstr. 18, D-80801 München, Tel. u. Fax (0 89) 39 62 25, *einschlupfzu@wilhelmdeinert.de, www. wilhelmdeinert.de* (* Oldenburg 29. 3. 33). Stip. Palazzo Barbarigo, Venedig 84, E.gabe d. Stift. z. Förd. d. Schrifttums 84, E.gast Villa Massimo Rom 85, Villa-Waldberta-Stip. 86, Stip. Casa Baldi/Olevano 91, EM de la Fond. Antonio Machado 94; Lyr., Lyr.-dialog. Großformen, Kurzprosa, Rezension u. Aufsatz zur Lit. u. Kunst, Experiment. u. kinet. Gattungen. Ue: gr, lat, sanskr, engl, frz, ital, span, rät. – **V:** Ritter und Kosmos im „Parzival". Eine Unters. d. Sternkunde Wolframs von Eschenbach 60; Triadische Wechsel, Lyr. 63; Gedrittschein in Oden, Lyr. 64; Sprachliche Mobile (Thema Mundi I + II, u. a.) ab 68; Der Tausendzüngler. Ein Wortkartensp. 70; Missa Mundana. Epizyklische Gänge 72; Bricklebrit. Ein Lügenmärchenlegesp. 79; Die Ommenstaffel. Ein Stecksspielkal. 79; Mauerschau, ein Durchgang 82; Über den First hinaus, Kurzprosa 90; An den betenden Ufern, Brief aus Benares 94; Das Silser Brunnenbuch, ein Engadiner Glasperlspiel 98; Sandelholz und Petersilie. Eine Umkehr, lyr.-ep. Stationen 01; Der tastende Strahl, Bildgedichte 08. – **MA:** Beitr. in: Dt. Lit. im MA. Kontakte u. Perspektiven 79; Lit.wiss. Jb. 24 83; 26 85; Lyr. Beitr. in Jb., Lit.zss. u. Anth., u. a. in: Festschr. W. Vordtriede 85; Jb. d. Volkskde 85; Castrum Peregrini; Das Gedicht; Triages; – Navigator München, polyphon-kinet. Sprachprojekt 08. – **Ue:** W. B. Yeats: Die schattigen Wasser in: Ausgew. Werke 3 72. – *Lit:* Paul Konrad Kurz: Gott u. Welt 4 76. G. Missa Mundana., in: D. Neuentdeckung d. Poetischen 75; Joseph von Westphalen: Ein Besuch beim Poeten, in: Westermanns Monatshefte 11/83; Jürgen Küster: Gespräch mit W.D., in: Lit. in Bayern 2 85; Ingeborg Reichert, in: D. Lächeln d. Windes 90; Pia-Elisabeth Leuschner in: Arcadia 39/04.

Deinet, Helga (Helga Deinet-Borgsmüller), Autorin, Bildende Künstlerin; Gneisenaustr. 97, D-45472 Mülheim, Tel. u. Fax (02 08) 37 32 91, *helgadeinet@gmx.de* (* Essen 29. 3. 39). Autorenverb. Berlin 93–03; Rom., Lyr. – **V:** Die Schattenspringerin, G. dt./poln., m. Abb. eigener Skulpturen 91; Pimpolina, R. f. Menschen ab 10 J. 00. – **MA:** u. a. Die neue Gesellschaft Frankfurter Hefte 90; Paulinus-Jahrbuch 93; Allgäuer Jahrbuch 93; Jahrbuch des Vdk 93; Poesia e Cultura, Italien 93, alles Lyr.; Engel über dem Erpetal, Anth. 93; Wind machen für Papierdrachen, Anth. 97. – **P:** Literatur-Telefon Münster, Lyr. 91, 92; Literatur-Telefon Osnabrück, Lyr. 92; Tonkass. in Koop. m. d. VS, Erzn. 93. – *Lit:* s. auch Kürschners Handbuch der Bildenden Künstler, 1. Aufl. 2005. (Red.)

Deiss, Gerhard (Ps. Werner Siedger), Dr.; Leschetitzkygasse 4, A-1180 Wien (* Wien). Rom., Lyr., Erz. – **V:** Wien, Ballhausplatz. Eines Wanderers Fantasie, R. 08.

Deitmer, Sabine; Akazienstr. 142, D-44143 Dortmund, Tel. (02 31) 59 27 03, 5 02 74 71, Fax (02 31) 59 23 27, *deimodo@aol.com* (* Jena 21. 10. 47). Das Syndikat 89, Sisters in Crime (jetzt: Mörderische Schwestern) 90; Dt. Krimipr. 95 (2. Pr.), FrauenKrimiPreis 05, Ehren-GLAUSER 08; Rom., Lyr., Hörsp. Ue: engl. – **V:** Bye-bye, Bruno, Krim.-Geschn. 88 (auch ital., türk.); Auch brave Mädchen tun's, Krim.-Geschn. 90; Kalte Küsse, R. 93 (auch dän., schw.); Dominante Damen, R. 94 (auch dän., schw. u. Fsf.); NeonNächte, Krim.-R. 95; Die schönsten Männer der Stadt, Geschn. 97; Scharfe Stiche, R. 04; Perfekte Pläne, R. 07. – **R:** Kalte Küsse, Hsp. 96; Dominante Damen, Hsp. 98. –

Ue: Agatha Christie: Zehn kleine Negerlein 99; dies.: Und dann gabs keines mehr 06. (Red.)

Dekan, Anton (Ps. Tony Dee), Autor, Liedermacher; Nr. 41, A-9102 Mittertrixen, Tel. u. Fax (0 42 31) 2 54 36, *dekan@tele2.at, www.tonydee-dekan. at.tf.* Kantnergasse 64/3, A-1210 Wien (* Hermagor 18. 12. 48). Kärntner S.V. 81–06, GAV 81, AKM 85, LVG 86, IGAA bis 06, ÖDV bis 06; Lit.förd.pr. d. Ldes Kärnten 81; Rom., Kurzprosa, Kurzdrama, Lyr., Lied. – **V:** Ein Fuß vor dem anderen, R. 80. – **R:** zu sprechen beginnen, Werkstatthsp. (Ö1) 83. – **P:** Ham zu dir, Tonkass. 87; Hello Vienna, CD 94; Lautbild-Wortklang, Höranth., CD 05. – *Lit:* Rez. in: Lit. u. Kritik 173–174/80. (Red.)

Delapaix, Marius Paul s. Schweighauser, Marcel Paul

Deleré, Athina, Empfangsmitarbeiterin Rezeption; c/o Karin Fischer Verlag, Aachen (* Chania/Kreta 18. 1. 50). Lyr. – **V:** Ein Garten voller Dornen, G. 03. (Red.)

Delfs, Renate; Friedrichstal 39, D-24939 Flensburg, Tel. u. Fax (04 61) 4 13 06 (* Flensburg 27. 3. 25). – **V:** Ohaueha, was'n Aggewars oder wie ein' zusieht un sprechen as die Flensburger Petuhtanten 95; Von Peter Puff und Dickenissen 00; Sehnsucht ist darin, Reiseber. 01. – **P:** Die Flensburger Petuhtanten, CD 02. (Red.)

Delgado, Ryder s. Baresch, Martin

Delius, Friedrich Christian, Dr. phil.; Witzlebenstr. 33, D-14057 Berlin, Tel. (0 30) 8 93 58 24, *www. fcdelius.de* (* Rom 13. 2. 43). P.E.N.-Zentr. Dtld, Dt. Akad. f. Spr. u. Dicht. 97; Berliner Kunstpr. 67, Villa-Massimo-Stip. 71/72, Jahrespr. d. „Literar. Hefte" 74, Pr. f. Poesie u. Politik d. Zs. „Lesezeichen" 84, New-York-Stip. d. Dt. Lit.fonds 86, Stip. d. Dt. Lit.fonds 89, Gerrit-Engelke-Lit.pr. 89, Univ.-of.-Florida-Award for Opening Minds 94, Stadtschreiber-Lit.pr. Mainz 96, Samuel-Bogumil-Linde-Lit.pr. 02, Walter-Hasenclever-Pr. 04, Fontane-Pr. Neuruppin 04, Kritikerpr. f. Lit. 07, Joseph-Breitbach-Pr. 07, Schubart-Lit.pr. 07, Stadtschreiber v. Bergen-Enkheim 08; Lyr., Dokumentation, Rom. – **V:** Kerbholz, G. 65; Wir Unternehmer, Dokumentarpolemik 66; Wenn wir, bei Rot, G. 69; Der Held und sein Wetter 71; Unsere Siemens-Welt, Dokumentarsat. 72, erw. Neuausg. 76; Ein Bankier auf der Flucht, G. 75; Ein Held der inneren Sicherheit, R. 81; Die unsichtbaren Blitze, G. 81; Adenauerplatz, R. 84; Einige Argumente zur Verteidigung der Gemüseesser, Denkschr. 85; Mogadischu Fensterplatz, R. 87; Konservativ in 30 Tagen 88; Waschtag, UA 88; Japanische Rolltreppen, Tanka 89; Die Birnen von Ribbek, Erz. 91; Selbstporträt mit Luftbrücke, ausgew. G. 1962–1992 93; Der Sonntag, an dem ich Weltmeister wurde, Erz. 94; Himmelfahrt eines Staatsfeindes, R. 92; Der Spaziergang von Rostock nach Syrakus, Erz. 95; Die Zukunft der Wörter, Reden 95; Die Verlockungen der Wörter oder Warum ich immer noch kein Zyniker bin 96; Amerikahaus und der Tanz um die Frauen, Erz. 97; Die Flatterzunge, Erz. 99; Der Königsmacher, R. 01; Warum ich schon immer Recht hatte – und andere Irrtümer. Ein Leitfaden f. dt. Denken 03; Mein Jahr als Mörder, R. 04; Die Minute mit Paul McCartney. Memo-Arien 05; Bildnis der Mutter als junge Frau, Erz. 06. – **MV:** Transit Westberlin, m. Peter Joachim Lapp 99. – **MA:** Anstöße 3/67; Literaturmagazin 16 85; Vom Verlust der Scham u. dem allmählichen Verschwinden der Demokratie; die horen 3/90; Das Willkontor deutscher Schriftsteller in Berlin 1965, 90, u. a. – **R:** Die zehnte Nacht am Adenauerplatz 84; Waschtag 86; Das Ultimatum 88; Die Verlängerung 88; So reizend wie mein Name 90; Die Hand am Kinderwagen 92; Der

Sonntag, an dem ich Weltmeister wurde 94, alles Hsp. – *Lit:* DLL, Bd 3 71; Ludger Claßen in: Satir. Erzählen im 20. Jh. 85; Walther Killy (Hrsg.): Lit.lexikon, Bd 3 89; Karin Graf/Annegret Schmidjell (Hrsg.): F.C.D. 90; LDGL 97; Manfred Durzak/Hartmut Steinecke (Hrsg.): F.C.D. 97; Gustav Zürcher in: KLG. (Red.)

Delius, Uta von, Dipl.-Ing., Lehrerin i. R.; Mittlere Wende 30, D-33739 Bielefeld, Tel. (05 21) 88 32 38 (* Berlin-Tiergarten 30. 10. 27). Lyr. – **V:** 24 Weihnachtsgedichte 92; in memoriam I 97, II 04; Je glüher der Wein, desto kerzer der Schein 02; Städtebilder 03, alles Lyr.; Durch das Jahr mit Texten & Bildern von U.v.D., Kal. 08, 09. – **MA:** Welt der Poesie 00–08.

Dell, Peter, Dr., Politikwiss.; Am Gutleuthaus 19, D-76829 Landau, Tel. (0 63 41) 6 31 89, *peter-dell @kobra-online.info, www.kobra-online.info* (* Landau i. d. Pfalz 4. 12. 63). Rom. – **V:** Leiche in Spätburgunder, R. 03, 3. Aufl. 04; Sturm über der Südpfalz, R. 05. – **MA:** Tatort Deutsche Weinstraße, Krim.-Geschn. 07. – **MH:** Landau in der Pfalz, m. Markus Knecht, literar. Reisef. 01.

delMar, Maria s. Darnhofer-Demár, Edith

Delmonte, Yvonne (eigtl. Sonja Schöchle), Dipl.-Kauffrau; Waldweg 12a, D-88690 Uhldingen-Mühlhofen, Tel. (0 75 56) 51 01, *sonja_schoechle@t-online.de* (* Stuttgart 24. 3. 64). – **V:** Jagd auf den Traummann 00. (Red.)

Delonge, Franz-Benno, Dr.; Kruckenburgstr. 20, D-81375 München, Tel. (0 89) 71 99 91 40, Fax 74 16 04 02, *benno@delonge.de* (* München 13. 5. 57). – **V:** Deutsch für Schaumschläger. Das rhetor. Leergut d. Volksvertreter 96, aktual. u. erw. Neuaufl. u. d. T.: Rückhaltlose Aufklärung. Politiker-Deutsch f. Anfänger 00. – **P:** Big City 99; Zahltag 02; Trans America 02, alles Brettspiele. (Red.)

Demant, Frank, Autor u. Verleger; Berger Str. 261, D-60385 Frankfurt/Main, Tel. (0 69) 61 38 27, *www. roeschen-verlag.de* (* Frankfurt/Main 59). Krim.rom. – **V:** Tagesgeschäfte 02; Immer horche, immer gugge 03; Geiseldrama in Dribbdebach 04; Mord im Ebbelwei-Express 05; Die Leiche am Eisernen Steg 06; Opium für Frau Rauscher 07. (Red.)

Dembski, Heinz; Talstr. 87, D-89518 Heidenheim a.d. Brenz, Tel. (0 73 21) 4 15 93 (* Tannenberg/Ostpr. 4. 9. 27). AWMM-Kunstgewerbepr. 83, Verd.abzeichn. d. Landsmannsch. Ostpr. 94. – **V:** Gedichte und Zitate aus Ostpreussen, 3 Bde 92/93; Tannenberg in Ostpreußen – ein Ordensritterdorf und seine Geschichte 93; Ostdeutschland – Krieg und Vertreibung, m. Ber. u. Zitaten 97; Das war mein Leben 06; zwei Bücher über Wappen.

Demenga, Frank; Sandbockstr. 41, CH-5222 Umiken, Tel. (0 56) 4 42 04 86. – **V:** Fat-Ex, R. 99; Pasta mortale, R. 02; Schräglage, R. 03. (Red.)

Demetz, Jasmin (verh. Jasmin Scherjon), Dipl.-Bibliothekarin, Autorin; Pappelweg 21–1, D-70839 Gerlingen, Tel. (0 71 56) 27 01 17, *jasmin.demetz@gmx.de, www.samtschattennacht.de* (* Garmisch 18. 4. 73). BücherFrauen 00–02; Lyr. – **V:** Samtschattennacht, Lyr. 99, 04. (Red.)

Demetz, Peter, Sterling Prof. of German; 1050 George Street, The Colony House, Apt. 17 L, New Brunswick, NJ 08901 (* Prag 21. 10. 22). P.E.N.-Zentr. Dtld, Vizepräs. u. Präs. d. Modern Language Assoc. of America 79–81; Gold. Goethe-Med. d. Goethe-Inst. München 81, Gr. BVK d. Bundesrep. Dtld 84, Johann-Heinrich-Merck-Pr. 94, Verd.med. d. Tschech. Rep., verliehen v. Präs. Václav Havel 00, Ehrenpr. z. Europ. Kulturpr. 04, Verd.med. d. Hauptstadt Prag 07; Ess., Vergl.

Demirel

Lit.gesch. – **V:** René Rilkes Prager Jahre 53; Marx, Engels und die Dichter 59 (engl. 67, span. 68, japan. 73); Formen des Realismus: Theodor Fontane 64, 66; German Post-War Literature. A Critical Introduction 70; Die süße Anarchie. Deutsche Lit. seit 1945 70, erw. Ausg. u. d. T.: Die süße Anarchie. Skizzen z. dt. Lit. seit 45 73; Post-War German Literature 72; After the Fires. Recent Writing in the Germanies, Austria and Switzerland 86; Fette Jahre – magere Jahre. Dt.spr. Lit. von 1965 bis 1985 88; Worte in Freiheit. Der ital. Futurismus u. die dt. literar. Avantgarde 90; Böhmische Sonne, mährischer Mond. Essays u. Erinn. 96; Prag in Schwarz und Gold 98; Die Flugschau von Brescia 02; Böhmen böhmisch, Essays 06; Mein Prag. Erinnerungen 1939–1945 (a. d. Engl. v. Barbara Schaden) 07; Prague in Danger. The Years of German Occupation 1939–1945 08. – **MA:** Walter Benjamin: Reflections, Essays, Aphorisms, Autobiographical Writings 78; Karel Havlíček Borovský: Polemische Schriften 01; Bohumil Hrabal: Allzu laute Einsamkeit u. a. Texte 03, u. a. – **H:** Twentieth Century Views. Bertolt Brecht 62; G.E. Lessing: Nathan der Weise, vollst. Text 66; Alt-Prager Geschichten 82, 95; Geschichten aus dem alten Prag 94; Johannes Urzidil: Prager Tryptichon, Erzn. 97. – **MH:** An Anthology of German Literature 800–1750 68; Arsenal. Beiträge zu Franz Tumler, m. Hans Dieter Zimmermann 77; Rilke – ein europäischer Dichter aus Prag 98.

Demirel, Molla, Medienpäd., Sozialarb.; Herbernweg 9, D-48163 Münster, Tel. (0251) 6641 89, (0170) 5242922, *info@mollademirel.com, www. mollademirel.com, www.kaktus-net.de* (* Akcadag/Türkei 7. 12. 48). VS, Autorenverb. Türkei 86; Lit.pr. d. Lit.zs. „Kiyi", Zonguldak/Türkei 96, Lit.pr. d. Zs. „Yenigün", Stuttgart 98, Lit.pr. d. Zs. „Stimme d. Aleviten", Köln 00. Ue: türk. – **V:** Zwischen den Mühlsteinen 97; Der Kirschenzweig und mein Leid 96; Blatt für Blatt 01, alles G. dt./türk; Eine Heimliche Liebe, Prosa 06; mehrere Veröff. in türk. Sprache seit 89. – **MA:** Nachlese 90; Wir sind in Deutschland Ausländer aber in der Türkei Deutsche 94; Kreuzung/Kavsak 95; Fremde deutsche Lit. 96; Intern. Remscheider Lit.abend 96; Brüche u. Übergänge zwischen d. Kulturen 97; Worte u. Wege 97; Welt Bilder Kosmopolitania 02; Mein Bruder ist verletzt 02; Zu seinem 100. Geburtstag. Nazim Hikmet 02; Einfach Deutsch. Unterrichtsmodell 04. – **R:** monatl. Rdfk-Sdg b. Radio Kaktus Münster (Antenne Münster). (Red.)

Demirkan, Renan, Schauspielerin, Schriftst.; c/o ZBF-Generalagentur Köln, Innere Kanalstr. 69, D-50823 Köln, Tel. (02 21) 55 4 030, Fax 5 54 03 2 22, *zav-koeln-kuenstlervermittlung@arbeitsagentur.de, www. renan-demirkan.de* (* Ankara 12. 6. 55). Gold. Kamera 89, Adolf-Grimme-Pr. 90, BVK 98, Theaterpr. INTHE-GA 02. – **V:** Schwarzer Tee mit drei Stück Zucker, Erz. 91 (auch ndl., schw., dän.); Die Frau mit Bart, Erz. 94 (auch türk.); Es wird Diamanten regnen vom Himmel, R. 99; Über Liebe, Götter und Rasenmähn, Geschn. u. G. 03; Septembertee oder Das geliehene Leben 08. (Red.)

Dempf, Peter; c/o Verl. Lübbe, Bergisch Gladbach (* Augsburg 59). Irseer Pegasus 99, Kunstpr. d. Landkr. Augsburg 01; Hist. Rom. – **V:** Kopfreise – gestern, Skizzen 95; Magritta. Selbstmord e. Schülerin 96; Aus dieser anderen, ferneren Welt 97; Das Reichstagskomplott 97; Das Geheimnis des Hieronymus Bosch 99; Der Teufelsvogel des Salomon Idler 00; Sagenhaftes Augsburg, Geschn. 00; Ulrich Schwarz, Trag., UA 01, gedr. 02; Das Vermächtnis des Caravaggio 02; Mir ist so federleicht ums Herz 04; Die Herrin der Wörter 04; Das

Amulett der Fuggerin 06; Lukullus u. die Münzfälscher, Kdb. 06; Verrat an Bischof Ulrich, Kdb. 06; Die Sterndeuterin 07; Die Judas-Verschwörung 07. – **MV:** Chiffren unter den Wolken, m. A. Strohmeyr, G. 95; Die Vaterstadt, wie find ich sie doch? Brechts Rückkehr, m. dems. u. U. Fuchs-Prestele 95. – **H:** Zehn Jahre Zeitkritik, Anth. 85. (Red.)

Demski, Eva (geb. Eva Katrin Küfner), freie Journalistin; Fallerslebenstr. 31, D-60320 Frankfurt/Main, Tel. (0 69) 56 51 34 (* Regensburg 12. 5. 44). P.E.N.-Zentr. Dtld, Präs.mitgl. 95, Austritt 96; Klagenfurter Jurypr. 81, Kulturpr. d. Stadt Regensburg 87, Stadtschreiber v. Bergen-Enkheim 88, Goethe-Plakette d. Stadt Frankfurt 90, Frankfurter Poetik-Vorlesungen WS 98/99, Goethe-Plakette d. Ldes Hessen 04, Brüder-Grimm-Professur d. Univ. Kassel 05, Pr. d. Frankfurter Anthologie 08; Rom., Nov., Film, Ess. Ue: frz. – **V:** Goldkind, R. 79; Karneval, R. 81; Scheintod, R. 84, Neuausg. 00; Hotel Hölle, guten Tag..., R. 87; Größenwahn und Engagement, Rede 88; Unterwegs, Erzn., Repn., Ess. 88; Käferchen & Apfel 89; Afra, R. 92; Eva Demskis Katzenbuch, m. Zeichn. v. Tomi Ungerer 92; Land & Leute 94; Das Meer hört zu mit tausend Ohren 95, 2. Aufl. u. d. T.: Lesbos. Sappho u. ihre Insel 00; Venedig – Salon der Welt 96; Das Narrenhaus, R. 97; Zettelchens Traum oder „Warum soll der Mensch nicht ein Geheimnis haben? Oder ein Tagebuch?", Frankfurter Vorlesungen 99; Mama Donau 01; Von Liebe, Reichtum, Tod und Schminke, Ess., Erzn., Feuill. 04; Das siamesische Dorf, R. 06. – **MV:** Meine Katze, m. Günter Kunert u. Alexander Schmitz 87; Das Karussell im Englischen Garten, m. Isolde Ohlbaum, Bildbd 02; Frankfurter Kontraste, m. Mirko Krizanovic, Bildbd 04. – **MA:** Beitr. in: Friedensfibel; Mondschein-Märchen 89; Steinsiegel, G. u. Zeichn. 93; Das Bärenbuch 94, u. a. – **H:** Margots Tagebücher (auch Vor- u. Nachw.) 86; Anja Lundholm: Das Höllentor (auch Nachw.) 89; Sylvia Plath: Johnny Panic und die Bibel der Träume (m. e. Ess.) 91; Else Lasker-Schüler: Dein Herz ist wie der Nacht so hell (auch Nachw.) 02. – **R:** Kunst als Beruf. Das Ballett 72; Hans Neuenfels 75; Joseph Roth. Auf d. Suche nach e. Dichter 75; Tibor Déry, Portr. 78; Arno Schmidt. Ansichten u. Meinungen 79; Die Duse 79; Adolf Wölfli 81; „Die Angst hat Flügel u. der Zorn ist kalt" – Volker von Törne 83; Pina Bausch u. ihr Tanztheater 84; Dr. Gottfried Benn. Bozener Str. 20 86; Wolf Jobst Siedler, Portr. 87; Die Gruppe 47 88; Es war 1939 – Joseph Roth 89; Das Historische Museum in Frankfurt 90; Im Schatten der Helden? Die Töchter d. 20. Juli 94; Der letzte Magier – Wolfgang Koeppen 96, alles Fs.-Sdgn. – **Ue:** Sylvia Plath: Das Bett-Buch 89, u. a. – *Lit:* DLL, Erg.Bd 3 97; LDGL 97; Sabine Doering in: KLG. (Red.)

Demus, Klaus, Dr. phil.; Rennweg 4, A-1030 Wien, Tel. (01) 7 96 43 63 (* Wien 30. 5. 27). Pr. d. Kulturkr. im BDI 58; Lyr. – **V:** Das schwere Land 58; Morgennacht 69; In der neuen Stille 74; Das Morgenleuchten 79; Schatten vom Wald 83; Im Abend dieser Stunde 87; Hinausgang 90; Die Jahrtausende 94; Landwind 96; Das ungemeine Einfache nach Tag au nach 98; In der Nachwelt 99; Sternzeit 01; Gleichartigem Zugeflüster 02; Allgesang 05; Die Zeiten des Jahrs 08. – **MH:** Johannes Lindner: Der Kentaurische Knecht, m. Michael Guttenbrunner, G. 03.

Demuth, Jan, Autor, Übers., Dramaturg; c/o Theater St.Gallen, Museumsstr. 1/24, CH-9004 St. Gallen, *Demuthjan@aol.com* (* Rheinhausen 21. 8. 70). Drama, Hörsp., Lyr. Ue: engl. frz. – **V:** Die Maden 00 (auch engl.); Namaste 01; Nivellierung 01, 02; Kalte Schnauze 01; Die Maden und andere Stücke 03. – **MA:** Theater im Revier, Jb. 95–97 (z.T. auch Hrsg.); Theater über Tage 02. – **Ue:** O. Wilde: Importance of being earnest 95; W. Shakespeare: Taming of the Shrew 00; ders.: Merchant of Venice 01. – *Lit:* S. Wolff in: Theater über Tage 01. (Red.)

Demuth, Volker, Prof. Dr., freier Schriftst., Prof. f. Mediengeschichte u. Medientheorie; Sägmühlstr. 14, D-88409 Zwiefaltendorf, Tel. (0 73 73) 25 52, *Volker. Demuth@t-online.de* (* Laupheim 21. 7. 61). VS; Stip. d. Förd.kr. dt. Schriftst. in Bad.-Württ. 92, 98, Stip. d. Kunststift. Bad.-Württ. 99, Künstlerpr. d. Stadt Friedrichshafen 01, Stip. d. Ldes Bad.-Württ. 01, Irseer Pegasus (2. Pr.) 03, Stip. Herrenhaus Edenkoben 03, Aufenth. im Intern. Writers' and Translators' Centre of Rhodos 03; Lyr., Ess., Hörsp. Ue: engl. – **V:** Bewirtschaftung der Kälte, G. 90; Das Opfer, Sch. 90; Realität als Geschichte 94; Kettenacker Elegien, G. 95; Durch Halden, G. 96; Bits und bones, G. 01; Topische Ästhetik. Körperwelten, Kunsträume, Cyberspace, Ess. 02; Das Material des Sanddornschattens, Kunstpoem 03; Flughaut Hirnfries, Lyr. 06; Das angekreidete Jahr, Erz. 07; Textwelten und Bildräume, Ess. 07. – **MA:** KLG; zahlr. Beitr. in Zss., u. a.: Hören; Literaturmagazin; Neue Rundschau; Konzepte; das Gedicht; ndl; Jb. d. Lyrik; Weimarer Beiträge 53. Jg. 2/07; Das Wort, Jb. (Moskau) 08; Mitarb. an Kulturmag., u. a.: Kunst & Kultur; Ethik und Unterricht; Lettre International. – **H:** Kleist für Fortgeschrittene, Erzn. 92; Werner Dürrson: Werke in vier Bden 92; Vom Sinn multipler Welt 00. – **R:** Stimmensmog 93; Im Grab 94; Der Abbruch 96, alles Hsp.; Die Lesbarkeit des Kapitals 06; Schwellenzauber 07; Extreme Stile 08, alles Radioess. im SWR. – **P:** Sektor A / B, Lyr., CD 05. – *Lit:* Harald Hartung in: FAZ v. 12.8.91; Raymond Hargraves in: Young Poets of Germany 94; Jan Christ in: Stuttgarter Ztg v. 19.4.96; Tanja Jeschke in: Stuttgarter Ztg v. 31.1.01; René Ammann in: Schweizer Familie v. 22.11.07.

Dencker, Klaus Peter, Dr. phil., Prof.; Am Wiesengrund 15, D-22926 Ahrensburg, Tel. u. Fax (0 41 02) 6 11 86, *kpdencker@gmx.de, www.lyrikline. org* (* Lübeck 22. 3. 41). VS 67; Kulturpr. d. Stadt Erlangen 72, Reisestip. d. Ausw. Amtes 74, Buchpr. Kulturcentr. Stockholm 79, Berliner Kunstpr. (Förd.pr.) 82, Gedichtband d. Jahres 02 (Ausw. u. Auszeichn. durch „Das Gedicht", Lyr.); Experiment. Text, Visuelle Poesie, Hörsp., Film. – **V:** Als Mensch unter Menschen, Vortr. 66; Eurydike, Stück 67; Zopotsch und Witwen, Prosa-G. 67; Aufs Maul geäugt. Collagen zu Karikaturen 68; Den Grass in der Schlinge 71; Literarischer Jugendstil im Drama 71; Der junge Friedell 77; Notizbuch, Collage 78; Grünes Erlangen, Collage 79; Stellungsanleitung 81; Jazz, Collagen 86; Die Reise nach Rom, Collagen 87; Wortköpfe, visuelle Poesie 91; Sequenz für Eugen Gomringer 94; Bilder. Texte seit 1964 94; Sequenzen 98; K(l)eine Poetik 01; Renshi 2000–2002, Ketten-G. 02; LW-Sequenz 03; Visuelle Poesie, Werkausgabe 06; Verstehen, Squares u. Sequences 07; Optische Poesie international, Sachb. 09. – **MV:** Peace/War, m. Hiroshi Tanabu 03. – **MA:** G., Prosa, visuelle Poesie u. größere Beitr. in in- u. ausländ. Zss., Kat. u. Anth., u. a. in: Aspekte/Impulse 9/67; Jb. d. Künstlergemeinschaft „Der Pflug" 67; Jb. d. Wiener Goethe-Vereins 67; Stimmbruch 5 67; Edelgammler 1 u. 2 68; FDH 68, 69; Spektrum 41, 42, 44, 49, 126 69ff.; das neue erlangen 18 70; Ohne Denkmalschutz, Leseb. 70; Literatur u. Kritik 43 70; Akzente 3/71, 5/71, 4/73, 3/77; Riha/Kämpf (Hrsg.): Zweizeiler 71; Jugend-Stil/Stil d. Jugend 71; MITT 4, 5, 7, 10, 12–26/27, 30/31–32/33, 36/37/38, seit 72; Die Welt d. Rolf Italiaander 73; Das Fernsehspiel d. ZDF, H.7 74;

Alm. d. VS Saar 75, 76, 80; Frankenland, Sondernr. 1 77; Publikation 7/77, 11–12/79; Die Waage 3/78, 1/81, 2/81; Café der Poeten 80; Weiterbildung und Medien 3 80; Kunstpreis Berlin 82; Bakschisch 1 82; Fotografie/Kultur jetzt, H. 37 85; Entwerter/Oder (E/O) 32, 37, 48–50, 60, 81, seit 88; Schmurgelstein so herzbetrunken 88; Inthega Kultur Journal 2/89; Sprache im techn. Zeitalter 110/89; Bildende Kunst, H.11 89; Wolfgang Nieblich: Buchskulpturen (Einleit.) 91; Auskunft 3/91, 1/92; Medienkunstpreis 92, 93; W. Killy (Hrsg.): Lit.-lex., Bd 13 92; Sprache wird Bild 93; Kurt Schwitters. Bürger u. Idiot 93; Medien Zentren. Hamburgs kulturelle Initiativen (Einleit.) 94; miniature obscure 4/94, 8/98, 11/01; Chimären 94; Mäander u. Labyrinthe 95; Siemens/Medienkunstpreis 95; Inspiralation 96; E. Gomringer (Hrsg.): Visuelle Poesie 96; Jb. f.d. Kr. Pinneberg 96; Brunner/Moritz (Hrsg.): Lit.wiss. Lex. 97; Visuelle Poesie (Sonderbd Text+Kritik 9) 97; Passauer Pegasus, H.29/30 97; Gott-Al. 97; Common Sense 97; Schöne Aussicht 98; Literarische Kreativität 99; Werk u. Wirken d. Bildhauers Jürgen Hinrich Block 99; Licht u. Visuelle Texte 99; An International Anthology of Sound Poetry 01; Radio-Kultur u. Hör-Kunst zwischen Avantgarde u. Populärkultur 1923–2001 01; NetzKunstWörterbuch 01; Medienwissenschaft, Hdb., 3. Teilbd 02; Zocker, Zoff & Zores 02; NordWestSüdOst 03; – zahlr. kleinere Beitr. in Ztgn u. Zss. seit 60, u. a.: Abendztg Nürnberg; Christ u. Welt; Dt. Ztg; Erlanger Tagbl.; Eßlinger Ztg; FAZ, Die Furche; Helsingin Sanomat; Nürnberger Nachrichten; Saarbrücker Ztg; Stuttgarter Ztg; Die Tat. – **H:** Textbilder. Visuelle Poesie international – von d. Antike bis z. Gegenwart 72; Deutsche Unsinnspoesie 78; Zwölf. Saarländische Autoren. Neue Texte 81; Visuelle Poesie, Katalogbuch 84; Ach knallige Welt, du Lunapark. George Grosz – Ges. Gedichte 86; INTERFACE 1–5 92–02; Visuelle Poesie aus Japan, Katalogbuch 97; Poetische Sprachspiele. Vom Mittelalter bis z. Gegenwart 02. – **MH:** Deutsche Prosagedichte des 20. Jahrhunderts, m. Ulrich Fülleborn 76; La Taverna Di Auerbach (korresp. Hrsg.) 87ff. – **R:** HÖRFUNK: Stellungsanleitung, Textcoll. (SR) 68; Hoffmannsthal u. Braun (ORF) 70; Denckers Morgengruß. Neue Texte (SR) 72; Ladislav Novak (HR) 72; Denckers Selbstanzeige (SR) 73; Walter Mehring (DLF) 74; Lars Gustafsson (SR) 77; Kultur Aktuell (SR) 78; Egon Friedell (BR) 78; Gedicht für Lüb (SR 79) 78; Mit der Elektronik zurück in die Zukunft? (SR IV) 94; Über Egon Friedell (DRS II) 06; FERNSEHEN: ca. 100 Experimental- u. Dok.filme f. ARD (v. a. SR III) u. ZDF 1970–85, u. a.: starfighter; rausch; astronaut 70/71; Zuschauer, Kameraf. 74; Kongresstadt Erlangen. Versuch e. Werbung 74; Die Weltmeisterschaft 78; Der grüne Lofot 79/81; Pater D's Beobachtung d. Venusdurchganges in Vardö daselbst 82; – Moderationen b. SR III: Autorenmagazin 6, 7. u. 8 83–85; Saarländ. Kulturgespräch 85. – **P:** Ausstellungen: Visuelle Poesie seit 70, u. a. in: Nürnberger Kunsthalle 71; Goethe-Inst. Lille 72; Van Gogh Mus. Amsterdam 75; Rijkscentr. Brüssel 76; Kunsthalle Malmö 78; Westfäl. Kunstver. Münster 79; Inst. f. Auslandsbeziehungen Stuttgart 80; Akad. d. Künste Berlin 82; Civico Instituto Genua 83; Moderne Gal. Saarbrücken 84; Kunstmuseum Bern 85; Frankfurter Buchmesse 86; Gutenberg Museum Mainz 87; Guggenheim Museum New York 88; Musei di Spoleto 95; Art Museum Kaliningrad 95; Paço das Artes São Paulo 98; Museum Kitakami 99; Museum Sapporo 00/02; Dt. Bibliothek Leipzig 00/02; Hamburger Bahnhof Berlin 01; Museo Ideale Leonardo Da Vinci 01; Univ.bibliothek Hamburg 06; Städt. Galerie Erlangen 06; Burgkloster Lübeck 07; – Kassetten m.

Denda

Denda
Originalbeitr. Visueller Poesie: Dschamp 94; Geiger 96; ToolBook 96. – *Lit:* TV-Poesie. K.P.D.s Visuelle Poesie, Fs.-Sdg 72; Mitt. d. Inst. f. moderne Kunst 4/72, 6/73, 45–47/88; Christina Weiss: Seh-Texte, Diss. 82, Buchausg. 84; 5000 Personalities of the World (ABI) 86ff.; Gespr. m. Jost Nolte in: NDR-Kulturjournal, Hfk-Sdg 89; Gespr. m. Hajo Steinert in: Lange Nacht d. Unsinnspoesie, Hfk-Sdg 89; Ch. Weiss in: Wortköpfe 91; Eugen Gomringer: Visuelle Poesie 96; Karl Young in: www.thing.net/ grist/l&d/dencker/denckerd.htm 98; Hans Peter Althaus in: Sequenzen (Einleit.) 98; Allg. Künstlerlex. (AKL), Bd 26 00; Hans Peter Althaus in: Sprache im Alltag 01; ders. in: Kommunikation visuell, Katalogbuch 01/02; Dt. Schriftst.lex. 01ff.; Gespr. m. Phillip Soumann in: artgenda, Fs.-Sdg, (Offener Kanal Hamburg) 02; Gespr. m. Silke Lammer-Lammerts in: NDR-Hamburg Journal, Hfk-Sdg 02; Julia W. Kaminskaja in: Poetica, Bd 34 H. 1/2, 02; Gespr. m. Ralph Schock in: Lit. im Gespräch, Hfk-Sdg 03; H.P. Althaus in: Brücke zwischen Kulturen 03; Saskia Reither in: Computer Poesie 03; div. Beitr. in: Visuelle Poesie, u.a.: Franz Mon: DAS ANDERE WIE DASSELBE; Karl Young: Introduction; Eugen Gomringer: Zu den Quadraten 06; s. auch 2. Jg. SK u. GK; s. auch Kürschners Handbuch der Bildenden Künstler, 1. Aufl. 2005.

Denda, Sebastian (Leon Camee); c/o Edition Kirchhof und Franke, Leipzig, *www. editionkirchhofundfranke.de* (* Leipzig 11. 3. 76). Lyr. Ue: frz, engl. – **V:** Kupfer und Zink, Gedichte 1992–1996, 98; Cour Cristal. Gedichte 1997–2007, 07. (Red.)

Dénes, Christiane, Querflötistin, Doz., Autorin, Künstlerin; Von-Görschen-Str. 12, D-52066 Aachen, Tel. u. Fax (02 41) 5 45 46, *christide@freenet.de, www. ac-kunst-51.de* (* Aachen 6. 1. 51). – **V:** Feuerstein, R. 96; Die Treppe, M. 99; Krähenfüße, Gb. 99; Nacht des Eichhörnchens 07. – **MA:** Alpha, Lit.zs. 87, 88, 91; Am Ortsende wartet der Zauberer, Anth. 88; die horen, Lit.zs. 89; Hollywood am Mauergässchen 89; Paricutin 93; Unerhört 99; Langenberger Texte 00, alles Anth. – **R:** Lamparo, Hsp. 05.

Denger, Oskar, Rektor i.R.; Trierer Str. 86, D-66869 Kusel, Tel. (0 63 81) 31 66 (* Montigny b. Metz 23. 11. 16). Lit. Ver. d. Pfalz; Anerkenn.pr. d. Ldes Rh.-Pf. 50. – **V:** Gedichte: Auf stillen Wegen 62; Spuren aus so manchem Jahr 66; Dort und hier 78; Erdentage 81; Zwischenland 95; Krähen im Baum 96; Ein Mädchen in Ketten. Jeanne d'Arcs letzte Lebenstage 02; – Erzählungen: Die Irre von Ozoli 83; Ein Bündel im Schnee 87; Das Bildnis 89; Ein Schritt ins Ungewisse 91. – **MV:** Erwin Brünisholz 1908–1943 – Aquarelle und Zeichnungen 88. – **Ue:** Willem Enzinck: Hier auf Erden, G. 54. (Red.)

Denicke, Maria (geb. Maria Rinecker), Dr., Fachärztin f. Chirurgie u. Allgemeinmed.; freie Autorin; Gut Speck, D-82547 Eurasburg a.d. Loisach, Tel. (0 81 79) 9 23 39 (* München 21. 4. 33). Kaleidoskop/München, VS München; Rom., Erz. – **V:** Die Landdoktorin, Geschn. 92; Aus Liebe Jagd 97; Der fremde Körper, SF-R. 98; Welle, Wind und Whisky 01. – **MA:** Jagdgeschn. in: Pirsch 5, 8, 10/95, 3, 4/97. (Red.)

Dening, Irmela s. Ohm-Dening, Irmela

Denkel, Wolfgang; c/o Literaturverlag Droschl, Graz (* Rheinland 3. 9. 58). – **V:** Ja. Nein. Ja., R. 08.

Denkendorf, Stephan s. Hacker, Alexander

Dennenmoser, Margarete (Ps. Ursula Marc), Reallehrerin; Mörikeweg 4, D-88250 Weingarten, Tel. u. Fax (07 51) 4 55 09, *margret@dmdennenmoser.de* (* Langenargen a. B. 16. 4. 39). Rom., Erz. – **V:** Nicht wie bei Räubers, Erz. f. Kinder u. Erwachsene 92,

23. Aufl. 07 (auch nor., russ., frz., korean., mongol., poln., engl., span., katalan., tsch., slowak., ndl., ukr.); Nicht wie bei Räubers. Anmerkungen 92, 10. Aufl. 07 (auch poln.); Eddie Swift 93, 2. Aufl. 94 (auch russ.); Katrin – Aspekte des Frauseins, R. in Dialogform 94, 4. Aufl. 07; judith h., R. 97; Wieder bei Räubers 99, 7. Aufl. 07 (auch frz., tsch., slowak., russ., ukr.); Das Geheimnis des Königs 01, 5. Aufl. 08 (auch frz., tsch., slowak., russ., ukr.); Die Boten des Königs 04, 2. Aufl. 08; Die Familienbibel 06. – **MV:** Wenn du weißt, wer du bist, in: Monika Dörflinger u. Annika Lampmann 07, 2. Aufl. 08. – **MA:** Absolut nur für Mädchen, Anth. 07. – **P:** Nicht wie bei Räubers, 12 Tonkass. 97; Frauen begegnen Jesus, Hsp., Medit., CD 07.

Denner, Johannes s. Dennerlein, Hans

Dennerlein, Hans (Ps. Johannes Denner) *

Dennery, Siegfried N. *

Dennig, Constanze (Luise Staub), Dr., Nervenarzt; Andritzer Reichsstr. 160, A-8046 Graz, Tel. (03 16) 69 29 74, Fax 69 29 74 15, *office@dennig.at, www. dennig.at* (* Linz 14. 3. 54). GAV 05, IGAA 05; Rom., Dramatik, Hörsp. – **V:** Die rote Engelin, Eros, Omam und Eros 03; Extasy Rave, Stück 03; Valse Triste, Stück 04; Klonküsse, R. 05 (auch als MP3); Demokratie, Stück 05; Am Hund, Stück 06. – **R:** Demokratie, Hsp. 05. (Red.)

Denscher, Barbara (geb. Barbara Nedoma), Mag. phil.; Adolfstorgasse 49/1/4, A-1130 Wien, *barbara.denscher@aon.at* (* Wien 10. 8. 56). IGAA, Übersetzergemeinschaft; Pr. d. öst. Verb. d. Kulturvermittler 97; Übers., Ess., Feat. Ue: dän, nor, schw. – **V:** Im Schatten des Ararat. Armenische Kontraste, Ess. 04. – **MV:** Kein Land des Lächelns. Fritz Löhner Beda, m. Helmut Peschina 02. – **H:** Kunst und Kultur in Österreich – Das 20. Jahrhundert 99. – **R:** ca. 40 literar. Hfk-Feat. seit 88, u.a.: Der Sturz der Wirklichkeit 88; Zu welcher Musik möchte man in die Ewigkeit eingehen 91; Ich lasse mir kein Etikett verpassen 93; Das Mannkind 95; In schlechter Gesellschaft 96; Die österreichische Halbheit 97; Im Gasthaus „Zur Böhmischen Krone". Auf den Spuren v. Jaroslav Hašek 03; Geschichten von der verlorenen Heimat 03. – **Ue:** a. d. Dän.: Ole Henrik Laub: Das Autodrom; a. d. Schwed.: A. Törnquist: Requiem; Stephen Schwartz: Snipers. (Red.)

Deppert, Alexander s. Dreppec, Alex

Deppert, Fritz, Dr. phil., LBeauftr. f. kreatives Schreiben an d. TU Darmstadt; Viktoriastr. 106, D-64293 Darmstadt, Tel. u. Fax (0 61 51) 2 16 53, *gafri3235@aol.com* (* Darmstadt 24. 12. 32). VS Hessen 71, P.E.N.-Zentr. Dtld, Kogge; Johann-Heinrich-Merck-Ehrung 96; Lyr., Kurzgesch., Rom., Ess., Kritik. – **V:** Gedichte 68; Holzholen, Prosa 70; Barlach – Wer ist Barlach, Ess. 70; Heutige Gedichte, wozu?, Ess. 73; Atemholen, G. 74; Zwei in der Stadt, Kdb. 77; Gegenbeweise, G. 80; Wir-Ihr-Sie, Lang-G. 81; Atempause, G. 81; In Darmstadt bin ich, Prosa u. G. 83; Zeit-Gedichte, G. 83; Linien, G. 87; Mit Haut und Haar, G. 87; Bewegte Landschaft, Haikus 88; Dreh dich doch um, G. 90; Gegengewicht, G. 92; Kurzschriften, Aphor. 93; Länger noch als tausend Jahr, R. 93; Rosen schenk ich, Haikus 94; Zeitkonzert, G. 95; Sommerflieder, Haikus 97; Gezählte Tage 98; Fundsachen, ausgew. G. 02; Gut brüllen aus dem Papierkorb 02; Regenbögen zum Hausgebrauch, G. 03; Buttmei, Krim.-R. 07, 08; Gut gebrüllt, Löwe, G. 07. – **MV:** Die Darmstädter Altstadt 92; Darmstadt, Sachb. 97. – **H:** Darmstädter Texte(n), Anth. 80; Darmstädter Weihnachtsbuch, Anth. 83; Lyrik unserer Zeit 89; In keiner Zeit wird man zu spät geboren 91; Jeder Text ist ein Wortbruch 93;

Die Worte zurechtgekämmt 95; Das war überall: Erzn. Wolfgang Weyrauchs 98; Feuersturm und Widerstand, Sachb. 04. – **MH:** Liebeserklärung 78; Aufschlüsse 79; Literarischer März 79 – 01; Kopflauf 90; Grenzenlos, m. Hugo Ernst Käufer 98; Poesiebrücke, dt.-poln. 01; Lyrik unserer Zeit, m. Hanne F. Juritz u. Christian Döring zweijährl. seit 89. – **R:** Verweigerung, Hsp. 73; Vierzig außerplanmäßige Minuten, Hsp. 73. – **P:** Zeitkonzert, Prosa u. G., CD 96. – *Lit:* Kontrapunkte. Zum 60. Geb. v. F.D., Festschr. 92.

Deprijck, Lucien (eigtl. Lucien Depryck), freiberufl. Doz. u. Autor; Adelmutstr. 9, D-51143 Köln, *info @lucien-deprijck.de, www.lucien-deprijck.de* (* Köln 5. 10. 60). Rom., Erz., Lyr. – **V:** Solitair, R. 99; Besuch bei Stephen Crane, Erzn. 05; Die Wälder der Verschollenen, R. 07. – **MA:** Robert Louis Stevenson: Meistererzählungen (Nachw.) 94, 03. – **H:** Reinschrift, Bd 2, Kölner Anth. 07.

Depryck, Lucien s. Deprijck, Lucien

Depser, Johanna (geb. Johanna Polnitzky); Greifswalder Str. 6, D-91207 Lauf, Tel. (0 91 23) 9 92 10, Fax 9 92 11, *johanna.depser@t-online.de* (* Vohenstrauß/ Obpf. 25. 6. 38). IGAA 01, FDA 01; Rom., Short-Story. – **V:** Judith: Kennen Sie das auch?, R. 00; Ein Tag wie jeder andere, R. 00. (Red.)

Der Bohrwurm s. Orzechowski, Harry

Der Lyrische Handwerker s. Schoob, Jürgen

Dericum, Christa (Christa Dericum-Wambolt), Dr. phil., Schriftst.; Mühltalstr. 67, D-69121 Heidelberg, Tel. (0 62 21) 43 90 78, Fax 41 09 23, *Dericum@ t-online.de* (* Rheinberg/Rheinland 21. 5. 32). VS 68, P.E.N.-Zentr. Dtld, GenSekr. 93–95; Stip. Villa Decius Krakau 00–01; Geschichtsschreibung, Ess., Reiselit., Erz. Ue: engl, frz. – **V:** Fritz und Flori, Tageb. e. Adoption 76 (auch engl., frz., schw., ndl., span., dän.); Maximilian I., Kaiser im Heil. Röm. Reich Dt. Nation, Biogr. 79; Des Geyers schwarze Haufen, Biogr. üb. Florian Geyer 80, 87; Faszination des Feuers, Biogr. üb. Ingeborg Bachmann 96; Burgund. Erzählte Landschaft 00; Die Zeit und die Zeit danach 03; Literarische Spaziergänge durch Amsterdam 04; mehrere Sachb. seit 66. – **MV:** Keysers Antiquitäten-Lexikon 61. – **MA:** Ess. zu Demokratiegesch. u. Anarchismus, Sozialgesch. d. MA u. d. beginnenden Neuzeit, u. a. in: Mut zur Meinung 80; Damals 81, 83, 86, 87; Geschichte-Fernsehen 83; Die Mäßigen und die Unmäßigen 87. – **H:** Burgund und seine Herzöge 65, 72; Alfred Weber: Haben wir Deutschen nach 1945 versagt? 79, 83. – **MH:** Heimat u. Heimatlosigkeit, m. Philipp Wambolt 87. – **R:** Das Pestjahr 1348 81; Soziale Hintergründe d. Reformation 83; Stadtleben u. Flugschriften um 1500 83; Umgang mit Geschichte 85; Ricarda Huch 86; Angst und Seuche 87; Alexis de Tocqueville. Was das Volk kann und was es nicht kann 91; Geschichte und Gedächtnis 97; Dantes Traum. Visionen zum Jahrtausendwechsel 99, alle als Rdfk-Ess., u. a. – **Ue:** Denis Hay: Geschichte Italiens in der Renaissance 61; Richard Pipes: Die russische Intelligentsia 62; Jean Héritier: Katharina von Medici 64; J.H. Plumb: Die Zukunft der Geschichte 71; Carl J. Friedrich: Tradition und Autorität 73; Stanislav Andreski: Die Hexenmeister der Sozialwissenschaften 74, u. a. (Red.)

Dermietzel, Rolf, Prof. Dr.; c/o Ruhr-Universität Bochum, Medizinische Fakultät, Institut f. Anatomie, Universitätsstr. 1, D-44780 Bochum, Tel. (02 34) 3 22 50 02, Fax 3 21 46 55, *rolf.dermietzel@ ruhr-uni-bochum.de.* Auf der Forst 26, D-45219 Essen (* Wittenberg 29. 12. 43). Rom., Lyr., Wiss. Publikation. – **V:** Stachel im Fleisch, R. 00, 01. (Red.)

Derrick, Ded s. Basner, Gerhard

Dersprenger, Till s. Sprenger, Werner

Dertinger, Antje, Journalistin, Autorin; Martin-Legros-Str. 104, D-53123 Bonn, Tel. (02 28) 64 71 91, Fax 64 03 11, *antje.dertinger@netcologne. de* (* Wilhelmshaven 13. 12. 40). dju 71, VS 88, Vors. VS-NRW 98–02; Johanna-Löwenherz-Pr. 89, Jan-Procházka-Lit.pr. 93, „Besonders empfehlenswert" d. G.-Heinemann-Friedenspr. 94. – **V:** Die bessere Hälfte kämpft um ihr Recht 80; Weiber und Gendarm 81; Dazwischen liegt nur der Tod, Biogr. Antonie Pfülf 84; „... und lebe immer in Eurer Erinnerung", Biogr. Johanna Kirchner 85; Elisabeth Selbert, Kurzbiogr. 86; Weiße Möwe, gelber Stern, Biogr. Helga Beyer 87; Der treue Partisan, Biogr. 89; Frauen der ersten Stunde, Porträts 89, Tb. 99; Ein Flugticket für Grandma Rosy, Jugendb. 93, Tb. 96; Europa für Frauen 94; Die drei Exile des Erich Lewinski, Biogr. 95; Heldentöchter. Porträts 97; Schenk mir deinen Namen 99. – **MA:** Willy Brandt (Hrsg.): Frauen heute 78; Sie waren die ersten 88; Vor dem Vergessen bewahren 88; Demokratische Wege 97, u.v. a. – **H:** Susanne Miller: So würde ich noch einmal leben, Erinn. (auch bearb.) 05. (Red.)

Derwahl, Freddy, Kulturred.; Stockem 77, B-4700 Eupen, Tel. u. Fax (0 87) 74 30 92, *fderwahl@euregio. net* (* Eupen 16. 11. 46). P.E.N.-Club 87; 2 x Lit.pr. d. Dt.spr. Gemeinschaft in Belgien, Lit.pr. d. Intern. Eifel-Ardennen Vereinigung, Stip. d. König-Baudouin-Stiftung; Lyr., Erz., Rom. – **V:** Aufbruch, G. 64; Die Freiheit der Kirschbäume, Erzn. 76; Wie eine Kerze in der Nacht 78; Die Füchse greifen Eupen an, R. 79; Der Mittagsdämon, R. 87; Die Nacht der Jungfrau, Erzn. 91; Grünes Land, Bildbd. 92 (auch frz., ndl.); Der kleine Sim 93 (auch frz., ndl.); Aachen Kaleidoskop 95; Die Athosreise 96; Das Haus im Farn 96, alles Erzn.; Athos, Bildbd. 98; Eremiten 00 (auch ndl.). – **MA:** G., Erzn., Rep. in zahlr. Ztgn, Zss. u. Anth. (Red.)

Deschner, Karlheinz, Dr. phil.; Goethestr. 2, D-97437 Haßfurt, *www.deschner.info* (* Bamberg 23. 5. 24). P.E.N.-Zentr. Dtld 63; Arno-Schmidt-Pr. 88, Alternativer Büchnerpr. 93, Intern. Humanist Award 93, Erwin-Fischer-Pr. 01, Ludwig-Feuerbach-Pr. 01, Wolfram-v.-Eschenbach-Pr. 04; Ess., Rom., Aphor., Lit.- u. Kirchenkritik. – **V:** Die Nacht steht um mein Haus, R. 56, überarb. Neuausg. 81; Florenz ohne Sonne, R. 58, überarb. Neuausg. 81; Nur Lebendiges schwimmt gegen den Strom, Aphor. 85, 98; Ärgernisse, Aphor. 94; Mörder machen Geschichte, Aphor. 03; – Kitsch, Konvention und Kunst. Eine literar. Streitschrift 57, Tb. 80; Talente, Dichter, Dilettanten. Überschätzte u. unterschätzte Werke in d. dt. Lit. d. Gegenwart 64; Dornröschenträume u. Stallgeruch. Über Franken, die Landschaft meines Lebens 89, Neuausg. 04; Was ich denke 94; Für einen Bissen Fleisch. Das schwärzeste aller Verbrechen 98; Die Rhön. Heidnisches u. Heiliges. Über Landschaft, Leben u. Tod im Hauptwerk Hans Henny Jahnns 03; zahlr. kirchen- u. religionskrit. Veröff. seit den 50er Jahren; Übers. insges. in 12 Sprachen. – *Lit:* Hans Bertram Bock: K.D. Ein literar. Einzelkämpfer 69; Hans Wollschläger: Leitfaden a priori 97; Hans-Detlev v. Kirchbach: K.D.s Kriminalgesch. d. Christentums 00, alles Rdfk-Vorträge; Peter Kleinert/Marianne Tralau: Mit Gott u. den Faschisten 92–94; dies.: Ketzerverbrennung 94; dies.: K.D. – ein Jahrtausendwerk 97; Ricarda Hinz/Jacques Tilly: Die haßerfüllten Augen d. Herrn Deschner 98, alles Videos; Hermann Gieselbusch (Hrsg.): K.D. – Leben, Werke, Resonanz, 8 Brosch. seit 86; Matias Martínez in: KLG; s. auch SK. (Red.)

Desiderius

Desiderius, Marko s. Freitag, Ingo J.

Deskau, Dagmar s. Scherf, Dagmar

Dessau, Anne (geb. Anne Chmielecki, verh. Anne Müller-Lankow), Publizistin; Normannenstr. 13, D-12524 Berlin, Tel. u. Fax (0 30) 6 73 77 34, *anned13 @arcor.de* (* Dessau 9. 2. 34). Arb.stip. f. Berliner Schriftst. 90, Alfred-Döblin-Stip. 99, Aufenthaltsstip. im Brechthaus, Insel Fünen 02. – **V:** Engel mit einem Flügel 91; Weisheit des Sommers 92; Spurensuche. Sechs Biogr. ungewöhnlicher Frauen 96; Abschied von Buddenhagen, Erz. 98; Kaleidoskop. Berliner Theaterkritiken 01; Anna tanzt 03; Verdammt, Du bist bist mein Vater 07. – **MA:** Ossietzky, Lit.zs.

Dessauer, Maria, Publizistin, Verlagslektorin; Schaumainkai 95, D-60596 Frankfurt/Main, Tel. (0 69) 63 72 11 (* Frankfurt/Main 3. 8. 22). VS 72; Rom., Erz., Nov., Kurzgesch., Ess., Feat. Ue: engl, frz. – **V:** Osman. Ein Allegretto capriccioso, R. 56; Herkun, R. 59; Oskis Buch der klugen Kinder 76; König der Clowns. Aus d. Leben d. Joseph Grimaldi 82. – **MV:** Siebenundsiebzig Tiere und ein Ochse, m. E. Borchers, Kdb. 77. – **MA:** Ungewisser Tatbestand. 16 Autoren variieren e. Thema 64; Geliebte Städte 67; Straßen und Plätze 67; Die zehn Gebote. Exemplarische Erzn. 67; 25 Erzähler unserer Zeit 71, alles Anth. – **H:** Die Liebschaften des Zeus. Eine moderne Eroto-Mythologie 69, 72; Märchen der Romantik 77, 94. – **R:** Liebelei zu dritt 62; Ich im Pensionat 64; Der Weg in die Emigration 65; Im Pensionat II 66; Bilder einer Ausstellung (nicht von Mussorgsky) 71; Lamia 71; Das Schloß 73; Zentrale Störung 73. – Ue: Antonia White: Ein Hexenhaus, R. 56; Die gläserne Wand, R. 58; William Saroyan: Saroyan's Fables u. d. T.: Armenische Fabeln 59; Frank London Brown: Trumball Park, R. 61; Françoise Sagan/Claude Chabrol: Landru. Drehb. u. Dialoge 63; Mary McCarthy: Eine katholische Kindheit 66, 97; Angus Wilson: Kein Grund zum Lachen, R. 69; Albert Déza: Die Ratten waren schuld 69; Daniel Keyes: Charly, R. 70, 72; Mary McCarthy: Ein Blitz aus heiterem Himmel, m. Hilde Spiel, Ess. 70, 71; Anaïs Nin: Diary 1939–1944. Das Tagebuch der A.N. 70; Jan Myrdal: Angkor 73; Al. Alvarez: Der grausame Gott. E. Studie über den Selbstmord 73; Englische Kunstmärchen 73; Ruth Dayan: War alles nur ein Traum? E. Leben mit Mosche Dayan 74; Lewis Carroll: The Pig Tale u. d. T.: Die Geschichte vom Schwein 76; Henry Miller: Reise in ein altes Land. Skizzen für meine Freunde, m. Wilhelm Höck u. Isabella Nadolny 76; Madame Leprince de Beaumont: La Belle et la Bête u. d. T.: Die Schöne und das Tier 77; Jean Joubert: Der Mann im Sand, R. 77; Henri Troyat: Kopf in den Wolken, R. 79; Russel Hoban/Nicola Bailey: La Corona und der Blechfrosch, Kdb. 79; François Mauriac: Die Tat der Thérèse D., R. 80; Colette: Diese Freuden, Ess. 83; Félix Valloton: Das mörderische Leben, R. 85; Lynn Sharon Schwartz: Feldstörungen, R. 86; Catherîne Colomb: Das Spiel der Erinnerung, R. 86; Marguerite Duras: Abahn Sabana David 88; dies.: Blaue Augen, schwarzes Haar 87; Hector Bianciotti: Das extreme Leben einer unscheinbaren Frau, R. 87; Jean Giono: Die Terrassen der Insel Elba, Ess. 87; Robin Chapman: Das Tagebuch der Herzogin 88; Marguerite Duras: Der Matrose von Gibraltar, R. 88; dies.: Emily L., R. 88, 98; Catherîne Colomb: Zeit der Engel, R. 89; Marie Nimier: Die Giraffe, R. 90; Truman Capote: I remember Grandpa u. d. T.: Das Geheimnis 90; Hector Bianciotti: Die Nacht der blauen Sterne, R. 91; Dominique Fernandez: Die Schule des Südens, R. 93; Hector Bianciotti: Was die Nacht dem Tag erzählt, Autobiogr. 93; Gustave Flaubert: Madame Bovary, R. 96, 98; Hector Bianciotti: Das langsame Fortschreiten der Liebe, Autobiogr. T.2 97; George Sand: Ein Winter auf Mallorca 99; Clara Dupond-Monod: Das Mädchen mit Flügeln, R. 99; Gustave Flaubert: Lehrjahre des Gefühls. Geschichte e. jungen Mannes, R. 01.

Dessin, Armand s. Kinder, Hermann

Detela, Lev (Leo Demetrius Detela), freier Schriftst., Kulturjournalist; Am Rosenberg 1/15/8, A-1130 Wien, Tel. u. Fax (01) 2 02 26 27, *t.detela@eurotax.at.* Slovenska cesta 20, SLO-2277 Središče ob Dravi/Slowenien (* Maribor/Slowenien 2. 4. 39). Intern. P.E.N.-Club 69, Literar-Mechana 73, LVG 73, IGAA 81, Intern. Fed. of Free Journalists, London 86, Podium 74, Verb. slowen. Schriftsteller in Öst. 74, ARGE Literatur 82, Vors. d. Ver. Lit.zss. – Autorenverlage 86, Verb. s. slowen. Schriftsteller, Ljubljana 89; Abraham-Woursell-Stip. f. Lit. and Res. 66–70, AStA-Lit.pr. d. U.Tübingen 70, Triestiner Osterpr. Auferstehung f. slowen. Lit. 70, Certif. of Merit Sloven. Res. Center of America 71, Arb.stip. d. BMfUK 72–75, 78–82, Peter-Rosegger-Pr. f. Erz. 74, Theodor-Körner-Förd.pr. 76, 89, Lit.pr. d. Romanwettbew. d Zs. Das Pult m. d. ORF u. d. Stadtgem. St. Pölten 76, Öst. Staatssstip. f. Lit. 76/77, Buchpr. d. Öst. BMfUK 76, Förd.beitr. d. Wiener Kunstfonds 78, Lit.stip. d. Stadt Wien 81, Förd.pr. f. Lit. d. Ldes NdÖst. 82, Pipp-Lit.pr. Buenos Aires 82, 83, Slowen. Pr. Mladika f. Kurzerz. Triest 83, Pr. f. essayist. Arb. Buenos Aires 83, 84, 86, 88, Anerkenn. f. Lyr. d. Jury d. Stadt Witten 84, Lit.pr. d. Hermagoras-Verl. Klagenfurt 88, Pr. d. SKA Buenos Aires f. belletr. Lit. 90, 95, 1. Pr. f. slowen. Kurzgeschn. 92, Rodna gruda, Ljubljana 92; Lyr., Erz., Rom., Ess., Kritik, Hörsp., Übers., Drama. Ue: slowen, serbokroat, dt. – **V:** Erfahrungen mit Gewittern, Kurzgeschn. 73 (slowen. 67 u. 91); Legenden in den Vater, Prosasamml. 76; Die Königsstatue. Ein hist. Roman aus d. Gegenw. 77 (slowen. 70 u. 91); Imponiergebärden des Herrschens. Ein psychohygien. Ber. üb. d. aufschneiderischen Schneider, den Möchtegernkaiser, Prosa 78; Der tausendjährige Krieg. Ein Lesest. f. d. Hinterbliebenen 83; Testament des hohen Vogels, G. 85; Gespräche unter den Fabrikschornsteinen, R. 86; Hinter dem Feuerwald, R. 95 (rum. 00); Die Verrücktheit der Wetterlage, Erz. aus Österr. 96; Unfrisierte Gedanken eines zugereisten Betrachters, Ess. 98; Die Merkmale der Nase. Ausgewählte dt.spr. Prosa u. Lyrik 1970–2004 05; Verdichtungen. Nonsensverse u. Experimente 08; u. 26 slowen. belletrist. Bücher. – **MV:** Was die Nacht erzählt, m. Milena Merlak, Lyr.-Samml. m. dt./engl./slowen. 85. – **MA:** Sammlung I 71; Saat in fremder Erde, P.E.N.-Anth. 73; Ich teile nicht euch du, Lyr. Selbstportr. 75; Mein Land ist eine feste Burg. Texte z. Lage in d. BRD 76; Verzückter Bereich 76; Sassafras 25 76; Wir und du 80; Ort der Handlung Niederösterreich 81; Marienlob und d. Jahrhunderte 83, Kass. 86; Der gemütliche Selbstmörder 86; Profile der neueren slowen. Literatur in Kärnten 89, 2., erw. Aufl. 99; Köpfe, Herzen u. a. Landschaften 90; Wortweben / Webs of words 91; Die Fremde in mir 99; dicht und der versen. österreichische lyrik im spiegel von drei jahrzehnten podium 01; – Beitr. u. a. in: Lit. u. Kritik; Die Horen; morgen; PANNONIA; PODIUM; LESEZIRKEL (Wiener Ztg); Sterz; DAS PULT; ZET; Der Standard; Die Presse; Die Furche; Die Weltwoche; Die Tat, Basler Ztg; Der Bund; Stuttgarter Ztg; Luxemburger Wort; – Übers. u. Originalwerke u. a. in Zss. u. Ztgn in Slowenien, Serbien, d. Slowakei, Italien, Rumänien, Albanien, Ungarn, Spanien, Kanada, d. USA, Australien, Indien (engl. u. Gujarat); Großbritannien, Argentinien. – **H:** Kocbekovo berilo / Kocbeks Lesebuch, slowen./dt., auch teilw. übers. 97. – **MH:** Log, Zs. f. intern. Lit., seit 78; Log-Bücher, seit 83; Feuer

u. Eis, Anth. m. Beitr. von Autoren a. d. Entwicklungsländern 87, 89, alle m. Wolfgang Mayer-König; Literatur primär. Österr. Lit.zss., Ess. 89, 2. Aufl. 92; Wege der Selbstbehauptung. Die neue slowen. Lit., Ess. 90, 2. Aufl. 93, beide m. Franz Krahberger; Der Spiegel, in dem wir uns sehen. Volksgruppen- u. Migrationsautoren 95 (rum. 96); Eintragungen ins LOG-Buch. Aus 100 Ausgaben in 25 Jahren 03, beide m. W. Mayer-König; Edvard Kocbek – Engagement u. Dichtung (m. e. einf. Studie v. Lev Detela), m. Peter Kersche 04; – MEDD-OBJE, slowen. Kultur- u. Lit.zs. (Buenos Aires); SRP, slowen. Kultur- u. Lit.zs. (Ljubljana); MOST, slowen. Kulturzs. (Triest); MLADJE, slowen. Lit.zs. (Klagenfurt); SLOVENSKA VEST (Wien u. Canberra). – **R:** Erfahrungen mit Gewittern 75; Ängste u. Träume 75; Hohe Politik 76; Die Königsstatue 78; Imponiergebärden 78; Kennwort Literatur-Lyrik 80; Verrücktheit der Wetterlage 81; – zahlr. lit. Beiträge in slowen. Sprache in „Radio Slovenija", seit 87. – **Ue:** Stanko Majcen: Pannonische Gedichte 87; Edvard Kocbek: Deutsches Tagebuch 84; Slowenische Gedichte 84, 85; Philosoph u. Schriftsteller Sören Kierkegaard 82, 83. – *Lit:* Klaus Sandler in: DAS PULT, H.31 74; ders.: Das tierische Ernst hört auf, wo es tierisch ernst wird, Vorwort in: Legenden um d. Vater 76; P. Kersche: Legenden um d. Vater, in: Lit. u. Kritik 77; U. Mäder: „Alles" oder d. Nacht hat das Sagen, in: Log 11/12 81; P. Kersche: Neue Heimat NdÖst., in: Kultur- u. Förd.pr.träger d. Ldes NdÖst. 82; K. Adel: Aufbruch u. Tradition. Öst. Lit. seit 1945 82; H. Lampalzer: Kulturpreise d. Ldes NdÖst., in: PEN Österreich Jahresber. 83; J. Twaroch: Lit. aus NdÖst. 84; Wolfgang Müller-Funk: Die Lyrik v. ungewöhnl. Format, in: Log 32 86; Josef Dirnbeck: Sprachmächtige Visionen, ebda; Karl-Markus Gauß in: Wiener Tageb. 12/87; Janja Žitnik in: Two Homelands, Migration Studies 5 94.

†**Detela,** Milena (Ps. Milena Merlak), freie Schriftst., Kulturjournalistin; lebte in Wien (* Ljubljana/Slowenien 9. 11. 35, † Wien 3. 8. 06). Intern. P.E.N.-Club 69, Literar-Mechana 74, LVG 74, Podium 74, Verb. slowen. Schriftsteller in Öst. 74, IGAA 81, Verb. s. slowen. Schriftsteller, Ljubljana 89; Slowen. Pr. Mladika f. Erzähl. 73, 75, 76, Arb.stip. d. BMfUK 74, 76, Lit.förd.pr. d. Theodor-Körner-Stift.fonds 79; Lyr., Kurzprosa, Ess., Kritik, Übers. Ue: slowen, dt. – **V:** Die zehnte Tochter, Lyr.-Samml. 85; Die Farbe des Schnees, Lyr. Prosa 96; u. 6 slowen. belletrist. Bücher. – **MV:** die Nacht erzählt, m. Lev Detela, Lyr.-Samml. dt./engl./slowen. 85. – **MA:** Saat in fremder Erde, P.E.N.-Anth. 73; Ich bin vielleicht du, Lyr. Selbstportr. 75; Sassafras Blätter 33–38 78; Marienlob durch d. Jahrhunderte 83; Wortweben / Webs of Words 91; Die Fremde in mir 99; dicht auf den versen. österreichische lyrik im spiegel von drei jahrzehnten podium 01; Eintragungen ins LOG-Buch. Aus 100 Ausgaben in 25 Jahren 03; – Beitr. u. a. in: Lit. u. Kritik; die feuer; ZET; PODIUM; DAS PULT; Die Presse; Die Furche; Die Tat; Basler Ztg. – **R:** Tod des Mondwandlerin, Lyr., Rdfk 75; Zwischen Berg und Meer, G., Rdfk 76. – **P:** Selig preisen mich alle Geschlechter, Kass.-Anth. 86. – **MUe:** Edvard Kocbek: Neue lyrische Texte, m. Lev Detela, in: Kocbeks Lesebuch 97, sowie in: Edvard Kocbek – Engagement u. Dichtung 04. – *Lit:* Janja Žitnik in: Two Homelands, Migration Studies 6 95.

Deterding, Klaus, Dr. phil., M. A., Lit. wiss.; Charlottenstr. 23a, D-12247 Berlin, Tel. (0 30) 7 74 48 40 (* Jena 27. 5. 42). E.T.A.-Hoffmann-Ges. 79–02; Rom., Erz., Dramatik. – **V:** Der falsche Orpheus, m. Alfred Behrmann u. Siegfried Kühl, Einakter 69; Der Feind. Das Fertige Fragment, m. E.T.A. Hoffmann, Erz. 02. –

H: Wahrnehmungen im Poetischen All. Festschr. f. Alfred Behrmann 93.

Detering, Heinrich, Prof. Dr.; Klinkerwisch 20, D-24107 Kiel, Tel. (05 51) 39 75 28, detering@phil.uni-goettingen.de (* Neumünster 1. 11. 59). Theodor-Storm-Ges., Präs. seit 03, Thomas-Mann-Ges. 90, Beirat seit 97, Dt. Akad. f. Spr. u. Dicht. 97, Akad. d. Wiss. Göttingen 03, Akad. d. Wiss. u. d. Lit. Mainz (Klasse d. Lit.) 03, Dän. Akad. d. Wiss. 03; Lippischer Kulturpr. 77, 2. Pr. f. Prosa b. NRW-Autorentreffen 83, Wilhelm-Raabe-Pr. (Förd.pr.) 89, Pr. d. Akad. d. Wiss. z. Göttingen 90, Stip. Schloß Wiepersdorf 93, Pr. d. Landeskulturverb. Schlesw.-Holst. 01, Fellow am Wiss.-Kolleg Berlin 01/02, Pr. d. Kritik d. Hoffmann u. Campe Verl. 03, Dr. h.c. U.Aarhus 08; Ess., Übers., Lyr. Ue: dän, nor. – **V:** Zeichensprache, G. 78; Die Jahreszeiten, G. 78; Theodizee und Erzählverfahren, Monogr. 90; Intellectual Amphibia. H.C. Andersen, Ess. 91; Das offene Geheimnis, Monogr. 94, 2. Aufl. 02; Herkunftsorte. Literarische Verwandlungen, Ess. 01; Schwebstoffe, G. 04; „Juden, Frauen und Litteraten". Zu einer Denkfigur b. jungen Thomas Mann, Ess. 05; Bob Dylan, Ess. 07; Bertolt Brecht und Laotse, Ess. 08. – **MA:** Anne Duden: Zungengewahrsam (Vorw.) 97; Knut Hamsun: Der Segen der Erde (Nachw.) 99; ders.: Auf überwachsenen Pfaden (Nachw.) 02; – Ess., Übers. u. G. a. in: Merkur; Neue Rundschau; Literaturen; Kursbuch; freier Kritiker b. d. FAZ seit 91. – **H:** Alexander von Blomberg: Gedichte 86; Christian Wilhelm v. Dohm: Ausgew. Schriften 88; Hans Christian Andersen: Sämtliche Märchen in 2 Bden 96; Grenzgänge 96; Emil Aarestrup & Heinrich Heine, G. 02; Autorschaft 02; Thomas Mann: Essays 1893–1914, 2 Bde 02; ders.: Königliche Hoheit, 2 Bde 04; Heinz Erhardt: Gedichte, Prosa, Szenen 05; Reclams großes Buch der deutschen Gedichte 07; Bob Dylan: Lyrics, Ausw. 08. – **MH:** Jb. d. Raabe-Ges., m. Paul-Michael Schneider 94–01; Grundzüge der Literaturwissenschaft, m. Heinz-Ludwig Arnold 96, 8. Aufl. 08; Dänisch-deutsche Doppelgänger, m. Anne-Bitt Gerecke u. Johan de Mylius 01; Hans Keilson: Werke, 2 Bde 05; Peter Rühmkorf: Die Märchen 07. – **Ue:** Henrik Wergeland: Sujets, nor.-dt. 95; Hans Christian Andersen: Schräge Märchen, 1.u.2. Aufl. 96, Gedichte 05, Der Mulatte 05. – **MUe:** Matrosen und der Liebe Schwingen 04; Der nordische Rabe, m. Stefan Opitz 98.

Detering, Monika, Puppenkünstlerin, freie Journalistin u. Autorin; Tegeler Weg 2, D-33619 Bielefeld, Tel. (05 21) 8 00 99 08, monika.detering@42erautoren.de, www.monika-detering.de (* Bielefeld 42). 42erAutoren. – **V:** ... nur etwas zu kurze Beine, R. 98; Herzfresser, R. 06; Nebengleis, Kurzprosa 06; Herzfrauen, Krim.-R. 07; Puppenmann, Krim.-R. 07. (Red.)

Detrich, Elisabeth s. Dietrich, Elisabeth

Dettmann, Lutz, Vermessungstechniker; Weg zum See 1b, D-19069 Rugensee, Tel. (0 38 67) 86 06, dettmann@arcor.de, www.dettmann.claranet.de (* Crivitz 31. 3. 61). Hans-Fallada-Ges. 91, Vorstand seit 00; Rom., Erz. – **V:** Sommertage in Estland, Reiseber. 02; Wer die Heide nicht kennt, R. 04, Tb. 05; Tiefenkontrolle. Ein NVA-Roman 07. – **MA:** Mecklenburg, Zs. f. Kultur, Gesch., Land und Leute 95–05; Der Salatgarten, Zs. d. Hans-Fallada-Ges. 97–08; Der Mord am schwarzen Busch, Krim-Erz 05; Der Petermännchen-Mörder, Krim.-Erz. 07; Heimathefte f. Mecklbg. u. Vorpommern, u. a.

Dettwiler, Monika (Monika Dettwiler Rustici), Dr.phil., Historikerin, Redaktorin; Weidstr. 17, CH-6343 Rotkreuz, Tel. (01) 2 99 33 26, Fax (0 41) 7 90 19 88, info@monikadettwiler.ch, www.monikadettwiler.ch (* Zürich 17. 4. 48). AdS 03; Hist.

Rom. – **V:** Berner Lauffeuer 98, 04; Das Siegel der Macht 00, Tb. 02; Der goldene Fluss 03, Tb. 04; Meerfeuer 08. – **MA:** Gotthelf lesen 04. (Red.)

Deun, Uta van, Psychologin; Mauerbergstr. 80, D-76534 Baden-Baden, Tel. (0 72 23) 6 01 79 (* Teichstatt/Nordböhmen 31. 3. 43). – **V:** Lebenszeiten, G. 03; ... und bin doch heimatlos geblieben 03; Alzheimer. Der lange Weg des Abschiednehmens 06. – **MV:** Ich nab' dich nicht gewollt, mein Kind, m. P. Kutter 93. – **MA:** Freude am Leben 01; Das Leben – ein Geschenk 04, beides Anth.

Deuter, Jörg, Dr. phil., M. A., Kunsthistoriker, Germanist; Haller Str. 41, D-74613 Öhringen, Tel. u. Fax (0 79 41) 98 40 50. Bornsdorfer Str. 1, D-12053 Berlin (* Oldenburg 9. 11. 56). Verb. Dt. Kunsthistoriker; Arb.-stip. d. Ldes Nds. 86; Ess., Sachb., Hörsp. – **V:** Helfrich Peter Sturz (1736–1779), Ess. 79; Starklof oder der achte der Göttinger Sieben, Causerie 86, UA 88; Gert Schiff (1926–1990). Oldenburg – Zürich – New York. Spurensuche e. Kunsthistorikerlebens 08; zahlr. kunsthist. Veröff. – *Lit:* H. Leip: Das Tanzrad. Oder die Lust u. Mühe e. Daseins 78; Erik Forssman in: Konsthistorisk Tidskrift 67 98; W. Kempowski: Alkor 03; ders.: Hamit 06; s. auch SK.

Deutsch, Christel Katharina (auch Johanna Deutsch), Journalistin, Heilpraktikerin, freie Autorin; c/o Sirius Verlag, Schönfließer Str. 62, D-13465 Berlin, Tel. (0 30) 8 92 66 60, Fax 8 92 22 10, *mail@ sirius-verlag.de* (* Berlin 35). – **V:** Engel sprechen 90; Und mein Engel weinte, e. Erlebnisber. 99; Engelgeschichten für Kinder ... und andere Menschen 01; Haltet Frieden 02; mehrere Sachb. (Red.)

Deutsch, Claudia, Einkäuferin; Gartenstr. 2A, D-41569 Rommerskirchen, Fax (0 21 83) 41 42 94, *people. freenet.de/Claudia-Deutsch* (* Köln 28. 7. 66). Erz. – **V:** Kölsch mit Tzatziki, Erz. 05.

Deutscher, Sieglinde, Künstlerin; Burgherrenstr. 120, D-67661 Kaiserslautern, Tel. (0 63 1) 5 09 74 (* Köln). – **V:** ... von Grossen und Kleinen 94, 95; Satirisches und andere Merkwürdigkeiten 02; Klösterliche und andere Geheimnisse 04(?). (Red.)

Deutschkron, Inge, Schriftst.; Düsseldorfer Str. 44A, D-10707 Berlin, Tel. u. Fax (0 30) 8 26 48 49 (* Finsterwalde 23. 8. 22). P.E.N.-Zentr. Dtld; Rudolf-Küstermeier-Pr. Tel-Aviv 75, Moses-Mendelssohn-Pr. 94, Frau d. Jahres 98, Rahel-Varnhagen-v.-Ense-Med. 02, Verd.orden d. Stadt Berlin 02, Carl-v.-Ossietzky-Pr. 08; Rom., Politik. – **V:** ... denn ihrer war die Hölle! 65, 85; Israel und die Deutschen 72, 91; Ich trug den gelben Stern, Erlebn.-Ber. 78, 06 (auch frz., russ., rum., hebr., engl.); Milch ohne Honig 88; Unbequem ..., Autobiogr. 92, 95; Daffke ...! Die vier Leben der Inge Deutschkron, Autobiogr. 94; Sie blieben im Schatten 96; Papa Weidt, Kdb. m. Ill. v. Lukas Ruegenberg 99, 01; Emigranto 01; Das verlorene Glück des Leo H. 01; Offene Antworten 04. – **MA:** Deutschland und Israel 92; Argonautenschiff, Jb. d. Anna-Seghers-Ges. 99; Deutschland, mein Land? 99; Der Schriftsteller Volker Ludwig 99. (Red.)

Deutschmann, Matthias, Kabarettist, Autor; *kabarett@matthiasdeutschmann.de, www. matthiasdeutschmann.de.* c/o Kultur-Bureau, Endenicher Allee 2, D-53115 Bonn (* Betzdorf 16. 9. 58). Leipziger Löwenzahn 08; Literar. Kabarett, Chanson. – **V:** Hitler on the Rocks, dt. Etüden 87. – **R:** Geisterfahrer – Eine utopische Kolportage. – **P:** streng vertraulich, CD 03. (Red.)

Deuverden, Wolfgang van *

Devalaya, Tara s. Harms, Telke

Devi, Mitra, Autorin u. Malerin; lebt in Zürich, *mitradevi@hotmail.com, www.mitradevi.ch* (* Zürich 30. 10. 63). Stadtschreiber in Leipzig 07. – **V:** Blütenweiß und Rabenschwarz, G. u. Geschn. 03; Die Bienenzüchterin, Krim.geschn. 03; Galgenvögel, G. 04; Das Buch Antares, R. 05; Der Spinner von Leipzig, ill. Krimi (m. Fotos v. Bea Huwiler) 06; Stumme Schuld, Krimi 08. (Red.)

Devivere, Beate von, Master of Arts, Publizistin, Consultant; Wallstr. 99, D-61440 Oberursel, Tel. (0 61 71) 5 45 41, Fax 6 31 95 77, *beatevondevivere@ gmx.de* (* Büdingen). VS, Kg.; Lyr.pr. d. 11. dt.spr. Lit.wettbew. d. GEDOK Rhein-Main-Taunus, Vorgeschlagen f. GEDOK-Lit.förd.pr. 01; Lyr., Erz. – **V:** Die Nikolausguts-Sekretärin, Erz. 98; Die Farben des Lebens, Lyr. 01; Unterwegs, Lyr. 06; zahlr. Sachbücher. – **MA:** Schweigen 96; In meinem Gedächtnis wohnst du 97; heimatGEDICHTE 99; morgen ... 99; Von Traumund anderen Männern 00; Fantasie mit Schneegestöber 00; Raststätte 01; Sternzeichen-Cocktails 01; Das Verschwinden des Autors 01; Zeit nur für mich 02; Besteht die Liebe 03; Netzwerk 03; Besteht die Liebe 04; LebensBILDER 04; Wir träumen uns 05. – *Lit:* s. auch 2. Jg. SK. (Red.)

Dewes, Klaus (Ps. Claus de Wes, Klaus von Wiese), Journalist, Red. WDR; Mariastraat 9, NL-4506 AC Cadzand, Tel. (00 31–1 17) 39 17 87, *info @haifischzahnverlag.de, www.haifischzahnverlag.de* (* München 25. 2. 40). RFFU; Hörsp., Rep., Rom., Kurzgesch., Biogr. – **V:** bisher insges. 22 Jugendbücher, 14 Romane u. Biogr., u. a.: Dire Straits, Biogr. 80; Paul McCartney, Biogr. 80; Ich mag Dich, Kurzgeschn. 84; Viel Spaß mit dem Baby, Kurzgeschn. 84; BAP für metzenemme, Biogr. 84; BAP up Tour, Biogr. 85; Meine 100 schönsten Geschichten, Kurzgeschn. 86; Familie Fuchs, R. 86; Leo Lionni, Biogr. 87; Mord am Gummersbach, Krimi 00; Mord im Park-Hotel Nümbrecht, Krimi 04. – **MV:** Gestatten, Erich Kästner 91; Zirkus Morgenstern 92, beide m. Ulrich Türk. – **MA:** zahlr. Glossen in Tagesztgn, Kurzgeschn. in Wochenztgn, Buchrez. u. Beiträge zur Rock-Musik in Fachztgn. – **R:** ca. 300 Hörspiele. (Red.)

Dewitt, Elke Anita (geb. Elke Anita Kessler), Chemiefachwerkerin; Hölderlinstr. 39, D-67071 Ludwigshafen, Tel. (0 6 21) 5 69 00 15, *elkeanitadewitt@ya hoo.de, www.beepworld.de/members22/elkeanitadewitt* (* Ludwigshafen 4. 3. 61). Lit.werkstatt Lu-Ma 99; Rom., Märchen, Esoterik. – **V:** Mammis Hospital, R. 96; Moto – Feuer der Liebe, R. 97; Die Wiesenhexe, Esoterik 02; Die Blauen Märchen, M. 04. – **P:** Gedichte u. Märchen unter: www.e-stories.de – *Lit:* Dokumentation „Mutterstadter Frauenkulturtage" 99. (Red.)

Dewran, Hasan (Ps. Hese), Psychotherapeut, Schriftst.; *kontakt@hasan-dewran.de, www.hasan-dewran.de* (* Dersim 58). Lyr., Erz. Ue: türk, Zazaki. – **V:** Entlang des Euphrat, G. 83, überarb. Neuausg. 95; Tausend Winde – ein Sturm, G. u. Aphor. 88 (auch engl.); Feuer seit Zarathustra, G. u. Aphor. 92 (teilw. in Zazaki, Türk., Kurd.); Mit Wildnis im Herzen, G. 98. – **MA:** Anth.: Dies ist nicht die Welt, die wir suchen 83; A – wie Arbeitslos 84; Sie haben mich zu einem Ausländer gemacht ... 84; Türken dt. Sprache 84; Über Grenzen 87; Land d. begrenzten Möglichkeiten 88; In die Flucht geschlagen 89; Die Palette 12 90; Und wir verloren d. Sprache 90, u. a. – **MH:** Zss.: Piya; Ware. – **R:** Gedichte in Hörfunk u. Fs. – **P:** Nähe und Ferne, G. u. lyr. Texte 01; Hazar Reng – Hazar Veng. Tausend Farben, tausend Stimmen, Lyr. u. Musik in d. Zaza-Sprache 01. – *Lit:* Hans W. Panthel in: Germanist. Mitt. (Brüssel) 35/92. (Red.)

Dexter, Marlin (Ps. f. Margit Schmid), Verkaufsleiterin Hotellerie, Behindertenbetreuerin, Ärztl. Assistentin, Pharmazeut. Angest.; Am Rosendorn 20, A-2345 Brunn am Gebirge, Tel. u. Fax (02236) 3 33 50, *margit.schmid@grunenthal.com, www.dexter. at* (* Wien 12. 4. 61). Lit. Ges. Mödling 97; Rom. – **V:** Toria, R. 96; Dianne, R. 99; Der Model-Deal, R. 05; HIV Hope Is Victory, R. 06. (Red.)

Dhan, Dorothee (Ps. f. Dorothee Müller, geb. Dorothee Drenckhan), Schriftst., Dramaturgin; Lamontstr. 7, D-81679 München, Tel. (089) 4 70 54 95, Fax 4 70 31 29 (* Kiel 15. 3. 33). ISDS, D.U., Verb. Dt. Drehb.autoren; Silbermed. New York Festival f. „Frauen heute" 75, Sonderpr. d. Jury „Humanism and cinema art, for peace and friendship", Moskau 79; Hörsp., Fernsehen, Film, Rom., Kurzgesch., Jugendb. – **V:** Rinaldo Rinaldini 71/72 II; Julia ohne Romeo, R. 71; Zwischen Abitur und Pferdestall, R. 76; Der Baum, Kurzgeschn.; Der Fremde vom Toledo, N. 83; Der Gesang der großen Fische, R. 00. – **F:** Frauen in der BRD, 13tlg. Filmdok.; Das Einhorn, n. Martin Walser, in Zus.arb. m. d. Autor 77; Zwischengleis 78. – **R:** Der Baum; Ein Trauerfall; Leiche auf Urlaub 79; Traumlage 83; Zurück an den Absender 81; Die Roppenheimer Sau 82; Kein Alibi f. eine Leiche, n. Francis Durbridge 86; Dies Bildnis ist zum Morden schön, nach dems. 87; Scheidung à la carte 90; Judith 91; Begräbnis einer Gräfin, n. u. m. Wolfgang Kohlhaase 92; Jenseits der Brandung 94, alles Fsp.

di Namre, Bernardo s. Schulze-Berndt, Hermann

Diamantidis, Dimitrios, Dipl.-Ing., Anwendungsentwickler/Softwareengineer; Kirchstr. 29, D-68623 Lampertheim-Hofheim, Tel. (06241) 8 09 02, *ddiamantidis@msn.com* (* Saloniki/Griechenland 7. 4. 59). Rom., Dramatik, Erz., Kurzgesch. – **V:** Via Perniciosa, Kurzgeschn. 89; Porträt einer gnadenlosen Freiheit, R. 92; Die Suche – In den Annalen der Erschöpfung, R. 03; Der Platz, R. 06. – **MA:** Unverhoffte Wendungen, Anth. 92.

Dick, Uwe, Red.; Nr. 76, D-94157 Niederperlesreut, Tel. (08555) 45 64, Fax 4 70 71, *www.uwedick.de* (* Schongau a. Lech 21. 12. 42). Förd.pr. f. junge Künstler u. Schriftst. d. Ldes Bayern 72, Förd.pr. d. Stadt Rosenheim 72, Lit.pr. d. Stift. z. Förd. d. Schrifttums 78, Marieluise-Fleißer-Pr. 86, Tukan-Pr. 87, Stip. d. Dt. Lit.fonds 88 u. 90, Tukan-Pr. 92, Jahresstip. d. Ldes Bad.-Württ. 97, Jean-Paul-Pr. 07; Lyr., Prosa, Szene. – **V:** Viechereien, Rezi-Tierg. 67; Das singende Pferd, Erzähl-G. 69; König Tauwim, Märchendicht. 70, 84; Mangaseja, Märchendicht. m. Gesängen 71, 84; Tag und Tod. Eine Reise in Gedichten, m. Prosa-Anm. 72; Janusaugen, 6 Tagebuchg. 74; Das Weib. Das Meer. Der Dichter, Szen. Groß-G. 76; Sauwaldprosa 76, weitere Fortschriften 78, 81, 87, 01, Gesamtnachdruck in einem Bd 08; Ansichtskarten aus Wales, Erfahrungstexte 78; Der Öd. Das Bio-Drama eines Amok denkenden Monsters, Schulpl. m. Typoskript 80, Buch 84, 88, Tonkass. 93, Buch m. CD 99; Das Echo des Fundamentschritts, Dichtungen 68–80; Im Namen des Baumes und seines eingebohrten Sohnes, des Buntspechts. Eine Brief-Poetologie 84, 85; Monolog eines Radfahrers, Überlebensprosa 85, 88, als Tonkass. 93; Theriak, 13 Fügungen 86; Cantus Firmus für Solisten mit Pferdefuß. Ein panakust. Optikum 88; Das niemals vertagte Leben, 13 Widmungen 91; Pochwasser. Eine Biogr. ohne Ich 92; Der Jäger vom Knall. Hundsoktave zu e. Sexualpathologie zwergdt. Flintenmänner 95, als Tonkass 94, Buch m. CD 01; Wer und Dachschaden hat, der freilich offen fürs Höhere. 77 Gottesafforismen z. Toleranzprobe nach e. kirchenamtl. Religionsstörung 96 (m. CD);

Die Salzigkeit der Wogen und der Sterne, G. 97 (m. CD); Der Tod der Königin. Die venezian. G. 97 (m. CD); ... nistet im Zufall und brütet im Schweigen. Poesie statt Geschwätz 97; Des Blickes Tagnacht. Gedichte 1969–2001 02 (m. CD); Hinterdrux. Eine Agrar-Oper unter persönlicher Mitwirkung Gottes, Typoskript 03; Marslanzen oder Vasallen recht sein muß 07; ein tag ohne lächeln – schwärzer als eine nacht ohne stern 08. – **P:** Kontrabaß und Sauwaldprosa, Tonkass. 90; Odyssee mit Cello und Trompete. Ein Canto für Ezra Pound, Tonkass. 93; Land-, See- und Luftschaften für Saxophon und Solosprecher, CD 96. – *Lit:* Hans Ziegler: Gesucht: Etiketten für U.D. Ein Rezeptions-Spektrum m. Hinweisen zu Davonschleichwege d. Lit.kritik 77; Eva Hesse: Niemands Zeitgenosse? Zur Gegenw. von U.D. 86; Gerald Stieg: Mythos u. Satire fürs irdische Paradies 02; Michael Lentz: Ich, Dichter des Himmels u. der Erde, ging aus meinem Munde hervor. Laudatio z. Jean-Paul-Pr. 2007 f. U.D. 08.

Dick, Willy (Ps. William Dyk) *

Dickenberger, Udo, Dr.phil., M. A., Dipl.-Bibl.; Spessartring 21, D-61194 Niddatal, Tel. (0171) 4 28 90 43, *udo.dickenberger@hessen-mail.de* (* Ilbenstadt/Friedberg 4. 8. 58). Lichtenberg-Ges. 92–01; Erz., Rom., Lyr. – **V:** Liebe, Geist, Unendlichkeit, Sachb. 90; Der Tod und die Dichter, G. 91; Philosophie des Maulwurfs. Unzeitgemäße Wühlarbeiten 98; Niddatal mal anders, Bilder- u. Sachb. 04. – **MV:** Der Stuttgarter Hoppenlau-Friedhof als literarisches Denkmal, Sachb. 92. – **MA:** ndl; die horen; Literatur u. Kritik; Gegenwart; impressum; manuskripte; scriptum; lose blätter; Lichtenberg-Jb.; Jb. f. Volkskunde; Das dosierte Leben; Fragmente; Ästhetik u. Kommunikation; Suevica; der Alemanne; Am Erker; Alpenvereins-Jb.; Assenheimer Bll. – *Lit:* W. Promies in: Lichtenberg-Jb. 93; E. Henscheid in: Titanic 8/98.

Dickerhof, Urs, Maler, Autor, 79–07 Dir. d. Kantonalen Schule f. Gestaltung, Biel; Quellgasse 8, CH-2502 Biel, Tel. (032) 3 22 91 81, *urs.dickerhof.art@ bluewin.ch* (* Zürich 14. 12. 41). Gruppe Olten 76, jetzt AdS; Lit.pr. d. Kt. Bern 70, Kulturpr. d. Stadt Biel 04, zahlr. Ausz. u. Stip. f. Kunst seit 64; Ess., Bilderb. f. Erwachsene u. m. Texten. – **V:** Ich Urs Dickerhof undsoweiter, eine Art Bilderbuch 69; D wie Dickerhof, Dokumentation, Drucksache 70; Mischa und das blaue Feuer 71; Ein Journal für bessere Tage 73; Taschenbuch für W. T. 73; Bochumer Drucksache 75; Tatort Bern 76; Fingerübungen 78; Hefte 1–4 83–84; Große Freiheit Nr. 1 84; Die Funktion des Betrachters 86; Mein linkes Auge ist die Nacht 89; SpiegelSchriftBilder, Triologie 91–93; Schrift: Die Notizen vom Tal & andere Texte 99; Zeichen am Horizont, Bilder & Worte 99; Willkommen in unbehinderten Welten / Bienvenue dans des mondes libres. Bildbetrachtungen / Contemplations d'images 00; Fantasmi 08. – **P:** Kleine blaue Nacht, Hörb. 08. – *Lit:* s. auch Kürschners Handbuch der Bildenden Künstler, 2. Jg. 2006/07.

Diebenbusch, Sabine; Paul-Gerhardt-Str. 7, D-63477 Maintal, *sabine@ausgetraeumt.net, www. ausgetraeumt.net* (* Heidelberg 11. 60). Lyr., Erz. – **V:** Ausgeträumt. Tagebucheinträge 1978–2002 02, 04. (Red.)

Diebler, Martin, Tischlermeister i. R.; Städtelner Str. 51, D-04416 Markkleeberg. Tel. (0341) 3 58 14 76 (* Tautenhain 23. 3. 08). Lit.pr. b. Lit.wettbew. f. Senioren d. Sächs. Staatsmin. 93. – **V:** Erinnerungen I: Ein Häuslerkind erzählt aus seiner Kinder- und Jugendzeit. 1912–1932 94; II: Krieg und Nachkrieg. 1940–1950 96; III: Das Handwerk und die Familie in den 50er Jahren 97. (Red.)

Diechler

Diechler, Gabriele; Am Weinberg 5, A-4863 Seewalchen am Attersee, Tel. (07662) 29308, Fax
6279, *gabriele.diechler@utanet.at* (* Köln 15. 12. 61).
VDD. – **V:** Kdb.-Reihe „Arina & Rick". 1: ... tappen im
Dunkeln 01, 2: ... in geheimer Mission 02, 3: ... auf heißer Spur 03. – **R:** Seitensprung ins Glück, Fsf.; Auch
Erben will gelernt sein, Fsf. (Red.)

Dieck, Barbara (Ps. Julia Brückner), Lehrerin
i. R.; Andersenstr. 11, D-34225 Baunatal, Tel. (0561)
4 75 56 52 (* Rengershausen 9. 3. 51). Erz., Rom. Ue:
engl. – **V:** Ambrosius, der Meisterkoch, Erz. 91; Rettet
den Distelbach 92; Plastikherzen bringen Pech 94, Tb.
98; Klassenfahrt und coole Typen 95, 2. Aufl. 98, Tb.
05 (auch kat.); Juls Pech- und Krisenbuch 97; Lesen
strengstens verboten! 98, Tb. 01; Endlich keine Schule
mehr 99; Total geheim! 99, Tb. 02; Die Story mit Kai
01; Tina und das Hämsterglück 01 (auch korean.); Hilfe – Familienurlaub! 02 (auch slowak.), alles R.; Reihe
„Ferien auf Burg Donnerfels". 1. Der Geheimgang 03
(auch litau., ung.), 2. Die Tür ins Ungewisse 03 (auch
ung., litau.), 3. Zauberkraut und Hexenküche 03 (auch
ung.), 4. Der Schlüssel zum Schatz 03 (auch ung.), 5.
Das Burgverlies 04 (auch ung.), 6. Das Geheimnis des
gelben Vogels 04 6. (auch ung.), 7. Das Geheimnis des
7. Zimmers 05 (auch ung.), 8. Geheimbund Bisamratte
05, 9. Ein unheimlicher Besuch 06, (auch als Hörb.-Rei-
he); Der Fluch der Statue 07 (auch als Hörb.); Küsse,
Krach und Krisen 07 (auch als Hörb.). – **B:** Jack London: Der Seewolf 02. – **MA:** Weihnachtszeit, Zauberzeit 98; Pferdegeflüster 99; Beste Freundin, Schlimmste Feindin 99; Mut im Bauch 00; Weihnachtsanthologie 2000 00; Grauen, Grusel u. Co., Anth. 01; Weihnachten – ganz wunderbar, Anth. 01; Von Strebern und
Pausenclowns, Anth. 02.

Dieckbreder, Frank *

Dieckmann, Christoph, Theologe, Reporter,
Schriftst.; c/o DIE ZEIT, Hauptstadtbüro, Dorotheenstr.
33, D-10117 Berlin, Tel. (030) 5900480, *christoph.*
dieckmann@zeit.de (* Rathenow/Havel 22. 1. 56).
P.E.N.-Zentr. Ost 91, Präs.mitgl. seit 93, P.E.N.-Zen-
tr. Dtld 96; Intern. Publizistikpr. d. Stadt Klagenfurt
92, Theodor-Wolff-Pr. 93, Egon-Erwin-Kisch-Pr. 94,
Friedrich-Märker-Essaypr. 96; Rep., Ess., Prosa. – **V:**
My Generation. Cocker, Dylan, Lindenberg u. die ver-
lorene Zeit, Ess. u. Repn. 91; Oh! Great! Wonderful!
Anfänger in Amerika, Prosa 92; Die Zeit stand still, die
Lebensuhren liefen. Geschichten aus d. dt. Murkelei 93;
Time is on my side. Ein dt. Heimatbuch, Prosa, Repn.,
Ess. 95; Das wahre Leben im falschen. Geschichten von
ostdt. Identität 98 (Hörb. 02); My Generation. Cocker,
Dylan, Honecker u. die bleibende Zeit, Ess. u. Repn.
99; Hinter den sieben Bergen. Geschichten aus d. dt.
Murkelei 00; Volk bleibt Volk. Deutsche Geschn. 01;
Die Liebe in den Zeiten des Landfilms. Eigens erlebte
Geschn. 02; Der Jena-Report 03/ Rückwärts immer.
Deutsches Erinnern 05. – **MV:** Olle DDR, Foto-Ess.-
Bd., m. Friedrich Schorlemmer 90; Alles im Eimer,
alles im Lot, Gespr. m. Wolfgang Niedecken 94. – **MA:**
Ztgn u. Zss., u. a.: DIE ZEIT; Freitag; 11 Freunde.

Dieckmann, Dorothea (Dorothea Dieckmann-Ru-
dolf), Philosophin, Lit.wissenschaftlerin, Autorin;
Windhukstr. 8, D-22763 Hamburg, Tel. (040) 31 69 65,
dodi@raketa.net (* Freiburg/Br. 18. 12. 57). Lit.förd.pr.
d. Stadt Hamburg 90, Stip. d. Kulturstift. 97, Marburger
Lit.pr. 98; Prosa. Ue: ital. – **V:** Unter Müttern, sat.
Ess. 93; Kinder greifen zur Gewalt, Sachb. 94; Wie
Engel erscheinen, Prosa-Skizzen 94; Die schwere und
die leichte Liebe, N. 96; Belice im Männerland, Gesch.
97; Damen & Herren, R. 02; Sprachversagen, Ess. 03;
Guantánamo, R. 04; Harzreise, Erz. 08. – **MA:** Erzn.

in: manuskripte 114/91, 117/92, 124/94, 136/97; Ess.
in: Lettre International 35/96. (Red.)

Dieckmann, Friedrich, Dr. phil., Schriftst. u. Pub-
lizist; Moosdorfstr. 13, D-12435 Berlin (* Landsberg/
Warthe 25. 5. 37). SV-DDR 70/VS 90, P.E.N.-Zentr.
DDR 72, P.E.N.-Zentr. Ost 91, P.E.N.-Zentr. Dtld 98,
Freie Akad. d. Künste Leipzig 92, Trägerver. Goethe-
Inst. 92, Dt. Akad. f. Spr. u. Dicht. 95, Sächs. Akad.
d. Künste 96 (Gründ.mitgl., Vizepräs. 96–05), Akad.
d. Künste Berlin-Brandenbg 97, Sächs. Kultursenat 02;
Silb. Med. d. Prager Quadriennale 76, Intern. Kritikerpr. d. Stadt Venedig 83, Heinrich-Mann-Pr. d. AdK d.
DDR 83, Fellow d. Wiss.kollegs zu Berlin 89/90, BVK
I. Kl. 93, Stip. Schloß Wiepersdorf 95, Johann-Heinrich-Merck-Pr. 01, Dr. phil. h.c. Humboldt-Univ. Berlin 04, Sächs. Verdienstorden 07; Ess., Monographie,
Kritische Prosa, Erz., Lyr., Feat. – **V:** Karl von Ap-
pens Bühnenbilder am Berliner Ensemble 71; Streifzüge. Aufsätze u. Kritiken 77; Theaterbilder. Studien u.
Berichte 79; Richard Wagner in Venedig. Eine Collage
83, 95 (BRD 83); Die Geschichte weiterführen, Erz. 83; Radierungen zur „Zauberflöte" 84 (BRD 89); Wagner, Verdi.
Geschichte. Unbeziehung 89; Hilfsmittel wider die al-
ternde Zeit. Essays u. Kritiken 90; Glockenläuten und
offene Fragen. Berichte u. Diagnosen a. d. anderen Dtld
91; Die Geschichte Don Giovannis. Werdegang e. erotischen Anarchisten 91; Die Plakate des Berliner Ensembles 92; Vom Einbringen. Vaterländ. Beiträge 92; Wege
durch Mitte. Stadterfahrungen 95; Dresdner Ansichten.
Exkurse u. Exkursionen 95; Temperatursprung. Deutsche Verhältnisse 95; Der Irrtum des Verschwindens.
Zeit- u. Ortsbestimmungen 96; Franz Schubert. Eine
Annäherung 96; Gespaltenen Welt und ein liebendes
Paar. Oper als Gleichnis 99; Was ist deutsch? Eine Na-
tionalerkundung 02; Die Freiheit ein Augenblick. Texte
aus vier Jahrzehnten 02; Wer war Brecht? Erkundungen
u. Erörterungen 03; „Diesen Kuß der ganzen Welt!".
Der junge Mann Schiller 05; Bilder aus Bayreuth. Fest-
spielberichte 1977–2006 07; Geglückte Balance. Auf
Goethe blickend 08. – **B:** Beethoven / Bouilly / Sonn-
leithner / Treitschke: Fidelio, Dialogneufass. 70; Der
Turm von Agrimor, nach „Fierabras" v. Schubert u. Ku-
pelwieser, Dialogneufass. 82/97. – **MA:** Lesarten 82;
Mein Vater – meine Mutter 82; „Ich bin. Aber ich habe
mich nicht. Darum werden wir erst" 97; Wer war Richard Strauss? 99; Wieviel Freiheit braucht die Kunst?
00; Das „deutsche Buch" in der Debatte um nationale Identität u. kulturelles Erbe 06; Der Wiederaufbau d.
Dresdner Frauenkirche 06; Die Zukunft der Nachgeborenen. Brecht-Tage 2007 07; Richard Wagner u. Zürich
08; – zahlr. Beitr. in den Zss.: Theater d. Zeit, seit 64;
Sinn u. Form, seit 65; Theater heute; Openwelt; Neue
Deutsche Lit., seit 80; Merkur, seit 80; Lettre International, seit 99; Blätter f. dt. u. intern. Politik; Neue Sammlung; Freitag; Dresdner Hefte; Der blaue Reiter, u. a. –
H: Johannes Dieckmann: Kinder- und Weihnachtslieder 71; Bühnenbilder der Deutschen Demokratischen
Republik. Arbeiten a. d. Jahren 1971–1977 78; Mozart /
Schikaneder / Slevogt: Die Zauberflöte 84; A. J. Liebeskind: Lulu oder Die Zauberflöte 99; Die Geltung der
Literatur. Ansichten u. Erörterungen 99. – **MH:** Ernst
Bloch: Viele Kammern im Welthaus, m. Jürgen Teller
94. – **R:** zahlr. Features, zuletzt u. a.: Der Geisterseher. Friedrich Schiller schreibt e. Kriminalroman, MDR
05. – **P:** „Auf Adlerflügeln zum Olymp". Aktion Lenz-
wonne oder Die Verführung zum Frieden (Kommentar), DVD 06. – *Lit:* S. Bender: Sinn u. Form 3/02;
S. Kleinschmidt: Die Freiheit ein Augenblick 02; G.
Agthe in: Palmbaum 1/06.

Dieckmann, Guido, M. A., Historiker; Langgasse 89, D-67454 Haßloch/Pfalz, Tel. (0 63 24) 82 03 49, *guido.dieckmann@gmx.de, www.guido-dieckmann.de* (* Heidelberg 30. 8. 69). Quo vadis – Autorenkr. Hist. Roman 02, Literar. Forum Neustadt/Weinstr. 03; Rom. – **V:** Die Poetin 00; Die Gewölbe des Doktor Hahnemann 02; Die Magistra 03; Luther 03; Der Bader von St. Denis 04, alles R. – **MA:** Die sieben Häupter 04. (Red.)

Diecks, Thomas, M. A., Lit.kritiker; Kreuzbergstr. 44, D-10965 Berlin, Tel. (0 30) 78 89 60 34, *Thomas_Diecks@t-online.de, www.thomas-diecks.de* (* Oldenburg 10. 2. 58). Dt. Schiller-Ges. 82, Goethe-Ges. 91. – **V:** Tugend und Verhängnis. Untersuchungen z. Trauerspiel „Epicharis" Daniel Caspers v. Lohenstein 86. – **MA:** zahlr. lit.krit. Beitr. in Lit.-Zss. u. Ztgn seit 90, u. a. in: Deutsche Bücher; Lichtenberg-Jb.; FAZ; Neue Zürcher Ztg; Die Presse (Wien). – **R:** zahlr. lit.-krit. Beitr. seit 95 für NDR, RBB u. SWR, u. a.: Von d. Schillerhöhe in d. unterirdischen Himmel. D. Marbacher Schiller-Nationalmuseum u. sein Literaturarchiv 03; Graham Greene 04; Daniil Charms 05; Samuel Beckett 06; Literar. Spaziergänge in Berlin 07; György Konrád 08, alles Hfk-Feat.

Diedenhofen, Maria, Lehrerin, i. R.; Gruftstr. 1a, D-47533 Kleve, Tel. (0 28 21) 2 51 11 (* Hau, jetzt: Bedburg-Hau 9. 1. 37). Rheinlandtaler d. Landsch.verb. Rhld 07; Lyr., Erz. – **V:** Erinnerte Bilder. Gedichte e. Kindheit 1939–1945 02; Das Messingservice. Kinderjahre in Kriegszeiten am Niederrhein, Erz., dt./ndl. 05. – **MV:** Grenzenlos. Ndl. u. dt., jüd. u. christl. Gedichte im Dialog, m. Frits Gies (dt.-ndl.) 08. – **MA:** Das Koekkoeks-Ei 87; H. J. Hinckers: Schmerz-Symposium 98; Kal. f. d. Klever Land auf d. Jahr 99–09; Rund um d. Schwanenturm, H. 24–27 00–09; Schlangenbrut, H.80 03; Geldrischer Heimatkalender 05–09; M. Krolla, D. Stege Gast: Maria begegnen 06; Jb. Kreis Wesel 06.

Diederich, Werner M.; Lindenstr. 6a, D-65329 Hohenstein, Tel. u. Fax (0 61 20) 14 92, *werdie@gmx.net, www.werdie-verlag.de* (* Zweibrücken 15. 3. 39). Zeitgesch., Kurzgesch., Lyr. – **V:** Auf sandigem Boden, Erz. u. Lyr. 03 (auch als CD); Über Natürliches, Lyr. 05; Die Burg Hohenstein 2008, Kunstkal. 07. – **MV:** Burg Hohenstein, m. H.C. Weninger 07; Hohensteiner Bilderbogen, m. U. Dymanski, Chr. Stolz, Zeitgeschichte, Erz., Sage, Lyr. 08, beide auch hrsg. – **MA:** Rabenflug 17/99; Lyrische Annalen 14 00, 15 03; Gestern ist nie vorbei, Anth. 01; Lyrik heute 02, u. a. – **H:** Martin Diederich: Sind dir die Flügel gebrochen, G. u. Gedanken, Lyr. 04.

Diederichs, Cornel Friedrich, Lokalred. i. R.; Am Galgenfeld 6, D-91798 Höttingen, Tel. (0 91 41) 31 42 (* Kleve 24. 12. 30). Erz., Rom. – **V:** Anna, Erz. 98; Der Gelbe Helmut, Erz. 99; Die Talbrücke, Erz. 00; Der Schwätzer, R. 01; Treibgut oder Vom Traum, ein Held zu werden, R. 06. – **MA:** Merkur, Zs. 216/66, 237/67, 252/69. (Red.)

Diefenbach, Ramona, freie Autorin; *Ramona-Diefenbach@web.de, www.RamonaDiefenbach.de.* Nominierung f. d. GLAUSER 01, FrauenKrimiPreis 03; Rom., Erz. – **V:** Buckel und Fritz, Kdb. 93; Das Spiegelhaus, R. 00; Die Schneckenspur, R. 02. – **MA:** Die Stadt am Fluß 02; Hinter Frankfurt das Meer 05; Grüne Liebe, grünes Gift 06; Die Schule des Lesens, Sammelmappe 08.

Diehl, Wolfgang (Ps. Felix Stendan, Georg Jakob Gauweiler), StudR. i. R.; Schlettstadter Str. 42, D-76829 Landau i. d. Pfalz, Tel. (0 63 41) 3 01 28, Fax 93 08 38 (* Landau i. d. Pfalz 8. 8. 40). Lit. Ver. d. Pfalz; Lit.förd.pr. d. Ldes Rh.-Pf. 79, Pfalzpr. f. Lit.

80, Hambach-Pr. 82, Pr. d. Emichsburg 93, Hermann-Sinsheimer-Plakette 00; Lyr., Rom., Nov., Ess. – **V:** Linksrheinisches. Landschaften, Orte, Städte, Ansichten, Einsichten, Vorstellungen, Eindrücke, Menschen, Geschichtsbilder, Lesefrüchte, sowie allerlei über die Bläue des Himmels hinausgedacht, Lyr. 75; Saigon gesehen – gestorben, Erzn. 80; auswärts einwärts. G. von Entfernung, Ankunft u. Heimkehr m. e. Ess. „Von der Erfahrung mit dem Reisen u. sich", Lyr. 83; Helwig Goldnag: Die wahre Geschichte des pfälzischen Nationalvogels Elwetritsche, Erzn., Lyr. 85; Heimatliebe-Heimattrauer, Pfalzged., Lyr. 87; Das tränennasse Fahnentuch der Freiheit, G. 89; „Im Wein erklingt das Wort", G., Lieder u. Geschn. 90; Schlachtfest und Metzelsupp 92; Reisen in Deutschland. Die Pfalz 95; Otto Dill / Heinrich Zille. Zwei Essays 96; Hommage für Martha Saalfeld zum 100. Geburtstag (auch hrsg.) 98; O Venedig, G. u. ein Ess. 98; Köpfe – Menschen – Schicksale, biogr. Ess. 00; Heimat, Provinz und Region im Spiegel der Literatur. 125 Jahre Literar. Verein d. Pfalz 03; Hexentanzplatz oder Die Farben der Kindheit, R. 08; „,'s geht nix üwern Pfälzer". Sorgenbrecher sind die Reben, Ess. 08; AbendLand, NachtHeimat, G. – **MV:** Süßes Hoffen. Bittre Wahrheit. 150 J. Hambacher Fest, Lyr. u. Prosa (auch hrsg.) 82; Der Mandelwingert; 1 Dok. (auch hrsg.) 87; „Die Pfalz ist ein gelobtes Land", m. Rolf Paulus u. Erich Renner (auch hrsg.) 94. – **B:** Frank Peter Woerner: unterwegssein, G. u. Erzn. 80; Lenz in Landau und andere Erzählungen 81. – **MA:** zahlr. Aufss. in: Chaussee, Zs. 98ff. – **MH:** Chaussee. Zs. f. Lit. u. Kultur d. Pfalz (verantw. Red.) 98–03. – *Lit:* Pfalz am Rhein 4 80; 4 82; Stimme der Pfalz Jg. 31, H. 1 80.

Diekmann, Andrea s. Busemann, Faridah

Diekmann, Resi; Lortzingstr. 7, D-32791 Lage, Tel. (0 52 32) 45 53 (* Büren 29. 9. 47). Lyr., Erz. – **V:** Hannes. Geschichten aus dem Leben eines Zieglerjungen, Kdb. 06.

Dielli, Shemsi, Architekt, Schriftst., Kunstmaler; Birmensdorferstr. 301, CH-8055 Zürich, Tel. u. Fax (0 41) 14 62 39 18, *dielli@dielli.com, www.dielli.com* (* Kosova 1. 1. 56). SSV, Dt.schweizer P.E.N., Kosovarischer Schriftsteller Verband, Alban. P.E.N.-Zentr., Pro Litteris; Lyr., Ess., Prosa, Sachb. Ue: alb, dt. – **V:** Dimensioni i katërt / Vierte Dimension, Lyr. 91; Dhjatë i Lirisë / Das Testament unserer Freiheit 95; Rregulla të Lojës / Die Spielregeln, Lyr. 97. (Red.)

Dieman-Dichtl, Kurt, Prof. h. c., Schriftst., Fernsehregisseur; c/o Seniorenresidenz Bad Vöslau, Florastr. 1, A-2540 Bad Vöslau (* Wien 9. 7. 23). Verb. kath. Publizisten Öst.; Lyr., Sachb., Fernsehdrehb. – **V:** Elf Tage in der neuen Tschechoslowakei, Reisenotizen 54; Musik in Wien 70; Wiener Veduten, Lyr. 73; ORF – Hintergründe und Abgründe 78; Schrammelmusik 81; Zwischen Häusern und Zeiten, Mem. 81; Seid umschlungen Millionen 83; In Sonnenlicht und Nebelkleid, Lyr. 84; Geschichten vom Haus Österreich, Erze. 86; Der Steirische Spaziergänger, Erzn. 86; Steirische Spezialitäten von A bis Z 88; Solang ein warmer Atem weht, G. 90; Liebesbriefe an die österreichisch-katholische Kirche 93; Sagenhaftes Österreich 94; Wiens goldener Klang 96; Schubert auf der Reise nach Graz 97; Freut euch des Lebens 99; Allzeit getreu 00; Heimweh, wo ist dein Heimatland? Vöslauer Elegien 06; Schrammelmusik – Schrammelwelt 07, u. a. – **R:** Fernsehserien: Kleine Kostbarkeiten großer Meister; Eggenberger Musikkalender; Die burgenländischen Jahreszeiten; Homo austriacus; Wo man singt, da laß' dich ruhig nieder; weitere versch. Musik- u. Kulturdokumentationen; – Hör-

Diemar

funkserien: Ein Haus in Wien; Der Steirische Spaziergänger; Magna Mater Styriae. (Red.)

Diemar, Claudia, Journalistin; Töplitzstr. 8, D-60596 Frankfurt/M., Tel. (0 69) 63 83 02, *claudia@diemar.de* (* 56). Journalistenpr. d. Berliner Senats 87, Auslandsreisestip. d. Auswärt. Amtes nach Griechenland 88, Lit.pr. d. Stadt Boppard 89, Tuttlinger Lit.pr. 90, Intern. Journalistenpr. d. Stadt Santiago de Compostela/Spanien 94, Lit.pr. d. Stadt Wolfen (Sonderpr.) 95, Auslandsreisestip. d. Auswärt. Amtes nach Spanien 95, Intern. Journalistenpr. „Ruta de la Plata", Sevilla/Spanien 95, „Turespana"-Journalistenpr. 95, Limburg-Pr. 97, Pr. b. taz-Schreibwettbew. „Grenzerfahrungen" 01, Journalistenpr. d. Provinz Lleida/Spanien 02, Medaille du Tourisme d. Rep. Frankreich 02; Kurzprosa, Rep. – **V:** Spaniens magische Mitte. Kastilische Kantaten 02; Legenden aus Spaniens Norden. Der Apostel und die silberne Artischocke 05. (Red.)

Diemberger, Kurt, Dipl.-Kfm., Mittelschullehrer, Bergführer, Kameramann, Autor; Rudolfskai 48, A-5020 Salzburg, Tel. (06 62) 84 12 07 (* Villach 16. 3. 32). 1. Pr. d. Dt. Alpenvereins 76, 1. Pr. XI. Bergfilmfestival in Trient; Prosa, Film. Ue: ital. – **V:** Gipfel und Gefährten 75 (in mehrere Spr. übers.); Gipfel und Geheimnisse. Nur die Geister der Luft wissen, was mir begegnet... 80; K 2. Traum u. Schicksal 89; Aufbruch ins Ungewisse, Autobiogr. 04; Der siebte Sinn 04; Seiltanz. Die Geschichten meines Lebens 07. – **MV:** Achttausend – drüber und drunter 58; Große Bergfahrten 74, beide m. Hermann Buhl; Tibet. Ds Dach d. Welt, m. Maria A. Sironi Diemberger, Bildbd 02. – **F:** mehrere Dok.filme. – **R:** Fsf.: Imaka – im Grönlandeis; Im ewigen Eis – auf den Spuren Alfred Wegeners. (Red.)

Diener, Wilfried, ObStudDir., Schriftsetzer; Am Schürenbusch 2b, D-58638 Iserlohn, Tel. (0 23 71) 93 49 96, Fax 93 49 98 (* Iserlohn 19. 2. 40). Christine-Koch-Ges. 97, Autorenkr. Ruhr-Mark 04; Lyr. – **V:** Sauerland – so seh' ich dein Gesicht 96, 3. Aufl. 02; Sauerland – ich leb' in dir, du lebst in mir 02; Immer, wenn du meinst, es geht nicht mehr..., Erz. 05; Die Lenne. Am Fluss entlang durchs Sauerland, Lyr. 07. – **MA:** HeimatOrte 04; Auf Reisen 06; Einblicke 06; Brennpunkte 08, alles Lyr.-Anth.

Dienstknecht, Hans, Kaufmann; Eichbrunnenweg 18, D-74239 Hardthausen, Tel. u. Fax (0 71 39) 1 81 98 (* Duisburg 8. 5. 41). Lit. Ver. Heilbronn 99; Rom., Lyr. – **V:** Alles endet im Licht, R. 97; Verlasse dich auf deines Herzens leisen Klang, G. 98; Bin ich es, den Du liebst?, R. 00; Das letzte Wort hat die Liebe, Sachb. 03; Die Spielregeln oder Das Ende der Vernebelung, Sachb. 05. – **H:** Ephides, G. 02.

Dierichs, Stephan *

Dierkes, Ulrike M., Autorin, Journalistin, Schriftst.; Paul-Lincke-Str. 28, D-70195 Stuttgart, Tel. (0711) 3 58 05 71, Fax 3 58 05 72, *UlrikeM.Dierkes@t-online. de*, *www.ulrike-m-dierkes.designblog.de* (* Münster/Westf. 9. 10. 57). VS; BVK am Bande 07; Rom., Sachb., Lyr. – **V:** Melinas Magie 95; Meine Schwester ist meine Mutter, Sachb. 97, Hörb. 04; Schweigestunden, Lyr. 00; Schwestermutter, Biogr. 04. – **MA:** Beitr. in Anth. u. Zss.: Ich bin's; Hasenliebe; Passagen, u. a. – **H:** Melina Magazin 98/99, 02, 04. – **R:** zahlr. Fs.-Beitr. u. a. für: Spiegel TV; Stern TV; ML Mona Lisa; SWR Doku.

Dierks, Hannelore; Rothenburger Str. 4, D-40764 Langenfeld, Tel. (0 21 73) 2 43 02, *Hannelore-Dierks@ t-online.de* (* 49). – **V:** Meinst du denn, ich kann das nicht? 90; Manchmal kann ich fliegen 92; Komm mit mir in mein Deckenhaus 93; Miriam sucht Weihnachten 94; Der schwarze Vogel, Gesch. 96; Vorsicht, hier spukt's!, Spukgeschn. 96, 97; Viele Grüße, dein Maxi-

milian 98; Der kleine Bär und die große Schatzkiste 00; Weißt Du, wie der Regen schmeckt? 02. (Red.)

Dierks, Manfred, Prof. Dr., Germanist u. Schriftst.; Herrengasse 11, D-79359 Riegel, Tel. u. Fax (0 76 42) 92 09 74, *manfred.dierks@uni-oldenburg.de*, *www. manfred-dierks.de* (* Leipzig 25. 3. 36). Thomas-Mann-Ges., Heinrich-Mann-Ges. – **V:** Der Wahn und die Träume. Eine fast wahre Erz. aus d. Leben Thomas Manns 97; Das dunkle Gesicht, R. 99; Revecca, R. 07. – **MH:** Literatur im Kreienhoop, m. Alfred Mensak 84–87 IV. – **R:** Fs.-Gespräche m. Sarah Kirsch, Adolf Muschg, Peter Hamm, Karin Struck 83–86.

Dierks, Martina; Leberstr. 33, D-10829 Berlin (* Berlin 15. 4. 53). VS 03; Arb.stip. f. Berliner Schriftst. 91, Harzburger Jgd.lit.pr. 02; Kinder- u. Jugendb. – **V:** Spaghetti mit Konfetti 93; Blauer Vogel Sehnsucht 95; Lackschuhtussi, Krimi 95; Das Oma-Komplott, R. 96; Rosensommer 96; Die Rollstuhlprinzessin ich 97; Tilla von Mont Klamott, R. 98; Der Clan von Lampedusa: Wo der Hund begraben liegt, R. 98, Baby Bellissimo, R. 99; Küsse, Chaos und Kamele 99; Hexengewitter 00; Romeos Küsse 00; Der Feenkrieg 01; Das Wahnsinnsteam im Geisterfieber 01; Blinky Boots: Das Katzentestament 02; Das Wahnsinnsteam auf Klassenfahrt 03; Angelbride 03; Mäc Körty – Der Hund, der vom Himmel fiel 04; Blinky Boots: Der Mondscheinmord 04; Die Zickenfarm. Ein tierischer Sommer 04; Wen küsst Oskar 05; Herz aus Eis 06; Zauber der Johannisnacht 07, alles Kinder- u. Jgdb. (Red.)

Diermann-Beermann, Gabriele (geb. Gabriele Diermann), Lehrerin, freie Schriftst.; Ostersiek 20, D-32105 Bad Salzuflen, Tel. (0 52 22) 8 10 32 (* Hövelhof 26. 9. 50). Lyr., Rom., Kurzprosa. – **V:** Winter der Liebe, Lyr. 85; Schnittmuster der Seele, R. 87; Der mich entzaubert hat, läuft frei, Gesch. 91; Schnittmuster der Seele, Gesch. 91; Eine lyrische Liebesgeschichte in sieben Stationen 94; Umbruch, Gesch. 95. (Red.)

Diese, Dora s. Dehm, Diether

Dieterich, Babette, Dipl.-Gesangspädagogin, Gesangslehrerin, Früherzieherin, Autorin, Sängerin; Meterstr. 7/2, D-70839 Gerlingen, Tel. (0 71 56) 17 85 57, *babette.dieterich@web.de*, *www.babette-dieterich.de* (* Stuttgart 30. 10. 72). VS, BVJA, GEMA, IG Medien; Lyr., Chanson, Kinderb., Drama, Kinderlied u. -musical, Prosa. – **V:** Zwidylle. Gedichte 00; Wesenzügel. 53 Personenskizzen 01; König Keks. Ein zuckersüßes Puppensp., UA 03; Herzlicht. Gedichte 05. – **MV:** Max und die Käsebande, m. Christoph Mohr u. Peter Schindler, Kinder-Criminal, UA 04; Weihnachten fällt aus, Musical, UA 06; König Keks. Ein süß-scharfes Musical, UA 08, beide m. P. Schindler.

Dieterich, Susanne, Dr.; c/o Initiativkreis Stuttgarter Stiftungen Förderverein, Nadlerstr. 4, D-70173 Stuttgart, *susanne.dieterich@stuttgart.de* (* Stuttgart 56). – **V:** Stuttgart – mehr als eine Stadt 93; Württemberg und Rußland 94, 95; Liebesgunst 96, 98; Weise Frau – Hebamme, Hexe u. Doktorin, Sachb. 01; Von Wohltäterinnen und Mäzenen – Zur Gesch. des Stiftungswesens 07. – **MA:** Das Ludwigsburger Schloßtheater 98. (Red.)

Dieterle, Matthias, Heilpäd.; General Guisan-Str. 31, CH-5000 Aarau, Tel. (0 62) 8 22 60 03 (* 5. 10. 41). – **V:** Ausgesprochen tödlich 91; Nach aussen – nach innen, G. 91; Rückhaltlos, G. 04, u. a. (Red.)

Dieterle, Regina, Dr. phil., Germanistin, Autorin, Hrsg., LBeauftr. an d. Kantonsschule Enge Zürich; Predigerplatz 2, CH-8001 Zürich, Tel. (0 44) 3 12 49 87, *regina.dieterle@ken.ch*, *regina.dieterle@ fontane.ch*, *www.fontane.ch* (* Horgen 16. 2. 58). Theodor-Fontane-Ges., Vorst.mitgl. – **V:** Vater und Tochter. Erkundung e. erotisierten Beziehung in Leben u. Werk Theodor Fontanes, Diss. 96; Die Tochter. Das Leben der Martha Fontane, Biogr. 06, 4. Aufl. 07, Tb. 08; Lydia Escher. Theodor Fontane u. die Zürcher Tragödie, Ess. 06. – **H:** Theodor Fontane u. Martha Fontane. Ein Familienbriefnetz, krit. Briefausg. (Schrr. d. Theodor Fontane Ges., 4) 02; Theodor Fontane: Briefe an Karl Emil Otto Fritsch u. Klara Fritsch-Köhne 1882–1898 06. – **MH:** Annemarie Schwarzenbach: Auf der Schattenseite, Repn. u. Fotogr. (Ausgew. Werke, Bd 3) 90, 2. Aufl. 95; Gottfried Keller u. Theodor Fontane. Vom Realismus z. Moderne (Schrr. d. Theodor Fontane Ges., 6) 08. – *Lit:* H. Nürnberger in: Fontane Bll. 83/07 (S. 117–122).

Diethart, Brigitte s. Wiedl, Brigitte

Diethart, Johannes, Dr., Verlagsleiter, Schriftst.; Wösendorf 110, A-3610 Weißenkirchen, Tel. u. Fax (0 27 15) 7 28 80, *Johannes.Diethart@wavenet. at*. Heinrichsgasse 3/31, A-1010 Wien (* Knittelfeld 7. 10. 42). P.E.N.-Club Öst., Ö.S.V.; Theodor-Körner-Förd.pr. 98; Aphor., Glosse, Sprachhist. Beitrag, Sat., Krim.gesch. Ue: lat, agr. – **V:** Wenn der Hut brennt ist Feuer am Dach, Aphor. 00; Der Duodezfürst, Posse 01; Nur der Tod hat bessere Karten, Kurzkrimis 03. – **MA:** Biblos, 44 95, 45 96; Lit. aus Österreich 255/99. – **H:** Zss.: Österr. Literaturforum, Chefred. 87–92; Literatur aus Österreich, Chefred. 98–01. – **MH:** Wortweben. Österr. P.E.N. Lyriker, dt./engl. 91; Wären die Wände zwischen uns aus Glas, dt./engl. – **R:** Rez. u. Ess. im Rdfk 92. – *Lit:* s. auch 2. Jg. SK.

Diethelm, Stefan (Ps. Fugo), Sekundarlehrer; Obsthallenweg 5, CH-5642 Mühlau, Tel. (0 56) 6 68 22 50 (* Schiers 6. 11. 58). ZSV bis 99; Lyr. – **V:** Wegweiser Weg-Weiser, Lyr. 84; Meine Träume sind mir vergeben, mein Leben nicht, Lyr. 85. – **MA:** Beitr. in Lyr.-Anth., Mitarb. in: Philodendron, Naos, Freiämtersturm, Radio 24. (Red.)

Dietl, Annelies, Schriftst.; Theresienstr. 67, D-80333 München, Tel. (0 89) 52 46 80 (* Regensburg 28. 9. 26). Kinderb., Erz., Humor. – **V:** Daundy, Kdb. 64; Keine Angst vor der Schule 64; Heinerles buntes Jahr 65; Ich bin ein gelber Omnibus, heit. B. f. Erwachs. 65; Faule Knochen und Spaghetti, Humor 65; Dein bester Freund 67; Die Wunderkiste 68; Der bunte Kreisel 69; Alt werden in der Gemeinde 76; Gott macht mich froh 80, 4. Aufl. 96; Lieber Gott, ich freue mich 80; Mein Weg mit Jesus 81; Ich darf dabei sein 84; Gott liebt die Kinder 85, 4. Aufl. 96; Geschichten von Jesus und den Menschen 87; Kinder lieben Jesus 88, 3. Aufl. 96; Gott ist bei uns, Kdb. 88; Unsere heiligen Freunde, Kdb. 90; Unsere Welt in Gottes Hand, Kdb. 91; Kinder, die Freunde Jesu, Kdb. 92, 2. Aufl. 96; Das Weihnachtspaket 94; Wir alle sind Kinder Gottes, Kdb. 94, 3. Aufl. 96; Osterüberraschungen 96; So sind wir Kinder, Kdb. 97; Wir verstehen das Vaterunser, Kdb. 98; Guter Gott, du hast mich lieb, Kdb. 01; Mein erstes Messbuch 02; Die Sonne scheint für dich und mich 03. – **MV:** Du verstehst mich, lieber Gott 77, 88; Gott hat mich lieb 77, beide m. R. Dorner-Weise. – **H:** Dich trägt die größere Kraft, Mädchenb. 61; Miteinander leben und sich verstehen, Kdb. 98; Freu dich mit mir, Kdb. 00. – **R:** Der Apfelstrudel 84; Der Schutzengel 84; Die Sturmflut 84; Licht und Dunkel 85; Muttertag, Hsp. BR 88; Nicht nachweinen, Lesung im BR 99. (Red.)

Dietl, Erhard, Grafiker, Autor, Musiker; Elsässer Str. 15, D-81667 München, Fax (0 89) 4 80 27 91, *info @Erhard-Dietl.de, www.erhard-dietl.de* (* Regensburg 22. 5. 53). Kinderb.pr. d. Ldes NRW 92, Öst. Kd.- u. Jgdb.pr. 93, Wildweibchen-Pr. d. Reichelsheimer

Märchen- u. Sagentage 05; Kinderb. – **V:** Manchmal wär ich gern ein Tiger 85; Die Olchis sind da 90; Papa, steh auf 91; In meiner Straße ist was los 91; König Vogelfrei 91; Die Olchis räumen auf 92; Die Olchis fliegen in die Schule 93; Paulas Pechtag 93; Die Olchis ziehen um 94; Wenn ich mal nicht schlafen kann, Geschn. 94; Wenn Lothar in die Schule geht 94; Andi u. sein neuer Freund 95; Leselöwen-Kuschelgeschichten 96; Lothar ist nicht Supermann 96; Andi u. das Zaubereis 97; Lothar u. die total verrückte Geburtstagsparty, Kdb. 97; Die Olchis u. der blaue Nachbar, Kdb. 97; Drei dicke Freunde, Kdb. 98; Leselöwen-Streitgeschichten 98; Drei dicke Freunde auf dem See 99; Leselöwen-Tierarztgeschichten 99; Lesepiraten-Schulgeschichten 99; Lothar u. das Zeugnis 99; Die Olchis feiern Weihnachten 99; Eitler Pfau küsst arme Sau 03; Die Olchis – Allerhand u. mehr 03; Mix-Max 03; Otto u. das Piratenmädchen 03; Hast du mich noch lieb? Wenn Eltern sich trennen 03; Der erste Schultag u. a. Abenteuer 03; Vier kleine Piraten 03; Die Olchis aus Schmuddelfing 04; Seid ihr alle da? 04; Der neue Fußball 04; Die Kicherkiste 04; Willi Vampir in der Schule 04; Die Olchis u. der faule König 04; Max Maus in der Stadt 04; Der Nasenkönig 05; Die Olchis – Wenn der Babysitter kommt 05; Das geheime Olchi-Experiment 05; Max Maus im Zoo 05; Tier-Mix-Max 05; Regentag u. freche Würmer 05; Sieben freche Hexen 05; Der Kicherkönig 05; Die Olchis werden Fußballmeister 06; Zauber-Mix-Max 06; Max Maus feiert Weihnachten 06; Drei dicke Freunde u. der Weihnachtsmann 06; Vier kleine Piraten 06; Das Seeungeheuer 06; Der verzauberte Zauberer 06, u. a. (Red.)

Dietl, Harald, Schauspieler; Amberger Str. 11, D-81679 München, Tel. (0 89) 98 64 39, Fax 99 72 03 42, *info@haralddietl.de, www.haralddietl.de* (* Altenburg/ Thür. 18. 3. 33). Konsalik-Romanpr. – **V:** Treibgut, R. 90; überarb. Tb.-Ausg. u. d. T.: Der Krieg entläßt seine Kinder 95; Der Lord von Kenia, R. 02. – **MV:** Liebe schlägt auch den Magen, Theaterst. 99. – **R:** zahlr. Hfk.-Feat. u. Fs.-Dok. über exotische Länder 67–93. – **Ue:** Broke u. Bannermann: Der Lord und das Kätzchen, Kom. 02; Donald Wilde: Warum nicht noch ein zweites Mal, Kom. 90. (Red.)

Dietl, Helmut, Filmregisseur, Drehb.autor; c/o Diogenes Verl. AG, Zürich (* Bad Wiessee 22. 6. 44). Drehb.pr. Tokio, Regiepr. Palm Springs, mehrere Bdesfilmpr., Golden-Globe- u. Oscar-Nominierung f. „Schtonk“ – **MV:** Münchner Geschichten, m. Anita Niemeyer 75, 88; Monaco Franze 83, 84; Der ganz normale Wahnsinn 78, 87; Kir Royal 86, 87, alle m. Patrick Süskind; Schtonk, m. Ulrich Limmer 92; Rossini oder die mörderische Frage, m. Patrick Süskind 97; Late Show, m. Christoph Müller 99; Vom Suchen und Finden der Liebe, m. Patrick Süskind 05, alles Drehb. (Red.)

Dietl, Signe-Brigitt s. Wilfan, Signe-Brigitt

Dietl-Wichmann, Karin, Red., Journalistin; c/o Goldmann Verl., München (* Leipzig). – **V:** Hörigkeit. Die Sehnsucht nach Unterwerfung, Sachb. 90; Ciao, Herzi, R. 98, 00; Die Quoten-Queen, R. 00; Florians Hochzeit, R. 04; Die Erben, R. 07; Lass dich endlich scheiden! Es gibt e. Leben nach d. Ehe 08. – **MA:** Cosmopolitan, Bunte, Playboy u. a. (Red.)

Dietmann, Ulrike (Ps. Laura Saunders, Vivian Patrick, Chrystel Walter) Autorin, Scriptcoach, Doz. f. Kreatives Schreiben; Wehrstr. 47, D-73230 Kirchheim unter Teck, Tel. (0 70 21) 73 92 98, *ulrikedietmann@ gmx.de, www.ulrikedietmann.de* (* Würzburg 30. 1. 61). DeLiA; Kinderhsp.pr. terre des hommes 94, MDR-Kinderhsp.pr. 94, Stip. d. Künstlerinnen-Progr. Berlin,

Dietrich

Stip. d. Förd.kr. dt. Schriftst., u. a.; Theaterst., Hörsp., Drehb., Prosa. – **V:** Heloise und Abaelard 91; Spiel mir das Lied vom Leben 91; Effi Briest 99; Westworld 01, alles Theaterst.; – Heftromane: Du bist mein Star!; Im Feuer der Liebe; 03; Darling, was kostet dein Herz?; Drehbuch der Liebe; Trau mir, Liebling; Wahl des Herzens; Italienische Hochzeit 04; – Romane: Moonwalker – Pferd der Freiheit 06; Steel Spirit – Rebell der Pferde 06. – **MA:** Trollblumen, Anth. 02; Schreiben, Anth. 06. – **R:** Spiel mir das Lied vom Leben 93; Der Trip 95, alles Hsp. – *Lit:* Portr. in: Stück-Werk. Dtspr. Dramatik der 90er Jahre 97. (Red.)

Dietrich, Elisabeth (Elisabeth Detrich); 57 Rue de l'Acacia, F-13300 Solon de Provence. – **V:** Die Entwurzelten, Geschn. 93; Der Angelbaum und andere Erzählungen 94; Geschenkte Gedichte 94; Erste Liebe und zweiter Frühling, Gesch. 96. (Red.)

Dietrich, Fred, Seemann, Schriftst., Geschf., Verlagsleiter; Mühlbaurstr. 34, D-81677 München, Tel. (0 89) 47 49 28 (* Zürich 11. 10. 21). Rom., Nov., Jugendb., Hörsp., Sachb., Fernsehen. Ue: frz. – **V:** Schiffe, Meere, Häfen 54 (auch serbokroat.); Ein Rennboot und vier Jungen 55; Polizei 56; Peters Abenteuer in Kolumbien 56; Fritz und Lutz, die übermütigen Zwillinge 58 (auch schw.); Fritz und Lutz gehen in die Luft 59 (auch schw.); Seefahrer und Piraten 59; Schnelle Fahrt auf weiten Wegen 59 (auch engl., frz., fin.); Verbrecher haben keine Chance 60 (auch frz.); Vorsicht Falschmünzer 61; Grosse Leistungen der Technik 61 (auch frz.); Piraten vor Cartagena R. 61; Einbruch in der Rue Gambetta 62; Der geheimnisvolle Schnürsenkel 64; Tatzeit unbekannt 79; Geheimnisvolle Spuren 82; Einbruch ohne Spuren 91; Diebstahl im Strandhotel 94. – **R:** Der alte Joe; Norwegische Fischer; Interpol, alles Hsp.; Alarm in den Bergen; Der Umweg; Die Spur verliert sich; Höchste Gefahr – Einsatz Hubschrauber; Schußfahrt im Nebel; Der Mörder ist flüchtig; Heiße Grenze; Ein Toter als Zeuge; Schock; Tödliches Spielzeug; Der Raub des Heiligen Florian; Harte Fäuste, rauhe Sitten; Verrat an der Grenze; Der Tod im Paket, alles Fsp.; Guten Tag, Fs.-Serie Sprachlehre. – **Ue:** Raoul Praxy: Das Damespiel, Lsp. 48. (Red.)

Dietrich, Reinhold, Dr. phil., Psychologe u. Psychotherapeut; Borromäumstr. 17/13, A-5020 Salzburg, *verlag.dietrich@aon.at, www.verlag-dietrich.com.* – **V:** Hommage an die Natur 91; Menschenwesens Weg 91; Sinai 95, alles G.; Insel der Lilien, Erz. 97; 49 Meistergeschichten 99; Die Balance des Gebens 00; Im Garten der Liebe 01; Der Palast der Geschichten 02; Das Leben lebt und der Tod stirbt 03, alles Geschn.; – zahlr. Sachb. – *Lit:* s. auch SK. (Red.)

Dietrich, Siegfried, Fachlehrer f. Landwirtschaft, Leiter e. Berufsfachschule f. Landwirtschaft, jetzt i. R.; Müggelschlößchenweg 36/12.02, D-12559 Berlin, Tel. (0 30) 6 54 08 40 (* Chemnitz 4. 5. 20). SDA 51, SV 55; Pr. im Wettbew. z. Förd. d. sozial. Kd.- u. Jgdlit. d. Min. f. Kultur d. DDR 69, Theodor-Körner-Pr. d. DDR 75; Rom., Kinderhörsp., Kurzgesch., Erz. – **V:** Drei Jungen und ein Kosak, Jgd.-Erz. 55; R. 113 antwortet nicht, Erz. 57; Signale in der Nacht, Erz. 58; Startverbot, R. 58; Fahrerflucht, Erz. 60; Die Clique, Erz. 61; Mr. Henderbill wartet unbekannt, R. 61; Täter unbekannt, R. 61; Gefährliche Freundschaft 62; Nebel über dem Wasser 62; In letzter Sekunde 62; Mordanschlag 63; Flammen über dem Land 63; Flieger 64; Der Weg durchs Moor 65; Das Geheimnis des Bergsees 65; Flug ins Ungewisse 66; In vierundzwanzig Stunden 67, alles Erzn.; Die Kinder vom Teufelsmoor, Kdb. 68; Der getarnte Kundschafter, Erz. 69; Unternehmen Feuerball 69; Die unsichtbare Wand 72; Die Nacht der Bewährung 76;

Wenn das Eis bricht 79; Sein großes Manöver 84, alles Kdb. – **MA:** Junge Tat 54; 49 Tage Irrfahrt 68; Die silberne Kugel 69; Die unsere Welt verändern halfen 71; Die verwandelte Sonne 72; Die eisernen Pferde 73; Die sieben Brüder 74; Rot Front, Teddy! 76; Die Kastanien von Zodel 70; Für Kinder geschrieben 79. – **F:** Startverbot; Signale in der Nacht 60. – **R:** Startverbot, Fsp. 55; Einer hat dennoch sein Antlitz über den Krieg erhoben, Hsp. 55; 40 Minuten einer Freundschaft, Hsp. 63; zahlr. Jgd.-u. Kd.-Hsp.

Dietrich, Wolf S. (Ps. f. Wolf-Dietrich Schumacher), Didaktischer Leiter; Am Brachfelde 2, D-37077 Göttingen, Tel. (05 51) 29 18, Fax 2 51 04, *w.d.schumacher @t-online.de, www.literatur-aktuell.de* (* Bad Grund 19. 5. 47). Das Syndikat 98; Krim.rom. – **V:** Das Berlin-Komplott 96; Auf Herz und Nieren 97; Gestirnter Himmel, 99; Schattenwelt 00; Grobecks Grab 01; Letzter Abflug Calden 02; Die Tote im Leinekanal 03; Die Tränen des Herkules 04, alles Krim.-R. (Red.)

Dietrich, Wolfgang, Magister, Dr. phil., akad. Maler/Grafiker (Dipl.); Plauenscher Ring 37, D-01187 Dresden, Tel. (03 51) 4 72 61 71 (* München 19. 4. 56). Haidhauser Werkstatt München 81–87; Münchner Lit.jahr 85, Stip. Schloß Wiepersdorf 95; Lyr., Erz., Übers. Ue: ital. – **V:** Wie wir erröten, die Pflastersteine, G. 81; Schlötelburgs Testament, G. 85; Hauptstadt der Arbeit, Satn. 86; Berliner Sterben 92; Vergeltsgott. Gedichte 1975–1992 94. – **F:** Wahn, dem Hof gefällig 91; Münter und Kandinsky 91; Süddeutsche Freiheit 93, alles Dok.filme m. H. Lang. – **Ue:** Antonio Mura: Poesie bilingui 71; ders.: Und wir, die klugen Mondmeister. G. aus Sardinien 81. (Red.)

Dietz, Alexander (Ps. zus. m. A. Wimmers: Victor der Lektor u. Lothar der Notar); Waldstr. 28, D-60528 Frankfurt/Main, *alexander.dietz@urz.uni-heidelberg.de* (* Frankfurt/Main 8. 2. 76). Humorist. Kurzprosa, Realsatire. – **MV:** Das Leben des Schelms, m. André Wimmers 99. (Red.)

Dietz, David, Medizinstudent; Johannisplatz 4/0947, D-04103 Leipzig, *david_dietz@freenet.de* (* Leipzig 2. 12. 85). Lyr., Rom. – **V:** Wintermonsch, Lyr. 05.

Dietz, Günter, Dr. phil., Schulleiter i. R.; Hermann-Löns-Weg 36a, D-69118 Heidelberg, Tel. (0 62 21) 80 26 65 (* Karlsruhe 13. 4. 30). VS 70–94; Dt.-Griech. Übersetzerpr. 05; Lyr. Ue: ngr. – **V:** Rot und Schwarz in die Nacht, G. 58; Scholien, G. 68; Wundpsalmen, G. 05. – **MA:** Lyrik aus dieser Zeit 65/66, 67/68; Deutsche Gedichte seit 1960 72; Miteinander, G. 74. – **Ue:** Odysseas Elytis: Sieben nächtliche Siebenzeiler, G. 66, erw. um: Orion, G. 81; Tatiana Gritsi-Milliex: Schatten haben keine Schmerzen, G. 68; Jannis Ritsos: Zeugenaussagen, G. 68, 82; Giorgos Seferis: Sechzehn Haikus 68, erw. um: Stratis der Seemann, G. 83; Odysseas Elytis: To Axion Esti – Gepriesen sei, G. 69, überarb. Aufl. 01 (zweispr.); Die Träume, Prosa 04. – **MUe:** Elytis/ Ritsos in: Woher kommt ihr, ngr. Lesebuch 01; Elytis/ Ritsos in: Griech. Lyrik des 20. Jahrhunderts 01; Ritsos/Elytis/Seferis in: Olive. Der heilige Baum, Geschn. u. G. 04.

Dietz, Walter, Staatsanwalt a. D.; c/o Militzke Verlag, Leipzig (* Hessen 26. 1. 25). Rom. – **V:** Leben gegen Leben. Authent. Kriminalfälle 99, Tb. 03; Die letzte Instanz, Krim.-Roman 01. (Red.)

Dietzelt, Renate; Rantzaustr. 1, D-22926 Ahrensburg, Tel. (0 41 02) 3 07 84, *renate.dietzelt @googlemail.com, www.frau-und-motorrad.de* (* Hamburg 5. 12. 50). – **V:** Frau + Motorrad= eine Liebesgeschichte 06.

Diewerge, Antje, Astrologin, Feng Shui Raumberaterin, Dipl. Grafik-Designerin, Autorin; Besselstr. 43, D-28203 Bremen, Tel. (04 21) 7 22 18, *antje.diewerge @web.de, www.antjediewerge.de* (* Osnabrück 24. 1. 53). Bremer Lit.kontor 85; Rom., Lyr. – **V:** Blick zurück nach vorn, G. 81; Frühstück im Bett 83; Lyrische Prosa 84; Schreibgut 84; Zwei Zustände 84; Kurzwaren 84; Franca oder das Maß der Verhältnisse 85; Wo Hufe sind, ist auch ein Pferd 88; Donia und die Islandpferde 90, 93; Donia auf dem Islandhof 92; Donia, Island und die Folgen 93; Tölter bevorzugt 95. – **MA:** die horen Nr. 132 83; Bakschisch 1/84; Ich steh auf und geh raus 84; Stern 21/84; Und was ist das für ein Ort, Lyr.-Leseb. 84; Szene und Suff, Leseb.; Laß dir graue Haare wachsen 91; Nationalbibliothek d. dt.sprachigen Gedichtes, Bde V u. VI, u. a.

Dignal, Michael, freier Journalist und Autor; Weygangstr. 34, D-74613 Öhringen, Tel. (0 79 41) 3 76 02, *michael.dignal@gmx.de* (* Berlin 23. 2. 56). Erz. – **V:** Irgendwo 00. – **MA:** L'80, H. 41 87; Rettet uns! 88; Die Anderen sind wir 89; die horen, Nr. 154 89; Jahnn lesen. Fluß ohne Ufer 93; Herr über Raum und Zeit 00; Das pseudonyme Universum 00; Wagnis 21 02; Schwarze Büstenhalter, Anth. 07.

Dijk, Lutz van, Dr. phil., Schriftst., Pädagoge; 39 Clovelly Road, ZA-7975 Clovelly/Cape Town, Tel. (0 21) 7 82 78 58, *lutzvandijk@iafrica.com, www. lutzvandijk.co.za* (* Berlin 7. 8. 55). Hans-im-Glück-Pr. 92, Auswahlliste z. Gustav-Heinemann-Friedenspr. 96, Jgd.lit.pr. von Namibia 97, Gustav-Heinemann-Friedenspr. 01, Nominierung f. d. Dt. Jgd.lit.pr. 02, Rose Courage Pr. 04; Jugendlit., Pädagog. u. hist. Fachlit. Ue: engl, ndl. – **V:** Feinde fürs Leben? 89; Feuer über Kurdistan 91; Der Partisan 91, Tb. 93; Verdammt starke Liebe 91; Am Ende der Nacht 94; Von Skinheads keine Spur 95; Anders als du denkst, Geschn. 96; Niemand stirbt für sich allein, Geschn. 97; Hartes Pflaster, R. 98; Township Blues, R. 00; Die Geschichte der Juden 01; Zu niemand ein Wort, R. 02; Überall auf der Welt. Comingout-Geschichten 02; Einsam war ich nie, R. 04; Die Geschichte Afrikas 04 (auch als Hörb.); Themba 06; zahlr. Sachbücher. – **F:** Der Attentäter, Dok.film 92. – *Lit:* s. auch 2. Jg. SK. (Red.)

Dikmen, Şinasi, Autor, Kabarettist; Konrad-Broßwitz-Str. 39, D-60487 Frankfurt/Main, Tel. (0 69) 70 79 05 80, 55 07 36, Fax 55 08 56, *die-kaes@gmx. com, www.die-kaes.com.* Finkenhofstr. 17, D-60322 Frankfurt/Main (* Ladik-Samsun/Türkei 5. 1. 45). Dt. Kleinkunstpr. 88, Journalistenpr. d. IG Metall 91; Satirische Erz. – **V:** Wir werden das Knoblauchkind schon schaukeln, sat. Erzn. 83, 4. Aufl. 87; Der andere Türke, sat. Erzn. 88; Hurra, ich lebe in Deutschland, Satn. 95. (Red.)

Dill, Hans-Otto (Hans-Otto Dill-Stecher), Prof. em., Dr., Romanist; Pillauer Str. 5, D-10243 Berlin, Tel. u. Fax (0 30) 2 96 13 41 (* Berlin 4. 7. 35). DSV 86–92; Ess.pr. Casa de las Américas, Havanna 75, Plural-Pr. México 85, Orden „Andrés Bello" 1.Kl., Venezuela 96, Dist. por la cultura nacional, Kuba 99; Erzählende Prosa, Biogr., Ess. Ue: span, frz, ital. – **V:** Lateinamerikanische Wunder und kreolische Sensibilität. Der Erzähler u. Essayist Alejo Carpentier, Biogr. 93; Gabriel García Márquez, Biogr. 93; Essays zur kubanischen Literatur 05; Dante criollo, Ess. 06; zahlr. lit.wiss. Veröff., u. a.: Die Rezeption lateinamerikan. Lit. in Dtld 08. – **MV:** Die unernste Geschichte Brandenburgs, m. Gerda Stecher 95. – **H:** Alejo Carpentier: Kurze Prosa, Erzn. 83; Eliseo Diego: In meinem Spiegel, Lyr. 84 (beide auch Nachw.). – **Ue:** Pier Paolo Pasolini: Der Traum von einer Sache, R. 68, 3. Aufl. 86; El ideario litera-

rio y estético de José Martí, Ess. 75; Nicolás Guillén: Auf dem Meere der Antillen, G. 85; Roberto Ampuero: Der Schlüssel lag in Bonn, R. 94, 95; José Revueltas: Die schwarze Katze der Verfassung, Ess. 97. – *Lit:* Rita Schober in: El pasado siglo XX 03; s. auch GK.

Dillenburger, Elmy s. Lang, Elmy

Dillenburger, Ingeborg (Ps. Inge von Groll-Dillenburger, Karla Brugger, geb. Ingeborg Freiin von Groll), Dipl.-Päd., Doz.; Häslenweg 17, D-71642 Ludwigsburg, Tel. (0 71 41) 5 58 88, Fax 25 70 49, *id-literatur @web.de, www.bod.de* (* Berlin 19. 4. 25). Literar. Gesprächskr. Ludwigsburg e.V., Gründerin u. Vors. 82, Arb.gem. Literar. Gesellschaften 96, Mörike-Ges. 02, Schiller-Ges. 04; Fulbright-Stip. 49/50, BVK I. Kl. 08, mehrere Pr. f. Kurzgeschn.; Jugendb., Frauen- u. Familienrom., Kurzgesch., Hist. Rom. Ue: engl, am. – **V:** Ein Stall für unser Pony 72; Eins und Eins ist Vier 74, u. d. T.: Pferde unsere besten Freunde 77; Zum Kuckuck mit den Ponys 77; Wirbel um das Spielplatzpony 77; Konrad, Peggy und der Katzenclub 79; Pony-Trilogie u. d. T.: Ein Pony müßt' man haben 79; Ohne Oma geht es nicht, R. 86, 4. Aufl. 91; Unsre Oma ist die beste, R. 87, 2. Aufl. 91; Alle lieben Großpapa 93; Brücken unter dem Strom, Kurzgeschn. u. G. 00; Der Esel ist an allem schuld, Jgdb. 01; Frechdachs und Julischka, Jgdb. 01; Inka lernt die Bildersprache, M. 01; Das beschädigte Lächeln, R. 02; Die 6 Gesichter der Anna Groll, R. 04; Indianersommer 07; Das alles bist dann du 08; Am Schwätzbänkle, Anekdn. 08. – **MV:** INKA – doch die Liebe bleibt 97; Zwischen Ponys und Possums 99, beide m. Katrin Dillenburger. – **MA:** Für Dich, Mädchenjb. 1. Jg. 56/57 bis 3. Jg. 58/59; Von Texas bis Alaska 61; Schlafe, schlummre, träume süß 89; Blütenlese 91; Unsre Welt – Gesunde Umwelt, Lyr. u. Prosa 91; Krieg u. Frieden – Autoren im Dialog 91; Europa wächst zusammen 92; Geschn. aus dem Wasser 92; Von Glückskindern u. Pechvögeln 92; Goldschweif u. Silbermähne 92; Mein Name ist Ludwigsburg 94; Neckar-Leseb. 94; 50 Jahre danach 95; Kleine Bettlektüre f. d. Großmutter 95. – **H:** Feierabendgeschichten aus Ludwigsburg (auch MA) 84–99; Ludwigsburg erzählt (auch MA) 94; Ludwigsburg mit einem Lächeln (auch MA) 96; Ludwigsburg tanzt (auch MA) 97; Helmut Dillenburger: Sancho 2000 – ein Mann Jahrgang '17 00; Festschrift 20 Jahre Literar. Gesprächskreis (auch MA) 02; Ludwigsburger Schlossgeschichten (auch MA) 04. – **Ue:** Lowell Bennett: Bastion Berlin 51. – *Lit:* AiBW 91; Menschen unserer Zeit im Ldkr. Ludwigsburg 91; Das Goldene Buch d. Kunst u. Kultur d. Bdesrep. Dtld 93; The World Who's Who of Women 98; Who's Who 00; Autorinnen in Stadt u. Kr. Ludwigsburg v. 18.–20. Jh. 07; zahlr. Art. i. d. Ludwigsburger Kreisztg u. a.

Dillinger, Michael, Lehrer; Sundahlstr. 19, D-66482 Zweibrücken, Tel. u. Fax (0 63 32) 99 35 83, *michaeldillinger@t-online.de* (* Heidelberg 11. 1. 50). VS 85, Lit. Ver. d. Pfalz 82; Förd.gabe z. Pfalzpr. f. Lit. 86; Nov., Erz., Lyr., Hörsp. – **V:** An die Bewohner der Sanduhr, G. 83; Der Parkplatz vor dem Haus, Erzn. 83; Kreuzweg, N. 86; Zu empfangen den Morgen lehrt mich deine Blüte ..., G. u. Miniatn. 86; Rat an Robinson, G. 90; Marthas Schlüssel, Gesch. 93; Fuentes, M. m. Bildern v. Maria del Rosario Edrich 96; Geschichten aus dem blauen Hut 00. – **MH:** Zweibrücken: Bilder u. Texte aus einer Stadt, 83; ... und ihr Duft kandierte die Sommer 84; Als ich noch der Ultrakurzwellenbub war 85; Der Tag ist unbeschrieben, m. Wolfgang Ohler 97; Parzival oder Die Suche nach dem Wort, m. dems. 00, alles Anth.; Der guten Mär bring ich so viel. – **R:** Zeilensprung 96; Marthas Schlüssel 98; Das blaue Boot 99, alles Hsp. (Red.)

Dillmann

Dillmann, Erika; Pestalozzistr. 24, D-88069 Tettnang, Tel. u. Fax (0 75 42) 76 34, *edill@t-online.de* (* München 11. 6. 19). DJV; BVK 99, Kulturpr. d. Bodenseekr. 04; Biogr., Kurzgesch., Glosse, Rom., Lyr. – **V:** Bodenseelige Schlemmerreise 63; Friedrichshafen. Akzente einer Bodenseestadt 66; Meersburg 71; Geburtstag auf dem Bodensee 76, 79; Friedrichshafen. Bilder e. Stadt 77, 90; Bermatinger Heimatbuch 79; Kostbarkeiten der Bodenseelandschaft 81; Von der Donau zum See 82, 92; Tettnang. Ansichten e. Stadt 82, 3. Aufl. 99; Der Bodensee. Eine Landeskunde im Luftbild 83; Türen zu Salem 86; Anselm II. Glanz u. Ende e. Epoche, Biogr. 87; Stephan I. Fundamente d. Barock, Biogr. 88; Hintergründe, Kurzgeschn. 91; Spurensuche, R. 92; Salem. Reich durch Armut 93; Seeliebe, R. 94; Im Wein ist Salem 94; Friedrichshafen. Tageszeiten, Jahreszeiten 95; Der Weg. Karl Winterhalter, Biogr. 97; Zu Gast am Bodensee 97; Der Maler Ludwig Miller, Biogr. 97; Lebenslinien, Kurzgeschn. 98, 99; Köpfe des Jahrhunderts, Portr. 00; Glossen 02; Schattenspiele, Miniatn. 04; Man muss etwas tun! Karl Fränkel, Biogr. 04; „TL" hoch am Wind. Karl Ernst Tielebier-Langenscheidt, Biogr. 06. – **MA:** Bilder und Sinnbilder 91. – **H:** Leben am See, Jb. d. Bodenseekr. 83–88. (Red.)

Dillner, Sabine, freie Autorin; Riversdale, Gurteen, Co. Sligo/Irland, Tel. (0 71) 9 18 21 68, *sabinedillner@yahoo.co.uk, www.sabinedillner.com* (* Ostseebad Boltenhagen 14. 6. 48). VS Berlin 98, Friedrich-Bödecker-Kr. Brandenbg 01; Kinder- u. Jugendb., Rom., Erz. – **V:** Der schönste Sommer von allen, Kdb. 00; Ich träumte von Irland, R. 05; Die Piratin. Das Leben d. Grania O'Malley, R. 07, 3. Aufl. 08, Tb. 09 (auch als Hörb.); Schatten über Glencoe, R. 08. – **MV:** Morgen bringe ich sie um, Krim.-R. 01; Hexilon. Das verzauberte Buch, Kdb. 03, Tb. 05 (auch ung.); Hexilon. Der böse Atem, Kdb. 04, alle m. Timo Dillner. – **MA:** Tödliche Beziehungen 01; Weihnachten ganz wunderbar 01, 05 (frz., korean. u. als Hörb.); Von Strebern und Pausenclowns 02; Wegziehen Ankommen 02; P.A.U.L.D., Arb.- u. Leseb. Deutsch 04. – *Lit:* A. Ostheimer in: Eselsohr 1/05; S. Jürgens in: bücher 4/05; S. Prilop in: WortNetz 2/06.

Dillner, Timo, freier Autor u. bildender Künstler; Colégio, P-8600–073 Bensafrim, Tel. 2 82 68 70 53, *timodill@netc.pt, timodillner.de* (* Wismar 20. 12. 66). Kinderb., Rom., Erz., Lyr. – **MV:** Morgen bringe ich sie um, R. 01; Hexilon. Das verzauberte Buch, Kdb. 03; Hexilon. Der böse Atem, Kdb. 04, alle m. Sabine Dillner. – **MA:** Die Spur des Gauklers in den blauen Mond 01; Andromeda SF-Mag. 147 01; Edition SolarX Nr. 5 01; Wilhelm-Busch-Preis 01, 02; Ein leises Du 02. (Red.)

Dillon, Andrea K., Mag., Dr. phil.; Elisabethinergasse 4, A-8020 Graz, *akcdillon@aol.com, members.aol.com/akcdillon* (* Graz 17. 6. 69). Rom., Erz. – **V:** Zeit, um dir zu danken 98; Ein Licht im weiten Himmelszelt 98; Uns ist ein Weihnachtlicht geschenkt 98; Geburtstag mit dem Herzen feiern 98; Freundschaft ist wie Morgentau 98; Durch Tage der Trauer getragen 99; Gedanken der Stille 99; Laß Dir Lebensfreude schenken 99; Ein neues Lebensjahr für dich 99; Freundschaft ist wie Morgentau 99; Atemholen in der Stille 99; Aslarien. Der Weg in eine neue Welt 00; Geschenktes Lebensglück 00; Lichtstrahlen zur Genesung 00. – **MV:** Hochsommer 94; aber ich will dich verstehen! 95; Weise uns Herr deinen Weg 96; Ein jeder Tag hat Sinn für dich 97; In die Freiheit gerufen 99, alle m. Christa Meves. – **MA:** Die Saat geht auf 95; Der Mensch zwischen Sünde und Gnade 00, beides Sachb. (Red.)

Dinev, Dimitré; lebt in Wien, c/o Deuticke Verlag, Wien (* Plovdiv/Bulgarien 2. 12. 68). Sieger d. Wettbew. „Schreiben zwischen d. Kulturen" 00, 1. Pr. b. Lit.wettbew. d. Andiamo-Verlags Mannheim 01, 1. Pr. im Lit.wettbew. d. Akad. Graz 02, Lit.pr. d. GEDOK Rhein-Main-Taunus 03, Lit.förd.pr. d. Stadt Wien 03, Buch.Preis 04, Förd.pr. z. Hans-Erich-Nossack-Pr. 04, Adelbert-v.-Chamisso-Pr. (Förd.pr.) 05, Bulgar. Theaterpr. „Askeer" f. neue bulgar. Dramaturgie 07, u. a. – **V:** Die Inschrift, Erzn. 01; Engelszungen, R. 03; Ein Licht über dem Kopf, Erzn. 05; – THEATER/UA: Russenhuhn 99; Haut und Himmel 06; Das Haus des Richters 07; Eine heikle Sache, die Seele 08. – **MA:** arbeitistarbeit 01; wortstaetten n°1 06; tandem. Polizisten treffen Migranten 06; Passage ins Paradies 08.

Dinges, Astrid (geb. Astrid Immel), Dr. phil., M. A., Musik- u. Yogalehrerin; Lohnbergstr. 8, D-55278 Dexheim, Tel. (0 61 33) 5 87 32, Fax 6 05 64 (* Mainz 7. 7. 39). VS; 2 Stip. d. Univ. Haifa/Israel; Lyr., Erz., Sachtext. Ue: span. – **V:** Die gefiederte Schlange, Lyr. 87; Mitte zwischen uns, Kurzprosa 88; Im Wasser der Frucht, Lyr. 91; Individuelles Handeln in der Interaktion mit gesellschaftlicher Entwicklung 96; Der Ruf des Jaguars, Mythen, M. u. Geschn. 03. – **MA:** Vom Verschwinden der Gegenwart, Anth.; Deusches Yogaforum, H. 3–5 99; Ibero – Romania 26/87. – **R:** Tausch 95; Im Kreis des langen Kieswegs 97; Literatur auf dem Prüfstand, m. H. Heckmann 97. (Red.)

Dinkel, Robert, Redaktor; Untere Hauptstr. 5, CH-4665 Oftringen, Tel. (0 62) 7 97 37 57 (* Genf 12. 8. 50). Werkbeitr. d. Aargauer Kuratoriums z. Förd. d. kulturellen Lebens 83, sabz-Lit.pr. 98, 00; Text, Lyr., Rom., Aphor. – **V:** Flüstern ist meine Muttersprache, Prosatexte 77; Atem fremder Leute, R. 81; Krebsen, R. 83. (Red.)

Dion, Anna s. Raht, Tione

DiPalma, Bianca (Bianca Maria Johanna DiPalma, Schriftst., Übers.; am Weingartsteig 21, D-91301 Forchheim, Tel. (0 91 91) 73 48 18, Fax 73 48 19, *BiancaPalma@t-online.de* (* Forchheim 4. 3. 62). Rom. Ue: ital, dt. – **V:** Römisches Requiem, R. 00; Mord im Palazzo Spada. Commissario Caselli hinter den Kulissen, R. 02. (Red.)

Dirks, Jörn-Peter (Ps. Jörn-Peter Dirx), grad. Designer, Maler, Autor; c/o Arena Verl., Würzburg (* Bremen 26. 8. 47). VG Wort 85; Lit.pr. d. Kunststift. Bad.-Württ. 87; Lyr., Kinderb., Rom. – **V:** Umgang mit Flügeln, G. 83; Alles Rainer Zufall 87, 88 (auch ndl.); Alfons, der Ritter von Höhenangst 89, 97 (auch ndl., span., kat.), Theaterfass. UA 02; Ritter Alfons und der Drache 92, (seit 94/95 alle als Tb.); Piraten auf der Schwatzinsel 94; Quatschgeschichten 95. – **MA:** Anth.: Bremer Autoren 78; Keine Lust mehr, lieb zu sein, G. 85; ... reingelegt (Illustr. u. Randbemerk.) 85; Lyr., Prosa, Red. u. a. f. d. Zss. „Kulturplatz" u. „Bremer Bl." 75–80. – **H:** Schülerwitze 86; Noch mehr Schülerwitze 88; Sagenhafte Rittergeschichten 89; Lach- u. Quatschgeschichten 90, 02; Piratengeschichten 97; Schon gehört? Neue Schülerwitze 98. – *Lit:* Eva u. Gerald Rainer: Kreuz & Quer Lesen 02.

Dirks, Kerstin, Kauffrau f. Bürokommunikation; *Kerri@t-online.de, www.Kerstin-Dirks.de* (* Berlin 24. 10. 77). Rom. – **V:** Die Sturmjäfne der Lilie, R. 01. – **MV:** Verfluchtes Malträtinum, erot. Horror-Geschn. 05; Begierde des Blutes 05, beide m. Sandra Henke. (Red.)

Dirks, Liane, Schriftst.; c/o Kiepenheuer & Witsch, Köln, Tel. (0 22 36) 33 28 80, *Liane.Dirks@t-online. de, www.liane-dirks.de* (* Hamburg 15. 11. 55). P.E.N.-Zentr. Dtld; 1. Pr. b. NRW-Autorentreffen 84, Förd.pr. d. Ldeshauptstadt Düsseldorf 85, Förd.pr. d. Ldes

NRW 87, Rolf-Dieter-Brinkmann-Stip. d. Stadt Köln 89, Hsp.stip. d. Filmstift. NRW 95, Stip. Künstlerdorf Schöppingen 96, Märk. Stip. f. Lit. 99, Pr. d. LiteraTour Nord 03; Rom., Nov., Kurzprosa, Hörsp., Drehb. – **V:** Die liebe Angst, R. 86, 96; Und die Liebe? frag ich sie, R., 1.u.2. Aufl. 98, 00; Vier Arten meinen Vater zu beerdigen, R. 02; Narren des Glücks, R. 04; Falsche Himmel, R. 06. – **MA:** Es geht mir verflucht durch Kopf und Herz 90; Mein Genie 92; Schriftstellerinnen im Gespräch 95; Wir träumen ins Herz der Zukunft 95, u. a. – **H:** Daß einfach sich zitierte Zeilen legen (Köln-Düsseldorfer Poetiklesungen, Bd 1) 95; Monatsbücher, 12 Bde 07. – **R:** Die Frau vom Gipser 88; Tignasse, Kind der Revolution 89; Requiem für eine automatische Datenfrau 98, alles Hsp, u. a.; Hilferufe, Fsp. – *Lit:* Literar. Porträts. 163 Autoren aus NRW 91; A. Sczcypiorski: Liebe u. Erinnerung, in: Der Spiegel 3/99; Hubert Winkels in: Neue Rdsch. 3/03.

Dirnbeck, Josef, freier Schriftst.; Geuderstr. 15, D-90489 Nürnberg, Tel. (09 11) 6 69 57 31, *josef.dirnbeck @web.de* (* Rotenturm a.d. Pinka 5.1.48). LVG 76, P.E.N. 80, Wiener Musik-Galerie, IGAA; Förd.pr. f. Lit. d. Bgld. Ldesreg. 76, Premio Unda Sevilla 77, Lit.pr. d. Karall-Stift. Eisenstadt 85, Pr. d. Intern. Franz-Werfel-Ges. 97; Prosa, Ess., Lyr., Film, Hörsp., Drama, Sat., Übers. Ue: lat, ung. – **V:** Unser Ja. Leben mit dir, Hochzeits- u. Ehetexte 75; Die brennenden Körbe der Schildbürger. Religion u. Sprache in lit. Annäherungen 76; Hymnen der Kirche, Nachdicht. lat. Texte 77; Parallelen, visuelle Poesie 78; Der Weg des Heiles 80; Hände am Holz 81; Sonntag für Sonntag I/II 81, III 82; Blutdruckbuch 82; Gegen den Strich gelesen 83; Seht, welch ein Weg 84; Gott spricht nicht ins Blaue 84; Die Stunde ist da. Beten für Ungeübte 84, Tb. 86; Das kleine Adventbuch 84; Der alte Rotenturmer. Anekd. um Pfarrer Vinzenz Klöckl 1885–1965; Der Wahnsinn hat Methode. Momente d. Betroffenheit 85; Anfangen geht eigentlich ganz leicht 87; Auf die man zählen kann. Mod. Heiligenlitanei 87; Kreuz-Weg-Zeichen 87; In Gottes Ohr, Meditn. u. Gebete 87; Die Ahnengalerie des Christkindes 91; Bruder Franz und Schwester Krippe 91; Der Esel von Bethlehem 91; Von allen Seiten umgibst Du mich, Meditationstexte 91; Aschermittwoch oder quo vadis, Hochwürden?, R. 94, 95; Treffpunkt Adventskranz 98; Der amerikanische Traum, Exposé 98; Einfach so. Geheimtips für Firmlinge 99; Wer zum Fest lacht, lacht am besten 00; Geöffnete Augen 03; Die Kunst das Leben zu genießen 03. – **MV:** Ich begann zu beten. Texte f. Meditation u. Gottesdienst, m. Martin Gutl 73, 80 (auch finn.); Ich wollte schon immer mit dir reden, Meditationstexte, m. Martin Gutl 79, 80; Briefe ans Christkind, m. P. Karner u. W. Beyer 81; Du bist schön, meine Freundin, m. P.P. Kaspar 83; Der Engel Blasius, m. Lene Mayer-Skumanz, Hedwig Bledl, Kdb. m. Tonkass. 86. – **H:** Marienlob durch die Jahrhunderte 83; Blüh auf, gefror'ner Christ, Verse u. Lieder des Angelus Silesius 84. – **F:** Hausbrand 80; Du sollst das Weekend heiligen 81; Siehe ich sah 82; Ein Schubert soll geboren werden 83. – **R:** Amnestie für Barabbas 77; Die Zauberflöte von Richard Wagner, Hsp. 80; Bruder Franz und Schwester Krippe 81; 300 Jahre Osterhase 82; Die Papstmörderin 83; Der Engel Blasius, Hsp. 85. – **MUe:** Franz Faludi: Gedichte 79. (Red.)

Dirr, Susanne, Hauptschullehrerin; Lüsweg 6b, A-6682 Vils, Tel. (0 56 77) 81 59, Fax 5 30 43, *dirr@aon. at, www.suria.at* (* Hall in Tirol 58). – **V:** Spann deine Schwingen, R. 01; Ernstheiter, G. 01; Das kurze Glück der Hibiskusblüte, R. 01; Mondgeliebte, R. 03. (Red.)

Dirx, Jörn-Peter s. Dirks, Jörn-Peter

Dischereit, Esther, freie Schriftst.; c/o Suhrkamp Verl., Frankfurt/M. (* Heppenheim 23. 4. 52). Arb.stip. d. Hess. Min. f. Wiss. u. Kunst 87, Autorenstip. d. Stift. Preuss. Seehandlung 90 u. 98, Hsp. d. Monats Mai 93, Fellow am Moses-Mendelssohn-Zentr. 95, Arb.stip. f. Berliner Schriftst. 99, Ernst-Strassmann-Stip. 03, guest of honor: wig conference, USA 06, luncheon-speaker: gsa conference, USA 06; Theater, Hörsp., Rom., Lyr., Erz., Wortklang-Installation. – **V:** Anna macht Frühstück, Jgdb. 85; Joëmis Tisch, Erz. 88, 3. Aufl. 05; Merryn, Prosa 92; Als mir mein Golem öffnete, G. 96; Übungen, jüdisch zu sein, Aufss. 98, 2. Aufl. 99; Mit Eichmann an der Börse 01; Rauhreifiger Mund an andere Nachrichten, G. 01; Heimat 24, UA 05; Durch den Garten gegangen, UA 05; Im Toaster steckt eine Scheibe Brot, Lyr. 07; Der Morgen an dem der Zeitungsträger, R. 07; – Christoph Dohm, Fragm. f. Orgel u. Sopran 96; Wort/Klang-Installationen: Worte im Fundament 98; Farben in der Haut – Ein Golem, die Frau, ein Vogel u. der Fisch 98; Ich decke mich zu mit der Zeit, UA 99; Gespräche unter einem Haufen jüngerer Juden, UA 00; Rauhreifiger Mund oder andere Nachrichten 02, u. a. Programme. – **MV:** Südkorea – kein Land für friedliche Spiele, m. Song Du-Yul, Michael Denis u. Rainer Werning 88. – **MA:** Reemerging Jewish Culture in Germany 89; Nachdenken über Europa 1 91; Es war einmal. Warschau im Herbst 1939 95; „Sie konnte und wollte nie etwas halbes tun" – Rosi Wolfstein-Fröhlich 95; Jüdischer Alm. 97; Literatur + Diktatur 97; Jüdische Visionen in Berlin 99; Erinnern u. Erben in Dtld 99; Die Walser-Bubis-Debatte 99; Auf-Brüche 00; Deutsche Zustände, Folge 1–4 00–04; Juden in Dtld heute 02; Index on censorship (UK) 05; Augenblicke 05; Geistliche Lyr. 06; Women in German Yearbook, Vol. 23 07; Contemporary German Writers 07; Gott im Gedicht 07; Ein Gast auf Erden 07, u. a.; – Zss.: Frankfurter Hefte 4/95, 7/97, 4/00, 6/00; Die Philosophin 1/99, 1/00; Golem, europ.-jüd. Mag. 99; Die Palette 18, Saarbrücker Hefte 81 99; Der Literaturbote 56/57 00; Dimensions^2 2/3 03, u. a. – **F:** Ein Kleid aus Warschau, m. Mihal Ottowski 07. – **R:** Ich ziehe mir die Farben aus der Haut 93; Rote Schuhe 93; Der Scherenschleifer 97; Gertrud Conners, 5 Kurzhsp. 97; Kaffee im Haus von Zara Naor 98; Ich bin Saskia 98, alles Hsp.; Kakteen 5.–6. Stunde 98; Ich decke mich zu mit der Zeit 99, beides Hörwerke; Anschriften, Hsp. 99; In Almas Zimmer, Hsp. 01; Ein Huhn für Mr. Boe, Hsp. 01; Sommerwind u. a. Kreise, Hörst. 02; Rauhreifiger Mund, Klanginstall. 02; Mellie, Hörwerk 03; Nothing to know but coffee to go, Hsp. 08; Container-Klappe 1–11, Hsp. 08. – **P:** Vertonungen, m. Dieter Kaufmann 07. – *Lit:* Itta Shedletzki in: In der Sprache d. Täter 98; K. Goerk in: World Lit. Today 98; Anat Feinberg in: Text+Kritik 144 99; Helene Schruff: Wechselwirkungen Dt.-Jüd. Identität in erzählender Prosa d. „Zweiten Generation" 00; Barbara Breysach in: Metzler Lex. dt.-jüd. Lit. 00; Norbert Oellers in: Dt.-Jüd. Lit. d. neunziger Jahre 00; Sander L. Gilman / Karen Remmler in: Jewish thinking and thoughts in thousand years; Petra Günther in: KLG; Katharina Hall: E.D., Univ. of Wales 06; Eva Lezzi in: Journal of Jewish Identities 07; Mona Körte in: Zs. f. dt. Philologie; Cathy Gelbin in: New German Critique.

Dischinger, Hermann, ObStudR. i. R.; Wolfram-von-Eschenbach-Str. 2, D-76684 Östringen, Tel. (0 72 53) 2 42 43, *home.worldonline.de/home/mundart* (* Östringen 22. 9. 44). Mundartpr. d. Reg.präs. Nordbaden, Arb.kr. Heimatpflege, 89, 94, 96, 98, Lob d. Jury 00; Lyr., Prosa. – **V:** Gedichte 1990 in Östringer Mundart 90; Gedichte 1992 und Geschichten in Östringer

Dissars-Nygaard

Mundart 92; Eeschdringä Wäddäbuuch 94; Leckerbisse, G., Sprüche, Geschn. in Mda. 97; Leckerbisse 2 98; Leckerbisse 2000 00; Ich bin do. Badische Gutsele 00; Was ich denk. Badische Gutsele 00; Klassedreffe 03; E Schick vun mir 04; Badischer Struwwlpeder 05; Was ich mag (Badische Pralinee) 06. (Red.)

Dissars-Nygaard, Rainer s. Nygaard, Hannes

Disse, Heike, Autorin; c/o Karin Fischer Verl., Aachen (* Stuttgart). Lyr., Kinder- u. Jugendlit. – **V:** tiefblau, Lyr. 08. – **MA:** Lyrik in: Nationalbibliothek d. dt.sprachigen Gedichtes / Bibliothek dt.sprachiger Gedichte. Ausgew. Werke VI–VIII 03–05 u. X/07, XI/08; Mein geheimes Auge 08; Kurzgeschn. u. a. in: taz 02.

Disselbeck, Svenja Bernadette, Buchhändlerin; Mittelstr. 5, D-50354 Hürth, Tel. (0 22 33) 4 40 66, *sbd@svenjadisselbeck.de, www.svenjadisselbeck.de* (* 74). – **V:** Der Salvanel oder: Die Sache mit der Zahnfee 01; Der Irrwisch oder: Was es braucht 01; Die Baumelbin oder: Der magische Baum 01; Die Havfrue oder: Wie kommt das Rauschen in die Muscheln 02. (Red.)

Distelmaier-Haas, Doris (geb. Doris Haas), Dr. phil., Kunstdozentin; Langenbergsweg 44, D-53179 Bonn, Tel. (02 28) 34 24 46, *peterunddoris@hotmail.de* (* Bonn 18. 2. 43). VS NRW-Süd (Pressesprecherin), GZL, Künstlergr. Bonn (Vorst.mitgl.); Lyr., Kurzprosa. Ue: engl, frz. – **V:** Sicheln, G. 69; Flucht aus der Wirklichkeit 70; Gänge, Prosa, Lyr., Graf. 72; In der Flamme des Sommers gezogen, G. 94; Hole die Ohren ein und die Augen, G. 94; Blausüchtig, graf. G. u. Ill. 97; Auch Kraniche ziehen um, Kdb. 98; Es wird wieder Wölfe geben, Kunstmärchen 98; Tierisch Bönnsch, Kurzgeschn. 01; Lichtkiesel, G. 03; Die Wölfin, Kurzgesch. 04; Kein Halt / Bleibe nie, G. 06; Liebe Mutter, liebe Liebe, Erzn. 07. – **MA:** Die Schallmauer an Ungesagtem 05; Herz, was soll das geben? 05; Beitr. in div. Anth. u. Fachzss., u. a. in: Das Gedicht, Minima sinica, Orientierungen. – **H:** (auch übers. u. eingeleitet) Phantastische Geschichten aus Frankreich 77; Molière: Der eingebildete Kranke 85; Charles Perrault: Märchen 86; Guy de Maupassant: Novellen, m. Ernst Sander 91, Tb. 06.

Ditfurth, Christian von, M. A.; Heuerstubben 2, D-23623 Ahrensbök, Tel. (0 45 25) 50 15 60, *cditfurth@t-online.de, www.cditfurth.de* (* Würzburg 14. 3. 53). VG Wort; Rom. – **V:** Die Mauer steht am Rhein, R. 99, Tb. 00; Der 21. Juli, R. 01, Tb. 03; Mann ohne Makel, Krim.-R. 02; Der Consul, R. 03; Mit Blindheit geschlagen, Krim.-R. 04; Das Luxemburg-Komplott, R. 05; Schatten des Wahns, Krim-R. 06; Lüge eines Lebens, Krim.-R. 07; – SACHBÜCHER: Blockflöten 91; Wachstumswahn 95; Ostalgie oder linke Alternative 98; Internet für Journalisten 98; Internet für Historiker, 3. aktual. Aufl. 99; SPD. Eine Partei gibt sich nicht auf. (Red.)

Ditfurth, Jutta, Dipl.-Soziologin, Publizistin, Autorin, Politikerin; Frankfurt/Main, *jutta.ditfurth@t-online.de, www.jutta-ditfurth.de* (* Würzburg 29. 9. 51). Sachb., Biogr., Rom. – **V:** Träumen, Kämpfen, Verwirklichen 88; Lebe wild und gefährlich 91; Feuer in die Herzen 92, erw. Aufl. 97; Blavatzkys Kinder, Thr. 95 (auch gr.); Was ich denke 95; Entspannt in die Barbarei 96; Die Himmelsstürmerin, R. 98; Das waren die Grünen 00; Durch unsichtbare Mauern. Wie wird so eine links? 02; Ulrike Meinhof. Die Biografie 07. (Red.)

Dittberner, Hugo, Dr. phil.; Hauptstr. 54, D-37589 Kalefeld, Tel. (0 55 53) 36 88, Fax 36 48 (* Gieboldehausen 16. 11. 44). VS Nds. 74–00, P.E.N.-Zentr. Dtld, Akad. d. Wiss. u. d. Lit. Mainz 93; Förd.pr. d. Kulturkr. im BDI 79, Villa-Massimo-Stip. 81/82, Nds. Künstlerstip. 82, Niedersachsen-Pr. 84, Pr. b. Wett-

bew. „Das neue Buch in Nds." 94, Berliner Lit.pr. 94, Stip. Atelierhaus Worpswede 97, Stip. Herrenhaus Edenkoben 01; Lyr., Erz., Rom., Drehb., Ess. – **V:** Passierscheine, G. 73; Heinrich Mann. E. Krit. Einführ. i. d. Forsch. 74; Das Internat, R. 74; Kurzurlaub, Reiseerz. 76; Der Biß ins Gras, G. 76; Draussen im Dorf, Erz. 78; Jacobs Sieg, R. 79; Ruhe hinter Gardinen, G. 80; Die gebratenen Tauben, Erz. 81; Drei Tage Unordnung, Erz. 83; Wie man Provinzen erobert, Erz. 86; Der Tisch unter den Wolken, G. 86; Die Wörter, der Wind, G. 88; Geschichte einiger Leser, R. 90; Das letzte fliegende Weiß, G. 91/92, Neuausg. 94; Über Wohltäter 92; Wolken und Vögel und Menschentränen, R. 95; Was ich sagen könnte 96; Wasser Elegien 97; che Nova 98; Vor den Pferdeweiden, G. 99; Versuch zu rühmen 99; Morgenübungen, G. 00; Und die Alleebäume, G. 06; Atem holen, Ess. 06. – **MV:** Mit dem Shikansen nach Jottweedee, m. Uli Becker, Günter Herburger, Steffen Jacobs 98. – **MA:** Heinrich von Kleist 92; Ingeborg Bachmann, 5. Aufl. (Neufass.) 95; Johann Gottfried Seume 95; Adolph Frhr. Knigge 96; Friedrich Hölderlin 96; Peter Waterhouse 98; Botho Strauß, 2. Aufl. (Neufass.) 98; Peter Handke 99; Thomas Kling 00; Uwe Johnson, 2. Aufl. (Neufass.) 01; W. G. Sebald 03; Jürgen Becker 03; Elias Canetti, 4. Aufl. (Neufass.) 05; Friedrich Schiller 05; Nicolas Born 06, alle in der Ed. Text u. Kritik; – Mit Lessing im Gespräch 04. – **H:** Mit der Zeit erzählen? fragt er 95; Der Satz des Philosophen 06, beides Texte; Autoren sehen einen Autor. Hans Bender 99; Kurze Weile, G. 03; Kunst ist Übertreibung 03; Ortstermine, Prosa, Lyr., Ess. 04; Das älteste Testament, Lyr., Ess., Erz. 07. – **R:** Ein unruhiges Jahr, Fsf. 78. – **Lit:** Barbara Riederer in: die horen 120 80; Georg-Oswald Cott in: die horen 1 87; Walther Killy (Hrsg.): Literaturlex., Bd 3 89; Wend Kässens in: die horen 1 94; DLL, Erg.bd 3 97; KLG 97; Wer ist Wer 97/98; Henning Ziebritzki in: die horen 4 06.

Dittfeld, Hans-Jürgen *

Dittmann, Anke, Pastorin; Hauptstr. 10, D-23626 Ratekau, Tel. (0 45 04) 6 72 21 (* Itzehoe 7. 5. 60). Lyr., Kinderb. – **V:** Paul Pusback 02. (Red.)

Dittmann, Traute (Ps. Traute Brüggebors), Lehrerin; Gartenstr. 11, D-28857 Syke, Tel. (0 42 42) 5 08 81 (* Spieka, Kr. Wesermünde 10. 12. 42). Bevensen-Tagung 66, EM 92, Fehrs-Gilde 66–05, VS Nds./Bremen 81–83, Schrieverkring Weser-Ems 95; Schnoor-Pr. 71, Nachwuchsstip. f. Lit. d. Ldes Nds. 80; Kurzprosa, Lyr. – **V:** Scherensnitt, ndt. G. 77; Spegelbild, ndt. G. 80. – **MA:** Niederdeutsche Lyrik 1945–1968 68; Opfreten do ik di doch, Prosa 80; Plattdüütsch Bökerschapp, Prosa 90, 2. Aufl. 92; Keen Tiet för den Maand, Lyr. 93; Deutsche Mundarten an der Wende?, Lyr. 95; Dat groote plattdüütsche Leesbook 96, 3. Aufl. 03; Gedicht und Gesellschaft, Lyr. 01; 2000 un mehr, ndt. Lyr. u. Prosa 01; Bremer Anthologie 2003; Künstlerprofile, Biogr., Texte u. Bilder 05. – **H:** Achter de Kulissen, Lyr. 01. – **MH:** Berichtshefte d. Bevensen-Tagung/Bevensen-Dagfahrt, m. Grieta Bottin 90–00, m. Marianne Römmer 02 u. m. Ingrid Straumer seit 03; – MH: u. MA: Schoolkinner leest Platt (3 Hefte), m. Heinz Brinkmann u. Carmen Finkenstädt, ndt. Geschn. 91; Wenn de Pappelbööm singt, m. Carl Scholz u. Heino Weseloh, ndt. Anth. 98. – **P:** Niedersächsische Schlachteplatte, m. and., Schallpl. 77. – **Lit:** C. Schuppenhauer in: Lex. ndt. Autoren, 1. Lfg 75; Günter Harte in: Platt mit spitzer Feder 78; Heiko Postma in: Profile, Impulse, Ausstell.kat. 81; Nds. literarisch 81; Bernd Rachuth: Das literar. Porträt, in: Niedersachsen 1 87; Dt. Schriftst.lex. 01.

Dittmann, Ulrich, Dr. phil., Lit. wiss.; c/o Oskar Maria Graf Gesellschaft e.V., Literaturhaus München, Salvatorplatz 1, D-80333 München, *info@oskarmariagraf. de*, *www.oskarmariagraf.de* (* Berlin 27.4.37). Oskar-Maria-Graf-Ges. (Vors.), Franz-Graf-von-Pocci-Ges., Schiller-Ges., Fontane-Ges. – **V:** Sprachbewußtsein und Redeformen im Werk Thomas Manns, Diss. 69. – **MA:** NDL; Ossietzky; arbitrium; Gegen Vergessen – für Demokratie; Adalbert-Stifter-Jb.; Reclams Romanlex.; Lex. d. dt.spr. Gegenwartslit. – **H:** Adalbert Stifter: Brigitta 70; ders.: Abdias 70; Thomas Mann: Tristan 71; Oskar Maria Graf: Auffassung freibleibend u. a. Erzählungen 94; Stifter-Kontexte 05; Adalbert Stifter: Studien 07. – **MH:** Historisch-krit. Gesamtausgabe d. Werke u. Briefe Adalbert Stifters; Jahrbuch d. Oskar Maria Graf Gesellschaft, m. Hans Dollinger 94ff; Oskar Maria Graf: Lesung, Ausw. u. Regie, m. H. Dollinger, CD 03; Franz Graf von Pocci: Werkausgabe, m. Wilfried Hiller u. Michael Stephan, seit 07. – **R:** Features zu Adalbert Stifter u. Oskar Maria Graf f. Bayern 2.

Dittmar, Ilse, Buchhändlerin, Red.; Badstr. 27, D-79410 Badenweiler, Tel. (07632) 828330 (* Leipzig 28.10.11). Sachb., Journalist. Arbeit. – **V:** Wieviel Liebe braucht ein Kind?, Sachb. 85; Am Rhein entlang. Von Konstanz bis Basel, Bild-Bd 88; Eine Jugend in Leipzig und die Jahre danach, Autobiogr. 94, 99 (Tonkass.). – **MA:** zahlr. Beitr. in Zss. seit 75. – *Lit:* AiBW 91.

Dittmar, Jürgen, Rohrnetzmeister, Autor; Gabelsberger Str. 30, D-60389 Frankfurt/Main, Tel. u. Fax (069) 468157, *j.dittmar@debitel.net* (* Frankfurt/Main 11.6.61). FDA Hessen; Erz., Kurzkrimi, Lyr. – **V:** Ganz nah dran! 99; Stich 02. (Red.)

Dittrich, Ernst, Rentner; Unterscheideweg 17, D-42499 Hückeswagen, Tel. (02192) 1461 (* Aue b. Schmalkalden 13.3.16). Sat., Kurzgesch., Aphor., Gedankensplitter. – **V:** Viel zu wahr, um schön zu sein, Aphor. u. Gedankensplitter 76; Kopf vorm Brett, Aphor. 85; Die Axt im Haus erspart das Argument, Aphor. u. Gedankensplitter 95. – **MA:** Das wollen wir wissen 74; Weg vom Fenster 76; Geschichte, das Leben schrieb 92, alles Erzn.

Dittrich, Hanne (Hannelore Walther-Dittrich), Malerin; Ringstr. 32, D-73453 Abtsgmünd-Pommertsweiler, Tel. (07963) 738, *www.eine-welt-poesie.de*. Via Parlamento 30, I-18010 Montalto/Li. (* Teuplitz/Sorau, Polen 14.5.40). Märchen. – **V:** Eine Welt Poesie, Poesiekarten, m. Gundula Linck 06. – **MH:** Zeitenwege, Jb. 87. – *Lit:* s. auch Kürschners Handbuch der Bildenden Künstler, 1.Aufl. 2005.

Dittrich, Paul-Heinz *

Dittrich, Raymond, Dr. phil., Bibliothekar; Weißgerbergraben 16, D-93047 Regensburg, Tel. (0941) 563388 (* Hamburg 31.5.61). Lyr., Erz., Übers. Ue: russ. – **V:** Figurentheater, G. 00; Gewicht ihrer Tage, G. 01; Gassenblicke, Kurzprosa 02; Kaltnadelradierung, G. 03. – **H:** Die Lieder der Salzburger Emigranten, Lyr. 08. – **MUe:** Nikolaj Rubrov: Komm, Erde. Ausgewählte Gedichte, (russ. u. dt.), m. T. Kudrajavceva, H. Löffel 94.

Dittrich, Volker, Autor, Verleger, Journalist; c/o Dittrich Verlag, Göhrener Str. 2, D-10437 Berlin, Tel. (030) 7852733, Fax 4403 9803, *dittrich-verlag @netcologne.de*, *www.dittrich-verlag.de* (* Fleestedt 28.9.51). Rom., Lyr. – **V:** Operation Texel, R. 96; Ferne Berührung, R. 99. – **MA:** (u. H:) Unsichtbar lächelnd

träumt er Befreiung. Erasmus Schäfer unterwegs m. Sisyfos 06.

Divjak, Paul; c/o Kaiser Theater Verlag, Am Gestade 5/2, A-1010 Wien, Tel. (1) 5355222, *post@pauldivjak. com*, *www.kaiserverlag.at*, *www.pauldivjak.com www. pauldivjak.com* (* Wien 8.10.70). IGAA; Öst. Dramatikerstip. 06 u. 07, Theodor-Körner-Förd.pr. 08; Rom., Dramatik, Hörsp., Ess., Lyr. – **V:** eisenbirne 99; lichtstunden 00; schattenfuge 02; hinter der barriere 06, alles Prosa; Kinsky, R. 07; – THEATER/UA: koryphäenkiller 04; sofa surfen 05. – **MA:** Konzept u. Poesie 96; Trash Piloten 97; Decodierung: Recodierung 00; Perspektive, Sonderzahl 06. – **H:** Alpine Interventionen, Kunstbd 06. – **F:** Sonnenland 99; le matin 00; I feel disortion 00; journey 01; as if 02. – **R:** lichtstunden 02; sommer 1979 (you said, I said), m. Kristin Mojsiewicz, Kurzhsp. 05; Kinsky (ORF) 09. – **P:** so fine, Schallpl. 01; rauschgold, CD 06; St. Moritz EP, CD 07; Aural Siesta, CD 08.

Divjak-Mirwald, Margareta s. Mirwald, Margareta

Divossen, Walter s. Assion, Peter

Dix, Matthias, Dramatiker, Lyriker, Regisseur; Schivelbeiner Str. 43, D-10439 Berlin, *matthias.dix@ freenet.de* (* Dresden 12.9.58). Dramatiker Union 01; 1.Pr. b. Theaterfestival NRW, 1.Pr. b. Theaterfestival "Politik im Theater" Dresden, Lit.pr. d. Kath. Akad. Trier, Hsp.pr. d. Akad. d. Künste d. DDR; Theaterst., Hörsp., Lyr. – **V:** Klaus, Dieter, Inge, Brigitte und die anderen 95; Das Gedicht vom Gedicht 97; Überdosis Sommer, Lyr. 06; – THEATERSTÜCKE/UA: Keiner ist der der ein wollte als er es war 91, als Fsf. 93; Die Dixtinische Kapelle 92; Passion. Eine Versenkung 93; Die ganz irre Rauferei der Sinne 95; Die Würde der Gewalt 95; Friedrich Schiller: Die Räuber. Eine dramat. Der Utopist 96; Mallorca 97; Rodung des Lorbeerhains 98; Bomben 99; Frauenversteher 01; Mrs. Tagesschau 02; Blende: Frau (sehr langsam) 03; Menschenfreund 03; Vom idealen Zusammenleben unterschiedlicher Geschlechter auf hohem Niveau 04; Die Liebe tötet 05; Mozart bist du 06; Bin zur Zeit noch frei 06; Casanova 06; Spirit bonus 06; Alain Delon ist mir wurscht 06; Glück Macht Geld 06; Die Leidenschaftlichen 07; Ritter Blaubart 07; The Women, the Money and the Manager 08. – **R:** Schnapszahl 86; Ediths Tagebuch 87; Delirium Tremens 00, alles Hsp.

Dixi s. Kramberg, Karl Heinz

Djerassi, Carl, Prof.; 1101 Green Street, Apt. 1501, San Francisco, CA 94109–2012/USA, Tel. (415) 474–1825, Fax 474–1868, *djerassi@stanford.edu*, *www. djerassi.com*. Dept. of Chemistry, Stanford University, Stanford, CA 94305–5080, Tel. (650) 723–2783 (* Wien 29.10.23). Öst. P.E.N.-Club, E.mitgl.; Öst. E.kreuz f. Wiss. u. Kunst I. Kl. 99, Pr. d. Ges. Dt. Chemiker f. Schriftsteller 01, E.med. d. Bdeshauptstadt Wien in Gold 02, Erasmus-Med. d. Academia Europaee 03, Gr. BVK 03, Premio letterario Serono, Rom 05, Lichtenberg-Med. d. AdW Göttingen 05; Prosa, Rom., Theaterst. – **V:** Der Futurist und andere Geschichten 91; Cantors Dilemma 91; Die Mutter der Pille, Autobiogr. 92; Das Bourbaki Gambit 93; Marx, verschieden 94; Menachems Same 97; NO 98; Von der Pille zum PC, autobiogr. Aufs. 98; Unbefleckt, UA 99, gedr. 00; This Man's Pill. Sex, die Kunst und Unsterblichkeit, Mem. 01; Stammesgeheimnisse, R. 02; ICSI – Sex im Zeitalter der technischen Reproduzierbarkeit, Theaterst. 04; Kalkül / Unbefleckt, Theaterst. 05; EGO, R. u. Theaterst. 04; Aufgedeckte Geheimnisse, R. 05; Phallstricke/Tabus, 2 Theaterst. 06; Taboos, Theaterst., UA 06 (engl.). – **MV:** Oxygen, m. Roald Hoffmann, Bst. 01; NO, m. Pierre Laszlo, Theaterst. 03. – **MA:** G. in:

Dobbrow

Der Rabe Nr. 35 93. – **R:** Das Bourbaki Gambit 00; An Immaculate Misconception 00; Unbefleckt 01; Oxygen 01; EGO 04; Phallstricke 06, alles Hsp. – *Lit:* Walter Gruenzweig in: Science, Technology and the Humanities in recent American fiction 04. (Red.)

Dobbrow, Dirk, Schauspieler u. Autor; c/o Suhrkamp Verl., Frankfurt/M. (* Berlin 6. 12. 66). Kleist-Förd.pr. 99, Else-Lasker-Schüler-Stückepr. 01, BHF-Bank Stip. Frankfurter Positionen 01; Drehb., Hörsp., Prosa, Dramatik. – **V:** Diva 95, UA 96; Halbwertzeiten 96; Late Night 98; Legoland, 99, UA 00; Hundemund, UA 00, alles Stücke; Late night/Legoland, Stücke u. Materialien 00; Der Mann der Polizistin, R. 01; Alina westwärts, Stück 01, UA 02; Alina westwärts/Paradies, Stücke u. Materialien 02. – **MA:** Spectaculum 62 96. (Red.)

Dobelli, Rolf, Dr.; c/o getAbstract AG, Alpenquai 12/14, CH-6005 Luzern, Tel. (0 41) 3 67 51 51, *rolf.dobelli@getabstract.com, www.dobelli.com, www. getabstract.com* (* Luzern 66). Rom., Dramatik. – **V:** Fünfunddreissig, R. 03 (auch CD); Und was machen Sie beruflich?, R. 04; Himmelreich, R. 06. (Red.)

Doberstein, Volker; Hauptstr. 73, D-69117 Heidelberg (* Heilbronn 9. 2. 65). – **V:** Die Schule des Bösen, R. 98. (Red.)

Dobler, Franz, freier Autor; Hartmannstr. 1, D-86159 Augsburg, Tel. u. Fax (08 21) 59 55 12, *fd@franzdobler. de, www.franzdobler.de* (* Stuttgart 18. 11. 59). Stip. d. Dt. Lit.fonds 90, 92, Förd.pr. d. Freistaates Bayern 93, Förd.pr. d. Stadt Augsburg 93; Rom., Lyr., Erz., Hörsp. – **V:** Falschspieler, Erzn. 88; Jesse James und andere Westerngedichte 91; Tollwut, R. 91; Der gute Johnny der Dreckskerl, Stück 92; Bierherz, Erzn. 94; Sprung aus den Wolken, Erzn. 96; Nachmittag eines Reporters, Short Stories 98; Auf des toten Mannes Kiste, Musik-Sachb. 99; Johnny Cash. The beast in me 01, überarb. u. erg. Ausg. 04; Sterne und Straßen, Feuill. 04; Aufräumen, R. 08. – **MA:** Ernst Kahl 94; Das Wörterbuch des Gutmenschen, Bd 2 95; Poetry! Slam! 96; Morgen Land 00. – **MH:** Down in Louisiana, m. Peter Bommas 95. – **P:** Wie man ein Star wird 01; Der Tag, an dem ich allen Glück wünschte, Western-G. 02. (Red.)

Dobler, Gundi, Bankangest.; Breslauer Str. 9, D-89287 Bellenberg, Tel. (0 73 06) 3 39 41, *Dobler. Bellenberg@t-online.de* (* Illertissen 12. 2. 63). Edgar 00; Lyr. – **V:** Seelenrast, G. u. Bilder 00, 2. Aufl. 01; Sonnenmeer, G. u. Bilder 01. – **P:** Poètes Maudits, m. Ralf Neubohn u. Thomas Bauer, CD 02. (Red.)

Dobrick, Barbara, Autorin; Unterm Cleve 111, D-25712 Burg/Dithmarschen, Tel. (0 48 25) 23 32 (* Hamburg 11. 6. 51). VS; Wilhelmine-Lübke-Pr. 89; Rom. – **V:** Sommertheater 98; Überraschung am Valentinstag 00; Tanz in den Mai 01; Feuer und Flamme im Herbst 02; Aber sprich nur ein Wort. Eine katholische Kindheit, R. 06, alles R. – **R:** zahlr. Hfk-Feat. – *Lit:* s. auch SK. (Red.)

Doc Delzepich s. Toussaint, HEL

Dod, Elmar, Dr.phil.; Schmaler Weg 4, D-61352 Bad Homburg, Tel. (0 61 72) 4 27 51, *elmar.dod@gmx. de* (* Heilbronn 8. 3. 47). Dt. Schiller-Ges. 98; Rom. Ue: engl. – **V:** Die Vernünftigkeit der Imagination in Aufklärung und Romantik, lit.wiss. Studie, Diss. 85; Nachtfahrt, R. 06; Tag der Erleuchtung, R. 07.

Dodel, Franz, Dr. theol.; Bibliothekar; Schlossstr. 82, CH-3067 Boll-Sinneringen, Tel. (0 31) 8 39 17 84, *info @franzdodel.ch, www.franzdodel.ch* (* Bern 18. 8. 49). AdS; Heinz-Weder-Pr. f. Lyr. 03; Lyr., Aphor. – **V:** Das Sitzen der Wüstenväter 97; Weisungen aus der Stille 99; Mein Haus hat keine Wände, Lyr. 01; Nicht bei Trost.

A never ending Haiku, 3 Bde 04; Nicht bei Trost, Haiku 08.

Dodt, Wolfgang, Dr. phil., Afrikanist; Palmkernzeile 5, D-10245 Berlin, Tel. (0 30) 29 00 12 84, *wolfgang. dodt@freenet.de.* – **V:** Ein Wort, zwei Wörter und allerlei Wörteleien 06.

Döbrich, Annette, Buchhändlerin, Autorin; *adoebrich@aol.com, www.Annette-Doebrich.de* (* Würzburg 3. 11. 49). VS 96, Das Syndikat 97; Stip. d. Ldeshauptstadt München 94, Marlowe-Pr. 00, Filmförd.pr. Bayern 01; Rom., Erz. – **V:** Am Abgrund der Träume 95; Abendfrieden 96; Domina 97; Das Ritual des Schweigens 98; Die Last der Engel 99; Die Arche Noah 03, alles Krim.-R. – **MA:** Eine Leiche zum Geburtstag 97; Zehn mörderische Wege zum Glück 98; Der Dolch des Kaisers 99; Mordsgewichte 99; Astrokrimis, Skorpion 00; Mord mit Biss 01, u. a. – *Lit:* Das Mordsbuch 97. (Red.)

Döhmer, Klaus, Dr. phil., Bibliothekar; Alte Post 1, D-44869 Bochum, Tel. u. Fax (0 23 27) 5 17 55, *klaus. doehmer@ub.uni-dortmund.de* (* Troisdorf 25. 5. 41). Literar. Parodie. – **V:** Leda & Variationen, Parodien 78, 4. Aufl. 81; Merkwürdige Leute, motivgesch. Studie 82, 2. Aufl. 84; Der Novize, R. 08. – **MA:** Wie wir es sehen 64.

Dölling, Beate, Autorin, Leiterin div. Schreibwerkstätten; *mail@beadoe.de, www.beadoe.de* (* Osnabrück 8. 4. 61). Stip. Schloß Wiepersdorf 94, Lit.stip. d. Akad. d. Künste Berlin 96, 2. Hfk-Pr. d. intern. RIAS-Kommission 96, Alfred-Döblin-Stip. 97, Autorenstip. d. Stift. Preuss. Seehandlung 99, 3. Pr. b. LiteratenOhr-Wettbew. „Augen im Fahrstuhl" 00, Stip. d. Stift. Kulturfonds 01, ver.di-Lit.pr. 06, u. a.; Kinder-u. Jugendb., Rom., Hörfunkfeature. – **V:** Mir kann keiner an den Wimpern klimpern, R. 98; Mama verliebt, R. 03; Hör auf zu trommeln, Hava, R. 03; Auch zwei sind eine Bande, R. 04; Schutzfaktor 18, R. 04; Kaninchen bringen Glück 06; Anpfiff für Ella 06; Alles bestens 07; Kim liebt Kai 07; – mehrere Bilder- u. Erstlesebücher. – **MA:** Sogar die Hunde bellen anders, Anth. 00; Einfach unschlagbar!, Geschn. 04; Jurymitglied f.d. Schüler-Anth.: Du bist drin – Geschichten im Netz 03, Berlin, mein Kiez 04. – **R:** zahlr. Feat. u. Beitr. f. Lit.-, Kultur-u. Musikred. im Hfk, u. a.: San Francisco. (Red.)

Dönges, Lutz s. Caesar, Hieronymus

Dönhoff, Tatjana Gräfin, Reporterin, freie Journalistin; lebt in Osten/Niederdtld. (* München 59). – **V:** Weit ist der Weg nach Westen. Auf der Fluchtroute v. Marion Gräfin Dönhoff 04; Camilla 06; Die Flucht 07. (Red.)

Dönz, Manfred, Lehrer; Gantschierstr. 74, A-6780 Schruns, Tel. (0 55 56) 7 25 92. – **V:** Altes Handwerk in Vorarlberg 80; Sälber erläbt, vô androna ghört, Erz. 98; Muntafuner Wärter, Spröch und Sprôchli, Lyr. 01; Allerlei, vielerlei, ... 06. – **MV:** Säumer und Fuhrleute 99; Montafon: Landschaft u. Sprache 00. (Red.)

Döpfer, Jutta; Elsternweg 10, D-91466 Gerhardshofen, Tel. (0 91 63) 13 57 (* Nürnberg 16. 9. 28). Collegium Nürnberger Mda.dichter 95, VS Nürnberg 04; Lyr., Erz., Mundart-Theaterst. – **V:** Wenns die Eva net gebm hätt 93; Die Maus im Brotkärbla 94; ... kummt a Katz ins Haus 95; Etz is a Katz im Haus 97; Fränkisch klassisch fränkisch 98; Wenn a Katz im Haus is 00; Das Jahresrad dreht sich im Kreise 00, Neuaufl. 02; Der Wörterbaum und das Eichhörnchen, Geschn. u. G. 00, 2.,erw. Aufl. 05; – Theaterstücke in Mda. seit 95: Sicher ist sicher; Wartezimmergschmarri; Der Meisterfotograf; Dichterlesung; Das wertvolle Bild; Die Mühlenhexe; Jedermo, n. Hofmannsthal; Ein Wunsch; Der Fa-

246

milienzuwachs; Pfifferzeit; Der 70. Geburtstag. – **MA:** Morgenschtean, Zs., 24/95; div. Anth., u. a.: Diesseits und jenseits der Worte 95; Danach 96; Ausschauen 00. (Red.)

Döpping, Hans, Lehrer i. R.; Steinauer Str. 55, D-36399 Freiensteinau, Tel. (0 66 66) 5 11, Fax 91 88 40, *angela.cremer@online.de* (* Bischleben b. Erfurt 5. 12. 24). Ver. Freie Schriftsteller e. V., Parsberg 99; Rom., Lyr., Erz., Dramatik. – **V:** Der werfe den ersten Stein, Dramatik 84; Es wird ein Stern aus Jacob aufgehen, Dramatik 90; Freiensteinauer Dezemberhefte 97–04; Sie nannten ihn Baum, R. 00, 2. Aufl. 01; Der grüne Briefkasten, Erzn. 02; Jacobs Kisten, R. 04; Gedichte für Kinder; Der pausbäckige Engel; Jule der Mohr; Flickenteppich, alles Erzn. – **MA:** Johannisfeuer 97; Beitr. in: Pimpfe, Mädel(s) und andere Kinder 98; Und es geht doch weiter 99, beide Reihe Zeitgut. (Red.)

Dörfel, Hanspeter (Peter Dörfel), Prof. an d. PH Ludwigsburg, seit 96 i. R.; Lange Str. 93, D-71640 Ludwigsburg, Tel. (0 71 41) 86 17 06, *doerfel_hanspeter@ph-ludwigsburg.de* (* Heidenheim 23. 3. 35). Dt. Ges. f. Amerikastudien 63; Fulbright-Stip. d. USA 57, 92, Pilot Projekt Educ. Experts USA 73, Fulbright Scholar-in-Residence Grant 84; Erfahrungsbericht. – **V:** Unterwegs in zwei Welten. Erfahrungen an dt. u. amerikan. Hochschulen 01, zahlr. wiss. Veröff. u. Beitr. in Büchern, Zss. u. Hfk-Progr. (Red.)

Dörfler, Egbert (Ps. Ed Sandberg); Am Mitterfeld 144, D-81829 München, Tel. (0 89) 94 33 75, *egbertdoerfler@yahoo.de* (* Bamberg 20. 6. 54). Lyr., Erz., Ess., Rom. – **V:** Die Sehnsucht der Sehnsucht der Liebe, G. 84; Zerrissenes Leben, Erz. 93; Flug der Pelikane, G. 97; Offenbarung in der Revolution, Verscollage 01; Die Wolkenkratzer von Tenochtitlán, G. 02; Stürzendes Blau, G. 03; Auf-/Brüche, G. u. Prosa 06; Auf der Durchreise, Lyr. 07; Lyrik und Liebe, R. 08.

Döring, Bianca, freie Schriftst., Sängerin, Malerin; c/o Dt. Taschenbuch Verl., München (* Schlitz/Vogelsbergkr. 15. 12. 57). Intern. P.E.N. 00, P.E.N.-Zentr. Dtld; Kulturförd.pr. d. Stadt Kassel, Kunstpr. d. Stadt Frankfurt, Martha-Saalfeld-Förd.pr. 99, zahlr. Stip., u. a. Solitude-Stip.; Lyr., Drama, Erz., Rom. – **V:** Gezeitetes, G. 79; Ein Flamingo, eine Wüste, Erz. 90; Schnee und Niemand, Erz. 92; Siebzehn, Erzn. 93; Tag Nacht Helles Verlies, G. 95; Hallo Mr. Zebra, R. 99; Schierling und Stern, G. 99; Little Alien, R. 00. – **MA:** ndl; Literaturbote; manuskripte u. a. (Red.)

Doering, Bodo, Dipl.-Verw., Krim.-Beamter i. R.; Ringstr. 1, D-69488 Birkenau, Tel. (0 62 01) 3 20 94, Fax 87 42 88, *mail@bodo-doering.de*, *www.bodo-doering.de* (* Wiesbaden 4. 5. 39). Rom., Erz. – **V:** Bodos ziemlich wahre Schmunzelgeschichten 02; Die uniformierten Jahre des Ulf Hornung, autobiogr. Erz. 05; Der Mäusegittermann, autobiogr. Erz. 07. (Red.)

Döring, Frieder (eigtl. Hans-Friedrich Döring), Dr. med., Arzt; Auf der Teichhardt 15, D-51570 Windeck (* Dattenfeld/Sieg 24. 12. 42). – **V:** Kehre wieder Sulamith, Lieder u. G. 92; Alinda und die türkischen Träume, Erzn. 93; Der Güldenbergring, Krimi f. Kinder 94; Mit Haut und Haaren, Erzn. 96; Hände an der Wand, R. 02; Die Gottesanbeterinnen, Theaterst. 03. – **MV:** Leben nach dem Gau, m. Waltraud Hönes, G. 86; Die Sonne geht immer mit, m. ders., G. 88; Rheinischer Kinderkram, m. Bert Brune. Rom. 90; Es ist Trauern besser als Lachen, m. Waltraud Hönes u. Charlotte Uhland, G. 93; Dirty Kitchen – ein Männerkochbuch, m. Bert Brune u. Heinz Schüssler 95; Das zweite Gesicht, m. Jochen Zierau, Singsp. UA 99; Dreckige Trips, m. Bert Brune u. Heinz Schüssler, Geschn. 00. – **MA:** zahlr. G., Erzn. u. wiss. Veröff. in Anth. u. Zss., u. a. in:

Rheinischer Lit.-Kal. 90–02; Wörter sind Wind in Wolken, Anth. 00; Dt. Ärzte-Almanach; Wortnetze; Zehn; Der Dt. Dermatologe. – **H:** So ganz andere Kulturen?, Geschn. 97; Köln, ein Museumsdorf, Geschn., Bilder, G. 98; Überall Menschen, Geschn. 99. – **MH:** Kölner Bucht – Natur und Unnatur, m. Bert Brune, Leseb. 90; Narren und Co., m. Bert Brune u. Erwin Bücken, Geschn. u. G. 91. – **Lit:** Theo Breuer: Ohne Punkt und Komma 99.

Döring, Gottfried (Ps. Johann Charlott), Dr. jur., Kaufmann i. R.; Hideweg 64, D-51503 Rösrath, Tel. (0 22 05) 43 69 (* Lübeck 23. 8. 23). Rom., Nov. – **V:** Orplíd 96; Novellen 97; Jede Trauer braucht ihr Ende 99; Der Weg zurück; Zainas Bild. (Red.)

Döring, Jörg, Dr., wiss. Mitarb.; c/o Humboldt-Univ., Inst. f. deutsche Literatur, Schützenstr. 21, D-10099 Berlin, Tel. (0 30) 20 93 97 85, *joerg.doering@rz.hu-berlin.de* (* 66). – **V:** Ovids Orpheus 96; „... ich stellte mich, ich machte mich klein..." Wolfgang Koeppen 1933–1948 01. – **MA:** Juni, Mag. f. Lit. u. Politik 96; Dichtung im dritten Reich 96; Wolfgang Koeppen – Mein Ziel war die Flüchtigkeit 98; Übersetzen – Übertragen – Überreden 99, u. a. – **MH:** Verkehrsformen und Schreibverhältnisse, m. Christian Jäger u. Thomas Wegmann 96; Bertolt Brecht 1898–1956, m. Walter Delabar 98; Text der Stadt – Reden von Berlin, m. Erhard Schütz 99 (alle auch m. eig. Beitr.). (Red.)

Doerk, Matthia (Ps. f. Petra Westphal) *

Dörken, Gerd (Ps. Martin Corn), Industriekfm. (Prokurist); Friedhofstr. 34, D-58285 Gevelsberg, Tel. u. Fax (0 23 32) 6 12 31 (* Gevelsberg 3. 7. 28). Autorenkr. Ruhr-Mark 77; Lyr., Rom., Tageb., Erz., Kurzgesch., Übers. Ue: engl, frz. – **V:** Wartestand, Lyr. 67; Spätvorstellung, Lyr. u. Kurzgeschn. 80; Keine Stunde, Lyr. 84. – **MA:** Ruhrtangente, Lyr. 72/73; Spiegelbild, Lyr. u. Kurzgesch. 80; Heimatbuch Hagen + Mark, seit 89; Ikaros. Das vhk-Kurzgeschichten-Mag. 95; A45 – Längs der Autobahn und anderswo 00; Liebe zum Leben 00; Heimatorte, Anth. 04. – **MUe:** Nevzat Yalcin: Die Sonne und der Mann, darin 5 G. 97. – **Lit:** Heimatbuch Hagen + Mark 04. (Red.)

Doermer, Laura (eigtl. Laura Schmidt-Polex); Birkenweg 29, D-83122 Samerberg, Tel. (0 80 32) 85 31, Fax 88 08, *info@laura-doermer.de*, *www.Laura-Doermer.de* (* München 8. 8. 35). Rosenheimer Lit.pr. 03; Rom., Erz. – **V:** Moritz, mein Sohn, R. 90, 92; Vergehendes Blau, R. 96, 99; Verwehte Braut, R. 00; Rosetten und Girlanden, R. 03; H.albgott 03; Marie, Erz. 04; Trappentreu. Roman e. Familie 08. – **MA:** Berg '98.

Doernach, Ina (geb. Ina Strüwing), Anwaltssekretärin, Landwirtin; Wagrain 1, D-72218 Wildberg, Tel. (0 70 54) 75 22, Fax 10 56 (* Neu Petershain/Niederlausitz 23. 7. 36). Lyr., Erz. Ue: engl. – **V:** EVA war eine Kuh... 78, 97; DU & ICH, G. 97. – **Ue:** Christian Glynn: Käse machen, Sachb. 80. (Red.)

Dörr, Matthias; Hauptstr. 89, D-63829 Krombach, Tel. (0 60 24) 63 11 24, Fax 63 06 09, *mdoerr @artsandwords.de*, *www.artsandwords.de* (* Hanau 11. 11. 72). – **V:** Worte einer Liebe 01; Kultur/Schock 02. (Red.)

Dörr, Volker; c/o Markus-Verlag, Watzenborner Weg 7, D-35394 Gießen. – **V:** Wir suchten nach den Wodanseschen 05; Wenn der Phoenix ruft 06; Wege. Bilder und Aphorismen 06; Geisterstunde 07. Der Sagenforscher.

Dörrie, Doris, Regisseurin, Schriftst., Produzentin; lebt in München, c/o Diogenes Verl. AG, Zürich, *d. doerrie@hff-muenchen.mhn.de* (* Hannover 26. 5. 55).

P.E.N.-Zentr. Dtld; Publikumspr. d. Max-Ophüls-Pr. 84, Goldene Leinwand 86, Gildefilmpr. 86, IFF Vevey (CH): Goldener Spazierstock 86, IFF Hof: Filmpr. d. Stadt Hof 86, Dt. Filmpr./Filmband in Silber u. Gold 86, in Silber 95, Nomin. f. d. Dt. Filmpr. 92, Journalistenpr. d. Gew. Nahrung-Genuß-Gaststätten 94, Ernst-Hoferichter-Pr. 95, BVK 96, Bettina-von-Arnim-Pr. 96, Schnabelsteher-Pr. 99, Bayer. Filmpr. 00 u. 08, Bayer. Verd.orden 00, Kultureller E.pr. d. Stadt München 03, Deutscher Bücherpr. 03, Kinderb.pr. d. Ldes NRW 03, u. a. – V: Liebe, Schmerz und das ganze verdammte Zeug, Erzn. 87; Was wollen Sie von mir? u. 15 andere Geschichten 89; Der Mann meiner Träume, Erz. 91; Für immer und ewig, Erzn. 91; Love in Germany. Deutsche Paare im Gespräch m. D.D. 92; Bin ich schön?, Erzn. 94; Samsara, Erzn. 96; Was machen wir jetzt?, R. 99; Der aufblasbare Mann, Erz. 01; Happy, Dr. 01; Das blaue Kleid, R. 02; Mitten ins Herz u. a. Geschichten 04; Und was wird aus mir?, R. 07; Kirschblüten – Hanami, e. Filmbuch 08; (zahlr. Nachaufl., viele der Titel auch als Hörb.) – BILDERBÜCHER: Lotte will Prinzessin sein 98; Lotte in New York 99; Lotte und die Monster 00; Wo ist Lotte? 01; Mimi 02; Mimi ist sauer 04; Mimi und Mozart 06; Mimi entdeckt die Welt 06. – F: Mitten ins Herz 83; Im Innern des Wals 85; Männer 85; Paradies 86; Me and him (Ich und er) 88; Geld 89; Happy Birthday, Türke! 91; Keiner liebt mich 94; Bin ich schön? 98; Erleuchtung garantiert 01; Nackt 03; Der Fischer und seine Frau 04/05; How to cook your life 06/07; Kirschblüten – Hanami 07; – mehrere Dok.- u. Spielfilme im Bayer. Rundfunk (BR) in d. 70er/80er Jahren. – Lit: Spiegel v. 10.2.86; Barbara Quart: Women Directors (New York) 88; Renate Fischetti: Das neue Kino – Acht Porträts v. dt. Regisseurinnen 92; Franz A. Birgel u. a. (Hrsg.): Straight through the heart. D.D., German filmmaker and author (Lanham/Maryland) 04; Irma Hildebrandt: Frauen mit Elan. 30 Portr. v. Rosa Luxemburg bis D.D. 05, u. a. (Red.)

Döser, Ute, Dr. phil., Journalist; Böhmersweg 23, D-20148 Hamburg, Tel. u. Fax (0 40) 4 10 41 22, *utedoeser @yahoo.de.* Heiligkreuzstr. 42, D-72379 Hechingen (* Königsberg/Pr. 7. 3. 29). DJV 52; Gesch. – **V:** Optimisten leben besser, Geschn. 00, 2. Aufl. 01; Ein Lächeln an das Leben, Geschn. 05.

Dötschel, Celestina s. Schenkel, Celestina

Dohl, Stefan s. Danella, Utta

Dohm, Gudrun, Grafikerin; c/o Emons Verlag, Köln (* Frankfurt/M. 24. 6. 61). Kinderkrimi. – **V:** Die geheimnisvolle Hütte 03. – *Lit:* E. Fauth in: Mainz, Vjh. f. Kultur, Politik, Gesch., 23. Jg./Okt.03.

Dohm, Kurt, Pfarrer; Günther-Hafemann-Str. 44, D-28327 Bremen, Tel. (04 21) 47 21 54, Fax 47 21 64, *kurtdohm@gmx.de* (* Bremen 15. 8. 47). – **V:** Unser Leben, unser Glück 95; Tauf- und Konfirmandenunterricht für Erwachsene, Sachb. 04; KU Basic, Sachb. 07, 08. – **MV:** Wohlauf mein Herze sing und spring, m. Paul Gerhardt 91. – **MA:** Gebete, Predigten u. Gottesdienstentwürfe in: Zs. f. Gottesdienst u. Predigt: 2/91, 2/93, 1 u. 6/94, 2/97, 2 u. 4/98, 4/01; Was + ersch. 3 u. 4/97; Gottesdienstpraxis 93ff.; Arbeitshilfe zum Ev. Gottesdienstb. seit 06, u. a. – **H:** SMS to Jesus 02. – **P:** Erlebnisreise Bibel, m. J. Konowalczyk-Schlüter u. H. Huhle, Geschn. aus d. AT f. Kinder, CD-ROM 94.

Dohmen, Karin (geb. Karin Schulze), Dipl.-Biol., Dr. rer. nat., ObStudR.; Falkenweg 42, D-72076 Tübingen, Tel. (0 70 71) 64 04 14, Fax 64 04 23 (* Butterfeld 8. 8. 32). 1. Pr. „40 Jahre Bundesrepublik" d. Landeszentrale f. polit. Bildung Bad.-Württ. 89; Erz., Rom., Lyr., Sachb. – **V:** Märkisches Tagebuch 81; Genobyl. Letzte Geburt 2038? 88; Genobyl. Tiefkühlkinder 89;

mehrere Fachb. seit 83. – **MA:** Autorenwerkstatt 2 83; Lyrik-Expedition 1 88. – *Lit:* s. auch 2. Jg. SK. (Red.)

Dohmen, Marita (geb. Marita Knieps), Lehrerin i. R.; Simmerer Str. 14, D-50935 Köln, Tel. (01 77) 4 64 61 29, (02 21) 43 91 94, Fax 4 69 74 72, *info @marita-dohmen.de, www.marita-dohmen.de* (* Köln 24. 5. 41). Arb.kr. Kölner Mda.-Autoren im Heimatver. Alt-Köln 99; Erz., Lyr., Übertragung in Kölner Mundart. – **V:** Familiejeklaaf, Erz. u. Lyr. 96, 3., erw.Aufl. 02; Nohberschaffsklaaf, Kurzgeschn. 02. – **MV:** Das kölsche Schimpfwörterbuch, 1.u.2. Aufl. 01; Plaatekopp un Schlabbermuul, m. Volker Gröbe, Wörterb. 03; Kölsch Adventskalenderbooch, m. dems. u. Heinz Wild, Geschn. u. G. 03; Mondjecke un ander Minsche, Kurzgeschn. 05. – **B:** H. R. Queiser: Kurzer Prozeß, Ankedn. 98; D. u. J. Sieckmeyer: Echt Kölsch, Bilbd 99. – **MA:** Kölle Läv de janze Welt 98; Kleine Marktplatzgeschichten 98; Krune un Flamme, H. 2 96, 24, 26–28 03, 33 05, 36+38 06; Mer kann et och en Rümcher sage 99; Dreimal Null ess Null 03; Kölsch-Kolumne in: Kölnische Rundschau seit 99; zahlr. Beitr. in lokalen Zss. seit 96. – **P:** Kölsch: Bes op de Knoche, Videobuch 96. – *Lit:* H. A. Hilgers in: Das Kölner Aut.lex. 02. (Red.)

Dohner, Max, Schriftst., Journalist; Ehrendingerstr. 56, CH-5408 Ennetbaden, *max.dohner@azag.ch* (* Uetikon am See 15. 7. 54). Gruppe Olten; 1. Pr. d. Marianne u. Curt Dienemann-Stift., Luzern 95, Wettbew.-Stip. d. Elisabeth-Forberg-Stift., Bern, Werkbeitr. d. Kt. Zürich 01; Rom., Erz. – **V:** Mehr Zeit als Leben, Erzn. 96. (Red.)

Dohrenkamp, Hans-Jürgen s. Lippe, Jürgen von der

Dolata, Uwe, Dipl.-Verwaltungswirt (FH), Kriminalhauptkommissar, Kriminalist, Verleger, Schriftst., Suchttherapeut, Stadtrat d. Stadt Würzburg seit Mai 08; Pleicherschulgasse 2, D-97070 Würzburg, *uwe@ dolata.de, www.dolata.de* (* Würzburg 15. 9. 56). – **V:** Tagträume wider der Angst, Aphor. 93; Pflücke dir Zufriedenheit 95; Seufzen der Sinne, G.; Sich selber spüren, G.; Gesammelte Gedichte, Doppelbd 97; mehrere Sachb. – **MA:** 24 Würzburger Weihnachtsgeschichten; WürzBuch, Anth.

Dolata, Werner, Zahnarzt, Stadtältester v. Berlin; Eisenacher Str. 11 A, D-10777 Berlin-Schöneberg, Tel. (0 30) 2 11 58 46 (* Brandenburg/Havel 23. 2. 27). BVK I. Kl.; Zeitgesch. – **V:** Chronik einer Jugend 88; Zeitgesch. 92; Briefe aus Deutschland 06; „Das Wort hat ...", Beitr. z. Kommunal-, Landes-, Bundes- u. Gesellschaftspolitik 1958–1999 08; „Operativer Vorgang Schwarze Kapelle". Kath. Kirche im Visier d. Stasi 08. – **MA:** Der Kampf um den Steintorturm in Brandenburg 91; Die Kraft wuchs im Verborgenen 93; Gemeinsam sind wir Kirche 97; Und füllte mir das Schloss 97; Jugend im Spannungsfeld v. Staat u. Kirche in d. SBZ/DDR 1945–1989 98. – **H:** Nie wieder. Feldpostbriefe 1917–1918, Sachb. 90; Zeitzeichen – Sprüche und Kontraste 92.

Dolder, Willi (Ps. Urs W. W. Dell), Foto-Journalist; Klingen 2696, CH-9533 Kirchberg, Tel. (0 71) 9 30 07 30, Fax 9 30 07 31, *mediaprof@active.ch* (* Winterthur 13. 8. 41). – **V:** (MV:) Ruf der Tiere 69; Fotojagd in Ostafrika 72; Zoo Galapagos 73; Noch jagt der Tiger 75; Rocky Mountains 76; Die schönsten Tierreservate der Welt 75; Südamerikanische Abenteuer 76; Tropenwelt 76; Tiere im Zoo 76; Vögel der Tropen 76; Zoo Indien 76; Komm mit nach Afrika 77; Schweizer Nationalpark 77; Unsere Heimtiere 77; Paradiese 77; Tiere in Feld und Wald I: Die Huftiere Europas 77; Eine Reise um die Welt 77; Natur im Lebenskampf 77; Im wildesten Felsengebirge 77; Natur im Sucher

78; Wunderland Zoo 78; Tiereltern und ihre Jungen 78; Kostbarkeiten der Natur I 78, II 79; Kulturen am Mittelmeer 79; Der schweizerische Nationalpark 79; Das Grosse Buch vom Zoo 79; Die grössten und die kleinsten Tiere 80; Indien 80 (z.T. auch frz., ital., holl., span. u. port.); Jugoslawien 81; Hawaii 81; Mit der Kamera auf Reisen 83; Erfolgreiche Landschaftsfotografie 83; Die großen Fünf der Tierwelt 84; Das Wallis 85; Nordseeküste und Wattenmeer 85; Lebensraum Alpen 85; Englands Süden und London 88; Löwen 88; Kenia 88; Unser schöner Wald 89; Graubünden 92; Rund um den Säntis 92; Elefanten 93; Naturparadiese Afrikas 93; Die fünf Gesichter der Erde 95; Wie die Erde lebt 96; Rund um den Bodensee 97; Ziervögel 02; Zierfische 02; Tierkinder 02, u. a., größtenteils m. Ursula Dolder. (Red.)

Doletzki, Leo s. Rühmkorf, Peter

Doleys, Wolf; c/o Edition Lichtenberg, Adolf-Kolping-Str. 15, D-51519 Odenthal, Fax (0 22 02) 7 95 73, *doleys@netcologne.de, www.doleys.de* (* München 1. 7. 48). – **V:** Enfant perdu, Ess. 94; Ins Blaue springen, Lyr. 95; Flimmerfrei, R. 97; Zeitigungen, Lyr. 02.

Dolezol, Theodor, freier Schriftst., Wiss.journalist; Schanzenbachstr. 11, D-81371 München, Tel. (0 89) 74 66 45 10, Fax 74 66 45 11, *Th.Dolezol@t-online.de* (* Duisburg 18. 8. 29). BJV, TELI, P.E.N.-Zentr. Dtld; Dt. Jgd.lit.pr. 76; Sat., Science-Fiction, Feat., Sachb. – **V:** Aufbruch zu den Sternen 69, 4. Aufl. 74, Tb. 77; Delphine – Menschen des Meeres 73, 2. Aufl. 75; Planet des Menschen 75, 2. Aufl. 76; Adam zeugte Adam 79. – **MV:** Die Welt von morgen machen wir heute (auch Hrsg.) 71; Kommt Zeit, kommt Rad 70; Das andere Gesicht 71, alles Jgdb. – **MA:** Satn.: Rendezvous im All 65; Beichte einer Bestie in Menschengestalt 66; Über das Schneckentempo 67; Reisen tut not 69, u. a.; – **SF:** Die letzte Warnung 59; Programmgesteuert 67; Abschied von Scott 77; Das große Experiment 78, u. a.; – Zss.-Ser.: Das neue Bild der Evolution 86; Der schwere Weg vom Tier zum Menschen 87; Klimakatastrophe – ja oder nein? 89; Ozon 91. – **R:** Lucy im Diamantenhimmel 67; Keine Antwort von Antares 68; Herodot hat mehr gewußt 69; Wenn die Eiszeit wiederkommt 70; Unsere Freunde – die Delphine 72; Erdbeben 76; Allein im Kosmos? 81; Woher wir kommen 83; Bekanntschaft mit der Erde 84; Die Alpen 90; Kosmologie im Umbruch 91; Ursprung der Sprache 92.

Dollwet, Constance; Wederath, Keltenstr. 45, D-54497 Morbach, Tel. (0 65 36) 4 48, Fax 9 31 70 (* Thionville/Frankr. 13. 1. 64). Autobiogr. – **V:** Schreiben – mein Weg aus der Sprachlosigkeit, Autobiogr. 00. (Red.)

Doma, Akos, Dr., Schriftst., Übers.; Luitpoldstr. 8, D-85072 Eichstätt, Tel. u. Fax (0 84 21) 8 95 36 (* Budapest 6. 8. 63). Arb.stip. d. Dt. Übers.fonds 01, 03, 05, 07, 08, Stip. Künstlerhaus Lauenburg/Elbe 06, Stip. Künstlerdorf Schöppingen 07; Rom., Erz. Ue: ung., engl. – **Ue:** László F. Földényi: Heinrich von Kleist 99; ders.: Mit dem Unbegreiflichen leben 00; Péter Nádas: Schöne Geschichte der Fotografie 01; László F. Földényi: Newtons Traum 05; Béla Hamvas: Kierkegaard in Sizilien 06; László Végel: Exterritorium 07; Péter Nádas: Spurensicherung 07; Sándor Márai: Literat und Europäer. Tagebücher 1 09; László F. Földényi: Imre Kertész. Ein Wörterbuch 09. – *Lit:* NZZ v. 21.6.01; Tages-Anz. Zürich v. 8.2.02; SZ v. 11.2.02; taz v. 22.8.06 u. 14.9.06.

Domašcyna, Róža (Rosa Domaschke), freischaff. Schriftst.; c/o Verlag Das Wunderhorn, Heidelberg (* Zerna/Kamenz 11. 8. 51). P.E.N. 96, Intern. P.E.N., Sächs. Akad. d. Künste 03; Mörike-Pr. (Förd.pr.) 94,

Ćišinski-Pr. (Förd.pr.) 95, Anna-Seghers-Pr. 98, Lit.pr. d. Exil-P.E.N. 01, Stip. Herrenhaus Edenkoben 02, Calwer Hermann-Hesse-Stip. 02, Prix Evelyne Encelot, Autun/Burgund 03, Stip. d. Kulturstift. Sachsen 06; Lyr., Prosa, Dramatik. Ue: obersorb-wend, poln, slowak, russ. – **V:** Zaungucker, Lyr. u. lyr. Prosa 91; Zwischen gangbein und springbein, Lyr. u. lyr. Prosa 95 (als Künstlerb. m. Graph. v. A. Hampel u. G. Trendafilov 94); Pelzlos, m. A. Hampel, Lyr. u. Graph. 96; Der Hase im Ärmel, Texte, kurze Prosa, Lyr. 97 (als Künstlerb. m. Graph. v. A. Hampel 97); selbstredend selbzweit selbdritt, Lyr. u. lyr. Prosa, 1.u.2. Aufl. 98; kunstgriff am netzwerg 99; My na AGRA, Lyr. 04; Stimmfaden, Lyr. 06; Nachdichtungen ins Dt. u. Sorb.-Wendische; – Theater/UA: Die Ballonrakete/Balonraketa, Öko-M. 94/95; Memento 99; W paradizu wšyknych swětow 04. – **MA:** Der Bäcker ist ein Mann in blau 96; Lubliner Lift 99; Das Meer, die Insel, das Schiff, Anth., Lyr. 04; Kritiken u. Beitr. in Anth., Zss. u. Ztgn. – **H:** Jurij Khěžka: Das grüne Gej, Lyr. (auch übers.) 98; Wuhladko, Lit.alm. 00–04; Santera pantera, Lyr. 03. – **R:** 2 Hsp., 3 Feat.

Domaszke, Günter, Tischler, Matrose, Jugendherbergsvater, techn. Mitarb., Verkaufsleiter, Rentner, Schriftst., Red., Hrsg., VHS-Doz.; Henstedter Str. 4, D-27211 Bassum-Bramstedt, Tel. u. Fax (0 42 41) 52 67, *gdomaszke27211@aol.com* (* Bremen 26. 6. 30). Schrieverkring im Kr.heimatbd. Diepholz 96, Freudenthal-Ges. 98, Fehrs-Gilde 99; Bernd-Jörg-Diebner-Pr. 04; Prosa u. Lyr. in ndt. Mda., Übertragung ins Plattdt. – **V:** Allerhand to vertellen 96; ... dat kummt an!, plattdt. Geschn. 97; „Mudder" so weer se eben 98; Dree Maal twee / Lui van Noorden 99. – **MA:** Lege Tieden 96; Wenn de Pappelbööm singt 98; Bremer Texte 1 04, 2 05; Ich habe es erlebt 05; Besinnliches zur Weihnachtszeit 06. – **H:** En Handvull Kirschen 02 (auch Mitarb.). – **MH:** Över de Johren, m. Heinz Suhling 00 (auch Mitarb.). (Red.)

Dombrowski, Dominik; Vulkanstr. 37, D-53179 Bonn, *domdombrowski@web.de* (* Waco/Texas 27. 3. 64). FEEL – 1.Pr. f. erot. Lyr. 03, Irseer Pegasus (3. Pr.) 08; Lyr., Rom., Erz. – **V:** fortte Pirato, lyr. Prosa 03. – **MA:** Der Dreischneuß 15/03; Lyrik 2000S 04; außer.dem 12/05, 15/08; plumbum 7/06; Zeichen & Wunder 48/06; Federwelt 56/06; SIC 2 u. 3/07 lauter niemand 8/07; Poesie 21 Bd 8 07, 20 08; Macondo 8/07; POET 5/08; Ostragehege 51/08. – **MH:** Bucklichter Dronte, m. Friedrich Haller u. Martin Schwarzin, Leseb. 04.

Dombrowski, Peter, Antiquar; Zschochersche Str. 13, D-04229 Leipzig, Tel. (03 41) 9 26 00 91, 9 26 00 98 (* Rudolstadt 22. 11. 52). – **V:** Velates, Kurzgeschn. 07.

Domentat, Tamara, M.A., Autorin, Journalistin; Cheruskerstr. 21 A, D-10829 Berlin, Tel. u. Fax (0 30) 7 82 17 17, *Tamara.Domentat@gmx.de* (* Berlin 21. 10. 59). IG Medien 96; Ullstein-Pr. 93, Stip. von: Förderprogr. Frauenforschung, Künstlerförd. d. Berliner Senats, Stift. Luftbrückendank, u. a.; Rom., Sachb. Ue: engl. – **V:** Ende eines Tanzvergnügens, R. 95; mehrere Sachb. – **Ue:** Herbert Huncke: Bickfords Cafeteria 90. – *Lit:* s. auch SK. (Red.)

Domes, Robert, Autor, Journalist, Ausbilder, Musiker; Magnus-Remy-Str. 4, D-87660 Irsee, Tel. (0 83 41) 90 89 12, *info@robertdomes.de*, *www.robertdomes. com* (* Oxenbronn b. Ichenhausen 61). Dt. Lokaljournalistenpr. d. Konrad-Adenauer-Stift., Journalistenpr. d. Verb. d. Bayer. Bezirke, Drehb.förd. d. FilmFernseh-Fonds Bayern. – **V:** Nebel im August, Jgdb. 08. (Red.)

Domhardt, Elke; c/o Förderkreis der Schriftsteller, Böllberger Weg 188, D-06110 Halle/Saale, *El*

Dominik

Domhardt@t-online.de (* Ottendorf-Okrilla 12. 5. 50).
Würth-Lit.pr. 98, MDR-Lit.pr. (3. Pr.) 00, Stip. d. Stift.
Kulturfonds 03. – **V:** Glückliche Kindheit, Erz. 93;
Pech, Erzn. 96; Kaspartheater, Theaterst. 98; Kommt
ein Vogel geflogen 99; Die schwankende Frau, Erzn.
01. – **MA:** mehrere Veröff. in Anth., u. a.: Stunde der
Phantasten 96; Eröffnungen 96; Wer dem Rattenfänger
folgt 98; Das Kind im Schrank 98. (Red.)

Dominik, Nikolaus, M. A., Red. b. dpa; De-la-Paz-
Str. 12a, D-80639 München, Tel. (0 89) 17 80 99 84, Fax
17 80 99 86, *N.DOMINIK@t-online.de, www.lyrismen.
de* (* Amberg 18. 6. 51). GZL 95–07; Journalistenpr.
83, Kolatur-Pr. 92, Medienpr. 00, Lyr.-Pr. d. Dt. Nationalbibl. 02; Lyr. – **V:** Fraktale Endschafften 91; Mi-
sogene Wennheiten 94; Virginale Schächtungen 96. –
MA: Zss.: Zettel 91 u. 93; Lettre International 28/95;
Das Gedicht 4/96, 5/97, 6/98, 7/99, 8/00, 12/04, 13/05,
14/06; 15/07; Chiffre 6/96; Artention 11/97; Jahrtausend 10/99; – Anth.: Buch der kleinen Gedichte 98;
Unterwegs ins Offene 00; Blitzlicht 01; Halb gebissen,
halb gehaucht 02; Heiss auf dich 02; Städte. Verse 02;
SMS-Lyrik 02; Gedichte 02; Zeit. Wort 03; Nackt-Ge-
dicht 04; Spurensicherung 05; Garten der Poesie 06;
Versnetze 08. – **MH:** Knaurs Neues Jugendlexikon 98;
Knaurs Jugendlexikon, 2. Aufl. 01. – **R:** Zerbrechte
Stückungen 98; Wagner-Idyll 01, beides vertonte Lyr.
im ORF; Tamgu, Sinfonietta (vertont v. Fritz Keil),
UA 06. – **P:** Gedicht-Datenbanken: jokers.de, hugendu-
bel.de, dtv.de 04–06; Internet-Publikation unter: www.-
fixpoetry.com/index.php?id=2121&aid=2541 08. – *Lit:*
Scriptum 10/92; Dt. Schriftst.lex. 01; Die Zeit – online
03; taz 6976/03.

Domma, Ottokar s. Häuser, Otto

Dommer, Elisabeth (Ingeborg Elisabeth Dommer),
Lehrerin bis 76, Mitarb. im Kreiskabinett f. Kulturarbeit bis 90, seitdem freischaff.; Barlachstr. 55, D-04600
Altenburg, Tel. u. Fax (0 34 47) 83 93 32 (* Altenburg
13. 3. 51). VS Thür. 90, Friedrich-Bödecker-Kr. Thür.,
Lit. Ges. Thür.; Arb.stip. d. Kultusmin. Thür. 06; Erz.,
Kinderb., Rom., Rundfunkgesch. – **V:** Im Bannkreis, M.
u. Geschn. f. Erwachsene 88; Jenny und das Zauberpferd, Kdb. 94; Sommervögel in Eis, Erzn. 02; Maxi mit
dem Koboldherzen 04; Brom und Filuh, Kdb. m. CD
06. – **MA:** Beitr. in Anth.: Der Morgen nach der Geisterfahrt 93; Er liebt mich, er liebt mich nicht 93; Die
schönsten Geschichten zur Weihnachtszeit 94; Immer
diese Schule 95, 02; Sommer, Sonne und ein bisschen
Liebe 97; Weihnachtszeit – Zauberzeit 98; Mein Win-
ter-Weihnachts-Wunschbuch 98; Beitr. in Zss. u. Jbb.:
Palmbaum 2/97, 4/97, 3–4/00, 1/02; Christlicher Kinderkal. 96, 97; Benjamins Jahr 98; Marienkal. 91, 94,
98. – **R:** Manjas Mond 93; Zauberei in Bummersdorf
96, beides „Ohrenbär"-Radiogeschn. (Red.)

Domnick, Annelise s. Raub, Annelise

Domröse, Angelica, Schauspielerin, Doz. an d. HS
f. Schauspielkunst Ernst Busch, Theaterregisseurin; c/o
Hans Otto Theater, Schiffbauergasse 11, D-14467 Potsdam (* Berlin-Weißensee 4. 4. 41). – **MV:** Ich fang
mich selber ein. Mein Leben, m. Kerstin Decker
03. – **MA:** Lebenswege. Friedrich Schorlemmer im Gespräch, Bd 4 02. – *Lit:* Christoph Funke/Dieter Kranz:
Angelica Domröse 76; Frank Blum: Angelica mit C 92,
u. a. (Red.)

Doms, Sophia; Schaftriebweg 6, D-55131 Mainz,
barockleser@hotmail.com (* Mainz 22. 8. 80). Lit.pr. d.
Wettbew. „Literatur-Reportagen" d. Ldesargbem. Literar. Ges. in Rh.-Pf. 98, Pr. b. Lit.wettbew. f. Schülerin-
nen u. Schüler „Schrittmacher 00", 1. Pr. b. Wettbew.
„Novalis u. Europa" d. Novalis-Ges. 02, 1. Pr. b. „Dt.
Stud.pr. 00" d. Körber-Stift. 02; Kurzprosa, Lyr. – **V:**

Ein lächelndes Geheimnis 97, 3. Aufl. 98; Deute mir
die Schatten 98, beides Prosatexte; „Alkühmisten" und
„Decoctores". Grimmelshausen u. die Medizin seiner
Zeit 06. – **MA:** Ortsgedächtnis, Rh.-Pfälz. Jb. f. Lit.
Bd 6 99; Schrittmacher 2000, Jgd.-Lit.-Jb. Rh.-Pf. 99;
Spee-Jb. 99; art 21 02; Schreiben = Aussage, Anth. 02;
Maskenball, Anth. 02/03; Sterz 92/93 03; Dreischneuß
15 03; Podium 131/132 04; Dichtungsring 33 05; My-
thos Heidelberg 07. – **P:** Mitarb. an d. Internetforen:
Art-21 02–03, Forum der 13 (www.forum-der-13.de). –
Lit: U. Graw in: metamorphosen 22 98. (Red.)

Don David s. Zehnter, David Ho

Dona Barbara s. Seuffert, Barbara

Donath, Sabrina s. Kreisel, Helene Margarete

Donges, Stefan, Schriftst.; Carlstr. 7, D-67466 Lambrecht, Tel. (01 72) 4 44 20 51 (* Dillenburg 2. 4. 64). –
V: Der magische Fernseher und weitere merkwürdige
Geschichten 00; Das Theater des Wahns und weitere
merkwürdige Geschichten 01; Sein ist Zeit, G. 02; Wi-
derrede, G. 02; Makabere Verse 03; Soli Deo Gloria –
Der Weg zum Leben, Erz. 04; Suche Wohnung im Himmel 05; In den letzten Tagen 06. (Red.)

Donhauser, Michael; Matzleinsdorfer Platz 3/3/15,
A-1050 Wien, Tel. (01) 5 45 86 01 (* Vaduz 27. 10. 56).
manuskripte-Pr. 90, Wiener Autorenstip. 94, Christine-
Lavant-Lyr.pr. 95, Mondseer Lyr.pr. 01, Christian-Wag-
ner-Pr. 02, Lyr.pr. Meran 04, Ernst-Jandl-Pr. f. Lyr. 05;
Lyr., Prosa, Übers. – **V:** Der Holunder, Prosa-G. 86; Ed-
gar, Erz. 87; Die Wörtlichkeit der Quitte, Prosa-G. 90;
Dich noch und, G. 91; Von den Dingen, Prosa-G. 93;
Das neue Leben, Dreizeiler 94; Livia oder Die Reise,
R. 96; Sarganserland, G. 99; Die Gärten, Prosa 00; Die
Elster 02; Die Hecke 02; Venedig: Oktober, G. 03; Vom
Schnee 03; Vom Sehen 04; Ich habe lange nicht doch
nur an dich gedacht, neue u. ausgew. G. 05; Schönste
Lieder 07. – **MA:** Beitr. u. a. in: manuskripte; Akzen-
te; ndl; Der Prokurist. – **Ue:** Arthur Rimbaud: Die späten Verse 98. – *Lit:* Martin Kubaczek in: manuskripte
126/94; Ulla Hahn: Gedichte u. Interpretationen – Gegenwart 2, 97. (Red.)

Donnelly, Elfie, Journalistin; c/o Piper Verl., München (* Edmonton/London 14. 1. 50). Dt. Jgd.lit.pr. 78,
Hans-im-Glück-Pr. 78, Adolf-Grimme-Pr. mit Silber
78; Rom., Film, Hörsp. – **V:** Servus Opa, sagte ich leise
77; Der rote Strumpf 79; Karo Honig macht Frieden 81;
Tine durch zwei geht nicht 82; Willy, Tierarzt für Kinder 83; Ich hab Dich lieb, Geschn. 83; Tapetenwechsel 83; Bongo Bommel aus dem All 86; Die getausch-
ten Eltern 86; Peters Flucht 86; Ein Paket für Frau Löbenzahn 86; Eine Reise mit Frau Löbenzahn 87; Das
Weihnachtsmädchen 87, alles Kdb.; Für Paare verboten 96; Katzen für Mallorca 99; Die Hühnerleiter ins
Nirvana 99; Wendelburgs Komplott 99; Das Glasauge
99; eine leises Wort 02, alles R.; Gebrauchsanweisung für Mallorca 02; Wen der Tod entlässt 03; – Reihe
„Benjamin Blümchen" 80ff.; Reihe „Bibi Blocksberg"
83ff; (Übers. div. Titel in zahlr. Sprachen). – **R:** Servus
Opa, sagte ich leise, Fsp.; Der 4-A-Express; Das Charlottenburger Schloßgespenst; Die Zeitmaschine; Familie Eierkuchen; Der fliegende Teppich; Die Potzblitzer;
Der rote Strumpf, alles Hsp. f. Kinder. – **P:** Servus Opa,
sagte ich leise 79; Der rote Strumpf, Schallpl. 82; Eene-
meene Hexerei, 10 F., Tonkass. 82/83; zahlr. Folgen d.
Reihen „Benjamin Blümchen" u. „Bibi Blocksberg" auf
Ton- u. Videokass. (Red.)

Donus, Bruno; Meranierring 65, D-95445 Bayreuth,
Tel. (09 21) 4 17 32 (* Stuttgart 18. 4. 21). VS 81; Lyr.,
Kurzgesch., Theaterst. – **V:** Rusterwein mit Smyrnafei-
gen, Lyr. 80; Von Zeiten, Lyr. 81; Kennen Sie Carlo? 96;
Der kleine Löwe 96; Meine Antifrau 97; Grosswildjä-

ger 97; Der Mann, der auf die Eidechse schoss 97; Sauer macht lustig 97; Niemand ist perfekt 98. – **MA:** 80 Anth., u. a.: Gaukes Jb. 80–86; Her mit dem Leben 80; Jb. dt. Dichtung 80–85; Sehnsucht im Koffer 81; Augen rechts 81; Kennwort Schwalbe 81; Das Ziel sieht anders aus 82; Lyrik 1981 82; 1982/83 84; Zuviel Frieden 82; Einkreisung 82; Siegburger Pegasus 82, 83/84; Friedens-Fibel 82; Autoren stellen sich vor 1 u. 3 83; Uns trennen Welten 83; Begegnung im Wort 84; Hinter den Tränen ein Lächeln 84; Im Wind wiegt sich die Rose 84; Lebenszeichen 84; Lyrik heute 84; Mit dem Fingernagel in Beton gekratzt 84; Mutter und ich 84; Nach Spuren suchen 84; Schwing deine Flügel 84; Als die Nacht anbrach 85; Eigentlich einsam 85; Gegenwind 85; Kirschen ohne Steine 85; Tippsel 1 85; Torschluß 85; Vom hohen Ufer III 85; IGdA-Almanach 85/86, 86/87; Love stories 86; Sonnenreiter Anthologie 86; Im Schatten der Ulme 86; ca. 50 Lit.zss. u. Ztgn, u. a.: Adagio; Apropos; Bakschisch; Bl. f. Alltagsdicht.; Dietrichsblatt; Das Boot; Dullnraamer; Entwurfbude; Exempla; Flugasche; Horizonte; IGdA- Aktuell; Karlsruher Bote; Lit. in Bayern; Kürbiskern; Lyrik-Mappe; Naos; Passauer Pegasus; Philodendron; Regenschirm; Silhouette; Schreiben + Lesen; Sprachlos; Sterz; Tableau; Umrisse; Vis-à-vis; Windrad; Zwischenbereiche seit 79. (Red.)

Doppagne, Brigitte, Schriftst.; Bensberger Marktweg 75, D-51069 Köln, *brigitte@doppagne.de* (* Köln 13. 7. 61). Stip. d. Barkenhoff-Stift., Worpswede 90, Solitude-Stip. 92, Rolf-Dieter-Brinkmann-Stip. 93, Stip. Atelierhaus Worpswede 93, Förd.pr. d. Ldes NRW 94, Kulturpr. f. Lit. d. Ldkr. Cuxhaven 96, Arb.stip. d. Ldes NRW 98, Arb.stip. d. Filmstift. NRW-GmbH 98/99, 01, Arb.stip. f. d. Staatskanzlei NRW 06; Rom., Lyr., Erz., Hörsp., Ess. – **V:** Clara, Erz., 1.–3. Aufl. 93, Tb. 96, 2. Aufl. 99 (auch ital.); Ottilie Reylaender, Biogr. 94; Der Nachtgast, R. 98, Tb. 00; Von Brügge nach Gent, Reise-Ess. 03. – **MA:** zahlr. Veröff. in Anth. u. Lit.zss., u. a.: Verwandlungen 98; Erinnern und Entdecken 98; Von Büchern und Menschen 99, 01, 03, 04, 05; Signum 08. – **R:** Gleisgespräch, Hsp. 00.

Doppler, Daniel s. Karasek, Hellmuth

D'Orazio, Brigitte s. Conte, Letizia

Dorfmeister, Gregor (Ps. Manfred Gregor), Journalist, Verantwortl. Red. i. R.; Jahnstr. 29, D-83646 Bad Tölz, Tel. (0 80 41) 23 64 (* Tailfingen/Württ. 7. 3. 29). Rom. – **V:** Die Brücke, R. 58, 98, Neuaufl. 05 (auch ndl.); Das Urteil, R. 60; Die Straße, R. 61. – **F:** Die Brücke; Stadt ohne Mitleid (nach d. Roman 'Das Urteil').

Dormagen, Herbert (Ps. Gustav Jacobsen), Dr., Dipl.-Soz.; 4407 20th St, San Francisco, CA 94114 (* Bonn). Stip. d. Heinrich-Heine-Stift., Rom., Lyr., Erz., Hörsp., Kurzgesch., Ess., Krim.rom., Rezension. – **V:** Theorie der Sprechtätigkeit 77; Marie 80; Crack America 88; McJob Porno und Atmosphärisches 88, 91; Reich und positiv 88, 91; Seelen-Cocktail 88, 91; Das Menschlein 89; Die drei Schnarcher 89, 90; Seltsamer Flirt 89, 93; Tote Blumen 89, 93; Das unbewohnbare Mädchen 89; Bag Lady 90, 91; Ruhe 90, 92; Leichensäcke in der Wüste 91; Krieg der Armen 92; Liebe im April 92; Aspirin 93; Doktor Frankenstein 93; Die Limousine 93; Qualm 93; Manifest des Scheiterns 95; Crack America, Gesamtausg. 95; Neue Satiren aus San Francisco 96; Gesetz ist Gesetz. Ratloser Kriegsrat 99; Veronicas romantischer Tod 01. – **MA:** 66 90; Agonie; Asphalt Beat; Brain Surfer; Bulletten Tango; Chelsea Hotel; Cocksucker; Das Dreieck; Der Störer; Die Beute; Die Tageszeitung; die hoen; Downtown Deutschland; First; fragmente; Frankfurter Rdsch.; Gegengift;

Hess. Literaturbote; Holunderground; Ikarus; Jäger 90; Kopfzerschmettern; Kopie-Kunst; Kozmik Blues; Literar. Arbeitsjournal; mid; novak; nummer; Ökojournal; opossum; Passagen; Pips; proposition; Quarktaschen & Pißstengel; Rogue; Schritte; spinne; Staccato; Stroker; Subbild; The Mower; Umrisse; Ventile; Volkszeitung; vor-sicht; ZAP; Zs. für angewandtes Alphabet u. Kunst. – **R:** Nichts geschah 92; Detektive, Inzest 93; Coke-Bottle-Lamp 95; Zu Haus soll bleiben, wer in Wahrheit glücklich ist 96; Vaters Freundin 98; Gesetz ist Gesetz 98; No smoking 99; Henry Miller – vom Winde verweht? 00. – *Lit:* zahlr. Rez. in Ztgn u. Zss. seit 89, u. a. von: Helmut Salzinger, Karl Riha, Thomas Wolf, Susanne Broos, zuletzt von: Claudia Schülke in: FAZ, Impressum, Bulletten Tango 92; Kai F. Böhne in: Radio von unten, Impressum 93; Gerhard Jamal in: az 94; Siggi Liersch in: Frankfurter Neue Presse, impressum 95; Jürgen Roth in: junge welt 95; H. Hübsch in: Gegengift 96; Jürgen Roth in: Jungle World, Die Wanze 98; Kultur? Betrieb! 99. (Red.)

Dormann-Knobloch, Hans Werner, Schriftst.; Castellezgasse 28/5/23, A-1020 Wien, Tel. (01) 2 16 46 89. Via Bestone 6, I-25010 Tremosine-Bassanega, Tel. (03 65) 95 13 93 (* Chemnitz 25. 2. 28). Jugendb., Hör- u. Fernsehsp. – **V:** Das Geschenk der Seidenprinzessin 64; Auf unserer Insel tut sich was 66, 69; Stups 70; Die Gäste des Herrn Pippinello 72; Das Geheimnis der Göttin Si ling shi' 73; Hauptgewinn ein Kalb 78, alles Jgdb. – **R:** Fegefeuer, Hsp. 65; weitere 60 Hsp. u. a.: Stups, 4 F., Geschichten aus Spettronien, 8 F.; Die Karawane, n. Hauff, 8 F.; Die Vogelscheuche; Der verlorene Hut; Vor Mäusen wird gewarnt; Schwindler, Schwätzer und Belehrte; Pech für Füchse Glück für Enten, alles Fsp. 73; Der Tunnel; Nie wieder ein Wort davon?; Das Trockenmilchkalb 78; Marcel 79; Titanic 80, alles Hsp. u. Hsp.-Ser.; Kalif Storch; Der Lügner Maaruf, beides Fsp.; Die Maschine die sprechen kann, Hfk-Ser. 88.

Dorn, Albert s. Erb, Roland

Dorn, Anne (Ps. f. Anna Christa Schlegel), Kostümbildnerin, Filmemacherin, Autorin; Weißenburgstr. 19, D-50670 Köln, Tel. u. Fax (02 21) 73 11 32. Stockhof, D-56651 Oberdürenbach, Tel. (0 26 55) 29 85 (* Wachau b. Dresden 26. 11. 25). GEDOK 70, VS 71, P.E.N.-Zentr. Dtld 97; Förd.pr. d. Stadt Köln 72. Journalistenpr., Reisestip. d. Ausw. Amtes 78, 79, 97, E.gast Villa Massimo Rom 85, Arb.stip. d. Ldes NRW 86 u. 02, Stip. d. Stuttgarter Schriftstellerhauses 86, Stip. Künstlerdorf Schöppingen 90, Stip. Atelierhaus Worpswede 94, Amsterdam-Stip. Senat Bln 96, Stip. d. Konrad-Adenauer-Stift. 99, E.gabe d. Dt. Schillerstift. 07; Erz., Hörsp., Hörfunkfeature, Schausp., Film, Lyr., Rom., Ess., Nov. – **V:** hüben und drüben, R. (m. e. Vorw. v. Lew Kopelew) 91; Geschichten aus tausendundzwei Jahren, R. 92, erw. Ausg. 97; rübergemacht, Sch. 92; Damals als die Sonne schien, N. 96; Siehdichum, R. 05. – **MA:** 37 Erzn. in Anth. u. lit. Zss., u. a. in: die hoen 168/92, 189/98; ndl 10/93; Einmischung erwünscht 96; Jb. dt. Lyrik 98, 00ff.; Signum, Bll. f. Lit u. Kritik, Juni 02, Dez. 03, Juni 04; Spätlese, Anth. 03; – Ess. in: Vierseitige Einzelgänger. Schriftsteller streiten über Politik u. Moral 97. – **R:** 40 Erzn. im Hfk, u. a.: Bergpartie; Schiffsreise; Der Zettel; Böse Spiele; Gedanken zur Zukunft (Ess.); – 14 Hsp., u. a.: Ortschaften; Bettis Vormittag; Lauter Luder; Von der Schwierigkeit, auf die richtige Art lebendig zu sein; – 19 Hfk-Feat., u. a.: Ich bin ungefähr die Letzte; Ein letztes Mal Besuch im Tal; Daß die Armen nicht dumm sind, weil sie arm sind; Gedanken zur Zukunft; – 7 Fsf. in eigener Regie, u. a.: Begegnungen. Elf angebrochene Geschichten; Das Haus; Nostalgie; Ein Gedicht; – versch. Multime-

Dorn

diaprojekte. – *Lit:* Elrud Ibsch in: Dt. Bücher/Forum f. Lit., 32. Jg. 02. (Red.)

Dorn, Gertrud s. Fussenegger, Gertrud

Dorn, Katrin, freischaff. Autorin; Fischers Allee 84, D-22763 Hamburg, Tel. (0 40) 30 39 19 09, *katrindorn @gmx.de* (* Gotha 3. 8. 63). VS 97; Stip. d. Stift. Kulturfonds 94 u. 99, Stip. d. Dt. Lit.fonds 96, Autorenförd. d. Stift. Nds. 99, Förd.pr. d. Dt. Schillerstift. 00, Ahrenshoop-Stip. Stift. Kulturfonds 01, Lit.förd.pr. d. Stadt Hamburg 03; Rom., Erz., Hörsp. – **V:** Der Hunger der Kellnerin, Erz. 97; Lügen und Schweigen, R. 00; Tango-Geschichten 02; Milonga, R. 05. – **MA:** Mütter und Musen 95; Grüner Mond 96; Schraffur der Welt 00, u. a. – **H:** EDIT – Papier für neue Texte 93–95. (Red.)

Dorn, Lisa s. Hüttner, Doralies

Dorn, Reinhard s. Vinzenz

Dorn, Thea (Ps. f. Christiane Scherer), Moderatorin v. „Literatur im Foyer" im SWR-Fs.; lebt in Berlin, c/o Piper Verl., München, *www.theadorn.de* (* Offenbach/ Main 23. 7. 70). Marlowe-Pr. 95, Dt. Krimipr. 00, Berliner Krimifuchs 03; Rom., Dramatik, Ess. – **V:** Berliner Aufklärung 94; Ringkampf 96; Marleni. Preußische Diven blond wie Stahl, Bü.-Ms. 98, UA 00; Die Hirnkönigin 99; Bombsong, Bü.-Ms. 01, UA 02; Ultima Ratio, Kurzgeschn. u. Kolumnen 01; Die Brut, R. 04; Die neue F-Klasse. Wie die Zukunft von Frauen gemacht wird 06; Mädchenmörder. Ein Liebesroman 08. – **MA:** Berlin noir, Anth. 97. – **R:** Tatort: Der schwarze Troll 03; Tatort: Familienaufstellung 09. – **P:** CDs: Der Ringkampf 01; Marleni 02.

Dornemann, Sandra s. Koenig, Stefan

Dorner, Maximilian, Lit.lektor u. Doz.; München, *maxverlag@maksverlag.de, www.maxdorner.de* (* München 73). Bayer. Kunstförd.pr. f. Lit. 04. – **V:** Absage – Gute Gedichte und schlechte in kleinerer Schrift 06; Der erste Sommer, R. 07; Mein Dämon ist ein Stubenhocker. Aus d. Tagebuch e. Behinderten 08. (Red.)

Dorner, Rolf, public relations, Werbeleiter; Breitwies 19, CH-5420 Ehrendingen, *r.dorner@bluewin.ch* (* Bad Schussenried 23. 3. 39). ZSV, SSV, P.E.N.; Lyr., Belletr., Fachlit. – **V:** Im ewigen Kreise, G.; Besser schreiben für die Presse, Leitfaden 89/91; Zeitgeist, R. 94; Lust und Frust beim Schreiben, Ess. 97; Restzeit oder Der längste Nachmittag 02; Stichworte, Ess. 05. – **MA:** Limmattaler Tagbl. u. a. (Red.)

Dornheim, Jutta (geb. Jutta Lange), Dr. rer. soc. habil.; Saarbrückener Str. 38, D-28211 Bremen, Tel. (04 21) 4 98 66 06, *dornheim@uni-bremen.de* (* Weißenfels/Saale 6. 7. 36). Bremer Lit.kontor 04, VS 05, Bremer Lit.haus (virt.) e.V. 05; Seniorenlitpr. „Am Herzschlag Europas", Sparte Lyr., Saarbrücken 06; Lyr., Rom., Erz., Ess. – **V:** In sperriger Lebenswelt, G. 05; Unsterblich sterblich, G. 06. – **MA:** Beitr. in Lit.zss u. Anth. seit 65; Künstlerbuch Edition YE 06. (Red.)

Dornseif, Andrea, Fachautorin; Innsbrucker Str. 56, D-10825 Berlin, Tel. u. Fax (0 30) 2 61 31 67, *adornseif @snafu.de* (* Wuppertal 22. 2. 54). Ue: engl. – **V:** Kopfüber. Ein Blick auf d. Geheimnisse Australiens 00; mehrere Sachb. – **MA:** Übers. in: Freibeuter 75 u. 76 98. – **Ue:** Spurensuche. Wie d. Buschmänner im modernen Südafrika ankommen 01. (Red.)

Dorst, Tankred, Schriftst.; Karl-Theodor-Str. 102, D-80796 München, Fax (0 89) 3 07 32 56 (* Sonneberg/ Thür. 19. 12. 25). Bayer. Akad. d. Schönen Künste, Dt. Akad. f. Spr. u. Dicht., Akad. d. Wiss. u. d. Lit. Mainz, Akad. d. Darst. Künste Frankfurt, P.E.N.-Zentr. Dtld; Pr. d. Autoren-Wettbew. d. Mannheimer Nationalthea-

ters 59, Stip. d. Gerhart-Hauptmann-Pr. 60, Villa-Massimo-Stip. 62, Förd.pr. d. Stadt München 64, Gerhart-Hauptmann-Pr. 64, Tukan-Pr. 69, Lissaboner Theaterpr. 70, Premio Italia, Adolf-Grimme-Pr. 70, Lit.pr. d. Bayer. Akad. d. Schönen Künste 83, L'Age d'Or 84, Carl-Zuckmayer-Med. 87, Carl-Schaeffer-Playwright's Award New York 87, Mülheimer Dramatikerpr. 89, Georg-Büchner-Pr. 90, Ludwig-Mülheims-Pr. 91, Poetik-Gastprofessur d. U.Bamberg 91, E.gabe d. Heinrich-Heine-Ges. 94, E.T.A.-Hoffmann-Pr. d. Stadt Bamberg 96, Max-Frisch-Pr. d. Stadt Zürich 98, Friedrich-Baur-Pr. f. Lit. 98, Frankfurter Poetik-Vorlesungen 03/04, Kultureller E.pr. d. Stadt München 05, Samuel-Bogumil-Linde-Lit.pr. 06; Drama, Ess., Film, Fernsehen, Libr. Ue: engl, frz. – **V:** Geheimnis der Marionette, Ess. 57; Die mehreren Zauber, Geschn. f. Kinder 66; UNTER MITARBEIT v. Ursula Ehler: Sand, e. Szenarium 71; Dorothea Merz, e. fragmentar. Roman 76; Klaras Mutter, Erz. 78; Eisenhans, e. Szenarium 83; Die Reise nach Stettin 84; Der nackte Mann 86; Grindkopf 86; Dicht an der großen Dornenhecke, der Grenze der Vernunft. Film üb. E.T.A. Hoffmann 96; Werkstattbericht 99; Noch einmal Öderland. Ein wieder aufgenommenes Gespräch 99; Merlins Zauber 01; Der schöne Ort, Erz. 04; Sich im Irdischen zu üben. Frankfurter Poetikvorlesungen 05; – STÜCKE: Auf kleiner Bühne. Versuche mit Marionetten 59; Die Kurve, in: Modernes dt. Theater I 61; Gesellschaft im Herbst, in: Junges Dt. Theater von heute 61; Große Schmährede an der Stadtmauer, in: Theater heute 12/61; Der gestiefelte Kater oder Wie man das Spiel spielt 63; Die Mohrin 64; Toller 68; Kleiner Mann – was nun?, Revue n. Fallada 72; UNTER MITARBEIT v. Ursula Ehler: Eiszeit 73; Die Villa 80; Merlin oder das wüste Land 81; Der verbotene Garten. Fragmente über D'Annunzio 83; Merlin oder Die Schmerzen der Phantasie, in: Spectaculum 40/85; Ich, Feuerbach 86; Korbes 88; Parzival 90; Karlos 90; Herr Paul 93; Nach einer langen Zeit 93; Die Schattenlinie 94; Amely, der Biber u. der König auf dem Dach. Wie Dilldap nach den Riesen ging, zwei Märchenst. f. Kinder 95; Die Geschichte der Pfeile. Ein Tryptichon. 1: Philemon Martyr, 2: Das grüne Zimmer; 3: Memorial 95; Was sollen wir noch 96; Die Legende vom armen Heinrich 96; Harrys Kopf 97; Wegen Reichtum geschlossen 98; Friß mir nur mein Karlchen nicht, Kinderst. 99; Große Szene am Fluß 99; Othoon. Ein Fragment 02; Die Fußspur der Götter 06; Künstler 07; – WERKAUSGABE: 1: Deutsche Stücke 85, 2: Merlin oder Das wüste Land 85, 3: Frühe Stücke 86, 4: Politische Stücke 87, 5: Wie im Leben wie im Traum u. a. Stücke 90, 6: Die Schattenlinie u. a. Stücke 96, 7: Die Freude am Leben u. a. Stücke 02, 8: Prosperos Insel u. a. Stücke 08; – THEATER/UA: Die Kurve 60; Gesellschaft im Herbst 60; Freiheit für Clemens 60; Libr. zu: La Buffanota, Ballet chanté 61; Große Schmährede an der Stadtmauer 61; Rameaus Neffe 63; Libr. zu: Yolimba oder Die Grenzen der Magie, musikal. Posse 64; Die Mohrin 64; Der gestiefelte Kater oder Wie man das Spiel spielt 64; Der Richter von London, n. Thomas Dekker 66; Wittek geht um 67; Toller 68; Dem Gegner den Daumen aufs Auge u. das Knie auf die Brust 69; Die Geschichte von Aucassin u. Nicolette, Libr. 69; Kleiner Mann – was nun?, Revue 72; Eiszeit 73; Auf dem Chimborazo 75; Goncourt oder Die Abschaffung des Todes, m. Horst Laubel 77; Die Villa 80; Merlin oder Das wüste Land 81; Ameley, der Biber u. der König auf dem Dach 82; Heinrich oder Die Schmerzen der Phantasie 85; Ich, Feuerbach 86; Der verbotene Garten 87; Parzival 87; Korbes 88; Grindkopf 88; Parzival, Neufass. 90; Karlos 90; Fernando Krapp hat mir diesen Brief geschrieben 92; Der blaue Engel, Revue 92; Herr Paul 94; Wie Dilldapp nach dem Riesen ging 94; Nach Jerusalem 94; Die Schattenlinie 95; Die Geschichte der Pfeile 96; Die Legende vom armen Heinrich 97; Harrys Kopf 97; Was sollen wir tun 97; Wegen Reichtum geschlossen 98; Don't eat little Charlie 99; Große Szene am Fluß 99; König Sofus u. das Wunderhuhn 99; Ich will versuchen, Kupsch zu beschreiben 00; Die Freude am Leben 02; Ich bin nur vorübergehend hier 07; Künstler 08. – **MV:** Rotmord oder I was a German, m. Peter Zadek u. Hartmut Gehrke 69. – **MA:** Spectaculum 40, 47, 55, 58, 60–62, 66, 85–98. – **H:** Ludwig Tieck: Der gestiefelte Kater oder Wie man das Spiel spielt 63; Die Münchner Räterepublik, Zeugn. u. Komm. 66; Geld oder Leben, Szenen 97. – **R:** HÖRSPIELE: Die Kurve 63; Große Schmährede an der Mauer 63; Toller 69; Sand 73; Auf dem Chimborazo 74; Fragmente einer Reise nach Stettin 81; Amely, der Biber und der König auf dem Dach 82; Der verbotene Garten 84; Ich, Feuerbach 86; Korbes 87; Grindkopf 89; Die wahre Geschichte der Infanten Karlos 90; – FERNSEHFILME: Die Kurve 61; Die Schelminnen 62; Große Schmährede an der Mauer 63; Der Richter von London 66; Die Mohrin 67; Rotmord 69; Piggies 70; Sand 71; Der scharlachrote Buchstabe, m. W. Wenders 73; Kleiner Mann, was nun? 75; Dorothea Merz 76; Auf dem Chimborazo 77; Klaras Mutter 78; Mosch 80; Eisenhans 83. – **Ue:** u. B: Denis Diderot: Rameaus Neffe 64; Sean O'Casey: Der Preispokal, UA 67 u. d. T.: Der Pott; Molière: Drei Stücke: Der eingebildet Kranke, Der Geizige, George Dandin 78; ders.: Der Bürger als Edelmann 86. – *Lit:* Taeni: Die Rolle d. Dichters in d. revolutionären Politik (Akzente 6) 68; Horst Laube (Hrsg.): Werkb. üb. T.D. 74; W. Buddeke/H. Fuhrmann: Das dt.spr. Drama seit 1945 81; Günther Erken: T.D.; Materialien 89; Markus Desaga (Hrsg.): Auskünfte von u. über T.D. 91; Peter Bekes: T.D. Bilder u. Dokumente 91; Text + Kritik 00; Peter Bekes in: KLG.

Dosch, Markus, Autor; Infanteriestr. 20a, D-80797 München, Tel. (01 78) 8 50 17 69, (0 89) 1 29 27 87, Fax 12 00 00 24, *markus@markusdosch.de*, *www. markusdosch.de* (* Allach b. München 28.10.31). VS Bayern, Werkkr. Lit. d. Arb.welt; Gewinner d. monatl. Wettbew. „poetry on the cover" d. Leserkreis Daheim, Mai 02; Kurzgesch., Erz., Lyr., Rom., Bericht, Sat. – **V:** Sechs Wochen sind genug, Kurz-R. 91; Zwischen Magie und Wirklichkeit, Kurzgeschn. u. Erzn. 92; Die 49. Story, Esmeralda u. a. Kurzgeschichten 97; Eisprinzessin, Lyr. 98; Schlittenfahrt mit schöner Dame oder vielleicht kauf ich mir einen Traum, Kurzgeschn. u. Erzn. 98; K(l)eine Zeit für Helden, Kurzgeschn., Erzn. u. G. 00. – **MV:** Wie kommt die Wienerin aufs Gleis? Erzn. um Bahn u. Bahnhof, m. Dieter Walter u. Christian Hoffmann 01. – **MA:** Kurzgesch. u. Lyr. in: Beispielsätze. Eine literar. Entziehungskur 72; Die Unverbesserlichen 85; Mach Dich größer! Geschn., die Mut machen 86; Nebenwege 89; Freizeit-Lese 90; Poesia e Cultura 93; Lesezeichen-Anth. 4: Frühlingssonne & Herbststurm 93; Pleiade, zeitgenöss. Lit. 93; Selenia 95; Pleiade, ausgew. Werke 95; Wohnzimmergedanken Bd 1 95; Das purpurne Kaleidoskop 95; Freistaat Bayern. Land der Amigos 95; Athena 96; Grenzen 99; Schreibwerk-Flugschrift 01, III 02; 1. Triberger Hemingway-Preis 02; Rote Lilo trifft Wolfsmann 08, alles Anth.; – Lit. in Bayern, Lit.zs.; Rundbrief Werkkr. Lit. d. Arbeitswelt; Klein Geld, Zs., Mai 08. – **MH:** Freistaat Bayern. Land der Amigos 95; Uns reichts! Ein Leseb. gegen rechts, m. M. Tonfeld u. M. Schwab 01, 03; Alles in Ordnung?, m. dens. 03; Hoffnung ernten, m. G. Anders-Hanfstingl, U. Bardelmeier u. W.-D. Krä-

mer 03. – **R:** Beitr. im BR u. Radio LORA. – **P:** Sanfte Geschichten – Böse Geschichten, CD 01; Hörbuch d. Werkstatt München, CD 01, 02.

Dose, Jürgen s. Strunk, Heinz

Dost, Hans-Jörg (Ps. Jan Leutzsch), Pfarrer; Otto-Schmidt-Str. 4, D-01773 Altenberg, OT Kipsdorf, Tel. (03 50 52) 2 93 90, *hj.dost@t-online.de* (* Leipzig 27.7.41). SV-DDR 74, VS 90, Kogge 90, Lit. Ges. Thür. 00, GAV 03, IGAA 03; Förd.stip. d. Bez. Dresden 76, d. Bez. Erfurt 80, Slabbesz-Pr. d. Intern. Hörspielzentr. b. ORF 87, 2. Pr. im Intern. Drehbuchwettbew. d. Club (M) b. ORF 88, Murauer Matthäusmed. in Gold 96, 2. Pr. d. Féile Filíochta, Dublin 06, mehrere Förd.gaben d. Ldes Thür.; Lyr., Erz., Dramatik, Hörsp., Fernsehsp., Oratorium, Ess., Kinderb. – **V:** Dachrinnen. Markus Quintus, Hsp.-Szenen 63, 65; Die schlanke Stimme, Hsp. 88; Namyslowskis Zimmer 90; AUSsagen. Gedichte, Prosa, Hörspiele, Reden 92; Die Weinberge des János N., Novelle 99; und wissen doch den fluß hintern haus, G. 00; Sieben Gespräche um Trinkgeld, Hörspiele 01; Geschichten vom Brückenkater Franz, Kdb. 02; Ein Sommer mit dem Brückenkater Franz, Kdb. 03; Der sichtbare Teil des Feuers, N. 06; – THEATER: Piasetzki, der Mann mit dem Pferd, Grot. 80; Nur keine Panik. Es geht immer irgendwie weiter, m. Th. Wilder: Wir sind noch einmal davongekommen 96; Der Stern, Sp. 96; Stiller Flug, Orat. 02; Vierzig Tage Regen, Einakter, UA 04; Dottore Giovanni, Einakter 04. – **MV:** Hörspiele 7 67; Stefan Bodo Würffel (Hrsg.): Hörspiele aus der DDR 82; annähern, Lyr. m. Holztiefdrucken v. Hans Georg Annies, Buch 2. Ausst. 04. – **MA:** Poems of Europe 2005 06. – **R:** Dachrinnen 63; Verhör des Kriegsknecht Markus Quintus 63; Sieben Gespräche um Trinkgeld 65; Puten und Tränen 67; Passio Camilo 71; Prozeß Phryne oder: Die Handhabung der Spielregeln 73; Namyslowskis Zimmer 77; Luftbilder 78; Das verschenkte Weinen, n. W. Heiducz 85; Die Not der Familie Caldera, n. G. Pausewang 83; ... und Bruno geht baden 86; Guten Abend, wir bringen die Löwen 88; Storm im Exil oder: Was Sie in Heiligenstadt hören wollen, müssen Sie schon selber singen 90, alles Hsp. (zahlr. Übers. u. Übernahmen in andere europ. Länder; – Das wunderbare Weihnachten des Mr. Jim Owen 73; Gespräche um Trinkgeld 75; Die Weinberge des P. János 86, alles Fsf. – **P:** Orte zu leben. Fotos u. Gedichte, Ausst. in Öst. u. Dtld 97. – *Lit:* Horst Angermüller in: Hörspiele 7 67; Schriftsteller d. DDR 74; Stefan Bodo Würffel in: Hörspiele a. d. DDR 82; Jürgen Fischer / Klaudia Ruschkowski in: AUSsagen 92; Regine Möbius: Autoren a. d. neuen Bundesländern 95; Heinz Stade in: Gespräche unterwegs 96; Siegfried Pfaff in: Sieben Gespräche um Trinkgeld 01. (Red.)

Dotterweich, Tim s. Wilkes, Johannes

Dotzler, Ursula (Ps. Ursula Isbel), Schriftst.; Bannholzweg 10, D-79925 Salzburg (* 2.4.42). VS, VG Wort; Rom., Erz., Kinderb., Jugendb. Ue: engl, schw. – **V:** Humstibumsti. Ein Kobold findet einen Freund 74; Wer zaubert wie Amalia 75; Amalia auf dem Hexenball 76; 68 Spiele für sonnige und verregnete Kinderfeste, Neuausg. 76; Nach all diesen Jahren, R. 76; Irischer Frühling 76; Stimmen aus dem Kamin, Jgd.-R. 77; Das Schloss im Nebel, Jgd.-R. 77; Ein Schatten fällt auf Erlengrund 78; Das Haus der flüsternden Schatten 79; Stimmen im Nebel, Sammelbd 79; Das schwarze Herrenhaus 80; Nacht über Uhlenau 81; Der siebzehnte Sommer 82; Vier Geschichten 82; Reiterhof Dreililien, Bde 1–10 83–94; Warte, bis es dunkel ist 84; Lachen aus dem Dunkel 85; Unheimlich 89; Besuch im Butterblumental 90; Ferien im Butterblumental 90; Komm, wir gehen ins Butterblumental 90; Willkom-

Douglas

men im Butterblumental 90; Pferdeheimat im Hochland, Bde 1–6 90–00; Wiedersehen im Butterblumental 91; Als Fanny ihr Pony fand 95; Benny, Bde 1–5 96–97; Nelly, Bde 1–7 96–99; Ich will nicht mehr 96; Windsbraut, Pferdegeschn. 99; Rätsel der Vergangenheit, Jgd.-R. 99; Das Haus der Stimmen, Thr. 00; Schatten über Rose Hill, Thr. 00; Mein Herz ist in den Highlands, letzte Aufl. 01; Eulenbrooks Pferde, Jgd.-R., Bd 1–3 02–03; Sommerwind und Hufgetrappel 03; Reitehof Dreililien. Ritt ins Glück 03; Die Frau am Meer / Der Schimmel im Moor, 2 Jgd.-R. 05; Spuk in Grey Hill House, Jgd.-R. 06. – MV: Pferde 85; Pferdegeschichten, Jgdb., m. C. Gohl 05. – MA: Goldschweif und Silbermähne, Anth. 94, 02. (Red.)

Douglas, James (Ps. f. Ulrich Kohli), Dr. iur., Journalist, Jurist, Sicherheitsexperte; Im Hausacher 10, CH-8706 Meilen, Tel. (01) 9 23 67 30, Fax 9 23 60 31, *office@kohli.ch, www.kohli.ch.* General Wille-Str. 10, CH-8002 Zürich, Tel. (01) 2 02 87 01, *james@james-douglas.ch, www.james-douglas.ch* (* Schwarzenburg 31. 12. 42). Rom. – V: Brennpunkt Philadelphia 94 (Zero Philadelphia 97); Goldauge 96; Der Sintfluter 98; Atemlos nach Casablanca 00 (Breathless to Casablanca 02); Des Teufels Botschafter 03; Bundesratlos 06; Operation Cinderella 07.

Douglas, Tania, Autorin; *www.taniadouglas.com.* c/o Mohrbooks Literaturagentur, Hähnelstr. 19, D-12159 Berlin (* 69). Quo vadis – Autorenkr. Hist. Roman 08; Rom. – V: Der Tanz der Wasserläufer, R. 03; Die Blutlüge, R. 08.

Doutiné, Heike, Dr. phil.; Ohnhorststr. 26, D-22609 Hamburg, Tel. (0 40) 82 36 55. London (* Hamburg 3. 8. 46). Freie Akad. d. Künste Hamburg 74; Romanpr. d. Neuen Literar. Ges. Hamburg 70, Villa-Massimo-Stip. 72/73, Ford Foundation Univ. of Southern California 73, 76, 78; Lyr., Nov., Rom., Kantate, Oratoriumstext. – V: In tiefer Trauer 65; Das Herz auf der Lanze, G. u. Prosa 67; Wanke nicht, mein Vaterland, R. 70; Deutscher Alltag. Meldungen über Menschen 72; Berta, R. 74; Wir zwei, R. 76; Die Meute, R. 79; Der Hit, R. 82; Radierungen. Diether Kressel 85; Blumen begießen, bevor es anfängt zu regnen, G. u. Prosa 86; Im Lichte Venedigs. Bilder v. August Ohm 87; Die Tage des Mondes, R. 92; Friedens-Kantate, UA 96; Rosen-Oratorium, UA 98; Jahres-Passion 00; Rosengesänge und andere Gedichte 01; Friedensgebet(e), m. Kompositionen v. Ali-Sadé, UA 03; Das blaue Land, G.-Zykl. 07; (Übers. ins Frz., Poln., Am., Span., Holl., Belg., Jugosl., Pakist.). – MV: Mädchenbuch, auch für Jungen 88, 90; Liederzyklus 94; Seitenwechsel 98, u. a. – MA: Primaner-Anth. 65; Einladung nach Prag, Anth. 66; Ehebruch und Nächstenliebe, Anth. 69; Du bist mir nah, Anth. 71; Schaden spenden, Anth. 71; Wir Kinder von Marx und Coca-Cola, Anth. 71; Zeitgeschichte im Spiegel der Dichtung 73; Was fällt Ihnen zu Weihnachten ein 74; Nicht nur für Mädchen 75; Blickfeld Deutsch 00, u. a.

Dove, Richard, Schriftst., Doz.; Mainburger Str. 52, D-81369 München, Tel. u. Fax (0 89) 2 87 88 60, *r.dove @freenet.de* (* Bath 26. 8. 54). Lyr., Lyr.-Übers., Kritik, Ess. Ue: dt, engl, ital. – V: August von Platen, Kritik 83; Farbfleck auf einem Mondrian-Bild, Lyr. 02. – MA: Lyr. in Zss., u. a.: Litfaß 46 89; Das Gedicht 2/94, 7/99, 9/01, 10/02; Akzente 1/96; ndl 6/96, 5/01; Bx. d. Ernst-Meister-Ges. 98; Lyr. in Anth.: Heiss auf dich 01; Wörter kommen zu Wort 02; SMS-Lyrik 03; Aufs. u. a. in: Lieber Freund u. Kupferstecher 88; Wir alle sind, was wir gelesen. Aufss. u. Reden zur Lit. 89; Friedrich Rückert. Dichter u. Sprachgelehrter in Erlangen 90; Walther Killy (Hrsg.): Literaturlex., Bd 7 90, Bd 9 u. 10 91; Gestörte Idylle 95. – H: Friedrich Rückert:

Jetzt am Ende der Zeiten 88; Michael Hamburger: Unteilbar. G. aus sechs Jahrzehnten (auch Ausw., Übers. u. Nachw.) 97. – Ue: Lyr. v. Craig Raine, Michael Hamburger, Lasana M. Sekow u. Asher Reich in: Das Gedicht 1/93, 2/94, 9/01, 10/02. (Red.)

Doxus, Hans s. Szuszkiewicz, Hans

Doyle, Adrian s. Weinland, Manfred

Doyle, Virginia s. Brack, Robert

Doyon, Josy (Ps. Bergmaieli); Dürrenbühlweg 3, CH-3700 Spiez, Tel. (0 33) 6 54 28 92 (* Innsbruck 12. 5. 32). – V: Bergbäuerin werden, welch ein Abenteuer, Erz. 73, 86; Hirten ohne Erbarmen. Zehn Jahre Zeugin Jehovas, Ber. e. Irrweges 66, 86, gekürzte Tb.ausg. u. d. T.: Ich war eine Zeugin Jehovas 75/76 (auch holl., dän., schw., jap., ung.); Im Schatten des Lohners. Aus d. Leben e. hundertjährigen Adelbodnerin 74, 83; Graues Gold, Erz. 76, 81; Zryd Rösli und ihr Dorf, Erz. 80, 86; Blumen für ein Sonntagskind, Erz. 82, 83; Ein Königreich am Fuß des Niesen, Erz. 84; Rote Wolken am Himmel, Erz. 85; Der letzte Kästräger von Talberg, Erz. 86; Unheimliche Fallensteller 93; Von der Donau ins Berner Oberland, Erz. 00. – MA: Glossen f. „Berner Oberländer“, Humorbl., seit 65.

Dr. Espeter s. Szutrely, Peter

Dr. Fridolin Fox s. Fock, Manfred

Dr. Globerich s. Heyn, Erich

Dr. h.c. I. Frei-Elfenwort s. Wolfenter, Friedrich

Dr. Morbus s. Schlatter, Bruno

Dr. Piccolo s. Baco, Walter

Dr. Theo Amicus s. Dütsch, Mario

Dr. Trash s. Hiess, Peter

Dr. Treznok, Schriftst., Musikant, Performer, Verleger; c/o Aigen Verlag Manfred Keitel, Hindemithstr. 6, D-55127 Mainz, Tel. (0 61 31) 36 17 14, *treznok@gmx. de, www.texthoelle.de* (* Stuttgart 15. 10. 63). Lit.büro Mainz 97; Stip. Künstlerhaus Röderhof 98; Lyr., Erz. – V: Hirntot, Lyr. 88, UA als Performance 00; Die Offenbarung des Dr. Treznok / diege Danken sind frey, Lyr. 93; Näue Gelbe Saiten, ges. Lyr. 93; Schwarze Weiße Kunst 94; FrauenSchixale im Patriarchat, Lyr. 94; Ich & Alle, lyr. Drama 94; : du bin Alle Da, Texte 95; Der Die Das, ges. Lyr. 95; die einzige mögliche Lösung, ges. Prosa 95; Rahmen Handlung, Lyr. 96; EDEN, Lyr. 96; sau schlau wem, Lyr. 98; überwacht, Lyr. 00, 03; Bloqq, Lyr. 00; PLK – Lyrik-Therapie 01; näuZeyt, Lyr. 02; Wittchen, Lyr. 02; : überwacht : 06; Köln-Koog & Anderswo, Lyr. 04. – MV: Licht Wahl. Zigarettenlyrik, m. Katharina Braß, Lyr. 96; himmeln & erden, Lyr. 00; QwerSchläger/gerade weichen 02; Macht!Missbrauch, m. Inox Kapell 05, alle m. Manfred Keitel. – MA: Beitr. in: SUBH, seit 85; Das Buch der Langeweile 98; WalZe, seit 00; regelm. Lyrik in: LUST, lesbische u. schwule Themen, seit 00. – MH: Zs. VENTiLE, m. Marcus Weber seit 94. – P: Telekommunikazjon 2000, Video 96; Zum Wohlsein Senfkorn, Video 97; – Schallpl./CDs: TRAINING IM ACHTER 01; Inox Kapell, Tourdolu 01; Inox Kapell Schrill Schoh „Supamusen Soundinferno“ 04; Gummi Nonnen, Beitr. auf Paranoise One CD 05; Öffentliche Probe Bänd – auf den Marshall Islands, CD 06; Trezinox – Fungothic auf allen Kanälen, CD 06. – Lit: Melanie Gagnant: Lyrik-Therapie zw. Provokation u. Experimentation, Mag.-Arb. Univ. Mainz 03. (Red.)

Dräger, Lothar, Journalist; Grafenauer Weg 49, D-10318 Berlin, Tel. (01 77) 4 93 30 38. Drewitzer Str. 12, D-14478 Potsdam, Tel. (03 31) 87 25 31 (* Schwennenz, Kr. Pasewalk 19. 1. 27). Erz. – V: Ritter Runkel und seine Zeit, Erz. 02/03; Ritter Runkel, der Diplomat, Erz. 06. – MV: MOSAIK VON HAN-

NES Hegen, Bilderzs.: sämtl. Texte von H.13 (Dez. 57) bis H.223 (Juni 75) (Digedags, u. a. Ritter-Runkel-Ser., Amerika-Ser.); mosaik, Bilderzs.: Künstler. Ltg. u. sämtl. Texte 1976–90 (Abrafaxe, 180 H.); Die Abenteuer der Abrafaxe mit den Spaßmachern. Eine Revue f. Kinder, UA 80. – MA: Die Abenteuer der Abrafaxe, Mosaik-Sammelbände Jgg. 1976–1988 (31 Bde) 98–08. – P: Ritter Runkel – Das Turnier zu Venedig, Hörb. 01. – Lit: Das Mosaik-Fan-Buch 93; Das MosaikFan-Buch, 2. T. 94; Die Digedags am Silbersee. Sonderh. d. Karl-May-Ges. 111/97; Die Lesebiogr. e. Autors u. das literar. Produkt. L.D. u. der DDR-Comic „Mosaik", Habil.schr. Humboldt-Univ. Bln 01, bearb. Veröff. u. d. T.: Micky, Marx u. Manitu. Zeit- u. Kulturgesch. im Spiegel d. DDR-Comics 1955–1990 02, alle v. Thomas Kramer; – Sabine Fiedler: Sprachspiele im Comic. Das Profil d. dt. Comic-Zs. MOSAIK 03; Das Kleine Comic-Lex. 05.

Draesner, Ulrike, Dr., Schriftst.; c/o Luchterhand-Literaturverl., München, *draesner@web.de, www. draesner.de* (* München 20. 1. 62). P.E.N.-Zentr. Dtld 99, VS 06; Stip. d. Ldeshauptstadt München 94, Aufenthaltsstip. d. Berliner Senats 95, Wolfgang-Weyrauch-Förd.pr. 95, Solitude-Stip. 96, Förd.pr. d. Freistaates Bayern 97, foglio-Pr. f. junge Lit. 97, Autorenförd. d. Stift. Nds. 99, Ahrenshoop-Stip. Stift. Kulturfonds 00, Friedrich-Hölderlin-Pr. d. Stadt Homburg (Förd.pr.) 01, Pr. d. Literaturhäuser 02, Kieler Liliencron-Dozentur f. Lyrik 05, Meersburger Droste-Pr. 06, Bamberger Poetik-Dozentur 06, Christine-Lavant-Lyr.pr. (Förd.pr.) 08]; Rom., Lyr., Erz., Hörsp., Ess. Ue: engl. – V: Wege durch erzählte Welten, wiss. Monogr. 93; gedächtnisschleifen, G. 95, überarb. Neuaufl. 00, 08; anis-o-trop, Spo. 97; Lichtpause, R. 98; Reisen unter den Augenlidern, Erzn. 99; für die nacht geheuerte zeile, G. 01; Mitgift, R. 02; Hot Dogs, Erzn. 04; kugelblitz, G. 05; Spiele, R. 05; mittwinter, G. 07; Zauber im Zoo. Vier Reden von Herkunft u. Literatur 07; berühre orte, G. 08. – MV: to change the subject, m. Barbara Köhler – MA: zahlr. Beitr. in LIT.ZSS. seit 93, u. a. in: manuskripte; ndl; Sinn u. Form; Park; Schreibheft; Akzente; Lettre; du; Die Horen; Ästhetik & Kommunikation; Wespennest; – Beitr. in ANTH., zuletzt: Kanzlerinnen 05; Von Science zu Fiction. Wissenschaft m. anderen Worten 06; Dichter am Äther 06; – mehrfach Beitr. in: Jb. der Lyrik. – H: Verführung 94. – R: Beziehungsmaschine, Hsp. 98; dieser Bottich, ach das Ich, Hsp. 98. – Ue: neue engl.spr. Lyrik, u. a. von: Craig Raine, Glyn Maxwell, Cathleen Jamie, Simon Armitage: in: Schreibheft Nr.46 95; to change the subject. Radikal-Übers. Shakespeare-Sonette 00; The First Reader: Gertrude Stein 01; Hilda Doolittle: Hermetic Definition/Heimliche Deutung 06; Louise Glück: Averno, Lyr. 07. – Lit: Jürg Laederach in: NZZ 95; Michael Braun in: Freitag 95; Hermann Kurzke in: FAZ 97; Rolf-Bernhard Essig in: Frankf. Rundschau 01; Martin Ebel in: NZZ 02; Rolf-Berhard Essig in: ndl 6/03; Andreas Trojahn in: Börsenblatt, Juni 04; Christian Schlösser in: Dt. Bücher, H.4/05; Nadyne Stritzke, ebda; Michael Braun (Merzenich) in: KLG.

Dragosits, Martin, Projektmanager, Teamleiter, Software-Entwickler; Rosensteingasse 71/11, A-1170 Wien, *info@lyrikzone.at, www.lyrikzone.at* (* Wien 25. 2. 65). Lyr. – V: Der Teufel hat den Blues verkauft 07. – MA: Veröff. in Lit.-Zss., Online-Mag. u. Anth. in Österr., Dtld u. d. Schweiz, u. a. in: Sterz; Freibord; DUM; Podium; Rampe; etcetera; Dulzinea; Klivuskante; Verstärker; TITEL-Mag.; Freiberger Lesehefte; schreib; orte.

Drastik, Dietrich, Gymnasiallehrer i. R.; Philippinenstr. 17, D-66119 Saarbrücken, Tel. (06 81) 5 35 96 (* Breslau 4. 2. 26). Ged., Aphor., Prosatext, Aufsatz. – V: Glashaussitzer, Lyr. 94; Erkenne dich selbst! Ja, aber was dann?, Aphor. 96. – MA: Frankfurter Hefte 2/57; Westermanns Monatshefte 6/62; EinfallsReich 10/87; In diesem fernen Land, Anth. 93.

Drawe, Hans *

Drawe, Matthias, Filmemacher; Maybachufer 2, D-12047 Berlin, Tel. (0 30) 6 94 19 81 (* Berlin 4. 2. 63). VG Wort, D.U.; Rom., Film, Feat., Fernsehen. – V: Normale Härte, Erz. 86, 2. Aufl. 87. – F: Die Kunst, ein Mann zu sein 89; Der König von Kreuzberg 91; Der Elfenbeinturm 93, alles Spielf. – R: Tokio 86; New York 87, beides Reisefeat.; Großstadtmenschen, Lyr. 87; Lutz und Hardy, 2tlg. Fs.-Ser. 94; Überleben in New York, Radiofeat. 97. (Red.)

Drawert, Kurt, Autor; Olbrichweg 15, D-64287 Darmstadt, Tel. (0 61 51) 4 46 70, Fax 42 57 74, *drawert @t-online.de* (* Hennigsdorf/Brandenburg 15. 3. 56). P.E.N.-Zentr. Dtld 93–96, Berliner Autorenkr. 94, Freie Akad. d. Künste Leipzig 95; Leonce-u.-Lena-Pr. 89, Lit.förd.pr. d. Ponto-Stift. 91, Lyr.pr. Meran 93, Ingeborg-Bachmann-Pr. 93, Uwe-Johnson-Pr. 94, Autorenförd. d. Stift. Nds. 95, Villa-Massimo-Stip. 95/96, Nikolaus-Lenau-Pr. d. Kg. 97, Arno-Schmidt-Stip. 00/01, E.gabe d. Dt. Schillerstift. 01, Rainer-Malkowski-Pr. 08, u. a.; Lyr., Rom., Ess., Theaterst., Hörsp. – V: Zweite Inventur, G. 87; Privateigentum, G. 89; Spiegelland. Ein dt. Monolog, R. 92; Haus ohne Menschen, Ess. 93; Fraktur, Prosa, Lyr., Ess. 94; Innenmuster, dt.-poln. G. 94; Alles ist einfach, Theaterst. 95, UA 96; Revolten des Körpers, Ess. 95; Wo es war, G. 96; Steinzeit, Lsp. UA 99; Steinzeit, Theaterst. u. Prosa 99; Rückseiten der Herrlichkeit, Ess. 00; Nacht. Fabriken. Hauser-Material u. a. Prosa 01; Frühjahrskollektion, G. 02; La Dernière Image – das letzte Bild, G. 03; Aveux – Geständnis, G. 04; Emma. Ein Weg, Flaubert-Ess. 05; Ich hielt meinen Schatten für einen anderen und grüßte, R. 08 (Übers. ins Engl., Port., Frz., Ital., Poln., Holl., Jap., Rum., Arab.). – MV: Reisen im Rückwärtsgang, m. Blaise Cendrars 01. – H: Die Wärme die Kälte des Körpers des Anderen 88; Wenn die Schwermut Fortschritte macht. Eine Karl-Krolow-Werkausw. 90, 93; Das Jahr 2000 findet statt, Ess. 99; Lagebesprechung. Junge dt. Lyrik 01; Michael Krüger: Archive des Zweifels, G. 01; La Poésie Allemande Contemporaine – dt. Gegenwartslyrik 01; Karl Krolow: Im Inneren des Augenblicks, G., CD 02; Majakowski: Liebesgedichte 08. – R: Still vergeht die Zeit, Hsp. 87; Nirgendwo tot sein, Emma, Fragment, Hsp. 91; Alles ist einfach, Hsp. 94; Nach Osten ans Ende der Welt, Fk-Ess. 99. – Lit: www.suhrkamp.de; Elsbeth Pulver in: KLG.

Drebing, Hans, Pilot, Soldat; Triftstr. 15, D-27580 Bremerhaven, Tel. u. Fax (04 71) 8 11 10, *hans.drebing @freenet.de* (* Bremerhaven 17. 7. 23). – V: Camino real, Erz. 03. (Red.)

Drechsler, Sigrid (geb. Sigrid Hunger), Dipl.-Forsting., Reiseleiterin; Rastatter Str. 13c, D-01189 Dresden, Tel. u. Fax (03 51) 4 01 03 99, *sigriddrechsler @freenet.de* (* Wehrsdorf/Oberlausitz 29. 7. 34). Polit. Erz. – V: Im Schatten von Mühlberg 96, 5. Aufl. 08; Der Haß stirbt nie der Erinnerung 98; Auf dem Wege nach Europa 02, 2. Aufl. 04; ... und die Geige blieb wieder zurück 06, alles Erzn.; Wendesplitter 09.

Drees, Jan, Journalist; lebt in Wuppertal, c/o Eichborn-Verl., Frankfurt/M. (* Haan 9. 5. 79). – V: Staring at the sun, R. 00; Letzte Tage, jetzt, R. 06. – MA: wöchentl. Kolumne f. „Westdt. Ztg" (Red.)

Drees

Drees, Margret, Bankkauffrau, Sekretärin, Hausfrau; Am Guldenbach 47, D-55494 Rheinböllen, Tel. (0 67 64) 29 22 (* Heistenbach b. Diez 15. 5. 37). Autorengr. Hunsrück 82; Ess., Drama, Hörsp., Lyr., Sachb., Rom. – **V:** Sagenwelt am Mittelrhein 87, 2. Aufl. 01; Der Hunsrück, wie er lebt, liebt und lacht 93, 2. Aufl. 00; Im Krieg gibt's keinen Sonntag. Eine Kindheit 98; Sagenwelt des Hunsrückraumes, Erzn. 03, 06; Die Kinder vom Uhlengrund, Kinder-Krimi 05; Blumenpsalmen. Intermezzo des Lebens, G. u. Kurzprosa 06. – **MV:** Es weihnachtet, m. Horst Helfrich, Erzn. u. Lyr. 95. – **MA:** Unter dem Schieferdach 83; Als ich noch der Ultrakurzwellenbub war 85; Weihnacht im Hunsrück 90; Freunde statt Fremde 94; Moral u. Literatur 94; Wo der rauhe Wind weht 00; Kopf-Bälle 06, alles Anth.; Beitr. in „Glaube u. Heimat", seit 79. – **R:** freie Mitarb. (Rätsel u. Gedanken) b. SWF, Sdg „Guten Morgen Mainz" 88–93. (Red.)

Dreher-Richels, Gisela (Ps. Gisela Richels), freischaff. bildende Künstlerin, freie Schriftst.; Haus Hedwig, D-74653 Künzelsau, Tel. (0 79 40) 12 64 42. Bühlweg 3, D-73266 Bissingen/Teck, Tel. (0 70 23) 36 00 (* Steinau, Kr. Schlüchtern 25. 12. 24). Christl. Autorinnengr.; Lyr. – **V:** Spur im Sand 81, 4. Aufl. 96; Ulyssa oder die Suche nach Ithaka 81, 3. Aufl. 85 (auch CD); Licht durchs Gezweig unserer Schatten 89, 2. Aufl. 95; Auch heut näher dir als du weisst 00, alles Lyr. – **MA:** 10 Beitr. in Lyr.-Anth. (Red.)

Dreißig, Georg, Priester d. Christengemeinsch., Red.; Urachstr. 41, D-70190 Stuttgart, Tel. u. Fax (07 11) 2 85 80 23, *Georg.Dreissig@t-online.de* (* Estweg 9. 1. 50). Erz., Ess., Kinderb. Ue: engl. – **V:** Der Bucklige, Gesch. 85, 89 (auch engl., ndl.); Das Licht in der Laterne, Gesch. 87, 9. Aufl. 03 (auch engl., frz., ndl.); Der Schuppenprinz, Gesch. 89; Damit das Christkind kommen kann, Gesch. 90, 3., veränd. Aufl. 07 (auch frz.); Der Schweinehirt mit dem eisernen Stab, Gesch. 92; Das Gold der Armen, Gesch. 93 (auch ndl., finn.); Der Sohn des Spielmanns, Gesch. 97; Simsala, Kdb. 99, 4. Aufl. 08; Stunde des Todes – Stunde der Geburt, Betrachtn. u. Gesch. 99; Wenn ich König wär', Gesch. 01, 3. Aufl. 06; Was Kinder innerlich stark macht, Ratg. 02, 2. Aufl. 04; Simsala und Herr Oküpokü, Kdb. 03; Hinter den Spiegel geschaut, Episoden 04; Aliyeh – die Schwerter der Wölfe, Kdb. 05; Als Weihnachten beinahe ausgefallen wäre, Gesch. 05 (auch ndl.); Das Lied der Nachtigall, Gesch. 07. – *Lit:* s. auch SK.

Dreizehnter, Alois, Dr., Kosmopsychologe, Verleger, Heilpraktiker; Wang 42, D-83567 Unterreit, Tel. (0 80 73) 9 15 1 82, Fax 9 15 1 83, *Alois13@gmx.net, Alois13@online.de, eutopia.de* (* Rodalben 20. 2. 35). – **V:** Gedichte 95; Geistliche Gedichte 00, 4. Aufl. 04; Spurensuche, Erz. 04; Satiren, Erz. 03; mehrere Sachb. – **MV:** Die Feldkamille, korean. Lyr. (Nachdicht.) 84, erw. Aufl. 93. – **B:** Heinz-Walter Redis: Erotische Köstlichkeiten, Erz. 03. – **H:** M. Ilitsch: Wundersame Geschichten, Erz. 04. (Red.)

Drekonja-Darnhofer-Demár, Edith s. Darnhofer-Demár, Edith

Dreppec, Alex (Ps. f. Alexander Deppert), Dr. phil.; Gervinusstr. 65, D-64287 Darmstadt, Tel. 01 63 33 4 12 38, *www.dreppec.de* (* Jugenheim a.d. Bergstraße 7. 2. 68). Wilhelm-Busch-Pr. (1. Pr.) 04; Rom., Kurzgesch., Lyr., Slam Poetry. – **V:** Verstehen und Verständlichkeit, wiss. Text 01; Die Doppelmoral des devoten Despoten, Lyr. 03. – **MH:** Dichterschlacht. Schwarz auf weiß. Slam 2003, m. Oliver Gaussmann u. Sonja Burri. – **P:** Darmstädter Dichterschlacht – A.D., Hubert Nitsch u. a., Lyr.-CD 03. (Red.)

Drescher, Andreas H.; *maldix@gmx.de, www.maldixdemon.de* (* Schwalbach 22. 12. 62). VS; 1. Pr. „Literatur digital" 01 (Publikumspr.); Rom., Lyr., Erz., Chatterbot. – **V:** Fremde Zungen, Texte 00. – **MA:** Literatur Digital, Buch u. CD 02; zahlr. Beitr. in Lit.zss., u. a. in: Das Gedicht; Krautgarten. (Red.)

Drescher, Anny (geb. Anny Laack), Lehrerin a. D., stellv. Schulleiterin; Metzendorfer Weg 9, D-21077 Hamburg, Tel. (0 40) 7 60 27 72 (* Harburg/Elbe 29. 7. 25). GEDOK, Hamburger Autorenvereinig., FDA Hamburg 99; E.pr. v. Verb. Dt. Fernschulen 92, Lyr.pr. d. Verl. Sonnenreiter 95/96, Dipl. di Merito speciale il Concorso Internazionale di Poesia, Benevento 95, 2. Pr. il Concorso Internazionale di Poesia, Benevento 97, Sonnenreiter-Pr. 97, 1. Pr. il Concorso Internazionale di Poesia, Benevento 99. Ue: ital. – **V:** Land der Väter, Erz. 92; Bewahre deine Träume, G. 92, 2. Aufl. 94; ... und tue das Rechte, Kurzgeschn. 92; Der Zauberstab, M. 92; Hans und Hansine Eichhorn u. a. Tiermärchen 93; Der Brunnenlöwe, Kurzgesch. u. G. 94; Turbulenzen, Erz. 94; Schummerstunde, Geschn. 95; Wir Menschen. Kritisches, Nachdenkliches u. Besinnliches 95, 2. Aufl. 99; Hoffnungen – Chancen – Entscheidungen 96; Katrin und ihre Freunde, Kdb. 97; Hier und dort – gestern und heute 98; Madame Umbrella 98; Ein langer Weg, Autobiogr. 99; Poesie – Poesia, G. dt./ital. 99/00 II; Erinnerungen einer Katze u. a. Tiergeschichten 01; Wir Menschen – Noi uomini, G. dt./ital. 01; Väter, Mütter und Kinder, Freunde und Helfer, Kurzgeschn. 03. – **MA:** G., M. u. Kurzgeschn. in zahlr. Anth. seit 92, u. a. in: Gauke's Jb. 92–94; Lesezeichen-Anth. 96–97; Alm. 2 d. FDA Nds. 97; Wir sind Ausländer – fast überall 97; Es gibt Menschen, die vergißt du nicht 97; Sonnenreiter-Anth. 97; Im Salzwind 98; Winterserenade 98; Autorenwerkstatt 98; Und redete um ein Engelzungen 98; Nationalbibliothek d. Dt.sprachigen Gedichte, Bd I–III 98ff.; Lyrik heute 99; Hörst du die Brunnen rauschen 99; Hab keine Angst 99; In Gedanken bei Dir 00; Das Gedicht 00; Posthorn-Lyrik 00; Autorenwerkstatt 77 – 79 00; Geschichten, Gedichte und Lieder, Anth. f. Kinder 00; Das Gedicht lebt 00, Bd 2 01; Neue Sonnenreiter-Anth. 1 – 13 00–04; Gestern ist nie vorbei 01; Anstösse 01; Rast-Stätte 01; Geweint vor Glück 01; Ich lass dich nicht allein 01; Du bist mein Ein und Alles 01; Weihnachtstraum 01; Edition L, Lyrik heute 02; Collection dt. Erzähler, Bd 1 u. 2 02; 25 Jahre R.G. Fischer Verlag 02. – **MUe:** Itenerario, Lyr. 02.

Drescher, Horst, Werkzeugmacher, Verlagslektor, freischaff. Schriftst.; Rübezahlweg 6, D-04277 Leipzig, Tel. (03 41) 8 61 57 06 (* Olbersdorf/Oberlausitz 2. 1. 29). P.E.N.-Zentr. Ost 91, P.E.N.-Zentr. Dtld 96, Sächs. Akad. d. Künste; Lion-Feuchtwanger-Pr. 90, Meißener Lit.pr. 91, E.gabe d. Dt. Schillerstift. 94; Prosa. – **V:** Aus dem Circus-Leben. Notizen 1969–1986 87, erw. Aufl. 90; Maler-Bilder. Werkstattbesuche u. Erinnerungen 89; Regenbogenpapiermacher. Kurze Prosa 95. – **MA:** Essays in: Wilhelm Rudolph: Dresden '45 83; Das zerstörte Dresden 88; Renate u. Roger Rössing: Leipzig in den Fünfzigern (Vorwort) 03; Beiträge in: Sinn u. Form. – **H:** Friederike Kempner: Das Leben ist ein Gedicht 71; Karl Valentins Lach-Musäum 75; Joachim Ringelnatz: Hafenkneipe 77; Arno Holz: Dafnis 81, u. a.

Drescher, Karl-Heinz, Grafiker, Theatergrafiker m. BE 1962–1999; Am Zirkus 3, D-10117 Berlin, Tel. (0 30) 2 82 53 06, Fax 28 04 75 95, *karl-heinz@drescher-plakate.de, www.drescher-plakate.de* (* Quirl/Riesengebirge 7. 10. 36). – **V:** Plakate für das Berliner Ensemble – Karl-Heinz Drescher 88; Pinselknecht bei Brecht, Erinn. 06; Trommeln für Brecht – 37 Jahre als

Grafiker am Berliner Ensemble 07. – **MA:** Pößnecker Heimatblätter, Bd 11 05. – **MH:** Die Plakate des Berliner Ensembles 1949–1989, m. Friedrich Dieckmann 92. (Red.)

Drescher, Peter, freiberufl. Schriftst.; Marktstr. 1, D-36469 Tiefenort, Tel. (0 36 95) 82 56 37, *peter.drescher @gmx.de, www.peter-drescher-tiefenort.de* (* Brüx/ Tschechien 14. 1. 46). VS 90; Albert-Schweitzer-Pr. 85, Ellwanger Jgd.lit.pr. 99; Rom., Erz. – **V:** Montag fange ich wieder an, R. 77, 86; Auf der Suche, Erzn. 79; Birkenhof, Erz. 82, 84; Halbe Portion, R. 87, 88; Der Wunschbriefkasten, Erz. 89; Sieger im Abseits, Erz. 93; Im Gegenwind, Erzn. 98; Tiefenort an der Werra, Sammelbd 99; Parole Schwarzes Gold 03; Die Mühle am Ogowe 03; Ein besonderer Kirchenbesuch, Erzn. 04; Aus! Vorbei!, Erz. 07; Paradies mit Linden, Erz. 07. – **MA:** Ernte und Saat 79; Mit Musik im Regenwind fliegen 85; Wegezeichen 87; Wendezeiten 95; Wo ist meine Welt? 00. – **R:** Parole Schwarzes Gold, Hsp. 98. – *Lit:* Autorinnen u. Autoren in Brandenburg 94; Thüringer Autoren d. Gegenwart 03; Zungenküsse u. Einkaufszettel 03.

Dresp, Wiebke, Doktorandin; *wiebke.dresp@web.de* (* Essen 24. 1. 82). Rom., Lyr. – **V:** Schattenhand 98. (Red.)

Dressler, Anneliese (eigtl. Anneliese Klein); Rittergasse 1, D-57080 Siegen, Tel. (0271) 35 16 73 (* Gottesberg/Schles. 14. 4. 27). GEMA 80, VG Wort; Lyr., Erz., Bericht. – **V:** Ein jeder Tag ist dein!, Geschn. u. G. 99; Blätter im Wind, G. 00; Herzinfarkt, ich lebe noch, authent. Ber. 01; Ich war doch noch ein Kind, Erinn. 1932–1945 03; Küß mich, Geschn. u. G. 03; Love, Geschn. u. G. 03; Liebe, nur ein Syndrom, Gedanken 05. – **P:** Schlagertitel auf: Bernhard Mendel & Just us 96; Bornsteiner Musikanten 98; Sternenregen 00; Ein Stück vom Himmel 03, alles CDs, u. a. (Red.)

Dreßler, Astrid s. Eldflug, Astrid

Drews, Ingeborg, Dr., Graphikerin, Schriftst.; Titusstr. 12, D-50678 Köln, Tel. (02 21) 38 61 82 (* Köln 26. 7. 38). Dormagener Federkiel 90, mehrere Pr. f. künstler. Arbeiten; Lyr., Erz., Ess., Bericht. Ue: engl. frz. – **V:** 5 Paradiesische Geschichten, Satn. 81; Am Rand der Stunden, Lyr. 89; Die gewöhnliche Sternstunde 99. – **MA:** Kölner Autoren 89; Chargesheimer persönlich, Ausst.kat. 89; Campina. Festschr. f. Pierluigi Campi 98; Romanik in Köln 01; Ganz unter uns 02; Jb. d. Kulturinst. d. Rep. Ungarn 04; literar. Portr. üb. Ulrich Rückriem, Gisela Holzinger, Bernhard Paul (Roncalli), Wilhelm Salber u. Joachim Kühn in: Köln. Rundschau (Feuill.); Neues Rheinland; Kunst Zeit; Jazz Podium; Golf-Report (Köln); Fermate, Musik-Mag. 99–03. – **F:** Film m. Gisela Holzinger in Galerie ON u. im Studio Dumont; Film üb. I.D.: Lesung in Brühl/ Performance Jazz + Lyrik in Köln-Marienburg. – **Ue:** Jeremy Lane: Arts on the Air, Hfk-Sdg (Dt. Welle) 99; Brendain O'Shea (Red.): Inspired minds, Hfk-Sdg (Dt. Welle) 03. – *Lit:* Hfk-Sdg üb. I.D. sowie Lyr., Zitate u. Interview (Dt. Welle). (Red.)

Drews, Jörg, Prof. Dr. phil., Publizist, Red.; Roonstr. 57, D-33615 Bielefeld (* Berlin 26. 8. 38). P.E.N.-Zentr. Dtld. – **V:** Die Lyrik Albert Ehrensteins 69; Joyce und Schmidt 77; Das zynische Wörterbuch 78, u. d. T.: Das endgültige zynische Lexikon 89; Sichtung und Klarheit. Krit. Streifzüge durch d. Goethe-Ausgaben u. d. Goethe-Lit. d. letzten 15 Jahre 99; Luftgister und Erdenschwere. Rezensionen zur dt. Lit. 1967–1999 99. – **H:** zahlr. lit.krit./lit.wiss. Veröff., bes. zu Arno Schmidt; Bargfelder Bote. Materialien z. Werk Arno Schmidts, Zs. 72ff.; Reihe „Frühe Texte der Moder-

ne" 76ff.; Das bleibt. Deutsche Gedichte 1945–1995 96; Gottfried Keller: Der grüne Heinrich 03. (Red.)

Drews, Jürgen, Dr. med., apl. Prof. U.Heidelberg, Dir. d. globalen Forschung d. Hoffmann-La Roche AG 1985–98, intern. Forschungsmanager; Firnhaberstr. 14, D-82340 Feldafing, Tel. (0 81 57) 92 38 26, *www.j-drews.de* (* Berlin 16. 8. 33). – **V:** Im Laufe der Zeit, G. 95; Variationen über AGE, G. 98; Harald und Julia, Erz. 01; Kein Entkommen u. a. Religionen 01; El Mundo oder Die Leugnung der Vergänglichkeit, R. 03; Menschengedenken, N. 05; Das Mörderspiel, Krim.-R. 06; Der Spiegelmord im Mörderspiel, Krim.-R. 07; Wie den Krieg gewannen, R. 07; Stolperherz, Erz. 07; Ein Kolibri schreibt nach Hause, G. 07; – ca. 300 wiss., wiss.- u. wirtschaftspolit. Veröff.

Drexler, Helena Maria, Bratschistin; c/o Semikolon-Verlag, Postfach 940220, D-12442 Berlin (* Saarbrücken 25. 5. 53). Lyr., Prosa, Rom., Schausp., Märchen. – **V:** Augenblick der Perlen, Roman u. G. 99. – **MA:** Die Brücke 1/86, 1/95, 1/2/96; Kärntner Landsztg 1/86. (Red.)

Dreyer, Ernst-Jürgen, Dr. phil., Schriftst., Musikwiss.; Daimlerstr. 127, D-41462 Neuss, Tel. (0 21 31) 66 96 71, *dreyer-kaarst@t-online.de, www.fulgura.de/ ejdreyer.htm* (* Oschatz 20. 8. 34). Hermann-Hesse-Pr. 80, Pr. d. Frankfurter Autorenstift. 82, Pr. im Sch.-Wettbew. Weltdorf; Rom., Erz., Schausp., Übers., Lyr. Ue: ital, ndl, rum, russ. – **V:** Versuch, eine Morphologie der Musik zu begründen 76; Entwurf einer zusammenhängenden Harmonielehre 77; Die Spaltung, R. 79, kommt. Neuausg. 01 (m. CD); Ein Fall von Liebeserschleichung, Erz. 80, 2. Aufl. 86; Goethes Ton-Wissenschaft 85; Die goldene Brücke, Sch. 85; Das Double, Sch. 86; Die Nacht vor der Fahrt nach Bukarest, Sch. 87; Hirnsfürze 88; Robert Gund (Gound) 1865–1927 88; Gift & Gülle, Son. 95; Schielfleisch, Palindrom 95; Kotblech, Son. 96; Bodenhaltung, Son. 00; Zwei Briefe Richard Wagners an den Komponisten Robert von Hornstein ... (Ambacher Schriften, 10) 00; Ferdinand von Hornstein ... (Ambacher Schriften, 11) 01; Gottvaters Glans, Son. 02; Verkaarstung und andere Sonette 04; O zartes Blau des Nebels überm Stau. Müll / Ein Weltgedicht / 120 Sonette u. acht Ghaselen 07. – **MV:** „Mit Begeisterung und nicht für Geld geschrieben", m. Bernd-Ingo Friedrich 06. – **MA:** Expeditionen 76; Klagenfurter Texte z. Ingeborg-Bachmann-Pr. 79; Die Eule 81; Mini-Dramen 87; Träume, Lit.alm. 87; Studien zur Instrumentalmusik 88; Günter Richter, Ausst.-Kat. 93/94; Der Hermann-Hesse-Pr, e. Lesebuch 93; Hieb- & Stichfest 96; Um die Wurst. Sonette zur Lage 06; Der Knabe singts im Wunderhorn. Romantik heute 06; Rahmen und Grenzen (Samara); – Zss.: Analle; Jb. d. Freien Dt. Hochstifts; Lètopis; Literatte; litfass; Sprache im techn. Zeitalter; Zirkular d. Verräter, sowie musikwiss. Zss.; Ztgn: Basler Ztg; Bayer. Staatsztg; FAZ, u. a. – H: Kleiste Prosa d. dt. Sprache, Texte aus 8 Jh., Anth. 70; Ladislaus Szücs: Zählappell 95; Klage und Trost. Gesänge v. Leopold Schefer 95; Leopold Schefer: Das Vater unser 98; Leopold Schefer 1784–1862, Ausgewählte Lieder und Gesänge zum Pianoforte 04; Dichter als Komponisten 05; 25 Lieder und Gesänge von und nach Georg Friedrich Daumer 06. – **R:** üb. 70 musikwiss. Sdgn im Rdfk. – **P:** 15 Sonette auf Abrechnungen, Tonkass. 97. – **Ue:** Francesco Petrarca: Canzoniere 89; Guido Cavalcanti: Le Rime/Gedichte 91; Mihai Eminescu: Der Abendstern, G. 99, 2. Aufl. 04, alles Nachdicht. nach Übers. v. Geraldine Gabor. – **MUe:** Hans Leeda: Freier Fall, R. 97. – *Lit:* Petra Ernst in: LDGL 81; Wolfgang Ruf in: Die Dt. Bühne 8 88; Bettina Clausen in: Hansers Sozialgesch. d. dt. Lit. Bd 12;

Dreyer

Gisela Ullrich in: KLG 95; Nils Kahlefendt in: Leipziger Bll. 40 02.

Dreyer, Sven-André, Germanist, freier Autor; Düsseldorf, Tel. (01 77) 2 35 55 94, *www.sven-andre-dreyer.de* (* Düsseldorf 73). Cenarius-Querdenkerpr. 07, sowie Ausz. b. Lit.wettbew., u. a.: 2. Pl. b. '160 Zeichen Lit.' 02, 1. Pl. b. 'Namenlos' 04, 2. Pl. b. 'Feuer' 04, 3. Pl. b. 'Kitsch' 07. – **V:** Sechzehn seltsame Stunden, Erzn. u. G. 07 (auch Hörb.); Langsamland, Lyr. u. Kurzprosa 08. – **MA:** Veröff. in Anth. u. Lit.zss., u. a.: Lit. am Niederrhein, Nr. 54 03; Schwarz 03; Subh, H. 41 03; Begegnungen, Jan. 04; Maskenball, H. 60 04; Namenlos 04; Weihnachtsimpressionen 04; Amour fou 04; Deutschland in 30 Jahren 04; Verstärker, Dez. 04, Aug. 05, Sept. 06, Juli 07; Frühlingsabenteuer 05; Hinter der Tür 05; Liebestrauer 05; Rhein-Perlen 06; Nachtfahrt 06; Blumengrüße 06; ReiseLust 06; schreib, Juli 06; Der Morgen nach dem Winterschlaf 06; Phantast. Morde 06; Begegnungen – dazwischen u. nebenan 07; Unterwegs 07; best german underground lyriks 2006 07; Fühl mich unbehaust 07; Wer die Zeichen sucht … 07; BarLust 07; Federkiel, Juni 07; Von Idioten umzingelt 07; Kurzgeschichten 7/07; Tabu 07; Blauzeit 07; Zum ersten Mal 07; Verschlungene Wege 07; Fröhliche Weihnachten 2 07; Notwendigkeit 07; Wundersame Weihnacht 07; Satan GmbH & Co. KG 07. – **P:** Aus bekannten Gründen, Onlinebuch unter: digitalkunstsen.net 07, u. weitere Veröff. ebda.

Driest, Burkhard, Schauspieler, Autor; lebt auf Ibiza, c/o Agentur Etz & Wels, KÖln (* Stettin 28. 4. 39). Silberne Nymphe, Monaco 96; Rom., Drehb. – **V:** Die Verrohung des Franz Blum 74; Mann ohne Schatten, R. 81; Halbstark in Peine, Kurzgeschn. 94; Sanfte Morde, R. zum Fs.-Film 97; Der rote Regen, R. 03; Liebestod 05; Brennende Schuld 06; Sommernachtsmord, R. 08; – THEATER/UA: Andy, Musical 87; Judit 97; Falco Meets Amadeus, Musical 00. – **F:** Die Verrohung des Franz Blum 73; Paule Pauländer 75; Hitler's Son USA 77; Endstation Freiheit 79; Querelle 82; Anna's Mutter 83; Kalt in Columbien 84. – **R:** Zündschnüre, Fsf. 74; Zwischen 18 und 20, Fs.-Ser. 76; Sanfte Morde, Fsf. 97. – **Ue:** Short Eyes 75; Instant Enlightment 86. (Red.)

Dringenberg, Bodo, Journalist u. Autor; Konkordiastr. 6, D-30449 Hannover, Tel. (05 11) 1 23 76 71 (* Halle/Saale 7. 3. 47). Das Syndikat 04; Feat., Prosa. – **V:** Listen-Schnitte 00; Sehzunge 00; Neyenooger Netz, Krimi 03; Mord auf dem Wilhelmstein, R., 1.u.2. Aufl. 07. – **R:** Tod und Verderben. Die lange Nacht von Huhn 01; Falsch – aber nützlich – Fakes 03, beides Rdfk-Feat. m. Rolf Cantzen.

Droege, Heinrich; Boseweg 16, D-60529 Frankfurt/Main, Tel. u. Fax (0 69) 6 66 48 11 (* Frankfurt/Main 6. 8. 33). VS, Lit.ges. Hessen, Vors.; Pr. d. Jungen Forum Recklinghausen 75, Journalistenpr. d. IG Metall 85; Prosa, Hörsp., Ess., Rom., Erz., Rep. – **V:** Ihr habt nicht zuviel Zeit, Erz. 82, 84; Begegnung mit Arno Schmidt 87, Neuaufl. u. d. T.: Morgenwelt mit Arno Schmidt 02; Der Tramp, Erz. 88, 90; Tage ohne Hosen 92; Ein langer Abschied 94; Leben, nur leben! 96, alles R.; Nächte der Penelope, Erzn. 98; Opernbrand, R. 00; Dies & Das, Erz., Lyr. 08. – **MA:** Betriebsräte berichten, Repn. 77; Da bleibst du auf der Strecke 77; Leben gegen die Uhr 85; Druck mußt du machen 86, alles Erzn. u. Repn.; Ortstermin Arbeitsplatz, Repn. 88; Im Hinnerkopp, Anth. 98; Kriegs Bilder Texte 99; Faulheit adelt, erz. Ess. (auch hrsg.) 00; Verfolgung und Ermordung Richard Wagner 00; Spinnen spinnen (auch hrsg.) 01; Lachen, AusLachen, VerLachen (auch hrsg.) 03. – **R:** mehrere Hsp. u. Fk-Ess., u. a.: Altersvorsorge 93; Das fünfte Kind 97; Arbeitsvermittlung 99; homo

konsumentis 99. – *Lit:* P. Hahn: Lit. in Ffm. 87; Walther Killy (Hrsg.): Literaturlex., Bd 3 89; U. Lessmann in: Transparent 01; R. Chotjewitz-Häfner: Hessische Lit. im Porträt 06.

Drößler, Rudolf, freiberufl. Schriftst. u. Wiss.journalist; Weinbergstr. 7, D-06712 Zeitz, Tel. u. Fax (0 34 41) 25 10 06 (* Zeitz 18. 5. 34). SV-DDR 75–90, Förd.ver. d. Schriftst. in Sa.-Anh. 91; Bestes Buch d. J. 99, ausgew. v. Förd.kr. d. Schriftst. in Sa.-Anh., Verd.med. d. Verd.ordens d. Bdesrep. Dtld 02; Sachb. m. erzählendem Charakter, Dramatik. – **V:** Die Venus der Eiszeit. Entdeckung u. Erforschung altsteinzeitl. Kunst 67 (auch poln.); Als die Sterne Götter waren. Sonne, Mond u. Sterne im Spiegel v. Archäologie, Kunst u. Kult 76, 3. Aufl. 81 (BRD 81, auch russ. – auszugsweise, tsch., estn., ung.); Brücken in die Vergangenheit. Archäologische Sensationen d. letzten Jahre 80, 4. Aufl. 90 (auch poln., BRD u. d. T.: Spuren in die Vergangenheit 80); Planeten, Tierkreiszeichen, Horoskope. Ein Ausflug in Mythologie u. Wirklichkeit 84, 4. Aufl. 90, Tb. 92 (BRD 85); Kulturen aus der Vogelschau. Archäologie im Luftbild 87 (BRD 87); Flucht aus dem Paradies. Leben, Ausgrabungen u. Entdeckungen Otto Hausers 88; Menschwerdung. Funde u. Rätsel 93; Zeitz. Sagen u. ihre Hintergründe 93; 2000 Jahre Weltuntergang. Himmelserscheinungen u. Weltbilder in apokalypt. Deutung 99; Geschichte meiner Bücher. Ein autobiograph. Rückblick 99; Die Geschichte der Stadt Zeitz, I 04, II 08; weitere Sachbücher; – STÜCKE: Das Kapitalverbrechen oder Die tapfere Apothekerstochter, UA 92; Historisches Spektakel mit Bänkelliedern, UA 92; Der Weltuntergang anno 1857, UA 95; Acht Bilder zur Geschichte des Brühls, UA 95. – **MV:** Stoffel und der Zauberhut, m. Dieter Beer u. Gerhard Gabriel, UA 71; Handlesen, Kartenschlagen, Pendeln, m. Manuela Freyberg 90, Tb. 94; Zeitz und sein Landkreis, m. Fotos v. Rosemarie u. Thomas Kreil 92. – *Lit:* Ch. Züchner in: Quartär, Bd 19 68; H. Tiersch in: Astronom. Nachrichten, 308/H.2 87; G. v. Bülow in: Das Altertum, Bd 34/H.4 88; H. Grünert in: Ethnograph.-Archäolog. Zss., 30. Jg 89; J. Dorschner in: Sterne u. Weltraum, H.12 99; Dt. Schriftst.lex. 01; Christiane Krüger: R.D., Dipl.-Arb. MLU Halle-Wittenberg; B. Bahn in: Archäologie in Sachsen-Anhalt, Bd 2 04; s. auch SK.

Drohsen, Hanns E. (eigtl. Erich H. Drosen); Pfarrer-Kranz-Str. 7, D-85764 Oberschleißheim, *edrosen@t-online.de*, *www.lyred.de* (* Gablonz 17. 7. 38). Pr. b. Wettbew. „Poesie eine Straße" d. Schwabinger Lyrikkabinetts 03; Rom., Erz., Lyr. – **V:** Felix Kraxens tätige Lyrik, Lyr. 01; Schwabinger Tage, Erz. 04. – **MA:** Wortspiegel 24/02; Meine schöne hässliche Geliebte, Lyr. 03.

Droos (eigtl. Dieter Roos), Mechaniker, Landwirt, Bilder-Macher; Rua Júlio Nogueira 2591, 35501–287 Divinópolis-MG/Brasilien, Tel. u. Fax (0 37) 32 12 14 28, *dieterroos@web.de.* c/o Jens Roos, Haldenstr. 21, D-73730 Esslingen (* Plochingen 11. 10. 42). Lyr., Bildged. Ue: port. – **V:** vom sein, vom da-sein u. vom bewusst-sein; von gott, von d. seele u. vom glauben; von d. natur u. von d. bäumen; vom leben u. deshalb auch: vom tod; vom menschen u. seiner gesell-schaft; vom mann, von d. frau u. von d. liebe; vom wort u. von d. sprache; vom reden vom schreiben u. vom dichten; vom bild, von d. kunst u. vom malen; von d. zeit u. vom wahr-nehmen; vom denken, vom wissen u. vom lernen; vom tun, vom wollen u. vom beten; selbst-gespräche, alles Lyr.; ca. 150 Bilder-Bücher (G. in Bildern) seit 66; eine Kerze wird ausgeblasen 01; Was ist das Weib? 02, beides Lyr. u. Bilder. (Red.)

Droschke, Martin; Ketschendorferstr. 76, D-96450 Coburg, Tel. (0 95 61) 59 62 08, *droschke@jutta-weber. de* (* Augsburg 72). – **V:** Störkraft, Geschn., Bookware für PC 95; Die Hosen der männlichen Jugend, Prosa 98. – **MH:** Laufschrift, Mag. f. Lit., seit 95. (Red.)

Drosen, Erich H. s. Drohsen, Hanns E.

†**Dross,** Armin, Journalist; lebte in Breisach am Rhein (* Strasburg/Westpr. 3. 9. 12, † Breisach am Rhein 7. 9. 00). VdÜ; Verd.orden d. Rep. Polen 98; Nov. Ue: poln. – **V:** Deutschland und Polen in Geschichte und Gegenwart, Sachb. 64. – **B:** T. Szulc: Johannes Paul II. 91. – **MA:** Die Probe 57; Dt. Gegenwart 58, 69; Dt. Erzähler 67; Lex. zur Geschichte d. Parteien in Europa 81; Dt. Allg. Sonntagsbl., Hamburg. – **F:** Deutschland und Polen. E. Dialog über Gemeinsamkeiten in ihrer Geschichte 64, 71. – **R:** Der erste Tag des Krieges 79; Ein Sohn unserer Stadt 83; Im Vorzimmer des Todes 84; Alltag im Ghetto 87; Grenzgänger 97. – **Ue:** Josef Mackiewicz: Kontra u. d. T.: Tragödie an der Drau 57; Droga Donikąd u. d. T.: Der Weg ins Nirgendwo 59; Tadeusz Nowakowski: Obóz Wszystkich Świętych u. d. T.: Polonaise Allerheiligen 59; Piknik Wolności u. d. T.: Picknick der Freiheit 61; Juliusz Mieroszewski: Kehrt Deutschland in den Osten zurück? 61; Tadeusz Różewicz: Przerwany Egzamin u. d. T.: In der schönsten Stadt der Welt 62; Lèszek Kołakowski: Karl Marx und die klassische Definition der Wahrheit, Adam Schaff: Kritische Bemerkungen, beide in: L. Labędź: Der Revisionismus 65; J. Korczak: Jak kochać dziecko u. d. T.: Wie man ein Kind lieben soll 68; Prawo dziecka do szacunku u. d. T.: Das Recht des Kindes auf Achtung 70; J. Korczak: Das Kind lieben 84, 89; Kazimierz Smigiel: Kościół katolicki tzw okręgu Warty u. d. T.: Die katholische Kirche im Reichsgau Wartheland 1939–1945 84; Kazimierz Slaski: Opanowanie Pomorza ... und vier weitere Schriften u. d. T.: Zur Geschichte Pommerns und der Hanse 87. – **MUe:** Jan Kawalec: W nocy drzewa chodzą u. d. T.: In der Nacht wandern die Bäume 83. – *Lit:* Bad. Ztg, Freiburg: Polen würdigt d. Verdienste v. Dross 98.

Droste, Gabriele, freiberufl. Journalistin; lebt in München, c/o Heyne Verl., München (* Hamburg). Rom. – **V:** Wieder Lust auf mehr 97; Lauras Erben 00; In einer Nacht 05; Das Blau der Träume 06. – **MV:** Der weiße Neger vom Hasenbergl, Autobiogr. Günther Kaufmann 04. (Red.)

Droste, Lotte s. Brügmann-Eberhardt, Lotte

Droste, Wiglaf, Kritiker, Kolumnist, Autor u. Sänger; c/o Edition Tiamat/Verlag Klaus Bittermann, Grimmstr. 26, D-10967 Berlin, *www.haeuptlingeigener-herd.de, www.tomprodukt.de/wiglaf-droste* (* Herford 27. 6. 61). Ben-Witter-Pr. 03, Annette-v.-Droste-Hülshoff-Pr. 05, Gourmand World Cookbook Award 06. – **V:** Kommunikaze 89; Mein Kampf, Dein Kampf 92; Am Arsch die Räuber 93; Sieger sehen anders aus 94; Brot und Gürtelrosen und andere Einwürfe aus Leben, Literatur und Lalala 95; Begrabt mein Hirn an der Biegung des Flusses 97; Zen-Buddhismus und Zellulitis 99; Bombardiert Belgien! & Brot und Gürtelrosen 00; Die Rolle der Frau u. a. Lichtblicke 01; Der infrarote Korsar 03; Wir sägen uns die Beine ab und sehen aus wie Gregor Gysi 04; Was ist hier eigentlich los? 05; nutzt gar nichts, es ist liebe, G. 05; Kafkas Affe stampft den Blues 06; Will denn in China gar kein Sack Reis mehr umfallen? 07. – **MV:** In 80 Phrasen um die Welt, m. Rattelschneck 92, erw. Neuaufl. 03; Der Barbier von Bebra, m. Gerhard Henschel, R. 96; In welchem Pott schläft Gott?, m. Rattelschneck 98; Der Mullah von Bullerbü, m. G. Henschel 00; Wurst 06; Weihnachten 07; Wein 08, alle drei m. Nikolaus

Heidelbach u. Vincent Klink; Wir schnallen den Gürtel weiter, m. V. Klink 08. – **MA:** Titanic; taz; Junge Welt; Literaturen; Das Magazin; Frankfurter Rundschau, u. a.; – Radiobeitr. für: BR, MDR, RBB, SWR, WDR, u. a. – **MH:** Zs. „Häuptling Eigener Herd", vj. seit 99; Häuptling Eigener Herd. Das Koch- u. Leseb. 03, beides m. Vincent Klink. – **P:** Grönemeyer kann nicht tanzen 89; Supi! Supi! Supi! 93; Die schweren Jahre ab 33 95; Wieso heissen plötzlich alle Oliver? 96; Mariscos y Maricones 99; Für immer (m. d. Spardosen-Terzett) 00; Das Paradies ist keine evangelische Autobahnkirche 01; Wolken ziehn (m. d. Spardosen-Terzett) 01; Ich schulde einem Lokführer eine Geburt 03; Das Große IchundDu 03; Das Konzert (m. d. Spardosen-Terzett) 04; Der Bär auf dem Försterball. Hacks u. Anverwandtes (Bernstein, Droste, Wieland u. Musik v. Petrowsky) 04; Westfalian Alien 05; Peter Hacks: Seit du da bist auf der Welt – Liebeslieder (m. d. Spardosen-Terzett) 08. (Red.)

Druiknui s. Haasis, Hellmut G.

Druschel, Adam, Großhandelskfm., jetzt Rentner; Friedhofsweg 4, D-36381 Schlüchtern, Tel. (0 66 61) 16 74 (* Wallroth 29. 10. 27). 1. Pr. b. Wettbew. d. Main-Kinzig-Kreises, Hanau 92. – **V:** Steinreich – Brotarm 92, 2. Aufl. 95; Dunkle Wolken – Fernes Licht 93, 2. Aufl. 95; Flitzebogen und Schalmei 95; Am schwarzen Stein 99; Der Krug, Krim.-Roman 03. (Red.)

Drvenkar, Zoran (Ps. Victor Caspak, Yves Lanois); lebt b. Berlin, c/o Liepman Literaturagentur, Maienburgweg 23, CH-8044 Zürich, *www.drvenkar.* de (* Križevci/Kroatien 19. 7. 67). Arb.stip. f. Berliner Schriftst. 89, 91, 92, Werkvertr. b. d. Künstlerförd. Berlin 94, 95, 96, Aufenthaltsstip. d. Akad. d. Künste 95, 97, Autorenstip. d. Stift. Preuss. Seehandlung 96, Science-Fiction-Pr. d. Berliner Festspiele 99, Oldenburger Kd.- u. Jgdb.pr. 99, Münchner Jugend-Dramatiker-Pr. 00, Würth-Lit.pr. 00, Kinderb.pr. d. Landes NRW 02, MARTIN, Kd.- u. Jugendkrimipr. d. Autoren 03, Phantastik-Pr. d. Stadt Wetzlar 03, Sonderpr. f. d. Ges.werk d. Jury d. jungen Leser, Wien 03, Hans-im-Glück-Pr. 04, Baden-Württ. Jgd.theaterpr. 04, Dt. Jgd.-lit.pr. 05, Rattenfänger-Lit.pr. 08, u. a.; Kinder- u. Jugendb. – **V:** KINDER-u. JUGENDB.: Niemand so stark wie wir, R. 98; Der Bruder, R. 99; Der Winter der Kinder 00; Eddies erste Lügengeschichte 00; Im Regen stehen, R. 00, Neuaufl. 01; Die alte Stadt 01; touch the flame, R. 01, Drehb. 02; Der einzige Vogel, der die Kälte nicht fürchtet 01; Cengiz & Locke, R. 02; Sag mir, was du siehst, R. 02; Eddies zweite Lügengeschichte, Kdb. 02; Du schon wieder, Bilderb. 03; Das Jahr der 13 – Die bösen Schwestern 03; Eddie im Finale 04; Die Kurzhosengang 04; was geht, wenn du bleibst, G. 05; Die Nacht, in der meine Schwester den Weihnachtsmann entführte, Geschn. 05; Die Rückkehr der Kurzhosengang 06; Zarah. Du hast doch keine Angst, oder?, Bilderb. 07; Paula und die Leichtigkeit des Seins 07; Frankie unsichtbar, Bilderb. 08; – BÜCHER f. ERW.: Du bist zu schnell, R. 03; Yugoslavian Gigolo, R. 05; (Übers. insges. in zahlr. Spr.); – THEATER/UA: Die zweite Chance 00; Traumpaar 06; Cengiz & Locke 06. – **MV:** Vom Mond die Kugel zur Sonne wird, m. Gregor Tessnow 06. – **MA:** Explicit Lyrics, Lyr. 99; Küss mich! 99; Von Gestern und Morgen 00; Morgenland 00; Countdown läuft 00; Rechtsherum – wehret euch! 01; Wenn die Katze ein Pferd wäre ... 01; Seitenweise Ferien 02, u. a. – **P:** Der einzige Vogel, der die Kälte nicht fürchtet, Lesung 02. – *Lit:* Katrin Hahnemann in: Bulletin 9/00; Ada Jeske in: Eselsohr, März 02; Uschi Pirker in: 1000 u. 1 Buch 02. (Red.)

du Bois

du Bois, Jean; Demminer Str. 23, D-13355 Berlin, Tel. (0 30) 46 79 97 11 (* Berlin 20. 6. 22). VS München 72–80; Erz., Rom. – **V:** Der grüne Skorpion, Krim.-R. 01; Ich, der Sklave 01; Das Konzert, R. 01; Der Pillendreher und der goldene Buddha, Erzn. 01; Lucky 02; Urlaubsfreuden, Erz. 02; Zeugnis eines Lebens 03. (Red.)

Dua, Gisela (eigtl. Gisela Rothe, geb. Gisela Clauß), Maschinist f. Turboaggregate, Sekretärin, freiberufl. Schriftst., Hrsg.; Samuel-Lampel-Str. 10, D-04357 Leipzig, Tel. (03 41) 9 12 70 00, Fax 2 56 28 20, *mail @giseladua.de, www.giseladua.de* (* Großzössen, Kr. Borna 13. 1. 50). Rom., Lyr., Erz., Kurzgesch., Märchen, Kinderlit. – **V:** Stups, R. 00, 2., überarb. Aufl. 01; Abendrot – verlorene Heimat, Erz. 01; Kinderträume, ill. Kurzgesch. 02; Stephanies Schicksalsnacht, R. 04; Das Geheimnis des Jaderinges, R. 09/10. – **MA:** Auslese zur Jahrtausendwende 99; Damals war's 99; Prosa de Luxe 00; Gedicht und Gesellschaft 00; Wortspiegel 17/01; ZEITschrift, Jubiläumsausg.: Zeit des Flieders, Der Kuss der Ziege, beide 01.

Dubach, Marie; Oberdorfstr. 42, CH-3427 Utzenstorf, Tel. u. Fax (0 32) 6 65 30 14 (* Wiedlisbach 19. 11. 31). – **V:** Us em Stöckli, Gesch. 97; Uf em Spycherbankli, Gesch. 99. (Red.)

Dubach, Ruth, Sprachgestalterin, Schauspielerin; Dorneckstr. 19, CH-4143 Dornach, Tel. (0 61) 7 01 60 68 (* Münsingen 3. 4. 29). Lyr. – **V:** Sonnenlauf 78; ... Und Du? 87; Todes-Weihe 07. – **MV:** Gedankengetragenes, m. Maurice Aeberhardt, Lyr. u. Aphor. 02/03. – **MA:** zahlr. Beitr. in d. Zs.: Das Goetheanum; G. in Anth.: Österliches Spruchbüchlein; Weihnachtliches Spruchbüchlein, u. a. – **H:** Maurice Aeberhardt: Ich-Erfahrungen, Aphor. 79.

Dubbe, Daniel, Dr. phil.; Breitenfelder Str. 13d, D-20251 Hamburg, *Daniel.Dubbe@t-online.de* (* Hamburg 18. 8. 42). VS; Lit.förd.pr. d. Stadt Hamburg 84; Short-Story, Rom., Ess., Sat., Hörsp. Ue: Prosa. – **V:** Szene 73; Schrittweise Annäherung 77; Wilde Männer, wenig Frauen, Erzn. 84; Große Insel fernsüdlich, Reise-Repn. 89; Bessere Tage, R. 95; Hart auf hart, Erzn. 02; Tropenfieber, R. 05. – **MH:** Boa Vista, Zs. f. Lit. 74–83. – **F:** Kanakerbraut 83; Mau-Mau 92, beide Drehb. m. Uwe Schrader. – **R:** zahlr. Rdfk-Arb., u. a. Ess., Feature, Reiseber., Kritiken. – **Ue:** Agejew: Roman mit Kokain 86. – *Lit:* zuletzt: Peter Henning in: Facts, Schweizer Nachrichtenmag., 21.12.95; Martin Brinkmann in: Hart auf hart (Nachw.) 02. (Red.)

Dubé, George s. Becker, Dirk

Dubiel, Erwin, StudR., Rentner; Rinckartstr. 1, D-04838 Eilenburg, Tel. (0 34 23) 60 67 00 (* Königshütte/Schles. 27. 5. 11). Rom., Dramatik. – **V:** Erinnerungen und Träume 97; Lebensbilder 02. – **MA:** Anth. d. Cornelia-Goethe-Akadademieverl. u. d. Brentano-Ges. 05. (Red.)

Dubois, Philippe s. Kieffer, Rosi

Duchow, Christa, akad. geprüf. Übers.; Röntgenstr. 19/82, D-53177 Bonn, Tel. (02 28) 33 06 33 (* Gülzow/Pommern 7. 2. 18). VS 70–82; Auswahlliste z. Dt. Jgdb.pr. (Bilderb.) 63; Märchen, Kindergesch. f. Magazine, Zeitschriften, Zeitungen u. Hörfunk. Ue: engl. – **V:** Oberpotz und Hoppelhans, Kdb. 62; Der Drache Poppelpox, Kdb. 01. – **MA:** Nun zünden wir die Lichter an 63, 64; Es war einmal ein Königin, M. 65; Zauberspuk und gute Geister, M. 66; Mein liebstes Geschichtenbuch 67. – **R:** Räuber und Prinzessin; Die Prinzessin Tausendschön; Der faule Heinrich; König Knackerknuck; Der unbescheidene Fritz; Die Prinzessin Naseweis; Der Wassermann und die Blumenelfe; Zwerg Hutzelfratz; Zwerg Bimmelbommel; Brummelbär; Wie der Brummelbär auf das Mauskind aufpaßte; Die Hexe Hinkelhutz; Puhfi, die kleine Hexe; Der kleine Drache; Die Elfe in der Puppenstube; Ein alter Mann feiert Weihnachten, u. a., alles Hörsdgn; Zauberer Bubu, Fsp.

Duden, Anne (Anne Duden-Lippert); Seestr. 42, D-13353 Berlin. 36 Ellesmere Road, London NW10 1JR (* Oldenburg 1. 1. 42). Dt. Akad. f. Spr. u. Dicht. 98, P.E.N.-Zentr. Dtld 99, Akad. d. Wiss. u. d. Lit. Mainz 00; Förd.pr. d. Kulturkr. im BDI 84, Kranichsteiner Lit.pr. 86, Lit.förd.pr. d. Stadt Hamburg 88, Stip. d. Dt. Lit.fonds 89, Märk. Stip. f. Lit. 92, New-York-Stip. d. Dt. Lit.fonds 94, Lit.pr. Floriana 95, Dedalus-Lit.pr. 96, Pr. d. LiteraTour Nord 96, Marburger Lit.pr. 96, Berliner Lit.pr. 98, Hans-Reimer-Pr. d. Warburg-Stift. 98, Gr. Lit.pr. d. Bayer. Akad. d. Schönen Künste 00, Heinrich-Böll-Pr. 03; Prosa, Ged., Ess. – **V:** Übergang, Prosa 82 (auch engl., ndl., frz.); Das Judasschaf, Prosa 85 (auch ndl.); Steinschlag, G. 93; Wimpertier, G. u. Prosa 95; Der wunde Punkt im Alphabet, Ess. 95, 96; Zungengewahrsam oder Der uferlose Mund des schreienden Schweigens 96; Zungengewahrsam. Kleine Schriften z. Poetik u. z. Kunst 99; Hingegend, G. 99, 01; Sich verschiebende Horizonte, Ess. 06. – **MV:** Lobreden auf den poetischen Satz, m. Robert Gernhardt u. Peter Waterhouse 98; Heimaten, m. Lutz Seiler u. Farhad Showghi 01; Sardische Aquarelle / Strophen, Künstlerb. m. Gotthard Graubner 05. – **MA:** Beitr. in Zss. u. Anth., u. a. in: Signale aus der Bleecker-Street. Dt. Texte aus New York 99; Vorträge aus dem Warburg-Haus, Bd 4 00; Anne Duden. A Revolution of Words 03; Die Hölderlin Ameisen 05; Cranach. Gemälde aus Dresden 05; Rede, daß ich Dich sehe. Wortwechsel m. Johann Georg Hamann 07. – *Lit:* Susanne Greuner: Schmerzton 90; B. Dieterle in: L. Ritter Santini (Hrsg.): Mit d. Augen geschrieben 91; K. Briegleb in: Hansers Sozialgesch. d. dt. Lit., Bd 12 92; S. Weigel (Hrsg.): Bilder d. kulturellen Gedächtnisses 94; Anne-Kathrin Reulecke in: KLG 95; Kiwus in: Deutschdidaktik in Weimarer Beiträge 97; J. Bossinade in: Chris Weedon (Hrsg.): Post war women's writing in Germany 97; LDGL 97; F. Frei Gerlach: Schrift u. Geschlecht 98; H. Bartel/E. Boa (Hrsg.): Anne Duden. A Revolution of Words 03; A. K. Johannsen: Kisten Krypten Labyrinthe 08.

Dudenhöffer, Gerd, Kabarettist; c/o handwerker promotion, Morgenstr. 10, D-59423 Unna, Tel. (0 23 03) 25 46 40, Fax 2 54 64 74, *office @handwerker-promotion.de, www.handwerker-promotion.de* (* Bexbach/Saarland 13. 10. 49). Telestar 94, Saarländ. Verd.orden 96, Goldene Europa 97, Dt. Comedy-Pr. 04, Friedestrompr. 06. – **V:** OPUSCULA. Lyrische GEDICHdE 98; Tach, Herr Dokter, Drehb. 99; Opuscula nova, G. 01; Zwei nach Hawaii, Theaterst. 01; Die Reise nach Talibu, Erz. 05; 13 Soloprogramme 85–07. – **F:** Tach Herr Doktor 99. – **R:** Familie Heinz Becker, Fs.-Ser. seit 92. – **P:** zahlr. Tonträger/Videokass. d. versch. Bühnenprogramme. (Red.)

Dübell, Richard; *richard@duebell.de, www.duebell.de* (* Landshut 5. 10. 62). 2 × 1. Pr. Kurzgeschn.wettbew. d. Moewig-Verl.; Hist. Krim.rom., Kurzgesch., Drehb., Horror. – **V:** Der Tuchhändler 97, 8. Aufl. 02; Der Jahrtausendkaiser 98, 8. Aufl. 02; Eine Messe für die Medici 00, Tb. 02; Die schwarzen Wasser von San Marco 02; Das Spiel des Alchimisten 03; Die Tochter des Bischofs 04; Im Schatten des Klosters 06; Der Tuchhändlers 06; Des Teufels Bibel 07, alles hist. Krim.-R. – **MV:** Spiele mit dem Taschenrechner, Kdb. 99. – **MA:** Capricorn, SF-Fan-Mag., bis ca. 91; Beitr. f. mehrere Anth. – *Lit:* R. Roßmann/H. Kratzer (Hrsg.): Stadt, Land, Wort: Bayerns Literaten 04. (Red.)

Dübendorfer, Guy s. Lienhard, Fredy

Dübi, Heiner (Cardellino), Schriftst.; Drosselweg 2, CH-8400 Winterthur, Tel. (0 52) 2 12 73 78, Fax 2 32 25 92. c/o CARDUN AG, Postfach, CH-8411 Winterthur, *info@cardun.ch, www.cardun.ch* (* Schüpfen 13. 1. 58). SSV, jetzt AdS, P.E.N.; Übers., Erz., Dramatik, Rom. Ue: frz, engl, hebr. – **V:** Vincent van Goghs geliebte Herzensdame Mensch, Erz. 91; Internierung, Bevormundung – eine Folge gesellschaftlicher Ordnung, Ess. 92; Dines will Künstler werden 92; Der kleine Kobold Gaël entdeckt den Circus, Kdb. 95. – **MA:** Ethikjahrbuch 04. – **Ue:** David Flusser: Das essenische Abenteuer 89; Paul Giniewski: Das Land der Juden 97.

Dückers, Tanja, Mag., Lit. wiss., freie Journalistin u. Schriftst.; lebt in Berlin, *post@tanjadueckers.de, www.tanjadueckers.de* (* Berlin 25. 9. 68). VG Wort, Forum der 13 98–05; La Belle-Lit.pr. f. Kurzprosa 96, Stip. d. Stift. Kulturfonds 97, 1. Pr. f. Reiselit. d. Westfäl. Lit.büros 98, Stip. d. Käthe-Dorsch-Stift. 98, Reisestip. d. Berliner Senats f. Barcelona 98–00, Villa-Aurora-Stip. Los Angeles 00, Lit.pr. Ruhrgebiet (Förd.pr.) 00, Arb.stip. f. Berliner Schriftst. 01, Writer in residence, Max-Kade-Stift., Pennsylvania 01, Gotland-Stip. d. Balt. Zentrums 02, Osteuropa-Stip. d. stift. Brandenburg 02, Stip. Villa Decius Krakau 04, Grenzgänger-Stip. d. Robert-Bosch-Stift. nach Rumänien 05, DAAD-Stip. f. Univ. of Bristol 07, Het Beschrijft-Stip. Brüssel u. Flandern 07; Rom., Lyr., Erz., Ess., Reiseber., Drehb., Hörsp., Dramatik. – **V:** Morsezeichen, G. 96; Firemann, engl. G. 96; Spielzone, R. 99; Café Brazil, Erzn. 01; Luftpost, G. 01; Himmelskörper, R. 03; Der längste Tag des Jahres, R. 06; Morgen nach Utopia, Ess. 07; Jonas und die Nachtgespenster, Kdb. 08; Über das Erinnern, Ess. 08; Hausers Zimmer, R. 09; – THEATER/UA: Spielzone 04; Grüße aus Transnistrien 08. – **MA:** zahlr. Veröff. in Lit.zss., Zss. u. Magazinen, u. a. in: Orte; Ästhetik u. Kommunikation; Am Erker; Hundspost; ndl; Zifferblatt; Gegenstand; Scriptum; Creator (London); die horen; EDIT; titel, Mag. f. Lit. u. Film; Spiegel, SZ; WELT; National Geographic; Emma; taz; Frankfurter Rundschau; Berliner Ztg; Der Tagesspiegel; Jungle World; – ANTH. u. a.: Soweit das Auge reicht 95; Trash-Piloten 97; Man denkt sich Namen aus 97; Social Beat, Slam! Poetry 97; Die bewegte Stadt 98; Die Bonner kommen 98; Kulturhandbuch Berlin 98; Kanaksta 99; 2000 – schicke neue Welt 99; Kaltlandbeat 99; Social Beat, Slam! Poetry 2 99; Berlin – 99 Lieblingsplätze 99; Akte Ex 00; Diven 00; Wahlverwandtschaften 02; Literarischer März 13. Leonce-und-Lena Preis 2003. – **MH:** Stadt.Land.Krieg. Autoren d. Gegenw. erzählen von d. Vergangenheit, m. Verena Carl 04. – **R:** Maremagnum, Hsp. 00. – **P:** Mehrsprachige Tomaten, m. Bertram Denzel, Lyrik-CD 04. – *Lit:* M. Brinkmann in: Krackkultur 8/99; M. Amanshauser in: profile (Wien), Juni 99; C. Voigt in: Kultur-SPIEGEL, Juni 99; E. Reder in: Der Literat, Aug. 99; C. Schaumann: Memory Matters. Generational Responses to Germany's Nazi Past in Recent Women's Lit. 08, u. a.

Düffel, John von, Dr. phil., Dramaturg, Stiftungsprof. f. Szenische Künste Univ. Hildesheim 2007; c/o Thalia Theater, Alstertor, D-20095 Hamburg (* Göttingen 20. 10. 66). Ernst-Willner-Pr. im Bachmann-Lit.wettbew. 98, aspekte-Lit.pr. 98, Buch d. Monats Oktober 98, Stip. d. Kunststift. Bad.-Württ. 99, Hsp. d. Monats März 99, Mara-Cassens-Pr. 99, German Book Office Grant 00, 'Das neue Buch' d. VS Nds.-Bremen 05, Nicolas-Born-Pr. d. Ldes Nds. 06, Poetik-Professur d. U.Bamberg 08, u. a. – **V:** Vom Wasser, R. 98, Tb. 00 (auch ital., finn., frz.); Zeit des Verschwindens, R. 00;

Schwimmen, Prosa 00; Ego, R. 01; Wasser und andere Welten, Geschn. 02; Houwelandt, R. 04; Hotel Angst, Erz. 06; Beste Jahre, R. 07; – THEATER/UA: OI 95; Solingen 95; Das schlechteste Theaterstück der Welt 96; Shakespeare, Mörder, Pulp & Fiktion 96; Born in the RAF, szen. Lesung 97; Missing Müller (Die Müller-Maschine), szen. Lesung 97 (auch Hsp.); Saurier-Sterben 97; Die Unbekannte mit dem Fön 99; Rinderwahnsinn 99; Zweidrei Liebesgeschichten 99; Elite I.1 02; Kur-Guerilla 03, u. a. – **Ue:** Richard Brinsley Sheridan: Die Lästerschule 95. – **MUe:** Hermann Melville: Bartleby 98; Thurston Clarke: Die Insel 03, beide m. Peter von Düffel. – *Lit:* Jörg Adolph: Houwelandt – Ein Roman entsteht, Fs.-Porträt (3sat) 05. (Red.)

Dührkopp, Herbert s. Reinecker, Herbert

Düker, Peter; Klewergarten 8, D-30449 Hannover, *peter-dueker@t-online.de, www.dichter-am-dichter.de* (* 23. 7. 66). VS; Die Goldene Rübe 02, Wilhelm-Busch-Pr. (3. Pr.) 04 u. 05; Ged., Liedtext, Erz. – **V:** Bartmann: der Patient, der Arzt, die Schwester, das Spiel 95; Reden & so 97; Wie ich Botschafter Teenlands wurde 02. – **MA:** Kleine nds. Lit.gesch., Bd 3 96. (Red.)

Düll, Rupprecht (Rupprecht Wilhelm Düll), Ober-Ing.; Schillerstr. 35, D-83435 Bad Reichenhall, Tel. (0 86 51) 6 76 23 (* Küstrin 18. 12. 14). Lyr., Erz. – **V:** Zur Regulation der „Harmonia", Sachb. 96; Die Sonnenspur, Lyr. 96; Auf den Flügeln der Verse, Lyr. 00; Geboren in Küstrin einer versunkenen Stadt, Erz. 01. – **MA:** Conceptus 77/97; Das Spiel mit der Antike 00. – **H:** Pertensteiner Gespräche, Bd 1 06. – **MH:** Chiemgauklöster, Bd 1. Festschr., m. Siegrid Düll 05. – *Lit:* Das Spiel mit der Antike. Festschr. z. 85. Geb. 00.

Dünnbier, Ernst B. R. (Kürzel Dbr), Reederei-Kaufmann i. R.; Assmannshauser Str. 31, D-28199 Bremen, Tel. (04 21) 50 52 22 (* Bremen 8. 3. 21). Bremer Presse-Club; Kulturpr. f. wahre Heimatliebe 01; Kurzgesch., Ged., Reise- u. Seefahrtbericht, Ess., Bremensien. – **V:** Hier und Heute, G. e. „Ernst"-haften 81; Von Bremer Jantjes, Fastmokers und Poppedeideis 82; Bremer Schnack 84; Bremen best 95; Bremische und Maritime Gabelbissen 96; Auf gut bremisch 97. – **MA:** neustädter ECHO (red. Mitarb.) seit 71; Neptun Bremen – Die Chronik der „Götterflotte" 93. – **H:** Maurerische Gedanken und Erkenntnisse 00; „... und immer noch ein Gedicht – zum Nachdenken und Mitempfinden" 04. – **R:** 32 pldt. Beitr. b. „Ndt. Hauskal." v. Radio Bremen II, Rdfkbeitr. im „Bremer Container" u. „Bremer Hafenfest" 86–92; 21 TV-Beitr. im „OFFENEN KANAL" Bremen. (Red.)

Dünnebier, Anna, Autorin; Blumenthalstr. 70, D-50668 Köln, Tel. (02 21) 73 89 89, Fax 7 32 53 37, *anna. duennebier@netcologne.de* (* Stuhm 21. 1. 44). VS 81; Film, Hörsp., Rom. – **V:** Der Berlinfresser, Erz. 69; Lindhoops Frau 81, 83; Eva und die Fälscher 89; Der Quotenmann 93; Adieu ihr Helden 96, 98; Schutt und Liebe 99, alles R. – **MV:** Aktuelles Bremen ABC, Ess. 82; Leere Töpfe, volle Töpfe. Eine Kulturgesch. d. Essens u. Trinkens, Sachb. 94, 97; Das bewegte Leben der Alice Schwarzer, Biogr. 98; Wo Frankreich am besten ißt. Aquitaine, Sachb. 98, alle m. Gert v. Paczensky; Die Rebellion ist eine Frau, m. Ursula Scheu, Biogr. 02. – **H:** Mein Genie. Hassliebe zu Goethe & Co, Ess. 93. – **F:** Berlinfresser 70; Lindhoops Frau 85. – **R:** Besuch 68; Als Zeugen 70; Alles in Butter 75; Kampf um Stühle 85, alles Hsp.; Zwischen Moskau und Köln: Raissa Orlowa-Kopelew 88; Was ist Deutsch? 90; Corinna, Corinna, Ser. 94, alles Fs.-Arb., sowie ca. 30 Fs.-Dok.

Dünschede, Sandra, M. A. (Germanistik); *sandra. duenschede@gmx.de, www.sandraduenschede.de*

Dünser

(* Niebüll/Nordfriesland 27.9.72). Mörderische Schwestern 06; Medienpr. d. SHHB 07; Krimi. – **V:** Deichgrab 06 (auch als Hörb.); Nordmord 07; Solomord 08.

Dünser, Jytte (geb. Jytte Heine, Ps. als Malerin: Jytte), Malerin u. Autorin; Kosaweg 15, A-6820 Frastanz, Tel. (0 55 22) 5 18 87, *jytte.duenser@directbox. com* (* Frastanz 5.7.31). IGAA, Signatur e.V. Lindau, Vorarlberger Autorenverb., jetzt Lit. Vorarlberg, IDI; 2.Anerkenn.pr. d. Lyr. Oktober 94 u. 95, 1.Förd.pr. 96, Pr. d. Lit.wettbew. „Heimat – was ist das" 94, Pr. b. Wettbew. „Verzauberte Berge" d. Stadt Bozen; Lyr., Prosa, Ess., Märchen, auch in Mundart. – **V:** Dr Akeleiaschtrauß, G. in alemann. Mda. 92; Gedanka über's Mensch-si, Beiheft zu: Wolfgang Tschallener: Menschenbilder, 24tlger Zykl. 95; a biz andrscht, Lyr. in alemann. Mda. 97; Strandbriefe, Texte 00; s'Leba tanzt, Lyr. in alemann. Mda. 05; Bodenseemaler. Das Leben d. Künstlers Karl Heine 07. – **MA:** Veröff u. a. in: Vbg. Lesebogen; Vbg. Lesekalender; Zenit, Lit.-Zs.; LOLA 1, Lyr.-Anth.; Morgentschean, Dialekt-Zs.; Kultur-Journal; Und sie bewegt sich doch, Anth.; Verzauberte Berge, Anth.; Klopfzeichen.

Duensing, Jürgen (Ps. Frank Callahan, J.C. Dwynn, John Blood, Terence Brown, Jeany Steiger, John Cimarron, Vivian Baker); Starenweg 6, D-63741 Aschaffenburg, Tel. (0 60 21) 41 18 42 (* Aschaffenburg 28.10.41). Rom., Erz., Kurzgesch. – **V:** Üb. 500 Spannungsromane: Western, SF, Grusel- Krimis, weit. R. i. d. Serien: Lassiter, Santana, Skull-Ranch, Apache Cochise, Die harten Vier.

Düpjohann, Renate (geb. Renate Lauschke), Schulsekretärin; Kurt-Schumacher-Str. 4, D-56626 Andernach, Tel. (0 26 32) 4 83 26 (* Eichhorn/Ostpr. 26.8.38). Autorengr. Koblenz; Erz. – **V:** Aragon 84; Wir brauchen Liebe und schenken Freude, G. 94; Hallo kleiner Spatz 02; Liebeserklärung an Cherry, erz. Sachb. 05; Aus dem Leben der Teichbewohner I 06. – **MA:** Besinnliche Tiergeschichten 89; Freund Tier 92; Wärmende Tage in kalter Zeit 97; Was haben wir gemacht mit uns'rem Stern 98, alles Anth.; Beitr. in: Ostpreußenbl. u. Andernacher Stadtztg; Veröff. in Tier- u. Tierschutz-Zss. in Dtld, Öst. u. Schweiz. – **H:** Igel, Pferd und Vogelkind 88.

Dür, Mily s. Hartmann, Mily

Dürr, Rolf, StudR. i. R.; Wangerooger Steig 10, D-14199 Berlin, Tel. u. Fax (0 30) 8 23 14 14, *duerrdombski@aol.com* (* Berlin 20.12.33). VS 79, NGL Berlin 82, Vors. 96–99; Rom., Lyr. – **V:** Ist Krosigk ein Faschist? Begegnungen mit Leuten von nebenan, R. 78; Von Tobias und anderen Männern, G. 80; Lebenszweige, Son. zu Siebdrucken v. Christoph Niess 85; Moralische Geschichten, Erzn. 88; Namenlos, Erz. 88; Dädalos fliegt über das Labyrinth 89; Das Glück von Monderay, R. 01. – **MA:** Stadtansichten, Jb. f. Lit. u. kult. Leben in Berlin (W) 80–82; Weißt Du, was der Frieden ist? 81; Ironie und Wehmut. Das verschollene Werk d. Ewald Traugott Dombski 87 (alle auch mithrsg.); Renntag im Irrgarten 90; Literatur vor Ort, Anth. 95; Die Wüsten leben 96; Die Bonner kommen 99 (auch mithrsg.).

Dürre, Stefan, Dr. phil., Kunsthistoriker, Bildhauer; Robert-Matzke-Str. 4, D-01127 Dresden, Tel. (03 51) 8 48 73 29, *s.duerre@web.de, www.Stefan Duerre.de* (* Finsterwalde 8.5.63). Rom., Lyr. – **V:** Matala, R. 06.

†**Dürrenfeld,** Eva, Dr. phil., ObStudR.; lebte in Meisenheim (* Berlin 15.11.28, † Meisenheim 9.4.07). VS Rh.-Pf. 80, Carl-Zuckmayer-Ges. e.V. 81; Stip. d. Fritz-Thyssen-Stift. 65, AWMM-Lyr.pr. 80; Lyr., Ess.,

Kurzprosa. – **V:** Risse in der Luft, G. 79, 2. Aufl. 86; Verschlüsselte Wahrheit, G. 87; Schöpft des Dichters reine Hand, Wasser wird sich ballen, 7 Vortr. v. Goethe b. Benn 90. – **MA:** Jb. f. Lyrik 3 81; Lyrik heute 81, 84, 86, 88, 93; Einkreisung, Lyr. 82; Echos, Lyr. u. Prosa 82; Illusion u. Realität, Lyr. u. Prosa 83; Autoren stellen sich vor, Lyr. 83; ... und ihr Duft beständt die Sommer. Texte üb. d. Rose, Lyr. u. Prosa 83; Als ich noch d. Ultrakurzwellenbub war, Lyr. u. Prosa 85; Mit d. Fingernagel in Beton gekratzt, Lyr. 85; Eigentlich einsam, Lyr. 86; Lyrischer Oktober, Ess. u. Lyr. 86; Der Stoff, aus dem Gedichte sind, Statements 86; Das Mit d. Jahreszeiten, Lyr. 91; Singt ein Lied in allen Dingen, Lyr. 91; Und setze dich frei, Lyr. 92; Annäherungen, Lyr. 95; Logbuch ins Abseits 97.

†**Dürrson,** Werner, Dr. phil., Schriftst., Übers.; lebte auf Schloß Neufra in Riedlingen/Württ. (* Schwenningen/N. 12.9.32, † Riedlingen/ Württ. 17.4.08). VS 70, P.E.N.-Zentr. Dtld 70, Assoc. intern. des critiques littéraires Paris 83, Humboldt-Ges. 96; Lyr.pr. d. Südwestpresse 51, E.gabe d. Erich-Heckel-Stift. 71, Dt. Kurzgeschn.pr. 73, 83, Lit.pr. d. Stadt Stuttgart 78, Stip. d. Kultusmin. NRW, Stip. d. Kunststift. Bad.-Württ. 79/80, Schubart-Lit.pr. 80, Jahresstip. d. Ldes Bad.-Württ. 84, Bodensee-Lit.pr. 85, Stip. d. Lit.fonds 91/92, BVK 93, E.gabe d. Dt. Schillerstift. 97, Eichendorff-Lit.pr. 01, Villa-Massimo-Stip. 04; Lyr., Prosa, Ess., Übers. Ue: frz, engl, ital. – **V:** Hermann Hesse. Vom Wesen d. Musik in d. Dicht., Ess. 57; Blätter im Wind, G. 59; Bilder einer Ausstellung, G. 59; Kreuzgänge, G. 60; Dreizehn Gedichte 65; Schattengeschlecht, G. 65; Flugballade, G. 66; Schneeharfe, G. 66; Drei Dichtungen – Flugballade, Schneeharfe, Glasstücke, G. 70; Höhlensprache, G. 74; Mitgegangen mitgehangen, G. 1970–1975 75, 2. Aufl. 82; Neun Gedichte 76; Schubart-Feier. G. Mit Moritat 79; Schubart, Christian Friedrich Daniel, Dr. 80; läuse flöhen meine lieder. nonsenspoeme 81; Zeit-Gedichte 81; Stehend bewegt. E. Poem 82; Der Luftkünstler. Dreizehn Stolpergeschn. 83; Das Kattenhorner Schweigen, G. 84, 95 (engl.); Feierabend, G. 85; Wie ich lese? Aphor. Ess. 86; Blochaden, Sprüche u. Zusprüche 86; Denkmal fürs Wasser, lyr. Fragm. 87; Kosmose, G. in zwölf Vorgängen 87; Ausleben, G. 88; Abbreviaturen 89; Katzen-Suite, G. 89; Ausgewählte Gedichte 95, 2. Aufl. 01; Der verkaufte Schatten. Rum. Elegien u. Tageb. 97, 99 (rum.); Pariser Spitzen, G. 00; Bibliographie 02; Gegenflut 03; Lohmann oder die Kunst, sich das Leben zu nehmen 07; – WERKE. 1: Dem Schnee verschrieben, G. 92, 2: Beschattung, G. 92, 3: Gegensprache, G. 92, 4: Kleist für Fortgeschrittene, G. 92, 5: Stimmen aus der Gutenberg-Galaxis, Ess. 97, 6: Aufgehobene Zeit, vermischte Schr. 02. – **R:** Schließ das Fenster 73, u. a. – **P:** Werner Dürrson liest Lyrik u. Prosa 78. – **Ue:** Wilhelm von Aquitanien: Gesammelte Lieder 69; Arthur Rimbaud: Eine Zeit in der Hölle 70; Margarete von Navarra: Liebesgedichte 74 (alle auch hrsg.); Yvan Goll: Der Triumphwagen d. Antimons, G. 73; René Char: Auf ein trocken gebautes Haus 82; Henri Michaux: Eckpfosten 82; ders.: Momente, G. 83. – *Lit:* U. Keicher: W.D., Einf. u. Bibliogr. 76; Ich bleib dir auf den Versen, W.D. z. 12.9 82; Manfred Fuhrmann: Das Kattenhorner Schweigen, in: Allmende 12 86; Paul Hoffmann: D. Lyriker W.D.; Manfred Durzak: Der Erzähler W.D., in: Werke 92; Wer ist Wer? 96; Volker Demuth in: Text + Kritik 98; ders. in: KLG.

Dütsch, Mario (Ps. Dr. Theo Amicus), Romanist, Kulturmanager, IT-Administrator u. Lyriker; *www. delyrium.net* (* Hamburg 11.8.72). – **V:** Utopiease Autopoesie. 55 Anagrammged. 04; Utopiease Autopoesie. 66 Anagrammged. 08. – **MA:** Das denkende Notizbuch 03; vorn, Mag. 04; Das liebende Notizbuch 05; Federwelt Nr.67 07/08; EDIT Nr.43/44 08.

Dütsch, Thomas, lic.phil.I, Doz. an d. Pädagog. Hochschule Zürich; Bergstr. 36, CH-8810 Horgen, Tel. (0 44) 7 25 22 63 (* Zürich 20. 3. 58). AdS 02; Aufenthaltsstip. d. Berliner Senats im LCB 91, E.gabe d. Kt. Zürich 02. – **V:** Windgeschäft, G. 01. – **H:** Maria Lutz-Gantenbein: Mohnglut. Gedichte 1938–1986 96.

Düwel, Katharina, Dipl.-Chemiker; Friedrichstr. 2a, D-06886 Lutherstadt Wittenberg, Tel. (0 34 91) 41 11 17, a_k_duewel@yahoo.de (* Rostock 10. 2. 48). Förd.kr. d. Schriftst. in Sa.-Anh.; Lyr., Hörsp., Kurzprosa. – **V:** Zwei Minuten vor dem Regen, G. 03. – **MA:** G. in: Frau u. Kultur, Zs., seit 95; Ort der Augen 4/02. (Red.)

Düx, Heinz (Ps. Henry Düx), Dr., Rechtsanwalt; Kaiserstr. 56, D-60329 Frankfurt/Main, Tel. (0 69) 43 05 60 45, Fax 43 05 61 19, ra.duex@t-online. de (* Marburg/Lahn 5. 9. 47). Rom., Kurzgesch., Rep. – **V:** Fliehen wäre leicht, R. 79; Vom Wackeldackel zum Doppelmord, Repn. 93; Alles Fälschungen, R. 05. – **MA:** Texte dagegen 93; 10. Jb. d. Kinderlit. 97, u. a. (Red.)

Dufault, Brigitte, Altenpflegerin; Am Wildwechsel 9, D-50127 Bergheim, Tel. u. Fax (0 22 71) 98 15 59, brigitte_dufault@yahoo.com (* Bad Neustadt/Saale 16. 8. 63). Rom. – **V:** Lost Track – Verlorene Spur, R. 03; Lost Track – Tanz der Geister, R. 05. (Red.)

Duff, Howard u. S. Basner, Gerhard

Duffek-Kopper, Helga, Dr.; c/o Verlag Johannes Heyn, Klagenfurt (* Graz 21. 2. 35). Lyr., Prosa, Kinder- u. Jugendb. – **V:** Traum- und Wachgedichte 88; In gewisser Beziehung, G. 89, Neuaufl. 05; Doch als die Suppe kam herein, Jgdb. 90; Die Villa Mathilde, Prosa 91; 13 Deka Leberkäs, Geschn. 93, beide in einem Bd 04; Neben-Erscheinungen, G. 94; Beipack-Texte, G. 95; Heiligengeistplatz – alles umsteigen!, Prosa 97; Mutterkreuz. E. Jahrhundertleben, Prosa 99; Das Weihnachtsfest fängt im September an, G. 00; Hansibub und Emmalieb. Zeit-Zeugnisse 02; Mein Fleckerlteppich, Prosa 06; Und wieder brennen still die Kerzen, G. 07.

Duffner, Wolfgang; Am Bildstöckle 6, D-78086 Brigachtal, Tel. u. Fax (0 77 21) 2 32 41 (* Stuttgart 5. 7. 37). VS; Pr. d. Min. f. Entwicklungshilfe 82, Volksstückpr. d. Min. f. Kultur Bad.-Württ. 83; Erz., Rom., Hörsp., Theaterst. – **V:** Das neue Rollwagenbüchlein 85; Kusters Tour, Erz. 86; Helles Haus vor dunklem Grund 91; Der Traum der Helden 97; Mehr geneigt ins Nichts. Aus d. kurzen Leben d. J.B. Herrenberger alias Konstanzer Hans 99; Roggenbach im letzten Jahr 01; Der Gesang der Hähne 04; Theaterstücke: Äulemer Kreuz, Kom. 80; Die letzten Räuber von Oberschwaben 81; Auf der Höh' 85; Die Klassiker 90. – **MA:** Mauern, Anth. 78; Beitr. in: Allmende. – **R:** Ein leichter Juliglanz 81; Eine Sache in Gottes Namen 83; Eine unglaubliche Geschichte 85; Requiem für Catharina Riesterer 86; Zwischen Turm und Galgen 86, alles Hsp. (Red.)

Dufner, Wolfram, Dr., Diplomat, Schriftst.; Brachsengang 14, D-78464 Konstanz, Tel. (0 75 31) 3 11 65, Fax (0 75 31) 3 18 96 (* Konstanz 7. 8. 26). Staufer-Med. d. Ldes Bad.-Württ., BVK I. Kl. – **V:** Schwedische Porträts 63; Geschichte Schwedens. Ein Überblick 63, 67; Frühe Wegweisungen. Chronik e. alemann. Jugend 1926–1950 82, 2., erw. Aufl. 97; An der Straße von Malakka. Ein Botschafter erlebt Singapur, Brunei u. Malaysia 96, 05; Finnische Reise 00, 05; Tage mit

Ernst Jünger 03, 04; Silvia Göhner-Fricsay. Ein Lebensbild 02; Safari am Sambesi. Diplomatische Umtriebe in Afrika 08. – **MA:** H.-H. Hartwich (Hrsg.): Politik im 20. Jahrhundert 74; A. Gertrud u. H. R. Bosch-Gwalter (Hrsg.): Zeitwendezeit 95. – Lit: P. Ch. Wagner in: Konstanzer Blätter f. Hochschulfragen 90.

Dukakis, Anaïs (Cornelia Kessler) *

Dukat, Armin, Gärtnermeister; Power Weg 211, D-49191 Belm-Vehrte, Tel. (0 54 06) 83 38 23, 57 78, Fax 95 42, info@dukat.de, www.dukat.de. Tannenhof 14, D-49191 Belm-Vehrte (* Wilhelmshaven 23. 8. 28). Ged. – **V:** Weisheiten und Bosheiten, G. 04, 05; Blütenzauber und Gartenpoesie, G. 05; Hortulus Monasterii, G. 06. (Red.)

Dummer, Jens, Dichter, Zeichner und Maler; Matronenweg 1, D-52428 Jülich-Selgersdorf, Tel. (0 24 61) 5 24 68 (* Hamburg 6. 8. 58). Lyr., Übers. Ue: engl, am. – **V:** Mein Freund François, G. 84; König Ferkel I 89; La dolce vita gattesca – Katerstrophen, Lyr. 00. – **MA:** 5 Beitr. in: Für Alle 84–86; 2 in: RheinRuhrSchau 85. (Red.)

DuMont, Sky, Schauspieler; c/o Nowak Communications, ABC-Str. 19, D-20354 Hamburg, www. skydumont.de (* Buenos Aires 20. 5. 47). – **MV:** Prinz und Paparazzi, m. Jörg Mehrwald, R. 02 (auch CD). (Red.)

Dunckern, Waltraut K. (Jeanne, geb. Waltraut K. Mauerhof), Gymnastiklehrerin, Schriftst., Malerin, Verlegerin, Therapeutin, Illustratorin; Dorfstr. 4 A, D-14469 Potsdam-Nattwerder, Tel. (01 51) 52 57 34 71, info@wk-dunckern-verlag.de, www.galerie-dunckernverlag.de, www.filu-archiv.de (* Potsdam 28. 10. 29). VS 97, World Writers Assoc. WWA 03; Kulturpr. d. Stadt Weilheim 06; Fachlit., Belletr., Lyr. – **V:** Menschenskinder 94; Lieder u. Gedichte, Bde 1–3 95; Hast du deinen Zehen schon gute Nacht gesagt? 95 (auch engl., frz., russ.); Und redete in den Wind... 95; Integrale Körperbild Therapie 95; Engramme 97; Immer weiter Menschenskinder 97; Geschichten auf den Leib geschrieben 97; Körperbild u. Kleidung, Arb.blatt z. I-KB-T 97; DI-ROSEN-SAMMLUNG 97; Entelechie '97; Schau genau, Ohne Worte-Bilderb. 98; Mein Schulheft 98; Themen des Tages oder Wo drückt der Schuh? 98; Anruf aon der Barentsee 00; Die Losung des Ochsen 01; Konrad Adenauer zum 125. Geburtstag am 5.1.2001, Gedenkserie 02; Madonna 2000, 02; Integrale Körperbild Therapie – Kurzfass. 02; Wege des Lichtes – Spirituelle Bäume 03; Vom „EWIGEN PFINGSTEN" 03; Herz-Ass im Herz-Zentrum 05; Ein Dorf – die Welt! Die Welt ein Dorf, Erz. 05; MEINE RIESEN Friedenstaube 06; Wie das kleine Küken laufen lernte 06; Lieder u. Gedichte, Bd 4 06; Integrale Körperbild Therapie in Schul- u. Kindergarteneinsatz 07; Postoperative u. präventive Integrale Körperbild Therapie 07; Lieder, Texte, Gedichte in d. Einheit Meditation u. Forschung 07. – **MV:** 400 Jahre Don Quijote, m. Susanne Henzler 06. – **MA:** DDK-Mag., 3. Jg./Nr.5, 4. Jg./Nr.8, 5. Jg./Nr.16; Bibliothek dt.sprachiger Gedichte, jährl. Bd I 98 – Bd X 07; Dizionario Degli Illustratori Contemporanei, Bozen 02. – **H:** K. Jung: Kurzbeschreibung e. neuen Psychotherapieverfahrens 95. So Ihr nicht werdet wie die Kinder... 97, DeKiD. Dein Kind in Not 98, DeKiD u. Spiritualität 98, Zusatz. – **H:** Hensche: Traumboot 97 (auch CD/Kass.); S. Rollinger: Suchen nach dem Ochsen 01; S. Henzler: Sei stets froh 06; F. Sedlacek: Integrale Körperbild Pädagogik im Rahmen d. Schulsozialarbeit 07. – **R:** Jeder ist ein Fremder, Schulfk 01. – **P:** CD/Kass.: Engramme 97 (auch DVD); Menschenskinder / Immer weiter Menschenskinder 97 (auch DVD); Geschichten auf den Leib geschrieben 97;

Dunk

DI-ROSEN-SAMMLUNG 97 (auch DVD); Anruf aus der Barentsee 00; Deutsche Lyrik Jubiläumsausgabe 02; The Diana Rose Collection 02 (auch DVD); I-KB-T Supervisions-Gespräch z. Fachbuch 02; Echo Montepecorone 03; Lieder am Horizont 03; Körperbild u. Kleidung 03; Supervision mit Johannes 03; Dem Herzen zuliebe; Die Losung des Ochsens; Integrale Körperbild Therapie (auch DVD), u. a.; – DVD/Video: Der Kosmos ruft! 02; Der Kosmos ruft! Lieder am Horizont 02; Baum und Mensch 03; Gott hat mich so gemacht ...; Konrad Adenauer; Dem Herzen zuliebe, u. a. – *Lit:* Kat., Stift. Konrad Adenauer Haus 06; s. auch Kürschners Handbuch der Bildenden Künstler, 1. Aufl. 2005.

Dunk, Eva von der, Dipl.-Sozialwiss., Lyrikerin; Altendorf 26, D-59394 Nordkirchen, Tel. (0 25 96) 34 69, Fax 19 39 18, *evdd@atelier-scarabea.de* (* Nürnberg 30. 8. 57). Ver. f. Lit. Dortmund; 1. Pr. b. Lyr.wettbew. „Weltbilder – Kosmopolitania" v. „Die Brücke", Saarbrücken 02; Lyr. – **V:** StadtLandFluss, m. Thomas Kade, Lyr. 99; Menschenbilder, Lyr. 02. – **MA:** 5-Satz-Zungen, Ketten-G., UA 97; zahlr. Beitr. in Anth. u. Lit.-zss., zuletzt: Bei Anruf Poesie 99; Ort der Augen 4/99; Dreischneuß, II. Quartal 00; A45 – längs der Autobahn und anderswo 00. – **R:** Brecht Brecht Weill ..., m. and., Lyr. 00. – **P:** Lit.tel. Münster, m. Thomas Kade 00; Gedichtauswahl unter: www.diametric-verlag.de 02–03. – *Lit:* www.nrw-autoren-im-netz.de. (Red.)

Dunkel, Hanna (geb. Hanna Fürstenau); Robert-Schuman-Ring 37, D-65830 Kriftel, Tel. (0 61 92) 4 37 58, *hanna@dunkel.de, www.hanna-dunkel.de* (* Hamburg 20. 12. 44). LIT 97, VS 07; Rom., Erz. – **V:** Von der Königin, die behaglich Tee zu trinken wünschte, M. 01. – **MA:** Beitr. in Anth: Die Spur des Gauklers in den blauen Mond 01; Moral 01; Flossen höher 04; Hessische Lit. im Porträt m. Fotogr. v. Ramune Pigagaité, Erz. 06; Hoffnung und Freude, Lyr. 07.

Dunkel, Michael; Im Stockental 2, D-50389 Wesseling, Tel. (0 22 36) 89 78 78, *info@michael-dunkel.com, www.michael-dunkel.net* (* Frankfurt/Main 24. 10. 51). – **V:** Der Teufel kochte tunesisch, R. 03, 07; Die Reise zum Blau 06; Die zwei Gesichter des Mondes, G. 06.

Dunker, Kristina, M. A., Kunsthistorikerin; Klothkamp 18, D-44575 Castrop-Rauxel, Tel. (0 23 05) 3 42 37, *info@kristina-dunker.de, www.kristina-dunker.de* (* Dortmund 15. 6. 73). VG Wort; Pr. b. Treffen Junger Autoren d. Berliner Festsp. 92, Hattinger Förd.pr. (Publik.pr.) 95, Lit.stip. d. Stadt Lauenburg/Elbe 98/99, Arb.stip. d. Ldes NRW 00 u. 08, Nachwuchspr. d. Stadt Voerde 05, Förd.pr. d. Ldes NRW 05; Jugendb., Kinderb. – **V:** Mit Kopf und Bauch und überall 92, 97; Liebe gibt's nicht 93, 97 (auch dän.); Tigerfrau und Froschkönig 94, 97; Ganz normal anders 95 (auch dän., span.); Soundcheck für die Liebe 99 (auch tsch.); Der Himmel ist achteckig 00 (auch dän.); Helden der City 00 (auch ital.), alles Jgd.-R.; Allein gegen den Rest der Welt, Kdb. 00; Der Klassenfahrtkrimi, Kdb. 00; Phantom hinter der Bühne, Kdb. 01; Anna Eisblume 01; Dornröschen küsst 02 (auch lett.); Schmerzverliebt 03; Mike mag Meike 03; Sommergewitter 04; Entscheidende Tage 05; Schwindel 07; Vogelfänger 08, alles Jgd.-R.; Drache Max und Doktor Rabe (Arb.titel), Kdb. 08. – **MA:** Nimm dir doch das Leben 93; Alles Liebe oder was, Jgdb. 99, 00; Mädchen sind stärker, Jgdb. 00; Mittendrin – berauscht von dir, Jgdb. 01; Ohne Netz, Jgdb. 04; Weihnachtsgeschichtenkoffer, Anth. 08; Kat. z. Förd.pr. f. junge Künstler d. Ldes NRW; mehrere Lesebücher f.d. Deutschunterricht, u. a.: Doppelklick 9. – *Lit:* Schreiben in Bochum; Autorenreader NRW.

Dunkl, Gerald, Dr. phil., Psychologe; Hütteldorfer Str. 257 D/10, A-1140 Wien, Tel. (01) 9 11 47 21, *g.dunkl@everymail.net* (* Wien 29. 5. 59). Lyr., Erz., Kurzgesch., Kurzdramatik. – **V:** Stammtischphilosophen, Lyr., Kurzgesch. 98. – **MA:** Neue Krippenspiele 95.

Dunsch, Günther-Gerfried, Fabrikant; Bundhorster Ch. 5, D-24326 Ascheberg/Holst., Tel. (0 45 26) 6 73, Fax 17 83 (* Köln 18. 5. 34). FDA 74; Lyr., Ess. – **V:** Tag- und Traumsignale 68; Im Rückfluß der Tage 75; Solange noch Atem ist 80; Wenn die Uhren aufspringen 92, alles Lyr. – **MA:** Visitenkarten, Anth. 65. (Red.)

Dupont, Armand s. Hahn, Ronald M.

Durben, Maria-Magdalena (Ps. MM Durben, Nina Marin, Gesine Born, Melanie Laudien, Stella Garden, geb. Maria-Magdalena Block), Dr. h. c., Schriftst.; Schulstr. 8, D-66701 Beckingen, Tel. u. Fax (0 68 35) 74 40 (* Berlin 8. 7. 35). LU 68–82, Red.ltg. 71–82, Schriftf. 74–82, Chairman Sec. World Congress of Poets Taipei/Taiwan 73, Decretum of Award ebda, EM UPLI Philippines 74, EM The Cosmosynthesis League – Guild of Contemporary Bards Melbourne 74, The Melbourne Shakespeare Soc. 74, Turmbund 74, Bodensee-Club 76–87, RSGI 78–97, EM The Intern. Soc. of Lit. Yorkshire 79, korr. Mitgl. Autorenkr. Plesse 82, Intern. Cultural Council 83; Prosapr. Econ-Jubiläumswettbew. Düsseldorf 74, Intern. Woman of 75 – with laureate honors 75, Intern. Man and Woman Prize – m. Wolfgang Durben f. partnersch. Arb. a. d. Gebiet d. Kunst u. Lit. 75, 2. Pr. im Lyr.wettbew. Zwei Menschen 76, Prosapr. Atrioc-Jubiläumswettbew. Bad Mergentheim 84, Intern. Lyr.pr. Sannio, Benevento 95, Dr. h.c.: Ph.D. U.Danzig, New York 77, Litt.D. The Free U.Karachi/Pakistan 78, Litt.D. World Acad. of Languages and Lit. Sao Paulo 78, Dr. of Humanities, Bodkin Bible Inst. Crafton/USA 79, Litt.D. World Acad. of Arts and Culture Taipei 81, Ordem do Mérito „Antero de Quental", Dame Grand Cross Sao Paulo 78, Excellence in Lit. The Intern. Soc. of Lit. Yorkshire 79; Lyr., Lyr. Prosa, Kurzgesch., Erz., Reiseber., Ess., Märchen, Adaption, Rezension. – **V:** Da schrie der Schatten fürchterlich, moderne Kunstm. 75; Schaukle am blauen Stern, Narreng. 75; Unterm Glasnadelzelt 76; Lichtrunen 77; Das blaue Licht war Liebe 83; Atemnester 83; Fernweh 83; Lieb' ein Loch in die Welt 83; Zehn Liebeslieder für Tobias 85, alles G.; Die Lesung, Perspektiven in drei Monologen 85. – **MV:** Wenn der Schnee fällt, Kurzprosa 74, 78; Roter Rausch und weiße Haut, Liebesg. 76; Wenn das Feuer fällt, Kurzprosa 76; Wenn die Asche fällt, Kurzprosa 76; Wenn die Maske fällt, Narreng. 77; Ein Berliner schnuppert Saarluft, Saarlandkal. '78, heitere Verse u. Anekdn. 77; Zwischen Knoblauch und Chrysanthemen, Südkorea-Abenteuer, Reiseb. 80; Haiku mit Stäbchen. Japan-Abenteuer/Auf einer Teewolke, Reiseb. 80, alles m. W. Durben bzw. Wendolin. – **MA:** Méridiens Poétiques (frz.-dt.); Symposion „Stahl Stein Wort" in Homburg Saar, Dok. 74; 3. u. 4. Anth. v. Poesie u. Prosa 74. 76; Zwischen neunzehn u. einundneunzig, Frauenlyr.; Nehmt mir d. Freunde nicht, Lyr.; Intern. Bildhauer- u. Schriftst.-Symposion; Lachen, d. nie verweht, Funkerzn., Ess. 76; Nichts u. doch alles haben, G.; Diagonalen, Kurzprosa; Bewegte Frauen, Lyr. u. Prosa 77; Liebe will Liebe sein, Dok.; Anfällig sein, Prosa u. Lyr.; Mauern, Lyr.; Mauern, Prosa; Viele v. uns denken noch, sie kämen durch ..., G.; Lebendiges Fundament, Lyr. 78; D. Zeit verweht im Mondlaub, Renga-R.; Über alle Grenzen hin.../Gränslöst..., Lyr. (dt./schwed.); Friends, Foreign Poetry, südkorean. Lyr.-Anth. (übers. ins Engl.); D. gr. Buch d. Senku-Dicht. 79; E. Stern müßte dasein; Pancontinental Premier Poets,

G. (engl.); Kl. Anth. d. RSG z. Bayer. Nordgautag '80 80; Fifth World Congress of Poets, G. (engl.) 81; An den Ufern d. Hippokrene, Lyr.; Widmungen-Einsichten-Meditationen, G.; Flowers of the Great Southland and Born of the Beauty of Storm and Calm, G. (engl.); The Album of intern. Poets, G. (engl.); Antarrashtriya Kavi Ek Manch Par, G. (Hindi); D. Lyrik-Mappe, G.; rsg studio international, G. (dt. u. pers.); Frieden u. noch viel mehr 82; Gaukes Jb.; Mutter, G.; Jour fixe, G. u. Prosa 83; Raum, Zeit, Ausschnitte, G.; Auf nach Bethlehem; Verdichtetes Fingerspitzengefühl; Immer, wenn der Postmann klingelt, Alm. 84; Festschr. Carl Heinz Kurz; Soli Deo Gloria, G.; ... daß immer Friede ist 85; Standpunkte, Richtungen, Zeichen, G.; Ungereimt! – Ungereimt?; Wahr-Nehmungen, Lyr. u. Prosa; Träume u. Arbeit, Gaukes Jb.; The Bloom, Poems (engl.); Im Schatten d. Ulme, G.; Weihnachten gestern u. heute 86; D. gr. Buch d. Renga-Dicht.; Du bist mein Leben; D. dt. Kurzgedicht 87; Fröhliche Weihnachten überall; Wodurch ich anders bin 88; Erheb dich, Hirt, und folge; Mit Mystikern ins dritte Jahrtausend 89; Der Stern der Weisen 90; World Poetry, G. (engl.); Gottes Licht für alle 91; Wunder der Weihnacht, G. u. Prosa 92; Bethlehem ist überall 93; rsg studio international, G. in 12 Spr.; Das Lied der Weihnacht, G. u. Prosa 94; Antologia di Poesia (ital./dt.); Ich verkündige euch große Freude 95; Eisblumen 96; Splitter vom Kreuz, Passions-Anth., G.; Wintermelodie 98; Was sagen wir den Menschen? 99; Winterwunder 00; Fröhliche Weihnachtszeit 01; Meine Seele erhebt den Herrn, G. 01; Das neue Gedicht 03; Weihnachtsanthologie 04; Paraple 8: Die Durbens 04; Glitzerne Weihnacht, Anth. 06; Mitarb. an zahlr. in- u. ausländ. Ztgn u. Zss. u. an dt.spr. Illustrierten. – **H:** Bunte Blätter, Inf. a. d. Lit.geschehen 71–79; Franzi Ascher-Nash: Essays aus jüngster Zeit (1974–1975) 76. – **MH:** Unio, Zs. f. unveröff. Lyr. u. Kurzprosa, f. Übers. u. Rez. 68–78; Diagonalen, Kurzprosa-Anth. 77; Mauern, Lyr.-Anth.; Mauern, Kurzprosa-Anth., beide 78; Drei Tropfen Mondlicht, Lebenszeichen aus fünf Jahrzehnten. Wolfgang Durben z. 50. Geb., m. Friederike Durben 83; Der nach den Sternen sich verrenkt, m. R. Durben, C. Durben u. F. Nederlof 03. – **R:** Leicht lebt sich's am Gesicht vorbei, Lyr.-Sdg 76; Kassette 'schumm sprechende bücher' „Liebe oder so", 10 Geschn. a. d. Alltag 80. – *Lit:* Women Writers in the Fed. Rep. of Germany; Who is Who in d. BRD, Zug; The intern. Who's Who of Women, London; Wer ist Wer; Who's Who, Montreal; Five Thousand Personalities of the world, Raleigh, USA; Who's Who the intern. red series, Wörthsee; Who's Who in the Arts and Literature, Zürich; Who's Who in Poetry, Cambridge; Authors and Writers Who's Who, Cambridge; Deike Gedenktage, Juli 1995 u. Juli 2000, u.v.m., vor allem ausländ. Publ.

Durben, MM s. Durben, Maria-Magdalena

Durben, Wolfgang (Ps. Jean-Marie Pasdeloup, Wendolin, Graf Willibald), Dr. h. c., ObStudR. i. R.; Schulstr. 8, D-66701 Beckingen, Tel. u. Fax (0 68 35) 74 40 (* Koblenz 12. 8. 33). RSG 78, Gründer LU 56, Präs. bis 82, The Melbourne Shakespeare Soc. 74, Turmbund 74, Intern. Cultural Council, Präs. 83; Saarländ. Erzählerpr. 64, Certificate of Merit London 69, World Poetry Pr. New York 73, Decr. of Award, Sec. World Congr. of Poets, Taipei/Taiwan 73, Hon. Off. Unit. Poets Laur. Intern., Philippines 73, Hon. Dr. World U. Sao Paulo 74, EM World Poetry Soc. India 74, EM Cosmosynth. League – Guild of Contemp. Bards, Melbourne 74, World Cult. Council 74, EKonsul Dominus Proj. Door, Goa, India 74 Hon. Dir. Acad. PAX MUNDI, Jerusalem 75, Intern. Man and Woman Pr.

zus. m. MM Durben 75, Pr. d. 7. Lit. Wettb. d. Ostdt. Kulturrats 75, Dr. h.c.: Ph.D. U.Danzig, New York 77, Litt.D. The Free U.Karachi/Pakistan 78, Litt.D. World Acad. of Languages and Lit. Sao Paulo 78, Dr. of Humanities Bodkin Bible Inst. Crafton/USA 79, Dr. h.c. of Philosophy The China Acad. 79, Litt.D. h.c. World Acad. of Arts and Culture Taipei 81, Ordem do Mérito „Antero de Quental", Knight Grand Cross Sao Paulo 78, Excellence in Lit. The Intern. Soc. of Lit. Yorkshire 79, EM The Intern. Soc. of Lit. Yorkshire 79, Dipl. di Merito speciale, Intern. Lyr.wettbew. Sannio 95; Lyr., Rom., Kurzprosa, Libr., Erz., Ess., Hörsp., Rezension. Ue: engl, frz, ital, schw. – **V:** Irrer Lichter, G. 56; Was ist ein Gedicht, Krit. Studie 71; Récolte de Patates et d'Etoiles, frz. G. 75; Drei Tropfen Mondlicht, Lebenszeichen aus fünf Jahrzehnten 83; Schneide ein Loch in dein Herz, metaphor. Texte 83; Der nach den Sternen sich verrenkt 03. – **MV:** Wenn die Flöhe niesen, heitere Verse, m. H.A. Braun 60; Wenn der Schnee fällt, Kurzprosa 74, 78; Roter Rausch und weiße Haut, Liebes-G. 76; Wenn das Feuer fällt, Kurzprosa 76; Wenn die Asche fällt, Kurzprosa 76; Wenn die Maske fällt, Narren-G. 77; Zwischen Knoblauch und Chrysanthemen, Südkorea-Abenteuer, Reiseb. 80; Haiku mit Stäbchen, Japan-Abenteuer/Auf einer Teewolke, Reiseb. 80, alles m. MM Durben. – **MA:** Saarländische Anth., G. 58; In unserer Zeit zwischen den Grenzen, Hsp./Fkerz. 70; Deutschland aktuell 73, 74; Méridiens Poétiques (frz./engl. u. frz./dt.); Symposion „Stahl Stein Wort" in Homburg Saar, Dok.; Göttinger Musenalm. a. d. Jahr 1975 74; 3. u. 4. Anth. v. Poesie u. Prosa 75 u. 76; Nehmt mir d. Freunde nicht, Lyr.; Intern. Bildhauer- u. Schrift.-Symposion, Anth. 76; Nichts u. doch alles haben, G.; Diagonalen, Kurzprosa; Aufsatzunterricht heute 77; Mauern, Lyr.-Anth.; Mauern, Prosa-Anth. 78; Aber es schweigt d. Dunkel, Renga-R. 3; Friends, Foreign Poetry, südkorean. Lyr.-Anth. (ins Engl. übers.); Östlich v. Insterburg, Erz. 79; Kl. Anth. d. RSG zum Bayer. Nordgautag 1980; Pancontinental Premier Poets, The Sixth Biennial Anth., G. (engl.) 80; Fifth World Congress of Poets, Poems, G. in Orig.spr. u. engl. Übers.; 33 phantast. Geschn. 81; An den Ufern d. Hippokrene, Lyr.; Widmungen-Einsichten-Meditn., Lyr.; Flowers of the Great Southland and Born of the Beauty of Storm and Calm, G. (engl.); The Album of intern. Poets, G. (engl.); rsg studio intern., G. (dt. u. pers.); D. Lyrik-Mappe, G. 82; Gaukes Jb.; Jour fixe, G. u. Prosa 83; Raum, Zeit, Ausschnitte, G. 84; Festschr. Carl Heinz Kurz z. 65. Geb. 85; Standpunkte, Richtungen, Zeichen, Lyr.; Im Schatten d. Ulme, Lyr. 86; D. gr. Buch d. Renga-Dicht.; D. dt. Kurzgedicht 87; Gottes Licht für alle 91; Bethlehem ist überall 93; rsg studio intern., G. in 12 Spr.; D. Lied d. Weihnacht, G. u. Prosa 94; Saarländische Autoren, saarländ. Themen; Antologia di Poesia (ital./dt.) 95; E. Zeichen d. Hoffnung 97; Splitter v. Kreuz, Passionstexte, Lyr. 98; Winterwunder 00; Glanz der Nacht 01; Wilhelm-Busch-Pr. f. satir. u. humorist. Versdicht. 00; Konstanzer Kalender 01; Meine Seele erhebt den Herrn 01; Paraple 8: Die Durbens 04; Nacht der Engel, Prosa 07; sowie Mitarb. an zahlr. in- u. ausländ. Ztgn u. Zss. – **H:** Reihe: Schüler schreiben ... freiwillig, Antimärchen 71; Heutzeitfabeln grün 72/73; Heutzeitfabeln blau 72/73; Reihe: Elèves Ecrivains 74; Brochette Tunisienne I 74. – **MH:** Unio, Zs. d. Lit. Union 63–78; Bunte Blätter, Inf. a. d. Lit.geschehen 74–79; Diagonalen, Kurzprosa-Anth. 77; Mauern, Lyr.-Anth.; Mauern, Kurzprosa-Anth. 78. – **R:** Der einsame Narr, Kammerballett 60; Ballade vom verliebten Narren, Beitr. z. Dt. Bdessängerfest 64. – *Lit:* Marquis Who's Who; Who is Who in d. BRD, Zug; Wer ist Wer;

Durm

Who's Who in Western Europe, Cambridge; Five Thousand Personalities of the world, Raleigh, USA; Who's Who the intern. red series, Wörthsee; Who's Who in the Arts and Literature, Zürich; Who's Who in Poetry, Cambridge; Authors and Writers Who's Who, Cambridge; Deike Gedenktage, Aug. 03, u. a.m.

Durm, Felix R. (Ps. Richard Lightsword), Verleger, freier Autor, Photograph; c/o Lichtschwert Verl., Schmiedgasse 12, D-67227 Frankenthal (*Worms 10. 9. 66). Das Syndikat 01; Rom., Lyr., Erz. – **V:** Die Zugbegleiterin, Thr. 00; Kleine Küsse oder die Versuchung des Lichts 00; Ungeschehen 01; Welt der Gespenster 02. (Red.)

Durschei, Jon s. Bucher, Werner

Durst, Uwe, Dr. phil., Schriftst., Lit. wiss.; Schwieberdinger Str. 61, D-70435 Stuttgart, Tel. (07 11) 8 26 21 72, *UweDurst@web.de, Uwe-Durst. de* (*Stuttgart 11. 3. 65). Pr. b. Essay-Wettbew. Bad.-Württ. 99, Stip. d. Kunststift. Bad.-Württ. 02; Rom., Erz. – **V:** Die dunkle Herrlichkeit, R. 07.

Durst-Benning, Petra, Autorin; Marbachweg 32, D-72644 Oberboihingen, Tel. (0 70 22) 26 18 91, Fax 26 18 93, *www.durstbenning.de* (*Hohengeren 11. 2. 65). Hist. Rom. – **V:** Die Silberdistel 96; Die Zuckerbäckerin 97; Die Liebe des Kartographen 98; Die Glasbläserin 00; Die Salzbaronin 00; Die Amerikanerin 02; Antonias Wille 03; Die Silberdistel 04; Die Samenhändlerin 05; Das gläserne Paradies 06; Das Blumenorakel 08; – mehrere Sachbücher. – *Lit:* s. auch SK. (Red.)

Dury, Andreas (*Penzberg 61). VS Saar; Georg-K.-Glaser-Pr. 99, Martha-Saalfeld-Förd.pr. 03, Buch d. Jahres d. FöK Rh.-Pf. 03. – **V:** ... als ich in die Stadt kam, Geschn. 99; Schachtelkäfer, R. 03. – **MH:** Zss.: neue literarische pfalz; Streckenläufer. (Red.)

Duschlbauer, Thomas Werner, Mag. Dr.; Randlstr. 18A, A-4061 Pasching-Wagram, Tel. (06 64) 5 00 58 23 (*Linz 23. 11. 68). IGAA, P.E.N.-Club Öst.; Lyr., Prosa, Ess. – **V:** Ein Stuhl im Niemandsland, G. 94; In Medias res 96; Medien und Kultur im Zeitalter der X-Kommunikation 01; Unvorhersehungen, G. 03; Medium. Macht. Manipulation 05; Moskwa Blues, Satn. 06; Letztling, G. 07. – **MV:** Maul.Würfe, m. W. Haunschmied u. Jürgen Hoeffle 97; Klar.text. Vom Manuskript zum Buch, m. Johann Schellinger 07; Brand.design 07. – **MH:** Sprach.räume. Literatur findet Stadt 02; Leid.geprüft. Beiträge z. gegenwärtigen Verzichtskultur 04; natur.ereignis – Idylle nach Stifter 05, alle m. Peter Klimitsch. (Red.)

Dusl, Andrea Maria, Filmregisseurin, Zeichnerin, Autorin; c/o FALTER, Marc-Aurel-Str. 9, A-1010 Wien, *comandantina.dusilova@gmail.com, www. comandantina.com* (*Wien 12. 8. 61). Großer Diagonale-Pr., Graz 03, Special Jury Prize, Łagów/Polen 03, Variety's Critic's Choice b. Filmfest. Karlovy Vary 03, Thomas-Pluch-Drehbuchpr. 04. – **V:** Fragen Sie Frau Andrea, Kolumnen 03; Die österreichische Oberfläche 07. – **F:** Around The World in Eighty Days, 6 Kurzf. 88/91; Blue Moon 02; Heavy Burschi 05. (Red.)

Duss-von Werdt, Marie Lou s. Werdt, Marie Lou von

Dussy, Sibylle (Ps. Raven St. Jacques) *

Dust, Eva, Dipl.-Geologin; Marienwerderallee 90b, D-29225 Celle, Tel. (0 51 41) 48 31 14, *evdust@freenet. de, www.mysterien-der-tierforschung.de* (*Bremen 29. 8. 62). – **V:** Schnee-Eulen lügen nicht, R. 03. (Red.)

Dusty s. Schwarz, Stefan

Dutli, Ralph, Dr., Russist u. Romanist, Essayist, Lyriker, Übers., Hrsg.; Bergstr. 70, D-69120 Heidelberg,

Tel. u. Fax (0 62 21) 40 16 30, *ralph.dutli@gmx.net, www.ralph-dutli.de* (*Schaffhausen/Schweiz 25. 9. 54). Dt. Akad. f. Spr. u. Dicht. 95; Intern. Publizistikpr. d. Stadt Klagenfurt 88, Georg-Fischer-Pr. d. Stadt Schaffhausen 92, Übers.pr. d. Kulturkr. im BDI 93, Hugo-Ball-Förd.pr. d. Stadt Pirmasens 96, Stip. d. Dt. Lit.-fonds 98, Gastpr. d. Kt. Bern 00, Lit.pr. d. Ldeshauptstadt Stuttgart 02, Zuger Übers.stip. (Anerkenn.pr.) 03, E.gabe d. Dt. Schillerstift. 03, Johann-Heinrich-Voß-Pr. 06; Lyr., Ess. Ue: russ, frz. – **V:** Ossip Mandelstam: „Als riefe man mich bei meinem Namen". Dialog mit Frankreich, Ess. 85; Ein Fest mit Mandelstam, Ess. 91; Europas zarte Hände, Ess. 95; Notizbuch der Grabsprüche, G. 02; Meine Zeit, mein Tier. Ossip Mandelstam, Biogr. 03, u. d. T.: Mandelstam. Eine Biogr. 05 (auch russ.); Novalis im Weinberg, G. 05; Nichts als Wunder, Ess. 07. – **MV:** Salz. Das weiße Gold, m. Thomas Strässle, Ess. u. G. 07. – **H:** u. Ue: Ossip Mandelstam. Gesamtwerk in 10 Bänden 85–00; Marina Zwetajewa: Mein weiblicher Bruder, Prosa 85, Neuaufl. 95; Marina Zwetajewa/Ossip Mandelstam: Die Geschichte einer Widmung, G. u. Prosa 94; Marina Zwetajewa: Liebesgedichte 97, Neuaufl. 02; Joseph Brodsky: Brief in die Oase, G. 06. – **P:** Russische Literaturgeschichte, 4 CDs 03; Marina Zwetajewa/Anna Achmatowa: Mit dem Strohhalm trinkst du meine Seele (Übers. u. Lesung), CD 03.

Duval, Andre *

Duve, Freimut, Beauftragter d. OSZE f. d. Freiheit d. Medien; Kärntnerring 5–7, A-1010 Wien, Tel. (01) 51 22 14 50, Fax 51 22 14 59. Mollerstr. 14, D-20148 Hamburg (*Würzburg 26. 11. 36). P.E.N.-Zentr. Dtld; Hannah-Arendt-Pr. f. polit. Denken 97. – **V:** Der Rassenkrieg findet nicht statt 70; Vom Krieg im Seele 94, 98. – **MA:** Red. b. Stern 69/70. – **H:** Kap ohne Hoffnung oder die Politik der Apartheid 65; Die Restauration entläßt ihre Kinder 68; Technologie u. Politik, Vjschr., seit 75; Aufbrüche – Die Chronik der Republik 1961–1986 86; Reihe „Luchterhand Essay" 90–92. (Red.)

Duve, Karen, Schriftst.; lebt in Brunsbüttel, c/o Eichborn Verlag, Frankfurt/M. (*Hamburg 16. 11. 61). Dr.-Hartwig-Kleinholz-Pr. 91, OPEN MIKE-Preisträgerin 94, Bettina-von-Arnim-Pr. (3. Pr.) 95, Heinrich-Heine-Stip. 97, Lit.förd.pr. d. Stadt Hamburg 01, Hebbel-Pr. 04; Rom., Erz. – **V:** Im tiefen Schnee ein stilles Heim, Erz. 95; Regenroman, R. 99 (in 15 Spr. übers.); Keine Ahnung, Erzn. 99; Dies ist kein Liebeslied, R. 02 (in mehrere Spr. übers.); Die entführte Prinzessin, R. 05; Taxi, R. 08. – **MV:** Bruno Orso fliegt ins Weltall, Bildgesch. m. Judith Zaugg 97; Lexikon der berühmten Tiere, m. Thies Völker 97; Lexikon berühmter Pflanzen, m. dems. 99; Weihnachten mit Thomas Müller, m. Petra Kolitsch 03; Thomas Müller und der Zirkusbär, m. ders. 06. – **MA:** Geschlecht und Charakter 97; 100 Jahre Krash-Verlag 98, u. a. – *Lit:* Karin Herrmann in: KLG.

Dvoretzky, Edward, Prof.; 1314 Nails Creek Dr., Sugar Land, TX 77478–5320, Tel. (2 81) 2 65–37 92, Fax 2 40–92 79, *jet2@selec.net* (*Houston/Texas 29. 12. 30). Lyr., Kurzgesch., Übers. Ue: engl, dt. – **V:** Der Teufel und sein Advokat, G. u. Prosa 81; Tief im Herbstwald, G. 83; Fische, Hühnerschlachtlieder und die Leidenschaften, G. 89. – **MV:** Windfüße/The Feet of the Wind, m. Kaoru Kubota, Janet Pehr, Ilse Pracht-Fitzell, Mariko Yomo, G. 84. – **MA:** G. in: Neue Dt. Hefte, Zs. f. dt.-am. Lit.; Studies in Contemporary Satire; Lyrica Germanica; Das Boot; The Douglas Lit. Magazine; Lyrik 79; Skylark; Schatzkammer; Jb. Dt. Dichtung; Anth. d. Welt Haiku 1978; Tropfen, Spuren d. Zeit;

Weltweite Haiku Ernte 79; NAOS-Lit. d. Gegw.; Schreiben + Lesen; Shisaku no/Fûga 80; Lyrik 80, 81, 82/83; Jb. dt. Dichtung 80–84; Silhouette – Lit. Intern.; Renku Kenkyû; Nire, Nirro; Das Rassepferd 82; Vor dem Schattenbaum; Verweht im frühen Nebel; The Alphabetical Kasen 81; Gauke's Jb. 83; Lyriker aus Amerika; Nachrichten aus den Staaten: Dt. Lit. in den USA; forgpond; The German Library; Der Karlsruhe Bote; Stumme Zeichen; Kreuzungen/Crossings. (Red.)

Dwars, Jens Fietje (Ps. Jo Fried), Dr. phil., Philosoph, freier Autor, Film- u. Ausstellungsmacher; Camsdorfer Str. 10, D-07749 Jena, Tel. (0 36 41) 82 02 39, Fax 35 70 84, *jens-f@dwars.jetzweb.de, www.dwars. jetzweb.de* (* Weißenfels 2. 8. 60). VS 00; Stip. d. Stift. Kulturfonds 99, 02, 04, Filmpr. d Ldes NRW (Adolf-Grimme-Sonderpr.) 01, 04, Stip. d. Kulturstift. Thür. 05, 06; Erz., Hörsp., Drehb., Ess. – **V:** Abgrund des Widerspruchs. Das Leben des Johannes R. Becher, Biogr. 98, vollst. Überarb. u. d. T.: Verfall und Triumph, Biogr. 03; Zarathustras letzte Wiederkehr. Aus den Papieren d. Johann Friedrich Querkopf, Erz. 00; Mit Lichtbehagen. Der Jenaer Goethe, Ess. 03; Neue Briefe über die ästhetetische Erziehung d. Menschen, Ess. 05; Die alte Kuh und das Meer, Erz. 06; Und dennoch Hoffnung. Peter Weiss, Biogr. 07; Charivari, Ess. 08; Das Weimarische Karneval, Ess. 08. – **MV:** Kaisersaschern. Nietzsches mitteldt. Herkunft u. Heimkehr, m. Kai Agthe, Biogr. 00. – **MA:** zahlr. Beitr. seit 89 u. a. in: Weimarer Beiträge; Schiller-Jb.; Palmbaum, lit. Journal aus Thür. – **H:** Goethe. Ein Lesebuch f. unsere Zeit 92; Georg Büchner. Ein Lesebuch f. unsere Zeit 94; Goethes Harzreise 1777 98; Die Wahrheit des anderen. Texte von u. über Dieter Strützel 00; Johannes R. Becher. Wolkenloser Sturm, Lyr. 04; Nietzsche. Hundert Gedichte 05; Gisela Kraft: Aus Mutter Tonantzins Kochbuch. 33 Gedichte 06; Buchreihe Edition Ornament, seit 06; Menantes-Preis 2006 u. 2008, Anth.; Becher. Hundert Gedichte 08. – **F:** Jahre der Wandlung. Der Jenaer Schiller 05; Menantes 05; Schiller in Thüringen, 09, alles Filmportr. – **R:** Über den Abgrund geneigt ... Leben u. Sterben d. Johannes R. Becher, m. Ullrich Kasten, Dok.-film 00; Ein ungeliebter Ehrenbürger. J.R. Becher in Jena, Hsp. 01; Der Unzugehörige. Peter Weiss, m. Ullrich Kasten, Dok.film 03; Goethe in Bad Lauchstädt 04; Der Fremde. Peter Weiss 00; Das Unsagbare sagbar machen 07, alles Hsp. – **P:** Wie ein Vogel im Käfig. Der junge Nietzsche, Hsp., CD 02. – *Lit:* Lex. Thüringer Autoren 03; – weiterhin Mitveröff. u. Mitherausgabe v. Sachbüchern, s. auch SK.

Dwynn, J.C. s. Duensing, Jürgen

Dyckhoff, Peter, Dr., Pfarrer; Schölling 37, D-48308 Senden, Tel. (0 25 97) 9 86 00, Fax 9 86 01, *info @peterdyckhoff.de, www.peterdyckhoff.de* (* Rheine/ Westfalen 19. 8. 37). Hist. Rom., Geistl. Lit. – **V:** Albani. Das unerhörte Abenteuer, hist. R. 98, 4. Aufl. 99, Tb. 00, 3. Aufl. 01; einfach beten 01; Mit Leib und Seele beten. Die neun Gebetsweisen d. Dominikus 03; Gebet ruhig 05; Einübung in das Ruhegebet, 2 Bde 09; Gebet als Quelle des Lebens, Diss. 06; In der Stille vor dir, Gebete 06; 365 Tage im Licht der Liebe, geistl. Leseb. 07; mehrere Sachb. u. Hörb. – **B:** Finde deinen Weg, n. Miguel de Molinus 09; Aus der Quelle schöpfen, n. Teresa von Avila 00; Über die Brücke gehen, n. Petrus von Alcántara 01; Auf dem Weg in die Nachfolge Christi, n. Thomas von Kempen 04; Henri Nouwen: Bilder göttliches Lebens 07. – **R:** Auf dem Weg in die Nachfolge Christi (K-TV), Vortragsserie. – **P:** Auf dem Weg in die Nachfolge Christi, 17 F., DVD; Mit Leib und Seele beten, 8-tlg. Vortragsserie, DVD. – *Lit:* s. auch SK.

Dyk, William s. Dick, Willy

Dyrlich, Benedikt, Chefred. „Serbske Nowiny"; Friedrich-List-Str. 9, D-02625 Bautzen, Tel. (0 35 91) 46 03 28, *Dyrlich@aol.com* (* Neudörfel, Kr. Kamenz 21. 4. 50). VS Sachsen, Arb.kr. Sorbischer Schriftst. im Sorbischen Künstlerbund e.V.; Lyr., Kurzprosa, Ess. Ue: sorb. – **V:** Grüne Küsse, G. 80; Hexenbrennen, G. u. Prosa 88; Die drei Ringe, sorb. M. 90; Fliegender Herbst, G. u. Prosa 94; mehrere Veröff. in sorb. Sprache. – **MA:** Juan überm Sund, Liebes-G. 75; Bestandsaufnahme, lit. Steckbriefe 76; Sorbisches Lesebuch 81; Das Meer Die Insel Das Schiff, sorb. Dicht. 04, u. a. – *Lit:* Christian Prunitsch: Sorb. Lyr. d. 20.Jh. – Untersuchungen z. Evolution d. Gattung 01. (Red.)

Earl Jack-Lupus s. Graf, Hans-Wolff

Ebbertz, Martin; Mainzer Str. 31, D-56154 Boppard, Tel. (0 67 42) 94 17 20, *info@ebbertz.de, www.ebbertz. de* (* Aachen 6. 7. 62). Bestenliste HR (Hörbuch) Jan. 99, Bestenliste SR/RB (Kd.- u. Jgdb.) 02, 07, Kinderbuch des Monats 02, 05, Die besten Sieben d. DLF 02. – **V:** der schönste Platz von Teneriffa, Geschn. 88; Vier Jahrzehnte Eremiten-Presse: 1949–1989, Chron. 89; Josef, der zu den Indianern will 92, Neuausg. 06; Der blaue Hut und der gelbe Kanarienvogel 95; Der kleine Herr Jaromir 02, Neuausg. 05 (auch chin. u. ndl.); Onkel Theo erzählt vom Pferd 04; Karlo, Seefahrer an Land 07; Der kleine Herr Jaromir findet das Glück 08; Pech und Glück eines Brustschwimmers 08; Alltagsrezepte, G. 08. – **MA:** zahlr. Beitr. in Anth. u. Lit.zss., u. a. in: Am Erker; Der Rabe. – **MH:** Am Erker, Zs. f. Lit. 87–91. – **R:** Hsp., u.a.: Über die Empfindlichkeit des rohen Eies 97; Josef, der zu den Indianern will 97. – **P:** Armes Ferkel Anton, CD 98. – *Lit:* J. Eblinger in: Prümer Landbote 21/88; R. Gier in: ZACK, Letzebuerger Kannerztg 9/88.

Ebel, Elisabeth (Sabeth Ebel), Lektorin f. Deutsch als Fremdspr.; Postfach 170147, D-10203 Berlin, *sabeth.ebel@arcor.de, www.sabeth-ebel.de* (* Berlin). WWA 03, VS 05; Erotische Autofiktion. – **V:** Happy Exit.O., Essais 97; SPHINXE ausgestreckt am Wüstensaum, Reisebilder 02; Schönheit, DU!, R. 03; SCHWARZER Pegasus, erot. Geschn. 03; Mit Liebesworten festgelogen an mein Herz, Reise-R. 05. – **MA:** Mein heimliches Auge XVIII 03. (Red.)

Ebeling, Jürgen s. Amme, Achim

Ebeling, Karin, M. A. Germanistik/Philosophie, Fachzs.-Auswerterin f. e. Ing.büro; Franzstr. 11, D-52064 Aachen, Tel. (02 41) 4 01 20 90, *karin.ebeling@ web.de* (* Hamburg 17. 1. 65). Das Syndikat 99; Stawag-Lit.pr. (Kurzprosa) 05; Rom., Erz. – **MV:** Alles, alles vorbei, m. Sabine Pachali, R. 99. – **MA:** Rheinleichen 00; Tödliche Beziehungen 01; Leise rieselt der Schnee 03, Neuaufl. 05. (Red.)

Ebenberger, Elisabeth, Fremdspr.korrespondentin; Arlbergstr. 43, A-6751 Braz, Tel. (0 55 52) 2 84 06 (* Pernitz/NÖ 4. 10. 42). Kd.- u. Jgd.lit.pr. d. Ldes Stmk 66, Theodor-Körner-Förd.pr. 98, Mira-Lobe-Stip. d. BKA 02, Frau Ava-Lit.pr. 05, u. a.; Erz., Kurzprosa, Kinder- u. Jugendlit., Reiseber. – **V:** Wenn Dornröschen wach wird 96; Tami, Kdb. 99; Auf halben Weg oder warum Santiago warten mußte 99/00, 2. Aufl. 02; Sieben Wege bis ans Ende der Welt 03; Babs und Cliff 05. – **MA:** Geschichten aus dem Arbeitswelt 97; Ein Buch von Flüssen 02; Flüsse, Brücken, Ufer 04; Spiele (Podium) 06; zahlr. Beitr. in Lit.-Zss. seit 96. (Red.)

Ebener, Dietrich, Prof., Dr. phil. habil.; Alice-Bloch-Str. 3, Bergholz-Rehbrücke, D-14558 Nuthetal, Tel. (03 32 00) 8 56 11 (* Berlin 14. 2. 20). Johannes-R.-Becher-Med. in Gold 81, Goldmed. d. Ist. di Cultura della Acad. Italia 89, Prof. h.c. Interamerican Univ. of Humanistic Studies Florida 89, E.gabe z. Brandenburg. Lit.pr.

Ebenich

96; Drama, Lyr., Rom., Nov. Ue: gr, lat. – **V:** Landsknecht wider Willen. Die Jugend d. Martin Hufenau, R. 55; Kreuzweg Kalkutta, R. 65, 85; Vala und sein Sohn, R. 77. – **P:** Vergils Lied vom Landbau, m. Gert Westphal u. Siegfried Wittlich, Schallpl. 89; CD-ROM: Griech. Lyrik; Die griech. Anthologie; Sämtl. Werke von: Aischylos, Euripides, Homer, Nonnos, Sophokles, Terenz, Theokrit, Vergil, alle 00. – **Ue:** Rhesos: Tragödie, gr. u. dt. 66; Euripides: Sämtl. Werke III 66, 79; Aischylos: Orestie 69; Homer: Sämtl. Werke II 71, 92; Theophrast: Charaktere 72, 78; Theokrit: Sämtl. Gedichte 73, 89; Aischylos: Prometheus 75; ders.: Sämtl. Werke 76, 87; Euripides: Tragödien, gr. u. dt. VI 72–80, 90; Griechische Lyrik 77, 85; Lucan: Der Bürgerkrieg 78; Die griech. Anthologie III 81, 91; Vergil: Hirtengedichte, lat. u. dt. 82; ders.: Sämtl. Werke 83, 87; Euripides: Die frühen Stücke 83; Funkelnd wie Blitze, so grell, gr. Epigr. 84; Griechische Liebesgedichte 84; Flöte und Harfe, göttlicher Widerhall, frühgr. Lyr. 85; Nonnos: Sämtl. Werke II 85; Terenz: Sämtl. Werke 88; Lukrez: Vom Wesen des Weltalls 89, 94; Sophokles: Sämtl. Werke II 91, 95. – **MUe:** Antike Tragödien 69, 86; Die Gestalt der Elektra von Aischylos bis zu H. v. Hofmannsthal 83; Griechischer Humor 87; Griechisches Lesebuch 87; Humor und Satire in der Antike 89; Trinkpoesie 89; Leben im antiken Griechenland 90; Arkadien 92; Reiseführer zu den sieben Weltwundern 92; Griechenland 94; Antike Weisheit 95; Vergil: Werke in drei Bänden 96; – div. Radio- u. Fs.-Sdgn sowie Videoaufzeichn. in den 90er Jahren; div. Schulbücher seit 95. – *Lit:* Herbert Greiner-Mai in: Börsenbl. f. d. dt. Buchhandel, 147. Jg., H.6; Christa Effenberger: D.E. z. 75. Geb., in: Latein u. Griechisch in Berlin u. Brandenburg, XXXIX 3/95; Karim Saab in: Märkische Allg. v. 17.2.95. (Red.)

Ebenich, Ruth s. Gröninger-van der Eb, Gertrude

Eberhard, Hans-Dieter (Ps. Carl Adelphi), Dr. med., klin. Pathologe, Autor; Josephsplatz 5, D-80798 München, Tel. (0 89) 2 73 11 47, Fax 2 73 11 54, *h.d. eberhard@t-online.de, www.lit-ex.de, www.malandrin. de.* Karmelitská 26, CZ-11800 Prag 1 (* Dachau 3. 5. 45). Rom., Lit.kritik. – **V:** Restwelt, R. 02, 2. Aufl. 04; Blut, R. 03; Einer ohne Steuermann, R. 04. – **P:** LiteX. Internetmag. f. Literaturkritik. (Red.)

Eberhard, Lotte s. Brügmann-Eberhardt, Lotte

Eberhardt, Michael, Rentner; Danziger Str. 9, D-51469 Bergisch Gladbach, Tel. (0 22 02) 5 65 58 (* Groß-Sredischte/Banat 3. 10. 29). Wort u. Kunst, Berg. Gladbach 92; Rom., Erz. – **B:** Ehevermittlungsinstitut Hablitschka – Mietschke, R. 99. – **MA:** Erzn. in: Unter die Schulbank geschaut 91; Geschichten, die das Leben schrieb 92; Licht und Schatten 93; Die Zeiten sind so 97; Kopfreisen 99; Liebe, Lust und Leichen 99; Zwischen Horizonten 03; – zahlr. Beitr. in versch. Zss. 57–95.

Eberhardt, Sören, M. A.; Krämerstr. 5a, D-33098 Paderborn, Tel. (0 52 51) 2 43 77, *eberhardt@ owl-online.de, www.soeren-eberhardt.de* (* Münster 29. 9. 67). Theodor-Fontane-Förd.pr. f. Lit. 95; Rom., Erz. – **V:** Tage am Ende eines Jahres, R. 95. – **MA:** Auf den Bäumen wächst der Schnee, Lyr. u. Prosa 96. – **H:** Richard Beer-Hofmann: Paula, Fragment 94. – **P:** Reiseber. unter: www.literon.de; Internet-Soap-Opera unter: www.esoap.de. (Red.)

Eberhardt, Walter, Dr. agr.; Rochusstr. 54, D-51570 Windeck, Tel. (0 22 92) 37 23 (* Leipzig 23. 7. 28). Lyr., Erz., Familienchronik. – **V:** Wilberhofen – Das Dorf, in dem ich wohne 80; Einer von Windeck 80; Wind vom Lande 82; Über den Tag hinaus 84; Im Urlaub und zu Hause 86; Windecker Depeschen 89; Alles liebe Leute

95; Bäbbermumbe und Kamelle 96; Rund ums Leben – Alle Gedichte 08.

Eberle, Beat, Verlagsvertreter; Schützenweg 205, CH-8195 Wasterkingen, *be_eberle@bluewin.ch* (* Winterthur 11. 7. 53). AdS 03; Lit.förd.pr. d. Kt. Zug 79, Förd.pr. d. Kuratoriums d. Kt. Aargau 85. – **V:** Mitverschwörer, G. 75; Ein Vormittag in der Schweiz 05; Die Welt in Hausen 07. (Red.)

Eberle, Raimund, Reg.Präs. v. Oberbayern a. D.; Am Waldsaum 4, D-82065 Baierbrunn, Tel. (0 89) 7 93 15 46, Fax 7 93 11 38, *Raimund.Eberle@t-online. de* (* Rottau, Ldkr. Traunstein 3. 4. 29). Gr. BVK, Bayer. Verd.orden, Gold. E.zeichen Bundeswehr, Commendatore Verd.orden Rep. Italien. – **V:** Der Festakt 86, 2. Aufl. 91; Die Regierung ist an allem schuld ... 97. – **MV:** Initiative und Partnerschaft. Manfred Bulling z. 60. Geb. 90. – **B:** Was früher in Bayern alles Recht war. Aus d. Anmerk. d. Wiguläus Aloysius Freiherrn v. Kreittmayr üb. d. Codex Maximilianeus Bavaricus Civilis (zus.gest. u. erl.) 76. (Red.)

Ebersbach, Volker, Dr. phil., Hochschullehrer bis 76, 02–04, Schriftst., Stadtschreiber in Bernburg 97–02; Walter-Markov-Ring 34, D-04288 Leipzig, Tel. u. Fax (03 42 97) 4 96 13, *www.literatur-leipzig.de* (* Bernburg 6. 9. 42). SV-DDR 78, P.E.N.-Zentr. Dtld 94; Lion-Feuchtwanger-Pr. 85, Stip. Schloß Wiepersdorf 93, Stip. d. Stuttgarter Schriftstellerhauses 93; Nov., Erz., Rom., Lyr., Ess., Übers., Anekdote. Ue: lat, span, port, rum, ung. – **V:** Der Sohn des Kaziken, Erzn. 78; Heinrich Mann, Biogr. 78, 2. Aufl. 82; Francisco Pizarro, erz. Biogr. 80, 3. Aufl. 86 (auch slowen.); Der Mann, der mit d. Axt schlief, Erzn. 81, 2. Aufl. 87; Poesiealbum 168, G. 81; Selbstverhör 81; Peter auf d. Faxenburg, Kdb. 82, 4. Aufl. 86; Der Verbannte von Tomi, Erzn. 84, 2. Aufl. 86; Gajus und die Gladiatoren, Jgdb. 84, Tb. 87; Der Schatten eines Satyrs, R. 85, 2. Aufl. 89; Rom und seine behausten Dichter, Ess. 85, 2. Aufl. 87; Caroline, R. 87, Tb. 92; Der verliebte Glasbläser, Kdb. 86; Adam im Paradies, Erzn. 88; Tiberius, R. 91; Begegnungen der Weltgeschichte, Ess. 94; Fünf Etüden über eine Eseley. Goethe u. Lenz, Erz. 94; Nietzsche in Turin. Erz. 94; Ein geborener Geniesser, Anekdn. 96, 98; Heinle liegt – Aus der Matratzengruft, Monolog 97; Der träumerische Rebell Heinrich Heine, Anekdn. 97; Carl August – Goethes Herzog u. Freund, Biogr. 98; Geschichte der Stadt Bernburg, Bd 1 98, Bd 2 00; Irdene Zeit, G. 99; Seume in Teplitz 99; Die Weinreisen des Dionysos, R. 99; Kinder des Narziß, R. 00; Novalis im Liebeslabyrinth, Erz. 01; Nietzsches Tragische Anthropologie, Ess. 1 02, 2 06; Der gestohlene Selbstmord, Parabeln 04; Das Rennwunder, Erz. 07. – **MV:** Weltgeschichte in Geschichten 04; Die Großen der Welt – Allgemeinbildung 05. – **MA:** Voranmeldung 3 73; Auswahl ꞌ72 72 73; Don Juan überm Sund 75; Veränderte Landschaft 79; Goethe eines Nachmittags 79; Kindheitsgeschichten 79; Ovid und die Ästhetik d. Liebe, Ess. in: Ovid. Die Liebeskunst 78; Vom Geschmack d. Wörter, Miniatn. 80; Seume in Teplitz, Das Huhn d. Kolumbus 81. – **H:** Poesiealbum 120: Ovid 77; Die kleine Residenz. Ein Leseb. f. Bernburg, H. 2 97, 04. – **Ue:** G.V. Catullus: Gedichte 74, 2. Aufl. 81; Carlos Cerda: Weihnachtsbrot 78; Janus Pannonius: Gedichte 78, 84; Vergil: Aeneis, Nachdicht. in Prosa 82, 5. Aufl. 07; Ovid: Tristien 84, 2. Aufl. 97, Tb. u. d. T.: Lieder der Trauer 07; Petronius: Satyregeschichten 85, 2. Aufl. 86; Das Waltharilied (auch nacherz.) 87, 2. Aufl. 88. – **MUe:** Agostinho Neto: Gedichte 77; Gedichte aus Moçambique 79; Julio Cortázar: Das Manuskript aus D. Täschchen, Erzn. 80; Jan Kochanowski:

Ebner

Ausgew. Dichtungen 80; Lyrik aus Rumänien 80; Sorbisches Lesebuch 81.

Eberspächer, Bettina (geb. Bettina Wöhrmann), Dr. phil., freie Übers. u. Autorin; *bettina.woehrmann @web.de* (* Göttingen 25. 1. 57). Die Räuber '77 94; Lyr., Prosa. Ue: russ, poln, bosn. – **V:** Mitlesebuch Nr. 55; Doppelgesicht, G. 95, 2. Aufl. 97; Grenzland, G. 00; Zwischenraum. Weiss, Lyr. u. Prosa (in Vorb.) 04/05. – **MA:** Liebe, was sonst, Anth. 98; manuskripte 148/00; Orpheus – Gespräch im Wort (Ostragehege-Sonderh.) 01; Ein denkwürdiger Tag, Anth. 02. – **Ue:** Iwona Mickiewicz: Puppenmuseum, Lyr. 92; Marina Zwetajewa: Auf rotem Roß, Briefe/Lyr. 96; dies.: Briefe an Steiger 96; dies.: Briefe an A. Berg 96; dies.: Theaterstücke 97; Jelena Schwarz: Ein kaltes Feuer brennt an den Knochen entlang, Lyr. 97; Urszula Benka: Die Bestie u. die Seele, Lyr./Prosa 97; Aleksandr Kulisiewicz: Adresse: Sachsenhausen, Lyr. 98; Anna Achmatowa: Poem ohne Held, Lyr. 98; Magdalena Tulli: Träume u. Steine, Prosa 98; Marina Zwetajewa: Briefe an die Tochter 98; Maria Nurowska: Wie ein Baum ohne Schatten, R. 99; dies.: Tango für Drei, R. 00; Anna Janko: Du bist Der, Lyr. 00; Murat Baltić: Des Tages letzte Stunde, Lyr. 02. – **MUe:** Anna Sochrina: Meine Emigration, Erzn. 03. (Red.)

Ebert, Aribert (Aribert E.); Frankenstr. 3, D-85049 Ingolstadt, Tel. (08 41) 4 91 77 17, *Allround-Ari @freenet.de* (* Neuburg/Donau 9. 4. 55). Autorenkr. In-golstadt 96; Lyr., Rom. – **V:** Mein Tauwind, Lyr. 03; aus dem schlamm 03, 04; befindlichkeiten, Lyr. 07. – **MA:** Beitr. in div. Anth.

Ebert, Sabine, freie Journalistin, Schriftst.; Redaktionsbüro Hornstr. 5, D-09599 Freiberg/Sa., Tel. (0 37 31) 2 37 68, *sabine.ebert@saxonia.net*, *www.sabine-ebert. de* (* Aschersleben 16. 4. 58). Quo vadis – Autorenkr. Hist. Roman; Rom., Sachb. – **V:** Das Geheimnis der Hebamme, R. 06; Die Spur der Hebamme, R. 07; Die Entscheidung der Hebamme, R. 08. – **MV:** Freiberg – Als die Schornsteine noch rauchten 01; Silbermanns Erben. Ansichten, Geschichten, Anekdoten 03, beide m. Gunther Galinsky. – **H:** Jb. d. Region Freiberg 91–06.

Eberth, Irmes (geb. Irmgard Katharina Stürmer), Lehrerin; Bohlenweg 92, D-63739 Aschaffenburg, Tel. (0 60 21) 93 09 09 (* Aschaffenburg 29. 3. 26). Frankenwürfel 88, Erste Bürgermedaille d. Stadt Aschaffenburg 01, Kulturpr. v. Unterfranken 06; Lyr., Erz., Mundart. – **V:** Wie's hald so is 83; 'n Gang durch's Johr 86; Hab' so vor mich hingedacht 89; Aus meinem Kirschholzkästchen 92; Allein bin ich nichts 95; Die Aschaffenburger Weltgeschichte 98. – **MA:** wöchentl. Glosse in: Main-Echo, seit 95; Beitr. in Ztgn, Zss., Bildbden, Anth., Jbb. u. Sammelbden, u.a.: Rund um den Aschaffenburger Wochenmarkt 92; Mainfränkische Sommerbilder. – **R:** Kaleidoskop, u.a. Radio-Sdgn im BR; Die Lieder der Irmes Eberth, Fs.-Sdg d. BR. – **P:** 3 CDs u. 1 Tonkass. – *Lit:* Who is Who. (Red.)

Ebertowski, Jürgen, Japanologe, Aikido-Lehrer, Autor; Carl-Herz-Ufer 21, D-10961 Berlin, Tel. (0 30) 69 04 04 50 (* Berlin 49). Lit.stip. d. Stift. Preuss. Seehandlung 95. – **V:** Esbeck und Mondrian 93; Aikido Speed 94; Maltagold 94; Berlin Oranienplatz 95; Unter den Linden Nummer eins 97; Kelim-Connection 98; Das Kreuz des Samurai 00; Das Vermächtnis des Braumeisters 03; Die Erben des Dionysos 04; Knabenlese 05; Bosporusgold 05, alles (Krim.-) R. – **MV:** Die allerletzte Fahrt des Admirals, Ketten-Krimi 99. (Red.)

Ebinger, Helmut, Betriebsschlosser, Techn. Zeichner, Musiker, Schriftst.; Am Plausdorfer Tor 2, D-35260 Stadtallendorf, Tel. (0 64 28) 44 95 16, *helmuthundthea*

@aol.com, *www.maggies-farm.com* (* Stadtallendorf 4. 12. 58). – **V:** Bluesman, R. 05. (Red.)

Ebmeyer, Michael, Autor, Journalist, Übers.; lebt in Berlin, *www.literaturport.de* (* Bonn 10. 1. 73). Rom., Erz., Lyr., Hörsp., Drehb. Ue: engl, span, kat. – **V:** Henry Silber geht zu Ende, Erzn. 01; Plüsch, R. 02; Achter Achter, R. 05; Gebrauchsanweisung für Katalonien 07. – **MV:** K.L. McCoy: Mein Leben als Fön, m. Bruno Franceschini, Tilman Rammstedt u. Florian Werner 04. – **P:** Fön: Wir haben Zeit, CD 04; Fön: Ein bisschen plötzlich, CD 07.

Ebner, Anja, Mag. Lit.- u. Medienwiss., z. Zt. Promotion; Driburger Str. 32, D-33165 Lichtenau, Tel. (0 52 95) 99 71 72, *anja@die-buecherfee.de*, *www. buecherfee.de* (* Lichtenau 1. 1. 72). Rom., Erz., Kinderlit. – **V:** Sarah und die Tränenmännchen, Kdb. 01; Geschenkte Engel, Erzn. 02. (Red.)

Ebner, Gudrun, Speditionskauffrau, staatl. anerkannte Altenpflegerin; Driburger Str. 32, D-33165 Lichtenau/NRW, Tel. (0 52 95) 12 32, *autorin@gudrun-ebner.de*, *www.gudrun-ebner.de* (* Hiltrup 3. 5. 51). – **V:** Gustav sitzt auf heißen Kohlen, Gaunerst. 98; Der Gartenzwerg-Mord 99 (auch mit. bayr., ndl.); Eine schaurig-schöne Hochzeitsnacht 99; Vorsicht Wippeltropfen 99; Wie ist die Katze von Henriette 00, alles Lsp.; Die Teppichratte, Krim.-Kom. 00; Spaghetti contra Sauerkraut, Lsp. 01; Die Drachentorte, Lsp. 02 (auch ndl., ndl. Platt u. schweizerdt.); Jubel, Jubel, Jubiläum, Lsp. 02 (auch ndl.); Einmal Mops mit Sahne, Krim.-Kom. 03 (auch schweizerdt.); Geheimnisse im Pfaffengrund, Lsp. 03; Paulchen in der Abseitsfalle, Kom. 05. (Red.)

Ebner, Joris s. Hartinger, Ingram

Ebner, Josef; Deisenhofener Str. 38, D-81539 München, Tel. (0 89) 66 17 55, Fax 66 46 38 (* München 7. 7. 37). Rom., Erz., Fernsehsp., Jugendb. – **V:** Gott mit dir, du Land Bayern, Sat. 85, 89; 9 Bücher d. Reihe „Fröhliche Wörterbücher", Sat. 86–92; Einfach quer durch, Jgdb. 89; Die Huglmoos-Connection, Krim.-R. 89; Die große Rolle, Jgdb. 90; Vollwertkost für Dracula, Sat. 90; Aktion Roter Milan, Jgdb. 92, 94; Frankreich, mon amour, erz. Sachb. 99. – **F:** André schafft sie alle, Drehb. 83; Endloser Horizont, Drehb. (ARD) 00.

Ebner, Klaus, Mag., Schriftst., Übers.; Ottakringer Str. 103/Stg 1, A-1160 Wien, Tel. (06 64) 4 32 46 34, Fax u. Tel. (01) 7 86 18 01, *literarisches@klausebner. eu*, *www.klausebner.eu* (* Wien 8. 8. 64). Ö.S.V. 87, GAV 06, IGAA; Erster Öst. Jugendpr. 82 u. 88, Hsp.pr. d. Lit.zs. Texte (3. Pl.) 84, Wiener Werkstattpr. 07, Arb.-stip. f. Lit. d. BKA 07 u. 08, u. a.; Lyr., Prosa, Ess., Hörsp., Übers. Ue: kat, frz. – **V:** Lose, Kurzgeschn. 07; Auf der Kippe, Kurzprosa 08; Hominide, Erz. 08. – **MA:** Lyrik u. Prosa in zahlr. Anth., zuletzt u. a. in: Liebe in all ihren Facetten 07; Sexlibris 07; Reisenotizen 07; wordshop x – wiener werkstattpreis 2007 08.

Ebner, Peter, Schriftst.; Linke Wienzeile 40, A-1060 Wien, Tel. u. Fax (01) 5 87 34 24 (* Wien 27. 6. 32). Öst. P.E.N. 84, Ö.S.V. 84; Buchprämie d. BMfUK 99; Rom., Erz., Lyr. Ue: engl. – **V:** Der Erfolgreiche, R. 82; Das Schaltjahr, R. 83; Schnee im November, R.-Biogr. 84, 86; Am Ende der Hoffnung beginnen die Wege, R. 88; Ihr werdet meine Zeugen sein, Erzn. 88, Tb. 02; Inigo, R.-Biogr. 90; Für Gott und die Welt 91; Die Liebe genügt 95; Heimrad 97; Daheim in Wien 99; Freunde des Lebens 01, alles Erzn.; Baronin Chantal, R. 03; Zillis, R. 04; Nikolaus von Tolentino, R. 07; Fragen, zweifeln, bitten, Gebete 08. – **MA:** ca. 250 Erzn. in Ztgn u. Zss., u. a.: Die Welt; Neue Zürcher Ztg; Die Presse; Die Furche; Wiener Ztg; Salzburger Nachrichten; Ruhrwort; MORGEN; Lit. u. Kritik; NIN; ca. 700 Rez.,

269

Ecarius

meist als Ess., u. a. für: Die Furche. – **R:** Auf den Spuren der Glücklichen, Fsp. 84; zahlr. Erzn. im Hfk.

Ecarius, Hermann (Ps. f. Alfred Stümper), Dr. jur., Landespolizeipräs. a. D.; Hasenhofstr. 15, D-71111 Waldenbuch, Tel. (0 71 57) 30 06, Fax 43 49 (* München 1. 7. 25). Gr. BVK, Verd.med. d. Ldes Bad.-Württ. – **V:** Die dunkle Welt ist doch hell 85; Gebetbüchlein für Sünder 97; 16 Tage mit Nadine – fast eine erotisch-religiöse Erz. 01; Nadine in New York 02; Denise und der Sprung zur Seite 03; mehrere Sachb. – *Lit:* s. auch SK. (Red.)

Echner-Klingmann, Marliese (Ps. Barbara Sambel, Marliese Klingmann, mark, geb. Marliese Echner); Jahnstr. 5, D-74927 Eschelbronn, Tel. (0 62 26) 4 22 24, *0622642224-00001@t-online.de* (* Heidelberg 26. 1. 37). GEDOK, Lit. Ver. d. Pfalz, Die Räuber '77; Pr. b. Mda.-Wettstreit Bockenheim 81–91, Mundartpr. d. RegPräs. Karlsruhe (2. Pr.) 87, 90–96, 2. Pr. d. Stift. z. Förd. Pfälz. Volksschausp. 94, Landespr. f. Volkstheaterstücke (Förd.pr.) 96, Arb.kr. Heimatpflege RegPräs. Karlsruhe: 1. Pr. f. Lyrik 00, 2. Pr. f. Prosa 02, 1. Pr. 03; Lyr., Erz., Mundart-Erz. u. -Theaterst., Heimatkundl. Aufsatz. – **V:** S Leewe geht weiter. Ein Dorf im Kraichgau von 1945 bis 1953, Mundartsch. 00; Zuzenhausen – Ein Dorf an der Elsenz, Mundartsch./Freilichtsp. 03; Dorfgeschichten. Prosa u. Lyrik in Mundart u. Schriftdeutsch 04. – **MV:** Stoppelfelder streichle 84; So un so 86; Du un ich 88; Blädderraschle 96, alles Mda.-G. m. Ilse Rohnacher. – **MA:** Muddersprooch Bde 1 – 3 78, 80, 81; Kraichgau-Jb. 86–98, 02, 03; Schwarz auf weiß, Schulb. 7. Kl. Hauptschule 88; Die schönsten Sonntagsgeschichten 88; Eschelbronn, Ortschronik 89; Treffpunkte 9 Ba-Wü Werkstatt Gedichte 89; Im Kerzeschei(n) 92; Eine gonze Johr 93; Handgeschrieben – Lyrik u. Prosa 94; Perforierte Wirklichkeiten 94; Ich bin gern do 95; Mundarten an der Wende 95; Ich redd mein Muddersprooch 97; Kompass, e. Lese- u. literar. Arbeistbuch f. d. 9. u. 10. Schuljahr 01, 03. – **MH:** Howwl, Heimat-Zs. f. d. Schreinerdorf Eschelbronn, Nr. 1 – 24. – **R:** Aus der Lisbeth ihrm Tagebuch, Fs.-Sdg 98. – **P:** Wie's Lebe isch, Mda.-Lit. 02; Kontraschole, Mda.-Lyrik. – *Lit:* Judith Kaufmann in: Die Pfalz am Rhein; Eugen Pfaff in: Badische Heimat Karlsruhe. (Red.)

Echtermeyer, Anne, Lehrerin i. R.; c/o Books on Demand GmbH, Gutenbergring 53, D-22848 Norderstedt (* Dormund 12. 8. 41). Erz., Kurzgesch. – **V:** Glückliche Tage in traurigen Zeiten, Kurzgeschn. 01; Die Post aus Kairo ist da, Briefe 02; Mein Tagebuch, Schmunzelgeschn. f. Kinder- und Hundefreunde 06. (Red.)

Eck, Herbert, Dipl.-Chemikerin, Dr. rer. nat.; Krettnerweg 9, D-83646 Bad Tölz, Tel. (0 80 41) 28 11, Fax 73 04 26 (* Berlin 14. 10. 35). Märchen, Sage, Nov., Religionsphilosophie. – **V:** Christus – ein Buddhist? 80; Geschichten vom Toba-See 83. (Red.)

Eck, Ines, Lit.-, Sprach-, Kulturwiss., Künstlerin; Jansonstr. 2, D-07745 Jena, Tel. u. Fax (0 36 41) 61 56 40, *kontakt@textlandschaft.de, www. textlandschaft.de* (* Aue 11. 7. 56). Künstlergemeinsch. „Textlandschaft worte bilder töne utopien"; Anna-Seghers-Pr., Stip. von: Kunstakad. Solitude, LCB, Stift. Preuss. Seehandlung, Stift. Kulturfonds, u. a., Aufenthaltsstip. Basel, Amsterdam, u. a., Nominier. f.d. Döblin-Pr., Europ. Dramatikpr., u. a.; Prosa, Drama, Lyr., Grafik, Fotografie. – **V:** Steppenwolfidyllen, R. 91, 96; Gespenstergeist, szen. Lesung 95; Dramatische Versuche 96; Dramen 96; Knasttrivial, Kurzprosa 96; Mauer ist mein Hoppepferd, Lyr. 96; Provinz 96; Regenbogengeschichten gebrannter Kinder 96; Revoluschen 96; Sommer 89 96; Text für Analphabeten 96; Texte über Texte, Ess. 96; Alles wird gut 97; Romeo und Julia zwi-

schen Tieren 98; Werther sagt Lotte, UA 02. – **MA:** Texte u. a. in: Theater der Zeit, ndl, Sondeur, Provinz, Gedicht, Palmbaum, Literatur nach zehn, Edit, Sklaven, Moosbrand, Argonautenschiff, Skriptum, sowie Kunstkal. v. Gerhard Wolf u. Anth., wie: Figuren & Capriccios, Konstellationen u. Übergänge, Geschlecht u. Charakter, Stimmen aus Sachsen. – **H:** Ines Geipel: Kein Retour, lyr. Prosa 97. – **MH:** Eselsohr, Zs. 93/94. – **P:** Im Stahlnetz 97; Romeo und Julia zwischen Tieren 98; Werther sagt Lotte 98; Die Weiber an die Macht 98; Puppe Emely 99; Mauer ist mein Hoppepferd I 99, alles CDs; Bildausstellungen „Text für Analphabeten und Internationale" – *Lit:* Gino Hahnemann: Ines Eck und der Konjunktiv, Video; s. auch Kürschners Handbuch der Bildenden Künstler, 1. Aufl. 2005. (Red.)

Eckart, Gabriele, Dr., Dipl.-Phil.; 1403 Bertling Street, Cape Girardeau, MO 63701/USA, *geckart @semo.edu, www2.semo.edu/foreignlang/ECKART. HTML* (* Falkenstein/Vogtl. 23. 3. 54). SV-DDR 79; Lyr., Nov. – **V:** Poesiealbum Nr. 80, Lyr. 76; Tagebuch, Lyr. 78, 82; Per Anhalter, Prosa 82, u. d. T.: Geschichten u. Erlebnisse aus der DDR 92; Sturzacker, Lyr. 85; Der Seidelstein, N. 86, 89; Wie mag ich alles was beginnt, Lyr. 87; Frankreich heißt Jeanne, Erzn. 90; Der gute fremde Blick. Eine (Ost)deutsche entdeckt Amerika 92; Sprachtraumata in den Texten des ehemaligen DDR-„Arbeiterschriftsteller" Wolfgang Hilbig, Diss. 93 (Mikrofiche-Ausg.), u. d. T.: Sprachtraumata in den Texten Wolfgang Hilbigs 95. – **H:** So sehe ick die Sache, Protokolle 84, 86. – *Lit:* Walther Killy (Hrsg.): Literaturlex., Bd 3 89; DLL, Erg.bd 3 97. (Red.)

Eckart, Katharina, Keramikerin, Drehb.autorin; c/o Agentur Graf & Graf, Berlin (* Rheinberg 12. 8. 58). Rom., Fernsehsp. – **V:** Ein wahnsinnig netter Bekanntenkreis, R. 02, 04. – **MA:** Editionsbox 2000: Hybridenland 00; MMM DIARIUM, Zs., XII 99; Gott – Almanach 97. – **MH:** PIPS – Zeitschrift für Unkommerz, Unzeitgeist & Objektliteratur 98, 02. – **R:** Boxershorts, Sitcom 95; Das Hochzeitsgeschenk, Fsf. 98; Das Amt, Sitcom 99ff.; Wie angelt man sich einen Müllmann?, Fsf. 01; Einmal Prinz zu sein, Sitcom 01; Bernds Hexe, Sitcom 02, 03/04; Couchcowboys, Sitcom 02; Halt durch, Paul!, Sitcom 04, alles Drehb., u. a.

Eckbauer, Manfred, Dipl.-Ing. (FH); *manfred. eckbauer@cyber-comics.de* (* 62). Ue: engl. – **V:** Cuhtah – Schreie in der Nacht, R. 01; Fantastic Cyber-Comics, Nr.1 02. – **MV:** Fantastic Cyber-Comics, Nr.2 03. – **H:** Fantastic Neo-Mangas, Nr.1–3 02–04. (Red.)

Ecke, Felix s. Wiener, Ralph

Eckenfelder, Ute; Hähnelstr. 14, D-12158 Berlin, Tel. (0 30) 8 52 47 26 (* Sulz am Neckar 38). Lyr. – **V:** Einblicke 68; Mitlesebuch Nr.19 97; Falkner, bis Grün dich durchwächst 02; Inselwinter 05; Wirtsblumen 05; Ist wo die Eule 06. (Red.)

Eckenga, Fritz, Autor, Komiker; c/o FSR Unterhaltungsbüro GmbH, Im Alten Dorfe 15, D-31556 Wiedenbrügge, Tel. (0 50 37) 97 84 30, Fax 97 84 31, *hwoerner@fsr.de, www.eckenga.de* (* Dortmund 55). Lyr., Erz., Dramatik, Hörsp. – **V:** Kucken, ob's tropft 97; Ich muß es ja wissen 98, beides G. u. Geschn.; Draußen hängt das Welt in Fetzen, lass uns drinnen Speck ansetzen, G. 02; zahlr. Progr. m. d. Musikkabarett „N8chtschicht", zuletzt: Grandhotel Ich. – **MV:** Mona Lisa muss neu geschieben werden, m. Günter Rückert 00. – **MA:** Auf Lesereise 04; Fritz Walter, Kaiser Franz und wir 04; Häuptling Eigener Herd, Zs. 04, u. a.; Beitr. f. „taz" u. „Frankfurter Rundschau" – **R:** U-Punkt, Kolumne b. WDR 2; Mein Freund ist aus Leder, Kolumne b. SWR 3. – **P:** Mein wunderbarer Baumarkt, CD 98;

N8chtschicht: Text & Musik, CD 03; Ein Wort liebt das andere, CD 04. (Red.)

Ecker, Christopher, Mag., Schriftst., Lit.kritiker; Schauenburger Str. 44, D-24105 Kiel (* Saarbrücken 28. 10. 67). Förd.pr. d. Stadt Saarbrücken 93, Gustav-Regler-Förd.pr. 05, Buch d. Jahres d. FöK Rh.-Pf. 07; Rom., Kritik, Lyr., Übers. Ue: engl. – **V:** Sulewskis Tag, Erz. 94; Das verlorene O, Erz. 94; Sich dem Orient in Träumen nähern, Lyr. 96; Die leuchtende Reuse, R. 97; Der Hafen von Herakleion, Erzn. 06; Madonna, R. 07. – **MA:** zahlr. Beitr. in Zss. u. Anth., u. a.: Krachkultur; Das Haupt; Jb. d. Lyr. 2000/2001; Das Gedicht.

Eckert, Alfred, Aeronautik-Historiker; Drentwettstr. 3, D-86154 Augsburg, Tel. (08 21) 41 76 52 (* Augsburg 18. 5. 16). – **V:** Am Himmel ohne Motor 75; In blauen Wind 78; Im Ballon 86; Erlebtes im Ballon 99. – **H:** Lütgendort 69; Ballon- und Luftschiffahrt 76; Leichter als Luft 78; Die letzten Abenteuer dieser Erde 81; Der Freiballon, 51 Jgg. – **R:** Im Ballon über die Alpen, Fsf; A. Stifter: Der Condor, Fsf. 82. (Red.)

Eckert, Bernd Anton; c/o Verlagshaus Schlosser, Langkofelweg 6, D-86316 Friedberg. – **V:** Südwind, autobiogr. R., Bde 1 u. 2 05, Bd 3 07.

Eckert, Guido; Oberglösinger Str. 27, D-59823 Arnsberg, *info@guidoeckert.de, www.guidoeckert.de* (* Aachen 15. 8. 64). VS 97; Axel-Springer-Pr. 91, Theodor-Wolff-Pr. 97, Förd.pr. d. Ldes NRW 98, Gabriel-Grüner-Stip. 01; Rom., Erz., Hörsp., Drehb. – **V:** Der Tag, an dem ich die schönste Frau der Welt treffen wollte, Erzn. 97; Enten füttern, R. 99; Tote Tage, R. 01; Töte mich, aus Liebe 07 (verfilmt u. d. T. „Hello Goodbye"). – **MA:** Wenn der Kater kommt, Anth. 96; Das Kölner Kneipenbuch 07.

Eckert, Hanna (Ps. Anne Biberstein), Autorin; c/o Gustav Lübbe Verl., Bergisch Gladbach (* Saarlouis 2. 4. 44). 1. Pr. Medien2000 Pro Sieben; Rom., Fernseh-u. Hörsp. – **V:** Penelope sieht rot 99; Auf immer gibt's eh nicht 00, vollst. Tb.-Ausg. u. d. T.: Ein Mann am Haken 02.

Eckert, Hella, Schriftst.; c/o Graf und Graf – Literatur- u. Medienagentur (* Bremen 17. 1. 48). Jahresstip. d. Ldes Bad.-Württ. 95, Autorenförd. d. Stift. Nds. 96, Rheingau-Lit.pr. 98; Rom. – **V:** Big John, R. 93; Hanomag, R. 98; Da hängt mein Kleid, R. 03. (Red.)

Eckert, Horst s. Janosch

Eckert, Horst, Autor, Journalist; Max-Brandts-Str. 13, D-40223 Düsseldorf, *mail@horsteckert.de, www.horsteckert.de.* c/o Grafit Verl., Dortmund (* Weiden/Oberpf. 7. 5. 59). Das Syndikat 96; Nominierung f. d. GLAUSER 98, 05 u. 07, Marlowe-Pr. 98, GLAUSER 01, „auteur-en-résidence" d. Dép. Gironde 07; Krim.-rom. – **V:** Annas Erbe 95; Bittere Delikatessen 96 (auch tsch.); Aufgepustet 97 (auch tsch.); Finstere Seelen 99 (auch tsch.); Die Zwillingsfalle 00 (auch frz., ndl.); Ausgezählt 02; Purpurland 03; 617 Grad Celsius 05; Der Absprung 06 (auch frz.); Königsallee 08; (zahlr. Nachaufl.). – *Lit:* Th. Przybilka in: Lex. d. Krim.lit., 25. Erg.-Lfg. 99; W. Adamson in: Raymond-Chandler-Jb. Nr.4 01; Justyna Jessa: Zwischen Gesetz u. Verbrechen – H.E. u. d. „klass." Kriminalgesch., Mag.arb. Univ. Poznan 04; A. Bussmer in: Krimi-Jb. 06; Bertram Job in: SZ v. 21.2.08; Michael Brendler in: Badische Ztg v. 23.7.08.

Eckert, Wolfgang, Schriftst.; Am Schäferberg 15, D-08393 Meerane, Tel. u. Fax (0 37 64) 30 22, *wolfgang. eckert.meerane@web.de* (* Meerane 28. 4. 35). VS, Sächs. Schriftst.ver. Chemnitz; Hans-Marchwitza-Pr., Kurt-Barthel-Pr., Johannes-R.-Becher-Med. (Silber u.

Bronze), Förd.pr. d. Inst. f. Lit. u. d. Mitteldt. Verl.; Rom., Erz. – **V:** Schienenballade, Sch., UA 71; Pardon – sagen wir du?, Erzn. 73, 86; Familienfoto, R. 82, 04; Plötzlich lachte Doktor Bunsen, Erzn. 90; Der Meeraner Bote, Feuill. 91; Erzgebirge, Text 92; Sachsen – heiter betrachtet 92; Dadrieber lachn mir Saggsn 93; Heimat, deine Sterne, Biogr. 98; Sächsische Morde, krim.hist. Streifzüge 98; Ich war ein Spitzeltäter, Autobiogr. 03; Leise tönt das Martinshorn, Feuill. 04; Leute sind andere Menschen, Aphor. 06. – **MA:** ca. 20 Bücher, u. a.: Mit Ehrwürden fing alles an 70; Die vierte Laterne 71; Mit Ehrwürden geht alles weiter 73, alles Erzn.; Die heiteren Seiten; Chile – Gesang u. Bericht; Sachsen – e. Reiseverführer; Geschichtenkal. '85; Menschen in diesem Land; Erntefest; Zwiebelmarkt u. Lichterfest; Das unbestechliche Gedächtnis. – **R:** Mit Ehrwürden fing alles an 71; Ein Tag in meinem Leben, beides Fsp.

Eckhardt, Gerhard, Lehrer i. R.; Charlottenburger Str. 19, D-37083 Göttingen, Tel. (05 51) 7 99 30 47 (* Göttingen 5. 7. 28). Lit.kr. Geismar; 1. Pr.träger d. Alexander-Stift. Göttingen 93; Erz. – **V:** Ratzekarl, das arme Dorfschulmeisterlein 91; Suchkind Nr. 171 91; In der Adventszeit auf der Leine 96; Sigana, die Geschichte einer Zwangsadoption 97; Die Jungfer und der Gockelhahn, Erzn. 98; Tobias & Co, Kdb. 98; Die Rattenbande, Jgdb. 99; Geschichten zur Weihnachtszeit 00; Mozartkugeln, Krim.-Geschn. 01; Göttingen rund ums Gänseliesel. Geschichte u. Geschichten 02; Göttingen das Leine-Athen 03; Dies und das aus einer alten Stadt 04; Streifzüge durch Göttingens Vergangenheit 05; Göttinger Anekdoten- und Geschichtenbüchlein 06; Vergangene Göttinger Gaststätten 07; Göttinger Kriminal- und Gerichtsfälle 07; Originale, Käuze und Schnurren aus Alt-Göttingen 08; Vom Siechenhaus zum Klinikum 08.

Eckhardt, Klaus (Kreta-Klaus), Buchhändler, IT-Trainer; Sielsdorfer Str. 12, D-50935 Köln, *www.kretaklaus.de* (* 49). – **V:** Der Kopflose von Kreta 91; Kreta sehen und sterben 92; Tote trinken kein Raki 02; Todesflug am Ida 04; In Agia Galini wartet der Tod 07, alles Krimis; – mehrere Sachbücher. (Red.)

Eckhardt, Rosemarie (Ps. Marianne Hardeck); Wielandstr. 1, D-86438 Kissing, Tel. (0 82 33) 54 74 (* Berlin 11. 12. 24). Rom. – **V:** Die Ehe der Vera S., R. 80; Splitter in der Seele, R. 87; Die Zeit nach dem Abschied, R. 90; Das verbrannte Gewissen, R. 95. (Red.)

Eckl, Christian, Zeitschriftenverleger, Journalist; Karlstr. 69, D-50181 Bedburg, Tel. (0 22 72) 9 12 00, Fax 9 12 00 20, *upe_eckl@t-online.de* (* Essen 18. 6. 63). – **V:** Hase in Seenot, R. 01. – *Lit:* s. auch SK. (Red.)

Eckl, Helmut, Amtsrat a. D. Univ. München, Kabarettist; In den Kirchen 85, D-80992 München, Tel. (0 89) 79 29 46, *helmut-eckl@hotmail.de, www.helmut-eckl.de* (* Wolfersdorf 20. 11. 47). Münchner Turmschreiber. – **V:** I hob wos geschrim 76; Schreib no oiwei 76; Da Bibe Atzinger 78; Wenna amoi kummt 78; Bierbick, R. 84; Mich regt nix auf 97; Reklamation zwecklos – bin Niederbayer, biogr. Erz. 99; Begegnungen. In der Mitte der endgültigen Jahre, sat. Texte 00; Die Liebhaber meiner Gelübten, Satn. 07. – **P:** Früher war die Zukunft länger, CD. (Red.)

Eckl, Wolfgang (Ps. Alan Blake), Polizeibeamter; D-92699 Irchenrieth, *weckl@alanblake.de, www. alanblake.de* (* Oberviechtach 75). Quo Vadis – Autorenkr. hist. Rom. 06; Rom. – **V:** Die Saat der Hexe 03; Malvm Radasponae – Unheil in Radaspona, hist. Krim.-R. 06, überarb. Neuaufl. 08; In eisiger Tiefe 07.

Eckl-Schwaiger, Gertrude (geb. Gertrud Schwaiger), Kauffrau selbständ.; Erzweg 11, A-6600 Pflach, Tel. (0 56 72) 6 20 13, 6 28 39, Fax 6 32 66, *radiohaus.*

271

Eckold

schwaiger@tnr.at. Untermarkt 24, A-6600 Reutte. Lyrischer Text. – **V:** In ein fernes Blau, Lyr. 04. (Red.)

Eckold, Brigitte, freie Autorin; Staudingerstr. 65, D-81735 München, Tel. u. Fax (0 89) 67 42 49 (* Berlin 18. 5. 41). Lyr. – **V:** Auf das Meer geschrieben/sobre o mar, dt.-brasil. Lyr. 00; zeit.los, Lyr. 06. – **MA:** Heimkehr 94; Selbst die Schatten tragen ihre Glut 95; Wir sind aus schlechtem Zeug, wie das zu Träumen 97; Das Gedicht 06; – einige Beitr. in Lit.-Zss. 'seit 92, u. a. in: Torso. – *Lit:* Jakob Mayr in: München Mosaik H.5/92.

Eckoldt, Matthias, Dr. phil., Journalist, Publizist u. Medienwiss.; c/o Kulturverlag Kadmos, Waldenserstr. 2–4, D-10551 Berlin, *matthias.eckoldt@t-online.de* (* Berlin 24. 12. 64). Stip. d. American Council on Germany in N.Y.C. 99, Ahrenshoop-Stip. Stift. Kulturfonds 01; Rom., Ess. – **V:** Moment of excellence, R. 00; Kritik der typographischen Vernunft, Ess. 01; Schreiben lehren, Ess. 02; Macht der Medien – Medien der Macht 07; Die TopIdioten, Erzn. 08. (Red.)

Edbud, Roger Demare s. Budde, Harald

Edel, Rabea; c/o Luchterhand-Literaturverl., München (* Bremerhaven 31. 7. 82). Lit.pr. Junge Prosa d. Stadt Arnsberg 01, Klagenfurter Lit.kurs 03, OPEN MIKE-Preisträger 04, Stip. d. Jürgen-Ponto-Stift. 05, Kunstpr. Lit. d. Lotto Brandenburg GmbH 06, Förd.pr. f. Lit. d. Ldes Nds. 07. – **V:** Das Wasser, in dem wir schlafen, R. 06. (Red.)

Edelsbacher, Friedrich, Prof. mag., AHS-Lehrer; c/o Bundesoberstufenrealgymnasium Feldbach, Pfarrgasse 6, A-8330 Feldbach (* Wartberg/Stmk 20. 8. 54). IGAA; Lyr., Prosa. – **V:** manchmal, Lyr. 83; Steirische Punkte, G. 90; vulkanland: dorfgrenzen – grenzenlos, Lyr. dt./engl. 01. (Red.)

Eden, Wiebke, M. A., Red., Journalistin, Autorin; c/o Arche Verlag, Körnerstr. 1, D-22301 Hamburg, Tel. (0 40) 27 11 13, *info@wiebke-eden.de, www.wiebke-eden.de* (* Jever 19. 1. 68). Rom., Porträt. – **V:** Im Gespräch: Journalistinnen, Portr. 00; Keine Angst vor großen Gefühlen. Die neuen Schriftstellerinnen, Portr. 01; Die Zeit der roten Früchte, R. 08. – **MA:** Berühmte Frauen 2, Portr. 01.

Edens, Gerhard; Riesberg 2, D-24866 Busdorf, Tel. (0 46 21) 3 24 95 (* Busdorf/Schleswig 19. 5. 25). VfBG; Rom., Lyr., Erz., Dramatik. Ue: ndt. – **V:** Kuddl Schnack 91; All wedder geele Blomen!, ndt. Kom. 94; Kuddl Schnack weet över allens Bescheed!, ndt. Kom. 96; Nissebakke und Hälldu, SF-R. 02, 2. Aufl. 04. – **MA:** In Sleswig-Holsteen bün ick tohuus!, Anth. 97; Das Gedicht der Gegenwart 00; Kindheit im Gedicht 01; Dichterhandschriften des 3. Jahrtausends 03. (Red.)

Eder, Anselm, ao. UProf., Dr.; Karmeliterhofgasse 2, A-1150 Wien, Tel. (01) 8 92 34 69, *anselm.eder @univie.ac.at* (* Wien 24. 3. 47). – **V:** Österreichische Amts- und Heimatmärchen, sat. Lyr. u. Prosa 99; Nahe bei Nirgendwo, Geschn. 01. (Red.)

Eder, Dietmar; Höhenstr. 8/1, A-6020 Innsbruck, *dietmar.eder@aon.at* (* Lienz/Osttirol 7. 1. 79). Öst. Rom-Stip. 07. – **V:** Stadtrundfahrt, R. 04. (Red.)

Eder, Rainer, Dipl.-Betriebswirt (FH); Mitterwieserstr. 5, D-80797 München, Tel. (01 78) 2 72 62 21 (* Landshut 6. 12. 63). Förd.pr. d. Freistaates Bayern 99, Stip. Schloß Wiepersdorf; Rom. – **V:** Der König von Paris 95, Tb. 97; Der Bildergeher 97; Die Augen des Kostümverleihers 98, alles R. (Red.)

Edieger-Bausch, Hanny; Von-Erckert-Str. 35A, D-81827 München, Tel. (0 89) 4 30 93 06. – **V:** Im Mensch der meine Sprache spricht, Lyr. 07. (Red.)

Edschmid, Ulrike (geb. Ulrike Rheingans); Kantstr. 134, D-10625 Berlin, Tel. (0 30) 3 13 73 94 (* Berlin

10. 7. 40). Arb.stip. f. Berliner Schriftst. 87, 92, Buch d. Monats Juni 99. – **V:** Diesseits des Schreibtischs 90; Verletzte Grenzen, Lebensgesch. Monica Huchel u. Lotte Fürnberg 92; Frau mit Waffe 96; Wir wollen nicht mehr darüber reden. Erna Pinner u. Kasimir Edschmid, Gesch. in Briefen 99; Nach dem Gewitter 03; Die Liebhaber meiner Mutter, R. 06. – **MA:** Hautfunkeln 82; Das andere Gefühl 83; When I'm Fourty-Four 93. (Red.)

Edtbauer, Hermann, Prof., ObSchulR., Konsulent der OÖ. Landesregierung; Nr. 25, A-4982 St. Georgen b. Obernberg a. Inn, Tel. (0 77 58) 24 94 (* Linz 29. 5. 11). IKG; Silb. E.zeichen f. Verdienste um d. Rep., Prof. h.c. verl. v. Bdespräs. Öst., Dr.-Kirchschläger-Med., Konsulent u. E.Konsulent, verl. v. Land ObÖst., Silb. Verdienstmed. d. Ldes ObÖst., Stelzhamerplakette d. Ldes ObÖst., E.bürger u. E.ring d. Gem. St. Georgen, Gildenmeister u. EM d. IKG, Walther-v.d.-Vogelweide-Med. d. Öst. Sängerbundes in Silber u. Gold, EM d. Stelzhamerbundes, E.redakteur d. ObÖst. Rundschau, u. a. – **V:** Meine Gedanga, Mda.-G. 84; Das Gesicht eines Dorfes 88; Spätlese 99; zahlr. Lehr- u. Unterrichtsmat. – **MA:** versch. Festschrr., Dok. u. Beitr. f. d. Presse. – **R:** 6 Fdok. üb. Volksdde. – **P:** 8 Schallpl. f. Volksmusik. (Red.)

Edwards, Katelyn (eigtl. Karoline Eisenschenk), M. A.; c/o edition Fischer, Frankfurt am Main, *k.eisenschenk@web.de, katelyn-edwards.com* (* Landshut 8. 12. 75). Rom. – **V:** Pfadfinderehrenwort, Krim.-R. 06.

Effenberger, Boris s. Strohschein, Barbara

†**Effenberger,** Elisabeth, Kulturjournalistin; lebte in Salzburg (* Wien 29. 12. 21, † 31.1.2008 Salzburg). P.E.N.-Club Salzburg; Adalbert-Stifter-Pr. 43, Georg-Trakl-Förd.-Pr. f. Lyrik 52; Lyr., Ess., Theater- u. Lit.-kritik. – **V:** Die Lieb füllet die Erd und mehret den Himmel. Aus Dichtung u. Spruchweisheit 48; Du bist umschlossen der Ewigkeit, Lyr. 97; Der Spielmann und seine Lieder, Lyr. 04. – **MV:** Katzenpost. E. schnurriger Briefwechsel, m. Ursula v. Zdroick 85. – **MA:** Beitr. in Anth., Zss. u. regelm. in: Salzburger Nachrichten.

Effenberger, Julius, Rechtsanwalt, Dramatiker, Regisseur; Huttenstr. 36, CH-8006 Zürich, Tel. u. Fax (01) 2 51 41 12, *JuliusEffenberger@compuserve.com* (* Prag 1. 1. 54). Erz., Dramatik. Ue: frz, ital, tsch. – **V:** In Fahrt. Geständnisse eines Heimatlosen in Filmen aus Worten, Erzn. 96; Masaryk. Ein Menschenopfer, oder die Macht der Angst, Dr. 97; L'eau est de l'or. Du rituel eau – ville – théâtre 01. – **MA:** Sipario (Mailand) 96, 97; Entwürfe. – *Lit:* s. auch 2. Jg. SK. (Red.)

†**Effert,** Gerold, StudDir.; lebte in Fulda (* Bausnitz/ČSR 12. 11. 32, † Fulda 20. 11. 07). Kg. 60, Marburger Kr. 62, Pegnes. Blumenorden 02, Intern. P.E.N. 03; Anerkenn.pr. d. Sudetendt. Kulturpr. 69, Hsp.- u. Erzählerpr. d. Ostdt. Kulturrats 77, 81, Prosapr. d. LU 77, Poetenmünze 83, Bertelsmann-Lit.pr. 86, Recherche de la qualité, Goldmed. 87, Nikolaus-Lenau-Pr. d. Kg. (2. Pr.) 85, Andreas-Gryphius-Pr. 88, Lit.pr. d. Landkr. Dillingen 93, Inge-Czernik-Förd.pr. 00, Lit.pr. d. Kg. f. Lyr. 02, Kulturpr. d. Stadt Fulda; Lyr., Kurzgesch., Parabel, Funkerz., Rom., Ess. – **V:** Tagebuch einer Belagerung, Erz. 64; Über die Grenze, Erzn. 65; Das Christkind in der Baude, Erz. 67; Licht und Bitternis, G. 72; Im Netz, Erzn. 77; Der Kindergast, Parabeln 78; Atemspur, Haiku 80; Krähenflüge, Parabeln 80; Früher Aufbruch, Erzn. 81; Schattengefecht, G. 81; Das Treffen der Zauberer, Kdb. 82, 93; Spiegelwelt, Parabeln 84; Drei Brillen für Tobias, Kdb. 85; Im böhmischen Wind, Erzn. 85; An meinen Sohn, G. 86; Flugsand, Haiku 87; Miriam, Erz. 88; Im Schnee-

gebirge, Erzn. 89; Winterreise, Erz. 89; Das fremde Mädchen, Erzn. 90; Galle im Honig, Erzn. 91; Unter dem Vogelbeerbaum, R. 91; Ein Abschied, Erzn. 94; Bilderschrift, G. 92; Magischer Alltag, G. 93; Die Zeit im Wiesengrund, R. 94; Sonnenvogel, Erzn. 95; Damals in Böhmen, Erzn. 96; Dünenlandschaften, Haiku 96; Reise in den Süden, Erzn. 96; Die Insel im Fluss, R. 97; Landregen, Erzn. 98; Rote Sonne, Kupfermond, Lyr. 99; 11 Haiku, Lyr. 00; Das Papierschiff, Lyr. 00; Die Nacht der Katze, Erzn. 01; Grenzgänge, G. 02; Kranichflug, Tanka 02; Zikadenmusik, Lyr. 03; Rauchzeichen, G. 04; Rabenhimmel, Lyr. 05; Späte Ausfahrt, Lyr. 05; Zirkuswelt, Lyr. 05; Eulengesang, Lyr. 06; Herztöne, Erzn. 07. – **MA:** Die Kehrseite des Mondes, Sat. 75; Autoren reisen, Reiseprosa 76; Tauche ich in deinen Schatten, Prosa 77; Magisches Quadrat, Erzn. 79; Und d. Leuchten blieb, Erzn. 82; Riesengebirge, Lyr. 82; Begegnungen u. Erkundungen 82; Wurzeln 85; Liebe in unserer Zeit 86; Kindheitsverluste 87; Jede Ankunft ein Neubeginn 88, alles Erzn.; Die schönsten Sonntagsgeschn. 88; Es geschah am frühen Morgen, Erzn. 93; Weil du mir Heimat bist 94; Laß dich von meinen Worten tragen 94; Dein Himmel ist in dir 95; In meinem Gedächtnis wohnst du 97, alles Lyr.; Grenzen u. Wege, Ess., Erzn., Lyr. 97; Roter Mohn 98; Sichelspuren 98; Rabengekrächze 98; Mit leichtem Gepäck 99, alles Lyr.; Die Farbe Grün 08; – Schrr. d. Sudetendt. Akad., Bd 21 00 u. 24 03. – **H:** Widerbild, G. 83; Marburger Bogendrucke, seit 88; Die Rhön, Leseb. 03. – **MH:** Fulda. Ein Lesebuch, m. Rudolf Henkel, Sachb. 00. – *Lit:* M. Buerschaper: Das Dt. Kurzgedicht 87; Sudetendt. Kulturalm. VII.

Egelhof, Gerd (Pierre Amant, Gerry Geckes), Buchhändler, Autor, Erntehelfer, Tischtennistrainer; Ferdinand-Küderli-Str. 3, D-71332 Waiblingen, Tel. (0 71 51) 50 40 34, *gerdegelhof@freenet.de*, *www. gerd-egelhof.de* (* Schorndorf/Rems-Murr-Kr. 4. 4. 70). IGdA 03; Aufenthaltsstip. Rolfshagen/Weserbergland 99, Kreissieger Rems-Murr b. Lyr.wettbew. d. Ldes Bad.-Württ. 00; Rom., Lyr., Kurzgesch., Sachb. – **V:** In der Ferne sehe ich James Dean, ausgew. G. 99; Die besten Filme und Schauspieler aller Zeiten, Sachb. 01; Facettenkehraus, G. 03, Neuaufl. 08; Kassenrolle rückwärts, R. 03; Deja vu, Kurzgeschn. 04, Neuaufl. 08; Janina, R. 04; Roman und die Sache mit der Liebe, R. 04; Liebe ohne Ende, Lyr. 06; Festtage des Lebens, Lyr. 06; Reinigendes Gewitter, Kurzgeschn. 06; Licht am Ende des Tunnels, Erz. 07; Frech serviert, Kurzprosa 07; Leuchtende Sterne, Lyr. 07; Wie oft, denkst du, kann man sich verlieben?, G. 08; Bunt gemischt, Kurzgeschn. 09, Erlesen Aufgelesenes, Lyr.; 2009.

Egge, Heiner, Schriftst., Kleinverleger; Östermoor 1, D-25779 Hennstedt, Tel. (0 48 36) 86 13 89 (* Heide/ Holst. 26. 3. 49). Förd.pr. z. Georg-Mackensen-Lit.pr. 77, Autorenförd. d. Stift. Nds. 93, Hebbel-Pr. 94; Kurzgesch., Rom., Reiseber. – **V:** Davonfahren, Erzn. 78; Über die Straßen hinaus, Reiseskizzen 79; Auf Haussuche, Tageb. 79; Café Treibsand, Aufzeich. 82; Im Schatten des Delphins, Erzn 82; Levanto, Bild & Text 86; Niebuhrslust, R. 92; Das Wanderfieber, Reisetageb. 98; Der Eiderbote 01; In der Kajüte, R. 03. – **H:** das nachtcafé, Lit.zs., seit 74; Freiburger Lesebuch 82. – **MH:** Jahresgaben d. Klaus-Groth-Ges. (Red.)

Eggeling, Friedrich Karl von, Forstoberrat a. D.; Am Eichenrangen 9, D-90571 Schwaig, Tel. (09 11) 5 07 42 39. Nieskyer Str. 42, D-02906 Quitzdorf a. See (* Giessmannsdorf, Kr. Bunzlau 20. 8. 24). Kulturpr. d. Dt. Jagdschutz-Verb. 98; Nov., Erz. Ue: engl, schw. – **V:** Von starken Keilern, treuen Hunden und pfeilschnellem Federwild, Biogr. 75, 79; Wie es Diana gefällt, 80 Ess.

78, 91; Hochsitzgeschichten 97; Wir jagen mit Vergnügen ... 97; Jagd ist alle Tage neu, Kurzgesch. 06; Glückliche Stunden, Biogr. 07; Veröff. z. jagd- u. forstwirtschaftl. Themen seit 75. – **MV:** Schottland 95; Jagdlexikon 96, u. a. – **MA:** Wildtier u. Umwelt, Erinnerungswerk 86, u. a. – **MH:** Unsere Jagd, Zs.; Jäger, Zs. (auch ständ. Mitarb.). – *Lit:* s. auch 2. Jg. SK.

Eggenberger, Peter, Journalist, Schriftst.; Lehn 945, CH-9427 Zelg/Wolfhalden, Tel. (0 71) 8 88 39 14, Fax 8 88 39 17, *p-eggenberger@bluewin.ch*, *www. peter-eggenberger.ch* (* Walzenhausen 14. 1. 39). Verb. Schweizer Journalisten; Förd.pr. d. Stift. Kultur u. Brauchtum Appenzell/Ausserrhoden; Rom., Erz. – **V:** S Gwönderbüechli 89; Früener ond hütt 90; Ond zom Dritte! 93; Lache isch gsond 96; Druss ond drii 99, alles Kurzgeschn. in Kurzenberger Dialekt; Mord in der Fremdenlegion, autobiogr. Krim.-R. 00, 5. Aufl. 03; Läse und Lache 03; Tod eines Wunderheilers, R. 06. – **MV:** Chronik d. Gemeinde Walzenhausen, m. E. u. W. Züst 88; Rorschach-Heiden-Bergbahn / Bergbahn Rheineck-Walzenhausen, m. Konrad Sonderegger 00. – **MA:** alljährl. Beitr. in: Appenzeller Jb. u. Appenzeller Kalender. – **P:** Lache ond schmöllele, CD 00; Lose ond lache, CD 06.

Egger, Oswald; Webgasse 10/15, A-1060 Wien, Tel. u. Fax (01) 5 95 28 14, *oswald.egger@gmx.net* (* Lana 7. 3. 63). Öst. Staatsstip. f. Lit. 95 u. 01/02, Solitude-Stip. 96, Wiener Autorenstip. 96, Öst. Projektstip. f. Lit. 98/99, Mondseer Lyr.pr. 99, George-Saiko-Reisestip. 00, Clemens-Brentano-Pr. 00, Öst. Projektstip. f. Lit. 00/01, Öst. Staatsstip. f. Lit. 01/02, Stip. d. Stift. Hombroich 02, Lyr.pr. Meran 02, Karl-Sczuka-Förd.pr. 04, Elias-Canetti-Stip. 05–07, Christian-Wagner-Pr. 06, Peter-Huchel-Pr. 07, u. a.; Lyr., Ess. – **V:** Die Erde der Rede. G., Theater 93; Gleich und Gleich 95; Blaubarts Treue 96; Juli, September, August 97; Und: der Venus trabant 97; Sommern 98; Herde der Rede, Poem 99; Poemandern Schlaf 99; To Observe The Observe 00; Nichts, dass ist 01; -broich. Homotopien eines Gedichts 03; Prosa, Proserpina, Prosa 04; Tag und Nacht sind zwei Jahre, Kalendergedichte 06; Lustrationen. Vom poetischen Tun 07; nihilum album. Lieder und Gedichte, m. CD 07. – **H:** Der Prokurist, Zs., 88–99. (Red.)

Egger, Peter *

Egger, Rosemarie; En Lista de Correos, E-07871 San Fernando/Formentera (* Wien 30. 8. 38). Gruppe Olten 76–93; Lyr., Ess. – **V:** Wanderung, G. 75; die gänsehaut, G. 73; Anna-A-aaa, G. u. Texte 76; geschichten vom hauptmann und seinen 2 frauen 77; es ist etwas geschehn, G. u. Erzn. 78; frühstück im. jesus, Erzn. 79; Von draussen träumen, Interviews m. Strafgefangenen 80; Ein Inselsommer, Erzn. u. G. 88. (Red.)

Eggers, Hans Holm, Dr.phil., ObStudR., freier Schriftst.; c/o Battert Verlag, Baden-Baden (* Beringstedt/Holst. 23. 4. 26). Rom., Lyr., Kurzgeschn. – **Erz.:** Heimsuchung, R. 80; Und eine Tiefe bindet dich, G. 82; Eine Bibel für Breschnew, Kurzgeschn. u. Erzn. 83; Das Standbild, Erzn. 84; Verbrannte Mitte, G. 85; Die Königspolka, Krim.-Erz. 86; So still, Amadeus?, Erz. 88; Dank blieb ich schuldig, Lebensbilder 89; Marthe Dau, die Hexe von Tielen, Erz. 90; Frontfahrt, Kriegserinn. 92; Ein Reiterfest in Stapelholm, N. 94; Einbrecher, Krim.-Erz. 97; Lob der Engel, G. 98; Der Turm, Erzn. 00; Pfade der Seele, G. 01; Befehlsempfang, Erzn. 02; Dem Herzen zuliebe, G. 03; Das verkaufte Haus, G. 05. (Red.)

Eggers, Wilfried, Rechtsanwalt, Notar; Buschhörne 3, D-21706 Drochtersen, Tel. (0 41 43) 60 48 (* Stade 9. 2. 51). Rom. – **V:** Die Tote, der Bauer, sein Anwalt und andere, R. 1.–3. Aufl. 00; Ziegelbrand, Krim.-R. 03; Paragraf 301, R. 08. (Red.)

Eggert, Agnes-Marie s. Grisebach, Agnes-Marie

Eggerth, Heinrich, Dir. i.R., Hauptschullehrer; Neunkirchner Str. 84, A-2734 Puchberg, Tel. (0 26 36) 24 24, *eggerth.heinrich@onemail.at* (* Annaberg/Öst. 30. 4. 26). Ö.S.V. 60, P.E.N.-Club 65, Kogge 70, NdÖst. Bild.- u. Heimatwerk 52, Podium 60; Förd.pr. d. Ldes NdÖst. 70, Pr. b. Wettbew. f. Langmemoiren 82, Würdig.pr. d. Ldes NdÖst. 85; Rom., Lyr., Erz. – **V:** Am Ufer der Ereignisse, Lyr. 70; Draußen springen noch immer Delphine, Lyr. 83; Simplicius 39/45, R. 84; Logbuch des Bleibens, Lyr. 87; Die Papierrose, R. 88; Monolog mit Gott, Lyr. 92; Das Messingtürschild, R. 92; Klang dessen, was ist, Lyr. 94; Die schwarze Kugel, R. 94; Regenbogen aus Staub 99; Ein paar Splitter Jade 00; 49 und 1 Gedicht 01; Wer bleibt, hat keine Ankunft. Das gesammelte lyr. u. aphorist. Werk 06. – **MV:** Fallen nun die Sterne, Lyr. 95. – **MA:** Beitr. in Lyr.-Anth., Lyr. in lit. Zss. (Red.)

Egginger, Lieselotte; Lindacher Str. 43, D-83308 Trostberg, Tel. (0 86 21) 23 28 (* Teschen/OS 6. 4. 30). Rom., Erz., Kinderb. – **V:** Der Schokoladenbaum, Kdb. 80. (Red.)

Eggli, Ursula, Schriftst.; Wangenstr. 27, CH-3018 Bern, Tel. (031) 9 92 19 52, *ursulaeggli@gmx. ch* (* Dachsen ZH 16. 11. 44). Be.S.V. 85, Gruppe Olten 86, jetzt AdS, Netzwerk schreibender Frauen, u. a.; Förd.pr. Bern 85. – **V:** Herz im Korsett, Tageb. e. Behinderten 77, Tb. 90; Geschichten aus Freakland 80, erw. Neuaufl. u. d. T.: Freakgeschichten 83; Fortschritt im Grimmsland, Theater f. Frauen 82, 86; Die Blütenhexe und der blaue Rauch, mod. M. 84; Fortschritt im Grimmsland, Theaterst. 85/86; Märchen – Geschichten über Geschichten 88; Kassandrarufe, Kolumnen 89; Jürg von Spreitenbach, R. 93; Elen-Ohr, Geschn. 02; Ralph und Luc im Freakland, Bilderb. – **MV:** Die Zärtlichkeit des Sonntagsbratens, m. Christoph u. Daniel Eggli 86; Sammelbammel und Rollstuhlräder, m. Hagen Stieper, R. f. Kinder 91; Ein Hallo aus der Glasglocke, m. Pia Schmidt. – **MA:** Weihnachtliche Geschichten 78; Im Beruhigenden 80; Frauen erfahren Frauen 82; Lesbische Träume 89; Hexen- und Feengeschichten 92; Alpha 50 92; Drehpunkt 93; Auf einem Auge blind zu sein, heisst auf einem Auge sehen 93; Das Prinzip Egoismus 94; Anna liebt Eva 94; Lebenskandidaten 94; Texte schlagen Brücken 94; Sie ist gegangen 97; Zwischentöne 97; Puls. Ztg. von u. für Behinderte u. Nichtbehinderte (mitbegründ.); Artikel, Kolumnen u. Zeichnungen in div. Zss. – **R:** D'Anita chunt, Hsp. 86; ELEN-OHR, 30 Chinderclubgeschichten 92/93; S' Lichemahl, Hsp. (Red.)

Egli, Viviane, Dr. phil. I; Delphinstr. 17, CH-8008 Zürich, Tel. (01) 2 52 51 69, *egli@primafila-cp.ch* (* Zollikofen 6. 5. 56). AdS 03. – **V:** Engel im blauen Zug, Krim.-R. 00; Finale in Wollishofen, Krim.-R. 02; Lügi & Söhne oder die zwölf Jahreszeiten, G. 07. – **MV:** Z'frede see. Chapf-Köbi, einer d. letzten sennischen Menschen, m. Heidy Gasser u. Daniele Muscionico 02; Wo mini Stube isch, bin ich deheime, m. dens. u. Werner Bucher 05. (Red.)

Egli, Werner J., Grafiker, Werbetexter, freier Schriftst.; Marktplatz 25, D-72250 Freudenstadt, Tel. (0 74 41) 95 20 63, *w.j.egli@dplanet.ch*, *www.egli-online.com* (* Luzern 5. 4. 43). Western Writers of America seit 76; Friedrich-Gerstäcker-Pr. 80, E.liste z. Zürcher Kinderb.pr., Pr. d. Leseratten 88, E.liste z. Buxtehuder Bulle 89, UNESCO-Pr. Weißer Rabe 92, E.liste z. Öst. Kd.- u. Jgdb.pr. 90, Kinderb.pr. d. Berliner Senats 94, Steir. Leseeule 99, Nominierung f. d.

Hans-Christian-Andersen-Pr. 02, Elmer-Kelton-Award 03, u. a.; Rom., Kurzgesch., Jugendb. – **V:** JUGENDBÜCHER: Heul doch den Mond an, autobiogr. Road-Story 78; Der Schatz der Apachen 80; Wenn ich Flügel hätte 83; Bis ans Ende der Fährte 84; Samtpfoten auf Glas 85; Der schwarze Reiter 87; Das Geheimnis der Krötenechse 88; Das Gold des Amazonas 88; Martin und Lara 88; Schnee im Sommer 89; Die Stunde des Skorpions 89; Die Spur zum Yellowstone 90; Die Rückkehr des Kirby Halbmond 90; Der Fremde im Sturm 91; Ein Stern im Westen 91; Novemberschatten 92; Tarantino 92; Der Adler und sein Fänger 93; Zurück zum Red River 93; Nur einer kehrt zurück 94; Die Fort-Mohawk-Saga. 1: Ein Mann namens Lederstrumpf 94, 2: Verrat am Ohio-River 95; Nacht der weißen Schatten 95; Das Regenpferd 96; Der Ruf des Wolfes 96; Gefährliche Freundschaft 97; Rosys Liebe 97; San Antonio Blues 97; Feuer im Eis 98; Jamaica Charlie Brown 98; Im Bander der Wölfe 98; Cheyenne-Sommer 99; Die Schildkrötenbucht 99; Tunnelkids 99; Schrei aus der Stille 00; Die Rückkehr zur Erde 00; Blues für Lilly 01, veränd. Neuaufl. 07; Wilder Fluss 01; das den Augen, voll im Sinn 02; Aufbruch ins Niemandsland 02; Irgendwo am Rande der Nacht 03; Der Pakt der Blutsbrüder 04; Der letzte Kampf des Tigers 05; Im Bannkreis des grünen Jaguars 06; Flucht aus Sibirien 07; – ROMANE f. ERWACHSENE: Im Sommer, als der Büffel starb 74; Als die Feuer erloschen 77; Die Siedler 83; Die Nacht, als der Kojote schwieg 86; Das Land ihrer Träume 90; without a horse 06; Mord an Nora K. 08; (Übers. insges. in 13 Spr.). – **MV:** Spähtrupp durch die Rocky Mountains, m. H.O. Meissner 79. – **Ue:** James Houston: Wie Füchse aus den Wäldern 77; Monica Hughes: Geistertanz 78; Anna Lee Waldo: Sacajawea 81. (Red.)

Eglseer, Karl-Heinz (Ps. KORE); Gartengasse 6, A-9341 Straßburg, Tel. (06 64) 2 30 76 11. Kanaltalerstr. 48, A-9020 Klagenfurt (* Steinhöring/München 1. 3. 43). Dichtersteingemeinsch. Zammelsberg 03; Lyr. (hochdt. u. Mundart). – **V:** Nachtgedanken, Lyr. 08; Ins Länd eineghurcht, Lyr. (Kärtner Mda.) 08.

Egner, Eugen, Autor u. Zeichner; c/o Edition Phantasia, Wünschelstr. 18, D-76756 Bellheim, *www. eugenegner.com* (* Ingelfingen 10. 10. 51). Arb.stip. d. Ldes NRW 98, 01, 04, Kasseler Lit.pr. f. grotesken Humor 03; Groteske, Phantastik. – **V:** dem Tagebuch eines Trinkers, Kurzprosa 91; Als der Weihnachtsmann eine Frau war, kurze u. längere Prosa 92; Der Universums-Stulp, R. 93; Getaufte Hausschuhe und Katzen mit Blumenmuster, Kurzprosa 96; Was geschah mit der Pygmac-Expedition?, N. 96; Die Tagebücher des W.A. Mozart, Kurzprosa 98; Androiden auf Milchbasis, R. 99, 01 (engl.); Der Notfall erfordert alles 00; Die Eisenberg-Konstante, phantast. Erzn. 01, Neuaufl. 04; Aus der Welt der Menschen, Kurzprosa u. Bildergeschn. 01; Die Durchführung des Luftraums, Kurzprosa 02; Gift Gottes, Erzn. 03; Nach Hause, Kurzgeschn. 07; Schmutz, Geschn. 08. – **MV:** Das Huhn und die Tänzerin, Kurzprosa 97; Der Silverartikel, m. Michael Tetzlaff, Kurzprosa 00. – **MA:** Schräge Geschichten 97; Der Rabe. – **R:** Der Notfall erfordert alles, Hsp. 03; Darwins Lücke, Hsp. 04; Kurzhsp. f. WDR. – **P:** Aus dem Tagebuch eines Trinkers 02. – *Lit:* Heiko Arntz in: Nils Folckers/Wilhelm Solms: Risiken u. Nebenwirkungen. Komik in Dtld 96. (Red.)

Egyptien, Jürgen, Prof. Dr. phil., Germanist, Engl., Schriftst.; Rolandstr. 42, D-52070 Aachen, Tel. (02 41) 15 23 05, *egykas@t-online.de*, *www.germlit. rwth-aachen.de* (* Aachen 24. 8. 55). Erika-Burkart-Pr. 91; Rom., Lyr., Erz. – **V:** In der Sprache Zwie, G. 05. –

MA: zahlr. Beitr. in Anth. u. Lit.zss. seit 85, u. a. in: Literaturmagazin; die horen; Passauer Pegasus; Signum; Das erotische Kabinett; Flandziu; Herzattacke. – **H:** Hans Lebert: Die Wolfshaut, R. 91, 93; Der Feuerkreis, R. 92, Tb. 95; Das Schiff im Gebirge, Erz. 93; Das weiße Gesicht, Erz. 95; – Jens Rehn: Nichts in Sicht, R. 93; Ernst Gundolf: Werke, Lyr. u. a. 06; Albrecht Fabri: Das Komma als Hebel der Welt, Ess. 07. – **MH:** Castrum Peregrini, Zs. (Amsterdam) 00–07. – *Lit:* Dieter Schlesak in: Juni, Nr.20 94; ders. in: Passauer Pegasus 16/98; Paul Jandl in: NZZ v. 9./10.4.05; Tanja Dückers in: Signum 2/06.

Ehestorf, Gerd P. s. Prause, Gerhard

Ehgahl, Jo (eigtl. Jörg Joachim), freier Journalist, PR-Referent (Online-PR); Weinberg 2, D-36433 Bad Salzungen, Tel. (0 36 95) 60 99 19, *info@hinter-deinen-augen.de, www.hinter-deinen-augen.de* (* Vacha/Rhön 3. 5. 58). Rom. – **V:** Hinter deinen Augen, R. 05.

Ehlers, Eckart, Pastor; Schönberger Landstr. 37, D-24232 Schönkirchen, Tel. u. Fax (0 43 48) 75 71 (* Kiel 6. 7. 39). Erz. – **V:** Urlaub un Reisen – mit Gott 74, 2. Aufl. 77; Allerhand Slag Hüüs 75; Söß plattdüütsche Preesters un en Evangelium 79; Vör de Karkendör 82, 2. Aufl. 83; Höhnergloben un Dübelsdreck 84; Plietsch, snaaksch un snutig 86; Arm as'n Karkenmuus! 88; Op'n falschen Damper 90; Lüüd, höört mal to! 93; Laat de Kark in't Dörp! 98, 2. Aufl. 99; Hest al'n Wiehnachtsboom? 99; Dreih di de Sünn to! 01; Dor smustert de Paster 04, 05; Daat Hart vun'n rechten Placken, Erzn. 06. – **MA:** Jb. d. Kr. Plön 79; Kieler Wiehnachtsgeschichten 88; In Sleswig-Holsteen bün ik to Huus 97; Platt för Land un Lüüd 99; Bauer Piepenbrink. Mien schönsten Wiehnachtsgeschichten 00. – **P:** Mit Talar un Hart, Schallpl. 81.

Ehlers, Horst-Dieter, Dipl.-Ing., ehem. FHS-Doz., Koordinator u. Teamchef im mittl. Management; An der Schaaftrift 15, D-21357 Bardowick, Tel. u. Fax (0 41 31) 12 85 18, *Horst-Dieter.Ehlers@t-online.de* (* Bad Bevensen 7. 6. 49). Rom., Erz. – **V:** Hilfe, mein Kind ist spielsüchtig, Erz. 99. (Red.)

Ehlers, Jürgen, Dr., Geowiss.; Hellberg 2A, D-21514 Witzeeze, Tel. (0 41 55) 26 08 (* Hamburg 48). Das Syndikat, Crime Writers' Assoc.; Kurzkrimi-GLAU-SER 06. – **V:** Die Moorleiche, Krim.-Erzn. 00; Golden Gate Bridge von unten, Krim.-Erzn. 04; Mitgegangen, R. 05. – **MA:** zahlr. Kurzkrimis in Anth. seit 92, u. a. in: Faszination See 00; Mordkompott 00; Der Ferienkrimi 01; Greiffenstein – Mordgeschichten aus dem Burghotel 01; Mord mit Biss 01; Von Mord zu Mord 01. – **MH:** Mord und Steinschlag, m. Jürgen Alberts, Krim.-Geschn. 02. (Red.)

Ehlers, Magdalene, Angest. im Blumenthaler Rathaus, jetzt Hausfrau; *webmaster@magdaleneehlers.de, www.magdaleneehlers.de.* c/o H.M. Hauschild Verl., Bremen (* Blumenthal 19. 8. 23). Erz., Ged. (pldt./niederdt.) – **V:** Wo schön luchte us de Morgensteern, G. 91; Och wat is dat for en Freud, G. 93; Minschen in Hus Blomendol 95; Immer wiedermoken, Geschn. u. G. 97; De Ärnt is riek – wees saach o Hart, G. u. Geschn. 94; Nee Geschichen un Gedichen in Platt und Eine Straße verändert ihr Gesicht 04; Fröhlich geh' ich durch den Tag 06. – **MA:** Vereinszg. d. Blumenthaler Turnvereins v. 1862 e.V. 70–78; Bremer Blüten 97; Bremer Texte 3 04; Blauzeit, G. 07; Besinnung und Trauer 08.

Ehlert, Bernd; Zur Hohen Warte 19, D-37077 Göttingen, Tel. (05 51) 28 41, Fax 2 09 78 52, *BEhlert@aol.com* (* Göttingen 6. 6. 50). Erz. – **V:** Die Osterinsel 93, 94; Ole 97; Die Genua fließt durch Grönland 02, alles Erzn. (Red.)

Ehlert, Detlef s. Puvogel, Ehlert

Ehm-Marks, Frank-Kirk, Maler, Zeichner, Schriftst.; Oranienstr. 19 A, D-10999 Berlin (* Bad Kreuznach 28. 1. 61). – **V:** Verfassung der Gäste 84; Bullenbraten, Texte / Originale 88; Harnröhrenentzündung, Texte, G. 88; Eisbox 88; Kuli, Texte u. Bilder, 88; Wahnsinn, Texte u. Bilder 89; Rot 89; Mielachs Glocken 89; Unterirdische OP 90; Sätze wie Fremde, Texte u. Bilder (o. J.); Der Katalog, Texte u. Bilder 94; Der blaue Zigarettenautomat 96; Nachschlag der Aschenbecher 96; Das Glück auf der Hollywood-Schaukel, G., Kurzprosa, Grafik 97; Eintöniges Leben in schmucklosem Raum, G. u. Zeichn. 03. – **MV:** Hunger schal schal Hunger, m. Uwe Morawetz 88. – **MA:** Bug-Info, Nr. 29–35 78; ZfA (Zs. für Alles) Nr.10; Litfass Nr.34; Zeitung für Alles 4/88; Holunderground 88, u.v. a. – **MH:** Artbrut-Wundertüte Nr.1 84; Mailart Ztg Nr.1 86; AutoHeroin, Nr.1–4 99/00. – **P:** Vertonung v. Gedichten durch d. Projekt „AutoHeroin": Einfach 99; Melodien für weniger als 30 Personen 99; Die Anfänge – Sommer 98zig 99; Im Reich der Sünde 99; Best of Stücke – Euch das Beste, uns das Allerbeste 00. (Red.)

Ehmke, Horst, Prof. Dr. jur., Politiker, Jurist, Autor; Fax (0228) 670111 (* Danzig 4. 2. 27). Rom., Erz. – **V:** Karl v. Rotteck, der „politische Professor", Ess. 64; Die Macht der großen und der kleinen Tiere, Sat. 80; Mittendrin. Von d. großen Koalition z. Deutschen Einheit, Erinn. 94; Global players, Krim.-R. 98, Tb. 00; Der Euro-Coup, Krim.-R. 99, Tb. 01; Himmelsfackeln, Krim.-R. 01, Tb. 03; Privatsache, R. 03; Im Schatten der Gewalt, Thr. 06; zahlr. Veröff. zu rechts- u. politwiss. Themen. – *Lit:* K.H. Beusele, R. Faerber-Husemann, F.W. Scharpf, P. Steinbrück (Hrsg): Metamorphosen. Für H.E. zum 80. 07; s. auch SK.

Ehnes, Emilie, Volksschullehrerin, Bankkauffrau; Auerfeldstr. 19, D-60389 Frankfurt/Main, Tel. (0 69) 47 18 44 (* Nürnberg 27. 1. 20). Lyr. – **V:** Gereimtes aus dem Laptop einer Optimistin, G. 01. (Red.)

Ehnis, Klaudia s. Barišić, Klaudia

Ehrbar, Inka (eigtl. Ingrid Ehrbar), Dipl.-Shiatsutherapeutin SGS; *inka.ehrbar@swissonline.ch* (* Osberhausen b. Engelskirchen 23. 1. 55). DSV, SSV, ZSV; Rom., Erz. – **V:** Der Jakobsweg, Erz. 00, 3. Aufl. 02; Fantasie mit Schneegestöber 00; Die Pilotin und Blättli, R. 02; Esperanzo und der Zaubergarten, Kdb. 06. (Red.)

Ehrenberg, Hermine (Ps. f. Hermine Bräutigam), MTA; Körnerstr. 5, D-51373 Leverkusen, Tel. (02 14) 4 69 07 (* Zahlbach 13. 3. 38). VS; Lyr., Prosa. – **V:** Stadtbilder – Menschenbilder, Lyr., Prosa 02; Glaskind, Lyr. 94, Vertonung 00, UA 03. – **MA:** Leben in Leverkusen 89; Kinder haben Recht 89; Dröppelminna u. Co. 90; da da zwischenreden 89; Portrait Portrait 91; Wort für Wort 92; Noch einmal sprechen v. d. Wärme d. Lebens 97; Sehnsucht nach gelungenem Leben 02, alles Lyr.; Wasser u. Salz 04. – **R:** Kindertotenlieder 89; Leben in Leverkusen 90; Stadtbilder – Menschenbilder 92; Glaskind 95. – *Lit:* Autorenportr. b. Radio Charivari 95. (Red.)

Ehrenberger, Hilde (eigtl. Hilde Stöger); c/o St. Elisabeth-Heim, Veitingergasse 147, A-1130 Wien, Tel. (01) 87 97 65 03 01 (* Wien 14. 3. 28). Podium bis 99; Lyr., Prosa, Kinder- u. Jugendb., Sachb. – **V:** Alltag pur, Geschn. 95. (Red.)

Ehrenfeld, Eva, Autorin, Kulturmanagerin; Kirschenweg 58, D-74348 Lauffen am Neckar, Tel. (0 71 33) 96 12 56, *eva.ehrenfeld@online.de* (* Leonberg 3. 10. 58). VS 06; Pr. d. Stadt Heilbronn Landeslyrik 99; Lyr., Erz. – **V:** Koralle, Baum, ich,

Ehrenheim

Erz., 1.u.2. Aufl. 07. – **MA:** Allmende 27. Jg. 1/07; get stories 11/08.

Ehrenheim, Wilfriede, Dipl. Designerin, Dipl. Ing.; Oberlindau 109, D-60322 Frankfurt/Main, Tel. u. Fax (0 69) 55 15 57, *www.literaRt.de* (* Frankfurt/Main 7. 7. 60). 3. Pr. d. Dt. Haiku Ges. 00; Lyr. – **V:** Wegbeschreibungen 93, 94; Liebes-Augenblicke 94, 99; Wahrnehmungen 96, alles Lyr.

Ehrenhöfer, Wolfgang; Rottwiese 39, A-7350 Oberpullendorf, Tel. (0 26 12) 4 31 15, Fax 4 36 07, *wolfgang.ehrenhoefer@bnet.at*, *www.wolfgangehrenhoefer.at* (* Fürstenfeld 21. 9. 46). IGAA, VDKSÖ, Ges. d. Lyr.freunde; Lyr., Prosa. – **V:** Auf der Suche, G. 82; Ich male dir ein Bild mit Worten, Lyr. 87; Hörst du?, G. 92; Ob Feder oder Zunge: Hauptsache spitz 01. (Red.)

Ehrensperger, Elsa s. Küng, Paula

Ehrensperger, Richard (Ehename: Richard Ehrensperger-Egli), pens. Primarlehrer, Schriftst., Kolumnist, Leiter „lit.-heimatkundl. Wanderung"; Sonnenberg, Schönaustr., CH-8344 Bäretswil, Tel. (09 39) 29 34, Fax 29 47, *richard.ehp@bluewin.ch*, *www. richard-ehrensperger.ch* (* Winterthur 1. 2. 40). ZSV, Pro Litteris; Beat-Jäggi-Förd.pr. 99; Erz., Mundart-Erz., Radiobeitrag, Lyr. – **V:** Elise, Glettise, Gumischue 03, 6. Aufl. 05; Em Chnorzli siini Öiro 04, 3. Aufl. 05; De Plutt am Katensee, 1.u.2. Aufl. 05, alles Erzn. in zürichdt. Mda.; Klingende Bilder, Sonette 07. – **R:** Rdfk-Sdgn u. Autorenlesungen in DRS 1 seit 92. – **P:** Richard Ehrensperger erzählt, CD 05.

Ehrensperger, Serge, Dr. phil., Zeitungskorrespondent, UDoz.; Irchelstr. 32, CH-8400 Winterthur, Tel. u. Fax (0 52) 2 12 95 05, *sergeehrensperger@bluewin.ch*, *www.sergeehrensperger.ch* (* Winterthur 8. 3. 35). VS 70, Gruppe Olten 74, P.E.N.-Club Schweiz, Vizepräs., P.E.N.-Zentr. Dtld, SSV; Werkbeitr. Schweiz. Bdesamt f. Kultur u. Stadt Winterthur 82, Werkbeitr. Kt. Zürich 85, Werkjahr d. Pro Helvetia 91, Vera-Piller-Poesiepr. 92, Carl-Heinrich-Ernst-Kunstpr., Winterthur 99, Werkbeitr. d. Kt. Zürich 99; Rom., Lyr., Erz., Lit.- u. Theaterkritik. – **V:** Prinzessin in Formalin, R. 69, Neuausg. 94; Die epische Struktur in Novalis' „Heinrich von Ofterdingen" 65, 71; Schloßbesichtigungen, Erzn. 74; Prozeßtage, R. 82; Passionstage, R. 84; Francos langes Sterben, R. 87; Far East. Georg Seldams Deutschlandträume. Die Floraldollars, 3 kleine R. 91; So weit wie Casanova, Autobiogr. 96; Kubaleks Kartone, Schelmen-R. 99; Die Ornithologen. Ein Aperçu z. Jahrhundert, R. 00; Sonette an den Orkus, G. 01; Dissonette. 112 Gedichte 02, 03; Die Stadtwohnung, R. 04; Das Messer der Jahre, Erzn., 1.u.2. Aufl. 07; Wie Blüten die Schreie den Lüften werfen. Frühe Gedichte 08. – **Ue:** Paul Verlaine: œuvres libres, Lyr. 06.

Ehrhardt, Ehrenfried, Prof. Dr. sc. oec.; Dorfstr. 3, D-07646 Großbockedra, Tel. (03 64 28) 6 02 55, *Ehrenfriedehr@aol.com* (* Stadtroda 2. 1. 42). Rom., Erz., Dramatik. – **V:** Der Plasmanebel, SF-R. 00; Der Glockenguss zu Bockedra, Historienspiel 04; Butterdiebe in Bockedra, Hist.-phant. Sp. 05; Bauern, Preußen und Besatzer, Historienspiel 06. – **MA:** Vorgestern und übermorgen in Bockedra, phant. Sp. 07; Liebeszauber in Bockedra, Volksst. 08, beides DVD u. Video.

Ehrhardt, Monika (eigtl. Monika Lakomy), Tänzerin bis 81, freiberufl. Schriftst.; Triftstr. 72, D-13129 Berlin, Tel. (0 30) 4 74 33 56, Fax 4 74 20 66, *MELaBB@aol.com*, *www.monika-ehrhardt.de*, *www. traumzauberbaum.de* (* Ossmannstedt 18. 9. 47). SV-DDR 81–90, VS 91, stellv. Vors. VS Berlin 00, Präsidium f. d. Dialog zw. d. Religionen u. Kulturen, Berufung 02; Erich-Weinert-Med. 88; Dramatik, Hör-

sp., Fernsehsp. – **V:** Konzert der Mittagsfee, musikal. Kdb. 82, 01 (auch russ., rum.); Das Wasserkristall 88; Der Traumzauberbaum 98; Mimmelitt, das Stadtkaninchen 98; Das blaue Ypsilon, Kd.-Musical, UA 98, Kdb. 99; Josefine, die Weihnachtsmaus 01; – sämtl. Kinder-/Märchenrevuen im Friedrichstadtpalast 78–91. – **R:** i. d. Reihe „Die Gespenster von Flatterfels": Das kleine Stadtgespenst, Der goldene Wetterhahn, Die Weihnachtsmaus 93/94, alles Fsp. f. Kinder. – **P:** Geschichtenlieder mit Paule Platsch, dem Regentropfen 78; Der Traumzauberbaum 80; Mimmelitt, das Stadtkaninchen 83; Schlapps und Schlumbo 86; Der Wolkenstein 89; Der Wasserkristall 92; Die 6-Uhr-13-Bahn 93; Der Regenbogen 94; Josefine, die Weihnachtsmaus 97; Das blaue Ypsilon 99; Der Traumzauberbaum 2: Agga Knack, die wilde Traumlaus 01, alles Schallpl./Tonkass./CD, Komponist: Reinhard Lakomy. – *Lit:* Reinhard Lakomy: Es war doch nicht das letzte Mal, 4. Aufl. 00. (Red.)

Ehrhardt, Simone, Reiterweg 33, D-68163 Mannheim, *kontakt@simone-ehrhardt.de*, *www.simoneehrhardt.de* (* Mannheim 67). Mörderische Schwestern; Rom., Kurzgesch. – **V:** Tote Pfarrer reden nicht, Krimi 06; Der Tod saß mit im Sattel, Krimi 07; Tee für die Seele, Kurzgeschn. 07; – Mobile Books: Der Tunnel 07; Wunderbare Krippenszene 07; Stürmische Weihnachten 07, alles Kurzgeschn.; Die Töchter des Königs, M. 07. – **MA:** Christsein Heute 06, 08; Jahrgang 1967 07; Mannheimer Morde 07; Es gibt ein Leben nach der 40 08; Darf's ein bisschen Meer sein? 08.

Ehrich, Margot, Schriftst.; lebt in Undeloh/ Nordheide (* Bautzen). Kg., Exil-P.E.N., VS, ASSO Unabhängige Schriftst. Assoz. Dresden, Hamburger Autorenvereinig., Else-Lasker-Schüler-Ges.; Nikolaus-Lenau-Pr. 91, 'Das neue Buch' d. VS Nds.-Bremen 96, Wartburg-Pr. 96, Lit.pr. d. Kg. 98 u. Ehrler-pr. d. Stift. Ostdt. Kulturrat 99, Sudetendt. Kulturpr. f. Schrifttum 99, Lit.pr. d. Exil-P.E.N. e.V. 01; Prosa, Lyr. – **V:** Distel im Blut, G. 91; Die Toten in unsern Mänteln, G. 94; Manchmal ist der liebe Gott nicht zu Hause, Erzn. 95, Hörb. 97; Schulterland, G. 99; Weisst du woher die Kriege kommen, Erzn. 00; Ein Fenster in der Traurigkeit, Erzn. 00; Nachts, G. 05; ich heute aus wohin er ging, G. 06; Mädchenlied, Erzn. 07; Komm nach Madagaskar, Erzn. 08. – **MA:** Kindertage 94; Warteräume im Klee 95; Glück ist eine Gabe 96; Heimat kann überall sein 97; frauen lese buch 97; Ich schreibe, also bin ich 97; wovon man ausgeht 98; Zum anderen Ufer 99; in ein anderes Blau, handgeschriebene G. 05; Herzattacke I u. II 07; – zahlr. Beitr. in Lit.zss. seit 90, u. a. in: Literat; Sudetenland; orte; ndl. – *Lit:* Inka Bohl in: Literat 10/95, 12/99; Peter Gehrisch, ebda 3/96 F.P. Künzel in: Sudetenland 2/99 (m. Auszug Laudatio v. Martin Ahrends 96); Michael G. Fritz in: Literat 6/00; Gudrun Gill im Interview m. M.E. 1998 in: Ein Fenster in d. Traurigkeit 00; Vera Lebert-Hinze in: Kulturpolit. Korresp. 00 u. 07; Julia Schiff in: Literat 4/01; Rainer Neubert in: Landschaften d. Erinn. / Flucht u. Vertreibung 01; Theo Breuer in: Aus dem Hinterland 05; Axel Dornemann in: Flucht u. Vertreibung 05; ELSG-Brief 2/06; angezettelt 1/08; T. Breuer in: Kiesel & Kastanie 08.

Ehrismann, Eva (geb. Evelyn Meier), Bildhauerin, Autorin; Nauengasse 18, CH-8427 Rorbas, Tel. (0 44) 8 65 12 26, *mailadmin@eva-ehrismann.ch*, *www. eva-ehrismann.ch*. Atelier Orangerie, Schloss Teufen, CH-8428 Teufen (* Glückstadt/Elbe 14. 4. 43). Künstlervereinig. Zürich 95, Kr. dt. Künstler in d. Schweiz 89–04; 1.u.2. Pr. b. Vorlesewettbew. Zürich 88, 89; Lyr., Erz., Kunstgesch. – **V:** Im Jahr der Kapuziner, Kurzgeschn., G. u. Radierungen 02, 04. – **MV:** Skulpturen, Werkverzeichnis, m. M. Zimmermann 06. – *Lit:* Manfred Zimmermann: E.E., Bronzeplastik 02.

Ehrnsberger, Jörg (Ps. Jokkl, Literaturweltmeister); Glogauer Weg 1, D-49088 Osnabrück, *joerg@ehrnsberger.de*. Fraktal – Netzwerk libertärer AutorInnen 98, VS 00; Aufenth. im Intern. Writers' and Translators' Centre of Rhodos 01; Erz., Ess., Kurzgesch. – **V:** Am Rande dieser Stadt, Kurzgeschn. 98; Bankräubergeschichten, Erz. 00. (Red.)

Ehrt, Rainer, Grafiker, Maler, Illustrator, Autor, Hrsg.; E.-Thälmann-Str. 64, D-14532 Kleinmachnow, Tel. (03 32 03) 7 73 95, Fax 7 73 96, *edition.ehrt@t-online.de*, *www.edition-ehrt.de* (* Elbingerode/Harz 13. 8. 60). Helen-Abbott-Förd.pr. f. bildende Kunst 97; Belletr., Kurzprosa, Erz. – **V:** Preußisches Panoptikum, Sat. 01; Medusa, originalgraf. Künstlerb. 04; Mozart 2006, Bilder u. Text 05; Holunderland, originalgraf. Künstlerb. 05. – **H:** Sabine Kebir: Karmen, Nn. 99; Hannes H. Wagner: Menschhausen Spezial, Aphor. 99, 01; Edelgard Ehrt: Fräulein X, biogr. Erz. 01, 02. – *Lit:* s. auch Kürschners Handbuch der Bildenden Künstler, 1. Aufl. 2005. (Red.)

Eibel Erzberg, Stephan, Dr.; Schwertgasse 3/18, A-1010 Wien, Tel. u. Fax (01) 5 33 16 31, *stephan.eibel@gmx.at* (* Eisenerz 24. 5. 53). zahlr. Preise; Lyr., Prosa, Rom., Drama. – **V:** Die geplante Krankheit, R. 85; Lehrhaft 85; Fenster Helmut, R. 91 (übers. in 17 Sprachen); Schwester. Ein Mikro-Drama 91; In Österreich weltbekannt, R. 92 (übers. in ca. 20 Spr.); problem numero 6 92; Beobachtungen über Personen in psychologischer Hinsicht, Erz., Hsp., Theaterst. 94; Luxusgedichte 95; Gräber raus aus den Friedhöfen, R. 96; Tschechow, Lyr. 98; Bei den Fischers/Bei den anderen Fischers, Lyr. 00; Gedichte zum Nachbeten 07; – Stücke/UA: Pomaschka 82 (Übers. in ca. 20 Sprachen); Cafe Noir 88; Schwester 90 (Übers. in üb. 20 Sprachen); Das Verantwortungsbüro 98; Bei den Fischers 00. – **R:** Arschlöcher, Hsp. 77/78; Schwester, Hsp. 89; Miroslav und Dame, Fsp. 84. (Red.)

Eibl, Wolfgang, Maler u. Dichter; Mertensstr. 18, A-5020 Salzburg, Tel. (06 62) 44 10 10, Fax 87 29 28, *www.upart.org* (* Salzburg 5. 1. 53). Lyr. – **V:** Kopfleben, Texte u. Fotos 84; Handzeichen, Texte u. Bilder 88; Fußnoten, Texte u. Zeichn. 90; Fünfzig plus – portraitsandpoems 03. (Red.)

Eich, Ilse s. Aichinger, Ilse

Eichberger, Günter (Ps. Thomas Pynchon), Dr. phil., freier Schriftst.; Hans-Brandstetter-Gasse 25, A-8010 Graz, Tel. u. Fax (03 16) 42 94 19, *eich@tele2.at* (* Oberzeiring/Stmk 15. 9. 59). GAV, IGAA, Forum Stadtpark; Förd.pr. d. F.St.Graz 80, Lesezirkelpr. 85, Förd.pr. d. Stadt Graz 87, Theodor-Körner-Förd.pr. 90, Werkzuschuß d. Literar-Mechana 91, Öst. Staatsstip. f. Lit. 92, Öst. Dramatikerstip. 97, Siemens-Lit.pr. (Förd.pr.) 99, Öst. Staatsstip. f. Lit. 99/00; Prosa, Rom., Drama, Hörsp., Sat. – **V:** Der Wolkenpfleger 88; Gemischter Chor 90; Ausgeliefert oder Sex, Sucht & Dramentechnik, UA 92; Der Doppelgänger des Verwandlungskünstlers, satir. Dichterporträts 94; Ich Fabelwesen, Prosamosaik 96; Vom Heimweh der Seßhaften, multiple Prosa 98; Gesicht im Sand, unautorisierte Autobiogr. 99; Überall im All derselbe Alltag, Remixes 01; Der König, sein Narr, seine Königin und eine Geliebte, Lsp. 01; Aller Laster Anfang. Ansichten e. Flaneurs 08. – **MA:** zahlr. Beitr. in Lit.zss. seit 79, u. a. in: manuskripte. – **H:** Gunter Falk: lauf wenn du kannst 06. – **MH:** 4 handschreiben. Poetische Interaktionen, m. W. Hengstler 05. – **R:** Mehr lernen – mehr wissen 82; Pe-

ter und Paul 82; Der Aufstieg 83; Adrians Gewerbe 85; Ein Abendessen mit Kettemann 86; Das schöne Leben 88; Der König, sein Narr, seine Königin und ihre Geliebte 95; Unsere unglaubliche Reise 98; Ferienmörder 99; Ein einzelner Flügel, einem Engel abgeschlagen 04; So ein Schatten von etwas 06, alles Hsp. – **P:** The Blind Gave to the Naked, m. and., CD. – *Lit:* Franz I. Varga in: Deutsche Bücher 90/1; J. Magenau in: FAZ 15.2.2002.

Eichel, Christine, Dr. phil., Autorin, Regisseurin, Moderatorin, Gastprof. an d. Univ. d. Künste Berlin; c/o Cicero, Ressort Salon, Lennéstr. 1, D-10785 Berlin (* Buer/Nds. 15. 10. 59). – **V:** Vom Ermatten der Avantgarde zur Vernetzung der Künste 93; Gefecht in fünf Gängen, R. 98, UA 01; Schwindel, R. 00; Wenn Frauen zuviel heiraten, R. 03; Im Netz, R. 04; Klimt. Eine Wiener Phantasie 05; Die Liebespflicht, Sachb. 07. – **MV:** Der Salon, R. 02; Erzähl mir alles, R. 03; Es war einmal, R. 05, alle m. Gerhard Meir; Eva Herman: Das Eva-Prinzip 06; Vadim Glowna: Der Geschichtenerzähler 06; Das Eckart Witzigmann's Familien-Kochbuch 06. – **H:** Es liegt mir auf der Zunge 02; Von Bücherlust und Leseglück 08. – **R:** Fs.-Dokumentationen u. a. für: NDR, ZDF, ARTE u. Inter Nationes. (Red.)

Eichenberger, Heinrich, Dr. rer. pol., Unternehmensberater; Haldenstr. 24A, CH-6006 Luzern, Tel. (0 41) 3 70 91 48, Fax 3 70 59 51, *postmaster@heinrich-eichenberger.com*, *www.heinrich-eichenberger.com* (* Zürich 24. 10. 35). P.E.N. Schweiz, AdS; Krim.-rom. – **V:** Die Rauchmelder. Roman e. Wirtschaftsspionage 01; Fluchtpunkt Monte Carlo 03; Die Killer-Sekte 04; Die Schwarzgeld-Jäger 05; Das geheimnisvolle Kobalt-Ei 06; Der Seigmacher 08.

Eichenbrenner, Ilse, Sozialarb.; Kantstr. 36, D-10625 Berlin, Tel. (0 90 29) 1 82 88, Fax 1 85 20, *ilseichen@aol.com* (* Waiblingen 17. 5. 50). – **V:** Der Praktikant, die Wölffin und Dame, R. 99; Alles wird gut. Ein social fiction, R. 01; Die Sängerin oder Kleine Krisen im Krisendienst, R. 05. – **MV:** Soziale Arbeit im Arbeitsfeld Psychiatrie, m. J. Clausen u. K.-D. Dresler 96, 97. – **MA:** Landschaftspflege. Aufhebung d. Psychiatrie in d. Kommune 91; Spinnt die Frau? 93; Zulassen, Rauslassen 95; Der Weg entsteht beim Gehen 95; Störfall Sexualität 96; Gewalttätige Psychiatrie 97; Hand-werks-buch Psychiatrie 98; Brückenschlag Bd 14 98; Brückenschläge 03; Praxis Krisenintervention 04; Filmkolumnen, Tagungsber. u. Rez. in: Soziale Psychiatrie, seit 89; Kolumne in: Der Eppendorfer, Zs. f. Psychiatrie. – **MH:** 4 Titel in d. Reihe „Basiswissen" 03, 04. (Red.)

Eichhammer, Michael, M. A., Red., Autor, Freier Journalist; Karl-Marx-Ring 90, D-81735 München, *meichhammer@gmx.de*, *www.news-surfer.de* (* München 4. 6. 72). Rom., Erz., Hörsp., Drehb. – **V:** Toreros sind so, R. 07; Solo für Anna, R. 08. – **MA:** Freche Frauen feiern Weihnachten, Anth. 08.

†**Eichholz,** Armin, Red.; lebte in München (* Heidelberg 19. 12. 14, † Rottach-Egern 27.?/29. 12. 07). Tukan-Pr. 75, Ernst-Hoferichter-Pr. 82, Bayer. Poetentaler 99; Lyr., Nov., Sat. – **V:** In Flagranti, Parodien 54, Neuausg. 90; Per Saldo, Glossen zur Zeit 55; Buch am Spiess, Bücher-Floskeln 65; Ich traute meinen Augen, Kulturrev. mit Personen & Pointen 76; Heute abend stirbt Hamlet 77; Kennen Sie Plunderweilern? 77, beides Münchner Theater-Kritiken.

Eichhorn, Hans; Neustiftstr. 22, A-4864 Attersee, Tel. (0 75 82) 6 08 78, *eichhorn.hans@gmx.at* (* Vöcklabruck/ObÖst. 13. 2. 56). Autorenförd. d. Stift. Nds. 94, Öst. Projektstip. f. Lit. 98/99, manuskripte-Pr. 99, Lit.pr. d. Ldes ObÖst. 05, Feldkircher Lyr.pr.

Eichhorn

06; Lyr., Prosa, Rom., Drama, Hörsp., Sat. – **V:** Das Zimmer als voller Bauch, G. 93; Der Umweg, Prosaminiatn. 94; Höllengebirge, Erzn. 95; Der Ruf. Die Reise. Das Wasser, Notate 95; Köpfemachen, Erzn. 97; Petruskomplex, G. 98; Plankton, Szenen u. Mikrogramme 99; Circus Wols, R. 00; Verreisen auf der Stelle 03; Morgenoper, G. 04; Unterwegs zu glücklichen Schweinen 06; Die Liegestatt, Manifest 08; ichweißnichtspiel, R. 08; Schmerzgrenze, Theaterst. 08. – **MV:** Wo waren wir stehen geblieben? 95; Abfischen, Fotoess., m. Kurt Kaindl 97; Das Eintauchen. Die Verwandlung. Die Tonfolge, Lyr., Bild-Text-Bd 00; Die Umgehung. AtterseeTour, Lyr. u. Fotos 02; Das Umrudern. Attersee Jahreszeitentour, Lyr. u. Fotos, m. K. Costadedoi 05. – **MA:** Zss.: manuskripte; Lit. & Kritik; Text & Kritik. – **R:** Die Weltausstellung, Funkerz.; Die Schmerzgrenze, Hsp. 04.

Eichhorn, Josy (Ps. J. Walder, J. Graf), Dipl.-Päd.; Rue du Botzet 3, CH-1700 Fribourg, Tel. (00 41 26) 4 24 40 01 (* Hasle 14. 1. 35). Kurzgesch., Lyr., Erz. – **V:** Spätsommerreigen, Erzn. 86; von Augenblick zu Augenblick, Spruchsamml. 01. – **MA:** ca. 70 Beitr. in versch. Publ. seit 65. – **R:** Christkind kann alles, Radioerz. 87; Der Spruchbandengel, Fs.-Erz. 87. (Red.)

Eichhorn, Manfred, Buchhändler, Autor; Herrenkellergasse 10, D-89073 Ulm, Tel. (07 31) 6 46 10, Fax 61 08 10. Beurenerstr. 2, D-89284 Pfaffenhofen (* Ulm 12. 1. 51). VS Bad.-Württ.; Erzählerpr. d. Bertelsmann Buchclub 86, Erzählerpr. (4. Pl.) d. Reiterlichen Vereinig. 87, KUSS-Kulturpr. 94, Passagen-Lit.pr. 95. – **V:** Illusion der Gräser, G. 74; Aufzeichnungen eines Dorfmenschen oder Der Kult mit der eigenen Feinsinnigkeit, R. 76; Liebesgedichte 82; Alles ist anders, G. 85; Die verbotenen Wörter, M. 89; Johann Meyerhofer oder die Einführung der Hausnummern, Mda.-Kom., UA 91, gedr. 93; Das Schwäbische Paradies, Mda.-St., UA 92, gedr. 94; Dieses Pferd und kein anderes, Kdb. 93; Drei Schwäbische Theaterstücke 94; Matchball für Benedikt, Kdb. 94; Der Tod im Birnbaum oder Drei Wünsche hast du frei, UA u. gedr. 94; Die Schwäbische Weihnacht 95, 96 (CD u. Video); Ein Platz für Mulle, Kdb. 95; Kein Tag ohne Mulle, Kdb. 95; Rübengeister, Drachenflug, Geschn. 95; Ein neues Jahr mit Mulle, Kdb. 96; Die Heldenreise, UA u. gedr. 96; Winter ade!, Geschn. 96; Wenn's draußen friert und schneit, Geschn. 96; Martin und Cemile, Bilderb. m. Hans Günther Döring 96 (auch Tonkass. u. CD); Versprecha ond versprocha, schwäb. Sketche, Miniatn. u. Einakter 97; Der Schwäbische Nikolaus 97 (auch CD); Umsonschd isch dr Dod, 3 Einakter 98; Schwäbische Weihnachtsgeister, Mda.-St. 98; Der müde kleine Schutzengel 98; Umsonschd isch dr Dod, UA 98; Die Schwäbische Passion 99; Niko kann schon reiten, Bilderb. m. Ines Rarisch 99; Das Feuer von Frankenhofen, Jgdb. 99; Sperrsitz mit Programm, schwäb. Sketche 00; Der Weg auf dem Seil, R. 00; Bauraopfer, Mda.-Stück 01; Wenn's draußen langsam dunkel wird 01; Hennadäpper oder: als die Wachter Hedwig den Regenwurm schluckte, Geschn. 02; Der Spatz auf dem Dach 02; Die Zukunft war schön 03. – **MA:** zahlr. Beitr. in Anth., u. a.: Hammer Alm. f. Lit. u. Theologie, Bde 6–8 72–75; Am Montag fängt die Woche an 73; Geht dir da nicht ein Auge auf 74; Arbeiterlesebuch 74; Menschengeschichten 75; Lesebuch 77; Helveticus 83; Startzeichen 85; Wieviele Farben hat die Sehnsucht 86; Die Nacht der fliegenden Pferde 86; Liebe in unserer Zeit 86; Alle Farben dieser Welt 95. – **MH:** Ulmanach. Leseb. e. Stadt 76; Steck dir einen Vers, m. Urs Fiechtner 83. – **R:** Das Schwäbische Paradies 96; Die Schwäbische Weihnacht, Vierteiler 96. (Red.)

Eichhorn, Martin, Dr.; Prinzenstr. 14, D-12105 Berlin, Tel. (0 30) 66 52 67 64, *martin.eichhorn@freenet.de*, *www.sicherheit-in-bibliotheken.de* (* Berlin 17. 1. 69). Rom., Sachb. – **V:** Kulturgeschichte der „Kulturgeschichten" 02; kommste, willste, kriegste, R. 04; Konflikt- und Gefahrensituationen in Bibliotheken. 06. – **B:** Schleswig-Holstein deutsch/englisch 97. – **MA:** Buch und Bibliothek. Die Grenzen der Bibliothek 2, 96; BuB: Forum für Bibliothek und Information 10/11 01; zahlr. Beitr. in: Polizei Berlin, seit 03. (Red.)

Eichinger, Georg, freier Autor, Regisseur, Fotograf, Journalist, Galerist; Bonhoefferufer 14, D-10589 Berlin, Tel. u. Fax (0 30) 3 44 93 09, Tel. priv. 3 44 93 94, *georg.eichinger@snafu.de*, *www.Georg-Eichinger.de* (* Rosenheim 14. 8. 39). NGL Berlin; W.-Lübke-Fs.pr. 82, Villa-Serpentara-Stip. d. AdK 82, 89, Amsterdam-Stip. Senat Bln 85, Stip. d. Progetto civitella d'Agliano/Dt. Kunstfond (Fotogr.) 89, Autorenstip. d. Stift. Preuss. Seehandlung 89, Stip. d. Dramatikerwerkstatt d. Bdesakad. f. kulturelle Bildg. 90, 2. Pr. (Lyr.) b. Premio letterario Olévano 90; Lit.- u. Kunstkritik, Sozialkrit. Feat., Fernsehdok., Radio-Feat., Fernsehsp., Kinderhörsp., Kindertheater, Lyr., Ess. Ue: ital. – **V:** Miriams Reise auf dem Mondstrahl, Kdb.; Der Arzt E. L. Heim; Die Reise ans Ende der Vatermutternacht, beides Kd.-Theater; zahlr. Fotoessays. – **MA:** zahlr. Beitr. in versch. Ztgn u. Zss. sowie f. versch. Rdfk-Anstalten. – **H:** Replik; BörsenBrief; Punkt, Zss.; Fotokataloge d. edition Epunkt. – **R:** Eingesperrt im Abrißhaus; Tana, d. Judenmädchen; D. weiße Schaf; D. vertauschten Briefe; D. Dorfräuber; Name Meyer, Wohnsitz Friedhof; Taler, Taler, du mußt wander(!); Ich spiel i. d. Oper u. sing doch kein' Ton; D. Hase m. d. roten BMW; D. Blechkamuffelkrieg; D. Rätsel d. Badehosen; Michael mag Frau Moser nicht; Das Geheimnis d. hohlen Zahns; D. Echostreik; Quatsch m. Ei; Miriams Reise z. d. Krokodilstränen; Aber Opa, Weihnachten schwindelt man nicht; D. Funkgespenst; D. glückliche Prinz; Lösegeld f. d. Katze e. reichen alten Dame; D. Schulhausnager; D. Verdacht; D. Sehnsucht d. Zauberers; Marianne, Kaffeekanne; D. Gespenst v. Canterville; D. flüchtige Kuss; D. erste Schnee; D. Ohrenreise; D. Meeresgärtner; D. Hausdachastronauten; D. Reise ans Ende d. Vatermutternacht; Opas Traum od. wie werden wir bloß die Kuh wieder los?; Jonas u. d. Christbaumschmuck, alles Kd.-Hsp.; zahlr. Kurzf., Fs.-Features u. Fs.-Spiele. (Red.)

Eichler, Ernst (Ps. Ernst David), Pensionist; lebt in Wien, c/o Verlag Johann Lehner, Wien (* Wien 3. 2. 32). Podium 72, Ö.S.V. 75, Öst. P.E.N.-Club 76; Lyr.pr. d. Öst. Jugendkulturwoche 65, Förd.pr. d. Theodor-Körner-Stift.fonds Wien 75, Förd.pr. f. Dichtkunst d. Landes NdÖst. 80; Lyr., Ess. – **V:** Erfahrungen 76; Atemholen 77; Tag um Tag 82; Eintreten durch die gegenwärtige Türe 86; leeres haus 93; reisen ohne zu reisen, dt.-rum. 96; Ernst David (Podium-Porträt 6) 02; im fließenden, ges. Gedichte 07. – **MA:** zahlr. G. in Zss. u. Anth., u. a. in: Jenseits des Flusses, Haiku, dt.-japan. 95; Animale de vis, supris haituite/Traumvieh, geschmeidig gehetzt, dt.-rum. 95; Resonancias/Nachklänge, span.-dt. 96; Auswahlband d. Autorengr. Podium (o.T.) 02; (Übers. in ital., kroat., rum., span., engl., ung., seit 88). – **P:** Video d. Ndöst. P.E.N.-Clubs 01. (Red.)

Eichler, Lothar; Andreasstr. 256, D-41749 Viersen (* Krefeld 1. 7. 51). Autorenkr. Wortgewand(t) 02–06; Rom., Prosa. – **V:** Lady Bonaparte, R. 06; Gedankenspiele, Prosa 07. – **MA:** EINS. Ein Leseb. 04; Dunkle Tage 04, beides Anth.

Eichler, Norbert Arik (Ps. Robert Morea) *

Eichler, Richard W., Prof., Schriftst., Kunsthistoriker; Steinkirchner Str. 16, D-81475 München, Tel. (0 89) 75 42 61 (* Liebenau/Sud. 8. 8. 21). Sudetendt. Akad. d. Wiss. u. Künste; Schiller-Pr. d. Dt. Volkes 69, Adalbert-Stifter-Med. 82, Kant-Plakette 90, Bismarck-Med. 95, Med. d. Sudetendt. Akad. d. Wiss. u. Künste 04; Ess., Biogr., Kritik, Sachb. Ue: jap. – **V:** Könner, Künstler, Scharlatane 60; Künstler und Werke, Biogr. 62, 68; Die tätowierte Muse, Kunstgesch. in Karikaturen 65; Der gesteuerte Kunstverfall, Ess. 65, 68; Verhexte Muttersprache 74; Die Wiederkehr des Schönen 83, 85; Wahre Kunst für ein freies Volk, Ess. 91; Die Zukunft der deutschen Sprache, Ess. 93; Unser Geisteserbe ... Von Homer bis heute 95; Baukultur gegen Formzerstörung 99; Venantius Fortunatus begegnet Radegunde von Thüringen, hist. Sachb. 03. – **MA:** Deutschland in Geschichte und Gegenwart 86–89; Handbuch zur deutschen Nation, Bd 2 87, Bd 4 92; Bildende Künstler der Gegenwart, Anth. 97. – **H:** Schriften d. Sudetendt. Akad. d. Wiss. u. Künste, Bd 1–6, 21. – **P:** Künstler gegen die Kulturmafia, Tonkass. m. Beiheft 95; Kunst und Heimat, Videokass. 03. – *Lit:* Festschrift: Richard W. Eichler, zur Schillerpreis-Verleihung 69; Aus Nordböhmen und Siebenbürgen. I: Familiengeschichte Richard W. Eichler ... 90, II: Verzweigungen der Familie Eichler ... 99/00, III: Junge, halte dich gerade 04; Hellmut Diwald (Hrsg.): Warum so bedrückt? Deutschland hat Zukunft, Festschr. f. R.W. Eichler z. 70. Geb. 91.

Eichler, Uve, Autor; Burggrafenstr. 50, D-46399 Bocholt, Tel. (0 28 71) 4 55 46, Fax 2 39 42 66, *uve-eichler @t-online.de*, *www.uveeichler.de* (* Marl 4. 9. 57). BDS 03, FDA 05; Rom., Lyr., Erz., Kurzgesch. – **V:** Land nach unsrer Zeit, R. 02. – **MA:** Kindheit im Gedicht 01; Weihnachten 02; Krieg u. Frieden 03; 11. September 2001 03; Gedicht und Gesellschaft 04, 05; Spaß by Seite!; Sperling 1, alles Amin. – **R:** Beitr./Lesung im Radio Westmünsterlandwelle 02 u. WDR-Fs. 03. (Red.)

Eichmann-Leutenegger, Beatrice, Lic. phil., Lit.- u. Theaterkritikerin, Publizistin, Autorin; Gurtenweg 61, CH-3074 Muri b. Bern, Tel. (0 31) 9 51 68 53, *beatrice. eichmann@gmx.net* (* Schwyz 24. 9. 45). SSV; Luzerner Lit.pr. (Gastpr.) 93, Pr. d. Jubiläumsstift. d. Schweiz. Bankges. 97, Journalistenpr. „Bahnhof", Frankfurt 02; Kritik, Ess., Erz., Rom., Literar. Rep. – **V:** Gertrud Kolmar. Leben u. Werk in Texten u. Bildern 93; Verabredungen mit Männern, Erzn. 94; Der Mann aus der Arktis, Fragmente 96; Das Leben mein Traum, Porträts 99; Flusswege, Erzn. 00; Augen der Leidenschaft, Porträts 02. – **MA:** Über Christine Lavant 84; Gertrud Wilker: Elegie auf d. Zukunft (Nachw.) 90; Grenzfall Literatur 93; Und schrieb u. schrieb wie e. Tiger aus dem Busch 94; Widerstehen im Wort 96; Wenn Gott verloren geht 98; Gerechtigkeit heute, Ess. 00; Du segnest mich denn, Ess. 00; Das offene Ende ..., Ess. 01; Traces of Transcendency, Ess. 01; Minne, Muse + Mäzen 02; Ztgn u. Zss.: NZZ; Der BUND; Schweizer Monatshefte; Orientierung; Schritte ins Offene; Lamed/Judaica; Wort auf dem Weg (Feldkirch); Zeit im Bild (Wien); INN (Innsbruck). – **R:** zahlr. Feat. u. Gespräche 74–90; Gedanken zum Tag 96–99; Das Exil der Seele (Thérèse v. Lisieux). (Red.)

Eichner, Cornelia (Conny Eichner, Ps. Max Tenner), Sozialarb., Autorin, Doz., Lektorat; Hebbelplatz 12, D-01157 Dresden, *CorneliaEichner@web.de*, *www. medeia4you.de* (* Zwickau 16. 4. 72). 3. Preisträgerin b. Zwickauer Lit.wettb., Stip. d. Margarethenstift.; Rom., Lyr., Erz., Dramatik, Kinderb., Sachtext. Ue: engl. – **V:** ... und flechte mir Tränen ins Haar, Lyr. 00; Der Sammler, Kdb. 00; mein Elefant Lupos und ich, Gesch. f.

Kinder 01; Nachthaut, Erzn., Lyr., Theaterstücke 01/02; Wenn Mama früh zur Arbeit geht, Sachb. 02. – **MA:** Unverhofft streift uns das Glück 01. – **H:** Tränen, Anth. 00; Angsthasen, Anth. 01. (Red.)

Eichner, Wilhelm, StudDir. i. R.; Ostlandstr. 20, D-64401 Groß-Bieberau, Tel. (0 61 62) 21 81 (* Mainz 8. 8. 16). 1. Pr. d. Ausschreibung Neues Forum, Ldestheater Darmstadt 53; Rom., Lyr., Tageb. – **V:** Zurück in die Große Freiheit, Kriegstageb. 1942–1944 91, überarb. Aufl. u. d. T.: Jenseits der Steppe 97; Wir können von den Pfaffen nit genesen, R. 99; Diesseits des Wolga, Tageb. 07. – **MA:** Erzn., Kurzgeschn. u. Ess. in versch. Zss.

Eicke, Wolfram; Engelsgrube 71, D-23552 Lübeck, Tel. (04 51) 7 90 70 34, Fax 7 90 70 35 (* Lübeck 7. 11. 55). Hebbel-Pr. 88, ,Poldi', Hörerpr. d. WDR 01; Rom., Erz., Dramatik, Hörsp. – **V:** Koma Koma, R. 87, 89; Der Windfotograf oder gelb auf grünem Grund 87; Als meinen Schultern steht ein Zauberer 88; Der kleine Tag besucht die Erde, Bilderb. 88; Das Pauker-Buch 88; Entwischt 89; Deutschlands schönste Bahnsteigkanten 89; Mit Kakao und Pistole ... haben wir Papa auf Trab 90; Bong-Bong 91; Der Nikolausstiefel, Bilderb., 3. Aufl. 92; Blitzlicht, Kdb. 93, 94; Kopfsprung durchs Fenster 95; ... wie eine Blume im Wind 96; Ich verliere, also bin ich, Sat. 98; Warum der Bär nicht scheine kann, Kdb. 98; Bei uns im Affenstall 99; Gute Reise, kleiner Mose 03; David und Goliath 04; Das silberne Segel 05. – **MV:** Medienkinder, m. Ulrich Eicke, Sachb. 94, Tb. 97. – **MA:** üb. 40 Kurzgeschn. in Sammelbden u. Schulbüchern. – **P:** Flieg höher, Kinderlieder, Tonkass. 92; Der kleine Tag, Musical 99; Wunderwege, CD 01. (Red.)

Eidam, Gerd, Dr., Rechtsanwalt; Schulze-Delitzsch-Str. 4, D-30938 Burgwedel, Tel. (0 51 39) 7 00 60, Fax 70 66 70, *info@dr-eidam.de* (* Ehringshausen/Hessen 16. 2. 41). Novalis-Lit.pr. 06; Rom., Lyr., Erz. – **V:** Faustens Kind, R. 98, 05; Strassenköter, R. 04. (Red.)

Eidechser, Moritz s. Gutzschhahn, Uwe-Michael

Eidherr, Armin, Dr., wiss. Mitarb. am FB Germanistik u. Zentr. f. Jüd. Kulturgesch. d. U.Salzburg; Bayrisch-Plazl-Str. 16, A-5020 Salzburg, Tel. (06 62) 45 71 99, *armin.eidherr@sbg.ac.at* (* Wels 1. 1. 63). Theodor-Kramer-Ges.; Johann-Heinrich-Voß-Pr. 00; Lyr., Rom. Ue: jidd, engl, ital, span, Judeo-Espanyol. – **V:** Jüngste Tage, G. 98; Bibliomania, R. 03. – **MA:** zahlr. Beitr. in Anth., lit.wiss. Publikationen, Lit.-Zss. u. Lexika seit 85, u. a. in: Salz; Mnemosyne; Zwischenwelt. – **H:** Jiddische Literatur in Österreich 99; Gehat hob ikh a heym 99; Jiddische Gedichte 01; Pferde in der Weltliteratur, Prosa u. Lyr. 02; Sandverwehte Wege, Lyr. 02; Weihnachten in Österreich, G. u. Geschn. 05. – **MH:** Jiddische Kultur in Österreich, m. Karl Müller 03; Diaspora. Exil als Krisenerfahrung, m. Karl Müller u. Gerhard Langer 06; CHILUFIM. Zs. f. Jüd. Kulturgeschichte. m. Gerhard Langer, Albert Lichtblau, Maria Ecker u. Karl Müller, seit 06. – **Ue:** Hinde Berger: In den langen Winternächten ... 95; Melech Rawitsch: Das Geschichtenbuch meines Lebens, Autobiogr. 96; Abraham M. Fuchs: Unter der Brücke, R. 97; Aus der Finsternis geboren. Prosa jidd. Schriftstellerinnen (auch hrsg.) 99; Lamed Schapiro: In der toten Stadt, Erzn. 00; Scholem Alejchem: Tewje der Milchmann 02; Alexander Spiegelblatt: Durch das Okular eines Uhrmachers 03, u. a.

Eifert, Marlies, ObStudR. i. R.; Thalhauserstr. 16, D-56584 Rüscheid, Tel. (0 26 39) 13 01, *meifert@rz-online.de*, *home.rhein-zeitung.de/~meifert* (* Mainz-Bischofsheim 3. 2. 39). Lyr., Erz. – **MV:** Tunnelfahrten, Erz., Lyr. 00; Ausgelotet, Briefe 05. – **MA:** Heimat-

Eigl

Jb. Neuwied 96–98; Ausblick im Sextett 04; Deus ex machina 04; Rattenfänger 05, alles Anth.; Optatio Onyx 05; Denk-Anstöße 06, u. a. – **MH:** Rund um den Schlüssel, m. Georg Grimm-Eifert, Anth. 02; Von der Zärtlichkeit des Übermorgen, m. dems., Anth. 07.

Eigl, Kurt, Dr. phil., Red., Lektor, Verlagsleiter; Boltzmanngasse 12, A-1090 Wien, Tel. (01) 3 10 06 07 (* Bad Aussee 26. 12. 11). St.S.B. 54, J.u.S.V. Concordia 59; Öst. Staatspr. f. Kinderlit. 60; Drama, Lyr., Ess., Sachb., Film, Jugendb. Ue: frz, ital. – **V:** Das Volksschauspiel vom armen Ferdinand Raimund, Dr. 36; In der Frühe, G. 47; Der pensionierte Jüngling, R. 52; Volkssagen aus aller Welt, Jgdb. 53, 54; Deutsche Götter- und Heldensagen 53, 91; Die schönsten Sagen des klassischen Altertums 55, 56; Von Schalksnarren und Schelmen, Jgdb. 57; Rittersagen 58, 60; Das geflügelte Haus, Jgdb. 60 (auch schw., afr.); Alle brauchen Moro, Jgdb. 60 (auch engl.); Sommer in Salzburg, Ess. 61; Verliebt in Kitzbühel, Ess. 61 (auch engl.); Moro im Zirkus, Jgdb. 61; Moro auf dem Campingplatz, Jgdb. 62 (auch engl.); Meine große Schwester und ich 62; Überraschung Burgenland, Ess. 63; Bimbo Tolpatsch, Jgdb. 63 (auch poln.); Moro geht auf Reisen, Jgdb. 64; Ein Schiff aus Ninive, G. 64; Die lustigen Heiligen Drei Könige, Jgdb. 65; Die klassischen Gedichte der Weltliteratur, Anth. 66; Wiener Bilder, Sachb. 75; Die Hofburg in Wien, Sachb. 77 (auch engl.); Schatzkammer Österreichs, Ess. 78; Schönbrunn. Ein Schloß u. seine Welt, Sachb. 80; Tagebuch eines Augenzeugen 1683. Die Aufzeichnungen d. Frhr. v. P. 83. – **H:** Ausgew. Werke v. A. Wildgans 53; F. K. Ginzkey 60; Hippodameia von A. Wildgans, Schausp. 62; Ausgew. Werke v. Marie Ebner-Eschenbach 63; Peter Rosegger 64; Ges. Werke v. Paula v. Preradović 67. – **MH:** Lachendes Österreich, Anth. 78. – **F:** Die Magd von Heiligenblut 56. – **Ue:** Laslo Havas/Louis Pauwels: Die letzten Tage der Monogamie 70; Ägypten/Die Blauen Führer 80. – *Lit:* Die Barke, Jb. 65. (Red.)

Eigner, Gerd-Peter, Schriftst.; Berliner Str. 74, D-13189 Berlin, Tel. u. Fax (0 30) 4 44 01 37, *gerdpetereigner@gmx.de, www.gerdpetereigner.de.* Via Marco Panvini Rosati 38, I-00035 Olevano Romano, Tel. u. Fax (00 39–6) 9 56 32 49 (* Malapane/OS 21. 4. 42). VS 72–86, P.E.N.-Zentr. Dtld; Villa-Massimo-Stip. 78, Hsp.pr. d. Öst. Rdfks 78, Kulturpr. d. Stadt Bocholt 78, Stadtschreiber auf Burg Kniphausen b. Wilhelmshaven 82, Kulturpr. Schlesien d. Ldes Nds. (Förd.pr.) 83, Stip. d. Dt. Lit.fonds 85, 92, 97, Künstlerhof Schreyahn 87/88, Arb.stip. f. Berliner Schriftst. 92, Lit.stip. d. Stift. Preuss. Seehandlung 96, Stip. Schloß Wiepersdorf 97, Aufenthalt im Maison des écrivains et des traducteurs, Saint-Nazaire/Frankr., Stip. Künstlerhaus Edenkoben 04, E.gabe d. Dt. Schillerstift. (Rom., Erz., Lyr., Drama, Hörsp. – **V:** Traktate, UA 10.1.73; Circensisch-akrobatisch. Poetische Politiker-Porträts 75; Golli, R. 78; Die langen zwölf Stunden der Kindheit, Hsp. 82; Brandig, R. 85, Tb. 88; Mitten entzwei, R. 88, Tb. 90; Lichterfahrt mit Gesualdo, R. 96, Tb. 98; Nachstellungen I u. II, Ess. 98 u. 99; Rives, rivages, la mer / Das Ufer, die Künste, das Meer, Essays frz./dt. 05; Mittagsstunde, Lyr. (m. 16 Holzschn. v. Hans Ticha) 06; Die italienische Begeisterung, R. 08. – **MA:** Gedichte, Ztgn., szen. Texte, Porträts u. Reiseberichte in Ztgn., Zss., Anth. sowie im Hörfunk u. im Fernsehen. – **R:** Hörspiele: Sweet-Water-Beach 76; Kastration, mehr oder weniger sanft 77; Abel & Luise 78; Das Herz der Musik oder Der Onkel kommt, der Onkel geht 80; Barfuß in Stiefeln – Die einzige Begegnung zwischen Dostojewskij und Flaubert 82; Aragons Traum 82; Die langen zwölf Stunden der Kindheit

83; Sechs unbiographische Angaben über Mozart und über den Schnee, Divertimento 83; Im Notfall kann man immer noch alles wieder mit Gewinn verkaufen 89; Muttergrab in fünfzehn Dialogen 94; Über dem Amtsrichter wölbt sich der weite blaue Himmel 95; Ein amerikanischer Traum 00. – *Lit:* Lothar Janssen: Stadtschreiber – nie wieder, Hs.-Portr. 82; Manfred Mixner in: KLG.

Eik, Jan s. Eikermann, Helmut

Eikelmann, Dorit (geb. Dorit Langert), Exportsachbearbeiterin; Holzwiesenweg 1, D-63073 Offenbach, Tel. (0 69) 89 66 80 (* Gütersloh 28. 4. 48). Lyr. – **V:** Leben ist..., Lyr. 02, 2. Aufl. 94; Das Licht hinter dem Schatten, Lyr. 96. – **MA:** Brechungen, Anth. 94; Meine Leben, mein Denken, mein Fühlen, Anth. 00. (Red.)

Eikenbusch, Gerhard, Dr. phil.; Lütgen Grandweg 8a, D-59494 Soest, Tel. (0 29 21) 1 74 27, *gerhard. eikenbusch@t-online.de* (* 3. 9. 52). VS 76; 1. Pr. d. Verb. dt. Freilichtbühnen 76, 1. Pr. Stückwettbew. f. Jgd.theater, Stadt Oberhausen 80, Joseph-Dietzgen-Förd.pr. 80, 2. Pr. Heinrich-Heine-Wettbew. Jgdlit. 81, Förd.pr. f. junge Künstler d. Ldes NRW, Arb.stip. d. Ldes NRW 89; Rom., Theater, Kurzgesch., Jugendb., Lyr. Ue: schw. – **V:** Nicht die Köpfe hängen lassen, Bü. 76; Auftritt von rechts, Jgdst. 82; Noch eben befriedigend, R. 82; Eingemacht und durchgedreht, R. 83, Tb. 86; Jahrhundertglück, R. 85; Und jeden Tag ein Stück weniger von mir, R. 86, 13. Aufl. 00; Wie eine Feder im Flug, R. 89; Zwischen Himmel und Erde, Erz. 93. – **MA:** Liebesbilder, Lyr. 86. – **R:** Patience, Hsp. 86.

Eikermann, Helmut (Ps. Jan Eik), Dipl.-Ing., freiberufl. Autor u. Publizist; Moldaustr. 54, D-10319 Berlin, Tel. (0 30) 5 12 18 68 (* Berlin 16. 8. 40). SV-DDR 77, VS 90, Das Syndikat 90, Kurt-Tucholsky-Ges. 99, Autorengr. dt.spr. Krim.-Lit.; Handschellenpr. d. Sektion Krim.-Lit. 90, Berliner Krimifuchs 99; Rom., Drama, Hörsp., Glosse, Feuill., Rep., Rezension, Prosa, Feat. – **V:** Das lange Wochenende, R. 75; Ferien in Vitkevitz, Krim.-Erz. 78; Ein Bett für eine Nacht, Krim.-Erz. 84; Freitagabend oder Ehe der Spaß ein Ende hat, Kom., UA 84; Ein betäubenden Duft, Krim.-Erz. 86; Poesie ist kein Beweis, R. 86 (schw. 92); Der siebente Winter, R. 89; Dann eben Mord, R. 90; Goldene Hände 90; Wer nicht stirbt zur rechten Zeit, R. 91; Besondere Vorkommnisse, Krim.-Report 95; Ausschreibung für einen Mord, Krimi 98; Der Geist des Hauses, R. 98; Käse jibt et im HO, Erinn. 00; Shoting 00; Der Schein trügt 01; Kurisches Gold 02; Auf Mord gebaut 02; Schaurige Geschichten aus Berlin 03; Die schwarze Dorothea, R. 05; Trügerische Feste, R. 06; Der Ehrenmord, R. 07. – **MV:** Der Mann, der Jerry Cotton war. Die Erinn. d. Bestsellerautors Heinz Werner Höber, Biogr. 96; Die allerletzte Fahrt des Admirals, m.a., Ketten-Krim.-R. 98; Das Berlin-Lexikon, m. Horst Bosetzky 98; Kamera läuft, Herr Kommissar, m. Friedel von Wangenheim, Krim.-R. 99; Haste schon jehört?, m. Horst Bosetzky 05. – **MA:** Berliner Lesezeichen 93ff.; Lexikon der Kriminalliteratur 94ff.; die horen 182/96; Das Mordsbuch 97; – Krim.-Erzn. in Anth.: Goodbye, Brunhilde 92; Der Mörder ist immer der Gärtner 93; Der Mörder bläst die Kerzen aus 93; Der Mörder packt die Rute aus 93; Neue ostdeutsche Krimis 94; Deutschland einig Mörderland 95; Crime time 95; Mord light 96; Der Bär schießt los 98; Weihnachten und andere Katastrophen 98; Schicke neue Welt 99; Astrokrimis: Ein typischer Krebs 00; – Veröff. in Zss. seit 61, hauptsächl. Glossen, Feuill., Reportagen u. Rez. in: Die Weltbühne; zahlr. Beitr. z. Medien- u. Berlin-Geschichte u. z. Krim.-Lit. in Zss., u. a. in: underground 1 90; TransAtlantik 12/90, 3/91; Berlinische Monatsschr. 1/92; Mitt. Studienkreis Rundfunk u. Geschichte 2/3/92; Horch u. Guck 16/95. – **R:** 2 Kinderhsp. 61, 62; Gefährliche Freundschaft, m. B. Fürneisen, Fsf. 83; 20 Krim.-Hsp. 76–89; Der letzte Anruf 89; Heimkehr 90; Bis zur Silberhochzeit 91; Penny + Mark: Der Rest ist Schweigen 92, alles Krim.-Hsp.; Jerry Cotton – Born in Bärenstein 93; Tatort Eisenbahnunterführung, m. Wolfgang Mittmann 94; Das Funkhaus brennt 95; Die Todesschüsse von Uckro, m. Wolfgang Mittmann 96; Der Dessauer Prozeß, m. dems. 97; Hier spricht Berlin 97; Alarm im Zirkus, m. Wolfgang Mittmann, alles Hfk-Feat.; Erwins Ende, Hsp. 04. – *Lit:* Lex. d. Kriminallit. 94ff.; die horen 182/96; Dorothea Germer: Von Genossen u. Gangstern 98. (Red.)

Eilers, Reimer (Ps. Leo Seiler), Dipl.-Volkswirt, Dr. rer. pol., freier Schriftst.; Lutterothstr. 98, D-20255 Hamburg, Tel. u. Fax (040) 4 91 86 98, *post@ reimereilers.de, www.reimereilers.de.* Möwenstr. 333, D-27484 Helgoland (* Helgoland 15. 12. 53). VS 84, PENG Autorengr. 87, Nordfries. Inst. 96, Das Syndikat 96, Hamburger Autorenvereinig. 05; 2. Pl. Hungertuch Frankfurt 84, Lit.stip. Hamburg 85, Lit.förd.pr. d. Stadt Hamburg 85, 91, Auszeichn. auf d. GangArt-Festival Krefeld 91, Lit.stip. d. Ldes Schlesw.-Holst. 92, Reisestip. d. Ausw. Amtes 96, 04; Literar. Rom., Nov., Kurzprosa, Lyr., Krim.rom., Hypertext, Literar. Objekt, Performance, Reiseber., Ess. Ue: engl, Suaheli. – **V:** All die verwirrten Männer, Erzn. 84; Cranz-Hochsicherheit, N. 85; Die schwarze Prinzessin, Krim.-R. 90, 94; Der Tag an dem das Meer gestohlen wurde, G. 95; 39 Scheidungsgeschichten, Miniatn. 95; Passworte. Objektbeschreibungen u. Lichtbilder 98; Die Entdeckung des Meeresleuchtens, G. 00; Im Blauwasser. Geschichten von der See, Erzn., Ess., Travelogues 06; In Bosnien, Reise-R. 08; Schafe schlachten, Schäfchen zählen, hist. R. 09. – **MV:** Poesie in Licht und Metall, m. Autorengr. PENG 94; Für eine Handvoll Staub, m. G. Gerlach u. L. Probsthayn, Theaterst. 95. – **MA:** ca. 100 Beitr. in Lyr.-Anth. u. Zss., 50 in Prosa-Anth. u. Zss.; Mörderisches Hamburg 94; PENG. Undercover, Aktionen u. Performances 95; Hamburg total verliebt 96; Cet, Lit.magaz., seit 96; Nordbühne 99; In 1000 Tagen um die Welt, STERN-Buch 00; Und Bosnien, nicht zu vergessen 08; Das Hamburger Kneipenbuch 08; Ess. u. Repn. in: MARE, Zss. – **R:** Mitmenschen, WDR 90. – **P:** Dichter leuchten, m. Autorengr. PENG 90ff.; Römischer Garten, m. ders. 96; Autorenbeschreibung 97ff., alles Performances; div. Beitr. in: Pcetera. Das digitale Literaturmagazin, CD-ROM 96.

Eimüller, Hermann (Ps. Herman Ajmilr), Schriftst., Buchgestalter, Verleger; Pfärrle 13, D-86152 Augsburg (* Augsburg 5. 12. 59). GEMA; Lyr., Theater, Ess. Ue: lechslav. – **V:** Süße Bitternis, G. 79; Im Pflaumengarten bei Kameido, 15 Haikus 80; Freies Vaterland, G. 80; Tauwetterzeichenspuren, Haikus 81; Menschenkreuzweg. 9 Stationsfragmente, G. 81; Losgelassen, G. 83; Wendspiele in Sachen Schöpfung 84; Vom Gleichgewicht der Zärtlichkeit, e. Genesis für Profeten, Menschen und Stimmen 85; Oskar Maria Graf zu Ehren. E. Portraitskizze, Ess. 87; C'lehslaviše Liadrbiahle, d. lechslavische Liederbuch, G. 88; Kamerad Schönfärber und andere Schbezialischda aus dr schwäbischa Heldabrovinz 89; Die Provinz und ihr Dichter Oskar Maria Graf 92; Kreuzfahrt nach Ninive 93; Pessachpassion 98, 2. Aufl. 99; Stunde Null. Österl. Geschn. u. Lieder, Lyr. 00; Leuchtspur Leben, Theaterst. 00; Auf Goldgrund 03, 07; In Gottes gutem Namen. Jesu Gastmahl für uns 03; Sophie Scholl. Ein Lebensbühnenfilm 04; Pilgerlieder 05; Kaspars Bericht 05; B.-Geschichten 06; Der Naturnser Bauernengel 07. – **B:** Berd Brehd: Moridad fom Megi Meser auf Lehslaviš 89. – **MA:** In Erwägung un-

serer Lage. E. Buch zu Brecht 81; Peter Janssens: Meine Lieder 92; Robert Haas: Liederbuch 03, 3. Aufl. 07; Wie mit neuen Augen 08. – **H:** Peter Hoferer: 8 Gedichte 79; Gänsekiel. Literatur für Leser 82. – **P:** Menschenkreuzweg 82; Spielball Schöpfung 83, 97 (als CD); Erbarmen unserer Zeit 84; Kreuzfahrt nach Ninive 84; Pessachpassion 98; Leuchtspur Leben 00; In Gottes gutem Namen 04; Begegnung, CD 04. – *Lit:* Deutsches Literatur-Lex. Das 20. Jh. Bd 7 00.

Einbeck, Friedrich s. Rilz, René

Einbeck, Heinrich s. Trilse-Finkelstein, Jochanan

Einem, Charlotte von (Ps. Lotte Ingrisch, Tessa Tüvari), Schriftst.; Hofburg, Gottfried von Einem-Stiege, A-1010 Wien, Tel. (01) 5 35 59 19 (* Wien 20. 7. 30). P.E.N.-Club 76; Pr. d. dt. Industrie, Pr. d. Ldes NdÖst., Öst. E.kreuz f. Wiss. u. Kunst I. Kl. 02, Gold. E.zeichen d. Ldes NdÖst.; Drama, Rom., Ess., Fernsehfilm, Hörsp., Sachb., Libr. – **V:** Verliebter September 58; Das Engelfernrohr 59; Das Fest der Hungrigen Geister 60, alles R.; Die Wirklichkeit oder wann man dagegen tut 68; Damenbekanntschaften 71; Totentanz 72; Geisterstunde oder Vorleben mit Nachteilen 74; Die fünfte Jahreszeit 77; Lambert Veigerl macht sein Testament 80, alles Bü.; Reiseführer ins Jenseits, Prosa 80; Kybernet. Hochzeit, Bü 82; Amoir noir, R. 85; Nächtebuch, Prosa 86; Ratte und Bärenfräulein 97; Unsterblichkeit 00; Rindlberg 00; Der Himmel ist lustig 03; Physik des Jenseits 04; Der Geister-Knigge 06; Die neue Schmetterlingsschule 06; Die schöne Mörderin; Das Leben beginnt mit dem Tod; Das Lotte Ingrisch-Lesebuch; Liebestod; Die ganze Welt ist Spaß, Anekdn.; Eine Reise in das Zwielichtland 07; Die schöne Kunst des Sterbens 08; Libretti: Jesu Hochzeit; Tulifant; Prinzessin Traurigkeit; Tierrequiem; Luzifers Lächeln. – **MV:** Das Donnerstagsbuch, m. Jörg Mauthe 88; Herr Jacopo reitet 90. – **H:** Mich hetzen Klänge 99. – **R:** Alle Vöglein, alle ...; Eine leidenschaftliche Verwechslung; Der Bräutigam, alles Hsp. 65–67; Solo, Hsp. 77; Vanillikipferln 68; Die Witwe 69; Wiener Totentanz 70; Der Hutmacher 72; Teerosen 77; Fairy 77; Abendlicht 77, alles Fsp. u. Fsf.; Höchste Zeit, daß die Delphine kommen, Höchste Zeit ... 80; Clementis wilde Jagd od. ich bin ein phallisches Mädchen 83; Nachtmeerfahrt 87; Gespensterfamilie 87, alles Hsp. – **P:** Die Kelten erwachen, CD 00. – *Lit:* Gesch. d. österr. Literatur.

Einfeldt, Thomas, Dr., Zahnarzt, Schriftst.; Mühlendamm 92, D-22087 Hamburg, Tel. (040) 2 27 61 80, Fax 2 27 61 20 (* Hamburg 58). – **V:** Störtebekers Gold, R. 97; Störtebekers Kinder, Jgdb. 01; mehrere zahnmed. Veröff. (Red.)

Einhart, Edith, Red., Journalistin; c/o Piper Verl., München (* München 21. 1. 69). Rom., Lyr., Sachb. – **V:** Die Champagnerkönigin, R. 01; Die Todesgärtnerin, R. 02. – *Lit:* s. auch SK. (Red.)

Einriedt, Ewald s. Wieland, Dieter

Einwanger, Josef, freier Schriftst.; Kampenwandstr. 30, D-83229 Aschau, Tel. (0 80 52) 95 61 30, *josef_einwanger@yahoo.de* (* Bachham 8. 2. 35). VS; Förd.pr. f. Lit. d. Stadt München 82; Lyr. – **V:** Geschriebene Küsse kommen nie an, R. 79, Tb. 81; Öding, R. 82; Damenkino, R. 84, Tb. 87; Inselspuk, Jgd.-R. 90, Tb. 98; Toni Goldwascher, Jgd.-R. 93, Tb. 08; Der Zauberpfennig, Kdb. 97. – **MA:** Verständigungstexte 80; C'est la vie, Feuill. 89. – **F:** Toni Goldwascher (d'r mach als DVD). – **R:** zahlr. Lit.- u. Jugendfunk-Sdgn b. BR.

Einzinger, Erwin, Mag., ehem. Lehrer, jetzt Schriftst. u. Übers.; Oberer Wienerweg 26, A-4563 Micheldorf/ObÖst., Tel. (0 75 82) 6 36 83, 75 82, *www.*

Einzmann

erwineinzinger.com (* Kirchdorf/ObÖst. 13. 5. 53).
IGAA, GAV; Georg-Trakl-Förd.pr. 77, Talentförd.-
prämie 4. Ldes ObÖst. 77, Rauriser Lit.pr. 84, Öst.
Staatsstip. f. Lit. 84, Buchprämie d. BMfUK 88, manu-
skripte-Pr. 94, Lit.pr. d. Salzburger Wirtschaft 96, Öst.
Projektstip. f. Lit. 00/01, Kulturpr. d. Ldes ObÖst. f.
Lit. 02, Adalbert-Stifter-Stip. d. Ldes ObÖst. 07, u. a.;
Lyr., Rom., Nov., Übers. Ue: am. – **V:** Lammzungen in
Cellophan verpackt, G. u. Fotos 77; Das Erschrecken
über die Stille, in der die Wirklichkeit weitermachte 83;
Kopfschmuck für Mansfield, R. 85; Tiere, Wolken, Ra-
che, G. 86; Das Ideal und das Leben, Prosa 88; Skizzen
auf Tränenpapier 90; Blaue Bilder über die Liebe, Prosa
92; Kleiner Wink in die Richtung, in die jetzt auch das
Messer zeigt, G. 94; Das wilde Brot, Prosa 95; Aus der
Geschichte der Unterhaltungsmusik, R. 05; Hunde am
Fenster, G. 08. – **Ue:** R. Creely: Mabel, e. Gesch. 89;
W. Carpenter: Regen 90; J. Ashbery/J. Schuyler: Ein
Haufen Idioten 90; J. Schuyler: Hymne an das Leben
91; R. Creely: Autobiographie 93; W. Carpenter: Ein
Hüter der Herden 93; ders.: Mit Feuerzungen 95; J. As-
hbery: Hotel Lautréamont 95; ders.: Und es blitzten die
Sterne, G. 97; ders.: Die Liebeszinsen 06. – **Lit:** DLL,
Erg.Bd III 97; LDGL 97; Christine Grond in: KLG.
(Red.)

Einzmann, Nadja, Studentin, Autorin; Elkenbach-
str. 50, D-60316 Frankfurt/Main (* Malsch b. Karlsruhe 74). Förd.pr. d. Jungen Lit.forums Hessen-Thür.
98, 00, Stip. Herrenhaus Edenkoben 99, Stip. Schloß
Wiepersdorf 01, Friedrich-Hölderlin-Pr. d. Stadt Homburg (Förd.pr.) 07. – **V:** Da kann ich nicht nein sagen,
Geschn. 01; Dies und das und das 06. – **MA:** Erzn. u.
G. in Anth. u. Lit.zss., u. a.: Literaturbote. (Red.)

Eirich, Gottlieb Alexander, Ing., Lehrer, Rentner;
Albertistr. 25, D-97422 Schweinfurt, Tel. (09721)
29 90 47 (* Dorf Schwed/Rußland 28. 1. 25). Lit.kr. d.
Dt. aus Rußland e.V. 97; Erz., Dramatik, Rom. Ue:
russ. – **V:** Die Sklaven des XX. Jahrhunderts, R. 97, 98;
Die abgelehnte Liebe, R. 99, 00; Dornenvoller Weg, R.
02/03; zahlr. Prosaveröff. üb. d. Leben d. Deutschen in
d. Sowjetunion seit 85. – **MA:** Wir Selbst, Alm. 98, 99;
Russlanddt. Lit.bll. 98; Heimatbuch, Teil 2 00, 01–02;
Literaturkalender 00; zahlr. Beitr. in Zss., u. a.: Wostot-
schnij Express; Heimat; Semljaki. (Red.)

Eisbein, Christian (Reemt Regenfleiter); Karl-Liebknecht-Str. 52, D-39319 Jerichow/Elbe (* Halle/S.
5. 7. 17). Au.kr. ostfries. Autor/inn/en 83. – **V:** Gebe
augenscheinliche Veränderungen im ostfries. Wattenmeer seit 1960, Dok. 76; Watt in Not, Sachb. m. Erzn.
87, Neuaufl. u. d. T.: Geliebtes Wattenmeer 93; Kinner-
goodje 87; Liebesbriefe an Politiker und solche, Dok.
90; Wunderland Wattenmeer, Bildbd 93, 94; Ein „Que-
rulant" überlebt, bibl. Erz. 93; Reemt Regenfleiter 96;
Mein kleines Bilderbuch 01; Döntjes und Dröhntjes,
Kurzgeschn. 02. – **MA:** Die Wattläufer e.V., Vereins-
Zs., seit 84. (Red.)

Eisele, Martin s. Baresch, Martin

Eisele, Sissi s. Flegel, Sissi

Eisenberg, Ursula, StudR.; Waldseeweg 23, D-
13467 Berlin, Tel. (0 30) 4 04 99 47. Hauptstraße
9, D-29491 Prezelle-Lomitz, Tel. (0 58 48) 98 13 30
(* Spornitz/Mecklenburg 21. 8. 45). Lyr., Erz., Nov.,
Ess., Rom., Rundfunkkindergesch. – **V:** Da kommt
noch was nach. Ein Kinderbuch f. Erwachsene, Lyr. u.
Prosa 81; Und wo bleib' ich?, fiktives Tageb. 86/87,
88, überarb. Neuaufl. u. d. T.: Ich hätte es mir nicht geglaubt; Tochter eines Richters, R. 92; Mauerpfeffer, R.
96; Stadt – Land – Fluß, lyr. Zeit-M., UA 00; Älter werden danach, Kurzprosa 02, 04; Die Freiheit benimmt
sich oft unerhört, G.-Zyklus 05; Texten 03; An Deine

Adresse, Brief-Erz. 04; Chicago, Chicago, G.-Zyklus
04; Was ich Dir noch sagen wollte, G. u. Prosa 05;
Der Elch, G. 05; Dazwischen, G. 06; Die Katze, die
aus Spanien kam, R. 06. – **MV:** Mausoleum, Bilderb.
f. Erwachsene m. Zeichn. v. Evelyn Haase-Klein 06. –
MA: Umsteigen bitte, Lyr.-Anth. 80; Die Liebe zu den
großen Städten, Lyr. u. Prosa 80; Voraus die Mühen d.
Ebenen, Lyr. 80; Bei zunehmender Kälte, Erz. 81; Unbeschreiblich weiblich 81; Liebesgeschn. 82; Nachwehen 82, u. a. (Red.)

Eisenhauer, Gregor, Dr., Schriftst.; c/o Schwartz-
kopff Buchwerke GmbH, Monbijouplatz 2, D-10178
Berlin, *gregor.eisenhauer@t-online.de* (* Mosbach
13. 12. 60). Stip. d. Ldes Bad.-Württ. 00; Rom., Ess. –
V: Die Rache Yorix 92; Der Literat. Franz Blei, e.
biogr. Ess. 93; Die Scharlatane, 10 Fallstudien 94;
Das Märchen vom kleinen Schlangenwurm 95; Mein
skrupelloses Sexleben auf Ibiza 97; Antipoden. Ernst
Jünger u. J.W. v. Goethe. Rudolf Borchardt u. Hugo
v. Hofmannsthal 98; Der Stein der Weisen, R. 99; Die
Macht der Zwerge, Geschn. 01; Franz Blei. Ein biogr.
Essay 04; Im Eis, N. 05. – **R:** Der Vater des Dr. Mabuse;
Harry Piel; Ein Schreckensmann auf Himmelfahrt 97,
alles Feat.; Und wenn sie nicht gestorben sind ..., Erz.
97. (Red.)

Eisenhuth, Christoph, Dipl.-Theol., Pfarrer; Tol-
stoistr. 7, D-01326 Dresden, Tel. u. Fax (03 51)
3 14 13 82 (* Jena 12. 2. 49). Literar. Ges. Thür. 98–06;
Lyr. – **V:** Texte f. Kirchenmusik: Missa brevis 68; Requiem 69; Messe 75; Baum du Boot im hellen Raum,
Kant. 86; f. Kammermusik: Romanze 87; Gespräche
mit Christiane 77; Was ist mit Gottes Garten, G. 82;
Psalmen (vertont), UA 88; Judas, multimediales Projekt, UA 95; Was war vergißt uns nicht, G. 95; Mein
Weg ist in deinen gefallen, Text f. Kammermusik, UA
00; Die Gewichte der Sonnenuhr, G. 01. – **MA:** G. in
mehr als 35 Anth., u. a. in: Aufforderung zum Frühlingsbeginn 70; Auswahl 72; Landschaft unserer Liebe 74; Auswahl 74; Geschenkter Tag 77; Da kam an
der Menschen Licht 79; Wasseramsel auf dem Stein 85;
Weihnachtsgeschn. aus Thür. 92; Der Morgen nach d.
Geisterfahrt 93; Eintragung ins Grundbuch, Thür. im
Gedicht 96; Holdes Land. Die Wartburg in Lit. Darstellungen 00; Zungenküsse u. Einkaufszettel 03; – ndl
3/76, 1/80, 10/84; Lit. um 11 12/93; Palmbaum 2/94,
1/96, 4/98; Psalm für meditative Collage „3 in 1",
UA 06.

Eisenkirchner, Paul; Neugasse 6, A-2551 Enzesfeld-
Lindabrunn, Tel. (06 76) 9 48 82 77, *office@pe-foto.at,
www.pe-foto.at* (* Wien 20. 7. 77). Hans-Weigel-Lit.-
stip. 06; Lyr., Prosa. – **V:** Schattenengel, der Tanz des
Schwarzen 95; in einer einzigen offenen hand, Lyr. 07. –
H: Clubpoesie. Vom Verstummen d. Stille, Texte 07. –
MH: wortwerk. Zs. f. Lyrik, m. Maximilian Huber, seit
08. (Red.)

Eisenlöffel, Norbert, Studium Psychologie u. Sport,
Psychomotorisch-Therapeut. Tätigkeit b. Kindern u. Ju-
gendlichen; Hauptstr. 102, D-74909 Meckesheim, Tel.
(0 62 26) 80 72, *Eisenloeffel.Meckesheim@t-online.de*
(* Ludwigshafen-Rheingönnheim 23. 2. 48). Lyr. – **V:**
Klimaveränderungen, Verdichtungen 86; Süßholz und
Gallengift, G. 94; Rot, G. 99. (Red.)

Eisenschenk, Karoline s. Edwards, Katelyn

Eisenthaler, Hans s. Stephani, Claus

Eisert, Christian (Ps. Creis Tresie), Journalist,
Autor; Moskauer Str. 3, D-16548 Glienicke, *eisert
@liesmichmal.de, www.liesmichmal.de* (* Berlin 76).
ldesweiter Schreibwettbew. 88, Bdeswettbew. „Jugend
schreibt" 91, Wirtschaftspr. „Jugend entwickelt Berlin"
98; Sat., Kurzgesch., Aphor., Rom. – **V:** Das Gebiß im

Komposthaufen, Satn. 97, 98; Wenn Leichen laichen ... werden Tote geboren, Kurzgeschn. 98; Das transsexuelle Osterkaninchen, Satn. 01; Pudel in Aspik, Glossen 02. – **MA:** Das Magazin 4/97, 8/98, 4/00. – **MH:** Das DING, m. Robert Kohl, Sat.-Mag. 96–99 (auch Mitarb.). – **R:** Harald Schmidt 06/07; Schmidt & Pocher 07/08; Die Niels-Ruf-Show 08, alles Comedy; Sesamstraße, Kindersdg 08. – **P:** Verschwinden Sie, Sie Weihnachtsmann!, Sat., CD 02.

Eisert, Ruth. – **V:** Der Seifenhändler 03. (Red.)

Eisfeld, Dieter, Leitender Städt. Dir. a.D., Leiter d. „Büro EXPO 2000" Hannover 88–96; Quantelholz 12D, D-30419 Hannover, Tel. u. Fax (05 11) 79 29 54 (* Emden 26. 4. 34). Rom., Ess., Sachb. – **V:** Die Stadt der Stadtbewohner 73; Große Stadt, was nun? 78; Stadt und öffentlicher Nahverkehr 80; Stadt der Zukunft 81; Karriere 82, alles Sachb.; Das Aupair-Mädchen, Opernlibr. 86; Das Genie, R. 86 (auch span., port., gr., ndl., frz.); Das Loch, R. 91; Commedia dell'Expo, Sachb. 92; Die Kinder des Dirigenten, R. 97. – **MV:** Kunst in der Stadt, m. Detlef Draser 75.

Eisfeld, Siegfried (Ps. Siggi Arctis), Lehrer, StudDir.; Platanenring 29, D-29664 Walsrode, Tel. u. Fax (0 51 61) 14 96, *siggiarctis@t-online.de* (* Esens/ Ostfriesland 22. 10. 31). Creativo – Initiativgr. f. Lit., Wiss. u. bild. Kunst 06; Rom., Erz. – **V:** Die Locke der Berenike, hist. R. 02; Der Teufelsdrachen im Wattenmeer, Erinn. u. Erzn. 05. – **MA:** Das Weihnachtsbuch 06; Leben im Aufbruch, Erz. 07.

Eisinger, Ute, Lit.wissenschaftlerin, Übers.; Yppengasse 1/7, A-1160 Wien, Tel. (01) 4 09 89 33, *ute. eisinger@chello.at* (* Weinviertel 17. 3. 64). Arb.stip. d. Stadt Wien 92, Siemens-Lit.pr. (Förd.pr.) 98, Bertelsmann-Lyriker-Seminar 99, Kunstpr. f. Lit. d. Club Carinthia 00, Übers.pr. d. Stadt Wien 01, Übersetzerprämie 02, 03, 04, Ledig-Rowohlt-Stip. 03, Staatsstip. 05/06; Lyr., Nachdichtung. Ue: russ, engl. – **V:** Bogen, G. 02. – **MA:** Akaki Zereteli, Nachdicht. 90; Lesedition 92; H.C. Artmann: Texte m. meinen Studenten 96; LiteratTextur, Anth. 98; Beyond 02; Beitr. in Zss.: Manuskripte, seit 99; Du 00, 04; Deutsche Zeitung f. Rumänien 03; Wagnis 03; La voz del poeta 03; edit 03; Free Verse. Journal of Contemp. Poetry and Poetics 04. – **R:** Nachtbilder – Poesie und Musik, Hfk.-Sdg 04. – **Ue:** Ilya Kutik: Ode auf den Besuch der Landzunge von Belosaraj, gelegen am Asowschen Meere 02; Hart Crane: Die Brücke 04, beides Nachdichtungen; Helga Michie: Concord 06; Tom Lowenstein: Ethnographic Poetry 06; Indische Dichter 06. (Red.)

Eisold, Norbert, Dipl.-Kunsthistoriker, Schriftst., Kurator; *post@norbert-eisold.de, www.norbert-eisold. de* (* Neustadt/Sa. 21. 2. 55). VS 94; Stip. Schloß Wiepersdorf 02; Lyr., Erz., Sachb. – **V:** Schmetterlinge lachen gern, Kdb. 86; Das Angerbuch, Dokumentarprosa 98; Kleine Schöpfung, G. 03; Holunder, G. m. Rad. v. Ralf Kerbach 04; Sachbücher: Das Dessau-Wörlitzer Gartenreich 93, veränd. Aufl. 04; Der Fürst als Gärtner. Hermann von Pückler-Muskau ... 05; Schlösser und Gärten in und um Dresden 08; Lovis Corinth Fridericus Rex 08; mehrere Kataloge. – **MV:** Sachsen-Anhalt, m. Edeltraud Lautsch, Kunstreisef. 91, 08; Magdeburg 97; Halberstadt 00; Wernigerode 01; Quedlinburg 01; Erfurt 02, alles Bildbände m. Fotos v. Peter Kühn. – **MH:** Albinmüller. Aus meinem Leben 07.

Eiterer, Othmar; Mondseer Str. 10, A-5303 Thalgau, Tel. (0 62 35) 73 54, Fax 7 35 44. Via delle Toricelle 13, I-56040 Montecatini V.C. (* Salzburg 6. 4. 37). Salzburger Autorengr.; Rom. – **V:** Das Endspiel oder Bobby Moore hat geholfen, Jgdb. 84; Requiem für Anton P., R. 99; Meilen gehn bevor ich schlafen kann, R. 03. (Red.)

Eitze, Marlene, Künstlerin, Lehrerin i. R.; Leibnizstr. 20, D-31134 Hildesheim, Tel. (0 51 21) 3 29 65, *Marlene2345@gmx.de, MarleneEitze@web. de* (* Wernigerode 31. 12. 41). Lyr., Prosa. – **V:** Wellenspiele, G. u. Skizzen 84; Verfremdungen, Erzn. u. G. 85. – **MA:** Die Nacht hat geweint 88; Gegen alle Üblichkeit – Contre tout usage, zweispr. 89; Grenzenloses Land 93; Wenn doch die Erde sich erwärmte, dt.-russ. 98, alles Anth.; Kindheit 01; Weihnachten 02; Frieden 03. – *Lit:* Hildesheimer Lit.lex. von 1800 bis heute 96. (Red.)

Ekest, Phil s. Tefelski, Norbert

Ekky, Oskar (Ps. f. Ekkehard Künzell), StudDir. i. K. i. R.; Schönrathstr. 79, D-52066 Aachen, Tel. (02 41) 5 88 81, *kuenzell@pentakuben.de* (* Düsseldorf 17. 11. 25). Lyr. – **V:** Tiefe Brunnen – flaches Wasser, Lyr. 06.

El Kebir, Saddek s. Kebir, Saddek

El Kurdi, Hartmut, Regisseur u. Autor am Staatstheater Braunschweig; *mail@hartmutelkurdi.de, www. hartmutelkurdi.de* (* Amman/Jordanien 15. 10. 64). VS; Stip. d. Zentr. f. Kinder- u. Jugendtheater in Dtld 94, Förd.pr. f. Lit. d. Braunschweig. Vereinigten Klosteru. Studienfonds 95, Dt. Kinderhsp.pr. 02. – **V:** Die Oma-Patrouille, Kolumnen 00; Schwarzrote Pop-Perlen – Ton, Steine, Scherben 01; Mein Leben als Teilzeit-Flaneur 01; Angstmän, Kdb. 04; Barfuß auf der Busspur, Kolumnen 04; Der Viktualien-Araber, Geschn. u. Kolumnen 07; – THEATER/UA: Der Fall Bruno Oppermann 95; Der Imbißkrieg oder Nenn mich Ömer 96; Boomtown Braunschweig 99; Angstmän 00; Ohja Troja oder Wie ich einmal einen Sommer lang Heinrich Schliemann war 01. – **R:** Angstmän, Hsp. 01 (auch als Kass./CD). (Red.)

El-Akramy, Ursula (geb. Ursula Overhage), Schriftst.; Hollerstr. 23, D-28203 Bremen, Tel. u. Fax (04 21) 7 39 70, *elakramy@gmx.de* (* Bergkamen/ NRW 13. 1. 51). BücherFrauen 97; Ess., Biogr. – **V:** Wotans Rabe 97; Transit Moskau 98; Die Schwestern Berend 01. – **MA:** Politeia 2000. Ess. z. Zeitgesch., Anth. 00.

El-Auwad, Fouad s. Awad, Fouad

El-Auwad, Suleman s. Taufiq, Suleman

Elbin, Günther; Aspermühle, D-47574 Goch-Asperden, Tel. (0 28 23) 9 58 48 (* Ratibor/OS 23. 7. 24). Biogr., Stadt- u. Landschaftsmonographie, Rom. Ue: engl. – **V:** Das Haus der sieben Katzen, R. 86; zahlr. Sachbücher. – *Lit:* s. auch SK. (Red.)

ElBonDo s. Bontjer-Dobertin, Elke

Elçi, Ismet, Regisseur, Autor; Cheruskerstr. 25, D-10829 Berlin, Tel. u. Fax (0 30) 78 70 51 27 (* Altnova/ Mus/Türkei 2. 3. 64). Civis-Hfk- u. Fs.pr. d. ARD 88, Adelbert-v.-Chamisso-Pr. (Förd.pr.) 93. – **V:** Sinan ohne Land 88; Gesetz des Schweigens, R. 90; Cemile oder das Märchen von der Hoffnung 91; Die verwundeten Kinder des Zarathustra 97. – **F:** Das letzte Rendezvous 89; Kismet, Kismet 90; Dügün – Die Heirat 92; Cemile oder das Märchen von der Hoffnung 97. (Red.)

Eldflug, Astrid (eigtl. Astrid Dreßler), B. A., M. A.-Studentin, freie Journalistin; Mengergasse 40/5, A-1210 Wien, *astrid_eldflug@yahoo.de, members.chello. at/astrid-eldflug/, www.myspace.com/astrideldflug. c/o* Ulrike Helmer Verl., Königstein/Ts. (* Vöcklabruck/ ObÖst. 8. 5. 85). Rom., Lyr. – **V:** Hinter mir nur Regen, R. 05; Die Autorin, R. 07.

Elfenbein, Dr. Fatma s. Parise, Claudia Cornelia

Elfring, Elke; D 3, 4, D-68159 Mannheim. – **V:** Dennoch, G. u. Aphor. 02. – **MA:** Der Himmel ist in Dir,

Elhardt

Lyr. 95; Reise doch – bleibe doch, Kurzprosa u. Lyr. 98. (Red.)

Elhardt, Armin (Ps. Attila Schmelzle), Lehrer, Hrsg., Autor; Sudetenstr. 12, D-71691 Freiberg/Neckar, Tel. u. Fax (071 41) 79 04 88, *AElhardt@aol.com* (* Stuttgart 9. 6. 48). VS Bad.-Württ.; Kurzprosa, Lyr., Szenen. – **V:** Doppelt genäht, Anekdn. u. Fazetien 95; Das Blinzeln des Abendsterns, Prosa 96; Gespräch in Weimars Gassen – Dialog in Versen 01; – i. d. EDITION WUZ: Mit Karl Eugen im Feuchtgebiet (Histor. Anekdoten I) 97; Die Einlage, Gesch. 97; Wann kommst du, schleichendes Volk?, Ess. 97; Prämissen, Bilder u. Texte e. Ausst. 97; Goucher Garten, Verse, rhythm. Silben u.ä. 98; Prämissen, Texte u. Bilder e. Ausstellg. 97; Galileo und der Papst (Histor. Anekdoten II) 98; Unterwegs nach Limerick 99; Es war einmal, Kurzprosa u. Lyr. 00. – **MV:** Verlaufsform, m. Klaus Bushoff, G. u. Geschn. 98. – **MA:** zahlr. Beitr. in Anth. u. Lit.zss. seit 84, u. a. in: Wandler 16 95; Der Mond ist aufgegangen 95; Jahrhundertwende 96; Stuttgarter Schriftstellerhaus Almanach 4 96; Heim, Heimat, Heimatlos 97; ORTE 97; Hinter den Glitzerfassaden 98; Das große Buch der kleinen Gedichte 98; Der parodierte Goethe, Anth. 99; exempla 1/98, 1/99, 1/00; Rottweiler Begegnung, Anth. 00; Eremitage 3/01. – **H:** Eva Zippel: Plastische Skizzen 00; – i. d. EDITION WUZ u. a.: Musivische Blätter aus dem Werk d. Materialpoeten und Mundartphilosophen Heinz E. Hirscher; Klaus F. Schneider/Klaus Thaler: Die Boutiqueria transpyriert lambaden; Dörte v. Westernhagen: Ve wishen der Fischenkarten 01; Ulrich Zimmermann: Reformhaus Schule 02; F. Haug/U. Kirchner: Wahls Nase 02. – *Lit:* s. auch 2. Jg. SK. (Red.)

Eli ibn Esra s. Wohanka, Helmut

Elias, Ruth (geb. Ruth Huppert); Havradim 11, IL-42920 Bet Jitzchak/Israel, Tel. (09) 8 82 57 23, Fax (09) 8 82 80 45, *eliruth@netvision.net.il* (* Mährisch-Ostrau 6. 10. 22). Franz-Kafka-Med., Emek-Chefer-Pr. – **V:** Die Hoffnung erhielt mich am Leben. Mein Weg von Theresienstadt u. Auschwitz nach Israel, Autobiogr. 88, 10. Aufl. 06 (auch ital., engl., hebr., tsch.).

Elias, Ute, Red., freier Journalist, Konferenzorganisator; c/o Verlag Neue Literatur, Jena. Rom., Erz. – **V:** Stumme Schreie im Wind, Krim.-R. 02. – **MA:** Ich dich nicht, Kurzgeschn. (Red.)

Eliasch Deuker, Ernst (geb. Ernst Eliasch), Dr. techn.; Ferdinand-Porsche-Str. 6, A-5020 Salzburg, Tel. u. Fax (06 62) 88 45 49 (* Mährisch-Ostrau 11. 7. 34). Lyr. Ue: russ. – **V:** Die Seele des Poeten, Lyr. 98. – **Ue:** Nina Tchoudinova: Der russische Born, Lyr. 00; dies.: Sonnige Welt, Lyr. 02.

Eliskases, Maria s. Linschinger, Maria

Elkin, Ed s. Klein, Edwin

Ellensohn, Susanne; Gerhardtstr. 4a, CH-9012 St. Gallen, Tel. (0 71) 2 78 47 79, Fax 2 78 47 78 (* Kindberg/Stmk 13. 3. 43). Astrid-Lindgren-Pr. 99. – **V:** Irrtum der Natur, Gesch. 93; Die lange Hans oder die heimliche Flucht, Kdb. 99; Die Prinzessin und der Räuber 99; Der verlorene Zauberstab 02. (Red.)

Ellinger, Erich s. Löchner, Friedrich Erich

Ellmauer, Wolfgang, Lehrer; Bürgerspital 3, A-3270 Scheibbs, Tel. (06 64) 5 11 29 61, *w.ellmauer @direkt.at* (* Wien 29. 10. 70). Wiener Werkstattpr. (2. Pr.) 07, Finalist b. Lit.-Karussell NÖ 08; Prosa. – **V:** Rektale Katharsis. Eine Erläuterung, R. 06. – **MA:** Lit. Karussell 08; Menschen. Bilder 08, beides Anth.; Kontro Vers (Online-Ausg.) Nr.1/08; Radieschen Nr.6/08, beides Lit.-Zss.

Ellmauthaler, Volkmar (Ps. Prof. Dr. A. v. Tell-Malheur), Dr., Mag., Supervisor (ÖVS), Kontrolsupervisor, Lebens- u. Sexualberater, Kirchenmusiker, Teilhaber d. edition L (Wien); Grazer Str. 17B, A-2700 Wiener Neustadt, Tel. (0 26 22) 2 44 00 20 (* Wien 26. 5. 57). AKM; 1. Pr. Concorso Internazionale „Olivier Messiaen" Bergamo/Italien 89; Erz. Ue: engl. – **V:** Die Kaffeejause wird nicht gestört, Kurzprosa 96; Drei Erzählungen. Das Hochamt. Die Wölfe. Der Morgen 01. – **MV:** Aufwind, m. Birgit Langer, Erz. 02. – **H:** Edith Bobretzky: Aufbruch – Umbruch, Erz. 02; Gabriele Pikesch: büda wos des lebm schreibt, Lyr. 02. (Red.)

Ellmer, Arndt s. Kehl, Wolfgang

†**Ellrodt,** Ursula; lebte in Bad Homburg (* Nowag 5. 10. 14, † 06). Hist. Jugendrom. – **V:** Ja spukt's denn wirklich auf dem Bürleberg? 83; Mein Vater, der Raubritter 91.

Elmer, Dieter (Käsmichl), Bürokfm., Konditor; Hochstr. 48 C, D-86399 Bobingen, Tel. (0 82 34) 4 11 76, Fax 4 11 09, *elmerdima@arcor.de* (* Bobingen 10. 11. 54). Mundartdichtung. – **V:** Spitzbuaba ond Maulschella, Mda.-G. 03; A'bsondra Freid sen'd Schwobaleid, Mda.-G. 04/05. (Red.)

Elmholt, Ritha (Roswitha Elmholt, Roswitha Ceglars-Wollschlaeger), bildende Künstlerin; Noorstr. 24, D-24340 Eckernförde, Tel. (01 60) 6 82 07 98, *ritha@elmholt.de, www.elmholt.de* (* Eckernförde 10. 7. 47). NordBuch 06–08; Erz. – **V:** Morgendeck, Kurzgeschn. 04; Liang Jensen, Kdb. 08/09. – **MA:** Jb. d. Heimatgemeinsch. Eckernförde 98, 99, 01; Eckernförder Leseb. 02; Mohland Jb. 05–07; Weihnachtsgeschn. f. Erwachsene (Mohland Verl.) 07; Fundstücke 07.

Elperin, Juri, Literar. Übers., Autor; Krasnoarmejskaja Str. 21, Wohn. 93, RUS-125319 Moskau, Tel. (00 70 95) 1 51 65 44 (* Davos 24. 6. 17). P.E.N.-Zentr. Dtld, VS, Kogge, Russ. S.V.; Nationalpr. d. DDR f. Kunst u. Lit.; Ess., Übers. – **V:** Woher der Wind weht, in: Neue Stimme 3/85; Peter Trenck (Ps.): Lehrreich im Verschweigen, in: FAZ v. 27.4.90; Hinunter in die tiefen Metroschacht, in: Freitag v. 21.6.91; Mein Berlin, in: TIP, Berlin-Mag. 79.9.–20.9.95; Ich denke an Machiavellis Wort vom Krieg, in: Tagesanzeiger Zürich v. 22.8.96, alles Ess. – **R:** Der neue Mensch auf den Trümmern der Utopie 93; Zur Lage einer zwiespältig vereinten Nation 93; Das Goethe-Institut in Moskau 94; Andrej Sacharow zum 5. Todestag 94; Solschenizyn, Portr. 95, alles Ess.; Abenteuer Moskau, Rez. d. gleichn. Buches 95; Droht Rußland der rot-braune Nationalismus oder Rußlands Zukunft, Feat. 96. – **Ue:** Wladimir Tendrjakow: Der Fremde 56; Valentin Katajew: Vor den Toren der Stadt 57; Michail Scholochow: Neuland unterm Pflug 60, 74; Tschingis Aitmatow: Du meine Pappel im roten Kopftuch 64, Tb. 90; Valentin Katajew: Der heilige Brunnen 68, 79; Valentin Rasputin: Geld für Maria 77 DDR, 78 BRD; Viktor Astafjew: Ilja Werstakow 78 BRD, u. d. T.: Die Floßfahrt 79 DDR; Daniil Granin: Rückfahrkarte 79; Anatoli Rybakow: Schwerer Sand 80; Wladimir Tendrjakow: Kurzschluß 82; Fasil Iskander: Klumparm 84; Das Buch aus reinem Silber, M. d. Völker d. SU 84; Anatoli Rybakow: Die Kinder vom Arbat 87; Jahre des Terrors 89; Stadt der Angst 90; mehrere Bühnenst., u. a.: Alexej Arbusow: Verschlungene Wege (unter Ps. Peter Trenck) 72; Juhan Smuul: Der wilde Kapitän; Lyrikübertrag. von: Achmatowa, Bunin, Fet, Jewtuschenko, Roshdestwenskij, Smeljakow, Tjutschew u. a., Veröff. in versch. Zss. u. Buchausg. (Red.)

Elsäßer, Tobias; Turmstr. 117, D-74321 Bietigheim-Bissingen, *tobi.elsaesser@t-online.de., www.tobiaselsaesser.de* (* Stuttgart 7. 1. 73). – **V:** Die Boygroup. Ein Insider-Roman 04; Ab ins Paradies, Jgdb. 07. (Red.)

Elsner, Irmgard s. Hunt, Irmgard E.

Eltayeb, Tarek, Dr.; Zieglergasse 57/25, A-1070 Wien, Tel. u. Fax (01) 5 22 18 67, *tarekl@eltayeb. at, www.eltayeb.at* (* Kairo 2. 1. 59). Elias-Canetti-Stip. 05. – **V:** Ein mit Tauben und Gurren gefüllter Koffer, G. u. Prosa dt./arab. 99; Aus dem Teppich meiner Schatten, G. u. Prosa dt./arab. 02; Das Palmenhaus, R. 06; – mehrere Titel in arab. Sprache. (Red.)

Eltz, Lieselotte von (Lieselotte von Eltz-Hoffmann, Ps. Lieselotte Hoffmann), Dr. phil., Prof., Bibliothekarin; Hinterholzerkai 18, A-5020 Salzburg, Tel. (06 62) 63 08 94, 64 45 83 (* Wien 18. 11. 21). Ö.S.V. 58, S.Ö.S., P.E.N. 82, Salzburger Autorengr.; Lit.pr. d. Verkehrsvar. Bavaria 54, Lit.pr. b. Erzählerwettbew. Unsere Kirche 60, Förd.pr. d. Ldes Salzburg f. Erwachsenenbild. 76; Rom., Nov., Ess., Hörsp., Biogr. – **V:** Adalbert Stifter und Wien, Biogr. 46; Reifen in der Zeit, Ess. 48; Sebastian Stief, ein Salzburger Maler des Biedermeier 50; Frauen auf Gottes Straßen, 8 ev. Lebensbilder 51, 53; Eine Negerin hilft ihrem Volk, Mary Bethune – McLeod-Biogr. 51; Ezechiel, der Prophet, R. 53; Protestanten aus romanischen Ländern 56; Feuchtersleben, der Arzt, Dichter und Philosoph 56; Ihr Herz schlug für das Tier. Große Fürsprecher der Tiere 58; Gaspard de Coligny 60, alles Biogr.; Das vergessene Jesuskind, Weihn.-Erzn. 60; Das Hündlein des Tobias, Erz. 61, 79; Der Bettler von Greenhill, Weihn.-Erz. 61; Kampf und Bekenntnis, biogr. Gesch. evang. Familien 62; Die beiden Schächer, N. 62; Die drei Ratsherren, Weihn.-Erz. 63; Der Ölzweig, Weihn.-Erz. 64; Ich hab den Glauben frei bekennt, Biogr. 64; Heiterer Herbst, Erz. 66, 78; Frauen auf Gottes Straßen N.F. II 68; Der Posaunengeneral, Erz. ich möchte nicht, daß er heimkommt, Weihn.-Erz. 69; Salzburger G'schichten, Kulturgesch. Erz. 71; Der reisende Poet, Biogr. Erz. (Paul Fleming) 71; Weihnachten wie es wirklich war, Erzn. 74; Der Maler Wilhelm Kaufmann, Biogr. 76; Die Weihnachtspredigt, Weihn. Erz. üb. Margarete Blarer 78; Macht hoch die Tür, 8 Weihnachtslieder u. ihre Dichter, Biogr. 78; Salzburger Brunnen 79; Lob Gott getrost mit Singen. Die schönsten Kirchenlieder u. ihre Dichter 80; Ehre sei Gott in der Höhe, Weihnachtserz. um J.S. Bach 80; Aus d. Leben d. Wandsbeker Boten, Biogr. Erz. üb. M. Claudius 82; Martin Luther, Biogr. 83; Prinz Tunora, Bü. 85; Bekehrungen. Glaubenszeugnisse aus d. Christenheit 88; Frauen der frühen Kirche, Biogr. 91; Die Kirchen Salzburgs 93; Kirchenfrauen im Mittelalter, Biogr. 93; Kirchenfrauen der frühen Neuzeit 95; Was zählt ist, daß wir lieben 96; Salzburger Frauen 97; Vom anderen Leben, Erzn. 97; Freuet Euch der schönen Erde. Das christl. Naturverständnis im Wandel d. Zeit 00; G. Heinrich Aumüller – der erste Pfarrer d. evang. Gemeinde in Salzburg, Biogr. 01; Gestalten des österreichischen Protestantismus, 12 Lebensbilder 02; Im Gegenwind. Gestalten d. öst. Protestantismus 03; Ihr Herz schlug für das Tier 03; Das Zeitalter des Tieres hat begonnen – Michael Aufhauser Lebensbild 04; Das Tier in Geschichte und Gegenwart, Ess. 06; Starke Frauen. 2000 Jahre unterwegs mit Gott 07; Der Kampf um das Evangelium. Gesch. d. Protestantismus in d. Stadt Salzburg 08. – **B:** Hildegard von Bingen: Lebensworte 95; dies.: Kräuterbüchlein der Seele 96. – **MA:** Es neigt sich d. Himmel zur Erde 85; Die Großen d. Liebe 89; 125 Jahre ev. Pfarrgemeinde Salzburg 92; Mack: Weihnachten feiern 92; Am Himmel steht e. heller Stern 97; Unvergessen, Biogr. 99ff.; Meine Weihnachtserinnerungen 00; Meine schönste Bibelstelle 01; Dt. Pfarrerblatt 01; Ich habe es erlebt 02; Glaube, Liebe, Hoffnung 07; Das besondere Ereignis 07; Protestantismus u. Literatur 07; Die besten Gedichte 2007/2008 08; Das große Vorlesebuch 08; – zahlr. Beitr. in: Glaube u. Heimat, seit 58; Tierschutz-

brief, seit 64; Die Saat, seit 69; Salzburger Bauernkalender, seit 87; Die Bastei, seit 97. – **H:** Stifter: Hochwald, Hagestolz, Nachkommenschaften 46; Wenter: Die Ordnung d. Geschöpfe 64. – **R:** u. a.: Kaiser Konrad III.; Die Tanne; Märchenspiel; Reformation; Fischer von Erlach; Ein Bekenner widersteht dem Kaiser (Tschernembel); Augustinus; Coligny; Das Wirtshaus zum Weidenbusch; Paracelsus; Versailles; Die große Armada; St. Florian; Diabol, Grot..; Naboths Weinberg; Die Nachbarn; Das glatte Pflaster von Paris; Wie Österreich entstand; Salomo; König u. Poet; Jesus u. d. Revolutionäre; Von d. Freiheit u. and. Werten; Prinz Tunora 85, – alles Hsp.; Eine Salzburger Kriminalgeschichte 96. – *Lit:* s. auch 2. Jg. SK.

Elwert, Barbara, Dipl.-Soz.päd., Management-Trainerin/Unternehmensberaterin; Worpheimer Str. 19, D-27726 Worpswede, Tel. (0 47 92) 41 95, Fax 38 59, *info @ao-team-worpswede.de, www.ao-team-worpswede. de* (* Köln 23. 2. 43). Autobiogr. – **V:** Heute hier – morgen dort. Aus dem Leben einer Management-Trainerin 07.

Elze, Carl-Christian, 2. Staatsexamen Biol. u. Germanistik, Student am DLL seit 04; Weißenfelser Str. 11, D-04229 Leipzig, Tel. (03 41) 9 26 16 85, *ccelze@ gmx.de* (* Berlin 26. 4. 74). Debütpr. d. Lyrik-Poetenladen 05, Irseer Pegasus 06; Lyr., Rom. – **V:** feucht das fell verstreut, Lyr. 04; stadt/land/stopp, Lyr. 06. – **MA:** ANTH.: 13. open Mike 05; Tippgemeinschaft 05, 06; poet[mag] – Das Magazin d. Poetenladens 06; – ZSS.: comma; plumbum; Park; Ostragehege; sic; Bella Triste; Akzente, seit 05. – **MH:** plumbum – texte in blei auf papier, m. Ela u. Thomas Siemon, seit 02. – **P:** /greenbox/, CD 06. (Red.)

Elzenbaumer, Mathilde Maria *

Emanuel vom Enzi s. Kaiser, Lothar Emanuel

Emberle, Eugen s. Wagner, Winfried

Emde, Friedrich *

Emerl s. Emmerstorfer, Herbert

Emersleben, Otto (gem. Ps. m. Hartmut Mechtel: Dirck van Belden), Diplom-Physiker; 12 Whittier Street, Brunswick, ME 04011/USA, Tel. (2 07) 7 25–74 42, Fax 7 25–33 48, *oemersle@bowdoin.edu, www.bowdoin.edu/~oemersle.* German Department, Bowdoin College, Brunswick, ME 04011 (* Berlin 19. 4. 40). SV-DDR 81, VS 91; Prosa. Ue: am. – **V:** Strom ohne Brücke, R. 80, 86 (auch tsch.); Länder des Goldes. Der Ausklang d. Großen Entdeckungszeitalters, erz. Sachb. 80, 87 (auch ung.); Nichts Neues unter der Sonne, Erz. 81, 86; Papiersterne, R. 82, 88; Zu fernen Ufern, erz. Sachb. 84, 86; Der Turm des Todes, Erzn. 85; Der Wind hat viele Namen, R. 85 (auch bulg.); Entschleierte Erde. Die letzten Abenteuer d. Entdeckungsgesch., erz. Sachb. 88; James Cook. Seemann, Entdecker, Naturforscher, Biogr. 89; Stralsund, Bildbd 91; Robert Edwin Peary. Ein amerikan. Traum v. Pol, Biogr. 91; James Cook, Biogr. 98; November-märchen. Keine bleibende Stadt, R. 00; Marco Polo, Biogr. 02 (auch span.); In den Schründen der Arktik, R. 03. – **MV:** Strandrecht, m. Hartmut Mechtel, hist. R. 88; Mecklenburg-Vorpommern, m. Jürgen Borchert u. Walter Kempowski, Bildbd 91, 99. – **B:** J.F. Cooper: Coopers Lederstrumpferzählungen. Neu gestaltet von O.E. u. Hartmut Mechtel 90. – **MA:** Wie Nickel zweimal ein Däne war. Neue Prosa – Neue Namen, Anth. 70; Bestandsaufnahme 2. Debütanten 1976–1980, Anth. 81; Greifswalder Alm. 03; Die blaue Schlange 04; Die schönsten Städte in Deutschlands Osten 06. – **MUe:** Bernie Bookbinder: Das Baseball-Outing, R., m. Hart-

Emig

mut Mechtel 96. – *Lit:* David W. Robinson (Hrsg.): Under Construction. Nine East German Lives 04.

Emig, Günther, Schriftst., Dir. d. Kleist-Archivs Sembdner d. Stadt Heilbronn; Schloß Haltenbergstetten, Prinzessinnenhaus, D-97996 Niederstetten, Fax (0 79 32) 60 47 05, *Guenther-Emig @Prinzessinnenhaus.de, www.Guenther-Emig.de* (* Nieder-Liebersbach 8. 2. 53). – **V:** F. wie fragmentarische Fiktionen, Prosa 73; Haarige Sachen, Neue G. 75; Die Abschaffung der Freiheit als Bedingung für deren Bestand, Prosa-Sat. 76; Vertonte Gedichte von Ludwig Pfau, Bibliogr. 94; Kleist-Archiv Sembdner, Bestands-Erg. 1990–1995 96; Die Käthchen-Festspiele im Deutschhof, Dok. 05. – **MA:** Die Musikgeschichte Heilbronns zur Mozart-Zeit, Bd 2 94. – **H:** Über das „Alternative" alternativer Publikationen 74; Jules Michelet: Die Hexe 75, 2. Aufl. 77; Erich Mühsam: Gesamtausgabe 76–83 IV; Neuerscheinungsindex Lit.zss. d. „grauen Marktes", I 79, 80, II 80, 84; Verzeichn. dt.spr. Lit.zss., Ausg.1 79/80, Ausg.2 81/82, Ausg.3 84/85; Materialien zum Werk von Elisabeth Alexander, H. 1–3 86; Unterländer Künstler, 25 Ausg. 91–00; Ludwig Pfau Blätter, 3 Ausg. 93–94; Friedr. Aug. Weber: Allegro Scherzando 93; Hans Franke. Textauswahl z. 100. Geb. 93; Heilbronner Kleist-Schriften 94ff.; Hugo Heermann: Meine Lebenserinnerungen 94; Wunderkinder! Rio Gebhardt u. sein Bruder Ferry 94; „O Kraft, o Kraft, du sollst mir nicht gebändigt werden ..." 94; Heilbronner Kleist-Blätter 96ff.; Lalita 96. Landesliteraturtage 1996 97; Rolf Hackenbracht: „... denn Wirtemberg hass' ich und werde nie dort bleiben" 98; Wiederlesen – weiterlesen 99; Ernst Helmut Flammer: Schriften zur Musik I 99; – Reihen: Heilbronner Kleist Reprints; Heinrich von Kleist, Werke. Reprints. – **MH:** Die Alternativpresse 80; Goethe in Heilbronn. 27./28. Aug. 1797 97; Schiller in Heilbronn 05. – *Lit:* Hdb. d. alternativen.dt.spr. Lit. 73; Th. Daum: Die zweite Kultur 81; H. Kunoff: The Alternative Press and Movement in West-Germany 88; DLL, Erg.bd III 97; Wer ist Wer? (Red.)

Emil s. Steinberger, Emil

Emm, Hans s. Mühlhäusser, Hans

Emme, Pierre, Dr. jur., freier Autor; lebt in Wien, c/o Gmeiner Verlag, Meßkirch (* Wien 11. 7. 43). – **V:** Pastetenlust, 05; Schnitzelfarce 05; Heurigenpassion 06; Würstelmassaker 06; Tortenkomplott 07; Killerspiele 07; Ballsaison 08, alles Krimis. (Red.)

Emmenegger, Heinz; Burgweg 5, CH-8008 Zürich, Tel. (01) 4 22 75 14, *storybox@pfister.li, www.pfister.li* (* Luzern 5. 6. 64). Rom., Erz., Hörsp. – **V:** Storybox I. Kürzestgeschn. No 1–100 00; Storybox II. Kürzestgeschn. No 101–200 04.

Emmerich, Christian s. Bargeld, Blixa

Emmerich, Hannelore; Lindenallee 15 c, D-63619 Bad Orb (* Oberhausen 27. 7. 29). – **V:** Mädchenjahre. Eine Jugend im Dritten Reich 03; In der Hand des Dämon, R. 06.

Emmerich, Maren, Studentin; Adalbert-Stifter-Str. 6, D-69190 Walldorf, Tel. (0 62 27) 43 91, *emmerich_maren@yahoo.de* (* Ravenburg 20. 6. 83). Scheffel-Pr. 02, e-fellows.net-Internetstip. – **V:** Maleika im Tempel der Erleuchtung, R. 02. (Red.)

Emmerig, Thomas, Dr.phil.; Sternenweg 3, D-93138 Lappersdorf (* München 24. 11. 48). Lyr., Kurzprosa, Ess., Fachb. – **V:** Milzbrand, G. 77, 79; Glaser, G. 79; Der Traum von der Wirklichkeit des Traums, Erz. 77, 2.erw. Aufl. (ges. Prosa 72–80) 81; Stein und Stein oder Was Regensburg ausmacht 87; Die stille Macht des Gedankens 96; Das große Pendel. G. 1993 – 1997 98. –

MV: Missa in dubio, m. Peter Coryllis (auch Vorw.) 88; H.E. Erwin Walther, m. and. 98. – **H:** Hans Rieser. Bildhauer und Zeichner 85; Franz Bonn: Richard Wagners Nibelungenringerl 88; Hans Rieser. „Sinnliche Abstraktion" u. das Mysterium der Form, Festgabe z. 60. Geb. 94; Von Bayern nach Taiwan oder Von Unterdinxbichl zur paflakubischlbanischen Grenze 01; Musikgeschichte Regensburg 06. – **F:** Warten, Kurzf. 75.

Emmerke, Erich M. s. Hausin, Manfred

Emmerlich, Gunther, Sänger, Moderator; c/o Sächsische Konzert- u. Künstleragentur GmbH, Grenzallee 28, D-01187 Dresden, *www.emmerlich.de* (* Eisenberg/Thür. 18. 9. 44). BVK, Bambi. – **V:** Ich wollte mich mal ausreden lassen, autobiogr. Geschn. 07, 2. Aufl. 08.

Emmerstorfer, Herbert (Ps. Emerl), Buchhalter i. P.; Postgütlstr. 20, A-4070 Eferding, Tel. (0 72 72) 47 16 (* Eferding 14. 12. 24). Stelzhamerbund 73, Dr. Zötl-Kr. Eferding 80; Silb. E.zeichen Stelzhamerbund 82; Lyr., Prosa, Sat., Glosse, Lied, Sonettenkranz, Kabarett. – **V:** Liederheft 76; Medizin für die Seele, Sat. 76, 3. Aufl. 77; 's Muadersprachbründl, Lyr. 77; Rund um an Mostkruag, Lyr. 78; Lusti geht d' Welt z'grund, Sat. 79, 3. Aufl. 80; Oberösterreichische Landlermess, Lieder 80, 3. Aufl. 80; D' Legend von Annaberg 80; Emmersdorf 1683 80; Mei Hoamatstadt 80, alles Lyr.; 's lebm is a ringlspü, Mda.-G. 81; An Landlertanz durchs Jahr, Lyr. 81; Gedankenspiele 81; Seelenspiegel 81; Der Tod 81; Charakterbilder 81; Dein Horoskop 81, alles Sonettenkränze; D' Kolomani Legend 83; Haibacher Gschichtln 83, 88; A Hochzeitsroas auf der Doana 83, 91; Der Heilige Wolfgang 83; D' Franzosnkriagszeit 84; Sankt Florian 84; Ruine Reichstoan 84, alles Lyr.; Heitere Mundart 88; Bergwanderungen, G. 89; Zur Unterhaltung 89; Durchs Jahr, G. 90; Für d'Gesellegkeit 90; Geschichtln aus der Hoamat 91; Zum Schluss 91. – **MA:** Allerhand so Geschichtn für d' Ofenbänk, Prosa 83. – **R:** A lustige Eicht 79; Bei uns dahoam 81, 82; Stimme der Heimat 84; Sprache der Heimat 86, alles Hfk. – **P:** Oberösterreichische Mundartdichter, Tonbd. 80; A Stammtischgaude mit'n Emerl, Tonbd. 80. – *Lit:* Johannes Hauer in: Mda.freunde Öst. 77; Alois Leeb in: Hausruckviertler Mda.dichter 81; Gerhard Ruiss/Johannes A. Vyoral in: Lit. Leben in Öst. 85.

Emmert, Michael, Dipl.-Päd.; c/o Karl H. Emmert, Bauerngasse 36, D-97616 Bad Neustadt, Tel. (0 97 71) 27 79, *michaelemmert@gmx.de, people.freenet.de/ michaelemmert.de* (* Bad Neustadt/Saale 15. 5. 54). Lyr. – **V:** Tanz, G. 94; Schwärfug. G. 96. (Red.)

Emperore, Dan s. Kaiser, Daniel

Empl, Haymo (Heimo Peter Empl jun.), Journalist; *mail@haymo-empl.ch, www.haymo-empl.ch* (* Winterthur 23. 8. 71). Pro Litteris; Rom., Journalist. Text. – **V:** Milzbrand 01; Attila 02; Belladonna 02. (Red.)

Emrich, Helmut, Dipl.-Psych., Dr. med. habil., UDoz., Arzt f. Neurologie u. Psychiatrie; Passauer Str. 28, D-94078 Freyung, Tel. (0 85 51) 52 30. Unteranschiessing 1, D-94157 Perlesreut (* Mainz 1. 3. 35). Burgschreiber (00 aufgelöst). Sat., Populärwiss. – **V:** Giftige Geschichten, Erz. 86; Jahrtausendschlußverkauf, Populärwiss. 97; mehrere wiss. Publ. – **MA:** 29 wiss. Arb. in Fachzss. (Red.)

Ems, Willi von der s. Stubbe, Wilfried

Ende, Sylvana von (eigtl. Sylvana Dagmar Johanna von Ende), Porzellanmaler u. -dekorier, Dipl.-Designerin, freischaff. Künstlerin, Autorin u. Verlagsinh.; Saalfelder Str. 112, D-98739 Schmiedefeld, Tel. u. Fax (03 67 01) 6 11 57, *SylvanavonEnde@gmx.de* (* Gräfenthal/Thür. 30. 6. 61). Rom., Erz., Drehb. – **V:**

Gefahr für die wundersame Welt des Gralskönigs 01; Das Herz des Schieferprinzen 09, beides Fantasy-R. – **MV:** Jakob, Suse und Paul, Teil 1, m. Andrea Marx, Kdb. 06/07. – **H:** Kochen, Kunst und mehr, Kunstb. 07. – *Lit:* s. auch Kürschners Handbuch der Bildenden Künstler, 1. Aufl. 2005.

Ender, Klaus, Fotograf; Stralsunder Str. 15c, D-18528 Bergen/Rügen, Tel. (0 38 38) 25 24 81, Fax 25 24 83, *art@photoarchiv@klaus-ender.de, www.klaus-ender.de, www.klaus-ender.com* (* Berlin 2. 4. 39). – **V:** insges. 120 Bücher (Fachbuch/Fotogr., Reisebildbände), u. a.: Rügen. Poesie e. Insel 03; Ein Samenkorn mit Zuversicht 04; Herzklopfen 06; Loslassen 06, alles G. u. Fotos; – Die nackten Tatsachen des Klaus Ender, Autobiogr. 04, 2. Aufl. 05. – *Lit:* s. auch Kürschners Handbuch der Bildenden Künstler, 2. Jg. 06/07. (Red.)

Enderle, Johann Martin s. Adrion, Dieter

Enderle, Manfred, Industriekfm., dipl. Dolmetscher u. staatl. gepr. Übers., 30 Jahre Tätigkeit in d. Übersetzungs- u. Exportabt. eines gr. Industrieunternehmens, i. R.; Am Wasser 22, D-89340 Leipheim-Riedheim, Tel. (0 82 21) 75 57, *manfred.enderle@gmx. de, www.manfred-enderle.de* (* Unterfahlheim 5. 8. 47). Ulmer Autoren 81; BVK am Bande 87, Einladung z. 4. Irseer Pegasus. – **V:** Nachtwanderer, Krim.-R. 06; Gedichte aus dem Donautal, 1.u.2. Aufl. 08; – mehrere Sachb. zum Thema Pilze (auch hrsg.). – **MA:** Veröff. versch. Gedichte in Anth.; Veröff. v. über 100 mykolog. Arbeiten in nat. u. internat. Pilzfachzss. – *Lit:* Heike Schneider in: Langenau aktuell (Wochenbeil. d. Ulmer Südwestpresse) v. 26.6.08.

†**Enders, Horst** (Ps. Mark Herzberg), Textil-Ing., Lehrer, ab 57 Autor, Dramaturg am Theater Rostock, DFF Berlin; Leiter in Schöneiche bei Berlin (* Beiersdorf 23. 10. 21, † 4. 10. 06). SV-DDR; Schausp., Fernseh- u. Hörsp. – **V:** Victory day 57; Stützpunkt Trufanowo 58; Haus im Schatten 60; Warschauer Konzert 67, Fsp. 68 (auch russ.); Dissonanzen 70, alles Sch.; Karriere zwischen Hoffnung und Tod, Krim.-Sat. 02. – **R:** Die Glocke von Uville 57; Trufanowo 61, Neufass. 80; Das Haus im Schatten 61, alles Fsp.; In letzter Stunde, Hsp. 62 (auch bulg.); Denkzettel 63; Noch an diesem Abend 63; Gold für USA 63; Liebe macht manchmal auch glücklich 64; alle lieben Babs, Fsp. u. Hsp. 64; Die Forbringern 68; Verhör im Gymnasium 68; Der schwarze Hund, Krim.-Fsp. n. E. Gaboriau 71; Jenseits des Lichts 72; Unerwarteter Besuch 75, alles Fsp.; Der neue Anzug, n. L. O'Flaherty 73; Namensgebung 74; Zwischen gestern und morgen 75; Gedanken im Zug 76; Haifische, n. J. London 76; In kalter Nacht 77, alles Hsp.; Nicht nur zur Weihnachtszeit 78; Kein Tag ist wie jeder andere 81; Monsieur bleibt im Schatten 82; Der junge Herr Siegmund, n. L. Tieck 86, alles Fsp.; Sieg um jeden Preis 86; Mord auf Honorar 87; Kein Fall für second hand 87, alles Krim.-Hsp.; Wie Madame wünschen, Fsp. in 4 Episoden, frei n. Maupassant 87; Abrechnung, Hsp. 92; Karriere, Boulevardst. n. J.D.H. Temme 98.

Enders, Torsten, Red.; Platanenstr. 38, D-15566 Schöneiche, Tel. (0 30) 6 49 89 19, *enders.schoeneiche @freenet.de* (* Altenburg/Thür. 6. 1. 54). SV-DDR 86–90; Autorenpr. d. DDR-Rdfk 90; Hörsp., Dramatik, Fernsehsp. – **V:** Kanzelkarl 86; Kowatz 91, beides Theaterst.; Spenderherz, Kom. 00. – **R:** Hsp., u. a.: Seilfahrt 83; Kein Wort von Einsamkeit 84, Fsf. 90; Alwins Träumerei 85; Das tonlose Spiel 89; Kowatz – ein deutsches Stück Leben 91; Dorns Tiefland 98; Spenderherz 01; Feat., u. a.: Kalksteinzeiten 83; Herbst in Annaberg; Sommer in Tschulimsk 84; Brückenschlag 84; Ich habe

längst aufgehört, als Individuum zu existieren 87; Trutz, Filmszenarium 91. (Red.)

Endl, Thomas, freier Autor, Regisseur; c/o Bettina Brömme, Dreimühlenstr. 27, D-80469 München, *thomasendl@szenator.de, www.szenator.de* (* Eichstätt 22. 3. 64). – **V:** Der fantastische Circus Sarrasani und der verrückte Zauberspruch, Kdb. 01; Der fantastische Circus Sarrasani und das ansteckende Lachen, Kdb. 02; Prinzessin der Nacht, Fantasy-R. 04. – **MA:** Hildegard! Storno!, Anth. 99; Gedanken im Netz, Anth. 02. – **MH:** Ein Herz und eine Serie 99; Mutters Tochter Vaters Sohn 01, beide m. Bettina Brömme; Vorerst für immer, m. Bettina Hasselbring 03. (Red.)

Endler, Adolf (Ps. Edmond Amay, Trudka Rumburg), Buchhändler, Kranführer; Neue Schönholzer Str. 14, D-13187 Berlin, Tel. (0 30) 48 09 69 07 (* Düsseldorf 20. 9. 30). SV-DDR 64–79, P.E.N.-Club 76–97, Dt. Akad. f. Spr. u. Dicht.; Heinrich-Mann-Pr. 90, Stip. d. Dt. Lit.fonds 92, Brandenburg. Lit.pr. 94, Brüder-Grimm-Pr. d. Stadt Hanau 95, Pr. d. SWF-Bestenliste 95, Rahel-Varnhagen-v.-Ense-Med. (m. Brigitte Schreier-Endler) 96, E.gabe d. Dt. Schillerstift. 98, Bremer Lit.pr. 00, Peter-Huchel-Pr. 00, BVK I. Kl. 01, Hans-Erich-Nossack-Pr. 03, Rainer-Malkowski-Pr. d. Bayer. Akad. d. Schönen Künste 08; Lyr., Ess., Kindertheater, Erzählende u. berichtende Prosa, Nachdichtung. Ue: russ, georg, bulg, engl. – **V:** Weg in die Wische, Rep. u. G. 60; Erwacht ohne Furcht, G. 60; Die Kinder der Nibelungen, G. 64; Das Sandkorn, G. 74, 76; Nackt mit Brille, G. 75; Zwei Versuche über Georgien zu erzählen, Reiseber. 76; Verwirrte klare Botschaften, G. 79; Nadelkissen, kl. Prosa 79; Akte Endler, G. aus 25 Jahren 81; Ohne Nennung von Gründen, G. u. Prosa 85; Schichtenflotz, erz. Prosa 87; Citatteria und Zackendulst, Not., Fragm., Zitate 90; Den Tiger reiten, Ess. 90; Vorbildlich schleimlösend, Prosa 90; Die Antwort des Poeten, R. 92; Tarzan am Prenzlauer Berg, Tageb. 94; Die Exzesse Bubi Blazezaks im Fokus des Kalten Krieges, erz. Prosa 95; Warnung vor Utah, Reiseber. 96; Der Pudding der Apokalypse, G. 99; Das Greisenalter – voilà, G. 01; Schweigen, Schreiben, Reden, Schweigen. Reden 1995–2001 03; Uns überholte der Zugvögelflug, G. 04; Nebbich. Eine dt. Karriere 05; Krähennäherkrächzte Rolltreppe, G. 07; Nächtlicher Besucher, in seine Schranken gewiesen, Prosa 08. – **MV:** Das bucklige Pferdchen 73; Ramayana 76, beides Kinderst. m. Elke Erb. – **H:** Walter Werner: Die verführerischen Gedanken der Schmetterlinge, G. 79, 82. – **MH:** In diesem besseren Land. Gedichte d. Deutschen Demokratischen Republik seit 1945, m. Karl Mickel 66; Jahrbuch der Lyrik, m. Chr. Buchwald 01. – **P:** Der Pudding der Apokalypse, CD 00. – **MUe:** Oktoberland, sowjet. Revolutionslyr. 67; Leonid Martynow: Der siebente Sinn, m. Paul Wiens, G. 68; Georgische Poesie aus 8 Jahrhunderten, m. Rainer Kirsch 71, 74; Howhannes Tumanjan: Das Taubenkloster, m. Elke Erb u. Friedemann Berger, G. u. Prosa 72; Atanas Daltschew: Gedichte, m. Uwe Grüning 75; Konstantinos Kovafis: Gedichte, m. H. v. den Steinen u. Karl Pieterich 79; Ein Ding von Schönheit ist ein Glück, engl. u. m. schott. Romantik 80; Bulat Okudshawa: Romanze vom Arbat 85; Surrealismus in Paris 1919–1939 86. – *Lit:* A.E./Bernd Kolf: E. Gespräch, in: Neue Lit. I 75; Bernd Kolf: Über d. Gedichtband „Das Sandkorn", ebda; Rainer Kirsch: Über A.E., in: Das Amt d. Richters 79; Peter Geese: Dichter Endler, in: Mundwerk, Ess. 83; Gerrit-Jan Berendse (Hrsg.): Krawarnewall. Über A.E. 97; ders.: Grenzfall-Studien. Essays z. Topos Prenzlauer Berg in d. DDR-Lit. 99; Karl Mickel: Endlers Wandel 05; Manfred Behn in: KLG.

Endlich

Endlich, Luise (Ps. f. Gabriele Mendling), Physiotherapeutin; c/o Transit Buchverl., Berlin (* Berlin 59). – **V:** NeuLand, Geschn. 99; OstWind, Geschn. 00. (Red.)

Endres, Brigitte (Brigitte Endres-Tylle, Britt Lylett), Grundschullehrerin; Auf dem Hasenstock 1a, D-34233 Fuldatal, Tel. (05 61) 9 81 26 53, Fax 9 81 26 54, *endres @tylle.de*, *www.brigitte-endres.de*, *www.ohrenspitz.de* (* Würzburg 4. 6. 54). Kinder- u. Jugendb. – **V:** Das Mädchen auf der anderen Seite 03; Janas Freund ist doch unmöglich 03; Der Rolli hält die Klappe nicht 04; Verhext noch mal! 04, alles Kdb.; Als Adolf in die Falle ging, Jgdb. 04; Hexe Hatschi macht Geschichten 05; Orki vom anderen Stern 06; Das kleine Scheusal findet einen Freund 06; Phil und Sophie und das Geheimnis der Fragen 06; Miris geheimer Plan 07; Hanni und Nanni. Lindenhof in Gefahr 07; Rätsel um die Neue 07; Die Ausreißerin 08, Zirkusabenteuer 08, Höhlenabenteuer 09, alles Kdb.; Familie Patchwork, Bilderb. 07; Die Kolibris aus Nr. 1. Das Rockkonzert 07, Verliebt, nein danke 07, Einfach unschlagbar 07, Ende gut, alles gut 08, alles Jgdb.; Die Weihnachtszeitmaschine 07; Justus und die Zehn Gebote 07; Tierarztpraxis Bärental. Islandpony 08, Bernhardiner 08; Milli zählt Schäfchen 08, alles Kdb.; Willkommen in der Krabbelgruppe, Bilderb. 08; Die Amadeusbande, Bd 1, Jgdb. 08. – **MA:** Praxis, Spiel und Gruppe, H.2 03; Ein Koffer voller Geschichten 06. – **R:** Hexe Hatschi, 7 Hsp.-Staffeln à 7 Geschn. 03–06; Orki vom anderen Stern, 7 Hsp.-Geschn. 03.

Endres, Helge W., Offizier; Vinzenzgasse 74, A-8020 Graz, Tel. u. Fax (03 16) 58 12 70 (* Salzburg 8. 9. 40). Erz., Rom. Ue: engl. – **V:** Soldaten, Generäle und andere Leut' 91, 94; So gern es mir leid tut 94, 98; Tarnen und Täuschen 95; Ohne Schritt Marsch 97; Der heitere Feldherrnhügel 02; Pollini, R. 05. – **MA:** Österreichs blaue Barette 79; Grenadiermarsch 99; Beitr. in: Der Soldat; Die Aula. – **Ue:** Michael Dainard: Streife die goldenen Handschellen ab (Arb.titel) 05. – **MUe:** Michael Dainard: So vermarkte ich mich selbst, m. Ursel Hatzinger-Winkler 95. (Red.)

Endres, Odile, M. A., Germanistin, Schriftst., Netzliteratin; *mail@odile-endres.de*, *www.odile-endres.de*, *www.cyberprosa.de*. Das Syndikat; Rom., Lyr., Kurzgesch., Artikel, Internetlit. Ue: engl. – **V:** Rendezvous mit Künzle, Kurzkrimis 95. – **MA:** Zähl mich dazu, Anth. 96; Internet Literatur Wettbewerb 97, CD-ROM; Kunst & Kultur, Okt. 98, Feb. 02; Fichtners Erbe, der Kurpfalz-Krimi 99; Poets One, Anth. 03; Rundherum Blätter 03; Lyr. u. Kurzromane in div. Zss. – **P:** gesammelte Internet-Lit. unter: www.cyberprosa.de. (Red.)

Endres, Ria, Schriftst.; Lersnerstr. 7, D-60322 Frankfurt/Main, Tel. (0 69) 55 34 58 (* Buchloe 12. 4. 46). Hsp. d. Monats 80, 89, Stip. d. Dt. Lit.-fonds 82, Villa-Massimo-Stip. 82, Dramatikerpr. d. Theatergem. 88/89, Baldreit-Stip. 96, E.gabe d. Dt. Schillerstift. 08; Erz., Ess., Hörsp., Theater, Lyr. – **V:** Am Ende angekommen. Dargestellt an wahnhaften Dunkel der Männerporträts des Thomas Bernhard, Ess. 80, 94; Milena antwortet. E. Brief, Erz. 82, 96; Am Anfang war die Stimme 86, erw. Aufl. 91; Der Zwischenmensch, R. 91; Werde, was du bist. Liter. Frauenportr. 92, 94; Der Sehlehrer, Erz. 95; Abschied vom Gedicht?, Ess. 96; Frohe Wahnsinn, G. 97; Samuel Beckett und seine Landschaften, Ess. 06; Die Dame mit dem Einhorn, Ess. 08; Schreiben zwischen Lust und Schrecken, Ess. 08; – THEATER/UA: Acht Weltmeister 90; Eight world champions 91; Zorn 91; Aus deutschem Dunkel 92; Der Kongress 93; Der Leibwächter 95. – **R:** fröhliche Endspiel 80; Der Osterhasenzug 81; Wo die Liebe hinfällt/Ein Weltreisender in Sachen Liebe 82;

Auferstehung des Fleisches 83; Freistil für Damen 84; Tango zu dritt 84; Kurz und schmerzlos 85; Eine Geliebte für immer 85; Zwillinge 87; Der Kongress 88; Valse éternelle, m. Patricia Jünger 89; Die Welt ein Alptraum/Schopenhauer lacht 90; Weltmeister 90; Doktor Alzheimer bittet zu Tisch 92; In der Not frißt der Teufel Fliegen 92; Zorn 92; Gründung einer Akademie 93; Der Leibwächter 93; Letzte Reise 96; Unser Vater ist doch noch ein Shooting-Star geworden 98; Der Weltuntergang findet nicht statt 98; Alles hat seine Zeit 00; Leben ist besser als tot sein 02; Der Mann aus Keego Harbor 04; Denken leicht gemacht 05; Eine Skulptur ist auch nur ein Mensch 06, alles Hsp.

Endres, Wolfgang, Referent i. d. Lehrerfortbildung; Hans-Thoma-Weg 4, D-79837 St. Blasien, Tel. (0 76 72) 93 91 30, Fax 22 46, *fbe@endres.de*, *www. endres.de*. Am Kalvarienberg 34, D-79837 St. Blasien (* Koblenz 29. 3. 46). Sachb. – **V:** Der große Punkt, Kdb. 86, 93; zahlr. Sachbücher z. Thema Lernmethodik, seit 80. – *Lit:* s. auch SK. (Red.)

Engbarth, Gerhard, Bluesikant, Liedermacher, Autor; Friedhofsallee 25, D-55566 Bad Sobernheim, Tel. (0 67 51) 13 74, *engbarth@bad-sobernheim.de* (* Bad Kreuznach 26. 7. 50). Würth-Lit.pr. 99; Liedtext, Kinderged., Märchen f. Erwachsene, Kurzgesch. – **V:** Der Blues vom Blues 77. – **MA:** Schweigen brennt unter der Haut 91; Noblesse – Stil – Eleganz (Texte zum Würth-Lit.pr., 7) 00. (Red.)

Engel, Gerd, Seemann, Kapitän, Lotse; Forstweg 16, D-24105 Kiel, *sposmokerengel@aol.com*, *www.gerd-engel.de* (* Osterode/Harz 2. 6. 34). – **V:** Rarotonga im Nebel, Lotsengeschn. 80; Karibikfahrt mit Kater Murr, Geschn. aus d. Seefahrt 83; Seekreuzer auf Abwegen, Seglergeschn. 85; Die amourösen Abenteuer des Peter L., Geschn. 87; Florida-Transfer, Geschn. 88; Münchhausen im Ölzeug 89; Die ungleichen Partner 89; Einmal Nordsee linksherum 90; Sieben-Meere-Garn, Erzn. 91; Im Eis des Nordens 94; Weiße Nächte – schwarzes Meer 95; Törn ins ewige Eis 99; Geheimsache Wetter 99; Tropendurst und Arktishunger 00; Kurs Gletscherfeuer 02; Paradiesische Hölle auf 50 Grad Süd 03; Rufe aus dem Ozean 07; Siebzig Lenze und kein Herbst 08. – **MA:** zahlr. Beiträge in d. maritimen Fachpresse. (Red.)

Engel, Karin (Ps.); c/o Dörnersche Verlagsgesellschaft mbH, Postfach 1106, D-21451 Reinbek (* Bremen 60). – **V:** Die Kaffeeprinzessin, R. 06; Das Erbe der Kaffeeprinzessin, R. 07.

Engel, Marius s. Engelsberger, Mario

Engel, Peter; Jungfrauenthal 26, D-20149 Hamburg, Tel. (0 40) 48 68 97, *Peter_Engel@gmx.de* (* Eutin 10. 11. 40). VS; Lyr., Kurzprosa, Ess. – **V:** Hier sitzend nach Mitternacht, G. 78; Einige von uns, G. 80; Statt eines Briefs, G. 86; Rückwärts voraus. 60 Gedichte aus 30 Jahren 00; 7 Gedichte 05; Hotel de l'Esperance, Rue Pascal, m. Lithogr. v. Ralf Kerbach, Lyr. 05. – **MV:** Beschreibung des Fallen, m. G. Guben, G. 77; Klitzekleine Bertelsmänner. Lit.-Publizist. Alternativen 1965–1973, m. W. Christian Schmitt 74. – **MA:** Beitr. in: Militante Literatur 73; IG Druck und Schreibmaschine 73; Mein Land ist ein feines Buch 73; Kulturarbeit 77; Lyrik-Katalog Bundesrep. 78; Jb. f. Lyrik 80; Jb. d. Lyrik 80, 06, 08; Wenn das Eis geht 83; Schreiben, Bücher, Büchermachen, G. 91; Heute Tanz. Achimer Lesebuch II 95; Das große Buch der kleinen Gedichte 98; Der odierte Goethe, Texte 99; Unterwegs ins Offene, G. 00; Blitzlicht. Dt.spr. Kurzlyr. aus 1100 Jahren 01; Städte. Verse 02; Zeit. Wort 03; NordWestSüdOst 03; Gegen die Schwerkraft der Sinne 04; Versnetze 08, alles Lyr. – **H:** Ich bin vielleicht du. Lyrische Selbstporträts, G.-Anth. 75; Ernst Weiß: Jarmila, Liebesgesch. 98. –

MH: Handbuch der alternativen deutschsprachigen Literatur 73, 4. Aufl. 80; Die Alternativpresse 80; Ernst Weiß: Ges. Werke in 16 Bden 82; Ernst Weiß – Seelenanalytiker und Erzähler von europäischem Rang, m. Hans-Harald Müller 92; Bernhard Heisig: Ruhig mal die Zähne zeigen, m. Rüdiger Küttner u. Dieter Brusberg, Kunstess. 05.

Engel, Werner, staatl. gepr., öffentl. bestellter u. beeidigter Übers.; Rollnerstr. 5, D-90408 Nürnberg, Tel. (09 11) 35 14 23 (* Fürth 14. 1. 21). VS/VdÜ. Ue: slowen, ngr, russ. – **V:** Zwischen Jugendlager und Kriegsgefangenschaft. Dokument aus d. Leben e. Fürthers vom Jahrgang 1921 08. – **Ue:** u. a. Bücher von: Ivan Tavčar, G.N. Psychuntakis, M. P. Arcybaschew, Pascha Tumanow.

Engelberg, Achim, Dr. phil., Publizist, Filmautor; Bergaustr. 41, D-12437 Berlin, Tel. (0 30) 5 32 55 16, achengel@web.de (* Berlin 7. 9. 65). – **V:** Über Dörfer und Städte. Der europ. Erzähler John Berger 98; Wer verloren hat, kämpfe 07; Wo aber endet Europa? Grenzgänger zwischen London u. Ankara 08. – **MH:** Montenegro im Umbruch, Repn. u. Essays 03; Serbien nach den Kriegen 08, beide m. Jens Becker.

Engelberg, Waltraut (geb. Waltraut Duchatsch), Dr. phil., Germanistin; Rethelstr. 10, D-12435 Berlin, Tel. (0 30) 5 33 68 64 (* Langenbielau/Schlesien 19. 8. 29). – **V:** Otto und Johanna von Bismarck, Biogr. 90, 98; Das private Leben der Bismarcks, Biogr. 98.

Engelbert, Friedrich (Ps. Roman Hermann), Dipl.-Ing., Stud. phil. (Romanistik), freier Autor; Eisfelder Str. 34, D-98553 Schleusingen, Tel. (03 68 41) 4 24 39, friedrich.engelbert@online. de, www.friedrichengelbert.de (* Breitenhain, Kr. Schweidnitz 3. 1. 39). SV-DDR, Gasth. 65–80, VS Thür. 94, Lit. Ges. Thür., Christine-Lavant-Ges. 95, Südosteuropa-Ges. 95; Kunstpr. d. FDGB 76, 2. Pr. im Lit.wettbew. d. FDGB 86 u. 88, Arb.stip. d. Ldes Thür. 95, Intern. Maßnahme v. VS u. Auswärt. Amt 97, 99, 01 u. 02, Otto-Alscher-Med., Orschowa/Rum. 00; Lyr., Prosa, Ess., Rezension. Ue: rum. – **V:** Zwischen Abschied und Wiedersehen, G. 92; An der Europastraße, G. 95; Die Herausforderung im K.O. Ein dt. Tageb. 97; Alte Schmiede, G. 99; Die gefundene Stele des Dichters, Prosa 99; Sonnenfinsternis – Eclipsa de soare, R. 02. – **MA:** Jahresringe, G. 88; Palmbaum 2/98; Schätze der Welt – Erbe der Menschheit, Bd 4 00; Südosteuropa Mitt. 1/01; Deutsche Literaturtage in Reschitza 1996–2000 01; Deutsche Literaturtage in Reschitza 2001–2005 06; Kunst u. Kultur d. IG Medien; Kulturpolit. Korrespondenz. – Lit: D. Lyriker F.E. aus Thür., Rdfk-Sdg 93; Georg Scherg in: Palmbaum 3/95; Interview in: Kulturpolit. Korrespondenz 963 96; Thomas Krause in: Palmbaum 4/97; Die Angst einfach wegschreiben, Feuill. in: Freies Wort Journ., Febr. 99; Palmbaum Lit.-Kal. 99, 04, u. a. (Red.)

Engelbert, Gabriele, Dipl.-Geograph, Journalistin, Familienmanagerin; Gabi.Engelbert@web.de (* Hamburg 12. 6. 49). Rom., Lyr., Erz. – **V:** Freihändig ..., Erzn. 88; Hier bin ich, Marjellchen, R. 91; Sing, sing, was geschah ..., Erzn. 96; Etüden, Lyr. 97; Ich und du – und Puk 02. – **MA:** Weihnachtsgeschichten am Kamin 95, 00; Beitr. in div. Anth., Zss., Ztgn, Wochenbl., Jahrb., Kal. u. a. seit 85. (Red.)

Engeler, Erica, Schriftst. u. Übers.; Oberer Graben 26, CH-9000 St. Gallen, Tel. (0 71) 2 23 49 50 (* Ruiz de Montoya/Argent. 30. 10. 49). Ges. f. dt. Sprache u. Lit., AdS 99; Harder Lit.pr. 85, St. Galler Förd.pr. f. Lit. 86; Rom., Kurzprosa, Lyr., Übers. Ue: span. – **V:** Der Biss, R. 86; Schattensprung 88; Die Überfahrt, Erz. 04; Organza, R. 05. – **MH:** Noisma, Zs. f. Lit. (Red.)

Engeler, Urs, Lic. phil. I, Verleger, Hrsg.; Dorfstr. 33, CH-4057 Basel, Tel. (06) 6 31 46 81, Fax 6 33 10 57, urs@engeler.de, www.engeler.de. Schusterinsel 7, D-79576 Weil am Rhein (* Zürich 7. 11. 62). SSV, Vorst.-mitgl. 98–02; Kulturpr. d. Stadt Basel 99, Karl-Heinz-Zillmer-Pr. 02, Horst-Bienek-Förd.pr. 02, Dt. Hörbuchpr. 03, Förd.pr. d. Kurt-Wolff-Stift. 07; Lyr., Hörsp., Ess. – **H:** Zwischen den Zeilen. Zs. f. Gedichte u. ihre Poetik, seit 92; Die Schweizer Korrektur, Ess. 95; Sammlung Urs Engeler Editor, seit 96; Compact-Bücher, seit 97; Erinnere einen vergessenen Text, Anth. 97; Fümms bö wö tää zää Uu. Stimmen u. Klänge d. Lautpoesie, m. CD 02.

Engelhardt, Günter, Dipl.-Lehrer; Brüsseler Str. 42, D-06128 Halle, Tel. (03 45) 1 20 94 96 (* Halle/S. 2. 10. 39). Friedrich-Bödecker-Kr. Sa.-Anh. 90; Erz. – **V:** Aus heiterm Himmel 01; Halle – wie's spricht unn lacht 02; Hallesches Jemähre 05; Dr Jleckner vom Rodn Dorm 07; De Schdernstunde von Betlehem 08.

Engelhardt, Matthias W., Dr. phil., Dipl.-Psych.-Psychotherapeut; Garkenburgstr. 2, D-30519 Hannover, Tel. (05 11) 86 97 96, Fax 86 98 68 (* Hannover 24. 6. 50). Ged., Sat., Rom. – **V:** Am Abgrund, G. 84; Meine Erlebnisse am elektrischen Stuhl, Satn. 85; Das Recht zu töten, R. 00. – **MV:** Wenn der Schneemann schweigend brennt, m. Jabir Abdul, G. 91. – **MA:** 3 Satn. in: Lyr. u. Prosa vom Hohen Ufer III 85. (Red.)

Engelke, Kai (Ps. Kaspar Kater), Schriftst., Journalist, Lehrer; Im Timpen 18, D-26903 Surwold, Tel. (0 49 65) 12 10, engelke.ulrikeundkai@t-online.de, www.kaiengelke.de (* Göttingen 1. 4. 46). VS TB, Mitgl. d. Ldesvorst. Nds./Bremen seit 00, Initiator u. Org. d. Surwolder Lit.gespräche 83–89. Arb.-krs.-office. Autor/ inn/en 83, Schücking-Ges 98, Vizepräs.; Georg-Weerth-Lit.pr. 89, 1. Pr. b. Hamburger Poetry-Slam 98, Bestenliste „Das neue Buch in Nds. u. Bremen" 99, u. a.; Lyr., Prosa, Lied, Renzension, Rom., Sachb., Journalistik. Ue: engl. – **V:** Lärmend der Nacht entgegen, G. 77; Die Angst macht mir Bauchweh, G. 78; Berührungsversuche, G. u. Lieder 79; Mein kleines dunkles Zimmer, Geschn. 80; Und im Herbst da wachsen mir Flügel, G. 80; Das Straßenmusikbuch, Sachb. 81, 2. Aufl. 84; Haus im Moor, Prosaskizze 87; Mit der Welt im Kopf, Senryu 89; Any J Malala, Erz. 90; Wölfe malen immer blau, G. 90; Surwold-Blues, G. 97; Detlef, ruf deine Mutter an, Erz. 98, 4. Aufl. 00; Blut, Schweiß und Träume, R. 00; Der Vollzeit-Erschrecker, Krim.-Stories 02. – **MV:** Wie gut, daß bei uns alles anders ist, m. Christoph Kuhn, Briefwechsel 99, 6. Aufl. 00. – **MA:** Anabas-Lehrerkal. 78/79 – 80/81, 83/84, 86/87 – 01/02; Laufmaschen; Anders als d. Blumenkinder 80; Gauke's Jb.; Aber es schweigt d. Dunkel; Gedichte unter Freunden; Autorencafé Kassel: Poetisch rebellieren 81; Das Väterbuch; Vor d. Schattenbaum; M. Arens (Hrsg.): Autorenbilder; Einkreisung; Spuren u. Gespürtes 82; Siegburger Pegasus; Wo liegt euer Lächeln begraben; Wenn d. Eis geht; Baumsymbiosen; Verse z. Feiern; Gratwanderungen; Auf vergilbtem Blatt; Verse im Wind; Wind neben d. Spiegel; Shadows across the sunland 83; Wortschatten; Deine deine Flügel; Bäume lügen nicht 84; Als d. Nacht anbrach; Zehn Jahre Zeitkritik 85; Weit noch ist mein Weg; Unter sterbendem Laub; Über gilbende Blätter; Inseln im Alltag 86; Das große Buch d. Renga-Dicht.; Ortsangaben; BBK Osnabrück-Emslamd; Das kleine Buch d. Renga-Dicht. 87; Kreuzwege 88; Arbeitsb. Lyr. 89; Loorper Beldertunscheere 90; Wortnetze III 91; Die Schöne Gärtnerin; Das große Buch d. Senku-Dicht. 92; Zehn; Im Hause d. Fährmanns; Sartre im Intercity 93; Zacken im Gemüt 94; Jahrhundertwende; Lit.korrespondenz 1 u. 2; Tandem, Bd 8; Drei Stüh-

Engelking

le u. eine Trommel; 96; Schücking Jahrbücher 98/99, 99/00; Zum Morden in den Norden 99; Weißt du noch das Zauberwort... 00; Mordlichter; Abrechnung, bitte!; Versfluss 02, u. a.; – Beitr. in Lit.-Tel.: Hannover, Osnabrück, Aurich. – **H:** Ich denke an morgen, Anth. 80, 2.,erw. Aufl. 81; Frieden, Anth. 82; Surwolder Literaturgespräche, Chron. 82; Schreib' weiter, Chron. 83; Literatur im Moor, Chron. u. Hdb., I 84, II 86; Zwischen Idylle und Detonation, Dok. 90; Ostfriesland literarisch, Autoren-Kat. 96. – **MH:** Gauke's Jb. '82–'84 81–83; Gezeitenwende, Anth. 98. – **R:** Gedichte, Texte, Gespräche, Interviews in Hfk u. Fs. seit 77, zuletzt: Detlef, ruf deine Mutter an 99. – **P:** Lou Reed, Paul und andere Wölfe, Tonkass. 83; Zorn & Zärtlichkeit, Tonkass. 84, CD 01; Jazz'n'Poetry, CD 94; Es Mi Tango, CD 98. – *Lit:* niedersachsen literarisch, Autorenportr. 81; Wer ist Wer?, seit 85; Man kann ja nie wissen, Fs.-Portr. K.E. 86; Hildesheimer Lit.lex. von 1800 bis heute 96; Lit. in Niedersachsen 00, u. a. (Red.)

Engelking, Esther R., Studentin; Schwarzwaldstr. 19, D-79117 Freiburg, Tel. (07 61) 1 56 23 12, *esther @engelking.de.* Johannesstr. 12, D-78609 Tuningen (* Tuningen). Rom., Kindergesch. – **V:** Hexenkater 07.

Engelmann, Erwin Josef s. Engelmann, Uwe Erwin

Engelmann, Gabriella (Ps. Sophie Winter), Buchhändlerin, Verlagsleiterin, Lit.scout; Bismarckstr. 5, D-20259 Hamburg, Tel. (0 40) 46 77 88 23, *literary-scout @gmx.de, www.gabriella-engelmann.de* (* München 16. 2. 66). Rom. – **V:** Die Promijägerin 04; Jagdsaison für Märchenprinzen 05; Inselzauber 07; Eine Villa zum Verlieben 08; Ich will dich, ich will dich nicht 09.

Engelmann, Harri, Kraftfahrzeugschlosser, Autoverkäufer; c/o WeymannBauer, Rostock, Dorfstr. 12, D-18239 Klein Nienhagen, Tel. (03 82 92) 77 32 (* Berlin-Tempelhof 14. 10. 47). SV-DDR 89/VS bis 92; Debütantenpr. d. Verl. Neues Leben 89; Erz., Rom. – **V:** Signale im Regen, Erzn. 88; Aufzeichnungen eines Autoverkäufers 98; Japanischer Garten, Erzn. 00. – **MA:** Erzn. in: Einstieg, Anth. 87; Durch den Tag gelaufen, Anth. 89; Temperamente, Zs. 84–88. – **R:** Peter Kaempfe liest Erzn. von H. E. 97. (Red.)

Engelmann, Philipp, Autor; c/o Verl. der Autoren, Frankfurt/M. (* Olten 25. 12. 54). Gruppe Olten; Dramatikerpr. d. Zs. Musik+Theater, Pr. d. Frankfurter Autorenstift. 86, Werkbeitr. d. Kt. Solothurn 96, Werkbeitr. d. Pro Helvetia 02; Drama. – **V:** zahlr. Stücke, u. a.: Die Hochzeitsfahrt 86; Oberföhn 90; Hagemann 97; Der gestiefelte Kater (n. Charles Perrault) 99; Der Feuervogel 00; Das Komplott oder Dämon der Freiheit 01. – **MA:** Neue Theaterstücke aus der Schweiz, m. Peter Rüedi 91. (Red.)

Engelmann, Traude (eigtl. Traude Goldberg-Engelmann), Dipl.-Journalistin; Karl-Liebknecht-Str. 15, D-04107 Leipzig, Tel. (06 41) 2 11 16 80, 2 11 16 83, Fax 2 11 16 82 (* Leipzig 14. 6. 44). VS; Rom. – **V:** Eines Tages werde ich mich rächen, R. 94; Kraft für ein Lächeln, R. 96. (Red.)

Engelmann, Uwe Erwin (Geb.name: Erwin Josef Engelmann), ObStudR.; Falkstr. 79, D-57072 Siegen, Tel. u. Fax (02 71) 4 17 21, *uweerwinengelmann@web. de* (* Neusiedel/Rum. 19. 7. 51). Kg. bis 01, FDA, GE-DOK Rhein-Main-Taunus bis 03, Exil-P.E.N.; Sonderpr. b. Int. Lyr.-Wettbew. Benevento 95, 99, 00, 01, 02; Lyr., Kurzprosa. Ue: rum., engl. – **V:** Und was ich dir noch sagen wollte, Lyr. 93; Aus meiner Schweigsamkeit breche ich aus, Lyr. 97; Zinnsoldat, Lyr. 07. – **MV:** Dorfleben in Südosteuropa / Viata la tara in sudestul Europei, m. Marcel Turu, Lyr. dt./rum. 01. – **MA:** Anth.: Wortmeldungen 72; Novum 72/73; Befragung heute 74; Schlagzeilen, Lyr. 97; In meinem Gedächtnis

wohnst du, G. 97; Wir sind aus solchem Zeug, wie das zu träumen, Lyr. 97; Das Gedicht 97, 02; Und redete mit Engelzungen, Lyr. 98; Allein mit meinem Zauberwort, Lyr. 98; Umbruchzeit, Lyr. 98; Hörst du, wie die Brunnen rauschen?, Lyr. 99; Posthornlyrik 00; Das Gedicht der Gegenwart 00; Feuer, das ewig brennt 01; In den Ohren ein Sirren vom Flugwind der Erde, G. 01; Lyrik heute 02; Schreiben = Aussage – Aussage = Schreiben 02; Nationalbibliothek d. dt.sprachigen Gedichtes, Bd. VI 03; Mehrstimmig 04; – Woiteg ... Voiteg. Geschichte e. Banater Gemeinde 93; Unser Heimatbuch. Ortsmonogr. Perjamosch 98; Die Erinnerung bleibt. Donauschwäb. Lit. nach 1945, Bd 2 00; – Zss./Ztgn: Veröff. in div. dt.sprachigen Ztgn Rumäniens 69–74; Neue Literatur 1/71; Volk u. Kultur 5/71; Südostdt. Vj.bll. 2/92, 4/93, 4/96; archenoah 1/2 01; Lit.-Zs. Literamus 15–35; Der Donauschwabe, Ztg/Kal. 94–02; Mitarb. an Tagesztgn im In- u. Ausland, u. a. – *Lit:* Dt. Schriftst.-lex. 02; Kulturhandb. f. d. Kr. Siegen-Wittgenstein 02.

Engels, Petra s. Fietzek, Petra

Engelsberger, Mario (Marius Engel, Mario Ewers), Dr., Journalist, Dolmetscher, Musiker, Komponist, Texter; Wittkeweg 10, A-8010 Graz, Tel. (03 16) 33 82 75, 36 55 95. Rückertgasse 9, A-8010 Graz (* Krško/ Slowenien 6. 10. 23). AKM, Austro-Mechana; Gold. E.zeichen d. Stadt Graz, E.zeichen d. Ldes Stmk, Eurostar, mehrere Gold- u. Platin-Schallpl.; Kurzrom., Schausp., Jugendb. Ue: slowen, kroat. – **V:** Mord im Stadion, Einakter, UA 77; Heiße Grenze, Kurz-R. 79; Sing mit! Kinderliederb. 83; Unternehmen Skorpion, Kurz-R. 84; Unsere Lieder, Kinderliederb. dreispr. 86; Karriere im Viervierteltakt 96. – **MV:** Märchenmaskenball, m. Hedi Wasserthal u. Folke Tegetthof 90; Träume. Ein Traumbuch neuer Art, m. Gerda Klimek. – **P:** mehr als 1800 Texte u. Melodien auf ca. 650 Tonträgern u. einer Aufl. v. über einer Million. (Red.)

Engen-Berghöfer, Erika (Ps. Erika Berghöfer), Schriftst., Prädikantin; Berggeist 16, D-82418 Murnau a. Staffelsee, Tel. (0 88 41) 92 49, Fax 92 95 (* Wien 30. 12. 28). Drama, Rom., Nov., Ess., Hörsp. – **V:** Das Paket, Erzn. 78; Komm in den Nußgarten, komm, R. 80. – **MA:** Pastoralblatt seit 85; Dein Wort ist meines Herzens Freude 99; Beitr. in Ztgn. – **R:** Sterntaler 79, 82; Der Pelz 83; Wunschkind 83, alles Fk-Erzn. (Red.)

Enger, Helmut, Lehrer, Heimatforscher, Rentner; Holzgasse 2, D-01561 Zabeltitz, Tel. (0 35 22) 50 46 00 (* Großenhain 13. 11. 28). Heimatkunde. – **V:** Sagenhafte Geschichte 00; Sagen aus der Röderheimat 01; Fünfundvierzig und vorher 05. (Red.)

Engert, Elmar, Lehrer; Kirchenstr. 66, D-81675 München (* Moggendorf 7. 10. 51). Lyr., Kurzprosa, Rom. – **V:** Dienstag ohne Datum, Kurzprosa 81; Bild vom Schnee, Lyr. 82; Grenzland, Lyr. 83; Die andere Hälfte der Welt, G. 89; Fünf Länder, G. 96; Wie Landstriche 96; Übers Meer, G. 05.

Engin, Osman; *satire@osmanengin.de, www. osmanengin.de* (* Soma/Türkei 25. 10. 60). Civis-Medienpr. d. ARD 06; Rom., Erz. – **V:** Der Deutschling 85, Neuaufl. 94; Alle Dackel umsonst gebissen 89; Der Finger im Kuchen, Geschn. 91; Alles getürkt, Geschn. 92; Dütschlünd, Dütschlünd übür üllüs 94 (auch türk.); Kanaken-Gandhi, R. 98 (auch als Theaterst.); Oberkanakengeil, Geschn. 01; GötterRatte, R. 04; Don Osman, Geschn. 05; West-östliches Sofa 06; Getürkte Weihnacht 06; Reisegeschichten 07. – **MA:** Beitr. f. „Oxmox", Stadtmag. Hamburg, seit 03; regelm. Radio-Kolumne b. Funkhaus Europa. (Red.)

Engin-Deniz, Helga; Bockkellerstr. 4, A-1190 Wien, Tel. (06 64) 2 86 34 18, Fax (01) 3 70 97 80, *hged@aon. at, hgedroman.pageonpage.eu* (* Wien 9. 1. 41). – **V:**

Der Himmelstürmer, R. 04; Schlussakkord (in Dur oder Moll), R. 07; Check-ins ins Ungewisse, R. 07.

Engisch, Helmut, Journalist u. Autor; Taubenheimstr. 67, D-70372 Stuttgart, Tel. u. Fax (07 11) 5 59 46 99, *helmut-engisch@t-online.de* (* Oberndorf/ Neckar 25. 8. 50). 1. Pr. b. Lit.-Wettbew. „Das Dorf" d. Akad. Ländl. Raum Bad.-Württ. 01; Erz., Hörsp., Dramatik. – **V:** Ein Mönch flog übers Schwabenland, Geschn. 96; Der schwäbische Büffelkönig und die Löwenmadam, Geschn. 98; Wer weiß, wer's war?, Klein-Ess. 99; Wer war's?, Klein-Ess. 01; Der Landkreis Calw, Sachb. 03; Das Königreich Württemberg, Sachb. 06; Wie dr Herr, so's G'scherr, UA 07. – **MV:** Die Fischers, m. Michael Zerhusen, Biogr. 98; Für Freiheit, Licht und Recht, m. Hans Peter Müller, hist.-biogr. Skizze 99; Adventsfieber, m. Arno Hermer, Theaterst., UA 99 (Fs.-Aufzeich.). – **MA:** Literaturblatt für Baden u. Württemberg 97–99; Schönes Schwaben, Zss. 98ff. – **R:** Der Metzger im Mondgebraus, Hsp. 96; Geister, Gold und Igelschmalz, Hsp. 97.

Engl, Georg; Morgenerstr. 4, Kleber, I-39030 Terenten, Tel. (04 71) 97 95 95 (* Terenten 6. 4. 51). GAV 85; Lyr., Erz., Prosa, Drama, Hörsp. – **V:** Besetzte Landschaft, Lyr. u. Prosa 03. (Red.)

Englert, Lothar, Soldat der Bundeswehr, Oberstleutnant; Leinenweg 19, D-26605 Aurich, Tel. (0 49 41) 6 53 91, Fax 99 13 04, *t.u.l.englert@t-online.de* (* Brühl b. Köln 27. 7. 48). Rom., Erz. – **V:** Achten Sie auf Kokoschinski, Satn. 00; Menschenskind, Mann! 02; ...doch Agamemnon schwieg ...!, Erz. 06. (Red.)

Englert, Sylvia s. Brandis, Katja

Englert, Traute (geb. Traute Sedat), kfm. Angest., Rentnerin; Im Moorkamp 19, D-31226 Peine, Tel. u. Fax (0 51 71) 5 16 25, *Traute.Englert@t-online.de* (* Tilsit/Ostpr. 16. 12. 31). – **V:** Bei uns gehen die Uhren noch anders, R. 93; Wuck auf, wach auf!, R. 00; Lottes Katzen, Erz. 04; Die Meerwischer Volksschule in Tilsit, Sachb.; Fluch der Mönche, R.

Englisch, Andreas, Korrespondent, Vatikan-Journalist; Via Vestri Giovanni 14, I-00151 Roma (* Werl 6. 6. 63). – **V:** Der stille Gott der Wölfe, R. 95; Die Petrusakte, R. 98; Johannes Paul II. 03; Gottes Spuren 06; Habemus Papam 06. (Red.)

Engstler, Peter, Verleger, Schriftst.; Am Brunnen 6, D-97645 Ostheim/Rhön, Tel. (0 97 74) 85 84 90, Fax 85 84 91, *engstler-verlag@t-online.de*, *www.engstler-verlag.de* (* Bad Neustadt 8. 5. 55). VS; Lyr. – **V:** Auge und Klang 86; Schnitt 90; Danger Beat 94; Tafel 98, alles Lyr.; Sprachland 03; Strophen, Lyr. 08/09. – **MV:** Lucky Dogs, m. J. Polacek, U. Breger u. A. Bonato, Lyr., Erz. 92. – **MA:** Beitr. in Anth. u. Lit.zss. seit 86, u. a.: Der Literaturfiebe; Kaltland Beat; Gegner. – **H:** Der Sanitäter, Zss. f. Text u. Bild.

Enkel, Eberhard, Dipl.-Ing.; c/o Eberhard-Enkel-Verlag, Kornelius Wnuk, Nansenstr. 3, D-64293 Darmstadt, Tel. u. Fax (0 61 51) 82 44 39, *eev@buchzentrale.de*, *www.buchzentrale.de* (* Darmstadt 27. 4. 48). – **V:** Flop, sat. Kurzgeschn. 96; Aphorismen 96; Kleines ABC des Lebens 96. (Red.)

†**Enlen,** Walter, Kaufmann; lebte in Oberursel (* Frankfurt/Main 29. 4. 23, † lt. PV). Erz. – **V:** Soldat Georg Heßler, Erz. – **V:**

Ennemoser, Albert, Mag. BA., Akad. Maler, Schriftst.; Wohnpark Josef-Schöpf-Str. 3, Top 14, A-6410 Telfs, Tel. (0 52 62) 6 89 09 (* Inzing/Tirol 26. 7. 48). British Acad. of Songwriters, Composers and Authors; Prosa, Drehb. – **V:** Drei Wege zum Wahnsinn, Dr. 86; Sepp Neander, Dr. 87; Winzige Geschichten 88; Das Zeichenblatt 91; Der Besuch, Dr. 92; Studio 2, Dr.

94; Der Koffer 96; Larina und Magnus, Erz. 98; Sonderbare Geschichten, Kurzgeschn. 02. – **MV:** Der Akt, m. Yvonne Etzlstorfer, Dr. 98. – **Lit:** s. auch Kürschners Handbuch der Bildenden Künstler, 1. Aufl. 2005. (Red.)

Ennemoser, Othmar; Fischerglacis 23, D-32423 Minden, Tel. u. Fax (05 71) 8 29 44 73. Put Dikla 23, CR-23000 Zadar/Kroatien (* Innsbruck 2. 2. 49). Rom. – **V:** Kuno und sein Richter od.: Von einem, der auszog, die Welt zu lernen, R. 00. (Red.)

Enrici, Enzio s. Kern, Ernst Heinz

Ensikat, Peter, Schriftst.; Waldowstr. 64, D-13053 Berlin, Tel. (0 30) 9 86 45 88, Fax 9 82 27 96 (* Finsterwalde 27. 4. 41). P.E.N. Dtld 97; Lessing-Pr. d. DDR 85, Nationalpr. (m. W. Schaller) 88; Kinderdrama, Fernsehsp. u. -film, Kabarett. – **V:** Hase und Igel, Schelmengesch. n. d. Brüdern Grimm 82; Bürger schützt eure Anlagen oder wem die Mütze paßt. Satirische Sätze aus d. Nachlass v. Roten Paul 83; Ab jetzt geb' ich nichts mehr zu 93; Wenn wir den Krieg verloren hätten 93; Uns gabs nur einmal 95; Hat es die DDR überhaupt gegeben? 98; Was ich noch vergessen wollte 00; Das Schönste am Gedächtnis sind die Lücken 05; mehrere Märchenbearb. – **MV:** Meine Katze heißt Herr Schmidt, m. Regine Röder 88; Das A steht vorn im Alphabet, m. Klaus Ensikat 98; Sternthaler oder die wirkliche Natur des Menschen, m. dems. 99. (Red.)

eNTe s. Tefelski, Norbert

Enzensberger, Hans Magnus (Ps. Andreas Thalmayr, Linda Quilt), Dr. phil., Schriftst., Übers., Hrsg.; lebt in München, c/o Suhrkamp Verl., Frankfurt/M. (* Kaufbeuren 11. 11. 29). Gruppe 47 56; Hugo-Jacobi-Pr. 56, Villa-Massimo-Stip. 59, Kritikerpr. f. Lit. 62, Georg-Büchner-Pr. 63, Pr. d. Stadt Nürnberg 66, Intern. Pr. f. Poesie, Struga/Jugoslawien 80, Pr. d. Förderaktion f. zeitgenöss. Lit. 81, Premio Pasolini 82, Heinrich-Böll-Pr. 85, Pr. d. Bayer. Akad. d. Schönen Künste 87, Jäggi-Pr. d. Basler Buchhandlung Jäggi 90, Erich-Maria-Remarque-Friedenspr. 93, „Das politische Buch" 93, Kultureller E.pr. d. Stadt München 94, Ernst-Robert-Curtius-Pr. 97, Heine-Pr. d. Stadt Düsseldorf 98, Mitgl. d. Ordens „Pour le mérite" 00, Vizekanzler 04, Premio Grinzane Cavour, Turin 01, Ludwig-Börne-Pr. 02, Prinz-von-Asturien-Pr. (Sparte Kommunikation u. Geisteswiss.), Spanien 02, Premio Lericipea Italien 02; Lyr., Feat., Ess., Film, Kritik, Rom., Erz., Dramatik, Hörsp., Libr., Drehb. Ue: engl, frz, ital, span, nor, schw. – **V:** Verteidigung d. Wölfe, G. 57; Zupp, Gesch. 59; Landessprache, G. 60; Brentanos Poetik 61; Einzelheiten, Ess. 62, Tb. in 2 Bden 64; Gedichte. Die Entstehung e. Gedichts, G. 64; Blindenschrift, G. 64; Politik u. Verbrechen, 9 Beitr. 64, Tb. u. d. T.: Polit. Kolportagen 66; Falter 65; Deutschland, Deutschland unter anderm 67; Staatsgefährdende Umtriebe 68; Freisprüche. Revolutionäre vor Gericht 70; Das Verhör v. Habana 70; Gedichte 1955–1970 71; Der kurze Sommer d. Anarchie. G. 72; El Cimarrón, Libr. 72; Gespräche mit Marx u. Engels 73; Gedichte 74; Palaver. Polit. Überlegungen 74; La Cubana od. ein Leben f. d. Kunst, Libr. n. Motiven v. Miguel Barnet 74; Mausoleum, Balln. 75; Der Weg ins Freie, 5 Lebensläufe 75; Der Untergang d. Titanic, Kom. 78; Beschreibung eines Dickichts, G. 79; Die Furie d. Verschwindens, G. 80; 33 Gedichte 81; Im Gegenteil, G. Szenen, Ess. 81; Ein unheilvolle Portrait 81; Polit. Brosamen, Ess. 82; Die Gedichte 83; Der Menschenfreund, Kom. 84; Das Wasserzeichen d. Poesie oder Die Kunst u. das Vergnügen, Gedichte zu lesen 85 (auch Hörb.); Auferstanden über alles, 5 Unters. 86; Gedichte 1950–1985 86; Ach Europa! 87; Mittelmaß u. Wahn 88; Requiem f. e. romantische Frau 88; Der Fliegende Robert, G., Szenen, Ess. 89; Diderot u. d. dunkle

291

Enzensperger

Ei 90; Zukunftsmusik, G. 91; Die Große Wanderung 92; Aussichten auf den Bürgerkrieg 93; Vom Terror d. Verschwendung 93; Diderots Schatten, Unterhaltungen, Szenen, Ess. 94; Kiosk, G. 95; Nieder mit Goethe. Requiem f. e. romantische Frau 95; Voltaires Neffe 96; Der Zahlenteufel, Jgdb. 97; Zickzack, Aufss. 97; Baukasten zu einer Theorie d. Medien, krit. Diskurse 97; Wo warst Du, Robert?, Jgdb. 98; Geisterstimmen. Übersetzungen u. Nachdicht. aus 40 Jahren 99; Leichter als Luft, moralische G. 99; Ohne uns. Ein Totengespräch 99; Selected Poems 99; Einladung zu einem Poesie-Automaten 00; Gedichte 1950–2000 01 (m. CD); Die Elixiere der Wissenschaft 02; Die Geschichte der Wolken, Meditn. 03; Lyrik nervt. Erste Hilfe f. gestreßte Leser 04; Dialog zwischen Unsterblichen, Lebendigen und Toten 04; Schauderhafte Wunderkinder 06; Schreckens Männer. Versuch über den radikalen Verlierer 06; Josefine und ich, Erz. 06; Zu große Fragen. Interviews u. Gespräche 2005–1970 07; Einzelheiten I & II 07; Im Irrgarten der Intelligenz. Ein Idiotenführer, Ess. 07; Hammerstein oder der Eigensinn 08; Rebus, G. 09; – THEATER/UA: Das Verhör von Habana 70; Der Menschenfeind 79; Der Bürger als Edelmann 80; Der Untergang d. Titanic 80; Der Menschenfreund 84; Eine romantische Frau 90; Delirium. Ein Dichter-Spektakel, Lyrikcoll. 94; Nieder mit Goethe! 96; – OPERN: El cimarrón, UA 70; Leonore, UA 74; La Cubana od. Ein Leben f. d. Kunst, UA 75. – MA: Mein Gedicht ist mein Messer 61; Kursbuch 13 u. 14 68; Allg. Reimlex., 2 Bde 89; Eingriffe, Jb. 88, u.v.a. – H: Clemens Brentano: Gedichte, Erzn., Briefe 58; Museum d. modernen Poesie 60; Allerleirauh, Kd.-Reime 61; Gunnar Ekelöf: Poesie, schw.-dt. 62; Giorgios Seferis: Poesie, gr.-dt. 62; Fernando Pessoa: Poesie, port.-dt. 62; David Rokeah: Poesie, hebr.-dt. 62 (auch Mitübers.); Vorzeichen. Fünf neue dt. Autoren 62; Andreas Gryphius: Gedichte 62; Carlo Emilio Gadda: Die Erkenntnis d. Schmerzes 63; O.V. de Lubisz-Milosz: Poesie, frz.-dt. 63; Nelly Sachs: Ausgew. Gedichte 63; Georg Büchner / Ludwig Weidig: Der Hessische Landbote 65; František Halas: Poesie, tsch.-dt. 65; Karl Vennberg: Poesie, schw.-dt. 65 (auch Mitübers.); Paavo Haavikko: Poesie, fin.-dt. 65; Carlos Drummond de Andrade: Poesie, port.-dt. 65; Kursbuch, Zs. 65–75 (ab 71 m. and.); Paul van Ostaijen: Poesie, fläm.-dt. 66; Vincente Huidobro: Poesie, span.-dt. 66; Orhan Veli Kanik: Poesie, türk.-dt. 66; B. de las Casas: Kurzgefaßter Bericht v. d. Verwüstung d. Westindischen Länder 66; F. Schiller: Gedichte 66; Bahman Nirumand: Persien. Modell e. Entwicklungslandes od. Die Diktatur d. Freien Welt 67; H. Mann: Polit. Essays 68; Johann Most: Kapital u. Arbeit 72; Albert Camus: Die Gerechten 76; Alexander Herzen: Die gescheiterte Revolution 77; A.V. Suchovo-Kobylin: Tarelkins Tod od. Der Vampir v. St. Petersburg 81 (auch Übers.); Die Andere Bibliothek, 249 Bände 1985–2005; Nie wieder. Die schlimmsten Reisen d. Welt 95; Europa in Ruinen 95; Eine literarische Landkarte, Anth. 99. – MH: Klassenbuch. Ein Lesebuch zu d. Klassenkämpfen in Deutschland 1756–1971 72 III; TransAtlantik, Zs. 80–82. – R: Das babylonische Riff – Wachträume u. Vexierbilder aus New York, Hb. 57; Dunkle Herrschaft, tiefer Bajou 57; Aus dem italienischen Pitaval I u. II 60; Nacht über Dublin, Hsp. 61; Chicago-Ballade 62; Jacob u. sein Herr, Hsp. n. Diderot 63; Bildnis u. Landesvaters, Fsf. 66; Alle Mann auf der Straße, Hb. 68; Rachels Lied, Hb. n. Miguel Barnet 68; Der Verhör v. Habana 69; Taube Ohren 71; Durruti, Fsf. 72; Gespräche mit Marx u. Engels, Teil 1–4 72; Verweht, Hsp. 74; Der Entkommene v. Turin, Rep. 75; Erfinder in Dtld, Fsf. 76; Die Gesch. d. sieben Familien von Pippel-Pop-pel-See, Hsp. n. Edward Lear 77; Die Bakunin-Kass., Hsp. 78; Der tote Mann u. d. Philosoph, Kom. 79; Der Untergang d. Titanic 79; Jakob u. sein Herr, 3tlg. Hsp.-R. n. Diderot 79; Der Menschenfeind, n. Moliére 80; Das unheilvolle Portrait, n. Diderot 81; Ein wahres Hörspiel, n. d. Erz. „Eine wahre Geschichte" v. Diderot 82; Wohnkampf 82; Requiem f. e. romantische Frau 83; Besuch bei Dr. Marx 83; Madame de la Carlière od. Die Wankelmütigen 84; Billy Bishop steigt auf, Fsf. n. John Gray u. Eric Peterson 85; Böhmen am Meer 88; Diderot u. d. dunkle Ei 93; Der Affekt gegen alles, was Luxus heißt 96. – P: Schläferung 61; H.M.E. liest Gedichte 62; Halleluja im Niemandsland, Jazz u. Lyr. 63; Staatsangehörigkeit: deutsch, Büchner-Pr.-Rede 64; El cimarrón 71; Der Abendstern, m. and. 79; Ingrid Caven live in Hamburg 81; Der Untergang d. Titanic, Kom. 81; Jacob u. sein Herr 87; Das somnambule Ohr, G. 95; Nie wieder, CD 99, u. a. – Ue: Jean de La Varende: Gustave Flaubert in Selbstzeugnissen u. Bilddokumenten 58; John Gay: Die Bettleroper, in: Bertolt Brechts Dreigroschenbuch, Texte, Mat., Dokumente 60; W.C. Williams: Gedichte, am.-dt. 62 (auch Nachw.), 2. Aufl. u. d. T.: Die Worte, die Worte, die Worte 73; Franco Fortini: Poesie, ital.-dt. 63; César Vallejo: Gedichte, span.-dt. 63 (auch Nachw.); Lars Gustafsson: Die Maschinen, G. 67; Pablo Neruda: Poesia sin pereta – Poésie impure, G. 68; Edward Lear: Edward Lears kompletter Nonsens 77; Molière: Der Menschenfeind 79; Der Bürger als Edelmann 80; Pablo Neruda: Die Raserei u. die Qual, G. span.-dt. 86 (auch Nachw.); Die Tochter d. Luft, Sch. n. d. Spanischen d. Calderón de la Barca 92; Denis Diderot: Gründe, meinem alten Hausrock nachzutrauern 92; Wallace Stevens: Der Mann mit der blauen Gitarre, G. 95; Charles Simic: Ein Buch von Göttern u. Teufeln 93; Federico García Lorca: Bernada Albas Haus, Sch. 99; Hilaire Bellocs: Klein-Kinder-Bewahr-Anstalt 98; ders.: Gedichte 98 (CD 00); Tor Åge Bringsværd: Die wilden Götter 00; Bernardino de Sahagún: Mond u. Muschel 00. – MUe: Lars Gustafson: Eine Insel in der Nähe v. Magora, m. J. Mahner, H. Gössel u. A. Modersohn, ges. Erzn. u. G. 72; Octavio Paz: Gedichte, m. Erich Arendt u. a. 73; Wystan Hugh Auden: Gedichte, m. Astrid Claes 75; Nicanor Parra: Und Chile ist e. Wüste, m. Nicolas Born u. a. 75; Rafael Alberti: Gedichte, m. E. Arendt, K. Arend u. a. 76; W.C. Williams: Gedichte 77; György Dalos: Meine Lage in der Lage, m. Thomas u. Peter Paul Zahl, G. u. Geschn. 79; César Vallejo: Gedichte, m. Erich Arendt u. Fritz Rudolf Fries 79; Lars Gustafsson: Die Stille d. Welt vor Bach, m. Hanns Gössel u. a., G. 82; W.C. Williams: Endlos u. unzerstörbar, G. 83, u. a. – Lit: J. Schickel (Hrsg.): Üb. H.M.E., m. Bibliogr. 70; Text + Kritik, Bd 49 76; H.M.E. Materialien 83; Frank Dietschreit/Barbara Heinze-Dietschreit: H.M.E. 86; Killy: LitLex., Bd 3 89; Jörg Lau: H.M.E. Ein öffentliches Leben 99; Rainer Wieland (Hrsg.): Der Zorn altert, die Ironie ist unsterblich 99; Hermann Korte in: KLG.

Enzensperger, Manfred, StudDir., Fachleiter am Studienseminar Leverkusen; Kinderhausen 9, D-51381 Leverkusen, Tel. u. Fax (0 21 71) 8 13 23, *m. enzensperger@t-online.de* (* Köln 24. 8. 52). Lit.haus Köln. – **V:** Sperrbezirk, G. 99; Strich und Faden 00; Semiopolis 02; Zimmerflimmern 07. – **MA:** Beitr. in: Das Gedicht, Zeitung (hg. horen; ndl; Jb. d. Lyrik 04 u. 08. – **H:** Die Hölderlin Ameisen. Vom Finden und Erfinden der Poesie 05.

Enzinger, Peter; Wimbergergasse 11, A-1070 Wien, Tel. (06 99) 12 48 85 13 (* Zell am See 29. 7. 68). GAV; Theodor-Körner-Förd.pr. 98, Lit.förd.pr. d. Stadt Wien

06. – **V:** gruenes licht oder das zerwuerfnis der Wuerfel, G. 02; mechanismen und defekte, G. 04. (Red.)

Enzmann, Leonore; Drosselweg 1, D-66352 Großrosseln-Karlsbrunn, Tel. (0 68 09) 18 09 68, *www. leonoreenzmann.de.vu* (* Magdeburg 5. 3. 55). Rom., Lyr. – **V:** Angstmark, R. 06; Gereimtes und Ungereimtes, Lyr. 07; Gwentin, R. 08. – **MA:** Klima – Wandel Dich, Anth. 07.

Ephron, Lionel s. Süess-Kolbl, Peter

Epli, Kurt, Verwaltungswirt, Produktberater/ Entwickler; Wiesenweg 2, D-74078 Heilbronn, Tel. (0 70 66) 56 03, Fax 44 00, *K.Epli@t-online.de* (* Heilbronn-Biberach 28. 4. 52). Motivations-Kinderb. – **V:** Die Schnakitos 96.

Eppele, Klaus, Informatiker; Heinrich-Weitz-Str. 31, D-76228 Karlsruhe, Tel. (07 21) 9 47 46 20, *eppele@welcheinglueck.de, www.welcheinglueck.de* (* Heidelberg 4. 59). Ged., Kurzgesch., Fachartikel. – **V:** Ertappt ..., G. u. Gedanken 99 (auch CD-ROM); Welch ein Glück, Beobacht. u. Gedanken 02; Aufwärts, Geschn. u. Gedanken 06. – **MA:** Beitr. in Anth.: Glücksuche; Netzgeschichten 3; LION-Gedichtband; Gedanken im Sturm; Lyrische Glanzlichter 2, 3, 4; Weihnachtsanth. 1 u. 2; Deutschland schreibt Geschmack; Alltagsgeschichten; Lebensgefühle; Lust auf Leben; Lust auf Gefühle; Schmunzelwerkstatt; Nationalbibliothek d. dt.sprachigen Gedichte s. V. (Red.)

Eppelsheimer, Rudolf, Dr. phil., Akad. Dir. a. D.; Hugo-Troendle-Str. 10, D-80992 München (* Ansbach 15. 10. 27). Lyr., Erz., Lit.wiss. – **V:** Tragik und Metamorphose. Die trag. Grundstruktur in Goethes Dichtung 58; Mimesis und Imitatio Christi bei Loerke, Däubler, Morgenstern, Hölderlin 68; Rilkes larische Landschaft 75; Goethes Faust 82; Merlins Wiederkehr, Lyr. 85; Kap Arkona, Lyr. 91; Vogelzeichen, Lyr. 98; Die Mission der Kunst in Goethes Brücken-Märchen 99; R.-Trilogie: 1. Romanze am Tegernsee 00, 2. Michael Falkenaus Doppelleben 02, 3. Die Insel der Seligen 05. – **MA:** Beitr. in Lyr.-Anth. u. Lyr.-Zss. – **H:** Christian Morgenstern, Gedenkausg. 71. (Red.)

Epper, Felix; Eschenweg 11, CH-4500 Solothurn, *felu@gmx.ch, www.felu.ch* (* St. Gallen 20. 6. 67). Robert-Walser-Ges. 99, SSV 00; Werkbeitr. d. Kt. Solothurn 04; Rom., Lyr., Erz. – **MV:** Frankie klingeling / teenage blue, m. Erich Keller 95. – **MA:** Schnell gehen auf Schnee, Geschn. 98; Sprung auf die Plattform, Geschn. 98; Der Rabe 54/98; zahlr. Beitr. in Lit.-Zss. seit 94, u. a. in: Entwürfe; Drehpunkt; Noisma. (Red.)

Eppich, Ute (geb. Ute Unger), Lehrerin, Hausfrau; c/o Geest Verl., Vechta (* Posen 15. 6. 40). Erz. – **V:** Der verlorene Schatten 94; Eines Träumers Traum 00; Sternschnuppen im Gepäck 01; Herzkind – Engelkind 03, alles Erzn. – **MA:** zahlr. Beitr. in Anth. u. Lit.Zzsn., u. a.: Fantasia; Eulalia seit 99; Glück – ein verirrter Moment 99; Von Drachen u. a. Freiheiten 00. – **H:** Gestorben ist nicht tot, Anth. 01; Hoffnung. Geschichten nah an der Wirklichkeit 01. (Red.)

Epple, Bruno, Schriftst. u. Maler; Am Rebberg 3, D-78337 Öhningen, Tel. (0 77 35) 20 95 (* Rielasingen/ Hegau 1. 7. 31). Dt.schweizer. P.E.N.; Bodensee-Lit.pr. 91; Lyr., Prosa. – **V:** Dinne und dusse, Mda.-G. 77; reit ritterle reit, Mda.-G. 79; Wovchs. Vergnügl. Laktionen z. alemann. Mda., I 80, II 81, III 83, Neuausg, 95; Ein Konstanzer Totentanz, Mda.-Sp., UA 82, gedr. 07; Ein Clown läuft ins Bild, Erz. 86; Seesonntag, Bilder u. Tagebuchblätter 88; Bruno Epple, Kat. 88; Einbildungen, Bilder u. Texte 90; Das Buch da, Prosa 91; Den See vor Augen 92, 4. Aufl. 96; Hirtenweihnacht, Sp. in alemann. Mda. 96; Im Zug zurück 97; Doo wo-

ni wohn, Mda.-G. 98; Walahfrid Strabos Lob der Reichenau auf alemannisch, Lyr. 00; Seegefilde, Bilder u. Texte 04. – **MA:** S lebig Wort, alemann. Anth. 78; Literatur im alemann. Raum 78; Nachrichten aus d. Alemann. 79; Lislott Walz, Glaskunst 81; Literatur am See 2 82; Konstanzer Trichter, Leseb. e. Region 83; Mein Bodensee 84; Daheim im Landkreis Konstanz 85; Leben am See, Heimatjb. d. Bodenseekr. 86, 87; Seewege 86; P. Karl Stadler – Bilder aus vier Jahrzehnten 91. – **P:** Alemannisch vom See, Mda.-G., CD 04. – *Lit:* Hubert Baum: Freude am alemann. Gedicht, Ausleg. 68; Manfred Bosch: B.E. – Maler u. Poet, in: Badische Heimat 4/77; Rüdiger Zuck: Der naive Maler B.E. 77; Dino Larese: Besuch bei B.E. 82; Martin Malser: Der Epple-Effekt 83; Walter Münch: Lob der Kunst, Reden 86; Manfred Bosch: B.E., Kat. 01; ders.: (Hrsg.): B.E. – Maler u. Poet. Zu Vita u. Werk 05; s. auch Kürschners Handbuch der Bildenden Künstler, 1. Aufl. 2005.

Equiluz, Wolfgang, Sänger, Schauspieler, Komponist,; Rainergasse 38, A-1050 Wien, Tel. (01) 9 43 08 13, (06 99) 17 91 17 91, *akw-studio@gmx.at, www.akw-studio.com* (* Wien 12. 6. 54). – **V:** Ein Mann? Ein Mord? 96; Tumor ist, wenn man trotzdem lacht 97; Duo infernale 01, alles Kom.; Und was machen Sie hauptberuflich?, Anekdn. 02. – **MV:** Was ist ein Wudel?, Satn. 90; Im Reich der Unsinne, Satn. 94, beide m. Wolfgang Katzer. (Red.)

Erath, Irmgard, Freiberuflerin; Müsinenstr. 31, A-6832 Sulz/Vbg, Tel. (0 55 22) 4 36 06 (* Sulz/Vbg 28. 6. 44). Aphor., Prosa. – **V:** Grenze des Lebens, aber nicht der Liebe 96, 05; Dem Leben vertrauen und loslassen 01; Trost in Trauer – Im Licht der Liebe 01; Zur Hochzeit – Der Liebe ist alles möglich 01; Zum freudigen Ereignis – Im Kinderlachen strahlt die Sonne 01; Willkommen, kleiner Schatz 02; Zum Jubiläum – Vertraut in vielen Jahren 02; Liebe ist stärker als der Tod 03; Meine ersten Gebete 06; Vertrau auf Gott 06; Zum Hochzeitstag alles Gute 07; Dein Schutzengel 07; Jesus schenkt dir seine Freundschaft 07; Danke, liebe Mutter 07; Für dich, liebe Mutter 07; Wie schön, es ist ein Mädchen 08; Wie schön, es ist ein Junge 08; Viel Glück dem Hochzeitspaar 08; Für die allerbeste Mutter der Welt 08.

Erb, Elke, Schriftst.; Schwedenstr. 17A, D-13357 Berlin, Tel. (0 30) 49 79 39 39, *elke.erb@pc66.de.* Wuischke Nr. 3, D-02627 Hochkirch, Tel. (05 93 9) 8 87 48 (* Scherbach/Eifel 18. 2. 38). SV-DDR 74–90; Peter-Huchel-Pr. 88, Heinrich-Mann-Pr. 90, E.gabe d. Dt. Schillerstift. 93, Rahel-Varnhagen-v.-Ense-Med. 94, Erich-Fried-Pr. 95, Ida-Dehmel-Lit.pr. d. GEDOK 95, N.-C.-Kaser-Lyr.pr. 98, F.-C.-Weiskopf-Pr. 99, Else-Heiliger-Stip. d. Adenauer-Stift. 04, Hans-Erich-Nossack-Pr. 07; Lyr., Kurzprosa, Ess., Nachdichtung, Übers. Ue: russ. – **V:** Gutachten, Poesie u. Prosa 75; Einer schreit: Nicht!, Geschn. u. G. 76; Der Faden der Geduld 78; Trost, G. u. Prosa 82; Vexierbild 83, 88; Kastanienallee, Texte u. Kommentare 87, 88; Nachts, halb zwei, zu Hause, Texte 91; Poet's corner 3, G. 91; Winkelzüge oder Nicht vermutete, aufschlußreiche Verhältnisse 91; Unschuld, du Licht meiner Augen, G. 94; Der wilde Forst, der tiefe Wald, Prosa 95; Mountains in Berlin, Kurzprosa 95 (engl. Ausw. USA); Mensch sein, nicht, G. u. a. Tagebuchnotizen 98; Sachverstand 00; Parabel, G. 02; die crux 03; Gänsesommer, Lyr. 05; Freude hin, Freude her, Lyr. 05; Sonanz. 5-Minuten-Notate 08; Wegerich. Mahn. Denn wieso?, Lyr. 08. – **MV:** Winkelzüge oder Nicht vermutete, aufschlußreiche Verhältnisse 84; Der Fuß thront ... 85, beide m. Angela Hampel; 7 Texte, m. Wolfgang Smy 86; Gesichtszüge, m. Christine Schlegel van Otten 87; Erwachsen-

Erb

heit, m. Michael Voges 88; Malachit, m. Karla Woisnitza 91; Diana!, m. Karla Woisnitza u. Kerstin Hensel 93; Wo das Nichts explodiert, m. Anna Werkmei-
ster 94, alles Künstlerbücher; Leibhaft lesen, G. / Detlef Opitz: Andersdenken anders denken, Laudatio 99. –
H: Hovhannes Tumanjan: Das Taubenkloster, Ess., G.,
Verslegenden, Poeme, Prosa 72; Annette von Droste-
Hülshoff (Poesiealbum 73) 73; Sarah Kirsch: Musik
auf dem Wasser 77, erg. Ausw. u. fortges. Nachw. 89;
Peter Altenberg: Die Lebensmaschinerie 80, 88; Mit
den Schlitten zu den schwarzen Raben. Gedichte a. d.
alten Rußland 87; Annette von Droste-Hülshoff: Gedichte 89; Maria Zwetajewa: Das Haus am Alten Pi-
men 89 (auch Ausw., Übers., Monogr.); Wis und Ramin
91; Friederike Mayröcker: Veritas, Lyr. u. Prosa 93. –
MH: Berührung ist nur eine Randerscheinung, m. Sascha Anderson (auch Vorw.) 85; Luchterhand Jb. Lyrik
1986, m. Christoph Buchwald 86. – **P:** Elke Erb liest
Elke Erb, Kurzprosa, CD 08. – **Ue:** Nikolai Gogol: Die
Heirat, Bühnenms. 74; Alexander Block: Ausgewählte Werke Bd 3, Briefe, Tageb. 78; Dmitrij Schostakowitsch: Sechs Gedichte von Marina Zwetajewa, Suite f.
Alt u. Klavier 78; Ales Rasanau: Zeichen vertikaler Zeit
95; Oleg Jurjew: Der Frankfurter Stier, R. 96. – **MUe:**
Werke von Boris Pasternak, Giuseppe Ungaretti, Alexander Block, Marina Zwetajewa, Sergej Jessenin, Weli-
mir Chlebnikow, Alexander Puschkin, Michail Lermontow, Jewgenij Samjatin, Anna Achmatowa, u. a. 77–96;
Oleg Jurjew: Halbinsel Judatin, R., m. Sergej Gladkich
99; Olga Martynova: Briefe an die Zypressen, m. O.
Martynova 01; Oleg Jurjew: Der neue Golem oder Der
Krieg der Kinder u. Greise, R. in fünf Satiren, m. ders.
03; Rosmarie Waldrop: Ein Schlüssel z. Sprache Amerikas, m. Marianne Frisch 04; Olga Martynova/Helena
Schwarz: Rom liegt irgendwo in Russland, Lyr., m. O.
Martynova 06.

Erb, Roland (Ps. Rober Michaels, Herbert
Onnecken, Robert Uhlen, Albert Dorn), Dipl.-Ro-
manist, Schriftst.; Gottschallstr. 4, D-04157 Leipzig,
Tel. u. Fax (03 41) 9 12 50 56, *RobertUhlen@aol.com*
(* Töppeln/Thür. 1. 4. 43). – SV-DDR 75–90, VS 90,
Freie Lit.ges. 90–03, Die Fähre 93–07, Literar. Arena
95, Autorenkr. d. Bdesrep. Dtld 01, P.E.N.-Zentr. dt.spr.
Autoren im Ausland 06; Stip. d. Außenministeriums
d. Franzôs. Rep. 92, Stip. Casa Baldi/Olevano 93, Lit.-
stip. d. Ldes Sachsen 95, 00 u. 02, Stip. d. Konrad-
Adenauer-Stift. 99, Eminescu-Med. d. Rep. Rumäniens
00, Geschwister-Scholl-Pr. (Kollektiv) 06; Lyr., Erz.,
Ess., Feat., Nachdichtung, Übers., Hörfunkess. Ue: frz,
schw, rum, ital, port, russ, poln, engl, span. – **V:** Die
Stille des Taifuns, G. 81; Märzenschaf, G. 95. – **MV:**
Wozu das Verlangen nach Schönheit, m. Linde Rotta u.
Andreas Reimann, Lyr. 03. – **B:** Ugo Foscolo: Letzte
Briefe des Jacopo Ortis, Prosa 84; Octavian Mihäescu:
heim(at)los. – **MA:** zahlr. Beitr. in Anth. u. Lit.zss.,
u. a. in: Sinn und Form 72; ndl 80, 88, H. 433 89; Die
eigene Stimme 88; Nicht allein im Rosental 89; Heimat
auf Erden wie im Himmel 94; Warteräume im Klee
95; Der heimliche Grund. Stimmen aus Sachsen 96;
Zs. Ostragehege 96–99; Die Zeichen der Zeit, H.3 98;
Signum 1/99, 2/07; Fast hätte er das Flugzeug erwürgt
99; Marienkalender 01, 03; Antigones Bruder 99; Ein
Fest zu feiern u. sich zu berauschen 04; Mit einem Reh
kommt Ilka ins Merkur, G. 05, 07; Literatur an einem
stillen Nachmittag 05; Europa erlesen. Leipzig 05; Poesiealbum neu 1/07. – **H:** Mihai Eminescu: Engel und
Dämonen, Lyr., Prosa 92; Joris-Karl Huysmans: Gegen
den Strich, R. 78, 80; Helmut Bartuschek: Die Häutung
des Schlangenkönigs, Lyr. 83; George Bacovia: Pfahl-
bauten, Lyr. 85; Rainer Maria Rilke: Ich, das Gold,

das Feuer und der Stein, Lyr. 01. – **MH:** Alexander
Blok: Gedichte 81; Freies Gehege. Alm. sächs. Autoren
94; Ostragehege, m. Utz Rachowski u. Peter Gehrisch
95–99; Schlafende Hunde. Polit. Lyrik in der Spaßgesellschaft, m. Thomas Bachmann u. Birgit Teichmann
04. – **R:** Paris, Radioess. 93. – **Ue:** zahlr. Übers. u.
Nachdicht., u. a.: Miguel Otero Silva: Ich weine nicht
75; Alejo Carpentier: Barockkonzert 76; Jorge Amado:
Das Land der goldenen Früchte 77; ders.: Der gestreifte Kater und die Schwalbe Sinhá 79, 91; Christoph
Columbus: Schiffstagebuch 80–90; Mihail Sadovea-
nu: Bärenauge 81; Tudor Arghezi: Der Friedhof 83/91
(auch hrsg.); Gunnar Ekelöf: Es ist spät auf Erden, G.
84; Panait Istrati: Neranzula 88; Jewgeni Samjatin: Wir
89; Ph. Soupault: Bitte schweigt, G. u. Lieder 89 (auch
hrsg.); Eduardo Lourenço: Essays 97; Michel Deguy:
Gedichte 98; G. in: Sinn u. Form 6/03. – **MUe:** Ossip Mandelstam: Über Dichtung 91; Boris Pasternak:
Luftwege 91; Walter Liebhaber. Texte von Paris nach
Berlin 97; Mythos Don Juan 99; Mythos Sisyphos 01;
Ess./Lyr. in: Sinn u. Form 4/01, 2/02; Was ich den Toten
las. Texte u. G. aus dem Warschauer Getto 03; Mihail
Sebastian: Voller Entsetzen, aber nicht verzweifelt, Ta-
gebücher 05, 06; Ludvík Kundera: Süß ist es zu leben,
Lyr. 06; Normen Manea: Oktober, acht Uhr, Erzn. 07. –
Lit: Peter Geist in: Im Blick: Junge Autoren 87.

Erb, Ute (Ute Schürrer), Kulturmanagerin; Ibur-
ger Ufer 6, D-10587 Berlin, *u.erb@tiscalinet.de*
(* Scherbach/Rheinbach 23. 12. 40). GAV; 5. Pr. d.
Spartakus-Stud.mag. rote blätter „Lit. d. Studentenbe-
weg." 76; Rom., Ged., Kurzprosa, Bericht, Ess. Ue:
engl, frz. – **V:** Die Kette an deinem Halse. Aufzeichn. e.
zornigen jungen Mädchens aus Mitteldtld 60, 69 (auch
holl., dän., frz., ital., span., schw.); Ein schöner Land,
G. 76; Schulter an Schulter, G. 79; Der Gang. Verrückte
Buchstaben 80; Die Reise nach Wien, Schlüssel-R. in 3
T. 80. – **MV:** Lyrik u. Prosa 76; Goethe darf kein Einakter bleiben 82. – **MA:** Alm. f. Lit. u. Theol. Stadtansichten 77, 80, 81, 82; Mit gemischten Gefühlen, Lyrik-
Kat. Bdesrep. 77; Körper Liebe Sprache 82, u. v. a. – **R:**
Das Wochenende e. Gastarbeitern, Fs.-Skizze 68; Hütet euren Kopf, G. 72; Nie kommen wir ins Paradies, G.
73; Schindluder treiben, G. 75, u. v. a. – **MUe:** Die Marquise de Gange 67. ↟ *Lit:* Vorwärts, blickpunkt, Twen,
Freibord, SFB u. a. (Red.)

Erbach, Michael, Dipl.-Journalist; Brandenburgerstr. 45, D-14467 Potsdam, Tel. (01 72) 3 09 51 11,
michaelerbach@alice-dsl.de (* Bad Salzungen
6. 3. 58). – **V:** Tiefer See, Horror-Thr. 04.

Erbe, Ulli, Astrologin, Galeristin, Malerin, Messing-
bildnerin, Illustratorin; Kurfürstenstr. 62, D-56864 Bad
Bertrich, Tel. (0 26 74) 91 39 89, *info@ulli-erbe.info*,
www.ulli-erbe.info (* Berlin). Lyr., Rom. – **V:** Riecher
und Viecher oder Das Tier im Menschen, Lyr. 95. –
MV: sowie Bearbeitung, Zus.stellung u. Illustration m.
Ekke Plöger: Stelldichein verwandter Geister, Lyr. 94;
Knuten oder Dem Leben auf's Maul geschaut 95; Ge-
dankenklo, Lyr. 97; Aus dem Lebenszyklus der Zwei-
beiner, Lyr. 02; Zurück zur Steinzeit 03. – *Lit:* Who is
Who.

Erben, Ingrid s. Bachér, Ingrid

Erckenbrecht, Marieluise; *www.erckenbrecht.de*.
c/o Isensee, Oldenburg, Göttinger Literar. Ges. – **V:**
Merxhausen damals 83, 3. Aufl. 94; hat jemand gerufen
00; Zwischen den Worten 06. – **MA:** Göttinger Miniaturen 97; Das Gedicht 97; Und redete mit mit Engelzungen 98; Umbruchzeit 98; Lyrik heute 99; Hörst du, wie
die Brunnen rauschen? 99; Jb. Lyrik 00. (Red.)

Erckenbrecht, Ulrich (Ps. Hans Ritz), Dr. d.
Philosophie; Im Weidengarten 19, D-34130 Kassel

(* Heidelberg 13. 4. 47). Ess., Aphor., Lyr. Ue: engl. – **V:** Sprachdenken, Aphor. 74, 2. Aufl. 84; Ein Körnchen Lüge, Aphor. 74, 3. Aufl. 83; Politische Sprache 75; Mensch du Affe 75; Anleitung zur Ketzerei 80, 4. Aufl. 84, alles Ess.; Ringelsternchen, G. 80, 2. Aufl. 84; Die Geschichte vom Rotkäppchen, Ess. 81, 14., abermals erw. Aufl. 06; Die Sehnsucht nach der Südsee, Ess. 83, 2., veränd. Aufl. 83; Maximen und Moritzimen, Aphor. 91; Katzenköppe, Aphor. u. Epigramme 95; Shakespeare Sechsundsechzig, Lyr., Übers. u. Ess. 96, 2., erw. Aufl. 01, Beilage 04; Die Unweisheit des Westens, Ess. 98; Divertimenti, Aphor. 99; Shakespeares Sonette in freier Übertragung 00; Brief über Chopin 02; Elefant Kette Fuß bunne, ausgew. G. 03; Bilder vom Rotkäppchen, 2. erw. Aufl. 07; Grubenfunde, Lyr. u. Prosa 07; Hilfslinien, Prosa 08; Entkürzelungen, Prosa 08. – *Lit:* Wolfgang Mieder in: Proverbium 17/00; ders. in: Festschr. f. Valerii Mokienko 00.

Erdbrügger, Josefine (geb. Josefine Bogner), Bibliothekarin; Jahnstr. 26, A-6020 Innsbruck, Tel. (05 12) 57 18 21, *j.erdbruegger@aon.at* (* Walchsee 22. 6. 28). Turmbund 90, Verb. d. geistig Schaffenden, Wien; Prosa, Erz. – **V:** Die kleinen Dinge sind's im Leben, Erz. 99; Altern ohne Frust und andere Geschichten 03. – **MA:** Textttürme 4; Ein Lesebuch Bde 74, 80, beides Anth. (Red.)

Erdheim, Claudia, M. A., Dr. phil., U.Lektorin; Höhnegasse 19/5, A-1180 Wien, Tel. u. Fax (01) 4 79 12 07, *claudia.erdheim@aon.at, www.erdheim.at* (* Wien 6. 10. 45). Podium, IGAA, GAV; Pr. d. BMfUK f. Erstveröff. 84, Federkiel 86, Förd.pr. d. Stadt Wien 87, Buchprämie d. BMfUK 87, 94, Arb.stip. d. BMf UK 93, Öst. Staatsstip. f. Lit. 94/95, Theodor-Körner-Förd.pr. 98, Öst. Projektstip. f. Lit. 99/00, 01/02; Rom., Kurzgesch., Ess. – **V:** Bist du wahnsinnig geworden?, R. 84, 2. Aufl. 85; Herzbrüche, Szenen aus der psychotherapeut. Praxis, R. 85, 88; Ohnedies höchstens die Hälfte, R. 87; Männer bitte klingeln, szen. Lesungen, UA 91; Die Realitätenbesitzerin, R. 93; Karlis Ferien, Erzn. 94; So eine schöne Liebe, R. 95; Virve, 2 Erzn., 98; Eindrücke. Russischer Alltag in Bildern 99; Früher war alles besser, Erzn. 00; Lemberg Lwów Lviv. 1880–1919, Bildbd 03; Längst nicht mehr koscher. Die Geschichte e. Familie 06; Das Stetl 08. – **MA:** Kurzgesch., Ess. in Lit.zss. – **R:** Stell dir vor, was jetzt schon wieder passiert ist, Hsp. 94. – *Lit:* Walther Killy (Hrsg.): Literaturlex., Bd 3 89; Simone Winko in: KLG 95; DLL, Erg.Bd 3 97

Erdmann, Christian, Mag. phil., Schriftst.; Eppendorfer Weg 55, D-20259 Hamburg, *chr.erdmann @arcor.de, www.aljoscha-der-idiot.de* (* Hamburg 22. 3. 59). Rom., Lyr. – **V:** Aljoscha der Idiot, R. 05, 07. – *Lit:* Interview in: Literatur-Feder, Mag., Ausg. 5 Juni 07.

Erdtmann, Helga s. Lundholm, Anja

Eren, Hildegard s. Büyükeren, Hildegard

Erfurt, Peter s. Bierschenck, Burkhard P.

Ergenzinger, Barbara s. Primetzhofer, Kathrin

Erhardt, Volker, Lehrer, Schriftst.; Sillemstr. 87, D-20257 Hamburg, Tel. u. Fax (0 40) 4 20 08 03, *v.erhardt @alice-dsl.de*. Oldauer Heuweg 47, D-29313 Hambühren (* Fernhavekost/Krs. Celle 8. 10. 46). VS Nds. 71, LIT Hamburg 79, ASSITEJ, Friedrich-Bödecker-Kr. Nds. 98, Lichtenberg-Ges. 99; Auslandsreisestip. d. Auswärt. Amtes 80, 83, Arb.stip. d. Ldes Nds. 85, 90, Pr. im Lit.wettbew. „Frieden zw. den Völkern", Osnabrück 98; Aphor., Lyr., Prosa, Hörsp., Fernsehfilm, Drama f. Erwachsene u. Kinder, Übers. Ue: engl. – **V:** drunter und drüber, getexte 71; Spiel mit Liebe und Zu-

fall, Theaterst. 72; Mein Ball wird unser Ball, R. f. Kinder 76; Auch der Kannibale schätzt den Menschen am höchsten, Aphor., 1.u.2. Aufl. 79, erw. Neuausg. 06. – **MA:** Wir Kinder von Marx und Coca-Cola, G. d. Nachgeborenen 71; bundes deutsch, lyr. z. sache grammatik 74; Wo wir Menschen sind, Weihnachtsgeschn. 74; ich bin vielleicht du, lyr. selbstporträts 75; weckbuch 3: tagtäglich, G. f. Kinder u. Jgdl. 76; Mein Land ist eine feste Burg. Neue Texte z. Lage i. d. BRD 76; Frieden u. Abrüstung, e. bdesdt. Leseb. 77; Satire-Jahrbuch 1 78; Der Mitmenschsatirisch, sat. Geschn. 78; Sag nicht, das muß so bleiben, Texte f. Jgdl. 79; Macht u. Gewalt, Texte 80; Gedichte f. Anfänger 80; Poesiekiste, Sprüche 7 Poesiealbum 81; Laßt mich bloß in Frieden, e. Leseb. 81; Frieden: Mehr als ein Wort, G. u. Geschn. 81; Goethe LIVE!, Texte 2. Goethe-Jahr 82; Sag nicht morgen wirst du weinen, wenn du nach dem Lachen suchst, Anth. 82; Wo liegt euer Lächeln begraben, G. 83; Geschenkgeschichten, Geschn. f. Kinder 83; beten durch die schallmauer 85, 11. Aufl. 00; Keine Lust mehr, lieb zu sein, G. 85; was sind das für zeiten! 86; leserunde 86; MAITE lernt deutsch 88; ALLES KLAR! 3 89; Junge deutsche Literatur 89; Einblicke 1 89; geschichten 5/6 90; treffpunkte 7 90; karfunkel 91; LESELAND 8 91; FOKUS 2 96; Drei Stühle und eine Trommel 96; Jo-Jo Fibel 2 97; Cafe Einklang 97; DU KANNST! 8 98; Die Libelle 1 00; farbe keshinen 01. – **R:** Die geheime Sendung, Fsp. 71; Ein Tag im Leben des Manfred D., Hsp. 73; Das ist mein Ball, Hsp.-Folge f. Kinder 77; Spiel mit Liebe und Zufall, Fsp. 87; Bravo, Hsp. 89. – **Ue:** Ben Jonson: Der Bartholomäusmarkt, Kom. 82.

Erhart, Anton, Schulhelfer; Lessingstr. 8, D-27283 Verden, *ver.toni@t-online.de, www.siteworld. de/ERHART* (* Marktoberdorf 6. 10. 64). Erz. – **V:** Wege der Vergangenheit 06; Der trockene Weg 06; Das erste trockene Jahr 07.

Erhart, Veronika, Magister, AHS-Lehrerin, Religionslehrerin f. Pflichtschulen; Schloßgasse 16, A-3830 Waidhofen a.d. Thaya, Tel. u. Fax (0 28 42) 3 18 84, *veronika.erhart@schule.at* (* Waidhofen an der Thaya 7. 5. 63). V.S.u.K. 94, VKSÖ 96, V.G.S. 96; Anerkenn.pr. b. 2. Öst. Haiku-Wettbew. 97, 3. Pl. b. Regionalausscheidung z. Wettbew. „Literaten aus d. Region" 04; Lyr. (auch Haiku). – **V:** Wenn die Sprache fremdgeht. Lyrische Ungereimtheiten 06. – **MA:** Rund um d. Kreis 96; O.E. Jagoutz: Europa 97; Lyr. Annalen, Bd 13 98; Kamingeflüster 98; Die Zeit ist e. seltsames Ding 99; Vom Mond begleitet 98; Über d. Brücke 99; Gespräche m. Gott 99; Wortbrücke 99; Bewegte Welten 00; Groschen gefallen 00; Wie Schnee von gestern? 01; Erde 01; In deinem Zeichen 02; Ein Koffer voller Träume 02; Feuer 02; Wovon d. Herz voll ist 02; Luft 02; Eine poetische Reise 03; Auf d. Weg schreiben 03; Ich träume deinen Rhythmus ... 03; Auf Cranachs Spuren 04; Das Gewicht d. Glücks 04; Du u. ich 04; Der Klang d. Kugeln 05; Im Kerzenschein 06; Von guten Mächten wunderbar geborgen 06; ... auch ohne Flügel 08; Lyr. Kalendarium österr. Dichter, o. J.; Am Ufer e. großen Fragens, o. J.; Mit leichtem Gepäck, o. J.; Flechten am Zaun; Flug d. weißen Vögel; – Beitr. in Zss. u. Kleinbroschüren, u. a. in: Lit. Kostproben, ab Nr. 22/94; Feierabend, ab Nr. 17/96; Nimm dir Zeit f. ein Gedicht, ab Nr. 8.

Eric, Michael (früher: Michael Schneider), Schriftst., Sozialpäd.; Berlin, *michaeleric@ annemanzek.de, www.michaeleric.de* (* Berlin 19. 12. 70). NGL Berlin 02; Lyr. Lied. – **V:** Die Sucht, am Wind zu vibrieren 94; Gehe auf Händen im schattigen Tal 96; Vorstadt 97; Rilke Blues 99; Gedichte 1988–1999 99; Gedichte und Skizzen 1988–1999 99;

Erichsen

Frösche im Regen 02; Skizzenbuch 02; Der König war der Müggelsee 03; Gedichte 03; Hundert Köpenicker Gedichte 05; Flusslaufgedichte 05; Die Gedichte 07; Dein nur vom Wind gehaltenes Kleid 07. – **MA:** Jedesmal wie ein Geschenk ..., Anth. 00. – **MH:** Poetische Nachrichten, Lyrikztg, seit 06. – **P:** mssk – Gegenglück, CD 99; mskk – Die Geschichte ohne Ende, CD 02, beide m. Sebastian Kautz; Anthologie, vertonte G. 01; Eine Handvoll Weg, Lieder 01, u. a. (Red.)

Erichsen, Uwe (Ps. Jerry Cotton, u. a.), Schriftst. u. Drehb.autor; Schaevenstr. 42, D-50171 Kerpen/Rhld., Tel. (0 22 37) 44 58, Fax 59 14 08, *uwe.erichsen@t-online.de* (* Rheydt 9. 8. 36). VS 70, Verb. Dt. Drehb.-autoren 90, Das Syndikat; 2. Pr. Jerry-Cotton-Pr. 77; Rom., Fernsehfilm, Hörsp. – **V:** Todesfalle Nizza 77, 89; Ein Mann kommt raus 78; Schlafende Hunde 79; Schnee von gestern 80, alles Krim.-R.; Das Leben einer Katze 84, 88; Das Gesicht des Schattens, Krim.-R. 88; Eine Katze hat zwei Leben, Krim.-R. 89; Ihr Auftrag, Travers! Krim.-R. 89, u. a. – **F:** Die Katze, m. Christoph Fromm 88. – **R:** Schönes Wochenende 80; So ein Tag ... 82; zahlr. Drehb. zu Fs.-Ser., u. a.: Der Fahnder; Tatort (6 Folgen); Schimanski – Hart am Limit 97; Ein Fall für Zwei (3 Folgen) 07–08.

Erikson, Tom (Ps. f. Rainer Gros), Dr. med., Chefarzt e. Frauenklinik; c/o Klinikum Idar-Oberstein GmbH, Dr. Ottmar-Kohler-Str. 2, D-55743 Idar-Oberstein, Tel. (0 67 81) 66 15 50, Fax 66 15 53, *chalma @web.de* (* Wiesbaden 10. 4. 47). Rom., Lyr., Kurzgesch., Theaterst. Ue: engl. – **V:** Zeus, Theaterst. 99 (auch engl.); Zehn Tage im September, R. 00; Pollo mexicano u. a. skurrile Geschichten, 2. Aufl. 01. – *Lit:* s. auch SK. (Red.)

Eris, Hermann s. Brantsch, Ingmar

Erkens, Karin (geb. Karin Lazarek); In der Miere 22, D-46282 Dorsten, Tel. (0 23 62) 2 49 48 (* Neumünster 19. 9. 38). – **V:** Im Haus von Eva Pankok in der Provence, Erz. 07. – **MA:** Jubiläumsanth. d. R.G. Fischer-Verl. 07.

Erlay, David (Ps. f. Hans Josef Erlei); Im Schluh 73B, D-27726 Worpswede, Tel. (0 47 92) 95 10 23 (* Lippstadt 23. 11. 40). Lyr., Rom., Nov., Biogr. – **V:** Worpswede – Bremen – Moskau. Der Weg d. Heinrich Vogeler 72; Verwunschene Gärten, Roter Stern. Heinrich Vogeler u. seine Zeit 77; Geschieden, Erz. 78; Künstler, Kinder, Kommunarden. Heinrich Vogeler u. sein Barkenhoff 79; Wucht von Stein – und nicht von Rosen. Am Grab d. Paula Modersohn-Becker in Worpswede 80; Muttertag, R. 81; Vogeler. Ein Maler u. seine Zeit 81; Die Liebe geht, G. 82; Intensive Stationen-G. 03; Von Gold zu Rot. Heinrich Vogelers Weg in e. andere Welt 04. – **MV:** Worpswede. Bilder e. Landschaft, m. H. Wöbbeking, Bild-Bd 80; Begegnungen mit einem Baum, m. Fotos v. J. Mönch 83. – **MA:** Bremer Anthologie 2003. (Red.)

Erlei, Hans Josef s. Erlay, David

Erlenbach, Joy s. Breither, Karin

Erlenbach, Rixa von, Studentin; Schwenstr. 6, D-31675 Bückeburg, Tel. (0 57 22) 91 71 41, Fax 9 18 08 (* Hameln 1. 9. 74). BVJA 02; Rom., Kurzgesch., Theaterst. Ue: engl. – **V:** Rigor Mortis, R. 03. – **MA:** Winterwelt, Anth. 03; Phantastische Phänomene, Anth. 04. – **H:** Fragil, Anth. 02; Schwarz, Anth. 03; S. Otschik: Husky-Fieber, R. 03; Namenlos, Anth. 04; Stefan Rois: Kaos, R. 04. – **MH:** Stefan Rois: Melantique, Lyr., CD 04. (Red.)

Erler, Jochen, Dr. jur., Ass. Prof. Chapman College, intern. Bediensteter, Journalist, Wein- u. Spirituosenverkoster; 27, Dale Close, Oxford, OX1 1TU, Tel.

u. Fax (00 44–18 65) 72 79 48, *jochenerler@hotmail.de* (* Dresden 32). Féd. Intern. des Journalistes et Ecrivains du Vin et Spiritueux 92, Circle of Wine Writers 96. – **V:** Jahrgang '32 – dreimal deutsche Beschattung, Autobiogr. 06.

Erler, Rainer, Autor, Regisseur, Produzent; 20 Sunset Hill, Greenmount-Perth, Western Australia, *info @rainer-erler.com, www.rainer-erler.com* (* München 26. 8. 33). Prix Italia Verona 62, Prix Italia Genua 64, Gold. Nymphe Monte Carlo 63, 64 u. 80, 1. Pr. d. ANICA/MIFED Mailand 63, Adolf-Grimme-Pr. 63, 70 u. 74, Otto-Dibelius-Pr. d. Bischofs v. Berlin anläßl. d. XIV. Intern. Filmfestsp. 64, Ernst-Lubitsch-Pr. 65, Biennale E.dipl. 65 u. 66, Gold. Kamera 71, Gold. Asteroid 78, Silb. Asteroid f. beste SF-Filme 79, Statue of Victory 84, 'Best European SF-Screenwriter' 84, Premio d' Italia, Golden Flame, U.S.-Umweltpr., Targa d' Oro, Kurd-Laßwitz-Pr. 87 u. 89, SFCD-Lit.pr. 89 u. 01, Dt. Fantasypr. 04, BVK am Bande 04, Kurd-Laßwitz-Pr. 06; Film, Fernsehen, Theater, Rom., Kurzgesch., Erz. – **V:** Die Delegation, R. 73, überarb. Neuausg. 09; Sieben Tage. Modell e. Krise?, Ms. f. e. Film 74; SF-Reihe „Das Blaue Palais": Das Genie 78, Das Medium 79, Unsterblichkeit 79, Der Verräter 79, Der Gigant 80, überarb. Neuausg. 06ff.; Fleisch, R. 79, überarb. Neuausg. 06; Die letzten Ferien, R. 81; Delay – Verspätung, R. 82, überarb. Neuausg. 08; Plutonium 83; Das schöne Ende dieser Welt 84; Reise in eine strahlende Zukunft, R. 86, überarb. Neuausg. 08; Orchidee der Nacht, Erzn. 87; Zucker, R. 89; Die Kaltenbach Papiere, R. 91; Feuerzeichen, R. 92; Die Orgie, R. 98; Bekenntnisse eines Voyeurs, Geschn. 02/03; (Übers. mehrerer Erzn./Kurzgeschn. in versch. Spr.); – THEATER/UA: Plutonium 96; Der Revisor, frei n. Gogol 97; Ein Volksfeind (auch arab.); Die Orgie: Die Zweitfrau. – **MA:** Kurzgeschn. in Anth., u. a. in: Tor zu den Sternen; Beteigeuze; Deneb; Eros; Ein Mann von fünfzig Jahren; Lui Penthouse; Letzte Bastionen; Shayol; in 7 Anth. d. Heyne Verl., in Anth. d. Knaur Verl. sowie d. Mut Verl.; Kurzgeschn. u. Erzn. in SF-Mag., u. a. in: Andromeda; Ber. u. Kolumnen üb. Australien in Zss. u. Mag., u. a. – **F:** Durch h. Regie zu mehr als 40 Fs.- u. Kinofilmen in über 30 Ländern, u. a.: Seelenwanderung, n. Karl Wittlinger 63; Orden für die Wunderkinder 63; Der Hexer, n. E. Wallace 63; Sonderurlaub 63; Lydia muß sterben, n. Ransome 64; Das Bohrloch oder Bayern ist nicht Texas 65; Endkampf 67; Fast ein Held, n. W.P. Zibaso 67; Bahnübergang, n. Crofts 68; Der Attentäter 69; Die Delegation 69; Jan Billbusch, Serie (18. F.) 70; Der Amateur, Red. Fassung 72; Sieben Tage 73; Das blaue Palais, 5 SF-Thr. 74; Die Halde 75; Operation Ganymed 77; Die letzten Ferien 77; Plutonium 78; Die Quelle 79; Fleisch 79; Ein Guru kommt 80; Der Spot oder fast eine Karriere 81; Mein Freund der Scheich 81; Das schöne Ende dieser Welt 83; News. Nuclear Conspiracy 86; Zucker 89; Die Kaltenbach Papiere, 2-tlg. 90. – *Lit:* Rainer Erler-Archiv in d. Stift. Archiv d. Akad. d. Künste Berlin (stiftung@adk.de, Dr. Torsten Musial).

Erler, Ursula, Doz.; Alte Str. 5, D-51674 Wiehl, Tel. (0 22 61) 7 77 89 (* Köln 6. 6. 46). VS 75; 1. Pr. Lit.pr. NRW 83; Rom., Ess., Protokoll. – **V:** Die neue Sophie, R. 72, 73; Mütter in der BRD (Lebensläufe) 73, 76; Zerstörung und Selbstzerstörung der Frau, Ess. 77; Lange Reise Zärtlichkeit, R. 78; Auch Ehen sind nur Liebesgeschichten, R. 79, 82; Vertrauensspiele, R. 81. (Red.)

Erley, Witha, Heilpraktikerin; Lessingstr. 10, D-79268 Bötzingen, Tel. (0 76 63) 12 72, *witha-erley@ web.de* (* Zweibrücken 6. 9. 46). Lyr. – **V:** Freude flattert dir voraus 06; Ein Engel fliegt vorbei 08.

Erlhage, Hans; Alte Wipperfürther Str. 65, D-51469 Bergisch Gladbach, Tel. (0 22 02) 5 93 22 (* Neuenrade/ Märkischer Kr. 25. 10. 30). Rom. – **V:** Der Kundschafter, R. 04.

Ermatinger, Valentine (geb. Valentine Cremers) *

Erni, Hans (Ps. françois grèques), Maler; Eggen, CH-6006 Luzern, Tel. (0 41) 3 70 33 88, Fax 3 70 13 88 (* Luzern 21. 2. 09). Kunstpr. d. Stadt Luzern 68, UNO-Friedensmed. 83. – **V:** Wo steht der Maler in der Gegenwart 47; Erotidien. 7 Orig.-Radier., 8 Reliefpräg. u. G. 73; Kandaren-Lamento, G. u. 9 Orig.-Kaltnadelradier. 73; Minuskeln, G. u. 16 handkolor. Holzstiche 75; Zwillinge, G. u. 20 Orig.-Radier. 77; Gedanken u. Gedichte 78; Maler, Zeitgenosse, Eidgenosse 82; Nahen, Sprüche u. 12. Orig.-Gravuren 83; zahlr. Ausstellungskat. – *Lit:* J.Chr. Ammann: H. E. – Ein Weg zum Nächsten 76; Rigby Graham: String and Walnuts, H. E. – an enthousiasm (Leicester) 78; H. E. – un portrait (Genève) 79; Walter Rüegg: H. E. – Das malerische Werk 79; John Matheson: H. E. – Das zeichnerische Werk 81; Jean-Charles Giroud: H. E. Werkverzeichnis d. ill. Bücher 96, u. a. (Red.)

Erni, Peter s. Brunner, Peter

Ernst, Christian *

Ernst, Christoph; Zarrentiner Weg 1, D-23883 Klein Zecher, Tel. (0 45 45) 78 92 39, *chh.ernst@arcor.de*, *www.blutiger-ernst.com* (* Hamburg 58). – **V:** Bangkok ist selten kühl 98; Fette Herzen 07; Kein Tag für Helden 08, alles Krim.-R. – **MA:** Hamburger Jb. f. Lit. 06, 08; Ladykillers, Anth. 07. – **MH:** Als letztes starb die Hoffnung, m. Ulrike Jensen 07. – **R:** Äpfelklau 90; Baumverkäufer 90/91, beides Erzn. in d. Hfk-Reihe „Passagen"

Ernst, Gustav, Schriftst.; Taborstr. 33/21, A-1020 Wien, Tel. u. Fax (01) 2 14 48 51, 2 19 63 10, *gustav. ernst@aon.at* (* Wien 23. 8. 44). GAV 73, Drehb.forum Wien 90; 1. Pr. d. Kurz-Prosa-Wettbew. d. Öst. Hochschülerschaft 72, 1. Pr. d. Prosa-Wettbew. 'Tendenzen 73' 73, Förd.pr. d. Wiener Kunstfonds 73, Förd.pr. d. Theodor-Körner-Stift. 76, Nachwuchsstip. d. BMfUK 74, Arb.stip. d. Dram. Zentr. Wien 75, Arb.stip. d. Gemeinde Wien 76, Förd.pr. d. Frankfurter Autorenstift. 79, Förd.pr. d. Stadt Wien 82, Elias-Canetti-Stip. 98–99, Brüder-Grimm-Pr. d. Ldes Berlin 99; Drama, Rom., Erz., Ess., Film, Hörsp. – **V:** Plünderung, Prosa u. G. 70; Am Kehlkopf, Prosa u. ein Stück 74; Einsame Klasse, R. 79; Ein irrer Haß, Stück 79; Mallorca, Stück 86; Frühling in der Via Condotti, R. 87; Herzgruft, Kom. 88; Herz ist Trumpf 94; Faust 95; Casino, Kom. 98; Trennungen, R. 00; Ideale Verhältnisse, Stück 01; Strip, Stück 01; Die Frau des Kanzlers, R. 02; Lulu, Stück 03; Nach der Premiere, Stück 03; Lysistrata, Stück 04; Grado. Süße Nacht, R. 04; Blutbad, Strip und Tausend Rosen, Stücke 04; Schlachten, Stück 04; Tollhaus. Dialoge, Szenen, Kleine Stücke 07; Helden der Kunst, Helden der Liebe, R. 08. – **MA:** Drei Miniaturen 70; Auf Anhieb Mord 75; Glückliches Österreich 78; An zwei Orten leben 79, alles Erz. – **MH:** Wespennest, Prosa G., Ess. 73; Lit. in Österr., Rot-ich weiß-Rot, Prosa, G., Ess. 79; Kolik, Lit.-Zss., m. Karin Fleischanderl, seit 96; Zum Glück gibt's Österreich, m. ders. 03. – **F:** Exit 80; Herzklopfen 85; Exit II 95; 1000 Rosen 04, alles Drehb. – **R:** Nur über meine Leiche 76; Maul und Löffel 77; In Liebe erzogen 79; Er fällt auf mich drauf wie ein Berg 82; Wiener Dialoge 82; Herzgruft 88; Casino 02; Lysistrate forever 06; Fuchs und Schnell 07, alles Hsp.

Ernst, Hanna s. Lützenbürger, Johanna

Ernst, Johannes s. Gerescher, Konrad

Ernst, Jürgen Thomas; c/o Geest Verl., Vechta (* Lustenau/Vbg 10. 9. 66). Dramatikerstip. d. BMf UK 94, Max-v.-d.-Grün-Pr. (2. Pr.) 96, Luitpold-Stern-Förd.pr. 97, Theodor-Körner-Förd.pr. 01, Irseer Pegasus (3. Pr.) 03, Sieger d. Wettbew. BUCHSTABENSUPPE 06; Prosa, Drama. – **V:** Ein Sonntagvormittag im Leben des Alfons Huber, Erz. 92; Nachtschicht, Monolog 97; Zwei Stücke 04; – THEATER/UA: Nachtschicht 96; Die Wortmörder 99; Karoline Redler 04. (Red.)

Ernst, Katrin, Germanistin; Verlagslektorin; c/o Volker Hanisch, Max-Planck-Str. 8, D-04105 Leipzig, Tel. (03 41) 9 80 30 53, *KatrinErnst01@web.de* (* Leipzig 4. 3. 76). Pr. im Schreibwettbew. „schreibart" d. Lit.büros Leipzig 96; Ged. – **V:** Café Hawelka, G. 96. – **MA:** Vielleicht blickte ich gern in die Welt, Anth. 94; Stechapfel Nr.28, Zs. (Red.) 95; Kirschbaumblätter. Stockender Traum, Anth. 96; Abseits der Wege, Kurzfilm 99.

Ernst, Matthias s. Goldt, Max

Ernst, Petra, Dr.; Rosental 40, A-8081 Heiligenkreuz am Waasen, Tel. u. Fax (0 31 35) 8 21 06, *petra.ernst @uni-graz.at*, *www.uni-graz.at/cjs-graz* (* München 10. 11. 57). VS, Ges. f. europ.-jüd. Lit.studien; Forsch.-stip d. Jubiläumsfonds d. Österr. Nationalbank 04–06, Forsch.stip d. Zukunftsfonds Steiermark 07/08; Ess., Kinder- u. Jugendb., Lit.wiss. – **V:** Der glückliche Fischer, Kdb. 92; Hallo kleiner Star, auf Wiedersehen!, Kdb. 94; Agleia Federweiß, Libr. z. e. Kinderoper v. Gerd Kühr, UA 01. – **MA:** newsletter Moderne, kulturwiss. Zs., 98–02; transversal, kulturwiss. Zs., seit 00. – **H:** Karl Emil Franzos – Schriftsteller und Kulturvermittler 07. – **MH:** Aggression und Katharsis. Der Erste Weltkrieg im Diskurs d. Moderne, m. Sabine A. Haring u. Werner Suppanz 04; Konzeption des Jüdischen, m. Gerald Lamprecht 07. (Red.)

Ernst, Rose (geb. Rose Wietzer), MTA, langjähr. Tätigkeit als Laborleiterin (Fachgebiet Mikrobiologie) u. Lehrausbilderin in d. Med. FS d. Krankenhauses Dresden-Friedrichstadt, seit 90 im Ruhestand; Regensburger Str. 1, D-01187 Dresden, Tel. (03 51) 4 71 57 09 (* Magdeburg 1. 6. 30). Förd.kr. f. Lit. in Sachsen 98–06, Frauensalon in Dresden 04–06, Erich Kästner-Museum/Dresdner Literaturbüro e.V.; Teilnahme am Maxi Wander-Wettbew., seit 05 lfd. Teilnahme am Kurzgeschn.wettbew. v. MDR-Figaro, Leipzig. – **V:** Die alte Schmiede, T.1, kultur-hist. Erz. 98; Noch ist Zeit, Kurzgeschn. 06. – **MA:** Erz. in: Steinlese, Anth. 01; mehrere Beitr. (Erzn., Reisebrichte) in: Lit.-Zss. Südhang Hille, H.1/02, 3/02, 3/03. – *Lit:* Rudolf Scholz in: Lit.-Zss. Südhang Hille 1/99 (Interview) u. 1/00 (Buchlesung); Lit.landschaft Sachsen, Hdb. 07.

Ernst, Stefan, Dipl.-Informatiker; Hauptstr. 91, D-70771 Leinfelden-Echterdingen, *ernst_stefan@gmx. de*, *www.stefanoliverernst.de* (* Stuttgart 11. 12. 68). Rom. – **V:** Die Sammlung, R. 04.

Erny, Georg Martin (Ps. Peter Geomer), M. A.; Ursrainer Ring 25, D-72076 Tübingen, Tel. (0 70 71) 60 07 77, 60 07 76 (* Stuttgart 12. 7. 44). GEMA, VG Wort, GVL; Erz. Ue: engl./ro. – **V:** Knips und Knaps, die freundlichen Drachen, Kdb. 70, 72; Im Wald von Bitzelbucht, Geschn. 91. – **P:** Bei einem Whisky am Kamin 78. (Red.)

Erny, Hansjörg, Kommunikationsberater; Mattenstr. 9, CH-8330 Pfäffikon, Tel. u. Fax (0 44) 7 22 13 61, *h.erny@bluewin.ch* (* Zürich 9. 7. 34). Pr. d. Schweiz. Schillerstift. 66, Anerkenn.gabe d. Stadt Zürich 69; Erz., Rom., Hörsp. – **V:** Manchmal in der Dämmerung, G. 60; Schritte, Prosa 65; Ich werde auf jeden Fall Blumen schicken, R. 68, 70; Morgen ist Neujahr, R. 71, 73; Fluchtweg, R. 80; Der Hutschlitzer, Erzn. 95; Fit für die Medien, Sachb. 99; Jakob Kellenberger, Sachb. 07. –

Erpenbeck

MV: Sozialbericht 1. Strafgefangene, m. Irma Weiss, Sachb. 73; Wir schalten um ins Bundeshaus, m. Norbert Hochreutener 87; Klar und einfach kommunizieren, m. Ruedi Käch, Sachb. 05. – **MA:** Bestand u. Versuch 64; Zürich Transit (russ.) 70; Strafgefangene 73; Besuch in d. Schweiz (tsch.) 88. – **R:** Besuchszeit, Hsp. 63; Ein langer Abend, Hsp. 66.

Erpenbeck, Jenny, freie Regisseurin u. Schriftst.; Berlin, Tel. (0 30) 43 73 98 61, Fax 48 49 21 80. c/o Eichborn-Verl., Berlin (* Berlin 12. 3. 67). Lit.stip. d. Ldes Stmk 99, Pr. d. Jury im Bachmann-Lit.wettbew. 01, Stip. Schloß Wiepersdorf 01, Stip. Ledig House Intern. Writer's Colony, N.Y. 01, Heinz-u.-Heide-Dürr-Stip. 02/03, GEDOK-Lit.förd.pr. 04, Lit.stip. Sylt-Quelle Inselschreiber 06, Arb.stip. f. Berliner Schriftst. 07, Solothurner Lit.pr. 08, Heimito-v.-Doderer-Lit.pr. 08, Hertha-Koenig-Lit.pr. 08, u. a. – **V:** Geschichte vom alten Kind, R. 99 (Übers. in zahlr. Spr.); Tand, Erzn. 01 (Übers. in mehrere Spr.); Wörterbuch 05; Heimsuchung, R. 08; – THEATER/UA: Katzen haben sieben Leben 00; Leibesübungen für eine Sünderin 03. – **MA:** Beitr. in zahlr. Anth., u. a. in: Helden wie Ihr 00; Beste Deutsche Erzähler 01; Kleines Deutsches Wörterbuch 01. (Red.)

Erpenbeck, John, Dr. rer. nat., Dr. sc. phil., Prof., Philosoph, Physiker; Fritz-Erpenbeck-Ring 10, D-13156 Berlin, Tel. (0 30) 47 75 02 89, john.erpenbeck@gmx.de, www.erpenbeck.homepage.t-online.de (* Ufa/Baschkirische ASSR 29. 4. 42). SV-DDR 73, P.E.N.-DDR 85; Heinrich-Heine-Pr. 83, Hon. Fellowship in Writing, Univ. Iowa 84; Lyr., Rom. – **V:** Formel Phantasie, G. 72; Alleingang, R. 73; Analyse einer Schuld, R. 77; Arten der Liebe, G. 78; Was kann Kunst, Ess., 2. Aufl. 81; Der blaue Turm, R. 80; Heillose Flucht, R. 84, 2. Aufl. 87; Gruppentherapie, R. 89; Entgrenztes Denken, Ess. 90; Aufschwung, R. 96. – **MA:** G. in zahlr. Anth. – **H:** Windvogelviereck. Schriftsteller üb. Wiss. u. Wissenschaftler, Geschn. 87. (Red.)

Erpf, Hans, Publizist u. Verleger; Postfach 6018, CH-3001 Bern (* Bern 16. 4. 47). EM Be.S.V., Dt.schweizer. P.E.N.-Zentr., ehem. Gen.sekr., Pro Litteris, VG Wort, PALM 1874 München; Lyr., Kurzprosa, Ess., Sachb. Ue: – **V:** Elf Gedichte 66; Der graue Hund, Kurzprosa 67; Inventar I. Lyrik u. Prosa 1965–1980 82; zahlr. Sachbücher (populäre Kulturgesch.). – **MV:** Bern wie es ißt und trinkt 72; Zu Gast in Bern 80, beide m. Alexander Heimann, u. a. – **MA:** Beitr. in mehreren Anth. – **H:** „mutz". 50 Jahre Berner Schriftsteller-Verein, Leseb./Lex./Chronik 89; zahlr. Sachbücher. – **R:** Münchner Szene, Rdfk-Rep. 76, u. zahlr. weitere. – *Lit:* s. auch SK. (Red.)

Errichiello, Oliver Carlo. – **MV:** Wenn Hunde aus einem fahrenden Auto starren 04; Die Angestellten im 21. Jahrhundert 05. (Red.)

Ertl, Magdalena (eigtl. Gertrud Magdalena Ertl), Apothekerin, Trainerin f. Bewußtseins- u. Energiearbeit; Trettachstr. 9, D-87561 Oberstdorf, Tel. (0 83 22) 8 04 60, Fax 77 64 (* Bremen 4. 7. 39). Lyr., Prosa. – **V:** Garten des Lebens, G. 91; Lebendige Weisheit, Prosa 92; Unterwegs zu neuen Ufern, G. 94; Brunnen meiner Seele, G. 95; Natur-Gefühle. Texte u. Zeichn. 98; Mayonos Stern-Geschichten, Prosa 00. – **MV:** Essenzen des Lebens, m. Gertraud Stromer.

Ervin, Johannes C. (ERVIN); Reisenbauerring 6, A-2351 Wiener Neudorf, Tel. (06 99) 11 34 36 74, ervin @utanet.at (* Zwettl 5. 7. 62). Preisträger b. Märchenwettbew. d. Ldes NdÖst. 87; Rom., Lyr., Erz. – **V:** Das goldene Kreuz, R. 87; Der Traum, Lyr. 88; Backstage – ein frierender Leopard, R. 00. (Red.)

Erwes, Walther Ulrich, Richter, Autor v. Texten u. Bildern, Publizist; Kirchbachstr. 82, D-28211 Bremen, Tel. (04 21) 44 76 34. Förd.kr. Phantastik; Erz. – **MA:** Lyr. in: Parabel 1–3 58–60; bric-a-brac 66; Literar. Zss. Göttingen; speculum Nr. 6; Saarbrücker Studentenztg Nov. 66; Erwes-Chroniken, Sond.-Nr. d. SF-Gr. Hannover 98; Erzn. in: PLANET 3 69; Das Monster im Park 70, Tb. 73, 4. Aufl. 80; Scala International 4 72 (auch engl., frz., span., bras., fin.); Lo mejor de la Ciencia Ficcion Alemana (span.) 76; Demain L'Allmagne (frz.) 78; Die andere Seite der Zukunft 80; Blick ins Morgen 86; Deneb 82; Eros 82; Io 85; Rettet uns 88; Der süße Duft des Bösen 96; Karavanas Sustoja (lit.) 96; SFGH-Chroniken 182, 183 98; Herr über Raum und Zeit 00, alles Anth.; Mitarb. d. Red. PLANET, Buchmag. (Dt. Ausg.) 69–72. – *Lit:* Lex. d. SF Lit. Bd 2 80; Erwes-Chroniken, Sond.-Nr. d. SF-Gr. Hannover 98. (Red.)

Erxleben, Eckhard, Dipl.-Päd., Schriftst., Doz.; Fabrikstr. 3, D-39606 Osterburg, Tel. (0 39 37) 8 47 30, eckhard.erxleben@web.de, www.eckhard-erxleben.de (* Stendal 12. 3. 44). IGdA 02; Volkskunstpr. Magdeburg 61, Kunstpr. d. Kr. Osterburg 67, Kulturpr. d. Stadt Osterburg 03, Förd.pr. d. IGdA 04; Lyr., Rom., Kinderb., Haiku, Kabarett-Text. – **V:** Baumwörter blau verschleiert, Lyr. 99; Wild und frei wie du, Kdb. 00; Die Haut der Platane, R. 01, 04; traumlese, G. 03; Traumlese, Liederzyklus 04; Echo des Moments, Haiku 06; sommergeflüster, Lyr. 09. – **MA:** Beitr. in 11 dt. Haiku-Anth., u. a.: Haiku mit Köpfchen 04–06. – **H:** Weggabelungen, Lyr. u. Kurzgeschn. 06. – **P:** Traumlese, CD. – *Lit:* Peter Kraus in: Federwelt, Nr. 35 02; Tiefe des Augenblicks, Ess. 04; Stefan Wolfschütz in: Sommergras, Nr. 78 07; Renate Weidauer in: aktuell, Zs. d. IGdA, 2/07.

Esch, A. s. Gogolin, Peter H.

Esch, Elisabeth, M. A.; Luisenstr. 96, D-40215 Düsseldorf, Tel. u. Fax (02 11) 3 84 02 28 (* Düsseldorf 21. 1. 49). Lyr. – **V:** Staubtänzer. Gereimtes u. Ungereimtes 00; EINLASSEN. Liebe u. andere Triebe, Lyr. 01; Kreuzungen. Lebenswege Liebespfade, Lyr. 02. (Red.)

Esch, Eva-Maria s. Almstädt, Eva

Esch, Wilfried, Dipl.-Verwaltungswirt, Dipl.-Kommunalwirt; Im Siebenwinkel 37, D-53340 Meckenheim, Tel. (0 22 25) 9 11 75 45, autor@wilfried-esch.de, www.wilfried-esch.de (* Bad Godesberg 19. 5. 58). Godesberger Künstlergr. 06; Rom., Erz., Theaterst. – **V:** Der Novize von Godesberg, R. 00; Der Fluch der Cassisushunde, R. 01; Schandor und Cäsarius, Kdb. 02; Die Stunde des Heiligen Gral, Multimedia-Theaterst. 02; Das Vermächtnis des Advocatus Matthias Lieblknecht, R. 04; Mord in Sankt Michael, R. 05; Sieben. Der Teufel und die Pfaffenmütz, Krimi 06; Hexen. Zeit der Finsternis (Arb.titel) 09. – **MA:** Der Literaturbrief, Zs. 92, 94; Meine Weihnachtsgeschichte, Anth. 97.

Eschbach, Andreas, Schriftst.; mail@AndreasEschbach.de, www.AndreasEschbach.de. c/o Literarische Agentur Thomas Schlück GmbH (* Ulm 15. 9. 59). SFCD-Lit.pr. 96, 97, 98, 99, 04, Kurd-Laßwitz-Pr. 97, 99, 00, 02, 08, award@phantastik.de 99, Prix Bob Morane, Belgien 00, Grand Prix de l'Imaginaire, Frankreich 01, Dt. Phantastik-Pr. 04, 05; Rom. – **V:** ROMANE: Die Haarteppichknüpfer 95 (auch frz., ital., tsch.); Solarstation 00 (auch frz.); Der Gesang der Stille (Perry Rhodan, 1935) 98; Jesus Video 98, Tb. 00 (auch frz.); Kelwitts Stern 99; Quest 01; Eine Billion Dollar 01; Exponential-Drift 03; Der letzte seiner Art 03; Der Nobelpreis 05; Ausgebrannt 07; – JUGENDBÜCHER: Das Marsprojekt 01; Perfect Copy 02; Die seltene Gabe

04; Die blauen Türme (Marsprojekt 2) 05; Die gläsernen Höhlen (Marsprojekt 3) 06; (Übers. insges. in ca. 10 Spr.). – **MA:** Halloween 00; mehrere Kurzgeschn in div. frz. Mag. u. Anth. seit 99. – **H:** Eine Trillion Euro, Anth. 04. (Red.)

Eschbach, Maria, Dr. phil.; c/o Ferdinand Schöningh Verlag, Jühenplatz 1–3, D-33098 Paderborn (* Eschweiler 8. 3. 23). Gregorius-Orden 04; Rom., Lyr., Erz. – **V:** „Hymnen an die Kirche" der Gertrud von le Fort, Diss. 45; Das Geheimnis der Mühle, R. 49; Der Geheimnisvolle Anruf, R. 56; Sei du selbst, G., 2 Bde 82; Das weiße Kleid, G. 86; Das goldene Haus, G. 91; Gehorche, G. 95; Das hohe Licht 99; „Glauben heißt, der Liebe lauschen" 05; Anvertrautes Wort, G. 07; – mehrere pädagog. Fachb. u. Schrr. – **MA:** Die Höhere Schule, 1 u. 9/49, 5/52, 10/64; Die Blätter 53; Meditation, Zs. 82.

Esche, Frank, Dipl.-Archivar (FH); Kastanienring 14, D-07407 Rudolstadt, Tel. (0 36 72) 35 56 55, *FEsche@web.de* (* Jena 7. 9. 53). – **V:** Das Thüringer Anekdotenbuch 99; Rudolstadt & Hofgeflüster: Ein Page redet sich um Kopf und Kragen 02, Lust und Frust am Fürstenhof 03. – **MV:** Auf dem Karzer lebt sich's frei. Studentengeschn. aus d. alten Jena, m. Rüdiger Glaw 92. – **MA:** Die Fürsten von Schwarzburg-Rudolstadt 97; Die Grafen von Schwarzburg-Rudolstadt 00; Rudolstadt und die Schwarzburger 02; Die vergessenen Parlamente 02; Archive in Thüringen – Sammlungen in Archiven 03; zahlr. Beitr. in: Rudolstädter Heimathefte, seit 78; Jb. Landkr. Saalfeld-Rudolstadt, seit 94; Archive in Thüringen, seit 96. (Red.)

Eschenbach, Manfred, Rentner; Schillerstr. 14, D-04600 Altenburg, Tel. (0 34 47) 50 15 09 (* Chemnitz 12. 7. 38). – **V:** Gedanken zur heutigen Zeit I 00; Gedanken zur heutigen Zeit II 03. (Red.)

Eschenbacher, Friedrich; c/o Hubert Schmidt, Marienplatz 36, D-92676 Eschenbach, Tel. (96 45) 9 13 40, *Hubert-F.Schmidt@t-online.de*. – **V:** Der Arzt und der Spieler 97. (Red.)

Escher, Thomas, Illustrator, Grafiker, Autor; Wexstr. 34, D-20355 Hamburg, Tel. (0 40) 43 25 31 64, Fax 43 18 34 34, *info@escher-illustration.com*, *escher-illustration.com* (* Essen 2. 10. 66). DAAD-Stip. f. d. School of Visual Arts, New York 94; Kinderb. – **V:** Schlaraffenlandschaften, Kdb. 95. – *Lit:* s. auch Kürschners Handbuch der Bildenden Künstler, 1. Aufl. 2005.

Eschgfäller, Sabine, Mag. Dr. phil., Assistentin f. Neuere Dt. Lit., Autorin; c/o Univerzita Palackého, Filozofická Fakulta, Křižkovského 10, CZ-771 80 Olomouc (* Meran). IGAA; Stip. d. Bahr-Stift. 96/97, Stadtschreiberin vor Schwaz 98, 1. Pr. b. Lit.wettbew. Schwazer Silbersommer 01, Finalistin b. Leonce-u.-Lena-Pr. 05, u. a. – **V:** In die Ecke gesprochen / Řečeno do kouta, Lyr. 05; versuch die worte zu wiegen, Lyr. 07. – **MA:** Zeilengitter (Turmbundreihe Nr.4) 99; Der Mongole wartet 00; ersatzlos gestrichen, Kurzkrimis 01; Mitt. aus dem Brennerarchiv 21/02; Nationalbibliothek d. dt.sprachigen Gedichtes. Ausgew. Werke VI 03; Lose Blätter 28/04; vif 12/04; Spinnennetztage 05; Host 9/05 (tsch.); Ars Poetica (kroat.) 06; Neue Turmbundreihe 6 07; lyrik von jetzt 2 08; – zahlr. lit.wiss. Veröff. in Büchern u. Zss. seit 03. – **P:** regelm. Rez. zu zeitgenöss. Tiroler Lyrik für die Online-Rezensionsdatenbank Brenner-Archivs Innsbruck, seit 05. – **Ue:** Norbert C. Kaser: Městské rytiny a jiné krátké prózy, Lyr. (auch Ausw. u. Nachw.) 07; Sepp Mall: Řičí ne a jiné básně, Lyr. (auch Ausw. u. Nachw.) 07.

Eschker, Wolfgang, Dr. phil.; Kolberger Str. 4, D-37120 Bovenden, Tel. (05 51) 7 90 86 90 (* Stendal 26. 6. 41). P.E.N.-Zentr. Dtld; 1. Pr. f. Kurzprosa b. Wettbew. 'Junge Dichtung in Nds.' 71, Nicolaus-Copernicus-Pr. 73, Reisestip. d. Ausw. Amtes 77, Nds. Nachwuchsstip. f. Lit. 83, Ord. Mitgl. d. Matica Srpska, Novi Sad, Orden d. kroat. Morgensterns 03; Lyr., Prosa, Aphor. Ue: serb, kroat, mak, bulg, slowen, russ. – **V:** Pelzkalte Nacht, Kurzprosa 76; Gift und Gegengift, Aphor. 77, 85 (auch kroat.); Mitgift mit Gift, Aphor. 95; Tod in Triest, Erzn. 99 (auch kroat., serb.); Die Gegenwandlerche, R. 00; Stunden, Tage, ohne Zeit, G. 03; Bilder aus Südsüdost, Lyr. 06; Bilder aus der Alten Mark, Lyr. 08. – **MA:** Beitr. in zahlr. Anth. – **H:** Mazedonische Volksmärchen 72, Neuausg. 89; Der Zigeuner im Paradies, balkanslaw. Schwänke 86 (beide auch übers.); Jacob Grimm u. Vuk Karadžić. Zeugnisse e. Gelehrtenfreundschaft, dt.-serb. 88; Die Chamäleons sind zur Zeit rot. Belgrader Aphor. 89; Serbische Märchen 92 (beide auch übers.). – **Ue:** Kosta Racin: Weiße Dämmerungen, Lyr. 78; Desanka Maksimović: Ich bitte um Erbarmen, Lyr. 88. – *Lit:* Wolfgang Mieder: In die Binsen gehen vor allem – Wahrheiten, in: Proverbium, Vol.6, Burlington/Vermont 00; Thomas Molzahn in: Schrr. d. Theodor-Storm-Ges., Bd 49 00; Friedemann Spicker: Der dt. Aphorismus im 20. Jh. 04; Axel Kahrs in: KLG 08.

Eser, Willibald Georg (Ps. Georg von Klinda, George Mandel), Schriftst., Drehb.autor, TV-Autor; c/o Mission Productions GmbH, Mauerkircherstr. 68, D-81925 München, Tel. (0 89) 98 34 00, Fax 99 75 00 63 (* Nürnberg 1. 9. 39). IG Medien, UNICEF; Graf-Volpi-Pr., Sascha-Kolowrat-Pr.; Biogr., Drehb., Bühnenst., Nov. Ue: engl. – **V:** Joh. Heesters. Es kommt auf die Sekunde an 78, 79; Lil Dagover. Ich war die Dame 79, 80; Helmut Käutner. Abblenden 81; Hans Moser. Habe die Ehre 81; Camilla Horn. Verliebt in die Liebe 86, 87; Theo Lingen. Komiker aus Versehen 87, 88; Joh. Heesters. Ich bin gottseidank nicht mehr jung 93; Harald Juhnke. Was ich Ihnen noch sagen wollte ... 94, 98; Helmut Fischer. A bißl was geht immer 97, alles Biogr. – **MV:** Die Maschen der Mädchen 83; Die Maschen der Männer 83; Des Lebens schönster Traum 84, alles Kurzgeschn. m. A. Poldner; Das Geld liegt auf der Straße 85. – **MH:** Soviel wie eine Liebe. Frauen um Brecht, Erinn. u. Gespr. 81, 83. – **F:** insges. 24 Drehb., u. a.: Une Histoire de Tous les Jours 57; Monpti 57; Ingeborg 59; Four Man Pact 60; Das Glas Wasser 60; Der Traum von Lieschen Müller 61; Come Imparai ad Amare le Donne 63; Ohrfeigen 70; Ellenbogenspiele 71; Baron Blood 75; Mamma Mia 75; Heinrich 78; Gelobt sei, was hart muß 79; Gigolo 79; No Love 85; A certain Talent 86; Tochter des Terrors 98. – **R:** Es kommt auf die Sekunde an, Fs.-Porträt Joh. Heesters 78; Dem Himmel sei Dank. 75 Jahre Joh. Heesters, Fs.-Sdg 79; Meine Trauer ist unbeschreiblich, Gedenksend. f. Charly Rivel 83. (Red.)

Eska, Henryk s. Skrzypczak, Henryk

Esposito, Anette, Krankenschwester; Dürerstr. 9, D-57271 Hilchenbach, *Seraluna56@aol.com*, *www.anette-esposito.org* (* Hamm 29. 7. 56). – **V:** Lebensmelodien in Dur und Moll 04; streiflichtern gleich 05; Lyrische Facetten 06; Wenn Gedanken fliegen 08; Wenn Liebe ... 08, alles G. – **MA:** Beitr. in Anth. u. Ztg. u. a.: Lebensbar, Anth. 08; Nationalbibliothek d. dt.sprachigen Gedichtes; Frankfurter Bibliothek.

Esser, Barbara, Journalistin; München (* 66). VG Wort; Biogr. – **V:** Sag beim Abschied leise Servus. Eine Liebe im Exil 02. (Red.)

Esser, Norbert, Lehrer; Urnenstr. 7, D-51069 Köln, Tel. (02 21) 68 24 42, Fax 2 97 79 31, *essernorbert @t-online.de*, *www.norbert-esser.de* (* Leverkusen

20. 8. 44). Lyr. – **V:** Unterwegs in Sachen warmer Haut 85; Am Ende des Regenbogens 88; Da habt ihr es 90.

Eßer, Paul, Dr.; Hermannstr. 8, D-41747 Viersen, Tel. (0 21 62) 3 11 72, Fax 56 06 45, *paul-esser@web. de*, *www.paul-esser-online.de* (* Mönchengladbach 30. 5. 39). VS; Nikolaus-Lenau-Pr. d. Kg. (2. Pr.) 93, Kd.- u. Jgd.lit.pr. „Eberhard" d. Ldkrs. Barnim 97, Stip. d. Baltic Centre for Writers, Visby 98; Rom., Kurzgesch., Ess., Ged. Ue: engl, span. – **V:** Scheitelpunkt, G. 85; Spruchband, Aphor. 85; Kalte Heimat, Kurzgeschn. 89; Ich hab' mich allzu lang in deinem Aug' besehn 90; Jugendliebe, R. 90; Teure Heimat, Gedanken, Geschn., G. 90; Traumfrauen, Kurzgeschn. 93; Gebrochen Deutsch, G. 93; Mythos Niederrhein 97; Die Wortemacher. Portrait e. heillosen Zunft 98; Dealer-Wallfahrt, R. 00; Bellmanns Blues, R. 00; Liebe verlorene Müh, Kurzgeschn. 02; Jenseits der Kopfweiden, lit. Ess. 02; Niederrhein Quiz 2006 u. 2008. – **MA:** Stark genug ..., Lyr.-Anth. 93; – Zss.: Muschelhaufen; Matices; Krautgarten; Janus; Eulenspiegel; Die Brücke, u. a. – **P:** Schinderkarren mit Büffet, Jazz u. Lyr., CD 02. – *Lit:* s. auch 2. Jg. SK.

Esser, Ulrich, Personalleiter; c/o Gilles und Francke, Duisburg (* Opladen/Leverkusen 15. 4. 44). Rom. – **V:** Fuerteventura – Grüner Schimmer auf den Bergen 99. (Red.)

Essig, Irmgard; Am Wall 3, D-26556 Westerholt, Tel. (0 49 75) 91 20 47 (* Hamburg 30. 6. 33). Lyr., Erz. – **V:** Nico sucht seinen Traum, M. 93. (Red.)

Essig, Rolf-Bernhard, Dr., Lit.kritiker, Autor, Germanist, Historiker; Kunigundendamm 62, D-96050 Bamberg, Tel. (09 51) 1 72 52, *dr.essig@web.de*, *www. schuressig.de* (* Hamburg 16. 7. 63). VS 07; Pr. d. Bayer. Ldeszentr. f. Neue Medien (Bester Kulturbeitr.) 04, Sonderpr. d. Bayer. Ldeszentr. f. Neue Medien 06, Weißer Rabe d. Internat. Kinder- und Jgd.bibliothek München 08. – **V:** Hermann Essigs Geburtshaus in Truchtelfingen 92; Hermann Essig. 1878–1918, Ausst.-Kat. 93; Der Offene Brief. Geschichte u. Funktion e. publizist. Form v. Isokrates bis Günter Grass 00; Der Rausch der Meere 05; Schreiberlust & Dichterfrust 07; Wie die Kuh aufs Eis kam 07. – **MV:** Karl-May-ABC, m. Gudrun Schury 99; Bilderbriefe. Illustrierte Grüße aus drei Jahrhunderten, m. ders. 03; Kämpferische Post von Luther bis Grass, m. Reinhard M. G. Nickisch, kommentierte Briefe 07. – **MA:** 3 Beitr. in: M. Töteberg (Hrsg.): Metzlers Film-Lex. 95; Wulf Segebrecht (Hrsg.): Fundbuch d. Gedichtinterpretation 97; 3 Beitr. in: K. Dimmler (Hrsg.): Die größten Schurken d. Filmgeschichte 00; E. François/H. Schulze (Hrsg.): Dt. Erinnerungsorte III 01; Lust am Lesen 01; Jb. d. Karl-May-Ges. 02; G. Schury/M. Götze (Hrsg.): Buchpersonen, Büchermenschen. Für Heinz Gockel z. 60. 01; G. Ueding (Hrsg.): Hist. Wörterbuch d. Rhetorik; Da liegt der Himmel näher an der Erde, Portr. 03; Schwabenspiegel 06; Karl May. Imaginäre Reisen, Ausst.-Begleitbd 07. – **H:** Hermann Essig: Der Taifun, R. 97 (auch Nachw.); Kreativ kritisieren 02. – **P:** Die Ansbach-CD 03; Die Regensburg-CD 05; Franz im Glück oder Die Landshuter Fürstenhochzeit 05, alles Hörb. m. Gudrun Schury. – *Lit:* Wolfgang R. Langenbucher in: Publizistik 46/01.

Essmann, Anne, Krankenschwester, Pädagogin; Herrfurthstr. 20a, D-12049 Berlin, Tel. (0 30) 66 46 16 44 (* Nordwalde/Westf. 13. 11. 63). Kinderb. – **V:** Pim Eisbär in Lianas Welt, Vorlesestück 04; Lea Geheimnis, Jgd.-R. 04; Das war der Wolf, R. f. Kinder 04; Pim Eisbär in Berlin, Vorlesestück 05; Als Sofia noch nicht im Himmel war, R. f. Kinder 05. – **MA:** Die Literareon Lyrik-Bibliothek, Bd IV 05. (Red.)

Essmann, Theres, PR-Beraterin, Medienanalystin; Schlürfergasse 9, D-70329 Stuttgart, Tel. (07 11) 27 31 70 27, *theres.essmann@observer.de* (* Nordwalde 30. 1. 67). Lyr. – **V:** Das Gewicht der Berührung, G. 02. (Red.)

Estenfeld, Christa (Christa Estenfeld-Kropp), ObStudR.; Schloßbergstr. 10, D-55452 Rümmelsheim, Tel. (0 67 21) 99 49 26, Fax 99 49 27, *christa.estenfeld @artfusion.de, www.artfusion.de, www.schreizeichen. de* (* Mainz 2. 7. 47). BBK Rh.-Pf., VS Rh.-Pf.; Bremer Lit.förd.pr. 00. – **V:** Die Menschenfresserin, Erzn. 99; In Augenhöhe, G. u. Bilder 00; Schreizeichen 01. – **MA:** Der Rabe, Nr. 55–59 99/00. (Red.)

Ester, Barbara; *b.ester@arcor.de, barbaraester.de. vu* (* Gladbeck). VS 93; Auszeichn. d. Dattelner Frauenforums 93, Hsp.-Stip. d. Filmstift. NRW 94, 00, Hungertuch f. Lit., Düsseldorf 01. – **MV:** Massaker. Ein CrangerCirmesCrimi, m. A.J. Weigoni 01. – **MA:** cet, Zs. f. Lit. 99; Zerissen und doch ganz 00; Coitus Koitus, Zs. 01. – **R:** Mörder, Hsp. 93; Dame in blau 1–9, Lyr. 97; Die Rabenfee, m. A.J. Weigoni, Hsp. f. Kinder 98. – **P:** Missing Medea, Kurzhsp. auf: Ohryeure, CD 98; Massaker, Hsp., CD 01; Beitr. unter: www.philotast.de; www.vordenker.de. – *Lit:* Kollegengespräche 98. (Red.)

Estermann, Felicitas (Ps. f. Felicitas Rummel); Waldstr. 90, D-53177 Bonn, Tel. (02 28) 31 35 34, Fax 31 92 25, *felicitas.rummel@t-online.de* (* Bad Waldsee 17. 1. 31). GEDOK Bonn, Lit.-Gruppe 73–03; Lyr., Prosa. – **V:** Wortbrot 72; Jede Blume ist ein Dach 77; Konzert der Augenblicke 81; In der Manteltasche versteckt 84; Seltene Tage 89; Dasein miteinander 94; Sich entfaltendes Leben 98; In jedem Atemzug 03, alles G.; Die Menschen so zu lieben ... Der Seelsorger Stanis-Edmund Szydzik, Biogr. 05. – **MV:** In der ewigen Stadt, Gedanken, Notn., Bilder 81. – **MA:** Renovatio 78; Festschr. f. St.-E. Szydzik 80; heilen, Vjschr. 80–99.

Ettingshausen, Ina-Maria von (geb. Ina Maria Heun), Schriftst.; Eichenwand 41, D-40627 Düsseldorf, Tel. (02 11) 20 35 65, Fax 25 54 81, *ettingshausen @gmx.de* (* Herborn/Hessen 20. 7. 44). VS NRW 03, Vors. d. Bezirksgr. Düsseldorf-Neuss seit 08. Lyr., Erz., Reflexionstext. – **V:** Fremde Frau, ich suche dich. Eine Weiblichkeits-Poetisierung, Lyr., Fotos, Collagen u. Zeichn. 00; Agava im Licht. Eine Lyr. Tagebuch über Ehe, Liebe, Sehnsucht, m. Fotos, Collagen, Zeichn. 06. – **MA:** div. Veröff. in Anth., u. a. in: Straßenbilder 98; Nix verraten dich, Grupello, Festschr. 05; Blick aus dem Fenster 06; Trilogie der Besonderheiten 07.

Ettl, Peter, Schriftst., Red.; Gschaid 2, D-84163 Marklkofen, Tel. (0 87 32) 93 81 21, Fax 93 81 22, *Peter.Ettl@t-online.de, www.peterettl.de* (* Regensburg 19. 5. 54). Rolf-Ulrici-Pr. 72, 2. Pr. d. Wettbew. „Zwei Menschen", Kulturförd.pr. Ostbayern 80, Kulturförd.pr. d. Stadt Regensburg 98; Lyr., Kurzprosa, Rom., Hörsp. – **V:** Jeremy, lyrischer R. 74, 76; Im Zeichen der Trümmer, G. 76; Fluchtdistanz, G. 77; Tage aus Asche und Wind, R. 77, 2., erw. Aufl. 02; Seiltänzer, Erz. 78; Im Kabinett der Träume, G. 77; Grenzbezirke, G. 78; Kein Öl f. Finistère, G. 79; Schöne Grüße v. Ihren Kindern, Erzn. 80; Unsere Nächte hießen Dunkelkammer, G. 82; Kamikaze Ikarus, G. 82; Clearance Sale, G. 82; Vierzig Watt Kälte, Erz. 83; Gesänge aus Anthropia, G. 82, 83; Katzenflug. Texte aus India, G. 84, 4., erw. Aufl. 01; Alle Mauern sind noch fern, G. 84; Eike, der quirlige Keeper, Sat. 85; Pariser Hefte 1 & 2, Glossen, Erz. 85, 86; Landnahme, G. 86; Die Blinden der Rue Moreau, Erzn. 86; Sanftes Land über Verbrannter Erde, G. 87; Die Geometrie des Himmels, G. 88; Mona Lisa lächelt nicht mehr, Geschn. 89; Der schwarze Vogel geht in die Warteschleife, G. 91; Nachmieter für den Olymp gesucht, Reise-Erzn. 02, 2., erw. Aufl. 05; An den Ufern der Wildnis, G. 02; Traumtrabanten, ges. G. 03; Kratzspuren, Geschn. u. G. 04; Gleitflüge zwischen den Gezeiten, G. 05; Land schafft, G. 06; Die Flugfähigkeit der Wurzelfüßler, G. 08. – **MV:** Jenseits des großen Wassers, Reise-Erzn. 02; Hufspuren, Erzn. u. G. 03, beide m. Renate Ettl. – **MA:** Quer 74; Brennpunkte X 73; Federkrieg 76; Eckiger Kreis 78; Liebe will Liebe sein, Anth. III 79; Regensburger Lesebuch 79, II 83; Siegburger Pegasus 82; Wo liegt Euer Lächeln begraben 83; WAA, e. Lesebuch 82; Zuviel Frieden 82; Friedensfibel 82; Sag nicht morgen wirst du weinen ... 82; Gaukes Jb. 82; Wir haben lang genug geliebt 85; Lit. in Bayern 85/86; Zehn Jahre Zeitkritik 86; Regensburger Alm. 87; Das große Buch d. kleinen Gedichte 98; Niederbayern 99; Städte. Verse 02; Zeit. Wort 03; Ein Dach aus Laub 04; Das war's dann wohl 08; DuMonts Katzenkalender; Der Große Conrady 08; Poesie-Agenda 2009 08. – **H:** Eckiger Kreis, Anth. 78. – **P:** Die sanften Wilden vom Merfelder Bruch, CD-ROM 00. – **Ue:** J. McKee: Gedichte 83; Peter Patti: Il Foglio Clandestino 00.

Ettl, Susanne s. Hornfeck, Susanne

Ettl, Wolfgang, Lehrer; Karl-Knab-Str. 16, D-92521 Schwarzenfeld, Tel. (01 77) 7 97 02 94. Hammerschmidtstr. 12, D-47798 Krefeld (* Schwarzenfeld 21. 9. 50). Lyr. – **V:** Die Stille fragen, was der Lärm verschweigt, Lyr. 79; Das Hecheln der Wölfe, Lyr. 81; Wunder sind leise, Poesie 93; Notschlachtung der Kuckucksuhren, Lyr. 00.

Ettlin, Georges (Oleander), Geschäftsmann; Fildernstr. 23, CH-6030 Ebikon, Tel. (0 41) 4 40 35 89, (0 41) 4 40 35 16, edmonddantes@bluewin.ch (* Luzern 5. 12. 43). Lyr. – **V:** Alles. Nichts ist für immer, G. 07. – **MA:** Perlen der Poesie 06; Dem Leben entgegen 08; Bibliothek dt.sprachiger Gedichte.

Etz, Andrea s. Vanoni, Andrea

†**Eulen,** Emmo, Kunstzieher, Maler, Schriftst.; lebte in Freiberg/Sa. (* Berlin 24. 11. 21, † Freiberg/Sa. 26. 8. 07). Autorenring Calw 86–94, AG WORT e.V. Freiberg 95, ASSO Unabhängige Schriftst. Assoz. Dresden 03; Preisträger im 5. Lit.wettbew. Zwickau 01; Erz., Rom., Dramatik. – **V:** Papadopulos, Erzn. 02; Die andere Tür, R. 04/05. – **MA:** Calwer Almanach 87; Uli Rothfuss: Der Schatz der Zwerge (Ill.) 91; Veröff. in Ztgn, Zss. u. Anth.; Projektarbeit m. d. Förderstudio Literatur e.V. Zwickau.

Eulenbruch, Renate; Langenaustr. 65, D-56070 Koblenz, r.eulenbruch@t-online.de (* Forst 43). – **V:** Vorsicht Fernweh! Geschichten vom Reisen 07.

Euler, Christiane J. s. Streicher, Hella

Eumann, Klaus, Konstrukteur, Beratungsing., Vertriebsleiter; Am Schulzenhof 14, D-46509 Xanten, Tel. (0 28 04) 18 21 65, Fax 18 14 64 (* Essen 9. 5. 39). Rom. – **V:** Freiflug Hongkong, R. 05. (Red.)

Eva-Maria s. Tepperberg, Eva-Maria

Everling, Stephan, Dipl.-Volkswirt, Autor, Regisseur, Musiker; Benfleetstr. 27, D-50858 Köln, Tel. u. Fax (02 22 34) 7 37 01, raederscheidt-everling@t-online. de (* Bonn 25. 5. 63). Rom., Erz., Fernsehdok., Drama. – **V:** Kölner Hundegeschichten 00 (auch Hörb.); Kölner Katzengeschichten 01 (auch Hörb.); Himmelsstürmer 02, alles Erzn. – **MV:** Mitternachtsmosaik, m. Maf Räderscheidt, R. 00. (Red.)

†**Evers,** Harald, autor V. Computerspielen, Schriftst. (* München 22. 9. 57, † Kirchdorf am Inn 30. 11. 06). – **V:** Die Kathedrale 93, 04; Das Dämonenschiff 00; Höhlenwelt-Saga, 8 R. 01–05; Eisenfausts Vermächtnis, Krim.gesch. 05; Das Amulett, R. 06.

Evers, Horst (eigtl. Gerd Winter); Berlin, mail @horst-evers.de, www.horst-evers.de (* Evershorst 8. 2. 67). Salzburger Stier 01, Prix Pantheon, Bonn 01, Programmpr. d. Dt. Kabarett-Pr. 02, Dt. Kleinkunstpr. 08, u. a. – **V:** Wedding 98; Die Welt ist nicht immer Freitag 02; Gefühltes Wissen 05; Mein Leben als Suchmaschine 08. – **P:** CDs: Einbeinige Jungs mit Tretrollern 97; Best of Dr. Seltsams Frühschoppen 00; Mittwochsfazit 00; Mittwochsfazit – Dumm fickt gut 02; Horst Evers erklärt die Welt 02; Gefühltes Wissen 05; Mittwochsfazit – Geile Teile 05; Mehr vom Tag 06; Bezirksslieder 08; Schwitzen ist, wenn Muskeln weinen 08. (Red.)

Eversberg, Bernhard, Bibliotheksdir.; c/o Technische Universität, Univ.-Bibliothek, Pockelsstr. 13, D-38106 Braunschweig, Tel. (05 31) 3 91 50 26, B. Eversberg@tu-bs.de, www.allegro-c.de (* Witten 16. 9. 49). Lyr. Ue: engl. – **V:** Allegro spiritoso, G. 99. (Red.)

Everwyn, Klas Ewert (Ps. Nicolas Nicolin, Klaus Everwyn), freier Schriftst., Dipl. Verwaltungswirt; Badgensteiner Weg 6, D-40789 Monheim am Rhein, Tel. (0 21 73) 96 41 17, Fax 96 41 20, k.e.everwyn@gmx.de, www.everwyn.de. Konkordiastr. 38a, D-40219 Düsseldorf, Fax (02 11) 3 98 54 40 (* Köln 10. 3. 30). VS 69, P.E.N.-Zentr. Dtld; Förd.pr. z. Gr. Kunstpr. d. Ldes NRW f. Lit. 66, Arb.stip. d. Ldes NRW 72 u. 78, Lit.pr. d. Stadt Dormagen 80, Heinrich-Wolgast-Pr. 86, Dt. Jgd.lit.pr. 86, E.liste z. Gustav-Heinemann-Friedenspr. 86, Regionaler Hsp.pr. 94; Rom., Hörsp., Erz., Jugendb. – **V:** Kinder als Kanonenfutter, Tatsachenbericht 51; Jagd ohne Gnade, R. 55; Die Leute vom Kral, R. 61 (auch frz.); Die Hinterlassenschaft, R. 62; Griet, Erz. 67; Platzverweis, R. 69; Die Entscheidung des Lehrlings Werner Blom, Erz. 72, Tb. 83 (auch frz.); Stadtansichten, Aufs. 78; Fußball ist unser Leben, Jgd-R. 78/80, Tb. 5. Aufl. 98 (auch russ.); Die Stadtväter, R. 80; Neue Stadtansichten, Aufs. 82; Achtung Baustelle, R. 82, Tb. 86 (auch dän.); Land unter bleiernem Himmel, R. 83; Der Dormagener Störfall, R. 83, Neuaufl. 97; Opa und Ich, R. 84, Tb. 86; Für fremde Kaiser und kein Vaterland, R. 85, 94, Tb. 00 (auch schw., Thai); Der kleine Tambour und der große Krieg, R. 87, 91; Sterben kann ich überall, R. 88; Jetzt wird alles besser, Jgdb. 89; Schuß durch die Mütze, R. 90; Der Räuberpaul, R. 91, Neuaufl. u. d. T.: Einmal Räuber immer Räuber 04; Gefundenes Fressen, R. 95; Die Kölner Südstadt und ich, Erzn. 96; Damals – da war richtig was los, Erzn. 96; Bergische Dorfgeschichten 00; Deutzer Blut, hist. Krim.-R. 04; Das Geheimnis der Nicolini, R. 05; Der Fischer von Hamm und die Herzogsfehde, R. 05; Ein gewisser Paul von Bettenhagen, UA 07; Die unerfüllten Wünsche des Kurfürsten Johann Wilhelm, R. 08 (auch als Hörb.). – **MA:** zahlr. Beitr. in Anth. seit 66, u. a.: Die Würde am Werktag 80; Niemandsland 85; Menschen sind Menschen – oder 08; Die Zeit, Feuilleton 90, 94. – **H:** Nahaufnahmen, Anth. 81. – **R:** Wanzeck 69; Kein Kündigungsgrund 70; Lehrgeld 71; Teamwork 71; Krankheitsverlauf 75; Ein bedauerlicher Fall 74; Der Erlaß 76; Ein Direktor wird geopfert 80; Knoll – ein ganz gewöhnlicher Edelweißpirat 86; Mensch Opa 86; Mamm und Papp 92; Sterben kann ich überall 93; Gefundenes Fressen 94; Ein Frauenleben 95; Für fremde Kaiser und kein Vaterland, alles Hsp. – Lit: Malte Dahrendorf in: KLG, 1.4.1991.

Evrimsson s. Sen, Evrim

Ewald, Christina; c/o Emons Verlag, Köln (* Mainz 22. 4. 60). 1. Platz im Wettbew. 'Mainz-Krimi' d. Allg. Ztg Mainz 01; Krim.rom., Sachb. – **V:** Eine Leiche zum Frühstück, Krimi 01; mehrere Sachbücher. (Red.)

Ewald

Ewald, Max H., Künstler; Weidigweg 18, D-64297 Darmstadt-Eberstadt, Tel. (061 51) 50 62 02. – **V:** KONTINENT Mensch!, G., Aphor. & Zeichn. 99. – **H:** Eberstädter Donnerkeil 97–00, seit 01 Offene Briefe, ab 02 Flyer-Literatur. (Red.)

Ewers, Franz-Georg, Richter a. D.; Am Halfenberg 21, D-51515 Kürten (* Münster/Westf. 26. 11. 32). Lyr. – **V:** Fabelhafte Tiere, Kdb. 07; Mehr von fabelhaften Tieren oder Haydn im Galopp, Kdb. 07.

Ewers, Mario s. Engelsberger, Mario

Ewers, Ranka (auch Ranka Pollmeier); Knocknagat, Annestown, Co. Waterford, Tel. (0 51) 39 61 45, Fax 39 64 98 (* Meppen 14. 11. 42). Rom. – **V:** Saitenspiele, R. 90; Glück und Glas, R. 92; Von Eheleuten und Brautvätern, Erz. 04; Fermate, N. 05. (Red.)

Exner, Lisbeth (Ps. f. Elisabeth Kapfer), Dr., freie Autorin, Germanistin, Journalistin; Franziskanerstr. 49, D-81669 München (* Wien 12. 7. 64). Förd.pr. d. Freistaates Bayern 02; Hörsp., Monographie, Biogr., Feat. – **V:** Fasching als Logik. Über Salomo Friedlaender/ Mynona 96; Land meiner Mörder, Land meiner Sprache. Die Schriftstellerin Grete Weil, Biogr. 98; Leopold von Sacher-Masoch, Monogr. 03; Elisabeth von Österreich, Monogr. 05. – **MV:** Weltdada Huelsenbeck, Biogr. 96; Pfemfert. Erinnerungen u. Abrechnungen, Biogr. 99, beide m. Herbert Kapfer. – **MA:** Maßnahmen des Verschwindens. Ausstellung u. Hsp. 93; Rowohlt Lit.mag. Nr.45 00; Leopold von Sacher-Masoch (Dossier 20) 02; Phantom der Lust. Visionen d. Masochismus, Erz. u. Texte 03; Bayerisches Feuilleton: Exkursionen, Ess. 07. – **MH:** R. Huelsenbeck: Die Sonne von Black Point, R. 96; ders.: China frisst Menschen, R. 04, beide m. Herbert Kapfer. – **R:** Hörspiele: Nur Liebe ist Leben 95; Futschlinien 96; Topographie einer Hölle 96; Der bayerische Wüstenkönig 97; Die Nachlassjäger 97; Philosophie im „Größenwahn" 97; Spätfolgen od.: Drei Emigrantinnen. Ellen Otten, Joy Weisenborn, Grete Weil 98; Relative Realitäten. Die künstlerische Wege d. Christian Schad 00; Hetäre der Avantgarde. Else Greve u. der George-Kreis 04; – Radiofeat.: Der grüne Heinrich in München. Das Scheitern d. Malers Gottfried Keller 01; Empfindsame Reisen. Die Radioarbeiten d. Schriftstellers Wolfgang Koeppen 02; Flucht nach Persien und Afghanistan: Die Schriftstellerin Annemarie Schwarzenbach 03; Escape to Life. Erika u. Klaus Mann im amerikan. Exil 04; Die Eri muss die Suppe salzen. Die vielen Leben d. Erika Mann 05; Deutschland war ebenso kaputt wie ich selbst. Die Schriftstellerin Grete Weil 06; 'Faustrecht' in München. Gerd Ledigs Nachkriegsroman über eine „gesellschaftslose Zeit" 08.

Exner, Richard, Prof. Dr.; Fritschestr. 74, D-10585 Berlin, Tel. (0 30) 34 70 47 44, Fax 34 70 47 45 (* Niedersachswerfen/Südharz 13. 5. 29). Korr. Mitgl. Bayer. Akad. d. Schönen Künste 79, Rilke-Ges., Thomas-Mann-Ges., P.E.N.-Zentr. dt.spr. Autoren im Ausland; Alma-Johanna-Koenig-Pr. 82, E.gast Villa Massimo Rom 85, Rockefeller Found. Scholar (Villa Serbelloni) 87, Residency, The MacDowell Colony, Peterborough 88, 91, 95, E.pr. z. Würdigung e. Lebenswerkes d. ökumen. Stift. „Bibel u. Kultur" Stuttgart 04; Lyr., Ess., Prosa, Übers., Kritik. Ue: engl. – **V:** Gedichte 56; Hugo von Hofmannsthals Lebenslied. E. Studie 64; A Personal Prayer at Year's End 72; Fast ein Gespräch 80; Mit rauchloser Flamme 82; Aus Lettern ein Floß 85; Ein halber Himmel 88; Stätten 88; Kindermesse 89; Die Nacht 90, 2. Aufl. 92; Siebenunddreißig Umschreibungen der Nähe und der Entfernung 91; Ein Sprung im Schweigen 92; Gedichte 1953–1991 94; Das Kind. Sechs Adventsgedichte 95; Die Zunge als Lohn, G. 1991–1995 96, alles Lyr.; Gedichte, m. Zeichn. v. Jan

Wawrzyniak 98; Ufer. Gedichte 1996–2003 03; Untereinander. Gedichte aus 30 Jahren 04; Stele, G. 04; Erinnerung an das Licht, G. 06. – **MA:** „In Spuren gehen ...". Festschr. f. Helmut Koopmann 98; Amerika und wir 06. – **H:** Rudolf Alexander Schröder: Aphorismen und Reflexionen 77; Rainer Maria Rilke: Das Marien-Leben 99. – **P:** ZwischenZeit, G., CD 00. – **Ue:** zahlr. G. in Zss.; Fegefeuer in: William Butler Yeats: Dramen 72, u. a. – *Lit:* Detlef Neufert: Doppelleben. Üb. d. Lyriker R.E., Fsf. 87; U. Mahlendorf/Laurence Rickels (Hrsg.): Poetry-Poetics-Translation. Festschr. in Honor of R.E. 94. (Red.)

Eyb, Ingrid von; Lamontstr. 7, D-81679 München, Tel. (0 89) 4 70 55 54 (* Juliusburg/Schles. 23. 7. 40). VS/VdÜ. Ue: engl, ital. – **V:** Die Geschichte vom kleinen Stein, Kdb. 00. – **Ue:** Werke v. Don Mario; Phyllis Krystal: Die Fesseln des Karma sprengen 02.

Eyl, Ansgar; Kirchstr. 9, D-56271 Kleinmaischeid, Tel. (0 26 89) 50 71, (0 26 34) 92 14 98, *ansgar.eyl@ gmx.de* (* Neuwied/Rhein 17. 6. 69). Autorengr. Koblenz 90–97, Gruppe SchreibKRAFT 90–92, BVJA; Prosa, Lyr., Erz. – **V:** Das Daumenbuch, Geschn. 96; Orangensaft, Lyr. 99. – **MA:** zahlr. Anth., u. a.: Taschenkal. f. junge Lit. 92, 94; Zehn, G.; Am Rande d. Realität 94; Wo viel Licht ist, ist starker Schatten, G. u. Kurzprosa 94; Aufatmen, Aufstehen, Weglaufen 95; Pflücke die Sterne Sultanin 96; Antologia Di Poesie – Ital.-Dt. Anth. 97; ORTE. Ansichten 97; Frankfurter Edition I/1, G. 00; Blitzlicht 01; Versnetze 07; – div. Lit.zss., u. a.: Der Literat; IMPRESSUM; S.U.B.H.; Kult; Labyrinth u. Minenfeld; Ventile; Cocksucker; Lillegal; Perspektiven; Lima; Odyssee; Der Zettel; Essener Lit.-Flugbll.; Krachkultur; Köllefornia; Brückenschlag; Maskenball; Freiflug, Mag. 07.

Eyssl, Conrad s. Kopetzky, Kurt

Eyvind, Robert s. Lohmeyer, Wolfgang

Fabel, Renate s. Fischach-Fabel, Renate

Faber, Günter s. Rudorf, Günter

Faber, Katharina, Dr. med., Ärztin; Klusstr. 54, CH-8032 Zürich, Tel. (01) 3 86 44 00 (* Zürich 12. 8. 52). Rauriser Lit.pr. 03; Prosa, Lyr. – **V:** Manchmal sehe ich am Himmel einen endlos weiten Strand, R. 02; Mit einem Messer zähle ich die Zeit, Erzn. 05; Fremde Signale, R. 08. – **MA:** Entwürfe 03; Beste deutsche Erzähler 03; 17 Frauen ziehen einen Mann aus 05; Bücherpick 05; Von A bis CH 07; Entwürfe 07, alles Anth.

Faber, Merle s. Kuppler, Lisa

Faber, Rolf (Rudolf Faber), ObStudR., Maler; Helmstedter Str. 24, D-10717 Berlin, Tel. u. Fax (0 30) 8 54 15 24 (* Münster 17. 8. 08). Lyr., Erz. – **V:** Kein Mord auf Gomera?, Krim.-Erz. 95. (Red.)

Faber, Rolf A. Max, Dr. jur., Leitender MinR a. D., Erfurt; Carl-v.-Ossietzky-Str. 29, D-65197 Wiesbaden, Tel. u. Fax (06 11) 46 74 85. Jakob-Kaiser-Ring 32, D-99087 Erfurt (* Wiesbaden-Biebrich 16. 11. 46). BVK, E.kreuz d. BW in Gold, E.gabe d. Ldes Hessen, Bürgermed. d. Ldeshauptstadt Wiesbaden in Gold. – **V:** zahlr. Veröff. z. Wiesbadener Orts- sowie z. nassauischen u. Thüringer Landesu. Rechtsgesch., u. a.: Herzogtum Nassau 1806–1866 82; Die Bemühungen im Herzogtum Nassau u. die Einführung v. Mündlichkeit u. Öffentlichkeit im Zivilprozessverfahren 07; Goethe in Wiesbaden und Mainz 97; Salomon Herxheimer, 1801–1884 01; Seligmann Baer, 1825–1897 02; – Bühnenstücke m. Urauff. in Wiesbaden-Biebrich. – **MA:** Beteiligung an versch. v. Günter Stahl hrsg. Anth. (Arnim Otto Verl.) sowie den BläFBB. – **MH:** BläFBB (m. Hommage f. Günter Stahl z. 65. Geb.), m. Karl Martin, Arnim Otto u. a. 00;

Festschrift f. Günter Stahl [...] z. Vollendung. d. 70. Lebensjahres [...], m. Arnim Otto 05. – *Lit:* Günter Stahl: R.F. – e. konkrete Lebensgestalt auf d. Höhe v. Entfalten, Werden [...], in: G. Stahl: KriTZeLeiEN 99; Brigitte Schellmann: Who's Who in German 01; Wer ist Wer? Das dt. Who's Who 03/04; G. Stahl: R.A.M.F. – e. Hommage anläßl. d. Vollendung d. 60. Lebensjahres, in: G. Stahl (Hrsg.): Beflügelt v. unserer Phantasie 06.

Fabian, Ernst s. Debon, Günther

Fabian, Franz (Ps. f. Franz Mielke); Am Stinthorn 29, D-14476 Neu Fahrland, Tel. u. Fax (03 32 08) 5 03 46 (* Arnswalde 17. 2. 22). SDA 50, SV-DDR 53, Dt. Schiller-Ges. 54, Hölderlin-Ges. 55, VS 90, Fontane-Ges. 90, Freundeskr. Schloß Wiepersdorf 91; Fontane-Preis 66; Rom., Erz., Ess., Biogr., Rep. Ue: engl. – **V:** Der Rat der Götter, R. 50 (auch poln., slow., tsch., ung., jap., chin., frz.); Feder und Degen. Carl von Clausewitz und seine Zeit 54 (auch russ.), u. d. T.: Clausewitz. Leben und Werk 57; Im Lande des Marabu, Erz. 56, 65 (auch ung., russ., armen.); Heute noch wirst Du sterben, Krim.-R. 59; Die Schlacht von Monmouth. F.W. v. Steuben in Amerika, Biogr. 61, 83; Land an der Havel, Rep. 72; Solange mein Herz schlägt, Erz. 79; Der Grenadier und die Heilige Jungfrau. Preuß. Anekdn. 86; An der Havel und im märkischen Land, Rep. 86; Steuben – E. Preuße in Amerika 96; Friedrich und Voltaire, hist.-dok. Erz. 03; 2 Monogr. u. 1 Bibliogr. 66–74. – **MV:** Vom Inselsberg zum Achterwasser, Rep. 74; Fünf geben Auskunft, Lit.Portr. 76; Mit Fontane durch die Mark Brandenburg 90. – **B:** A. Hamilton: Rheinsberg, histor. Reisebeschr. (auch Ausw., Hrsg. u. Nachw.) 92, 96. – **H:** Das verlorene Gewissen, Krim.-Erzn. d. Weltlit. 53, 59; Stärker als das Leben, Liebesgeschn. d. 19. u. 20. Jh. 54, 60; Der erste Schuß u. a. Geschn. amer. Erzähler 54; Der Atem des Meeres, Geschn. 55, 60; Tier-Geschichten, Märchen, Fabeln und Gedichte aus der deutschen Literatur 55, 65; Schiller in unserer Zeit 55; Der Vampyr von Sussex u. a. unheimliche Geschn. 57, 58; Die Königin von Persien u. a. Berliner Geschn. 58; Das reelle Unternehmen u. a. heitere Geschn. 59; Die Sonntagspredigt u. a. Geschn. 61; Der Räuberkater u. a. Katzengeschn. 66; Tiergeschichten aus anderen Ländern 67; Meine Landschaft, Prosa u. Lyr. 75; Diese Welt muß unser sein. Lit. Portr. 75; Aber der Wagen, der rollt. Potsdamer erinnern sich 95; Nachrichten aus der Vergangenheit – Potsdamer erinnern sich, Anth. 99; Die Vergangenheit ist nicht vergangen – Potsdamer erinnern sich, Anth. 01; Sprich Vergangenheit, sprich ... – Potsdamer erinnern sich 05. – **MH:** Märkische Heide, märkischer Sand. Literar. Streifzüge durch d. Mark Brandenbg, m. Wolfgang Fabian 92. – **F:** Kennen Sie Rheinsberg? 77. – **R:** Zwei Philosophen in Sanssouci. Friedrich d. Große u. Voltaire, Rdfk-Ess. 94. – **Ue:** David Martin: Die Steine von Bombay, R. 54; Mark Twain: Tom Sawyer, der Detektiv, Erz. 54; Tom Sawyer im Ausland 60, 86. – *Lit:* Immer wieder Fontane, in: Fontane-Bll. H.53, 92; Hans Walde in: Skizzen u. Portr. aus Potsdam 93. (Red.)

Fabian, Steinhart Reinhart (eigtl. Reinhart Kurt Lüddecke), Industriekfm.; c/o Karin Fischer Verlag, Aachen (* Salzburg 28. 7. 43). Rom., Lyr., Dramatik. – **V:** Briefe an meine geliebte Mutter 97; Lebens- und Glaubensweisheiten in Reimform 03. – **MA:** Frieling Theater-Jb. 00; Das Gedicht lebt!, Bd 4 03. (Red.)

Fabian, Wolfgang (Ps. f. Wolfgang Mielke), Buchhändler, Schriftst.; Dorfstr. 4, D-14476 Kartzow, Tel. u. Fax (03 32 08) 5 14 31 (* Potsdam 26. 6. 59). Lit.-Kollegium Brandenbg 91, VS 93; Erz., Ess., Anekdote, Herausgabe. – **V:** Potsdam. Die Stadt, die Könige und ihre Besucher, Erzn. 97. – **MH:** Märkische Heide, märki-

scher Sand. Literar. Streifzüge durch d. Mark Brandenburg, m. Franz Fabian 92. (Red.)

Fabich, Peter Jürgen, Kunstpäd., Lehrer an Sonderschulen, Maler; Bleibtreustr. 5, D-10623 Berlin (* Berlin 21. 2. 45). NGL Berlin 73; Patalano-Stip. 66, Arb.stip. d. VS 70, Lit.pr. d. Stadt Bocholt 71, Lit.pr. d. Invandrarnas Kulturcentrum Stockholm 78, Villa-Massimo-Empfehlung 84; Prosa, Lyr., Didaktisches Spiel, Hörsp., Ess., Pädagog. Studie, Stück f. Kinder- u. Jugendtheater, Drama. – **V:** Veränderungen und Anfänge, G. 68; Herr Brödel kuriert seinen Husten, Erzn. 69; Kleiner Beitrag zum großen Lamento über Märchenaufführungen, Ess. 70; Blinde Tage, G. 71; Die Kunde vom Muschelbruder K.N., Ess. 73; Berliner Bandonium, Diorama 74; Ophelia im Wannsee, G. 80; Starke Stücke. Dramolette u. Tableaus aus d. Dt. Dichterhain, Dr. 83; Rund um den Kreuzberg, Rev. 86; Lenin springt in die Spree, Erzn. 89; Die Hochzeit in Trapzunt, Bst. 91; Wir sind nicht doof zu kriegen, Bst. 91; Bella und Bernado 92; Das Luder von Ponza 98; Mechthild von Beuthen 99; Die Braut von Brindisi 03; Der Schelm wird geeurt 07, alles Dr. – **MA:** Aussichten. Junge Lyr. d. dt. Sprachraums 66; Siegmundshofer Texte, Lyr. u. Prosa 67; Anth. als Alibi 67; Frieden, Lyr. 67; Agenda 68; Berlin-Buch 69; Eidechsenspiele 69; Wir Kinder von Marx u. Coca Cola, G. 71; Gewalt, G. 72; bundesdeutsch, G. 74; Angst, G. 75; Die Stadt, G. 75; Jahresgabe 1 d. NGL Berlin, G. 75; Litfass 1, G. 76; Strategien f. Kreuzberg, G. 77; Die Dichter blasen Trübsal, Ess. 77; Unsinnspoesie, G. 77; VAUO-Gedenkbuch, G. 77; Café d. Poeten, G. 80; Berliner Szene, G. 81; Kein Grund zum Feiern, Rev. 81; Schreiben wie wir leben wollen, Prosa 81; Berlins bessere Hälfte, G. 82; Das polit. Märchenbuch, G. u. Prosa 83; Poesie-agenda 84; Gegenwind, G. 85; Lovestories, Prosa 86; Das Buch vom großen Durst, G. 87; Funkbesuch, G. u. Prosa 87; Erot. Gedichte von Männern 87; Jb. dt. Autoren, G. 87; Ortsangaben, G. 87; Die Tradition d. schönen Bücher, Prosa 88; Wortnetze, G. 88; Schweigen, G. 96; Die Zeit vergeht in Augenblicken, Ess. 96; Budenzauber, G. 97; Dt. Großstadtlyrik 98; Spiel, G. 98; Vom Frankenwald zu den Glauer Bergen. 25 J. Künstlerhaus Rollwenzelei 01; Poesie-agenda 05; Haus mit Einfällen. 30 J. Künstlerhaus Rollwenzelei 06. – *Lit:* Joachim Seyppel: Trottoir & Asphalt 94; Jens Dobler: Von anderen Ufern 03; s. auch Kürschners Handbuch der Bildenden Künstler, 1. Aufl. 2005.

Fabri, Luise s. Kondrat, Kristiane

Fack, Fritz Ullrich, Dr. rer.pol, Mithrsg. F. A. Z. 1971–93; Bergstr. 42, D-53604 Bad Honnef, Tel. (0 22 24) 7 01 28, Fax 96 74 96, *Fritz.Fack@t-online.de* (* Leipzig 3. 5. 30). Erz. – **V:** Denn die Ferne liegt so nah, Geschn. 99. (Red.)

Fackelmann, Michael, Filmemacher (Drehb.autor, Regisseur, Produzent) u. Fotograf; Steindorfstr. 29, D-80538 München, Tel. (0 89) 22 88 09 99 (* Berlin 10. 2. 41). Prämie d. Filmförderungsanstalt Berlin 68, 70, 72, Adolf-Grimme-Pr. 74, Pr. b. Theaterst.wettbew. d. Stadt München anläßl. d. Intern. Jahr d. Kindes 79, Bayer. Drehb.förd. 81; Drama, Film, Hörsp. – **V:** Roboter lachen nicht 81; Vogelmenschen 83; Die Weltmeister 84, alles Theaterst. f. Kd.; Der Ruf des Königs 04. – **F:** Der Mann vom Makahannya, Spielf.-Drehb. 81. – **R:** Klaras Finderlohn; Annas Mutprobe; Karin u. Sabrina, alles Hsp. f. d. „Grünen Punkt" 82; Drehb. einzelner Folgen f. d. Fs.-Ser.: Rappelkiste; Das Feuerrote Spielmobil; Anderland.

Fackler, Irmengard (geb. Irmengard Maier), Kauffrau, Autorin; Traunstr. 10, D-83368 St. Georgen/Chiemgau. Tel. (0 86 69) 28 19, Fax 41 10,

Fadél

*irmengard.facker@chiemgau-online.de, fackler-buch.
de* (* Neuötting 12. 1. 42).
– **V:** Mit mir nicht Ziska, mein Traum-Ich, R. 96; Wind, wehe mit mir, R. 97; Ruth, Elise, Marie, R. 00; Geh, deinen Weg, Annik 05. (Red.)

Fadél, Suheil s. Schami, Rafik

Faecke, Peter; Mevissenstr. 16, D-50668 Köln, Tel. (02 21) 72 62 07, Fax 1 79 41 49, *peterfaecke@t-online. de, www.peterfaecke.de.* Pohlstadtsweg 414, D-51109 Köln (* Grunwald/Schlesien 3. 11. 40). P.E.N.-Zentr.
Dtld; Stip. d. Dt. Lit.fonds 91/92, 96; Rom., Ess., Hörsp. – **V:** Der Brandstifter, R. 63; Der rote Milan, R. 65; Das unaufhaltsame Glück der Kowalskis. Vorgeschichte, R. 82; Flug ins Leben, R. 88; Als Elizabeth Arden neunzehn war, R. 95; Ankunft eines Schüchternen im Himmel, R. 01; Das Kreuz des Südens, Repn. 01; Vom Überfliessen der Anden, Repn. aus Peru 02 (elektron. Ausg. d. letzten 4 Titel 02); Hochzeitsvorbereitungen auf dem Lande II, R. 03; Die geheimen Videos des Herrn Vladimiro, R. 04; „Wenn bei uns ein Greis stirbt ...", Repn. aus Mali 05; Die Geschichte meiner schönen Mama, R. 07; Der Kardinal, ganz in Rot und frisch gebügelt, R. 07; Die Tango-Sängerin, R. 08. – **MV:** Postversand-Roman, m. Wolf Vostell 70. – **H:** Über die allmähliche Entfernung aus dem Lande. Die Jahre 1968–1982, Anth. 83. – **R:** mehrere Hsp., u. a.: Zum Beispiel Köln: Hohe Straße 72; Hier ist das Deutsche Fernsehen mit der Tagesschau 73; 48 PS – zur Biografie der Autos 76. – **P:** Industrie auf dem Lande, Kass. m. Begleith. 78.

Fährmann, Willi, Schulrat i. R.; Erprather Weg 5c, D-46509 Xanten, Tel. (0 28 01) 22 34, *faehrmannautor @aol.com* (* Duisburg 18. 12. 29). VS, P.E.N.-Zentr.
Dtld, Dt. Akad. f. Kd.- u. Jgd.lit.; mehrf. Bestliste z. Dt. Jgdb.pr., E.liste z. Hans-Christian-Andersen-Pr., Grand Prix d. Dreizehn, Paris 77, Gr. Pr. d. Dt. Akad. f. Kd.- u. Jgd.lit. 78, Öst. Staatspr. f. Kinderlit. 80, Pr. d. Leseratten 81, 85 u. 86, Kath. Kd.- u. Jgdb.pr. 81 u. 95, Dt. Jgd.lit.pr. 81, E.liste Silb. Feder 82, E.liste z. Öst. Kd.- u. Jgdb.pr. 84 u. 88, Jahresliste Der bunte Hund 85 u. 86, Nibelungenring d. Stadt Xanten 89, Gr. BVK 95, Wildweibchen-Pr. d. Reichelsheimer Märchen- u. Sagentage 96, Prix Tam-Tam (Frankr.) 99, Medienpr. d. Geschichtslehrerverb. 00; Kinder- u. Jugendb., Rom., Lyr., Liedtext. – **V:** Graue Kraniche – Kurs Süd, Jgdb. 56, 60; D. Geheimnis d. Galgeninsel 59; D. Verschwörung d. Regenmacher 60; Abenteuer auf d. Schiff d. Tiere 62, 77; D. Jahr d. Wölfe 62, 04 (auch schw., dän., afr., ital., engl., span., ndl., türk.); E. Pferd, e. Pferd, wir brauchen e. Pferd 64, 87 (auch dän.); Samson kauft e. Straßenbahn 64 (auch dän.); D. Stunde d. Puppen 66, 77 (auch dän.); E. Platz f. Katrin 66, 01 (auch dän., span. korean.); Es geschah im Nachbarhaus 68, 08 (auch ital., dän., jap., schw.); Mit Kindern beten 70, 86; Mit Kindern Psalmen beten 70, 87; Ausbruchversuch 71, u. d. T.: Wind ins Gesicht 78 (auch frz., dän.); Kinderfeste im Kirchenjahr 73, 85; Gemeinde mit Herz 74, 80; Kristina, vergiß nicht 74, 06 (auch frz., dän., ndl.); Schöne Zeit mit Kindern 75, 77 (auch span.); Schule ist mehr als Unterricht 78 (auch span.); ... u. brachten Freude auf d. Erde 78; D. Botschaft d. Federn 79; D. lange Weg d. Lukas B. 80, 08 (auch span., dän., engl., schw., tsch., hebr., jap., ndl., serb., korean.); D. überaus starke Willibald 83, 08 (auch dän., jap., türk., ital., span., franz., chin., korean.); D. Vögel d. Himmels, d. Fische d. See 84, 85; Thomas u. sein toller Zoo 84 (auch frz.); D. Hirschhornknopf im Klingelbeutel 84, 86; D. Fisch zu hassen – Zeit zu lieben 85, 03 (auch schw.); E. Fisch ist mehr als e. Fisch 85, 97; Meine Oma war Erfinderin 86; U. leuchtet wie d. Sonne, Jgdb. 86, 03; Meine Oma ging aufs Eis 87; Siegfried v. Xanten 87, 06

(auch schw., jap.); D. Esel im gelobten Land 88; Kriemhilds Rache 88, 99; Dietrich v. Bern 89; D. Mann im Feuer 89, 05 (auch ndl.); Roter König – weißer Stern 91, 02 (auch span.); Als d. Blüten d. Winter besiegten 91; Wieland d. Schmied 92, 97; Jakob u. seine Freunde 93, 99 (auch ndl.); D. König u. sein Zauberer 93, 04; D. weise Rabe 94; D. Wackelzahn muß weg 94, 06 (auch ndl.); Hamster Leos Geheimversteck 95, 97; Meine Oma macht Geschichten 95, 05; Timofej der Bilderdieb, Jgdb. 95, 00 (auch span., ndl.); Unter d. Asche die Glut 97, neubearb. Aufl. 04; Der Esel, der den König trug 98; Sie weckten das Morgenrot 99, 04; Als Oma das Papier noch bügelte 01; Das Feuer d. Prometheus, 1.–3. Aufl. 01, 04 (auch korean.); Ferne Bilder – nahe Welten, Erzn. 02; Geschichten machen stark, Erzn. 02; Isabella Zirkuskind, Kdb. 02, 04; Der mit den Fischen sprach 03; Die Stunde d. Lerche 04; Das Wunder von Bethlehem 04; Paco baut e. Krippe, Theaterst. 04; Kurze Adventsspiele, Theaterst. 08; So weit die Wolken ziehen, R. 08. – **MV:** Als d. Sterne fielen. Zeitgesch. Texte f. junge Menschen, m. Heiner Schmidt 65; Kinder lernen Bücher lieben, m. Ottilie Dinges 77 (auch span.); Nikolaus u. Jonas mit d. Taube, m. I. Schmitt-Menzel 78, 86; Daniel u. d. Hund d. Königs, m. ders. 81; Blätter, m. Fulvio Testa 82; Martins Wackelzahn, m. W. Bläbst 82, 84; Martin u. Markus m. d. Raben, m. I. Schmitt-Menzel 83; Zwölf Wünsche f. Elisabeth, m. ders. 85; Im Land d. Träume, m. Michael Foreman 85; Franz u. d. Rotkehlchen, m. A. Fuchshuber 89, 92; Carlos u. Isabella, m. Karel Franta 90; Paco baut e. Krippe, m. G. Hafermaas 93; Das dankbare Huhn, m. ders. 99; Der wunderbare Teppich, m. B. Bedrischka-Bös 99; Es leuchtet hell ein Stern in dunkler Nacht, m. A. Krömer 01. – **B:** Fährmann/Grin: Das feuerrote Segel 76, 03. – **MA:** Alle Abenteuer dieser Welt 65; Wir sprechen noch darüber; Sei uns willkommen, schöner Stern; D. Strasse, d. ich spiele; Schriftsteller erzählen v. ihrer Mutter; Signal 73; Tiergeschn. unserer Zeit; D. rotkarierte Omnibus; D. Großen unseres Jahrhunderts; D. Großen d. Welt; Sie schreiben zwischen Goch u. Bonn; Stunden mit dir; Schriftsteller erzählen v. d. Gerechtigkeit 77; Niederrh. Weihnachtsb. 81; D. Glück liegt auf d. Hand; Wir haben e. Kind gesehen; D. schönsten Geschn. 84; D. Frieden fängt zu Hause an 85; Augenblicke d. Entscheidung 86; Lies mir doch was vor 87; Ein Stern ist aufgegangen 98, u.v.a. – **H:** Ein Stern in dunkler Nacht 08. – **P:** Erkennt Gottes Zeichen, m.a. 73; D. Herr ist nah bei mir, m.a.; St. Nikolaus, Legn. u. Geschn. 80; E. Platz f. Katrin 85; D. überaus starke Willibald 86; Roter König – weißer Stern, m. S. Fietz, Singsp. 96, 98; E. Fisch ist mehr als e. Fisch, m. dems., Singsp. 97; Alte u. neue Geschn. v. Nikolaus, Tonkass. 98; Der Esel, der den König trug, m. S. Fietz, Singsp. 99; Meine Weihnachtsgeschichten 99; Paco baut e. Krippe, m. Markus Wüstner, Singsp. 04; D. lange Weg d. Lukas B., Hörb., CD/MC 04; D. überaus starke Willibald, Hörb., CD/MC 04. – *Lit:* H. Geißler: Es gibt die einige, die Bücher lesen, in: Das gute Jgdb. 78; K.-H. Klimmer: Nur d. Wahrheit; Es geschah im Nachbarhaus im Unterr., in: Jgdb.mag. 79; H. Fischer: Realität d. Zeitgesch., in: Becker-Bender-Böll u. a. 80; D. Konetzko: Jgd.lit. im Deutschunterr., in: Neue Dt. Schule 81; Hans Gärtner: Sie lehren d. Kinder u. d. Menschen ehren, in: Lesen ist so schön wie träumen 83; ders.: Ich würde lieber gar nicht schreiben, wenn, in: ebda 85; W.Ch. Schmitt: Zwei Taschenbücher f. e. Wiener Schnitzel, in: Börsenbl. f. d. Dt. Buchhandel 9 85; Dietrich Charon: Willibald im Unterr. – überaus stark, in: Jgdb.mag. 4 86; Erich Kock: D. fernen Bilder, in: Caritas 5 86; Esselborn/Hübner: W.F., Werkheft Lit. 89; H. Ossowski: Lesen ist wie Fliegen 89; M.

Born: Lesen läßt Flügel wachsen 94; dies. in: Kd.- u. Jgd.lit. – e. Lex. 95; H. Pleticha: Bücher sind wie Flügel 99; K. Allgaier: Relig. Dimensionen im Werk von W.F., in: KÖB 99; Steinkamp/Schlagheck: Der lange Weg d. Willi F. 00; M. Born (Hrsg.): Entdeckungsreisen – Fährmann f. d. Grundschulen 02; dies.: Entdeckungsreisen – Fährmann f. d. Sekundarstufe 02; Payrhuber in: Kinder- u. Jgd.lit., Lex. 04; H. Ossowski u. a.: Im Spiegel der Worte 04; J. Diekhans (Hrsg.): Es geschah im Nachbarhaus, Unterrichtsmodell 05.

Färber, Gabriele; Schöne Aussicht 7, D-65510 Hünstetten, Tel. (0 64 38) 9 25 09 92, Fax 9 25 09 91, *gabi.faerber@die-kreative-feder.de, www.die-kreative-feder.de* (* Wiesbaden 6. 7. 58). Rom., Erz. – **V:** Das Geschenk am Haken, R. 01; Das verschwundene Engelchen, Kdb. 04; Camping macht Spaß, R. 07. – **MA:** Fortsetzungsgesch. in: Caravaning, Zs. 3/99–3/00.

Färber, Helmut; Fendstr. 4, D-80802 München, Tel. (0 89) 34 70 71 (* München 26. 4. 37). P.E.N.-Zentr. Dtld; Petrarca-Pr. 94; Kritik, Ess., Filmgesch., Kunstgesch. – **V:** Baukunst und Film 77, 2. Aufl. 94; Kenji Mizoguchi, Saikaku ichidai onna (Oharu), Filmbeschr. 86; A corner in wheat von D.W. Griffith, 1909. Eine Kritik 92, 97 (engl., ital.); Soshun (Früher Frühling) von Yasujiro Ozu. Über den Anfang d. Films 06; Partie de Campagne. Renoiriana 08. – **MA:** Zss., u. a.: Akzente; manuskripte; Trafic (Paris); Griffithiana (Gemona/Ital.); Discourse (Detroit/Urbana); SZ 62–72, 93ff.; Filmkritik 62–74. – **R:** div. Rdfk- u. Fs.-Arb. – *Lit:* Peter Handke: Petrarca-Pr., Laudatio; ders. in: Mündliches u. Schriftliches 07; ders. in: Meine Ortstafeln. Meine Zeittafeln 07; Marion Gees in: Schreibort Paris 06.

Faerber, Regina, Schriftst., Doz.; Alte Badeanstalt, Knappstr. 5, D-70191 Stuttgart (* Stuttgart). GVL 85, VG Wort 85; Hans-im-Glück-Pr. 92; Rom., Lyr., Erz., Drama. – **V:** Auf dem Eisenfeld 88; Der weite Horizont, R. 92 (auch dän.); Das geteilte Herz, Jgd.-R. 93, 98 (auch slow., gr., dän.); Hölderlinstr. 11 94, 98 (auch dän., slow.); Der Maestro, R. 99; mehrere Sachb. – *Lit:* Elmar Brümmer/Reiner Schloz: Mensch Stuttgart 92; s. auch SK. (Red.)

Färber, Werner; Ilkstraat 50, D-22399 Hamburg, Tel. (0 40) 60 29 93 64, Fax 60 29 93 66, *werner.faerber.hh@t-online.de, www.wernerfaerber.de* (* Wassertrüdingen 57). Ue: engl. – **V:** Wo ist Jasper? 88; Sebastian hat was drauf 89; Achtung Aufnahme 90; Laura, Robin und die Räuber 90, 91 (nur dän., nor.); Hexenzauber 91, 92; Werner Färber erzählt vom Ballonfahren 93; Leselöwen-Unsinngeschichten 94; Regenbogenkinder 94; So eine Sauerei 94, 96 (auch frz.); Das will ich wissen – Pferde 95; Geschichten vom Förster Fridolin 95; Geschichten vom kleinen Maulwurf 95; Geschichten vom kleinen Weihnachtsmann 95; Geschichten von der Hexe Hortense 95; Jule in der Monsterhöhle 95; Mach doch endlich Sitz! 95, 96; Geschichten vom Baggerführer Berti 96; Geschichten vom Cowboy Billy 96; Geschichten vom Gespenst Gundula 96; Geschichten vom kleinen Polizisten 96; Geschichten vom kleinen Seehund 96; Geschichten von der kleinen Katze 96; Kleine Fussballgeschichten 96; Leselöwen-Schmunzelgeschichten 96; Vorsicht, grosse Schwester! 96; Zwei Ponys zum Frühstück 96; Geschichten vom kleinen Piraten 97; Geschichten vom Pony Panino 97; Geschichten von der Tierärztin Tina 97; Das grosse Lesemaus-Geschichtenbuch 97; Elf Kinder – ein Tornado! 98; Hallo, kleiner Seehund 98; Kleine Geschichten vom Bären Bruno 98; Kleine Geschichten vom Feuerwehrmann Florian 98; Kleine Geschichten von der Prinzessin Pia 98; Markus Maul hat viel zu tun 98; Die Spur führt in die Schule 98; Der Tor-

nado wirbelt weiter 99; Leselöwen-Fahrradgeschichten 99; Kleine Schulweggeschichten 99; Kein Jogurt in der Milchstraße 99; Leselöwen-Krimigeschichten 00; Kleine Geschichten vom klugen Hund 00; Kleine Geschichten vom tapferen Ritter 00; Geschichten vom Fußballplatz 00; Vampirgeschichten 01; Geschichten von der netten Krankenschwester 01; Geschichten vom kleinen Pinguin 01; Radiokids – Der Koffer aus dem Stadtwald 01; So ein Bruder 01; total klasse! Die 3a unter Verdacht 01; Detektivgeschichten 02; Geschichten vom kleinen Zauberer 02; total klasse! E-mail für @lle 02; total klasse! Klassenfahrt mit Stolpersteinen 02; total klasse! Kopfüber in die Meisterschaft 03, u.v. a., alles Kd.- u. Bilderb. – **Ue:** Pete Johnson: 10 Stunden Leben, Jgdb. 96, 99; ders.: Bruder auf Zeit 99; ders.: Infames Spiel 00. (Red.)

Faes, Armin (Ps. Pumperniggel, Ammedysli, Gluggsi), Redaktor; Klingental 5, CH-4058 Basel, *armin.faes @swissonline.ch.* Postfach, CH-4001 Basel (* Basel 27. 12. 43). Nov., Gesch. – **V:** Der Alt under em Duume 72; Jugendcircus Basilisk 76; Nase voll Basel 78; Nonemool Nase voll Basel 80; Basler Läggerli 81, II 84; Wie sich d Zyten ändere!, Kolumne in baseldt. Mda. 96; Ohni Wort, Bst. – **MV:** Pfanntastisch, m. Roger Thiriet u. Mauro Paoli, Kochb. m. Portr. 84, 2. Aufl. 85; Basler Köpfe, m. -minu u. Mauro Paoli, Portr. 85; Kehrus – oder en andere Dootedanz, m. Tino Krattiger u. Jean-Pierre Farner, Bst., UA 01; Faschtewaie, m. Jonas Blechschmidt u. Jean-Pierre Farner, Bst., UA 02. – **MA:** Basler Fasnachtsgeschichten 80; regelmäß. Kolumne in „B wie Basel“, Monatszs. (Red.)

Faes, Urs, Dr. phil. I, Schriftst.; Lindenbachstr. 17, CH-8006 Zürich, Tel. (0 43) 2 44 90 63, Fax (0 79) 2 61 30 53, *urs.faes@bluewin.ch.* Via Frat. Papini 34, I-06063 San Feliciano/Prov. di Perugia (* Aarau 13. 2. 47). AdS, P.E.N. Schweiz; Lit.förd.pr. d. Kt. Solothurn 85, Werkjahr d. Stadt Zürich 86 u. 07, Werkstip. Ist. Svizzero Rom 87, Lit.pr. d. Kt. Solothurn 91 u. 99, Werkstip. d. Kt. Aargau 99, Pr. d. Schweizer. Schillerstift. 01 u. 08, Werkbeitr. d. Kt. Zürich 05; Prosa, Theater, Hörsp., Lyr. Ue: ital. – **V:** Eine Kerbe im Mittag, G. 75; Regenspur, Lyr. 82; Webfehler, R. 83; Der Traum vom Leben, Erzn. 84; Bis ans Ende der Erinnerung, R. 86; Wartezimmer, Bü. 86; Sommerwende, R. 89, 98; Alphabet des Abschieds, R. 91, 93 (auch slow.); Augenblicke im Paradies, R. 94; Ombra, R. 97, 99 (auch slow.); Und Ruth, R. 01; Als hätte die Stille Türen, R. 05; Das Liebesarchiv, R. 07 (auch bulg., chin.). – **MV:** Im Schatten des Apfelbaums 92; Zwischentöne 97; Schreibart 99; Es schneit in meinem Kopf 06. – **R:** Partenza 85; Besuchszeit 89; Eine andere Geschichte 93, alles Hsp. – *Lit:* Thomas Feitknecht: Krankheit u. ungelebtes Leben der Menschen. Der Schriftst. U.F. 90; Heinz Hug: Der Schriftst. U.F. 98; Urs Bugmann: Erinnern, Erfinden. Die Romane v. U.F.; Heinz Hug in: KLG.

Fahr, Peter (Ps. f. Pierre Farine), Schriftst., Filmemacher, Hrsg.; Laubeggstr. 41, CH-3006 Bern, Tel. (0 31) 3 52 67 48, *peterfahr@gmx.net, www.peterfahr. ch* (* Spiegel b. Bern 16. 5. 58). SSV 33, jetzt AdS, Pro Litteris 83, BSV 83, P.E.N.-Club Schweiz 83, SUISA 00; Werkjahre v. Stadt u. Kanton Bern u. Bund 87, 94, div. nat. u. intern. Auszeichnungen; Rom., Collage, Hörsp., Kabarett, Film, Bilderb., Lyr., Ess., Opernlibr. – **V:** Berner Kälte. Eine Collage 83; TagTraumLiebe, Geschn. 85; Nächte, licht wie Tage, G. u. Bilder 90; Ego und Gomorrha 93; Fahrlässig 95; Dem Unendlichen nah, G. 98; Nono Nilpferd 00; Als der Nikolaus krank war ... 03; Pups!, Bilderb. 02; Menetekel 05. – **F:** Die letzte Möglichkeit, m. Daniel Farine 83; In Gottes

Fahrner

Namen, m. dems. 84. – **R:** Das letzte Spiel, Hsp. 84; Es falle alli Tröimeli, Hsp. 94.

Fahrner, Barbara, freiberufl. Malerin u. Schriftst.; Berger Str. 278, D-60385 Frankfurt/Main, Tel. (0 69) 58 47 77, *MFahrner@t-online.de*, *www.fahrnerandfahrner.com* (* Allenstein/Ostpr. 1. 11. 40). Arb.stip. d. Herzog-August-Biliothek 94; Künstlerb. – **V:** Das Kunstkammerprojekt 86/87; Die Nacht im Lügenkästchen 88; Der schöne Prinz, Puppensp. 88; Anagramme 93; Tintenkosmos I 93, II 94; Musa Munt 95; Das Lied der Spinnengöttin 96; Zabel R. 96. – **MV:** Die zweite Enzyklopädie von Tlön, m. Markus Fahrner u. Fitnat Aboaye 00. – *Lit:* Barbara Fahrner – Das Kunstkammerprojekt 92; Johanna Drucker: The Century of Artist's Books 95; S. J. Schmidt: ersichtlichkeiten 96; R. R. Hubert u. D. J. Hubert: The Cutting Edge of Reading 99; s. auch Kürschners Handbuch der Bildenden Künstler, 1. Aufl. 2005. (Red.)

Faistauer, Max, Lehrer i. R.; Wildmoos 100, A-5092 St. Martin b. Lofer, Tel. u. Fax (0 65 88) 70 40, *max.faistauer@aon.at* (* Lofer/Sbg 19. 11. 34). IDI, Öst. Dialektautor/inn/en (ÖDA), IGAA, Literar-Mechana, ARGE Literatur, Leiter; Anerkenn.pr. ORF Salzburg 85, Tobias-Reiser-Pr. 00, Walter-Kraus-Pr. f. Mda.-Dicht. 04; Prosa, Lyr. – **V:** Einwendig drein, G. 71; Derlebb, derfragg, z'sammdenkt, Prosa 75, beides in Loferer Mda.; Salzburga samma 85, 90; Nordn, Südn – oder? 98, 00, beides Prosa u. Lyr. in Salzburger Mda.; Erlebtes Land – Gelebte Zeit, Kalendergeschn. 04. – **MA:** Bemalte Bauerntruhe, Mda.-Anth.; Zum Lesen, Vilesn und Losen, Anth. 95; Salzburger Dialektmosaik 02; Veröff. in div. Zss., u. a.: Salzburger Volkskultur; Dreieck; Salzburger Bauernkalender. – **MH:** Hermine Weixlbaumer-Zach: Wer deutet wohl die Zeichen?, m. K. Müller u. M. Stitz, Lyr. u. Erzn. 06. – **R:** freier Mitarb. b. ORF. – *Lit:* Josef Penninger: Werk u. Wirken d. Loferer Mda.-Dichters M.F., Dipl.-Arb. Univ. Salzburg 77; Literarische Schatzkammer 00; Sabine Salzmann: Salzburger Mundartliteratur, Dipl.-Arb. Univ. Salzburg 01; www.-literaturnetz.at.

Faktor, Jan, freischaff. Schriftst. u. Übers.; Wolfshagener Str. 83, D-13187 Berlin, Tel. (0 30) 47 53 41 04, Fax 48 62 76 83 (* Prag 3. 11. 51). Intern. P.E.N.-Club 98; Stip. d. Dt. Lit.fonds 91, Kranichsteiner Lit.pr. 93, Stip. Schloß Wiepersdorf 01 u. 07, Alfred-Döblin-Pr. 05, Arb.stip. f. Berliner Schriftst. 08; Experiment. Lyr. u. Prosa, Ess. Ue: tsch. – **V:** Georgs Sorgen um die Zukunft 88; Georgs Versuche an einem Gedicht u. a. positive Texte aus dem Dichtergarten des Grauens 89; Henry's Jupitergestik in der Blutlache Nr. 3 u. a. positive Texte aus Georgs Besudelungs- u. Selbstbesudelungskabinett 91; Körpertexte 93; Die Leute trinken zuviel, kommen gleich mit Flaschen an oder melden sich gar nicht 95; Schornstein, R. 06. – **MV:** Fremd im eigenen Land?, m. Annette Simon, Ess. u. Vorträge 00. – **MA:** Berührung ist nur e. Randerscheinung 85; Die andere Sprache 90; Schöne Aussichten 90. – **R:** Selbstbesudelungsmanifest fünf tapferer Literaturrevoluzzer, Hsp. 94. (Red.)

Falb, Daniel, Student; Jahnstr. 5, D-10967 Berlin (* Kassel 77). Lit.pr. Prenzlauer Berg 01, Lyrikdebütpr. 05, Stip. d. Stuttgarter Schriftstellerhauses 05, Autorenförd. d. Stift. Nds. 06. – **V:** die räumung dieser parks, G. 03. (Red.)

Falberg, Tobias, Autor, Wirtschaftswiss., Zeichner; c/o Wiesenburg Verl., Schweinfurt, *tfalberg@yahoo.de* (* Lutherstadt Wittenberg 24. 5. 76). Federweltpr. 99, Stip. z. Klagenfurter Lit.kurs 04, Pr. b. Lyrikwettbew. d. C.H. Beck Verl. 05, Stip. d. Dt. Lit.fonds 05, Lyr.pr. d. Nürnberger Kulturläden 07; Rom., Lyr., Erz., Dra-

matik. – **V:** Das Mädchen Dasia, hist. Erz. 01, 2. Aufl. 05; Landschaft mit Ufo, Kurzgeschn. 07. – **MA:** zahlr. Beitr. in Anth. u. Zss., u. a. in: FLB 1/02; Der Dreischneuß; Cet; Macondo 16/06; Wortlaut 10, 11, 13; Versnetze 07; Jb. d. Lyrik 07, 08; Der dt. Lyrikkalender 2009.

Falke, Matthias, M. A., Musikalienhändler, freier Schriftst., Übers., Hrsg.; Bachstr. 59, D-76185 Karlsruhe, Tel. (07 21) 50 26 28, *www.matthiasfalke.de* (* Karlsruhe 6. 8. 70). Publikumspr. b. Autorenwettbew. d. Sandkorntheaters Karlsruhe; Rom., Nov., Erz., Ess., Ged., Drama. Ue: frz, engl. – **V:** Das Erlebnis. Eine Metaphysische Wanderung 98; Werben um Echo, phantast. Erzn. 06; Die Bibliothek des Holländers, R. 07; Das Haus am Eisfjord, R. 07; Bericht aus dem Lande Kham, Erzn. 07; Blohmdahls Vermächtnis, Erzn. 07; Die Enthymesis-Trilogie. I: Explorer Enthymesis. Die frühen Abenteuer 07, II: Planet der Relikte 07, III: Der rote Dzong 07, alles SF-R.; Das Opak, Erzn. 07; Warten auf Blau, Kurzgeschn. 07; Alexander am Everest, Erzn. 07; Am Comer See, Erzn. 07; Der Savant, Erzn. 07; Schilfrohr und Seifenblase, Kurzprosa 07; Kongreß der Demiurgen, N. 07; Lore & D(i)ana, Nn. 07; Der Große Mittag, G. 07; Fernweh, G. 07; Kassandra-Szenen, Sch., gedr. u. UA 07; Die Zollstation 07; In den Kammern jenseits der Zeit, Erzn. 07; Zauber der Synästhesien, Ess. 07; Im Anfang war der plot 08; Bellerophon, Erz. 08; Fabian und Alexandra, R. 08; Aus hohen Bergen, R. 08; Die Symphonie als-ob 08; Die Gaugamela-Trilogie. I: Die Planetenschleuder 08, II: Das Museumsschiff 08, III: Die Schlacht um Sina 08, alles SF-R. – **MA:** zahlr. Beitr. in Zss. u. Anth. seit 99, u. a.: Die Gazette; Fantasia; Muschelhaufen; Wandler. – **H:** Mythos Kassandra, Texte 06. – **Ue:** Robinson Jeffers: Zürnt der Sonne 08, Anfang und Ende 08, Hungerfield 08, Die Doppel-Axt 08, alles G. (auch mit e. Nachw. vers.). – *Lit:* P. Benz in: Die Gazette 07; F. Schöpf in: Fantasia 07; H. Urbanek in: Space View 07.

Falkenrich, Christine; Hermann-Löns-Str. 5A, D-26655 Westerstede, Tel. (0 44 09) 97 00 77. – **V:** Unterwegs im Ammerland, Lyr. 02. (Red.)

Falkner, Brigitta; Klosterneuburger Str. 60/16, A-1200 Wien, Tel. (01) 9 25 03 40, *brigitta.falkner@chello.at*, *www.engeler.de/bfalkner.html* (* Wien 17. 6. 59). GAV; Lit.förd.pr. d. Stadt Wien 98, Öst. Staatsstip. f. Lit. 98/99, 00/01 u. 01/02, George-Saiko-Reisestip. 02, Elias-Canetti-Stip. 03–05, Öst. Förd.pr. f. Lit. 07; Prosa, Comic, Hörsp., Visueller Text. – **V:** Anagramme Bildtexte Comics 92; TOBREVIERSCHREIVERBOT, Palindrome 96; Fabula rasa 01; Bunte Tuben, Anagramm 04. – **MA:** Anth.: Kritzi-Kratzi 93; linzer notate 94; Das Rosenbärtlein-Experiment 95; 3–900956–33–2 96; ersichtlichkeiten 96; experimentelle texte 96; Fuszspuren: Füsze 96; Mädchenmuster/Mustermädchen 96; Jelineks Wahl 98. – Zss. seit 88: Freibord 65, 85, 100; Konzepte 8, 13; Schreibheft 35, 38. – **R:** Familie Auer, Hfk 96; Das Absinken des Kehlkopfs, Hsp. 98. (Red.)

Falkner, Georg Helmut Werner, Buchhändler; Carl-von-Linde-Str. 32, D-90491 Nürnberg, Tel. (09 11) 51 10 18 (* Nürnberg 28. 3. 27). Rom. – **V:** Glück, das mir verblieb ..., R. 04. (Red.)

Falkner, Gerhard, Autor; Zur Fallmühle 13, D-91249 Weigendorf, *gerhardfalkner@hotmail.com* (* Schwabach 15. 3. 51). Städteförd.pr. New York 81, Stip. d. LCB 84, Villa-Massimo-Stip. 86, Stip. d. Dt. Lit.fonds 86, 98, IHK-Lit.pr. d. mittelfränk. Wirtschaft 02, Kulturpr. d. Stadt Nürnberg 02, Solitude-Stip. 03, Stadtschreiber zu Rheinsberg 03, E.gabe d. Dt. Schillerstift. 04, Spycher: Lit.pr. Leuk 06, Kranichsteiner Lit.pr.

08; Lyr., Prosa, Ess., Theater, Oper, Hörsp. – **V:** so beginnen am körper die tage, G. 81; der atem unter der erde, G. 84; Berlin, Eisenherzbriefe, Prosa 86; Wemut, G. 89; Über den Unwert des Gedichts 93; 17 selected Poems, G. dt.-engl. 94; X-te Person Einzahl, ges. G. 96; Alte Helden, Theaterst. 98; Der Quälmeister, Theaterst. 98; Endogene Gedichte 00; A Lady DI'es, Oper, UA 00; Gegensprechstadt – ground zero, Gedicht u. CD 05; Bruno, N. 08. – **MA:** Beitr. u. a. in: Lettre international; Sprache im techn. Zeitalter; Park; Moosbrand; Lyrik-Jb.; FAZ; Atlas d. neuen Poesie; Punktzeit; Prokurist; Neue Rundschau; Dt. Gedichte; Sprachspeicher; German Contemp. Poetry. – **MH:** AmLit. Neue Lit. aus den USA, m. Sylvere Lotringer 92; Budapester Szenen. Junge ungar. Lyrik, m. Orsolya Kalàsz 99. – **R:** Alte Helden, Hsp. 02. – **MUe:** Lavinia Greenlaw: Nachtaufnahmen, G. 98; Harry Whittington: Im Netz 99, beide m. Nora Matocza; Anne Carson: Gedichte, m. Alissa Walser 00; Laura Lippman: In einer seltsamen Stadt 02; dies.: Baltimore Blues 03, beide m. Nora Matocza; William Butler Yeats. Die Gedichte, beide v. Marcel Beyer, Mirko Bonné, G.F., u. a. 05; weiterhin G. v. Gerald Manley Hopkins sowie zahlr. Krim.-R. m. Nora Matocza. – *Lit:* Neil Donahue: Voice and Void. The poetry of G.F. 98; Erk Grimm: Semiopolis. Prosa d. Moderne u. Nachmoderne 02; Kurt Drawert in: NZZ; Erk Grimm in: KLG. (Red.)

Falkner, Hans-Peter *

Falkner, Michaela, Dr. phil., Schriftst., Performance u. Intervention; Liechtensteinstr. 124/4, A-1090 Wien, *michaela_falkner@yahoo.de, www.falkner7.com* (* Kollerschlag/ObÖst.). Staatsstip. f. Lit. 06/07, Theodor-Körner-Förd.pr. 08, Elias-Canetti-Stip. 08; Rom., Dramatik/Performance. – **V:** A Fucking Masterpiece, R. 05; Falkner II. Eine Moritat in 17 Bildern, R. 06; Verrat. Requiem for a Dream, R. 09; PERFORMANCES/ UA: The Execution of Ludwig 06; A Fist of Love 07; An Angel Went up in Flames 08; This Is the Story 08; The Yearning Creature 09. – **MA:** Stimmenfang. Neue Texte aus Österreich 06.

Fallnbügl, Kurt, Dr. phil., Taxilenker; Lange Gasse 64/19, A-1080 Wien, Tel. (01) 4 06 27 35 (* Wien 22. 5. 57). Reiseess. – **V:** Jö, ein Evidenzrat 94. (Red.)

Falter, Fabian s. Bock, Guido

Famimosa s. Parise, Claudia Cornelia

Fandrey, Stefan (eigtl. Stefan Siebigke), M. A.; *stefan@stefanfandrey.de,   www.stefanfandrey.de* (* Hamburg 26. 12. 70). Rom. – **V:** Hexengericht 06; Die Tochter des Kardinals 08.

Fangerau, Maria; *kontakt@maria-fangerau.de, www.maria-fangerau.de* (* München). Rom. – Erz. – **V:** Göttin in Weiß, R. 05; Aus Angst und Mut und Liebe, Kurzgeschn. 06. – **MA:** zahlr. Beitr. in Anth. u. Zss. u. a.: Fortgesetzter Versuch einen Anfang zu finden 05; Zeit 05; Im Paradies 05; regelm. Beitr.: unter www.frida-magazin.de, seit 05. (Red.)

Fankhauser, Jürg (J. M. Frankenheim) Chapfweg 141, CH-2513 Twann, Tel. (0 32) 3 15 18 22, *fktwann@ bluewin.ch* (* Bern 4. 6. 54). Dramatik, Song, Rom. – **V:** Schloss Rabenstein, Kom. 89; Die beiden Alten, nach L. Tolstoi 91; Die Traummaschine 93; Der alte Hippie 95; Ich bin der Gärtner – ich habe soeben einen Mord begangen 95; Schturm über am See 96; Fisch im Keller 98; Odyssea 99; Anderson 99; Limes, R. 02; Mond über der Toskana, Krim.-R. 06. (Red.)

Fankhauser, Margrit, Dr. phil.II, Pfarrerin i. R.; Fuhrenstr. 45, CH-3715 Adelboden, Tel. (0 41) 7 97 75 86 91 (* Adelboden 24. 12. 35). – **V:** Ein paar Körner Salz, Ess. 95, 2.Folge 01; Eine Kirche ent-

steht, Ber. 00; Bundartikel, Ess. 01; Der Mann mit der Trompete, Krim.-Gesch. 03.

Fantanar, Edda Dora (geb. Edda Dora Essigmann), kriegsbedingt abgebrochenes Handelsstudium; Guggenbichl 1, D-83253 Rimsting, Tel. (0 80 51) 9 61 77 56 (* Kronstadt/Siebenbürgen 6. 4. 22). Rom., Erz. – **V:** u. H: Aller guten Dinge sind Dreizehn, Erz. 87; Die das Glück suchen, R. 05. – *Lit:* Rez. von: Prof. Walter Schneller, Dr. Hans Bergel, Ewald Lingner, Hansgeorg v. Killyen, u. a. (Red.)

Farago, Sophia (auch Sophie Berg, eigtl. Ingeborg Rauchberger), Dr., Juristin, Unternehmensberaterin, Trainerin, Kabarettistin, Autorin; Museumstr. 36, A-4020 Linz, Tel. (06 99) 11 40 36 09, *office@ rauchberger.at, www.rauchberger.at, www.sophieberg. at* (* Linz 22. 3. 57). DeLiA 03; Rom. – **V:** Die Braut des Herzogs 03, 03; Maskerade in Rampstade 93, 03; Hochzeit in St. George 94, 03; Schneegestöber 96, 03; Vom Internet ins Ehebett 05; Liebe im Gepäck 06.

Farell, Janet s. Bekker, Alfred

Farina, Johan s. Hansen, Jürgen

Farine, Pierre s. Fahr, Peter

Faro, Marlene, Dr., Historikerin, freie Journalistin u. Autorin; c/o Picus-Verlag, Wien (* Wien 23. 3. 54). Prosa, Sachb. – **V:** Frauen die Prosecco trinken 96; Die Frau des Weinhändlers 98; Die Vogelkundlerin 99; So what! 01; Frauen den Bauch einziehen 04, alles R.; Alte Schachteln, Erzn. 06; – „An heymlichen orten", Sachb. 02. – **MA:** Beitr. u. a. für: GEO; Stern; Der Feinschmecker; Globo; Gong; Cosmopolitan. (Red.)

Farsaie, Fahimeh, Schriftst., Journalistin; Bülowstr. 33, D-50733 Köln, Tel. (02 21) 76 79 22, Fax 7 10 29 01, *nc-farsaifa@netcologne.de, www.farsaie.de* (* Teheran 14. 2. 52). Intern. P.E.N., VS; Fs.pr. „Tamascha" f. junge Autoren, BARANs-Fond-Pr., div. Lit.- u. Dremb.stip. in Dtld; Rom., Erz., Rezension, Drehb. – **V:** Die gläserne Heimat, Erzn. 89 (auch engl.); Vergiftete Zeit, R. 91 (auch span.); Die Flucht u. a. Erzählungen 94; Hüte dich vor den Männern mein Sohn, R. 98; Eines Dienstag beschloss meine Mutter Deutsche zu werden, R. 06. – **MA:** zahlr. Beitr. in in u. ausländ. Anth. u. Zss., u. a. die Texte: Sieben Bilder 84; Das Fenster zum Rhein 87; Noch lebe ich 88; Frauen schreiben Geschichte 89; So ist das Leben 90; Redefreiheit ist das Leben. Briefe an Salman Rushdie; Briefe an Taslima 01; Süße Lügen 06; Ein geschrumpftes Leben 07.

Faschinger, Lilian, Dr. phil. et mag. phil.; Siebensterngasse 46/3/47A, A-1070 Wien, Tel. u. Fax (01) 5 23 47 35, *faschinger.l@utanet.at* (* Tschörran 29. 4. 50). Öst. Übersetzergemeinschaft, IGAA, LVG; Ernst-Willner-Pr. im Bachmann-Lit.wettbew. 85, Öst. Staatsstip. f. Lit. 86/87, Lit.pr. d. Ldes Stmk 97, Ehr. Staatsstip. f. literar. Übers. (m. Thomas Priebsch) 90, GLAUSER 08; Rom., Lyr., Erz., Dramatik, Hörsp. – **Ue:** engl. – **V:** Selbstauslöser, Lyr. u. Prosa 83; Die neue Scheherazade, R. 86, 03; Lustspiel, R. 89; Frau mit drei Flugzeugen, Erzn. 93, 97; Otrsfremd, G. 94; Sprünge 94; Magdalena Sünderin, R. 95, 97 (in bislang 18 Sprachen übers.); Wiener Passion, R. 99; Paarweise. Acht Pariser Episoden 02; Stadt der Verlierer, R. 07. – **R:** Auf der Suche 84; Jahrhundertfebruar 92; Treue Seelen 99, alles Hsp. – **Ue:** Charles Berlitz: Die wunderbare Welt der Sprachen, m. Stefanie Schaffer 82; Janet Frame: Auf dem Maniototo 86; Gertrude Stein: The Making of Americans, m. Thomas Priebsch 89; Paul Bowles: Zwei Jahre in Tanger, m. dems. 91; Janet Frame: Ein Engel an meiner Tafel 93/94; John Banville: Athena, R. 96, 98. (Red.)

Faschon

Faschon, Chris; *www.faschon.ch.* – **V:** Fallhöhe und Schellack, R. 06.

Fasel, Franziska s. Geissler, Franziska

Faßbender, Rudolf (Ps. Rainer Maria Ricken, Rudi Faßbender), Dipl.-Päd., Schuldnerberater, Halbtagsdorfpoet; Zum Wendeplatz 1a, D-24253 Prasdorf, Tel. (0 43 44) 17 54, *PrasDorfpoet@t-online.de* (* Sinzig/ Rhein 1. 2. 52). 2. Pr. b. Grand Prix Eulovision d. Zs. 'Eulenspiegel' 01, 1. Lit.pr. b. Wettbew. „Das Herz d. Fußballs – Der Ruhrpott"; Lyr., Kurzprosa, Sat. – **V:** Sammelsummarium. Lästern – heute – morgen 92; 10 Jahre Bolzclub Prasdorf, Festschr. 94; Sonette an tOrpheus, Lyr. 03; Japan-Trilogie: Nirgendwo ist Sumoringen, Einer kniff beim Harakiri, Samurais im Sutteräng; Bienen, Buhnen und Schlikk; Nur wer sich krank lacht, bleibt gesund!; Tanzt wie der Ente!; Wie bleibe ich erfolglos? Ein Ratgeber in Briefen. – **MA:** Schleswig-Holsteinisches Liederbuch; 30 Kilo Fieber; versch. Beitr. in: WORTWAHL, Lit.zs.; Der tödliche Pass, Zs.; Rubrik in: 11 Freunde, Zs.; Blitzlicht, Lyr. 01; Auf weißen Wiesen weiden grüne Schafe, Lyr. u. Prosa 01; Wilhelm-Busch-Preis, Lyr. 01; Vorne fallen die Tore, Lyr. u. Prosa 02, erw. Ausg. 04; K.P. Dencker: Poetische Sprachspiele 02. – **P:** Tanzt wie der Ente!, Fussballlyr., CD 01. (Red.)

Fassbind, Isabelle, dipl. Psychologin HAP/SPV, Psychoanalytikerin; Seegartenstr. 12, CH-8008 Zürich, Tel. u. Fax (0 44) 3 83 43 61, *ifassbind@bluewin.ch* (* Zürich 21. 4. 40). AdS; Lyr., Erz., Lyrische Prosa. – **V:** schwingung, Lyr. 99; Zuschnitte, Erz. 08; Performances: Säugers Flug 95; Schnitte am laufenden Band 97; Gedichte mit chinesischem Gong 99; szen.-musikal. Lesungen v. G. u. lyr. Texten. – **MA:** lyr. Texte in Anth., Ztgn u. Kunstkat.; Gedichtveröff. in: Orte 98; kursiv 98; Gedicht und Gesellschaft 01; ZEITschrift 01; Fach- u. Sachart. in Büchern u. Zss.

Fasulo, Bruno M.; Teltower Str. 20, D-13597 Berlin, Tel. u. Fax (0 30) 24 03 71 38, *info@sprachenparadies.com.* zweispr. Belletr.: Nov., Erz., Rom. – **V:** Sommer-Erzählungen (dt.-engl., dt.-ital.); Winter-Erzählungen (dt.-engl., dt.-ital.); Kinder-Erzählungen (dt.-ital., dt.-span., dt.-türk.); Dorf-Erzählungen (dt.-ital., dt.-span., dt.-ital.); Der Schmetterling (dt.-ital., dt.-engl.) Die goldige Vana (dt.-ital.); Nina (dt.-ital.); Sehnsucht nach Vollkommenheit (dt.-ital.); Dein Stern – Deine Stärke (dt.-arab., dt.-engl., dt.-ital., dt.-span., dt.-türk.); Die Reise nach Neapel (dt.-ital.); Die Versuchung (dt.-engl., dt.-ital.); Die Schlange (dt.-engl., dt.-ital.); Der Berater (dt.-ital.); Eine unglaubliche Geschichte (dt.-engl., dt.-frz., dt.-ital.); Erste Liebe (dt.-ital.); Viren sterben langsam (dt.-ital.); Frühstück bei Christel (dt.-ital.); Mondschein-Serenaden (dt.-engl., dt.-ital.); Ein Koffer voller Hoffnungen (dt.-ital.); Liebe Walli (dt.-ital.); Amerika ist hier (dt.-engl., dt.-türk., dt.-ital.); Der Wandervogel (dt.-ital.); Das Schweigen (dt.-engl., dt.-ital., dt.-span.); Der Diplomat (dt.-ital.); Das Haus am Ende der Straße (dt.-ital.); Liebesgrüße aus Florenz (dt.-ital.); Die Kunst Geld zu machen (dt.-ital.); Il Labirinto (Das Labyrinth) (dt.-ital.); – Konversation (15 Sprachen); RELAX (dt.-engl., dt.-ital., dt.-span., dt.-port.); Kinderleicht (dt.-ital.).

Fatah, Sherko, M. A.; lebt in Berlin, c/o Jung und Jung Verl., Salzburg (* Berlin 28. 11. 64). Arb.stip. f. Berliner Schriftsteller 87 u. 90, aspekte-Lit.pr. 01, Dt. Kritikerpr. (Sonderpr.) 02, Villa Aurora-Stip. Los Angeles 06 / Hilde-Domin-Pr. f. Lit. im Exil 07, New-York-Stip. d. Dt. Lit.fonds 09, u. a.; Rom., Erz. – **V:** Im Grenzland, R. 01; Donnie, Erz. 02; Onkelchen, R. 04; Das dunkle Schiff, R. 08. (Red.)

Faubet, Inge (Wanda Rennz); *lesestudio@aol.com, www.ingefaubet.de.* – **V:** Sternchensuppe und andere heitere Geschichten 98; Zitatsalat mit Fleckensalz 03; Dein Glück steht in den Sternen 03; Klärchen möchte mitspielen 04. – **MV:** Gnadenlos ehrlich 02. – **B:** Drafi Deutscher: Der erste bunte Regenbogen, Hörb.; Martin Schmid: Astrotöne, Hörb. – **MA:** Gnadenlos ehrlich 02. – **H:** Vincenzo Posterivo: Bittersüßes Wirtschaftswunder 04; Xu Daqun: Chinesisch tut es nicht so weh 04. (Red.)

Faust, Armin Peter, Dr. phil.; Bein 35, D-55743 Idar-Oberstein, Tel. (0 67 84) 86 38. c/o Rhein-Mosel-Verl., Alf/Mosel (* Weiden/Kr. Birkenfeld 10. 5. 43). Sach-b. Jahres d. FöK Rh.-Pf. 95; Erz., Nov., Kurzprosa, Stück. – **V:** Idyllen & Katastrophen 92; Der Flügel der Nike, N. 95; Geschichten von Herrn F. 00; Post Scriptum, Erz. 02. – **MH:** Zwischen Hunsrück und Nahe, m. Manfred Müller, Mda-Wörterb. 99. (Red.)

Faust, Siegmar, Schriftst.; c/o F.A. Herbig Verlagsbuchhandlung, München (* Dohna/Sa. 12. 12. 44). FDA 82, Autorenkr. d. Bdesrep. Dtld 95, GZL 96; Hsp.- u. Erzählerpr. d. Ostdt. Kulturrats (2. Pr.) 83, Förd.stip. d. Stift. Kulturfonds u. d. Käthe-Dorsch-Stift. 92, 94; Lyr., Rom., Ess., Filmdrehb., Feat. – **V:** Die Knast- u. Wunderkind d. Faustus Simplicissimus, Lyr. u. Briefe aus d. Gefängnis 79; In welchem Lande lebt Mephisto?, Autobiogr./Ess. 80; Ich will hier raus, Dok., Briefe, Erzn. 83; Ein Jegliches hat sein Leid, R. 84; Menschenhandel in der Gegenwart, Ess. 86; Der Freischwimmer, R. 89; Der Provokateur, R. 99. – **MA:** Betrogene Hoffnung. Aus Selbstzeugnissen ehemal. Kommunisten 78; Anti-Politik. Aufsätze zu Terrorismus, Gewalt u. Gegengewalt 79; Antworten, Lyr., Prosa, Texte 79; Rufe, relig. Lyr. d. Gegenw. 81; Über d. Kirchen-Tag hinaus. Almanach z. Thema Furcht, Lyr. u. Prosa 81; Lyr. u. Prosa vom Hohen Ufer II 85; Sonnenreiter Anth., Lyr. 86; Mit dem Fingernagel in Beton gekratzt, Lyr.: Eigentlich einsam, Lyr.; Chefred. e. polit. Zs. 86–90; Über den Tag hinaus. Festschr. f. Günter Zehm 03; gegen den Strom, Ausst.-Kat. 04; Vor dem Tor, Leseb. 05; Ein Leben für Deutschland. Gedenkschr. f. Wolfgang Venohr 05; Blüten hinter dem Limes 05/06; Extremismus & Demokratie 08; zahlr. Beitr. in Lit.-Zss. seit 69, u. a. in: ndl; Sinn und Form; Ostragehege; liberal; Merkur. – **H:** Wilhelm Grothaus – Dresdner Antifaschist u. Aufstandsführer des 17. Juni 97; Der 17. Juni 1953 in Görlitz 98. – **R:** Freiheit, die ich meine, 6-tlg. Fs.-Ser.; Die unentwegten Marxisten, Rdfk-Feat. 82; Auch dies ist mein Land, Fsf. 86. – **P:** Das sächsische Meer, m. and., Feat., CD 03.

Fazzo, Fritz, Red.; c/o Theater Misburg Fritz Fazzo, Seckbruchstr. 20, D-30629 Hannover (* Stuttgart 6. 6. 55). VS 92; Dramatikerpr. d. Ldkr. Ludwigshafen 92, Stip. Künstlerhof Schreyahn 93, Arthur-Schopenhauer-Misanthropen-Med. 94; Rom., Dramatik, Erz. – **V:** Das Wasser, R. 91, 3. Aufl. 92 (auch Tonkass.); Im Reich des Bösen 03; Theaterst.: Die Schuldigen 86; Der Eisschrank 87; Kleine Phänomenologie der Liebe 88; Omdolabolowok 92; Die Heilige und der General 93/94; Bosna und Serbo 95; Maria und Mohammed 96. (Red.)

Fecker, Andreas, Flugsicherungskontrolleiter; Steubenstr. 200, D-63225 Langen/Hessen, *andreas.fecker @t-online.de, www.andreas-fecker.de* (* Konstanz 16. 6. 50). Rom. – **V:** Der Japaner, hist. R. 80; Storie di Sangue, R. 88 (ital.); zahlr. Sachb. seit 96. – *Lit:* s. auch SK.

Fedderke, Dagmar, Malerin, Schriftst.; c/o Konkursbuchverl. Claudia Gehrke, Tübingen (* 48). – **V:** Die Geschichte mit A., R. 93; Pissing in Paris, Geschn. 94; Notre Dame von hinten, Geschn. 95; Rosa und das

Hoffnungsglück, R. 97; Couchette, Erzn. 98; Ein schöner Fremder, R. 01; Rendez-Vous de Charme, Geschn. 02. – MV: Affaire provocante, m. Carlo de Luxe u. Sonja Rudorf 03. (Red.)

Feddersen, Carsten, Banker; Dosenbek 9, D-24250 Bothkamp, Tel. (0 43 02) 2 07 (* 61). – V: Blattschüsse, Jagdgeschn. 03; Frische Fährte, Jagdgeschn. 05; Sein letztes Halali, Krim.-R. 07. (Red.)

Feddersen-Petersen, Dorit Urd, Dr., Ethologin, Fachtierärztin; Bismarckallee 31, D-24105 Kiel, Tel. (04 31) 33 23 21, Fax 8 80 13 89, *dfeddersen@ zoologie.uni-kiel.de, www.uni-kiel.de/ifh/DFeddersen. htm* (* Rendsburg 12. 4. 48). – V: Die Sache mit dem Bewußtsein, Erzählbericht 97; mehrere Fach-/Sachbücher. – *Lit:* Who's Who 98. (Red.)

Federkeil, Jutta; Borweg 48, D-54518 Bergweiler, Tel. (0 65 71) 68 02, *J.P.Federkeil@gmx. de, J.P.Federkeil@t-online.de, www.federkeil.de.vu/* (* Karlstadt/Main 7. 10. 56). Autorengr. Scriptum 99; Lyr., Erz. – V: Zwische Alltag und Traum 04. – MA: Bibliothek dt.sprachiger Gedichte 99, 00, 04; An Wolken angelegt 02; Auf den Weg schreiben 03; 1000 Gedichte für Kronach 03; Kinderschatz-Kal. 04; Das Gewicht des Glücks 04; Fröhliche Weihnachten 04; Lyrik zum Schmökern 04; Unsere Zeitung (Akad. Kues), seit 04; Natur 05; Dis ich nicht lache 05; ... und Kronach blüht auf 05. – MH: Scriptum Geschrieben – Gelesen, m. Helmuth Schleder 05. (Red.)

Federmair, Leopold, Dr. phil., freier Schriftst., Essayist, Kritiker u. Übers.; lebt in Wien u. Osaka, c/o Otto Müller Verlag, Salzburg (* Wels 25. 8. 57). IGAA, Übersetzergemeinschaft; Übers.prämie d. BmfUK 93, Arb.stip. d. Stadt Wien 96, Adalbert-Stifter-Stip. d. Ldes ObÖst. 05; Prosa, Rom., Übers., Ess. Ue: frz, span, ital. – V: Die Leidenschaften der Seele Johann Christian Günthers, Ess. 89; Die Gefahr des Rettenden, Ess. 92; Monument und Zufall, Ess./Erz. 94; Der Kopf denkt in Bildern, Prosa 96; Flucht und Erhebung 97; Mexikanisches Triptychon 98; Das Exil der Träume, R. 99; Kleiner Wiener Walzer, R. 00; Die kleinste Größe, Ess. 01; Dreikönigsschnee 1723, Erz. 03; Adalbert Stifter und die Freuden der Bigotterie, Ess. 05; Ein Fisch geht an Land, R. 06. – H: Christian Loidl: Nachtanhaltspunkte 05; Christian Loidl (1957–2001), m. Helmut Neundlinger 07. – Ue: Jean-Christophe Valtat: Ex, R. 98; Michel Houellebecq: Ausweitung der Kampfzone, R. 99; François Emmanuel: Der Wert des Menschen, R. 00; Francis Ponge: Malherbarium 03; sowie u. a. Titel von: Marcel Béalu, José Emilio Pacheco, Ricardo Piglia. (Red.)

Federsel, Rupert Walter, Psychotherapeut u. Theologe; Hofergraben 35/3, A-4400 Steyr, Tel. (0 72 52) 4 44 01 (* Schwamming/ObÖst. 17. 11. 39). IGAA; Prosa. – V: ... fliege, bunter Schmetterling 91; Freiheit im Blut 92; Sie können die Sonne nicht verhaften 93; Welch ein Mensch 97; Spuren in die Tiefe 98; Der Mann ohne Schatten 03; Ich wünsche dir 04; wie die Wahrheit heilt 07.

†**Federspiel,** Jürg, freier Schriftst.; lebte in Basel (* Kemptthal/Kt. Zürich 28. 6. 31, † Basel vermutl. 12. 1. 07). VS, Gruppe Olten; Pr. d. Schweiz. Schillerstift. 62, Pr. d. Kulturkr. im BDI 62, Georg-Mackensen-Lit.pr. 65, Conrad-Ferdinand-Meyer-Pr. 69, Werkjahr d. Stadt Zürich 79, E.gabe d. Stadt Zürich 82, Lit.pr. d. Stadt Zürich 86, Pr. d. Schweiz. Schillerstift. f. d. Gesamtwerk 86, Basler Lit.pr. 88, Kunstpr. Zollikon 89, Stip. d. Dt. Lit.fonds 91, E.gabe d. Stadt Zürich 00; Drama, Lyr., Rom., Nov., Ess., Hörsp. – V: Orangen und Tode, Erzn. 61; Massaker im Mond, R. 63; Der Mann, der Glück brachte, Erzn. 66; Museum des Glücks

69; Die Märchentante, Erzn. 70; Paratuga kehrt zurück, Erzn. 72; Brüderlichkeit, Theater 78; Die beste Stadt für Blinde u. a. Berichte 80; Die Ballade von der Typhoid Mary, R. 82; Wahn u. Müll, Ber. u. G. 83; Die Liebe ist eine Himmelsmacht, 12 Fbn. 85; Kilroy. Stimmen in d. Subway 88; Geographie der Lust, R. 89; Böses. Wahn und Müll 90; Eine Halbtagsstelle in Pompeji, Erzn. 93; Melancolia Americana, Portr. 94; Plötzlich 94; Im Innern der Erde wütet das Nichts, G. 00; Mond ohne Zeiger, G. u. Geschn. 01; Mike O'Hara und die Alligatoren von New York, Kdb. 07. – MV: Marco Polos Koffer, m. Rainer Brambach, Lyr. 68. – MA: Jahresring 61, 63. – R: Tod eines Fohlens 61; Herr Hugo oder Die Flüsterer 62; Orangen vor ihrem Fenster 63; Kilroy was here 79, alles Hsp.; Die beste Stadt für Blinde, Fsf. 81. – Lit: Günther Blöcker: Kritisches Leseb.; Walther Killy (Hrsg.): Literaturlex., Bd 3 89; LDGL 97; Anton Krättli in: KLG.

Fehér, Christine, Religionslehrerin, Autorin; *christine@feher-buch.de, www.feher-buch.de* (* Berlin 22. 1. 65). Kinder- u. Jugendb. – V: Reihe „Luisa". 1: Komm mit zum Ballett! 01, 2: Aufregung im Ballettsaal 01, 3: Ballettfieber 02; 4: Endlich Spitze 02; Dann bin ich eben weg 02, alles Jgdb.; Die Singemaus im Kindergarten 03; Die Singemaus feiert Weihnachten 03, beides Kdb.; Body – Leben im falschen Körper 03; Straßenblues 04; Freindinnen 05; Elfte Woche 05; Jeder Schritt von dir 06; Mehr als ein Superstar 07; Vincent, 17, Vater 08; Reihe „Marie". 1. Marie macht das schon 08, 2. Marie und die Neue 08, 3. Marie setzt sich durch 09, 4. Marie verliebt sich 09; ausgeloggt 09, alles Jgdb. – MV: Die Singemaus im Kindergarten, m. Detlev Jöcker u. Ingrid van Bebber, Kinderlied-Hsp. 02, 03.

Fehler, Andreas (Ps. A. von Melk), Geowiss. Präparator; Eichhofstr. 8, D-24116 Kiel-Schreventeich, Tel. (04 31) 8 80 29 13, Fax 8 80 44 57, *af@min.uni-kiel.de, www.schriftsteller-in-SH.de.* Hohe Str. 3, D-99947 Bad Langensalza (* Erfurt 26. 6. 72). Goethe-Ges. Kiel bis 98, Schriftst. in Schlesw.-Holst. 03; 2. Publikumspr. d. Lesebühne im Lit.haus Schlesw.-Holst. 04, 1. Pr. b. Schreibwettbew. d. LVS Schlesw.-Holst. 05; Rom., Erz., Fachlit. – V: Die Travertine von Bad Langensalza 98; „Auch ich in Arkadien!", Reisetageb. 02; Vom Abrieb der Zeit, R. 09. – B: J. Chr. Martini: Hist. Nachrichten von d. ersten Stiftung, Verbesserung u. gänzlichen Aufhebung d. ehem. Klosters Homburg bei Langensalza, u.d.T: Die Geschichte d. Klosters Homburg b. Langensalza 06. – MA: zahlr. Beitr. in Fach- u. Lit.zss. sowie Jbb. u. Anth. seit 95, u. a.: Der Präparator; Der Aufschluss; Der Heimatbote; Fundstücke; Jb. f. Lit. in Schlesw.-Holst.

Fehmer, Hans (Ps. Limanel), Florist, Schriftst., Komponist, Pianist, Kunstmaler, Holzbildhauer; Rosenweg 10, D-21726 Oldendorf b. Stade, Tel. (0 41 44) 77 79, Fax 66 31 (* Berlin-Heinersdorf 7. 4. 41). GEMA 87, BDS 01, WWA 01; Rom., Lyr., Erz., Dramatik, Philosophie, Hörsp., Lied. – V: Lieder für Oldendorf und den deutschen Norden, Lyr. 95; Lieder für Berlin, Lyr. 95; Der letzte Prophetenkönig von Atlantis, R. 96; Theodorus von Maulschnauzenschnabelmund, M. 96; Himmlische Hochschule des Herz-Gold-Ordens, Holzbildhauerei, Lehrb. Philosophie 96. – B: Johannes u. Eberhard Krätschell: Chronik von Berlin-Heinersdorf, m. Inge Hohmann/Kuriana 96. – H: Wolfgang Presber: Ich suche unseren Vater Rudolf Presber, Biogr. 97; Elke Burzynski: Liebe und Erkenntnisse, Lyr. 96. – P: Schallpl.: Lyr., Märsche, Walzer, Weihnacht 72–74; Blumenlieder: Blumen schenkt man sich ... 88; – CDs: Blumenlieder, Lyr., Dramatik, Märsche, Walzer; Lieder

Fehse

für Oldendorf 94–95; Jahreszeiten; Jahresfeste 94–95; Klassik für das 3. Jahrtausend 95. (Red.)

Fehse, Wolfgang, freier Schriftst.; Skalitzer Str. 18, D-10999 Berlin, Tel. (0 30) 2 15 13 65 (* Nürnberg 22. 2. 42). SDS 66, VS 76, NGL 84, GNL Berlin 06; Aufenthalte in:. Intern. Writers' and Translators' Center Rhodos 99, 00, Baltic Centre for Writers and Translators Visby 01, Schriftst.haus Käsmu, Estland, Sonderpr. b. Lyr.festival Montenegro 07; Rom., Drama, Lyr., Kurzprosa. – **V:** Unglaubliches Affentheater, Erz. 81; Das Gerät, Bü. 86; Stadteinwärts, G. 87; Neues von Nivea, Prosa 88; Das Loch in der Mitte des Kuchens, Prosa 94; Mitlesebuch 6, G. 95, 03; Der Turm, Prosa 95; Der Teppich zum Glück, Grotn. 96; Der dickste Hund, Erz. 99; 11 Limericks, G. 99; 33 Limericks, G. 01; 11 kleine Limericks, Lyr. 04. – **MA:** Lyr. u. Prosa in 15 Anth., 25 Lit.-Zss. – **H:** Sodom & Gomorrha, Zs. 66–67; mehrere Anth. – **MH:** Walten, Verwalten, Gewalt 80; Narren + Clowns 82; Tanzende, brennende Fakten 84, alles Anth.

Feibel, Thomas, Journalist u. Autor, Leiter „Büro f. Kindermedien Berlin"; Jenaer Str. 15, D-10717 Berlin, Tel. (0 30) 4 37 33 60, *post@feibel.de*, *www.feibel. de* (* 10. 4. 62). – **V:** Männer lieben lieber, oder? 92; Kdb.-Reihe „Computerkids auf heißer Spur". 1: Chaos im Hightech-Park 98, 2: Bankräuber im Netz 98, 3: Cybergold City 99, 4: Spione im Spiel 99, 5: Die Jahrtausend-Falle 99, 6: Magie per Mausklick 00, 7: Aufstand der Computer 01, 8: Angriff auf Fort Knox 01; Back-up. Ein Hacker-Thriller, Jgdb. 00; Reihe „Geriton 5". 1: Der Gefangene der Schattengalaxie, 2: Feuer auf Ra Biblios, 3: Planet des Verderbens, alle 01; Spyland Island – spiel um dein Leben, Jgdb. 02; Play Zone – das letzte Spiel, Jgdb. 03; Black Mail, Jgdb. 04. – *Lit:* s. auch SK. (Red.)

Feichter, Heinrich, ehem. Bankangest., Invalidenrentner; Elvos 49, I-39042 Brixen, Tel. (04 72) 80 14 88 (* Innichen/Südtirol 19. 4. 55). – **V:** Sterzinger Berg- u. Wanderführer 91, 2. Aufl. 98 (auch ital.); Voll Farbe. Gedichte üb. Lieben, Leiden, Leben 99. (Red.)

Feichter, Reinhilde, freie Schriftst.; Sonnenstr. 2A, I-39031 Bruneck, Tel. (04 74) 41 03 08 (* Bruneck 23. 2. 55). Kr. Südtiroler Autoren im Südtiroler Künstlerbund, SAV; Prosapr. Brixen-Hall (3. Pr.) 95, Arb.stip. d. BMfUK 95; Erz. – **V:** Litanei, Erz. 95. (Red.)

Feichtinger, Christine s. Feichtl, Christiane

Feichtinger, Josef, Dr. phil., Lehrer i. R.; Vetzan 17, I-39028 Schlanders, Tel. (04 73) 74 21 04 (* Meran 5. 1. 38). Kr. f. Lit. im Südtiroler Künstlerbund; Volksst., Prosa. – **V:** Verbauter Frühling, Volksst. 81; Grummetzeit, Volksst. 82; Heidemarie 84; Kirchturmpolitik 86; Sankt Valentin, Theaterst. 90; Der Saubohnenprozess, Posse 90; Wirblmacher, Posse 96; Schwarzwastl, Volksst. 98; Der Kugelspieler und s'Dornrösl, Volksst. 01; Sadistik und Satire, Prosa 03; Saligtyrol, Politposse 06; FIFA, Posse 07. – **MV:** Begegnungen. Tiroler Lit. d. 19. u. 20. Jh.s, m. Gerhard Riedmann 94. – **MA:** Bildnis einer Generation, Ess. 79. – **H:** Tirol 1809 in der Literatur, Anth. 84. – **R:** Verbauter Frühling, Fs. 81; Grummetzeit 83; Odysseus streikt 84; Heidemarie 85; St. Valentin 91; Der Kugelspieler und s'Dornrösl 01. (Red.)

Feichtinger, Michael; Peinlichgasse 11, A-8010 Graz, Tel. (06 64) 5 16 49 07, *mft@aon.at* (* Graz 9. 11. 71). – **V:** Invers, G. 00; Morden im Mondschein, G. 01. – **MA:** Kolumnen in div. Zss. (Red.)

Feichtinger, Peter; Karningstr. 9, A-4060 Leonding, Tel. (06 50) 6 72 67 41, Fax (07 32) 67 26 74, *verlag. feichtinger@utanet.at* (* Linz 10. 2. 45). IGAA; Christl.

Prosa u. Lyr., Sachb. – **V:** Ein Sehnen und ein Suchen 87, 96; Begegnungen 88, 98; Unser Geschenk 89, 01; Begegnung mit dem Gekreuzigten – 14 Schritte 90, 95; Lichtblicke 91, 96; Wenn du über deinen Schatten springst 91, 96; Du 92; Klatschmohn 94; Tauwetter, Lyr. 98; Berühren, Bildbd 01; Ich kann wieder lachen 06; Pfiffikus und Pfiffikusline 07; Sei wer du bist 08.

Feichtl, Christiane (eigtl. Christine Feichtinger), Anwaltssekretärin; Nr. 75, A-7540 Punitz, Tel. (0 33 27) 27 49 (* Deutsch-Ehrensdorf 20. 11. 51). – **V:** Der Lenzl Hof, R. 02, 04. (Red.)

Feick, Thomas s. Hamber, Thomas

Feige, Marcel (Ps. Christoph Brandhurst), Red., freier Autor u. Journalist; *info@marcel-feige.de*, *www. marcel-feige.de* (* Kevelaer 17. 12. 71). Das Syndikat; Internat. Buchpr. 'Corine' 03, Stip. Tatort Töwerland, Insel Juist 07. – **V:** Wächter der Gerechten, R. 01; Ruf der Toten, R. 05; Schwester der Toten, R. 06; Das geheime Zimmer, R. 06; Gwen. Tagebuch meiner Lust 07; Macht der Toten, R. 07; Wut, Thr. 07; Gier, R. 08; – BIOGR.: Tattoo-Theo. Der Tätowierte vom Kiez 01; Nina Hagen – That's Why the Lady is a Punk 02; Lude! Ein Rotlicht-Leben 06; Sido. Ich will mein Lied zurück 06; weitere Sachbücher. – **MV:** Wirrnis, m. Michael Siefener, zwei Erzn. 99. – **MA:** Raveline; Deep; vdt-journal, Stadtmag. „Moritz" (Heilbronn); Lesen & Leute; Tätowiermagazin; phantastik.de; meome.de. – **MH:** Schatten über Deutschland. 100 Jahre dt.sprachige Phantastik, m. Frank Festa 99. – *Lit:* s. auch 2.Jg. SK. (Red.)

Feigl, Susanne, Dr.; Florianigasse 13/31, A-1080 Wien, Tel. (01) 4 06 45 17, Fax 4 07 81 42, *susanne.feigl @netway.at* (* Amstetten/NÖ 22. 12. 45). IGAA; Anerkenn.pr. d. Bruno-Kreisky-Pr. 03; Kabarett, Sat., Ess., Übers., Sachb. Ue: engl. – **V:** Was gehen mich seine Frauen an? Johanna Dohnal, Biogr. 02. – **MV:** Frauen der ersten Stunde. 1945–1955 85; Das Mädchenballett des Fürsten Kaunitz. Kriminalfälle d. Biedermeier, m. Chr. Lunzer 88. – **H:** Wiener Humor um 1900 86; Hauptperson: Hund, Geschn. 87; Das Krippentheater 87. – **MH:** Väter unser, m. E. Pable 88. – Ue: W. Somerset Maugham: Silbermond und Kupfermünze, R. 73. – **MUe:** Margaret Millar: Die Süßholzraspler, m. G. Kahn-Ackermann 72; W. Somerset Maugham: Der Menschen Hörigkeit, m. M. Zoff 72; Eric Ambler: Eine Art von Zorn, R., m. W. Hertenstein 75. (Red.)

Feils, Georg s. Ferri

Fein, Johannes s. Berkéwicz, Ulla

Feinbier, Robert Joachim s. Jean, Robert F.

Feinig, Willibald, Gymnasiallehrer; Bahnstr. 3a, A-6844 Altach, Tel. (0 55 76) 7 47 13, Fax 4 26 84, *feinig. willibald@utanet.at*, *www.bosnaquilt.at* (* Waiern 9. 2. 51). Vorarlberger Autorenverb., jetzt Lit. Vorarlberg 00; Prosa, Lyr., Übers. Ue: frz. – **V:** Bagatellen, Prosa 97; Engel des Herrn, Traktat 98; Vernähte Zeit. Die Bosna-Quilt Werkstatt 99, 2. Aufl. 04 (auch engl.); Vergessener Gesandter. Denkmal f. Johannes XXIII 04; Auf schwankenden Boden 05; Lauter Kreuze, m. Fotogr. v. N. Walter 06. – **MA:** Welt d. Frau (Linz), seit 81; Neue Dt. Hefte, seit 82; Kultur (Dornbirn), seit 87; 6/06; Die Furche, seit 87; Neue Vorarlberger Tagesztg, seit 87; Lit. u. Kritik, seit 95; Allmende, seit 98; V # 3/99, 15+16/05; Im Schatten leuchten 99. – **H:** Otto Feurstein: Wenn Jesus 70 geworden wäre, Glossen, Predigten 89; György Bulányi: Der verbrannte doch nicht, Prosa 96. – **R:** Prosa im ORF Wien 95, ORF Dornbirn 97. – *Lit:* Leo Haffner in: Kultur (Dornbirn) 4/97; W. Schmidt-Dengler in: ebda 10/99. (Red.)

Feistle, Josef, Kunsterzieher; Hauptstr. 16, D-89264 Weißenhorn, Tel. (0 73 09) 61 02 (* Weißenhorn 29. 1. 58). Reiseerz. – **V:** Rußland, Reiseber. 96; Inselgeschichten 98; Über die Berge 99; Über das Meer 03, alles Reiseerzn.

Feld, Heinrich s. Czernik, Theo

Felder, Gerhard, ehem. Vorstandsvors. e. rheinischen Großsparkasse; Ronheider Winkel 4, D-52066 Aachen, Tel. (02 41) 60 28 85 (* Koslar/Rheinld. 6. 12. 27). Erz. – **V:** Durchwachte Nächte. Tageb. 96; „Haben Sie ihn gefunden?" 96; Jeder verdient eine Rose 97; Mit meinen Augen 99; In heroischem Licht 01, alles Erzn.; Manches feine Lächeln, R. 04. (Red.)

Feldhoff, Heiner; Waldstr. 10, D-57639 Oberdreis/ Westerw., Tel. (0 26 84) 74 48, *HFeldhoff@t-online.de* (* Steinheim 27. 5. 45). VS 76, Kogge 87; VS/AA-Auslandsreisestip. 78, Förd.pr. d. Ldes Rh.-Pf. 85, Joseph-Breitbach-Pr. 96; Lyr., Prosa, Übers., Biogr. Ue: frz, am. – **V:** Ich wollt, ich wär der liebe Gott, G. 76; Wiederbelebungsversuche, G. 80; Die Notwendigkeit, bibbernd zusammenzurücken, G. 84; Als wir einmal Äpfel pflücken wollten, G. 85; Tuchfühlung, G. 86; Mehr Licht! Notizen aus der Provence, Prosa 87; Vom Glück des Ungehorsams. D. Lebensgesch. d. Henry David Thoreau, Biogr. 89; Paris, Algier. D. Lebensgesch. d. Albert Camus, Biogr. 91, 98; Waffelbruch oder Was allen in die Kindheit scheint, Lyr. u. Prosa 96; Kafkas Hund oder Der Verwirrte im Sonntagsstaat, Prosa 01; Landzungen. Notizen aus nichtigem Anlaß, Aphor. 03; Der löchrige Himmel, Erzn. 05; Nietzsches Freund. D. Lebensgesch. d. Paul Deussen, Biogr. 08. – **MA:** Lyr.kat. Moderne; Aber besoffen bin ich von dir 79; Jb. f. Lyr. 80; Poesiekiste 81; Straßengedichte 82; Der liebe Gott sieht alles 84; Oder die Entdeckung der Welt 97; Verwandlungen 98; Literar. Reiseführer Rheinland-Pfalz 01; Eines Tages. Geschichten von überallher 02; Bertelsmann Lexikothek. Basiswissen Deutsch 04; Beitr. in Zss.: paradon 6/80; Litfass 5/81; protokolle 4/82; L'80 25/83; Christ i. d. Gegenwart 6/97; ndl 6/97, 2/00, 5/02; Religion heute 40/99, 46/01, 51/02, 59/04; Zeno 24/02, 27/05; Schöngeist 4/05. – **H:** Von Bäumen und Menschen, Geschn. 93. – **R:** Beitr. im Rdfk: Drei Erzählungen 86; Mehr Licht!, Prosa 88; Unter Freunden, Erz. 92; Waffelbruch, Erz. 94; Stimmen aus dem Diesseits, Prosa 98; Beim Friseur 00; Kafkas Hund 01; Der löchrige Himmel 05, alles Erzn. – **Ue:** Henry D. Thoreau: Vom Wandern, Ess. 83. – **MUe:** Jean-Claude Walter (Hrsg.): Jusqu'au bonheur de l'aube, Lyr. aus d. Elsaß 93. – *Lit:* DLL, Erg.Bd III 97; Josef Zierden: Lit.lex. Rh.-Pf. 98; Westfäl. Autorenlex., Bd 4 02.

Feldkamp, Karl, Sozialarb., Kommunikationstrainer, Supervisor, freier Autor; Kurt-Schumacher-Str. 28, D-51427 Bergisch Gladbach, Tel. (0 22 04) 6 62 22, *karlfeldkamp@aol.com, www.erfolgskomm.de, www.karl-feldkamp.de.tl* (* Lübeck 8. 8. 43). VS 91, GEDOK Rhein-Main-Taunus 98–03; Xylos-Lyr.pr. 81, 2. Pr. DIE BRÜCKE (Prosa); Lyr., Hörsp., Erz., Sat., Ess., Rezension. – **V:** Nebensachen, Text-Bild-Bd 89; Allzu Bergisches, Glossen 96; AngstAugen, Erzn. 97; Aus dem Tagebuch eines Humoristen, Erzn. 98; ... und die zeit zerschneidet Käsescheiben, G. 99. – **MA:** über 500 Beitr. in Schulb., Anth. u. Zss. seit 77. – **H:** Ehrenfeld – noch einmal mit Gefühl 88; Die Zeit sind so ... 97, beides Kurzprosa/Lyr. – **R:** Mit Messer und Gabel, Hsp. 91. – *Lit:* Lit.atlas NRW 92; Autorinnen u. Autoren in Köln 92; Kölner Autorenlex. 01.

Feldmann, Arthur (Ps. André Chademony, eigtl. Aron Chademony, geb. Arthur Scherz), M. A. (Germ.), B. A. (Angl.), StudR. i. R.; 43 rue Gazan, F-75014 Paris,

Tel. u. Fax 1 45 88 06 60 (* Wien 14. 7. 26). Humboldt-Stip. 58–60; Aphor., Mikroprosa. – **V:** Kurznachrichten aus der Mördergrube oder die große Modenschau der nackten Könige 93; Drachenbändigung oder zwischen Sinn und Wahnsinn 97; Spiegelungen oder Nachdenkliche Betrachtungen eines Herbstblatts über das bunte Treiben der Welt 03, alles Aphor./Mikroprosa. – *Lit:* Wolfgang Mieder: Der Wolf ist dem Wolf ein Mensch. Zu den sprichwörtl. Aphor. v. A.F., Ess. 00. (Red.)

Feldmann, Johannes, Chemielehrer, Rentner; c/o Karin Fischer Verlag, Aachen (* Belgern 19. 1. 36). Lyr. – **V:** Du bunte Erde trägst unser Haus, G. 04. – unserer Zeit, N.F. Bd 1, Bd 3 u. Bd 4.

Feldmann, Klaus, Buchdrucker, Journalist; Flämmingstr. 47, D-12689 Berlin, Tel. (0 30) 9 32 76 34, Fax 93 02 63 45, *info@klausfeldmann.de, www. klausfeldmann.de* (* Langenberg b. Gera 24. 3. 36). – **V:** Nachrichten aus Adlershof, Erinn. 96; Das waren die Nachrichten, Erinn. 06. – **P:** Sprecher von: Wer lernt mir Deutsch? 05; Rettet dem Dativ 06; Die Rache des kleinen Weihnachtsmannes 06, alles Hörbücher.

Feldmann, Susanne, staatl. gepr. Betriebswirtin, Bürokauffrau, Hausfrau, Autorin; Gartenweg 14, D-21483 Basedow, Tel. (0 41 53) 5 29 91, *Susanne Feldtmann@t-online.de, www.susanne-feldtmann.de.ki* (* Hamburg 3. 5. 62). Kurzgesch., Rom. – **V:** mit Mensch mit Mitmensch, Kurzgeschn. 00; Mit dem Herzen wissen, R. u. 2 Kurzgeschn. 02; Vier weihnachtliche Geschichten 02. – **MA:** Besinnliches zur Weihnachtszeit, Anth. 07.

Feller, Toni (Anton Feller), Kriminalhauptkommissar; Uhlandplatz 2, D-76356 Weingarten, Tel. (0 72 44) 60 77 02, *toni@toni-feller.com, www.toni-feller.de* (* Groß-Umstadt 26. 8. 51). mehrere Preise d. Arb.kr. Nordbaden seit 96; Kurzgesch., Lyr., Bühnenst., Drehb., Reiseber. – **V:** Bin ich's ... Bin ich's nicht?, G. 94, 2. Aufl. 95; Die Sonne scheint mir ins Gesicht, G. u. Geschn. 95; Abenteuer Nepal, Reiseber. 97; Abenteuer Tansania, Reiseber. 98; Ein Fingerhut voll Glück, G. Geschn. 98; Gedankenflüge, G. u. Geschn. 02; Benni der kleine Wassertropfen, Kdb. 03; Die Samaritermaske, Sachb. 04; – Theaterstücke: D' Apfel fallt net weit vom Stamm, Kom. 96, UA 98; Das Patent, Kom. 97, UA 98; Erwe wil glernt sei, Kom. 98, UA 99; Die Alte Kelter, hist. Kom. 99, UA 99; Die Superbullen, Krim.-Kom. 99, UA 00; Der Außerirdische, Kom. 00, UA 05; Ganz in Weiß, das Heiratsinstitut der Extraklasse, Kom., UA 06; Der Schwedentrunk, hist. Stück, UA 06. – **MA:** Wenn einer eine Reise tut; Die erste Leiche vergisst man nicht 05; Senioren schreiben Geschichte(n) 06. (Red.)

Fellhauer, Rufus (eigtl. Dirk Schröter), Dr. phil., Regisseur, Dramaturg; Burgunder Str. 3, D-79104 Freiburg, Tel. (07 61) 2 92 78 79, Fax (03 41) 6 52 49 00, *dirkschroeter@freenet.de* (* Hamburg 20. 5. 72). Dramatik, Lyr., Prosa, Hörsp. Ue: engl. – **V:** Lyrisches Tagebuch, G. 97; Warten auf Hamlet, Dr. 98; Für 3 Groschen Faust, Dr. 98; Zehn Frauen, Dr. 02; Deutschland einig Vaterland, Wiss. 02. (Red.)

Fellmann, Walter, Dr. phil. habil., Historiker, seit '69 freischaff. Schriftst.; Engelsdorfer Str. 32, D-04425 Taucha, Tel. (03 42 98) 3 06 53 (* Böhmischwald/Kr. Glatz 26. 3. 31). Gesellt-Pr. d. Landkr. Delitzsch 03; Rep., Biogr., Reiseführer. – **V:** Auf der Suche nach schwarzem Wasser, Rep. f. Kinder 94; Schiffe im Nadelöhr. Große Kanäle u. ihre Geschn., Sachb. 78; Der Leipziger Brühl. Gesch. e. Weltstraße 89; Heinrich Graf Brühl 2. Aufl. 90, 4. Aufl. 00; Sachsens König Friedrich August III. 2. Aufl. 90; Mätressen 94; „... doch das Messer sieht man nicht". Leipziger Pitaval 94,

3. Aufl. 99; Prinzessinnen. Glanz, Einsamkeit u. Skandale am sächs. Hof 96; DuMont Kunstreiseführer Sachsen 97, 4. Aufl. 06; Sachsens Könige 00. – **MV:** Lipsia und Merkur, m. Klaus Metscher 90. – **MA:** Judaica Lipsiensia 94; Leipzig als ein Pleißathen 95; Leipzig, Stadt der Wa(h)ren Wunder. Ausst.-Kat. 97; Leipziger Messen 1497–1997 99. – **MH:** Freies Gehege, Alm. 94. – **R:** Rezensionen/Biogr. im MDR. – *Lit:* Who is Who in d. Bdesrep. Dtld (CH) 96; Sächsische Heimatblätter 2, 01. (Red.)

Fellner-Pickl, Jutta (geb. Justine Fellner); Endorfer Str. 18, D-83253 Rimsting, Tel. (0 80 51) 18 20 (* Prien a. Chiemsee 3. 5. 39). Erz., Lyr. – **V:** Warum der Engel lachen mußte, Geschn. 92, 93; Von Sternenlicht bis Mondgeflüster 94; Das Wunder der Weihnacht 00. (Red.)

Fellsches, Josef, Prof. Dr.; Alte Landstr. 210, D-40489 Düsseldorf, Tel. (02 11) 4 79 05 19 (* Duisburg 8. 12. 38). – **V:** Geht's euch auch so?, Geschn. 91; Duisburger Wortschätzchen, Mda.-Wörterb. 95, 4. Aufl. 08; Die hängt an dem, Dialoge in Mda. 96. – **MV:** Bochumer Wortschätzchen, m. Rainer Küster 98, 6. Aufl. 03; Gelsenkirchener Wortschätzchen, m. Cäcilia Kiefer-Pawlak 00, 3. Aufl. 04; Dortmunder Wortschätzchen, m. Peter Gronemann 00, 5. Aufl. 08; Essener Wortschätzchen, m. Frank Schnieber 03, 3. Aufl. 08, alles Mda.-Wörterbücher.

Fels, Gilbert; Paulusstr. 20, D-70197 Stuttgart (* Stuttgart 14. 2. 56). Stip. d. Kunststift. Bad.-Württ. 86; Prosa. – **V:** Zweimal Gebirge 95. – **MA:** Beitr. in Lit.-Zss. u. Anth. seit 90.

Fels, Ludwig, Schriftst.; Laudongasse 69/41, A-1080 Wien, Tel. u. Fax (0) 4 03 58 00, *ludwig.fels@aon.at* (* Treuchtlingen/Dtld 27. 11. 46). VS, P.E.N.; Förd.pr. d. Stadt Nürnberg 74, Leonce-u.-Lena-Pr. 79, Pr. d. Lit.-mag. d. SWR 79, Kulturpr. d. Stadt Nürnberg 81, Hans-Fallada-Pr. 83, Stadtschreiber v. Bergen-Enkheim 85, Förd.gabe d. Schiller-Gedächtnispr. 89, Springer '&' Jacobi-Pr. f. dialog. Lit. 91, Kranichsteiner Lit.pr. 92, Johann-Alexander-Döderlein-Kulturpr. d. Stadt Weißenburg 95, E.gabe d. Dt. Schillerstift. 00, Elias-Canetti-Stip. 00 u. 08, Wiener Dramatikerstip. 04; Wolfgang-Koeppen-Pr. 04; Drama, Lyr., Rom., Ess., Hörsp., Reiserep., Hörfunkfeat. – **V:** Anläufe, G. 73; Platzangst, Erzn. 74; Ernüchterung, G. 75; Die Sünden der Armut, R. 75; Alles geht weiter, G. 77; Ich war nicht in Amerika, G. 78; Mein Land, Geschn. 78; Vom Gesang der Bäuche, G. 80; Ein Unding der Liebe, R. 81; Kanakenfauna, Berichte 82; Betonmärchen, Prosa 83; Lämmermann, Theaterst. 83; Der Anfang der Vergangenheit, G. 84; Die Eroberung der Liebe, Heimatbilder 85; Der Affenmörder, Theaterst. 85; Rosen für Afrika, R. 87; Blaue Allee, Versprengte Tataren, G. 88; Der Himmel war eine große Gegenwart, R. 90; Soliman. Lieblieb, 2 Theaterst. 91; Sturmwarnung, Theaterst. 92; Bleeding Heart, R. 93; Mister Joe, R. 97; Krums Versuchung, R. 03; Reise zum Mittelpunkt des Herzens, R. 06; – THEATER/UA: Lämmermann 83; Der Affenmörder 85; Lieblieb 86; Soliman 91; Sturmwarnung 93; Die Hochzeit von Sarajevo 94; Öl auf dem Mond 00; Tillas Tag 02. – **F:** Drehb. zu: Nothing Man; Tage mit Billy, m. Rosa Bela. – **R:** Kaputt oder Ein Hörstück aus Scherben 73; Die bodenlose Freiheit des Tobias Vierklee oder Stadtrundgang 74; Lehm 75; Der Typ 77; Wundschock 79; Vor Schloß und Riegel 80; Mary 80; Frau Zarik 84; Heldenleben 85; Lämmermann 85; Ich küsse Ihren Hund, Madame 87; Soliman 89; Schwarzer Pilot 89; Nach diesen kalten Sommern der Liebe 97; Der tausendundzweite Tag 97; Nachts am Feuern – Calamity Jane 00; Öl auf dem Mond 00; Robot 00; Kei-

che 01; Lappen hoch! Eine Theaterschwadronade 03. (Red.)

Felsen, Michael s. Hermann, Hans

Felsmann, Dieter; c/o Grafik Felsmann, Ahornstr. 31, D-47055 Duisburg, Tel. (02 03) 31 68 11, *www. kladeradatsch.de* (* Duisburg 23. 11. 49). – **V:** Die tolle Zeit, R. 06. – **MA:** Comic-Beilage in: Dan Cooper (Bastei-Verl.) 83/84.

Felten, Monika (geb. Monika Kähler), freie Autorin, gelernte Techn. Zeichnerin; Am See 29, D-24211 Wielen, Tel. (0 43 42) 8 31 91, *m.felten@monikafelten. de*, *www.monikafelten.de* (* Preetz 1. 2. 65). VG Wort 02, Friedrich-Bödecker-Kr. 04; Dt. Phantastik-Pr. 02, 03; Rom., Kurzgesch., Kolumne. – **V:** Elfenfeuer, R. 01, 3. Aufl. 05; Die Macht des Elfenfeuers, R. 02, Tb. 03; Geheimnisvolle Reiterin. Bd 1: Die Suche nach Shadow 02, Tb. 06, Bd 2: Shadow in Gefahr 03, Tb. 07, Bd 3: Gefangen im Elfenreich 04, Tb. 07, Bd 4: Rätsel um White Lady 05, Bd 5: Die Rückkehr der Mondpriesterin 06 alles Jgdb.; Die Hüterin des Elfenfeuers, R. 05; Das Erbe der Runen. Bd 1: Die Nebelsängerin 06, Bd 2: Das Erbe der Runen 06, Bd 3: Die Schattenweberin 07. – **MA:** Wolfgang Hohlbeins Fantasy Selection 2001 00; Weihnachten ganz wunderbar, 1.u.2. Aufl. 01; Gänsehautgeschichten 01; Tolkiens Geschöpfe 03; Fantastische Weihnachten 06; Kolumnen in d. Zs. „spielen und lernen" (Red.)

Feltes, Paul, Rentner; Goldstr. 30, D-47495 Rheinberg, Tel. (0 28 43) 21 07 (* Rheinberg 1. 9. 26). Rheinlandtaler. – **V:** 200 Jahre Nachbarschaft von der Pumpe auf dem Fischmarkt 1788–1988 88; Eine Jugendzeit in Krieg und Not, Erinn. 94, überarb. Aufl. 06; Rheinberger Originale, Geschn. u. Anekdn. 95; La putana de la guerra. D. kurkölnische Festung Rheinberg 97; Rhinberkse Wend, Anekd. 98, als pldt. Theaterst. UA 03; Der Rheinberg Endsieg, Anekd. 00; Jeder Mensch geht seinen Weg durchs Leben, Gedanken u. G. 02.

Fend, Karin (Ps. Nanine); Rosenhof Trabenig, Haselweg 1, A-9241 Wernberg, Tel. (0 42 52) 21 55, Fax 38 92. – **V:** Nanine an Sandrine, Gedanken 79; Als Du gingst, war es noch Sommer ..., Tageb. 80; Der dreifache Regenbogen, G. 80; Geschichten wie Märchen 90; Du holder Schwan 91; Im Tränental 91; Wandland 92; Acht aus vielen 93; Das Märchen vom Bauern Werner 93; Ungefähr, R. 94; Amélie-Amélie und eine Familie zum Liebhaben 95; Ganz und gar anders 96; Hell ist die Nacht, G. 97; Abendröte, sanfter Trost, G. 98; Geschichten vom Glück 98; Murks & Minchen, Gesch. f. Kinder 99; Wunderbar durchsonnt, G. 01; Lebensbaumzweige, Erzn. 02; Heiterkeit, güldne, komm!, G. 03; Mögen Sie Märchen? 04; Im Garten der Gedanken 05; Wir lesen Legenden 05; Zwischen Tag und Traum 06; Bunt gemischt 07. (Red.)

Fendl, Josef (Ps. Peter Muhr, Martin Staudacher), Realschulkonrektor i. R., Kreisheimatpfleger; Reichenberger Str. 8, D-93073 Neutraubling, Tel. (0 94 01) 34 24 (* Schönbühl/Lkdr. Straubing-Bogen 17. 1. 29). Turmschreiber 79; Josef-Schlicht-Med. 83, BVK am Bande 01, Kulturpr. d. Bayer. Wald-Vereins 02, Bayer. Poetentaler 02, Walther-Schmidt-Pr. 03, Nordgaupr. f. Dicht. 06; Erz., Dialektdichtung, Heimatgesch. – **V:** Nix wie lauter Sprüch, Dialekt-Spruchsamml., I 75, 79, II 77, III 79; Die Geiß auf der Hobelbank, Bayer. Geschn. 79; 2000 Bauernseufzer, Spruchsamml. 80; Himmelfahrt im Holzkübel, Bayer. Geschn. 83; Bayerisches Bauernbrevier, Spruchsamml. 84; Josef Fendls immerwährender Sprüche-Kalender 85; Bayerischer Bauernschmaus, Sprüche 86; Weiß-Blaues schwarz auf weiß 87, 90; Das Freitagsschnitzel, Geschn. u. G. 88; Sprüch über die Beamten 89; Sprüch über die Handwerker

89; Sprüch über die Pfarrer 89; Sprüch übers Bier 89; Sprüch über die Bauern 90; Sprüch über die Lehrer 90; Sprüch über die Lehrerinnen 91; Sprüch über die Liebe 91; Sprüch über d' Mannerleut 91; Sprüch über d' Weiberleut 91; Sprüch gibt's ...!, Mini-Geschn. 92; Sprüch über d' Leut 92; Sprüch über d' Figur 93; Erdäpfel in der Montur 94; Von der göttlichen Grobheit unserer Mundart 94; Fallobst vom bayerischen Narrenbaum 96; Josef Fendls weiß-blauer Spruchbeutel 96; Zu den 13 Aposteln, Pfarrergeschn. 96; Fliegenpilze in Rahmsoße 97; Das große Josef-Fendl-Lesebuch 97; ... waldwärts 97; Das weißblaue Musterkofferl vom Sprüchmacher 97; A frische Pris 98; Josef Fendls sprachlicher Firlefanz 98; 3 x täglich 98; Weiß-blaue Gspassettl 99; Meuchelmord im Pröllerwald 99; Josef Fendls Christkindlmarkt 99; Neue bayerische Gspassettl 00; Josef Fendls literarisches Brotzeitbrettl 00; Sprüche zum Gesundlachen 00; Die Teufelskatze 01; Der Teufel im Backofen, Sagen 01; Zenzi, no a Maß, Geschn. 02; Der Bairisch-Nußknacker, Sprachquiz 02; Der weiß-blaue Schachterlteifi, Sprachquiz 03; Kasermanndl & Büchsenmacher, Sprachquiz 04; Bairisches im Sechserpack, Aufss. 04; Die Entführung aus der Krippe, Erz. 06; Das Gelbe vom Ei 06; Der letzte Liebhaber 07; mehrere heimatgeschichtl. Veröff. – MA: Straubinger Kalender (auch Red.), seit 00; Veröff. in rd. 120 Anth. u.ä. – H: Wo die Jemsen springen, Anth. 65; Alpensohn u. Alpentochter, Anth. 66; Alles fährt Schi, Anth. 66; Historische Erzählungen aus dem Bayerischen Wald 81; Heiteres Ostbayern 96; Kunterbuntes Ostbayern 03. – R: ca. 20 verf. u. selbstgesprochene Hsp. im BR. – P: Oans nach'm andern, Kass. 88; ...hat dersell g'sagt, Hörb. 00. – Lit: s. auch SK.

Fengels, Marlis, Autorin; Pöttekamp 12, D-46514 Schermbeck, Tel. (0 28 53) 46 73, Fax 3 95 77, *marlis. fengels@arcor.de* (* Schermbeck 10. 4. 50). Rom. – V: Die Schönenbecker, R. 04.

Fengler, Susanne, Dr., Autorin; Fehrbelliner Str. 57, D-10119 Berlin, *sfengler@yahoo.de, www.susanne-fengler.de* (* Dortmund 10. 10. 71). Stip. d. Fazit-Stift. d. FAZ; Rom. – V: Die Ballerina, hist. R. 97; Die Portraitmalerin, R. 99; Fräulein Schröder, R. 04; Heidiland, R. 08; mehrere wiss. Veröff. – MA: Ballett International/Tanz aktuell, Zs. 99; Berlinerinnen 00. – Lit: s. auch SK. (Red.)

Fenske, Siegfried, San.-Rat Dr.med; Oranienburger Str. 21, D-10178 Berlin, Tel. (0 30) 2 81 27 82 (* Danzig 29. 8. 26). Poesie, Grundfragen d. Kosmos u. Seins. – V: Gedanken zum Sein. Kosmische Philosophie u. Poesie 97, 2., überarb. Aufl. 98, 3., überarb. Aufl. 03; Ode zum Schiller-Jahr 2005 04. – MA: 12 Gedichte in: Das Gedicht lebt, Bd 2 01; Dichterhandschriften, Literar. Nationalatlas Arkadiens 03. (Red.)

Fenzl, Fritz, Dr. phil., Gymnasiallehrer; Haidelweg 17a, D-81241 München, Tel. (0 89) 8 34 16 26, Fax 8 21 26 83 (* München 31. 1. 52). Katakombe 80, Turmschreiber; Rdfkpr. 75, Lit.pr. d. Stadt München 78, Pr. b. Rdfkwettbew. „In d. Sprache barfuß gehen" 75, Bayer. Poetentaler; Lyr., Prosa. – V: Da Zoaga ruckt zwäife 77; Hinta da Fenstascheim 79; Weiss wia Eis 82; Hast du mei Sterndel gseng? 84, alles G.; Wie das Urviech erschaffen wurde, G. u. Geschn. 84; I mog di 85; Föhnfieber. Warum München süchtig macht, Geschn., G., Glossen 87; Münchner Jahresspitzen 88; Dubius der Zweifler oder das 5. Evangelium 89; München. Ein fröhlicher Reisef. 91; Langschläfer. Ein fröhliches Wörterb. 91; Oberbayern. Ein fröhlicher Reisef. u. Verführer 92; Münchner Stadtsagen 92; Halleluja. Ein fröhliches Wörterb. 93; Am Anfang war der Humor 94; Schaun ma moi! 95; Ui, der Kasperl!, Kdb. 97; Mond total. Die

richtige Zeitpunkt f. Mondsüchtige 99; Pfarrgeschichten 99; Ja, mei, die Münchner 99; Der Teufelstritt u. a. magische Geschichten 01; Ja mei ... wie es so läuft in München 03; zahlr. Sachbücher. – MA: Sagst wasd magst 75; In dene Dag had da Jesus gsagd 78; Bairische Raritäten 78; Weiteres Weiß-Blau-Heiteres 78; Hax'n und Pinkel 78; Für d' Muadda 79; Bibliotheksforum Bayern 79, u.v.a. – H: Karl Spengler: Münchner Lesebuch 86; München, meine Liebe, Geschn. u. G. 88. – Lit: s. auch SK. (Red.)

†**Ferber,** Elmar, Autor, Regisseur, Verleger; lebte in Köln (* Gummersbach 15. 3. 44, † Köln 14. 5. 08). VS 98; Erz., Rom. – V: Alissa, Kurzgeschn. 97; Der Tangotänzer, R. 02; Champagner und Calvados, Erzn. 05. – MA: zahlr. Veröff. in Zss. u. Anth., u. a.: Das große Buch der kleinen Gedichte 99; ... mit leichtem Gepäck 99; Groschen gefallen ... 00. – H: MeerSommerGefühle 97; Kölner Vahren Bahn 98; Rache ist süß ist lustvoll 98; Im Zeichen der Windrose 98; KopfReisen 99; Liebe, Lust & Leichen 99; Von Traum- und anderen Männern 00; bin feuer und flamme, erot. Leseb. 00; Fantasie mit Schneegestöber 01; Sternzeichen-Cocktails 01; Rot trifft Blau 02; Schreiben. Ich schreibe, weil ... 03; Besteht die Liebe 03; Mutmaßungen über Doris 03; Liebe deine Feinde 04; Einmal ist keinmal – CalVino Rosso 04; Liebe schenken 05; Der diskrete Charme rätselhafter Poesie 06; Traumschiff. Erotische Fantasien 06; Die Farbe der Kindheit 07.

Ferbus, Bettina, Reitlehrerin; Föhrengasse 3, A-5700 Zell am See, Tel. (0 65 42) 5 71 50, *www.ferbus. at/bettina* (* Zell am See 4. 2. 69). Rom., Lyr., Kurzgesch. – V: Die Tigerkönigin, R. 96; Die vergessene Kolonie 97; Der lange Weg nach Maira Mar, R. 07. – MA: Fantasia 129–130/99; SprachRaum, Anth. 02; Drachenstarker Fernzauber, Anth. 07.

Ferchl, Irene, Publizistin; Burgherrenstr. 95, D-70469 Stuttgart, Tel. (07 11) 8 14 72 83, Fax 8 14 74 67, *info@literaturblatt.de, www.literaturblatt. de* (* Friedrichshafen 29. 9. 54). IG Medien, Intern. P.E.N. 02, Mörike-Ges. 02; Stip. d. Kunststift. Bad.-Württ. 93; Lit.- u. Kulturgesch. – V: „Die zweite Hälfte meiner Heimat ...". Annette von Droste-Hülshoff am Bodensee 98, Neuaufl. 07; Stuttgart. Literarische Wegmarken in d. Bücherstadt 00; Porträt des Künstlers als ernster Joker. Günter Schöllkopf in seinen literar. Bildnissen, Ess. 00. – MV: Mit Mörike von Ort zu Ort, m. Wilfried Setzler 04; Landpartien in die Romantik, m. dems. 06. – B: 20 Jahre Kunststiftung Baden-Württemberg, Dok. 97; Akademie Schloß Solitude 1990–1991, Jb. 92. – M: Der Droste würde ich gern Wasser reichen, G. 87; Literaturblatt, Zss. seit 93 (auch Chefred.); Erwartungsland, Anth. 97; Viele Kulturen – Eine Sprache, Ausst.kat. 98ff.; Kyra Stromberg: Anmut bei größter Freiheit, Ess. u. Feuill. 01. – MH: Literatur-PreisExtraBlatt 96; Frauenwege durch Calw 02; Das ist eine Stadt. Lit. Spuren in Esslingen, m. Uta Harbusch u. Thomas Scheufflein 03; Literarisches Baden-Württemberg 2008 u. 2009, beide m. Ute Harbusch, Kal. 07 u. 08.

Feréos, Mimis s. Kosmidis, Dimitris

Ferk, Janko, Mag. iur., Dr. iur., Richter d. Landesgerichts, LBeauftr. d. Inst. f. Philosophie u. U.Klagenfurt, Mitgl. d. Beirats f. lit. Übers. im BKA, Mitgl. d. Komm. zur Wahrung d. Rdfkgesetzes im BKA, Jury f. Lit. im BKA; Pugrad 29/1, A-9072 Ludmannsdorf, Tel. (06 64) 3 13 59 34, *janko.ferk@utanet.at, janko.ferk@mnet.at* (* Unterburg am Klopeiner See/Kärnten 11. 12. 58). GAV 81, Literar-Mechana, Kärntner S.V. 86, Übersetzergemeinschaft, Wien, IGAA, LVG, P.E.N.-Club Liechtenstein 02; Gr. Öst. Jgd.pr. f. Lit. 79, Lit.stip.

Fernau-Habermas

d. Ldes Kärnten 80, Buchprämie d. BMfUK 81 u. 89, Lit.stip. d. BMfUK 82, Arb.stip. d. Gemeinde Wien 83, Lit.förd.pr. d. Ldes Kärnten 86, Übers.prämie d. BMf UK 86, Theodor-Körner-Förd.pr. f. Lit. 88, f. Wiss. 93, Übers.stip. d. BMfUK 89, Jahresstip. d. Jubil.-fonds d. Literar-Mechana 93, Übers.prämie d. BKA 96, 97, 05 u. 06, Lit.pr. d. P.E.N.-Clubs Liechtenstein 02; Rom., Erz., Lyr., Ess., Übers. Ue: slowen. – **V:** hladni ogenj / kühles feuer, Lyr. u. Prosa 78; samoumevnost nesmisla / das selbstverständliche des sinnlosen, Lyr. u. Prosa 79; Der verurteilte Kläger, R. 81; Smrt. Črni cikel. (Tod. Schwarzer Zyklus), G. 82; Napisi na zid zemlje (Aufschriften auf die Wände der Welt), G. 86; Scritte sui muri del mondo (Aufschriften auf die Wände der Welt), G. dt./slowen./ital./friul. 89; Vsebina peščenih ur (Der Sand der Uhren), Prosa 89; Vergraben im Sand der Zeit, G. 89; Buried in the Sands of Time, G. dt./slowen./engl. 89; Am Rand der Stille, G. 91; Sedim ob robu deževne kaplje (Am Rand des Regentropfens), G. 91; The Condemned Judge, R. 93; Mittelbare Botschaften, Aufss. 95; Landnahme und Fluchtnahme, Geschn. 97; Ai margini del silenzio (Am Rand der Stille), G. dt./slowen./ital./friul. 97; Recht ist ein „Prozeß". Über Kafkas Rechtsphilosophie, Monogr. 99, 2. Aufl. 06 (auch slowen.); Psalmen und Zyklen, G. 01; Gutgeheißenes und Quergeschriebenes, Aufss. 03; Kafka u. a. verdammt gute Schriftsteller, Aufss. 05; Psalmi i ciklusi, G. dt./slowen./kroat. 06; Natpisi na zid zemlje, G. dt./slowen./kroat. 07; Sadržaj pješčanih satova (Der Sand der Uhren), Prosa 07; Wie wird man Franz Kafka?, Ess. 08; 10×7, G. dt./slowen./kroat./ital./ital./frz./span. 08. – **MV:** Die Geographie des Menschen. Gesprächebuch, m. Michael Maier 93. – **MA:** Betroffensein, Prosa 80; materialien zum kärtner frühling 1984, Lyr. u. Prosa 84; Carinthian Slovenian Poetry / Kärntner slowenische Lyrik 84; Aus den Geheimfächern, Lyr. 84; Gedichte nach 1984. Lyrik aus Öst. 85; Das slowenische Wort in Kärnten, Lyr. 85; Im Mondschatten, Lyr. 85; Muskeln auf Papier. Literatur u. Sport, Prosa 86; Under the Icing, Lyr. 86; Der gemütliche Selbstmörder, Prosa 86; Angst – Antrieb u. Hemmung 87; Unter der Wärme des Schnees 88; Übermalung der Finsternis 94; Der sechste Sinn oder Die Spur der Dinge 96; Verwundbar durch Schönheit im Aug 01; Das Herz, das ich meine 02; Die Gesetze des Vaters 03; Landvermessung 05; Zu Gericht über Gerichte 05; Klagenfurt / Celovec. Europa erlesen 06; Zungenfroh 06; Tönende Einsamkeit / La Soledad Sonora, G. 06; Der gastrosophische Imperativ 07; Seitenwechsel 08; – Beitr. in: manuskripte; Sterz; InN; Lit. u. Kritik; NZZ; Die Presse; Der Standard. – **H:** Gedichte aus Kärnten 87; Letzte Möglichkeit, Österreich kennenzulernen 87; Der Flügelschlag meiner Gedanken 89; Nirgendwo eingewebte Spur 95; Anleitungen zum Schreien 96. – **R:** Lyrik, Prosa, Ess. u. Übers. in ORF (freier Mitarb.) u. RTV Ljubljana. – *Lit:* H. Kuhner: J.F. Der verurteilte Kläger, in: Modern Austrian Lit. 20, 87; H. Klauhs: Vom Einweben d. Spur, in: Slowen. Lit. in dt. Übers.; N. Šlibar: „Lies adagio!". Zur Lyr. u. Prosa J.F.s, in: Profile; K.P. Liessmann: Weißes Blatt, langes Warten, in: Album; Veröff. zu „Recht ist ...": S. Kobenter in: Der Standard, Album, v. 18.3.00; R. Fucik in: Österr. Richterztg 4/00; R. Dreier in: Neue Jurist. Wochenschr. 30/00; B. Balàka in: kolik, Mai 02; H. Eisendle in: e.journal, Juni 02; Veröff. zu „Psalmen u. Zyklen": G. Nenning in: Kronen Ztg v. 11.11.01; D. Strigl in: Wiener Journal Dez. 01/Jan. 02; V. Sielaff in: Netztg, Voice of Germany v. 15.12.01; F. Hahn in: Die Presse, Spectrum v. 16./17.2.02; G. Schatzdorfer in: Wiener Ztg v. 24.4.02; M. Kalser in:

Kleine Ztg (Klagenfurt) v. 28.5.02; U. Stolzmann in: NZZ v. 13./14.7.02; G. Russwurm in: Kärntner Tagesztg v. 29.5.03, 15.10.05, 28./29.5.06; G. Schmickl in: Wiener Ztg., Extra v. 5./6.9.03; M. Fischer in: Kleine Ztg v. 23.11.05; B. Schwens-Harrant in: Die Furche v. 15.12.05; R. Escher in: Salzburger Nachrichten, Staatsbürger v. 13.6.06; P. Pisa in: Kurier v. 15.3.07.

Fernau-Habermas, Anja; Alfred-Delp-Str. 7, D-41466 Neuss, Tel. (0 21 31) 47 15 13. – **V:** Leas Stern, R. 98. (Red.)

Ferolli, Beatrice (verh. Beatrice Thalhammer), UProf., Mag. U. f. Musik u. darst. Kunst Wien; Krottenbachstr. 1/6, A-1190 Wien, Tel. (06 64) 3 21 19 58, Fax u. Tel. (01) 3 68 79 85, *beatrice.ferolli@utanet.at, www.beatrice-ferolli.at* (* Wien 18. 9. 37). Öst. P.E.N.-Club, IGAA; Dramatikerpr. d. Nationaltheaters Mannheim 56, Theodor-Körner-Pr. f. Lit. 70, Förd.pr. d. Stadt Wien; Drama, Rom., Fernsehen, Hörsp., Film. – **V:** Zottelbande, Jgd.-R. 76; Sommerinsel 77; Fährt ein Schiff nach Apulien 81; Die Kürbisflöte 83; Septembersong 85; Das Gartenzimmer 87; Insel der Träume 90; Traumschiff, R. z. Fs.-Serie 91; Im Süden hat der Himmel Fenster 96, 00 (port.); Pilars Garten 96; Schlosshotel Orth 97; Alle Himmel stehen offen 02, alles R.; Alphabet in der Ewigkeit, Kom.; Wunschträume, Kom.; Das Haus der schönen Psychodr.; Wackelkontakt, Lsp.; Fetzenflieger, Lsp.; Antoine unter den Sternen, Kom. – **F:** Duett zu dritt, nach d. Lsp. Fetzenflieger 78. – **R:** Alle unsere Spiele; Wunschträume; St. Peters Regenschirm; Briefe von gestern; Wahre Geschichten frei erfunden, u. a. Fs.; Netz für die Mörderin; Kies für Mama; Alphabet der Ewigkeit; Aus Mangel an Beweisen, alles Hsp. – *Lit:* Walther Killy (Hrsg.): Literaturlex., Bd 3 89; Wer ist Wer 97/98. (Red.)

Ferri (eigtl. Georg Feils), Dipl.-Päd.; Metzstr. 8, D-60487 Frankfurt/Main, Tel. (0 69) 70 07 39, Fax 7 07 36 81, *www.ferri-kindertheater.de* (* Müden-Mosel 3. 3. 53). Bühnenst., Kindermusiktheater, Hörsp., Lied. – **V:** Hegel und Schlegel, die Geisterbahngeister, Kdb. 96. (Red.)

Ferstl, Ernst, Hauptschullehrer; Kampichl 26, A-2871 Zöbern, Tel. (0 26 42) 88 27, *ernstferstl@gedanken.at, www.gedanken.at* (* Neunkirchen/NdÖst. 19. 2. 55). Ö.S.V. 94, ARGE Literatur 94; 1. Pr. b. 1. österr. Haiku-Wettbew. 92, Luitpold-Stern-Förd.pr. 00; Lyr., Prosa, Ess., Kabarett, Sat. – **V:** Blickpunkt Hoffnung 82; Zusammen sind wir herzzerreißend, G. 93; Am Ufer des Augenblicks, Kurz-G. 94; Einfach, kompliziert, einfach 95; Kurz und fündig 95, 2. Aufl. 96; Gräser tanzen, Kurz-G. 96; Unter der Oberfläche 96; Du hast es mir angetan, G. 97; Heut zu Tage 98; Zusammen wachsen, G. 99; Ein Augenblick Ewigkeit, Kurz-G. 99; Zwischenrufe, Aphor. 00; Lebensspuren, Aphor. 02; Herznah 03; Zwischenrufe, Aphor. 04; Durchblicke, Aphor. 04. (Red.)

Ferzak, Franz, Dipl.-Ing. f. Maschinenbau; c/o World and Space Publications, Am Bachl 1, D-93336 Altmannstein, Tel. (0 94 46) 14 03, Fax (0 89) 82 08 93 93 (* Neuenhinzenhausen 27. 10. 58). – **V:** Franz Ferzak stellt aus Der Engel der Verwunderlichen 88; Humdidldums Abenteua 93; mehrere Sachb. – **Ue:** L. Drury: Etidorpha 03. – *Lit:* s. auch SK; Who is Who in the World. (Red.)

Fesefeldt, Wiebke s. Thadden, Wiebke von

Feser, Bettina s. Gelberg, Hans-Joachim

Fessel, Karen-Susan, Schriftst.; *kontakt@karen-susan-fessel.de, www.karen-susan-fessel.de.* c/o Querverlag, Berlin (* Lübeck 15. 12. 64). VS 97–03; Stip. Künstlerdorf Schöppingen 96, Alfred-Döblin-Stip. 97,

314

02, Autorenstip. d. Stift. Preuss. Seehandlung 98, Arb.-stip. f. Berliner Schriftst. 99, Ahrenshoop-Stip. Stift. Kulturfonds 99, Aufenthaltsstip. Künstlerhaus Kloster Cismar 00, Amsterdam-Stip. Senat Bln 01, Stip. d. Baltic Centre for Writers and Translators, Visby 02, 03, Nominierung z. Dt. Jgd.lit.pr. 03, Märk. Stip. f. Lit. 04; Rom., Erz., Kinder- u. Jugendlit. – **V:** Und abends mit Beleuchtung, R. 94, 2. Aufl. 99; Heuchelmund, erot. Erzn. 95, 4. Aufl. 01; Bilder von ihr, R. 96, 2. Aufl. 98, Tb. 99, 4. Aufl. 04; Sirib, meine Königin, phant. Erz. 97; Was ich Moira nicht sage, Erzn. 98, Tb. 04; Ein Stern namens Mama, Kdb. 99; Steingesicht, Jgdb. 01; Nur die Besten!, R. 01; Und wenn schon!, Jgdb. 02; Bis ich sie finde, R. 02, Tb. 04; Ausgerechnet du, Jgdb. 03; Unter meinen Händen, R. 04; Lametta am Himmel, Kdb. 04; Jenny mit O, R. 05; Max in den Wolken, Jgdb. 06; Abenteuer und Frauengeschichten, Erzn. 06; Achtung, Mädchen gesucht! 07; Feuer im Kopf 08; Achtung, Jungs unterwegs! 08, alles Jgdb. – **MV:** Selbsthilfe-Handbuch für Menschen mit HIV, m. Christiane Cordes u. a. 95, 2., erw. Aufl. 99; OUT! 500 berühmte Lesben, Schwule u. Bisexuelle, m. Axel Schock 97, 4.,erw. u. aktual. Aufl. 03.

†**Fest,** Joachim, Prof. Dr. h. c.; lebte in Kronberg/Ts. (* Berlin 8. 12. 26, † Kronberg/Ts. 11. 9. 06). Dt. Akad. f. Spr. u. Dicht.; Dr. h.c. U.Stuttgart 81, Thomas-Mann-Pr. 81, Goethe-Plakette 87, Görres-Pr. 92, Lit.pr. d. Stadt Bad Wurzach 96, Ludwig-Börne-Pr. 96, Eduard-Rhein-Pr. f. Kultur u. Journalismus 99, Hanns-Martin-Schleyer-Pr. 01, Pr. f. herausragende Biografik d. Einhard-Stift. 03, Eugen-Bolz-Pr. 04, Komturkreuz d. Rep. Italien 04, Henri-Nannen-Pr. 06; Biogr., Zeitgesch., Literar. u. polit. Ess. – **V:** Das Gesicht des Dritten Reiches 63, 97 (Übers. in 14 Spr.); Hitler – eine Biographie 73, 00 (Übers. in 21 Spr.); Aufgehobene Vergangenheit, Ess. 81; Die unwissenden Magier. Über Thomas u. Heinrich Mann, Ess. 85 (Übers. in 2 Spr.); Der tanzende Tod, Ess. 86; Im Gegenlicht, Ess. 86, Neuaufl. 04 (Übers. in 3 Spr.); Der zerstörte Traum, Ess. 91 (Übers. in 2 Spr.); Die schwierige Freiheit, Ess. 93 (Übers. in 2 Spr.); Staatsstreich. Der lange Weg z. 20. Juli 94 (Übers. in 4 Spr.); Fremdheit und Nähe, Ess. 96; Albert Speer, Biogr. 99 (Übers. in 4 Spr.); Horst Janssen. Selbstbildnis von fremder Hand 01; Der Untergang. Hitler u. das Ende d. III. Reiches 02; Begegnungen. Über nahe u. ferne Freunde, Ess. 04; Ich nicht. Erinnerungen an eine Kindheit u. Jugend 06; Nach dem Scheitern der Utopien. Gesammelte Essays zu Politik u. Geschichte 07. – **H:** Die großen Stifter, biogr. Ess. 97. – **F:** Hitler – eine Karriere, m. Christian Herrendorfer 77; Der Untergang, n. d. gleichnam. Buch 04. – **R:** Operation Walküre, Fsf. 72; Im Gegenlicht, m. Gero v. Boehm, Fsf. 92. – *Lit:* s. auch GK.

Fester, Stefan s. Karkowsky, Stephan

Feth, Monika, freiberufl. Autorin u. Journalistin; Nideggener Str. 7, D-52388 Nörvenich, Tel. (0 22 35) 7 31 34, Fax 95 37 09, *H.M.Feth@t-online.de,* www. monika-feth.de (* Hagen/Westf. 8. 6. 51). VS 85; Stip. d. Dt. Lit.fonds 83/84, Pr. d. Leseratten 91, Liste d. 'Sieben Besten' d. Zürcher Kindbuch. 92, Ausw.liste Rattenfänger-Lit.pr. 94, Ausw.liste Eulenspiegelpr. 94, Bilderb. d. Monats Februar 95, Arb.stip. d. Kultusmin. NRW 96, Empf.liste 'Silberne Feder' d. dt. Ärztinnenbundes 97, Empf.liste Saarländ. Rdfk u. Radio Bremen 01, Empf.liste Kath. Kd.- u. Jgdb.pr. 02, Nominierung f. d. Hansjörg-Martin-Krimipr. 04; Rom., Erz., Kurzgesch., Kurzprosa, Prosa f. Kinder. – **V:** Examen, Erz. 80, 3. Aufl. 83; Überall Täglichkeit, Inselskizzen 83; – KINDER- u. JUGENDBÜCHER: Der Gedankensammler, Geschn. 86; Das Haus mit den Fensteraugen, Erzn.

89; Und was ist mit mir?, R. 90 (auch jap.); Der Weg durch die Bilder, R. 92; Kein Vater fürs Wochenende, Erz. 93, Tb. 97; Der Gedankensammler, Bilderb. 93, 5. Aufl. 03 (auch ital., frz., port., estn., korean., chin., span. u. verfilmt); Klatschmohn und Pistazieneis, Erz. 94, Tb. 96; Der Windpockentag u. a. Geschichten von meiner Schwester Kathi 94, Tb. 96; Der Schilderputzer, Bilderb. 95, 96 (auch ital., frz., port., estn., korean., chin., span. u. verfilmt); Mit Zahnspange und Sommersprossen, Erz. 95, Tb. 97; Weihnachten steht vor der Tür, Erz. 95, Tb. 3. Aufl. 97; In Schottland heißen Löcher Lochs, R. 95, Tb. 98; Der Maler, die Stadt und das Meer, Bilderb. 96 (auch ital., frz., port., estn., korean., span. u. verfilmt); Die blauen und die grauen Tage, R. 96, Tb. 99 (auch kat., chin. u. verfilmt); Außer Betrieb, Erz. 97; Feuer, Wasser, Wirbelsturm, Geschn. 97; Lockvogel flieg, R. 97, Tb. 00 (auch ital.); Als die Farben verboten wurden, Bilderb. 97 (auch ital., frz., port., korean., chin.); Ein starkes Stück, R. 98, Tb. 00 (auch gr.); Fee. Schwestern bleiben wir immer, R. 99, 00 (auch ndl., dän.); Marie kann alles, Erz. 00 (auch jap.); Lesepiraten-Weihnachtsgeschichten 00; Das blaue Mädchen, R. 01; Meine Schwester Kathi, Geschn. 03; Der Erdbeerpflücker, R. 03; Der Mädchenmaler, R. 05; Herz geklaut 07. – **P:** Meine schrecklich liebe, kleine Schwester, CD 98; Weihnachten steht vor der Tür, Tonkass./CD 97. (Red.)

Fetscher, Iring, Dr. phil., Dr. phil. h. c., UProf., Berater Grundwertekommission d. SPD; Ganghoferstr. 20, D-60320 Frankfurt/Main, Tel. (0 69) 52 15 42, 95 29 42 74, Fax 51 00 34, *IETSCHER@yahoo.de,* www.iring-fetscher.de (* Marbach/Neckar 4. 3. 22). P.E.N.-Zentr. Dtld, VS, Rotary intern., ver.di; BVK I. Kl., Chevalier de l'Ordre des Palmes Acad. Frankr., Goethe-Med. d. Stadt Frankfurt, Hess. Verd.orden 03, Dr. phil. h.c., Osnabrück 04; Ess., Sat., Monographie. Ue: frz. – **V:** Von Marx zur Sowjetideologie 57, 89; Rousseaus polit. Philosophie 60, 99; Karl Marx u. der Marxismus 67, 70, alles wiss. Abhandl.; Wer hat Dornröschen wachgeküßt? Das M.-Verwirrbuch 72, Tb. 74, erw. 76, 99; Der Nulltarif d. Wichtelmänner, M.- u.a. Verwirrspiele 82; Die Wirklichkeit der Träume 87; Toleranz, von der Unentbehrlichkeit einer kleinen Tugend für die Demokratie 90; Überlebensbedingungen der Menschheit 91; Neugier und Furcht. Versuch, mein Leben zu verstehen 95; Joseph Goebbels im Berliner Sportpalast: Wollt ihr den totalen Krieg? 98 (auch CD); Karl Marx (Reihe Meisterdenker) 99; Individualisierung versus Solidarität 03; (Übers. in zahlr. Sprachen). – **MH:** Pipers Geschichte der politischen Ideen, m. Herfried Münkler, 5 Bde 85–89; Hrsg./Beitrag von: Neue Gesellschaft/Frankfurter Hefte; Perspektiven ds, Zs.; Psychosozial, Zs. (Giessen). – **R:** Sdg „Kulturzeit" in 3Sat u. Beitr. im Hess. Rdfk. – *Lit:* Studies in East European Thought Nr.50 98; Rainer Eisfeld in: Leviathan, Bd 33 05. (Red.)

Fetz, Reto Luzius, UProf. Dr.; Freytagstr. 18, D-85055 Ingolstadt (* Domat/Ems, Schweiz 9. 6. 42). Rom. – **V:** Im Schatten des Greif, Krim.-R. 04. (Red.)

Fetz, Willi s. Müller, André

Feuchtmayr, Inge, Dr. phil., Kunsthistorikerin, 56–86 Kunstreferentin der Bayer. Akademie d. Schönen Künste; Maxstr. 107, D-80997 München, Tel. (0 89) 14 55 84 (* München 27. 10. 24). Bayer. Verd.orden 77. – **V:** Florian der Farbenkünstler 60; Das Prinz Carl-Palais in München, Chronik 66; Johann Christian Reinhart (1761–1847), Biogr. u. Werkkat. 74; Unsere lieben Tanten. Ihr Beitr. z. menschl. Kom. 81; Inge Feuchtmayr's Gesammelte Tanten 84; Schreibabenteuer 93; Thomas von Aquin als Bildthema 94; Was ich

Feuerstein

noch sagen wollte 96; Leichte Muse der Erinnerung 98; Ein Oktobertag in Rom, Erz. 99; Alle guten Geister, Erzn. 01. – **MA:** 2 Beitr. in: Neue Dt. Hefte 85, 86; Feuill. in Ztg; verantw. Red. aller Ausstell.kat. d. Bayer. Akad. d. Schönen Künste 57–87. (Red.)

Feuerstein, Herbert, Entertainer, Autor; Postfach 1340, D-50303 Brühl, Fax (0 22 32) 1 39 86, *bergmannfeuerstein@t-online.de*, *www.herbertfeuerstein.de* (* Zell am See 15. 6. 37). Adolf-Grimme-Pr. 94, Bambi 94. Ue: engl. – **V:** New York für Anfänger 68; Feuersteins Reisen 00, Hörb. 00; Feuersteins Ersatzbuch 01, Hörb. 02; Feuersteins Drittes 04; Frauen Fragen Feuerstein, Textsamml. 05. – **MV:** Musik-Bluff, m. Peter Gammond 69. – **MA:** MAD, Sat.-Zs., Chefred. bis 92; N. Ruge / S. Wachtel (Hrsg.): Achtung Aufnahme! 97; Humor in den Medien, Ess. 03; Schulweggeschichten 03. – **R:** Schmidteinander 90–94; Feuersteins Reisen, seit 95. – **P:** Tagebücher Mozarts, CD 05. – **Ue:** Lanh Ba: Hallelujababy, R. 69, 72; grapefruit 70.

Feuerstein, Jenny, Goldschmiedin, Designerin; Vorgebirgstr. 5, D-50677 Köln, *feuersteinjenny@freenet.de*, *www.jennyfeuerstein.de* (* Eisenach 19. 5. 78). Pr. d. jungen Lit.forums Hessen-Thür. 96, 97, 00, Jgd.-Kulturpr. Eisenach 97; Lyr., Prosa. – **V:** In meiner Tasche aus Gedanken, Lyr. u. Prosa 07. – **MA:** zahlr. Beitr. in Anth. u. Zss., u. a.: Nagelprobe 13 96.

Feurich, Anneliese (geb. Anneliese Melzer), Pfarrfrau, Sachbearbeiterin i. R.; Plauenscher Ring 55, D-01187 Dresden, Tel. u. Fax (03 51) 4 59 12 73 (* Bonn 16. 8. 23). – **V:** Vom Rhein an die Elbe, Autobiogr. 03, 2. überarb. Aufl. 05; zahlr. Veröff. z. Kirchengeschichte u. Bearb. mehrerer theol. Bücher.

Feustel, Günther *

Feusthuber, Birgit s. Müller-Wieland, Birgit

Feuz, Edwin, Gemeindehelfer; Frikartweg 8, CH-3006 Bern, Tel. (0 31) 3 52 41 47 (* Bottigen 30. 6. 58). Erz. – **V:** Erbetlaub – Alp mit erblicher Abgabe an Käse und Butter, des Lobs, Geschn. 96. (Red.)

Feyl, Renate, Buchhandelskaufmann, Dipl.-Philosophin; *feyl@renatefeyl.de*, *www.renatefeyl.de*. – Uekepenheuer & Witsch, Köln (* Prag 30. 7. 44). Rom., Ess. – **V:** Rauhbein, R. 68; Das dritte Auge war aus Glas, Erz. 70; Bau mir eine Brücke, R. 72; Bilder ohne Rahmen, Ess. 77; Der lautlose Aufbruch, Ess. 81, Tb. 83, 04; Sein ist das Weib, Denken der Mann 84, Tb. 91, 02; Idylle mit Professor, R. 86, 89, Tb. 92, 00; Ausharren im Paradies, R. 92, Tb. 95, 00; Die profanen Stunden des Glücks, R. 96, Tb. 98; Das sanfte Joch der Vortrefflichkeit, R. 99, Tb. 02; Streuverlust, R. 04, Tb. 05; Aussicht auf bleibende Helle, R. 06. – **P:** Die profanen Stunden des Glücks, Hörb. 01; Das sanfte Joch der Vortrefflichkeit, Hörb. 02. (Red.)

Feyrer, Gundi, Künstler, Dichter, Zeichner; c/o Wiens Verlag (* Heilbronn 19. 4. 56). Bielefelder Colloquium Neue Poesie 92; Lit.förd.pr. d. Stadt Hamburg 86, Autorenförd. d. Stift. Nds. 93, Stip. d. Kunststift. Bad.-Württ. 94, N.-C.-Kaser-Lyr.pr. 94, 3sat-Stip. im Bachmann-Lit.wettbew. 95, Stadtschreiber v. Graz 95, Lit.förd. d. österr. Ges. f. Lit. 98, Alfred-Gesswein-Hsp.pr. 99, Öst. Staatsstip. f. Lit. 02/03, Heimrad-Bäcker-Pr. 05; Lyr., Prosa, Hörsp. Ue: engl, span. – **V:** Das eigene Springen, Tageb. 88; Geheimnisse verändern sich 89, Neuausg. 91; Die Watte der Gedanken 89; Das Warten vermehrt sich von selbst, Tageb. II, 90; Das in den Längen weilen 90; Der Himmel ist eine Flasche 94; Das Schlagen der Augen, Texte u. Zeichn. 94; Franz oder Gedanken auf der Latte der Zeit 95; Auswendige Tage, Tageb. 97; Die Besteigung der Bilder u. a. Essays 98; Stück für zwei Vorhänge, Bü. 98; Die Fremde,

R. 02. – **MA:** seit 84 zahlr. Beitr. in Lit.zss. u. Anth., u. a.: protokolle 97; Magie der Unterbrechung 00; Intendenzen, Lit.-Zss. 02; Graz von aussen 03. – **R:** Eine schwarze Masse, Hsp. 00, u. a. – **MUe:** Robert Kelly: The Garden of Distances, m. Zeichn. v. B. Mahlknecht 99. (Red.)

Fian, Antonio, Schriftst.; Novaragasse 44/Stg.1, A-1020 Wien, Tel. u. Fax (01) 2 16 15 94 (* Klagenfurt 28. 3. 56). GAV 80, IGAA; Nachwuchsstip. d. BMfUK 80, Staatsstip. d. BMfUK 85, Stip. d. Dt. Lit.fonds 86, Lit.förd.pr. d. Stadt Wien 88, Wiener Autorenstip. 89, Öst. Staatspr. f. Kulturpublizistik 90, Lit.förd.pr. d. Ldes Kärnten 92, Förd.pr. z. Hans-Erich-Nossack-Pr. 94, Öst. Förd.pr. f. Lit. 01, Wiener Dramatikerstip. 03, Förd.pr. d. Lessing-Pr. f. Kritik d. Akad. Wolfenbüttel 04; Prosa, Lyr., Hörsp. – **V:** Einöde. Außen, Tag, Erzn. 87; Es gibt ein Leben nach dem Blick, Aufss. 89; Helden, Ich-Erzähler 90; Schratt, R. 92; Was bisher geschah. Dramolette 94; Hölle, verlorenes Paradies 96; Was seither geschah. Dramolette II 98; Über Inhalte in niedrigen Formen, G. 00; Alarm. Dramolette III 02; Bis jetzt, Erzn. 04; Fertige Gedichte 05; Bohrende Fragen. Dramolette IV 07; – THEATER/UA: Die Büchermacher 92; Peymann oder Der Triumph des Widerstands 92; Bussi, Kant oder der Rückfalltäter 94; Alarm 99. – **MV:** Der Alpenförster, m. Hansi Lonthaler 87; Schreibtische österreichischer Autoren, m. Nikolaus Korab, 5 Erzn. 87; Blöde Kaffern, dunkler Erdteil, m. Werner Kofler, 3 Hsp. 99. – **MA:** Prosabeitr. in: Freibeuter 27, Tintenfisch 22, 24, u. a. – **H:** Fettfleck, Kärntner Lit.-heft 76–83. – **R:** Die Braut des Soldaten oder Hutter und Schranz auf dem Dorf 82; Die Firma tut, was in ihrer Macht steht 83; Bolero 84; Ben Hur 85; Feiner Schmutz, gemischter Schund, m.a. 86; Blöde Kaffern, dunkler Erdteil, m.a. 87; Schlumpfes Brother 98, u. a. Hsp.; Lieselotte, Drehb. 98. (Red.)

Fichtl, Betti, im Vorruhestand; Hebbelstr. 6, D-92637 Weiden/Obpf., Tel. (09 61) 4 57 86, *wendepunkt @ew-buch.de*, *www.ew-buch.de* (* Weiden 4. 12. 41). Dt. Haiku-Ges., RSGI; Concorso intern. Sannio, Benevento, 1. Pr. 97, Griech. Sokrates-Pr. 07; Rom., Lyr., Erz. – **V:** Tanz der Augenblicke, G. 96; Märchenhafte Eine Drogenkarriere, R. 99; Impressionen, Bildbd m. Lyr. 99; Die Drogenkids, R. 02; Poesie und Malerei. Immerwährender Kalender 03; Musenküsse, G.; Jedn Doch göiht d Sunna af, G. u. Geschn. in Mda. 04; Lustige Tiergeschichten, Kdb. 05; Jetzt nehme ich ab, R. 06; Barcarole der Nacht, G. 06; Zirkuskinder, Kdb. 06; Im Reich der Fabelwesen, M.; Alle Kinder dieser Welt. – **MA:** Veröff. in 300 Anth. u. Lit.zss. im In- u. Ausland, u. a.: Boot, Zs.; Haiku-Anth.; (Übers. v. G. in 6 Sprachen). – **H:** Lyrische Saiten, Faltblatt-Zs., seit 97; Capriccio, Anth., I 99, II 00, III 03; Himmel und Hölle der Drogen, Anth. 99; Lyrikkalender 2000; Liebesgedichte, Anth. 00; Die Macht der Sucht, Anth. 01; Lyrik-Kunst-Kalender 01; Kostbarkeiten, Anth. 02; Lyrik-Kunst-Kalender 04; Die Kriegsgeneration, Anth. 07.

Fichtner, Ingrid, Mag. phil., freie Lektorin; Gladbachstr. 10, CH-8044 Zürich, Tel. u. Fax (01) 3 64 58 47, *ingrid.fichtner@switzerland.org* (* Judenburg 26. 2. 54). Gruppe Olten, jetzt AdS; Halbes Staatsstip. d. Stadt Zürich 01, Werkbeitr. d. Pro Helvetia 02. – **V:** Genaugenommen. Warum Rosen, G. 95; Fortschritt. Oder das Gesicht, Proëm 98; Farbtreiben, G. 99; Das Wahnsinnige am Binden der Schuhe, G. 00; Luftblaumesser, G. 04. – **P:** Unterm gestohlenen Bild, CD 98; Sehstück, CD 00. (Red.)

Fichtner, Moritz, Realschullehrer; Alter Rautheimer Weg 20, D-38126 Braunschweig, Tel. (05 31) 6 27 28,

moritz.fichtner@yahoo.de (* Braunschweig 5. 5. 44).
Erz., Kurzgesch., Rom. – **V:** Sylvias Mund ist rot, Kurzgeschn. 05; Der allergeilste Opa. Skurrile und andere
nachdenkliche Geschichten 06. – **MA:** zahlr. Beitr. in
Anth. u. Lit.-Zss., u. a. in: Urlaubslesebuch 07; Erostepost 36/07; Die Brücke 2/08.

Ficker, Fabian von s. Richter, Armin

fictionality s. Klöpping, Sven

Fiebig, Gerald; *geraldfiebig@aol.com*, *www.
geraldfiebig.net* (* Augsburg 13. 11. 73). Kunstförd.pr.
d. Stadt Augsburg f. Lit. 95 u. 04, Pr. d. Lit.zs. „Torso" 04; Lyr., Rezension, Hörsp. Ue: engl. – **V:** stadt
karten 95; kriechstrom 96; rauschangriff 98; erinnerungen an die 90er jahre 02; normalzeit 02; geräuschpegel
05; der foltergarten. gedichte 1994–2005 06. – **MV:**
zweistromland, m. Ibrahim Kaya 04.

Fiebig, Helmut, Dipl.-Betriebswirt; Ginzegaass
14, L-1670 Senningerberg, Tel. (00352) 34 89 74,
helmut.fiebig@eca.europa.eu (* Wunstorf b. Hannover 20. 2. 51). Luxemburger S.V. 01; Lyr., Kurzprosa, Kinderlit., Reisebeschreibung. – **V:** Seifenblasen,
Lyr. u. Kurzprosa 01; Äthiopisches Tagebuch, Lyr. 03;
Eine Stunde Seligkeit 05; Vor dem nächsten Krieg
07; Pustekuchen 08, alles Lyr. u. Kurzprosa. – **MA:**
d'Lëtzebuerger Land, Wochen-Zs. 01; Jb. f. d. neue Gedicht 04; Oasis X, Anth. 04; Curia Rationum, Monats-
Zs. 04–06. – *Lit:* G. Goetinger/C. Conter: Luxemburger
Autorenlex. 07.

Fiechtner, Urs M., freier Schriftst., Übers., Hrsg.;
Wacholderweg 6, D-89129 Langenau/Württ., Tel.
(07348) 51 13, Fax 42 63, *autorengruppe79@gmx.de*
(* Bonn 2. 11. 55). VS 79, GZL 96; Friedenspr. d. Arb.-
gemeinsch. Alternativer Verlage Autoren (AGAV) 77,
Buxtehuder Bulle 86, Pr. d. Leseratten 86, 87, 90, Thaddäus-Troll-Pr. 91, Das Rote Tuch, Jgd.medienpr. d. SPD
99; Lyr., Jugendb., Erz., Kurzgesch., Artikel. Ue: lateinam. – **V:** ... und lebendiger als sie alle, Lyr. 80, 82; Fluglizenz für einen Maulwurf, Lyr. 84; Annas Geschichte, Erz. 85, 10. Aufl. 00 (auch bask., dän., span. u. als
Tb.); Mario Rosas, Erz. 86, 92; Erwachen in der Neuen Welt – Die Geschichte des B. de Las Casas, R.-Biogr.
86. 88, 00; Im Auge des Jaguars, Erzn. 91, 92; Inmitten von allem liebe ich dich, Lyr. 93; Der Dichter, Sat.,
Lyr. 99; Die allgemeine Erklärung der Menschenrechte.
Ein Bühnenst. 99; Verschwunden – in geheimer Haft,
Kurzgeschn. 01. – **MV:** an-klagen, Lyr. 77, 4. überarb.
Aufl. 81; Suche nach M, Lyr. u. Kurzprosa 78, 3. überarb. Aufl. 81; Xipe Totec, Legn. 78, 3. Aufl. 81; Puchuncavi – Theaterstück aus e. chilen. KZ, Erzn. 79, 80; Die
offenen Adern, Lyr. u. Kurzprosa 82, 3. Aufl. 83; Am
Rande, Lyr. u. Kurzprosa 84; Gesang für América I, Lyr.
u. Fotogr. 86; Geschichten aus dem Niemandsland, m.
Sergio Vesely, Kurzgeschn. 90, 3., erw. Aufl. 99; Notizen vor Tagesanbruch, Lyr. 90, 92; Gesang für América
II, Lyr. u. Prosa 91; Mit Möwenzungen, m. Sergio Vesely, Liederb. 00; Gesang für America. Canto a America,
span./dt., m. Sergio Vesely, Lyr. 00. – **MA:** Auch wenn
es Tage wie Nächte gibt, Lyr. u. Lieder 82; Die Frauen
von der Plaza de Mayo, Leseb. 84; Jugendliche im Gefängnis, Malerei u. Texte 87; Land der begrenzten Möglichkeiten 87; Morgen kann es zu spät sein 93; Gegen
den Strom 87, alles Lyr. u. Prosa; Umkehr des Blicks,
Fotogr. u. Lyr. 95; Frei wie die Drachen am Himmel,
Lyr. u. Prosa 96; Stand Up!, Lyr. 96; Ich will, daß es
aufhört!, Lyr. u. Prosa 96; Die Würde des Menschen ist
(un)antastbar, Austellungskat. 96; Anstiftung zur Courage, Prosa 97; (Un)heimlich verknallt, Lyr. u. Prosa 97;
Die Würde des Menschen. Ein Leseb. gegen d. Folter,
Anth. 00, u. a. – **H:** Die verschwundenen Kinder Argentiniens 82; Frei von Furcht u. Not 04. – **MH:** Me

xiko anders. Vom Maurer zum polit. Gefangenen 81;
Länger als 1001 Nacht, marrokan. Lyr. (zweispr.) 82;
Steck' Dir einen Vers ..., Lyr.-Anth. 84; Frei und gleich
geboren. Ein Menschenrechte-Leseb., Anth. (auch Mitverf.) 98, Tb. 99; 40 Jahre amnesty international – Aller
Menschen Würde 01; Kinder ohne Kindheit. Ein Leseb.
über Kinderrechte, m. Reiner Engelmann 06. – **R:** Die
Sonne; Der Mais; Das Leben; Der Tod; Die Macht; Die
Suche nach dem einzigen Gott, Sende-R. z. Weltsicht,
Kultur u. Religion präkolumb. Völker Lateinamerikas
91; Geschichten aus dem Niemandsland, Lyr., Kurzgeschn. u. vertonte G. 94, u. a. – **P:** Die Stummen Hunde, Tonkass. m. Musik 87, 4. Aufl. 94; Die Spur des
Indio, Video 85; Geschichten aus dem Niemandsland,
Video 89; Notizen vor Tagesanbruch, CD 93; Künstler
für Menschenrechte, CD 97; Der Dichter, CD 99. – **Ue:**
Sergio Vesely: Jenseits der Mauern, Lieder u. Erzn. 78,
4. Aufl. 83; ders.: Auch wenn es Tage wie Nächte gibt, Lieder 82; Poesia Libre, Lyr.-Anth. 84; sowie
sämtl. Veröff. von Sergio Vesely seit 83. – **MUe:** Feuer
in der Dunkelheit, Anth. nicaraguan. Lyr. 85; Die Stummen Hunde, Fbn. 86, u. a. – *Lit:* Hans Göttler: Lektüre
e. Jgdb. als Beitrag z. polit. Bildung 89; ders. in: Moderne Jgdb. in d. Schule 93; Sven Schmolke in: Praxis
Deutsch Nr.7 96; Tanja Kurzrock/Sven Schmolke: Angebote f. d. Arbeit in d. Lit.werkstatt 99; Sven Schmolke: Frei u. gleich geboren 00; ders. in: Das Lehrerbuch
02; Claudia Mekus: Geschichte erfahren durch Gedichte 02. (Red.)

Fiedler, Christamaria, freie Autorin; Forststr. 26a,
D-15566 Schöneiche, Tel. (030) 6 49 50 06 (* Berlin
45). Kinder- u. Jugendb. – **V:** Die Weihnachtsmannfalle
76; Keine Klappe für Kaschulla 80; Die Braut auf Rezept 83; Geburtstagskind im Sternenbild 91; Frühstück
für den Waran 93; Spaghetti criminale 95; Risotto criminale oder Dinner für den Dieb 98; Lilli Holle und
die Weihnachtsfamilie 00; Kein Ferienjob für schwache
Nerven 01; Kürbis criminale 02; Popcorn criminale 04.
(Red.)

Fiedler, Regine s. Kölpin, Regine

Fiedler, Roger M., Dipl.-Physiker; *www@roger-m-
fiedler.de*, *www.roger-m-fiedler.de*. c/o Rotbuch Verl.,
Berlin (* Castrop-Rauxel 9. 11. 61). Das Syndikat 98,
VS 98; Dt. Krimipr. 98, Marlowe-Pr. 01; Krim.rom. –
V: Sushi, Ski und schwarze Sheriffs 97; Eisenschicht
98; Dreamin Elefantz 00; Pilzekrieg 03, alles Krim.-
R. – **MV:** Enzi@n, m. Jörg Juretzka, Krim.-R. 02. –
MA: Eichborn Astrokrimi-Reihe 00. (Red.)

Fiedler, Ulf, Lehrer, Schriftst.; Sudauenstr. 3, D-
28777 Bremen, Tel. u. Fax (0421) 60 27 86 (* Bremen-
Blumenthal 2. 12. 30). Rom., Nov. – **V:** Mein Bruder
und ich, Erzn. 78; Der Mond im Apfelbaum, R. 78; Familienfotos 1941–45, R. 80; Leben auf gut Glück 88;
Dichter am Strom und Deich, Biogr. 95. – **H:** Manfred
Hausmann neu entdeckt (auch Ausw.) 98. – *Lit:* Bremer
Autoren, Anth. 78. (Red.)

Fiedler-Scholz, Marga, Autorin; Königsallee 89, D-
37081 Göttingen, Tel. (05 51) 6 12 59, *marga_mathilde
@web.de* (* Flieden 25. 1. 51). Autorengr. 'Fachwerk',
Dassel 01; Rom., Lyr. – **V:** Gregory Young, R. 00.

Fiedler-Winter, Rosemarie, Journalistin; Schenefelder Landstr. 88, D-22589 Hamburg, Tel. (040)
82 70 63, *R.Fiedler-Winter@t-online.de* (* Lohmen/
Elbe). Hamburger Autorenvereinig. 77, Club Hamburger Wirtschaftsjournalisten, Gründ.mitgl., Auswärt.
Presse Hamburg; div. Preise. – **V:** Der Zeitungsjunge
von Rio, Jgdb. 59; Engel brauchen harte Hände, Biogr.
67, 71; Frei sein wie der 69; mehrere Sachb. seit
73. – **MA:** Kindertage 94; Ach ja, die Liebe 95; Glück
ist eine Gabe 96; Überall kann Heimat sein 97; In aller

Fieguth

Freundschaft 98; Engel, Engel 02; zahlr. Beitr. jn div. Zss. – **H:** Kindertage 94; Ach ja die Liebe 95; Glück ist eine Gabe 96; Überall kann Heimat sein 97; In aller Freundschaft 98; Engel, Engel 02, u. a. – **R:** etwa 200 Fk-Features u. 50 Mag.-Filme. – *Lit:* s. auch 2. Jg. SK. (Red.)

Fieguth, Rolf, Dr. phil., Prof., Slavist u. Lit. wiss.; Grand-Rue 12 A, CH-1700 Fribourg, Tel. u. Fax (0 41) 2 63 23 37 73, *Rolf.Fieguth@unifr.ch* (* Berlin 2. 11. 41). Pr. d. Poln. P.E.N.-Clubs f. Übers. 00. Ue: poln, russ. – **V:** Verzweigungen. Zyklische Kompositionsformen b. Adam Mickiewicz 98; Poesie in kritischer Phase u. a. Studien zur polnischen Literatur 01 (poln.). – **MA:** Studien zur Kulturgeschichte des deutschen Polenbildes 1848–1939 95. – **H:** Adam Mickiewicz. Kontext u. Wirkung 00. – **MH:** Witold Gombrowicz: Ges. Werke Bd 1–13, m. Fritz Arnold 83–97. – **Ue:** Marek Nowakowski: Ausw. aus: Ten stary złodziej, Benek Kwiaciarz Silna gorączka, alles Erzn. u. d. T.: Die schrägen Fürsten 67; Sławomir Mrożek: Testarium u. d. T.: Die Propheten, Dr. in: Stücke III 70; Marek Nowakowski: Im Laden, in: Warschau, Merianh. 70; Cyprian Norwid: Vade:mecum, G.-Zyklus 81; Poln. Erzählungen aus d. 19. u. 20. Jh., Ausw. 81; Witold Gombrowicz: Ferdydurke, R. 83 (auch bearb.); ders.: Trans-Atlantik, R. 87; ders.: Die Trauung, in: Ges. Werke, Bd 5 97; ders.: Bacacay, sämtl. Erzn. (bearb.); Tomas Venclova: Vor der Tür das Ende der Welt, G. 00; lit.theoret. Ess. v. Janusz Sławiński, Roman Ingarden u. versch. poln. Autoren 75–96. – **MUe:** Iosif Brodskij: Auswahl aus: Ostanovka v pustyne, m. Sylvia List, u. d. T.: Einem alten Architekten in Rom 78, 81; Tomas Venclova: Ausgew. Gedichte, m. Claudia Sinnig-Lucas 01. – *Lit:* s. auch GK. (Red.)

Fielers, Heinz, Gastwirt; Bremerstr. 353, D-49086 Osnabrück, Tel. (05 41) 7 28 49, *heinzfielersos@aol. com, www.widukindhf.de* (* Lingen/Ems 19. 12. 39). – **V:** Der Sturm vertreibt den Nebel 96; Der Ring mit dem Flammenkreuz 98; Widukind. Bd 1: Zwischen Liebe und Kampf 98, Bd 2: Rebell seiner Zeit 00; Swanahild. Bd 1: Eine wagemutige Frau im Ränkespiel der Mächtigen 01, Bd 2: Schicksal einer mutigen Frau; Arminius folgt der Spur des Falken 06, alles R. – **MA:** Wenn es denn kommt, das Ende aller irdischen Tage, Lyr. 06. (Red.)

Fienhold, Wolfgang (Ps. F. Radebrecht, Wolf von Hanschelsberg), Journalist u. Schriftst.; Mainstr. 3, D-60311 Frankfurt/Main, Tel. u. Fax (0 69) 56 75 80, *WFienhold@aol.com, www.wolf-fienhold.de* (* Darmstadt 10. 9. 50). VS Hessen 72–02, IG Druck 74–02; 4. Pr. d. schwed. Nat. Assoc. of Immigrants Culture, 3 Stip., u. a. des Hess. Minist. f. Kultur; Lyr., Rom., Nov., Ess., Hörsp., Science-Fiction, Short-Story. – **V:** Jenseits der Angst, Lyr. 74; Lächeln wie am Tag zuvor, Lyr. 77; Ruhe sanft, Short-Stories 78; Manchmal ist mir kein Schuh zu groß, Lyr. 79; Draußen auf Terra, SF-Geschn. 79; Die flambierte Frau, R. 83; Nachdurst, Lyr. 84; Orcan von Choleria, R. 85; Die endliche Geschichte, R. 85; Peepshow auf der Wega, R. 86; Der Schwarzwaldpuff, Parodie 86; Edgar Wallatze, der Frosch mit der Glatze, Parodie 86; Goethe, Charlotte und ich, Stories 97; Wegen Todesfall geöffnet, Stories 01; Der Tod ist eine schöne alte Frau 02; Der große Konk, Biogr. 04; Zombies Welt, Lyr. 07; Kaputt in Frankfurt, R. 08. – **B:** Gunter Göring: Der den Kopf riskiert 91, u. a. – **MA:** Beitr. in zahlr. Anth. – **H:** IG Papier und Schreibmaschine. Die Lage junger Autoren, junge Autoren zur Lage, Anth. 73; Die letzten 48 Stunden, SF-Stories 83; Das große Guten-Morgen-Buch, Kurzgeschn. 85; Kindheitsverluste, Anth. 87; Als wäre es gestern gewesen als

könnte es morgen sein, Anth. 07; Hrsg. d. Zss. „Gummibaum" u. „Nonsenf" in den 70er Jahren. – **R:** ca. 100 Features, Rez. im Rdfk.

Fieseler, Heinz (heifie), Hausmeister; Fladder 18, D-49356 Diepholz, Tel. (0 54 41) 72 81, Fax 72 02, *heifie @t-online.de* (* Diepholz 13. 6. 48). Lyr. – **V:** Halt doch ganz einfach meine Hand 04; Pfefferschüsse 06; Hol die Kraft aus meiner Liebe 07.

Fiess, Martina, Dr.; *www.martina-fiess.de.* Das Syndikat, Mörderische Schwestern; Mitgewinnerin d. Lit.-wettbew. bei d. Criminale 01; Krim.rom., Kurzkrimi. – **V:** Tödlich schön 06; Tanz mit dem Tod 07. – **MH:** Nur Bacchus war Zeuge. Mörderische Weinkrimis 06.

Fietkau, Wolfgang, Journalist, Verleger; Ernst-Thälmann-Str. 152, D-14532 Kleinmachnow, Tel. (03 32 03) 7 11 05, Fax 7 11 09, *post@fietkau.de, www.wolfgang-fietkau.de* (* Berlin 8. 4. 35). Journalisten-Verb. 64, Vereinig. ev. Buchhändler u. Verleger 83, Vors. 94–00; Erz., Lyr., Songtext, Ess., Hörsp. – **V:** Sogenannte Gastarbeiter, Ess. 72; Laß doch dein Kind die Flasche, Erzn. 81. – **MA:** zahlr. Beitr. in Anth. u. Zss. seit 62, u. a.: Freundschaft mit Hamilton, Erzn. 62; Eckart Jb. 62; Die Nacht vergeht, Weihnachtsgeschn. 63; Kurs Leben. Ein Buch f. junge Menschen 66; Spiele für Stimmen 66; Strömungen unter dem Eis, polit. Gesch. 68; Ökumen. Liederbuch Schalom 71; Spur der Zukunft 73; Bundesdeutsch 74; Im Bunker 74; Tagtäglich. Weckbuch 3 76; Ein schönes Leben 77; Sondern 4 79; Singe, Christenheit 81; ZET II 86; Wie Salomo nach Leipzig kam 97; Mythos Jahrtausendwechsel 98; Seitenwechsel 8 00; Worauf du dich verlassen kannst II 01; Vom Geld und seiner Seligkeit 05. – **H:** Thema Weihnachten, G. 65, 70; Dschungelkantate, Spiele und Happenings 68; Poeten beten, G. 69; Doch von oben kommt es nicht, G. 00. – **MH:** Thema Frieden, G. 67; Almanach für Literatur und Theologie 67–70. – **R:** Haus Schönow 70; zahlr. Hörst., u. a.: Lieb Vaterland 75; Großstadtleben 76; mein Zimmer 78; Turnstunde 81; Flaschenpost 85; Unkraut vergeht nicht 88; Spielzeug 91; Die Stadt hat kein Gedächtnis 96; Der Verlierer 96; Heimlichkeiten 96; Dein Leben ist ein Buch 02; Vom Festhalten und Durchwinken 04. – **P:** Wenn jeder sagt 68; Unterwegs, Pop-Oratorium, CD 00. – **MUe:** Europa im Kampf 1939–1944 05. (Red.)

Fietzek, Petra (Ps. Petra Engels, auch Petra Engels-Fietzek), Schriftst.; Borkener Str. 141, D-48653 Coesfeld, Tel. (0 25 41) 7 18 81 (* Frankfurt/Main 24. 3. 55). VS; Lyr., Erz., Chanson, Kinder- u. Jugendb. – **V:** Freiheit zum Fragen, G. 81; Doch du, G. 83; Wetterleuchten, G. 85; In meinen Augen du, Lyr. 90; Im Federlicht. Ein poet. Rundgang durch d. Landesmuseum Münster 93; Worte allein vermögen nichts. Das Leben der Franziska Schervier, Biogr. 97; Es kommt ein Tag, da deine Grenzen sich weiten, Lyr. 06; Vor den Mauern der Stadt, Geschn u. lyr. Skizzen 06; Aus Heimweh nach mir, Lyr. 08; – KINDER- u. JUGENDBÜCHER: Gestatten, Harald M. Bubu 88; Zeit für Jana, Jgdb. 92; Willi mag lila 96; Bodo, das Glücksschwein 97; Flo, der Superkicker 97; Flügel für Astrid 97; Ninas Hexennase 97; Elch Fritz mit Witz, G. für Kinder 97; Bleib am Ball, Flo! 98; Kein Tag ohne Schnuffel 99; Ritter Karuso u. die Zauberzeitung 99; Trommeln trommeln, Jgdb. 00; Superspiel für Flo 02; Kannst du bellen, Bobbi? 03; Leselöwen-Schulfestgeschichten 03; Das vergessliche Gespenst 03; Wie Carlo es schaffte, in nur fünf Tagen seinen Kopf zu retten 03; Schneewittchens Wut, Jgdb. 04; Drum Boy, Jgdb. 04, u. a.; – mehrere BILDERBÜCHER, u. a.: Jonnis Badewannenfest 98; Zeig dich, weißer Bär 99; Sofie u. die Lachmöwe 00; Katzenlilli 03. – **H:** Dich kennen, unbekannter?, Lyr.-Anth. 92. – **R:**

Beitr. im WDR in d. Reihe: Geistliches Wort u. Morgenandachten 92–98. (Red.)

Figl, Marianne, Künstlerin Illustration/Graphik; Sternhofweg 16, A-5020 Salzburg, Tel. u. Fax (06 22) 82 18 07, *mariannefigl@a1.net.* Künstlerhausgasse 4, A-5020 Salzburg (* Wien 18. 9. 46). Lyr., Erz. – **V:** Bi-Cycle 02. – **MA:** Aktuelle Literatur von neuen Literaten 03. (Red.)

Fikus, Franz *

Filip, Ota, Schriftst.; Am Egart 10, D-82418 Murnau a. Staffelsee, Tel. u. Fax (0 88 41) 4 97 57, *ota.filip @gmail.com.* Postfach 14 45, D-82414 Murnau a. Staffelsee (* Ostrava 9. 3. 30). VS 74–82, P.E.N.-Zentr. Dtld 75–97, Bayer. Akad. d. Schönen Künste, korr. Mitgl. 77, o. Mitgl. 80, P.E.N.-Zentr. Ost 96–97, P.E.N.-Zentr. Dtld 98; Lit.pr. d. Stadt Ostrau 67, Stip. d. Dt. Lit.fonds 85, Adelbert-v.-Chamisso-Pr. 86, Andreas-Gryphius-Pr. 91, Die Löwenpfote, 1. Münchner Großstadtpr. 91, Villa-Massimo-Stip. 99; Rom., Erz., Ess., Hörsp. Ue: tsch, dt. – **V:** Cesta ke hřbitovu 68; Das Café an der Straße zum Friedhof 68 (auch ital., span.), 2., gek. Ausg. 82; Ein Narr für jede Stadt 70 (auch dän., frz., span.); Die Himmelsfahrt 72; Zweikämpfe 73; Nanebevstoupení Lojzka Lapáčka ze Slezské i–IV 75; Blázen ve městě 75; Maiandacht 76; Poskvrněné početí 76; Wallenstein und Lukrecia 78, 80 (auch tsch.); Der Großvater und die Kanone 81 (auch frz.), alles R.; Tomatendiebe aus Aserbaidschan u. a. Satiren, Kurzgeschn. 80; Café Slavia, R. 85, 88; Die Sehnsucht nach Procida, R. 88; Die stillen Toten unterm Klee, Repn. 92; ... und die Märchen sprechen deutsch, Repn. 94; Sedmý životopis, R. 00; Der siebente Lebenslauf, autobiogr. R. 01 (auch Tonkass.); Sousedé, R. 03; 13 Weihnachtsgeschichten aus Mähren 04, 77 obrazů z ruského domu, R. 04; Wniebowstapienie Lojzka Lapaczka za Ostrawy, R. 05; Das Russenhaus, R. 05; Osmý nedokončený životopis, R. 07. – **MV:** Mein Prag, Bild-Bd m. Fotos v. Michael Schilhansl 92. – **MA:** zahlr. Beitr. in Zss. u. Anth. seit 68, u. a. in: Neue Rundschau Nr.3 68; Gesch. d. Lit. Schlesiens 74; Europäische ideen, 16/76, 24–25/76, 31–32/77; 11. Freiburger Lit.gespräche 77; Erzähler d. S. Fischer Verlages 1886–1978; Jb. d. Dt. Akad. f. Sprache u. Dicht. 78; Die Außerirdischen sind da! 79; Im Bunker II 79; Literatur um 11 79; Bestandsaufnahme 80; Autoren im Exil 81; Assoziationen 83; Anstiftung zu Zivilcourage 83; Das Glück liegt auf d. Hand 84; Orwells Jahr 84; Wem gehört die Erde? 84; Heimat – neue Erkundungen e. alten Themas 85; Nenne deinen lieben Namen, den du mir so lang verborgen 86; Neue Ges./Frankfurter Hefte 9 86; Die Ohnmacht d. Gefühle 86; Eine nicht dt. Lit.? 86; Gefälscht! 88; Kaleidoskop f. Lothar-Günther Buchheim 88; Vier Tage im Mai, dt.-israel Leseb. 89; Deutsche Muse tschech. Autoren 89; Textspuren 1/90, 2/91, 3/92, 7/92; Nachdenken über Dtld 90; Skrt – Prag 90; Forum Allmende, 4. Freiburger Lit.gespr. 90; Ach Stifter 91; Böhmen – Blick über d. Grenze 91; Nachdenken über Europa 91; Europäisches Leseb. 92; Dt.-tsch. Almanach 92; Butzbacher Autoren-Interviews 92; Sudetenland Nr.3 u. 4 93; Opfer d. Macht – müssen Politiker ehrlich sein? 93; Europa u. ich 93; ... u. gehe mit Worten spazieren 93; Heimat auf Erden, wie im Himmel, Jb. 94; die horen Nr.174 94; Meine Jahre mit Helmut Kohl 94; Brennpunkt Berlin. Prager Schriftsteller in d. dt. Metropole 95; Das Duell 96; Einmischung erwünscht 96; Fremde Augen-Blicke 96; Boulevards 97; Innenansichten Deutschlands 97; Verlegen im Exil 97; Ich habe e. fremde Sprache gewählt 98; Augenblick: Brecht 99; Im Namen Goethes 99; Visionen 2001 00; Wie soll man e. Gedicht schreiben? Briefe an P. Huchel 1925–1977 00; Briefe an M.

Reich-Ranicki 00; Stille Zeit, heilige Zeit? 01; Mein Hermann Hesse 02; Menschen sind überall 02; Hommage an Harald Weinrich 02; Vielstimmig 03; regelm. Beitr. in tsch. Sprache in „51 Pro", Zs. f. Politik u. Kultur, Prag 07–08. – **H:** Schwejk heute, polit. Witz in Prag 77. – **MH:** Kontinet – Prag, m. Pavel Tigrig 76; Die zebrochene Feder, m. Egon Larsen 84. – **F:** 3 Drehb. für Dok.filme. – **R:** zahlr. lit.krit. Ess., Rdfk-Sdgn. – **Ue:** Lenka Procházková: Ein Tag mit Orangen, Erz. in: Neue Rdsch. 2/82; Ludvík Vaculík: Mein Zuhause, Erz. in: Neue Rdsch. 4/83; Válav Havel: Thriller, Erz. 87; Old'rich Mikulášek: Agogh, sieben G. in: Neue Rdsch. 1/88; Jan Skácel: Das sichtbare Unsichtbare 94; 40 G. von Jiří Orten 99; Pavel Kohn: Schlösser d. Hoffnung, Repn. 01, u. a. – *Lit:* Horst Bienek: Chamissos östl. Bruder, Laudatio 86; Christopher J. Fast: O.F. – A czech writer in Exile ..., Reed College 90; Faryar Massum: O.F., e. Autor als Vermittler zw. zwei Kulturen, Mag.arb. Univ. München 91; František Valouch: Die ersten zwei Roman O.F.s, Univ. Olmütz 93; Jiří Holý: Die Phantastik in d. zeitgenöss. tsch. Lit., Karls-Univ. Prag 94; Franz Hubert: Osteurop. Exillit. in d. BRD am Bsp. d. Romane „Café Slavia" v. O.F. u. „Die Fassade" v. Libuše Moníková, Mag.arb. Univ. Tübingen 95; Klaus Harpprecht in: DIE ZEIT/ZeitLiteratur Nr.51, Dez. 01; Jan Kubica: O.F. u. seine Ostrauer Romane, Univ. Olomouc 01; Klárav Hýblová: Der siebente Lebenslauf, Mag.arb. Univ. Ústí nad Labem 02; Soňa Černá: O.F. u. seine Reportagen ..., Mag.arb. Univ. Ústí nad Labem 02; Alfrun Kliems: Im Stummland. Zum Exilwerk v. Libuše Moníková, Jiří Gruša u. O.F. 02; Lit. in Bayern, Sonderh. 02; Jan Kubica: O.F.s Romane, Diss. Univ. Olomouc 04, gedr. Brno 06; Massum Faryar: Fenster z. Zeitgeschichte – e. monogr. Studie zu O.F. u. seinem Werk, Diss. Humboldt-Univ. Berlin 06; Michal Peterek: O.F. žurnalista, Diss. Univ. Ostrava 08.

Filips, Christian, Student; c/o Quilisma e.V., Himmelreich 8, D-31832 Springe (* Worms 22. 11. 81). Arthur-Rimbaud-Pr. 01. – **V:** Schluck Auf Stein, Lyr. 01. – **MA:** Beitr. in Lit.zss. seit 98, u. a. in: Der Literaturbote: Metamorphosen. – *Lit:* Alban Nikolai Herbst in: Frankfurter Rundschau v. 29.3.02. (Red.)

Finck, Adrian, Prof. U.Strasbourg, Dr.; Route de la Meinau 47, F-67100 Strasbourg, Tel. 3 88 39 03 09 (* Hagenbach 10. 10. 30). Elsäss.-Lothring. S.V. 75, Dt. Akad. f. Spr. u. Dicht. 93; Strassburg-Pr. d. Stift. F.V.S. Hamburg 74, Oberrhein. Kulturpr. 84, BVK 90, Johann-Peter-Hebel-Pr. 92; Lyr., Ess., Lit. Ue: frz. – **V:** Mülmüsik, G. 80; Handschrift, G. 81; Fremdsprache, Lyr. 82, 88; René Schickele, Monogr. 83, 98; Der Sprachlose, Ess. 86; Geistiges Elsässertum, Ess. 92; Gedichte/Poèmes 94; Hammerklavier, Lyr. 98; Sesenheim nirgendwo, Erz. 99; Claude Vigée, Ess. 01; Das literarische Werk 1–2 03–04. – **MV:** Europäische Literatur aus dem Elsass, m. Maryse Staiber, Ess. 04. – **H:** Nachrichten aus d. Elsass I, II. Dtspr. Lit. in Frankreich 76, 78; Nachr. aus d. Alemannischen. Neue Mda.-Dicht. aus Baden, d. Elsass, d. Schweiz u. Vorarlberg 79; In dieser Sprache. Neue dtspr. Dicht. aus d. Elsass 81; Neue Nachrichten aus d. Elsass 86; In alemannischer Freundschaft, Anth. 88; Elsässische Literaturzeitschrift seit 97. – **MH:** Warten auf die Aale. Erzählungen aus d. Elsaß 91; Offene Landschaft, G. aus Rh.-Pf. 97. – **Ue:** Claude Vigée: Heimat des Hauches 86; ders.: Soufflenheim, G. 96. (Red.)

Finck, Karl-Hermann, Berufsschullehrer, Dipl.-Landwirt, Pädagoge; Paul-Lüth-Str. 1, D-18299 Laage, Tel. (03 84 59) 3 20 07 (* Penzin, Kr. Güstrow 6. 8. 26). Bund Ndt. Autoren f. Meckl.-Vorpomm. u. Ucker-

319

Finck-Schmitz

mark 91; E.nadel d. Lds.-Jagdverb. Meckl.-Vorpomm. in Gold f. Mitarbeit b. d. Erhaltung d. ndt. Spr.; Erz. – **V:** Bauernwege, Erz. 88; Dei Kieler grippt an, pldt. Geschn. 92, 97; Durch Feller, Wischen und Holt, Erz. 97; Ut dei Schaul vertellt, Erlebnisber. 99; Uns Muddersprak, Erz. 03; Wildern mit Angel, Speer un Flint, Erz. 05; Vertellt up Hoch un Platt för di un anner Lüd, Erz. 08. – **MA:** In' Wind gahn 87; In so'n lütt Dörp 88; Sonnenreiter 88; Plattdütsch Blaumen, Bde 1–7 91–02; Nu hebbt twee vertellt 91; Nu hebbt dree vertellt 92; Nu hebbt veel vertellt 93; Güstrower Jb. 2002 01; Nich överall is Wiehnachten wenn Wiehnachten is 04; Mohland Jb. 05. – **H:** Rossewitz, ein Schloss mitten in Mecklenburg, Geschn. 02. – **MH:** Die Lüssower 88; Schmökern, Schmüüstern, Schnacken 00.

Finck-Schmitz, Magda s. Schmitz, Ida Magdalena

Fincke, Eberhard; Wilhelm-Raabe-Str. 6, D-38104 Braunschweig, Tel. (05 31) 7 85 48 (* 7. 9. 35). – **MV:** Fingerreime, m. Christine Gholipour Ghalandari u. Heilgard Stieber 01. (Red.)

Finckh, Renate (geb. Renate Ehinger), freie Schriftst.; Mönchelenweg 28, D-73732 Esslingen a. N., Tel. (07 11) 37 39 07 (* Ulm 18. 11. 26). VS 80, VG Wort 82, Kommunales Kontakttheater Stuttgart 86, Friedrich-Bödecker-Kr.; Auswahlliste z. Dt. Jgd.lit.pr. 79, Reisestip. Sizilien d. SV Stuttgart 91; Rom., Ess., Lyr. – **V:** Mit uns zieht die neue Zeit, R. 79, Tb. 94 u. d. T.: Sie versprachen uns die Zukunft (auch frz., dän.); Die Familienscheuer, R. 81; Die Betroffenen, G. 81; Nach-Wuchs, R. 87; Das bittere Lächeln, R. 93, 96 (frz.). – **MA:** Der alltägliche Faschismus 81; Die Geige, Erz. in: Träume brauchen nicht viel Platz, Anth. 84. (Red.)

Finger, Hans Wilhelm, Autor (* Hamburg). Rom., Erz., Biogr. – **V:** Leichhardt. Die ganze Gesch. von F.W. Ludwig Leichhardt, Forscher u. Entdeckungsreisender in Australien, Biogr. 99, 01; Ins rote Herz, Erzn. 00; Dhammayangyi. Die Pyramide am Irrawaddy 00 (auch engl.), u. d. T.: Dhammayangyi. Eine Reise ins Herz Birmas 04, 4. Aufl. 08; Der alte Mann und das Mädchen 01; Vom Ich und anderen Untiefen, Aphorismen 04; Burmesische Tage, Erzn. 05/06, 3. Aufl. 08; Mandalay Hill. Eine Reise ins Innere Birmas 08. – **MV:** Australien. Die europ. Erforschung von den Anfängen bis Ludwig Leichhardt, m. R. Eck, Ausstellungskat. 01.

Fink, Alois, Dr. phil., freier Schriftst.; Feigstr. 1, D-80999 München (* Gotteszell, Bayer. Wald 19. 2. 20). Bayer. Poetentaler, Silbergriffel, BVK I. Kl., E.ring d. Ldkr. Deggendorf, Prix Italia bis 88, Bayer. Verd.-orden. – **V:** In Portugal, Ess., Reiseb.; Gras unterm Schnee, R. 60, 97; Der Witz der Niederbayern 72; Die Straßen von Santiago 87. – **B:** P. Ferdinand Rosner: Bitteres Leiden ... 76/77. – **H:** Bilder aus der bayerischen Geschichte 56; Landeskunden Bayern, Buchreihe 56–70, 76/77 X. – **MH:** Am Rande unseres Kontinents, Reise-Ess. 60; Wallfahrten heute 60, beide auch mitverf. – **R:** einige 100 Features, hist. u. kulturhist. Hörbilder u. Hsp., u. a.: Der in der Mitte; Don Pedro und Ines de Castro, Hsp.; Hfk-Reihen, u. a.: Rösselsprünge durch die bayer. Literatur, 36 F., Porträt im Gegenlicht, Sonntag um sechs; mehrere Fs.-Dok.filme, u. a.: Das Tier in der Menschenwelt; Experimente mit der Freiheit – Beobachtungen in Schweden; Al Andalus – Das maurische Spanien; Vor Ostern in der Wies; Bücher und Bilder – Notizen aus einer Klosterbibliothek; Aus dem Bayerischen Wald: Granit; Glas. – **P:** Reisewege zur Kunst u. Portugal I u. II, Video. (Red.)

Fink, Andrea *

Fink, Gertrud (geb. Gertrud Pokorny), kfm. Angest., Pensionistin; Penzinger Str. 127/3, A-1140 Wien, Tel.

(01) 8 94 75 91 (* Wien 27. 12. 25). Magisch-symbolhafter Idealismus. Ue: ung. – **V:** Gespräche ohne Antwort; Jeder meiner Schritte; Lautlose Wandlung; Orpheus singt, alles Lyr.; Eine andere Welt; Bäume im Schatten; Brunnen der Zeit; Sternenstaub, alles Prosa; Am Wegrand; Lilie – Liebe – Licht, alles Lyr. u. Prosa; Ich, die Frau von der Mancha 00; Engel-Reigen 01; Tagebuch eines Engels, Prosa; Eine Blume in der Hand, Lyr.; Öffnet das Tor, Prosa u. Lyr.; Poetische Symboldeutung; Reise in mystische Fernen; Verlorene Liebe; Blick in meinen Kosmos, alles Lyr.; Kostbares in und um uns, Prosa u. Lyr.; Gesänge des Lebens, Lyr.; Tief im Geheimnisvollen, Lyr. u. Prosa. – **MA:** Lyr. u. Prosa in Ztgn u. Anth., u. a.: Rund um den Kreis. – **R:** Fs.-Sdg „Senior-Club"; Lesungen im Rdfk. – **P:** Brunnen der Zeit, Tonkass.

Finkbeiner, Wolfgang, Lehrer an e. Fachoberschule i. R.; Max-Planck-Str. 39, D-89250 Senden, Tel. (0 73 07) 2 11 74, *Finkbeiner-Wolfgang@t-online. de* (* Ulm/Donau 16. 2. 28). – **V:** Siebenaichs Weg zu den Sternen, hist. R. 99; Finkbeiner und ihre Urheimat Baiersbronn, Chronik 02. – **H:** Luftwaffenhelfer aus Ulm u. Neu-Ulm, Sachb. 06.

Finke, Frank M. (Ps. Mustji Malang), Psychosophische Lebensberatung, Literat; Tel. (01 72) 4 46 73 31, *literatur@frank-m-finke.de*, *www.frank-m-finke.de* (* Bochum 23. 10. 51). 2. Pl. b. Autorenwettbew. „Wenn ich einen Wunsch bei Gott frei hätte" 06; Lyr., Prosa, Rom., Kurzgesch., Sat., Ballade. – **V:** Hund und Heiliger, G. 95; Starting the Smoke, Kurzgeschn. u. G. 96; Liebe Freundin, Erzn. 94, 97, überarb. u. erw. Neuaufl. 08. – **MA:** Anth.: Sonnensprung 02; Nationalbibliothek d. dt.sprachigen Gedichtes. Ausgew. Werke V/02; Sterbehilfe 02; Erlkönig & Co 02; Lit.mag.: Zittig 40–42/81, 44/82; Feuergeheuer, Funthology 3/03. – **R:** „Und dann – Vietnam", G. in: Das Sprachlabor (Stadtradio Göttingen) v. 24.10.03. – **P:** I got stoned, Schallpl. 80; Homo Melencholicus, CD 97, beides Vertonung v. G.; Veröff. unter: *www.sirat-al-hanif.de*, seit 02.

Finke, Johannes; lebt in Berlin u. Stuttgart (* Marbach/Neckar 17. 11. 74). Ue: engl. – **V:** Trichtermaschine, Lyr. 97; Blindflug-verliebt, G. 98; Sex mit Monika Kruse oder Stell Dir vor es ist Pop und keiner geht hin!, Lyr. 00; Hardcore Angel, Lyr., 2. Aufl. 02; Ego Themenpark 04. – **B:** Daniel Vujanic: Panoramakonzentrate 98; Philipp Koch: Den Hampelmann in der Tasche 00; Detlev F. Neufert: 1968 00; Wohingegens, Kunstkat. 04, u. a. – **MA:** Stadt-Rand-Bild II, Anth. 99; Lyr. u. Prosa u. a. in: Polyzei-Poetry & Lyrik Zs.; Betonbruch; Ratriot; Härter; Metastabil; Maskenball; Weltenretter; *www.harakiri-kulturmagazin.de.* – **H:** Chance 2000 – Die Dokumentation 99; Der Lautsprecher, Bd 3 99; Lyrikland 1 04. – **MH:** Literatur im Cafe, m. Herbert Finke 98; Der Lautsprecher, Bd 4, m. Svenja Eckert 00. (Red.)

Finke, Kurt, Rektor a. D.; Eisenberger Weg 1, D-34497 Korbach, Tel. (0 56 31) 35 36 (* Berlin 27. 4. 15). E.brief d. Ldes Hessen 73, BVK 75, E.nadel d. Stadt Korbach in Silber 80, Kulturpr. d. Ldkr. Waldeck-Frankenberg 96; Spiel, Hörsp., Jugendb., Film, Geschichtsschreibung. – **V:** Tölpelhans, Sp. 50, 61; Im Märchenwald, Freilichtsp. 50, 65; Schneewittchen, M.-Sp. 50; Kreuz-As, Sp. 51; Eulenspiegelein, Jgd.-Sp. 51, 62; Das fröhliche Spiel vom Tischleindeckdich, Eselstreckdich und Knüppelausdemsack, Schulsp. 51, 57; Die schwarze Kunst, e. Sp. um Johann Gutenberg 51; Eins zu Null für Weiße Katze, Sp. 52; Abdallah bekommt sein Recht, Jgd.-Sp. 53; Die heilige Nacht, Jgd.-Sp.; WR 3 rast um den Globus 57; Iwanow weiß sich zu helfen 63, 79; Johann der Wunderbare 65; Westwärts nach Indien

66; Der Mandarin und die Mütter 67, alles Sp.; Hassan macht sein Glück, Jgd-Sp. 68; Hinter den Kulissen, Jgd.-Sp. 69; Eine andere Welt 71; Ich bin dir dreimal begegnet 75; Schönes Ferienland Waldeck, Bildbd. 80; Wovon d. Menschen leben 81; Weihnachtsgäste 81; Zwei Weihnachtsgeschenke 84; Dreikönigssingen mit Jonny 85; Wieviel Erde braucht der Mensch? 86; Die Weihnachtsmann-Falle 86; Sherlock-Holmes und das gefleckte Band 86; Anna und das Meisterwerk 87; Kein Platz für den Weihnachtsbaum 87; Eine unheimliche Nacht 88; Die Million-Pfund-Note 89; Nach 2000 Jahren ... 91; Triumph der Frauen 01; Die Geschichte von Hassan dem Seiler 05, alles Sp.; Wir machen eine Theater-AG, Arbeitsb., 3., erw. Aufl. – **B:** MA: Welt im Wort, Leseb. III–V (5.–9. Schulj.) 56–69; Lesebuch 65; Landesausgabe Hessen/Rhpf. 2.–9. Schulj. 70; 1 hist. Sachb. 77. – **H:** Weihnachten, Samml. v. Prosa u. Vers 50. – **MH:** Leidensweg und Osterjubel 50; Advent 50, alles Samml. v. Prosa u. Vers; 1 Sachb. 54; 2 Lex. 74, 79. – **F:** Kleines Dorf macht mit 53; Tagebuch einer Schule 62. – **R:** Hans im Glück 50; Weihnachtsgäste 84.

Finkelde, Dominik, Dr.phil.; 15 rue Raymond Marcheron, F-92170 Vanves, Tel. 01 41 46 07 51, Fax 01 46 44 36 84, *dominik.finkelde@jesuiten.org, www.jesuiten.org/dominik.finkelde/home/content.htm* (* Berlin 31. 5. 70). Gerhart-Hauptmann-Pr. (Förd.pr.); Dramatik. – **V:** Abendgruß od. Himmel und Hölle auf dem Bürgersteig 96; Berlin Underground 99; Atlantis, Bst. 01; Der Gutmensch, Theaterst., UA 03. (Red.)

Finn, Thomas (Ps. Magus Magellan), gelernter Werbekfm., Dipl.-Volkswirt, Schriftst.; Paulsenplatz 7, D-22767 Hamburg, Tel. (0 40) 4 39 26 30, Fax 41 36 98 72, *mail@thomas-finn.de, www.thomas-finn. de* (* Evanston/USA 12. 5. 67). Dt. Rollenspiele-Pr. (Roman) 03, 3. Pl. b. Dt. Phantastik-Pr. (Roman National) 04, Segeberger Feder 07; Rom., Fernsehdrehb., Theaterst., Spielepublikation. – **V:** Das Greifenopfer 02; Das Weltennetz 03; Die Purpurinseln 04; Das Geheimnis der Gezeitenwelt 05; Der Funke des Chronos 06; Das unendliche Licht 06; Der eisige Schatten 07; Die letzte Flamme 07; Der letzte Paladin 08; – THEATER/UA: D'Artagnans Tochter 05. – **R:** Die Bögers: Hausbesuche 00; Ein Pfundskerl: Alles für die Katz 01, u. a. (Red.)

Finnern, Marion, Rentnerin; Birkhahnweg 67, D-26639 Wiesmoor, Tel. (0 49 44) 73 61 (* Hamburg 31. 3. 32). Erz., Dramatik. – **V:** Ich bin der Vater nicht. Erlebte Geschichte aus e. kleinen Dorf ab 1876, Erz. 99; Schicksalswege. Aufbau u. Untergang e. großen Bauernhofes ab 1648/1906, Erz. 99. (Red.)

Finow, Hans-Achim s. Zühlsdorff, Volkmar

Fiolka, Birgit, Schriftst.; *autor@birgit-fiolka.de, www.birgit-fiolka.de* (* Duisburg 15. 6. 74). Quo vadis – Autorenkr. Hist. Roman 02; Rom., Lyr. – **V:** Bint-Anat. Tochter des Nils 01, 2. Aufl. 03; Sit-Ra. Weise Frau vom Nil 02, 2. Aufl. 03; Sit-Ra. Die Rache der weisen Frau 04; Pamiu. Liebling der Götter 05; Amazonentochter 08, alles R.

Firgau, Amadeus, ObStudR. a. D., Gymnasiallehrer; Adenauerstr. 117, D-66399 Mandelbachtal, *sorla@ compuserve.com, www.sorla.de* (* Graz 31. 12. 43). VG Wort; Fantasy-Rom. – **V:** Sorla Flußkind 90, 95, 07; Sorla Seelenjäger 95, 97, 07; Sorla Drachenvetter 07; Sorla Feuerreiter 07; Sorla Schlangenkaiser 07.

Firmenich, Brigitta; Karl-Härle-Str. 30, D-56075 Koblenz, Tel. u. Fax (02 61) 5 54 76, *brifi@freenet.de, www.brifi.de* (* Koblenz 1. 3. 48). Rom., Lyr., Erz. – **V:** Bunte Welt. Gedichte von A-Z 95; Lebensbilder, G. 04. – **MA:** Des Lebens Zaubergarten 95; Meine Weihnachtsgeschichte 95; Von A (Abwarten) bis Z (Zahnzie-

hen) 98, alles Prosa; Und redete ich mit Engelszungen 98; Allein mit meinem Zauberwort 98; Umbruchzeit 98; Kurzgeschichten, Zs. 04; Mainzer Kirchenführer 04, alles Lyr.; Firio Maonara. Rezepte von den Kochfeueren der Elben – Salate 05. (Red.)

Firsching, Gernot; Deutschherrenstr. 87 B, D-53177 Bonn, *info@firsching.eu, www.firsching.eu* (* 53). Maritime Belletr., Maritimes Fachb. – **V:** Segeln ist Glückssache, Satn. 94; Klar zur Halse? Ree!, Satn. 95; Ruder hart mittschiffs!, Satn. 96; Wahrschau! Besanschot an!, Erzn. 96; Grundsee, R. 96; Sturmflut, R. 97; Lappen hoch und Los!, Erzn. 97; Reise, Reise! Die Pflicht ruft!, Erzn. 97; Die Toten von Ploudarneau, R. 98; Brandung, R. 98; Riffgrund, R. 00; Die Tränen Mohammeds, R. 01; Game over!, R. 02; Dann mal Mast- und Schotbruch, Erzn. 02; – nichtmaritime Bücher: Quiztime, R. 01; Stille Nächte in Théoule, R. 02. (Red.)

Fisch, Chrigel (Christian Fisch), Autor, Musikpromoter; Bartenheimerstr. 40, CH-4055 Basel, Tel. (0 61) 3 02 60 43, *fischingold@bluewin.ch* (* Herisau 30. 1. 64). – **V:** Helga Fieber, Erz. 93; Gott spielen, während andere essen müssen, satir. Texte 99; Aufgabebelt – Restaurantführer Basel und Region 04; Donnerstag Freitag Samstag Sonnenblume, Erz. 06. (Red.)

Fisch, Michael, Dr. phil. habil., Schriftst., Lit. wiss.; Belziger Str. 72, D-10832 Berlin, Tel. (0 30) 76 76 83 50, *michael-fisch@web.de* (* Gerolstein 13. 7. 64). Martin-Heidegger-Ges. 88, AG f. Germanist. Edition 89, Lit.brücke Berlin 90, Marcel-Proust-Ges. 06; Lyr., Ess., Rom. – **V:** Ist die Wirklichkeit eine Kraft?, G. 04; Was sonst?, G. 04; Wer spricht?, G. 04; Wie es weitergeht, G. 04; khamsa. Oder das Wasser des Lebens, R. 09; – Lit.wiss. Veröff.: Personalbibliogr. zu Leben u. Werk von Hubert Fichte 96; Bibliogr. Robert Wolfgang Schnell 99; Verwörterung der Welt. Über die Bedeutung d. Reisens f. Leben u. Werk von Hubert Fichte, Diss. 00; Ess. in: Hubert Fichte: Ketzerische Bemerkungen für e. neue Wissenschaft vom Menschen 01; Gesten u. Gespräche. Über Hubert Fichte 05; Gerhard Rühm – Ein Leben im Werk 1954–2004 05; Hubert Fichte – Explosion d. Forschung. Bibliogr. zu Leben u. Werk 06; Michel Foucault – Bibliogr. d. dt.spr. Veröff. in chronolog. Folge 1954–1988 08; Ich und Engel. Theoretische Grundlagen z. Verständnis d. Werkes v. Gerhard Rühm ..., Habil.-Schr. 09. – **MA:** Erzn. in: Schluß mit dem Jahrtausend! 99; Paul Celan in den Händen von Experten 00; Escafé Venezia 03. – **H:** Márcio Souza: Der fliegende Brasilianer, R. 90; Anna Maria Weirauch: Der Skorpion, R. 93; Kazuko Shiraishi: Odysseus heute, ausgew. G. 03; ders.: Mein Sandvolk, G.-Zyklus 02; Michael Roes: Werke in Einzelbänden 05ff.; Gerhard Rühm: Gesammelte Werke 05ff.; Robert Wolfgang Schnell: Werke in Einzelausgaben 05ff.

Fisch, Silvie, M. A., kulturwiss. Publizistin; 12 Eversley Place, Heaton, Newcastle upon Tyne NE6 5AL/GB, Tel. (01 91) 2 76 12 21, Fax 2 22 05 73, *silvie @ndaf.org*. Dechbettener Str. 39a, D-93049 Regensburg (* Regensburg 13. 3. 69). Erz., Fernsehsp., Ess. – **V:** Oberpfälzer Hochzeitsbüchl 99; Zwischen Aufbruch und Verbot. Hans Schmidt u. die freigeistige Bewegung in Nürnberg 00. – **MA:** Alltagskulturen zwischen Erinnerung u. Geschichte 95; Veröff. in volkskundl. Ausst.-Kat. – **H:** EtCETERA, elektron. Zs. z. Thema Behindertenkunst (GB). – **F:** Schuld u. Sühne od. Wie die Vorurteile laufen lernten, Dok. 99. (Red.)

Fischach, Hans, Graphiker, Maler, Schriftst., Lehrer; Großhesseloher Str. 18, D-81479 München, Tel. (0 89) 79 62 48 (* Aschaffenburg 21. 7. 22). Turmschreiber;

Fischach-Fabel

MKG, Künstlervereinig. „Roseninsel"; Dt. E.ring f. Bildende Kunst 87, E.plakette d. Dt. Kunststift. d. Wirtschaft 95, Bayer. Poetentaler 97, Münchner Wochenanzeiger Kulturpr. 05; Erz., Nov., Glosse, Rom. – **V:** Nächste Rosenbusch. E. Kindheit in München vor einem halben Jh. 82; Solang die grüne Isar, münchnerische Erzn. u. Plaudereien 83; Dem König sein Schwalangschär, bayer. N. 86, Neuaufl. 00 (auch Hörb.); Deines Himmels weiss und blau, Erinn. 88; Ludwig, Erinn. 90; Isarkiesel 92; Die Perle vom Herzogpark 94; Der Sigi, sei Dracha und de von Burgund 95; Koa Grund zum Grant, Satn. 97; Villa Beust, R. 99; Ja gibt's dees aa, Glossen u. Satn. 00; Solang der Alte Peter ..., Erinn., Erzn., Glossen 02; Kater Ludwig 06. – **MA:** Madame, Zs. bis 75; Bayerischer Hausschatz I 84, II 85; Am Starnberger See und die Wurm entlang 90; Winterzeit 91; Frühers und heutzutag 00. – **H:** Nikolo & Co, Erzn. 04. – *Lit:* s. auch Kürschners Handbuch der Bildenden Künstler, 1. Aufl. 2005. (Red.)

Fischach-Fabel, Renate (Ps. Renate Fabel), Red.; Großhesseloher Str. 18, D-81479 München, Tel. (0 89) 79 62 48, *renate.fabel@web.de* (* Berlin 9. 10. 39). Rom. – **V:** Meines Mannes Tochter 76; Geliebte Feindin 78; Wo die Liebe hinfällt 79; Söckchenzeit 80; Wir Wundertöchter 81; Mit Kind u. Kater 83; Molly im Glück 84; Am Tag der Rosen im August 85; Ich war Kleopatras Lieblingskatze 86; Verlieb dich nicht in einen Italiener 88; Fritzi – die Müllerkatze von Sanssouci 89; Champagner trinkt man nicht allein; Golfer l(i)eben gefährlich; Knoblauch und Lavendel – eine Liebe in Nizza 98; Machen wir's den Katzen nach 98; Minou – eine Katze am Hof von Versailles; Paris ist eine Liebe wert; Rasputin – das Katerchen aus Moskau; Wir sehen uns bei Tiffany, alles R.; Katzen lieben ihr Zuhause 99; Pudding steht im Eisschrank, Erinn. 00; Alle meine Männer 02; Prinzessin Mizzi 05; Prinz Louis Ferdinand von Preußen und die Frauen 06; Francesco, der Kater des Papstes 07. (Red.)

Fischer Quinn, Susa s. Vischer, Susa

Fischer, Anja, M. A., Germanistin; Schutzbacher Weg 16, D-35321 Laubach, Tel. u. Fax (0 64 05) 78 80, *nabu61@web.de* (* Lich 12. 9. 68). Rom., Märchen. – **V:** Schwarze Seide, M. 96, 3. Aufl. 01; Die Hüterin der Zeit, R. 99, 2. Aufl. 01; Das verborgene Volk 01. – **MA:** ... zu spüren, daß es mich gibt, Anth. (unter Anja Zimmer) 83. (Red.)

†**Fischer,** Carl-Friedrich, Dipl.-Ing., Architekt; lebte in Hamburg (* Kiel 18. 11. 09, † Fährschiff auf der Ostsee 23. 8. 01). – **V:** Riß in der Fassade. E. Architekt packt aus 93.

Fischer, Christa s. Gießler, Christa

Fischer, Christine, Autorin, Logopädin; Rotachstr. 5, CH-9000 St. Gallen, *freethoughts@freesurf.de* (* Triengen/Schweiz 9. 8. 52). Gruppe Olten; 1. Pr. b. Lit.wettbew. d. Zs. „Schritte ins Offene" 90, Werkpr. d. Stadt Luzern 92, Förd.pr. d. Stadt St. Gallen 97, Werkbeitr. d. Stadt St. Gallen 05; Rom.; Kurzgesch., Kurzprosa, Zeitschriftenbeitrag, Essayist. Betrachtung. – **V:** Eisland 92, 2. Aufl. 96; Lange Zeit 94; Augenstille 99; Solo für vier Stimmen 03, alles R. – **MV:** Wassergrass 97; Das Gastmahl 98; St. Gallen – ein Stadtführer 97. – **MA:** zahlr. Beitr. in Lit.-Zss. u. Anth., u. a. in: Noisma, Zs 82–97; Prosa-Beitr. in div. Zss., u. a. in: Appenzeller Mag, 98; Aids-Dialog, Zs. 99; Kirchenbote 00; Der Beobachter; Saiten; Beitr. in genreübergreifenden Projekten (Text u. Musik, Text u. Kunst). (Red.)

Fischer, Claus Cornelius (Ps. James Barry, Mark Cramer, Bodo Reich, Cornelius Fischer, gemeinsam m. Hans Gamber: Christopher Barr), freiberufl. Schriftst., Übers. u. Drehb.autor; Rankestr. 11, D-80796 München, Tel. (0 89) 33 75 54 (* Berlin 8. 6. 51). Bertelsmann-Romanpr. (2. Pr.) 00. – **V:** zahlr. Romane seit 79, u. a.: Rendezvous mit dem Tod 79; Tage der Rache 80; Der Caid 81; Das Blut des Meeres 83; Schwerter des Lichts 83; Mit dem Auge des Tigers 83; Der Tierfänger 85; Der tödliche Müll 85; Tulpen aus Amsterdam 85; Das Messer 86; Der Sicherheitsmann 86; Davids Rio-Bar 86; Die Haut der Schlange 88; Goyas Hand 89; Elmsfeuer 90; Die Wälder des Himmels 92; Mit einem Fuß im Paradies 95; Der achte Tag 97; Das Ende aller Tage 97; Sushi in Paris 98; Zärtlich sind die Sterne 00; Dicht am Feuer 01; Wer den Tiger reitet 03; Und vergib uns unsere Schuld, Krim.-R. 07; Und verführe uns nicht zum Bösen, Krim.-R. 08. – **R:** mehrere Drehb. Fernsehfilmen u. -serien seit 87. (Red.)

Fischer, Dagmar; Castelligasse 10, A-1050 Wien, *dagmar.fischer@chello.at* (* Wien 19. 6. 69). Lyr. – **V:** Ausweitungen 98; Von keiner anderen Wahl 02; Lyreley 05; Herzgefechte und Schmerzgeflechte 09, alles Lyr.

Fischer, David s. Grunert, Horst

Fischer, Erica, freie Schriftst., Übers., Journalistin; c/o Textetage, Paul-Lincke-Ufer 7a, D-10999 Berlin, *ef@textetage.com, www.erica-fischer.de* (* St. Albans/ GB). Arb.stip. d. Ldes NRW 92, Stip. Schloß Wiepersdorf 99, Fördergaben von: Gem. Wien 05, Bundeskanzleramt Wien 05, Stift. Zurückgeben 05, Hans-Habe-Stift. 05; Dokumentar., Erz., Sachb., Ess., Übers., Journalist. Arbeit. Ue: engl. – **V:** Jenseits der Träume 83; mannhaft 87; Aimée & Jaguar 94 (in zahlr. Spr. übers., verfilmt); Monika Hauser und medica mondiale 97; Die Liebe der Lena Goldnadel 00; Das Wichtigste ist, sich selber treu zu bleiben 05; Himmelstraße. Geschichte meiner Familie 07. – **MV:** Gewalt gegen Frauen, m. Brigitte Lehmann u. Kathleen Stoffl 77; Ohne uns ist kein Staat zu machen, m. Petra Lux 90; Ich wählte die Freiheit, m. Mariam Notten 03; Die Wertheims, m. Simone Ladwig-Winters 04. – **Ue:** Kate Millett: Sita 78, Im Basement 80, Flying 82, Der Klapsmühlentrip 93; Andrea Dworkin: Pornographie 88; Mary Benson; Wir weinen um unser Land 88; Anne Tristan: Von innen 88; Paula Caplan: So viel Liebe, so viel Hass 90; Stig Björkman: Woody über Allen 95; Brenda Maddox: Ein verheirateter Mann 96; Evan Zimroth: Frühe Arabesken 99; Yehuda Koren/Eilat Negev: Im Herzen waren wir Riesen 03, u. a. – **MUe:** Alan Beyerchen: Wissenschaftler unter Hitler, m. Peter Fischer 80; John Hanlon: Mosambik. Revolution im Kreuzfeuer, m. dems. 86; Siri Hustvedt: Was ich liebte, m. Uli Aumüller u. Grete Osterwald 03; Sophie Freud: Im Schatten der Familie Freud, m. Sophie Freud 06, u. a. (Red.)

Fischer, Erwin, Schriftst.; Bergfried 20a, D-21720 Steinkirchen, Tel. (0 41 42) 13 23 (* Königsberg 15. 10. 28). VS 70, Club d. Kulturschaffenden Veliko Tarnovo, Bulgarien; Autorenwettbew. Junge Stimme 70, Intern. Satirikerpr. ALEKO, Sofia 74; Rom., Nov., Ess. – **V:** Kameraderness. R. 70 (auch engl., span., bulg.); Bleib' hier, kleiner Peter, N. 80; Meine Erlebnisse mit den Tieren, Erzn. (bulg.) 87; Ken, R. 93. – **MA:** Große Satiriker d. Gegenwart 79; ... u. ruhig fließet d. Rhein 79; Anth. live 80. – **H:** Taxifahrerreport 72. – **R:** Vertreterbesuch, dramat. Erz. 75. – *Lit:* Intern. Erzähler 79; Peter Ferdinand Koch (Hrsg.): Die Tagebücher des Doktor Joseph Goebbels 88. (Red.)

Fischer, Eva, Mag., Sozialwirtschaftlerin; Pfarrgasse 5, A-4062 Kirchberg-Thening, Tel. (0 72 21) 6 31 39 (* Wels). Marianne-von-Willemer-Pr. 05. – **V:** Rosa rennt um sein Leben, Lyr. u. Kurzprosa 01; Und überhaupt, Textminiatn. 03; Vom Aufgehen der Wiesenknöpfe. Texte von 2004–2006 06. (Red.)

Fischer, Eva-Maria s. Schnabl, Antje E.

Fischer, Ferdy (Ferdinand G.B. Fischer), freier Schriftst.; Am Knippenberg 2, D-59823 Arnsberg, Tel. u. Fax (0 29 31) 1 21 65 (* Arnsberg 2. 9. 36). VS; Rom., Erz., Hörsp., Reiselit., Kinderlit. – **V:** Drei Könige und ein Stern, Sternsingerb. 87; Das Wunder des Mittelalters. Flucht d. Kölner Domschatzes u. Dreikönigenschreines, hist. R. 94; Dröppelbier und Wassereis. Geschichten zwischen Krieg u. Wiederaufbau 97; Patrisbrunna, hist. R. 00; Aquis granum. Roman d. Kaiserstadt Aachen Mimigernaford. Der Stadtroman zu über 1212 Gesch. d. Stadt Münster in Episoden 06; – zahlr. Veröff., Hörfunk- u. Fernseharb. sowie Filmprod. zu Regionen/Landschaften, vorw. Sauerland u. Westfalen. – *Lit:* D. Rost: Sauerländer Schriftst. 90; Schriftst. in Westfalen 99; s. auch SK. (Red.)

Fischer, Fiona s. Flegel, Sissi

Fischer, Florian, Begleitung im Wandel; Münchener Str. 6, D-10779 Berlin, Tel. (0 30) 2 11 67 52, Fax 2 11 59 43, *ff@begleitung-im-wandel.com*, *www.begleitung-im-wandel.com*. Santa Bárbara 18, E-04115 Rodalquilar, Tel. u. Fax 9 50 38 98 19 (* Niesky/Lausitz 5. 9. 40). AGD, VG Wort, VG Bild; Poet Laureate, Biannual Poetry Contest of the Open-Space-List; Ess., Lyr. – **V:** Des Esels Ohr. Lesezeichen zu Identität u. Wandel 00; Des Esels zweites Ohr. Lesezeichen zu Identität u. Wandel 01; Ursprung und Sinn von 'from follows function' 02; Weying in Open Space, 20 Poems 03. (Red.)

Fischer, Frank, Dr. med., Facharzt f. Psychiatrie/Psychotherapie; Pfruendhofstr. 54, CH-8910 Affoltern am Albis, Tel. (0 44) 7 60 01 12, *frank-fischer@hin.ch*, *www.a-d-s.ch*. Dompfaffstr. 136, D-91056 Erlangen (* Erlangen 3. 2. 68). Pro Litteris 01, AdS 05; Rom., Lyr., Dramatik, Kindergesch., Kurzgesch., Märchen, Parabel, Hörsp. – **V:** Katja reitet wieder, Kdb. 00; Seitenwechsel / Katja und die Muschelprinzessin, Theaterst. 00; Lukas und der helle Stern, Kdb. 01; Gute Männer kommen in den Himmel, Theaterst., gedr. u. UA 02; Joscha und der So-Mo-Tag, Bilderb. 02; Marie, R. 07. – **MA:** div. Lyr.- u. Prosabeitr. – *Lit:* Schweizer Schriftstellerinnen u. Schriftsteller d. Gegenw., Lex.

Fischer, Gerhard, Dr. rer. pol., Prof.; Landsberger Allee 275, D-13055 Berlin, Tel. (0 30) 9 75 11 59, *gbmev.fischer@online.de* (* Finow/Mark 17. 4. 30). ver.di 49; E.abzeichen d. GBM; Herausgeberschaft, Sachb. – **H:** Justinus Kerner: Bilderbuch aus meiner Knabenzeit 57; Wilhelm Heinrich Riehl: Die Werke der Barmherzigkeit 58; Hermann Kurz: Die beiden Tubus 59; Josef Victor von Scheffel: Ekkehard 62; Gustav Freytag: Bilder aus der dt. Vergangenheit 63; Louise von François: Die letzte Reckenburgerin 65; Hermann Kurz: Denk- u. Glaubwürdigkeiten 73; Carl Ludwig Schleich: Besonnte Vergangenheit 79; ... und den Menschen ein Wohlgefallen, Hausb. 79; Albert Schweitzer: Ojembo, der Urwaldschulmeister, erz. Schriften 86. – **MH:** Vom Dienst an den Menschen, Anth. 65. – *Lit:* s. auch 2. Jg. SK.

Fischer, Gerhard, Dr. rer. nat. et agr. habil., Dipl.-Biologe, Rentner; Mitschurinsiedlung 9, D-39164 Klein Wanzleben, Tel. (03 92 09) 4 69 08 (* Greiz 12. 9. 27). FDA 98, Friedrich-Bödecker-Kr. 98; Erz., Lyr. – **V:** Rammenugge oder die (un)heimliche Klonung, die Sternedelsteine sowie andere moderne Mär-

Fischer, Gerhard, Tel. u. Fax (0 37 26) 71 20 28 (* Heidersdorf/Erzgeb. 13. 5. 31). Erz. – **V:** ... wenn einer mit dem Zirkus reist 00, 2. Aufl. 04; Nur echte Engel sind schwindelfrei 01, 3. Aufl. 04; Kellner in Gottes Stammlokal 01, 2. Aufl. 04; Krippenspiel mit Hindernissen 01, 2. Aufl. 03; Vorfreude ist erlaubt 02, 2. Aufl. 03; Immer wieder eine Überraschung 04, alles Erzn. (Red.)

chen und merkwürdige Geschichten 98; 100 Jahre Weltgeschichte. 1900–2000, G.-Zyklus 04; Der Mensch – ein Auslaufmodell der Evolution oder das Lebewesen mit Zukunft?, Diskurse 06. – **MA:** Ein geheimnisvolles Warten 97; Vision 2000, Dok. 99; Die dünne dunkle Frau 00; Ich will von Liedern u. Gedichten träumen 03; Nationalbibliothek d. dt.sprachigen Gedichtes, Bd. VI/03, Bd. VII/04; Frankfurter Bibliothek 03.

Fischer, Heinz (Ps. H. G. Fischer-Tschöp), Dr. phil., em. UProf.; Amalienstr. 87, D-80799 München, Tel. (0 89) 28 47 47 (* Aschaffenburg 27. 4. 30). VS 76, Georg-Büchner-Ges.; Fulbright-Stip. d. USA 55–56, Best One-Act Play Award Univ. of New Brunswick 65, Canada Council Grants 66–69, Stip. d. Dt. Forsch.gemeinschaft 79–81, Dramenförd. Stadt München u. Freistaat Bayern 99–01, Narbonne-Languedoc 00, versch. Lyrikpreise 03; Drama, Sat., Lyr., Hörsp., Hörbild, Erz. Ue: engl, span. – **V:** Gnu Soup, Lyr. 65; Die Treppe 66; Löwenzahn 69; Die Seelenverpflanzung 71, alles Dr.; Georg Büchner: Untersuchungen und Marginalien, Ess. 72, 75; Bitte, bitte erdolchen!, Dr. 73; Die deutsche Sprache, Ess. 75; Die Steinsuppe, Dr. 76; Königshäuser heute, Ess. 80 (auch ndl., schw.); Wuffi im Schlaraffenland, Kdb. 86; Georg Büchner und Alexis Muston, Unters. 86; Goldspatz und Juwelenbaum, Kom., UA 99; Loup Garou, Tr., UA 00; Malik Adel, Kom., UA 01; Feuervögel, Tr., UA 02; Mut der Frauen, Biogr. 06, 07; Guantanamera, Dr., UA 07. – **MV:** Der Autofänger von Knatterburg, Kdb. 73 (engl.: The Motormalgamation), Bü. 74; Felix Schrubke, Sat. 76; König Giftzahn wird verjagt, Kdb. 77; Der dicke u. der dünne Pit, Kdb. 78, alle m. G. Tschöp; Was Bayern so bayrisch macht 83; Das große Wahnwitz Lexikon 83; Vier Geschichten zum Staunen, Erzn. 92; New Directions in Theatre, Ess. 93. – **B:** Gratien Gélinas: Kronzeuge 67; Farbiges Europa 81. – **MA:** claassen Jb. d. Lyr. 1 79; Reisebuch: Frankreich 84; Das neue Sprachwissen 86; Neue Dt. Biogr. 15, 87; Georg Büchner: Kat. 87; Das Europäische Haus 90; Hirschgraben-Sprachb. 95, 98; Almanach 2000 99; Tränen 00; Herbst 01; Haiku mit Köpfchen 03; – Zss.: Canadian Poetry 64; Poet 65; The Tamarack Review 67; Ruimten 67; Schweizer Mh. 72; PAN 89; gehört gelesen 89; J. Geschichte 94; Savoir Vivre 96, Tarantel, u. zahlr. Beitr. in Südd. Ztg, Die Zeit, u. and., Jb., u. a. – **H:** Georg Büchner: Eine Einführung 77; Rudolf Majut: Briefe für Käthe 95. – **R:** Lucile Desmoulins 83; Bernadotte 84; Die Flucht nach Varennes 84; Frieda Kahle – Zivilcourage im Dritten Reich 85; Loup Garou 85; Preußentum u. Widerstand 85, alles Hb.; Blutrache, Hsp. 85; In den Gassen von Kairo 86; 'Festung Aschaffenburg' 1945 86; Théroigne de Méricourt 86; Venus liebt Mars 86; Die heimliche Heirat des Sonnenkönigs 86; Die Affäre Choiseul 87; Caroline und Wilhelm Schulz 87; Burgund vor Bord 87; Max und Carlota 87; Einars Kaktus 87; Die Schüssel 87; Edisons Licht 87; Pablo Neruda 87; Büchners Eckermann 87; Leute am biet 88; Tod einer Fälschung 88; Jennie Jerome 88; Konradin reitet 88, alles Hb.; ca. 50 weitere Rdfk-Arb. seit 88, zuletzt: Dumas' Revolution 95; Don Giovannis New York 96; Der große Hofzwerg Cuvilliés 96, alles Kal.blätter; Mir kochte das Blut vor Zorn, Hb. 96; Das große Gruselbuch, 13 Kurzhsp. 96–97; Semiramis 97; Lucie Aubrac 97; Amenemhets Labyrinth 98; Die Rani von Dschansi 99; Adlerin aus Bayern 00; Die einsame Heldin. Helmina v. Chézys Widerstand 00, alles Hb.; Nostradamus stirbt, Kal.blatt 00; Das Wunder in d. Rosenstraße. Berliner Frauen proben den Aufstand gegen nationalsozialist. Willkür, Hb. 01; Wunderkürbis u. Kampfbanane, Hb. 02; Pietro Aretino, Kal.bl. 03; Turgenjews Liebe zu Pauline Viardot, Hb. 03; Stradella

Fischer

oder Die Macht der Musik, Hb. 04; Prinzessin Schnurr-bart, Erz. 05; Anahareo, Hb. 06; Pedro und Inês, Hörst. 07. – **P:** Die Schnecke im Glas u. a. Hörspiele, 6 Tonkass. 91–92. – **Ue:** Fabeln von Äsop 90, dt.-jap. 95. – **MUe:** Michael Frayn: Der Macher 82. – *Lit:* W. Butry (Hrsg.): München 66; D.-R. Moser / G. Reischl (Hrsg.): Taschenlex. z. Bayer. Gegenwartslit. 86; Julian Hilton in: The Times Literary Suppl., Oct. 9–15, 87; Reinhart Meyer (Hrsg.): Feuervögel von H.F. – Text, Materialien u. Komm. 02.

Fischer, Heinz-Joachim, Dr. phil., Journalist, Korrespondent, Publizist, Schriftst.; Via Flaminia 497, I-00191 Rom, Tel. (06) 3 33 34 26, Fax 3 33 92 38, *hjf@faz.de* (* Meseritz/Brandenburg 6. 6. 44). Premio Roma, Premio Goethe, u. a., E.bürger d. Gem. Costermano/Verona; Rom., Kunstreiseführer, Reiselit., Sachb. Ue: ital. – **V:** Das Lachen der Wölfin, R. 93, Tb. 95, Neuaufl. u. d. T.: Mistero 08; Der Turm des Griechen, R. 95, Tb. 97; – Reiseführer u. Sachbücher, u. a.: Sizilien 83; Toskana 86, 5. Aufl. 98; Süditalien 86; Rom 86, 9. Aufl. 95, Neuausg. 96, 3. Aufl. 04; Der heilige Kampf 87, 88; Umbrien 89; Italien 90; Die Nachfolge 97; Die Jahre mit Johannes Paul II 98; L'amico tedesco (ital.) 98; Italien 99; Johannes Paul II 03; Benedikt XVI 05; Vatikan von innen 06; (Übers. in ital., frz., engl., poln., tsch.). – **MA:** FAZ, Berichterstattung über die kath. Kirche seit 78. – **H:** Bibliothek der verbotenen Bücher, seit Bd IV 06. – *Lit:* s. auch SK.

Fischer, Helmar Harald, LBeauftr. am Inst. f. Theater-, Film- u. Fernsehwiss. d. Univ. Köln; Rheinhöhenweg 102, D-53424 Remagen-Oberwinter, Tel. (0 22 28) 91 18 53, Fax 91 18 59, *helmarharaldfischer@t-online.de*, *www. helmarharaldfischer.de* (* Magdeburg). P.E.N.-Zentr. Dtld, VS. Ue: engl. – **B:** Yvonne, die Burgenprinzessin 82; Operette 83; Die Trauung 83, alles Sch. v. Witold Gombrowicz; Die Steinesammlerin, R. v. Gert Heidenreich, Hsp. 88. – **MA:** Walther Killy (Hrsg.): Literaturlexikon 89, Neuausg. 08ff.; Deutsches Theater der Gegenwart. Eine Videothek d. Goethe-Inst. 92/93; Erster Kongreß d. Theaterautoren 93; – Zss.: Theater heute 11/88, 9/89, 2/92, u. a.; Die Dt. Bühne 2/92, 3/92, u. a.; mehrere Ausst.-Kat. u. Wanderausst. – **H:** Reihe „Theater Film Funk Fernsehen" 79–85; Ernst Barlach Dramen, Tb.ausg. in 8 Bdn (auch Vorw.) 87/88; „Die Theaterreihe" (auch Nachw.), seit 93. – **R:** mehr als 80 Rdfk- u. Fs.-Feat. u. Fs.-Porträts. – **Ue:** John Osborne: Blick zurück im Zorn (auch Nachw.) 89; ders.: Der Entertainer (auch Nachw.) 89; ders.: Déjavu 95; Patrick Marber: Hautnah 98; Tennessee Williams: Aber nichts von Nachtigallen (auch Nachw.) 98; ders.: Treppe nach oben (auch Nachw.) 02; Tom Stoppard: Rock'n'Roll (auch Nachw.) 07; – Theaterst. u. Hsp. v.: Woody Allen, Doug Lucie, Donald Margulies, Sam Shepard, Ben Travers, Oscar Wilde, Patrick Marber, John Osborne, Tom Stoppard, Tennessee Williams.

Fischer, Hermann, Mühlenteichstr. 66, D-26316 Varel, Tel. u. Fax (0 44 51) 62 52 (* Lauenstein 24. 10. 27). VG Wort. – **V:** Aal in Aspik, R. 03. – *Lit:* s. auch SK. (Red.)

Fischer, Irene (Ps. Irene Fischer-Nagel), Malerin, Lyrikerin; Bussardweg 47, D-76199 Karlsruhe, Tel. (07 21) 48 74 94 (* Heidelberg 1. 7. 38). GEDOK, BBK, VS; Lyr., Erz., Reiseber. – **V:** Schattentag 68; Andere Wege 70; Trennung besteht 75, alles G. u. Zeichn. – **MA:** zahlr. G. in Anth., Zss. u. Ztgn. – **H:** Hanna Nagel: Ich zeichne, weil es mein Leben ist. (Red.)

Fischer, Joschka (eigtl. Joseph Fischer), Politiker, Bundesmin. d. Auswärtigen a. D., Visting Prof. d. Princeton Univ.; c/o Princeton Univ., Woo-drow Wilson School of Public And Intern. Affairs, 119 Bendheim Hall, Princeton, NJ 08544–1013/USA, Tel. (6 09) 2 58–39 65, *joschkaf@princeton. edu* (* Gerabronn 12. 4. 48). – **V:** Mein langer Lauf zu mir selbst 99; zahlr. Sachb. – *Lit:* Sibylle Krause-Burger: J.F. – Der Marsch durch d. Illusionen 97; Christian Schmidt: „Wir sind die Wahnsinnigen..." J.F. u. seine Frankfurter Gang 98; Michael Schwelien: J.F. – Eine Karriere 00; Wolfgang Kraushaar: Fischer in Frankfurt 01; Matthias Ohnsmann (Hrsg.): „Mit Verlaub, Sie sind ein Arschloch!" Joschkas schärfste Sprüche 01; s. auch 2. Jg. SK. (Red.)

Fischer, Judith (Ps. Uta Laib) *

Fischer, Karl C., Drucker; Pantaleonswall 7, D-50676 Köln, Tel. (02 21) 31 75 97, *karl@neuerheinische-zeitung.de* (* Marburg/Lahn 23. 4. 37). VS 96, Werkkr. Lit. d. Arbeitswelt 77; 1. Pr. b. Schreibwettbew. „Leben in Köln" 77; Kurzgesch., Rom., Ged., Kurzprosa. – **V:** Erwachsene Kinder, R. 96; Krieg ohne Ende oder Nie mehr Krieg, Sachb. (auch hrsg.) 97. – **MV:** Rastlos vorwärts, Sachb. (auch mithrsg.) 91. – **MA:** Sportgeschichten 80; ... als wärst du kein Mensch 81; Schnsucht im Koffer 81; Die Unverbesserlichen 85; Der 1. Mai hat 365 Tage 90; Neue Kollektion, Nr. 1 u. 2 92/93; Ikaros, Nr. 2 95; Rad – Kultur – Bewegung 95; Fantasie im Schneegestöber 00; Weite Blicke, Erzn. 05; zahlr. Beitr. in Zss. u. Ztgn, u. a. in: Rundbrief, Organ d. Werkkreises Lit.; Wortspiegel; Lokalberichte Köln; Unsere Zeit; Junge Welt. – **R:** Mitarb. an: Die letzte Schicht, Fsf. 80; Solidarität auf Rädern, Film-Dok. 80.

Fischer, Katica, Kinderkrankenschwester; *Katica. Fischer@gmx.de* (* Osijek/Kroatien 15. 3. 59). Gewinner b. Kurzkrimi-Wettbew. d. Krimifestivals Gießen/Marburg 04; Rom., Krimi, Fantasy. – **V:** Ein ganz normales Leben 99; Licht am Ende des Weges 04; Feindbilder 05; Wenn ein Adler vom Himmel fällt 06; Hexenjagd 07, alles R.; Mayas Schwester 08. – **MA:** (K)ein guter Plan, Kurzkrimis 04. – *Lit:* Dt. Schriftst.-lex. 00, 07.

Fischer, Kay, Bürokfm., Autor; Berlin, Tel. (0 30) 7 96 26 20, *wellhornboot@kayfischer.de*, *www. kayfischer.de* (* Berlin 3. 5. 70). Rom., Erz. – **V:** Das Wellhornboot, R. 03, überarb. Neuaufl. 07; Zeit im Sand, Geschn. 06.

Fischer, Kerstin, M. A. Dt. Sprache u. Lit. wiss., Gesch., Schriftst.; Mühlenfeldstr. 38, D-28832 Achim, Tel. (0 42 02) 52 38 17, *kpf@ckd.de* (* Achim b. Bremen 25. 3. 65). Bremer Lit.haus (virt.) e.V. 07, VS 08; Erz., Rom. – **V:** Das Gewächshaus, Erz., 1.u.2. Aufl. 07.

Fischer, Klaus, Schriftst.; Lichtentaler Str. 13, D-76530 Baden-Baden, Tel. (0 72 21) 3 33 40 (* Worms 30. 6. 30). VS Bad.-Württ. 70–00; Chevalier de l'Ordre des Arts et des Lettres 04; Drama, Ess., Hörsp., Rom. Ue: frz. – **V:** Ein Bahnhof auf dem Lande, Dr. 56; Cosmo oder die Abreise, Dr. 57; Helena, Sch. 58; Die Ruhr, Sch. 61; Man schreibt uns aus Kalkutta, Hsp. 68; Tony, Rom. 70; 3 Chroniken 74–86; Die schöne Ladendiebin, Ess. 78; Judith Zoller, Hsp. 81; Russen in Baden-Baden, Ess. 88; Tod am Tiber, Dr. 95; Wer bietet mehr?, Ess. 96; Otto von Corvin, Ess. 98; Eine deutsche Liebe, R. 01; Die lächelnde Stadt, Ess. 06; Der Nibelungen Not, Autobiogr. 07; Ivan Turgenev, Ess., Neuaufl. 08. – **H:** Rolf Gustav Haebler: Badische Geschichte 94. – **R:** In Erwartung eines Festes 59; Gericht in Potenza 60; Cäcilienode 62; Der Gastfreund 63; Amphisa zerstört 65; Großer Preis der Badischen Wirtschaft 77; Der Schindanger 82, alles Hsp.; Ambition und Spleen – Chateaubriands Erinnerungen 02; Symphonie en blanc-majeur – Versuch üb. Théophile Gautier 04, beides Hörfolgen. – **Ue:** Alfred de Musset: Fantasio, Kom.; Fernando Arrabal: Der Autofriedhof, Sch.; Louis Calaferte: Die Schneidezähne; Eugène Scribe: Ein Glas Wasser, Kom.; Victorien Sardou: Cyprienne, Kom.; Lapérouse: Reise um die Welt.

Fischer, Ludwig s. Gneis, Eschel

Fischer, Marc, freier Journalist u. Schriftst.; c/o Kiepenheuer & Witsch, Köln (* Hamburg 23. 4. 70). Arthur-F.-Burns-Stip. 98; Rom. – **V:** Eine Art Idol, R. 01, 03; Jäger, R. 02, 03. – **MA:** versch. Zss., u. a.: jetzt; Der Spiegel; Die Zeit; Die Woche; Stern; Verlieben, Lieben, Entlieben, Anth. 01, 03; Tsunami. Geschichte eines Bebens, Rep. 05. (Red.)

Fischer, Margot, Mag., Ernährungswiss., Gastronomin, Publikationscoachin f. med. Fachlit., Leiterin ernährungsbezogener Kurse; Leopoldsgasse 51, A-1020 Wien, *margotfischer@aon.at* (* Wien 2. 8. 58). – **MV:** Lucky liebt Lucky 03; Flirt inklusive 04, beide m. Michael Schmid. – *Lit:* s. auch SK. (Red.)

Fischer, Michael, Dr. phil., freier Journalist; 12, rue du Ruisseau, F-68440 Steinbrunn-le-Bas. c/o pendo-verlag, Zürich (* Heiligenstadt 4. 8. 46). Raymond Chandler Ges. 95; Rom. Ue: frz. – **V:** Skorpion!, R. 99; Affäre mit unbekannt, Krim.-R. 01. – **MV:** Heinrich Hoffmann (1859–1933), m. René Candir u. a., Bildbd 07. – **B:** Guido u. Michael Grandt: Schwarzbuch Satanismus 95. – **MUe:** Autismus. Ein Blick über die Mauer aus Schweigen, m. Anne Löhr, Sachb. 95.

Fischer, Peter, Gymnasiallehrer f. Englisch u. Deutsch; Nachtigallental 1, D-45478 Mülheim/Ruhr, Tel. (02 08) 42 86 20 (* Königsberg 9. 12. 34). Werkkr. Lit. d. Arbeitswelt 68, Mitinitiator, VS 71; Lit.stip. NRW 73; Drama, Hörsp., Rep., Prosa, Lyr., Ess. – **V:** Asche in Moll, Theaterst. 53; Schön ist Nofretete auch ohne Nasenstück, G. 57; Das Wortfeld „persona" bis engl. „person" 58; Jeanne d'Arc, Beispiel e. Emanzipation 60; Eugene O'Neills „Beyond the Horizon", in: Sek. II – ein Modell 62; Der Eleonor-Rigby-Clopries-Roman oder ein Halbjahrhundert wird besichtigt, R. 98; Spiele in der Diskussion, Dramen 99; Das Ende der Romane oder Anhalter – Hitchhike – Autostop, R. 99; Die Peter-Fischer-Fibel, Anth. 00; Als sich Teenager noch Liebesbriefe schrieben, R. 00; Zeitstrahl I. 1950–1970: Die Reise in Innenwelt u. Außenwelt d. Ruhrgebiets u. Emanzipation 68, Dok. 02; Zeitstrahl II. 1970–2000: Interaktion von einzelnem u. Gesellschaft u. mediale Stör- u. Entstörung, Dok. 02; Zeitstrahl III. Mitteleuropäische Zeit oder Wish you were here, R. 02. – **MA:** Junges Wort, Ztg aus d. höheren Schulen 52; Der Werkkr. f. Lit. Erste Dok. 70; Ein Baukran stürzt um, Rep. 70; ran, Rep. 70; Rhein. Read-in, G. 70; Lit.soziologie: G. Wallraff zum Beispiel, in: Der Dt.unterr., Aufs. 2 71; Gastarbeiter – Mitbürger, Rep. 71; Kürbiskern, Rep. 71; Schrauben haben Rechtsgewinde, G. 71; Revier heute, G. 72; Ruhrpottbuch, Prosa 72; VS – Dt. Autoren lesen in Wetter, Rede 72; die neuen, G. 73, 74; Nicht mit den Wölfen heulen, Lit. Bilderb., G. 73; In den Sand geschrieben, Rep. 74; Lernziele Kurse Analysen 7 74; schwarz auf weiß 7, Rep. 74; Sie schreiben zwischen Moers u. Hamm, Prosa 74; Im Bunker. 100mal Lit. unter d. Erde, G. 75; Mit 15 hat man noch Träume, Rep. 75; Wir lassen uns nicht verschaukeln, Rep. 78; 20 Jahre Bertha-v.-Suttner-Gymn. Oberhausen, Rep. 84. – **H:** Reportagen u. Kampftexte zum Beispiel, in: Akzente 4 70; Ihr aber tragt das Risiko, Rep.-Samml. 71; ein nachtarbeiter, Prosa 73; Hierzulande – heutzutage 76; Das Faustpfand, Geschn. a. d. Werkkreis 78. – **R:** Kill Sharon T. in Reinschrift, Hsp. 73. – *Lit:* Rez. z. Aufführ. v. 'Asche in Moll' in Mülheim: Gerd Vielhaber in: Neue lit. Welt 53, in Bremen: Dr. Wolf Hausmann in: Weserkurier 53; Werner Höfer in: Zwischen Rhein u. Weser,

WDR 1.7.52; Günter Ader in: Mülheimer Stadtspiegel 70; Rez. zu Kill Sharon T. ...: Peter Bichsel, SWF 73; M. Brauneck: Der dt. Roman im 20. Jh. Bd 2 76; Uwe Naumann: 10 J. Werkkr. Lit. d. Arb.welt 79; Hans Bender in: Zeitverwandtschaft, 25 J. Akzente 1–2 79; Horst Hensel in: Der Werkkr. od. die Organisierung polit. Lit.-arbeit 80; F. u. G. Oberhauser: Literar. Führer durch Dtld 83; Klaus-Peter Böttger in: Jb. d. Stadt Mülheim 00; J. Siepmann: Über d. Stadt, d. Sprache u. d. Gewalt; Th. Mader: Die Innenwelt u. d. Außenwelt d. Ruhrgebiets; St. Tost: Ein Leben in Dokumenten; Dr. Lothar Langner (www.waz.de/kultur): Am Rande d. Reviers, wo man das Ganze sieht, I–III; Lars Ludwig v. d. Gönna: Handkes Lob f. Fischers Buch, in: Zeitstrahl III 02. (Red.)

Fischer, Peter, Dr. phil., Schriftst., Historiker, Übers.; Maria-Montessori-Str. 6, D-79206 Breisach, Tel. u. Fax (0 76 67) 90 48 58 (* Karlsruhe 4. 9. 38). Rom., Lyr., Dramatik, Lit.gesch. Ue: engl, frz. – **V:** Alfred Wolfenstein, der Expressionismus u. die verendende Kunst 68; Die Völker der Erde. Bd 19: Japan 73; Die Völker der Erde. Bd 18: China 75; Schlaraffenland, Kochb. 75; Steinach 1139–1989. Ein hist. Überblick 89. – **MA:** Inge Zwerenz (Hrsg.): Anonym 68; Dietz/Pfanner (Hrsg.): Oskar Maria Graf 74; Literatur u. Rundfunk 1923–1933 75; Kursbuch 62 80; Freiburger Literaturpsycholog. Gespräche 3 (Thomas Mann) 84; Psyche 40 (Goethes Werther) 86; Psyche 57 (Kafkas Strafkolonie) 03; mehrere Art. in: Kindlers Lit.-Lex.; Walther Killy: Literaturlex.; Beitr. in Schulbüchern, Zss., Ztgn. – **H:** Reden der Französischen Revolution 74; Reden, Beruf. Der Krieg zwischen Reich u. Arm. Artikel, Reden, Briefe 75; Willkomm und Abschied. Gedichte d. jungen Goethe 84. – **MH:** Baudelaire 1848. Gedichte d. Revolution 77. – **R:** ca. 30 Feat. (Jarry, Franz Jung, Scheerbart, Gastrosophie, L.-S. Mercier, Diderot, Beau Brummel, Rimbaud, 1789 am Oberrhein, Bagdad-Bahn, P.T. Barnum) 66–99; Kulturberichterstattung im Rdfk. – **Ue:** G.B. Sansom: Japan 67; Matthew Hodgart: Die Satire 69; Elie Wiesel: Zwischen zwei Sonnen 73; Chartreux/Jourdheuil: Rousseau, Dr. 75; dies.: Robespierre, Dr. 76; K.R. Eissler: Goethe. Eine psychoanalyt. Studie, Bd 1 83; D. LaCapra: Geschichte u. Kritik 87. (Red.)

Fischer, Peter, Red., Autor; Mühlenfeldstr. 38, D-28832 Achim, Tel. (0 42 02) 52 38 17, *sahlok@web. de* (* Suhl 29. 5. 43). Journalisten-Verb. Hamburg/Nds. 89, Lit.haus Bremen 06, VS 07; Dulzinea-Lyrikpr. 08; Rom., Lyr., Ess. – **V:** Kirche und Christen in der DDR, Sachb. 78; Der Schein, R. 04, 3. Aufl. 07; Ananke, Lyr. 08.

Fischer, Sandra s. Santayana, Sandra Marie

Fischer, Saskia; lebt in Berlin, c/o Suhrkamp Verlag Frankfurt/M., *webmaster@saskia-fischer.de* (* Schlema/Erzgeb. 71). Düsseldorfer Dichterpr. 96, Förd.pr. d. Stadt Düsseldorf f. Lit. 97, Stip. Künstlerdorf Schöppingen 97, Förd.pr. d. Ldes NRW 99, Arb.-stip. d. Stift. Kunst u. Kultur u. Aufenthaltsstip. d. Berliner Senats im LCB 05, u. a. – **V:** Latest News, G. 95; Wenn ich Himmel wär, G. 98; Scharmützelwetter, G. 08. – **MA:** ndl 3/98, 2/01, 3/03; Beitr. in zahlr. Anth., zuletzt u. a. in: Sie schreiben in Bochum 04; Small Talk im Holozän 05; Blick aus dem Fenster 06; in diesem garten eden (Leonce-u.-Lena-Preis 2007) 07. (Red.)

Fischer, Siegfried s. Fischer-Fabian, Siegfried

Fischer, Susanne, Lit.wissenschaftlerin, Geschäftsf. d. Arno Schmidt Stift.; Oesinger Weg 3, D-29362 Hohne b. Celle, Tel. (0 50 83) 91 15 65, *fischer.singelmann @t-online.de*. c/o Arno Schmidt Stiftung, Bargfeld, Unter den Eichen 13, D-29351 Eldingen (* Hamburg

Fischer

18. 8. 60). Förd.pr. f. Lit. d. Ldes Nds. 98; Rom., Erz. –
V: Kauft keine Frauen aus Bodenhaltung, Geschn. 95;
Gefälschte Eltern, R. 98; Versuch über die Sahnetor-
te, Kolumnen 98; Anderswo, Erz. 02; Unter Weibern,
Geschn. 03; Die Platzanweiserin, R. 06. – MV: Stadt
Land Mord, m. Fanny Müller 96. – MA: regelm. Ko-
lumnen in d. 'taz'. – MH: Rabe Nr.51, m. Bernd Rau-
schenbach. (Red.)

Fischer, Verena (geb. Marianne Irene Vera Jülich);
www.v-fischer.de (* Berlin 29. 8. 29). – V: Schritt für
Schritt, G. 04; Der Troll Ricki-Micki, das Waldmänn-
chen, Kdb. 05; Splitter in der Seele, Autobiogr. 05. – P:
Hörbücher auf CD: Schritt für Schritt, G. 04; Oh nein
oh nein. Das darf nicht sein, G. 04; Und ich werde vor
Sehnsucht vergeh'n, erot. Geschn. 04; So ist das eben,
gereimte Geschn. 05; Der Troll Ricki-Micki, das Wald-
männchen, Kdb. 05; Mehr als ein bisschen, G. m. Musik 08.

Fischer-Diehl, Gerlind; An der Alster 67, D-
20099 Hamburg, Tel. (0 40) 8 90 20 15, Fax 24 87 07 67
(* Mainz 18. 11. 37). Hamburger Autorenvereinig. (2.
Vorsitzende); Lyr., Sat., Kurzgesch., Kindergesch.,
Aphor. Ue: am. – V: Lebemann und Mauerblümchen,
Aphor. 88; Die Marskatze ... und andere komische Tiere, Kdb. 07. – MA: Beitr. in zahlr. Anth. sowie Zss. u.
Ztgn, u. a.: Engel, Engel, Anth. 02. – H: Ein Lächeln
zwischen den Zeilen. Gedenkb. f. Gabriel Laub, Erzn.
99. – R: Kurzgeschn. im WDR. – Ue: Alles Liebe, Euer Vater 87.

Fischer-Dieskau, Dietrich, Prof., Opern- u. Liedersänger, Dirigent, Musikpäd., Autor, Mitgl. bzw. Ehrenmitgl. zahlr. nationaler u. intern. Ges., Akad. etc.; Lindenallee 22, D-14050 Berlin (* Berlin 28. 5. 25). zahlr.
nationale u. intern. Ehrungen u. Auszeichn., u. a. Pour
le merite Dtld 84, Commandeur de l'Ordre des Arts et
des Lettres 95, E.senator d. Hochschule d. Künste Berlin 95, Großer Pr. d. Vereinig. d. intern. Musikkritiker,
Paris 97, E.bürger d. Stadt Berlin 01, Dr. h.c. d. Univ.
Oxford, d. Univ. Paris-Sorbonne, d. Yale Univ. (USA),
d. Univ. Heidelberg, – zahlr. Schallplattenpreise seit 55,
zuletzt: Klassik-Grammy 01, Frankfurter Musikpr. 01,
Praemium Imperiale („Nobelpr. d. Künste"), Japan 02,
Polar-Musikpr., Stockholm 05. – V: Auf den Spuren
der Schubert-Lieder 71; Wagner und Nietzsche 74; Ro-
bert Schumann. Wort u. Musik, das Vokalwerk 81; Tö-
ne sprechen, Worte klingen 85; Nachklang, Erinn. 87;
Wenn Musik der Liebe Nahrung ist 90; „Weil nicht alle
Blütenträume reiften" – Johann Friedrich Reichardt 92;
Fern die Klage des Fauns – Claude Debussy 93; Schubert und seine Lieder 96; Carl Friedrich Zelter und das
Berliner Musikleben seiner Zeit, Biogr. 97; Der Nacht
ins Ohr. Gedichte v. Eduard Mörike, Vertonungen v.
Hugo Wolf, e. Lesebuch 98; Die Welt des Gesangs 99;
Zeit des Lebens, Erinn. 00; Johannes Brahms. Leben
u. Lieder 06. – MA: zahlr. Aufsätze u. Buchbeiträge
seit 65, u. a.: Als wir noch Lausbuben waren 66; As-
rael, Erz. in: FAZ 12.10.91. – H: Texte deutscher Lieder, Handb. 68, 13. Aufl. 03; Auf Flügeln des Gesan-
ges. Die 100 schönsten Musikgedichte 08, u. a. – *Lit:*
K.S. Whitton: D.F.-D. Mastersinger 81, dt. u. d. T.: D.F.-
D. – Ein Leben f. den Gesang 84; H. Friedrich (Hrsg.):
Hommage à D.F.-D. 85; W.E. von Lewinski: D.F.-D.
Tatsachen, Meinungen, Interviews 88; W. Grünzweig:
Verz. z. Ausst. „Einblicke". D.F.-D. – Maler u. Musiker
95; H.A. Neunzig: D.F.-D., Eine Biogr. 95 (auch engl.),
u.v. a.; – zahlr. Portr. u. Interviews in Zss. u. Ztgn seit
60, u. a.: DER SPIEGEL 33/64; DIE WELT; DIE ZEIT;
Der Stern; NZZ; Der Tagesspiegel; FAZ; The New York
Times; s. auch 2. Jg. SK.

Fischer-Fabian, Siegfried (Siegfried Fischer),
Dr. phil.; Am Sonnenhof 21, D-82335 Berg, Starnb.
See, Tel. (0 81 51) 5 11 26, Fax 95 32 04 (* Bad Elmen
22. 9. 22). Christophorus-Pr. d. HUK-Verb. 88; Schach,
Rom. – V: Liebe im Schnee, R. 65; Das goldene Bett,
R. 70; Aphrodite ist an allem schuld, R. 74; – zahlr.
Sachbücher, u. a.: Mit Eva zog die Liebe an 58; Venus
mit Herz und Köpfchen 59; Müssen Berliner so sein
...? 60; Hurra, wir bauen uns ein Haus 62; Deutschland kann lachen 66; Das Rätsel in Dir 66; Traum ist
rings die Welt 67; Schätze, Forscher, Abenteurer 72;
Europa kann lachen 72; Berlin-Evergreen 73; Geliebte
Tyrannen 73; Die ersten Deutschen 75; Die deutschen
Cäsaren 77; Preußens Gloria 79; Die deutschen Cäsaren
im Bild 80; Preußens Krieg u. Frieden 81; Vergeßt das
Lachen nicht 82; Herrliche Zeiten 83; Der Jüngste Tag
85; Die Macht des Gewissens 87; Um Gott und Gold
91; Lachen ohne Grenzen 92; Alexander der Große
oder Der Traum vom Frieden der Völker 94; Karl der
Große 99; Sie verwandelten die Welt. Lebensbilder
berühmter dt. Frauen 07. – *Lit:* F.C. Piepenburg: Sein
Weg 82; W.Ch. Schmitt: Die Auflagen-Millionäre 88;
s. auch SK.

Fischer-Hunold, Alexandra, M. A. Germani-
stik/Anglistik; *alexandra.fischer-hunold@arcor.de*
(* Düsseldorf 10. 8. 66). Goethe-Ges. 98. – V: Reihe
„Die Gespensterschule". 1: Amalia im Fledermaus-
schloss 01, 2: Amalia und die Gespensterpiraten 02, 3:
Amalia und der verborgene Schatz 02, 4: Amalia und
die Gruseltouristen 02, 5: Amalia und die Gespensterreiter 02 (alle auch jap.); Reihe „Laura@Internat". 1:
Laura will es wissen 03, 2: Geheimsache: Klatschmohn
03, 3: Live auf Sendung 03, 4: Rettet das Internat 03,
Leselöwen-Reiterferiengeschichten 03 (auch CD u.
Tonkass.); Lesekönig: Gespensterpferde und andere
Geheimnisse 03, Tb.-Sonderausg. 04, Lästerschwe-
ster 03 (auch ung.), Im Tal der Goldgräber 05; Die
geheimnisvolle Schatzsuche 04; Leserabe: Hundegeschichten 04, Geistertanz um Mitternacht 05; Lesepiraten: Mädchengeschichten 04, Wikingergeschichten
04, Schulfreundegeschichten 05 Skatergeschichten 06,
Ponyfreundegeschichten 06; Pleiten, Pech und Peinlichkeiten 05; Tatort Erde: Koalas spurlos verschwunden! Ein Ratekrimi aus Australien 05, Auf der Flucht
durch Tokio. Ein Ratekrimi aus Japan 06. – MA: Gute
Nacht und träume schön 01; Krümeldrache Flitzeflatz
01; Coppenraths kunterbuntes Geschichtenbuch 02;
Und die Fische zupfen an meinen Zehen 02; Das dicke
Bärenbuch 04. (Red.)

Fischer-Livera, Viola s. Livera, Viola

Fischer-Nagel, Irene s. Fischer, Irene

Fischer-Tschöp, H. G. s. Fischer, Heinz

Fischl, Viktor s. Dagan, Avigdor

Fischle-Carl, Hildegund, Dr. phil., Dipl.-Psych.,
Psychotherapeutin; Sulzgries, Kastenackerweg 6, D-
73733 Esslingen a. N., Tel. (07 11) 37 15 90 (* Stuttgart
7. 11. 20). Evang. Psycho.; Reiseb., Psychologie. Fachb.,
Psychologie. Material f. Hörspiele. – V: Spuren des bleiben, Reisebilder; Aufstand der Jugend; Erziehen mit
Herz und Verstand; Alltag mit unseren Kindern; Freiheit ohne Chaos; Kinder werden Mann und Frau; Wege
zum Du; Sexualverhalten und Bewußtseinsreife; Fühlen
was Leben ist; Sich selbst begreifen; Das schöne schwere Miteinander; Kleine Partner in der großen Welt; Lust
als Steigerung des Daseins 80; Das Ich in seiner Umwelt 82; Vom Glück der Zärtlichkeit 84; Was bin ich
wert 86; Ich und das Kind, das ich war 91; Selbstbe-
wußt und lebensfroh 94. (Red.)

Fischlmaier, Peter, Uhrmacher; Hauptplatz 27,
A-7100 Neusiedl/See, Tel. u. Fax (0 21 67) 26 04

(* Amstetten/NÖ 19. 4. 47). LVG, KVNB, IGAA Burgenld; Rom., Erz., Kurzprosa, Hörsp., Dramatik. – V: Alter Wein, Erzn. u. Kurzprosa 84. – MA: zahlr. Beitr. in Anth. u. lit. Zss. – R: Die Entführung des Stephansdomes, Hsp. 84; ca. 40 Rdfk-Beitr. (Red.)

Fischwanz, Peter s. Schneider, Hansjörg

Fitterer, Mario; Sonnhalde 11, D-79215 Biederbach (* Freiburg/Br. 37). Förd.kr. Dt. Schriftst. Bad.-Württ., Forum Allmende; Gold. Feder 83; Lyr., Prosa, Haiku-Ess. – V: Schonung in Schwarzhalden, G. 90; Der Skilehrer warnt Schalten weiterzuwachsen, Haiku 90; der springende stein, Haiku u. Dialog 93; klingendes licht, 32 heliolithe 96; solo in buonconvento, G. 01. – MA: zahlr. Beitr. in Anth., u. a.: Anth. der deutschen Haiku 78 (unter Ps. Elmar Fitteer); Jb. d. Lyr., Nr. 2 80; Gedichte über Städte u. Dörfer in Baden-Württemberg 87; Allmende Nr. 10, 20/21, 52/53 96, 70/71 01. – H: York Roman: Glasfelder, Kurz-G. 98; Ruth Franke. Haiku 02. (Red.)

Fitz, Lisa, Kabarettistin, Sängerin, Schauspielerin; Postfach, D-84330 Hebertsfelden, *www.lisa-fitz.de* (* Zürich 15. 9. 51). Dt. Kleinkunstpr., Ludwig-Thoma-Med., Schwabinger Kunstpr., Nürnberger Trichter, Kabarettpr. d. Stadt Ybbs/Öst. – V: Die heilige Hur' 88; Geld macht geil 90; Heil! 94; Flügel wachsen nach, R. 95 (auch russ.); Kruzifix 96; Kabarett: Heilige Hur 83; Ladyboss 87; Geld macht geil 89; Heil 94; Kruzifix 96; Herzilein 97; Wie is'n die in echt 98; Alles Schlampen außer Mutti, m. Nepomuk Fitz 03. – MV: So'n bißchen Gift bringt doch die Welt nicht um, m. Horst Haitzinger u. Klaus Staeck, Satn. u. Karikaturen 90; Genießen erlaubt, m. Alfons Schuhbeck 93. – P: I bin bled; I mag di; I flipp aus, alles Schallpl.; Ladyboss 87; Bilder im Kopf 93; Heil 94; Loonatic 95; Geld Macht Geil 96; Die heilige Hur 96; Die Geilsten 98; Wie isn die in echt 99. – Lit: Arno Frank Eser: L.F. Ladyboss u. Heilige Hur' 96. (Red.)

Fitzbauer, Erich (Ps. Hieronymus Zyx), Mag. phil.; Rosegergerstr. 8, A-3032 Eichgraben/NdÖst., Tel. (0 27 73) 4 66 15, *members.chello.at/kreissl* (* Wien 13. 5. 27). Intern. Stefan-Zweig-Ges., Präs. 57–65, P.E.N. 73–00; Förd.pr. d. Ldes NdÖst. 87; Nov., Ess., Lyr., Erz., Kinderb. – V: Keiner kennt den andern, Erzn. 68; Windrad, Mond u. magischer Kreis. Griech. Impress. u. Phantasmagorien, G. u. Kurzprosa 73; Der Kübelreiter. Variationen zu Kafka, Kurzprosa 76, 2. Aufl. 96; Heiter bis Regen, G. u. Aphor. 76; Zikadenschrei u. Eulenruf. Neue griech. Impress., Lyr. u. Kurzprosa 77; Alle Ratten von Bord, Erz. 78; Auf Suche nach Bolko, Erz. 78; Die reißende Zeit, G. 78; Axl Leskoschek und seine Buchgraphik, Ess. 79; Kassiopeia, G. 79; Mond im Kleinen Bären, G. u. Kurzprosa 79; Namenlose Landschaften, Ess. 79; Botschaften, G. 80; Das Phänomen Stefan Eggeler, Ess. 80; Der Auftrag, Erz. 81; Die einen u. die andern, G. 81; España, Ess. 82; Durch Städte u. Landschaften, G. 83; Herz auf die Hand 83; Abschiede 85; Durch die Regenbrille 85; Eins in den andern Spur 85, alles G.; Nach Macchia und Meer riecht der Wind. Griech. Impress. 3, G. u. Kurzprosa 85; Wunschzettel, G. 85; Täglich ist Allerseelen, G. 86; Auf verdunkelter Bühne, G. 87; Santorin – Insel der tausend Wunder, Kurzprosa 87; Strahlenfuge oder Wiederaufbereitung der Bedenken, G. 87; Zirkus Welt, G. 87; Bruder Baum, G. 88; Klippen, Dolmen und Calvaires, Kurzprosa 88; Hieronymus Zyx – Die Zaubertrommel 89; H. Zyxens groteskes Tieralphabet 89, G. u. Kurzprosa; 80 Gedichte 89; Sizilianisches Allegro 89; Fenster ins Dunkle 90, alles G.; Im Zeichen der Sonne. Griech. Impress. 4, G. u. Kurzprosa 90; Scardanelli. Eine imaginäre Begegnung, Erz. 90; Das Südlicht

90; Heimgekehrt aus den Träumen 91; H. Zyx – Zwischen Stühlen sitzen 91; Zyxens neues skurriles Tieralphabet 91, alles G.; Herr Zyx reist nach, Herr Zyx reist weit, Kdb. 92; Blumen – Bäume – Blütentee 92; Gesang des Orion 92; Heißt Zyx und heißt willkommen 93; Der Ruf der Rose 93, alles G.; Ein intimes Tagebuch anderer Art, Ess. 93; Die zwei Leben des Stefan Eggeler, Ess. 93; Drei Künstler im Tessin. Begegnungen mit Imre Reiner, Richard Seewald, Gunter Böhmer, Prosa 94; Hans Fronius, Prosa 94; Potpourri, G. 94; Übersetzung mit Büchern, Ess. 94; Bücher aus erster Hand, Ess. 95; Zyx bleibt Zyx 95; H. Zyx – Einzelgänger, doch gesellig 96; H. Zyx – Lyricus Satyricus 96; Leben lassen – das Problem der Welt 96; Sonne, Mond und Wolkentiere 96, alles G.; Ägäischer Ausklang. Griech. Impress. 5, 97; Die Flamme des Worts. Erinn. an H. v. Doderer, Ess. 97; H. Zyx – Einmal Olmenried und zurück 97; Stücke für Pianoforte 97; Abschied und Trost 98; H. Zyx – Auf die leichte Schulter 98; H. Zyx – Das goldene Olmenrieder Herz 98; H. Zyx – In den Wind geschrieben 98; H. Zyx – Über Stock und Stein 98; H. Zyx – Nur nicht ernst bleiben 99; H. Zyx – Laa und Laab und Oberlaa 99, alles G.; Leben mit Dichtung, Ess. 99; Hoch über dem Eichgraben, Prosa 99; Ithaka – Insel des Odysseus, Kurzprosa 99; Im Mondboot reisen 99; H. Zyx – Wohin mit mir? 00; H. Zyxens Olmenrieder Preisliederzyklus 00, alles G.; Malta – Ein kleiner Bilderbogen, Ess. 00; Das immer wieder neu geschenkte Leben. Gedächtnisprot. 1945 00; Zwischenbereiche, Ess. 00; H. Zyx – Unterm lila Hute läuft die Zeit davon, G. 01; Hier ganz nahe Herr Zyx, G. 01; Im Wind und im Wort, G. 01; Lakonische Notizen, Prosa 02; Und doch noch einmal grüßt Herr Zyx 03; Was ich noch sagen wollte 04; Dies und das 05; Olmenrieder Gartenlieder 05; Sechzig Jahre danach 05; Bitteres Dessert 05; H. Zyx – Ein Dutzend Grillen 05; Wohin du auch siehst 06; H. Zyx – In alterprobter Orthographie 06, alles G.; Was mich betrifft, G. u. autobiogr. Prosa 06, 2. Aufl. 08; H. Zyx – Zeiten und das 06; Kein Platz mehr in der Hölle 07; H. Zyx – Irgendwie gehts immer weiter 07; H. Zyx Im Bann der Bibliomagie 07; H. Zyx – Was soll denn das? 07; Jahreslauf 07, alles G.; Größen des frühen Tonfilms, Ess. m. Brieffaks. 07; Gedanken zu Zitaten, G., 1 07, 2 08; Erinnerung an Ludwig Meidner, Ess. 08; H. Zyx – Nichts nur für die Schreibtischschublade, G. 08; Monatsbilder, G. 08; H. Zyx – Gradeherausgesagt, G. 08; Die erste Internationale Stefan-Zweig-Gesellschaft. Eine Bilanz 08. – MA: Sieben Illustratoren in der Insel-Bücherei, Ess. 88. – H: ca. 40 Bücher, u. a.: Stefan Zweig. Spiegelungen einer schöpferischen Persönlichkeit 59; Stefan Zweig Gedächtnisausstellung, Kat. 61; Durch Zeiten und Welten 61; Fragment einer Novelle 61; Im Schnee 63; Der Turm zu Babel 64; Frühlingsfahrt durch die Provence 65; Die Hochzeit v. Lyon 80; Spanische Reise, Ess. 90; Peter Altenberg, Ess. 94; Ansichtskarten aus Indien 99; Ansichtskarten von frühen Reisen 00, alles Werke v. Stefan Zweig; Franz Kafka: Ein Landarzt 85; Hans Henny Jahn: Der Uhrenmacher, Erz. 94; Peter Gan: Das letzte Wort hat das Gedicht, Ess. 94; Paula Ludwig: Größerer Zeiten Gesang, G. 96; Heimito v. Doderer: Gedanken über eine zu schreibende Geschichte der Stadt Wien, Ess. 96; Peter Altenberg: Wunschkost, Ess. 97; Robert Hammerstiel, Galerie der Dichter 97; ... der Maler 98; ... der Komponisten 99; Armin T. Wegner: Lebendige Erde, G. u. Briefe 98; Lyrik aus erster Hand, Faks. 00 II; Einkehr in ein älteres Haus, Faks. 00; Leser, Künstlergraphiken 00; Christine Busta: Die Welt war schön und schrecklich, G. 00; Oskar Laske: Frühe Illustrationen 05; Axl Leskoschek: Ein Andersen-Bilderbuch 05; A. Paul Weber: Der alte Mann

Fitzek

und die Satire 06; F. v. Saar: Dem Golde gleicht der Dichtkunst hohe Gabe 06; A. Egger-Lienz: Fünf Briefe von Maler zu Maler 06; Peter Rosegger: Mein erstes Honorar, Faks. 08; Stefan Zweig: Briefe und Werknotizen, Faks. 08. – **P:** E.F. liest eigene Lyrik und Prosa, CD 08. – *Lit:* Hubert Schmidbauer in: Print 65/92; Elke Lipp in: Insel-Bücherei, Mitt. f. Freunde 14/96; Beate Noack-Hilgers in: Bücher-Markt 3/96; Dieter Scherr in: Autorensolidarität 1/00, Interview; Philipp Maurer in: Um-Druck 3/07, u. a.

Fitzek, Sebastian, Dr.; c/o Fitzek GmbH, Kurfürstendamm 206, D-10719 Berlin, Tel. (0 30) 30 64 29 64, Fax 30 64 29 62, *info@fitzek-gmbh.de, www.sebastianfitzek.de* (* Berlin 13. 10. 71). – **V:** Die Therapie 06; Amokspiel 07; Das Kind 08, alles Thr. – **MV:** Professor Udolphs Buch der Namen, m. Jürgen Udolph, Sachb. 05 (mehrere Aufl.). (Red.)

Fitzner, Thomas; lebt auf Mallorca, *www.thomasfitzner.com* (* Bregenz 26. 9. 60). Rom. Ue: span, engl. – **V:** Die Kaktuspflückerin 97; Mallorca, Feng Shui und zwei halbe Orangen 01; Mallorca – vorläufig für immer 03; Die Mallorca-Therapie 07. (Red.)

Fitzpatrick, Kilian, Komponist u. Autor; c/o Black Ink Verlag, Burgselstr. 5, D-86937 Scheuring, Tel. (0 81 95) 9 98 94 01, Fax 9 98 94 03, *info@blackink.de, www.blackink.de* (* Nürnberg 72). Bayer. Kunstförd.pr. f. Lit. 07. – **V:** Die Germanei 97; Läufer 99. – **MV:** Und andere Untiefen, m. Christoph Schäferle 93; – Zwei Wochen, R. 94; PLOT, R. 95, 02; Welt II, R. 00; Elf, Prosa 03, alle m. Nikolai Vogel; Der König schläft im Schloss, m. Thomas Glatz u. Nikolai Vogel 07 (auch als Hörb.). (Red.)

Fitzthum, Germund, Autor, Verleger; Ratschkygasse 40/21, A-1120 Wien (* Wien 19. 8. 38). Aphor. – **V:** Capriolen aus spitzer Feder 76, 2. Aufl. 90; Der Literat im Caféhaus 80, 2. Aufl. 91; Salonblüten 83, 2. Aufl. 98; Leidenschaften 88; Pique Dame 95, alles Aphor. (Red.)

Flabellarius, Renarius s. Wedler, Rainer

Flacke, Uschi (Ursula Flacke), Autorin, Kabarettistin, Musikerin; Am Waldgarten 7, D-61287 Altweilnau, *info@uschi-flacke.de, www.uschi-flacke.de*. Kinder- u. Jugendb., Kindersachb. – **V:** Weil du ein Mädchen bist 96; Heine für Kleine 97; Weil wir was zu sagen haben 98; Weil ich dich verstehen will 99; Das will ich wissen – wie ein Baby entsteht 99; Mädchen, Mädchen 00; Freundinnen 00; Katharina hinter den Sternen 00; Grusel in der alten Gruft 00; Das Gespenst ohne Gesicht 00; Das Geheimnis der alten Burg 01; Reihe „Die Rätselbande": Der Schatz im Höhlenlabyrinth, Der Mumienraub, Gangsterjagd im Spiegelkabinett, Der Schmugglerbande auf der Spur, alle 01; Die Pfefferkörner: Wenn du mich küßt 02; Die Hexenkinder von Seulberg 03; Vampirjagd um Mitternacht 03; Tessa und Sara im Castingfieber 04; Hannah und der Schwarzkünstler Faust 04; – Bücher z. ARD-Serie „Schloß Einstein": Bd 6: Schmetterlinge im Bauch, Bd 7: Der gestohlene Hit, Bd 8: Spiel mit dem Feuer, Bd 9: Skandal am Faulen See, Bd 10: Ein Traum in Chrom, alle 00, Bd 11: Date mit einem Superhirn 01, Bd 15: Love Storys 02; „Schloß Einstein Exklusiv": Katharina – Modelträume werden wahr 00, Kleine Prinzen 01, Nadines Story 01, u. a. (Red.)

Fladt, Albrecht E., Red.; Wallgraben 40, D-32756 Detmold, Tel. (0 52 31) 3 17 08 (* Stuttgart 16. 4. 21). Mitträger d. Preises ‚Werke f. d. Jugend' 53; Nov., Märchen, Hörsp., Libr., Übers., Rom. Ue: engl, frz. – **V:** Die Zauberbrücke, M. 49; Marleen u. Dreiteufelsspuk, 2 Libr. 54; Antlitz des Geistes, Ess. 61; Taldurchstreifer/Reine Toren, R. 00. – **H:** Stimme der Wissen-

schaft. Tondokumente dt. Nobelpreisträger, 15 Schallpl. m. Begleitheften 62–67. (Red.)

Flaig, Heiner, Autor; Fremersbergerstr. 109, D-76530 Baden-Baden, Tel. u. Fax (0 72 21) 2 35 37 (* Villingen/Schwarzw. 3. 8. 28). Rom., Zeit-Dok. – **V:** Villingen – Zeitgeschehen in Bildern 78; Ausverkauf im Paradies, R. 85; Laura oder die Liebe zum Quartett, R. 90; Windfänger 98. – **MA:** Beitr. in: Kopfball 82; Werner Zganiacz zeichnet: Möpse, Eier, Golf, Zeitweise zeitkritisch 85; Satzzeichen 88. – **R:** mehrere Hfk-Sdgn im SWF. (Red.)

Flak, Gisela, Sachbearbeiterin i. R. (* Breslau 22. 11. 23). Kg., Autorenkr. Ruhr-Mark, WAV 99; Lyr.pr. Witten 76, Nikolaus-Lenau-Pr. d. Kg. 91; Lyr., Kurzprosa. – **V:** Hinter dem Gitter meiner Hände, G. 63; Setze ein Kreuz für Liebe, G. 77; Heute, sagt meine Stimme ..., Lyr. 81; Fragmente, Lyr. 86. – **MA:** Boje im Sturm 58; Liebe, menschgewordenes Licht, Lyr. 64; Spuren d. Zeit, Lyr., Bde 1–4 62–69, Bd 6 89, Bd 9 96; Ruhrtangente, Lyr. 72; Lichtbandreihe Nr. 3, 5, 6, Lyr., Aphor. 76; Diagonalen, Prosa 76; Alm. '77, Lyr., Prosa 77; Spiegelbild, Lyr., Prosa 78; Bewegte Frauen, Prosa 78; Anfällig sein, Lyr. 78; Schritte d. Jahre, Lyr. 79; Lyrik 80, 81; Wie es sich ergab, Lyr. 81; Alm. '82, Lyr. 82; Begegnungen u. Erkundungen, Lyr. 82; Flowers of the Great Southland, Lyr. 82; Zeitstimmen, Lyr., Prosa 86; Der Wald steht schwarz u. schweiget, Lyr. 89; Stadtmenschen, Lyr. 91; Das Licht, Lyr. 91; Weil du mir Heimat bist, Lyr. 94; Wo Deine Bilder wachsen, Lyr. 97; Literaten-Tischrunde 98; Liebe zum Leben, Lyr. 00, alles Anth. (Red.)

Flamel, Louis (eigtl. H. G. Kestel) *

Flatow, Curth; Am Hirschsprung 60 A, D-14195 Berlin, Tel. u. Fax (0 30) 8 31 34 81 (* Berlin 9. 1. 20). EM D.U.; BVK 75, Gold. Kamera 84, Telestar 85, Prof. e.h. 92, Verd.orden d. Bdesrep. Dtld 99; Film, Hörsp., Theaterst., Kabarett, Fernsehsp. – **V:** Das Fenster zum Flur, m. Horst Pillau 60; Vater einer Tochter 65; Das Geld liegt auf der Bank 68; Der Mann, der sich nicht traut 73; Durchreise. Die Geschichte e. Firma 82; Romeo mit grauen Schläfen 85; Verlängertes Wochenende 90; Zweite Geige 91; Das glückliche Paar oder die Folgen einer Serie 93; Keine Ehe nach Maß 93; Mein Vater der Junggeselle 94; Faust ohne Gretchen 95; Ein gesegnetes Alter 96; Nicht schwindelfrei oder Zwei in Opposition 97; Der Ausbrecher 98; Ein Mann – ein Wort oder der 30jährige Krieg 99; Nachspiel – oder das Ende eines 1. Ehe 01; Männer sind auch Menschen 06, alles Stücke; Cyprienne oder Scheiden tut weh, musikal. Kom. (Musik: Gerhard Jussenhoven); Mutter Gräbert macht Theater, Singsp. (Musik: Heinr. Riethmüller); – Striptease im Löwenkäfig und andere „nackte Tatsachen", G. 75; Das Geld liegt auf der Bank 75, 95; Ich heirate eine Familie, Bd 1–4, R. 88; Vier Witwen sind zuviel, R. 88; Durchreise. Die Geschichte e. Firma 93; Am Kurfürstendamm fing's an, Erinn. 99. – **F:** Wenn Männer schwindeln 50; Der Onkel aus Amerika 52; Das Fräulein vom Amt 54; Liebe, Tanz und 1000 Schlager 55; Das einfache Mädchen 57; ... und abends in die Scala 57; Der Pauker 58; Der Gauner und der liebe Gott 60; Meine Tochter und ich 63. – **R:** über 100 Rundfunksendungen, u. a.: Der letzte Weihnachtsbaum; Beinah' friedensmäßig; Ein Spieß wird umgedreht; Die Theaterkrise findet nicht statt; Zu herabgesetzten Preisen; Nackte Tatsachen; So leben wir; Ein Film mit der Rückblende, alles Hsp. – 30 Drehbücher zu Fernsehfilmen, u. a.: Die eigenen vier Wände; Zwischenmeisterin Gertrud Stranitzki; Ida Rogalski; Preussenkorso; Ein Mann für alle Fälle; Schuld sind nur die Frauen; Das Bett; Kein Mann zum Heiraten; Ich heirate eine Familie; Durchreise.

Flattinger, Hubert, Journalist, Autor; Untermieming 11, A-6414 Mieming, Tel. (06 64) 5 43 09 91, Fax (0 52 64) 59 20, *flattinger@tt.com* (* Innsbruck 21. 11. 60). IGAA; Erz., Jugendrom., Kinderb., Hörsp., Theater. – **V:** Die Tür nach Nirgendwo 96; Das Lied vom Pferdestehlen, Erzn. 00; Manzinis größter Fall, Theaterst. 00; Flattingers Kinderkram, Mitmachb. 01; Walt, Theaterst., UA 01; Wenn du glaubst du bist allein 02. – **MA:** wöchentl. Kinderseite in d. „Tiroler Tagesztg" mit zahlr. Beitr., Interviews (u. a. m. Astrid Lindgren, Janosch, Otfried Preußler) seit 92; Tiroler Jungbürgerbuch 96. – **R:** Fast wahre Geschichten, Hör-Erzn. f. Kinder 00, u. a. (Red.)

Flattner, Herbert s. Scheriau, Herbert

Flatus Sextus s. Pfaff, Wolfgang

Fleck, Annelise (Ps. NODSI, eigtl. Annelise Wimmer-Lamquet), freischaff. Autorin; Favoritenstr. 35/6, A-1040 Wien, Tel. (01) 9 54 44 44, *wimmer-lamquet@chello.at* (* Goldbeck 14. 5. 23). Öst. Lit.pr. 72; Story, Ess., Lyr., Zeitgesch. – **V:** Workuta überlebt, Erlebnisber. 94, 4. Aufl. 02. – **MA:** Beitr. in zahlr. Anth., Ztgn u. im Rdfk. (Red.)

Fleck, Dirk C., Journalist u. Autor; Mansteinstr. 18, D-20253 Hamburg, Tel. (0 40) 97 07 16 31 (* 43). SFCD-Lit.pr. 94. – **V:** Palmers Krieg, R. 92; Go! Die Öko-Diktatur, R. 93; Das Tahiti-Projekt, R. 08. – **MA:** Spiegel; Stern; Geo; Welt, u. a. (Red.)

Fleddermann, Willi (Ps. Manfred Wilden), Beamter; Oberfeldweg 7, D-32278 Kirchlengern, Tel. (0 52 23) 8 47 83, Fax 8 47 91, *fleddermann@teleos-web.de, www.verlag-drei-muehlen.de* (* Bünde 7. 3. 45). GEMA; Kulturförd.pr. d. Kr. Herford 04; Lyr., Kurzgesch., Ess., Bühnenst., Hörsp., Rom., Kinderb. – **V:** Leben und Erwachen, Lyr. 74; Wie der Funkenkobold unsichtbare Prügel bekam, Prosa 79; Omas neue Kleider, Prosa 89; Der verlorene Großvater, Kom. 96; Bünde im Jahr der Billionen, Prosa 03; Der König von Kuckuckscheim, Kom. 04; Der Mann mit der Mundharmonika, Prosa, Lyr. 04; Mein Tag mit Paulus, Prosa, Lyr. 05; Die Bärengeschichte, Prosa 08. – **MV:** Texte durch Drei, Prosa u. Lyr. 74; Quer, Lyr. 74; Fremde, Freunde und verlassene Gräber, Prosa 08. – **MA:** Schreibfreiheit 79; Treffpunkt 86; ansichten 97. – **MH:** Literarisches Spektrum 71; Momente 86; 850 Jahre Südlengern 01. – **R:** Das sprechende Hochhaus, Hsp. 93. – **P:** Mein Weg zu Dir 78; An den Ufern der Zeit 82; Die Orchidee vom Bodensee 85; CDs: Du meine Liebe 91; Ave Maria 94; Wir werden nur noch Freunde sein 95; Sommerwind 96; Der Junge aus Jerusalem 99; Ein weißes Hochzeitkleid 06; Weihnachten ist heut 08, u. a.

Flegel, Sissi (Ps. Fiona Fischer, eigtl. Sissi Eisele), Schriftst.; Tannenweg 67, D-71665 Vaihingen, Tel. (0 70 42) 9 83 60, Fax 94 06 11 (* Schwäbisch Hall 18. 8. 44). Christoph-von-Schmid-Pr. 88; Kinder- u. Jugendb. – **V:** Tatort Familie 82; Treffpunkt Internat 83, beides Jgdb.; Der Blitz am Ferienhimmel 84; Eine Klasse mit Pfiff 86; Sternschnuppen für Joscha 86; Herztheater 87, 89; Frei wie ein Vogel 89; Mondmilch und Sonnentropfen 90, 94; Im Zauber des Labyrinths 92, 95 (auch kat.); Der dritte Löwe 94; Wir sind die Klasse vier 94, 00; Wir sind die Klasse fünf 97, 00; Klasse fünf und die Liebe 98; Lieben verboten! 98, 00; Bühne frei für diese eine, Sp. 99; Wilde Hummeln 99; Gruselnacht im Klassenzimmer 00; Kanu, Küsse, Kanada 00; Zum Geburtstag Gänsehaut 01; Die Superhexen 01; Liebe, Mails und Jadeperlen 01; Die Vollmondparty 01; Mutprobe im Morgengrauen 02; Liebe, List und An-

denzauber 02; Klassensprecher der Spitzenklasse 03. – **MA:** Päd. Aufss. in Fachzs. (Red.)

Flegel, Walter, stellv. Vorsitzender d. Lit.-Kollegium Brandenburg e. V.; Thaerstr. 65, D-14469 Potsdam, Tel. u. Fax (03 31) 29 63 83 (* Freiburg/Schles. 17. 11. 34). Lit.-Kollegium Brandenbg 90; Staatspr. f. künstler. Volksschaffen 61, 66, Theodor-Körner-Pr. 72, Nationalpr. d. DDR 85, Ehm-Welk-Lit.pr. 92, Kd.- u. Jgd.lit.pr. „Eberhard" d. Ldkrs. Barnim 96; Rom., Lyr., Erz., Dramatik, Hör- u. Fernsehsp. – **V:** Wenn die Haubitzen schießen, R. 60; In Bergheide und anderswo, Erzn. 66; Der Regimentskommandeur, R. 71, 85; Der Junge mit der Panzerhaube, Kdb. 72, 89; Soldaten, Sch. 74; Draufgänger, Bü. 75; Ein Katzensprung 76; Pflaumenwege im September, Lyr. 78, 82; Es ist nicht weit nach Hause, Erz. 78; Es gibt kein Niemandsland 80, 86; Das einzige Leben, R. 87; Ansichten von Rügen, Lyr. 87, 89; Die Nacht in der Dörre 89; Meine Reise an die Mosel, Erz. 93; Inselzeit auf Rügen, Lyr. 95; Jagodas Heimkehr 96; Darf ich Jule zu Dir sagen? 97; Jule ist wieder da! 01; Unter der Schlinge, Erz. 03; Mein Orplid, ges. G. – **MA:** Min Rügenland, Lyr.-Anth. 96. – **MH:** Reihe „Brandenburger Autoren mit neuen Texten" m. Hans Joachim Nauschütz: Immernoch 95; Vom Stand der Dinge 96; Dieser miese schöne Alltag 98; Schriftzüge. Brandenburgische Bll. f. Kunst u. Lit., m. Manfred Richter u. E.M. Jäschke, seit 98. – **F:** Zum Teufel mit Harbolla, DEFA-Spielf. 89. – **R:** Bericht beim Kommandeur, Hsp. 71; Der Regimentskommandeur, Fsp. 72; Übung im Gelände, Hsp. 73. (Red.)

Fleisch, Sophie-Dorothee, freie Schriftst.; 5 rue des Pêcheurs, F-67630 Lauterbourg, Tel. 00 33/3 88 54 65 39, *fleisch@sdfleisch.de, www.sdfleisch.de* (* Niedersachsen 62). – **V:** Elsaß, Laptop, Rachelust! 04; Die Villa am Wannsee. Auf den Spuren d. Familie Hahn 04; Flittchen und Flusen, Satn. 06; Alfred Hahn (1873–1942). Berliner Bankier. Integriert, interessiert, deportiert (Jüd. Miniaturen, 48) 06. (Red.)

Fleischer, Ludwig Roman, Mag. phil.; Lindauergasse 29/5, A-1160 Wien, Tel. u. Fax (01) 4 89 27 14, *sisyphus@utanet.at.* Birkenweg 6, A-9544 Feld/See (* Wien 17. 9. 52). IGAA 90; Ernst-Willner-Pr. im Bachmann-Lit.wettbew. 90, Buchpr. d. Öst. Kultusmin. 91, Erzählerpr. d. Stift. Ostdt. Kulturrat (2 Pr.) 97; Prosa. Ue: engl. – **V:** Rakontimer, R. 90; Weg-Weiser von Österreich, R. 91; Obsieger oder der Tag der österreichischen Freiheit, R. 92; Hellebard der 68er, R. 93; Reichsbrückenrhapsodie, R. 94; Fernverbindung, Erzn. 94; Herbergsuche, Weihnachtsgeschn. 95; Der Castellaner. Ein Abschied von den Alternativen, R. 97; Seewinkler Dodekameron. Ein pannon. Erzählreigen in zwölf Teilen 98; Letzte Weihnachten, Weihnachtsgeschn. 00; Die Geschlechtsbegründung, R. 01; Basic Reality, Geschn. 02; Glück ohne Ruh, Geschn. 03; Michi und Michi aus Michelstadt, Geschn. f. Kinder 03; Inselleben im Entzug, R. 04; Edam und Ava, Schüttelreimepos 04; Dorf der Seele 05; Zurück zur Schule 06; Die Enterburg 07; Der Büttelschrei 07. – **Ue:** Steven Kelly: Invisible Architecture 91; Fluchtpunkt Wien, R. 92. (Red.)

Fleischer, Michael, Prof. Dr. habil.; ul. Braci Gierymskich 47, PL-51-640 Wrocław, Tel. (0 71) 3 47 75 45, *m.fleischer@k.pl* (* Hindenburg 23. 2. 52). Lyr., Text. Ue: poln. – **V:** Selbstgespräche monoton 95; Schon irgendwie merkwürdig 98. (Red.)

Fleischhauer, Wolfram, Dolmetscher, Schriftst.; lebt in Berlin, c/o AVA – Autoren- u. Verlags-Agentur, Herrsching, *wf@ava-international.de, www.wolfram-fleischhauer.de* (* Karlsruhe 9. 6. 61). VG Wort; Dt. Krimipr. 00; Rom. Ue: engl. – **V:** Die Purpurlinie 96;

Fleischmann

Die Frau mit den Regenhänden 99, 01; Drei Minuten mit der Wirklichkeit 01 (als Hörb. 04); Das Buch, in dem die Welt verschwand 03 (als Hörb. 05); Die Verschwörung der Engel 05; Schule der Lügen 06; Der gestohlene Abend 08.

Fleischmann, Hartmut *

Fleischmann, Lea, StudR.; c/o Kulturelle Begegnungen, P.O. Box 3171, IL-91031 Jerusalem, Tel. (0 09 72–2) 6 41 34 50, *info@leafleischmann.com*, *www.leafleischmann.com* (* Ulm 23. 3. 47). Kurzgesch., Sachb. – **V:** Bundesrepublik 80; Ich bin Israeli 82; Nichts ist so, wie es uns scheint, jüd. Geschn. 85; Abrahams Heimkehr, Geschn. zu den jüd. Feiertagen 89; Gas – Tagebuch einer Bedrohung 91; Schabbat 94; Rabbi Nachman und die Thora 00. – **MV:** Meine Sprache wohnt woanders, m. Chaim Noll 00. – **R:** Einmal Masse sein, Fsf. (Red.)

Fleischmann, Peter, Filmemacher; lebt in Berlin u. Potsdam, c/o Fahrenheit Verl., München (* Zweibrücken 26. 7. 37). – **V:** Die Zukunftsangst der Deutschen, R. 08. – **F:** Die Eintagsfliege 57; Geschichte e. Sandrose 61; Brot der Wüste 62; Begegnung mit Fritz Lang 64; Der Test 64; Alexander u. das Auto ohne linken Scheinwerfer 65; Herbst der Gammler 67; Jagdszenen aus Niederbayern 69; Das Unheil 70; Dorotheas Rache 73; Der Dritte Grad 75; Die Hamburger Krankheit 79; Frevel 84; Es ist nicht leicht ein Gott zu sein 89; Deutschland, Deutschland 91; Mein Onkel, der Winzer 94; Mein Freund, der Mörder 06. (Red.)

Fleiss, Irene, stellv. Personalabt.leiterin, Erwachsenenbildnerin, Autorin; Neilreichgasse 94/Stg. 1, A-1100 Wien, Tel. (06 99) 10 43 47 90, *irene.fleiss@gmx.at* (* Wien 16. 5. 58). Rom., Kurzgesch. – **V:** Die Leibwächterin und der Magier, Fantasy 83; Grenzenlos, Kurzgeschn. 01; Der erpresste Mann 02; Tod eines guten Deutschen 03. – **MV:** Erinnerte Geschichten, m. Sylvia Hartmann, phantast. Erzn. 05. – **MA:** mehrere Beitr. in Anth., Zss u. im Internet, u. a.: Der Riss im Himmel. (Red.)

Flemes, Charlotte (geb. Charlotte Wahlstab), bis 1990 Leiterin d. Kunstvereines „Der Kunstkreis Hameln, Ges. z. Förd. d. Bildenden Künste, e. V."; Weberstr. 27, D-31787 Hameln, Tel. (0 51 51) 6 11 03 (* Grohnde 7. 5. 17). Verd.kr. 1. Kl. d. Niedersächs. Verd.ordens 87; Erz. – **V:** Früh, wenn die Hähne krähn, Erinn. 1945–48 92, 01; Vieles gibt uns die Zeit 94; Unvergessliche Jahre, Erz. 96; Das Staunen nicht verlernt, Reiseerz. 99; Die silberne Puderdose. Erinn. f. morgen 02. (Red.)

Fleming, Stefan, Schauspieler, Regisseur, Autor; Scherzergasse 1, A-1020 Wien, *s.fleming@preiserrecords.at* (* Wien). Silver Medal b.The N.Y. Festivals of Television 97; Erz., Dramatik, Fernsehsp. – **V:** Märchen zur Nacht, Geschn. 93. – **R:** Merlin oder Das wüste Land, Theaterst. im Fs. 89; Weltuntergang, Fs.-Sdg 94. (Red.)

Flemmer, Walter, Dr. phil., Journalist, Kulturchef, stellv. Fernsehdir. i. R., Präs. d. Bayer. Akad. f. Fernsehen; Bussardstr. 1, D-85716 Unterschleißheim (* München 26. 3. 36). Turmschreiber; BVK, Kulturpr. d. Bayer. Volksstift., Bayer. Fernsehpr. (E.pr. d. Ministerpräs.), Komtur m. Stern d. Silvesterordens, Bayer. Verd.orden; Rom., Erz., Lyr., Sachb. – **V:** Das Messer im Leib der Puppe, R. 80; Der Reiche, der nicht sterben wollte, M. 84; Oamoi ois Woikn schwemm, bayer. G. 84; Augenblicke in der Wüste, Betracht. 84; Gärten der Stille 85; In den Himmel gebaut 85, alles Betrachtn.; Geschichten aus dem Hänsel und Gretelwald 85; Glückstage 85, veränd. Neuaufl. 99; Die vier Jahreszeiten 85; Wasser, Licht und Steine 85; Lebendige Stil-

le 88; Zwerg Nase, Libr. 89; Zuschauen, Entspannen, Nachdenken 93; Das Glückshemd u. a. märchenhafte Geschichten 94; Passion, Libr. 97; Sonnasommaflirrn, G. 97; Menschenrechte, Kantate 99; Das Alte China, Sachb. 00; Vogelnarben auf der Stirn, Lyr. 00; Kindern zugeschaut. Begegnungen zuhause u. in fernen Ländern 02; Die blaue Rose. Fernöstliche Märchen, Erz. 06; Tropfen vom Lotosblatt, Sachb. 08. – **MV:** Die Regengeschichte; Die Fischgeschichte; Die Rattergeschichte; Die Diebsgeschichte, alles Kdb. 71; Verantwortung vor Gott, m. Friedr. Kardinal Wetter 02; Kennen Sie Adam, den Schwächling? Ungewöhnliche Einblicke in d. Bibel, m. Ruth Lapide 03; Kennen Sie Jakob, den Starkoch?, m. ders. 03. – **MA:** Münchner Sommerbilder, Sammel-Bd 98; Heimat 98. – **H:** Joh. Gottfried Herder: Schriften 60; Deutsche Balladen 61, 5. Aufl. 75; August Wilhelm Schlegel: Schriften; Wilhelm von Humboldt: Schriften 64; Achim v. Arnim: Erzählungen; Clemens Brentano: Ausgew. Werke; Annette von Droste Hülshoff: Gedichte. Die Judenbuche, u. a. Ausgaben v. Werken klass. dt. Dichter; Dem Leben trauen. Dt. Trost- u. Mutgedichte v. Barock bis zur Gegenw. 84; Weil's uns freut. Bayer. Lyr. aus 2 Jh. 86; Bin ich denn nicht auch ein Kind gewesen?, Dt. G. über Kinder 86; Alte Wunder wieder scheinen, dt. Romantik 87; Nacht, lichter als der Tag, G. u. Geschn. 89, 93; Dies ist ein Herbsttag, wie ich keinen sah, G. 90; Wunderblüten – schneebereift, G. 91. – **P:** Walter Flemmer erzählt Geschichten vom Sterben u. vom Aufwachen 90; Menschen-Rechte. Kantate, CD 99.

Flemming, Reiner, im Ruhestand; Molkenbänke 6, D-33175 Bad Lippspringe, Tel. (0 52 52) 93 06 23, *rfmail@flemming-lippspringe.de*, *www.flemming-lippspringe.de* (* Glauchau 14. 3. 23). Lyr., Erz., Aphor., Ess. – **V:** Lippegelätscher 01. – **MH:** Die Brücke. Paderborner Ztg. v. Älteren f. Ältere (auch Mitarb.). (Red.)

Flemming, Ruth-Marion (geb. Ruth-Marion Janßen), Schriftst.; Am Brockerberg 4, D-40699 Erkrath, Tel. (02 11) 24 14 55, *ruth-m.flemming@gmx.de*, *www.rm-flemming.de* (* Bremen 9. 1. 32). Lit.kr. ERA Erkrath, Gründerin, Freundeskr. Düsseldorfer Buch '75, Lit.büro NRW, Ges. d. Lyr.freunde; Lit.pr. d. Freundeskr. Düsseldorfer Buch 89; Erz., Kurzgesch., Glosse, Sat., Märchen, Lyr., Aphor., Haiku, Senryu. – **V:** Fingerzeig, G. 85. (Red.)

Flemming, Sigfried, Pensionist; Bechtstr. 7, D-74076 Heilbronn, Tel. (0 71 31) 17 92 75 (* Niederdorf T./Erzgebirge 4. 7. 22). Rom. – **V:** Unterwegs ins Ungewisse, R. 01; Im Zeichen der ungleichen Zwillinge, R. 02; Lohn der Illusion, R. 03. (Red.)

Flensburg, Ruth s. Held, Christa

Flenter, Kersten; Wilhelm-Bluhm-Str. 44, D-30451 Hannover, Tel. (05 11) 21 20 99, Fax 7 60 83 70, *k.flenter@gmx.de*, *www.flenter.de* (* Hannover 29. 10. 66). Vis; Künstlerwohnung Soltau 03; Lyr., Prosa. – **V:** Zappen im Kaltland-TV, Stories 93, 2. Aufl. 95; Drei Akkord Hinterhofträume, G. 95; Friß dieses Land, G. 96; Die verschwendeten Jahre, Stories 96; Roadhouse 30451, G. 98; Junkie-Ufer, Erz. 00; Dominante Versager, R. 02; Während des Wartens, G. 03, 04. – **MA:** Downtown Deutschland 92; Das Kopflaus-Syndrom 93; Asphalt Beat 94; Hannover zwischen Sekt & Selters 94, 98; Restlicht 95; Social Beat D 95; German Trash 96; Social Beat/Slam Poetry 97, alles Anth. – **P:** Bilder ohne Landschaft, Tonkass. 97; Dominante Versager, Lesung, CD 93. (Red.)

Flesch, Wilhelm, Städt. Oberverwaltungsrat im Schuldienst a. D.; Nürnberger Str. 69, D-46119 Oberhausen, Tel. (02 08) 89 09 67 (* Oberhausen 7. 12. 28).

Rom., Erz. – **V:** Das Bernsteinkreuz, R. 04, Neuaufl. 07; Zwischen Nacht und Morgen, R. 07.

Flessner, Bernd, Dr., Lit.- u. Medienwiss., Publizist, Schriftst., LBeauftr. d. Univ. Erlangen-Nürnberg; Steigerwaldstr. 2, D-91486 Uehlfeld, Tel. (09163) 8526, Fax 1734, *bernd.flessner@t-online.de* (*Göttingen 57). Das Syndikat, Inklings. – **V:** Lemuels Ende, Geschn. 01; KRIM.-ROMANE: Die Gordum-Verschwörung 02; Greetsieler Glockenspiel 05; Knochenbrecher 07; – zahlr. Kindersachbücher sowie wiss. Veröff. – **MV:** Lükko Leuchtturm u. seine Freunde, Bd 1 97, Bd 2 99; Lükko Leuchtturm u. das Rätsel der Sandbank 01; Lükko Leuchtturm u. die geheimnisvolle Insel 04, alle m. Bernd Pabst, u.a. – **MA:** Beitr. u.a. für: NZZ; Kultur & Technik; Theater heute; Ästhetik & Kommunikation; Wechselwirkung; Mare; Kursbuch; Zukünfte; MUT; taz; Das Sonntagsblatt; natur; WDR, BR, DW. – **MH:** Der schwarzbunte Planet – SF aus Ostfriesland, m. Peter Gerdes 00. (Red.)

Fletcher, Werner, Musiker, Musiklehrer; Eberhardstr. 15, D-33129 Delbrück, Tel. u. Fax (05250) 53391, *BKers89876@aol.com* (*Delbrück 15.4.52). Erz., Rom. – **V:** Zaungast und der Kosmokrator, R. 01; Zaungast jagt Kaiser auf der Wurst, R. 01; Fletcher's Kleines Wirtschaftsbestiarum, sat. Diktionär 04; Zaungast und der heilige Strohsack, R. 04; Fletchers zynisches Wörterbuch, Sat. 05; Fletchers satirisches Fußballdiktionär 08; Zaungast ermittelt in der Pattstr., R. 09.

Flicker, Florian, Filmemacher, Drehb.autor; Windmühlgasse 9/17, A-1060 Wien, Tel. (01) 5869704, *flicker@aon.at, www.florianflicker.com* (*Salzburg 21.8.65). Drehb.forum Wien; Spezialpr. d. Filmfestivals „Fantastica" Gerardmer 94, „Prix coup du coeur" d. Filmfestivals Valenciennes 94, 2. Pr. d. Filmkunst-Festivals Schwerin 94, Drehbuchpr. d. Stadt Salzburg 94, 96; Film, Fernsehsp./Drehb. – **V:** Suzie Washington, Drehb. 99; Der Überfall, Drehb. u. Interviews 01. – **F:** Halbe Welt 93; Heile Welt 94; Suzie Washington 98. (Red.)

Flieder, Harry s. Rühmkorf, Peter

Fliedl, Konstanze, UProf. Dr.; c/o Univ. Salzburg, FB Germanistik, Akademiestr. 20, A-5020 Salzburg, Tel. (0662) 804443 71, Fax 804 46 12, *konstanze.fliedl@ sbg.ac.at, www.sbg.ac.at/ger/people/fliedl.htm* (*Linz 7.8.55). Arthur-Schnitzler-Ges., Präs. 99; Öst. Staatspr. f. Lit.kritik 99. – **V:** Zeitroman und Heilsgeschichte 86; Arthur Schnitzler. Poetik d. Erinnerung 97; Arthur Schnitzler 05. – **MA:** zahlr. Beitr. in Zss. u. im Rdfk. – **H:** Briefwechsel. Arthur Schnitzler u. Richard Beer-Hofmann 92; Österreichische Erzählerinnen 95; Arthur Schnitzler: Der Weg ins Freie, R. 95; Das andere Österreich 98; Arthur Schnitzler: Lieutenant Gustl, N. 02; Arthur Schnitzler im 20. Jahrhundert 03; Kunst und Text 05; Arthur Schnitzler: Frau Berta Garlan 06. – **MH:** Briefwechsel. Peter Rosegger u. Ludwig Anzengruber, m. Karl Wagner 95; Geschlechter, m. Friedbert Aspetsberger 01; Elfriede Gerstl, m. Christa Gürtler 02; Judentum und Antisemitismus, m. Anne Betten 03; Andreas Okopenko, m. C. Gürtler 04. – **P:** Das Alphabet der großen Bücher, m. Wendelin Schmidt-Dengler, CD 98. (Red.)

Fliege, Rainer, M.A., ObStudR., Lehrer; Gutenzellerstr. 1, D-88489 Wain (*Wain/Württ. 21.8.65). Ulmer Autoren 85–87; Rom., Lyr., Drehb., Libr. – **V:** Unterrichtskonzepte Deutschliteratur: E. Kästner, Emil u. die Detektive 00, 07; Die Nächte des Kaspar Hauser, Theaterst., Musical 03; Aus der Welt, Opernlibr. 07. – **MV:** Winterlichter, Lyr. u. Prosa 94. – **MA:** Den Stein begreifen 85; Nur den Tod können uns nicht tö-

ten 86; Südliche Waage 86, alles Lyr.-Anth.; Medien im Deutschunterricht 2005 Jb. 06. – *Lit:* s. auch 2. Jg. SK.

Flieger, Jan, Dipl.-Ing., freischaff. Schriftst.; Kirschbergstr. 6, D-04159 Leipzig, Tel. u. Fax (0341) 8611666, *gabriele.klasen@web.de* (*Berlin 10.12.41). Förderkr. Freie Lit.ges. e.V. Leipzig, stellv. Vors., Friedrich-Bödecker-Kr. Sachsen; Theodor-Körner-Pr.; Lyr., Kinder- u. Jugendb., Krimi, Kurzgesch., Fernsehdrehb., Thriller. – **V:** Floßfahrt, Lyr. 77; Flucht über die Anden, Kdb. 81, 4. Aufl. 85; Polterabend, Kurzgeschn. 81, 83; Die ungewöhnliche Brautfahrt des Fängers Jonas, Kurzgeschn. 83, 85; Der Sog, Krim.-R. 85, 4. Aufl. 89; Das Tal der Hornissen, Jgdb. 85, 86 (auch tsch.); Tatort Teufelsauge, Krim.-R. 86, 88; Wo blüht denn blauer Mohn, Jgdb. 86, 87; Die Hölle hat keine Hintertür, Krim.-R. 87; Sternschnuppen fängt man nicht, Jgdb. 87; Der graue Mann 88, 90; Satans tötende Faust 95; Im Höllenfeuer stirbt man langsam 97, alles Krim.-R.; Mein Weihnachtstheater 97; Der vertauschte Mittelstürmer, 1.u.2. Aufl. 98; Der Kommissar in der Regentonne 99; Das Labyrinth in den Klippen 99 (auch ndl.); Die Ruine der Raben 99, 2. Aufl. 01 (auch chin., russ., dän.); Das Glücksschwein 99; Flucht aus Montecastello 00; Mutgeschichten 00, 6. Aufl. 03; Schatzsuche auf der Totenkopfinsel 00, 06 (auch chin.); Verfolgung durch die grüne Hölle 00 (auch chin.); Das Grab des Pharaos 01, 06; Duell mit dem Tyrannosaurus 01; Ein Fall für die Superspürnasen 01; Gefährlicher Vollmond 01; Elf Kicker im Fußballfieber 02; Detektivgeschichten 03, alles Kdb.; Tatort Teufelsauge, Krim.-R. 06 (auch engl.); Höllenauge, Thr. 09; Man stirbt nicht lautlos in Tokyo, Thr. 09; Jule und der verschollene Hengst, Kdb. 09. – **MV:** Floßfahrt, m. Peter Tille, G. 77. – **MA:** Mit Kirschen nach Afrika, Anth. 82; Mit Musik im Regenwind fliegen, Anth. 85; Erntefest, Anth. 85; Kurzgeschn. in Deutsch-Leseb. in Schweden, Frankr., Dänemark, Norwegen; – Krim.-Geschn. in Anth.: Eine glänzende Idee 91; Good bye, Brunhilde 92; Heyne Krimi Jahresbd 92; Im Namen des Guten 93; Der Mörder ist immer der Gärtner 93; Der Mörder packt die Katze aus 93; Der Mörder schwänzt den Unterricht 94; Neue ostdt. Krimis 94; Haffmans Krimi Jahresbd 94–97; Der Mörder kommt auf sanften Pfoten 95; Mord tight oder Es muß nicht immer Totschlag sein 96; Der Bär schießt los 98; Rufen Sie die MUK 98 (Schweiz); Mords-Sachsen 2 08 u. 3 09. – **R:** Alles umsonst, Fsf. n. d. Krimi „Der Sog" 88, 91, 92. – *Lit:* B. Kehrberg: Der Krim.-Roman d. DDR 1970–1990 98.

Fliegner, Annette s. Krone, Juliane A.

Flis, Ingrid (geb. Ingrid Daniger), Sozialarb., grad. Textilgestalterin; David-Goldberg-Str. 1, D-02779 Großschönau, Tel. (035841) 67601, *www.ingrid-flis. de* (*Ramsbeck/Bestwig 4.8.47). – **V:** Gestammel ein verrückten Alten, Kurzgeschn. 03. – **MA:** Lyrikanth. 2005 05; Wer Religion hat, redet Poesie 06; Neue Literatur, Anth. 06. (Red.)

Flock, Anika, Dipl.-Philologin; Tannenweg 25, D-24637 Bokhorst, *flock@pixelstorm.de, www.anikaflock. de* (*Worms 17.12.74). Rom., Kurzgesch. – **V:** Der Kristallwandler, R. 05; Das Auge der Elster, Kurzgeschn. 05. – **MA:** Mystisches Mittelalter, Anth. 04. (Red.)

Flock, Christiane, med.-techn. Laborassist.; Buchenweg 5, D-53520 Wershofen, Tel. (02694) 878, *christianeflock@aol.com, www.christianeflock.de* (*Köln 6.12.67). BVJA 01; Kinderb. – **V:** Die Schildkröte und der Schmetterling, Kdb. 99; Die kleine Waldbewohner am Feuer, Kdb. 02. (Red.)

Flörsheim

Flörsheim, Karin (eigtl. Abele, geb. Karin Brandenburg); Kaiser-Wilhelm-Ring 39, D-40545 Düsseldorf, Tel. (02 11) 57 52 98, *karinfloersheim@t-online.de*, *www.karin-floersheim.de* (* Chemnitz 30. 5. 30). 2. Pr. b. F&F Lit.pr. 06. – **V:** Lyrische Texte Karin Flörsheim 00; Sternenschimmer einsammeln 04; Worte, herausgefallen aus Büchern, G. u. Graphiken 06; Übervolle Wege, G. u. Graphiken 08. – **MA:** Liebe 04; Natur 05; Blumengrüße 06 (alle hrsg. v. Chris Bienert); best german underground lyriks 05; Als wäre es gestern gewesen, als könnte es morgen sein 07; Nacht (1. Brügginer Lit.-Herbst) 07, alles Lyr.-Anth.

Flöss, Helene (Helene Flöss-Unger), Lehrerin i. P., freie Schriftst.; Hauptstr. 30, A-7051 Großhöflein, Tel. (0 26 82) 6 54 72, *helene.floess@aon.at*, *www.haymonverlag.at/floess.html*. Bäckergasse 8, I-39042 Brixen, Tel. (04 72) 83 64 65 (* Brixen 29. 9. 54). Kr. Südtiroler Autoren im Südtiroler Künstlerbund, SAV, P.E.N.-Club, IGAA Tirol; Maria-Veronika-Rubatscher-Pr., Hall/T. (3. Pr.) 85, Prosapr. Brixen-Hall 87, 2. Pr. d. Stadt Innsbruck f. künstler. Schaffen (dramat. Dicht.) 90; Erz., Rom. Ue: ital. – **V:** Nasses Gras 90; Spurensuche 92; Wieviele Tode stirbt man im Traum 96; Dürre Jahre 98, alles Erzn.; Schnittbögen, R. 00; Löwen im Holz, R. 03; Brüchige Ufer, R. 05; Der Hungermaler, Erz. 07. – **MV:** Briefschaften, m. Walter Schlorhaufer, R. 94. – **MA:** Anth.: Arunda 88; Schnittpunkt Innsbruck 90; Südtirol. Ein lit. Landschaftsbild 90; Kopf oder Adler 91; Gesicht des Widerspruchs 92; Der dritte Konjunktiv 00; Stadtstiche – Dorfskizzen 05; Grenzräume. Eine Lit.-Landkarte Südtirols 05; – Zss.: Inn; Lit. u. Kritik; Distel; Sturzflüge; Das Fenster; Mitt. aus d. Brennerarchiv; Pannonia; Wortmühle. – **R:** Die andere Stadt, Hsp. 96. – Ue: Domenico Starnone: Das Rasiermesser 06. – *Lit:* H.G. Grüning: Die zeitgenöss. Lit. Südtirols 92; Inge Gurndin: Das Südtirolbild in den Werken von H. F. u. J. Zoderer 95; Sieglinde Klettenhammer: Mit den Ohren schauen 96; Brigitte Foppa: Schreiben über Bleiben oder Gehen. Die Option in der Südtiroler Literatur 1945–2000 03.

Flohr, René s. Börrnert, René

Floorman, Bert s. Grasmück, Jürgen

Flor, Olga, Mag., Studium d. Physik, Multimedia-Dagnostin; Schriftst.; Graz, *olga.flor@utanet.at* (* Wien 25. 1. 68). GAV; Lit.förd.pr. d. Stadt Graz 01, Öst. Staatsstip. f. Lit. 03, Reinhard-Priessnitz-Pr. 03, Otto-Stoessl-Pr. 04, frauen.kunst.preis 04 (abgelehnt), Arb.stip. d. Ldes Stmk 04, George-Saiko-Reisestip. 06, u. a.; Rom., Erz., Dramatik. – **V:** Erlkönig. Roman in 64 Bildern 02; Fleischgerichte, UA 04; Talschluss, R. 05; Kollateralschaden, R. 08. – **MA:** zahlr. Beitr. in Lit.zss. seit 00, u. a. in: manuskripte 155/02; – Anth.: Kafka in Graz 03; Zum Glück gibt's Österreich 03; Cocktails 03; Die besten Klagenfurter Texte 2003 03; Wien. Eine lit. Einladung 04, u. a. (Red.)

Flora, Paul, Zeichner; Gramartstr. 2, A-6020 Innsbruck, Tel. (05 12) 29 24 86 (* Glurns 29. 6. 22). P.E.N.-Club Liechtenstein; Gr. Bdesverd.kr. d. BRD. – **V:** Gezeichnetes und Geschriebenes 87; Die welke Pracht. Venezianische Zeichn. u. Geschn. 89; Dies und das. Nachrichten u. Zeichn. 97; Zeichnungen 1936–2001 02.

Florescu, Catalin Dorian, Psychotherapeut, freier Schriftst.; Luisenstr. 43, CH-8005 Zürich, Tel. (01) 2 72 02 85, *www.florescu.ch* (* Timişoara/Rumänien 27. 8. 67). Stip. d. Pro Helvetia 01, Werkjahr d. Stadt Zürich 01, Förd.pr. d. Hermann-Lenz-Stift. 01, Adelbert-v.-Chamisso-Pr. (Förd.pr.) 02, Anna-Seghers-Pr. 03, Preisträger Lit.wettbew. d. Dienemann-Stift. 03, Villa-Waldberta-Stip. 04, Stip. Atelierhaus Worpswede 04/05, Werkbeitr. d. Kt. Zürich 04, Stip. Künstlerdorf Schöppingen 06, Werkbeitr. d. Pro Helvetia 06, Auszeichn. d. Kt. Zürich 06, Dresdner Stadtschreiber 08, Esslinger Bahnwärter 08; Rom. – **V:** Wunderzeit 01 (auch rum.); Der kurze Weg nach Hause 02 (auch rum.); Der blinde Masseur 06 (auch rum., holl., ital., span., frz.); Zaira 08. – **MA:** Swiss Made 01; Kolumnen in d. Wochenendbeil. d. Tages Anzeigers 01–03; Die besten Texten d. Würth-Lit.preises 02; Feuer, Lebenslust! 03. (Red.)

Florian s. Puppel, Ernst F.

Florian, Andrea-Johanna, Dr. rer. nat., Dipl.-Geographin (* Wuppertal 13. 3. 61). 1. Pr. f. Kurzgesch. d. Beginen e.V. Köln; Rom., Kurzgesch., Ess., Rep. – **V:** Im Jahr der Ratte oder Geld ist stärker als Wasser, R. 99; Das Geheimnis der schwarzen Trommel. – **MV:** Frauenblicke auf Köln 00. – **MA:** zahlr. Beitr. in Stadtteilzss. (Red.)

Florian, Werner *

Floscenti, Carlo s. Scholz, Herbert Carl

Floß, Rolf, Transformatorenbauer; Alexanderstr. 4, D-01324 Dresden, Tel. u. Fax (03 51) 2 68 36 28 (* Dresden 11. 9. 36). SV-DDR 70, VS; Hans-Marchwitza-Pr. 71, Martin-Andersen-Nexö-Kunstpr. 77; Rom., Nov. – **V:** Irina, Erz. 69, 85; Bedenkzeit 75, 79 (auch russ.); Tanzstunden eines jungen Mannes 79, (auch russ.); Dezemberlicht 88, 90; Die Erbschaft 07, alles R. – **MV:** Mein anderes Land. Zwei Reisen nach Vietnam, m. Helmut Richter 76. – **R:** Reisefieber, Fsf. 71. – *Lit:* Weimarer Beiträge 4/76, 5/82.

Floßdorf, Verena; Auf der Erdmaar 18, D-52385 Nideggen, *www.lizzynet.de/home/verena1989* (* bei Düren 12. 8. 89). Rom., Ged., Kurzgesch. – **V:** Amerikaner küssen besser, R. 06; Musenküsse von Ex, R. 07. – **MA:** Frankfurter Bibliothek.

Flotow, Angelika, Pharmareferentin; Liegnitzer Str. 22, D-22045 Hamburg, Tel. (040) 65 49 11 26, Fax 65 49 11 28, *a.flotow@t-online.de* (* Itzehoe 29. 1. 45). FDA 03; Rom., Erz. – **V:** Im Koffer ein Lächeln, R. 02; Zeit mit Vera, Episoden-R. 04. – **MA:** Ein Streifen Silberpapier. Geschichten vom Glück 05; Literaturwüste City Nord 07; Kurzgeschichten 2/07.

Flügel, Herbert, Univ.zeugnis f. d. Lehramt an Volksschulen, Heimatkundler; Löbauer Str. 18, D-02625 Bautzen, Tel. (0 35 91) 4 35 26 (* Ellefeld/Vogtld 6. 9. 08). Anerkenn. 'Lausitz-Dank' in Silber; Heimatkundl. Ess. – **V:** Dogebliebm und oagepackt, Lyr. 04; Alles war Schule, persönl. Schulgeschichte (voraussichtl. 07). – **MA:** Bautzener Kulturschau, monatl. 70–90; Sächs. Heimatblätter, monatl. 80–97; Sächs. Gebirgsheimat, jährl. 87–91; Oberlausitzer Kulturschau, monatl. 90–02; Oberlausitzer Hausbuch, jährl. 92–07; Die Oberlausitz u. ihre Nachbargebiete 91; Die Elbe im Kartenbild 94; Bautzen 1945 95; Bautzener Land, H.1/95; Hermann Eule, Orgelbau 97. (Red.)

Flügge, Manfred, freier Schriftst.; Maxstr. 23, D-13347 Berlin, *www.manfred-fluegge.de* (* Kolding/Dänemark 46). P.E.N.-Zentr. Dtld 99; Arb.stip. f. Berliner Schriftst. 92, 96, Alfred-Döblin-Stip. 94, Villa-Aurora-Stip. Los Angeles 97, Stip. d. Stuttgarter Schriftstellerhauses 97, Writer in residence Miami Univ. Oxford/Ohio 03, Lauréat de la Villa Mont Noir 04; Rom., Erz., Biogr., Theater. Ue: frz. – **V:** Paris ist schwer, Ess. u. Dok. 91; Die Wiederkehr der Spieler, Ess. 92; Gesprungene Liebe, Dok.-R. 93, 98 (auch frz., ital., jap.); Meine Sehnsucht ist das Leben, Dok.-R. 96, 98; Wider Willen im Paradies 96; Zu spät für Amerika, R. 98; Der Engel bin ich, Reiseber. 99; Figaros Schicksal, Biogr. 00; Die Unberührbare, R. nach d. gleichnam. Film v. Oskar Roehler 01; Heinrich Schliemanns Weg nach Troja 01; Les infortunes de Figaro, Theaterst. (frz.), UA 04; Rettung ohne Reiter, oder: Ein Zug aus Theresienstadt 04; L'allemand sans peine, Theaterst. (frz.) 05; Heinrich Mann. Eine Biografie 06; Ich erinnere mich an Berlin. Erlebtes u. Erfundenes 06. – **B:** Zofia Jasinska: Der Krieg, die Liebe und das Leben 98. – **MA:** Lit.kritik in: Der Tagesspiegel; Die Welt. – **F:** Wurlitzer oder Die Erfindung der Gegenwart, Text 85; Der Diplomat, Buch u. Co-Regie 95. – **R:** div. Feature u. Kinder-Hsp., u. a.: Zwischen Wüste und Pazifik, Feat. 99. – **Ue:** Dominique Fernandez: Der Triumph des Paria, R. 92; Pierre Mertens: Ein Fahrrad, ein Königreich und der Rest der Welt, R. 96; A. Wivierka: Mama, was ist Auschwitz 00; Max Gallo: Napoleon, R. 02; Pascal Bruckner: Ich kaufe also bin ich 03; Marek Halter: Der Messias-Code 05. (Red.)

Flügge, Michael; Prof.-Richard-Paulick-Ring 2, D-06862 Roßlau, Tel. (03 49 01) 6 73 27 (*Dessau 2. 3. 59). Rom., Lyr., Erz. – **V:** Romanze für zwei Augenblicke 98; Kaleidoskop der Gefühle 01. (Red.)

Fock, Holger, Dr.; Akazienweg 4, D-74925 Epfenbach, *holger.fock@truetext.net*, *www.truetext.net* (*Ludwigsburg 15. 8. 58). VS/VdÜ 91; Arb.- u. Reisestip. d. Berliner Senats 91, 93, Aufenthaltsstip. d. frz. Kulturmin. f. Frankreich 92, 08, Stip. d. Freundeskr. intern. Förd. liter. Übers. 94, Stip. d. Ldes Bad.-Württ. 98, 00, 05, Stip. d. Dt. Übers.fonds 99, 01, 02, 07, Stip. d. Übers.werkstatt d. LCB 00, Förd.pr. z. Europ. Übersetzerpr. Offenburg 08; Lyr., Ess., Übers. Ue: frz. – **V:** Mauerläufer, Gedichtzyklus 78; Antonin Artaud und der surrealistische Bluff. Studien zur Geschichte d. Théatre Alfred Jarry, Diss., 2 Bde 88. – **H:** Jacques Rigaut: Suizid. Schriften 1919–1929, Prosa 83; Louis Aragon: Abhandlung über den Stil, Ess. 87; André Breton: Die verlorenen Schritte, Ess. 89; Clément Pansaers: Vive Dada!, Lyr. u. Prosa 89. – **MH:** u. MUe: Zwischen Fundamentalismus und Moderne. Lit. a. d. Maghreb 94, u. a. – **Ue:** Jacques Rigaut: Suizid. Schriften 1919–1929 83; André Breton: Die verlorenen Schritte 89 (auch Nachw.); Clément Pansaers: Vive Dada, Lyr. u. Prosa 89; Tito Topin: Im letzten Akt fließt immer Blut, R. 90; ders.: Casablanca im Fieber, R. 91; Jacques Laurent: Spiegel der Frauen 92; Rachid Mimouni: Hinter einem Schleier aus Jasmin 92; Antoine Volodine: Alto solo 92, Dondog, R. 05; Francois Bon: Das Begräbnis 93; Pierre Michon: Herr und Diener 94; André Neher: Jüdische Identität 95; Tahar Djaout: Der Enteignete 95; Théophile Gautier: Jettatura, N. 06; Patrick Deville: Pura Vida, R. 07; Pablo Picasso: Gedichte 07; weiterhin Werke von: Pierrette Fleutiaux, Alain Demurger, Pierre Assouline, Lorette Nobécourt, Nelly Arcan, Cathérine Breillat, Marc Bloch, Gilbert Simoné, Bernard-Henri Lévy, Abdellah Hammoudi, Lyndal Roper, Alexandre Adler, u. a. – **MUe:** Werke u. a. von: Alain Mets, Elie Wiesel, Andrei Makine, Rachid Mimouni, Jean Lacouture, Erik Orsenna, Thierry Jonquet, Philippe Grimbert, Cécile Wajsbrot, Arnaud Cathrine, m. Sabine Müller u. a.

Fock, Manfred (Ps. Anton Hechler, Dr. Fridolin Fox), Dipl. Sozialpäd., Arbeit in der Straffälligenhilfe, Ausbildung in Stimmbildung, Rezitation u. Gestaltung; lebt im Landkr. Frankenthal, c/o Fangorn Verlag, Am Herrnacker 19, D-82276 Adelshofen, Tel. (0 81 46) 18 30, Fax 71 04, *FangornVerlag@t-online.de*, *www.Fangorn-Verlag.de* (*München 20. 7. 55). Rom., Erz., Hörsp. – **V:** Der Schoaß im Hirn, Theaterst. 87; Wo war Franz Beckenbauer?, Satn. 92; Der letzte Spieltag 96, 3. Aufl. 04 (auch Hörb.); Die Weissagungen des Anton Hechler

und andere Fußballgeschichten 99; Pohlschröder fährt S-Bahn, R. 01, 03; S-Bahn fahren mit Pohlschröder, m. Fotogr. von Jürgen Welder 03 (auch russ.); Gartenzwerg-Trilogie: I: Die Entführung der Gartenzwerge 03, Tb. 04, II: Die Hinrichtung der Gartenzwerge 04, III: Die Befreiung der Gartenzwerge 06, alles sat. Krimis; Der Adler von Oberrichtbach. Ein Heimatroman 06; Freibier für Schnecken 08. – **MA:** Der Herr der Regeln, Anth. 06; – regelmäßige Lesungen. – **H:** u. MA: So war es. Jugendfußball gestern – und heute? 94; Der Schiedsrichter im Fußballsport oder Was heißt hier unparteiisch? 96; 20 Jahre Fangorner Sportkurier 98.

Focke, Gerd (Ps. Jens Simon), kfm. Lehre, Arbeitsdienst u. Wehrmacht, Schauspielschule, Schauspieler, Rundfunksprecher, Dramaturg, Regisseur, Gründer u. Leiter d. Fernsehtheaters Moritzburg in Halle, Schriftst.; Voßstr. 11, D-06110 Halle/S., Tel. (03 45) 4 78 73 73 (*Leipzig 7. 4. 27). SV-SDR 63–90, VS 95, Förd.kr. d. Schriftst. in Sa.-Anh.; versch. Auszeichn. d. DDR: Goldmed. d. Arbeiterfestspiele, Silb. Lorbeer d. DFF, u. a.; Dramatik, Hörsp., Fernsehsp., Erz., Sat. – **V:** Bühnendramatik: Sie tragen wieder Ritterkreuze, UA 54; Eine Gaunerballade, Ballett-Libr., UA 57; Ruf aus Lezaky, Tanzspiel 58; Gefährliches Schweigen, UA 59; Skandal um Meegeren, UA 60; Das Entchen, Puppensp. 60; Weißt du, wo du zu Hause bist?, UA 63; Peter und der Roboter, Puppensp. 64; Bob fährt nach Afrika, Puppensp., UA 67; Fronten, UA 68; Stachelbauch der Erste, satir. Puppensp., UA 69; Der Rotbart, n. Tschechow, UA 73; Fünfmal die Drei, UA 74; Der große Coup des Waldi P., Musicalfass., UA 76; Ein total verrückter Einfall, UA 81; Rinaldo Rinaldini – der korsische Wolf, UA 84; Nachtgestalten 88; Der tolle Ferdinand 89; – Prosa: Der apokalyptische Nadelkauf, Satn. a. Texte 00. – **B:** Bühnenbearb.: Grabbe: Der Kristallschuh 59; Henry Becque: Die Pariserin 72; Hermann Bahr: Das Konzert 86, u. a. – **MA:** Prosa in: Halle – kleiner Führer durch Kunst u. Kultur 92; Grenzenlose Land 93; Lebenszeichen 94; Stunde der Phantasten 96; Das Kind im Schrank 98; Wer den Rattenfänger folgt 98; Wende Punkte 00; – zahllose Theater-, Fernseh- u. Filmrez., kulturpolit. Aufss., Broschüren f. die Volksbühne usw. – **R:** Fernsehdramatik: Skandal in Amsterdam 59; Der Henker richtet 60; Die falsche Fährte 65; Der beste Vater der Welt 66; Duplizität 66; Der kühne Edwin 66; Disput nach Mitternacht 67; Aufenthalt 68; Geschäft um einen Toten (n. e. Idee v. Paul Berndt) 68; Hänschen in der Grube (n. e. Erz. v. Walter Basan) 68; Signal auf Rot 68; Abendbesuch 68; Abseits der großen Straßen 69; Das Haus am Platz, 2-tlg. 70 (verboten); Die Pläne der Mumie 71; Fahrradtour 72; Der große Coup des Waldi P. 73; Ein Berg Abwasch, m. P.H. Freyer 75; Gefrühstückt wird um Acht 78; Liebe, Schminke und Intrigen 78; Ein total verrückter Einfall 81; Immer dasselbe Lied 87; Zu Gast im Fernsehtheater 89; Auf Zuschauerwunsch 90 (wurde nicht mehr prod.); – Kinderhörspiele: Oljas große Tat 52; Wie Pak ken Suk zur Heldin wurde 53; Catalin mit den Goldlocken 54; Der arme Müllersbursche und das Kätzchen 54; Die 7c holt auf 54; Wir schweigen nicht 55; In tyranns 55; Verfasser unbekannt 56; Die Neuberin 57; Um Deutschland geht's 57; Der weite Weg 57; Isa und Wolfried 58; Karl Brinkmann, 4-tlg. 58, u. a.; – Krim.-Hörspiele: Redaktionsschluß 79; Tee für Inspektor Whitechapel 80; Kondolenzbesuch 83; Spätes Rendezvous 85; Gangster und Ganoven 85; Das Double 86; Im Schatten der Eiche 85, u. a.

Fodorová, Lenka s. Reinerová, Lenka

Fölck, Romy, Volljuristin; Ludolf-Colditz-Str. 21, D-04299 Leipzig, Tel. (03 41) 8 60 72 75, *kontakt*

Foelske

@*romyfoelck.de*, *www.romyfoelck.de* (* Meißen
21. 4. 74). Das Syndikat 06, Mörderische Schwestern
06; Rom. – **V:** Blutspur 06; Täubchenjagd 07. – **MA:**
Mords-Sachsen 2, Anth. 08.

Foelske, Walter; Grüner Hof 35, D-50739 Köln
(* Köln 34). Rom., Erz., Dramatik, Hörsp. – **V:** Anatomie des Gettos, Erzn. 80, 95; Im Wiesenfleck, R. 94;
Das innere Zimmer, Erzn. 95; Cousin, Cousin, R. 97;
Die leere Mitte, Krim.-R. 98; Wahnsinn und Wut, Erz.
98; Blutjung, R. 01; Eiszeit, R. 01; WüstenOrts/Das
Grinsen des Negers im Pausenhof, Theaterst. 02; Schattenwelt, Erzn. 02; u. a. – **MA:** Grüne Nelken 96; Weihnachten schenk ich mir 96; Lauter schöne Lügen 00,
alles Anth. (Red.)

Förg v. Thun, Gertrud (Ps. J.M.C., Gertrud Förg-
Thun, gft, Gertrud Förg v. Thun, geb. Gertrud v. Thun-
Hohenstein), Schriftst.; Wetterherrenweg 6, A-6020
Innsbruck, Tel. (05 12) 58 03 11 (* Schwaz 5. 4. 37).
V,S.u.K., Turmbund, Präs. 85, Tiroler Mundartkr., Jo-
sef-Reichl-Bund, Der Kreis, Stelzhamerbund, GZL,
Mundartfreunde Öst.; Meinrad-Lienert-Med., Plesse-
Anker, PC-Nadel in Silber, E.gabe d. Stadt Deggendorf
06; Lyr., Prosa, Mundart-Lyr. – **V:** Du und du ah, Mda.-
G. 75; begrenzt, Texte 77; lohnt si des gspiel no?, Mda.-
G. 79; photonen im staub eurer straßen, Texte 79; Und
dann – kriechen die Fische wieder an Land, Texte 84;
Wanderer im Advent, Texte u. Mda.-Lyr. 92. – **MA:**
zahlr. Beitr. in Anth., u. a. in: Lichtbandreihe 1,2,4–
7,9,12,17,21,22; Correspondences 82; Straubinger Kalender 86; Tiroler Mundartlesebuch 86; Bairische Burgschreiber 88; Das Zweite Buch der Senku-Dichtung 92;
Auf den Spuren der Zeit 02; sowie in: Novum, Mitteilungsbl. des Turmbund 80–85; – Lesungen im In-
u. Ausland. – **H:** Kleine Mundart-Reihe 83–85. – **R:**
versch. Rdfk-Sdgn.

Förg, Nicola, Reisejournalistin, Schriftst.; Echels-
bach 10, D-82435 Bad Bayersoien, Tel. (0 88 67)
91 23 68, *nicola.foerg@t-online.de* (* Kempten
13. 12. 62). BJV; Rom. – **V:** Schußfahrt 02; Funken-
sonntag 03; Alptraum 04; Kuhhandel 04; Gottesfurcht
05; Eisenherz 06; Nachtpfade 07, alles Krim.-R.; mehrere Reiseführer. – *Lit:* s. auch SK. (Red.)

Förg-Thun, Gertrud s. Förg v. Thun, Gertrud

Försch, Christian *

Förster, Charlotte (geb. Charlotte Harrer) *

Förster, Otto Werner, Dr. phil., Dipl.-Germanist,
freiberufl. Schriftst.; Shakespearestr. 7, D-04107 Leipzig, Tel. (03 41) 3 91 36 87, *TaurusVerlag@web.de*,
www.taurusverlag.de (* Meißen 2. 5. 50). Intern. Seu-
me-Ver. „Arethusa" 97, Seume-Ges. Leipzig 99, Leipziger Ehren e.V.; Kulturgesch., Ess., Sat., Feat., Rom. –
V: Fritz Schiller, Erz. 88; Die kleinen grünen Männer, Gesch. 88; Volkers Schlacht-Mahl oder Wie den
Germanen das Christkind geboren wurde, Sat. 97; Johann Gottfried Seume 97; Georg Joachim Göschen 97;
Fritz Schiller 97; Carl Ernst Hey 99, alles Ess.; Leipziger Kulturköpfe aus 800 Jahren, Stadtf. 04; Matrikel
der Loge Minerva 1741–1932, Quellenwerk 04. – **MV:**
Freimaurer in Leipzig 99 (auch hrsg.). – **B:** Max Gerd
Schönfelder: Meine Jahre mit der Semperoper, Anekd.
u. Geschn. 02. – **MA:** kulturgesch. Beitr. in: Leipziger
Blätter, Nr.5, 36, 39; Gewandhaus-Mag., Nr.34; Dresdener Hefte, Nr.64. – **H:** Veit Hanns Schnorr von Ca-
rolsfeld: Meine Lebensgeschichte, Autobiogr. 00. – **R:**
Rdfk-Ess./Feat. im mdr seit 97, u. a. zu: Seume, Schiller, Konrad v. Wettin, Göschen, Freimaurern, Fürsten-
schule Grimma, J. Verne, Hans Dominik, Kurd Laß-
witz, F. G. Klopstock, J. W. L. Gleim, Wilhelmine Gräfin Lichtenau. (Red.)

Foerster, Talitha (geb. Talitha Jacobshagen), Dipl.-
Bibliothekarin; Karlsruher Str. 3, D-74211 Leingarten,
Tel. (0 71 31) 90 08 29 (* Jena 21. 5. 20). IGdA; 2 Buchpr. AWMM 86, Gold. Hafiziyeh-Pr. 86; Kurzprosa, Ess.,
Lyr. – **V:** Lächelnde Lese, Kurzprosa 83; Signale des
Reisens, Kurzprosa; Vergiß nicht das Feuer 83; Unterwegs zum Obisidian 84; Inselspuren 85; Wer weiß
wohin 87; Die Fetten und die Dürren 88; Blätter vom
Wunschbaum, Geschn., Gedanken u. Verse 89; Himm-
liche Zentimeter 91; Sehweisen 93. – **MA:** ... und mit
euch gehen in ein neues Jahr, Erz. 80; Gauke's Jb. 83;
Jb. d. Christl. Verl.; Schwäb. Heimatkal.; Badische Heimat; Mein Leseabend 3 86. (Red.)

Förster, Wieland, Prof.; Teichweg 18, D-16515 Ora-
nienburg/OT Wensickendorf, Tel. u. Fax (03 30 53)
7 03 73 (* Dresden 12. 2. 30). P.E.N.-Zentr. Dtld 91;
mehrere Preise f. d. bildkünstler. Werk, BVK 00; Lyr.,
Theaterst., Literar. Tageb., Erz., Ess., Rom. – **V:** Begegnungen. Tagebuch, Gouachen u. Zeichn. e. Reise in
Tunesien 74, 77; Rügenlandschaft. Hommage à Caspar
David Friedrich 74, 75; Die versiegelte Tür, Erzn. 82;
Einblicke, Aufzeichn. u. Gespräche 85; Sieben Tage in
Kuks, Tageb. u. Zeichn. 85; Labyrinth, Zeichn. u. Not.
88; Die Ungleichen, Theaterst. 91; Grenzgänge, Theaterst. u. Erz. 95; Die Phantasie ist die Wirklichkeit, Reisetagebücher 00; Leben alter abgefragt 05; Der Andere 09. – **B:** ... alle meine Zärtlichkeiten. Aus d. Briefwechsel zw. George Sand u. Gustave Flaubert, zus.gest.
von W.F. u. Eva Förster 96. – **MA:** Bildnerische Etüden (Vorw.) 67; Aufenthalte anderswo 76; Mit meinen
Augen, hinter sieben Bergen, G. 77; Geschichten aus d.
Geschichte d. DDR 1949–1979 84; Wegzeichen, Alm.
85; Mein ganzes schönes Sanssouci 86; Anderssein 90;
Labyrinthe 91; Frizleben 94; Lebensmuster, Gespräche 95; Mein Berliner Zimmer 97; Die großen Dresdner 99; – **Zss.:** Sinn und Form; ndl; Weimarer Beiträge. – **R:** Unser täglich Brot gib uns heute, Fsf.; Der
Große Trauernde Mann, Dok.film; Nach Vaters Tod,
Radiosdg (MDR) 07. – *Lit:* Hannelore Nützmann in:
Weggefährten. 25 Künstler d. DDR 70; Claude Keisch:
W.F., Plastik u. Zeichn. 77; Anneliese Löffler in: Weimarer Beiträge, H.6, 77; Ausst.kat. W.F., Staatl. Museen
z. Berlin/DDR, Nationalgalerie u. Akad d. Künste d.
DDR 80; Ausst.kat. W.F., Staatl. Kunstsamml. Dresden 89; Ausst.kat. W.F. Portraitplastiken (m. Werkverz.
d. Portr.), Schiller-Nationalmus. Marbach 00; s. auch
Kürschners Handbuch der Bildenden Künstler, 1. Aufl.
2005.

Förtig, Alrun (geb. u. Ps. Alrun Moll), Gesangsleh-
rerin; Steyrerstr. 12, D-79117 Freiburg/Br., Tel. u. Fax
(07 61) 6 78 67, *alrun.f@web.de* (* Kassel 24. 2. 40).
GEMA 88; Lyr. – **V:** Mauersegler 87. – **MA:** Edition
L – die Jahreszeiten 91; Nationalbibliothek d. dt.spra-
chigen Gedichts 01; Frankfurter Bibliothek d. Zeitgenössischen Gedichts 01; Freiburg-Gedichte 08; Zurück
zu den Flossen 08, alles Anth.; – Gegenwind 06; Die
Rampe 06, beides Lit.zss. – **P:** Etcetera, CD 89.

Förtner, Heinrich *

Föttinger, Fritz, Kunstmaler, Keramiker, Grafiker, Mundart-Schriftst.; Vordere Dorfstr. 12, D-95490
Mistelgau-Obernsees, Tel. (0 92 06) 2 22, Fax 2 20,
atelier.foettinger@t-online.de, *www.atelier-foettinger-
.de* (* Bayreuth 14. 9. 39). Kulturpr. d. Ldkr. Bayreuth
89, Kunstpr. ASU/BJU 91, Kunstpr. Reg. v. Oberfranken 99; Lyr., Mundart (Fränkisch), Ged. – **V:**
Hans liebo do 84; Wo is denn des Gerchla? 85, beides Theaterst. in fränk. Mda.; erdfarben, fränk. Mda.-
G. 90; herbstweiß 94; Land in Sicht, Geschn. u. G. 99,
alles Kunstb.; Wegwarte. Ein fränk. Herbarium, G. u.
Geschn. 01. (Red.)

Fohra, Max s. Unterrieder, Klaus

Folivi, Urbain Ekué, Agentur- u. freier Journalist; Auhofstr. 186/C/2, A-1130 Wien, Tel. (01) 8 76 80 60, *urban7000@hotmail.com* (* Lomé/Togo 25. 5. 54). Öst. Ges. f. Lit., IGAA; Arb.stip. d. Literar-Mechana 95, Stip. d. Öst. Ges. f. Lit. 96, Arb.stip. d. BMWVK 96, Arb.stip. d. Bdeskanzleramtes 97; Lyr., Prosa, Rom. – **V:** Du sprichst von Hoffnung, Lyr., R., Prosa 85; Wie die Sonne uns die Tränen trocknet, Lyr. 02/03. – **MA:** Die Fremde in mir, Lyr. u. Prosa 99; Beitr. in Zss. seit 81; LOG, Zs. f. Internationale Literatur 05. – **R:** Lyrik im ORF: Zick-Zack 87; Terra Incognita 95. – *Lit:* 2000 Outstanding Writers of the 21st Cent., Cambridge 02. (Red.)

Folkerts, Liselotte (geb. Liselotte Haas), Schriftst., Hrsg., Rechtsanwältin; Friedrich-Wilhelm-Weber-Str. 3, D-48147 Münster, Tel. (02 51) 27 75 53, *liselfolkerts @netscape.net* (* Münster 8. 5. 29). Annette-von-Droste-Ges., Augustin-Wibbelt-Ges., Peter-Hille-Ges., Levin-Schücking-Ges., Lit.ver. Münster, Clara-Ratzka-Ges. Münster; Regionallit. – **V:** „... nichts Lieberes als hier – hier – nur hier..." Haus Rüschhaus, Annette v. Droste-Hülshoffs Einsiedelei in Lit. u. Kunst einst u. jetzt 86, 2. Aufl. 89; Haus Rüschaus, Ausst.-Kat. 95; Annette v. Droste-Hülshoff z. 200. Geburtstag, Ausst.-Kat. 96; Johann Wolfgang von Goethe, seine Beziehungen zur Fürstin Amalie von Gallitzin ... 99; Der Maler Carl Müller-Tenckhoff 00; Die westfälische Schriftstellerin Clara Ratzka, Biogr. 00; Haus Lütkenbeck. Barockjuwel am Rande der Stadt Münster 03; Peter Hilles Beziehungen zu Münster u. dem Münsterland 04; Karl L. Immermann. Seine Verbindungen zu Münster u. dem übrigen Westfalen 05; „Ich dachte der lieben Brüder". Heinrich Heine u. Westfalen 06. – **MA:** Münster, Hort kultureller Geselligkeit 95; Hille-Blätter, Jb. 96; Familie Brake 00; Schücking-Jb. 00/01; Von Landois zum Allwetterzoo 05; – zahlr. Aufss. in Ztgn u. Zss. – **H:** Münster und das Münsterland im Gedicht, Anth. 82; Münster. Nicht immer war es Liebe auf den ersten Blick 92; Liebe Stadt im Lindenkranze, G. u. Bilder 93. (Red.)

Fontara, Johannes s. Rühmkorf, Peter

Ford, Brian/Briand s. Tenkrat, Friedrich

Foresti, Traute (verh. Traute Pacher) *

Forlorn, C. G. F. s. Hildebrand, Norbert

Forscher, Eberhard s. Petschinka, Eberhard

†Forss-Daublebsky, Gun Margret (Gun Margret Forss), Schriftst., Übers.; lebte in Pyrawang, Gem. Esternberg/OÖ (* Helsinki 20. 1. 20, † Pyrawang 10. 2. 06). Autorenkr. Linz 77, V.G.S. 80, Übersetzergemeinschaft 81, IKG 75, IGAA, VKSÖ, V.S.u.K., ÖDV, GZL; Wystan-Hugh-Auden-Übers.pr. 89; Lyr., Erz., Drama, Übers. Ue: schw, finn. – **V:** Aufbruch, G. 74; Andreas und das Bild, Erz. 77; Gesang der Trolle, Prosastücke 79, 2. Aufl. 98; Weit sind die Wege ..., G. 81; Die Frostblume. Alles, 2 Sch. 83; Wie die Wolken windgetragen, G. 92; Der Morgenröte entgegen, G. 95; Feuer und Licht, Mysteriensp. 00; Die Frostblume, UA Wien 05. – **B:** traumhaftes venedig, Bildband 78. – **MA:** G. in: Lit. Café, Anth. 86, u. a. – **Ue:** W. Chorell: Dialog an einem Fenster, Hsp.

Forster, Edgar, Dr., Volkswirt, Wirtschaftsberater; Viktualienmarkt 5, D-80331 München, Tel. (0 89) 29 03 36, Fax 29 03 37 00, *e.forster@eura-personal. com*. Hackenäugerstr. 26, D-85221 Dachau (* Passau 5. 11. 44). Lyr., Erz. – **V:** Nur Fahrgast auf Erden, Lyr. 97; Der Kochwirt 99, 00; Kathole oder Sozi? 00; Mir und die Andern 01; Luja und Prost 04, alles Erzn. (Red.)

Forster, Gerd, ObStudR. i. R.; Untere Pfeifermühle 3, D-67685 Weilerbach, Tel. (0 63 74) 67 40,

Fax 99 56 39, *gerd.forster@arcor.de* (* Ludwigshafen 8. 3. 35). VS Rh.-Pf. 74; Pfalzpr. f. Lit. 77, Buch d. Jahres d. FöK Rh.-Pf. 06, Erster 'Writer in Residence' am Zentr. f. dt. Studien d. Ben-Gurion-Univ. Beer-Sheva, Israel; Lyr., Prosa. Ue: frz. – **V:** Zwischenland, Prosa u. Lyr. 73; Stichtage, G. 75; Unter dem Eulenkopf, G. 77; Geschichtete Sommer, G. 78; Die Abwesenheit der beiden andern, Erz. 81; Schrittwechsel, Erz. 85; Wirbel Säulen, G. 87, 2. Aufl. 89; Die pfälzische Krankheit, Geschn. 90; Lesarten der Liebe, R. 95; Ein Schreibtisch in der Wüste, israel. Tageb. 99; Tod auf der Orgelbank, Krim.-Geschn. 04; Fliehende Felder, Lyr. 06. – **MH:** Formation. Rhld-pfälz. Lit.zs. 76–82; Fluchtpunkte. Rhld-pfälz. Jb. f. Lit. 2 95; Offene Landschaft/Paysage ouvert, zweispr. Anth. 97. – **Ue:** Jusqu'au bonheur de l'aube, G. 93. (Red.)

Forte, Dieter, Schriftst.; Sonnengasse 29, CH-4056 Basel, Tel. u. Fax (0 61) 3 81 66 53, *forte@vtxmail. de* (* Düsseldorf 14. 6. 35). VS 65, P.E.N.-Zentr. Dtld 77, Dt.schweizer. P.E.N.-Zentr. 79; Stip. von: NDR-Fs., Auswärt. Amt, Städte Düsseldorf u. Basel, Länder NRW u. Bad.-Württ., Dt. Lit.fonds, Lit.pr. d. Stadt Basel 92, Bremer Lit.pr. 99, E.gabe d. Heinrich-Heine-Ges. 03, Hans-Erich-Nossack-Pr. 04, Grimmelshausen-Pr. 05, Ndrhein. Lit.pr. d. Stadt Krefeld 05, Pr. d. Schweizer. Schillerstift. 05; Drama, Fernsehsp., Hörsp., Rom., Ess. – **V:** THEATERSTÜCKE: Martin Luther & Thomas Münzer oder Die Einführung der Buchhaltung 71, 81 (auch am., jap., ndl., frz., ital., rum., ung., russ., türk.); Weiße Teufel 72; Cenodoxus 72; Jean Henry Dunant oder Die Einführung der Zivilisation 78 (auch ung.); Kaspar Hausers Tod 79; Das Labyrinth der Träume oder Wie man den Kopf vom Körper trennt 83; Der Artist im Moment seines Absturzes 91; Das endlose Leben 91; – ROMANE: Das Muster 92, 95 (auch russ., poln.); Der Junge mit den blutigen Schuhen 95, 98 (auch frz.); In der Erinnerung 98, 01; Das Haus auf meinen Schultern, Trilogie (Enth.: Das Muster, Tagundnachtgleiche, In der Erinnerung) 99, 03; Auf der anderen Seite der Welt 04, 06. – **MV:** Rate mit im Rätselzoo 70; Schweigen – oder sprechen, m. Volker Hage, Ess. 02. – **MA:** Aus der Welt d. Arbeit 66; Geständnisse 72; Satzbau 72; Tintenfisch 6, 11, 21 73–82; Spectaculum 18/73; Woche d. Begegnung 73; Der dt. Bühne 3/74, 12/78; Texte aus d. Arbeitswelt 74; Neue Stimme 4/75; Sie schreiben zwischen Goch u. Bonn 75; Literaturmagazin 5/76; Stücke aus d. BRD 76; die horen Nr.104 76; Haltla 78; Vom dt. Herbst zum bleiernen dt. Winter 81; Neue Rundschau 4/81, 2/03; Luther gestern u. heute 83; TheaterZeitSchrift 7 84; Schweizer Illustrierte 51/86; ZEIT-Museum d. 100 Bilder 89; Für eine zivile Republik 92; du 9/95; Literarisches Schreiben aus regionaler Erfahrung 96; Die Amme hatte die Schuld 97; Der Spiegel 14/99, 51/00; Berlin Alexanderplatz 99; Die Zeit 8/99; kassandra.literaturen 2/00, 1/01; Die Kö 00; Die Welt ist meine Vorstellung 01; Mein erstes Buch 01; Literarische Welt 36/01; Lieber Lord Chandos – Antworten auf einen Brief 02; Zeugen d. Zerstörung 03; Neues aus der Heimat! 04; du 3/05; Neue Rundschau 2/05, 4/05. – **R:** HÖRSPIELE: Die Wand 65; Porträt eines Nachmittags 67; Die Wand. Porträt eines Nachmittags 73; Sprachspiel 80; Martin Luther & Thomas Münzer oder Die Einführung der Buchhaltung 83; Wach auf, wach auf, du deutsches Land 83; Schalltoter Raum 84; Die eingebildet Gesunden oder Vor den Wäldern sterben die Menschen 85; Reise-Gesellschaft oder Die Fahrt nach Jerusalem 87; In der Erinnerung. Das Vergessen 94; – FERNSEHFILME: Nachbarn 70; Sonntag 71; Achsensprung 72; Gesundheit! 79; Der Aufstieg – Ein Mann verloren sein 80; Fluchtversuche, 4 Fsp. 80. – **P:**

Fortridge

Martin Luther & Thomas Münzer oder Die Einführung der Buchhaltung, CDs 03; Auf der anderen Seite der Welt, CDs 03. – *Lit:* Gesch. im Gegenwartsdrama 76; M. Durzak in: Fluchtversuche 80; M. Töteberg in: KLG 97; H. Hof (Hrsg.): Vom Verdichten d. Welt 98; V. Hage in: Propheten im eigenen Land 99; M. Durzak in: Neue Rundschau 2/99; M. Neumann in: kassandra.literaturen 00; K.M. Bogdal in: Text+Kritik 41/00; J. Hessing in: Merkur 4/01; K.M. Bogdal in: Literatur u. Leben 02; V. Hage in: Schweigen oder sprechen 02; ders. in: Zeugen d. Zerstörung 03; M. Durzak in: Neue Rundschau, H.2 03; ders. in: Heine-Jb. 03; I. Bachér, ebda; C. Lanfranchi in: Literaturführer Basel 03; T. Spreckelsen in: FAZ v. 29.5.04; M. Kußmann in: Neue Rdschau 2/05; J. Kersten in: Neue Rdschau 4/05; R. Stumm in: Basler Ztg v. 14.6.05; M. Krumbholz in: NZZ v. 14.6.05; L. Schröder in: Rheinische Post v. 14.6.05; M. Braun in: Der Tagesspiegel v. 14.6.05; T. Steinfeld in: SZ v. 14.6.05; U. März in: Frankfurter Rdschau v. 14.6.05; F. Apel in: FAZ v. 14.6.05; J. Hosemann (Hrsg.): „Es ist schon ein eigenartiges Schreiben...". Zum Werk v. D.F. 07.

Fortridge, Allan G. s. Jung, Robert

Fox, Georg, Rektor, Schulleiter; Dietrich-Bonhoeffer-Str. 2, D-66346 Püttlingen, Tel. (0 68 06) 95 16 06, *georgfox@t-online.de* (* Saarbrücken 12. 7. 49). Bosener Gruppe, Verb. f. rhein- u. moselfränk. Mundart 00, Melusine, lit. Ges. Saar-Lor-Lux-Elsass; 1. Pr. b. Mda.-Wettbew. Saarland 82, 98, Auszeichn. b. Bockenheimer Mda.-Wettstr. 93, 94, 1. Pr. b. Lit.wettbew. d. Ldkr. Neunkirchen 94, Goldener Schnawwel, saarl. Mda.-Pr. 95, 1. Pr. (Lyr.) b. Mda.-Wettbew. Dannstadt 06, Kunstpr. d. Stadtverb. Saarbrücken 06; Glosse, Sat., Kurzgesch., Mundart-Text, Erz., Rundfunkfeature. – **V:** Zeitzeichen, Geschn. 88; Köllertaler Skizzen, Ess. 88; Verflixt und zugenäht 92; Geschaffd – geläibbd, Mda.-Texte 94; Ganz äänfach. Gudd druff, 2. Aufl. 96; Gaa kää Probleem 03. – **MA:** Die Flemm 89; Mundart – die Kunst der Volkssprache I 93, II 94; Bosener Tagebuch 93; Bosener Skizzen 95; Bosener Wege 96; Bosener Begegnungen 98; Bosener Bilder 99; Hausgeheischnis 00; Bosener Augenblicke 01; Saarl. Bergmannskal. – **R:** wöchentl. Sdg 'Òòmends schbääd, saarl. Nachtgedanken', 96–03. – **P:** So e Sibbschaffd, Schallpl.; Gudd druff, Hörb., 2 CDs 06. – *Lit:* Pegasus 94; KulturJournal Saar 1/95; Background 4/96.

Fox, Katia; c/o Thomas Schlück GmbH, Garbsen, *www.katiafox.de* (* Gengenbach/Schwarzwald 13. 5. 64). Quo vadis – Autorenkr. Hist. Roman; Rom. – **V:** Das kupferne Zeichen, hist. R. 06, Tb. 07 (auch span., russ. u. Hörb.); Das silberne Falke, hist. R. 08 (auch Hörb.). – **MA:** Weihnachtsstern, Lichterglanz, Anth. 07.

Foxius, Armin, Lehrer; Händelstr. 16, D-50674 Köln, Tel. (02 21) 21 33 69 (* Köln 31. 3. 49). Lyr., Erz., Aphor. – **V:** Kressdaach es wie Weihnachten 94, 96; Alles Köln 96, 02; Groß-Köln. Klein-Köln 98; Gipfel-Zipfel 99; Dom mit Balkon 03, alle Lyr. u. Erz. – **MA:** Jb. Eupen-Malmedy-St. Vith Bd II 67. – **MH:** Heinz Küpper: Zeit in Münstereifel, Biogr. 88. – *Lit:* Das Kölner Autoren Lexikon Bd II 02. (Red.)

Fraeulin, Dieter, Schriftst. (* Bad Godesberg 14. 8. 51). VS; Förd.pr. d. Stadt Bonn 75, Stip. Künstlerdorf Schöppingen 90, Stip. d. LCB f. Hsp. 95/96; Hörsp., Prosa, Lyr. – **MA:** Lyr. u. Prosa in Anth. – **R:** zahlr. Hsp. bis 02, u. a.: Der 99. Schuß 81; Besuch aus Brasilien 82; Im Sturm 84; Rheinisches Requiem 84; Nebel im Kopf 85; Jahrgedächtnis 86. (Red.)

Fragner-Unterpertinger, Johannes s. Perting, Hans

Frahm, Thomas, Autor, Journalist, Übers.; Buchenstr. 15, D-47198 Duisburg, *tfrahm@abv.bg* (* Duisburg 29. 6. 61). Rom., Lyr., Erz., Rep., Ess., Feuill. Ue: bulg. – **V:** Seismische Poesie, G. 87; Trendgewitter, G. 91; Homberg und ich, Regionalb. 94. – **Ue:** Vladimir Zarev: Verfall, R. 07.

Frahne, Friedrich W., Verkaufsleiter u. Prokurist; Wericastr. 9, D-58456 Witten, Tel. (0 23 02) 7 93 67, *friedrichw@frahne.de*, *www.frahne.info* (* Herbede 12. 3. 41). Rom., Lyr., Erz., Dramatik. – **V:** Der Schrei nach Aufmerksamkeit, R. 01. (Red.)

Francia, Luisa, Schriftst., Malerin, Filmemacherin; Preysingstr. 35, D-81667 München, Fax (0 89) 48 95 05 36, *luisa@salamandra.de*, *www.salamandra.de* (* Grafing 2. 8. 49). RFFU, Kulturforum München; Stip. d. Dt. Lit.fonds 88, Gedicht d. Monats d. Dt. Lyr.-ges. Leipzig 98; Rom., Lyr., Experiment. Lit., Film, Übers. Ue: engl, ital. – **V:** Kalypso, Erz. 82; Mondsüchtig, Lyr. 84; Ich machte mich auf die Findung, denn Sucherin bin ich keine 89; Warten auf blaue Wunder, Repn. 91; Wilde Nester, Lyr. 95; Nichts in New York, Repn. 96; Narrengold, Krim.-Erz. 00; zahlr. Sachbücher. – **MV:** Das zweite Erwachen der Christa Klages, m. Margarethe von Trotta, Drehb. u. Filmtageb. 78. – **MA:** Beitr. in Lyr.-Anth., Ess. in Fachb. u. lit. Zss., u. a.: Herbert Achternbusch: Materialien; Und weil sie nicht gestorben sind ... – **F:** Die Anstalt, Kurzf. 83; Alles möglich, Kurzf. 84. – **R:** Hexen, Fsf. 80; Nur in der Fremde ist der Fremde fremd, Hsp. 84. – *Lit:* s. auch SK. (Red.)

Franciamore, Rocco s. Giordano, Mario

Francis, H. G. s. Franciskowsky, Hans

Francisco, H. G. s. Franciskowsky, Hans

Franciskowsky, Hans (Ps. H. G. Francis, H. G. Francisco, R. C. Quooa-Rabe, Frank Sky, Peter Bars, Hans Gerd Stelling), Schriftst.; Stellauer Hauptstr. 6 B, D-22885 Barsbüttel, Tel. (0 40) 66 90 93 90, Fax 66 90 93 91, *hgfrancis@franciskowsky.de* (* Itzehoe 14. 1. 36). 118 Goldene u. 6 Platin-Schallpl., Ohrkanus-Hsp.pr. d. Fiege-Stift. f. d. Lebenswerk 08; Science-Fiction-Rom., Hörsp., Fernsehfilm. – **V:** Geheime Befehle aus dem Jenseits 78; Detektiv Clipper: Ein Koffer voller Geld 79; Die Rache des Kukulkan 81; Detektiv Clipper: Der zweite Schlüssel 82; Die vom fünften Hundert 86; Störtebeker 06; Der rote Milan, e. Hanse-Krimi 07; Der schwarze Falke, e. Hanse-Krimi 08 (die drei letztgenannten unter H.G. Stelling); – Serie: Commander Perkins: Planet der Seelenlosen 79; Der verbotene Stern 79; Der rote Nebel 80; Im Land der grünen Sonne 80; Verloren in der Unendlichkeit 81; Im Bann der glühenden Augen 81; Der dritte Mond 83; Das Rätsel der sieben Säulen; Die Zeitfalle; – Serien: Auf den Spuren bedrohter Tiere, 9 F.; Ein Herz für Tiere, 3 F.; Wendy, Heft-R., 11 F.; Der Junge vom Lotsenturm, 6 F.; Atlan, SF-Heft-R., 90 F.; Terra-Astra, 33 F.; Rex Corda, SF-Heft-R., 16 F.; ZbV, 3 F.; Lissy, Heft-R./Tb., 15 F.; Abenteuer Tierwelt, 9 F.; Perry Rhodan, Heft-R., 208 F.; Perry Rhodan, Tb., 20 F.; Wendy-TV, 7 F.; Auf Ganovenjagd; Abenteuer hoch drei!; Mein Pferd läuft mit dem Wind; Am ersten Sonntag im August; Fritz und das Geheimnis der alten Mühle, u. a. – **MA:** Sendbote der Erde, SF-N. 02; Spielzimmer für ESSTA-4 02. – **R:** Die Journalistin – Hansa 7 ruft Nordstrand, Fsp. 71. – **P:** Hörspiele: Mein Freund, d. Shavano; Robby; Krieg im Atl; Schatzsuche im Atlantik; Schatzsuche in der Karibik; Hurra – wir haben eine Hund; Goldrausch in Alaska; D. Abenteuer v. Hubba Bubba; Frankensteins Sohn im Monsterlabor; Dracula u. Frankenstein, d. Blutfürsten; Dracula, König d. Vampire; D. Schloß d. Grauens; D. Angriff d. Horrorameisen; D. Duell m. d. Vampir; D. Begegnung m. d. Mördermumie; Gräfin Dracula, Tochter d. Bösen; Im Bann d. Monsterspinne;

Draculas Insel, Kerker d. Grauens; Pakt m. d. Teufel; D. Nacht d. Todesratte; Dem Monster auf d. blutigen Spur; D. tödliche Begegnung m. d. Werwolf; Ungeheuer aus d. Tiefe; D. Insel d. Zombies; D. Weltraummonster; D. Spukhaus; Abenteuer im Dinosauriertal; Aladdin; Schneewittchen; D. Dschungelbuch, u.v.a. 76–93; – Hsp.-Serien: Kung Fu, 3 F.; Detektiv Clipper, 2 F.; Commander Perkins, 9 F.; Flash Gordon, 10 F.; Regina Regenbogen, 29 F.; Master of the Universe, 37 F.; Princess of Power, 9 F.; Barbie, 24 F.; playmobil, 15 F.; Piraten, 6 F.; Brave Starr, 4 F.; Alfred Hitchcock – Die drei ???, 59 F.; TKKG, 88 F.; Schloßtrio, 10 F.; Mumin, 6 F.; Wendy, 11 F. u. 22 F. 76–93; Klassik für Kids, 6 F., Tonkass. u. CD. – *Lit:* www.wikipedia.org.

Franck, Christine, Lehrerin; Sudetenstr. 9, D-82194 Gröbenzell. Schafgrubenstr. 10, A-7062 St. Margarethen/Berg (* Baaßen/Siebenbürgen 4. 2. 40). Erz. – **V:** Baaßner Geschichten 03; Mit den Schmetterlingen im Wind, Erzn. 08.

Franck, Julia; lebt in Berlin, c/o S. Fischer Verl., Frankfurt/M., *www.juliafranck.de* (* Berlin 20. 2. 70). P.E.N.-Zentr. Dtld 01; OPEN MIKE-Preisträger 95, Alfred-Döblin-Stip. 98, Autorenförd. d. Stift. Nds. 99, 3sat-Stip. im Bachmann-Lit.wettbew. 00, Marie-Luise-Kaschnitz-Pr. 04, Villa-Massimo-Stip. 05, Roswitha-Pr. 05, Stip. d. Dt. Lit.fonds 06, Dt. Buchpr. 07, u. a. – **V:** Der neue Koch, R. 97; Liebediener, R. 99; Bauchlandung – Geschichten zum Anfassen, 1.–5. Aufl. 00; Lagerfeuer, R. 03; Mir nichts, dir nichts, Erzn. 06; Die Mittagsfrau, R. 07. – **R:** Morgen, Hsp. (DLF) 00. – *Lit:* Oliver Georgi in: KLG. (Red.)

Franck, Uta (Ps. f. Uta Landt); Autorin; Im Stückes 54, D-65779 Kelkheim, Tel. (0 61 95) 6 51 53, Fax 96 10 95, *beufranck@planet-interkom.de, www. uta-franck.de* (* Meldorf/Holst. 15. 11. 42). VS 86, Kelkheimer Autorengruppe, Leitung 89, Lit.ges. Hessen 96; Kulturförderpr. d. Stadt Kelkheim 06; Lyr., Kurzprosa, Märchen, Rom. – **V:** In mir ist eine Königin, G. 85; Materkangas. Finnische Notizen, Kurzprosa 87, 2. Aufl. 87; Briefe aus Jugoslawien, Kurzprosa 88; Kajütenbuch, G. 89; Wo der Hahn kräht, G. 90; Ein Garten so groß wie ein Teppich, G. 93; Kelkheimer Märchen und Sagen 97; Unterwegs oder die Schleusenwärterin ist ein Kunstwerk von Barlach, G. 00; Der Prinz im Schaffell, M. 01, 07; Elisabeth Levenstedt, R. 04; Die nicht gelangweilt werden wollte, R. 08. – **MV:** Sätze in die Nacht, m. Karl Krolow, G. 90, 3. Aufl. 93. – **MA:** ca. 50 Beitr. in Lyr.- u. Prosa-Anth., u. a. in: Kindheit u. Krieg 92; Die Spur des Gauklers in den blauen Mond 01; Ein leises Du 03; Wege & Umwege 04; Spurensicherung. Justiz- u. Kriminalgedichte 05; Hessische Literatur im Portrait 06; Ein Teddy aus alten Tagen, Lyr. 07; Abschied & Neubeginn 07; Die Literareon Lyrik-Bibliothek, Bd VIII 08; Labyrinth, Lyr. 08. – *Lit:* Olivia Kroth: Märchenschlösser u. Dichterresidenzen 01.

Franck-Neumann, Anne (C. F. Neumann), Radio-Chronistin bei d. Tagesztg L'Alsace; 4, rue Andrieux, F-67000 Strasbourg, Tel. 3 88 36 58 31, 3 88 36 19 04, *franckneu@wanadoo.fr* (* Mülhausen/Elsass 21. 4. 10). Sté des Ecrivains d'Alsace et de Lorraine Strasbourg 76, Hebelbund, Hermann-Burte-Ges., René-Schickele-Kr.; Lauréate 78 de l'Inst. des Arts et Traditions Populaires d'Alsace, Hebel-Gedenkplakette 84; Lyr., Ess., Erz., Kalendergesch., Rezension. Ue: frz, engl. – **V:** Lieder vom Liebe und Tod und dem einfachen guten Leben, Lyr. 79; Liewe alte Kinderreimle, Kinderverse in alemann. Mda. 79; Dorf im Nordwind, Erz. 94, 95 (frz.). – **MA:** Lyr. B: Anth. Elsass-Lothringischer Dichter der Gegenwart 69, 72, 74, 78; Petite Anthologie de la Poesie Alsacienne, m. Jean-Baptiste Weckerlin 72;

Saison d'Alsace, Ess. über den Bauerndichter Charles Zumstein 73; Neuer Elsässer Kalender seit 74; Dem Elsass ins Herz geschaut 75; Nachrichten aus dem Elsass I 77; II 78; Georges Holderith – Poetes et Prosateurs d'Alsace, Anth. 78; Nachrichten aus dem Alemannischen 79; Poesie – Dichtung. Dichtung im Elsass seit 1945 79; Mehrere Artikel in: L'Alsace, Dernières Nouvelles d'Alsace, Bad. Ztg. Süd-Kurier, Land un Sproch, Saisons d'Alsace. – **P:** In dr Nacht; Zwei Septàmberlieder 73. – *Lit:* Raymond Matzen in: Saisons d'Alsace 80. (Red.)

Frangenberg, Helmut, Journalist, Red.; c/o Kölnische Rundschau, Lokalredaktion Köln, Stolkgasse 25–45, D-50667 Köln (* Köln 66). – **V:** Trümmer, Krim.-R. 01; Marathon, Krim.-R. 06; Oma Kleinmann. Geschichten u. Rezepte aus d. Kwartier Latäng 07. (Red.)

Franitzek, Norbert, Schreiner, Holztechniker, Kerntechniker, Reaktoroperateur; Artilleriestr. 32, D-52428 Jülich, Tel. (0 24 61) 5 69 40 (* Ratibor/Oberschles. 29. 1. 33). Rom. – **V:** Mein liebstes taubes Engelchen, R. 00. (Red.)

Frank, Astrid, Autorin u. Übers.; Kasselberger Weg 108, D-50769 Köln, Tel. (02 21) 7 08 74 15, Fax 7 08 74 16, *felicefrankkoeln@compuserve.de* (* Düsseldorf 26. 9. 66). VS; Kinderb. Ue: engl, am. – **V:** Kummer auf vier Pfoten, Kdb. 99, 2. Aufl. 00, Tb. 02, 2. Aufl. 04; In d. Kdb.-Reihe „A.N.T.O.N. ermittelt": Der Katzenmörder 99, Tatort Rose 00, Der verschwundene Leguan 00; In d. Kdb.-Reihe „L.O.T.T.A. ermittelt": Falsches Spiel beim Reitturnier 02, Das Rätsel um den schwarzen Hahn 02, Feuer im Reitstall 03, Der Heuler 03, Oskar in Gefahr 04; Eine Chance für Arco, Kdb. 04; Fliegen wie Pegasus, Jgdb. 04. – **MA:** Starke Mädchen 00. – **H:** Blöd, Blöder, Blödsinn. Rätsel, Witze, Quatschgeschichten 98; Nicht jeder Hund wird Kommissar, Tierb. 00. – **Ue:** Paul Stewart u. a.: Unheimliche Begegnung um Mitternacht, Kdb. 99. – *Lit:* s. auch SK. (Red.)

Frank, C. J. s. Charlotte Frank.

Frank, Ekkes (eigtl. Ekkehard Frank), Autor, Liedermacher, Kabarettist; Hamburger Str. 2–4, D-50668 Köln, Tel. (01 70) 4 36 34 26, *ekkes@ekkes.de, www. ekkes.de.* Strada Fosso di Ripe 16, I-60013 Corinaldo (AN), Tel. (0 71) 7 97 62 32 (* Heidelberg 24. 7. 39). VS NRW; Sat., Glosse, Kurzgesch., Ged., Lied, Hörsp., Drehb. – **V:** Lieder zum Anfassen 77; Neue Lieder zum Anfassen, Lieder u. Texte 82; So ist's recht 89; Du mich auch...? 91; Deutsch zu sein bedarf es wenig, Bühnenprogr. 98; Ein Alter im Heim, Bühnenprogr. 01. – **MV:** Wer dreimal lügt, m. Edwin Friesch u. a., Geschn. 74. – **MA:** Zahlr. Beitr. in Liederb., Zss., Anth. u. Samml. – **R:** Der Fremde, Hsp. 80; Das Netz, Hsp. 87; Der Affrigooner; Stampede; Der Schkandal, alles Hsp. in pfälz. Mda.; Die Diskothek; Kastanienallee; Inspektor Trixon, Kurzkrimis; Anschie und Bello, u. a., alles Kurz-Hsp.; AD-AM Zwo entzieht sich 84; Das Glück der Erinnerung; Der Mann von der Insel der Künste 85; Zeitbombe im Gehirn 85; Fangista, Borosti Asa! 86; Unternehmen Nero 86; Miteman's Message 87; Die Drei von draußen 88; Das Diktat der Transhumanen 89; Kein Stern zum Bleiben 91; Zurück zum Tod 92, alles SF-Hsp.; Die Zeitbrille; Blitzableiter; Heidelberger Palette; Machen Sie mit – Lachen Sie mit; Sonntags-Gala; Fröhliche Stunde aus Heidelberg; Unterhaltung a la Carte; Nachtboulevard; Funklotterie; Sonntagsbeilage, u. a., alles Rdfk-Sdgn; Schwarzer Freitag, Sat. Sdg 89–90; Komische Geschichten mit Georg Thomalla 70; Wer dreimal lügt, Quiz-Sdg 70ff.; Goldener Sonntag, Jgd.-Familien-Serie 76–77; Ein Tag mit dem Star deiner Träume, Fsf. 79; Kein Grund zum Feiern, Fs.-Sdg

Frank

86; Ruby, Fs.-Serie 92; Der Knodderer, 5-Minuten-St., alles Drehb.; Dem Glück eine Chance, Fs.-Sdg. – **P:** Lieder zum Anfassen 74; Du läßt dich gehn, ach... 78; Ja, ich war dort 80; Als geheilt entsprungen 81; Septembermorgen 83, alles Schallpl.; Alles nette Leute, CD 98; Lieder zum Lauf der Zeit, CD 01.

Frank, Gerd, ObStudR. i. K.; Hüttenberger Weg 7, D-84503 Altötting, Tel. (0 86 71) 88 11 83, Fax (0 40) 36 03 43 96 34, *Massarati007@aol.com* (* Regensburg 22. 6. 44). Karl-May-Ges. 70. Ue: span. – **V:** Tunesische Märchen 83; Die verzauberte Pagode. Chin. Märchen 93; mehrere Sachb. – **H:** Der türkische Eulenspiegel 80; Bunte wie der Kolibri. Quechua-Lyr. 81 (auch Übers./Bearb. u. Nachw.); Der Schelm vom Bosporus, Anekdn. 94, 96 (slowak.); Nach Mekka!, Reiseberichte 98. – *Lit:* s. auch SK. (Red.)

Frank, Gerda; Denkendorfer Str. 3, D-73734 Esslingen a. N., Tel. u. Fax (07 11) 3 45 23 05 (* Esslingen a. N. 24. 12. 34). Erz. – **V:** Und dann kam eins zum andern, Erz. 00. (Red.)

Frank, Helmut, Pädagoge, Fachseminarleiter in d. Lehrerbildung, Maler u. Autor; Carl-Diem-Str. 5, D-67659 Kaiserslautern, Tel. u. Fax (06 31) 7 34 64, *h.frank@musicpublisher.de* (* Offenbach am Glan 18. 1. 37). Sachb., Belletr., Lyr. – **V:** Grumbeersupp un Quetschekuche, Pfälzer Mda.-G. 01; Wenn Kinner nerve. Erziehungskunscht uff Pälzisch 02; Spuren der Seele, Lyr. 03; Bilder sind wie Träume, Lyr. 03; mehrere Sachb. – *Lit:* s. auch SK. (Red.)

Frank, Joachim, Lehrer, Schriftst.; Neuenkamp 12, D-25497 Prisdorf, Tel. (0 41 01) 78 26 17, *jfrank1 @gmx.de, www.schriftsteller-in-sh.de/html/joachim_frank.html* (* Hamburg 1. 5. 52). Hamburger Autorenvereinig., Schriftst. in Schlesw.-Holst.; 1. Pr. b. Kurzgeschn.-Wettbew. d. Wochenztg 'The Epoch Times Dtld' 07; Rom., Erz., Lyr. – **V:** Fixsterne, R. 06; Botswana. Ein Diamant im Süden Afrikas, Reiseerz. 08. – **MA:** zahlr. Beitr. in Anth. u. Zss., u. a.: Nehmt mich beim Wort 03; Zeit 05; Mythos Fremde 05, alles Anth.; Sonntagsgruß und Besinnung 7/1 05, 8/1 06, 3/3 u. 7/1 07; Fundstücke, Anth. 07; The Epoch Times Deutschland 18/07.

†**Frank,** Karlhans, freischaff. Autor; lebte in Ortenberg-Gelnhaar (* Düsseldorf 25. 5. 37, † Ortenberg-Gelnhaar 25. 11. 04). P.E.N.-Zentr. Dtld, 1. Vors. europ. Autorenvereinig. DIE KOGGE, u. a.; zahlr. Preise, Förd.preise, z.B. d. Landes NRW, Stadtschreiber-Stip., z.B. Stuttgart, Preise f. Lyrik, Satire, Film, Kinderb.; Lyr., Erz., Rom., Hörsp., Film f. Kinder u. Erwachsene, Übers. Ue: engl, schott (Lowlands), frz. – **V:** Der Himmel ist ein Notenbuch, G. 63; Hommage A, Erz. 65; Jopur, G. 65; Narziss, Kurzprosa 66; Haikai und Zen, G. 67; 66 & 1 gebüchelte Worte, sat. Kurzprosa 67; Legende vom Heiligen Penislatos, Erz. 68; Materialtexte, konkrete Poesie 68; Stolperstellen, G. u. Schlag aus 1 Tages Anfang ..., Erz. 72; Spott-Lights, G. 72; Was macht der Clown im ganzen Jahr?, G. 76; Dorfelder Elegien, G. 78; Willi kalt u. heiss, Erz. 78; Auf Quazar 17 braucht man keine Ohren, Kd.-R. 81; Himmel u. Erde mit Blutwurst, Geschn u. G. 81; Hansi u. die Schildkröte, Kd.-Erz. 82; Auf der Flucht vor d. Tod leben wir eine Weile, G. 82; Nach Schottland reisen, but don't kill it, Reiseerz. 82; Die verlorene Zeit, R. 83; Das Schlaraffenland, G. 84; Ganz schön beschult, Satn. 85; Der Phallus, erz. Sachb. 85; Roll doch mal den Mops vom Sofa, Sprachspiele 85; Wie Achim zu einem Himbärchen wurde, Erz. f. Kd. 85; Fliegen soll er wie ein Drache 86; Fundevogel, G. 86; Sonntags kommt die Zauberkatze, Erz. f. Kd. 86; Ritze Ratze Ratt-Erich, Erz. 87; Till will eine Katze, Erz. f. Kd. 87; Vom Dach

die Schornsteinfeger grüßen, G. f. Kd. 87; Bäume, G. 88; Lieder für die Einbauküche, Satn. 88; Majas kleiner Garten, Bilderb. 88; Mit Ketchup und mit Senf, Jazz u. Lyr. f. Kd. 88 (m. Tonkass.); Wasser 88; Brief an Bär, Erz. f. Kd. 89; Eigentlich habe ich ganz andere Pläne gehabt, Sporterz. f. Jgdl. 89; Wasser – Einige Bewohner, Prosa 89; Ein Zirkus im Parlament, Erz. f. Kd. 89; Katrinchen und der Regenzauber, Erz. f. Kd. 90; Landauer Loseblatt Lyrik, 17 Handpressendrucke 90; Wasser – Ansichten, G. 91; Ein Anzug für Herrn Mond, Erz. f. Kd. 91; Die Bücherbande, Gesch. 91; Plakatgedichte, 10 gestaltete Drucke 91; RiesenReimeReiserei, Schleckerschneck ist auch dabei, Erzähl-G. f. Kd. 91; Till Eulenspiegel 91; Die Breitschwanzkatze, Erz. f. Kd. 92; Luft, G. 92; Prinz Grünewald 92; Wasser – Amazonas, Prosa 92; Wenn Streithähne tanzen, Erz. f. Kd. 92; Als das Tüpfelkuskus kam, Erz. f. Kd. 93; Erde, G. 93; Maja und Muckefuck jagen Hasi Baba 93; Prinz Achmed und die Feenkönigin 93; Wasser – Regeln, G. 93; Feuer, G. 94; Flieg, Drachen, flieg!, Kalendergeschn. f. Kd. 94; Wasser – Spiele, G. 94; Das Wunder im Ei, Erz. f. Kd. 94; Zirkus schööön, G. 94; Annas Bande, Erz. f. Kd. 95; Osiris, G. 95; Ringelstern und Morgennatz, G. 95; Wem gehört die Welt, Erz. 95; Ist mal im blauen Märchenwald ein Frosch ..., Erzn. u. G. f. Kinder 96; Süchtig nach Satan, Erz. f. Jgdl. 97; Teuflische Lügengeschichte, G. f. Kd. 97; Südwest-Frankreich 97; Ein Tischbein und zwei Beuys, Kd.-Kunst-Krimi 97; Bin Dein Liebestropfes Tier, G. 99; Drachengeschichten 00; Wer nur ..., Erz. 04; Kvasir. Dichtung u. Liebe am Fjord, Erz. 06; Ich han mich noch lange nicht. Gedichte aus 50 Jahren 06. – **MA:** zahlr. Beitr. in Lit.-Zss. u. Anth.; Beitr. in über 200 dt. u. zahlr. ausländ. Schullesebüchern. – **H:** Klaus Reinke: Handzeichen eines Biertrinkers, G. 65; Bücher, Blätter u. Bedrucktes, Anth., 67; DIMENSION, Lit.-Zs. (USA) 78; Kindergeschichten aus Dtld 79; Franks Freunde u. die Bären 80; Flax 81; Anarcho-Sprüche 82; Schottische Geister u. Balladen, m. Noten 84; Hütet den Regenbogen, Erzn. 85; Märchen 85; Sagen 87; Feelings, Erzn. f. Jgdl. 89; Das beste Buch der Welt 90; Menschen sind Menschen. Überall 02, überarb. Neuaufl. 06. – **MH:** Bücher zum Vorlesen (Jgdlit.), Kat. 87, u. a. – **F:** Brennbare Welt 69; Deutschland, Deutschland überall 70; Jedermann sein eigener Fußball 71; Neues aus Uhlenbusch 80; zahlr. Kurzfilme. – **R:** Ludwig Börne – Ein großer Journalist 66; Alle meine Knaben 68; So der Gedränge 68; Monolog eines Halbwaisen 68; Der sexte Tag 71; Mandala 73; Jung komm und rüber 75; Sandkastengedicht 78; Zirkus 80; Sportschauer 82; Sehnsucht nach Katharina; Freundschaftsprobe; Die Türkenbraut; Eigentlich hab' ich ganz andere Pläne gehabt; Mein ist die Rache – spricht der Staat; Die schauderschönen Abenteuer des Jolly Roger, Hsp. 91, u. a. – **P:** Stuttgarter Anthologie, verfilmte Lyr., Video m. Buch 01. – **Ue:** Pai Chiu: Feuer auf Taiwan, G. 74; R. Burns: Tam vom Shanter 79; Bonnie Dundee, hist. R., n. Sutcliff 86, Tb. 92; Colin McNaughton: Die schauderschönen Abenteuer d. Jolly Roger 89, 91. – *Lit:* etliche Examensarbeiten, Diss., Rezensionen u.ä.

Frank, Klaus-Jürgen (Ps. C. J. Frank), Journalist; Postfach 1330, D-82194 Gröbenzell, Tel. (0 81 42) 54 03 40, Fax 5 11 86, *cjfrank@t-online.de.* Via Moscia 111, CH-6612 Ascona, *cjfrank@6612.ch* (* Berlin 21. 1. 30). IG Medien 55–02; Rom., Fernsehsp. Ue: engl. – **V:** Geliebte Dunja, R. 64, 23 Aufl. 86 (auch holl.); Sizilianische Nächte, R. 67, 69; Gefährliche Liebe 67; Der Engel von Kolyma, R. 69, 70 (auch frz.); Macht u. Ohnmacht, R. 72, 86; Nadeshda, R. 79, 81; Mallorca ohne Rückfahrkarte, R. 84, 96; Träume und

Zitronen, R. 87, 90; M.O.N.I.C.A. und das Geheimnis das Lotosblume 04. – **H:** Unbekanntes Deutschland 92, 96. – **R:** Valentin Katajews chirurgische Eingriffe in das Seelenleben des Dr. Igor Igorowitsch, Fsp. – **Ue:** Masquerade 80, 81; Das Buch mit den sieben Siegeln 85.

Frank, Lia (geb. Lia Gerstein), Dr. d. Psychologie; Bayerische Str. 18, D-10707 Berlin, Tel. (0 30) 47 75 77 59 (* Kaunas/Lit. 18. 11. 21). S.V. UdSSR 87–91, Exil-P.E.N. 99; Lyr., Erz., Übers., Theorie d. Haikudichtung. Ue: russ, lett, jap. – **V:** Improvisationen, Lyr. u. Prosa 73; Zaubersprüche, Lyr. 76; Schönes Wetter heute, Kdb. 85; Licht in die Stunden gestreut, Lyr. 90; Ein Exodus. Von Duschanbe nach Zittau, Lyr. 91; Verkannt und Verbannt, Lyr. 92; Das deutsche Haiku u. seine Problematik. Die Transzendenz 93; Das deutsche Haiku u. seine Problematik. Silben u. Moren 95; Buntes Fest des Abschieds, Lyr. 97. – **MA:** Frankfurter Anth. gegenwärtiger dt. Haiku 88; Dt. Essays z. Haiku-Poetik 89; Vierteljahresschr. d. Dt. Haiku-Ges. 3/89; Das Buch d. Tanka-Dichtung 90; Gemeinsames Dichten, Renku-Anth. 90; Symposium z. Haiku- u. Renku-Dichtung 91 u. 92; Gymnasium Mogutinum, Nr.54, 91; Dt.-Japan. Begegnungen in Kurzgedichten 92; Zs. AOI 11/92 (Japan); Zs. Tribüne, H. 123 u. 124, 92; Begegnungen m. d. Judentum am Rabanus-Maurus-Gymn., Folgeband 93; Wir selbst, Rußlanddt. Lit.bll. 97 u. 98. – **Ue:** Stern, was sagtest du ..., lett. Gegenwartslyr. 85; Europäische Lyrik, Bd 1 u. 2. – **MUe:** Ishikawa Takuboku: Eine Handvoll Sand 89; ders.: Trauriges Spielzeug 89; Yosa Buson: Gesang vom Roß-Damm u. ausgew. Haiku 89, alle m. Tsutomu Itoh. – **Lit:** Bio-Bibliogr. d. Mitglieder d. Dt. Haiku-Ges. 90 u. 94. (Red.)

Frank, Martin, Eidg. Dipl. in Reiten, Fahren u. Pferdepflege; Dahliastr. 4, CH-8034 Zürich, Tel. (0 44) 3 83 77 49, Fax 3 83 23 48, *martin.frank@desoto.ch*, *www.martinfrank.ch.* c/o Club One Seven, 9/9–10 Prachanukron Rd, Patong Beach, Kathu, Phuket 83150, Thailand (* Bern 26. 9. 50). Buchpr. d. Stadt Bern 01; Lyr., Rom., Hörsp., Übers., Kurzgesch. Ue: engl, Urdu, Hindi. – **V:** ter fögi ische souhung, R. 79, 5., überarb. u. erw. Aufl. 98; Spannteppichjunge, R. 80; LoBo, Lyr. Text 81; ä schöne buep seit adjö, Spiel 82 (auch als Tonkass.); Sechs Liebesgeschichten 99; Ein kleines Totenbuch 00; Blinde Brüder, Erzn. 00; rose x reiki deutsch, R. 04; Ocean of Love, R. 04. – **MA:** Indien sehen 97; Berner Literatur-Almanach 88; Thai Guys, Mag. 02ff.; Zukunft d. Literatur – Literatur d. Zukunft 03, u.v. a.; zahlr. Beitr. in Magma (auch mithrsg.). – **F:** Autostopper 75; ter fögi ische souhung/F. est un salaud, Spf. 98. – **R:** ä schöne buep seit adjö, Hsp.; Jeansboy, Feat. (Red.)

Frank-Hübner, Anneliese s. Hübner, Anneliese

Frank-Planitz, Ulrich (Ps. Klaus Keßler, Michael Schmirler), Verleger; Eduard-Pfeiffer-Str. 114, D-70192 Stuttgart, Tel. (07 11) 2 56 07 43, 2 48 39 30, Fax 24 83 93 10, *info@hohenheim-verlag.de.* Heinrich-Hoffmann-Str. 4, D-08064 Zwickau (* Planitz/Sachsen 13. 4. 36). Mitgl. d. Beirates d. Leipziger Buchmesse, Kurat.mitgl.: Theodor-Heuss-Stift., Univ. Leipzig, Förderver. Bibliotheca Albertina Leipzig; BVK, Ehrenritter d. Johanniterordens, Verd.med. d. Ldes Bad.-Württ.; Ess., Biogr. – **V:** Konrad Adenauer, Biogr. 75, 79; Sachsen-Spiegel. Geschichten aus Mitteldeutschland 98. – **MV:** Gustav Stresemann, m. Theodor Eschenburg, Biogr. 78. – **MA:** Widerstand, Kirche, Staat. Eugen Gerstenmaier z. 70. Geb., Festschr. 76. – **H:** Kleine Geschichten aus d. Weihnachtsland, Ess. u. Erz. 87; Edmund Burke: Betrachtungen über die Französische Revolution 88; Manfred Rommels gesammelte Sprüche 88; Kleine Geschichten über August den Starken 96; Bernhard Vogel: Zwischen Aussaat u. Ernte 98; Hans

L. Merkle: Dienen u. Führen 02; Streiflichter von der Elbe 03. – **MH:** Republik im Stauferland. Baden-Württemberg nach 25 Jahren, Ess. 77; Neur ein Ortswechsel? Eine Zwischenbilanz z. 60. Geb. v. U. Frank-Planitz 4/96; Wolfgang Schuster/Hans L. Merkle (Hrsg.): UFP – z. Abschied von DVA-Verleger U. Frank-Planitz 97/98.

Franke, Albrecht, Lehrer, Schriftst.; Wichmannstr. 26b, D-39576 Stendal, Tel. (0 39 31) 71 79 32, *albrecht.franke.stendal@t-online.de* (* Seehausen/ Börde 10. 2. 50). SV-DDR/VS bis 03, Förd.ver. d. Schriftst. Magdeburg; Rom., Erz., Lit.kritik. – **V:** Letzte Wanderung, Erzn. 83; Zugespitzte Situation, R. 87, 2. Aufl. 89; Endzustand, Erz. 93; Erstarrendes Meer, R. 95. – **MA:** Erzn. in: Ernte u. Saat 75, 80; Wegzeichen 2 85, 3 87; Bestandsaufnahme III 87; Ort d. Augen, Zs. – **H:** Es wird ... 06; Freistunde 08. – **R:** Vor der Dunkelheit, 2tlg. Hsp. 90. – *Lit:* Dt. Schriftst.Lex. 01.

Franke, Barbara (geb. Barbara Nölle), Lehrerin, Dipl.-Päd., Autorin; Dr.-Eckener-Str. 12, D-66482 Zweibrücken, Tel. (0 63 32) 7 62 60 (* Zweibrücken 13. 4. 44). VS, Lit. Ver. d. Pfalz, Vors. d. Sekt. Zweibrücken seit 92, Vors. d. Gesamtver. 04–07, Südpfälz. Kunstgilde; Mannheimer Kurzgeschn.pr. (3. Pr.) 02, 4. Pl. im Lit.wettbew. d. Kreis-VHS 07; Lyr., Kurzprosa, Schultheater. – **V:** Und dabei lieb ich euch beide 88; Wenn die Bilder aus dem Rahmen fallen 91, beides Schultheater; Über allem blau, Lyr. 98; Schwarzer Rabe zeichnet weiß, Lyr. 01; Helena außer sich, Erzn. 04. – **MA:** zahlr. Beitr. in Anth., u. a.: Alm. zu d. Speyerer Lit.tagen 96, 97, 02, 04, 06, 08; Lit.kal. Rh.-Pf.; Anth. d. Echo-Verl., d. Marsilius-Verl. u. d. Deki Verl.; zahlr. Beitr. in Lit.zss. seit 90, u. a.: Neue literar. Pfalz; Chaussee. – **H:** Neue literar. Pfalz, Nrn 36–40 04–07; Von wegen, Anth. 05. – **MH:** Fremde Nachbarn, Anth. 97; Kopfüber am Himmel, Anth. 02. – *Lit:* Josef Zierden in: Lit.lex. Rh.-Pf. 98; Andreas Dury in: NLP 27 99; Klaus Haag in: Büchervonuns 2/02; Silvia Keller: NLP 25/98.

Franke, Christiane, Dipl.-Päd., freie EDV-Doz.; Rudi-Seibold-Straße 28, D-80689 München, Tel. (0 89) 56 21 37, Fax 58 99 74 60, *service@christiane-franke. de, www.christiane-franke.de* (* Berlin 13. 8. 49). Rom., Erz. – **V:** Aus dir wird nie etwas, R. 01. (Red.)

Franke, Christiane (gemeinsam m. Regine Kölpin u. Manfred C. Schmidt: TrioMortabella); Focko-Ukena-Str. 10, D-26386 Wilhelmshaven, *ChristianeFranke@ t-online.de, www.christianefranke.de* (* Wilhelmshaven 63). VS, Das Syndikat, Sisters in Crime (jetzt: Mördersche Schwestern), Arb.kr. ostfries. Autor/inn/en; Krim.-rom., Kurzkrimi. – **V:** Eine Mordsehe 02; Blutrote Tränen 04. – **MV:** Mord Mord Mord – Der Tod kommt aus Nordwest, m. R. Kölpin u. M.C. Schmidt 07. (Red.)

Franke, Herbert W. (Ps. Sergius Both, Peter Parsival), Dr. phil., Prof., Schriftst.; Puppling, Asotr. 12, D-82544 Egling, Tel. (0 81 71) 1 83 29, Fax 2 95 94, *franke@zi.biologie.uni-muenchen.de, www.zi.biologie. uni-muenchen.de/~franke* (* Wien 14. 5. 27). P.E.N.-Zentr. Dtld 80, GAV, Künstlerhaus Wien; Ernst-H.-Richter-Pr. 61, 62, 65, Dt. Hugo 77, Eurocon 81, Kurd-Laßwitz-Pr. 84, 86, 07, SFCD-Lit.pr. 85, 91, Phantastik-Pr. d. Stadt Wetzlar 89, Öst. E.kreuz f. Wiss. u. Kunst 07, Dt. Fantasypr. 08; Rom., Kurzgesch., Film, Hörsp. – **V:** Der grüne Komet, Kurzgeschn. 60; Das Gedankennetz, R. 61; Der Orchideenkäfig, R. 61; Die Glasfalle, R. 62; Die Stahlwüste, R. 62; Der Elfenbeinturm, R. 65; Zone Null, R. 72, 3. Aufl. 80, Neuaufl. 06; Einsteins Erben, Kurzgeschn. 72, 2. Aufl. 80; Ypsilon minus, R. 76; Zarathustra kehrt zurück, Hsp.; Sirius Transit, R. 79; Schule für Übermenschen, R. 80, Neuaufl. 07; Paradies 3000, Erzn. 81; Tod eines Unsterblichen, R.

Franke

82; Transpluto, R. 82; Die Kälte des Weltraums, R. 84;
Endzeit, R. 85; Der Atem der Sonne, Kurzgeschn. 86;
Hiobs Stern, R. 88; Spiegel der Gedanken, Erzn. 90;
Zentrum der Milchstraße, R. 90; Sphinx_2, R. 04; Cy-
ber City Süd, R. 05; Auf der Spur des Engels, R. 06;
Flucht zum Mars, R. 07; Die Zukunfstmaschine, Erzn.
07; (Übers. insges. ins Bulg., Dän., Frz., Engl., Ndl.,
Ital., Jap., Jugoslaw., Mex.-Span., Poln., Rum., Schw.,
Span., Russ., Ung., Am.); – zahlr. Sach- und Fachbü-
cher seit 56. – **MV:** Dea Alba, m. Michael Weisser, R.
88. – **MA:** zahlr. Beitr. in Zss. u. Anth. seit 47. – **H:**
Ozeanische Bibliothek, 10 Bde 84, u. a. – **R:** Fernge-
lenkt 64; Die Stimmen aus dem All (6tlg.) 64/65; Im
Vakuum gestrandet 67; Der Magmabrunnen 67; Meute-
rei auf der Venus 67; Zarathustra kehrt zurück 69; Ex-
pedition ins Niemandsland 75; Papa Joe and Co. 76;
Ich bin der Präsident 80; Signale aus dem Dunkelfeld
80; Keine Spur von Leben 81; Der Auftrag 84, alles
Hsp. – **P:** Astropoeticon, m. Bildern v. Andreas Not-
tebohm, Bildbd u. Video 79. – *Lit:* Mariangela Sala: La
Fantascienza Tedesca di Herbert W. Franke, Diss. 75;
F. Rottensteiner (Hrsg.): Polaris 6, Alm. H.W.F. gewid-
met 82; Eva Katharina Neisser: Virtuelle Realität in den
Texten H.W.F.s, Mag.arb. Univ. Köln 00; Penesta Dika:
Die Computerkunst H.W.F.s 07, u. a.; s. auch 2.Jg. SK.

Franke, Hubert s. Venn, Hubert von

Franke, Immo, Unternehmensberater; Im kurzen
Felde 24, D-30916 Isernhagen, Tel. (0 51 36) 23 27, Fax
8 67 49 (* Hannover 19. 9. 28). Ver. Freie Schriftsteller
e.V., Parsberg; Rom., Erz. – **V:** Herrliche Zeiten? Verhältnisse in Preussen 00; Otto Hänsel – Die Unternehmer aus Sachsen 01.

Franke, Manfred, Dr. phil., Red., Schriftst.; c/o SH-
Verlag Gmb, Osterather Str. 4, D-50739 Köln, *franke.*
donrath@t-online.de (* Haan 23. 4. 30). P.E.N.-Zentr.
Dtld; Feature-Pr. Radio Bremen 62; Rom., Nov., Ess.,
Hörsp., Feat., Erz. – **V:** Ein Leben auf Probe, Erz. 57, 78
(auch tsch.); Bis der Feind kommt, R. 70; Mordverläufe
9./10.XI.1938, R. 73, 97 (auch hebr. u. Theaterfassung);
Albert Leo Schlageter 81; Schinderhannes, Biogr. 84,
93; Leben und Roman der Elisabeth von Ardenne, Fontanes „Effi Briest", Biogr. 94, 95; Jenseits der Wälder.
Der Schriftst. Ernst Wiechert als polit. Redner u. Autor 03. – **MA:** Das Lächeln meines Großvaters 78; Niemands Land 85; Die Botschaft hör' ich wohl 86. – **H:**
Straßen und Plätze, Anth. – 67; Erlebte Zeit, Anth. 68;
Kriminalgeschichte voller Abenteuer u. Wunder: Schinderhannes 77, 84; 47 und elf Gedichte über Köln, Anth.
80; Jean Améry: Örtlichkeiten (auch m. Nachw. vers.)
80. – **R:** Das Wiedersehen 64; Pogrom 70; Wien wörtlich 72; Der Kommissar 74, alles Hsp. – *Lit:* Hansers
Sozialgesch. d. dt. Lit. vom 16. Jh. bis zur Gegenw.,
Bd 12; Heinrich Vormweg in: Hildener Jb. 1965–1970;
Jörg Drews in: Mordverläufe 97. (Red.)

Franke, Ursula, Industriekauffrau; Aachener
Str. 5, D-01129 Dresden, Tel. (03 51) 8 49 23 81
(* Großenhain/Sachsen 23. 11. 33). Schreibwettbew.
d. Ldeszentrale f. polit, Bildung 91, 94, 95, 97, 04, 06;
Rom., Kurzgesch. – **V:** Sie alle meinen Liebe, Erz. 73;
... der werfe den ersten Stein, R. 75, 85; Gut, daß wir
zu zweit sind, Erz. 77. – **MA:** Kurzgeschn. in versch.
Anth. 60–80.

Franke, Uta; Mathiasstr. 17–19, D-50676 Köln,
Tel. (02 21) 2 40 75 28, *uta.franke@arcor.de, www.*
stolpersteine.com (* Leipzig 2. 7. 55). – **V:** Sand im Getriebe. Die Gesch. d. Oppositionsgruppe um Heinrich
Saar in Leipzig 1977–1983 08.

Franken, Udo; Gartenweg 4, D-26624 Südbrook-
merland, Tel. (0 49 42) 91 29 93, *udo.franken@ewetel.*
net (* Emden 6. 12. 51). VS, VG Wort, Vereinig. ndt.

Theaterautoren, Arb.kr. ostfries. Autor/inn/en, Bevensen-Tagung; 2.Pr. i. Ndt. Theaterautoren-Wettbew. 90,
Hans-Henning-Holm-Pr. 91, Wilhelmine-Siefkes-Pr.
94, Borsla-Pr. 05; Prosa u. Kurzprosa (hdt./ndt.), Theaterst. u. Hörsp. in ndt. Mda., Kinderb. (hdt./ndt), Kinder-Theaterst. (hdt./ndt.), Singsp. u. Musical (hdt./ndt.),
Lyr., Lied, Übers., Sachb. Ue: ndl, ndt, ostfries. – **V:**
De Steern van Padua 90; De Höhnerbaron 91; Allens
heel eenfach 93; De grote Dag 93; Wenn de Vullmaand
schient 93; Alles ganz einfach 96; Doon deit lehren!
96; Der Hühnerbaron 96; Verleevt, verloovt – verraden,
UA 06. – **MV:** Tiet is Geld 92; Zeit ist Geld 93, beide
mit A. Habekost; Doornroosje, M.-Singsp. 01; Dat moi-
ste Bild/Das schönste Bild, Kdb. 01; Die Sternenkinder,
M.-Singsp. 01; Dat is ja woll verhext 02; En Fall för
Willi, Kom. 04; Hinni in Gefahr, Kdb. (hdt./ndt.) 04;
Toornmanntjes, Kdb. (hdt./ndt.) 06, alle m. Gitta Men-
nenga, jetzt Gitta Franken. – **B:** Winterwiehnacht – Kinnertied 94; De Moordörpers – arm un doch riek? 96. –
MA: Woorden um Bruggen te bouwen 88 (Zuidwolde/
NL); Nix blifft as't is 89; ... und raus bist du ... arbeits-
los in Ostfriesland 89; PLATTformen 91; Ostfriesisches
Wörterbuch 92; Plattdeutsches Lesen, Bd 1–4 95; Ge-
zeitenwende 98; Der schwarzbunte Planet, SF 00; Dat
groote Smuusterbook 00; Koppheister. Plattdüütsch för
Lütt un Groot 01; Swartsuer 02; Unner de Buukreem
06; Nordsee ist Wortsee, Anth. 06. – **R:** Jan Dood sien
Navers, Hsp. 91. – **Ue:** T. Strittmatter: Viehjud Levi,
Hsp. 87; A. Bonacci: Liebeskarussell 90; J. Valmy/R.
Vinci: Hier sin ik – hier bleib ik 93 (alles in ndt.
Mda). (Red.)

Frankenberg, Dieter, Prof. Dr. phil. nat. a. D., Phy-
siker, Holzschneider, Maler; In der Rußbreite 16,
D-37077 Göttingen, *dieterfrankenberg38@web.de*
(* Freiberg/Hess. 22. 5. 38). Lyr., Erz. – **V:** Der Profit.
Holzschnitte u. Gedichte 06.

Frankenberg, Pia, freie Filmemacherin u. Autorin; lebt in New York, c/o Rowohlt Verl., Berlin, *info*
@piafrankenberg.de, www.piafrankenberg.de (* Köln
27. 10. 57). Max-Ophüls-Pr. 86, Publikumspr. b. Komö-
dienfestival Vevey 89; Rom., Lyr., Drehb. – **V:** Die Kellner & ich, R. 96; Klara und die Liebe zum Zoo, R. 01;
Nora, R. 06; Der letzte Dreh, R. 09. – **MA:** Große Gefühle, kleine Katastrophen 99; Geschichten für uns Kinder 06; Freundinnen, Feindinnen 07.

Frankenberg, Sylvie von *

Frankenheim, J. M. s. Fankhauser, Jürg

Frankenstolz, Joseph; c/o Rohnstock Biografien,
Schönhauser Allee 12, D-10119 Berlin. – **V:** Der Umzug 01. (Red.)

Franner, Elisabeth; Brünner Str. 211/17, A-1210
Wien, Tel. (01) 2 92 04 74 (* Wien 27. 12. 47). – **V:**
Schreibtisch aufräumen einer Trotzdem-Optimistin 96;
Auf und Abs des Lebens 00. (Red.)

Frans, Eduard s. Haag, Romy

Franz, Andreas, Schriftst., Übers., Gientologe; *novelist98@aol.com, www.andreas-franz.org*
(* Quedlinburg 12. 1. 54). VS 98; Rom. – **V:** Jung,
blond, tot 96; Der Finger Gottes 97; Die Bankerin 98;
Das achte Opfer 99; Letale Dosis 00; Der Jäger 01;
Das Syndikat der Spinne 02; Kaltes Blut 03; Tod eines
Lehrers 04; Das Verlies 04; Teuflische Versprechen 05;
Mord auf Raten 05; Schrei der Nachtigall 06; Unsicht-
bare Spuren 06; Tödliches Lachen 06; Das Todeskreuz
07; Spiel der Teufel 08; – Grundkurs Graphologie,
Sachb. 00. (Red.)

Franz, Cornelia; Op'n Hainholt 109a, D-22589
Hamburg, *cornelia.franz@corneliafranz.de, www.*
corneliafranz.de (* Hamburg 26. 9. 56). VS, Ver. Le-

senacht Hamburg; Kurzgesch., Rom., Kinder- u. Jugendb. – **V:** Nicht mit mir!, Jgdb. 94; Nichts leichter
als Liebe?, Jgdb. 95 (auch span.); Alte Geschichten
und neue Liebhaber, R. 96; Geheimnisse, Jgdb. 96;
Piratengeschichten, Kdb. 97; Spur nach Chicago, Jgdb.
97 (auch frz.); Lulu aus dem All, Kdb. 98; Kdb.-Reihe
„Familie Kunterbunt": Das Huhn ist weg 99, Der Umzug 99, Die große Schwindel-Ei 01; Verrat, Jgdb. 00;
Bärig liebe Weihnachtswünsche 02; Paula sagt Nein!,
Bilderb. 04; Sechs Tage, vier Nächte, Jgdb. 05; Die
Kinder vom Drachental 06. – **B:** Die schönsten Märchen der Brüder Grimm 00; Die schönsten Märchen
von Hans Christian Andersen 00. – **MA:** Ein Lied, das
jeder kennt 85; Einfach stark! 96; Alles Liebe – oder
was? 99; 1. Klasse Wackelzahn 99; Geschichten-Schatz
zum Gruseln und Lachen 01. (Red.)

Franz, Erich Arthur (Ps. Harald Thomsen),
Schriftst., Journalist, Textdichter, Komponist; Lich-
tenfelser Str. 3, D-81243 München, Tel. (0 89) 87 20 24
(* Breslau 10. 7. 22). BJV, GEMA; Schlesierkreuz d.
Landsmannschaft Schlesien; Erz., Rom., Liedtext,
Komposition. – **V:** Das Testament des Jonas Gülden,
Ztgs-R. 44; Und wer heiratet mich?, Bü. 46; Das deut-
sche Theater – geistige Brücke zur Welt 47; Der Fall
Dr. Warden 47; Bei uns in Breslau 76, 83; Die 7 Gal-
gen von Neisse 78; Schlesien – meine Heimat 82; Die
schlesische Heimat im Herzen 86; Daheim im Schlesi-
erland 87; Auf Wiederseh'n am Oderstrand 91; Komm
mit nach Schlesien 95; Ewige Heimat Schlesien 98. –
P: Am schönsten ist's daheim 88; Heiteres Schlesien,
Tonkass. u. Schallpl. 89; Unvergessene Heimat 92;
Schlesische Kostproben 94, alles Tonkass.; Geliebte
Heimat Schlesien, Video 93. – **Lit:** Corinna Corde-
ro: E.A.F. – Schreiben als Beruf – Mut zum Risiko –
Schriftst. u. Journalist 88; Gotthard Schneider
(Hrsg.): Mit 4 Jobs durchs Leben 97. (Red.)

Franz, Liesel; Siedlung Nr. 4, D-56850 Maiermund
(* Raversbeuren 12. 3. 37). Autorengr. Hunsrück; 2.
Preise b. Mundartwettbew.; Lyr., Erz. – **V:** Deheem is
Deheem, Lyr. u. Erzn. 87, 4. Aufl. 95; De Hunsrick un
die Hunsricker, G. u. Geschn. 93, 2. Aufl. 96; Hunsrücker Liebeserklärung, Lyr. u. Erzn. 96, 00; Hunsricker
Lewensmelodie 01; Erlebt und erdacht 05, beides Lyr.
u. Erzn in Mda. u. Hdt. – **MA:** Unter dem Schieferdach 83; Weihnacht im Hunsrück 90; Hunsrück 2000
00. (Red.)

Franz, Petra, Dipl.-Soz.päd. (FH); c/o Czernik-Verl.,
Hockenheim (* Stuttgart 65). IGdA 99; 2. Pr. d. Lyr.-
wettbew. „Menschen – Städte – Landschaften", Reut-
lingen 02; Lyr. – **V:** Klangschalen, G. 95, 2. Aufl. 96. –
MA: Lyrik heute 96; Schlagzeilen 96; Wie Salomo nach
Leipzig kam 97; Und redete ich mit Engelzungen 98;
Umbruchzeit 98; Hörst Du wie die Brunnen rauschen
99; Wo weisse Schafe zieh'a 00. (Red.)

Franz, Uli (Ulrich Michael Franz) *

Franzen, Georg, Dr. phil., Psychol., Psycholog.
Psychotherapeut; Mühlenstr. 9 B, D-29221 Celle, Tel.
(0 51 41) 88 36 60, Fax 88 36 61, *Kunstpsy@aol.com*,
www.kunstpsychologie.de (* Mülheim/Ruhr 9. 10. 58).
DAV 90–99, VS 98; Lyr., Ess. – **V:** Exspectatio, G. 83;
Land der Sehnsucht, Kurzgeschn. 89; Symbolon, G. 89;
Albion, Geschn. u. G. 90; Freud und der Moses des
Michelangelo, Ess. 92; Galatea, Kurzprosa 93; Blauer
Mond, Lyr. 99; Kunstpsychologe, Ess. 00; Horus, Ess.
04. – **MA:** Indelicb 7 86; Spiegelspiele, Anth. 92; So-
weit das Auge reicht, Anth. 95; Kunst in ver-rückter
Zeit 96; Kreativität als Ressource 97. – **MH:** Blüten-
staub, Zs. 84–86. – **Lit:** Wer ist Wer, seit 93; Who is
Who 98. (Red.)

Franzen, Günter, Dipl.-Päd., Gruppenanalytiker; *g.
j.franzen@t-online.de* (* Hann Münden 17. 1. 47). VS;
Rom., Erz., Ess., Rezension. – **V:** LastExit: Punk 81;
Haut gegen Haut, Erzn. 82; Muskelspiele. Versuche,
den Körper zur Sprache zu bringen, Erzn. 84; Kinds-
kopf oder die Erfindung des tiefsten Blaus, R. 87;
Komm zurück, Schimmi, Ess. 92; Der Mann, der auf
Frauen flog, R. 92; Ein Fenster zur Welt, Ess. 00. – **MA:**
Beitr. in: Der sexuelle Körper. Ausgeträumt? 85; Spie-
gel; Rheinischer Merkur; Vogue; Die Zeit; TAZ. – **H:**
Hüten und Hassen. Geschwisterliebe. 91. (Red.)

Franzen, Siegfried, Pastor i. R.; Eichenweg 32, D-
32805 Horn-Bad Meinberg, Tel. (0 52 34) 69 08 95, Fax
69 08 96, *siegfried.f@web.de* (* Neuss 28. 8. 41). Lyr. –
V: Ein Stück gegangen, Lyr. 04.

Franzetti, Dante Andrea, Journalist, Korrespondent;
lebt in Zürich u. Rom, c/o Haymon Verl., Innsbruck
(* Zürich 21. 12. 59). Förd.pr. d. Stadt Bad Homburg 85,
Ernst-Willner-Pr. 85, Werkbeitr. d. Kt. Zürich 85, Marburger Lit.pr. (Förd.pr.) 86, Pr. d. Schweiz. Schillerstift.
90, Conrad-Ferdinand-Meyer-Pr. 91, Adelbert-v.-Cha-
misso-Pr. 94, Buchpr. d. Kt. Zürich 96, Auszeichn. d.
Kt. Zürich 06, u. a.; Rom., Erz. – **V:** Der Großvater, Erz.
85; Cosimo und Hamlet, R. 87; Die Versammlung der
Engel im Hotel Excelsior, R. 90; Das Funkhaus, R. 93;
Liebeslügen, R. 96; Die Sardinennacht, Essays 96; Cur-
riculum eines Grabräubers, Erzn. 00; Passion. Journal
f. Liliane 06; Mit den Frauen, R. 08. – **MV:** Vaterland,
m. Emanuel La Roche u. Claude Delarue 98. – **H:** Gerhard Amanshauser: Das Erschlagen von Stechmücken,
Geschn. 93. (Red.)

Franzinger, Bernd, Dr., Erziehungswiss.; Oberer
Roßrück 24, D-67661 Kaiserslautern, Tel. (0 63 06)
20 22, *info@lokal-termin.com*, *www.lokal-termin.com*
(* Kaiserslautern 12. 8. 56). Krim.rom., Kurzgesch.,
Theaterst., Drehb. – **V:** Pilzsaison 03 (auch als Hörb.);
Goldrausch 04; Ohnmacht 04; Dinotod 05; Wolfsfal-
le 05 (auch als Hörb.); Bombenstimmung 06 (auch als
Hörb.); Jammerhalde 07; Kindspech 07, alles Krimis;
– Lokalterrain, UA 05; Iwwerfall Im Subberamt, UA
07. – **MA:** Beitr. in zahlr. Anth., u. a. in: Spekulatius 03;
Letzte Grüße von der Saar 07; Todsicher kalkuliert 07;
– Die Rheinpfalz, Ztg 03; monatl. Kolumne im Mag.
„Insider", seit 08.

Franzkeit, Alfred (Ps. Frank Schindelmeister), Pa-
stor i. R.; Hindenburgstr. 25, D-27232 Sulingen, Tel.
(0 42 71) 18 37 (* Königsberg/Ostpr. 29. 10. 21). SV
Litauens 92; Verd.med. d. Bdesrep. Dtld, Großfürst
Gediminas-Orden, Litauen, Albert-Rotter-Lyr.pr. 00, 3
Lit.pr. f. Lyr.; Lyr., Kurzgesch. Ue: litau. – **V:** Hörendes
Sehen/Sehendes Hören, Lyr. 96; Meilés ir ilgesio
eilés, G. litau. 99. – **MA:** Meiner Heimat Gesicht –
Ostpreußen, Anth. 00. – **MH:** Heimatgruß, Jb. (Red.)
64–06. – **Ue:** Simas Sužiedelis: Der heilige Casimir 84;
Baranauskas: Der Wald, Poem 87; Maironis: Gedich-
te 90; Putinas: Gedichtauswahl 91; Georg Sauerwein:
Gedichte (dt.-litau.) 93; Kazys Paltanavičius: Arzt hin-
ter Stacheldraht 94; Justinas Marcinkevičius: Duft von
Roggen und Feuer, Lyr. 96; Aus dem Rautengärtchen.
Dichterinnen aus Litauen, Lyr. 02.

Franzmann, Joachim, Schulleiter; Am Vogelsberg 8, D-55618 Simmertal, Tel. (0 67 54) 87 89,
hellberg-schule@gmx.de (* Pferdsfeld 6. 5. 50). Autorengr. Hunsrück; Lyr., Erz., Rom. – **V:** Verlorene Heimat? 99; Neies vum Soon un vun de Noh 04; Soonwald-
weihnacht 05, alles Lyr. u. Prosa; Schmetterlingsflügel,
R. 07; Die Tangofraktion, R. 08/09; Die Blumen des
Lebens, M. 08. – **MA:** Nahelandkalender 94, 95; Kopf-
bälle, Anth. 06.

Franzobel

Franzobel (Ps. f. Stefan Griebl), Mag., freischaff. Autor; lebt in Wien, *www.franzobel.at* (* Vöcklabruck/ObÖst. 1. 3. 67). GAV, F.St.Graz, Künstlervereinig. MAERZ; Stadtschreiber v. Linz 92/93, Talentförd.prämie d. Ldes ObÖst. 94/95, Wiener Werkstattpr. 94, Ingeborg-Bachmann-Pr. 95, Öst. Staatsstip. f. Lit. 96, Prix Fesch 96, Dramatikerstip. 97, Wolfgang-Weyrauch-Förd.pr. 97, Öst. Projektstip. f. Lit. 98/99, Kasseler Lit.pr. f. grotesken Humor 98, Lit.pr. Floriana 98, Öst. Projektstip. f. Lit. 00/01, Elias-Canetti-Stip. 01, Arthur-Schnitzler-Pr. 02, Wiener Dramatikerstip. 05, Nestroy-Theaterpr. (bestes Stück sowie Spezialpr.) 05, Buch.Preis 06, Lit.stip. Sylt-Quelle Inselschreiber 08; Lyr., Prosa, Drama, Rom., Ess. – **V:** Begonien Geblüht, Prosa 93; Masche und Scham. Die Germanistenfalle, Prosa 93; Überin. Die Geende, Prosa 93; Elle und Speiche, Lyr. u. Prosa 94; Die Musenpresse, R. 94; Hundshirn, Prosa 95; Die Krautflut, Erz. 95; Das öffentliche Ärgernis, Texte 95; Thesaurus. Ein Gleiches, G. 95; Das Beuschelgeflecht. Bibapoh, 2 Stücke 96; Linz. Eine Obsession, Prosa 96; Schinkensünden, Kat. 96; Kafka, Kom. 97; Böselkraut und Ferdinand, R. 98; Leibesübungen 98; Der Trottelkongreß, R., 1.u.2. Aufl. 98; Met ana oanders schwoarzn Tintn. Dulli-Dialektgedichte 99; Phettberg. Eine Hermes-Tragödie 99; Scala Santa oder Josefine Wurznbachers Höhepunkt, R. 00; Volksoper. Olympia, 2 Stücke 00; Best of. Die Highlights 01; Mayerling. Stück, Mat., Collagen 01; Shooting Star 01; Austrian Psycho oder der Rabiat-Hödlmoser, Trash-R. 01; Lusthaus oder die Schule der Gemeinheit, R. 02; Mundial. Gebete an den Fußballgott 02; Luna Park, G. 03; Mozarts Vision. Stück, Mat., Collagen 03; Zirkusblut 04; Der Narrenturm. Stück, Mat., Collagen 05; Das Fest der Steine oder Die Wunderkammer der Exzentrik, R. 05; Der Schwalbenkönig oder die kleine Kunst der Fußball-Exerzitien 06; Hunt oder Der totale Februar, Stück 07; Liebesgeschichte, R. 07; Franzobels großer Fußballtest 08; – THEATER/UA: Das Beuschelgeflecht 96; Das öffentliche Ärgernis 96/97; Die Krautflut 97; Der Ficus spricht 98; Bibapoh 98; Kafka, Kom. 98; Nathans Dackel 98; Paradies 98; Phettberg 99; Olympia, Grot. 00; Volksoper 00; Merzedes stirbt 00; Der Narrenturm 02; Mayerling 02; Austrian Psycho 02; Mozarts Vision 03; Schwabradies 03; Hunt oder Der totale Februar 05; Wir wollen den Messias jetzt oder die beschleunigte Familie 05; Hirschen 06; Zipf oder die dunkle Seite des Mondes 07, u. a. – **MV:** Enten, m. Jürgen O. Olbrich, Prosa 94; Ranken, m. Carla Degenhardt, Prosa 94; Unter Binsen, m. Christian Steinbacher 96; Literatur & Wein, m. Margit Hahn u. Radek Knapp 01; – Bilderbücher m. Sibylle Vogel: Die Nase 02; Schmetterling Fetterling 04; Das große Eischlafbuch 06. – **MA:** Mein Kreuz am Sonntag 00; Quer. Sampler 03. – **H:** Kritzi Kratzi, Anth. visueller Poesie 93. – **MH:** Konzept und Poesie, m. Chr. Steingruber, Anth. 95. – **R:** Mr. Hruby, Hsp. 96; Der Vanilleknall, Hsp. 99. – **P:** Das öffentliche Ärgernis, Tonkass. 93; Franzobel liest Franzobel 96. – *Lit:* Friedrich Block in: KLG. (Red.)

Franzot, Julius, Dr. d. Pharmazie, freier Schriftst., Übers., Publizist; via Fabio Severo 39, I-34133 Trieste, Tel. u. Fax (0 390 40) 63 99 38, *info@juliusfranzot.com*, *franzot@tiscalinet.it*, *www.juliusfranzot.com* (* Triest 10. 1. 56). P.E.N. Club Trieste 05, FDA Bad.-Württ. 08; Leone di Muggia 02, Premio Ibiskos 02; Rom., Erz., Reiseber., Ess., Lyr. Ue: ital. – **V:** Gefesselte Freiheit, R. 02; Im Wald und vor der Sonne, Lyr. 03; Der Herold und die Trommlerin, R. 04; Kontinent-Amerika, Erz. 05; Aktenkoffer und Seidenstrümpfe, Erz. 06; Marokko. Zwischen Atlas u. Atlantik, Erz. 07; Auf den Wegen des Islams, Ess. 08. – **MA:** Beitr. in: Artecultura, Lit.-zss, seit 04; Im Vogelparadies, Afrikakurzgeschn.wettbew. bei www.online-roman.de Der Irrgarten 05; Voci dall' est 05; Trieste european poetry 05; Begegnungen mit Triest 05; Zeitnah 05; Der schnellste Fahrer der Anden 06; Bilder aus dem Virgental 07; zahlr. Beitr. in: Bora.La, Triest; 3 Beitr. in: Die Zeit. – **MH:** Ban'ya Natsuishi: Pellegrinaggio Terrestre, m. Giorgio Gazzolo, Lyr. 08. – **Ue:** Nur Lyrik 05; Deutsche Lyrik und Kurzprosa 04; Erika M. Vida: Unveräußerliche Schuldscheine, Lyr. 06; Dusan Jelincic: Sternklare Nächte im Karakorum, R. 08. – *Lit:* R. Grim-Wolf: Artecultura 04; E.M. Vida: ebend. 05.

Frasa, Nicole, Germanistin (* Recklinghausen 14. 3. 69). Baden-Württ. Jgd.theaterpr. 86/87, Lit.pr. Ruhrgebiet (Förd.pr.) 98; Theaterst., Kurzgesch., Rom. – **V:** Murphy, UA 92; Opfer?; Reduktion; Amicus, Amici, alles Theaterst. – **MA:** Das komische Ding mit dem Rad, Anth. 01. (Red.)

Fratzer, Frithjof, Jurist, Reg. Dir. a. D.; Heidestr. 22 A, D-56154 Boppard, Tel. u. Fax (0 67 42) 24 27 (* Nastätten 28. 8. 34). VS 80; Lyr., Rom., Erz. – **V:** Unter der alten Eibe, Lyr. 79; Parenthesen, sat. G., Epigramme, Kurzprosa z. Zeitgeschehen, z. Jahr d. Kindes u. über Umweltprobleme 79; Eine Schlinge blieb leer, hist. R. über die franz. Besatzung 1945, 01; Der Lästerbaum, Erzn., Kurzgeschn., G. 04. – **MA:** Zwei Koffer voller Sehnsucht, Anth. 93 (korean. 97); – zahlr. G. in Tagesztgn u. Zss. – *Lit:* Zur geistigen Anarchie nicht den geringsten Beitrag ..., in: Rhein-Ztg v. 4.12.79; Literar. Rh.-Pf. heute, Autorenlex. 88; J. Zierden: Lit.-Lex. Rhld-Pfalz 98; Heinz E. Mißling (Hrsg.): Boppard – Gesch. e. Stadt am Mittelrhein, Bd III 01.

Frauchiger, Urs, Musiker, Prof., Publizist; Seestr. 266, CH-8700 Küsnacht, Tel. (0 43) 2 66 92 38, *urs. frauchiger@bluewin.ch* (* Wyssachen 17. 9. 36). Gruppe Olten; Buchpr. d. Stadt Bern 84, 86 u. 95, Paul-Haupt-Pr. 97, Anerkenn.gabe UBS 01; Kulturkritik, Ess., Erz. – **V:** Was zum Teufel ist mit der Musik los 82, 11. Aufl. 91; Rajane, Engel und Triangel, Legn. 84, 4. Aufl. 87; Verheizte Menschen geben keine Wärme, Ess. 85, 4. Aufl. 87; Äuä de scho 89; Männer reden, Ess. 91 (auch jap.); Entwurf Schweiz, Ess. 95 (auch frz., ital.); Der eigene Ton, Gespräche u. Ess. 01; Mein Mozart, Ess. 06, 3. Aufl. 07; In Betrachtung des Mondes, Erzn. 06. – **MA:** zahlr. Beitr. u. Ess. in Sammelbänden, musikal. u. lit. Zss.: kulturpolit. Veröff. – **P:** Annäherung an KV 421, m. casal QUARTETT, CD 07.

Frauendorfer, Helmuth (Helmut Frauendörfer), Lehrer, M. A., Journalist; Schenkendorffstr. 12, D-04275 Leipzig, *frauendorf@aol.com* (* Wojteg/Temesch/Banat 5. 6. 59). VS 87–89; Adam-Müller-Guttenbrunn-Lit.pr. 82, Arb.stip. f. Berliner Schriftst. 89, Pr. d. Henning-Kaufmann-Stift. (zus. m. and. rum.-dt. Autoren) 89; Lyr., Prosa, Übers. Ue: rum. – **V:** Am Rand einer Hochzeit, G. 84; Landschaft der Maulwürfe, G. 90. – **MA:** Beitr. in Lit.zss. u. Lyrikanth., u. a.: Rumäniendt. Gedichte u. Prosa. – **MH:** Der Sturz des Tyrannen, m. Richard Wagner, Ess. 90. – **P:** Junge deutsche Dichter aus dem Banat, Schallpl. 82. – *Lit:* Kiwus 96; DLL, Erg.Bd 4 97. (Red.)

Frederick, Burt s. Friedrichs, Horst

Frederick, Gerald s. Basner, Gerhard

Fredrik, Björn s. Nonhoff, Björn Ludger Fredrik

Freese, Katja A., Schriftst.; Am Ostpark 4, D-44143 Dortmund, Tel. (02 31) 4 74 80 11, *subtext@web. de*, *www.planet-freese.de* (* Kamen 12. 2. 73). Belletr., Lyr., Kurzprosa, Sat. – **V:** Der Rückwärtsleser, R. 03. – **MA:** Ein Feld voll goldner Blüten, Anth. 97. (Red.)

Frei, Frederike (bürgerl. Name Christine Golling), Schriftst.; Uhlandstr. 11, D-14482 Potsdam, Tel. u. Fax (03 31) 2 80 34 35, *mail@frederikefrei.de*, *www. frederikefrei.de* (* Brandenburg 24. 1. 45). VS 76; Lit.-stip. d. Freien u. Hansestadt Hamburg 78, Lit.förd.pr. d. Stadt Hamburg 86, Lyr.pr. d. Stadt Hamburg 89, Publikumspr. d. Ringelnatzpr. 90, Pr. im Hans-Henny-Jahnn-Wettbew. v. Botho Strauß 93, Pr.stip. d. Ldes Schlesw.-Holst. 96, Lobende Anerkenn. d. Stift. Buchkunst 97, Stip. Künstlerdorf Schöppingen 99, Stip. Künstlerhof Schreyahn 01, Nominierung f. d. Lyr.pr. „Goldenes Segel"; Lyr., Prosa, Hörsp. – **V:** Losgelebt, Lyr. 77, Neuaufl. 87; Vom Lieben geschrieben, 84; Circus Roncalli 85; Ich dich auch, Lyr. u. Prosa 86; Unsterblich, endlicher Monolog 97. – **MA:** zahlr. Beitr. in anth., u. a.: Frauen, die pfeifen 78; Tag- und Nachtgedanken 78; Anfällig sein 78; Gegenkultur heute 79; Im Bunker 79; Kein schöner Land? 79; Im Beunruhigenden 80; Schreiben vom Schreiben 81; Laufenlernen 82; Wir sitzen alle im gleichen Code 84; Es ist nie ganz still 86; Immer gibt es Hoffnung 86; Niemand ist allein 87; Knapp vierzig 91; Brüche und Übergange 97; Wünsche sind frei 98; Frieden ist kein Sterbenswort; Man sagt, er habe einen Dichter als Bettvorleger; Viele von uns denken noch Sie kämen durch, sonst sie ruhig bleiben; Wandlungen; Wo liegt Euer Lächeln begraben; sowie Beitr. in Heften u. Zss., u. a.: Boa Vista 5 77; Die Gießkanne 7 77; Litfass 5 u. 7 77; Pardon 8 77; Erste unverbindliche Annäherung 13 78; Frauenoffensive 11 78; Schreiben 2 u. 26 78; Versuch 11 78; Aber besoffen bin ich von dir 79; Bekassine V 79; Blattlaus 4/79; Tintenfisch 11 79; Jb. für Lyrik 2 80; Seit du weg bist 82; Wacholder bleib wach 83; Tränen ersatzlos gestrichen, G. 88; Virginia 4, 88 u. 6, 89; Kirschkern 2; Tipex 6 u. 11; Tübinger Texte Nr.4; Emma Nr. 2, 7, 10, 12; Courage 2, 5–7, 10–11; – **R:** Die Bewerbung, Kinderfsp.; Jeder 2. Deutsche schreibt, 5tlg; unsterbl.ich, Hsp. 02; www.grossebrunnenstrasse.de, Hsp. 05; sowie Texte im WDR u. NDR. – **P:** Unsterblich on demand, CD 02. – *Lit:* J. Gehret: Gegenkultur Heute; Briegleb/Weigel (Hrsg.): Gegenwartslit. bis 1968. (Red.)

Frei, Max s. Arnold, Armin

Freiburger, Walter s. Jens, Walter

Freigang, Barbara (geb. Barbara Willimann), Übers., FA Ausbilderin; Seminarstr. 106, CH-8057 Zürich, *b.freigang@freigang.ch* (* Dielsdorf/Kt. Zürich 20. 1. 73). AdS 04; Rom., Erz. Ue: engl. – **V:** Keine Engel im Himmel, R. 03. – **MA:** 3 Erz. in: NZZ 93–94; Aus der Welt, Anth. 05.

Freimann, Anabella (Ps. f. Regina Sehnert), Lehrerin im Vorruhestand; Heinrich-Heine-Str. 20, D-07955 Auma, Tel. u. Fax (03 66 26) 2 91 98, *im@herbstleben. net, anabella_freimann@msn.com, www.herbstleben. net, www.frei-im-herbst.beep.de* (* Lippersdorf b. Stadtroda 28. 5. 45). Rom., Lyr., Erz. – **V:** Darüber schreibt man nicht! 04; Untermieter 05; Augen-Blicke 06; Am Anfang war es Sex 07.

Freingruber, Mario, Finanzbeamter, Betriebsprüfer; Dr. Friedrich Holzergasse 5/3/8, A-2700 Wiener Neustadt, Tel. u. Fax (0 26 22) 2 73 58, *Mario.Freingruber @utanet.at* (* Wiener Neustadt/Österr. 23. 10. 59). Dt. Haiku-Ges. 93, ARGE Literatur 93–98; Förd.pr. f. Lit. d. Stadt Wiener Neustadt 95; Lyr., Haiku, Senryu, Tanka, Erz. – **V:** wortminiaturen, Lyr. 91; ich atme mich in deine geborgenheit – versteckte zuneigungen, Lyr. 95; funkelnder lockruf, Haiku 95; wildgänse rufen, Haiku 97. – **MA:** Lyr.-Anth.: Frauenkalender 1993 93; Schweigen brennt unter der Haut 93; Stark genug um schwach zu sein 94; Träume nicht nur für den Tag 97; Ein Stück Hoffnung pflanzen 97; Haiku- u. Senryu-

Anth.: Jenseits des Flusses (dt.-jap.) 95; Haiku 1995 95; Paradiesäpfel 96; Knospen springen auf 96; geernteter baum 97; Haiku-Anth. f. Internet (dt.-frz.) unter: www.atreide.net/rendezvous 97; Vom Mond begleitet 98; Rabengekrächze 98; Flechten am Zaun 98; haïku sans frontières 98; Haiku 1998 98; Mit leichtem Gepäck 99; Über die Brücke 99; hiq (poln.) 99; Bewegte Wellen 00; zahlr. Beitr. in Publ. d. Dt. Haiku-Ges., in Lit.zss. d. In- u. Auslandes sowie im Internet, u. a.: vrabac sparrow, kroat. Haiku-Mag. 94, 98; Haiku-Kal. seit 96; pagina, poln. Lit.zs. 97, 99; Erde, Haiku-Anth. 01; Feuer, Haiku-Anth. 02; mehrere Haikus auch vertont. (Red.)

Freise, Eberhard (Ps. Bernd Meura, Ebel Sasse), Journalist; c/o Verlag Neue Literatur, Mommsenstr. 23, D-08523 Plauen (* Rostock 27. 5. 33). Rom. – **V:** Der Mischling, zeitgesch. R. 07.

Freise, Felicitas (Ps. Felii Frisée), Journalistin; Lerchenfelder Str. 50/2/21, A-1080 Wien, Tel. (01) 4 03 83 25, *felicitas@freise.at, www.freise.at* (* Lippstadt 9. 12. 64). IGAA; Pr.trägerin d. Kurz-geschn.wettbew. d. Zss. „Wienerin" 98, 99, Pr.trägerin d. Wettbew. „Namen u. Gesichter" 99; Lyr., Prosa, Journalistik. – **V:** Herzwärz, Kurzgeschn. 99; Das Verwandtenhasserbuch, Kurzgeschn. 00; Spinnen spinnen 01. – **MA:** @cetera, Lit.-Mag. 4/00. (Red.)

Freisleder, Franz, Journalist u. Schriftst.; Agilolfinger Str. 22, D-81543 München, Tel. u. Fax (0 89) 65 22 01, *franz@akua.com* (* München 22. 2. 31). Turmschreiber 75; Tukan-Pr. 81, Bayer. Poetentaler 85, Theodor-Wolff-Pr. 90; Lyr., Dialektlyrik. – **V:** Apropos 71; Boarisch higriehn 75; Aufs Maul und ins Herz gschaut 79; Verserl statt Bleamerl 83, alles Lyr.; Grad schee is' bei uns, Schildn. 83; Bayerische G'schicht im Gedicht, Lyr. 84, 2.,erw.Aufl. 98 u. d. T.: Bayerische Geschichte auf boarisch erzählt; Die Schale rauh, der Kern oft zart, Lyr. 90; Zwischen Kirche und Wirtshaus, Schildn. 94; Gebrauchsanweisung für die letzten Bayern, Lyr. 98; Da menschelts narrisch, Lyr. 99; Bayrisch Land, Schildn. 02; Mein Münchner Mosaik, Schildn. u. Lyr. 06. – **MA:** Das Münchner Turmschreiber-Buch seit 83; Turmschreiber-Kalender seit 83; Es lebe … 92–00; Die wahrhaftige und ausführliche Chronik der hochlöblichen Autorengruppe Turmschreiber zu München 94, u. a. – **R:** Ber. u. Texte f. Rdfk- u. Fs.-Sdgn im BR, u. a. ca. 1000 Sdgn d. R. „Grüße aus ..." sowie mehrere Unterhaltungs-Sdgn zu bayer. Themen in den 80er u. 90er Jahren. – **Hrsg:** Blädel-Polka 54; Blädel-Mädel 74. – *Lit:* Monika Dorner in: Münchner Profile 94; A. Schweiggert, H.S. Macher (Hrsg.): in: Autoren und Autorinnen in Bayern – 20. Jh. 04.

Freitag, Günther, Mag.phil.; Fiechtlplatz 7, A-8700 Leoben, Tel. (06 76) 9 17 18 38, *g.freitag@tmo.at, guenther-freitag.tk* (* Feldkirch 29. 2. 52). F.St.Graz 87; Lit.förd.pr. d. Stadt Graz 83, Lit.stip. d. Ldes Stmk 91, Kulturpr. d. Stadt Leoben 03; Rom., Erz., Hörsp. – **V:** Kopfmusik, Erzn. 84; Geträumte Tage, Erzn. 85; Satz für ein Klangauge, R. 87; Abland, R. 91; Lügenfeuer, Erz. 94; Flusswinter, R. 04; Die Mosaike von Ravenna, Ess. 04; Piazza. Trieste, R. 06; Bienenkrieg, R. 08. – **MV:** Havanna. Kubanisches Requiem, m. Manfred Pauker 99. – **MA:** Absolut Homer, Lit. 95; Sterz, Zs. seit 99; Lichtungen. in: manuskripte, Zs.; Bestände, Zs.; Mitschnitt, Anth. – **R:** Das Schwesternbett, Hsp. 87; Der neue Erzieher, Hsp. 89.

Freitag, Ingo J. (Ps. John Frey, Marko Desiderius, Inge Piontek), Fernsehjournalist, Dipl.-Journalist; Postfach 1308, D-45671 Herten, Tel. u. Fax (0 23 66) 93 85 34, *info@hertenweb.de, www. hertenweb.de* (* Frankfurt/Main 20. 2. 64). Dt. Journali-

Freitag

stenverb. 92, Das Syndikat 00; Leverkusen Short-Story-Pr. 05; Erz., Sat. – **V:** FDP. Das Parteibuch für die Besserverdienenden 98; Männer über 30 98; Männer über 20 99; Fit for Mobbing 99; Marko Polo 00, alles Satn.; Endlich 40, 05. – **MV:** Wahl 2002 02; Glück und viel Freude beim Golfen 02. – **MA:** Pizza Mafiosa, Krim.-Anth. 99; Tatorte, Krim.-Anth. 06. – *Lit:* A. Jockers in: Lex. d. dt.spr. Krimi-Autoren 02.

Freitag, Sybille; c/o Verlag Neue Literatur, Jena (* Zerbst 13. 5. 70). – **V:** Weibsstücke 02. (Red.)

Freiwaldau, Stephan s. Platta, Holdger

Fremde s. Kühl, Barbara Hedwig

Fremdeg, Lovan s. Vogel, Manfred

Fremder, Dorothea (geb. Dorothea Neukirchen), Autorin, Regisseurin, Doz.; Sülzgürtel 69, D-50937 Köln, Tel. (02 21) 9 43 48 77, Fax 9 43 48 78, *dorothea@fremder.net, www.neukirchen-fremder.de* (* Düsseldorf). Verb. Dt. Drehb.autoren 90, Lit.haus Köln 02; Rom., Hörsp., Fernsehsp. – **V:** Sinkflug, R. 00; Vor der Kamera, Fachb. 00; Operation Talk Back, Backstage-Dr. – **F:** Dabbel Trabbel; Der Geschichtenerzähler; Der Einbruch, alles Kinof.; Die Silbertrompete; Kitty und Augusta, beides Romanadaptionen. – **R:** Künstlervermittlung 71; Die Lust an der Zerstörung 71; Anonyme Alkoholiker 71; Laß knacken Mutter 72; Gruppendynamik 72; Zum Beispiel Schwann 73–74; Hausmann 74; Tagesmütter 74; Frauen als Mörder 74; Bebel und die Bibel 75; Arbeit für jeden – Der SSK in Aktion 76; Familientherapie 76; Eine gewisse Freiheit 88; Was wir nicht wissen wollten, haben wir nicht gewußt 89; Umbruchzeiten 92, alles Dok.-Filme; Widerworte aus der Küche, Hörsp. 72; Hilferufe, 5 Folgen; Die natürlichste Sache der Welt, Dreiteiler; Der Prozess des Sokrates; Wie ein Phönix aus der Asche; Und die Toten läßt man ruhen, alles Fsf.; Kinder, Küche, Karriere, Themenabend ARTE (Konzept, Studiogespräch u. 4 eigene Filme), u. a. – **P:** Die Hälfte der Welt, Video 84; Mentaltraining für Schauspieler, 2 CDs 00. (Red.)

Fremmer, Anselm, Dr.; c/o Verl. Karin Fischer, Aachen (* Hilden 3. 8. 67). Rom., Erz. – **V:** Entsagungen, R. 98. (Red.)

French-Wieser, Claire (geb. Klara Wieser), PhD, Mag., B. A.; 138 Springvale Rd, Glen Waverley VIC 3150/AUS, Tel. u. Fax (0 06 13) 98 02 80 64, *c_french@optusnet.com.au* (* Selb 14. 5. 24). Fellowship of Australian Writers, Melbourne 70, Südtiroler Künstlerbund 02, Australian Society of Authors, Sydney 03, C.G. Jung Society of Melbourne 70; Eintrag. in die E.liste d. Öst. Kd.- u. Jgdb.pr. 80, Dedicated Service Aw. Council of Adult Education Victoria; Erz., Ess., Funksendung, Autobiogr., Dramatik. Vic: engl. – **V:** Der Prinz von Annun, Jgdb. 80, 95 (auch ndl.); The Queen of the Silver Castle, Erz. 99; Als die Göttin keltisch wurde, literar. Analyse 00, eigene erw. engl. Übers. u. d. T.: The Celtic Goddess 01; The Power of Love, Ess. 05; A Short History of Psychology 09. – **MA:** Der Schlern 75, 4/79, 3/99, 12/99; Women who do and Women who don't 84; Südtirol in Wort u. Bild 2/02, 3/03; Horsedreams 04; Warum noch Mann und Frau, Genderfragen u. Anthrosophie 06; Mitt. d. THidreks-Saga-Forums e.V., 18/05. – **R:** Rdfk-Sdgn b. ABC Melbourne u. Deutscher Sender Bozen.

Frenz, Barbara, Dr. phil., Historikerin, Texterin, freie Autorin; Saalburgallee 10, D-60385 Frankfurt/M., Tel. (0 69) 49 57 17, *barbfrenz@gmx.de* (* Zürich 19. 9. 61). Lyr., Biogr., Historiogr. – **V:** Am blauschwarzen Rand des Tages, G. 06. – **MA:** Lyrik und Prosa unserer Zeit, NF, Bd 4 06.

Frenz, Bernd, freier Autor; *www.berndfrenz.de* (* Nienburg/Weser 64). – **V:** Armee der Schattenmänner, R. 01; Insel der Stürme, R. 02. – **MA:** Reise in die neue Welt (Maddrax, Bd 5), m. Ronald M. Hahn, Claudia Kern u. Jo Zybell 03. (Red.)

Frenzel, Friedericus, freier Autor; Schnorrstr. 22, D-04229 Leipzig (* Großdalzig 68). – **V:** Fritze allein zuhaus, Geschn. 00; Inselträume, Lyr. 01; Ein Jahr auf Kuba, Erinn. 04; Die Bretagne – Acht Wochen im Herbst. Reisetagebücher 06. – **MV:** Hilfe, mein Holzbock hat eine Katze!, Alltagsgrotn. 08. – **MA:** Wenn's die Großeltern nicht gäbe, Anth. 99; mehrere Beitr. in div. Jugendmag.

Frenzel, Mathias, Rechtsanwalt/Fachanwalt f. Steuerrecht; Virchowstr. 3, D-14482 Potsdam, *www.rafrenzel.de.* Dt. Fachjournalistenverb. 06; Erz. – **V:** Flucht aus Versehen. Erzählung nach einer wahren Lebensgeschichte 07.

Frenzel, Ronny, Zivildienstleistender; Am Wasserturm 14, D-02625 Bautzen, Tel. (01 74) 9 39 80 19, *rfrenzel@hotmail.com, www.alaska-mal-anders.de* (* Bautzen 6. 6. 81). Reiseber. – **V:** Alaska mal anders 00. (Red.)

Frenzel, Rudi, Dr. jur.; Straußstr. 10a, D-99510 Apolda, Tel. (0 36 44) 56 30 31 (* Apolda 8. 10. 23). – **V:** ... meist kurios, Kurzgeschn. 05.

Frenzel-Sili, Utta s. Wickert, Utta

Frerichs-Matrisch, Gesa, Erzieherin, freie Schriftst.; Locherhofer Str. 95, D-57572 Harbach-Locherhof, Tel. (0 27 34) 5 60, *gesa.fm@t-online.de* (* Aurich/Ostfriesld. 28. 4. 65). Literar. Werkstatt d. Hauses Felsenkeller Altenkirchen bis 07; Kurzgesch., Lyr., Rom., Kolumne. – **V:** Milch holen und andere Geschichten 03, Hörb. 05. – **MA:** Frieden, Anth. 05; Bibliothek dt.sprachiger Gedichte. Ausgew. Werke VIII 05.

Frerk, Carsten, Dr. rer. pol., versch. Tätigkeiten, freier Autor; Oderfelder Str. 42, D-20149 Hamburg, Tel. (0 40) 47 80 96, Fax 30 03 15 51, *carsten.frerk @hamburg.de, www.carstenfrerk.de* (* Dangersen/Nds. 24. 10. 45). Rom., Erz., Fernsehsp. – **V:** Der Sohn des Freibeuters. Hamburg anno 1591, R. 00; Das geraubte Siegel, hist. Krim.-R. 03. – *Lit:* s. auch SK.

Frettlöh, Cornelia; Lange Str. 20, D-89129 Langenau, *cornelia.frettloeh@web.de.* 2 Ruby St, St. Michael's Village, Banilad, Cebu City/Philippinen, Tel. (0 32) 2 31 78 31 (* Waldbröl 8. 9. 55). 1. Pr. b. Kurzgeschichtenwettbew. d. Marabo-Magazins; Rom., Erz., Lyr. – **V:** Dreimal Karibik und zurück, R. 94; Probier's doch mal mit Zwergen, R. 98. – **MV:** Creation Fire, Lyr.-Anth. 90; Die Phantasie ist eine Frau 98. (Red.)

Fretwurst, Brigitte (geb. Brigitte Ziegler); Dolomitenstr. 13, D-13187 Berlin, Tel. (0 30) 4 72 26 76, *fretwurst@online.de* (* Berlin). BDS; Lyr., Erz., Rom. – **V:** Heiter bis wolkig, G. 03; Die gestutzten Flügel 04; Die Vögel fliegen nach Westen 04; Es kann nur besser werden 05; Heimgekehrt 06; Geheimnisvolles Inneres. Seelchen, 2 Romane 07; Bub und Dick, Jgdb. 08. – **MA:** 13 G. seit 99 in: Nationalbibliothek d. dt.sprachigen Gedichtes; Frankfurt Bibliothek.

Freudenberger, Paul Philipp s. Har-Gîl, Shraga

Freund, Peter, freier Journalist u. Autor, Filmproducer; c/o FEATURE FILM, Halker Zeile 61, D-12305 Berlin, Tel. (0 30) 7 42 91 21, *mail@laura-leander.de, webmaster@feature-film.de, www.laura-leander.de, www.lauraleander.de* (* Unterafferbach 17. 12. 52). – **V:** Laura u. das Geheimnis von Aventerra 02; Laura u. das Siegel der Sieben Monde 03; Laura u. das Orakel der Silbernen Sphinx 04; Die Stadt der vergessenen

Träume, R. 04; Laura u. der Fluch der Drachenkönige 05; Laura u. der Ring der Feuerschlange 06; Laura u. das Labyrinth des Lichts 07; Die Drachenbande: Im Bann des schwarzen Ritters 08, Das Monster aus der Tiefe 08. (Red.)

Freund, René, Dr.; c/o Picus Verl. Ges. mbH, Wien, *www.renefreund.net* (* Wien 14. 2. 67). P.E.N.-Club; Dramatikerpr. d. Stadt Villach 87, Talentförd.pr.d. Ldes ObÖst. 98, Dramatikerstip. d. BMfUK 03, Wiener Dramatikerstip. 06. Ue: engl, frz. – **V:** Braune Magie? Okkultismus, New Age u. Nationalsozialismus 95, 3. Aufl. 99; Land der Träumer, Portr. 96, 2. Aufl. 00; Aus der Mitte, Skizzen 98; Bis ans Ende der Welt, Reiseber. 99; Wiener Theaterblut, R. 01; Stadt, Land und danke für das Boot, Realsatn. 02; Wechselwirkungen, R. 04; Donau, Stahl und Wolkenklang 08; – THEATER/UA: Am Sessellift 97; Schluss mit André, Kom. 05; Die goldene Nase, Kom. 05; Herzfleisch 07; Ausgespielt! 08. – *Lit:* s. auch 2. Jg. SK.

Freund, Werner, Dr.; Keltenstr. 2, D-86199 Augsburg, Tel. u. Fax (08 21) 99 15 40, *dr.werner-freund @t-online.de, www.andalusischeliteratur.de* (* Essen 20. 3. 32). Rom., Biogr. – **V:** El Condestable 99; Das Damenopfer 00; Kain und Abel 00, alles Biogr.; In der Reihe „Allah über Europa": Die Mauern in Andalusien 99; Der erste Kalif 99; Almanzor 99; Al-Andalus 00 (auch span.); Die Omejaden 00. (Red.)

Freund, Wieland, Lit.kritiker „Die Welt", Autor; c/o Die Welt, Axel-Springer-Str. 65, D-10888 Berlin (* Schloß Neuhaus b. Paderborn 69). Förd.pr. d. Freistaates Bayern 04. – **V:** Lisas Buch, Jgdb. 03; Gespensterlied, Kdb. 04; Die unwahrscheinliche Reise des Jonas Nichts, Jgdb. 07. – **MV:** SAID: In Deutschland leben. Ein Gespräch m. Wieland Freund 04. – **MH:** Der deutsche Roman der Gegenwart, m. Winfried Freund 01. (Red.)

Freundlinger, Kurt, Prof., bildender Künstler; Arsenal Objekt 7/8/13, A-1030 Wien, Tel. u. Fax (01) 7 99 18 25. Nr. 127, A-3662 Münichreith, Tel. (0 74 13) 2 82 (* Steyr 5. 11. 30). IGAA, ObÖst. Lit.kr.; Rom., Lyr., Erz. – **V:** Aquarelle, Ölbilder, Zeichnungen, Lyrik, Bildbd. 88; Die Kraft des Blaßblauen, phantast. Erz. 99. – *Lit:* s. auch Kürschners Handbuch der Bildenden Künstler, 1. Aufl. 2005. (Red.)

Frey Werlen, Sylvia, lic. phil. I, Beraterin u. Schulungsfrau; Karpfenweg 30, CH-4052 Basel, Tel. (0 61) 3 11 84 62, Fax 3 73 94 65, *karpfen@pop.agri.ch, www. karpfenverlag.ch* (* Basel 4. 8. 45). IGdA; Erfahrungstext, Mitgeh-Text. – **V:** Seelenfenster 93, 3. Aufl. 02; Lokus in Fokus, Geschn. 98; Das Haus im Haus 99; Mäuse, Model und Kanapee, Geschn. 00; Wie Ingwer bist du 05. – **MA:** Was machen wir aus der Krankheit, Zs. 06. – **R:** Rundfunk-Sdgn u. d. Schweiz u. Dtld 92–00. (Red.)

Frey, Eleonore, Dr. phil., Prof.; Bergstr. 18, CH-8044 Zürich, Tel. (01) 2 62 20 68. 16, rue St. Gilles, F-75003 Paris (* Frauenfeld 18. 10. 39). SSV 91, P.E.N.-Club 99; Stip. u. Ehrengaben v. Stadt. u. Kanton Zürich u. Pro Helvetia, Pr. d. Schweizer. Schillerstift. 02, Schiller-Pr. d. Zürcher Kantonalbank 07; Prosa, Übers. Ue: frz, engl. – **V:** Grillparzer. Gestalt u. Gestaltung d. Traums 66; Poetik des Übergangs 77; Notstand, Erzn. 89, 92; Schnittstellen, Erz. 90; Gegenstimmen, Erzn. 94; Das Siebentagebuch 96; Kindheit zu zweit 98; Lipp geht, Erz. 98; Aus Übersee. Ein Bericht, R. 01; Dunkle Sonne, Erzn. 02; Das Haus der Ruhe, Erz. 04; Siebzehn Dinge 06. – **MV:** Textmuster an Mustertexten, m. Hans-Jost Frey 88. – **Ue:** Henri Michaux: Beim Träumen über rätselhaften Bildern 94; ders.: Ideogramme in China 94; Lewis Carroll: Tagebuch einer Reise nach Russ-

land im Jahr 1867 97; Henri Michaux: Von Sprachen und Schriften 98; José-Flore Tappy: Terre battue. Gestampfte Erde, frz./dt. 98, u. a. (Red.)

Frey, Elke s. Kiefer, Heike

Frey, Gerd, Grafiker u. Autor; c/o Shayol Verlag, Bergmannstr. 25, D-10961 Berlin, *frey@epilog.de, www.epilog.de* (* Merseburg 18. 5. 66). Phantastik-Lit.-club Andymon, Leiter 86–91; Dt. Phantastik-Pr. 03. – **V:** Dunkle Sonne, SF-Erzn. 02. – **MA:** Der lange Weg zum Blauen Stern, Anth. 90; zahlr. Beitr. in: Alien Contact, SF-Mag. (Gründ.mitgl.), seit 90; Das Science Fiction Jahr; Andromeda Nachrichten, u. a. (Red.)

Frey, Jana, Autorin; Mainz, *webmaster@jana-frey. de, www.jana-frey.de* (* Düsseldorf 17. 4. 69). Nominierung f. d. Dt. Jgd.lit.pr. 04, div. Bücher auf div. Bestenlisten; Kinder- u. Jugendb. – **V:** Besinnungslos bessessen 95; Natalia Nasenbär 96 (auch tsch.); Frohes Fest, Josefine 96; Streiten gehört dazu, auch wenn man sich liebhat 96 (auch dän.); Ein mieser Montag 97; Ich nenn es Liebe 97; Klar hat Lena Jakob gern 97 (auch gr., dän.); Tarzans geheimes Tagebuch 97; Jasper hat doch keine Angst 97; Der Kuß meiner Schwester 97, veränd. Neuaufl. 06 (auch ndl.); Achtung, streng geheim! 98 (auch dän.); Kleiner Bruder, großer Wirbel 98; Klassenfahrt mit Hindernissen 98; Kein Wort zu niemandem 98; Bildergeschichten mit Tobi Tarzan 99; Klassenfahrt ins alte Schloss 99; Hexengeschichten 99 (auch korean.); Besuch aus Amerika 99; Das eiskalte Paradies 00 (auch ndl., poln., tsch.); Sackgasse Freiheit 00 (auch poln., tsch., kroat.); Katervaterhasensohn 00 (auch span., katalan., frz., korean., gr.); Lenas Weihnachtsüberraschung 00; Emma kommt in die Schule 01; Fünf Detektive und das geheimnisvolle Haus 01; Verrückt vor Angst – Noras Geschichte 01 (auch jap., poln., tsch.); Was ist bloß mit Titus los? 01 (auch korean.); Kleine Lesetiger-Hundegeschichten 02; Papa dringend gesucht! 02 (auch ung.); Der verlorene Blick 02 (auch poln., tsch.); Ein Krokodil im Federmäppchen 02; Lauter Lehrer in der Luft! 02; Wird schon wieder gut! 02; Liebes kleines Brudermonster 02; Nur Mut! 02; Hundegeschichten 02; Gruselgeschichten 03; Ponyhofgeschichten 03; Höhenflug abwärts 03 (auch poln.); Rückwärts ist der Weg 03; Bald schlaf ich auch ohne Licht 03; Gute Nacht, ihr lieben Tiere 03; Ein Schulausflug geht baden 03; Ein verwünschter Schultag 03; Fünf Detektive und der unsichtbare Dieb 03; Jetzt ist Schluss, ich will keinen Kuss! 03; Lena und das verschwundene Kamel 03; Hitzefrei in Afrika 04; Jetzt bin ich groß – die Schule geht los 04; Die vergitterte Welt 04; Luft zum Frühstück 05; Prügelknabe 06; Ich, die Andere 07; Das eiskalte Paradies 07; Fridolin XXL 08; Schön – Helenas größter Wunsch 08, u. a. – **MA:** Immer die Schule! 95; Sommer, Sonne und ein bißchen Liebe 97; Strandgeflüster 98; Weihnachtszeit Zauberzeit 98; Pferdegeflüster 99; Prickeln auf meiner Haut 99; Beste Freundin, schlimmste Feindin 99; Mut im Bauch 00, u. a. – **R:** Der Kuss meiner Schwester, Fsf. 00.

Frey, John s. Freitag, Ingo J.

Frey, Peter, Autor, Regisseur; Ittenbeuren 5, D-88212 Ravensburg, Tel. (07 51) 3 66 65 23, Fax 3 66 65 29, *peter.frey@freyfilm.de, peterfrey.com* (* Freiburg/Br. 10. 6. 57). Jungautorenwettbew. d. Regensburger Schriftst.-Grs., 2. Pr. 80; Lyr., Drehb. – **V:** Der Tod des Zuckerbäckers, Lyr. 97; Pfleger Peschl, Krimi-Ball. 05. – **MA:** Zahlr. Beitr. in NZZ, seit 87. – **F:** versch. Kurzspielfilme, u. a.: Samstag, 15 Uhr 89. (Red.)

Frey, Renate, ObStudR.; Herzog-Philipp-Str. 20, D-75385 Bad Teinach-Zavelstein, Tel. (0 70 53) 81 67 (* Nürtingen 6. 3. 42). Sozialpr. f. Engagement/

Freyermuth

Kooperation zwischen behinderten u. nichtbehinderten Schülern 98; Erz., Rom., Meditation, Erlebnis, Lebenshilfe. – **V:** Auf gläsernen Schwingen, Erzn. 86, 3. Aufl. 92; Jenseits aller Herrlichkeit, R. 89; Hände, die uns tragen, Erlebn. 92, 2. Aufl. 93; Dein guter Hirte, Farbfotoheft 94, 5. Aufl. 04 (auch frz.); Die Nähe will ich spüren, Gedanken u. Gebete 97; Hoffnung, die tröstet, Farbfotoheft 98. – **MV:** Von der Einsamkeit zur Geborgenheit, m. Karl Frey 95. – *Lit:* AiBW 91; Datenbank Schriftstellerinnen in Dtld 1945ff. (DaSinD). Bibliogr. Index. (Red.)

Freyermuth, Gundolf S. (Ps. John Cassar, Peter Johannes), Dr. phil., Prof. f. Angewandte Medienwiss. an d. ifs köln; c/o ifs internationale filmschule köln, Werderstr. 1, D-50672 Köln, *g@freyermuth.com, www.freyermuth.com* (* Hannover 3. 1. 55). Dt. Krimipr. 98; Erz., Rep., Sachb., Drehb., Rom. Ue: engl. – **V:** Der Ausweg, Thr. 89; Reise in die Verlorengegangenheit. Auf den Spuren dt. Emigranten (1933–1940) 90, Tb. 93; Endspieler, Repn. u. Erzn. 93; Der Übernehmer. Volker Schlöndorff in Babelsberg 93; Spion unter Sternen 94; Cyberland 96, Tb. 98; Das war's. Letzte Worte mit Charles Bukowski 96; Bogarts Bruder, R. 97, Tb. 98; Perlen für die Säue, R. 99, Tb. 01; Kommunikette 2.0 02. – **MV:** Berlin. Ein Lex. d. Lebensgefühls, m. Elke Freyermuth 93. – **MA:** Ess. u. Repn. in: Transatlantik; seit 88: Frankfurter Rundschau; Berliner Zeitung; SZ; Die Zeit; Der Spiegel; stern; Freitag; Weltwoche; Kursbuch; Telepolis; Tempo, u. a. – **R:** div. Rdfk-Arb. u. a. für Deutschlandradio, HR. – **MUe:** Rebecca West: Gewächshaus mit Alpenveilchen, m. Elke Freyermuth 95; Jane Kramer: Unter Deutschen, m. ders. u. Eike Geisel 96.

Freymark, Renate s. Krautmann, Sasja

Freynfels-Stail v. Biegen s. Stahl, Günter

Frick, Gerhard, Dr. med. habil. (PD), prakt. Arzt, Arzt f. Naturheilverfahren; Amtsstr. 11b, D-14469 Potsdam, Tel. (03 31) 50 54 06 37, Fax 50 54 06 38, *gfrick@oetest.de, www.oetest.de* (* Kuhstorf, Kr. Ludwigslust 21. 6. 36). Lyrik. Ue: engl. – **V:** ... und immer ein Gedicht 02; mehrere wiss. Veröff. – **MV:** Licht – Liebe – Leben, m. Regina Gutheil u. Sabine Lange 01; Liebe schenken – Liebe empfangen, m. R. Gutheil 02. – **MA:** Nationalbibliothek d. dt.sprachigen Gedichtes, Bd III u. IV 00, 01. – *Lit:* H. Graumann in: Persönlichkeiten aus Meckl.-Vorpomm. 01. (Red.)

Frick, Gottlob, Kaufmann; Bergstr. 11, D-75248 Ölbronn-Dürrn, Tel. (0 70 43) 29 20 (* Ölbronn 6. 8. 34). Lyr., Ess. – **V:** Träume, Wünsche, Wirklichkeit, Lyr. 83; Lass' Wahrheit mich finden, G. 91; Gott und ich und viele Fragen, G. 99. (Red.)

Frick, Klaus N., Chefred.; Postfach 2468, D-76012 Karlsruhe, *klaus.frick@vpm.de* (* Freudenstadt 9. 12. 63). Rom., Kurzgesch. – **V:** Sardev – Der Vorhang senkt sich, R. 91; Vielen Dank, Peter Pank, R. 98, Neuaufl. 05; Zwei Whiskey mit Neumann u. a. ENPUNKT-Geschichten 00; Die Jenseitsinsel, Erz. 04; Chaos in France, R. 06; Sie hatten 44 Stunden, R. u. Dok. 06; Das Tier von Garoua, Erzn. 07. – **MA:** zahlr. Beitr. in: OX, Forts.-R. 94–08; zahlr. Beitr. in: PHANTASTISCH und SOL; Art. in: Magira, Jb. d. Fantasy. – **H:** Sagittarius, Zs. 80, 01; Ihr und eure Scheisse 96; Das große Perry-Rhodan-Fanbuch 96; Nicht von dieser Welt? Aus d. Science-Fiction-Werkstatt 01. – *Lit:* H. Leineweber in: Das Science Fiction Jahr 2000.

Frick, Sabine s. Lange, Sabine

Fricke, Ronald, M. A., EDV-Berater; c/o Rütten & Loening, Berlin (* Bremen 5. 2. 57). Rom. – **V:** Hoffmanns letzte Erzählung, R. 00. (Red.)

Fricke, Thomas, Journalist u. Red.; Buchaer Str. 8b, D-07745 Jena, Tel. (0 36 41) 61 82 94, *thom.fricke@onlinehome.de, www.thomas-fricke.com* (* Kahla/Thür. 24. 9. 61). Lyr., Erz. – **V:** Augen süchtig nach Leben, G. 03. – **MA:** Herbstzeitlose. Lieder u. Texte zur Wende 91; Ly-La-Lyrik 01; Welt der Poesie 01. (Red.)

Fricker, Ludwig, Dipl.-Ing. i. R.; Tannenäckerstr. 42, D-70469 Stuttgart, Tel. (07 11) 81 56 70, *l_fricker@freenet.de* (* Stuttgart 12. 12. 31). Lyr. – **V:** Pösie, G. 99.

Fricker, Ursula; c/o Eichborn Verlag, Frankfurt/M. (* Schaffhausen 13. 11. 65). Röm. – MA: Andando 02; drehpunkt 04; entwürfe für literatur 04. (Red.)

Fricker, Ursula; c/o Eichborn Verlag, Frankfurt/M. (* Schaffhausen 13. 11. 65). Förd.beitr. Stadt/Kt. Schaffhausen 02, Pr. d. Schweizer. Schillerstift. 04, Werkbeitr. d. Pro Helvetia 06; Rom., Erz., Literar. Rep. – **V:** Fliehende Wasser, R. 04. – **MA:** Andando 02; drehpunkt 04; entwürfe für literatur 04. (Red.)

Friebel, Volker, Dr., Psychologe; Denzenbergstr. 29, D-72074 Tübingen, Tel. (0 70 71) 2 68 03, *Post@Volker-Friebel.de, www.volker-friebel.de* (* Holzgerlingen 56). Dt. Haiku-Ges.; Haiku-Pr. d. Lit.zs. Dulzinea 04; Prosa, Haiku, Lyr. – **V:** Schwalbenspur, Haiku 01; Brunnensteine, Lyr. 02; Blumen im Heu 02; Leere Pfade 02; Steinstufen im Wald 02, alles Haiku; Regenverwischt, Haiku u. Aufss. 03; Bushaltestellen, Haiku 04; Kreise malen, Lyr. u. Haiku 05; Ein Rest reiner Wahrheit, Prosa 07; Nachricht von den Wolken, Lyr. u. Haiku 07. – **H:** Gepiercte Zungen 04; Der Lärm des Herzens 05; Worte für die Wolken 06; Feine Kerben 07; Große Augen 08, alles Haiku-Jbb. – *Lit:* s. auch SK.

Friebel, Werner, Autor, Musiker, Musikverleger; Gannenbacherstr. 4, D-86956 Schongau, Tel. (0 88 61) 17 21, *schnipsel@literatur.org, www.schnipsel.de.vu, www.media4ways.de* (* Bad Reichenhall 6. 7. 58). VG Wort 89; Lyr., Erz. – **V:** Balanceakt, Songs, G., Aphor. 97. – **MA:** Netzflüchter, Anth. 00; Beitr. in online-Lit.mag., u. a. in: Erosa Nr. 3; Leselupe; ZEITschrift 96, 97/01; Gedanken im Netz 01; Wanderer Nr. 29/02. – **H:** Schnipsel, online-Lit.mag. 99–04. – **P:** Für Herzen keine Haftung, erot. Lyr. u. Vertonung, CD 01; meschugge, CD 04. (Red.)

Frieben, Gisela v. s. Weil, Jürgen W.

Friebertshäuser, Hans, UProf. Dr.; Freiherr-vom-Stein-Str. 4, D-35041 Marburg, Tel. u. Fax (0 64 21) 8 18 18 (* Weidenhausen/Lkr. Biedenkopf 21. 3. 29). Rom., Erz., Sachb. – **V:** Kathrine, R. 01. (Red.)

Fried, Amelie, Fernsehmoderatorin, Journalistin, Autorin; *kontakt@ameliefried.de, www.ameliefried.de* (* Ulm 6. 9. 58). Telestar (Förd.Pr.) 86, Bambi 88, Dt. Jgd.lit.pr. (Bilderb.) 98; Rom., Kinder- u. Jugendb. – **V:** Die StörenFrieds, Geschn. 95; Traumfrau mit Nebenwirkungen, R. 96; Hat Opa einen Anzug an? 97; Neues von den StörenFrieds, Geschn. 97; Am Anfang war der Seitensprung, R. 98; Der unsichtbare Vater, Kdb. 99; Der Mann von nebenan, R. 00 (auch als CD); Geheime Leidenschaften u. a. Geständnisse 01; Glücksspieler, R. 01; Liebes Leid und Lust 03; Verborgene Laster u. a. Geständnisse 03; Rosannas Tochter, R. 05; Die Findelfrau, R. 07; Schuhhaus Pallas 08. – **MV:** Taco und Kaninchen, m. Peter Probst, Kdb.-Reihe 03ff. – **H:** Wann bitte findet das Leben statt? 99; Kinder – was für ein Leben! 03; Ich liebe dich wie Apfelmus 05.

Fried, Erich s. Friedrich, Gernot

Fried, Jo s. Dwars, Jens Fietje

Friedel, Gernot, Regisseur; Karlsgasse 7, A-1040 Wien, Tel. (01) 5 04 18 93 (* Klagenfurt 26. 2. 41). Film, Fernsehsp./Drehb. – **V:** Egon Friedell – Abschiedsspielereien, R.-Biogr. 03. (Red.)

Friedemann, Jürgen Bernd, freier Autor; D-73257 Köngen b. Stuttgart, Tel. (0 70 24) 80 92 11, *ultimo-60@t-online.de* (* Zwickau 26. 8. 60). FDA 96; Hist. Rom., Ess., Glosse, Kolumne, Journalist. Arbeit. – **V:** Index. Ein Roman ohne Titel, R. 98. (Red.)

Frieder, John s. Rühmkorf, Peter

Friederici, Hans-Joachim, StudDir.; Humboldtstr. 9, D-53937 Schleiden, Tel. (0 24 45) 54 77 (* Berlin-Charlottenburg 27. 2. 19). VS; Ostdt. Lit.pr. 71, AWMM-Autorenpr. 79; Lyr., Rom., Nov., Ess., Film. – **V:** Zwischen Haff und Bodden 77; Zwischen Dünen und Kiefernwald 85; Zwischen Strand und Oderland 87; Zwischen Höhen und Grenzen 89; Berlin heute, R. 03. – **R:** Einsiedler Friederici, Fsf. 72; Die Ausreisser, Fsf. 74; Farbtöne Flanderns 85; Farbtöne Walloniens 86, beides Rdfk-Sdg. (Red.)

Friedl, Beatrix s. Binder, Beatrix

Friedl, Harald, Dokumentarfilmer, Schriftst., Musiker; Josefstädter Str. 29/52–54, A-1080 Wien, Tel. (01) 4 06 04 69, *hf@haraldfriedl.com, www.haraldfriedl. com* (* Steyr 2. 8. 58). Podium, Vorst.mitg. 01, IGAA; 1. Pr. d. b. 1. Öst. Liederfest 83, Lit.pr. d. Stadt Steyr 80, Hans-Weigel-Lit.stip. 99/00, „Die kleine Form", Lit.pr. d. Kulturforums NÖ, 1. Pr. 00, Buchprämie d. BKA 02, Öst. Staatsstip. 04/05; Rom., Erz., Lyr., Drehb., Dok.-film. – **V:** Der Schwanz. Männer über ihr Geschlecht 98; Belohlaveks Geheimnis, Erz. 01. – **MV:** Tarot Suite, R. 01. – **MA:** Frust der Lust 96; Katz- und Kratzgeschichten 00; Podium, Lit.zs. 01, 02; En Detail 02; Mord am Freitag 02. – **F:** Land ohne Eigenschaften 01; Africa Representa 03; Missa Furiosa 03; En Detail 04, jeweils Drehb. u. Regie. – **P:** Blaumarot – Hoaß, Koid, CD 99. (Red.)

Friedl, Werner; Untere Gasse 22, D-79244 Münstertal, Tel. (0 76 36) 78 79 64, *post@werner-friedl. de, www.werner-friedl.de*. Bardou, F-34390 Monsla-Trivalle, Tel. (00 33–4 67) 97 62 05 (* München 19. 10. 47). Forum autorenpool.info; Rom., Erz. – **V:** Marie. Engel der Grenze 06. – **MV:** Klaus Erhardt: Bardou. Ein Pionierleben im Haut Languedoc. – **MA:** Wandlungen, Anth. 07.

Friedländer, Vera (Ps. f. Veronika Schmidt), Dipl.-Germanistin, Dr. sc. phil., Prof.; Plauener Str. 7, D-13055 Berlin, Tel. (0 30) 9 86 43 08 (* Woltersdorf b. Erkner 27. 2. 28). SV-DDR 86; Jacob-u.-Wilh.-Grimm-Pr. 80; Erz., Rom. – **V:** Späte Notizen, lit. Ber. 82; Mein polnischer Nachbar, Erzn. 86; Fliederzeit, R. 87; Man kann nicht eine halbe Jüdin sein, R. 93; Vier Männer von drüben u. a. Erzählungen 96; Eine Mischehe oder: der kleine Auftrag nach Jerusalem, R. 98; Die Kinder von La Hille. Flucht u. Rettung vor d. Deportation 04; Ein Lederbeutel. Beinahe wahre Geschn. 08. – **MV:** Kleine Geschichte der geographischen Entdeckungen, m. E. Schmidt 04. (Red.)

Friedland, Jost s. Seitz, Helmut

Friedmann, Herbert, Schriftst.; Oudenarder Str. 12, D-13347 Berlin, Tel. u. Fax (0 30) 81 79 91 79, *Herbert. Friedmann@aol.com* (* Groß-Gerau 15. 2. 51). Kogge 93; Hans-im-Glück-Pr. 83, Stip. d. Drehb. Werkstatt i. LCB 86, Stip. d. Stuttgarter Schriftstellerhauses 88, Stip. d. Dramatikerwerkstatt Wolfenbüttel 90, Kresch-Autorenstip. (Arb.stip.) 92, Stip. d. Hess. Min. f. Wiss. u. Kultur 92 u. 04, Stadtschreiber v. Otterndorf 93, Esslinger Bahnwärter 94; Kinder- u. Jugendb., Rom., Kurzprosa, Lyr., Sat., Rezension, Drama, Kabarett. Ue: dän, isch. – **V:** Kalle Durchblick, Erz. 80, 2. Aufl. 83; Claudia, fünfzehn. Liebe – wie im Roman 84; Herbstblues 84; Mensch, Mücke 84; Vaters Geheimnis, R. 84; Der Rockstar 86; Ein Himmel ohne Gitter 89; Paula

Bohnenstange, Erz. 89; Der Dribbelkönig 92; Circus Roncalli, Buchserie 93; Die adoptierte Großmutter 94; Schmetterlinge im Bauch 95; Pleiten, Pech und Pflaumbaum 96; Sehnsucht Süden 96; Schillers Entwortung, lit.-satir. Autorenkabarett 97; Ben greift ein 98; Coole Skater 98; Kampf um den Pokal 98; Die Nacht der Zärtlichkeit 98; Skatebord-Fieber 99; Faules Spiel 99; Hart am Wind 99; Rasanter Kampf unterm Korb 99; Ein Lovesee zum Geburtstag 00; Action auf der Piste 00; Portugal – Liebe inklusive 00; Stunt: Die Feuerprobe 00; Ein filmreifer Banküberfall 00; Der geheimnisvolle Katzenräuber 00; Link to love 01; Der Fluch der gestohlenen Maske 01; Kampf um den Ritterschatz 01; Die Rache des schwarzen Ritters 01; Für immer Soap 02; Wo fahren Sie hin, Herr Kirschenzeit?, G. 02; Der gestohlene Zauberring 03; Forsthaus Falkenau: Familie u. Vertrauen 03; Der Aufsteiger 04; Rote Karte für Erik 05; Auswärtssieg 05; Berliner Sommer, G. 08; satir. Texte f. Ztgn, Rdfk u. Kabaretts; – THEATER/UA: Die Insel des Fliegengottes, Bü. n. W. Golding 88; Caspar H. 90; Jeder wirft den ersten Stein 93; Spinnt Herr Mücknück? 93; Zip, Zap, Zawwelmarie 93; Sehnsucht Süden 97; Anna Berblinger 99. – **MV:** Bäume für den Tropenwald, m. Wolfgang Pauls 92. – **MA:** Für Portugal 75; Umwelt Reader 77; Stories in Oliv 78; Der Prolet lacht 78; Kinder Reader 78; Für Frauen 79; Aufschäumende Gedichte 79; Anders als die Blumenkinder 80; Wort-Gewalt 80; Macht & Gewalt 80; Sportgeschichten 80; Her mit dem Leben 80; Friedensfibel 82; Zuviel Frieden 82; Die falsche Richtung: Startbahn West, e. Leseb. 82; Die schönsten Schulgeschichten 90; Die schönsten Hundegeschichten 93; Tatort Klassenzimmer 94; Fluchtwege 95; Heute die Zukunft beginnen 95; Alles so schön bunt hier 96; Der Mäuserich vom Königstein 96; ... da hab ich einfach drauf gehaun 97, u. a. – **MH:** Stories im Blaumann 81. (Red.)

Friedmann, Susanne (eigtl. Susanne Caroline Friedmann-Trede), M. A. d. Kunstgesch.; Lindenstr. 104, D-85604 Zorneding (* Heidelberg 10. 7. 56). Erz., Porträt, Funkfeat., Reiseber., Hörgesch. f. Kinder. – **V:** Sag ich doch!, Geschn. 93, 96; Ein Dorf in den Cevennen Tb. 96; Luise und das Baby, Kdb. 96, 98; Ein Kuß für David, Reisegesch. 98; Auch ein Meerschwein braucht mal Urlaub, Geschn. 02. (Red.)

Friedmann, Tomas, Leiter u. Geschf. Lit.haus Salzbg; c/o Literaturhaus Salzburg, Strubergasse 23, A-5020 Salzburg, *friedmann@literaturhaus-salzburg. at* (* Linz 8. 11. 61). – **V:** Und nachts über die Grenze, G. 85. – **MA:** Zärtlichkeit u. Zorn 94; Land in Sicht 96; Stichworte 97, alles Bilder u. Geschn.: Salzburg: Blicke 99. – **H:** Elisabeth Reichart, Antonio Fian, Bodo Hell. 3 Stück Österreich 96. – **MH:** Luftschnappen, Bilder u. Geschn. 95; Salzburger Literaturführer 01. – **F:** Innergrenzen, Drehb. u. Co-Regie 86; Sohn und Vater, Drehb. 87. – **R:** Hsp.-Bearb., Hsp.-Regie, Feat., Interviews, Buchbesprechungen u. a., z.B.: bist Literatur österreich, O-Ton-Hsp. 95. (Red.)

Friedmann-Trede, Susanne Caroline s. Friedmann, Susanne

Friedrich, Eva-Maria s. Nagel, Eva-Maria

Friedrich, Gernot (Ps. Erich Fried, Erich/Fritz Opitz), Pfarrer em.; Schillerstr. 2, D-07545 Gera, Tel. (03 65) 2 90 02 15 (* Zeulenroda 2. 8. 37). Erz. – **V:** Mit Kamera und Bibel durch die Sowjetunion, Erz. 97 (auch ung. u. russ.). – **MA:** Glaube u. Heimat, evang. Wochenztg; Gustav-Adolf-Kalender.

Friedrich, Gisela (geb. Gisela Schmidt-vom Hofe), Lehrerin; c/o Salzer Verl., Bietigheim-Bissingen (* Lüdenscheid 15. 10. 47). Rom., Erz. – **V:** Türkisket-

Friedrich

te, Jgd.-R. 92; Das Testament der sieben Perlen, R. 97. (Red.)

Friedrich, Heidemarie (Ps. f. Heidemarie Andel), Dipl.-Ing.; Waldstr. 4, D-49525 Lengerich, Tel. u. Fax (0 54 81) 3 72 78 (* Köthen 11. 6. 59). Rom. – **V:** Traum und Wirklichkeit, R. 00. (Red.)

Friedrich, Joachim, ehem. Unternehmensberater, jetzt freier Autor; Virchowstr. 1, D-46236 Bottrop, Tel. (0 20 41) 2 53 26, *joa-friedrich@gelsennet.de*, *www. joachim-friedrich.de* (* Oberhausen 11. 8. 53). Emil für Kinderkrimis 99; Kinderb., Jugendb. – **V:** Tillys Traumschloß oder wer will schon von zu Hause weg 90; Ann-Lauras Tango, Jgdb. 93, Tb. u. d. T.: Zeitenriss 02; Pias Pia 94, Neuaufl. u. d. T.: Pias geheime Freundin 03; Opas Schatz 95; Tore, Punkte, Streuselkuchen 95; Die Insel im steinernen Fluß 97; Internet u. Currywurst, Jgdb. 97; Tore, Punkte, Sommersprossen 98; Mein bester Freund u. die Außerirdischen 00; Mein bester Freund u. die Schatzsuche 01; Mein bester Freund u. das Verlieben 02; SMS u. Currywurst, Jgdb. 02; Mein bester Freund u. die Gespenster 03; Die geheime Tür, Jgdb. 04; – REIHEN: Kinderkrimi-Serie „4 1/2 Freunde". 4 1/2 Freunde 92, ... u. die verschwundene Biolehrerin 94, ... u. die Weihnachtsmann-Connection 95, ... u. der rätselhafte Lehrerschwund 96, ... u. die wachsamen Gartenzwerge 98, ... u. das Geheimnis der siebten Gurke 99, ... u. der Schrei aus dem Lehrerzimmer 99, ... u. das Krokodil im Internet 00, ... u. die Fahndung nach dem Schuldirektor 01, ... u. der verschwundene Diamantenmops 02, ... u. der Schulfest-Skandal 03, ... u. die verhängnisvolle Kniebeuge 04; Kdb.-Reihe „Amanda X". Amanda u. die Detektive 00, Bella u. der Poltergeist 00, Circus Barone u. der Fluch d. Papageis 01, Didi u. die flüsternden Pferde 02, Eric u. das boxende Schaf 03, Fee u. das Geheimnis d. Zauberers 04; Kdb.-Reihe „Wölfchen Zauberstein". Auch Hexen brauchen Ferien 01, Das Geheimnis d. schwebenden Kuh 01, Der Schatz d. niesenden Drachen 02; (zahlr. Nachaufl. sowie Übers. in mehrere Sprachen). (Red.)

Friedrich, Karl s. Baumeister, Anton

Friedrich, Margot (Ps. Anne Carius), Kunsttöpferin; Walkmühlstr. 1a, D-99084 Erfurt, *m+f@erfurt-cs. de*. Marktstr. 50, D-99084 Erfurt (* Berlin 28. 10. 41). – **V:** Dialog mit Karoline, Erz. 73, 79; Selbstgespräche, Lyr. 74; Das Familientreffen, R. 74, 80; Sieben Tage hat die Woche, Gebete u. Verse f. Kinder 75; Kleine Kinderkirchenkunde 75; Tischgeschichten 81, 82; Zu Hause in der Fremde, Ess. 84, 2. Aufl. 85; Geschichten vom Wasser, Kant. f. Kinder 85; Eine Revolution nach Feierabend, Tageb. 91; 5 Tage König, Libr. 91; Residenzstadt Gotha 98. – **MA:** Engel, zweispr. 92; Kirchen, Lettern, Gründergeist. 7 Spaziergänge durch eine ehrwürdige Stadt 97. – **H:** Geschenkter Tag, Anth. 76; Menschenbilder. Der Maler u. Grafiker Jost Heyder als Zeichner 00. – **R:** Der Amselbaum, Kurzhsp. 86; Mein Engel ist schon unterwegs, Fsf. 86; Ein Fenster zur Welt, Fsf. 87. (Red.)

Friedrich, Maria (Ps. Maria Maser-Friedrich), Prof., Hrsg. (dtv junior 1971–90); Mareesstr. 6, D-80638 München, Tel. (0 89) 17 16 24, Fax 1 78 55 06. Almweg 7a, D-83370 Seeon-Roitham (* Darmstadt 4. 7. 22). Arb.kr. f. Jgd.lit.; BVK 87, Bayer. Verd.orden 87, Volkacher Taler 89, Honorarprof. Bayr. Akad. d. Bildenden Künste 92, Med. Pro Meritis 94, Gold. Nadel d. Börsenvereins 02; Ess., Hörsp. – **B:** Wunderbare Fahrten und Abenteuer der kleinen Dott 91. – **H:** Die schönsten Liebesgeschichten vom Prinzen Genji 63; Laß nur die Sorge sein, Anth. 64, 01; Spanische Liebesgeschichten 66; Unheimliche Geschichten 79; Sonderbare Geschichten

79; dtv junior Lesebuch 81; Tages- und Jahresfreuden, fröhl. Verse 95. (Red.)

Friedrich, Olaf (Ps. OFT), Dipl.-Ing.-Ökonom; Bahnhofstr. 41A, D-07922 Tanna, Tel. (03 66 46) 2 25 15, (01 75) 6 56 61 38, *OFTanna@t-online.de* (* Schleiz 17. 11. 65). – **V:** Meine Dates, meine Frauen und ich ... Chronologie einer Partnersuche 06.

Friedrich, Sabine, Dr. phil.; Coburg. c/o Deutscher Taschenbuch Verl., München (* Coburg 10. 3. 58). Rom. – **V:** Alle sieben Jahre 97; Das Puppenhaus, R. 97, 99; Die wundersame Imbißbude, R. 99; Nachthaut, R. 00, Tb. 02; Das Eis, das bricht, R. 02; Kleine Schule des Glücks 02; Kleine Schule der Liebe 03; Familiensilber, R. 05. (Red.)

Friedrichs, Antje (eigtl. Antje Telgenbüscher), Dr., freie Autorin; Dr.-Rörig-Damm 85, D-33102 Paderborn, Tel. (0 52 51) 40 90 05 (* 44). Würth-Lit.pr. 97. – **V:** Letzte Lesung Langeoog, Krim.-R. 00; Letztes Bad auf Norderney, Krim.-R. 03; mehrere regionalgeschichtl. Veröff. (Red.)

Friedrichs, Horst (Ps. u. a. Jerry Cotton, Burt Frederick, Ken/Kenneth Roycraft, Frederic Short, Jack Slade, Gordon Spirit, John Hartmann), Journalist, Red., Schriftst. u. Übers.; Sielfeldstr. 39, D-27381 Hoya, Tel. (0 42 51) 16 59, Fax 73 86 (* Hamburg 43). – **V:** bisher ca. 600 Romane in Heftform oder als Tb. sowie etwa 50 Romane zur Kino- u. Fernsehfilmen; Übers. von Romanen a. d. Engl. (Red.)

Friedrichsohn, Michael s. Schäf, Michael

Frieling, Simone (Ps. f. Simone Lamping, geb. Simone Ehlert), Autorin u. Malerin; Alfred-Döblin-Str. 7, D-55129 Mainz, *www.simonefrieling.de* (* Wuppertal 6. 8. 57). VS; Martha-Saalfeld-Förd.pr. 98; Erz., Rom., Anthologie. – **V:** Mutproben u. a. Erzählungen 97; Kinds Bewegungen, R. 00; „Gott, ich danke Dir". 24 Gespräche m. Gott aus dem Alltag einer Frau, Erzn. 06; Mitten im Leben, R. 06. – **MV:** Die großen Werke der Weltliteratur, m. Dieter Lamping, Ess. 06. – **MA:** Vorw. in: Sappho, die Dichterin der Liebe 02; versch. Veröff. in Anth. u. dt., belg. u. schweiz. Lit.zss., u. a.: Unterwegs; Krautgarten; ndl; Das Plateau; Neue Sirene; versch. Rez. in Ztgn. u. Zss., u. a. Die Berliner Ztg. – **H:** Das Regenbuch 99; Der rebellische Prophet 99; Das Buch vom Schnee 00; Tage des Glücks 02; Die Sonne 02; Schmetterling 03; Von Fledermäusen und Vampiren 03; Danke, liebe Mutter 04; Alle Vögel sind schon da 05; Reich mir die Hand 05; Dt. Meistererzählungen. Von Goethe bis zur Gegenwart 08, alles Anth. – **MH:** Schlaf, süßer Schlaf, Anth. 00. – **R:** Lit. auf dem Prüfstand; Wuppertalk, beides Rdfk-Sdgn. – *Lit:* Lit.-Lex. Rh.-Pfalz 98; Dt. Lit.-Lex. 06.

Frielinghaus, Helmut, Lektor, Journalist, Übers.; Wincklerstr. 3, D-20459 Hamburg, Tel. u. Fax (0 40) 36 45 69 (* Braunschweig 7. 1. 31). VS 74. Ue: engl, span. – **H:** Günter Grass: Wenn ich Pilze und Federn sammle, Leseb. 02; Der Butt spricht viele Sprachen. Grass-Übersetzer erzählen, Aufss. 02. – **Ue:** Rafael Sánchez Ferlosio: Abenteuer und Wanderungen des Alfanhuí, R. 59, 04; Am Jarama 60; Max Aub: Die bitteren Träume, R. 62; Ramiro Pinilla: Die blinden Ameisen, R. 63; Carlos Droguett: Eloy, R. 66; Severo Sarduy: Bewegungen, Erz. 68; Strand, Hsp. 69; Medina Azahara, Hsp. 70; Katakomben, Hsp. 73; Die Ameisentöter, Hsp. 75; Monique Wittig: Dialog der beiden Brüder und der Schwester, Hsp. 70; Jean Tardieu: Ein Abend in der Provence oder Das Wort und der Schrei, Hsp. 72; Alain DeBotton: Versuch über die Liebe, R. 94; ders.: Romantische Bewegung 96; John Updike: Bech in Bedrängnis, R. 00; Raymond Carver: Würdest du bitte endlich still sein, bitte, Erzn. 00; ders.: Wovon wir reden, wenn wir von Liebe reden, Erzn. 00; ders.: Kathedrale, Erzn. 01; ders.: Erste und letzte Storys, Erzn. 02; – Erzn. span. u. lateinamerik. Autoren in Sammelbänden. – **MUe:** John Updike: Landleben, R. 06, 07; William Faulkner: Licht im August, R. 08, beide m. Susanne Höbel.

Fries, Fritz Rudolf, Dipl.-Phil., ehem. Wiss. Ass. an d. Dt. Akad. d. Wiss. Berlin; Johannesstr. 51–53, D-15370 Petershagen b. Fredersdorf/Berlin, Tel. (03 34 39) 73 54 (* Bilbao/Spanien 19. 5. 35). SV-DDR, P.E.N.-Zentr. DDR 72–96, Akad. d. Künste Berlin-Brandenbg bis 96, Dt. Akad. f. Spr. u. Dicht. bis 96; Heinrich-Mann-Pr. 79, Marie-Luise-Kaschnitz-Pr. 88, Brandenburg. Lit.pr. 91, Bremer Lit.pr. 91, Stip. d. Dt. Lit.fonds 92, Hsp.pr. d. Kriegsblinden 96; Ess. Ue: span, frz. – **V:** Der Weg nach Oobliadooh, R. 66, 93; Der Fernsehkrieg u. a. Erzählungen 69, 70; See-Stücke, Samml. 73, 74, Neuausg. u. d. T.: An der Ostsee 95; Das Luft-Schiff 74, 90; Lope de Vega, Biogr. 77, 79; Der Seeweg nach Indien, Erzn. 78, erw. Neuausg. 91, Tb. u. d. T.: Das nackte Mädchen auf der Straße 70; Sieg und Verbannung des Ritters Cid aus Bivar, Kdb. 79; Mein spanisches Brevier 79; Alle meine Hotel Leben, Reiseprosa 80, Tb. u. d. T.: Schumann, China und der Zwickauer See 82; Alexanders neue Welten, R. 82, 92; Verlegung eines mittleren Reiches, R. 84, 93; Bemerkungen anhand eines Fundes oder Das Mädchen aus der Flasche 85, 88; Herbsttage im Niederbarnim, G. 88, 89; Es war ein Ritter Amadis, Kdb. 88; Die Väter im Kino, R. 89, 90; Ischtar und Tammuz, Leg. 90; Die Nonnen von Bratislava, R. 94, 95; Don Quixote flieht die Frauen oder die apokryphen Abenteuer des Ritters von der traurigen Gestalt 94; Im Jahr des Hahns, Tagebücher 96; Septembersong, R. 97; Die Hunde von Mexico-Stadt 97; Der Roncalli-Effekt, R. 99; Diogenes auf der Parkbank, Erinn. 02; Hesekiels Maschine oder Gesang der Engel am Magnetberg, R. 04; Blaubarts Besitz, R. 05; Dienstmädchen und Direktricen 06. – **MV:** Erlebte Landschaft. Bilder aus Mecklenburg, m. Lothar Reher 82; Das Filmbuch zum Luft-Schiff, m. Rainer Simon 83; Porträt einer Zeit. Leipzig 1945–1950, m. Fotos v. Karl Heinz Mai 90; Barcelona – Rose aus Feuer, m. Heinz Lehmbäcker, Bild-Bd 94; Leutzsch, m. Falk Brunner, Foto-Leseb. 94. – **MA:** Nachrichten aus Dtld 67; Prosa aus d. DDR 69, 72; Das Paar 70; Aufforderung zum Frühlingsbeginn 70; 19 Erzähler d. DDR 71; Bettina pflückt wilde Narzissen 72, u. a.; – Ztgn: FAZ; Frankfurter Rundschau; Freitag; Neues Deutschland; Junge Welt; Bilbao (Spanien). – **H:** Lazarillo von Tormes oder Die Listen der Selbsterhaltung 85; Jorge Luis Borges: Ausgewählte Werke 87 IV; Ramón Gómez de la Serna: Madrid. Spaziergänge 92; Pablo Neruda: In deinen Träumen reist dein Herz, G. 04. – **F:** Das Luftschiff, m. Rainer Simon 83. – **R:** Die Familie Stanislau 50; Der Traum des Thomas Feder 77; Der Mann aus Granada 79; Der fliegende Mann 79; Eine Insel will ich haben 89; Wer hat auf Jules Verne geschossen? 89; Der Malstrom oder Ein Ohr für Gauguin 91; König Bamba 92; Wer ist hier Columbus? 92; Der Gesang der weißen Wale 92; Intime Geschichten aus dem Paradies, 2tlg. 92/93; Nellys zweite Stimme oder Gespräche über die Zukunft Deutschlands im Hause Mann 94; Graf Malucco, 2tlg. 94; Frauentags Ende oder Die Rückkehr nach Ubliaduh 95, alles Hsp. – **Ue:** Miguel de Cervantes Saavedra: Die Zwischenspiele, 11 Einakter 67; Estebanillo González, ein Mann fröhlicher Gelassenheit ... 67; Lisandro Otero: Schaler Whisky, R. 67; Tirso de Molina: Don Gil von den grünen Hosen, Bü.-Ms. 68; Alfredo Pareja Diezcanseco: Offiziere und Señoras, R. 68; Calderon de la Barca: Dame Kobold, Bü.-Ms. 69; Juan Bosch: Der Pentagonismus ... 69; Armand Gatti:

General Francos Leidensweg. Zusammen mit „V wie Vietnam" 69; T. de Molina: Die fromme Marta, Bü.-Ms. 71; Jesús Izcaray: Madame Garcia hinter dem Fenster 72; Elvio Romero: Gedichte (Poesiealbum 62) 72; Amadis von Gallien 73; Héctor Quintero: Der magere Preis, Bü.-Ms. 73; Julio Cortázar: Der andere Himmel 73; Isidora Aguirre: Die guten Tage, die schlechten Tage 75; Antonio Buero Vallejo: Die Stiftung, Bü.-Ms. 75; Miguel Delibes: Fünf Stunden mit Mario, R. 76; J. Cortázar: Das Feuer aller Feuer, Erzn. 76; A.B. Vallejo: Das Konzert zum heiligen Ovid, Bü.-Ms. 77; Vicente Aleixandre: Gesicht hinter Glas, G./Dialoge 78; A.B. Vallejo: Der lautlose Schuß, Bü.-Ms. 78; Calderon de la Barca: Der Richter von Zalmea, Bü.-Ms. 78; Alfonso Sastre: Fantastische Tragödie von der Zigeunerin Celestina ..., Bü.-Ms. 79; J. Cortázar: Rayuela 81; Calderon de la Barca: Leben ist Traum, Sch. 85; Federico Garcia Lorca: Die wundersame Schustersfrau, Bü.-Ms. 87; ders.: Bernada Albas Haus, Bü.-Ms. 87; Ramón del Valle-Inclán: Lichter der Bohème, Bü.-Ms. 88; Napoleón Baccino Ponce de León: Graf Maluco, R. 92; Pablo Neruda: Hungrig bin ich, will deinen Mund, Liebesson. 97; Miguel Delibes: Der Verrückte, R. 99; Javier Tomeo: Der Gesang der Schildkröten, R. 99, u. a. – **MUe:** Fernando de Rojas: Celestina, m. Egon Hartmann 59; Alfred de Vigny: Grandeur et Servitude militaires u. d. T.: Laurette oder das rote Siegel, m. Rolf Müller 61; B. Pérez Galdós: Misericordia 62; J. Cortázar: Die Verfolger, Erzn., m. Wolfgang Promies u. Rudolf Wittkopf 78; ders.: Das Manuskript aus dem Täschchen, Erzn., m. Volker Ebersbach 80; Luis Buñuel: Die Flecken der Giraffen, m. Gerda Schattenberg 91, u. a. – *Lit:* Weimarer Beiträge 3 79; Helmut Böttiger: Rausch im Niemandsland, Diss. 86; Stefan Bruns: Das Pikareske in d. Romanen v. F.R.F. 92; Kiwus 96; Michael Töteberg in: KLG 96; LDGL 97. (Red.)

Friese, Wilhelm, Dr. phil., Dr. h. c., Prof. U.Tübingen i. R.; Sindelfingerstr. 79, D-72070 Tübingen, Tel. (0 70 71) 4 55 51 (* Heiligenstadt/Eichsfeld 27. 5. 24). Lyr. Ue: skand. – **V:** Abenteuer und den Deutschen. Deutsch-skandinavische Begegnungen 04; mehrere wiss. Veröffentlichungen. – **H:** M. Johannessen: Psalmen im Atomzeitalter 96; Nordische Barocklyrik 99; Skandinavische Lyrik im 17. Jahrhundert 03 (auch übers.); M. Johannessen: Nichts erschlägt dein Herz 06. (Red.)

Friesel, Uwe (Ps. Urs Wiefele), Schriftst., Übers.; c/o Janka Weber, Alte Heerstr. 1, D-29485 Lemgow b. Lüchow, *u.friesel@comhem.se, web.comhem.se/uwe.friesel* (* Braunschweig 10. 2. 39). VS 69, Bdesvors. 89–94, P.E.N.-Zentr. Dtld; Villa-Massimo-Stip. 68–69, Stadtschreiber v. Hamburg-Eppendorf 80, Gr. Künstlerstip. d. Ldes Nds. 86, Stip. Künstlerhof Schreyahn 96/97; Lyr., Rom., Hörsp., Übers., Ess. Ue: am, engl, frz. – **V:** Linien in die Zeit, G. 63; Sonnenflecke, R. 65; Der kleine Herr Timm und die Zauberflöte Tirlili, Kdb. 70; Am falschen Ort, Erzn. 78; Sein erster freier Fall, R. 83, Tb. 85, BoD 01; Jeden Tag Spaghetti, Jgd.-R. 83, 89; Aufrecht flussabwärts, G. 83; Lauenburg Connection, Erzn. 83; Spielgelverkehrt, R. 85, 92; Das Ewige an Rom, Erzn. 85; Im Schatten des Löwen, R. 87, Tb. 89; Das gelbe Gift, R. 88, 00; Der Blitz von San Timo, Erz. 90; Blut für Eisen, R. 05, Tb. 06 (auch als Hörb.); Der Zirkus der Tiere, R. f. Kinder 06; Goldaugenmusik, R. 08. – **MV:** Maicki Astromaus, m. F. Brown, Kdb. 70; Die Geschichte von Trummi kaputt, m. V. Ludwig 77. – **MA:** Kleines Lyrik-Alphabet 63; Hamburger Musenalm. auf d. Jahr 63; Hamburger Anth. 65; Druck-Sachen, Prosa 65; Agitprop, G. 69; Auf Anhieb Mord, Kurzkrimis 75, Tb. 78; Keine Zeit f. Trä-

Friker

nen, Erzn. 76, Tb. 78; Lyrikkatalog Bdesrep. Dtld 78; Jb. d. Lyr. 1 79, 2 80; Claassen Jb. f. Lyr. III 81; Klassenlektüre 82; Kleine Monster, Prosa 85; Man müßte mal 20 sein, Prosa 87; Die Horen Nr.159 90, erw. Buchausg. 93. – **H:** Das Syndikat, Krim.-Geschn. dt.spr. Autoren 91; Writing out of Exile 00 (engl.). – **MH:** Noch ist Deutschland nicht verloren. Eine hist.-polit. Analyse unterdrückter Lyrik 70, Tb. 73, 80; Freizeit, Leseb. 4 73; Kindheitsgeschichten 79, 82; ... und Bosnien, nicht zu vergessen, m. Emina Kamber 08; – u. **MA:** EDITION „einst@jetzt", m. Axel Kahrs u. Arne Drews, darin: Hans Heinz Ewers, Uwe Friesel, Uwe Herms, Richard Hey, Azar Mahloujian, Axel Thormälen, alle 02. – **F:** Der lautlose Tod – Giftgas in Hamburg, Drehb. 82; Karl Dönitz – Als Preuße meine Pflicht getan, Drehb. 84. – **R:** Skat 66; Ping Pong 69; Unsere Liebe Luci 69; Maicki Astromaus 71; Mitbestimmung 71; Wernicke, Familienser. 73–76; Blankenhorn I & II 80, III 84; Blankenhorn und der Blaumörder 95, alles Hsp.; – Entlassungen, Fsp. 73. – **Ue:** Stephen Schneck: Der Nachtportier, R. 66; Vladimir Nabokov: Fahles Feuer, R. 68; Ben Johnson: Volpone, Kom. 70, 71; V. Nabokov: Sieh doch die Harlekins, R. 79. – **MUe:** V. Nabokov: Ada, R. 74, 98; John Updike: Die Hexen von Eastwick, R. 87; ders.: Der verwaiste Swimmingpool, Erzn. 87; ders.: Spring doch!, Erzn. 92; V. Nabokov: Fahles Feuer, m. Dieter E. Zimmer, Neufass. 08. – *Lit:* P.E.N. BRD, Autorenlex. 93, 96, 00; Brauneck 95; Th. Kraft in: LDGL 04; Karin u. Lutz Tantow in: KLG; s. auch 2. Jg. SK.

Friker, Achim, Dr., Physiker u. Mathematiker im Raumfahrt-Management; *Friker@t-online.de, www.friker.homepage.t-online.de* (* Rheinberg/NRW 21. 6. 60). 42erAutoren – Verein z. Förd. d. Lit. 99; James-Joyce-Lit.pr. 00, 3. Pl. b. Eugen-Wolf-Lit.pr. 04; Erz., Ess., Drehb. – **V:** Ottokar Viereworm (Orthographie-Reform), ich werde Dich nie vergessen! 98, 2. Aufl. 01. – **MA:** Fehrmarnsches Tageblatt, Nr. 265 12.11.94; Heimat(w)orte, Anth. 95; Wortwahl Nr. 11, Lit.-Zs. 00; Das Erste, Jb. d. 42erAutoren 00; Gedanken im Netz 01; Gedanken im Sturm 02; Der rote Sessel 02; Autorenkalender d. 42erAutoren 2005/04, 2007/06, Ess. (Red.)

Frimmel, Gerda s. Mucker, Gerda

Frink, Wolfgang, Dipl.-Rechtspfleger, Justizamtsrat; Am Dreesch 25, D-56337 Simmern/Westerwald, Tel. (0 26 20) 83 33 (* Elz/Hessen 11. 9. 48). Rom., Erz. – **V:** Das Geheimnis der Zypressen, R. 99; Schmal ist der Tugend Pfad, R. 01; Und über allem der Himmel, Erzn. 02. (Red.)

Frisch, Anja; lebt in Berlin, c/o Luchterhand Literatur Verl., München (* Siegen 2. 5. 76). mehrere Stip., u. a. Klagenfurter Lit.kurs 02, Stip. Schloß Wiepersdorf 07, Alfred-Döblin-Stip. 08. – **V:** Schneehase, Erzn. 06. (Red.)

Frisch, Otto, Lehrer i. R.; Eichenweg 6, D-88364 Wolfegg, Tel. (0 75 27) 46 06 (* Bad Wurzach 4. 11. 36). Bürgermed. d. Stadt Bad Wurzach 93, Martinus-Med. d. Diözese Rottenburg-Stuttgart 02; Erz., Hist. Untersuchung. – **V:** Verirrt im Ried, Sage 94. – *Lit:* Der Landkr. Ravensburg im Spiegel d. Schrifttums, Bibliogr. Neuaufl. 99. (Red.)

Frisch, Walter; Schützenhausstr. 21, CH-8618 Oetwil am See, Tel. (01) 9 29 24 31, *frisch@active.ch* (* 9. 5. 44). – **V:** Das andere anders sehen 98. (Red.)

Frischholz, Regina; Schmidbühl 38, D-92637 Weiden, Tel. (0 9 61) 4 51 70, Fax 4 16 22 70, *regina.frischholz@web.de* (* Rothenstadt 10. 6. 54). Tiergesch., Märchen. – **V:** Aufstand auf dem Hühnerhof und andere Viechereien 99, 2. Aufl. 03; Heini am

Rockerhase 00, 2. Aufl. 02; Das Königreich Solaria 03. – **H:** Festtagsgeschichten, Kurzgeschn. u. G. 04. – **MH:** Sieben auf einen Streich, Kdb. 04. – *Lit:* s. auch 2. Jg. SK. (Red.)

Frischmuth, Barbara; Reith, A-8992 Altaussee, Tel. (0 36 22) 7 11 63, *b.frischmuth@aon.at* (* Altaussee 5. 7. 41). F.St.Graz, IGAA, Übersetzergemeinschaft, EM Ung. P.E.N.; Öst. Förd.pr. f. Kd.- u. Jgdb. 72, Lit.pr. d. Ldes Stmk 73, Anton-Wildgans-Pr. 74, Förd.pr. d. Stadt Wien 75, Förd.gabe d. Kulturkr. im BDI 75, E.liste d. Hans-Christian-Andersen-Pr. 75, Sandoz-Pr. f. Lit. 77, Lit.pr. d. Stadt Wien 79, Auswärt. Künstler zu Gast in Hamburg 79, Ida-Dehmel-Lit.pr. d. GEDOK 83, Öst. Würdig.pr. f. Lit. 87, manuskripte-Pr. 88, Intern. Hsp.pr. Unterrabnitz 90, Prix Futura Berlin 91, Luchs 94, Prix Italia 94, Kd.- u. Jgdb.pr. d. Stadt Wien 94, Franz-Nabl-Pr. 99, E.pr. d. öst. Buchhandels 05. – **V:** Die Klosterschule, R. 68; Geschichten für Stanek 69; Amoralische Kinderklapper 69; Der Pluderich, Kdb. 69; Philomena Mückenschnabel 70; Polsterer, Kdb. 70; Tage u. Jahre 71; Ida – und Ob 72; Die Prinzessin in der Zwirnspule u. a. Puppenspiele f. Kinder 72; Rückkehr zum vorläufigen Ausgangspunkt, Erzn. 73; Das Verschwinden des Schattens in der Sonne, R. 73; Haschen nach Wind, Erzn. 74; Grizzly Dickbauch u. Frau Nufff 75; Die Mystifikationen der Sophie Silber, R. 76; Amy oder die Metamorphose, R. 78; Kai u. die Liebe zu den Modellen, R. 79; Entzug – ein Menetekel der zärtlichsten Art, 2 Erzn. 79; Bindungen, Erz. 80; Die Ferienfamilie, R. 81; Daphne u. Io oder am Rande der wirklichen Welt, UA 82; Die Frau im Mond, R. 82; Das Leben des Pierrot, Erzn. 82; Traumgrenze, Erzn. 83; Kopftänzer, R. 84; Unzeit, Erzn. 86; Herrin der Tiere, Erz. 86; Sternwieser Trilogie 86; Über die Verhältnisse, R. 87; Mörderische Märchen 89; Biberzahn u. der Khan der Winde, Jgdb. 90; Einander Kind, R. 90; Mister Rosa oder die Schwierigkeit kein Zwerg zu sein, Spiel f. e. Schauspieler 90–91, UA 91; Traum der Literatur – Literatur des Traums 91; Sommersee, R. 91; Wassermänner, Erzn., Szenen, G. 91; Der grasgrüne Steinfresser, Kd.-St., UA 92; Machtnix oder Der Lauf der Welt nahm, Gesch. 93; Gutenachtgeschichte für Maria Carolina 94; Hexenherz, Erzn. 94; Vom Mädchen, das übers Wasser ging 96; Donna & Dario 97; Die Schrift des Freundes, R. 98; Das Heimliche u. das Unheimliche, Reden 99; Alice im Wunderland 00; Die Goldfische zerfiel der Mond, G. 1959–1966 00; Der Entschlüsselung 01; Schamanenbaum, G. 01; Löwenmaul u. Irisschwert, Geschn. 03; Der Sommer, in dem Anna verschwunden war, R. 04; Marder, Rose, Fink und Laus 07; Vergiss Ägypten, R. 08. – **MV:** Ida, Bine und die Pferde, m. Jutta Treiber 91; Karl Korab, m. Helmut Gansterer 96. – **MA:** hortulus 64; Gruppe invarium 1/65; Innsbruck '65. Eine Dok. d. XVI. Öst. Jgd.kulturwoche in Tirol 65; Außerdem 67; Sprache in techn. Zeitalter, H.21 67; Der angeliche Schrecken, Horrorgeschn. 67; Neues deutsches Theater 71; Protokolle 1/71, 2/80; Da kommt ein Mann mit großen Füßen, Geschn. 73; Ver Sacrum 74; Dt. Erzählungen aus drei Jahrzehnten 75; Glückliches Österreich 78; Reden aus Österreich 88; Kulturradio 96. – **R:** HÖRSPIELE: Die Mauskoth u. die Kuttlerin 70; Löffelweise Mond 71; Die unbekannte Hand 73; Ich möchte, ich möchte die Welt 77; Die Mondfrau 79; Binnengespräche 86; Biberzahn u. der Kahn der Winde 86; Tingeltangel oder Bin ich noch am Leben? 88; Die Mozart hörende Hanako u. ihre fünf Kätzchen, m. Saegusa Kazuko 91; Anstandslos 92; Der grasgrüne Steinfresser 93; Eine Liebe in Erzurum 94; – FERNSEHEN: Sommersee, 6-tlg. Ser. 92. –

Fritsch

P: Die Frau im Mond 96; Harun u. das Meer d. Geschichten, Hsp. n. Salman Rushdie (auch übers.), beides Tonkass. – *Lit:* Dietmar Grieser in: Schauplätze öst. Dicht. 74; Paul Kruntorad in: D. zeitgenöss. Lit. Öst. 76; Jürgen Serke in: Frauen schreiben 79; Ulrike Kindl in: Neue Lit. d. Frauen 80; Waltraud Schwarz in: Studien zur öst. Erzähllit. d. Gegenw. 82; Christa Gürtler: Schreiben Frauen anders? Unters. zu Ingeborg Bachmann u. B.F. 84; Walter Falk in: D. Entw. d. potentialgeschichtl. Ord., Bd 2 85; Judit Györi in: Öst. Lit. d. 20. Jh. 88; Walther Killy (Hrsg.): Literaturlex., Bd 4 89; KLÖ 95; LDGL 97; S. Cimenti/I. Spörk (Hrsg.): B.F. (Dossier Extra) 07; L. Roggemann/J.B. Johns/U. Janetzki in: KLG. (Red.)

Frischmuth, Felicitas s. Frischmuth-Kornbrust, Felicitas

Frischmuth-Kornbrust, Felicitas (Ps. Felicitas Frischmuth), Schriftst.; PF 66594, D-66606 St. Wendel, Tel. (0 68 51) 22 59, Fax 8 53 74 (* Berlin 2. 10. 30). VS Saar 63; Kunstpr. d. Saarldes f. Lit. 82, Andreas-Gryphius-Förd.pr. 84; Lyr., Ess., Rom., Übers. Ue: frz, russ. – **V:** Papiertraum, G. 77, 2. Aufl. 82; An den Rand des Bekannten, G. u. Prosa 81; Die kleinen Erschütterungen, Prosa 82; Lockrufe, G. 82; Moment Mal, G. 84; Nach einer Seite fliegt mein Herz heraus, G. 85; Weit von Mozart entfernt, G. 85; Alle Flammen sind besetzt 86; Kein Zaun keine Mauer, G. 86; Der schwere Körper am Trapez, Prosa 87; Rupprecht Geiger / F. F. / Alf Lechner. Originalmalerei u. dreitlg. Text 88; Der Körper hängt am Auge 89; Künstlerinnengruppe Saar. Textbll., Bilder, Zeichn. 89; Landzunge, G. 90; Zurede zur Reise 00. – **MV:** Im Gehen/Quand on marche, m. Bernard Vargaftig, G. 95. – **MA:** Natürlich tauchen Bilder auf in Kindheiten 88; Vom Spiel der Formen zur Farbe der Gegenstände, Kat. 92; Ich. Der Berg? Und du?, Künstlerb. 94; versch. Texte z. bild. Kunst. – **MH:** Neue Poesie aus Georgien 78; Straße der Skulpturen, m. Leo Kornbrust 89. – **R:** Namen u. Gesichter – Topografie 5 St. Wendel, m. Leo Kornbrust, Fsf. 74; Porträt d. Bildhauerin Christa Schnitzler 74. – **P:** zahlr. Texte u. G. auf Skulpturen v. Leo Kornbrust, auf Straßen, Plätzen, in Höfen u. Gärten, Schriftsäulen, -würfel, -pfosten. (Red.)

Frisé, Maria (geb. Maria von Loesch), Red., Schriftst., Journalistin; Am Zollstock 24, D-61352 Bad Homburg, Tel. (0 61 72) 4 22 63, *amfrise@t-online.de* (* Breslau 1. 1. 26). P.E.N.-Zentr. Dtld, Kg.; E.gabe z. Andreas-Gryphius-Pr. 94, Sonderpr. d. Kulturpr. Schlesien d. Ldes Nds. 96; Erz., Lyr., Rep., Ess., Kritik. – **V:** Hühnertag und andere Geschichten, Erz. 66; Erbarmen mit den Männern, Ess. 83; Auskünfte über das Leben zu zweit, Gesprächsprot. 85; Eine schlesische Kindheit 90, 3. Aufl. 02; Montagsmänner und andere Frauengeschichten 90; Wie du und ganz anders 96; Liebe, lebenslänglich 98; Familientag und andere Geschichten 03, alles Erzn.; Meine schlesische Familie und ich, Erinn. 04; Familientag 05. – **MV:** Allein – mit Kind, m. Jürgen Stahlberg, Sachb. 92. – **MA:** versch. Beitr. in Prosa-Anth., Kritik-Sammelbden, Schulb.

Frisée, Felii s. Freise, Felicitas

Frison-Stark, Christine; c/o Berenkamp, Universitätsstr. 17, A-6020 Innsbruck (* Wien 6. 3. 42). Erz., Kurzgesch. – **V:** Wassermus und Schneemilch. Freud und Leid im alten Serfaus, Erinn. 00, 2. Aufl. 01. – **MA:** Die Presse (Wien) 89; Serfauser Bote 94–00; Die Mölkerstiege 94, 95; Fiss Impulse 00. (Red.)

Fritsch, Irene (geb. Irene Thater), Lehrerin i.R.; Wundtstr. 46, D-14057 Berlin, Tel. (0 30) 3 21 77 46, *irenefritsch@freenet.de* (* Berlin 18. 11. 42). – **V:** Leben am Lietzensee, Monogr. 01; Finale am Lietzensee,

R. 06; Die Tote vom Lietzensee, R. 07. – **MA:** versch. Beitr. zu lokalhist. Publ. 79–09.

Fritsch, Lisa, Dr., freie Autorin seit 00; Plankengasse 1/7, A-1010 Wien, Tel. (01) 5 13 42 61, *lisa.fritsch @utanet.at* (* Wien 19. 12. 43). GAV, IGAA, Podium; Förd.pr. d. Theodor-Körner-Stift.fonds f. Lit. 83, Öst. Dramatikerstip. 93, Staatsstip. f. Lit. 99/00; Lyr., Erz. – **V:** Landsat, G. 95; Am Spieltisch 04; Podium Porträt, G. 08; Wannen-Wonnen 09. – **H:** Renate C. Zimmel: „Eben noch in der Pubertät und jetzt schon vierzig ...“ 97. – **P:** Landsat, Video 91.

Fritsch, Marande s. Rammrath, Kerstin

Fritsch, Werner, Schriftst.; Wollinerstr. 58, D-10435 Berlin, Tel. (0 30) 4 48 43 46, *cherubimfritsch@web.de.* Hendelmühle 1, D-95643 Tirschenreuth, Tel. (0 96 31) 13 04 (* Waldsassen 4. 5. 60). P.E.N.-Zentr. Dtld, Heimito-von-Doderer-Ges.; Robert-Walser-Pr. 87, Pr. d. Ldes Kärnten 87, Aufenthaltsstip. d. Berliner Senats 88, Rauriser Lit.pr. 88, Arb.stip. f. Berliner Schriftst. 91, Solitude-Stip. 92, Hsp.pr. d. Kriegsblinden 92/93, Förd.pr. d. Freistaates Bayern 96, Else-Lasker-Schüler-Dramatikerpr. 97, Stip. Schloß Wiepersdorf 97, Kulturförd.pr. Ostbayern 98, Theaterstip. d. Ldes Bad.-Württ. 99, Heimito-v.-Doderer-Förd.pr. 99, Hsp. d. Jahres 06, ARD-Hörspielpr. 07, Arno-Schmidt-Stip. 07/08; Prosa, Hörsp., Drama, Film. – **V:** Cherubim 87; Steinbruch 89; Das wild die Gewitter in der Natur, Filmb. 92; Fleischwolf 92; Sense 92; Stechapfel 95; Auge in Auge – Voll toten Lichts. Disteln für die Droste, Filmb. 98; Es gibt keine Sünde im Süden des Herzens, Stücke 99; Jenseits 00; Hieroglyphen des Jetzt 02; Schweijk? / Hydra Krieg 03; Nico, Sphinx aus Eis, Monolog 04; – THEATER/UA: Joseph Süß, m. Uta Ackermann 99; Die lustigen Weiber von Wiesau 00; Aller Seelen 00; Chroma 01; Eulen : Spiegel 01; Nico, Sphinx aus Eis 02; Supermarkt, m. Uta Ackermann 03; Schwejk? 03; Jenseits 03; Hydra Krieg 03; Enigma Emmy Göring 04; Fast Lessing 04; Heilig Heilig Heilig 04; Bach 04; Das Rad des Glücks 05; Femmes blanche et noir 05; Die Steine selbst 06; Magma 06; Der Atem des Laotse 07; Paradies 08. – **MA:** Jörg Drews (Hrsg.): Herbert Achternbusch 82; Spectaculum 64 97; Mein Gott ist Dionysos, Nachw. in: Bohumil Hrabal, Alle Romane 08; Muspilli Triptychon, in: Akzente 08; Beitr. in: Manuskripte; Merkur; Theater heute; Theater d. Zeit; SPIEGEL. – **H:** Der Distel mystische Rose, Droste-Leseb. 98; Annette v. Droste-Hülshoff: Liebesgedichte 03. – **MH:** Böhmen. Ein lit. Porträt, m. Uta Ackermann 98. – **F:** Das sind die Gewitter in der Natur 88; Auge in Auge – Voll toten Lichts. Disteln für die Droste 97; Labyrinth 99; Chroma Faust Passion 00; Ich wie ein Vogel 00. – **R:** Hörspiele: Jetzt – Hinabgestiegen in das Reich der Toten 87; Steinbruch 89; Sense 92; Isidor Isidor 94; Cherubim 98; Seraphim 98; Jenseits 00; Das Rad des Glücks 05; Nico, Sphinx aus Eis 04; Überall brennt ein schönes Licht 05; Enigma Emmy Göring 06; Das Meer rauscht und braust – es ist lauscht 06. – **P:** Hörbücher auf CD: Cherubim 02; Sense / Jenseits 04; Enigma Emmy Göring 08. – *Lit:* Lex. d. internat. Films 86; R. Dietz-Moser: Hdb. d. dt. Gegenwartslit. 88; C. Bernd Sucher in: Theaterlex. 99; G.P. Eigner in: Nachstellungen II 99; Siegfried Kienzle: Schauspielführer 99; Jörg Drews: Eichendorffs Untergänge 99; Drescher/Scharpenberg: Hieroglyphen d. Jetzt 02; Stefan Pokroppa: Sprache jenseits von Sprache 03; Anna Opel: Sprachkörper 03; Kyora/Dunker/Sangmeister: Lit. ohne Kompromisse 04; Lisa Marie Küssner: Sprach-Bilder versus Theater-Bilder. Möglichkeiten e. szen. Umgangs m. den „Bilderwelten" v. W.F. 06; Kindlers Lit.-lex.; Christoph Schmitt-Maaß in: KLG.

351

Fritsche

Fritsche, Dietrich, StudDir.; Sylvanerweg 2, D-69198 Schriesheim (* Berlin 2. 10. 26). Rom., Erz. – **V:** Der Krähentitan 89; Marginalia minima 94; Mit Trommeln und mit Pfeifen 96. – **H:** Die 50. Infanterie-Division 1939–1945, 2., durchges. u. erg. Aufl. 00 (m. Vor- u. Nachw.), 3. Aufl. m. erw. Fototeil 02; Erlebtes. Kameraden der 50. Inf.-Div. berichten, 2. Aufl. m. erw. Fototeil 04.

Fritsche, Iven (Ps. Hildegard Brombach); Ferdinand-Breit-Str. 11, D-20099 Hamburg, Tel. (01 75) 8 37 47 01, *Iven.Fritsche@gmx.de, einfachmachen.de. vu* (* Norden 22. 3. 66). Lit.förd.pr. d. Stadt Hamburg 93, Heidi-Kraft-Förd.pr. 96, Hörfunkpr. z. Europ. Jahr gegen Rassismus 97; Sat., Sketch, Visuelle Poesie, Erz., Hörsp., Drama. – **V:** FORMULARGEDICHTE, visuelle Poesie 96; Besuch bei Peggy Parnass, liter. Rep. 97; ohne d., visuelle Poesie 99; SPRACHTUNG. Kleine Anleitung z. Biegen u. Brechen d. Sprache, literar. Sachb. 02. – **MA:** Hamburger Ziegel, Jb. f. Lit. III 94/95, IV 95/96; Kaleidoskop 95; Lustwandel in Ottensen 96; Mord Light oder Es muß nicht immer Totschlag sein 96; Der weite Weg zum Buch, Jb. 97; Texte sehen 99; – Zss.: Zeichen & Wunder 20, 22, 26; Wandler 19, 23; Zeitriss 2 u. 3/95, 1 u. 2/96; Risse 15–17; Ventile 6; Scriptum 26; Hundspost 1/96; Lichtblick 4/97–1/98; Junge Welt 118, 146; Absynnd 1; LAOLitA 8, 10; Fa-Art 25; Sog Tellheimer Apfelabschuß 2–5. – **F:** Eine pornoese Dichterbekanntschaft/Radiofilm; Rocko Schamoni kauft LAOLitA; Mütter geistig behinderter Kinder verzählen sich; Der Fluch der Tasse; Mit letzter Kraft erreichte er eine unbewohnte Insel ..., m. Gunter Gerlach; Slawencola; Ich will Suppe; Blau/Elektronenfilm; Klopstock, alle 97; Die Grachten; Wenn die Nachbarn plötzlich nett sind, beides Satn. 99. – **R:** Sketche f. den Rdfk, u. a. NDR. – **P:** Mein unerhörter Alltag, Sat., Tonkass. 96; Mutter, Du willst doch was, Sketche, CD 00. – *Lit:* Leo Hansen: Porträt I.F., Film 98; appoche: Schlucker 2000, Portr. 99. (Red.)

Fritsche, Markus, Dipl.-Soz.päd.; Im Rebösch 5, D-88276 Berg-Eulentobel, Tel. (07 51) 3 52 72 92, *altmar.fritsche@t-online.de, www.fritsche-sardinnia. de* (* Göppingen/Fils 5. 2. 63). Rom., Lyr., Erz. Ue: ital. – **V:** Für immer und nie wieder, R. 99; Endzeitlich neuwärts – Gedichte u. Gewichte, Lyr. 00; Der Inselabdruck.Fußspuren auf Sardinien 02; Wenn Dali noch leben würde, R. 05; Von Ewigkeit zu Ewigkeit 07. – **MH:** Giovanni Masala: Sardinnia, m. Titus Gast u. Andreas Stieglitz 01–08 VI.

Fritschi, Hans-Josef, Doz. f. Naturheilkunde, freier Schriftst.; Hauptstr. 42, D-78183 Hüfingen, Tel. u. Fax (07 71) 6 39 22, *hajofri@gmxpro.de* (* Donaueschingen 2. 6. 58). Erz. – **V:** Degriesch. Die Reise z. Quelle d. Weisheit, Erz. 04; Nur eine Handvoll Narrheit, Erz. 05. (Red.)

Fritz, Astrid, freie Autorin u. Texterin; Teichäcker 13/1, D-71336 Waiblingen, Tel. (0 71 51) 6 04 10 42, Fax 27 42 79, *mail@astrid-fritz.de, www.astrid-fritz.de* (* Pforzheim 17. 1. 59). Hist. Rom. – **V:** Die Hexe von Freiburg 03; Die Tochter der Hexe 05; Die Gauklerin, 1.u.2. Aufl. 05; Das Mädchen und die Herzogin 07; Der Ruf des Kondors 1.u.2. Aufl. 07, alles hist. R. – **MV:** Unbekanntes Freiburg. Spaziergänge zu den Geheimnissen e. Stadt, m. Bernhard Thill 98.

Fritz, Gerlinde s. Kreiger, Gerlinde

Fritz, Heiko (geb. Heiko Rother), Dipl.-Ing. (FH), Müller, Betriebsleiter; Goethestr. 14, D-64372 Ober-Ramstadt (* Görlitz 8. 6. 65). – **V:** Apokalypse. An die Jugend 00. – **MA:** Lyrik u. Prosa unserer Zeit, N.F. Bd 3 06.

†**Fritz,** Marianne; lebte in Wien (* Weiz/Stmk 14. 12. 48, † Wien 1. 10. 07). IGAA; Nachwuchsstip. d. BMfUK 77, Robert-Walser-Pr. 78, Förd.pr. d. Stadt Wien f. Lit. 79, Staatsstip. d. BMfUK 80, Elias-Canetti-Stip. 83–85, 99–00, Rauriser Lit.pr. 86, Lit.pr. d. Ldes Stmk 88, Förd.pr. d. BMfUK 89, Würdig.pr. d. Stadt Wien f. Lit. 94, Robert-Musil-Stip. 90–93, Peter-Roseger-Lit.pr. 99, Franz-Kafka-Lit.pr. 01; Rom. – **V:** Die Schwerkraft der Verhältnisse, R. 78; Das Kind der Gewalt und die Sterne der Romani, R. 80; Dessen Sprache du nicht verstehst, R. in 12 Bänden 85; Was soll man da machen. Eine Einführung zum Roman „Dessen Sprache du nicht verstehst" 85; Naturgemäß I. Entweder Angstschweiß Ohnend oder Pluralhaft, R. in 5 Bden 96; Naturgemäß II. Es ist ein Ros entsprungen / Wedernoch / heißt sie, R. in 5 Bden 98. – *Lit:* K. Kastberger (Hrsg.): Nullgeschichte, die trotzdem war. Neues Wiener Symposium über M.F. 95; F. Rathjen: Durch dick u. dünn. Über M.F., Gertrude Stein, Arno Schmidt, António Lobo Antunes u. a. Autoren von Gewicht 06; W. Schmidt-Dengler/B. Priesching in: KLG.

Fritz, Michael G., Dipl. Ing., Bibliotheksmitarbeiter; Wilhelm-Bölsche-Str. 21, D-01259 Dresden, Tel. (03 51) 2 84 15 39. Rosa-Luxemburg-Str. 89, D-15732 Schulzendorf, *michael.g.fritz@gmx.de* (* Berlin 4. 2. 53). P.E.N.-Zentr. Dtld 01, Autorenkr. d. Bdesrep. Dtld; Sächs. Lit.stip. 93, Amsterdam-Stip. 00, Ahrenshoop-Stip. Stift. Kulturfonds 03, Stip. d. Dt. Studienzentr. Venedig 06; Erz., Rom., Kurzprosa. – **V:** Vor dem Winter, Erzn. 87, 2. Aufl. 89; Das Haus, R. 94; Der Geruch des Westens, Kurzprosa 99; Rosa oder Die Liebe zu den Fischen, R. 02; Die Rivalen, R. 06, 08; Tante Laura, R. 08. – **MA:** zahlr. Beitr. in Lit.-Zss., u. a. in: Sinn u. Form; ndl; Literatur als Kritik; Ostragehege; Signum; Kulturelemente; Liberal; zahlr. Beitr. in Anth., u. a. in: Literatur im Widerspruch; Einstieg; Vater, mein Vater; Landschaft mit Leuchtspuren; Die Scheune als neuer Leser. Raum III; Die deutsche Literatur seit 1945. Flatterzungen 1996–1999; Gäste-Buch. Schriftst. schreiben f. d. Helene-Lange-Realschule Heilbronn 06. – *Lit:* J.-R. Groth in: Dt. Lit.-gesch. 97.

Fritz, Susanne, Dr., freie Autorin u. Regisseurin; Freiburg/Br., *sufritz@web.de.* c/o Klöpfer u. Meyer, Tübingen (* Furtwangen 29. 7. 64). Stip. d. Kunststift. Bad.-Württ. 00, Stip. d. Stuttgarter Schriftstellerhauses 03, Stadtschreiberin von Schwaz 06, Stip. Herrenhaus Edenkoben 08, u. a. – **V:** Das dritte Land, UA 94; Ein Schaf an der Leine, Erzn. 01; Die Entstehung des „Prager Textes". Prager dt.sprachige Lit. 1895–1934, Diss. 05; Heimarbeit, R. 07. – **R:** Acapulco gibt es nicht, Hörst. (SWR) 06. (Red.)

Fritz, Walter Helmut, Lehrer, freier Schriftst.; Kolberger Str. 2 A, D-76139 Karlsruhe, Tel. (07 21) 68 33 46 (* Karlsruhe 26. 8. 29). P.E.N.-Zentr. Dtld, VS, Akad. d. Wiss. u. d. Lit. Mainz, Bayer. Akad. d. Schönen Künste, Dt. Akad. f. Spr. u. Dicht.; Lit.pr. d. Stadt Karlsruhe 60, Förd.pr. d. Freistaates Bayern 63, Villa-Massimo-Stip. 63, Berlin-Stip. 64, Heine-Taler 66, E.gabe d. Kulturkr. im BDI 73, Lit.pr. d. Ldeshauptstadt Stuttgart 86, Jahresstip. d. Ldes Bad.-Württ. 89, Turmschreiber v. Deidesheim 91, Georg-Trakl-Pr. 92, Oberrhein. Kulturpr. 94, Gr. Lit.pr. d. Bayer. Akad. d. Schönen Künste 95; Lyr., Ess., Erz., Rom., Hörsp. Ue: frz. – **V:** Achtsam sein, G. 56; Bild und Zeichen, G. 58; Veränderte Jahre, G. 63; Umwege, Erz. 64; Zwischenbemerkung, Prosa 65; Abweichung, R. 65; Die Zuverlässigkeit der Unruhe, G. 66; Bemerkungen zu einer Gegend, Prosa 69; Die Verwechslung, R. 70; Aus der Nähe, G. 72; Die Beschaffenheit solcher Tage, R. 72;

Bevor uns Hören und Sehen vergeht, R. 75; Schwierige Überfahrt, G. 76; Sehnsucht, G. 78; Gesammelte Gedichte 79; Auch jetzt und morgen, G. 79; Wunschtraum Alptraum, G. 81; Werkzeuge der Freiheit, G. 83; Cornelias Traum und andere Aufzeichnungen 85; Immer einfacher, immer schwieriger, G. 87; Unaufhaltbar, G. 88; Zeit des Sehens, Prosa 89; Die Schlüssel sind vertauscht, G. u. Prosa-G. 92; Gesammelte Gedichte 1979–1994, 94; Pulsschlag, G. 96; Das offene Fenster, Prosa-G. 97; Ausgew. Gedichte und Prosa 99; Zugelassen im Leben, G. 99; Was einmal im Geist gelebt hat, Aufzeichn. 99; ... als beginne eine Erzählung 99; Die Liebesgedichte 02; Maskenzug u. a. Gedichte 03; Unterwegs, Aufzeichn., m. Materialbildern v. Franz Bernhard 03; Offene Augen, G. u. Aufzeichn. 07. – **H:** Über Karl Krolow, Ess. 72; Karl Krolow. Ein Lesebuch 75. – **R:** Abweichung, Hsp. 66; Er ist da, er ist nicht da, Hsp. 70. – **Ue:** Gedichte von: Jean Follain 62; Réne Ménard 64; Philippe Jaccottet 64; Alain Bosquet 64; Claude Vigée 68. – *Lit:* Jürgen P. Wallmann in: Argumente 68; H. Piontek: Poesie ohne Aufwand, in: Männer, die Gedichte machen 70; Otto Knörrich in: Die dt. Lyrik d. Gegenw. 71; Gottfried Just in: Reflexionen 72; Karl Krolow in: Kindlers Lit.gesch. der Gegenwart 73; Gerda Zeltner in: Neue Rdsch. I 79; Paul Konrad Kurz in: Über mod. Lit. 6 79; Winfried Hönes in: KLG 80; Bernhard Nellessen (Hrsg.): Sätze sind Fenster. Zur Poesie u. Lyrik v. W.H.F. 89; Michael Basse in: KLG 98; Hansgeorg Schmidt-Bergmann (Hrsg.): W.H.F., Augenblicke d. Wahrnehmung, Begleitb. z. gleichnam. Ausst. 99. (Red.)

Fritz, Werner, Rentner; Seestr. 38, D-83329 Waging am See, Tel. (0 86 81) 46 23, *Werner.Fritz@t-online.de*, *www.werner-fritz.homepage.t-online.de* (* Traunstein/ Obb. 9. 2. 41). Sat., Erz. – **V:** Von Fliegen, Menschen und sonstigen Ärgernissen. 30 Satn. 01; Brigitta. Eine Männerfantasie, sat. R. 04; Erinnerungen an Traunstein. Kindheit und Jugend eines Einundvierzigers 07; Die Leiden des alten Werners, Satn., Erz., N. 08.

Fritz, Wolfgang, Mag.; MinR i. R.; Alser Str. 41/8, A-1080 Wien, Tel. (01) 4 08 73 18, *wfritz@gmx.at*, *www.wolfgangfritz.at* (* Innsbruck 19. 2. 47). GAV 83; Theodor-Körner-Förd.pr. 00, Gr. Silb. E.zeichen f. Verd. um d. Rep. Öst. 07; Prosa, Rom., Drama, Ess. – **V:** Zweifelsfälle für Fortgeschrittene. R. 81; Eine ganz einfache Geschichte, R. 83; Der Kopf des Asiaten Breitner, Biogr. 00; Für Kaiser und Republik. Österreichs Finanzminister seit 1848, Ess. 03; Das Bollwerk, R. 04; Emil Steinbach, der Sohn des Goldarbeiters, Ess. 07; Rudolf Goldscheid, Ess. 07. – **MA:** Das Fenster, H.42 88; Erlesene Zeit 90; Sterz 66/67 94; Alles Stille 97. – *Lit:* Wolfgang Oertl: W.F. Studien z. erzählenden Prosa, Dipl.-Arb. Wien 98.

fritzderjohann s. Andrzejewski, Fritz Johann

Fritze, Ottokar s. Nerth, Hans

Fritzsche, Claus; Fiedlerstr. 25, D-01468 Moritzburg, Tel. (03 52 07) 9 97 13, Fax 8 90 38, *claus235 @online.de*, *www.clausfritzsche.de* (* Wormsleben 5. 5. 23). Ue: russ. – **V:** Das Ziel – überleben. Sechs Jahre hinter Stacheldraht, Erinn. 00, 06 (russ.); 3 dt.-russ. Fachwörterbücher.

Fritzsche, Irmgard (geb. Irmgard Kokles), Funkerin; c/o Plawe Verlagsgesellschaft, Stietzstr. 16, D-19395 Plau am See (* Deutsch-Litta/Slowakei 25. 9. 36). Erz. – **V:** Rügener Geschichten 94; Rügen – (k)ein Wintermärchen, Chron. 95–96; Rügener Katzengeschichten 96; Rügener Jagdgeschichten 96; Unglaubliche Rügener Geschichten 97; Rügener Schmunzelgeschichten (2) 97; Rügener Heimatgeschichten 98; Rügener Schmunzelgeschichten 98; Rügener Katergeschichten, Autobio-

gr. T.1 98; Rügener Katzengeschichten, Autobiogr. T.2 00; Rügener Teddygeschichten, Autobiogr. T.3 02; Rügener Tiergeschichten 02; Rügener Seefunkgeschichten 03; Rügener Liebesgeschichten 03. (Red.)

Fritzsche, Käte, Bibliothekarin; Louis-Pasteur-Str. 3, D-18059 Rostock, Tel. (03 81) 44 12 60 (* Berlin 11. 9. 34). Lyr. – **V:** Lyrische Pillen mit Nebenwirkungen, G. 04; Rufe aus der Stille, G. m. Fotos 07.

Fritzsche, Susanne, Polizeibeamtin (* Langenhagen/ Hannover 19. 8. 65). – **V:** Wer kann, reitet mit 97; Samoa, mein Pferd 99; Natalie und die Pferdediebe 00, alles Geschn.; Sommer – Sonne – schnelle Pferde, Sammelbd 04; Pferde, meine große Liebe 05. (Red.)

Fröba, Klaus (Ps. Andreas Anatol, Matthias Martin); Lambertweg 9, D-53359 Rheinbach, Tel. u. Fax (0 22 26) 47 94 (* Ostritz/Oberlaus. 9. 10. 34). Rom., Abenteuergesch., Kinderb. Ue: engl, am. – **V:** Olympische Liebesspiele, heit. Myth. d. Griechen 68, 71; Mit Wotan auf der Bärenhaut 69, 77; Der grünkarierte Bogumil 71; Räuber sind auch Menschen 71; Bim, Bom u. Babette 71; Wuhu aus d. Großen Nichts 72; Der rösarote Omnibus 72, 77; Das Versteck auf der Schilfinsel 72; Rettet d. Gröbensee 73; Natascha mit d. roten Hut 73, 75; Der arme Ritter Timpel 73, 77; Reihe Tommy Tinn 74–75 III; Die Pfeffer- u. d. Salzchinesen 74, 77; Reihe Jan u. Jens 76–79 VII (auch span.); Die Mädchen v. Zimmer vierzehn 76; Laßt das mal uns Mädchen machen 77; Entscheidung am Donnerstag 77, 87; Klarer Fall f. Petra 78; Das Tal d. flüsternden Quellen 79; Das Spukhaus im Erlengrund 79; Reihe Pit Parker 70–82 V (auch port.); Die Schlucht d. heulenden Geister 80; Das Moor d. kriechenden Schatten 80; Die Spur d. roten Dämonen 81; Der Fluch d. weißen Träume 81; Der Clan d. schwarzen Masken 82; Am zweiten Tag begann die Angst 82, 87; Der Traum namens Nadine 82; Das Vermächtnis des Ramón Amador, d. von allen keine Ahnung hatte 83; Nach einem lasterhaften Leben 84; Der Schlußstrich 86; Briefe an Hortenbach 87; Wölfe in Blinding, R. 88; Mandelküßchen, R. 92, u. a. – **MV:** Einmal schnappt die Falle zu 79. – **B:** Die Hoppers packt d. Reisefieber 78; Die Hoppers stürmen d. Erlenhof, n. Enid Blyton 79. – **MA:** Unter dem Regenbogen 81; Es kommt ein Bär von Konstanz her 86. – **R:** Mandelküßchen, Fs.-Kom. 93; Die Mutter der Braut, Fsf. 94; Dann hau ich eben ab, Fsf. 95. – **Ue:** Ann D. LeClaire: Herr, leite mich in Deiner Gerechtigkeit 87; Tony Hillerman: Das Tabu der Totengeister 87; Ira Levin: Sliver 91 (auch Tb.); Tony Hillerman: Geistertänzer 95; Peter Mayle: Das Leben ist nicht fair 95, Tb. 97; Anne D. LeClaire: Traumriß 96, 98; Peter Mayle: Trüffelträume 97; Tony Hillerman: Tod am heiligen Berg 98; Oliver Stone: Night Dream 98; Peter Mayle: Eucore Provence 00, u. a. – *Lit:* Lichtenberger: Das Jgdb. in Grund- u. Hauptschule. (Red.)

Frödert, Ingrid (geb. Ingrid Kessler, eigtl. Ingrid Nitsch, Ps. Inka La Loba), Autorin, Schauspielerin, Sprachgesang; Wilhelmstr. 61, D-68623 Lampertheim, Tel. (01 60) 6 53 72 55, *inka.mike@web.de*, inkalaloba. *de* (* Mannheim 12. 9. 53). Literar. Quadrat, Kunstakad. Mannheim, Pfälzisches Opernschule Altleiningen, Lu-Ma-Werkstatt, Rheinpfalz-Verl.; Rom., Lyr., Musical, Performance, Sprechgesang, Liedtext, Oper. – **V:** Keine Angst vor starken Gefühlen. Wer Liebe lebt 01; In einer Welt von Gefühlen, G. 02. – **MA:** Literareon Lyrik-Bibliothek, Bd II–V; Bibliothek dt.sprachiger Gedichte Bd VIII. – **P:** Lyrik 1: Sehnsucht, CD; Lyrik 2: Gefühle, CD. (Red.)

Fröhlich, Anna Katharina, Landwirtin; Via Mornaga 50, I-25088 Toscoano, Tel. (03 65) 64 17 01, Fax 54 85 00, *katharina.frohlich@soavia.it* (* Bad Hersfeld

Fröhlich

12. 11. 71). Rom. Ue: ital. – **V:** Wilde Orangen, R. 04. – **Ue:** Roberto Calasso: Ka 99. (Red.)

Fröhlich, Eva (eigtl. Elke Grotwinkel), Dolmetscherin, Schriftst.; Max-Hachenburg-Str. 72, D-68259 Mannheim, Tel. u. Fax (06 21) 79 87 97 (* Bremen 18. 11. 40). Rom., Lyr., Erz. – **V:** Begegnungen, Kurzgeschn. 00; Ganz oben – dem Himmel so nah, Kurzgeschn. 00; Mit einem Augenzwinkern, Kurzgeschn. 00; Schach der Venus 01; Mein Sohn 02; Eine Sommergeschichte und vierundzwanzig weitere Erzählungen 03. (Red.)

Fröhlich, Pea, Prof. Dr., Theaterwiss.; Hermannstr. 3B, D-14163 Berlin, Tel. (0 30) 86 20 38 17, *Pea. froehlich@arcor.de* (* 43). Rom., Erz., Dramatik, Hörsp., Fernsehsp., Drehb. – **V:** Zwei Frauen auf dem Weg zum Bäcker, Kurzgeschn. 87; Marie steigt aus dem Fenster, Kurzgeschn. 90; Die Liebe zu den fahrenden Zügen, R. 93, Tb. 95; Die wahre Geschichte von der getäuschten Frau und dem Frauenmördern, R. 95; Der Acker im Herzen einer Frau, R. 02. – **MV:** Wir Kinder vom Bahnhof Zoo, m. Peter Märthesheimer, Theaterst. 85, 02. – **F:** Drehbücher: Die Ehe der Maria Braun 78; Looping 81; Lola 81; Die Sehnsucht der Veronika Voss 82; Der Bulle und das Mädchen 85; Die unanständige Frau 95, alle m. Peter Märthesheimer; Ich bin der Andere 06. – **R:** Der Schrei der Eule, Fsf. 86; Eureka, Fsf. 87; Radiofieber, 4-tlg. Fs.-Serie 88; Das Haus am See, 13-tlg. Fs.-Serie 91; Willi Wuff, Fs.-Serie 94–97; Deutschlandlied, 3-tlg. Fs.-Serie 95; Tatort: Das Mädchen mit der Puppe, Fsf. 96; Bloch, 4-tlg. Fs.-Serie 02, alle m. Peter Märthesheimer. (Red.)

Fröhlich, Rüdiger, M. A., Journalist; Pfarrer-Brantzen-Str. 66, D-55122 Mainz, Tel. (0 61 31) 8 80 39 70, *r.froehlich@telekom.de* (* Hamburg 18. 11. 68). Rom. – **V:** Der Code des Lebens 05, 06; Die Beute Mensch 07, beides Kiel-Krimis.

Fröhlich, Susanne, Hörfunk- u. Fernsehmoderatorin, Autorin; *www.froehlich-susanne.de* (* Frankfurt/M. 15. 11. 62). Rom. – **V:** Frisch gepreßt 99; Der Tag, an dem Vater das Baby fallen ließ 01; Frisch gemacht 03; Familienpackung 05; Treuepunkte 06; Lieblingsstücke 08; mehrere Sachbücher. (Red.)

Fröhlich, Vera s. Petrucco-Lütschg, Béatrice

Fröhlich, Walter (Ps. Wafrö), Journalist, Schriftst., Kabarettist; Widerholdstr. 19, D-78224 Singen-Hohentwiel, Tel. (0 77 31) 4 51 44 (* Radolfzell 9. 1. 27). Muettersproch-Gsellschaft; Alefanz-Orden 77, Hegaupr. 91, Großer Kulturpr. Singen, Johann-Peter-Hebel-Med. 95, BVK 97; Kolumne, Journalist. Arbeit, Alemann. Mundart. – **V:** Alemannisch für Anfänger 78; Urban Klingeles saudumme Gosch 80; Wa mi druckt und wa mi freit 85; Wa i denk – wenn i denk 86; Jesessna – isch des ä Lebe ... 88; Mer sott it so vill denke 90; S Bescht und s Schänscht vum Wafrö 92; Filusofisch gsäeh 94; S Bescht und s Schänscht 95; S wird all bleder mont de Wafrö 96; Wie mer's macht isch's nint denkt de Wafrö 98; So isch worre bim Wafrö 01; Versle – nix als Versle vum Wafrö 02. – **MA:** Lothar Rohrer: Unsere Fasnacht 78; Deutsche Bodensee-Zeitung (Red.); Südkurier; Kolumnen in: Schwarzwälder Bote; Singener Wochenblatt; (Red.)

Fröhling, Ulla (geb. Ulla Engelmann), freie Journalistin, Autorin; Medienhaus, Friedensallee 14, D-22765 Hamburg, Tel. (0 40) 3 90 00 11, *Ulla@thefroehlings. de.* c/o Rowohlt Verl., Reinbek (* Bad Blankenburg 13. 4. 45). Journalistinnenbund 88, BücherFrauen 98, IG Medien; Journalistinnenpr. 92/93, Europ. Journalisten Fellowship d. Journalisten-Kollegs d. FU Berlin 99/00, Media Award d. Trauma-Forsch.ges. ISSD, New Orleans 01; Erz., Short-Story, Rom., Faction, Rep.,

Glosse. – **V:** Droge Glücksspiel, Tatsachenber. 84, 93; Nur noch einmal, Geschn. 94, 05; Vater unser in der Hölle, Tatsachenber. 96; Intersexualität 03. – **MA:** Die Zeit; SZ; WELT; NZZ-Folio; Emma; Brigitte; Cosmopolitan; – seit 94 zahlr. Beitr. in Anth., u. a.: Wer vor mir liegt, ist ungewiß 99. – **H:** Berliner Balladen 01. (Red.)

Fröhlingsdorf, Karl Heinz; Schützheide 11, D-51465 Bergisch Gladbach, Tel. (0 22 02) 3 47 10, *k.h.froehlingsdorf@t-online.de* (* Bergisch Gladbach 6. 1. 29). – **V:** Wie et Levve esu spillt, Mda. 01 (m. CD). – **MA:** Rhein.-Berg. Kalender, seit 94; Heimat zwischen Sülz u. Dhünn, seit 97; Adventszeit im Bergischen, Anth. 99.

Frömmig, Peter, Schriftst., Publizist, bildender Künstler; Niklastorstr. 20, D-71672 Marbach/Neckar, Tel. (0 71 44) 49 29, 81 93 85, Fax 81 93 85 (* Eilenburg 11. 6. 46). VS; Stip. d. Kunststift. Bad.-Württ. 90, mehrere Arb.stip. d. Förd.kr. dt. Schriftst. Bad.-Württ.; Kurzprosa, Erz., Lyr., Hörsp., Ess., Journalist. Arbeit. – **V:** Konfrontationen, Bst. 68; Im Schatten des Lärms, G. 88; Vom Stadtrand, G. u. Prosa 95; Nimmerda. E. Kindheit in zwei Teilen, Erz. 00; Im Lichtwechsel, Erzn. 02; Fernsehen fürs Schlaflose, Prosa 02; Gesichter und andere Momente, Prosa 03; Anderswo, N. 04; Der Strand gehört dem Strandgut, G. u. Lieder 07. – **MV:** Zeichn. zu: Als die Wildblumen blühten, v. H. Hübsch 99; Ein viagrinisch Trostbüchlein, v. Renarius Flabellarius 99; Via Ronco 40, m. Rainer Wedler 05; Ein Strich auf der Mitte der Brücke, m. Thor Truppel, Sch. 08; Freundschaftsgedichte, m. Hadayatullah Hübsch 08. – **MA:** Allmende 21/22, 30/31, 40/41, 52/53, 68/69; Brücken-Schlag; KulturJoker; Freiburger Lesebuch 90; Stimmen in der Stille, Geschn. 93; Almanach Stuttgarter Schriftstellerhaus 96, 08; Ich kann keine Engel mehr sehen, G. 97; Der Literat, Zs., seit 99; exempla, Bd 1 00; einblicke – kunst u. lehre an der vhs stuttgart, Kat.-Buch 01; Auf dem Kamm geblasen – Für P.F. zum 11.6.06. Ein Geburtstagsbuch, Anth. 06; Freiburg und der Breisgau im Gedicht, Anth. 08. – **R:** Konfrontationen, Hsp. 70; Klaus und Helga, Hsp. 72; Offene Geheimnisse, Hsp. 86; Wege der Erinnerung 88; Vom Stadtrand 92; Zwischen Getreide- und Steingasse, m. Widmar Puhl, Hb. 01; Im Zeichen der Weinbrunnen. Der öst. Dichter H.C. Artmann 01; Leben im Stein, Feat. 02. – *Lit:* Karl-Heinz Behr in: D' Deyflsgiger, Frühj. 87; Birgit Vey in: Fliegende Literatur-Bll., Nr.1 00; Rainer Wochele u. a. in: Auf dem Kamm geblasen, Anth. 06; s. auch Kürschners Handbuch der Bildenden Künstler, 1. Aufl. 2005.

Frör, Hans, Pfarrer i. R.; Lerchenstr. 7, D-82237 Wörthsee, Tel. (0 81 53) 98 77 33, *hr.froer@t-online.de* (* München 4. 11. 36). Narrative Theologie. – **V:** Ich will von Gott erzählen wie von einem Menschen, siehe Halle 77, 94 (auch am.); Wie eine wilde Blume, Geschn. 90, 92; Ach Ihr Korinther 94 (auch engl., ndl.).

Froese, Oskar, Dipl.-Staatswiss., Rentner; Leninring 13, D-18246 Bützow, Tel. (0 3 84 61) 31 24 (* Schaltinnen/Ostpr. 14. 3. 28). Lyr. – **V:** Du bist an meiner Seite ..., G. 01; Die Brücke, G. 02. (Red.)

Fröweis, Elmar; Feldrain 6, A-6923 Lauterach, Tel. (0 55 74) 6 45 48. – **V:** Zilata und Furcha, Mda.-G. 82; Zit ist do, Mda.-Lyr. 00. (Red.)

Frohriep, Ulrich; Klein Bisdorf 9, D-18516 Süderholz, Tel. (0 3 83 32) 2 34, Fax 6 93 20, *frohriep @t-online.de*, *www.mvweb.de/kdb/autoren/frohriep* (* Rostock 18. 11. 43). VS; Rom., Film, Hörsp. – **V:** Westindienfahrer. Die Seeräuberballade R. 86, 00; Die Belagerung & Ich habe getötet, 2 Hsp. 02; Simon und die Nixe Thalassia, Kdb. 02; Was immer euch versprochen wird Oder Vielleicht sollten wir anfangen zu beten, Erz. 05. – **MH:** Rudolf Petershagen

354

und die kampflose Übergabe der Stadt Greifswald, m. Hans-Jürgen Schumacher, Erinn. 05. – **R:** Lasse, mein Knecht 79; Thornstein und Einar 80; Ein Mann namens Gratsch 82; Kramer, Oberleutnant 82; Ein höchst attraktives Frauenzimmer 83; Simon und die Nixe Thalassia 85, alles Hsp.; Kein Tag ist wie der andere, Fsf. 86; Der Maler und das Mädchen, Hsp. 88; Katharina, Fsf. 89; Zwei Frauen, Hsp. 89; Ich habe getötet, Hsp. 90; Das Duell, Fsf. 90.

Fromm, Christoph, Autor; München, Tel. u. Fax (0 89) 3 08 09 70 (* Stuttgart 17. 7. 58). Dt. Drehbuchpr. 07; Rom., Kurzgesch., Erz., Film. – **V:** Der kleine Bruder, Erzn. 84; Stalingrad, R. 93; Die Macht des Geldes, R. 06. – **MV:** Die Abenteuer des Gottfried Primero, Bd 1: Isabella und der Zauberer, Kdb. 06. – **F:** Treffer 84; Die Katze, m. U. Erichsen 88; Spieler 90; Stalingrad 93 (unter Ps. J. Heide); Schlaraffenland 99; Die Wölfe, m. Friedemann Fromm 07. – **R:** Tatort: Doppelspiel 85; Tatort: Perfect Mind 96. (Red.)

Frommer, Heinrich, Pfarrer; Leipziger Str. 7, D-73770 Denkendorf, Tel. (0711) 3 46 60 55. Reinerzauer Talstr. 211, D-72275 Alpirsbach (* Göppingen 29. 4. 34). – **V:** Mein Freund Nuru, Erzn. 77; Wie in einem Spiegel, bibl. G. 97. – **MA:** Kurt Rommel (Hrsg.): Komm und folge mir nach 83; Evang. Erwachsenenkatechismus, 5. Aufl. 89. – **MH:** Gott und Welt in Württemberg, m. H. Ehmer, R. Joos u. J. Thierfelder 00. – **R:** Simeon und Hanna, Hörfolge für Kinder 88.

Frommlet, Wolfram, Autor, Dramaturg, Regisseur; Untere Breite Str. 43, D-88212 Ravensburg, Tel. (07 51) 35 21 00, Fax 35 21 09, *wolfram.frommlet@t-online.de*, *www.frommlet-wolfram.de* (* Ravensburg 7. 1. 45). IG Medien; Journalistenpr. Entwicklungspolitik 88, 93, Hsp.-Auszeichn. UNESCO Weltkulturdekade 95, The Golden Letter 00, Pr. d. Stift. Buchkunst 00; Dramatik, Hörsp., Ess., Kinderlit. – **V:** Wieviel Brot hast du gebacken, wieviel Wärme hast du gespendet?, Theatercollage zu Janusz Korczak, gedr. u. UA 98; Mond und Morgenstern, Erz. 99; Und morgen kennt mich die ganze Welt, Theaterst., polit. Sat., UA 04. – **MV:** Eltern spielen, Kinder lernen, m. H. Mayrhofer u. W. Zacharias 72, 75. – **MA:** Florian sitzt in der Tinte 75; Kohl-Zeit 91. – **H:** Die Sonnenfrau, Neue afrikan. Lit. 94, 3. Aufl. 97; African Radio Plays 91; African Radio Plays & Narrations 92, (beide auch bearb.). – **P:** Radio Plays Africa & Asia, Hsp., Tonkass. 91. – **Ue:** Guido Stagnaro: Papa ich will auch nicht auf den Mond haben 07; Pierre Gamarra: König Flötenton und Konsorten 71, beides Stücke f. Kinder. (Red.)

Frosch s. Imhoff, Hans

Frost, Marion s. Budinger, Linda

Frueh Keyserling, Sylvia s. Keyserling, Sylvia von

Früh, Sigrid, Märchenforscherin u. -erzählerin; Hintere Str. 47, D-70734 Fellbach, Tel. (07 11) 9 06 57 20, Fax 9 06 57 21, *info@sigrid-frueh.de*, *www.sigrid-frueh.de* (* Hohenacker/Rems-Murr-Kr. 18. 5. 35). schwäb. mund.art e.V., Vors. seit 97, MittelsprochGsellschaft, Heimetsproch una Tradition Elsaß, Europ. Märchenges., Fantasy Ges.; Friedrich-E.-Vogt-Med. 94, Wildweibchen-Pr. d. Reichelsheimer Märchen- u. Sagentage 03; Sachb., Märchen, Sagen u. Bräuche. – **V:** Das Zauberpferd, M. 84, 88; Die Elemente des Lebens 00; Verzaubertes Hohenlohe. Sagen, Märchen, Bräuche 01; Der Schatz im Keller, M. 01; Verzaubertes Oberschwaben, M. u. Sagen 02, u. a. – **MV:** Feuerblume, m. Roland Kübler, M. 98; Katzen. Märchen, Brauchtum, Aberglaube, m. Ulrike Krawczyk 02; Verzauberter Bodensee, m. Silvia Studer-Frangi, M. u. Sagen 03, u. a. – **MA:** Anke Kuckuck/Heide Wohlers (Hrsg.): Vater u. Tochter 88; div. Zss. – **H:** Die Frau, die auszog, ihren

Mann zu erlösen 85, überarb. u. erw. Aufl. u. d. T.: Europäische Frauenmärchen 96 (auch ndl.); Märchen v. Hexen u. Weisen Frauen 86, überarb. u. erw. Aufl. 96, 2. Aufl. 97; Märchen v. Drachen 88, überarb. Aufl. 93; Märchen v. Schwanenfrauen u. verzauberten Jünglingen 88; Märchen u. Geschichten aus d. Welt d. Mütter 89, 3. Aufl. 93; Märchen v. Leben u. Tod 90, 2. Aufl. 94; Märchenreise durch Deutschland 92, überarb. u. erw. Aufl. 96; Märchenreise durch Europa 94; Märchen, Sagen u. Schwänke v. Neckar u. seinen Seitentälern 96; Der Kult der Drei Heiligen Frauen 98; Märchen im Jahreskreis 98; Märchen, Sagen u. Bräuche v. der Schwäbischen Alb 98; Rauhnächte 98; Der Mond 99; u. a. – **MH:** Die Frau im Märchen, m. Rainer Wehse 85; Von Gletscherjungfrauen u. Erdmännlein, m. Götz E. Hübner 86, überarb. u. erw. Aufl. u. d. T.: Märchen aus d. Schweiz 94; Märchen aus d. schwäbischen Romantik, m. Barbara Stamer 91, Jub.ausg.96; Märchen von Müttern u. Töchtern, m. Ulrike Krawczyk 93, überarb. Aufl. 96; Märchen v. Teufeln, m. Wilh. Solms 94, 2. Aufl. 95; Ortenauer Märchen, Sagen u. Schwänke, m. Wolfg. Schultze 94; Märchen, Sagen aus Breisgau u. Markgräfler Land, m. dems. 95; Russische Zaubermärchen, m. Paul Walch 95; Nordbadische Märchen, Sagen u. Schwänke, m. Wolfg. Schultze 96; Nördlicher Schwarzwald, M., Sagen u. Schwänke, m. dems. 96; Feuerblume, m. Roland Kübler 96; Sagenhafte Frauen, m. Ulrike Krawczyk 97; Vom Schwaben, der auszog, das Leben u. die Liebe zu lernen, m. Werner Klein 97; Schwarze Madonna im Märchen, m. Kurt Derungs 98. – **P:** Märchen v. starken Frauen; Märchen v. Glück; Märchen v. guten u. schlechten Wünschen; Märchen v. Liebe u. Erlösung, u. a. (Red.)

Frueh, Sylvia s. Keyserling, Sylvia von

Fründt, Joachim, Pastor i. R.; Am Schwanenteich 13, D-23968 Zierow, Tel. (03 84 28) 6 34 02 (* Retgendorf 24. 9. 32). Lit.wettbew. d. Familienministeriums (1. Pr. f. Senioren) 94, Kulturpr. d. Kr. Nordwest-Meckl. 05; Erz. – **V:** Reihe „Kaum zu glauben!". Bd 1: Erstaunliches und Vergnügliches aus Mecklenburg 00; Bd 2: Erstaunliches und auch Vergnügliches aus der Vorkriegs-, Kriegs- und Nachkriegszeit in Nordostdeutschland 01; Bd 3: Vergnügliches und Besinnliches aus Mecklenburg-Vorpommern 03; niederdt. u. d. T.: Gornich to glöben, Bd 1–3, russ. Ausg. 05; Erstaunliches aus Norddeutschland 06, alles Erzn. – **B:** Prof. Dr. Samuel Vogels kuriose Baderegeln für Heiligendamm-Doberan un oewerhaupt 05. – *Lit:* Karl-Ernst Reuter in: Wortspiegel 2/02.

Fuchs, Amanda s. Straeter, Ulrich

Fuchs, Arved, Expeditionsleiter, Schriftst.; Reinerstieg 2, D-24576 Bad Bramstedt, Tel. (0 41 92) 2 01 60 23, Fax 201 60 29, *mail@arved-fuchs.de*, *www.arved-fuchs.de* (* Bad Bramstedt 26. 4. 53). Ue: engl, holl. – **V:** Abenteuer Arktis 82; Spuren im Eis. Mit dem Hundeschlitten durch Grönland 84; Mit dem Faltboot um Kap Hoorn 85, Neuaufl. 99; South Nahanni 86; Von Pol zu Pol 90; Abenteuer Russische Arktis 91, Neuaufl. 92; Wettlauf mit dem Eis 94, Neuaufl. 01; Abenteuer zwischen Tropen und ewigem Eis 96, Neuaufl. 03; Der Weg in die weiße Welt 98; Im Schatten des Pols 00 (auch engl., ndl.); Kälter als Eis. Die Wiederentdeckung d. Nordostpassage 03; Grenzen sprengen 04; Nordpassage. Der Mythos e. Seeweges 05; Auf den Spuren der weißen Wölfe 07. – **P:** Abenteuer zwischen Tropen und ewigem Eis, Video 96; Arved Fuchs – Sibiriens vergessener Seeweg, DVD 03; Nordwestpassage. Der Mythos e. Seeweges, DVD 06.

Fuchs, Brigitte (Brigitte Fuchs-Frei), Primarlehrerin, Lyrikerin; Bergstr. 5, CH-5723 Teufenthal,

Fuchs

Tel. (0 62) 7 76 33 23, *brigitte.fuchs@freesurf.ch*, *www. brigittefuchs.ch* (* Widnau 6. 2. 51). SSV 88, jetzt AdS, ISSV 92, Netzwerk schreibender Frauen 99, P.E.N. Schweiz 99; Förd.beitr. d. Kt. Aargau 86, 88, 92, 95, Innerschweizer Lit.pr. d. SARNA-Jub.stift. 90, Joachim-Ringelnatz-Pr. 91, 1. Pr. b. Lit.wettbew. „Einseitig" d. Univ. Basel 95, Pr. im Lyr.wettbew. d. GEDOK 96, Werkbeitr. d. Aargauer Kuratoriums 99, Lyr.pr. Meran (1. Förd.beitr.) 00, Pr.trägerin b. Lyr.wettbew. d. „nationalbibliothek.de" 03, 2. Pr. b. Rilke-Festival, Sierre 03, 3. Pr. b. Berner Lyr.wettbew. 05; Lyr., Kurzprosa. – **V:** An und für sich 86; Herzschlagzeilen 89; Das Blaue vom Himmel oder ich lebe jetzt 93; Suchbild mit Garten 98; Solange ihr Knie wippt 02; Salto wortale. Sprachliche Kapriolen, m. Wortbildern v. Beat Hofer 06; Handbuch des Fliegens, G. 08. – **MA:** Veröff. in Zss. u. Anth., u. a.: Muscheln u. Blumen 03; Himmelhoch jauchzend – zu Tode betrübt 04; Ein Poet will Dein sein 04; Der Garten der Poesie 06. – **R:** G. u. Texte b. Aargauer u. Basler Regionalradio sowie b. Radio DRS u. ORF. – **P:** Gleichnis vom Schreiben, G. u. Prosa, CD 99. – *Lit:* Sarah Stähli in: Gazzetta (ProLitteris), 42 (2) 07.

†**Fuchs,** Christian Martin, Dr. phil., freier Schriftst.; lebte in Salzburg (* Wien 3. 12. 52, † 6. 10. 08). P.E.N. 00; Prosa, Dramatik, Film, Fernsehen. – **V:** Verzweigungen, Prosa 79; Wanderer von gestern von abend bis morgen nacht 90; Unverrichteter Dinge 92; Die Zeit des Südens war vorbei 96, alles Erzn.; Der Schatz, der vom Himmel fiel, Film-Erz. 99; 66 Sätze über die Liebe, Prosa 03; Von Amadé bis Zungenspiel, Mozart-Wörterb. 05; Von Apfelstrudel bis Zweitwohnsitz, Österreich-Glossar 06; – STÜCKE u. OPERNLIBR./UA u. a.: Bleib für immer bei mir, Sch. 79; Luzifer 87; Wundertheater 87; Prometheus. Der aufrechte Gang 92; Mozarts Entführung für Kinder 93, alles Opern; Kar, Musiktheater 94; Der Esel Hesékiel, Musiktheater f. Kinder 01; Animal Show 03; Jugend ohne Gott und sehr schlechte Träume 03; Don Quijote, n. Cervantes 04; Sidonie, n. Erich Hackl 05; Nannerls Traumreise 06; Schwejk, n. Hašek 06; Papagenos Fest, Theaterst. f. Kinder 06; Wut, Oper 06; Kein Ort. Nirgends, Oper 06; Die wahre Geschichte von Don Camillo und Peppone 07; Ich, Hiob, Oper 07; La grande Magia, Oper 08. – **MV:** A Different View, Texturen, m. Silwa G. Sedlak u. Christian Schneider 97. – **MA:** Lit.- u. Kultur-Zss.: Falter (Mitbegründer) 77–97; manuskripte; Salz; Lit. u. Kritik; Gegenwart; – Anth.: Österreich, Europa, die Zeit und die Welt 98 (auch engl.); Über Österreich zu schreiben ist schwer 00; Österreichisches Lesebuch 00, Tb. 03; Kleine Fibel des Alltags 02; Analectica Homini Universali Dicata, Festschr. Oswald Panagl 04; Theater, Kunst, Wissenschaft, Festschr. Wolfgang Greisenegger 04; – außerdem Beitr. in: Programme u. Schriften d. Salzburger Landestheaters 80–81; Programme u. Schriften d. Stadttheaters Regensburg 81–83 (beide auch Red.); Programmhefte d. Wiener Staatsoper u. der Oper Köln. – **H:** Theater von Frauen – Österreich 91; 100 Jahre Haus am Makartplatz 93; Theateraduber, Ess. u. Chronik 04. – **MH:** Das Salzburger Bach Buch, m. Ulrich Leisinger 08. – **F:** Professor Niedlich, Kinderf. 99/00 (auch als DVD). – **R:** Fluchtgebuch, Hsp. 82; Schillers Urenkel, Hb. 84; Ketzerblut – Conrad, Panizza, Hb. 86; Unsere Leidenschaft, Hsp. 87; Operation Dunarea, Fs.-Serie f. Kinder 93; Oben ohne, TV-Serie (3 Staffeln), m. Reinhard Schwabenitzky 07–08 (auch als DVD). – **P:** Audioguides für die Ausst.: Viva Mozart 06/07; Mythos Salzburg 07; Salzburg persönlich 07/08.

Fuchs, Edith (geb. Edith Habel) (* 17. 8. 44). – **V:** Zwischen Baum und Borke, Erz. 00. (Red.)

Fuchs, Gerd, Dr. phil., Schriftst.; Loehrsweg 12, D-20249 Hamburg, Tel. (0 40) 47 61 20 (* Nonnweiler 14. 9. 32). P.E.N.-Zentr. Dtld 81; Lit.förd.pr. d. Stadt Hamburg 85, Stip. d. Dt. Lit.fonds 87, 91, New-York-Stip. d. Dt. Lit.fonds 91, Kulturpr. d. Stadt Saarbrücken 93, Italo-Svevo-Lit.pr. d. Blue Capital GmbH Hamburg 07; Rom., Erz., Ess. – **V:** Landru und andere, Erzn. 66; Beringer und die lange Wut, R. 73; Ein Mann fürs Leben, Erz. 78; Stunde Null, R. 81; Die Amis kommen, Erz. 84; Schinderhannes, R. 86; Katharinas Nacht, R. 92; Easy und Scheer, Jgd.-R. 95; Schußfahrt, R. 95; Charly die Meistermaus, Kdb. 97; Fuffy und Max, Jgd.-R. 97; Liebesmüh, Ms. 99; Die Auswanderer, R. 00; Zikaden, Geschn. 04; Eckermanns Traum, Theaterst. 06.

Fuchs, Kirsten, Schriftst.; Berlin, *fuchs_kirsten @yahoo.de*, *www.kirsten-fuchs.de* (* Karl-Marx-Stadt 27. 10. 77). Kreatives Schreiben e.V.; OPEN MIKE-Preisträgerin 03; Kurzprosa, Rom. – **V:** Die Titanic und Herr Berg, R. 05; Zieh dir das mal an!, Kolumnen 06; Heile, heile, R. 08. – **MA:** Anth: 17 Frauen ziehen einen Mann aus; Schreibwelten; Raus aus der Stadt; Der Ball ist aus; Das Berliner Kneipenbuch; Geschichten für uns Kinder; Stadtgeschehen bei Mischwetter; Mein Lieblingsmärchen; Casablanca; Zornesrot; Postcard Stories Love; – Kolumnen für: taz 03–05; Das Magazin, seit 07.

Fuchs, Lothar; Partida Mirabo 5/2, E-03750 Pedreguer/Alicante. – **V:** Casa Helena oder: unser Haus in Spanien, R. 99, 00. (Red.)

Fuchs, Margarita, Dr. Mag., Trainerin u. Seminarleiterin in d. Erwachsenenbildung; Robert-Munz-Str. 7, A-5020 Salzburg, Tel. (06 62) 43 55 25, Fax 43 55 25 14, *mfuchs@aon.at* (* Riedau/ObÖst. 21. 9. 51). MDR-Lit.pr. (2. Pr.) 07, Rauriser Förd.pr. 08; Rom., Lyr. – **V:** Das große Fest in Portobuffolé, R. 03; Talentierte Labyrinthe, G. 05; Ich träumte weiß 06. (Red.)

Fuchs, Paulheinz, Ing.-Projektleiter; Bahnhofstr. 10a, D-66787 Wadgassen-Hostenbach, Tel. (0 68 34) 4 12 52 (* Saarbrücken 10. 1. 26). Rom., Erz. – **V:** Felix, Erz. 96; Mein Onkel in Amerika, R. 02. – **MA:** Auszüge a.d. Erz. „Häuptling Schamp" in: Saarbrücker Ztg April/Mai 00. (Red.)

Fuchs, Pavany Carmen, Reiki-Meisterin; Schützenweg 9, D-97286 Winterhausen, Tel. (0 93 33) 17 41, *Nandolino64@freenet.de*, *www.reiki-fuer-mensch-und-tier.de* (* Würzburg 25. 12. 64). – **V:** Tina hat die Kraft der Engel. Ein inspirierendes Buch für Kinder, Eltern und Großeltern von 8 bis 80 Jahren 06; Heilungswege bei Arthrose und anderen Erkrankungen, Sachr. 07.

Fuchs, Peter, Dr. phil., Prof., Ethnologe; Klopstockstr. 6, D-37085 Göttingen, Tel. (05 51) 5 94 60, Fax 4 88 60 52, *fuchsgoettingen@t-online.de*, *www.peter-fuchs-online.de* (* Wien 2. 12. 28). Öst. Jgdb.pr. 64; Kinder- u. Jugendb., Sachb. – **V:** Afrikanische Dekamerone 61; Ambasira, Land der Dämonen 64; Das Antlitz der Afrikanerin 66; Kult und Autorität. Die Religion der Hadjerai 70, 97 (frz.); Sudan 77; Das Brot der Wüste 83; Fachi. Sahara-Stadt der Kanuri 89; Menschen der Wüste 91; Das Business-Gen 04 (auch als Hörb.).

Fuchs, Ronald; Verdistr. 12, D-53115 Bonn, *bibchem @uni-bonn.de* (* Magdeburg 13. 6. 49). – **V:** Die Wette der Diebe 05.

Fuchs, Thomas, Autor, Radiojournalist, Moderator; Beymestr. 2, D-12167 Berlin, Tel. (0 30) 7 93 41 29, Fax 79 70 07 43, *FuchsBT@aol.com* (* Kassel 16. 3. 64). VS; Autorenstip. d. Stift. Preuss. Seehandlung 02; Kinder- u. Jugendb., Hörsp. – **V:** Julia, die Schreckliche 94; Papas erster Zahn 95; Bleib cool 96; Summer Rave 98; Drei Freunde und der schwarze Hund 98; Post aus der Zukunft 01; Und Lukas mittendrin! 01; Und Lukas goes England! 02; Die Profikicker 02; Die Welt ist ein Fahrrad 02; Gewitternacht auf Burg Flüsterstein 03; Das Hip-Hop Projekt 03; Und Lukas zickt rum! 03; Offener Himmel 03; Und Lukas allein zu Haus 04; Der Vogel Kakapo 04. – **MA:** Rap, Aufsatzsamml. 96. – **R:** Er 91; Lisa 91; i. d. Reihe „Sonntagsgäste": Ich bin Niklas, dein Urneffe; Fang' nie was mit Verwandschaft an; Dann doch lieber Verwandtschaft; Ein großzügiges Angebot 92; Kraft im Alltag 93; Lauras Bad im Mittelalter 95; You Can't Hide 95; Meine Abenteuer im Weltall 98, alles Hsp. (Red.)

Fuchs, Ursula, Kinderbuchautorin; Hermannstr. 10, D-64285 Darmstadt, Tel. (0 61 51) 66 39 18 (* Münster 6. 4. 33). VS; Dt. Jgd.lit.pr. 80; Rom., Erz., Hörsp., Fernsehsp. – **V:** Die Vogelscheuche im Kirschbaum 74; Was wird aus Bettina? 76; Der kleine grüne Drache 79; Emma oder die unruhige Zeit 79, 98; Reinhold, reg dich nicht auf 80, 88; Die kleine Bärin stinkt nicht 81; Wiebke u. Paul 82, 96; Geschichten von Bär 84, 91; Ich bin etwas was du nicht bist 84; Tobias und Ines unterm Regenschirm 85, 90; Charlotte, einfach nur Charlotte 86, 94; Der kleine grüne Drachen in der Schule 86; Der kleine grüne Drachen am Meer 88; Sonntag ist Tina-Sonntag 85; Steine hüpfen übers Wasser 88, 92 (auch span.); Eine Schmusemaschine für Jule 89; Friederike oder: kleine Wolke hinterm Regenbogen 90, 94; Das grosse Buch vom kleinen grünen Drachen 90, 96; Ein Lebkuchenherz aus München und andere Gute-Nacht-Geschichten 91; Das macht man aber nicht!, Gesch. 93; Pferd macht Ferien 93; Mein Hund Mingo 93, 96; Alles vom kleinen grünen Drachen 95; Emma oder die unruhige Zeit 98, alles Kdb. – **MA:** Wo wir Menschen sind 74; Das Huhu 79. – **R:** Der kleine grüne Drache, Hsp. 90. – **P:** Emma oder die unruhige Zeit, Tonkass. (dän.). (Red.)

Fuchs-Häberle, Jutta, Bankkauffrau, Integrationserzieherin, Service-Agent bei d. Lufthansa; Wendenstr. 6, D-71723 Großbottwar, Tel. (0 71 48) 75 18, *jutta-fuchshaeberle@gmx.de* (* Großbottwar 31. 10. 59). Lyr. – **V:** Wenn die Seele friert 06, 07.

Fuchsberger, Joachim, Schauspieler, Journalist, Fernsehmoderator, Produzent; Hubertusstr. 62, D-82031 Grünwald (* Stuttgart 11. 3. 27). – **V:** Ungeplante Abenteuer 72; Erinnerung an eine Krankheit 79; Guten Morgen, Australien 88; Denn erstens kommt es anders..., Erinn. 07. – **MV:** In 47 Tagen rund um Australien, m. Thomas Fuchsberger 97. – **F:** Sydney – Perle im Pazifik 88; Tasmanien – Insel am anderen Ende der Welt 91. – **R:** Reihe „Terra Australis" 89ff. (Red.)

Fuder, Egon, Bankkfm. i. R.; Lambrechter Str. 3, D-67112 Mutterstadt, Tel. (0 62 34) 13 84 (* Ludwigshafen/Rh. 27. 9. 36). Geschichte, Erz. – **V:** ... aber wir sind nicht gebrochen. 1936–48, Erlebnisber. 03, 05.

Füchtner, Kurt, Senioren-Red. d. Eckernförder Ztgn; Im Grunde 100, D-89079 Ulm, Tel. (07 31) 4 22 55. Rendsburger Str. 26, D-24361 Groß-Wittensee (* Ulm 2. 8. 34). Lyr., Kurzgesch. – **V:** Ein Kind kann ganz bezaubernd sein, Verse 84, 2., überarb. Aufl. 98; Ein graues Haar ist eine Zierde, Verse 89, 6. Aufl. 08; Wir haben das Schmunzeln nicht verlernt, Kurzgeschn. 08.

Fügner, Eugenie (Geb.name v. Eugenie Trützschler von Falkenstein), Dr. phil., Dipl. sc. pol.; Dorfstr. 15, D-99438 Tiefengruben, *www.eugenie-truetzschler.de.* (Wuchterlova 9, Praha 6 (* Prag). Übers.förd. Dt.-Tsch. Zukunftsfonds; Rom., Erz. Ue: tsch. – **V:** Die Suche nach dem Prinzen im goldenen Westen, R. 01 (auch tsch.); Nichtarbeitende Intelligenz. Teil I 1918–1929 02, Teil II 1938–1949 04. (Red.)

Führer, Artur K. (Ps. Addi von Großensee), Schriftst., Bildender Künstler, Leiter u. Lektor d. Lit. Lesungen in Bottrop, Gladbeck u. Kr. Bad Hersfeld; In der Schanze 65, D-46242 Bottrop, Tel. (0 20 41) 2 39 20 (* Großensee/Kr. Eisenach 12. 10. 29). VS 72–97, Autoren-Studio Bottrop, Leiter, 1. Lit.büro Ruhrgebiet, 1. Vors. seit 72, Schriftst.vereinig. SPORT, 1. Präs. 88–00; Silbermünze d. Stadt Bottrop, Luftikus-Pr. (f. Flugsport-Stories), Kulturpr. Ruhrgebiet 87, BVK 90, Lit.pr. f. Lyr. 92, Box-Poet 97, Meistertitel „hai jin" f. Haiku, Laokoon-Pr. (f. Schmerz-Poeme), „mach dech one"-Pr. (f. Dorf-Storys); Lyr., Ess., Short-Story, Hörsp., Drehb.-Beratung, Zeitzeugen-Rom. Ue: Suaheli. – **V:** Haiku, Haiku, Haiku 70; Gogo 50221, codierte Texte 71, 78; Spuren-Wechsel, sat. Prosa 74; Der Zaubersack, M. 79; Bin bei dir ..., Lyr. 80; Karibu Kilimandscharo, Prosa 89 (auch als Hörb.); Ich fliege ins All, Prosa 89; Zwischen Abschied und Wiederkehr, Poeme 95; Ring frei, Box-Stories 97; Im Todestrakt von Texas, Prosa 99; So war's, autobiogr. Doku-Roman 1–17, seit 99; Bullenkloster, Prosa 06; Parole: NS-Zeit 06; Hilde W.: 9. April 07; Janusköpfe, Prosa 08; mach dech onne, Mundart 08; Wetterleuchten um Sankt Blasii 08; Route 44, Erz. 08; Meine Straße, Prosa 08; Camp King, Kurzdrama 08; (einige Texte in versch. Spr. übers.: Hindi, bulg., finn., jug., russ., chin., frz.). – **MA:** Arzt-Lyrik heute, Lyr. 75; Sächsische Witze, Kurztexte 76; Nachrichten von Zustand des Landes 78; Kennwort Schwalbe 82; 48 Stunden um den Untergang 83; Boxsport, seit 85. – **H:** Bot-pourri, Zs., 78 Ausg.; Der Bote von Bodesruh, Zs., 23 Ausg.; doppelpunkt, Lyr. u. Prosa. – **R:** ... und falle ins Nichts; Freitag der Dreizehnte, beides Hsp. – Drehbuchberatung u. Prod. v. 9 Kurzfilmen; Mitarbeit bei: 11 Salzp Zeitzeugen-Erzählung, „Aus meinem Leben" Barbarossa, u. in „artour" (MDR) „So begann es ...", 3-tlg. (unter Klaus Harpprecht, ZDF). – *Lit:* s. auch Kürschners Handbuch der Bildenden Künstler, 1. Aufl. 2005.

Führer, Caritas (geb. Caritas Böttrich), Porzellangestalterin, Doz.; Kleine Kirchgasse 23, D-09456 Annaberg-Buchholz, Tel. (0 37 33) 42 68 98, Fax 4 26 98 25, *caritas.fuehrer@evlks.de* (* Karl-Marx-Stadt 25. 3. 57). „Kammweg", Lit.pr. d. Kulturraumes Erzgebirge 04; Lyr., Erz., Hörsp., Feuill. – **V:** Die Montagsangst, Erz. 98, 3. Aufl. 02; Wir freuen uns auf Ostern, Sachb. 02; Sternbild Hoffnung 04; Zutritt verboten 06. – **MA:** Wegzeichen 82; Leichtes Lob 85; Anzeichen 6 88; Der Knabe mit dem Engelsgesicht 88; Osiris, Zs. f. Lit. 12/04; Das haben meine Eltern gut gemacht! 04; Grenz Fall Einheit 05; Mein kleiner frommer Schaden 06. – **R:** Mario, Hsp. 87; Wir woll'n die gold'ne Brücke bau'n, Hsp. 89. (Red.)

Fülscher, Susanne, Roman- u. Drehb.autorin; Berlin, *kontakt@susanne-fuelscher.de, www.susanne-fuelscher.de* (* Stelle b. Hamburg 22. 6. 61). Friedrich-Bödecker-Kr.; Bestenliste d. Zürcher Jgdb.pr. 91, 1. Pl. d. Moerser Jgdb.jury 89/99; Jugendb., Rom., Drehb. – **V:** Was macht ein Nilpferd in Paris?, Bilderb. 91; – JUGENDBÜCHER: Vielleicht wird es einen schöner Sommer 91; Herbstwunsch Tänzerin 92; Schattenmonster, Erz. 92; Ins gemachte Nest 92; Mann, war ich cool! 94; Nur noch das rote Kleid 95; So long, Deine Yeliz 95; Muß Liebe schön sein! 96; Sommertanz 96; Fever 97; Schöne Mädchen fallen nicht vom Himmel 97; Nie mehr Keks und Schokolade 98; Te quiero – Ich will dich! 98; 7 x Liebe 99; Supertyp gesucht 99; PS.: Ich mag sie trotzdem 99; Salut, Lilli! 01; Hals über Kopf im Star 02; Baggern verboten 04; Wer anderen den Kopf verdreht... 05; Die Kussagentur 05; Ich und die Perlweißkuh 06; Küsse & Cafe au Lait 06; Wer

Fündgens

küsst hier wen? 06; Suche Prinz, biete Macho! 06; Liebe auf den zweiten Klick 06; Moppelig total verknallt 07; Cappuccino Amore 07; – ROMANE f. ERWACHSENE: Lipstick 98; Lügen & Liebhaber 00; Meeresruh 03; Leben, frisch gestrichen 08; (Übers. ins Span., Kat., Ital., Ndl., Dän., Estn., Kroat., Gr., Finn., Bulg.). (Red.)

Fündgens, George; Ringstr. 5, D-41836 Hückelhoven-Baal, Tel. (0 24 35) 18 74 (* Gangelt 7. 12. 65). BVJA 00; Rom., Kurzprosa. – **V:** Ticket nach Babylon, Kurzprosa 02. – **MA:** LIMA „Talentsuche" 01; zahlr. Beitr. in: Janus 96–99. (Red.)

Fürll, Reinhard, Lagerverwalter; Horkaer Str. 6, D-02906 Niesky, Tel. (0 35 88) 20 08 03 (* Niesky 10. 7. 53). – **V:** Zeitlose Aphorismen, Sentenzen, Gnome 00. (Red.)

Fürrer, Rudolf Hans, VR-Präs. versch. Unternehmen; In der Schübelwis 6, CH-8700 Küsnacht, Tel. (0 44) 9 10 44 71, Fax 9 10 34 85, *rud.h.fuerrer@ bluewin.ch* (* Zürich 7. 4. 15). Presse Club 69; Lyr. – **V:** Geniess das Leben, sei zufrieden, Verse 80; Kuckuckseier, Verse 81; Mein Zirkus, Verse 85; Vom Tintenfass zum Computer, Prosa, Anekdn. 87; Lyrische Untaten, Verse u. Aphor. 91; Ich bin ein Schweizer Knabe..., Verse 98; Auf meiner Bank am Schübelweiher, Kurzverse u. Aphor. 99; Vorwiegend heiter, Verse u. Aphor. 02; Fast eine Biographie 04; Literarische Seitensprünge, Verse u. Aphor. 05; Kopf hoch, Verse u. Aphor. 08. – **MV:** Luftballons, m. Rudolf Max Fürrer, Sprüche u. Verse 95.

Fürst, Emilie Johanna (geb. Emilie Dermutz), Lehrerin i. R.; Elisabethinergasse 15/2, A-8020 Graz, Tel. (03 16) 73 55 42 (* Finkenstein/Stobitzen 29. 6. 25). Verb. geistig Schaffender Österreichs, V.S.u.K., Ges. d. Lyr.freunde, Dichtersteingemeinsch. Zammelsberg, Art-International Kärnten; Silb. E.zeichen d. Kärtner Bildungswerkes 01, E.krug d. Dichtersteingemeinsch. Zammelsberg 02; Lyr. – **V:** Und die Erde staunt darüber, was sich mir verborgen hält 92; Es fiel ein Stern, der Schöpfung alter Staub – aus seinem Glanz entstandest Du, das Neue 95; Das wir nicht als Bettler vor der Türe stehen, da wir doch in Fülle wohnen 97; Und der ganze Erdkreis neigt sich hin zu meines Vaters Wiesen 99; Wer über den Fluß seine Antwort sucht, muß hin zu anderen Ufern 01; Und ich pflücke Rosen von den Apfelbäumen 04, alles Lyr. (Red.)

Fürstenberger, Gerd, M. A., Journalist, Autor; Krugstr. 9, D-90419 Nürnberg, Tel. (09 11) 93 33 06 37, Fax 9 33 06 38, *fuerstenberger@textprofis.de, www. textprofis.de* (* Speyer 12. 1. 60). Lyr., Erz., Dramatik. – **V:** Erforschung der Einsamkeit, Geschn. 00; Der Mann, der aus seiner Haut fahren konnte, Geschn. 03; Was wirklich ist, G. 05. (Red.)

Fürthauer, Angelika, Bäuerin, Autorin; Feld 2, A-4853 Steinbach am Attersee, Tel. u. Fax (0 76 63) 2 88 (* Weyregg 29. 4. 50). Stelzhamerbund, Hausruckviertler Kunstkr.; Verd.med. d. Ldes ObÖst.; Lyr. – **V:** Jahresringe, Mda.-G. 87; Schmucke Gedanken 92; Im Seitenspiegel 94; Auf den Fersen von Stadt und Land 96; Meine guatn Seitn 96; Frohkost und Lachspeisen 98; Feiertag und Freuzeit 00, alles G.; Sternzeichen für Lachdenker 02. (Red.)

Fues, Wolfram Malte, Germanist, Prof. für dt. Philologie, Dr.; Aeschstr. 3B, CH-4202 Duggingen, Tel. (0 61) 7 51 49 12, *wolfram-malte.fues@unibas.ch, www.fues.ch* (* Bremen 6. 4. 44). SSV 94, Dt. Ges. f. d. Erforschung d. 18.Jh. 94, Goethe-Ges. Weimar 98; Lyr., Ess. – **V:** Verletzte Systeme 94; Fremdkörpersprachen 01; Vorbehaltfläche 07, alles G.; Rationalpark. Zur Lage d. Vernunft, Ess. 01; lit.-wiss. Schrr., u. a.: Text als Intertext. Zur Moderne in d. dt. Lit. d. 20. Jh. 95. –

MA: Homo Medietas. Festschr. f. Alois Maria Haas 99; global benjamin. Intern. Walter-Benjamin-Kongr. 1992, Bd I 99; Tugend, Vernunft, Gefühl 00; Klassik u. Anti-Klassik. Goethe u. seine Epoche 01; Philosophie, Kunst, Wissenschaft. Gedenkschr. f. Heinrich Kutzner 01; Passagen. Literatur – Theorie – Medien, Festschr. f. Peter Uwe Hohendahl 01; Critical Theory. Current State and Future Prospects 01; Das verschlafene 19. Jh.? Zur dt. Lit. zwischen Klassik u. Moderne 05; Schnittstellen 05; – Zss.: drehpunkt 82, 83, 00, 04; ndl 97, 00; Das Gedicht 99, 02; Weimarer Beiträge 04, 06, 08; DVjs 04; Deutsche Zeitschrift f. Phil. 05; die horen 05; manuskripte 95, 05, 06; Telos 07; Ort der Augen 08. – *Lit:* Jürgen Engler in: Weimarer Beiträge 54/08.

Füsers, Clemens, M. A., Fachpfleger f. Geistes- u. Nervenkranke; Savignyplatz 13, D-10623 Berlin, Tel. u. Fax (0 30) 2 62 45 51, *CFuesers@aol.com* (* Viersen 2. 11. 55). VDD 96, IGAA 01; Emscher Drama Pr. 02, Lobende Erwähn. b.d. Preisfrage d. Jungen Akad. d. Wiss. Berlin 03, Preis Drama X 04; Prosa, Drama, Drehb., Comedy, Kabarett, Ess., Rep. – **V:** Chicago 6 × 6, Erzn. 97; Danke, gestorben, R. 00; Punchline, R. 04; Vorovskogo Platz, Erz. 05; – Bühne: Hauptstädter – Farce, UA 03; Palastrevue – Revuepalast, UA 03; Ein Kuss nach Ladenschluss, UA 04. – **MV:** Ich wär so gerne Chauvinist, m. Gabi Decker, UA 94; Gabi Deckers Klassentreffen, UA 98; Gabi Deckers Casting, UA 01; Gabi Decker leibhaftig, UA 04. – **MA:** div. Kurzprosa in: NZZ 86–89; Muschelhaufen, Nr. 38 98; Hundspost, Nr. 10 98; Lit. am Niederrhein 01; Junge Akad. d. Wiss. (Berlin) 03. – **F:** Chigaco 6 × 6 89; Die Reise nach Tunesien 94, beides Kurzspielf.; Die Reise der toten Dichter, m. Wolfgang Backhaus 02. – **R:** 585 KHz, m. Heiko Schier, Fsf. 86; Kalter Rauch 90; Tote trinken keinen Karo 91; Das Geheimnis des Maltesers 93, alles Kurzkrimis f. Fs.; Das Wiener Bestattungsmuseum, Fs.-Rep. 93; Der Tod, das muß ein Wiener sein, Fs.-Feat. 93; Helmut Baumann u. das Theater d. Westens 93, beides Fs.-Feat.; Der Frauenarzt von Bischofsbrück, 5tlg. Fs.-Serie 94; Mad in Germany, Comedyshow 95; Spott-Light, Fs.-Kabarett-Show 96/97; Im Namen des Gesetzes: Tod durch Liebe, Fs.-Krimi 98; Irgendwie anders, Sitcom (9 F.) 99; Die Boegers, Fs.-Serie (2 F.) 00; Max & Lisa, Fs.-Serie (1 F.) 00; ca. 200 Repn., Glossen, Sketche etc. f. div. Fs.- u. Rdfk-Sender. – **P:** Children Can't Be Wrong 98. (Red.)

Fueß, Renate, Dr. phil., Schriftst., Geschf.; Am Hochwehr 28, D-60431 Frankfurt/Main, Tel. (0 69) 52 78 07 (* Egelsbach 16. 8. 46). VS 83; Förd.pr. Literar. März 81, Kurzgeschn. pr. d. Stadt Arnsberg 81, Stip. d. dt. Lit.fonds 83/84, 2. Lit.pr. d. Stadt Aachen 86, Stadtliteratin d. Stadt Bocholt 88/89; Lyr., Erz., Rom., Ess. – **V:** Am Eingang von Kotor, G. 84; Kein Brief aus Amerika, Erzn. 85; 1 wiss. Veröff. 83. – **MA:** zahlr. Veröff. in Anth. u. Zss., u. a. Akzente, Neue Rdsch.; manuskripte 99, 100, 112, 133 88–96; Hessischer Literaturbote 88–91. – **R:** Ess. u. Rez. im HR. (Red.)

Füssel, Dietmar (Dietmar Fuessel), Schriftst. u. Bibliothekar; Leitgebstr. 4/24, A-4910 Ried im Innkreis, Tel. (0 77 52) 7 05 87, *kontakt@dietmarfuessel. com, www.dietmarfuessel.com* (* Wels 23. 1. 58). GAV: Lit.stip. d. ObÖst. Ldeskulturbeirats, Luitpold-Stern-Förd.pr. 02; Lyr., Prosa, Drama, Sat., Kulturengdb., Rom. – **V:** Wirf den Schaffner aus dem Zug 83; Dietmar Füssels Wunderhorn 84; Unterwegs, Lyr. 98; Rindfleisch, R. 00; Arbeit ehrt Mensch und Pferd, Kurzgeschn. 02; Die Ermordung Caesars, Kom. 02; Befehlsverweigerung, 6 Kurzspiele 03. – **MA:** Meridiane 95; Poesie Europe 95; Die Fremden sind immer die Anderen 96; Freibord; Nebelspalter; Lit. aus Österreich; Die

Rampe; Das fröhliche Wohnzimmer; KULT; Podium; Freibeuter; Fantasia; Ort der Augen, u. a. (Red.)

Fugel, Adolf, Dr.theol., Dr.pol. sc. h. c., Pfarrer (kath.); Matthofstr. 77, Postf. 353, CH-8355 Aadorf, Tel. (0 52) 3 66 80, *q.fugel@datacomm.ch, www.fatima.ch* (* Groß-Sankt Nikolaus/Rum. 23. 7. 43). Journalistenverb. Franz v. Sales, Präs. 88–91; Nov., Theologie. – **V:** Christen unterm Roten Stern 84; Vikar in der Heimat Drakulas, N. 87; Das sagt mir die Bibel, Meditn., Bd 1: Advent/Weihnachten 87; Bd 2: Ostern 88; Bd 3: Fastenzeit 89; Bd 4 u. 5: Die Zeit nach Pfingsten, 1 u. 2 90; Bd 6: Die Zeit nach Epiphanie 90; Bd 7 u. 8: Die Zeit nach Pfingsten, 3 u. 4 91; Sein Name ist heilig, Kurzmeditn. 92, u.v. a. theolog. Veröff. u. religiöse Lektüre. – **MA:** ca. 350 Kolumnen, 400 Art. u. ca. 60 umfangr. Vortr.; Chefred. d. Schweizer. Kath. Sonntagsbl. 87–94; Schweizer Fatima-Bote, Ztg. (Red.)

Fugo s. Diethelm, Stefan

Fuhrmann, Joachim; Garbestr. 9, D-20144 Hamburg, Tel. (0 40) 4 10 46 63. Bruksgatan 56, S-360 72 Klavreström (* Hamburg 7. 1. 48). VS 69, LIT; Reisestip. d. Ausw. Amtes 75, 00, Arb.stip. d. Freien u. Hansestadt Hamburg 76, Pr. d. Roten Elefanten 77, Auswahlliste z. Dt. Jgd.lit.pr. 77, Auswahlliste z. Zürcher Jgdb.pr. 77, Stadtteilschreiber Hamburg 79, Tb.pr. d. M. d. Dt. Akad. f. Kd.- u. Jgd.lit. 81, Georg-Tappert-Pr. 95 (m. Schreibwerkstatt); Lyr., Prosa, Hörst., Kritik, Collage, Montage. – **V:** Trotzdem läuft alles, Lyr. 75; Über Bäume, G. 77; Hüben & Drüben, Liederzykl., UA 97. – **MA:** Freunde, der Ofen ist noch nicht aus 70; Wir Kinder von Marx und Coca Cola 71; Für eine andere Deutschstunde 72; Lesebuch 4: Freizeit 73; Baggerführer Willibald 73; Bundesdeutsch. Lyr. zur Sache Grammatik 74; Denkzettel. Polit. Lyr. aus der Bdesrep. Dtld u. Westberlin 75, u. a. – **H:** Linke Liebeslyrik 72; Tagtäglich, G. f. Jugendliche 76, 7. Aufl. 86; Gedichte f. Anfänger 80, 3. Aufl. 84; Poesiekiste, G. 81, 14. Aufl. 99; Straßengedichte, G. 82; Erich Fried zum Gedenken 88. – **MH:** Agitprop. Lyr., Thesen, Berichte 68; Thema: Arbeit 69; Lieber Axel Eggebrecht! Freunde u. Koll. z. 90. Geb. w. A.E. 89. – **R:** Eine neue Schule 71; Literatur der Lohnarbeiter, Feat. (NDR) 72; Von der Schule auf die Straße. Der Weg ins Leben 75; Wortwechsel oder Insinn – Outsinn – Unsinn 76; Einsamkeiten 76; Die Reakustisationskonferenz 77; Schreiben Sie Bücher oder Krimis, Feat. (NDR) 87; Das Jahr 1968 und die Literatur, Feat. (NDR) 88; Da setzt sich auch Wut um, Feat. (NDR) 88; Warum lesen? 88; Wir haben keine Chance, aber ..., Feat. (NDR) 89, u. a. – *Lit:* Uwe Timm: Renatus Deckert (Hrsg.): Das erste Buch 07.

Fuhrmann, Marliese, freie Schriftst.; Kahlenbergstr. 65, D-67657 Kaiserslautern, Tel. u. Fax (06 31) 4 94 01 (* Kaiserslautern 18. 7. 34). Literar. Verein d. Pfalz 82, VS Rh.-Pf. 90; Pfalzpr. f. Lit. (Förd.pr.) 85, Verd.med. d. Ldes Rh.-Pf. 01, Hermann-Sinsheimer-Plakette 02; Rom., Erz., Kurzgesch., Lyr., Schausp. – **V:** Zeit der Brennessel, Gesch. e. Kindheit 81, Neuaufl. 92; Hexenringe, R. 87; Weiwertwertschaft, Mda.-St. 91, UA 14.11.92; Schneebruch, Gesch. e. Verschleppung 93; Uns hat der Winter geschadet überall, Erz. 94; Kuckucksruf und Nachtigall, R. 00; Anna und andere. Frauenwege in d. Pfalz 07, 08. – **MA:** Die Rheinpfalz 205/82, 35/84, 66/95, 53/96, 134/04, 269/04; Zweibrücker Echo 3/82; Einmal im Monat ist Freitag 83; ... und ihr Duft kandierte die Sommer 83; Die Tiefe der Haut 84; Als ich noch der Ultrakurzlenbub war 85, alles Anth.; Lit. aus Rh.-Pf. III 86; fließend rheinlandpfälzisch 87; Innenansicht einer Zeit, Anth. 87; Pälzisch vun hiwwe un driwwe, Anth. 91, II 92; Die Rheinpfalz-Palatina 105/91; Wie der Kaiser unter den Edelleuten,

Leseb. 91; Donnersbergjb. 93–97, 99–04; Heimatjb. d. Ldkr. Kaiserslautern 92–94, 96–06; Im Kerzeschei(n), Anth. 92; Pegasus II u. IV 92, I/II 93, I 94; Durch's ganze Johr, Anth. 93; Wenn man die Füße weniger schwer macht, dt.-frz. Erzn. 93; Zeitvergleich, Anth. 93; Freihändig üb. die Friedenstraße 94; handgeschrieben, Lyr. u. Prosa 94; Die Krott 94; neue literar. pfalz 17/94, 25/98, 28/00, 36/05; Die Pfalz ist ein gelobt Land, liter. Leseb. 94; Aufatmen – Aufstehen – Weglaufen, Anth. 95; Dt. Mundarten an der Wende?, Anth. 95; Ich bin gern do, Dok. 95; Der Krieg war vorbei, aus, zu Ende 95; Klopfholz, Zwiebelfisch & Fliegenkopf, Alm. 96; Westrich-Kal. Kusel 98, 00–02, 04; eFa, Zs. Juli/Aug. 98, Okt. 99; Pirmasenser Ztg – Neue Pfälz. Anth. 98; Chaussee 2/98, 1/99, 5/00, 6/00, 7/01, 11+12/03, 15/05; Fabrik, Anth. 99; Burgen und Wälder, Anth. 00; Heimatjb. d. Ldkr. Ludwigshafen 01; Rheinland-Pfälzerinnen 01; Sozialkunde f. Hauptschulen in Rh.-Pf. 02; Der Karpfen ist noch lange nicht blau, Alm. 02; Kopfüber am Himmel, Anth. 02; Ludwigshafen. E. literar. Spurensuche 03; Wider Gewalt, Heuchelei u. Vergessen 04; Von Wegen. Anth. d. lit. Ver. d. Pfalz 05. – **H:** Fliegende Hitze, erz. Sachb. (auch Mitarb.) 86, 6. Aufl. 91; Frauengeschichte – Frauengeschichten aus Kaiserslautern. – **MH:** Frauengeschichte – Frauengeschichten aus Kaiserslautern, Dok. 94. – **R:** Beitr. in Hfk u. Fs. 82–98, u. a.: Ein unwiderstehlicher Frühlingstag, Prosa 87; Salomea lächelt, Erz. 90. – **P:** 3 G. im Mainzer Kultur-Tel. 86. – *Lit:* Irene Nehls in: Die Rheinpfalz 10 86; Joachim Hempel in: Literar. Leben in Rh.-Pf. 86; Andrea Diwo: Wie schreiben sie, was schreiben sie, warum schreiben sie, wiss. Examensarb., Univ. Landau-Koblenz 91; Erich Renner: Geschn. waren immer da ..., Werkstattgespr. 92; Petra Wandernoth in: Pegasus III 93; Birgit Roschy in: Lautern live, Dez. 94; Victor Carl: Lex. d. Pfälzer Persönlichkeiten 95, 2.,erw.Aufl. 99; Elke Minkus in: Die Rheinpfalz 161 95; Josef Zierden: Lit.lex. Rh.-Pf. 98; Gundula Werger: Gesch. u. Schreiben gehören mit fast zusammen, Hfk-Portr. v. 20.5.00; Gerhild Wissmann in: Die Rheinpfalz v. 8.3.02 (Interview) sowie v. 11.3.02 (Feuill.); Wolfgang Diehl: Rede z. Verleihung d. Hermann-Sinsheimer-Plakette am 10.3.02; Marita Gies in: Die Rheinpfalz v. 8.6.02; K.H. Schauder in: Die Rheinpfalz v. 17.7.04.

Fuld, Werner; Fichtenweg 14, D-86938 Schondorf, Tel. (0 81 92) 93 43 18, Fax 93 43 19, *fuld@gmx.de.* Sierra de Altea Buzon 227, E-03599 Altea la Vieja (* Heidelberg 24. 7. 47). Biogr., Ess. – **V:** Walter Benjamin, Biogr. 79; Am Mieder der Sprache 91; Wilhelm Raabe, Biogr. 93; Als Rilke noch die Polka tanzte, Anekdn. 95; Als Kafka noch die Frauen liebte, Anekdn. 96; Das Lexikon der Fälschungen 99; Von Katzen und anderen Menschen 99; Lexikon der letzten Worte 01; Paganinis Fluch, Biogr. 01; Das Lexikon der Wunder 03; Die Bildungslüge, Ess. 04. – **H:** Arno Schmidt: Erzählungen 90; Karl A. Varnhagen van Ense: Schriften und Briefe 91; Nicht in Venedig 91; Christiane Grautoff: Die Göttin und ihr Sozialist, Autobiogr. 96; Artur Landsberger: Berlin ohne Juden 98; J.W. v. Goethe: „Du Einzige, die ich so lieben kann...", Liebesbriefe 99; Ich küsse dich von Kopf bis Fuß..., Liebesbriefe 00; Dies sind nun aber die schönsten Briefe gr. Persönlichkeiten 07. – **MH:** „Sag mir, daß Du mich liebst..." Briefwechsel zw. Erich Maria Remarque u. Marlene Dietrich, m. Thomas F. Schneider 01.

Funcke, Michael (auch Michel Funcke, Ps. Jacques Gombert) *

Fungarte, F. W., Lektor, Schriftst.; c/o SALON LiteraturVERLAG, Willibaldstr. 6, D-80687 München, Fax (0 89) 58 73 22 (* Amerang/Obb. 9. 3. 60). Rom., Erz. –

Funke

V: Sisyphus' Traum, Erzn. 97; Zeit der Krebse 98. (Red.)

Funke, Arno, Kunstmaler, Karikaturist, Fotograf; c/o Eulenspiegel, Gubener Str. 47, D-10249 Berlin, *arnofunke@surfeu.de* (* Berlin 14. 3. 50). – **V:** Mein Leben als Dagobert, Mem. 98, Tb. 00; Ente kross, Cartoons u. Geschn. 04. – **MA:** Ztgn/Zss.: taz 96, 98; Stern 98; Eulenspiegel, seit 98. – *Lit:* Werner Schmidt: „Achtung!... Hier spricht der Erpresser" – Dagobert. Ein realist. Krimi 94. (Red.)

Funke, Cornelia, freischaff. Kinderbuchautorin u. Illustratorin; lebt in Los Angeles/Calif., c/o Cecilie Dressler Verlag, Hamburg, *www.corneliafunke.de* (* Dorsten 10. 12. 58). Jury der jungen Leser, Wien 95, 01 u. 04, Kalbacher Klapperschlange 98, 01 u. 04, Wildweibchen-Pr. d. Reichelsheimer Märchen- u. Sagentage 00, Zürcher Kinderb.pr. 00, Nominierung f. d. Dt. Jgd.-lit.pr. 01 u. 04, Evang. Buchpr. 02, Ture Sventon Priset, Schweden 02, Torchlight Children's Book Award, UK 03, Internat. Buchpr. Corine 03, Nordstemmer Zuckerrübe 03, Mildred L. Batchelder Award, USA 03, Lit.pr. d. BdS 04, Phantastik-Pr. d. Stadt Wetzlar 04, Silbergriffel, Niederlande 04, Roswitha-Pr. 08, sowie zahlr. Nominierungen u. Empfehlungen; Kinderb. – **V:** Die große Drachensuche oder Ben u. Lisa fliegen aufs Dach der Welt 88; Hinter verzauberten Fenstern 89; Kein Keks für Kobolde 89; Lilli, Flosse u. der Seeteufel 90; Potilla u. der Mützendieb 92; Gespensterjäger auf eisiger Spur 93; Käpten Knitterbart u. seine Bande 93; Leselöwen-Monstergeschichten 93; Die wilden Hühner 93; Als der Weihnachtsmann vom Himmel fiel 94; Enemene-Rätselspaß mit Vampiren 94; Gespensterjäger im Feuerspuk 94; Leselöwen-Rittergeschichten 94; Zottelkralle, das Erdmonster 94; Zwei wilde kleine Hexen 94; Gespensterjäger in der Gruselburg 95; Greta u. Eule, Hundesitter 95; Käpten Knitterbart u. der Schatzinsel 95; Die wilden Hühner auf Klassenfahrt 96; Kleiner Werwolf 96; Der Mondscheindrache 96; Dicke Freundinnen 97; Drachenreiter 97; Gruselrätsel mit Vampiren 97; Hände weg von Mississippi 97; Kunterbunte Krabbeltierchen 97; Leselöwen-Tiergeschichten 97; Das verzauberte Klassenzimmer 97; Igraine Ohnefurcht 98; Leselöwen-Dachbodengeschichten 98; Potilla u. der Mützendieb 98; Rotkäppchen & Co. 98; Verflixt u. zugehext 98; Die wilden Hühner – Fuchsalarm 98; Leselöwen-Strandgeschichten 99; Die wilden Hühner u. das Glück der Erde 00; Herr der Diebe 00; Mick u. Mo im Wilden Westen 00; Der verlorene Wackelzahn 00; Dicke Freundinnen u. der Pferdedieb 01; Der geheimnisvolle Ritter Namenlos 01; Gespensterjäger in großer Gefahr 01; Emma u. der blaue Dschinn 02; Die schönsten Erstlesegeschichten 02; Tintenherz 03; Die Glücksfee 03; Vorlesegeschichten von Anna 03; Kribbel Krabbel Käferwetter u. a. Geschn. 03; Die wilden Hühner u. die Liebe 03; Der wildeste Bruder der Welt 04; Die wilden Hühner – Mein Tagebuch 04; Tintenblut 05; Tintentod 07, u. a.; (Übers. insges. in über 40 Sprachen, versch. Titel in zahlr. Nach-/Sonderaufl. u. als Hörbücher). – **F:** (in Hollywood:) Herr der Diebe; Tintenherz. (Red.)

Funke, Fritz, Dr. phil., wiss. Bibliothekar, Mus. dir.; Lausicker Str. 66a, D-04299 Leipzig, Tel. (03 41) 8 62 01 40 (* Gautzsch 25. 3. 20). Lyr., Märchen, Erz., Rom. – **V:** Buchkunde. In Überblick über die Geschichte d. Buch- u. Schriftwesens 59, 6., überarb. u. erg. Aufl. 99; Gedichte und Grafik 96; Fahrten ins Unwegsame, G. u. Grafik 98; Im unendlichen Spiel, G. u. Zeichn. 99; Totentanz – Lebensreigen, G. u. Zeichn. 00; Zwischen Wirklichkeit und Wunderwelt, M. 00; Schmetterlingssommer, Erzn. m. 27 Zeichn. d. Autors 01; Frage ohne Antwort, Erz. u. Zeichn. 03; Der Tod

des Gespenstes, R. 05; Buch- und Schriftgeschichten, Essays 05; Schatten im Gegenlicht, G. u. Zeichn. 05; Ophelia geht nicht ins Wasser, Erzn. 06; Die Liebe als dramaturgisches Motiv in Schillers Dramen, Abhandl. 07.

Funke, Klaus, Dipl.-Agraring.; Tizianstr. 7, D-01217 Dresden, Tel. u. Fax (03 51) 2 75 32 02, *k.funke@debitel.net* (* Dresden 17. 2. 47). ASSO Unabhängige Schriftst. Assoz. Dresden 02; Stip. d. Kulturstift. Sachsen 06; Rom., Erz., Hörsp., Dramatik, Ess. – **V:** Der große Verdruss, Erz. 03; Kammermusik, N. 04; Am Ende war alles Musik, Nn. 05; Der Teufel in Dresden, R. 06; Der Abschied oder Parsifals Ende, R. 07; Zeit für Unsterblichkeit. Ein Rachmaninow-Roman 08. (Red.)

Funke, Tilmann; Tel. u. Fax in Dtld (0 34 29) 48 39 48, *tilmann.funke@t-online.de*. c/o Verlag Warmisbach, CH-6153 Ufhusen (* Dresden 15. 4. 80). VG Wort; Erz. f. Kinder u. Erwachsene. – **V:** Der grüne Zahn, Erzn. 06; Engel mit Sternenstaub, Kurzgeschn. 08.

Funke, Wolfgang (Ps. Henry Wolf, Wolfgang Sachse), Dr. med., OMR, Arzt, freischaff. Schriftst.; Tel. u. Fax in Dtld (0 49 36) 68 12, *sachsentreue@freenet. de, www.wolfgangfunke-satire.de, freenet-homepage.de/Funkenregen-Satire*. c/o Verlag Warmisbach, CH-6153 Ufhusen (* Glauchau 23. 4. 37). SV-DDR 85; Dipl. Polskiego Radia 72, Pr. d. Zycie Warszawy 75; Lyr., Satirisches Ged., Prosa, Lied, Text f. Kinder. – **V:** Musenklänge, Epigr., Chansons 82; Funksprüche, Epigr. 84; Funkenflug, Epigr. 86; Funkenregen, heitere G. 86; Flüsterbaß, Epigr. 88; Das kranke Füchslein, Kdb.; Der Wendehals und andere Mitmenschen, Epigr., G., Kurzgeschn. 90; Heitere Verse und Vortragstexte, Sprüche, Nonsens, Geschn. 96; Ein Mitmensch funkt, sat. Verse 06; Volk braucht man nicht dazu, sat. Verse 06; anders deutsch anders, sat. 06; Wir bröckeln weiter, sat. Verse 06; Ich seh' in meinen Träumen, Lyr. 07; Kasanke kocht, G., Aphor., Kurzgeschn. 07; Die Liebe ist wie ein Gedicht, Lyr. 08; (Übers. ins Poln., Tsch., Ungar., Rumän., Slowak.). – **MA:** zahlr. Beitr. in Lyrik- u. Prosa-Anth., zahlr. Gedichte u. Prosatexte in Lit.beilagen DDR, BRD (alt u. neu), ČSSR, Polen, Ungarn. – **P:** Chansons und Kinderlieder, Tonband 81, 90, CD 92, 97.

Furter, Eva, „Badener Märchenkönigin"; Mellingerstr. 174, CH-5400 Baden, Tel. (0 56) 2 22 78 22, *www.eva-furter.ch.vu* (* Luzern 28. 3. 25). Anerkenn. d. Dt. Bücherei Leipzig 76, Anerkenn. d. Stadt Baden 02, Anerkenn. d. Schweiz. Landesbibliothek 93. – **V:** Badener Gschichtli 75, 4. Aufl. 90; Ein Sammelbecken voller Tränen, Lyr. 93; Gedanken einer Verlassenen, Lyr. 95 (4 Ausg.); Badenfahrt-Lied, Komp. v. Bodo Suss 97; S' Neatli, Gesch. in Schweizerdt. u. Schriftdt.) 01; Neatli-Lied, Komp. v. Bodo Suss 01; Epos an die Außerirdischen des Magischen Kreises im Kornfeld 01; Eva Furters Poesie „Sinfonie der Gefühle", Lyr. 02; Schatten im Spiegel, Lyr. 03; „Neatli-Sketch", m. Larissa Furter-Brändli (Kasino-Theater Winterthur u. DRS Tele M 1) 04; Tanz in die Morgenröte, Lyr. 07; Blüten in Staub, Lyr. 07; zahlr. Märchen. – **P:** 7 Schallpl. (1975–90) sowie mehrere Tonkass. m. eigenen Märchen; Männerchorlieder 97; Schlager 97, beides m. Musik v. Bodo Suss; Eva Furters Poesie, CD 07; Tanz in die Morgenröte, CD 07; Zu neuen Ufern, CD 08. – *Lit:* Reportage v. SPIEGEL-TV (RTL) 86; Filmporträt im DRS-Fs. 88; Filmbiogr. d. Badener Märchenkönigin 99 (2 Fass.). Veröff. in versch. Zeitungen, u. a.: Interview in „Reflex", Hausztg. d. Kantonsspitals Baden, Sept. 01; Badener Ztg v. 17.10.03; Aargauer Ztg v. 10.8.05; Woche v. 8.6.06.

Fusek, Katja (eigtl. Katerina Fusek), lic. phil., Sprachlehrerin; Stettenweg 40, CH-4125 Riehen, Tel. (0 61) 6 41 27 35, *katja.fusek@gmx.ch* (* Prag 7. 3. 68). AdS 03, femscript 03, ARENA Lit.-Initiative Riehen 04, ZSV 06; Oberrhein. Rollwagen (2. Pr.) 03, open net Solothurn 03, 05; Rom., Erz., Lyr., Dramatik. – **V:** Novemberfäden, R. 02; Der Drachenbaum, Erzn. 05; Der Kurzschluss, Einakter, UA 05, gedr. 07; Die stumme Erzählerin, R. 06/07; Die Neider, UA 08. – **MA:** Arena 4/03; entwürfe 34/03, 42/05, 49/07; Basler Ztg 176/03; Nationalbibliothek d. dt.sprachigen Gedichtes. Ausgew. Werke VI/03, VII/04 03; Lit.pr. d. Rosenstadt Sangerhausen, Anth. 04; Host, Brno 10/05, 3/07; Wurzeln. 12 lit. Grabungen 06; Lyr.-Anth. d. ZSV 06; ZSV News 19/07.

Fussenegger, Gertrud (Ps. f. Gertrud Dorn), Dr. phil., Prof. h. c., Schriftst.; Mayrhansenstr. 17, A-4060 Leonding, Tel. (07 32) 67 43 55, Fax 68 31 92. Fuxmagengasse 18, A-6060 Hall in Tirol, *www.fussenegger.de* (* Pilsen 8. 5. 12). P.E.N., Humboldt-Ges., Inst. f. Bildung u. Wissen, Kurie f. Kunst u. Wiss. d. Rep. Öst., GEDOK, u. a.; Pr. d. Zs. „Das XX. Jh." 42, Adalbert-Stifter-Pr. 51, 63, Dr. pr. d. Oldenbg. Staatstheaters 56, Hauptpr. f. Ostdt. Schrifttum 61, Johann-Peter-Hebel-Pr. 69, Mozart-Pr. 79, E.zeichen f. Kunst u. Wiss. d. Rep. Öst., BVK I. Kl., Humboldt-Plakette, Heinrich-Gleißner-Pr., Jean-Paul-Pr. 93, Weilheimer Lit.pr. 93, Gr. Gold. E.zeichen m. Stern f. Verdienste um d. Rep. Österr. 02, Gold. E.zeichen d. Ldes Tirol 03; Rom., Erz., Hörsp., Theaterst., Ess., Ged., hist. Monographie. – **V:** Geschlecht im Advent. R. 37, 52; Mohrenlegende, Gesch. 37, 95; Eines Menschen Sohn, N. 39; Der Brautraub, N. 40, 43; Die Leute auf Falbeson, Erz. 40; Böhmische Verzauberungen 42; Die Brüder von Lasawa, R. 48, Neuausg. 96; ... wie gleichst du dem Wasser, Nn. 50; Legende von den drei heiligen Frauen, N. 51; Das Haus der dunklen Krüge, R. 51, 59; In deine Hand gegeben 53; Das verschüttete Antlitz, R. 57, 99; Zeit des Raben – Zeit der Taube, R. 60; Der Tabakgarten, Nn. 61; Nachtwache am Weiher, N. 63; Die Pulvermühle, R. 68, 9. Aufl. 00; Marie v. Ebner-Eschenbach oder Der gute Mensch von Zdislawitz 67; Bibelgeschichten, Jgdb. 72; Widerstand gegen Wetterhähne, G. 74; Eines langen Stromes Reise, Reisebeschr. 76; Der Aufstand, Libr. 76; Der Zauberhain, Jgdb. 76; Pilatus, Szenenfolge um d. Prozeß Jesu 79; Ein Spiegelbild m. Feuersäule, Lebensber. 79; Maria Theresia 80; Kaiser, König, Kellerhals, Erzn. u. Anekdn. 81; Echolot, Ess. 82; Das verwandelte Christkind, Erzn. 81; Die Arche Noah, Jgdb. 82; Sie waren Zeitgenossen und sie erkannten ihn nicht, R. 83; Der Zauberhain, Jgdb. 85; Gegenruf, G. 86; Nur ein Regenbogen, Nn. 87, 90; Der vierte König, Erz. 88; Der Goldschatz aus Böhmen, Erzn. 89; Elisabeth, Erz. 91; Herrscherinnen, hist. Monogr. 91; Eggebrecht, Erzn. 92; Jirschi oder Die Flucht ins Pianino, R. 95; Ein Spiel ums andere, Erzn. 96; Das große Fussenegger-Hausbuch 96; Grenzüberschreitungen, Festschr. f. G.F. (m. zahlr. Beitr. d. Autorin) 98; Goethe. Sein Leben f. Kinder erzählt, Biogr. 99; Shakespeares Töchter, Nn. 99; Bourdanins Kinder, R. 02; G.F. Ein Gespräch über ihr Leben u. Werk mit Rainer Hackel 05; Das Zauberschloß, Jgdb. 06; So gut ich es konnte. Erinnerungen 1912–1948 07; zahlr. Kinderbücher; – THEATER/UA: Im Strom Dein Haus, Staatstheater Oldenburg 57; Verdacht, Kammerspiele Innsbruck 59; Eggebrechts Haus, Landestheater Linz 60; Der Aufstand, Opernlibr. (Musik: H. Eder), Linz u. Salzburg 76; Pilatus, Ossiach 79; 2 Märchen nach d. Brüdern Grimm, Wien, Linz, Innsbruck 80, 86. – **MA:** verschied. Anth., u. a.: Erlebnis der Gegenwart, Nn.-Anth. 60; Marcel Reich-Ra-

nicki (Hrsg.): Frankfurter Anth., Lyrik u. Deutungen 78–83; Glückliches Österr. 78; Die Gegenwart 81; – Zss.: Vjschr. Stifterverein Linz; FAZ; Die Rampe; Sudetenland; Weilheimer Hefte; Das Fenster, u. a. – **F:** Zu Gast bei Gertrud Fussenegger 69. – **R:** Mohrenlegende; Die Reise nach Amalfi; Der Tabaksgarten; Der Lo-Ratz G.F., e. Portrait 82; Ich bin Ophelia, Hsp. 97; weitere Erzn. u. Beitr. im Rdfk. – **P:** Goethe – sein Leben, Tonkass. 99; Ich bin Ophelia. Gelesen v. d. Autorin, CD 02; Das Haus der dunklen Krüge. Gelesen v. G.F. u. Friedrich Denk, 6 CDs 03. – *Lit:* Wort in der Zeit 62; Schauen u. Bilden 65; Monika Walden: Im Zeichen, CD 02; Das Haus der dunklen Krüge. Gelesen v. G.F. u. Friedrich Denk, 6 CDs 03. – *Lit:* Wort in der Zeit 62; Schauen u. Bilden 65; Monika Walden: Im Zeichen, CD 02; Das Haus der dunklen Krüge. Gelesen v. G.F. u. Friedrich Denk, 6 CDs 03. – *Lit:* Wort in der Zeit 62; Schauen u. Bilden 65; Monika Walden: Im Zeichen d. Widerspruchs; Kurt Adel: Feuersäule-Wolkensäule, Vjschr. d. Adalb.-Stifter-Inst. 80; J. Lachinger in: Sudetenland 82; R. Mühlher in: Selbstfindung, Abh. d. Humboldt-Ges. 83; R. Pömer: Das Christliche im Romanwerk G.F., Diss. 87; L. Hagestedt in: KLG 92; H. Unterreitmeier in: Lit. in Bayern Nr.27 92; Alfred Pittertschatscher (Hrsg.): G.F. (Die Rampe – Porträt, m. e. Bibliogr. v. Helmut Salfinger) 92; Friedrich Denk: Die Zensur d. Nachgeborenen 95; H. Salfinger: G.F. (Schrr. z. Lit. u. Sprache in Oberöst. Bd 7) 02, u. a. (Red.)

Fußnegger, Anna Theresia (geb. Anna Theresia Jedlitschka), Lebensberaterin; Gartenstr. 8, D-65779 Kelkheim, Tel. u. Fax (0 61 95) 6 27 86 (* Neuzedlisch/Sudetenld 24. 10. 28). Ges. z. Förd. Frankfurter Malerei 95, Heusenstamm-Stift. Frankfurt 96, FDA Hessen 97, Frankfurter Künstlerclub 97, VG Wort 98, Arb.kr. Egerländer Kulturschaffender (AEK) 00, Künstlerkolonie Hochtaunus 00; Lyr., Erz., Aphor. – **V:** Geheimnisvoll ist unser Wurzelwerk, Lyr. u. Bilder 92; Ich habe die Rosa Brille verloren, Lyr. u. Bilder 00; Am Spinnrad unserer neuen Zeit, Lyr., Prosa u. Bilder 08. – **MA:** Seitenwechsel, Anth. 01; Egerländer, März/Juni/Dez. 02; Ein Jahr geht zu Ende, Anth. 03.

Fust, Ellen; Wrangelstr. 10, D-20253 Hamburg (* Hamburg 19. 12. 39). Völklinger Senioren-Lit.pr. (Prosa) 99. – **V:** Eine kleine Sonne zum wärmen, G. 90; Schließlich ist Gott kein Supermann, Kdb. 92; Was kostet mich ein Mann? 92; 21 Phantastische Weihnachtsgeschichten 00; 17 Geistreiche Geschichten 02. – **H:** LiTeeRat, Kurzgeschn. 95; Neues von LiTeeRat, Kurzgeschn. 98. (Red.)

Futscher, Christian; Böcklinstr. 44/10, A-1020 Wien, Tel. (01) 7 28 57 26 (* Feldkirch 19. 4. 60). GAV 94; Kulturpr. d. Stadt Feldkirch 85, Max-v.-d.-Grün-Pr. (Publikumspr.) 89, Lit.stip. d. Ldes Vbg 92 u. 06, OPEN MIKE-Preisträger 95, Arb.stip. d. Stadt Wien, Öst. Staatsstip. f. Lit. 01/02, Prosapr. Brixen-Hall 03, Lit.stip. d. Ldes Vbg 06, Dresdner Lyr.pr. 08; Lyr., Prosa, Hörsp., Sat., Ess., Kinder- u. Jugendb., Lied. – **V:** Was mir die Adler erzählt 95; Ein gelungener Abend, Grotn. 97; Schau, der kleine Vogel! 97; Soledad oder im Süden unten 00; Nidri. Urlaub total 00; Männer wie uns 02; Schön und gut 05; Dr. Vogel oder Ach was! 06; buch gut, alles gut! 07; Blumen des Blutes, G. (miromente 8) 07. – **MV:** Die Möpse bellen auf der warmen Hütte oder Von Radvilískis nach Siauliai, Prosa, Lyr., Zeichn. 00; Kleine Briefe 05, beide m. Uwe Schloen. – **MA:** Beitr. in div. Anth. bei: Löcker; Rowohlt; Ed. Weitbrecht in Thienemanns Verl.; Deuticke; Herder; Jugend u. Volk: Neuer Breitschopf, u. a.; Beitr. in Zss., u. a. in: Manuskripte; V; Allmende; ndl, Freibord; Kultur. (Red.)

FWM s. Matthies, Frank-Wolf

Gabathuler, Alice, Autorin; Bleichestr. 28, CH-9470 Werdenberg, *www.alicegabathuler.ch* (* Schweiz 28. 11. 61). Autillus 07, Das Syndikat 07; Jugendrom. – **V:** Blackout 07, 3. Aufl. 08; Schlechte Karten 08; Das Projekt 08.

Gabel

Gabel, Angela, Verkäuferin im Buchhandel; Schusterstr. 13, D-67577 Alsheim, Tel. (0 62 49) 67 49 74, *anschipost@web.de*, *anschipost.homepage.t-online.de* (* Offenbach/Main 2. 6. 65). Lyr. – **V:** Riss im Herz 04; Mit einem Augenzwinkern … 05; Wie das Meer ist unsere Liebe … 08, alles Lyr.

Gabell, O.F. s. Gebele, Otto

Gablé, Rebecca, freie Autorin u. Übers.; c/o Verlagsgruppe Lübbe, Bergisch-Gladbach, *rebecca@gable.de*, *www.gable.de* (* Wickrath 25. 9. 64). Das Syndikat, VS, Quo vadis – Autorenkr. Hist. Roman; Sir Walter Scott-Lit.pr. f. hist. Romane in Silber 06; Krim.rom., Hist. Rom. Ue: engl. – **V:** Jagdfieber, Krim.-R. 95; Die Farben des Chamäleons, Krim.-R. 96; Das Lächeln der Fortuna, hist. R. 97, 4. Aufl. 03, Tb. 18. Aufl. 04, Hörb. 04 (auch korean.); Das letzte Allegretto, Krim.-R. 98; Das Florians-Prinzip, Krim.-R. 99; Das zweite Königreich, hist. R. 00, 7. Aufl. 02, Tb. 5. Aufl. 04 (auch span., tschech.); Der König der purpurnen Stadt, hist R. 02, 5. Aufl. 03; Die Siedler von Catan 03, 3. Aufl. 04, auch Hörb.; Die Hüter der Rose 05; Das Spiel der Könige 07; Von Ratlosen und Löwenherzen, hist. Sachb. 08. – **Ue:** Richard Wagamese: Hüter der Trommel 97; Kevin Baker: Dreamland 00; Neil Gaiman: Die Messerkönigin 01; Agatha Christie: Kurz von Mitternacht 02.

Gabora, Christa; Brücktorstr. 6, D-99628 Buttstädt, Tel. (0162) 4 05 29 00, *1christagabora@gmx.de* (* Bunzlau/Schlesien 2. 10. 35). Lit. Ges. Thür. 06; Kunstpr. d. Bd V Thüringen; Rom., Lyr., Erz. – **V:** Altweibersommer, G. 01; Wirf die Kleine in den Fluß, Erz. 03; QuerBeet, Erzn. 03; Um die Kindheit gebracht, Lyr. 06.

Gabriel, Gabriele, Autorin; Simildenstr. 18a, D-04277 Leipzig, Tel. (03 41) 3 01 20 03 (* Potsdam 20. 4. 46). SV-DDR 89, VS Sachsen 90; Rom., Lyr., Erz., Fernsehsp. – **V:** Schuldschein gegen Totenschein, Krim.-R. 88, 06; warten auf grün, Lyr. 94; 9 Minuten vor Sonnenaufgang, Lyr. 06. – **MV:** Dynamit & Knäckebrot, Kurzprosa, m. Otto Bauschert 03. – **MA:** Das Rum-Schiff 81; Im Namen d. Guten 93; Leipziger Blätter, Nr. 22 93; Israel – so einfach ist das nicht 99; Israel – Reisen – Schreiben – Begreifen 00. – **H:** Von Spinnweben und Zitronencreme 05; Mittagsschlaf und andere Glücksmomente 06, beide Kurzprosa. – **R:** u. d. Fsf.-Reihe „Polizeiruf 110": Eine nette Person 83; Der zersprungene Spiegel 85; Der Kreuzworträtsel-Fall 88; sowie: Der Pferdemörder 96; Vergeßlichkeit hat Folgen, Fs.serie 96.

Gabriel, Margot s. Baisch-Gabriel, Margot

Gabriel, Petra (Petra Gabriel-Boldt), Red.; *info @petra-gabriel.de*, *www.petra-gabriel.de* (* Stuttgart). DJV Bad.-Württ.; Hist. Rom. – **V:** Zeit des Lavendels 01, Tb. 02; Der Gefangene des Kardinals 02, Tb. 03 (auch poln. u. tsch.); Waldos Lied 04, Tb. 05; Der Kartograph 06, alles hist. R. – **MV:** Laufenburg, Bildbd 01. (Red.)

Gabriel, Ulrich Rudolf (Ps. Gaul/Gauls Kinderlieder, Ulrico Angelo Gabrielo, Ulrike Gabriel), Mag. phil., Autor, Komponist, AHS Lehrer; Hatlerstr. 53, A-6850 Dornbirn, Tel. (0 55 72) 2 30 19, Fax 23 01 94, *unartproduktion@cable.vol.at*. Hafengasse 20/11, A-1030 Wien, Tel. (01) 7 98 02 45, Fax 79 94 47 (* Dornbirn 30. 12. 67). GAV, Vorarlberger Autorenverb., jetzt Lit. Vorarlberg, Intern. Ges. f. Neue Musik, AKM, Literar-Mechana; Kabarett-E.pr. d. Stadt Feldkirch, E.gabe d. Ldes Vbg 97; Lyr., Prosa, Theaterst., Kabarett, Sat., Kinder- u. Jugendb., Lied, Ess., Vortrag. – **V:** Aus der Müllhalde der Sentimentalitäten 84 (m. Schallpl.); Vorallemberg, Dialektlieder, Lyr., 2. Aufl. 90 (m. Tonkass.); Flugberichte, Literar. Musik-performance 90; Das grosse Tor der Xun Dhai D, 3 Possen m. Musik u. Gesang 93; Kinderlieder u. -musicals. Neue Kinderlieder 87, 2. Aufl. 96; Und jetzt? Neue Kinderlieder 88, 2. Aufl. 98; Galaxie Phantasie, Musical 89, 2. Aufl. 96; Das Zimmer im Turm 91, 2. Aufl. 98; Gögö Wotschi 92; Zauberstuhl und Rückengeist 92, 3. Aufl. 97; König Adaradatscha – Königin Enemene 93; König Black & White – König Hum 93; Barbastella und das Zeitreisenbüro 95 (alle m. Tonkass.); Skeletto & Skeletta, Musical 96 (m. CD u. Video); Grüogeal – Eros trifft Mundart, Mda.-G. 99. – **MH:** 33 Lieder. Gesang in Vorarlberg (Vorw.) 92, CD 94. – **R:** Das große Lalula, Hsp. 86. – **P:** Der Wagen rollt 88; Urupu 93; Das Recht auf Faulheit 96; Herr Wündrig und Frau Ghörig und das Trio Fool & Flissig 97; Lockeres Singen 97, alles CDs. (Red.)

Gabriel, Ulrike s. Gabriel, Ulrich Rudolf

Gabrielo, Ulrico Angelo s. Gabriel, Ulrich Rudolf

Gach, Ingo. – **V:** Caligulas Rache, hist. Krim.-R. 06; Freyas Fluch, hist. Krim.-R. 08.

Gacinski, Doris s. Damm, Dörte

Gadliger, Werner (Ps. WerGa), Fotograf u. Zeichner; Wagnergasse 14, CH-8008 Zürich, Tel. (01) 2 52 18 02 (* Kehrsatz/Bern 27. 5. 50). Pr. im Lit.wettbew. „Begegnungen" 96; Erz., Kurzgesch. – **V:** Die Flussfahrt 86; Flugwetter 90; Brotsuppe 91; Die Elchtaube 91; Das kosmische Zebra 91; Der Hunkerkrokodil 91; Lachende Kopfjäger auf Neuguinea 96; Elefanten überall, Texte u. Zeichn. 02; Albert und Einstein, Kurzgeschn u. Zeichn. 04; Grosse Fahrt, Texte, Zeichn., Fotocollagen 06; Fixierte Momente, Fotogr. u. Zeichn. 08, u. a. – **MA:** Graphitspuren, Zeichn. u. Texte 07. – **Lit:** s. auch Kürschners Handbuch der Bildenden Künstler, 1. Aufl. 2005.

Gadow, Jürgen s. Glagow, Rainer

Gäbelein, Klaus-Peter (Ps. Klaus Bedä), Realschulkonrektor; Höchstadter Weg 11, D-91074 Herzogenaurach, Tel. (0 91 32) 99 77, Fax 97 77, 6 26 05 (* Lübben/ Spreewald 1. 7. 43). Hist. Text, Volkskunde. – **V:** Do dud dä fei deä Oäsch weh!, Geschn. 99. – **MV:** u. MH: Franken. Bilder e. Landschaft, Bd 1–3 86–90; Gruß aus Herzogenaurach 94; Altstadtführer Herzogenaurach, 2. Aufl. 96; Herzogenaurach – Stadt in Franken 97; Panorama Franken 07, alle m. Helmut Fischer, u. a. – **MA:** Harro Brack, Dieter Brückner (Hrsg.): Treffpunkt Geschichte, Bd 1–3 96ff.; Dieter Brückner, Hannelore Lachner (Hrsg.): Geschichte erleben, Bd. 2– 4 01ff.; Schlüsseljahr 1944 07. – **H:** Herzogenauracher Stadtschreiber 97–07. – **P:** Politiker derblecken, DVD 08.

Gänger, Elisabeth (geb. Elisabeth Heyer); Kiebitzbrink 79a, D-28557 Bremen, Tel. u. Fax (04 21) 27 51 01 (* Lichtenhorst 20. 6. 61). Bremer Autorenstip. 01; Kinder- u. Jugendb., Kurzprosa. – **V:** Ticket zu Bon Jovi 03; Traumfrequenz 05; Ganz nah dran 06; Liebeskummer auf Japanisch 07; Liebe, Lasso, Lagerfeuer 08; Biss mit Kuss 09, alles Jgd.-R. – **MA:** mehrere Kurzgeschn. in Anth., u. a.: Zähl mich dazu 96; Einfach unschlagbar! 04 (auch türk.).

Gänßle-Pfeuffer, Cäcilie Anne Margret s. Camp, Anne

Gärtner, Dieter, Dr. med., Arzt; Obentiefer Str. 3, D-91438 Bad Windsheim, Tel. (0 98 41) 50 15, 73 00, Fax 6 58 44, *d.e.r.gaertner@t-online.de*. Obentiefer Str. 50, D-91438 Bad Windsheim (* Potsdam 11. 6. 50). Rom. – **V:** Die Knochenfibel, Sachb. 98; Der Medicus von Windsheim, hist. Roman 07.

Gärtner, Hans (Ps. Johannes Thaler), Dr. phil., Prof. i. R., Kulturjournalist; Brüder-Grimm-Str. 14, D-84570

Polling, Tel. (0 86 33) 13 22, Fax 14 62 (* Reichenberg/ Böhmen 8. 7. 39). Intern. Jgd.bibliothek München, Sankt Michaelsbund, Friedrich-Bödecker-Kr.; Buch d. Monats 86 ff., Das wachsame Hähnchen 91, Empf.li- ste z. Kath. Kdb.pr. 94, Volkacher Taler 97; Erz. Ue: engl. – **V:** Geschichten vom Pinkus 93; Zählgeschich- ten 94; Typisch Angie 95; Johanna ist anders 96; Gu- ten Abend, gute Nacht 97; Ja, was steckt in Benjamin? 97; Spaß an Büchern! 97; ABC-Geschichten 98; Mit der Dampfeisenbahn zu Oma und Opa 98; Für Kinder schreiben – mit Kindern lesen 99; Saubär und Sauber- bärchen 99; Dani und die Schultüte 00; Wohin schlüpft die Maus? 01, u. a. – **MV:** Der kleine Blumenkönig, m. Michael Neugebauer 91; In 33 Tagen durch das Land Fehlerlos 98; In 33 Tagen Wort- u. Satzbaumeister 99, beide m. D. Marenbach. – **B:** Aesop: 12 Fabeln 89; J.- M. Leprince de Beaumont: Die Schöne und das Biest (auch m. Nachw. vers.) 92; M. Williams: Der kleine Ku- schelhase (auch m. Nachw. vers.) 92. – **MA:** Zss.: Grund- schulpädagogik 90; Kinder lernen Bücher lieben seit 90; Einführung in die Kinder- u. Jugendlit. d. Gegen- wart 92; Abenteuer Buch 93; Grundschule von A bis Z 93; Jugendlit. u. Gesellschaft Beih. 4 93; Leseförde- rung u. Leseerziehung 93; Moderne Formen des Erzäh- lens 95; Kinder- u. Jugendlit. e. Lex., seit 95/96. – **H:** Jetzt fängt das schöne Frühjahr an 88; lieber lesen. 5.– 9. Alm. d. Kinder- u. Jgd.lit. 88–92; Drum kannst du fröhlich sein 89; Ich wünsche Dir viel Glück und Se- gen 91; Komm, Weihnachtsstern! 92; Kommt ein Nilp- ferd in die Kneipe 92; Leselöwen-Geschichten in der Grundschule 92; Schlaf nun schön und träume süß 94; Freu dich auf Ostern 95; Ich lach mir einen Ast 95; Das große Vorlesebuch für Kindergartenkinder 96; Das Ge- schichtenjahr 97; sowie Hrsg. d. Reihe Kindern erzählt, 11 Bde u. m. Nachw. vers.) 90–96; u. ständ. Mit- arb. an: BA, bis 97; Buchprofile; bücherei aktuell; Der Evangelische Buchberater; Münchner Kirchenzeitung; Traunsteiner Tagblatt; Süddt. Ztg; Münchner Merkur, u. a. – **MH:** Luftschlösser, m. I. Weixelbaumer 93; Kin- derlyrik zw. Tradition und Moderne, m. K. Franz 96. – Ue: L. Krasny Brown/M. Brown: Scheidung auf Dino- saurisch 88; K. Takihara: rolli 88; E. Tharlet: Henri, Schlitzohr! 89; ders.: Simon und die Heilige Nacht 91; O. Wilde: Das Gespenst von Canterville 91; A. Dahan: Als der Affe mal den Zoo besuchte 93. – **MUe:** Aesop: Der Löwe und die Maus, m. Ch. Rebstock 92. (Red.)

Gäsche, Daniel, M. A., Publizist, Kommunikations- wiss., Journalist; Tel. (01 74) 7 87 55 24, *daniel.gaesche @rbb-online.de, daniel.gaesche@t-online.de* (* Berlin 25. 2. 68). Pr. b. Europ. Auslandskorrektiv. z. Thema „200 Jahre Menschenrechte" 89. – **V:** Born to be wild, Kul- turgesch. 08. – **MV:** Aus dem Leben eines Revoluz- zers, m. Juppy, Autobiogr. 05. – **MA:** Bosse Spieler Coaches – Preussen 93; Hertha BSC 93; Das Deutsche Wembley 94.

Gästern, Carola von s. Bornemann, Winfried

Gätzschmann, Günter, Dipl. Ing.; Bösenberg 61b, D-46514 Schermbeck, *guentergaetzschmann@t-online. de* (* Schermbeck 19. 4. 55). Ged., Fotografie, Lebens- ber. – **V:** ZwEinigkeit. Zur Mitte vereint, G. u. Erfah- rungen 05. (Red.)

Gafner, Fritz, em. Pfarrer; Weineggstr. 28, CH- 8008 Zürich, Tel. (0 44) 3 81 84 63 (* Stein am Rhein 4. 1. 30). SSV 70, ZSV 71; Conrad-Ferdinand-Meyer- Pr. 70, Prix Suisse d. Schweiz. Radioges. 70, 1. Pr. b. Lyr.wettbew. d. Kt. Schaffhausen 64, 1. Pr. b. Hsp.wett- bew. v. Radio Bern 67, E.gabe d. Kt. Zürich 68, 1. Pr. im Kurzgeschn.-Wettbew. v. Radio DRS 72, 1.Pr. in d. Dr. ausschreib. d. Stadttheaters St. Gallen 80; Lyr., Hörsp., Drama, Prosa. – **V:** Jetzt, Lyr. 68; Zeitzeichen,

Lyr. 70; Eugen. E. Gesch. in fünfzehn Kneipenreden 71; wider sprüche wider reden, Lyr. 73; Zeitgeschich- ten, Kurzprosa 74; Der Holzapfelbaum, Lyr. 79; Kai- ser, König, Lumpenhund, Kurzprosa 87; Das erwachse- ne Kind, Aufs. 87; Arnold Hütteners gläubiger Unglau- be, R. 90; Verkleidungen, Lyr. 93; Seinesgleichen, Lyr. 94; Eine Weile noch, Erz. 98; Die Kehrseite 02; Kin- der sind Kinder 02, beides Kurzprosa; Eben Bilder, G. u. Kurzprosa 03. – **B:** Otto Sutermeister: Kinder- und Hausmärchen aus der Schweiz 77. – **R:** Eugen oder der Heimweg 67; Für ein Pfarrhaus nicht sehr geeig- net 69; Das Formular 71; Die Schwebefliege 73; Pri- vatland 75; Doppelverdiener 76; Saul und David 79; D Nachtigall 83; Gsprööch mit de Schlange 84; No e Wii- li 91; Iibruch 94; Intensiv-Station 96; Und wer bezahlt die Poesie? 98; De Rosschnächt Miggel 99, alles Hsp. – **P:** König Drosselbart, ein Singsp. 71; Eugen oder der Heimweg, Kass. 73; CH-Mundart: Nordostschweiz 77; No e Wiili 91; Staaner Geschichte, Geschn. v. Stein a. Rhein 92; Iibruch 94; Intensiv-Station 96; Und wer be- zahlt die Poesie? 98; De Rosschnächt Miggel 99, alles Tonkass.; Noochbere, Geschn. u. Lyr., CD 02. – *Lit:* Al- fred Richli in: Gesagtes, Gewagtes 89; Paul Weber in: Das Deutschschweizer Hörspiel 95; Alfred Richli in: Geschichte d. Kantons Schaffhausen 03. (Red.)

Gahl, Christoph; Rosenweg 49, D-71287 Weissach. Dortmunder Str. 10, D-10555 Berlin (* Weißwasser/ Lausitz 19. 3. 47). P.E.N.-Zentr. Dtld; Gold. Ähre (f. Fsf.), Prix Italia (f. Hsp.) 81, Hsp.wettbew. d. ORB 93, Kinderhsp.pr. d. Stadt Wien; Hörsp., Film, Nov., Ess. – **V:** Die Hochhausklicke, Erz. 74; Goldfisch- killer, Dialogtext u. Dok. 76; Der bestohlene Gott. Ein Disput 80; Intensivstation, Bü.; Keine Panik, Bü./Einakter; Zero Eleven – Das große universale Ge- dächtnis, Bü./Einakter. – **MA:** Nov. u. Texte in Anth., u. a.: Die Schlinge, Erz. – **R:** HÖRSPIELE: Warum soll Krampe für seinen Richter nur Kaffee kochen; Ist Ru- pert F. Zybel ein Alpha-Typ?; Herrenskat; Gedankenpo- lizei; Der letzte Mensch, n. Orwell „1984"; Komm mit mir nach Chipude; Intensivstation oder Das unverän- derte pflanzenhafte Dahinvegetieren; Tallhover, n. H.- J. Schädlich; Marlens Clown; Hipphipphurra, mein At- tika; Klara im Regenwald; Irgendwo liegt Jericho; Ein selten Pergament nicht unbeschrieben, n. H.-J. Schäd- lich; Niemands Land; Cyberfee und Honigtier – RA- DIOESSAYS: Endlos stromabwärts; Trauben in Pastors Garten; Verwundert nehm ich wahr, dir ist das Le- ben lieb; Bummelzug oder Lob der Langsamkeit; Die Maus, der Tod und das Kind; Das Rütteln des Rudi Dutschke am Weltengerüst; Ein Flimmern, ein Rau- schen, ein Hahnenschrei; Heißumworben – kalt erwi- scht; – FERNSEHFILME: Wandertag; Finderlohn; Ak- tenkinder; Der Goldfisch; Spagat, u. a. (Red.)

Gahse, Zsuzsanna (geb. Zsuzsanna Vajda), Schriftst.; Kreuzlinger Str. 42, CH-8555 Müllheim, Tel. u. Fax (0 52) 7 70 05 56, *zs.gahse@bluewin.ch.* Birken- weg 32a, D-69221 Dossenheim (* Budapest 27. 6. 46). P.E.N.-Zentr. Dtld, P.E.N. Schweiz, SSV; aspekte- Lit.pr. 83, Weinpr. f. Lit. 83, GEDOK-Lit.förd.pr. 86, Pr. d. Stadt Wiesbaden im Ingeborg-Bachmann-Wett- bew. 86, Stip. Künstlerhaus Edenkoben d. Ldes Rhh.- Pf. 87, Venedig-Stip. d. Centro Tedesco 88, Stip. d. Stift. Bahnhof Rolandseck 89, Stip. d. Dt. Lit.fonds 90, Lit.pr. d. Ldeshauptstadt Stuttgart 90, Pr. d. Stadt Zug 93, Poetik-Gastprofessur a. U.Bamberg 96, Tibor- Déry-Pr. 99, Pr. d. Schweizer. Schillerstift. 04, Boden- see-Lit.pr. 04, Adelbert-v.-Chamisso-Pr. 06; Kurzpro- sa, Erz., Hörsp., Journalist. Arbeit. Rom. Ue: ung. – **V:** Zero, Prosa 83; Berganza, Erz. 84, 87; Abendge- sellschaft, Prosa 86; Liedrige Stücke 87; Stadt, Land,

Gail

Fluss, Geschn. 88; Einfach eben Edenkoben, Passagen 90; Einsame Liebschaften 90; Hundertundein Stilleben, Prosa 91; Nachtarbeit, Prosa 91; Essig und Öl, Prosa 92; Sandor Petöfi, Ess. 93; Übersetzt. Eine Entzweiung 93, 00 (auch ung.); Literaturstadt Budapest, Drehb. 93; Passepartout 94; Kellnerroman 96; Wie geht es dem Text? Bamberger Vorlesungen 97; Nichts ist wie. Oder Rosa kehrt nicht zurück, R. 99; Calgary, Prosa 00; Kaktus haben, Buchobjekt 00 (auch CD); durch und durch. Müllheim/Thur in drei Kapiteln 03; Instabile Texte 05; Oh, Roman 07; – THEATER/UA: Leidlos 93; Lever oder Morgenstunde, Dr. 94; A.V.D.H. Ansicht Vorsicht Durchsicht Halt 97; Kaktuswortfahrt, Performance m. Ch. Rütimann 02 (auch DVD). – **MV:** Wörter, Wörter, Wörter!, m. Stefana Sabin u. Valentin Braitenberg 99. – **MH:** Inzwischen fallen die Reiche, m. Gregor Laschen 90. – **Ue:** Peter Esterházy: Kleine ungarische Pornographie 87; Fuhrleute 88; Das Buch Hrabals 91; Eine Frau 96; Abschiedssymphonie, Kom. 98, UA 00; Thomas Mann mampft Kebab ... 99; Franciskó und Pinta 02; – Miklós Mészöly: Das verzauberte Feuerwehrorchester, M. u. Geschn. 99; Péter Nádas: Etwas Licht 99; Zsuzsa Rakovszky: Familienroman 02; István Eörsi: Ich fing eine Fliege 04, u. a. – *Lit:* Wulf Segebrecht (Hrsg.): Auskünfte von u. über Z.G. 96; LDGL 97; Beatrice von Matt in: Frauen schreiben die Schweiz 98; Stefana Sabin in: KLG 99. (Red.)

Gail, Hermann, Schriftst.; Fuchsthallergasse 15/3, A-1090 Wien, Tel. (01) 3 15 43 32 (* Pöggstall 8. 9. 39). Podium, IGAA, Öst. P.E.N.-Club, NdÖst. Bildungs- u. Heimatwerk; Staatsstip. d. BMfUK 74, Förd.pr. d. Stadt Wien f. Lit. 77, Förd.pr. f. Lit. d. Theodor-Körner-Stift. 78, Pr. d. Wiener Kunstfonds 78, Buchprämie d. BMf UK 89, NdÖst. Hsp.pr. (m. Hilde Peyr-Höwarth) 90, Würdig.pr. d. Ldes NdÖst. 00; Drama, Lyr., Rom., Nov., Ess., Hörsp. – **V:** Gitter, R. 71; Exil ohne Jahreszeiten, Lyrik 72; Liaisons – Geschichten in Wien, Erz. 74; Prater, R. 76; Ich trinke mein Bier aus, Lyrik 77; Leben mit dem Kopf nach unten, R. 78; Balanceakte, Aphor. 79; Weiter Herrschaft der weißen Mäuse, Lyrik 79; Typen, G. 82; Waldviertel, Erinn. u. Skizzen 87; Styx, G. 88; Desaster 91; Indizien, G. 92; Der Löwenruf, R. 99; Die steinerne Blume 03; Das Weltgericht, Prosa 04. – **B:** Der Tod der Hure Corinna, Lyr. 79. – **R:** Querstellung, Hsp. 75. (Red.)

Gaissert, Celia Isabel, Dr. iur., Rechtsanwältin, Autorin; Heilwigstr. 16, D-20249 Hamburg, *celia.gaissert @snafu.de* (* Hamburg 29. 11. 55). Brandenburg. Autorenstip. 02; Rom., Lyr. – **V:** Schwarz wie eine Mamba, R. 07. – **MA:** Neo Rauch. Para, Ausst.kat. 07.

Gall, Günter, Liedersänger, Liedersammler, Liedermacher, Buchautor; Liebigstr. 36b, D-49074 Osnabrück, Tel. u. Fax (05 41) 8 38 87, *paradiesaeppel @web.de, www.osnabrueck-net.de/gall* (* Rheinberg 16. 3. 47). Surwolder Lit.gespräche, VS Nds.; Erz., Lyr., Lieder. – **V:** Van Schereschlipp on andere Lüj, Lieder in Mda. 91; Paradiesäppel, Erzn., Lyr. 99, 3. Aufl. 00; Galläppel, Erzn. u. Lieder 04. – **P:** Sommerabend, Lieder, Balln., Chansons 93; geflött wie gesonge 99; Das Beste aus 10 Jahren 96; Paradiesäppel, plattdt. Lieder 99; Durch alle Himmel, alle Gossen, Lieder 03; Chanson vom Montag, Lieder 03; Galläppel, Lieder u. Erzn. 04; Klassiker op platt, Lieder 07, alles CDs.

Gall, Karl-Ernst, Dipl.-Jurist, Ing. (* Treptow an der Tollense 14. 5. 28). Bund Ndt. Autoren 97; Lyr., Erz. – **V:** Dei Utkunft und annern Klim-Bim, Lyr. 95; Vörpommersch' Späuken up Platt 99; Gefohren luern oewerall 02; Half un Half un Ridderschlach 05, alles Kurzgeschn. u. Lyr.; Unnern Märchenbaum, M.-Kurz-

geschn. 05. – **MA:** Plattdütsch Blaumen, Bde 5–8 00–06; Jb. f. d. neue Gedicht 03–05. (Red.)

Galle, Harald; Bahnhofstr. 30, D-77948 Friesenheim, Tel. (0 78 21) 98 13 09 (* Sillmenau 17. 1. 26). Rom. – **V:** Kraft meiner Willkür 00.

Gallenkemper, Elisabeth (geb. Elisabeth Weiland), Assistentin in d. Facharztpraxis; Chamissostr. 28, D-59227 Ahlen, Tel. (0 23 82) 36 57 (* Essen 21. 8. 27). Dt. Haiku-Ges. Vechta, GZL, Annette-von-Droste-Ges., Dt.schweizer. P.E.N.-Zentr., IGDA; Kurzprosa, Lyr., Jap. Lyrikformen. – **V:** Nebel im Spätherbst 89; ... und Blätter fallen 90; Lettern auf Stein und Hügel 90; Steine im Mondlicht 90; Vom Rot des Mohn 90, alles Lyr.; Ich möchte Worte finden ..., medit. Texte 91; Strandläufer 92; Kraniche 93; Herbstkantate 96 (auch russ.); Botschaft der Rose 98; Fliegengewicht, alles Lyr.; Wer bist du? 01 (auch russ.); Wortbilder zu Radierungen von Alfred Kitzig 02 (auch russ.). – **MV:** Wir sammeln Träume. m. Prof. Kurz 92; Im Wirbel der Zeit, m. Gisela Rosendahl 93; Fundgrube, m. Isolde Lachmann, Lyr. 98. – **MA:** Jb. Westfalen; Vjschr. d. Dt. Haiku-Ges.; Beflügelter Aal; Landwirtschaftl. Wochenbl. Westf.-Lippe 01/02; Heimat-Hefte Kirchspiel Ankum 01/02; zahlr. Anth. (Red.)

Galley, Lilo (geb. Lieselotte Kreutzer), u. a. gepr. Reiseleiterin, Ausbildung in Trauer- u. Sterbebegleitung; Reichenauerstr. 95, A-6020 Innsbruck, Tel. u. Fax (05 12) 93 84 70, *lilo.galley@chello.at, www.lilo-galley.net* (* Mauthausen/ObÖst. 18. 2. 47). Turmbund 77, Mundartkr. 82, Kunstquadrat 08; Lyr., Prosa, Hörsp., Märchen, Ged., Aphor., Kinder- u. Jugendb., Mundart. Ue: ital. – V: Mei Welt, Mda.-G. 89; Ich mecht Dar sagn, Mda.-G. 92; Caterinas Träume, M. 96; Michael und Kerstin werden dicke Freunde, Bilderb. 03; In die Truchn einigschaut, Mda.-G. 07. – **MA:** Tiroler Heimatblätter.

Galli, Johannes, Clown, Schauspieler, Regisseur, Musiker, Philosoph, Autor; c/o Galli Theater e. V., Haslacher Str. 15, D-79115 Freiburg/Br., Tel. (07 61) 44 18 17, Fax 4 00 07 30, *www.galli.de* (* 52). – **V:** Gedankensprünge auch sich selbst zu, I 01, II 02; Das verspielte Paradies, R. 02; Schattensterm, R. 06; – Theaterst. f. Erwachsene, u. a.: Die Prüfung, UA 84; Belladonna, UA 86; Eva und Lilith, UA 89; Kein und Aber, UA 92; Spätlese, UA 93; 68er Spätlese, UA 93; frosch misch, UA 98; – Märchen-, Clown- u. pädagog. Theaterst., u. a.: Aschenputtel; Dornröschen; Rotkäppchen; Rumpelstilzchen; Schneewittchen; Max und Moritz; Clown Ratatui; Der goldene Schlüssel; Der Müllvollberg. – **P:** Die 7 Typen, Bst. 94; Neun eigene Gedichte 99; Märchenlieder, alles CDs. (Red.)

Gallinat, Anne, Dipl.-Filmwiss., Schriftst.; Sylvester-Lieb-Str. 1, D-07318 Saalfeld, *annegallinat@web. de* (* Potsdam-Babelsberg 11. 2. 65). VS; Rom., Erz., Kinderb. – **V:** Fidel Schnidel Lumpensack, Kdb. 03; Der blutrote Ahornbaum, R. 04; Straßenhändler, Kdb. 05; Märchenzauber für die Grundschule, Schulb. 06.

Gallinge, Edeltraut (geb. Edeltraut Genähr), Autorin, Verlegerin; Hüttenweg 8, D-15837 Baruth/Mark, Tel. (03 37 04) 6 88 80, Fax u. Tel.: 6 79 12, *gallinge @freenet.de* (* Anklam 3. 4. 44). Lyr. – **V:** Über das Schreiben 93; Lose Gedanken – handgebunden, I 94, II 94, III 97, IV 98; Nachtgedanken 94; Wo-ta-ta-ni. icher-sie-du, dt.-chin. 94; Zeitfragen 95; Herbstverstecken läßt nur ahnen 96; Suche den Stein zwischen Mohnblumen 98, 2. Aufl. 08; Auf Malta gibt es keine Krokodile, Lyr. 00; Mit Peenewasser getauft, Lyr. 00; Calidoscopio/Kaleidoskop, galic./dt. Lyr. 01; Yin su hua cong zhong de xun mi, chin./dt. Lyr. 02; Mir ist heut so nach Bratkartoffeln, Lyr. 04, 3. Aufl. 06; Brandenburgische

Notizen mit Feder und Pinsel, Lyr. 04; Zeit ist nicht Geld, Lyr. 05, 08; Hagebuttenrot, Lyr. 06; Cherche le caillou entre les coquelicot, frz./dt. Lyr. 07; Unberührter Schnee, Lyr. 08; ... und erst der Duft, Lyr. 08; Le papier est patient, frz./dt. Lyr. 08. – **MA:** Lyr. in: Schöne Aussicht 98; Rabengekrächze 98; DORNA (Univ. Sntiago de Compostela) 98; O Correo Galego, Lit.-Beil. 98–00; Mit leichtem Gepäck 99.

Gallo, Doriana del s. Haentjes, Dorothee

Gallus s. Klein, Kurt

Gallus, Peter (eigtl. Bermhard Lüke), Dipl.-Ing.; Agnes-Miegel-Str. 38, D-58239 Schwerte, Tel. (0 23 04) 59 24 57, Fax 59 24 59, *verlag@peter-gallus. de, www.peter-gallus.de* (* Reken 17. 1. 52). VG Wort; Rom., Kurzgesch., Theaterst. – **V:** Vor Allahs Angesicht und Europas Toren, R. 06, Neuaufl. u. d. T.: Vor Allahs Angesicht 07; Das Weihnachtsmusical 07; Das Halsband des Lambert von Oer, Theaterst. 07; Der Schulstreit, Theaterst. 07; Going Upstairs 07; Eine Türkische Affäre 08; Tod vor Toulon 08, alles R.; Buße für Melchior oder Die Rekatholisierung Münsters, Theaterst. 08; Lambert von Oer, R. 09. – **MV:** Das Ostermusical, m. Daniel Verhülsdonk u. Manuel Hermsen 06. – **MA:** Frauen-Mörder-Möderinnen, Anth. 08. – **H:** Barbara Klein: Josefus von Speckstein. Mäusefürst oder Lügenbaron?, R. f. Kinder 08.

Gallwitz, Eike, Schauspieler; Merkelstr. 20, D-37085 Göttingen (* Göttingen 31. 3. 40). Kurd-Laßwitz-Pr. 91; Rom. – **V:** Die Spur, R. 81; Das Kind, Erzn. 87; Nijinski, Sch., UA 93. – **R:** Der rote Sessel, Fsp. 85; Hört mich einer 89; Ambra, das letzte Geschenk 90; Die Wonnen der Physik 92; Die Nebelkrähe 94; Das Schleierkind 96; Sturz in den Abgrund, m. E.A. Poe 97; Verlorenes Gesicht, n. J. London 97; Schwarzer Sand; Der Trank des Schweigens; Das Puppenhaus. (Red.)

Galperin, Grov (Volker G.R. Galperin), Außenhandelskaufmann i. R.; c/o Neue-Welle-Verlag, Postfach 1161, D-28845 Syke, Tel. (0 42 42) 10 45, Fax 10 47 (* Bremen 15. 3. 39). Rom., Lyr., Erz., Sat. – **V:** Schlimmericks. Gemeine Limericks statt Lahmericks, Sat. 02; Hoher heißer Himmel, R. 04. – **MA:** 14 Beitr. in: Blickpunkt Syke, Zs. 01–02. (Red.)

Galster, Karen; Bahnhofstr. 12, D-39596 Arneburg, Tel. (03 93 21) 5 38 75, Fax (03 93 21) 25 57 (* Arneburg 20. 6. 76). Friedrich-Bödecker-Kr. Sa.-Anh.; Kinder- u. Jugendb., Rom. – **V:** Das Laubmonster 98; Josch und das Spukhaus 04; Die Wahrheit des toten Dichters, R. 05; Tim und das Geheimnis der Möweninsel 06. – **B:** Ralph Bruse: Der Engel von Alt-Bukow 00. (Red.)

Galvagni, Bettina; c/o Südtiroler Künstlerbund, Weggensteinstr. 12, I-39100 Bozen (* Neumarkt/ Südtirol 26. 3. 76). 1. Pr. Lit.wettbew. Südtir. Sparkasse (Prosa u. Lyr.) 92, 94, Ernst-Willner-Pr. im Bachmann-Lit.wettbew. 97, Öst. Staatsstip. f. Lit. 97 u. 06/07, Rauriser Lit.pr. 98, Öst. Projektstip. f. Lit. 00/01 u. 02/03, Theodor-Körner-Förd.pr. 08; Rom., Lyr., Erz. – **V:** Moira, G. 96; Melancholia, R. 97, Tb. 99; Persona, R. 02. – **MA:** Aus der neuen Welt, Erzn. 03.

Game, Nora s. Toggweiler, Tobias

Gamillscheg, Felix, Dr. phil., Prof. h. c., Journalist; Celtesgasse 14, A-1190 Wien, Tel. u. Fax (01) 4 40 13 88 (* Hall/Tirol 26. 9. 21). Concordia 53–01; Öst. Staatspr. f. hervorrag. journal. Leist. im Interesse d. Jgd. 59, Kardinal-Innitzer-Pr. 63, Leopold-Kunschak-Pr. 69; Rom. – **V:** Die Getäuschten, R. 61, 80; Kaiseradler über Mexiko, hist. R. 64. – **B:** Alfred Kneucker: Zuflucht in Shanghai 84. – *Lit:* s. auch 2. Jg. SK.

Gamp, Marianne, Fremdspr.-Kontoristin u. geprüfte Übers. f. Wirtschaftsenglisch; Scharhörnstr. 9, D-22880 Wedel, Tel. (0 41 03) 12 96 97 (* Neckarbischofsheim 30. 6. 43). Lit.zentr. Hamburg 93; Gewinnerin d. Lit.-wettbew. Wolgast 91; Lyr. – **V:** Daß Kälte nicht dauert 93; Fortschreitende Reflexe 06.

Gampl, Inge (geb. Ingeborg Schmerschneider), Dr. jur., UProf. i. R.; Schwindgasse 3, A-1040 Wien, Tel. u. Fax (01) 5 04 13 29, *inge.gampl@chello.at, members.chello.at/inge.gampl.* Sonnwendbühel 17, A-4866 Unterach (* Berlin 27. 6. 29). IGAA, Drehb.forum, P.E.N.-Club 99; Lyr., Rom., Drama, Fernsehsp./Drehb., Lied. – **V:** Rache ist süß, Kom., UA 92; Blinde Jagd, Krim.-R. 93; Nichts für ungut, Kom., UA 98; Köchin gesucht 99; Vorstellungen 00; Täuschungen 00; Gute Pläne, schlechte Pläne 01; Himbeergeist 02; Kreuzfahrt 04; Tod im Juridicum 04; Überrumpelt 05; Abgeblitzt 06; Die Putzfrau 07, alles Krim.-R.; Ich glaube an den lieben Gott, Prosa, Lyr., Ölgemälde 06; Nichts für ungut! Ko- u. Kri-mödien 08. – **P:** Liebe?, CD 98, Neufass. 02.

Gamroth, Stephanie, ObStudR. i. R.; Bittumstr. 4, D-97999 Igersheim (* Rogau/Schles. 15. 3. 25). Lyr., Sonettenkranz, Gemäldeged., Dialogsonett, Gemäldelied. – **V:** Zwölf Korrespondenzen, Bilder u. G. 86; Bild Gedicht Lied; Korrespondenz (4-fach mit Domizil-Skizze); „Romano und Hendrika. Hochzeitsfeier im Kegelgarten. Dich ... Froh ... Ja“, Video, UA 04. (Red.)

Ganahl, Kay, Dipl. Soz. Wiss., Berufsberater, Schriftst., Verleger; Schaberger Str. 27, D-42659 Solingen, Tel. (02 12) 4 38 77, *ganahl@web.de, kay-ganahlsv@email.de, kay-ganahl-selbstverlag.de, kay-ganahlagentur.com* (* Hilden 20. 2. 63). Rom., Lyr., Dramatik, Hörsp., Fernsehsp., Erz., Prosa, Kurzgesch., Autobiogr. – **V:** Fußangeln und Grenzpfähle, Prosa 94; Enttäuschender Sex, G. 95; Triumphierende Gewalt?, G. u. Geschn. 95; Fußball ist es sonst noch so gibt, R. 06; Kein Wunder, arbeitslos, Erz. 06; Drei Romane, R. 07; Gift der Jugend, Erz., Kurzgeschn., Prosa, G. 08. – **MV:** Ganahl/Matz/Vecellio/Wendelmuth, Prosa 95. – **MA:** Auslese z. Jahreswechsel 1993/94 94; Autorentage in Baden-Baden 1993 94; Ich bin, also schreibe ich / Alm. Westdt. Zyklus 96; Alm. Heine 97, u. weitere Almanache. – *Lit:* s. auch 2. Jg. SK.

Ganglbauer, Petra, freiberufl. Autorin, Radiokünstlerin; Holochergasse 49/13, A-1150 Wien, Tel. u. Fax (01) 7 89 89 24, *petra.ganglbauer@chello. at, ganglbauer.mur.at* (* Graz 16. 4. 58). LVG, GAV, IGAA; Öst. Staatsstip. f. Lit., Lit.förd.pr. d. Stadt Wien, Förd.pr. d. Stadt Graz, Theodor-Körner-Förd.pr., Werkzuschuß d. Literar-Mechana, Stip. f. Lit. d. Ldes Stmk, Öst. Rom-Stip., Buchprämie, mehrere Reise- u. Arb.stip.; Lyr., Prosa, Ess., Funkerz., Hörst., Hörsp., Textinstallation, Kom. – **V:** Feindlich vor der Zeit, Lyr. 84; Zusammenzuraffen wäre also nichts, G. 87; Briefe ohne Namen, Prosa 92; Täter sind Risse. Betrachter, Prosa 94; Tränenpalast, R. 99; Schräger Garten Texte, Lyr. 01; Meeresschnee, Lyr. 01; Niemand schreit, Prosa 01; Manchmal rufe ich dorthin, Kurzprosa 04; Die Göttin und ihre Avatare 05; Der Himmel wartet 06; Die Schonungslosen, Lyr. 07. – **MV:** Unstimmig, Lyr. 85; Wiener Vorlesungen zur Literatur, m. Peter Pessl 95; Lippenverreissung, (k)ein klang, m. W. Seidlhofer 98; Poetry Dance, m. G. Jaksche, W. Herbst, S. Treudl 99. – **MA:** Eisfeuer, Lyr. 86; Literatur aus dem Studio Steiermark 86; Die fremden Länder, mein eigenes Leben (G.-Zykl.) 91; Textwechsel (Ess.) 92; Lippenverreissung 98; Mein Mahl am Donnerstag – Projekte, u. a.: Daphne Nuova, m. E. Wörndl, Foto-Video-Textprojekt 94; Die Erweiterung des Raumes, m. E. Wörndl u. R. Hofmüller 96; Die

Gans

Differenzmaschine, m. Sodomka/Breindl u. a., Event 96; Realtime Artemis, m. P. Pessl u. G. Moser-Wagner 97; Der springende Punkt, m. Sodomka/Breindl, 97, 98, 99, 00; Dislocation 98; Intention u. Zufall 01; deviation, stills, m. Andrea Sodomka 03. – **H:** Gangan Jb. 84, 85. – **MH:** Gangan Jb. 86, 87; Schreibweisen. Poetologien, m. Hildegard Kernmayer 03. – **F:** Istigkeit, m. Marc Adrian 96; Diffusion, m. Astrid Becksteiner 05. – **R:** Das Zimmer, Funkerz. 88; Faltungen, Schritte: Einschnitte ..., Hörst. 93; Beziehungsweise: Nomadin. Entfaltung. Resonanz 95; Dislocation, Hörst. 98; Diffusion, Hörst. 00 (auch Video); Direction, Hörst. 02; Deviation, stills, m. Andrea Sodomka, Hörst. 03; Wenn die Stimme Zeit spricht, Hsp. 04; Immersion, Hörst. 04. – *Lit:* Susann Hochreiter in: Schreibweisen. Poetologien 03. (Red.)

Gans, Grobian s. Reichert, Carl-Ludwig

Gansen-Hainze, Christine, Rechtsanwältin a. D., Künstlerin; Johannes-Henry-Str. 20, D-53113 Bonn, Tel. (02 28) 21 41 96 (* Warnsdorf/ČSR 22. 12. 29). Lyr., Sat., Erz., Kurzgesch., Fabel, Autobiogr., Textbilder. – **V:** Einladung, G. 89; Kleine Krebse, G. 89; Fabeln 90; Feuer, G. 90; Aus Schächten und Türmen, G. 90; Schnee, G. 90; Abzählreim, G. 1990–1991 91; Helden oder ich liebe Kitty, G. u. Prosa 92; Sisyphos' Frau, G. u. Prosa 96; Textbilder, Karten m. Text und Zeichnungen; Das Kind mit dem weissen Hut, Eine Kindheit in Böhmen und Sachsen, unveröff. Ms. – **MA:** Veröff. in versch. Ztgn u. Zss., u. a. in: Generalanzeiger Bonn; Münchner Merkur; SZ; Heilen (Bonn); Niels-Stensen-Gemeinschaft; Kal. u. Anth.; Lesungen in Dtld u. Österreich. (Red.)

Gansner, Hans Peter, lic. phil., freier Schriftst., Übers., Publizist; Case postale 229, CH-1211 Genf 4, *hpgansner@wanadoo.fr*, *www.hpgansner.ch, www.portabook.ch* (* Chur 20. 3. 53). Gruppe Olten, jetzt AdS, Dt.schweizer. P.E.N.-Zentr., SSA, Ges. Schweizer Übers., Pro Litteris; Förd.pr. d. Kt. Graubünden 84, Berner Volkstheaterpr. 87, Lit.kredite Basel-Ld u. Basel-Stadt, Dr.förd. d. Stift. Pro Helvetia 88, Förd. PASO DOBLE d. Stift. Pro Helvetia 93, Werkbeitr. Graubünden 93, Anerkenn.beitr. d. Bdesamtes f. Kultur 93, Gastaufenthalt im Istituto Svizzero di Roma 94, Werkauftr. d. Stift. Pro Helvetia 96, Pr. d. Kulturstift. Graubünden 98, Werkbeitrag d. BAK; Drama, Lyr., Rom., Erz., Ess., Hörsp., Übers. Ue: frz. – **V:** Texte, G. 70; Disneyland, G. 71; Der freie Tag, Erzn. 77; Abgebrochenes Leben, R. 80; Nichtvielsagende Gedichte 80; Trotz allem, G. 80; Desperado, R. 81; In gueter Gsellschaft, hist. Dr. 83; Die Mythenfabrik, Sommernachtssp. 88; Die Stunde zwischen Hund und Wolf, R. 91; Zeit.gedichte 98; Sechs Fälle für Pascale Fontaine, Krim.-N. 99; Sonne, Mond und Sternheim, Dr. 00; Mein ist die Rache, Krim.-R. 01; Echt-Zeit, Lyr. 03; Der Dichter-General, Dr. 03; Bebels Tod, Theaterst. 06; Der Gute Herzog, Theaterst. 07; zahlr. Theaterstücke u. Ess. 72–98. – **MA:** Kurzwaren 4, Schweizer Lyriker 78; Die Baumgeschichte, lit. Gemeinschaftswerk dt.-schweiz. Autoren 81; Beitr. in Anth., u. a. in: Bündner Jb.; Fünf vor zwölf 79; 1984 – Made in Switzerland; Verzweigungen; Strahlende Hunde; Basel im Jahre 2000; Der rote Faden; Derrière la Faşade; Nouvelles Festivalités; Mordslust-Krimimag.; HAIKU-Anth., alles 81; Waldhandschrift 89; Gaismair Kal., seit 91; Alm. Stuttgarter Schriftstellerhaus 91; Darum ist es am Rhein so schön, Mundartsel. 94; Brauchen wir eine neue Gruppe 47? 95; Der Populist, Texte 95; – Beitr. in Lit.zss. wie: Einspruch; Entwürfe; Chalim; Drehpunkt; Nicht direkt; Zündschrift; Flugasche; Stehplatz; Sklaven, u. a. – **H:** Werkstatt-Heft 75–85; Paul Tschudin:

Notizen eines simplen Soldaten 77; Jakob Bührer: Der Anarchist, Erzn. 78; Haiku. Für stille Stunden 81; Die Baumgeschichte 81. – **R:** S'Betriebsfescht, Hsp. 81; Generalprob, Hsp.-Trilogie 83; Fürprob, Hsp. 86; Premiere, Hsp.-Trilogie 90; Juristisches Nachspiel, Hsp.-Trilogie 95; Naive in Evian, Hsp. 98. – **P:** Prazel, Musik u. Lyr. 79; Magari, CD/Kass. 95; Fliegen in Ketten 01; echt-zeit, CD 04. – **Ue:** Alexandre Voisard: Pluie 93; Jorge Luis Borges: Interview 93; Michel Bühler: L'attentat, Der Populist, Vorwärts 95; Predrag Matvejevic: Die Welt ex 97.

Ganß, Ingrid; Weinstr. 8, D-36399 Freiensteinau (* 59). Rom. – **V:** Der Spielmann, R. 99; Die Braut des Spielmanns, R. 02. (Red.)

Gansterer, Reinhard; Ofenbach 45, A-2880 Kirchberg am Wechsel, Tel. (0 26 41) 68 45 (* Molzegg/ NdÖst. 9. 2. 46). Förd.pr. d. Ldes NdÖst.; Lyr., Erz., Zeitgeschichtliches, Kurzgesch. – **V:** Der Knecht Matthias Hochwartner, Erz. 04; Aus meiner Heimat, Kurzgeschn. 05; Wechsel Poesie, Lyr. 06; Geschichten aus dem Kindergarten 07. – **MA:** Kirchberg am Wechsel, Zeitgeschl. 01.

Ganter, Bernhard, Schriftst.; Finkenweg 7, D-85386 Eching-Dietersheim, Tel. (0 89) 3 20 11 19, Fax 32 70 77 93, *bganter@t-online.de, www.bernhard-ganter.de* (* Ferchensee b. Wasserburg 1. 5. 44). VS, Dt.schweizer. P.E.N.; Prosa, Theaterst., Rom., Erz., Ess. – **V:** Morgen ist ein anderer Tag, Erzn. 89; Herzlos, R. 95, 3. Aufl. 06 (auch chin. u. engl.); Kaleidoskop-Bibliothek, G. 95 (auch mithrsg.); Schattenküsse, Erzn. 96; Es ist nicht weit nach Gentopia, M. 97; Das Jahr der Rosen, R. 03, Tb. 07; Der Tunnel, R. 08; Zwielicht, Lyr. 08. – **MV:** Vom Fressen und vom Sterben, m. Werner Schlierf, Erzn. 92; Zwei Männer und eine Frau, m. dems. u. Claudia Butenuth, Erzn. 94. – **MA:** Spinnenmusik, Erzn. 79; Das aufregendsten SF-Geschichten 81; Das Gewand der Nessa, Erzn. 84; Kindheitsverluste, Erzn. 87; Das Lexikon der Rache 87; Musiküsse, Biogr. 97; Nationalbibliothek d.dt.sprachigen Gedichtes 00; zahlr. Beitr. in Lit.zss. seit 80, u. a.: Nebelspalter; Puccini Kulturjournal; Forum Kultur; Beitr. in chin. Ztgn u. a.: Mein Chinabild. – **H:** Wider den Haß 91. – **MH:** Als wäre es gestern gewesen, m. Wolfgang Fienhold u. Gerald Meier, Anth. 08. – **R:** Anke, das neue Mädchen, Hörsp. (Radio dora) 08; – Lesungen u. Interviews in Rdfk u. Fs. in Dtld u. a. europ. Ländern. – **P:** Herzlos, R., Tonkass. 99; Es ist nicht weit nach Gentopia, M., CD 01. – *Lit:* ca. 30 Portr. in Zss., Ztgn, Fs. u. Rdfk im In- u. Ausland, u. a. Radio Moskau, TV Praha, Merkur, RTL seit 87.

Ganter, Fridolin, Dr.; Hornstr. 5, D-10963 Berlin, Tel. (0 30) 21 75 37 23, *fridolin.ganter@web.de* (* Freiburg/Br. 11. 2. 59). Rom. – **V:** Metapher Großer Bestrebungen. Quintenspirale. Préludes in h(ö)lderlin minor, epische Dicht. 98; Zum Monster Unsrer Lieben Frau. Patchwork, R. 03; Ase, Ärsche, Existenzen. Cut up, satir. R. 04; Njura, Amanda und andere frauen.geschichten, R. 06; Der freche paranoiker, roman versuch in fünf sätzen 07; Der teak holz schwäche-nde meister gesang, fort laufender versuch Eines roman 08.

Ganz, Horst, Prof. Dr. med., HNO-Arzt i. R.; Hans-Sachs-Str. 1, D-35039 Marburg, Tel. (0 64 21) 68 35 93, *horst.ganz@gmx.de* (* Berlin 25. 5. 31). BDSÄ 99, Vors. d. LV Hessen 04 u. Vorst.-Mitgl. 08; BVK u. Bande 02; Aphor., Ged., Lyr. – **V:** Nebenbei bemerkt, aphor. Lyr. 79, 5. Aufl. 08. – **MA:** Der Herzschlag eines neuen Jahrtausends, Anth. 00; Im Wechselspiel der Gegenwart, Anth. 00.

Ganzfried, Daniel, Romanautor; Zürich, *dganzfried @dplanet.ch, www.ganzfried.ch* (* Afulah/Israel

3. 8. 58). Gruppe Olten; Buchpr. d. Stadt Bern 96, Werkbeitr. d. Kt. Zürich 97, Zürcher Journalistenpr. 98, Werkjahr d. Pro Helvetia 99; Rom., Ess. – **V:** Der Absender, R. 95, 2. Aufl. 97, Tb. 98; ... alias Wilkomirski. Die Holocaust-Travestie 02. – **MA:** Kurzgeschn. u. Artikel in: Berner Lit.alm.; NZZ Folio; DU; Weltwoche; Facts, u. a.; – Essais u. Artikel in: Weltwoche, u. a. – **H:** Nach dem Totalitarismus. Essays zu d. Hanna-Arendt-Tagen 1995 97. – **MH:** Politikinitiativen, Zs. – **F:** Kaddisch, Dok.film, m.a. 90. – *Lit:* Metzler Lex. d. dt.-jüd. Lit. 00. (Red.)

Gaponenko, Marjana (Marianne Gaponenko); *marjanagaponenko@hotmail.com, www.marjanagaponenko.de* (* Odessa 6. 9. 81). RSGI-Jungautorenpr. 00, Stip. Künstlerdorf Schöppingen 01/02; Lyr., Lyrische Prosa. – **V:** Wie tränenlose Ritter 00; Tanz vor dem Gewitter 01; Reise in die Ferne 03; Nachtflug 07, alles Lyrik; Die Löwenschule 08. – **MA:** Herbst 01; In our own words 01; Kindheit 01; Junge Literatur 02; Nord-WestSüdOst 03, alles Lyrik-Anth.; – zahlr. Beitr. in Lit.zss. seit 98, u. a. in: Muschelhaufen; Dichtungsring; Krautgarten; Erostepost; Die Rampe; Ort der Augen. – **P:** Herzliche Aster, Lyr., CD-ROM. – *Lit:* V. Sielaff in: Sprache im techn. Zeitalter, Nr.170 04. (Red.)

Gappmayr, Heinz, Graphiker; Liebeneggstr. 16, A-6020 Innsbruck, Tel. u. Fax (05 12) 56 42 32 (* Innsbruck 7. 10. 25). Lyr. – **V:** Zeichen 62; II 64; III 68; IV 70; Sieben visuelle Gedichte, Mappe 72; Texte 72; Zeichen, Ausgew. Texte 75; Zahlentexte 75; Aspekte 76; Raum 77; 7 Originalblätter 78; Texte, Ausw. 1962–1977 u. neue Texte 78; Fototexte Buch m. 11 Originalen 80; Heinz Gappmayr, Frankfurter Kunstverein 82; Colors 83; Neue Texte 83; Fünfzehn Texte 90; Raumtexte 90; Alphabet 93; Opus 1, Werkverz. 61–90, 93; Struktur 93; Vertikale 94; Textstrukturen 94; Modifikationen 95; H. Gappmayr. Texte u. Kommentare 95; Bildtexte 95, 97; Texte Konzepte 96; Opus 2, Werkverz. 91–96, 97; Couleurs 98; Zeichen I und II, Reprints 00; Auf der Fläche – im Raum 00; Text Farbe Raum 00; Fotos 01; Horizont 02; Texte Strukturen 02; Texte 1961–1968 02. – **MV:** Palermo, Miniaturen, visuelle G. 72; Quadrat, m. Antonio Calderara 73. – *Lit:* Peter Weiermaier (Hrsg.): von für über H.G. 85; Dorothea van der Koelen: Das Werk H.G.s 94; Ingrid Simon: Vom Aussehen der Gedanken 95. (Red.)

Garbe, Burckhard, Dr. phil., Schriftst., Sprachwiss.; Kasseler Str. 39, D-34376 Immenhausen-Holzhausen, Tel. (0 56 73) Fax 92 08 89, *Dagbu@t-online. de* (* Berlin 29. 7. 41). VS u. Förd.kr. Nds./Bremen 74, Lyr.-Workshop Göttingen 77, Patientenlit.gr. LKH Moringen 80, Friedrich-Bödecker-Kr. 80, Lit.rat Nds. 85, Segeberger Kr./Ges. f. kreat. Schreiben 86, Kogge 91, Göttinger Literar. Ges. 92–98, Autorenkr. Plesse 94; 1. Pr. Econ-Jubil.-Wettbew. 75, 2. Pr. Hamburger Lit.pr. f. Kurzprosa 84, Siegburger Förd.pr. 87, 88, Joachim-Ringelnatz-Pr. 88, Stadtschreiber v. Soltau Sept. 89, Nds. Kunstpr. f. Lit. 91, Lichtenberg-Aphorismen-Wettbew. 92, Oberrhein. Rollwagen 98; Experiment. u. konkrete Lyr., Visualisierender Text, Aphor., Bilder- u. Kinderb., Märchenumerz., Satirisch-ironische Kurzprosa, Sprachwiss. Publikation, Experiment. Prosa, Reiselit. – **V:** Ansichtssachen. Visuelle Texte 73; Experimentelle Texte im Sprachunterricht 76, 85; Max-u.-Moritz-Kommentar: neu-hoch-germanist. interpretation d. bildergesch. v. W. Busch, nebst: Gedichteter Humor, Festschr.-Parodie 82; Sprachläden. Ein Projektvorschlag, Aufs. 84; Poetisches Bettgeflüster. Eröff.re-de u. zehn Texte z. Ausst. 'Das Bett' 86; Bildtexte – Textbilder. Unterr.einheit 'Kreatives Schreiben konkreter Poesie' 86; „Sprachlosigkeit" in der Literatur?, Vor-

tr. 87; Zur Linguistik des Rätsels, Vortr. 87; Die Autoschlange, Kdb. 87; Die Waffen sprechen, Vortr. u. Aufs. 88; „Folgetexte" – was könnte das sein?, Aufs. 89; Im Kaufhaus Kaufrausch, Kdb. 92; Die Kuh auf Rädern, Kdb. 93; Kurt Tucholsky. Ein Leben, Vortr. 94; Alfred Kerr. Ein Leben, Vortr. 94; „belemmert" oder „belämmert"? Bemerkungen z. Rechtschreib-„reform", Vortr. u. Aufs. 96; Zum Beispiel „Dornröschen", Aufs. 97; Kaffee, Kafka und Konsorten, Vortr. 98; Das visualisierende Gedicht, in: Das Gedicht 7/99; „Gar schöne Spiele spiel ich mit dir". Der homo ludens in der Literatur, Vortr. 99; Die Bunker-Bande. 1: Das Geheimnis des Elefanten, 2: Jagd auf den Tiermörder, Kinderkrimi 00; Zündsätze. Polierte Pointen 00; Ich schenk Dir einen ... Reimgeschenke, Lyr. 01; Die schönsten Sagen 01; Hier kommt Janot, Kdb. 02; Tiger, Tiger, Segelflieger, Kinderstrophen 02; Mira und Maro, Kdb. 02; Wissen Sie's? 365 neue Quizfragen 02; Ein Vogel Federlos, Rätsels. 02; „.... und die höhere Substanz". Neue Stilblüten 02/03; Goodbye Goethe. Sprachglossen z. Neudeutsch 05. – **MV:** Ich habe eine Meise, m. Waltraut u. Friedel Schmidt, Bilderb.verse 80, 83; sta(a)tus quo. ansichten zur lage, visuelle texte u. collagen (1972–1982), m. Gisela Garbe 82; Der ungestiefelte Kater. Grimms Märchen umerzählt, m. Gisela Garbe 85; Frau Milch wird sauer, m. Sylvia Klimek, Kdb. 86; Otto Risotto, m. Winfried Opgenoorth, Kdb. 87. – **MA:** ca. 200 Texte in Anth., Schulbüchern, Zss. seit 74. – **H:** Konkrete poesie, linguistik u. sprachunterricht 87; Literarisch-musikal. Wesardampfer 90; 2 sprachwiss. Fachb. 78, 84. – **MH:** Tandem. Schriftsteller-Duos aus Nds. u. Sa.-Anh. lesen in Schulen ... 91. (Red.)

Garbe, Christa; Adalbert-Stifter-Str. 25, D-51427 Bergisch Gladbach, Tel. (0 22 04) 6 57 69, Fax 2 51 69 (* Niederpritschen/Schles. 7. 3. 38). VS 93, Freunde u. Förderer d. Berg. Gladbach 95; Kinderb. – **V:** Die Geschichte vom Sonnenkind Glöckchen, das versehentlich auf die Erde purzelte 93; Die Geschichte von der Waldteichnixe Schäumchen, die versehentlich den Wasserfall hinabstürzte 94; Die Geschichte vom Tausendfüßler Adolar 95; Wipfel und Wurzel 97; Die verlorenen Flügel des grünen Drachen 98; Lizzi und die Gewächshaus-Elfe 99; Wie das Rotkehlchen zu seinem Namen kam 99; Die Geschichte vom kleinen Engel, der kein Schutzengel sein wollte 00; Julia und der Waldschrat 00; Der kleine Zauberer Mücke 00. – **MA:** Kölner vahren Bahn 98; Gäster, Goethe und Soldaten 00. – **P:** Gute Nacht, mein Kind, Tonkass. 96, CD 99. (Red.)

Garbe, Dagmar (früher Dagmar Janke, Ps. Dagmar Hartmann), Schriftst.; Kasseler Str. 39, D-34376 Immenhausen-Holzhausen, Tel. (0 56 73) 92 08 90, Fax 92 08 89, *Dagbu@t-online.de* (* Hannover 13. 7. 52). Segeberger Kr./Ges. f. kreat. Schreiben 98, VS Nds./Bremen 99; 1. Ostfries. Poetry-Slam Aurich 98, Stip. d. NRW-Filmstift. 99; Biograph. u. fiktionale Kurzgesch., Bilder-, Kinder- u. Jugendb. – **V:** Karlageschichte 97; Die Clique vom Beußelhof. 1: Spurlos verschwunden, 2: Der Schreckensritt, Kinderkrimi 00; Guten Morgen, Zuckermaus!, Geschenk-G. 02; Nachruf auf 4 Beine 02; Oh, heiliger St. Florian. Inschriften an Haus u. Geräth 02. – **MA:** Anth. Landkreis Göttingen 98; Zss.: Podium 109/98; Ort der Augen 2/99. – **H:** Lukullisches aus der Zeit Wilhelm Buschs 97. – **R:** Beitr. f. „Ohrenbär – Radiogeschn. f. kleine Leute" 00. (Red.)

Garbe, Karl (Ps. Franz Annen, Lars Aberg, Klara Berg), Publizist; Erzbergerufer 14, D-53111 Bonn, Tel. u. Fax (02 28) 65 38 54 (* Bochum 22. 4. 27). Offenbach-Med. d. Freien Volksbühne Bonn, BVK 94, Kulturpr. d. Univ. Witten/Ruhr 06; Rom., Sat., Lyr., Polit.

Garber

Ess., Aphor. – **V:** Südliche Wochen, Kurzgeschn. 61; Akazien für Oberprima, Sat. 62; Lexikon für Ignoranten, Sat. 63; Schräge Vögel, G. 63; Damals und Anderswo, Lyr. 64; Soldbuch, R. 65, Neuaufl., 2. Aufl. 04; Jedem Alter seine Native, Sat. 65; Alle drücken ihr den Daumen, Sat. 65; Linkssätze, Ess. 65; Drum prüfe, wer sich ewig bindet ...!, Sat. 67; Animalische Party, Sat. 68; Diesseits, jenseits, halberwegen ..., Lyr. 68; Bonner Schwatzkästlein, Sat. 76; Die Macht ist nicht zum Schlafen da, Sat. u. Aphor. 77; Schindluder und anderes Treiben, Sat. u. Kurzgeschn. 78; Unterwegs nach Pipapo, G. 79; Knallkörper, Sat. u. Aphor. 81; Spruchbude, Aphor. 04; Arena, Limericks u. Fotos 07; Vor Wut kocht man gut, Satn. 08. – **MA:** Bonner Bilderbuch 84; Neues Bonner Bilderbuch 87; Bad Honnefer Bilderbuch 89; Bonner Rheinseiten 90. – **H:** Zss.: Esprit; mdb; Kabinett. – **R:** WDR-Medienklinik. – *Lit:* Dieter Lattmann: Zwischenrufe und andere Texte, Ess. 67.

Garber, Leslie s. Bekker, Alfred

Gardein, Uwe; D-82008 Unterhaching, Tel. (0 89) 61 19 90 84. Förd.stip. f. Lit. d. Stadt München 89; Rom., Hörsp., Fernsehsp. – **V:** Begegnung mit Ruth, R. 85; Die letzte Hexe Maria Anna Schwegelin, R. 08. – **MV:** Walpurgisnacht und Zungenreden 94; Das Jahr hat 13 Monde 96 (auch tsch.), beides Sachb. – **MA:** Abstellgleise, Anth. 87; Die Jazz-Frauen 92, u. a. – **R:** Goldener Sonntag, Fs.-Serie (9 F.) 76; Ein Tag mit dem Star deiner Träume 78; Die Zeit ist grausam, Hfk 94; Spuren einer ungewöhnlichen Liebe, Hfk 95.

Gardelegen, Hans s. Beckelmann, Jürgen

Garden, Stella s. Durben, Maria-Magdalena

Gardener, Eva B. (eigtl. Eva Schumann), Autorin, Online-Publikatorin; *eva@evabgardener.de, www. evabgardener.de.* c/o Michael Meller Literary Agency, München (* Frechen 26. 9. 57). Rom. – **V:** Die letzte Diät 03; Lebenshunger 05; Traumfigur 08; Wolfsgeheul 08, alles R.; mehrere Sachbücher.

Garn-Hennlich, Monika (geb. Monika Garn); Kniestr. 11a, D-30167 Hannover, Tel. (05 11) 7 10 07 88, *m. garn-hennlich@gmx.de* (* Guhrau/Niederschlesien 44). DAV 91–92, FDA 92, Hannoverscher Künstlerver. 98–00, Gruppe POESIE, Hann. 01, Dt. Haiku-Ges. 01; Lyr., Kurzprosa. – **MV:** Welches Blatt bist du?, m. Joachim Grünhagen, Renga 03. – **MA:** Zss.: Rotenburger Lit.-bll. aus Nds. 92; Hamburger Lit.bll.; Heimatland 98; in flagranti 01, 02; – Anth.: Alm. 1 u. 2. FDA Niedersachsen 94, 97; Heimkehr 94; Anemonenhell 99; Tag hoch im Zenit 99; Posthorn-Lyrik 00; Worte wagen 01; Noverbstliches 01; Das wiedergefundene Lächeln 01; Knoten u. Schwert 02; Komm auf meine Insel 03; Alles hat seine Zeit 04; Herbst-Licht-Zeiten 05; Bist mir abhanden gekommen im vermessenen Meer 05; Du bist im Wort, Gruppe Poesie 05. (Red.)

Garnschröder, Gisela; Holländerstr. 18, D-33428 Marienfeld, Tel. (0 52 47) 89 70, *Garnschroeder-Marienfeld@t-online.de, www.gisela-garnschroeder.de* (* Herzebrock 29. 10. 49). Mörderische Schwestern, Frauenkunstforum Bielefeld; Rom., Lyr., Erz. – **V:** Weiß wie Schnee, schwarz wie Ebenholz 02; Teuer erkauft 02; Der hölzerne Engel 04; Der schwarze Biker 06; Die Leiche im Hühnermoor 08, alles Krim.-R. – **MA:** versch. G. in: Bibliothek dt.sprachiger Gedichte 02, 05, 07, u. a.; – Prosa in: Mord-Life-Crisis 07; Tabu 07; Philosophischer Garten 07; Sommer 08, alles Anth. – *Lit:* www.NRW-Autoren-im-Netz.de.

Garrett, Frank s. Rehfeld, Frank

Garrett, J. A. s. Grasmück, Jürgen

Garski, Peter (wahrscheinl. Ps. f. mehrere Autoren, u. a. Arno Löb). – **V:** Der Perlach-Mord 00; Der Intendant stirbt dramatisch 02; Der Plärrer-Killer 03; Das Fuggerei-Phantom 05; Panik in der Puppenkiste 06; Der Intendant stirbt dramatisch 06; Geheimnis im Glaspalast 08, alles Krim.-R. (Red.)

Gartentor, Heinrich (eigtl. Martin Lüthi), Künstler; Obere Hauptgasse 66, CH-3600 Thun, Tel. (0 33) 2 22 63 33, *heinrich@gartentor.ch, www.gartentor.ch* (* Schafmatt 65). mehrere Kunstpreise. – **V:** Schafmatt 98; StartUp 03. – **MA:** regelm. Kolumnen in: Thuner Tageblatt, seit 03; Berner Kulturagenda 05–07. (Red.)

Garzaner, Günther Maria; Heustr. 42/2/7, A-4320 Perg, *guenther.garzaner@aon.at, literat@ggarzaner. at, www.ggarzaner.at* (* Schwaz/Tirol 16. 12. 51). Stelzhamerbund, IGAA, Öst. P.E.N. – **V:** Ein Glas voller Gedanken, Lyr. 04; Querfeldüber, Lyr. 05; null negativ, R. 06. (Red.)

Gaschen, Niklaus, Dr. med., Facharzt f. Psychiatrie u. Psychotheraphie; Hirschengraben 11, CH-3011 Bern, Tel. (0 31) 3 12 04 11, Fax 3 12 04 12, *ngaschen @swissonline.ch, www.homepage.swissonline.ch/ ngaschen* (* Bern 17. 10. 42). Be.S.V. 00. – **V:** Affektlyrik 88; Bruder Lustig, Prosa 89; Oberland, Prosalyr. 89; Schreibstunden, Prosa 89; Endlösungen, Prosa 89; Die lustigen Frühstücke des Herrn Seligmann, Prosa (in: ZfA Nr.6) 91; Unterland, Prosalyr. 91; Drei Sati(e)rchen 91; Stationen (m)eines Lebens, Geschn. (in: ZfA Nr.7) 91; Jericho. Der Fall einer Stadt, Prosalyr. 91/92; Auf der Suche nach Zarathustra, Briefe (in: ZfA Nr.8) 92; Hungerbühler, Eremit, Utsjoki, R.-Fragment 92, R. 04; Einführung in die Anankologie. E. Skizzenbuch 92; Monaco. Ein Mann sucht eine Stadt, R.-Fragment 92; Ligurische Skizzenblätter, Prosalyr. 98; Vergelt's Gott, M. 98; Gruss aus Meiringen-Klinik, R.-Fragment 98, R. 99; Die Barbiere von Sevilla 99; Leben mit dem Vulkan 99; Vom Berg des Lebens 99; Die Amseln aus Paris 00; Der Ruf aus London 00, alles Prosalyr.; Cantare – ein Hymnus auf die Sonne, R.-Fragment 00; Peter und die schöne Magalone 01; Psyche und Eros 01; Venezianische Studien 03; Der Schrei der Kalypso 03; Der letzte Choral 04, alles Studien. – **MA:** Zs. f. Anankologie (auch Red.) 88–96; Traumwald im Neonlicht; Zeitzeichen u. Wendepunkt; Inseln im Zeitfluss; Auf der Suche nach dem Heute, alles Anth. (Red.)

Gaschler, Brigitte (geb. Brigitte Steuber), Autorin; Auf der Ziegelei 130, D-57290 Neunkirchen, *brigitte.gaschler@wanadoo.fr.* La Beucherais, F-35620 Ercé-en-Lamée, Tel. 2 99 44 26 61 (* Siegen-Weidenau 10. 8. 41). Lyr. – **V:** Warte nicht bis Sonntag, Lyr. 82; Von der Wiege bis zum Abi, Prosa 85; Einsichten – Aussichten oder Ein aufrichtiger Fluch ist besser als ein verlogenes Halleluja, Lyr. 86; Gattung Kriechtiere?, Lyr. 88; Menschenbilder, Lyr. u. Erzn. 91; Blicke über'n Tellerrand, Lyr. u. Erzn. 95; Was uns bleibt, ist die Liebe/Ce qui nous reste, c'est l'amour (dt./frz.), Lyr. 06. – **MA:** Annäherungen 93; Lew Kopelew (Hrsg.): Einmischung erwünscht 96.

Gass, Karl, Autor, Regisseur, Dokumentarfilmer; Richard-Strauß-Weg 11, D-14532 Kleinmachnow (* Mannheim 2. 2. 17). Lit.-Kollegium Brandenbg; Arb.stip. d. Ldes Brandenbg. 92. – **V:** Brutstätte Kanonenkugel; Die falschen Münzen des „alten Fritz". Gedanken üb. preuß. Tugenden 03; Die Geisterhöhle. Aus d. militanten Gesch d. Königl. Hof- u. Garnisonskirche zu Potsdam, Dok. 98; Der Militärtempel der Hohenzollern 99; Zielt gut, Brüder!, Biogr. 00; „Ihr sollt mich lieben!", biogr. Skizzen 02. – **MV:** Hellas ohne Götter. Streiflichter v. e. Griechenlandreise, m. Peter Klemm 59. – **MA:** Weltbühne, Zs.; Das Blättchen 98. – **H:** Nationalität: deutsch 92. – **F:** 121 Dok.-

Filme, u. a.: Zwei Tage im August 62; Das Jahr 1945 85; Eine deutsche Karriere 87; Nationalität: deutsch 90. – **R**: zahlr. Fs.-Arb. f. d. Fs. d. DDR, u. a.: Revolution am Telefon 64; Sind sie sicher, 7jähr. Ser. – *Lit:* Dokumentaristen der DDR – K.G. 89 u. v. a. (Red.)

Gasseleder, Klaus, freier Schriftst., Lektor; Sperlingstr. 1, D-91056 Erlangen, Tel. (091 31) 93 35 96, *klaus.gasseleder@t-online.de* (* Schweinfurt 7. 9. 45). VS 91, IDI 91, Rückert-Ges. 97, NGL Erlangen 98, Dt.schweizer. P.E.N. 99; Stip. Künstlerhaus Soltau, Dorstener Lyrikpr. 03; Erz., Feat., Rom., Reiseber., Lyr., Dialektdichtung. – **V**: Liewä den Bauch verrengt, wie än Werrd was gschengt, G. 82; Vom Meefischä unn seinä Fraa unn annerä grimmichä Märchn, Dialektm. 85; Gassitaurus, Be- u. Entschulungsphantasien 91; widdä dähemm, G. u. Szenen in fränk. Mda. 92; Eichendli iss die schönsd Heimad för mi nou immä dar Wääch, G., Glossen u. Geschn. in fränk. Mda. 95; Der Weg zurück, Tageb. 96; Auf den Spuren Goethes in Böhmen 99; Amaryllis, Erz. 00; Literatourland Franken 00; Zwei Jeanpauliaden, Erzn. 00; Den 20. Jänner ging Lenz durchs Gebirg. Wanderungen auf den Spuren der Dichter u. ihrer Figuren 01; Fränkische Miniaturen. Poetische Topographien, Kurzprosa 02; Der Turmschreiber von Sch., R. 03; Zwei Gesichter, R. 05; Zwischen Kuhschnappel und der Thebaischen Wüste, Ess. 07. – **MV**: Bel étage & Souterrain. Ungewöhnliche Blicke auf Franken, m. Thomas Stemmer, Ess. 04. – **MA**: Ich denke an morgen. Lehrer schreiben Gedichte 80; Jb. f. Lehrer 6 81; Schule überleben 83; Passauer Pegasus 26/95, 40/03, 42/43/05; Die Rampe H.2 95; Entwürfe f. Lit. 9/96; He, Patron. Martin Walser zum Siebzigsten 97; Made in Franken. Best of Mund-Art, Lyr.-Anth. 98 (auch CD); Fund im Sand 00; Jb. Lyrik 01, 06, 07; Mein heimliches Auge 01; Liebe und andere Peinlichkeiten 01; isholdamolwosanerschds 01; zahlr. Beitr. in: Frankenland, seit 93; Literatur in Bayern, seit 95; Palmbaum, seit 96; Fliegende Literaturblätter, seit 97; Grünpflanzen 05; Dreissig, Anth. 06. – **H**: Schprüch und Widersprüch, fränk. Mda.-Lyr. 91; Möcherlesversli, fränk. Liebes-G. 93; Franken-Sonderh. d. Zs. Morgenschtean 95; Oskar Panizza: Fränkische Erzählungen 03; **MH**: Haß-Liebe: Provinz, m. A. Herrenknecht 86; Land-Frauen-Leben, m. Susanne Zahn 88. – **R**: Des jungen Hölderlin fränkischer Aufenthalt 94; Wandern mit WW 95; Der Weg zurück, ber. über e. Fußreise 95; Eine Wanderung durch die nordbayer. Schulmuseen 96; Dialektlit. in Franken am Ende? 97; Das fränkische Dorf in der Lit. 98; Von Kuhschnappel ins globale Dorf 00; Fürs Leben gezeichnet, Erinn. 00; Ein fränkischer Dichter in Rom. Friedrich Rückerts Italienreise 01; Fränkische Gipfelblicke 02; Zwischen Vergänglichkeit und neuem Leben, Feat. 03; Steinach. ein Dorf vor der Rhön, Feat. 05; Verlorene Idyllen. Frankenbilder in d. gegenwärtigen Lit., Feat. 07; zahlr. Lyr.-Beitr. in Rdfk-Sdgn. – *Lit:* Michael Starcke in: Impressum (N.F.) Nr.4/Okt. 96; s. auch 2. Jg. SK.

Gast, Gabriele, Dr.; Wettersteinstr. 6, D-82061 Neuried, Kr. München, Tel. (0 89) 7 55 13 69, Fax 75 96 86 31, *drgast@t-online.de* (* Remscheid 2. 3. 43). – **V**: Kundschafterin des Friedens, Autobiogr. 99. (Red.)

Gast, Hanna-Chris, Dipl.-Ing. Elektrotechnik, Verlagsmitarbeiterin; Bergstr. 1, D-14109 Berlin, Tel. dienstl. (0 30) 26 01 23 74, *hanna-chris.gast@siebener-kurier.de,   www.siebener-kurier.de* (* Odenwald 27. 12. 53). – **V**: Gedichte – Sehnsucht nach der Anderswelt 03; Kleinere Geschichten – Vergangenheit, Gegenwart, Zukunft 06. – **MV**: Abenteuer auf Boruthia, m. Hans-Jürgen Buhl, Erz. 03. – **H**: Ernst-Reinhard Gast:

Graustädter Geschichten, Nachdr., mit biogr. Anhang 95, 05; Jean-Baptiste François Leclercq: Francisque, R., Nachdr., m. biogr. Anhang 95, 05. – **MH**: Der Siebener-Kurier, m. Hans-Jürgen Buhl, Fantasy-Zs., seit 90. – **P**: Aufs. über Religion unter: www.siebener-kurier.de/chris. (Red.)

Gast, Wolfgang (Ps. Tomasso Da Ponte), Dr., Prof., Publizist; Gervinusweg 7/1, D-69124 Heidelberg, Tel. (01 71) 5 32 16 04, *gast.litart@t-online.de, www.sinnstoff.de* (* Nürnberg 17. 5. 40). VS 92; Rom., Ess., Aphor. – **V**: Erstes Hologramm 92; Recht hat keiner, Aphor. 93; Auch Arkadien, R. 99; Ausserdem die Pest, Kurzgeschn. 08. – *Lit:* s. auch 2. Jg. SK.

Gastberger, Adolf; Sonnbergstr. 30, A-4240 Freistadt, Tel. (0 79 42) 7 21 74 (* Freistadt 23. 8. 44). IGAA; Prosa, Rom. – **V**: Ohne Zorn und ohne Groll, Erinn. e. Alkoholikers 70; Grenzgeher, Ber. 92; Der Aufenthalt, Erzn. 97; Der Gscherte, R. 01. (Red.)

Gatter, Nikolaus, Dr.; Weißhausstr. 17, D-50939 Köln, Tel. (02 21) 42 54 30, Fax (02 21) 9 27 73 31, *nikolaus.gatter@pironet.de, www.lesefrucht.de* (* Köln 10. 10. 55). VS, Ldeskulturrat NRW, Sektionssprecher Lit., Varnhagen-Ges., Vors., Jurymitgl. d. Preises d. dt. Schallplattenkritik; Reisestip. d. Königl. Schwed. Akad. 01, „Hist. Sachb. d. Jahres" d. Zs. damals 01; Unterhaltungsrom., Biogr., Lied, Kultur- u. Geschlechtergesch. Ue: engl, am, frz. – **V**: Heavenly Creatures 95 (jap. 97); „Gift, geradezu Gift für das unwissende Publicum". Der diarist. Nachlaß v. Karl Aug. Varnhagen 96; Lebensbilder, die Zukunft zu bevölkern 06. – **MV**: Tina Turner, m. Gerd Augustin 86. – **B**: Fanny Lewald: Die Abenteuer d. Prinzen Louis Ferdinand, R. 97; Max Eyth: Der Schneider von Ulm, R. 97; ders.: Der Kampf um die Cheops-Pyramide, R. 99; Ludmilla Assing: Fürst Hermann v. Pückler-Muskau, Biogr. 04 (jeweils durchges., Anmerk. u. Nachw.). – **MA**: musikblatt, Zs. f. Gitarre, Folklore u. Lied, seit 82; Alfred Hitchcock's Krimi-Mag., seit 88; Heine-Jb. 33 94; Lit. u. Kritik; Folker! Das Mag. f. Folk, Lied u. Weltmusik; Jb. Forum Vormärz Forsch.; Studien z. Deutschkunde; Mühsam-Mag.; Lit. in Westfalen; Archäologie in Dtld; ALG-Umschau; Intern. Jb. d. Bettina-v.-Arnim-Ges., seit 00; Lit. in Westfalen 7/03; Neue Deutsche Biogr. NDB, seit 03; Lex. berühmter Frauen 04; Kunst+Kultur 13 06. – **H**: SommerFestival 89 u. 90; WinterFestival 89 u. 90; Alm. d. Varnhagen-Ges. 1/00, 2/02; Ludmilla Assing: Fürst Hermann v. Pückler-Muskau, Biogr. 02; Kultur – Ziel u. Behauptung 02; Schwarzbuch. Anschläge auf Kunst u. Kultur in NRW 03; Gregor Leschig: Mythos Sponsoring 05. – **MH**: China-Impressionen, m. Matthias Wolf 86. – **R**: div. Rdfk-Feat. f. d. WDR (Zeitzeichen; Am Abend vorgestellt) u. d. SWF (S 2 vor Mitternacht). – **P**: Lebenszeichen, Schallpl. 82. – **Ue**: Paul Monette: Geliehene Zeit 88; Leo Buscaglia: Zum Fest der Liebe 88; Willy Breinholst: Herz ist Trumpf 89; Dalene Matthee: Der Lilienwald 93; Wendy Perriam: Traumkind gesucht 94; Peter Clayton: Die Pharaonen 95; Chris Scarre: Die röm. Kaiser 96; W. Perriam: Heißhunger 97; dies.: Das Höchste der Gefühle 97; Tom Clancy: Operation Rainbow 99; John E. Wills: 1688 02; C. Zook/S. Davis: Erfolgsfaktor Kerngeschäft 01; Anita Roddick: Die Body shop story 01; L. u. R. Adkins: Der Code d. Pharaonen 02; C. Desroches Noblecourt: Hatschepsut 07.

Gatterburg, Angela von, Journalistin; Santrigelstr. 16, D-81829 München, Tel. (0 89) 43 57 69 87, *angela_gatterburg@spiegel.de* (* Bonn 4. 10. 57). Rom., Fernsehsp. – **V**: Die Contessa, R. 01 (auch gr.). – **MV**: Wie Frauen endlich glücklich werden, m. Juliana v. Gatterburg, Sachb. 05. (Red.)

Gatterer

Gatterer, Armin; Museumsstr. 22, I-39100 Bozen, Tel. (04 71) 4 09 38 (* Bozen 9. 5. 59). P.E.N.-Club Liechtenstein; Liechtenstein-Pr. 80, Prosapr. Brixen-Hall 87; Drama, Lyr., Nov., Ess. – **V:** Sonne große Spinne, Bü. 81; Kopfgerüste, Prosa-Skizzen 83; Genfer Novellen 91; Augenhöhen, Ess. 03. – **R:** Sonne große Spinne, Fs. 82. (Red.)

Gauch, Sigfrid, Dr. phil., MinR; Erlenweg 9, D-55129 Mainz, *s.gauch@t-online.de, www.sigfridgauch.de* (* Offenbach am Glan 9. 3. 45). P.E.N.-Zentr. Dtld; Lyr., Prosa. – **V:** Schibbolet 74; Identifikationen 75; Mitt-Teilungen 76; Lern-Behinderung 77, alles G.; Vaterspuren, Erz. 79, Tb. 82, 6. Aufl. 05, 01 (hebr.), 02 (engl.); Wunschtage, G. 83; Friedrich Joseph Emerich, Biogr. 86; Buchstabenzeit, G. 87; Zweiter Hand, R. 87, 97; Goethes Foto, Erzn. 92; Winterhafen, R. 99; Gegenlichter, G. 05. – **MH:** Rheinland-pfälzisches Jb. f. Lit. 1–14, 94–08.

Gauger, Hans-Martin, Prof. Dr., Romanist; Wildtalstr. 61, D-79108 Freiburg/Br., Tel. (07 61) 55 25 05 (* Freudenstadt 19. 6. 35). Karl-Vossler-Pr. 94, Turmschreiber v. Deideshem 96; Sprach- u. lit.wiss. Werk, Erz., Ess. – **V:** Brauchen wir Sprachkritik? 85; In den Rauch geschrieben, Erlebnisber. 88; Der Autor und sein Stil, 12 Ess. 88; Davids Aufstieg, Erz. 93; Aus dem Leben eines Rauchers 94; Über Sprache und Stil 95; Was wir sagen, wenn wir reden 04; Vom Lesen und Wundern. Das Markus-Evangelium 05; Das ist bei uns nicht Ouzo, Sprachwitze 06; mehrere sprachwiss. Veröff. – **MH:** Golo Mann: Lehrjahre in Frankreich, m. Wolfgang Mertz 98. (Red.)

Gaukler, Johannes s. Heikamp, J. Heinrich

Gaul, Karl P. s. Rathke, Peter

Gaul/Gauls Kinderlieder s. Gabriel, Ulrich Rudolf

Gaulke, Cornelia (geb. Cornelia Költgen); Reinharzer Str. 22a, D-04849 Bad Düben, Tel. (03 42 43) 2 30 61, Fax (03 42 43) 34 28 66, *c-gaulke@t-online.de* (* Zschornewitz/Sa.-Anh. 27. 3. 52). Lyr., Erz. – **V:** Lebensbaumgärten, G. 08; Wechsel-Jahre, G. 09. – **MA:** Einmischung der Enkel, in: Jürgen Kuczynski: Dialog mit meinem Urenkel 89. – *Lit:* L. Schmidt in: Leipziger Volksztg 08. (Red.)

Gaupmann, Joachim, M. A., Marketing-Fachmann, PR-Journalist, Werbetexter; Veit-Stoß-Str. 32, D-80687 München, Tel. (0 89) 88 91 94 69, Fax 58 99 80 87, *jgaupmann@aol.com, JGaupmann.de* (* München 2. 1. 61). Rom., Lyr., Erz. – **V:** innen...leben 03; Wie Bären die besten Freunde der Menschen wurden 04. (Red.)

Gaus, Werner, Mundartdichter; Hodlerstr. 9, D-72401 Haigerloch, Tel. (0 74 74) 66 12, Fax 21 70, *werner.gaus@vr-web.de* (* Haigerloch 2. 3. 54). schwäb. mund.art e.V., Förd.verein „Schwäb. Dialekt“ e.V. – **V:** Solang s noh Moscht ond Spätzle geit 84; Wo ma schlotzt ond schlecket 86; Haigerloch ond seine Leit 88; Dr Stern vo Bethlehem, Weihnachtsp. 91; Aus Kuche, Kär und Kämmerle, G. 01; Weihnachta em Eyachdal, G. 08. – **B:** Dr Strubelpeter und lustige Geschichten und drollige Bilder 89; das schwäbische Wilhelm-Busch-Album 01. – **R:** Der doppelte Maibaum 85; Der Zauber des Orients 87, beides Mda.-Hsp.

Gause-Groß, Helfride s. Helm, Gesa

Gauß, Karl-Markus, Dr. h. c., Chefred. d. Zs. „Lit. u. Kritik“; Reichenhaller Str. 11, A-5020 Salzburg, Tel. (06 62) 84 77 07, *km.gauss@aon.at* (* Salzburg 14. 5. 54). IGAA, Dt. Akad. f. Spr. u. Dicht. 06; Intern. Pr. v. Portorož f. Essayistik 87, Staatsstip. d. BMf UK 88, Öst. Staatspr. f. Kulturpublizistik 95, Charles-Veillon-Pr. 97, Lit.pr. d. Salzburger Wirtschaft 98, Bruno-Kreisky-Pr. 99, E.pr. d. öst. Buchhandels 01, René-Marcic-Pr. 04, Vilenica-Lit.pr., Slowenien 05, Manès-Sperber-Pr. 06, Georg-Dehio-Buchpr. 06, Mitteleuropa-Pr. 07, Dr. h.c. U.Salzburg 07; Ess., Fernsehsp./Drehb., Prosa. – **V:** Wann endet die Nacht 86; Marxismus 88; Der wohlwollende Despot 89; Tinte ist bitter, lit. Portr. 88; Die Vernichtung Mitteleuropas, Ess. 91; Ritter, Tod und Teufel, Ess. 94; Das europäische Alphabet 97; Ins unentdeckte Österreich 98; Der Mann, der ins Gefrierfach wollte, Albumblätter 99; Vom Abkratzen 99; Die sterbenden Europäer. Reisen 01; Mit mir, ohne mich. Ein Journal 02; Von nah, von fern 03; Die Hundessser von Svinia 04; Wirtshausgespräche in der Erweiterungszone 05; Die versprengten Deutschen 05; Zu früh, zu spät. Zwei Jahre 07. – **MV:** Das reiche Land der armen Leute, m. M. Pollack 92; Südsteirische Miniaturen, m. H. Breitner 93; Donau, Fotoess., m. I. Morath 95; Der Maler Anton Drioli 99; Der Dichtergeneral, m. C. Andel 02; Vom Erröten, m. Lithogr. v. H. Kremsmayer 03. – **MA:** Herbert Breiter: Momente der Dauer (Ess.) 97; Paul Flora: Ein Florilegium 02; Kurt Kaindl: Die unbekannten Europäer 02; des.: Der Rand der Mitte 06. – **H:** E. Fischer Werkausgabe 84–91 VIII; E. Waldinger: Noch vor dem Jüngsten Tag, G. u. Ess. 90; Literatur und Kritik, Zs. 92ff.; Das Buch der Ränder – Prosa 92; T. Waldinger: Zwischen Ottakring und Chicago, Erinn. 93; Das Buch der verschlossene Tür, Erzn. 03. – **MH:** H. Sonnenschein: Die Fesseln meiner Brüder, m. J. Haslinger 84; Das Buch der Ränder – Lyrik, m. Ludwig Hartinger 95; Der unruhige Geist, m. Till Geist 00. – *Lit:* Salzburger Lit.-Hdb. 90; DLL, Erg.bd 4 97; Christian Tanzer: Im Vergessen das Gedächtnis sein. Das Werk v. K.-M.G. 07.

Gaußmann, Hans-Peter, Rentner; Thüringer Str. 29, D-63329 Egelsbach, Tel. (0 61 03) 8 07 33 31, *hapeel@t-online.de, www.hans-peter-gaussmann.de* (* Darmstadt 26. 4. 41). BVJA 08; Rom. – **V:** Mein geteiltes Leben. Romanerzählung 07.

Gautschi, Karl, Dr. phil., Geschichtsdidaktiker; Fliederweg 9, CH-5737 Menziken, Tel. (0 62) 7 71 46 28, *menzach@bluewin.ch* (* Menziken 9. 6. 39). Anerkenn.pr. d. Pro Libertate 81, Förd.pr. d. Koch-Berner-Stift. 90, 96. – **V:** Eine Stadt wie Zürich, G. 62; Aus dem Tagebuch eines Musteraargauers 73, 2. Aufl. 75; Neues aus dem Tagebuch eines Musteraargauers 75, 2. Aufl. 76; Mein Dolce-Vita-Parcours 79; Die Morgenstern-Rakete 79; Die bösen Nachtbuben 82, 3. Aufl. 90, alles Satn.; Von Rittern, Geistern und verborgenen Schätzen 82, 2. Aufl. 88; Beinwil am See, hist. Gesch. 85; Zwischen Uerke und Hallwilersee, Ber. 86; Der Saal-Leerer 88, 3. Aufl. 92; Für Liebhaber in ruhiger Lage 92, 3. Aufl. 95; Minderwertsteuer inbegriffen 95; Der Tunnel am Ende des Lichts 98; Die Blechlawinenhunde 01; Der Stein auf dem heissen Tropfen 04, alles Satn. – **H:** Anthologie Schweiz 87. (Red.)

Gautschi, Verena, Buchhändlerin, Übers.; Luzernerstr. 88, CH-6010 Kriens, Tel. (0 41) 3 10 73 59, *verena.gautschi@vtxmail.ch* (* Reinach/AG 5. 10. 39). Lyr: Ue: engl., frz. – **V:** Du bist nah, G. 00; Chausch mi gärn ha, Mda.-G. 05. – **MA:** 2 Gedichte in: aufbruch 6/01; Kanisius-Stimmen 01/04, 02/04. – **Ue:** Hélène Guisan-Démétriadès: Der unsichtbare Dritte, Erz. 04. – **MUe:** Alec Smith: Jetzt ist er mein Bruder, m. Jürgen Pick, Erz. 87.

Gauweiler, Georg Jakob s. Diehl, Wolfgang

Gaza, Klaus von; Hauptstr. 27, D-25557 Fischerhütte, Tel. (0 48 72) 76 06 (* Hamburg 17. 3. 40). Rom. – **V:** Der Sohn des Mandarins, R. 99, Tb. 03. (Red.)

Gazelle s. Wehmeyer-Münzing, Katrin

Gebele, Otto (Ps. O.F. Gabell), Freelance Journalist; c/o Sapress Enterprises, P.O. Box 20029, Picton, Ont. KOK 3V0/CANADA, Tel. 61 34 76 12 47, Fax 61 34 76 31 32, *sapress@reach.net* (* Saarlouis). Rom. – **V:** Fidais – Doppelgänger, Thr. 01, 03; Im Auftrag der Mächte, R., Bd 1 02/03, Bd 2 05; Zedern sprechen nicht, R. 05. (Red.)

Geber, Eva, Druckerei-Leiterin, Autorin; Geusaugasse 37/4, A-1030 Wien, Tel. (06 99) 12 39 25 36, *eva.geber@drei.at* (* Wien 3. 7. 41). GAV; Prosa, Ess., Kinder- u. Jugendb. – **V:** All das Leid und die Spassettln. Das Leben d. Lucia Westerguard 95. – **B:** Rosa Mayreder: Das Haus in der Landskrongasse 98; dies.: Zur Kritik der Weiblichkeit, Ess. (Nachw.) 98; dies.: Geschlecht und Kultur, Ess. (Nachw.) 98. – **MA:** Das erste Mal 93; Das alles war ich 98; Die 68er 98; Die Sprache des Widerstandes ist alt wie die Welt und ihr Wunsch 00; Wien lesbisch 01; Else Feldmann: Löwenzahn (lit. Nachw.) 03; Man hat ja nichts gewusst 98; zahlr. Beitr. in: Auf – Eine Frauenzeitschrift, seit 77. – **H:** Betty Paoli: Was hat der Geist denn wohl gemein mit dem Geschlecht, Ess. 01. – **MH:** Auf – Eine Frauenzeitschrift 74ff.; Die Frauen Wiens, m. Sonja Rotter u. Marietta Schneider, Ess. 92; AUFbrüche, m. Britta Cacioppo, Traude Korosa, Erzn., Lyr., Ess. 06.

Gebert, Anke (Anke Roth), Autorin; Greflingerstr. 1, D-22299 Hamburg, Tel. u. Fax (0 40) 2 71 99 00, *ankegebert@gmx.de, www.ankegebert.de* (* Halle/S. 16. 4. 60). VS 93, Das Syndikat, Lit.zentr. Hamburg, Hamburger Autorenvereinig., Dt. Biogr. Ges.; Drehbuchpr. d. NDR III 90, Lit.förd.pr. d. Stadt Hamburg 91, Lyr.pr. Lyr. am Meer 93, Anerkenn.pr. d. Stadt Wolfen f. Lit. 94, Ahrenshoop-Stip. Stift. Kulturfonds 94, 98, 04, Stip. d. Dt. Kulturfonds 95, Drehbuchpr. d. Medienstift. Schlesw.-Holst., Stip. d. Stift. Kulturfonds 01, Stip. Tatort Töwerland; Kurzprosa, Erz., Rom., Drehb. f. Film u. Fernsehen, Bildband, Sachb., Krimi, Hörfunkfeature, Ratgeber, Hörsp., Kinderb., Bildband. – **V:** Hunde, die bellen 95, Tb. 99, 06; Im Schatten der Mauer, Erinn., Geschn. u. Bilder 99; Ein Engel für Hotte, Krim.-Erz. 00; Das Treiben, R. 01, 07; Frauenräume 01; Besuchsreise, R. 04, 05; Pixi-Buch Nr. 1378, 1384 05; Eine Karriere in Deutschland, Biogr. 07. – **MA:** Veröff. v. Kurzprosa in versch. Büchern u. Anth., u. a. in: Hamburger Jb. f. Lit.; Texte dagegen 93; Alles Liebe 98; Die Leiche hing an Tannenbaum 97; Begegnungen 99; Alter schützt vor Liebe nicht 00; Mörderische Kneipentour 02. – **R:** Rück-Blenden 90; Hunde, die schlafen, Hsp. 98; Für alle Fälle Stefanie, F. 103; Anjuta; Jeden Tag Weihnachten; Stumme Liebe, alles Drehb.; Der schwarze Sonntag, Hfk-Feat. – *Lit:* s. auch SK.

Gebert, Li (Ps. Li Schirmann); Neptunstr. 5, CH-8280 Kreuzlingen (* 7. 7. 10). 1. pr. Schweizer Spiegel Verl. 62; Hörsp., Kurzgesch., Jugendb., Rom. Ue: engl, ital, frz. – **V:** Banni Grau, Kdb. 54, 64; Miranda, Kdb. 54, 64; Rosenkette, Jgdb. 54, 64; Markt der Träume, R. 60; Der neugierige Freitag, Kdb. 63; Der Vogel aus Erz, Jgdb. 67; Reise mehr kreuz als quer, Jgdb. 68. – **MV:** Thienemanns Neues Schatzkästchen 65. – **R:** Staub auf der Insel, Hsp. 69. – **Ue:** Lieta Harrison: Le Svergognate u. d. T.: Die Schamlosen 66. (Red.)

Geberzahn, Werner; Springstr. 15, D-65604 Elz, Tel. (0 64 31) 5 21 84, *werner@geberzahn-elz.de, www. geberzahn-elz.de* (* Elz 26. 10. 49). Lyr. – **V:** Gereimte Marginalien 99; heiter bis wolkig 04; Impressionen und Erzählungen in Versen 06. – **MA:** Jb. f. d. Kr. Limburg-Weilburg 99; Das Gedicht 06.

Gebhardt, Armin, Dr., Richter i. R.; Laimbacher Str. 22, D-95447 Bayreuth. Schrockstr. 6, D-14165 Berlin (* Dresden 14. 6. 24). – **V:** Der Etikettenschwindel, N.

82; Die späte Leidenschaft, R. 04; Der Etikettenschwindel/Dritte Chordame links/ Die Bildungs-Reise, Nn. 05; mehrere Sachb. – *Lit:* s. auch SK. (Red.)

Gebhardt, Kurt (Ps. Kurt H. Trabeck), Dr. jur., Oberbürgermeister a. D.; Nägelestr. 8A, D-70597 Stuttgart, Tel. (07 11) 76 39 27 (* Perouse/Kr. Böblingen 24. 7. 23). Erz. – **V:** Kurt H. Trabeck: Ins Gästebuch geschrieben 81, 96; In städtischen Diensten, Erzn. 89, 97; Satirische Verse 98. – **MA:** Die schönsten Sonntagsgeschichten 88. (Red.)

Gebhardt, Petra (geb. Petra Gehl), Dr. med.; Bremer Str. 333, D-21077 Hamburg, Tel. (0 40) 7 60 52 33, *Petra_Gebhardt@web.de, www.dr-petragebhardt.de* (* Bremen 15. 6. 50). Hamburger Autorenvereinig.; Rom. – **V:** Im Chaukenland. Eine Familiensaga aus den herben Weiten des Nordens, R. 06.

Gebhardt, Renate von; Kreuznacher Str. 52, D-14197 Berlin, Tel. (0 30) 8 21 42 49 (* Berlin 28. 11. 21). Hörsp., Jugendb. – **V:** Annamarie Degner, stud. mus. 49; Erste Begegnung 55; Denn über alles Glück... 59, alles Jgdb. – **H:** Schlummer-Brevier. Aus dt. Dicht. 46; Singt und spielt mit Onkel Tobias 52; Heut' machen wir Kasperletheater 53; Onkel Tobias-Kinderkal. IV 54; V 55. – **R:** Hsp. f. Kinderfunk.

Geblasch, Ria s. Brach, Gisela

Gechter, Thomas; D-22926 Ahrensburg, Tel. (0 41 02) 5 72 81 (* München 20. 7. 59). Schriftst. in Schlesw.-Holst. 01, Stormarner Schriftstellerkr. 01; Prosa, Lyr., Dramatik, Ess. – **V:** Theater, Theater, Theaterst. 02; Triebe und Blüten, Lyr. 03; Bilder des Blickes, Erzn. 04; Mutmaßungen, Ess. 05; Dame und Stotterer, Erz. 06; Maße, Erzn. 07; Theater von der Anrichte, Lyr. 08.

Geckes, Gerry s. Egelhof, Gerd

Gedat, Wolfgang, Dipl.-Fachlehrer Biologie, Zoopädagoge; Laßstr. 14, D-26434 Wangerland, Tel. (0 44 26) 90 45 90, *wolfgang.gedat@ewetel.net* (* Gielsdorf b. Strausberg 10. 1. 40). – **V:** Wie die Blumen zu ihren Namen kamen, M. 99; Märchen zu Pflanzen in den Salzwiesen und dem Land hinterm Deich 03. (Red.)

Gedatus-Cormann, Gabriele s. Cormann, Marte

Geer, Georgia Warja s. Gerlinger, Margot

Geerdts, Hans Werner, Maler, Graphiker, Schriftst.; 51, Derb el Hammam, 40008 Marrakech-Mouassin/ Marokko, Tel. (0 02 12–44) 39 04 44, Fax (0 02 12–44) 44 48 41 (* Kiel 23. 1. 25). VG Wort; Ess., Rom., Kurzgesch. Ue: engl, frz. – **V:** Yahia (es lebe) Marrakech, Erzn. 84; Wo bist du, Enkidu?, Erzn. 89; Landeinwärts. Vom Berberdorf ins Safranland, Erzn. u. Bilder 97; Homochiffren – Petroglyphen. Texte u. Bilder aus Marokko, Buch-Kat. 00. – **Ue:** Inanna (Queen of heaven and earth) 92 (auch ill.). – *Lit:* Dr. Ulrich Bischoff: Ein Blick über 30 Jahre, Kiel 85; zahlr. Veröff. in Zss., Ztgn, Kat.; Ausst.-Texte 1995, 97, 99, 00, 03, 04; s. auch Kürschners Handbuch der Bildenden Künstler, 1. Aufl. 2005. (Red.)

†**Geerk,** Frank, Schriftst.; lebte in Basel (* Kiel 17. 1. 46, † Basel 7. 2. 08). Gruppe Olten 74, VS 79, P.E.N. Schweiz 79; Gastprof. f. dt. Lit. in Austin/Texas 80, Werkbeitr. d. Stadt Kiel 86, Welti-Pr. 89, Stadtschreiber v. Basel 93/94, Förd.pr. d. Ldes Bad.-Württ. 94, Stadtschreiber v. Weil a. Rhein 95; Lyr., Drama, Erz., Nachdichtung. Ue: frz, engl, russ, ung, hebr. – **V:** Gewitterbäume, R. 68; Notwehr, G. 75; Schwimmer, Sch. 76; Senfbäder sollen noch helfen, Sch. 77; König Hohn, Sch. 77; Gedichte 79; Zorn und Zärtlichkeit, Sch. 81; Vergiß nicht, die Liebe zu töten, Erzn. 82; Handbuch für Lebenswillige, G. 83, Neuausg. u. d. T.: Ge-

Geerken

dichte und Chansons 86; Der Reichstagsbrand, Sch. 83; Herz der Überlebenden, R. 84; Lob des Menschen, G. 86; Leila, Sch. 86; Das Ende des grünen Traums, R. 87; Odilie: Eine europ. Legende, Hsp. 90; Die Rosen des Diktators, R. 90; Paracelsus – Arzt unserer Zeit 92; Die siebte Feindfahrt 95; Tag der Gewalt, R. 95; Die Geburt der Zukunft 96; Das Liebesleben des Papstes, hist. R. 97; Vom Licht der Krankheit, G. 00, 2. Aufl. 04; Wortmedizin 01; Die Welt ist das Auge des Sehers, Tageb. u. Aquarelle 03; Von Wunden und Wundern. Handbuch d. Zaubersprüche 03; Das Buch Dominika, Lyr. 06; – THEATER/UA: Schwärmer 76; Senfbäder sollen noch helfen 77; König Hohn 78; Komödie der Macht 79; Eine fast unglaubliche Geschichte 81; Der Reichstagsbrand 83; Leila 86; Das Huhn 86; Der Genetiker 89; Odilie, eine europ. Leg. 89; Boris über alles 91; Paracelsus 91; Der Schatz, Freilichtsp. 93; Piaf. Meine Sonne geht auf, wenn es Nacht wird 94; Die siebte Feindfahrt 95; Der Zweikampf 95; Das Erbe der Kelten 99; Reuchlin u. Pfefferkorn 05. – MV: Kneipenlieder, m. Rainer Brambach 74, erw. Ausg. 82. – B: Jon Luca Caragiale: Der verlorene Brief, UA 94. – H: Lyrik aus der Schweiz 74; Der Himmel voller Wunden, poln. G., Chansons u. Streiklieder aus fünf Jh. 82; Geflüsterte Pfeile, Lyr. d. Indianer 82, 85; Indianischer Widerstand 85, alles Anth.; Rainer Brambach: Heiterkeit im Garten (auch Nachw.) 89; Kongreß der Weltweisen, Leseb. 95. – MH: Poesie, Zs. f. Lit. 72–85. – Ue: Janusz Kofta: Das Tal d. tausend Bäuche, Sch. 82; R. Tigre-Pérez/Esidro Ortega: Ich bin das Gesicht, das hinter den Einschußlöchern erscheint, G. aus d. indian. Widerstand (auch hrsg.) 82. – Lit: Josef Bättig/Stephan Leimgruber (Hrsg.): Grenzfall Lit. 93; Manfred Bosch in: KLG.

Geerken, Hartmut (Uwe Hasta) Autor, Schauspieler, Musiker, Komponist; Wartaweil 37, D-82211 Herrsching, Tel. (0 81 52) 27 13 (* Stuttgart 15. 1. 39). VS 71, Bielefelder Colloquium Neue Poesie 77–02, Paramykol. Ges. 81, Intern. Sun Ra Convention 93, Intern. Stirnerbund 94; Prosapr. d. Paramykol. Ges. New Delphi 82, Münchner Lit.jahr 84, Schubart-Lit.pr. 86, Karl-Sczuka-Pr. 89, 94; Prosa, Lyr., Sprechst., Film, Hörsp., Performance. Ue: engl. – V: aprilaugust, G. 61; Murmel, G. 65; diagonalen 71; Verschiebungen, Texte 72; Sprechweisen, Sprechst. 74; Obduktionsprotokoll, Prosa 75; Ovale Landschaft, Prosa 76; Sprünge nach rosa hin, Prosa 81; Holunder, Prosa 84; Mappa 88; Motte Motte Motte 90; Poststempel Jerusalem, R. 93; omniverse sun ra 94; Das zeichnerische Spätwerk von Immanuel Kant 95; Kant 98; may bug fly! a paper sinking in the indian ocean, Prosa 01; ogygia, G. 04; phos, Prosa 05; forschungen etc., Prosa 06; Klafti, G. 07; Kyrill, G. 07; Soyd, G. 08; moos, Prosa 08. – MA: Schriftsteller u. Rundfunk 97; Zettelwerk 99; Der Fliegenpilz 00; Decodierung: Recodierung 00; Jazzpodium 01; Hörwelten 01; Jb. d. Lyrik 05; – Zss.: Manuskripte 00; Afghanistan Journal; Zweitschrift; Merkur; taz; Mein heimliches Auge; Doc(k)s; Neue Texte; KULTuhr; Schreibheft; Rowohlt Literatur Magazin; Bateria; literaPur; Integration; Delfin; Du; Sun Ra Research; Tintling. – H: Die gebündelte Bombe, M. 70, 79; Schreibweisen, konkrete Poesie 73; Melchior Vischer: Sekunde durch Hirn, Der Teemeister, Der Hase u. a. Prosa 76; Moderne Erzähler der Welt – Afghanistan 77; Der Einzige, Zs.-Repr. 80; Mynona, 2 Bde, Prosa 80; Der Schöpfer, Tarzaniade, Der antibabylon. Turm, Prosa 80; Paramykol. Rundschau 91; Salomo Friedlaender/Mynona: Briefe aus d. Exil 82; Victor Hadwiger: Il Pantegan, Abraham Abt, Prosa 84; Dich süße Sau nenn ich die Pest von Schmargendorf, Lyr. 85, 03; Das interaktive Hörspiel als nichterzählende Radiokunst 92; Ihren Giften sehr verschrie-

ben, Briefe an Salomo Friedlaender/Mynona 93; Omniverse Sun Ra 94; Salomo Friedlaender/Mynona: Das magische Ich. Elemente d. Krit. Polarismus 01; Salomo Friedlaender/Mynona: Ich (1871–1936), autobiogr. Skizze 03; Anselm Ruest: Zum wirklichen Individuum 04; Sun Ra: The Immeasurable Equation 05. – MH: Frühe Texte d. Moderne, Buch-Reihe 76; Salomo Friedlaender/Mynona – Alfred Kubin, Briefwechsel 86; Robert Lax, Multimedia-Box 99; Salomo Friedlaender/ Mynona – Gesammelte Schriften, ab 05. – F: Die weisse Leinwand ist ein rotes Tuch 76; Das Zwinkern m. dem Auge u. das Treten m. dem Fuß oder Das Rümpfen d. Nase bei d. Begrüßung m. Handschlag 78; Kant, Drehb. 88. – R: Wenn Goethe das gewusst hätte, Fs.-Sdg 80; Null Sonne No Point, Fs.-Sdg 97; zahlr. Hsp. beim BR seit 86, u. a.: massnahmen des verschwindens. eine exil-trilogie. südwärts südwärts (II) 89, stösse gürs (III) 91, fast nächte (I) 92; kein roter faa, denn die worte sind niemals gefallen 90; erwartet bodo sambo ein geräusch? erwartet er eine stimme? 90; tunguska-guska 91; weltniwau – ein umschaltprozess 91; kant overtones 92; bob's bomb 93; hexenring 94; nach else lasker-schülers tragödie ich&ich (fällt der vorhang in herzform) 95; the family 95; bunker 96; null sonne 96/97; no point 96/97; bombus terrestris 98, 00–02; kalkfeld 01; Sun Ra 06; lit., lit.wiss. u. musikal. Sdgn in verschied. Hörfunkprogr. seit 61. – P: Heliopolis, Schallpl. 70; Mynonas Weg in die Emigration, Tonkass. 80; Continent, Schallpl. 80; Orgie mit mir selber 83; Burned beyond recognition, Tonkass. 84; Cassava Balls, Schallpl. 85, CD 99; The osaka fear ear, Tonkass. 85; The ball and penis series, Tonkass. 86; The African Tapes, Schallpl. 87, CD 00; kein roter faa denn die worte sind niemals gefallen 90; tunguska-guska 91; Bobeobi Lautpoesie 94; Wavelength Infinity 95, alles CDs; Amanita, Tonkass. 95; Erwartet Bobo Sambo ein Geräusch? Erwartet er eine Stimme? 99; Zero Sun No Point 01; Schwitt 02, alles CDs; ahoupva 02; aussicht absicht einsicht 02; Strange Herrschings 03; gavdos 04; ogygia 04; The Gray Goose 07; 12 Stunden bis zur Ewigkeit, DVD 06; amanita, Schallpl. 08. – Lit: Ludwig Harig in: Lex. d. dt. Gegenwartslit.; Vom Leben u. Treiben d. dt. Kulturmenschen H.G. in Afghanistan, Fsf. (SWF) 80; M. Bauer: H.G., das Multitalent, Fsf. (BR) 92; U. Kammann in: Kunst & Kultur, Nov. 94; H.-U. Wagner in: Funk-Korrespondenz, Nov. 94, Nov. 96; M. Rausch: Portr. H.G., Fsf.(HR) 99; M. Lentz in: Applaus, Feb. 00; H.-U. Wagner in: Rdfk u. Gesch. Jan./April 01; Klaus Detlef Thiel: Druckhelfer in Geerkens „Kant“ 01/03; Franz Mon in: Wo steht Dichtung heute? 02; Detlef Thiel in: KLG; Klaus Detlef Thiel: Les Gavdos vous crètent 04; J.R. Hansen: Im Vorgarten des Paradieses 04; E. Günther in: Jungle World, Aug. 06; s. auch 2. Jg. SK.

Geers, Dietmar, Dr., Advisory Prof.; Marienburgerstr. 5, D-58455 Witten, Tel. u. Fax (0 23 02) 1 82 28, *degeers@t-online.de* (* Münster/Westf. 29. 9. 35). Lyr., Aphor., Essay. – V: Wortprofile, G. 94; Auf chinesischen Füßen, Bilder in G. 95; Ich singe, Chanson-G. 99; Die Zunge enger schnallen, Aphor. 00; Eine Zeitungsente legte ein Kuckucksei auf den Schreibtisch einer Staatskanzlei, G. 01; Chinalanderzählungen. Von Wolken leben am Mondlicht schlafen 05; Auf der Liebesterrasse, Liebesgedichte 06; Nachrichten aus meinen poetischen Gärten, G. 08.

Gehlhoff-Claes, Astrid (Ps. Astrid Claes), Dr.; Rheinallee 113, D-40545 Düsseldorf, Tel. (02 11) 55 59 25 (* Leverkusen 6. 1. 28). VS, GEDOK; Forsch.-stip. d. DFG 57, Gerhart-Hauptmann-Pr. (Förd.pr.) 62, Lit.förd.pr. d. Stadt Köln 64, Förd.pr. z. Immermann-Pr. d. Stadt Düsseldorf 65, Stip. d. Dt. Lit.fonds 85,

BVK I. Kl. 86, Verd.orden d. Ldes. NRW 89, Arb.stip. d. Ldes NRW 91, E.gast Villa Massimo Rom 92, E.stip. d. NRW-Stift. Kunst u. Kultur, Trude-Droste-Gabe d. Stadt Düsseldorf 03; Lyr., Erz., Drama, Rom., Ess. Ue: engl, ital. – **V:** Der lyrische Sprachstil Gottfried Benns, Diss. 53; Der Mannequin, G. 56; Meine Stimme, mein Schiff, G. 62; Didos Tod, Sch. 64; Erdbeereis, Erz. 80; Gegen Abend ein Orangenbaum, G. 83; Abschied von der Macht, R. 87; Nachruf auf einen Papagei, G. 89; Einen Baum umarmen. 15 Jahre Briefwechsel m. einem Lebenslänglichen 91; Inseln der Erinnerung. Blicke in e. Autobiographie 02; Der lyrische Sprachstil Gottfried Benns 03; Spätlese. Literarische Reflexionen über d. Alter 03; Abrahams Opfer. 2 Schauspiele 04. – **MA:** Lyrik d. Jahrhundertmitte 55; Jahresring 57/58, 77, 78; Botschaften d. Liebe 60; Kinderspiegel 62; Spektrum d. Geistes 64; Satzbau 72; Sie schreiben zwischen Goch u. Bonn 75; Bis d. Tür aufbricht, Anth. 82; Teil meiner selbst 92; Im Triumphio. Dt. Lit. 1945–1960 95; Ich denke mir e. Welt. Literatur in NRW 1946–1970 98; Straßenbilder 98; Wir Kinder d. Erde – Artists for Nature 98; Romanische Kirchen Kölns 00; Zeitzeugen 01. – **H:** Else Lasker-Schüler: Briefe an Karl Kraus 59, 60; Bis die Tür aufbricht. Lit. hinter Gittern, Anth. 82. – **MH:** Gottfried Benn: Briefe an Astrid Claes, m. Bernd Witte 02. – **Ue:** W.H. Auden: Poems u. d. T.: Der Wanderer 55; James Joyce: Pomes penyeach u. d. T.: Am Strand von Fontana, G. 57; Henry James: Tagebuch eines Schriftstellers 65; Gioffredo Parise: Der Chef 66. – *Lit:* Unser Jahrhundert: Chronik e. Halbinsel. Düsseldorf-Linksrheinisch 1904–2004. (Red.)

Gehling, Christa, Kinderbuchautorin; Ferrariweg 41, D-33102 Paderborn, Tel. (0 52 51) 30 04 09 (* Osnabrück 14. 9. 31). Erz. – **V:** Nicolotta in Paderborn 95; Kiepenkerl und Kiepenkerlchen in Münster 97; Die Schatzkiste vom Ikenberg 98. (Red.)

Gehre, Ulrich, Dr. phil., Chefred. a. D.; Zur Axt 36, D-59302 Oelde, Tel. (0 25 22) 6 36 50, Fax 83 08 86, *gehre-ug@gmx.de* (* Bad Bevensen 3. 8. 24). Wilhelm-Busch-Ges., Burgbühne Stromberg e.V.; BVK am Bande, Verd.orden d. Ldes NRW, Bad Füssinger Medienpr. 99; Belletr., Kunstgesch. – **V:** Wilhelm Busch und der Wein 50, 95; Oelde – wie es wurde, was es ist 60; Unsre Kirche mitten in der Stadt 69; Teutoburger Wald 70; Stromberg, ein Stadtporträt 73; Alte und neue Kunst in Oelde 73; Das Spiel und den Stufen 75; Ärzte, Apotheker, Patienten bei W. Busch 95; Essen und Trinken bei W. Busch 95; Schulmeister und Schüler im Klassenzimmer v. W. Busch 95; W. Busch und das Geld 95; Beamte und Advokaten, beobachtet v. W. Busch 96; Glückwünsche, Reime, Sinnsprüche v. W. Busch 96; Musiziert mit W. Busch 96; Schreiberlinge und Poeten, vorgestellt v. W. Busch 96; Verliebte, Freier, Eheleute, beobachtet v. W. Busch 96; W. Busch über alles, was da kreucht und fleugt 96; Gut gezapft mit W. Busch 97; Kochen mit W. Busch 97; W. Busch im blauen Dunst 97; W. Busch bittet zur Kasse 01; Kunstwege 01; Zwischen Alter Vikarie und St. Lambertus 02; Schlag nach bei Wilhelm Busch 07; Westfalens Dichterstimmen 08. – **MA:** Oelde, die Stadt in der wir leben 87. – **MH:** Münsterland – Jb. des Kr. Warendorf (auch Mitarb.). – *Lit:* Paul Leidinger in: Münsterland, Jb. Kr. Warendorf 97, 00; Edeltraut Klueting in: Heimatpflege in Westfalen 4/99.

Gehrer, Josef, Steueramtmann i. R.; Gmaind 1b, D-85560 Ebersberg/Obb., Tel. (0 80 92) 2 05 14 (* Melleck 29. 1. 23). Lit.pr. d. Dt. Jagdschutzverb. 63; Erz. – **V:** Es bleibt ein Zauber 63; Mit Aug und Herz 64; Die fünfte Patrone 68; Auf einsamen Spuren 69, Neuausg. u. d. T.: Abenteuer Jagdrevier 77; Schüsse am Mittagsjoch 71; Der Tod des Auerhahns 72; Der Jagerpfarrer 72; Un-

term Schindeldach 74; Oberförster Schwaighofer 77; Reitersommer 77; Ich bin ein Pferdenarr 80; Auf Pirsch im Bergrevier 91; Ein altes Försterhaus erzählt 91; Ja, so a Lederhosn! 93; Aus dem Leben des „Jagerfranzl“ 95; Auf der Pirsch, 2. Aufl. 00; Diana auf Abwegen 00. – **MA:** Weidmannslust 95; Das große Hirschbuch 97. (Red.)

Gehrisch, Peter, Lehrer am Abendgymnasium Dresden bis 04, Red. bei d. Lit.- u. Kulturzs. OSTRAGEHE-GE bis 06; Vetschauer Str. 17, D-01237 Dresden, Tel. (03 51) 2 84 29 83, Fax 2 72 99 59, *peter.gehrisch@t-online.de, www.petergehrisch.de, www.ostra-gehege.de* (* Dresden 13. 1. 42). FDA, Literar. Arena e.V.; Verd.-orden d. Freistaates Sachsen 06; Prosa, Lyr., Ess., Kritik. Ue: poln. – **V:** Tradition und Moderne, Ess. 87; Poet's Corner 19: Peter Gehrisch, G. 93; Das Glücksrad, Prosa 94; Wortwunder Vers/Zraniony słowem wers, G. dt./poln. 01; Hans-Theodors Karneval oder Das Federnorakel, R. 06; Tunnelgänge, G. 06. – **MV:** Dresden – Flug in die Vergangenheit, m. Christian Borchert 93. – **MA:** Veröff. in Anth. u. Zss., u. a.: Selbstbildnis zwei Uhr nachts, Anth. 89; Der heimliche Grund 96; Pomosty, Jb. (poln.) 96–02; Landschaft mit Leuchtspuren 99; Naput, Zs. (ung.) 00; Überwundene Grenzen, bulg.-dt. Anth. – **MH:** Ostragehege, Zs., seit 94; Es ist Zeit, wechsle die Kleider, G. 98; Das Land Ulro nach Schließung der Zimtläden 00; Heimkehr in die Fremde 02; Orpheus versammelt die Geister 05. – **F:** Dresden in den 20er Jahren, m. Ernst Hirsch 94. – **Ue:** Cyprian Kamil Norwid: Gedichte, in: Ostragehege 5/II/96; ders.: Das ist Menschensache ..., G. dt.-poln. 03 (auch hrsg.); Wojciech Izaak Strugała: Phantasmagorien, G. dt.-poln. 05 (auch hrsg. und als Hörb.). – **MUe:** Zielona Granica/Die grüne Grenze, Anth. 95; Orpheus/Orfeusz 01. – *Lit:* Helmut Ulrich in: die horen 203/01; Jacek Scholz in: Studiach Norwidiana 05; Axel Helbig in: OSTRAGEHEGE H. 42. (Red.)

Gehrke, Ralph, Dr. phil.; Kirchstr. 25, D-49584 Fürstenau, Tel. (0 59 01) 21 45. Rom., Erz. – **V:** Verspielt, R. 02; PARTY, R. 06. (Red.)

Gehrke, Silke (geb. Silke Schafstall), Hotelfachfrau, Unternehmen: Familie; Unter den Eichen 22a, D-26209 Hatten, Tel. (0 44 82) 87 19, Fax 87 41, *silke.gehrke@nwn.de* (* Hockenheim 9. 12. 65). Lyr., Kinderb., Erz., Rom. – **V:** Karo Katzenkow und der verschwundene Saurierzahn, Kdb. 02; Panta rhei, Lyr. 03. – **P:** Panta rhei (gelesen v. Barbara Schöne), CD 04.

Gehrts, Barbara, Dr. phil.; Oberer Wald 8, D-79395 Neuenburg a. Rhein, Tel. (0 76 31) 7 28 95 (* Duisburg 5. 6. 30). Erz., Sachb. Ue: engl. – **V:** Von der Romanik bis Picasso, Sachb. 68; Der Wettlauf zwischen Esel und Auto, Jgdb. 73; Die Höhle im Steinbruch, Jgdb. 73; Wasser, Schilf und Vogelfisch, Jgdb. 74; Nie wieder ein Wort davon?, Jgdb. 75, 20. Aufl. 03 (auch holl., engl., frz., span., jap.). – **B:** Fortunatus, Volksb. 70; Wer ist der König der Tiere?, Fbn. aus aller Welt 73; Kaiser, König, Edelmann, Bürger, Bauer, Bettelmann, Volksb. 76. – **H:** Kid Weltliteratur. Samml. f. d. Jugend, Bde 36–56; Klassische Jugendbücher, Bd 103, 116, 132, 135, 146; Robinson 171, 192, 225, 288, seit 67; Grimmelshausen: Die Abenteuer der Landstreicherin Courage 74. – **Ue:** E.A. Poe: Narrative of Arthur Gordon Pym u. d. T.: Die geheimnisvolle Erlebnisse des Arthur Gordon Pym 72. – *Lit:* Antje Dertinger: Heldentöchter 97; Intern. Authors and Writers. (Red.)

Geier, Monika, Dipl.-Ing. Architektur; Tannenstr. 44, D-67655 Kaiserslautern, Tel. u. Fax (06 31) 69 63 22, *monika.geier@planet-interkom.de, www.geiers-mor.de* (* Ludwigshafen 17. 4. 70). Marlowe-Pr. 00; Rom., Kurzgesch. – **V:** Wie könnt ihr schlafen 99; Neapel se-

Geiger

hen 01; Stein sei ewig 03; Schwarzwild 07, alles Krim.-R. – **MA:** Zehn mörderische Wege zum Glück 99; Das Wort zum Mord 99. (Red.)

Geiger, Arno, Schriftst.; Esterházygasse 1/17, A-1060 Wien (* Bregenz 22. 7. 68). GAV; Nachwuchsstip. d. BMfWK 94, Abraham-Woursell-Award 99, Lit.stip. d. Ldes Vbg 99, Öst. Staatsstip. 99, Carl-Mayer-Drehbuchpr. 01, Friedrich-Hölderlin-Pr. d. Stadt Homburg (Förd.pr.) 05, Dt. Buchpr. (erster Preisträger) 05, Johann-Peter-Hebel-Pr. 08; Rom., Erz., Hörsp. – **V:** Kleine Schule des Karussellfahrens, R. 97; Irrlichterloh, R. 99; Schöne Freunde, R. 02; Es geht uns gut, R. 05; Anna nicht vergessen, Erzn. 07. – **MV:** Alles auf Band oder die Elfenkinder, m. Heiner Link, Dr. 01. (Red.)

Geiger, Franz, Autor; Cuvilliés Str. 1A, D-81679 München, Tel. (0 89) 98 17 04. Can Boley, E-07159 S'Arracó/Baleares (* München 3. 4. 21). VG Wort seit Gründ., D.U. 69; Ernst-Hoferichter-Pr. 96, Med. 'München leuchtet' in Silber 95; Drama, Film, Fernsehsp., Rom., Übers. Ue: frz, engl, span. – **V:** Zauberei in Zelluloid, Filmfachb. 53; Ein unruhiger Sommer, Bü. 78; Der Millionenbauer, R. 80, 88; Die Nacht mit Adolf, Dr., UA 99; Der Millionenbauer. Eine szenische Revue, UA 01. – **F:** Rd. 15 Spielf., u. a.: Lola Montez; Fridolin; Engelchen. – **R:** Rd. 30 Fsp., u. a.: Madame Curie; Ende einer Dienstfahrt (nach Böll); Ein unruhiger Sommer; Der ganz normale Wahnsinn; Ein idealer Kandidat, 6tlg 00; Die Nacht mit Adolf, Hsp. 00. – **Ue:** Gesamtwerk von Jean Anouilh, sämtl. Dram. (Red.)

Geiger, Günther, Schriftst.; Heiligenstädter Str. 84/45/11, A-1190 Wien, Tel. (06 99) 10 74 93 80, Fax (01) 9 71 74 91, *wienzeile-redaktion@wienzeile. cc, www.wienzeile.cc* (* Graz 28. 12. 49). VIZA-Lit.förd.ver., Kassierer; Rom., Lyr., Prosa, Drama, Ess., Lied. – **V:** Ausbrüche + Einbrüche von Meroni & Co, R. 87; TRANSIT-EXIT 89; Die Superlative des Engels Luzifer, Lyr. 90, erw. Aufl. 01; exit vienna, R. 98; Ulica Marata, R. 98 (auch russ.); IMMIGRANTEN D.I.S. 04; Delta Lena 06; Montfort. Der längste Satz der Welt 07. – **H:** Wienzeile, Mag. f. Lit., Kunst u. Politik, vj. seit 91 (Chefred. seit 89, zahlr. eigene Beitr.); Thomas Frechberger: Kalt-Wien 91; Eva Tinsobin: Fressgedichte u.v.m. 92; T. Frechberger: Fantasien 01; Z.M. Jezavski: Der Krüppel 03; melamar (Melanie Marsching): Fall in die Nacht, R. 03; T. Frechberger: DASREVERSAD, Palindrome 03; Manfred Stangl: Ein Auge Sonne, ein Auge Mond, G. 04; Buchreihe „VIZA EDIT"

Geiger, Horst, Bankkfm., Spielbank-Dir., Autor; c/o Thomas der Löwe-Verlag, Schillerstr. 7, D-76135 Karlsruhe (* Karlsruhe 25. 12. 25). – **V:** Berliner Geschichten aus den 50er Jahren 01. (Red.)

Geiger, Ingrid (geb. Ingrid Hummel), Grundschullehrerin; Tel. (0 71 61) 3 83 00, Fax 93 39 35, *geiger @lohrmann.de.* c/o Dt. Taschenbuch Verl., München (* Reutlingen 30. 4. 52). Kinderb., Mundart, Rom. – **V:** Fünf Kinder und ein Hund 88; Ein himmlischer Freund 91; Das verschwundene Amulett 92, alles Kdb.; Z'viel isch au nix, Mda. 94, 6. Aufl. 07; Des mag i, Mda. 95; Huckepack ins Ländle, R. 97, Tb. 00, 3. Aufl. 04; Altweibersommer im April, R. 03, Tb. 05; Roter Mohn und Mauerblümchen, R. 05; Jakobs Geheimnis, R. 07.

Geiger, Susanne, Schriftst.; Tel. (07 11) 6 15 17 17, *geiger. susanne@t-online.de* (* Stuttgart 13. 8. 64). VS Bad.-Württ. (ausgetreten 07); Bettina-von-Arnim-Pr. 93, Stip. d. Kunststift. Bad.-Württ. 96; Prosa. – **V:** Stilleben mit Menschen, R. 95; Nomaden, Südländer. Oder die Wahrheit der Kinder, Prosa 97; Kaiserschnitt, Erz. 99.

Geiger, Ursula; Hauptstr. 25, CH-4456 Tenniken, Tel. (0 61) 9 71 49 00 (* Beggingen/Schaffhausen). – **V:**

Komm bald, Christine, Jgdb. 67; Mumuni Lami, Gesch. 68; Irgendwo dazwischen, Tageb. 71; Mutter der Heimatlosen und Verfolgten, Lebensbild Gertrud Kruz 78; Gelebte Zeit, G. 89; Die Töchter in der Zeit der Väter, Erinn. 96; 1000fach hallt's in mir wider, G. 97; Noch immer Leim an meinen Sohlen?, Erinn. 98; Die Nachbarin, Erz. 01. (Red.)

Geipel, Ines, Mag. phil., Lit. wiss., Prof. HS f. Schauspielkunst „Ernst Busch", Berlin; Hornstr. 13, D-10963 Berlin, Tel. u. Fax (0 30) 6 91 75 07, *ines.geipel@gmx. de* (* Dresden 7. 7. 60). Autorenkr. d. Bdesrep. Dtld 99, Vors.; Buch d. Monats Mai 99, Stip. Schloß Wiepersdorf 00, Alfred-Döblin-Stip. 01, Burgschreiber zu Beeskow 07; Rom., Lyr., Hörsp., Herausgabe. – **V:** Kein Retour 97; Das Heft, R. 99; Diktate, Lyr. 99; Verlorene Spiele. Journal e. Doping-Prozesses 01; Dann fiel auf einmal der Himmel um, Biogr. Inge Müller 02; Für heute reicht's. Amok in Erfurt 04; Heimspiel, R. 05. – **MA:** Beste Deutsche Erzähler 04. – **H:** Inge Müller – Irgendwo; noch einmal möcht ich sehn. Lyr., Prosa, Tagebücher 96; Die Welt ist eine Schachtel. Vier Autorinnen in d. frühen DDR 99. – **R:** Ach du lieber Augustin wie fröhlich ich bin, Text-Coll., Hsp. 97; Das Herz ist ein geräumiger Friedhof, Text-Coll., Hsp. 00; Die Russische, Hsp. 02. – *Lit:* A. Strubel in: Lex. d. dt.spr. Gegenwartslit. 03. (Red.)

Geiser, Christoph, Schriftst.; Ländteweg 1, CH-3005 Bern, Tel. u. Fax (0 31) 3 11 38 17, *www. christophgeiser.ch* (* Basel 3. 8. 49). Gruppe Olten 73/AdS 03, P.E.N. 79, Dt. Akad. f. Spr. u. Dicht. 85; Förd.pr. d. Kt. Bern 73, Pr. d. Schweiz. Schillerstift. 74, 78 u. 04, Buchpr. d. Stadt Bern 75, 76, 79, 85, 91 u. 96, Buchpr. d. Kt. Bern 82, 87 u. 04, Kunstpr. d. Lyons Club Basel 83, Lit.pr. d. Stadt Basel 84, Lit.pr. d. Stadt Bern 92, Dresdner Stadtschreiber 00, mehrere Auslandsaufenthalte; Lyr., Rom., Nov., Hörsp. – **V:** Bessere Zeiten, Lyr. u. Prosa 68; Mitteilung an Mitgefangene, Lyr 71; Hier steht alles unter Denkmalschutz, Prosa 72; Warnung für Tiefflieger, Lyr. u. Prosa 74; Zimmer mit Frühstück, Erz. 75, Neuausg. 92 (auch estn.); Grünsee, R. 78; Brachland, R. 80, 83 (auch frz., ital.); Disziplinen, Erz. 82; Wüstenfahrt, R. 84; Das geheime Fieber, R. 87; Das Gefängnis der Wünsche, R. 92; Wunschangst, Erzn. 93; Kahn, Knaben, schnelle Fahrt, R. 95; Die Baumeister, R. 98; Über Wasser. Passagen, R. 03; Grünsee. Brachland, zwei R. 06 (m. CD-ROM); Wenn der Mann im Mond erwacht. Ein Regelverstoss, R. 08. – **MA:** Ausw.: Lea Ritter Santini (Hrsg.): Mit den Augen geschrieben 91; Bern – (k)ein literarisches Pflaster? 92; Ein Ort, überall 94, alles Anth.; Lese-Zeichen. Semiotik u. Hermeneutik in Raum u. Zeit. Festschr. f. Peter Rusterholz 99; Sodom ist kein Vaterland 01; Zukunft d. Literatur – Literatur d. Zukunft 03; – Beitr. in Zss., u. a.: drehpunkt Nr.71/72 88; Passauer Pegasus H.21/22 93; entwürfe Nr.19 99; SIGNUM H.1 00; Kunstforum, Bd 154 01. – **MH:** (u. Mitbegründer:) Zs. „drehpunkt", bis 82. – **R:** Die Besitzenden, Hsp. 72. – *Lit:* Martin Schellenberg: Stoffe – Motive – Formen im Werk C.G.s, Diss. Univ. Zürich 87; Thomas Kraft in: Hdb. d. dtspr. Gegenwartslit. 90; Jürgen Egyptien in: KLG 97; Michael Gratzke: Liebesschmerz u. Textlust 00; Thomas Kraft in: Lex. d. dt.spr. Gegenwartslit. 03; Michael Schläfli in: Arbeitsberichte d. Schweizer. Lit.archivs 06; ders. in: Quarto 23 07; ders. in: Anfangen zu schreiben 08.

Geiser, Katharina; Obere Leihofstr. 11, CH-8820 Wädenswil, Tel. (044) 7 80 87 39, *ka.geiser@bluewin. ch, www.katharinageiser.ch* (* Erlenbach b. Zürich 11. 2. 56). AdS 06, Pro Litteris 07; Anerkenn.gaben d. Stadt Zürich 06 u. d. Kulturstift. d. UBS 06, Werkbeitr. d. Pro Helvetia 07; Rom., Erz. – **V:** Vorüberge-

Gelbhaar

hend Wien, R. 06; Rosa ist Rosa, Erzn. 08. – **MA:** div.
Veröff. in Lit.-Zss.

Geishauser, Tilman, Student d. Cognitive Science;
Heinrichstr. 28, D-49080 Osnabrück, Tel. (0541)
506 25 88, *tilman@bt-medien.de, www.bt-medien.de.* –
V: Requiem. Textband 06; Der Stier im roten Zimmer 07.

Geisler, Hermann s. Knebel, Hajo

Geissler, Cathrin s. Lindberg, Cara

†**Geissler,** Christian; lebte in Hamburg (* Hamburg
25. 12. 28, † Hamburg 26. 8. 08). VS, P.E.N. bis 76; Pr. f.
d. beste antifaschist. Buch d. Jahres d. Tagesztg „Giornale del Popolo" 60, Pr. Letterario Libera Stampa 64,
Adolf-Grimme-Pr., Fs.pr. d. Arbeiterwohlfahrt, Lit.pr.
d. Irmgard-Heilmann-Stift. 88, Stip. d. Dt. Lit.fonds 89,
93, Hsp.pr. d. Kriegsblinden 93, Hsp. d. Jahres 93, Nds.
Kunstpr. f. Lit. (f.d. Gesamtwerk) 99, E.gabe d. Dt.
Schillerstift. 02; Rom., Ged., Hörsp., Dok.film, Fernsehsp., Polit. Journalismus. – **V:** Anfrage, R. 60, 61;
Schlachtvieh 63; Kalte Zeiten, R. 65; Ende der Anfrage, versch. Texte 67; Das Brot mit der Feile, R. 73, 86;
Wird Zeit, daß wir leben, R. 76, 89; Die Plage gegen den
Stein 78; Im Vorfeld einer Schußverletzung, G. 80; spiel
auf ungeheuer, G. 83; kamalatta, R. 88; dissonanzen
der klärung 90; Prozeß im Bruch 92; Wildwechsel mit
Gleisanschluß, R. 96; Klopfzeichen, G. 98; Ein Kind
essen. Liebeslied 01; In den Zwillingsgassen des Bruno Schulz, großes G. 02. – **MA:** Werkhefte Kath. Laien 60–64; kürbiskern 2/70, 3/71; Die Aktion H.89 92;
Der Pannwitzblick 93. – **H:** Das Dritte Reich mit seiner
Vorgeschichte 61. – **MH:** Kürbiskern, Zs. 65–68. – **F:**
Dokumentarfilme: Kopfstand, madam, m. Christian Rischert; Volkstreuertag; Ein Jahr Knast; Sie nennen sich
Schießer; Karolinenviertel; Blechgeschichten; Wir gehen ja doch zum Bund; Wir heiraten ja doch; Die Woche hat siebenundfünfzig Tage; Grenzansichten; Keine
Rede von Füchsen; Die ersten Soldaten; Flakhelfer; Gezählte Tage; Frau eines Führers; Ende der Anfrage. – **R:**
Fernsehspiele: Anfrage 62; Schlachtvieh 63; Wilhelmsburger Freitag 64; Immer bloß Fahrstuhl ist blöde 69;
Altersgenossen 69; – Hörspiele: Urlaub auf Mallorca
57; Jahrestag eines Mordes 64; Verständigungsschwierigkeiten 65; Unser Boot nach Bir Ould Brini 93; Taxi Trancoso 94; Walkman Weiß Arschloch Eins A 94;
Wanderwörter 00; Zwillingsgassen 02. – *Lit:* E. Röhner: Arbeiter in d. Gegenwartslit. 67; Hanno Möbius:
Arbeiterlit. in d. BRD 70; O. Neumann in: Weimarer
Beitr. 12/74; U. Reinhold: Lit. u. Klassenkampf 76; R.
Hosfeld/H. Peitsch in: Basis, Jb. f. dt. Gegenwartslit.,
Bd 8 78; J. Schneider: Die Plage gegen den Stein. Der
Schriftst. C.G. zwischen Resignation u. „zorniger Hoffnung", Diss. Humboldt-Univ. Berlin 84; Sven Kramer:
Die Subversion d. Lit. 96; Vorwärts & Wohin? Oder:
Lit. als Grenzüberschreitung / Vom Schreiben an Erfahrungsgrenzen (die horen H.192) 98; Günther Cwojdrak:
Eine Prise Polemik; Antonia Grunenberg: C.G.s Romane; Berliner Hefte; Munzinger-Archiv; H.J. Schröder
in: KLG.

Geissler, Franziska (Ps. Franziska Fasel); Tel. (0 44)
9 10 97 04 (* Bern 31. 8. 41). SSV 78; Erz. – **V:** Goldberg 90; Ein Koffer voll Milch 98; Wie nehme ich zu?
01; choco schock 07.

Geißler, Heike; Bonner Str. 1, D-80804 München, *geissler_heike@yahoo.de* (* Riesa 5. 4. 77). Alfred-Döblin-Pr. (Förd.pr.) 01, Stip. d. Ldeshauptstadt
München 01, Stip. d. Berliner Senats 01, Aufenthaltsstip. d. Berliner Senats im LCB 03, Förd.pr. d. Freistaates Bayern 03, Stip. d. Stift. Kulturfonds 04, Stip.
d. DAAD in Archangelsk, Russland 07, Stip. d. Kultur-

stift. Sachsen 08. – **V:** Rosa, R. 02; Nichts, was tragisch
wäre, R. 07. – **MA:** 20 unter 30, 02. (Red.)

Geißler, Karl-Friedrich, Verlagsleiter; Gartenstr.
6a, D-67480 Edenkoben, Tel. (0 63 23) 98 90 75,
Fax 98 90 77, *geissler-edenkoben@t-online.de*
(* Rockenhausen 27. 5. 52). VS Rh.-Pf. 81, Lit. Ver.
d. Pfalz 80; Rom., Nov., Lyr. – **V:** Die Kälte des Feuers, Erz. 84. – **MV:** Donnersberg, m. Rainer F. Stocké,
Bildb. m. Erzn. 85. – **MA:** 6 Beitr. in Prosa-Anth., 10
in Lyr.-Anth. – **H:** mund art '80 80. – **MH:** Echos.
Lit. aus Rh.-Pf. u. Burgund 82; Doppelspur. Rheinlandpfälz./saarländ. Leseb. 85. (Red.)

Geißler, Marie-Luise s. Kreisz, Marie-Luise

Geißler, Peter, M. A.; Brudermühlstr. 21, D-81371
München, Tel. (0 89) 7 24 16 87 (* Fischen im Allgäu
23. 7. 62). Stip. d. Ldeshauptstadt München 97; Lyr.,
Kinderb. – **MV:** Meins und Deins, m. Ill. v. Almud
Kunert, Kdb. 00, 01 (auch frz., dän., span., kat., engl.,
port., korean.); Ich kenn mich schon gut aus!, m. ders.,
Kdb. 02 (auch frz., span., kat., port., korean.); Hast du
Angst vor Gespenstern?, m. Kat Menschik, Kdb. 03
(auch dän.); Fritzi und sein Dromedar, m. Ill. v. Almud
Kunert, Kdb. 06 (auch frz., korean.). – **MV:** Lyr.-Veröff. in: Jb. d. Lyr. 98–03; Akzente, Zs. 00; Zwischen d.
Zeilen 00; Die Rampe, Zs. 03. – **H:** Und so kam Heiligabend heran. Weihnachten m. Fontane, Lyr., Erz. 97;
Ein brillanter Weihnachtsmord und andere Geschichten
aus dem engl. Winter, Erzn. 00; Berlin ist ein Gedicht,
Lyr. 01, 02.

Geissler, Sabine s. Peters, Sabine

Geist, Reiner s. Marquardt, Axel

Geist, Sylvia (geb. Sylvia Massuthe); Schmiedeberger Str. 26, D-30952 Ronnenberg, *sylgeist@gmx.net*
(* Berlin 29. 2. 64). VS. Vors. LV Nds.-Bremen; Arb.-
stip. d. Ldes Nds. 97, Förd.pr. f. Lit. d. Ldes Nds. 98,
Lyrikpr. Meran 02, Jahresstip. d. Ldes Nds. 06, E.gabe
d. Dt. Schillerstift. 08; Lyr., Prosa, Ess., Herausgabe. –
V: Morgen Blaues Tier, G. 97; Nichteuklidische Reise,
G. 98; Mitlesebuch Nr. 67, G. 06; Der Pfau, N. 08. – **H:**
textura. Reihe f. osteurop. Lit. 92–94; Zwischen den Linien. Eine poln. Anth. 96. – **MH:** Im Garten der Wörter.
Orte u. Gegenstände slowak. Lit. (die horen, 208) 02. –
R: bis wir reif werden – Slowak. Lyrik d. Gegenw., Radiosdg 07. (Red.)

Gelberg, Hans-Joachim (Ps. Hans Debray, Bettina
Feser), Lektor, Autor, ehem. Verlagsleiter; Kurpfalzstr.
9, D-69469 Weinheim/Bergstr., Tel. (0 62 01) 5 46 54,
Fax 87 32 23, *h.j.gelberg@online.de* (* Dortmund
27. 8. 30). P.E.N.-Zentr. Dtld 97; Dt. Jgd.lit.pr. 72,
Buchpr. Lesen für die Umwelt 90, Öst. E.kreuz f.
Wiss. u. Kunst 00, Bologna Ragazzi Award 01, Friedrich-Bödecker-Pr. 04; Lyr., Journalist. Arbeit u. Ess. zu
Fragen d. Kinderlit., Anthologie. – **H:** Die Stadt der
Kinder, G. 69, 87; Geh und spiel mit den Riesen. 1. Jb.
d. Kinderlit. 71, 76; Am Montag fängt die Woche an
73, 90; Menschengeschichten. 2. Jb. d. Kinderlit. 75,
91; Neues vom Rumpelstilzchen und andere Märchen
von 43 Autoren 76; Der fliegende Robert 77, 91; Das
achte Weltwunder 79; Wie man Berge versetzt 81; Der
bunte Hund, Kindermag. seit 82; Augen aufmachen
84; Überall und neben dir, Gedichte f. Kinder 86, 94,
alles Anth.; Die Erde ist mein Haus 88; Kinderland –
Zauberland, Geschn. f. Kinder 89; Daumesdick, M. 90;
Was für ein Glück, Erzn., G. 93; Oder die Entdeckung
der Welt, Anth. 98; Großer Ozean – Gedichte f. alle,
Anth. 00; Eines Tages, Anth. 02; die Worte der Bilder
das Kind. Über Kinderliteratur 05.

†**Gelbhaar,** Anni, Autorin; lebte in Weilburg
(* Weilburg 23. 1. 21, † 7. 6. 07). VS NRW 70, Fried-

rich-Bödecker-Kr., Gründ.mitgl. 68; Jugendb., Kinderb., Anthologie. Ue: fläm. – **V:** Viki geht auf Affenjagd 55, 61; Dagmar und der verbotene Fluß 56, 60; Edith hat noch gefehlt 58, 59; Zwei Mädchen und ein Geheimnis 61; Issi spielt die erste Geige 61, 63; Lachmeia und der weiße Elefant 62, 68; Jussuf in der falschen Haut 63; Der Hund in der Hosentasche 65, 68; Der Apfel fällt (nicht) weit vom Stamm 65; Das Auto Schockschwerenot 66; Finster wie im Bauch der Kuh 69; Abenteuer mit dem Zauberglas 72; Das falsche Programm 72; Tina gewinnt 72, 75 (auch dt.-ital., dt.-span., dt.-serbokroat., dt.-türk., dt.-griech.), alles Jgd.- u. Kdb.; Erzählungen über ausländ. Arbeitnehmer 74. – **MA:** zahlr. Anth., Schul- u. Kindergartenbücher, Feuilleton, Kreisjb., Sagen, Werbespiele. – **R:** Lachmeia und der weiße Elefant, Hsp.

Gelbhaar, Dorle (geb. Dorle Kremer), Dr.; c/o Verb. dt. Schriftst. (VS. FB 8), Köpenicker Str. 30, D-10179 Berlin, *dorle@gelbhaar.de, www.gelbhaar.de* (* Rostock 19. 4. 52). IG Medien, Das Syndikat 98, VS 99; Krim.rom. – **V:** Der Fremde am Telefon, Krim.-R. 98; Ahrenshooper Romanze, Erz. 04; Anders und die Duisburger Mafia, R. 09. – **MA:** Tatbestand. Ansichten zur Krim.-Lit. d. DDR 1947–1986 89; Erotik macht die Häßlichen schön 95; sogar die Hunde bellen anders. 30 dt.-dt. Geschn. 00; Berliner Zehn-Minutengeschichten 03; Neue Berliner Zehn-Minutengeschichten 05; Tödliche Torten 05; Neue Berliner Zehn-Minutengeschichten um die Liebe 06; Eine Leiche zum Dessert 08.

Geldener, Oliver s. Geldszus, Oliver K. G.

Geldszus, Oliver K. G. (Oliver Geldener), Dr., Journalist (* Berlin 11. 6. 70). Rom., Lyr., Erz., Dramatik. – **V:** Das Tagebuch des Thomas R., R. 92; Verzicht und Verlangen 99; Stille Tage in B. Die Regenmacher, N. 00. (Red.)

†**Geleng,** Ingvelde (Ps. Ingrid Karwehl), Dr. phil., Kritikerin; lebte in Berlin (* Berlin 18. 9. 17, † Berlin 18. 1. 07). Verb. d. dt. Kritiker 51, Intern. Theater-Inst. 56, Ges. f. Theatergesch. 57, Mitgl. d. Publ. Komitees im ITI f. d. dt.spr. Theater 60–69; Drama, Nov., Ess. Ue: engl, frz, ital. – **V:** Lorin Maazel, Monogr. e. Musikers 71. – **MA:** Bühnenbild in Dtld in: Le décor de théâtre dans le monde depuis 1935 (auch engl.) 56; Theater, in: 10 Jahre Bdesrep. Dtld 59; Dt.ausld. Theaterbeziehungen, Bilanz u. Perspektiven, in: Auswärtige Kulturbeziehungen III 66; Beiträge z. Musiktheater I 82; III 84; V 86; Wagner-Regie 83; Wagners Werk u. Wirkung 83; Die Dt. Oper Berlin 84; 25 Jahre Dt. Oper Berlin 86; Bühnentechn. Rdsch 93; Opern. Zeiten 95; Opernwelt 1997. – **Ue:** Henry de Montherlant: Le maître de Santiago u. d. T.: Ordensmeister, Dr. 49; Luigi Pirandello: Liolà, Lsp. 53; Heinrich – aber nicht im Ernst, Lsp. 54. – **MUe:** The God that failed u. d. T.: Ein Gott der keiner war; Beitr. v.: Gide, Koestler, Louis Fischer, Spender, Wright u. Silone 50.

Gelich, Johannes, Mag.; Goldschlagstr. 67, A-1150 Wien, Tel. (06 99) 12 90 90 77, *johannesgelich@tele2. at, www.johannesgelich.com* (* Salzburg 13. 8. 69). Öst. Staatsstip. f. Lit. 04, Buch.Preis 06, Stadtschreiber v. Hermannstadt (Sibiu) 08/09. – **V:** Die Spur des Bibliothekars, N. 03; Chlor, R. 06; Der afrikanische Freund, R. 08. – **MA:** zahlr. Veröff. u. Repn. u. a. in: Lit. u. Kritik, ORF 1, DER STANDARD. – **H:** Stromabwärts, zweispr. Anth. 05. – **R:** Innen und Außen 00; Das Licht am Ende des Tunnels 03; Geld Lassen Laufen 06, alles Hsp. (ORF 1). (Red.)

Gelien, Gabriele *

Geller, Red s. Rellergerd, Helmut

Gellner, Stefan, Bibliothekar; c/o Querverl., Berlin (* Bonn 13. 1. 68). Rom. – **V:** Und Herz über Kopf, R. 00, 2. Aufl. 01, Tb. u. d. T.: Liebe in diesem Augenblick 04.

Gelmini, Hortense von, Schriftst., Malerin, Dirigentin; c/o Kulturstift. Libertas per veritatem, Leimiweg 7, D-79289 Horben, *www.Hortense-von-Gelmini. de* (* Bozen 14. 4. 47). AWMM-Buchpr. 83, Europ. Regiokulturpr. „Pro Europa" 07; Ess., Lyr., Aphor. – **V:** Einblicke, zeitkrit. Ess. u. G. 81; Der mich liebt und ruft 86; Das göttliche Flüstern erlauschen 93; Vaterunser 94; Friedhofskapelle Kirchzarten 95, alles Text-Bild-Meditn.; Augenblicke christlicher Besinnung, gesammelte G. 99; Die Kunst Gott zu loben, Text-Bild-Meditn. 02. – **MA:** Beitr. in Zss.; Audio- u. Videokass. – *Lit:* s. auch Kürschners Handbuch der Bildenden Künstler, 1. Aufl. 2005; Wilderich Frhr. Droste zu Hülshoff: H.v.G. – Leben u. Werk 07.

Geltinger, Gunther, freier Autor; lebt in Köln, c/o Schöffling Verl., Frankfurt/M. (* Erlenbach/Main 12. 1. 74). 2. Drehb.pr. d. Drehb.forums Wien 97, Würdig.pr. d. BMUKK 02, Lit.pr. d. Schwulen Buchläden 04, Autorenwerkstatt d. LCB 06, Rolf-Dieter-Brinkmann-Stip. 07; Drehb., Rom., Hörst. – **V:** Mensch Engel, R. 08. – **MA:** Im Paradies, Anth. 05. – **P:** CDs: Riss 04; Das Meer 06, beides Hörstücke m. Musik v. Gerriet K. Sharma. (Red.)

Gemmel, Stefan; Obere Lehmerhöfe 12, D-56332 Lehmen/Mosel, Tel. (0 26 07) 96 07 10, Fax 97 45 17, *mail@stefan-gemmel.de, www.stefan-gemmel.de* (* Morbach/Hunsrück 30. 1. 70). Kath. Medienakad. (kma) 94, VS 96; Shirley-Mc-Naughton-Exemplary-Communication-Award 98, Empfehlung d. Stift. Lesen, Autor d. Monats aus RLP 06, BVK 07, Burgener Rebstock; Kinder- u. Jugendb. – **V:** Der Rabe in der Arche, Kdb. 93; Es war einmal..., Kdb. 96 (auch isl., frz., ital., kroat., korean., Thai, jap.); Wirklich NICHTS passiert?, Jgdb. 97 (3 Aufl.); Der neue Kirchturmwecker, Jgdb. 99; Winnewuff und Old Mietzecat, Jgdb. 00 (3 Aufl.); Sherlock Wuff und Doktor Miezon 01 (2 Aufl.); Robin Wuff und Bruder Katz, Jgdb. 02 (2 Aufl.); Paneelos Melodie, Kdb. 02; Keine Angst, kleiner Hase, Kdb. 02, (2 Aufl., auch frz., ital., jap., holl., schw., span., tsch.); O Schreck, unser Pfarrer ist weg! 03; Tom Wuff und Huckleberry Cat, Jgdb. 03; Rolfs Geheimnis, Jgdb. 04; Graf Wuff und Doktor Katzenstein, Jgdb. 04; Der Fresskönig, Kdb. 05; So wie du!, Kdb. 1.u.2. Aufl. 05 (auch tsch., jap., ital., korean.); Ohne dich!, Kdb. 07; Die HelleWecks, Kdb. 08; Musixstories. I: Vittorios Lied, II: Ellingtons Thema, III: Der Rhythmus der Welt, alles Kdb. m. CD 07, auch Sonderausg. im Schuber. – **MV:** Kathrin spricht mit den Augen, m. Kathrin Lemler, Kdb. 97 (5 Aufl., auch engl., span., port.). – **H:** Joana Hessel: Elfenspuren, Jgdb. 03 (2 Aufl.). – **P:** Bacchus und der Geist der Untermosel, Hörb. 03 (2 Aufl.). – *Lit:* Josef Zierden: Lit.lex. Rh.-Pf. 98; Federwelt, Zs. f. AutorInnen, 57/06.

Gemthal, Lutz s. Glatz, Helmut

Genazino, Wilhelm, Schriftst.; c/o Carl Hanser Verl., München (* Mannheim 22. 1. 43). P.E.N.-Zentr. Dtld; Förderaktion f. zeitgenöss. Autoren 82, Westermanns Lit.pr. 86, Stip. d. Dt. Lit.fonds 89, 93, Bremer Lit.pr. 90, Solothurner Lit.pr. 95, Pr. d. LiteraTour Nord 95, Stadtschreiber v. Bergen-Enkheim 96, Berliner Lit.pr. 96, Gr. Lit.pr. d. Bayer. Akad. d. Schönen Künste 98, Kranichsteiner Lit.pr. 01, Fontane-Pr. (Kunstpr. Berlin) 03, Autorenpr. d. dt.spr. Theaterverlage 04, Hans-Falla-da-Pr. 04, Georg-Büchner-Pr. 04, Heinrich-Heine-Stip. 05, Frankfurter Poetik-Vorlesungen WS 05/06, Internat. Buchpr. 'Corine' 07, Kleist-Pr. 07; Rom., Aphor., Hörsp., Feat., Ess., Film. – **V:** Laslinstraße, R. 65; Abschaffel, R. 77; Die Vernichtung der Sorgen 78; Falsche Jahre, R. 79; Die Ausschweifung, R. 81; Fremde Kämpfe, R. 84; Abschaffel. Die Vernichtung der Sorgen. Falsche Jahre, e. Trilogie 85; Der Fleck, die Jacke, die Zimmer, der Schmerz, R. 89; Die Liebe zur Einfalt, R. 90; Vom Ufer aus, Aphor. 90; Von Büchern und Menschen 91; Leise singende Frauen, R. 92; Risiko, kurze Geschn. 92; Aus der Ferne, Texte u. Postkarten 93; Das Bild des Autors ist der Roman des Lesers, Ess. 94; Die Obdachlosigkeit der Fische, R. 94; Das Licht brennt ein Loch in den Tag, R. 96; Achtung Baustelle, Texte 98; Die Kassiererinnen, R. 98; Über das Komische. Der außengeleitete Humor 98; Der gedehnte Blick 99; Auf die Kippe. Ein Album 00; Ein Regenschirm für diesen Tag, R. 01; Karnickel und Fliederbüsche, violett 01; Eine Frau, eine Wohnung, ein Roman 03; Die Liebesblödigkeit, R. 05; Die Belebung der toten Winkel. Frankfurter Poetik-Vorlesungen 06; Mittelmäßiges Heimweh, R. 07. – **MA:** Pardon, Zs. (Red.), bis 71; Literaturmagazin 2 74, 3 75, 24 89; Deutschland, Deutschland 79; Und wenn du dann noch schreist..., Hsp. 80; Über die Dummheit 96; Buch des Monats 1982–1997, u. a. – **H:** Beruf: Künstler (auch Vorw.) 83. – **MH:** Lesezeichen, Zs. 80–86. – **R:** Hat Miß Mayburne eine Sexualneurose oder nicht mehr alle Tassen im Schrank?, m. P. Knorr; Vaters Beerdigung; Rede an die Senkrechtstarter 71; Vom frühen Altern des Thomas S.; Longplay 72; Friede den Herzen; Die Situation des Mieters Eduard 73; Frische Erdbeben 74; Die Ewigkeit dauert lang; Die Wörtlichkeit der Sehnsucht; Sometimes Lindenblüten 75; Schlorem und Zores; Die Moden der Angst 76; Die Wäsche im Garten; Programmvorschau 78; Die Geheimnisse des Wohnens 79; Tagesthemen 80; Die Schönheit der Lügen; Die Geburtstagsüberraschung; Die Wilden von Nußdorf; Wovon man nicht sprechen kann; Herbeiführung der Ruhe 81; Fremde Fenster 83; Etwas vom Grasbüschel 84; Die Katze am Meer; Der Anblick der Täuschungen 86; Eile des Todes 88; Der Regen, ein Bündel; Ich weiß, sagte Proust, Sie wollen mir nicht glauben, daß ich im Sterben liege 89, alles Hsp.; Ein freier Tag, Fsf. 78. – *Lit:* DLL, Bd 6 78; Walther Killy (Hrsg.): Literaturlex., Bd 4 89; LDGL 97; Thomas Reschke in: KLG. (Red.)

Gengenbach, Karl, Bürokfm.; Bülowstr. 6, D-75180 Pforzheim, Tel. (0 72 31) 72 03 12, *KarlGengenbach45@aol.com* (* 18. 10. 45). – **V:** Ein Schlemihl mit zwei linken Füßen 01; Schlemihl's Kapriolen 01, beides Kurzgeschn. (Red.)

Genner, Reinhard, ev. Pfarrer em., Geiger, Dichter; Bachtobel 11b, CH-9542 Münchwilen, Tel. (0 71) 9 66 71 23 (* Schaffhausen 27. 1. 28). ZSV 96, Signat(h)ur, Gr. Bodensee 97; Aufn. unter d. Autoren d. „Schaffhauser „Dichterpfad" 01; Lyr. (hdt. u. Schaffhauser Dialekt), Kirchenkundliches Ess., Fabel. – **V:** Abstecher zu Fundstellen 92; Hemmnisse weichen 94; geradezu krümmungsreich 99; Strohbettbub 01; Schafuusisch gfärbt 05; Bunter als bisher 08; De Luft cha chehre 08, alles Lyr. – **MA:** Lyr. in Anth., Jbb., Zss. u. Kal. seit 92: Pro Lyrica; Lyr. d. dt.sprachigen Schweiz II, III; Pro Lyrica-Kal.; Jb. d. ZSV; Signat(h)ur; Harass.

Gensch, Gisela, Malerin; Hebbelstr. 4, D-10585 Berlin, Tel. u. Fax (0 30) 3 42 39 03, *Gi.Gensch@arcor.de, home.arcor.de/gi.gensch/* (* Berlin 9. 2. 38). Rom. – **V:** Kranewitter, dok. R. 02; Die gerettete Krippe und andere Weihnachtsgeschichten 03. (Red.)

Gensichen, Hans-Peter, Dr., ev. Theologe; Köllestr. 31, D-72070 Tübingen, Tel. (0 70 71) 85 59 50, *genstueb@web.de* (* Pritzwalk 30. 10. 43). – **V:** Anna. Eine Luthernovelle 97; tun-lassen. Ökologische Alltag-

sethik im 21. Jh. 03; Uckermark. Zukunftsroman 05, 08; Auf dem Weg in eine Gesellschaft des Weniger, Ess. 08. – **MA:** Evang. Theologie 3/85; Luther. Monatshefte 8/96. – **H:** Briefe im Konflikt Mensch – Erde, Nr.1 80 – Nr.62 2002 Alfred Edmund Brehm: Reise zu den Kirgisen 82; Die grünen Finger Gottes. Umweltgedichte aus 13 DDR-Jahren 89; Umwelt-Mosaik DDR '89/90. – *Lit:* Wer war wer in der DDR 92, 95; www.wikipedia.org.

Genth, Diedrich, Autor, Lektor; Breite 13, D-88525 Dürmentingen-Heudorf am Bussen, Tel. (0 73 71) 9 60 96, Fax 9 60 98 (* Ratzeburg 23. 8. 45). Rom., Krimi, Hörsp., Fernsehsp., Dokumentation. – **V:** Mord und Todtschlag in Schwaben. Zwei Leichen im Weinberg..., Krimi 90, 2. Aufl. 91; Mord und Todtschlag in Bayern. Zwei lustvolle Gottesdiener..., Krimi 90; Mordsmäßige Geschichten aus Hessen, Krim.-Erzn. 91. – **MV:** Sprache der Zeichen. Verständigung bei Tier u. Mensch, Begleitb. z. ZDF-Serie, m. Jürgen Voigt u. Fritz E. Gericke 73. – **B:** Gustav Schwab: Die Schildbürger u. a. wundersame Geschichten 91; O. Wildermuth: Heiratskandidaten und Ereignisse in einer kleinen (schwäbischen) Stadt 91. – **MA:** Kunstkritiken in: DER BUND (Bern) 69, u. a.; Feat. in: Fernsehwoche; medizin heute 73. – **H:** Reihe „SSS – Sammlung Schwäbischer Städtechroniken"; Bosses Anweisung z. Radier- u. Ätzkunst (1745), Faks. 86; Die alte Ravensburg (1856), Faks. 86; Versuch e. Gesch. d. Stadt Ravensburg (1830), Bd 2, bearb. Faks. 87; Versuch e. Gesch. v. Altdorf/Weingarten (1864), bearb. Faks. 89; Beiträge z. Gesch. d. Reichsstadt Biberach (1876), bearb. Faks. 89. – **R:** Gelobt sei, was stark macht – Bodybuildig, Drehb. z. Fs.-Dok. (WDR) 76 u.ö.; Mord und Totschlag. Die Heimatserie, Kurzkrimi-Hsp.-Reihe, 18 F. (SWF) 93, (DRS1) 00; Mord und Totschlag in Schwaben, Hsp. (SWF, SDR) 94 u.ö.

Gentsch, Bernhard, Dr. phil., Historiker, Bibliothekar, Journalist, Lektor, jetzt Rentner; Herweghstr. 12, D-01157 Dresden, Tel. (03 51) 8 02 22 92 (* Glauchau 26. 2. 36). Kurzgesch., Aphor., Lyr. – **V:** Der Feuervogelbaum, Kurzgeschn. 05; Lächeln ist mehr als Lachen, Aphor. 05; Ellifantischwanzi. Ein Kinderbüchlein f. Erwachsene 07.

Gentsch, Günter, Dr. phil., Autor, Nachdichter, Übers., Anglist/Amerikanist, Nordist; Ludwig-Beck-Str. 12, D-04157 Leipzig, Tel. u. Fax (03 41) 9 11 69 21 (* Altenburg/Thür. 5. 4. 41). VS, Förderkr. Freie Lit.-ges. e.V. Leipzig, Gründ.mitgl., Sächs. Übers.ver. Die Fähre, Gründ.mitgl., Dt. Shakespeare-Ges., Ges. Mitteldtld – Schweden e.V.; Ess., Biogr., Nachdichtung u. -titel. Übers., Herausgabe v. belletrist. Werken. Ue: am, engl. schw. – **V:** Faulkner zwischen Schwarz und Weiß, Ess. 83; Roulette des Lebens. Die ungewöhnlichen Wege d. Lady Mary Montagu, lit. Biogr. 07. – **MA:** Übers. in: Die Tigerklaue, Jagdgeschn. 85, 87; Zs. für Anglistik u. Amerikanistik; Simurgh 3/07; Signum 1/08. – **H:** R.L. Stevenson: Der Selbstmörderklub, Erzn. (Nachw.) 68, 86; William Faulkner: Der Bär, Erz. (Nachw.) 68; Robert Frost: In Liebe lag ich mit der Welt im Streit, Lyr.-Anth. (Ess.) 73; Erskine Caldwell: Beechum, der Candy-Man, Stories (Ausw. u. Nachw.) 76; Wystan Hugh Auden: Glück mit dem kommenden Tag, Lyr.-Anth. (Ess.) 78; O. Henry: Bekenntnisse eines Humoristen, Stories (Ausw.) 79, 87; Truman Capote: Baum der Nacht, Stories u. Skizzen (Ausw., Nachw.) 81; Ezra Pound: An eigensinnigen Inseln, Lyr.-Anth. (Ess.) 86; Edgar Allan Poe: Ausgew. Werke in drei Bänden (Ess., Teilnachdicht.) 89, 90; ders.: Sämtliche Erzählungen in vier Bänden 93, 02, 08. – **MH:** Freies Gehege. Alm. sächs. Autoren, Prosa u. Lyr. 94; Im Bann der Dämo-

Gentz-Werner

nen, 5-bänd. Ausg. u. a. m. Texten v. E.A. Poe 01. – **R:** Rdfk-Sdgn zu Werken d. Weltlit. – **Ue:** August Strindberg: Schwedische Schicksale u. Abenteuer 68. – **MUe:** Percy Bysshe Shelley: Ausgew. Werke, Dicht. u. Prosa 85, 90; A. Strindberg: Ausgewählte Erzählungen in drei Bänden 89; ders.: Ich dichte nie 99.

Gentz-Werner, Petra (Ps. Petra Werner), Dipl.-Biol., Dr. rer. nat., Dr. habil., Wiss.historikerin, PD; c/o Berlin-Brandenburgische Akademie, Jägerstr. 22, D-10117 Berlin, *gentz-werner@bbaw.de* (* Leipzig 2. 8. 51). SV-DDR 82; Kunstpr. d. FDJ 74; Prosa, Lyr., Sachb. – **V:** Poesiealbum 110, G. 77; Sich einen Mann backen, Kurzgeschn. 82, 89; Die Lüge hat bunte Flügel, Erzn. 85, 88; Ein Genie irrt seltener. Otto H. Warburg 91; Der Heiler. Tuberkuloseforscher Friedrich Franz L. Friedmann, erz. Sachb. 02; Himmel und Erde. Alexander von Humboldt 04; Der Fall Feininger, erz. Sachb. 06; Roter Schnee oder: Die Suche nach dem färbenden Prinzip, wiss. Sachb. 07; Die Weltkarte der großen Dinge, Sachroman 09, u. a. – **MA:** Schriftsteller über Weltliteratur. Ansichten u. Erfahrungen 79; Väter unser. Reflexionen v. Töchtern u. Söhnen 88; Neue Dt. Biographie; Dt. Biographische Enzyklopädie; Wer war Wer in d. DDR? 92; Who is who in the world 04, u. a.

Genzmer, Herbert, Dr. phil., Lecturer; Bismarckstr. 20, D-47799 Krefeld, Tel. (0 21 51) 6 92 92, *genzmer @galenics.com* (* Krefeld 21. 6. 52). Förd.pr. d. Arbeit, Klagenfurt 91, Stip. d. Stuttgarter Schriftstellerhauses 94, Ndrhein. Lit.pr. d. Stadt Krefeld 94, Arb.stip. d. Ldes NRW, Nettetaler Lit.pr. u. Publikumspr. 02; Rom., Nov., Ess., Kurzgesch. Ue: am, engl, span, ndl. – **V:** Fatale Kommunikation 82; Die Jade 82; Cockroach Hotel 86; Die Geschichte der Libelle 86; Cantina 87; Manhattan Bridge 87; Freitagabend, Erz. 88; Großstadtblut 90; Die Einsamkeit des Zauberers, R 91; Das Amulett, R. 93; Atemlos barfuß 93; Die längste Achterbahn der Welt 93; Deutsche Grammatik 95; Letzte Blicke – Flüchtige Details, R. 95; Dalí und Gala, Doppelbiogr. 98; Samstag nachmittag, Erzn. 98; Sprache in Bewegung 98; Literarische Spaziergänge durch New York 03. – **MV:** Kulinarische Wanderungen auf Mallorca, m. Bernd Ewert 99. – **MA:** Reise Textbuch New York 89; Insel Almanach f. d. Jahr 1993, 92; Sommerferien 02; Fish drum Magazine 98; Heiß und innig 95. – **H:** Barcelona, Anth. 99; Kalifornien, Anth. 00. – **R:** Die Jade, Tod eines Ang Moh Kui, Geschn. 83; Essen mit dem Chef, Hsp. 92. – **Ue:** G.J. Ballard: Betoninsel 92; Jonathan Carroll: Ein Kind am Himmel 92; Alice Thomas Ellis: Das Gasthaus am Ende der Welt 93; Morris Philipson: Tapete mit Fuchs 94; Gustave Rathe: Der Untergang der Bark Stefano vor dem Nordwestkap Australiens 94; Jonathan Carroll: Wenn die Stille endet 95; Dennis Johnson: Jesus' Sohn 95; Alice Thomas Ellis: Die Kaktusblüte 98; Jonathan Raban: Bad Land 99; Tony Andrews: Enthüllungen 99; Ellen Ullman: Close to the machine 99. (Red.)

Geomer, Peter s. Erny, Georg Martin

Georgas-Frey, Peter, Physiotherapeut, Yoga-Lehrer, Autor; Salzgasse 5, D-88131 Lindau, Tel. (0 83 82) 40 95 08, *melig-peterf@gmx.de, www.soanta. de* (* Zweibrücken 29. 1. 70). Rom., Lyr., Ess., Erz., Aphor. – **V:** Soantà & Als Paolos Hände reden lernten, Erzn. 06; Die Revolte, R. 07.

George, Nina (Ps. Anne West); Durchschnitt 21, D-20146 Hamburg, *schreibboutique@aol.com, www. ninageorge.de* (* Bielefeld 30. 8. 73). – **V:** Kein Sex, kein Bier und jede Menge Tote, Krimi 99; Bube, Dame, Karo, Tod, Krimi 03; Schmutzige Geschichten 04; mehrere Erotik-Ratgeber. (Red.)

Georgi, Jörg A. s. Groh, Georg Artur

Georgi, Leo s. Ried, Georg

Georgi, Vera, Blumenbindermeister; Weinbergstr. 56, D-01129 Dresden, Tel. (03 51) 8 58 38 23 (* Halle/S. 21. 9. 38). Autorenverb. Berlin 97; Lyr. – **V:** Meine Wälder vor dem Haus 99; Es schneit 01; Laß Tiere Pflanzen gewähren 03; Der Fluß rinnt 05, alles Lyr. (Red.)

Gepp, Hans Georg, ObStudR. i. R.; Dickenbruch 88, D-59821 Arnsberg, Tel. u. Fax (0 29 31) 1 30 62, *hg.gepp@freenet.de* (* Soest 18. 3. 34). – **V:** Name ist Schall, G. 99; Franz Irrenfuß, G. 01. (Red.)

Geppert, Roswitha (geb. Roswitha Reinhardt), Dipl.-Theaterwiss., freiberufl. Schriftst.; Tschaikowskistr. 30, D-04105 Leipzig, Tel. u. Fax (03 41) 9 80 32 72 (* Leipzig 18. 6. 43). SV-DDR 76, VS, Förderkr. Freie Lit.ges. e.V. Leipzig; Förd.stip. d. Ldes Sachsen 98, Studienreiseförd. d. Pühringerstift. Wien 01; Rom., Übers., Feat., Erz., Szenarium. Ue: engl. – **V:** Die Last, die du nicht trägst, R. 78, 11. Aufl. 95 (auch slow.); Das Lächeln kehrt zurück, Erzn. 98, 2. Aufl. 00; Wies Rodgehlchn in dn Himmel gahm, Mda.-Geschn. 98; Mehr Licht in der Welt, Erzn. 99, 2. Aufl. 00; Das Jammerschloss, UA 02; Anders, Erzn. 03. – **B:** Kitty Hart-Moxon: Wo die Hoffnung gefriert. Überleben in Auschwitz 01. – **MA:** Marienkalender 03. – **R:** Die Tochter, Fs.-Szen. 81; Kein Feat wie jedes andere, Fsp. 89; Tolerantes Ehepaar sucht..., Fsp. 90 (alle drei angenommen, nicht gesendet); Das Lächeln kehrt zurück, Fk-Feat. 91. – **Ue:** George Moore: Esther Waters 76, 3. Aufl. 88. (Red.)

Gerber, Ernst P., Redaktor, Schriftst., Dipl.-Sozialarb.; Länggassstr. 68D, CH-3012 Bern, Tel. (0 31) 3 01 83 44, *epgerber@tiscali.ch* (* Thun 14. 11. 26). SSV 72, jetzt AdS; Drama, Lyr., Rom., Hörsp. – **V:** Geranien f. St. Jean, R. 68; Irrtum vorbehalten, G. 69; Achtung Knies, geradeaus marsch, Dok. 76. – **MV:** In die Wüste gesetzt, G. 67; Erfahrungen, Kurzgeschn. 70. – **MH:** Behinderten-Emanzipation, Sachb. 84. – **R:** Dr Dryzähner, Hsp. 65.

Gerber, Maren (USINE), Werbegrafikerin, Autorin, Kauffrau; c/o Thomas der Löwe-Verlag, Schillerstr. 7, D-76135 Karlsruhe (* Kassel). Badischer Kunstver., Börsenver. d. dt. Buchhandels. – **V:** Sweet Luder, Geschn. 95, Theaterst. 02; Bussi Cat, Gesch. 99; Meine Grossmutter Else 00; Dem Else sinn Nachlass 03; Hättest du das gedacht meine Lise; Karlsruher Schmonzetten, alles Mda.-Geschn.

Gerber-Hess, Maja (Ps. Maja Hess), Kindergärtnerin, Redaktorin; Im Püntli 12, CH-8535 Herdern, Tel. u. Fax 05 27 40 06 50, *majahess@bluewin.ch* (* Zürich 5. 11. 46). Kinderb. – **V:** Der Zaubervogel 79; Stefan und der seltsame Fisch 80; Die Waschmaschinenmaus 81; Karoline und die 7 Freunde 83, alles Kdb.; Illusionen, Kurzgeschn. 87; Das Jahr ohne Pit 89; Der geheimnisvolle Freund 90; Reto, HIV-positiv 91; Etwas lebt in mir 92; Patchwork-Familie 95; Mama im Knast 96; Zoë und Rea 98; Schatten im Sommerparadies 00; Die Tat 01; Sonst kommst Du dran! 02; Als Fabian verschwand 04. – **MV:** Beppo, der Hirt 80; Die beiden Hirten 86. (Red.)

Gerbig, Heike, freie Autorin; c/o Rotbuch Verl., Berlin (* 55). Arb.stip. f. Berliner Schriftsteller 91, Alfred-Döblin-Stip. 01. – **V:** Engel im Tiefflug, R. 02; Berliner Teufelskreis, R. 03. (Red.)

Gerbode, Willi F., Kabarettist, Lektor, Songwriter, Gitrarrist, Autor; Kreuzstr. 16, D-48720 Rosendahl, Tel. u. Fax: (0 25 66) 17 77, *anfrage@gerbode.de, www. gerbode.de* (* Gieboldehausen b. Göttingen 5. 4. 55). IDI 79, VS 02, Kogge 04; 1.Lit.pr. d. Ostfäl. Inst. 95,

03, 3.Lit.pr. d. Ostfäl. Inst. 97, 2. Pr. f. Kurzgesch. d. NDR 97, 5. Pr. f. Kurzgesch. d. NDR 98, 2. Pr. f. Lyrik d. Freudenthal-Ges. 97, 99, 06, 3. Pr. f. Lyrik d. Freudenthal-Ges. 03, Klaus-Groth-Pr. 04, Anerkenn.pr. d. Burgdorfer Krimipr. 04; Rom., Lyr., Kurzepik, Dramatik, Hörsp. – **V:** Neie Chrenzen – Neue Grenzen, G. 97; Der Zaun, Dr. 99; Der Zaun, R. 99; Neue Grenzen, G. 99; Immer wenn Lotterbett erzählt, Satn. 02; Die Wellen der drei Meere, R. 06; Nachtschatten bei Tage, Krim.-Geschn. 07 (auch als Hörb.); Von Katzen und Mäusen, G. 08 (auch als Hörb.); PlattEtüden, ndt. G. 08 (mit CD). – **MA:** zahlr. Beitr. in Anth. u. Zss., u.a.: Kinner, Kinner 95; Dat leve Geld 97; Klaus-Groth-Jb. 01; Nationalbibliothek d. dt.sprachigen Gedichtes 03. – **P:** Neun Lieder und 'n Keks, Schallpl. 79; Irgendeine, Single-Schallpl. 83; Immer wenn Lotterbett erzählt, Satn. 1 98, Tonkass. u. CD, 2 00 CD; Die Liebe in den Zeiten der Ich-AG, Poesie u. Musik, CDs 04.

Gercke, Doris (Ps. Marie-Jo Morell), freie Schriftst.; lebt in Hamburg, c/o Verl. Hoffmann u. Campe, Hamburg (* Greifswald 7.2.37). Ehren-GLAUSER 00; Prosa, Lyr., Hörsp., Drehb. – **V:** Nachsaison, Krim.-R. 88; Die Insel, Krim.-R. 90; Der Krieg, der Tod, die Pest, Krim.-R. 90; Versteckt, Kinderkrimi 92; Kein fremder Land, R. 93; Eisnester, G. 96; Für eine Hand voll Dollar, Jgd.krimi 98; Der Tod ist in der Stadt, R. 98; Duell auf der Veddel, Krimi-Märchen 01; Milenas Verlangen, R. 02; Beringers Auftrag 03; – Bella-Block-Romane: Weinschröter, du mußt hängen 88; Moskau, meine Liebe 89; Kinderkorn 91; Ein Fall mit Liebe 94; Auf Leben und Tod 95; Dschingis Khans Tochter 96; Die Frau vom Meer 00; Die schöne Mörderin 01; Bella ciao 03; Schlaf, Kindchen, schlaf 04; Georgia 06; Schweigen oder Sterben 07; (Übers. insges. in mehrere Sprachen). (Red.)

Gercke, Stefanie; c/o Michael Meller Literary Agency GmbH (* Guinea-Bissau/Afrika). Alfred-Müller-Felsenburg-Pr. 98; Rom. – **V:** Ich kehre zurück nach Afrika 98, Tb. 99, 17. Aufl. 06 (auch tsch.); Ins dunkle Herz Afrikas 00, Tb. 01, 7. Aufl. 06; Ein Land, das Himmel heißt 02, Tb. 03, 6. Aufl. 06; Schatten im Wasser 04, 3. Aufl. 05, Tb. 06; Feuerwind 06, Tb. 07; Über den Fluss nach Afrika 07; NN 09.

†**Gerdau,** Kurt, Kapitän, Publizist; lebte in Tostedt (* Saalfeld/Ostp. 11.4.30, † Tostedt 21.12.07). – **V:** Padua – Ein ruhmreiches Schiff, Biogr. 78; Cimbria – Drama b. Borkum Riff, hist. R. 82; Rickmer Rickmers – Ein Windjammer f. Hamburg 83, 5. Aufl. u.d.T.: Rickmer Rickmers – Hamburgs Windjammer 95; Rettung über See, Trilogie 84; Ubena – Im Kielwasser des Krieges 85; Goya – Die größte Schiffskatastrophe d. Welt 86; Cap San Diego – Vom Schnellfrachter z. Museumsschiff, Chron. 87; Elbe I – Feuerschiff z. Stürme 88; Heimathafen Hamburg, Gesch. u. Gesch. 88; Weihnachten an Bord 88, Tb. 94; Kampfboot M 328 89; Keiner singt ihre Lieder, Erzn. 89; La Palome oje!, Erzn. 89; Küstenklatsch, Erzn. 90; Seedienst Ostpreußen 90; Große Freiheit See, Erzn. 91; Passat – Legende e. Windjammers 91; Hamburg am Bug 93; Tatort Hochsee – Gewaltverbrechen an Bord, Geschn. 93; Die narzisse Kreuzfahrt, Erzn. 95; Hansestadt im Seewind: Bielefeld 97; Weihnachten auf See, Erzn. 97; Choral der Zeit, R. 98; Weihnachten zwischen Hamburg und Kap Hoorn, Erzn. 01. – **MA:** Erzn. in Anth.: Das wollen wir wissen 74; Betriebsräte berichten 77; ... Und die Meere rauschen 80; Canopus 81; Das Ostpreußenb. 81; Gold Dollar Törns 84; Melodie der Meere, Leseb. 97; Staatsdampfer Schaarhörn 98; – Ztgn u. Zss., u.a.: Koehler Flottenkal.; Schiff u. Zeit; Yacht; Stander; Motorboot; Dt. Schiffahrt; Seekiste; Schiffskarten intern.; Kehrwieder;

Hamburg Rev.; Reise u. Bädermag.; Marine-Rdsch. – **R:** Beitr. f. Schulfunk WDR; Zeitfunk NDR.

Gerdes, Heinrich, Prof. Dr. med., Internist; An den Rehwiesen 34a, D-34128 Kassel, Tel. (05 61) 6 10 02, Fax 6 02 88 08, *prof.hgerdes.kassel@dgn.de* (* Bochum 16.3.36). Rom., Erz. Ue: engl, span. – **V:** Das Spital, R. 03. (Red.)

Gerdes, Peter, Autor, Journalist, Hrsg.; Kolonistenweg 24, D-26789 Leer, Tel. (04 91) 50 87, Fax 9 27 98 59, *gerdes@leda-verlag.de, www.leda-verlag. de* (* Emden 7.9.55). VS 83, Ldesvors. Nds. u. Bremen 00, Arb.kr. ostfries. Autor/inn/en 96, Das Syndikat 97, Förd.gem. Literatur 99, stellv. Vors. 99; Nomin. f.d. Lit.pr. „Das neue Buch" d. VS Nds./Bremen 02, 05; Krim.rom., Lyr., Sat., Science-Fiction, Kurzprosa, Lied, Ess., Übers. Ue: engl. – **V:** Öffentliches Ärgernis, Lyr. 83; Unter dem Wolkendach, Lyr. 98, 00; – KRIMIS: Ein anderes Blatt 97, 00; Thors Hammer 97, 00; Ebbe und Blut 99, 06; Das Mordsschiff, Kurzkrimis 00; Der Etappenmörder 01; Stahnke und der Spökenkieker 03; Fürchte die Dunkelheit 04; Solo für Sopran 05 (auch als Hörb.); Der Tod läuft mit 07; Der siebte Schlüssel 07; – 3 Sachbücher 80–83. – **MA:** Krim.-Erzn. in: Waterkant im Mörderhand 99; Killing Him Softly 00; Ferien-Lesebuch 00; Der Macho-Guide 00; Faszination See 00; Wein & Leichen 01; Sport ist Mord 02; Opus 2003 03; Liebestöter 03; Mörderische Mitarbeiter 03; Mords-Lüste 03; Mordsjubiläum 04; Mord ist die beste Medizin 04; Mord am Niederrhein 04; Tatort FloraFarm 04; Die Winterreise 04; Tatort Kanzel 04. – **H:** Zum Morden in den Norden 99; Mordkompott 00; Mordlichter 01; Abrechnung, bitte! 02; Flossen hoch! 02; Fiese Friesen 05; Inselkrimis 06, alles Krimi-Anth. – **MH:** Der schwarzbunte Planet, SF-Anth. 00; Flossen höher!, m. Heike Gerdes, Krimi-Anth. 04. – **P:** ... ohne Gängelband, Schallpl. 83; Zorn und Zärtlichkeit, Tonkass. 84. (Red.)

Gerdes, Rolf, Berufssoldat, selbst. Industrieberater; Sudheim 67, D-33034 Brakel, Tel. (0 52 72) 3 53 64, Fax 3 53 66, *Wolff.Gerdes@t-online.de, Rolf_Gerdes@ t-online.de* (* Dortmund 31.5.39). Rom., Erz., Krimi. – **V:** Der pietätlose Damhirsch, Jagdgeschn. 06.

Gerdes, Ubbo; Barkenkamp 18, D-26605 Aurich, Tel. (0 49 41) 47 29, Fax 6 98 10 92, *ubbo.gerdes @ewetel.de* (* Aurich-Wallingshausen 43). Schrieverkring Weser-Ems, Schrieverkring de Spieker, Arb.kr. Ostfries. Autor/inn/en 95, Verdener Arb.kr. ndt. Theaterautoren e.V.; Pr. d. Ostfries. Landschaft 84, Pr. d. Ndt. Bühnenbundes 90, Keerlke-Pr. d. Vereins „Oostfreeske Taal" 98; Mundart-Stück, Prosa, Hörsp. – **V:** En Huusstachter in de Kniep, Stück 80; Modder kriggt Zwangsurlaub, Stück 85; Dat qualmt ja blots!, Kurzsp. 87; Oma hett Geld, Stück 88; Kiek um to de Kurzgeschn. u. G. 89; De Kurschadden, Stück 91; Kien Tied för Opa, Kom. 93; Frünnen, Stück 93; Mit Leevde speelt man nich, Kom. 94; Der kluge Klaus, Kurzsp. 94; Lüttje Rykus – kiek, so groot bin ick! 95; Een Buddel för de Dokter, Kurzsp. 96; Bettgahnstied, Kom. 96; De Diaavend, Weihnachtssp. 96; De Banköverfall, Kurzsp. 96; Een Huus köst Geld, Stück 97; So nich, mien leve Vader!, Stück 97; Lüttje Rykus – kiek, ik bün d'r noch 97; Drei Stück mit Glück, Lsp. 98; Kiek, so is dat Leven, Kurzgeschn. 98; Lüttje Rykus – kiek, ik bün d'r weer 99; De verduvelte Rookeree, Kurzsp. 99; Fieravend, Kurzsp. 99; In Ehemann lehnt man nich ut, Theaterst. 03; Vasen, Blömen und Snippelkes, Theaterst. 03; Mien Froo is de Füürwehrwehr, Theaterst. 04; Glühwien drinken, Theaterst. 05; Lüttje Gerd 1+2, Kurzsp.; to dem keem Oma, Theaterst. 06; Dat neje

Gerdom

Gewehr, Kurzsp. 07; (Übertragung mehrerer Theaterst. ins Hochdt. u. Münsterländer Platt). – **R:** mehrere Hsp., u. a.: Wiehnachten 92; Beddgahnstiet 95; Eegen Fleesch un Bloot 95.

Gerdom, Susanne (Ps. Frances G. Hill); Fürstenwall 24, D-40219 Düsseldorf, Tel. (02 11) 59 39 88, *Gerdom@iq300.de*, *www.42erAutoren.de* (* Düsseldorf 17. 11. 58). 42erAutoren; Fantasy-Rom., Science-Fiction-Rom. – **V:** Ellorans Traum, R. 00; Anidas Prophezeiung 03; Die schwarze Zitadelle 03; Das Herz der Welt 04; Elbenzorn 07. (Red.)

Gerdts-Schiffler, Rose, Dipl.-Sozialwiss., Red.; c/o Weser Kurier, Martinistr. 43, D-28189 Bremen, Tel. (04 21) 36 71 36 50, Fax 36 71 36 51, *Gerdts-Schiffler @gmx.de* (* Cuxhaven 22. 6. 60). Das Syndikat 07; Rom. – **V:** Gedankenmörder 07; Brandfährte 08, beides Krim.-R.

Gerdung, Georg; Birkenbreite 19a, D-06847 Dessau, Tel. (03 40) 51 33 13 (* Bielefeld 19). Friedrich-Bödecker-Kr.; Erz., Kurzgesch., Hörsp. – **V:** Ein Routinefall des Inspektor Létier, Kurzgeschn.; Leitersprossen 03. – **MV:** Das letzte Ufer, Erz. 96; Wilde Träume, Leseb. 00, beide m. Rita Gerdung. – **MH:** Spagat zwischen Traum und Wirklichkeit, zwischen gestern und heute, m. Rita Gerdung, Anth. 00. (Red.)

Gerdung, Rita, Heilpraktikerin; Birkenbreite 19a, D-06847 Dessau, Tel. (03 40) 51 33 13 (* Weißenfels 4. 12. 40). Friedrich-Bödecker-Kr.; Erz., Kurzgesch., Hörsp. – **V:** Kleine Abwechslung, Erz. u. Theaterst., UA 96. – **MV:** Das letzte Ufer 96; Wilde Träume 00, beide m. Georg Gedung. – **MH:** Spagat zwischen Traum und Wirklichkeit, zwischen gestern und heute, m. Georg Gerdung, Anth. 00. – **R:** Gänsebraten, Hsp. 97; Lissy, Hsp. 97. (Red.)

Gerecke, Andrea, Dipl.-Journalistin; Hilferdingsen 51, D-32479 Hille, Tel. (01 76) 43 05 02 95, *Andrea-Gerecke@web.de*, *www.autorin-andrea-gerecke.de* (* Berlin 8. 9. 57). Prosa, Lyr. – **V:** Gelegentlich tödlich. Gutenachtgeschichten f. Erwachsene 04; Warum nicht Mord?! Neue Gutenachtgeschichten f. Erwachsene 06.

Gerescher, Konrad (Ps. Johannes Ernst), Konstrukteur; Hauptstr. 7, D-74869 Schwarzach/Odenwald. Arany-Janos u. 1, H-6134 Kömpöc, *www.deutschforum. hu* (* Batschki Breg/Jugosl. 14. 4. 34). VS 75–88; Felix-Milleker-Gedächtnispr.; Lyr., Nov., Dokumentation, Mundart. – **V:** Gezeiten, G. u. Parabeln 74; Maisbrot und Peitsche, Erlebnisber. 74; Zeit der Störe, Nn. 75; Politik aufgespießt, Sat. 76; Gäste und Gastgeber, Gastarbeiter-Nn. 79; Unserer Hände Arbeit. 200 Berufe d. Donauschwaben aus d. Batschka 81; Einmal lächeln und zurück 90; Daheim I/II, Bild-Dok. 92; Tes hemr khat 95; So hemrs kmacht 96; So hemr kireb 96, alles in Mda. d. Donauschwaben; Donauschwäbisch – Deutsch, Lex. 99. (Red.)

Gergs, Martin, freischaff. Künstler u. Schriftst. – **V:** Bündelungen der Leere, leere Bündel, G. 94; Gedichte 1985–1999 99; Kodoku, G. 01; protokollon, G. 04. – **MA:** 11 G. in: Akzente 4/01. (Red.)

Gerhäuser, Josefa; Lehenerstr. 39, D-79106 Freiburg, Tel. (07 61) 28 99 09 (* Pforzheim 1. 6. 58). – **V:** Leben will ich, G. u. Assoziationen 02. (Red.)

Gerhard, Stefan, M. A., Theaterwiss., Journalist; Liselotte-Hermann-Str. 5, D-10407 Berlin, Tel. (0 30) 82 70 95 13, *sg@stefangerhard.de*, *www.stefangerhard. de* (* Frankfurt/Main 11. 11. 65). Erz., Kurzprosa, Ess. Ue: engl. – **V:** Desaster, Lyr. 79; Liebe und so ..., Erz. 80, 82; Hasserfüllt!, Lyr., Kurzprosa 81, 98; Hauptsache weg, Erz. 83; Donnas Gift, Kurzprosa 87, 99. – **MA:** Roter Kalender 81; Morgen beginnt heute 81; ...

zu spüren, daß es mich gibt 84; Frühreif, Texte 84; Büro, Leseb. 86; taz 87–92; Nagelprobe, Texte 88; Hessischer Literaturbote: Erotik. Exotik 90; Bubizin. Mädizin 94; mare 98–00; – Ess. zur Ausstellung „Freiheit mit kurzem Arm" (Gustav-Lübcke-Mus. Hamm) 00; Ess. zu „Moby Dick" (Staatstheater Hannover) 07. – **H:** Heinrich Dubel: Mare Amoris, Kurzprosa 94; Gruppe M: Von der Legende, Mensch zu sein, Kurzprosa 94. – **R:** Bericht v. d. 1. Sitzung d. Charlottenburger Fischbüros, Hörst. 86. – **P:** Sischka, Video 92. – **Ue:** Doreen Owens Malek: erregende Blicke, heiße Küsse, R. 89; Frances West: War es nur für eine Nacht?, R. 89.

Gerhardsen, Bernd s. Juds, Bernd

Gerhardt, Doro F. s. Balsewitsch-Oldach, Ellen

Gerhardt, Marlis *

Gerhardt, Rudolf (R.G.), Prof. Dr. jur., Fernseh-Mitarb., freie Mitarb. „Die Zeit" u. „FAZ"; Kirchbühlstr. 6, D-77815 Bühl/Baden, Tel. (0 72 23) 2 69 94, Fax 8 37 12, *Rudolf.Gerhardt@t-online.de* (* Frankfurt/ Main 21. 4. 37). DJV; Feuill., Journalist. Arbeit, Kurzgesch., Kleine Form, Rom. – **V:** Von Fall zu Fall, Feuill. 80; Von Mensch zu Mensch, Feuill. 83; Von Zeit zu Zeit, Feuill. 85; Wenn man's Recht betrachtet 88; Augen-Zeuge 89; Wenn ein Richter sich verrechnet 92; Lesebuch für Schreiber 93, 6. Aufl. 99; Menschen vor Gericht 94; Von der Gericht 95; Scheidung auf Probe 96; Der verrückt gewordene Grenzstein 98; Ende einer wilden Ehe 98; Das Lächeln der Justitia 05; Rechtswege – Betreten auf eigene Gefahr! 08. – **MV:** Zeitschrift für Rechtspolitik 68ff. (Mitbegründer); Kleiner Knigge des Presserechts 96, 4. Aufl. 08. – **MA:** Ein Richter, ein Bürger, ein Christ, Festschr. f. Helmut Simon 87; Der „kleine Unterschied" zwischen Karlsruhe u. Bonn, Festschr. f. Wolfgang Zeidler 87; Ansichten eines Anwalts, Festschr. f. Rudolf Nirk 92; Gegenrede, Festschr. f. Ernst Gottfried Mahrenholz 94; Loccumer Protokolle 15/97; Journalisten als „Generalisten" auch im Medienrecht, Interdisziplinäres Forum 98; Sprache, Sprachwissenschaft, Öffentlichkeit 99; Bitburger Gespräche 99; Souffleure d. Rechtsprechung, Festgabe 50 Jahre Bundesgerichtshof 00; Recht so!, Festschr. f. Jutta Limbach 02; „Im Namen des Bienenvolkes", Sonderh. f. Hermann Weber 65. Geb. 01; Der Triumph d. Gerechtigkeit, Festschr. f. Kay Nehm 06; Das Bild d. Justiz in d. Medien, Festschr. f. Günter Hirsch 08; Auf dem Weg z. jüngsten Gericht, Festschr. f. Rainer Hamm 08. – **MH:** Wer die Medien bewacht, m. Hans-Wolfgang Pfeifer 00. – **R:** Lauter schöne letzte Tage. Wohlstandsemigranten in Spanien, Fs.-Dok.film; Alle Macht den Richtern, Fsf. 83; Die Deutschen und ihr höchstes Gericht, Fsf. 97.

Gerhardt, Tom; c/o handwerker promotion, Morgenstr. 10, D-59423 Unna, Tel. (0 23 03) 25 46 40, Fax 2 54 64 74, *post@tom-gerhardt.de*, *www.tom-gerhardt. de* (* Köln 12. 12. 57). – **V:** Aua!, G. 97; – Bühnenprogramme: Dackel mit Sekt 88; Voll die Disco! 92; Voll Pervers! 95; Au Weia! 99. – **F:** Voll Normaal! 94; Ballermann 6 97; Siegfried 05. – **R:** Hausmeister Krause – Ordnung muß sein, Fs.-Serie 99 ff. – **P:** Dackel mit Sekt, CD 92; Voll die Disco!, CD 93; Hausmeister Krause – Ordnung muß sein, DVD, Staffel 1+2 05, Staffel 3 06; Siegfried, DVD 06. (Red.)

Gerhold-Knittel, Elke (Elke Knittel), Dr. phil.; Niederwaldstr. 30, D-70469 Stuttgart. VS; Kinder- u. Jugendb., Landeskunde. – **V:** Der Frieder, der Graf und die Laugenbrezel 86, 5. Aufl. 03; Wie Jakob die Maultasche erfand 86, 2. Aufl. 98; Der schwarze Veri, Räubergesch. 95; Springerles-Back-Lust, Gesch. 95, Neuaufl. 04; Weihnachtsgebäck 97; Spätzle, Maultaschen & Co 03, 2. Aufl. 04. (Red.)

Gerlinger

Gericke, Henryk (Ps. bis '89: Vrah Toth, als DJ Toth One Tet), Autor, Hrsg., DJ; lebt in Berlin, c/o Verbrecher Verl., Berlin, *gericke@toth-one-tet.de* (* Berlin 22.12.64). div. Stip., zuletzt: Stip. d. Stift. Kulturfonds, Alfred-Döblin-Stip. 04; Lyr., Ess. – **V:** LeiLei, m. Graph. v. Ronald Lippok 90; autoreverse 96; eine kommentierte auswahl ungeschriebener gesetze 03. – **MA:** Beitr. in selbstverl. Zss., u. a.: Ariadnefabrik; Verwendung, seit 84; Beitr. in div. and. Zss., u. a.: Perspektiven; Edit; Sklaven; Gegner, seit 90; Beitr. in versch. Anth., u. a.: Abriß der Ariadnefabrik; Machtspiele; Irland-Alm. – **MH:** Caligo, 3 Ausg., m. Ronald Lippok 85–87; Autodafé 87; Braegen 88; Würgemale, Siebdruckb. 96 (auch mitübers.); Too much future – Punk in der DDR, m. Michael Boehlke, erw. u. veränd. Neuaufl. 07. – **P:** autoreverse, Schallpl. 96. – **MUe:** Gerard Manley Hopkins: pied beauty/Gescheckte Schönheit, G. 95; Edward de Vere: Echoverse, m. Andreas Koziol 07. (Red.)

Gerka s. Kirmse, Gerda Adelheid

Gerke, Peter R., Dipl.-Ing., Prof.; Schiltberger Str. 1, D-82166 Gräfelfing, Tel. (0 89) 88 50 75 (* Oldenburg/i.O. 22. 4. 28). Lit. Ges. Gräfelfing; Erz. – **V:** Schäfers Tagebücher 06.

Gerken, Jochen, Autor u. Journalist; Kaiser-Otto-Str. 26, D-50259 Pulheim, *info@jochengerken.de*, *www. jochengerken.de* (* Bad Krozingen 4. 5. 66). Sat., Erz., Rom. – **V:** Marijas Heimkehr, Erz. 99; Idioten im Fernsehen 01; Dumm, dümmer, prominent, Satn. 02; Noch mehr Idioten im Fernsehen, Satn. 05. – **MA:** Beiträge f. d. Zss.: Eulenspiegel; Titanic; HERBST, u. a.; Vom Fachmann für Kenner, Sat. 05. (Red.)

Gerlach, Gunter; Feldstr. 28, D-20357 Hamburg, Tel. u. Fax (0 40) 66 21 21, *www.gunter-gerlach.de* (* Leipzig 27. 12. 41). VS, Das Syndikat, LIT; 2. Tuttlinger Lit.pr. f. unveröff. Prosa 86, Pr.träger b. Gang-Art-Festival Krefeld 91, Lit.förd.pr. d. Stadt Hamburg 92, Pr.träger Schlaraffenland – Sabotage virtueller Welten 94, Aufenthaltsstip. Künstlerhaus Kloster Cismar 94, 95, Dt. Krimipr. 95, Krimi-Stadtschreiber Flensburg 99, Lit.pr. „Der Storch" 02, Putlitzer-Pr. 03, Kurzkrimi-GLAUSER 03 u. 05, MDR-Lit.pr. (3. Pr.) 05, Esslinger Bahnwärter 06; Rom., Nov., Drama, Hörsp., Lyr. – **V:** Das Katzenkreuz, R. 84; Tauzsna Tod R. 86; Katastrophe Wunderbar, R. 88; St. Pauli-Weekend, R. 91; Kortison, Krim.-R. 94; Sieben, R. 94; Katzenhaar und Blütenstaub, Krim.-R. 95; Neurodermitis, Krim.-R. 95, Tb. 98; Loch im Kopf, R. 97; Herzensach, R. 98; Verdächtige Geräusche, Erz. 98; Der Hammer von Wandsbek, Krim.-Erz. 99; Falsche Flensburger, Krim.-R. 00; Die Allergie-Trilogie, 00; Hamburger Verkehr, Krim.-Erz. 00; Ich lebe noch, es geht mir gut 01; Pauli, Tod und Teufel, Krim.-Erz. 02; Der Haifischmann, R. 03; Irgendwo in Hamburg, Krim.-R. 04; Ich bin nicht, R. 05; Ich weiß, R. 06; Engel in Esslingen 07; Melodie der Bronchien 07; Tod in Hamburg 08; Liebe und Tod in Hamburg 08, alles Krim.-R.; Jäger des Alphabets, R. 08. – **MA:** Weißer wurde über Nacht schwarz, Satn. 94; Lachgas im Airbag, Satn. 96. – **H:** HAARRR – ein Omnibus, Anth. 86. – **R:** Studio 7 antwortet nicht 80; Studio 8 antwortet nicht 82, beides Hsp.; Der Tod aus dem Siel 05; Havarie der Herzen 05; Kriminalmuseum 06; Störtebeker lebt 07; Musikstadt Hamburg 08, alles Hsp.-Serien.

Gerlach, Hans-Henning; c/o Karl-May-Verlag, Schützenstr. 30, D-96047 Bamberg (* Tübingen 26. 6. 38). Lit. Preise von: Bdt Dt. Philatelisten 78, 84, Féd. Royale des Cercles Philatéliques de Belgique 78, Fed. fra le Soc. Filateliche Italiane 79; Lyr., Lexikon, Atlas. Ue: türk. – **V:** Atlas zur Geschichte der

deutschen, österr. u. schweizer. Eisenbahn 86; Deutsche Kolonisation, Lex., letzte Aufl. 88; Michel-Atlas z. Deutschland-Philatelie 89, 95; Philatelie für Kenner, Könner und Kanonen. Humor, G. u. Aufss. 91, 93; Deutsche Kolonien u. dt. Kolonialpolitik, Bd 1 96, Bd 2 98; Karl-May-Atlas 97; Laubfrosch im Herbst sowie Erd- und Lebensgedichte 00. – **MV:** Tarih Atlasi 99 (türk.); Deutsche Kolonien u. dt. Kolonialpolitik, Bd 3 u. 4 00, beide m. Andreas Birken. – **H:** Das Post- und Fernmeldewesen in China 92. – *Lit:* Who is Who in der Philatelie 90, u. a. (Red.)

Gerlach, Hubert (Ps. Henri Goj, G. Berge), Schriftst.; Hoher Weg 10, D-01109 Dresden, Tel. (03 51) 8 90 50 60 (* Dresden-Hellerau 8. 7. 27). SV-DDR 74, VS 90, Förd.kr. f. Lit. in Sachsen 90; Johannes-R.-Becher-Med. in Silber 87; Rom., Kurzgesch. – **V:** Die Taube auf dem Schuppendach, Krim.-R. 69, 83; Wenn sie abends gehen, R. 73, 75; Demission des techn. Zeichners Gerald Haugk, R. 76; Der Fledderer, Krim.-R. 77, 84; Der Joker, Krim.-R. 80, 84; Niemandes Bruder, R. 88, 2.,erw. Aufl. 02; Jonas Daniels Schatten, hist. R. 87, 89, Neuaufl. 08; Der Mann in meinem Grab, Krim.-R. 90, 91; Das blaue Haus, Krim.-R. 98; Kleiner Führer durch die Gartenstadt Hellerau 99, 3.,erw. Aufl. 06; Paris ist wunderbar, R. 01, 03; Bestsellerie, Satn. 03; Die ganze Wahrheit, Satn. 04; Am Jordan, Kurzgeschn. 06; Schall und Rauch, Satn. 06; Drei Uhr morgens, R. 08. – **MA:** zahlr. Beitr. in Anth. u. Jbb. seit 68, u. a.: Geschichtenkalender; Wegzeichen; Ernte u. Saat.

Gerlach, Iris, Autorin, PR- u. Werbetexterin, Verwaltungsangest.; D-65195 Wiesbaden, *guests@wortzauberei.com* (* Wiesbaden 2. 1. 70). BoD Literaturcafé 03, Autoren Hessen online 03; Lyr., Rom., Bühnenst. Ue: engl. – **V:** Einmal Mehr, G. 03; Mrs. All und Mr. Right, Bst. 04, R. 04/05. – **MA:** Winteredition, Anth. 04. (Red.)

Gerlach, Thomas, Vermessungsingenieur, Ldesamt f. Archäologie Sachsen; c/o NOTschriften-Verlag, Radebeul (* Dresden 26. 3. 52). Gerhart-Hauptmann-Ges. 99; Lyr., Erz. – **V:** Zugefallen, Texte 00, 01; Redewendungen 02; Lößnitzgrundbuch 03; Elbigramme 06; Höhenwind 08, alles Lyr. u. Kurzprosa. – **MV:** Altkötzschenbroda 00. Tine Schulze-Gerlach u. Jens Kuhbandner (Fotos) 06, 2. Aufl. 08. – **MA:** Das Lächeln der Lößnitz 99; Radebeul, Bildbd (Vorw.) 01; Radebeul, e. Lesebuch 04; Frauenzimmer – Frauen im Zimmer, Textsamml. 05.

Gerlach, Walter; Emil-Claar-Str. 8, D-60322 Frankfurt/Main, Tel. (0 69) 72 48 71, Fax 72 78 29, *waltergerlach@gmx.de* (* Frankfurt/Main 3. 8. 43). Arb.stip. d. Hess. Min. f. Wiss. u. Kunst 03. – **V:** Vom Geist der Truppe. Texte f. Soldaten 74; Das Fahrrad bedauert, daß es kein Pferd ist, G. 82; Al Capone starrte minutenlang auf den Lottoschein 87. – **MA:** Beitr. in versch. Lit.zss., u. a. in: L 80; Literatur u. Kritik; Büchner. – **H:** Irland 79; Lesefrüchte. Täglich Brot f. d. Freunde d. Dicht- u. Lebenskunst 87; Narrenzeit, Anth. 99; Sparbuch. Lesen bringt Gewinn, Anth. 07. – **R:** Letzte Blicke auf das Schloß 98; Tigerjagd 00; Die große Gurkenverfolgung, Hsp. 00.

Gerland, Brigitte; c/o Karin Fischer Verl., Aachen (* Berlin 15. 12. 34). Lyr. – **V:** Schönes und Schlimmes 07; Erlebt und Erlauscht 08.

Gerlinger, Margot (geb. Margot Rutsch, Ps. Georgia Waja Geer), Lehrerin; Eisvogelweg 18, D-74081 Heilbronn, Tel. (0 71 31) 57 70 61, *Margot.Gerlinger@gmx.de* (* Heilbronn 21. 4. 48). Prosa. – **V:** Lebenslooping. Tagebuch einer betrogenen Ehefrau 00. (Red.)

Gernhold

Gernhold, Heinz, Dipl.-Hdl., ObStudR. a. D., Textdichter; Kleine Koppel 59, D-48249 Dülmen, Tel. u. Fax (0 25 94) 39 84, *heinzgernduel@aol.com* (*Dülmen 11. 8. 38). Lyr., Sat., Fabel, Hörsp., Erz., Ess., Lied, Chor. – **V:** ... und wir sind mitten drin..., Lyr., Sat. 80; ... als hätt' ich was verstanden, Lyr., Sat. 82; Jesus kommt in die Stadt, Sat. 88. – **MA:** Die Erkenntnis, Aphor. in: Tele 83–86; Schlagseitenhiebe, Aphor. in: Nebelspalter 86; – Anth.: Leuchtfeuer u. Gegenwind 87; Nachtpferd u. Sonnenwolf 88; Krieg um Frieden? 91; Der rote Mohn ist abgeblüht 92; Ewigkeit tropft in die Zeit 92; Theater, Lyrik, Prosa d. Gegenwart, Bde I–VII 93/94; Zwischen Traum u. Wirklichkeit 94; Weihnacht mit deutschen Dichtern 94; Lesebuch f. Kultur, Literatur u. Sprache 94; 20 Jahre edition fischer u. R.G. Fischer Verl. 1977–1997, Lyr. u. Aphor. 96.

Gerold, Ulrike, M. A., Dramaturgin, Autorin; Weidkämpe 29, D-30659 Hannover, Tel. (05 11) 6 49 06 62, Fax 6 49 98 29, *gerold-haenel@arcor.de*, *www.ugtext. de* (*Peine 23. 2. 56). Friedrich-Bödecker-Kr. 99; Friedrich-Gerstäcker-Pr. 03; Rom., Sachb. – **V:** Mich aber schone, Tod, Theaterst. 91. – **MV:** Jetzt will ich aber schlafen, Geschn. 98; Irgendwo woanders, R. 02, beide m. Wolfram Hänel; zahlr. Sachbücher f. Kinder. – **MA:** Bei Ankunft Mord 00; Mord zum Dessert 03; Mord in der Kombüse 04, alles Krim.-Geschn.; Tengo 07/08. – *Lit:* s. auch SK.

Gerrits, Angela, freiberufl. Autorin; *www. angelagerrits.de* (*Bremen). Hörbuch d. Monats, Goldener Spatz; Kinder- u. Jugendb., Rom., Hörsp., Drehb. – **V:** Ich trau mich – ich trau mich nicht 03; Foulspiel, Krimi 04; Lisa & Lucia – verliebt hoch zwei 04; Letzter Auftritt, Krimi 05; Kusswechsel 05; In der Falle, Krimi 06; Liebeskummer auf Italienisch 06; Liebesbrief von unbekannt 07; Achtzehn (Arb.titel) 09; Küsse im Anflug (Arb.titel) 09. – **MA:** Weihnachtsmänner küssen schlecht 05; Der Weihnachtsmannauflauf 06; Sonnenbrand und Vollmondkuss 06; Die Hochzeitstagskatastrophe 07; Alles wegen Omi 08. – **R:** Hörsp. f. Kinder/Jgdl., u. a.: Tintenfisch & Rolli, 5-tlg. (NDR) 93/94; Strandpiraten, 5-tlg. (NDR, WDR, DLR) 95/96; Paula & Co, 2-tlg. (NDR) 97; Großstadtindianer, 5-tlg. (NDR, WDR, RB) 98/99; Anna u. der Flaschengeist, 2-tlg. (NDR, WDR, RB) 00; Leon hat drei Wünsche frei (WDR, NDR) 01; Florians Reise, 2-tlg. (NDR) 02; Skogland, n. Kirsten Boie (NDR) 06; – Hörsp. f. Erwachsene: Singapore Sling, 13-tlg. Kurzhsp. (RB, MDR, SWF) 94/95; Wilhelm Meisters Lehrjahre, n. Goethe (MDR, BR) 98/99; – Drehbücher: Die Pfefferkörner, Folge 29: Tafelraub, Folge 46: Trommelwirbel, Folge 47: Der Schatz aus der Elbe (NDR) Marvi Hämmer präsentiert National Geographic World, div. Folgen.

Gersch, Christel (geb. Christel Woker), Romanistin; Ossietzkystr. 9, D-13187 Berlin, Tel. (0 30) 4 85 85 46 (*Arnswalde 22. 12. 37). SV-DDR 74, VS/VdÜ 89, P.E.N. 91–01; Pr. d. Aufbau-Verl. f. Übers. 78, 82, 86, Autorenstip. d. Stift. Preuss. Seehandlung 91; Kinderb., Übers. Ue: frz. – **V:** Jacques und sein Herr oder der Willkür des Autors, Sp. nach Diderots Anti-Roman 79; Das Rolandslied, Kdb. 88. – **MA:** Voltaire, e. Leseb., darin: Briefe aus dem Todesjahr 89; Erinnerung, sprich, darin: Nabokov: Mademoiselle O. 91; Literatur übersetzen in d. DDR 98. – **H:** Maupassant: Novellen I–VI 82–90. – **Ue:** Balzac: Der Landarzt 71 (auch Tb.); Das Chagrinleder 74 (auch Tb.); Herzogin von Langeais, Ferragus 76 (auch Tb.); – Robert Merle: Hinter Glas 74, 86; Der wilde Tanz der Seidenröcke 97; Das Königskind 98; Die Rosen des Lebens 00; Lilie und Purpur 00; Ein Kardinal vor La Rochelle 00; Le prince que voilà 02; La voilente amour 03; Der Tag bricht an 04; Die Rache der Königin 06; Der König ist tot 07; – Diderot: Die geschwätzigen Kleinode 78, 98; Die Nonne 78, 95; Jacques der Fatalist 79, 95; Rameaus Neffe u. weitere Erzn. 79, 95; – Sylvie Germain: Tage des Zorns 92, 94; Die weinende Frau in den Straßen von Prag 94; Der König ist nackt 97; Sara in der Nacht 01; – sowie: Raymond Radiguet: Den Teufel im Leib 74, 98; Moliére: Der Geizige, Bü. 80; Musset: Lorenzaccio, Bü. 81, 84; Voltaire: Erzählungen (12) 81, 84; Maupassant: Novellen, Bd I–VI 82–90; Anatole France: Abeille, M. 84, 88 (auch bearb.); Feydeau: Hahn im Korb, Bü. 85; Fred Vargas: Vom Sinn des Lebens, der Liebe und dem Aufräumen von Schränken 06; Françoise Dorner: Die letzte Liebe des Monsieur Armand 07; François Vallejo: Monsieur Lambert und die Ordnung der Welt 08, u.v. a. – **MUe:** Romain Rolland – Stefan Zweig. Briefwechsel 1910–1940 87.

Gersdorff, Dagmar von, Dr. phil., Lit.wissenschaftlerin, Kunsthistorikerin, Biografin; Berlin, Tel. (0 30) 8 01 11 64, Fax 8 02 39 70 (*Trier 19. 3. 38). NGL 74, Intern. Goethe-Ges. Weimar 80, Dt. Schiller-Ges. 81, Rilke-Ges. 88, Kleist-Ges. 99, Fontane-Ges. 00, Fouqué-Ges.; Auswahlliste z. Dt. Jgd.lit.pr. 74, Fachinger Kulturpr. 85 u. 87, Pr. d. Ldes Rh.-Pf. 89; Wiss. Arbeit, Biogr. – **V:** Die vertauschte Isabell 64; Annette und Peter Pumpernickel 65; Viel Spaß mit Anemone 67; Der Kirschbaum auf dem Dach 68; Für Kinder: Eintritt frei! 73; Unsere Lok im Park 74, alles Kdb.; – Thomas Mann u. E.T.A. Hoffmann, Monogr. 80; Dich zu lieben kann ich nicht verlernen. Das Leben der Sophie Brentano-Mereau 84; Marie Luise Kaschnitz 93, 97; Königin Luise u. Friedrich Wilhelm III. 96, 99; Bettina u. Achim von Arnim 97, 99; Goethes Mutter 01; Goethes erste große Liebe, Lili Schönemann 02; Goethe u. Marianne von Willemer 03; Goethes späte Liebe: Ulrike v. Levetzow 05; „Die Erde ist mir Heimat nicht geworden". Das Leben d. Karoline v. Günderrode 06; Goethes Enkel. Walther, Wolfgang u. Alma 08. – **MA:** Kindheiten von Dichtern 91; Deutsche Schwestern 99. – **H:** Lebe und liebe und tue das Leben. Der Briefwechsel von Clemens Brentano u. Sophie Mereau 82; Kinder in der Kunst 88; Liebespaare in der Kunst 90; Pferde in der Kunst 92. – **R:** Briefwechsel Bettina u. Achim v. Arnim, Rdfk-Bearb. 99; Goethes Mutter, Rdfk-Bearb. 01; Das Leben der Günderrode, 20 Folgen (HR) 06.

Gerstäcker, Tobias s. Corino, Karl

Gerstenberg, Franziska, Autorin; Eulerstr. 8, D-13357 Berlin, Tel. (01 72) 5 97 72 60, *franziska. gerstenberg@gmx.de* (*Dresden 22. 1. 79). MDR-Lit.pr. (2. Pr.) 99, Stip. Künstlerdorf Schöppingen 01, Arb.stip. d. SMWK 02, Stip. d. Kulturstift. Sachsen 03, Rheinpfalz-Förd.pr. im Limburg-Pr. 03, Aufenthaltsstip. d. Berliner Senats im LCB 04, Förd.pr. f. Lit. d. Ldes Nds. 04, Aufenthaltsstip. Villa Concordia Bamberg 05, Heinrich-Heine-Stip. 07, Hermann-Hesse-Lit.pr. (Förd.pr.) 07, Stip. Casa Baldi/Olevano 08; Erz., Rom. – **V:** Wie viel Vogel, Erzn. 04; Glückskuss, Lesehelt 06; Solche Geschenke, Erzn. 07. – **MA:** zahlr. Erzn. in Zss. u. Anth. seit 99, u. a.: Der wilde Osten. Neueste dt. Literatur 08.

Gerstenberg, Ralph, M. A., Lit.wissenschaftler, Journalist, Autor; Münzstr. 21, D-10178 Berlin, Tel. u. Fax (0 30) 4 22 99 41, *RalphGerstenberg@aol.com* (*Berlin 11. 12. 64). Pr. im RBB-Hörfunkwettbew. 07; Rom., Erz. – **V:** Grimm und Lachmund 98, 03; Ganzheitlich sterben 00; Hart am Rand 02; Das Kreuz von Krähnack 04, alles Krim.-R. – **MA:** Der Störer 99; Tödliche Widder 00; Botschaft der Dinge 03. (Red.)

Gerstenecker, Gerd; Max-Planck-Str. 9, D-72458 Albstadt-Ebingen, Tel. (0 74 31) 5 56 99 (* Albstadt 25. 5. 64). – **V:** Leg amol d' Fiaß nuff! 06. – **H:** Oifach grad raus, Anth. 04 (auch Mitarb.).

Gerstenecker, Michael; A-2100 Korneuburg (* Stockerau/NÖ 14. 10. 84). Rom., Erz., Märchen, Kurzgesch., Lyr., Dramatik. – **V:** Und Berge stehen rundherum, Fantasy-R. 04. (Red.)

Gerster, Georg Anton, Dr. phil., Publizist, Fotograf; Tobelhusstr. 24, CH-8126 Zumikon, Tel. (0 44) 9 18 10 25, Fax 9 18 27 73, *www.georggerster. com* (* Winterthur 30. 4. 28). E.gabe d. Kt. Zürich 74, Prix Nadar 76, Anerkenn.gabe d. Stadt Winterthur 77, Zürcher Journalistenpr. 84, sowie weitere Hauptpr. f. Photographie; Ess., Bericht. – **V:** Die leidigen Dichter, Ess. 54; Eine Stunde mit ... 56, 2. Aufl. u. d. T.: Aus der Werkstatt des Wissens, 1. F. 62; Aus der Werkstatt des Wissens, 2. F. 58; Sahara – Reiche fruchtbare Wüste, Ber. 59; Sinai – Land der Offenbarung, gesch. Ber. 61, 70; Augenschein in Alaska, Ber. 61; Nubien – Goldland am Nil, Ber. 64; Kirchen im Fels 68, 2. erg. u. erw. Aufl. 72; Frozen Frontier (nur engl.) 69; Countdown für die Mondlandung 69; Äthiopien – Das Dach Afrikas, Ber. 74; Der Mensch auf seiner Erde – E. Befragung in Flugbildern 75, 88; Brot und Salz – Flugbilder 80; Flugbilder – 133 aus der Luft gegriffene Fundsachen 85; Die Welt im Sucher 88; Siebenbürgen im Flug 96; Flug in die Vergangenheit 03; Flugbilder aus Syrien 03; Weltbilder 04; Mit den Augen der Götter 04, 2 07; Swissair Posters 06. – **MV:** Faras. Die Kathedrale aus dem Wüstensand 66; Die Welt rettet Abu Simbel 68; The Nubians (nur engl.) 73. – **H:** Trunken von Gedichten, Lyr.-Anth. 53, u. d. T.: Lieblingsgedichte I u. II 64.

Gerster-Schwenkel, Hildegard, Lehrerin i. R.; Bergheimer Weg 45, D-70839 Gerlingen, Tel. (0 71 56) 43 55 80 (* Stuttgart 11. 3. 23). Lyr. in Schwäbischer Mundart u. Hochdt. – **V:** Unser Gutslesteller 77, 05; Was schenk' i bloss? 99, 03; Glückwünsch' 01, 05, alles Mda.-Lyr.

Gerstl, Elfriede, Schriftst.; c/o Literaturverlag Droschl, Graz (* Wien 16. 6. 32). GAV bis 92, Wiedereintritt 94, IGAA; Förd.pr. d. Wiener Kunstfonds 65 u. 78, Staatsstip. d. BMfUK 73, Theodor-Körner-Förd.pr. 78, Pr. d. Lit.initiative d. Giro-Zentrale Wien 82, Buchprämie d. BMfUK 82, 83, Würdig.pr. d. BMfUK 84, Würdig.pr. d. Stadt Wien 90, Georg-Trakl-Pr. 99, Erich-Fried-Pr. 99, E.med. d. Stadt Wien in Gold 03, Ben-Witter-Pr. 04, Heimrad-Bäcker-Pr. 07; Lyr., Rom., Ess., Hörsp. – **V:** Gesellschaftsspiele mit mir 62; Berechtigte Fragen 72; Spielräume, R. 77; Narren und Funktionäre, Aufss. z. Kulturbetrieb 80; Wiener Mischung, G. u. Kurzprosa 82; Vor der Ankunft, G. 86, vierspr. 88; Textflächen, UA 89; Unter einem Hut, Ess. u. G. 93; Kleiderflug 95, erw. Aufl. 07; Die fliegende Frieda, Geschn. 98; alle tage gedichte. schaustücke, hörstücke 99; neue wiener mischung, G. u. Kurzprosa 01; mein papierener garten, G. 06. – **MV:** LOGO(S). 50 Text-Postkarten, m. Herbert J. Wimmer 04. – **H:** Ein Frau ist eine Frau ist eine Frau ... 85. – **MH:** Ablagerungen 89. – **R:** Berechtigte Fragen 70; Gudrun, die Geschichte und ihr Unterricht 70; Sätze mit Haus und Haut 73, alles Hsp.; Mein Wien, Fsf. 83. – **P:** Alle Tage Gedichte, CD 00. – *Lit:* Konstanze Fliedl/Christa Gürtler: E.G. – Dossier Nr.18 01. (Red.)

Gertz, Simone (* 74). MDR-Lit.pr. 02. – **V:** Thirsty dog – Die Tage der Demut, R. 99. – **MA:** 20 unter 30, Anth. 02; Beitr. u. a. in: wespennest; edit. (Red.)

Gertz-Ewert, Manuela; Georg-Benda-Str. 16, D-07586 Bad Köstritz, Tel. (03 66 05) 2 09 05. – **V:** Und

im nächsten Jahr ruft der Kuckuck wieder 06. – **MA:** Frankfurter Bibliothek 06–08.

Gerull, Winfried Christian; Uhlandstr. 6, D-74223 Flein, Tel. (0 71 31) 25 43 86, Fax 64 05 69, *gerull.hein @arcor.de* (* Königsberg/Ostpr. 8. 10. 35). Lyr. – **V:** Empfundene Worte, G. 94; Fliegender Reiher, Haiku 95. – **MA:** KORA-Kalender 2007, Haiku. (Red.)

Gerwald, Mattias s. Schulz, Berndt

Gerwinski, Markus, Dipl.-Physiker, Softwareentwickler; Ittenbachstr. 17, D-45147 Essen, Tel. (02 01) 4 37 47 91, *markus@gerwinski.de* (* Essen 7. 5. 72). Fantasy, Science-Fiction. – **V:** Mjöllnirs Erben, SF-R. 99; Das Lied der Sirenen, Fantasy-R. 06.

Gerz, Jochen, Schriftst., Künstler; 105bis, Av. Maurice Thorez, F-94200 Ivry-sur-Seine, Tel. 1 46 71 27 96, Fax 1 46 71 24 52, *atelier@gerz.fr*, *www.gerz.fr* (* Berlin 4. 4. 40). Pr. d. Glockengießergasse, Köln 78, Videonale Bonn 80, Roland Pr., Bremen 90, Dt. Kritikerpr. 96, Ordre National du Merité, Paris 96, Peter-Weiss-Pr. d. Stadt Bochum 96, Grand Prix National des Arts Visuels, Paris 98, Artistic contribution award, Fest. of films on art, Montreal 99, 1. Pr. d. Helmut-Kraft-Stift. 99; Experiment. Text, Foto/Text. Ue: frz, engl. – **V:** Footing 96; Replay 69; Annoncenteil 71; Die Beschreibung des Papiers 73; Die Zeit der Beschreibung 74; Das zweite Buch (Die Zeit der Beschreibung) 76; Die Schwierigkeit des Zentaurs beim vom Pferd steigen 76; Les Livres de Gandelu 77; Exit. Das Dachau-Projekt 78; Das dritte Buch (Die Zeit der Beschreibung) 80; The Fuji-Yama-Series 81; Mit/ohne Publikum 81; Le Grand Amour 82; Das vierte Buch (Die Zeit der Beschreibung) 83; Von der Kunst 85; Texte 86; 2146 Steine – Mahnmal gegen Rassismus 93; Sine Somno Nihil/Die Bremer Befragung 95; Daran denken, Texte in Arbeiten 1980–1996 97; Kunst als Beruf, Reden 98; Das Berkeley Orakel 99; Werkverzeichnis, Bd I 99, Bd II 00; Miami Islet 00; Das Geld, die Liebe, der Tod, die Freiheit – was zählt am Ende? 00. – **MV:** Das 20. Jahrhundert, m. Esther Shalev-Gerz 96; In case we meet (engl./dt./frz.) 02; Jochen Gerz. Wenn sie alleine waren, Foto/Text u. Video 1969–84 02; Jochen Gerz Performances, DVD 04. – *Lit:* Werkverzeichnis. Bd 1: Performances, Installationen u. Arbeiten im öffentl. Raum 1968–99 99, Bd 2: Foto/Text u. Mixed Media Fotografien 1969–99 00, Bd 3 u. 4 04. (Red.)

Gesch, Ernest H. (eigtl. Horst Gesch), Rektor i. R.; Ferienzentrum 433, D-24351 Damp, Tel. (0 43 52) 91 12 77, *harmonika@horst-gesch.de, horst.gesch@t-online.de, www.horst-gesch.de*. Hollerstr. 97, D-24782 Büdelsdorf (* Russ/Memel 27. 6. 35). Rom., Lyr. – **V:** Harmonika des Schweigens, Lyr. 03, Neuaufl. 08; In der Mündung der Stille, R. 08.

Gesing, Fritz s. Berger, Frederik

Gessl, Hans (Ps. Wetterhans, Bieronymus), Unterhaltungsjournalist; Parzer Höhenstr. 9, A-4710 Grieskirchen (* Grieskirchen 11. 9. 51). Lyr., Prosa, Hörsp., Sat. – **V:** Allerhand. Aus d. Tageb. e. Kuriositätenforschers 88. – **H:** Franz Stelzhamer: Gedanken sind wie Vögel, e. Leseb. 94. (Red.)

Gessner, Ulla, Lehrerin; lebt in Tel Aviv, c/o Lamuv-Verl., Göttingen (* Beeskow 44). – **V:** Frauen in Israel. Fünfzehn Porträts 06. (Red.)

†**Gewalt,** Wolfgang, Dr. rer. nat., Zoologe, 59–66 Assist. Zoolog. Garten Berlin, 66–93 Dir. Zoolog. Garten Duisburg; lebte in Herrischried (* Berlin 28. 10. 28, † 26. 4. 07). Populärwiss. Erlebnisbericht. Ue: frz. – **V:** Die großen Trappen 54; Das Eichhörnchen 56; Die Großtrappe 59; Heut geh'n wir in den Zoo 62; Bakala –

Gewel

ein Gorilla in der Küche 64; Löwen vor dem 2. Frühstück 65; Tiere für Dich und für mich 68; Mein buntes Paradies 73; Unternehmen Tonina 75; Der Weißwal 76; Auf den Spuren der Wale 86, Tb. 88, Sonderausg. 93; Wale und Delphine. Spitzenkönner der Meere 93; Liebe und Geburt im Zoo 94. – **MA:** Berichte aus der Arche 93; Repn. in Illustrierten. – **R:** Fs.- u. Rdfk-Sdgn, u. a.: System im Zoo, Fs.-R. 67; Sag die Wahrheit, Grundy LE 04. – **Ue:** Robert Stenuit: Delphine – meine Freunde 70.

Gewel, Wolfgang s. Lorenz, Günter W.

Geyer, Friedrich Karl, Dipl.-Kfm.; Destouchesstr. 67 b, D-80796 München. – **V:** Ein lyrisches Tagebuch 92. – **R:** Brasiliana, Hb. 82; Aus der Provence, Fs.-Feat. 84. – *Lit:* Berufsbiographie 86. (Red.)

Geyer, Holger. – **V:** Baikonur, R. 00. (Red.)

Gezeck, Christiane; An der Steinau 5A, D-23896 Nusse, Tel. (0 45 43) 5 21, *christianegezeck@aol.com*, *www.christiane-gezeck.de* (* 51). – **V:** Wo, bitte geht's nach Hause, Geschn. 02; Fortuna heißt Glück, Geschn. 03; Wege aus der Dunkelheit, Erz. 04; Nusser Tagebuch oder: Alles eine Frage des Blickwinkels, Erz. 05; Gemütsmenschen 07; Der Gumpfjobber und andere Köstlichkeiten 08, beides Erzn.

gft s. Förg v. Thun, Gertrud

Ghodstinat, Mohammed, Dr. phil., Dipl.-Päd.; Saarstr. 5, D-66763 Dillingen, Tel. (0 68 31) 70 14 20, Fax 70 15 52 (* Teheran/Iran 6. 1. 43). – **V:** Der blinde Geigenspieler, M. u. Kurzgeschn. 87, 88 (Blindendr.); Das blinde Kind, R. 97. – **MA:** Mollah Mundehgar, Beitr. in: In diesem fernen Land, Anth. 93; Das Saarländische Weihnachtsbuch 88, 97. (Red.)

Ghyczy, Suzan von (Susan Ghyczy-Hasenöhrl) *

Gianacacos, Costas (auch Kostas Giannakakos, Kostas Jannakakos), M. A. Kommunikationswiss., Leiter d. Griech. Hauses München; Agnesstr. 56 a, D-80798 München, Tel. (01 73) 9 39 04 38, (0 89) 18 68 08, dienstl. (0 89) 50 80 88 11, Fax 50 80 88 19, *kgiannakakos@aol.com* (* Ropoton/Griech. 3. 2. 56). Griech. Autoren in Dtld, Vorst.mitgl. – **V:** Frühe Dämmerung 89; Ohne Gegenwert 97; Traum in meinem Traum 00; Das Licht berühren 03, alles G. gr./dt. – **MH:** Deutschland, deine Griechen, m. Stamatis Gerogiorgakis, Anth. gr./dt. 98; Weiter Stein – weites Herz. Moderne griech. Poesie, m. Christian Greiff 02 (auch Mitübers.); – Mithrsg. u. Redaktionsmitgl. d. Lit.zs. SIRENE seit 88. – **Ue:** Kostas Karyotakis: Gedichte, gr./dt. 99. (Red.)

Giannakakos, Kostas s. Gianacacos, Costas

Gibiec, Christiane, Journalistin, Autorin; Hombüchel 25, D-42105 Wuppertal, Tel. (02 02) 31 66 34, *Christiane.Gibiec@t-online.de*, *www.cgibiec-autorin-journalistin.de* (* Oldenburg 2. 4. 49). VS 85, GEDOK; Drehb., Belletr. – **V:** Tatort Krankenhaus. Der Fall Michaela Rochart, Dok. 90; Eine Kugel für Mata Hari, Krim.-R. 97; Türkischrot, Krim.-R. 99, als Bühnenst. UA 03; Die Reise nach Helsinki, Krim.-R. 04; Fünf Monde, Hist.-R. 06. – R: Der Komparse, m. C. Gehre 93; Sir Arno. Der Theatermacher Arno Wüstenhöfer, m. C. Gehre 94; Das Tanztheater der Pina Bausch 98, alles Dok.filme. (Red.)

Giefers, Hildegard, Ehrenamtliches Engagement; Am Bahneinschnitt 4, D-33098 Paderborn, Tel. (0 52 51) 6 34 66. Breslauerstr. 7, D-33014 Bad Driburg (* Paderborn 1. 5. 26). BVK am Bande; Lyr. – **V:** Immer auf dem Weg. Erlebtes und Erwünschtes 00. (Red.)

Giehl, Bernd, Pfarrer; Feldbergblick 6, D-65510 Hünstetten, Tel. (0 61 26) 9 59 53 26, *giehl-bernd@t-online.de*, *www.berndgiehl.de* (* Bad Marienberg

21. 3. 53). GEDOK; Rom., Erz., Lyr., Theater. – **V:** Die Reise ans Ende der Welt, Erzn. 82; Biblische Spielstücke. Die Kunst, zwischen den Stühlen zu sitzen 94; Leonie oder was geschah wirklich, R. 98; Brüchiges Gelände, Erzn. 99; Schwandorfs Schatten, R. 03; Versuch auf dem Wasser zu gehen, G. 05. – **MA:** Geschn. u. G. in Anth.; Rez. in: Scriptum, Lit.zs.; Reihe „Gottesdienstpraxis", seit 91; versch. Veröff. im „Dt. Pfarrblatt"

Gienger, Walter, Lehrer; Auf Wangen 15, D-78647 Trossingen, Tel. (0 74 25) 32 71 96, *france70@t-online. de*, *www.franceweb.de*. Ankerstr. 12, D-06110 Halle/ Saale (* Neckartenzlingen 8. 4. 45). Lyr. Ue: frz. – **V:** Warme, weiche Baumhöhle, Lyr. 03. – **MA:** Heimat. Frankfurter Bibliothek d. Gegenwartslyr. 03. (Red.)

Gier, Kerstin (Ps. Jule Brand, Sophie Bérard), Dipl.-Päd., freie Autorin; c/o Bastei-Verl., Bergisch Gladbach (* 66). DeLiA-Pr. f. d. besten dt.spr. Liebesroman 05; Rom. – **V:** Männer und andere Katastrophen 96; Liebe im Nachfüllpack 96; Ein Single kommt selten allein 96; Drei Männer sind einer zuviel 97; Herrchen gesucht 97; Küsse niemals Deinen Boss 97; So angelt man sich einen Typ 97; Herzattacken 97; Die Braut sagt leider nein 97; Sag nicht, ich hätte dich nicht gewarnt 98; Lügen haben schöne Beine 98; Macho verzweifelt gesucht 98; Fisherman's Friend in meiner Koje 98; Die Laufmasche 98; Schluß mit lustig 99; Sektfrühstück mit einem Unbekannten 99; Sex zu zweit, das geht zu weit 99; Zur Hölle mit den guten Sitten 99; Ehebrecher und andere Unschuldslämmer 00; Lavendelnächte, R. 01; Der Teufel und andere teuflische Liebhaber 01; Vom Himmel ins Paradies, R. 02; Lügen, die von Herzen kommen 02; Ein unmoralisches Sonderangebot 04; Die Mütter-Mafia 05. – **MA:** Das Vermächtnis des Rings 01; Das große Halloween-Lesebuch 01. (Red.)

Gierer, Wilhelm, Obstbaumeister u. Weinbauer; Sonnenbichlstr. 33, D-88149 Nonnenhorn, Tel. (0 83 82) 98 94 71 (* Nonnenhorn 17. 4. 37). Rom., Lyr. – **V:** Durch Land und Zeit, Lyr. 98; Eine Jugend am See. Erinnerungen an ein nicht ganz misslungenes Leben 07.

†Giersch, Gottfried (Ps. Hans Harder, Hans Giersch), Lehrer; lebte in Bodelshausen (* Herrnhut 13. 7. 10, † Kassel 3. 4. 08). Rom., Nov. – **V:** Scherben bringen Glück 82; Streckenweise heiter, Jgdb. 82; Rosen malen nach Glück auch, Jgdb. 84; Kat in Apfelhagen, Jgdb. 87.

Giersch, Hans s. Giersch, Gottfried

†Giesa, Werner Kurt (W. K. Giesa, Ps. Robert Lamont), Schriftst.; lebte in Altenstadt/Hess. (* Hamm 7. 9. 54, † Altenstadt/Hess. 14. 2. 08). Dt. Phantastik-Pr. 03; Rom., Nov. – **V:** Lenkzentrale Condos Vasac, R. 79; Krisensektor Dreigestirn, R. 82; Eine Sonne entartet, R. 83; Weltraumfalle Sternenland, R. 85; Hyperzone Weißer Zwerg, R. 85; Der Kristall der Macht 94; Im Zentrum des Tornados 95; Mutabor, SF-R. 97; Gestrandet auf Bittan, SF-R. 98; – insges. über 800 Romane (SF, Fantasy, Western, Mystery etc.), davon über 600 in d. Heftromanserie „Professor Zamorra". – **MV:** Hagar Qim, m. Claudia Kern, R. m. Video 07.

Giesbrecht, Agnes (geb. Agnes Gossen), Journalistin, Übers., Bibliothekarin; c/o Literaturkreis der Deutschen aus Rußland e.V., Celsiusstr. 33, D-53125 Bonn, Tel. u. Fax (02 28) 31 40 93, *litkreis@gmx.de*, *www. litkreis.de* (* Podolsk/Gebiet Orenburg 2. 2. 53). VS 08; Verd.med. d. Verd.ordens d. Bundesrep. Dtld 08; Lyr., Erz. Ue: russ, dt. – **V:** Die Feder tanzt..., G. 00; Zwischen gestern und heute, Erzn. 00; Echo der Liebe, G. 00 (russ.); Zwischen Liebe und Wort, G. 04. – **MA:** Heimat(w)orte 94; Wir selbst, Alm. 96, 97, 98, 00; Weggehen – ankommen 02; Kleine Wunder ... 02; Nationalbibliothek d. dt.sprachigen Gedichtes 02; Heimatjb. d. Kr. Draun 03; Beitr. in d. Zss.: Ost-West-Dialog; Neue Arena; Volk auf dem Weg, u. a. – **H:** Lustiges Leben, Erzn. 03. – **MH:** Literaturkalender der Deutschen aus Rußland 96–00; Literaturblätter der Deutschen aus Rußland 01–03. – **Ue:** Denis Lomtev: Deutsche Musiker in Rußland; Kindheit in Rußland 04; Lustiges Leben 04. – **MUe:** Spiegelungen, m. Viktor Heinz u. Nelly Wacker, G. 00. – *Lit:* J. Warkentin in: Gesch. d. rußlanddt. Lit. 98; J. Brantsch: Philosophie beginnt mit Staunen. Zum 50jähr. Jubiläum v. A.G. 03; S. Hermann in: Ost-West-Panorama 03; Annette Moritz in: Lex. d. rußlanddt. Lit. 04.

Gieschen, Melanie, ehem. PR-Beraterin, Theaterautorin; c/o Gustav Kiepenheuer Bühnenvertriebs-GmbH, Berlin (* Limburg/Lahn 19. 5. 71). Landespr. f. Volkstheaterstücke (Förd.pr.) 99, Anna-Seghers-Pr. 00; Drama. – **V:** Gnadenlos, UA 00; Die Abzocker, UA 01; Was kommt – was bleibt, UA 02; Klasse der Besten, UA 03. (Red.)

Giese, Alexander, Dr. phil., Prof., Hauptabt.leiter im ORF i. P.; c/o Ed. Doppelpunkt, Wien (* Wien 21. 11. 21). Ö.S.V., Öst. P.E.N.-Club 67, IGAA; Anerkenn.pr. d. öst. Staatspr. d. BMfUK f. Lit. 54, Gold. E.zeichen f. Verd. um d. Rep. Öst. 54, E.med. u. E.zeichen d. Stadt Wien 81; Rom., Lyr., Film, Hörsp., Übers. Ue: engl, ital. – **V:** Zwischen Gräsern der Mond, G. 63; Wie ein Fremder im Vaterland, e. Marc-Aurel-R. 75 (auch ung., slow.); Wie Schnee in der Wüste, e. Omar-Khajjam-R. 76 (auch rum.), Neuaufl. u. d. T.: Tigersöhne 03; Geduldet euch, Brüder, e. Severin-R. 79; Lerida oder der lange Schatten, R. 83 (engl. 94); Die Freimaurer, balde. 91 (2 Ausg.); Licht der Freiheit, R. 93; Die Mitten der Welt, Erzn. 94. – **MV:** Macht und Ohnmacht des Geistes 94; Einzelgänger im Massenmedium 95, u. a. – **B:** versch. Opernlibr.; Pandoren Wiederkunft, Festsp. 86. – **H:** Gerittene Manifeste, Hebbel-Ausw., G. u. Prosa 63. – **R:** Die Toten lieben ewig 54; Der Schelmenorden 55; Die Versuchung des Bellotto; Waldemar Holzapfel alias Kurt von Hausen 55; Sekunden, die entscheiden 57; Ich, Caron de Beaumarchais 58, 60; Bruchlandung 70, alles Hsp.; Buch f. Fs.oper: Oberon; Der Mann Severin, Fsf. – **Ue:** E. Anton: Die Braut des Bersagliere, Die Dame am Balkon; Fruttero-Lucentini: Der Vertreter; Shakespeares Sonette 74; Ue: u. B: Rubaiyat des Hussein Ghods Nakhai 67; Rom. Ars. Graphica, G. 70. (Red.)

Giese, Bernd *

Giese, Madeleine, Theaterschauspielerin, Regisseurin u. Autorin; Eugen-Hertel-Str. 41, D-67657 Kaiserslautern, Tel. (06 31) 34 10 03 70 (* Lebach/Saar 60). Das Syndikat; Krim.rom. – **V:** Das Spiel heißt Mord 04; Die letzte Rolle 04; Die Antiquitätenhändlerin 06; Der kleine Tod 08. (Red.)

Gieseke, Frank *

Gießler, Christa (eigtl. Christa Fischer), Dr.; Laichlestr. 66, D-70839 Gerlingen/Gehenbühl, Tel. (0 71 56) 43 44 89, *cefisch@t-online.de*, *www.fischerlautnerverlag.de* (* Ziegelroda/Querfurt 13. 1. 54). Rom., Erz. – **V:** Unsichtbare Zügel, R. 87; Ein Augenblick ein Leben, R. 93; Sonny im Dunklen, Erzn. 95; Herbstkatzen, R. 99; Adele oder suche Frau für meinen Mann, Erz. 03; Märchen – grimmig und anders 06; Onderduiker, biogr. Erz. 07; Fremder Vogel Rommelfänger, sat.-biogr. Erz. 08. – **MV:** Auferstehung Schulz, m. Erich Schulz 01. – **MA:** Frauen öffnen Grenzen, Anth. 91.

Gießler, Johannes, Apotheker; Fossastr. 27, D-47495 Rheinberg, Tel. (0 28 43) 8 00 38 (* Oberwünsch/jetzt

Sa.-Anh. 19. 7. 20). Rhein.-Westf. SV 48–52, Lit.kr. Rheinberg; Kd.pr. „Käferfreundschaft"; Lyr., Kurzgesch. – **V:** Mensch im Banne der Natur 00; Zwischen Licht und Schatten 00; Blickpunkte 00; Rhinberk und der Niederrhein 00; Rheinberg Helau 01, alles G. (Red.)

Giessler, Ulla; Rachelstr. 16, D-94575 Otterskirchen, Tel. (0 85 46) 8 38, Fax 91 11.51, *ulla.giessler @t-online.de*, *www.ullas-schreibatelier.homepage.t-online.de* (* Erfurt 12. 1. 38). Rom., Erz. – **V:** Warum wolltest du mich nicht?, R. 00; Taraskische Rosen, R. 01; Die Götter der Maya vergeben nicht, R. 04; Handedon, das Haus an der Donau, R. 06; Querbeet, Erzn. 07; Chinesische Märchen enden gut, R. 08.

Giffhorn, Gara Dorothea; 3 La Barca, E-38240 Punta Hidalgo, Tel. 9 22 15 68 97, *www.garathea.com* (* Braunschweig 24. 4. 48). – **V:** Zurück zum Ursprung der Seele, Autobiogr./G. 00, 03; Den Himmel auf Erden leben, Kurzgeschn. 02; Ko-Intuition, Lebensbeobachtungen 04. (Red.)

Gigacher, Hans, Autor; Rekabachweg 4, Viktring, A-9073 Klagenfurt, Tel. (06 76) 9 22 98 48, *bachweg @chello.at*, *hagagi.meinekleine.at* (* Knappenberg/ Kärnten 45). IGAA, GAV 01; J.-A.-Lux-Lit.pr. 72, Lit.-förd.pr. d. Landes Kärnten 73, Lit.pr. d. Stadt Salzburg z. Carl-Zuckmayer-Pr. 74, Dramatikerpr. d. Ldestheaters Linz 74, Öst. Staatsstip. f. Lit. 75, Theodor-Körner-Pr. 81, Lit.pr. CARINTHIA 82, Förd.pr. d. öst. Ges. f. Kulturpolitik 83, Lit.- u. Dramatikerstip. d. BMfUK sowie d. Lder Salzburg u. Kärnten; Lyr., Prosa, Drehb., Hörsp., Drama, Rom. – **V:** Milan 74; Inquisitenspital 76; Schlagwetter 78; Ballett der Manager 80, alles Dr.; Der Ungünstige oder Entfernte Geborgenheit/Ein Bericht 80; Verstümmelt bis zur Kenntlichkeit, Erzn. 82; Das Spiel vom Frieden, Dramatiser. d. Buches vom Frieden v. Bernhard Benson 82; Strandfest, Sch. 83. – **MA:** Kärnten im Wort, Aus d. Dicht. e. halben Jhs 71; Lyr.beitr. in: Secolul 75; poetry australia 76; Standortbestimmungen, Anth. 78; Kärnten besichtigt, Anth. 80; Shikan No. 5 81; Prosa- u. Lyr.beitr., u. a. in: Wespennest; Lit. u. Kritik; Salz; Die Brücke. – **R:** Espresso 74; Milan 75; Inquisitenspital 77; Schlagwetter 78, alles Hsp.; Der letzte Hunt 79; Das gläserne Schwert 87; Hüter des verwunschenen Schatzes 87, alles Fsf.

Gigler, Rudolf, Kinderbuchautor; Nr. 191, A-8223 Stubenberg am See, Tel. (0 31 76) 87 08, Fax 87 04, *rgigler@gmx.at*, *www.rgigler.at*, *www.unda.at* (* Hartberg/Stmk 13. 5. 50). Steir. Leseeule 97; Kinder- u. Jugendb., Kindertheater. – **V:** Ballon, fahr mit mir davon ...; Der Faulpelz; Das große Rennen; Aljoscha und sein Plan, rund um die Erde zu wandern; Rot ist eine schöne Farbe u. a. Geschichten; Ritter Fürcht-mich-nicht und Ich-bin-stark; Der vergnügte Beistrich u. a. Geschichten; Von A bis Zwerg; Tragen Könige lange Unterhosen?; Der König mit den O-Beinen 03; Riesengroße oder zwergenklein 04; Pfui Teufel ist das himmlisch 05; Krimi-Mimi und die Gruselvilla 07. – **MV:** Wer rettet Huschi Wuschi?; Wer geistert in der Geisterbahn?, beide m. Reinhard Köhldorfer. – **H:** Salzburger Geschichtentruhe; Tolerant in Hand; Zukunft. (Red.)

Gildenast, Rolf, Tänzer und Choreograph; Bismarckstr. 267, D-45889 Gelsenkirchen, Tel. (02 09) 9 88 28 06, Fax 9 88 28 05, *gildenast@t-online.de*, *www.theatergildenast.de* (* Neuss 26. 3. 65). Gelsenkirchener Theaterpr. 01; Lyr. – **V:** Durch wachsen 99; Terpsichore 99; Nachtwege und Hautwandern 99; Gedanken zu Gilgamesch 01; Der Feuervogel 01, alles G.; Mit 10 Tänzern um die Welt, gereimte Texte f. Kinder 01; Tgunat, G. 01.

Gilg

Gilg, Franz, Lokalred., Dipl.-Physiker; Max-Herrn-dobler-Str. 30, D-84359 Simbach/Inn, Tel. (0 85 71) 92 53 61 (* Osterhofen/Ndb. 6. 5. 63). Das Syndikat 00–06; Rom., Dramatik, Filmdrehb. – **V:** Die Schüsse von Öd, Krim.-R. 00; Nebel am Cevedale, Krim.-R. 01. – **MA:** Das Mühlrad, heimatkundl. Schrr. 03. – **P:** Letzter kalter Hauch, Film, Video 03.

Gill, Martinus von s. Heikamp, J. Heinrich

Gillardon, Silvia (Ps. Josefine), Autorin, Malerin; Laubstenstr. 13–15, CH-8712 Stäfa, Tel. u. Fax (01) 9 26 65 67, *gillardon@gmx.net, www.liguris.de*. Case Postale, I-18024 Dolcedo (* Zürich 18. 4. 50). ZSV; Rom., Erz. – **V:** Zwischenhoch 83; Josefines Flugstunden, Erz. 89; ... noch mehr Meer, G. 95; Der Zweitliebste, R. 98; Hotel Tropical, R. 00; Die Frau im Glashaus, R. 02. (Red.)

Gille, Hans-Werner (auch Werner Gille), Dr. phil., Autor, Historiker; Fafnerstr. 32, D-80639 München, Tel. (0 89) 17 02 89 (* Glogau 18. 5. 28). Intern. Presse-Club München 75, Humboldt-Ges. f. Wiss., Kunst u. Bildung 93; Rom., Nov., Ess., Lyr., Hörsp. – **V:** Play Bluff oder der krumme Weg nach oben, R. 71; Ich suchte Abels Grab u. a. Globetrottergeschichten 91; Wolgafahrt. Spurensuche im heutigen Russland, autobiogr. Erz. 92, 93; Bild-Oasen. Fremde sehen – sich finden, Fotogr. u. Texte, Ausst.kat. 06; zahlr. Sachb. – **MA:** 1 Anth. 85; zahlr. Rez. u. a. für: Bayer. Rdfk; Europa, Monatszs.; Europa-Report. – **R:** Der lange Atem 65; Theodor von Bernhardi, ein dt. Rußlandkenner 65; Adam Mickiewiez 66; Taras Schewtschenko 66; Ein Schloß in Sagan 67; Die Mauern Chung Kuos 68; Keine Hilfe für Bobrowskij 70; Die Niemandsleute 72; Nußschalen im Meer der Gleichgültigen 72; Unsere Seelen sind uns nicht nachgekommen – Dayaks in Borneo 91; Erlaubt uns, wir selbst zu sein – Aborigines 92; Was die Seele erleuchtet und den Körper erfrischt – Kultur d. Tartaren 96; Die Kultur Chinas: Außen neu u. innen klassisch 98; Ernst Barlach in Rußland 00; Der russische Maler Isaak Ilitsch Lewitan 01; Der Glanz d. großen Namen. Die Gesch. des Grand-Hotels 02; Deutsche u. Russen. Rivalen u. Partner 02; Wie die afghan. Literatur begann 03; Deutsche u. Polen. Eine schwierige Nachbarschaft 04, alles Rdfk-Ess.; – zahlr. Berichte u. Hörbilder, u. a. über Schanghai, Peking, Mongolei, Sibirien, Brasilia, Transamazonica, Tokio, Kyoto, Hongkong, Tibet, Kalkutta, Südafrika, Botswana, Namibia, Kairo, Lissabon, Istanbul 92–98. – **P:** Bittere Nahrung: Lit. in Polen 66; Kunst u. Künstler in Bahia 66; Henry James u. London 68; Außen neu u. innen klassisch: Die Kultur Chinas 98. – *Lit:* s. auch SK.

Gillessen, Leo; Heuem 27, B-4780 St. Vith, Tel. (0 80) 22 76 62 (* 54). Lyr. – **V:** Die Tiefe der Freiheit, Reisetageb. 89; wortbrüche bildwärts die spur verlassener worte 98; Verwitterung – Vergänglichkeiten 03; Spruch Reif 04; Nadeln im Kreis 06; – mehrere volks-u. regionalkundl. Veröff. – **MV:** Zeitkörner, m. Bruno Kartheuser u. Robert Schaus 92. – **MA:** Ostende ist nicht Ostia, Anth. 03. (Red.)

Gillitzer, Alois; Oberviechtacher Str. 2, D-92545 Niedermurach, Tel. (0 96 71) 5 26, 91 81 50, Fax 91 81 93, *alois.gillitzer@t-online.de* (* Niedermurach 7. 7. 44). – **V:** D' Weihnachtsgschicht und anderes zur Weihnachtszeit 82; Oberpfälzer Weihnachtsgschichtn, Lyr. u. Erzn. 01 (auch CD). – **MA:** Steinsiegel, Lyr. 93; Heimat Ostbayern, Lyr. 96. – **P:** zahlr. Rdfk-Sdgn im BR als Moderator f. Volksmusik 91–02. (Red.)

Gillmann, Jakob Paul, Vermessungsing.; Seerosenstr. 15, CH-3302 Moosseedorf, Tel. (0 31) 8 59 28 73, *gillmann@bluewin.ch* (* Mülenen/Schweiz 25. 4. 53). Gruppe Olten 93; Schweiz. Arbeiterlit.pr. 84; Lyr., Drama, Hörsp., Kurzgesch. – **V:** Frostzeit, Lyr. 85; Gäng der Nase naa, Kindergeschn. 90; Bengala, Bst. 02. – **MV:** An der Grenze der Hoffnung, m. Ganimete Leka, Lyr. dt/alb. 96. – **MA:** zahlr. Beitr. in Prosa-Anth. seit 80, u. a. in: Im Morgenrot; Der Thessalonicherbrief; 4 Beitr. in Lyr.-Anth. – **R:** Lötschberg 91; Happy Birthday 92; Casa Romantica 93; Da falle alli Tröimeli 95; La petite colombe 96; Die bedauernswerte Rettung des Eugen E. Pawlak oder Die Lotabweichung 97; Les jeux sont faits 99; Aemmitaler Pilzuflouf u Blaui Bohne 00, alles Hsp. (Red.)

Gimmel, David s. Henneberg, Claus

Gimmel, Margrith; Hombergstr. 56, CH-3622 Homberg bei Thun, Tel. 03 34 42 21 64. – **V:** Ds Rötscheli, Biogr. 99, 3. Aufl. 04; E Gott gheilegti Ehe, R. 01; Liebi chasch nid choufe, R. 03. (Red.)

Gindl, Winfried; c/o Sisyphus, Tarviser Str. 16, A-9020 Klagenfurt, *sisyphus@silverserver.at, www.silverserver.co.at/sisyphus* (* Klein St. Paul 2. 1. 62). IGAA 83, GAV 88–89; Lyr., Erz., Rom. – **V:** Weltgedichte 1.T., Text-Ready-Mades 88; Der Rest der Welt, Geschn. 93; Peepshow / 25% mehr gratis, Lyr. 95; Yoga light oder Die Prostata ist in Ordnung, Lyr. 95; Das ist keine Kunst, Konzepte 95; Aufbruch, Gott, Hertha, R. 99; Maria Elend, R. 07. – **MA:** Neue Stimmen der Gegenwart 91; Tango, Wochenzs. 91–95; Zeitung, Zs. 01. – **MH:** Sisyphus, Lit.zss. 87–93; LUFT, m. Werner Hofmeister 90; Die Jack Kerouac School of Disembodied Poetics, m. Christian Loidl u. Christian Ide Hintze 92 90. – *Lit:* Helmut Schönauer in: Lit. + Kritik, Mai 00; Florian Klenk in: Falter 50/01; Barbara Hundegger in: 20er, Sept. 99; Doris Krumpl in: „Album" u. „Standard" 17./18.6.00; Tina Leisch in: Volksstimme 17.–24.9.00. (Red.)

Ginner, Franz V. E. (Franz Viktor Ernst Ginner), Lehrfachleiter i. R.; Grutschgasse 20/1/8, A-2340 Mödling, Tel. (0 22 36) 4 68 24 (* Wien 17. 11. 30). Anekdote, Autobiographisches, Sachb. – **V:** In Namen des Gesetzes: Sei stad. Erinnerungen e. Landgendarmen 06; Geschichten aus der Kottan Akademie 09; Geschichten aus dem Salzkammergut 09; Geschichten aus dem Krankenhaus 10; – Sachbücher z. Fotografie u. z. Angelologie. – **MA:** Mein Leben ist ein Roman 03; Faszination Fahren 03; Auf Ätherwellen 04, alles Anth.

Giordano, Mario (Ps. Patrick Niessen, Rocco Franciamore), Autor; Tel. (02 21) 7 88 52 53, *mail@mariogiordano.de, www.mariogiordano.de* (* München 30. 5. 63). VS; Arb.stip. d. Ldes NRW 92, Stadtschreiber v. Otterndorf 96, Hans-im-Glück-Pr. 98, Eulenspiegel-Pr. d. Stadt Schöppenstedt 00, Bayer. Filmpr. 00, Pr. f. d. beste Drehb. b. Intern. Filmfestival Porto 02; Rom., Kinder- u. Jugendb., Kindersachb., Drehb., Hörsp. – **V:** Die wilde Charlotte, Kdb. 92; Franz Ratte räumt auf, Kdb. 93; Karakum, Jgdb. 93; Emy und Molly, Bilderb. 94; Drei vom Circus/I tre del circo, Kdb. 95; Franz Ratte taucht unter, Kdb. 95; Der aus den Docks, Jgd.-R. 97; Tanja, R. 97; Olivers Spiel, R. 98; Black Box, R. 99 (auch verfilmt); Ein Huhn, ein Ei und viel Geschrei 99; Pablos Geschichte 00; Der Mann mit der Zwitschermaschine 01; Engel und Ungeheuer, Bilderb. 02; Tödliche im Atelier 03; Emil Nolde für Kinder 06; Leonardos Katze 06; Bilderräuber 07. – **MV:** Pangea. Der achte Tag, m. Andreas Schlüter, Jgdb. 08. – **F:** Das Experiment, m. Christoph Darnstädt u. Don Bohlinger, Drehb. nach „Black Box" 00. – **R:** versch. Filme u. Serien f. d. Kinder-Fs. sowie Unterkurz-Hsp.

Giordano, Ralph, Journalist, Fernsehautor, Schriftst., Dr. phil. h. c.; Berndorffstr. 4, D-50968 Köln, Tel. (02 21) 3 76 18 10, Fax 38 61 86 (* Hamburg 20. 3. 23). BVK I. Kl., Journalistenpr. f. Entw.politik

78, Hans-Fallada-Pr. 88, Dr. phil. h.c. GesamtU.Kassel 89, Heinz-Galinski-Pr. 90, Verd.orden d. Ldes NRW 92, Med. f. Kunst u. Wiss. d. Stadt Hamburg 93, Siebenpfeiffer-Pr. 94, Schubart-Lit.pr. 95, Hermann-Sinsheimer-Pr. 01, Leo-Baeck-Pr. 03, Rhein. Lit.pr. Siegburg 06, Heine-Pr. f. Zivilcourage, Düsseldorf 07, u. a.; Rom., Sachb. – **V:** Morris, Gesch. e. Freundschaft 48, 00; Die Partei hat immer recht 61, 90; Die Bertinis, R. 82; Die Spur, Repn. 84; Die zweite Schuld od. Von der Last Deutscher zu sein 87, 98; Wenn Hitler den Krieg gewonnen hätte 89; Wie kann diese Generation eigentlich noch atmen? 90; An den Brandherden der Welt 90; Israel, um Himmels Willen, Israel 91; Ich bin angenagelt an dieses Land, Reden u. Aufss. 92; Wird Deutschland wieder gefährlich? 93; Ostpreußen ade 94; Hier war ja Schluß 96; Mein irisches Tagebuch 96; Der Wombat u. a. tierische Geschichten 97, 98, Tb. 00; Wir sind die Stärkeren, Reden, Aufrufe, Schrr. 98; Deutschlandreise, Aufzeichn. 98; Die Traditionslüge. Vom Kriegerkult in d. Bundeswehr 00; Sizilien, Sizilien! Eine Heimkehr 02; Erinnerungen eines Davongekommenen 07. – **MH:** zahlr. Titel, u. a.: KZ-Verbrechen vor deutschen Gerichten, m. H.G. van Dam 62/66 II. – **R:** zahlr. polit. Beitr. im Rdfk; 100 Fs.-Dok. f. WDR u. SFB (Nationalsozialismus, Faschismus, Stalinismus, Probleme d. Dritten Welt, hist. Portr.) seit 64. (Red.)

Giovannelli-Blocher, Judith, Sozialarb.; Elfenaustr. 15, CH-2502 Biel, Tel. 03 23 23 39 63 (* Bonstetten b. Zürich 17. 6. 32). AdS; Rom. – **V:** Das gefrorene Meer, R., 1.–3. Aufl. 99 (auch Tb. u. Hörb.); Das ferne Paradies, R. 02. – **H:** Aus der Zeit, noch etwas zu wagen. Hanni Schilt erzählt ihr Leben 94, 3. Aufl. 96. (Red.)

Girgis, Samir; Magdeburger Str. 78a, D-55218 Ingelheim, *girgis@mainzkom.de*. – **V:** Jakob und der Berg der Wahrheit, hist. R. 05; Die Rückkehr der Templer 06.

Gisi, Paul, Lyriker, Schriftst., Philosoph, Feuilletonist; Haufen 237, CH-9426 Lutzenberg, Tel. (0 71) 8 88 02 52 (* Basel 17. 7. 49). Weltverb. d. Schriftst. London 01; Werkzeitbeitr. d. Stadt St. Gallen 97, Anerkenn.- u. Förd.pr. d. Ausserrhoder Kulturstift. 01; Lyr., Prosa, Ess. – **V:** Gegen die Zeit u. Zwischen unendlichen Gewittern, Jgd.-G. 70; Ich bin Du, G. 71; Vorbei ist Nacht/Winterliches Ahnen, G. 71; Eisblume am Fenster der Liebe, G. 72; Tagebuch aus der Provence 1971/Rote Schwanentrilogie u. a. G. 72; tropfworte, G. 72; Odonata, G. 72; Werkhauptprobe acht, G., Erzn., Aufs. 72; Mein Resedagrün, G. 73; Finsternisse oder Gott küsste den Teufel 73; Flamme, G. 73; Irrgang durchs Raumlose, G. 73; Wenn dich der Hauch des Wunders trifft, üb. d. Schweizer Lyrikerinnen Erica Maria Dürrenberger, Gerda Seemann u. Sonja Passera 73; Am Puls des Menschen, G. 74; Wort und Leben, Sätze 77; Kleine Provenzalin, G. 77; Isotope einer Sehnsucht, G. 78; Akkorde der Lachmöwe, G. 79; Im Sternbild Kassiopeia, G. 79; Mass und Leidenschaft, Sätze 79; wenn das paranoia der menschheit siegt, G. 79; im eiskalten weltraum, G. 79; In der Milchstrasse der Worte, G. 80; Sternbilder der Liebe, G. 80; Verwandlungen, Texte 80; Zwischen Apathie und Begeisterung, Sätze 80; Aline, G. 81; Position, Exposé 81; Fragmente eines alten Kapitäns, G. 82; Glockenmantel der Nacht, G. 82; Eine Handvoll Nichts, Sätze 83; Der zärtliche Wahn, G. 83; Der grünäugige Laternenfisch, G. 83; Brief an Achaz, Prosa 84; Fieberflammen 84; Höhle der Spinne 84; Milchstrassenlaterne 84; Schwarze Löcher 84; Sturzwogen nach Mitternacht 85; tribunal vor dem nichts 85, alles G.; Schimmel aus Wahn, Sätze 86; Windzunge, Haikus 86; In den Augen gongt die Zeit 86; Die weinrote Languste schweigt 86; Magie und Far-

ce 86; Deine Zunge tropft in meinen Mund 87; Lichtrisse der Liebe 87; Selbstbildnisse 87, alles G.; Notizen einer Amöbe, Sätze 88; Pestilenziarium, G. 88; Shi Zuzhao oder Im Spinnennetz der Spiralgalaxie, G. 88; Die Unvernunft des Troubadours, G. 88; Verwüstungen, G. 88; Der alte Weinrote Zackenbarsch, Paroxysmen 89; Blutalgenbrand, G. 89; Bogenstrich, G. 89; Du Gott, myst. Metaphern 89; Mit den Farben der Zunge, G. 89; Abstürze, Sätze 90; Im Schatten der Täuschung, G. 90; Nachtbrand, lyr. Gleichnisse 90; Die Schritte des Feuers, G. 90; DASWASSERDESSCHWEIGE-FLUSSES 90; DUBRENNENDERATEMDU 91, beides lyr. Gleichnisse; Feuerwimpern, G. 91; Wir stürzen ins Aufflammende nieder, lyr. Gleichnisse 91; Betrachtungen eines Wurms, philosoph. Gedanken 92; Dunkle Cellotropfen, G. 92; Ich der Ozeanograph deines kleinen Körpers, G. 92; Sturzwellen des Untergangs, Sätze 92; Helle Dunkelheit, Beschwörungsformeln 93; Bilder von Lust und Qual 94; Das Universum des Schlangenaals, G., Sätze, Erzn. 94; Die Luszt des Verzweyfelns, G. 95; Gedanken eines alten Zackenbarsches, Sätze 01; Körper an Körper nackt, Prosa 05; Nachtwucherungen, Gedanken u. Geschn. 06. – **MV:** Kohlensäure, m. Rolf Moser, G. 78. – **MA:** Spektrum d. Geistes 73; Quer 74; Gesch. d. Spirituellen Poesie. E. Bestandsaufn. 76; Innerschweizer Schriftsteller 77; Jb. dt. Dichtung (Der Karlsruher Bote) 78; Schlehdorn 79; Stuhlgang, Fotob. 80; Einkreisung 82; SchreibwerkStadt St. Gallen 86; Handschrift 86; Das Gedicht 87; Bäuchlings auf Grün 05, alles Lyr.-Anth. – **P:** Herbst – Tag. Otto Huber rezitiert Gedichte v. P.G. 69. (Red.)

Gisiger, Ulrich, Mittelschullehrer in Pension, 1973–81 Chefredaktor d. „Illustrierten Schweizer Schülerzeitung"; Brunnadernstr. 3, CH-3006 Bern, Tel. (0 31) 3 52 85 75 (* Bern 26. 6. 28). Kurzgesch., Kinderb. – **V:** Eine unheimliche Geschichte, 5 Erzn. a. Irland 62; Arrah, der Zigeuner, e. Erz. a. Irland 64; Lieber Jack, Bern sieht wie ein Walfisch aus, e. Bern-B. f. Kinder 68, 87; Zytglogge-Story. Die Memoiren des Hans von Thann 69; Das Berner Münster 70; Lieber Jack, Baden ist eine Reise wert ..., e. Baden-B. f. Kinder 72; Noch sieht Bern wie ein Walfisch aus ..., e. Bern- B. f. Kinder 86; Die Berner Zunftgesellschaft zum Affen. Ein Zunftb. z. Münsterjahr 93. – **MV:** Der Tierpark Dählhölzli – eine von Noahs Archen, m. Esther Leist 91. – **MA:** Illustrierte Schweizer Schülerzeitung 73–81. (Red.)

Gisin, Gisela, Kindergärtnerin; Chemin des Ormes 5, CH-1225 Chêne-Bourg, *Oliver@mermod.ch*, *www. mermod.com/gisela* (* Stuttgart 12. 1. 26). SUISA 70–90; Erz. – **V:** Pekka und sein Pony 67; 12 Geschichten zum Lesen und Zuhören 99. (Red.)

Giudice, Liliane (geb. Liliane Krebs), Dramaturgin; Rotenbachlastr. 27, D-76530 Baden-Baden, Tel. (0 72 21) 2 23 42 (* Paris 29. 7. 13). Erz., Buch zur Lebenshilfe. – **V:** Ohne meinen Mann 70, 13. Aufl. 98 (auch ital., holl., am.); Der Tag der Pensionierung 71 (auch holl., am.); Das Abenteuer ein Christ zu sein 72, 75; Freude im Alltag 73; Gott ist näher als wir denken 78; Die Kraft der Versöhnung 79; Oft ist es nur ein kleines Zeichen 81, 85; Späte Begegnungen 82; Nerz nach innen 83; Die Rose sprengte den Stein 85; Weggefährten 87; Ich bekenne Neugier 90; Der rote Ballon 90; Zwischen Leichtigkeit und höchster Schwere 93; Hol mich bitte, Sachb. 98. (Red.)

Glabotki, Erna s. Willmann, Frank

Glach, Gabi s. Tannhäuser-Gerstner, Sylke

Glaesener, Helga, Autorin, Seminarleiterin f. Kreatives Schreiben; Glupe 46, D-26603 Aurich, Tel. (0 49 41) 1 83 54, Fax 1 83 59, *helgaglaesener@gmx.de*, *www.helga-glaesener.de* (* Oldenburg/Nds. 19. 11. 55).

Gläser

Arb.kr. ostfries. Autor/inn/en, Quo vadis – Autorenkr. Hist. Roman; Rom. – **V:** Die Safranhändlerin, hist. R. 97, Tb. 98; Die Rechenkünstlerin, hist. R. 98, Tb. 00; Im Kreis des Mael Duin, Fantasy-R. 98; Der singende Stein, hist. R. 99; Der schwarze Skarabäus, Fantasy-R. 00; Du süße, sanfte Mörderin, hist. R. 00, Tb. 02; Der indische Baum, hist. R. 00; Wer Asche hütet, hist. Krim.-R. 02; Der Weihnachtswolf, Gesch. 03; Der Stein des Luzifer, R. 03; Safran für Venedig 04, Tb. 05; Wespensommer, hist. R. 06; Wölfe im Olivenhain, R. 07; Das Findelhaus, R. 09.

Gläser, Andreas; Pasteurstr. 47, D-10407 Berlin, *baufresse@web.de*, *www.baufresse.de* (* Berlin 65). – **V:** Der BFC war schuld am Mauerbau 02; DJ Baufresse 06. – **MA:** Beitr. in Anth., u. a.: Frische Goldjungs 01; shut up – be happy! 03; Fußball-Land DDR 04; Doppelpass 04; Eins, zwei, drei, wieder mal vorbei 04; Der Ball ist aus 06. – **P:** Zonenschläger 03; Die Vorleser, Vol. 1, m. and. 03, beides CDs. (Red.)

Glage, Benita, Dipl.-Päd., Rentnerin; Heerstr. 175–179, D-53111 Bonn, Tel. (02 28) 46 35 34, *benita.glage @gmx.de* (* Memel 23. 1. 36). LiteraturFrauen e.V. bis 02, VS NRW 96, Gedok Bonn 06; 2. Pr. des FDA 96, Wiener Werkstattpr. 00; Lyr., Kurzgesch., Rom., Sachb. – **V:** SelbstGespräche, G. 84; Rücken an Rücken mit meinem Schatten, G. 87; Atome meines Herzschlags, G. 91; Warum bleibt der Gott im Himmel!?, Leseb. f. Erwachsene 92; Laß uns wieder über Liebe reden, R. 93; Die Steppenwölfin – Alleinleben von Frauen, Studie 95; Die Vogelfrau und das Kind, Erz. 99; In der Liebe zuhause sein, R. 99; Über das Alter. Vom Recht, alt werden u. trauern zu dürfen, Ess. u. Kurzgesch. 02; Vergiß nicht, dass du aufgebrochen bist, Texte u. Geschn. 06; Pentagramm – das Schulbrot, das in den Graben fiel, R. 08/09. – **MA:** 20 Seiten G. in: Allein mit meinem Zauberwort, Lyr.-Anth. 87; Vielfalt der Stimmen, Prosa-Anth. 95; der rote Sessel, Erz. 02 u. 05; (Un) merkliche Veränderung, Ess. 03; Lexikon berühmter Frauen, 10 Biogr. 03; Lyrik ungebunden 04; Bist du das, Gott, Erz. 07.

Glagow, Rainer (Ps. Jürgen Gadow), Dr.; Meckenheim, *rainerglagow@web.de* (* Frankfurt/Oder 17. 12. 41). Jugendb., Rom. – **V:** Der Berg des Unheils 66, Tb. 80, überarb. Neuaufl. 94, 99.

Glan, Katja von, Historikerin, Autorin; Lindenweg 2, D-21641 Apensen, Tel. (0 41 67) 92 10 40, *evonglan @freenet.de* (* Braunschweig 4. 5. 67). – **V:** Silber im Saum, R. 02, Tb. 04; Der Sternenmantel, R. 03, Tb. 05 (auch tsch.); Die Pilgermuschel, R. 04, Tb. 06; Rembrandts Garten, R. 06. (Red.)

Glantschnig, Günter, Mag., Lehrer; Karl-Graf-Gasse 12, A-2700 Wiener Neustadt, Tel. u. Fax (0 26 22) 2 56 01, *guenter.glantschnig@aon.at* (* Badgastein 2. 5. 52). ARGE Literatur, Öst. P.E.N.-Club, IGAA; Anerkenn.pr. d. Ldes NdÖst. f. Lit. 80; Lyr., Ess. – **V:** Momentaufnahmen. Lyr. 79; Literatur in NdÖst. 1970–1987 88; Literatur in NdÖst. 1970–1990 90. – **H:** Junge Literatur und Bilder aus Niederösterreich 97. (Red.)

Glantschnig, Helga, Dr. phil., freiberufl. Schriftst.; Hetzgasse 22/16, A-1030 Wien, Tel. (01) 7 14 65 86 (* Klagenfurt 14. 3. 58). manuskripte-Lit.förd.pr. 91, Arb.stip. d. Stadt Wien 91, Lit.förd.pr. d. F.St.Graz 91, Buchprämie d. BMfUK 94, Lit.förd.pr. d. Ldes Kärnten 94, Staatsstip. d. BMfUK 94, Lit.förd.pr. d. Stadt Wien 95, Öst. Projektstip. f. Lit. 97, Jahresstip. d. Ldes Kärnten 98, manuskripte-Pr. 98, Elias-Canetti-Stip. 01; Lyr., Prosa, Rom. – **V:** Liebe als Dressur, Sachb. 87; Wider Willen, R. 92; Blume ist Kind von Wiese oder Deutsch ist meine neue Zunge. Lexikon d. Falschheiten (m.e. Vorw. v. Ernst Jandl) 93; Rose, die wütet, Ana-

gramme 94; Entrée: die Frau 95; Mirnock, R. 97; Meine Dreier, Erz. 98; Kamel und Dame. 57 Tierlieben, G. 00. – **MH:** Lektion der Dinge, m. Gerda Ambros, Anth. 91. – **R:** Flügel am Fuß, Hsp. 95; Sonnenbad, Hsp. 00. (Red.)

Glanz, Hannes (eigtl. Johann Josef Glanz); Staufenweg 5/1, A-5400 Hallein, Tel. u. Fax (0 62 45) 7 17 91, (06 99) 11 44 61 73, *office@hannes-glanz.com*, *www. hannes-glanz.com* (* Graz 24. 8. 72). Rom., Lyr., Erz., Sat. – **V:** Vom Glück zu leben, G. u. Geschn. 94; Favola – Acht Fabel-hafte Geschn. 96; Hundert Wege, G. 97; Ich nenne es Sommer, R. 99; Erzähl' mir das Leben, G. 01; Das Fall Simon – R. Maringer ermittelt 03; Der Kernölbotschafter, sat. Miniatn. 06. (Red.)

Glaser, Brigitte, Autorin; Menzelstr. 9, D-50733 Köln, Tel. (02 21) 9 72 57 93, *brigitte.glaser@freenet. de*, *www.brigitteglaser.de* (* Offenburg 18. 3. 55). VG Wort 96, Das Syndikat 05, Sisters in Crime (jetzt: Mörderische Schwestern) 05; Lyr. – **V:** Leichenschmaus 03; Kirschtote 04; Mordstafel 05; Tatort Veedel 07; Eisbombe 07. – **MV:** Kölsch für eine Leiche, m. Rainer Daub 96.

Glaser, Inge, DDr. Mag. phil., Prof.; Mascagnigasse 9, A-5020 Salzburg, Tel. u. Fax (06 62) 62 02 05, *INGEG@Eunet.at* (* Salzburg). Der Kreis, Öst. Autorenverb., Salzburger Autorengr., V.S.u.K., Öst. P.E.N.-Club; Lyr.pr. Zum Halben Bogen 89; Lyr., Prosa, Ess. – **V:** Poetische Viadukte, Lyr. 87; Delphine lassen grüßen, Lyr. 88; Laubfeuer, Prosa 88; Blickpunkte, Lyr. 89; Die Stunde des Schmetterlings, Lyr. 89; Herztöne, Lyr. 90; Die Birkapfelgeige, Prosa 90; Die Brunnenlaute, Lyr. 90; Ebbe und Flut, Prosa 01; Die Steppenschalmei, Lyr. 04; Christine Lavant. Eine Spurensuche 05; Der Weg nach Weihnachten, Prosa 06. – **MA:** Veröff. in Anth. Jahrb., Sammelblten: Das große Buch der Haiku-Dichtung, der Senku-Dichtung, der Ranga-Dichtung; Das Buch der Tanka-Dichtung; Querzulesen; P.E.N.-Anthologie; Stimmen aus Österreich/Lyrisches Kalendarium; Mythen, Märchen, Legenden; Rund um den Kreis; Auf Wegen im Jahre 2000; In der Tiefe der Zeit; Mit vielen Augen an vielen Orten; Begegnung im Wort; Wien – daheim in der Großstadt; Im Jahreskreis; Lyrik aus Salzburg; Wie es eben so ist, ohne Harfe.

Glaser, Luciana s. Holzer, Stefanie

Glaser, Peter, Schriftst.; Wilhelmstr. 154, 2. Hof, D-13595 Berlin, Tel. (0 30) 39 48 02 56, *glaser@on-line. de*, *p.glaser@stz.zgs.de* (* Graz 30. 6. 57). Ingeborg-Bachmann-Pr. 02; Rom., Short-Story, Ess., Computersprache. Ue: engl. – **V:** Schönheit in Waffen, Stories 85; Vorliebe. Journal e. erotischen Arbeit 86; Glasers heile Welt 88; Die Osiris Legende, Dr., UA 88; 24 Stunden im 21. Jahrhundert 95; Das Kolumbus-Gefühl 99; Geschichte von Nichts, Erzn. 03. – **MV:** Der große Hirnriß, m. Niklas Stiller, R. 83. – **MA:** Stories u. Ess. in lit. Anth., Stories u. Feuill. in zahlr. Zss.; regelm. Beitr. in „Technology Review" – **H:** Rawums. Texte zum Thema, Anth. 84, Neuausg. 03, u. a. – **R:** Terminal Darling, Fsf. (SFB) 84; Haus Vaterland, m. H. Königstein u. W. Thielsch, 3-tlg. Fsp. (ARD) 84; Die Sphinx. Rätsel in Stein (Arte) 02. – **P:** Das Wort hat die Musik, in: Guter Abzug 83. (Red.)

Glasmacher, Anke, Dipl.-Päd., Red., Autorin; Postfach 580211, D-10412 Berlin, *autor@anke-glasmacher.de*, *www.anke-glasmacher.de* (* Bensberg 13. 7. 69). NGL Berlin 02, Dt. Presse-Verband; Lyr., Erz. – **V:** Sprachbruch, Lyr. 02; Berliner Skizzen, Geschn. 07; Ich und K. – Eine absurde Geschichte, Erz. 07. – **MA:** zahlr. Veröff. in Ztgn u. Anth., u. a. in: Kölner Stadt-Anzeiger 6/87, 8/89; Arbeit und Leben morgen 88; Tastend nach dem Licht 88; Wortnetze

I–III 88–91; Zehn. Neue Gedichte dt.spr. Autoren 93; Zacken im Gemüt 94; Das große Buch der kleinen Gedichte 98; Tagesspiegel 11/00; KHAT. Review of Art and Culture 9/01; Versfluß 02; Städte. Verse 02; Die literarische Venus 03; Zeit.Wort 03; Rhein-Sieg-Rundschau 10/03; Verszeit. Dt.spr. Lyr. d. Gegenwart 04, 05; Spurensicherung 05; Versnetze 08.

Glasow, Katrin von *

Glass, Viktor s. Walter, Dieter

Glassl, Reinhard (Ps. Rudi Petiver), ObStudDir. i. R.; Allgäuer Str. 4, D-87509 Immenstadt, Tel. (0 83 23) 98 93 71, Fax 98 93 73, *glassl.reinhard@maxi-allgaeu. de* (* Schwabach 19. 5. 47). Segeberger Kr./Ges. f. kreat. Schreiben 89, Signatur 96, VS 98–01; Rom., Lyr., Erz., Lektorat. – **V:** EinGang durchs ALL GAU, R. 93; Slovenije, R. 95; ROSA CANINA, Erz. 97; Rudi, Roman, Robert, René, R. 98; Der Engel mit dem Büchlein, Skizze 99; Thomas Vogler. So funktioniert Therapie (nicht), R. 04. – **MA:** Strandgespült 98; Mit List und Tücke 99; Sagenhafte Märchen 04; Wintermärchen aus dem Allgäu 05; Allgäuer Mannsbilder 07; Allgäuer Lügenmärchen 08, alles Anth.; – zahlr. Beitr. in Lit.-Zss., u. a. in: Décision; Rabenflug; erostepost.

Glathe, Peter; Karl-Liebknecht-Str. 10, D-04416 Markkleeberg, Tel. (03 41) 3 58 09 05, *p.glathe@ primacom.net* (* Pethau, Kr. Zittau 23. 6. 30). 2. Pr. b. Schreibwettbew. d. Sächs. Ldeszentrale f. polit. Bildung 94. – **V:** Sie sind ein Mörder, Herr Professor!, R. 00; Tüdelidü, Kurzgeschn. 02; Der Irrtum, Krim.-R. 04/05; Der Engel von Bartholomäus, wiss. Thr. 04/05. – **MA:** Wir sind ein Volk! – Sind wir ein Volk?, Anth. 94; Mandibula, Anth. 98.

Glattauer, Daniel, Autor, Journalist „Der Standard"; Penzinger Str. 36–38, A-1140 Wien, Tel. (06 64) 2 24 54 12, *post@danielglattauer.com, www. danielglattauer.com* (* Wien 19. 5. 60). – **V:** Theo und der Rest der Welt 97; Bekennen Sie sich schuldig? Geschichten aus d. grauen Haus 98; Der Weihnachtshund, R. 00; Die Ameisenzählung, Kolumnen 01; Darum, R. 03; Die Vögel brüllen 04; Gut gegen Nordwind, R. 06; Rainer Maria sucht das Paradies 08. – **MA:** Die Presse 1985–88; Der Standard, seit 88. (Red.)

Glattauer, Herbert O. (Ps. Oscar Hannibal Pippering), Schriftst., Journalist, Doz. f. Medienkommunikation, Maler; Graf-Zeppelin-Platz 19/130, A-5020 Salzburg, Tel. (06 50) 2 14 99 37, *H.O.Glattauer@gmx.de* (* Wien 17. 3. 36). Förd.kr. d. Schriftst. in Sa.-Anh. 98, Friedrich-Bödecker-Kr. 00; Publizistikpr. f. Medizin d. Österr. Ärztekammer 75; Rom., Dramatik, Hörsp., Fernsehsp. – **V:** Gestatten, gehört die Leiche Ihnen? 68, u. d. T.: Abenteuer eines Londoner Privatdetektivs 73; Menschen hinter großen Namen 77; Innsbrucker Straßennamen erzählen 94; Auftrag Havanna, R. 98; Der Herzschuss, Krim.-R. 03. – **MA:** Taschenlektüre 80; Die ohne dunkle Frau. Texte z. Krieg 00; Zuhause in der Fremde – miteinander leben 02. – **F:** Die sieben Ohrfeigen 71. – **P:** Es ist schon spät / Auch wenn du weinst, Schallpl. 04. – *Lit:* Bernd Stracke in: Tirol persönlich 86/87; Dt. Schriftst.Lex. (BDS) 02; Harald Korall in: Schriftst. in Sa.-Anhalt 05.

Glatz, Anton Christian; *verlagbuecherburg@glatz-keg.at* (* Innsbruck 23. 1. 56). Erz., Sachb. – **V:** Auf dem Fels, Lyr. 03; Ein Stein reist durch die Zeit, Erz. 03; Haikiki, Erz. 06. – **MA:** Querschnitte 2005 05. (Red.)

Glatz, Helmut (Ps. Lutz Gemthal), Lehrer, Rektor; Dr.-Strasser-Str. 4, D-86899 Landsberg/Lech, Tel. (0 81 91) 3 90 37, Fax 96 94 78, *helmutglatz@hotmail. com* (* Eger 13. 9. 39). Kinderb., Erz. – **V:** Die gestohlene Zahnlücke, Kdb. 72, Tb. 82; Kolja reitet auf dem Herbstwind, Kdb. 75, Blindenschr.-Ausg. 82; Die gestörte Schreibmaschine, Kurzsp. u. Sketche 85; Herr Keller verpuppt sich, Erz. 99; Dornröschen auf Wanderschaft, Theaterst. f. Kinder 02; Herrn Winzigmanns Reise durch das Land der Geheimnisse, Kdb. 03; Der Heuschreck auf Quartiersuche, Theaterst. f. Kinder 03; Das Wirtshaus im Sachsenrieder Forst, Erz. 04; Sturm im Widiwondelland, Kdb. 05; Graf Knickerbocker und die Zauberoma, Theaterst. f. Kinder 06; Wanderer in Schattenwelten, Erz. 07; Kennen Sie Nathalie Rülps?, heitere G. 07. – **MA:** Die Spinne, die Giraffe und die Neugier 93. – **P:** Die gestohlene Zahnlücke 76.

Glatz, Thomas, bildender Künstler, Schriftst.; c/o Vogel & Fitzpatrick GbR, Black Ink, Burgselstr. 5, D-86937 Scheuring (* Landsberg am Lech 70). Lyr., Hörsp., Gebrauchstext. – **V:** Kneipen-Philosophien 02; Der dicke Koch hat frei und fährt mit dem Rad zum Teich, lyr. Prosa 04. – **MV:** Felix der Weltraumvirus, m. Peter Friede u. Sam Stoned 06. – **MA:** Kaltland Beat 99; Poetry Slam 02/03, 03/04; SUBH greatest hits 1993–2003 03; Beitr. in Lit.zss. seit 99, u. a. in: Am Erker; SUBH; Sterz. – **R:** Njswnstn, m. Martin Krejci, Hsp. 04. (Red.)

Glatzeder, Winfried, Schauspieler; c/o Hans Otto Theater, Schiffbauergasse 11, D-14467 Potsdam (* Zoppot 26. 4. 45). – **V:** Paul und ich, Autobiogr. (unter Mitarb. v. Manuela Runge) 08. (Red.)

Glauche, Wolfgang, Goldschmiedemeister, Justizvollzugsbeamter; Lloyd-G.-Wells-Str. 27, D-14163 Berlin, Tel. (0 30) 8 41 06 99 (* Berlin 10. 3. 47). Erz. – **V:** Gesiebte Luft oder Mehmed Demirci, Erz. 04. (Red.)

Glaukos, Tolya, Autor, Künstler, Webdesigner u. Webentertainer; Prenzlauer Promenade 120, D-13189 Berlin, Tel. (0 30) 47 03 39 91, *autor@tolya-glaukos. de, www.tolya-glaukos.de* (* Erlangen 29. 6. 71). 2. Pr. b. Lit.-wettbew. d. Wannseeforum 96, 3. Pr. b. Internetbooks-Wettbew. 03; Prosa, Lyr., Drama, Digitalskriptur. – **V:** Die Junggesellenmaschine. 3 Erzn. 03; Das heiße Blut der Chilichoten, Erz. 06. – **MA:** zahlr. Beitr. in Anth. u. Zss., u. a.: Intendenzen, Zs. 04; Der Sterz, Zs. 05.

Glavinic, Thomas; lebt in Wien, c/o Graf & Graf Literatur- u. Medienagentur, Berlin (* Graz 2. 4. 72). Arb.stip. d. Ldes Stmk 94, Wiener Autorenstip. 95, Lit.-förd.pr. d. Stadt Graz 97, Elias-Canetti-Stip. 02, GLAUSER 02, Lit.förd.pr. d. Stadt Wien 03, Wiener Autorenstip. 05, Öst. Förd.pr. f. Lit. 06, Phantastik-Pr. d. Stadt Wetzlar 07, Nominierung f. dt. Buchpr. 07; Prosa, Rom., Ess. – **V:** Carl Haffners Liebe zum Unentschieden, R. 98; Herr Susi, R. 00; Der Kameramörder, R. 01; Wie man leben soll, R. 04; Die Arbeit der Nacht, R. 06; Das bin doch ich, R. 07. (Red.)

Glechner, Gottfried, Dr. phil., Gymnasiallehrer i. R., Prof.; Höfterstr. 70 a, A-5280 Braunau am Inn, Tel. (0 77 22) 6 30 63 (* Gurten/ObÖst. 3. 7. 16). Erz., Lyr. – **V:** Unser Dorf, Erzn. 79, 5. Aufl. 82; Unser Haus, Erzn. u. Betrachtn. 80, 90; Unser Stub'm, Erzn. u. Betrachtn. 81; Der bairische Odysseus, Hexameterepos 82; Die Vertreibung aus dem Paradies, Erz. 83; Gold Regen Staub, G. 84; Edlmann-Bedlmann, Erzn. u. G. 85; Klassische Geschichten, Erzn. 87; Der Meier Helmbrecht 89; Hochwürdige Geschichten 90; Fortschritt von daheim 95; Gottfried Glechners halblustiges Lesebuch, Geschn. 96; Weichbrunn und Schnaps, Geschn. 97; Geht scho wieder aufwärts, Geschn. 97; Barfuss Laufen, Erzn. 99; Um wiederzukehren, Geschn. 00. – **P:** Heitere Geschichten 79; Weihnachtsgeschichten 80, beides Schallpl.; Roß'geschichten 84; Die Griechenlandreise 86; Der bairische Odysseus 98; Der Dam in Leibitaschl 98; D' Einbüldung macht selig 98; Jagdgeschichten 98; Spinat und Topfenknödl und andere lustige Geschich-

Gleichauf

ten 98, u. a. Schallpl./Tonkass. – *Lit:* Adalbert Schmidt in: Oberösterr. Kulturbericht 86; Oberösterr. Kulturzeitschrift 4/87; G.G., Der Dichter d. Weltordnung d. dörfl. Daseins, Video; G.G., Der Innviertler Odysseus, Video d. ORF Linz. (Red.)

Gleichauf, Ingeborg (geb. Ingeborg Vollmer), Dr. phil., freie Autorin, Journalistin, Doz.; Bayernstr. 16, D-79100 Freiburg, Tel. (07 61) 40 43 63, *IGleichauf @aol.com* (* Freiburg 20. 7. 53). Kritikerpr. d. Jury d. Jungen Leser, Wien 08. – **V:** Mord ist keine Kunst, Diss. 95; Hannah Arendt (dtv-portrait) 00; Denken aus Leidenschaft. Sieben Philosophinnen u. ihre Lebensgesch. 01; Ich habe meinen Traum. Sieben Dichterinnen u. ihre Lebensgesch. 03, erw. Neuausg. u. d. T.: Worte, mir nach! 08; Was für ein Schauspiel! Deutschsprachige Dramatikerinnen d. 20. Jh. u. d. Gegenwart 03; Ich will verstehen. Geschichte d. Philosophinnen 07; Sein wie keine andere. Simone de Beauvoir – Schriftstellerin u. Philosophin, Jgdb. 07; Denken aus Leidenschaft. Acht Philosophinnen u. ihr Leben 08; Heimatkunde Schwarzwald, Ess. 09.

Gleiß, Horst G. W., Dipl.-Biologe, Wissenschaftl. Schriftst.; Schwarzenbergstr. 15, D-83026 Rosenheim/ Obb., Tel. (0 80 31) 26 98 38 (* Breslau 26. 8. 30). AWMM-Buchpreise 84, 86, Karl-von-Holtei-Med. 91; Lyr. – **V:** Stille Welt der blauen Berge. Leben u. Werk d. Riesengebirgsdichters Hans Stolzenburg (1912–1943) 99; mehrere Sachb. – **MA:** Ruth Siegert: Des Schicksals Widerschein, G. 91. – **H:** Felix Steins: Soll ich für mein Volk noch singen?, G. 92. – *Lit:* C. Dürkob (Hrsg.): Festschr. z. 50. Geb. 80; K. Brunzel (Hrsg.): Festschr. z. 60. Geb. 90; W. Hartmann (Hrsg.): Festschr. z. 70. Geb. 00; s. auch SK.

Gleissner-Bartholdi, Ruth (Ps. Tania Beer), Journalistin, freie Autorin; Rubenstr. 31, D-79410 Badenweiler, Tel. (0 76 32) 61 03, Fax 89 26 05, *Gleissner-Bartholdi @t-online.de* (* Groß-Varchow/Mecklenburg 22. 2. 37). Rom., Lyr. – **V:** Die Mitternachtswette, R. 00, 05; Die Katzenschule, R. 03; Die Prinzessin mit den zwei Herzen, M. 04; Der halbierte Baum, R. 06; Liebe Laura, Glossen 06. – **MA:** Satirisch Gut, Anth. 02.

Glende, Siegfried, Architekt i. R.; Rubensstr. 2, D-47228 Duisburg, Tel. (0 20 65) 8 01 10 (* Stolp/ Pommern 28. 3. 28). Lyr. – **V:** Unterwegs im Labyrinth. Bd I: Gedichte zum Nachdenken und Mutmachen 02, Bd II: Bunt wie das Leben 04, Bd III: Gedichte und Prosa – heiter und ernst 05, Bd IV: Gedichte 07.

Glettner, Marion Romana, Bürofachkraft, Hörfunkmoderatorin, Autorin; Ermslebener Str. 85, D-06449 Aschersleben, Tel. (0 34 73) 93 28 23, *marionglettner@ web.de, www.marion-glettner.de* (* Runstedt 7. 1. 58). Friedrich-Bödecker-Kr. 06. – **V:** Freunde für immer. Einmal Bolivien u. zurück im; Was Frau erleben kann, wenn sie auf Partnersuche ist.

Gliewenkieker, Jans s. Schepper, Rainer Wilhelm Maria

Glimm, Nelly s. Riedel, Susanne

Glock, Annegret; Häldenstr. 17, D-74629 Windischenbach, Tel. u. Fax (0 79 41) 21 45, *AnnG285@gmx. de* (* Öhringen 28. 5. 58). Rom., Erz., Kurzgesch. – **V:** Lieblingsfarbe rot, Jgdb. 98. – **MA:** Kurzgeschn. in Ztgn u. Zss. seit 74. (Red.)

Glock, Manfred, StudDir. i. R.; Mathildenstr. 13, D-87600 Kaufbeuren, Tel. (0 83 41) 8 25 01, Fax 0 12 12–5–62 41 79 54, *m.e.glock@web.de* (* Amberg/ Obpf. 23. 6. 39). Lyr., Interpretation. – **V:** Der Dichter in der Laube, G. 85; Auf Zehenspitzen, G. 89; Geh mir auf der Sonne, G. 94; Weisst Du, woher die Tulpe kam, G. 00, 2. Aufl. 05. – **MA:** Interpret. in: Anregung 5/92,

2/94, 3/99; Der Altsprachliche Unterricht 3/96; Forum Classicum 4/01, 2/03, 3/04, 1/07; DASIU 1/03, 2/04, 1/05, 1/06, 2/07; Lyr. in: Festschr. Jakob-Brucker-Gymnasium Kaufbeuren 06.

Glodde, Britta (eigtl. Britta Glodde-Herkenrath), Re-No-Gehilfin, Sekretärin; Zehntweg 223, D-45475 Mülheim, Tel. (02 08) 75 62 01, *britta@glodde-herkenrath. de, www.britta-glodde.de* (* Essen 8. 4. 62). Rom. – **V:** Das Haus an den Klippen, R. 99, 00; Die Rache der Königin, R. 00; Final Game, R. 01; Der Hexenladen, R. 02. (Red.)

Glöckler, Ralph Roger, Magister, Autor; Dörnigheimer Str. 13, D-60314 Frankfurt/Main, Tel. u. Fax (0 69) 43 67 71, *RRGloeckle@aol.com* (* Frankfurt/ Main 13. 9. 50). VS; Rom., Erz., Reiseprosa, Lyr., Rep. – **V:** Ue: port. – **V:** technische innerei, Lyr. 73; Portugal für Kenner, Reiseb. 80; Reise ins Licht, R. 84; Die kalte Stadt, Erz. 87; Viagem Vulcânica, Erz. 96, Neuaufl. 00; Vulkanische Reise, Reiseber. 97; Corvo, Erz. 00; Das Gesicht ablegen, G. 01; Madre, Erz. 07; Vulkanische Reise. Eine Azoren-Saga 08. – **MA:** Beitr. in Lyrikanth. – **MH:** Exempla, Lit.zs., bis 79. – **Ue:** João Aguiar: Verirrte Seelen, R. 97; Mário de Cavalho: Wir sollten mal drüber reden, R. 97; ders.: Die Verschwörung des Rufus Cardilius, R. 99; José Rico Direitinho: Willkommen in der Finsternis 06. (Red.)

Glötzner, Johannes, Gymnasiallehrer; Egerländer Str. 4, D-82166 Gräfelfing, Tel. (0 89) 8 54 26 09, *johannes.gloetzner@muenchen.de* (* Ingolstadt 45). Mundart. – **V:** Il Schandmaul Pietrino Aretino 88; Da Schui-Kombjuda 89; Pseudo-Mono-Dialog 91; Du Mi Ned! 02 (m. CD); Der Mohr. Leben, Lieben u. Lehren d. ersten afrikan. Doctors d. Weltweisheit Anton Wilhelm Amo 03. (Red.)

Gloge, Andreas, M. A.; *andreasgloge@hotmail.com, www.andreasgloge.com* (* Bremen 18. 5. 75). Rom., Hörsp. – **V:** J.R.R. Tolkiens „Der Herr der Ringe". Vom Mythos zum Begründer e. Genres, Sachb. 02; Die Erben der grauen Erde 04; Numen und Zwielicht 06; Der kalte Traum von Thyran Bàr 06. – **MV:** Gabriel Burns: Die grauen Engel 07, Verehrung 07, Kinder 07, alles R. m. Volker Sassenberg. – **P:** Point Whitmark, F. 16–24, seit 06; Gabriel Burns, F. 17–30, seit 06; Abseits der Wege, F. 1–4, alles Hsp.-Serien auf CD.

†**Gloger,** Bruno, Dr. phil.; lebte in Berlin (* Reetz/ Neum. 5. 7. 23, † 1. 08). Nov., Hist. Biogr., Hist. Sachb. – **V:** Als Rübezahl wichtig. Erz. 61; Kaiser, Gott u. Teufel. Friedrich II. v. Hohenstaufen in Gesch. u. Sage 70, 8. Aufl. 82; Dieterich. Vermutungen um Gottfried v. Straßburg 76; Kronen in einer Kapuze, hist. Erz. 79; Kreuzzug gegen die Stedinger 80, 2. Aufl. 82; Friedrich Wilhelm, Kurfürst v. Brandenburg 85, 3. Aufl. 90; Kreuzzüge nach d. Orient 85, 2. Aufl. 87; Křížové výpravy na východ 89; Richelieu, die Karriere e. Staatskardinals 89, 2. Aufl. 90. – **MV:** Teufelsglaube u. Hexenwahn, m. W. Zöllner 83, 2. Aufl. 85. – **H:** Trost und Besinnung 60; Peter Rosegger: Aus dem Weltleben des Waldbauernbuben 69; Wir heißen euch hoffen. Gedanken u. Gedichte über Tod u. Leben 80. – *Lit:* Thomas Dörfelt: Autoren mittelhochdt. Dicht. in d. literar. Biographik d. siebziger Jahre 89.

Gloger, Karin, Krankenschwester, Arbeits-Umweltmedizin; Am Messeweg 26c, D-30880 Laatzen, Tel. (0 51 02) 10 63, *kaki.gloger@web.de, www.karingloger.de.vu* (* Gavendorf 26. 4. 50). Rom., Erz. – **V:** Lullikak & Co., R. 06; Bei uns zu Hause, R. 08.

Gloor, Beat, Lektor, Sprachbeobachter; Stadtturmstr. 15, CH-5400 Baden, Tel. (0 56) 2 22 90 30, *beat.gloor@textcontrol.ch, www.staat-sex-amen.ch, www.textcontrol.ch, www.die-tage-gehen-vorueber.ch*

(* Baden 27. 7. 59). Ess., Sachb., Lyr. – **V:** staat sex amen. 81 Sprachbeobachtungen 99, 4. Aufl. 03; Die Tage gehen vorüber und klopfen mir nur noch nachlässig auf die Schulter, Kal. 02; Tisch 17, Bildbd m. Fotos v. Marc Covo, Lyr. 02. – **MA:** Kinderprogramm 00. (Red.)

Glowasz, Peter, Schriftst., König Ludwig II.-Forscher, Bildjournalist, Hörbuchautor; Kahlstr. 29, D-10713 Berlin, Tel. (01 77) 2 58 18 45, Fax u. Tel. (0 30) 8 24 27 80, peter_glowasz_verlag@yahoo.de, www.koenig-ludwig-zwei.com, www.ludwig-zwei-forschung.de (* Berlin 11. 10. 36). Richard-Wagner-Verb. Berlin; Biogr., Geschichte, Hörb. – **V:** Auf den Spuren des Märchenkönigs 88; Wurde Ludwig II. erschossen? 91; Das Geheimnis um den Sarkophag König Ludwigs II. von Bayern 94; Herrlichkeit und Tragik eines Märchenkönigs 03; Der Tod am Starnberger See 08; zahlr. Lesungen seit 88. – **MA:** Isa Brand/Michael Vogl: Ludwig II. König von Bayern (Beitr.) 95; Erika Brunner: Poetische Paradiese (Vorw.) 96; Erika Brunner: Der tragische König (Beitr.) 98. – **R:** zahlr. Beitr. in Hfk u. Fs., u. a.: Klingendes Kaleidoskop. Interview üb. Ludwig II. 88; Der Märchenkönig Ludwig II von Bayern, e. Gespräch 89; Ludwigs Reich 95; Wurde Ludwig II. erschossen? 95; Der Sarkophag Ludwigs II. 00, alles Hfk-Sdgn. – **P:** Herrlichkeit und Tragik eines Märchenkönigs, 3tlg. Hörb.-Serie 00–02; König Ludwig II. von Bayern. Auf der Flucht erschossen ..., Hörb. 06. – *Lit:* df deutscher forschungsdienst, Berichte a. d. Wiss. 91; Dt. Geschichte, Zs. f. hist. Wissen 95; Der Spiegel 95; Focus 98; The European 98; The Sunday Telegraph, u. v. a.

Gloystein, Christian, Dr., kfm. Angest., Germanist, freier Autor; Pfänderweg 27, D-26123 Oldenburg, Tel. (04 41) 3 80 11 71, Fax 3 80 11 72, cg@christian-gloystein.de, www.christian-gloystein.de (* Oldenburg 7. 2. 68). Rom. – **V:** „Mit mir aber ist es was anderes". Die Ausnahmestellung Hans Castorps in Thomas Manns Roman „Der Zauberberg" 01; Castorps Erbe. Der Homöopath, Romanskizze 02; Betrogen, R. 06. (Red.)

Glück, Anselm, Schriftst., Maler u. Zeichner; Untere Augartenstr. 37, A-1020 Wien, Tel. (01) 4 86 58 95 (* Linz 28. 1. 50). Förd.pr. d. Ldestheaters Linz 74, Talentförd.prämie d. Ldes OÖ 74, Buchprämie d. BMfUK 77, Staatsstip. f. Lit. 85, Pr. d. Ldes Kärnten im Bachmann-Lit.wettbew. 88, Lit.pr. d. Ldes Stmk 96, Kulturpr. d. Ldes OÖ f. Lit. 96, Heimrad-Bäcker-Pr. 04, Pr. d. Literaturhäuser 08. – **V:** stumm 77; falschwissers totreden(t) 81; ohne titel 84; meine atme sind herz genug 85; die eingeborenen sind ausgestorben 87; ich muß immer daran denken 88; die augen sehen der reihe nach 89; wir sind ein lebendes beispiel 92; melken bis blut kommt 93; ich meine was ich ta 93; mit der erde fliegen 93; Die letzte Jahreszeit, H.1 95, H.2 96; eiserne mimosen 96; toter winkel, blinder fleck 96; ich kann mich nur an jetzt erinnern, Denkschr. 98; unikatedition 99; mehr gegenwart – mehr bilder, Kurzgeschn. 99; inland. (augen lügen, spiegel nicht) 00; Innerhalb des Gefrierpunktes (Theater) 03; rastlose lethargie 04; Die Maske hinter dem Gesicht, R. 07; – THEATER/UA: Klassenfeind, n. Nigel Williams 82; wir sind ein lebendes beispiel 91; innerhalb des gefrierpunktes 03. – **MA:** Die Rampe 1/75, 1/97; Ausgeträumt, 10 Erzn. 78; Sprache im techn. Zeitalter 107/108 88; Schreibheft Nr.41 93, u. a. – *Lit:* Walther Killy (Hrsg.): Literaturlex., Bd 4 89; KLÖ 95; Rainer Höltschl in: KLG. (Red.)

Gluggsi s. Faes, Armin

Glunk, Beatrix, Realschullehrerin; Weiherstr. 11, D-78224 Singen, Tel. (0 77 31) 4 40 17 (* Singen 10. 7. 62). – **V:** Am Schmutzige Dunschdig 96; Marie und Max und der geheimnisvolle Fasnachtsschatzkoffer, Geschn. 98. (Red.)

Glunk, Fritz R., Dr.; Kunigundenstr. 42, D-80805 München, Tel. u. Fax (0 89) 7 23 89 43, Glunk@Gazette.de (* 39). – **V:** Schreib-Art, e. Stilkunde 94; Sag es mit Blumen 94; Der gemittelte Deutsche, Sat. 96; u. mehrere Kd.-Sachb., u. a.: Auf der Ritterburg; Pyramiden; Höhlen; das alte Rom 92–96; i. d. Reihe „Meisterwerke kurz u. bündig": Dantes Göttliche Komödie 99, Dostojewskijs Schuld u. Sühne 00, Das Nibelungenlied 02; Marcel Proust (dtv-Portr.) 02; Dante (dtv-Portr.) 03. – **H:** Die Gazette, literar. Online-Zs. (www.gazette.de). – **Ue:** Jules Verne: In 80 Tagen um die Welt 93, Neuausg. 97; ders.: Reise zum Mittelpunkt der Erde 94; James F. Cooper: Lederstrumpf 95; Thomas Perry: Die Hüterin der Spuren, R. 98; ders.: Der Tanz der Kriegerin, R. 99; Jean Estoril: Cindy macht ihren Weg, Kdb. 99. (Red.)

Glusgold, Andrej, Fotograf, Künstler; Hufelandstr. 21, D-10407 Berlin, Tel. (0 30) 42 80 64 88, www.glusgoldart.com (* Kischinew/Moldawien 18. 9. 68). Lyr. Ue: russ. – **V:** Ein Mann unter Einfluss, Lyr. 04. (Red.)

Gmehling, Magdalena S., Lehrerin; Nr. 7 Willmannsdorf, D-92358 Seubersdorf, Tel. (0 94 97) 90 22 50, Fax 90 22 51 (* Isling 5. 3. 47). Dt. Haiku-Ges. bis 02, GvlF-Ges., Autorengr. Franken, Kr. d. Freunde um Peter Coryllis; Lyr.wettbew. „Soli Deo Gloria", mehrere Anerkenn.; Lyr., Ess. – **V:** Brennende Träume, Tanka 91; Im Atem der Stille, Haiku, Senryu, Tanka u. a. lyr. Texte 91; Goldschatten und Schemen, dt.-russ. 91; Atmendes Licht 93; Wiederkehr des Einhorns 94; Die Sündern 96; Mutterkalender 99; Den Traumfederberg beherzt besteigen 00; Ginkgo-Liebe, Lyr. 01; Grillenglück und Vergessen, Lyr. 02; Im hellen Klingen der Sterne, Lyr. 06; Feuer versiegelt lodert das Wort, Lyr. 07. – **MV:** Über blauen Hügeln, m. C. H. Kurz 91. – **MA:** bewußter leben; Eckartbote; Kirchl. Umschau; Einsicht; lfd. monogr. u. biogr. Ess. in: Tagespost; Eckart; Junge Freiheit; das Zeichen; Karfunkel 07; Die Menschen am Fluss, Lyr. 08. – **H:** Atsuko Kato: Botschaft der Stille 97.

Gmehling, Will, Maler, Kinderbuchautor; c/o Sauerländer AG, Aarau (* 65). – **V:** In den Wörtern, im Schacht 81; Tiertaxi Wolf & Co., Kdb. 98; Der Yeti in Berlin, Kdb. 01. (Red.)

Gnam, Andrea, PD Dr. phil., Lit. wiss., Privatdoz. HU Berlin; Rittnerstr. 14, D-76227 Karlsruhe, Tel. (07 21) 4 21 05, mail@andrea-gnam.de, www.andrea-gnam.de (* Karlsruhe 11. 6. 59). VS 79; Lyr., Kurzprosa, Prosa. – **V:** Den Kopf voll Notizen, Lyr. 79, 2. Aufl. 80; Ich wohne in zwei Städten, Geschn. 80; Der Kalender hat August befohlen, Lyr. 83; Positionen der Wunschökonomie. Das ästhet. Textmodell Alexander Kluges u. seine philosoph. Voraussetzungen 89; Die Bewältigung der Geschwindigkeit. Robert Musils Roman „Der Mann ohne Eigenschaften" und Walter Benjamins Spätwerk 99; das meine Geliebte, Bild! Die literar. Rezeption d. Medien seit d. Romantik 04. – **MA:** zahlr. wiss. Veröff. z. Lit. d. 19.u.20. Jh. in wiss. Zss. u. Sammelbden, u. a. in: Weimarer Beitr. 00; Kluges Fernsehen 02. – **P:** www.badewannenbuch.de.

Gnedt, Dietmar, Sozialpäd., Bibliothekar; Ybbser Str. 25, A-3252 Petzenkirchen, Tel. (06 64) 4 37 36 10, dietmar.gnedt@mvnet.at, www.gnedt.net. c/o Franco-Josephinum, Schloß Weinzierl 1, A-3250 Wieselburg (* Steyr/ObÖst. 13. 6. 57). LiteratInnengr. black ink, Linienspiegel, IGAA; zahlr. Stip., Wiener Werkstattpr. (3. Pr.) 00; Rom., Lyr., Erz. – **V:** Echnaton oder

Gneis

die gefesselte Sehnsucht 95; Der Bouzoukispieler oder im Schatten des Ölbaumes 96; Splitter im Auge 04; Zurück zum Fluss 07, alles R. – **MA:** Facetten, Anth. 83, 88; Koledarja Mohorjeve 94; Nähe wächst in unseren Worten 96. – **R:** Echnaton 95; Bouzoukispieler 96, beides Rdfk-Bearb. in 7 Teilen; Sdg zum R. „Zurück zum Fluss" (ORF) 08.

Gneis, Eschel (Ps. f. Ludwig Fischer), Prof. em. Dr.; Benkel 15, D-28870 Ottersberg, *fischer.benkel@t-online.de* (* Leipzig 28. 5. 39). Rom., Lyr., Erz. Ue: schw. – **V:** Dr. Rettichs 12-Minuten-Geschichten. Medizin zum Vorlesen, Kdb. 07. – **R:** Früher war hier das Ende der Welt, 3-teil. Dok.film (NDR) 88. – **MUe:** Alexander Weiss: Bericht aus der Klinik, m. Wolfgang Butt, Kurzprosa 78.

Gnep, Rita, Arzthelferin; Binsenstr. 22, D-26129 Oldenburg, Tel. (04 41) 7 79 21 80, *RitaGnep@aol.com* (* Oldenburg 23. 4. 59). Schrieverkring 98; Kurzgesch. (pldt.), Kurzprosa. – **V:** Dat kann nich angahn, pldt. Kurzgeschn. 05. – **MA:** Wi in us Tiet, Anth. 03; Plattdütsch Klenner, seit 03; Platt vandag, pldt. Schulb. 04; Spiegelsplitter/Speegelsplitter/Speigelsplitter, pldt. Sachtexte 07; An't open Füür, Anth. 08.

Gnichwitz, Siegfried, Dr.; Paschenbergstr. 55, D-45699 Herten, Tel. (0 23 66) 3 74 84. – **V:** Unterwegs zum Bild, Ess., Bildbd 03; Ich, der Sohn eines ..., Erz. 06. – **MA:** Katalogtexte, u. a. in: Karin Kahlhofer. Malerei 1993–1999; Winfried Gaul. Das Frühwerk 97; Heinrich Siepmann. Monographie, Werkverz. d. Gemälde 99; Den Tieren gerecht werden 01; Norbert Thomas 03; Alfons Kunen. Retrospektywa 08.

Gnos, Léonor (Léonor Gnos-Leimgruber); 21 r Michel Le Comte, F-75003 Paris, Tel. (01) 42 77 17 52, *leonor.gnos@wanadoo.fr* (* Amsteg 23. 12. 38). ISSV, Cercle de poésie Paris, AdS, u. a.; Erz., Lyr. – **V:** Bristenbitter, Gedichte. 00; Mit dem Schatten, G. 03; fallen und federn, N. 04; Mohn am Schuh – Mon âme joue, G. 06. (Red.)

Gnüchtel, Werner, Geschf. i. R.; Nickerner Str. 7, D-01257 Dresden, Tel. (03 51) 2 81 53 71, *werner.gnuechtel@t-online.de* (* Dresden 16. 2. 24). SV-DDR 71, VS 91; Rom., Erz., Fernsehsp. – **V:** Die bitteren Freundschaften des Christof Lenk, R. 69, 79 (auch poln.); Auf des Messers Schneide, R. 70; Großvater will heiraten, 12 Variat. über einen älteren Bürger 82; Großvater wird reich (?), Ber. über einen älteren Bürger 96; Zur Königstraße und zurück, R. 01; Zwischen Eiffelturm, Klagemauer und den Affen von Gibraltar, Erz. 03; Unterwegs. Sieben neue Reisegeschn. 07. – **MA:** Cimburas Traum 82; Steinlese, Anth. 01. – **R:** Eine Madonna zuviel, Fs.-St. 74; Mensch Hermann, Fs.-Serie 87.

Godazgar, Peter, Red., Autor; c/o Grafit Verl., Dortmund, *www.peter-godazgar.de* (* Korschenbroich/NRW 7. 10. 67). Das Syndikat; Rom., Krim.rom. – **V:** Knockin' on Heaven's Door, aus dem Film, 1.–3. Aufl. 97; Unter Schweinen 05 (auch als Hörb.); Unter freiem Himmel 06; Unter schrägen Vögeln 08, alles Krim.-R.

Goder, Hildegard, Bildhauerin u. Schriftst.; c/o Karin Fischer Verl., Aachen (* Heessen/Westf.). Lyr., Erz. – **V:** Singe klare Wasser und blauen Tau, Lyr. 87; Des Sommers Trunkenheit noch ganz in ihrem Kelch 91; Kindheitsgarten, Lyr. u. Prosa 04. – **MA:** Lyr. u. Erzn. in: Neuss-Grevenbroicher Ztg; Rheinische Post; Aachener Ztg. – **H:** Ein Lied will ich Dir singen!, Lyr., Skulpturen, Kompositionen 08/09.

Goebbels, Heiner, Prof. f. Angewandte Theaterwiss., Komponist, Regisseur; Kettenhofweg 113, D-60325 Frankfurt/Main, Tel. (0 69) 74 94 54, Fax 7 41 04 30, *www.heinergoebbels.com* (* Neustadt/

Weinstr. 17. 8. 52). Akad. d. Künste Berlin, Akad. d. Darst. Künste Frankfurt; Karl-Sczuka-Pr. 84, 90 u. 92, Prix Italia 85, 92 u. 96, Hsp.pr. d. Kriegsblinden 86, Radio Ostankino-Pr. 96, Hörspiel d. Jahres 97, New Theatrical Realities, Sonderpr. d. Europa-Theater-Pr. 01; Akustische Lit. – **MA:** Rock gegen Rechts – ein Mißverständnis, in: Thema: Rock gegen Rechts 80; Der Kampf der Geschmacklosigkeit als polit. Aufgabe, in: Rock Session, Bd 7 83; Expedition in die Textlandschaft, in: Heiner Müller Arbeitsbuch 88; Prince and the Revolution, in: Revolution u. Avantgarde in d. Musik 89, u. a.; Die Sehnsucht nach der Riesenfaust, in: Bauwelt 1/2 94; in: Frankfurter Aufklärung 96; Gegen das Verschwinden des Menschen, in: Die Wochenztg Zürich v. 5.1.96 (auch engl., jap.); Text als Landschaft, in: Neue Zs. f. Musik, März/Apr. 96; in: Kulturradio – Erinnerungen u. Erwartungen 96 (auch engl. u. frz.); Schnitt – Frankfurt, in: Programmbuch. Frankfurt feiert Hindemith, HR 96; Das Sample als Zeichen, in: 3. Tagung f. Improvisation 97 (auch frz.), u. a. – **R:** Hörstücke: Verkommenes Ufer 84; Die Befreiung des Prometheus 85; Wolokolamsker Chaussee I–V 89; Shadow/Landscape with Argonauts / Schatten/Landschaft mit Argonauten 90; Schliemanns Radio, 12 Protokolle 92; Der Horatier – Chien Romain – Roman Dogs 95; Schwarz auf Weiss 97; Die Wiederholung 98; Eislermaterial 99; Timeios, ein Bild aus ihrer Zeit nennen 00, u. a. – **P:** Der Mann im Fahrstuhl; Shadow/Landscape with Argonauts; Hörstücke; Ou Bien le debarquement desastreux; Schliemanns Radio; Black on White; La Jalousie, Red Run, Herakles 2, Befreiung; Surrogate Cities; Goebbels Heart; Live a Victoria Ville, alles CDs, u. a. – *Lit:* Wolfgang Sandner (Hrsg.): H.G. – Komposition als Inszenierung 02. (Red.)

Göbel, Dieter (Ps. Douglas Bennet), Dr. phil., Programmdir. i. R.; Lichtentaler Allee 44, D-76530 Baden-Baden (* Berlin 4. 4. 28). Rom., Ess., Sachb. – **V:** Ist Westdeutschland zu verteidigen?, Sachb. 66; Vanessa oder die Lust der Macht, R. 81; Das Abenteuer des Denkens, Sachb. 82, 89; Glanzlichter der Philosophie 98.

Göbel, Gabriele M., Schriftst.; Karl-Finkelnburg-Str. 23, D-53173 Bonn, Tel. (02 28) 36 11 83, Fax 36 12 99, *kg811924@aol.com* (* Würzburg 2. 9. 45). VS 79; Joseph-Dietzgen-Pr. 79, Georg-Mackensen-Förd.pr. 94; Hörspielpr. d. Ausländerbeauftr. im Senat v. Bln 87, Arb.stip. d. Ldes NRW 91; Hörsp., Lyr., Erz., Kinderb., Rom. – **V:** Die reisende Puppe, Kd.-R. 76; Der König der Straße, Erzn. f. Kinder 77; Mit Augenblicken fängt es an, Liebesgeschn. f. Jugendl. 79; Tage in Bigundien, Jgd.-R. 81; Turmalins Traumfarben 84; Amanda oder Der Hunger nach Verwandlung, Erzn. 85; Einer wie der Zwinz 85; Der Wettlauf mit der Wolke 86; Weißer weiser Isidor 87; Maximilian Butterfly, Jgdb. 87; Lorna Doone, R. 88; Labyrinth der unerhörten Liebe 93; Ihr von den Inseln hinter dem Mond 94; Die Mystikerin: Hildegard v. Bingen, Romanbiogr. 96; Ich, Lilith, R. 01; Hexen der Nacht, R. 05, u. a. – **MV:** Kinder können klasse kochen, m. Schneider 77. – **MA:** Menschengeschichten 76; Die Familie auf dem Schrank 77; Rheinisches Kinderbuch 80; Unsere Kinder, unsere Träume 87; Du gehst fort, und ich bleib da 89; Vater und ich 93; Und wenn ich dich liebe, was geht's dich an 95. – **R:** Fragen einer rosaroten Eule; Annapia und der Landstreicher; So ist das Leben Benjamin; Der König der Straße; Der Wettlauf mit der Wolke; Die Reise; Einer wie der Zwinz I–IV; Ninus Höhle; Glückskäfer; Der bittere Honig; Der Räuberbär; Benjamin; Albatros und Bilbilicos; Ein Stock mit Erde drum; Die Stadt im Brunnen; Die Feder der Bloody Mary, alles lit. Erzn. u. Kinderfunk-Hsp. (Red.)

Goebel, Ingeborg *

Göbel, Käte (Katja), Lehrerin, Malerin, Schriftst.; Kastanienallee 26, D-31224 Peine, Tel. (0 51 71) 1 53 01, *KatjaGoebel@t-online.de, KatjaGoebel.bei.t-online.de* (* Pr.Mark/Ostpr. 6. 6. 28). GEDOK, Künstlerver. Hannover, BBK, VS; Pr.ausschr. d. Braunschweig. Landschaft 94, Intern. Lit.wettbew. d. GE-DOK 96/97, Pr.ausschr. d. VHS 98; Lyr., Kurzgesch. − **V:** Begreife den Sinn, Haiku-Dicht. 86; Der Turmbau zu Babel, sat. Gesch. 98. − **MA:** Das Familienportrait 00; Mohrunger Kreisztg 92/01; Gedichte v. Zeitzeugen aus d. Kr. Mohrungen 02; Konkursbuch 40, 03; Autoren-Dok. d. GEDOK Rhein-Main-Taunus 03; Die Axt im Haus 03; − Lyrik in: Die literarische Venus 03; Frieden (Schmöker Verl.) 03; Nocturno 04; Bibliothek dt.sprachiger Gedichte. Ausgew. Werke VII 04; Literareon Lyrik-Bibliothek, Bd III 05, Bd V 06; Blumengrüße 06; KORA-Kalender 2007, Haiku 06; Nationalbibliothek d. dt.sprachigen Gedichtes. − *Lit:* s. auch Kürschners Handbuch der Bildenden Künstler, 1. Aufl. 2005.

Göbel, Karl, Arzt, Entwicklungshelfer; Schulstr. 16−3, D-71155 Altdorf (* 53). − **V:** Nilwasser − Zaubertrank, R., 1.u.2. Aufl. 98; Hot Spot Galapagos, R. 00. (Red.)

Göbel, Klara s. Kötter, Ingrid

Goebel, Max, Prof.; Burgschmietstr. 42, D-90419 Nürnberg, Tel. (09 11) 6 49 34 07, Fax 6 42 76 09, *Max Goebel@t-online.de* (* Nürnberg 30). Rom., Erz., Sat. − **V:** Die Oase. Kindheit u. Jugend in der Stadt d. Reichsparteitage 03; Die Oase lebt. Erwachsen werden im Nürnberg d. Nachkriegszeit 05; Aus meinem satirischen Tagebuch 06.

Göckelmann, Ulrike Andrea (geb. Ulrike Andrea Miemitz), Gymnasiallehrerin, z. Zt. Rezitatorin, Radiomoderatorin, Autorin u. Verlegerin; Obere Karspüle 2, D-37073 Göttingen, Fax (05 51) 4 73 18 (* Wolfenbüttel 1. 2. 61). Göttinger Literar. Ges. 01; Rom., Lyr., Erz. − **V:** Tod in Shanghai 99; Im Spiegel der Zeit 01; Die Tote in der Leine, Krim.-Erz. 03. − **R:** Die Tote in der Leine, Krim.-Erz. (Stadtradio Göttingen). (Red.)

Gödde, Wiltrud Maria (Ps. Maria Wigo), Klavierlehrerin, Opernchorsängerin seit 94; *webmaster@mariawigo.de, www.mariawigo.de.* Rudolf-Schönstedt-Str. 10, D-47053 Duisburg (* Duisburg 18. 6. 64). Lyr. − **V:** Hüter der Kostbarkeiten 06; Felsenwege 09, beides Lyr. m. eig. Zeichn. − **MA:** Wortlose 06; Spät schlagen Türme Alarm 06; Für Dich (dt./türk.) 06; Menschlichkeit im Sein und Werden 07, alles Anth.

Gödecke, August, zuletzt Reg.- u. Verwaltungsdir., Ehrenbürgermeister; Rothof 7, D-31157 Sarstedt, Tel. (0 50 66) 18 82, Fax 90 18 12, *august.goedecke@t-online.de* (* Königsdahlum 6. 8. 39). Das Syndikat; Krimi. − **V:** Die Pest der Gewalt 99; Kleine Dorfgeschichten 01; Das Hochhaus an der Spree 02; Todesarten mit vier Buchstaben u. a. Kriminalgeschichten 03; Tränende Herzen 04; Ein fast perfektes Verbrechen u. a. Kriminalgeschichten 04; Gefährliche Gene 06; Tödliche Rache 08. − **MA:** zahlr. Kriminal-Kurzgeschn. in Anth. u. a. Illustr.

Gödrös, Matyas, Dr. med. dent., Zahnarzt, Filmschaffender; Rindermarkt 21, CH-8001 Zürich, Tel. (01) 2 51 82 23, Fax 2 61 27 48, *m.goedroes@bluewin. ch* (* Budapest 8. 5. 37). Intern. P.E.N. 84, SSV 85; Pr. Kurzgeschn.-Wettbew. d. Stadt Zürich 79; Nov., Film, Hörsp. − **V:** Das ganze Matterhorn, Erz. 83. − **MA:** mehrere Erzn. in lit. Zss. u. Anth. − **F:** Privathorvat und Freund Wolfram, Spf. 95. − **R:** Sobotich, Szöllösy, Antos, Fsf. 76; Ich habe gegen den Arzt gekämpft, Fsf. 77;

Hier werde ich geschätzt, Fsf. 79; Das ganze Matterhorn, Hsp. 84. (Red.)

Göhre, Frank; Hamburg, *frank.goehre@snafu. de, www.frankgoehre.de* (* Tetschen-Bodenbach 16. 12. 43). VS 71; Pr. d. Schülerjury b. Intern. Kurzgeschn.-Coll. in Neheim-Hüsten 75, Lit.förd.pr. d. Ldes NRW 76, Pr. d. Roten Elefanten 77, Dt. Krimipr. 87, Lit.förd.pr. d. Stadt Hamburg 87, Drehbuchpr. d. Bundesmin. 97; Rom., Hörsp., Film. − **V:** Costa Brava im Revier, Erzn. 74; Gekündigt, R. 74; Wenn Atze kommt, Erzn. 76; So läuft das nicht, R. 76; Schnelles Geld, R. 79; Außen vor, Erzn. 82; Im Palast d. Träume, Kinogeschn. 83; Abwärts, R. 84; Der Schrei des Schmetterlings, R. 86; Der Tod des Samurai 89; Peter Strohm − Agent für Sonderfälle, Krim.-R. 89; Letzte Station vor Einbruch der Dunkelheit 90; Frühstück mit Marlowe, Rezepte u. Geschn. 91; Der Tanz des Skorpions, Thr. 91; Schnelles Geld, Thr. 92; St.-Pauli-Nacht, Stories 93; Ritterspiele, Thr. 96; Rentner in Rot, Krim.-Erz. 98; Goldene Meile, Krimi 00; Endstation Reinbek, Krim.-Erz. 01; Hauptbahnhof Mord, Krimi 02; Die Frau kommt vom Elbstrand 03; Zappas letzter Hit 06; St. Pauli Nacht, R. 07. − **H:** Stationen. Hugo Ernst Käufer − Ges. Texte 77; Verhör eines Karatekämpfers und anderer Aussagen zur Person. Jb. 2 77; Bekenntnisse eines Nestbeschmutzers. Ges. Erzn. von Paul Schallück 77; Werkausgabe Friedrich Glauser 84−87; Kaum bin ich allein, Anth. 85; Don Juan, Anth. 86. − **F:** Schnelles Geld 82; Abwärts 84. − **R:** Berufsbild 71; Aufklärungsstücke für ein besseres Leben 73; So ein Vormittag; Einmal Nordring einfach; Und dann kam sie; Man kann nicht immer 17 sein 75, alles Hsp. (Red.)

Göhring, Karl-Theo, Reg.Rat a. D.; c/o Rheinhessische Druckwerkstätte, Wormser Str. 25, D-55232 Alzey, Tel. (0 67 31) 66 08, 66 37, Fax 78 60 (* Alzey 5. 3. 14). Erz. − **V:** Der Nikolaus und der Computer, Kurzgeschn. 01. (Red.)

Göhringer, Gerlinde (geb. Gerlinde Harter), Lehrerin; Vorstadtstr. 5, D-73553 Alfdorf, Tel. (0 71 72) 3 21 38, *gerlinde.goehringer@heimat-bessarabien. de, www.heimat-bessarabien.de* (* Kutno/Warthegau 26. 5. 41). Rom. − **V:** Wölfe heulen durch die Nacht − die Bessarabien-Story, R. 00, 3. Aufl. 01; Fußmarsch durch die Hölle, R. 01; Heimat in der Fremde, R. 07.

Göllner, Renate *

Göltenboth, Dieter (Ps. Hale), bildender Künstler, Kunsterzieher, ObStudR.; Marienau 1, D-70563 Stuttgart, Tel. (07 11) 7 80 36 82, *www.dieter-goeltenboth.de* (* Eybach 4. 12. 33). Lyr. − **V:** An Abbruchkanten, Lyr. 04. − **MA:** Airport Art − das exotische Souvenir, Kat. 87; VBKW Rundschreiben 4/87, 1/88; Vjzs. d. Verbandes Bildender Künstler 2/88, 2/90; Erde-zeichen-Erde, Kat. 92; Musik spregnt die Fesseln, Kat. 00; Stuttgart gratuliert. 100 Jahre Villa Romana, Kat. 05. − *Lit:* Reinhard Döhl in: Kunstverein Geislingen, Ausst.-Prospekt 96.

Gölzenleuchter, Horst Dieter, Maler, Grafiker, Autor; Hustadtring 31, D-44801 Bochum, Tel. (02 34) 70 44 91. c/o Kultur-Magazin, Lothringer Str. 36, D-44805 Bochum (* Freiburg/Br. 15. 4. 44). IG Medien, Fachgr. Bild. Kunst, VS; Lyr., Prosa, Kritik. − **V:** Immer die anderen, G. 84, 4. Aufl. 96; Aus meiner Zettelkiste, Verse u. Zeichn. f. Kinder 93, 2. Aufl. 98; Und mal die Sonne bunt, G. f. Kinder 98; Über die Jahre, G. 98. − **MA:** In Erwägung unserer Lage 81; Frieden: Mehr als ein Wort 82; Schichtwechsel − Lichtwechsel 88; Stark genug, um schwach zu sein 93; Das Dach ist dicht − Wozu noch Dichter 96; Beitr. in Zss., u. a. in: linkskurve 79−84; die horen 113/79; Magazin R 7/8/80; Kunstku-

Goepfert

rier 81–89; Tendenzen 166/89. – **H:** Nicht mit den Wölfen heulen. Ein literar. Bilderb. 79; Werner Streletz 94; Ingo Cesaro: Wolken unter mir, Lyr. 00. – **MH:** Denn wir müssen so manches noch ändern, Anth. 84; Maloche ist nicht alles, Anth. 85; Werner Streletz: Wenn ich dat vorher gewußt hätt, G. u. Prosa 87. – *Lit:* Reinhard Finke in: Muschelhaufen. Jschr. f. Lit. u. Grafik 39/40/00; s. auch Kürschners Handbuch der Bildenden Künstler, 1. Aufl. 2005. (Red.)

Goepfert, Günter; Becherstr. 1, D-80686 München, Tel. (0 89) 58 76 34 (* München 21. 9. 19). VS Bayern 46, VG Wort 60, Turmschreiber 69, EM Franz-Graf-von-Pocci-Ges. 03; Bayer. Poetentaler 76; Lyr., Kurzgesch., Biogr., Hörsp. – **V:** Das Schicksal der Lena Christ, Biogr. 71, 5., erg. Aufl. 04; Münchner Weihnacht, Erzn. u. G. 73, 80; Münchner Miniaturen, Kurzgeschn. u. G. 76; I nimms, wias kimmt, Bayer. Geschn. u. G. 86; Wenn die Kerzen brennen, Erzn. u. G. 87; Franz von Pocci. Zeremonienmeister – Künstler – Kasperlgraf 88, erw. Neuaufl. u. d. T.: Franz von Pocci. Vom Zeremonienmeister zum „Kasperlgrafen" 99; Das bayerische Bethlehem, Geschn., G., Lieder 96; Das leise Lächeln, Erlebtes u. Erlauschtes 98; Staadlustig durchs Jahr, Geschn., G., Lieder 99; Das Haus an der Beresina 01; Wir sind in guten Händen, Aphor. 02; Sternenglanz der Weihnacht, Geschn., G., Lieder 03; Ich wünsch' dir einen Schutzengel, G. 05. – **MA:** Mitarb. an zahlr. Anth. u. Zss. – **H:** Liebe in Baiern, Anth. 68, 75; Alpenländische Weihnacht, Anth. 70, 87; Franz von Kobell: Ausgewählte Werke 72, 91; Habt's a Schneid. Das Karl Stieler Hausb. 75, beide m. Lebens- u. Schaffensbild; Bayer. Lausbubengeschichten 84; Karl Stieler, Leben u. Werk 85; Bayerland, Kulturzs. 84–89 (Schriftleiter); Bayrische Lausbuben und Lausdirndln, Geschn. u. Erinn. 88, 06; Franz von Kobell, Biogr. 91; Das große bayerische Weihnachtsbuch 93; Bayerische Glückwünsche, Verse, Prosa, Lieder 94. – **MH:** Das Buch der Freude, Erzn. u. G. 85; Mein Schulweg, Erzn. 88, 06. – **R:** Die letzten Tage der Lena Christ, Hsp. 72, 81; Habts a Schneid? Karl Stieler, Porträt e. bayer. Dichters aus berühmter Familie, Hsp. 74.

Göranson, Göran s. Schmidt, Uve

Görden, Thomas, Autor, Übers.; *www. thomasgoerden.de* (* Wuppertal 64). Rom., Lyr., Erz. Ue: engl. – **V:** Schattenwölfe, R. 98, Tb. 99; Die Krypta 99, Tb. 02; Schattenzone, Geschn. 00; Nachtauge, R. 01, Tb. 03; Die Seelenlosen, R. 01; Das Delphinorakel, R. 04. (Red.)

Goerdten, Ulrich, Oberbibliotheksrat a. D.; Salzburger Str. 8, D-10825 Berlin, Tel. (0 30) 7 82 00 27, *goerdten@ub.fu-berlin.de*, *www.ub.fu-berlin.de/~ goerdten/index.html* (* Teuchern 14. 1. 35). Lyr., Prosa, Ess. Ue: engl. – **V:** Loosung und Leertext, G. u. Prosa 69; Bildschlüssel. Exper. Texte, G. u. Prosa 83; Der Androlit, Prosa 82; Das Rollogramm, Prosa 86; Zwei Bargfeld-Geschichten 95; Zwei neue Bargfeld-Geschichten 96; Im Netz. E. blitzneue Bargfeld-Geschn. 98; Abschiedsgabe, Ess. 98; Bibliographie Julius Stinde 01; Handreichungen zur Lebenshilfe 02. – **MA:** Total 68; Poeten beten 69; Die Horen 69; Essays in: Das neue Ei 70; Wolfenbütteler Notizen z. Buchgesch. 80; Protokolle 80, 82; Litfaß 80–83; Vom Umgang mit Büchern 82; Ex libris. Berliner Bücherforum 1983 83; KULTuhr 84–85; Bargfelder Bote 86; Quickborn 91; Die Zeit 95. – **H:** Julius Stinde 1841–1905, Ess. 91; Rudolf Geneé: Goethe-Geheimnis 92; Spiess & Tranck 92; Ottilie Voß: Gedichte 03. – *Lit:* Spiegel special 10/96. (Red.)

Görg, Patricia; lebt in Berlin, c/o Berlin Verlag (* Frankfurt/Main 21. 3. 60). Stip. d. LCB 89, Stip. d. Abt. Medienkunst d. Akad. d. Künste Berlin 97, Tele-

kom-Austria-Stip. im Bachmann-Lit.wettbew. 99, Buch d. Monats September 00, SWR-Bestenliste 05, div. Hsp.-Auszeichn., u. a.; Erz., Rom., Hörsp. – **V:** Glücksspagat, Erz. 00 (auch russ.); Meer der Ruhe, Erzn. 03; Tote Bekannte, Erzn. 05; Meier mit y. Ein Jahreslauf 08. – **R:** Zoo 94; Chiffrenliebe. Eine Kaffeekantate 96; Der Ritt auf dem Tetramorph 98; Die Hinrichtung des Timothy Mc Veigh 02, alles Hsp., u. a.

Göritz, Matthias; c/o Institut f. Deutsche Sprache u. Literatur II, Grüneburgplatz 1, D-60629 Frankfurt/ Main, Tel. (0 69) 7 98–3 28 59, *matthiasgoeritz@hot mail.com* (* Elmshorn 11. 9. 69). Lit.förd.pr. d. Stadt Hamburg 94, 00, Lyr.pr. d. Altonaer Theaters u. d. Theatergemeinde Hamburg 99, Writer in residence Bard College, New York 00, Stip. Künstlerdorf Schöppingen 01, Aufenthaltsstip. d. Berliner Senats im LCB 02, Mara-Cassens-Pr. 05, Autorenförd. d. Stift. Kulturfonds 06; Lyr., Rom. Ue: engl, russ, frz. – **V:** Loops, Lyr. 01; Der kurze Traum des Jakob Voss, R. 05; Pools, Lyr. 06. – **MA:** zahlr. Beitr. in Lit.-Zss. u. Anth. seit 98, u. a. in: manuskripte; for(u)m; Macht. – **MH:** Rude Trip. Hamburg – Chicago. Eine literar. Expedition, m. Joachim Bitter 01. – **P:** StopStories, Lyr. 02. – **Ue:** John Ashbery: Mädchen auf der Flucht, Lyr. 02. – **MUe:** Kim Kwang-Kyu: Die Tiefe der Muschel, m. Chong He-Jong, Lyr. 99. (Red.)

Görl, Heinrich, Leitender Oberstaatsanwalt a. D.; Claudiusstr. 17, D-06618 Naumburg, Tel. (0 34 45) 77 21 51 (* Bayreuth 22. 10. 36). Lyr., Rom., Erz. – **V:** Doch saß er am Volant 20.; Eine Kreisstaatsanwältin 93; Mondnacht, R. 04. – **MA:** Das Telefon 04; Der Fremde 08; Die Mütter 08; Eine Liebe 08.

Görler, Ingeborg, Lehrerin, Journalistin, Autorin; Schweidnitzerstr. 12, D-10709 Berlin, Tel. (0 30) 89 40 94 68 (* Dessau 12. 10. 37). VS 74, GEDOK 74, NGL Berlin 86; Georg-Mackensen-Förd.gabe, GEDOK-Lit.förd.pr., Sudermann-Förd.gabe; Lyr., Erz., Fernsehsp. – **V:** So sahen sie Mannheim 74; Landgewinn, G. 79; Brudermord, Drehb. (Kleines Fernsehspiel ZDF) 79; Laufzeit, G. 96; Luftwandel, G. 99. – **MV:** Hoffnung auf Meer, m. R. Klaushofer u. A. Gustas, G. 00. (Red.)

Görlich, Günter, Pädagoge, Journalist; Lichtenbergerstr. 9, D-10178 Berlin, Tel. (0 30) 2 41 53 74 (* Breslau 6. 5. 28). SV-DDR 56–90, Akad. d. Künste d. DDR 83–91; Lit.pr. d. FDGB 60, 66, Erich-Weinert-Med. 62, Nationalpr. d. DDR 71, 78, Kunstpr. d. FDGB (Kollektiv) 73, Goethe-Pr. d. Hauptstadt d. DDR 83, Auswahlliste „Die Rucksackbücherei", Freising 95; Rom., Erz., Dramatik, Fernsehsp. – **V:** Der schwarze Peter, Jgdb. 58, 80; Die Ehrgeizigen, Erz. 59, Sch. 62; Unbequeme Liebe, Erz. 59, 82; Das Liebste und das Sterben, R. 63; Der Fremde aus der Albertstraße, Kdb. 66; Autopanne, Erz. 67; Eine Sommergeschichte, Erz. 69; Der verschwundene Schiffskompaß, Kindererz. 69, Tb. 78; Den Wolken ein Stück näher, R. 71, 82; Vater ist mein bester Freund, Kdb. 71; Heimkehr in ein fremdes Land, R. 74; Der blaue Helm 76, 81; Eine Anzeige in der Zeitung 78 (auch russ., ukrain., poln., lit., dän., ung., bulg., tsch., slowak., lett., estn.); Das Mädchen und der Junge 81; Die Chance des Mannes, Erz. 83, 88; Der unbekannte Großvater 84, 86; Drei Wohnungen, R. 88, 89; Omas neuer Opa, Kdb. 91; Die verfluchte Judenstraße, Erz. 92, 93; Tom und Franziska, Jgdb. 93; Der verrückte Onkel Willi, Erz. 94; Ein Anruf mit Folgen, R. 95; Die Nacht davor 95; Eine Ferien für Jonas, Kdb. 96; Timm, Peggy und die Fahrradbande, Kdb. 97; Keine Anzeige in der Zeitung, Erinn. 99; Das fremde Mädchen 03. – **R:** Das Opfer 58; Feinde 58; Wilhelm Rochnow ärgert sich 58; Wochenendurlaub 65; Das ver-

lorene Jahr 67; Sommer – Anfang ohne Ende, m. M.
Eckermann 70; Den Wolken ein Stück näher 73; Heimkehr in ein fremdes Land 76; Der blaue Helm 79; Eine Anzeige in der Zeitung 80; Das Mädchen und der Junge 83; Der unbekannte Großvater 87; Drei Wohnungen 90, alles Fsp./Fsf. – *Lit:* Walther Killy (Hrsg.): Literaturlex., Bd 4 89; Kiwus 96; Kinder- u. Jugendlit., Lex. 97.

Görlitz, Wolf-Dieter (Ps. Felix Winzer), Dr., Dipl.-Chemiker; Achtern Höben 5, D-21465 Wentorf b. Hamburg, Tel. (040) 72 91 00 44, Fax (0 12 12) 5 13 19 40 23, *dr.goerlitz@web.de* (* Hamburg 7. 10. 39). VG Wort; Rom., Sat. – **V:** Die Scheuklappe, Sat. 83; Spottgewitter, Sat. 04. (Red.)

Görner, Eberhard, Produzent, Autor, Regisseur, Hon. prof. HTW Dresden; E.G. Filmproduktion, Liliencron-Haus, D-16259 Bad Freienwalde, Tel. u. Fax (0 33 44) 3 23 03, *liliencronhaus@freenet.de* (* Niederwürschnitz/Erzgeb. 7. 9. 44). Dt. Thomas-Mann-Ges. 89, Dt. Filmakad. 05; Gold. Lorbeer d. Fs. d. DDR 81, 84, 87 u. 88, Pr. b. Intern. TV-Festival 'Gold. Prag' 84, DAG-Fs.pr. in Silb. 96, Grand Prix d. Intern. Fs.-Festivals Plovdiv 96, Pr. f. d. beste Drehb. b. Intern. Filmfestival Pescara 96, Gold. Pyramide f. d. beste Drehb. b. Intern. Filmfestival Kairo 96, 'Der neunte Tag' Nominierung f. Dt. Filmpr. (Kategorie Drehbuch) 05; Film, Fernsehsp., Erz. – **V:** Ein Himmel aus Stein. George Bähr u. die Frauenkirche zu Dresden 05; Narr und König 09. – **B:** Lasst uns Gott ein Kloster bauen! Ein szen. Spiel n. d. Stück „Die Entstehung d. Klosters Waldsassen" v. Jakob Sendtner (1818), UA 16.5.08. – **MA:** Publ. Beitr. für div. Verlage, Zss. u. Rdfk-Anstalten, u. a. für: Deutschlandarchiv NDR; Film u. Fernsehen; Das Magazin; Theater d. Zeit; Sinn u. Form; Tribüne; Frankfurter Rdsch.; Die Welt; Luxemburger Wort; Märk. Oderztg; DLF; SWF; Berliner Rdfk. – **H:** Rolf Hoppe: Von Dresden in die Welt 96 (Henschel Verl.); Am Abgrund der Utopie. Gespräche, Aufsätze, Selbstporträts 07. – **F:** Zwerg Nase, n. W. Hauff 85; Die Argonauten, n. St. Hermlin 87; Das Myrtenfräulein, n. C. Brentano 88; Nikolaikirche, n. E. Loest 95; Der neunte Tag (Regie: V. Schlöndorff) 04; Chairworm & Supershark, Puppentrickf. n. Elisabeth Mann Borgese 04. – **R:** Mitgründer, Dramaturg u. Autor d. Reihe „Polizeiruf 110" im DFF, ca. 40 Beitr. 72–90, u. a.: Anwärung 77; Der Unfall 79; Bonny's Blues 79; Vergeltung 80; Amoklauf 80; Big Band Time 90; – Lit.verfilmungen (Autor): Der Leutnant Yorck von Wartenburg 81; Die Zeit der Einsamkeit 84, beide n. St. Hermlin; Das zweite Leben d. Dr. Gundlach, n. W. Schreyer 85; Die Erste Reihe, n. St. Hermlin 88; Große Liebe gesucht, n. G. Preuß 89; Selbstversuch, n. Chr. Wolf 90; Der kleine Herr Friedemann, n. Th. Mann 91; – Dok.filme (Autor u. teilw. Regisseur): Heinrich Mann. Ein Leben f. d. Vernunft 84; Lion Feuchtwanger. Lebensstationen 87; Schlaft nicht Daheim 88; Gebt frei die Lisel Hermann 88; Lesung: Helmuth James Graf v. Moltke 'Briefe an Freya' 90; Vater Unser, T.1: Schaft Loest 95; Alles was Odem hat, lobe den Herrn 92; Herbstreise/Auf d. Spuren d. Sächs. Weines 92; Erich Loest od. Der Zorn d. Schafes 92; Durch die Stürme der Zeit 92; Salman Schocken/Von Zwickau nach Jerusalem 93; Anton Günther – der Sänger d. Erzgebirges 94; Heinrich u. Peter Köselitz – Weltbürger aus d. Erzgebirge 94; Gottfried Bermann Fischer – Wanderer durch ein Jh. 95; Von Breker bis Engelhardt – Die Gesch. d. Ateliers Jäckelsbruch 95; Elisabeth Mann Borgese im Thomas Mann-Haus in Nidden 95; Kreisau – Krzyzowa. Vom Widerstand zum Dialog 96; Botschafterin der Meere – Elisabeth Mann Borgese 97; 200 Jahre Schloß Freienwalde 98; Freya von Moltke – Von Krzyzowa

nach Kreisau 99; Wir in Märkisch-Oderland – Die Geschichte unserer Sparkasse 00; George Tabori – Der Schriftsteller als Fremder 01; Armin Mueller-Stahl – Das Leben ist kein Film 01; Making of „Drehtage" z. ARD-Dreiteiler „Die Manns – Ein Jahrhundertroman" 01; Stiftung Schloß Neuhardenberg – Refugium u. Bühne zur Welt 04; Kurstadt Bad Freienwalde – Zwischen Gestern u. Morgen 04; Maria Pawlowna – Großherzogin von Sachsen-Weimar-Eisenach 04; Karl Richter – Die Gedanken sind frei 05; Rathenow – Stadt der Gärten u. der Optik 06; KZ Mittelbau Dora – 60 Jahre danach 06; George Bähr – Das Wunder von Dresden 06; Klaus Staeck – Der Künstler, der Provokateur 07; Die Hochschule für Technik und Wirtschaft Dresden – Zwischen Gestern und Morgen 07; Im Herzen Europas: das Kloster Waldsassen 08. – **P:** George Tabori – Der Schriftsteller als Fremder, Video 00; Making of „Drehtage" z. ARD-Dreiteiler „Die Manns – Ein Jahrhundertroman", DVD 01; George Bähr – Das Wunder von Dresden, DVD 08. – *Lit:* Stephan Wessendorf: Thomas Mann verfilmt (Schrr. z. Europa- u. Deutschlandforsch. 5) 98.

Görner, Rüdiger, Prof. Dr., Schriftst., Lit.kritiker; c/o Queen Mary College, Univ. of London, School of Modern Languages, Dept. of German/Centre for Anglo-German Cultural Relations, Mile End Rd, London E1 4NS, *r.goerner@qmul.ac.uk, www.sllf.qmul.ac.uk/staff/goerner.html* (* Rottweil 4. 6. 57). Intern. Rilke-Ges., Goethe-Ges. Weimar, English Goethe Soc.; Ess., Lyr., Prosa, Szenischer Text. Ue: engl. – **V:** Das Tagebuch 86; Badener Etüden, G. 91; Mozarts Wagnis 91; In der Asche der Worte, G. 92; Hölderlins Mitte 93; Wissen und Entsagen – aus Kunst 95; Grenzgänger 95; Die Kunst des Absurden 96; Einheit durch Vielfalt 96; Wortwege 97; Streifzüge durch die englische Literatur 98; Occasions 98; Mauer, Schatten, Gerüst 99; Nietzsches Kunst 00; Literarische Betrachtungen zur Musik 01; Grenzen, Schwellen, Übergänge 01; Londoner Fragmente 03; Rainer Maria Rilke. Im Herzwerk d. Sprache 04; Thomas Mann. Der Zauber des Letzten 05; Schwarzer Stein der Kaaba. Aus Michael Meiners Briefen an Bettina von Arnim 05; Herzsplitter, G. 06; Heimat u. Toleranz 06. – **H:** Logos Musicae 82; Rilke. Wege der Forschung 87; August von Platen. Tagebücher 90; Heimat. Zu einem kulturideolog. Begriff im 19. u. 20. Jh. 91; Friedrich Hölderlin. Elegien 93; Beethoven. Briefe und Aufzeichnungen 93; Franz Schubert. Briefe 96; August von Platen: Wer die Schönheit angeschaut mit Augen, Leseb. 96; ders.: Wer wußte je das Leben?, ausgew. G. 96; Rainer Maria Rilke: Erzählungen/Die Aufzeichnungen des Malte Laurids Brigge 97; Johannes Brahms. Ausgewählte Briefe 97; Conrad Ferdinand Meyer. Gedichte 98; Wilhelm Raabe. Meistererzählungen 98; Wilhelm Heinse: Ardinghello (auch Nachw.) 00; Unerhörte Klagen. Dt. Elegien d. 20. Jh. 00; Hugo von Hofmannsthal. Erzählungen und Prosa 00; Alexander Lernet-Holenia: Ein Traum in Rot 01; ders.: Fragmente aus verlorenen Sommern 01; Resounding Concerns 03; Politics in Literature 04; Anglo-German Affinities and Antipathies 04; Images of Words 05; Tales from the Laboratory 05. – *Lit:* Klaus Hübner in: Schweizer Monatshefte 5/6 04. (Red.)

Görnert-Stuckmann, Sylvia, Dipl.-Soz.päd., Sozialdienstleiterin, Doz.; Hornberger Str. 98, D-78730 Lauterbach, *stuckmann@buchschmiede.de, www.buchschmiede.de* (* Plau/Meckl. 2. 10. 59). VS 08; Rom., Jugendrom., Sachb. – **V:** Mit kindern Geschichten erzählen 03; Wenn man im Alter Hilfe braucht 04; Aus der Laus 05; Umzug in die dritte Lebensphase 05; Kaja in der Außenwelt 07; Oma ist die Beste 07.

Görnig

Görnig, Bernhard, Grundschulrektor i. R.; Freiherr-vom-Stein-Str. 25, D-57223 Kreuztal, Tel. (0 27 32) 2 10 12 (* Siegen 36). Lyr., Erz. – **V:** Wat ech noch sä woll 90, 92; Das Kastanienpaket u. a. Geschichten aus dem Siegerlande 96; Wir spielen Theater, Theatersp. f. Kinder 99; Schwerenots letzte Klassenfahrt 06. – **MA:** Die Leute von Eiershagen 96; A45 Längs der Autobahn und anderswo 00; Senioren schreiben ihre Geschichte 02. – **H:** Sagen aus dem Siegerland 91, 2., überarb. Aufl. 07.

Görres, Rose s. Zaddach, Rose

Görtz, Anne-Felicitas; Fidicinstr. 16, D-10965 Berlin, Tel. (0 30) 6 94 16 06, *citabus@t-online.de* (* Erlangen 26. 12. 53). Arb.stip. f. Berliner Schriftst.; Rom., Erz. – **V:** Leslies Apartment, Erzn. 97, Tb. 00. – **MA:** dtv-Urlaubslesebuch 98. (Red.)

Goertz, Brigitta (Ps. Pascalis), Hausfrau, Malerin; Neumühle 5, Essenheim, D-55268 Nieder-Olm, Tel. (0 61 36) 57 68 (* Ramspau b. Regensburg 21. 4. 30). Lyr., Erz. – **V:** Pferde auf Holbrinks Hof, Jgdb. 75; Susanns frohe Reiterjahre, Jgdb. 77; Vogel mit den Krallenfüßen, G. 82; Zu den Märkten, G. 88; Die Feder, G. 96; Cantica, Erz. 98; Reiterjahre, erz. Biogr. 03; Naselweis, Erzn. 05; Wie ein Kuckuck in der Nacht, G. 07; Das Fleckenpferd, G. 07. – **MA:** G. in mehreren Anth. d. Czernik Verl./Edition L 82–95.

Goes, Peter, Pfarrer; Schoettlestr. 20, D-74074 Heilbronn, Tel. (0 71 31) 59 46 17 (* Ohmden/Teck 13. 2. 40). Lyr. – **V:** Den Heckenrosenduft entlang, Lyr. 86; Die Kraft der leisen Töne, Lyr. u. Prosa 94. – **MA:** Philodendron, Zs. f. Lit. u. Grafik 78; Einheit wächst im Herzen 86; Weg erkunden – Ziele finden 87; Gaukes Jb. 88; Komm in mir wohnen 93, alles Anth. – *Lit:* Friedrich Schmid in: Suevica, Zs. f. Lit. 88. (Red.)

Goes, Waltraud (geb. Waltraud Kisselmann), Lehrerin; Lüftestr. 78, D-72762 Reutlingen, Tel. (0 71 21) 23 94 60, *www.kid-goes-english.de* (* Tübingen 18. 3. 43). Bildmeditation. – **V:** Jesus und Johannes, m. 8 Farbdias 90, 2. Aufl. 96. (Red.)

Göschl, Bettina, freie Autorin, Liedermacherin u. Drehb.autorin; Distelkamp 11, D-26506 Norden, Tel. (0 49 31) 93 05 18, Fax 93 05 21, *hallo@bettinagoeschl. de*, *www.bettinagoeschl.de* (* Bamberg 7. 7. 67). Friedrich-Bödecker-Kr. 01; Drehb.förd. d. Filmstift. NRW 01; Kinder- u. Jugendb., Kinderlied, Drehb. – **MV:** Keine Angst vorm Schulgespenst u. a. Mutgeschichten 01; Spaßgeschichten 02; Anna im Land Verkehrtherum 02; Seeungeheuer, ahoi! 03; Marie und Flo im Reich der Elfen 03; Ponyhofgeschichten 03; Das magische Abenteuer, 4 Bde 03/04, alle m. Klaus-Peter Wolf. – **MA:** Hildesheimer Nach(t)lese – 20 Jahre Hildesheimer Jugendbuchwoche 02; Anthologie d. Literar. Werkstatt im Haus Felsenkeller 02. (Red.)

Goessel, Elisabeth von (Ps. f. Sabine Elisabeth Tewes, geb. von Goessel), abgeschlossenes HS-Studium Geogr., Geologie u. Politik, bis 2000 im Lehramt, Ausbildung z. Steinheilkundlerin; Georg-Speyer-Str. 59, D-60487 Frankfurt/M., Tel. (0 69) 77 15 36, *sum.tewes@t-online.de* (* Nördlingen/Ries 25. 3. 50). Rom., Erz. – **V:** Zwischendrin, doch außen vor. Heimat, die fremd geblieben ist, R. 06; Azorenhoch über Berlin (Arb.titel), R. 09.

Gößling, Andreas, Dr. phil., Autor, Verleger; Sengelaubstr. 12, D-96450 Coburg, Fax 4 27 99 85, *info @andreas-goessling.de*, *www.andreas-goessling.de* (* Gelnhausen 18. 2. 58). NGL Erlangen 01; Rom., Prosa, Erz. – **V:** Irrlauf, R. 93; Timmy im Finsterwald 96, Tb. 00; Die Maya-Priesterin 01, Tb. 02; Drachenwelten 03; Im Tempel des Regengottes 03, Tb. 04; Das

große Buch der Feen und Elfen 04; Der Alchimist von Krumau 04; Dea mortis 05; Tzapalil 05; Der Alchimist des Kaisers 07; Faust, der Magier 07; Der Sohn des Alchimisten 07; mehrere Sachbücher. – **MH:** u. MA: Schattenwelten. Wahn, Gewalt u. Tod, m. Charlotte Lyne 01. – *Lit:* s. auch 2. Jg. SK.

Gößmann, E.; Sägeweg 33, D-79395 Neuenburg (* Oberwerrn 26. 11. 48). Rom., Biogr., Lyr., Ess. – **V:** Rosenlehner und die Erotik der Bilder, R. 92; Die Leidenschaft des Sammlers J.G. Widder, Biogr. 96.

Gössmann, Wilhelm, Dr. phil., o. Prof.; Graf-Recke-Str. 160, D-40237 Düsseldorf, Tel. (02 11) 63 31 04. Zum Alten Berg 5, D-59602 Rüthen-Langenstraße (* Langenstraße, Kr. Lippstadt 20. 10. 26). Kogge, Heinrich-Heine-Ges., EM 96, Droste-Ges., Germ.verb., Christine-Koch-Ges.; Kurgastdichter in Hörste 92, EM Heinrich-Heine-Ges. 97; Ess., Lyr., Prosa. Ue: gr, jap. – **V:** Essayist. Werke: Sakrale Sprache 65; Die Bergpredigt 65; Glaubwürdigkeit im Sprachgebrauch 70; Die Gottesrevolution 72; Ihr aber werdet lachen 76; Die Kunst Blumen zu stecken 80; Die Glücklichpreisungen 86; Spiegelstriche 93; Der verschwiegene Gott 98; Kulturchristentum. Religion u. Lit. in d. Geistesgeschichte 02; – Lyrik: Meditationstexte 65; Elterngespräche 72; Voller Knospen der Baum 84, überarb. Neuaufl. u. d. T.: Es weihnachtet sehr 01; Wohnrecht unter dem Himmel 86; – Prosa: Wörter suchen Gott 68; Literarische Gebrauchstexte 70, 74; Sentenzen 70; Wie man sich angewöhnt hat zu leben 72; Umbau, Land und Leute. Eine literar. Inspektion 78, 98; Religion: das Menschenleben. Literarische Wiedergabe bibl. Erfahrungen 81; Im Gewohnten erschrecken. Beifahrergespräche u. a. Prosatexte 82; Lernen ist verrückt oder Schule lebenslänglich. Eine literar. Inspektion 87; Noch summt von der Botschaft die Welt, Gedanken u. Meditn. 86; Heine und die Droste. Eine literar. Zeitgenosschaft 96; Wo die Apfelbäume blühen, Trilogie 97; Die sieben Männer, R. 99; Haltepunkte. Orte u. Stätten in Westfalen 00; miner freuden ostertac. Literische Texte u. Reflexionen zu Ostern u. Pfingsten 01; Anna und Christof. Westfäl. Spurensuche 03; Der Heilige und die Sarazenin, R. 04; – mehrere wiss. Veröff. – **MA:** Beitr. in zahlr. Anth. u. Zss., zuletzt zs.: Wohnrecht einer Landschaft 94; Biograph. Kultur f. Düsseldorf, Juli/Aug. 95; Straßenbilder 98; Auf den Spuren der Stern 99; Sieben Schritte Leben 01. – **H:** Geständnisse. Heine im Bewußtsein heutiger Autoren, Anth. 72; Welch ein Buch! Die Bibel als Weltliteratur 94. – **MH:** Poetisierung – Politisierung. Deutschlandbilder in d. Lit. bis 1848 94; Spiel nur war das – wir sind Dichter! Joseph v. Eichendorff 95; Literarisches Schreiben aus regionaler Erfahrung. Westfalen – Rheinland – Oberschlesien 96, u. a. – *Lit:* Martin Hollender: Wiss. - Literatur – Religion, Bibliogr. W.G. 01; Westfäl. Autorenlex., Bd 4 02; querbeet 62 03; s. auch GK. (Red.)

Goetsch, Daniel; Danziger Str. 68, D-10435 Berlin, *dgoetsch@freenet.de* (* Zürich 20. 9. 68). SSV, jetzt AdS; E.gabe d. Kt. Zürich 99, Autorenpr. d. Heidelberger Stückemarktes 02, Werkbeitr. d. Kt. Zürich 03, Werkbeitr. d. Pro Helvetia 07; Rom., Erz., Dramatik, Hörsp. – **V:** Aspartam, R. 99; Prosperos rechte Hand, Dr. 03; X, R. 04; Ben Kader, R. 06; – THEATER/UA: Mir 01; Kurzwelle 02; Amona 03. – **MA:** Erzn. in: Schicke neue Welt 99; Die Akte Ex 00; Swiss Made 01. – **P:** Material für den Rand – Superterz 01. (Red.)

Göttert, Karl-Heinz, Dr. phil.; Jünkerather Str. 2A, D-50937 Köln, Tel. (02 21) 70 32 67 (* Koblenz-Ehrenbreitstein 25. 2. 43). – **V:** Knigge oder: von den Illusionen des anständigen Lebens, Biogr. 95; Die Stimme des Mörders 03; Das Ohr des Teufels 03; Anschlag

Götz

auf den Telegraphen 04; Entschlüsselte Geheimnisse 05, alles hist. Krim.-R.; – mehrere Sachbücher u. wiss. Veröff. (Red.)

Götterwind, Jerk; PF 1148, D-64501 Groß-Gerau, *jerkgoetterwind@web.de*, *www.jerkgoetterwind.de.vu*. Charles-Bukowski-Ges. Berlin; Lyr., Prosa. – **V:** Warum den Tod mit Leben vergeuden?, G. 95; Und Regen zog über das Land, Kurzgeschn. 97; Ein langer Traum – Stories eines Überlebenden, Kurzgeschn. 00; Was sich so Leben nennt, Lyr. 06; – mehrere Chapbooks seit 95. – **MA:** Anth.: Das Kopflaussyndrom 93; Märchens Geschichte 94; Ne jetez pas les essuie 95; Restlicht 95; Kinderkram 96; Von der Rolle 96; Was ist Social Beat? 98; Feldpost 00; Deutschland wieder im Krieg 00, u. a.; – zahlr. Beitr. in Little Mags u. Punkzines seit 92, u. a. in: Cocksucker; Härter; SUBH; Kult; Kopfzerschmettern; Plastic Bomb; Bulettentango. – **H:** Hommage aus dem Underground, Anth. 00; Die Städte brennen, Anth. 06; My Choice, Lit. u. PunktZine, seit 98 (1–2x jl.). – **P:** musikal. Veröff seit 1989, u. a. auf: Irokäse Sound I u. II, beides Schallpl.; Freundschaft, Liebe, Bier und Punkrock, CD 93; GroundZeroDarmstadt, CD 04; Punk Rock Repo Vol. 1 04; – Einzelveröff. m. abrAxas: 7 Song CD 05. (Red.)

Göttinger, Juliane; Dinslaken, Tel. (0 20 64) 9 67 53, *j.goettinger@onlinehome.de*, *www.goettinger.de* (* 62). Sisters in Crime (jetzt: Mörderische Schwestern) 02. – **V:** Zwei Tage überfällig, R. 02; Der Puppenmörder 07. – **MA:** Mord unter Kopfweiden 04; Dennoch liebe ich dich! 05. (Red.)

Goettle, Gabriele; Geibelstr. 4, D-12205 Berlin, Tel. u. Fax (0 30) 8 11 18 75 (* Aschaffenburg 31. 5. 46). P.E.N.-Zentr. Dtld; Ben-Witter-Pr. d. „Zeit" 95, Schubart-Lit.pr. 99; Literar. Rep., Ess., Erz., Hörsp. – **V:** Deutsche Sitten 91; Freibank, Ess. 91; Deutsche Bräuche 94; Deutsche Spuren 99; À l'Est du Mur 99; Die Ärmsten, Tatsachen-R. 00; Experten 04. – **H:** Die schwarze Botin, Zs. – **R:** Falsch verbunden, Hsp. 99. (Red.)

Göttler, Norbert, Dr., Schriftst., Publizist, Regisseur; Walpertshofen 51, D-85241 Hebertshausen, Tel. (01 72) 8 53 24 23, (0 81 31) 8 39 97, Fax 7 81 45 (* Dachau 9. 8. 59). Turmschreiber, VS, P.E.N.-Zentr. Dtld, Europ. Akad. d. Wiss. u. Künste; Rom., Kurzgesch., Lyr., Feat., Dok.film. – **V:** Die Pfuscherin, R. 92, 00; Drachenfreiheit, G. 93; Gipfeltreffen, Groteske, UA 94; Das Schweigen der Greisin, phantast. Geschn. 95; Putsch im Vatikan, R. 97; Die Mittagsstunde des Pan, erot. Miniatn. 98; mehrere kulturhist. Bücher. – **MA:** zahlr. Beitr. f. Ztgn u. Zss., u. a.: SZ; Bayer. Sonntagsblatt; Bayer. Gemeindeztg; Lit. in Bayern. – **H:** zur debatte, Zs., seit 90. – **R:** zahlr. Hfk-Features u. Dok.-F. im BR seit 87. – *Lit:* s. auch SK. (Red.)

Göttlicher, Anette, Chefred.; München, *kontakt@anette-goettlicher.de*, *www.anette-goettlicher.de* (* München 2. 10. 75). – **V:** Wer ist eigentlich Paul? 04; Sind sie nicht alle ein bisschen wie Paul? 05; Aus die Maus 06; Mit Liebe gemacht 07; Paul darf das! 08. (Red.)

Göttner, Heide Solveig, M. A., Autorin; c/o Piper Verl., München, *kontakt@heidesolveig-goettner.com*, *www.heidesolveig-goettner.com* (* München 23. 12. 69). Stip. d. Ldeshauptstadt München 92; Lyr., Rom., Erz. Ue: engl. – **V:** Die Wege der Kentaurin, G. 91; Die Priesterin der Türme 06; Der Herr der Dunkelheit 07; Die Königin der Quelle 08, alles Fantasy-R.; Fenster der Seele, Fantasy-Erzn. 07.

Göttner-Abendroth, Heide (Heide Göttner), Dr. phil.; Weghof 2, D-94577 Winzer, Tel. u. Fax (0 85 45) 12 45, *www.goettner-abendroth.de*

(* Langewiesen/Thür. 8. 2. 41). Lyr. – **V:** Landschaften aus der Gegenwelt, G. 1976–1982 82; Magier-Frau, G. 1977–1989 92. – *Lit:* s. auch SK. (Red.)

Götz, Alexander, Dipl.-Ing. Dr. Dr. h. c., Politiker, Messepräsident u. Geschf. a. D.; Rauchleitenstr. 39, A-8010 Graz, Tel. u. Fax (03 16) 30 17 18 (* Graz 27. 2. 28). zahlr. österr., dt. u. ital. Orden; Lyr., Zeitgesch. – **V:** Ergötzliches. Ein Jahrzehnt als Grazer Bürgermeister 96; Ein Messemensch 97; Erlebt – geprägt, Lebensrinn. – *Lit:* Fritz Simandl: Festschrift für Alexander Götz 98.

Götz, Dominik, Heilerziehungspfleger; Zum Dunzelbach 4, D-28870 Ottersberg, Tel. (0 42 05) 77 90 88, *domotion@hotmail.com* (* Bremen 9. 3. 80). Lyr., Kurzgesch., Rom., Drehb. – **V:** Seelenregen, G. u. kurze Prosa 03. (Red.)

Götz, Karl Otto (KO Götz), Prof., Maler, Dichter; Wolfenacker, Waldstr. 28, D-56589 Niederbreitbach-Wolfenacker, Tel. (0 26 38) 51 76, Fax 67 33 (* Aachen 22. 2. 14). Kunstpr. Junger Westen 48, Verd.orden d. Ldes NRW 89, Staatspr. f. Kunst v. Rheinland-Pfalz 96, E.ring d. Stadt Aachen 00, Binding-Kulturpr. 02, EM d. Kunstakademien Münster u. Düsseldorf 97 u. 04, BVK 07; Lyr., Erz. – **V:** Erinnerung und Werk, Bd 1a u. 1b 83; Lippensprünge, G. 1945–1985 85; Zungensprünge, G. 1945–1991 92; Sternsprünge 92; Erinnerungen I 93; Erinnerungen II 94; Im Nebel zweier Äxte, G. 94; Augenmoose, G. 95; Erinnerungen III 95; Im Labyrinth einer Revolte 97; Erinnerungen IV 99; Spuren der Maler, Texte 00; Blutwinde 01; Ely, Kurzgeschn. 03; Asphaltgewitter, G. 03; Freiheitstropfen 05. – *Lit:* s. auch Kuchners Handbuch der Bildenden Künstler, 1. Aufl. 2005. (Red.)

Goetz, Rainald, Dr. phil., Dr. med., freier Schriftst.; c/o Suhrkamp Verl., Frankfurt/M. (* München 24. 5. 54). Kranichsteiner Lit.pr. 83, Aufenthaltsstip. d. Berliner Senats 85, Mülheimer Dramatikerpr. 88, 93, 00, Förd.gabe d. Schiller-Gedächtnispr. 89, Stip. d. Dt. Lit.fonds 90, Heinrich-Böll-Pr. 91, Pr. d. Peter-Suhrkamp-Stift. 95, Frankfurter Poetik-Vorlesungen 98, Else-Lasker-Schüler-Dramatikerpr. 99, Wilhelm-Raabe-Lit.pr. 00; Rom. – **V:** Irre, R. 83; Krieg, Stücke / Hirn, Geschn. 86; Kontrolliert, Erz. 88; Festung. Bd 1: Festung. Stücke, Bd 2: Material 1–3, Bd 3: Kronos. Ein Bericht 93 (5 Bde in Kass.); Heute morgen, um 4 Uhr 11, als ich von den Wiesen zurückkam, wo ich den Tau aufgelesen habe. 1: Rave, Erz. 98, 2: Jeff Koons 98, 3: Dekonspiratione 00, 4: Celebration. 90s Nacht Pop 99, 5: Abfall für alle. Roman e. Jahres 99; Jahrzehnt der schönen Frauen 01; Hirn. Schrift 03; 1989, 3 Bde u. Beih. 03; Klage 08; – THEATER/UA: Krieg I 87; Schlachten 88; Kolik 88; Festung. Frankfurter Fass. 92; Katarakt 92; Kritik in Festung. Institut f. Sozialforschung 93; Jeff Koons 99. – **MV:** Mix, Cuts und Scratches 97. – **R:** Krieg, Hörst. 95; Schlachten 91; Kolik 91; Festung, Trilogie 94; Ästhetisches System 97; Jeff Koons 00; Heute Morgen 01. – **P:** Word. Soziale Praxis, Ästhet. System, 2 CDs 94; Word. Soziale Praxis, Katarakt, Ästhet. System, 3 CDs 94; Abfall für Alle, Tageb. im Internet unter *www.rainaldgoetz.de* 98–10.1.99; Heute morgen, CD 01. – *Lit:* Rainer Kühn in: KLG. (Red.)

Götz, Waltraud, freiberufl. Malerin u. Autorin; Maxweiler Str. 24, D-86633 Neuburg-Maxweiler, Tel. u. Fax (0 84 54) 28 88 (* Maxweiler, heute Neuburg/Donau 21. 5. 47). Dramatik (Hochdt. u. in bayer. Mda.), Mda.-lyr. u. -prosa. – **V:** STÜCKE seit ca 93: Besuch am Abend; Nix gwieß waoß ma net!; Die Adoption; Der Engel zum Guten; Der Weihnachtsstreik; Frau Redlich; Schneetreiben; Für d' Mamma nur des Allerbeste;

Götze

Der emanzipierte Nikolaus; Ein Liebesbrief mit Folgen oder ein Weihnachtsbrief mit Folgen; Die Christbaumwette; Eine Weihnachtsfrau für'n Papa; Wie gewonnen, so zeronnen; Geschenkt ist geschenkt; Die Stammtischlüge; Der Kaffeeklatsch; Engel mit zwei Putzlappen; Es ist nicht alles Gold, was glänzt; Der aufmüpfige Engel; Der verliebte Großvater; Ein Eigentor mit Nikolaus; Das Weihnachtsfenster; Staade Zeit u. Weihnachtszoff; Ein Weihnachtsmann per Internet; Die zerbrochene Kugel; Der Weihnachtsplan; Der Weihnachtskaktus; Das Weihnachtsgeschenk; Das Krippentheater; Adventstratsch; Die Weihnachtspost; Der Hochzeitstag; Rauchzeichen; Mutterhaus; Allein zu zweit; Der ökolog. Weihnachtsbaum; Der Weihnachtstest; Das verflixte Weihnachtspackerl; Herr Ober bitte ein Dergl; Der ungläubige Hirte; Geschenkgutschein u. Eifersucht; Pech u. Glück zur Weihnachtszeit; Das gestohlene Rezept; Simmerls Engel-Trick; Sonnenbank u. Wasserwahn; Wenn ein Stern vom Himmel fällt; Lippenstift u. Sauerkraut; Wunschbüro Engel; Ein Nikolaus per Katalog; Das Weihnachtsfernglas; Das Platzerl-Inserat; Der Wellness-Tag; Wenn die Mama streikt; Suche Opa, biete Liebe; Diesmal ohne Tante Emma; – BÜCHER: Ergötzliches mittn ausm Lebn 95; Für Ergötzliches is oiwei Zeit 97; Ergötzliches is nia vakehrt 99; Mit am kloana Augnzwinkern 01; Nur a bisserl übertriebn 03; Wia's Lebn so is 06.

Götze, L. Bodo, Schulleiter i. R.; Vionvillestr. 6, D-28211 Bremen, Tel. (04 21) 44 79 21, Fax 4 30 28 02, *L. Bodo.Goetze@t-online.de* (* Berlin 6. 7. 37). – **V:** Der Abenteuer von Fiffi und Knoten, Kdb. 02, 06; Märchen über Bärchen, Kdb. 04, 05; Noch mehr Abenteuer über Fiffi und Knoten, Kdb. 06; mehrere Sachb. – *Lit:* s. auch SK. (Red.)

Goga, Susanne (Susanne Goga-Klinkenberg), Dipl.-Übers., Autorin; Von-Galen-Str. 101, D-41236 Mönchengladbach, Tel. (0 21 66) 61 11 33, Fax 61 11 38, *info@susannegoga.de,* www.sgoga-klinkenberg.de, *www.susannegoga.de* (* Mönchengladbach 26. 7. 67). VS/VdÜ, Dt. Shakespeare-Ges., Das Syndikat; Arb.-stip. d. Ldes NRW; Rom., Erz. Ue: engl, am, frz. – **V:** Leo Berlin, Krim.-R. 05; Tod in Blau, Krim.-R. 07. – **Ue:** Bücher von: Julie Burchill, Ursula Hegi, Alice Elliot Dark, Jill Dawson, Marcia Muller, Patricia Shaw, Peter James, u. a. (Red.)

GoGer, Bill s. Berres, Georg K.

Gogolin, Peter H. (Ps. A. Esch), Schriftst., Coach, Drehb.-Consultant; Bert-Brecht-Str. 49, D-65201 Wiesbaden, Tel. (06 11) 2 40 10 62, Fax 2 40 10 65, *phg@ ph-gogolin.de,* www.literaturcoach.de (* Holstendorf/ Schlesw.-Holst. 3. 1. 50). Stip. d. Dt. Lit.fonds 82, 84, 95, Lit.förd.pr. d. Hansestadt Hamburg 82, Villa-Massimo-Stip. 89, Stip. Künstlerdorf Schöppingen 90, Stip. Künstlerhof Schreyahn 90/91, Esslinger Bahnwärter 92, 2. Wolfgang-A.-Windecker-Lyr.pr. 05; Rom., Erz., Lyr., Ess., Filmdrehb. – **V:** Seelenlähmung, R. 81, 2. Aufl. 82; Kinder der Bosheit, R. 86; Wir haben ein Licht, Erz. 88; Festival, Libr., UA 89, 95 (als CD); Argonauten 90; Das Geheimnis des Alten Waldes, Jgd.-Sch. 94, UA 97; Eistage, Dr. 96; Ich, nichts, vorbei, G. 99; Schnee auf neuen Gipfeln, G. 03. – **MA:** Auf der Balustrade – schwebend, Lyr. 82 (auch Mithrsg.); Meddle, Lyr. 84; Sophia Selbdritt – Ein Porträt 85; Nachtgedanken, Lyr. 85; Der Faden 86; Revue Alsacienne de Littérature 19/20, 88; Der Schreiber, Erz. 89; Der Zug auf der Brücke, Erz. 91; König des Jahres, Erz. 93; Der Tod braucht Zeit, Erz. 95; Das Licht im Auge, N. 99; Weisse Sonne, Erz. 02; Hölderlin & Co., Erz. 07; Bella Bionda, Erz. 07. – **R:** Til Strauden 89; Die zweite Nacht 92, beides

Funk-Erzn. – *Lit:* Neues Hdb. d. dt.spr. Gegenw.lit. seit 1945 03.

Gogolin, Wolfgang A., freier Red.; Hamburg, Tel. (0 40) 20 97 28 09, Fax 41 92 77 56, *info@wolfgang-gogolin.de,* www.wolfgang-gogolin.de (* Hamburg 57). Wortwerk Hamburg 03, FDA Hamburg 06; Rom., Sat., Kurzgesch. – **V:** Karawane des Grauens, Sat. 02; Der Puppenkasper, R. 04; Beamte und Erotik 06; Beamte und Menschen 07, beides Kurzgeschn.

Gogoll, Ruth, Autorin u. Verlegerin; c/o édition el!es, 30, rue du Chateau, F-68480 Ferrette, *www.elles.de* (* Wesseling 24. 6. 58). Rom., Erz., Kurzgesch., Ess. – **V:** Taxi nach Paris, Gesch. 96 (auch frz., eng. u. span.); Über die Liebe oder ein Tod in Konstanz 97, u. d. T.: Ich kämpfe um dich 06, beides erot. Liebes-R.; Renni: 1. Computerspiele 99, 2. Tödliche Liebesspiele 99, 3. Mord im Frauenhaus 00, alle 3 Krim.-R.; Schauspielerin: 1. Die Schauspielerin 00, 2. Simone 02; Eine romantische Geschichte 01; Ich liebe dich 02; Die Liebe meiner Träume, 1/03, 2/04, alles erot. Liebes-R.; Augenblicke der Liebe 1/03, 2/04; Erotische Geschichten zur Weihnacht 1+2 04, beides Liebesgeschn.; Eine Insel für zwei 1+2 06; Ruth Gogoll's Chrismas Carol 06; Tizianrot 06; Ostereier 06, alles erot. Liebes-R. (Red.)

Gohl, Christiane (Ps. Elisabeth Rotenberg), Dr. phil., Autorin, Journalistin; Calle el Cantal 7, E-04638 Mojacar/Almería, Tel. u. Fax 9 50 47 50 52, *chrgohl@terra. es* (* Bochum 16. 11. 58). – **V:** Alisha, die sechste Stute 92; Ein Pflegepferd für Julia 93; Julia und das weiße Pony 93; Julia und der Hengst aus Spanien 93; Thokka – das Pferd der Nebelfee 93; Sagenhafte Islandpferde 94; Julias erster Wanderritt 94; Julia und das Springpferd 95; Julia und ihre Pferde 95; Ein Traumpferd für Julia 96; Julia und ihr Fohlen 96; Unsere Pferde sind die besten 96; Im Namen der Pferde. Das kämpferische Leben der Ada Cole 97; Julia – Aufregung im Reitverein 97; Julia – Ferienjob mit Islandpferden 97; Julia – Neue Pferde, neue Freunde 98; Julia – Ein Pferd für zwei 99; Julia und der Pferdeflüsterer 99; Julia – Reitbeteiligung gesucht 00; Julia und die Nachtreiter 00; Julia – Eifersucht im Reitstall 01; Indalo, hist. R. 01; Julia und das Reitturnier 01; Julia – Ferien im Sattel 02; Julia – Reiterglück mit Hindernissen 02; Julia – Am Ziel ihrer Träume 03; Julia – Alle meine Pferde 03; Sophie – Endlich Reitstunden! 03; Sophie – Alles für ein Pferd 03; Sophie – Zoff im Reitstall 04; zahlr. Kinder- u. Jugendsachb. z. d. Themen Pferde u. Reiten. – *Lit:* s. auch SK. (Red.)

Gohl, Ulrich, Red., Publizist; Pflasteräckerstr. 20, D-70186 Stuttgart, Tel. (07 11) 46 63 63, Fax 46 13 41, *gohl@n.zgs.de* (* Stuttgart 8. 10. 54). ver.di; Sat., Journalist. Arbeit. – **V:** Filder-Sagen. Von hungrigen Riesen, edlen Frauen u. verborgenen Schätzen 99; mehrere Sachb. – **MV:** Die Naturwunder Deutschlands 97, u.v.a. – **H:** Die Schwaben u. ihr Herrgott; Die Schwaben u. ihre Liebe; Die Schwaben u. ihr Häusle; Die Schwaben u. ihr Gesang, alles Geschn. u. G. 90. – **MH:** Texte d. Rußlanddeutschen Autorentage I–IV 92–95. – **P:** Mustermann u. d. Motzlöffel, Kabarett-Video 91. – *Lit:* s. auch SK.

Gohlis, Ralf s. Schütte, Wolfgang U.

Goj, Henri s. Gerlach, Hubert

Gokeler, Stephan, Journalist; Zeppelinstr. 22, D-72144 Dußlingen, Tel. u. Fax (0 70 72) 6 02 87, *stephan.gokeler@t-online.de,* www.zwiebelfisch.info (* Offenburg 19. 5. 67). – **V:** Supergau, Krim.-R. (Red.)

Gold, Fanny s. Walser, Alissa

Gold, Helmut; Untermatt 1a, CH-8902 Urdorf, Tel. (0 44) 7 34 47 95, Fax 73 44 79, *helmutgold@hotmail. com.* Girardistr. 19, A-5020 Salzburg, Tel. (06 62) 64 23 01 (* Salzburg 21. 2. 61). IGAA; Europ. Jugendfilmpr.; Prosa, Rom., Drama, Hörsp., Fernsehsp./Drehb., Ess., Film. Ue: engl, frz. – **V:** Was macht die Sonne nachts?, R. 80; Zwischen Schicksal und Verbrechen, Studien-R. 91; Ausgesetzt, Prosa 94; Die Verhinderung, Theaterst. 99; Bimini oder Reif für die Insel 04. – **H:** Monat, literar. Mschr. 3/94–12/96. – **F:** Vollkommen I u. II, Spielf. 82/83; Das Rätsel gibt es nicht, Spielf. 84; div. Experimentalf. – **R:** Ein kalter Tag, Hsp. 82; M.S. – Eine Entwicklung, Fsf. 87. (Red.)

Gold, Nina s. Werz, Sabine

Gold, Soraya s. Green, Sandy

Goldbach-Venetian, Rebekka s. Lorenz, Barbara

Goldberg, Jana s. Mannel, Beatrix

Goldberg, Johanna, Dr. med., Dr. sc. med.; Oderstr. 46, D-16303 Schwedt/Oder, Tel. (0 33 32) 2 32 78, *johanna-goldberg@web.de* (* Leipzig 23. 3. 37). BD-SÄ. – **V:** Zigarette?, Sachb. 88; Hinsehen-Zuhören-Mitfühlen, autobiogr. R. 94, stark erw. Aufl. u. d. T.: Vom Prügelkind zur Ärztin 07.

Goldberg-Engelmann, Traude s. Engelmann, Traude

Goldhahn, Rainer (Rainer G. Reuss); Beim Wasserturm 24, D-71322 Waiblingen, Tel. (0 71 51) 5 96 48, *RainerGoldhahn@aol.com* (* Greiz 2. 7. 41). Ue: ung. – **V:** Land im Dämmerschein 82; Splitter unter der Haut 88; Nachwendische Zeit 93, alles Lyr.; Rosen im Schnee, G. 00; Saalekiesel, Lyr. 02; Heinrich der Xste. Gedichte aus d. Reußenland 07; Vögte und Fürsten. Die Heinriche im Reußenland, Erzn. 07. – **MV:** „1917", m. Sabine Geiger.

Goldmann, Matthias, Schriftst., Übers., Texter; *goldmann@chello.at, www.matthiasgoldmann.at* (* Wien 26. 11. 65). Arb.stip. d. BMfUK; Lyr., Prosa. Ue: engl. – **V:** der ruhige blick des zufalls, Text-Bild-Kooperationen 97. (Red.)

Goldschmidt, Georges-Arthur; Paris. c/o Ammann Verl., Zürich (* Reinbek b. Hamburg 2. 5. 28). Geschwister-Scholl-Pr. 91, Pr. d. SWF-Lit.magazins 91, Dt. Sprachpr. d. Henning-Kaufmann-Stift. 91, Bremer Lit.pr. 93, Ludwig-Börne-Pr. 99, Nelly-Sachs-Pr. 01, Goethe-Med. d. Goethe-Inst. 02, Joseph-Breitbach-Pr. 05, Erlanger Lit.pr. f. Poesie als Übersetzung 07; Erz., Rom. – **V:** (teilw. Übersetzungen a. d. Franz.) Ein Garten in Deutschland, Erz. 88; Die Absonderung, Erz. 91; Der unterbrochene Wald 92; Der bestrafte Narziß 94; Die Aussetzung, Erz. 96, 98; Als Freud das Meer sah 99; Über die Flüsse, Autobiogr. 01; In Gegenwart des abwesenden Gottes 03; Der Stoff des Schreibens, Ess. 05; Freud wartet auf das Wort 06; Die Befreiung, Erz. 07; Die Faust im Mund, Ess. 08. – *Lit:* Metzler Lex. d. dt.-jüd. Lit. 00. (Red.)

Goldstein, Barbara; Grünfinkenstr. 33, D-82194 Gröbenzell, *Barbara.Goldstein@arcor.de, www. Barbara-Goldstein.de, www.Barbara-Goldstein.com* (* Neumünster/Holst. 27. 2. 66). Rom. – **V:** Jeschua ben Joseph, Sachb. 97; Der Maler der Liebe 05; Die Baumeisterin 05; Die Kardinälin 06; Der Herrscher des Himmels 07; Die Evangelistin 07; Der vergessene Papst 08, alles R.

Goldstein, Renate, Dipl.-Psych., Psychotherapeutin, Hypnosetherapeutin; Parkstr. 30, D-27580 Bremerhaven, Tel. (04 71) 5 82 42, *Renategoldstein@web.de* (* Hipstedt/Kr. Rotenburg/Wümme 1. 9. 49). – **V:** Wer Schmetterlinge lachen hört ..., R. 01. (Red.)

Goldt, Max (auch Onkel Max, Duo Katz u. Goldt, eigtl. Matthias Ernst), Musiker, Mitbegründer d. Gruppe „Foyer des Arts", Schriftst.; Berlin, *comicduo @katzundgoldt.de, www.katzundgoldt.de* (* Weende/ heute Göttingen 15. 9. 58). Kasseler Lit.pr. f. grotesken Humor 97, Richard-Schönfeld-Pr. f. lit. Satire 99, Kleist-Pr. 08, Hugo-Ball-Pr. d. Stadt Pirmasens 08; Kolumne, Hörsp. – **V:** Mein äußerst schwer erziehbarer schwuler Schwager aus der Schweiz 83, zweite Version 89; Ungeduscht, geduzt und ausgebuht 88; Die Radiotrinkerin, Texte 91; Quitten für die Menschen zwischen Emden und Zittau 93; Schließ einfach die Augen und stell dir vor, ich wäre Heinz Kluncker, Texte 94; Die Kugeln in unseren Köpfen, Kolumnen 95; Der Sommerverächter 96; Ä, Kolumnen 97; Ein gelbes Plastikthermometer in Form eines roten Plastikfisches 98; 'Mind-boggling' – Evening Post, Kolumnen 98; Okay, Mutter, ich nehme die Mittagsmaschine, Kolumnen 99; Die Aschenbechergymnastik. Beste Nicht-Kolumnen (1982–1998) 00; Der Krapfen auf dem Sims 01; Wenn man einen weißen Anzug anhat. Ein Tagebuch-Buch 02; Für Nächte am offenen Fenster. Die prachtvollsten Texte 1988–2002 03; Vom Zauber des seitlich dran Vorbeigehens. Neue Texte 2002–04 05; QQ 07. – **MV:** Katz u. Goldt-Comics u. a.: Wenn Adoptierte den Tod ins Haus bringen 97; Koksen um die Mäuse zu vergessen 98; Ich Ratten 99; Oh, Schlagsahne! Hier müssen Menschen sein 01; Das Salz in der Las Vegas-Eule 02; Adieu Sweet Bahnhof 04; Das Malträtieren unvollkommener Automaten 06; Der Globus ist unser Pony, der Kosmos unser nächstes Pferd 07. – **MA:** Titanic, Satire-Zs. – **P:** L'église des crocodiles 81; Die majestätische Ruhe des Anorganischen 84; Restaurants, Restaurants, Restaurants 86; Die Radiotrinkerin & Die legendäre letzte Zigarette 91; Die sonderbare Zwitter-CD 93; Nirgendwo Fichtenkreuzschnäbel, überall Fichtenkreuzschnäbel 94; Die CD mit dem Kaffeeeingecover 94; Die Radiotrinkerin. 2 Hörspiele u. Live-Aufn. 94; Weihnachten im Bordell 95; Alte Pilze 96; Objekt mit Souvenir-Charakter 96; Legasthenie im Abendwind 97; Ein Leben auf der Flucht vor der Koralle, Hsp. 97; Schöne Greatest Leselive Oldies 97; Okay Mutter, ich nehme die Mittagsmaschine 99; Bundesraufer 99; Das kellerliterarische Riesenrad 99; Die Aschenbechergymnastik 00; Der Krapfen auf dem Sims 01; 'ne Nonne kauft 'ner Nutte 'nen Duden 06, u. a.; – mehrere Platten/ CDs mit „Foyer des Arts" 1981–95. – *Lit:* Klaus Cäsar Zehrer in: KLG. (Red.)

Golisch, Stefanie, Dr., Lit.wissenschaftlerin; Via Moriggia 6, I-20052 Monza, Tel. (0 39) 32 76 33, *s. golisch@fastwebnet.it* (* Detmold 29. 7. 61). Würth-Lit.pr. 02; Erz., Übers. Ue: ital. – **V:** Uwe Johnson zur Einführung 94; Ingeborg Bachmann zur Einführung 97; Vermeers Blau, Erz. 97; Fremdheit als Herausforderung. Ingeborg Bachmann in Italien 98. – **MA:** Wenigstens in Kenntnis leben, Notate 91; Biografie ist unwiderruflich 92; Uwe Johnson zwischen Vormoderne u. Postmoderne 95; Intern. Uwe Johnson Forum, Bd 3, 94; 4, 95; 6, 97; Der Literat, Dez. 97; Muschelhaufen 01ff.; Neue Rundschau 01; Macondo 02, 03; Torso 03; Lichtungen 03. (Red.)

Goll, Klaus Rainer, Schriftst., Zeichner, Realschullehrer bis 08; Tüschenbeker Weg 11, D-23627 Groß Sarau, Tel. u. Fax (0 45 09) 82 50, *lina_goll@t-online.de, www.autorenkreis.de* (* Lübeck 2. 7. 45). Dt. Thomas-Mann-Ges. 69, Lübecker Autorenkr., Gründer u. Vors. 80, Heinrich-Mann-Ges., Lit.haus Schlesw.-Holst., Intern. Borchert-Ges. 87, VS 91, Förd.ver. Buddenbrookhaus 93, Intern. Hamsun-Ges. Norwegen 96, Ges. z. Beförd. gemein. Tätigkeit 98, Mitbegr. u. Vizepräs. d. dt.

Goller

Sektion d. „Academia Europaea Sarbieviana" m. Sitz in Lübeck 08; Gold. Federkiel f. Lyr. 74, Kurzprosapr. d. LU 77, Kulturpr. d. Stift. Herzogtum Lauenburg 85, Heinrich-Mann-Plakette 86, Stip. d. Baltic Centre for Writers and Translators, Visby 00; Lyr., Rom., Kurzprosa, Ess., Hörsp., Reisetageb., Literar. Tageb. – **V:** Windstunden und andere Texte, G. 73, 2., erw. Aufl. 09; Flugbahnen, G. u. Prosa 80; Sonnenlandschaften, G. m. Zeichn. v. Wolfgang Sesterhenn 83; Dies kurze Leben, G. 97; Ich habe die Zeit für mich, Erz. 98; Meer ist überall, G. u. Prosa 00; Zeit vergeht, G. 05. – **MA:** Beitr. in über 30 Lyrik- u. Prosaanth., u. a. in: ensemble 7; Wenn das Eis geht 85; Lyrik Jb. 3 81; Elfriede Brüning zum 85. Geburtstag 95; Vom Bewußtsein der weiblichen Würde 97; Baltija, Alm. 98; Poetische Landschaften 01; Wer zum Fischen geht, schlägt nicht aufs Wasser 02; Glaubwürdig 02; piju čaj / Teegedichte (Brno) 03; W zaczarowanej do rożce, lit. Jb. 5 (Ciechanów) 03; Pora poezji, Lyrikanth. d. Festivals „Warschauer Herbst" 03; Hellenic Quarterly No 21 04; Littera Borealis. Edition z. zeitgenöss. Lit. im Norden 04, 06; Tropami Henryka Scienkiewicza (Ciechanów) 06; Poetische Gärten 08; Elfriede Brüning: Ich mußte einfach schreiben. Briefwechsel m. Zeitgenossen 1930–2007 08; textnah, Sprachb. – **H:** Treffpunkt 1 86, 2 89, 3 93. – **P:** Glaubwürdig, G., CD 02; Klaus Rainer Goll liest über Knut Hamsun, CD. – *Lit:* Günter Zschacke: Nachw. in: Flugbahnen 80; Margarete Dierks: Das Wort muß Raum werden. Zu Gedichten v. K.R.G., in: Unitarische Blätter f. ganzheitl. Religion u. Kultur 3/4 84; Herbert Godyla in: Zehn Jahre Stift. Herzogtum Lauenburg, Portr. 87; Helga Wetzel in: Pommern 1/88; Antje Peters-Hirt in: Lübeckische Blätter 13/92; Günter Pahl-Keitum in: Schöne bedrohte Insel – Sylt in d. Lit., Buch u. Hörb. 93/08; Jul Haganaes in: Valdres Gluggen 7/95 (Norwegen); Christian von Zimmermann in: Dies kurze Leben 97; Gabriela Hamböck: Über Lübeck hinaus – Gespr. m. K.R.G. 97; Matthias Wiemer in: Lübecker Nachrichten 98; Jozéf Pless in: samo zycie 16/99 (Polen); Friedrich Mülder: K.R.G. z. 50. Geb., in: In die Zeit gesprochen, Reden aus zwei Jahrzehnten 00; C. v. Zimmermann in: Zeit vergeht 05; Regine Mönkemeier (Hrsg.): Geburtstag m. Gratulanten – K.R.G. zu Ehren, G. u. Prosa 05; Lutz Gallinat in: Lübeckische Blätter 9/06; Peter Møller in: Hvedekorn (Dänemark); Romuald Mieczkowski in: Znad Wilii, Jb. f. Lit. 1 (29) 07 (Vilnius); Elena Noussia: Begegnungsprojekt-Lit.: K.R.G., in: DAS – Dt. Schule Athen, Jb. 07 (dt.-griech.); Panagiotis Papadimitriou: Zur Dichtung v. K.R.G., ebda; Ingri Valen Egeland: I Hamsuns fotspor, Portr. in: Valdres Nr.126 08 (Norwegen); Hans Wißkirchen in: Windstunden u. a. Texte, 2. Aufl. 09.

Goller, Anja s. Kömmerling, Anja

Gollin, Anne, Autorin; Fontanestr. 18, D-12049 Berlin, Tel. (0 30) 7 89 16 74, *www.gollin.de.vu* (* Neubrandenburg 11. 12. 56). Lit.ver. BLITZ e.V. 85, NGL Berlin 85, GEDOK 85, Kunstver. Herzattacke 90, Autorenkr. d. Bdesrep. Dtld 92, Org. d. jährl. Werkstatt Junger Autoren d. NGL seit 91, Einricht. u. Leitg. d. halbjähr. Lit.werkstätten d. Zss. „Das Magazin" seit 97; GEDOK-Lit.förd.pr. 92, Studienstip. am DLL 96–99, Aufenthaltsstip. in Bern 99, Stip. Künstlerdorf Schöppingen 00; Lyr., Kurzprosa, Ess. – **V:** dar eckig 83; SchreiBerlinG und die kleinste Anarchie 88; Deutschland, e. Lügenmärchen 90; Ich fühle mich so unerhört, Ich-dichte 92; Die Kindheit aber bleibt. Heimatlyr. 92; Lichtung und Klarheit 92; Liebesb(e)reit, G. 92; Rätselhafte Aussichten 92; Nächtliche Irritationen 95; Doppelbelichtung 96; Berlinberlin, Texte 98; In den Wind geschrieben, G. 98; Szenen aus Bolandas

Leben 99; Berlin.Namen.Los, Lyr. 00; Ausgelassen, Lyr. 01; Die liebe Liebe und der Mut dazu, Prosa 01; Ich soll Sie schön grüssen von Ihrer Vergangenheit, Prosa/Ess. 02. – **MA:** seit 92 über 200 Beitr. in Zss., Ztgn u. Anth., u. a. in: Das Kind, in dem ich stak; Nie wieder Ismus; Grenzgedanken; Renntag im Irrgarten; Die politische Meinung; Lyrikbogen 92; Mitlesebuch Nr.18, 95; Wienzeile 00; Wieker Bote 00; NGL-Anthologie 00, u.v. a.; – Beitr. zur polit. Situation in Dtld seit 92. – **F:** Ich soll sie schön grüßen von ihrer Vergangenheit 05; Jeder schweigt von etwas anderem 06. – **R:** zahlr. Beitr. f. Rdfk, u. a.: Zwischenrufe (RIAS) 90/91; Deutschland wacklig Vaterland, m. Chr. Helle, Feat.; Wollte ich Berner Bürgerin werden ..., Erz. 00. – **P:** Szenen aus Bolandas Leben, in: Lit.-Tel. Münster 00; Bolanda, CD. – *Lit:* Ich schreibe, weil ich schreibe 90; Wenig, H.: Wie ein entwurzelter Baum 93; Dissidenten-Lex. 95; Flechtwerk/Lit. nach 1989 95; Lit. vor Ort 95; Joachim Wahler: Sicherungsbereich Lit. 96; Bärbel Bohley: Mut-Frauen in der DDR 05; Who is Who, u. a. (Red.)

Golling, Christine s. Frei, Frederike

Gollnick, Hartmut *

Golloch, Mark s. Schumacher, Jens

Golluch, Norbert, Autor; Gibbinghausen 32, D-53804 Much (* Hiltrup 22. 10. 49). Sat., Kinderb. – **V:** Das fröhliche Kinderhasserbuch 85; Die grüne Wende 85; Laß mich dein Katalysator sein 85; Das fröhliche Männerhasserbuch 86; Das fröhliche Frauenhasserbuch 86; Lexikon für Verliebte 86; Ökoversand 86; Bum-Bum – Ein fröhliches Buch f. Tennisfans 86; Total behämmert 87; Quatschbuch für ... (24 Titel) 91; Der Anti-Knigge 92; Das fröhliche Berlin-Hasser-Buch 92; Das Lexikon der Schülerstreiche 92; Pin-keln 92; Raucherhasserbuch 92; Schmuse-Horoskop für ... (12 Titel) 92; Sex'n Fax'n Rock'n Roll 92; Das standesgemäße Extra für Motorrad-Fahrer 92; Das fröhliche Buch für Weihnachtshasser 93; Läster-Lexikon für Lehrer 93; Läster-Lexikon für Schüler 93; Postleitzahlen lügen nicht! 93; Das fröhliche Buch für Babyhasser 94; Das fröhliche Buch für Geburtstagshasser 94; Nieder mit dem Scheiß Fernsehen! 95; Juxbuch für ... (4 Titel) 98; Tiefkühlfleisch im Büstenhalter 98; Fastfood im Cyberspace, Geschn. 00; Paradiso 00; Liebeshoroskop für ... (12 Titel) 00; Drudelbuch 00; Fettnäpfchen-Führer für Frauen 00; Fettnäpfchen-Führer für Männer 00; Kräht der Bauer auf dem Mist ... 01; Macho, Weichei, Vollversager 01; Das SMS-Buch für Frauen 01; Das SMS-Buch für Männer 01; Überlebensstrategien für Beifahrer 01; Zicke, Mutti, Nervensäge 01; Und wo ist hier das Surfbrett? 01; Millionen-Quiz für Doofe 01; Computer-Quiz für Doofe 02; Glück und viel Freude mit dem Motorrad! 02; Schleichen, Panne, Parkdesaster 02; Rasen, Drängeln, Ampelquickie 02; Autoquiz für Doofe 03, u. a.; – Kinderbücher: Die Bitterwurzel 96; Das Traumfahrrad 96; Die Weihnachtsbescherung 96; Muriels Garten 99; Paradiso 00; mehrere Kindersachbücher. – **B:** Bluff in der Schule 85; Rinderwahn-Witze 97; Aldi-Witze & andere Markenprodukte aus dem Internet 98; Computerwitze aus dem Internet 98; Prominentenwitze aus dem Internet 98; Schülerwitze aus dem Internet 98, u. a. – **MA:** Peter Lustigs Löwenzahn I, III, IV, V, VI, VII, X, XI 84ff. – *Lit:* s. auch SK. (Red.)

Golsabahi, Shoka, Mag.; *golsabahi@hotmail.com* (* Teheran 4. 8. 83). – **V:** Pablo und das ewige Feuer 06.

Goltz, Hans Graf von der, Jurist, Kaufmann, Schriftst.; Westfalenstr. 4, D-80805 München, Tel. (0 89) 3 24 44 15, Fax 3 24 44 10 (* Stettin 22. 9. 26). Rom. – **V:** Rückweg, Erinn. 89; Unwegsames Gelände,

Erinn. 97; – Romane: Der Zwilling 91; Der Gefangene 92; Der Schatten 94; Das Mädchen hinter der Hecke 95; Schwelfeuer 98; Die Erben 00; Anderland 04; Der Kunsthändler 06; Die Mission 07.

Goltz, Reinhard, Dr., Geschf. am Inst. f. ndt. Sprache; Katrepeler Landstr. 36, D-28357 Bremen, Tel. (04 21) 2 00 77 14 (* Hamburg 6. 11. 53). Ue: engl, dt. – **V:** Plattdeutsch für Zugereiste 87, 2. Aufl. 05; Moin Moin. Pldt. Wortgeschn. 06; Moin Moin. Weitere pldt. Wortgeschn. 07. – **MH:** Wir wissen nichts von den Gefühlen des Herings, m. Stefanie Janssen, Prosa-Anth. 05; Dat Land so free un wiet, m. Ulf-Thomas Lesle, Prosa- u. Lyr.-Anth. 06. – **Ue:** Dave Freeman: Lang man düchtig to 93; William Dinner, William Morum: Nevel in't Paradies 93, beides Theaterst. – **MUe:** Joanne K. Rowling: Harry Potter und de grulig Kamer, m. Hartmut Cyriacks u. Peter Nissen, R. 02.

Golz, Manuela; c/o Ullstein Verl., Berlin (* Berlin 65). – **V:** Ferien bei den Hottentotten 06, 3. Aufl. 07; Fango forever 07; Graue Stars 08.

Golznig, Johannes, OAR., Gemeindebeamter; Kirchgasse Nr. 40, A-9560 Feldkirchen/Kärnten, Tel. (0 42 76) 21 70, *Johannes.Golznig@aon.at* (* Weitensfeld in Kärnten 16. 6. 24). Kärntner S.V.; Lyr., Nov., Ess. – **V:** Am Ufer des Tages, Lyr. 98; Wellen der Zeit, Lyr. 02 (auch als DVD); Ankerland, Prosa 05. – **MA:** TROPFEN, Lit.-Zs., 14 Ausg., seit 79; Fidibus, Lit.-Zs.; Lyrik 80, 81, 84, 85, 90–95; Klingsor, Anth. (USA) 82; Under the Icing, Anth. 86; Kärntner S.V., Lyr.-Anth. 91; Durch das Jahr, Anth. 93; Mein Lieblingsgedicht, Anth. 95; Tagbilder und Gegenwelten 04, u. a. Anth. – **H:** u. MV: Tropfen, Schriften e. Dichterkreises (eingest.). (Red.)

Gombert, Jacques s. Funcke, Michael

Gomringer, Eugen, Kunstkritiker, Prof. f. Aesthetik an d. Staatl. Kunstakad. Düsseldorf, Leiter d. IKKP Inst. f. Konstruktive Kunst u. Konkrete Poesie – Archiv Eugen Gomringer; Kirchgasse 4, D-95111 Rehau, Tel. (0 92 83) 13 24 (* Cachuela Esperanza/Boliv. 20. 1. 25). P.E.N.-Zentr. Dtld, Assoc. intern. critiques d'Art (AI-CA), Akad. d. Künste Berlin 71; Poetik-Gastprofessur d. U.Bamberg 86, Gastprofessur Fayetteville/Arkansas 90; Lyr., Film, Übers. Ue: engl. – **V:** konstellationen, Lyr. 53; 33 konstellationen 60; 5 mal 1 konstellation 60; die konstellationen, Ges.ausg. 63; das stundenbuch, Lyr. 65, fünfsprach. Neuausg. 80; manifeste und darstellungen der konkreten poesie 66; Josef Albers, Monogr. 68; Poesie als Mittel der Umweltgestaltung 69; Worte sind Schatten. die konstellationen 1951–1968 69; lieb 71; eugen gomringer 1970–1972 73; Richard Paul Lohse, Monogr. 73; wie weiss ist wissen die weisen, Lyr. 75; konstellationen. ideogramme. stundenbuch 77; kein Fehler im System 78; Gewebte Bilder 84; Inversion & Öffnung 88; zur sache der konkreten. Bd 1: konkrete poesie, Bd 2: konkrete kunst 88; Robert S. Gessner, Monogr. 91; Eugen Gomringer. Konkrete Poesie 1952–1992, Ausst.kat. 92; quadrate aller länder. das kleine gelbe quadrat, 2 Bde 92; grammatische konfession 02; Kommander(t) die Poesie! Biograf. Berichte 06, u. a.; – GESAMTWERK I: Vom Rand nach innen. Die Konstellationen 1952–1995 95, II: Theorie der Konkreten Poesie. Texte u. Manifeste 1954–1997 98, III: Die Konkrete Kunst. Texte u. Reden zur ihrer Entwicklung u. zu Gestaltfragen 1945–1999 99, IV: Quadrate aller Länder. Märchen, Texte, Gedichte, Wurlitzer Verse 06. – **MV:** 15 konstellationen 65; einsam gemeinsam 71; Der Pfeil 72; Konkretes von Anton Stankowski, Monogr. 74; Fruhtrunk, Monogr. 78; Gucken, Kdb. 78; Goeschl, Monogr. 79; Distanzsignale 80; Identitäten, Lyr. 81; Himmel, Erde, Frankenland, m. Ernst

Neukamp 81; Denken, Lehren, Bauen. Die Schriften v. Hans Schwippert 82; Wir verschweben – wir verschwinden, m. A.A. Senger 85; Textbild Bildtext 90; Briefwechsel mit Raoul Hausmann 92; Roland Goeschl 94; Schriftbild in Collage 94, u. a. – **H:** Max Bill zum 50. Geb. 58; Konkrete Poesie – poesia concreta, Reihe, 60–64; Kunst und Umwelt 72ff.; visuelle poesie, Ausst.kat. 72; konkrete poesie, Anth. 72, 92; Otto H. Hajek: Farbwege in Moskau 89, u. a. – **F:** Schleifen – Lisciare – Poncer – Finishing, Text 64. – **R:** Beobachtung e. Beobachtung, Rdfk-Sdg 81. – **P:** E. Gomringer spricht E. Gomringer 73; Das Stundenbuch 81. – **Ue:** Ernest Fenollosa: Das chinesische Schriftzeichen als poetisches Medium 72. – **Lit:** Kurt Leonhard: Silbe, Bild u. Wirklichkeit 57; Karl Krolow: Aspekte zeitgenöss. dt. Lyrik 61; Peter Schneider: Konkrete Poesie, in: Sprache im techn. Zeitalter 65; K. Marti: Die Schweiz u. ihre Schriftst. 66; L. Bornscheuer: der Dt.unterr. 4/69; ders.: D. Gedicht als Gebrauchsgegenstand, in: Akzente 17 70; Max Niemeyer: Theoret. Positionen z. konkreten Poesie 74; Dieter Kessler: Unters. z. Konkreten Poesie, in: Dt. Studien 30, 76; Peter Demetz: E.G. u. die Entwicklung d. Konkreten Poesie 81; Michael Zeller: Gedichte haben Zeit 82; Hans Härtung: „vielleicht", in: Gedichte u. Interpretationen 82; Rüdiger Wagner: Konkrete Kunst – E.G. – konkrete Poesie 83; Annymary Marinelli: Die konkrete Poesie. ihr Verhältnis z. Avantgarde, Mag.arb. U.Konstanz 97; LDGL 97; Karl Riha: Gomringer 98; Georg Pöhlein: Gomringer – Wurlitz 01; Experiment konkret – E.G. z. 80sten Geb., Ausst. 22.01.–10.04.05 im Museum f. Konkrete Kunst Ingolstadt; Termin bei GO (Zum 80. Geb.) 05; Wilfried Ihrig in: KLG. (Red.)

Gomringer, Nora-Eugenie, Studium d. Germanistik u. Anglistik; Promenadestr. 5, D-96047 Bamberg, Tel. (09 51) 9 93 71 40, *info@noragomringer.de*, *www.noragomringer.de* (* Neunkirchen/Saar 26. 1. 80). Hattinger Förd.pr. 03, Kulturförd.pr. d. Kulturstift. Erlangen 06, Bayer. Kunstförd.pr. f. Lit. 06, Kulturpr. Bayern/Sparte Kunst 06, Nikolaus-Lenau-Pr. d. Kg. 08, u. a.; Lyr., Spoken-Word-Performance. – **V:** Gedichte 00; Silbentrennung 02; Sag doch mal was zur Nacht 06; Klimaforschung 08. – **MA:** Best of poetry slam Bamberg 02; Da liegt der Himmel näher an der Erde 03; Himmelhoch jauchzend, zu Tode betrübt 04, u. a. – **Lit:** Andrea Peters: Poetry Slam, Schulb. 04. (Red.)

Gonschorek, Daniela, Dipl.-Designerin, Theatermalerin, z. Z. Grafikerin im Verlagswesen; Goethering 28, D-65205 Wiesbaden, Tel. u. Fax (0 61 22) 76 5 61, *dgonschorek@web.de*, *www.gonschorek-design.de* (* Wiesbaden 17. 9. 67). Krim.rom., Sachb. – **V:** Dunkles Licht, Krim.-R. 00. – **H:** Bretagne – Am Anfang der Welt 01. (Red.)

Gonserowski, Annette, Verlegerin, Lyrikerin; Höferhof 19, D-58566 Kierspe, Tel. (0 23 59) 90 77 20, Fax 90 77 30, *www.thyla.de/goki.html* (* Lüdenscheid 27. 8. 49). Christl. Autorinnengr. 82, Autorenkr. Ruhr-Mark 84; Alfred-Müller-Felsenburg-Pr. 06; Lyr., Erz. – **V:** Aufatmen, Lyr. 82; Zwischen den Sonnengängen, Lyr. 84; Freund-Gedicht 89; Liebe Mutti, Erzn. 00; Flamenca – der unschuldige Duft des Jasmins, m. Fotos v. Wolfgang Strobl 02. (Red.)

Goosen, Frank, Kabarettist, Autor; c/o Eichborn Verlag, Frankfurt/M., Kerstin Seydler, *kseydler@eichborn.de*, *www.frankgoosen.de* (* Bochum 31. 5. 66). Prix Pantheon 97, Salzburger Stier 98, Lit.pr. Ruhrgebiet 03. – **V:** Liegen lernen, R. 01; Pokorny lacht, R. 03; Mein Ich und sein Leben, komische Geschn. 04; Pink Moon, R. 05; So viel Zeit, R. 07; – THEATER/UA: Schneeweißchen und Rosenrot oder Der Untergang des

Gordafarid

Zwergengeschlechts, M.-Parodie 94; Exit 95; Wo ist Mike, Einakter 98; – KABARETTPROGR.: Always kill your Darlings; Indiskret; Wahnsinn trotz Methode; Krippenblues – Die volle Wahrheit über Weihnachten. (Red.)

Gordafarid, A. s. Arki, Mostafa

Gordian, Robert (eigtl. Ernst Dietrich Müller), Red., Dramaturg, Schriftst.; Am Schillerplatz 11, D-15732 Eichwalde b. Berlin, Tel. u. Fax (0 30) 6 75 45 11, *robertgordian@aol.com* (* Oebisfelde 14. 6. 38). Rom., Erz., Hörsp., Fernsehsp. – **V:** Das Grab des Periandros, Erzn. 92; Odo und Lupus, Kommissare Karls des Großen, hist. Krim.-Romane 95–97: Demetrias Rache 95, Saxnot stirbt nie 95, Pater Diabolus 96, Die Witwe 96, Pilger und Mörder 97; Die schrecklichen Königinnen 98; Rosamunde, Königin der Langobarden 98; Die Mörderin Rosamunde 98, beide Romane u. d. T.: Die Verschwörung der Rosamunde 99; Aufstand der Nonnen, R. 99; Tod in Olympia 00; Die ehrlose Herzogin 00; Die Frau des Philosophen 02; Mein Jahr in Germanien 02; Der Wolfskönig 05; Die Heilige und der Teufel 06, alles R. – **R:** über 40 hist./hist.-biogr. Hörspiele; 26 Fernsehfilme/-spiele zu Themen d. Gegenwart u. Gesch., auch Kriminalkomödien.

Gordon, Gabriele s. Wolff, Gabriele

Gordon, Gila (Gisela Noack), Dipl.-Modegestalterin; Herlenstückshaag 22, D-65779 Kelkheim, Tel. (0 61 74) 6 17 27, Fax 6 34 84 (* Berlin 7. 12. 34). FDA 88, KünstlerKreisKelkheim Sparte Lit. 90; Auslobung b. d. GEDOK; Lyr., Kurzprosa. – **V:** Herz und Beinbruch 88; Gezeiten 90; Gespür für Glück 00, alles Lyr. – **MA:** Poesie Europe 85–88, 93, 94; Verschenk-Calender seit 87; Stadtmenschen 91; Alle Dinge sind verkleidet 97; Umbruchzeit 98; Das Wort – ein Flügelschlag 00. (Red.)

Gordon, Harald, Mag., AHS-Lehrer; Sportgasse 3, A-8734 Großlobming, Tel. (0 35 12) 8 54 47 (* Leoben 15. 6. 52). Arb.stip. d. Ldes Stmk 92, Kd.- u. Jgd.lit.pr. d. Ldes Stmk 00; Lyr., Prosa, Rom., Kinder- u. Jugendb., Theater. – **V:** nimm mir zu mir und zurück, Lyr. 90; Nach dem Genuß, G. 92; A. Mork bereitet eine Reise vor, R. 94; Gloninger, R. 97; Schussfeld, R. 09. – **MA:** zahlr. Beitr. in Zss. u. Anth., seit 82. (Red.)

Gordon, Nick s. Roland, Oliver

Gorenflo, Hans-Jürgen; Hagenbuchenstr. 29, D-76297 Stutensee, Tel. (0 72 49) 83 46, *www.hans-juergengorenflo.de.* – **V:** Zwiegespräch im Ich. Gedichte und andere Texte 06.

Gori-Nägeli, Helen, Sekundarlehrerin; Höhenweg 1, CH-8200 Schaffhausen, Tel. (0 52) 6 24 76 71 (* Zürich 16. 7. 49). Jugendtheaterst. – **V:** Pete u. Tina, Jgd.-Theaterst. in Schweizer Mda. 78, 90. – **MV:** Weihnachtszeit in der Schule 78; Theaterwerkstatt für Kinder, Weiterspielen 79; Theaterwerkstatt für Jugendliche und Kinder 85.

Gorkow, Alexander, Journalist, Leiter d. Wochenendbeil. d. SZ; c/o Süddeutsche Zeitung, Sendlinger Str. 8, D-80331 München (* Düsseldorf 66). – **V:** Kalbs Schweigen, R. 03. (Red.)

Gorman, J. A. s. Grasmück, Jürgen

Gorny, Wolfgang, Zollbeamter a. D.; Gerhard-Cremer-Str. 100, D-46446 Emmerich, Tel. (0 28 22) 5 31 17, *gorny.wolfgang@t-online.de* (* Berlin 23. 9. 39). – **V:** Von Zöllnern und Sündern, Anekdn. 06.

Gorr, Ingrid (geb. Ingrid Bauerndistel), Damenschneiderin, Kauffrau, seit 90 freie Schriftst., Fotografin; *papirossen@yahoo.com* (* Achern/Baden 22. 10. 52). NGL Berlin 91, Autorinnenvereinig. e.V. 05–07, Bentlager Kr., Sektion Berlin 07; Lyr., Erz. –

V: Mitlesebuch Nr. 42, Lyr. 99, 00; Hellgrüner Nachmittag, Lyr. 05. – **MA:** Lyr. in: Katalog d. Bildhauers Wolfgang Anlauf 91; Luftdurchlässig 06; Federwelt, Zs. 06; Dünn ist die Decke der Zivilisation. Begegnungen zwischen Schriftst. 07; Zurück zu den Flossen 08; Dreischneuß 08. – **H:** In den Wind geschrieben, Lyr. 96. – **MH:** Die rechten Winkel der Träume, Lyr., Erzn. 06.

Gorski, Maxim s. Koydl, Wolfgang

Gorzny, Klaus, Dr.; Wellerfeldweg 226, D-45770 Marl, Tel. (0 23 65) 4 61 66, Fax 20 50 51, *gorzny @piccolo.verlag.de, www.piccolo-verlag.de* (* Berlin 19. 10. 35). Erz. – **V:** Wie Rumpelstilzchen Vater wurde, Erzn. 93; Der blaue Punkt, Erzn. 94; Emscherschlösser, Bildbd. m. Ess. 01; Ruhrschlösser, Bildbd. m. Ess. 02; Kinzigschlösser. – **MV:** Kinzigschlösser, m. Horst Keese 07.

Gorzny, Xenia; Petristr. 108, D-33609 Bielefeld, *gorzny@gmx.de* (* Jülich 26. 5. 70). Lyr., Fotografie. – **V:** Die Antwort der Stille. Haikus 04. (Red.)

†**Gosewitz,** Ludwig (Ps. Luis de Morales), Prof.; Schriftst., Astrologe, Kunstglasbläser; lebte zuletzt in Naumburg (* Naumburg/Saale 20. 1. 36, † Bad Berka 2. 10. 07). Will-Grohmann-Pr. 74; Lyr., Prosa, Visuelle Poesie, Kritik. Ue: dän, engl. – **V:** typogramme 1, visuelle Poesie 62; Erinnerungen 1 70, 2 72, 3 73, 4 74; Gesammelte Texte I 76; Gesammelte Werke 1960–80 und Neues Glas 80; Konstellationen und astrologische Diagramme 86; Glasobjekte 1980–1987 87; Objets an verre 98; Gesammelte Texte II 98. – **MV:** Von Phall zu Phall 66, 71, 82; Das Büdinger Oratorium 66, 78; Ludwig Gosewitz und seine isländischen Freunde 94. – **MA:** Marburger Blätter 60, 62; Kalenderrolle 62, 66, 71, 82; Schrift und Bild 63; Studiobühne Marburg/L. 63; Tvař 64; Festival d. Neuen Kunst Aachen 64; De-collage 5/66; Edition et, 1 u. 2 66, 4 97; E. Williams: concrete poetry 67; experimentálni poezie 67; Tout 68; Ausgabe 1/76, 2/76, 3/78, 4/79, 7/83; Walter Aue: PCA 71; J.M. Poinsot: mail art 71; Pro 22 72; Fluxshoe 72; UND 74; Anth. visuele poezie 75; 8 from Berlin 75–76; Teutonic Schmuck 76; Spatial Poems 76; Ost-West 76; Sondern 1/76; Mela 2/77; Tintenfisch 11/77; Berlin Now 77; meff-Musik 78; 13 E 78; Studioglas in Österreich 78; Karin Pott 79; Fluxus 79; Zweitschrift 79; Hommage à Arthur Köpcke 80; Zehn Jahre Edition Hundertmark 80; Vom Aussehen 20. Wörter 80; Art Allemagne Aujourdhui 81; documenta 7 82; Stern-Bilder 82; 1962 Wiesbaden Fluxus 1982 82–83; Kunst nach 1945 aus Frankfurt Privatbesitz 83; Ausgabe 7 83/84; Von hier aus 84; Continue 85; Vom Klang der Bilder 85; Kunst in der Bundesrepublik Deutschland 85; Wirken und Wirkung 85; Vom Zeichnen 85/86; Maibäume 86; Zwei Jahrzehnte/Zwanzig Jahre Rainer Verlag 86; Ohne Rose tun wir's nicht 86; The spiritual in painting 86; Europa-Amerika 86; Kunstpreis d. Künstler 87; Berlinart 1961–87 87; Pyramiden 88; Fluxus codex 88; Nordlicht 90; 10 Jahre Heitland-Foundation 90; Fluxus subjektiv 90; Salute 90; Mit dem Kopf durch die Wand 92; Wollt ihr das totale Leben? 94; Schrift 3/94, 4/97; Fluxus in Deutschland 95; Fluxus u. fluximus 97; Zahl 97; Deutschlandbilder 97–98; Hommage à Dieter Roth 99; Chronos u. Kairos 99; Das XX. Jahrhundert 99–00. – **Ue:** H: Knud Pedersen: Der Kampf gegen die Bürgermusik 73.

Goße, Irmgard; Apfelstr. 178D, D-33611 Bielefeld-Schildesche (* 41). – **V:** Suchen Sie etwas Bestimmtes? Kurz- und Knappgeschichten 06.

Gosse, Peter, Dipl.-Ing.; Hüfnerstr. 21, D-04159 Leipzig, Tel. (03 41) 6 01 71 59, *hpgosse@gmx.de* (* Leipzig 6. 10. 38). P.E.N. 85, Sächs. Akad. d. Künste 03 (Vizepräs. 08); Kunstpr. d. Stadt Halle-Neustadt (Kollektiv) 69, Kunstpr. d. Stadt Leipzig (Kollektiv) 69, Kunstpr. d. Stadt Leipzig 84, Heinrich-Heine-Pr. 85, Heinrich-Mann-Pr. 91, Walter-Bauer-Pr. 08; Prosa, Lyr. Ue: russ. – **V:** Antennendiagramme, Rep. 67; Antiherbstzeitloses, Lyr. 68; Kleine Gärten – große Leute, Sch. 71; Ortungen, G. u. Notate 75; Ausfahrt aus Byzanz, G. 82; Palmyra, Stück 82; Mundwerk, Ess. 83; Erwachsene Mitte, G., Prosa, Stücke u. Ess. 86; Peter Gosse, Poesiealbum Nr. 252 88; Standwaage, G. 90; Gleißkörper, G. 96; Dein eurasisches Antlitz. Schriften zu bildender Kunst u. Lit. 97; Phantomschmelz, G. u. kurze Prosa 98; Seinsgunst, G. 01; Neles Selen, Prosa 03; An und für sich, Berichte, Briefe, Bilder 05; Einstweilige Verfugung, Ess. 06; Sollbruch-Stele. Die Liebesgedichte 07; Stabile Saitenlage. Die Liebesgeschichten 07. – **MV:** Anregung 1, St. 69; Städte machen Leute, Rep. 69. – **H:** A. Endler: Akte Endler 81; F. Petrarca: Gedichte 82; M. Jendryschik: Der sanfte Mittag 83; N. Turbina: Gedichte 86. – **MH:** Vietnam in dieser Stunde, m. W. Bräunig, R. u. S. Kirsch 68; Chile – Gesang u. Bericht, m. W. Bräunig 75; Meine Nackademie. Liebesgedichte aus Sachsen, m. R. Pietraß 03; Weltnest. Literarisches Leben in Leipzig 1970–1990, m. H. Strauß 07. – **R:** Leben lassen 80; Die Zertrümmerung 81; Jorinde, Joringel 83; Tod des Orpheus 86; Damals im Jahr 1988 87; Walpurgisnacht 88 (alles Hsp. im Rundfunk d. DDR). – **Ue:** Husseinow: Der unheilige Mohammed, R. 79. – **MUe:** Sabolozki: Gesicht im buckligen Spiegel, G. 79; Shakespeare: Gedichte 84. – *Lit:* DLL 20.Jh., Bd XII 08.

Gossel-Pacher, Ingeborg s. Pacher, Ingeborg

Gosztonyi, Alexander, Dr. phil. I., em. Doz. f. Tiefenpsychologie, Psychotherapeut; Hausacherstr. 69, CH-8122 Binz, Tel. (0 44) 9 80 44 14, *rita.gosztonyi@ ggaweb.ch* (* Budapest 22. 11. 25). Intern. P.E.N. 69, ISDS 71, Pro Litteris 02; Lyr., Rom., Ess. Ue: ung. – **V:** Rodosto, G. 72; mehrere Fachb. z. Philos., Psychol., Religion u. Kunst seit 68. – **Ue:** Attila József: Am Rande der Stadt, G.-Anth. 57. – *Lit:* s. auch SK. (Red.)

Gotländer, Wolfgang s. Halfar, Wolfgang

Gotthardt, Frank, versch. Anstellungen, Rocksänger; c/o Bench Press Publishing, Lindenstr. 20, D-72582 Grabenstetten, Fax (0 73 82) 57 69 (* 69). Autobiogr. Roadstory. – **V:** Underdogma 98; Asphalt 99; Burn Out 00, alles autobiogr. Roadstorys. (Red.)

Gotthilf, Thomas David, Ev.-luth. Pastor; Tel. u. Fax (05 91) 9 66 51 36, *tdg.gotthilf@online.de* (* Halle/ Westf. 29. 6. 63). Rom., Lyr., Erz., Drama, Hörsp., Fabel. – **V:** Ich höre Mauern stürzen, Erz. 88; Willfort will fort, Dr. 89; Zugegeben ..., G. 89; Durch Dulch, G. 90; Monolog des Bösen 90; Ogel Oge oder „Bu: bah! Bu-bu: jah!" 90; Aufgeschlagene Bücher oder vom paradiesischen Fernrohr, Erz. 91; Knobelbäcker und Backsteinpulver oder „39 Tage inna Wüste" 92; Frajopas Tagebuch, SF-Erz. 93; Begegnungen im Spiegeltriptychon 94; Das Flüstern Gottes, Hsp. 95; Imhoteps-Blaupausen auf Rotsand, SF-Erz. 95; Neulich im Himmel, Erzn. 97, verb.Aufl. 98; Der pfeifende Regenwurm, Fbn. 97, 99; Die Götterfalle. Moderne Mythen f. d. Alltag 99; Wenn Ihnen dieses Buch nicht gefallen sollte ... trotz der zwölf Geschichten darin, die das verhindern wollten, Anekdn. u. Karikaturen 08.

Gotti, Heidi (eigtl. Adelheid Schnell), Stenokontoristin, Schriftst.; Buch-Eich-Str. 20, D-71570 Oppenweiler, Tel. (0 71 93) 70 31, *oschnell@surfeu.de*, *www.gottiswelt.de* (* Brünn 12. 3. 41). Rom., Lyr., Erz., Kurzgesch., Märchen, Kinderlit. – **V:** Abendrot: Meine Wurzeln – mein Leben 05; Abendrot: Im Fegefeuer des Lebens 07; Hundkatz auf Abwegen 09; Bergdrama

(Arb.titel) 09/10. – **MA:** Fabelhafte Kinderwelt, Bd 1 05, Bd 2 08/09; Treffpunkt Seerosenteich 06; Danach war alles anders 07; Trautes Heim 07; Menschlichkeit im Sein und Werden 07; Ein Hauch von Wehmut bleibt 07; Mord und Totschlag 07; Tierisch gute Geschichten 07; Verstrickte Fälle 07; Endzeit 07; Das große Elfenbuch und die verschollenen Märchen, Bd 1 07; Alles außer Mord 08; Ist Gott hinter einer Mauer? 08, alles Anth.

Gottlieb, Margret, Autorin; Sedanstr. 7, D-45138 Essen, Tel. (02 01) 28 57 00 (* Hohenlimburg 3. 11. 29). VS; Lyr., Erz., Sachb. – **V:** Die Hälfte – nicht weniger, G. 89; „... als wär jeder Tag der letzte". Brigitte Reimann, Biogr. 99; Unter dem roten Mond, G. 01. – **MV:** Weiberlexikon 85, 4., bearb. Aufl. 02; Rebellinnen 96. – **MA:** Wir Frauen 1981–2002, Kal.; Beitr. in Anth. u. Zss., u. a. in: Monatshefte. – **R:** 4 Lesungen im Rdfk. (Red.)

Gottschalk, Alfred, Dipl.-Ing., Dipl.-Journalist; c/o Universitätsverlag Dr. N. Brockmeyer, Bochum (* Plauen 2. 5. 33). Satirische Erz., Satirische Lyr. – **V:** total normal, satir. Stories u. Lyriks 01. (Red.)

Gottuk, Brigitte, Pastorin, Exerzitienbegleiterin; Thorner Weg 8, D-22113 Oststeinbek, Tel. (0 40) 71 37 07 57 (* Hamburg 10. 11. 66). Rom., Lyr. – **V:** Einbruch – Ausbruch. Ein Exerzitientagebuch 02; Himmelwärts, R. 04/05; Die Sternensucherin, R. 06. – *Lit:* C. Split in: Die Nordelbische v. 4.1.2004.

Gottwals, Christel, Pfarrerin u. Supervisorin (DGSV); Vor dem Weingarten 13, D-35321 Laubach, Tel. (0 64 05) 38 39, Fax 50 55 66 (* Laubach-Gonterskirchen 22. 1. 56). VG Wort 95; Erz., Kurzgesch., Hörfunk. – **V:** Wie das Licht eines neuen Tages, Erzn. 95; Probieren, ob die Flügel tragen, Erzn. 98; Vo Alleweil bis Zeirich. Kl. Wörterb. zum Gonterskirchener Dialekt 07, 08. – **MV:** Überraschende Gottesdienste erleben 99; Märchen für mutige Menschen, m. Anja Zimmer 08. – **MA:** Alltagstheologie, Erzn. 93; Homiletische Monatshefte 88–96; 5 Beitr. in: Alltagsgedanken 97; 3 Beitr. in: Funksprüche 00; Fenster der Hoffnung 01; 7 Beitr. in: Geistliche Impulse, kleine Liturgien 03; Ich steh vor dir mit leeren Händen 05; Herborner Beiträge, Bd 1 02, Bd 2 04; Jb. f. d. neue Gedicht, Bd 7 05; Andacht in: Evangel. Sonntagsztg vom 15.6.08. – **MH:** Werkstatt für Liturgie und Predigt, Zs. 91ff. – **R:** regelm. Andachten im Rdfk. 89–04; Zuspruch am Morgen 03–06.

Goubran, Alfred, Publizist, Gründer, Eigentümer u. Hrsg. d. „edition selene"; Grünentorgasse 15, A-1090 Wien, Tel. (01) 2 78 02 88, (06 64) 1 35 72 41. edition selene, Körnergasse 7/1, A-1020 Wien, *selene@selene. at*, *www.selene.at* (* Graz 6. 1. 64). Lit.förd.pr. d. Ldes Kärnten 03; Lyr., Prosa, Rom. – **V:** Betrachtungen in der Endlichkeit des freien Falls, Lyr. 87; Handbuch für Astronauten, Prosa u. Lyr. 90; Datura oder Die Reise in den Mittelpunkt der Angst, Prosa 91; Riedmüller 92; Minimundus, Prosa 96; Der Pöbelkaiser oder Mit den 68ern „Heim ins Reich". Ein Brief 02; Der parfümierte Garten (Vorlage: Sheik Nefzawi) 04; Tor, Erz. 08. (Red.)

Goudswaard, Mickey s. Ingendaay, Marcus

Gowin, Wolfgang (Wolf Gowin), Dr., Schriftst., bildender Künstler, Radiologe; P.O. Box 724, Morisset NSW 2264/AUS, *wolfgang.gowin@bigpond.com*, *www.wolf-gowin.de* (* Zwickau 14. 6. 51). ISAST 98; Stip. d. Otto-Benecke-Stift. u. d. Friedrich-Naumann-Stift., Editor's Choice d. Intern. Library of Poetry 05; Lyr., Ess., Reiseber. Ue: engl. – **V:** Der Ring, Lyr. 80; Quer durch Australien, Reiseber. 81, 2. Aufl. 82. – **MV:** zahlr. wiss. Bücher. – **MA:** Autorenwerkstatt 1 u. 2, Lyr.

Goy

82, 83; Tableau, Lyr. 81; Lit.zss. in d. USA; zahlr. wiss. Bücher u. Zss.; Journal of Medical Imaging, früher: Australasian Radiology, Zs. (Assoc. Editor seit 05). – **P:** 2 Tonkass. 83, 92. – *Lit:* div. Ztgn u. Zss. in Dtld u. USA; s. auch Kürschners Handbuch der Bildenden Künstler, 1. Aufl. 2005.

Goy, Sebastian; D-86911 Diessen a. Ammersee, *www.sebastian-goy.de* (* Stuttgart 43). Autorenstip. d. Stift. Preuss. Seehandlung 90, Dt. Kinderhsp.pr. 98, Pr. d. dt. Schallpl.kritik 99; Kinderb., Hörsp., Rom., Theaterst., Fernsehsp. – **V:** Eltern. Kinderfest und Neonlicht, 2 Sp. 69; Feindberührung, Szenenfolge 75; Die Kuh die lag im Kinderbett 81; Du hast drei Wünsche frei, Kdb. 92; Das kleine Buch Flann, R. 97. – **MA:** Tagebuch eines Landlebens, Anth. 90. – **F:** Monty Spinneratz (Drehb.mitarb.) 97. – **R:** HÖRSPIELE: Lärm in Stillern 66; Zizibä 67; Kinderfest 69; Goll Moll 70; Männersache 71; Zerbriggen 76; Wollsachen, n. L. Gustafsson 77; Wie ein Grazer entsteht 78; Sie erzählten sich von Mammuts 79; Tagebuch eines Landlebens oder Kein Mord in der Leiblstraße 80; Der Polizistenmörder, Die Tote im Götakanal, Endstation für neun, alle n. Sjöwall/Wahlöö 78; Howard, Himself u. Hispain 79; Meine Familie – deine Familie 79; Ghostwriter 80; Die gute Fee 80; Und dennoch lebt man herzlich gern 80; Sigismund, n. Lars Gustafsson 81; Wenn man in den Keller geht, kann man das Meer sehen 81; Kalaharisommer 82; Mechthildis 82; Der Herr Sohn 83; Die Reise nach Passau 83; Unruhe um einen Friedfertigen, n. O.M. Graf 84; Ein vermaledeit klebriger Winter auf dem Schlafzimmerbahnhof der Katja Schoheija 84; Melcher 85; 12 Morde hat das Jahr 86; Jurtenwind 87; 7 Tote hat die Woche 87; Mondbassin 88; Tantiemen für die Witwe 88; Himmel und Hölle 90; Die Geschichte von Einmal Schwarzer Kater 91; Abschied von zu Hause, n. O.M. Graf 93; Der Himmel deckt alles mit Stille zu, n. J. Paul 93; Ich hatte mein Religion gefunden, n. Sartre 93; König der Schnorrer, n. I. Zangwill 93; Mich kann ich nirgends erblicken 93; Stephen Dedalus: Elementarklasse, n. Joyce 93; König Knödel und seine Freunde 94; Das Labyrinth der Geister, n. T. Hillerman 94; Tod der Maulwürfe, n. T. Hillerman 94; Unten am Fluss, n. R. Adams 94; Manchmal war es eine Feder von Eichelhäher 96; Blupi im Schloß 96; Blupi zu Hause 96; Frau Holle auf Reisen 96; Die Geschichte von vier Kindern, die um die Welt segelten, n. E. Lear 96; Mein Vater geht unter die Feuerwehrleute, n. B. Schulz 96; Die Pfirsiche, n. D. Thomas 96; Dem Schlittschuhläufer geht es etwas anderes als um seine Liebe 96; Der Uhrmachermeister, n. M. Gorki 96; Der Wind des Bösen, n. T. Hillerman 96; Wolf ohne Fährte, n. T. Hillerman 96; Bettinas Stimme 97; Justus, das Taggespenst 97; Die Rolle meiner Familie in der Weltrevolution, n. B. Cosic 97; Unten am Fluß 97; Die Legende von Flann 98; Die Muttersprache, n. Canetti 98; Ricks Café 98; Die Schule, n. Camus 98; Und der Nachthund bellt sehr leise 98; Wir sind nach Bergamo gekommen, um einen Ausflug zu machen, n. N. Ginzburg 98; Winterhochzeit 99; Michael Millennium 99; Die Glut, n. S. Marai 00; Teresas Tagebuch 00; 600000 Sekunden 01; König der Stille 01; Wächterlied 01; Nichts weiter als das 02; Alles Pachelbel? 03; Vogelhochzeit 04; Ethelgas Mutter 04; – FERNSEHSPIELE: Mariensspiel 85; Schafkopfen 85; Gummibärchen 88. – **P:** Endstation für neun 78; Jetzt rollt Knödel 94; Blupi im Schloß; Blupi zu Hause 96; Die Geschichte von vier Kindern, die um die Welt segelten 96; Die Glut 00, alles Tonkass.; Papas Zimmer 00; Unruhe um einen Friedfertigen 02; König der Schnorrer 02, alles CDs. (Red.)

Goyke, Frank (Ps. Hans van Gulden, Maria Gronau), Dipl.-Theaterwiss.; Togostr. 78, D-13351 Berlin, Tel. (0 30) 4 52 81 33, *info@frank-goyke.de*, *www.frank-goyke.de* (* Rostock 24. 11. 61). Marlowe-Pr. 96; Krim.rom., Theaterst., Rom., Erz. – **V:** Krim.romane: Der kleine Pariser 92, 99 (auch frz.); Grüße vom Boss 92, 99 (auch frz.); Amok und Koma 93; Schneller, höher, weiter 93; Schöne Bürger 93; Ruf doch mal an 94 (auch frz.); Tegeler Trauerspiel 94 (auch frz.); Dummer Junge, toter Junge 95 (auch frz.); Weiberlust 95; Weiberwirtschaft 95; Hexentanz 97; Mazze und Mensur 98; Weibersommer 98; Getreu bis in dem Tod 00; Helden-Schlacht 01; Höllenangst 02; Lüneburger Totentanz 03; Tödliche Überfahrt 03; Weiberschläue 03; Der falsche Abt 04; Der Geselle des Knochenhauers 05; Muttermord 06; Hexenfeuer 06; – weitere Romane: Knaben-Liebe, Thr. 95; Felix, mon amour, R. 96; Balthazar Vrocklage ist verschwunden, hist. R. 02; – Sachbücher: Klarkommen mit dem Einkommen 00; Das Lexikon rund ums Geld 01; Geld – und wie man sich davon trennt 02. – **MV:** Daniels Strafe, m. Torsten Schulz, Krim.-R. 96; Horst Schimanski – Götz George im Tatort 97; Der Oscar Wilde von Schwerin. Die Chronik d. Pornoaffäre Sebastian Bleisch 98, beide m. Andreas Schmidt; Die Ärzte – Ein überdimensionales Meerschwein frißt die Erde auf, m. Markus Karg 01. – **MA:** Berlin noir 97; Kaltblütige Steinböcke 00; Queercrime 02; Tödliche Pässe 06. – **H:** Jetzt wohin? Deutsche Lit. im dt. Exil 90; Al Bundy „Eine schrecklich nette Familie". Das große Buch f. Fans 98; Reihe „Historische Hansekrimis" 02. – *Lit:* Klaus-Peter Walter: Reclams KRIMI–Lexikon 02; Christina Brinkmann: Criminalis, Jahresmag. 07/08.

Grabau, Hannes (Hannes Batavia), Theaterleiter, Kapitän; Holunderstr. 6, D-22880 Wedel, Tel. (0 41 03) 8 58 36, Fax 90 47 32, *info@batavia-wedel.de*, *www.batavia-wedel.de* (* Magdeburg 9. 5. 40). Theaterst., Theaterst. f. Kinder. – **V:** Villa Rosa, Theaterst. u. Buch 03. – **F:** Cuba Libre 95. (Red.)

Grabbe, Joachim, EDV-Beratung, Programmierung; Bussardweg 30, D-24558 Henstedt-Ulzburg, Tel. u. Fax (0 41 93) 96 88 66, *jgrabbe@t-online.de*, *www.joachimgrabbe.de* (* Flensburg 27. 3. 41). Grabbe-Ges. Detmold, Bund Dt. Amateurtheater, Verb. Hamburger Amateurtheater, Verdener Arb.kr. ndt. Theaterautoren e.V.; 2. Pr. b. Ohnsorg-Wettbew. f. pldt. Kurzgeschn.; Plattdt. Erz. – **V:** Tosmen klamüüstert 84; Dat höllt in'n Kopp nich ut 85; Ach, du leve Tiest 93, alles Kurzgeschn.; Chronik der B.G.S.S. 95; Oh nee, nich al wedder, Kurzgeschn. 98; Als in Eimsbüttel die Straßenbahn noch fuhr 01, 2. Aufl. 04; Ein Traum wird wahr, R. 06; Lachen is de beste Medizin, pldt. Döntje 06; – Theater: Man süht sik tweemal, Volksst., gedr. u. UA 93; Swiegermudder to Besöök, Spiel 98, UA 03; To laat is to laat, Or. 01; Seh to, dat du den Dreih kriggst, Kom. 02, UA 03; Dat blaue Oog, Kom., UA 02; Senioren WG, Kom., 03, UA 04; Al wedder Wiehnachten, Kom. 02; De Striethähn, Kom. 05. – **MA:** In Hamborg bün ick tohuus 97; Außer Rand und Band 97; De schöönsten Hamborger Wiehnachtsgeschichten 98; Schlüssel-Kinder 99; Een lütt Licht an'n Dannenboom 99; Lütt beten Spaaß 00; Vergnögte Wiehnachten 01; Das neue Gedicht, Jb. 02; Das zeitgenöss. Gedicht, Jb. 03; Plattdeutsche Kurzgeschichten im: Heimatspiegel, Nordstedter Wochenbl. 90–92. – **R:** Berichte, pldt. Kurzgesch., Hfk-Feat. in: Niederdeutsche Chronik 82; Hsp.-Beitr. in: Nichts gegen Klassiker 82; Feat., Berichte u. Lesungen in: Im Gespräch, pltd. Sdg 85, 91; 3 Sdgn zu: De plattdüütsche Stünn 90; Als in Hamburg noch die Straßenbahn fuhr, m. Frank Fingerhuth, Feat 02, u. a. – **P:**

Gräbig

Jugend der fünfziger Jahre, Video 97. – **Ue:** Übertr. v. Theaterst. ins Pldt.: Wolfgang Sommer: Geele Blomen, Volksst. 89; Maximilian Vitus: So söben un so söben, Lsp. 90; Josef Zeitler: De verflixte Büx, Schw. 91; Peter Ustinov: De letzte Törn 95; Axel Ivers: Parkstraat 13, Krim.-St. 02; Christian Dietrich Grabbe: Spaaß, Spott, Höög un deepere Bedüden, Lsp. 03; Erich A. Kleen: De Appel fallt nich wiet vun'n Stamm, Kom. 04; Bernd Spehling: Eenmaal Bali un trüüch, Kom. 04; ders.: Woto noch Theoter – bi düssen Vadder 04; Dennis Woodford: Danzmüüs 04. – *Lit:* Hamburg literarisch 90; Quickborn 3/05. (Red.)

Graber, Benno; Aeschstr. 14, CH-4107 Ettingen, *www.supervision-graber.ch, www.primarschultheater. ch* (* Basel 12. 10. 59). – **V:** April, April ...! 97; typisch! 00; Lügen haben Krakenbeine 02; Africa etonaté, Afrikamusical 05; Vier 07, alles Theaterst. f. Kinder u. Jugendl. m. Musik. – **MV:** Die Wellenreiter, m. Simone Rutishauser, Theaterst. 98. – **P:** Sarah Wunderfitz, Hsp., 1 04, 2 06.

Grabert, Sigrid (eigtl. Sigrid Grabert-Walter), StudR.; Rosenweg 7a, D-55294 Bodenheim, Tel. (0 61 35) 82 73 (* Mainz 24. 3. 50). GEDOK-Lit.förd.pr. 92; Lyr. – **V:** Zeichen im Wind, G. 81; Lektionen der Stille, G. 83; Die Silbenuhr, G. 86; Flaschenpost, G. 86; Einsichten, Aussichten 88; Ins Herz geschlossen, G. 88. – **MA:** Stadtmenschen 91; Festschr. f. Hilde Domin zum 80. Geburtstag 92; Vom Verschwinden der Gegenwart 92; Zeitvergleich 93; Offene Landschaft – paysage ouvert, G. dt./frz. 97.

Grabher, Werner, Prof. Dr., Dir. d. HLW Riedenburg; Am Neuner 10a, A-6890 Lustenau, Tel. (0 55 77) 8 81 40 (* Warth/Vbg 8. 5. 48). Dramatikerstip. d. BMf UK 83, Förd.gabe d. Ldes Vbg 84. – **V:** Gefangene Freiheit, G. 75; Säuberungen, Stück u. Kurzprosa 84; Vorarlberg – eine Flächenwidmung, G. 00. (Red.)

Grabl, Enrique, Dr. phil., Psychologe, Psychotherapeut, Erwachsenenbildner; Goethestr. 21, A-8010 Graz, Tel. (0316) 38 83 77, Fax 3 88 77 74, *enrique.grabl@ iic.wifi.at* (* Wien 28. 7. 49). Öst. Pr. f. Erwachsenenbildung 82. – **V:** Schon wieder Liebesgedichte, Lyr. 92; Mehr Sex und die Menschen wären friedlicher, Lyr. 93; Liebe ist ... 00. (Red.)

Grabner, Sigrid (Sigrid Hauf), Dr. phil., Schriftst.; Hessestr. 5, D-14469 Potsdam, Tel. (03 31) 29 50 01 (* Tetschen/Nordböhmen 29. 10. 42). SV-DDR 80–89, Brandenburg. Lit.ver. 94; E.gast Villa Massimo Rom 92, Stip. Schloß Wiepersdorf 01; Rom., Erz., Biogr., Ess. – **V:** Flammen über Luzon, Dok.-Erz. 76; Hoffnung am Irrawaddy, Dok.-Erz. 80; Was geschah auf der „Zeven Provinzién"?, Erz. 80; Mahatma Gandhi – Politiker, Pilger u. Prophet, Biogr. 83, 02; Traum von Rom, R. 86; Hochzeit in der Engelsburg, Erzn. 87, 89; Christine von Schweden, R. 92, Tb. 99; Mahatma Gandhi – Gestalt, Begegnung, Gebet, Ess. 94; Vertraute Fremde, Ess. 02; Jahrgang '42, Autobiogr. 03; Gregor der Große, Biogr. 09. – **MA:** Märkische Dichterlandschaft, Lit.führer-Ess. 98; Lindstedter Begegnungen 99; Edith Stein Jahrbuch 00; Worauf du dich verlassen kannst II. Briefe Prominenter an ihre Enkel 01; Gott in Brandenburg, Ess. 05; Jb. d. Erzbistums Berlin, Ess. 06; Stoffwechsel, Ess. 08. – **H:** Brandenburg. Lit.pr. 1995 – Imre Kertész 96; Im Geiste bleibe ich bei Euch – Hermann Maaß 97. – **MH:** 1000 Jahre Potsdam 92; Wer schreibt? Autoren u. Übers. im Land Brandenburg 98; Widerstand in Potsdam, m. Hendrik Röder u. Thomas Wernicke, Ess. (auch mitverf.) 99; Ich bin der ich war – Henning von Tresckow, m. Hendrik Röder 01; Emmi Bonhoeffer – Geräch, Essay, Erinnerung, m. dems. 04 (auch mitverf.).

Grabner-Haider, Anton (Hans Walder), Dr. theol., Dr. habil. phil., UDoz.; Eisslgasse 34, A-8047 Graz, Tel. (03 16) 30 35 85 (* Pöllau 19. 5. 40). Ess., Übers. Ue: engl, frz. – **V:** Kleines Laienbrevier, Ess. 72; An einen jungen Priester, Briefe 73; Zeit zu leben, Zeit zu lieben, Ess. 80; Zeit für Begegnung, Ess. 82; Lebensweisheit aus der Bibel 99, ... des Buddha 99, ... aus dem Judentum 01, ... aus dem Islam 02, ... aus Afrika 03. – **H:** Jesus N. Biblische Verfremdung 73. – **MH:** Fällt Gott aus allen Wolken? Schriftsteller über Religion, Ess. 71. – *Lit:* s. auch 2. Jg. SK. (Red.)

Grabsch, Karin; Meisenweg 13, D-30855 Langenhagen, Tel. (05 11) 7 85 12 82 (* Hannover 67). – **V:** Momentaufnahmen der Gefühle, Lyr. 02. (Red.)

Gracia, Giuseppe, Kommunikationsberater; lebt in St. Gallen, c/o Ammann Verl., Zürich, *gracia@freesurf. ch* (* St. Gallen 16. 8. 67). Werkbeitr. d. Pro Helvetia 07, Förd.pr. d. Stadt St. Gallen 07. – **V:** Riss, R. 95; Kippzustand, Erz. 02; Santinis Frau, R. 06. (Red.)

Grade, Andreas s. Blankenburg, Ingo

Gradl, Christine; Hiedererstr. 9, D-92242 Hirschau, *Christine.Gradl@web.de,* *www.christine-gradl.de* (* Vilseck 48). Kulturpr. d. Stadt Hirschau 03, 3. Pr. b. Internet-Haikuwettbew. „Haiku mit Köpfchen" 03; Lyr., Kurzprosa. – **V:** Himmlische Landschaft, Reiseber. 98; Buntes Land Türkei, Reiseber. 98, 2. Aufl. 00; Wenn Blicke Seelen streicheln, Nepalskizzen 00; All inclusive, G. u. Kurzprosa 01; Wortraum, Haiku 02. – **MA:** Haiku mit Köpfchen 03; Zwischen Estland und Malta 04; 1000 Haiku für Kronach 2003; Auf den Weg schreiben; Ein Koffer voller Träume; Erinnerung – Erinnern; Kostbarkeiten (Ed. Wendepunkt); Top 12 Neue Texte; Beitr. in Lit.zss., u. a.: Fliegende Lit.bll.; Maskenball; Volksfest; Dulzinea. (Red.)

Gradl-Grams, Marianne, Dipl.-Biol.; Weisholz 3, D-94371 Rattenberg, Tel. (0 99 63) 21 66, *marianne @gradl-grams.de* (* Friedland an der Mohra/CSR 6. 8. 44). Turmbund 97, VS 03; Rom., Diss., Lyr. – **V:** Nichtwissenschaftliche Beobachtungen die Jahreszeiten betreffend, Ess. 94; Rufe des Morgenlichts – Antwort der Dinge, Lyr. 00. – **MV:** Waldland, m. Harald Grill, Bruno Mooser u. Reiner Kunze, Lyr. 99. – **MA:** Kleine Stadt in der Nachsaison, Erz. in: Märchen und Geschichten Buch 81; Beitr. f. Zss.: manuskripte 93; Architektur & Wohnen 95, 4/00; die neue Sirene 98; Lichtung, ostbayer. Mag. 4/99, 2/00; Böhmerwald. Reiseleseb. 03; Lesestoff 12 04; Der Tisch 3 05; Texttürme Nr. 6 06; Wassergeschichten 07. – **R:** Die Wallfahrt, Erz. 02.

Gradner, Gisela Natalia, Dolmetscherin; Ferdinandstr. 66, D-53127 Bonn, Tel. (02 28) 28 44 41, Fax 28 45 41 (* Berlin 5. 11. 26). Erz., Autobiogr. Gesch. – **V:** Handkuß und Hakenkreuz 80, 90; Tanten mit Tick, Geschn. 90, 03; Fünf Kinder und ein Dackel, Geschn. 91; So ähnlich wie Napoleon, Geschn. 93; Ohne Liebe geht es nicht, Tageb.-Erzn. 99. – *Lit:* Spektrum d. Geistes (Lit.kal.). (Red.)

Graeber, Harry, FH-qualifizierter Betreuer; Schlesienstr. 12c, D-91459 Markt Erlbach, Tel. (09106) 9 65 10, Fax 9 65 30, *post@harry-graeber.de, www. misshandelte-zukunft.de* (* Nürnberg 22. 3. 51). Sachb., Hörsp., Lyr. – **V:** Misshandelte Zukunft, Sachb./R. 01. – **MA:** Fremd unter Fremden? 94; Anverwandlungen 94. – **R:** Misshandelte Zukunft, Hb. 97.

Gräbig, Gerhard, Rentner; Rennbahnstr. 24, D-03055 Cottbus-Sielow, Tel. (03 55) 87 05 58 (* Sielow 8. 6. 34). – **V:** Wendische Fastnacht, Erz. u. Lyr., 99; Mit Humor gewürzt. Gedichte und anderes aus Brandenburg 04. (Red.)

405

Gräf

Gräf, Dieter M., Schriftst.; Kreutzigerstr. 9, D-10247 Berlin, *dmgraef@yahoo.de* (* Ludwigshafen am Rhein 24. 11. 60). P.E.N.-Zentr. Dtld 96; Förd.pr. z. Kunstpr. d. Ldes Rh.-Pf. 92, Leonce-u.-Lena-Förd.pr. 93, Autorenförd. d. Stift. Nds. 94, Förd.pr. d. Ldes NRW 94, Buch d. Jahres d. FöK Rh.-Pf. 94 u. 02, Amsterdam-Stip. 94 u. 03, Rolf-Dieter-Brinkmann-Stip. d. Stadt Köln 95, Joseph-Breitbach-Pr. Rh.-Pf. 95, Aufenthaltsstip. d. Berliner Senats 96, Leonce-u.-Lena-Pr. 97, Villa-Aurora-Stip. Los Angeles 99, Writer-in-residence d. Dt. Festspiele in Indien 01, Fellow am Hawthornschen Castle Midlothian 02, Ahrenshoop-Stip. Stift. Kulturfonds 02, Arb.stip. Adenauer-Stift. 03/04, Villa-Massimo-Stip. 04, Writer in residence at Dt. Haus at New York Univ. 05, Pfalzpr. f. Lit. 06, Stip. d. Dt. Lit.fonds 07/08; Lyr., Ess. – **V:** mein vaterland, G. 85; Beine hoch Amerika, Hörtext 88; AUS-/Schnitt, G. 89; Vorwerk, Poem 91; Rauschstudie: Vater + Sohn, G. 94; Treibender Kopf, G. 97; Westrand, G. 02; Tousled Beauty, Lyr. 05; Tussi Research, Lyr. 07; Buch Vier, Lyr. 08. – **MV:** Rötzer, m. Thomas Gruber, exper. Lit. 94; Tussirecherche, m. Margret Eicher, Kat. 00. – **MA:** zahlr. Beitr. in Anth., Lit.-Zss. u. Ztgn, u. a. in: Jb. d. Lyrik 90, 93, 96/97, 04; Augenblicke d. Glücks 90–95; Die Zeit danach 91; Jeder Text ist e. Wortbruch – Lit. März 8, 93; Wir träumen uns ins Herz d. Zukunft 95; Lesen im Buch d. edition suhrkamp 95; Wo waren wir stehengeblieben? 95; Horizonte, Rh.-pfälz. Jb. f. Lit. 3, 96; Kein Reim auf Glück – Lit. März 10, 97; Offene Landschaft 97; Das verlorene Alphabet 98; Mein heimliches Auge 98; Die dt. Literatur seit 1945 99; Die dt. Literatur seit 1945. Flatterzungen 1996–99 00; Unterwegs ins Offene 00; Annäherungen, Rh.-Pfälz. Jb. f. Lit. 7 00; Der Neue Conrady 00; Nichts ist versprochen 00; Warenmuster, blühend o. J. (00); Blicke ostwärts – westwärts, 1. Intern. Brinkmann-Sympos. Vechta 01; Das Phänomen Houellebecq 01; Flugwörter, Rh.-Pfälz. Jb. f. Lit. 8 01; Heiss auf Dich 02; Feuer, Wasser, Luft & Erde 03; Ahrenshooper Seiten 2001/2002 03; Signale aus d. Bleeker Street 2 03 u. 3 08; Die Hölderlin Ameisen 05; 10 Jahre Villa Aurora 05; Das Andenken, die Bilder der Erde 06; Anthology of the World Poetry of the 20th Cent., Vol.7 06; New European Poets 08; – ZSS.: Sprache im techn. Zeitalter 122/92, 147/98; ndl 6/95, 2/00; manuskripte 127/95, 130/95; Akzente 2/96, 6/01; LiteraturBote 45/97; Dimension (Texas) 1/98; Merkur 8/01; UNITAS (Taipei) 9/01; Shearsman (Exeter/GB) 48/01, 75 u. 76/08; Absinthe (Detroit) 1/03; Aufgabe (Brooklyn) 1/03; Grand Street (New York) 72/03; Hotel Amerika (Athens/OH) 1/03; Diérèse (France) 37, 38, 40. – **H:** zuckungsbringer, Anth. 90; geplünderte räume / schischyphusch 4, Zs.; Das leuchtende Buch, Anth. 04. – **P:** zuckungsbringer, m. Thomas Gruber, Tonkass. 90; Taifun, m. Volker Staub, CD 05. – *Lit:* Hubert Winkels in: 4. Autoren-Reader 5; Markus R. Weber in: KLG.

Gräfe, Anna s. Danneberg, Erika

Graeff, Max Christian, Verleger, Autor; Luzernerstr. 33C, CH-6010 Kriens, Tel. (0 41) 2 40 65 86, *mcgraeff@dasfuenftetier.ch*, *www.dasfuenftetier.ch* (* Wuppertal 31. 8. 62). VS 99; RSGI-Jungautorenpr. (Anerkennungspr.) 84; Lyr., Erz., Ess. – **V:** Ein Fest wie nie, Erz. 01; Vokabeln der Lust, Ess. 01. – **MV:** Engel & anderes Geflügel 5, m. Wolf Erlbruch, Kdb. 98; In 80 Töpfen um die Welt, m. Ina Lessing, lit. Kochb. 00; – Veröff. mehrerer Sachbücher. – **H:** Der verbotene Eros, Anth. 00; Die Welt hinter den Wörtern, Anagramm-Anth. 04. – **MH:** Olaf Selmer: Wo Lust Haare erfindet, m. Cyrus Kathmann u. Andreas Wilkens, Lyr. 01. – **MUe:** Horacio Quiroga: Der Krieg der Kaimane, Kdb.

95; Valérie Dayre: Die Menschenfresserin, m. Gudrun Honke, Kdb. 96, u. a. – *Lit:* s. auch SK.

Gräfner, Fred, Pharm. Lab., Med. Forschung; Oberpuchenau, Großambergstr. 35, A-4048 Puchenau, Tel. (07 32) 22 20 42, *fredgraefner@aon.at* (* Linz/D. 5. 3. 31). Lyr., Erz. – **V:** Mein Mühlviertel. Geschichten u. Gedichte 06; Tanten, Gäste und andere Katastrophen, Erz. 08.

Grän, Anja (Anja Grän-Kramer), Bürokauffrau; Thomas-Mann-Str. 16, D-60439 Frankfurt/Main, Tel. (0 69) 95 77 68 51, Fax 95 77 68 53, *Graensche @freenet.de*, *www.antacia.de* (* Frankfurt/Main 25. 11. 69). Lyr., Erz. – **V:** Speedy, der freche Kater, Lyr. u. Erz. 03. – **MA:** Lyrik-Jb. d. C. Goethe Akademie Brentano Ges. 02, 03. – *Lit:* Frankfurter Rdsch; Tierwelt, Zs.; Veröff. im Internet. (Red.)

Grän, Christine, Autorin, Journalistin; Oberföhringer Str. 121, D-81925 München, Tel. (0 89) 95 76 02 22, Fax 95 76 02 23, *Christine.Graen@t-online.de*, *www. christinegraen.de* (* Graz 18. 4. 52). DJV 76, VG Wort 76; Marlowe-Pr. 94, Ernst-Hoferichter-Pr. 08; Rom. – **V:** Weiße sterben selten in Samyana 86; Nur eine läßliche Sünde 88; Ein Brand ist schnell gelegt 89; Dead is beautiful 90, alles Krim.-R.; Die kleine Schwester der Wahrheit 90; Ein mörderischer Urlaub, Stories 90; Hongkong 1997, R. 91; Grenzfälle, Krim.-R. 92; Marx ist tot, Krim.-R. 93; Mit Mord beginnt ein schöner Sommer, Stories 94; Anna Marx, der Müll und der Tod, Krim.-R. 95; Dame sticht Bube 97; Die Hochstaplerin 99; Die drei Leben der Anna Marx, 3 R. 00; Liebe ist nur ein Mord 00; Hurenkind, R. 01; Villa Freud 02; Marx, my love 04; Feuer, bitte 06; Heldensterben, R. 08. – **R:** Tod im Bundeshaus 90; Anna Marx u. die Witwe 90; Anna Marx u. der Kaviar 91; Anna Marx u. der Staatssekretär 93; Anna Marx u. der Zweifel 95; Anna Marx u. das Berliner Kartell 97; Anna Marx u. die Mördern 99, alles Krim.-Hsp.; – Fs.-Serie „Auf eigene Gefahr" n. Motiven v. C.G., 3 Staffeln 93, 96, 00; Schmetterlingsgefühle, Fsf. 98. (Red.)

Grän-Kramer, Anja s. Grän, Anja

Gränitz, Siegfried, Schriftsetzer bis 61, Lehrer 66–00; Lassallestr. 26, D-08058 Zwickau, Tel. (03 75) 8 19 53 90 (* Chemnitz 8. 1. 36). Rom., Erz. – **V:** Eine werd' ich nie vergessen, R. 05; Das Flittchen, R. 05. (Red.)

Graenz, Gerd, Dr., Generaldir. i. R.; Sandgasse 36/St.3, A-1190 Wien, Tel. (01) 3 20 32 78 (* Freiwaldau 19. 12. 23). Rom., Dramatik, Fernsehsp. – **V:** Begegnung Unter den Linden, R. 99; Kaffee am Nachmittag, R. 99; Adolf Braun, geb. Hitler, 1889–1989. Eine Groteske 02; Herbsttage 04; Die Bridgepartie 08.

Gräter, Carlheinz, Dr. phil., Schriftst.; Oberes Flürlein 8, D-97922 Lauda-Königshofen (* Bad Mergentheim 4. 8. 37). VS 70/71; Kulturpr. Frankenbund 97; Sachb., Lyr., Journalist. Arbeit. – **V:** Fahrtenblätter, G. 87; Rebenlandschaften, G. 99; zahlr. Wander- u. Reiseführer, Weinbücher u. Biographien. – **H:** Trauben im Unterland 86; Anmutigste Tochter des Mains 86; Spieß voran – drauf und dran 00, u. a. – **R:** zahlr. Rdfk-Arbeiten f. BR u. SDR. – *Lit:* s. auch SK. (Red.)

Graetz, Peter, Dipl.-Theaterwiss., Schriftst.; Plonzstr. 8, D-10365 Berlin, Tel. (0 30) 5 53 53 53 (* Neukirch/Lausitz 25. 9. 44). SV-DDR 83–90, VS 90, NGL Berlin 91–00; Gold. Bildschirm 86, mehrere Arb.-stip. f. Berliner Schriftst.; Prosa, Film, Hörsp., Feat. – **V:** Die Emanzipation der Pfefferkörner, Bühnenst. 73; Inmitten meines Schattens, Erz. 75; Der jüngste von 11, Erz. 85; Ein Kerl aus Samt und Seide, Erzn. 90; Als sich der Traum in den Tag verliebte, Erzn. 94; Raubritter der Phantasie, Erzn. 98; Nicht von dieser Welt, Erzn. 99. – **MA:** Wendeliteratur – Literatur der Wende II, Anth. 97; Die Scheune als neuer literarischer Raum, Anth. 97. – **R:** Der Spezialist, Fsf. 74; Der Stiefvater, Hsp. 77; Was von uns bleibt, Feat. 84; Was Stoll und seine Leute von Zillemilieu erhalten, Feat. 87; Ein Kerl aus Samt und Seide, Feat. 86; Die Weihnachtsklempner, Fsf. 86; Daß man unsern Eifer lobe, Feat. 87; Laß uns reden, Feat. 88; Die Möbelpacker, Hsp. 90; Haushaltshilfe, Hsp. 90; Es kommt alles anders, Hsp. 90.

Gräve, Gert, Lehrer; Lenaustr. 8, D-04157 Leipzig, Tel. (03 41) 4 79 14 08, Fax 6 52 49 00, *gert.graeve@ planet-interkom.de* (* Leipzig 4. 4. 67). Lyr., Erz., Prosa. Ue: frz. – **V:** Scherbenger/dicht, G. 99; Der weiße Rabe, Erzn. 00; Beziehungsweise Poesie, G. 01. – **H:** Und der Mensch bleibt Mensch, Anth. 03. (Red.)

Graf Willibald s. Durben, Wolfgang

Graf, Andrea Martina, Schriftst.; Kirchgasse 11, CH-9000 St. Gallen, Tel. u. Fax (0 71) 2 23 45 21, *www. a-d-s.ch, www.autoren.ch* (* St. Gallen 31. 5. 63). AdS, Pro Litteris; Förd.pr. d. Stadt St. Gallen 91, Werkbeitr. d. Stadt St. Gallen 04, d. Stadt Biel u. d. Kt. Bern 05; Rom., Hörsp., Kurzgesch., Hörtext, Wortmusik, Lit.-musikal. Experiment. – **V:** Die Suppenkasperin, autobiogr. R. 85, 91; Irrungen oder der Beginn eines langen Anfangs, R. 93; Rapsodie oder Raps-Ode, UA 01; Die Ramequin Variationen, UA 02; Das Appenzellerbiberli, UA 03; Die Entenentsorgung, UA 06, alles Wortmusikkompositionen; Die Entsorgung von all dem Zeugs, Sprechoper, UA 06. – **MA:** Anth.: 20 Sonnengeschichten eine Brücke für den Frieden 95; aussen und innen 97; div. Beitr. in: Wienzeile, Mag.; NOISMA, Lit.zs.; Die Palette, Lit.zs., Entwürfe, Lit.zs. – **R:** Anders singt die Krähe..., Hsp. 88; Jahrtausendwehen, Hsp. 89.

Graf, Edi (eigtl. Edgar Graf), M. A., Journalist; Rottenburg (* Friedrichshafen 17. 9. 62). Das Syndikat 05; Förd.pr. d. Stadt Weinsberg 89; Rom., Erz., Hörsp. – **V:** Vom Vergnügen, mit Krokodilen zu baden, Erz. 98 (auch lett.); Nashornfieber. Ein Afrika-Krimi, R. 05; Löwenriss. Ein Afrika-Krimi, R. 05. – **R:** Jagdfrevel 84; Geraubtes Geld 85; Katzenjammer 86, alle Hsp. (Red.)

Graf, Ewald; Bauernhofweg 18, D-78713 Schramberg, Tel. (0 74 22) 2 34 88, *ewald.graf@t-online.de* (* Markdorf 20. 9. 56). 1. Pr. b. Schreibwettbew. „Lebens(t)räume" d. Stadtbibliothek Schramberg 00. – **V:** gegen die sonn gebürstet. gedanken aus der gegenwart 07. – **MA:** Das Gedicht lebt, Anth. 07.

Graf, Gertrud s. Graf, Trudi

Graf, Hans Rudolf, Dr. sc. nat., Geologe; Dorfstr. 40, CH-8214 Gächlingen, Tel. (0 52) 6 81 43 87, Fax 6 81 43 25, *graf.hansruedi@bluewin.ch, www. tannerkrimi.ch* (* Schaffhausen 9. 3. 62). Forum Schaffhauser Autoren 07; Rom. – **V:** Kaffeeklatsch, Krim.-R. 07.

Graf, Hans-Wolff (Ps. Earl Jack-Lupus, Comte Jean-Lupin, Ironymus bavaricus), Finanz- u. Vermögensberater u. -verwalter, Journalist, Autor; Isoldenstr. 42, D-80804 München, Tel. (0 89) 41 60 07 20, 41 60 07 21, Fax 41 60 07 25, *hw.graf@dbsfs.de* (* München 18. 3. 50). VG Wort, BJV; Werner-Bonhoff-Pr. Ue: engl. – **V:** Die Seelenkönigin, Erz. 97; zahlr. Sachb. u. eine Wirtschafts- u. Sozialstudie. – **H:** Zeitreport, Fachzs. 72ff. – **P:** Gedanken mit Musik, G. 85; Gestern – Heute – Morgen, Erz., Tonkass. 87, u. a. – *Lit:* Who's Who; s. auch 2. Jg. SK.

Graf, Heiner, Texter; Jesenwanger Str. 16, D-82284 Grafrath, Tel. (0 81 44) 73 89, *e-mail@heinergraf.de,*

www.heinergraf.de (* Landsberg am Lech 2. 5. 50). VG Wort 87, GEMA, Dt. Textdichterverb.; ELK-Feder 92, Katakomben-Assel, Dt. Schlagertrophäe (Texte) 95, Silb. Notenschlüssel d. Musikverl. VM/MCP 04; Ged., Erz., Liedtext in bayer. Mda. u. Hochdt., Sketch, Drehb., Rundfunksendung. – **V:** Hauptsach, mir ham no a Tradition, G. 84, 3. Aufl. 87; Z'koid zum Sitzenbleim, G., Satn. 87; Erinnerung an d'Schuizeit, Erzn., G. 87, 2. Aufl. 89; Lausige Zeit'n, G., Erz. 94; sowie zahlr. Liedertexte. – **MA:** Es muß wohl Liebe sein, G., Erzn. 88; Leuchtspurgeschosse, G. 88; Herbstgewitter, G., Erzn. 89; Mit Mystikern ins 3. Jahrtausend, G. 89; Das sind die Starken im Leben, die eigenes Leid vergessen und andere glücklich machen, Erzn. 89; Von der Hexe und dem Zwerg, Erzn. 89; Weg-Spuren ... Traumpfade, Erzn. 89; Die Zeit der Weihnachtsmaus, G. 89; Zeugnistag, G. 90; Das große bayerische Weihnachtsbuch, Erzn. 93; In jedem Sommerstrauß, G. 94; sowie zahlr. Veröff. in versch. Ztgn u. Zss., u. a.: Literatur in Bayern. – **R:** zahlr. Beitr. f. BR, ORF u. SWF. – **P:** Geschn., Erzn., G. auf Tonkass. – *Lit:* Taschenlex. zur bayer. Gegenwartslit. 86; Volksmusik-Schlager-Register, 8. Aufl. 06. (Red.)

Graf, J. s. Eichhorn, Josy

Graf, Karl s. Bónya, André

Graf, Karl-Hans, Lehrer am Gymnasium; Endleinstr. 20 b, D-90559 Burgthann, Tel. (0 91 83) 89 22, *zetge@ freenet.de* (* Schwandorf/Bay. 2. 3. 51). Lyr., Kurzprosa. Ue: dän. – **V:** Akkompagnement, G. 99 (auch dän.); Letzter Septembertag, Prosa-G. 02; Märzwanderung, Prosa-G. 04; Fliegendes Volk, Kurzprosa 06. – **MA:** regelm. Lyr.-Beitr. in: Verschenk-Calender 87–07; G. in Lit.-Zss. seit 86, u. a. in: Geflechte; Texte in Stadtmag. u. Ztgn, u. a. in: Publik-Forum. – *Lit:* Finn Windfeldt Hansen in: ibc Lektørudtalelse (99/50) 22673491 (im Internet); Gisela Spandler in: Der Bote (Nürnberger Nachrichten) v. 28./29.9.02; Harald Grill in: Bücher aus Bayern – Bücher über Bayern, BR 4.12.02; Dirk Kruse in: BR/Studio Franken 17.11.03; Joachim Linke in: Lichtung. Ostbayer. Mag. April/03; Franken. Journal f. Kultur, Kunst u. Lebensart 2/04; Michael Skasa in: Sonntagsbeilage, BR 16.9.07.

Graf, Roger, freier Schriftst.; *info@rogergraf.ch, www.rogergraf.ch* (* Zürich 27. 11. 58). SSV 97, Das Syndikat 97; Burgdorfer Krimipr. 96, E.gabe d. Kt. Zürich 96, Nominierung f. d. GLAUSER 97; Krimi, Hörsp., Drehb. – **V:** Krim.-Romane: Ticket for the Ewigkeit 94; Tödliche Gewissheit 95; Zürich bei Nacht 96; Tanz an der Limmat 97; Kurzer Abgang 98; Die Frau am Fenster 03 (alle auch als Tb.); last minute 04; Der Mann am Gartenzaun 08; – Krim.-Erzählungen: Die haarsträubenden Fälle des Philip Maloney 97; Philip Maloney. 30 rätselhafte Fälle 98; Philip Maloney u. der Mord im Theater 00; Philip Maloney u. die Leiche im Moor 00; Philip Maloney – Der Womper 01; Philip Maloney – Zum Kuckuck 02; Philip Maloney – Haarige Zeiten 04; Stimmen der Nacht 08. – **MA:** Banken, Blut und Berge 95; Alpenkrokodile 97; Der kleine Mord zwischendurch 97; Astrokrimis – Rätselhafte Waagen 00; Im Morgenrot 01; Letztes Wort 03. – **R:** Die haarsträubenden Fälle des Philip Maloney, Krim.-Hsp.-Serie, 262 Folgen 89–03; Verrückte Helden, Drehb. 06. – **P:** Die haarsträubenden Fälle des Philip Maloney, 1–50, CDs 97–07.

Graf, Theo *

Graf, Trudi (eigtl. Gertrud Graf), Dipl.-Forstwirt; Obere Pfarrgasse 13, D-97892 Kreuzwertheim, Tel. (0 93 42) 91 43 12, Fax 91 68 83, *Trudi.Graf@aol.com, trudi-graf.de* (* Bergrheinfeld 8. 10. 54). Rom., Erz. –

Grafeneder

V: Das Backofenkind, R. 02, 2. Aufl. 07; Das Forsthaus im Spessart, Erz. 07, 08.

Grafeneder, Josef, Pfarrer; Markt 1, A-4323 Münzbach, Tel. (0 72 64) 44 19, Fax 2 00 78 (* St. Nikola/ Donau 6. 2. 34). Stelzhamerbund 75; Silb. E.zeichen d. Stelzhamerbundes 83, Gold. E.zeichen d. Stelzhamerbundes 95; Lyr., Erz., Nov., Epos. – **V:** Strudl und Wirbl, G. in oböst. Mda. 76; Brot für alle, G. 79; Hoamatmess' 80; A Wegwort, G. in oböst. Mda. 83; Der mein Brot aß, G. 88; Gespaltne Herzen, G. 06; Balladen 08. – **MA:** Frankfurter Bibliothek, Anth. 02–08; Neue Literatur, Anth. 03; Die Besten, Anth. 05, 07, 07/08; Besinnliches zur Weihnachtszeit, G. 07. – **P:** Hoamatmess', Tonkass. 80; Oböst. Mundartdichter, m.a., Tonkass. 80.

Gralle, Albrecht, Mag. theol., Pastor, freier Schriftst.; Gustav-Mahler-Ring 38, D-37154 Northeim, Tel. (0 55 51) 5 11 68, Fax 95 26 55, *Albrecht. Gralle@t-online.de, www.albrechtgralle.kulturserver. de* (* Stuttgart 23. 11. 49). Inklings-Ges., VS Nds.; Kurzgesch., Parabel, Erz., Kinderb., Hist. Rom., Liedtext. – **V:** Die grüne Wiese, Kurzgeschn. u. Parabeln 83, 3. Aufl. 86; Verwandlung, R. 85; Bertram & Co, phantast. Erz. 90; Die Insel der spitzen Steine, Kurzgeschn. 94; Der Schlüssel zum Turm, R. 95; Geschichten an der Bettkante, Kdb. 96; Die lustige Lesenacht, Kdb. 97; Josef steigt aus, Geschn. 98; Engel auf Erden, Geschn. 99; Der Geschmack des Wunders, hist. R., 1.u.2. Aufl. 99 (auch tsch.); Picasso und der rote Ritter, R. f. Kinder 99; Frühstück für Judas, Kurzgesch. 00; Die Rückseite der Angst, R. f. Kinder 00; Jesus starb in Berlin, 3. Aufl. 00; Die Weissagerin, R. 01; Das windschnelle Wuselbeinzack 01 (auch chin.); Der Gürtel des Leonardo, Jgdb. 03 (auch span.); Der Mönch und die Königin 03; Oskar lebe hoch, Kdb. 05; Paul und sein XL, Kdb. 06; Deine Haut wie schwarzer Samt, hist. R. 06; sowie zahlr. Liedtexte. – **MV:** Allegro mortale, m. and., Krim.-R. 96. – **MA:** Männer und die besseren Mütter 94; Nähe wächst in unseren Worten, Geschn.-Samml. 96; Was Sie schon immer über Männer wissen wollten ... 96; 12 Beitr. in: Punkt; Schritte, beide christl. Jugendzss.; dran, Jgd.-Mag. (Red.)

†Grambow, Jürgen, Dr., Lit. wiss., Essayist, Hrsg.; lebte in Altefähr/Rügen (* Rostock 2. 10. 41, † Stralsund 15. 4. 03). SV-DDR/VS 86, P.E.N. Dtld 93; Stip. d. Dt. Lit.fonds 91, Johannes-Gillhoff-Pr. 95, Fritz-Reuter-Lit.pr. d. Stadt Stavenhagen 00; Ess., Herausgabe. – **V:** Literaturbriefe aus Rostock, Ess. 90; Gezeiten der Literatur östlich der Elbe, Ess. 94; Uwe Johnson, Monogr. 97. – **MV:** Auf Dichters Spuren. Literarischer Wegweiser durch Meckl.-Vorpomm., m. Gunnar Müller-Waldeck 03. – **MA:** Pegasus am Ostseestrand. Literatur u. Lit.gesch. in Meckl.-Vorpomm. 99; „Wer zum Fischen geht, schlägt nicht aus Wasser" 02; – Zss.: Sinn u. Form; ndl; Weimarer Beiträge, seit ca. 80. – **H:** Wirklich ist nur der Ozean, Erzn. 84, 87; Peter Rühmkorf: Dintemann und Schindemann, M. 87; Uwe Johnson: Eine Reise wegwohin u. a. kurze Prosa 89; ders.: Vergebliche Verabredung, ausgew. Prosa 92; Die Rostocker Sieben u. a. Merkwürdigkeiten 93, 00; Heinrich Bandlow: Malle Vögel aus Vorpommern, Textausw. 98. – **MH:** Unmerklich tanzt die Zeit, Rügen-Leseb. 98; Bernsteinhexe und Kaiserbäder, Usedom-Leseb. 99; Güstrow. Eine Stadt wie aus der Toskana 00; „... man wünscht, alles dies möchte kein Ende nehmen", Mecklenburg-Leseb. 01; Dünenberge, Schlendrian und Erzählkulissen, Pommern-Leseb. 1 03; Blag-Öschen und spökende Buern, Pommern-Leseb. 2 03, alle m. Wolfgang Müns; Das Haas und Voss ABC, m. Gerda Strehlow 02.

Gramer, Egon, Prof.; Österbergstr. 7, D-72074 Tübingen, Tel. (0 70 71) 55 09 69, *Egon.Gramer@t-online.de* (* Essen 3. 6). Hsp.pr. d. Ldes Bad.-Württ. 02, Berthold-Auerbach-Lit.pr. d. Stadt Horb 07; Rom., Hörsp. – **V:** Gezeichnet: Franz Klett, R., 1.u.2. Aufl. 05; Zwischen den Schreien, R. 07. – **MA:** Akzente 5/72, 2/74. – **H:** Eduard Mörike: Idylle vom Bodensee, Versroman 04. – **MH:** WortSpielOrt. Ludwig Harig zum 70., Ess. 97. – **R:** 25 Hsp., u. a.: Container, Schredder, Runners High 02. – **P:** Babylon oder Wir verstehen uns, Feat., CD 01. – *Lit:* Martin Walser in: Der Spiegel 40/05; Wikipedia.

Gramer, Norbert G., Dr. phil.; Obergasse 9, D-53424 Remagen, Tel. u. Fax (0 26 42) 2 26 58, *ngg@arcor. de, www.loon-art.de* (* Remagen 6. 4. 51). LiterAhrische Gesellschaft; Lyr., Erz., Sachartikel, Rezension. – **V:** Sonettenkränze und andere Gedichte aus einem geordneten Leben 93; Die Zeit im Grünen oder „in einem Hain, der einer Wildnis glich" 95. – **MA:** Beitr. u. Rez. in d. päd. Fach-Zs. „engagement" (Red.)

Gramich, Rudolf, Dr. phil., langjähr. Leiter v. Goethe-Instituten in Südostasien; Feldstr. 11, D-84424 Isen, Tel. (0 80 83) 15 11 (* München 15. 1. 31). Rom., Lyr., Erz. Ue: Singhalesisch. – **V:** Geschichten aus Ostjava 67; Das Wayang-Spiel, R. 99. – **MA:** Dalang, G.-Zykl. über Indonesien 95. – **Ue:** Singhalesische Liebesgedichte 66. – *Lit:* s. auch 2. Jg. SK.

Grams, Jay s. Grasmück, Jürgen

Gran, Günter; Bornwiese 2, D-35781 Weilburg-Bermbach, Tel. (0 64 42) 47 60 (* Wetzlar 27. 7. 41). Erz. – **V:** Geschichten und Geschichtchen von Westerwald und Taunus 04. – **MA:** Jb. Kreis Limburg-Weilburg 01–06 u. 08.

Granderath, Pamela, freie Autorin; Cranachstr. 34, D-40235 Düsseldorf, Tel. (02 11) 16 34 93 29, *email@pamelagranderath.de, www.poesieschlacht.de* (* Duisburg 26. 8. 68). Art Connection 95, Kunstweltraum e.V. 01; Förd.pr. f. Lit. d. Stadt Düsseldorf 99, Auslandsstip. d. Borghardt-Stift. Portugal 03/04, Robert-Jungk-Sonderpr. 07; Lyr., Erz., Drehb. – **V:** Gib mir Ruhe 95. – **MA:** Lyr.-Beitr. in: Maultrommel 1/97; Farbbogen, Bd 13 03; Großalarm 5/03; Platzgeschichten 03; M8 Worte. Feinschmecker + Zeitschmeckergesch. 06.

Grann, Susanna (früher Christina Günther), Buchbinderin (* Möckmühl/Bad.-Württ. 62). Walter-Serner-Pr. 92, Arb.stip. d. Ldes NRW 93, Aufenthaltsstip. d. Berliner Senats 97, Stip. Künstlerdorf Schöppingen 97, Arb.stip. f. Berliner Schriftst. 98, Stip. d. Kunststift. Bad.-Württ. 00, Heinrich-Heine-Stip. 03, u. a. – **V:** Nahe der Grenze, Erz. – **MA:** Menschliche Bestrafung, Erzn. 95; Weit von hier, R. 99. – **MA:** Kurzerzn. in: Hundspost 8/98; EDIT 5/99. – **R:** Risse, Hsp. 94. (Red.)

Grantlhuber, Franz Xaver s. Steuerl, Otto

Grasdorf, Erich; Alpenstr. 33, CH-8620 Wetzikon, Tel. (01) 9 32 52 16, *erich@grasdorf.ch* (* Hannover 31. 10. 37). Goldwürfel d. Art Directors Club Schweiz 84, Goldmed. 'Schönste Bücher d. Welt' d. Stift. Buchkunst 92, Silberwürfel d. Art Directors Club New York 92; Jugendb., Sachb., Rom. – **V:** Tassie, der Wolf im Tigerfell, Jgdb. 88; Klick – das Werkbuch 91; Der Mantel des Fuhrmanns, R. 97. – **MV:** u. M: mehrere Sachbücher. – *Lit:* s. auch SK.

Graser, Jörg, Dramatiker, Drehb.autor, Film- und Fernsehregisseur; Lanzstr. 8, D-80689 München, Tel. (0 89) 58 50 26, *joerggraser@yahoo.de* (* Heidelberg 30. 12. 51). Bundesfilmpr. 81, Tukan-Pr. 83, Publikumspr. d. Filmfestivals Cannes 90, Grimmepreis 91; Theaterst., Drehb. – **V:** Die Wende, ein Pamphlet 84; Die

Grasnick

Blinden von Kilcrobally, Stücke 99; – THEATER/UA: Witwenverbrennung 80; Die bucklige Angelika 83; Die Wende 87; Zahngold 89; Rabenthal 92; Die Blinden von Kilcrobally 98; Servus Kabul 06, u. a. – **F:** Der Irrenwärter 80; Der Mond ist nur a nackerte Kugel 81; Trokadero, Drehb. 81; Magdalena 83; Via Mala, 3-tlg. 85; Gewitter im Mai 87; Abrahams Gold 90; Ich schenk dir die Sterne 91; Der Rausschmeißer 92; Drei Sekunden Ewigkeit 95, u. a. – **R:** Der Bierkönig, Drehb. 90; Jailhouse Blues, Hsp. 04; Diridari, Hsp. 06. – **Ue:** Sean O'Casey: Shadow of a Gunman.

Grashoff, Bernd; Stupfa 2, D-83112 Frasdorf, Tel. (0 80 51) 12 71 (* Köln 15. 9. 37). VS Nds. 68, RF-FU 75, VS Bayern 78; Rom., Theater, Rundfunk. Ue: engl. – **V:** Memoiren Ludwigs II., R. 75; Wotans Baby, Sch. 77; Kassiber für Carlos, R. 80, u. d. T.: Candit und die Anarchisten 84; Potters Geheimnis, 4 Kom. 86; Caradian Graffiti, R. 03; Dunkles Geheimnis in der Brauerei, R. 05; Holtmanns letztes Drehbuch, R. 09. – **R:** Kaviar und Nylon 58; Störche und Teerjacken 59; Ein Elefant aus Cartagena 62; Memoiren eines Butlers 63; G'schichten aus'm Böhmerwald 73 (auch u. d. T.: Geschichten vom kleinen Herrn H.); Eisenbahnmuseum 75; Das große Kakaospiel d. Adam Smith 77; Die Elternfalle 78; Potters Geheimnis 80; Vor Ladendieben wird gewarnt 83; Wir Mannen von der Shilo Ranch 84; Das Geheimnis von Samburan 86; Ausgeknipst 88; Geschichten vom Dampfradio 90; Abgewertet 92; Der Mann, der Dracula schrieb 93; Präriegelächter 95; Stiefel muß sterben 95 (viele davon auch als Hörkassetten); Der Tote im Rollstuhl 95; Schwesternliebe 95; Gerechtigkeit für Manitoulin 99; Der Nibelungen Mord 00; Maß für Maß 01; Fischpiraten 09; – zahlr. Radiofeat., u. a.: Das Geldwunder von Wörgl 03; Ich, Pierrepoint, Vollstrecker 04; – Funkbearb. u. a. für: Rolf Hochhuth, Ephraim Kishon, Terence Rattigan, Neil Simon. – **Ue:** Alex Haley, Robert Brian, T. Murari, Thomas Babe, D. Campton u.v. a., zuletzt: William O. Pruitt: Harmonie der Wildnis 07. – *Lit:* Heinz Schwitzke: Das Hörspiel 63; ders. (Hrsg.): Reclams Hörspielführer 69; Herbert Kapfer (Hrsg.): Vom Sendespiel zur Medienkunst 99.

Grashoff, Udo; Carl-Robert-Str. 21, D-06114 Halle/S., *UdoGrashoff@gmx.de* (* Halle 4. 1. 66). Förd.kr. d. Schriftst. in Sa.-Anh. – **V:** Ein Stück Schnee verteidigen, G. 01. – **MV:** Fasan oder Sehnsucht, m. Sylvia Rüprich, G. u. Grafiken 97. – **MA:** Lyrik von JETZT, Anth. 03; zahlr. Veröff. in Lit.zss., u. a. in: Blaue Schrift; edit; moosbrand; Ort der Augen. – **P:** Titanic 91; Wanderschuhe aus Gipsbeton 94, beides Tonkass. (Red.)

Grasmeyer, Christa, Schriftst.; Obotritenring 87, D-19053 Schwerin, Tel. (03 85) 71 55 43 (* Schwerin 22. 12. 35). SV-DDR 79; Fritz-Reuter-Kunstpr. II. Kl. 85; Jugendb. – **V:** Eva und der Tempelritter 75, 88 (auch tsch., ung., poln.); Kapitän Corinna 77, 87; Der unerwünschte Dritte 79, 89 (auch ung.); Ein Fingerhut voll Zuversicht 80, 90; Verliebt auf eigene Gefahr 84, 85; Aufforderung zum Tanz 86, 88; Friederike und ihr Kind 88, 90, alles Jgdb. (Red.)

†**Grasmück,** Jürgen (Ps. Albert C. Bowles, Bert Floorman, Jürgen Grasse, Jay Grams, J. A. Garrett, J. A. Gorman, Jeff Hammon, Ron Kelly, Rolf Murat, Dan Shocker, Owen L. Todd); lebte in Altenstadt/ Hess. (* Hanau 21. 1. 40, † Altenstadt/Hess. 5. 8. 07). VG Wort; Rom. Ue: engl. – **V:** seit 1957 über 400 SF-, Grusel-, Kriminal- u. Wildwest-Romane unter versch. Pseudonymen (v. a. unter Dan Shocker) in mehreren Heft-Reihen (u. a.: SF-Leihbuch, Zauberkreis SF, Grusel-Krimi, Macabros, Larry Brent, Ron Kelly), u. a.: Der Mörder schickte erst die Angst 60; Honey läßt

dich dreimal grüßen 61; Der Mörder ohne Gesicht 62; Eine Stadt hält den Atem an 62; Der Tod kam mit dem Photo 62; Mr. Goldner muß zweimal sterben 62; Mit blauen Bohnen spielt man nicht 62; Kein Pardon für miese Knaben 62; Der letzte von Tobor III 63; Schattenexperiment CO-112 64; Welt ohne Sterne 64; Im Bann der Singenden Fäden 67; Das Wissen der Dhomks 67; Der Satan läßt die Puppen tanzen 68; Die Hyänen des Alls 68; Ich, Jeremy Snork, Raumwächter 68; PC-Agent in geheimer Mission 69; Das Reich der tausend Sternen-Inseln 69; Die Totengeister von Uxmal 77; Irrgarten der Monstergötzen 77; Mirakel: Die Qualligen aus der Mikrowelt 77; Hinter der Totenmaske 79; Madame Hypno im Tempel des Bösen 80; Die Gedankenmörder kommen 80; Macabros: Horron – Kontinent der Vergessenen 80; Myriadus, der Tausendfältige 80; Rückkehr in den Totenbrunnen 80; Larry Brent: Mordaugen 81; Rha-Ta-N'mys Schreckens-Zentrum 81; Schreckensnacht auf Burg Frankenstein 81; Monster-Testament von Burg Frankenstein 82; Sternenschloß des Toten Gottes 82; Die Gespenster-Dschunke von Schanghai 82; Das Zauber-Pergament 83; Die Schleimigen von Ghost Valley 83; Die Horror-Braut von Burg Frankenstein 83; – zuletzt: Larry Brent: Das Grauen hinter der Tür 86; Mördergrube des grünen Inkas 86; Striptease einer Zombie-Hexe 86. – **MV:** Sigam Agelons Ende, m. H.G. Francis 67; Der Dämonensohn schickt den Todesboten, m. Werner Kurt Giesa 94; Meine Schutzengel, m. A. Niels, 52-tlg. Kartenset 95; Elfenwelten-Mandalas, m. Maria-Anna Schmitt 98. – **B:** Der Mann, der die Zeit betrog, SF-R. 68. – **MA:** Computerspiele, Anth. 80. – **P:** Larry-Brent-Hörspielkass., u. a.: Marotsch, der Vampir-Killer 83; Macabros-Hörspielkass.: Fluch der Druidin 83. – *Lit:* Georg Seeßlen: Unterhaltung, Lex. z. populären Kultur I: Western, Science fiction, Horror, Crime, Abenteuer 77; Lex. d. SF-Lit., 2 Bde 80.

Grasnick, Charlotte, Lyrikerin; Pilsener Str. 24, D-12623 Berlin (* Berlin 26. 9. 39). VS, GZL 93; Lyr. – **V:** Blutreizker, G. 89; Nach diesem langen Winter, G. 03. – **MV:** Flugfeld für Träume, m. Ulrich Grasnick 84, 2. Aufl. 85. – **MA:** Spuren im Spiegellicht 83; Vogelbühne 83; Ich denke dein 85; Buchenswert 88; Auswahl '88; Zwei Uhr hat der Strom 88; frauenliteratur 91; Deutsche Liebesgedichte 97; Inselfenster 3 98; Frauenfrühling 98; Jedesmal wie ein Geschenk 00; JOJAI PAGRA, span./dt. 03; Círculo de Poesía 4 04; Poemas – Gedichte, span./dt. 04; Edition Melopoefant Internatio-nal 04, u. a. – **R:** Ich löse das Rätsel nicht, das Leben heißt ..., lit. Sdg 86. – *Lit:* Kiwus 96; Dt. Schriftst.lex. 01; Wer ist Wer 01/02, 04/05. (Red.)

Grasnick, Ulrich, Schriftst.; Pilsener Str. 24, D-12623 Berlin (* Pirna 4. 6. 38). Köpenicker Lyr.seminar, Leiter seit 74, SV-DDR 74, GZL 91, Karlshorster Lyr.kr., Leiter seit 96, Lesebühne d. Kulturen Karlshorst, Leitung seit 99; Goldmed. u. EM d. Hauses d. Peruan. Dichters, Lima 01, Nominierung f. d. Nikolaus-Lenau-Pr. d. Kg.; Lyr. – **V:** Der vieltürige Tag 73, 75; Gespräch mit dem Spiegel 73; Ankunft der Zugvögel 76; Pastorale, G. 2. Aufl. 81; Liebespaar über der Stadt, G. zu Bildern v. Marc Chagall 79, 2. Aufl. 83; Text f. d. 5. Sinfonie v. Peter Köhler 85 (auch Fs.-, Radio- u. Schallpl.prod.); Das entfesselte Auge, G. zu Bildern v. Pablo Picasso 88; Hungrig von Träumen 90; Los Dias de Muertos. Ein mexikanisches Totenfest, G. dt.-span. 00; Nacht mit der Wünschelrute des Traums, G. 00; Bautzner Psalm- und Chorsinfonie (Komp.: Günter Schwarze) anläßl. d. Tausendjahrfeier 02; Fels ohne Eile, G. über d. Sächs. Schweiz m. Bildern v. Stefan Friedemann

Grass

03. – **MV:** Flugfeld für Träume, m. Charlotte Grasnick, G. 85, 2. Aufl. 86; Lieder dei colori, m. Simona Ciliana 96. – **MA:** zahlr. Veröff in: ndl, seit 68; Beitr. in zahlr. Anth., u. a. in: Die Zaubertruhe 72; Auswahl '74; Don Juan überm Sund 75; Bestandsaufnahme literar. Steckbriefe 76; Ahornallee 26 od. Epitaph für Bobrowski 77; Mir scheint, der Kerl lasiert 78; Lyrik d. DDR 79; Goethe eines Nachmittags 79; Ich denke dein 80; Zu dieser Zeit leb ich auf Erden 80; Der Morgenstern bringt den Tag herauf 80; Der Duft des Brotes 82; Draußen u. drinnen 83; Schaufenster 89; Dresden insel taschenbuch 91; Inselfenster 3 98; Wegweiser 00. – **H:** Zwei Ufer hat der Strom, G.-Anth. 88. – **MH:** Inselfenster I–III 80, 98. – **R:** In memoriam Pablo Neruda 74; Wenn die weißen Wagen ihr Licht in die Straßen fuhren 77; Neue Lyrik – Ich schreibe, als könnte ich mit Versen leichter Abschied nehmen 79; Stunde der Weltliteratur 81, u. a. – **Ue:** Nachdicht. v. G. Marc Chagalls in: Frankreich meines Herzens 87; Surrealismus in Paris 90. – *Lit:* Sture Packalén in: Acta Universitatis Upsaliensis 86; Heinrich Olschowski: Poetische Bilder über Polen (zur Anth. „Zwei Ufer hat d. Strom": U.G. als Hrsg. nicht namentl. benannt), in: Sinn u. Form 3/88; Kiwus 96; Dt. Schriftst.lex. 01; Wer ist Wer, XI. Ausg. 01/02.

Grass, Günter (Ps. Artur Knoff), Schriftst., Stifter d. Alfred-Döblin-Lit. pr. 1978 u. d. Daniel-Chodowiecki-Kunstpr. 1992 sowie Einrichtung u. Stiftung zugunsten d. Romavolkes (Otto-Pankok-Pr.) 1997; Glockengießerstr. 21, D-23552 Lübeck, Tel. (04 51) 79 48 00 (* Danzig 16. 10. 27). P.E.N.-Zentr. Dtld, Akad. d. Künste Berlin 63–89, Präs. 83–86, Lit. Ges. Lüneburg; 3. Pr. im Lyrikwettbew. d. SDR 55, Pr. d. Gruppe 47 58, Förd.pr. d. Kulturkr. im BDI 58, Berliner Kritikerpr. 59/60, Frz. Lit.pr. „Le meilleur livre étranger" 62, Georg-Büchner-Pr. 65, Carl-v.-Ossietzky-Med. 67, Fontane-Pr. d. Stadt Berlin 68, Theodor-Heuss-Pr. 69, Premio Letterario Internazionale Mondello 77, Premio Letterario, Viareggio 78, Alexander-Majkowski-Med., Danzig 78, Weinpr. f. Lit. 80, Intern. Antonio-Feltrinelli-Pr. 82, Leonhard-Frank-Ring, Würzburg 88, Frankfurter Poetik-Vorlesungen (Einzelvortrag) WS 89/90, Premio Grinzane Cavour 92, Plakette d. Fr. Akad. d. Künste Hamburg 92, Premio Hidalgo, Madrid 93, Premio Comites Italien 93, E.bürger d. Stadt Gdansk 93, Karel-Čapek-Pr. (m. Philip Roth) 94, Gr. Lit.pr. d. Bayer. Akad. d. Schönen Künste 94, Med. d. U.Complutense Madrid 94, Hermann-Kesten-Med. 95, Hans-Fallada-Pr. 96, Sonning-Pr. d. Ldes Dänemark f. Verd. um d. europ. Kultur 96, Thomas-Mann-Pr. 96, Samuel-Bogumil-Linde-Lit.pr. 96, Fritz-Bauer-Pr. d. Humanist. Union 98, Premio Principe de Asturias, Oviedo 99, Nobelpr. f. Lit. 99, Viadrina-Pr. d. Europa-Univ. Frankfurt/Oder 01, 1. Preisträger d. Halle-Pr. Halle/Saale 03, Lit.pr. d. Stadt Budapest 04, Hans-Christian-Andersen-Pr., Dänemark 05, Ernst-Toller-Pr. 07, – Ehrendoktorate: Kenyon College, USA 65, Harvard U. 76, U.Poznań 90, U.Gdansk 93, U.Lübeck 03, FU Berlin 05; Drama, Lyr., Rom., Nov., Ess. – **V:** Die Vorzüge der Windhühner, G. 56; Zweiunddreißig Zähne, Bü. 59; Die Blechtrommel, R. 59; Gleisdreieck, G. 60; Katz und Maus, N. 61; Hundejahre, R. 63; Die Ballerina 63; Dich singe ich, Demokratie. Fünf Wahlreden (Was ist des Deutschen Vaterland?, Loblied auf Willy, Es steht zur Wahl, Ich klage an, Des Kaisers neue Kleider) 65; Über das Selbstverständliche. Rede anläßl. d. Verleihung d. Georg-Büchner-Pr. 65; Onkel, Onkel, Bü. 65; Die Plebejer proben den Aufstand, Bü. 67; Ausgefragt, G. u. Zeichn. 67; Über das Selbstverständliche. Reden, Aufss., Offene Briefe ... 68; Günter Grass. Ausgew. Texte 68; Über meinen Lehrer Döblin u. a. Vorträge 68; Geschichten 68 (veröff. unter Ps.); Örtlich betäubt, R. 69; Theaterspiele, Dramen 70; Gesammelte Gedichte 71; Aus dem Tagebuch einer Schnecke, R. 72; Mariazuehren, G. u. Graf. 73; Der Bürger und seine Stimme. Reden, Aufss., Komm. 74; Liebe geprüft, sieben Radierungen u. G. 74; Danziger Trilogie (Blechtrommel, Katz u. Maus, Hundejahre) 74; Mit Sophie in die Pilze gegangen, G. u. Lithogr. 76 (dt.-ital.), 87; Der Butt, R. 77; Als vom Butt nur die Gräte geblieben war, sieben Radierungen u. G. 77; Im Wettlauf mit den Utopien, Ess. 78; Kafka und seine Vollstrecker, Ess. 78; Denkzettel. Polit. Reden u. Aufss. 1965–1976 78; Die bösen Köche, Dr. 78; Das Treffen in Telgte, Erz. 79; Kopfgeburten oder Die Deutschen sterben aus 80; Aufsätze zur Literatur 1957–1979 80; Am elften November, G. 81; Literatur und Mythos, Ess. 81; Zeichnen und Schreiben, Bd 1: Zeichnungen u. Texte 1954–1977 82; Der Dreck am eigenen Stecken, Ess. 82; Im Hinterhof, Ber. 82; Nachruf auf einen Handschuh, Radierungen u. ein G. 82; Vom Recht auf Widerstand, Ess. 83; Vatertag, 22 Lithogr. 83; Ach Butt, dein Märchen geht böse aus, G. u. Radierungen 83; Die Vernichtung d. Menschheit hat begonnen. Rede anläßl. d. Verleihung d. Feltrinelli-Pr. 83; Zeichnen und Schreiben, Bd 2: Radierungen u. Texte 1972–1982 84; Widerstand lernen. Polit. Gegenreden 1980–1983 84; Gedichte 85; Die Rättin. R. 86; In Kupfer, auf Stein. Die Radierungen u. Lithogr. 1972–1986 86, erw. Neuaufl. 94; Werkausgabe in 10 Bänden 87; Zunge zeigen, Tageb. 88; Die Gedichte 1955–1986 88; Meine grüne Wiese, Kurzprosa 89; Deutscher Lastenausgleich. Wider das dumpfe Einheitsgebot, Reden u. Gespr. 90; Ein Schnäppchen namens DDR. Letzte Reden vorm Glockengeläut 90; Schreiben nach Auschwitz. Frankfurter Poetik-Vorlesung 90; Tierschutz, G. 90; Totes Holz. Ein Nachruf 90; Brief aus Altdöbern 91; Gegen die verstreichende Zeit. Reden, Aufss. u. Gespräche 1989–1991 91; Vier Jahrzehnte. Ein Werkstattber. 91; Rede vom Verlust 92; Unkenrufe, Erz. 92 (im gleichen Jahr auch ital., frz., poln., ndl., schw., norw., span., katalan., türk., finn., engl. u. in d. USA); Novemberland, 13 Son. 93; Ein weites Feld, R. 95; Rede über den Standort 97; Fundsachen für Nichtleser, Aquarelle u. G. 97; Werkausgabe, 16 Bände 97; Rotgrüne Rede 98; Mein Jahrhundert, 100 Geschn. 99; Literatur u. Geschichte. Rede anläßl. d. Verleihung d. Prinz von Asturien-Pr. 99; Fortsetzung folgt ... Rede anläßl. d. Verleihung d. Nobelpr. 99; Für- und Widerworte. Reden 99; Stockholm. Der Literaturnobelpreis f. G.G., Tageb. 00; Ohne Stimme. Reden zugunsten d. Volkes d. Roma u. Sinti 00; Im Krebsgang, N. 02; Letzte Tänze, G. u. Bilder 03; Lyrische Beute, G. 04; Freiheit nach Börsenmaß. Geschenkte Freiheit, zwei Reden 05; Beim Häuten der Zwiebel, Autobiogr. 06; Dummer August, G. u. Litogr. 07; Werke – Göttinger Ausgabe, 12 Bde 07; Die Box, Autobiogr. 08; (zahlr. Nachaufl., Übers. in zahlr. Sprachen); – THEATER/UA: Hochwasser 57; Stoffreste, Ballett 57; Onkel, Onkel 58; Beritten hin und zurück 59; Noch zehn Minuten bis Buffalo 59; Fünf Köche, Ballett 59; Die bösen Köche 61; Goldmäulchen 63; Die Plebejer proben den Aufstand 66; Davor 69; Die Vogelscheuchen, Ballett 70. – **MV:** O Susanna. Ein Jazzbilderbuch, m. Horst Geldmacher u. Herman Wilson 59; Briefe über die Grenze. m. Pavel Kohout 68; Die Schweinekopfsülze, m. Horst Janssen 69; Deutschland einig Vaterland? Streitgespräch m. Rudolf Augstein 90; Gestern, vor 50 Jahren. Ein dt.-jap. Briefwechsel, m. Kenzaburô Ôe 96; Das Abenteuer d. Aufklärung. Werkstattgespräch m. Harro Zimmermann 99. – **H:** Der Fall Axel C. Springer am Beispiel Arnold Zweig. Eine Rede, ihr Anlaß u. die Folgen 67; Gemischte Klasse, Anth.

410

zum 8. Würth-Lit.pr. 00. – **MH:** Luchterhand Loseblatt Lyrik 66; Zs. „L'76" 76, ab 80 als „L'80", m. Heinrich Böll u. Carola Stern; In einem reichen Land, m. Daniela Dahn u. Johano Strasser 02, u. a. – **F:** Katz und Maus 66; Die Blechtrommel 79. – **R:** Zweiunddreißig Zähne 59; Noch zehn Minuten bis Buffalo 62; Eine öffentl. Diskussion 63; Die Plebejer proben den Aufstand 66; Hochwasser 77, alles Hsp.; – Die Rättin, Fsf. 97. – **P:** Die Blechtrommel (Ausw.) 61; Es steht zur Wahl. Dich singe ich, Demokratie 65; Es war einmal ein Land, Lyr. u. Perkussion m. Günter 'Baby' Sommer 87; Wer lacht hier, hat gelacht? 88; Die Blechtrommel, 20 Tonkass. 91; Da sagte der Butt, m. Günter 'Baby' Sommer 93; Das Treffen in Telgte, 5 CDs 94; Günter Grass – Martin Walser 94, 2 99; Die Blechtrommel, 23 CDs 97; Lübecker Werkstattbericht, 3 Videos 98; Günter Grass liest in Bremen, anwortet zur Person 98; Mein Jahrhundert, 12 CDs 99; Der politische Literat 00; „Komm, Trost der Nacht". G.G. u. Peter Rühmkorf lesen Barocklyrik, CD 04. – *Lit:* Herbert Ahl: Lit. Porträts 62; Willi Fehse: Von Goethe bis Grass. Biogr. Portr. z. Lit. 63; Marcel Reich-Ranicki: Dt. Lit. in Ost u. West. Prosa seit 1945 63; Klaus Nonnenmann (Hrsg.): Schriftsteller d. Gegenwart 63; Hermann Kunisch (Hrsg.): Hdb. d. dt. Gegenwartslit. 65; Kurt Lothar Tank: G.G. 65; Ernst Schütte: Verleihung d. Georg-Büchner-Pr. 1965 an G.G., Festrede. Laudatio v. Kasimir Edschmid 65; Günter Gaus: Zur Person. Portr. in Frage u. Antwort II 66; Norris W. Yates: G.G. A critical Ess. 67; Gert Loschütz: G.G. in d. Kritik 68; Heinrich Vormweg: G.G. mit Selbstzeugnissen u. Bilddokumenten 86, 5. erg. u. aktual. Aufl. 99; Volker Neuhaus: Schreiben gegen d. verstreichende Zeit 97; G.G. (Ed. Text + Kritik), 7., rev. Aufl. 97; Heinz Ludwig Arnold (Hrsg.): Blech getrommelt. G.G. in der Kritik 97; Per Oehrgaard: G.G. Ein dt. Schriftsteller wird besichtigt 05; V. Neuhaus/D. Hermes in: KLG. (Red.)

Grasse, Jürgen s. Grasmück, Jürgen

Gratz, Franz Martin (Ps. Angelos Angeloi Martinu), Dichter; In der Au 9, A-4810 Gmunden, Tel. (0 76 12) 7 02 47, Fax 7 21 19 (* Marchtrenk 20. 12. 56). Lyr., Erz., Hörsp., Drama, Film. Ue: engl, ital. – **V:** Ablöse, G. 82; An der Wende der Zeiten und Herzen, G. 84. – **MA:** Marie, Kurzgesch. in: Facetten 84. (Red.)

Gratzik, Paul, Schriftst.; Beenz, Kranichweg 5, D-17291 Nordwestuckermark, Tel. (01 73) 1 95 99 20 (* Lindenhof/Kr. Lötzen 30. 11. 35). 'theater 89' 89; Heinrich-Mann-Pr. 80; Prosa, Theaterst. – **V:** Unruhige Tage, Laiensp. 65, 66; Malwa, Sch. n. Gorki 68, 78; Warten auf Maria, Kom. 69; Umwege. Bilder aus dem Leben des jungen Motorenschlossers Michael Kunna, Dr. 70, u. d. T.: Michael Runnas Umwege 71; Der Kniebist, Einakter 72; Handbetrieb, Bü. 75; Märchen von einem, der auszog, das Fürchten zu lernen, Sch. 75; Transportpaule oder Wie man über den Hund kommt, Monolog 77, 81; Lisa, Dr. 77, 82; Umwege. Handbetrieb. Lisa, 3 Stücke 77; Kohlenkutte, R. 82, 89; Tripolis, N. 93 (unveröff.); – THEATER/UA: Malwa, Sch. n. Gorki 68; Michael Runnas Umwege 71; Der Kniebist, Einakter 72; Märchen von einem, der auszog, das Fürchten zu lernen 72; Handbetrieb 76; Lisa, Dr. 6.4.79; Die Axt im Haus, Dr. 84. – **B:** Litauische Claviere, Bü. nach J. Bobrowski, UA 97; Der abenteuerliche Simplicissimus, Bü. nach H.J.C. Grimmelshausen, UA 98. – **MA:** zahlr. Beitr. in Zss. u. Anth., u. a. in: Theater d. Zeit 2/71; Sinn u. Form 2/78, 6/78, 4/80; trajekt II 78; Kolumne in d. Ztg 'Junge Welt', seit Okt. 98. – **F:** Landleben, von Martin Otting n. d. Novelle „Tripolis" 01. – **R:** Malwa, Hsp. 69. – *Lit:* Fritz Rudolf Fries: Laudatio f. Volker Braun u. P.G., in: Sinn u. Form 3/80; Man-

fred Behn-Liebherz in: KLG 83; Walther Killy (Hrsg.): Literaturlex., Bd 4 89; Brauneck 95. (Red.)

Grau, Dieter, Dr. phil., StudDir. i. R.; Oderstr. 49, D-53127 Bonn, Tel. u. Fax (02 28) 28 35 34 (* Jakobsdorf/ Ostpr. 19. 3. 27). FDA 01; Erzählerpr. (3. Pr.) d. Stift. Ostdt. Kulturrat 96, 04; Erz., Lyr., Ess. – **V:** Stallupöner Geschichten 90, 93, Neuaufl. 06; Das Mädchen aus Suwalki u. a. Erzählungen über Ostpreussen 96; Zwischen Kreide und Computer. Plaudereien aus d. Schule 01; Tanz in Masuren u. a. Geschichten, Erz. 05; Witwentraining, Erzn., Ess. 07. – **MA:** Meine ersten Jahre im Westen 96; Mehrstimmig, Anth. 04; Ich will von Liedern träumen. Autoren-Werkstatt 86, Anth. 03. – *Lit:* s. auch 2. Jg. SK.

Graul, Elisabeth, Schriftst., Musikpäd.; Zur Residenz 4, D-39179 Barleben, Tel. u. Fax (03 92 03) 6 12 19 (* Erfurt 16. 6. 28). FDA 93–03, Lit. Ges. Magdeburg 93; Prosa, Lyr. – **V:** Die Farce, Autobiogr. 91, 3. Aufl. 96; Ich brenne und ich werde immer brennen, G. 95, 96; Türmer sein, G. 97; Blaue Trichterwinde, Leseb. 98; Vogellieder, G. 99; Shalom für Magdalene. R. 00; Ergänzung zur Autobiographie 01; In dunkler Frühe sang die Amsel, G. 04. – **MH:** Die dünne dunkle Frau, Anth. 00. – **P:** Ich brenne und ich werde immer brennen, Lyr.-Performance, CD 97. – *Lit:* Thomas Graevert: Die Farce – Geschichte e. Verhaftung, Dok.film. (Red.)

Graupe, Hermann s. Knebel, Hajo

Gray, Nora (Eleonora Gray), Schriftst.; Juchgasse 9, A-1030 Wien, Tel. (01) 7 13 14 08 (* Wien 6. 6. 29). Öst. P.E.N., Ö.S.V., IGAA, AKM, Literar-Mechana, Köln, VDKSÖ, Öst. Autorenverb., V.S.u.K., Übersetzergemeinschaft; 1. Pr. d. Friedenstext-Wettbew. d. ORF 77, Arb.stip. d. BMfUK; Rom., Nov., Ess., Drama, Lyr., Film, Hörsp., Übers. Ue: engl, frz. – **V:** Das Ich ist immer subjektiv, Lyr., Prosa 86; Und wenn ich wär aus Czernowitz, Erzn. 87; Eine brasilianische Tragödie, R. 87 (unter Mitarb. v. Edith Kouba); Und irgendwie verging die Zeit 89; Himmelhoch nicht jauchzend 92; Leihmenschen 95; Die Rache der Hilde Grimm 96; Nora's bunte Blätter, Erzn. 03; Das Geschenk, R. 05. – **MA:** Peter Rychlo (Hrsg.): Czernowitz 04. – **F:** Operation Hydra 80; Der Fall Harrer 86, u. a. – **R:** Nichts als ein Fluch, Hsp.; Die Verbindung, Fsf. – **P:** Who is Caine? Die Rückkehr des verlorenen Sohnes, You are the reason for my life, Greenpeace, Schallpl. – **Ue:** Clare Booth: Frauen in New York, Bü.; Arthur Watkin: Dr. Morelle, Bü. (Red.)

Graynke, Stefan s. Raithelhuber, Jörg

Grebe, Rainald, Liedermacher, Schauspieler, Kabarettist u. Autor; c/o Agentur Alexia Agathos, Leostr. 11, D-50825 Köln, Tel. (02 21) 3 55 48 32, Fax 3 55 48 33, *info@alexia-agathos.de, www.rainaldgrebe.de* (* Köln 14. 4. 71). Prix Pantheon (Jurypr.) 03, Jury- u. Publikumspr. im Kleinkunstfestival Berlin 04, Preis f. Junge Songpoeten, BR 05, Cabinet-Pr. Leipzig 06, Dt. Kleinkunstpr. 06, Salzburger Stier 08. – **V:** Global fish, R. 06; Das grüne Herz Deutschlands. Mein Gesangbuch 07. – **P:** CDs: Das Abschiedskonzert 04; Rainald Grebe & die Kapelle der Versöhnung 05; Volksmusik 07; Das Robinson-Crusoe-Konzert 04; Global Fish, Hsp. 07; 1968 08.

Greben, Claus s. Henneberg, Claus

Green, Laura s. Andersson, Lea

Green, Sandy (weiteres Ps. Soraya Gold), Angest. im öffentl. Dienst; Gassstr. 31a, D-42657 Solingen, *sandy.green@o2online.de, www.sandy-green.de, www. soraya-gold.de* (* Mannheim 30. 4. 69). Die Räuber '77 04, IGdA 05, Christine-Koch-Ges. 08, Dt. Haiku-Ges. 07; 6. Pr. d. Lyr.-Wettbew. „Ich schenk dir ein Gedicht"

Gregor

05, 1. Pr. „Nachtgedanken deiner Stadt" d. Internetforums Inselchen 05, 2. Pr. „Heute wir, morgen Ihr" d. Trude-Unruh-Akad. 06, 1. Pr. „Völkerwanderung in unserer Zeit" d. Internetforums Autorenplattform 08; Lyr., Erz., Märchen, Erotik. – **V:** Im Milchglas-Spiegel, Lyr. 04; La Casa, Erzn. 04; Schwebende Stille, Lyr. 07. – **MA:** Bibliothek dt.sprachiger Gedichte 04/05; Zeit 05; Ich schenk dir ein Gedicht 05; Heute wir, morgen Ihr 06; Wie eine Feder will ich sein 07; Meine Nachbarn 07, alles Anth.; Elfenschrift 14/06; IGdA-aktuell 1/08, beides Zss. – **H:** Nicht ohne Konsequenzen, Erzn. 05; Auf Feuerflügeln, Lyr. 06. – **P:** Der König und die Ruhe, CD 06; Mord-Cocktail, Krimis, E-Book 08.

Gregor, Manfred s. Dorfmeister, Gregor

Gregor, Marianne (geb. Raschke), ehem. Oberstufenlehrerin; Schulstr. 10, D-18209 Reibnitz/Riesengeb. * (* Reibnitz/Riesengeb. 1. 7. 36). Havelländer Autorengr. im Brandenburg. KB e.V. 92; Lyr., Erz., Ess. – **V:** Roland und Rolandine 98; Herbstblätter, e. Almanach 03. – **MA:** Lyr. u. Erzn. in: Brandenburger Kulturspiegel 5/93, 7/93, 3/94, 5/94; Schlesien, Vjschr. 2/94; Windkantenschliff, Anth. 96; Paradiesäpfel, intern. Haiku-Anth. 96; Große Dt. Dichterbibliothek 00; Reibnitzer Heimatbrief 01; Grenzgänge zwischen Herz u. Verstand 02, 05. (Red.)

Gregorianus s. Klein, Kurt

Gregorschitz, Werner Franz, Mag. theol., Pfarrer, Franziskaner; Obermarkt 8, A-6600 Reutte/Tirol, Tel. (0 56 72) 6 25 90, Fax 6 25 90 22, *pfarre.reutte@tirol.com* (* Lienz 8. 10. 45). Lyr., Erz., Aphor., Haiku. – **V:** Sehnsucht Leben 96. (Red.)

Greib, Harald, Reg. Dir. im Bundesmin. d. Innern (beurlaubt); 27 r Eccles Laïques, F-34150 St. Jean de Fos, Tel. (04) 67 57 81 68, *hgreib@newropeans.org*. Liselottestr. 16, D-69168 Wiesloch (* Bad Godesberg 14. 8. 61). Rom., Erz. Ue: frz. – **V:** Berlin, mit Bitte um Weisung, R. 06.

Greif, Rüdiger s. Kurowski, Franz

Greife, Liselotte (geb. Liselotte Göhler), Erzieherin (Staatsex.), Vertragslehrerin 68–88; Am Kreideberg 10e, D-21339 Lüneburg, Tel. (0 41 31) 70 93 13, Fax 70 93 14, *e. liselotte-greife.de liselotte.greife@arcor.de, liselotte-greife.de* (* Penig/Sa. 7. 12. 24). VS Schlesw.-Holst. bis 02, FDA Nds. 00; 1. Pr. im Rdfk-Wettbew. d. NDR 95, Sonnenreiter-Pr. 98, 1. Pr. b. Schreibwettbew. d. Heimatver. Winsen/Luhe 00; Kurzprosa (ndt.), Lyr. (hoch- u. ndt.), Heimatkundl. Aufsatz. – **V:** Keen Geschichten sön söventeinh Vertelln 91; So üm Wiehnachen rüm 93; Blomen un Steen 94; Vertelln ut Jichtenshusen 96; Mohnblüten, G. 98; Plattdüütsch Book för Kinner 98, 2. Aufl. 00; Plattdüütsch Kinnerbook, Erzn., Spiele u. G. 00; Vertelln üm Wiehnachten 01; Der letzte Münchhausen im Pleißengau, Biogr. Börries Frhr. v. Münchhausen 02; Dollarblüten 03; Rund und bunt ist das Jahr, Geschn. hochdt./ndt. 04; Lächeln ist besser, Erzn. 05; – Vortrag z. 125. Geburtstag v. Hans Grimm 00 (gedr.). – **MA:** Nu hebbt veel vertellt 90; Nu hebbt dree vertellt 92; Im Salzwind 98; Meine kleine Lyrik-Reihe 98; Sonnenreiter-Anthologie 99, 01; So weer dat – so is dat 99; Nordsee-Kalender 00ff.; Festschrift d. FDA Nds. z. 05. Bestehen 01; Sünn un Schadden 01; Höör maah, dor is wat 04; Vergeten, Besinnen 05; Kaspertheater, Spiele f. Kinder 07; sowie in geringem Umfang Beitr. in: Cuxhavener Nachrichten; Nordsee-Zeitung; Stadtanzeiger; Schleswig-Holstein; Althann. Kalender. – **H:** Börries Frhr. von Münchhausen: Lyrik und Prosa (m. e. Vorw. vers.) 95, Neuaufl. 01; Der Gobelin, Anth. (m. 2 Beitr. vers.) 96; Börries Frhr. von Münchhausen: Doch was lebendig war, Lyr.-Ausw. 99. – **R:** Keen Geschicht, Abendsdg 90.

Greifeneder, Anke, Leitung Programmplanung b. MTV; Dunckerstr. 83, D-10437 Berlin, Tel. (0 30) 7 00 10 02 41, Fax 7 00 10 04 09, *info@anke-greifeneder.de, www.anke-greifeneder.de* (* Villingen-Schwenningen 23. 11. 72). – **V:** Klatschmohn, R. 04. (Red.)

Greifeneder-Itzinger, Irmtraud; Veilchenstr. 6, A-4481 Asten, Tel. u. Fax (0 72 24) 6 77 26, *office@mundart.at, www.mundart.at* (* Linz 18. 4. 44). Stelzhamerbund 87, Tintenfische IG Florianer Autoren 91, Ver. MundWERK 98; Gold. E.zeichen d. Stelzhamerbundes 00, Konsulentin d. OÖ. Landesreg. f. Volksbildung u. Heimatpflege 07; Lyr., Kinder- u. Jugendb. – **V:** Maxl, der Zwerg aus der Grottenbahn, Kdb. 89; Nimm's net z'ernst..., Lyr. 95; Maxl und's Regntropfnmandl, Kdb. 97; Was oan so einfallt ..., Lyr. 99; Maxl und's Fiabermandl, Kdb. 06. – **MA:** Veröff. in Anth., u. a. Facetten 90 d. Stadt Linz; Literatursplitter 89; Poesie aus St. Florian 94; G'schichten aus dem Brucknerland 95; Florianer Weihnachtsg'schichten 96; Florianer Jb. 97; Weihnachtliches v. d. Tintenfischen 98; Mundart heute 98; Wendezeit – Zeitenwende 99; ollahaund durchanaund 01; Die kleine Erzählung 02; Frauenhände sprechen Bände 06. (Red.)

Greifenstein, Gina, freie Autorin u. Journalistin; lebt in Barbelroth/Pfalz, c/o Piper Verl., München (* 62). Mörderische Schwestern, FDA. – **V:** Tod macht erfinderisch, R. 05; Der Traummann auf der Bettkante, R. 07; zahlr. PIXI- u. Kochb. – **MA:** Ladykillers, Anth. 06. (Red.)

Greiff, Irmgard s. Lüpke-Greiff, Irmgard

Greiner, Gisela *

Greiner, Tatjana, Autorin, Regisseurin, Dramaturgin, Mitgl. d. Künstler. Ausschusses d. First Stage Theatre in Hollywood; PO Box 15939, San Francisco, CA 94115/USA, *wordshop@mac.com, www.springbaby.net, www.tatjanagreiner.com* (* Köln 11. 1. 69). Writers Club USA, Berkeley Branch 07, Dramaturg. Ges. 08; Jerome Lawrence-Festival, Los Angeles 01, Acad. Foundation Grant, Los Angeles 01; Rom., Drehb., Bühnenst. Ue: engl. – **V:** Wallflowers, Bst. 01; Spring, Baby!, R. 05, Sonderausg. 06. – **MA:** div. Beitr. in: Neue Presse (San Francisco) 96; div. Beitr. u. Kolumnen in: San Francisco's City Star 07/08; Ich werde nie mehr auseinandergehen, Anth. 09.

Greis, Hans, Lehrer; Auf dem Hohlbuch 7, D-54441 Wawern/Saar, Tel. (0 65 01) 1 71 87, Fax 15 09 11, *greis0815@t-online.de* (* Wawern/Saar 26. 3. 44). Rom., Lyr. – **V:** Luisa, Reiseber. 90; Nilles: Aussenseiter 93. – **MH:** Literamus, Lit.zs., m. Erwin Otto seit 02. (Red.)

Greising, Franziska (geb. Franziska Gübelin); Dreilindenstr. 77, CH-6006 Luzern, Tel. (0 41) 4 20 38 43, *greisingf@bluewin.ch, franziskagreising.ch* (* Luzern 12. 9. 43). ISSV 83, Gruppe Olten 86, P.E.N. 00, AdS 03; Werkpr. f. Lit. d. Innerschweizer Lit.förd. 83, 1. Pr. Theaterwettbew. d. Innerschweizer Kulturbeauftragten-Konferenz (IKBK) 96; Erz., Ess., Drama, Lyr., Übers. Hochdt.-Mundart. – **V:** Kammerstille, Erz. 83, 93; Der Gang eines mutmasslichen Abschieds, Geschn. 89; Luzern in zwölf Texten und 71 Bildern, Ess. 97; Pfäfferwiiber, Bst. 97; Und komm, G. 97; S Hochsigsfoti, Mda: Das Schweinewunder, R. 00; Friya, Bü. 02. – **B:** G. E. Lessing: Nathan der Weise, in Luzerner Mda., Bst., UA 88. – **MA:** mehrere Beitr. in Prosa-Anth., u. a. in: Fünf nach zwölf 84; Ein Volk schreibt Geschichten 84; Frauen in der Schweiz 91; Geschichten 96; Liebe und andere Banalitäten 98; Herzschrittmacherin 00; Der Rede wert 02; Ess. u. Erzn. in Zss. u. Ztgn, u. a. in: Vaterland 44/86, 24/1988; Luzerner Neueste Nach-

412

richten: Sonderbeil. „600 Jahre Luzern" 86, 29/88, Wochenendbeil. „Apero" Dez./95; orte 59/87; Beobachter 25/90; Das Magazin 5/90; Esslinger Ztg 26.5.90; Entwürfe f. Lit. u. Gesellschaft 5/92, 5/6/93, Mai/98; Neue Luzerner Ztg. Beil. Publ.pr. Dez./95; regelm. Kolumnen f. Luzerner Neueste Nachrichten u. Neue Luzerner Ztg 90–99. – **R:** Henkelmeiers Fall, Hsp. 92. – *Lit:* Lydia Guyer-Bucher in: Die Neue 5/6/83; Hans Peter Vetsch in: Voilà 6/83; Verena Stössinger in: Vaterland 202/89; Peter P. Schneider in: züri-tip 15/89; Theres Roth-Hunkeler in: St. Galler Tagebl. 18.11.98; Eva Roelli in: Modebl. 16/97; Victor Kälin in: Einsiedler Anzeiger 60/97; Urs Bugmann in: Neue Luzerner Ztg 278/97; Monika Fischer in: Willisauer Bote 37/00.

Greisinger, Manfred, Dr. phil.; Canisiusgasse 18/8, A-1090 Wien, Tel. u. Fax (01) 3 10 78 90, *manfred. greisinger@wvnet.at, www.stoareich.at.* Hauptstr. 26, A-3804 Allentsteig (* Allentsteig/NdÖst. 3. 8. 64). E.med. d. Öst. Albert Schweitzer Ges.; Lyr., Prosa. – **V:** Reizvolles Waldviertel, Prosa u. Fotos 91; Flirt mit dem Leben, Prosa 94; Herz-Splitter, G. 95; Sehnsucht nach Tiefe, Lyr. 95; Ihr ICH als unverwechselbare Marke, Prosa u. Sachb. 98; Entfesseltes ICH 99; 1000 x DU 00; PUR 01, alles Prosa u. Lyr.; mehrere Sachb. (Red.)

Greller, Christl; Bernoullistr. 4/38, A-1220 Wien, Tel. (01) 8 03 31 92, Fax u. Tel. 2 0 22 15, *greller@ aon.at, www.greller.at.* Hermesstr. 78, A-1130 Wien (* Wien). IGAA, Ö.S.V. 01, PODIUM 04, GAV 04; Max-v.-d.-Grün-Pr. (Anerkenn.pr.) 98, Luitpold-Stern-Förd.pr. 98, BEWAG-Lit.pr. (2. Pr.) 98, Wilhelm-Szabo-Lyr.pr. 02, Intern. Poetry Competition Féile Filíocha 05, Poem of Europe Prize 05, Hermes-Lyr.pr. (3. Pr.) 06; Kurzprosa, Erz., Rom., Lyr. – **V:** Der Schmetterlingsfüßler, Erzn. 98 (auch ung.); Törések/ Brüche, Lyr. (ung.) 02; Nachtvogeltage, R. 02; Scherben werfen, Erzn. 02; Veränderung ist, Lyr. 04; „zartART", Donaustädter Mozart-Projekt, Lyr, Bilder u. CD 06. – **MA:** Anth.: Falsche Helden 95; Querlandein 95; Die Spur des Gauklers in den blauen Mond 01; Kindheit im Gedicht 01; Frankfurter Bibliothek 01–08; Nationalbibliothek d. dt.sprachigen Gedichte/ Bibliothek dt.sprachiger Gedichte Bd IV 01 bis XI 08; Geschichten zum Wachwerden 01; Konkursbuch 40 02; Texttürme Nr.5 03, 06; Brillante Morde 04; Seid ein Gespräch 04; Pannonisches Jahrbuch 05–08; Kaleidoskop 05; Tra ansia e finitudine 05; Brot und Wein 06; Zurück zu den Flossen 08; Morgenbetrachtung 08; Fügungen und Schicksale 08; – zahlr. Beitr. in intern. Lit. Zss. u. a.: Lit. aus Öst. 94; Das Ultimative Mag. 96, 99, 00, 05; Die Brücke 99, 02; PODIUM Nr.99, 137–140, 143–148; PANNONIA 98, 99, 03; @cetera 00, 05, 07; Sterz 01, 03; Zempléni Múzsa 02, 04; Varád 03, 3/05, 5/05, 08; Der Anblick 4/03; Konzepte 03, 04; Presse/Spektrum 04; Lit. Fenster, Wiener Ztg. 05; dulcinea 7/05; LEseSTOFF 05; MSLEXIA 06; Reibeisen 25/08; Krautgarten 08; Der Dreischneuß 20/08. – **R:** Beitr. im Hfk: Mein Mittelburgenland, G.zyklus 98; Gedichte 99; Der Schmetterlingsfüßler 99; Brüche/Aufbrüche, G.zyklus 00; Traumkörper, Erz. 01; Auf uralten Pfaden der Igel, Erz. 02; Törések/Brüche, Lyr. 02; Das Nacktbad Bathsebas, Erz. 02; Nachtvogeltage, R. 02, 03; Butt of Lewis, Erz. 03; Vom Rand in die Mitte, Lyr. 04; Veränderung ist, Lyr. 04; Spiaggia, Erz., ORF/Ö1 05; zartART, G., ORF/Ö1 05/06; Gedichte (slowak.), Slowak. Rdfk 05; Gedichte Lange Nacht, ORF 07; Raumziele, Erz. 07; Gedichte 08. – **P:** Beitr. im Internet unter: www.-gedichte.de 99; www.literatur.ch 02ff.; www.derstandard.at 02; www.varad.ro 03, 05, 08; glareanverlag.-wordpress.com/tag/lyrik 07; Beitr. zu: Vom Rand in die Mitte, CD 04; veränderung ist, CD 07. – *Lit:* Wolfgang

Bauer in: Querlandein 95; Ildikó Balázs in: Sárospataki pedagógiai fützetek, Nr. 20 01; Júlia Oláh-Kósáné in: Könyvtári kis híradó, Nr. VII/2 02; László Túsnady in: Erdélyi Naplo 02; Werkstatt. Arbeitspapiere z. germanist. Sprach- u. Lit.wiss. 03; Nyelv-Infó 3/03.

Gremler, Bernhard, Dipl.-Ing. (Bauingenieurwesen); c/o Bernburger Heimatkreis e.V., Kustrenaer Str. 2, D-06406 Bernburg, Tel. (0 34 71) 37 30 83 (* Alsleben/Saale). Heimatver. Alsleben an der Saale 92, Bernburger Heimatkr. 98; E.urk. d. Stadt Bernburg (Saale) u. d. Weinbauverb. Saale-Unstrut; Lyr., Drama, Sachb. – **V:** Es geschah in alter Zeit, Sagen 91; An der Saale hellem Strande, Sagen 93; Alsleben in alten Ansichten, Bildbd 94; Schloß Plötzkau an der Saale in Sage und Historie, Erzn. 96; Das Saaletal im Landkreis Bernburg, Bildbd 98; Der Nickert/Till Eulenspiegel beim Grafen von Anhalt, Bst. 99; Der Heele Christ, Bst. 99; Vom Weinbau im Bernburger Saaleland, Sachb. 00; Von Blatt zu Blatt, Lyr. 01; Es sagt aus alten Zeiten, Sagen, Legenden, Histörchen 02; Chronik des historischen Weinbaus im Landschaftsgebiet von Bernburg an der unteren Saale 04; Mit dem Rebstock durch die Zeiten, Sachb. 07. – **MA:** Bernburger Heimatbll., seit 90; Civitatis Alslebiensis, seit 92; Bernburger Bär, seit 98; Poesie der Heimat 99; das boot, seit 00; Sachsen-Anhalt, Journal f. Natur u. Heimatfreunde 02, 05; Ly-La-Lyrik 02; Neue Poesie der Heimat 03; Lyrik und Prosa unserer Zeit, NF, Bd 7 08. – **MH:** Bernburger Bär – Zs. f. Heimat, Heim.kde. u. Weinbautradition, m. Siegfried Hofmann, seit 62.

Grendelmeier, Alex, Dr. med. dent., Zahnarzt, Brillenmacher, Musikant; Birkenweg 12, CH-4663 Aarburg, Tel. (0 62) 7 91 60 19, Fax 7 91 06 25, *info @sandygrendel.ch, www.sandygrendel.ch* (* Olten 6. 1. 44). Vers, Liedübers. – **V:** Des Kaisers neue Kleider, Operical 91; Einfach tierisch I 90, II 95, III 95, IV 96; Einfach menschlich 96 II; Tierisch menschlich 98, alles Verse; Der Fiat-Schlüssel, Erz. 01. – **Ue:** Sieben Weihnachtslieder 83; Merry Christmas – Frohe Weihnacht, Lieder u. Komment. I 88, II 95, III 00, V 01; God be in my head, geistl. Werke f. Chor u. Orgel 97; Best time of Year, Weihnachtslieder 98, z.T. m. Corinne Grendelmeier. (Red.)

Grenkowitz, Rainer, Schauspieler; Bali Mandala Resort, Pantai Bondalem/Tejakula, 81173 Bali, Indonesia, Tel. (00 62–81 23) 85 90 23, *www.rainergrenkowitz. com* (* Berlin 24. 11. 55). Rom. – **V:** Goldsteins Weg ins Glück, R. 06.

Grenzer, Walter s. König, Josef Walter

Gres s. Grünig-Schöni, Esther

Gressl, Engelbert, Prof., Päd. Akad. Graz; Erlengasse 17, A-8020 Graz, Tel. (0 316) 67 25 94, *Fiddlemill@ hotmail.com* (* Graz 4. 8. 55). Kd.- u. Jgd.lit.pr. d. Ldes Stmk 98; Jugendb., Schulb. – **V:** Das Schattenkind 98; Schrei nach Licht 98 (auch span.); Held mit Hirn 99, alles Jgdb. (Red.)

Greßler, Marita (geb. Marita Kleingünther), Verkäuferin, z. Z. Hausfrau; c/o Verlag Neue Literatur, Büro Jena (* Stadtilm/Thür. 18. 12. 51). Erz. – **V:** Der liebe Käfer Nimmersatt und seine Freunde, Kdb. 03; Im Wald der Kobolde, Kdb. 05. – **MA:** Federlicht, Bd 2, Lyr.-Anth. 04.

Gretenkort-Singert, Ingrid (Ingrid Singert), Malerin, Graphikerin, Autorin; Kelleratelier, Parkstr. 1, D-30880 Laatzen, Tel. (05 11) 87 27 26 (* Stolzenberg/ Pommern 26. 10.). Hannoverscher Künstlerver., Dt. Haiku-Ges. (Gründ.mitgl.), Federation of Intern. Poetry Assoc., Haiku Intern. Assoc., Tokio, Humboldt-Ges. f. Wiss., Kunst u. Bildung, GZL; Ernenn. z. Rengameisterin 93, 1. Graphik-Pr. Baden-Baden 93; Prosa, Lyr., Kinderb. – **V:** Blüten in den Wind, Haiku 82; Frühlingsahnen doch, Haiku 82; Ein Liebhaberbuch, G. u. Haiku 84; Glatteis, Geschn. 89; Tanka Haiku Senryu 91; Mit Libellenlust 92; Lyrik. Bartflechten u. Frauenhaar, Tanka, Haiku, Senryu 93; Mäxchens Weltwunder, Bilderb. 96; Löwenmäulchen fressen den Sommer auf; Regensüße tropft; Auf Rosenseide, alles Origami-Bücher 00; Ännchens Traumreise – Japan, Bilderb. 01; 19 Tanka 02; 23 Tanka 03; Tanka Tanka 04; (teilw. Übers. d. Lyr. u. Prosa ins Jap., Engl., Frz., Ndl.). – **MV:** Die Haut voller Tau, Mario Fitterer, Kasen 88; Gering und unermeßlich 90; Noch einmal lichtwärts 91, beides Kasen m. Rüdiger Jung; Carl Heinz Kurz – in memoriam, 4 Kasen-Folgen m. Gesine Scholz 93; Auf Schwalbenflügeln, m. Hilla Talmon Gruchot, Kasen 01; Im Flockentreiben, m. Wolfgang Dobberitz, Kasen 01, 02 (engl.); Zaunkönigs Balznest, Kasen 04; Wacholderaugen, Hyakuin 04, beide m. Gerd Börner; Vom Sommer berauscht, m. Bernd Reklies, Kasen 05; Prelúde vierhändig, m. Gerd Börner, Tan-Renga 06. – **MA:** zahlr. Veröff. in Anth., Zss. u. Kal., u. a.: Kulturlandschaft zwischen Elbe u. Weser 88; Lex. Schlesw.-Holst. Künstlerinnen 94; Kunstkonturen. Künstlerprofile d. BBK Nds. 98; Anth. d. Hannoverschen Künstlervereins 02. – **P:** Haiku unter: pages.infinit.net/haiku/allemagne.htm, www.asahi.com/english/haiku, haiku-dhg.kulturservernds.de. – **Ue:** Übers. v. Haiku ins Serb. 03/04. – *Lit:* Günther Ott: Kulturpolit. Korrespondenz 85; ders.: Die Pommersche Ztg 85; Bio-Bibliogr. d. Dt. Haiku-Ges. 90, 94; Japan aktuell 90, 95; Günther Ott: Pommern. Kunst, Geschichte, Volkstum 92; Hdb. Lit. in Nds. (Red.)

Gretz, Walter, Realschulrektor a. D.; Lochingerstr. 8, D-74081 Heilbronn, Tel. (071 31) 25 53 54 (* Frankfurt/Main 27. 3. 24). Lyr., Fabel, Ess., Reiseber. Ue: frz, engl. – **V:** Wegmarken, Fährten und Zeichen, Lyr. 02; Unterwegs zu Moscherosch, Ess. 04. – **MA:** Beitr. u. G. in pädagog. Zss. u. Sammelbden 70–96; Welt der Poesie, Alm. 03. (Red.)

Greubel, Rainer, Red.; Hinteres Steinbachtal 13, D-97082 Würzburg, Tel. (09 31) 8 04 14 36, Fax 8 04 14 35, *reiner.greubel@t-online.de*, *www.rainergreubel.de* (* Würzburg 30. 12. 52). Rom. – **V:** Ihr Kunstbanausen! 04 (auch Hörb.); Treibjagd in Unterfranken 06 (auch Hörb.), beides Krim.-R. – **MV:** Gerhard Launer: Deutschland von oben, Foto-Bildbd 04. – **MA:** Würzbuch 05. – **H:** Noch eine Leiche im Keller, Krim.-Geschn. 07, 08 (auch Hörb.). – **R:** Schach im Äther, Hsp-Serie (Welle Niederrhein) 91–93. – *Lit:* Wolf-Dietrich Weißbach in: Nummer 4/06.

Gréus, Ralf, Dr.; Wieblinger Weg 17, D-69123 Heidelberg, Tel. (0 62 21) 98 05 13, Fax 98 05 30 (* Saarbrücken 25. 11. 50). Rom., Reiseführer. – **V:** Die Gordische Lüge, R. 07.

Greutter, Georg, Verleger; c/o Der König Verlag, Leopoldauerstr. 68a/3/25, A-1210 Wien, Tel. u. Fax (01) 2 57 40 38, *info@derkoenig.net*, *www.derkoenig. net*. Märchen. – **V:** Sei wachsam kleine König!, M. f. Erwachsene 00 (3 Aufl.). – **MV:** Was ich mir wünsche – Das Wunscherfüllungsbuch 97 (3 Aufl.). – **B:** Shobha C. Hansman / Fini Zirkovich-Tury: Die goldenen Pferdeäpfel, M. 01. – **MA:** Neuronale Netze im Marketing Management 01. – **H:** Die Melodie des Lebens 96, 3. Aufl. 01; Der Trödelmarkt der Träume 99, 3. Aufl. 01; Die goldenen Pferdeäpfel 01; Die Wundernachtigall 02; Die Wogen des Meeres 02. (Red.)

Greve, Andreas, freier Autor; Eggersallee 14, D-22763 Hamburg, Tel. (0 40) 8 81 21 21, (01 72) 4 01 07 59, *andreasgreve@email.de* (* Hamburg 53).

Kinderb., Drehb. – **V:** Keine Fahrkarte für den Bären 89; Übrigens, ich heiße Kläcks 90; Vier Fässer für den Flur 90; Ein Leuchtturm geht auf Reisen, Gesch. 93; König Flügellos 93; Kluger kleiner Balthasar, Gesch. 94; Tasso und Socke, 2 Bde 95, alles Kdb.; In achtzig Tagen rund um Deutschland 04. – **MA:** Satn. in: SZ; WDR-Hörfunk; Geo Saison. (Red.)

Greven, Jochen (eigtl. Joachim Greven), Dr. phil., Publizist, Hrsg.; Horn, Höhenweg 3, D-78343 Gaienhofen, Tel. (0 77 35) 31 94, Fax (0 77 35) 93 87 08, *jochen.greven@t-online.de* (* Mülheim/Ruhr 22. 4. 32). P.E.N.-Zentr. Dtld 03; E.gabe d. Martin-Bodmer-Stift. f. e. Gottfried-Keller-Pr. 04. – **V:** Robert Walser. Figur am Rande, in wechselndem Licht 92; Robert Walser – ein Außenseiter wird zum Klassiker. Abenteuer e. Wiederentdeckung 03; Sedimente. Erzn., Gespräche, Beschreibungen 06. – **H:** Robert Walser: Das Gesamtwerk (in 12 Bänden) 66–73; Werkausgabe 78; Sämtliche Werke in Einzelausgaben 85–86; Der Roman, woran ich weiter und weiter schreibe. Ich – Buch der Berner Jahre, Prosa 94; Berlin gibt immer den Ton an, Prosa 06; – Klaus Nonnenmann: „Ein Lächeln für Morgen". Orte u. Zeiten, Erzn. 00.

Grey, Morgan s. Melzer, Brigitte

Greyff, Adrian s. Bischoff, Gustaf

Gricksch, Gernot, Journalist u. Autor; Oberhafenstr. 1, D-20097 Hamburg, Tel. (0 40) 32 15 84 (* Hamburg 64). DeLiA-Pr. f. d. besten dt.spr. Liebesroman 06. – **V:** Die Herren Hansen erobern die Welt, R. 99; Die denkwürdige Geschichte der Kirschkernspuckerbande, R. 01; Die Bank der kleinen Wunder, Geschn. 03; Robert Zimmermann wundert sich über die Liebe, R. 05; Freilaufende Männer, R. 06; mehrere Sachbücher. – *Lit:* s. auch SK. (Red.)

Griebel, Christina, Dr., Künstlerin u. Schriftst., LBeauftr. Univ. Frankfurt/M.; lebt in Berlin u. Frankfurt/Main, Tel. (0 30) 62 73 26 92, *webmaster@ christina-griebel.de* (* Ulm 12. 4. 73). VS 02; Walter-Serner-Pr. 01, Pr. f. junge Lit. d. Stadt Ulm 02, Stip. d. Kunststift. Bad.-Württ. 02, Autorenförd. d. Stift. Nds. 07, zahlr. Stip. als Künstlerin; Rom., Erz., Hörsp. – **V:** Wenn es regnet, dann regnet es immer gleich auf den Kopf, Erzn. 03. – **MA:** Sprache im techn. Zeitalter 154/01; Success. Junge Kunst aus Dresden, Ausst.-Kat. 01; Verwünschungen 01; ndl 1/02; Beste Deutsche Erzähler 02; Entwerfen u. Entwurf 03; Volltext. Ztg. f. Lit. 03; Unicum 106–07/03; Junge Kunst, Ausst.-Kat. 03; Südwestpresse v. 5.7.03; Stuttgarter Ztg v. 26.7.03 u. 2.8.03; Allmende 1/03; AMICA 10/03; Die Besten 2003. Klagenfurter Texte 03; Neues aus d. Heimat. Literar. Streifzüge durch d. Gegenwart 04, u. a. – **MH:** Ästhetische Erfahrung in d. Kindheit, m. Gundel Mattenklott u. Constanze Rora 04 (auch Mitarb.). – **R:** Und sie geigen Schostakowitsch, Erz. 02; Vergiss nicht: Socken, Pullover, Campari, Hsp. 02. (Red.)

Griebel, Karin (geb. Karin Köhler), Industriekauffrau; Karl-Marx-Damm 18, D-15526 Bad Saarow, Tel. (03 36 31) 5 97 45 (* Erfurt 28. 7. 39). Erz. – **V:** Saarower Spezialsalat! 02; Kalender-Blätter-Blätter 04; Unterwegs mit 66, 06; Das liebe, spröde Stück Leben! 06.

Griebl, Stefan s. Franzobel

†**Grieder,** Walter, Kunstmaler, Illustrator; lebte in Basel (* Basel 21. 11. 14, † Basel 2. 3. 04). – **V:** Die Geburtstagsreise 61; Das zauberhafte Schloß 65; Pierrot 65; Das große Fest 66; Die verzauberte Trommel 68; Die gute Tat der dicken Kinder 72; Grieder meets the Maharajah; Das große Diogenes Seeräuberbuch 72; Der Tiger und der Affenkönig 73; Ein verrückter Tag auf

Skraal 73; Die italienische Hochzeit 74; Heiri Hunziker von Hunzikon, R. 89; Ein Engel namens 007, R. 92. – **R:** Die verzauberte Trommel.

Griesbeck, Robert, Fotograf, Journalist, Autor; c/o Droemer Knaur, München (* 50). – **V:** Nur keine Panik, Kutti 95; Ein starker Auftritt, Kutti 96; Das war haarscharf, Kutti 96; Alice. Anleitung z. Erwachsenwerden in 21 Szenen 97; Na endlich, Kutti 99, alles Jgdb.; Rita on the run, R. 05; mehrere Sachb. – *Lit:* s. auch SK. (Red.)

Grieser, Dietmar, Prof. h. c., Schriftst.; Dannebergplatz 20/13, A-1030 Wien, Tel. u. Fax (01) 7 12 22 33, *dietmar.grieser@tele2.at*, www.dietmargrieser.at (* Hannover 9. 3. 34). P.E.N. 74, Ö.S.V. 81, EM Literaturlandschaften e.V. 04; Theodor-Körner-Pr. 76, Silb. E.zeichen f. Verd. um d. Rep. Öst. 82, Kath. Journalistenpr. 83, E.med. d. Stadt Wien 87, Eichendorff-Lit.pr. 87, Prof. h.c. 88, Donauland-Sachb.pr. 91, Öst. E.kreuz f. Wiss. u. Kunst 94, Kulturpr. d. Stadt Baden 00, Stadtschreiber v. Zweibrücken 01, Buchpr. d. Wiener Wirtschaft 04; Literar. Rep., Ess., Feuill. – **V:** Vom Schloß Gripsholm zum River Kwai 73; Schauplätze österreichischer Dichtung 74; Schauplätze der Weltliteratur 76; Piroschka, Sorbas & Co. 78; Irdische Götter 80; Musen leben länger 81; Goethe in Hessen 82; Gut geraten, lieber Leser, Quiz 83; Historische Straßen in Europa 83; Glückliche Erben 83; Mit den Brüdern Grimm durch Hessen 85; In deinem Sinne 85; Alte Häuser – große Namen 86; Die kleinen Helden 87; Eine Liebe in Wien 89; Im Tiergarten der Weltliteratur 89; Köpfe. Porträts der Wissenschaft 91; Gustl, Liliom und der dritte Mann 92; Nachsommertraum 93; Wien. Wahlheimat der Genies 94; Stifters Rosenhaus und Kafkas Schloß 95; Im Rosengarten 96; Alle Wege führen nach Wien, Mem. 97; Die Leiden der alten Wörter, Ess. 98; Im Dämmerlicht 99; Heimat ist du großer Namen 00; Sternstunden der Wissenschaft 00; Sie haben wirklich gelebt 01; Von Zweibrücken in die Welt 02; Weltreise durch Wien 02; Das späte Glück 03; Verborgener Ruhm 04; Die böhmische Großmutter 05; Alle meine Frauen 06; Der erste Walzer 07; Die guten Geister 08. – **MA:** Das große Sherlock-Holmes-Buch 77; Hier lebe ich, Anth. 78; Das große kleine Dorf, aus dem wir stammen, Anth. 83; Kat. d. Ausst. 'Am Ort der Handlung' 93, u. a. – **H:** Ad. Stifter: Ges. Werke 82; Alja Rachmanowa: Milchfrau in Ottakring, R. 97. – **R:** Steckbrief, Fsf. 76; Schauplätze der Weltliteratur 78–80; Dichtung und Wahrheit 80; Köpfe. Porträts d. Wissenschaft 90, alles Fs.-Ser. – **P:** Wien. Wahlheimat der Genies, Tonkass. 98; Grenzüberschreitungen, CD 99; Eine Liebe in Wien, CD 03; Weltreise durch Wien, CD 03. – *Lit:* Gisela Kleine: Kleine Siege, Vorw. zu: In deinem Sinne 85; Wilmont Haacke in: Publizistik 2–3/88; Munzinger-Archiv 27/94; Sylvia Engel in: Österr. Raiffeisen-Ztg. 11/00.

Grieser, Patrick J., Drehb.autor u. Spieledesigner; Panoramastr. 5A, D-64385 Reichelsheim, Tel. (0 61 64) 51 65 25. – **V:** Venusfliegenfalle 01; Der Hüter des Taermons 01; Im Reich der Dunkelheit 03; Der Mantel der Finsternis 04. (Red.)

Grießer, Anne; Hermannstr. 17, D-79098 Freiburg, *krimi@mordsdamen.de*, www.mordsdamen.de (* Walldürn 25. 4. 67). Mörderische Schwestern 04, Das Syndikat 07. – **V:** Trauben rot, Liebchen tot, Krim.-R. 06. – **MA:** zahlr. Veröff. in Krimi-Anth. seit 03, u. a. in: Verdächtige Freunde 04; Arsen und Kartöffelchen 06; Tatort Internet 06; Mords-Sachsen 07. – **R:** Der russische Liebhaber, Hörsp. (SWR 4) 06.

Grill, Andrea, PhD, Mag.; c/o Otto Müller Verl., Salzburg (* Bad Ischl 16. 1. 75). Rom., Lyr., Erz., Dra-

matik, Hörsp. Ue: alb. – **V:** Der gelbe Onkel. Ein Familienalbum 05; Zweischritt, R. 07; Tränenlachen, R. 08.

Grill, Evelyn (Evelyn Grill-Storck, geb. Evelyn Holzapfel), Schriftst.; Urbanstr. 16, D-79104 Freiburg/ Br. (* Garsten 15. 1. 42). GAV 86, Lit.forum Südwest Freiburg 96; Lit.förd.pr. d. Stadt Steyr 82, Öst. Staatsstip. f. Lit. 83/84, Buchprämie d. BMfUK 85, Werkprämie d. Jubil.fonds Literar-Mechana 87/88, Jahresstip. d. Ldes Bad.-Württ. 95, Arb.beihilfe d. Förd.kr. Bad.-Württ. 97, Öst. Rom-Stip. 99 u. 02, Otto-Stoessl-Pr. 06; Rom., Nov., Erz. – **V:** Rahmenhandlungen, Erz. 85; Winterquartier, R. 93, Tb. 04 (auch engl., georg.); Wilma, Erz. 94, Neuaufl. 07; Hinüber, Erz. 99; Ins Ohr, Erz. 02 (auch amerik.); Vanitas oder Hofstätters Begierden, R. 05; Der Sammler, R. 06 (auch poln., ung.); Schöne Künste, Krim.-R. 07; Das römische Licht, R. 08. – **MA:** Beitr. in Prosa-Anth. u. lit. Zss., u. a. in: Spielwiese f. Dichter 98; Frauenleben 98; Korrespondenzen, Festschr. f. J.W. Storck 99; Wegen der Gegend. Oberösterreich 01; ZeitSchriften, Förderband 2 03; So ist das mit Österreich 05; Grüne Liebe, grünes Gift 06; Das Y im Namen dieser Stadt 06; Wende – Bruch – Kontinuum 06; – Allmende; Die Rampe; Facetten; Landstrich; Lit. u. Kritik; Neue Rdsch; Passauer Pegasus; Podium; Salz; Sterz. – *Lit:* Julia Braun: Eine Interpret. zur Darst. v. Gewalt in E.G.s „Winterquartier" u. Birgit Vanderbekes Erz. „Das Muschelessen", Mag.arb. Univ. Freiburg 95; Lex. d. dt.spr. Gegenwartslit. seit 1945 03.

Grill, Harald, freier Schriftst.; Sportplatz-Ringstr. 6, D-93192 Wald/Obpf., Tel. (0 94 63) 81 00 87, Fax 81 00 88, *schriftsteller@haraldgrill.de*, www. haraldgrill.de (* Hengersberg 20. 7. 51). VS, NGL Erlangen, Oskar-Maria-Graf-Ges., Gottfried-Seume-Ges. Leipzig, P.E.N.-Zentr. Dtld 92; E.gabe d. LU 77, Kulturförd.pr. d. Stadt Regensburg 83, Lit.pr. d. Stadt Würzburg 88, Friedrich-Baur-Pr. f. Lit. 92, Marieluise-Fleißer-Pr. 03; Hörsp., Drama, Lyr., Prosa, Ess. – **V:** Gute Luft, auch wenn's stinkt, Geschn. 83, 90 (russ.); findling untern herz, G. 88; Wenn der Krawugerl kommt, bair. Geschn. 89; Alice, Pinocchio, Kasperl und die Polizei, Hsp. 89; Da kräht kein Hahn nach dir, Erz. 90; Da Schatz auf da Hochhausinsel, Erz. 90; wenn du fort bist, G. 91; Traumpaare, Sprech-Arien 92; einfach leben, G. 94; Hochzeit im Dunkeln, Erz. 95; Heimkommen. Ein Fragment 96; Hinüber, G. 97; Vater Unser, Drama/Hsp. 97; nur gestürzte engel haben geduld, G. 98; nachricht vom lachenden engel, G. 00; bairische gedichte 03; – THEATER: Den Hans sei Ganshaut oder wo die Liebe hinfällt, UA 85; Jorinde und Joringel im Wackersdorfer Wald, UA 87; Vater Unser, UA 97. – **MV:** Traumpaare, Wanddrehbuch m. Grafiken u. 12 Sprech-Arien, m. Mayan 93; Stilles Land an der Grenze, Reise-Prosa 96; Waldbuckelwelten, Reise-Prosa 97. – **H:** Buchreihe „Die Brennessel-Presse", 10 Bde 80–90; Die Oberpfalz, Reise-Leseb. 95. – **R:** Alice, Pinocchio, Kasperl und die Polizei, Hsp. 93; Heimkommen, Fk-Erz. 94; Die Naab – kleiner Fluß im viel zu großen Bett, Reise-Prosa 94; Vater unser, Hsp. 95; Der Regen – ein Kind des Böhmerwalds, Reise-Prosa 96; Wintersachten, G. u. Musik 97; Wenn die eine Kinderschuh find. Zum 70. Geb. d. Dichterin Margret Hölle 97; Literarisches aus Ostbayern. Gespräch m. Walter Höllerer 97; Stilles Land an der Grenze, Reise-Prosa 97; Zwischen Betthupferl und Dicky Dick Dickens, Hfk-Erz. 98; Die stille Mitte Europas, Reise-Prosa 97; A dreiviertl Joahr Winter und aviertls Joahr kolt, Reise-Prosa 98; Eine Spur Himmelsblau, Reise-G. u. -Prosa 01; Mein Buchstabenhaus 02; Jäger auf dem Hoffnungsstrich – Franz-Joachim Behnisch 04; Warum

415

Grill-Storck

die Engel in der Antoniuskirche sogar im Winter barfuß gehen 04. – **P:** Hinüber, bair. G., CD 02. – **Ue:** Ondreij Fibich: Passauer Elegien 98. – *Lit:* M. Sahr: Kinderlit. i. d. Grundschule 87; ders.: Ein Kdb.projekt 90; R. Vogel: Überall brennt e. schönes Licht – Literaten u. Lit. aus Ostbayern 93; N.E. Schmid: Schatzinsel Königswiesen 94; D.-R. Moser (Hrsg.): Neues Hdb. d. dt.spr. Gegenwartslit. 96; Claudia Wolf: Lesereisen – heute zu H.G., Fsf. (BR) 99; Hermann Unterstöger in: Süddt. Ztg v. 20.12.00; Petra Heilingbrunner: Erzähltes Land – Im Bayer. Wald, Fsf. (BR) 01. (Red.)

Grill-Storck, Evelyn s. Grill, Evelyn

Grilz, Ida (auch Maria Sand), Pensionistin; Lindenweg 18, A-9314 Launsdorf/Kärnten, Tel. (0 42 13) 27 57 (* San Leopoldo im Kanaltal 14. 12. 24). Lyr., Märchen, Hörsp., Laiensp., Biogr. – **V:** Sunna braucht's Herz, Mda.-G. 77; Paradiesvogel, M. 79; Die Silberdistel, G. 81; Roasn am Dornstock, Mda.-G. 84; Botschaft der Dinge, G. 85; Wegzeichen, G. 87; Innenseite des Lebens, Biogr. 95. – **MA:** Alm. des Innerkremser Künstlerkreises 84; G. u. Prosa in: Das Kanaltal und seine Geschichte 95. – **R:** De laarn Händ, Hsp. 72; Die Herberg zum fröhlichn Gloria, Hsp. 86. (Red.)

Grimm, Anita, Lehrerin; c/o montecasa-verlag, Wolkenburgstr. 53, D-53844 Troisdorf, *montecasa@t-online.de, www.montecasa.de* (* Bonn 13. 12. 55). – **V:** Wenn ich mal Kinder habe, Geschn. 00. (Red.)

Grimm, Bernd s. Huhn, Klaus

Grimm, Dieter H., kfm. Angest.; Hertleinstr. 70, D-91052 Erlangen, Tel. dieter.grimm@nefkom.-net (* Ebermannstadt 20. 8. 68). Die Schreiberlinge 04; Märchen, Lyr., Rom., Theater. – **V:** Märchen für Jung und Alt 03. (Red.)

Grimm, Eberhard; Rosenstr. 28, D-77855 Achern (* Münchenbernsdorf/Thür. 17. 7. 32). Rom. – **V:** Bruno Bubo. I: Der Uhu und die Sterne 02, II: Mit Seidenpelz auf Mars-Mission 04, III: Geheimauftrag Agóasalóa 06, alles Märchen-R.; Verliebt ins Land am Steppensee, Sachb. 08.

Grimm, Erika s. Bohl, Erika

Grimm, Jutta, selbständige Rechtsanwältin; Neckarstr. 27, D-64665 Alsbach-Hähnlein, Tel. (0 62 57) 6 97 90, *Jutta.Grimm@t-online.de* (* Schwabach 22. 12. 42). Rom. – **V:** In den Tagen des Hitzemondes, Jgdb. 98; Die Pranke des Tigers, Jgdb. 99. (Red.)

Grimm, Ulrich Werner, Dipl.-Philosoph, Werbekfm., Journalist, Red., Autor; Rinkartstr. 3, D-12437 Berlin, Tel. u. Fax (0 30) 5 34 60 25, *u.w.grimm @t-online.de, www.textagentur-grimm.de* (* Gera 19. 1. 54). Rom., Hörsp. – **MV:** Schattenbilder, m. Felix Huby, Krim.-R. 03. – **MA:** Berliner Lesezeichen, Lit.zs. – **R:** Schattenbilder, 2tlg. Krimi-Hsp. 98; Berlin Airlift, 2tlg. Dok.-Hsp. 98; Das Bourbaki Gambit, Hsp. 00, alle m. Felix Huby. (Red.)

Grimm-Eifert, Georg, Lehrer, freier Künstler; Thalhauser Str. 7, D-56584 Rüscheid, Tel. (0 26 39) 13 01, *meifert@rz-online.de, home.rhein-zeitung.de/~meifert* (* Hamburg 10. 1. 29). Lyr., Erz. – **MV:** Tunnelfahrten, Erz. Lyr. 00; Ausgelotet, Briefe 05. – **MA:** Heimat-Jb. Neuwied 98–02; Die Spur des Gauklers in den blauen Mond 01; Ausblick im Sextett, Anth. 04; Denk-Anstöße 06. – **MH:** Rund um den Schlüssel, Anth. 02; Von der Zärtlichkeit des Übermorgen, Anth. 07, beide m. Marlies Eifert.

Grimsen, Germar; Northeimer Str. 31, D-28215 Bremen, Tel. (04 21) 35 35 58 (* Bremen). – **V:** Hinter Büchern. Der Reigen, e. Großroman 07. – **MV:** Angulus Durus. Ein Katastrophenfilm, m. Sven Regener 06. (Red.)

Grindel, Harry s. Schlieter, Siegfried

Gripekoven, Burga, Hausfrau; Rubensstr. 2, D-41063 Mönchengladbach, Tel. u. Fax (0 21 61) 8 87 61 (* Mönchengladbach 11. 9. 45). Lyr. – **V:** spuren vielfarbiger lebendigkeit, G. 95, 96; endgültig ist nichts, G. 98; Geheimes Anderswo, G. 03. – **MA:** zahlr. Art. in: Botschaft Heute, seit 97; Kirchenztg f. d. Bistum Aachen, seit 01; Segnen und gesegnet werden 06. (Red.)

Grisebach, Agnes-Marie (Geb.name v.: Agnes-Marie Eggert), Schriftst.; Paetowweg 2, D-18347 Ahrenshoop, Tel. (03 82 20) 8 06 50 (* Berlin-Charlottenburg 2. 9. 13). IG Medien; Kulturpr. Neu Isenburg 90; Rom., Erz. – **V:** Eine Frau Jahrgang 13 88, 04; Eine Frau im Westen 89, 04; Abschied am hohen Ufer 92, 95, alles R.; Die Dame mit dem Schleierhütchen, Geschn. 92, 04; Frauen im Korsett, R. 95, 03; Von Anfang zu Anfang 03. – **MA:** Beitr. in Anth. div. Verlage.

Grissemann, Christoph, Radiomoderator, Satiriker; c/o Agentur Hoanzl, Proschkogasse 1/12, A-1060 Wien, Tel. (01) 5 88 93 10, *agentur@hoanzl.at* (* Innsbruck 17. 5. 66). Salzburger Stier 02; Erz., Dramatik, Hörsp. – **MV:** Als wir noch nicht von Funk und Fernsehen kaputtgemacht geworden sind? 98; Immer nie am Meer 99; Willkommen in der Ohrfeigenanstalt 02, alle m. Dirk Stermann; – Live-Progr. m. „Stermann & Grissemann": Das Ende zweier Entertainer; Die Karawane des Grauens; Willkommen in der Ohrfeigenanstalt. – **R:** Salon Helga, Sat.-Reihe im Hfk seit 90. – **P:** Das Ende zweier Entertainer, CD; Die Karawane des Grauens, CD; Väter featuren Söhne, Videokass.; Willkommen Pu in der Ohrfeigenanstalt, CD 03; Harte Hasen, DVD 05, alle m. Dirk Stermann. (Red.)

Grob, Gisela, ehem. Konzertsängerin, Rentnerin; Walther-Rathenau-Str. 25, D-75180 Pforzheim, Tel. (0 72 31) 7 31 73, *quarini@web.de, www.gisela-grob.de* (* Pforzheim 9. 10. 27). Lyr. – **V:** Wenn es Nacht wird in der Seele ... 06; Traumwelt der Lyrik 06; Menschliches und andere Vischereien 06; Ein bunter Strauß aus Geschichten, Erzählungen u. Märchen 06; Jubelt, ihr himmlischen Chöre 06; Gedankenflug 06; Und ewig währt die Liebe ... 06; Poetischer Streifzug durch die Jahreszeiten 06; Laurentiustränen 07; Dem Licht entgegen 07; Wechselspiel des Lebens 08; Lach doch mal 08. – **MA:** Bibliothek dt.sprachiger Gedichte.

Grobe, Christoph; Karlstr. 5, D-35396 Gießen, Tel. (06 41) 5 59 97 50, Fax 5 59 97 51, *webmaster@grobe-verlag.de, www.grobe-verlag.de* (* Cambridge 6. 5. 63). Lyr., Rom. – **V:** Es war eine Rose, G. 97; Sie sprachen, R. 98; Vorüberzeit, G. 02. – **MA:** zahlr. Beitr. in Anth. u. Lit.-Zss., u. a. in: Gegen Stand; Zeitriss; Ort der Augen.

Grobe, Dietrich Wilhelm, Dipl.-Bibl.; An der Lutter 31, D-37075 Göttingen, Tel. (05 51) 3 21 97 (* Duisburg-Meiderich 27. 3. 31). Lit.kr. Göttingen-Geismar 94, Lit.kr. Bovenden b. Göttingen 98, Leitg.; Lyr., Ess., literar. Reisebeschreibung, Rezension z. Kinder- u. Jugendlit., Rundfunk- u. Fernsehbeiträge. – **V:** Kleine Eselein 1–4, G. 93–97; Jahreszeiten, G. 94; Tierbegegnungen, G. 96; Blattgeriesel, Apfelduft, G. 96; Von Katz' und Hund, G. u. Erzn. 96; Winterzeit, G. u. Erzn. 96; ... und über die ganze Vogelschar, G. 98; Natürlich, G. 01; Naturvernetzung, G. 01; Kleiner Gruß, G. 02; Häkelmann und Hurkut ..., G. 02; Schattenbilder, G. 04; Kleine Welt, G. u. Erzn. 04; Geschichten aus Göttingen, Geismar und dem Gleichenland, Erzn. 05; Begegnungen, G. u. Erzn. 07. – **MV:** Thüringer Impressionen, Erzn. 96; Kleine Englandreise, Erzn. 97; Christgarten und Engelsgeläut, Erzn. u. G. 98; Einkehr und Ausblick, G. u. Erzn. 99; Verschwundene Klöster, versunkene Städte, versteckte Winkel, Erzn. 00; Von Kut-

Gröschner

tenträgern und Baumschuhen, Erzn. 01; Sommertage auf Rügen und Hiddensee, Reiseerzn. 02; An der Lutter, G. u. Erzn. 03; Jahreslauf, G. 04; Jahreskreis, G. 05; Erlebtes und Erdachtes, G. u. Erzn. 05, alle m. Renate Grobe. – **MA:** Lyrikbeitr. in versch. Anth.; Zs.-Aufss. u. über 1000 Rez. u. a. in: Besprechungen u. Annotationen, seit 57; Der Evang. Buchberater, seit 93; Freude mit Büchern, 98–00.

Grobelny, Regina Christina (Regina Wagner), Lehrerin; c/o Ingo Koch Verlag, Schillerplatz 10, D-18055 Rostock, Tel. (0 37 41) 40 30 11 (* Karlshagen 12. 6. 38). Goethekr. Plauen; Erz. – **V:** Das Haus am Boden, Erzn. 02, II 01, III 02; Einblicke, Erzn. 06.

Gröger, Herbert, Dr. phil., ObStudR., UProf.; Nieder-Röder Str. 32, D-64859 Eppertshausen (* Mährisch-Altstadt/Sudetenld 16. 9. 36). Kg. 70, Karl-May-Ges. 80; E.med. f. Wiss. u. Kunst d. Öst. Albert-Schweizer-Ges. 96; Lyr., Kurzgesch., Ess. Ue: engl, frz. – **V:** Allegro, G. 63, 73; Der Stille Klang, G. 80, 83. – **MA:** Gedichte u. a. Beitr. in: Altvater-Jb.; Nordmähr. Heimatb.; Der Aufstieg; Das Boot; Spuren der Zeit; Lyr. Annalen, u. a. – **H:** Lyrische Annalen I–XV 85–03; Anton Spatschek: Dämmerleuchten 86; Liliana Berov-Bejanova: Die wilde Rose und der Gärtner 86; Gretel Gutschmidt-Jaeger: Lied in Moll und Dur 86; Jolande Zellner-Regula: Damals und derzeit – dort und da 93; Josef Wolf: Vergißmeinnicht und Edelweiß 96; Albert Rotter: Fritzchen kämpft sich durch 97; Katharina Reiter: Aus der Batschka nach Hessen 01; Kristine Beinaroviča: Auf den Spuren von Albert Rotter: publizist. u. literar. Tätigkeit in. d. Zeitperiode von 1953 bis 1990 02, 04; Bibliographie Josef Walter König 03; Doris Maria Abeska: Rund um die Liebe 04; Margarete Friebelung: Der Urberg 07, Franza 07, beides R. – **MH:** Das Altvaterland in den Versen seiner Dichter 87, 89. – *Lit:* Handlex. dt. Lit. Böhmen-Mähren-Schlesien 76; Josef Walter König: Sie wahren das Erbe 93, u. a.

Groeger, Jörg-Rüdiger, Dipl.-Soz.päd.; Hans-Steffens-Weg 12, D-21337 Lüneburg, Tel. (0 41 31) 22 19 37, Fax 22 36 27, *jr.groeger@t-online.de, www. jr-groeger.de* (* Mölln 10. 8. 55). VS Hamburg 98, La Bohemina, internat. Lit.club 98; Lyr., Kurzgesch. – **V:** Von einer Wolke 96; Lachen und Stille 98; Gedanken laufen nach 00, alles Lyr. – **MV:** Kein Kommentar, m. Rembert Raithel, Lisa Wenck u. Ramona Hopp, Lyr. 97. (Red.)

Gröhler, Harald, freier Schriftst., Lit.kritiker; Göhrener Str. 12, D-10437 Berlin, Tel. (0 30) 44 04 12 03. Hardtstr. 33, D-50939 Köln (* Hirschberg). VS 72, Lit. Ges. Köln, Vorst.mitgl. 75–84, Dt. Ges. f. Philosophie 86, Kogge 91, Quo vadis – Autorenkr. Hist. Roman 02, Autorenkr. Plesse 02, P.E.N.-Zentr. Dtld 05; Arb.-stip. d. Ldes NRW 73, 81, Aufenthaltsstip. in Worpswede 74/75, Förd.pr. d. Stadt Köln (Jahresstip.) f. Lit. 75, Gastprof. f. Dt. Lit. an d. U. of Texas at Austin 75, Gastprof. f. Dt. Lit. u. Lit.wiss. an d. U. of Mexico u. of Albuquerque 76, EM Lit. Ges. Köln 84, Lit. Pate d. Lit.pr.träger d. Stadt Bergkamen 86, Pr. im Dtld-polit. Lit.wettbew. d. Ldes Nds. 86, Bdesverd.med. 91, Stip. Schloß Wiepersdorf 92, 1. Pr. d. NRW-Autorentreffens f. Dr. 97, Stadtschreiber v. Minden 01, Stip. d. Baltic Centre for Writers and Translators, Visby 02, Reisestip. d. Stift. Kulturfonds 02; Rom., Lyr., Erz., Ess., Lit.kritik, Prosa, Theaterst. Ue: engl, am. – **V:** Wir sind nicht aus Amerika, R. 69; Wir scheitern heute an uns selbst, Dr. 71; Im Spiegel, Dr. 75; Geschichten mit Kindern u. ohne, Prosa 81; Rot, R. 84; Das verdoppelte Diesseits, G. u. Erz.-G. 91; Tetzner, N. 92; Die Ville. Ein G. u. seine Reise 96; Das Mineral der Romantiker. Gedichte u. ihre Ursprungstexte 97; Ausfahrten mit der Chaise.

Novelle auf Goethe 99; Aussetzen der Maschine. drive, 2 Theaterst. 01; Wer war Klaus Störtebeker?, R. 01; Herr Gehlen ohne Foto. Ein Bericht über d. Gründer d. Bundesnachrichtendienstes 06; Störtebeker. Volksheld u. Pirat, Biogr. 06. – **MA:** Prosa u. Lyr. in ca. 70 Anth., u. a. in: Ohne Denkmalschutz. Ein fränk. Leseb., Prosa 70; Wir Kinder von Marx u. Coca Cola, G. 71; Deutsche Gedichte seit 1960 72, 84; Revier heute, Prosa u. G. 72; Ortstermin Bayreuth, Prosa 71; Ostern – Gottes großes Ja, G. 72; Jahresring, Prosa 72; Frieden aufs Brot, G. 72; Satzbau, Prosa 72; Am Montag fängt die Woche an. 2. Jb. d. Kinderlit., Lyr. 73; bundes deutsch, Lyr. 74; Die Phantasie an die Macht, Prosa 75; Sie schreiben zwischen Goch u. Bonn, Prosa 75; Natur ist häufig eine Ansichtskarte. Stimmen z. Schweiz, Prosa 76; Gotthard de Beauclair, Ess. 77; Autorenpatenschaften, Prosa 78; Ausgeträumt, Erz. 78, 2. Aufl. 79; Jb. für Lyrik 79, 81; Jb. der Lyrik 79; Jahresring, G. 79; Literarischer März, G. 79; Wenn das Eis geht, Lyr. 83; Deutsche Landschaftsgedichte 86; Nenne deinen lieben Namen, den du mir so lang verborgen, Prosa 86; Von einem Land u. vom andern, G. 93; Geschürte Früchten, Ess. 93; Wortfelder 94; The Ye, G. 96; Jahrhundertwende, G. 96; HB 70, G. 96; Corvinus Poetendampfer, G. 97; Rabengekrächze, Haiku 98; Poeten aus NRW, Einakter 98; Grenzenlos, Einakter 98; D'un pays et de l'autre, G. 98; Ohne Punkt et Komma, G. 99; KopfReisen, G. 99; Liebe, Lust u. Leidenschaft, Lyr. 99; NordWestSüdOst 03; Beckenbauer zertritt kleine Tiere u. a. Erzählungen 06; Das steinerne Auge, Erzn. 08; philos. Texte u. Ess. sowie lit.krit. Texte in: Merkur; Neue deutsche Hefte; Zeit; FAZ, u. a.; Lyr. u. Prosa in Ztgn, Zss. u. im Rdfk (Übers. d. Texte in engl., poln., russ., türk., serbokroat., slow., arab. u. frz.). – **H:** Gerhard Uhlenbruck: Ins eigene Netz, Aphor. 77; Josef Hrubý: Die Netze, Lyr. 99. – **MH:** Beispielsweise Köln, Leseb. 80; Gazette, lit. Zs. 91. – *Lit* www.wikipedia.org.

Grönemeyer, Herbert, Musiker, Sänger, Liedtexter, Schauspieler; lebt in London u. Berlin, *mail @groenemeyer.de, www.groenemeyer.de* (* Göttingen 12. 4. 56). – **V:** Songbooks: 4630 Bochum 85; Mensch 03; Liedtexte und Bilder von 1980–2004 04; 12, Songbook 07; Herbert Grönemeyer Songbook – Alles 08; Leonce und Lena, Songbook 08. – **P:** Schallpl./CDs: Grönemeyer 79; Zwo 81; Total egal 82; Gemischte Gefühle 83; 4630 Bochum 84; Sprünge 86; Ö 88; Luxus 91; Chaos 93; Bleibt alles anders 98; Mensch 02; 12 07. (Red.)

Groener, Gisela, Malerin, Dichterin, Lehrerin; Rochusstr. 5, D-40479 Düsseldorf (* Bucaramanga/ Kolumbien 4. 8. 52). Lyr. – **V:** Fluss Steine, G. u. Bilder 95. (Red.)

Gröner, Walter *

Gröninger-van der Eb, Gertrude (Ps. Ruth Ebenich), Schriftst., Malerin; Frankfurter Str. 406, D-51103 Köln, Tel. (02 21) 8 70 01 43 (* Rotterdam 11. 2. 19). LiteratenTreff Köln 89; Lyr., Erz. – **V:** Die Tür zwischen ihm und ihr. Erz. 79; Vor Reisen wird gewarnt, Kurzgeschn. 88; Schwarz persönlich, Lyr. u. Bild 94. – **MA:** LiteratenTreff Köln, Jb. 89/90, 91/92, 93/94, 95/96; Begegnungen, Anth. 99. (Red.)

Gröper, Reinhard s. Müller, Egbert-Hans

Gröschner, Annett, Dipl.-Germanistin; Berlin, Tel. u. Fax (0 30) 4 25 52 75, *Annett.Groeschner@t-online. de, www.moskaureis.de, www.annettgroeschner.de.* c/o Agentur Wenner, Albrechtstr. 18, D-10117 Berlin, Tel. (0 30) 28 04 57 50, Fax 28 04 57 52 (* Magdeburg 7. 2. 64). P.E.N.-Zentr. Dtld 08; Anna-Seghers-Pr. 89, Stadtschreiberin zu Rheinsberg 99, Erwin-Strittmatter-Pr. 02, März-Efeu-Pr. 08, div. Stip.; Lyr., Prosa, Ess.,

417

Größinger

Hörfunkfeature, Dokumentarlit., Dramatik. – **V:** Herzdame Knochensammler, G. 94; ÿbbotaprag. heute. geschenke. schupo. schimpfen. hetze. sprüche. demonstrativ. sex. DDRbürg. gthierkatt, ausgew. Ess., Fließ- & Endnotentexte 1989–1998 99; Jeder hat sein Stück Berlin gekriegt, Geschn. 98; Sieben Tränen muß ein Klubfan weinen. 1. FC Magdeburg – eine Fußballegende, Ess. 99; Moskauer Eis, R. 00, Tb. 02; Hier beginnt die Zukunft, hier steigen wir aus. Unterwegs in d. Berliner Verkehrsgesellschaft, Ess. 02; Kontrakt 903. Erinnerung an e. strahlende Zukunft, Ess. 03; Gleisanschluss Lichtenberg. Ein Mysteriensp., UA 08; Parzelle Paradies, Geschn. 08. – **MV:** Ein Koffer aus Eselshaut, m. Peter Jung 04; Moskauer Eis, m. Ralf Fiedler, UA 04; Das 11. Gebot (Du sollst Dich nicht erwischen lassen!), m. Grischa Meyer, UA 07; Verlorene Wege, m. Arved Messmer 08. – **B:** u. **MH:** Ich schlug meiner Mutter die brennenden Funken ab. Berliner Schulaufsätze aus d. Jahr 1946 96, Tb. 01. – **MA:** Grenzgänger, Wunderheiler, Pflastersteine 98 (konzept. Ltg); Berlin am Meer, Anth. 00; Sehnsucht Berlin, Anth. 00; Theater d. Zeit, Zs. 01/02, 04; Helden wie Ihr, Anth. 01; Ulrich Wüst – Morgenstraße 01; Wahlverwandtschaft, Anth. 02; Literaturen 03; Berlin im Licht 03; Lautlos irren 03; Hier kommt der Sommer 03; Maria Sewcz – pointed out 04; Fußball-Land DDR 04; Model Map 04; Stadt Land Krieg 04; Franz Fühmann: Märchen auf Bestellung 04 (Nachw.); Kanzlerinnen schwindelfrei über Berlin 05; Moll 31, Fotogr. 05; Böse Orte 05; Mein Lieblingslied. Songs u. Storys 05; „O Chicaco, o Widerspruch". Hundert Gedichte auf Brecht 06; Fahrtenschreiber. Berichte aus d. Transportkultur 06; Aus den Tiefen des Traumes. 11 Frauen erzählen Fußballgeschn. 06; Erst lesen. Dann schreiben 07; – zahlr. Beitr. in Lit.zss. seit 88, u. a. in: Neue Deutsche Literatur; Sinn und Form; Moosbrand; Sklaven; Sklavenaufstand; Die Aktion, H.212 06; Feuilletons div. Ztgn, u. a. FAZ. – **MH:** Sklaven, Zs., 94–97; Sklavenaufstand 98; Durchgangszimmer Prenzlauer Berg, m. Barbara Felsmann 99; Kunststück Ahrenshoop, m. Gerlinde Creutzburg u. Inga Rensch, Ess. 04; Phoenix in der Asche, m. Stephan Porombka 08. – **R:** Eiszeit. Die Geschichte d. Eiskremprod. d. DDR 96; Geliebte weiße Maus. Das Leben d. Rolf Herricht 97, beides O-Ton-Hfkfeat.; Doktorchens Lektüre. Die Gladowbande in d. Literatur, m. Grischa Meyer 00; Mauer Weg. Erkundungen entlang e. verschwundenen Grenze, m. Florian Felix Weyh 01; Ein großes Wolkenschlößchen, m. Barbara Felsmann 02, alles Hfk-Feat. – *Lit:* Kiwus 96; Birgit Dahlke: Papierboot. Autorinnen d. DDR – inoffiziell publiziert 97; T. Kraft in: Lex. d. dt. Gegenwartslit. 04; Antje Mansbrügge: Junge dt. Lit. 05.

Größinger, Hans Walter (Hans Walter Größinger-Swoboda), Journalist; Westrandsiedlung 350, A-8786 Rottenmann, Tel. u. Fax (0 36 14) 26 13, *hwg@nawon. at* (* Bruck a.d. Mur 2.9.43). Europa-Lit.Kr. Kapfenberg, IG Autoren u. Übersetzer, Wien; 1. Prosapr. d. IGdA 79, 80; Rom., Lyr., Erz., Rep. – **V:** Sicherungen, Kurzgeschn. 80; Agnes von Paltental, Erz. 02. – **MA:** IGdA-Almanach 86/87; Grazer Tagebuch 04; zahlr. Beitr. in Lit.-Zss. seit 60, u. a. in: literaricum; Watzmann; Reibeisen.

Groh, Charlotte, Journalistin, Kulturreferentin, Autorin; Türschmidtstr. 34A, D-10317 Berlin, Tel. (0 30) 5 13 81 57, *charlottegroh@t-online.de* (* Röhrsdorf/ČSR 24. 6. 37). IG Medien, Künstlerclub 'Die Möwe' 97–09; Lyr., Kurzprosa, Publizistik. – **V:** Augenblicke, Lyr. 02; Lebensfenster, Kurzprosa 06; Bruchstücke, Publizistik 09.

Groh, Georg Artur (Ps. Jörg A. Georgi); Credenstr. 17, D-32052 Herford, Tel. (0 52 21) 5 43 19 (* Berlin

7. 10. 13). Lyr., Rom., Erz. Ue: engl. – **V:** Kein Platz für Gundula – Weh dem, der baut, R. 78; Meine Freunde, die Kinder, Erlebnisse 80; Von Stufe zu Stufe, G. u. Kurzgesch. 93; Zu Fuß von Herford nach Berlin, Ber. 95, u. d. T.: 400 Kilometer zu Fuß von Herford nach Berlin 98; Ein Bett für Schorsch, Erz. 99; Das Kamel im Zelt – Ein Eigenheimbau u. seine Folgen, Erz. 04. – **MA:** Verborgener Quell – Deutsche Volksdichtung 50; Gauke's Jb. 81 u. 83; Tippsel 1 85; Auslese 98; Damals war's 02; Krieg im Irak 03, alles Anth., u. a. – **Ue:** Stanley Banks: Heilige im Arbeitsdreß 72; John F. Balchin: Was sagt die Bibel über die Kirche 73. – *Lit:* Regina Doblies 90; W. Richter 92; Andrea Schmitz 97.

Groh, Jan, Schriftst.; Dunckerstr. 32, D-10439 Berlin, Tel. (0 30) 44 04 62 41, *jg@jan-groh.de, www.jan-groh.de* (* Kiel 16. 12. 64). VS 99; Stip. Schloß Wiepersdorf 01, Stip. Künstlerdorf Schöppingen 01, Arb.-stip. f. Berliner Schriftst. 04, Alfred-Döblin-Werkstattpr. 05; Rom., Lyr. – **V:** Colón, R. 01. – **MV:** Boten von Boten, m. Oliver Krähenbühl, Lyr. 98. – **MA:** Das Magazin 2/02; Berliner 10-Minuten-Geschichten 03. – **P:** Stopstories unterwegs, m. and., CD 02. (Red.)

Groh, Klaus (DaDa-Lust von Seidenschal), Dr. phil., Dr. lit., Kunstpäd., Kunsthistoriker, freier Künstler u. Journalist; Heidedamm 6, D-26188 Edewecht, Tel. (0 44 86) 26 97, Fax 64 85, *klaus-groh@nwn.de, www. atelier3a.at/groh.htm* (* Neisse 9. 2. 36). Intern. Artists Coop. 72, Intern. Künstlergremium 75, Schlaraffia 91, Dt. Fachjournalistenverb.; Hörsp., Ess., Hörtext. – **V:** Credo, Ess. 69; Try!, Ess. 71; ETC!, Ess. 72; Art impressions-Canada, Ess. 75; Dada heute 79; Bridges, Ess. 80; Try 82; Collages 84; Performance, Ess. u. d. untergehenden Insel 86. – **MV:** Von „Jos Traum" zur „Kuhartexpo", m. Karl-Heinz Zissow 00. – **MA:** Anth.: If I had an ... 71; Aktuelle Kunst in Osteuropa 72; Visuell – Konkret – International 73; Baum 74; Visuell-Konkret 79; Kunst u. Soziologie, Ess. 77; 2 kunstpäd. Fachb. 78, 79. – **MH:** Just a moment ..., m. Doris Weiler-Streichsbier 07. – **R:** Dadaland, Hsp. 77; Dada-Amerika, Hsp. 78. – **P:** Hear 78; Listen 79; (G)listen! 79; SEPTIC 82, alles Tonkass.; Vooxing-Pooetry Schallpl. Chance Music 84; Piano Loves 86; Bon Aparte, unter: www.-redfoxpress.com 07.

Grohé, Claire s. Lebert, Vera

Groher, Barbara (Barbara Groher-Preisig); Finkelerweg 38, CH-4144 Arlesheim, Tel. (0 61) 7 01 89 67, *barbara.groher@schreibt.ch, www.barbara.groher. schreibt.ch* (* Leipzig 7. 12. 41). P.E.N., SSV, jetzt AdS; Rom., Lyr. – **V:** Ein Baum ist eine Wurzel ist ein Baum, Lyr. 82; Feierblau, R. 84 (auch frz.); Fremdling, Fremdling 89; Ach, Heraklit 90; Das Gegenteil von kaputt, R. 90; Romana Du, Romana Ich, Erz. 93; Kinder des Lichts, G. 96; Ah und Oh, G. 97; Den Himmel erden, G. 98; MariaRose, G. 06; Fels und Flügel 06; Die heruntergekommenen Götter 07. (Red.)

Grohmann, Peter (Ps. Peter Meyerhold), Schriftst., Publizist; Olgastr. 1 A, D-70182 Stuttgart, Tel. (07 11) 2 48 56 77, Fax 2 48 56 79, *peter-grohmann @die-anstifter.de, www.peter-grohmann.de* (* Breslau 27. 10. 37). VS, Club Voltaire; Dt. Kabarettpr., Wartburger Lit.pr.; Rom., Ess., Lyr., Film, Hörsp. – **V:** Falsifikate, Bilder u. Texte 84; Kunst der Primitiven. Denkanschläge 89; Therapeuten hör' ich lachen 89; Das Therapeuten-Programm 89; Vom Stasi zum Aldi 91; Kopier mich. Denkanschläge 91; 30 Handreichungen – Lyrik für die Hosentasche 00; Erstes Sächsisches Kulturbuch 00 (auch Hrsg.). – **MV:** Die schlaflosen Nächte des Eugen E. – Tagebuch e. schwäb. Jakobiners, m. Eugen Eberle 82; Terezin, m. Venca Reischl 98; Der Fluß des Lebens, m. Dieter Blum 00. – **MA:** zahlr. Ess. in dt.spr. Zss. – **H:** Eugen Eberle. Reden, Aufsätze u. Initiativen ... 88; Zeitzeichen aus dem neuen Deutschland 93; Ulrich M. Cassel: Ich bremse auch für Türken 94. – **MH:** Plakat, Zs. seit 72. – **R:** Hoffmanns Geschichten, 16-tlg. Fs.-Serie 82–85.

Grohn, Daniel; lebt in München, c/o Deutsche Verlags-Anstalt, München, *daniel.grohn@yahoo. de* (* USA 76). Lit.stip. d. Stadt München 03, Bayer. Kunstförd.pr. f. Lit. 07; Rom., Erz. – **V:** Kind oder Zwerg, R. 06.

Grohs, Jürgen (Jürgen Groß, Ps. h. yureen/ yurén), Lehrer i. R., Internet-Autor; Am Ginsterbusch 1, D-48493 Wettringen, Tel. (0 59 73) 9 62 52, *info@weltwissen.com, mail@wortplus.com, www. weltwissen.com, www.wortplus.com, www.funktexte. net.* Nienkamp 7, D-48565 Steinfurt (* Vreden/Westf. 13. 11. 37). Ess., Hörsp., Texte im Internet. – **V:** Lebensbeschreibung, G. 73; Urworte und Zündsätze, G. 76; Zeus oder die Mordordnung/Taniko, Lehrst. 84; Der Mund – das menschliche Maß, Ess. 88; Weltgeschichte Aufklärung Wahn & Gewalt, Streitschr. 04; Die Evolution kassiert die Kriegskultur, Streitschr. 05. – **MV:** 177 Anhaltspunkte, m. Michael Jaeger, Epigramme 84. – **MA:** Beitr. in Lyrik- u. Prosa-Anth., Lit.- u. Kulturzss., seit 69; u. a. in: Aufklärung und Kritik, seit 05. – **MH:** Aqua Regia, Zs. f. Lit. u. andere Kulturschätze, m. U. Horstmann 76–78. – **R:** zahlr. literar. Beitr. im Hörfunk seit 77, u. a.: der Zau-aun, Hsp. 81; Aber der Fischer sagt, Hsp. 82; Macht Gewissen Geschichte, Schulfk-Reihe 90; Meine Freunde die Philosophen, Glossen 00.

Grohs, Karlheinz, Journalist u. Schriftst., Red. i. R.; c/o IRMBOOK – Buchwerkstatt u. Verlag, Rheinpromenade 47, D-53424 Remagen, Tel. (0 26 42) 2 25 35, Fax 2 38 12, *irmbook@aol.com, www.irmbook. de* (* Sinzig/Rhein 5. 3. 30). DJV 52, Autorengemeinsch. Dt. Journalisten 92; Erz., Rom. – **V:** Narben auf der Seele 92; Die Schwarze Madonna von Remagen 93; Und willst du nicht mein Bruder sein 94; Sag mir wo die Heimat ist 96, alles zeitgesch. Dok.-Erzn.; Treffpunkt Heimat, Geschn. 96, 2. Aufl. 98; Ein Wort nach dem anderen, Sachb. 96, 2. Aufl. 00; Schwarz-Rot-Goldene Bon(n)bons, zeitgesch. Dok.-Erzn. 98; Die Tänzer des Kalifen, hist. R. 01. – **MA:** Heimatbb. d. Kr. Ahrweiler seit 96. (Red.)

Groiss, Karl, Yogalehrer, Therapeut; Rathochstr. 17, D-81247 München, Tel. (0 89) 8 11 08 04, *margot_karl_ groiss@t-online.de* (* St. Pölten 2. 12. 44). Lyr. – **V:** Gehen ohne Ankommen, Lyr. 99; Ankommen ohne Gehen, Lyr. 01.

Groißmeier, Michael, Dipl.-Verwaltungswirt, Verwalt.OAR; Buchkastr. 8, D-85221 Dachau, Tel. (0 81 31) 8 21 70 (* München 21. 2. 35). Turmschreiber 02; Bürgermed. d. Stadt Dachau 84, E.gabe d. Stift. z. Förd. d. Schrifttums 86, E.gast Villa Massimo Rom 88/89, BVK am Bande 98; Lyr., Autobiogr. Rom., Erz. – **V:** Scherben der Zeit 63; Träume im Nachtwind 64; Lösch Lachen und Mohn 66; Sehnsucht nach Steinbrüchen 67; Die roten Vogelbarken schaukeln 69; Das Gladiolenschwert rostet 73; Unter dem Chrysanthemenmond 75; Schmetterlingsharfen und Laubgelispel 77; Stimmen im Laub 79, alles G.; Mit Schneemannsaugen, 252 Haiku-G. 80; Bestrafung f. Atemzüge, G. 81; Haiku-G., dt.-jap.-engl. 82; Schnee auf d. Zunge, G. 83; Dem Rausch mißtraue, G. 84; Seelenlandschaften, Haiku-G. 84; Zerblas ich den Löwenzahn, Haiku-G. 85; Hinter dem Kugel am Fuß, G. 88; Der Zögling, R. 91, 2.,überarb. Aufl. 02; Im Fadenkreuz, G. 92; Aller Leidenden Freude, Erzn. 93; Gartenlandschaften, Haiku 93; Unser freier Fall, G. 93; Unterm Schnee die Zuversicht, Haiku 94; Zwiegespräch mit einer Aster,

Haiku 94; Ausgewählte Gedichte 95; Gedichte 1963– 1993 95; Der Tod in Flandern, G. 96; Deine gespielten Exekutionen, Skrjabin!, G. 97; Vor der Windstille, G. 98; Die Heiligsprechung der Hühner, Prosa 99; In der Lichtströmung, Haiku 99; Getröstet von der Erde, G. 00; Glück wie Tau, 100 Tanka 00; Mein irdisches Eden, G. 01; Gedichte aus vierzig Jahren (1962–2001) 02; Ärmelschoner und Talar, Geschn. 03; Charons Blick, G. 03; Warum genügt uns nicht die Erde?, G. 04; Im Leuchtkäferlicht, Haiku 05; Suche nach Avalun, G. 06; Garten meiner Kindheit, G. 07; Die Wirklichkeit des Traums, G. 08. – **MA:** L. Reiners (Hrsg): Der ewige Brunnen. Ein Hausbuch dt. Dichtung 55, erw. u. aktual. v. A. v. Schirnding 05; Spuren der Zeit II 64; Der Bogen Quer, Anth. dt.spr. Lyr. d. Gegenw. 77; Anth. 3, Lyr. in 47 Sprachen 79; Anth. d. deutschen Haiku, jap.-dt. 79; Anth. d. Welt Haiku 78, 79; Wem gehört die Erde. Neue rel. G. 84; Die Pausen zwischen den Worten. Dichter über ihre Gedichte 86; Sprachbuch für Gymnasien Bayern, Schulb. 08. – **H:** Hans Jörg Cordell, Manfred Korinth, Peter Coryllis: Menschen/Gesichter/Stationen, G. 65; Rupert Schützbach: Die Einsamkeit ist unverkäuflich, G. 66. – **MUe:** ISSA, 48 Haiku, jap.-dt. 80; Treibeis, Haiku in Geschichte und Gegenwart auf Hokkaido, Japan 86, Neuaufl. 90. – *Lit:* W. Bortenschlager: Dt. Lit.gesch. v. 1. Weltkrieg bis z. Gegenwart 78; Paul Konrad Kurz: Apokalyptische Zeit. Zur Lit. d. mittleren 80er J. 87; Schweiggert/Macher: Autoren u. Autorinnen in Bayern, 20. Jh. 04.

Groll, Erhard, Dr. med., Arzt; Sperberweg 14, D-64291 Darmstadt, Tel. (0 61 50) 8 22 25, *UEGroll@t-online.de* (* Köslin 26. 11. 26). Rom., Erz. – **V:** Paninka oder Die Wahlverwandtschaft, autobiogr. Erz. (Zeitzeugenerinn. an d. Ende d. 2. Weltkrieges in Pommern) 97.

Groll, Karl, Rentner; c/o Ambulante Hilfe für Wohnungslose Kaiserstr. 2, Kaiserstr. 2, D-31134 Hildesheim, Tel. (0 51 21) 13 37 25, Fax 1 46 86 (* Eberbach/ Baden 25. 1. 49). Lyr., Kurzgesch. – **V:** Jürgen Schroeder hat versagt ... ! 99; Rund um den Johanniskirchhof, Kurzgeschn. u. Erzn. 02; Lenkrad's Ruh 02; Die Hölle in der Halluzination, Erz. 03; Der gejagte Jäger, Krim.-Erz. 03. (Red.)

Groll-Dillenburger, Inge von s. Dillenburger, Ingeborg

Groll-Jörger, Karin (auch Karin Groll), Dr., Kunsthistorikerin; Hirschstr. 14, D-79100 Freiburg, Tel. (07 61) 2 94 71 (* Freiburg 10. 6. 58). Rom. – **V:** Avanti Turisti. Eine Reiseleiterin in Florenz, R. 00; Von Tempeln, Thermen und Touristen. Aus dem Tagebuch einer Reiseleiterin am Golf von Neapel 07; – mehrere wiss. Veröff.

Gronau, Dietrich, Dr. phil., Schriftst.; c/o S. Fischer Verl., Frankfurt/M. (* Beelitz 16. 4. 43). Istanbul-Stip. d. Berliner Kultursenators 91, Buch d. Jahres auf d. Intern. Buchmesse Istanbul 94, Burgschreiber zu Beeskow 00; Prosa. Ue: frz. – **V:** Madame Lütfullah u. a. Erzählungen 83; Wie ein Sprung in das Leben 87; Nâzim Hikmet, Biogr. 91, 2. Aufl. 98 (auch türk.); Marguerite Yourcenar, Biogr. 92; Atatürk oder Die Geburt der Republik, Biogr. 94, 2. Aufl. (auch türk.); Martin Luther, Biogr. 95, Neuaufl. 06; Heinrich Heine, Biogr. 96; Max Liebermann, Biogr. 02, 3. Aufl. 06; Wir werden alle Brüder sein – Ein Tag im Leben der Atatürk, biogr. Portr. – **MA:** in: Tribüne, H.87/83 u. 92/84; Über alle Grenzen verliebt 91; Das Exil der kleinen Leute 91, Tb. 94; bin Stadtstreicherin 94; Allg. Jüdische Wochenztg, Nr.17 97; 100 Jahre Nâzim Hikmet, Ess. 02; Nâzim Hikmet. Zu seinem 100. Geburtstag, Ess. 02. – **R:** Ess. im Rdfk, u. a.: Der Jüdische Culturverein 1819–1923 97; Hans Henny Jahnn 98; Her-

Gronau

mann Kesten 98; Honoré de Balzac 99; Heinrich Mann 00; Emile Zola 02; Neue deutsche Literatur 03. – **P:** Ich bin Stadtstreicherin 96; Heinrich Heine, 14 CDs 03. – *Lit:* s. auch SK.

Gronau, Maria s. Goyke, Frank

Grond, Walter, Schriftst.; Nr. 23, A-3642 Aggsbach Dorf, *www.grond.cc, www.readme.cc, www. lesenamnetz.org.* c/o Haymon Verl., Innsbruck (* Mautern/Steiermark 25. 5. 57). Profil-Autorenwettbew. 80, Theodor-Körner-Pr. 85, Franz-Nabl-Pr. 86, Lit.pr. d. Ldes Stmk 91, Öl–1-Essay-Pr. 98; Rom., Ess., Netzwerkprojekt. – **V:** Die Geschichte einer wahren Begegnung 83; Landnahme, R. 84; Labrys, R. 89; Das Feld, R. 91; Stimmen, R. 92; Zur Stadt Wien, Stück 93; Absolut Grond, R. 94; Der Schopenhauer, Sch. 94; Grond Absolut Homer, R. 95; Der Soldat und das Schöne, R. 98; Die Geschichte des Buckligen, Stück 98; Der Erzähler und der Cyberspace, Ess. 99; Old Danube House, R. 00; Gipfelstürmer und Flachlandgeher 01; Almasy, R. 02; Drei Männer, N. 04; Schreiben am Netz, Ess. 03. – **MV:** Mein Schrank riecht nach Tier, m. Lucas Cejpek, Stück 90; Ascona, m. Jörg Schick 91. – **MA:** lit., kulturpolit., essayist. Beitr. in Anth., Zss., Ztgn u. im Rdfk. – **H:** Nebelhorn, Zs. 76–80; Essay. Eine Literaturreihe 91–97; Absolut, Zs. 92–94; Dossier Wolfgang Bauer 94; Liqueur im Standard, Zs. 95–96; Lesenamnetz, Bücher u. Websites 05. – **MH:** Literatur und dann das Studio Steiermark 85, 86. – **F:** Musil, der im Jahr 1981 aus der Emigration zurückkehrt, Dok. 81. – **R:** Kein Schweigen und kein Reden 89; Platon ade 89; Mein Schrank riecht nach Tier 90; Wachet auf, ruft uns die Stimme 91, alles Hsp.; Die lange Nacht der Literatur 90. – **P:** Wachet auf, ruft uns die Stimme, CD 91. – *Lit:* Klaus Zeyringer (Hrsg.): Öst. AutorInnen 95; Michael Cerha (Hrsg.): Lit.landschaft Österr. 95; Christine Rigler (Hrsg.): Kunst u. Überschreitung 99; Gerald Chapple (Hrsg.): Towards the Millenium 00; Christine Rigler (Hrsg.): Forum Stadtpark 02.

Gronius, Jörg W., Dr., Dramaturg, Schriftst., Publizist; Petersbergstr. 14, D-66119 Saarbrücken, Tel. (06 81) 5 88 20 86, *jwgronius@gmx.de.* Im Beckfeld 48, D-29351 Bargfeld (* Berlin 18. 9. 52). Förd.pr. f. Lit. d. Ldes Nds. 05, Ben-Witter-Pr. 07. – **V:** Kafka im Theater, Diss. 82; Ein Stück Malheur, R. 00; Das Wunder Hannover, Kurzgeschn. 02; Beckfeld Vertigo, G. 03; Das Wunder Hannover, Kurzgeschn. 04; Der Junior, R. 05; Plötzlich ging alles ganz schnell, R. 07. – **MV:** Stücke 1 93; Stücke 2 97; Stellen aus der Welt 00; Modersohn oder Kleine Einführung in die Katapultjagd, UA 01; Ich bin allein gegen 2000 Tiger (Stücke 3) 02; Stücke 4 07; Stücke 5 09, alle m. Bernd Rauschenbach, u. a. – **MA:** Fritz Wisten. Drei Leben für das Theater (Red. u. Gestalt.) 90; Geschlossene Vorstellung. Der Jüd. Kulturbund in Dtld 1933–41 92; Arno Schmidt? – Allerdings!, Ausst.-Kat. 06; Peine, Paris, Pattensen 06. – **MH:** Ernst Fuhrmann: Der Geächtete, m. Bernd Rauschenbach 83; TheaterMacher, m. Wend Kässens 87; Tabori, m. dems. 89; Willi Schmidt. Das Bühnenwerk, m. Franz Wille 90. – **P:** Tonstörungen aus Philadelphia, Stücke, CD 00; Sein Wunder sein Maß Erhard, Revue, CD 04, beide m. B. Rauschenbach.

Gronki, Heide, Ausbildung z. Einzelhandelskauffrau, zuletzt Geschf. e. Heimtextilienhauses; Vierlingstr. 23, D-67227 Frankenthal, Tel. (06 2 33) 3 27 07 85, *berenice.stern@t-online.de* (* Stuttgart 30. 1. 39). Kulturver. Ansbach e.V. „Spuckdrumm" 01–07; Lyr., Erz. – **V:** Liebe – alles, was bleibt..., Lyr. 04; Sternenbraut. Liebe hat silberne Flügel, Lyr. 06. – **MA:** Erzn. in: Tage, an denen die Welt untergeht, Anth. 06; Ruhe-Stand, Anth. 07.

Gros, Rainer s. Erikson, Tom

Grosche, Erwin, Schriftst., Kabarettist, Musiker, Schauspieler; Piepenturmweg 18a, D-33100 Paderborn, *www.erwingrosche.de* (* Anröchte 25. 11. 55). Förd.pr. z. Dt. Kleinkunstpr. 85, Freimaurer Lit.pr. 89, Kulturförd.pr. d. Freimaurerloge 'Zum leuchtenden Schwerdt', Kurzszenenpr. 'Theaterzwang' 96, Pris Pantheon 96, Dt. Kleinkunstpr. 99, Morenhovener Lupe 99, Wilhelmshavener Knurrhahn 99, E.liste z. Öst. Kd.- u. Jgdb.pr. 01; Rom., Kinder- u. Jugendb., Lyr., Kabarett-Text. – **V:** Über das Abrichten von Grashüpfern, Geschn. 89, 91; Vom großen G und kleinen Glück, Geschn. 91; Alle Gabelstaplerfahrer stapeln hoch, Krim.-R. 93; Die kleinen Krebse 93; Das Mädchen vom anderen Stern 95; Mensch, Bommel! oder Aus freien Stücken forme ich ein Herz 96; Basti Blitzmerker und die Rätselfreundin 98; Das Schönste überhaupt ..., Geschn. 98; Auf leisen Sohlen 99; Charly Hases Osterhasenlexikon 00; Der Schlafbewacher 00; Engelchens Weihnachtslexikon 00; Lob der Provinz 01; Die Saubande 01; Herr Herbstein und die bravsten Kinder der Welt 02; Der Badewannenkapitän, G. u. Geschn. f. Kinder 02; Felicitas, Herr Riese und die Zehn Gebote 03; Warmduscher-Report 03; Weiß, weißer, Weihnachten, Geschn. 03; Wunder gibt es überall 04; Padermann, der Superheld 06; Anne, Bankräuberkurt und der Plastiktütenschatz 07, u. a. – **MV:** Achtung Monster 98. – **MA:** Wie man Berge versetzt 81; Die Erde ist mein Haus 88; Was für ein Glück 93; Oder die Entdeckung d. Erde 97, alles Jb. d. Kinderlit.; Ab in die Ferien 97; Endlich wieder Ferien 98; Von dir u. mir 98; GROSSER OZEAN 00; Ich will ein Tier 00. – **H:** Du machst mich froh, Gebetsamml. 02, 2. Aufl. 03. – **MH:** Paderborner, Ztg. 88–89. – **R:** Auf leisen Sohlen – Der Schatz d. kleinen Königs, Hsp. f. Kinder 04; Kabarettsdgn im Radio u. im Fs. – **P:** Badetag am Baggersee, Schallpl./Tonkass. 83; Die kleinen Krebse 92; Das Mädchen vom anderen Stern 93; Der fliegende Mensch 94; 1–2–3–4 Zähneputzen 96, alles CDs/Tonkass.; Der Schlafbewacher, Geschn. 98; Wenn ich König bin, CD 98; Der Badewannenkapitän, Lyr. 02; Du bist mein Liebling, Lieder 03; Herr Herbstein und die bravsten Kinder der Welt, Hörb. 04, alles CDs; Hütchenzauber, Kurzf., DVD 04. – *Lit:* Walter Gödden (Hrsg.): Lit. in Westfalen – Beiträge z. Forsch. 4; Paderborner Profile 98. (Red.)

Groschke, Ingrid, Malermeister, freischaff. Malerin u. Graphikerin, Mitarb. im Domowina-Verl.; Lieberoser Str. 42, D-15907 Lübben, Tel. (0 35 46) 34 12, Fax 22 61 24 (* Finsterwalde 6. 1. 45). Lyr., Kurzprosa. – **V:** Spreewald-Jahrbuch. Geschichten, Bräuche, Feste, Kurzprosa u. Lyr. 05; Spreewaldkater Moritz und andere Geschichten, Lyr. 06; Tim und Tom im Spreewald, Lyr. 08/09. – **MA:** Literareon Lyrik-Bibliothek, Bde 3–6; zahlr. Beitr. in: Płomje, sorb. Kinder-Zs.; Serbska pratyja, sorb. Kal.

Groschup, Sabine, Künstlerin, Filmemacherin u. Autorin; Grundsteingasse 17/2, A-1160 Wien, Tel. u. Fax (01) 9 74 72 61, *sabine.groschup@chello.at, www. sabinegroschup.mur.at* (* Innsbruck 12. 9. 59). Literar-Mechana 08; Wiener Filmpr. d. Viennale 08, „Tricky Women" Synchro Film- u. Videopr. 08, mehrere Arb.-stip. f. Lit. d. Ldes Öst. seit 97; Rom. – **V:** Alicia und die Geister, 2 Bde (Roman u. Interviews) 05; Teufels Küche, R. 08. – **F:** Kurzfilme u. Dok. auf Super 8, 16 u. 35mm, Video u. VaudKoll: Komeru Kanfas 83; 1220 83; Yks Raw 84; OgameO 84; Kloppun Kunfes 85; Geld 87; Messer 87; Nudeln 87; Liebe 88; Haus 88; Guten Morgen Madam Mona 89; All das All 89; Vahnzinn 90; 10–13-Nur Lügen vielleicht 92; Abitiamo Insieme 93;

Wideawake – Hellwach 99; Call Ester All 99; Ghosts – Nachrichten von Wem 00; Schoener Wohnen 05; Gugug 06.

Groschup, Walter; Gumppstr. 39, A-6020 Innsbruck, Tel. (05 12) 39 13 54, *cinematograph.walter@ tirolkultur.at* (* Feldkirch 2. 3. 58). Erz. – **V:** Der Schritt oder Protokoll einer Wehrlosigkeit 92; Lang lebe Valentins Hut, Dramolette 01. (Red.)

Groß, Albrecht; Bauerngasse 7, D-97720 Nüdlingen, Tel. u. Fax (09 71) 6 62 63, *albgross@aol.com* (* Bischofsheim 59). Lyr., Erz. – **V:** Die Yeti-Tour. Suche nach d. wahren Leben 02. (Red.)

Gross, Andreas s. Grosz, Andreas

Groß, Christian (Ps. Kriki), Cartoonist, Collagist; Großbeerenstr. 66, D-10963 Berlin, Tel. (0 30) 2 51 35 33, Fax 25 29 93 77, *christiangross-kriki@t-online.de* (* Lamstedt 9. 2. 50). VG Wort 85; Rückblende (3. Pr.) 01; Satirischer Text, Satirisches Ged., Rezension, Sachbuchtext. – **V:** Idiotikon 86; Der Berg ruft 86, beides Bild- u. Textsatn.; Das Collagen-Buch, Sachb. 87; Sei kein Frosch!! 89; In der Klinik für komisch Kranke 93; Das Schlimmste ist der Juckreiz 94, Tb. 97; Durchs wilde Kopistan 00; Im Reich der Schnitte 01, beides Bildtext u. Reiseprosa. – **MA:** Kunst im 3. Reich 74; Voller Bauch poussiert nicht gern 86; rAd ab!; Schmutz und Schund; Er hat gut lachen; Er hat gut landen; Er hat gut schlachten; Lemuren, (teilw. auch hrsg.). – **H:** Grober Unfug I 83, II 84; Der kleine Lemur 1–10, Text- u. Bildsamml. 96–04. – **MH:** Schmutz und Schund 84–87 VI; rAd ab! V/86, VI/87. – **R:** Beitr. f. RTL-Samstagnacht. – **MUe:** Mystery Island, in: Er hat gut schlachten! 98. – *Lit:* Frenz: 70 x die volle Wahrheit 87; Lutz Göllnitz in: Zitty 2/98; s. auch Kürschners Handbuch der Bildenden Künstler, 1. Aufl. 2005. (Red.)

Groß, Claudia, Mag. phil.; *Helmut.Mueller-Kleinsorge@t-online.de* (* Arolsen 26. 7. 53). Rom. – **V:** Die Runenmeisterin, R. 1.–3. Aufl. 99; Das Scholarium, R. 03. (Red.)

Groß, Gerd, ObStudR. a. D.; Waldstr. 2, D-96117 Memmelsdorf, Tel. (09 51) 4 16 70 (* Bamberg 25. 2. 48). Lyr., Erz. – **V:** Mit roter Tinte, G. 84; Windschattenspiele, G. 98; Vom kleinen Elefanten mit dem zu langen Rüssel 00 II; Erinnerungsraum Bamberg, Texte u. G. 02; Nickel kommt in die Bahnhofsstraße 47, Erz. f. Kinder 06. – **MA:** Beitr. in versch. Tagesztgn u. Anth. (Red.)

Gross, Gunter; c/o Droemer Knaur, München (* Thüringen 54). Phantastik-Pr. d. Stadt Wetzlar 00, IHK-Lit.pr. d. mittelfränk. Wirtschaft 00. – **V:** Der Gedankenleser, R. 00; City-Center, R. 02. (Red.)

Groß, Jürgen s. Grohs, Jürgen

Groß, Jürgen Siegmar Franz, Dipl.-Theaterwiss., Dramatiker; Dorfplatz 10, D-19303 Hohen Woos (* Brandenburg 4. 6. 46). SV-DDR 86, VS Berlin, Lit.-Kollegium Brandenbg 96; Dramatikpr. d. Min. f. Kultur u. Theaterverb. d. DDR 84, Stip. im Kulturhaus „Bergmannsglück" Gelsenkirchen 90, Stip. d. Ldes NRW 91, Lit.pr. d Stadt Offenbach 92, Autorenstip. d. Stift. Preuss. Seehandlung 93; Drama, Lyr., Hörsp., Fernsehfilm. – **V:** Trampelpfad 81; Match 84; Geburtstagsgäste 84; Motzek / Asche im Mund 89, alles Stücke; Notierte Gedichte 90; – **URaufführer:** Trampelpfad, UA 77; Match, UA 78; Geburtstagsgäste, UA 80; Die Diebin und die Lügnerin, UA 82; Denkmal, UA 83; Revisor oder Katze aus dem Sack, UA 84. – **MA:** Theater der Zeit 6/82; 6/86; 3/89; Die Übergangsgesellschaft. Stücke d. achtziger Jahre a. d. DDR 89; Geld oder Leben 97. – **R:** Der Bastard, 2-tlg. Fsf. 83; Hörspiele: Die Diebin und die Lügnerin 84; Match 89; Revisor oder

Katze aus dem Sack 89; Trampelpfad 90. – *Lit:* E.-G. Kautz in: Theater d. Zeit 11/78, 6/82; F. Hörnigk, G. Klatt, Ch. Neubert-Herwig, H. Pollow, P. Reichel: Für u. Wider „Geburtstagsgäste", in: Weimarer Beiträge 5/80; Ch. Herwig-Neubert: Angebote f. d. Gegenwartstheater, in: Zs. f. Germanistik 3/81; Ernst Schumacher in: Berliner Kritiken 82; G. Klatt: Nachw. in: Match u. a. Stücke 83; P. Reichel in: DDR-Lit. '83 im Gespräch 84; G. Klatt: ebda; U. Heukenkamp: Gegen d. unheimliche Einverständnis m. d. Untergang, in: Weimarer Beiträge 4/84; P. Reichel in: Material z. Theater, Theaterverb. d. DDR, Nr.117, Reihe Schauspiel, H.57 84; U. Profitlich: Dramatik d. DDR 87; G. Klatt: Nachw. in: Motzek / Asche... 89; W. Emmerich: Kleine Lit.gesch. d. DDR 00.

Groß, Karlheinz, Maler, Grafiker; Goethestr. 21, D-74395 Mundelsheim, Tel. (0 71 43) 5 98 80, Fax 53 30 (* Nordhausen 15. 7. 43). BDG; Die schönsten Bücher 83; Kinder- u. Jugendb. – **V:** Vom kleinen Vogel, der nicht singen konnte 67, Ich heiße Sigismund; Billy Backenzahn 85; Neue Geschichten von Billy Backenzahn 86; Billy Backenzahn ist Spitze! 88; Kalle Kugelbauch und Partner 93; Karlfriederich Fliegerich, der Summselbrummer 99. – **R:** Bildergeschn. f. Kinderfernsehprogr. seit 72, u. a.: Sendung mit der Maus; Löwenzahn; Pusteblume; 60 Folgen d. Bildergeschn.-Reihe „Billy Backenzahn" seit 84. (Red.)

Gross, Rainer, MA, BTh, Schriftst.; lebt bei Hamburg, c/o Pendragon Verl., Bielefeld (* Reutlingen 62). Debut-GLAUSER 08; Rom., Lyr., Erz. – **V:** Grafeneck, Krim.-R. 07, 5. Aufl. 08; Weiße Nächte, R. 08.

Groß-Striffler, Kathrin, Gymnasiallehrerin, Autorin; Iltisweg 29, D-07749 Jena-Wenigenjena, Tel. (0 36 41) 59 78 90 (* Würzburg 25. 2. 55). VS 05, Thür. Literarhist. Ges. PALMBAUM 05, VG Wort 06; Marburger Lit.pr. 00, Alfred-Döblin-Pr. 03, Stip. d. Kulturstift. Thür. 06 u. 08; Rom., Erz. – **V:** Das Gut, R. 03; Die Hütte, R. 03, 04; Herr M. und der Glaube ans Glück, Erzn. 05; Gestern noch, R. 07; Domino, Erzn. 07; Den Mond anbellen, Erzn. 09.

Große Berg, Marlene (Marlene Möddel-Große-Berg); Lindenstr. 55, Möddelhof, D-49808 Lingen/ Ems, Tel. (05 91) 21 32, *grosse-berg@t-online.de* (* Darme, Ldkr. Emsland 18. 5. 34). VG Wort 80, GvlF-84; Sachb., Sachbezogene Erz., Lyr., Mundart. – **V:** Selbstgebackenes, Sachb. 78 (3 Aufl.); Wat gäht us dat goud, Lyr. 84 (übers. in limburgisch Platt); Gute alte Bauernküche, Erz. 84; Eine Kindheit an der Ems, Biogr. 06. – **MA:** Mutter und ich. Das Mutterbild im Wandel d. Zeit, Lyr.-Anth. 84; Das große Buch der Senku-Dichtung 92; zahlr. Beitr. in Anth. u. Zss. – **R:** 3 Live-Sdgn im Fs. u. Rdfk. – *Lit:* Mit Mystikern ins dritte Jahrtausend 89; Das goldene Buch 93; Who's Who 04. (Red.)

Große, Manfred (Ps. Magro der Minutendichter); Chiemgaustr. 89, D-81549 München, Tel. u. Fax (0 89) 69 34 06 31 (* Essen 3. 9. 55). Lyr. direkt (nach Stichwörtern). – **V:** Freiklang. Blicke ins fremde Seelen, G. 93. (Red.)

Große-Harmann, Ute, Dipl.-Theol.; c/o Sonderpunkt Verlag, Langemarckstr. 18, D-48147 Münster (* Münster 17. 3. 58). – **V:** Jenseits der Angst, hist. R. 06.

Große-Oetringhaus, Hans-Martin, Dipl.-Päd., Dr.päd., Medienpäd., Referent f. Globales Lernen; Boomdyk 47, D-47839 Krefeld, Tel. (0 21 51) 73 46 89, *info@grosse-oetringhaus.de*, *www.grosse-oetringhaus. de* (* Klagebach 16. 2. 48). VG Wort, VS; Bad Wildbader Kd.- u. Jgd.lit.pr. 96, Pr. d. Leseratten 85; Rom., Nov., Kinder- u. Jugendb. – **V:** Wird Feuer ausbrechen?, Dok.-R. 80 (auch dän., schw.); Makoko – Abenteuer

Grossegger

in Kenia, R. 81; Nini und Pailat, spannende Gesch. aus Papua-Neuguinea v. Kindern zwischen Steinzeit u. Heute 84, Tb. 87; Partisanen in einem vergessenen Land, Dok.-R. 84; Wenn Leila Wasser holt 84 (auch dän., schw.); Knoten von Kinderhand 86; Pancho und die kleinen Menschen. Kinder in Lateinamerika greifen zur Selbsthilfe, m. Dias 86, 03; Kein Platz für Tränen, Geschn. 86; Han findet neue Eltern 87; Unter den Füßen die Glut 87, 00 (auch dän.); Das Geheimnis der roten Maschine, entwicklungspolit. Kriminalfall 88, 03; Bikai und Celestine 88; Im Rachen des Tigers, Korea-Leseb. 88; Noxolos Geheimnis, Geschn. 88; Der Reis ist wie der Himmel, Korea-Leseb. f. Kinder 88; Der kleine Elefant, m. Dias 89; Cecilia und der Zauberstein 90, 02; Jogan haut ab 90, 02; Liens großer Traum, Vietnam-Leseb. 90; Die Schönheit ist schon zu sehen, m. Dias 90; Kreiselgeschichten, m. Dias 92; Trompo 92; Kinder haben Rechte – überall 93; Überlebt, R. 93; Aminatas Entdeckung 94; Kokaspur 95; Frei wie die Drachen am Himmel 96; Laßt nicht locker! 96; Duisburg und ich 98; Kinder im Krieg – Kinder gegen den Krieg 99; Was habt ihr mit der Welt gemacht 00; United Kids 02; Kinder des Südens, Jgdb. 02; Stark wie Pippi Langstrumpf 03; Das Blaue vom Hafen 03; Zwischen Schreibtisch und dem Kreuz des Südens, Repn. 04; Wo Hoffnung greifbar wird, Repn. 04; Das kleine Vorlesebuch für kleine Menschen, Kdb. 05; Eulenschreie – mitten am Tag, Jgd.-R. 05; Kids in action, Jgdb. 05; Tierisch menschlich 07. – **MV:** Blätter von unten. Alternativztgn. in der Bdesrep., m. Franz Brüseke 81; Kinderhände, m. Franz Nuscheler 88; Nakosi, m. Renate Giesler 91. – **H:** Ich will endlich Frieden – Kinder im Krieg 98; Der kleine Prinz lebt 00; Menschenskinder. Neue Gedichte 04; Ich bin unverkäuflich 05; Das große Geburtstagsbuch 06; Geschichten voller Farben 08; An einem Strang ziehen 08. – **MH:** Duisburg auf den zweiten Blick, m. Sigrid Kruse 94; Verkaufte Kindheit, m. Peter Strack 95; Getäuscht, verkauft, missbraucht, m. Claudia Berker 03.

Grossegger, Gertrude Maria, Dipl.-Päd., Autorin; Mitterfladnitz 148, A-8322 Studenzen, Tel. (0 31 15) 38 07, *gertrude.grossegger@utanet.at* (* Knittelfeld 13. 11. 57). Öst. Rom-Stip. 05 u. 06, Lit.förd.pr. d. Stadt Graz 06; Lyr., Prosa. – **V:** es blieb was sie sah, Lyr. 03; im fluss, Lyr. 04; so stumm sind die fische nicht, Prosa 06. – **MA:** Veröffn. in Lit.zs. z.B.: STERZ; Lichtungen 04; lebensabschnittspartnerin, Anth. (Red.)

Großensee, Addi von s. Führer, Artur K.

Grosser, Karl-Heinz (Ps. G. Rosser); Arno-Holz-Str. 18, D-12165 Berlin (* Berlin 9. 3. 22). Rom. – **V:** Stirb wie ein Kerl 58; Wölfe am Himmel 60; Generale sterben im Bett 62; Tamburas 65 (übers. in 10 Spr.); Der Babylonier 68; Gigolo oder die Kunst der Existenz 91; Gabriela 02, alles R. (Red.)

Großkurth, Hans Jürgen (auch H.J. Großkurth, H. Jürgen Großkurth, Jürgen Großkurth), Lehrer, Autor, Stadtrat im Magistrat v. Bebra, Kreistagsmitgl. Landkr. Hersfeld-Rotenburg; Auf dem Schilderskopf 16, D-36179 Bebra, Tel. (0 66 22) 72 82, *juergen.grosskurth @web.de* (* Bebra 13. 4. 49). VS Hessen 76, IGdA 76, RSGI 77, GZL 95, Lit.ges. Hessen 96; Anerkenn. b. Lyr.wettbew. 'Zwei Menschen' d. Zs. das boot 76, 1. Pr. d. Welt am Sonntag im Wettbew. CARTOON 23 77, 3. Pr. b. Hafiz-Lit.pr.wettbew. (Lyr. – Gesamtwerk) 88; Lyr., Ess., Kurzprosa, Erz., Rezension. – **V:** Vers-Suche und andere Möglichkeiten, Lyr. u. Prosa 77; Worte im Wind, Lyr. Streifen 80; Ein liebes Wort, Geburtstagsb. 81, 2., erw. Aufl. Tb. 08; Filigran zernagt, G. 81; Exil, G. 83; In all den Jahren, G. 83; An-Schläge, Prosa Poesie 89; Irgendwann, Neue G. 89; Seegang, Prosa u.

Lyr. 94; Ein Mädchen für gewisse Stunden, Geschn. u. G. 97; Landgang, G. u. Geschn. 03; C/old plays – K/alte Spiele, G. 08. – **MA:** Ich lebe aus meinem Herzen, Lyr. 75; Deine Welt im knappen Wort, Aphor.; Poesie u. Prosa Bd 4; Lieben, glauben u. vertrauen, Lyr. u. Kurzprosa; Nehmt mir d. Freunde nicht, Lyr. 76; Solange ihr d. Licht habt, Lyr.; Diagonalen, Kurzgeschn.; D. rechte Maß; Lyr. u. Kurzprosa; Jb. dt. Dichtung, Lyr. u. Prosa; Im Lichtbereich d. Ethik Albert Schweitzers, Lyr. u. Kurzprosa; Querschnitt, Lyr. u. Kurzprosa; E. Dezennium, Lyr. u. Kurzprosa 77; In diesem Moment, G.; Jb. dt. Dichtung, Lyr. u. Prosa; Lyrik heute; D. Spiegel deinerselbst, Lyr.; D. Welt, in d. wir leben, Aphor.; Mauern, beste Wettbew.G.; 78; Schritte d. Jahre, G.; Anth. 3, G.; Lyrik '79; Jb. dt. Lit. '79, G. u. Kurzprosa 79; Ich denke an morgen, G.; Spuren d. Zeit, G.; Schön ist d. Jugend b. guten Zeiten, Lyr. u. Kurzprosa; Haiku; Entleert ist mein Herz, Haiku; Hoch schwebt im Laube, Haiku; In d. Tiefe d. Herzens, Renga; An der Pforte; IGdA-Alm. '80, Prosa u. Poesie; Kl. Anth. d. RSG z. Bayr. Nordgautag '80; Wortgewalt, Lyr. u. Prosa; Kreis im Kreise, Lyr. 80; Bayr. Nordgautag-Anth. 23–28, 30 80–90, 94; Gauke's Jb. 80–83, 85, 86; Wie es sich ergab; Lyrik heute; Poetisch rebellieren 81; Widmungen – Einsichten - Meditn.; Thema: Martin Luther, Bilder, Texte, Vorschläge f. Unterr. ...; Relig.päd. Arbeitsmappe; Friedens-Fibel 82; Verse im Winde, Ketten-G.; Gratwanderungen; Sonnenverhangene Tage, G. dt./engl.; Baum-Symbiosen 83; Schwing deine Flügel, Alm.; Zum Geburtstag alles Gute 84; Als d. Nacht anbrach, Alm.; Poesie fürs Album 85; Inseln im Alltag, Lyr.; Herzlichen Glückwunsch; Gegenwind, Lyr.; Haß – Liebe: Provinz, Ess., Lyr., Prosa; Mit dem Fingernagel in Beton gekratzt; Verführungen, Prosa u. Poesie; Carl Heinz Kurz: Dank u. Begegnung z. seinem 65. Geb; Käufliche Träume; Friedens-Schule 86; Weit üb. dem Land, Haiku u. Senryu; Ortsangaben, G.; Lyrik '87; D. gr. Buch d. Renga-Dicht. 87; D. kl. Buch d. Renga-Dicht.; Wortnetze; D. Projektb. Sekundarstufe 88; Geburtstagsfreude; Liebesgeschn. a. d. Alltag; Mit Mystikern ins dritte Jahrtausend; D. Geschenk d. Lebens; D. Zeit d. Weihnachtsmaus 89; Schickse u. Machino; D. Buch d. Tanka-Dicht.; D. gr. Buch d. Haiku-Dicht.; Lob d. kleinen Freuden 90; ferienreif – einfach ferienreif, Lyr. u. Prosa; Es gibt so viele stille Wunder 91; E. Brücke f. d. Frieden; D. gr. Buch d. Senku-Dicht. 92; Hdb. hess. Autoren; Jahresber. d. Bachgausschule Babenhausen; Malachite u. Smaragde, Lyr. 93; D. Feder schreibt kratzend, G.; Prost, Schopenhauer, Lang-G. 95; Sternenboot; D. schöne Nachbarin; D. stumme Frühling; Wie e. Kalabreser Feuer fängt ... 96; D. Glück b. Tante Emma, Leseb. 97; Phantomschmerzen d. Liebe 99; D. Süße d. Lebens 00; Gesicht zeigen gegen rechts; Wie Schnee von gestern; Aus anderer Landschaft 01; Kindheit im Gedicht 02; D. Gewicht d. Glücks 04; Dass ich nicht lache 05; Armut; Es ist schön, das Leben 06; ... vergeht im Fluge 07; ... auch ohne Flügel 08. – **H:** Appendix, Zs. 76; Moderne Lyrik – mal skurril 77; Inseln im Alltag, Lyr.-Anth., 2. Aufl. 86. – **MH:** Gratwanderungen, Lyr. 83. – **P:** Demo-Tonband-Kass. v. Harry Böseke mit Text v. H.J. G. f. dt. Rdfkanst. 87. – *Lit:* Autorenportr. in: das fenster Nr.121; Hdb. d. alternativen dt.spr. Lit. 76/77, 78/79, 80/81; Lichtband-Autoren-Bild-Lex. 80; Wer ist wer?; Who's Who in d. BRD; Hdb. hess. Autoren 91; www.autorenhessen.de, u. a.

Grossmann, Hartmut, Dipl.-Psych., Komponist; Columbusstr. 14, D-58300 Wetter (* Zwickau 19. 11. 30). Rom., Lyr., Erz., Dramatik. – **V:** Anfang im Ende. Aufzeichnungen e. Unbelesenen, R. 00, 2. Aufl. 02; Verwirrung in Altersburg, R. 02; Zweieck für drei u. a. Geschichten 06; Zwillichs Reise zu den Pyramiden, Erz. 07; Verkabelter Dominator. Orwellsche Komödie 08. – **MA:** Wieder schlägt man ins Kreuz die Haken, Lyr.-Anth. 01; Kriegszeit/Friedenszeit, Lyr.-Anth. 02; W. Klinger, E. Moers, E. Pfefferlen, W. Wenig, W. Westphal, W. Wiemer (Hrsg.): Die literarische Venus. Dorstener Lyrikpreis 2003; Lyrik u. Prosa unserer Zeit, N.F., Bd 3 06 – Bd 7 08; Deutsches Jb. f. Lyrik, Ausg. 2008.

Großmann, Karl-Heinz, Deutschlehrer; Steinacher Str. 111, D-96515 Sonneberg/Thür., Tel. (0 36 75) 74 42 48, Fax (0 36 75) 42 78 68 (* Güstrow 22. 2. 41). VS Thür., Arb.kr. Mundart Südthür. e.V.; Margarete-Braungart-Pr. f. Kunst u. Lit. d. Stadt Hildburghausen 00; Rom., Erz., Kurzgesch., Lyr., Dramatik (Hochdt. u. Mda.). – **V:** Mei Dörfla glänzt utn in Sunnalecht, G. u. Geschn. in Mda. 80; Der Tod des Fußballspielers, Krim.-R. 86 (auch russ.); Uem unnera Barg scheint die Sunn zeärsch, Mda.-Leseb. 88; Sumbarger Sprüch, ill. Spruchkarten 89; Stromstoß, Krim.-Drehb. 90; 650 Jahre Jagdshof. Eine Ortsgesch. 90; De Glockenraub, Mda.-Stück 97; Endlich auf der Mauer!, Geschn. u. G. in Hochdt. u. Mda. 00; Rattengift und Bimbes, Krim.-R. 06; Todesrennen, Krim.-R. 08; Der Struwwelpeter in Fränkisch, Hörb. (gelesen v. Autor) 08. – **MA:** zahlr. Prosa- u. Lyrikbeiträge in Anth. (Hochdt. u. Mda.). – **H:** Hüeflspaa un Spreißl 97 Mir hänga uns nei!; Thüringisch-Fränkischer Mundartsalat, m. CD 04; Punktlandung 07, alles Mda.-Anth.

Großmann, Martin, Musiker; Breslauer Str. 40, D-63739 Aschaffenburg, *martin@phonowerke-luna.de, www.phonowerke-luna.de* (* Aschaffenburg 22. 6. 71). – **V:** Doppelmond, Kurzprosa u. Lyr. 02. – **P:** mit d. Band „Carlos Mogutseu“: Carlos Mogutseu, CD/Tonkass. 96; Mama Halblang, CD 00; mit d. Band „Blutjungs“: Kinderteller, CD 97; Beiß mich, Baby!, CD 01. (Red.)

Grosz, Andreas (Andreas Gross), Übers.; Hofstatt, CH-6465 Unterschächen, Tel. (0 41) 8 79 00 05, *grosz @bluewin.ch* (* Luzern 22. 1. 58). ISSV 03; Werkbeitr. d. Zentralschweizer Lit.förd. 02; Lyr., Erz. Ue: frz, ital, port. – **V:** Die Ameisenstraße im Schrank 96; Fahnenflucht mit der Lokalbahn, Prosa 07. – **MV:** Zug, m. Guido Baselgia 94.

Grosz, Christiane, Keramikerin, Schriftst.; Frettchenweg 4, D-12623 Berlin, Tel. (0 30) 5 66 15 70 (* Berlin 7. 1. 44). SV-DDR 88, VS 91; Stip. d. Senats Bln, Stip. d. Stift. Kulturfonds; Lyr., Kinderb., Rom., Erz. – **V:** Scherben, G. 78, 82; Eule Max u. Basta, Kdb. 79, 93; Putz Munter, Kdb. 81; Blatt vor dem Mund, G. 83; Der alberne Herr Patella, Kdb. 85; Katze im Sack, Kdb. 85; Mein Wasserschwein Siglinde, Kdb. 86; Die Tochter, G. 88, 03; Die asoziale Taube, G. 91; Mit der Katze am Fenster, G. 00; Schwarz am Meer, G. 02. (Red.)

Grosz, Peter, Gymnasiallehrer, Schriftst.; In den 14 Morgen 78, D-55268 Nieder-Olm, Tel. u. Fax (0 61 36) 56 69, *PetGrosz@aol.com* (* Jahrmarkt/Rumänien 18. 9. 47). Förd.pr. d. SWF 78, UNESCO-Pr. f. e. didakt. Arbeit 79, Auslandsreisestip. v. VS u. AA 84, Bertelsmann-Lit.pr. 85, Hoffmann-von-Fallersleben-Pr. 92, Christoph-von-Schmidt-Pr. 93, Wilhelm-Holzamer-Plakette 98; Lyr., Prosa, Hörsp., Drehb., Theater. – **V:** Protokolle aus dem Hinterhalt, G. 77; am anderen anfang. fragezeichen, G. 79; Seiltanz Drehb. 80; Laudatio, Drehb. 80; Der Boxer, Erz. 83; Treibholz, G. 85; Der Anfang vom Ende des Anfangs, Erz. 89; Der Gruselbaum, Sat. 89; Wir sind so frei ..., Theaterst. 88, UA 90; Zuweilen. Ein Riß, Theaterst. 90, UA 91; Merhaba, Theaterst. 93, UA 93; sommerlang, Erz.

93; Die Bescherung, Kindergesch. 95; Alina, Aluna und die zwölf Monatsbrüder, Kdb. 96 (auch frz., ndl.); Die Nicolais, Kdb. 98 (auch frz., ital., engl., am., ndl., slowen., griech., korean., taiwan.). – **MA:** befragung heute (Bukarest) 74; Lyrik '78 (Zürich) 78; Tandem 3 78; Dimension (Austin/Tex.) 79; Zs. „L 76“ 79; In Sachen Literatur 79; Sassafras 80; walten verwalten gewalt 80; Menschenrechte im Unterricht 82; Surwolder Literaturgespräche 82; Opa riecht wie ein Apfel 83; Zweierbeziehung 84; Befund VII–VIII 84; Mainzer Kulturtelefon 84; Die Tiefe der Haut 84; Oh, bin ich glücklich 85; Hör mal zu, wenn ich erzähl 86; Begegnungen III 87; Das Wohnen ist kein Ort 87; Das Leben einfädeln 87; DalbergerHofBerichte 1–3 87–92; Warten auf Anschluß 91; Werkstatt Sprache 5 91; Vom Verschwinder der Gegenwart 92; Morgen kann es schon zu spät sein 93; Wenn man die Füße weniger schwer macht ... 93; Zeit Vergleich 93; Kultursommer-Kaleidoskop 94; Tatort Klassenzimmer 94; Heute die Zukunft beginnen 95; Alles so schön bunt hier 96; Die kleinen Riesen 96; Ich will, daß es aufhört 96; Stand up! 96; unterwegs 4 97; Poezja bez granic 97 (poln.); Beitr. in Schulb. – **H:** Hör mal zu, wenn ich erzähl 86; Pampig, Treffen junger Autoren '86 87; Sonni 87; Anthologie ohne Titel, Treffen junger Autoren '87 88; Gnadenlos alles, Treffen junger Autoren '88 89; Ruhig Blut, Treffen junger Autoren '89 90; DalbergerHofBerichte 2 90, 3 92; Vollkommen normal, Treffen junger Autoren '90 91; Warten auf Anschluß 91; Kopfüber, Treffen junger Autoren '91 92; Doch keiner fragt 93; Winklings, Treffen junger Autoren '92 93; Unter dem Steinhaut, Treffen junger Autoren '93 94; Am Rande des Himmels, dt.-poln. Anth. 95; Purpurflug, Treffen junger Autoren '94 95; eingekehrt. heimgekehrt, Hör-Anth., CD 95; Zwischen den Rädern, Treffen junger Autoren '95 96; Bis das Seil reißt, Treffen junger Autoren '96 97; Wolkenfischer, Treffen junger Autoren '97 98; Als gäbe es noch Zeit, Treffen junger Autoren '98 99; Morgens ziehen wir unseren Horizont zurecht. Treffen junger Autoren '02 03. (Red.)

Groszer, Franziska, Schriftst., Malerin; c/o Cecilie Dressler Verl., Hamburg (* Osterburg/Altmark 23. 1. 45). VS 77; Erich-Kästner-Pr. 87, Autorenstip. d. Stift. Preuss. Seehandlung 89, Alfred-Döblin-Stip. 08; Kinder- u. Jugendb., Hörsp., Ess. – **V:** Rotz und Wasser 87; Kaos mit der Katze 88; Tilly in der Pfütze 90; Julia Augenstern 91; Das Landei 95; Claire und Sophie, Jgd.-R. 04; Der blaue König und sein Reich 05; Anton und das verhexte Haus 08. – **MA:** Kein Wind schläg die Flügeltüren zu, Graf. u. Lyr. 79; Beschädigte Seelen. DDR-Jugend u. Staatssicherheit, Sachb. 96; Frauensichten, Ess. 00. – **R:** Julia Augenstern, Hsp. 99; Ein Sommer mit Tilly, 6-tlg. Serie 02; Ohrenbär, Radiogeschn. (Red.)

Grote, Alexandra von, Dr. phil., Regisseurin, Drehb.autorin, Schriftst.; Berlin, Tel. (0 30) 88 62 50 44, *info @alexandra-vongrote.de, www.alexandra-vongrote.de* (* 44). – **V:** Marie, Erz. 81; Weggehen um anzukommen, Drehb. 81; Novembermond, Drehb. 84; Augen, so blau wie das Meer, Erz. 91; Die unbekannte Dritte 98; Die Kälte des Herzens 00; Die Stille im 6. Stock 02; Das Fest der Taube 02; Tod an der Place de la Bastille 05; Mord in der Rue St. Lazare 05; Nichts ist für die Ewigkeit 06, alles Krim.-R. (Red.)

Grote, Friedel, Bankkfm. i. R.; Adolf-von-Hatzfeld-Str. 13, D-59457 Werl, Tel. (0 29 22) 32 28, Fax 91 17 79, *fgrote@gmx.de* (* Werl 18. 12. 41). Rom. – **V:** Auch Mord ist nur ein Todesfall, Krimi 05; Der Auftrag, Krimi 07.

Grote

Grote, Gert, Literat, Maler, Photograph, Bildhauer, Illustrator, Autodidakt, Kursleiter an e. Kunstschule; Nordstr. 12, D-28816 Stuhr, Tel. (04 21) 89 48 59, *gertgrote@hotmail.com, www.quellstein.de.vu, www. literaturhaus-bremen.de* (* Bremen 11. 3. 57). GZL 95; Lyr., Erz., Hörsp., Treatment, Bühnenst. Ue: engl. – **V:** Weiter, immer weiter ... 88; Art-iges 90 (auch dän.); Durch den Wind 90; Ein Hauch von Dasein 96; Gnade für ein Sandkorn, Lyr. 02; Grutzmundi erzählt, Erz. 02; Karl Joachim Scheel, Biogr. 02/03; Ungeschliffen & gefaßt, G. 03; Kochkessel der Gedanken. Von Prosa bis Lyrik 03; Klang der Flöte, Erz. 03 (auch als Drehb.); Momente, Ill./Verse 03; Begegnung im Regen, Prosa 03; Homage an eine Durchgangsstadt, Erz. 03; Ab-Gedicht 03; Die Kompaßnadel, G. 03; Wartehalle des Lebens, G. 03; Passiertes, G. 03; Weg der Erinnerung, G. 03; Der Clown am Pranger, G. 03; Erstens kommt es anders, Bü. 03; Anfang siehe Ende, Skizzen/Textb. 03; Die Sonne im Eis, Betrachtn. 03; Schneewittchen u. d. Wolf, Prosa 03; Der Kettenhund, Prosa 03; Der verlorene Brief, Prosa 03; Kochgedanken, Fotos u. eigene Rezepte 04; Was kann der Apfel denn dafür, lit. Skurrilitäten 05; Ganz nah bei mir, Ms. 05; Heimliche und unheimliche Geschichten 06; Und ein Engel flüstert mir ins Ohr 06; Schräg geservt, Verse (unveröff.); Resümé: 50 Jahre graue Theorie 07; gering geschätzt – wohlauf, Lyr./Ill. 07; Begegnung im Regen, Triagramm 07; Neue Lyrik 08; Das Loch im Reifen, phant. Erz. 08; Unterwegs, phant. Erz. 08. – **MV:** All-gemeines Kopfschütteln, m. Holger Rasmussen, Zeichn. u. Schüttelverse 85. – **B:** Texte v. M. Theodorakis; Das Bordbuch der Gral V, Hsp.-Ms. – **MA:** Litfaß., Lit.zs., Mai/Juni 98; Europa. Heimat od. Alptraum 98; Nationalbibliothek d. dt.sprachigen Gedichtes 00/ Lyrikveröff. auf Weinflaschenetikett 01; Deutsche Dichterbibliothek 01; Das neue Gedicht 02; Mein Papa und ich 02. – **R:** Beitr. in: Radio „46"; Radio FFN 88; Offener Kanal Bremen 94. – **P:** Grutzmundi, CD 02. – **Ue:** eigene Prosa ins Engl. 99. – *Lit:* Mein Papa und ich, Autobiogr. 02.

Grote, Paul, Soziologe, Journalist u. Autor; Ostpreußendamm 47A, D-12207 Berlin, Tel. (0 30) 76 80 21 16, Fax 76 80 21 17, *post@paul-grote.de, www.paul-grote. de* (* Celle 19. 9. 46). DJU, Das Syndikat; Krim.rom. – **V:** In Amazonien. Abenteuer Regenwald, Reiseber. 94; Tod in Bordeaux 04; Bitterer Chianti 05; Rioja für den Matador 06 (auch als Hörb.); Verschwörung beim Heurigen 07; Der Portwein-Erbe 08.

Grote, Wilfrid; Schumannstr. 12, D-81679 München, Tel. (0 89) 4 70 36 99 (* Hannover 27. 4. 40). Kindertheater. – **V:** Hinter den sieben Tapeten, 5 Stücke 85; Apfel aus dem Sack 95; Dornröschen 95; Adios Emilio, Kdb. 96; Überfall auf Billy Bill, Kdb. 98; Kleine Sprünge 99; Zackensucher, Kdb. 99, u. a.; zahlr. Stücke f. Kinder. (Red.)

Groth, Sylvia s. Danella, Utta

Grothe, Gerda, Dr. phil., Dipl. sc. pol., Historikerin; Thomasstr. 3, D-12053 Berlin, Tel. (0 30) 6 81 30 45 (* Berlin 7. 1. 13). Hist. Biogr. – **V:** Briand 48; Herzog von Morny, Biogr. 66 (auch frz.); Frankreich. Historia schleift einen Edelstein 89; Madame Roland, hist. Biogr. 89. – **Ue:** Jean-Pierre Rioux: Die Bonaparte 69; Edmond Rochedieu: Der Schintoismus 73. (Red.)

Grothe, Gertrud; c/o Ostfalia-Verl., Peine (* 18. 7. 26). Erz. – **V:** So eine 84; Wohl vom Dorfe, wie?, Erzn. 85; Dä Richtige, Erzn. 86; Nur eine Kerze, Geschn. 92; Noch nichts für dich, R. 93; Dauerwelle mit Gesang, Geschn. 00; Kleines Glück, Kurzgeschn. 01. (Red.)

Grotjahn, Friedrich, Journalist u. Autor; Brantropstr. 73 E, D-44795 Bochum, Tel. (02 34) 3 24 09 70,

Fax 3 24 09 71, *friedrichgrotjahn@gmx.de* (* Hary/ Nds. 3. 4. 35). VS 93; Rom., Erz., Hörfunkfeature. – **V:** Der weisse Neger wunderbar, Geschn. 89; Die Braut sagte Nein, Geschn. 93; Die dritte Tafel, Erz. 97; Der Geschmack von Messing, R. 01; Gottes Schuhgröße, Geschn. 01; Eine Gerechte, Erz. 02; Das ausgesetzte Buch, Erzn. 05. – **H:** Eva Bormann: Ich habe mir geschworen, nicht zu schweigen, Biogr. 06. – *Lit:* Degener/Käufer (Hrsg.): Sie schreiben in Bochum 04.

Grott, Karin, Fachschuldozentin, jetzt Rentnerin; Gerwischer Str. 77, D-39114 Magdeburg, Tel. u. Fax (03 91) 8 11 25 01 (* Berlin 13. 2. 35). FDA Sa.-Anh. bis 01; Lyr., Erz. – **V:** Rauhreif 93; Spätlese, Haiku u. Senryu 96; Krebs? Krebs, na und? 97; Wenn meiner Seele Flügel wachsen, G. 00; Gestörte Kreise – das Ich sucht seine Mitte 02; Rot sehen 03. – **MH:** Treidler. Künstlergemeinschaft Elbe-Saale-Aue, m. R. Bonack, M. Korn, W. Schallehn 03, 06. (Red.)

Grotwinkel, Elke s. Fröhlich, Eva

Grotz, Lisa (Elisabeth Grotz), Journalistin; Lange Gasse 14/21, A-1080 Wien, Tel. u. Fax (01) 4 06 63 69, *lisa_grotz@hotmail.com.* Bürgermeister-Wallner-Str. 7, D-87629 Füssen (* Ludwigshafen 16. 7. 56). VG Wort, Literar-Mechana; Reisestip. Slowenien 00, Stip. f. versch. Lit.projekte d. Stadt Wien; Lyr., Erz. Ue: engl, frz. – **V:** Bald sagst du bluten alle Felder, G. engl./dt. 99 (2 Aufl.). – **MA:** Die Welt (Kunstmarkt); Ess. f. d. Wiener Ztg (Wochenendbeil.); Übers. f. d. Wiener Ztg u. Vogue sowie d. Hess. Rdfk. (Red.)

Grube, Rita, Hausfrau; Grafenweg 9, D-26345 Bockhorn/Jadebusen, Tel. (0 44 53) 78 92 (* Cuxhaven 6. 3. 30). Lyr. – **V:** Kurz aber heftig, G. 97, 3. Aufl. 99. (Red.)

Grube, Tina, freie Autorin; c/o Blanvalet Verl., München (* Berlin 62). Rom. – **V:** Männer sind wie Schokolade 95 (auch als Fsf.); Ich pfeif' auf schöne Männer 96; Lauter nackte Männer 98; Schau mir bloß nicht in die Augen 00; Das kleine Busenwunder 02; Der Schokoholic 05. – **MV:** 49 Fragen und Antworten zu Thomas Mann, m. Thomas Klugkist 03. (Red.)

Gruber, Adelheid, freie Schriftst.; Danzerweg 23, D-85748 Garching, Tel. (0 89) 3 20 46 68, Fax 32 92 92 74, *AdelheidGruberVerlag@t-online.de, www.medien-im-dialog.de* (* München 13. 10. 57). Erz. – **V:** Traumjob gesucht! 00; Kakao, Würstl und eine Ohrfeige. Weihnachtserinnerungen 00; Ein Liegestuhl im Hyde Park – Trips to London, Reise-Erz. 00; Und immer wieder Griechenland, Reise-Erz. 03.

Gruber, Alexander, Lektor, Dramaturg, freischaff. Autor; Keplerstr. 13, D-33613 Bielefeld-Gellershagen, Tel. (05 21) 88 19 28, *www.alexandergruber-autor.de* (* Ebingen, heute Albstadt 2. 10. 37). – **V:** Mit Aug und Ohr. Streifzüge durch d. Bielefelder Dramaturgie 1975–1998 97; Münder Seele tauschend 98; Landschaften – Orte. Reisen ins eigene Fremde 03; Steigend das Jahr 04; Einem Berg begegnen 04; Auf Gras und auf Asphalt 04; Das Paulus-Konvolut 05; Ein Meerschwein hebt sein Bein. Wir fahren Kreuz 05; Schillers magische Rute. Beiträge z. theatralischen Denklust 05; Mozarts Ehre. Mehr Beiträge z. theatralischen Denklust 05; vergessene Mitlebende 06; Die Kapelle des Satans. Neue Beiträge z. theatralischen Denklust 07. – **P:** Rilkes Mutter, CD 07. (Red.)

Gruber, Andreas, Mag., kfm. Angest.; Mandlingasse 7, A-2560 Grillenberg, Tel. (0 26 72) 8 26 91, *angru @aon.at, www.agruber.com* (* Wien 28. 8. 68). IGAA; Pr.träger b. NdÖst.-Donaufestival 99, 4. Pl. b. Dt. Phantastik-Pr. 01 u. 1. Pl. 02, 2. Pl. b. Dt. Science-Fiction-Pr. 01, 3. Pl. b. Kurd-Laßwitz-Pr. 02; Prosa, Rom. – **V:** Der fünfte Erzengel, Erzn. 00, 04; Die letzte Fahrt der Enora Time 01, 2. Aufl. 03; Jakob Rubinstein, Phantastik-Krimis 03; Der Judas-Schrein, R. 05. – **MA:** Fantasyu. SF-Kurzgeschn. in: Weltuntergänge in detail 99; Das große Dorfhasser-Buch 00; Die Verfolgung und Ermordung des Richar Wagner 00; Spinnen Spinnen 01; Geschöpfe der Dunkelheit 02; Jenseits d. Hauses Usher 02; Das Spinnentier 02; Baggerseegeschichten 02; Welten voller Hoffnung 02; m@usetot 03; Die Alptraumfabrik 03; Pandaimninion III 03; Eiszeit 03; Psycho Ghost 04; Der Atem Gottes 04; Madrigal für einen Mörder 05; Mordlust – Erotic Crime Stories 05; Liber Vampirorum IV 05; Die Legende von Eden 05; Fantastisches Österreich 05; Arkham – ein Reiseführer 06. – **P:** Erz. auf: Solar X – Tonspur, CD 01. (Red.)

Gruber, Elisabeth Charlotte; Ferdinand-von-Saar-Gasse 19, A-8750 Judenburg, Tel. (03 572) 8 50 92 (* Scheifling 22. 12. 26). Kunst- u. Kulturwerkstätte Judenburg, V.S.u.K., IGAA; Lyr., Prosa, Rom. Ue: engl. – **V:** Licht und Schatten 90; Kreis des Lebens 91; Gelebte Träume – Geträumtes Leben 92, alles Lyr. u. Prosa; Demaskierung, Lyr., Prosa, Kurz-R. 97. – **MA:** Workshop-Texte – Spontanität des Schreibens 98; Judenburgs stille Zeit, Lyr., Prosa 98. – **MH:** So machen's alle, Lyr. u. Prosa 95; erlebt – erdacht – erlesen, Prosa 95. (Red.)

Gruber, Johann, Mag.; Nördersberg 25, I-39028 Schlanders, Tel. (04 73) 73 04 34, gruberjohann@gmx.at (* Schlanders 17. 1. 73). Prosapr. d. K.S.A. 94. – **V:** Diese, Dr. 92. (Red.)

Gruber, Marianne, Prof. h. c.; Gablenzgasse 82–86/6/22, A-1160 Wien, Tel. u. Fax (01) 4 92 09 63, Fax 5 33 40 67, office@ogl.at, email@mariannegruber.com, www.mariannegruber.com. c/o Österreichische Gesellschaft f. Literatur, Herrengasse 5, A-1010 Wien (* Wien 4. 6. 44). GAV 80, P.E.N. 84, ARGE Literatur 80, Köla 81–90, Podium, Öst. Ges. f. Lit., Präs. seit 94; Jurypr. d. Staatssekret. f. Frauenfragen (Bundeskanzleramt) 81, Sonderpr. d. BMfUK Kunst 81, Kd.- u. Jgdb.pr. d. Stadt Wien (Kollektivpr.) 82, Lit.förd.pr. d. Ldes Nd-Öst. 82, George-Orwell-Pr. 84, Otto-Stoessl-Pr. 86, Limes-Lyr.pr. 86, Kurzgeschn.pr. d. Stadt St. Pölten 88, Öst. Staatsstip. f. Lit. 90, Premio Giuseppe Acerbi 96, Öst. Würdig.pr. f. Lit. 97; Rom., Nov., Ess., Lyr., Kinderb. – **V:** Die gläserne Kugel, R. 81, 93 (auch engl.); Protokolle der Angst, Erzn. 84, 96 (auch bulg., poln.); Zwischenstation, R. 88, 95 (auch russ.); Der Tod des Regenpfeifers, Nn. 91, 95 (auch chin., engl., rum., czag., slow., russ., poln.); Windstille, R. 91, 95 (auch rum., ital.); Esra's abenteuerliche Reise auf dem blauen Planeten, Jgdb. 92, 96 (auch tsch., russ., rum.); Die Spinne und andere dunkelschwarze Geschichten, Erzn. 95; Ins Schloß, R. 04. – **MA:** Beitr. in ca. 70 Anth.; Mädchen dürfen pfeifen, Jungen dürfen weinen 81; Wer an der goldenen Brücke das Wort noch weiß, öst. Anth. in arab. Spr., Kairo 95. – **H:** Lit.zs. Podium 90–92. – **MH:** Die Rampe 91– in anderer Augen, m. Helmuth Niederle u. Manfred Müller, Anth. 97; Verschlossen mit silbernem Schlüssel, m. dens. 00; Frauen sehen Europa, m. Barbara Neuwirth 00. – Lit: Renate Darda: Österr. moderne Prosa. Das pros. Werk d. Autorin M.G., Mag.-Arb. (Krakow) 90; Beata Szczepanska: Die utop. Literatur. M.G.s Romane ..., Mag.-Arb. (Lódz) 92; Ute Weidenhiller: M.G. u. d. österr. Gegenwartsliteratur, Diss. (Rom) 94/95; Beatrice Riparbelli: L' Opera Narrativa di M.G., Diss. (Florenz) 95/96; Radulescu Andrea Coman: Fantast. Welten in d. Erzn. v. M.G., Mag.-Arb. (Timisoara) 00. (Red.)

Gruber, Paul Gerhard, Prof., Ing., Chefred.; Endreßstr. 135/9, A-1230 Wien, Tel. (01) 8 88 50 23 (* Graz 2. 2. 38). ARGE Literatur 70; Rom., Kinder- u. Jugendb., Hörsp. – **V:** Abendzug nach Wien, R. 73; Der blaue Sessellift, R. 73; Das Juwel, R. 76, 83; Ein Bauer aus Rosendorf, N. 80; Sofia Salzstangerl, M. 80; Eine Sommergeschichte, Jgd.-R. 87; Antoinette und verliebt? 88; Ein Glück kommt selten allein 90; Am Stadtrand, Erz. 91; Hinter den Pyramiden 92. – **MV:** Land vor der Stadt 73; Allesamt ein irdisch Paradies, m. Alfred Passecker 76. – **R:** Sofia Salzstangerl, Hsp.; Wendelin Grübel, Jgd-Hf. (Red.)

Gruber, Peter; Mariahilferstr. 76/63, A-1070 Wien, Tel. (06 64) 5 33 11 07, Fax (01) 5 26 74 07, text@petergruber.com, www.peter-gruber.com (* Rottenmann/Stmk 12. 2. 55). Lyr., Prosa, Spiel. – **V:** In Augen Kristall, G. 87; Alpträume, Sagen u. Erz. 90; Gedichte, Samml. 94; Notgasse, R. 98; Schattenkreuz, R. 01; Tod am Stein, R. 06; Sommerschnee, Text u. Fotogr. 06; – BÜHNE/UA: Der Gamshuber, Wildererspiel 92; Erntedank, Bauernspiel 95. – **MA:** Anth.: Zwischen den Zeilen das Leben 87; Lust & Leid – Frust & Freud 92; Österreichische Lyrik XXIX 92; Auf dem Wege zum Licht 93; Steirische Almen 08.

Gruber, Reinhard P. (Reinhard Peter Gruber); Wald 60, A-8510 Stainz, Tel. (0 34 63) 44 78 (* Fohnsdorf 20. 1. 47). IGAA; Staatsstip. d. BMfUK 72, Förd.pr. d. Stadt Graz 77, Buchprämie d. BMfUK 78, 82, Förd.pr. f. Kd.- u. Jgd.lit. d. Ldes Stmk 81, Lit.pr. d. Ldes Stmk 82, manuskripte-Pr. 95, Öst. Würdig.pr. f. Lit. 02; Drama, Rom., Nov., Ess., Film, Hörsp. u. Bearbeitung, Lyr. – **V:** Alles über Windmühlen, Ess. 71; Aus dem Leben Hödlmosers, ein steir. Roman m. Regie 73; Im Namen des Vaters, R. in Fortsetzungen 79; Himmwärts einwärts. Die Abstände in d. Beständen d. Zustände, Kurzprosa 81; Die grüne Madonna 82; Endlich Ruhe, Bü. 82; Nietzsche in Goa, Bü. 85; Vom Dach der Welt, Schicksals-Nn. 87; Nie wieder Arbeit 89; Das Schilcher ABC 89; Bühne frei – das Stück ist aus, Theaterst. 90; bei den schönsten Frauen der Welt 90; Styrian Flesh and Blood 92; Einmal Amerika und zurück, Prosa 93; Fritz, das Schaf, Kdb. 96; Die Geierwally. Ein steir. Musical 96; Glück, St. 97; Werke 97–00 V; Vollständige Beschreibung der Welt und Umgebung 03; Zweimal hundert Gedichte gegen Gedichte, Lyr. 04; – Stücke: Oscar, m. Ernst Wünsch 75; Nepal, m. Urs Widmer u. Sissi Tax 77; Der Schilcher ist aus 80; Endlich Ruhe 82; Space Travel oder Nietzsche in Goa 84; Heimatlos. Eine steir. Wirtshausoper in e. Rausch 86; Aus dem Leben Hödlmosers 91; Die Geierwally, Musical 95; Glück, Musical 97. – **MV:** Erzählungen, m. B. Hüttenegger u. Nager 76; Ein Jodler für Johann oder Der März ist gekommen, m. Schönwiese 83; Das Negerhafte der Literatur, m. Ludwig Harig, Ess. 92. – **MA:** Daheim ist daheim. Neue Heimatgeschn. 73; Winterspiele, Kurzprosa 75; Glückliches Österreich, Kurzprosa 78; Kindheitsgeschichten, Erzn. 79; Die Außerirdischen sind da. Eine Umfrage 79; Tintenfisch 16; Der geschärfte Sinn, Kurzprosa 81; Graz von innen, Kurzprosa 81; Die Industrie entläßt ihre Kinder, Fsp. 76; Endlich Ruhe, Hsp. 82; Hühnersaga, Fsp. 82; Der ewige Tag, Hsp. 83; Club 82, Fsp. 83; Nietzsche in Goa, Hsp. 85; Der Schilcher, Fs.-Dok. 89. (Red.)

Gruber, Robert s. Bekker, Alfred

Gruber, Roswitha (geb. Roswitha Erlenkamp); Oberbichler Str. 10, D-83242 Reit im Winkl, Tel. (0 86 40) 79 84 20, Fax 79 71 50, Roswitha.Gruber@web.de, www.roswitha-gruber.de (* Trier 3. 8. 39). Erz., Rom., Sachb. – **V:** Die Zeit, die dir bleibt, Sachb. 92, 3. Aufl. 95; Ehemann adé! Aber wie? 01; Die tugendsame Richterin 02; Die entflohene Nonne 02; Eine unbehütete Tochter 03, alles R.; Sehnsucht nach Liebe 05; Großmütter erzählen 06, 3. Aufl. 07; Vom Zauber der Kindheit 07; Wunderbare Kindertage 07; Mein Leben als Berghebamme 08, alles Erzn.; Das dunkle Geheimnis der Hebamme, R. 08/09; Neue Geschichten von der Berghebamme (Arb.titel) 08/09. – **MA:** Lehreralltag – Alltagslehrer 96.

Gruber, Sabine; Czerninplatz 2/1/16, A-1020 Wien, Tel. u. Fax (01) 2 12 72 01, *mail@sabinegruber.at, www.sabinegruber.at* (* Meran 6. 8. 63). GAV, Vorst.-mitgl. seit 97; Pr. d. Kulturkr. d. Stadt Brixen 82, RAI-Kurzgeschn.pr. 85, Förd.pr. d. Gem. Lana 90, Stadtschreiberin v. Klagenfurt 94/95, Lit.förd.pr. d. Stadt Wien 96, Solitude-Stip. 98, Reinhard-Priessnitz-Pr. 98, Öst. Förd.pr. f. Lit. 00, Wiener Autorenstip. 00, Stadtschreiberin v. Innsbruck 01, Heinrich-Heine-Stip. 02, Elias-Canetti-Stip. 04–05, Walther-von-der-Vogelweide-Förd.pr. 07, Anton-Wildgans-Pr. 07, Buch.Preis 08; Lyr., Prosa, Rom., Drama, Hörsp., Ess. Ue: ital. – **V:** Bis daß ein Tod, Monolog, UA 97; Aushäusige, R. 96, Tb. 99 (auch russ.); Tage oder Schweigen, G. 02; Die Zumutung, R. 03, Tb. 07; Über Nacht, R. 07. – **MA:** Gedichte, Erzn., Hsp. u. Stücke in versch. Lit.zss. u. Anth., u. a. in: MANUSKRIPTE; wespennest; Europa erlesen; KOLIK; Quart; Spectrum/Die Presse; Literatur u. Kritik; Wien. Eine lit. Einladung; Jb. d. Lyrik 07. – **H:** Reisende auf Abwegen, Anth. 93. – **MH:** Es wird nie mehr Vogelbeersommer sein... In memoriam Anita Pichler 98; Das Herz, das ich meine. Essays zu Anita Pichler 02, beide m. Renate Mumelter. – **R:** Der Vogelfänger, Hsp. 93; Bis daß ein Tod, Monolog 97; Presto. Prestissimo. Ein Täuschungsmanöver, Hsp. 97.

Gruber, Sabine M. (Sabine Maria Gruber, geb. Sabine Gattermeier), Mag.phil., Schriftst., Übers., dipl. Schriftpsychologin; Hauptstr. 170, A-3400 Klosterneuburg/Kierling, Tel. (0 22 43) 8 31 29, *sabine-gruber@ eunet.at* (* Linz 9. 2. 60). Anerkenn.pr. d. Ldes NdÖst. f. Lit. 02. Ue: engl, frz, russ. – **V:** Der Schmetterlingsfänger, R. 99; Unmöglichkeiten sind die schönsten Möglichkeiten, Ess. u. Zitate 02, 3. Aufl. 03; Michaels Verführung, R. 03. – **MA:** Musikfreunde (Ges. d. Musikfreunde Wien) 03, 04, 05; Engelsgeschichten am Kamin 05. – Ue: Madeleine Chapsal: Französische Schriftsteller intim, Ess., Gespräche 89. – **MUe:** Glenn Watkins: Gesualdo, m. Stephan Kuhlmann, Biogr. 00. (Red.)

Gruber, Wilhelm, Sonderschullehrer; Am Kleibach 17, D-48153 Münster, Tel. (02 51) 78 56 00, Fax 7 62 54, *wilhelm-gruber@onlinehome.de* (* Walchum/ Emsland 22. 4. 50). Kinder- u. Jugendb., Erz., Hörsp. – **V:** Ausw.: Aron oder Vom Krieg erzählen nicht nur Helden, Erz. 89; Ein Tanzbär bleibt in Telgte 89; Im Tölt durchs Moor 89; Lauf, Tachi! 94, Tb. 98, Neuausg. 06 u. d. T.: Freiheit für Shanda; Lieber alter Zottel 96; Weihnachtsgeschichten: Nikolaus und der Glatteis, Die Weihnachtsschafe 97; Der Kopfstandleser 98; Wo das Wasser salzig wird 03, alles Kdb. – **R:** Wer war der Apotheker?, Erz. 91. (Red.)

Gruber-Rizy, Judith (Judith Rizy-Gruber, Judith Gruber), Dr., Schriftst., Journalistin; Suchenwirtplatz 9/20, A-1100 Wien, Tel. (01) 6 02 99 13, *judith.gruber-rizy@chello.at, www.judith-gruber-rizy. com* (* Gmunden 1. 11. 52). IGAA, Ö.S.V., Vorst.mitgl., GAV; Theodor-Körner-Förd.pr. 94, Max-v.-d.-Grün-Pr. 96; Rom., Erz. – **V:** Aurach, R. 01; Zwischen Landschaft, Erz. 06; Einmündung, R. 08. – **MA:** zahlr. Beitr. in Lit.zss. u. Anth. seit 92, u. a. in: Geschichten aus der Arbeitswelt; Facetten; Landstrich; Podium; Linzer Frühling; Texttürme. – *Lit:* A. Tiefenbacher in: Kulturbericht Oberösterreich 02; E. Haslehner in: Literarisches Österreich 05; M. Podzeit-Lütjen in: ebda 06.

Gruchot, Hilla (auch Hilla Talmon, Hilla Talmon Gruchot), 58 Abitur Eberhard-Ludwig-Gymn. Stuttg., danach Studium Univ. Tübingen u. München sowie Studienaufenthalte in Genf, Paris, Südfrankr. u. Holland, Lyrikerin, Malerin, Presselektorin, freie Journalistin f. Kunst u. Lit.; Solothurner Str. 22, D-81475 München, Tel. (0 89) 7 55 13 64, *www.bbk-bundesverband. de, www.gedok.de, www.kuenstlergilde.de* (* Ruit auf den Fildern/Stuttgart, jetzt Kreisstadt Ostfildern-Ruit 6. 12.). Künstlergilde (Lit. u. Kunst) 86, Autorengalerie München 88, BJV 88, GEDOK München (Lit. u. Kunst) 89, VS 90, DJU 90, BBK München u. Obb. 90, Mondriaanhuis Amersfoort 90, Freundeskr. Konkrete Kunst Ingolstadt 92; Villa-Massimo-Stip. 91; Lyr., Texte z. Bildenden Kunst (Visuelle Poesie, Wort/Bild, konkret-konstruktive Arb., Poetologien). – **V:** stabiles rot, m. Graphik v. Heinz Gruchot 87; herzjoker 88; hängemattenpoesie 04; nomadenzeilen, m. Graphik v. Heinz Gruchot 05; regenbogenzeit 06; sommerdreieck, m. eigenen Collagen 06/07, alles Lyr.; – Einzel- u. Gruppenausst. im In- u. Ausland (in über 100 Städten) seit 69, Künstlerbücher/Buchobjekte seit d. 70er, Loseblatt-Lyr., Lyr.-Postkarten, Wort/Bild-Collagen u. Serigraphien seit den 80er Jahren. – **MV:** Auf Schwalbenflügeln, Renga 01. – **MA:** seit ca. 80 zahlr. Beitr. in Lit.- u. Kunstzss., u. a. in: NIKE; UND; SZ-Beil.; Künstlergilde; im bilde; im BR u. im SWF/SWR; in Katalogen, Faltbll. u. Mailart-Dokus; Lyr., Wort, Bild, Texte in Anth., u. a. in: textbilder 80; fahnenlyrik 82; wort/bild, Kass. 86; Begegnungen 87; labyrinthe 88; epi-ab-/aussichten 89; LADY-Kal., Kart 89; Zeitausgaben 89; erde 90; Zeitgenöss. Gedichte 90; das geschriebene Jahr 90; paarweise. Männer-/Frauenlyrik 93; Aufbruch – Blick 2000 95; open book 95; In meinem Gedächtnis wohnst du 97; Denn wo ist Heimat? 98; visuelle poesie 00; Ich träume deinen Rhythmus ... 03; Nationalbibliothek d. dt.sprachigen Gedichtes 04; INORI 05; A-Z/TEC ... 06; „zitiert" 07; Buchstaben-Polyptychon TUTZING 08/09. – **P:** Tonkass.: zahlr. öffentl. Lesungen, z.T. m. Musik, seit d. 80ern; Wunschlyrik im BR, mehrmals seit 97; Lit.tel. München 94. – *Lit:* Pressearchiv d. BR; Bayer. Staatsbibliothek München; Nationalbibliothek Paris; Monacensia-Lit.archiv München; Archiv Künstlergilde Eßlingen/Berlin; Dt. Schriftst.lex. 02; Kürschners Handbuch der Bildenden Künstler Dtld Öst., Schweiz, 1. Aufl. 2005; Kroll Pressetb. f. Kunst Architektur Design 05/06.

Gruda, Konrad, Red. ZDF i. R.; Walkmühlstr. 61c, D-65195 Wiesbaden, Tel. (06 11) 4 05 05 52, Fax 4 05 06 67, *konradgruda@gmx.de* (* Bielitz 25. 10. 15). 2. Pr. Wettbew. d. Poln. Literaten-Verb. u. d. Poln. Olymp. Ges. f. Kurzgeschn. 60, 5 weit. Pr. f. Erzn. in Polen; Nov., Rom., Fernsehst., Rep. Ue: poln, russ. – **V:** 5 Bücher in Polen 52–67; Der Torjäger 74; Zwölf Uhr eindundvierzig 75, 79; Kein Sieg wie jeder andere, Erzn. 78; Mount Everest, auf Tod und auf Leben 80; Der Slalomhang oder Der Hang zum Slalom, Erzn. 90 (auch poln.); Diese kleine Unsterblichkeit, Erzn. 95 (auch poln.). – **MA:** zahlr. Beitr. in: Wiesbadener Kurier; Städt. Ztg. – **H:** Junior Sport, Buch-R. seit 76; Die Neue Schule, Buch-R. seit 82; Die Leseabenteuer-Bücher, Anth. seit 84. (Red.)

Grübel, Reinhard, Student, wiss. Schriftst.; Hochstr. 11, D-57392 Schmallenberg, *www.schriftenmathematik.de* (* Bad Fredeburg 23. 1. 48). Dt. Akad. f. Spr. u. Dicht., Börsenver. d. dt. Buchhandels, GZL. – **V:** u. **H:** Gesammelte Verse, Aufsätze und Briefvorträge. Mein „christliches Engagement" für den Weltfrieden; – Schriften Mathematik. Aufsatz, Bericht u.

Kommentare; – zahlr. wiss. Aufsätze, Berichte u. wiss. Kommentare.

†**Grühn**, Wolfgang; lebte in Bad Schwartau (* Stolp/ Pommern 3. 6. 25, † lt. PV). Gesch., Erz., Autobiogr. Rom. – **V:** So könnte es gewesen sein, Erz. 04; Was Vater erzählte, Erz. 04; Ich wollte kein Versager sein, autobiogr. R. 05. – **MA:** Jb. f. Heimatkunde Eutin 03– 05.

Grüll, Sieglinde Maria *

Grün, Christian; Paul-Gerhardt-Str. 8, D-01445 Radebeul, Tel. (03 51) 4 00 61 59, Büro: 8 36 33 41, *remisia@web.de* (* Berlin 17. 2. 57). – **V:** Kokeros. Aus den Aufzeichnungen d. Ullrich Sachse, R. 06; Das Wei- ße Roß. Geschichte u. Geschn. e. alten Radebeuler Gasthauses 07. – **H:** Die Serkowitzer Chronik des Max Klotzsche 08.

Grün, Gerd (Ps. Myrdin, Clas, Felice Mantovan- Verdi), Dr.; Am Spik 45, D-44789 Bochum, *info@ gruenverlag.de* (* 12. 5. 45). Erz., Übers. Ue: frz. – **V:** Branwen – Etain – Keridwen 00; Lugovios oder Der Weg des Opfers 00; Ich töte, also bin ich 00; Jenseits von gut ist böse 00; Die kelydonische Helix 02; Dich- tes Haar und grobe Lettern 05; Die zweispitzige Nadel 07. – **Ue:** Anatole Le Braz: Todeslegenden der Breta- gne 03.

Grün, Willi H., Dipl.-Finanzwirt, Schriftst.; Ro- senstr. 11, D-57614 Wahlrod, Tel. (0 26 80) 87 50, Fax 15 10, *WilliH.Gruen@t-online.de* (* Wahlrod 10. 10. 32). Auszeichn. d. Gewerbeforums Westerwald „Mit Ecken und Kanten" 07; Rom., Sachb. – **V:** Schan- braten, R. 91, 96; Der Clan der Steuerhaie 94, 96; Mit nix an den Füß ... 03; mehrere Börsen- u. Steuerbücher, u. a.: Mehr Geld verdienen mit Aktien, 27. Aufl. 07. – *Lit:* s. auch SK.

†**Grün**, Wolfgang G. (Ps. Peter Marwig, Wolf Ver- reux, Bert José), Anzeigen-Werbeleiter, Autor, Indu- striekfm., Red.; lebte in Albbruck u. zuletzt in Bonn (* Bad Freienwalde 3. 10. 16, † lt. PV). FDA 75–92; Rom., journalist. Arbeit. – **V:** Heino Hecht oder die Lü- ge der langen Jahre, R. 84. – **MV:** Kleines Kulturalpha- bet, m. H. Heyer u. G. Sello, Ess. u. Lyr. 46/47; Der In- nere Kreis, m. H. Heyer, Erzn. 47. – **B:** 13 Filmdrehbü- cher (zu Romanen bearb., ersch. in d. Zs. „Funkstunde") 52–57. – **MA:** Export-Anzeiger (leit. Red.) 47; Aussen- handelsdienst (leit. Red.) 47; Mediator 47; Dt. Rund- schau (Zürich) 50. – **H:** Zeitgeschehen – klar gesehen 80ff. – *Lit:* AiBW 91.

Grünauer, Edith, Dr. med.; Kuckuckseck 1, D- 24354 Kosel, *edith-gruenauer@gmx.de* (* Vechta 22. 6. 44). NordBuch e.V.; Lyr., Kurzgesch. – **V:** An Bord, an Land und anderswo. Lyrische Gedichte u. Limericks 07.

Grünbein, Durs; lebt in Berlin, c/o Suhrkamp Verl., Frankfurt/M. (* Dresden 9. 10. 62). Dt. Akad. f. Spr. u. Dicht. 95, Akad. d. Künste Berlin-Brandenbg 99, Sächs. Akad. d. Künste 05; Leonce-u.-Lena-Förd.pr. 89, Mar- burger Lit.pr. 92, Bremer Lit.förd.pr. 92, New-York- Stip. d. Dt. Lit.fonds 92, Projektstip. d. Ed. Marianen- presse 92/93, Petrarca-Pr. (Nicolas-Born-Pr.) 93, Lit.- stip. d. Stift. Preuss. Seehandlung 94, Autorenförd. d. Stift. Nds. 95, Georg-Büchner-Pr. 95, Peter-Huchel-Pr. 95, Premio Nonino, Lit.pr. d. Salzburger Osterfestsp. 00, Spycher: Lit.pr. Leuk 01, Friedrich-Nietzsche-Pr. d. Ldes Sa.-Anh. 04, Friedrich-Hölderlin-Pr. d. Stadt Homburg 05, Berliner Lit.pr./Heiner-Müller-Gastpro- fessur FU Berlin 06, Premio Pier-Paolo-Pasolini, Ostia/ Ital. 06, Heine-Gastprofessur U.Düsseldorf 07/08, Pour le mérite 08, Villa-Massimo-Stip. 09; Ess., Ged., Dra- matik. Ue: agr, lat, engl. – **V:** Grauzone morgens, G. 88,

96, 02 (span.); Schädelbasislektion, G. 91, 96 (dän.), 02 (span.); Falten und Fallen, G. 94, 95; Den Teuren Toten, 33 Epitaphe 94, 95; Von der üblen Seite, G. 1985–1991 94; Den Körper zerbrechen 95; Galilei vermißt Dantes Hölle und bleibt an den Maßen hängen, Ess. 96; Kal- lonpohjaoppitunti 98; Nach den Satiren, G. 99; Aischy- los. Die Perser, wiedergegeben v. D. G. 00; A metà par- tita 00; Das erste Jahr. Berliner Aufzeichnungen 01; Seneca. Thyestes, übers. v. D. G. 01; Aischylos. Die Sieben gegen Theben, übers. v. D. G. 01/02; Erklärte Nacht, G. 02; Una storia vera. Ein Kinderalbum in Ver- sen 02; Vom Schnee oder Descartes in Deutschland, G. 03; An Seneca. Postskriptum / Seneca: Die Kürze des Lebens 04; Antike Dispositionen, Aufss. 05; Porzellan. Poem vom Untergang meiner Stadt 05; Der Misanthrop auf Capri 05; Ashes for breakfast, selected poems 05 (New York); Bücher I–III 06; Strophen für übermor- gen, G. 07; Lob des Taifuns 08. – **MV:** Die Schwei- zer Korrektur, m. Brigitte Oleschinski, Peter Waterhou- se 95. – **MA:** Proë, G.-Anth. 92; die weite sucht, G. 95. – **P:** Reise, Toter, m. Ulrike Haage, CD 01; Ohr in der Uhr, CD 01. – *Lit:* Hermann Korte in: KLG 95; DLL, Erg.Bd 4 97; D.G. – Texte, Dok., Mat. 98; Text + Kritik, H.153 02; Alexander Müller: Das Gedicht als Engramm. Memoria u. Imaginatio in der Poetik D.G.s 04. (Red.)

Grünberg, Lilly; c/o Plaisir d'Amour Verlag, Lautertal, *lilly.gruenberg@web.de*, *www.sira-lilly.de* (* Berlin). – **V:** Verführung der Unschuld, erot. R. 08; Das Begehren des Stiefbruders, erot. R. 09.

Gründl-Lipp, Helga (geb. Helga Franke), Kinder- krankenschwester; Breslauer Str. 39, D-74211 Leingar- ten, Tel. u. Fax (0 71 31) 90 10 97, *h.gruendl-lipp@web. de* (* Bad Rappenau 12. 9. 58). VG Wort, DPV Dt. Pres- se Verband e.V.; Lyr. – **V:** Masken der Zärtlichkeit 95; Weiter Weg ins Glück 97; Am Ende des Weges ... 99; Einklang der Gefühle 03, alles Lyr. – **MA:** Frankfurter Bibliothek, Bd 2 02. – *Lit:* G. Emig: Pressespiegel Heil- bronn 97; Dt. Schriftst.lex. (Red.)

Grüneberger, Ralph, Schriftst.; Fichtestr. 47, D-04275 Leipzig, Tel. u. Fax (03 41) 3 91 69 60, *grueneberger@web.de*, *www.gruenebergerlyrik.de* (* Leipzig 16. 2. 51). SV-DDR/VS bis 93, Förderkr. Freie Lit.ges. e.V. Leipzig 92, GZL 93, 1. Vors. seit 96, P.E.N.-Zentr. Dtld 00; Debütpr. d. SV-DDR 86, Stip. Künstlerhof Schreyahn 94, Amsterdam-Stip. 95, 98, 02, Stip. Schloß Wiepersdorf Min. Sa. 97, Stip. Virginia Center for the Creative Arts 97, 99, 01, Stip. Denk- malschmiede Höfgen 00, 02, Irseer Pegasus (2. Pr.) 06, Menantes-Lit.pr. f. erot. Lit. 06; Lyr., Liedtext, Lit.kri- tik, Prosa, Publizistik. – **V:** Poesiealbum Nr. 198, G. 84; Frühstück im Stehen, G. 89; 2. Aufl. 89; Stadt. Name. Land., G. 89; Das violette Licht des Privatfleischers. Plagwitz-G. m. Fotos 90; 3 x Leipzig, Stadtführer 90; Die Risse in der Liebe der Bewohner, G. 93; Zwei- hundertster Tag der Liebe. G. 95; Dieselbe Straße, ein anderes Lied, G. 1977–1996 96, 97; Mitlesebuch Nr.27, G.-Ausw. 97; 24 × 34, Künstlerb. 98; Frühlings- winter. Wiepersdorfer G. 98; The mystery is: you are and you are not. Amerika-G. 99; Blühende Landschaft, G. 01; Der Porträtist Norbert Wagenbrett, Monogr. 04; Das Karussell schläft auch, Kdb. 05; Politessenblut, Prosa 06; Im Vondelpark am Königinnentag, G. dt.- ndl. 07. – **MV:** Demonteure. Biographien d. Leipziger Herbst, m. Bernd Lindner 02; Die Leute im Dorf Erlln 00; Privatleben 03; Die Sonne steht über Nimbschen 05, alles Bildbände m. Gerhard Weber; Leipzig – Poetische Ansichten, m. Sigrid Schmidt 06. – **MA:** zahlr. Lyr.- u. Prosabeitr. sowie Kritiken in Lit.zss. u. Anth. – **MH:** Fast hätte er das Flugzeug erwürgt, m. Norbert Weiß,

Grüner

Lyrik-Anth. 99; Schreibwetter, Lyrik-Anth. 02. – **R:** Wir sitzen in Städten im Osten, Coll. 93; Besitzstandswahrung, Rep. 94; Das sächsische Meer. Schriftsteller u. d. Prager Frühling in Leipzig, m. Gerhard Pötsch, Feat. 03. – **P:** Umzüge, Liedprogr. 78; Tagebuch-Lieder, Lieder u. Texte 82; Leipziger Liederbuch, Lieder u. G. 87; Frühlingswinter. Wiepersdorfer G., CD 98. – *Lit:* Veröff. in: die horen; ndl; Passauer Pegasus, u. a. (Red.)

Grüner, Lore s. Toman, Lore

Grünewald, Matthias; Fröbelstr. 2, D-63526 Erlensee, Tel. u. Fax (0 61 83) 7 45 58, *M.Gruenewald-die Duvaliers@t-online.de* (* Rüsselsheim 17. 7. 61). Erz., Rom. – **V:** Reiki – der Weg der Hände, Erz. 99; Das Leben des Weihnachtsmannes, Erz. 01. – **MA:** Reiki Mag. seit 99. (Red.)

Grünhagen, Joachim, Rentner, Schriftst.; Roseggerstr. 11, D-30173 Hannover, Tel. u. Fax (05 11) 80 15 32 (* Braunschweig 27. 6. 28). D.A.V. 47–79, Gründer d. Gruppe Poesie 84, Dt. Haiku-Ges. 88–07, Haiku-Ges. 88, Autorenkr. Plesse 93–00, Lit.Büro Hannover 93, VS 99; 4. Pr. (Prosa) b. Lit. Wettbew. Junge Dicht. in Nds. 71, A.-G.-Bartels-Gedächtn.-Ehrg. 85, Haiku-Pr. Zum Eulenwinkel 91, Inge-Czernik-Förd.pr. (3. Pr.) 99; Lyr., Rom., Kurzprosa, Groteske. – **V:** Zeiternte, G. 74; Gesichter, G. zu Graf. v. Walter Ritzenhofen 76; Die rote Küchenwaage, Erzn. 79; Sandmohn, G. m. Holzschn. v. Heinz Stein 79; Tagesthemen, G. 79; Grafik & Lyrik I 79; Mappe mit 10 Karten, Zeichn. v. Kay Bölke 79; Andante, G. 81; Die ein Wind durchblättert, G. 81; Der Reiter vom Holzer Berg, Erz. 82; Xylos-Kalender 1983, G. 82; Himmlische Klänge, G. 82; Calabrische Impressionen, G. 85, 2. Aufl. 86; Lang bleiben nur die Wege, G. 88; Tagernte, G. 91; Die Zeit rauscht, G. 95; Andromir, Erzn. u. G. 95; 70 Jahre J. G., G. 98; Taurus, G. 98. – **MV:** Windwärts geworfen, m. Carl Heinz Kurz, G. 92; Kostbare Augenblicke, m. Kay Bölke, G. 92; Sanduhrzeit, m. Stephanie Jans, Renga 97; Welches Blatt bist du?, m. Monika Garn-Hennlich, Renga 03. – **MA:** Lyr. u. Prosa in Anth.: Wilh. Borgmanns Lyrik-Alm. 51; Hannov. Volkskal. '67 66; Literarisches Kleinholz 68; Niedersächs. Volkskal. '73 72; Junge Dichtung in Nds. 72; Nichts u. doch alles haben 76; Nds. literarisch; 5 Jahre Kl. Dach-Galerie – Maler u. Dichter unter d. Dach 77; SF Story-Reader 9, 14, 16, 18 77–82; Grenzen überwinden; Kinder-Reader 78; Lyrik '78-'82 79–83; Lobbi; Lyrik u. Prosa v. Hohen Ufer; Lyrik Hannover (LP) 79; Heimat; Macht u. Gewalt; Jb. f. Lyrik 2 80; Gauke's Jb. '81, '82, '84, '85 80–84; Lobbi 14; Nds. literarisch II; Unter welkem Blatt; Sekunden z. Ewigkeit 81; Silbern steigt d. Mond; Das Rassepferd 82; Verse im Winde; Auf vergilbtem Blatt; Baum-Symbiosen; Beschattetes Sonnenland; Gratwanderungen; Am schwarzen Sterntuch; Abermals z. Thema Liebe; Marktkirche 1983 83; Schwing deine Flügel; Das Gewand d. Nessa; Gauke's Lyr.-Kal. '85; Gedichte f. e. Jahr, Wandkal. '85 84; Tippsel 1 u. 2 85 u. 86; Leseheft Literanover; Die Feuernarbe; Venice 2; Wir zwischen Krieg u. Frieden; Mit d. Fingernagel in Beton gekratzt; Tautropfen am Birkenblatt 85; Langsame Apokalypse; Wenn d. Blattspitzen sterben; Carl Heinz Kurz – Dank u. Besinnung zu seinem 65. Geb.; Laut knirscht d. Schnee; Hell wird d. dunkelste Nacht; Weit noch ist mein Weg 86; Matt glänzt d. Rauhreif; Weit üb. dem Land; Örtsangaben; Vom gelben Kahn d. Mondes; Bilder zwischen Tag u. Traum; Braunschweig, e. Leseb.; Das Gr. Buch d. Renga-Dicht.; Wir träumen e. Brücke; Vom eignen Schatten; Nur e. Windhauch 87; Mitten im Schweigen; Aus unsichtbaren Quellen; Das Kl. Buch d. Renga-Dicht.; Lyrik '86/88; An moosgesäumten Ufern; Lyrik heute 88; Zeichen d. Wiederkehr; Fröhlich knistern d. Scheite; Lang entbehrt ich dein Gesicht; Das Dritte Buch d. Renga-Dicht.; An d. Grenze; Der Wald steht schwarz u. schweiget; Jb. f. d. Oldenburger Münsterld '90; Richtung Hoffnung?; Spuren im Moor; Mit Worten Bilder malen; Lyrik '89 89; Das Buch d. Tanka-Dicht.; Sang so süß d. Nachtigall; Nicht nur im Märzwind; In d. Eulenflucht; Das Gr. Buch d. Haiku-Dicht.; Lyrik heute, Ausw. 90/91 90; Haiku-Kal. a. d. Jahren '90-'02 89–01; Singt e. Lied in allen Dingen; Hinter herbstlichen Schleiern; Golden im Blatt steht d. Ginkgo; Die Jahreszeiten; Stadteinwärts-Stadtauswärts 91; Heimlich webt Erinnerung; Schubladentexte; Und setze dich frei; Das Gr. Buch d. Senku-Dicht.; Nacht lichter als d. Tag 92; Plesse-Lesungen '92-'98 92–98; Das Dritte Buch d. Senku-Dicht.; Und über uns d. Himmel; Lyrik heute; Getröstet bleiben; Uns ist e. Kind geboren; 20 Jahre Ed. Dachziegel; Begegnungen in Stadtoldendorf 93; Laß dich v. meinen Worten tragen; Unser Planet – noch blau?; Weil du mir Heimat bist; Stimmen im Kreis 94; Selbst d. Schatten tragen ihre Glut; Lyrik '90/94; Stadtansichten – Hannover-Kaleidoskop; Dein Himmel ist in Dir; Haiku '95; Worte im Licht; Annäherungen 95; Korallenperlen; Schlagzeilen 96; Wir sind aus solchem Zeug, wie das zu Träumen; Vergleich. Haiku-Poetik (jap.); Alle Dinge sind verkleidet 97; Allein m. meinem Zauberwort; Umbruchzeit; Haiku '98 98; Lyrik heute; Anemonenhell; Hörst du, wie die Brunnen rauschen?; Tag hoch im Zenit; Sattreife Früchte; Kultur in Hannover 99; Rauhreifgirlanden; Das Wort – ein Flügelschlag; Posthorn-Lyrik 00; Gedicht u. Gesellschaft; Gestern ist nie vorbei; Wie Schnee v. gestern; Anstösse 01; Lyrik heute; Ein Koffer voller Träume; schreib ich in taumelnder Lust 02; Auf den Weg schreiben; InselSPRACHE/SprachINSEL; Jb. f. d. neue Gedicht 03; Charakter u. Sprache, die die Welt verbinden (jap.); Das Gewicht des Glücks; Auf Cranachs Spuren 04; Dass ich nicht lache; Du bist im Wort; Haiku-Kal. auf das Jahr 2006; ... und Kronach blüht auf; Cordiers GESCHICHTENMARKT 05; Alles fließt – panta rhei 06; Zitatenschatz Krebs; ... vergeht im Fluge; Haiku '07; Weihnacht 07; ... auch ohne Flügel 08; – Lyr. in: die horen; Wegwarten; Niedersachsenland; Niedersachsen; Heimatland; Kulturring; in der Tagespresse u. im Rdfk (NDR u. WDR); im Lyrik-Tel. Hannover u. Poesie-Tel. Basel, u. a. – **MH:** Schriftl. Niedersachsen, Zs. f. Heimat u. Kultur 70–74; Schriftl. Kaleidoskop (lit. Festschr. z. 30jähr. Best. d. D.A.V.), m. Martin Anger 76; Aktionsposter: 3 Minuten Lyrik aus Hannover (Gruppe Poesie) 88 u. 93. – **P:** Lyrik auf Postkarten in Kartenserien d. Gruppe Poesie 84–96; Teeglas m. Renga (jap.) v. Stephanie Jans u. J. Grünhagen 04; – Ausst.: J.G. – Autor – Mentor – Zeichner, Stadtarchiv Hannover 01; J.G. in Wort u. Bild, Atelier der Musen Hannover 02. – *Lit:* Heiko Postma in: Nds. literarisch III 83; Cornelia Emisch: Meine Liebe z. Sprache 83; Kurt Morawietz in: Heimatland, Mai 80 u. Juni 94; Rüdiger Jung: Goldrutentag. Laudatio auf J.G. 91; Bio-Bibliogr. d. Mitglieder d. Dt. Haiku-Ges. 90, 94 u. 05.

Grünig-Schöni, Esther (Ps. Gres), Mus. angest., Schriftst., Inhaberin d. Firma „CRéA Comm"; Fischermätteliweg 11, CH-3400 Burgdorf, Tel. (0 79) 4 39 75 06, (0 34) 4 22 72 07, Fax 4 23 53 45, *esthergruenig@bluewin.ch*, *www.esthergruenig.ch*. Camping Fleur de Camargue, Départementale 46, St-Laurent d'Aigouze, F-30220 Aigues-Mortes (* Burgdorf/Schweiz 6. 4. 54). Schweizer Bund f. Jgd.-lit., Be.S.V. 94; Anerkenn.pr. b. Kurzkrimi-Wettbew. Burgdorfer Krimitage 98; Rom., Kurzgesch., Ged. – **V:** Lieber verrückter Francis, Jgd-R. 79; Spuren unterem

Schnee, Kurzgeschn. in Berndt. 99; In den Klauen des Schwarzen Vogels 00; Blüten am Dornenstrauch 00; Ein Sommer voller Wunder 01; Johnny 01; Josianes Place 02; FROST 03; Sommerstürme 03; Pantherkrallen 05; Messer im Herz (Arb.titel) 07, alles R. – **MA:** ZEITschrift Bde 45, 54, 62, 71, 74, 81, 84 92–00; seit 78 versch. Kurzgeschn., Texte, G. u. Liedertexte in Ztgn. u. Zss., u. a.: Burgdorfer Tagblatt. – **P:** Runenmeditation, CD 04.

Grüning, Uwe, Dr.-Ing., freier Schriftst.; Mühlenweg 21, D-08496 Neumark/Sa., Tel. u. Fax (03 76 00) 37 46 (* Pabianice 16. 1. 42). Eichendorff-Lit.pr. 05; Lyr., Prosa. – **V:** Fahrtmorgen im Dezember, G. 77; Auf der Wyborger Seite, Kurz-R. 78; Spiegelungen, G. 81; Hinter Gomorrha, Erz. 81; Laubgehölz im November, Miniat. 83; Im Umkreis der Feuer, G. 84; Moorrauch, Ess. 85; Das Vierstromland hinter Eden, R. 87; Innehaltend an einem Morgen, G. 88; Goethes Garten am Stern, Ess. 89; Der Weg nach Leiningen, Erzn. 90; Elly-Viola-Nahmmacher, Biogr. 92; Raum seiner Gnade, Bildmeditatn. 92; Jena vor uns im lieblichen Tal 92; Landschafts- u. Kulturbilder um Jena 93; Der Naumburger Dom, Ess. 95; Grundlose Wanderschaft, G. 96; Kloster Paulinzella, Ess. 99; Abschied und Willkommen, Goethe-Bilder 99; Goethes Haus am Frauenplan, Ess. 99; Kloster Jerichow 01; Doppelkapelle St. Crucis Landsberg, Ess. 02; Unzeitige Heimkehr, Kurzprosa 05; Bienenkönigin Zeit, G. 05; Schillers Wohnhaus in Weimar, Ess. 05. – **B:** Afanassi Fet: Gedichte, russ.-dt. 90. – **MA:** Befreundet mit diesem romantischen Tal 93. – **H:** Henry James: Gebrochene Schwingen 82. – **R:** Wanderungen durch Sachsen, Feat.-R. 91. – **Ue:** Altfranzösische Liebeslyrik, Nachdicht. 79; Antioch Kantemir: Im Chaos blüht der Geist, Nachdicht. 83. (Red.)

Grünseis-Pacher, Edith, Behindertenberatung im Bereich Mobilität Management CLUB MOBIL; Anton-Maurer-Gasse 5, A-4770 Andorf, Tel. (06 64) 2 13 30 42, Fax (0 77 66) 36 24, *gruenseis-pacher @clubmobil.at, www.clubmobil.at* (* Andorf/ObÖst. 24. 6. 66). Autorenkr. Linz 93; Lit.stip. d. Ldes OÖ 94/95; Lyr., Prosa, Kinder- u. Jugendb. – **V:** Edith. Briefe an damals, Lyr. 93; Edith. Gedanken seit damals, Prosa 94; Alex Ampel, Kdb. 95. – **MV:** Wie Hanniboi Alex Ampel kennenlernte, Kindertheater (Verkehrserziehung) 95. (Red.)

Grünspan s. Weninger, Robert

Grünwald, Karl-Heinz s. Waldner, Carlos

Grünzweig, Dorothea, Lyrikerin, Übers., Gymnasiallehrerin a. D.; Torkkelinkuja 20 A17, FIN-00500 Helsinki (* Korntal b. Stuttg. 52). P.E.N. Finnland 99; Pr. d. Stift. Nds. 97, Stip. d. Dt. Lit.fonds 99 u. 05, Heinrich-Heine-Stip. 00, Villa-Waldberta-Stip. 00, Christian-Wagner-Pr. 04, Stip. Herrenhaus Edenkoben 06; Lyr. Ue: finn, engl, wogul. – **V:** Mittsommerschnitt, Lyr. 97 (auch engl.); Vom Eisgebreit, Lyr. 00; Glasstimmen lasinäänet, Lyr. 04; Die Holde der Sprache, Ess. 05; Die Auflösung, Lyr. 08. – **MA:** seit 97 Beitr. in zahlr. Zss. u. Anth., u. a. in: Das verlorene Alphabet 98; Sprache im techn. Zeitalter, Zs. 98; Zwischen den Zeilen, Nr.15 00; Kunst ist Übertreibung. Wolfenbütteler Lehrstücke z. Zweiten Buch 03; Halbe Sachen. Dokumente d. Wolfenbütteler Übersetzergespräche 04; Stimmen der Zeit 06; Modern Poetry in Translation, Serie 3/Nr. 5 u. 6; Wortwechsel m. Johann Georg Hamann 07; Vom Ohrenbeben zur Edenkoben 07; – regelm. Beitr. in: Jb. d. dt.-finn. Literaturbeziehung. – **Ue:** Das dichterische Werk Gerard Manley Hopkins' (in Bearb.) 09. – **MUe:** Gedichte aus Finnland, m. Gisbert Jänicke 01. – *Lit:* zahlr. Artikel in Tagesztgn u. Lit.zss. auch im angel-

sächs. Bereich, z.B.: Ostragehege/Lagebesprechung 06; Women in German Studies.

Grützke, Johannes (Ps. Dr. Gudrun Seydigk); Güntzelstr. 53, D-10717 Berlin (* Berlin 30. 9. 37). Wilhelm-Loth-Pr. 03, u. weitere Kunstpr.; Unspielbares symbolistisches Drama, Lyr., Rede. – **V:** Im Watt, e. Vorsp., Dr. 78; Pantalon ouvert, dramat. Gespr. 78; Misch du dich nicht auch noch ein. Eine Samml. v. Bildern u. Schriften 79; Kunzes Freunde 84; Die Manuskripte von Belo Horizonte, Reden, Aufs. u. Lyr. 87; Fünf Balladen, Lyr. 91; Johannes Grützke 1994, Lyr. 94; Ein Parnaß, Lyr. 96; Die Kathedrale des Künstlers, Lyr. 98; Sieben Pamphlete zur Abschaffung des Begriffs „Kunst" 00; Hauke Trinks forscht im Eis nach dem Leben, Lyr. 02. – **MV:** Paarungen, Verwüstungen 84; Kolophon, Lyrik der Erlebnisgeister 87; 30 Jahre Bohren, Lyr. 97, alle m. Tilmann Lehnert; Der edle Hecker, poet. Hinweise, m. Martin Walser 98; Pauvre Bobo, m. Tilmann Lehnert, Lyr. u. Erzn. 00; Ein Dichter schreibt mit, R., Lyr., Erzn. 02; China. Episoden aus d. Geschichte, Lyr., Erz. 06, beide m. Christoph Haupt; J.G., Szenen aus dem bürgerlichen Heldenleben, m. Hans Dieter Mück u. Mathias Döpfner, Erz. 06. – **MA:** Der Prager, Zs. (auch mithrsg.) 98; J.G., Werkverzeichnis d. Druckgrafik 1978–98 98; Der Prager II, Lyr. u. Erzn. 00. – **P:** Grützke liest Grützke, Pamphlete 00. – *Lit:* Die Verbeugung. J.G. 1987 88; Neue Belser Stilgeschichte Bd VI 89; Klaus Gallwitz (Hrsg.): J.G., Paulskirche 91; Jutta Bacher: J.G., Selbstverständlich 95; Joachim Bohnert: G. od. d. Freuden d. Assoziation 97.

Gruhn, Beate (verh. Beate Gruhn-Schiessl), MTA i. R.; Parkstr. 30, D-82131 Gauting, Tel. (0 89) 89 39 84 55, Fax 89 39 84 56, *beate.gruhn-schiessl@t-online.de* (* Wiesbaden 17. 7. 39). FDA Bayern 06. – **V:** Zeitfragmente, Lyr. u. Prosa 06. – **MA:** Zs. ab 40 2/02, 1/04, 2/08; Weihnachtsgeschichten am Kamin Bd 23 08; Orte der Imagination. Lothringen 08; Boulevard. Ein lit. Grenzgang 08. – **R:** Erz. in: BR v. 10.5.07.

Grund, Emmy (geb. Emmy Müller), Sekretärin; Im Eichelgarten 53, D-76530 Baden-Baden, Tel. (0 72 21) 2 28 31, Fax 27 10 41, *emmy.grund@t-online. de* (* Emmendingen 10. 4. 22). FDA, Autorengr. d. Steinbach-Ensemble, Ges. d. Lyr.freunde Innsbruck, Literar. Café Baden-Baden, Gründ.mitgl.; Leserpr. (2. Pl.) d. Ges. d. Lyr.freunde Innsbruck 96, 97, 2. Pr. (Lyr.) d. FDA-Ldesverb. Bad.-Württ. z. Thema 'Die Würde d. Menschen ist unantastbar?'; Lyr. – **V:** Solange du begeistert bist 89; Ein Lächeln im Vorübergehen 92; Umarme das Leben 95; Nach der Sonne drehen 00; Was auch geschieht im Leben, Lyr. (Red.)

Grund-Pimmer, Gertrud (geb. Gertrude Grund), Dr., Mag., Gymnasial-/AHS-Lehrerin i. P.; Nr. 52, A-3144 Wald/NÖ, Tel. (0 27 45) 21 32. Geyergasse 15/4, A-1180 Wien (* Wien 11. 3. 25). Kinderlit., Lyr. – **V:** Toni und die geheimnisvolle Truhe, Kdb. 03. – **MA:** Wiener Kirchenztg; Wiener Kirchenbl.; Weite Welt, u. a.

Grundner, Paul; c/o Ayema-Verlag Paul Grunder, Postfach 244/Hauptstr. 39, CH-9053 Teufen, Tel. (0 71) 3 33 16 38, Fax 3 33 40 86, *grunder@holz-grunder.ch* (* 3. 10. 47). Rom., Lyr., Erz. – **V:** Die blaue Band, Erzn. u. G. 96. (Red.)

Grundies, Ariane, Diplom d. Dt. Lit. inst. Leipzig, freie Autorin; Berlin, *mail@arianegrundies.de, www. arianegrundies.de* (* Stralsund 24. 12. 79). OPEN MIKE-Preisträgerin 02, Gewinnerin d. smart Short Story Wettbew. 03, Writer in residence in Art/Omi New York State 04, Publikumspr. Wortspiele München 04, Stadtschreiber v. Otterndorf 06, Stip. u. a. von: Länder Sachsen u. Meckl.-Vorp., Berliner Senat, Stift. Kulturfonds. – **V:** Schön sind immer die andern, Erzn. 04;

429

Grundmann

Meene Kleene, Hsp. 05; Am Ende ich, R. 06; Gebrauchsanweisung für Mecklenburg-Vorpommern 09. – **MV:** Anderes Ufer, andere Sitten, m. Björn Grundies, Sachb. 07; Muschi, Puschi, Schnurrdiburr. Das Lex. d. prominenten Kosenamen, m. Daniel Mursa 09. – **MA:** div. Texte in Anth. d. S. Fischer Verl.; Veröff. in: taz, ZEIT, Bücher, Magazin (Schweiz).

Grundmann, Siegfried; Straßbergerstr. 12, D-80809 München, Tel. (0 89) 3 51 69 17, *siegfried.grundmann @freenet.de* (* Langenbielau/Schles. 14. 7. 24). Werkkr. Lit. d. Arb.welt 70, VS Bayern 80; Reportagepr. d. Gruppe 61 69; Erz., Sat., Rom. – **V:** Und 80mal pfeift die Lok, Sachb. 68; Bildet euch bloß nichts ein, Sat. 98; Heiße Spur auf kaltem Eis, R. 99; in kino veritas. Die Abenteuer e. schrecklich Naiven, R. 00. – **MV:** Nebenan wohnen Leute, m. Erika Däbritz 81. – **MA:** Lyrik u. Kurzprosa in: Alpinzeitschrift 55–70; zahlr. Texte in d. Themenbänden d. v. Werkkr. Lit. d. Arb.welt hrsg. Reihe im Fischer-Taschenb.-Verl. 72–86; lesenswert 9, Schulb. 92; Phoenix, Arbeitsb. 96, 00; Alles in Ordnung?, Anth. 03; Tarantel, 3. Jg., Zs. 07.

Grune, Gabriela (geb. Gabriela Jochann), Chemielaborantin, Dipl.-Ing., Verlegerin; Emilstr. 9, D-44869 Bochum, Tel. (0 23 27) 5 05 30, Fax 54 79 48 (* Klausberg/Beuthen 3. 7. 54). Lyr. – **V:** Spurensuche, Lyr. 03. (Red.)

Grunenberg, Angelika, freie Autorin; Blumenthalstr. 26, D-50670 Köln, Tel. (02 21) 73 63 64, *angelika. grunenberg@web.de* (* Dresden 39). DJV 65–88, VS 86–96. – **V:** Die Welt war so heil. Die Familie der Else Ury, Monogr. 06. – **MA:** Colette: Eifersucht / La Vagabonde / Die Fessel / Mitsou 86; Colette: Vom enfant terrible zur Kultautorin 97; Gertrud Hempel erzählt Volksmärchen 99; Malwida von Meysenburg: Durch lauter Zaubergärten der Armida 05; zahlr. Beitr. in Zss. seit 73, u. a.: ZEITmag.; Rogner's Mag.; Buchmag. f. Mediziner. – **R:** zahlr. Hfk-Feat. f. versch. Rdfk-Anstalten zu d. Themen Lit., Psychoanalyse u. Kunst seit 64.

Grunenberg, Klaus, Dipl.-Braumeister, wiss. Außendienstmitarbeiter i. d. Pharmazie i. R.; Am Ziegelbrunnen 8, D-97447 Gerolzhofen, Tel. (0 93 82) 12 91, Fax 31 55 93, *klausj.grunenberg@t-online.de, www. lyrik-park.de* (* Stargard/Pommern 4. 5. 39). Lyr., monatl. 3 Ged. unter www.lyrik-park.de. – **V:** Kinder des Kronos 83; Der Wassermann 86; HELLES LAND 88, alles Lyr. – **MV:** Ungarn ist mehr 90; Mittelfranken 92; Leben in Worten 94; Prichsenstadt 94; Iphofen 95, alles Bildbände. – **MA:** online-Rezensionen bei amazon.de u. a. über moderne Lit., Theater u. Lyrik, Zeitgesch., Religion. – Lesungen z. Thema „Wie das Leben so spielt" (Heine, Mörike, Rilke, Nietzsche, Hölderlin, Saba, Walcott, Frost, Grünbein, Enzensberger, poln. Lyrik). (Red.)

Gruner, Markus, Dipl. Ing. Architekt, Bronzegießer, Schriftst.; Leonhardtstr. 34, D-09112 Chemnitz, Tel. (03 71) 50 34 25 15, *art.gruner@web.de, www.markusgruner.de, www.foederati.de, www.litus-saxonicum.de* (* Stollberg/Erzgeb. 4. 5. 67). VG Wort; Erz., Lyr. – **V:** Whisky, Zelt und dünne Sohlen, Erz. 98; Seitdem meine Dämonen Namen tragen, Lyr. 04. – **MA:** Karfunkel 76/08.

Gruner, Paul-Hermann, M. A., Politikwiss., Red., freier Autor, bildender Künstler; Heidelberger Str. 123, D-64285 Darmstadt, Tel. u. Fax (0 61 51) 6 58 84, *phgruner@t-online.de* (* Rüsselsheim 28. 9. 59). VS 03; Pr.träger d. Albert-Osswald-Stift. 90, Ernst-Elias-Niebergall-Pr. f. Tageszeitungs-Journalisten 06, Lit.-stip. d. Hess. Landesregierung 07; Lyr., Rom., Sat., Kurzgesch. – **V:** Kriege bescheren Frieden. Sechs Balladen, polit. Lyr. 84; Über die Kunst. Reportage Satiren

89; Die inszenierte Polarisierung. Zur Wahlkampfsprache 90; Made in Germany. Eine szen. Collage 95; Frauen und Kinder zuerst. Denkblockade Feminismus 00; Die Pisa-Lösung. Epigramme, G., Kurztexte 02; KUA-ZWANJA. Kunst aus zwanzig Jahren 1982–2002, Texte u. Objekte 02; 25 Lieblingsorte, Feuill. 07; Wunderlich und die Logik, R. 08. – **MA:** zahlr. Beitr. in Prosa-Anth. u. Lit.-Zss.; Tageszeitungs-Red. b. Darmstädter Echo; seit 1986 Mitarb. u. a. für: FAZ; Mannheimer Morgen; Berliner Morgenpost; Rhein. Merkur; Vorwärts; BÜCHNER, Mschr.; Sat. Texte f. Dieter Hildebrandts „Scheibenwischer" 92–94; ndl, Lit.zs. 6/01; Zeichen und Wunder 12/05; Kunstkat. 3. Internat. Waldkunstpfad 06; Flug über Darmstadt, Bildbd (Einf.) 06; Darmstadt, wo es am schönsten ist 08. – *Lit:* s. auch Kürschners Handbuch der Bildenden Künstler, 1. Aufl. 2005.

Gruner, Ronald W., Dipl.-Politikwiss.; c/o Förderkreis d. Schriftsteller in Sachsen-Anhalt, Böllberger Weg 188, D-06110 Halle/S., *gruner@offox. de, ronaldgruner@web.de* (* Halle 28. 7. 60). VS 00, Förd.kr. d. Schriftst. in Sa.-Anh.; Stip. Schloß Wiepersdorf 00; Lyr., Kurzprosa. – **V:** Die Sprache der Bäcker, G. 00; Der Geschmack von Waldmeisterlimonade, Prosa 03. (Red.)

Grunert, Horst (Ps. Hans Maibaum, David Fischer), Prof. Dr., HS-Lehrer, Diplomat, stellv. Außenmin. d. DDR, Botschafter i. R.; Tel. (0 30) 6 49 82 81, *Grunert-Schoeneoiche@t-online.de* (* Waldenburg/Schlesien 10. 4. 28). Rom., Sachb. – **V:** Für Honecker auf glattem Parkett. Erinnerungen e. DDR-Diplomaten, Sachb. 95; Schattenrisse, R. 00. – *Lit:* s. auch 2. Jg. SK. (Red.)

Grunsky, Ingrid (geb. Ingrid Wolff v. d. Sahl); Mönkebüll, Clausensweg 10, D-25842 Langenhorn, Tel. u. Fax (0 46 72) 13 37 (* Braunschweig 30. 5. 19). Dt. Haiku-Ges. 88; Haiku-Pr. Zum Eulenwinkel 97; Lyr., Haiku, Senryu, Tanka. – **V:** Mit ungewissen Zielen. Eine Sommerreise 90; Tautropfen, Haiku, Senryu, Tanka 97, 2. Aufl. 00. – **MH:** Herbert Rößler: Über den Abend hinaus. Gedichte a. d. Nachlaß 99. – *Lit:* Margret Buerschaper: I.G. – Ein Porträt, Vjschr. d. Dt. Haiku-Ges. 66/04.

Grunz, Susuki s. Pfaff, Wolfgang

Gruša, Jiří, Dr., Dir. d. Diplomat. Akad. Wien seit 2005; c/o Diplomat. Akademie Wien, Favoritenstr. 15a, A-1040 Wien, Tel. (01) 50 57 27 21 14. Snemovní 15, CZ-118 00 Prag (* Pardubice 10. 11. 38). P.E.N.-Club Dtld, P.E.N.-Club Öst., Dt. Akad. f. Spr. u. Dicht., Freie Akad. d. Künste Hamburg, stellv. Vors. d. Dok.zentrums d. unabhängigen Lit. Schwarzenberg/Scheinfeld, ao. Mitgl. d. Inst. f. den Donauraum u. Mitteleuropa, Europ. Akad. d. Wiss. u. Künste, Präs. d. Internat. P.E.N. seit 03; Jiri-Kolar-Pr. 76, Egon-Hostovsky-Pr. 78, Andreas-Gryphius-Pr. 96, E.gabe z. Adelbert-v.-Chamisso-Pr. 97, Intern. Brücke-Pr., Görlitz 98, Inter Nationes-Kulturpr. 98, Goethe-Med. 99, Jaroslav-Seifert-Pr. 02, Gr. Gold. E.zeichen am Bande Rep. d. Österr. 04; Lyr., Rom., Sachb. – **V:** mehrere Veröff. in tschech. Sprache seit 1962; Franz Kafka aus Prag 83; Verfemte Dichter, Anth. verbotener tschech. Autoren 83; Janska, R. 84; Mimner oder Das Tier der Trauer, R. 86; Der Babylonwald, Lyr. 90; Wandersteine, Lyr. 89; Bücher der anderen, m. Rainer Kunze 95; Wanderghetto, Vortr. 97; Gebrauchsanweisung für Tschechien 99; Das Gesicht – der Schriftsteller – der Fall, Dresdner Poetikdozentur 99; Česko – návod k použití 01; Glücklich Heimatlos 02; Wacht auf dem Mond 04; Umeni starnout 04; Als ich ein Feuilleton versprach 04. – **MV:** Die Macht der Mächtigen als Macht der Machtlosen, m. Václav Havel 06. – **MA:** Prager Frühling, Prager Herbst, Prosa 88; Ein Traum von Europa (Lit.-

mag. 22) 88; Arnost Lustig: Die Ungeliebte (Nachw.)
89; Zur tschech. Literatur 1945–1980 90; Reden über
Deutschland 3, 92; Prag. Einst Stadt der Tschechen,
Deutschen u. Juden 93; Leipziger Buchpreis z. Europ.
Verständigung 94; Prag – Berlin (Lit.mag. 44) 99; 50
Jahre Bundesrepublik 99; Zdenka Fantlova: In der Ruhe
liegt die Kraft, sagt mein Vater (Einf.) 99, u. a. – **Ue:** Pe-
tr Kabes: Das Brockengespenst 93; – Übers. ins Tsch.:
R.M. Rilke: Elegie z Duina 99; F. Schiller: Waldste-
jnova smrt (Aufführg.) 99; weiterhin Werke von Peter
Hacks. (Red.)

Gruszkowski, André; c/o A. Märchenland-
Verlag, Distelweg 12c, D-22844 Norderstedt,
andregruszkowski@alice-dsl.net. – **V:** Die Queen Ay-
leen und ihr Vermächtnis, Erz. 06; Vorsicht hier wird
nicht gebaut, weil ..., Kurzgesch. 07.

Gryff, Thomas s. Langer, Horst

Grzimek, Martin, Schriftst.; Karl-Gehrig-Str. 14,
D-69226 Nußloch, Tel. (0 62 24) 17 16 12, *Martin.
Grzimek@t-online.de* (* Trutzhain 8. 4. 50). P.E.N.-
Zentr. Dtld, Freie Akad. d. Künste Mannheim; Arb.stip.
f. Berliner Schriftst. 80, Hermann-Hesse-Pr. (Förd.pr.)
80, Rauriser Lit.pr. 81, Lit.pr. d. Kulturkr. im BDI 83,
GLAUSER 93, Dt. Krimipr. 93; Rom., Nov., Lyr., Ess. –
V: Berger, R. 80; Stillstand d. Herzens, Erzn. 82 (auch
engl., ung.); Trutzhain. Ein Dorf 84; Die Beschattung,
R. 89, 94 (auch engl., franz.); Factor Tropical. Vene-
zolanische Skizzen, Prosa 92; Feuerfalter, R. 92 (auch
frz., ital.); Ein Bärenleben, Kdb. 94; Von einem, der verzweifelt versucht, sich zu verlieben, Erzn. 94; Mostar –
Literar. Tagebuch, Prosa 95; Rudi bärenstark, Kdb. 98;
Das Austernfest, R. 04; Die unendliche Straße, Erz. 05;
Rudi. Ein tolles Bärenleben, Kdb. 05.

Gsaller, Harald; Braunschweiggasse 5, A-1130
Wien, Tel. (01) 8 76 76 77, *harald.gsaller@gmx.at*
(* Lienz/T 15. 7. 60). Adalbert-Stifter-Stip. d. Ldes
ObÖst. 00, Öst. Staatsstip. f. Lit. 01/02; Lyr., Prosa. –
V: Chronische Notizen 89; Zack! 95; Wiese. Einfaelle
und Ausfunde 00; Ein Ding vorher 02; Schakolatta.
Winterschlaf, Doppelroman 06. (Red.)

Gschweicher, Franz; Ober-Mixnitz 24, A-2084 Wei-
tersfeld, Tel. (0 29 48) 83 39 (* 2. 12. 25). – **V:** Wenn der
Tag Dich ruft 90; Geliebte Welt 95. (Red.)

Gschwend, Hanspeter, Schriftst., Journalist; Beffen,
CH-6535 Roveredo, Tel. (091) 8 35 00 30. c/o Schweizer Radio DRS, CH-3000 Bern (* Biel 28. 3. 45). Gruppe Olten 73; Zürcher Radiopr. 72, Hsp.pr. d. Kt. Bern
79, Hsp.pr. d. Stadt Basel 92, Prix Suisse 95, Prix Europa (bestes europ. Hsp.) 97, Pr. d. Schweizer. Schillerstift. (f. d. gesamte Hörspielschaffen) 00; Drama,
Hör- u. Fernsehsp., Erz., Ess., Liedtext. – **V:** Feld-
graue Scheiben 72; Dimitri – Der Clown in mir 03;
Echo der Zeit. Weltgeschehen im Radio 05 (m. CD). –
MA: Ach & Och. Das Schweizer Hsp.buch 98; Lit.-
zss.: Einspruch; Entwürfe. – **R:** Hsp.: Essen 70; Feld-
graue Scheiben 71, 76 (Fs.-Fassung); Im Park 74; Jog-
geli, chasch ou rytte? 78; Vom Rauschen der Blätter auf
dem Weg zur Quelle und von der Grenze der Liebe, der
Angst 89; Blank 91 (auch frz.); Code-Execute 94 (auch
frz.); Das Massiv 95; Der Olympiafähndler 97; Schwa-
nenweiss 97; Fsp.: Stammgäste bei Alfons 76; Weihnachten 79; Motel, 6tlg. Fsp.-Ser. 84; sowie zahlr. Feat.
u. Portr. (Red.)

Gschwendtner, Herbert, Hüttenwirt, Mundartdichter, ORF-Moderator; Nr. 96, A-5433 Werfenweng, Tel.
(0 64 66) 5 52 (* Mühlbach 88.) – **V:** Wann ins Gebirg i geh' 81; Für meine Leut' 83; Adventlichs Gmüat
85; Los zua Nachbar, Mda.-G. 88; Z'sammgeschriebn
90; Sunnseitig, Mda.-G. 91; In die Berg mit Herbert
Gschwendtner 93; Lachfalten 97; Gipfeljahre, Erleb-

nisber. 98; Advent im Salzburger Land, G. u. Geschn.
in Mda. 00. – **MA:** Kolumnen in d. „Salzburg Krone"
(Red.)

Gschwentner, Othmar J., Elektriker; An der Lei-
ten 2, A-6130 Schwaz, Tel. u. Fax (0 52 42) 6 38 53.
13134 Feathersound Dr. 410, Ft. Myers, FL 33919/USA
(* Schwaz 7. 12. 38). Turmbund 81; Rom., Nov. – **V:**
Ein Kater auf Abwegen, M. 83; Wer die Gerechten
stört 88. – **MA:** Katzen sind doch die besseren Menschen, Anth. 93; Menschenkörperaufzeichnungen 97;
zahlr. G., Glossen u. Kurzgeschn. in alternativen Zss.
u. Lokalbll. (Red.)

Gsella, Thomas, Autor, Chefred. d. Zs. „Titanic"; c/o
TITANIC Redaktion, Sophienstr. 8, D-60487 Frankfurt/
Main, *TGsella@aol.com* (* Essen 19. 1. 58). Joachim-
Ringelnatz-Pr. (Nachwuchspr.) 04. – **V:** Materialien zur
Kritik Leonardo diCaprios und andere Gedichte 99; Kille Kuckuck Dideldei. Gedichte mit Säugling 01; Generation Reim. Gedichte u. Moritat 04; Ins Alphorn ge-
hustet, G. 05; Der kleine Berufsberater 07; Nennt mich
Gott, G. 08. – **MV:** So werde ich Heribert Fassbender,
m. Heribert Lenz u. Jürgen Roth 95, 2., vollst. überarb.
u. erw. Aufl. 02; Kinder, so was hat man nicht, m. Rudi
Hurzlmeier 07. – **MA:** Titanic, Satire-Zs.; zahlr. Beitr.
in Lit.zss. u. Anth. (Red.)

Gstättner, Egyd, Dr.phil., freiberufl. Schriftst. u.
Publizist; Waidmannsdorfer Str. 3, A-9020 Klagenfurt,
Tel. (04 63) 59 69 89 (* Klagenfurt 25. 5. 62). Lesezirkelpr. v. ORF u. Wiener Ztg. 90, FDA-Lit.pr. 92, Max-
v.-d.-Grün-Pr. 94, Lit.förd.pr. d. Ldes Kärnten 97, Satirepr. Pfefferbeißer 00, Medienpr. „Pons Pons" 00,
Prosapr. Brixen-Hall 05; Prosa, Rom., Drama, Sat.,
Ess. – **V:** Ein kranker Geist in einem kranken Körper
84; Herder, Frauendienst u. a. Liebeserklärungen 90;
Kands Fieber, R. 92; Nachrichten aus der Provinz, Erzn.
93; Spielzeug, Prosa 94; Servus oder Urlaub im Tau-
erntunnel 94; Untergänge, R. 95; Alles Irre unterwegs,
Erzn. 97; Schreckliches Kind, R. 98; Herzmanovskys
kleiner Bruder u. a. Geschichten von Künstlern, Müßig-
gängern u. Abenteurern 99; Februarreise an den Tejo
(Die Nichtstuer des Südens I) 01; Der König des Nichts
(Die Nichtstuer des Südens 2) 01; Waidmannsdorfer
Weltgericht 02; Durchs wilde Österreich, Glossen u.
Satn. 02; Horror Vacui (Die Nichtstuer des Südens 3)
03; Geschichten aus dem Süden, Glossen u. Satn. 05;
Das Mädchen aus Salz: Feine Fallrückzieher. Kleine
Fussball-Kunststücke 08; Der Mensch kann nicht fliegen, R. 08. – **MA:** Advent, Advent 88; Weil wieder
Weihnachten wird 90; Böse Weihnachten 93; Heiteres
aus Österreich 94; Urlaubslesebuch 96; Lektüre im Garten 97; – Zss./Ztgn: manuskripte; protokolle; Literatur
u. Kritik; SZ; Die Zeit; Die Presse; Falter. – **H:** Vom
Manne aus Pichl. Über Alois Brandstetter 98; Schiffe
in der Weltliteratur 01. – **R:** zahlr. Ess., Funkerzn., Hsp.
im ORF u. BR. (Red.)

Gsteiger, Manfred, Dr.phil., UProf. em.; Pertuis du
Sault 10, CH-2000 Neuchâtel, Tel. (0 32) 7 24 67 46
(* Twann/Schweiz 7. 6. 30). P.E.N. 73, SSV 95; Lit.pr.
d. Stadt Bern 56, Pr. d. Schweiz. Schillerstift. 59, Lit.pr.
d. Kantons Bern 70; Lyr., Prosa, Ess. Ue: frz, ital, prov. –
V: Stufen, G.-Kreis 51; Flammen am Weg, G. 63;
Inselfahrt, G. 55; Michaels Briefe an einen fremden
Herrn 57; Die Landschaftsschilderungen in den Roma-
nen Chrestiens de Troyes 57; Spuren der Zeit, G. 59;
Zwischenfrage, G. 62; Literatur des Übergangs, Ess.
63; Poesie und Kritik, Ess. 67; Ausblicke, G. 66; West-
wind, Ess. 68; Franz. Symbolisten in d. dt. Literatur d.
Jahrhundertwende 71; La nouvelle Littérature roman-
de, Ess. 78 (auch rum.); Wandlungen Werthers, Ess. 80;
Einstellungen, Notizen u. Feuilletons 82; Den Vater be-

graben, R. 93; Littératures suisses, littérature européenne, Ess. 96; Die Schweiz von Westen, Ess. 02. – **MA:** Literatur aus d. Schweiz 93; Nachworte zu: B. Constant u. H. de Balzac 98, 99; E. Zola „Germinal" u. a. 02; zahlr. Ess. in Lit.-Zss. und Sammelbänden. – **H:** Franz. Gedichte aus neun Jahrhunderten (auch übers.) 59, 77; Die zeitgenössischen Literaturen der Schweiz (auch mitverf.) 74, 80; Das Bild der Stadt in den Literaturen der Schweiz, (auch mitverf.) 94; Träume in der Weltliteratur (auch mitübers.) 99; Schiffe in der Weltliteratur (auch mitübers.) 01. – **MH:** CH-Reihe 74–84; Colloquium Helveticum, Zs. 85–98; Telldramen des 18. Jahrhunderts, m. P. Utz 85. – **R:** zahlr. Rdfk-Ess. 61–67. – **Ue:** Rutebeuf: Das Mirakelspiel von Theophilus 55; P. Reverdy: Die unbekannten Augen 68; Villiers de l'Isle-Adam: Die künftige Eva 04. – **MUe:** F. Mistral: Seele der Provence 59. – *Lit:* S. Giuliani: Funerale del padre in Gsteiger e Zodere 95; Festschr. f. M.G. 95.

Gstrein, Norbert; c/o Carl Hanser Verl., München (* Mils/T. 3. 6. 61). Aufenthaltsstip. d. Berliner Senats 88, Bremer Lit.förd.pr. 89, Pr. d. Ldes Kärnten im Bachmann-Lit.wettbew. 89, Stadtschreiber v. Graz 89, Rauriser Lit.pr. 89, Pr. d. Stadt Innsbruck 90, Stip. d. Dt. Lit.fonds 92, 97/98, 06, Robert-Musil-Stip. 93–96, Berliner Lit.pr. 94, Friedrich-Hölderlin-Pr. d. Stadt Homburg (Förd.pr.) 94, Öst. Projektstip. f. Lit. 98/99 u. 06/07, Alfred-Döblin-Pr. 99, Werkjahr d. Stadt Zürich 00, Kunstpr. d. Ldes Tirol 00, New-York-Stip. d. Dt. Lit.fonds 01, Lit.pr. d. Adenauer-Stift. 01, Uwe-Johnson-Pr. 03, Franz-Nabl-Pr. 03; Prosa, Rom. – **V:** Einer, Erz. 88; Anderntags, Erz. 89; Das Register, R. 92; O2, N. 93; Der Kommerzialrat, Ber. 95; Die englischen Jahre, R. 99 (auch engl., frz., ital., span., ndl., norw., poln., lit., türk., schwed., kroat.); Selbstportrait mit einer Toten 00; Das Handwerk des Tötens, R. 03 (in mehrere Spr. übers.); Wem gehört eine Geschichte? 04; Die Winter im Süden, R. 08. – *Lit:* Kurt Bartsch u. Gerhard Fuchs (Hrsg.): N.G. (Dossier 26) 07; Claudia Kramatschek in: KLG. (Red.)

Guarghias, Irina Kim Maria, Mag.; Breitenfurter Str. 375/1/7, A-1230 Wien, Tel. (06 64) 2 53 37 25, *r. leonhartsberger@chello.at, www.ikmg.at.tf* (* Mödling 24. 6. 68). Lyr. Ue: engl. – **MV:** gedanken kurz geschichtet, m. R. Leonhartsberger, Lyr. 04, 05. (Red.)

Gubser, Antonia, Primarlehrerin, Heilpäd.; Widmerstr. 73 c, CH-8038 Zürich, Tel. (0 44) 4 81 76 27 (* Walenstadt 14. 5. 40). Gruppe Olten, jetzt AdS; E.gabe d. Kt. Zürich 74, Werkauftrag Pro Helvetia 87; Lyr., Kurzprosa, Rom. – **V:** Gedichte 72; Aufenthalte, Prosa 77; Leute unterwegs, G. 78; Otto, im Durchschnitt ein Mensch, R. 80; Grasnarben, G. 87; Zürcher Konturen, Prosa 91; Jetzt und Hier, G. 02; Baumscheiben, G. 06. (Red.)

Guckel, Peter, Dr.; Friedrich-Schmidt-Str. 54, D-50933 Köln, Tel. u. Fax (02 21) 49 30 47, *ea@alectri. info, www.alectri.info* (* Breslau 20. 1. 29). Rom., Erz., Kunstb., Biogr. – **V:** Unter dem Orion. Wege einer Freundschaft, Biogr., R. 00; Sebastian. Das Spiel des Lebens spielen, Erz. 00; Der Vogel mit dem Stein, Sachb. 05. – **MV:** Natura Mystica – Die Bildwelt von Siegbert Hahn, m. Günther Schiwy u. Siegbert Hahn (auch hrsg.) 01 (dt.-engl.).

Gude, Christian, Marketingexperte; *chrisgude@aol. com, www.christiangude.com* (* Rheine 65). Krimi. – **V:** Mosquito 07; Binärcode 08. (Red.)

Gudelius, Claudia, Dr. med., Ärztin; Haus am Raut, D-83676 Jachenau, Tel. (0 80 43) 3 33, Fax 91 99 82, *claudia@gudelius.de, www.gudelius.de* (* Bad Tölz 13. 11. 51). Rom. – **V:** Das Vermächtnis des Gonzalo Porras, hist. R. 98, Tb. u. d. T.: Der Schreiber 00; Feuer-

frosch 00, Tb. 02; Das Wüstenparfüm 03, 06; Die Detektivin der Düfte 04; Die Zedernholztruhe 06.

Guder, Rudolf (Ps. Hans Kutzner), Rektor i. R., LBeauftr. TU Braunschweig; Gellertstr. 16, D-32257 Bünde, Tel. (0 52 23) 4 19 12 (* Trebnitz/S. 22. 11. 31). VS, Fachverb. f. Theatererz., Schultheater u. darst. Kindersp. 70, GZL 98, Braunschweig. Landschaft, Sekt. Lit.; Schul- u. Jugendtheaterst., Lyr., Rom. – **V:** Bei uns in Kikinesien 63, 70; Langstreckenlauf 65; Der Ritter von der traurigen Gestalt 66, 80; Groß ist die Diana der Epheser 66; Lauter Kamele 66; Mit Musik geht alles besser 66; Katarrhsus 66, 72; Der König ist blind 66; Das traurige Gespenst 66; Gefühlstankstelle Bethlehem 67, 75; Molly 68; Geschwister 68; Ein Blick in die Zukunft 68, 70; Betreten verboten 68; Verdacht – Verdacht 68; Bis zum letzten Blutstropfen 68; Weihnachten im Jahr X 69; Alle Jahre wieder 69; Kellergäste 70, 83; Die Mutprobe 70; Erstklassige Lehrstelle gesucht 71, 75; Das Grippemittel 71; Der Haltbarkeitsregler 71; Der Universal-Heimknecht Justitia blinzelt 72; Kamillentee und kalte Füße 72; Komputerballade 73, 83; Kluge Eltern sorgen vor 73, 82; Schüler exemplarisch 74, 78; Lehrer exemplarisch 74, 77; Vom Jungen der nicht Weihnachten feiern wollte 74; Na sowas 74; Pilgerfahrt nach Bethlehem 75; Weihnachtsbaum oder presepio 76; Der Dreisatz 77; Nicht für die Schule für das Leben lernen wir 77; Schwarze Schafe – weiße Schafe 77; Arme Irre 79; Reingefallen 80; Das Bett auf der Bühne 80; Warum denn das 82; Ausgerechnet jetzt 82; Kein Grund zum Weinen 82; Ach wie süß 82; Kirchturmperspektiven 85; Pantomimen 86, alles Jgd.-Schulspiele, Sketche; Bescheidene Abnormitäten, G. 81; Der Zahn, R. 83; Technisch unmöglich, Sat. 87; Bilder u. Worte, Lyr. u. Bilder 87; In der Kürze liegt die Würze 88, 94; Ich geh da nicht hin! 94; Die Mutmutmutkiste, Sp. 94; Variationen 01; Naive Verse 01; Freunde 01, u. a. – **MV:** Das Spiel-Spaß-Buch 80; Darstellendes Spielen mit Kindern, 85; Mord ohne Leiche, Jgd- u. Erwachsenenterst. 86. – **H:** Das neue Feierbuch der Schule; In Sachen Spiel und Feier; Spielen in d. Grundschule; Wer kennt den Weg – wer weiß das Ziel?, Texte u. Spiele 01. – **MH:** Begegnungen 02. (Red.)

Güdel, Helen (geb. Helen Moser), Kunstmalerin, Autorin; Oberdorf, CH-3923 Törbel, Tel. (0 27) 9 52 26 35, *helen.guedel@bluewin.ch, www. helenguedel.ch* (* Zürich 31. 8. 35). autillus, Ver. Kd.-u. Jgdb.schaff. d. Schweiz 95, Pro Litteris 99; Cursors intern. Morges, meilleure envoie nat. 82, Prix Henri Rosseau 87, Prix femina 88, IBBY (Schönstes Schweizer Buch) 94; Kinderb. – **V:** Lieber Alex, Bd I: 91, 5. Aufl. 04 (auch am.), Bd II: 93, 2. Aufl. 95, Bd III: 99; Vicky, 1.u.2. Aufl. 97; Katzen unerwünscht 94; Célestine & Polykarp 03; Apollo. Gesch. über ein Maultier 09. – **MV:** Berner Bilder-Buch 83. – *Lit:* Encyclopédie mondiale L'Art Naïf; s. auch Kürschners Handbuch der Bildenden Künstler, 1. Aufl. 2005.

Gührn, Gina, Dipl.-Biol.; Kleistrr. 24, D-89522 Heidenheim, *gguehrn@freenet.de* (* Freiberg 4. 3. 44). – **V:** Der Kater mit den Bernsteinaugen 03; Jellobiue 04; Der schwarze Klabauter 05; Geschichten am Kachelofen 06; Graue bunte Republik 06, alles Erzn. (Red.)

Gülbeyaz, Halil, Fernsehjournalist, Dokumentarfilmer, Autor; lebt in Hamburg, c/o Parthas Verl., Berlin (* Iskenderun/Türkei 1. 4. 62). Rom. – **V:** Mustafa Kemal Atatürk, Biogr. 03; Zypern. Insel d. Liebe – Friedhof d. Diplomatie, Sachb. 04; Fluchtpunkt Mardin, R. 06; Türkei – Wohin?, Sachb. 08.

Güldner, Edward, Liedermacher, Musiker, Dichter; Bergbahnstr. 8, D-01324 Dresden, Tel. (03 51)

4 60 99 01 (* Dresden 9. 1. 65). Lyr., Erz. – **V:** Lyrik 96; Lyrik II 97; Böhmische 21, 98; Flußufer 00; Bekennend zu den großen Weiten 03. (Red.)

Gülich, Martin, Schriftst.; Christoph-Mang-Str. 6, D-79100 Freiburg, Tel. (07 61) 4 77 47 72, *martinguelich @freenet.de, www.martin-guelich.de* (* Karlsruhe 10. 2. 63). Lit. Forum Südwest; Stip. d. Förd.kr. dt. Schriftsteller in Bad.-Württ. 99, 01 u. 06, Thaddäus-Troll-Pr. 03, MDR-Lit.pr. (3. Pr.) 04 u. (2. Pr.) 05, Stadtschreiber v. Rottweil 05, Stip. d. Ldes Bad.-Württ. 05, Aufenthaltsstip. Künstlerhaus Kloster Cismar 06, Esslinger Bahnwärter 07, Reinhold-Schneider-Förd.pr. 08; Rom., Erz. – **V:** Vorsaison, R. 99; Bellinzona, Nacht, R. 01; Bagatellen 03; Die Umarmung, R. 05; Später Schnee, R. 06. – **MA:** zahlr. Veröff. in Anth. u. Lit.zss. – **MH:** Konzepte, Lit.zs. 00–03; Im Windschatten der Zeit. Jugend schreibt IV, m. Bernd-Jürgen Thiel, Anth. 02; Zeitzonen. Literatur in Deutschland, m. Thomas Hoeps, Michael Lentz u. Antje Rávic Strubel, Anth. 04.

Gülpen, Gisela; Joseph-Haydn-Str. 4, D-96317 Kronach, Tel. (0 92 61) 53 03 68, Fax 6 33 73 (* Unterbruch/ Rhld. 18. 9. 46). Lyr., Dreizeiler. Ue: engl. – **V:** Apfelblütenschnee 97; Wie Sand zwischen den Fingern 99; In Eckkneipen geht es rund 00; 11 Haiku 00; Stille durchbrochen 04; Geniesse die Zeit 04, 2. Aufl. 06; alles Dreizeiler. – **MA:** Das große Buch d. Haiku-Dicht. 80, 2. Aufl. 90; Weit hinausschwimmen 95; Nur siebzehn Silben 95; Unterwegs zum Ziel 96; Haiku-Schreibwerkstatt 97; Künstler für VauO 97; Eine handvoll Staub 97; Ausfahrt Aschaffenburg 98; Sichelspuren 98; Rabengekrächze 98; Verwirrter Kompaß 98; Und wir verweilen 98; Haiku 1998 98; Morgentau perlt ab 98; Haus der Wörter 98; Farbenrausch im Herbst 98; Mit leichtem Gepäck 99; Mein persönliches Gedichtband 99; Zeit zum Nachdenken 99; Im Gras die Hände 99; Nachbars Katze maunzt 99; Spuren aus dem Kreis 99; Groschen gefallen 00; Grenzenloser Blick 00; Der Augenblick zählt 00; Weite überall 01; Wie Schnee von gestern? 01; Launen des Windes 01; Wie die Zeit verrinnt 01; Weg der Poesie II 02; Ein Koffer voller Träume 02; Schreib ich in taumelnder Lust 02; An Wolken angelegt 02; Reifbedecktes Land 02; Nur ein Atemzug 02; Auf den Weg schreiben 03; Ich träume deinen Rhythmus 03; Ein Nebelmantel 03; Jetzt zurück blicken 03; Das Gewicht des Glücks 04; Auf Cranachs Spuren 04; Steine erzählen 04; Gab in Gedanken 04; Der Klang der Kugeln 05; ... und Kronach blüht auf 05; Dass ich nicht lache 05; Ein Blätterteppich 05; Im Laufe der Zeit 05; Die Burg wirft Schatten 06; Gewonnene Zeit 06; ...vergeht im Fluge 07; Weg zur Langsamkeit 07; In Wolkennähe 07; ... auch ohne Flügel 08.

Gümbel, Dietrich, Dr. rer. nat., Biologe; 10, rue Dr. A. Schweitzer, F-68140 Gunsbach/Elsass, Tel. (03 89 77) 07 24, Fax 26 33, *dr.guembel@ wanadoo.fr, www.cosmotherapy.de* (* Königsberg/ Ostpr. 16. 10. 43). Lyr., Ess., Fachlit. Ue: engl. – **V:** Vom Wesentlichen des Wassers und der Gewässer 76; Aus der Stille. Signaturen in Kreide u. Wort 76; Adam Deine Tiere, Bilderb. 76; Oster-Reigen. Signaturen f. Kinder d. Ostens 77; Weib und Mutter. Signaturen d. Liebe 77; Mann und Weib auf Erden. Signaturen d. Ehe 77, alles Lyr. m. Zeichn.; Cosmo-Calender (dt. u. engl.), m. eig. Aquarellen 98, 99; mehrere naturheilkundl. Veröff. – **B:** Adam Dworzynski: Das Johanneische Menschenbild (Übers. u. Komm.) 83. – *Lit:* Autoren in Bad.-Württ. 91; s. auch SKb.

Gündisch, Karin Marianne (geb. Karin Marianne Vulcănescu), M. A., freischaff. Autorin; Kastelbergstr. 20, D-79189 Bad Krozingen, *karin@guendisch.de,*

www.guendisch.de/karin (* Heltau/Rum. 5. 4. 48). Kg., VS; Peter-Härtling-Pr. 84, Rumän. Kdb.pr. 84, Kdb.pr. d. Berliner Senats 91, Stip. d. Ldes Bad.-Württ. 02, Mildred L. Batchelder Award, USA 02, Lesepeter d. AJuM. 05; Kinderb., Erz., Kurzgesch. – **V:** Didel und Düdel u. a. Dingsgeschichten, Kdb. 80; Lügengeschichten, Kdb. 83; Geschichten über Astrid, Geschn. f. Kinder u. Erwachsene 85, Tb. 91; Im Land der Schokolade und Bananen, Kurzgeschn. 87, 15. Aufl. 07 (auch jap., frz.); Weit, hinter den Wäldern 88; Großvaters Hähne, Kdb. 94; In der Fremde und andere Geschn. 93; Liebe – Tage, die kommen 94; Peter und der alte Teddy, Bilderb. 97; Ein Brüderchen für Lili, Bilderb. 00; Das Paradies liegt in Amerika, Kdb. 00, 6. Aufl. 08; How I Became an American, Kdb. 01, 6. Aufl. 05 (engl.); Mia und Tante Milda, Bilderb. 05 (auch korean. m. Hörb.); Cosmin. Von einem, der auszog, das Leben zu lernen, Jgdb. 05, 2. Aufl. 07 (auch slow., kroat.); Lilli findet einen Zwilling, Kdb. 07; Der mutige Felix, Bilderb. 09. – **B:** Erich Kästner: Emil und die Detektive 79. – **MA:** Kurzgeschn. in d. rumäniendt. Presse, u. a. in: Neue Lit.; Karpatenrundschau; Neuer Weg; zahlr. Beitr. in Schulb. u. Anth. – **R:** Klasse X im Unterricht, Fsf. 83; Klasse X in den Ferien, Fsf. 84; Dreizehn gegen einen mit Gewalt entsteht, Hsp. 90; Wenn der Zaunkönig singt, Kinderf. 94. – *Lit:* Hellmut Seiler in: Reflexe II 84; Ursula Kiermeier: Karin Gündisch 96; Stefan Sienerth in: Südostdt. Vjbll. 1/97; Volker Ladenthin in: Engagement 4/00.

Güngör, Dilek, Journalistin u. Schriftst.; lebt in Berlin, c/o Piper Verl., München, *www.dilek-güngör.de* (* Schwäbisch Gmünd 72). Studienstift. d. Süddt. Ztg 03/04, Stip. d. Kunststift. Bad.-Württ. 07. – **V:** Unter uns, Glossen 04; Ganz schön deutsch. Meine türkische Familie u. ich, Glossen 07; Das Geheimnis meiner türkischen Großmutter, R. 07.

Guenter, C. H. s. Günther, Karl Heinz

Günter, Mirijam, Studentin an DLL, leitet Schreibwerkstätten f. straffällig gewordene Jugendliche; lebt in Köln-Ehrenfeld u. in Leipzig, c/o Deutscher Taschenbuch Verl., München (* Kigi/Ostanatolien 18. 9. 72). Oldenburger Kd.– u. Jgdb.pr. 03, Arb.stip. d. Ldes NRW 04, Stip. d. Hans-Böckler-Stift. – **V:** Heim, R. 04; Die Ameisensiedlung, R. 06. – **MV:** Fremd im eignen Land, m. Selda Demir, Ess. in: FAZ v. 23.12.04. (Red.)

Günter, Waltraud s. Baum, Günter

Günther, Barbara s. Günther-Haug, Barbara

Günther, Christian, Industrie-Technologe, Altenpfleger; *mail@christian-79.de, www.die-zivilenfahnder.de* (* Essen 15. 1. 79). Rom. – **V:** Böses Erwachen, Krim.-Geschn. 07; Späte Rache, R. 08.

Günther, Christina s. Grann, Susanna

Günther, Christoph, Zierpflanzengärtner, Zusteller; Mainzer Gasse 11, D-36304 Alsfeld, Tel. (0 66 31) 70 89 37, *satyrchris@gmx.net.* Alsfelderstr. 23, D-34637 Schrecksbach (* Frankfurt/Main 7. 12. 80). Lyr., Erz. – **V:** Vertraute Ungewissheit, Lyr. 05. (Red.)

Günther, Dieter Joachim, Dr. rer. nat., Dipl.-Bibl.; Lindenweg 14, D-76332 Bad Herrenalb, Tel. u. Fax (0 70 83) 26 14, *lillipo@t-online.de, www.dieterguenther.de* (* Beuthen/OS 6. 5. 43). Rom., Erz. – **V:** Eine Liebe mit zwei Gesichtern, R. 97; Blühende Landschaften, R. 99; Fächer und Pyramide, Erz. 03. – **MA:** Glück – ein verirrter Moment 99; Mein Freund, der Baum; Heitere u. besinnliche Geschichten zur Weihnachtszeit 99; Wenn einer eine Reise tut 02; Amor zu tête – Platonische Liebe 03; zahlr. Beitr. in Lit.zss., u. a.: Volksfest Nr. 5 u. 6 00; Fliegende Literaturblätter Nr. 1 u. 2 00; Eulalia Nr. 5 00; Maskenball Nr. 37 02; Satirico

Günther

Nr. 3 02. – *Lit:* Alfred Büngen in: Fliegende Literaturblätter Nr. 1 00.

Günther, Edeltraut (geb. Edeltraut Kempa), Sachbearbeiterin im öff. Dienst; Walsroder Str. 10, D-30625 Hannover, Tel. (05 11) 57 59 85, *edeltraut. guenther@googlemail.com, www.edeltraut-guenther. de* (* Königshütte/Oberschles. 5. 7. 29). Erz., Lyr. – **V:** Schako 99; Meine Runderneuerung 99; Das Kaleidoskop des Lebens, Geschn. u. G. 99; Buserfahrungen 00; Verliebt in den Frühling, Lyr. 00; Reiseerlebnis Sardinien 00; Auf Sardinien ist alles anders 02; Gedanken aus dem Tintenfass, Lyr. u. Prosa 02; Landeanflug auf Erlebnisse, Erz. 02; Zwischenzeiten des Lebens, Lyr. 03; Traute, du schaffst das schon, Autobiogr. 03; Wasseler Tiergeschichten, Erz. 03; Der liebste Mensch ist meine Katze Mäuschen, Erz. 08; Verdichtete Gedanken – fröhlich erzählt, bedächtig gereimt 08 (alle auch hrsg.).

Günther, Egon, Drehb.autor, Regisseur, Prof. HS f. Film u. Fernsehen Potsdam-Babelsberg; Seepromenade 41, D-14476 Groß Glienicke, Tel. (03 32 01) 3 12 52 (* Schneeberg/Erzgeb. 30. 3. 27). SV-DDR 56; Pr. f. literar. Gegenw.schaffen d. DDR 57, Hauptpr. f. Film in Karlovy Vary 72, Nationalpr. d. DDR 72, Silb. Löwe v. San Marco, Fellini-Pr. Viareggio, Adolf-Grimme-Pr., Pr. d. Akad. d. darst. Künste Frankfurt/M., Nominierung f. Cannes, Dt. Filmpr. in Gold f.d. Ges.werk 99; Rom., Lyr., Drama, Film. – **V:** Till, Sch. 53; Flandrisches Finale, R. 55; Das gekaufte Mädchen, Lsp. 56, 57; dem erdboden gleich. N. 57; Der kretische Krieg, R. 57, Tb. 92; Die schwarze Limousine, Krim.-R. 63; Schießen Sie nicht!, Krim.-Kom. 64; Kampfregel, Kom. n. Kleists Marquise von O. 68, UA 72; Rückkehr aus großer Entfernung, R. 70, 74; Einmal Karthago und zurück, R. 74, 75; Reitschule, Erz. 81, Tb. 95; Der Pirat, R. 88, Tb. 91; Palazzo Vendramin, R. 93, Tb. u. d. T.: Richard Wagners letzte Liebe 96; Die Braut, R. 99. – **MV:** Die Zukunft sitzt am Tische, G. m. Reiner Kunze 55. – **B:** Fünf Jespelie nach den Gebrüdern Grimm 55. – **F:** (Spiel- u. Fs.-Filme) Drehb.: Das Kleid 61 (verboten); Jetzt und in der Stunde meines Todes, DEFA-Film 63; Alaskafüchse, DEFA-Film 64; Drehb. u. Regie: Lots Weib, DEFA-Film 65; Wenn du groß bist, lieber Adam, DEFA-Film 65 (verboten), UA 90; Abschied (n. J. R. Becher), DEFA-Film 68; Junge Frau von 1914 (n. A. Zweig), Fsf. 69, UA 73; Der Dritte, DEFA-Film 71; Anlauf, Fsf. 71; Erziehung vor Verdun (nach A. Zweig), m. Heinz Kamnitzer, Fsf. 72; Die Schlüssel, DEFA-Film 74 (verboten); Lotte in Weimar (n. Th. Mann), DEFA-Film 75; Die Leiden des jungen Werthers (n. J.W. v. Goethe), DEFA-Film 75; Ursula (n. G. Keller) 78 (verboten); Exil (n. L. Feuchtwanger), 7tlg. Fsf. 80; Euch darf ich's wohl gestehen, Fsp. 81; Hanna von acht bis acht, Fsf. 83; Morenga, Kinofilm 84; Mamas Geburtstag, Fsf. 85; Die letzte Rolle, Fsf. 85; Heimatmuseum (n. S. Lenz), 3tlg. Fsf. 87; Rosamunde 90; Stein 91; Lenz, Fsf. 92; Die Braut, Kinofilm 99, u. a. – *Lit:* Walther Killy (Hrsg.): Literaturlex., Bd 4 89. (Red.)

Günther, Florian, Drucker, Fotograf, Grafiker; Kochhannstr. 14, D-10249 Berlin, Tel. (0 30) 65 91 16 15, Fax 98 69 40 27, *edition.ln@web.de, www. edition-luekk-noesens.de* (* Berlin 13. 3. 63). Lyr. – **V:** Taschenbillard 93; Eine Erscheinung begegnet Florian Günther 92; Dschamp Nr. 17 94; Kalme 12 96; Die guten Jahre 00; Nuttenfrühstück 00; Dicker Max & Co. 02; Einer von uns 04, alles Lyr.; Dusel, G. u. Geschn. 04; 11 Uhr morgens, Lyr. 07. – **MA:** Berliner Zimmer oder Stadt im Kopf 97; NordWestSüdOst 03.

Günther, Georg s. Beckelmann, Jürgen

Günther, Henriette s. Barthel, Maila

Günther, Henry, Dipl.-Lehrer; c/o Edition Balance, Brunnenstr. 12, D-99867 Gotha, Tel. u. Fax (0 36 21) 75 00 61, *info@edition-balance.de, www. edition-balance.de* (* Halle/Saale 18. 8. 48). Lyr., Prosa, Lit.kritik, Ess., Künstlerb. – **V:** Seiltanz 91; Teutsches WerkBlatt 91; abendliche idylle 92; Uptown 99 99; Privileg 02; Das Parlament im Grünen 04; Verloren 05; Schlaflos 06; schattendickicht 06, alles Lyr. – **MA:** Plädoyer über den Bucheinband, Ess. 02. – **H:** Das Gleichmaß der Unruhe, Anth. 90; Johannes Jansen: Ausflocken, Prosa 92; Gabriele Wohmann: Sidonie, Prosa 92; Karl Mickel: Kants Affe, Dramatik 93; Johannes Jansen: Hans Hiob, Prosa 93; Kerstin Hensel: Augenpfad, Lyr. u. Prosa 94; Johannes Jansen: Standort, Lyr. 95; Bianca Döring: Tag Nacht Helles Verlies, Lyr. 95; Durs Grünbein: Ein Cartesischer Hund, Lyr. 95; Friederike Mayröcker: Liebesbekümmernis, lyr. Prosa 96; Yoko Tawada: 13, Lyr. 98; Christa Wolf: Im Stein, Prosa 98; Marion Günther: Augen Blicke, Lyr. 99; Volker Braun: Salute, Barbaren, Prosa 00; John Ashbery: Closer 01; Christa Wolf: Assoziationen in Blau, Prosa 03; Jörg Kowalski: Hyle 03; Durs Grünbein: Porzellan 05; Yoko Tawada: Diagonal 05; Marion Günther: Rauhreif 06, alles Lyr. – *Lit:* The Works of Edition Balance, Kat. 94; Bücherlust, Kat. 98; Edition Balance. H.G. – Buchgestalter, Herausgeber, Verleger, Kat. 99; Büchermacher, Kat. 99; Artists Books from Germany, Kat. 00; Alm. 10 Jahre Edition Balance 00; Künstlerbücher d. Edition Balance. D. Buchgestalter, Herausgeber u. Typograf H.G. 01; KünstlerBücher. Die Samml. Reinhard Grüner, Kat. 04; Buch – Kunst – Balance, Kat. 06.

Günther, Herbert, freier Autor, Übers.; Vor dem Ellershagen 5, D-37133 Friedland-Reckershausen, Tel. (0 55 04) 19 64, Fax 94 98 46, *herbert_guenther@gmx. de, www.herbertguenther.de* (* Göttingen 14. 6. 47). VS, Friedrich-Bödecker-Pr. 75; Daniel-Wunderlich-Pr. 86, Nds. Nachwuchsstip. 87, Friedrich-Bödecker-Pr. 96, Kath. Kd.- u. Jgdb.pr. 06; Jugendrom., Lyr., Erz., Übers., Film. Ue: engl. – **V:** Onkel Philipp schweigt, Jgd.-R. 74; Unter Freunden, Jgd.-R. 76; Vermutungen über ein argloses Leben, R. 82; Lieber Onkel Paul, Kdb. 84; Elisa und der Schuhauszieher, Kdb. 85; Der Geburtstag des Indianers, Kdb. 89; Ole und Okan 90; Hulle Hansen, kurz Huha, Geschn. 91; Die Köchin des Königs 91; Herbert Günther erzählt, wie ein Fernsehfilm entsteht 92; Thomas und Kathinka oder der Geburtstag des Indianers 93; Herbert Günther erzählt vom Großvaters Kindheit, Kdb. 94; Die Reise zum Meer, Jgdb. 94 (auch in Blindenschr.); Der Geheimbär, Kdb. 95; Der erste Ferientag, Kdb. 95; Ein Sommer, ein Anfang, Jgdb. 95; Luftveränderung, Kdb. 98; Grenzgänger 01; Leo der Familienhund, Kdb. 01; Der Versteckspieler. Die Lebensgesch. d. Wilhelm Busch 02; Leo, ein Hund für alle Fälle, Kdb. 03; Leo, der Ferienhund, Kdb. 05; Mach's gut, Lucia!, Erzn. 06. – **MV:** Das Regentier kommt, Text z. Bilderb. v. Edith Schindler nach e. ind. Märchen 02. – **H:** Die beste aller möglichen Welten. 22 Erzn. zu einer Behauptung 75; Das neue Sagenbuch 80. – **R:** Neues aus Uhlenbusch, 5 Kinder-Fsf. – **MUe:** gem. m. Ulrike Günther: Eleanor Clymer: Ich will, daß Lukas bei mir bleibt 76; Gaye Hicyilmaz: Gegen den Sturm 91, Du wirst mich schon lieben 94; Katherine Scoles: Sam's Wal 92, Die Nacht der Vögel 92; Magdalen Nabb: Finchen will was Schönes schenken 93, Finchen fährt ans Meer 93, Finchen in der Schule 94, Finchen freut sich auf Weihnachten 94, Finchen u. Lena 95, Finchen im Krankenhaus 95, Finchen auf dem Markt 96; Marita Conlon-McKenna: Das blaue Pferd 94, Sturmkinder 98; Russell Stannard: Durch Raum u. Zeit mit Onkel Albert 94, Onkel Albert u. der Urknall 95, Onkel Albert u. die

434

kleinsten Teilchen 95, Hallo Sam, hier bin ich 96, Der Besuch aus Anderswo 96, Fragen an Onkel Albert 98; Kazumi Yumoto: Tomomis Traum 95; Robert Newton Peck: Mein Teil der Erde 95, Mein Teil des Himmels 97; Avi: Jenseits des großen Meeres, 2 Bde 96, Im Düsterwald 99, Im finstren Biberbau 02, Im Dschungel der Großstadt 03, Im Bau der Füchse 04; Paula Fox: Inselsommer 96; Jean Ferris: Sommer ohne Wiederkehr 98; Malcolm Bosse: Der Elefantenreiter 98; Allan Say: Die Schüler 4. Comic Meisters 99; Frances O'Roark Dowell: Dunkler Sommer über Indian Creek 02; Susan Coyne: Ein Sommertagstraum 03; Brian Jacques: Die Gestrandeten 03; Alyssa Brugmann: Zeig dein Gesicht 04, Ich weiß alles 05; Korky Paul/Valerie Thomas: Zilly u. ihr Zauberstab 04, Zilly u. der Zauber-Computer 05; David Almond: Feuerschlucker, R. 05; P.B. Kerr: Die Kinder des Dschinn 05; Alyssa Brügmann: Einfach Bindy 06; Matthew Skelton: Endymion Spring 06; D. Almond: Lehmann 07. – *Lit:* Jörg Knobloch/Steffen Peltsch (Hrsg.): Lexikon Deutsch. Kinder- u. Jgd.theater 98. (Red.)

Günther, Irmhild, M. A., freie Journalistin; Gartenstr. 43, D-74363 Güglingen, Tel. (0 71 35) 77 92, Fax 1 61 70, *irmhild.guenther@gmx.de* (* Altenburg/Thür. 20. 12. 39). Kg.; Sachb., Kurzgesch., Erz. – *V:* Zabergäu, eine Landschaft erzählt Geschichten, Kurzgeschn. 86; Das schwäbische Himmelreich 91, 96; Leute aus dem Zabergäu 02; Die unheimliche Mühle am Neckar 05. – *MA:* Beitr. in Fachzss. (Red.)

Günther, Joachim; Siemensstr. 26, D-40227 Düsseldorf, Tel. u. Fax (02 11) 37 41 50, *leseshow@t-online. de, www.leseshow.de* (* Ratingen 28. 12. 55). Arb.stip. d. Ldes NRW 98; Kinderlit. – *V:* Direktor Senfgurke und das Schwein 92; Die Omi und das Krokodil oder warum Piraten immer soviel Rum trinken 94; Monster im Büdchen u. a. Geschichten 96; Verhexte Hosen für den König 98, Neuaufl. 08, alles Kd.- u. Jgdb. – *MA:* Der Bunte Hund 24 89; Der Dicke Hund 92; Okki Winterboek (Den Bosch, Niederlande) 96; Abrakadabra Hexenpflug 03, alles Anth. – *R:* Verhexte Hosen für den König (BR) 06. – *P:* Lit.telefon Düsseldorf; mehrere Leseshows: Ketchup vom Mitternacht; Das Weihnachtspaket; Rocky und die Schweine; Warum Piraten immer Rum trinken; Monster im Büdchen; Sommer-Open-Air-Leseshow.

Günther, Jörg-Michael, Dr. jur., Ministerialrat Umweltmin. NRW; Gartenstr. 12, D-42799 Leichlingen, Tel. (0 21 75) 16 58 56 (* Castrop-Rauxel 6. 4. 60). Sat., Lyr. – *V:* Der Fall Max und Moritz 88; Der Fall Struwwelpeter 89; Der Fall Rotkäppchen 90; BGB in Reimen 94; Justitia in Verlegenheit 95; Justitia in Nöten 96. – *MA:* mehrere Beitr. in Schulb. – *Lit:* s. auch 2.Jg. SK. (Red.)

Günther, Johann s. Rücker, Günther

†**Günther,** Karl Heinz (Ps. C. H. Guenter), Schriftst.; lebte in München (* Röthenbach 24. 3. 24, † Herrsching 5. 6. 05). Rom., Drama, Film. – *V:* ca. 400 Krim.-Romane seit 58, u. a.: Mister Dynamit (ca. 300 Bde) sowie Kommissar X; Liebe so kalt wie der Tod 78; Das letzte Boot nach Avalon, I u. II 96; Kriegslogger 29 97; Der Titanic-Irrtum 98; Duell der Admirale 98; Atlantic-Liner 99; Das Otranto-Desaster 99; Der schwarze Baron 99; U-Kreuzer Nowgorod 00; Geheimeinsatz Flugschiff DO-X 00; U-136, Flucht ins Abendrot 01; U-Z jagt Cruisenstern 02; Das Santa-Lucia-Rätsel 02; U-Boot unter schwarzer Flagge 03; U-XXI: Die erste Feindfahrt war das letzte 03; U-77: gegen den Rest der Welt 03, u. a. – *F:* Fluch der Maharadscha 64; Die rote Dschunke 64; Drei gelbe Katzen 65; Serenade für 2 Spione 65; Drei rote Tiger 66; Drei grüne Hunde 67;

Morgen küßt euch der Tod 67; – Drehbücher: Kommissar X; Mister Dynamit. – *R:* Jörg Breda, Fs.-Serie 65.

Günther, Ralf, freier Autor; Geinitzstr. 11c, D-01217 Dresden, Tel. (03 51) 4 76 61 60, Fax 4 76 61 61, *info @rague.de, www.rague.de* (* Köln 21. 9. 67). Teiln. an d. Winterakad. d. mdm/Förderkr. Dt. Kinderfilm, Teiln. am 'Seminar f. Autoren hist. Stoffe' d. Dt. Lit.fond/Bertelsmann-Stift./'Textwerk'; Rom., Hörsp., Fernsehsp. – *V:* Kamelle, Krim.-R. 92, 97; Eine kleine Kölner Weihnachtsgeschichte ..., Kdb. 92; Eine kleine Kölner Kindergeschichte ..., Kdb. 93; Coole Kannen, Jgd.-Krimi 96; Der Leibarzt, hist. R. 01; Die Pestburg, R. 03; Die Theatergräfin, R. 05; Der Dieb von Dresden, R. 08. – *MA:* Bekehrung am Elbufer, Kurzgeschn. 97; Rattenpack, Kurzkrimi-Anth. 97; Das große Ravensburger Buch zur Advents- u. Weihnachtszeit, Kdb. 01; Vaterglück 06. – *H:* Kunst ohne Kompromiss. Die Malerin Elfriede Lohse-Wächtler 06. – *MH:* I. v. Hahn-Hahn: Orientalische Zeitreise, m. S. Rammelt, Bildbd. 05. – *R:* Sonnige Zeiten 92; Blut am Schuh 96, beides Krim.-Hsp. – weiterhin Sketche u. Drehbücher f. Fs.-Shows.

Günther, Sabine-Ingen, Dipl.-Medizinerin, Zahnärztin; Uhlandstr. 12, D-04600 Altenburg, Tel. (0 34 47) 50 13 88 (* Altenburg 6. 2. 53). Lyr. – *V:* Sammlung Einblicke, Lyr. u. Collagen 96. – *MA:* Alm. dt.sprachiger Schriftsteller-Ärzte 94–96. (Red.)

Günther, Thomas, Dichter, Verleger, Editor; Edition Galerie auf Zeit, Richard-Sorge-Str. 64, D-10249 Berlin (* Spremberg 9. 6. 52). Arb.stip. f. Berliner Schriftsteller 90, V.-O.-Stomps-Pr. 03; Text-Foto-Montage, Lyr. – *V:* AbgründeüberBrücken, G. 86; AufBruch ins SchädelHerz, G. 87; Verfehlte Feste. Ein Künstlerbuch 93; Zwischenwände, Ausst.-Kat. 93; Zur Freiheit verdammt oder einer flog über den Zuckerhut 00, u. a. (Red.)

Günther, Wolfgang, Lehrer; Lindenstr. 1a, D-28755 Bremen, Tel. (04 21) 66 65 26, Fax 8 00 17 00, *wolfgang.guenther@nord-com.net* (* Chemnitz 27. 9. 34). Lyr., Erz., Schulbühnenst. – *V:* Heiter mit kurzen Schauern, Kurzgesch. 97; So schnell verrinnt ein Tag, Erz. 01; EngelsMund und TeufelsKuss, Erzn. 02; Hörst du mir überhaupt zu, Annedore?; Mallorca-Begegnungen 04; Wenn bloß schon Weihnachten wär'!, Geschn. u. G.; Weihnachten kommt immer so plötzlich; Mir ist's wie Weihnachten; Zeit für Heimlichkeit; Zündet eine Kerze an; Große Tage für Engel 04; Himmel, diese Menschen, Kurzgeschn. 05; Kabale und Liebe auf Wallensteins Lager, Kurzgeschn.; Mallorca-Liebe, Kurzgeschn.; Mehr als nur ein bisschen Sand, Kurzgeschn. 06; Zum Wohlsein, Kurzgeschn. u. G. 07; Vegesack schmunzelt, Anekdn. u. Kurzgeschn 08; Rena, wir fliegen nach Palma, Erz. 09; In Unschuld gereimt; Der Frohsinn ist – wie jeder weiß – die Medizin zum kleinen Preis; ... nicht übermütig werden ...; Das Jahr begann mit Böllerschuss, alles G.; – Schulbühnenst. m. Musik: Der Rattenfänger von Hameln; Die Bremer Stadtmusikanten; Die Reise um die Erde; Des Kaisers neue Kleider; Das tapfere Schneiderlein. – *MA:* Die Nacht ist still ..., Anth. 99; Gedicht u. Gesellschaft 00; Weihnachtsanth. 11 (ed. fischer); Das neue Gedicht 00, 01.

Günther-Haug, Barbara (geb. Barbara Günther), Dr. med., Ärztin, Psychotherapeutin; Gartenstr. 12, D-61389 Schmitten/Arnoldshain, *b.guenther-haug@t-online.de* (* Bad Homburg 28. 3. 65). Rom. – *V:* Sybille Fugger, die Frau Jakobs des Reichen 85, Neuaufl. 00; Das Fuchsspiel 97, Tb. 99; Der Weg verbrennt die Füße und das Herz 00; Birgitta von Schweden – die große Seherin des Nordens 02, Tb. 04 (auch slowak.); Ein Finanzhai zum Verlieben 06.

Güntner, Gerald, Lehrer, ObStudR.; Felix-Dahn-Str. 92, D-70597 Stuttgart, Tel. (07 11) 76 58 35 (* Eger 14. 5. 41). Kg. 81, Förd.kr. Dt. Schriftst. Bad.-Württ. 99; Rom., Lyr., Erz., Ess. – **V:** Die Angst des Vogels im Käfig, R. 80; Der Ausbruch des Krieges, Erzn. 84; Egerland. Essay der Erinnerung 84; Die schwarze Katze, Erz. 86; Weihnachtsparabel, Erz. 87; Die Trauer im Lachen, R. 87; Adalbert Stifter Triptychon 88; Die Uhr, Erz. 90; Weihnachtsgeschichte 03; Märchen vom Glück 04; Im Zirkus 05; Der Smaragd 05; Fabeln von der Politik 07; Riesen und Zwerge 07; Der Museumswächter 07; Das Moosmanndl 07, alles Erzn.; Hellenische Illumination, G.-Zyklus 07; Die Zentauren 07; Die Gebirge 07; Abendländisches Triptychon 07, alles Lyr.; Der Grambus, Erz. 08. – **MA:** Alles im Griff, Anth. 95; Der Everest ist überall, Anth. 98; Sudetenland IV/04, I/05, IV/05; Die Künstlergilde, F.1 06.

Güntschl, Helga, Mag., Prof.; Krottenbachstr. 27, A-1190 Wien, Tel. u. Fax (01) 3 68 46 78. Nr. 173, A-3874 Haugschlag, Tel. (0 28 65) 86 56 (* Wien 29. 12. 39). Lyr.pr. d. Landes NÖ 99. – **V:** Auf gläsernen Trommeln, Lyr. 03; Meine Kindheit in P. 03. (Red.)

Günzel, Karl Werner, Dr. med., Dermatologe, Autor; Rohrweg 26, D-37671 Höxter (* Bernstadt/Oberlausitz 4. 10. 14). BDSÄ; Orgelpr. d. Landständischen Oberschule Bautzen 36, E.bürger d. Stadt Bernstadt/Sa. 99; Lyr., Drama, Biogr. – **V:** Kosmische Aufzeichnungen 79; Grüne Atome 79; Die Stimme der Menschlichkeit war überall 80; Der gigantische Taumel 80; Du bist dabei 82; Auf den Gedanken spaziert 82; Gedichte 82; Können Bilder sprechen? 83; Zwischen den Feldblumen 84; Im Weltenwerk gefangen 84; Von den Sternen umarmt 84; Rings um Corvey 84, alles G.; Downing Street No.110, Dr. 85 (engl.); Akkor, der ehrbare Bauer, Dr. 85; Glasperlen, ausgew. G. 88; Untersuchungen über das kosmische Denken 86; Zeitlose kosmische Gedanken und Gedichte 88; Rückbesinnung u. Erkenntnis über das Erfahrbare e. empfindsamen Gott-Materie 88; Es glühte rot die Heide, G. 89; Aber ein Lichtes bleibt – die Liebe, G. 89; Amaterasu's kosmische Aufzeichnungen, G. 89; Amaterasu's kosmische Menschenwerdung, G. 89, 94; Der göttliche Holocaust des Sonnensystems, Ess. 93; Liebe, Lust und reife Tränen 97; Im Garten der Galaxien 98; Bernstädter Gedankenspiegel 98; Bernstädter Zyklus – Gedanken-Blumen 98, alles G.; Unvollendete philosophische Betrachtungen. 1937–1985 01; Die Blaue Bibel 03; Siehst Du ... die Blutspur auf Asphalt, G. 07; Auf den Sonnenflügeln der Planeten träumen, G. 07; ... der Schrei des Fortschritts, G. 07; – Sachbücher: Raketenforscher Klaus Riedel (1907–1944) 84; Bildhauer-Portrait Lorenz Zilken z. Aufstellung d. Bronze-Statue St. Michael in Beverungen 87; Die fliegenden Flüssigkeitsraketen, Raketenpionier Klaus Riedel 89; Lorenz Zilken, Bildhauer u. Maler 92; Zur Geschichte d. Raumfahrt. 100 Jahre Herrmann Oberth-Astronautentreff 94; Klaus Riedel, Raumfahrtpionier 1907–1944 98; Kosmische Bibel 00; Die Repulsor-Rakete, die erste fliegende Rakete d. Raketenflugplatzes Berlin 00; Rolf Engel, Raketen-Pionier 01. – **MV:** Briefe u. Gespräche zwischen Arzt u. Philosoph (1978–1999), m. Wolfgang Futterlieb 05. – **MA:** Alm. Dt. Schriftstellerärzte 82, 87–98; BDSÄ-Rundbrief Dez.07, u. a. – **H:** Ein Träumer seiner Zeit. Dichter Karl-Heinz Ide 1914–1988 89; Eckpunkte des Lebens 99. – **P:** Rückbesinnung u. Erkenntnis über das Erfahrbare e. empfindsamen Gott-Materie 99; Zeitlose Gedanken u. Gedichte, m. Ölbildern v. Wolfgang Futterlieb 84; Auf den Gedanken spaziert, G. 91; Amaterasus kosmische Menschwerdung u. Untersuchungen

über d. kosmische Denken 91, alles Videokass., u. a. – Lit: Westfäl. Autorenlex. 1900–1950 02.

Günzel, Wolf Richard, Schriftsetzer; Priebuser Str. 19, D-02957 Krauschwitz (* Bad Muskau/Oberlausitz 12. 10. 41). Rom., Nov. – **V:** Als Gertrud fliegen lernte 83; Gefiederte Träume, M. 00; Die Zähne des Windes, R. 00; Das Mädchen in der Zündholzschachtel, R. 01. – **MA:** Kenia, Mauritius, Seychellen: Ein Mythos stirbt im Kral 83. (Red.)

Günzel-Horatz, Renate; Fougèresstr. 3, D-53902 Bad Münstereifel, Tel. (0 22 53) 69 66, Fax 96 07 18 (* Dattenfeld 27. 8. 43). Fläm. Kinderb.pr., Empf.liste z. Heinrich-Wolgast-Pr., Empf.liste z. Kath. Kd.- u. Jgdb.pr., Buch d. Monats d. Ju-Bu-Crew, Empf.liste z. Hans-im-Glück-Pr. – **V:** Geschichten zum Kirchenjahr, relig. Kdb. 84; Kein Eis für Oma 84 (auch fläm.); An allem ist Susanne schuld 86; Wo bleibt nur die Kerze? 86; Stürmische Tage für Susanne 87; Ein turbulente Weißer Sonntag 87, alles Kdb.; Das sind doch alles Drückeberger, Jgdb. 88; Vergiß die weißen Träume, Kdb. 96; Hannah, Jgdb. 97; Einfache Fahrt, Jgdb. 98; Katharinas Entscheidung, Jgdb. 99; Marie, Jgdb. 00; Siehst du den Stern?, Kdb. 02; Das Lied vom blauen Stern, Kdb. 04; Meine erste Schulbibel 03; Und alles wird gut, Kdb. 04; Unsere erste Kinderbibel 04. – **Ue:** Jean Little: Brunis Weihnacht, Kdb. 04. – Lit: Siegfried Schroer: Die Widerstandskraft der Hoffnung, Diss., Univ. Dortmund 00. (Red.)

Gürtler, Claudia (geb. Claudia Frick), freie Autorin, Rezensentin, Bibliotheksassistentin; Wegastr. 23, CH-4123 Allschwil, Tel. 06 14 81 74 03, Fax 06 14 81 74 04, cguertler@sunrise.ch, www.graueinsel.ch (* Basel 26. 4. 54). Gruppe Olten, jetzt AdS, Autillus; Erz., Erz. f. Kinder, Rezension. – **V:** Ein Seeräuber wie Balduin, Bilderb. 92; Großmutters Abschied, Jgd.-R. 93; Das Zauberduell, ein Zigeunermärchen, Märchen-R. 93; Ernesto und Ernestine auf Schatzsuche, Bilderb. 94; Gespenstergeige, Märchen-R. 95, 98 (als Blindendr.); Ein Schatz zum Geburtstag 97; Das Loch 98, 02 (korean.); Valentina will ans Meer 01, alles Bilderb.; Der kleine Harlekin oder die Erfindung des Friedens 04; Weihnachten steht vor der Tür 04; Ula-Pula! oder Meine Insel, deine Insel 06; A bis Zett. König d. Wörter 08; Lieblingsgeschichten von König A bis Zett, Bd 1 u. 2 08.

Güsken, Christoph; Grüner Winkel 11, D-48151 Münster, Tel. (02 51) 9 73 09 93, Fax 9 73 09 94 (* Mönchengladbach 27. 2. 58). Das Syndikat 96. – **V:** Dr. Götter und die Vertrauten Welten 90; Ein Unbeteiligter 91; Ouzo am Abend 92; Vom Himmel hoch 92; Abrahams Schoß 94; Eine alte Bekannte 94, alles Kurzgeschn.; – ROMANE/KRIM.-ROMANE: Minimom 88; Bis dann, Schnüffler 96; Schaumschlägers Ende 97; Mörder haben keine Flügel 98; Spiel's nicht nochmal, Henk 98; Angsthase, Pfeffernase 99; Pommes rot-weiß 99; Alptraum in Blau 00; Niemals stirbt man so ganz 00; Screamhilds Rache 01; Der Untergang des Hauses K. 01; Jungbluth und der Fastnachtsmord 02; Lambertis Fluch 02; Der Papst ist tot 04; Die ohne Sünde 04; Faust auf Faust 05; Unstatt 05; Dr. Jekyll und Mr Voss 07. – **R:** Bewegte Zeiten, Kurzsat. 90; Einer lacht zuletzt 94; Du stirbst nur zweimal 96; Strawinskis rechte Hand 97; Geisterfahrer 98; Ganz schön mutig 99; Wyatt Earp auf Mallorca 99; Blaubarts Gärtner 04, alles Krim.-Hsp. – **P:** Einer lacht zuletzt 95; Du stirbst nur zweimal 97, beides Tonkass. (Red.)

Guesmer, Carl, Bibliothekar in Marburg/Lahn 1951–91; PF 1349, D-38358 Schöningen. Untere Burgbreite 3, D-38364 Schöningen (* Kirch Grambow/Mecklenb. 14. 5. 29). Lessing-Pr. d. Stadt Hamburg (Förd.gabe) 62,

Andreas-Gryphius-Förd.pr. 76; Lyr., Prosaskizze, Ess. –
V: Frühling des Augenblicks 54; Ereignis und Einsamkeit 55; Von Minuten beschattet 57; Alltag in Zirrusschrift 60; Zeitverwehung 65, alles G.; Geschehen und Landschaft, lyr. Prosa 67; Dächerherbst 70; Abziehendes Tief 74; Auswahl 1949–1979 79; Zur Ferne aufspielen 85; Im abgetragenen Sommer 92; Baumkronen mit Septemberspuren 99; Vom Meer desertierte Wellen 05, alles G. – **MA:** alma mater philippina 1981/82 81; G. u. Prosa in ca. 65 Anth. bzw. Schullesebüchern u. almanachähnl. Periodica bis 08. – *Lit:* Landschaft und Augenblick, Festschr. 79.

Güth, Gudrun, Dr.; Breslauer Str. 68, D-45731 Waltrop, Tel. u. Fax (0 23 09) 7 54 87, *gudrun.gueth@web.de* (* Hagen 1. 10. 50). Dortmunder Gr. „FrauenSchreiben"; 1. Pr. b. Lyr.wettbew. d. Zs. „Ortszeit Ruhr" 84, 1. Pr. b. NRW-Autorentreffen 87, Lit.pr. Ruhrgebiet (Förd.pr.) 96, 2. Pr. b. Wettbew. „Grenzen u. Identitäten" Rhein/Ruhr 02, 3. Pr. b. Lyr.wettbew. d. FDA Hamburg 05; Rom., Lyr., Erz. – **V:** Sternenkreis und Buttertrüffel, R. f. Kinder 91; Tote sprayen nicht, Krim.-R. 99. – **MA:** zahlr. Beitr. in Zss. u. Anth. seit 82, u. a. in: Viel Zeit ist nicht mehr 87; Die Nacht der schönen Frauen 97; Hinter den Glitzerfassaden 98; Zerrissen und doch ganz 00; Scheitern 02; Endloser September 03; Brigitte-Kalender 05; Fortgesetzter Versuch einen Anfang zu finden 05; Nordsee ist Wortsee 06. (Red.)

Gütter, Ernst, Bankkfm. i. R., ehem. Skisportpressechef, Schriftst., Journalist; Landwehrstr. 12a, D-80336 München, Tel. (0 89) 59 12 57 (* Oberlohma/Franzensbad 4. 12. 28). Bayer. Autorenvereinig., Arb.gr. Lit. im AEK; Literar. Anerkenn.urk. d. RSGI u. E.gabe d. Regensburger OB 98, E.zeichen d. Bayer. Min.präs. 99, Adalbert-Stifter-Med. 99; Lyr., Sat., Kurzgesch., Rom., Reiseführer, Buchkritik. – **V:** Pistengrantler, Kurzgeschn. 62, 65; Erde und Menschen, G. 82; Erdwogen, G. 84; Lichtraum und Erde, G. 86; Die Bergbahn, R. 87; Egerland, Reisef. 88; Egerland/Westböhmen, Kulturreisef. 97. – **MV:** Japan. Gedichtformen A E K 88; Aufbruch – Blick 2000, G. 93. – **MA:** Mauern 78; 9 Jahrbücher 80–91; Siegburger Pegasus 82; Silhouette-Int. 83; 4 G.-Bde d. Autoreninitiative Köln 83–87; Tippsel 83; 9 Bde jap. G.-Formen im Graphikum Verl. 83–92; Lyrik 4 d. Ed. L 83; IGdA-Alm. 85–87; Lyrikkal. 85/86; D. Gr. Buch d. Renga-Dicht. 87; D. Gr. Buch d. Senku-Dicht. 92; Zss.: Satn. im Simplicissimus u.; Die Wolke Hamburg; Der Literat; Der Winter; Alpinismus; Altbayer. Heimatpost; Blick, Zürich (Sat.); Lit. in Bayern; Marine Forum Herford; Südkurier; Der Egerländer u. a. – *Lit:* Taschenlex. zur Bay. Gegenwartslit. 86; Das Gold. Buch; Konzepte Nürnberg; Wer ist Wer; Die Brücke 97, u. a.

Güttler, Werner Walter, stellv. VHS-Dir. i. R.; Friedensstr. 2 B, D-30175 Hannover, Tel. u. Fax (05 11) 85 21 34 (* Hannover 10. 8. 23). – **V:** Brokat und Ziegenhaar, Geschn. 90; Damm durch den Dämmer, G., Ess. u. Erzn. 91; Die fragwürdigen Erben, Erinn. 92; Steine auf den Weg, R.; Den Eiweißmolekülen und Maschinen, G.; Das Märchen von den Radieschen und den alten Drachen; mehrere Spiele; mehrere hist. u. relig.wiss. Abhandlungen. (Red.)

Guggenheim, Alexandra, Dr., Kunsthistorikerin, freie Autorin u. Kritikerin; lebt in Seevetal b. Hamburg, c/o Rowohlt Verl., Reinbek. Das Syndikat, Mörderische Schwestern. – **V:** Der Gehilfe des Malers 06, Tb. 07 (auch frz., span.); Die Malerin des Feuersturms 08, beides hist. R. – **MA:** Kurzkrimis in Anth.: Liebestöter 03; Criminalis 2 03; Weinleichen 03; Tödliche Touren 03; Mörderische Mitarbeiter 03; Flossen höher 04; Tatort FloraFarm 04; Fiese Friesen 05; Tödliche Torten 05; Ta-

torte 06; Mords-Niederrhein 07; Million Dollar Mama 08. – **MH:** Mord ist die beste Medizin, m. Monika Buttler, Anth. 04 (auch Mitarb.). (Red.)

Guggenheim, Thomas C., Rechtsanwalt, Verleger, Autor; Alpenstr. 19A, CH-3006 Bern, Tel. u. Fax (0 31) 3 51 71 70, *info@klio.ch, www.klio.ch* (* Locarno 12. 8. 32). – **V:** Die Wohnsiedlung „Bleiche" in Worb 84; Einführung in die Geschichte Chinas aus der Sicht eines Europäers 88; Zhongguo Riji. Tageb. e. Chinareise 89; Ultreïa! Los! 98; Der Tod eines Spekulanten, Krim.-Erz. 03. (Red.)

Guggenmos, Christiane, M. A. Dt. Philologie; Findingstr. 10, D-86923 Finning, Tel. (0 88 06) 95 99 83 (* 13. 11. 62). Kinderb. – **V:** Pietro und der Teufelsberg, M. 00. (Red.)

Guhde, Christel, Dipl.-Bibliothekarin; Horst-Caspar-Steig 25, D-12353 Berlin, Tel. (0 30) 6 61 67 60 (* Berlin 18. 12. 34). VS 78, GEDOK 79, NGL 77, GZL 95; Lyr., Erz. – **V:** Zwischen Schlangenkönig und Bunkercity, G. 77; Risse im Beton, G. 78; Mieträume, Erz., G., Aquarelle 83. – **MA:** GEDICHTE in: Jb. f. Lyrik 79; Jb. d. Lyrik, Am Rand d. Zeit 79; Augen rechts, Anth. d. Werkkr. Lit. d. Arbeitswelt 80; Unbeschreiblich weiblich. Texte an junge Frauen 81; Berlin-Zulage, G. aus d. Provinz 82; Narren u. Clowns 82; Mit Wüste leben 81; Erot. Gedichte v. Frauen 85; Zeitgeschichte, Zeitgesichter 89; Doppeldecker. Texte u. Grafik aus ganz Berlin 90; Zwischen d. Stimmen bist du wie auf e. Schlachtfeld 93; Wortgeflechte. The World of Books, Bd 3 94; Sei gesegnet, nun du gehst 94; Lit. vor Ort. Literar.-dokumentar. Anth. üb. d. NGL Berlin 95; Gedicht u. Gesellschaft 01; Kindheit im Gedicht 02; Grünstift, Umweltmag. (Düsseldorf) 02; Schreibwetter 02; Ausgeschriebene Zeit 03; G. u. Erz. in: Berlin am Kottbuser Tor – Geschichte wird gemacht. Wortfunken 03; 10 Jahre Leipziger Sommernacht der Poesie, Festschr. 07; – in Lit.zss., u. a.: Manna, Zs. f. Lyr. 8/85; INteractions, vierspr. Lyr.zs. 2/94, 1/95; Poesiealbum nau 2/07, 1/08; – **PROSA:** Schreiben wie ich leben wollen 81; Spaziergang mit d. Mutter, Erz. um e. Mutter-Tochter-Beziehung in d0) Nachkriegszeit u. 70er Jahren, in: Stadtansichten 81; Begegnung mit Paule. Erz. um e. poln. Fremdarbeiter 1944/45 in e. brandenburg. Dorf, in: Stadtansichten, Jb. 82; Die Untat. Berliner U-Bahnerz., in: Station to Station 84; Kein Raum f. Maracuja, Erz., in: Spinatwachtel 8 84; Text in: Frauenstadtb. Berlin 84; Kälte unterm Mond (Dritte Station). Erz.: Nachts unterwegs in Kreuzberg, Erz. in 3 Stationen), in: Textb. I d. Autorinnen GEDOK 85; Die Reise ins Fränkische, Erz. d. Wald, in: Berliner Leseb. 86; Die Straße, die kein Sternpunkt war/Sonne am Morgen oder d. Frühstück im Büro. 2 Prosakap., in: Als Manuskript gedruckt, Bd 7 87/88; Kleinlicher, herrischer Buchstabenmensch. Erz. um Frauen im Büro, in: Die Engel 88; Griechisches Bauernland, Erz., in: Nicht aufzuhalten 93; Weidenkätzchen, Erz., in: Antworten bauen Brücken 96; Textpassage Sand und Flut, in: Kat. Quadratur I–IV, Kunststoff Bln.-Schöneberg 97; Ekko im Zwiespalt 99; Die Zeit m. meiner Großmutter Elisabeth 1939–42 (1943), in: Ich habe es erlebt 04, cop. 05; Lyr. u. Prosa in: Synopse 06, GEDOK 80. Ein Jubiläumsprojekt d. GEDOK Berlin, Kat. 06. – **R:** Preußisch-Blau, Lyrik u. Rdfk-Portr. (RIAS II), Febr. 80; Gedichte (SFB II), Febr. 80; Nachts unterwegs in Kreuzberg, Erz. in 3 Stationen (RIAS II), Dez. 84; Kleinlicher, herrischer Buchstabenmensch, Büroerz. u. Rdfk-Portr. (HR), Aug. 87; Gespr. m. Dick Kornburger, Thema: Kriegsende '45, m. Lesung (SFB IV), Juni 95. – *Lit:* Buch u. Bibl. 4/79, 1/84; Zitty 52/16 '83; Berliner Sonntagsbl. 47/84, 27/85; „Die Tat" Nr. 16/Apr. 83; „Spinw." Nr. 8, 84 (H.: Räume) Ich schrei-

437

Guhl

be, weil ich schreibe. Autorinnen d. GEDOK, e. Dok. 90; Kreuzberg schwarz auf weiß, e. Lit.verz. 92; DLL, Erg.Bd 4 97; Dt. Schriftst.lex. 01; B. Michalsky in: Berliner Abendbl., Lokalausg. Neukölln v. 26.3.03; Christel Hartinger in: EVENTuell – Leipzigs Frauenztg, Nr.130/Aug.05.

Guhl, Peter, Dr.-Ing., Bauing., Rentner; Markt 2, D-17235 Neustrelitz, Tel. (0 39 81) 25 39 57 (* Neustrelitz 9. 8. 28). Erz., Rom., Kulturgesch. Ue: plattdt. – **V:** Meine Kindheit in Neustrelitz 06; Gesprengte Brücken 06; Panzer, Schutt und Algebra 06, alles Erzn. – **MA:** Mecklenburg-Strelitzer Kal. 04–06; Schriftenreihe d. KWA 08.

Guhlmann, Koyo A. (Ps. Satyam Koyo, Axel Guhlmann, K. A. Guhlmann), Dipl.-Psych., Autor, Grafiker, Verleger; Daumierstr. 6, D-04157 Leipzig, Fax (03 41) 9 18 87 08, *koyo@gmx.net* (* Leipzig 31. 10. 66). VG Wort 00; Dichtung. – **V:** trans/missionen 96; trancemissionen 97; transFORMissionen 98; athmung und andere rückstöß erscheinungen 00; nat.log. 00; TROPF SCHLAG 01; Staubskulpturen 01; Die Glocke 02; Linnëar 02; transitive archive 02; TRANSMITTER 03; w & w generator 1 03, 2 05; interconnector 03; Lotungen 03; Nat.Log. 03; grünbishoch – eine pilgerung 04; AUSLÖSER.WALD 04; numinous: vipassana diaries 04; Nachtschatten 01; am scheideweg herrscht hochbetagter nebel 04; Lichtradiert 05; tag + nachtgleiche 05; radar to the infinite 05; electric flow 06; kundalini travel 06; Die Elemente, vom ich zum wir 06; Durchlicht 06; transmission scan 06; im taubenblauen dachmoos 06, alles Künstlerb./Dicht. – **MV:** intercession with occupants, m. K.P. John 00; resonanz.raum, m. A. Weiland 06, beides Künstlerb./Dicht. – *Lit:* L.Dr. Petrowski in: IAKH Hdb. z. Buchmesse 05. (Red.)

Gulden, Alfred, freier Schriftst. u. Filmer; Hippmannstr. 11, D-80639 München, Tel. u. Fax (0 89) 37 98 03 90, *info@alfredgulden.de, www.alfredgulden.de*. Salmshaus – Saarstr. 19, D-66798 Wallerfangen, Tel. (0 68 31) 6 29 50, Fax 96 49 49 (* Saarlouis 25. 1. 44). IDI, Gründ.mitgl. 76, VS 81, P.E.N.-Zentr. Dtld 93, Nietzsche-Forum München e.V.; Förd.pr. d. Stadt Saarlouis 76, Bayer. Förd.pr. f. Lit. 82, Stip. d. Dt. Lit.fonds 82, 87, 95, Dt.-Frz. Journalistenpr. 83, 1. Pr. b. Wettbew. d. Fs.-Regionalprogr. d. ARD 84, Kulturpr. d. Landkr. Saarlouis 85, Frankr.-Stip. d. Saarlandes 86, Stefan-Andres-Pr. 86, Münchner Lit.jahr 86, New-York-Stip. d. Dt. Lit.fonds 90, Stip. Künstlerhaus Edenkoben d. Ldes Rh.-Pf. 91, Kunstpr. d. Saarlandes 94, Bordeaux-Stip. 96, Villa-Massimo-Stip. 97, Chevalier de l'Ordre des Arts et des Lettres 99, Stip. Schloß Wiepersdorf 03; Rom., Lyr., Erz., Fernsehfilm, Hörsp., Mundart-Lied, Theaterst., Drehb., Feat. – **V:** Auf dem großen Markt, Erzn. 77, erw. Aufl. 03; Saarlouis 300, Hist. Revue, UA 80; Nur auf der Grenze bin ich zu Haus. 82; Greyhound, R. 82; Die Leidinger Hochzeit, R. 84; Der Saargau, Bildbd in dt.-frz.-Mda. 84; Splitter im Aug, Bü. 84; Mann im Beton, Bü. 87; Cattenom – Kettenhofen, bildlioph. Ausg. 88, Sonderdr. dt.-frz. 96; Ohnehaus, R. 91, frz. u. d.T.: Sans toit 03; Silvertowers, Geschn. aus N.Y. 93; Saarlouis-Blues, dt.-frz., bildlioph. Ausg. 96, 02; Die Leiter, G.zykl. m. Bildern, bibiloph. Ausg. 97; Der Saargau II, Bildbd dt.-frz. 97; Schneeweißchen u. Rosenrot, Text, bibiloph. Ausg. 98; Das Ding Erinnerung, G., Künstlerb. 01; Fall tot um, G. 01; Dreimal Amerika 04; Dieses kleine Land, Bü. 05; Frau am Fenster, Erz. 05; Siebenschmerzen, Theaterst., UA 08; Ins Gebirg!, G. 08; – Werke in saarländ. (moselfränk.) Mundart: Lou moi lò lò Laida, G. 75, 4. Aufl. 78; Root Hòòa un Summaschprossen, Kdb. 76; Naischt wii Firz em Kòpp, G. 77, 2. Aufl. 78; De

eewich Widdaschpruch, G. 78, 2. Aufl. 79; Naatschicht, Bü. 79; Om grossen Määat, biblioph. Ausg. 80; Kennaschbilla, Kdb. 80; Et es neme wiit freja wòòa, G. 81; Palaawa, Kdb. 82; Vis a vis ma, G. 87; Onna de langk Bääm, Lieder u. Liedgeschn. 00; – Kalender: Jòòa en Jòòa aus; Quätschenlequäärich; Fleckstecka; Scheena waanen; All Lääd allään; Vill sevill Vej; Traamwaan; Schawaare; Guddasprech; Dronna un driwwa 77–86. – **MV:** Aktionsraum I oder 57 Blindenhunde 71; Fernsehvorschule. Von Monstern, Mäusen u. Moneten 75. – **MA:** Zwölf saarländ. Autoren, G. 82; Hörspiele saarländ. Autoren 82; Liedermacher-Leseb. 82; Klagenfurter Texte 1982; Paul Wühr. Materialien z. seinem Werk 87; Saarland 93; Haus der Wörter, Ort der Blicke 93; Leere u. gefüllte Räume 95; Signale aus der Bleecker-Street 99; Mein Weihnachten 00; Spuren des Religiösen im Denken der Gegenwart. Gesprächskreis z. Gestaltwandel d. Religiösen 1997–2001 02; Günter Scholdt (Hrsg.): Zwischen Welt und Winkel. Alfred Guldens Werk- u. Leseb. 03; Jb. d. Karl-May-Gesellschaft 05; – Veröff. in MERKUR, dt. Zs. f. europäisches Denken, seit 76, zuletzt in H.5/06. – **F:** Aktionsraum I oder 57 Blindenhunde 72; St 52 'Ob oder ob nicht', Kurzf. 04. – **R:** Hörfunk: Krejch mißt el gen 76; Saan wiit es 77; Maulschperr 78; Alwis u. Elis oder u. dreiunddreißig Jahr im Fleisch gehorsam war 80, alles Hsp. in saarländ. Mda.; Kalendersendungen, 10 F. 76–86; Am Fenster, 2-tlg. Funkerz. 78; Grenzfälle, 7 F. 79; Saarlouiser, 6 F. 80; Mistelzeit 82; Kindheit im Saarland, 3 F. 83; Eine Landschaft hat e. Leben 83; Der Sonnen-Blumen-Kerne-Spucker, Kd.-Sdg 83, 03; Silvertowers, Geschn. aus N.Y. 93; Nest im Kopf Geschn., 10 F. 96, alles Feat.; Die kleine Maghrebinerin 06; – Fernsehfilme: Krejch mißt el gen 78; Saarlouis-Blues 80; Om Kirjoff dòò is en Leewen 81; Aus sich raus. Mundart um 6, 52 F. 80/81; Saarlouis 300 80; Ikarus 83; Körperlandschaften 83; Grenzlandschaft, 5-tlg. Ser. 83; Jeder hat sein Nest im Kopf 83; Kehraus Saarlouis 85; Sagenhaft 85; Joho – Portr. Johannes Hoffmann 85; Stig wird sechzig 86; Kampf/Krieg: d. Menschenbild 87; Perspektives: Rückblick 87; Die wiederentdeckte Nähe 87; Die abhanden gekommene Zeit 90; Osterreise 90; A Coney Island of my heart 91; Schang heißt Jean heißt Hans 91; Ich bin so alt wie das Jahrhundert, in dem ich geboren bin 91; ICH-Reisen durch Lothringen, 6 F. 92–94; Bahnhofsgeschichten 95; Jo Goldenberg 95; Der Maler Fritz Zolnhofer 96; Monsieur Villeroy 96; Taxizeichnungen 96; Franz v. Papen im Saarland 97; Seychellen 97; Wir lassen Gott nicht im Stich, Portr. Aloys Goergen 97; Magische Orte. Rostwurstbuden, 3 F. 98; Büchernarren, 5 F. 98; Dillingen, Stahl u. mehr 98; F.P.G. 98; Gekreuzte Blicke – Saarbrücken-Nantes 99; Glück in Die Gesch. d. Madame Carrive 99; B 51 99; Das Gedächtnis der Fotos 00; Vaterland mit kleinem v. Die Gesch. d. Herrn Quesnel 01; Pius, der Spätzlebotschafter 01; Samuel/Höfer/Lorch, Porträt e. Architektenfam. 01; Saarländische Momente. 50 poet. Miniaturen od. Kurz-Film-G. 95–02; – Drehbücher: Rundgehen 83; Schießbudenfiguren 83; Der Dieb; Dieser Morin; Der Sammler; Die Standuhr; Die Tänzerin; Die Rache; Das Collier, alle n. Maupassant 90/91; Dieses kleine Land 96. – **P:** Lidda fo ail Fäll 77; Aich han de Flämm 79; Of dääa anna Sait 81, alles Lieder-Schallpl.; Et es neme wiit freja wooa, Lieder u. G., Tonkass. 82; Poway, Lieder-Schallpl. 87; Da eewich Widdaschpruch, CD 97; Fall tot um, CD 02; Die Leidinger Hochzeit, 6 CDs 02; Greyhound. Gulden Tewes little big band 04; Retour, CD 06. – *Lit:* Holger Schlodder in: KLG; Gunna Wendt in: Lex. d. dt.spr. Gegenwartslit. 03.

Gulden, Hans van s. Goyke, Frank

Gullner, Roswitha, Lehrerin u. Schulleiterin; Dörfl, Obere Hauptstr. 99, A-7453 Steinberg-Dörfl, Tel. (0 26 12) 85 21 (* Wien 43). – **V:** Du brauchst nicht weit zu gehen..., G. u. Fotografien 97; Der Engel unterm Regenbogen 98; Ebenfalls, Felizitas! 02; Verrückt ins Licht 02; Florentinas Märchenwald 03; Salzkristalle, lyr. Texte 03; Noahs Geschwister, Erzn. 06. (Red.)

Gummer, Michael, Dr. med., Hautarzt; Kruckenburgstr. 4, D-81375 München, Tel. (0 89) 7 14 76 07, Fax 71 05 49 09, *MichaelGummer@t-online.de* (* München 14. 12. 56). Haidhauser Werkstatt München 80, Ges. z. Förd. v. Lit. u. Kunst 98; 3. Pr. „München leuchtet – leuchtet München?" VDS Bayern 82; Lyr., Erz., Kurzgesch. – **V:** Anfangs sucht' ich drinnen und fand ..., Lyr. u. Prosa 81. – **MA:** Rind u. Schlegel, Zs. 79–00; Spuren der Stille, Lyr. 79; Lyrik heute 81; Der Abschied in uns, Erzn. 82; Münchner Erfahrungen, Erzn. 82; Zwischenbereiche, Zs. 82–85; Lyrischer Oktober, Lyr. 85; Eigentlich einsam, Lyr. 86; Über das Abenteuer eine Literaturzeitschrift zu machen, Lyr. u. Dok. z. 10j. Bestehen v. Rind u. Schlegel 87; Die Jahreszeiten, Lyr. 91. – **H:** Der Abschied in uns, Erzn. 82.

Gumnior-Schwelm, Hilde, M. A., Lehrerin, Lit. wiss.; Nassauerring 20, D-47798 Krefeld, Tel. (0 21 51) 75 01 29, *HildeSchwelm@aol.com.* c/o John P. Hudak, 1312 Harmony Lane, Annapolis, MD 21401/USA (* Krefeld). Freundeskr. Düsseldorfer Buch, Gruppe „Lesen im Atelier" Düsseldorf, Diotima-Lit.ver. Neuss; Lyr., Prosa, Erz. Ue: engl. – **V:** Eine Zeit für blinde Sterne 02; Mit einem Flügel, G. 04; Mimosen schlachten, G. 04. – **MA:** Zukunftsangst – Zukunftshoffnung 03; Schmunzelbuch 03; Passagen 4 (auch mithrsg.) 04. (Red.)

Gumpert, Joachim S. s. Bechtle-Bechtinger, Joachim

Gundermann, Bettina, Tanzdoz., freischaff. Schriftst.; lebt in Dortmund, c/o Nymphenburger Verl., München (* Dortmund 69). Stip. d. Kester-Haeusler-Stift. 01, Förd.pr. f. junge Künstler d. Stadt Dortmund 02, Stip. d. Klagenfurter Lit.kurses 03. – **V:** lines, R. 01; Lysander, R. 05; Teufelsbrut, R. 05. (Red.)

Gundlach, Heinz, Dr. phil., Dipl.-Journalist; Mühlenstr. 12, D-18055 Rostock, Tel. (03 81) 4 93 43 62, *dr. heinz.gundlach@t-online.de* (* Rostock 7. 2. 36). Erz., Sachb. – **V:** Orion, Erz. 95, 96 (Hörbuch); Sagen rund um Rostock 95; Das Schloß hinter dem Holunderbusch, Collage 98, 2. Aufl. 00; Nach Nordkorea und zurück, Erz. 03; mehrere Sachbücher. – **MV:** Wolin – Vineta, m. Wladyslaw Filipowiak, Ess. 92. – *Lit:* s. auch SK. (Red.)

Gundlach, Traute, Krankenschwester, Kinderkrippenleiterin, seit 83 freiberufl. Schriftst.; Philipp-Müller-Str. 8, D-99510 Apolda-Oberroßla, Tel. u. Fax (0 36 44) 56 40 82 (* Schwarzdamerode, Kr. Stolp/ Pommern 14. 10. 36). Ur. Ges. Thür. 91–07, VS 92–08; Med. f. Verdienste im künstler. Volksschaffen d. Stadt Apolda 85; Rom., Lyr., Erz., Dramatik, Hörsp., Liedtext. – **V:** Grenzspuren, Tageb. 91; Die aufmüpfige Gabriele, R. 01, Tb. 04. – **MA:** Die vier Jahreszeiten, Sing-Musizierbuch 90; Krieg um Frieden, Anth. 91; Kurzprosa u. Lyr. f. Erwachsene u. Kinder in Ztgn, Zss. u. Anth. u. Kal. seit 78, u. a. in: Kulturelles Leben; Das Volk; Vom Fichtelberg z. Ostseestrand; Frösi; Thür. Ldesztg.; Thür. Allg.; Apolda live – Stadtinform.; Palmbaum; Marienkalender; Zungenküsse & Einkaufszettel, Anth. 03; Mauerbruch 4/05, 5/06, 6/07; Cordies Geschichten Markt, Erz. 07. – **R:** Lobgesang der Liebe, Hsp. 82; Immer ökonomisch, Hsp. 83; 5 Gedichte f.: Hinkelstein, Kindersend. Radio aktiv Hameln 97. – **P:** Kinderliedtexte f.: Clown Apoldino, CD 96; Clown

Apoldino 2, CD 96. – *Lit:* Friedrich Engelbert in: Klarsicht März 00; Ruth Reichstein in: Thür. Allg. 30.1.01; Thür. Autoren d. Gegenwart, Lex. 03; weitere Schrr. u. Interviews in: Thür. Ldesztg 91; Apolda live 91; Antenne Thür. 93; Telecard Report 93 u. a.

Gunten, Erika von (Antonia-Maria Erika von Gunten), Direktionssekretärin, Kleindarstellerin, freie Mitarb. b. Radio DRS bis 91, Lehrerin f. griech Sprache u. Tänze seit 94; Bergstr. 2, CH-3095 Spiegel b. Bern, Tel. (0 31) 9 71 64 35, *www.bsv-bern.ch* (* Thun 1. 1. 40). AdS, P.E.N., BSV, Pro Litteris; Sonderpr. f. Kurzgeschn. v. Radio DRS 73; Prosa, Kurzprosa, Lyr., auch in Mundart. Ue: gr. – **V:** Wendelin und die Hinze 75; Basilikum und Zikaden, Miniatn. 87, erw. Neuausg. 01; Frauengesichter, Geschn. 91; Ds Loch im Zuun, Geschn. in Mda. 96; Us em Quartierbuech, Gedanken u. Geschichte in Mda. 98; Nimm Lilien vom Strand, R. 01; Lue dä Mönsch, Geschn. u. G. in Mda. 04; Keine andere Zeit als diese, R. 04; Was bleibt ist ..., gr. Miniatn. II 07. (Red.)

Gunter, Georg, Zeichner u. Grafiker; Gartenstr. 61a, D-73430 Aalen (* Ratibor/OS 4. 4. 30). Rom., Nov., Zeitgesch., Sat. – **V:** Letzter Lorbeer 74, 7. Aufl. 00 (auch engl.); Die deutschen Skijäger – den Anfängen bis 1945 93. – **MA:** Vermächtnis der Lebenden I 59; III 79; Ratibor. Stadt u. Land a. d. oberen Oder 80. (Red.)

Guntermann, Irmgard, Gymnasiallehrerin; Nizzaallee 42, D-52072 Aachen, Tel. (02 41) 15 38 34 (* Düren 10. 1. 49). Dramatik. – **V:** Abschied vom Kreidekreis, Dr. 90, 96. (Red.)

Guntz, Emma; 25 rue Côte d'Azur Meinau, F-67100 Strasbourg (* Bruchsal 30. 8. 37). René-Schickele-Pr., Strasbourg 87, Hebel-Plakette d. Gem. Hausen im Wiesental 97, Johann-Peter-Hebel-Pr. 00, Turmschreiber v. Deidesheim 01; Lyr., Fernsehsp. Ue: frz. – **V:** In Klarschrift 96; Stationen 98; Hasen sterben lautlos 00; Ein Jahr Leben – Deidesheimer Gedichte 02, alles Lyr. – **MV:** Das Land Dazwischen 97; Elsass. Ein literar. Reisebegleiter 01, beide m. André Weckmann. – **MA:** seit etwa 20 Jahren regelm. Feuill.beitr. u. Buchbesprechungen für: Dernières Nouvelles d'Alsace (dt.spr. Ausg.); – literar. u. kulturpolit. Essays u. a. in: ALLMENDE, u. a. in: 6, 12, 20, 28/29, 44, 48/49, 52/53, 60/61, 62/63; – Kurzgeschn. u. a. in: Lesebuch schreibende Frauen 89; Beifall für Lilith 91; Warten auf die Aale 91; Versuchungen ... und kein bißchen Angst vor einflußreichen Männern 99; und morgen reden wir weiter 99; Verrückt nach Leben 00; – seit 89 Mitorganisatorin d. „literarischen Biennale MITTELEUROPA", Strasbourg. – **R:** Serien/Beitr. in Radio Alsace: Elsässische Bestseller a. d. 16. u. 17. Jahrhundert; Zeitgenöss. Elsässische Autoren; René Schickele z. 100. Geburtstag; Die elsässische Kulturbewegung, 79–83; wöchentl. Beitr./Sdg z. zeitgenöss. Lyrik im Elsass im regionalen Frs.-Sender FR3-Alsace, u. a. die Serien: Moments poétiques; Bildergarte; Dichter vun hit, 84–95. – **Ue:** Schicksal Elsass. Krise einer Kultur u. einer Sprache 80. (Red.)

Gurian, Beatrix s. Mannel, Beatrix

Gurmann, Reinhold *

Gurski, Andreas (* Paderborn 68). – **V:** Alltagsbilder, Lyr. 04. – **P:** Volkwin & Co: Signale, CD 05. (Red.)

Gurtner, Stefan, Leiter e. alternativen Wohngruppe f. Straßenkinder u. d. Straßenkinder-Theatergruppe „Ojo Morado" in Brasilien; c/o Comunidad Tres Soles, Casilla 93, Quillacollo, Dep. Cochabamba, *ojo_morados@yahoo.com, www.tres-soles.de* (* Bern 20. 4. 62). – **V:** Krumme Pfote, Erz. 93 (auch span.); Das grüne Weizenkorn, e. Parabel aus Bolivien 05 (auch

Gustas

span.); Die Abenteuer des Soldaten Milchgesicht, hist. R. 06; Die Straßenkinder von Tres Soles 07.

Gustas, Aldona s. Holmsten, Aldona

Gut, Heini, Kunstmaler; Kniri, CH-6370 Stans, Tel. (0 41) 6 10 77 10 (* Stans 12. 12. 48). „Die Tiere" 97; ITAB-Lit.pokal 99; Lyr. – **V:** Das geht uns alle an, Anagr. 99. – **MA:** Das Kochbuch des zweiten Tieres 99. (Red.)

Gut, Taja (Ps. Taja Narwada), Schriftst.; PF 914, CH-8034 Zürich, tag@bbox.ch (* Zürich 1. 4. 49). Norweg. P.E.N. 05; Lyr., Prosa, Ess. Ue: nor, engl. – **V:** Eisknospengestirn, G. 81; „Aller Geistesprozess ist ein Befreiungsprozess". Der Mensch Rudolf Steiner 00. – **B:** Jens Bjørneboe: Jonas 93. – **MA:** Wim Wenders: The Act of Seeing 92. – **H:** Individualität, Europ. Vjschr. 86–90; Andrej Belyj: Symbolismus – Anthroposophie. Ein Weg 97; Marina Zwetajewa: Begegnungen mit Maximilian Woloschin, Andrej Belyj u. Rudolf Steiner 00; Andrej Belyj: Glossolalie. Poem über den Laut (dreispr.) 03; Rudolf Steiner: Ich bin. Meditn. für. d. Alltag 04; ders.: Anthroposophie. Ein Erkenntnisweg in 185 Stationen 04; ders.: Meditn. für Tag und Jahr 04; ders.: Beten m. Kindern 05; ders.: Mitten im Leben, Meditn. f. Verstorbene 05; ders.: Die wundersame Welt der Opal Whiteley 05; Swetlana Geier. Ein Leben zwischen d. Sprachen, russ.-dt. Erinnerungsbilder 08. – **MH:** Kaspar Hauser, Das Kind Europas. Kult. Halbj.schr., Ess., G., Prosa 82–85. – **R:** Profile: Symbolismus – Anthroposophie. Ein Weg, üb. Andrej Belyj 98; Einkleidung des Unsichtbaren. Gennadij Ajgi – ein tschuwaschischer Dichter in russ. Sprache 98; „Aller Geistesprozess ist ein Befreiungsprozess". Der Mensch Rudolf Steiner 99; Rebell in Christo. Der norweg. Schriftst. u. Dichter Jens Bjørneboe 02. – **Ue:** Wendell Berry: Erinnern 95; Erik Fosnes Hansen: Falkenturm 96; André Bjerke: Das Ärgernis Rudolf Steiner, Erz. u. Ess. 04; Kaj Skagen: Der Baum des Lebens, Erzn. 05; Jens Bjørneboe: Der Mensch ist unsichtbar, Ess. 07.

Gutberlet, Ronald s. Brack, Robert

Gutbier, Renate s. Kronberg, Renate

Guter, Josef, Volkshochschuldirektor; Prager Str. 31, D-28211 Bremen, Tel. (04 21) 23 01 52 (* Vöhringen/ Iller 7. 9. 29). VS Nds./Bremen; 1. Pr. d. Georg Michael Gedächtnisstift.; Märchen, Lyr. – **V:** Kaukasische Märchen 80; Mit Tamburin und Flöten, Lyr. 85; Das schöne Buch chinesischer Märchen 86; Der Prinz, der das Froschmädchen heiratete, M. 88; Das schöne Buch der ägyptischen Weisheit 88; Mit der Ganzen Kraft des Herzens 90; Drachen. Ungeheuer u. Glücksbringer, M. 02; Das große Buch der Zaubermärchen, M. 05; Die Muscheljungfrau, M. 06; Das Geschenk des Drachenkönigs. Märchen aus China 07; Chinesische Scherenschnitte 07. – **H:** Der König der Raben, M. 88; „Es ist leicht, für gestern klug zu sein" 89; Chinesische Märchen 91, 95; Tibetische Märchen 97 (auch ndl.). – **P:** Die Reise zu Sonne und Mond, M., Schallpl. 92. – *Lit:* s. auch 2. Jg. SK.

Guthann, Christine; Wr. Neustädter Str. 19, A-7021 Draßburg, Tel. (0 26 86) 2 07 50, christine.guthann@ aon.at, http://members48/tanuriell (* St. Pölten 74). – **V:** Von Rittern und Einhörnern, Fantasy-R. 00; Emilys Tagebuch, Mystery-Thr. 03; Geheimnis des weißen Drachen 05; Die letzte Todesbraut. Die Zauberers 05; Der Stern von Tauris 06; Flüsterwald. Bd 1: Der Dolch von Sakkaba 06, alles Fantasy-R. – **MV:** Basodunum. Von Kriegern u. Druiden, m. Manuela P. Forst 06. – **MA:** Sie ist da, die Zeit der Kerzen 00; Die schönsten Weihnachtsgeschichten 01; Der falsche Tag 03; Spuk im Schloss 04; Ich glaube nicht an Geister, oder doch? 04; Schneeflocken, Tannenzweig und

Kerzenwachs 04; First Love 05; Firio Maonara. Rezepte von den Kochfeuern der Elben 05; Monte Caranos 06; Traumland 06; Protokolle einer Nacht 06; 1,2,3,4 ... Massenmörder unter sich 06; Ein Bild – eine Geschichte 06; Dark Fantasy 12in1 06; Seelenblut 06; Das große mystische Märchenbuch 06; – Kurzgeschichten 10/05, 12/05, 01/06. (Red.)

Guthmann, Markus, Wirtschaftsingenieur, arbeitet im Management e. intern. Konzerns; lebt an der Dt. Weinstraße, c/o Emons Verlag, Köln, www. weinstrassenkrimi.de (* Pirmasens 64). Das Syndikat. – **V:** Weinstraßenmord 07; Weinstraßenmarathon 08; zahlr. Fachb. u. Art. zu Computerthemen. (Red.)

Gutjahr, Peter, Fernmeldemonteur, freiberufl. EDV-Trainer; Matteottiplatz 2/24/14, A-1160 Wien, peter. gutjahr@gmail.com (* Hard/Vorarlberg 5. 4. 54). – **V:** Die Schattenwerdung des Märtyrers. Prosa 1986–2006 07.

Gutjahr, Werner; Im Lohmholz 8, D-07646 Stadtroda, Tel. (03 64 28) 4 17 45, wergutjahr@web.de (* Halle/S. 4. 4. 32). FBK 05. – **V:** Die letzte Fahrt 00; Geschichten aus dem Geiseltal 03; Was sonst noch mit der D-Mark kam 04; Als im Geiseltal noch die Bagger lärmten 05; Mit Faustina durch das Holzland und an die Saale 06; Mit der Straßenbahn durchs Geiseltal, Erz. 06; Der Mutz, Erz. 08; Froschlöffeljahre und Geiseltalstaub, R. 08. – **MH:** Lebenswege, Anth. 06.

Gutmann, Brigitte (auch Brigitte Kern-Gutmann, geb. Brigitte Kern), Realschullehrerin; Wasserstr. 25, D-77876 Kappelrodeck, Tel. u. Fax (0 78 42) 23 82, brigittegutmann@gmx.de (* Karlsruhe 19. 4. 46). Steinbach Ensemble, FDA, Kunstforum Ortenau; Erz., Hörsp., Lyr., Journalist. Arbeit, Kinderlied, Märchen. – **V:** Unter der Sonne Amuns und Allahs, ägypt. G. 90; Vom Glanz in deinen Augen und der Berechtigung deiner Schreie, Lyr. 92; Geschichte von dem verliebten Apfel ... und andere Märchen, M. 96; Jahresläufe, Lyr. 99; Wortblitzlichter, Lyr. 99; Im Jahr der Saatkrähe, Erzn. 03; Von Bären und Goldsuchern, lyr. Reisetagebt. 07. – **MA:** Das literarische Café Baden-Baden 93; Karin Jäckels Gesundlach Geschichten 93; Karin Jäckels Flunker Geschichten 94; Karin Jäckels Glücks Geschichten 94; Karin Jäckels Fernseh Geschichten 95; Prosa de Luxe 95; Das Leben lieben, G. 96, 2. Aufl. 97; Weihnachten bei uns 96; De propriete sincera anni oder Vom wahren Wesen des Jahres, Lyr. 97; Freude am Leben, Anth. 99; Das Gedicht 02; Das Leben ein Geschenk 04; Zitatenschatz Widder 07; – Beitr. zu Lyr.-Anth. d. Edition L 90–02 u.: Ich lebe aus meinem Herzen 06; Dem unsichtbare Wurzeln wachsen 08; Wie ein Phönix aus der Asche 08. – **R:** Schattentanz und Puppenspiel, Hfk-Feuill. 79; Puzzlespiel, Hsp. 80.

Gutmann, Hermann (Ps. Fabian Lith), Journalist; Luisental 21, D-28359 Bremen, Tel. (04 21) 23 32 43, Fax 23 61 79 (* Bremerhaven 4. 10. 30). Glosse, Kurzgesch., Plauderei. – **V:** Geschichten aus dem Schnoor 79, Neuausg. 01; Bremer Geschichte(n) 81, 82; Geschichten aus dem Radio oder was man zu hören kriegt, wenn man Sonnabend mittags die Rundschau von Radio Bremen anstellt 84, 3. Aufl. 01; Wenn sich Felix die Welt so anguckt... 86; Hat's geschmeckt? 88, 4. Aufl. 02; Paß auf, dass du dich nicht bekleckerst, Geschn. 01; Schmunzelgeschichten 01; Sagen und Geschichten aus Bremen-Nord 01; Sagen und Geschichten aus Bremen 01; Ehe-Geschichten 01; Opa-Pflichten, 2. Aufl. 01; Weihnachtsgeschichten 02; Worpsweder Geschichte(n) 02; Bremerhavener Erinnerungen 02; Felix, seine liebe Frau Moritz und andere Leute 03; Ostergeschichten oder: Wenn Ostern und Pfingsten auf einen Tag fallen 03; Seemannsgarn 03, u. a.; zahlr. Sachbücher. – *Lit*: s. auch SK. (Red.)

Gutmann, Michael, Regisseur, Autor; c/o Verl. der Autoren, Frankfurt/M. (* Frankfurt/Main 20. 6. 56). Film, Nov., Ess. – **V:** Die Fremden, Briefe 87. – **MV:** 23. Die Geschichte des Hackers Karl Koch 99; Drei Drehbücher 01; Lichter, Drehb. 03, alle m. Hans-Christian Schmid. – **MA:** Beitr. in 3 Bdn. KoLiBri 85–86. – **F:** Radio 85; Cargo 86. – **R:** Das Land-Ei, Fsf. 83. (Red.)

Gutmann-Heinrich, Karin, staatl. gepr. Gymnastiklehrerin, Bewegungspäd.; Stohren 7, D-79244 Münstertal, Tel. (0 76 02) 15 18, Fax 13 27 (* Ballenstedt/Harz 4. 2. 45). GEDOK; 1. Pl. b. Lit.wettbew. „Lyr. in einem Zug" 97; Lyr. – **V:** Ich will dir meinen Himmel zeigen 90; Und die Zeit wartet nicht 90; Elementarlandschaften 91, alles Lyr. – **MV:** Franz Gutman Bildhauer, Bildbd m. Lyr. 98. – **MA:** Der Schauinsland 93; Kunst im Weinberg 97; Alle Dinge sind verkleidet 97; Gedicht-Kästchen 98; Lyrik heute 99; zahlr. Beitr. in Zss. u. Kunstkat. – **P:** Lyrik & Rhythmus, Tonkass. 92. – *Lit*: Autorenverz. d. Lit.büros Forum Südwest 99; Dt. Schriftst.lex. 00; Bibliograph. Index d. Datenbank Schriftstellerinnen in Dtld d. Stift. Frauen-Lit.-Forsch., Univ. Bremen. (Red.)

Gutowski, Kurt, gelernter Huf- u. Wagenschmied; Sudetenstr. 10, D-63069 Offenbach, Tel. (0 69) 83 67 98 (* Stutthof/Danzig 2. 1. 22). – **V:** Üt miena Schtoothöffa Kinga-Tied, Erzn. 99; Een Schtoothöffa enn de Framd, Erzn. 01. – **MV:** Düüsend Wörta Schtoothöffa Plaut, m. Harry Grieger, Wörterb. u. Erzn. 00. (Red.)

Gutsch, Roland, Journalist; Fasanenstr. 7, D-17034 Neubrandenburg, *g_gutsch@web.de* (* Strasburg/ Uckermark 9. 7. 61). 3. Pr. b. Autorenwettbew. d. Weltbild-Verl. 01/02, Annalise-Wagner-Pr. 04; Rom., Erz. – **V:** Die verkaufte Bibliothek, R. 99; Zweieinhalb Tage, Erz. 04; Nimmer Lizas Liebe, R. 07. – **MA:** Irrtum mit Folgen, Kurzgeschn. 02.

†**Gutscher,** Klaus (Nikolaus Hermann Gutscher), ev.-ref. Pfarrer; lebte in Würenlos/Schweiz (* Unterbalzheim 23. 6. 14, † 07). Autobiogr. Rom. – **V:** Mein Boulevard, R. 00; Das nahe Jenseits, R. 02.

Gutscher, Nikolaus Hermann s. Gutscher, Klaus

Gutzschhahn, Uwe-Michael (Ps. Moritz Eidechser), Dr. phil., Lektor; Schleißheimer Str. 214, D-80797 München, Tel. (0 89) 21 03 17 98, Fax 21 03 17 99, *gutzschhahn@t-online.de* (* Langenberg/ Rhld 31. 1. 52). VS 78, P.E.N.-Zentr. Dtld; Förd.pr. d. Ldes NRW 79, Pr. d. 2. NRW-Autorentreffens 82, Würzburger Lit.pr. 84, Förd.gabe d. Hermann-Sudermann-Stift. 84, Pr. d. Intern. Bodenseekonferenz 94; Lyr., Prosa, Nov., Erz., Kinder- u. Jugendb. Ue: engl. – **V:** Windgedichte, Lyr. 78; Miriam oder Im Abstieg der Schönheit, N. 79; Fahrradklingel, G. 79; Das Leichtsein verlieren, G. 82; in der Hitze des Mittags, G. 82; Grüner Himmel, G. 86; Landunter, G. 87; Zack – fang den Hut, Kdb. 89; Stufen, G. 89; Das Möwenzeichen, Kdb. 92; Der Sog, Kdb. 93; Flußlandschaft, G. 93; Ein Saurier in der Verwandschaft, Kdb. 94; Betreten verboten, Jgdb. 95; Der Alltag des Fortschritts, G. 96; Benita Feuerlöscher u. d. Knallköpfe 96; Benita Feuerlöscher u. d. edlen Ritter 97; Benita Feuerlöscher u. d. roten Juckpusteln 98; Der Leuchtturm unter den Wolken 07, alles Kdb. – **MV:** Der geheime Bericht über den Dichter Goethe, der eine Prüfung auf einer arabischen Insel bestand, m. Rafik Schami 99, 6. Aufl. 00. – **MA:** Heimat u. Geschwindigkeit, G.-Anth. 86. – **H:** Die Paradiese in unseren Köpfen, G. 83; Young poets of Germany, G. 94; Ich möchte einfach alles sein 98, Tb. 99; Sommerabenteuer 00; Sommerträume 01; Liebe bis aufs

Blut 01; Sommerliebe 02; Sommerfantasie 03; Sprung ins kalte Wasser 04; Schöner als Fliegen 04; An einem anderen Ort 08, alles Anth.; – Reihen: RTB Gedichte 88–91 XII; RTB Bibliothek, Prosa 91–94 X. – **MH:** Ich liebe dich wie Apfelmus, m. Amelie Fried 06. – Ue: Brian Patten: Der Elefant u. d. Blume, Kdb. 85; ders.: Die gestohlene Orange, G. 87; Springende Maus, Kdb. 87; Ted Hughes: Der Eisenmann, Kdb. 87; ders.: Der Rüssel, Erzn. 91; Roald Dahl: Der Pastor von Nibbleswick, Kdb. 92; Isabella Leitner: Isabella, Erinn. 93; Michael Dorris: Morgenlicht u. Sternenwächter, Kdb. 95; ders.: Freunde, Kdb. 96; Charles Simic: Wo steckt Pepé?, Kdb. 00; Nicky Singer: Norbert Nobody oder das Versprechen, R. 02; Barbara Park: Skelly u. Jake, Jgdb. 03, Tb. 05; Noah Gordon: Tiergeschichten, Kdb. 04, Tb. 06; Nicky Singer: Auf einem schmalen Grat, Jgdb. 04; Kevin Brooks: Martyn Pig, Jgdb. 04, 4. Aufl. 06; ders.: Lucas, Jgdb. 05, 3. Aufl. 06; Katherine Hannigan: Ida B. Kdb. 05; Pnina Moed Kass: Echtzeit, Jgdb. 05; Nicola Davies/Neal Layton: Das Buch vom Müssen u. Machen, Kdb. 05; Clem Martini: Der Mob, Jgdb. 06; Louise Arnold: Arthur Unsichtbar u. d. Schrecken von Thorblefort Castle 06; Rodman Philbrick: Im Herzen d. Sturms, Jgdb. 06; Pearl S. Buck: Die große Welle, Kdb. 06; Kevin Brooks: Candy, Jgdb. 06; ders.: Kissing the rain, Jgdb. 07; Louise Arnold: Arthur Unsichtbar u. d. Geheimnis der verschwundenen Geister, Kdb. 07; Clem Martini: Die Pest, Jgdb. 07; Cynthia Kadohata: Kira-Kira, Kdb. 07; Kevin Brooks: The Road of the Dead, Jgdb. 08; Nicola Davis, Neal Layton: Was juckt mich da?, Kdb. 08; Louise Arnold: Arthur Unsichtbar u. d. Fluch von Stonehenge, Kdb. 08; Kevin Brooks: Being, Jgdb. 09; John Hulme: The Seems – Der Schein. F.B. Draines erster Auftrag, Jgdb. 09; Alice Greenway: Weiße Geister, Erz. 09. – **MUe:** Arvind Krishna Mehrotra (Hrsg.): Indische Dichter d. Gegenwart 06.

Guyan, Georg, Dipl. Architekt ETH; Schaffhauserstr. 526, CH-8052 Zürich, Tel. (0 44) 3 02 02 36, *gguyan @dplanet.ch* (* Davos 18. 2. 75). Rom., Kurzgesch. – **V:** Zwei Intellektuelle 02. – **MA:** Craze, Anth. 01; Das Hubble Teleskop, Anth. 02.

Guyer-Bucher, Lydia; Kirchstr. 4, CH-5643 Sins. Gruppe Olten, ISSV, Netzwerk schreibender Frauen. – **V:** Said, Kdb. 86; Als Wendelin kam, Kdb. 88; Keine Louise, Erz. 97. – **MA:** Herzschrittmacherin, Anth. 00. (Red.)

Guzewicz, Alexander, Justizfachwirt; c/o eure-l verlag, Frankfurt am Main/Paris, *aguzewicz@eure-l.com, www.eure-l.com* (* Mannheim 8. 1. 76). Rom., Erz., Dramatik. – **V:** Venedigs Mörder, R. 07, als e-book 08; Ihre Freundin, Dr. 07; Jugendrausch, R. 08; Mordlast, R. 09. – **MA:** Das DHI Paris. 1958–2008, Festschr. 08.

Gwerder, Urban, freier Schriftst., Gestalter u. Animator/Netzwerker, 74–93 Biobauer u. Alphirte; Schoffelgasse 10, CH-8001 Zürich, Tel. u. Fax (0 44) 2 51 88 56, *urban.olivia@bluewin.ch, www.motzelson. com* (* Basel 5. 9. 44). Telllife-No-mads 66, Hotcha!-Sippe 68, Underground Press Syndicate (UPS) 69, Zark-Radar 73; Doc. h.c. Kuss (Ehrendoktor d. Krit. Untergrundschule Schweiz), Bern 69, Schönste Schweizer Bücher 98, E.gabe d. Kt. Zürich 99; Ged., Gesch., Mundart-Lied, Kreative Dokumentation, Bericht, Liner Notes. Ue: frz, engl. – **V:** Pays, Aufs., Aph., u. G. 61; Oase der Bitternis, G. 62; La Loi du Comte Merdreff, pata-physisches poet. Flugblatt 65; AnarCHIE du Manifeste, aristokritisch-gigantische Wertschr. 66; singe sengz, G. 66; Poëtenz, Dokumentation 66; Tilt, G., Songs & Cullagen 67; Zalender, poet. Kalender 73; Alla Zappa, Festschrift 76; Im Zeichen des magischen Affen. Ges. Werke u. Kulturgesch. d.

Gwozdz

Subkultur 98; Mike Spike Froidl / Don Chaos, Mini-Monogr. 07. – **MV:** Frank Zappa et les Mothers of Invention, Monogr. 75; Sexus, Gegen-Zensur 83; Berglers Balz, m. Wanja Gwerder 86; Olten – Alles Aussteigen, m. P.M. u. Daniel de Roulet 90, 91. – **MA:** Zürich z. Beisp. 59; Zürcher Almanach 68; Fruit Cup 69; Gratisbuch 71; Montagna Rossa 71; Coyote's Journal 74; Orejona 74; Subsidia Pataphysica 69; Mandala 77; Orte 79; Rock Session III 79; Rock Session IV 80; Schwyzer Sage II 81; Schöner malen, Kat. 93; Copyright oder copywrong, Kulturgesch. 97; Endo anaconda. Hasentexte, Songs 99; Der Sanitäter 9/02. – **H: V:** Hotcha! Ein freies Gegenkultur-Magazin 68–71; Hot Raz Times, zap'pataphysischer Almanach d. Zapparchives 73–75; Hotcha!, freies Kultur-Mag. 88, 08; Olivia – Neue Werke 02; Wakumomi – Kataloge, seit 05. – **MH:** Cirka!, Antonholzcomix 74. – **F:** Chicorée, v. F.M. Murer 66, DVD 08. – **R:** Wir lesen vor 65; Zappazitat 73; Vom Hüete u. Sänne, Fs.-Drehb. 81; Losla! 96; Moment! 99, beides Erz. m. Musik. – **P:** Berglers Balz, Songs/Lesung, CD 98, 08. – **Ue:** Julian Beck: 21 Songs of the Revolution 14. – *Lit:* Michael Lütscher in: Ton-Modern 83; Claudius Scholer in: Du 91; Thomas Imboden in: Der erste Regenbogenkatalog 99; Samuel Mumenthaler in: Beatpopprotest 01.

Gwozdz, Helena (Ps. Helena Gwozdz-Holzmann), Pensionistin, Autorin; Hernalser Hauptstr. 14/21, A-1170 Wien, Tel. u. Fax (06 64) 3 33 25 11, *helena gwozdz@chello.at* (* Wien 29. 10. 30). Literar-Mechana 77, Ö.S.V. 78, V.G.S. 78, Öst. Autorenverb. 77, Mundartfreunde Öst. 76, ARGE Literatur 78; 3. Pr. b. Anton-Krutisch-Wettbew. 84, Robert-Stolz-Med. 96, E.plakette d. Ver. „Wiener Volkskunst" 00; Lyr., Kurzprosa, Ged. in Wiener Mundart. – **V:** Musische Zwickerbusserln 76; Wiener Melange 85, beides G. in Wiener Mda. – **MA:** zahlr. Beitr. in Lyr.-Anth. u. lit. Zss. (Red.)

Gyadu, Silke (geb. Silke Hoffmann), freie Autorin; Jean-Paul-Str. 5, D-91054 Erlangen, Tel. (0 91 31) 5 30 12 55, Fax 5 30 12 62, *info@sonnengoettinnen.de*, *www.sonnengoettinnen.de* (* Nürnberg 7. 6. 51). Hist. Rom., Sachb. – **V:** Nofretetes Hofdame, hist. R. 95, Tb. 97, 4. Aufl. 98, Sonderausg. 99; Die Geliebte des Tutanchamun, hist. R. 99, Tb. 01; Sonnengöttinen, Sachb. 07. – **MA:** Science oder Fiction? Geschlechterrollen in archäolog. Lebensbildern 07.

Gysi, Gregor, Dr. jur., Rechtsanwalt, Politiker, MdB; c/o Deutscher Bundestag, Platz der Republik 1, D-11011 Berlin, Tel. (0 30) 22 77 27 00, Fax (0 30) 22 77 67 00, *gregor.gysi@bundestag.de* (* Berlin 16. 1. 48). Rhetorikpr. 'Gold. Mikrofon' 00. – **V:** Handbuch für Rechtsanwälte 90; „Ich bin Opposition", Gespräche 90; Einspruch! Gespräche, Briefe, Reden 92; Das war's. Noch lange nicht, autobiogr. Notizen 95, 99; Freche Sprüche 96, 97; Nicht nur freche Sprüche 98; Über Gott und die Welt, Gespräche 99; Neue Gespräche über Gott und die Welt 00; Ein Blick zurück, ein Schritt nach vorn 01; Neueste Gespräche über Gott und die Welt 02; Was nun? 03; Gregor Gysi trifft Zeitgenossen, CD 06. – **MV:** Sturm aufs Große Haus, m. Thomas Falkner 90. – **MA:** zahlr. Beitr. in versch. Veröff. – **H:** Wir brauchen einen dritten Weg 90; Zweigeteilt 92. – *Lit:* Wolfgang Sabath: G.G. 93.

Gysi, Hans, Sekundarlehrer Phil. I, Theaterschaffender; Hubstr. 6a, CH-8560 Märstetten, Tel. (0 71) 6 57 13 07, *hgysi@freesurf.ch*. c/o Theaterbüro, Kreuzlingerstr. 3, CH-8560 Märstetten (* Arosa 4. 4. 53). SSV bis 98, Gruppe Olten 98; Projektbeitr. 93, 96, Förd.pr. Kt. Thurgau 98, u. a.; Drama, Lyr., Prosa. – **V:** Langeswarten. Rauch, Prosa 93; Zoogeschichten, Lyr. 96;

Federkino, lyr. Prosa 97; Die dünne Krankenschwester. 111 Kleine Schäden 02; Morning poems 04; – THEATER/UA: ... und du bisch duss 91; Kriegfeld 91; Königskinder 99; Identity 02; Purcell 02. – **MA:** div. Beitr. in Lit.zss, u. a. in: Einspruch; Entwürfe; Orte. – **P:** Mäusefieber, Hsp., 2 CDs 06. (Red.)

†**Haacke,** Wilmont (Ps. Stefan Lafeuille), Dr. phil. habil., em. UProf.; lebte in Göttingen (* Montjoie/Monschau 4. 3. 11, † Göttingen 23. 7. 08). Erz., Ess., Feuill., Kritik, Wiss. Aufsatz. – **V:** Notizbuch des Herzens, Feuilletons 42; Die Jugendliebe, N. 43. – **H:** Die Luftschaukel, Prosa 39; Das Ringelspiel, Prosa 40; Einer bläst die Hirtenflöte, ausgew. Feuilletons Victor Auburtins 46; Schalmei, Ausw. d. Nachl. Victor Auburtins 48; Federleichtes, ausgew. Feuilletons Victor Auburtins 63. – *Lit:* Publizistik 2/61, 1/71, 1/81, 1/91, 2/91, 1/01, 5/05/06 (Sonderh. „50 Jahre Publizistik").

Haacker, Klaus, Dr., Prof.; Missionsstr. 1b, D-42285 Wuppertal, Tel. (02 02) 8 58 65, Fax 8 90 42 34, *haacker@uni-wuppertal.de* (* Wiesbaden-Erbenheim 26. 8. 42). Lyr. – **V:** Grüße an Orpheus, G. 86 – **MA:** Beitr. in Anth. u. Alm., u. a. in: Der Herr ist mein Gärtner 08.

Haaf, Klausjürgen, Journalist; Suerhoper Koppelweg 28, D-21244 Buchholz/Nordheide, Tel. (0 41 86) 4 26, *kjhaaf@web.de* (* Ludwigshafen am Rhein 24. 5. 41). Rom., Kinderb. – **V:** Freunde auf den ersten Blick 77; Achtung, der Gauner lispelt 77; Feuerwerk im Lehrerzimmer 77; Beweisstück: rote Mütze 78; Geheimnisvolle Zahlen 78; Kleines Kätzchen, großer Wirbel 78; Kopf hoch, Kathy 79, alles Kdb. – **MV:** Diana, m. John James, R. 98.

Haaf, Wilhelm ten (Ps. ten Haaf, eigtl. Wilhelm Tenhaef), Lehrer, Regieassistent, Autor; Frankfurter Str. 21, D-57399 Kirchhundem, Tel. (0 27 64) 78 46, Fax 4 52, *ten-Haaf@t-online.de* (* Erbach/Ts. 6. 5. 52). Lit.pr. Umwelt 89. – **V:** Wenn Papa Winterschlaf hält ..., Kdb. 88; Taugenichts II, R. 94; Sie atmete Lyrik. Szenen zur Droste, UA 97; Ein Engel in New York, R. f. Kinder 97; Der Schneefresser, Bilderb. 98; Raubritter Greifenstein u. a. Rittergeschichten 99; Der Werwolf im Moor, Kdb. 99; Am Sonntag hab ich Zeit für dich, Geschn. 03. – **MV:** Abenteuergeschichten von Rittern, Räubern und Drachen, m. Jo Pestum u. Ursel Scheffler 01. – **MA:** Kölner Stadtanzeiger 85. – **R:** Die Sendung mit der Maus; SFB-Ohrenbär; Liliput seit 98; Mitarb. an satir. Rdfk-Sdgn d. WDR. – **P:** Die Königin, der Wahnsinn, die Geschichten einer Nacht, Lieder, CD 96. (Red.)

Haag, Conny (eigtl. Cornelia Haag), Bankkauffrau, jetzt selbständig / Autorin; Hinter der Mühle 2, D-36199 Rotenburg/Fulda, Tel. (0 66 23) 74 55, Fax 91 84 94, *connyhaag@compuserve.de*, *www.herzschriftmacher.de* (* Rotenburg/Fulda 26. 6. 64). Lyr. – **V:** Im Strudel meiner Gefühle, G. 00; Wenn mein Herz zum Himmel schreit, Lyr. 04. – **MA:** Nationalbibliothek d. dt.sprachigen Gedichtes. Ausgew. Werke, Bde I–III 99/00; Sie ist da, die Zeit der Kerzen, Anth. 00. (Red.)

†**Haag,** Gottlob, Verwaltungsangest.; lebte in Wildentierbach/Niederstetten (* Wildentierbach 25. 10. 26, † Wildentierbach 17. 7. 08). VS 71; Förd.pr. d. Stadt Nürnberg f. Lit. 65, BVK 78, Wolfram-v.-Eschenbach-Kulturpr. d. Bez. Mittelfranken 87, Landespr. f. Volkstheaterstücke (3. Pr.) 93, E.bürger d. Stadt Niederstetten 96, Ludwig-Uhland-Pr. 07; Lyr., Funkged., Prosa. – **V:** Hohenloher Psalm 64; Mondocker, G. 66; Schonzeit für Windmühlen, G. 69; Mit ere Hendvoll Wiind, G. 70; Unter dem Glockenstuhl, 5 Funkgedichte 71; Ex flammis orior. Report e. Landschaft, G. 72; Der äersch Ho-

heloher, Prosa 75; Schtaabruchmugge, G. 79; Laß deinen Schritt auf leisen Sohlen gehen, Prosa u. G. 79; Fluren aus Rauch, G. u. ein Requiem 82; Bass uff, wenn dr Noochtgrabb kummt, G. in Hohenloher Mda. 82; Dreek oum Schtägge, Kom. 82; Haitzudooch, G. 84; Abschied nehmen ist wie leises Sterben. G. 86; Tauberherbst. Ausgewählte Gedichte I 86; Bin ich nur Stimme. Ausgewählte Gedichte II 87; Zwische de Zeile, G. 87; Der graue Tag hängt im Novemberwind, G. 88; Atemnoet, G. 90; Götz vo Berlichinge, Volksst. 91; Liegt ein Dorf in Hohenlohe, Lyr. 92; Neewenoodappt, G. 93; An die Spätgeborenen, G. 94; Blasius Heyden odder wie mer en Pfarr schlacht, Volksst. 94; Erlkönig lässt grüssen, G. 94; Groessi Schprich, Mda. 94; In dr heiliche Noocht, G. u. Geschn. 94; An Tagen wie diesen, G. 96; Lauter guedi Laiit, Geschn. 96; Vorbachsommer, G. 96; Die Stunde des Anglers, G. 98; Geßlers Fall oder Die Niederstettener Revolution anno 1848, Kom. 98; Daheim in Hohenlohe. 6 lyr. Hörbilder 99; Zeilen aus Hohenlohe, G. 00; Ohne Beschwernis, G. 00; Mit schtaawiee Schueh, G. 00; Bis zum letzten Akkord, G. 01; Sich selbst genug, G. 04; „Der Bankert" oder ein zufriedenes Leben, autobiogr. R. 04; Anneweech, Erzn. u. Geschn. 05; Bin ich nur Stimme. Ausgewählte Gedichte 1960–2004 06. – **R:** Vorwände, Funkgedichte 70; Liegt ein Dorf in Hohenlohe 76; Die Madonna im Hostienacker 77; Passion in Lindenholz 78; Die Hohenloher Mundart 80; Mit der Elle des Herzens gemessen, lyr. Hörild 95. – **P:** Mit ere Hendvoll Wiind 70; Dr äerscht Hoheloher 75; Schtaabruchmugge, G. 79. – *Lit:* Walter Hampele: G.H. als Hohenloher Mundartdichter, in: Jb. d. Hist. Ver. f. Württ. Franken 73; Karin Haug: Lebenswandel auf dem Land. G.H. u. das Hohenloher Dorfleben, Film (SWR) 06.

Haag, Klaus (Ps. Nikolas Holland), M.A., Dr., Philol., Sprachkorresp., Übers., Dolmetscher, Lektor, Doz., Publizist, Rezensent, freier Schriftst.; Postfach 1112, D-68805 Neulußheim, Tel. (0 62 05) 3 21 39, *K.Haag @web.de* (* Neulußheim 13. 12. 54). Die Räuber '77 79, Lit. Werkkr. Speyer 79, VS 80, Lit. Ver. d. Pfalz 00; 1. Pr. b. Mannheimer Kurzprosawettbew. 'Die Räuber' 77, 2. Pr. Gedichtwettbew. 'Die Räuber' 77, Aufenthaltsstip. Künstlerhaus Kloster Cismar 04; Prosa, Lyr., Ess., Rom., Sat., Sachb. Ue: engl, span, frz, lat. – **V:** Lebendig oder tot..., Erz. 78; Schwarze Schleifchen, ausgew. G. 79; Die Existenz des Herrn Wussnik, Kurzgeschn. 80; Schattenkabinett, G. 80; Der erste Grad der Freiheit, R. 85; Eine härtere Gangart, G. 87; Der tausendköpfige Drache, Sachb. 91; Der metallurgische Spaßmacher, Geschn. 94; Das Elixier, e. Lügengesch. 94; Rückwärts ins Zweitausend vor, G. 94; Der Bouquinistenmord, Krim.-Geschn. 95; Zeichen/ ästhetisches/Zeichen, e. krit. Beitr. 97; Hobelhüpfen & Klingenspringen. 33 1/2 Romane & ein ungelöster Fall, Erzn. 99; Lesung & Vortrag. Zur Theorie u. Praxis d. öffentl. Leseveranstaltung, Hdb. 01; Zwischen zwei Dörfern, Erz. 01; Literarische Spurensuche in Ravenna, Vortrag 03, 2., erw. Aufl. 04; Literarische Spurensuche in Chartres, Vortrag 04; winterwölfe, G. 04; Die Dischbumb, G. 06; Literarische Spurensuche in Spalding, Vortrag 06; fuchskehren. gedichte 08. – **MV:** Ich glaube nicht, was man vor mir weiß, G. 80; Imaginationen, Kurzgeschn. 81; Fin de Siècle – die letzten 1000 Tage, Kommentarbd 00; Meine liebe grüne Stube, The Schriftstellerin Sophie vo La Roche in ihrer Speyerer Zeit (1780–1786), m. Jürgen Vorndamम 05. – **B:** Schwarze Fahnen gegen Scheinfreiheit, Dok. 77, erw. u. d. T.: Der Hahn, der im Dunkeln kräht 83; Manche haben's Mühsam!, biogr. Rev. (zusgest. u. komm.), 2., überarb. u. erw. Aufl. 90. – **MA:** zahlr. Beitr. in Zss. u.

Anth., u. a. in: nlp (neue literar. pfalz); Pegasus; kunst & kultur; Bücherwurm; Chaussée; Publikation; Kultur & Gesellschaft; Mannheimer Morgen; Rheinpfalz; – Rattenmensch. Katalogisierung e. Spezies 94. – **H:** Noam Chomsky: Die Herren der Welt. Vier Aufss. 93; 1 plus 1. 11 Begegnungen v. Lit. u. Kunst 96. – **MH:** F. Schiller: Der Verbrecher aus verlorener Ehre, Krim.-Erz. 93; Gestern wird meine Zukunft morgen, Texte 94; Fichtners Erbe. Der Kurpfalzkrimi, m. Barbara Mattes 01, alle m. Klaus Spindler; Von Wegen. Eine Anth. d. Literar. Ver. d. Pfalz, m. Monika Beckerle, Michael Dillinger, Barbara Francke u. a., Anth. 05; Einsichten & Ausblicke. Lit. Stimmen aus d. Pfalz, Anth. 08. – *Lit:* D.M. Graef: K.H., e. kreativer Schnellschreiber, in: Künstl.-Portr. Rheinpfalz; Autoren a. d. Rhein-Neckar Raum 88; Wer ist wer 89; Autoren in Bad.-Württ. 91; Lit. live 92; P. Wandernoth in: Pegasus, Kulturb. 94; B. Läufer: K.H. Ein Mann mit vielen Gesichtern 94; Dt. Lit.lex 99; s. auch 2.Jg. SK.

Haag, Romy (eigtl. Eduard Frans), Schauspielerin, Entertainerin, Sängerin; c/o PROJECToRAT Concept & Management, Postfach 610368, D-10926 Berlin, *www. romyhaag.de* (* Scheveningen 51). Jackie O. Music Award 97. – **V:** Eine Frau und mehr, Autobiogr. 99. (Red.)

Haak, Wolfgang, Lehrer, Schulleiter; William-Shakespeare-Str. 23, D-99425 Weimar, Tel. (0 36 43) 50 14 40 (* Genthin 28. 1. 54). Lit. Ges. Thür. 91; Satirelöwe d. Stadt Reinheim 01; Rom., Lyr., Erz. Ue: ung. – **V:** Alter Gleisberg, G. 94; Lebensumwege, Kurzprosa 01; Treibgut – Warmzeit, Kurzprosa 04; Der Sohn des Windmüllers, R. 05, 2. Aufl. 06; Bagatellen Opus Nro III, Kurzprosa 08. – **MV:** Mathilde, m. Grafiken v. Walter Sachs 06; Steinstimmen, m. Kraft u. Scherzer 06, beides Künstlerb. – **MA:** Ungarische Lyrik d. zwanzigsten Jahrhunderts 87; Eintragung ins Grundbuch 96; Palmbaum 98, 03, 05; Eiswasser 98; Wandern über dem Abgrund 99; Landschaft als literar. Text. Der Dichter Wulf Kirsten 99; ODA. Orte der Augen, Kurzprosa 07; Anno 1900. Weimar, Erz. 08; Palmbaum, Kurzprosa 08; Beitr. in Lit.zss. üb. Walter Hasenclever 82; Rahel Sanzara 85, 86.

Haake, Marianne; c/o Laetitia Verlag, Dahmer Weg 27 a, D-23746 Kellenhusen (* Berlin). Kinder- u. Jugendb. – **V:** Der Tempel im Wald 00; Feuer auf Korsika 00; Das Wirtshaus im Odenwald 01; Das Rätsel vom Hühnerberg 02; Ein Onkel in Australien 03; Der Gefangene vom Monte Rosso 04; Die verborgene Kammer 05. (Red.)

Haarhaus, Friedrich, Dr., Pfarrer i. R.; Scherpemicher Str. 12, D-53819 Neunkirchen-Seelscheid, *f. haarhaus@freenet.de* (* Köln 3. 3. 28). VG Wort 92; Erbauungs- u. Ratgeberlit. – **V:** Du hasts in Händen, kannst alles wenden. Trost u. Zuspruch für Kranke 78, 2. Aufl. 79; ... und ich werde bleiben im Hause des Herrn immerdar, Gebete 80; In dir ist Freude in allem Leide. Zuspruch f. Patienten u. Betreuer 80; Erfüllte Jahre 89; Bei dir geborgen, Andachten 90; Aktivierende Altenhilfe 91; Was geschieht beim Älterwerden 91; Zeit wird zum Geschenk, Gebete 99; Licht von deinem Licht, Gebete 00; Geschenkte Stunden 00; Jetzt und in der Stund unsres Todes, Gebete 01; Im Dialekt der Alten 01; Von Sterbenden lernen 03; Dank sei Gott, dem Herrn 03; Was Gott verbunden hat ..., Schmunzelb. 03; Archivbilder Neunkirchen-Seelscheid, Bildbd 03; Stille Nacht, heilige Nacht, Liederb. Unter Gottes Schutz, Medit. 06; Unvergessene Volkslieder, Liederb. 06; In dir Freude, Medit. 05; Nun danket alle Gott, Medit. 07; Liederbuch für die Seniorenarbeit, Medit. 07. – **MV:** Neunkirchen-Seelscheid, m. Rolf Reinartz

80; Geliebtes Seelscheid, m. Benedikt Schneider 82, beides Bildbde. – **MA:** Fachbeitr. z. Altenpflege u. - seelsorge ist 99 in: Management Hdb. Altenarbeit; Die Schwester/Der Pfleger; Heim u. Pflege; Senior; Pflege; KNA – Ökumen. Nachrichten. – **H:** Bausteine Altenarbeit. vierteljl. erscheind. Praxishefte 93–06.

Haas, Ernst August (Ps. Kuno Haas), Rentner; Kaiser-Wilhelm-Allee 65, D-42117 Wuppertal, Tel. (02 02) 74 12 53 (* Solingen 8. 1. 21). Rom., Nov., Lyr. – **V:** Der Dandy, R. 81, 87. – **MA:** Mitten im Strom, Anth. 56; Lyr. Hefte 6 60; Gauke's Jb. '83 u. '84; Der Kuß von Cambrai 92; Lesebuch Bd 1 u. 2 92; Sumatra, ZEITschrift Bd 14 93, alles Anth. (Red.)

Haas, Erwin, Maschinenbautechniker; Dreikönigsweg 14, D-73033 Göppingen, Tel. (0 71 61) 2 57 86 (* Albershausen 11. 6. 26). Förd.kr. Dt. Schriftst. Bad.-Württ. 95, schwäb. mund.art e.V. 98; Mundart, Sachb. – **V:** Wohl bekomm's, Mda. 80; Ållaweil gradraus, Mda. 84; Württemberg, oh deine Herren! 86; Uff da Zah' gfiehld, Mda.-G. 88; Schwäbisches für Eiheimische ond Reigschmeggde 94; Die sieben württembergischen Landesfestungen 96/97. – **H:** Räß – Schwäbisches zu Most und Wein, Lyr. 05. (Red.)

Haas, Günter, Heilpraktiker; Spenglergasse 6, D-97437 Haßfurt, Tel. (0 95 21) 95 48 74 (* Heidenheim/ Mittelfranken 7. 12. 44). Autorenverb. Franken 96, NGL Erlangen 98; 1. Pr. b. Bamberger Autorenwettbew. 86, 1. Pr. b. Autorenwettbew. z. Woche d. Öff. Bibliotheken in Bayern 96; Erz., Kurzgesch. – **V:** Nymphe mit Anhang. Von Inseln, Liebe u. Sternen, Erzn. 00. – **MA:** Westermanns Monatshefte 11/83; Palette 1/86, 4/86; Blätter f. Lit. u. Kunst in Würzburg 87; Europa da conoscere 91; Impressum 9/98; Fund im Sand, Anth. 00; Ausschauen, Anth. 00. – **R:** Ein Wort in die Luft werfen, Rdfk-Feuill. 02. (Red.)

Haas, Heidi (Ps. f. Heidi Amstutz), T-Shirt-Designerin; 203 East 4th Street, apt. 2, New York, NY 10009, Tel. u. Fax (2 12) 5 29–62 67, *heidihaas@aol. com.* Chalet Gafula, Lauenenstr., CH-3780 Gstaad/ Schweiz (* Aarau 1. 1. 40). ISSV 93, Pro Litteris 94, SSV 96; Rom., Kurzprosa, Lyr. – **V:** Ophelia in der Gletscherspalte, Krim.-R. 84; Martha kommt, G. 87. – **MA:** Erotic Dreams of Nude-Nude Mice 79; Tafelfreuden um Mitternacht 81; Schreiben in der Innerschweiz, Anth. 93; Offene Lyrikschublade, Anth. 96, 98; Beitr. in Lit.-Zss. seit 83, u. a. in: orte 103/97. (Red.)

Haas, Kuno s. Haas, Ernst August

Haas, Ursula, Doz. f. literar. Schreiben, Textcoaching; Ostmarktstr. 38, D-81377 München, Tel. u. Fax (0 89) 71 56 86, *haas@poetessa.de, www.poetessa.de* (* Aussig/Tschechien 2. 4. 43). VS 80, Kg. 95, Sudetendt. Akad. d. Wiss. u. Künste 07; Förd.stip. d. Adalbert-Stifter-Ver. 87, Stip. d. Stadt Hamburg 92, Stip. d. Ldeshauptstadt München 93, Sudetendt. Lit.pr. 94, Stip. d. dt.-ital. Zentr. Villa Vigoni (Comer See) 99, Lit.pr. d. Künstlergilde 99, 05, Stip. d. Foreningen Brechthus, Svendborg/Dänemark 01, Stip. d. Schweizer. Thyll-Dürr-Stift. auf Elda 05; Lyr., Erz., Rom., Libr., Ess., Theaterst. Ue: engl. ital. – **V:** Klabund, Klabund oder Möglichkeiten der Auflösung, Prosastück in 12 Szenen 83; Abschiedsgeschichten, Erzn. 84; Freispruch für Medea, R. 87; Medea-Monolog, Lang-G. u. Libr. 88; Flöten des Lichts, Libr. 90; Wir schlafen auf dem Mund, G. 93; Freispruch für Medea, Opernlibr. 95; Second hand oder ein Dichter trägt Spitze, Farce-Dr. 96; East Side Gallery, Musical 97; Boehlendorff, Schwarz ist die Hoffnung, n. d. Erz. v. J. Bobrowski, Libr. 98; Gedichte/ Versuri, Lyr. 98; Bassa-Selim, zu Mozarts „Entführung aus dem Serail", UA 99, gedr. 00; Albolina 00, beides Opernlibr.; begleitender Text zu Verdis „Don Car-

lo" (konzertant) 01; Nur die Heimat kann sein, was ich werden will, Performance 02; Medea, Opernlibr. 02; „Bayer ist auch Kultur". Kulturgesch. d. Unternehmens 03; Das Kind, die Toten und ein Hund, Theaterperformance, UA 03; In Zwischen, Libr. 04; Schiller und wir, eine Collage m. Musik, Theaterst. 05; Getäuscht hat sich der Albatros, Libr. 07; Itimads Freuden und Klagen 08. – **MV:** Gehorsame Tochter der Musik. Das Libretto 03. – **MA:** Papagena-vogelfrei, dt.spr. Gegenwartslyr. v. Frauen 80 II; Jb. f. Lyrik 2 80, 3 81; Hinterskirchener Leseb. 85/86; Domino mit Domina 88; Spiegelbild, G. 88; Perlen für die Säue 91; Die Jazz-Frauen 92; Neue Töne, Lyr. 96; Klavke Mazedonien – klavke Poesie 97; Gedichte deutsch-japanisch – Meine Zeit, G. 98; Mit Katzenaugen, Anth. 98; O Schreck laß nach, Erzn. 99; Trei poete de limba germana 99; Komponisten u. ihre Wegbegleiter 99; L'idea Nr.38 00; Das Gedicht Nr.8 00; Programmheft d. Stadttheaters Bern z. UA d. Oper „Medea" 01; Blitzlicht, Anth. 01; Im Brennglas der Worte 02; Programmheft z. Aufführung d. Oper „Medea" in d. Bastille-Opéra 02; Mit Katzenzungen 04; zahlr. Beitr. in Lit.zss. – **P:** Gesänge aus Osteuropa; Freispruch für Medea, Oper; Boehlendorff, Oper; Medeamonolog, alles CDs; „Du bist", Polittexte, Video 03. – *Lit:* Taschenlex. zur Bayer. Gegenw.lit. 86; Münchner Profile 94.

Haas, Waltraud; Fischerstiege 4–8/1, A-1010 Wien, Tel. (01) 2 18 30 36 (* Hainburg/NdÖst. 23. 9. 51). Podium 80, GAV 80, IGAA 82; Öst. Staatsstip. f. Lit. 00/01, Wiener Autorenstip. 07; Lyr., Prosa. – **V:** Lots Tochter, G. 91; Weiße Wut, Lyr. u. Prosa 95; Run & Run, G. 02. (Red.)

Haas, Wolf (eigtl. Wolfgang Haas), Dr., Werbetexter, Schriftst.; lebt in Wien, c/o Hoffmann u. Campe Verl., Hamburg (* Maria Alm/Salzburg 60). Dr. Krimipr. 97, 99, 00, Hsp. d. Jahres (Öst.) 99, Burgdorfer Krimipr. 00, Buchpr. d. Salzburger Wirtschaft 03, Pr. d. Stadt Wien f. Lit. 04, Wilhelm-Raabe-Lit.pr. 06; Krim.rom. – **V:** Die Liebe in den Zeiten des Cola-Rausches 93; Die Auferstehung der Toten 96; Der Knochenmann 97; Komm, süßer Tod 98 (01 als Kinofilm); Ausgebremst 98; Silentium! 99; Wie die Tiere 01; Das ewige Leben 03, alles Krim.-R.; Das Wetter vor 15 Jahren, R. 06; (zahlr. Nachaufl., die meisten Titel auch als Hörb.). (Red.)

Haas-Rupp, Gabriele (geb. Gabriele Haas), Dipl.-Ing. Landespflege, Lyrikerin; Bruchwiesenstr. 49, D-63322 Rödermark-Urberach, Tel. u. Fax (0 60 74) 62 98 21, *haasrupp@aol.com* (* Saarbrücken 10. 4. 62). VS 86, Vorst.mitgl. (zeitw.) Literatur u. Schule e.V. 94, Hess. Lit.ges. 96, Gründ.- u. Vorst.mitgl. (zeitw.); Aufenthaltsstip. im Intern. Writers' and Translators' Centre of Rhodes 00, Aufenthaltsstip. d. Baltic Centre for Writers and Translators, Visby/Schweden 01, Arb.-stip. d. Auswärt. Amtes 01, Aufenthaltsstip. Brechthaus Svendborg/Dänemark 02, Aufenthaltsstip. Künstlerwohnung Soltau 05; Lyr. – **V:** Mondtrunkener Schrei, Lyr. 93; trägt die anderende purpur, Lyr. 01. – **MA:** zahlr. Beitr. f. Lit.telefone u. Hfk sowie in Ztgn, Lit.-zss. im In- u. Ausland u. Anth. (auch in Übers.) seit 79. – **H:** Blühende Winterkirsche, Lyr. 87; Die Feder schreibt kratzend, Lyr. 95, (beides auch Mitarb.). – *Lit:* M. Buerschaper: Das dt. Kurzgedicht in d. Tradition japan. Gedichtformen 87; Hdb. Hess. Autoren 93; Kulturelle Praxis, H. 9 00. (Red.)

Haase, Anne (geb. Anneliese Fuchs, Doz. im kreativen Bereich, Autorin; Hedwigastr. 20, D-51069 Köln, Tel. u. Fax (02 21) 60 59 10, *anne@haasefuchs.de, www.haasefuchs.de* (* Köln 15. 6. 61). 2A 00; Erz., Kinderlit., Fantasy, Science-Fiction. – **V:** Mondgeschichten 1.u.2. T. 94, 97, 3.T. 95; Weihnachtsgeschichten für kleine Leute 94, 97; Weihnachtsgeschichten für größere Leute 94; Ostergeschichten 95, 97; Allerlei für große Leute 96; St.-Martin-Geschichten 96, 97; Weihnachtsgeschichten für Alle 96, 97; Wo ist Jonas? 97; Vier Jahreszeiten 97; Was der Fuchs erzählt... 97; Die dicke Berta 97; Kleiner bunter Vogel 97; Martinsgänse 98; Sie werden es erleben – (Kurz-)Geschichten 99; Bald geh' ich in die Schule, Kal. 00, 04; Der Wunschstein, Erz. 03. – **MA:** Grete Bähr: Imaginationen, Kat. m. Texten 03; Beitr. in Zs.: GL kompakt 00/01; hera 02/03. (Red.)

Haase, Wolf (eigtl. Rainer Rönsch), Dipl.-Übers.; Sarrasanistr. 7, D-01097 Dresden, Tel. (03 51) 8 04 10 61, *roensch@onlinehome.de* (* Eckartsberg 23. 6. 42). Ue: engl. – **V:** Kinderspiel 86; Der Siegelring 87; Kassensturz 88, alles Krim.-Erzn.; Mordmuster, Krim.-R. 88; Der Sturz des Stellvertreters, Krim.-R. 96. – **R:** mehrere Fs.-Feuill. in d. Reihe „Ansichtskarten" d. DDR-Fs. – **Ue:** Barry Hines: Der Champion 75; Shiva Naipaul: Das Haus in Victoria 76; Thomas Keneally: Australische Ballade 77; Kenzaburo Oe: Der stumme Schrei 80; Shusako Endo: Eine Klinik in Tokyo 82; Buchi Emecheta: Die Freuden einer Mutter 83; C.P. Snow: Salons im Zwielicht 83; Alun Richards: Schneewittchen u. der Klempner 84; John Bryson: Melodram für eine Heldin aus Plast 85; P.A. Toer: Erbe einer versunkene Welt 86; Alun Richards: Die letzte Fahrt der Gay Lady 87, teilw. m. Ingrid Rönsch. (Red.)

Haase-Hindenberg, Gerhard, Schauspieler, Dramatiker, Publizist, Buchautor; Wielandstr. 3, D-10625 Berlin, Tel. (0 30) 3 13 62 91, *haasehindenberg@versanet. de* (* Schweinfurt 14. 5. 53). Autorenstip. d. Stift. Preuss. Seehandlung 06; Biogr., Dramatik, Ess. – **V:** Benn, Rönne, Doppelleben, Bst. 86; Romanisches Café, Bst. 90; Göttin auf Zeit (06 (auch poln.); Der Mann, der die Mauer öffnete 07; Das Mädchen aus der Totenstadt 08, alles Biogr. – **MV:** Der fremde Vater, m. Pierre Boom, Biogr. 04. – **P:** Bukowski, Schallpl. 86.

Haaser, Helge, Werbefachmann; Hauptstr. 42, D-82327 Tutzing, Tel. (0 81 58) 38 53, Fax 92 88 72, *helge. haaser@t-online.de, www.haasers.de* (* München 5. 2. 38). Kinderb. – **V:** Der kleine rosa Mann, Gute-Nacht-Geschn. 74, erw. Ausg. 77.

Haasis, Hellmut G. (Ps. als Märchenclown: Druiknui), Schriftst., Miniverleger, Märchenclown, Geschichtsausgräber; Tannenstr. 17, D-72770 Reutlingen, Tel. u. Fax (0 71 21) 50 91 73, *www.hellmut-g-haasis.de* (* Mühlacker/Enz 7. 1. 42). VS 72, Ges. f. d. Erforschung d. 18. Jh., Soc. des Amis de l'Inst. Historique Allemand Paris, schwäb. mund.art e.V., Rahel-Varnhagen-Ges., Kommandör d. Karl-Valentin-Ährenbadallion, initiative 'nieder mit den großbuchstaben', Bürgerver. 'Rätteth dieh althä Rächdschreipunkgh' e.V.; Kodak-Pr. 83, Thaddäus-Troll-Pr. 90, Stip. d. Kunststift. Bad.-Württ. 93, Civis-Hfk- u. Fs.pr. d. ARD 97, Schubart-Lit.pr. 99; Hist.-emanzipator. Sachb., Prosa, Schwäbische Mundart, Kinderb., Drama, Hörsp., Rundfunkfeature. – **V:** Jetz isch fai gnaug Hai honna, Schwäb. G. 78; O du mai doggaliche Grodd. Ein großes erot. schwäb. G. in Reutlinger Mda. 81; Spuren der Besiegten, Ess. 84 III; Mit List und Tücke, Jgdb. 85; Gebt der Freiheit Flügel 88 II; Em Chrischdian sei Leich, R. 89; Das Mergentheimer Xylophon, Erz. 92; Christiane Hegel, Dr. 93, 09; Joseph Süß Oppenheimers Rache, Erz. 95; Edelweißpiraten, Erzn. 96; Joseph Süß Oppenheimer, genannt Jud Süß, Biogr. 98, 2. Aufl. 01; „Den Hitler jag' ich in die Luft." Der Attentäter Georg Elser, Biogr. 99, 3.,erw.Aufl. 01; Tod in Prag. Das Attentat auf Reinhard Heydrich 02; Vom aufmüpfigen Geist der Schwaben. Literar. Performance, Text 04; Märchen-

clown Druiknui, Erzn. 06; Georg Elser schwäbisch bei der Gestapo, Dr. 07. – **MV:** Generalstreik, SS und der Knick im Sofakissen, hist. Ess. 85; Überall ist Laubach, Erzn. 95; Oberrheinische Freiheitsbäume. Ein polit. Reiseführer 99. – **MA:** Graffiti, Ess. 84; Haß, Erz. 85; Deutsche laßt die Weines Strom ... 85; Geschichte entdecken 85; Vater im Himmel 86, alles Ess.; Rheinhessen befreit, Erzn. 86; Laubacher Feuill., Erzn. 93–95. – **H:** J.B. Erhard: Über das Recht 70, 3. Aufl. 77; F.A. Karcher: Die Freischärlerin. Eine Novelle aus d. Pfälzer Revolution 1849 77; Adolph Streckfuß: Die Demokraten. Polit. R. in Bildern aus d. Sommer 1848 77; Die unheimliche Stadt, Prager Leseb. 92; Blauwolkengasse. Eine verschüttete Freiheitsbibliothek aus der Zeit der deutschen Jakobiner, seit 92 V; Salomon Schächter: Relation von d. Tod d. Joseph Süß 94. – **MH:** Die Freiheit ist in Gefahr, Rep. 76. – **R:** Sardinien. Das Dorf als Bilderbuch, m.a., Fsf. 77; – **Hsp.:** Der demokratische Großvater erzählt aus dem Pfälzer Aufstand von 1849 79; Lörracher Arbeiteraufstand 1923 82; Der gemeine Mann wird schwierig 83; Hölderlin im Turm 89; Im Schatten der Brüder 89; Ein Satiriker auf dem Prälatenstuhl 90; Spione, Ratten, Verräter 90; Justizmord in Stuttgart 91; Krivitsky 92; Stalins Verbrechen haben mich nicht gewollt 93; Ein Jude in der Todeszelle 94; Jud Süß 94; Christus wird alle Obrigkeit aufheben 95; Josel von Rosheim 95; Verrückte und Störer wegschließen 96; Mein Negerdorf Zürich 97; Morgenröte der Bergzaberner Republik 97; Der rote Bürstenbinder 97; Entführung in Basel 02; – **Repn.:** Auch ich lebe in Qual 76; Jesel ohne Hoffnung? 80; Sardinien 83; Der Wunder im Südtirol ist vielfach nicht verheilt 85; – Ess.: Eduard Heeren 80; Der Kalchgruber 83; Vergessene Freiheitskämpfe am Oberrhein 83; Heinrich Loose 84; Die Mergentheimer Rebellion 84; Der lange Weg zur Republik 84; Wehe dem Fürsten, der unsere Rache reizt 85; Bei uns ist der Kampf ausgekämpft 85; Das häßliche Rasseln der schweren rostigen Riegel 85; Georg Kerner 86; – Feat.: Aufstieg und Untergang der mährischen Juden Dobruschka 89; Leonhard Krutthofer 89; Kein böhmisches Dorf 89; Pater Simpertus 89; Die vergessene Republik Bergzabern 89; Wir träumten Befreiung 89; Hans Klaus, Schriftsteller aus Prag 96; Arthur David Heller, Arzt und Autor aus Prag 97; Joseph Süß Oppenheimer (2Tlg.) 98; Volkssouveränität mit Handbremse 98; Die Legende Georg Elser 99; Süß – ein deutscher Jude zwischen Aufklärung und Judenhaß 01; „Ich bereue nichts", Elser 01.

Habasch, Hippe (eigtl. Maria Luise Stübner), freie Red. u. Autorin; Heimen 81 1/2, D-88145 Opfenbach, Tel. (0 83 85) 7 22, *info@hippehabasch.de, www. hippehabasch.de* (* Roßbach/Hess. 17. 10. 48). Signatur e.V. Lindau 99, VS 02; Dt. Kurzkrimi-Pr. (2. Pl.) 02; Kurzprosa, Lyr. – **V:** die liebe kam von links, Kurzprosa 04. – **MA:** zahlr. Beitr. in Anth. u. Literaturschriften seit 1999, u.a. in: Hallo Taxi 01; Fluchtzeiten 02; Konzepte; Abraxas. – *Lit:* Rezension unter www.literaturcafé.de 02. (Red.)

Habasch, Hussein, Dr. phil., Lehrer f. Muttersprachler-Unterricht beim Schulamt Bonn, LBeauftr. f. Kurdisch U.Bonn; Oelser Str. 31, D-53117 Bonn, Tel. (02 28) 66 27 26, Fax 9 87 69 48, *husseinhabasch@gmx. de, www.habasch.de* (* Jakmak-Saghir/Syr. 23. 9. 48). VS 98, Kurd. P.E.N.-Zentr., Präs. 93–96, Intern. Writers and Artists Assoc. (IWA), USA; Pr. b. Plakat-Lyrik-Wettbewerb d. Sprache u. Lit. Bonn 94, Arb.stip. d. Kdes NRW 96, Förd. v. Inter Nationes f. d. Übers. v. Gedichten H. Heines ins Kurdische; Lyr. Ue: arab, russ, kurd, dt. – **V:** Die Wunde des Berges, G. (kurd.) 78; Dort funkeln die Lippen die Steine, G. 94; Die Man-

Habeck

delbäume verbrennen ihre Früchte, G. 98; Balladen aus der Kurdischen Volksdichtung 01; Ronahiyê birîn meke/Verletze das Licht nicht, Lyr. kurd.-dt. 05. – **MA:** zahlr. Art. in versch. Medien. – **H:** u. Ue (ins Kurdische): Heinrich Heine. Gedichte 01. – *Lit:* Markus Peters in: Recklinghäuser Ztg v. 27.7.05; H.H. im Gespräch m. Akif Hasan, Hfk-Sdg (WDR) v. 12.6.05.

Habeck, Robert, Dr.; *info@paluch-habeck.de*, *www. paluch-habeck.de* (* Lübeck 2. 9. 69). Förd.pr. f. literar. Übers. Hamburg 97, Stip. d. Brecht-Hauses Svendborg 00 u. 04, Drehbuchförd. d. Ldes Schlesw.-Holst. 02 (alle m. A. Paluch); Lyr., Prosa, Jugendb. Ue: engl. – **V:** Traumblind, R. 90; Das Land in mir, G. 91; Zinkrinde und Schwarzgründe 92; Das Lager 94; Todeshang 94; Der Freispieler 95; Verwirrte Väter. Oder: Wann ist d. Mann e. Mann 08. – **MV:** Hauke Haiens Tod, R. 01; Der Schrei der Hyänen, R. 03; Der Tag, an dem ich meinen toten Mann traf, R. 05; – KINDER- u. JUGENDBÜCHER: Jagd auf den Wolf 01; Wolfsspuren 05; Zwei Wege in den Sommer 06; Unter dem Gully liegt das Meer 07, alle m. Andrea Paluch; 2005. – **MA:** Der kleine Märchentraum 93; Hamburger Ziegel, Jb. 94; Das kleine Märchenschloß 94; Speak. Akten All 95; Übers. in: Hamburger Ziegel 97/98. – **MH:** dito, Jb. d. Forums junger Autoren (auch Mitarb.) 94. – **R:** Hfk-Arch.: Ich träum den Hafen, wo die Welle ruht 96; Lodernde Früchte 96; Jule und die Stimmen, Gesch. 99; Greta Glückspilz, Gesch. 00; Das ich darunter für immer, Feat. 00. – **Ue:** Roger McGough: Tigerträume 97; Ted Hughes: Birthday Letters 98; W.B. Yeats: Ein Morgen grünes Gras 98. (Red.)

Habekost, Christian, Dr. phil., Kabarettist, Autor; *habekost@chako.de*, *www.christian-habekost.de*. c/o Künstlerkontakte Anne Gress, Akazienweg 5, D-67141 Neuhofen, Tel. (0 62 36) 5 65 52, Fax 5 62 82, *info @kuenstlerkontakte-gress.de* (* Mannheim 27. 3. 65). Karlsberg-Förd.pr. Challenge 00, Publikumspr. Kabarettfestival Wühlmäuse 01, Köln Comedy Cup 01; Bühnenst., Fernsehsketch. Ue: engl. – **V:** Dub poetry. 20 Dichter aus Jamaika u. England 87; Vun unne, Mda.-Poesie 92; Verbal Riddim 93; Dialektisch gsehe, Performance-Texte in Mda. 00. – **P:** Chako live & direkt 98; Dialektisch gsehe 00; Der Endsieg des Kaputtalismus 01; rischdisch falsch gebabbelt 02; Der Wellnässer 03, alles CDs. – *Lit:* Calypso-King aus Germany, Doku-Feat. (ARD) 96. (Red.)

Habenicht, Yvonne, Schriftst., Illustratorin, Zeichnerin; Ellwanger Str. 5, D-12247 Berlin, *y.habenicht @gmx.de*, *www.klick-lies.de* (* Berlin 6. 5. 45). Rom., Erz. – **V:** Entscheidung am Bahnhof Zoo, Thr. 05; Keine Spur von Mirko, Krim.-R. 07; Mann oh Männer, und das mit 50! 08.

Haberkamm, Helmut, Dr., ObStudR.; Am Mühlgarten 21, D-91080 Spardorf, Tel. (09131) 50 37 89, *HelmutHaberkamm.de* (* Dachsbach/Aisch, Mfr. 3. 12. 61). NGL Erlangen, IDI, VG Wort, Frankenbund, Pegnes. Blumenorden, Nürnberg; Ossi-Sölderer-Pr. 89, Förd.pr. d. Freistaates Bayern 93, Kulturförd.pr. d. Stadt Erlangen 96, Mittelfränk. Kulturförd.pr. 99, IHK-Lit.pr. d. mittelfränk. Wirtschaft 06; Fränk. Dialektlyrik, Drama, Erz., Rom., Songtext, Ess., Kolumne. Ue: am, engl. – **V:** Die Bewegung weg vom movement. Studien z. brit. Gegenwartsdicht. nach 1960, Diss. 92; – Frankn lichd nedd am Meer 92, 4. Aufl. 96; Wie di erschdn Menschn 93; Leem aufm Babbier 95; Lichd ab vom Schuß 99, alles G. in fränk. Mda.; Der Kartoffelkrieg, Theaterst. 00; Des sichd eich gleich 01; Ka Weiber, Ka Gschrei. Song-Klassiker auf fränkisch 05; – THEATER/UA: Schellhammer I 24.10.96, II 11.12.97; Der Kartoffelkrieg, 20.5.00; No Woman, No

Cry – Ka Weiber, ka Gschrei, 6.10.01; Die g'schenkte Stund, 9.5.03; Die Schuddgogerer, 20.10.05; Der Frankenhasser, 14.10.06; Die Fichtn im Weiher, 9.5.08. – **MA:** Erzn. in: Einwärts, auswärts 93; Das Nürnberg-Leseb. 94; Sommerbilder vom Main zur Donau 95; Gold.Rausch.Engel 96; Zugabe! 97; Reisen zum Planeten Franconia 01; Stadtgeheimnisse 07, alles Anth.; – Die seddn un die selln (Vorw.) 97; Fürther Freiheit. Ein fotograf. Spaziergang 99; Naturerlebnis Franken 01; Is hald amol wos anerschds. Mda, Kunst u. Kochrezepte 01; Mein Aischgrund 02; Licht-Blick, im. Horst Schäfer 07; Mein Franken, m. S. v. Stockhausen 07. – **R:** Mollzeid, fränk. Hörst. 97; Wanderung über Dolomitenpässe, Ess., Feat., Hb. 00; Ankommen bei den Vorfahren. Der amerikan. Dichter Norbert Krapf auf Spurensuche in Franken, Hb. 01. – **P:** Frankn lichd nedd am Meer und mehr und mehr 97; Komm, süßer Tod, Bach-Lieder u. Mda.-G. 01; Barfießi auf der Herdplattn, m. W. Wittkopp 03; Fodd iebern großn Wasser, m. Johann Müller 05, alles CDs. – **Ue:** G. v. R.S. Thomas, Norbert Krapf, Songtexte u. a. – *Lit:* Christine Haas: Schellhammer I. Eine Aufführungsanalyse, Mag.arb. Univ. Erlangen-Nürnberg 97.

Haberkamp, Frederike *

Haberl, Klaus, Schauspieler, Regisseur, Dramatiker, Lyriker; c/o Österreichischer Bühnenverlag Kaiser & Co. GmbH, Am Gestade 5/2, A-1010 Wien (* Wien 18. 12. 57). Dramatikerstip. d. BMfUK 99/00, Nestroy-Pr. f. beste Offtheaterprod. 01; Lyr., Drama, Lied. – **V:** Sulz 99; Hain 00; Jugend und Engel, alles Theaterst. (Red.)

Haberland, Werner, Bäckermeister, Agraring., leitender Mitarb. i. d. Lebensmittelind., pädagog. Mitarb. a. d. Agraringenieurschule Wernigerode, jetzt Rentner; Buchbergstr. 1b, D-38871 Ilsenburg, Tel. u. Fax (03 94 52) 8 60 11 (* Ilsenburg 30. 8. 36). 3. Pr. b. Deuregio-Lit.wettbew. 96, 1. Pr. b. Deuregio-Lit.wettbew. 98; Lyr., Erz. (indt. u. ndt.). – **V:** Wem die Weste paßt, Bst. UA 99; Twischenrüme, ndt. Erzn. 01; Wind taur Nacht, ndt. Lyr. 04; Wilde Tannen, Lyr. 08. – **MV:** Plattdt. Liederbuch d. Harzregion vom Mundart-Kinderchor „Harzer Kramms", m. Erika Spannuth, Wolfgang Wenderoth u. a. 07. – **MA:** Neue Wernigeröder Zeitung (Korrespondent), seit 90; Twischen Hanz un Madeborch 91; Nie wedder Wiehnachtsstreß 94; Kinner, Kinner 95; Et was Mord 96; Liebe, Liebe 97; Miene Sprake – diene Sprake 98; Von so wecke un sonne 00; Dröme 01, alles Anth.; Voß un Has, Heimatkal. 03; Unser Harz, Zs.; Dat is mien Sport, Anth. 02; Dä Plattfaut 05. – **P:** Erz. in: Die niederdt. Harzmundarten; Kinderlied in: Klingende Grüße aus dem Ostharz; Mundart-Kinderchor „Harzer Kramms", alles Tonkass. sowie CDs; Wei singet Platt, CD 05. – *Lit:* Hans-Joachim Meyer in: Quickborn, H. 1 02; Heiko Frese: Der Kennung, H. 1 02.

Habermann-Horstmeier, Lotte, Dr. med.; Klosterring 5, D-78050 Villingen-Schwenningen, *L. Habermann-Horstmeier@t-online.de* (* Horbach/Hess. 13. 2. 59). Rom., Erz. – **V:** Karin und Max 98. (Red.)

Haberschlacht, Traugott s. Schiler, Friedrich Alfred

Haberstich, Kurt, Konstr.-Schlosser, dipl. Betriebsfachmann, Personalberater RAV, Koordinator ALV, freischaff. Autor seit 06; Seeblick 14, CH-6028 Herlisberg, Tel. (041) 9 30 30 84, *Khaberstich@bluewin. ch*, *www.kurthaberstich.ch* (* Unterentfelden 12. 7. 48). ISSV, Vorst.mitgl. seit 05; Preisträger bei Wettbew. d.: Lit.haus Zürich 05, Berner Lyrikwettbew. 05, Trude-Unruh-Wettbew. Magdeburg 06, Lumen Verl. Freiburg/Br. 06, Lichtstrahlverl. Gotha 07, u. a. – **V:** BE-SINN-LICHKEIT, G. u. Aphor. 90; Es wäre so..., G. u. Aphor.

90; Bis die gute Zeit anbricht, G. u. Kurzgeschn. 91; Der Schäfer, Erz. 92 (auch als Blindendr.); Kinder sind sie trotzdem, G. u. Fotogr. 93; Für diesen Augenblick, G. 94; Gestalten mit Speckstein, Werkb. 95, 3. Aufl. 02 (auch engl. u. dän.); Bauernregeln im Jahreslauf 97; Schweizer Haussprüche 99; Wege führen zu dir 01; Wasser gibt Leben 01; Stille lässt die Seele atmen 01; Brücken verbinden uns 02; Berge – Aufbruch zu neuen Horizonten 02; So still ist jetzt die Zeit, Geschn. 02, Tb. 04; Rosen auf Schloss Heidegg 05; Immerwährender Kalender 06; Weihnachten. Zeit d. Besinnlichkeit, Geschn. 06; Im Einklang mit der Natur, Texte u. Fotogr. 07. – MA: zahlr. Beiträge im Radio u. in Ztg., Zss., Bulletins, Periodika, Anth., u. a. in: texte @literaturhaus.ch/05; Echt Tirol. Bergweihnacht 05; Heute wir, morgen Ihr 06; Spiegel der Seele 06; Gedicht und Gesellschaft 07 u. 08; Liebe in all Facetten 07. – P: Advent unterm Schlern, G., Geschn. u. Liedtexte, DVD 05. – Lit: s. auch SK.

Haberzeth-Grau, Edith; Mößnerweg 11, D-71638 Ludwigsburg (* Kniebis/Freudenstadt 6. 8. 52). – V: Ein Tag mit Kai im Heim 84; Backe, backe Kuchen ... 84; Meribalds Reise 86; Das Denkendorfer Klostermännle 99; Karlino und das Zauberbuch 03, alles Kdb. (Red.)

Habicher, Wilhelmine (geb. Wilhelmine Kuntner), Hausfrau; Ortweinstr. 23, I-39024 Mals, Tel. (04 73) 83 13 92 (* Mals 31. 3. 27). Lyr., Prosa. – V: Vinschger Fleckerlteppich 89; Wous truckn heageat 89; Wundrsupp und Fratschlgräascht 94; Zwischn Röschtn, Blüan u. Raifn 02, alles Mda.-G.; Der Bergpfarrer Toni, Biogr. in Anekdn. 98.

Habringer, Rudolf (Rudolf Konrad Habringer), Schriftst., Kabarettist, Journalist, Musiker; Jörgensbühl 12, A-4111 Walding, Tel. (0 72 34) 8 53 86, *rudolf. habringer@servus.at* (* Desselbrunn/ObÖst. 13. 9. 60). GAV, Salzburger Autorengr., Linzer Autorenkr.; Max-v.-d.-Grün-Pr. 89, 92, Stip. Linzer Geschn.schreiber 90/91, Nachwuchsstip. f. Lit. d. BMfUK 91, Aufenthaltsstip. d. Berliner Senats 94, Öst. Staatsstip. f. Lit. 96, 99, Paul-Maar-Stip. 01, Staatsstip. f. Lit. 02; Rom., Erz., Drama, Kabarett, Sat., Ess., Lied. – V: Aus.Endlich, Erzn. 92; Der Fragensteller, R. 92; Kopfständig, R. 94; Das Bad ist voll, Kabarettprogr. 95/96; LiebesKind, R. 98; Minetti geht turnen, Sat. I 99; Hansi Hinterseer nimmt ab, Sat. II 00; Thomas Bernhard seilt sich ab, Sat. III 03; Herbert der Letzte, Theaterst., UA 01; Wie der Wolf den Thomas Bernhard frißt, UA 04; Alles wird gut, Liebesgeschn. 07; Island-Passion, R. 08. – MV: Dagi Delphin und die Skater, m. Walter Kohl, UA 96; Hart. Heim. Suchung, m. Walter Kohl u. Thomas Hinterberger, Stück 00; Tritt Ein Bring Glück Herein, m. Beate Luger-Goyer u. Walter Kohl, Kunstprojekt 01. – MA: zahlr. Veröff. in Lit.zss. u. Ztgn, u. a. Glossen f. „Oböst. Nachrichten", Theaterkritiken f. „Salzburger Nachrichten", sowie im ORF. – MH: Mein Leben ist ein Roman, m. Walter Kohl, Geschn. 03; Hinter dem Niemandsland, m. Walter Kohl u. Andreas Weber, Anth. 03; Der Kobold der Träume, m. Josef P. Mautner 06; Meridiane, m. Margret Czerni u. Ines Oppitz. – Lit: Brigitte Schwens-Harrant: Erlebte Welt – erschriebene Welten 97. (Red.)

Hachfeld jr., Eckart s. Ludwig, Volker

Hachfeld, Rainer, Autor; Lietzenburger Str. 99, D-10707 Berlin, Tel. (0 30) 8 82 53 01, *mail@rainerhachfeld.de, www.rainerhachfeld.de.* PF 150627, D-10668 Berlin (* Ludwigshafen 9. 3. 39). Verlag d. Autoren 70; Brüder-Grimm-Pr. 69; Kindertheater. – V: Mugnog-Kinder! 71; Blöder Wohnen 79; Spaghetti m. Ketchup 79, alles Kindertheaterst.; Eins auf die Fresse, Jgd-Theaterst. 96 (auch engl.). – MV:

Die Reise nach Pitschepatsch 67; Stokkerlok und Millipilli 68; Coca Cola und die Tullamarios 71; Da wackelt die Wand! 72; Kannst du zaubern, Opa? 76; Banana 76, alles Kindertheaterst.; Pancho, m. Reiner Lücker 84. – R: Warum, NA, kann man nicht wohnen UND wo man will? 70; Wozu ist man denn Kind? 71; Das grause Haus 71, alles Fsp; Wo ist Moritz Müller, 12-tlg. Hsp.-Ser. f. Kinder 86. – Lit: M. Schedler: Reichskabarett und wie weiter? 71; W. Kolneder: Das GRIPS Theater 79; Ingeborg Pietzsch in: Stück-Werk 98.

Hachmann, Jürgen, Dipl.-Bibl.; Auen 82-Ringweg, A-9220 Velden, Tel. (0 42 74) 5 28 21 (* Stuttgart 24. 4. 42). GZL; Lyr., Ess., Übers. Ue: engl, serbokroat, slowen. – V: Das Echo des Doppelgängers 82; Welt ohne Fenster 84; Die fliegenden Fische von Babylon 87; In der Schattenmure 89; Verseinung 93; Das helle Haus 99; Böhmische Skizzen 00, alles Lyr. – MA: zahlr. Beitr. in Lit.-Zss. u. Anth. seit 74, u. a. in: Icon; Tropfen; Anstösse. – MH: KULIMU, Zs. f. Kunst, Lit. u. Musik (auch Mitarb.).

Hachmeister, Göran, Historiker; Isernhagener Str. 53, D-30163 Hannover, Tel. (05 11) 62 80 32 (* 59). Dt. Krimipr. 03, Debut-GLAUSER 04. – MV: Wer übrigbleibt, hat Recht 02; Deutsche Meisterschaft 06, beides hist. Krim.romane m. Richard Birkefeld. (Red.)

Hachmeister, Vera s. Sanders, Jeanette

Hacke, Axel, Journalist, Schriftst.; lebt in München, Tel. (0 89) 23 26 97 43, *axelhacke@axelhacke.de, www. axelhacke.de* (* Braunschweig 20. 1. 56). Joseph-Roth-Pr. 87, Egon-Erwin-Kisch-Pr. 87, 90, Theodor-Wolff-Pr. 90, Ernst-Hoferichter-Pr. 97; Rep., Kurzgeschn., Erz., Kolumne. – V: Nächte vom Bosch, Kurzgeschn. u. Repn. 91; Der kleine Erziehungsberater, Geschn. 92 (auch ndl., korean., jap., chin., ital., nor.); Der kleine König Dezember, Erz. 93 (auch frz., chin., korean., jap., port., ital., engl., dän., ndl.); Hackes Tierleben, Satn. 95 (auch frz.); Ich hab's euch immer schon gesagt. Mein Alltag als Mann 98 (auch span.); Auf mich hört es keiner 99 (auch span.); Hackes kleines Tierleben, Satn. 00; Ich sag's euch jetzt zum letzten Mal, Geschn. 00; Ein Bär namens Sonntag 01; Das Beste aus meinem Leben 03; Deutschlandalbum 04; Der weiße Neger Wumbaba 04; Prálinek 05; Der weiße Neger Wumbaba kehrt zurück 07; Wortstoffhof 08. – MV: Das Streiflichtbuch 94; Das neue Streiflichtbuch 00. – P: Der kleine Erziehungsberater 97; Der kleine König Dezember 99, beides Tonkass.; Auf mich hört es keiner 00; Hackes musikalisches Tierleben 01; Das Beste aus meinem Leben 03; Deutschlandalbum, alles CDs. (Red.)

Hacke, Uli (eigtl. Ulrich Hacke); Brauweiler, Kaiser-Otto-Str. 57, D-50259 Pulheim, Tel. u. Fax (0 22 34) 8 44 50, *eigen-verlag@gmx.de* (* Münster/Westf. 7. 7. 66). Lyr., Erz., Lyrics. – V: Der Brauweiler Landbote, Flugblatt 84; Gelbe Zone special, Schülerztg 85; Wildwasserblüte, G. 87; Gedichte aus der Schweinewelt 00. – MA: zahlr. Art. u. G. für Schülerztgn: Bauernkurier; Ketzerbrevier; Gelbe Zone. (Red.)

Hackel, Elisabeth (geb. Elisabeth Schröter); Scheiblerstr. 27, D-12437 Berlin, Tel. (0 30) 5 32 59 25 (* Roßlau/Elbe 11. 5. 24). Karlshorster Lyr.kr., vorm. Köpenicker Lyr.zirkel 75, GZL 95–99/Neueintritt 02, Lesebühne d. Kulturen Karlshorst 99. V. Cita de la Poesia 00, Literaturlandschaften e.V. 00; Lyr., Kurzprosa. – V: Luftwurzeln, G. 94; Tage im blauen Licht zwischen Abschied und Bleiben, Tanka 02; Vielleicht kann ich aus deinen Briefen mir neue Flügel falten, Lyr. 02; Frei werden für Licht, Lyr. 04; Ausgewählte Gedichte, span.-dt. 05. – MA: Inselfenster 1–3 81, 90, 98; Für jeden Rose 81; Anzeichen 5 85; ... und ist der Ort, wo wir leben 87; Zwei Ufer hat der Strom

Hackenberg

88; Weihnachtsverteilblatt 89; V. Cita de la Poesia, zweispr. (span./dt.) 00, alles Anth.; Wortspiegel 17/01; Schreibwetter 02; Top 5/03, 9/03, 11/03; Alhucema, Lit.zs. 04. – **H:** Hanns Weltzel: Fundevögel, G. 04; ders.: Das Tagebuch, G. 05. – *Lit:* Lieselotte Kauertz in: Spiegel (Wallis) v. 8.11.85; Dt. Schriftst.lex. 01; Reinhard Kranz in: Wortspiegel 34/05; Santiago Risso in: Alhucema, Lit.zs. 06. (Red.)

Hackenberg, Egon (Ps. Frank Avila); Kemptner Str. 66, D-90455 Nürnberg, Tel. (09 11) 88 42 66 (* Neu-Langwasser). Autorenverb. Franken. – **V:** Der Ausweg hieß Mord, Krim.-Stories 97; Kalter Hass, R. 03. – **MA:** Reisegepäck, Anth. 97; Buchwelt, Anth. 03; zahlr. heitere Kurzgeschn. in div. Tagesztgn u. Lit.zss., u. a. in: Südwestpresse Ulm; Schwarzwälder Bote; Reutlinger Generalanzeiger; Haller Tagblatt; Schwäbisches Tagblatt; RNT; Liborius Blatt. – **H:** Reisegepäck, humorvolle Kurzprosa 04. (Red.)

Hackensberger, Alfred, Journalist u. Schriftst.; lebt u. arbeitet in . Tanger, *hackensberger@hotmail.com* (* München 22. 8. 59). Rom., Lyr., Erz. – **V:** Mord-Lust, Gesch. 94; „I am beat". Das Leben des Hipsters Herbert Huncke ... 98; Arabien remixed 06; Lexikon der Islam-Irrtümer 08. – **MA:** Beiträge u. a. für: Die Zeit, SZ, Frankfurter Rundschau, Der Standard (Wien), NZZ, WoZ, taz, Jungle World, Die Welt, Berliner Ztg; – Online-Mag.: Telepolis, Qantara.

Hacker, Alexander (Ps. Stephan Denkendorf); Piestingaustr. 27, A-2483 Ebreichsdorf (* Neunkirchen/ NdÖst. 12. 4. 57). Öst. P.E.N.-Club, Ö.S.V.; Anerkenn.pr. d. Ldes NdÖst. 94, Lit.pr. d. NÖ Kulturforum 98; Lyr., Prosa, Drama. – **V:** Festungen 90; Manege frei, Erzn. 99; Zungendorn, Lyr. 06. – **MA:** Ein Buch von Flüssen 94; Im Fluss der Zeit 94; Ohnmacht Kind 94; Lit.landschaft 96; Ersatzlos gestrichen 01; Wenn die Erinnerung atmet 03. (Red.)

Hacker, Ann E. s. Hacker, Ute

Hacker, Doja, Journalistin; c/o Der Spiegel, Ressort Kultur u. Gesellschaft, Brandstwiete 19, D-20457 Hamburg (* Hamburg 60). – **V:** Nach Ansicht meiner Schwester, R. 01; Bin ich böse, R. 02. (Red.)

Hacker, Katharina, Schriftst.; c/o Suhrkamp Verl., Frankfurt/M. (* Frankfurt/Main 1. 67). Stip. Schloß Wiepersdorf, Stadtschreiber v. Bergen-Enkheim 05, d.lit. – Lit.pr. d. Stadtsparkasse Düsseldorf 06, Dt. Buchpr. 06; Prosa. Ue: hebr. – **V:** Tel Aviv, Erz. 97; Morpheus oder Der Schnabelschuh, Erzn. 98; Skizze über meine Großmutter 99; Der Bademeister, R. 00; Eine Art Liebe, R. 03; Die Habenichtse, R. 06; Überlandleitung, Prosagedichte 07. – **MA:** Die Schraffur der Welt 00; Null-Anthologie 00; Beste Deutsche Erzähler 01. – **R:** Mit Baudelaire am Airport – Baudelaire u. die Gedächtniskunst, Hfk-Feat. 98. – **Ue:** Lea Aini: Eine muß da sein, R. 97. – **MUe:** Yossi Auni: Der Garten den toten Bäume, m. Markus Lemke, R. 00. (Red.)

Hacker, Ute (Ps. Billie Rubin, Ann E. Hacker, Luisa Hartmann); Adamstr. 1, D-80636 München, Tel. (0 89) 12 39 26 03, *mail@utehacker.de, www. utehacker.de, www.billierubin.de, www.luisahartmann. de* (* Nürnberg 12. 2. 58). Intern. Online Writing Group (IOWG) 95, BücherFrauen 96, Autorinnengr. München 97, VS 01, SCBWI 08, Autorinnenverein. m2008; Rom., Erz., Kinderb. – **V:** Schwabinger Schatten, Krim.-R. 02; Holiday Job: Private Eye/Ferienjob: Privatdetektiv 04, 5. Aufl. 08 (auch Hörb.); The Haunted Castle of Loch Mor/Das Spukschloss von Loch Mor 05, 2. Aufl. 07; Schwarz-Rot-Gold 05; Beware of Pickpockets!/Achtung, Taschendiebe! 06, alles Kinderkrimis; High Noon in München, Short Stories 06; The Golden Dog/Der Goldhund, Kinderkrimi 07; Lost in Ire-

land/Verschollen in Irland, Krim.-R. 07; 24 Adventsgeschichten 07; 30 Geburtstagsgeschichten 08; 30 Streitgeschichten 08; Aufstand in der Arktis, Kdb. 08. – **MA:** Mordsweiber 98; Mord zwischen Messer und Gabel 99, 2. Aufl. 01, Neuaufl. 08; Mordkompott 00, 3. Aufl. 04, Neuaufl. 08; Tatort Berg 01; Teuflische Nachbarn 01; Von Mord zu Mord 01; Tödliche Beziehungen 01; Roter Klee 02; Love for Sale 02; Schlaf in himmlischer Ruh 03, 3. Aufl. 05; Schmökerhits 4 Kids: Abenteuergeschichten 03; Schmökerhits 4 Kids: Krimigeschichten 03; Schmökerhits 4 Kids: Freundschaftsgeschichten 03; Fühl mich 04; Mord ist die beste Medizin 04; Flossen höher 04; Schmökerbären: Mädchengeschichten 04; Schmökerbären: Ritterburggeschichten 04; Schmökerbären: Schulhofgeschichten 04; Schmökerbären: Freundschaftsgeschichten 04; Tatort Kanzel 05; Rückkehr zum Planeten Franconia 06; Die Isarvorstadt 08; Achtung, die Piraten kommen! 08; regelmäß. Beitr. im Reader's Digest Jgdb. seit 04. – **H:** Tatort Berg 01; Bayerisches Mordkompott 03; Tatort München 03; OPUS 2003 03. – **MH:** Tatort Kanzel, Zs., m. Tatjana Kruse 04.

Hackl, Erich, Mag. phil., freier Publizist, Schriftst. u. Übers.; lebt in Wien u. Madrid, c/o Diogenes Verl. AG, Zürich (* Steyr 26. 5. 54). Dt. Akad. f. Spr. u. Dicht., IGAA, Theodor-Kramer-Ges.; Pr. d. Lit.wettbew. d. Kulturinitiative „Junges Steyr" 80, Nachwuchsstip. d. BMfUK 81, Halbjahresstip. d. BMfUK 82, Förd.pr. f. „Lit. d. Arbeitswelt" (2. Pr.) d. Arbeiterkammer ObÖst. 84, aspekte.lit.pr. 87, Staatsstip. d. BMfUK 87, Grand Prix Génève-Europe d. Europ. Fernsehunion 88, Fs.pr. d. Öst. Volksbild. 90, 2. Pr. d. Südtiroler Leserpr. d. Stadt Bozen 90, Förd.pr. d. BMfUK 91, Evang. Buchpr. 91, Prix Écureuil de Litt. Étrangèr 91, Übers.prämie d. BMfUK 92, Kulturpr. d. Ldes ObÖst. f. Lit. 94, Gerrit-Engelke-Lit.pr. 95, Bruno-Kreisky-Pr. 95, Premio Hidalgo d. Vereinig. Presencia Gitana 97, Elias-Canetti-Stip. 02, Solothurner Lit.pr. 02, Pr. d. Stadt Wien f. Lit. 02, E.pr. d. öst. Buchhandels 04, Brüder-Grimm-Professur d. Univ. Kassel 06, Donauland-Sachb.pr. 06; Prosa, Ess., Hörsp., Drehb., Übers. Ue: span. – **V:** Auroras Anlaß, Erz. 87; Abschied von Sidonie, Erzn. 89; König Wamba, M. 91; Sara und Simón, Gesch. 95; In fester Umarmung, Geschn. u. Ber. 96; Entwurf einer Liebe auf den ersten Blick 99; „Abschied von Sidonie" von Erich Hackl. Materialien zu e. Buch u. seiner Geschichte (hrsg. v. Ursula Baumhauer) 00; Der Träumer Krivanek, Gesch. 00; Die Hochzeit von Auschwitz 02; Anprobieren eines Vaters 04; Als ob ein Engel, Erz. 07; (Bücher erschienen auch in: Alban., Bulg., DK, Frankr., GB, Israel, Italien, Japan, Jugosl., Kuba, Niederl., Norw., Polen, Portugal, Schweden, Spanien, Tschech. Rep., Türkei, Ungarn, Uruguay, USA). – **MA:** Wiener Tagebuch, Zs., seit 76; Mit der Zeitharmonika; Die Presse; Die Wochen Zeitung; – Sonderhefte u. Dossiers z. lateinamerican. bzw. österr. Lit. für: Wespennest; Literatur u. Kritik; Plural; – tandem. Polizisten treffen Migranten 06. – **H:** Hier ist niemand gestorben. Nachgelassene G. aus Lateinamerika 85, Tb. 88; Das Herz des Himmels. Vom Leiden d. Indios in Guatemala 85; Zugvögel seit jeher. Freude u. Not span. Zigeuner 87; Wien, Wien allein. Literarische Nahaufnahmen 87; Aurora-Bücherei, intern. Lyrikreihe 94ff.; Österr. Literaturkal. 1996 95; Henriette Haill: Straßenballade 96; Alfredo Bauer: Der Hexenprozeß von Tucumán 96; Humberto Ak'abal: Trommel aus Stein, G. 98. – **MH:** Lesebuch Dritte Welt II 84: Geschichte des spr. Anarchismus 86; Spanien. Im Schatten d. Sonne, m. Manuel Lara García 89; Album Gurs. Ein Fundstück a. d. österr.

448

Widerstand, m. Hans Landauer 00; Lexikon der österr. Spanienkämpfer, m. Hans Landauer 03; Das Y im Namen dieser Stadt. Ein Steyr Lesebuch, m. Till Mairhofer 05. – **R:** Tode 82; Durch die Wüste 83; Der Streik 83; Erinnerungen an einen Aufstand, m. W. Wippersberger 84; Blauer Winkel 85; Über Leichen 85; Tod einer Wunschmaschine 86; Kinderexil, n. e. Erz. v. Mario Monteforte Toledo 87; Unser Amerika. Fünf Hörbilder, m. Franz Fluch 92; Himmel u. Hölle, m. dems. 97; Anprobieren eines Vaters 00, alles Hsp./Feat.; – Sidonie, Fsf. 90; Kurzgefaßter Bericht von der Entdeckung, Erkundung u. freiwilligen Preisgabe der Stadt Schleichdi, Fsf. 92. – **Ue:** Eduardo Geleano: Das Buch der Umarmungen 91, Tb. 98; Juan José Saer: Die Gelegenheiten, R. 92; Mauricio Rosencof: Die Briefe, die nie angekommen sind, Erz. (m. Nachw.) 97; Humberto Ak'abal: Trommel aus Stein, G. 98; Rodrigo Rey Rosa: Die verlorene Rache, R. 00; ders.: Die Henker des Friedens, R. 01, u. a. – **MUe:** Luis Fayad: Auskunft über Esters Verwandte, R. 87; Idea Vilariño: An Liebe, G. span./dt. 94; Ana María Rodas: Gedichte der erotischen Linken (m. Nachw.) 95, alle m. Peter Schultze-Kraft; Carilda Oliver Labra: Um sieben in meiner Brust, m. Dorothee Engels, G. span./dt. 01; Hören wie die Hennen krähen. Erzn. aus Kolumbien 03. – **Lit:** Ursula Baumhauer (Hrsg.): Materialien zu „Abschied von Sidonie" v. E.H. 00; Porträt E.H. – Die Rampe 3/05. (Red.)

Hackl, Gottfried, 30 Jahre Maler, 15 Jahre Stadtbüchereiangest.; Siemensstr. 7, D-83374 Traunwalchen, Tel. (0 86 69) 69 11 (* Unteraschau b. Waging 14. 4. 38). Rom., Lyr., Erz. – **V:** Die Magd vom Leitwieserhof, R. 96; Spätes Glück, R. 01; Im Schatten der Kampenwand, R. 01; Die stille Zeit im Jahr, Lyr. u. Erz. 03; Schicksalsstürme in den Chiemgauer Bergen, R. 03; Liebe unterm Untersberg. R. 04; Die Bergfee, R. 07; A Bua vom Land, Lyr. u. Erz. in bayr. Mda. 07; Auf versteckten Bergpfaden, Beschr. 07.

Hackl, Monnica (geb. Monnica Martin, verh. Monnica Habel), Dr. sc. appl. psychol.; Von-Eichendorff-Ring 8, D-84405 Dorfen, Tel. (0 80 81) 27 73, Fax 84 67 (* Würzburg 24. 6. 47). – **V:** Der Guru, R. 95; zahlr. Sachb. zu heilkundl. Themen. – **P:** HUI CHUNG GONG Übungen 06. – **Lit:** s. auch SK. (Red.)

Haddad-Kirchl, Liesbeth; Phillipsgasse 11/4, A-1140 Wien, Tel. (01) 8 94 31 55 (* Wien 13. 10. 49). Ö.S.V., GenSekr. 95–01, P.E.N. 99; Lyr., Kurzgesch. – **V:** flieh nicht, Lyr.; auf dem boden der sanduhr, Lyr. 93; Der Steinschleuderer, Kdb. 93; unter fremden dächern, Lyr. 95. – **MA:** Vom Wort zum Buch 98; Gedanken-Brücken 00; Veröff. in Anth., Lit.-zss., Rdfk.

Haderlap, Maja, Dr., Chefdramaturgin Theater Klagenfurt; c/o Stadttheater Klagenfurt, Theaterplatz 4, A-9020 Klagenfurt, Tel. (0 4 63) 55 26 60/2 54, Fax 5 52 66/7 25, m.haderlap@stadttheater-klagenfurt.at (* Eisenkappel 8. 3. 61). GAV, IGAA, P.E.N.-Club Slowenien, Verb. slowen. Schriftsteller in Öst.; Lit.-förd.pr. d. Ldes Kärnten 83, Pr. d. France-Prešeren-Stift. 89, Förd.pr. d. Hermann-Lenz-Stift. 04; Lyr., Übers., Ess., Hörsp., Sachb., Dramat. Text, Bearbeitung. Ue: slowen. – **V:** Žalik pesmi. Salige Gedichte 83; Bajalice. Wünschelruten 87; Gedichte. Pesmi. Poems 98. – **B:** France Kotnik: Die Burg Wildenstein 85. – **MA:** Beitr. in Lit.zss. u. Anth. d. In- u. Auslandes, u. a. in: Mladje, slowen. Lit.ztg, 41/81, 45/82, 47/82, 48/82, 52/83, 54/84, 68/90, Red.mitgl. seit 82, Hrsg. 90; Die Brücke, Kärtner Kulturzs., 3/84, 2/86, 4/87, 1/94; Lit. u. Kritik 241/242 90 u. 291/292 95; Anth.: Das slowenische Wort in Kärnten 85; Österreichische Lyrik u. kein Wort deutsch 90; Komparistik als Dialog 91; Der

Flügelschlag meiner Gedanken 92; Antologija slovenske poezije (Zagreb) 93; Prisoners of freedom (Santa Fé) 94; Europa erlesen – Kärnten 98; Poesie international – Dornbirn 99; Dober večer sosed! Guten Abend Nachbar! 00. – **R:** Der Papalagi, Hsp. 90; Ich roch die Zeit, Fk-Erz. 90; Der Knabe, n. Ch. Lavant, Fk-Erz. 91; Die Spießer, Hsp. 92; Ihre glücklichen Augen 93; Ein Schritt nach Gomorrha 94, beides Fk-Erzn. n. I. Bachmann; versch. Dichterportr. f.d. regionalen Rdfk. – **Ue:** G. v. Aleš Debeljak u. Marko Kravos in: Die Brücke 2/86 u. 4/87; ; Srečko Kosovel: Der Knabe u. die Sonne 00. – **Lit:** Andrej Leben: Vereinnahmt und ausgegrenzt. Die slowen. Lit. in Kärnten 94; Michael Vrbinc in: Profile d. neueren slowen. Lit. in Kärnten 98, u. a. (Red.)

HaDiBu s. Burkert, H. Dieter

Hadzibeganovic, Alma, Studentin d. Kunstgeschichte; c/o edition exil, Wien (* Brcko/Bosnien-Hezegowina 10. 72). Siegerin d. Wettbew. „Schreiben zwischen d. Kulturen" 97. – **V:** ilda zuferka rettet die kunst 01. – **MA:** arbeitisarbeit 01. (Red.)

Häberle, Walter (Ps. Häbsch), Lehrer i. R.; Obere Brühlsteige 25, D-74653 Künzelsau, Tel. (0 79 40) 5 39 90, Fax 98 38 95, w-haeberle@t-online. de (* Elsdorf/Köln 41). Rom. – **V:** Lana, das Mädchen aus Bosnien 00; Hilde, Sonntagskind. Ein Leben im 20. Jahrhundert 03, 3. Aufl. 06; Die weite Reise 06, alles Tatsachen-R. – **H:** Gottlieb Jekel: Die Leute von Barzowa, Dok. 05, 06.

Haeberlin, Urs, Dr. phil., Prof., Ordinarius f. Heilpäd. Univ. Fribourg; Kleinschönberg 28, CH-1700 Fribourg, Tel. (0 26) 4 81 40 62, Fax (08 60 79) 4 76 81 37, urs.haeberlin@bluewin.ch (* Zürich 8. 12. 37). Rom., Dramatik. – **V:** Vermutungen über die Verwirrung eines Wissenschaftlers, R. 98; zahlr. Fachb. zu Päd. u. Heilpäd. (Red.)

Häbsch s. Häberle, Walter

Hächler, Arthur, Lehrer Sek. I; Rote Gasse 41, CH-4323 Wallbach, arthur.haechler@bluemail.ch (* 42). Werkpr. d. Kt. Aargau 89; Rom., Lyr., Dramatik. – **V:** Heimsuchung, Erz. 68; Gehäuse, G. 69; Der Schnapsverein, Bst. 72; Hadlaub, Bst. nach G. Keller 83; Geländesenkung, Erz. 88; Schadenmeldung, R. 91; bauchvoran, Erz. 96; Mit den Beinen der Läuferin, R. 02. (Red.)

Hächler, Roland; Aegerten 27, CH-5742 Kölliken, Tel. (0 62) 7 24 17 71, Fax 7 24 17 72 (* Aarau 17. 5. 57). Kunstb., Theater, Ansprache. – **MV:** Antonio Laurenza, Figuren, m. Lorella Bigatti 93. – **MA:** Werner Holenstein: Venedig 87; Virginia Buhofer-González 91. (Red.)

Hädecke, Wolfgang; Rudolf-Zwintscher-Str. 4, D-01279 Dresden, Tel. (03 51) 2 52 17 29 (* Weißenfels 22. 4. 29). P.E.N.-Zentr. Dtld; Förd.pr. z. Gr. Kunstpr. d. Ldes NRW 65; Lyr., Erz., Biogr., Monographie, Lit.gesch. – **V:** stein die Fragen auf, G. 58; Die Brüder, Dr. 60; Leuchtspur im Schnee, G. 63; Die Steine von Kidron, Aufzeichn. a. Ägypten, d. Libanon, Jordanien u. Israel; Eine Rußlandreise, Tageb. 74; Die Leute von Gomorrha, R. 77; Der Skandal Gründler 79; Heinrich Heine, Biogr. 85, 89; Poeten und Maschinen 93; Theodor Fontane, Biogr. 98; Dresden. Eine Biographie v. Glanz, Katastrophe u. Aufbruch 06. – **MA:** Die Wahrheit umkreisen. Zu d. Romanen v. Erwin Wickert, Ess. 00. – **MH:** Panorama moderner Lyrik deutschsprechender Länder 61. – **R:** Mitarb. an e. Fsf. üb. Heinrich Heine 98; zahlr. Hörfunkess. u. -rez. – **P:** Wege zur Literatur IV. Revolution und Restauration, m. D. Borchmeyer u. E.-S. Bayer, 5 CDs 03. – **Lit:** Art. in mehreren Lit.lex. (Red.)

Häfner

Häfner, Eberhard, Schriftst.; Prenzlauer Allee 222, D-10405 Berlin, Tel. (0 30) 4 42 27 68, *eberhard. haefner@arcor.de* (* Steinbach-Hallenberg 24. 10. 41). 3sat-Stip. im Bachmann-Lit.wettbew. 89, Alfred-Döblin-Stip. 91, Arb.stip. d. Stift. Kulturfonds 92 u. 95, Arb.stip. f. Berliner Schriftst. 94 u. 07, Ahrenshoop-Stip. Stift. Kulturfonds 03, Stadtschreiber zu Rheinsberg 03; Lyr., Poetische Prosa, Nachdichtung. Ue: engl, russ. – **V:** Syndrom D, G. 89 (auch frz.); Die Verelfung der Zwölf, Prosa 90; Excaliburten, G. 91, 92; Vergoldung der Innenhaut, Prosa 93; Igelit, Prosa 95; Haem Okkult, Prosa 97; Zeit ist ein einsames Monster 98; Kippfiguren/Nippfiguren, Prosa 00; Geigenharz, G. 03; In die Büsche schlagen, G. 08. – **MV:** Künstlerbücher: Wessen Zuhause ist dessen, G. m. M. Häfner 97; SU-HE, Prosa m. Ulrich Schlotmann 98; No Limerick, G. m. Graphik v. Gundula Eff 00; Ballade a la baise, Lang-G. m. Graphik v. Klaus Zylla 03; Bottnisches Fragment, Lang-G. m. Graphik v. Rolf Szymanski 05; Spatzen und sperrige Dinge, G. m. Zeichn. v. Dieter Goltzsche 06. – **H:** Odense-Märchen (Märchen von Schülern) 99. – Ue: Alexei J. Krutschonych: Die Einsiedler, Nachdicht. 00.

Haefs, Gisbert, Schriftst., Übers.; c/o Wilhelm Heyne Verl., München (* Wachtendonk 9. 1. 50). Kipling Soc. 84, Das Syndikat 87; Edgar-Wallace-Pr. (3. Pr.) 81, Dt. Krimipr. 90, 97, Kurd-Laßwitz-Pr. 90, Lit.pr. d. Bonner Lese 91, Ndrhein. Lit.pr. d. Stadt Krefeld 98, Rhein. Lit.pr. Siegburg 99; Krim.rom., Science-Fiction, Erz., Übers. Ue: span, engl, frz. – **V:** Mord am Millionenhügel 81; Und oben sitzt ein Rabe 83; Das Doppelgrab in der Provence 84; Mörder & Marder 85, alles Krim.-R.; Barakuda, der Wächter. Tetralogie.: 1: Die Waffenschmuggler von Shilgat, 2: Die Mördermütter von Pasdan, 3: Die Freihändler von Cadhras, 4: Die Gipfel von Banyadir 86, alles SF-R.; Kipling companion, Lit.-Krit. 87; Das Triumvirat u. a. kriminalistische Geschichten 87; Hannibal, R. 89; Die Schattenschneise, Krim.-R. 89; Freudige Ereignisse, Geschn. 90; Alexander, R. 1: Hellas 92, 2: Asien 93; Matzbachs Nabel, R. 93; Pasdan, R. 94; Traumzeit für Agenten, R. 94; Alexander der Große, R. 95; Auf der Grenze, Stories 96; Das Kichern des Generals, R. 96; Kein Freibier für Matzbach 96; Drei Matzbach-Krimis 96; Liebe, Tod und Münstereifel, Erzn. 97; Troja, R. 97; Hamilkars Garten, R. 98; Ein Schmusemord, R. 98; Der Raja, R. 00; Andalusischer Abgang, R. 00; Roma, R. 02; Ein Feuerwerk für Matzbach 03; Die Geliebte des Pilatus, R. 04; Die Reisen des Mungo Carteret, Samml. 08. – **MA:** R. Kipling: Meine lieben Kinder 86; Eine böse Überraschung, Krimi 98. – **H:** J.L. Borges: Einhorn, Sphinx und Salamander 82 (auch Mitübers.); Gedichte 1923–1965 83; J.L. Borges/A. Bioy Casares: Gemeinsame Werke, I 83, II 85 (auch Mitübers.); J.L. Borges: Die letzte Reise d. Odysseus 87; A. Bierce: Lügengeschichten u. fantast. Fabeln 87; J.L. Borges: Werke in 20 Bden (auch Übers.), u. a. – **R:** Das Triumvirat 84; Das Triumvirat denkt 85; Liebe, Tod und Münstereifel 85; Ein freudiges Ereignis 87; Das Triumvirat spinnt 97, u. a. Hsp.; div. Feat. – **P:** All Fox. zum Ersten. Skurrile Gesänge, lit. Chansons 82; Matzbach fährt nach Schweden, Krim.-Gesch., CD 04. – Ue: A.C. Doyle: Der Hund der Baskervilles 84; ders.: Die Abenteuer d. Sherlock Holmes 84; ders.: Eine Studie in Scharlachrot 84; Heberto Padilla: In meinem Garten grasen die Helden 85; A. Bierce: Des Teufels Wörterbuch 86; Mark Twain: Tom Sawyers Abenteuer 89; E. Osland: Marias Reise 94; R. Thomas: Die im Dunkeln 95; James Finn: Gute-Nacht-Geschichten 95; Georges Brassens: Chansons. Das Gesamtwerk 96; Bob Dylan: Lyrics 03, u.v. a.; – Werke R. Kiplings, u. a.: Das Dschungelbuch 87–91 II, Kim 87, Vielerlei

Schliche 87, Reisebriefe aus Japan 90, Die Vielfalt der Geschöpfe 90, Mowglis Brüder 94, Kühne Kapitäne 95; Übers. d. Werkes Jorge Luis Borges'. – **MUe:** J.L. Borges: Erzählungen I, II 81; Essays I 81; Borges und ich 82, u. a. – *Lit:* Walther Killy (Hrsg.): Literaturlex., Bd 4 89; DLL, Erg.Bd 4 97. (Red.)

Hägi, Beat, Heilpäd.; Oberdorfstr. 38, CH-6340 Baar, Tel. (0 41) 7 61 88 64, *Beathaegi@yahoo.de* (* Zug 2. 7. 55). – **V:** Der beste Hoffnarr 95; Glückshuut 95; Der junge und die Räuber 97; S verloreni Lied 97; S' Liecht 99; De stumm König 06; De 3chöpfig Drache 07, alles Msp.

Haehling von Lanzenauer, Reiner, Dr.jur., Leitender Oberstaatsanwalt a.D.; Hirschstraße 3, D-76530 Baden-Baden, Tel. (01 70) 2 70 43 98, *reiner@ haehling.de* (* Karlsruhe 28. 6. 28). Reinhold-Schneider-Ges., VG Wort, Lit. Ges./Scheffelbund; Pr. d. Stadt Baden-Baden 99, Reinhold-Schneider-Plakette 03; Sachb., Erz., Aufsatz f. Periodika. – **V:** Dichterjurist Scheffel 88; Reinhold Schneider aus Baden-Baden 91, 2. Aufl. 93; Die vergessene Kanone, Erz. 93; Das Baden-Badener Attentat 95; Düstere Nacht, hellichter Tag. Erinnerungen an das 20. Jh. 96; Tischtuchgeflatter, 13 Erzn. 00; Der Mord an Matthias Erzberger 08, u. a. – **MV:** Stadtführer Baden-Baden – Altstadt, Villen, Allee 94; Von Graspisten zum Baden Airport 99; Baden-Baden – Begleiter durch Stadt u. Umland 05; Baden. 200 Jahre Großherzogtum 08. – **MA:** Juristen als Dichter 02; Beitr. in zahlr. Zss., u. a. in: Badische Heimat; Die Ortenau; AQUAE; Reinhold-Schneider-Bl.; Lahrer Hinkender Bote; Hierzuland; Zs. f. d. Geschichte d. Oberrheins; Jb. f. jurist. Zeitgeschichte. – **H:** Wilh. Albrecht: Gedichte aus Gru' und aus Karlsruh' (auch Einl.) 88. – *Lit:* AiBW 91; Ludwig Vögely in: Badische Heimat, H.4 99; s. auch 2.Jg. SK.

Haehnel, Gisela, Dipl.-Päd., M. A. (roman. Philologie), Dr. phil.; Sülzburgstr. 2, D-50937 Köln, Tel. u. Fax (02 21) 41 86 88, *GiHaehnel@aol.com, www. edition-sisyphos.de* (* Offenbach 52). Prix de la Rép. Française 99/00; Prosa. Ue: frz, port. – **V:** Ein unangeforderter Projektbericht oder Wie man seinen Idealismus verliert, Erz. 85; Das Manuskript der Unbekannten. Nur Worte – Ein Selbstgespräch 88; Langrune. Das Deutsche und das Französische, Prosa 93; Der Spaziergang um den Häuserblock, Prosa 93; Charles Bovary – eine entwertete Romanfigur, Diss. 01; Kernspinblues Oder wie man mit einem Gehirntumor lebt 07 (unter d. Ps. Felicia Buchfink); 3 wiss. Veröff. zu Ch. Bovary. – **MV:** Rotkäppchen den Wolf fraß. Probleme lösen durch Konfrontation, m. Josef Werner, Sachb. 96. – **MA:** zahlr. Beitr. in Anth., Ztgn u. Zss.; div. Veröff. unter Pseud. – **H:** Ich bin, also schreibe ich. Zum Selbstverständnis v. Schreibenden im Jahr 1994, Anth. 94. – **MH:** Begegnung im Keller 96, Immer nachts 97 (2 Bde Kurze Geschn. zum Thema Angst); Stachel im Fleisch. Kurze Geschn. z. Thema Neid 98, alles Anth. m. Winfried Fuegen. – **P:** Amour Fou. Das Deutsche und das Französische, Hfkgeschn. 90. – Ue: Henry Céard: Ein schöner Tag, R. 04; Paul Hensy: Ein Flecken Elend, Erzn. 04; ders.: Menschliches Treibgut, Erzn. 05; Caroline Gravière: Eine Pariserin in Brüssel, R. 05; Georges Eekhoud: Kirmes, Nn. 07; Eça de Queiroz: Eigenheiten eines blonden Mädchens, Erzn. 08; Henry Céard: Terrain à vendre au bord de la mer 09ff. VI. – **MUe:** Jean Lewinski: Les Alices + 1, zweispr. Ausg. 99; Pascale Petit: L' Homme en question/Der Mann um den es geht, m. Jean Lewinski, zweispr. Ausg. 02. – *Lit:* Erich Kasten in: Zs. f. Medizin. Psychologie 4/07; s. auch 2.Jg. SK.

Hähner, Margit, Journalistin, freie Autorin; Piusstr. 46, D-50823 Köln (* Leverkusen 17. 11. 60). VS 00. – **V:** Zwei Männer sind keiner zuviel, R. 97; Auch nur ein Mann, R. 98; Kein Mann ohne Risiko, R. 99. – **MA:** mehrere Beitr. in Anth., u. a.: Die größten Detektive 99; Die größten Schurken 00; Der Macho-Guide 00. (Red.)

Hämmerle, Susa; Mauritiusgasse 16/16, A-3434 Katzelsdorf, Tel. (0 22 73) 7 01 04, *susa@utanet.at* (* Schaffhausen 11. 12. 58). IGAA; Anerkenn.pr. f. Kd.-u. Jgd.lit. d. Ldes NdÖst. 99, E.liste z. Kd.- u. Jgdb.pr. d. Stadt Wien 01, Mira-Lobe-Stip. d. BKA 02; Lyr., Übers., Kinderb., Lied. Ue: engl, frz. – **V:** Viele Fragen und (k)ein Freund, Kdb. 94; Heut gehen wir in den Kindergarten 00; Heut gehen wir zum Kinderarzt 00; Heut gehen wir ins Krankenhaus 01; Dragobold 01; O je Dorothee 02; Heut gehen wir zum Zahnarzt 02; Heut gehen wir auf den Fußballplatz 02; Heut gehen wir in die Schule 03; Tinki Zottelschaf, Bilderb. 03; Der Schwerbär, Bilderb. 04; Hänsel und Gretel, Opern-Bilderb. 04; Trau dich Ente!, Bilderb. 04; Heute gehen wir reiten, Bilder-Sachb. 04; Österreich Atlas f. Kinder, Sachb. 04, 05; Juri und die Pinguine, Bilderb. 05; Dornröschen, Opernbilderb. 06; Der Ich-will-mehr-Bär, Bilderb. 06; Mein erstes Buch vom Fussballspielen, Sachb. 06; Der Nussknacker, Opernbilderb. 06. – **MV:** Alfred J. Kwak. Mein Geburtstag, m. Herman van Veen 91. – **B:** Harriet Beecher-Stowe: Onkel Toms Hütte 92; Lewis Carroll: Alice im Wunderland und hinter den Spiegeln 94; Alexandre Dumas: Die drei Musketiere 94; Wilhelm Hauff: Die Karawane 96; ders.: Das Wirtshaus im Spessart 98. – **MA:** Die schönsten Geschichten zur Weihnachtszeit 94; Ich lach mir einen Ast 95; Immer diese Schule 95; Weihnachtszeit, Zauberzeit 98; Das große Öst.-Buch f. Kinder 06. – **H:** Geschichten vom Zauberer 96; Schlaf gut ein 96 (beides auch Mitarb.). – **P:** Die drei Musketiere, Tonkass. 97, als CD 01; Alice im Wunderland, CD 04; Gute Nacht, kleiner Bär, CD, Kass. 05; Onkel Toms Hütte, CD 06. – **Ue:** 14 Bilderb. 92–98. (Red.)

Händl, Klaus (auch Händl Klaus); Portmoostr. 14, CH-2560 Nidau/Port, *klaeusle@freesurf.ch.* Leonhardtstr. 16, D-14057 Berlin, Tel. (01 72) 4 22 43 40 (* Rum b. Innsbruck 17. 9. 69). IGAA, Robert-Walser-Ges.; Robert-Walser-Pr. 95, Rauriser Lit.pr. 95, Hsp. d. Jahres (Öst.) 96, Aufenthaltsstip. d. Berliner Senats 96, Gr. Lit.stip. d. Ldes Tirol 96 u. 07/08, Stip. d. Hermann-Lenz-Stift. 02, Preisträger Lit.wettbew. d. Dienemann-Stift. 03, Buchpr. d. Kt. Bern 04 u. 06, Dramatikerpr. d. Kulturkr. d. dt. Wirtschaft im BDI 04, Nachwuchsautor d. Jahres d. Zs. 'Theater heute' 04, Wiener Dramatikerstip. 05, Dramatiker d. Jahres d. Zs. 'Theater heute' 06, Feldkircher Lyr.pr. 07, Förd.gabe d. Schiller-Gedächtnispr. 07, Wiener Dramatikerstip. 07, Welti-Pr. f. d. Drama 07, Kulturpr. d. Stadt Biel 08, u. a.; Prosa, Hörsp., Film, Fernsehsp./Drehb., Libr. – **V:** (Legenden), 35 Erzn. 94; Sebastians Jugend, u. "Sebastian (I)" v. Robert Walser, Libr. 95; Stücke 06; – THEATER/UA: Ich ersehne die Alpen, So entstehen die Seen 01; Häftling von Mab, Libr. 02; Wilde – Der Mann mit den traurigen Augen 03; Dunkel lockende Welt 06; Vom Mond, Libr. 06; Furcht und Zittern 08. – **MA:** Satz Bäurin, in: Klagenfurter Texte 95; Stolz, Szene in: SALZ 00; „recitativo" für Beat Furrer, in: Lit. u. Kritik 00; Elf zum 9.11. – Festival junger AutorInnen 03; – Prosa in: edit; defluat.at; fenster; kolik; manuskripte. – **F:** Das Waldviertel, Kurzf. 95; Kleine Vogelkunde, Animationsf. 99; MÄRZ, Kurzf. 02. – **R:** Kleine Vogelkunde, Hsp. (ORF) 96; Paulsberger Forellen, Hörstück (ORF) 02. (Red.)

Händler, Ernst-Wilhelm, Dr. rer. pol., Dipl.-Kfm.; Kornweg 36, D-93049 Regensburg, Tel. (09 41) 3 47 05, Fax 3 59 15 (* München 26. 3. 53). P.E.N.-Zentr. Dtld; Erik-Reger-Preis d. Zukunftsinitiative Rh.-Pf. 99, Pr. d. SWR-Bestenliste 03, Friedrich-Baur-Pr. f. Lit. 04, Hans-Erich-Nossack-Pr. 06. – **V:** Stadt mit Häusern, Erzn. 95 (auch am.); Kongreß, R. 96, Tb. 98; Fall, R. 97, Tb. 00; Sturm, R. 99, Tb. 99; Wenn wir sterben, R. 02; Die Frau des Schriftstellers, R. 06. (Red.)

Haenel, Gerd (Ps. G. G. Walther, Gerd G. W. Haenel); Mannhardtstr. 7, D-80538 München (* Frankfurt/Main 20. 11. 46). Das Syndikat; Drehb., Prosa. – **V:** LA-FO – oder das Leben geht weiter, Theaterst. 87; Über die volle Distanz, R. 98. – **F:** Manni 72. – **P:** 50 Videos über Berufe 83–85; 10 Konzertvideos 80–90. (Red.)

Hänel, Wolfram (Ps. Kurt Appaz), Kinderbuch-, Jugendbuch- u. Theaterautor; Weidkämpe 29, D-30659 Hannover, Tel. (05 11) 6 49 06 62, Fax 6 49 98 29, *gerold-haenel@arcor.de,* *www.haenel-buecher.de* (* Fulda 7. 3. 56). Friedrich-Bödecker-Kr. 94; Dramatikerpr. d. Theatergem. (2. Pr.) 90/91, Eule d. Monats 94, Buch d. Monats d. Ju-Bu-Crew 97, Bestenliste RB/WDR/SR 97, Arb.stip. d. Ldes NdS. 99, Bestenliste RB/SR 00, Kurt-Morawietz-Lit.pr. 01, Prix Chronos de Litterature 03, Friedrich-Gerstäcker-Pr. 03; Kinder- u. Jugendrom., Erz., Dramatik, Rom. – **V:** Willi Wolle, Kdb. 87; Aidsfieber 88; Çaira! Es war einmal eine Revolution! 89; Ohne Prinzessin läuft gar nichts 89, alles Theaterst.; Mimmi an der Nordsee, Kdb. 90; Die Eier des Kolumbus, Theaterst. 92; Der kleine Mann und der Bär 93; Lila und der regenbogenbunte Dinosaurier 94; Mia, die Strandkatze 94, 98; Die Teddybären-Bande 94; Waldemar und die weite Welt 94, 98, alles Kdb.; Ein Huhn haut ab, Bilderb. 95; Das Meer im Bauch, Theaterst. 95; Romeo liebt Julia 95; Anders hat sich verlaufen 96; Angst um Abby 96; Anna Nass. Die Neue kommt! 96, 98, alles Kdb.; Ein Pferd für Runder Mond, Geschn. 96; Eine Falle für Familie Bär, Kdb. 97; Giftiges Gold oder Großvaters Esel, Jgd.-R. 97; Das Gold am Ende des Regenbogens, Bilderb. 97; Lola und Glatze oder Ein Loch, um den Himmel zu sehen, Jgd.-R. 97; Mein Schwein, die drei Räuber, Jochen und ich, R. f. Kinder 97; Anna Nass küsst Alexander!, Kdb. 98; Lasse und das Geheimnis der Leuchtturmwärter, R. f. Kinder 98; Miri findet eine Seehund, Geschn. 98; Die Räuber vom Geistermoor, Kdb. 98; Schiffshund in Not!, Kdb. 98; Geheimpirat Herr Holtermann, R. f. Kinder 99; Willi, der Straßenhund, Kdb. 99; Die Sache mit den Weihnachtsmännern, R. f. Kinder 99; Das Weihnachtswunschtraumbett, Bilderb. 99; Kittys erste Reitstunde u. a. Pferdegeschichten 00; Lisa hat einen Unfall, Kdb. 00; Pferdegeschichten, Kdb. 00; Oskar, der kleine Elefant, Bilderb. 00; Wie der Zauberlehrling die Pommes Frites erfand, Bilderb. 00; Die wilden Reiter von Dublin, Jgd.-R. 00; Ein Hund kommt nicht ins Haus!, Kdb. 01; Oskar, der kleine Elefant, haut ab, Bilderb. 01; Rittergeschichten, Kdb. 01; Der Tag, an dem der Lehrer Roth verschwand, R. f. Kinder 01; Ferien mit Oma, Kdb. 02; Zwei Männer kommen aus der Kneipe, Theaterst. 02; Der dritte Weihnachtsmann, Krimi f. Kinder 03; Papas konkurrenzlose Katastrophen, R. f. Kinder 03; Robbie will wieder nach Hause, Kdb. 04; Alk, R. 04; Die Weihnachtsmarkt-Bande, Krimi f. Kinder 04; Als die Schneemänner Weihnachten feierten, Bilderb. 04; Ein Weihnachtsmann zuviel, Krimi f. Kinder 05; Die Weihnachtsdiebe, Krimi f. Kinder 06; Fröhliche Weihnachten, kleiner Schneemann, Bilderb. 06; Ein Goldfisch in der Hundehütte, Kdb. 06; Vorsicht – Strong Currents, Jgdb. 06; Hol Hilfe, Scottie, Kdb. 06; 1975. Im Jahr der Weiber, R. 07 (unter Pseud.);

Hänisch

Hilfe – Lost in London!, Jgdb. 07; Pony Fleck in Gefahr, Kdb. 07; Drei Engel für den Weihnachtsmann 07; Der verschwundene Weihnachtsmann 08, beides Krimi f. Kinder; (Übers. insges. ins Engl., Frz., Holl., Fin., Ital., Serbokroat., Jap., Korean., Afr.). – **MV:** Irgendwo woanders, m. Ulrike Gerold, R. 02. – **MA:** Beitr. in Anth., u. a. in: Dunkel war's, der Mond schien helle 99; 1. Klasse Wackelzahn 99; Blutige Rächer, Geschn. 00; Bei Ankunft Mord, Krim.-Geschn. 00; Alles Pferde, Geschn. 01; Seitenweise Ferien, Geschn. 02; Tierklassiker, Geschn. 02; Mord zum Dessert, Krim.-Geschn. 03; Mord in der Kombüse, Krim.-Geschn. 04; – regelmäß. Beitr. in: Starke Eltern, starke Kinder, Zs. 01–08; Tengo, Zs. 07/08. – **P:** Das Kind, das dauernd Kopfstand machte, CD 07. – *Lit:* Christiane Jung in: Bull. Jugend u. Lit. 7/95; Alexandra Ernst in: Eselsohr 7/97; Wilfrid Grote in: die horen 5/01; Anne Denecke in: Forum Literaturrat Nds. 2/01; s. auch 2. Jg. SK.

Hänisch, Gottfried, Diakon; William-Zipperer-Str. 138, D-04179 Leipzig, Tel. (03 41) 4 41 20 39 (* Dresden 9. 12. 31). VS 04; Lyr., Kurzgesch., Dramat. Szene. – **V:** Nachts leuchten die Sterne hell, G., Szenen, Ess. 62, 64; Taifun über Ecclesia, G. 64; Jeder Tag ist Gottes Tag, Gebetb. 64, 10. Aufl. 95; Der Weg zum Kreuz, G. u. Meditn. 66; Sonntagsbuch, Meditn. 68, 70; Zwischen zwei Tassen Tee, Erz. 69, 70; Die Gasse – Nachruf im Konjunktiv, Erz. 73; Das Haus abseits vom Dorf, Erz. 74; Die späten Jahre, Lebenshilfe f. alte Menschen 76, 3. Aufl. 81; Immer bin ich bei euch, Gebete, Meditn. 78, 2. Aufl. 80; Sabine, Erz. 78; Gedanken für ein paar Minuten, Andachtsb. 83; Abschied von Wolfgang B., Erzn. 85; Zum Beispiel einfach anfangen, Sachb. 86; Dona nobis pacem – Friedensgebete im Herbst 1989 90; Gottes Hände halten mich, Kdb. 90; Die Situation, R. 90; Sieben Anschreiben an Gemeinden in den Fünfneuländern 92; Und ich erzählte ihnen was ich sah, Visionen 94; Familiengebet-Buch (auch mithrsg.) 97; Der Fall der Kathedrale von Charl, R. 00; Für ein paar Minuten, Meditn. 01; Wenn der Morgen einen neuen Tag verspricht 01; Als die Schatten länger wurden 03; Dein Gott und mein Gott 05; Dem Himmel (k)ein Stück näher 06; Wir unter dem Regenbogen 07, alles Biogr.; Hallo Noah, Erzn. 07; Abschied nehmen, Meditn. 07.

Hänny, Reto; Schwendenhaustr. 19, CH-8702 Zollikon Dorf, Tel. u. Fax (0 44) 3 91 87 50, *reto.haenny@freesurf.ch* (* Tschappina/GB 13. 4. 47). Gruppe Olten 79, AdS 03, P.E.N. Club; Werkjahr d. Kt. Zürich 77, d. Stadt Zürich 79, 87, Stip. DAAD/Berliner Künstlerprogr. 81, Max-Frisch-Pr. 85, Pr. d. Schweiz. Schillerstift. 86, Ingeborg-Bachmann-Pr. 94, Auszeichn. d. Kt. Zürich 07, Werkbeitr. d. Pro Helvetia 07; Rom., Nov., Ess., Film. – **V:** Ruch. Ein Bericht, R. 79, rev. Fass. 84; Zürich, Anfang September, Rep., Ess., Poem 81; Flug, R. 85; Am Boden des Kopfes, Rep., lit. Ess. 91; Helldunkel – Ein Bilderbuch, Prosa 94; Frühling Primavera Spring Time Printemps, Prosa 97; Flug. Neue Fassung 07. – **MV:** Wildwechsel, m. Hans Danuser, Prosa 93. – **MA:** Ausgeträumt, 10 Erzn. 78; Literatur aus d. Schweiz 78; C.F. Meyer: Jürg Jenatsch (Nachw.) 88; Robert Pinget: Passacaglia (Nachw.) 91, u. a. – **R:** Traute Heimat – Arrangement H oder Die Verwirrung d. Indianers an d. Ampel, exper. Dok. 79. – *Lit:* Samuel Moser in: KLG. (Red.)

Hänsel, Alix, Dr., Hauptkustodin am Mus. f. Vor- u. Frühgesch., Staatl. Museen – PK, Berlin; Am Hirschsprung 70, D-14195 Berlin, Tel. (0 30) 8 32 88 79, Fax 32 67 48 12, *a.hänsel@smb.spk-berlin.de* (* Bergisch Gladbach 9. 5. 51). Rom., Erz. – **V:** Lysandra 94; Der Radreiter, R. 99; Sonntagsreisen in die Vergangenheit,

Jgd.-R. 02. – **MA:** Das Geheimnis der Pferde, Anth. 98. (Red.)

Haensel, Hubert (Ps. George McMahon, Jan J. Moreno, Hubert H./Irving Simon), Bankkfm.; Auf der Hofstatt 25, D-95679 Waldershof, Tel. (0 92 31) 7 22 80 (* Waldershof 9. 8. 52). Rom. – **V:** Sechs flammende Sonnen; Weltraumfahrer; Odyssee m M 87; Beinahe ein Mensch; Agent für Terra; Der Weltraumzoo; Verlorenes Leben; Schach den Cantaro; Testflug; Tariga sehen und sterben; Das Vurguzz-Imperium, alles Perry-Rhodan-Tb.; Romane in d. Reihen bzw. Serien: Terra Astra; Atlan; Mythor; Dämonenkiller; Die Katze; Seewölfe; Die Abenteurer; Perry Rhodan; Ren Dhark, zuletzt: Achter der Mysterious 99; Reginald Bull 00; Alaska Saedelaere 02. – **MV:** Erbe der Vergangenheit, m. Robert deVries, R. 00. – **MA:** Die Meister des Chaos (Ren Dhark Nr.8); Gemini; Perry Rhodan-Magazin 12/80; Fantasia 100, 96; Der neue Tag 24.12.96. (Red.)

Haentjes, Dorothee (verh. Dorothee Haentjes-Holländer. Ps. Dorothy Laudan, Doriana del Gallo, Anne/Dorothee Holländer, Thea von Syphon, Elisabeth Sauerwald), M. A.; c/o dtv junior, München / edelkids, Hamburg / cbj, München (* Köln 15. 7. 63). Kinder- u. Jugendb. Ue: engl. ital. – **V:** Besonderes Kennzeichen: Zahnspange, Kdb. 96; Willkommen im Club, Kdb. 01; O wie Olaf Oberschlau, Kdb. 04; Göttin gesucht, Jgdb. 07; – mehrere Bücher zu Fs.-Serien: Prinzessin Fantaghirò 95–97; Dr. Quinn 95–98 (auch slowak.); Ausgerechnet Chicago 96; Unser Charly 98; Lindenstraße: Die Beimers – eine deutsche Familie 99. – **MV:** Alles Pinguin, oder was?, m. Philip Waechter 97; Typisch Erdferkel, m. Mathias Weber 97; Das Sternferkel, m. dems. 98; Schaf Ahoi!, m. Philip Waechter 99, 2. Aufl. 00; Simon beim Friseur, m. Karsten Teich 02; Eine Riesenüberraschung, m. Imke Sönnichsen 04; Fiffi und die schönen Hunde 08. – **B:** Wie der Koch Chichibio seinen Herrn zum Lachen brachte, n. Giovanni Boccaccio, Bilderb. 97. – **MA:** Kolumnen in: wohnbaden, Zs. 93–97; Endlich wieder Ferien 98; Ich mit dir und du mit mir 99; Das große Ferienbuch 99; Ich will ein Tier! 00; Nicht jeder Hund wird Kommissar 00; Ferien wie nie 00. – **Ue:** Christobel Mattingley: Asmirs Flucht, Kdb. 94; B. Snow Gilbert: Der andere Flügel, Jgdb. 97; Domenica Luciani: Das Leben ist ein Video, Jgdb. 98; Chris d'Lacey: Hans Platsch, Kdb. 00; Pascal Lemaitre: Papa Pirat, Bilderb. 00; Jean Ure: Sally Tomato und die Sache mit den Hormonen 01; Creina Mansfield: Familie Chaos, 01; dies.: Zick-Zack-Str. 17 01; Alberto Melis: Reise nach Jerusalem 01; Isobel Bird: Magic Circle, Bde 1–3, 5, 7, 9 01–04; Melinda Metz: Fingerprints, Bde 1–7 02–04; Megan McDonald: Judy Moody, Bde 1–3 03–04; Das Vermächtnis der Königin, Bde 1–2 08, alles Kdb., u. a.

Häny, Arthur, Dr. phil., Prof. am Gymnasium Zürich-Örlikon; Im Wingert 24, CH-8049 Zürich, Tel. (0 44) 3 41 44 88, *wegwarte@sunrise.ch* (* Ennetbaden 9. 6. 24). EM Literar. Club Zürich; Dr. d. Conrad-Ferdinand-Meyer-Stift. 53, E.gabe d. Kt. Zürich 68, E.gabe d. Stadt Zürich 70, Anerkenn.gabe d. Stadt Zürich 73; Lyr., Kurzgesch., Ess., Aphor., Übers., Rom. Ue: altisl. – **V:** Pastorale, G. 51; Die Einkehr, G. 53; Das Ende des Dichters, Erz. 53; Der Turm und der Teppich, M.-Erz. 54; Im Zwielicht, G. 57; Der verzauberte Samstag, Erz. 64; Der Rabenwinter, G. 68; Im Meer der Stille, G. 70; Ein Strauß von Mohn, G. 73; Ich bleibe auf Elba, Erzn. 83; Kleine Stadt, in Föhn gebaut, Miniatn. 94; Urteil und Vorurteil, Aphor. u. Glossen 98; Das Fräulein mit dem schönen Kind, R. 00; Die Fahrt in die Glückseligkeit, R. 01; Sein und Dasein, ges. G. 03; Ich gehe auf die Heimat zu, G. 05. – **MV:** Deutsches Lesebuch, m.

Walter Clauss 65. – **H:** Deutsche Dichtermärchen von Goethe bis Kafka 65, Neuaufl. 94. – **Ue:** Die Edda (m. Anm. u. Nachw. vers.) 87, 4. Aufl. 92; Suorri Sturluson: Prosa-Edda (m. Anm. u. Nachw. vers.) 91, 3. Aufl. 02.

Hänzi, Otto Lukas, Architekt u. Architekturhistoriker; Hegenheimerstr. 261, CH-4055 Basel, Tel. (0 61) 3 82 94 86, Fax 3 02 06 16, *olhaenzi@datacomm.ch* (* Basel 14. 7. 44). – **V:** Bassanius Caracalla, hist. R. 03. (Red.)

Haertel, Manfred (geb. Manfred Sauermilch), Dipl.-Lehrer, Schulleiter; Hohlweg 6, D-14797 Kloster Lehnin, Tel. (0 33 82) 70 05 12, *manfred-haertel@t-online.de* (* Brandenburg/Havel 6. 8. 45). Friedrich-Bödecker-Kr. 05; Rom. – **V:** Verflucht, gehasst und abgeschoben. Eine Jugend in DDR-Heimen, R. 02; Ich möcht' mal in die Sonne spucken, R. 04. – **MV:** Schräge Weihnachten, m. Karla Haertel, Erzn. 08. – **F:** Jana und Jan 91.

Haertel, Ortwin, Erzieher; Waisenhausstr. 20/IV, D-80637 München, Tel. (0 89) 1 66 53 65, *Ortwin.Haertel @t-online.de, www.bentlager-kreis.de* (* Freyung/ Bayer. Wald 6. 10. 56). Freundschaftskreis RSGI 70, Pegasus. Ver. f. kreatives Schreiben 04, Bentlager Kr., Sektion München 04; Lyr., Erz. – **V:** Stiller Widerstand, Lyr. 06; Neue Geschichten aus dem Märchenland, Erzn. 08. – **MA:** Widmungen – Einsichten – Meditationen, Anth. 82; Land ohne Wein und Nachtigallen, Anth. 82; Forum 11–13 (Mitt.-Bl. d. RSGI) 85f.; Rind & Schlegel, H. 19 86; Lesezeichen Anth. 3–5 92–94; Probeflug, H. 33 u. 34 04f.; Siehst du das Gestern fliegen, Anth. 06; Pegasus, H. 1 u. 2 06f.

Härtl, Gert s. Neumann, Gert

Härtling, Peter, Schriftst.; Finkenweg 1, D-64546 Mörfelden-Walldorf, Tel. (0 61 05) 61 09, Fax 7 46 87, *Peter@Haertling.de, www.peter-haertling.de* (* Chemnitz 13. 11. 33). VS 65, P.E.N.-Zentr. Dtld, Akad. d. Wiss. u. d. Lit. Mainz 67, Akad. d. Künste Berlin 68, Dt. Akad. f. Spr. u. Dicht. 82; Kritikerpr. f. Lit. 64, Lit.förd.pr. d. Ldes Nds. 65, E.gabe d. Kulturkr. im BDI 65, Prix du meilleur livre étranger 66, Stadtschreiber v. Mainz 69, Gerhart-Hauptmann-Pr. 71, Dt. Jgd.lit.pr. 76, Stadtschreiber v. Bergen-Enkheim 78/79, Pr. d. Stift. z. Förd. d. geistigen u. künstler. Arb. 85, Hermann-Sinsheimer-Pr. 87, Friedrich-Hölderlin-Pr. 87, Pr. d. Leseratten 87, Andreas-Gryphius-Pr. 90, Lion-Feuchtwanger-Pr. 92, Prof. e.h. 94, Stadtschreiber-Lit.pr. Mainz 95, Gr. BVK 95, Karl-Preusker-Med. 96, Wilhelm-Leuschner-Med. f. Ldes Hessen 97, Voerder Jgdb.pr. 97, Eichendorff-Lit.pr. 00, Dr. h.c. U.Gießen 01, Dt. Jgd.lit.pr. (Sonderpr.) 01, Deutscher Bücherpr. 03, E.bürger d. Städte Mörfelden-Walldorf 04 u. Nürtingen 05, Gerty-Spies-Pr. 06, Internat. Buchpr. ʼCorineʼ (Ehrenpr. f. d. Lebenswerk) 07, Lenka-Reinerova-Stip. im Lit.haus Prag 08; Rom., Lyr., Drama. – **V:** Poeme und Songs, G. 53; Ausgewählte Gedichte 53–79; Yamins Stationen, G. 55; In Zeilen zuhaus, Ess. 57; Unter den Brunnen, G. 58; Im Schein des Kometen, R. 59; Palmström grüßt Anna Blume, Ess. 61; Spielgeist – Spielgeist, G. 62; Niembsch oder Der Stillstand, R. 64; Janek – Portrait e. Erinnerung, R. 66; Vergessene Bücher, Ess. 66; Das Ende d. Geschichte, Ess. 68; Das Familienfest oder Das Ende der Geschichte, R. 68; Gilles, Sch. 70; ... und das ist die ganze Familie, Kdb. 70; Ein Abend, eine Nacht, ein Morgen, Erz. 71; Neue Gedichte 72; Das war der Hirbel, Kdb. 73; Zwettl. Nachprüfung e. Erinnerung 73; Eine Frau, R. 74; Oma, Kdb. 75; Hölderlin, R. 76; Zum laut u. leise Lesen, Kdb. 76; Anreden, G. 77; Theo haut ab, Kdb. 77; Hubert oder Die Rückkehr nach Casablanca, R. 78; Ben liebt Anna, Kdb. 79 (Übers. in über 30 Spr.); Sofie macht Geschichten, Kdb. 80; Nachgetragene Liebe, R.

80; Der wiederholte Unfall, Erzn. 80; Alter John, Kdb. 81; Meine Lektüre – Literatur als Widerstand, Ess. 81; Die dreifache Maria, Erz. 82; Vorwarnung, G. 83; Das Windrad, R. 83; Jakob hinter d. blauen Tür, Kdb. 83; Felix Guttmann, R. 85; Brief an meine Kinder 86; Krücke, Kdb. 86; Die Mörsinger Pappel, G. 87; Waiblingers Augen, R. 87; Die Gedichte 88; Geschichten für Kinder 88; Der Wanderer, Erz. 88; Fränze, Kdb. 89; Wer vorausschreibt, hat zurückgedacht, Ess. 89; Herzwand, R. 90; Noten zur Musik, Ess. 90; Zwischen Untergang und Aufbruch, Ess. 90; Brüder und Schwestern, Ess. 91; Der letzte Elefant, G. 91; Mit Clara sind wir sechs, Kdb. 91; Erzählbuch, Kdb. 92; Schubert, R. 92; Lena auf dem Dach, Kdb. 93; Gesammelte Werke in 9 Bänden 93–00; Das Land, das ich erdachte, G. 93; Das wandernde Wasser, Ess. 93; Bozena, R. 94; Jette, Kdb. 95; Schumanns Schatten, R. 96; Horizonttheater, G. 97; Tante Tilli macht Theater, Kdb. 97; Große, kleine Schwester, R. 98; Noten-Schrift, Ess. 98; Ein Balkon aus Papier, G. 00; Reise gegen den Wind, Kdb. 00; Hoffmann oder die vielfältige Liebe, R., 1.u.2. Aufl. 01; Leben lernen, Erinn. 03; kommen – gehen – bleiben, G. 03; Die Lebenslinie. Eine Erfahrung 06; Das ausgestellte Kind. Mit Familie Mozart unterwegs, Erz. 07; Schattenwürfe, G. 07; Fenstergedichte 07. – **MV:** Fälle f. d. Staatsanwalt, Erzn. 78; Briefe von drinnen und draußen, m. Jürgen Brodwolf 89; Peter Härtling im Gespräch, m. Martin Lüdtke 90; Engel – gibt's die?, m. Arnulf Rainer 92; Sternbilder, G. m. Arb. auf Papier v. Jürgen Brodwolf 00. – **MA:** ca. 250 Anth. – **H:** Die Väter, Ber. u. Geschn. 68; Christian Daniel Friedrich Schubart: Gedichte 69; Nikolaus Lenau: Briefe an Sophie von Löwenthal 69; Leporello fällt aus der Rolle. Dt. Autoren erzählen das Leben v. Figuren d. Weltlit. weiter 71; C.D.F. Schubart: Strophen f. d. Freiheit 75; Mein Lesebuch 79; Du bist Orplid, mein Land! Texte v. Mörike u. Bauer 82; Behalten Sie mich immer in freundlichem Angedenken, Briefe 94; Ich bin so guter Dinge – Goethe f. Kinder 98, 99 (auch Tonkass.); ... und mich ruft das Flügeltier – Schiller f. Kinder 04, 05; Ich bin ein Musicus – Mozart f. Kinder 05, 06; Lebet wohl, wir kehren nie, nie zurück nach Bimini – Heine f. Kinder 05. – **MH:** Hörst du's schlagen halber acht, G. u. Prosa, m. Christoph Haacker 98. – *Lit:* M.F. Lacey: Afflicted by Memory. The Work of P.H. 1953–1969 70; Manfred Durzak: Der dt. Roman d. Gegenw. 71; Elis. u. Rolf Hackenbracht: Materialienb. P.H. 79; Burckhard Dücker: P.H. 83; Martin Lüdke: P.H. Auskunft f. Leser 87; Elisabeth Hackenbracht (Hrsg.): Von Dichtung u. Musik. P.H. 93; Peter Bichsel (Hrsg.): Festgabe z. 60. Geb. 93; Nicole Hess: Das Fremde ist d. Normale 95; Hannelore Daubert: P.H. im Unterr. 96; Barbara Gelberg (Hrsg.): Werkstattb. P.H. 98; Das andere Ich. Ein Gespr. m. Jürgen Krätzer 98; Detlef Berentzen: Vielleicht ein Narr wie ich. P.H. – Das biogr. Lesebuch 06; Eva Beckoner: Biographisches Erzählen. P.H.s Dichter- u. Musikerromane, Diss. Univ. Münster 07; Walter Schmitz in: KLG.

Haeseling, Dorothée, Lyrikerin, Zeichnerin; Engerstr. 9, D-40235 Düsseldorf, Tel. (02 11) 66 13 54, *dhaeseling@t-online.de* (* Hösel 5. 9. 44). VS, BBK-NRW, Kg., GEDOK; Förd.pr. d. Stadt Düsseldorf f. Lyr. 81; Lyr. – **V:** Flügellos, poet. Miniatn. 79; Also jetzt wohin, G. 82; So könnte man leben, Lyr. 86; Was zu lieben blieb, G. 91. – **MA:** div. Anth. m dtspr. Raum. – **R:** div. Rdfk-Sdgn „Lyrik", u. a. im SFB, WDR, DLF.

Häser, Brunhilde, Hausfrau; Haferkamp 6a, D-46499 Hamminkeln, Tel. (0 28 57) 28 24 (* Ramstein/Pfalz 14. 4. 30). Rom., Kurzgesch., Ged. – **V:** Der Ruf der Ahnen, R. 86; Heiderun, R. 89; Klein Mäxchen, heitere Kurzgesch. 95; Du bist mir begegnet, R. 95; Wo die Liebe wohnt, R. 97; Für Dich, G. 98; Nenne das Glück Geborgenheit, R. 00 (sämtl. Romane auch auf Tonträgern d. Arb.gem. d. Blindenhörbüchereien e.V., Marburg); Ins Morgen führt ein Weg, R. 04. (Red.)

Häsler, Alfred, Dr. theol. h. c., Schriftst., Publizist; Lehrfrauenweg 25, CH-8053 Zürich, Tel. (01) 3 81 87 59 (* Wilderswil 19. 3. 21). SSV 68, ZSV 73, Hon. Fellow d. Hebr. U.Jerusalem; Pr. d. Stadt Zürich 56, 68, Pr. d. Schweiz. Schillerstift. (Buch d. Jahres) 67, Pr. d. Kt. Zürich 72, Nanny-u.-Erich-Fischhoff-Pr. 92; Rom., Nov., Ess., Sachb. – **V:** Thymian, Erzn. 56; Kaspar Iten, R. 59, Neuaufl. u. d. T.: Alle Macht hat ein Ende 69; Zu Besuch bei ..., Ess. 65; Überfordertes Kader? Sind unsere führenden Leute überlastet? Prominente antworten, u. a. Karl Jaspers, F.T. Wahlen 65; Max Geilinger, Leben u. Werk 67 II; Schulnot im Wohlstandsstaat. Gespr. u. a. m. Bundesrat Hans Peter Tschudi, Jeanne Hersch, Max Imboden, Eduard Zellweger 67; Knie, die Geschichte e. Zirkusdynastie 68 (auch frz.); Leben mit dem Haß. Gespr. m. Ernst Bloch, Max Frisch, Helmut Gollwitzer, Ben Gurion, Kardinal König, Herbert Marcuse, Alexander Mitscherlich, Carlo Schmid, Léopold Sédar Senghor u. a. 69 (auch span.); Zwischen Gut u. Böse 71 (auch frz., ital.); Gott ohne Kirche? Gespr. m. Konrad Farner, Gustav Heinemann, Jeanne Hersch, Hans Küng, Jürgen Moltmann, Karl Rahner, Rich. v. Weizsäcker u. a. 75 (auch jap.); Die Geschichte d. Karola Siegel 76; Der Weizenkönig v. Tanganjika. Die Gesch. d. Schweizer Pioniers August Künzler 80; Einer muß es tun. Leben u. Werk Ernst Göhners, Biogr. 80; Aussenseiter-Inneseiter. Portr. a. d. Schweiz, u. a. Denis de Rougemont, Konrad Farner, Arnold Kübler, Adrien Turel, Max v. Moos, Hans Falk, Leopold Szondi, Gottlieb u. Adele Duttweiler 83; Die älteren Brüder. Juden u. Christen gestern u. heute 86; Hans Erni – ein Maler unserer Zeit 87; Durchsicht. Texte u. Gespr. aus 20 Jahren 87; Martin Peter Flück. Spiegelungen d. Schöpfung, Kunstb. 92; Einkehr bei Schriftstellern, Malern u. Bildhauern, Erinn. 94; Einen Baum pflanzen. Gelebte Zeitgeschichte 96; Wahrheit verjährt nicht. Eine Orientierung in schwieriger Zeit 97; 15 Sachbücher 66–97. – **MA:** Geschn. v. d. Menschenwürde 68; Provokationen. Gespr. u. Interviews m. Karl Jaspers 69; Kompass. E. Lesewerk 70; Menschereien 73; Gespräche m. Ernst Bloch 75; Xylon 75; Der kühne Heinrich 76; F.T. Wahlen: Dem Gewissen verpflichtet; Politik aus Verantwortung. – **H:** 3 Bände polit. Reden. – **R:** Fs.-Gespr. m.: Gertrud Kurz, Jakob Bührer, Leopold Szondi, Max v. Moos, Marga Bührig, Denis de Rougemont; Gespr. f. d. Zss. 'Ex Libris' u. 'Weltwoche' m.: Siegfried Lenz, Carl Friedrich v. Weizsäcker, Max Frisch ('Andorra'), Martin Niemöller. – *Lit:* Charles Linsmayer: Lit.szene Schweiz. 157 Kurzportr. 89. (Red.)

†**Häuser,** Otto (Ps. Ottokar Domma), Gebrauchswerber, Lehrer, Dipl.-Päd., Journalist, Schriftst., humorist.-sat. Erzähler; lebte in Schöneiche b. Berlin (* Schankau 20. 5. 24, † Woltersdorf b. Berlin 15. 7. 07). BVK 06. – **V:** Der brave Schüler Ottokar 67; Ottokar, das Früchtchen 70; Ottokar, der Weltverbesserer 73; Ottokar, der Gerechte 78; Ottokar, der Schalk 83; Vom braven Schüler Ottokar 84; Ottokar, der Philosoph 89; Ottokar und die neuen Deutschen 91; Ottokar, die Spottdrossel 93; Ottokar. Rückblick eines braven Schülers 93; Ottokar, der Fernseh-Fan 94; Ottokar, das Küchlein 96; Ottokar gibt Auskunft 97; Ottokar in Philadelphia 98; Erinnerungen eines Großvaters 99; Ottokar der Flohverkäufer 03; Das dicke Ottokar-Buch, Bd 1 04, Bd 2 06; Mit Humor und Hinterlist 04; Frech wie Ottokar 07. – **P:** O.D.

liest Ottokar, das Früchtchen, Schallpl. 80; Neues von Ottokar, Autorenlesung, Schallpl. 86; Neues von Ottokar, Tonkass./CD 96; Ottokar, das brave Früchtchen, CD 96, u. a. – *Lit:* Walther Killy (Hrsg.): Literaturlex., Bd 3 89; DLL, Erg.Bd 3 97.

Häusler, Gerhard (Ps. Zweistern), Erzieher; Arzbacher Str. 6, D-81371 München, Tel. u. Fax (0 89) 7 25 63 57, *Gerhard.Haeusler@web.de* (* München 23. 5. 54). Lit.büro München, GZL; Lyr., Kurzgesch., Kürzestprosa, Drama, Kabarett, Ess., Sat., Erz. – **V:** Ohne Anklage, Lyr. u. Prosa 86; Professor Zweistern's praktische Kurzvorträge für den alltäglichen Gebrauch, der Nachwelt erhalten v. G. H. 90; Alles ist Schwingung. Eine Sprachsamml., Aphor. 98; Ziellose Fahrt, Prosatexte 04; Die Suche nach dem verlorenen Satz, Prosa 07; Schritte im Staub, Lyr. 07; Innenansichten einer Außenmauer, Prosa 07; Asche im Auge, Lyr. 08. – **MA:** versch. Beitr. in Anth., u. a.: Aktion Umsonst 80; Stabilisierungsheft 87; Unter Tage 89; Perspektiven; Die Süße des Lebens 01; Das Gedicht lebt! 01, 03; Gedicht und Gesellschaft 01; Selina 01; Aus anderer Landschaft 01; Kindheit im Gedicht 02; Collection deutscher Erzähler 02; Jb. f. d. neue Gedicht 03; Lyrik und Prosa unserer Zeit, N.F. Bd 6 07.

Häusler, Ulrich; Lilienstr. 25, D-23558 Lübeck, Tel. u. Fax (04 51) 8 42 80, *Uhaeusler@aol.com*, *www. seelenmedizin.de.* 11, Rue du Baigneur, F-75018 Paris (* Travemünde 22. 11. 48). Lyr. – **V:** ... frei sein ist ... Gefühlssache, G. 94; An Dich 98. (Red.)

Häusser, Alexander, Schriftst.; c/o Literaturzentrum e.V. Hamburg, Schwanenwik 38, D-22087 Hamburg, *alexander.haeusser@arcormail.de* (* Tübingen 19. 9. 60). Lit.zentr. Hamburg 98; Stip. Herrenhaus Edenkoben, Ahrenshoop-Stip. Stift. Kulturfonds 00, Stip. Atelierhaus Worpswede 04/05, Lit.förd.pr. d. Stadt Hamburg 05; Rom., Erz. – **V:** Memory, R. 94; Zeppelin!, Erz. 98, Karnstedt verschwindet, R. 98. – **MA:** zahlr. Veröff. in Anth., u. a. in: Die Kunst des Erzählens 96; zahlr. Beitr. in Zss., u. a. in: Grand Street (New York) 58/96, 68/98. – **H:** Kleine Bettlektüre für eine Traumhochzeit 03. (Red.)

Häußer, Ruth; Schillingsgasse 1, D-67596 Dittelsheim-Heßloch, Tel. (0 62 44) 55 90, *www.ruthhaeusser.de.* – **V:** Licht und Schatten, Lyr. 06.

Haff, Peter, freier Schriftst. u. Maler; lebt in Kilchberg b. Zürich u. in Südfrankreich, c/o Luchterhand-Literaturverl., München (* München 22. 6. 38). Rom., Nov. – **V:** Styrr 88; Zungen im Herz, Fb. 89; Die Hieroglyphe des Johannes Dee, R. 93; Das Leuchten von Sainte Marguerite, R. 98; Die ungenaue Lage des Paradieses, Reiseber. 01; Zirziphelas Schatten, R. 01; Die Wurzeln der Seele, R. 02; Acht Stockwerke über der Wirklichkeit. Ein Reiseroman 06. – *Lit:* s. auch Kürschners Handbuch der Bildenden Künstler, 1. Aufl. 2005. (Red.)

Haffner, Herbert, Kulturpublizist; Innsbrucker Str. 18c, D-79111 Freiburg/Br., Tel. (07 61) 47 35 39, *Haff Press@aol.com*, *hometown.aol.de/haffpress/page1. html* (* Nürnberg 3. 8. 46). – **V:** Lenz „Der Hofmeister", „Die Soldaten". Mit Brechts „Hofmeister"-Bearb. u. Materialien 79; Heinrich Leopold Wagner – Peter Hacks. Die Kindermörderin. Original u. Bearb. im Vergleich 82; Die Sinfonieorchester der Welt 85, u. d. T.: Orchester der Welt 97; Furtwängler, Biogr. 03; Berliner Philharmoniker. Eine Biogr. 07. – **MV:** Zwischenwelten. Fragen an Musiker z. Musikgeschehen d. Gegenwart 95; Immer nur lächeln ... Das Franz-Lehár-Buch 98, beide m. Ingrid Haffner. – **MA:** zahlr. Beitr. in Lit.-Zss. seit 79. – **H:** Dramenbearbeitungen 80. – **R:** zahlr. Beitr. bei versch. Sendern seit 79.

Hagemann

Haffner, Sarah, freischaff. Malerin u. Autorin; Uhlandstr. 168, D-10719 Berlin, Tel. u. Fax (0 30) 8 81 69 61, Fax 88 70 96 06, *sarah-haffner@t-online.de* (*Cambridge 27. 2. 40). VS 78–84; Amsterdam-Stip. Senat Bln 01; Erz., Lyr. Ue: engl. – **V:** Graue Tage, grüne Tage, G. 82; Sarah Haffner, Bilder u. Texte, Kat. 86; Unterwegs, Bilder u. Texte 95; Im blauen Raum, Bilder u. Geschn. 00; Eine andere Farbe, Erinn. 01, Tb. 03. – **H:** Gewalt in der Ehe und was Frauen dagegen tun 76, 4. Aufl. 81. – *Lit:* s. auch Kürschners Handbuch der Bildenden Künstler, 1. Aufl. 2005. (Red.)

Hafner, Eugen, Prof., Dr. phil.; Eugen-Bolz-Str. 7, D-73404 Aalen, Tel. (0 73 61) 4 14 75, Fax 94 18 89, *drehafner@t-online.de* (*Aalen 9. 7. 24). BVK am Bande, Staufermed., Martinus-Med. d. Diözese Rottenburg, Verd.med. d. Ldes Bad.-Württ.; Erz., Dialektlyrik. Ue: engl, frz. – **V:** Anruf aus Bethlehem. Weihnachtserinn. 98; Hirschbachwasser. Jugendjahre in e. kleinen Stadt 02; Dr Brezga-Blase und die Aalener Fasnach 03; Dr heilige Bimbam und ander heitere Geschn. 04. (Red.)

Hafner, Fabian/Gerd s. Schneidrzik, Willy

Hafner, Fabjan, Mag. Dr.; Unterfeistritzerstr. 204, A-9181 Feistritz im Rosental, *fabjan.hafner@aon. at* (*Klagenfurt 8. 6. 66). Petrarca-Übers.pr. 90, Öst. Staatspr. f. lit. Übers. 06, Pr. f. Europ. Poesie (Übers.) 07; Lyr., Prosa, Übers., Ess. Ue: slowen, serb, kroat. – **V:** Indigo, G. (slowen.) 88; Gelichter + Lichtes, G. 91; Freisprechanlage, Lyr. 01; Herber Halde. Unterwegs ins Neunte Land, Ess. 08. – **H:** Neue Blätter aus der slowen. Lyrik 05; Die slowen. Köchin 06. – **Ue:** Florjan Lipuš: Die Verweigerung der Wehmut 89, 98; Drago Jančar: Lauern auf Godot 89; Tomaž Šalamun: Wal 90; Dane Zajc: Erdsprache 90; Maruša Krese: Gestern, heute, morgen 92; Florjan Lipuš: Die Beseitigung meines Dorfes 97; Jani Virk: Sergijs letzte Versuchung 98; Maja Vidmar: Leibhaftige Gedichte 99; Kajetan Kovič: Sommer 99; Gustav Januš: Metulj / Der Schmetterling / La farfalla / The Butterfly 99; Uroš Zupan: Beim Verlassen des Zimmers, in dem wir uns liebten 00; Dane Zajc: Der Scheiterhaufen 00; Marko Kravos: Als ferde noch klein war 01; Dane Zajc: Hinter den Übergängen 03; Tomaž Šalamun: Ballade für Metka Krašovec, G. 05; ders.: Lesen: Lieben, G. 06; ders.: Wink an die Sphinx, G. 07; Maja Vidmar: Gegenwart 07; Ana Ristović: So dunkel, so hell 07; Uroš Zupan: Immer bleibt das Andere 08; Maruša Krese: Heute nicht 08. – *Lit:* Alois Brandstetter in: querlandein 95; Mira Miladinović-Zalaznik in: Profile d. neueren slowen. Lit. in Kärnten 98; Primus-Heinz Kucher in: Freisprechanlage 01.

Hage, Volker, Dr. phil., Journalist; c/o Der Spiegel, Brandstwiete 19, D-20457 Hamburg (*Hamburg 9. 9. 49). – **V:** Die Wiederkehr des Erzählers. Neue dt. Lit. d. 70er Jahre 82; Max Frisch. Mit Selbstzeugn. u. Bilddok. dargest. 83, 99; Collagen in der deutschen Literatur 84; Alles erfunden. Porträts dt. u. amerikan. Autoren 88; Schriftproben. Zur dt. Lit. d. 80er Jahre 90; Eine Liebe fürs Leben. Th. Mann u. Travemünde 93, Neuausg. 02; Auf den Spuren der Dichtung 97; Propheten im eigenen Land 99; Zeugen der Zerstörung. Die Literaten u. d. Luftkrieg 03; John Updike. Eine Biogr. 07; Letzte Tänze, erste Schritte. Deutsche Lit. d. Gegenwart 07; Philip Roth. Bücher u. Begegnungen 08. – **MV:** Marcel Reich-Ranicki, m. Mathias Schreiber 95. – **H:** Lyrik für Leser. Dt. Gedichte d. 70er Jahre 80; Literarische Collagen. Texte, Quellen, Theorie 81; Michael Schwarze: Weihnachten ohne Fernseher 84; Max Frisch: In Amerika 95; Andere Liebesgeschichten 00; Golo Mann/Marcel Reich-Ranicki: Enthusiasten der Literatur 00; Hamburg 1943, 03. – **MH:** Reihe: Deut-

sche Literatur, Jahresrückblick (Reclam) 81ff.; Indiskrete Antworten. Der Fragebogen d. F.A.Z.-Mag., m. Georg Hensel 85; Italien. Land ohne Ende, m. Thomas Schröder 86.

Hagedorn, Ronnith s. Neuman, Ronnith

Hagedorn, Verena s. Carl, Verena

Hagedorn, Volker, Journalist, Musiker; *hugoblitz@ onlinehome.de* (*Hankensbüttel 4. 12. 61). – **V:** Wo bin ich?, Glossen 04, 05; Solche Wunder-Wercke!, Libr. 04; Purcell in Love, Libr. 06. (Red.)

Hagel, Benjamin s. Schütte, Wolfgang U.

Hagel, Jan s. Orthofer, Peter

Hagelbusch, Theo s. Schanovsky, Hugo

Hagemann, Bernhard, Autor, Fotograf; Kreuzlingerforststr. 6, D-82131 Gauting, Tel. (0 89) 8 50 14 44, Fax 8 50 14 38, *info@bernhardhagemann.de*, *www. bernhardhagemann.de* (*Bad Reichenhall 56). Kinderb., Kabarett-Text. – **V:** Paul 92; Der kleine Hinz 94; Mensch Meyer der Erste 95; Charlie, du Blindekuh! 97; Kleiner Mann des Lichts 97; Die Babysitter-Katastrophe 98; Johnny Schweigsam 98; Mit Vollgas in die Kurve 99; Sophie im Sammelfieber 99; Wie lange noch? 99; Familie Hinz u. das Außertierische 00; Bert u. die fliegende Jacke 00; Ein verrückter Umzug 01; Champions für einen Tag 01; Fahnendiebe im Zeltlager 03; Jakob & Mara 03; Das Pizza-Orakel 03; Spaghetti mit Himbeereis 03. (Red.)

Hagemann, Friedrich (Ps. Hans-Georg Mann, H. G. Mann), Dipl.-Bibliothekar, Publizist; Xantener Str. 20, D-10707 Berlin, Tel. (0 30) 8 81 94 20, *mannfhg@ t-online.de* (*Brandenburg a.d. Havel 29. 12. 34). Erz., Hörfunkfeature, Zeitbezogener Text. – **V:** Proz. Bernhard Lichtenberg. E. Leben in Dok. 77; Meine Jahre in der AGB (Amerika-Gedenkbibliothek), Autobiogr. 94; Bernhard Lichtenberg oder Die Taten eines Menschen sind die Konsequenzen seiner Grundsätze, lit. Textcollage aus Dok. 96; Die Bewegung, Kurzerzn. 99; Der König und sein Mönch, Textcollage 00; Der Kleine Fritz. Eine fast normale Kindheit, biogr. Erz. 04/05; Der König und sein Mönch, Erz. 04; Welche Farbe hat die Freiheit, Erzn. 07; So greifbar als möglich mit fröhlichen Augen schauen, kulturgesch. Darstellung, Erzähltexte 07. – **MA:** Joseph Roth: Hiob, R. (Nachw.) 67; Marienkalender 73; Mary Carson: Ginny – E. Mutter gibt nicht auf (Vorw.) 76; Miterbauer des Bistums Berlin 79; ballon Nr. 2 82; Wegwarten 120/92, 146/99, 169/06, 170/06. – **H:** Schattenfabel von den Verschuldungen. Johannes Bobrowski, Kat. 85; FH-Verschenktexte seit 94. – **R:** Autoschaden oder Wir sagen euch an den lieben Advent, Erz. 88; Ackermann und der Tod (zsgest. u. bearb.) 94; Was will Er denn hier?, Hb. 99; u. weit. zahlr. Beitr. zu vorwieg. zeitgeschichtl. bzw. rel. Themen.

Hagemann, Gerald, Goldschmiedemeister; Fritz-Straßmann-Str. 11, D-32657 Lemgo, Tel. (0 52 61) 6 68 20 56 (*Lemgo 23. 3. 71). Rom., Sachb. – **V:** London von Scotland Yard bis Jack the Ripper, Sachb. 00; Tatort Großbritannien, Sachb. 02; Dem Tod geweiht, R. 07; Mord bei Pooh Corner, R. 08.

Hagemann, Jörg, Freie Schriftst.; c/o Carl Ueberreuter Verl., Wien (*Wolfenbüttel 65). – **V:** Die Flohmarkt-Diebe 00; Die Grusel-Geister 00; Der falsche Verdacht 01; Filip Filander und das geraubte Wissen 01; Ein tierischer Fall 01; Die Fälscher-Zwillinge 02; Gefährliche Rauchzeichen 02; Lisa@Julian.com 02; Die Müllschlucker-Bande 02; Henrik im Reich der Gedanken 02. (Red.)

Hagemann, Karola s. Hyde, Malachy

455

Hagemann-Huiffner

Hagemann-Huiffner, Johanna (geb. Johanna Huiff-ner), Kunsttherapeutin, ehem. Sängerin u. Gesangsleh-rerin; Kurfürstendamm 17, D-26209 Hatten-Sandkrug, Tel. (0 44 81) 78 11 (* Eisenach 6. 8. 45). Lyr., Erz., Sat., Märchen, Sachb. – **V:** Kleines Eden, e. heiteres Garten-Lesebuch 03; Das Erbe 04; Wetterleuchten 05; Hack-fleisch mit sauren Gürkchen ... und scharfem Senf 05; Das trojanische Kamel 06. – **MA:** Bilden Sie mal einen Satz mit..., Anth. 07; Im Nordwesten mordet's sich am besten, Anth. 07.

Hagemeister, Claudius; Strelitzer Str. 72, D-10115 Berlin, Tel. (01 79) 9 41 75 28, *c.hagemeister@berlin. de* (* 20. 1. 68). – **V:** absätze/paragraphs, rhythmisier-te Kürzestprosa 98; Tanne & Quadrat, Geschn. 99. – **MV:** berlinschwimmer, m. Laura Schleussner, Gesch. 99; Präparate, m. Max Marek, Gesch. 04. – **MA:** Beitr. in Ztgn, Zss. u. Anth., u. a. in: Tagebuch eines Fisches 95; quadratur, Kulturzs. 00; zuletzt in: Spella, Lit.-Zs. 07; Die Stadt von morgen, Anth. 08. – **F:** Slip, Thr. 92; Umballa, Kom. 94; Wo es lang geht!, Kom. 00, alles Kurzf. – **R:** Tanne & Quadrat, Hörfass. einiger Geschn. (DLF) 00. – **P:** berlin, Prosa-Miniatn. unter: www.softmoderne.de 99; Gymnastik, Lesung, CD 00; Poetry Clips, Prosa-G., DVD 05; Berliner Wald. Live-Lit. aus dem Festsaal Kreuzberg, Lieder, CD 08.

Hagemeister, Daria, Dr. phil.; Lustgasse 14/32, A-1030 Wien, Tel. (06 99) 11 68 66 67, *d.hagemeister@ gmx.at.* Ged., Kurzprosa, Rom. – **V:** Mein Afrika, R. 08. – **MA:** Jb. f. d. neue Gedicht 05; Querschnitte Bd 1 06, beides Anth.; Arovell, Zs. 67 u. 68/08.

Hagemeyer, Ines (geb. Ines Loewenberg), Sprach-lehrerin f. Englisch u. Deutsch als Fremdspr. i. R.; Küp-persgarten 13a, D-53229 Bonn, Tel. (02 28) 48 19 56, Fax 9 69 61 84, *ibhagemeyer@t-online.de* (* Berlin 27. 6. 38). Dichtungsring 82; Lyr. Ue: span. – **V:** Be-wohnte Stille, Lyr. 07. – **MA:** Dichtungsring, Nrn. 3–36 (auch Lyr.-Übers.). – **MH:** Dichtungsring, Nr. 36 08. – *Lit:* Uwe Dethier in: Krautgarten, Nr. 67.

Hagen, Beatrix von, M. A., Kunsthistorikerin, Ma-lerin, Fotografin; Connollystr. 29, D-80809 München, Tel. (0 89) 3 51 58 78. Walter-Benjamin-Platz 3, D-10629 Berlin (* Kehl 19. 3. 44). Haidhauser Werkstatt München 80; Lyr., Ess. – **V:** Sprudel sprudelt, Lyr. 80; Vollendete Gegenwart, Lyr. 82; Extrapolieren: Dichte-risch wohnet der Mensch / Ganze Sätze über den All-tag, 177 Postkarten 91–00; Mein Leben in Halbpensi-on: Stationäre Fernreise, unter besonderer Berücksich-tigung einiger Mützen u. Wandvasen. Ess. u. Fotogr. 03. – **MV:** Die Entkleidung des Kellners, Lyr. 78. – **MA:** Ve-nedig im Gedicht 86; Rom im Gedicht 89. – *Lit:* s. auch Kürschners Handbuch der Bildenden Künstler, 1. Aufl. 2005. (Red.)

Hagen, Brunhilde Melitta s. Löbel, Bruni

Hagen, Christiane s. Seuffert, Barbara

Hagen, Eva-Maria, Schauspielerin, Sängerin u. Autorin; c/o Hagen-Promotion, Papenhuderstr. 16, D-22087 Hamburg, *www.eva-maria-hagen.de* (* Koeltschen/Hinterpomm. 19. 10. 34). Carl-Zuck-mayer-Med. 99. – **V:** Eva und der Wolf 98, 99; Evas schöne neue Welt 00; Eva jenseits vom Paradies 06. – **P:** Nicht Liebe ohne die Liebe 79; Ich leb' mein Leben 81; Das mit den Männern und den Frau'n 85; Michail, Michail 87; Wenn ich erst mal losleg 96; Joe, mach die Musik von damals nach... 97; Eva singt Wolfslieder 99; Eva und der Wolf 02. (Red.)

Hagen, Evelyn s. Olwitz-Titze, Evelyn

Hagen, M. Arno s. Stuhr, Michael

Hagen, Markus von (geb. Markus Schmidt), M. A. d. Philos. u. Germ., Kabarettist, Erwachsenenbildner; Jöt-

tenweg 5, D-48149 Münster, Tel. u. Fax (02 51) 8 06 56, *vonhagen@muenster.de* (* Erlangen 6. 6. 56). Stip. d. Cusanuswerkes 79–87, Herner Förd.pr. f. sat. Lit. 98; Erz., Lyr., Dramatik. – **V:** Die Klopfzeichen, Erz. 82; Auf und Ab, Theaterst., UA 88; Gebrochene Terzen, Chanson-Theater, UA 96; Pony und Kleid, Sprech-theater, UA 97; Seitenwalde, Graphik-Novelle 00. – **MV:** Frauenfeinde, Sprechtheater m. Marie-Luise Ra-ters, UA 95; Single Bells, Kom. m. Manne Spitzer, UA 97; Hauskonzert, Musiktheater m. Michael Decker, UA 98; Der Schatz im Silbensee, Sprechtheater m. Manne Spitzer, UA 99. – **B:** Zwischen Himmel und Hölle, n. C.S. Lewis, UA 86; Momo, Musical n. M. Ende, UA 95. – **P:** Zwischen Himmel und Hölle, Videoprod. n. d. Theaterstück 88; Maria Magdalena, Videoprod. Sprech-theater 96. (Red.)

Hagena, Katharina, Dr., freie Autorin; lebt in Ham-burg-Blankenese, c/o Verl. Kiepenheuer & Witsch, Köln (* 67). – **V:** Was die wilden Wellen sagen. Der Seeweg durch den Ulysses 06; Der Geschmack von Ap-felkernen, R. 08 (auch als Hörb.). – **MA:** Beitr. in: Die Zeit v. 08.02.07 u. v. 07.08.08. (Red.)

Hager, Charlotte (Ps. Alfred P. Walter) *

Hager, Gerhard, Dr., Prof., Hofrat d. OGH i. R., ehem. MEP; Feldgasse 59, A-3412 Kierling, Tel. u. Fax (0 22 43) 8 38 05, *ghager@gmx.at* (* Wien 26. 9. 42). – **V:** Heiteres vom Höchstgericht, Anekdn. 95; Wie bring' ich meinen Mann ins Grab? Sat. 00; Am Brunnen weit vom Tore, Erz. 03; Ernstes und Unernstes rund um das Europäische Parlament, Erz. 04. – **MA:** Wenn's Recht kocht, Kochb. 03; Wenn's Recht viniert, Weinb. 04. (Red.)

Hagestedt, Lutz, Prof. Dr., Germanist; c/o Univ. Rostock, Inst. f. Germanistik, Bebelstr. 28, D-18051 Rostock, Tel. (03 81) 4 98 25 69, Fax 4 98 25 78, *lutz. hagestedt@uni-rostock.de, www.hagestedt.de* (* Goslar 1. 5. 60). Pr. „Taube Nuß" 87; Ess., Kritik. – **V:** Das Genieproblem bei E.T.A. Hoffmann 91, 99; Ähnlich-keit u. Differenz. Aspekte d. Realitätskonzeption in L. Tiecks späten Romanen u. Novellen 97. – **MA:** KLG 86ff.; KLfG 86ff.; Kindlers Neues Lit.Lex. 88ff.; Neues Handbuch d. dt.spr. Gegenwartslit. seit 1945 90ff.; Die Archäologie der Wünsche. Studie z. Werk v. Uwe Timm 95; Falsches Lesen. Zu Poesie u. Poetik Paul Wührs 97; Ecos Echos. Zum Werk Umberto Ecos 99; Spec-taculum 69. Fünf mod. Theaterstücke u. Mat. 99; Re-clams Romanlex. 99ff.; In Olten umsteigen. Über Pe-ter Bichsel 00; Metzler Literaturlex. 04; – Zss.: Wei-marer Beiträge 94; Kodikas/Code 97; Exil 97; Text + Kritik 97, 99; Sprache im techn. Zeitalter 98. – **H:** Paul Wühr. Mat. zu seinem Werk 87; Michael Müller: Erotik und solitäre Existenz 89; Walter Serner: Letzte Locke-rung – manifest dada 89; Patricia Hallstein: Die Zeit-struktur in narrativen Texten 97; Ernst Augustin: Die sieben Sachen des Sikh 97; Lieblingsgedichte der Deut-schen 01, 03; Robert Gernhardt – Alles über den Künst-ler 02; Ernst Jünger – Politik, Mythos, Kunst 04; Joa-chim Ringelnatz: Liebesgedichte 06; Literatur als Lust. Begegnungen zw. Poesie u. Wiss. Festschr. f. Thomas Anz z. 60. Geb. 08. – **MH:** Literatur als Passion. Zum Werk v. Ernst-Wilhelm Händler, m. Joachim Unseld 06; Namen- und Stadtlandschaften. Beiträge d. Hans-Falla-da-Symposiums 2006 in Carwitz, m. Petra Ewald 08. – **R:** div. Features. (Red.)

Haget (Ps. f. Hans-Georg Thomsen), Auktionar; Rosenberg 8, D-24811 Brekendorf, Tel. (0 43 36) 5 67, Fax 13 03, *h@ns-georg.de, www.gedichte-lieder. de* (* Schleswig 13. 8. 35). Ged., Lied, Spruch, Prosa. – **V:** Hagets Gedichte 96ff. (Red.)

Hahn

Hagin, Anna Barbara, Schauspielerin u. Autorin; c/o Eventagentur Künstler à la carte, Nonnenwerthstr. 83, D-50937 Köln (* Bonn-Bad Godesberg 8. 10. 49). ver.di 00; Stip. d. Stift. Kunst u. Kultur d. Ldes NRW u. d. Min. f. Kultur d. Ldes NRW. – MV: Rad Ab, m. Axel Walter, Stück f. Kinder, UA 82; Meins Deins, Stück f. Kinder, UA 83; „Einmal ist genug". Irmgard Keun, Biogr. 95; Trude Herr. Ein Leben, Biogr. 97; Elisabeth Minetti. Hochzeitskind, Biogr. 02, alle m. Heike Beutel. (Red.)

Hagmeier, Brigitte M.; Rembrandtstr. 26, D-72800 Eningen, Tel. u. Fax (0 71 21) 8 12 17. Box I, Horsefly, B.C. V0L 1L0/Kanada (* Geislingen/Steige 1. 9. 32). Lyr., Erz. – V: ... wo der Loon ruft, Erlebnisber. 99; Tiergeschichten aus dem kanadischen Busch, Erlebnisber. 01; Tautropfen, G. 02. – MA: texte aus der gartenstraße 83–08; Lyr.-Ausgaben d. Edition L 87–08, u. a.

Hagmeyer, Christa (geb. Christa Dongus), Autorin, freie Journalistin; Derendinger Str. 78, D-72072 Tübingen, Tel. (0 70 71) 79 15 19, Fax 79 15 27, Christa. Hagmeyer@gmx.de (* Calw 12. 9. 44). VS Bad.-Württ. 90; Lyr., Kurzprosa, Theaterst., Ess., Libr. – V: Bewohner des Schattens, Prosa 89; Auf unsern Nebelinseln, G. 93; Deckenpfronn 1945 95; Unterm Schattendach, Prosa 96; Die Kassenprüfung, Neue Männer braucht die Stadt, Die Weihnachtskarte, 3 Sketche in schriftdt. u. schwäb. 97; Male, Jakob, Libr. UA 05; Hier und jenseits der Hügel, Lyr. 04; Beim Teutates, wir spielen doch nur Theaterst. f. Kinder 04; Aus der Kastanienstadt, Lyrik u. Kurzprosa 06; Auto und Sternschnuppe, UA 08; – mehrere Theaterst. f. Erwachsene.

Hahn, Anna Katharina; c/o Suhrkamp Verl., Frankfurt/M. (* Ruit 20. 10. 70). Lit.förd.pr. d. Stadt Hamburg 99, Clemens-Brentano-Pr. 05, Stip. d. Kunststift. Bad.-Württ. 06. – V: Sommerlock, Erzn. 00; Kavaliersdelikt, Erzn. 04. – MA: zahlr. Beitr. in Anth. u. Zss., u. a.: Hamburger Ziegel 98. (Red.)

Hahn, Annely (Ps. Viola Larsen, geb. Annely Müller-Bürklin), Schriftst.; Waldschloßstr. 11, D-76530 Baden-Baden, Tel. (0 72 21) 6 02 06 (* Karlsruhe 14. 2. 26). Rom., Hörsp. Ue: frz. – V: zahlr. Romane, überw. Unterhaltungslit., u. a.: Der Donken-Clan 84; Die Sonntagsehe 86; Das Candlelight-Dinner 86; Hochzeitsnacht um zwölf Uhr mittags 87; Ehemann auf Zeit 87; Sein blonder Scheidungsgrund 87; Die letzte Safari 88; Champagner trinkt man nicht allein 89; Der Clown und die Tänzerin 90; Lügen haben lange Beine 91; Zärtlich sang die Nachtigall 92; Seitensprung in den Flitterwochen 93; Ein Butler zum Mieten 94; Der Geistertrommler von Kildonan Castle 95; Marionetten des Dämons 96; Poseidons mörderische Spuren 97; Die Alpträume des Lord Wrexham 98; zahlr. Kurzgeschn. u. Sketche. – R: Träumerles Abenteuer, Hsp.; Das Weihnachtslicht; Kommerzienrats lassen bitten, Hfk-Ser. 89/90; weiterhin Kurzgeschn., Sketche, Comics, Glossen. – Ue: George Sand: La mare au diable u. d. T.: Das Teufelsmoor 48; ders.: François le champi u. d. T.: Das Findelkind 48; Mallarmé-Lyrik, Anth. franz. Dichter 48. – Lit: Günter Giesenfeld: Aufs. über d. sog. Triviallit., in: Diskussion Deutsch 6 71. (Red.)

Hahn, Elke s. Roth, Alauda

Hahn, Friedrich, Bankkfm., Werbegestalter, freischaff. Schriftst., Medienkünstler; Harmoniegasse 2, A-1090 Wien, Tel. (01) 3 19 73 75, Fax 3 19 73 74, friedrich.hahn@chello.at (* Merkengersch/NdÖst. 3. 5. 52). Podium, GAV; Anerkenn.pr. f. Lit. d. Ldes NdÖst. 01; Lyr., Prosa, Drama, Hörsp. – V: innig getrennt, Geschn. 89; im versteck der jahre, Texte, G. 92; nur noch das foto fehlt 93; halbe sachen, Stories 95; hirnsegel. blickdicht. letzte liebesgedichte 98; Ohren in Ruhestellung, G. 00; meine freunde die müllmänner. nachrichten von der texthalde 02; Neuherz, Erzn. 02; eintextisteinbildisteintext 04; die kältefalle; kopfstimmen, G.; partituren der willkür, Texte u. Fotos; etwas mit m, G.; E ist sonst ein Buchstabe, Prosa; karst, drei texte; klare bilder, Texte m. G.; vom ausland der gefühle, Prosa; – mehrere Ausstellungen u. Performances. – MA: Beitr. in versch. Anth. – R: 12 Hsp., u. a.: adolfzwo und das ewige kind doufi 87; losgelassen 93; löss – Textfunde aus der Frauenregion 89; Ein Fall von Liebe 90; Meine tolle Freundin 94; Familie Auer „Die Anprobe" 96; – weiterhin 3 Feat. sowie Beitr. in Rdfk-Feuilleton. (Red.)

Hahn, Hans-Joachim; Haus des Friedens 1, D-35614 Aßlar-Bermoll, Tel. (0 64 46) 9 20 49, Fax 9 20 59, mail@professorenforum.de, www.professorenforum.de (* Bermoll 24. 12. 50). Erz. – V: Umkehr in Babylon, Erz. 91, 95 (auch russ., chin.). – MH: Pluralismus und Ethos der Wissenschaft 99; Hochschulbildung im Aus 99; Die Programmierung d. kindlichen u. jugendlichen Gehirns 02; Erreicht oder reicht uns die Demokratie? 04; Gott nach der Postmoderne 07; Europa ohne Gott 07; Familie wohin? 08.

Hahn, Heidi, Journalistin, freie Autorin; Allemandweg 4, D-73434 Aalen, heidihahn1@aol.com (* Frickenhausen b. Nürtingen 29. 2. 64). Rom., Lyr., Erz., Dramatik, Hörsp. – V: Notruf aus der Arche, Sachb. 89; Morgens beißen Männer besser, R., 1.u.2. Aufl. 98. – MA: Lyr. in div. Anth. 92–98. – R: Odyssee der Berta B., 46tlg. Hsp. 90. (Red.)

Hahn, Heinz, Prof. Dr.; Hinrich-Fehrs-Str. 38, D-25813 Husum/NF, Tel. (0 48 41) 6 57 28, Fax 87 15 83, HahnHusum@t-online.de, www.Hahn-Husum.de (* Frankenberg/Sachs. 18. 3. 25). – V: Friesische Punschgeschichten, Erzn. 82, Sonderaufl. 02; Blick zurück und Gruß nach vorn, Autobiogr. 99; Essentia Vitae – Handlungsstrategien f. Politik u. Pädagogik, Ess. 04; Nachdenken über die menschliche Dummheit, Ess. 07.

Hahn, Joseph, Kunstmaler, Dichter, Graphiker; 6 Gorham Lane, Middlebury, VT 05753/USA, Tel. (8 02) 3 88–75 18 (* Bergreichenstein/Böhmen 20. 7. 17). Stip. f. Kunst u. Lit. d. Univ. Oxford 44–45; Lyr., Kunst. – V: Gedichte und Fünf Zeichnungen 87; Eklipse und Strahl, G. m. 10 Zeich. 97; Holocaust Gedichte 1965–1976, m. 4 Zeich. 98; Die Doppelgebärde der Welt, G. m. 10 Zeich. u. e. Prosastück 04; Vier Märtyrer, biogr. u. autobiogr. Schriften. – MA: Die Doppelgebärde der Welt 04; G. in: Literaturexpress 89; Trans-Lit., Zs., 99; Beitr. in intern. Ztgn., Buchbesprechungen. – Lit: Jürgen Serke in: Böhmische Dörfer 87; Exillit. in Amerika 89; L'Umana Aventura 90; Exil 91; Spalek u. a., Exillit. Bibliogr. 94; Austria Kultur 97; David Scrase u. Wolfgang Mieder in: Spalek u. a., Dt.spr. Exillit. seit 1933, 00; s. auch Kürschners Handbuch der Bildenden Künstler, 1. Aufl. 2005. (Red.)

Hahn, Kurt (Hans Nahkurth), Personalleiter a. D.; Kerbelweg 9, D-22337 Hamburg, Tel. (0 40) 6 31 05 30, ku-hahn@t-online.de, www.marathonziel60.de (* Hamburg 15. 1. 39). IGdA bis 03; Rom., Lyr., Erz. – V: ... und jede war anders, R. 84; Wie man mehr aus seinem Leben macht 85; 60 Marathonstrecken hat eine Stunde, Sporterz. 92, 03; Wie es weiterlief ..., Bd I 01, Bd II 04, Bd III 07, Sporterzn.; Wie es weitergeht ... 08. – MV: Gedanken und Gefühle, m. Petra Cordes, G. 92. – B: Mario Würz: Sommernacht auf Immenhof, Jgdb. 05. – MA: IGdA-Almanach 96, 97; Gedicht u. Gesellschaft 01; versch. Beitr. in Lit.zss. „IGdA-aktuell" seit 96. – Lit: Klaus Weidt: „Laufzeit"-Porträt 10/95.

457

Hahn

Hahn, Margit; Gschwendt 2B/30, A-3400 Klosterneuburg, Tel. (0 22 43) 3 84 76, *margit.hahn@waresolutions.com* (* Wien 17. 12. 60). Podium, GAV; Hans-Weigel-Lit.stip. 93/94, Lit.förd.pr. d. Stadt Wien 94, Öst. Förd.pr. f. Lit. 96, Öst. Staatsstip. f. Lit. 98; Lyr., Prosa. – **V:** Einsamkeit der Lust, Erzn. 92, 96; Die kleinen Fallen der Lust, Erzn. 94; Entgleisungen, Erzn. 96; Margit-Hahn-Lesebuch 96, 97 (jap.); Haut.Nah, Erzn. 97; Der männliche Blick 99; Delikatessen 01; Aber warum gerade er?, Theaterst.; – UA 04; Bald kommt der Aufschwung, Theaterst., UA 04; Totreden, Erzn. 06. – *Lit:* Karin Abt: Zwischen Erotik u. Mord. Zur Geschlechterproblematik u. Formen v. Emanzipation in Alissa Walsers „Dies ist nicht meine ganze Gesch." u. M.H.s „Einsamkeit d. Lust" u. „Die kleinen Fallen d. Lust", Mag.-Arb., Univ. Bamberg 97. (Red.)

Hahn, Nikola (geb. Nikola Fanz), Kriminalhauptkommissarin; *nikola-hahn@t-online.de, www.nikolahahn.com.* c/o Marion von Schröder Verl., Berlin, (* Wehrda 8. 11. 63). Das Syndikat 02; Rom., Lyr., Kurzprosa. – **V:** Baumgesicht, G. u. Prosa 95, erw. Neuausg. 03; Die Detektivin, Krim.-R. 98, Tb. 00; Die Wassermühle, R. 00; Die Farbe von Kristall, R. 02, Tb. 04; Die Sonne der Götter/Schreibgeheimnisse, Lyr., Schreibtageb. 08.

Hahn, Reinhardt O. (Reinhardt O. Cornelius-Hahn), Schriftst., Verleger Projekte-Verlag; Siedlung Neues Leben 4a, D-06347 Friedeburgerhütte, Tel. (03 47 83) 6 02 35, *ReinhardtO.Hahn@t-online.de* (* Gottberg, Kr. Neuruppin 9. 3. 47). VS, Friedrich-Bödecker-Kr., Börsenver. d. dt. Buchhandels, Vors. LV SaSaThü 04; Rom., Erz., Kinderb. – **V:** Das letzte erste Glas, R. 86; Ausgedient. Ein Stasi-Major erzählt 90, Neuaufl. u. d. T.: Aus Liebe zum Volk 04 (auch verfilmt); Die Suche nach dem Glück, Sucht- u. Drogenführer 93; Keiner hat mir gesagt, wie ich leben soll 98; – KINDERBÜCHER: Die pinkfarbene Schleife 93; Die Hussitten in Naumburg 93; Das Zauber-Trike 93; Der Wunderflummi 93; Der Ritterschlag 93; Schneller als man denkt ... 96; Das gestohlene Licht 98. – **MV:** Noah II, m. Klaus-Dieter Loetzke, SF-R. 88. (Red.)

Hahn, Ronald M. (Ps. Daniel Herbst, Conrad C. Steiner, Armand Dupont, Isaak Asimuff), Schriftsetzer, freier Autor u. Übers., Verleger; Werth 62, D-42275 Wuppertal, Tel. u. Fax (02 02) 59 58 63, *Ron_Hahn @compuserve.com, www.verlag1.de* (* Wuppertal 20. 12. 48). SF-Writers of America 77, VS/VdU; Kurd-Laßwitz-Pr. 80 (2x), 81, 83, 85 u. 96; Jugendb., Science-Fiction-Rom., Kurzgesch., Rep., Glosse, Übers., Lit.- u. Filmlexikon. Ue: engl, am, ndl. – **V:** Ein Dutzend H-Bomben, SF-Stories 85; Inmitten der großen Leere 84; Auf dem großen Strom 86; Die Burg auf Dragon Island 87; Goldfieber am Yukon-River 88; Der rote Gott, R. 88; Steffi jagt Herrn Unbekannt 88; Die Schattenbande 90; Vampire wie du und ich 91; Yukon-Annie 91; Nebelgasse Nr. 3 93; Henry jagt den Mondrubin 94; Neue Krimis mit Pfiff 96; Auf der Erde gestrandet, SF-R. 97; Geheimnis um Haus Finsterwald 98; Krimi-Express 98; Sozialdemokraten auf dem Monde, e. Weltraum-Clamotte 98; Psychotransfer 99; Im Auftrag des Sternenkaisers 00; Exilplanet Othan 00; Traumjäger 01; (Übers. einiger Titel ins Poln., Norw., Tsch., Ung., Holl., Franz., Ital., Amerikan., Russ.). – **MV:** Das Raumschiff der Kinder 77; Planet der Raufbolde 77; Das Wrack aus der Unendlichkeit 77; Bei den Nomaden des Weltraums 77; Kit Klein auf der Flucht 78; Die rätselhafte Schwimminsel 78; Die Schundklaubande 78; Falsche Fuffziger 79; Der Ring der dreißig Welten 79; Die Burg im Hochmoor 79; Das Geld im Hut 80; Das Geheimnis der alten Villa 80; Weiße Lady gesichtet 81; Der Schatz im Mäuseturm 81; Die Spur führt zur Grenze 82; Das seltsame Testament 83; Die Burg der Phantome 84; Geheimnisse im Leuchtturm 85; Raumschiff außer Kontrolle 85; Das Haus auf der Geisterklippe 86; Weltraum-Vagabunden 86; Ensslin-Krimikiste 87; Krimis mit Pfiff 94, alle m. Hans Joachim Alpers; – Die Flüsterzentrale, m. Harald Bauer 77; Die Temponauten, m. Harald Pusch 83; Die Roboter und wir, m. Uwe Anton u. Thomas Ziegler 87; Alptraumland, m. Horst Pukallus 99; Wo keine Sonne scheint, m. dems. 01; – SF-Zyklus „T.N.T. Smith – der Jäger des Unsterblichen", m. H. Pukallas: 1: Der Club d. Unsterblichen 99, 2: Die Stadt unter d. Regen 99, 3: Das Kommando Ragnarök 99, 4: Stahlgewitter Khalkin-Gol 00, 5: Die Insel d. Unsterblichen 00, 6: Der Tempel v. Bagdad 00, 7: Der Herrscher v. Manila 01; Nova, m. Michael K. Iwoleit u. Helmuth W. Mommers 1 02, 2 03. – **H:** Die Tage sind gezählt 80; Gemischte Gefühle 81; Piloten durch Zeit & Raum 83; Das fröhliche Volk von Methan 83; Cyrion in Bronze 83; Dinosaurier on the Broadway 83; Welten der Wahrscheinlichkeit 83; Mythen der nahen Zukunft 84; Nacht in den Ruinen 84; Der Drachenheld 85; Visionen von morgen 85; Kryogenese 85; Der Schatten des Sternenlichts 86; Der Zeitseher 86; Sphärenmusik 87, alles SF-Stories; – Jack London: Geschichten vom Rande d. Wirklichkeit 85; Ein Kapitel schließt, Erzn. u. Ess. 87; Unter dem Sonnensegel, Erzn. u. Ess. 89; – Zs. „Science Fiction Times" 70–82; Tb.-Reihe „Fischer Orbit" 72–74; Tb.-Reihe „Ullstein Science Fiction" 82–88. – **MH:** Science Fiction aus Deutschland, Anth. 74; Zukunftsgeschichten7, Anth. 76; Lex. d. Science Fiction-Literatur 80; Titan 17, Anth. 81; Reclams Science Fiction Führer 82, u. a. – **Ue:** über 150 Romane, Sach- u. Drehbücher, u.a.: K.M. O'Donnell: Jagd in die Leere 74; Stephen Goldin: Scavenger-Jagd 76; Frank Herbert: Der Wüstenplanet 78; ders.: Die Kinder d. Wüstenplaneten 78; ders.: Der Herr d. Wüstenplaneten 78; Christopher Priest: Ein Traum von Wessex 79; Philip José Farmer: Die Flußwelt d. Zeit 79; ders.: Auf dem Zeitstrom 79; ders.: Das dunkle Muster 80; ders.: Ismaels fliegende Wale 80; Paul van Herck: Framstag Sam 80; Philip José Farmer: Das magische Labyrinth 81; Jack Vance: Der azurne Planet 81; Poul Anderson: Des Erdenmannes schwere Bürde 81; Jack London: Bevor Adam kam 81; ders.: Der Feind d. Welt, Erzn. 83; ders.: Der Taucher u. die Haie, Erzn. 87, u. a. (Red.)

Hahn, Ulla, Dr.; Heilwigstr. 5, D-20249 Hamburg, Fax (0 40) 4 50 51 33 (* Brachthausen 30. 4. 46). VS 75, P.E.N.-Zentr. Dtld, Freie Akad. d. Künste Hamburg; Leonce-u.-Lena-Pr. 81, Villa-Massimo-Stip. 82, Märk. Pr. 84, Friedrich-Hölderlin-Pr. 85, Roswitha-Gedenkmed. 86, Stadtschreiber v. Bergen-Enkheim 87, Poetik-Dozentur d. Univ. Heidelberg 88, Cicero-Rednerpr. 94, Deutscher Bücherpr. (dt.spr. Belletristik) 02, Elisabeth-Langgässer-Lit.pr. 06, Hertha-Koenig-Lit.pr. 06; Ess., Lyr., Erz., Rom. Ue: engl. – **V:** Herz über Kopf, G. 81; Spielende, G. 83; Freudenfeuer, G. 85; Unerhörte Nähe, G. 88; Ein Mann im Haus, R. 91 (auch port., jap.); Liebesgedichte 93; Epikurs Garten, G. 95; Schloss umschlungen, G. 96; Galileo und zwei Frauen, G. 97; Das verborgene Wort, R. 01; Meine Sehnsucht hat wieder einen Namen, G. 02; Süßapfel rot, G. 03; Unscharfe Bilder, R. 03; So offen die Welt, G. 04; Dichter in der Welt. Mein Schreiben u. Lesen 06; Liebesarten, Erzn. 06. – **H:** Stephan Hermlin: Aufsätze, Reden, Interviews 80; Gertrud Kolmar: Gedichte 83; G. von LeFort: Die Tochter Farinitas 85; Stechäpfel. Gedichte v. Frauen aus drei Jahrtausenden 94; Gedichte fürs Gedächtnis 99; Stimmen im Kanon. Deutsche Gedichte 03. – **P:** Bildlich gesprochen, CD 99. – *Lit:* Michael Braun in: KLG. (Red.)

Hahnenkamp, Evelyn A.; Leystr. 42/50, A-1200 Wien, Tel. u. Fax (01) 3 50 69 49 (* Wien 1. 10. 43). Lyr., Erz. – **V:** Sternenstaub und Narrenleben 99. – **MH:** Anton Wildgans: Tiefer Blick, m. Petra Sela, Lyr. 02. (Red.)

Hahnfeld, Ingrid, Schauspielerin; An der Elbe 3, D-39104 Magdeburg, Tel. (03 91) 4 01 71 95 (* Berlin 19. 9. 37). Friedrich-Bödecker-Kr. bis 08, Förd.ver. d. Schriftst. in Sa.-Anh.; Verl.pr. d. Verl. Neues Berlin, Förd.pr. d. Min. f. Kultur, Studienaufenth. in Worpswede, Arb.stip. d. Kunststift. Sa.-Anh.; Lyr., Erz., Rom., Hörsp. – **V:** Hasenbrot, Erz. 71; Nachbarhäuser, Lyr. u. Erzn. 73, 74; Lady Grings, Erzn. 75; Spielverderber, R. 76; Blaue Katzen, Krim.-Erz. 84, 94; Schwarze Narren, Krim.-R. 88, 92; Villa Ruben, R. 88; Als sängen Vögel unter Glas, G. 91; Das unsichtbare Lächeln der Giraffe, Kdb. 91; Brot für Schwäne, R. 96; Das tote Nest, R. 96; Höllenfahrt. Tagebuch e. Depression, Ber. 98; Niemandskinder, R. 00; Die schwarze Köchin, R. 01; Nicht Ophelia, R. 03; Die Windfängerin, R. 03; Fundevogel, R. 09. – **MA:** Nachricht von d. Liebenden 64; Anzeichen II 72, III 77; Anders für jeden 74; S.-Fischer-Anth. 98. – **R:** Vom Aberheiner, Hsp. 78; Vom Geschichteneinfangundbehaltenetz mit dem Seitentäschchen für Reime, Hsp. 80.

Hahs, Heinz G. (Ps. f. Helmut Schwank), ObStudR. i. R.; Walpodenstr. 4, D-55116 Mainz, Tel. u. Fax (0 61 31) 22 87 30. Im Leimen 5, D-55130 Mainz (* Köln 9. 5. 34). VS, Kogge; Auslandsreisestip. d. Auswärt. Amtes 86, Hungertuch 86, Joseph-Breitbach-Pr. 93, Auslandsreisestip. d. VS u. d. Auswärt. Amtes 95, Aufenthaltsstip. Künstlerhaus Kloster Cismar 96; Lyr., Kurzprosa, Rom. – **V:** Versäumt zu scheitern, G. 85; Obloch nämlich, G. 86; Einer zuviel 88; Gangenwart, G. 88; (Bewerkstelligung einer Landschaft) 90; Das Bier des Kaldaunos sein Brot, Prot. 90; ISH'ban 90 (m. Tonkass.); Spatenstiche, Briefprosa 94; Unseres Haares Breite oder der Aufstieg aus dem Chaos in die überdachte Unordnung 94; Vom Stehen in der Landschaft 94; Grübelungen 97; Der Spaziergänger von San Antonio, R. 99; Besuchsweise 01; Hafenkonzert 05, beides Prosatexte m. Ill. v. Klaus Münchschwander; Bildkippe, Kurztext 09. – **MV:** Raubritter Karl und seine Opfer, m. Klaus Wiegerling, Bü. 86; auch: Vom Stehen in der Landschaft, Prosa-Text zu: Larzac, Bildfolge v. Walter Zimbrich 94. – **MA:** Lyrik, Prosa, Ess. in zahlr. Anth. u. Lit.zss. – **H:** FORUM – mainzer texte, Lit.zss. 7 82, 8 83; Die Identitäten des März. Tageb.notizen 06. – **MH:** Flugwörter. Rhld-Pfälz. Jb. f. Lit. 8, m. Sigfrid Gauch u. Verena Mahlow 01. – **Ue:** Maizum Goin. Hommage à Antonin Artaud 89. – **MUe:** Serge Pey: L'horizon et une bouche tordue 98.

Haid, Hans, Dr.; Roale im Ventertal, A-6450 Sölden, Tel. (0 52 54) 27 33, Fax 2 73 34, *haid.roale@netway.at*, *www.cultura.at/haid*. Riederstr. FVJ 1, A-6430 Öttal, Tel. (0 52 66) 8 72 96, Fax 87 29 64 (* Längenfeld/T 26. 2. 38). GAV 75, IDI, IGAA, Podium; Öst. Staatsstip. f. Lit. 74/75, Dramatikerstip. d. BMfUK 83, Friedestrompr. 86, Binding-Pr. 97, Verleih. d. Prof.titels 07; Lyr., Rom., Hörsp., Drama. – **V:** Pflüeg und Furcha, Mda.-G. 73; An Speekar in dein Schneitztiechlan, G. im Ötztal-Tirol. Dialekt d. Bayer. Mda 73; Abseits von Oberlangdorf, R. 75; mandle mandle sall wöll 76; tüifl teifl olympia 76; Umms Darf umma Droot (Ums Dorf herum Draht) Mda. 79; Nachruf, Mda.-G. 81; Lesebuch. Lyr., Prosa, Theater, Polemik 84; Prosa u. Gedichte 85; Vom alten Leben 86; Und olm in weissn leenen, Mda.-G. 88; Poesie des Landlebens 89; Stadl, Alm &

Gaudi, Texte 97; Wucht und Unwucht, Lit.-partikel 00; Così Parlò la Montagna 03 (ital.); töet vöer dr töet keemen ischt, G. in Ötztaler Dialekt 06; Similaun, R. 08; – zahlr. Sachbücher. – **MV:** mandle mandle sall wöll, m. Oswald Andrae, Wendebuch 76. – **H:** Veröff. d. intern. Arb.tage f. Mda.lit. Nr. 1–4; Dialect 1.–6. Jg. – **R:** Dorfgeschichten; Handel u. Wandel; Absterbsamen; Wenn der Viehhändler kommt. – **P:** Die Häutung des Sennen, Hsp.; Die Lawine, Hsp.; musica alpina I/II u. III/IV, beides Doppel-CDs. (Red.)

Haidegger, Christine, Schriftst.; Bachstr. 31/7/III/8, A-5023 Salzburg, Tel. u. Fax (06 62) 64 42 39, *c.haidegger@gmx.net*, *christine-haidegger.com* (* Dortmund-Barop 27. 2. 42). IGAA, GAV, Vizepräs., Autorengr. projektIL, Gründ.mitgl. u. Präs. 74, Salzburger Autorengr., Obfrau; Pr. d. Management Club 76, Pr. d. oböst. AK 77, J.-A.-Lux-Pr. f. Lyr. 78, Öst. Staatsstip. f. Lit. 78/79, Förd.pr. z. W.-Buchebner-Pr. 79, Dr.-Ernst-Koref-Pr. 79, Kulturpr. d. Stadt Salzburg 81, Pr. d. Schülerjury Arnsberg f. d. beste dt.spr. Kurzgesch. 83, Georg-Rendl-Pr. 84, Romanpr. d. Öst. Rdfks u. d. ÖSD 85, Öst. Staatsstip. f. Lit. 88/89, Salzburger Ldeskulturpr. 90, Lyr.pr. d. Ldes Salzburg 05, Lyr.pr. d. Impuls-Stift. Feldkirch 06, Lyr.pr. d. Erzdiözese Salzburg 07; Lyr., Kurzprosa, Hörsp., Drama, Rom. Übers.: Ue: ital, frz, engl. – **V:** Entzauberte Gesichte, Lyr. 76; Zum Fenster hinaus, R. 79, am. Übers. u. d. T.: Mama Dear 03; Adam/Adam, R. 85; Amerikanische Verwunderung, Reiseb. 93; Atem. Stille, Lyr. 93; Schöne Landschaft, Kurzprosa 93; Cajuns, Cola, Cadillac, Reiseprosa 97; Weiße Nächte, Lyr. 02; Fremde Mutter, R. 06; Im Herzland. Fremd, Lyr. 08. – **MA:** Etwas geht zu Ende 79; Autorenpatenschaften 2 80; Klagenfurter Texte 80; Aufschreiben 81; Frauen erfahren Frauen 82; Unbeschreiblich weiblich 82; Angstzunehmen 83; Erzählungen seit 1960 83; Nicht mit dir und nicht ohne dich 83; Wo liegt euer Lächeln begraben 83; Hütet d. Regenbogen 84; Wir haben lange genug geliebt 85; Wir leben von der Hoffnung 85; Gedichte nach 1984 85; Linkes Wort f. Österreich 85; So nah u. doch so fern 85; Muskeln auf Papier 86; Angst-Antrieb u. Hemmung 87, alles Anth. – **H:** projektIL, Lit.zs. 75–81; angstzunehmen, Anth. 83; Meta Merz: Erotik der Distanz, Prosa 91; Sachen und Vernichten 94; Meta Merz: Metaphysik der Begierde, Prosa 95; Querzulesen, Anth. 97; Wie es eben so ist, ohne Harfe, Lyr.-Anth. 06. – **P:** da schau hör, Video 95. – **MUe:** Unter dem Flammenbaum 87; So also ist das/So that's what it's like, Lyr. 03.

Haider, Alois, Dr. d. Philosophie; Nr. 57, A-3621 Mitterarnsdorf, Tel. (0 27 14) 84 82 (* Amstetten/NÖ 3. 5. 48). Anerkenn.pr. d. Ldes NdÖst. f. Kleinkunst 86, Teiln. am Ingeborg-Bachmann-Wettbew. 88. – **V:** Die Geschichte des Stadttheaters St. Pölten 1820–1975 78; Marlene, musikal. Revue 00; Die Liebe ist im Verbrechen. 00; Vom Traum zum Albtraum, Gesch. 05; Die Wegbereiter, R. 06; – THEATER/UA: Der Untergang des römischen Imperiums 89; Brüderlein, halt! 00; Was kümmert uns das Ende 01, u. a. – **MV:** Standorte, m. Gernot Hierhammer u. Fritz Steiner 76. (Red.)

Haider, Edith (geb. Edith Mraz), ehem. kfm. Angest., Pensionistin; Floridsdorfer Markt 9–14/3/5/15, A-1210 Wien, Tel. (01) 2 70 96 17. Siebenbrunnenweg 7, A-2122 Pfösing, Tel. (0 22 45) 67 27 (* Wien 17. 8. 31). Ö.S.V., P.E.N.-Club 99; Arb.stip. d. Bdesmin., Anerkenn.pr. f. Lit. d. Ldes NdÖst. 94, Dr.-Rose-Eller-Pr. (Ehrenpr.) 95, Pr. b. Wilhelm-Szabo-Lyr.wettbew. 01/02, 1. Pr. d. Luitpold-Stern-Förd.pr. 05; Lyr., Erz. Ue: engl. – **V:** Sicht des Vergehens, G. 91; Der Tag diktiert die Parole, G. 93; Das Kleid aus Crêpe Satin u. a. Kurzgeschichten 95; Guckuck und die Kreise der Menschlichkeit 00; Wauni haamfoa, Mda.-G. 03; ... denn unbesorgt bin ich gewandert, Lyr. 04; ... ein einziger Schrei. Mauthausen-Gedichte 07. – **B:** Jean de la Fontaine: Da Fux und da Rob, Fbn. (Wiener Mda.) 98. – **Ue:** Constance Heaven: Spanischer Frühling, R. 86.

Haider, Erika s. Haimann, Linda

Haider, Hans, Prof. Dr., Ressortleiter Kultur „Die Presse"; Schwindgasse 9, A-1040 Wien, *hans.haider @diepresse.com*. Fischerndorf 56, A-8992 Altaussee (* Innsbruck 10. 3. 46). GAV 74; Öst. Staatspr. f. Lit.-kritik 90; Ess., Dramatik. – **B:** dramaturg. Bearb. f. d. Festspiele Reichenau: Karl Kraus: Die letzten Tage der Menschheit, UA 00; Th. Mann: Der Zauberberg 00; Arthur Schnitzler: Affaire Lina Loos, aus d. Fragmenten „Das Wort" 02. – **H:** Norbert C. Kaser: eingeklemmt. Gedichte, Geschn. u. Berichte ... 79; kalt in mir. Ein Lebensroman in Briefen 80; jetzt mueßte der kirschbaum bluehen. Gedichte, Tatsachen u. Legn. 83; Verrueckt will ich werden sein & bleiben. Gedichte, Geschn. u. Briefe 86; Lokalteil für Marie-Theres. Jahresgabe d. Wiener Biblioph. Ges. f. d. Jahr 1988 89; – An mein Kind. Briefe von Vätern 84; Barbara Frischmuth: Wassermänner 91; Christine Lavant: Und jeder Himmel schaut verschlossen zu 91; H. C. Artmann: Was sich im Fernen abspielt, ges. Geschn. 95; Alles Stille. Vierzig Lesestücke 97. – **MH:** Norbert C. Kaser: Gesammelte Werke in drei Bänden, m. Walter Methlagl u. Sigurd Paul Schleichl 88–91. (Red.)

Haiderer, Rudolfine (eigtl. Rudolfine Kotremba); Josef-Würtz-Gasse 31, A-3130 Herzogenburg/NdÖst., Tel. u. Fax (0 27 82) 8 65 93, *rudolfine.haiderer@pgv. at*, *members.pgv.at/haikolit/* (* Wien 2. 5. 26). Ö.S.V., u. a.; Leserpr. d. Ges. d. Lyr.freunde 91 u. 98, Anerkenn.pr. d. Ldes NdÖst. 93, u. a.; Lyr., Prosa, Drama, Hörsp. – **V:** Kleindenkmäler Herzogenburg, Sachb. 88; Grosse Welt der kleinen Leute, Erzn. 92; Grüß Gott, Heil Hitler, Freundschaft, R. 95; Der blinde Spiegel, Erzn. 06. (Red.)

Haidinger, Martin, Mag. phil., Historiker, Journalist f. ORF-Radio/Ö1, DLF, u. a.; c/o ORF Ö1-Wiss./Bildung/Gesellsch., Argentinierstr. 30a, A-1040 Wien, *martin.haidinger@orf.at* (* Wien 6. 8. 69). Presseclub Concordia; Öst. Staats-Förd.pr. f. Wiss.publizistik 96; Rom., Ess. – **V:** Pranger, R. 03. – *Lit:* s. auch SK. (Red.)

Haidler, Eva; Serlesweg 26, A-6161 Natters/Öst., Tel. (05 12) 54 68 76 (* Innsbruck 9. 5. 59). Rom. – **V:** Nur zur Beobachtung, R. 82. – **MA:** Fenster; Gaismayrkalender; Welt der Frau. (Red.)

Haikal, Mustafa, Dr. phil., Historiker, Kinderbuch- u. Sachbuchautor; Hardenbergstr. 20, D-04275 Leipzig, Tel. (03 41) 3 91 74 99 (* Leipzig 6. 7. 58). – **V:** Sör e Zauberer, Kdb. 94; mehrere Sachbücher. – **MA:** ca. 40 Erzn., G. u. Rdfk-Beitr. – *Lit:* s. auch SK. (Red.)

Haim, Werner; Speckbacherstr. 2a, A-6067 Absam, Tel. u. Fax (0 52 23) 4 22 20 (* Bad-Aussee 10. 10. 41). – **V:** Mein Leben als Bergsteiger und im Rollstuhl 03, 2. Aufl. 04. (Red.)

Haimann, Linda (Ps. f. Erika Haider), Mag.; Lindenstr. 8, A-3300 Amstetten-Winklarn (* Obernberg/Inn 19. 9. 52). Lyr. – **V:** hab so lang mir erträumt den himmel in dir 00; auf herzbreite nah 04, beides Lyr. (Red.)

Hain, Bruno; Rottstr. 13, D-67459 Böhl-Iggelheim, Tel. (0 63 24) 7 87 52, *brunohain@freenet.de* (* Ludwigshafen 24. 9. 54). Literar. Verein d. Pfalz; Pr. d. Emichsburg 89, mehrf. Pr.tr. b. Mundartdichterwettstreit Bockenheim; Lyr., Prosa, Dramatik, Mundart. – **V:** Erstausgaben Pfälzer Mundartdichtung, Bibliogr. 85;

O du moi goldischie Krott!, G. 89; De erschte Schmatz om rechte Platz, Lustsp. 90; De Hallberger, Stück 91; S Hohe Lied vum Käänisch Salomo, Nachdicht. 91; Dod un Deiwel!, G. 91; Reiterlud, Volksst. in Pfälzer Mda. 91; Schampus un Blabla, G. 91; De Weiwerbrote vun Berghause, Spiel 92; Schluck fer Schluck, G. 93; Stadt Namelos, G. 93; Gettergeschenke, G. 93; Ich, net ich, Mda.-Haiku 93; Zwische geschtern un morje, Mda.-Texte 93; Der Bildhauer Georg Gehring (1920–1991). Leben u. Werk 93; Häämet, G. 94; Buchstaweblume, G. 95; De bocksbäänisch Parre, Volksst. in Pfälzer Mda. 96; Domschattegewächse, G. 97; Ich schenk Der e Ros, G. in Pälzer Mda. 97; Okdower, G. 97; 'S Tonnebäämel 98; Hinkel – Lamento, G. 99; De Goldene Hut, Volksst. in Pfälzer Mda. 00; Maria Erhardin, G. 00; Zwische de Welte, G. 00; MenschMensch, G.-Zyklen 00; Palzwoi-Räp, G. 00; Aufregung im Himmel, Weihnachtssp. 01; Pälzer Stroofgesetzbuch, G. 02; 7 Gedichte 03; 's Vermächtnis. E Summerdags-Stück 06; Sproochlosigkeit sauft Gläser leer, G. 06; uf m weg. die passion in pfälzer mundartgedichte 07. – **MV:** Zauberzauber Simsalabim 06. – **MA:** Es gibt sie doch die Elwedritsche 83; Iggelheim. Ein Dorf u. seine Geschichte 91; Bosener Tageb. 93; Mundart modern 93; Die Weihnachtsgeschichte in dt. Dialekten 93; handgeschrieben 94; Mund-Art II 94; Gestern wird meine Zukunft morgen 94; will dich festhalten ... 95; Heimat. Mundart modern II 95; Klopfholz, Zwiebelfisch & Fliegenkopf 96; 1 plus 1. 11 Begegnungen v. Lit. u. Kunst 96; Abrakadabra an Casablanca 98; Sternenträume 99; Die Seele wird nie satt 00; Der Karpfen ist noch lange nicht blau 02; Damit d. Alphabet nicht vor d. Hunde geht 04. – **H:** Martin Greif: Fremd in der Heimat, ausgew. G. 84; Ludwig Hartmann: De Unkel aus Amerika, Erz. 86; Neies Läwe 92; Poetisches Friehjohr 00. – **MH:** Anna Croissant-Rust: Geschichten, m. Rolf Paulus 87; Pälzisch vun hiwwe un driwwe, 2 Bde 91/92; Im Kerzenschei(n), G. u. Geschn. 92; Durch s ganze Johr, G. u. Geschn. 93; Do sin mer dehääm, Mda. 93, alle m. Rudolf Lehr. (Red.)

Hainau, Wolfgang s. Kruse-Seefeld, Matthias-Werner

Hainer, Georg (eigtl. Jürgen Weller); Lessingstr. 8, D-57074 Siegen, Tel. (02 71) 33 46 40, Fax 33 15 90, *www.buch-juwel.de* (* Siegen 48). Lyr., Heimatlit., Sachb. – **V:** Ferne Träume Brücken suchend, Lyr. 80; Wo Riewekooche auf den Bäumen wachsen, Lyr. u. Erzn. 02, 06; Im Bäckel-Backes-Hausbergland, Lyr. u. Erzn. 03, 06; Emmer det Krönche em Kopp, Lyr. u. Erzn. 04, 06; Wo Eisen in den Bergen liegt, Lyr. u. Erzn. 05, 06; Fachwerk, Mäckes, Heimatzauber 07; – mehrere Sachbücher.

Hair, Charly s. Riha, Karl

Hajak, Eva-Johanna (Ps. Esther Reimeva) (* Breslau 9. 11. 25). VS 71; Kinder- u. Jugendb., Erwachsenenbuch. – **V:** Mein kunterbuntes Märchenbuch 62; Goldlöckchens Reise 62; Klein-Eva 63; Die lustigen Zwei 64; Goldlöckchen wandert in die weite Welt 64; Susi unser Sonnenschein, Kdb. 66; Das kleine Tierparadies, Kdb. 68; Seppel, das Schulpferdchen 70; Florian das Eselchen, Kdb. 71; Alle meine Puppenkinder 73; Stiefelchens Sieg 74; Stoepsel, du bist eine Wucht 74, Tb. 79; Was ist los mit Stefan 76, 79 (auch finn.); Die Neue 76; Suscha und die Fünf 77; Bei Krummborns geht's drunter u. drüber, Tb. f. Kinder 77; Das wiedergefundene Glück, Erz. f. Kinder 77; Ein Weg im April, Erz. f. Erwachsene 77; Tim m. d. Lederhose, Tb. f. Kinder 78; Ein blankes Fünfmarkstück, Erz. f. Kinder 79; Gebogene Zuversicht, Tb. f. Erwachsene 80; Wenn Gott die Segel setzt, Erz. f. Jgdl. u. Erwachsene 81; Bongo, wo bist du? 83; Amei bringt das schon in Ordnung 86; Dem

Weihnachtslicht entgegen 91; Wer zieht schon an Silvester um 92. – **MV:** Wir Gotteskinder 59, 62; Wir bleiben treu 61; Geschichten für unsere Kleinen 61; Unsere kleinen Freunde 68; Wir bleiben auf der Spur 72, 80 (auch port.); Drei Mädchen um Markus 76; Die stillen Brückenbauer, Erz. f. Erwachsene 77; Kinder Israels, Tb. f. Kinder 77; Belauschtes Leben f. Erwachsene, Erz. 78; Bei uns geht's rund, Tb. f. Kinder 79; Erweist euch in der Sendung, Tb. f. Erwachsene 83; Nächstenliebe inbegriffen, Kurzgeschn. u. G. 84; Als Familie durch dick und dünn 89, alle m. Christa-Maria Ohles. – **MH:** Wir lesen, basteln, spielen 76; Gott, unser Vater, Text u. Melodie, m. Christa-Maria Ohles; Der Singvogel, beides Erzn.; Kommt und laßt uns Christum ehren, Erz. f. Erwachsene 81. (Red.)

Hajdin, Gabriele (Aisha); Grinzinger Str 123–131, A-1190 Wien, Tel. (01) 9 25 74 48, *model.aisha@leric. net, www.aisha.leric.net* (* Wien). – **V:** Willkommen in der Hölle, Autobiogr. 06.

Hajek, Katja, Schriftst.; Hohenzollernstr. 8, App. 501, D-70178 Stuttgart, Tel. (07 11) 65 49 43 (* Essen 12. 5. 21). VS, Stuttgarter Schriftst.haus e.V.; Forum Lit.pr. Ludwigsburg 04, Peter-Valentin-Pr. Ludwigsburg; Lyr., Prosa, Märchen. – **V:** Affiche 61; Geädert in deinen Händen 74; Tagträume rütteln sich 92; Über alle buntbekieselte Straßen 98; Die Tränke meiner Farben 99; Rutsch nicht auf meinen Tränen aus, G. 01; Es klopft Anna Wach auf Anna, G.; Hier bin ich Ich bin, G. u. lyr. Prosa 04. – **MA:** Transit 56; Irdene Schale 60; Lyrik aus dieser Zeit 61, 63/64; Rhinozeros 6, 7 62, 10 65; Das Schönste Nr. 10 62; Keine Zeit für Liebe 64; Lyrik 3 Thema Frieden 67; Poeten beten 69; Slowo i Gest 76; Dabei 76; Annäherungsversuche ans Glück 78; Schnittlinien für hap Grieshaber 78; Stuttgarter Bundschuh Nr. 6 84; Tag und Nachtgedanken 87; Stuttgarter Lesebuch 89; Stuttgarter Schriftstellerhaus 91; Eremitage 1–15 01ff.

Hajku s. Kugler, Hans Jürgen

Hala, Melchior s. Lange, Moritz Wulf

Halb, Helmut (tumleh), LKW-Fahrer; Nr. 28, A-8384 Minihof-Liebau, Tel. (0 33 29) 22 32, Fax 2 23 24, *helmut.halb@utanet.at, www.helmut-halb.at* (* Feldbach 2. 1. 62). Lyr. – **V:** Gedichte, die zu Herzen gehen 1 02, 2 03; Auskunft Himmelspforte? 04, alles Lyr. – **MA:** G. in mehreren Anth. seit 02. – **R:** Lesungen b. Ö3-Radio u. Antenne Steiermark.

Halbach, Robert s. Kramer, Bernd

Halbe-Bauer, Ulrike (geb. Ulrike Bauer), Lehrerin, Übers.; Lerchenstr. 17, D-79104 Freiburg/Br., Tel. (07 61) 28 76 63 (* Warendorf 14. 10. 49). Lit.forum Südwest Freiburg; Hist. Rom., Übers., Hörbild. Ue: engl. – **V:** Propheten im Dunkel, Erz. 84, 3. überarb. Aufl. 96, Neuaufl. u. d. T.: Kunne, die Magd 05 (auch ndl.); Paracelsus, verachtet, gefeiert, verjagt, R. 92; Mein Agnes. Die Frau des Malers Albrecht Dürer, R. 96, Tb. 02, 3. Aufl. 07 (auch estn.); Olympia Morata. Das Mädchen aus Ferrara, R. 04; Margarete Steiff. „Ich gebe, was ich kann“, R. 07, 3. Aufl. 08. – **P:** Hörbilder f.: Albrecht-Dürer-Haus, Nürnberg 98, 02; Tucherschloss 03. – **MUe:** J.C. George: The Talking Earth u. d. T.: Stimme aus den großen Sümpfen, m. Manfred Halbe 85. – *Lit:* www.nrw-literatur-im-netz.de.

Halberstadt, Joachim (eigtl. Hans-Joachim Witte), Lehrer; c/o Karin Fischer Verlag, Aachen (* Kroppenstedt 13. 2. 48). – **V:** Mein Herz braucht Zärtlichkeit, R. 08.

Halbow, Karl Milton s. Milton, Karl

Haldrup, Ole s. Happle, Rudolf

Hale s. Göltenboth, Dieter

Halenta, Brigitte, Dipl.-Psych.; Grillenweg 17, D-23562 Lübeck, Tel. (04 51) 5 02 22 17, Fax 5 02 22 16, *halenta@diebreitederzeit.de, www.dieBreitederZeit. de, www.literatur-aus-luebeck.de* (* Frankfurt/Main 1. 3. 37). Lübecker Autorenkr. 06; Förderpr. d. MSH 00, Pr. b. schweizer Schreibwettbew. „Ü 70“ 08. – **V:** Die Breite der Zeit, R. 07.

Halfar, Wolfgang (Ps. Wolfgang Gotländer), ObStudR., Doz. f. Kunst- u. Baugesch. an d. Akad. f. Holzbau Kassel; Südstr. 11, D-34466 Wolfhagen, Tel. (0 56 92) 23 41 (* Gleiwitz 7. 9. 25). Kulturpr. d. Stadt Wolfhagen, BVK am Bande. – **V:** Gotland. Glück u. Unglück einer Insel 66, 80; Der Salzfahrer, autobiogr. R. 07.

Halfbrodt, Michael; Teutoburger Str. 91, D-33607 Bielefeld, Tel. (05 21) 17 83 55, *raoulmesmer@gmx.de* (* Landshut 17. 4. 58). VS. Ue: frz, engl. – **V:** drinnen & draußen 02. – **MV:** Die Wirklichkeit zerreißen wie einen mißlungenen Schnappschuß, m. Ralf Burnicki, Lyr. 00. – **Ue:** Louis Mercier Vega: Reisende ohne Namen, R. 97; Michael Barkunin: Die revolutionäre Frage, Ess. 00. (Red.)

Halfpape, Mathias s. Strunk, Heinz

Halink, Charlotte (Charlotte G. Hölling) c/o Escritor-Verlag G. Hölling, Berliner Str. 7, D-65232 Taunusstein, Tel. u. Fax (0 61 28) 24 73 97, *charlottehalink@ t-online.de, www.escritor-verlag.de* (* Osterbrock/Krs. Meppen 27. 10. 50). Autoreninitiative Wiesbaden (Initiatorin); Rom., Erz., Sachb. – **V:** Begegnungen in Indien und Nepal, Reiseber. 95; Schwierige Pferde – Schwierige Menschen, Erz. 95; Traumreisen, esoter. Erzn. 89; Pferde – und was sonst noch zählt, R. 01; Der Wagen. Ein Hauch von Kriminalroman 02; Drei Schwerter – Reiseerzählung 06; Himmelblaue Faszination, Bildbd 06; mehrere Sachbücher. – **MV:** u. H: Aufbruch in die Vergangenheit, 3 psychol. Fallbsp., m. P.G. Schmitt u. M. Muth 04. – **MA:** W. Kiefl (Hrsg.): Kontaktaufnahme 01. – **H:** u. MA: Das Gottesgen 99; Winter und Weihnacht, Anth. 00; (Un)Merkliche Veränderung, Ess. 03; Frauen auf Reisen, Anth. 03; Froschparade, Anth. 03. – *Lit:* s. auch SK. (Red.)

Hall, J. s. Kehl, Wolfgang

Hallas, Bibi *

Hallbauer, Christine, Lehrerin i. R.; Telgter Str. 34, D-48324 Sendenhorst, Tel. (0 25 26) 26 05 (* Breslau 17. 6. 37). Haiku-Gruppe Ahlen. – **V:** Auf Schmetterlingsflügeln. Worte u. Bilder 02. (Red.)

Hallbauer, Marion, Erzieherin, Grafikerin, Webmistress; Niedercrienitzer Str. 8, D-08107 Kirchberg/ Sa., Tel. (0 37 6 02) 6 41 84, *Marion-Hallbauer@gmx. de, www.lieder-in-bildern.de* (* Zwickau 15. 1. 57). Lyr., Kurzprosa. – **V:** In dieser kalten Zeit, G. u. Grafiken 03. – **MA:** Rabenmütter sind, das ist schwer 04. (Red.)

Haller, Christian, Dipl.-Biologe; Laufengasse 27, CH-5080 Laufenburg, Tel. (0 62) 8 74 01 07, *info @christianhaller.ch, www.christianhaller.ch* (* Brugg 28. 2. 43). P.E.N. AdS; Förd.beitr. d. Aargauer Kuratoriums 01, Werkjahr d. Stadt Zürich 01, Aargauer Lit.pr. 06, Pr. d. Schweizer. Schillerstift. 07; Prosa, Lyr., Dramatik. Ue: rum. – **V:** Die Hälfte der Träume und andere Geschichten 80; Prinz Ramins Baum 84; Götterspiele 87 (auch rum.); Strandgut, R. 91, 02; Leben, Sch. 92; Der Brief ans Meer, R. 95; Kopfüberland oder die Reise zu den Bäumen, Gesch. 96; Das Fernsehen ist ein schlechter Priester 98; Die verschluckte Musik, R. 01, 08 (rum.); Das schwarze Eisen 04; Die Besseren Zeiten, R. 06, 08 (rum.); Die Trilogie des Erinnerns, R. 08; Am Rand von allem, R. 08.

Haller

Haller, Elmar C. s. Soller, Arist

Haller, Friedrich, Dr.; Glockenstr. 29, D-53844 Troisdorf, Tel. (02 28) 45 69 83, *www.haller-verlag.de* (* Siegburg 23. 4. 45). Nietzsche-Kr. Bonn 80; Lyr., Erz. Ue: engl, altägypt. – **V:** Italienisches Vorspiel 83; Geöffnete Tiefe, G. 92; Sonnentanz, G. 99; Bärennovelle 01. – **Ue:** Sankt-Agnes-Abend u. a. englischspr. Lyrik 05; Papyrus Berlin 3024. I: Der Lebensmüde 04, II: Die Hirtengeschichte 07, jeweils Erz.

Haller, Gerta. – **V:** Im Maul des Kamels, Texte, G., Grafik 99. (Red.)

Haller, Helga s. Lieb, Helga

Haller, Maria-Catherine, Studienbeauftragte i. R.; 6 Blvd Pierre Dupong, L-1430 Luxembourg, Tel. (0 03 52) 26 44 05 19 (* Echternach/Lux. 24. 11. 22). Luxemburger S.V.; Nov., Erz., Kurzerz., Ess. – **V:** Ce passé très présent, Souvenirs d'Echternach 82; Sur le Chemin de Saint-Jacques 84; Menschen, Möwen und Wilder Lavendel, Erzn. 86; mehrere frz.spr. Veröff. – **MA:** dt. u. frz. Ess. u. Erzn. in lit. Zss. (Red.)

Haller, Michael s. Barthel, Manfred

Haller, Rolf s. Schmidt, Lothar

Haller-Martin, Christine; Trens 130, I-39040 Trens, Tel. (04 72) 64 75 34. – **V:** Sommergarten oder Nachdenken über die Zeit, Erz. 99; Blätter im Wind, Lyr. 00. (Red.)

Hallervorden, Dieter, Schauspieler, Kabarettist; c/o „Die Wühlmäuse", Pommernallee 2–4, D-14052 Berlin, Tel. (0 30) 30 67 30 11, *www.dieter-hallervorden. de* (* Dessau 5. 9. 35). Kabarett. – **V:** Non stop Nonsens 79, 2. Aufl. u. d. T.: Witzige Sketche zum Nachspielen 86; Die Kuh Elsa. Und andere witzige Sketche zum Nachspielen 92; Der Dichter und die Brombeeruhr, Kurzgeschn. 94; Wer immer schmunzelnd sich bemüht ..., Autobiogr. 05. – **MV:** Anleitung zum Verführen einer weiblichen Person, basierend auf dem immensen Erfahrungsschatz eines blendend aussehenden Mannes namens Dieter Hallervorden, m. R. Gregan, Leporello 76. – **H:** Worüber ick mir schieflache 83. (Red.)

Hallier, Hans-Joachim, Dr. iur., Botschafter a. D.; Eifelblick 11, D-53619 Rheinbreitbach, Tel. (0 22 24) 59 31, Fax 7 01 83, *poreta91@aol.com* (* Offenbach/ Main 25. 4. 30). Erz. – **V:** Zwischen Fernost und Vatikan, Autobiogr. 99; Das Dorf. Eine mecklenburgische Chronik, Erz. 01.

Hallig, Christian, Dr. phil., Fernsehred.; Rathausstr. 12, D-82031 Grünwald, Tel. (0 89) 6 41 20 96 (* Dresden 30. 8. 09). Filmb., Rom., Fernsehdramaturgie. – **V:** Kriminalkommissar Eyck, R. 40. – **F:** Gewitterflug zu Claudia; War es der im dritten Stock?; Fräulein; Heimatland; Kriminalkommissar Eyck; Das Geheimnis des Hohen Falken 49. (Red.)

Halsband, William s. Beilharz, Johannes

Halter, Erika s. Burkart, Erika

Halter, Ernst, Dr. phil.; Althäusern, Haus Kapf, Kapfstr. 24, CH-5628 Aristau, Tel. (0 56) 6 64 48 68, Fax 6 64 28 68 (* Zofingen 12. 4. 38). Pr. d. Schweiz. Schillerstift. 76, Aargauer Lit.pr. 00; Lyr., Nov., Rom., Ess., Übers. Ue: agr. ital. – **V:** Die unvollkommenen Häscher, G. 70; Die Modelleisenbahn, Erzn. 72; Einschlüsse, Texte 73; Urwil (AG), R. 75, 79 (russ.); Die silberne Nacht, R. 77; Die Spinne u. d. Spieler, R. 85; Das Buch Mara, R. 88; Aschermittwoch, G. 90; Irrlicht, R. 95; Die Stimme des Atems, Erinn. 03; Über Land, Aufzeichn., Erinn. 07. – **MV:** Das verborgene Haus, m. Erika Burkart u. Fotogr. v. Alois Lang 08. – **B:** H. Sigg: Abenteuer Dampflok 77. – **MA:** Dreitausend Jahre griechische Dichtung 71; Gut zum Druck 72; Erkundungen 74; Ugo Foscolo: Letzte Briefe des Jacopo Ortis, darin:

Von den Gräbern (übers.) 89. – **H:** Und es wird Montag werden. Kurzgeschn. Beruf/Arbeitswelt 80; Davos. Profil e. Phänomens 94, 2. Aufl. 97; Heidi. Karrieren einer Figur 01; Das Jahrhundert der Italiener in der Schweiz 03. – **P:** Die Modelleisenbahn, Tonbd 80.

Halter, Jürg (als Mundartrapper: Kutti MC), Dichter u. Perfomance Poet; Bern, *info@juerghalter.com, www. art-21.ch/halter/* (* Bern 23. 6. 80). Buchpr. d. Kt. Bern 05, Buchpr. d. Stadt Bern 05, Stip. d. LCB 07, u. a. – **V:** Ich habe die Welt berührt, G. 05; Nichts, das mich hält, G. 08. – **MA:** Anth. u. a.: Natürlich die Schweizer! 02; Poetry-Slam, Jb. 2002/03 u. 2003/04; Musiklesebuch – Taktlos 07; Lyrik vor Jetzt 2 08; – Lit.zss.: art.21-zeitdruck; ndl; Zwischen den Zeilen; Manuskripte; Volltext; Allmende; Passagen, u. a.; – Texte u. a. für: Das Magazin; Der Bund; Basler Ztg; Berner Ztg. – **P:** Jugend & Kultur 05; Dark Angel 06; Aber heute ist der Tag, an dem ich nicht mehr als sprechen will, Spoken-Word-Hörb. 07, alles CDs. (Red.)

Haltmair, Barbara (geb. Barbara Geisler), Heimatschriftst.; Kirchberg-Str. 21, D-83607 Holzkirchen-Großhartpenning, Tel. (0 80 24) 76 59 (* Großhartpenning 5. 3. 32). Schmeller-Med.; Erz., Rom. – **V:** Kind sein in Hartpenning 89; Dank Dir schön 95; Grad mit Fleiss 96, alles Erzn.; Mein geliebter Jennerwein, R. 97; Da schau her, Erzn. 98 (auch Tonkass.); Ein schöner Gruß, Erzn. 99 (auch Tonkass.). – **MA:** ca. 100 Beitr. in: Dorfschreiberbuch, Bd 1–6. – **R:** Ausschnitte aus den Dorfschreiberbüchern; Vom Barbaratag bis Heiligabend. – **P:** Vom Barbaratag bis Heiligabend, Erzn., CD u. Tonkass. 98. (Red.)

Halverscheid, Judith (eigtl. Judith Pinnow), Autorin, Schauspielerin; c/o Agentur Breilmann, Toppenstedter Kirchweg 11, D-21376 Salzhausen, *youdid26@ hotmail.com* (* Tübingen 11. 3. 73). Erz. – **V:** Mäuschen und Maulwurf gegen die Langeweile, Erz. 97; Mäuschen und Maulwurf wollen zum Meer, Erz. 99; Warum steh ich immer in der falschen Schlange?, Humor 00. (Red.)

Halw, Bruno, pens. Berufssoldat; Kolpingstr. 16, D-86825 Bad Wörishofen, Tel. (0 82 47) 3 28 33 (* Pensa/ Rußland 19. 9. 17). – **V:** Berlin – Sibirien und zurück, autobiogr. Erz. 02; Der Hof an der Grenze, R. 02; Die Jugendjahre der Katharina Friedrich, R. 04; Das stille Glück, R. 04; Heimkehr aus Kasan 06 (noch nicht veröff.)

Hamann, Brigitte (geb. Brigitte Deitert), Dr. phil., Historikerin; Tallesbrunngasse 8, A-1190 Wien, Tel. (01) 3 20 21 16, *hamannb@teleweb.at* (* Essen 26. 7. 40). P.E.N.-Club 80; Heinrich-Drimmel-Pr. 78, Comisso-Pr., Treviso 83, Donauland-Sachbuchpr. 86, Gold. Verd.zeichen d. Stadt Wien 90, Anton-Wildgans-Pr. 95, Bruno-Kreisky-Pr. 98, Lit.pr. d. Stadt Bad Wurzach 98, Ernst-Robert-Curtius-Pr. 03, Pr. d. Stadt Wien f. Publizistik 04; Biogr., Hist. Edition, Film, Kinderb., Wiss. Aufsatz, Fernsehsp., Polit. Buch. – **V:** Rudolf. Kronprinz u. Rebell 78; Elisabeth. Kaiserin wider Willen 81; Ein Herz und viele Kronen. Das Leben d. Kaiserin Maria Theresia, Kindersachb. 85; Bertha von Suttner. Ein Leben für d. Frieden 86; Nichts als Musik im Kopf. Das Leben d. Wolfgang Amadeus Mozart, Kindersachb. 90; Meine liebe gute Freundin! 92; Hitlers Wien 96, 8. Aufl. 98; Winifred Wagner oder Hitlers Bayreuth 02; Die Familie Wagner 05; Mozart. Sein Leben u. seine Zeit 06, u. a. – **MA:** zahlr. wiss. Aufss. in hist. Zss. – **H:** Kronprinz Rudolf: „Majestät, ich warne Sie ...". Geheime u. private Schriften 79, u. d. T.: Schriften 81; Mit Kaiser Max in Mexiko 83; Kaiserin Elisabeth: Das poetische Tagebuch 84 (auch frz.); Die Habsburger. Ein biogr. Lex. 88; Meine liebe gute Freundin! Die Briefe Kaiser Franz Josephs an Katharina Schratt 92, u. a. – **R:** Sissi, Fs.-Dok.; Bertha von Suttner, Fsf., u. a. (Red.)

Hamann, Christof, Dr. phil., Lit. wiss.; Mozartstr. 8, D-42697 Solingen, Tel. (02 12) 2 33 56 83, *christof. hamann@web.de* (* Überlingen 4. 7. 66). Stip. d. Stift. Kulturaustausch NL-Dtld, Stip. d. Kunststift. Bad.- Württ. 01, Ahrenshoop-Stip. Stift. Kulturfonds 02, Förd.pr. d. Ldes NRW 02, Debütpr. d. Buddenbrookhauses 03, Stip. d. Kunststift. NRW 04, Stip. Künstlerdorf Schöppingen 07, u. a. – **V:** Seegefrörne, R. 01; Grenzen der Metropole. New York in d. dt.sprachigen Gegenwartslit. 01; Fester, R. 03; Usambara, R. 07. – **H:** Das komische Ding mit dem Rad, Anth. 01; Laufschrift, Anth. (Red.)

Hamann, René, freier Autor, Journalist u. Übers.; Waldemarstr. 39, D-10999 Berlin, *hamann@forumder-13.de* (* Solingen 23. 8. 71). Forum der 13; Pr. f. Lyr. d. Kulturamts Berlin-Pankow 03, Arb.stip. d. Berliner Senats 05; Rom., Lyr., Erz., Dramatik, Hörsp. Ue: engl, ndl, frz. – **V:** Katalan, G. 02; Neue Kokons, G. 03; Das Mädchen und die Stadt, Erz. 04; Schaum für immer, R. 07. – **MA:** zahlr. Beitr. in Lit.zss. seit 95, u. a.: Manuskripte; ndl; Edit; Das Gedicht; zahlr. Beitr. in Anth. seit 99, u. a.: Jb. d. Lyr. 99, 01; Von Sinnen 01; Lyrik von Jetzt 03. (Red.)

Hamann, Shobha C., M. A., Lebens- u. Sozialberaterin in freier Praxis, Sozialpäd.; Stiller Graben 2, A-7461 Stadtschlaining, Tel. (06 64) 4 04 90 36, *shobha@adis. at, www.adis.at/shobha* (* Heidelberg 27. 12. 49). Märchen, Autobiogr. Text. Ue: engl. – **MV:** Die goldenen Pferdeäpfel, m. Fini Zirkovich-Tury 01. – **MH:** Wintermärchen und Weihnachtsgeschichten, m. Fini Zirkovich-Tury 04 (auch Mitarb.). (Red.)

Hambach, Birgit (Birgit Hambach-Uldall), Dr. med.; Fördestr. 2–4, D-24960 Glücksburg, Tel. (0 46 31) 4 95 06, *www.autorengruppecolibri.de* (* Berlin 15. 9. 29). NordBuch 97, VS 99, Euterpe e.V. 99, Autorengr. Colibri 01, VG Wort 03, VS Schlesw.-Holst. 03; Erz., Lyr., Ess., Hörsp. – **V:** Angeliter Sommersprossen, Erz. 86; Hellemann, der von der Geest, N. 93, 01; An Flensburgs Förde, Erzn., 2 Bde 01/02, 05; Selbst wenn der eine sich irrt, Erz. 05. – **MV:** Mutti, erzähl mir was, Bilderleseb., m. H. Busch-Alsen 78. – **MA:** Mörderisches Flensburg 97; Verliebt in Flensburg 98; Fundstücke, Jb. 01–05; Poetische Landschaften 01; Poetische Porträts 05; Grenzgeschichten/Graensehistorier 04; Dt. Volkskalender Nordschleswig 04; Mit eigenen Augen 06, alles Anth. – **H:** Wilhelm C. Hambach: Als Vater Soldat war, G. 76; ders.: Gedanken und Kantilenen, G. 78; ders.: Die Priesterin vom Lustrafjord, Erz. 85; Henry Faulk: Pilgerfahrt nach Lourdes, Erz. 85. – *Lit:* Helena Paszel: Frauenleben in zwei Kulturen d. dt.-dän. Grenzstadt Flensburg, Diplomarb. 05. (Red.)

Hamber, Thomas (Ps. f. Thomas Feick); *Thomas. Hamber@web.de, www.herbstschnee.de* (* Hamburg 11. 7. 57). – **V:** Herbstschnee, R. 06.

Hamburger, Martin, Schriftst., Kabarettist; Josefstr. 119, CH-8005 Zürich, Tel. u. Fax (01) 2 73 39 83, *martinham@freesurf.ch, www.martinhamburger.ch* (* St. Gallen 23. 10. 51). SSV 83, jetzt AdS; Anerkenn.pr. d. Stadt St. Gallen 83, Conrad-Ferdinand-Meyer-Pr. 87, Werkjahr d. Pro Helvetia 87, Werkbeitr. d. Pro Helvetia 00, Werkbeitr. d. Kt. Zürich 03; Erz., Drama, Lyr., Kabarett. – **V:** Nachtzug, Einakter, UA 78; Nachtzug. Die Reise. Fahrlässigkeit, drei Einakter 79; Romantik der Kälte, G. 82; Duck dich, Kabarett, UA 82; Sinn & Sax, Kabarett, UA 84; Meinen Sie mich?, Geschn. 86; Das Wunder der Lüge, Kabarett, UA 89; Herzinfarx, Kabarett, UA 92; Mogelsbad, Kabarett, UA 95; Mut. Anfälle. New York, Erzn. 99. – **MA:** Kurzwaren 3 77; Die skeptische Landschaft 88; 35-Zeilen Geschichten 89; Es sind alle so nett 93; Alpenkrokodile, Hsp. 96. (Red.)

†**Hamburger,** Michael, Dr. phil. h. c., Schriftst., Litt. D., O. B. E.; lebte in Saxmundham/GB (* Berlin 22. 3. 24, † Suffolk 7. 6. 07). ehem. Mitgl. P.E.N.-Club, Akad. d. Künste Berlin, Dt. Akad. f. Spr. u. Dicht., Bayer. Akad. d. Schönen Künste München, Royal Soc. of Lit. London, Hölderlin-Ges., Hofmannsthal-Ges.; Bollingen Found. Fellowship New York 59–61, 65–66, Übers.pr. d. Kulturkr. im BDI 63, Übers.pr. d. Dt. Akad. f. Spr. u. Dicht. 64, Übers.pr. d. Arts Council of Great Britain 67, Leveson-Pr. f. Poetry Chicago 69, Inter Nationes Bonn 76, Goldmed. d. Inst. of Linguists London 77, Schlegel-Tieck-Prize London 78, Wilhelm-Heinse-Pr. 78, Goethe-Med. in Gold 86, Europ. Übers.pr. 90, Friedrich-Hölderlin-Pr. d. Stadt Homburg 91, Petrarca-Pr. 92, O.B.E. 92, Cholmondeley Award for Poetry 00, Horst-Bienek-Pr. f. Lyrik 01; Lyr., Ess., Übers., Memoiren. Ue: engl, frz, ital. – **V:** Hugo von Hofmannsthal: Zwei Studien 64; Zwischen den Sprachen, Ess. u. G. 66; Vernunft und Rebellion, Aufss. 69, Tb. 74; Die Dialektik der Modernen Lyrik, Lit.kritik 72; Gedichte, zweispr. 76; Literarische Erfahrungen, Aufss. 81; Heimgekommen, G. 84; Wahrheit und Poesie 85; Witterungen, G. 89; Das Überleben der Lyrik 93; Die Erde in ihrem langen langsamen Traum, G. 94; Baumgedichte 95; Unteilbar. Gedichte aus sechs Jahrzehnten 97; Das Überleben der Erde, G. 99; In einer kalten Jahreszeit, G. 00; Aus einem Tagebuch der Nichtereignisse, G. engl.-dt. 04; Unterhaltungen mit der Muse des Alters, G. 04; Peter Waterhouse: Die Nicht-Anschauung, m. CD: ... neu geträumt zu werden..., Gedichte von M.H. (zweispr.) 05; Pro Domo. Selbstauskünfte, Rückblicke u. a. Prosa (hrsg. v. Iain Galbraith) 07; – mehrere Gedichtbände u. lit.krit. Werke sowie ein Buch Memoiren in England u. Dtld (insges. etwa 150 Bücher in engl. Sprache; ständig Neuaufl., oftmals erweitert). – **MV:** Johannes Bobrowski/M.H.: Jedes Gedicht ist das letzte, Briefwechsel (hrsg. v. Jochen Meyer) 05. – **MA:** Beitr. in zahlr. dt. Sammelbänden u. Zss., u. a. in: Ausgew. Gedichte Brechts m. Interpretationen. – **H:** Jesse Thoor: Das Werk (eingel. u. hrsg.) 65. – **R:** Hölderlin, Hsp. (auch engl.). – **Ue:** Friedrich Hölderlin: Gedichte und Fragmente 94; Paul Celan: Gedichte 95. – *Lit:* S. Berger: Übersetzungskrit. Stud. zu M.H.s Übertrag. d. Gedichte v. Fr. Hölderlin 77/78; Kapitel üb. d. Lyrik M.H.s in 50 Modern British Poets 79; Ralf Seutter (Zusstellg): Bibliogr. d. Veröff. bis 88, in: Comparative Criticism, Vol. 10 88; Walter Eckel u. a. (Hrsg.): M.H. – Dichter u. Übersetzer. Beiträge d. M.H.-Sympos., Heidelberg 3./4.6.1987 89; Walter Eckel: Von Berlin nach Suffolk. Die Lyrik M.H.s 91; Matthias Müller-Wieferig: Jenseits d. Gegensätze. Die Lyrik M.H.s 91; Enno Ruge: After-comers cannot guess the beauty been oder Lassen sich Gedichte verpflanzen?, Mag.arb. Univ. Heidelberg; Eckhart Querner: Sprachwechsel u. Identitätsproblematik bei M.H. u. C.A. Goldschmidt 93; Peter Waterhouse: Die Nicht-Anschauung. Versuche über d. Dichtung v. M.H. 05; Fs.-Porträt v. Frank Wierke (Unna) 06.

Hamdorf, Titus David; Liebermannstr. 190, D-13088 Berlin, Tel. (0 30) 61 28 72 44, Fax 61 28 77 37, *titushamdorf@web.de*. Loft 77, Manteuffelstr. 77, D-10999 Berlin (* Berlin 8. 9. 69). VG Wort 04; Rom., Erz. – **V:** Spucke, R. 04. (Red.)

Hamelbeck, Helga (geb. Helga Radermacher), Volksschullehrerin i. R.; Viehauser Berg 110, D-45239 Essen, Tel. (02 01) 40 15 81, *hamelbeck-essen*

Hamfler

@t-online.de (* Essen 9. 2. 35). Lit.werkstatt Essen 83, FDA 01; Lyr.pr. d. Buchhandlung Grillo/Proust, Essen 07; Lyr., Erz. – **V:** In der Nähe des Augenblicks, Lyr. u. Prosa 03. – **MA:** Dem Krebs zum Trotz, Anth. 03; Mehrstimmig, Anth. 03; Beitr. in allen 9 Anth. d. Lit.werkstatt Essen seit 85. – **P:** Vortragsprogramme: Marie-Luise Kaschnitz; Karoline von Günderrode.

Hamfler, Peggy; c/o Literareon-Verlag, München (* Schkeuditz 6. 3. 88). Gedichteweb 01–05; 3. Pl. b. Poetry Slam in Ansbach, Mittelfranken; Lyr., Hörsp., Rom. – **V:** Jachmeii. Und das Wenige sind Sterne 06; Heiss ist der Mond 08; Über die Liebe II 08, alles Lyr. – **MA:** Bibliothek dt.sprachiger Gedichte 07; Lyriksammelbd Literaturpodium 08. – **P:** Heiss ist der Mond, Hörsp. 08; Über die Liebe II, Hörsp. 08.

Hamm, Peter, Red.; Am Höhenberg 27, D-82327 Tutzing, Tel. (0 81 58) 74 41 (* München 27. 2. 37). Dt. Akad. f. Spr. u. Dicht., z.Z. Vizepräs., Bayer. Akad. d. Schönen Künste; Förd.pr. z. Lessing-Pr. d. Stadt Hamburg 62, Adolf-Grimme-Pr. 78; Lyr., Lit.kritik, Ess., Filmdrehb., Film. Ue: schw. – **V:** 7 Gedichte 59; Der Balken, G. 81, Tb. 83; Welches Tier gehört zu dir? Eine poet. Arche Noah, errichtet v. P.H. 84, 87; Die verschwindende Welt, G. 85, 88; Den Traum bewahren, G. u. Ess. 89; Der Wille zur Ohnmacht, Ess. 92; In Gozo 95; Aus der Gegengeschichte, Ess. 97; Die Kunst des Unmöglichen oder Jedes Ding hat (mindestens) drei Seiten, Aufss. 07. – **MV:** Es leben die Illusionen, m. Peter Handke 06. – **MA:** Junge Lyrik 1956; Transit. Lyr. d. Jh.-Mitte 56; Expeditionen. Dt. Lyr. seit 1945 59; Panorama moderner Lyrik 60; Lyrik aus dieser Zeit 61; Vorzeichen 2: 9 neue dt. Autoren, eingef. v. Martin Walser 63; Opposition in d. Bundesrep. 68; Über Hans Magnus Enzensberger 70; Selbstanzeige. Schriftsteller im Gespräch 71; Über Peter Handke 72; Werkbuch über Tankred Dorst 74; Martin Walser Materialien 78; Was alles hat Platz in einem Gedicht? Aufss. z. dt. Lyr. seit 1965 77; Klassenlektüre 82; – Zss., u. a.: Merkur; Akzente; Konkret; – regelm. Lit.krit. für: Die Zeit; Der Spiegel; NZZ. – **H:** Artur Lundkvist: Gedichte (auch Mitübers.) 63; Aussichten. Junge Lyriker d. dt. Sprachraums 66; Kritik – von wem, für wen, wie? 68, 70 (auch span.); Christopher Caudwell: Bürgerliche Illusion und Wirklichkeit 71; Jesse Thoor: Gedichte 77; Robert Walser. Leben u. Werk 80; Kennst du das Land, wo die Zitronen blühn? Italien im dt. Gedicht 87. – **F:** Drehb. zu Volker Schlöndorffs „ Die Moral der Ruth Halbfass“ 72. – **R:** Protest in der Kunst 69; Gabriele Wohmann 70; Jakov Lind 70/71; Alfred Brendel, Pianist 72; Hanns Eisler 72/73; Verbotene Schönheit. Der Komponist Hans Werner Henze 77; „Der ich unter Menschen nicht leben kann“. Auf der Suche nach Ingeborg Bachmann 80; „Ich stehe immer noch vor der Tür des Lebens“. Robert Walser u. die Kunst d. Unterliegens 86; Im Labyrinth des Ich. Fernando Pessoa u. Portugal 88; Pier Paolo Pasolini, m. Karin Ehret, alles Fs.-Dok. – **MUe:** Licht hinterm Eis. Junge schwed. Lyr., m. Stig Gustav Schönberg 57; Die Kornblumen und die Städte. Tschech. Poesie unseres Jh., m. Elisabeth Borchers 62 (beide auch mithrsg.); Artur Lundkvist: Eine Windrose für Island 62. – *Lit:* Lothar Romain/Gotthard Schwarz (Hrsg.): Abschied von d. autoritären Demokratie? D. Bdesrep. im Übergang 70; Karl Heinz Bohrer: D. gefährdete Phantasie und. Surrealismus u. Terror 70; Walther Killy (Hrsg.): Literaturlex., Bd 4 89; LDGL 97; Magdalena Heuser in: KLG. (Red.)

Hammel, Hanspeter (Ps. -minu), Journalist; Birmannsgasse 16, CH-4055 Basel, *minu@minubasel.ch*, *www.minubasel.ch* (* Basel 16. 6. 47). Schweiz. Journalisten-Verb., P.E.N.-Club; Elsässer Regio-Pr. 80, Max-

Vischer-Pr. 81, Ehrenspalenberglemer, Zürcher Pressepr. 86; Nov., Ess. – **V:** ca. 100 Bücher, u.a.: Basler Mimpfeli, 12 Bde 72–88; A la Bernoise, N. 77; Bettmümpfeli, 10 Bde 84–89; Briefe aus Rom, 5 Bde 77–88; Kostüm-Geschichten 80; 52 Sonntagsrezepte 85; Kocht(k)öpfe, 4 Bde 86–92; Alltagsgeschichten, 8 Bde 91–98; Grüße aus Italien, 2 Bde 91, 93; Basel z'Nacht 92; Basler Bilder, 3 Bde 92–94; -minus Kuchizeedel 93; -minu's Tagebuch 94; Basler Geschichten, 2 Bde 95, 96; Fred Spillmann 95; Basel – Rom – Basel 97; Ein Koffer voll Sonnengeschichten 97; Arthur Cohn – der Mann mit den Träumen 98, erw. Neuaufl. 07; Etwas andere Weihnachtsgeschichten 04; -minu's Basler Küche 04; Olala Chocolat! 04; Der etwas andere Alltag 06; Goschdym-Kischte 07; Ein Mann trägt keine Diademe 08. – **MA:** zahlr. Glossen in: Basler Ztg, Baslerstab; weiterhin Glossen u. Repn. u. a. in: Sonntagsztg, NZZ am Sonntag, Tagesanzeiger, Weltwoche, Schweizer Illustrierte, 50plus. – **R:** „Kuchiklatsch“, Kochsendung m. Prominenten 02–07; „-minu's Monat“, TV-Mag. 08 (beide auf Tele Basel).

Hammel-Brun, Cécile, Textbearbeiterin u. Autorin (freischaffend); Karl-Völker-Str. 44b, CH-9435 Heerbrugg, Tel. (0 71) 7 22 96 83, *c.hammel@tiscalinet.ch* (* Au im St. Galler Rheintal 50). Rom., Lyr., Erz. – **V:** Zwischenlicht, R. 01; Dein Lächeln in meiner Seele, Erz. 02. (Red.)

Hammer, Frank, Sozialarb., Landtagsabgeordneter in Brandenburg; Birkenallee 77, D-15232 Frankfurt/O., Tel. (03 35) 5 00 34 58, *frank.hammer@t-online.de* (* Frankfurt/Oder 55). – **V:** Axt im Nadelkissen, Lyr. 02. (Red.)

Hammer, Gerhard, Dr. med., Hautarzt; Taubentränke 7, D-56626 Andernach, Tel. (0 26 32) 8 17 92. Lyr. Ue: frz, lat. – **V:** Auf einem Tuffpilz 01; Binnenlandschaften, Lyr. 02. – **MA:** Das Fließen des Lebens 03; Alm. dt.sprachiger Schriftsteller-Ärzte 04–06.

Hammer, Ines (geb. Ines Thiele), Schäferin, z.Zt. Protokollantin; Alte Ziegelei 6, D-06773 Rotta/OT Reuden, Tel. u. Fax (03 49 21) 2 16 37, *hammer.ines@gmx.de* (* Leipzig 9. 8. 67). Erz., Rom., Lyr. – **V:** Ein neues Auto, ein neues R. 99; Quer durch die Zeit, Lyr. u. Erzn. 03; Lebenswege, R. 05. – **MA:** Autoren-Werkstatt 71, Anth. 99; Das neue Gedicht 00; Kindheit im Gedicht 01. (Red.)

Hammer, Joachim Gunter, Mag. rer. nat., AHS-Lehrer f. Biol., Phys. u. Chem.; Nr. 111, A-8081 Edelstauden, Tel. (0 31 34) 20 03, *Joachim-Gunter.Hammer @gmx.at* (* Graz 9. 1. 50). IGAA 86, GAV, Dt. Haiku-Ges. bis 05, Lit.kr. Kapfenberg, Lit.kr. Lichtungen; Nachwuchsstip. d. BMfUK 75, Kulturpr. d. Stadt Kapfenberg 87, Lit.förd.pr. d. Stadt Graz 89, Anerkenn.pr. im Haiku-Wettbew. d. NIPPON 97, Arb.stip. d. Bdeskanzleramtes 07–08; Lyr., Haiku, Kurzprosa. – **V:** Karneval, Lyr. 79; Lurenbläser, G. 80; Verrückung, G. 83; WAHRnehmung, G. 86; Gedichte zur Wende eines dunklen Rückens 87; Vom Zuhause der Wörter, G. 87; Aschenlieb, G. 89; Scheinwerfer, G. 93; Der blaue Kürbis, Haiku, Senryu, Tanka 95; Noch grünt ein Rauschen, G. 95; Schattenspiele, G. 98; Dunkelrote Mischung, 17-Silber u. Tanka 01; Stranstwane po hrebet – Gratwandern 01 (ausgew. G. ins Bulg. übers.); Frostspanner, G. 03; Flöten gehen, G. 05; Finsternis Sonne Ich 06. – **MA:** Beitr. in zahlr. Anth., u. a.: Kapfenberger Anthologie 87; Spreng-Sätze 88; Unter der Wärme des Schnees 88; Jb. d. Lyrik 90, 93, 97; Das Haiku in Österreich 92; Höchste Eisenbahn 92; Hommage 92; Eine Brücke für den Frieden 94; Gaismair Kalender '94 94; Siebenzehntel 94; Übermalung der Finsternis 94; Haiku 1995 95; Ich + Ich sind zweierlei 95; Wer an der goldenen Brücke das Wort noch weiß 95; Menschen. Fresser 96; Pflücke die Sterne, Sultanim 96; Resonancias/Nachklänge 96; Väter 96; vater, mein vater... 96; Festes Froh 98; Flechten am Zaun 98; Haiku 1998 98; Liebe in den Zeiten der Marktwirtschaft 98; Lyrik in der Steiermark 1947–1997 98; Sex 98; Ohne Punkt & Komma 99; 10 Jahre Mauerfall 99; Wörter sind Wind in Wolken, Anth. 00; Das neue Gedicht 00, 02; dicht auf den versen 01; Ausgewählte Werke IV 01; Wieder schlägt man ins Kreuz die Haken 01; An Wolken angelegt 02; NordWestSüd-Ost 03; Auf den Weg schreiben 03; Grazer Tagebuch 04; Augen: Blicke – Schrift: Stücke 04; Ton_Satz 05; Landvermessung 05; 4handschreiben 05; zahlr. Beitr. in Lit.-Zss.

Hammer, Lena (Helene Hammer); c/o Edition Nordwindpress, Warnowstr. 17, D-19374 Hof Grabow (* Litauen 6. 6. 51). La Bohemina, internat. Lit.club 00; Polit. Lyr., Erz., Fernsehsp. – **V:** Ich stell' mir vor, es gäbe dich, G. 00. (Red.)

Hammer, Wolfgang, ObStudDir.; Holunderweg 19, D-18209 Bad Doberan, Tel. (03 82 03) 1 43 33, *wolfgang_hammer@gmx.de* (* Oberaudorf 7. 2. 46). – **V:** Der Junge mit dem Falken, Jgd.-R. 97; Die Dobsis und das Geheimnis des Beinhauses, R. f. Kinder 02. – **MA:** Theater für Kinder u. Jugendliche 89. (Red.)

Hammeran, Reiner, Lehrer u. Konrektor; Breslauer Str. 65, D-33397 Rietberg, Tel. (0 52 44) 75 15, Fax 97 53 22, *reiner@hammeran.de, r-hammeran@versanet.de* (* Marburg/Lahn 17. 2. 47). Hist. u. geograf. Belletr. – **V:** Eule gegen Eule. Alltagsgeschichten aus d. Leben d. amerikanischen Präsidenten 04; Dunkelgräfin, Kahlburz & Co. Geschichten aus der Geschichte der alten neuen deutschen Länder 06.

Hammerl, Elfriede; Thallernstr. 34, A-2352 Gumpoldskirchen, Tel. (06 99) 10 02 95 10, (0 22 52) 6 23 71, Fax 62 37 14, *elfriede.hammerl@utanet.at* (* Prebensdorf/Stmk 29. 4. 45). IGAA, ÖDV; Pr. d. Stadt Wien f. Publizistik 99, Frauenpr. d. Stadt Wien 02, Concordiapr. 03; Prosa, Rom., Drama, Sat., Kabarett, Fernsehsp./Drehb. – **V:** Paradiese und andere Zustände, Fsp. 80; Vater-, Mutter- und Geburtstag, 3 Erzn. 80; Probier es aus, Baby, Kolumnen 88; Love me tender, Kolumnen u. Kurzgeschn. 89; Schuldgefühle sind schön, erz. Prosa 92, Tb. u. d. T.: Liebe läuft auf leisen Pfoten 94; Von Frauen, Männern und anderen Überraschungen 93; Von Kindern, Eltern und anderen Kuriositäten 94, beides Kolumnen u. Kurzgeschn.; Hast du unseren Mann betrogen?, R. 95; Hunde, essayist. Prosa 97; Steile Typen im Supermarkt oder Die Hausfrau braucht Herausforderungen, Kolumnen 98; Mausi oder Das Leben ist ungerecht, R. 02; Wunderbare Valerie, R. 03; Der verpasste Mann, R. 04; Müde bin ich Känguru 06; Hotel Mama. Nesthocker, Nervensägen u. Neurosen 07. – **MA:** Geschn. aus d. Arbeitswelt 2 84; Wir treffen uns morgen 87; Erstes Allgemeines Nicht-Forty-Four 93; Barbie und Pistolen 92; When I'm Forty-Four 93; Kein Herr im Haus 94; Das kleine Buch für die besonders liebe Kollegin 94; Nach zwanzig Seiten waren alle Helden tot 95; Das kleine Buch für die Frau über 40 95; Blaues Katzenbuch 96; Katzenglück 98; Gestatten, mein Name ist Hund 98; Dialog mit Hans Weigel 88; Ein gutes Land 00; Sprache des Widerstandes ist alt wie die Welt und ihr Wunsch: – Neues Öst., Tagesztg (Red.) 64–67; Kolumnen in: Kurier (Red.) 70–77; Hör zu Österreich 77–83; profil, seit 84; stern 85–95; Vogue; Cosmopolitan; marie claire 85-ca.92; Freizeit-Mag. d. Kurier 93–97. – **R:** Paradiese und andere Zustände 80; Corinna 81; Der Hund muß weg, Fsf. 00; Probieren Sie's mit einem Jüngeren, Fsf. 00;

Familie gesucht, Fsf. 04, alles Drehb. – *Lit:* Alexandra Helene Wimmer: Strategien v. feminist. Journalismus am Bsp. d. Journalistin u. Schriftst. E.H., Dipl.arb. U. Wien 97. (Red.)

Hammerschmidt, Jupp (eigtl. Wendelin Rader), Buchhändler, Verleger, Hörfunk- u. Fernsehautor, Kabarettist; Sebastianstr. 9, D-52066 Aachen, Tel. (02 41) 60 46 26, *wendelin.rader@t-online.de, www.jupp-hammerschmidt.de* (* Monschau-Höfen 12. 5. 47). Sat., Lyr. – **V:** Das Kälbchen und der Ratzebär, Kdb. 81; Pommes Rot Weiß, Satn. in Prosa u. Lyrik 86; Möhren im Advent und andere Gedichte 06; Die Frisierkommode und andere Geschichten aus der Eifel 08. – **P:** CDs: Fritten für um hier zu essen, m. Hubert von Venn 97; The best of Hubert vom Venn & Jupp Hammerschmidt 03.

Hammerschmitt, Marcus; Tübingen-Derendingen, Tel. u. Fax (0 70 71) 79 10 44, *marcus.hammerschmitt@t-online.de, www.tagblatt.de/homepages/hammerschmitt/index.html.* VS; Thaddäus-Troll-Pr. 97, Würth-Lit.pr. 99, Kurd-Laßwitz-Pr. 00 u. 07, Digital Content Award 01, SFCD-Lit.pr. 07; Erz., Rom., Lyr., Ess., Hörsp., Science-Fiction, Internet, Hyperlit., Bilderb. Ue: engl. – **V:** Der Glasmensch 95; Wind 97; Target, R. 98; Instant Nirwana, Ess. 99; Der Opal, R. 00; Der Zensor 01; Das geflügelte Rad 02; PolyPlay, Social Fantasy 02; Das Herkules-Projekt 06; Der Fürst der Skorpione 07. – **MA:** Anstiftungen, Anth. 88; Katalog Herbert Hamak 96/97; zahlr. Beitr. in Science-Fiction-Anth. d. Heyne-Verl.; Mitarb. b. zahlr. Zss.: ndl; c't; konkret; telepolis, u. a. – **R:** Der silberne Thron, Hsp. 94. (Red.)

Hammerstein, Lukas; c/o Fischer Taschenbuch Verl., Frankfurt/M., *lukashammerstein@t-online.de* (* Freiburg/Br. 4. 5. 58). Förd.pr. d. Freistaates Bayern 87, Jahresstip. d. Ldes Bad.-Württ. 90; Prosa, Drama. – **V:** Immer alles Wirksamkeit ohne gegenwärtige gleichermaßen, Erz. 86; Eine Art Gelassenheit, R. 88; Eins : Eins, R. 90; Im freien Fall, R. 92; Die 120 Tage von Berlin, R. 03; Video, R. 06. (Red.)

Hammerstein, Phil (eigtl. Wolfgang Ruf-Ballauf), Dr. med.; *info@philhammerstein.de, www.philhammerstein.de.* c/o Karin Fischer Verlag, Aachen (* Aichtal 24. 7. 48). Rom. – **V:** Doppel-Mord, Krim.-R. 04.

Hammerthaler, Ralph, Dr., Soziologe, Autor; *info@ralphhammerthaler.de, www.philhammerthaler.de* (* Wasserburg am Inn 2. 12. 65). Stip. d. Dt.-Frz. Kulturrates 92, Stip. d. Hans-Böckler-Stift. 94–97, Alfred-Döblin-Stip. 00, Burgschreiber zu Beeskow 08, Socio Hon. d. Teatro Sombrero Azul, Mexico City; Rom., Erz., Dramatik, Libr. – **V:** Was läßt dem Kopf die Ruhe nicht?, Kurzprosa 87; Die Weimarer Lähmung. Kulturstadt Europas 1999 – szenisches Handeln in der Politik, Diss. Univ. Jena 98; Alles bestens, R. 02; Aber das ist ein anderes Kapitel, R. 07; – THEATER/UA: Hier ist nicht Amerika 04; Schnappräuber 05; Die Bestmannoper 06; Moshammeroper 07. – **MA:** Theater in der DDR. Chronik u. Positionen 94. – **H:** Elisabeth Schweeger: Täuschung ist kein Spiel mehr 08. – **MH:** Räumungen. Von d. Unverschämtheit, Theater für ein Medium d. Zukunft zu halten, m. Elisabeth Schweeger 00.

Hammes, Uschi, Schriftst., Gärtnerin; Kurfürstenstr. 40, D-54295 Trier, Tel. (06 51) 4 85 39 (* Trier 23. 9. 62). Rom., Lyr., Kurzgesch. – **V:** Das Daimonion, R. 99; Die Pazifistin, R. 00. – **MA:** Trierischer Volksfreund 97, 02; Das neue Gedicht 00; Kindheit im Gedicht 01; Weihnachten, Anth. 02; Nationalbibliothek d. dt.sprachigen Gedichtes. Ausgew. Werke 02; National-

Hammesfahr

atlas Arkadiens 02; Neue Literatur, Anth. 03, 04, 05; Editions-Projekt 03–07; Bibliothek dt.sprachiger Gedichte. Ausgew. Werke IX u. X 06, 07.

Hammesfahr, Petra; c/o Rowohlt Verl., Reinbek (* Titz b. Düren 10. 5. 51). Das Syndikat 93–01; Rhein. Lit.pr. Siegburg 95, FrauenKrimiPreis 00, Kulturpr. d. Erftkr. 01, Burgdorfer Krimipr. 02; Rom. – **V:** Das Geheimnis der Puppe, R. 91, 00 (auch tsch.); Die Frau, die Männer mochte 91; Marens Lover 91, 95; Wer zweimal lebt, ist nicht unsterblich, Krim.-R. 91; Am Ende des Sommers, Krim.-R. 92; Der Engel mit den schwarzen Flügeln, R. 92, 94; Geschwisterbande, Krim.-R. 92, u. d. T.: Roberts Schwester 02 (auch span.); Die Augen Rasputins 93; Brunos große Liebe 93, 95 (auch tsch.); Merkels Tochter, Krim.-R. 93 (auch ndl.); Der stille Herr Genardy, Thr. 93, 01 (auch litau., tsch., ndl., rum., frz., span., türk.); Verbrannte Träume, Krim.-R. 94; Betty 95; Der gläserne Himmel, R. 95, 96 (auch türk.); Heiß und kalt, R. zum Fs.-Film 97; Der Puppengräber, R. 99 (auch ital., span., lett., russ.); Die Sünderin, R. 99, Tb. 00 (auch türk., jap., schw., poln., lett., ndl., tsch., finn., hebr., engl.); Die Mutter, R. 00 (auch tsch., ital., poln., lett.); Lukkas Erbe, R. 00; Der Ausbruch, Erzn. 01; Meineid, R. 01 (auch korean.); Die Chefin, R. 01 (auch ndl.); Das letzte Opfer, R. 02 (auch ndl., türk., finn., nor., schwed.); Bélas Sünden, R. 03 (auch schwed., finn.); Die Lüge, R. 03 (auch chin., russ.); Mit den Augen eines Kindes, R. 04; Ein süßer Sommer, R. 04; Der Schatten, R. 05; Am Anfang sind nie noch Kinder, R. 06; Erinnerung an einen Mörder, R. 08. – **H:** Zum Sterben schön, Anth. 07. – **R:** Der stille Herr Genardy 97; Post Mortem – Der Nuttenmörder 97; Heiß und kalt 97, alles Fsf.; Albtraum, Hsp. 08. – **P:** mehrere Hörb., u. a.: Der stille Herr Genardy 00; Das Geheimnis der Puppe 00; Die Mutter 01; Die Sünderin 03; Bélas Sünden 03; Die Lüge 03; Das letzte Opfer 03; Der Ausbruch / Der Blinde 03; Die Freundin 04; Karo As 05; Eis und Feuer 06; Der Russe 06; In aller Freundschaft 06; Die Neue 07.

Hammon, Jeff s. Grasmück, Jürgen

Hampele, Walter, ObStudDir. i. R.; Friedensberg 7, D-74523 Schwäbisch Hall, Tel. (07 91) 25 09 (* Westheim 20. 6. 28). BVK am Bande 88, Med. f. Verd. um d. Heimat Bad.-Württ. 93, Gold. Rathausmed. d. Stadt Schwäb. Hall 93; Lyr. in Hochspr. u. hohenlohisch-fränk. Mda., Ess., Sachb., Erz. – **V:** Neuere dt. Lyrik, Ess. 64/3; Moderne dt. Lyrik, Ess. 66/3; Vom Gymnasium illustre zum Gymnasium bei St. Michael 1811–1980 80; A Boer zwiignähde Schuah 80, 87; Wiiderschbrich 82, 2. Aufl. 87; Wu dr Bardl da Mouschd holld 85, 87; Fer nix un widder nix 87, alles Mda.-G.; Dorfleben und Brauchtum im Jahreslauf, Erinn. 87, 2. Aufl. 89; Uugschminkte Groobschbrich und Leichareida in hohenl.-fränk. Mda. 88; Essen und Trinken auf e. Hohenloher Bauernhof 88; Himmel im Gegenlicht, G. 89; Gwagses Houlz, Mda.-G. 92; A Baam wi a Riis, Mda.-G. 94; Augen im Fels, G. 95; Haller Treppen, G. 98; Unter bewölktem Himmel, Erz. 04; Die Hohenloher. An bsundrer Schlooch, Sachb. 05; Spuren, Lyr. 08. – **MV:** N. Feinäugle/T. Haa (Hrsg.): Mei Sprooch – dei Red. Mundartdichtung in Bad.-Württ. 89, 2. Aufl. 96. – **MA:** zahlr. lit.krit. Beitr. u. Veröff. zu reg. Brauchtum u. Mda., u. a. in: R. Biser (Hrsg.): Der Kreis Schwäbisch-Hall 76, 2. Aufl. 87; Michelbach an der Bilz 80; E. Schraut u. a. (Hrsg.): Hall im 19. Jh. 91; O. Bauschert (Hrsg.): Hohenlohe 93; U. Marski/A. Bedal (Hrsg.): So war's im Winter 94; – Zss.: Die Schulwarte 6/7, 65; Württ. Franken, Jgg. 57, 61, 62, 79, 81; schwädds, Jgg. 8, 15, 16, 20, 21; Schwäb. Heimat 3/82; Frankenland 3/03, 6/03, 2/04, 5/04; – G. u. Erzn. in Anth. d. In-

landes sowie in: S. Hein u. a. (Hrsg.): Lesezeichen, Schulleseb. 87. – **H:** Gymnasium bei St. Michael Schwäbisch Hall. Geschichte u. Geschn. 90. – **P:** Horch emol!, Mda.-Gedichte u. -Geschn. versch. Autoren 02. – **Lit:** D. Wieland: Etwas knirscht zwischen d. Zähnen, in: schwädds 2 81; W. Staudacher: W.H.: Wiiderschbrich, Mda.-G., in: schwädds 5 82; H. Pfeifer in: Zs. f. Württ. Landesgesch., 42. Jg. 83; W. Staudacher in: schwädds 11 87; N. Feinäugle in: schwädds 13 88; G. Haag: ebda; Synthesis, Sonderh. 90; N. Feinäugle in: Württ. Franken, 75. Jg. 91, 80. Jg. 96; ders. in: schwädds 19 95; H. Malecha in: Württ. Franken, 82. Jg. 96; Veröff. von W.H., in: schwädds 21 99; D. Wieland in: Württ. Franken, 85. Jg. 01; Kurt Schreiner in: Württ. Franken, 89. Jg. 05, 90./91. Jg. 06/07.

Hampp, Rita, Journalistin, Autorin; Hardäckerstr. 14, D-76530 Baden-Baden, Tel. (0 72 21) 28 11 02, *info@rita-hampp.de*, *www.rita-hampp.de* (* Ostfriesland 54). Das Syndikat 05, Mörderische Schwestern 05; Krimi. – **V:** Eine Leiche im Paradies 05; Tod auf der Rennbahn 06; Mord im Grandhotel 07. – **MA:** Nur Bacchus war Zeuge, Anth. 06.

Hanauer, Michaela; Agentur Hanauer, Leonrodstr. 30, D-80636 München, Tel. (0 89) 12 00 72 00, *info@agentur-hanauer.de*, *www.agentur-hanauer.de* (* München 18. 12. 69). VG Wort 06; Kinder- u. Jugendb. – **V:** Bauch, Beine, Po & Herz 07; Freundschaftsgeschichten 07; Gutenachtgeschichten 07; Prinzessinnengeschichten 07; Reihe „Pony & Co". 1: Keine Angst vor Pferden 07, 2: Der beste Reiterhof der Welt 07, 3: Ein abenteuerlicher Ausritt 08; Lord Hopper – ein Pony ermittelt 08, Bd 2 09; Leselöwen-Einhorngeschichten 09; – Jugendbücher: Sternzeichen Liebe – Widder: Fabia sucht den Superstar 08; Mädchen für alles 08; Sternzeichen Liebe – Steinbock 09.

Hanauske, Anette Helga; Freiligrathstr. 40, D-60385 Frankfurt/M., Tel. (0 69) 94 94 87 57, Fax 94 94 87 67. – **V:** Der patentierte Berg, Lyr. 05; Porträt einer grenzenlosen Liebe, R. 06; Poetische Stilmodule, G. u. Kurzgeschn. 06; Bis Freitag, Mila, Ball. 07.

Handke, Heidrun s. Thomas, Helga

Handke, Peter, Schriftst.; c/o Suhrkamp Verl., Frankfurt/M. (* Griffen/Kärnten 6. 12. 42). Gerhart-Hauptmann-Pr. 67, Peter-Rosegger-Pr. 72, Schiller-Pr. d. Stadt Mannheim 72, Georg-Büchner-Pr. 73 (zurückgegeben 99), Prix Georges Sadoul 78, Franz-Kafka-Pr. 79 (weitergegeben), Anton-Wildgans-Pr. 85 (abgelehnt), Lit.pr. d. Stadt Salzburg 86, Gr. Öst. Staatspr. f. Lit. 87, Bremer Lit.pr. 88, Franz-Grillparzer-Pr. 91, Schiller-Gedächtnispr. 95, Serb. Lit.pr. „Gold. Schlüssel v. Smederevo" 98, Öst. Kd.- u. Jgdb.pr. 00, Blauer-Salon-Pr. d. Lit.hauses Frankfurt/M. 01, Dr. h.c. U.Klagenfurt 02, Dr. h.c. U.Salzburg 03, 1. Preisträger d. Siegfried-Unseld-Pr. 04, Heine-Pr. d. Stadt Düsseldorf 06 (verzichtet), Berliner Heinrich-Heine-Pr. 07, Thomas-Mann-Lit.pr. d. Bayer. Akad. d. Schönen Künste 08; Rom., Aufsatz, Theaterst., Hörsp., Übers. Ue: engl. frz., slowen. – **V:** Die Hornissen, R. 66; Publikumsbeschimpfung u. a. Sprechstücke 66; Der Hausierer, R. 67; Begrüßung des Aufsichtsrats, Prosatexte 67; Die Literatur ist romantisch, Aufss. 67; Kaspar 67; Die Innenwelt der Außenwelt der Innenwelt 69; Deutsche Gedichte 69; Prosa, Gedichte, Theaterstücke, Hörspiele, Aufsätze 69; Die Angst des Tormanns bei Elfmeter, Erz. 70; Wind u. Meer, 4 Hsp. 70; Der Ritt über den Bodensee 71; Chronik der laufenden Ereignisse, Filmb. 71; Stücke I 72; Der kurze Brief zum langen Abschied, Erz. 72; Wunschloses Unglück, Erz. 72; Ich bin ein Bewohner des Elfenbeinturms, Aufss. 72; Stücke II 73; Die Unvernünftigen sterben aus, Stück 73; Als das Wünschen noch geholfen hat, G., Aufss., Texte, Fotos 74; Falsche Bewegung, Filmerz. 75; Die Stunde der wahren Empfindung, Erz. 75; Der Rand der Wörter, Erzn., G., Stücke 75; Die linkshändige Frau, Erz. 76; Das Ende des Flanierens, G. 77; Das Gewicht der Welt, e. Journal 77; Langsame Heimkehr, Erz. 79; Die Lehre der Sainte-Victoire 80; Kindergeschichte 81; Über die Dörfer, dramat. G. 81; Die Geschichte des Bleistifts 82; Der Chinese des Schmerzes 83; Phantasien der Wiederholung 83; Gedicht an die Dauer 86; Die Wiederholung 86; Aber ich lebe nur von den Zwischenräumen, e. Gespr. 87; Die Abwesenheit, e. Märchen 87; Gedichte 87; Ein langes Gespräch 87; Nachmittag eines Schriftstellers, Erz. 87; Das Spiel vom Fragen od. Die Reise zum Sonoren Land 89, u. d. T.: Die Kunst des Fragens 94; Versuch über die Müdigkeit 89; Noch einmal für Thukydides 90; Versuch über die Jukebox, Erz. 90; Abschied des Träumers vom Neunten Land 91; Versuch über den geglückten Tag 91; Drei Versuche 92; Langsam im Schatten 92; Die Stunde, da wir nichts voneinander wußten, Sch. 92; Theaterstücke in einem Band 92; Mein Jahr in der Niemandsbucht 94; Die Tage gingen wirklich ins Land, e. Leseb. 95; Eine winterliche Reise zu den Flüssen Donau, Save, Morawa u. Drina oder Gerechtigkeit für Serbien 96; Sommerlicher Nachtrag zu einer winterlichen Reise 96; Zurüstungen für die Unsterblichkeit, Dr. 97; In einer dunklen Nacht ging ich aus meinem stillen Haus 97; Am Felsfenster morgens (und andere Ortszeiten 1982–1987), e. Journal 98; Die Fahrt im Einbaum od. Das Stück zum Film vom Krieg 99; Lucie im Wald mit den Dingsda 99; Unter Tränen fragend 00; Der Bildverlust oder Durch die Sierra de Gredos, R. 02; Mündliches u. Schriftliches. Zu Büchern, Bildern u. Filmen, Aufss. u. Reden 02; Rund um das Große Tribunal 03; Untertagblues, e. Stationendrama 03; „Warum eine Küche?", Texte f.d. Schauspiel „La Cuisine" v. Mladen Materic 03; Wunschloses Glück, Erz. 03; Über Musik 03; Don Juan 04; Gestern unterwegs 05; Spuren der Verirrten 06; Die Tablas von Daimiel 06; Kali 07; Leben ohne Poesie, G. 07; Die morawische Nacht, Erz. 07; Meine Ortstafeln – Meine Zeittafeln 07; – THEATER/UA: Publikumsbeschimpfung 66; Weissagung 66; Selbstbezichtigung 66; Hilferufe 67; Kaspar 68; Das Mündel will Vormund sein 69; Quodlibet 70; Der Ritt über den Bodensee 71; Die Unvernünftigen sterben aus 74; Über die Dörfer 82; Das Spiel vom Fragen 90; Die Stunde, da wir nichts voneinander wußten 92; Zurüstungen für die Unsterblichkeit 97; Die Fahrt im Einbaum oder Das Stück zum Film vom Krieg 99, u. a. – MV: Der Himmel über Berlin, Wim Wenders 87; Letzte Bilder? – Sine qua non, m. Francesco Clemente 95; Ein Wortland, m. Lisl Ponger 98; Einige Anmerkungen zu Da- und zum Dort-Sein, m. Adolf Haslinger 04; Es leben die Illusionen, Gespräche m. Peter Hamm 06; P.H./Hermann Lenz: Berichterstatter d. Tages, Briefwechsel 06; ...und machte mich auf, meinen Namen zu suchen. P.H. im Gespräch mit Michael Kerbler 07; P.H./Alfred Kolleritsch: Schönheit ist die erste Bürgerpflicht, Briefwechsel 08. – MA: Dt. Theater d. Gegenwart, Bd II 67; widr-Hörspielbuch '68, '69; Spectaculum 10, 12–14, 20, 51, 58, 64 69 ff.; Die Beatles u. ich 95; Raymond Cousse: Emmanuel Bove, Biogr. (Vorw.) 98, u. a. – H: u. MA: Der gewöhnliche Schrecken, Horrorgeschn. 69. – F: 3 amerikanische LP's, Kurzf. 69; Falsche Bewegung 75; Die linkshändige Frau 77; Der Himmel über Berlin, m. Wim Wenders 87; Die Abwesenheit 92. – R: Hörspiel 68; Hörspiel Nr.2 69; Geräusch eines Geräusches, Hsp. 70; Chronik der laufenden Ereignisse, Fsf. 71; Wind und Meer, Hsp. 71; Die Angst des Tormanns beim Elfmeter, Fsf. 72;

Der kurze Brief zum langen Abschied, Fsf. 78; Kaspar, Hsp. 81; Die Krankheit Tod, Hsp. 85; Das Mal des Todes, n. Marguerite Duras 86. – **P:** P.H. liest aus „Die Innenwelt der Außenwelt der Innenwelt"; Theater am Turm. P. H.: „Kaspar"; Hörspiel, alles Schallpl.; Wunschloses Unglück, Tonkass. 95, u. a. – **Ue:** Walker Percy: Der Kinogeher, R. 80; Florjan Lipuš: Der Zögling Tjaž, R. 81; Emmanuel Bove: Meine Freunde 81; ders.: Armand 82; Georges-Arthur Goldschmidt: Der Spiegeltag, R. 82; Francis Ponge: Das Notizbuch vom Kiefernwald / La Mounine 82; Gustav Januš: Gedichte 83; E. Bove: Becon-Les Bruyères 84; René Char: Rückkehr stromauf, G. 84; Marguerite Duras: Die Krankheit Tod (zweispr.) 85; W. Percy: Der Idiot des Südens, R. 85; Patrick Modiano: Eine Jugend 85; Aischylos: Prometheus gefesselt 86; Julian Green: Der andere Schlaf 88; G. Januš: Wenn ich das Wort überschreite, G. (dt.-slowen.) 88; F. Ponge: Kleine Suite des Vivrais 88; R. Char: Die Nachbarschaften van Goghs 90; G. Januš: Mitten im Satz, G. 91; Shakespeare: Das Wintermärchen 91; G.-A. Goldschmidt: Der unterbrochene Wald, ERz. 95; B. Bayen: Bleiben die Reisen, R. 97; G. Januš: Der Kreis ist jetzt mein Fenster 98; B. Bayen: Die Verärgerten, R. 00, u. a. – *Lit:* Text u. Kritik, H. 24/24a, m. Bibliogr. u. Lit.verz. 69, 5. Aufl. 89; Michael Scharang (Hrsg.): Über P.H. 72; Uwe Schultz: P.H. 73; Henning Falkenstein: P.H. 74; Günter Heintz: P.H. 74; Manfred Mixner: P.H. 77; Rainer Nägele/Renate Voris: P.H. 78; Manfred Jurgensen: P.H. Ansätze, Analysen, Anmerk. 79; Manfred Durzak: P.H. u. d. dt. Gegenwartslit. 82; Raimund Fellinger: P.H 85; Walther Killy (Hrsg.): Literaturlex., Bd 4 89; Peter Hamm: P.H. – Der schwermütige Spieler, Filmportr. 03; Peter Pütz/Nicolai Riedel in: KLG. (Red.)

Handrij s. Sembdner, M. Andreas

Handschick, Ingeborg, Lehrerin, Rentnerin; Weinauring 20, D-02763 Zittau, Tel. (0 35 83) 70 08 32, *Inge.Handschick@web.de* (* Zittau 14. 1. 30). Erz. – **V:** Diesmal will ich alles sagen, Erz. 80; Die Scherbensammlerin 97; Von Granitschädeln und anderen Lichtgestalten 04; Laufen auf dem Regenbogen, Lyr. 07. – **MV:** Jahresringe, m. Hilde Flex 98. – **B:** Bello, Miez und andere, Berichte, Geschn., G. 01. – **H:** Das Jahr ist uns ein guter Freund, Fam.-Kalenderbuch, seit 93.

Hanefeld, Gertrud, Musiklehrerin, Komponistin, Autorin; Im Gründelchen 14, D-57074 Siegen, Tel. u. Fax (02 71) 6 30 46 (* Wuppertal 10. 2. 36). Frau u. Musik. Intern. Arbkr. e.V. 79, Else-Lasker-Schüler-Ges. 95; Gottespoetinnenpr. d. FrauenKirchenkal. d. Strack Verl. 03; Lyr., Kurzprosa. – **V:** Singe die Erde auf 85; Du mein lila Ton/You My Purple Tone, Naturbilder, Gebete, Lyr. dt./engl. 96 (auch port.); Mal in den Himmel unsre Liebe 98; Zärtlich deine Umarmungen 03. – **MA:** Lyr. u. Kurzprosa in Tagesztgn u. in vielen Anth., u. a. in: Frankfurter Bibliothek d. zeitgenöss. Gedichts, seit 84. – **P:** Fliegen die Sterne auf, CD 99; Leben strömt ..., CD 02.

Hangert, Ilse (Ps. Esli Tregnah, Minou Yal), freie Schriftst., Malerin; Am Murbach 5, D-42799 Leichlingen, Tel. (0 21 75) 28 06 (* Köln 6. 11. 25). Autorenkr. Ruhr-Mark 84, GEDOK, Humboldt-Ges. 91, GZL 93; Lyr., Kurzgesch., Ess. – **V:** Jeder trägt im Herzen Sehnsucht, Lyr. 82; Manchmal möcht' ich die Erde umarmen, Lyr. 86. – **MA:** ca. 100 Veröff. in Anth., Ztgn, Zss., Jb., u. a.: Lyrik heute 84; Autoren stellen sich vor 84; Umwelt literarisch 84; Weihnachten 84; Mit dem Fingernagel in Beton gekratzt 85; Eigentlich einsam 86; Zeitstimmen 86; Ortsangabe 87, alles Anth.; Heimatjahrbuch f. d. Berg. Land 86–99. – *Lit:* D. Stoff aus d. Gedichte sind 86; Lit. Heimatkunde d. Ruhr-Wupper-

Haniger

Raumes 87; Autorinnen d. GEDOK 90; Lit.-Atlas 92; s. auch Kürschners Handbuch der Bildenden Künstler, 1. Aufl. 2005. (Red.)

Haniger, Oskar Maria, Sonderschuloberlehrer i. R.; Ada Christengasse 7/80/5, A-1100 Wien, Tel. (01) 6 89 52 36. c/o VKSÖ, Spiegelgasse 3, A-1010 Wien (* Wien 5. 2. 32). Ö.S.V. 80, Öst. Autorenverb. 81, VKSÖ 83, amtsführ. Präs., Ges. d. Lyr.freunde 90; mehrere kleine Preise; Lyr., Prosa. – **V:** Aufbruch zu letzten Brunnen 81; Im Auftrag der Liebe 84; Warum verschweigen 96, alles Lyr. – **MA:** zahlr. Lyr.-Beitr. in 20 Anth. u. literar. Zss. (Red.)

Hanika, Iris, M. A., freie Autorin; Erkelenzdamm 31, D-10999 Berlin, Fax (0 30) 26 39 17 30 29 40, *ihanika@hotmail.com*, *www.iris-hanika.de* (* Würzburg 18. 10. 62). Stip. d. Peter-Suhrkamp-Stift. 02, Autorenförd. d. Stift. Nds. 04, Hans-Fallada-Pr. 06; Prosa, Ess. – **V:** Katharina oder Die Existenzverpflichtung, Erz. 92; Das Loch im Brot, Chronik 03; Musik für Flughäfen, Kurze Texte 05; Treffen sich zwei, R. 08. – **MV:** Die Wette auf das Unbewußte oder Was Sie schon immer über Psychoanalyse wissen wollten, m. Edith Seifert 06. – **MA:** Chronik in „Merkur", seit 6/00; Kolumnen in „Die Welt" 7/03–3/04. – **MH:** Berlin im Licht, m. Stefanie Flamm 03.

Hanisch, Brigitte (geb. Brigitte Bober), Zahnarzthelferin, Selbstständige, Autorin; Jahnstr. 80, D-75428 Illingen, Tel. u. Fax (0 70 42) 2 16 52, *brigitte.hanisch@s-direktnet.de*, *www.hanisch-illingen.de* (* Schomberg b. Beuthen/OS 12. 10. 34). Rom., Erz., Autobiogr., Kurzgesch. – **V:** Das Mädchen aus Oberschlesien. Erlebnisse aus der Sicht e. Kindes 1934–1955, Autobiogr. 04; Ich fliege zu dir, Kurzgeschn. 06.

Hanke, Sabine, ObStudR.; Grünewaldstr. 36, D-75173 Pforzheim, Tel. u. Fax (0 72 31) 2 80 92 81, *Sa Ha.Ra@gmx.de* (* Freiburg/Br. 16. 8. 52). Lyr. – **V:** Scheinbar, G. 85, 2. Aufl. 87; In der Kürze der Zeit, G. 96.

Hannecke, Wolf-Dietrich, Unternehmer; Rischenauweg 6, D-37154 Northeim, Tel. (0 55 51) 5 99 17, Fax 5 99 27 (* Berlin 6. 9. 32). – **V:** Fabelhafte Gereimheiten, sat. G. 03.

Hannes, Rolf, Maler, Grafiker, Fotograf, Schriftst.; Jacob-Burckhardt-Str. 11, D-79098 Freiburg/Br., Tel. (07 61) 2 45 04, *mail@rolfhannes.de*, *www.rolfhannes. de*, *rolf-hannes.regioartline.org* (* Kall/Eifel 9. 12. 36). Forum Lit. Ludwigsburg 05; Rom., Ess., Erz. – **V:** Ein Haus in Burgund oder: Franzosen ticken anders, Erz. 06.

Hannig, Heiko s. StevenCGN

Hannig, Helmut, Pharmareferent; Gutenbergstr. 8, D-77815 Bühl, Tel. (0 72 23) 95 20 25, Fax 95 95 69, *hannigh@arcor.de*, *www.helmuthannig.info* (* Deutsch-Liebau/Sudeten 26. 2. 39). Forum Lit. Ludwigsburg, FDA, Dt. Haiku-Ges., Kr. d. Künste in Eutin; Lit.pr. d. Forum Lit. Ludwigsburg 05; Lyr., Erz. – **V:** Nichts verliert die Erde 00; Landschaften meiner Oden 98; Tamoé oder der Hase der grünen Tee trinkt 03; Jahreszeitenreise, Haiku, Senryu, Tanka 04; das Wort, Holzdrucke u. Lyr. 06; es werde, Holzdrucke u. Lyr. 06. – **MA:** Eremitage, Zs. f. Lit., 1.–15. Folge.

Hannover, Heinrich, Dr. jur. h. c., Rechtsanwalt; Am Schiffgraben 3a, D-27726 Worpswede, *mail @Heinrich-Hannover.de*, *www.Heinrich-Hannover.de* (* Anklam 31. 10. 25). Fritz-Bauer-Pr. d. Humanist. Union 79, Dr. h. c. Humboldt-Univ. Berlin 86, Kultur- u. Friedenspr. d. Villa Ichon, Bremen 87, Dr. h.c. Univ. Bremen 96, Max-Alsberg-Pr. 97, Pr. d. Stift. Kreatives Alter, Zürich 02, Arnold-Freymuth-Pr. 04, Hans-Litten-

Pr. 08; Kinderb., Sachb. – **V:** KINDERBÜCHER: Das Pferd Huppdiwupp 68, 28. Aufl. 01, Neuausg. 02; Die Birnendiebe vom Bodensee 70, 92; Der müde Polizist 72, 97; Riesen haben kurze Beine 76; Der vergeßliche Cowboy 80, 95; Schreivogels türkisches Abenteuer 81, 91; Die Geige vom Meeresgrund 82, 94; Der Mond im Zirkuszelt 85, 96; Die Schnupfenmühle 85; Der fliegende Zirkus 86, 95; Als der Clown die Grippe hatte 93, 95; Frau Butterfelds Hotel 94; Hasentanz 95; Der bunte Hase 97; Die untreue Maulwürfin 00; Was der Zauberwald erzählt 04; Weihnachten im Zauberwald 06; Ein toller Zoo 08; – SACHBÜCHER/AUTOBIOGR.: Politische Diffamierung der Opposition 62; Der Mord an Ernst Thälmann 89; Terroristenprozesse 91; Die Republik vor Gericht 1954–1974. Erinn. e. unbequemen Rechtsanwalts 98, Tb. 00; Die Republik vor Gericht 1975–1995. Erinn. e. unbequemen Rechtsanwalts 99, Tb. 01; Die Republik vor Gericht 1954–1995. Erinn. e. unbequemen Rechtsanwalts 05. – **MV:** Politische Justiz 1918–1933, m. Elisabeth Hannover-Drück 66; Der Mord an Rosa Luxemburg und Karl Liebknecht, m. ders. 67; Lebensländlich. Protokolle aus d. Haft, m. Klaus Antes u. Christiane Ehrhardt 72; Die unheimliche Republik, m. Günter Wallraff 82. – **MA:** zahlr. Beitr. in Zss. u. Anth., u. a. in: Streitbare Juristen 88. – **P:** Fritz Muliar erzählt: Das Pferd Huppdiwupp u. a. Geschichten 73; Die Birnendiebe vom Bodensee 79, 92; Der vergeßliche Cowboy 81; Schreivogels türkisches Abenteuer 83; Die Geige vom Meeresgrund 84; Das Pferd Huppdiwupp 84; Der müde Polizist 84; Der Mond im Zirkuszelt 85; Der fliegende Zirkus 1–4 91; Als der Clown die Grippe hatte 93; Die Gitarre des Herrn Hatunoglu 94; Adam Riese und der Loewe 94; Frau Butterfelds Hotel 94; Hasentanz 95; Die Geburtstagscassette 96; Das Karussell 96; Was der Zauberwald erzählt 96, alles Schallpl./Tonkass.; – CDs: Neues aus d. Zauberwald 06; Das Pferd Huppdiwupp u. a. lustige Geschichten 07. – **Lit:** Horst Künnemann in: Lex. d. Kinder- u. Jgd.lit., Bd IV 82; Peter Derleder in: Kritische Justiz 1/06; Mechthild Bausch in: chrismon plus 9/06; Bernd Dolle-Weinkauf in: KLG.

Hanns vom Rhein s. Schütz, Hanns

†**Hannsmann,** Margarete (Ps. Sancho Pansa), Schriftst.; lebte in Stuttgart (* Heidenheim a.d. Brenz 10. 2. 21, † Stuttgart 29. 3. 07). VS, P.E.N.-Zentr. Dtld; Schubart-Pr. 76, Lit.pr. d. Stadt Stuttgart 81, E.gast Villa Massimo Rom 81, u. a.; Lyr., Dokumentation, Biograph. Rom., Hörsp., Ess. – **V:** LYRIK: Tauch in den Stein 64; Zerbrich die Sonnenschaufel 66; Maquis im Nirgendwo 66; Grob, Fein & Göttlich 70; Zwischen Urne & Stier 71; Das andere Ufer vor Augen, Gedichte aus Dtld 72; Ins Gedächtnis der Erde geprägt 73; In Tyrannos 74; Fernsehabsage 74; Blei im Gefieder, frz.-dt. 75; Buchenwald, dt.-engl.-frz. 77; Schaumkraut 80; Landkarten 80; Spuren 81; Du bist in allem 83; Drachmentage 86; Rabenflug 87; Auf eine tote Freundin 89; Raubtier Tag 89; Wo der Strand am Himmel endet, dt.-gr. 90; Irische Drift 94; Laurin I 94; Verwitterungen 95; Zugfahren 95; Laurin I u. II 96; Dieser Traum, Laurin-G. 99; – PROSA: Drei Tage in C., R. 64; Chauffeur für Don Quijote, R. 77; Der helle Tag bricht an, R. 82; Pfauenschrei, R. 86; Tagebuch meines Alterns 91, Tb. 98; Bis zum abnehmenden Mond 98. – **MV:** HAP Grieshaber: Malbriefe an Margarete 96; Protokolle aus der Dämmerung. 1977–1984: Begegnungen u. Briefwechsel zwischen Franz Fühmann, M.H. u. HAP Grieshaber 00. – **R:** Der letzte Tag 67; Die Wand 69; Auto 73; Buchenwald dreißig Jahre später 76, alles Hsp. – **Lit:** Heinz Hug in: KLG.

Hanrath, Hans Hugo, Autor, Doz.; An der Heimstätte 27, D-47807 Krefeld, Tel. u. Fax (0 21 51) 39 07 31 (* Mönchengladbach 16. 10. 41). Ged., Erz., Mundart. – **V:** Os Familijealbum 79; Oser Herrjott hat allerhand Kosjänger 80; Emma Kabers Tagebuch 80; Sinn – Mitte – Ziel, Predigten 84; Mine Papp sine Vadder sine Vuß 85; Hoffnung – Zuversicht – Mut, Predigten 85; Dä Die Dat 86; Vör de eeje Düer 86; Laßt uns freuen!, Predigten 86; Hasse Wööet, Wörterb. 88; Packt ein! – Omi packt aus! 88, überarb. Neuaufl. u. d. T.: Typisch Omi! 00; Mit mir nicht! 89; Allerlee Lüü 92; Noch immer ist es fünf vor zwölf 94; Immer im Bilde: Tante Mathilde, Anekdn. 96; Als das Christkind baden ging 00; ... denn ungeheuer ist der Vorsprung Leben 00; „Quak!“, tönt es aus der Flüstertüte ... 00; Wahrnehmen – wahr bleiben 00; Dat is lachen! 01; Lache, wenns zum Weinen nicht reicht! 01; Lauter Helden 01. (Red.)

Hanreich, Liselotte, Diplomkaufmann, Bäuerin, Angest.; Feldegg 1, A-4742 Pram, Tel. (0 77 36) 62 61, Fax 6 26 14 (* Wien 10. 1. 39). IKG, IGAA, Autorenkr. Linz; Paula-Grogger-Pr. 86; Lyr., Märchen, Erz., Sach- u. Fachb. – **V:** Lyrische Texte 82; El Hierrot I 97, II 99; Gedichte I 00; Stimmungsbilder 00; mehrere Sachb. – **MA:** Beitr. in div. Lit.ztgn. – **MH:** Alten Häusern Sprache schenken, m. Monika Krautgartner (auch Mitarb.) 00. – *Lit:* Beitr. im Jb. d. Innviertler Künstlergilde seit 85; s. auch SK. (Red.)

Hans, Hannelinde (geb. Hannelinde Dausend), Hausfrau; Am Spelzenacker 33, D-66869 Ruthweiler, Tel. (0 63 81) 23 64, *info@hannelinde-hans.de, www.hannelinde-hans.de* (* Oberkirchen/Saar 24. 5. 34). Kinderb., Lyr., Kurzgesch. – **V:** Die alte Burg. Gedichte u. mehr 01; Dornröschen erwacht auf Burg Lichtenberg, e. Märchengesch. 05; Weißt du, wie ich heiße?, Kindergesch. u. Malb. – **MA:** Liebe... Nur ein Wort?, Anth. 06; Freitag, der Dreizehnte, Anth. 07.

Hansch, Margarete *

Hansen, Hannes, freier Kultur- u. Reisejournalist, Autor u. Übers.; c/o Verband Deutscher Schriftsteller, Yorkstr. 5, D-24105 Kiel, *HannesHansen.Kiel@t-online.de* (* Potsdam 40). VS. – **V:** Die Rilketerroristen, R. 95; 101 Gründe nicht zu lesen 01; Die Stelle war gut gewählt 02. (Red.)

Hansen, Hans-Harro; Westen 2, D-25845 Nordstrand. – **V:** Sigge Paulsen – Schicksal einer jungen Nordfriesin 04; Keiner kann aus seiner Haut – Der Fischer Gorch Markus Thaden 05. (Red.)

Hansen, Ina s. Völler, Eva

Hansen, Johannes; Brebelholz 12, D-24392 Brebel, Tel. (0 46 41) 5 00 (* Kiel 1. 2. 21). – **V:** Chronik der Gemeinde Brebel 96; Nur ein Landser. Bericht eines Zeitzeugen 98; Theodor Ohlsen 1855–1913. Der Kunstmaler aus Angeln u. seine Zeit, Biogr. 01. (Red.)

Hansen, Jürgen (Ps. Johan Farina), Dr., Journalist; Seeäcker 10, D-82211 Herrsching, Tel. (0 81 52) 56 60, Fax 39 94 24, *jhansen@5sl.org* (* Frankfurt/M. 24. 8. 40). Rom., Erz., Märchen, Ged., Karikatur-Historie. Ue: engl. – **V:** Tsamandara oder das Lächeln der Ikone, Erz. 83; Die Abenteuer des Vogelmädchens Krilobi auf Olusbum, M. 86; Seelengang, G. 93; Der Abend wiegte schon die Erde, R. 94; Und Sisyphus lachte, Erzn. 98.

Hansen, Klaus, Prof., Dr. phil., Reg. Dir. a. D.; c/o Hochschule Niederrhein, FB Sozialwesen, Richard-Wagner-Str. 101, D-41065 Mönchengladbach, Tel. (0 22 38) 30 06 00, *fliegenderrobert@tiscalinet.de* (* Pronsfeld/Eifel 5. 5. 48). Ges. z. Förd. pädagog. Forsch., Vorst.-Mitgl. seit 86, Jurymitgl. Adolf-Grimme-Pr. seit 90, Jurymitgl. Arno-Esch-Pr. seit 90, Ges. z.

Förd. vergessener u. exilierter Lit., Mitbegr. u. Vorst.-Mitgl. seit 91; Viva-Maria-Pr. 95; Polit. Lyr., Sat., Experiment. Poesie. – **V:** Hart am Ball, Satn. 88; Klein-LAUT, G. 91; Mein Berg und Tal, G. 96; Ballbesitz ist Diebstahl, G. 98; Kuck! uck. Antiidiotica 99; Mit Max Morlock durch die Woche, experiment. Poesie 98; Auf die Plätze, experiment. Poesie 02; Man rief Wörter, aber es kamen Buchstaben, visuelle Poesie 02; Nachmittag in Köln, Geschn. 04; Die Eins muss stehen, Fußballsatn. 06; Das Leben ist kein Heimspiel, Fußballpoesie 06; Teelöffel auf der Flucht, wiss. Satn. 07; Der Neue, Erz. 08; mehrere Veröff. zu polit. u. kulturellen Themen. – **MH:** Herzenswärme und Widerspruchsgeist, Leseb. 92; Resignation ist der Egoismus der Schwachen, m. Marco Riege u. Albert Verleysdonk, Festschr. 05. – *Lit:* A. Zierden in: Lex. d. Eifel-Lit. 94; D. Reinhold-Tückmantel in: Der Prümer Landbote 03; K. Flemming in: Das Leben ist kein Heimspiel 06.

Hansen, Konrad, freier Schriftst. u. Regisseur, ehem. Intendant d. Ohnsorg-Theaters; lebt in Großsolt, c/o Eichborn-Verl., Frankfurt/M. (* Kiel 17. 10. 33). VS Nds. 70; Hans-Böttcher-Pr. 62, Fritz-Stavenhagen-Pr. 75, Ndt. Lit.pr. d. Stadt Kappeln 92; Drama, Hörsp., Fernsehsp., Prosa. – **V:** Der Spaßmacher 82; Die Männer vom Meer 92; Simons Gesicht 98; Die Rückkehr der Wölfe 00, alles R.; Twüschen Himmel un Eer, Geschn. 04; Der wilde Sommer. Roman aus d. Jahr 1945 05; – THEATER: Die letzte Proov, Sch. 60; Dat Spöökhuus, Sch. 60, Lsp. 62; Witte Wyandotten, Kom. 63; Jonny de Drütte, Lsp. 65; Schipp ahn Haben, Sch. 69; Alles hett sien'n Pries, Kom. 72; Dat warme Nest, Kom. 72; Een Handvull Minsch, Sch. 73; Johanninacht, Sch. 76; Mit Geföhl un Wellenslag, Lsp. 78; De Firma dankt, Volksst. 80; Poppe steigt aus, Schwank 86; Dat Corpus delicti 94; De eerste Leev 94; Ik tanze mit dir in den Himmel hinein 95; Ein Matjes sied nich mehr, Schw. 94; Pommes pur 94; Saure Drops 94; Ugolino ein Trauerspiel, Kom. 94; Der Babysitter 95; Die erste Liebe 95; Der halbe Überfall 95; Dä Kirmes-Clou, Schw. 95; König Meier, Kom. 95; Das Menü 95; Der Ölscheich 95; Pommes pur 95; Pustekuchen 95; Saure Drops 95; Wackelkontakt 95; Zwischen Himmel und Erde, Kurzsp. 95; Spökes, Kom. 96; Alma und de Mann vun Welt 97; Bett un Fröhstück, Schw. 97; Con amore 97 (pldt.); Dolly Butt, Kom. 97; Droomschipp 97; Grötens ut Marbella 97; Kassel-Süd 97 (pldt.); De schönste Tied vun't Johr 97; Riep för Rimini, Schw. 00; An der Eck vun't Paradies 00; Von Minschen un Lüüd 02, u. a. – **MV:** Niederdt. Hörspielbuch 61 I, 71 II; WDR-Hörspielbuch 64, 67, 68; Tuchfühlung, neue dt. Prosa 65; Ehebruch & Nächstenliebe, Erzn. 69. – **R:** Dat Huus vör de Stadt 62; Noah bricht auf 62; Verlaren Stünn 63; Solo för Störtebeker 64; Swatten Peter 66; Herr Kannt gibt sich die Ehre 66; Wand an Wand 66; Den Eenen sien Uhl 67; Dreih di nich üm 67; Ein Sohn nach Art des Hauses 68; Gesang im Marmorbad 68; Stah op un gah 69; Sonntags wenn die Schlächter schlafen 69; Deutsch und Deutsch 69; Horch was kommt von draußen rein 70; De Mann von güstern 70; Die Dinge nehmen wie sie sind 70; Vom Hackepeter und der Kalten Mamsell 71; Maulbrüter 72; De en un de annern 72; Fraag nich nah Sünnenschien 73; Stippvisit 73; Das Flöß der Medusa 73; Der Pappkamerad 73, alles Hsp.; Weiße Wyandotten 65; Nullouvert 68; Herr Kant gibt sich die Ehre 68; Das Gesang im Marmorbad und dat nee as dreht 71; Jonny der Dritte 71; Allens hett sie'n Pries 72; Gesang im Marmorbad 72; Vom Hackepeter und der Kalten Mamsell 73; Lehmanns letzter Lenz 75, alles Fsp.; Der Jäger, Hsp. 97. – *Lit:* Heinz Schwitzke: Reclams Hsp.führer 69. (Red.)

Hansen

Hansen, Walter, Autor; Stengelstr. 6, D-80805 München, Tel. (0 89) 36 93 90 (* Waltendorf 4. 4. 34). VG Wort 77; Jgdb.pr. d. ZDF 80, Pr. d. Dt. Akad. f. Kinder- u. Jgd.lit. Juni 86, April 89, Nov. 90, ZDF-Buch d. Monats April 89, Stift. Buchkunst Dez. 89; Rom., Sachb., Anthologie, Biogr. – **V:** Die Reise des Prinzen Wied zu den Indianern, Tatsachen-R. 77, Tb. 78, 05; Tomahawk und Friedenspfeife, Kurzgesch. 79, 01; Der Detektiv von Paris, R. 80, 03; Sie nannten ihn Lederstrumpf, Tatsachen-R. 80, 99; Der Wolf, der nie schläft, Biogr. 85, 08; Asgard. Entdeckungsfahrt in d. german. Götterwelt 85, 09; Die Spur des Sängers 87, 03; Die Spur der Helden 88, 03; Das Pfadfinder-Taschenbuch 97, 04; Wo Siegfried starb und Kriemhild liebte 97, 05; Das Pfadfinder-Handbuch 01; Richard Wagner, Biogr. 06; Richard Wagner. Sein Leben in Bildern 08. – **H:** Das große Hausbuch d. Volkslieder 78, 04; Das Buch d. Balladen 78, 03; Das große Hausbuch d. Sagen u. Legenden aus d. dt. Volksbüchern 79, 03; Advent- u. Weihnachtslieder 79, 09; Die Edda. Germanische Göttersagen aus erster Hand 81, 99; Das Nibelungenlied. Heldensagen aus erster Hand 82, 05; Das große Buch der dt. Volkspoesie 89, 05; Das große Hausbuch für die Advents- u. Weihnachtszeit 98; Das große Volksliederbuch für Kinder 98, 01; Das große Pfadfinder-Lesebuch 01, alles Anth., u. a. – **P:** Die Schauplätze des Nibelungenliedes, seit 91; Richard Wagner – Szenen eines Künstlerlebens, Bilder aus d. Welt d. Oper, seit 97, beides Bild- u. Textdok. als Wanderausstellungen. – *Lit:* Wer ist Wer?; Lex. z. bayer. Gegenwartslit.; Lex. d. öst. Kinder- u. Jgd.-Lit.; s. auch 2. Jg. SK.

Hanslik, Christel (geb. Christel Düring), Dr. phil., ObStudDir. a. D.; Leo-Baeck-Str. 23, D-14165 Berlin, Tel. (0 30) 8 15 75 95 (* Berlin 21. 4. 27). FDA Berlin 04; Lyr., Kurzprosa. – **V:** Eine Feder aus den Flügeln eines Engels, Lyr. 04; Am Mischgut des Herzens, Kurzprosa 04; Im Spiel der Winde, Lyr. 05; Im Netz der Zeit, Lyr. 05; Kriegsangst und Nachkriegszeit (1943–1946). Wider das Vergessen, Prosa 05; Die inneren Ringe des Seins 06; Traumgespinst um Glück 07; Das Buch vom kleinen Wicht 07; Vom Ursprung der Stille 08, alles Lyr. – **MA:** Welt der Poesie – Musenalmanach für d. Jahr 2004, ... d. Jahr 2005, ... d. Jahr 2006; Anthologie Buchwelt 04; Ly-La-Lyrik 05; Prosa de Luxe – Anno 2006.

Hanson, Mark, Schriftst.; Mühlstr. 64a, D-76470 Ötigheim, Tel. (0 72 22) 2 63 72 (* Freiburg/Br. 15. 5. 28). VS 79–97; Erz., Rom., Lyr., Journalist. Arbeit. – **V:** Die Keusche ... 81; Sexspiele ... 82; Zur Sinnlichkeit verführt 82; Die Aktmodelle ... 83; So jung ... 83; Das rote Höschen 84, alles R.; Zwischen Tag und Traum, Lyr. 84; Bäumchen wechsle dich 85; Lava im Blut 85; Das größte Glück der Erde 86, alles R.; Bild eines Dorfes, Lyr. u. Prosa 87, Neuaufl. 97; Die Geschichten vom schwarzen Kater Bijou, Kdb. 88; Ein Mädchen wie Seide, R. 88; Ötigheimer Anekdoten, Lyr. u. Prosa 88; Russische Leidenschaften, R. 88; 1200 Jahre Ötigheim in lebenden Bildern, Bü., UA 88; Die Erbtante kommt, Theaterst. f. Kd., UA 91; Kein schöner Land, Kasperle-Theaterst., UA 93; Kater Bijous lustige Streiche, Kdb. 94; Das erotische Lesebuch, Lyr. 95; Die Frau auf dem Dach, R. 96; Quellen der Zärtlichkeit, Lyr. 96; Kater Bijou in Steinmauern, Kdb. 97; Ötigheimer Gschichtle, Lyr. u. Prosa (z. T. Mda.) 97; Art of Fee, Frauenportr. 98; Metamorphose in 'S', Grafik u. Lyr. 99; Erotic moments, Grafik u. Lyr. 99; Art of Fee II, Grafik u. Lyr. 99; Die Wand von Sapin, R. 02; Modell Jasmin – Studien, Kurzprosa u. Porträts 03; Modell Jasmin – Erotik Moments, Lyr. u. Akt, Bd II u. III 04; Jasmin – Erotik Moments, 12 Bände in Aktfoto, Lyr.

u. Kurzprosa 07; Der Schnapskopf, Krim.-R. 08; Von Platon bis Heidegger, phil. Leseb. 09; Eine Tote nimmt Rache; Der Todeskaktus (aus Krimi-Ser. Kommissar X), u. a. – **MA:** Europäische Lyrik, e. Zustandsbild 81; Edition L, Lyr. 82, 83; Siegburger Pegasus 82–84; Gauke's Jb. f. d. Frieden 83; Gauke's Jb. 84; Jubiläumsband d. Verl. Schwarz 84, alles Lyr. u. Prosa; Ötigheim im Wandel d. Zeiten, Prosa 87; Topographia lyrica 87; Der gute Stern auf Deutschlands Straßen, Prosa 88; Ortstermin Arbeitsplatz 88; Lyrik-Edition 2000; Reise-Reise 00; Auslese 00; Autoren im Dialog 00; Nationalbibliothek d. dt.sprachigen Gedichtes 01, 03, 04, 05, 06; Die flüchtige Schäferin 01; Hommage an ein Modell 01; Herold der Liebe 01; Welt der Poesie 02; Erste junge Liebe 02; Vom Gold verblendet 02; Ly-La-Lyrik 02, 03, 04. – **H:** Pegasus Ötigheim, Anth. 84–98 XIV; Hubert Wilmer: Wind in den Händen, Lyr. u. Prosa 84; ders.: Das blaue Land, Lyr. u. Prosa 85; ders.: Matzefloh und Kalliboy, Kdb. 90; Wilhelm Riedel: Brüche, Lyr. u. Prosa 95. – **P:** Jasmin – Impressionen in Rot, 12 Gemälde u. Lyrik-Dichterlesung in d. Galerie 08. – *Lit:* AiBW 91; Wer ist Wer? Das Dt. Who's who, seit 01/02; Künstler f. amnesty international.

Hant, Claus Peter, Drehb.autor; lebt in Dublin, c/o S. Fischer Verl., Frankfurt/M. – **V:** Weltspartag, Krim.-R. 07, 08. – **MV:** Affenschande, m. Michael Korth, Krim.-R. 05. – **F:** Drehb. u. a. f: Räuber Hotzenplotz, m. Ulrich Limmer 06; Das wilde Leben, m. and. 07. – **R:** Drehdok. u. a. f: Der Bulle von Tölz, 7 F. (Red.)

Hantsch, Simone *

Happel, Lioba, M. A. Germanistik; Rue de la Pontaise 25, CH-1018 Lausanne, *lio.his@urbanet.ch* (* Aschaffenburg 7. 2. 57). Aufenthaltsstip. d. Berliner Senats 88, Leonce-u.-Lena-Förd.pr. 89, Friedrich-Hölderlin-Pr. d. Stadt Homburg (Förd.pr.) 91, Stip. Schloß Wiepersdorf 93, Villa-Massimo-Stip. 94, Förd.pr. z. Hans-Erich-Nossack-Pr. 96, Werkbeitr. d. Pro Helvetia 07; Lyr., Prosa. Ue: engl, frz. – **V:** vers reim und wecker, G. 87; Grüne Nachmittage, G. 89; Ein Hut wie Satan, Erz. 91, 93; Der Abgrund 94; Der Schlaf überm Eis, G. 95; Lucy oder Warum sind die Menschen so komische Leute 07. – **MV:** Körperfluchten, m. Anna Holldorf 03. – *Lit:* Kiwus 96; DLL, Erg.Bd 4 97.

Happel, Wilfried (* Nürnberg 65). Förd.pr. d. Jungen Lit.forums Hessen-Thür. 91. – **V:** Das Schamhaar 94; Mordslust 95; Fressorgie oder der Gott als Suppenfleisch 99; Der Nudelfresser 00; Die Wortlose 01; In-Contenance 02; Geliebte Mars 03; Mein Onkel Bob 03; Fischfutter 04, alles Theaterst. – **R:** Kleiner Zwischenfall in den französischen Alpen, Hsp. 96. (Red.)

Happle, Rudolf (Ps. Ole Haldrup), Prof., Dr. med., Dermatologe; Auf der Hube 8, D-35041 Marburg, Tel. (0 64 21) 3 42 53, 2 86 29 08, Fax 2 86 28 98, *happle @med.uni-marburg.de, www.nereus-verlag.de*. Johann-von-Weerth-Str. 6, D-79100 Freiburg (* Freiburg/Br. 18. 5. 38). Limerick. – **V:** Buch der Limericks 92, 03; Lirum, Larum, Limerick 04; Das Geheimnis der fünften Zeile. Neue Limericks 06. (Red.)

Har-Gîl, Shraga (geb. Paul Philipp Freudenberger), Journalist, Red., Schriftst.; lebt in Tel Aviv, c/o Verl. Königshausen und Neumann, Würzburg (* Würzburg 26). – **V:** Alte Liebe rostet nie, Geschn. 04; Neue Busen der Nachbarin, Geschn. 06. (Red.)

Harald s. Birgfeld, Harald

Haramis, Brigitte (geb. Brigitte Anneliese Maria Knoff), Kindergärtnerin u. Hortnerin; *briharamis@ web.de* (* Guben 24. 12. 35). IGdA bis 96, Literaturatelier d. Frauenmuseums Bonn; Prosa, Belletr. – **V:** Flipperkugeln, R. 88; Rebellisch und hilflos, R. 92; Der

Herr Tatter, R. 97; Ich will in Deine Hängematte, R. 03. (Red.)

Harbaum, Reinhard, Bibliotheksangestellter, Hrsg., Übers.; Ulrideshuser Str. 1, D-37077 Göttingen, Tel. (05 51) 20 50 74, *harbaum@gmx.de* (* Osnabrück 16. 1. 52). Übers., Lyr. Ue: am, engl. – **V:** Die industrielle Nacht, G. 91; Carpaccios Balkon, G. 94; Projekt ZeilenGravur, G. 04. – **MA:** Beitr. in Lyr.-Anth. u. lit. Zss.; KORA-Kalender 2007, Haiku; Haiku Jb. 2007. – **H:** Steinbrech 82–95. – **MH:** Edition Saxifraga, m. Ingrid Rosenberg-Harbaum, 40 Ausg. seit 96. – **Ue:** Michael McClure: Vom Proteingral 86; ders.: Die Bibliothek der Gene 90; Kenneth Patchen: Nokturne für die Bewahrer des Lichts 87; Dylan Thomas: Auswahl aus den Gedichten u. d. T.: Im Wetter des Herzens 88, u. a. – **MUe:** Kenneth Rexroth: Fallende Blätter früher Schnee 88; Robert Duncan: Der Gesang des Achilleus 93; Kenneth Patchen: Blaue Kontinente Nacht 94; Gary Snyder: Das wilde Lied des Feigenbaums 97; Denise Levertov: Aus parallelen Welten 98; K. Rexroth: Die Stadt des Mondes 99; Thomas Merton: Ariadnes Nachmittag 99; Michael McClure: HaikuGravuren 01; D. Levertov: Jenseits des Feldes 01; G. Snyder: Feldnotizen zur Dichtung 03; M. McClure: Kolibri & Kalligramm 03; Gerard Malanga: Die Arkaden-Projektion 03; Eliot Weinberger: Literatur im Gegenstrom 04; K. Rexroth: Lyell's Höhlengebirge 06; M. McClure: Bronzeglocke & Persimone 06; Lawrence Ferlinghetti: Das Licht von Big Sur 07; G. Snyder: Ost West Drift 07; M. McClure: Der andere Horizont 07, alle m. Ingrid Rosenberg-Harbaum.

Harbecke, Ulrich, Fernsehred.; Heddinghovener Str. 23, D-50374 Erftstadt, Tel. (0 22 35) 7 74 87 (* Witten 11. 1. 43). Sheckley-Pr. 83; Rom., Film, Übers. Ue: engl. – **V:** Auf Leben und Tod, R. 73; Invasion, R. 79; Entwarnung. Der Frieden bricht aus, R. 87; Der gottlose Pfarrer, R. 87; Mantel, Schwert und Feder, lit. Parodien 97; Literadatsch, neue Parodien 99; Der gläubige Kardinal, R. 04. – **MA:** Die andere Seite der Zukunft 80; Canopus 80; Vorgriff auf morgen 81; Die Träume des Saturn 82; Eros 82; Formalhaut 83; – Beitr. in Anth.: Wer hat die schönsten Schäfchen? 80, 86; Love Story 80; Die Reise 81; Zwischenspiel 82; Der Turm 82; Terminal 83; Faber 83; Heimliche Begegnung der zweiten Art 84; Infektion 86, alles Kurzgeschn. – **R:** 3 Dok. 83–85. – **Ue:** George Peele: The Old Wive's Tale 67. (Red.)

Harbeke, Franz, Dipl.-Verwaltungswirt (FH); Robbenplate 109, D-28259 Bremen, Tel. (04 21) 58 75 52, *franz.harbeke@web.de* (* Neuruppin 31. 8. 36). Erz., Reiseber. – **V:** Blau war der Himmel. Erinnerungen, Erz., Reiseber. 04. – **MA:** Bremer Texte 3 06.

Harbert, Rosemarie (Ps. f. Rosemarie Bottländer), Journalistin; Kursiefener Str. 8, D-51519 Odenthal, Tel. (0 21 74) 47 78 (* Braunschweig 17. 6. 26). Feuill. – **V:** Bitte so, Anstandsb. f. Mädchen 52; Wir sind nämlich kinderreich 53; Schwamm drüber, Schönheitsfibel f. Mädchen 54; Ehefrauen tragen Hüte, Fibel f. Frauen 58; Lauter junge Leute, Erz. 59; Christine, Heiligenbiogr. 64; Pit u. Eva, Kindergeschn. 78; Solange wir miteinander reden, Generationenthema 79; Hildesheim 80; Altenberg 81, beides Domführer f. Kinder; Mensch Papa, das mußt du locker sehn 83; Frischer Wind im alten Haus 93; Gib jedem Tag drei Stunden mehr, Geschn. 95, 96 (Blindendr.); Applaus für eine Panne, Geschn. 00; u. 5 Namensbücher 97. – **MH:** Der Morgenstern, Liederb. f. Mädchen; Weihnachten, Werkb. 74; Stundenbuch für Kinder 76; gestern, heute, morgen, Leseb. f. Frauen 78; Mit einem Esel fing alles an, m. Claudia Posche u. Marie Luise Oertel 06.

Hardam, Werner, Dipl.-Physiker, Lehrer; Wiesengrund 3, D-38667 Bad Harzburg, Tel. (0 53 22) 42 92, *Hardam.Wehan@t-online.de* (* Salzwedel 18. 7. 46). Lyr. – **V:** Du stehst und gehst, Lyr. 04; Einfache Fahrt nach Portbou, Erz. 06.

Hardcastle, Peter s. Bierschenck, Burkhard P.

Hardebusch, Christoph; Schröderstr. 17, D-69120 Heidelberg, Tel. (0 62 21) 7 50 26 59, Fax 7 50 68 36, *christoph@hardebusch.net,* *www.hardebusch.net* (* Lüdenscheid 24. 9. 74). Rom., Erz. – **V:** Die Trolle 06 (auch ital.); Die Schlacht der Trolle 07; Sturmwelten, R. 08; Der Zorn der Trolle, R. 08.

Hardeck, Marianne s. Eckhardt, Rosemarie

Harder, Hans s. Giersch, Gottfried

Harder, Irma (geb. Irma Lankow), Bäuerin, Schriftst., Rentnerin; c/o AWO Seniorenzentrum „Am Schwalbenberg", Rotkehlchenweg 1, D-14542 Werder b. Potsdam (* Polzow, Kr. Prenzlau 24. 12. 15). SV-DDR 54; Theodor-Fontane-Pr. 56, Pr. f. Kinder- u. Jgd.-lit. 58; Rom., Erz. – **V:** Im Haus am Wiesenweg, R. 56, 90; Das siebte Buch Mose und andere Geschichten 58, 59; Ein unbeschriebenes Blatt, Erz. 58, 7. Aufl. 87; Wolken überm Wiesenweg, R. 60, 64; Die Spatzen pfeifen's schon vom Dach, R. 63; Verbotener Besuch, Erz. 68, 6. Aufl. 86; Melodien im Wind, Erz. 71, 3. Aufl. 83; Die Nacht auf der Mädcheninsel, Erz. 74, 78; Grit im Havelland, Erz. 77; Die Frau vom Ziegelhof, R. 84; Damals in Sanssouci, Erz. 90. – **F:** Das schwarze Wunder, Kurzf. 56. (Red.)

Harder, Irmgard (eigtl. Irmgard Selk-Harder), Rdfk-Red.; Buschkoppel 33, D-24145 Kiel, Tel. u. Fax (04 31) 71 33 59, *irmgardharder@aol.com* (* Hamburg 20. 8. 22). VS 69, Schlesw.-Holst. Heimatbund (SH-HB), Klaus-Groth-Ges., Goethe-Ges., Fritz-Reuter-Pr. 85, Lornsen-Kette d. SHHB 97, Ndt. Lit.pr. d. Stadt Kappeln 98; Betrachtung, Glosse, Erz. (pldt./hochdt.). – **V:** So is dat aver ok 59; Dat Glück kümmt mit 'n Bummeltog 71, 8. Aufl. 87; Gustav un ik un anner Lüüd 73, 8. Aufl. 88; Wedder mal Wiehnachten 74, 12. Aufl. 88; Blots in Fru ... 76, 84; Mit den besten Afsichten 78, 83; Allens okay? 80; Blots mal eben 82; Överraschung to Wiehnachten 84, 87; Gegen Dummerhaftigkeit is nix to maken 87, 3. Aufl. 93; Do wat Du wullt 89, 2. Aufl. 91; Wiehnachten överall 91, 2. Aufl. 92; Kieler Begegnungen, hist. Farce 92; De besten Geschichten 93; Sluderee un Wohrheit 95; Schleswig-Holstein-Impressionen 98; Einfach Glück 99; Dörch de Johrn, Erzn., Glossen 02. – **MA:** Hör mal'n beten to 66; Fruenstimmen 74; Wiehnachtstiet is Wunnertiet 74; Weihnachtsgeschn. aus Schleswig-Holstein 75; Dat lustige plattdüütsche Leesbook 77; Platt mit spitzer Feder 78; Vun Lüüd, de plattdüütsch snackt 78; Schleswig-Holsteiner unter sich u. über sich 79; Kieler Kultur-Tel. 79; Eutiner Alm. 80; Wo de Seewind üm den Michel weiht 80; Wo de Wind vun Westen weiht 80; In de Wiehnachtstiet 83; De Lebenskrink 84; Ünner'n Dannenboom 85; Mien leefste Geschn. 88; Dat grote Hör mal'n beten to-Book 93; Dat grote plattdüütsche Wiehnachtsbook 94; Dat grote plattdüütsche Leesbook 96; Schleswig-Holsteinisches Weihnachtsb. 96; Feste feiern 99; Dat grote Smusterbook 00; Glück will Tiet hebben 01. – **R:** vorwieg. pldt. Beitr., Erzn., Kurzgeschn., Feat. im NDR seit 54; Fs.-Kurzfilme f. „Drehscheibe"; Hör mal'n beten to, Sendereihe seit 56. – **P:** Hör mal'n beten to 77; Blots in Fru... 77. (Red.)

Harder, Jutta Natalie (Natalie Harder), Bildende Künstlerin, Schriftst., Marionettenspielerin, eigenes Theater „Die blaue Perle"; Freiligrathstr. 1, D-10967 Berlin, Tel. (0 30) 6 94 22 22, *www.natalie-harder.de* (* Fehrbellin 14. 7. 34). BBK Berlin 63, EM seit 99,

Harder

NGL Berlin 73–03, GEDOK Berlin 76–96, FDA Berlin 96, Mondin e. V. Schleswig; Stip. d. Hermann-Sudermann-Stift. 85, 00; Rom., Lyr. – **V:** Recht mitten hindurch – Parzival, e. Miniat. – e. Traum a. d. Mittelalter, n. Eschenbach, Marionettensp. 79; Am Abend gabeln sich die Dinge 79; Schon über den Zenit 84; Auf dem sandverwehten Weg 87, alles Lyr.; Der verlorene Apfelbaum. E. Pfarrhauskindheit in d. Mark, Prosa 88, 90; Amor und Psyche, n. Apuleius, Marionettensp. 93; Der Weg. Bilder-Lyr.-Marionetten, Bildbd 95; Der wiedergefundene Apfelbaum. Auf d. Reise zu mir selbst, Prosa 99; Botengrüße, Lyr. 05. – **MA:** Neue Deutsche Hefte 173, 179, 182, 200, 202, 203 83–89; Veröff. in üb. 25 Anth. seit 75. – **P:** Recht mitten hindurch, DVD u. CD-ROM 04. – *Lit:* Anke Wagemann: Wolfram v. Eschenbach „Parzival" im 20. Jh. 98; s. auch Kürschners Handbuch der Bildenden Künstler, 1. Aufl. 2005.

Harder, Wolfgang Andreas, Dr. med., Facharzt f. Nervenheilkunde, Psychotherapie i. R.; Isenburger Kirchweg 32, D-51067 Köln, Tel. (02 21) 63 46 62 (* Neuruppin 15. 7. 36). Lit.haus Köln 96; Lyr. – **V:** Im Gefälle der Nacht, G. 91; Schattenlauf im Fluß, G. 97. – **MA:** G. in: Neues Rheinland 75, 83; Jubiläums-Alm. d. APHAIA-Verl. 93; Neues Rheinland 10/98. (Red.)

Hardo, Trutz (Ps. f. Tom Hockemeyer), Schriftst., Verleger; Tel. (0 30) 6 91 84 65, *mail@trutzhardo.de, www.trutzhardo.de* (* Eisenach 23. 4. 39). Rom., Übers., Dramatik. Ue: engl. – **V:** Molar, R. 85; Lilia, R. 93; Das Geheimnis der Sonnenblume, M. 95; Jedem das Seine, R. 96; Maria, R. 02. – *Lit:* s. auch 2. Jg. SK.

Hardt, Hans s. Degenhardt, Jürgen

Hardt, Karl Heinz, ehem. Journalist, Chefred. d. Luftfahrt-Zs. 'Flieger-Revue' bis 86; Tschaikowskistr. 32, D-13156 Berlin, Tel. u. Fax (0 30) 48 09 58 07 (* Grünberg/Schles. 20. 3. 26). SV-DDR 63–90; 1. Pr. Künstl.-Wettbew. d. Kreisrats Zittau 50, Paul-Tissandier-Dipl. d. Fédérat. Intern. Paris 72, Ernst-Schneller-Pr. 85; Lyr., Film, Szenarium. – **V:** Wind aus West, Erz. 54; Die Abenteuer des fliegenden Reporters Harri Kander, Erzn. (15 Heft-R.) 57–58; Geheimnisse um Raketen. Ein Bericht, der Legenden zerstört 62; Ole Varndals letzte Fahrt, Erz. 64; Rakete Start!, Kdb. 65; Unternehmen Walzertraum 66; Von Fliegern und Flugzeugen 73; Von Luftschiffen und Ballons 76; Krieg der Schatten 79; Nellis-Report 82; Recherche in Metro-Manila 02, alles Erzn.; Steilkurven, Kleingeschn. u. Anekdn. aus d. Fliegerei 87. – **F:** Weiße Schwingen 56; Schön ins Schwarze 57; Akrobaten der Lüfte 64. – **R:** Flugkapitän Brigitte, Fs.-Szenarium 56; Libellen am Start, Fs.-Rep. 60. (Red.)

Hardt, Peter s. Schweickhardt, Peter

Harhues, Dieter, Sonderschullehrer i. R.; Lammerbach 53, D-48157 Münster, Tel. (02 51) 32 47 63, *dieter@harhues-ms.de* (* Paderborn 28. 1. 33). 2. Pr. b. Autorenwettbew. d. Plattdt. Förd.kr. in d. Region Osnabrück 91, 92, 2. Pr. b. plattdt. Autorenwettbew. d. Kulturkr. Hamburg-Wandsbek 93. – **V:** Dat Pöggsken daomaols un vandage, G. u. Geschn. 91, 3. Aufl. 03; Een ganz gewüehnlicken Dagg, G. u. Geschn. 93; Thusnelda un de schofelen Römers, Bst., UA 93; Da schmunzelte selbst Sankt Hubertus, Geschn. 98; Wiehrauk för dat Jesuskindken, G. u. Geschn. 02; Nimm's leicht und lächle, Reime u. Glossen 02; Van Jägers, Buern un allerlei Lü, G. u. Geschn. 04. – **MA:** Tungenslag, Bd 2, Mda.-Leseb. 91; Und wenn sie nicht machulle sind ..., Textb. 92; Dat Lammm kümmt to Gast bi den Wulf 93; Beinahe mulo gedellt ..., Textb. 94; Deutsche Mundarten an der Wende?, Anth. 95; Pflücke die Sterne, Sultanim, Leseb. 96; Mit hamel hallas und hellau ..., Textb. 98; Jb. Lyrik 2000 99; 10 Jahre Mauerfall – Eine neue Dimension 99;

... nicht nur große Kaffeekannen 00. – **R:** pldt. G. u. Kolumnen f. WDR, Radio Münsterland u. Radio Steinfurt. (Red.)

Harig, Ludwig, Dr., Prof., Volksschullehrer; Oberdorfstr. 36, D-66280 Sulzbach/Saar, Tel. u. Fax (0 68 97) 5 29 36 (* Sulzbach/Saar 18. 7. 27). VS 70, P.E.N.-Zentr. Dtld, Dt. Akad. f. Spr. u. Dicht. 79, Akad. d. Wiss. u. d. Lit. Mainz 82, Freie Akad. d. Künste Mannheim 85; Kunstpr. d. Saarldes 66, 6. Stip. d. Berliner Kunstpr. 75, Kunstpr. d. Stadt Saarbrücken 77, Visiting Writer, Austin/USA 82, Marburger Lit.pr. 82, Turmschreiber v. Deidesheim 83, E.gast Villa Massimo Rom 84, Carl-Zuckmayer-Med. 85, Lesezeichen-Pr. f. Poesie u. Politik 85, Dr. h.c. Univ. d. Saarldes 87, Stadtschreiber-Lit.pr. Mainz 87, Hsp.pr. d. Kriegsblinden 87, Heinrich-Böll-Pr. 87, Frankfurter Poetik-Vorlesungen SS 87, Poet in Residence, Warwick/Engl. 89, Friedrich-Hölderlin-Pr. d. Stadt Homburg 94, Pr. d. Frankfurter Anthologie 05; Lyr., Rom., Ess., Hörsp., Drama. Ue: frz. – **V:** Haiku Hiroshima, Text 61; Zustand und Veränderungen, Texte 63; Reise nach Bordeaux, R. 65; im men see, Texte 69; Sprechstunden für die deutschfranzösische Verständigung und die Mitglieder des Gemeinsamen Marktes, Fam.-R. 71; Allseitige Beschreibung d. Welt zur Heimkehr d. Menschen in eine schönere Zukunft, R. 74; Wie nann't Leopold Bloom auf die Bleibtreustraße, Erz. 75; Die saarländische Freude, Texte 77; Rousseau, R. 78; Heimweh, Texte 79; Pfaffenweiler Blei, G. 80; Der kleine Brixius, R. 80; Logbuch eines Luftkutschers, Texte 81; Heilige Kühe der Deutschen, Texte 81; Tafelmusik für König Ubu, G. 82; Trierer Spaziergänge, Texte 83; Zum Schauen bestellt, Tageb. 84; Das Rauschen des sechsten Sinnes, Reden 85; Sieben Tiere, G. 85; Ordnung ist das ganze Leben, R. 86; Die Laren der Villa Massimo, Tageb. 86; Und über uns den grüne Zeppelin, Tageb. 87; Gauguins Bretagne, Tageb. 88; Hundert Gedichte 88; Staatsbegräbnis 1 und 2 – Konrad Adenauer u. Walter Ulbricht, Collagen 88; Mainzer Moskitos, Tageb. 89; Die neue saarländische Freude 90; Shakespeares Land, Bild-Bd 90; Weh dem, der aus der Reihe tanzt, R. 90; Die Hortensien der Frau von Roselius, N. 92; Der Uhrwerker von Glarus, Erzn. 93; Sieben Menschen 94; Zum Kap der Guten Hoffnung, Leseb. 94; Die Weihnachtsgeschischt. Ins Saarländ. übertr. 95; Das Saarland, Bild-Bd 96; Das heiße Fleisch der Wörter 96; Wer mit den Wölfen heult, wird Wolf, R. 96; Der Wiedergeborene, Repn. 97; Spaziergänge mit Flaubert, Reisegeschn. 97; Eier und Bücher 98; Pelès Knie – Sechs Verführungen, Erzn. 99; Reise mit Yoshimi, Repn. 00; Kreter und Pleter. Tagebuch e. Reise nach Kreta, R. 00; Da fielen auf einmal die Sterne vom Himmel 02; Im Geschwirr der Espenblätter, Lieder u. Balln. 02 (m. CD); Und wenn sie nicht gestorben sind. Aus meinem Leben 02; Es kommt aufs Spielen an, Son. 03; Ideenspiele, fußgerecht, Son. 04; Sterne habe ich gezählt. Geburtstagsrede f. Johannes Kühn 04; Gesammelte Werke, 8 Bände 04ff.: Die Wahrheit ist auf dem Platz, Fußballsonette 06; Was sind wir Menschen doch?, Son. m. Linolschnitten v. A. Hertenstein 06; In Rausch der Südwörter 07; Sirikit, im Serigraphien v. A. Ohlmann 07 (auch chin.); Der Bote aus Frankreich 07; Kalahari, R. 07; Ein Fall für Epikur, Erzn. 08. – **MV:** zufällig änderbar, Texte 70; wir spielen revolution. dr. 70; Miß Mary 70; Lichtbogen 71; Die Saar 71; Mosel Saar Ruwer 74; Drei mal drei Fünfsätze 74, alles Texte; Saarbrücken 77; Die Ballade vom großen Durst, G. 83; Mainz, bewegte Stadt, m. Karlheinz Oswald 89; Gnädige Frau, Ihr Weihnachtsmenü 1990, m. M. Bacher, C. Pomofski 90; Von A bis Zett 90; Die Negerhaftigkeit der Literatur, m. R.P. Gru-

472

ber 92. – **MA:** Das Fußballspiel, Erz. in: Ein Tag in der Stadt 62; Märchen und Mythen 87. – **H:** H. Geißner: Elliptoide, Texte 64; Hans Dahlem: Graphische Kosmogonie, Kunstb. 65; Und sie fliegen über d. Berge, weit durch d. Welt. Aufss. v. Volksschülern 72. – **MH:** Muster möglicher Welten, Anth. f. Max Bense 70; Netzer kam aus d. Tiefe d. Raumes. Notwendige Beitr. z. Fußballweltmeisterschaft 74; Händedruck, Anth. 81; Hans Dahlem und die Poesie, m. Andrei Miron 97, 98. – **R:** Das Geräusch 63, 65; Das Fußballspiel 66, 67; Staralüren 67; Les Desmoiselles d'Avignon 67; Ein Blumenstück 68, 69; Der Monolog der Terry Jo, m. Max Bense 69; Staatsbegräbnis 69; Haiku Hiroshima 69; Katzenmusik, m. Peter Hoch 70; Fuganon in d 70; Türen und Tore, m. J. Becker, Reinhard Döhl, Johann M. Kamps 71; Versammelt euch 71; Hercule Poirots 12 Arbeiten 71; Darum sorget nicht f. d. anderen Morgen 72; Entstehung einer Wortfamilie 72; D. Glück dieser Erde 73; Wahrlich ich sage euch 73; Zeit u. Raum verschwinden mit d. Dingen 74/75; Dichten u. Trachten 76/77; Ein dt. Narrenspiel 77; Warum kann ich nicht vom Truge 79; Wer will haben, der muß graben 80; Ein Fest für den Rattenkönig 82; Willkommen und Abschied 83; Simplicius Simplicissimus 84; Till Eulenspiegel 84; Kriegsende 85; Drei Männer im Feld 86; Amol is gewen a Jidele 88, alles Hsp.; Brennender Berg – rauchende Lydia 80; Staubperle – Kleineleuteperle 87; Zu ergründen die eigene Heimkehr 87; Mainzer Feste, m. Wolfgang Lörcher 88, alles Fsf. – **P:** Deutsch f. Deutsche, m. Michael Krüger 75; Staatsbegräbnisse 75; Komm zu dir, komm zu allen, m. Gruppe Espe 84. – **Ue:** Willy Alanté-Lima: Manzinellenblüten 60; Raymond Queneau: Taschenkosmogonie 63; Marcel Proust: Pastiches 69; Charles Zerc: Mädchen aus d. Nachtlokal 74; Paul Verlaine: Freundinnen 75; Raymond Queneau: D. heiße Fleisch d. Wörter 76; ders.: Hunderttausend Milliarden Gedichte 81; Chlebnikov: Höllenspiel 86; Apollinaire: Am grünen Ufer in Rolandseck, G. 91. – **MUe:** Raymond Queneau: Stilübungen 61, 96; Saint Glinglin u. d. T.: Heiliger Bimbam 65; Held/Mercié: Krautundrüben 74; Monreal/Galeron: Mia, Dia, Ia u. ihr Vetter Tagabia 74; Vidal/Willig: Zu Fuß, zu Roß, im Mondgeschoß 74, alle m. E. Helmlé; Papa, Mama und der Esel, G. 78; Boris Vian: Hundert Sonette, m. E. Helmlé 89. – *Lit:* G. Sauder/G. Schmidt-Henkel (Hrsg.): Harig lesen 87; Karl Riha in: KLG 88; P. Lanzendorfer-Schmidt: D. Sprache als Thema im Werk L.H.s 90; A. Diwersy (Hrsg.): Wörterspiel – Lebensspiel 93; Text u. Kritik H.135 97; LDGL 97; B. Rech (Hrsg.): Sprache f. Leben, Wörter gegen d. Tod 97; WortSpielOrt. L.H. z. 70. Geb. 97; Werner Jung/Marianne Sitter: Bibliogr. L.H. 02; Werner Jung: Du fragst, wa Wahrheit sei? L.H.s Spiel m. Möglichkeiten 02; Werner Jung/Marianne Sitter: Bibliogr. L.H. (1950–2001) 02.

Harksen, Verena C. (Verena Charlotte Harksen, geb. Verena Charlotte Wussow, Ps. Adelaide Nerev), Versicherungsjuristin, Autorin, Übers., Mitarb. d. Lit.redaktion d. Zs. BRIGITTE 1985–99; Damaschkeanger 7, D-60488 Frankfurt/Main, Tel. (069) 769157, Fax 7690 07, *harksen.verena@t-online.de* (* Berlin 17.5.42). Phantastik, Unterhaltung. Ue: engl. – **V:** Marions Geheimnis, Aufs. 87; Lythande und Rohana, Aufs. 90; Die unendliche Geschichte II, Filmroman 90; Der große Bellheim, Filmroman 92; Das Glück ist mollig, R. 99, Tb. 00; Die Westentaschenvenus, R. 01, Tb. 02; Der Diamantenmops, Tb. 05. – **B:** Charles Dickens: Oliver Twist, T. I u. II 93. – **MA:** ANTH.: Der Drache hinter den Spiegeln 86; Die Anderen sind wir 89; Rettet uns (Die grüne Reihe, Bd 1) 89; Die Ewige Bibliothek u. a. phant. Geschichten 90;

Das Buch der geheimen Leidenschaften 91; Von Nudeln und Menschen 91; Auf Zungenspitzen 92; Elefanten weinen nicht 92; Engel und anderes Geflügel II 95; Der süße Duft des Bösen 96; Grausen, Gruseln, Gänsehaut 98; – ZSS.: PARSEK 2/90; Merian, Juli 91. – **H:** Das Land hinter den Spiegeln 86; Der Drache hinter den Spiegeln 86; Die Nacht der fünf Monde 86; Der Rubin 88 (jeweils m. Vorw.); Bibliothek d. phantastischen Abenteuer, 53 Bde 86–89. – **Ue:** ca. 50 Titel zw. 1970 u. 1999, u. a.: Marion Zimmer Bradley: Lythande 90; Ines Rieder/Patricia Ruppelt: Frauen sprechen über AIDS 91; Tad Williams: Der Drachenbeinthron 91; Der Abschiedsstein 93, Der Engelsturm 94, Die Nornenkönigin 94; Toby Forward: Lindwurmfrühling; Lindwurmsommer; Lindwurmherbst; Lindwurmwinter 96–97; Stephan Grundy: Wodans Fluch 96; Toby Forward: Nimmerland 98; Stephen Elboz: Die Katzen vom byzantinischen Basar 98; Barbara Wood: Haus der Harmonie 98; Stephan Grundy: Gilgamesch 99.

Harlan, Thomas; Le Moulin Rouge, Route du Moulin Rouge, F-60410 Verberie, Tel. 6 13 25 27 97, *tcharlan@aol.com.* c/o Eichborn-Verl., Berlin (* Berlin 19.2. 29). Grand prix du documentaire ex æquo, Lille 76, Grand prix Ciné-Club de France, Prades 76 u. 85, Gr. Pr. ex æquo, Potsdam 93, Stip. d. Dt. Lit.fonds 02; Rom., Erz., Drehb. Ue: engl (austral), frz. – **V:** Ich selbst und kein Engel. Dramatische Chronik a. d. Warschauer Ghetto, UA 59, gedr. 61; Rosa, R. 00; Heldenfriedhof, R. 06; Die Stadt Ys, Erzn. 07. – **MA:** Introît, Lyr. 89 (frz.); Klaus Kinski: Fieber. Tagebuch e. Aussätzigen (Vorw.) 01; Point de Depart, Point d'Arrivee, Ess. in: Trajets (Inst. de l'Image Aix-en-Provence) 01. – **F:** Torre Bela, Dok.film (Port.) 76; Ultimo Giorno di Scuola, Dok.film (Italien) 81; Wundkanal, Spielf. (BRD) 84; Souverance, Spielf. (Haïti) 90. – **R:** Die Reise nach Kulmhof 01; Die Akte Rosa Peham 01 (auch CD); Heldenfriedhof – Ich bin nicht mehr in mir. Das Leben d. Enrico Consulich 04; Heldenfriedhof – Der Roman d. Enrico Consulich 04, alles Hsp. im BR. – **Ue:** aus d. Engl. ins Frz.: Christopher Barnett: Poems, G. 89; ders.: Blue Boat, G. 94. – *Lit:* Jean-Pierre Stephan: T.H., Essay u. Gespräch 07. (Red.)

Harlaska, Fanny s. John, Heide

Harling, Gert G. von, freier Journalist u. Schriftst.; Gleiwitzer Str. 1, D-21337 Lüneburg, Tel. (04131) 5 49 02, Fax 93 58 70, *GvHarling@aol.com, www. vonharling-jagd.de* (* Celle 6.6.45). Forum lebendige Jagdkultur (Vorst.) 92, DJV; Kulturpr. d. Dt. Jagdschutzverb. 00, Lit.pr.d. Jagdrates (CIC) 00. Ue: engl. – **V:** Mit Buchenblatt und Büchse, Erzn. 91; Auf fremden und vertrauten Wechseln, Erzn. 93; Eines Jägers Fahrten und Fährten, Jagdgeschn. 96; Meines Jagens schönste Stunden, Erzn. 98; Wunderwelt Natur 98; Jagen hat seine Zeit, Jagdgeschn. 98; Bilder meines Jägerlebens, Bildbd 00; Afrikanische Pirsch 02; Fesseln de Augenblicke der Jagd, Bildbd 04; Hubertuscocktail 05; Vom Glück des Gebens 05; Jagen in Masuren 05; Durch regenschwere Heide und staubige Savanne 06; mehrere Sach- u. Fachbücher. – **MA:** Weites Land und grüne Zunft, Geschn. 89; Meine Weihnachtsgeschichte 95; Die Jagd, Bildbd 96; Mit grüner Feder, Anth. 98; Sauduel und Sylvesterhase, Anth. 04; üb. 3000 Beitr. in Fach- u. Tagespresse seit 84. – **Ue:** Bror Baron von Blixen-Finecke: Unvergessenes Afrika 04; ders.: Jagdbriefe aus Ostafrika 05. – *Lit:* s. auch SK.

Harlos, Hermann, Landwirt i. R.; P.O. Box 515, Lumby, B.C. V0E 2G0/Kanada, Tel. (250) 5 47–66 57, Fax (2 50) 5 47–66 52, *bobolink@telus.net, www. ancientmail.de* (* Krakau 28.4. 40). Rom. – **V:** Non nobis, Domine!, R. 04. (Red.)

Harmer, Alice, Zeichnerin, Schreiberin; Zur Spinnerin 53/8/3, A-1100 Wien, Tel. (01) 6 07 58 22 (* Mönchhof/Bgld 20. 12. 45). GAV, IGAA; Lyr., Prosa, Fernsehsp./Drehb., Kinder- u. Jugendb. – **V:** einStrich, Lyr. u. Zeichn. 95; Oma Drachin, Kdb. 96; HAUT und FELD, Lyr. 97. – **MV:** seidenweich gefaltet oder durchgeätzt, m. Barbara Mehlstaub 94. – **MA:** Literarisches Leben in Öst. 97. – **H:** ICH + ICH sind zweierlei, Prosa-Anth. 95. – *Lit:* s. auch Kürschners Handbuch der Bildenden Künstler, 1. Aufl. 2005.

Harms, Telke (Ps. Tara Devalaya), Autorin, examinierte Krankenschwester, Kinesiologin, Medium; Johann-Justus-Weg 154, D-26127 Oldenburg, Tel. (04 41) 9 60 11 22, *telke.tara.harms@web.de* (* Oldenburg/Oldb. 2. 5. 71). Lyr. – **V:** Aus dem Herzen der Seele, Lyr. 05. (Red.)

Harms, Wilfried, Autor; Emder Str. 32, D-26215 Wiefelstede, Tel. (0 44 02) 6 01 60, *HarmsWilfried-1@t-online.de*, *www.harms-wilfried.de* (* Oldenburg 3. 1. 41). Spieker-Schrieverkring 97; Hoch- u. niederdeutsche Lit. Ue: ndt. – **V:** Wie laat us Tiet – Beleven mit Heinrich Kunst 98; Wiefelstede – Unsere Gemeinde gestern u. heute, Erz. 01; 50 Jahre Ortsbürgerverein Wiefelstede 03; 450 Jahre Kirche in Wiefelstede 07; Metjendorf und umzu 07. – **MV:** Worum de Poggen nich mehr fleegt 00; Worum de Wippsteerten mit de Steerten wippt, Erzn. 03. – **MH:** Kortgood von Georg Theilmann 97; An't open Füür, Anth. 98, Tb. 03.

Harmsen, Torsten, gelernter Schriftsetzer, Journalist, seit 88 Red. bei d. „Berliner Zeitung"; Hämmerlingstr. 131, D-12555 Berlin, Tel. (0 30) 6 57 20 40, *tharmsen@berlinonline.de* (* Berlin 8. 12. 61). – **V:** Papa allein zu Haus, Erz. 00; Die Königskinder von Bärenburg, M. 03. (Red.)

Harner, Ralf (Ralf Harner-Hanel); Amselweg 103, D-66386 St. Ingbert, Tel. u. Fax (0 68 94) 38 34 72, *rharner@online.de*, *www.edition-thaleia.de* (* Trier). Interessen- u. Förd.kr. Lit. u. Kunst Saarbrücken; Dramatik, Lyr., Prosa, Rom. Ue: engl. russ. – **V:** Das Tischgespräch, Dr. 90, UA 95; Das Haus mit den geborstenen Wänden, Dichtn. 92; Sibirische Seele, Poem 94; Glockengeläut, Sch. 96; Zwischen Farben und Versen, G. 96; Nachttanz, Erzn. u. Prosa-Miniatn. 97; Eiswolken. Moos. Sieben, G. 03. – **MA:** Saarbrücken. Gesch., Wirtschaft u. Kultur d. saarl. Ldeshauptstadt 96.

Harnoncourt, Philipp, Lichttechniker u. -gestalter; Kochgasse 19/1, A-1080 Wien, Tel. (01) 4 02 79 54 (* Wien 20. 9. 55). – **V:** Sei Partisan!, Theaterst. UA 86; Orfeus und Euridice auf Alpha Centauri, Theaterst. 95. (Red.)

Harpprecht, Klaus, Schriftst., Journalist; 16, Clos des Palmeraies, F-83420 La Croix Valmer, Tel. 4 94 79 60 76, Fax 4 94 54 20 30, *KlausHarpprecht@aol.com* (* Stuttgart 11. 4. 27). P.E.N.-Zentr. dt.spr. Autoren im Ausland; Theodor-Wolff-Pr., Joseph-E.-Drexel-Pr., Medienpr. f. Sprachkultur d. GfdS 02; Sachb., Biogr., Prosa. – **V:** Der Aufstand. Geschichte u. Vorgeschichte d. 17. Juni 54; Der Bundesdeutsche lacht 54; Ernst Reuter. Eine Biogr. in Bildern u. Dokumenten 57; Viele Grüße an die Freiheit, transatlant. Tagebuch 64; Beschädigte Paradiese, transatlant. Tagebuch 66; Willy Brandt. Porträt u. Selbstporträt 70; Deutsche Themen 74; Der fremde Freund. Amerika: e. innere Geschichte 82; Amerikaner: Freunde, Fremde, ferne Nachbarn 84; Amerika. Eroberung e. Kontinents 86; Das Ende der Gemütlichkeit, österr. Tagebuch 87; Georg Forster oder Die Liebe zur Welt, Biogr. 87; Die Lust der Freiheit. Deutsche Revolutionäre in Paris 89; Die Leute von Port Madeleine, Prosa 89, Tb. 00; Welt-Anschauung. Reisebilder 91; Japan. Fremder Schatten, ferner Spiegel 93; Thomas Mann. Eine Biogr. 95 (auch als Fsf.); Nicht auszudenken 97; Schreibspiele. Bemerkungen z. Literatur 97; Mein Frankreich. Eine schwierige Liebe 99; „... und nun ists die!". Von deutscher Republik 99; Im Kanzleramt 00; Harald Poelchau. Ein Leben im Widerstand 04; Auf der Höhe der Zeit?, Theodor-Herzl-Vorlesung 05 Die Gräfin. Marion Dönhoff, Biogr., 08. – **MA:** Zeit; Manager Magazin; Südt. Ztg. – **MH:** Neue Gesellschaft/Frankfurter Hefte; „Die Andere Bibliothek" (Eichborn Verl.), m. Michael Naumann seit 07. – **R:** Autor u. Produzent v. mehr als 50 Dok.filmen 60–88; etwa 50 Interview-Filme (45 min.), z.B. Reihe „Dialog" (ZDF); hunderte Radiosdgn, u. a. 12 literar. Feat. (60 min, NDR). – **P:** Erich Kästner: Es gibt nichts Gutes außer: man tut es, m. Hajo Kesting, 2 CDs 02. – **Ue:** Mary McCarthy: Vietnam 69. – *Lit:* Michael Naumann: Im Vertrauen auf das Wort 97; Dana Martin: K.H. auf d. Spuren Friedrich Sieburgs, Mag.arb. J.-Gutenberg-Univ. Mainz 00.

Harranth, Wolf, Prof., Autor, Lektor, Übers.; Simmeringer Hauptstr. 78/3/19, A-1110 Wien, Tel. (01) 7 49 52 83, Fax 74 95 28 35, *harranth@eunet.at*, *members.eunet.at/harranth*. Max-Frey-Gasse 4, A-3400 Klosterneuburg (* Wien 19. 8. 41). Öst. Staatspr. f. Kdb. 72, 75, 81, Kdb.pr. d. Stadt Wien 75, 78, 81, Öst. Staatspr. f. Übers. 81, 84, 87, 93, Dt. Jgd.lit.pr. 83, Öst. Würdig.pr. f. Kinder- u. Jgd.lit. 96, Öst. E.kreuz f. Wiss. u. Kunst 03, Öst. Staatspr. f. literar. Übers. 05, Astrid Lindgren Translation Prize 05; Kinder- u. Jugendb., Übers. Ue: engl. – **V:** Ein Elefant mit rosaroten Ohren 71; Das ist eine wunderschöne Wiese 72; Leo ist der allerletzte Räuber 73; 99 Berge und ein Berg 73; Michael hat einen Seemann 75; Der Vogel singt, der König springt 76; Herr Schlick geht heute in die Stadt 77; Claudia mit einer Wolke zeit 78; Mein Opa ist alt, und ich hab ihn sehr lieb 81; Peter ist der allerkleinste Riese 86; Mein Bilderbuch von Erde, Wasser, Luft und Feuer 90; Mein Papa hat was verloren 91, alles Bilderb.; Der doppelte Oliver, Kdb. 92; Ein Baum für Jakob 93; Gurkenmann und Apfelfrau 93; Das Flötenkonzert 96, alles Bilderb. – **MA:** zahlr. Anth. – **H:** Neue Stimmen der Gegenwart 91. – **Ue:** Norman Hunter: Prof. Hirnschlags unglaubliche Abenteuer 71; Mildred Lee: D. Rollschuhbahn 71; Patricia Wrightson: Mir gehört d. Rennbahn 74, Neufass. 84; Ann Blades: Mary von km 18 76; Norman Hunter: D. geheime Geheim-Maschine 76; Ken Kirkwood: Peabody, 3 Bde 78; James Mitchener: D. Bucht 79; Elaine Konigsburg: Geheimnisvolle Caroline 79; Stella Pevsner: Ein kluger Kopf wie Du 79; Roy Brown: Am Ende einer Spur 80; Malcolm Bosse: Ganesh 81; Michael Noolan: D. unbesiegbare Herr AZ 81; Peter Carter: Kampf um Wien 82; Lloyd Alexander: Lukas Kasha oder der Trick d. Gauklers 83; Malcolm Bosse: Ein Garten so groß wie d. Welt 84; Mirra Ginsburg: D. Sonne hat sich müdgelaufen 84; Helene Frank: Tobor 84; Madeleine L'Engle: D. Zeitfalte 84; dies.: D. Riß im Raum 85; dies.: Durch Zeit u. Raum 85; Patricia Wrightson: Wirrun-Trilogie: Wirrun zw. Eis u. Feuer 85, Wirrun u. d. singende Wasser 86, Wirrun hinter dem Wind 87; William Woodruff: Reise zum Paradies 85; Lloyd Alexander: Mallory u. d. Zauberer im Baum 85; ders.: Sebastians wundersame Abenteuer 86; Laszlo Kubinyi: Shukru 86; Toeckey Jones: Hamba Kahle 86; Jane Yolen: D. Wolfskinder v. Midnapur 86; Madeleine L'Engle: D. große Flut 87; Patricia Wrightson: D. Haus am Fluß 87; William Slater: Zeitersfinger 87; Rudyard Kipling: D. Dschungelbuch 87; Lloyd Alexander: das illyrische Abenteuer 87; Mark Twain: Die Abenteuer des Huckleberry Finn 95; Oscar Wilde: Das gespenst von Canterville 00, u. a. (Red.)

Hartge

Harrer, Andrea; Wielandsberg 22, A-3860 Heidenreichstein, Tel. u. Fax (0 28 62) 5 86 72 (* Linz 18. 4. 62). IGAA; Lyr., Prosa. – V: Gedankenbilder, Lyr. 95; Bildergedanken, Lyr. 98; Lisslberg, Kurzgeschn. 98. – MA: Atelier – Informationsztg f. Künstler u. Kunstfreunde. (Red.)

Harreus, Dirk (Benjamin van Burnsteyn), Dipl.-Biologe, Dr. rer. nat.; Heidenburgstr. 9, D-67435 Neustadt/Weinstr., Tel. (0 63 21) 6 80 82, harreus@12more. de (* Neustadt/Weinstr. 14. 1. 69). – V: Was reist denn da? 97; Fröhliches Fußballbuch – 1. FC Kaiserslautern-Fan 97; Das rote Parteibuch – SPD 98. – H: Gentechnologie, Sachb. 00. (Red.)

Harrison, Peter s. Szuszkiewicz, Hans

Harstall, Madeleine s. Lehmann, Christine

Harte, Günter, Rektor a. D.; c/o Verl. Michael Jung, Kiel (* Hamburg 26. 9. 25). Fehrs-Gilde, Schriftst. in Schlesw.-Holst.; Quickborn-Pr. 78, Ehrung durch d. Kulturstift. Stormarn 90, Senator-Biermann-Ratjen-Med. d. Hamburger Senats 98; Plattdt. Erz. u. Betrachtung, Sprachkunde, Lexikographie. – V: Spegelschören, Erzn. 64; Nu hör to un luster mol, pldt. Plaudereien 76; Lebendiges Platt. E. Lehr- u. Leseb. 77; Kumm wedder, pldt. Erzn. 78; Hamborg liggt noch ümmer an de Elv, Bildbd m. pldt. Texten, m. Schallpl. 78; Du un ik un he un se, pldt. Erz. 80; ... denn klopp an mien Döör! 82; Och, sooo meenst du dat! Pldt. Erzn., Sprüche, Limericks 84; Twüschensteken, Geschn. u. Gedanken 87; Günter Harte vertellt 88; De dat Glück hett ... 90; Loot di nich for dumm verkeupen! 93; Na, allens in Botter? 95; Scheunen Wiehnachten ok! 96; Mien scheunsten Vertellen 97; Lütt beten Platt ... 99; Dat gifft di villicht Soken! 00; Wat'n Wetter wedder 02; Ik holl mi dor rut!, Erz. 05. – MV: 1 Spiel- u. Bastelb. 56; Festschr. f. Christian Boeck 60; Hör mal'n beten to!, Samml. pldt. Funkplaudereien 66; Ndt. Tage in Hamburg 1977, 1979; In de Wiehnachtstiet 83; Ünner'n Dannboom 85; Hochdt.-plattdt. Wörterbuch, m. Johanna Harte 86, 3. Aufl. 97. – MA: Hamborger Wiehnachtsgeschn. 92; Wiehnachtsgeschn. ut Sleswig-Holsteen 94; Wiehnachtsgeschn. ut Neddersassen 95; Geschn. von de Waterkant 96; In Neddersassen bün ick tohuus 97; Dat hest di dacht! 98. – H: Scharp un sööt, pldt. Humor 70; Platt mit spitzer Feder. 25 ndt. Autoren unserer Zeit vorgest. v. G.H. 78. – MH: Platthüüt un güstern, Anth. f. d. Schulgebrauch 80. – R: Hör mal'n beten to! 60–97; Huussöken, Funkmonolog; Leben im Gedicht. Hermann Claudius 100 J.; Funkbearb. mehrerer Prosatexte von J.H. Fehrs, G. Droste u. A.H. Grimm. – P: Günter Harte vertellt, Erz., Schallpl. 79, CD 04. – Lit: „Der Quickborn-Pr.träger G.H. wurde 70" in: Quickborn 4/95; „Herzenswärme auf norddt.", G.H.s 1000. Kolumne in: Hamburger Abendbl. v. 15.7.97. (Red.)

Hartebrodt, Herbert Willi, Oberlehrer i. R., Unternehmer; Sedanstr. 48, D-97082 Würzburg, Tel. (09 31) 4 60 71 22, h.w.h@t-online.de (* Breslau 14. 11. 19). Lyr., Erz., Rom. Ue: frz. – V: Du und Ich, G. 82, 96; Ein aufregender Tag, Erz. 83; Maria, Verse 96; Die irdischen Tage, G. 92; Spätdrossel, Verse 97; Thalia lächelt, Verserzn. 00; Die Brockdorffs, R. 00; Die Töchter von Paris, G. dt.-frz. 00. (Red.)

Hartenstein, Elfi; Wöhrdstr. 23, D-93059 Regensburg, Tel. u. Fax (09 41) 5 67 41 89, e_hartenstein@ya hoo.de, www.elfi-hartenstein.de (* Starnberg 18. 8. 46). VS 83; Förd.stip. d. Stadt Bremen 81, LITTERA-Med. 84, Stip. d. Dt. Lit.fonds 90, Stip. Künstlerhof Schreyahn 04, The Tyrone Guthrie – Centre at Annaghmakerrig, Irland; Rom., Erz., Hörsp. Ue: engl, rum. – V: Wenn auch meine Paläste zerfallen sind. Else Lasker-Schüler 1909/1910, Erz. 84, Tb. 87; Geschichten mit Herbst, Erzn. 01; Moldawisches Roulette, R. 04 (auch als Hörb.); mehrere Sachb. – MA: die horen, Nr.203 01; Stint, Nr.30 01. – H: Nicht Reservat, nicht Wildnis 88; Deutsche Gedichte über Polen 94. – Ue: Ellis Peters: Der Ruf der Nachtigall, R. 00; Patricia Wentworth: Der Stoß von der Klippe, R. 02; Marina Lewycka: Kurze Geschichte des Traktors auf Ukrainisch, R. 06; Olga Grushin: Suchanow verkauft seine Seele, R. 07. – Lit: s. auch SK.

Hartenstein, Joachim, Buchhändler; Hauptstr. 58, D-31848 Bad Münder, OT Eimbeckhausen, Tel. (0 50 42) 8 10 05, Fax 9 84 92 (* Minden 9. 4. 40). Kogge; Jugendrom., Hörsp. – V: Mein Bruder Jack, Jgdb. 1.u.2. Aufl. 80, 82 (frz.); Oliver Kamikaze, Jgd.-R. 83; Die Flügel des Adlers 92; Yelloböred 93 (auch in: Elefanten weinen nicht, Anth. 92); Die Teufelskinder 94. – R: Die Flügel des Adlers 93; Yelloböred; Die Prinzessin im Eis, alles Hsp.

Hartenstein, Markus, Doz. f. Erwachsenenbildung, Seniorexperte; Wollgrasweg 17, D-70599 Stuttgart, Tel. (07 11) 4 58 69 57 (* Basel 23. 4. 31). Erz. – V: In der Mitte des Gartens 86; Das musst du unbedingt wissen, Gott 89; Ich habe deine Tränen gesehen 92; Ganz nahe bei dir 97; Wenn du sprichst, wird es hell 98; Ich freue mich, Erz. 02. – MV: Baupläne Religion, Bde 7/92, 8/91, 9/91, m. W. Kalmbach. – B: Geschichten aus der Bibel 77; Die Bibel in Auswahl 92; Radierungen zur Bibel 93, beide m. H. Anselm u. a. – H: Spiele mit Bildern 74. – MH: Liederbuch für die Jugend, m. G. Mohr 69, 22. Aufl. 06.

Harter, Sonja, Red.; Josefstädter Str. 11, A-1080 Wien, Tel. (06 50) 6 99 26 26, sonja.harter@gmail.com, www.sonjaharter.at (* Graz 16. 2. 83). Lit.förd.pr. d. Stadt Graz 03 u. 05, frauen.kunst.preis 06. – V: barfuß richtung festland, G. 05; einstichspuren, himmel, G. 08. – MA: Zss. u. a.: manuskripte, Lichtungen, kolik; Anth. u. a.: Landvermessung 05; Jb. d. Lyrik (S. Fischer); Tagesztgn u. a.: Spectrum; Die Presse; Kleine Ztg; Kurier. (Red.)

Hartfeld, Hermann, M. div., drs. theol., PhD, Doz. u. Pastor; Herseler Str. 8, D-50321 Brühl, Tel. (0 22 32) 41 10 14, 41 18 13, Fax 41 18 13, hermann-hartfeld@t-online.de, hhartfeld@web.de (* Jagodnoje, Omsk Gebiet/UdSSR 14. 11. 42). – V: Glaube trotz KGB 76 (auch frz., schw., norw., amerikan., ndl., ital., slowak., russ., rum., ukrain.); Irina 80, 4. Aufl. 05 (auch dän., engl., amerikan., frz., ndl., norw., schw., span., russ.); Heimkehr in ein fremdes Land 86 (auch russ.); Evangelistische Strategie, wiss. Monogr. 87; Homosexualität im Kontext von Bibel, Theologie u. Seelsorge, wiss. Monogr. 91; Die deutsche zeitgenöss. Theologie, Vorlesung (Moskau) 05; – Vorlesungen u. wiss. Referate weltweit. – MA: zahlr. Ess. in in- u. ausländ. Zss. seit 83, u. a. in: Christian Herald; Gemeindegruß; Gemeinde; Die russlanddt. Gemeinden in Dtld auf dem Weg d. Selbstfindung, in: Freikirchen Forschung 07. – H: Aufstehen. Das Gericht kommt 81 (auch ndl.); Hirten, Spitzel und Gemeinde 92 (auch frz., rum., russ.).

Hartge, Caroline, Dipl.-Anglistin; Lübecker Str. 3, D-30823 Garbsen, Tel. (0 5137) 87 67 98 (* Hannover 2. 8. 66). VS Bremen-Nds. 08; Lyr., Prosa. Ue: engl. – V: Ptolemain/Die Narrative Maschine, Erzn. 95; Totem, G. 96, 2. Aufl. 03; Der lange Regen, Bü.-Bearb., UA 97; Aufklärung in 7 Kapiteln, G. 99, 5. Aufl. 05; Asche, G. 01; Schilf & Requiem für Elise Cowen, G. 05; Atemlose Antiphon / Antifonia a perdifiato, G. 05; Zwei Tauben aus Schnee, Erz. u. G. 06; Wilde Brombeeren, G. 08. – MA: Trash Piloten 97; Der neue Conrady 00; Lyrik von Jetzt 03; Marburganderlahnbuch

475

Hartig

03; Frankfurtmainbuch 07; Versnetze 07; Blumenge-
dichte 08; zahlr. Beitr. in Lit.zss. seit 87, u. a.: A-Z;
Die Aktion; Die Brücke; Dichtungsring; Das Gedicht;
GegenStand; Krachkultur; Ostragehege; Der Sanitäter;
spinne. – **H:** Handbuch deutschsprachiger Literaturzeit-
schriften 97; GegenStand. Äußerungen in Wort u. Bild
88–97 99; QuerFALK, Beitragsverz. u. kommentieren-
de Aufs. 07; Olaf Velte: Schindäcker rauhe Gärten
(Nachw.) 08. – **P:** Antiphon, Erz. u. G., Tonkass. 98;
Stadt Land Fluß, G., CD 02. – **Ue:** Lenore Kandel: Das
Liebesbuch/Wortalchemie 05; Bärte und braune Beutel 06; Ein exquisiter Nabel 07; Ein flüchtiger Drache
07, alles G. – *Lit:* Kerstin Reule: Parallelen moderner u.
postmoderner Stilmerkmale in den Künsten 07.

Hartig, Karin, Journalistin; *mail@karin-hartig.de,
www.karin-hartig.de* (*Tamworth/Australien 5. 5. 59).
Rom. – **V:** Reihenhaus-Blues, R. 97; Ehemänner und
andere Irrtümer, R. 98, 99; Die vegetarische Weih-
nachtsgans, Erz. 00; Ein Hausfreund kommt selten allein, R. 00. – **MA:** Mücken, Hitze, Sonnenschein 98;
Weihnachten u. a. Katastrophen 98; Wer will schon
einen Weihnachtsmann 01; All die schönen Sünden,
erot. Leseb. 03. – *Lit:* DLL, Erg.bd I 97.

Hartig, Monika s. Seiderer-Hartig, Monika

Hartinger, Helena; Eickhoffer Weg 4, D-59590 Ge-
seke, Tel. u. Fax (0 29 54) 12 58, *he.hartinger@tiscali.
de* (* Ortelsburg/Ostpr. 9. 9. 49). Rom., Lyr. – **V:** Die
Saunagängerin. R. 03; Natur ganz nah – Gründeln, Lyr.
03; Risse im Kokon, R. 05.

Hartinger, Ingram (Ps. Joris Ebner), Dr. phil., Klin.
Psychologe u. Psychotherapeut, Schriftst.; Lilienthalstr.
32, A-9020 Klagenfurt, Tel. (0 4 63) 21 85 83, *ingram.
hartinger@lkh-klu.at* (* Saalfelden 28. 12. 49). GAV,
IGAA; Förd.pr. d. Lit.pr. d. Walter-Buchebner-Ges. 79,
Buchprämie d. BMfUK 86 u. 90, Theodor-Körner-
Förd.pr. 88; Prosa, Lyr. – **V:** Schöner Schreiben, Erzn.
86; Feige Prosa, Erzn. 88; Roman Albino, autobiogr.
Prosa 90; Unwirsch das Herz, G. 91; Das Auffliegen
der Ohreule, Prosa 93; Amagansett, G. 94; Hybris, Pro-
sa 95; Dies die Hand, G. 97; Prosawetter 97; Sagen
97; Gelb, dt./jap. 98; Über den Versuch, Ess. 99; Hoff-
nungshund 01; Die liebe umkreist mich wie ein wildes
Tier, Prosa 02; Tang und Distel 03; Spätes Argument,
G. 05; Luftfarbiges Jetzt, G. 08. – **MV:** Feige Vera, m.
Lucas Cejpek 95. – **F:** Ich weiß, daß eines Tages 77. –
R: Erich Fried – eine Annäherung z. Wiederkehr d. Todestages 89. (Red.)

Hartje, Kerstin, Physiotherapeutin, Artistin;
Schwarzbachstr. 3, D-31855 Aerzen, Tel. (0 51 54)
7 06 68 75, *kerstin@los-suenos.de, www.los-suenos.de*
(* Lage 17. 2. 75). Rom. – **V:** Beim Ruf des Zebras, R.
05. (Red.)

Hartl, Sonja, Autorin, Hrsg., freie Lektorin; Karoli-
nenstr. 4, D-96049 Bamberg, Tel. (0 9 51) 5 72 67, Fax
5 57 33 (* München 22. 8. 63). Jugendlit. – **V:** Ich lach
mich weg 96; Quiz-Master 97. – **B:** Jules Verne: Reise
um die Erde in 80 Tage 99; Gustav Schwab: Sagen des
klassischen Altertums 00 (nach hrsg.); Heinrich Pleticha: Das große Sagenbuch, m. Elisabeth Spang 03. –
MA: Große Frauen d. 20. Jh.s 92. – **H:** Hexen- u. Feengeschn. 92, 2. Aufl. 93; Witze-Ralley 92, 6. Aufl. 95;
Detektivgeschn. 93, 2. Aufl. 97; Gespenster- u. Vampirgeschn. 93, 2. Aufl. 97; Experimente, Experimente
93, 2. Aufl. 94; Adlerauge und Silberfeder, Indianerge-
schn. 93; Witze-Marathon 93, 3. Aufl. 94; Advents- u.
Weihnachtsgeschn. 94, 2. Aufl. 97; Fußballgeschn. 94,
3. Aufl. 97; Mädchengeschn. 95; Oster- u. Frühlingsge-
schn. 95; Die schönsten Engelsgeschn. 95; Witze-Wir-
bel 95; Pony- u. Pferdegeschn. 96; Weihnachtsgeschn.
aus aller Welt 96; Freundschaftsgeschn. 97; Meine lieb-

sten Adventsgeschn. 97; Die schönsten Rittergeschn.
97 (auch Mitarb.); Im Reich des Unheimlichen, phant.
Geschn. 98; Geschichten aus dem Osterhasenland 00;
Thienemanns großes Vorlesebuch 00. (Red.)

†Hartlaub, Geno (Genoveva Hartlaub, Ps. Muriel
Castorp), freie Schriftst., Journalistin, Lektorin; lebte in
Hamburg (* Mannheim 7. 6. 15, † Hamburg 25. 3. 07).
VS, P.E.N.-Zentr. Dtld 56, Freie Akad. d. Künste Ham-
burg 60, Dt. Akad. f. Spr. u. Dicht. 69; Alexander-Zinn-
Pr. 88, Lit.pr. d. Irmgard-Heilmann-Stift. 92; Rom.,
Nov., Ess., Hörsp., Film. Ue: ital, frz. – **V:** Die Entfüh-
rung, N. 42; Noch im Traum, R. 44; Anselm, der Lehr-
ling, R. 46; Die Kindsräuberin, N. 47; Scheherezade erzählt 49; Die Tauben von San Marco, R. 53; Der große
Wagen, R. 54; Windstille vor Concador, R. 58; Gefangene der Nacht, R. 61; Der Mond hat Durst, Erz. 63; Die
Schafe der Königin, R. 64; Unterwegs nach Samarkand,
Reiseber. 65; Nicht jeder ist Odysseus, R. 68; Rot heißt
auch Gefahr, Erz. 69; Eine Frau allein in Paris, Erz. 70;
Lokaltermin Feenteich, R. 72; Wer die Erde küßt, Orte, Menschen, Jahre 75, Neuausg. u. d. T.: Sprung über
den Schatten 84; Das Gör, R. 80; Freue dich, du bist
eine Frau. Briefe der Priscilla 83; Die gläserne Krip-
pe, Erzn. 84; Muriel, R. 85; Noch ehe der Hahn kräht,
Erzn. 85; Die Uhr der Träume, ausgew. Erzn. 86; Einer
ist zuviel 89; Der Mann, der nicht nach Hause wollte,
R. 95. – **H:** Felix Hartlaub: Im Sperrkreis 55, erw. Tb.
84; Das Gesamtwerk 55. – **R:** Die Stütze des Chefs 53;
Das verhexte ABC; Die Monduhr; Melanie und die gute
Fee. – **MUe:** Ugo Betti: Im Schatten der Piera Alta, m.
Carl M. Ludwig 51; Jean Genet: Der Balkon, m. Georg
Schulte-Frohlinde 51 (auch in: Alle Dramen 80). – *Lit:*
LDGL 97; Ingrid Laurien in: KLG.

Hartleitner, Eva Maria (geb. Eva Maria Hoffmann),
Krankenschwester, Hauswirtschafterin, Kunstmalerin
u. -dozentin; Paul-Zenetti-Str. 4, D-89407 Dillingen,
Tel. (0 90 71) 72 70 66, *Eva.M.Hartleitner@t-online.
de.* Gegauer 22, D-89446 Ziertheim (* Ichenhausen
9. 8. 66). Lyr. – **MV:** Gedankengarten I 00; Gedankengarten II 03, beides Lyr. m. Hanni Burger. (Red.)

Hartmann, Bernd, ObStudR.; Ansverusweg 24, D-
23909 Ratzeburg, Tel. (0 45 41) 31 27, *hartmannrz@
aol.com* (* Berlin 4. 3. 38). Rom., Kabarett. – **V:** Ich,
Heinrich, ein Löwenleben, hist. R. 07. (Red.)

Hartmann, Dagmar s. Garbe, Dagmar

Hartmann, Edith (Ps. f. Krimi u. Horror: Sirmione
Zinth, geb. Edith Pollak), Grafikerin, Schriftst.; Rodhei-
merstr. 17, D-61381 Friedrichsdorf/Ts., Tel. (0 60 07)
76 22, Fax 82 56, *hartttom@aol.com* (* Karlsbad
15. 2. 27). FDA Hessen, Humboldt-Ges., Akad. f. Wiss.,
Kunst u. Bildung, Das Syndikat, Egerländ. Kunstschaf-
fende; Erzähllerpr. d. Stift. Ostdt. Kulturrat 92; Erz.,
Lyr., Märchen, Märchensp., Märchenmusical, Krim.-
Lit., Makabre Short-Story, Horror-Lyr. – **V:** Grausame Gedichte, Horror-Lyr. 72, 2. Aufl. 77; Růženka 73
Soirée, Erz., Lyr. 76; Ruhe Samt, G. u. Erz. 77, unter Ps.
Sirmione Zinth; Maus Liebmichtoll und andere Märchen 80, 3. Aufl. 02; Das Märchen Alladin, M.-Mu-
sical, UA 90; Erklitt, der Eiskobold, M.-Musical, UA
91; Ein Hauch Sommer 98, 2. Aufl. 02; Auf Treppen
träumen, Erzn. 00; Vier Pfoten und ein Lächeln, Erzn.
05. – **MA:** u. a. Short-Stories in Killerladies; Das
Syndikat; Heyne-Krimijahresbde 90–98; Haffmanns-
Krimijahresbde 90–97; Anth. d. Grafit-Verl. 93, 95, 97
u. a. Anth; in Zss., u. a.: Zeit-Mag.; Die Zeit; FAZ; Für
Sie. – **F:** Der Kopflose. – **R:** Ein Sarg für zwei, Krim.-
Hsp. 72; Grausame Gedichte, Fs.-Lesung 76; Grausame Gedichte, Horror-Lyr., Hsp. 95. – **P:** Horror-Lyrik,
CD 02; Grauser Wahn, CD 04. – *Lit:* Egerländer Biogr.
Lex. 85; Karr 02; Jb. d. Hochtaunuskr. 02. (Red.)

Hartmetz-Sager

Hartmann, Elisabeth (geb. Lisbeth Horn), Schriftst. u. Verlegerin; Albertinenstr. 5, D-14165 Berlin, Tel. (0 30) 8 01 31 41, Fax 80 90 79 81, *www.lysistrataverlag.de* (* Wiesa/Erzgeb.). GZL 93; Rom., Lyr. – **V:** Wir sind die Kinder einer Welt, Kd.- u. Jgdb. 85, 2. Aufl. 86; Die Freiheit der Verwandlung, R. 98; Der Störfall in K., Theaterst. 89. – **MA:** Laßt uns die Kraniche suchen, Anal., Ber., Gedanken 83; zahlr. Beitr. in: ZEITschrift, 93–99; Frankfurter Bibliothek – Jb. f. d. neue Gedicht, seit 01; Frankfurter Edition 01, 02, 03; Schreibwetter, Anth., 02. – **H:** Frauen für Frieden, Bd 1 82, 88, Bd 2 86, 87 Bd 3 99, 03; Mein Vogel Zukunft, Anth. 87. – **R:** Offener Kanal Berlin: Lesung 02, Zeitzeugenbeitr. 2005. – *Lit:* Who is Who ab 94; Dt. Schriftst.lex. 01. (Red.)

Hartmann, Georges, Zollbeamter; Saalburgallee 39–41, D-60385 Frankfurt/Main, Tel. (0 69) 45 94 33, *Georges.Hartmann@t-online.de* (* Bitche/Frankreich 8. 3. 50). Dt. Haiku-Ges. 88; Lyr., Ess., Erz., Rom. – **V:** Die Hölle ist grün 98; Habt doch Geduld mit mir, Issa und Bashô 99, beides Haiku u. Senryu. – **MA:** zahlr. Beitr. in: Vierteljahresschr. d. Dt. Haiku-Ges., seit 88; Ess. in: Deutsch-Japanische Begegnung in Kurzgedichten 92; Lyr. in: Die Feder schreibt kratzend 95; Haiku sans frontières 98; A guide to Haiku for the 21st century 97, u.v. a.m.; – Haiku u. Klangspuren in Glas, Lyr., CD 02. – **H:** Auf deinen weißen Lippen, Lyr. 88; Ganz himmlisch irdisch, Haiku-Comics 96 (auch mitverf.). (Red.)

Hartmann, Heiko Michael, Schriftst., Verwaltungsjurist; c/o Carl Hanser Verl., München (* Miltenberg 57). 3sat-Stip. im Bachmann-Lit.wettbew. 96, Kurd-Laßwitz-Pr. 99. – **V:** MOI, R. 97, als Hörsp. 98; Der pegnesische Blumenorden 98; Unter'm Bett, R. 00; Hundert und Roberto, Erz. für Kinder 01; Das schwarze Ei, R. 06. (Red.)

Hartmann, Jolantha s. Walger, Ilona

Hartmann, Luisa s. Hacker, Ute

Hartmann, Lukas, Schriftst., Journalist; Jurablickstr. 65, CH-3095 Spiegel b. Bern, Tel. (0 31) 9 71 88 94, *sommahart@hotmail.com*, *www.lukashartmann.ch* (* Bern 29. 8. 44). Be.S.V. 71, Gruppe Olten 72; Buchpr. d. Stadt Bern 93, Buchpr. d. Schweiz. Schiller-Stift. 79, 95, Stip. Ist. Svizzero Rom 83/84, Werkjahr d. Pro Helvetia 84, Schweiz. Jgdb.pr. 95, Luchs 95, Pr. d. Schweizer. Schillerstift. 96, E.liste z. Öst. Kd.- u. Jgdb.pr. 01; Drama, Rom., Erz., Hörsp., Fernsehsp. – **V:** Ausbruch, R. 70; Madeleine, Martha u. Pia. Protokolle vom Rand 75; Mozart im Hurenhaus, Gesch. 76; Beruhigungsmittel, Stück 76; Pestalozzis Berg, R. 78; Familiefescht, Stück 79; Gebrochenes Eis, Aufzeichn. 80; Mahabalipuram oder Als Schweizer in Indien, Reisetageb. 82; Aus dem Innern des Mediums, R. 85; Einer stirbt in Rom, R. 89; Die Seuche, R. 92, 95; Die Wölfe sind satt, Geschn. 93, 94; Die Mohrin, R. 95, 97; Der Konvoi, R. 97; Die Frau im Pelz, R. 99; Die Tochter des Jägers, R. 02; Die Deutsche im Dorf, R. 05; Die letzte Nacht der alten Zeit, R. 07; – KINDERBÜCHER: Anna annA, R. 84; Joachim zeichnet sich weg, R. 87; Die wilde Sophie, R. 90, 98; So eine lange Nase, R. 94, 97; Gib mir einen Kuss, Larissa Laruss, R. 96, 97; Die fliegende Groma, R. 98; Fabian der Wolkenfänger 98; Leo Schmetterling 00; Timi Donner im Reich der Kentauren 00; Gloria Furia u. die schlimme Marie 03; Heul nicht, kleiner Seehund 06. – **R:** Em Pfarrer sy Scheidig 76; Dr Bsuech im Altersheim 77; Heifahre 79, alles Hsp.; Sucht, Fsp. 79; Oekotopia, Hsp. 81; Motel, Fs.-Serie 84; Auf dem Scherbenberg, Hsp. 86. (Red.)

Hartmann, Markus R.; Franz-Dietz-Str. 38, D-61440 Oberursel, Tel. (0 61 71) 69 59 90, Fax 69 68 75,

markus.hartmann@magnetator.de, *www.magnetator.de* (* Herborn 14. 12. 62). Rom., Sachb. – **V:** Magnetator, R. 04, 05. – **MV:** Der Knall im All, m. Harry Halas 09.

Hartmann, Mily (Ps. Mily Dür), Malerin, Schriftst.; Dorfstr. 29, CH-8126 Zumikon, Tel. (01) 9 18 05 45 (* Burgdorf/Schweiz 3. 1. 21). ZSV, SSV, FDA, Dt. Haiku-Ges., GZL; Albert-Rotter-Lyr.pr. 91; Lyr. – **V:** Licht-Reflexe, G. 83; Schattenspur, G. 88; In hellen Nächten 91; Die Flügelbäume 94, beides Haiku, Senryu, Tanka; Metamorphosen 99; Lichtfragmente, Lyr. 00; Gezeiten, Lyr. 04. – **MA:** Lyr. u. Kurzgeschn. in Zss. u. Anth., u. a.: Anth. dt.spr. Lyr. d. Gegenw. 74; Edition R 78, 85; Standort 94; Lyrische Annalen; Jbb. d. Gauke-Verl. – *Lit:* Künstlerlex. Schweiz 58; Die Malerin u. Schriftstellerin M.D. in: Tagesanzeiger v. 19.12.81; Lex. d. zeitgenöss. Schweizer Künstler 81; Dt. Schriftst.lex. 02; Peter Killer: Mily Dür. Bilder Zeichnungen Lyrik 02; Jens-Peter Rökvekamp: Frauen Formen Farben, Dok.-film 06; Schriftstellerinnen u. Schriftsteller d. Gegenwart; Who's who d. dt.spr. Lit.; (Red.)

Hartmann, Petra, Dr., Red.; Hopfenkamp 12, D-31188 Holle, *hartmann.holle@web.de*, *www.petrahartmann.de* (* Hildesheim 9. 5. 70). 3. Pl. b. d. Story-Olympiade 99, 00, 01; Fантasy, Erz., Nov., Märchen, Lyr. – **V:** Geschichten aus Movenna, R. 04; Ein Prinz für Movenna, R. 07. – **MA:** regelmäß. M.-Veröff. in d. Anth. d. Wurdack-Verl., seit 03; Elfenschrift, Zs., seit 04; Jb. d. Lyrik 2006 05; Beitr. f. div. Anth. im Lerato-Verl., seit 06. – **H:** Drachenstarker Feenzauber 07, 3. Aufl. 08. – **MH:** Wovon träumt der Mond?, m. Judith Ott 08.

Hartmann, Rolf, Realschullehrer f. Deutsch u. Geschichte bis 00; Legienstr. 35, D-25813 Husum, Tel. (0 48 41) 46 95 (* Magdeburg 2. 6. 37). Lit.ver. Nord-Buch, Schriftst. in Schlesw.-Holst., Lit.kr. Euterpe. – **V:** Nordfriesische Gedichte 89, 90; Gedichte: grüne - graue 05, beides Lyr. – **MV:** Vor der Flut, m. Dieter u. Birgit Hartmann, Lyr. 94. – **MA:** Euterpe. Jb. f. Lit. in Schlesw.-Holst. 87–05; Fundstücke. Jb. d. NordBuch-Vereins 01–04; Schlesw.-Holstein (Euterpe-Teil), Zs. 01–06. – **H:** See-Sätze und andere. Norddt. Jb. 04. – *Lit:* Werner Lewerenz in: Kieler Nachrichten v. 1.3.94. (Red.)

Hartmann, Winfried; Pflasteräckerstr. 6B, D-70186 Stuttgart, Tel. (07 11) 46 64 48 (* Freiburg/Br. 2. 6. 45). – **V:** Nachtgeflüster, G. 97. (Red.)

Hartmann-Heesch, Heike Suzanne, Gymnasiallehrerin, Sprachtrainerin, Autorin; *info@papiersinfonie.de*, *www.papiersinfonie.de* (* Stadthagen 20. 5. 69). Mohland-Jb.pr. 07; Erz., Erfahrungsbericht, Biogr. – **V:** Um nur zu leben, Erfahrungsber. 05; Vertrauenssache, R. 07; Der Rattenfänger und andere Grenzgänge, Erzn. 07. – **MA:** zahlr. Beitr. in Anth. u. a.: Mohland Jb. 05–08; Süßer die Glocken nie klingen 05; Begegnungen 07, 08; Weihnachtsmärchen für Erwachsene 08; Vorspiel, Anth. 08; – in Zss. u. a.: Kurzgeschichten, regelmäß. seit 06; Verstärker, regelmäß. seit 06, beides Lit.-Zs.

Hartmetz-Sager, Olga (eigtl. Olga Hartmetz), Juristin/vorm. Rechtsanwältin; Görlitzer Str. 34, D-94036 Passau, Tel. (08 51) 5 93 47. Madererstr. 24, D-94469 Deggendorf, Tel. (09 91) 2 59 54 (* Althütte/Kaltenbach 27. 10. 32). Bair. Mundarttag 72, Stelzhamerbund 80, Niederbayer. Mundartkr. 80, Josef-Reichl-Bund 82, Johann-Andreas-Schmeller-Ges. 83, Rosegger-Ges. 86, Dichtersteingemeinsch. Zammelsberg 88, Freundeskr. Sudetendt. Autoren 90, Adalbert-Stifter-Ver. Augsburg 94; E.nadel d. Stelzhamerbundes 80, Poetenteller d. Reg.Präs. v. Niederbayern 88 u. 00, Gold. E.nadel d.

477

Hartstock

Böhmerwaldbundes f. Volkstumspflege 94, E.krug d. Dichtersteingemeinsch. Zammelsberg 96, Kulturpr. d. Sudetendt. Stift. 00, Gold. E.nadel d. Stelzhamerbundes 01; Lyr., Erz., Nov., auch in Mundart. – **V:** Land unter Deiner 81; ...s Denga tragt voraus 83, 3. Aufl. 87; Hollerblüah 87; Und Friedn soit sei 89, alles Lyr. u. Erzn. – **MA:** Beitr. in: Bschoad 80; Land ohne Wein u. Nachtigallen 82; Lichtungen, Zs. 83; glesn u. glust 84; Singendes Waldgebirg 84; Bayerisches Mundartenleseb. 85; Lit. in Bayern 85, 87; Du bist mein Leben – Mutter u. Kind in d. zeitgenöss. Lit. 87; Die Welt der Sprache 87; Weihnachten im Wald 91; Weihnacht 92; Auswärts 99. – **R:** Beitr. in Hörfunk u. Fernsehen im In- u. Ausland.

Hartstock, Elmar, Dr. phil., Dipl.-Psych., Psychotherapeut; Berliner Str. 55, D-91522 Ansbach, Tel. (09 81) 8 72 84 (* Ansbach 8. 8. 51). VFS 71, LU 71–77; Lyr., Erz., Ess., Sachb. – **V:** Stimmen, Lyr. 70; Vergessen die Augen im Mittelpunkt der Sonne, Lyr. 76; Hammer und Nagel 91. – **MV:** OS 72, m. Irmtraud Tzscheuschner, Conrad Ceuss, Rudolf Rohr, Lyr., Graph., Kurztexte 72. (Red.)

Hartung, Christian, Pfarrer u. Schriftst.; Simmerner Str. 18, D-55481 Kirchberg/Hunsrück, Tel. (0 67 63) 22 39, *christian@hartung-kirchberg.de, www.hartung-kirchberg.de* (* Reinbek 9. 6. 63). Krimi. – **V:** Lass ruhn zu deinen Füßen ... 06, 07; Noch manche Nacht wird fallen ... 07; Wohl denen, die da wandeln ... 08. – **MA:** Melodien in Dur und Moll. Ein Hunsrücker Liederb. 08; – zahlr. Beitr. in Lit.-Zss. seit 01, u. a. in: Matrix; Entwürfe; Muschelhaufen.

Hartung, Günter, Prof., Dr. phil. habil.; Wilhelm-Külz-Str. 18, D-06108 Halle/Saale, Tel. (03 45) 2 02 83 37 (* Schönebeck/Elbe 17. 3. 32). Intern. Wilhelm-Müller-Ges. 94, Paul-Ernst-Ges. 96, EM 08; Johannes-Bobrowski-Med. 73. – **V:** Gesammelte Studien und Vorträge. 1: Deutschfaschistische Literatur u. Ästhetik 01, 2: Literatur u. Welt. Vorträge 02, 3: Der Dichter Brecht Brecht 04, 4: Juden u. deutsche Literatur 06, 5: Werkanalysen u. -kritiken 07. – **H:** Joh. Friedrich Reichardt: Autobiographische Schriften 02; Else Ernst: Leben mit Paul Ernst auf einem obb. Einödhof 1918 bis 1925 08.

Hartung, Harald, Prof.; Rüdesheimer Platz 4, D-14197 Berlin, Tel. (0 30) 82 70 44 30 (* Herne 29. 10. 32). Akad. d. Künste Berlin 83, P.E.N.-Zentr. Dtld, Akad. d. Wiss. u. d. Lit. Mainz, Dt. Akad. f. Spr. u. Dicht.; Förd.pr. z. Fontane-Pr. 79, Annette-v.-Droste-Hülshoff-Pr. 87, Ruffino-Antico-Fattore-Lit.pr. 99, Kieler Liliencron-Dozentur f. Lyrik 01, Pr. d. Frankfurter Anthologie 02, Würth-Pr. f. Europ. Lit. 04; Lyr., Ess., Kritik. – **V:** Hase und Hegel 70; Reichsbahngelände 74; Das gewöhnliche Licht 76; Augenzeit 78; Traum im Deutschen Museum 86, 01; Jahre mit Windrad 96, alles G.; Masken und Stimmen. Figuren d. mod. Lyrik 96; Machen oder Lassen. Erfahrungen beim Schreiben v. Lyrik 01; Langsamer träumen, G. 02; Aktennotiz meines Engels. Gedichte 1957–2004 05; Ein Unterton von Glück. Über Dichter u. Gedichte 07. – **MV:** Literatur, Realität, Erfahrung (Deutsch in d. Sekundarstufe 1) 77. – **H:** Michael Hamburger: Literarische Erfahrungen 81; Gedichte und Interpretationen. Vom Naturalismus bis zur Jh.mitte 82; Georg Heym: Gedichte 86; Luftfracht. International Poesie 1940–1990 91; Jahrhundertgedächtnis. Deutsche Lyrik im 20. Jh. 98. – **MH:** Claassen Jb. d. Lyr. 79; Erich Kästner: Gedichte und Chansons, 2 Bde, m. Hermann Kurzke 03, u. a. – *Lit:* Albrecht Kloepfer in: KLG, u. a. (Red.)

Hartung, Manuel J., Chefred. v. „Zeit Campus"; lebt in Hamburg (* Fritzlar 81). Axel-Springer-Pr. f. junge Journalisten 05, Arthur-F.-Burns-Fellowship 05. – **V:** Der Uni-Roman, 1.u.2 Aufl. 07. – **MV:** Welt retten für Einsteiger, m. Christian Berg 07 (auch als Hörb.); Wissen to go, m. Thomas Kerstan 08, beides Sachb. – **MA:** Beitr. f. Die Zeit; Spiegel; Süddt. Ztg; FAZ; Frankf. Rdsch.; DLF. – **MH:** streitBar, Online-Mag. (auch mitbegründet). (Red.)

Hartung, Marie-Antoinette (Ps. Marion Miller, geb. Marie-Antoinette Freiin von Eltz-Rübenach) *

Hartwig, Hansi (Ps. Ilko Nomis); Nordendstr. 5, D-82178 Puchheim, Tel. u. Fax (0 89) 89 00 94 39 (* Steinach/Thür. 8. 1. 64). Rom. – **V:** Das Ende der Nacht 01; Suse an Bord, R. 02. (Red.)

Hartwig, Jo s. Anderson, Tom

Hartwig, Thomas (Ps. Thomas von Twern), Autor, Kameramann, Regisseur; Lichterfelder Ring 208, D-12209 Berlin, Tel. (0 30) 76 70 66 44, (01 60) 92 07 97 97, *ThHartwig@t-online.de* (* Rostock 28. 2. 41). VS 77, Armin-T.-Wegner-Ges. 02; Einlad. z. Grimme-Pr.-Wettbew. 71 Prod.prämie d. Kuratorium Junger Dt. Film 77, DAG-Fs.pr. in Silber 86, Lit.stip. Brandenburg 97, Stadtschreiber zu Rheinsberg 00, Stip. d. Stift. Kulturfonds 01, Stip. d. Schiller-Ges. Marbach 04; Fernsehsp., Rom., Erz. – **V:** Die Magie von Rheinsberg, Anekdn. u. Geschn. 02; Anusch, R. 09; Emma Dumpig, R. 10. – **MV:** Die verheißene Stadt. Dt.-jüd. Emigranten in New York, m. Achim Roscher 86. – **H:** Lola Landau: Positano oder der Weg ins dritte Leben 95; Armin T. Wegner/Lola Landau: Welt vorbei. Briefe aus d. KZ 99; Armin T. Wegner/Lola Landau: Geliebter Dämon ..., Briefe 09. – **F:** Die Farbe des Himmels 78. – **R:** Hfk-Feat.: Eslohe 74; Amerika ist ein fernes Land ..., 2tlg. 77; Keiner schiebt uns fort 78; Ein Scheffel Saat 80; Die Bagdad-Bahn 89; Liebste Lo, ... Liebster Armin, ... 89; Mein geliebtes Herz ...! 90; Auch Lauchhammer ist ein gutes Stück Kohle 93; Alt und verbittert in Kattowitz 94; Der Sheriff von Bruckhausen 95; Arbeitslos und an den Rand gedrängt 96; Der Rebell unter Haifischen 97; Die Angst ist wie ein Schatten 00; Schöne Welt du gingst in Fransen 01; Auf der alten Seidenstraße 01; Ein einziger Augenblick 01; Hierbleiben hat keine Zukunft 05; Achtzehn Jahre nur malocht 08, u. a.; – Dok.-Filme: Wir wollen Blumen und Märchen bauen, m. Jean-Francois Le Moign 69/70; Ein Scheffel Saat 80; Nach der Schule: Arbeitslos 80/81; Der Schwarze Schwan Israels: Else Lasker-Schüler 85; Scheunenviertel, m. Eike Geisel 88; Das schreckliche Paradies, m. Barbara von Poschinger 01/02; – Drehb.: Das Hochhaus 78; Im Schatten von gestern 84; Anusch 08, u. a.

Hartwig, Wolfgang; Nußbaumallee 4, D-04288 Leipzig-Holzhausen (* Taucha 9. 12. 30). – **V:** Jean Paul – e. Lesebuch für unsere Zeit 66; Ernest Hemingway – Triumph und Tragik seines Lebens 89. – **MV:** Erlebte Geschichte Bd 1, m. Günter Albrecht 67; Hist. Gaststätten in Europa, m. Winfried Löschburg 79. – **MA:** Romanführer 72; Sonntag. – **H:** Wilhelm Waiblinger: Mein flüchtiges Glück 74; Christian Wernicke: Schiffahrt des Lebens 84; Jean Paul: Trümmer eines Ehespiegels 88. (Red.)

Hartz, Bettina, M. A., Schriftst., Lit.kritikerin, Verlegerin; Wühlischstr. 7, D-10245 Berlin, *bettina.hartz @gmx.de* (* Berlin 15. 7. 74). Nom. f. d. manuskripteprosa-pr. 02, Autorenwerkstatt d. LCB 06; Rom., Erz., Kurzgesch., Ess., Dramatik. – **V:** Altfundland. Ansichten von Italien 06; Nicht viel, Erz., 1.u.2.Aufl. 07. – **MA:** Sprache im techn. Zeitalter Nr.181 07; Drei Raben (Budapest), Nr.11 07; EDIT Nr.45 08; plumbum,

Nr.9 08. – **MH:** Expedition Lunardi, Anth., m. Asmus Trautsch (auch Mitarb.) 04, 4., veränd.Aufl. 07. – *Lit:* www.literaturport.de.

Harum, Brigitte (geb. Brigitte Wagner), Mag., Dipl.-Dolmetscher, U.lektorin; Hubertusgasse 12, A-8707 Leoben-Göss, Tel. u. Fax (0 38 42) 2 39 81 (* Baruth/ Dtld 18. 11. 33). Jgdb.pr. d. Ldes Steiermark; Übers., Kinder- u. Jugendb. Ue: engl, span. – **V:** Till, Geschn. 64; Reihe „Das Silberschiff". 1: Durch die grüne Steiermark 67, 2: Die Reise mit dem Silberschiff durch Kärnten und Tirol 68, 3: Till auf neuer Fahrt 69, 4: Auf Wiedersehen, Silberschiff 69; Der geheimnisvolle Stern 69; Till und seine Freunde 78, alles Kdb. – **MV:** Der Rabe mit der Blauen Feder, m. Gertrude Drack, M. 06. – **MA:** Lichtungen 77/99, 78/99; Scattered Images 11/99. – **Ue:** Balachandra Rajan: Der dunkle Tänzer 61; Salvador de Madariaga: Der schwarze Hengst 64, beides R.

Hasecke, Jan Ulrich, M.A., freier Werbetexter u. PR-Berater, Autor; Schubertstr. 4, D-42719 Solingen, Tel. (02 12) 2 33 14 83, *info@hasecke. com, www.sudelbuch.de, www.hasecke.com, www. generationenprojekt.de* (* Velbert 13. 4. 63). 1. Pr. b. Ettlinger Lit.wettbew. 99; Rom., Erz., Fernsehsp., Ess. – **V:** Die Reise nach Jerusalem, R. 00; Juh's Sudelbuch 98/99/00, Satn., Ess. 01; Schimpansen und Menschen. Juh's Sudelbuch 01/02/03, Satn., Ess. 04. – **R:** Nichts Neues seit Kassandra, Fsf. 85. (Red.)

Hasenbühler, Joseph s. Schiler, Friedrich Alfred

Hasenclever-Zbeida, Christine (Künstlername Chrystal), Schriftst., Künstlerin, Lyrikerin; Rachavat Ilan 6, IL-54056 Givat Shmuel, Tel. (03) 5 32 54 24, *chrystal.inspiration@yahoo.com.* Raiffeisenstr. 29, D-58093 Hagen (* Hagen/Westf. 29. 6. 54). Lyr., Psycholog. Rom. Ue: hebr. – **V:** Luftwurzeln, Lyr. 94; Zchok alfei shanim, Lyr. 97 (hebr.); Sternenklar, Lyr. u. Aquarelle 98; Be Orkei, Lyr. 01 (hebr.). – **MA:** Spurenlese 96; Leben beginnt jeden Tag 98; Lyrik. Dt.spr. Schriftsteller in Israel 99; Im Zwiespalt 99, alles Anth.; sowie Beitr. in israel. Lit.-Zss. (hebr.).

Hasenfuß, Michael, Dipl.-Schauspieler; Limmatstr. 180, CH-8005 Zürich, Tel. (0 76) 4 04 62 30, Fax (0 44) 2 71 41 89, *nachttischbach_verlag@web.de, michael. hasenfuss@gmail.com* (* Wuppertal 18. 9. 65). AdS; Lyr., Dramatik. – **V:** Schrabbelgereimte Balladen vom Scheitern 05; Ein Wurm im Sturm, Theaterst. f. Kinder 07. – **MA:** Nordsee ist Wortsee, Anth. 06; Kaffee. Satz. Lesen, Anth. 06.

Haslauer, Wilhelm, Hauptschullehrer, Dipl.-Päd.; Wiener Str. 21, A-3250 Wieselburg, Tel. (0 74 16) 5 49 36, *WHaslauer@gmx.at* (* Scheibbs 23. 11. 56). Ldesverb. NdÖst. f. Schausp., Jgd.sp. u. Amateurtheater 81, Lit. Ges. St. Pölten 85, Forum-Z Kulturkr. Zistersdorf 86, IG Öst. Dramatiker 88, Schriftzug 3250 99, Ikarus, Kulturplattform Wieselburg 00; Förd.- u. Anerkenn.preise f. päd. Schrr.; Erz., Lyr., Theaterst., Ess. – **V:** Lehrer ärgere dich, du wirst bezahlt dafür, Erzn., Lyr., kurze Theaterst. f. Schulen 84; Die das Leben lieben 96; Familie Fit und Familie Fett; Die hinkende Maria 03; Die Müllabfuhr 03; Morgen in Toronto 05; Die Klassenreise 06. – **MA:** Wir sind Ausländer fast überall 97; Anth. d. Schriftzuges 3250 07, u. 2 Beitr. in literar. Zss., 1 in Lyr.-Anth. – **MH:** Heimatlesebuch für den Bezirk Scheibbs 90. – **F:** Das Glück der Erde liegt auf dem Rücken der Pferde 98. – *Lit:* Helene Maria Hajek: Wos vo gestan und heut – meine Leut 96.

Haslehner, Elfriede (Ps. Elfriede Haslehner-Götz, geb. Elfriede Götz) Dr. phil., Schriftst.; Hochwaldstr. 37, A-2230 Gänserndorf, Tel. (06 76) 3 86 34 64, *elfriede.haslehner@gmx.at, www.haslehner.name.* Assmayergasse 11/20, A-1120 Wien, Tel. (01)

8 12 44 00 (* Wien 17. 7. 33). GAV 80, Podium, Ö.S.V. 99, ÖDA; Theodor-Körner-Förd.pr. 71, Öst. Staatsstip. f. Lit. 79, Buchprämie d. BMfUK 79, Förd.pr. d. Ldes Ndöst. f. Lit. 90, u. a.; Lyr., Kurzprosa, Hörsp., Sat., Ged. in Wiener Dialekt. – **V:** Spiegelgalerie, G. 71; Zwischeneiszeit, G. 78; Nebenwidersprüche, G. 80; Notwehr, Prosa 83; Schnee im September, G. 88; Außer Sichtweite der Uhren, Haiku 92; Im Zwischendeck, G. 94; Laung lem owa ned oed wean, Mda.-G. 01; E.H. – Podium Porträt 13 03; Auf Schiene, G. 06; domois und heid, Mda.-Lyr. 07; (Übers. in engl., bulg., slowak.). – **MA:** Prosa, Lyr. u. Haiku in üb. 40 Anth., u. a.: Tür an Tür 1970, Lyrik-Anth.; Gesch. nach 68, Prosa-Anth. 78; Leseb. 79; Im Beunruhigenden 80; Mörikes Lüfte sind vergiftet 81; Unbeschreiblich weiblich 81; Frauen erfahren Frauen 82; Querflöte 84; Eisfeuer 86; Gedankenbrücken 00; Linkes Wort b. Volksstimmefest 00–03; ... bis sie gehen, Leseb. 04; FrauenSchreiben 04; Flüsse, Brücken, Ufer 04; Kaleidoskop 05; Fest Essen 05; sowie Beitr. in Zss., u. a.: Auf; MOZ; Entladungen; Morgenschtean; Podium. – **MH:** Aufschreiben 81 (auch Mitarb.); Arbeite, Frau – die Freude nennt von selbst, Anth. 82 (auch Mitarb.); Aspöck, Der ganze Zauber nennt sich Wissenschaft 82; sowie alle Bücher d. Wiener Frauenverl. 81–85. – **R:** etliche Sdgn d. Reihen MEMO u. Menschenbilder bis 88; Rez. f. „Ex libris", alles im Ö1.

Hasler, Eveline; Via Livurcio 12, CH-6622 Ronco s. Ascona, Tel. (091) 7 91 53 77, Fax 7 91 28 46 (* Glarus 22. 3. 33). SSV, P.E.N.-Club; E.liste z. Hans-Christian-Andersen-Pr. 68, Certificate of Honor Intern. Board of Young People 76, Schweiz. Jgdb.pr. 78, Pr. d. Schweiz. Schillerstift. 80, Radio- u. Fernsehpr. 84, E.gabe d. Stadt Zürich 88, Premio critici in Erba 88, Schubart-Lit.pr. 89, Buchpr. d. Stadt Zürich 91, Meersburger Droste-Pr. f. d. Gesamtwerk 94, Kulturpr. d. Stadt St. Gallen f. d. Gesamtwerk 94, Justinus-Kerner-Pr. 99, Calwer Hermann-Hesse-Stip. 01; Dokumentar. Rom., Hist. Rom., Lyr., Kurzgesch., Kinderb., Filmdrehb. – **V:** KINDER-/JUGENDBÜCHER: Stop, Daniela!, sowie die Eidechse mit den Similisteinen u. a. Erzählungen 62; Ferdi u. die Angelrute 62; Adieu, Paris, adieu, Catherine 66; Komm wieder, Pepino 67; Die seltsamen Freunde 70; Ein Baum für Filippo 73; Der Sonntagsvater 73; un終nt neonmond 74; Der Zauberelefant 74; Denk an mich, Mauro 75; Dann kroch Martin durch den Zaun 77; Der Buchstabenkönig u. die Hexe Lakritze 77; Die Insel des blauen Arturo 78; Die Hexe Lakritze u. Rino Rhinozeros 79; Denk an den Trick, Nelly 80; Der Buchstabenvogel 81; Das kleine Auto Junkundus 81; Jahre mit Flügeln, Stories 81; Der wunderbare Ottokar 83; Die Katze Muhatze u. a. Geschichten 83; Im Winterland 84; Der Löchersammler, Geschn. 84; Die Pipistrellis 85; Der Buchstabenriesen 86; Das Schweinchen Bobo 86; Die Blumenstadt 87; Der Buchstabenräuber 87; Im Traum kann ich fliegen 88; Babas große Reise 89; Ottilie Zauberlilie 90; So ein Sausen ist in der Luft 92; Die Schule fliegt ins Pfefferland 93; Die Buchstabenmaus 96; Die Riesin 96; Die Hexe Lakritze u. Schloff 97; Die Hexe Lakritze, eine Geschichte 00; Schultüten-Geschichten 06; – LITERATUR F. ERWACHSENE: Novemberinsel, Erz. pr. 79; Freiräume, G. 80; Anna Göldin. Letzte Hexe, R. 82, Neuausg. 02; Ibicaba. Das Paradies in den Köpfen, R. 85; Dass jemand kommt..., G. 86; Der Riese im Baum, R. 88; Die Wachsflügelfrau. Geschichte d. Emily Kempin-Spyri, R. 91; Auf Wörtern reisen, G. 93; Der Zeitreisende. Die Visionen d. Henry Dunant, R. 94; Die Vogelmacherin, R. 97; Der Jubiläums-Apfel u. a. Notizen vom Tage, Kolumnen 98; Die namenlo-

Hasler

se Geliebte, Geschn. u. G. 99; Sätzlinge, G. 00; Aline u. die Erfindung der Liebe, R. 00; Spaziergänge durch mein Tessin 02; Tells Tochter. Julie Bondeli u. die Zeit d. Freiheit 04; Stein bedeutet Liebe. Regina Ullmann u. Otto Gross, R. 07; (versch. Titel in zahlr. Nachaufl./Tb. u. Übers.). – **F:** Anna Göldin, letzte Hexe, Drehb. m. Gertrud Pinkus u. Stephan Portmann 91. – **R:** Fsf.: Die Achterbahn (WDR, ORF, SRG) 80; Die Hexe Lakritze, Serie (ZDF, ORF, SRG) 83; Pepino, 12-tlg (ZDF, ORF, SRG) 84; Das Schweinchen Bobo (SWF, SRG); Babas grosse Reise (SRG, SWF). – **P:** Die Felshöhle des jungen Hermann Hesse, CD 02. – *Lit:* Ralf Georg Czapla in: KLG. (Red.)

Hasler, Ulrich Erwin (Ps. Frast Relsa) *

Haslin, Hermann (eigtl. Hermann Haslinger), M. A.; Lustenauerstr. 20, A-4020 Linz, Tel. u. Fax (07 32) 79 65 72, *hermann.haslin@eduhi.at* (* Neumarkt/ Hausruck 16. 9. 52). IGAA 88, Literar-Mechana 93; 2. Pr. f. Kurzdramatik d. Dr.-Ernst-Koref-Stift. 75, Pr. b. Linzer-Bierkistl-Lit.wettbew. 87; Lyr., Prosa, Hörsp., Sat., Ess., Kinder- u. Jugendb. – **V:** Peter der Maler, M. 77; Christl Müllers Kätzchen 78, 91 (auch am., belg., ndl., frz., engl., jap.). – **MA:** Facetten, Literar. Jb. d. Stadt Linz 75, 92, 96; MacMaus Magazin 88, 90; Stadtbuch Linz 93; Meridiane. Lit. aus ObÖst. 95; Das neue Gedicht, 00, 01, 03, 04. – *Lit:* Lit. Leben in Österreich, IGAA-Hdb. 88; Dt. Schriftst.lex. 01; Literatur Netz Oberöst., Onlineverz. 02; Reinhold Gruber in: ObÖst. Nachrichten v. 14.11.04 u. v. 27.4.07; Reinhard Winkler in: SpotsZ, März 08; R. Gruber in: ObÖst. Nachrichten v. 19.4.08; Karin Schütze in: ebda v. 28.4.08.

Haslinger, Hermann s. Haslin, Hermann

Haslinger, Josef, Dr.phil., UProf., Dir. d. Dt. Lit. inst. Leipzig; Johann-Strauß-Gasse 26/17, A-1040 Wien. c/o Deutsches Literaturinstitut Leipzig, Wächterstr. 34, D-04107 Leipzig, *haslinger@uni-leipzig.de* (* Zwettl/NdÖst. 5. 7. 55). GAV 80, IGAA 81, P.E.N.-Zentr. Dtld; Förd.pr. d. Theodor-Körner-Stift. 80, Öst. Staatsstip. f. Lit. 80/81, Pr. beim Profil-Autorenwettbew. 80, Förd.pr. d. Stadt Wien 84, Stip. d. Dt. Lit.-fonds 90, Elias-Canetti-Stip. 93, 94, New-York-Stip. d. Dt. Lit.fonds 96, Pr. d. Stadt Wien f. Lit. 00, E.pr. d. öst. Buchhandels 00, Pr. d. LiteraTour Nord 01, Würdig.pr. d. Ldes NdÖst. f. Lit. 04; Rom., Nov., Ess., Drama, Hörsp., Feat. Ue: engl. – **V:** Der Konvitskaktus u. a. Erzählungen 80; Die Ästhetik des Novalis, Ess. 81; Der Tod des Kleinhäuslers Ignaz Hajek, N. 85; Politik der Gefühle, Ess. 87, überarb. Neuausg. 95; Wozu brauchen wir Atlantis, Ess. 90; Die mittleren Jahre, Erz. 90, Tb. 95; Das Elend Amerikas 92; Opernball, R. 95, Tb. 96; Hausdurchsuchung im Elfenbeinturm, Ess. 96; Das Vaterspiel, R. 00; Klasse Burschen, Ess. 01; Am Ende der Sprachkultur? Über das Schicksal von Schreiben, Sprechen u. Lesen 04; Zugvögel, Erzn. 06; Phi Phi Island. Ein Bericht 07. – **H:** Romantik 82; Literatur u. Macht 83; Wiener Vorlesungen z. Literatur 86 u. 87 (alles Sonderhefte d. Zs. Wespennest). – **MH:** Wespennest, Zs.; – Hugo Sonnenschein: Die Fesseln meiner Brüder 84; Wie werde ich ein verdammt guter Schriftsteller?, m. Hans-Ulrich Treichel 05; Schreiben lernen – Schreiben lehren, m. dems. 06. – **P:** Amerika, Reise-Epos, CD 93. – *Lit:* Rüdiger Wischenbart in: KLG.

Hass, Pater Michael s. Hiess, Peter

Hassauer, Friederike, Prof. Dr.phil. habil., M. A. (USA), Publizistin; Altes Rathaus Zimmern, D-97828 Marktheidenfeld, Tel. (0 93 91) 13 07, Fax 13 69, *Friederike.Hassauer@univie.ac.at, www.univie.ac.at/ Romanistik/.* Argentinierstr. 53/17, A-1040 Wien, Tel. (01) 5 04 47 77 (* Würzburg 29. 11. 51). VS; Prosa, Ess., Rep., Übers. Ue: frz, engl, ital, span, lat. – **V:** Die

Philosophie der Fabeltiere, Ess. 86; Textverluste. Eine Streitschr. 92; Santiago – Schrift.Körper.Raum.Reise 93; Homo.Academica 94; Was ist Literatur?, Ess. 98. – **MV:** Félicien Rops: Der weibliche Körper – der männliche Blick, m. Peter Roos 83, 85. – **MA:** Emile Zola, in: Französ. Lit. im 19. Jh. 80; Trau keinem über dreißig 80; Niemals nur „eins" sein, in: Merkur 7 81; Kinderwunsch – Reden u. Gegenreden 82; Das Weib u. d. Idee d. Menschheit, in: Der Diskurs d. Lit.- u. Sprachhistorie 83; Eine Straße durch die Zeit, in: Epochenschwellen u. Epochenstrukturen 85; Reisen in Kinderschuhen 87; Flache Feminismus, in: Die Philosophin 90; Die alte u. die neue Heloisa, in: Auf d. Suche nach d. Frau im Mittelalter 91; Du (Zürich) 11/93; Die Seele ist nicht Mann, nicht Weib, in: Querelles 97; 2 Ess. in: Spiegel Special 6/98; Inszenierung u. Geltungsdrang 98; Stadtersatz: Berlin 1930 – Jean Giraudoux, in: Die andere Stadt 99; Autorität in der Sprache, Literatur u. neuen Medien 99; Bi-Textualität 01; Beiheft z. Historischen Zs. 02. – **H:** Arthur Schopenhauer – Über die Weiber, Dok., Ess. – **MH:** Anna Seghers. Materialienbuch 77; VerRückte Rede, Ess. (Notizbuch 2) 80; Penthesilea. Ein Frauenbrevier f. männerfeindliche Stunden 82; Kinderwunsch, Prosa, Ess. 82, 86; Die Frauen mit Flügeln – die Männer mit Blei?, Ess. 86, alle m. Peter Roos; Jean Giraudoux / Chas Laborde: Berlin 1930 – Straßen und Gesichter 87; Streitpunkt Geschlecht 01; – Zss.: Metis; Semiosfera; Die Philosophin. – **F:** Nach Santiago 82; Félicien Rops 85. – **R:** div. Ess. seit 78. – **Ue:** Jean Giraudoux: Berlin 1930. – *Lit:* Peter Roos: Die wilden 40er – Portr. e. pubertären Generation 91; D. Ingrisch / B. Lichtenberger-Fenz: Hinter den Fassaden d. Wissens 99; s. auch 2. Jg. SK. (Red.)

Hasselbacher, Werner; Textorstr. 88, D-60596 Frankfurt/M., Tel. (0 69) 60 62 87 63, *W.Hasselbacher @t-online.de* (* Frankfurt am Main 16. 2. 48). – **V:** Sandrasselottern, N. 96; Des Zoodirektors böser Traum 99; Zebra mit Bratkartoffeln 06, beides Geschn. – **MA:** Lyrik 80, 81, Anth. (Ed. Leu); Das Tier 1/82, 12/83, 10/99; Informationen (Stud.kr. z. Erforsch. u. Vermittl. d. Gesch. d. dt. Widerstandes) 10/88; Reisegepäck 1–4, Erzn. 94–97.

Hasselmann, Varda (Beate Schmolke-Hasselmann) *

Hasseln, Sigrun von, Richterin, Vors. d. großen Jugendstraf- u. Jugendschutzkammer am Landgericht Cottbus, Begründerin d. Jugendrechtshäuser u. d. Rechtspädagogik, Vors. d. Bundesverb. d. Jugendrechtshäuser Dtld e. V., Berlin, Vors. d. Akad. f. Rechtskultur u. -pädagogik, LBeauftr. d. U.Cottbus f. Rechtspädagogik; c/o Landgericht Cottbus, Gerichtsstr. 3–4, D-03046 Cottbus, Tel. (03 55) 63 71–3 18, *www. hasseln.de* (* Hamburg 2. 12. 52). FDA Nds. 92; BVK 06; Rom., Lyr., Ess., Sachb. – **V:** Der Justizirrtum oder lebenslänglich für Ernst Janßen, dokumentar. R. 92; Tilly Timber auf Megaland, Jgdb. 98; mehrere Sachbücher/Ratgeber z. Thema Recht, seit 93. – **MA:** G. u. Prosa u. a. in: Hamburger Literar. Blätter 93, 94, 96; Almanach d. FDA Nds. 94; Worte wachsen durch die Wand, Alm. d. FDA Nds. 2 97. – *Lit:* s. auch 2. Jg. SK.

Hassenmüller, Heidi, Kauffrau, Journalistin; Onder de Beumkes 39, NL-6883 HC Velp/Gld., Tel. (0 26) 3 61 72 41, Fax 3 62 91 62, *h.hassenmüller@wanadoo. nl* (* Hamburg 12. 1. 41). IG Medien; Buxtehuder Bulle 89; Kinderb., Rom., Kolumne, Fernsehst., Übers. Ue: holl. – **V:** Jochen zieht nach Holland 85; Linda beißt sich durch 86; Gute Nacht, Zuckerpüppchen 89, dramatis. Fass. 96 (in mehrere Spr. übers.); Andrea: Ein Star will ich werden 90; Ein Sonntag im September 91; Zuckerpüppchen – Was danach geschah 92; Désirée –

zwei Brüder, Schlaf und Tod 94; Die Kehrseite der Medaille 95; Das verstummte Lachen 96; Warten auf Michelle 96; Désirée oder Zeit der Prüfungen. Eine Überlebensgesch. 97; Gefährliche Freunde 98; Tango tanzt man nicht mit Tulpen 98; Kein Beinbruch, Kdb. 99; Spiel ohne Gnade, R. 99; Majas Macht, R. 01; Briefe an Sil, R. 01; Schwarz, rot, tot, Jgdb. 04. – **MV:** Warum gerade mein Kind? – **MA:** De beste Dokters Verhalen 86. – **R:** Vakantietijd 84; Der Wanderpokal, Fsp. 86. – **Ue:** Heleen Kernkamp-Biegel: Een Paard Als Tienie u. d. T.: Trine – Ein Pferd zum Liebhaben. (Red.)

Hassenrück, Johannes, Autor, Pfarrer, Konzertorganist; Konrad-Heby-Weg 20, D-78073 Bad Dürrheim, Tel. u. Fax (0 77 26) 92 84 57, *johanneshassenrueck@gmx.de* (* Grünhainichen/Erzgeb. 16. 6. 46). Ausz. b. Lit.wettb. „Menschen im ländl. Raum" Bad.-Württ. 04; Erz., Lyr. – **V:** Hallelu-nein. Sachen zum Lachen u. zum Nachdenken, Geschn. 01. – **MA:** einzelne Erzn. in „Eule", Lit.-Zs. (Freiburg/Br.); Filmkritiken in „Die Kirche" (Berlin) 73f.; Menschen auf dem Land, Anth. 04. (Red.)

Haßkerl, Heide, Bio-Bäuerin, Melkerin, Metzger, Umweltpädagogin; Ostheim, Lange Str. 39, D-34396 Liebenau, Tel. u. Fax (0 56 76) 16 86, *heidehaszkerl@planet-interkom.de* (* Mühlhausen/Thür. 11. 3. 60). VS Thür. 97, Thür. Literarhist. Ges. PALMBAUM; Arb.-stip. d. Ldes Thür. 01, Stadtschreiber in Ranis 01; Hörsp., Rom., Erz. – **V:** Aus dem Tagwerk eines Bauern, skurrile Geschn. 00; Herbstzeit I 02; Unser Dorf 03; Der Pferdehändler 03; – mehrere Sachbücher. – **MA:** zahlr. Beitr. in Lit.zss. seit 98, u. a. in: MACONDO; Palmbaum. – *Lit:* s. auch SK. (Red.)

Hassmann, Ingrid, freie Autorin seit 90, Doz. Schreibwerkstätten / kreatives Schreiben seit 02; Tillmannsweg 1, D-46562 Voerde, Tel. (0 28 55) 22 30, *IHA-Lyrik@web.de* (* Voerde 27. 5. 51). IG f. Lit., Kultur u. Ges. e.V. Duisburg; Lyr. – **V:** Persona non grata 93; Berührungspunkte 94; Üble Nachrede 94; Die vier Elemente 95; Reflexion 97; Geträumte Wirklichkeit 98; Spieglein, Spieglein an der Wand 98; Zeit-Bewußt-Sein 98; Efcharisto-Kreta 99; Des Winters Lied und Wort ... 99; Streit – unbestritten strittig 01; Konfusium 03; eingrenzen grenzenlos ausgrenzen 03; Weiß Rot Blau 03; ... und tausend Worte nicht genug 03; Gemeinsam gehen wir durch Raum und Zeit 03; Licht-Gedanken 04; Der andere Blick, Lyr. 07. – **MV:** Jahreszeiten des Lebens, m. Martina Reimann 01; Von der Ursprünglichkeit zur Harmonie, Lyr. Texte m. Holzdrucken v. Robert Keßler 05; Patmos-Insel im Licht der Offenbarung, m. Martina Reimann 06. – **MA:** Jb. d. Kr. Wesel, seit 90; Kontraste 97; Niemandland 98; Vom Geschmack des Lebens 02; Tanz der Grenzen 04; Engel.Gestalten 04; UnterTags/ÜberNachts 05; Am Liebesrand 05; Staubkorn und Steine 05; Historische Grünanlagen im Altkreis Dinslaken 07; palette & zeichenstift 6/07; Farb.Klänge, Kat. 08.

Hassmann-Rohlandt, Ellen; Eichendorffring 14, D-35606 Solms, Tel. (0 64 42) 88 66, Fax 2 36 21 (* Leipzig 18. 9. 07). Lyr. – **V:** Wie des Mondes Wandel 92; Schritte durch ein Jahr 95, beides Tanka u. Haiku. (Red.)

Hasta, Uwe s. Geerken, Hartmut

†**Hastedt**, Regina, Fotografenmeisterin, Journalistin, Schriftst.; lebte in Chemnitz (* Flöha/Sa. 23. 10. 21, † 28. 10. 07). VS Sachsen; Lit.pr. d. FDGB 59 u. 62. – **V:** Ein Herz schlägt weiter, Erz. 54; Wer ist denn hier von gestern? Oder Hausfrau gesucht!, Lsp. 55; Die Tage mit Sepp Zach, Erz. 59, 61 (auch russ.); Ich bin Bergmann – wer ist mehr? 61; Die Bergparade, Erz. 74; Sprung über die Hürde, Jgdb. 79, 81; Barbara Uth-

mann, hist. R. 87, 04; Dorothea Erxleben. Ein hist. Roman über d. erste dt. Ärztin 95, 00. – **MA:** Kumpelgeschichten 62.

Hasters, Heima, Schriftst., Verlegerin; Rheinstr. 8, D-79104 Freiburg, Tel. (07 61) 2 85 36 46, Fax 21 17 59 12, *HHasters@aol.com*, *www.heimahasters.de* (* Düsseldorf 8. 9. 42). VS Berlin/Brandenburg; Stip. d. Dt. Lit.fonds 82, Stip. d. Förd.kr. dt. Schriftst. Bad.-Württ. 83, Oberrhein. Rollwagen 87, IGA Stuttgart, Texte in Landschaft 92; Kurzgesch., Rom., Theaterst., Hörsp., Mündl. Erz., Aphor. – **V:** Der Perlenfädler 71; Das Teerundenspiel 71, beides Hsp.; Mein System, Monologe 82, 2. Aufl. 93; Reisende Frauen, Kurzgeschn. 86; Tiefflug. Feuerwerk, R. 87; Geld + Glück, Sprüche 92; Fräulein Doktor wird Verleger. Ingeborg Stahlberg, Biogr. 96. – **H:** Zornoder Stille, Anth. 92. – **MH:** Ich hatte eine irre Angst damals, Interview-Samml. 97. (Red.)

Hastetter, Elisabeth; Am Wiesenrain 46, D-34431 Marsberg, Tel. (0 29 91) 68 89, *elisabeth.hastetter@online.de* (* Pirmasens 29. 12. 37). Die Feder e.V. – Lit. in Marsberg 97, Christine-Koch-Ges. 00; Kinder- u. Jugendb., Rom., Erz. – **V:** Ein Rad auf Reisen 00; Dachse suchen ein Zuhause 01; Grüne Augen, R. 04/05; Alleebäume sind keine Klatschbasen, R. 07. – **MA:** Ein unbekannter Feder 96; A 45 – Längs der Autobahn u. anderswo 00; Wunderliche Weihnachtsgeschichten am Kamin 00; Begegnungen – geschriebene und gemalte Worte 01; Federspiele, Anth. 07.

Hastings, Susan s. Helm, Sonja

Hatry, Michael, Dr.phil., Dramaturg; Hildebrandstr. 14, D-80637 München, Tel. (0 89) 1 57 60 92 (* Hamburg 12. 12. 40). VS; Theaterst., Gesch., Hörsp., Fernsehfilm, Rom. – **V:** Aus lauter Liebe, Geschn. 71; Die Notstandsübung 68; Brüderlein und Schwesterlein 68; Der Hofmeister, n. Lenz 72; Aus Liebe zu Deutschland oder In bester Verfassung 76, alles Bü.; Ein Mann, ein Wort, Krim.-R. 79; Frösche tragen keine Hemden 90; Das Fest der Maulwürfe 92; Des Kaisers neue Kleider, M. 92 (auch span.), alles Bilderb.; Die Puppe im Feuer, Kinderkrimi 97; Tina, Charlie, Che und ich, Jgd.-R. 99; Der Tag der seltenen Sachen, Geschn. f. Kinder 00; Die verwunschene Stadt, Jgd.-R. 05; Ich will malen! Das Leben d. Artemisia Gentileschi, Jgd.-R. (m. e. Anhang v. Susanna Partsch) 07. – **MA:** Anth.: Auf dem hieb Mord 75; An zwei Orten zu leben 79; Wenn das Leben 83; Lügen haben lange Beine 92; Ab in die Ferien! 97; Von dir und mir 97; Und die Fische zupfen an meinen Zehen 02; Sommerfantasie 03; Das große Adventskalenderbuch 03; Ferienlesebuch 06. – **R:** Besuch für Kalinke 66; Hans der Träumer 67; Wachtel-Terrine 88, alles Hsp.; div. Drehb. u. Bildergeschn. f. d. Kinderfs., u. a.: David und die Riesen, Kinder-Fsf. 82.

Hattstein, Markus, freier Schriftst. u. Lektor; Tegeler Weg 98, D-10589 Berlin, Tel. u. Fax (0 30) 3 44 94 83 (* Krefeld 31. 5. 61). VG Wort, Rom., Erz., Sachb. – **V:** Wörterbuch des Teufels 94; Alles Glück dieser Erde, 7 R. 96; mehrere Sachb. – **MA:** Erzn. in Anth.: Die Leiche hing am Tannenbaum 99; Eisige Zeiten 00. – *Lit:* s. auch SK. (Red.)

Haubert, Waltraud (Ps. Ran Haubert), bildende Künstlerin, Autorin, Mus.päd.; Gartengasse 9–11/3/11, A-1050 Wien, Tel. u. Fax (01) 5 44 65 35, *r.haubert@chello.at* (* Waidhofen a.d. Ybbs 11. 3. 44). Öst. P.E.N.-Club 02; Lyr., Erz. – **V:** In unbekanntem Auge ruhende Gedichte 1979–1983 84; Tore des Ianus. Gedichte 1986–1993 93. – *Lit:* Wiener Stg/Kultur Nr. 198 v. 12./13.10.01; Freunde d. Kunsthalle Krems (Hrsg.): Kat. z. Ausst. „Mimosen-Rosen-Herbstzeitlosen" 03/04.

Haubold

Haubold, Frank W., Dr., Autor; Freiheitsgasse 25, D-08393 Meerane-Waldsachsen, Tel. u. Fax (0 37 64) 42 21, *info@frank-haubold.de*, *www.frank-haubold.de* (* Frankenberg/Sachs. 24. 2. 55). 1. Chemnitzer Autorenverein e. V. 96; SFCD-Lit.pr. (bester Roman u. beste Kurzgesch.) 08; Erz., Kurzgesch. – **V:** Am Ufer der Nacht, R. in Erzn. 97; Das Tor der Träume, Erzn. 01, 02; Das Geschenk der Nacht, Erzn. 03; Wolfszeichen, Erzn. 07; Die Schatten des Mars, Episoden-R. 07. – **MV:** Der Tag des silbernen Tieres, m. Eddie M. Angerhuber, Erzn. 99, 00. – **MA:** Fantasia, Anth. 118–119/98, 123–124/99, 125–126/99; MajA, Mag. 1/98, 3/99; Reptilienliebe 01; Weihnachtszauber 01; Schattenwelten 01; Tod eines Satanisten 01; Jenseits des Hauses Usher 02; Deus Ex Machina 04; Wellensang 04; Die Legende von Eden 05; Plasmasymphonie 06; Der Moloch 07; S.F.X. 07. – **H:** Chemnitzer Kaleidoskop 99, 00, 01; Das schwerste Gewicht 05; Die Jenseitsapotheke 06; Das Mirakel 07, alles Anth. – **MH:** Fenster der Seele, m. Alisha Bionda, Anth. 07. – *Lit:* F. Schroepf in: Fantasia 121–122/98; Lit.landschaft Sachsen, Hdb. 07.

Hauck, Thomas J., Schauspieler, Autor, bildender Künstler; Essener Str. 13, D-10555 Berlin, Tel. (0 30) 88 49 73 03. Hauck-Pohl, Mauergasse 2A, D-98617 Meiningen, *t.hauck1@gmx.net*, *www.mueckenschwein.de* (* Ludwigshafen 27. 2. 58). Friedrich-Bödecker-Kr. Thür., VS; Erz., Dramatik. – **V:** Das Gummibärchen und der Braunbär, Erzn. 91; Die Wolken berühren, dramat. Texte 97; Jakobus!, dramat. Text 04; Ich will ein Baumeister werden, Erz. 04, 2. Aufl. 07; Die Suche nach dem verlorenen Palais, Erz. 05; Theophil Knapp, der kleinste Akkordeonspieler der Welt, Erzn. 05; Das Gurren der fünf weißen Tauben, Erz. 06; Fräulein Bertas Sehnsucht, Erz. 06; Fräulein Bertas Arie, Erz. 07; Der Atlantikflug, Erz. 07; Fräulein Bertas Entschluss, Erz. 08; Das Vergissmeinnicht, Erz. 08; Graf Wenzelslaus zu Vegesack, der Geräuschesammler, Erz. 08; Herr Blimel, der Schraubenkontrollör, Erz. 08 (auch slowak., ung.); Herr und Frau Foch, Erz. 09; – THEATER/UA: Ich wollt, ich könnt 03; Jakobus! 04; Marzipan und Tulipan 04; Frejya's Tränen 05; Don Quijote 05. – **MA:** Syntax acut, Nr.3 02; Muschelhaufen, Nr.46 06.

Haucke, Gert, Schauspieler, Autor; Eichenweg 5, D-21441 Garstedt, Fax (0 41 73) 78 04 (* Berlin 13. 3. 29). – **V:** Koschka, Kdb. 91, 97; Mops und Moritz, Kdb. 93, u. d. T.: Dicke Freundschaft 97; Shir Khan, Erlebnisber. 93, 96; Hund aufs Herz 96; Mein allerbester Freund, Bilderb. 01; mehrere Sachb. u. Beitr. in Fachzss. z. Hundehaltung. – **MA:** Elefanten weinen nicht, Anth. 92; Kinder, Kater & Co, Anth. 92. – *Lit:* s. auch SK. (Red.)

Hauenschild, Lydia (Leonie Hochstätter), Autorin u. Journalistin; Von-Brühl-Str. 20, D-67246 Dirmstein, Tel. (0 62 38) 92 93 93, *mail@lydia-hauenschild.de*, *www.lydia-hauenschild.de* (* Deggendorf 5. 12. 57). VS 93; Stip. d. Berlinmann-Stift. f. Drehb.autoren-Seminar 93; Erz., Erzählendes Sachb. – **V:** Zwillinge, die doppelte süße Last, Sachb. 88, überarb. Aufl. 04; Wann trägt man als Mutter schon Seidenstrümpfe, Erzn. 98; Ohne Netz und doppelten Boden, Erzn. 91; Wie kommt die Farbe in die Jeans?, Jgdb. 93; Ich hab' so tierisch viele Fragen!, Jgdb. 95; Der Summstein. Musikgeschn. 98; Kleine Pferdegeschichten 00, 06; Gestatten, Herr Hugo! 02; Kunterbunte Feuerwehrgeschichten 03, 06 (auch norw.); Das verschwundene Klavier 04; Geisterspuk rund um die Uhr 04, 06, (auch norw.); Feuerwehrwissen 05 (auch als CD); STIXX on Stage 05; Polizeiwissen 05; STIXX im Erfolgsfieber 06; Das weiß ich über Ponys 06; Wilde Tiere 06; Das weiß ich über

Ritter 06; Bauernhof 06; Weltraumwissen 06; Das weiß ich über die Polizei 07; Das weiß ich über Indianer 07; Unter der Erde 07; Mittelalterwissen 07 (auch tsch.); Steinzeit 08; Das weiß ich über den Bauerhof 08; Kleine Fohlengeschichten 08; Mineralien und Gesteine 09, alles Kdb. – **MA:** Mutter bin ich jeden Tag, Anth. 92; Das kleine Buch für die liebste aller Mütter, Erzn. 94; Das kleine Buch zum Muttertag, Erzn. 94; Readers Digest – Das Beste 3/99, 5/99; Beschenktwerden und loslassen, Anth. 99; 11 starke Schulgeschichten, Anth. 01 (auch norw.), 06; Das große Känguru-Abenteuerbuch 03, 06. – *Lit:* Lex. Pfälzer Persönlichkeiten 98.

Hauer, Elisabeth (geb. Elisabeth Schleppnik), Prof., Dr. phil., Schriftst.; Adolfstorgasse 9, A-1130 Wien, Tel. u. Fax (01) 8 77 03 12, *e.h.hauer@aon.at*, *www.elisabeth-hauer.at* (* Wien 12. 6. 28). Ö.S.V. 84, Öst. P.E.N.-Club 84, Kogge 84, Podium 82; Bertelsmann-Erzählpr. 86, Pr. d. Adolf-Schärf-Fonds 86, Prof.titel 87, Gold. E.zeichen d. Ldes NdÖst. 02; Rom., Nov., Lyr., Prosa. – **V:** Ein halbes Jahr, ein ganzes Leben, R. 84, 2. Aufl. 86 (auch tsch., russ.); Verlasse die Felder, R. 84; Sommer wie Porzellan, R. 86 (auch türk., russ.); Fallwind, R. 89; Die Bogenbrücke, R. 92 (auch rum.); Ein anderer Frühling, Erzn. 95 (auch russ., türk., poln., georg.); Die erste Stufe der Demut, R. 00; Damals der Sommer am Fluss, G. 01; Die Enthüllung der Paradiese, Erzn. 07. – **MA:** Liebe in unserer Zeit 86; Das verfolgte Wort 86; Väter unser 88; Köpfe, Herzen und andere Landschaften 90; Land mit Eigenschaften 96; Literaturlandschaft. NdÖst. P.E.N.-Club 97; Im Dialog mit Hans Weigel 98; Gestatten, mein Name ist Hund 98; So gehe ich Tag und Nacht 98; Gedankenbrücken 00; Dicht auf den Versen, öst. Lyr. 01; Podium 133/134/04; Auslese. Gedichte aus 100 Bänden Lyrik aus Öst. 04; Kaleidoskop 05, alles Anth.; zahlr. Beitr. in Zss. – **R:** zahlr. Beitr. im ORF, SDR u. SWR, u. a.: Ich weiß es hat geregnet, Erz. (Ö1) 07. – *Lit:* Elisabeth Neumayr: Analyse, Interpret. u. Einschätzung d. Romane v. E.H., Dipl.arb. Univ. Innsbruck 92; Anna Smirnova: Die mystischen Motive i. d. Erzählungen v. E.H., Mag.arb. Päd. Herzen-Univ., St. Petersburg 00.

Haueter, Bruno (Ps. Brunetto d'Arco), Musiker, Lehrer; Schlossweg 102, CH-4143 Dornach, Tel. (0 61) 7 02 29 74, *bruno.haueter@gmail.com* (* Chur 28. 8. 52). Lyr., Drama, Schülertheater. – **V:** Am Weg zum Menschen, Lyr. 84; Robert der Teufel 84, 88; Gilgamesch, König von Uruk Die Sterntaler 84, 88; Der gute Gerhard 85, 88; Aschenputtel 85; Sigurd, der Drachentöter 85, 88; Odilie 86; Jorinde und Joringel 86; Hausbauspiel 86; Von der Erschaffung der Erde 87, alles Schülertheaterst.; Sprüche und Verslein für Kinder 85; Kassandro, Dr. 85; Primavera, Dr. 85; Nero, Dr. 85; Dank an die Erde, Lyr. 87; Ein kleines Zeiten-Spiel 88; Ein Nachtwächter-Spiel 88; Ein Sankt-Nikolaus-Spiel 88; Spiel der Hirten und Könige 88; Wie Thor den Hammer heimholte, Theaterst. 88; Bruder Rochus 89; Orpheus und Eurydike 89; Vom Korn zum Brot 89; Hiob der Duldsame, 2. Aufl. 90; Miaciela, Lieder f. unsere Kleinsten 02.

Hauf, Gottlieb, Techn. Oberamtsrat a. D.; Weinbergstr. 5, D-91522 Ansbach, Tel. (09 81) 24 38 (* Ansbach-Eyb 31. 7. 22). Als Karikaturist mehrere Auszeichn. auf intern. Ausst.; Zeitkrit. Karikatur m. selbstverfaßten Texten, teilw. in Versform. – **V:** Reifrock und Perücke 82; Ansbacher Histörchen 82; Kinder, ist das eine Zeit 84; Erz sowos naa, fränk. Mda. 86; Also Leit gibt's, fränk. Mda. 87; Sündnböck, fränk. Mda. 88; Augenblicke – Zeiteindrücke 92. (Red.)

Haufe, Conny (Cornelia Haufe); Haucon-Verlag, Elbstraße 9, D-01814 Rathmannsdorf, Tel.

(03 50 22) 4 07 86, *kontakt@hauconverlag.de*, *www. hauconverlag.de* (* Dresden 16. 8. 80). Rom. – **V:** Gefühlslabyrinth 07.

Haufe, Eberhard, Dr. phil., – Dr. h. c., Prof., Germanist; Marie-Seebach-Stiftung, Tiefurter Allee 8, D-99425 Weimar (* Dresden 7. 2. 31). E.gabe d. Dt. Schillerstift. 91, Weimar-Pr. 93, Eichendorff-Med. 98. – **H:** Deutsche Briefe aus Italien 65, 87; C.G. Jochmann: Die unzeitige Wahrheit 76, 90; Wir vergehen wie Rauch vor starken Winden, dt. Gedichte d. 17. Jh.s 85 II; – Werke v. Johannes Bobrowski sowie Veröff. zu Leben u. Werk: Im Windgesträuch, G. a. d. Nachlaß 70, 77; Chronik, Einführung, Bibliogr., m. Bernhard Gajek 77; Meine liebsten Gedichte 85; Bobrowskis Konzeption e. Sarmatischen Divan u. die Genese der Gedichtbandtitel Sarmatische Zeit u. Schattenland Ströme 89; Briefwechsel (m. Peter Huchel) 93; Bobrowski-Chronik. Daten zu Leben u. Werk 94; Ges. Werke. Bd 1: Die Gedichte 98; Bd 2: Gedichte aus d. Nachlaß 98; Bd 3: Die Romane 99; Bd 4: Die Erzählungen, vermischte Prosa und Selbstzeugnisse 99; Bd 5: Erläuterungen d. Gedichte u. d. Gedichte a. d. Nachlaß 98; Bd 6: Erläuterungen d. Romane u. Erzählungen, d. vermischten Prosa u. d. Selbstzeugnisse 99. – *Lit:* Meyers Taschenlex. Schriftsteller d. DDR 74; Wer ist Wer? 98/99. (Red.)

Hauff, Christoph Martin s. Hülle, Dieter E.

Hauffe, Andreas, Autor; Im Wingert 1, D-53424 Remagen, *hauffe@autorenpool.de*, *www.andreas-hauffe. de* (* Salzgitter 22. 3. 55). Rom., Kurzgesch., Drehb. – **V:** Ein Elch packt aus 98 (auch däin.); Träume auf dem Nagelbrett, R. 99; Der Weihnachtsmann kann einpacken, R. 00; Echt krass!, R. 07; Matchball, R. 08; Abgerockt, R. 08. – **MV:** Köln mit Hühneraugen 95, 4. Aufl. 97; Huhnwiderstehliches Köln 97. – **MA:** Rattenpack, Kurzgeschn. 97; Ladykillers, Erz. 06. – **R:** Verhängnisvolle G. Schichten, ca. 65 F. in WDR u. hr; Drehb. f. Serien, Sitcoms u. Comedies.

Haufs, Rolf, ehem. Rundfunkred.; Eisenzahnstr. 57, D-10709 Berlin, Tel. (0 30) 8 93 59 70 (* Düsseldorf 31. 12. 35). P.E.N. 70–96, Akad. d. Künste Berlin 87, Stellv. Dir. d. Sekt. Lit. 97–09; Kurt-Magnus-Pr. f. Hsp. 68, Villa-Massimo-Stip. 70/71, Leonce-u.-Lena-Pr. 79, Bremer Lit.pr. 85, Friedrich-Hölderlin-Pr. d. Stadt Homburg 90, Hans-Erich-Nossack-Pr. 93, Peter-Huchel-Pr. 03, BVK 07; Lyr., Erz., Hörsp., Kinderb. – **V:** Straße nach Kohlhasenbrück, G. 62; Sonntage in Moabit, G. 64; Vorstadtbeichte, G. 67; Das Dorf S. und andere Geschichten 68; Der Linkshänder oder Schicksal ist ein hartes Wort, Prosa 70; Herr Hut, Kdb. 71; Die Geschwindigkeit eines einzigen Tages, G. 76; Größer werdende Entfernung, G. 79; Ob ihrs glaubt od. nicht, Kdb. 80; Juniabschied, G. 84; Felderland, G. 86; Selbst Bild, Prosa 88; Allerweltsfieber, G. 90; Vorabend, G. 93, 94; Augustfeuer, G. 96; Aufgehobene Briefe, G. 01; Ebene der Fluß, G. 02; Drei Leben und eine Sekunde, Prosa 04. – **H:** Nicolas Born: Die Welt der Maschine 80. – **MH:** Jb. d. Lyrik 81, 89. – **R:** Man wird sehen 64; Ein hoffnungsloser Fall, Die Schläfer, beide 65; Harzreise 68, alles Hsp.

Haug, Frigga (geb. Frigga Langenberger), Dr. phil., Prof. f. Soziologie; Wittumhalde 5, D-73732 Esslingen, Tel. (07 11) 8 82 48 59, Fax 8 82 48 63, *Frigga Haug@aol.com, friggahaug.inkrit.de* (* Mülheim/Ruhr 28. 11. 37). Distinguished Professor OISE, Toronto 92, Distinguished Professor for Cultural Studies Duke Univ., North Carolina 97; Erz., Krim.rom. Ue: engl, span. – **V:** Jedem nach seiner Leistung, Krim.-R. 95; Jedem nach seinen Bedürfnissen, Krim.-R. 97. – **MA:** Mord isch hald a Gschäft, Anth. 04. – **H:** zahlr. soziolog. Veröff. – **MH:** Das Argument, Zs.; Hist.-krit. Wör-

terb. d. Marxismus, beide m. W.F. Haug u. P. Jehle. – **P:** Jedem nach seinen Bedürfnissen, CD 08. – *Lit:* Kornelia Hauser (Hrsg.): Viele Orte. Überall?, Festschr. 87; Meyer-Siebert/Merkens/Nowak/Rego Diaz (Hrsg.): Die Unruhe des Denkens nutzen, Festschr. 02; s. auch 2. Jg. SK u. GK.

Haug, Gunter, M. A., Red.; Gemmingerstr. 84, D-74193 Schwaigern, Tel. (0 71 38) 94 51 51, Fax 94 51 52, *haug@taucherkrimi.de* (* Stuttgart 5. 8. 55). Das Syndikat 01; Dt. Pr. f. Denkmalschutz 98; Prosa, Sachb., Bühnenst. – **V:** Droben stehet die Kapelle ... 88; Du edle Perl' ... 89; Landesgeschichten 90; Spuk. Von Geisterburgen u. Gespensterschlössern in Baden-Württemberg 93; Baden-Württemberg 95; Vornehme und berühmte Herren 96; Von Rittern, Bauern und Gespenstern. Geschichten a. d. Chronik d. Grafen von Zimmern 96; Die Welt ist die Welt. Noch mehr Geschichten a. d. Chronik d. Grafen von Zimmern 97; Tiefenrausch, Krim.-R. 98; Riffhaie, Krim.-R. 99; Lemberger trocken, Bst. 00; Sturmwarnung, Krim.-R. 00; Im Tal der Burgen 00; Todesstoß, Krim.-R. 01; Höllenfahrt, Krim.-R. 01; Tauberschwarz, Krim.-R. 02; Finale, Krim.-R. 02; Niemands Tochter, R. 02; Hüttenzauber, Krim.-R. 03; In stürmischen Zeiten, R. 03; Rebell in Herrgotts Namen, R. 04; Gössenjagd, Krim.-R. 04. – **MV:** Krimi-Spaß. Der Dreierpack, m. Peter Wark u. Candida C. Stapf 03; Der Bernsteinmagier, m. Otto Potsch u. Karin Haug, Bildbd 03; Tauberblau, m. A. Bone, Bildbd 03. – **MA:** Streifschüsse, Krimis 03. – **H:** Spekulatius, Krimis (auch Mitarb.) 03. – *Lit:* s. auch 2. Jg. SK. (Red.)

Haug, Wolfgang *

Haugeneder, Anton, Gymnasiallehrer; c/o Erwin-Friedmann-Verl., München, *freenet-homepage.de/ AntonHaugeneder* (* Neuötting 12. 4. 53). – **V:** Gruners perfekte Flucht, R. 04, 05; Brunos Fund, R. 07.

Haugk, Klaus Conrad (Ps. Klaus Conrad), Dipl.-Ing., Architekt, Autor; Liebenzeller Str. 26, D-71067 Sindelfingen, Tel. u. Fax (0 70 31) 80 99 03. Bergwaldstr. 9, D-75391 Gechingen : Bielefeld 21. 2. 32). Erz., Rom., Ess. – **V:** Dauerndes Glück, R. 80, 90; Wider den Formalismus in der Architektur, Ess. 88. – **MA:** Etwas geht zu Ende – Dreizehn Autoren variieren ein Thema 79. (Red.)

Haugwitz, Eleonora s. Mutius, Dagmar von

Hauk, Hermine, Dipl.-Kauffrau, Autorin; Robert Stolzgasse 82, A-2344 Maria Enzersdorf, Tel. (0 22 36) 2 22 59, *hauk.mail@aon.at* (* Haag 1. 10. 45). Lyr. – **V:** Als Eva ihre Kinder säugte, G. 96; Morgenröte trotz allem, G. 00. (Red.)

Haunschild, Marc; Sonnenhof 32, D-53119 Bonn, *marc@haunschild.de*, *www.haunschild.de* (* Gummersbach 5. 11. 69). VS 97, Bezirksvors. Bonn/ NRW-Süd 98–01; Stip. d. Auswärt. Amtes (nicht angenommen); Rom., Lyr., Erz., Dramatik. Ue: russ, engl, ndl. – **V:** Martin Hauser – eine aussichtslose Liebesgeschichte 91; Am Anfang war es Liebe, R. 95; Die Geschichte der N. 00. – **B:** Marita Lemke: Die Spur meiner Träume, Autobiogr. 99. – **MA:** Zehn, G. 93; Zacken im Gemüt, Anth. 94; Junger Westen, G. 96; Orte. Ansichten, G. 97; Volksfest, Lit.mag., seit 99; Blitzlicht, Anth. 01; Der rote Sessel 02. – **MH:** Rattenfänger, Zs. 89–93. (Red.)

Hauptmann, Gaby, Journalistin, Schriftst.; Hinnengasse 8, D-78476 Allensbach, Tel. (0 75 33) 57 56, Fax 45 52, *Gaby-Hauptmann@t-online.de*, *www.Gaby-Hauptmann.de* (* Villingen-Schwenningen 14. 5. 57). DJV 78; Rom. – **V:** Alexa – die Amazone, Jgdb. 94, Neuaufl. in 2 Bden; Suche impotenten Mann fürs Leben 95 (Übers. in zahlr. Spr.); Nur ein toter Mann ist ein guter Mann 96; Die Lüge im Bett 97; Eine Handvoll Männlichkeit 98; Die Meute der Erben 99; Ein Liebhaber zuviel ist noch zu wenig 00, alles R.; Mehr davon. Vom Leben u. der Lust am Leben 01; Frauenhand auf Männerpo u. a. Geschichten 01; Fünf-Sterne-Kerle inklusive, R. 02; Rocky – der Racker, Kdb. 03; Hengstparade, R. 04; Yachtfieber, R. 05; Jugendreiterbuchreihe: Kaya schießt quer 05, Kaya will nach vorn 05, Kaya bleibt cool 05, Kaya ist happy 06, Kaya will mehr 06, Kaya hat Geburtstag 07, Kaya gibt alles 08 (alle auch auf Tonkass.); Ran an den Mann, R. 06; Nicht schon wieder al dente 07; Das Glück mit den Männern 08; Rückflug zu verschenken 09; (zahlr. Nachaufl., einige Titel verfilmt u. als Hörbuch; Veröff. in 29 Ländern, darunter China u. USA). – **MA:** zahlr. Beitr. in 35 Magazinen d. In- u. Auslandes, u. a. in: Vogue (Italien). – **R:** zahlr. Fs.-Portr. u. Dok., u. a.: Karl Hauptmann und die Kunst zu leben. – *Lit:* eine Vielzahl von Veröff. in Illustrierten, Mag., Ztgn, u. a. in: stern; focus; Spiegel.

Hauptmann, Ines-Helga (geb. Ines-Helga Hoppe), Kaufmann, Lehrerin, Schriftst.; Karl-Liebknecht-Str. 17e, D-09111 Chemnitz, Tel. (03 71) 4 50 56 43 (* Glauchau 23. 2. 35). VS 91–99; Sonderpr. f. „Tiriocheme" 97; Märchen, Gesch., Sage u. Legende. – **V:** Düdü, M. 91; Die Hochzeit der Scheuche 93; Hoffnung, literar. Chronik v. Glauchau 94; Muschellied, M. 96; Papillon – Vier Träume eines alten Mannes 97; Nixen. Von Wassergeistern u. Jungfrauen 07. – **MA:** Illustration 63, Zs. f. d. Buchill., 1/01 u. 1/02; Nationalbibliothek d. dt.sprachigen Gedichtes. Ausgew. Werke VI 03. – **P:** Steine haben eine Haut, CD 98. – *Lit:* A. Hübscher in: Illustration 63, 1/95; Peter Gruber in: Graphische Kunst 2/06; Róža Domašcyna in: Rozhlad, sorb. Kulturzs. 11/07; Siegfried Wagner in: Graphische Kunst 2/08.

Hausberg, Gerold, Mag. phil., Lit.wissenschaftler; Schillerstr. 8, A-6020 Innsbruck, *geroldhausberg@hot mail.com* (* Innsbruck 64). IGAA 00; Dramatikerstip. d. BMfUK 99, Öst. Staatsstip. f. Lit. 01/02; Kurzprosa, Dramatik, Lyr., Hörsp. – **V:** Idol. Idole, Kurzprosa 97. – **MA:** Bibliothek dt.sprachiger Gedichte. Ausgew. Werke VII 04. – **R:** Einzelkind. Wildnis 06; Aus dem Lot 08, beide in: Radio Öl.

Hausch, Grete (geb. Grete Kittler), Verwaltungsangest., Sekretariat; Fichtenstr. 16, D-91623 Sachsen b. Ansbach, Tel. (0 98 27) 72 80 (* Heilsbronn 2. 3. 51). Lyr., Erz. – **V:** Mir ist nach dir. Liebeslyrik 05.

Hauschild, Jan-Christoph, Dr. phil., wiss. Mitarb.; c/o Heinrich-Heine-Institut, Nachlässe u. Sammlungen, Bilker Str. 12–14, D-40213 Düsseldorf, Tel. (02 11) 8 99 55 87, *hauschild.groetsch@t-online.de* (* Leinsweiler/Pfalz 25. 10. 55). Ver.di; Arb.stip. d. Ldes NRW 91, Arb.stip. d. Stift. Kunst u. Kultur NRW 92/93, 96/97, Stip. d. Dt. Lit.fonds 04; Publizistik. – **V:** Büchners Aretino. Eine Fiktion, Dr. 82; Georg Büchner. Studien u. neue Quellen 85; Georg Büchner. Bilder zu Leben u. Werk 87; Die kleine Alltagswelt und das Universum der Zahlen. Ludwig Kunze, soz. Biogr. 90; Georg Büchner in Selbstzeugnissen u. Bilddokumenten 92, 4. Aufl. 00 (auch frz.), Neuausg. 04; Georg Büchner, Biogr. 93, erw. Th.ausg. 97; Grenzgänger. Der Schriftsteller Werner Steinberg 93; Heiner Müller in Selbstzeugnissen u. Bilddokumenten 00; Heiner Müller oder das Prinzip Zweifel, Biogr. 01, Tb. 03; O Tennenbaum, Dr. 05. – **MV:** Der Zweck des Lebens ist das Leben selbst, Biogr. 97, Tb. 99 (auch frz.), Neuausg. 05; Heinrich Heine (dtv portrait) 02, 3. Aufl. 07, beide m. Michael Werner. – **MA:** Beitr. in Anth., Sammelbden, Ztgn u. Zss. – **H:** Oder Büchner, Anth. 88; Georg Büchner: Briefwechsel 94; – Heinrich Heine: Shakespeares

Mädchen u. Frauen 93; Mit scharfer Zunge, 5. Aufl. 06; Roter König, Grüne Sau, G., 2. Aufl. 97; Madame, Sie müssen meine Küche loben, 2. Aufl. 98, Neuausg. 05; Hundert Gedichte 02; Leben Sie wohl und hole Sie der Teufel, Biogr. in Briefen 05; Gib mir Küsse, gib mir Wonne 05. – **MH:** Verboten! Literatur u. Zensur im Vormärz, m. Heidemarie Kahl 85; Das Heine-Liederbuch, m. Babette Dorn 05. – **R:** Essays u. Kritiken seit 87.

Hauschild, Uwe s. Stern, Oliver

Hauschka, Ernst R., Dr. phil., Leitender Bibliotheksdir. a. D.; Bischof-von-Senestrey-Str. 18, D-93051 Regensburg, Tel. (09 41) 9 23 10 (* Aussig 8. 8. 26). Kg., P.E.N., RSGI, Sudetendt. Akad. d. Wiss. u. Künste; Sudetendt. Lit.pr. 73, Schubart-Lit.pr. 74, Kulturpr. Ostbayern 76, Nordgau-Pr. 82, BVK 83, Pieps-Dengler-Urkunde 87, Erich-u.-Maria-Biberger-Pr. 98, EM Salzburger Schriftst. Ver. 01; Aphor., Ess., Hörfolge, Lyr., Erz. – **V:** Weisheit unserer Zeit. Zitate mod. Dichter u. Denker 65, 2. Aufl. 80; Handbuch moderner Literatur im Zitat 68; Gefangene unter dem silbernen Mond, Erzn. 69; Wortfänge, G. 70; Erwägungen eines männlichen Zugvogels, G. 71; Sich nähern auf Distanz, G. 72; Türme einer schweigsamen Stadt, G. 73; Die Violinstunde, G. 74; Die Zeitbahn hinunter, G. 74; Marienleben 76; Regensburg, Schaubühne d. Vergangenheit 76; Gott ist mächtig im Schwachen, G. 78; Wetterzeichen 78; Atemzüge 80; Vom Sinn und Unsinn des Lesens 82, alles Aphor.; Szenenfolge, G. 82; Sprechzeit 86; Jeder Tag ist eine Frage 89; Dämmerlicht 91; Keine Leser sind des Dichters Tod 92; Allzu Menschliches 92; Munkeleien 96; Gegensätze 98; Karussell des Lebens 00, alles Aphor.; Die Sprache Jesu, Ess. 00; Excerpta 02; An den Rand geschrieben 03, beides Aphor. – **MA:** Anth. II d. RSG, Erzn. 69; Regensburger Alm. 68–86; Für dich – für heute, Ess. 70. – **H:** Lesen macht Spaß 83; Die Oberpfalz/Rast am Tor 76–98. – *Lit:* L. Büttner: Von Benn zu Enzensberger 75; J. Tschech: Ein Dichter aus Böhmen 77; E. Dünninger: E.R.H. z. 70. Geb. 96; W. Buckl: Zu viele Worte; M. Kubelka: Sein Leben lang dem Wort verpflichtet; H. Unger: Dr. E.R.H. 75 Jahre 01.

Hausemer, Georges (Ps. Theo Selmer), Autor, Übers., Reiseschriftst., Zeichner; B.P. 368, L-4004 Esch-sur-Alzette, Tel. (0 03 52) 55 02 59, *hausemer@ pt.lu, www.georgeshausemer.com* (* Differdingen/Lux. 1. 2. 57). L.S.V. 86, Kogge bis 00; RSGI-Jungautorenpr. 82, Pr. b. Nation. Luxemburger Lit.wettbew. 78, 81, 84, 86, 92, 95, 96, 97, 99, Stip. d. Fonds Culturel National Luxemburg 89, 02; Rom., Lyr., Ess., Kritik, Hörsp., Reiserep. Ue: frz, span, engl, lux, dt. – **V:** Polaroid, G. 81; Tandem, G. 81; Das Glück des Vergessens, G. 82; Schill oder Die Entfernungen, Erz. 82; Steine wissen viel, G. 84; Das Buch der Lügen, R. 85; Milan 412, Not. u. Ber. 87; Das Institut, Erz. 89; Kleines luxemburgisches Sittenbild, R. 89; Der Spanier in meinem Zimmer, Erzn. 92; Hornissen schiessen, kleine Prosa 93; Die Geschichte der Schwerkraft, Erz. 95; Luxemburg kulinarisch 97; Die Tote aus Arlon, Erzn. 97; Iwwer Waasser, R. 98; Im Land der Mauren und Olivenhaine, Reise-Repn. 00; Die nächtliche Elefant in der Rushhour, Reise-Repn. 02; Kulturrouten durch die Großregion, Reisef. 03; Luxemburger Lexikon. Das Großherzogtum von A-Z 06; Und Abends ein Giraffenbier, Reisegesch. 06; Dem Sibbi seng Wierder, Kdb. 08. – **MV:** D' Stadt Letzebuerg, m. Rob Kieffer, Repn. u. Fotos 00. – **MA:** seit 76 zahlr. Beitr. in Lit.zss., Anth. u. Jbb., u. a.: Melancholie 89; Am Erker 27/93, 43/02, 44/02; Protokolle 1/94; Krautgarten 25/94; Das Gedicht 4/96; Horizonte, Rh.-Pf. Jb. f. Lit. 3 96; Wenn Erinnerungen schwimmen können 97; Sterz 76–77/98, 88/01, 90/02, 92–93/03; Entwürfe 26/01, 27/01; Wörter kommen zu Wort 02; Abril 25/03; Virum wäisse Blat 03; Fir den Aarbechter mäi Papp 03; D'Waasser am Mond 04; Iwwer Bierg an Dall 05; Stint 34–35/05; Mare 64/07; Mein heimliches Auge XX/05; Die Spur führt an die Mosel 07; Iwwer Grenzen 07. – **H:** Crimi-Reader 82. – **MH:** Schriftbilder. Neue Prosa aus Luxemburg 84. – **R:** Reisereportagen, Features, Kritiken. – **P:** Wörter kommen zu Wort, Lyr., CD 03. – Ue: Michel Jeury: Die Inseln im Monde 85; Serge Brussolo: Der Schlaf d. Blutes 85; Pierre Giuliani: Die Grenzen v. Ulan-Bator 86; Benoît Becker: Tu alle Hoffnung ab 86; Alain Dorémieux: Symbiose Phase Eins 86; Emmanuel Carrère: Der Gegenläufer 87; ders.: Der Schnurrbart 89, 97; Elisabeth Barillé: Maries Begierden 90; Emmanuel Bove: Ein Junggeselle 90; Jean-Claude Carrière: Mahabharata 90; Régine Deforges: Nächte in Saint-Germain 91; Alexandre Jardin: Hals über Kopf 92; Suzanne Bernard: Das Badehaus 96; Desmond Egan: Irish Poems 97; Roger Manderscheid: Tschako Klack 97; ders.: Der Papagei auf dem Kastanienbaum 99; Paul Lesch: Heim ins Ufa-Reich 02; Emmanuel Bove: Ein Junggeselle 02; Paula Almeida: Eise Minett 02; Maxence Fermine: Opium 03; Mirjam Oesch: Das Tal der Attert 07. – **MUe:** Alain Dorémieux: Begegnungen der vierten Art 82; Philippe Curval: Ist da jemand? 82; Pierre Pelot: Der Olympische Krieg 83; Philippe Curval: Das andere Gesicht der Begierde 83; Catherine David: Simone Signoret. Geteilte Erinnerungen 91; Francois Rivière: Kafka 92; Jean-Pierre Gattégno: Eiskalter Blick 94; Michel Folco: Wolfsjunge 96; Brigitte Aubert: Karibisches Requiem 99; Jean-Pierre Gattégno: Schnee auf den Gräbern 99; Tonino Benacquista: Die Absacker 00; Jean-Pierre Gattégno: Der vertauschte Mantel 00; Régine Detambel: Das Glasdach 00; Brigitte Aubert: Karibisches Requiem 01.

Hausen, Rita, Gymnasiallehrerin 81–08, Kunstmalerin; Caspar-David-Friedrich-Str. 20, D-69190 Walldorf, Tel. (0 62 27) 6 34 96, *ritahausen@web.de, tasen52. wordpress.com, www.art-bloxx.com/tasen* (* Dernbach/ Westerwald 11. 5. 52). Die Räuber '77 80 (mit Unterbrechungen); Lyr., Märchen, Erz. – **V:** Gegen die Dunkelheit 77; Zerbrechliche Flügel 81; Der tanzende Narr 84; Mondfarbene Tränen 95; Labyrinth 06; Mozarts Zeitreisen 06. – **MA:** zahlr. Beitr. in Anth. u. Zss., u. a.: Alltagsgeschichten 06; Lebensgefühle 06; Mohland-Jb. 06.

Hauser, Guido, Kunstschaffender; Seeburgstr. 41, CH-6403 Küssnacht am Rigi, Tel. (0 41) 8 50 33 38. Bodenstr. 23, CH-6403 Küssnacht am Rigi, Tel. (0 41) 8 50 17 00 (* Bischofszell 3. 2. 52). Lyr. – **V:** Auslöschung der Zeit, G. 00; Werke von 1986 bis 2002, Bildbd 02. (Red.)

Hauser, Harald s. Kalmar, Fritz

Hauser, Jochen, Pferinsel 2, D-10179 Berlin, Tel. (0 30) 2 01 26 56, Fax 40 69 01 64 (* Chemnitz 41). Nationalpr. 78, Berlin-Pr. 82, Goethe-Pr. d. Hauptstadt d. DDR 87; Rom., Fernsehsp. – **V:** Der Kaplan, N. 71; Pepp und seine Frauen, R. 75; Johannisnacht, R. 76; Familie Rechlin, R. 78, 90; Zwei Krähen fliegen aus, Kdb. 79; Im Land Glü-Ab, Kdb. 81; Die ruhigen Jahre der Rechlins, R. 86, 90; Der Roland von Wilhelmsdorf, R. 90; Die bewegten Jahre der Rechlins, R. 05. – **B:** Georg Weerth: Ein Jahrmarkt in Yorkshire 96. – **R:** Ich bin der Häuptling 66; Und meine Tauben 67; Das Zelt, Kinderhsp. 68; Sandkiefern 69; Posaunentöne 71; Ritter Schnapphahnski und seine Widersacher 72; Ein neues Erbe 77; Gregorianer 81; Leutnant von Katte 83; Im Schrank unterm Bett oder wo 85; In Zeitung gewickelt 97, alles Hsp.; – Der Sohn des Schauspielers 80; Familie Rechlin 82; Für alle Fälle Stefanie, 8 Folgen 95–97;

Der Landarzt, 12 Folgen 96–99, 5 Folgen 00–01, 9 Folgen 02–03, 8 Folgen 05–06, alles Fsp./Fsf.

Hauser, Maria, Kindergärtnerin; Nißlstr. 24, A-4040 Linz, Tel. (07 32) 73 08 29, *HauserMaria@on. at, www.mondmobil.com/mariahauser* (* Bad Leonfelden/ObÖst. 4. 8. 31). IGAA 93; Solidaritätspr. d. Diözese Linz, Ldespr. f. Zivilcourage 02; Lyr., Prosa. – **V:** Gras zwischen den Steinen, Geschn. 91, 01; Im Himmel kein Platz?, Erlebnisber. 93, 01, als Bst. 02; Teufelslist & Rattenmist, Erlebn. 95; Der erste Schrei, Erinn. 96; Nur eine kleine Weile, Geschn., Erinn. G. 98, 01; Alles Blut ist rot, Erlebnisber. 99; Valeries Baum 01; Als wäre nichts gewesen, Erzn., G. 03; Auf der Flucht sein, Erz. 04; Es soll nicht verloren sein, Erinn., Erzn., G. 05; Bruchstücke. Aus dem Leben einer Frau, Erz. 08. – **MA:** Es leuchtet uns ein Stern, Advent- u. Hirtensp. 95, 96.

Hausfeld, Andreas *

Hausin, Manfred (Ps. u. a. Erich M. Emmerke, Lena Luckow), Autor, Verleger, Hrsg., Kleinkünstler, Kabarettist, Gründer u. Organisator d. „Langen Nacht der Poesie"; Windmühlenstr. 17, D-31180 Giesen, OT Emmerke, Tel. (0 51 21) 6 23 41, Fax 20 89 29, *mail@manfred-hausin.de, www.manfred-hausin.de* (* Hildesheim 21. 8. 51). VS 69, Kogge 71, Autorenkr. Plesse 93, P.E.N. 95; Pläne-Songtextwettbew. 79, Stadtschreiber v. Soltau Herbst 80, Auslandsreisestip. d. Auswärt. Amtes 80, Projektstip. d. Ldes Nds. 81, Stip. Künstlerhof Schreyahn 82/83, Kogge-Förd.pr. 83, Stadtschreiber v. Otterndorf 85, Kulturpr. d. Ldkr. Hildesheim 87, Bertelsmann Erzählwettbew. 88, Stip. Künstlerdorf Schöppingen 89, Stip. Atelierhaus Worpswede 89, Nds. Künstlerstip. 91, u. a.; Lyr., Lied, Prosa, Rom., Hörsp., Drehb. – **V:** Konsequenzgedichte 70; Das Gleiche mit Ketchup, G. 71; Sonderangebot, G. 71; Bahnhofsgedichte 72, überarb. Neuausg. 76; Vorsicht an der Bahnsteigkante, G. 72, überarb. Neuausg. 72 u. 77, völlig überarb. u. erw. Neuausg. 97; Sanduhren, G. 75; Kneipengedichte 75; Mit dem Wildbrett vorm Kopf, Satn. 77, veränd. u. erw. Neuausg. 84, 85, 93, 5. Aufl. 04; Betteln u. Hausin verboten, Epigr. 77, veränd. u. erw. Neuausg. 82, 87, erw. u. völlig überarb. Neuausg. 97; Höchste Zeit, Lieder 78; Mir könnt ihr nicht das Wasser reichen. Neue Kneipengedichte 78; Knotenschrift, G. 79; Die Stimme Niedersachsens, G. 79, 2. Aufl. 87; Hausins Heiseres Hausbuch, Leseb. 80; Wintergast, G. 81; Hausinaden, neue Epigr. 83; Hildesheimer Pumpernickel, Grotn. 88; Gute Besserung, G. 95; Erzpoet u. Eulenspiegel. Manfred Hausin in Wort, Bild u. Dokumenten 04; (Teile d. Werkes in mehrere Spr. übers.). – **MA:** G., Lieder, Satn. u. Geschn. in zahlr. Lit.-Zss. d. In- u. Auslandes u. in über 300 Anth., u. a. in: Wir Kinder von Marx u. Coca-Cola 71; Alm. f. Lit. u. Theologie 5 71, 6 72; Vostell-Antworthappening 73; Bundesdeutsch 74; Szenenreader, Bottrop 74; Das Einhorn sagt zum Zweihorn 74; Epigramme, Volksausg. 75; Berufsverbot 76; Tagtäglich 76; Strafjustiz 77; Frieden u. Abrüstung 77; Niedersachsen literarisch 78, erw. überarb. Neuaufl. 81; Kein schöner Land 79; Anders als die Blumenkinder 80; Plötzlich brach d. Schulrat in Tränen aus 80; Reise aus Ende d. Angst 80, 83; Augen rechts 81; Poesiekiste 81; Laßt mich bloß in Frieden 81; Frieden: Mehr als e. Wort 81; Straßengedichte 82; Seit du weg bist 82; Die letzten 48 Stunden 83; Unbändig männlich 83; Nicht mit dir u. nicht ohne dich 83; – zuletzt u. a.: Gedicht zeigen 01; Gedichte verstehen u. interpretieren 01; Blitzlicht 01; Flasche leer 02; Fliegende Wörter 02; Kurze Weile 03; Zeit-Wort 03; Stadtlandschaften, Texttürme Nr.5 03; Sie sitzt im Bett u. liest 03; Liebe macht blind 04. – **H:** Wir haben lang genug ge-

Hausleitner

liebt u. wollen endlich hassen!, G. 84; Flasche leer 02; Der kleine Süden. Gärten u. Gedichte – Dichter über Gärten 05. – **MH:** Das große Guten-Morgen-Buch, m. H. Braem u. W. Fienhold, Geschn. 84, 96; Das Buch vom großen Durst, m. Norbert Ney, G. u. Geschn. 87; Hannover zwischen Sekt u. Selters, m. H.-G. Wodrig 91. – **R:** zahlr. Arb. (Drehb.) f. Funk u. Fs. – **P:** Lieder auf Schallpl. u. CDs. – *Lit:* H. Volpers: Was schreibst du dir d. Finger wund? M.H. vorgestellt 78; Nds. literarisch, I 77, II 81, III 83; Schriftsteller zw. Harz u. Weser 82; Wendland literarisch 85; Künstlerhof Schreyahn 1981–86; Celle-Lex. 87; Atelierhaus Worpswede 1989–91; Profile, Impulse 5 93; Wo Worte langsam wachsen 95; D. Kemper (Hrsg.): Hildesheimer Lit.lex. von 1800 bis heute 96; Otterndorf – 600 J. Stadtgesch. an d. Nordsee 00; Lit. in Nds. 00; Erzpoet u. Eulenspiegel. Manfred Hausin in Wort, Bild u. Dokumenten 04, u. a. (Red.)

Hausleitner, Gerlinde (geb. Gerlinde Klimsa), Autorin, Medium, Dipl. radiolog.-techn. Assistentin; Sierra de Altea Buzon No. 142, Urbanizacion „El Aramo“, E-03599 Altea la Vella (* Artstetten/NdÖst. 26. 11. 41). Lyr., Philosoph.-religiöse Schriften. – **V:** Du siehst mich überall ..., Lyr. 94. – **MV:** Durch mich strömt Licht zu euch 97, Neuaufl. u. d. T.: Die Heilerin 06; Das wahre Leben des Jesus von Nazareth 98, 2., erw. Aufl. 06; Wahrlich, ich sage euch ... 98; Zwischen den Welten 03, alle m. Helmut Pfandler. (Red.)

Hausmann, Brigitta (Ps. Gitta Landgraf), Schriftst., Malerin; Mariahilfer Str. 94, A-1070 Wien, Tel. (06 64) 3 229 33 30, *artforsale@aon.at*, *www.gitta-landgraf.at.* Seilerstätte 8, A-1010 Wien, Tel. u. Fax (01) 5 13 79 44 (* Wien 30. 8. 43). IGAA, A-KU Literaturkreis; versch. Stip. d. BMfUK, Marianne-von-Willemer-Pr. (3. Pr.trägerin); Prosa, Rom., Märchen, Kinder- u. Jugendb., Lyr., Mundart-Dichtung. – **V:** Gilda und John, R. 95; Das Mädchen mit dem Reisigbündel 95; Der Elfenbaum oder Die Geschichte von Stäubchen Blütenzart und Freddy Erdnah 96; Das Holzpferdchen, Erz. 96; Die Trillerpfeife 96; Das Weinchadeau 96; Europäische Weihnacht. Ein Fest für alle 98.

Hausmann, Clemens, Dr., Psychologe; Gaisbergstr. 39, A-5020 Salzburg, *info@clemens-hausmann.at*, *www.clemens-hausmann.at* (* Gmunden 5. 10. 66). Salzburger Autorengr.; Prosa, Rom., Lyr. – **V:** Reste von Trauer, Erz. 92; Das neue Land, R. 97. – **MA:** Junge Literatur 83/84; LiteraTour 2, 4, 7, 10; Beitr. in Lit.zss. seit 88, u. a. m: manuskripte. (Red.)

Hauswirth, Erika; Rankestr. 32, D-90461 Nürnberg, Tel. u. Fax (09 11) 46 39 47 (* Meschede/Ruhr 4. 2. 38). – **V:** Murmeltier trifft Seekuh, Lyr. u. Erz. 06, 07. – **MA:** Sei amol still und horch zu 01; Von Ufer zu Ufer 03; Wilhelm-Busch-Preis 2005, Anth. 05; Hast a weng Zeit 05; Komm in meine Laube 06. – **R:** Der Ball ist rund, SF-Erz. (Bayern 2) 02.

Hauthal, Uta, Pädagogin, Sängerin, Schriftst.; Angelikastr. 15a, D-01099 Dresden, Tel. u. Fax (03 51) 5 63 52 08, *www.utahauthal.de* (* Dresden 6. 3. 66). ASSO Unabhängige Schriftst. Assoz. Dresden 04; Lyr., Erz., Nov. – **V:** Ich wünscht' mir ein barockes Weib zu sein, Lyr. u. kurze Prosa 01; Im Kreis, N. 03. (Red.)

Havaii, Kai (eigtl. Kai Schlasse), Grafiker, Sänger d. Band „EXTRABREIT“, Moderator, freier Autor u. a. f. ZDF u. Arte; lebt in Hamburg, c/o Gustav Kiepenheuer Verl., Berlin, *extrabreit@die-breiten.de*, *www.die-breiten.de* (* Hagen 14. 4. 57). – **V:** Hart wie Marmelade, autobiogr. R. 07, Tb. 08. (Red.)

Havemann, Florian, Künstler, Schriftst., Richter d. Verfassungsgerichts d. Landes Brandenburg; Kottbusser Damm 81, D-10967 Berlin, Tel. (0 30) 6 92 82 11,

Fax 6 94 67 33, *www.florian-havemann.de* (* Berlin 12. 1. 52). – **V:** Auszüge aus den Tafeln des Schicksals 79; Havemann, Tatsachenroman 07, geänd. Ausg. 08. (Red.)

Havemann, Marianne (Ps. M. H. Rasmus), Inspizientin, Schauspielerin, Techn. Zeichnerin, Schriftst.; An der Ottosäule 11, D-85521 Ottobrunn, Tel. (0 89) 6 09 51 34 (* Bremerhaven 1. 9. 27). Erz., Biogr. – **V:** Theater, Film, Fernsehen. Rollen u. Filme beliebter Interpreten d. 20. Jh., Sachb. 70; Als ich so alt war wie du, Kdb. 92; Paula – ein Leben für Kinder 94; Ilse – ein Leben im Sturm der Zeiten 95; Janne – Stationen eines Lebens 97; Meine Katzen und ich 00, alles Biogr. – **MA:** zahlr. Beitr. in Anth., Jbb. u. Zss. in Dtld u. Österr., hauptsächl. b. Frieling-Verl. Berlin, seit 91. (Red.)

Haverkamp, Wendelin (Ps. Anton Hinlegen), Dr., Kabarettist, Autor, Komponist; c/o Büro W. Haverkamp, Bendelstr. 9, D-52062 Aachen, *www.wendelinhaverkamp.de* (* Bonn 30. 12. 47). Hsp.pr. d. ARD f. Kurzhsp. 71, Gold. Schallpl. 87, Adolf-Grimme-Pr. 94; Sat., Lyr., Hörsp., Drehb., Chanson, Ess., Literar. Kabarett. – **V:** Aspekte der Modernität 81; Niemand ist ein Pinsel, Satn., Glossen u. G. 86; Nur kein Ärger, Geschn. 88, überarb. Neuaufl. 96; Neues von Anton Hinlegen 90; Das endgültige Lehrer-Handbuch 93, 3. Aufl. 94; Dat mach ich!, Geschn. 94; Kaiser 2000 oder der Kampf der Pippiniden, sat. Historiensp., UA 99; Parmesanades, Satn. 03; Wenn der Edukator erzählt, Satn., I 05, II 08. – **MA:** mehrere Ess. in lit. Zss. – **MH:** Benedicta Busley: Der Himmel über'm Aasebakken, G. u. Satn. 94, m. Laurentius Haverkamp (auch mitverf.). – **R:** Am Westpark, Hsp. 71; zahlr. Satn. u. Glossen in versch. Hfk-Progr., u. a.: üb. 300 kabarett. Geschn. zur Figur „Anton Hinlegen"; „Sage und Schreibe – Hüsch & Haverkamp"; Fs.-Ser.: „So Isses" – **P:** 1. Aufschlag, Schallpl. 88; A.H. live 92; Hüsch & Haverkamp 92; Nur liegen ist schöner 93; !Au Banan – W.H. lädt Freunde ein 94; Dat mach ich 94; A.H. Die 2te 95; Eins im Sinn 96; A.H. Zum Dritten 98; Zugegeben 00; Nix als die Wahrheit 02; Spielplatz 5 vor 12 05; Denken ist Glückssache 07; Wenn der Edukator erzählt 07, alles CD.

Hayer, Richard, Physiker, Manager; lebt in Berlin, *RichardHayer@aol.com*, *www.richard-hayer.de* (* Vitte/Hiddensee 47). – **V:** Palmer Erz. 02; Visus, R. 07. (Red.)

Hayes, Kevin s. Hoffmann, Horst

Heart, H. s. Bartos, Karlheinz

Heat, Susan (eigtl. Gaby Wenk), Journalistin, Autorin, Ghostwriterin, Verlegerin; Kaiserstr. 28, D-40479 Düsseldorf, Tel. (02 11) 4 95 58 41, Fax 4 95 58 42, *Susan.Heat@gmx.de*, *Gaby.Wenk@t-online.de*, *www. gaby-verlag.de*, *www.ghostwriting-gw.de* (* Bochum 18. 2. 55). DJV; Rom., Erotik, Ratgeber. – **V:** Eine Rose namens Sofi 00, 01 (russ.); mehrere med. Ratgeber. – **MV:** Ahnen gesucht ... Engel gefunden. Erotisch-romant. E-Mail-Amour, m. John Whitley 01. – **B:** Elvira Probst: Ein Leben voller Liebe und Gottvertrauen 04; Karl-Heinz Kawka: An Aufgeben habe ich niemals gedacht 05; Irma Kesselring-Sawicki: Bittere Zeiten und süße Früchte 05, alles Memoiren. – **MA:** Kolumnen in: TOP Mag.; Vita lokal. – **H:** Herausforderung Schicksal – Prüfung bestanden!, Anth. 02. – *Lit:* zahlr. Art. u. Berichte in Printmedien u. Rdfk seit 03. (Red.)

Hechler, Anton s. Fock, Manfred

Hechler, Birgit (Birgit Daube), Klarinettistin; Grönenweg 12, D-22549 Hamburg, Tel. (0 40) 8 00 39 71 (* Hamburg 8. 12. 25). Fritz-Worthelmann-Pr. f. Puppenspiel, Bochum 93; Lyr., Dramatik. – **V:** Das geht vorüber..., Stücke 99, erw. Neuaufl. 03; Wer sieht zuerst den kleinen Leuchtturm 00. (Red.)

Hecht, Ingeborg s. Studniczka, Ingeborg

Heck, Elisabeth, Lehrerin; St. Galler Str. 16, CH-9400 Rorschach, Tel. (0 71) 8 41 70 49 (* St. Gallen 5. 6. 25). Schweizer. Bund f. Jgd.lit. 76–00, SSV 80, jetzt AdS, Ges. f. dt. Sprache u. Lit. 80, P.E.N.-Club 87–08, Ges. Pro Vadiana, St. Gallen 87; Lit.pr. Ascona f. Lyr. 81, Anerkenn.pr. d. Stadt St. Gallen 82, Dt. Akad. f. Kd.- u. Jgd.lit. 83, Förd.pr. f. Lit. d. Stadt St. Gallen 88, Auszeichn. Ediciones SM, Madrid 90, Anerkenn.pr. d. St. Gallischen Kulturstift. 01, Cavaliere, Italien 05; Kinderb., Ged. – **V:** Nicola findet Freunde, Kdb. 74; Der Schwächste siegt 75, 79; Lasst mich fliegen 75; Viele reden, Vinzenz wirkt, Biogr. 75; Wer hilft Roland?, Kdb. 76; Beat und ein schlechtes Zeugnis 77, 87; Richard rebelliert 77; Hupf, Kdb. 78, 96; Er hat mich nicht verstossen, Kdb. 82; Nonna, Kdb. 82; Übergangenes, G. 82; Aus dunklen Kernen, G. 82; Der junge Drache 82, 03 (auch span., katal., galiz., korean. u. als Tb.); Goldvogel 85; Marco hat Mut 85; Das andere Schaf 85/86, 88 (auch engl., ital., span., jap., dän., u. a.); Gabi und Rolf halten zusammen 86; Remo gehört auch dazu 88; Der Goldengel 90; Das Chamäleon Sowieso 91; Brumm 92; Mirko und das Mammut 92 (auch span.); Der verheissene Stern 94; Als Jesus über die Erde ging 95, alles Kdb.; Hauch in die Kälte, G. 95; Ich will dein Freund sein, Kdb. 97, 99; Weil der Esel fehlte, Kdb. 97; Mein See, G. 99, 00; Immer mehr daneben stehen 00; Mein Wald, G. 00; Anderswohin / Verso l'Atrove, G. dt.-ital. 01, 07; Steine belebt, G. 01; Engel unter uns, Kdb. 01; Wege in die Weihnacht, Kdb. 04; Schrift von Wind und Licht, G. 05. – **MA:** SchreibwerkStadt St. Gallen 86/87; Wieder unter Kennwort 88; Gute Besserung 89; Du mir geht's genauso 92; Noisma 39/40 04; Bäuchlings auf Grün 05; Grundschule 06. – *Lit:* www.a-d-s.ch

Heckel, Christian s. Monk, Radjo

Heckendorn, Thomas, Dr.phil., Gymnasiallehrer; Im Amenloch 10, CH-8416 Flaach, Tel. 05 23 18 20 16, *info@thomas-heckendorn.ch*, *www.thomas-heckendorn.ch* (* Basel 12. 7. 52). Gruppe Olten 85, Lit. Vereinig. Winterthur 85; Lyr., Kurzprosa, Ess. – **V:** Uhren deiner Landschaft, G. 82; Verworfen sind die alten Entwürfe, G. 85; Die Problematik des Selbst in Gottfried Kellers Grünem Heinrich, Ess. 89; Auf der Ferse des Todes, G. 92. – **MA:** zahlr. Lyr.- u. Prosaarb. in Anth. u. lit. Zss., u.a.: Aussagen, Anth. Winterthurer Autoren, G. u. Erzn. 86; Zeit-Spur, 75 Jahre Lit. Vereinig. Winterthur, G., Dokumente u. Erzn. 92. (Red.)

Heckmann, Ernst; Pfalzstr. 20, D-68259 Mannheim, Tel. (06 21) 79 78 21, *calli-heckmann@t-online.de*. – **V:** Interferenzen, Lyr. 98. (Red.)

Heckmanns, Martin, M. A.; Lottumstr. 14, D-10119 Berlin, Tel. (0 30) 44 04 73 82, *heckmanns@web.de* (* Mönchengladbach 19. 10. 71). Kulturförd.pr. d. Kr. Herford 98, Lit.förd.pr. d. Ponto-Stift. 00, Stip. Künstlerdorf Schöppingen 00, Bester Nachwuchsautor d. Zs. „Theater heute" 02, Publikumspr. b. d. Mülheimer Dramatikertagen 03, Stip. Schloß Wiepersdorf 03, Alfred-Döblin-Stip. 04, Ndrhein. Lit.pr. d. Stadt Krefeld 08; Dramatik, Hörsp., Erz. – **V:** Finnisch. Kränk, Stücke u. Materialien 03; Anrufung des Herrn 04; Das wundervolle Zwischending 04; –THEATER/UA: Finnisch oder Ich möchte dich vielleicht berühren 99; Disco 01; Schieß doch, Kaufhaus 02; Kränk 04; Die Liebe zur Leere 06 (auch span.); Wörter und Körper 07; Kommt ein Mann zur Welt 07; Ein Teil der Gans 07. – **H:** context, Lit.zs. – **R:** Finnisch, Hsp. 04; 4 Millionen Türen 06. – *Lit:* N. Bloch in: Der Deutschunterricht 04. (Red.)

Heddinga, Sabine s. Lessen, Sabine van

Hedemann, Walter, ObStudR. a. D., Kabarettist, Textdichter, Arrangeur; Fritz-Reuter-Weg 6, D-31787 Hameln, Tel. (0 51 51) 2 40 11 (* Lübeck 17. 7. 32). Drama, Lyr., Chanson. – **V:** Unterm Stachelbeerbusch, Chansons 70; Dorothea oder Wer hat Angst vor Hermann Geßler, Posse m. Gesang 70; Nur ein Fall Werner, Posse 72; Pampelmus und Blechpott, Stück f. Kinder 74; Haushalt ohne Mama 85; Zum Prinzen – aber wie? 85; Mißverständnisse 87; Nicht im Angebot 87; Sonderwünsche, Sketche 88; Es bleibt in der Familie, Einakter 93; Des Ventilators, Glosse 07. – **MA:** Der schräge Turm 66; Chanson 67, 68; Satire-Jb. 78; Dorn im Ohr 82; Friedenslieder 82. – **R:** Sketche Froschkönig, Hsp. 80; Die Geschichte vom König Felix, Hsp. 83; Hallo Justus! Hsp. 83; 10 sat. Szenen 87. – **P:** Na hören Sie mal 67; Sch(m)erz beiseite 67; Unterm Stachelbeerbusch 70; Herzlich willkommen 75; Erfreuliche Bilanz 80; Beim Frühstück 82; Kabarett aus Hameln 85; Chansons von neulich bis nachher, CD 95; In alter Liebe, Chansons 99; – Mitarb.: Hanns Dieter Hüschs Gesellschaftsabend, CD 00; Die Männer sind schon die Liebe wert, CD 00; Anneliese, komm!, CD 04; Für wen wir singen. Liedermacher in Dtld, CD 07; Die Burg Waldeck Festivals 1964–1969, 10 CDs 08. – *Lit:* R. U. Kaiser in: Das Song Buch 67; K. Siniveer in: Folklex. 81; Matthias Henke: D. großen Chansonniers u. Liedermacher 87; R. Hippen in: Metzler Kabarett Lex. 96; H. Schneider in: Die Waldeck 05.

Heeke, Franz (Hans Heuklein), Dipl.-Ing.; M.-v.-Richthofen-Str. 76, D-48145 Münster, Tel. (02 51) 31 44 37, *f-heeke@t-online.de*, *www.surf2000.de/user/f-heeke* (* Altenrheine/Westf. 5. 5. 31). – **V:** Jambo. Als Berater in Afrika 89; Wiällmoot un Tietverdrief 91; Bangladesch. Skizzen u. Erinnerungen 06.

Heenen-Wolff, Susann, Dr. phil.; Rue St. Bernard 57, B-1060 Brüssel. – **V:** Nachahmung, R. 95. (Red.)

Heermann, Christian, Dr., Mathematiker; Postfach 410102, D-04259 Leipzig, Tel. (03 41) 8 77 37 87 (* Chemnitz 11. 9. 36). SV-DDR 76–90, Förderkr. Freie Lit.ges. e.V. Leipzig, Karl-May-Ges. Hamburg, Vors. d. Wiss. Beirates Karl-May-Haus Hohenstein-Ernstthal, Vor. d. Freundeskr. Karl May Leipzig e.V.; Ehrenbürger v. Lubbock (Texas/USA); Sachb., Kinderb., Biogr., Ess., Herausgabe. – **V:** Der Würger von Notting Hill. Große Londoner Kriminalfälle 70, 9. Aufl. 99 (auch armen., estn., lett., litt., russ., slow., ukr.); Kein Anruf aus Sing Sing. Große Fälle d. FBI 74, 81 (auch armen., estn., lett., litt., russ., slow.); Geheimwaffe Fliegende Untertassen, Krim.-Report 81, 2. Aufl. 83; Der Mann, der Old Shatterhand war. Eine Karl-May-Biogr. 82, 2. Aufl. 90; Karl May, der Alte Dessauer und eine „alte Dessauerin", Monogr. 90; Old Shatterhand ritt nicht im Auftrag der Arbeiterklasse, Monogr. 95; Winnetous Blutsbruder. Karl-May-Biogr. 02; 2 Kindersachb. 73, 74. – **MV:** Reisen zu Karl May. Literar. Reiseführer 92; Karl May. Medaillen u. Plaketten, Kat. 94; Karl-May-Haus Hohenstein-Ernstthal. Begleitb. durch d. Ausst. 95; Sächsische Museen, Bd 20: Karl-May-Haus Hohenstein-Ernstthal 07. – **MA:** Karl-May-Haus Information (alleinige Red.) 89–09 XXII. – **H:** Karl May: Der Waldkönig 90; ders.: Abenteuer in Sachsen 91; ders.: Abenteuer im Erzgebirge 92; Old Shatterhand läßt grüßen 92; Karl May auf sächsischen Pfaden 99, 3. Aufl. 01. – **R:** mehrere Feat. seit 86; Fachberatung für: Karl May. Der Phantast aus Sachsen, Fs.-Dok. (MDR) 04. – *Lit:* Schriftst. Bez. Leipzig 82, 87; Karla Hartlepp: Erfahrungen d. Redaktion „Wochenpost" b. d. Gestaltung ..., Dipl.arb. Leipzig 84; Autoren in Sachsen 92; Kl. Chemnitzer Autoren-Lex. 95; Jenny Flor-

Heese

stedt in: Karl May & Co, Nr.95 04; Rolf Dernen, ebda, Nr.106 06; Jutta Donat in: angezettelt 3/06.

Heese, Diethard van, kfm. Angest.; Goerdeler Str. 4, D-42781 Haan, Tel. (02129) 53162 (* Stettin 19.9.43). VS 79–99, Humboldt-Ges. f. Wiss., Kunst u. Bildung; Nov., Erz. Ue: engl. – **V:** Lustreise, erot. R. 75; Der Sexreporter, erot. R. 76; Neue Geschichten des Grauens, Grusel- u. SF-Stories 78; Meteor des Grauens 80; Gefangen am See des Grauens 80; Kristalle des Schreckens 81; Der grüne Tod 81; Der Untote vom Kliff 82; Insel des schwarzen Todes 83; Monster aus dem Teufelssee 83; Die Rache der Ertränkten 83, alles Grusel-R.; Der Lustdämon v. Biwasee, erot. R. 83; Wege zur Lust, erot. R. 83. – **MV:** Erot. Reisen durch Raum u. Zeit, m. André Montand, Anth. erot. Erzn. 84. – **MA:** Spinnenmusik 79; Eine Lokomotive für den Zaren 80; SF Story Reader 16 81; 17 u. 18 82; Deneb 82; Eros 82, alles SF-Anth.; Noch Leben auf Ka III?, SF-Anth. f. Jgdl. 83; Science Fiction Story Reader 21, SF-Anth. 84; Vampirnächte, Gruselanth. 85; Die Stunde d. Fledermaus, Krimi-Anth. 86; sowie zahlr. weitere Beitr. in Anth., Jhb. (u. a. im Jb. d. SOS-Kinderdorfes), Lit.-Zss., Zss. u. Mag. bis 93. – **P:** An alle Haushaltungen – zukunftsweisende Aussendungen, Tonkass. 90. – **Ue:** Paul Walker: Die Informanten 82; Jack C. Haldemann: Eine wissenschaftliche Tatsache 82; Bob Shaw: Blitzsucher 82; William Earls: Skitch und die Kinder 82; John Hegenberger: Letzter Kontakt 82, alles Erz.

Hefler, Beate, freischaff. Künstlerin; Nürnberger Str. 25, D-85055 Ingolstadt, Tel. (0170) 7063173, Fax (03222) 1154027, *kontakt@beate-hefler.de*, *www.beate-hefler.de* (* Ingolstadt). VG Wort 06; Lyr., Erz. – **V:** Die einbeinige Möwe, Lyr. u. Fotogr. 06. – **MA:** Fünf, Anth. 04; Bibliothek dt.sprachiger Gedichte. Ausgew. Werke IX, X 06, 07.

Hefner, Alice s. Biron, Georg

Hefner, Ulrich, Journalist, Polizeibeamter; Postfach 1319, D-97922 Lauda-Königshofen, Tel. (0163) 9742903, *ulrich.hefner@autorengilde.de*, *www.autorengilde.de* *www.ulrichhefner.de* (* Bad Mergentheim 6.6.61). IGdA, Dt. Presse-Verband (DPV), Das Syndikat, Polizei-Poeten; ZDF-Kurzgeschn.- u. Drehb.pr. „escript" 02; Rom., Drehb. – **V:** Der leise Wind, der Fryheit hieß, hist. R. 01; Der Tod kommt in Schwarz-Lila, Krim.-R. 04, Sonderausg. 07; Die Wiege des Windes, Krim.-R. 06; Trevisan und der Tote am Kai, Krim.-R. 07; Das Haus in den Dünen, Krim.-R. 08; Die dritte Ebene, Thr. 08. – **MA:** div. G. u. Prosatexte in Lit.zss. u. G.-Bden, u. a. in: Das Leben ist ein langer Fluss 00; div. Kurzgeschn. u. Kurzkrimis in versch. Anth., u. a. in: Flossen höher 04; Die erste Leiche vergißt man nicht 05; Jeden Tag den Tod vor Augen 06 (3 Aufl.). – **P:** Djevolo, Insel der Angst 06; Die seltsamen Zeitreisen des Prof. William C. Hollyfield 06; Der Traum vom Baum 07, alles Erzn. auf CD.

Hefter, Martina; lebt in Leipzig, c/o Wallstein-Verlag, Göttingen (* Pfronten/Ostallg. 11.6.65). Lyr.pr. Meran 08. – **V:** Junge Hunde, R. 01; Zurück auf Los, R. 05; Die Küsten der Berge, R. 08. – **MA:** Beitr. in Lit.zss. u. Anth., u. a. in: EDIT, seit 00; Jb. d. Lyrik 04.

Heftig, Herbert s. Seitz, Helmut

Heger, Ernst (Ernst Heinrich Heger), Dipl.-Betriebswirt (FH); c/o Roderer Verlag, In der Obern Au 12, D-93055 Regensburg. Schellingweg 3, D-74172 Neckarsulm (* Heilbronn-Sontheim 1.8.54). IGdA 04, Lit.ver. Heilbronn; Hafiz-Pr. (Bronze) f. Satire 86. – **V:** Kindergeschichten 82; Treibholz, Lyr. 84; Im Zeitenspiel, Lyr. u. M. 93; Unterwegs ins Abenteuer 06.

Heger, Gerd, M. A., freier Mitarb. b. Saarländ. Rundfunk; c/o Saarländischer Rundfunk, D-66100 Saarbrücken, Tel. (0681) 6022137, Fax 6023044, *gheger @sr-online.de*, *www.gerd-heger.de* (* Ludwigshafen/Rhein 6.5.60). 1. Pr.träger d. Luxemburger Lit.pr. f. Mehrsprachigkeit 98, 3 x Pr.träger d. Dt.-Frz. Journalistenpr. Ue: frz, engl. – **V:** 7 Tage, 7 Töpfe. Tekste, Gedichter und Songstiges 07, 2. Aufl. 08. – **MA:** Melusina 99; Tour de Kultour 05; Folker 08. – **R:** F.R.A.D.I O. – Frankreich: Relativ Angenehme Dramatische Inszenierung fürs Ohr, m. Stefanie Hoster 89; Radio Grenze – Poste frontière 91. – **Ue:** Serge Gainsbourg. Die Originalchansons, CD-Booklet 01; Fabienne Melchior/Colin Desaive: Sans Bagage 06.

Heger, Moritz, Gymnasiallehrer; Florianstr. 22, D-70188 Stuttgart, Tel. (0711) 8599313, *moritzheger@ web.de* (* Stuttgart 24.4.71). Förd.kr. d. VS Rh.-Pf. 97, BVJA 99–05; Joseph-Breitbach-Pr. (Förd.pr.) 96, Lit.-förd.pr. d. Stadt Mainz 03, MDR-Lit.pr. u. Publikumspr. 07; Rom., Lyr., Erz., Dramatik. – **V:** In den Schnee, R. 08. – **MV:** FeuerLand, m. Erik Strub, Jgd.-Theaterst., UA 93. – **MA:** Fallensteller, Anth. 97, Rheinand-pfälz. Jb.; neue literarische pfalz, Nr.27 99; Krautgarten 45/04, 50/07; Ach Winz ach kleiner Tilgemeister, Anth. 05; 25 Jahre Mainzer Kulturtelefon, Anth. 05; Kritische Ausgabe, Winter 06/07; Manuskripte, Nr.178 07; Die Zusammensetzung der Welt, Anth. 07; Opus. Kulturmag. f. d. Saarland 4/07; Völkerfrei. 25 Jahre Krautgarten, Anth. 07.

Hegewald, Andreas, Künstler; Buchenstr. 27 a, D-01097 Dresden, Tel. u. Fax (0351) 8032275, *just.hegewald@arcor.de*, *www.buchenpresse.de.vu* (* Sondershausen 7.8.53). Pr. d. Sächs. Zeitung f. Lyrik 94. – **V:** Rotbleierz 91; Rotbleierz Sintra 93; Der Geist Erseher 05; Sodom und Tomorrow 06, alles Lyr.; Ledige Sätze, Aphor. u. Zeichungen 07; Sintra, Dicht. 06; Stein im Meer, Dicht. 07, u. a. – **MV:** Leitwolf 83; Weltmörder 85; Restposten 88; Briefe, die nie nicht erreichten 90; Eisenbahnerehrenwort 91, alle m. P. Kasten u. L. Fleischer; Leitwolfverlag Alm. 1983–1996 96, u. a. – **MA:** Berührung ist nur eine Randerscheinung, Anth. 85; Die andere Seite 88; Entrinden, Texte 88, u. a.

Hegewald, Heidrun, Malerin, Graphikerin, Zeichnerin, Autorin; Schräger Weg 14, D-13125 Berlin, Tel. (030) 9432138, Fax (030) 94795855, *Heidrun. Hegewald@gmx.de*, *www.hhegewald.de* (* Meißen 21.10.36). Verb. Bildender Künstler (VBK) DDR 67, Übernahme in d. Bundesverb. Bildender Künstlerinnen u. Künstler e.V. (BBK) 93, Künstlersonderbund in Dtld e.V./Realismus d. Gegenwart 90–06; Auszeichn. als „Eines d. schönsten Bücher d. Jahres" 65, 66 u. 88, Förd.pr. d. Min. f. Kultur 74, Verdienter Aktivist d. DDR 76, Kunstpr. d. Stadt Berlin 79, Max-Lingner-Pr. d. AdK Berlin 80, Kunstpr. d. DDR 83, Vaterländ. Verd.orden in Silber 84, Kunstpr. d. FDGB 88, Nationalpr. d. DDR 89; Ess., Kunsttheorie, Erz. – **V:** Frau K. Die zwei Arten zu erbleichen. Notate – begonnen 1979 vor der Neuzeitrechnung – fortgeführt in 3. Jahr seit der Abrechnung – formuliert in ostdeutscher Sprache – Entstehungsraum ist das Westdeutsche Nichtübertragbaren ist die DDR, 93; eigene Texte in: Heidrun Hegewald. Zeichnungen – Malerei – Graphik – Texte, hrsg. v. Angelika Haas u. Bernd Kuhnert 04. – **MA:** Beiträge u. a. in: Bildende Kunst 11/79; Mitt. d. AdK d. DDR 2/83; IX. Kongreß d. VBK d. DDR 1983, Dokumentation 1 84; tendenzen 158/87 u.ö.; drehpunkt 70, Schweizer. Lit.zs., Mai 88; BZ v. 7./8.7.90; Neues Dtld v. 15./16.9.90, 16./17.2.91, 24.5.91; Gebildete Weibsbilder, Berichts-Bd 1 91; WEISSBUCH 92; UTOPIE kreativ 17/18 92 u. 189/190 06; Michael Brie/Dieter Klein (Hrsg.): Zwischen den Zeiten 92; ICARUS 2/05, 4/05, 1/06, 1/07 u. 2/08; junge Welt v. 20.10.06. – **R:** Interview m. Astrid Kuhlmey (Berliner Rdfk) 74; Für Willi Sitte z. 65. Geburtstag (Radio DDR) 86; Interview m. Torsten Unger z. Personalausst. in Weimar (Sender Weimar, Radio DDR) 89; Dietmar Hochmuth: Versprengte Szenen, Dok.film (ORB) 94; Interview: Zeitzeugen-TV (Thomas Grimm) f. d. Ausst. „Auftrag: Kunst. 1949–1990", gesendet im Rahmen d. Ausst. im DHM Berlin 95'; Jochen Denzler: Blickpunkt-Berichte aus d. neuen Bundesländern, Dok.film (ZDF) 98, u. a. – **P:** Land – dreimal anderes. Erzählte Bilder, Hörbuch 08. – *Lit:* Friedrich Dieckmann in: Mitt. d. AdK d. DDR 2/75; Hermann Raum in: H.H. Malerei – Grafik – Handzeichn., Kat., Potsdam 80; ders. in: Bildende Kunst 10/80; Wolfgang Heise in: Mitt. d. AdK d. DDR 2/81; Astrid Kuhlmey in: Wochenpost 28/82; Werner Marschall in: tendenzen 141/83 u. 161/88; Bärbel Mann in: Bildende Kunst 7/86 u. 4/87; Reinhart Grahl in: Tribüne 212 v. 27.10.89; Ingeborg Ruthe in: FÜR DICH 33/89; Gerlinde Förster in: Es zählt nur, was ich mache 92; Gisela Sonnenburg in: Neues Dtld v. 17.8.93; Tanja Frank in: Renate Möhrmann (Hrsg.): Verklärt, verkitscht, vergessen 96; Peter Michel in: junge Welt v. 2.2.01; ders. in: Marxist. Blätter 1/02 u. 2/02; Peter H. Feist in: Neues Dtld v. 20./21.10.01; Lothar Lang: Malerei u. Graphik in Ostdeutschland 02; Axel Bertram, Rolf Biebl, Peter H. Feist, Angelika Haas, Peter Michel u. A. Haas/B. Kuhnert (Hrsg.): H.H. Zeichn. – Malerei – Graphik – Texte 04; Jürgen Harder in: ICARUS 4/04; Wolfgang Hütt in: junge Welt v. 28.10.04; P. Michel in: unsere zeit, 20.10.06; Renate Ullrich: POLITEIA, Hist. Wochenkalender 2007; A. Haas in: ICARUS 1/07; dies. in: Booklet zu „Land – dreimal anderes", Hörb. 08; Klaus Georg Przyklenk in: ICARUS 3/08.

Hegewald, Wolfgang, Prof. FH Hamburg; Kirchgasse 3, D-29576 Barum, Tel. (0 58 06) 98 01 23, Fax 98 00 96, *whegewald@surfeu.de.* c/o FH Hamburg, Fb. Gestaltung, Armgartstr. 24, D-22087 Hamburg (* Dresden 26. 3. 52). P.E.N. 89–96, Freie Akad. d. Künste Leipzig 95; Pr. d. Kärntner Ind. b. Bachmann-Wettbew. 84, Hamburger Lit.pr. f. Kurzprosa 84, Stip. d. Dt. Lit.fonds 85, 92, 95, Villa-Massimo-Stip. 87/88, Ernst-Reuter-Pr. f. Hsp. 90; Prosa, Rom., Hörsp. – **V:** Das Gegenteil der Fotografie. Fragmente einer empfindsamen Reise, Erz. 84; Hoffmann, Ich und Teile der näheren Umgebung, Prosa 85; Jakob Oberlin oder Die Kunst der Heimat, R. 87; Verabredung in Rom, Erz. 88; Die Zeit der Tagediebe, R. 93; Eine kleine Feuermusik 94; Der Saalkandidat, Erzn. 95; Ein obskures Nest, R. 97. – **MA:** div. Beitr. in Lit.zss. u. Prosa-Anth. – **R:** Der hohe gelbe Ton 85, u. a. Hsp. (Red.)

Hegewisch, Helga; Mommsenstr. 67, D-10629 Berlin, Fax (0 30) 8 82 67 78, *lasky@snafu.de* (* Hamburg 2. 2. 31). Kinderb., Ess., Rom., Drehb. – **V:** Jetzt oder nie 88, Tb. u. d. T.: Du mußt dein Leben ändern 91; Kitty und Augusta, R. 91; Ich aber schlafe allein, R. 92; Josi und der große Knall, Kdb. 95; Line und die Liebe, Kdb. 98; Lauf, Lilly, lauf! 99; Die Totenwäscherin 00; Lilly und Engelchen 00; Der fremde Bruder 02; Die Windsbraut 03; Johanna Romanowa 06, alles R. (Red.)

Hehle, Monika (geb. Monika Moosbrugger), Designerin; Liberat-Hundertpfund-Str. 5, A-6900 Bregenz, Tel. (0 55 74) 4 24 93, *monika.hehle@aon.at* (* Bregenz 21. 10. 64). Kinderb. u. Jugendb. – **V:** 's Ländle 97, 3. Aufl. 04; 's Ländlejohr 01. – **MA:** Knixle Bixle 93; Neunundneunzig kleine Hasen 05. (Red.)

Hehn, Annemarie s. Podlipny-Hehn, Annemarie

Hehn, Ilse, StudR., Doz. f. Kunst; Zeitblomstr. 41, D-89073 Ulm, Tel. (07 31) 6 02 29 10 (* Lowrin/Banat 15. 5. 43). Rum. S.V., Intern. P.E.N., Kogge, Künstlergilde; Adam-Müller-Guttenbrunn-Pr. f. Lyr. 88, Dt. Kinderbuchpr. Bukarest 88, Inge-Czernik-Förd.pr. 01, Lit.stip. Salzwedel 01, 1. Pr. b. Wettbew. d. Kg. f. Lyrik 03, Lit.pr. d. Kg. f. Prosa 04; Lyr., Prosa. Ue: rum. – **V:** So weit der Weg nach Ninive, Lyr. 73; Flußgebet und Gräserspiel, Lyr. 76; Du machst es besser, Kdb. 78; Ferien – bunter Schmetterling, Kdb. 87; Das Wort ist keine Münze, Lyr. 88; In einer grauen Stadt, Lyr. 92; Die Affen von Nikko, Lyr. 93; Den Glanz abklopfen, Lyr. 98; Im Stein, Lyr. 01; Lidlos, Lyr. 03; Mein Rom – Wortbogen, Prosa 05; In zehn Minuten reisen wir ab, Prosa 06. – **MA:** zahlr. Beitr. in Lyrik-Anth., u. a. in: Grenzgänge 70; Novum 73; Podium 75; Hier bin ich geboren 77; Prisma Minden 78; Das Boot 81; Pflastersteine 82; Lichtkaskaden 84; Festliche Stunden 89; Zugänge 91; Aufgewacht 98; Und redete ich mit Engelzungen 98; Wovon man ausgeht 98; Umbruchzeit 98; Hörst du, wie die Brunnen rauschen 99; Lyrik heute 99; Das Gedicht 00; Ulmer Autoren 01; Rast-Stätte 01; Das Gedicht 02. – Beitr. in: Südostdt. Vj.blätter 1/95, 3/98, 1/03; Karpatenrundschau; Banater Post; Neue Lit. (Bukarest). – **Ue:** Constantin Gurau: Wüste der Satellit-Antennen, Lyr. 96. – *Lit:* Literaturlex. (Temeswar) 82; Horst Fassel in: Südostdt. Vj.blätter 88; Inge Meidinger-Geise, ebda 98; Gerda Corches in: Banater Post 98; Ingmar Brantsch in: DOD 99; Eduard Schneider in: Südostdt. Vj.blätter 99; Anneliese Merkel in: Künstlergilde 99; Rum. Schriftstellerlex. 00. (Red.)

Heib, Marina (Ps. Alice Vaara), Schriftst. u. Drehb.autorin; lebt in Hamburg u. Berlin, c/o Piper Verl., München (* St. Ingbert 60). Sisters in Crime (jetzt: Mörderische Schwestern). – **V:** Die Männer sind an allem schuld, R. 98; Schokoküsse zum Dessert, R. 05; Weißes Licht, Krim.-R. 06, 08; Eisblut, Krim.-R. 07. (Red.)

Heibert, Frank, Dr., Lit.übers., Autor, Moderator, Jazzsänger; Niedstr. 25, D-12159 Berlin, Tel. (0 30) 6 12 63 42, Fax 6 12 75 10, *fheibert@aol.com*, www. *frank-heibert.de* (* Essen 14. 11. 60). VS/VdÜ, P.E.N.-Zentr. Dtld; Rom. Ue: engl, frz, port, ital. – **V:** Das Wortspiel als Stilmittel und seine Übersetzung, Diss. 93; Kombizangen, R. 06. – **Ue:** u. a. Werke von: Don de Lillo, Richard Ford, Neil LaBute, Marie Darrieussecq, Jorge de Sena.

Heide, Alexander v. d. s. Decker-Voigt, Hans-Helmut

Heide, Bianka von d.; c/o B. Husemann, Alter Markt 2, D-33758 Stukenbrock, Tel. (0 52 07) 17 50 (* Paderborn 1. 1. 72). – **V:** Die Sprache der Engel, G. 01. (Red.)

Heide, Heide; Dambböckgasse 3–5/1/16, A-1060 Wien, Tel. (01) 5 81 93 08 (* Amstetten/NÖ 16. 6. 43). GAV, IGAA, Berufsverb. bild. Künstler Öst., Ö.S.V.; Förd.pr. f. Lit. d. Theodor-Körner-Stift. 84, Staatsstip. d. BMfUK 85, Arkenn.pr. f. Lit. d. Landes NÖ 93, Jubiläumsfonds-Stip. d. Lit. Mechana 03; Lyr., Erz. – **V:** „Liebe ist ...", G., Aphor., Fundst. 84; Über das Schweigen reden, G. 92; Wundspur, Erz. 96; Jedn Tog, Mda.-G. 02; Winterland, Lyr. 02; Podium-Porträt 08.

Heide, Marlies s. Obier, Marlies

Heide-Koch, Marlies s. Obier, Marlies

Heidebrecht, Brigitte, Tanzpäd., Supervisorin, Kommunikationstrainerin; Thunerstr. 28, D-71636 Ludwigsburg, Tel. (0 71 41) 92 57 94, *email @brigitteheidebrecht.de*, *www.brigitteheidebrecht.de* (* Goslar 11. 2. 51). Lyr., Erz., Märchen, Herausgabe. –

Heiden

V: Lebenszeichen, Lyr. 79, 20. Aufl. 95; Das Weite suchen, Lyr. 83, 7. Aufl. 92; Komm doch, Erz. 86, 7. Aufl. 92; Folge mir, sprach mein Schatten, M. f. Erwachsene 86; Kommen und gehen, Lyr. 87; Eine Frage der Balance, Lyr. 90, 3. Aufl. 92. – **MA:** zahlr. Beitr. in Anth., Zss., Sachb. u. Schulb. – **H:** Wer nicht begehrt, lebt verkehrt, Lyr. 82, 12. Aufl. 91; Laufen lernen, Lyr. 82, 10. Aufl. 92; Dornröschen nimmt die Heckenschere, moderne M. 85, 3. Aufl. 92; End-lich leben 88; Lass dir graue Haare wachsen 90, 4. Aufl. 93; Venus & Co 91, alles Prosa-Anth.; Paarweise, Fotos u. Texte 95. (Red.)

Heiden, Lothar, Dr.; Sankt-Georg-Str. 8, D-83317 Teisendorf (* Freising 22. 11. 38). Lyr., Rom., Theaterst. – **V:** Über Biermachen und Biersachen 86; Dünnbier – Dampf- u. Dacklgschichtn 98. (Red.)

Heidenberger, Felix, Journalist; Dr.-Walther-von-Miller-Str. 51, D-81739 München, Tel. (0 89) 6 70 14 15, *felixheid@freenet.de* (* München 21. 11. 24). Ges. Kath. Publ. Dtlds, Presse Club München; Nov., Ess., Reiseber., Film, Fernsehber. Ue: engl. – **V:** Eudaimonosophia, Dialoge 44; Harald wird Reporter, Jgdb. 55; Als Letzter in der Spur, Reiseb. 79; Mit Skiern durch das weiße Lappland, Reiseber. 90; Segeltörns in Adria u. Ägäis, Reiseber. 91; Was wirklich geschah, Autobiogr. 92; Im Garten Allahs, Reiseber. 93; Gretchen und die Krönung, N. 94; SIE und ER, Erzn. 94; Das Paradies wird euch gehören, R. 96; Meines Herzens Paradeis, Lyr. 97; Ich bin nicht Judit!, M. 98; Die Glöcknerin vom Bundestag, Biogr. 01; Mau Yee – Münchner Freiheit, R. 03; Durch die Sahara 06; BAHAMAS 06; Der Wind weht nach Süden 07; Mit dem Weg unterwegs 08; Das weiße Paradies 09, jeweils Erz. – **MA:** Männer, Fahrten, Abenteuer, Erzn. 56; Glückliche Jahre 58. – **H:** Eine unmögliche Person, Biogr. 90. – **R:** seit 53 zahlr. Hsp. u. Hb., u. a.: Der Mann der Inseln liebte, Hsp. 85; zahlr. zeitkrit. Dok.-Fsf. 65–87; Solveigs Heimkehr, Fs.-Ber. 95; Im Paradies der 1000 Inseln, Fs.-Ber. 98. – **Ue:** Mac Vicar: Der verlorene Planet 57; Zurück zum Verlorenen Planeten 57; Das Geheimnis des Verlorenen Planeten 58.

Heidenreich, Elke (geb. Elke Rieger), Journalistin, freie Autorin u. Moderatorin; Köln (* Korbach 15. 2. 43). Gold. Kamera, Gold. Europa, Adolf-Grimme-Pr. 85 u. 06, Medienpr. f. Sprachkultur d. GfdS 95, Kalbacher Klapperschlange 96, Mildred L. Batchelder Award, USA 98, Lit.pr. d Stadt Offenbach 02–03, Bambi 03, Gr. Kulturpr. d. Rhein. Sparkassenstift. 03, Adolf-Grimme-Pr. (E.pr.) 06, Hans-Bausch-Mediapr. d. Südwestrundfunks 08, u. a.; Fernseh- u. Hörsp., Theater, Erz., Sat. – **V:** Darfs ein bißchen mehr sein?, Satn. 84; Geschnitten oder am Stück?, Satn. 85; Kein schöner Land, Erz. 85, erw. Neuaufl. 03; Mit oder ohne Knochen?, Satn. 86; Dreifacher Rittberger. Eine Familienserie 87; Dat kann donnich gesund sein, Satn. 88; Also..., Kolumnen aus „Brigitte" 88, II 92, III 96, IV 99, V 01; Kolonien der Liebe, Erzn. 92; Nero Corleone, Erz. 95 (in über 20 Spr. übers.; Dein Max, Erzn. 96; Kleine Reise, Lyr. 96; Am Südpol, denkt man, ist es heiß, Kdb. 98; Sonst noch was, Kdb. 99; Der Welt den Rücken, Erzn. 01; Best of Also... 02; Wörter aus 30 Jahren 03; Die schönsten Jahre 05; Die Liebe 08. – **MV:** Kreatürliches, m. Henry Horenstein 00; Köln, Bilder u. Geschichten, m. Stefan Worring 01; Rudernde Hunde, m. Bernd Schröder, Geschn. 02; Macbeth, Schlafes Mörder, m. Tom Krausz 02; Erika oder Der verborgene Sinn des Lebens 02; Nurejews Hund oder was Sehnsucht vermag, beide m. Michael Sowa 05; Das geheime Königreich, m. Christian Schuller, Oper f. Kinder 06; Mit unseren Augen, m. Tom Krausz 07; Eine Reise durch Verdis Italien, m. dems. 08. – **MA:** Beitr. in

Prosa-Anth., zahlr. Ess. in Zss.; Kolumne in „Brigitte" 83–99. – **F:** Gefundenes Fressen, m. and. 80. – **R:** zahlr. Drehbücher, Fs.- u. Radiobeiträge u. -auftritte sowie auch eigene Sendungen, zuletzt: Lesen! (ZDF), seit 03. (Red.)

Heidenreich, Gert, Schriftst.; c/o Deutsche Verlags-Anstalt, München (* Eberswalde 30. 3. 44). P.E.N.-Zentr. Dtld, Präs. 91–95, Oskar-Maria-Graf-Ges. 93, Bayer. Akad. d. Schönen Künste 04; Dramatikerpr. d. Jungen Akad. München 66, Dramatikerpr. d. Akad. d. Darst. Künste 85, Adolf-Grimme-Pr. 86, Stip. d. Dt. Lit.fonds 86, 88, 91, Lit.pr. d. Ldeshauptstadt München 89, Stern d. Jahres f. Lit. d. Münchner Abendzeitung 90, Phantastik-Pr. d. Stadt Wetzlar 95, Stip. Ledig House Intern. Writer's Colony, N.Y. 97, Marieluise-Fleißer-Pr. 98, Hörbuch 2ooo 00, Bayer. Poetentaler 05; Drama, Lyr., Ess., Prosa. Ue: engl, am. – **V:** Beim Arsch des Krebses, Theaterst. 70; Komödie vom Aufstand der Kardinäle, Theaterst. 71; Rechtschreibung, G. 71; Die gestiefelte Nachtigall 76; Abriß – Operette in Grund und Boden 78; Siegfried – Karriere eines Deutschen 80, alles Theaterst.; Die ungeliebten Dichter, Dok. 81; Strafmündig, Theaterst. 81; Der Reise Rostratum, Kinderst. 82; Der Ausstieg, R. 82; Der Wetterpilot, Theaterst. 83; Die Steinesammlerin, R. 84; Die Gnade der späten Geburt, Erzn. 86; Eisenväter, G. 87; Füchse jagen, Theaterst. 87; Belial oder Die Stille, R. 90; Kehrseiten, Reden u. Aufss. 92; Magda – finis tertii imperii. Der Wechsler, 2 Theaterst. 93; Jahrestagung, Stück 94; Die Nacht der Händler, R. 95; Die Heimat der Phantasie, Ess. 96; Der Geliebte des dritten Tages, erot. Mysterien 97; Abschied von Newton, R. 98 (auch frz.); Zwei Reden in Weimar 99; Tubus. Tosca. Maligne, Stück 99; Der Mann, der nicht ankommen konnte, Erzn. 00; Im Augenlicht, Lyr. 02; Die Steinesammlerin von Etrétat, R. 04; Thomas Gottschalk – Die Biographie 04; Im Dunkel der Zeit, Krim.-R. 07. – **MV:** Nicht in Venedig, m. Albert Ostermaier u. a. 91. – **MA:** Jugendstil, Ess. 71; Generationen, Prosa 72; Liebe, Prosa 74; Friedenszeichen, Ess. 82; Kugel, Kiste..., Kinderst. 82; Der Vater, Prosa 83; Klassenlektüre, Prosa 83; Stillende Väter, Prosa 83; Merian 89ff.; Erster Kongreß der Theaterautoren 93; Hoffnung gegen Gewalt 93; Oskar M. Graf: Jedermanns Geschichten (Nachw.) 94; Wie Gras über die Geschichte wächst 96; Das Gedicht 97; Zeitenweise 98. – **H:** Berthold Viertel: Schriften zum Theater 70; Und es bewegt sich doch 81; Das Kinderlieder-Buch 81; Schreiben in einer friedlosen Welt 07. – **R:** Aussage, Klischee eines Vorfalls, Hsp. 69; Strafmündig, Fsp. 85; Wüste Wege, Fsp. (Mitarb.) 88. – **P:** Rolf P. Parchwitz: Vergebliche Gesänge, Schallpl. 69; Träum den unmöglichen Traum, CD 96; Zwei Reden in Weimar, CD 00; Erotische Mysterien, CD 00. – **Ue:** Peter Flannery: Singer 90; Patrick Marber: Howard Katz, Bü. 02. – **MUe:** Raymond Briggs: Strahlende Zeiten 84; Arthur Kopit: Das Ende der Welt 85; A. Wing Pinero: Der Philanthrop 87, alle m. Gisela Heidenreich. – **Lit:** Liz Wieskerstrauch in: Schreiben zwischen Unbehagen u. Aufklärung. Literar. Portr. d. Gegenw. 88; Rainer-K. Langner in: ndl 8/90; Walther Killy (Hrsg.): Literaturlex., Bd 5 90; Karl Esselborn/Hans Hunfeld (Hrsg.): G.H. 91; LDGL 97; Kindlers Lit.lex.; Hans-Edwin Friedrich in: KLG. (Red.)

Heidenreich, Gisela, Paar- u. Familientherapeutin, Mediatorin; Seefeld/Obb., Tel. (0 81 52) 7 62 70, Fax 7 61 77 (* Klekken b. Oslo 43). P.E.N.-Zentr. Dtld 07. – **V:** Das endlose Jahr. Die langsame Entdeckung d. eigenen Biographie – e. Lebensbornschicksal 02, Tb. 04, 07 (auch ital.); Sieben Jahre Ewigkeit. Eine dt. Liebe 07. – **MA:** Bellmann u. Biermann (Hrsg.): Vatersuche

04; Radebold u. a. (Hrsg.): Kindheiten im 2. Weltkrieg 06. – **R:** Sie war meine Mutter (WDR) 07 (Verf. v. „Das endlose Jahr"). – **MUe:** Raymond Briggs: Strahlende Zeiten 84; Arthur Kopit: Das Ende der Welt 85; Arthur Wing Pinero: Von Amts wegen 87, alles Theaterst. m. Gert Heidenreich.

Heidenreich, Hans, Rentner; Am Osterbach 22a, D-83075 Bad Feilnbach, Tel. (0 80 66) 84 09 (* Weiden/ Obpf. 19. 4. 11). – **V:** Und Er siegt doch, Dicht. u. Sch. 95. (Red.)

Heider, Ulrike, Dr. phil.; Zossener Str. 52, D-10961 Berlin, Tel. (0 30) 61 62 57 67, *UlrikeNyb@aol.com.* 143 Avenue B#12E, New York, NY 10009/USA (* Frankfurt/Main 2. 3. 47). VS; Rom. – **V:** Schülerproteste in der Bundesrep. Dtld 84; Sadomasochisten, Keusche und Romantiker. Vom Mythos neuer Sinnlichkeit, Ess., Kurzgeschn. u. G. 86; Der arme Teufel. Robert Reitzel – Vom Vormärz zum Haymarket, biogr. Ess. 86; Die Narren der Freiheit. Anarchisten in d. USA 92; Anarchism. Left, right, and green 94; Schwarzer Zorn und weiße Angst. Reisen durch Afro-Amerika 96; Keine Ruhe nach dem Sturm, R. 01. – **R:** Der Schwule und die Spießer 07; Die Leidenschaft der Unschuldigen 08, beides Radiobeitr.

Heider, Vivi, Med. Techn. Assist., freiberufl. Autorin, Illustratorin; Herderstr. 11, D-93093 Donaustauf, Tel. (0 94 03) 6 25 (* Regensburg 4. 9. 49). IGdA, RSGI, FDA, Europ. Märchenges.; E.nadel d. Landkr. Regensburg 01; Sat., Lyr., Kindergesch., Lied, Rätsel. – **V:** Emma 88; Schmuser 88; Traumblüten 88, alles G.; Aufs Korn genommen, sat. Geschn. 89; Regenbogen, Lyr. 90; Wackel-Augen-Bücher, 4 Bde 91; Reglandschaften 96; Das blaue Krokodil, Kinderst., UA 96; Morgen Kinder wirds was geben 96; Liebe Henne Himalaja, Geschn. 98, 03; Pampel-Muse, Sat. 99; Lisa und die Halloweenbande 00; Wintergeschichten 00; Toscanalandschaften 01; Bald ist Weihnachten 01; Tolle Tage 02; Wo wohnt Jesus? 04; Kichergeschichten für kleine Kichererbsen 05; Versgeschichten 07; Rätselgeschichten 07; Rätsel-Bastel-Spielebuch 08. – **MA:** Anth.: Mit Tieren leben lernen 95; Und weil sie nicht gestorben sind 95; Adventskalenderbuch 96; In Bethlehems Stall 97; Mein Dezemberbuch 97; Stadtrundgang 97; Von kleinen Prinzen und Prinzessinnen 97; Meine Weihnachtsschatzkiste 98; Spuk und Spaß 99; Osterbastelbuch 99; Krümeldrache Flitzeflatz 01; Wasserlandschaften 01; Sonne Mohn Blüten 01; Bausteine Kindergarten, 3 H. 95/97; zahlr. Beitr. in Veröff. d. Kindergarten-Fachverl. seit 98. – **R:** div. Gutenachtgeschn. b. BR/SWF Stuttgart 90–96; 1 Fs.-Beitr. für: Die Sendung mit der Maus 95. – **P:** Lilalutsche 88; Kinderlieder 93; Spielen und Lernen 93; Sprüche an der Wand 93, alles Tonkass. – *Lit:* s. auch Kürschners Handbuch der Bildenden Künstler, 1. Aufl. 2005.

Heiderich, Birgit *

Heiduczek, Werner, Lehrer; Gottfried-Rentzsch-Weg 14, D-04316 Leipzig-Baalsdorf, Tel. u. Fax (03 41) 4 22 33 89, *Werner.Heiduczek@t-online.de* (* Hindenburg/OS 24. 11. 26). SV-DDR 60, VS 90, P.E.N.-Zentr. Dtld 90, Freie Akad. d. Künste Leipzig 92; Heinrich-Mann-Pr. 69, Händel-Pr. d. Stadt Halle 69, Kunstpr. d. Stadt Leipzig 76, Alex-Wedding-Pr. 88, Eichendorff-Lit.pr. 95, E.med. d. Stadt Leipzig 97, BVK 99; Rom., Nov., Ess., Drama, Märchen. – **V:** Jule findet Freunde, Bü. 59; Matthes und der Bürgermeister, Erz. 61; Matthes, Kdb. 62, 79; Abschied von den Engeln 68, 83 (auch russ., lett., litau., ukrain., poln., ung., tsch., slow.); Die Brüder, N. 68, 78 (auch holl.); Jana und der kleine Stern, Kdb. 68, 96 (auch jap., span., finn., dän., poln., ukrain.); Laterne am Bambushütte 69, 72;

Die Marulas, Bü. 69; Mark Aurel oder Ein Semester Zärtlichkeit, Erz. 71, 88 (auch rum., finn., bulg., tsch., slow., schw.), Bü.fass. 78; Der kleine häßliche Vogel 72, 88 (auch finn., slow.); Die seltsamen Abenteuer des Parzival, neu erzählt nach W. v. Eschenbach 74, 89 (auch rum., ung.); Maxi oder Wie man Karriere macht, Kom. 74; Vom Hahn, der auszog, Hofmarschall zu werden 74, 96; Das andere Gesicht, Sch. 76; Im Querschnitt, Prosa, Stücke, Notate 76; Das verschenkte Weinen, M. u. Mythen 77, 87, als Ballett 85; Tod am Meer, R. 77, 99 (auch poln.); Die schönsten Sagen aus Firdausis Königsbuch, neu erzählt aus d. pers. Schâhnâme 83, 85; Der Gast aus Saadulla, Kom. 84; Der Schatten des Sijawusch, Erz. 86; Reise nach Beirut / Verfehlung, 2 Nn. 86, 89; Dulittls wundersame Reise, Kdb. 86, 89; Orpheus und Eurydike, R. 89; Das verschenkte Weinen, ges. M. u. Mythen 91, 02; Im gewöhnlichen Stalinismus – meine unerlaubten Texte, Tageb., Briefe, Ess. 91; Der kleine Gott der Diebe, griech. Mythen 92; Verfall einer Zeit – Beispiel Leipzig, Bildbd-Ess. 92; Deutschland, kein Wintermärchen, Ess. 93; So sterben Schmetterlinge, Ess. 96; Der Schatten des Fisch, M. 00 (Aufführung durch d. Dresdner Philharmonie 05); Persephone, Opernlibr. 01; Das verschenkte Weinen. Gesammelte Märchen 02, Neuaufl. 05; Die traurige Geschichte von Schneewittchen 06; Der kleine häßliche Vogel / Vom Hahn, der auszog, Hofmarschall zu werden (Unsere Kinderbuch-Klassiker, Bd 7) 06. – **MH:** Die sanfte Revolution, m. Stefan Heym, Anth. 90. – **F:** Verfehlung, Spielf. 91; Dein Reich komme, Filmess. 92; Der Einsame von Röcken, Filmess. 94. – **P:** Der singende Fisch, Hörb. 08. – *Lit:* zahlr. Veröff., u. a.: Leipziger Städt. Bibliotheken: W. H. z. 70. Geb., Festschr. 96; LDGL 97.

Heigenmooser, Volker, Journalist, Autor; Postfach 100849, D-27508 Bremerhaven, *vh@graetenfrei.de, heigenmooser.de* (* Hof 27. 2. 55). – **V:** Bremerhaven. Einig fürs Theater 00; Die Leiche im Keller. Bremerhaven-Krimi 06; Die Leiche im Hafen 08. – **MV:** Geschichte des Krankenhauswesens in Bremerhaven, m. Herbert Böttcher 79. – **MH:** Verlegen im Exil, m. Johann P. Tammen 97. – **R:** Über Peter Weiss 89; Über die Bombardierung Bremerhavens 1945, O-Ton-Feat. (RB) 95; Medizin ohne Menschlichkeit. Die Bremer Nervenklinik 1933–1945, Feat. (RB) 97; Seine Karriere begann in Bremen – Der Broiler (DLR) 03.

Heigl, Birgitt; Oberhaslach 6, D-88633 Heiligenberg, Tel. (0 75 54) 2 83, Fax (0 75 52) 93 87 56, *info@heigl-verlag.de, www.heigl-verlag.de* (* Mühldorf/Inn 17. 2. 65). Erz., Sachb. – **V:** Der kleine Fakir Namu und der Fünffache Pfad, Erz. 08. – **MV:** Akkalkot. Das Guru Mandir, Bildbd 2; Shivapuri, Bildbd 02, beide m. Horst Heigl.

Heigl, Horst (Ps. f. Horst Lozynski), Techniker, Konstrukteur, Referent an VHS; Oberhaslach 6, D-88633 Heiligenberg, Tel. (0 75 54) 2 83, Fax (0 75 52) 93 87 56, *info@heigl-verlag.de, www.heigl-verlag.de* (* Berlin 11. 3. 36). Nov., Sachb., Erz., Übers. Ue: engl. – **V:** Wei und Tu 84; Der Glorreiche 85; ... um leben im Glanz seiner Herrlichkeit 87, alles Erzn.; Urzulei, M. 87; Volugenos, N. 87; Enthüllte Geheimnisse vom Abendmahl des Leonardo da Vinci 87 II; Leibende Steine 89; Enthüllte Geheimnisse der Mona Lisa 89. – **MV:** Akkalkot. Das Guru Mandir, Bildbd 02; Shivapuri, Bildbd 02, beide m. Birgitt Heigl. – **P:** 8 Musik-CDs 92–06. – **Ue:** R.R. Nargundkar: Sadguru's Bestowal 79.

Heikamp, Henry s. Heikamp, J. Heinrich

Heikamp, J. Heinrich (Ps. Martinus von Gill, Johannes Gaukler, Henry Heikamp), Red., kfm. Angest.; Giller Str. 65, D-41569 Rommerskirchen, Tel. (0 21 83)

Heil

61 71, Fax 95 48, *j.heinrich.heikamp@web.de, www. heikamp.net* (* Rommerskirchen 5. 12. 64). Arb.gem. Germania-Comic-Team, SFCD, ICOM, Kunst- u. Kulturkr. Rommerskirchen, Autoren-Zirkel Rommerskirchen; Lit.pr. d. Gemeinde Rommerskirchen 00; Comic, Lyr., Kurzprosa, Science-Fiction, Fantasy, Phantastik, Autorenporträt, Künstlerporträt. – **V:** Der Wind wirft Deinen Namen 84, Reprint 85; Frankfurter Reise 99; 1985 – Tage haben Flügel 99, alles Lyr.; Comic-Serie „Windkönig": Angriff aus der Tiefe 99, Das Geheimnis des Gürtels 1 01, Das Geheimnis des Gürtels 2 03, Kampf am Kemnader See 04; Abend am Drachenfelsen, Comic 00; Die kleine Punkerin, Kurzgeschn. 03. – **MA:** Junge Lyrik 83; Junge Texte 85; Neusser Lesebuch 92; Neuss Literarisch 1/97; So sehe ich es 00; Wie man sich bettet, so liest man 03. – Hr: Der Schreiberling, Zs. 80–88; German Cover, Portfolio-Reihe, seit 85; Rommerskirchener Lesebuch, Anth. 86; Der Comic-Herold, Zs. 95–99; Edition Heikamp, Reihe, seit 03. – **MH:** Der Kultur-Herold, Zs. seit 03. – **R:** einige Radio-Spots seit 95. (Red.)

Heil, Ruth, Referentin, Krankenschwester, Eheberaterin; Bitscher Str. 38, D-66996 Fischbach b. Dahn, Tel. (0 63 93) 2 30, Fax 13 69 (*Rohrbach b. Sinsheim 25. 1. 47). – **V:** Du in mir. Tagebuch e. werdenden Mutter 79 (auch am.); Ein seltsames Gasthaus, Erz. 82 (auch frz.); Mit einer Katze fing es an 86; Ganz fraulich, ganz vertraulich 88; Geborgen sein 88; Licht werden 88; Teils sonnig, teils bewölkt 88; Zehn Kinder und ein Zoo 88; Mutter sein 90; Katzen und andere Viecher 90; Einander Freund sein 91; Blumen erzählen 92; Ich bin ihm begegnet 92, 6. Aufl. 99; Unser Baby ist da 92; Glücklich miteinander 93; Große Weihnachtsfreude 93; Werden wie ein Kind 93; Willkommen bei uns 93; Schenk dir Zeit 94; Tautropfen der Liebe Gottes 94; Du bist etwas Besonderes 94, 5. Aufl. 99; Der Erlöser kommt 95; Die Kraft des Dankens 95; Mit 40 fängt „frau" an zu leben 95, 5. Aufl. 00; Ich bin ihr begegnet 95; Das wünsch ich dir 96; Gestatten, Maikäfer 96; Ich wünsche dir Leben 96 (auch engl., holl.); Ich für dich, du für mich 96; Für zwei Glückliche 96; Da bist du ja 96; Laß die Freude nie 96; Trost für dich 97; Fingerpuppen basteln u. spielen 97; Zu zweit geht's besser 97; Ein Brief zum Geburtstag 98; Geh mit nach Bethlehem 98; Geschenke zum Glücklichsein 98; Reich beschenkt 98; Es kann noch besser werden 98; Gott liebt Mütter 98; Ich versteh dich einfach nicht 98; Wer redet, sündigt – wer schweigt, auch 98; Unsre Pferde 98; Gottes Nähe entdecken 00; Zu deiner Konfirmation die besten Wünsche 00; Du bist außergewöhnlich, besonders, charmant 03. – **MV:** Liebe kennt eine Grenze 88; Liebe lernen, Leben lernen 89, beide m. Hans-Joachim Heil; Hallo Kinder, freut euch mit uns, m. Angelika Blum 94/95 II; Was schwach ist von der Welt, m. Ludwig Katzenmaier 95; Du zogst mich aus der Tiefe, m. Susanne Weißmüller 00. (Red.)

Heiland, Helmut, Lehrer; c/o 2a-Verlag, Behringstr. 28a, D-22765 Hamburg, *helmut.heiland@nord-com.net* (* Wingst 27. 8. 47). Lyr., Erz. – **V:** Deichspaziergänge, G. 03. – **MA:** Die Literareon Lyrik-Bibliothek, Bde I, V 04ff.; Unter dem Weidenbaum 05; Das swb-Mitmachbuch 06. (Red.)

Heiland, Henrike, freie Autorin u. Übers.; c/o Verlagsagentur Lianne Kolf, Tengstr. 8, D-80798 München, *www.henrikeheiland.de* (* 12. 3. 75). Krim.rom.– **V:** Späte Rache 06; Zum Töten nah 07; Blutsünde 07. (Red.)

Heilbron, Olga *

Heile, Jessika *

Heilmann, Klaus, Dr. med., Augenarzt, Prof. TU München, Risikomanager, TV-Produzent, Fernsehmoderator N24, Publizist u. Autor; c/o In Touch Media Entertainment GmbH, Peralohstraße 64b, D-81737 München, *info@intouchmedia.de, www.klausheilmann. de* (* 37). Kinderb., Hörsp., Rom., Drehb., Theaterst. – **V:** Teufel auch! Mein Schutzengel heißt Luzifer 01; Luzi, mein Schutzengel 02; Luzi, Schutzengel in geheimer Mission 03; Luzi, Schutzengel im Anflug 04; Luzi, Schutzengel mit Sonderauftrag 05; Der kleine Teufel Angelino u. die Engelsbande 05; Der kleine Teufel Angelino u. der geheimnisvolle Zauberer 06; Kikis Welt 06; Luzi, ein Schutzengl für den Torwart 06; Luzi, ein Schutzengl auf dem Ponyhof 07; – mehr als 30 Titel zu med. u. gesellschaftspolit. Themen. (Red.)

Heim, Uta-Maria, Schriftst., Dramaturgin d. SWR-Hörspielredaktion; lebt in Baden-Baden u. Schorndorf/Württ., c/o Südwestrundfunk, Abt. Hörspiel, D-76522 Baden-Baden (* Schramberg/Schwarzwald 14. 10. 63). Dt. Krimipr. 92 u. 94, Förd.pr. Lit. d. Kunstpr. Berlin 94, Villa-Massimo-Stip. 98, GLAUSER 04, Krimipr. d. Stadt Singen 07, u. a.; Rom., Krim.rom., Hörsp., Lyr., Erz. – **V:** neue balladen von dünnen männern, G. 85; Fahrt in den Kamm. G. 87; Vergelt's Gott, Nr. 90; Sünden und Irrtum, G. 91; Die Widersacherin, R. 93; Durchkommen, R. 96; Dackel Maiers erster Fall, Kdb. 99; Petra und der Reißwolf, UA 00; Schwesterkuss, R. 02; Ruth sucht Ruth, R. 02; – KRIMIS: Das Rattenprinzip 91, Neuaufl. 08; Der harte Kern 92; Die Kakerlakenstadt 93; Der Wüstenfuchs 94; Die Wut der Weibchen, Stories 94; Bullenhitze 95; Die Zecke 96; Sturzflug, Krim.-Erz. 98; Engelchens Ende 99; Ihr zweites Gesicht 00; Glücklich ist, wer nicht liebt 00; Dreckskind 06; Totschweigen 07; Wespennest 09. – **MV:** Eine böse Überraschung (Kettenkrimi, verfaßt m. 24 Autoren) 98; Sprechblasen aus dem Kino, m. Susanne Berkenheger u. Klaus Zeyringer, UA 03. – **MA:** zahlr. Beitr. in Anth. u. Zss., zuletzt Krim.-Erzn. in: Tod am Bodensee 07; A Schwob, A Mord 07. – **H:** Bloody Mummy, Stories 97; Der Schuß im Kopf des Architekten, Krim.-Geschn. 00. – **R:** Vera Wesskamp: Reifezeugnis (WDR-Fs.) 92; FEAT. u. HÖRSPIELE (vorw. im SDR/SWR): Familiensafari 91; Nein, ich bereue nichts – wirklich, Mme Piaf? 91; Es gibt viele Sprachen auf der Erde, um seiner selbst inne zu werden, m. Klaus Rehfeld 92; Eine Schwarzwaldbärin auf der Flucht 93; Fornwille 93; Du u. ich allein zu zween 93; Die Hamburger-Hotline 95; Stillen Sie weiter 93; Jean Vautrin: Billy-Ze-Kick, Hsp.bearb. 95; Omis Höllenfahrt 96; Affenliebe in Brandenburg 96; Der lieben Mutter 98; Tote Therapeuten 98; Wer wagt, gewinnt 98; Die Moralkeule 99; John le Carre: Der Schneider von Panama, Hsp.bearb., 3-tlg. 99; Mundtot 00 (auch dän.); Beim nächsten Halt 00; David Baldacci: Das Labyrinth, Hsp.bearb., 2-tlg. 01; Dolce Vera – e. Küchenkrimi 01; Arrivederci, Max oder Rom sehen u. sterben 02; Euro-Vision – Sechs Autoren suchen ein Zahlungsmittel 02; Niemals werde ich das Banner einholen, nie sagen, es war das letzte Mal 02; Drei Damen aus dem Nichts 03; Dschungel im Theater 3: Polardschungel 03; M.M.M. – Die MenschenMacherMafia 03; Der Schlonz – Ein Marsmensch zu Besuch 04; Fremde Wurzeln 04; Wo warst du als das Feuer... 04; Soll ich lieber bleiben oder gehn? – Die wahnwitzige Welt d. Joe Strummer 05; He, Mädel, jetzt heul doch nicht! – Wie Rita Marley z. Queen von Trenchtown wurde 06; Littys Traumfahrt in der Propellermaschine 06. – **P:** John le Carré: Der Schneider von Panama 99; David Baldacci: Das Labyrinth 02. – *Lit:* H.P. Karr: Lex. d. dt. Krimi-Autoren, Internet-Ed.

Heimann, Bodo, Dr. phil., Lit.wissenschaftler, Schriftst.; Holtenauer Str. 69, D-24105 Kiel, Tel. u. Fax (04 31) 56 42 72, *BodoHeimann@aol.com, www. BodoHeimann.de* (* Breslau 20. 3. 35). Kg., VS, Wangener Kr., Euterpe Lit.kr., Schriftst. in Schlesw.-Holst., Accad. d'Europa di Lettere, Scienze ed Arti, Neapel, Goethe-Ges.; Eichendorff-Lit.pr. 93, Fedor-Malchow-Lyr.pr. 96, Gr. Prix Mediterranée 98; Lyr., Kurzprosa, Ess., Erz., Schausp. – **V:** Der Süden in der Dichtung Gottfried Benns 62; Experimentelle Prosa der Gegenwart 78; Lebende Spiegel, G. 84; Geschichten von Meister Eckhart, Kurzprosa 85, Neuaufl. 03; Sternzeitgemäß, G. 88; Oderland. Lyrische Skizzen e. Kindheit in Schlesien 90; Frei vor dem Wind, G. 93; Sein und Singen, G. 00; Meer Licht, G. 06; Göttliches Indien, G. 06; Weltbürgerin der Poesie. Agnes Miegels Gedichte neu gelesen, Ess. 08; Die Träume der Bürgerin Galotti, Sch. 08. – **MV:** Spektrum d. Literatur, Ess. 75 (seither 14 Aufl.); Deutsche Gegenwartsliteratur, Ess. 81; Weltliteratur im 20. Jh., 5 Bde 81; Mundus Pictus, G. 89; Fundstücke 03ff. – **MA:** zahlr. Beitr. in Anth. u. Zss., u. a. in: Protokolle 83; Kiel, Leseb. 86; ndl 91ff.; Schlesien 91ff.; Schleswig-Holstein 92ff.; Mir bleibt mein Lied 92; zahlr. Beitr. in lit.wiss. Sammelwerken. – **H:** Osmania German Annual, 3 Bde 66ff.; Euterpe, Jb. f. Lit., 10 Bde 83ff.; Poetische Landschaften 01; Jahresgaben der Goethe-Gesellschaft 01ff.; Poetische Porträts 05; Poetische Gärten 08. – **MH:** Journ. of the Osmania Univ. 68; Ed. Euterpe, Buch-Reihe 84ff. – *Lit:* Eugeniusz Klin in: Studia i Materialy XLV, Zielona Gora 98; Paul Zimniak: Erinnerte Landschaft. Zu räuml.-zeitl. Situierung d. Lyrik u. Prosa B.H.s, in: Orbis Linguarum, Wrocław 04; Therese Chromik in: Schleswig-Holstein. Kultur – Leben – Natur 05.

Heimann, Peter, Dr. phil., Pfarrer, Red.; Schulthesserstr. 24, CH-3653 Oberhofen a. Thunersee, Tel. (0 33) 2 43 15 26 (* Bern 15. 1. 21). Verd.dipl. f. Lit. d. ital. U. delle Arti 82, Pr. d. Phil.hist. Fak. d. Univ. Bern 82; Ess., Hörsendung, Ged. – **V:** Des Jahres Frucht, Ess. 56; Das ewige Geleit, Ess. 65; Die Kirche Därstetten 69; Mut zu Gott, Ess. 72; Der Weg nach Väratec, Ess. 77; Stern meiner Nacht, Ess. 79; Mola mystica 82; Erwähltes Schicksal 88; Der griechische Weg zu Christus, Ess. 91; Erinnerung, G. 93; Der Prophet aus Athen, Ess. 98. – **MA:** Das Goetheanum 69–02; Grosser Ruf 73–96; Zs. f. Schweiz. Archäologie u. Kunstgesch. 69 82; Die Christengemeinschaft 92–05; Wissenschaft, Kunst, Religion, Ess. 98; Mitt. aus der anthroposoph. Arbeit in Dtld. 98–02. – **R:** Als ich ein Kind war 59; Der goldene Blütenzweig 60; Daß ich immer ahne deinen Tag 60; Michelangelo und Nikodemus 62; Christus in Rumänien 66; Sieben Betrachtungen 70; Die Schuld des Schweigens 72. – *Lit:* Kurt Guggisberg: Bernische Kirchenkunde 68; Die Marginalie 4/90; Iso Baumer: Prinz Max zu Sachsen 92. (Red.)

Heimann, Susy s. Schmid, Susy

Heimann-Buß, Christa; Ölmättle 7, D-79400 Kandern, Tel. (0 76 26) 16 02. Hebelbund Lörrach; Ged. u. Theaterst. in alemann. Mundart. – **V:** Herztröpfli 92; Fotzel-Schnitte 95; Seelefäde 00; Sternezit 06; – THEATER: De Lene ihri Emanzipation 82; Kommunefieber 87; Liebi macht blind 00.

Heimberg, Katja, Bürokauffrau; An der Kapelle 3, D-31079 Sibbesse, OT Hönze, Tel. u. Fax (0 50 65) 2 36, *katja.heimberg@web.de, katja-heimberg.surfino. info* (* Gronau/Leine 2. 2. 78). Lyr., Erz. – **V:** Dein Leben sind gefühle in Gedichten 04; Mit viel Gefühl durch das Leben 06; Land der Kinderwunschträume, Kdb. 07; Gedankenflüsse, Aphor. u. Kurzlyr. 08. – **MA:** Frankfurter Bibliothek – Jb. f. d. neue Gedicht 07;

Mach mal Pause... 08; Liebesfunken 08; Von der Liebe... 08/09. – **H:** Tschernobyls Tränen der Hoffnung 08; Dankeschön, Vorlese-Anth. 08/09.

Heimberger, Bernd (Ps. u. a.: Sven Sagé, Björn Berg); An den vier Ruten 46, D-15827 Blankenfelde b. Zossen/Berlin, Tel. (0 33 79) 37 21 14 (* Wernigerode 29. 4. 42). NGL Berlin 90; Prosa, Lyr., Ess., Kritik. – **V:** Sterbe-Stunden, R. 92; Annäherungen, Ess., 2 Bde 98; Mitlesebuch 00, 02; Achtundfünfzig. Lyrik-Lese 00, 2. Aufl. 01; Neunundfünfzig. Jahres-Lese 01; Sechzig. Lebens-Lese 02; Rangsdorfer See 07; Mühlenberg 08, alles Lyr. – **MA:** Doppeldecker 90; In der Zugluft 90, beides Lyr. u. Prosa; Literatur vor Ort, Lyr., Prosa, Ess. 95; Die Wüsten leben, Geschn. (auch hrsg.) 96; Die Bonner kommen 98; Die Fragen an die Freiheit 99; Unterdrückte Wahrheit 00; Im Zwielicht 99; Zss.: Die Weltbühne 72–92; ndl, seit 78; Litfass, seit 80; die horen, seit 86; Constructiv 90–94; Die andere Welt, seit 92; Berliner LeseZeichen, seit 93; Das Blättchen, seit 98; Ossietzky, seit 99; liberal, seit 00. – **H:** Blankenfelder Blätter, Lyr. Erzn., Ess., seit 00. – **R:** 200 Hör-Erzn. im WDR 85–96. – *Lit:* s. auch 2. Jg. SK.

Heimes, Ernst, Schriftst., Buchhändler; Alte Moselstr. 28, D-56332 Löf/Mosel, Tel. (0 26 05) 96 16 48, Fax 96 16 47, *ernst.heimes@t-online.de, www. buchhandlung-heimes.de* (* Cochem-Cond 24. 3. 56). VS Rh.-Pf., Förd.kr. d. Schriftst. Rh.-Pf.; Auslandsreisestip. d. VS u. d. Auswärt. Amtes, Förd.stip. d. Ldes Rh.-Pf., Kulturpr. d. Ldkr. Mayen-Koblenz 99; Rom., Erz., Prosa, Lyr., Kabarett, Schausp., Sachb. – **V:** Zwischenwelt, Lyr. u. Prosa 80; Nur in unseren Köpfen, Erz. 81; Ich habe immer nur den Zaun gesehen, Ber. 92, 4. Aufl. 99; Jude in Lehmen, Prosa 93; Schattenmenschen, R. 96; Die Nacht geht Farben holen, Prosa u. Lyr. 99; „Das Ziel unserer Sehnsucht ist weit". Julius Lehlbach, Biogr. 04; Schatten von Menschen, UA 05. – **MV:** Wer bin ich nur?, G. 78; Widerstände mit Schlangenfluß, G., Hsp. 84; Fremd in unserer Mitte, Erzn. 94; Aufatmen Aufstehen Weglaufen, Prosa u. Lyr. 95. – **MA:** Die Zeit des Nationalsozialismus in Rheinland-Pfalz, Bd 2 00; Vorkehrungen, Erz. 04; Der Ort des Terrors. Geschichte d. NS-Konzentrationslager, Bd 6 07. – **H:** Krankenhaustexte, Ber., Prosa, Ess. 82. – *Lit:* E.H. u. d. suche nach d. KZ-Außenlager Cochem, Fs.-Sdg 92; Autorenporträt: E.H., Fs.-Sdg u. Rdfk-Sdg 93/94; Was macht eigentlich E.H.?, Ess. in Rhein-Ztg 04.

Heimes, Silke, Dr. med., Ärztin, Doz., Autorin, Gründerin u. Leiterin d. Inst. f. Kreatives u. Therapeut. Schreiben (IKUTS); Untergasse 17, D-64367 Mühltal-Nieder-Beerbach, Tel. (0 61 51) 1 36 35 71, *info@ikuts. de, www.ikuts.de u. www.silke-heimes.de* (* Groß-Gerau 25. 5. 68). textwerk-Stip. d. Bertelsmann-Stift. 01/02. – **V:** Keine Bleibe für Schnee, Erzn. 06; Deutscher Meister über 100 Meter Lagen, Dr., UA 06; Lauter Unmögliches, Dr., UA 07; Der Fremde, Erzn. 08; Die Geigerin, N. 08; zahlr. Fachbücher u. -artikel. – **MA:** Mathilde (Darmstadt) 94–97; Der Literaturbote / „L", H. 56/57 99, 60 00, 65 02, 72 03, 79/80 05; Darmstädter Dokumente, Nr. 11 01; Ventile 9/01; Begegnungen 2007 07; Trilogie (Verl.-Vorwerk 8) 07; eXperimenta, Online-Lit.zs. 07. – **H:** Wort für Wort, monatl. Newsletter d. IKUTS.

Heimgartner, Thomas, lic. phil., Germanist; Kasimir-Pfyffer-Str. 20, CH-6003 Luzern, *thomas_heimgartner@yahoo.com* (* Zug 11. 3. 75). Erz. – **V:** Nemesis, N. 00.

Heimhilger, Lena; Kazmairstr. 45, D-80339 München, Tel. (0 89) 50 60 28, *heimhilger.pageonpage.eu*. – **V:** Ich verliere mich 08. – **MA:** Querschnitte Frühjahr 2007 Bd 1 u. Herbst 2007 Bd 1

Heimlich

Heimlich, Jürgen; Rosa-Jochmann-Ring 3/XIII/20, A-1110 Wien, Tel. (01) 9 66 29 53, *juergen.heimlich @reflex.at*, *www.myblog.de/squire* (* Wien 26. 1. 71). IGAA 00; Rom., Lyr., Erz. – **V:** Die Ewiggleichen, Lyr. 97; Kleine Weihnachtsgeschichte für Erwachsene, Erz. 97; Nennt mich Sebastian, den Erwachten 00; Die zwei Leben des Sebastian – diametrale Erz. 06; Das diabolische Experiment, R. 06; Bumba, der Zirkuslöwe, Kdb. – **MA:** zahlr. Beitr. in Lit.-Zss. u. Anth. seit 98, u. a. in: Zenit, Maskenball. (Red.)

Heimowski, Uwe, Pastor, Pädagoge, Doz.; Marienstr. 12, D-07546 Gera, Tel. (01 62) 2 67 28 32, *heimowski@web.de*, *www.heimowski.com* (* Hämelerwald 26. 9. 64). Lyr., Erz. – **V:** Im Land der 3 Sonnen, Erz. 89, 3. Aufl. 93; Ha Ha Halleluja, Anekdn. u. Witze 94; Spielsucht, Erz. 04; Brunos Dankeschön, Erz. 05. (Red.)

Heimpel, Christian, Dr. rer. pol., freier Consultant f. internat. Umweltfragen; Rua Des. Alcebiades Silveira de Souza, 66, 88030–625 Florianópolis-SC/Brasilien, Tel. (0 48) 32 33 63 76, *heimpel@uol.com.br*. Schuppenhörnlerstr. 54, D-79868 Feldberg, Tel. (0 76 55) 6 94, *cheimpel.falkau@t-online.de* (* Leipzig 29. 11. 37). – **V:** Bericht über einen Dieb 04.

Heimrich, Hans Jürgen, Schriftst.; Händelstr. 29, D-97456 Dittelbrunn-Hambach, Tel. (0 97 25) 95 86, Fax (0 89) 2 44 31 79 92, *www.heimrich-autor.de* (* Weimar 17. 3. 38). FDA Bayern, stellv. Vors., AVF, Gesch.-führer, Ges. d. Lyr.freunde, Schweinfurter Autorengr. (SAG); Lyr., Kurzprosa, Mundart. – **V:** Off gud Rudelschtäd'sch, Mda. 96; Heimkehr in die Erinnerung, Lyr. 97; Auch ich bin ein Ossi, Erzn. 03. – **MA:** Fliegende Literatur Bll., seit 94; Palmbaum, Lit. Journal 98; Klaubauf, Lit.mag. 99; Archenoah, Lit.mag. 99; Central European Time (CET) 01; Das Boot, Lyr.bl.; Begegnung. Zs. d. Ges. d. Lyr.freunde. (Red.)

Heimrich, Jochen, Dr.; Leobschützer Str. 24, D-13125 Berlin, Tel. (0 30) 9 43 63 99 (* Oppach/Kr. Löbau 12. 8. 33). Lyr., Erz. – **V:** Der Gewitterlöwe 01; Das Unschuldslamm 02; Der Windhund 03; Der Klimperch kimmt 05. (Red.)

Hein, Christa, M. A., M. F. A.; c/o Frankfurter Verlagsanstalt, Frankfurt/Main (* Cuxhaven 25. 8. 55). Pr. d. Romanfabrik Frankfurt, Pr. d. Frankfurter Künstlerhilfe, Stip. d. Ldes Hessen; Rom., Erz. Ue: engl, am. – **V:** Quicksand 94; Der Blick durch den Spiegel, R. 98, Tb. 00 (auch ital., span.); Scirocco, R. 00, Tb. 02; Vom Rand der Welt, R. 03. – **Ue:** Werke v. Donald Harington, Ralph Burdman, Lynda Hull, J.P. Shanley. (Red.)

Hein, Christoph, Dipl.-Philosoph; c/o Suhrkamp Verl., Frankfurt/M. (* Heinzendorf/Schles. 8. 4. 44). SV-DDR 81, P.E.N.-Zentr. Dtld, Präs. 98–00, Akad. d. Künste Berlin, Dt. Akad. f. Spr. u. Dicht., Freie Akad. d. Künste Leipzig, Sächs. Akad. Dresden; Heinrich-Mann-Pr. 82, Kritikerpr. d. BRD 83, Lit.pr. Der erste Roman 85, Lessing-Pr. d. DDR 89, Stefan-Andres-Pr. 89, Erich-Fried-Pr. 90, Berliner Lit.pr. 92, Ludwig-Mülheims-Pr. 92, Peter-Weiss-Pr. d. Stadt Bochum 98, Pr. d. LiteraTour Nord 98, Solothurner Lit.pr. 00, Chevalier de l'Ordre des Arts et des Lettres 01, Öst. Staatspr. f. europ. Lit. 02, Premio Grinzane Cavour, Turin 02, Schiller-Gedächtnispr. 04, ver.di-Lit.pr. 04, Walter-Hasenclever-Pr. 08; Drama, Prosa. – **V:** Schlötel oder Was solls, Bü. 74; Cromwell, Bü. 79; Lassalle fragt Herrn Herbert nach Sonja. Die Szene ein Salon, Bü. 80, 84; Einladung zum Lever Bourgeois, Erzn. 80, 93; Cromwell und andere Stücke, Dr. 81; Der fremde Freund, N. 82, 99, BRD u. d. T.: Drachenblut 83 (Übers. in üb. 30 Spr.); Nachtfahrt und früher Morgen, Erzn. 82, 94; Die wahre Geschichte des Ah Q, Bü. 83, 88 (Übers. in 8

Spr.); Das Wildpferd unterm Kachelofen 84, 94 (Übers. in 12 Spr.); Horns Ende, R. 85, 96 (Übers. in 12 Spr.); Schlötel oder Was solls. Stücke u. Ess. 86; Öffentlich arbeiten, Ess. u. Gespräche 87, 88; Passage, Kammersp. 88, 94; Die Ritter der Tafelrunde, Kom. 89, 91 (Übers. in 6 Spr.); Der Tangospieler 89, 99 (auch frz., ital., kat., schw., dän., engl.); Die Ritter der Tafelrunde und andere Stücke 90; Als Kind habe ich Stalin gesehen, Ess. u. Reden 90, 92; Bridge freezes before roadway 90; Die fünfte Grundrechenart, Aufss. u. Reden 90, 91 (auch jap.); Matzeln 91; Die Vergewaltigung, Erzn. 91; Das Napoleon-Spiel, R. 93, 98 (Übers. in 8 Spr.); Exekution eines Kalbes und andere Erzählungen 94, 96 (auch frz., ital. u. Blindendr.); Randow, Kom. 94; Die Mauern von Jerichow, Ess. u. Reden 96; Von allem Anfang an 97, Tb. 00; Bruch. In Acht und Bann, Stücke 99; Willenbrock, R. 00; Mama ist gegangen, Kdb. 03; Landnahme, R. 04; Aber der Narr will nicht, Ess. 04; In seiner frühen Kindheit ein Garten, R. 05; Das Goldene Vlies, Erz. 05; Frau Paula Trousseau, R. 07; – THEATER/UA: Schlötel oder Was solls 74; Cromwell 80; Lassalle fragt Herrn Herbert nach Sonja. Die Szene ein Salon 80; Die wahre Geschichte des Ah Q 83; Passage 87; Die Ritter der Tafelrunde 89; Randow, Kom. 94; Bruch 98; In Acht und Bann, Kom. 98; Mutters Tag, Kom. 00; Noach, Opernlibr. 01; Zur Geschichte des menschlichen Herzens, Kom. 02; Landnahme 04; Horns Ende 06; In seiner frühen Kindheit ein Garten 06; (Übers. aller Prosaarbeiten sowie der meisten Stücke in mehrere Sprachen). – **MV:** Kunst als Opposition 90. – **B:** J.M.R. Lenz: Der neue Menoza oder Geschichte des kumbanischen Prinzen Tandi, Kom. 82. – **F:** Der Tangospieler. – **R:** Jakob Borgs Geschichten, Hörfolge f. Kd. 81/82; Jannings, Hsp. 04. – **Ue:** Jean Racine: Britannicus, Bü. 75; Einakter v. Moliere u. franz. Anonymen. – *Lit:* Lothar Baier (Hrsg.): C.H. – Texte, Daten, Bilder 90; Walther Killy (Hrsg.): Literaturlex. 90; Text u. Kritik: C.H. 91; Klaus Hammer (Hrsg.): Chronist ohne Botschaft. Ein Arbeitsb. 92; DLL, Erg.Bd 4 97; LDGL 97; Manfred Behn in: KLG.

Hein, Erika (geb. Erika Hoer), Hausfrau, kfm. Angest., Rentnerin; Malischstr. 15, D-72175 Dornhan, Tel. (0 74 55) 21 83 (* Schramberg, Kr. Rottweil 7. 5. 39). Kinderb., Jugendb. – **V:** Gespenster machen keine Ferien 70; Stefanies Sommer 73, 78; Marika und der Hundedieb 73; Das Versteck auf der Schlangeninsel 78; Die Mädchen vom Ponyhof 78, 91; Freundschaft mit Sultan 79; Susanne freut sich auf ihr Fohlen 81; Andrea und ihr Pferdehof 82; Eine Reiterfreundin für Andrea 82; Andrea ist stolz auf ihre Pferde 83; Wir zwei in einem Haus 85; Zwei Mädchen und viele Pferde 85; Andrea fährt ins Pferdeglück 88; Wenn wir Freunde wären 93. (Red.)

Hein, Günter, StudDir.; Am Störlein 6, D-97464 Oberwerrn, Tel. (0 97 26) 22 40, Fax 90 61 21, *guenter.j. hein@web.de* (* Schweinfurt 12. 4. 42). AVF; Erzählerpr. d. Stift. Ostdt. Kulturrat 92, Hafiz-Pr. (3. Pr.) f. Satire 92, Völklinger Senioren-Lit.pr. (3. Pr.) 02; Kurzgesch., Nov., Komödie, Kinderst. – **V:** Transleithanien, Kurzgeschn. 79; Stammtisch im Stern, Erzn. 80; Die Thronfolger, Kom. 83; Kauz und Specht, Kinderst., UA 90, (auch kroat.); Der Normaluhr, Einakter, UA 92; Notturno, Kurzgeschn. 96; Josefs Ehe, Einakter 03; Durch die Blume, Einakter 04; Des Kaisers Bart, Kom. 06; Pfingstbande 07; Der neue Sauerbraten 06; Fleischeslust 07; Familienbande 07; Die neue Tapete 08, alles Einakter; Gezeitenwechsel, Kurzprosa 08. – **MA:** Intern. Jb. f. Lit.ensemble 13, 82 u. 15, 84; Stücke f. zwei Personen 87; Die Frau im Gobelin 88; Die schönsten Sonntagsgeschichten 88; Macht und Frauen 98; Literatur am Samstag 03; Ausschließlich Liebe 03.

Hein, Jakob, Dr. med., Oberarzt in d. Klinik f. Psychiatrie u. Psychotherapie d. Charité; lebt in Berlin, c/o Piper Verl., München, *www.jakobhein.de/aktuell.php* (* Leipzig 25. 10. 71). Rom., Erz., Kinderb., Lied. Ue: am, schw. – **V:** Mein erstes T-Shirt, Erzn. 01; Formen menschlichen Zusammenlebens, R. 03; Vielleicht ist es sogar schön 04; Rede eines jungen Autors für seinen alten Verlag 04; Mexiko Mexiko (Berliner Handpresse 121) 05; Herr Jensen steigt aus, R. 06; Gebrauchsanweisung für Berlin 06; Antrag auf ständige Ausreise. Und andere Mythen d. DDR 07; Vor mir den Tag und hinter mir die Nacht, R. 08. – **MA:** Frische Goldjungs 01; Auf Lesereise 04; Volle Pulle Leben 05; Pauschal ins Paradies 07; Sex ist eigentlich nicht so mein Ding 07; Ich bin Buddhist u. Sie sind eine Illusion 08; Ein Mann, eine Frage 08. – **P:** Wir waren zuerst da, CD 03. – *Lit:* Oliver Igel: Gab es die DDR wirklich? 05; Anne Graefen: Ein Ost/West-Vergleich d. Jugend in d. 80er Jahren anhand zweier lit. Werke: „Generation Golf" v. F. Illies u. „Mein erstes T-Shirt" v. J.H. 08.

†**Hein,** Klaus, Dipl. rer. mil., Oberst a. D.; lebte in Karlshagen (* Brieg 34, † Greifswald 6. 9. 08). Mecklenburg. Lit.ges. e.V. 94, Internat. Wolfgang-Koeppen-Ges. e.V. 99; Rom., Erz., Lyr. – **V:** Plädoyer zu Peenemünde 94; Streit wegen Peenemünde 95; Wunder an der Hahn, Erz. 98; Der Lehrer vom Scheffelsberg, Sagen 99; Aufgerichteter Engel, R. 01; Deutschland, dein Peenemünde, Erzn. u. Lyr. 02; Schneeweiße Glänze, Lyr. 04. – *Lit:* Alexa Hennings: Stalindenkmal – Personenkult d. DDR, Hsp. (DLR) 01; dies.: Der alte Soldat u. d. Frieden oder: Du sollst Buße tun in Peenemünde, Hsp. (NDR) 01; Stefan Nolte/Alexander Reich: Gralssucher in Peenemünde, Theaterspektakel (Theater Provinz Kosmos e.V.) 03.

Hein, Manfred Peter, freier Schriftst.; Karakalliontie 14.0.95, FIN-02620 Espoo, Tel. (0 89) 59 95 83, *marjatta.hein@uukku.com* (* Darkehmen/Ostpr. 25. 5. 31). Finn. P.E.N. 80, Finn. Lit.forsch.-Ges. 81; Weilin u. Göös-Lit.pr. Helsinki 64, Prämie z. Finn. Staatspr. f. Lit. 74, Peter-Huchel-Pr. 84, Stip. d. Dt. Lit.fonds 90, Horst-Bienek-Förd.pr. 92, Paul-Scheerbart-Pr. 99, Nossack-Akad.pr. 02, Lett. Lit.pr. f. d. übersetzer. Lebenswerk 04, Rainer-Malkowski-Pr. 06 (erster Preisträger); Lyr., Prosa, Ess., Hörsp., Lyr. u. Prosa f. Kinder. Ue: finn, tsch. – **V:** Ohne Geleit, G. 60; Taggefälle, G. 62; Gegenzeichnung, G. 74 (Bílá proti bílé, tsch. Ausw. 68); Gegenzeichnung, G. 1962–82 83; Die Kanonisierung d. Romans. Alexis Kivis „Sieben Brüder" 1870–1980 84; Fragmentarisches zu P.C. Perkeleesi 84; Zwischen Winter und Winter, 25 G. 87, 2. Aufl. 06 (auch engl., dän., isländ.); Auf Harsch Palimpsest, 12 G. 88; Orte der Verbannung, G. 90; Finnische Literatur in Deutschland, Ess. z. Kivi- u. Sillanpää-Rezeption 91; Rharbarbar Rharbarber, G. u. Gesch. f. Kinder 91; Ausgewählte Gedichte 1956–86 93; Über die dunkle Fläche, G. 94; Spiegelkehre, G. 95; Gedichte, dt./isl. 98; Fluchtfährte, autobiogr. Erz. 99; Steinschlag auf Lauer, G. 99; Hier ist gegangen wer, G. 1993–2000 01 (arab. Ausw. 01); Glatteis, G. f. Kinder 01; Sprengung einwärts, G. 04; Aufriß des Lichts. Späte Gedichte 2000–2005 06; Vom Umgang mit Wörtern. Streifzüge u. Begleittexte 06; Die Katze. Ihr Zeitmaß. Gedichte aus 40 Jahren 08; Nachtkreis. Gedichte 2005–07 08. – **MA:** zahlr. Beitr. in Lit.zss. u. Jb., u. a. in: Akzente; Beldz & Gelberg Jb. d. Kinderlit.; Das Gedicht; die horen; Jb d. Lyrik; Jahresring; ndl; Kursbuch; Neue Rundschau; Rowohlt Lit.mag.; Sprache im techn. Zeitalter; Hermannstraße 14; Parnasso

(Helsinki); Zwischen den Zeilen. – **H:** Sammlung Trajekt 80–88; Trajekt. Beiträge z. finn., lapp., estn., lett. u. litau. Literatur, 1–6 81–86; Auf der Karte Europas ein Fleck. Gedichte d. osteurop. Avantgarde 91. – **MH:** Eino Leino: Die Hauptzüge d. finn. Lit., Ess. 79. – **R:** Die dritte Insel 68 (finn.: Saareke 69); Der Exulant 69, beides Funkdialoge. – **Ue:** Moderne finnische Lyrik, Anth. 62; Paavo Haavikko: Poesie 65; Jahre, R. 65; Pentti Saarikoski: Ich rede, G. 65; Antti Hyry: Erzählungen 65, 83; Veijo Meri: Der Töter u. a. Erzählungen 67; Paavo Haavikko: Gedichte 73; Moderne Erzähler der Welt: Finnland, Anth. 74; František Halas: Und der Dichter?, G. 79; Veijo Meri: Erzählungen 81; Paavo Haavikko: Zwei Erzählungen 81; König Harald, Hsp. 82; Pentti Haanpää: Erzählungen 82; Die Nacht bleibt nicht stehn, 2 Poeme 86; Weithin wie das Wolkenufer, finn. Volkspoesie 90; Arto Melleri: Gedichte 95; Weithin wie das Wolkenufer. Finnische G. aus zwei Jh. 04. – **MUe:** Amanda Aizpuriete: Die Untiefen des Verrats, G. 93; dies.: Laß mit das Meer, G. 96; dies.: Babylonischer Kiez, G. 00. – *Lit:* Andreas F. Kelletat: Jubelzwerg, Festschr. 81; ders.: M.P.H.s Übersetzung d. G. „(1905)" v. Arvo Turtiainen. Ein ling.-lit.wiss. Übers.vergleich 88; ders.: M.P.H., Bibliogr. 1956–1991 91; ders. in: Der Ginkgo-Baum 10/91; U. Keicher/G. Partyka/P. Schlack (Hrsg.): Trifft man sich wann in welchem Zustand an welcher Stelle d. Welt, Festschr. 91; A.F. Kelletat in: Rigaer Symposium '96; ders. in: KLG 97; Eugen A. Satschewski in: Voprosy filologii, St. Petersburg 97; Peter Horst Neumann in: Griffel 7/98; A.F. Kelletat in: Regensburger Skripten zur Lit.wiss., R. Edition, Sonderdr. 99; ders. in: DAS WORT, Germanist. Jb. '99, Moskau 00; Rafał Żytyniec in: Triangulum, Germanist. Jb. 7/00 (Riga); A.F. Kelletat in: Tausend Jahre poln.-dt. Beziehungen, Warschau 01; Giampiero Budetta in: Triangulum, Germanist. Jb. 8/01 (Riga); Jürgen Joachimsthaler in: Literaturen d. Ostseeraums in interkulturellen Prozessen 05; A.F. Kelletat: Unterwegs mit zehn Fingern. M.P.H. – Lyrik, Prosa, Übers. 06; ders. in: Jb. Deutsch als Fremdsprache, Bd 32 06; ders. in: POETICA, Bd 100 07; S. Barniškiené in: Literatūra 5/07 (Litauen).

Hein, Siegbert, Korrektor; Sültstr. 60, D-10409 Berlin, Tel. (0 30) 4 25 61 83 (* Luckenwalde 7. 11. 53). – **V:** Sonntägliche Ortsbegehung 90; Ganz leicht und andere Gedichte 94; Australische Nähe, Tageb. 00. – **MA:** Veröff. v. G. u. Prosa in: ndl; Offene Fenster; Temperamente 75–89. (Red.)

Heinau, Katrin, Dramaturgin, Schauspielerin, Lehrerin, Schriftst.; lebt in Berlin c/o ERATA Literaturverl., Leipzig (* Berlin 65). Arb.stip. f. Berliner Schriftst. 98, Stückepr. d. Theaters d. Landeshauptstadt Magdeburg 00, Stip. Schloß Wiepersdorf 02; Prosa, Dramatik, Lyr. Ue: ital. – **V:** Die Fahrt ins Weiße, Erzn. 97; Vier Männer, Erzn. 06; Evakuierung, R. 06; Der Papst ist ein Schwede, Erz. 07; Wunderbar kann ich singen!, Stück; – THEATER/UA: Marlon Brando auf Tahiti 98; Die blauen Schwestern oder Rixdorf im Jahr 2000 99; Ich werde falsche Angaben machen 01; – Szen. UA: Schwerdgeburth, Kom. 99; Liturgia – Ich habe alles bezahlt 03; Der Papst ist ein Schwede, Bü.fass. 06; Vendelzeit 07. – **MA:** Beitr. in Anth.: Die Lehre der Fremden – Die Leere des Fremden, Prosa, Lyr., Szenen u. Ess. 97; Junge europ. Erzähler 1999 aus Dtld, Schweden, Frankreich u. England 99; Beitr. in Zss.: Konzepte 21/01; COOP 1/06; sowie in: Kritische Ausgabe; Dichtungsring; Ostragehege. – **MH:** Feministische Philosophie in Italien. Die Philosophin 29 (Themenh.), m. Sara Fortuna (auch Red.) 04. – **P:** Vendelzeit, Hsp., CD

Heindl

08. – **Ue:** Tamara Tagliacozzo in: Die Philosophin 19 99. (Red.)

Heindl, Gottfried, Dr. phil., Beamter i. R.; Argentinierstr. 2/7, A-1040 Wien, Tel. (01) 5 05 01 89 (* Wien 5. 11. 24). Gesch., Sachb. Ue: engl, frz. – **V:** Geschichten von Gestern – Geschichte von Heute; Und die Größe ist gefährlich; Auch Petrus war kein Römer 84, teilw. 89; Leg' mich zu Füßen, Majestät 85; Das ist kein Bild, das ist eine Kriegserklärung 86; Wo selbst die Engel Urlaub machen 89; Die Purpurschmiere, Anekdn. 90; Das Salzkammergut und seine Gäste, Sachb. – **MV:** Der liebe Gott ist Internist, m. W. Birkmayer; Prozesse sind ein Silberschweiß, m. H. Schambeck; Himmlische Rosen ins irdische Leben, m. M. Heindl; Dem Ingenieur ist nichts zu schwer, m. M. Higatsberger; Kerzengrad steig ich zum Himmel, m. E. Mayer; Juristen-Brevier, m. H. Schambeck. – **H:** Eine Insel der Seligen oder Österreich 1945 bis heute in Geschichten u. Anekdoten 89. – **MH:** Julius Raab – eine Biogr. in Einzeldarstellungen, m. Alois Brusatti. (Red.)

Heindorf, Heiner s. Rank, Heiner

Heindrichs, Heinz-Albert, Prof. f. Musik, Komponist, Lyriker, Maler; Auf Böhlingshof 23, D-45888 Gelsenkirchen, Tel. (02 09) 20 31 14, Fax 27 28 24 (* Brühl 15. 10. 30). Lindströmpr. Köln 54 (f. I. Liederb.), Kammermusikpr. Brüssel 58 (f. I. Streichquartett), BVK I. Kl. 01, Europ. Märchenpr. 01, u. a.; Lyr., Ess., Märchenforschung. – **V:** Zikadenmusik, G. u. Notationen 78; Überfahrt, G. 79; Musikgedichte 86; Vor der Stille, G. 87; Weil es dich gibt, G. 88; Frühstück, ges. G. I 92; Siebenbuch, ges. G. II 91; Mundartgedichte 92; Zauber Märchen Gedichte 97; Lautgedichte 98; Erinnern Vergessen, G. 99; Solitär, G. 00; Die Nonnensense, musikal. Sprechtheater, UA 00; Gesammelte Gedichte (25 Bände in 13 Büchern 08/09): I Traumschutt – In der Kelter; II Fort von wo – Verloren die Form; III Honigklavier – Vor der Stille; IV Unter dem Horizont – Weil es dich gibt; V Aus der Rosenschlucht – Über die Lichtung; VI Du nicht zu halten – Weißt du das Wort; VII Die Nonnensense (Laut- u. Unsinnsg.); VIII An mich – Flugpost; IX Atem für Atem – Von Jahr zu Jahr; X Erinnern Erwarten – Je dunkler es wird; XI Verhüllte Sonne – Blühender Staub; XII Über uns in uns – Vor niemandes Ort; XIII Im Regenbogen – Rubin (Die Jugend). – **MA:** über 100 literar. Beitr. in Anth., Essaybänden, Kat., Rdfk u. Zss. sowie über 2000 Rez. in Zss. u. Ztgn. – **H:** 7 Essaybände z. Märchenforsch.: Die Zeit im M. 89; Tod u. Wandel im M. 91; M. u. Schöpfung 93; Das M. u. die Künste 96; Zauber M. 98; Alter u. Weisheit im M. 99; Als es noch Könige gab 01. – **P:** Salut für Kuzorra, Text- u. Toncoll. 93; Licht Klang Staub, Sprech- u. Klangritual 98; Solargeflecht, Text-u. Toncoll. 00; – 30 Liederzyklen n. eigenen u. Gedichten anderer (Ilse Aichinger, Ingeborg Bachmann, Jürgen Becker, Paul Celan, Günter Eich, Recha Freyer, Yvan Goll, Rolf Haufs, Ursula Heindrichs, Langston Hughes, Ernst Meister, Litaipe, Sappho, Nelly Sachs, Georg Scherer, Jesse Thoor, Georg Trakl); – Chorzyklen n. Ernst Barlach, Werner Bergengruen, Annette v. Droste-Hülshoff, Kohelet, Angelus Silesius, Kurt Weigel; – Liederzyklen n. Gedichten v. H.-A.H. von: Michael Dehnhoff, Bojidar Dimov, Heinz Martin Lonquich; – 30 Einzelausst. d. No-tationen (= aus Noten u. Schrift entwickelte Zeichn. u. Bilder).

Heine, Brigitte, Lehrerin; Butenbergs Kamp 98, D-45259 Essen, Tel. (02 01) 46 44 74 (* Herne 15. 9. 49). Text d. Monats d. Stadtbibl. Essen 84, 85, 86, Oberhausener Lyr.pr. 89, Lyr.pr. d. Konstanzer Konzils 91; Lyr., Lyrische Prosa, Rezension. Ue: frz. – **V:** Im Endlosland, Lyr. 87; Schickt der Fluß seine Boten aus 88; Unter dem

Farnzelt, G. 96; Schriftzüge 98. – **MA:** Beitr. in Lyr.-Anth., Prosa-Anth. u. lit. Zss. – **R:** Lesung im WDR III 92. (Red.)

Heine, Carola (Ps. Melody), Webdesignerin, freie Journalistin u. Red.; Rather Kirchplatz 2a, D-40472 Düsseldorf, *info@blogwerk.de, www.melody.de* (* Lüdenscheid 12. 7. 66). 1. Pl. b. Chalim-Lit.wettbew. 96; Rom., Erz., Kolumne. – **V:** Liebe auf den ersten Klick, Cyber-R. 97; Frauen und andere Katzen, Kurzgeschn. 00. – **MA:** PC Praxis 9/99–5/00; Überraschung, Anth. 00. (Red.)

Heine, Edith (geb. Edith Käthe Ruppelt) (* Breslau 12. 2. 22). Ges. d. Lyr.freunde Öst. 94, IGdA 96; Pr.trägerin im Schreibwettbew. d. WDR 95; Lyr., Prosa, Erz. – **V:** Wie ein Blatt im Wind, Gedanken, Schles. Erinn. 84; Rosen die nie verblühen, Lyr. 86; Eisblumen und Mimosen, poet. Quodlibet 89; Momente. Abendländische Haiku u. Aquarelle 92; Durch Jahr und Zeit, Gedenktage-Kal., Lyr. 96; Geliebtes gelebtes Leben, Gedanken 99; Welch Glück, in dieser Welt zu leben, Erlebn. u. G. 01. – **MV:** Alles hat seinen Sinn, m. Christa Bernlochner u. Hans Vicari, Lyr. 04. – **MA:** Brauchtum der Heimat 83; Körner, Kräuter, Küchengeheimnisse 87; Der Mensch, der mir geholfen hat, WDR-Anth. 95; Jb. f. d. neue Gedicht 03; Ich träume deinen Rhythmus, Anth. 03; Dichterhandschriften 03; zahlr. Lyr.- u. Prosabeitr. in Ztgn, Zss., Jahreskal. u. Kochb., u. a. in: Begegnung; das boot; IGdA-aktuell. – **R:** Lyr.- u. Prosabeitr. im Hfk: BR s. 81; AWN Straubing s. 87; WDR s. 94; Am Abend in der Stub'n, Volksmusik, Lyr., Prosa u. eig. Moderation im BR 88, 90. – **P:** Damals, Tonkass. m. Lyr., Prosa u. Musik 90. – *Lit:* Portr. in: Straubinger Tagebl. 85; AWN Straubing 89; BR 85, 91, 92, u. a. (Red.)

Heine, Ernst W., Dipl.-Ing., Architekt; Tonweg 2, D-93345 Hausen/Naab, Tel. (0 94 48) 9 20 11 0, Fax 92 01 19, *www.ewheine.de* (* Berlin 14. 1. 40). Rom., Erz., Hörsp., Fernsehsp. – **V:** Die Rache der Kälber 79, Tb. 81; Nur wer träumt ist frei, R. 82, Tb. 85 (auch korean., griech.); Kille Kille, makabre Geschn. 83, 89, Tb. 02 (auch jap., ital., span.); Wer ermordete Mozart? 83, 98; Wer enthauptete Haydn? 86, 95 (auch jap., dän., ital., span.); Hackepeter, makabre Geschn. 84; New York liegt im Neandertal 84, Tb. 86; Der schiefe Turm 84, 87; Wie starb Wagner? Was geschah mit Glenn Miller? 85, 94 (auch jap., ital.); Kuck Kuck, makabre Geschn. 85, Tb. 89; Der nomade Nomade, hist. Ess. 86, Tb. 89; Luthers Floh, hist. Geschn. 87, Tb. 91; Toppler, ein Mord im Mittelalter 89, Tb. 92; Das Glasauge 92, Tb. 01; An Bord der Titanic 93, Tb. 95 (auch ital.); Das Halsband der Taube, R. 94, Tb. 96 (auch span., griech., dän., frz., türk.); Noah & Co. 95; Brüsseler Spitzen, R. 97, 99; Der Flug des Feuervogels, R. 00, Tb. 02; Kinkerlitzchen, Geschn. 01, Tb. 03; Die Raben von Carcassonne 03; Ruhe sanft 04; Papavera, der Ring des Kreuzritters 06. – **R:** Fernsehdrehbücher, u. a.: Der fließende Fels, 6-tlg.; Warum Krieg? (Red.)

Heine, Heinrich W. s. Sprenger, Werner

Heine, Helme (Helmut Heine), Schriftst., Kinderbuchautor, Illustrator u. Designer; lebt in Russell/Neuseeland, c/o Carl Hanser Verl., München, *www.helmeheine.de* (* Berlin 4. 4. 41). Premio Grafico 77, Schönste deutsche Bücher 77–79, 81, 82, Troisdorfer Bilderbuchpr. 83, Gr. Pr. d. Dt. Akad. f. Kdr.- u. Jgdl-lit. 91, Europ. Jgdb.pr., u. a.; Bilderb., Kinderb., Hörb., Drehb. – **V:** Elefanteninmaleins, erz. Bilderb. 77; König Hupf I. 77; Bauernfest 77; Billy Biber 78; Das Leben d. Tomanis 78; Na warte, sagte Schwarte 78; Der Superhase 78; Der Hund Herr Müller, Erz. u. Cartoons 78; Richard 79; Fantadu, Theaterb. 79; Tante Nudel,

Onkel Ruhe u. Herr Schlau 79; Der äußere u. innere Otto, Erz. 79, alles auch Fsf.; Der Katzentatzentanz 80; Der Hühnerhof 81; Du bist einmalig, Erz. 81; Von Riesen u. Zwergen 82; Ich lieb dich trotzdem immer, G. 82; Freunde 82; Das schönste Ei der Welt 83; Gruß u. Kuss 88; Mullewapp 96; Der Wecker 96; Samstag im Paradies 97; Die wunderbare Reise durch die Nacht 97; Heute geh ich aus dem Haus 99; Hans u. Henriette 00; Der Besuch 01; Diabollo 01; Kleine Helden 01; Der Rennwagen 01; Foxtrott 03; Ein Fall für Freunde 04; Neue Fälle für Freunde 05; Die Krachmacher 06; Nimm mich, wie ich bin 07, u. a.; – Hörspielreihe „Die drei Freunde" – **MV:** Tabaluga, R. 94; Das Muttermal, R. 98, beide m. Gisela v. Radowitz; (Weltaufl. ca. 25 Mio. Bücher, in 35 Sprachen übers.). (Red.)

Heine, Horst; Hittfelder Landstr. 8, D-21218 Seevetal, Tel. (0 41 05) 46 91 (* Hannover 23. 3. 42). Rom., Ged., Kurzgesch., Biogr. – **V:** Kurze Geschichten, 7 Bde 99–07; Ein Leben im Sport des Horst Hoffmann, Biogr. 01; Unruhiges Blut, R. 03; Gedichte, Bd 1 04; Krisenjahre, R. 05. (Red.)

Heine, Renate; Wurmbergweg 7, D-30419 Hannover, *heine.schreiber@web.de* (* Glissen/Nienburg 23. 2. 44). Lyr., Prosa. – **V:** Rachel, Erz. 87; Saög maöl, Tinaö, hannöversche Satn. 91. – **MA:** Beitr. in: Ein Lesebuch mit Geschichten u. Gedichten dt.spr. Autoren; ZEITschrift, Bde 10, 23, 24, 35, 45, 53, 60, 73, 84, 88. (Red.)

Heine, Susanne, Dr., UProf. f. Prakt. Theologie u. Religionspsychologie; Buchfeldgasse 9, A-1080 Wien, Tel. (01) 4 08 34 47, Fax 40 83 44 74. c/o Universität Wien, Evang.-Theolog. Fakultät, Rooseveltplatz 10, A-1090 Wien, Tel. (01) 4 27 73 28 01, *susanne.heine@univie.ac.at* (* Prag 17. 1. 42). – **V:** Frauen der frühen Christenheit 86, 3. Aufl. 90 (auch engl., holl., korean.); Wiederbelebung der Göttinnen? 87, 2. Aufl. 90 (auch engl.); Frauenbilder – Menschenrechte 00; Anja. Keine Geschichten f. Kinder 01. – **MV:** Kleines Religiöses Wörterbuch 84. – **MA:** Ess. in: Lutherische Monatshefte, seit 91; Dt. Ev. Kirchentag, Dok. 91; Die Erde den Sanftmütigen? 90; Theolog. Ruhrgebiet 1991; UniZürich, 5/92; Gedanken f. den Tag 95; Word & World, Vol.XV, 3 95; Glut unter der Asche, Buch z. ZDF-Ser. 00; Ev. Kommentare; Salzburger Nachrichten; NZZ; Die Furche; Uni-Ztg Wien. – **H:** Europa in der Krise der Neuzeit 86; Islam – zwischen Selbstbild und Klischee 95. – **MH:** Gott ohne Eigenschaften?, m. E. Heintel 83; Schulfach Religion 82–90. – **R:** Radiosdgn, u. a.: Wo der Friede anfängt 90; Gedanken für den Tag, Hörfolge 91–03; Nichts bleibt beim Alten 93; Sehnsucht nach dem Himmelreich 95; Das Spiel der Wende 96; – Drehb. zu Fs.-Sdgn: Ein Haus in Jerusalem, 56 F. 91/92; FeierAbend, 10 F. 92–00. – *Lit:* s. auch GK. (Red.)

Heinemann, Elke, Dr. phil., Ausbildung z. Red. Henri-Nannen-Schule, freie Autorin; c/o Edition Nautilus, Hamburg, *www.elke-heinemann.de* (* Essen 18. 2. 61). VS 03; Stip. Schloß Wiepersdorf 94, Lit.pr. Rheingauer (Förd.pr.) 99, Lit.pr. Floriana 00, Esslinger Bahnwärter 02, Ausz. b. Lit.pr. d. FDA 05, Finalistin d. ARD f.d. Prix Italia 06, Finalistin d. WDR f.d. Prix Italia 07; Rom., Kurzprosa, Ess., Radio-Art. Ue: engl, frz. – **V:** Babylonische Spiele. William Beckford u. d. Erwachen d. modernen Imagination, wiss. Monogr. 00; Der Spielplan. Ein Liebesroman 06; Meret Oppenheim. Eine Portrait-Collage 06; Kiss off! 08. – **MA:** literar. u. feuilletonist. Veröff. in Anth., Zss. u. Ztgn, u. a.: DIE ZEIT; Freitag; Frankfurter Rundschau; Berliner Ztg; Stuttgarter Ztg; Konkursbuch 38 00, 42 04, 43 05; Mein heimliches Auge XVI 01; Fortgesetzter Versuch, einen Anfang zu finden. Ausgew. Texte z. 1. Lit.wettb. d. FDA

05; Die Dichterin. Eine Art Porträt, in: Konkursbuch 44 06; – künstler. Kooperation u. Teilnahme an multimedialen Projekten, z.B.: Rosa. Fragmente weibl. Mentalität, szen. Lesung u. Video-Install. ACUD-Theater Berlin 00; klaustrophilie, Text-Raum-Install., Gal. WEISS Berlin 02; Nichts ist, wie es ist. Kriminalrondo, szen. Lesung, Württ. Landesbühne Esslingen 02; Projektteam 5. Autorinnenforum, Berlin-Rheinsberg 04. – **R:** Hsp., Features u. Feuill. in allen dt. öff.-rechtlichen Hörfunksendern, u. a.: Warten auf ein Echo. Hommage an Meret Oppenheimer, WDR 10.11.05 (f.d. Prix Italia nominiert); Ernst Ludwig Kirchner: Inside-Out, Hb. (f.d. Prix Italia nominiert) 08; Der Spielplan. Ein Liebesroman z. Hören 08.

Heinen, Norbert A. (Ps. Eliah Treborn), Autor, Verleger; 20, Prince-Henri-Str., L-4929 Hautcharage, Tel. u. Fax (0 03 52) 23 65 24 42, *enahlux@pt.lu*, *www.melusina.net.ms* (* Luxemburg 8. 6. 62). Lëtzebuerger S.V. seit 99; Rom., Lyr., Geschichte, Ess., Kultur. Ue: lux, frz, dt. – **V:** Seelenlieder, G. 85; Jahrgedächtnisse 89; Gedanken an damals, G. 89; Neue Romantik, Texte; Kreativ denken; Sigfrid vu Lëtzebuerg, hist. Biogr. 04. – **H:** u. MA: Ons al Geschicht, Zs., 5 Nrn; Oli's Magazin 02; ca. 700 Artikel und Abhandlungen zu Brauchtum, Geschichte, Kultur und Sprache.

Heiner, Johannes, Dr. phil., Lit. wiss., Lyriker; Jahnstr. 25A, D-91099 Poxdorf, Tel. (0 91 33) 60 18 91, *heiner-poxdorf@t-online.de*, *www.lyrikrilke.de* (* Gießen 40). – **V:** Wind im Gesicht, Nachdenktexte 01; Texte für das Jahr. Textes pour l'année 04; Wege ins Dasein. Spirituelle Botschaften der „Duineser Elegien" von Rainer Maria Rilke 04; Poesie des einfachen Lebens. Die frz. Gedichte v. R. M. Rilke (dt.-frz.) 05; Begegnungen mit Hermann Hesse. Betrachtungen zum Gesamtwerk 07; Der Raum im Innern. Betrachtungen zum „Marien-Leben" v. R. M. Rilke 09; Aufrichtig leben, Lyr. u. Prosa 09. – **P:** Veröff. im Internet: s. homepage. – *Lit:* Portr. in: Mitteilungsbl. d. Steinbach Ensemble Baden-Baden Nr. 89/08.

Heinichen, Veit, Mitbegründer d. Berlin-Verlages u. Geschf. bis 99; Str. Costiera 55, I-34136 Trieste (* Schwenningen/N. 26. 3. 57). P.E.N. Triest, Gründ.-mitgl. 03; Radio-Bremen-Krimi-Pr. 05; Rom., Erz., Ess., Fernsehsp., Dok.film. – **V:** Gib jedem seinen eigenen Tod, Krim.-R. 01 (auch ital., holl., frz., slow., span.); Barney! Basta!, Erz. 01; Die Toten vom Karst, Krim.-R. 02 (auch ital., holl., frz., span.); Tod auf der Warteliste, R. 03 (auch ital., span., holl., frz.); Der Tod wirft lange Schatten, R. 05 (auch ital., span.); Totentanz, R. 07. – **MV:** Triest – Stadt der Winde, m. Ami Scabar 05. – **MA:** Storia d'Italia – le regioni, Friuli Venezia-Giulia 02. – **MH:** Still in motion 00; Antonio Girbes: Cabezas Cortadas 01, beide m. Marco Puntin.

Heinicke, Werner, Lehrer i. R.; Am Rosengarten 19, D-07778 Dorndorf-Steudnitz, Tel. (0 36 4 27) 7 13 72 (* Löhmigen/Kr. Altenburg 5. 9. 17). – **V:** Jahrgang 1917. Ein Leben zwischen Kaiserreich u. Bundesrepublik, Erinn. 99. (Red.)

Heinle, Fritz, Fachlehrer, Lit.- u. Kunsthistoriker; Postfach 110965, D-86034 Augsburg (* Gotha 18. 9. 31). Lyr., Nov., Ess., Biogr. Ue: engl. – **V:** Ludwig Thoma in Selbstzeugnissen und Bilddokumenten 63, 2. Aufl. 85. – **MA:** Beitr. in Ztgn, Zss. u. einem Lit.lex.

Heinlein, U. A. O. (Uwe A. O. Heinlein), Prof. Dr. rer. nat., Hochschullehrer, Live- u. Studio-Musiker; *uao@uaoh.de*, *www.uaoh.de*. c/o Middelhauve Verlag, München (* Hildesheim 31. 3. 55). Das Syndikat 01; Rom., Ged., Mundart-Text, Liedtext. – **V:** Infekt 98 (auch ndl.); Eisprung 99; Finale der Puppenspieler 02. –

Heinold

P: „Ancient Hype". Recorded 99, Endless Tunes 00, Best and Worst 01 Time flies 01; „Tinkers". Old and Beautiful 01, alles CDs. (Red.)

Heinold, Wolfgang Ehrhardt (Ehrhardt Heinold), Verleger, Verlagsberater; Appener Weg 3 B, D-20251 Hamburg, Tel. (0 40) 4 90 00 50, Fax 49 00 05 15, *w.e.heinold@eulenhof.de* (* Neuhausen/Erzgebirge 17. 7. 30). Kinderb., Ess., Anthologie. – **V:** Sachsen wie es lacht, Ess. u. Anth. 68, 7. Aufl. 01; Die Wolkenfähre, Kdb. 68; Witze aus Sachsen 76, 8. Aufl. 04. – **H:** Anth.: Das lustige Vorlesebuch 68, 71; Genau genommen 69; Sachsen – Erzähltes u. Erinnertes 75; Typisch sächsisch 76, 5. Aufl. 02; Sachsen unter sich über sich 78; Künstler sehen Schlesw.-Holst. 77; Trostreiche Worte 86; Das große Hausbuch des Humors 88; Weihnachten im alten Erzgebirge, Anth. 07. – **MH:** Scherz beiseite 66; Lieber Onkel – liebe Tante 70, 79; Trotzdem haben wir gelacht 71, 79; Madame es ist serviert 72, 79; Künstler sehen Nds. 78; Künstler sehen Westf. 79; Weihnachtsland Erzgebirge 87, 4. Aufl. 95; Sachsen 1945 – Ende u. Neuanfang 04; Hellerau leuchtete, Anth. m. G. Großer 06. – *Lit:* s. auch 2. Jg. SK.

Heinreichsberger, Gertrude (Ps. Almud Thorn, geb. Gertrude Mayerhofer), Volksschullehrerin a. D.; Josef-Seidl-Str. 27, A-3300 Amstetten/NdÖst., Tel. (0 74 72) 6 29 04, *karl.heinreichsberger@gmail.com.* Archkogl 95, A-8993 Grundlsee, Tel. (0 36 22) 81 03 (* Amstetten 13. 8. 33). Ö.S.V., Ges. d. Lyr.freunde, Ver. Muttersprache Wien, V.G.S., V.S.u.K.; Dr.-Rose-Eller-Pr. (Lyrik) 01; Lyr., Kurzprosa. – **V:** Wie auf Wolken, G. 92; Weiterweben, Lyr. 94, (beide auch hrsg.); Die Schlange im Distelgarten, G., Gedanken, Kurzprosa (auch mithrsg.) 96; Brunnenfrau und Quellengeist, G. u. Gedanken 98; Windfedern, G. 01; Auf der Fährte der Jahre, Kurzprosa 02; Rund um den Matratsssteig, G. 03; Die Kirchenstraße von Amstetten im Wandel der Zeit, Kurzprosa 04; Barfuß im Gras, G. 05; Wenn die Gedanken rückwärts gehen, Kurzprosa 06, 07; Irische Reise 06; Die Reise nach Apulien 07, beides Lyr. u. Kurzprosa; Gauchlieder, Lyr. 07, 08. – **MA:** Bunte Steine 92; Hommage 92; Literarische Visitenkarten 93/94; Großvaters Uhr 94; Mythen, Märchen und Legenden 96; Heimat einst und jetzt 98; Lyrisches Kalendarium 97; Am Ufer einer großen Nacht 98; Vom Wort zum Buch 98; Eine Gondel, eine Barke, ein Boot 99; Kindheit, Glück und Tränen 99; Gedankenbrücken 00; Weißt du noch das Zauberwort 00; Wortmelodie 01; Der Greif H.2,4 02, H.2,4 03; In Deinem Zeichen 02; Sehnsucht n. d. Paradies 03; Kunst oder Antikunst 03; Schreiben und andere Leidenschaften 04; Gedankensprünge – Wortgeflechte 06; – Jb. d. Diözese St. Pölten 98/99, 00–04; Poetische Kalendertexte 98–09. – **H:** Jb. d. Diözese St. Pölten 06, 07; Wiener Sprachbll. H.4 01; Der Greif, Jb., H.1,2 06.

Heinrich, Brunhilde (geb. Brunhilde Tamme), Krankenschwester; Hauptstr. 18, D-31094 Marienhagen, Tel. u. Fax (0 51 85) 63 76, *verlag@hottenstein.de, www. hottenstein.de* (* Sarstedt 17. 8. 31). BVK 1. Kl. 04; Erinnerung, Biogr., Märchen. – **V:** Moskitos sind Mücken auf Deutsch 01; Sonntags sind es immer viele 02; Latschenkuchen nach Art des Hauses 04; Mein linker Platz ist leer 06, alles Biogr. (alle auch als Blinden-Hörb.). – **MV:** Die Welt ist bunt, m. Wulf Köhn u. Susanne Diehl, Sat. 03. – **MA:** Alfelder Märchenrunde 03; Das Phantom von Jedershusen 05; zahlr. Beitr. in Anth. seit 00, u. a.: Wolken im Wind; Träume; Grenzgänge; Hände. (Red.)

Heinrich, Finn-Ole, Filmemacher u. Autor; *finn @pipe-up.de, www.pipe-up.de, www.mairisch.de* (* Henstedt-Ulzburg 13. 9. 82). Verb. Dt. Drehb.autoren 08; zahlr. Preise u. Auszeichn. in d. Bereichen

Film u. Lit., Gewinner zahlr. Poetry Slams bundesweit, u. a.: Hauptpr. f. Lit. d. Sparkassenstift. 05, Sieger d. Leipziger Poetry Slams 06, WannseeLit.pr. 06, Pr. d. Hamburger Kulturbehörde 07, Arb.stip. f. Lit. d. Ldes Nds. 07, Hattinger Förd.pr. (Publik.pr.) 07, MDR-Lit.pr. (Publikumspr.) 08, Stadtschreiber v. Erfurt 08, Förd.pr. f. Lit. d. Ldes Nds. 08, Bremer Netzresidenz 08; Rom., Erz., Film. – **V:** die taschen voll wasser, Erzn. 05, 7. Aufl. 08; Räuberhände, R. 07. – **MA:** Schwabenspiegel, Jb. 04; Poeme, Proleten & Poeten 05; Meine Insel, Anth. d. Lit.wettb. zur 9. Buchmesse im Ried 05; Kaffee.Satz.Lesen 1–12 05, 13–31 06; Stadtgeschehen bei Mischwetter 06; Hamburger Ziegel 06; Das Hamburger Kneipenbuch 07. – **F:** Autor, Regie, Schnitt, Prod. – Auswahl: motion in a bottle; die ordnung der dinge; verträumt; being stranger 04; wortwuchs; essen ende; ich machs wie robbie williams; flummi 05; ich ist eine lüge; diashow; nicht an einem tisch 06; Hubschrauber; Herr Possala wirds schon richten; dead things; Café Deutsch 07; Messungen; die keule u. der kopf 08.

Heinrich, Franz Josef, Prof.; Vogelfängerweg 44, A-4030 Linz, Tel. (07 32) 37 67 75 (* Linz 15. 7. 30). P.E.N.-Club, MAERZ 60, NÖ Marburg 87, GZL 92; Adalbert-Stifter-Förd.pr. d. Ldes ObÖst. f. Lyr. 64, f. Dramatik 74, Lit.pr. d. Stadt Linz 66, Buchprämie d. BMfUK 77, Kulturpr. d. Ldes ObÖst. f. Lit. 78, Verleih. d. Prof.titels 81, Kulturmed. d. Stadt Linz 92, Max-v.-d.-Grün-Pr. (2. Pr.) 93, Würdig.pr. d. Stadt Linz f. Kunst 99, Kulturmed. d. Stadt Linz 00, Kulturmed. d. Ldes ObÖst. 02; Lyr., Drama, Erz., Rom. – **V:** Die Schattenharfe, G. 57; Isolationen, G. 59; Lichtzellen, G. 61; Meridiane, G. 64; Sell und Fin, Sch. 67; Die Brandstatt, G. 68; Feldzug nach Nanda, Erzn. 72; Die Nacht der Müllschlucker, Sch. 73, Hsp. 73; Straßenschlacht, Sch. 75; Ein Ort für alle, Erzn. 76; Der Zoo, Einakter 79; ausgewählte Theaterstücke 79; Die Unerlösten, Sch. 80; Der Kühlschrank, Einakter 80; Gehen auf dem Kopf, Erzn. 81; Der Körper, R. 84; Erde mein Herz, G. 84; Die Hungerstadt, R. 86; Das unsichtbare Kreuz, Erzn. 89; Das Monument, Erzn. 90; Die Sternwarte, R. 91; Der Turm von Babel, G. 93; Die rote Tür, Erzn. 96; Die Minotaurier, G. 98; Distelreich, ges. G. 00; Narbenschrift, G. 02; Schwarzstern Erde, G. 05; Im Feuerkreis, Lyr., Erzn., Einakter 08; Atemseil, G. 08; (Übers. v. G. u. Erzn. ins Kroat., Slow., Russ., Ukrain., Türk., Litau.). – **MA:** Veröff. in Anth. u. Zss., u. a. in: Walter Pilar (Hrsg.): Dichter über Dichter, Ess. 99. – **P:** Die Nacht der Müllschlucker, Tonkass. – *Lit:* Franz Josef Heinrich (Die Rampe: Porträt) 97; Franz Josef Heinrich, Video 01.

Heinrich, Hans, Pädagoge, Schriftst.; Paradeisstr. 18, D-82362 Weilheim/Obb., Tel. (0 88 1) 9 01 03 45, Fax 9 01 03 46, *hans.heinrich@cliparts.de, www.wm-literatur-verlag.com* (* München 27. 9. 30). Rom., Erz., Dramatik, Hörsp. – **V:** Der Wettkampf zwischen dem Frosch und der Kröte, Erz. 88; König Jakob, UA 91; Das Letzte Wort, UA 91; Grün. Ich 97; Zehn Tage Attenhofen 97; Gerberich 97; Doktor Guddens Patienten 99, 06; Frau-Geschichten 02; Die baldige Besteigung der Alpspitze 03; Besuch im Dorf 03; Grüns Variante 04; Das letzte Wort. Monolog eines Aussteigers in Münchner-Mda. 05 (auch auf CD). – **MA:** zahlr. Beitr. in: Lit. in Bayern, seit 91. – **R:** Notizen des Julius Tumak, Erz. (DLF) 83; Der Wettkampf zwischen dem Frosch und der Kröte (BR) 88. – *Lit:* B.-A. Wittwer in: Edition KulturLand 3/04, 2/06; S. Reers in: ebda 4/05.

Heinrich, Herbert, Buchhändler i. R., Schriftst.; Kiefernweg 33, D-55543 Bad Kreuznach, Tel. (06 71) 6 33 34 (* Dresden 12. 1. 20). – **V:** Hansheinzhorst –

zwischen zwei Kriegen geboren, R. 95. – *Lit:* Josef Zierden: Lit.lex. Rh.-Pf. 98. (Red.)

Heinrich, Horst Jürgen, Dipl.-Betriebswirt (FH); Ahornstr. 23, D-85296 Rohrbach/Ilm, Tel. (0 84 42) 9 66 20, Fax 96 62 23 (* Posen 24. 2. 42). EM LITTERA; LITTERA-Med. 87; Rom., Lyr., Fernsehsp. – **V:** Am Rande der Ewigkeit, Erzn. 85; Kein Stein wird auf dem andern bleiben, R. 87, 3. Aufl. 01; Wo der Wind stirbt, Erzn. 94; Flammen über den Inseln, R. 02. – **MA:** Der Südostdeutsche, seit 70; Stimme und Weg 74; Die Zeit wirft ihre Schatten ein; Kaindl Archiv 99; Gedicht u. Gesellschaft 01. – **R:** Der Soldat, Fsp. 74. (Red.)

Heinrich, Jutta, Schriftst., LBeauftr. an versch. Univ.; Bernhard-Nocht-Str. 46, D-20953 Hamburg, Tel. (0 40) 3 17 50 75, Fax 31 79 20 53, *jutta@heinrichrosemann.de* (* Berlin 4. 4. 40). VS Hamburg 73, LIT 74, GEDOK Hamburg, Vors. f. Lit. seit 85, P.E.N.-Zentr. Dtld 00; Werk- u. Arb.stip. d. Kulturbehörde Hamburg 72, 78, 82, Stip. d. Stift. Kulturaustausch NL-Dtld 84, Stip. Künstlerhof Schreyahn 84/85, Einladung z. Ingeborg-Bachmann-Wettbewerb 87, Lit.pr. d. Stadt Würzburg 89, Stip. Künstlerdorf Schöppingen 91, 97, Aufenthaltsstip. Künstlerhaus Kloster Cismar 93, Aufenthaltsstip. d. Ldes Schlesw.-Holst. 94, Stip. d. Süddt. Rdfks 95, Arb.stip. d. Ldes Nds. 97, Stip. d. Stuttgarter Schriftstellerhauses 97, Stip. Atelierhaus Worpswede 98/99, mehrere Einladungen durch Goethe-Institute versch. Städte in Europa u. Asien; Drama, Rom., Kurzgesch., Drehb., Theaterst. – **V:** Das Geschlecht der Gedanken, R. 78, 92 (auch jap.), als Stück UA 91; Unterwegs, Stück 79; Mit meinem Mörder Zeit bin ich allein 81, Tb. 87 (auch holl.); Die Phantome eines ganz gewöhnlichen Mannes oder Männerdämmerung. Ein Lust-Spiel 85, u. d. T.: Männerdämmerung 89, UA 90; Eingegangen 87; Alles ist Körper, extreme Texte 91; Die Dicke. Vermächtnis des Körpers, UA 91; Die Macht des Kopfkissens, UA 91; Drüben ist hier, Theaterst. 91; Und gelassen über den Müll gebeugt, Theaterst. 92; Im Revier der Worte 94; Unheimliche Reise, R. 98. – **MV:** Sturm und Zwang, m. E. Jelinek u. A.E. Meyer 95. – **MA:** Courage 10/78, 10/82; Frauen, die pfeifen 78; Texte zum Anfassen 78; Wenn Frauen aus d. Rolle fallen 80; Diese Alltage überleben 82; Exempla 2/82; Zitronenblau 83; Kleine Monster 85; Anderswann 85; Kaum bin ich allein, Geschn. 85; Leben im Atomzeitalter 87; Keine mildernden Umstände 88; Frauenalltag 92; Leiden macht keine Lust 92; Mit Würde und Feuer 93; Weiberjahnn 94; Evas Biss 95; Hamburger Ziegel IV 95/96; styriarte, Leseb. 95; Und wenn ich dich liebe, was geht's dich an 95; Wo Worte langsam wachsen 95; Die neue klass. Sau 96; Schriftstellerinnen d. Gegenwart 96; Neues Deutschland v. 1./2.2.97; Frauen i. d. Lit.wiss. 5/97; Warum heiraten? 97, 99; LiteraturBlatt 4/98; Wenn Frauen zu sehr schreiben 98; ab 40, Zs., 2/00, u. a. – **F:** Josephs Tochter (nach d. R.: Das Geschlecht d. Gedanken) 83. – **R:** Die Entstehung e. Inszenierung d. Stückes Maria Magdalena, 2tlg. Hb. 76; Dichter predigen 91; Meine Schallplatten, Radio-Ess. 92; Und gelassen über den Mond gebeugt/Leidenschaft der Stille/Die Macht des Kopfkissens, Hsp. 92; Erinnerte Klänge, erinnerte Räume, Hsp. 93; Radio-Ess. in: Gedanken zur Zeit 93, 94; Literaturjournal 93; mehrere Lesungen, Gespräche u. Interviews im Rdfk. – **P:** Brokdorf – eine Vision, Schallpl. 78. – *Lit:* Spektrum d. Geistes 79; Heinz Puknus (Hrsg.): Dt.spr. Autorinnen d. Gegenwart 80; Manfred Durzak (Hrsg.): Dt. Gegenwartslit. – Ausgangspositionen u. aktuelle Entwicklungen 81; Schreiben 27/28 85; J.H. – Texte, Analysen, Portr. 86; Liz Wieskerstrauch: Schreiben zw. Unbehagen u. Aufklärung 88;

R. Möhrmann/H. Gnüg (Hrsg.): Frauen-Literatur-Geschichte 89; Walther Killy (Hrsg.): Lit.lex., Bd 5 90; Monika v. Behr/Liz Wieskerstrauch: J.H. – Leben in Kontrasten, Fs.-Portr. 91; J.H. im Künstlerdorf Schöppingen, Fs.-Portr. 91; Regula Venske: Das Verschwinden d. Mannes in d. weibl. Schreibmaschine 91; Klaus Briegleb/Sigrid Weigel (Hrsg.): Hansers Sozialgesch. d. dt. Lit., Bd 12 92; Knaurs Lex. d. Weltlit. 92; Magdalena Heuser/Marina Fehrmann in: KLG 93; Diskussion Deutsch 133/93; Christina Brecht-Benze: Schreiben zwischen Wut u. Wonne, Fs.-Portr. 95; Birgit Ludwig: Portr. d. Schriftstellerin J.H., Sdg i. SFB 95; Helke Sander: Portr.film üb. J.H. 95; H. Christ (Hrsg.): Schriftstellerinnen d. Gegenwart 96; DLL, Erg.Bd IV 97; Metzler Autorinnen Lex. 98; Florence Hervé/Ingeborg Nödinger (Hrsg.): Lex. d. Rebellinnen v. A-Z 99; P.E.N. Autoren-Lex. 00; Manfred Brauneck (Hrsg.): rororo-Autorenlex. dt.spr. Lit. d. 20. Jh.; Munzinger-Archiv. (Red.)

Heinrich, Martin, Landwirt; Brahmsweg 4, D-71254 Ditzingen, Tel. (0 71 56) 75 81 (* Lippersdorf/ Sa. 12. 8. 17). BVK am Bande, Umweltpr. d. Stadt Ditzingen. – **V:** Zwölfhundert Jahre Hirschlanden 69; Von Land u. Leuten an der Glems 78; Dem Alltag begegnet 87; Unterwegs 91; Die Brücke 97; Am Wege eines Bauernjungen 98; Ein Internierter in Australien 00; Hirschlanden 1951 – 2001 02. – **MA:** Ein Gang durch die Ortsgeschichte: Bank am Wasserturm 69; Kirche im ländlichen Raum 4/99.

Heinrich, Mitch (eigtl. Michael Heinrich), Soundpoet, Stimme, Dichter; Gronaustr. 58, D-42285 Wuppertal, Tel. (02 02) 89 80 76, *mitchbox@gmx.net* (* Wuppertal 14. 9. 64). Lyr., Performance, Improvisation. – **V:** Das Ding Dichtung. Lyr., Lautpoesie 04. – **P:** poesieknallbum, Lautpoesie, CD 94; frogsongs, Soundpoetry, m. C. Irmer, CD 01. (Red.)

Heinrich, Susanne, freie Schriftst.; lebt in Coburg, c/o DuMont Literatur- u. Kunst Verlag, *info@ susanneheinrich.com, susanneheinrich.com* (* Leipzig 13. 10. 85). RSGI-Jungautorenpr. 02, Stip. d. Bundesak. f. kulturelle Bildung Wolfenbüttel 02, Publikumspr. d. Hattinger Förd.pr. 02, Limburg-Pr. 03, Teiln. am Ingeborg-Bachmann-Wettbew. 05, Aufenthaltsstip. d. Berliner Senats im LCB 08, u. a.; Rom., Erz. – **V:** In den Farben der Nacht, Erzn. 05; Die Andere, R. 07. (Red.)

Heinrichs, Dirk, Dr. phil., Unternehmer, Stifter d. Stift. „die schwelle – Beiträge z. Friedensarb." 1979 Bremen; An der Weide 8, D-28870 Ottersberg, Fax (0 42 93) 15 12 (* Bremen 7. 5. 25). Drama, Lyr., Ess. – **V:** Das Problem der Objektsverfehlung im Hinblick auf Raum und Zeit 52; Unter die Mörder gefallen 65; Nach Jericho zurück 66; Am Rande der Straße 69; Den Krieg entehren – sind Soldaten potentielle Mörder? 96; Fallkraft der Feigheit – Treue und Treuebruch – Das Vergessen des Bösen 98. – **MA:** Retter in Uniform 03; Zivilcourage 04. – **H:** Das Wenige das du tust ist viel – warum und wozu Friedensarbeit ? 00. (Red.)

Heinrichs, Eva (geb. Eva Erfurt), Dr. phil., ehem. Journalistin; c/o Karin Fischer Verl., Aachen (* Erfurt 19. 8. 26). Rom., Erz. – **V:** Opernabende – die banale Geschichte einer alleinerziehenden Mutter, R. 03; Die Naschkatze und Um 9 Uhr kommt Nero, 2 Erzn. 05; Der Vertermörder, Erz. 07. – **MA:** Lyrik u. Prosa unserer Zeit, Bd 1+2 05 u. Bd 5 07.

Heinrichs, Hans-Jürgen, Dr. phil., Ethnologe, LBeauftr., wiss. Publizist, freier Schriftst.; Frauensteinplatz 15, D-60322 Frankfurt/Main, Tel. (0 69) 44 60 85, *h-j.heinrichs@t-online.de, www.hj-heinrichs. de* (* Wetzlar 26. 9. 45). Denkbar-Pr. f. Dialogisches Denken 02, mehrere Stip., u. a. in Rom; Rom., Lyr., Erz., Hörsp., Ess., Dialog. – **V:** Spielraum Literatur. Li

Heinrichs

teraturtheorie zwischen Kunst u. Wiss. 73; Annäherung an Afrika, Reiseerfahrungen 80; Entlang des Nils in die Wüste der Nuba 80; Ein Leben als Künstler u. Ethnologe. Über Michel Leiris 81, 92; Sprachkörper. Zu Claude Levi-Strauss u. Jacques Lacan 83; Der Reisende u. sein Schatten 90; Inmitten der Fremde, Ess. 92; Sprich deine eigene Sprache, Afrika! 92; Bewege dich, so wirst du schön 93; Die geheimen Wunder des Reisens, Ess. 93; Himmel u. Hölle oder vom Stillstand des Herzens, R. 93; Grenzgänger der Moderne 94; Wilde Künstler 95; Erzählte Welt 97; Das Feuerland-Projekt, Tageb. 97; Die fremde Welt, das bin ich. Leo Frobenius, Biogr. 98 (auch frz.); Der Mensch hat eine Zukunft, Ess. 99; Der Wunsch nach einer souveränen Existenz. Georges Bataille, Ess. 99; Terror Tinnitus 03; Die gekränkte Supermacht 03; Expeditionen ins innere Ausland, Ess. 05; Fritz Morgenthaler, Portr. 05; Schreiben ist das bessere Leben, Gespräche 06, u. a. – **MV:** Die Sonne und der Tod, Dialog m. Peter Sloterdijk 01, 2. Aufl. 02 (auch frz., span., engl.). – **MA:** zahlr. Beitr. in Zss. u. Ztgn, u. a. in: Merkur; Akzente; Manuskripte; FR; FAZ; Die Zeit. – **H:** Abschiedsbriefe an Deutschland 84; Michel Leiris: Leidenschaften. Prosa, Ged., Skizzen u. Ess. 92; Tchicaya U Tam'si: Werke 93ff.; Die Geschichte ist nicht zuende, Gespräche 99, u. a.; Werkausg. von: J.J. Bachofen, Max Raphael, Fritz Morgenthaler, Victor Segalen, Michel Leiris. – **R:** zahlr. Hsp., u. a.: Samuel ist kein Gedicht; Hsp.-Adaptionen lit. Texte, u. a. von Michel Leiris u. Victor Segalen; außerdem zahlr. lit. u. lit.theoret. Sdgn, u. a. über Julien Gracq, Blaise Cendrars, Georges Bataille, Michel Leiris u. E.M. Cioran. – **P:** Cafard. Gespräche m. E.M. Cioran u. a. Autoren, CD 98. – *Lit:* s. auch 2. Jg. SK.

Heinrichs, Johannes *

Heinrichs, Jutta-Maria (geb. Jutta-Maria Troschke), M. A.; Rathausstr. 3, D-78532 Tuttlingen, Tel. (0 74 61) 7 28 27 (* Berlin 19. 4. 40). 2. Pr. b. Festival of Poetry and Music, Dun Laoghaire/Irland 01; Lyr., Erz., Ess. – **V:** Das Nachtschiff, Erz. 05; Gedichte 05; Umkehr, Briefe 05; Neue Gedichte 08.

Heinrichs, Kathrin, Autorin, Kabarettistin; Im Tiefen Winkel 22, D-58706 Menden, Tel. (0 23 73) 47 93, Fax 91 51 67, *heinrichs.de@t-online.de, www.kathrinheinrichs.de* (* Balve 8. 2. 70). Das Syndikat 00; vo:pa-Lit.pr. Siegen 04; Rom. – **V:** Ausflug ins Grüne 99; Der König geht tot 00; Bauernsalat 01; Nelly und das Leben 02; Krank für Zwei 03; Sau tot 04; Totenläuten 06; Nelly und das Leben geht weiter 07; Druckerschwärze 08. – **MA:** Mehr Morde am Hellweg 04; Tatort Deutsche Weinstraße 07, beides Krimi-Anth.

Heinrichs, Salama Inge, Psychotherapeutin, Dr. h. c.; Über der Klause 4, D-81545 München, Tel. (0 89) 2 71 67 12, *salama@heinrichs-heinrichs.de* (* Ingolstadt 18. 6. 22). – **V:** Den Himmel berühren – auf der Erde bleiben, G. 02; Das Geheimnis der Lebendigkeit; Körpersprache als Schlüssel zur Seele, beides Sachb.

Heinrichs, Siegfried, Industriekfm.; Friedelstr. 6, D-12047 Berlin, Tel. u. Fax (0 30) 6 24 69 21 (* Alleringersleben 4. 10. 41). Andreas-Gryphius-Förd.pr. 84, Stip. d. Hermann-Sudermann-Stift. 84, 86 u. 06, Reisestip. d. Auswärt. Amtes f. USA 86, Schweden 89, Rußland 95 u. Ungarn 93, Alfred-Döblin-Stip. 95, Stip. d. Käthe-Dorsch-Stift. 95; Lyr., Prosa, Erz. – **V:** mein schmerzliches land, G. 78; Die Vertreibung oder Skizzen aus einem sozialistischen Gefängnis, Erzn., Fragmente, G. 80, überarb. Ausg. u. d. T.: Kassiber 85, 97; Die Erde braucht Zärtlichkeit, G. 80; Suchend das Königreich Liebe, Lyr. 81; Der Henker des Lichtes, Lyr. 81; Ankunft in einem kalten Land, Prosa

82; Hofgeismarer Elegien, Lyr. 82; Maria oder Sehet die Vögel unter d. Himmel, Erzn., G. 82; Die Schöpfung, Lyr. 82; Anno Domini MCMLXXXIV, G. 84; Frauen, Erzn., G. 85; Leben mit d. Tochter, G. 85, Tb. 86; Zeit ohne Gedächtnis, Lyr. 02; Spätsommertag, G. 02; Meines Großvaters Dorf , Prosa u. G. 08. – **MA:** Ein anderes Deutschland. Texte u. Bilder d. Widerstands von den Bauernkriegen bis heute 78; Eine Wunde namens Deutschland 82; Neue religiöse Gedichte 84; Die Botschaft der Bäume 84; sowie zahlr. Beitr. in Zss. u. Ztgn, u. a.: Die Welt, seit 78. – **H:** Nicolai Gumiljov: Ausgew. Gedichte 88; Ossip Mandelstam: Briefe an Nadeshda 89; ders.: Wie ein Lied aus Palästina 92; Anatoli Kim: Moskauer gotische Erzn. 92; Andrej Platonow: Das Volk Dshan. Die Baugrube. Der Takyr 92; Irina Ratuschinskaja: Kein Moses ist vor uns 92; Miklós Radnóti: Monat der Zwillinge 93; ders.: Offenen Haars fliegt der Frühling 93; Amanda Haight: Anna Achmatowa – eine Biogr. 94; Jewgenij Samjatin: Wir 94; Adonis: Gebet u. Schwert 95; ders.: Leichenfeier für New York 95; Warlam Schalamow: Ankerplatz der Hölle 96; Adonis: Dichtung u. Wüste 97; Károly Bari: Vom Gellen der Geigen oder ... und Weiber schmuggeln Fellhaare krepierter Katzen ins Brot ihrer Feinde: sie zu verderben 97; Sinaida Hippius: Verschiedener Glanz 97; Jelena Schwarz: Ein kaltes Feuer brennt an den Knochen entlang 97; Rajzel Zychlinski: Gottes blinde Augen 97; – Anna Achmatowa: Requiem, Lyr. 87; Die roten Türme des heimatlichen Sodoms 88; Briefe, Aufsätze, Fotos 91; Poem ohne Held 97; – Marina Zwetajewa: Briefe an Bachrach u. Ausgew. Gedichte 89; Briefe an Vera Bunina u. Dimitrij A. Schachowskoy 91; An Anna Achmatowa, G. / Briefe an Jurijn P. Iwask 92; Briefe an Anna Teskova u. R.N. Lomonossowa 92; Auf rotem Roß, Poem / Briefe an Rosanow, Lann, Rodsewitsch, Gronskij, Steiger u. a. 96; Briefe an Ariadna Berg 96; Briefe an Anatolij Steiger 96; Briefe an die Tochter A. Afron 97; Herzbube. Der Schneesturm. Der steinerne Engel, Stücke 97; – Boris Pasternak: Ljuvers Kindheit 91; Ein größer standhafter Geist 91; Aus Briefen verschiedener Jahre 92; Petersburg 97; – Sándor Márai: Bekenntnisse e. Bürgers 96, 2. Aufl. in 2 Bden 01; Land, Land! 00; Tagebücher 1–7 01. – *Lit:* Jutta Bartus in: Muttersprache 3–4/81; Rez. z. Herausgeberschaft u. a. in FAZ, Spiegel, Die Welt, Die Zeit.

Heins, Rüdiger, Autor, Dichter, Publizist, Gründer u. Studienleiter d. INKAS Inst. f. Kreatives Schreiben; Dr.-Sieglitz-Str. 49, D-55411 Bingen, Tel. u. Fax (0 67 21) 92 10 60, *info@inkas-id.de, www. ruedigerheins.de, www.experimenta.de, www.inkas-id. de* (* Bingen 15. 1. 57). VS 88, Dt. Haiku-Ges. 89; versch. Lit.preise u. Stip., u. a. Mannheimer Kurz-geschn.pr. 02, Auslandsstip. d. Gunnar-Gunnarson-Stift. in Island 04; Rom., Lyr., Hörsp., Literar. Installation. – **V:** Verbannt auf den Asphalt, R. 89; Obdachlosenreport 93; Der Ketzer von Veduggio, Lyr. u. Prosa 95; maria auf dem halbmond u. a. haiku aus himmerod 96; Zu Hause auf der Straße. Norman M. u. a. verlorene Kinder in Deutschland 96; Der fall ins Straßenkind 97; Von Berbern und Stadtratten 98; AmOk macht Schule 02; Macht Schule AmOk? 02; Voices of the Big Bang – Urknalllyrik 02; Handbuch des Kreativen Schreibens 05. – **R:** Hsp. u. Features: Leben und Leiden der Ranka Simonis 96; Heilung aus den Toten Meer 97; Fee 97; – Fsf.: Straßenkinder 96; Flowers for Mum 97. – **P:** Voices of the Big Bang, CD 06. (Red.)

Heinschke, Horst (Ps. Ekh. C. Snieh), Schriftst., ObStudR. a. D., Bezirksstadtrat a. D.; Otto-Suhr-Allee 72, D-10585 Berlin, Tel. (0 30) 3 41 21 71 (* Küstrin 8. 2. 28). D.U. 76, Berliner Autorenvereinig. im B.A.

78; Lustsp., Volksst., Drama, Kabarett, Hörsp., Kurzgesch., Erz., Ged., Chanson. – **V:** Ich Widerrufe! 8 Stationen aus dem Leben und Leiden des Kardinals J., Dr. 73; Knastbrüder, Lsp. 75; Übrigens, Herr Nachbar, Volksst. 75; Aufstand bei Etagenmüllers, Lsp. 82; Vorhang auf!, Sketche, Szenen, Blackouts 86, 90; Getrost ins Alter, Geschn. u. G. 91; Fünfzig Jahre, Schauspiel 1984, Spezialist für Jenseitsfragen, Kurzkrimis 00; Diebstahl bei Kaiser Wilhelm? u. a. Berliner Geschichten 01; Einst in der Heimat, Erzn. 01. – **MV:** Ein fideles Müllerhaus, Musical 82; Donnerwetter – Bombenstimmung 82; Sie wissen zwar nicht, was sie wollen... 84; Das hat uns gerade noch gefehlt 86; Ham Se schon gehört? 87; Mal nicht den Teufel an die Wand 89; Schaustelle Berlin 98, alles Kabarett. – **MA:** Stille Nacht, heilige Nacht, Weihn.erzn. 86; Das Weihnachtswunder, Erzn. 91; Und kerzenhelle wird die Nacht, Erzn. 95; Weihnachtsgeschichten am Kamin 96; Sponti und Co, Sketsche 96; Und jeder Tag ist nunmehr mein Tag, Erzn. 99, alles Anth. – **R:** div. kabarettist. Sdgn, Lieder u. Weihnachtserzn. im Hfk seit 87. – **P:** Vom Böhmerwald zum Bodensee, volkstüml. Musik, CD 00. (Red.)

Heinsius, Hero (Dankward Hüffmeier, Nikolaus Schnackenberg) (* Sorau 33). Rom., Lyr., Erz., Dramatik, Hörsp. – **V:** Höhlenzeichnungen, Geschn. 66; Die „Bauernkunst" oder „Ein Außenostfriese", R. 85; Komische Vögel, Gesch. 86; Herr Wegner oder Rentnerlegenden, Geschn. 87; Taplatu, Geschn. 89; Versteckte Welt, R. 93; Im Fluge das richtige Wort, Lyr. 94; Marionetten, N. 98; Vier „Stücke" aus dem deutschen Hinterland 99; Bilder Brüche Beispiele, Geschn. 03; Ein letztes Schriftstück, Lyr. u. Gesch. 07. – **P:** eins und eins ist vielerlei, Hörb. 05. (Red.)

Heinz, Franz, Publizist, Schriftst.; Halskestr. 1, D-40215 Düsseldorf, Tel. (01 72) 2 06 00 44, Fax (02 11) 34 96 66, *herrfranzheinz@googlemail.com, www.herrheinz.de/franz* (* Perjamosch/Banat 21. 11. 29). Rum. S.V. 62–76, Kg. 78–02, DJV FR, FDA 03–07; Pr. d. Rum. S.V. f. Prosa in dt. Spr. 72, Andreas-Gryphius-Pr. 93, E.gabe d. Donauschwäb. Kulturpr. 94; Nov., Kurzgesch., Drama, Hörsp., Ess. – **V:** Vom Wasser, das flußauf fließt, Kurzprosa 62; Das blaue Fenster, Kurzprosa 65; Acht unter einem Dach, N. 67; Sorgen zwischen neun und elf, Kurzprosa 70; Vormittags, Kurz-R. 70; Erinnerung an Quitten, Kurzprosa 71; Ärger wie die Hund', N. 72, 2. Aufl. 91; Begegnung und Verwandlung, lyr. Prosa 85; Franz Ferch und seine Banater Welt, Künstlermonogr. 88; Lieb Heimatland, ade!, 2 Erzn. 98; Der Kreis mit den besonderen Ecken. Eigenwillige Kulturgeschichte(n) 00. – **MV:** Valaki tüzet kér, m. Franz Storch u. Arnold Hauser, Kurzprosa (übers. in ung. Spr.) 73; Unter dem Himmel der Treue..., mit Dietlind in der Au u. Horst Scheffler, N. 79. – **B:** Otto Alscher: Der Löwentöter, R. 72; Belgrader Tagebuch, Feuilletons aus dem besetzten Serbien 1917–1918 75; Tier- und Jagdgeschichten 77; Unser Heimatbuch. Von Perjamoschern f. Perjamoscher geschrieben, 1918–1998 98. – **MA:** zahlr. Ess. in lit. Zss., Beitr. in 15 Prosa-Anth.; Bilder aus dem Banat – Franz Ferch, e. Banater Maler 91; Banatica, Vjschr. 96–02. – **H:** Brücke über die Zeit, Anth. 72; Karl Grünn: Gedichte 76; Magisches Quadrat, Anth. 79; Immer gibt es Hoffnung, Anth. 86; Creffeld. d. Zss.: Der gemeinsame Weg, Vjschr. 84–90; Kulturspiegel 90–94; Kultur-Report seit 95; Otto Alscher u. a.: Belgrader Tagebuch 1917–1918, 06. – **R:** Wetterleuchten, Hsp. 58; mehrere Fs.-Kulturf. 70–74; Das Kriegstagebuch des Uscha Wies 88; Bonn am Meer 94; Bruder Hund 96, alles Hsp. – *Lit:* Stefan Sienerth in: Südostdt. Vj.blätter 4/99.

Heinze de Lorenzo, Ursula, freischaff. Schriftst.; Roxos-Portela 5, E-15896 Santiago de Compostela, Tel. 9 81 53 70 31 (* Köln 18. 6. 41). Galic. P.E.N.-Club, Gründerin, ehem. Präs. 89, Galic. Ver. f. Kd.- u. Jgd.-lit. (GALIX) 91, Intern. P.E.N.-Komitee f. Übers. u. Sprachrechte, Vizepräs. 92–99, P.E.N.-Zentr. Dtld 95, Rosalia-de-Castro-Stift. (Galicien) 96; Jgd.lit.-Pr. Merlin 86, Übers.pr. Ramón Cabanillas 91, Romanpr. Blanco Amor 93, Romanpr. Losada Diéguez 94, Arb.-stip Dubovica/Kroatien 95, Völklinger Senioren-Lit.pr. (Lyr.) 99, 00, Lit.pr. d. Galicischen P.E.N. 05; Lyr. Ue: galic, engl. – **V:** Meine Verse klingen nach Erde 97; Wassersprache 97; Dein Verrat 98; Credo 99; Erdbeerlicht 99; Laubnacht 00; Sommeruntergang 00; Spanische Wand 00; Ambra 01; Atlantisches Tief 01; Nachtbläue 01; Schattenblätter 02; In Winde gekleidet 02; Torso 02; Saeculum saeculorum 03; Mitlesebuch 03; Schilfgang 03; ... fremdgehen nichts dagegen 04; Mexikanische Runenblicke/Runas Mexicanas 04; die Zeit begehen 04; nur meer sein 05; Nadir 05; ein Auge genügt in den Abgrund zu blicken 06; das meer aufschlagen 06; Liebesblätter 07; Steingesang 07; Amal 08; Überwinterung 08, alles G.; Fingerspiele, Kurzgeschn. 06.

Heinze, Hartmut, M. A., Doz.; Straße 178 2, D-14089 Berlin, Tel. (0 30) 3 65 44 31 (* Berlin 16. 1. 38). Goethe-Ges. Weimar 80, Wezel-Ges. Sondershausen 90; Lyr., Kurzprosa, Theater, Ess., Rezension. – **V:** Pokhara und Bruckner, G. 74; Indischer Weg, G. u. Prosa 75; Berliner Elegien, G. 75; Neues Pala'is, G. 77; Gilga'mesch v. Uruk, Tanzdr. 77; Winterfest, Dr. 78; Philoktetes, Dr. 78; Neues Museum, G. 79; Das dt. Märtyrerdrama der Moderne, Ess. 85; Rabe im Käfig, G. 87; Goethes letzter Wandrer, ges. Studien 92; Windblüten, G. 97; Die Furt, G. 98; Von Orchha nach Camburg, G. 03; Préludes für Elefanten, G. 03; Goethes Vermächtnis an die Deutschen, Ess. 05; Goethes Ethik. 7 Ess. 05; Goethe und Friedrich Bury 06; Botschaft der Bäume, G. 07; Goethes „sehr ernste Scherze" im Faust II-Finale, Ess. 08; Warum Goethe?, Ess. 08. – **MA:** lyrik non stop 75; Recht mitten hindurch. Wolframs Parzival f. Marionetten 79; Berlin, Anth. 80; Weimars Urgeschichte 80; 800 Jahre Lehnin 81; Genius u. Gesellschaft (Rez. Emrich) 81; Goethe in d. Gegenwart 82; Des Minnesangs Wanderung 82; Herders Lebensreise 82; Vor 300 Jahren schuf Johann Beer seine Romane 82; Stadtansichten 82; Berlin-Zulage 82; Wieland als polit. Philosoph 83; zahlr. Beitr. in lit.wiss. Fachzss., insbes. NDH 83–90; Euphorion 82; Goethe-Jb. 86, 92; Neues a.d. Wezel-Forschung 91; Schrr. d. Wezel-Ges. 97; Zs. f. Germanistik 98, 99, 03; Marlitt-Jb. 04; Sonderhäuser Heimatecho 04–09.

Heinze, Tanja, Schriftst., Verlegerin; Opphofer Str. 175, D-42109 Wuppertal, Tel. (02 02) 7 59 49 18, Fax 7 59 48 96, *www.tanjaheinze.de* (* Wuppertal 75). – **V:** Der Schnee des letzten Sommers, R. 04; Donna Juana, R. 06. (Red.)

Heinzelmann, Josef, Dramaturg, Lektor, freischaff. Schriftst.; Kirchweg 1, D-55430 Oberwesel-Langscheid, Tel. (0 61 31) 2 27 74 12, (0 67 44) 9 40 23, *josefheinzelmann@t-online.de.* Fischtorplatz 18, D-55116 Mainz, Tel. (0 61 31) 22 74 12 (* Mainz 8. 8. 36). Reisestip. d. Ausw. Amtes f. USA 87; Musiktheater. Ue: frz, ital, engl. – **V:** Anja Silja 65. – **B:** Alexandre Dumas: Geschichte eines Nußknackers 78 (auch hrsg.); Jacques Offenbach, parlez Paris 80 (auch hrsg.); e. Henri Meilhac u. Ludovic Halévy (Insel-Tb. 543) 82 (auch übers. u. hrsg.); Jacques Offenbach: Hoffmanns Erzählungen, Textb. dt./frz. 05 (auch übers., hrsg. u. m. e. ausführl. Nachw. vers.). – **MA:** Salieri sulle tracce di Mozart 04; Halbe Sachen, Texte 06. – **H:** Nobis. Mainzer Studentenztg 58/60; 100 Jahre Theater am Gärtnerplatz 65; Igor Markevitch 82; Programmhefte Opern (Wiesbaden, München/Gärtnerplatz, Frankfurt) 62–72; zahlr. weitere Hrsg., meist nur als Leihmaterial erschienene Opern u. Operetten. – **MH:** Antonio Salieri / Giambattista Casti: Prima la Musica, poi le parole, m. Friedrich Wanek 72; Georges Bizet / Henri Meilhac und Ludovic Halévy: Carmen. Opéra comique in 4 Akten, m. Robert Didion 00; Jacques Offenbach / Jules Barbier: Les Contes d'Hoffmann. Textbuch, m. Michael Kaye 02 (alles Krit. Ausgaben, jeweils m. Vorw. u. Übers.). – **R:** div. Hsp., u. a.: Määnz werd sich ärjern oder Die Wiedergründung der Stadt Mainz (SWR) 62; Mainzer Komödienszene nach C. Kraus, Hsp. 70; zahlr. Features v. a. zu Musiktheater u. Operneinrichtungen (überwiegend im HR). – **P:** zahlr. Übers. u. Einrichtungen von Opern u. Operetten (Aufführungsmat.), am häufigsten auf Bühnen u. im Hör- u. Fernsehfunk gespielt: Purcell: Die Feenkönigin; Gounod: Der Arzt wider Willen, beides m. Jean-Pierre Ponnelle; Donizetti: Der Liebestrank; Poulenc: Die Brüste der Teiresias (Text: G. Apollinaire); Kurt Weill: Der Silbersee (Text: G. Kaiser); Bizet: Carmen, – Jacques Offenbach: Die Seufzerbrücke, Ritter Eisenfraß, Ba-Ta-Clan, Die Damen vom Markt, Pomme d'Api, Die elektro-magnetische Gesangsstunde, Die Tochter des Tambour-Majors, Blaubart, Die schöne Helena, Die Großherzogin von Gerolstein, Hoffmanns Erzählungen, u. a. – *Lit:* J. Zierden: Lit.-Lex. Rheinland-Pfalz 98; s. auch SK.

Heinzer, Bruno, Schriftst.; Josefstr. 167, CH-8005 Zürich (* Zürich 6. 5. 55). Pro Litteris, Ges. f. d. Rechte d. Urheber lit. Werke 82, SSV 87; Kurzgesch.pr. d. „Beobachter" 84, sabz-Lit.pr. (Anerkennpr.) 88, 91, Pr. d. Arbeiterkammer Kärnten 93, Anerkenn.pr. d. Marianne u. Curt Dienemann-Stift. 94, Ingeborg-Drewitz-Lit.pr. 95; Rom., Lyr. – **V:** Bei uns ist alles in Ordnung, R. 80; Wir lachen euch zu Tode, R. 82; El stupido final. Filmriss, R. 87; Die nackte Ordnung, R. 90. – **MA:** G. in: Reisen in ferne Oktobernebel, G. 80; Strahlende Hunde soll man nicht wecken 84; Kurzgeschn. in: Endstationen 82; Ein Volk schreibt Geschichten 84; Stadtzeiten 86; Band y Cut 89; Menschen im Gefängnis 90; Wo wohnen? 91; Schreiben in der Innerschweiz 93; Gestohlener Himmel 95; Angst, immer nachts 97. (Red.)

Heinzlmeier, Adolf, Autor; Merianstr. 31, D-60316 Frankfurt/M., Tel. (0 69) 4 98 05 44 (* München). VG Wort 85. – **V:** Todessturz, Krim.-R. 05; Bankrott, Krim.-R. 06; zahlr. Sachbücher z. Film sowie Schauspielerbiografien. – *Lit:* s. auch SK. (Red.)

Heirel, N. s. Dehm, Diether

Heisch, Peter, Korrektor; Finsterwaldstr. 42, CH-8200 Schaffhausen, Tel. (0 52) 6 24 28 57, *peter.heisch @bluewin.ch* (* Offenburg 10. 11. 35). Sat., Kurzgesch., Lyr. – **V:** Stille Ufer, Lyr. 68; Schelme, Schmuggler, Sünder, Kurzgeschn. 69; Rundum positiv 88; Beim Wort genommen. Randnotizen zur Deutschen Sprache 97. – **MA:** Nebelspalter, Zs. (Red.)

Heise, Annemarie s. Zornack, Annemarie

Heise, Hans-Jürgen, Schriftst., Übers., Kolumnist; Graf-Spee-Str. 49, D-24105 Kiel (* Bublitz/Pomm. 6. 7. 30). P.E.N.-Zentr. Dtld 72; E.gabe z. Andreas-Gryphius-Pr. 73, Kulturpr. d. Stadt Kiel 74, Kulturpr. von Malta 76, Pr. Kultur Aktuell 88, Poetik-Dozentur an d. Johannes-Gutenberg-Univ. Mainz 88/89, E.gast Villa Massimo Rom 89, Prof.titel 90, Pommerscher Kulturpr. 93, Andreas-Gryphius-Pr. 94, EM GZL Leipzig 98, Kunstpr. d. Ldes Schlesw.-Holst. 02; Lyr., Lyr.übers.; Prosa, Ess., Lit.kritik. Ue: engl, span, lat. – **V:** AUS-

WAHL: Vorboten einer neuen Steppe, G. 61; Poesie, G. ital.-dt. 67; Ein bewohnbares Haus, G. 68; Uhrenvergleich, G. 71; Underseas Possessions, G. engl.-dt. 72; Besitzungen in Untersee, G. 73; Das Profil unter der Maske, Ess. 74; Vom Landurlaub zurück, G. 75, Tb. 79; Ausgew. Gedichte 1950–1978 79; Einen Galgen für den Dichter. Stichworte z. Lyr., Ess. 86, Neuausg. 90; Bilder u. Klänge aus al-Andalus. Höhepunkte span. Lit. u. Kunst, Ess. 87; Die zweite Entdeckung Amerikas. Annäherungen an die dt. lateinam. Subkontinents, Ess. 87; Einhandsegler des Traums, G., Prosag., Selbstdarst. 89; Katzen fallen auf die Beine, Kurzprosa 93; Schreiben ist Reisen ohne Gepäck 94; Heiterkeit ohne Grund, G. 96; Herbarien und andere Biotope, G. 97; Zwischenhoch, G. 97; Wenn das Blech als Trompete aufwacht, Ess. 00; Ein Fax von Bashô, G. 00; Gedichte und Prosagedichte 1949–2001 02; Die Zeit kriegt Zifferblatt und Zeiger, Autobiogr. 03; Am Mischpult der Sinne, ausgew. Schriften 04; Das Zyklopenauge der Vernunft, G. 05; Schach der Ewigkeit, Ess. 06; Ein Kobold von Komet, G. u. Kurzprosa 07; Rangierbahnhof fremden Lebens, Ess. 08; (Teilübers. eigener Werke in 27 Spr.). – **MV:** Die zwei Flüsse von Granada 76; Der Macho u. d. Kampffhahn. Unterwegs in Spanien u. Lateinamerika 87, beides Reise-Ess.; Zikadentreff – andalusische Motive, G. 90, alle m. Annemarie Zornack. – **MA:** Beitr. in ca. 500 dt.- u. fremdspr. Anth. sowie u. a. in folgenden ZEITSCHRIFTEN: Akzente; Aufbau; il Caffè (Rom); Dimension (USA); Fachdienst Germanistik; Das Gedicht; die horen; Humboldt; Lines Review (Schottld); de.lire (Brest); Der Literat; Merkur; Modern Poetry in Translation (London); Der Monat; ndl; Neue Dt. Hefte; Neue Rundschau; New Orleans Review; Nurt (Poznań); Oasis (London); Persona (Rom); A Phala (Lissabon); světová literatura (Prag); Türk Edebiyatı (Istanbul); Universitas; VIN DU ET (Oslo); – ZEITUNGEN: FAZ; konkret; NZZ; Rhein. Merkur; Simplizissimus; Sonntag; Stuttg. Ztg; SZ; Der Tagesspiegel; Die Tat (Zürich); Die Welt; Die Zeit. – **H:** das bist du mensch. Kleine Anth. mod. Weltlyrik 63; Stephen Crane: Ein Wunder an Mut (Nachw.) 65; Das Abenteuer einer Drei-Minuten-Lektüre, Weltlyrik-Anth. 97; Rilke lesen, ausgew. Rilke-Gedichte 00, u. a. – **MH:** Schon mal gelebt?, m. Annemarie Zornack, Anth. amerikan. G. (m. Vorw.) 91. – **Ue:** Archibald MacLeish: Journey Home, zweispr. G.-Ausw. 65; T.S. Eliot: Gelächter zwischen Teetassen, zweispr G.-Ausw 72; Auswahl lateinamerikan. Gedichte in: ensemble 79; Federico García Lorca: Das Lied will Licht sein, ausgew. G. 09; – zahlr. Übers. engl., US-amerikan., span., arab.-andalus., lat. u. anderssprachiger Lyriker in eigenen Essaybänden, Anth., Kolumnen etc. sowie in div. Sammelwerken u. Lit.zss. – **MUe:** T.S. Eliot: Ges. Gedichte 1909–1962 72, Tb. 88. – *Lit:* A. Astel in: Hilde Domin (Hrsg.): Doppelinterpretationen 66; G. Scorza: Vorw. zu: Poesie 67; H.D. Schäfer: H.-J.H. Uhrenvergleich, Neue Rdsch. 82 71; Kindlers Lit.gesch. d. Gegenwart 73; Dt. Schriftst. d. Gegenw., Einzeldarst. 78; W.H. Fritz in: Fischer Alm. d. Lit.kritik 79; 2 Interviews in: Karl H. Van D'Elden: West German Poets on Society and Politics, Wayne State U. Press 79; M. Brauneck (Hrsg.): Weltlit. im 20. Jh. 81; B. Urban in: Universitas, Jan. 82; Der Lit.-Brockhaus, Bd 2 88; Harenbergs Lex. d. Weltlit. 89; D.-R. Moser: Neues Hdb. d. dt. Gegenw.lit. 90; K. Böttcher: Lex. dt.spr. Schriftst. 93; J. Glenn/S. Toliver: Poetry Poetics Translation 94; Ch. L. Bonner: Recent words by H.-J.H. 95; G. de Siati/T. Ziemke (Hrsg.): Innehalten ohne zu verweilen – H.-J.H. Werk im Spiegel d. Kritik 95; A. Gilligan: Poems by H.-J.H. 95; W. Hinck (Hrsg.) Gedichte u. Interpretn.

96; Monika Obarowska: Mag.arbeit, Zielona Góra 96; Ewa Hendry: Hinterpommern als Weltmodell in d. dt. Lit. nach 1945 98; R. Sevilla in: KLG 00; Munzinger Archiv 8/00; Reclams Lex. dt.spr. Autoren 01; Alexander v. Bormann in: die horen 4/02; Gunnar Müller-Waldeck: Interview in ndl 1/04, 07; Vorlaß im Dt. Lit.archiv Marbach seit 03.

Heise, Sebastian, Student d. Germanistik u. Philosophie; Celler Str. 100, D-38114 Braunschweig, Tel. (05 31) 3 17 09 70, (01 60) 6 37 39 38, *turokxxo@aol. com* (* Braunschweig 13. 9. 82). Lyr., Rom. – **V:** Verbrennungen siebten Grades, Lyr. 05. (Red.)

Heise, Ulf, Journalist, Lit.kritiker, Essayist; Böhlitzer Mühle 3a, D-04178 Leipzig, Tel. (03 41) 2 32 63 48, Fax 5 50 34 82, *ulf-heise.journalist@t-online.de* (* Dresden 12. 9. 60). Vors. d. Sächs. Lit.rates seit 02. – **V:** Dezemberlicht, Meditn. 95; „Ei da ist ja auch Herr Nietzsche". Leipziger Werdejahre e. Philosophen 00. – **MA:** Ilse Aichinger. Leben u. Werk 95; Bekehrung am Elbufer. Altstadt-Leseb. 97; Der Garten meines Vaters. Vorstadt-Leseb. 99; Benn-Jb. 04; Krit. Lex. z. dt.sprachigen Gegenwartslit. (KLG); Zss.: Ostragehege; Deutsche Bücher; Signum. – **MH:** Handbuch Literaturlandschaft Sachsen 07. – **R:** MDR-Bücherjournal; Interviews u. Rez. f. MDR-Figaro.

Heise, Ulla, Dipl. phil., Autorin; Niederkirchnerstr. 5, D-04107 Leipzig, Tel. (03 41) 9 61 45 07, *Ulla.Heise @gmx.de* (* Regis-Breitingen 18. 12. 46). Bestes polit. Buch des Jahres 91; Kulturhist. Sachb., Ess. – **V:** Kaffee und Kaffeehaus. Eine Kulturgesch. 87 (auch am., frz.); Der Gastwirt. Ein hist. Berufsbild 93 (auch jap.); Zu Gast im alten Dresden. Hotels, Cafés u. Ausflugslokale um 1900 94; Kaffee und Kaffeehaus. Eine Bohne macht Kulturgesch. 96, Tb. 02 (auch türk.); Zu Gast im alten Leipzig 96; Frankfurter Landpartien 00, 2., überarb. Aufl. 03; Stuttgarter Landpartien 01; LampenFieber. Eine Kulturgesch. d. Gaslaterne 01; Münchner Landpartien 02; Hamburger Landpartien 03; Landpartien zum Wein 04; Aus erster Hand und frisch gebrannt 04; Kleines Wein-Brevier 05; Ur-Krostitzer, Chronik 06; Reisen durch die Küchen von Brandenburg & Berlin 07. – **MV:** Das Romanushaus in Leipzig, m. Michael Müller 90; Leipziger Allerlei – Allerlei Leipzig, m. Andreas Reimann u. Kathrin Francik 93; Leipziger Landpartien, m. Doris Mundus 96, 3., überarb.Aufl. 02; Das Buch der sächsischen Hausküche, m. K. Francik 96, 2. Aufl. 98; Dresdner Landpartien, m. D. Mundus u. Klaus Sohl 97; Berliner Landpartien, m. Heidrun Braun 98, 3., bearb. Aufl. 03; Erfurter Landpartien, m. Amelie Möbius u. D. Mundus 99. – **MA:** Drey Neue Curieuse Tractätgen (Komment.) 86; zahlr. Beitr. u. Art. in Fachpresse, Ausst.-Kat. u. Sammelbden, u. a. in: Gewandhaus-Magazin 1 92, 2 93; Piranesi. Faszination u. Ausstrahlung 94; Sorry, we don't cater people in a hurry, Kat., Wien 99; P. Lummel (Hrsg.): Kaffee. Vom Schmuggelgut z. Lifestyleklassiker 02; H. Roder (Hrsg.): Schokolade. Geschichte, Geschäft u. Genuß 02; Westf. Museumsamt (Hrsg.): Kaffee. Ernten, Rösten, Mahlen 04. – **H:** Coffeana. Lob u. Tadel vom Kaffee (auch Nachw.) 88; Café Leipzig 90; Kaffeekultur, Begleitheft z. Ausst., Bremen/Altenburg 98. – **MH:** Jetzt oder nie – Demokratie. Leipziger Herbst '89 89; Leipzig zu Fuß, m. Nortrud Lippold 90; Kaffee und Erotik, m. Beatrix Frfr. v. Wolff Metternich 98; Kaffee privat. Porzellan, Mühlen u. Maschinen, m. Thomas Krueger 02; zu Gast. 4000 Jahre Gastgewerbe, m. Hardy Eidam 08.

Heise-Batt, Christa (Christa Batt, geb. Christa Heise), früher Fremdspr.korrespondentin; Up den Barg 9, D-22851 Norderstedt, Tel. u. Fax (0 40) 5 29 21 90 (* Wohlde, Kr. Schlesw. 25. 1. 37). Stormarner Schrift-

stellerkr., Lübecker Autorenkr., Vorst.mitgl. Quickborn, Vorst.mitgl. li. Kabarett „Die Wendeltreppe"; Borsla-Pr. 97, Kulturpr. d. Stadt Norderstedt (1. Trägerin) 97; Lyr., Erz. – **V:** Dörch de Johrstieden 89; Zur Weihnachtszeit, Erzn. u. G. 92; Rosenranken – Runkelröven 92; Vun Metta, Lina un José ... 98; Sünn achter Wulken 03; En goot Woort kost nix 05. – **MA:** freie Mitarb. d. Zs. Heimatspiegel seit 85; Beitr. in d. Zs. Schleswig-Holstein sowie in zahlr. Anth.; zahlr. Rdfk-Arbeiten in Hamburg u. Kiel. – **P:** Dörch de Johrstieden 01; Plattdüütsche Wiehnachten 05; Vun Minsch to Minsch 07.

Heising, Johannes, Dr. theol. Lic. bibl., Élève titulaire de l'École Biblique de Jérusalem; An der Jordanquelle 2, D-33175 Bad Lippspringe, Tel. (0 52 52) 93 74 57, Fax 93 74 58, *joh.heising@freenet.de* (* Bad Driburg/Westf. 24. 5. 27). Erz. – **V:** Flakhelfer. Grevener Schüler im 2. WK 92; Abt Alkuin. Reflexionen über Ordensleben u. Amtskirche 93; Sonnenbrot 97; Das Kinderdorf am Urwald 01; Ufer im Abendlicht. Ein Leben unter Zwang u. in Freiheit 08, alles Erzn. – **MA:** Beitr. in Anth. u. Jb.: Friedhofsgedanken 97; Jb. d. Kr. Höxter 98, 99; Geweint vor Glück 01.

Heisl, Heinz D., Musiker, Schriftst.; lebt in Innsbruck u. Zürich, *heinzdheisl@chello.at, heinzdheisl.twoday. net* (* Innsbruck 16. 2. 52). Aufenthaltsstip. d. Berliner Senats 90, Arb.stip. d. Ldes Tirol 94, Reinhard-Priessnitz-Pr. 00, Prosapr. Brixen-Hall 03, Gr. Lit.stip. d. Ldes Tirol 03, Öst. Projektstip. 05, Stip. d. Stuttgarter Schriftstellerhauses 06; Prosa, Lyr., Hörsp. – **V:** das gestochene wort, Lyr. u. Prosa 88; das hirnrad 92; das zerbrochene wort 93; die psalmen 94; sprachzeitlosen 96; Platzkonzert, Stück 96; das oratlorium, Erz. 98; die paradoxien des herrn guadalcanal, Prosa 00; der augensee 00; Wohin ich schon immer einmal wollte, Eisenbahngeschn. 05; Abriss, R. 08. – **R:** mehrere Hsp. – *Lit:* Armin Moser: H.D.H., Biogr., Interviews, Interpret. 99. (Red.)

Heiß, Margarete (geb. Margarete Schmiedl), Buchhändlerin; Schmiedfeldstr. 1, D-93342 Mitterfecking. Tel. (0 94 41) 8 16 43 (* Sallingberg/Kr. Kelheim 6. 11. 53). Lyr. – **V:** Kieselhüpfen, G. 99; Gell du, Geschn. 03. (Red.)

Heißerer, Dirk, Dr.; Von-Frays-Str. 32, D-81245 München, Tel. (0 89) 13 41 42, Fax 13 41 91, *Heisserer @t-online.de, www.lit-spaz.de* (* Koblenz 29. 6. 57). Carl-Einstein-Ges., Oskar-Maria-Graf-Ges., Vorst., Thomas-Mann-Förderkr. München, Vorst.; Schwabinger Kunstpr. 93, Silbergriffel 97. Uc: frz. – **V:** Negative Dichtung 87; Wo die Geister wandern 93, 3. Aufl. 99, Nachaufl. 08; Wellen, Wind und Dorfbanditen 95, 3. Aufl. 99; Rudolf Schlichter in Calw 98; Meeresbrausen, Sonnenglanz 99; Thomas Manns Zauberberg 00; Sünde und Schwert. Thomas Mann u. Franz von Stuck 01; Das Bild des Soldaten bei Thomas Mann 02; Die Maxhöhe. Vom Dampfschiff zum Windrad 02; Ludwig II. 03; Im Zaubergarten. Thomas Mann in Bayern 08. – **MV:** Ortsbeschreibung, m. Joachim Jung, Erinn.projekt 98. – **MA:** Alfred Kubin, Ausst.-Kat. 90; Maßnahmen des Verschwindens 93; Umbrien. Grünes Herz Italiens 94; Carl-Einstein-Kolloquium 1994 96; Rudolf Schlichter. Gemälde, Aquarelle, Zeichnungen, Kat. 97; „Genieße froh, was du nicht hast". Der Flaneur Franz Hessel 97; Franz Blei. Mittler d. Literatur 97; Von der Kraft des Mondes 97; Les Carnets Ernst Jünger, No.3 98; Münchner Winkel u. Gassen 98; Schwabing. Kunst u. Leben um 1900, Ess. 98; Thomas Mann: Der Zauberberg, Hsp., CD-Booklet 00; Der Herzogpark. Wandlungen e. Zaubergartens 00; Friedrich Georg Jünger. „Inmitten dieser Welt der Zerstörung" 01; Bloch-Almanach 20/01; Jb. d. Oskar Maria Graf-Ges. 01; Die

Heiten

visuelle Wende d. Moderne. Carl Einsteins „Kunst d. 20. Jh." 03; Landpartie literarisch 03; Autographensammlung Ernst Heimeran 03; Überall u. nirgends zu Hause, Leseb. 03; Friedrichstraße 18, Festschr. 04; Autographensammlung Maximilian Krauss 04; München lesen 08; – Zss., u. a.: Börsenbl. f. d. dt. Buchhandel 91ff.; Inn, Zs. f. Lit., 27 91; Archiv f. d. Gesch. d. Widerstandes u. d. Arbeit 14 96; Charivari 97. – **H:** Thomas Manns „Villino" am Starnberger See 1919–1923 88; Marcel Ray: George Grosz (auch übers.) 91; Kadidja Wedekind: König Ludwig u. sein Hexenmeister, Tatsachen-R. 95; dies.: Kalumina, R. 96; Franz Hessel: Laura Wunderl, Nn. 98; Rudolf Schlichter: Zwischenwelt 94, Die Verteidigung des Panoptikums 95, Drohende Katastrophe, G. 97, R.S./Ernst Jünger: Briefe 1935–55 97, Das Abenteuer der Kunst u. a. Texte 98, R.-S.-Bibliogr. 98; Erika Mann: Stoffel fliegt übers Meer, Erz. 99; Maximilian Schmidt: Die Fischerrosl von St. Heinrich 00; Lehmkuhl. 100 Jahre Leben mit Büchern. 1903–2003, Chronik 03; Thomas Mann in München, Vortragsreihe (auch Mitarb.) 03; Fred Endrikat: Der fröhliche Diogenes, G. 04; Erich Ebermayer: Eh' ich's vergesse... 05; Korfiz Holm: ich – kleingeschrieben 08. – **R:** Kalumina. Kadidja Wedekinds „Kaiserreich d. Kinder" 96; Marcel Duchamp u. Max Bergmann 97; Der „Zauberberg" in Feldafing 97; Zeit meines Reichtums 97; Das Abenteuer der Kunst 98 (auch als Hörkass.); „Ich lege großen Wert auf Ihre Freundschaft". Thomas Mann u. Oskar Maria Graf in München u. Amerika 00; Lila Tinte. Thomas Mann in Utting am Ammersee 01; Das Paradies der falschen Vögel. Wolfgang Hildesheimer in Ambach 02; Narciss. Ein Trauerspiel. Das Lieblingsstück König Ludwig II. 03. – *Lit:* Interview m. Nicole Dönhoff in: SZ v. 16.6.93; Gespr. m. Barbara Piatti in: Lit. in Bayern, Nr.36 94; Walter Stelzle in: Charivari 7/8 95; Interview m. Brigitte Fleischer in: SZ v. 29.4.98; Interview m. Hans Peter Mederer in: Charivari 10 98; Nordbayer. Kurier v. 15./16.3.03; sowie zahlr. Artikel zu d. literar. Spaziergängen, seit 90.

Heiten, Jutta s. Oltmanns, Jutta

Heitlinger, Thomas, Dipl.-Informatiker (FH); Hohe Eich 42, D-76297 Stutensee-Blankenloch, Tel. (0 72 44) 94 60 39, *Thomas.Heitlinger@t-online.de,* *www.heitlinger.de* (* Eppingen 25. 5. 64). Mundartpr. d. Reg.präs. Nordbaden 86, 90; Hörsp. – **V:** Schwarz uff weiss, Lyr. 86, 90; Schlachtfescht, Geschn. u. G. 93, 95; Der Rammler-Willi. Geschn., G., Unsinnverse 96; Gnitz!, Geschn. u. G. 05. – **MA:** Kurzgesch. in: c't. – **R:** zahlr. Mda.-Hsp. im SDR u. SWR seit 94. (Red.)

Heitz, Markus, freier Journalist u. Schriftst.; D-66482 Zweibrücken, Tel. (0 63 32) 4 79 05 64, *mheitz @ulldart.de, mahet@mahet.de, www.ulldart.de, www.mahet.de* (* Homburg/Saar 10. 10. 71). Dt. Phantastik-Pr. 03, 05, 06 u. 07. – **V:** Die dunkle Zeit. 1: Schatten über Ulldart 02, 2: Der Orden der Schwerter 02, 3: Das Zeichen des dunklen Gottes 02, 4: Unter den Augen Tzulans 03, 5: Die Stimme der Magie 03, 6: Die dunkle Zeit 05; in d. Reihe „Der Schadowrun-Zyklus": Bd.45: TAKC 3000 02, 47: Gottes Engel 02, 48: Aeternitas 03, 51: Sturmvogel 04, 53: 05:58 04, 52: Jede Wette 05; Zwergen-Saga. Die Zwerge 03, Der Krieg der Zwerge 04, Die Rache der Zwerge 05, Das Schicksal der Zwerge 08; Die Mächte des Feuers 06; Kinder des Judas 07. (Red.)

Heitzenröther, Horst, Red., Kultur-Publizist, Kabarett-Autor; Elsenstr. 104 B, D-12435 Berlin, Tel. u. Fax (0 30) 5 34 19 32 (* Offenbach/Main 21. 5. 21). Schutzverb. Dt. Autoren 49–54, SV-DDR 58–91; Kabarett-Text, Satirische Lyr. u. Prosa, Rom.-Adaption f. Hör-

funk. – **V:** Leuten, Zeiten und Nichtigkeiten auf den Versen 01, 2., stark erw. Aufl. 06. – **MA:** zahlr. Beitr. in Anth. seit 63. – **R:** Der Wundertäter, 10tlg. Hsp.folge nach d. 1. T. d. R.-Trilogie v. Erwin Strittmatter 69; Tabak, 3tlg. Hsp.folge nach d. R. v. Dimitar Dimow 71.

Heiz, André Vladimir, Dr. phil., bildender Künstler, Doz. f. Semiotik; Alexander-Schöni-Str. 46, CH-2503 Biel, Tel. (0 32) 8 41 46 26, *www.n-n.ch* (* Langenthal 27. 8. 51). Stip. v. Bund u. Kt. Bern 82, Auszeichn. d. Emil-Bührle-Stift. 82, Lit.pr. d. Stadt Bern 86, Buchpr. d. Kt. Bern 89, Stip. Pro Helvetia 89, 95; Rom., Ess., Forschung/Theorie. – **V:** Die Lektüre, R. 82; O, R. 83; Anatomie der Nacht 85; Yoyo, R. 89; Knapp, N. 93; Sommersprossen 95; Liliane und Damian 97. – **MA:** Satz zum Gesamtkunstwerk, Ess. in: Der Hang zum Gesamtkunstwerk 83. (Red.)

Heizmann, Alfred; Melcherleshorn 8, D-78479 Insel Reichenau, Tel. (0 75 34) 17 33, *Heizmann.AberHallo @t-online.de* (* Wurmlingen b. Tuttlingen 4. 1. 49). Lyr. – **V:** Aber hallo!, Lyr. 96, 3. Aufl. 99; Der Kern des Pudels, Lyr. 00. – **R:** satir. Beitr. im SWF-SDR u. SDR-Radio seit 89. (Red.)

Heizmann, Helmut, Malermeister i. R.; Grünstr. 35, D-77723 Gengenbach, Tel. (0 78 03) 25 17, Fax 96 61 71, *HeizmannH@t-online.de, www.alemannisch. de* (* Offenburg 22. 11. 46). Muettersproch-Gsellschaft 81, Steinbach Ensemble 00; Lyr., Erz. – **V:** ... do kannsch mol sähne ..., Lyr. u. Erz. 97. – **MA:** Das Leben lieben 96, 4., erw. Aufl. 00; 's Johr duure 00, beides Lyr. (Red.)

Helbach, Werner s. Werner, Helmut

Helbich, Ilse (geb. Ilse Hartl), Dr., Germanistin, Verlagskauffrau; Hofzeile 19, A-1190 Wien, Tel. (01) 3 68 70 02. Nr. 23, A-3562 Schönberg am Kamp, Tel. (0 27 33) 82 10 (* Wien 22. 10. 23). Rom., Lyr., Erz., Radio-Collage. – **V:** Schwalbenschrift. Ein Leben in Wien, R. 03; Die alten Tage, Erz. 04; Iststand, Erzn. 07; Das Haus (Arb.titel), Erz. 09.

Helbich, Peter, Pfarrer; Espenauer Str. 87, D-34246 Vellmar, Tel. (05 61) 82 81 58 (* Bad Steben 1. 6. 37). Lyr., Ess., Meditation, Fachb. – **V:** Er will mich wecken zu neuem Leben 76; Gott wohnt nicht im blauen Himmel 76; Im Ölbaum blüht der Wind 77; Morgen ist auch ein Tag 80; Im Fluge unserer Zeiten 81; Schreib dein Wort in meine Seele 81; Du bist ein Gott, der mir nahe ist 84; Sehnsucht ist wie ein Segel 85; Glaube ist wie das Lied eines Vogels am Morgen 85; In den Wohnungen des Lichts 86; Sehnsucht nach dem verborgenen Glück 86; Unsere Heimat ist der Himmel 86; Gottesdienstgebete 87; Von dir will ich nicht lassen 89; Leben heißt langsam geboren werden 89; Unter der Sonne leben 92; Wendet euch zu mir 94; Mögen die Farben deines Lebens wieder 02; Über uns ein Regenbogen 02; ... damit sich meine Seele öffnet 03, u. a. – **H:** Friedensworte 83; Nachfolge im Widerstand 83; Der Traum vom Frieden 83; Das Wagnis der Liebe 83; Die Sprache d. Hoffnung 84; Die Verteidigung d. Lebens 84; Das neue Leben 85; Die Freude der Armen 85; Der Weg der Versöhnung 85; Seht, welch ein Mensch 86; Der Anwalt der Gerechten 87; In dein Herz geschrieben 87; Schenk mir d. Wort 87. – **MH:** Jedes Wort kann ein Anfang sein 81; Martin Luther: Lebensworte 83; Der Messias 85; Lebenstage 85. (Red.)

Helbig, Axel, Hrsg. u. Autor; Birkenstr. 16, D-01328 Dresden, Tel. (03 51) 2 69 13 26, *axelhelbig@yahoo.de* (* Freital 9. 11. 55). Ess., Interview. – **V:** Annäherung an das Unsagbare. 33 Verführungen z. Literatur d. Moderne, Ess. 06, 07; Der eigene Ton. Gespräche m. Dichtern, Interview 07. – **MH:** m. Peter Gehrisch: Das Land Ulro nach Schließung des Zimtladens 00; Heimkehr in die

Fremde, m. Jayne-Ann Igel 02; Orpheus versammelt die Geister 05; Ostrachegehe, Zs. f. Lit. u. Kunst.

Helbig, Holger, M. A., Dr.; c/o Friedrich Alexander Univ., Bismarckstr. 1 B, D-91054 Erlangen, *Holger. Helbig@ger.phil.uni-erlangen.de* (* Mühlhausen/Thür. 29. 11. 65). Förd.pr. d. Freistaates Bayern 03, Heisenberg-Stip. 05, Dalberg-Pr. 07; Lyr. Ue: engl. – **V:** Beschreibung einer Beschreibung. Untersuchungen zu Uwe Johnsons Roman „Das dritte Buch über Achim", Diss. 96; Bewahrt auf der Netzhaut, G. 02; Naturgemäße Ordnung, wiss. Sachb. 04; Zauberschwarze Welt, bewohnt, Ess. 06. – **MV:** Arbeitsbuch Lyrik, m. Kristin Felsner u. Therese Manz 08. – **MA:** Beitr. in Lit.zss., u. a. in: ndl; die horen; Eiswasser. – **H:** Weiterschreiben. Zur DDR-Lit. nach dem Ende d. DDR, Sachb. 07. – **MH:** Johnson-Jahrbuch, m. Ulrich Fries, Bd 1 94ff.; Hermenautik – Hermeneutik. Literar. u. geisteswiss. Beitr. zu Ehren v. Peter Horst Neumann 96; Johnsons „Jahrestage". Der Kommentar 99.

Held, Annette, Polizistin, Schriftst.; c/o Eichborn-Verl., Frankfurt/M. (* Pottum 25. 4. 62). P.E.N.-Zentr. Dtld/ Förd.pr. z. Georg-K.-Glaser-Pr. 00, Martha-Saalfeld-Förd.pr. 00, Förd.pr. Lit. d. Kunstpr. Berlin 01, Stip. Schloß Wiepersdorf 02, Koblenzer Lit.pr. 03. – **V:** Meine Nachtgestalten. Tagebuch e. Polizistin 88; Mein Bruder sagt, du bist ein Bulle 90; Meine Schatten, mein Echo und ich 94; Am Aschermittwoch ist alles vorbei 97; Die Baumfresserin 99; Hesters Traum 01, alles R.; Das Zimmermädchen, N. 03; Die letzten Dinge, R. 05. (Red.)

Held, Christa (Ps. Ruth Flensburg), Lehrerin a. D.; Bayernring 28, D-12101 Berlin, Tel. u. Fax (0 30) 7 86 13 14 (* Riga 12. 8. 29). Rom., Kinder- u. Jugendb., Kurzgesch., Hörsp. Ue: engl. – **V:** Aufruhr in der Neunten, Jgdb. 60, 79; Dodo braucht ein weißes Hemd, Kdb. 63; Die Nachtwache der Eva Billinger, R. 65; Pardon – ich komme etwas überraschend, Erz. 83, 84; Hast du mir etwas mitgebracht?, Kurzgesch. 84; Können Engel Auto fahren?, Kurzgesch. 87. – **MA:** Ich habe es erlebt 04; versch. kirchl. Zss., z.B.: Die Gemeinde; div. Lesehefte f. Kinder u. Gesch. in versch. Erzählbden. – **P:** 2 1/2 Minuten-Geschichten, Berliner Rdfk 00–01; Arb. beim ERF Wetzlar. – **P:** 2 1/2 Minuten-Geschn., CD 07; Alltagsgeschn. zum Fest, CD 07; Das Kind hat eine Oma, CD 08. – **Ue:** Barry Brown: The flying Doctor u. d. T.: 5HT ruft Fliegenden Doktor 62; Billy Graham: My Answer u. d. T.: Billy Graham antwortet 63; Ethel Emily Wallis u. Mary Angela Bennett: Two thousand tongues to go u. d. T.: Noch 2000 Sprachen 64; William Barclay: Epistle to the Hebrews u. d. T.: Richtet die erschlafften Hände auf 68; Paul Harrison: Should I tell u. d. T.: Richtig lehren, fröhlich lernen 69. – *Lit:* Wer ist wer?; The Berliner.

Held, Fritz, Pfarrer; Beim Rot 10, D-73340 Amstetten, Hofstett-Emerbuch, Tel. (0 73 36) 67 06, Fax 92 14 73 (* Ulm 21. 10. 24). BVK am Bande, Argentin. Ritterkreuz. – **V:** Der lange Weg, Autobiogr. 06, u. d. T.: Vom Gauchosattel auf die Kanzel 07. – **R:** zahlr. Rdfk-Sdgn b. SWR 1 u. SWR 4 82–06; Beitr. f. Evangeliums Rdfk Wetzlar, seit 07. – **P:** Auf dr Alb do heuta, Lieder; Fern bei Sedan, Soldatenlieder 82, beides Tonkass. u. CDs. – *Lit:* Elke Knittel in: Schwäb. Heimatkal. 07.

Held, Hubert, Dipl.-Volkswirt; Im Oberdorf 45, D-77948 Friesenheim/Baden, Tel. (0 78 21) 6 12 14 (* Schuttern/Lahr 19. 10. 26). FDA; AWMM-Lyr.-Pr. 85; Lyr., Erz., Rom., Drama. – **V:** Klagende Gitter 74; Der Kreis 75; Fallende Engel 76; Die schwarze Nachtigall 77; Verbrannte Erde 80; Landleben 81; Heimatlos 83; Um den Taubergießen 86, alles G.; Das gläserne Dach 88; Matrosen die sterben 90; Tag ohne Augen

96; Der Aussteiger 97, alles Erzn.; Lichtenstein, Dr. 00; Bärbel von Ottenheim, Dr. 00; Das Amselbrünnle, Erz. 01; Marie Antoinette in Schuttern 02; Ruhm und Untergang der Reichsabtei Schuttern, Sch. 06; Das Schicksal der Marie Antoinette, Sch. 07. – **MA:** Wohin denn ich?, relig. Lyr. 72; Wenige wissen das Geheimnis der Liebe. Eine kleine Anth. zeitgenöss. Dichter 73; Jahrbuch 1977 – Jahrbuch 1986.

Held, Monika, Journalistin; Im Prüfling 12, D-60389 Frankfurt/Main, Tel. (0 69) 46 99 08 62, Fax 46 99 08 61, *monika.held@gmx.de* (* Hamburg 1. 5. 43). Dt. Sozialpr., Elisabeth-Selbert-Pr.; Rom. – **V:** Augenbilder, R. 03 (auch türk.); Melodie für einen schönen Mann, R. 07. – *Lit:* s. auch SK. (Red.)

Held, Wolfgang, Schriftst.; Walther-Victor-Str. 20, D-99425 Weimar, Tel. u. Fax (0 36 43) 50 64 19, *wolfheld@freenet.de, www.wolfgang-held-autor.de* (* Weimar 12. 7. 30). SV-DDR 59, Lit. Ges. Thür. 90– 06, Friedrich-Bödecker-Kr. 92–06; E.nadel d. Stadt Weimar in Gold; Rom., Erz., Jugendb., Film. – **V:** Die Nachtschicht, Erz. 59; Mücke und sein großes Rennen, Jgdb. 61; Du sollst leben, Mustapha, Jgdb. 62, 64; Manche nennen es Seele, R. 62; Hilfe, ein Wildschwein kommt, Jgdb. 64; Quirl hält durch, Jgdb. 64; Der Teufel heißt Jim Turner, Jgdb. 64, 66; Der Tod zahlt mit Dukaten, Krim.-R. 64, 66; Das Steingesicht von Oedeleck, Jgdb. 66; Der letzte Gast, Krim.-R. 68; Petrus und drei PS 68, 70; Blaulicht u. Schwarzer Adler, Krim.-R. 69; Feuervögel über Gui, Kdb. 69; Das Licht der schwarzen Kerze 69, 96; Zwirni träumt vom Weltrekord, Kdb. 71; Im Netz der weißen Spinne, Kdb. 73; Schild überm Regenbogen, R. 73; Visa f. Ocantros, R. 76; Härtetest, R. 78; Al-Taghalub, R. 81, 04; Aras und die Kaktusbande, Kdb. 82, 08; Eilfracht via Chittagong, R. 82; ... auch ohne Gold u. Lorbeerkranz, Kdb. 83, 03; Wie eine Schwalbe im Schnee, R. 87, 04; Laßt mich doch eine Taube sein, R. 88, 07; Wiesenpieper, Jgdb. 88; Die gläserne Fackel, R. 89; Einer trage des anderen Last, R. 95, 02; Uns hat Gott vergessen, R. 00, 04. – **MV:** Das Thüringer Rostbratwurstbüchlein, m. Heinz Sonntag 98, 03. – **F:** Flucht in Schweigen 66; Schüsse unterm Galgen 68; 12 Uhr mittags kommt der Boß, Krim.-F. 68; Zeit zu leben 69; Anflug Alpha I 71; Einer trage des anderen Last 88; Laßt mich doch eine Taube sein 90. – **R:** Das Licht der schwarzen Kerze 72; Gefährliche Reise 72; Visa für Ocantros 74; Zweite Liebe – ehrenamtlich 77; Härtetest 78; Wiesenpieper 83; Die Spur des 13. Apostel 83; Die gläserne Fackel 89; Silberdistel 90, alles Fsf.

Held, Wolfgang, Dr. phil., Erzähler, Übers.; 57 Limes Grove, London SE13 6DD/GB, Tel. u. Fax (0 20) 83 18 21 67 (* Freiburg/Br. 15. 8. 33). Lit.pr. d. Kulturkr. im BDI 83, Berganza-Pr. d. Kunstver. d. Stadt Bamberg 92; Rom., Erz., Biogr., Übers. Ue: engl. – **V:** Die im Glashaus, R. 65; Die schöne Gärtnerin, Erz. 79; Ein Brief des jüngeren Plinius, Collage-R. 79; Rabenkind, Erz. 82; Geschichte der abgeschnittenen Hand, R. 94; Manches geht in Nacht verloren. Die Gesch. von Clara u. Robert Schumann, Biogr. 98, Tb. 01; Traum vom Hungerturm, R. 07. – **MA:** Akzente Jan. 66; Jahresring 82/83, 83/84, 87/88; Klagenfurter Texte 83; Lobreden 03. – **H:** J.E. Hitzig: Hoffmanns Leben (Anm. u. Nachw.) 86; T.S. Eliot: Über Dichtung und Dichter (Ausw. u. Nachw.) 88. – **R:** Fuchs und Engel 81; Kohlenklau 83; Schumannkommentare 8, 9, 14, 17 92–94, 96; Abenteuer eines Sonntagspianisten 96; Geschichte von C. u. R. Schumann 99. – **Ue:** Robert Graves: Das kühle Netz, G. (m. Nachw. vers.) 90; Wyndham Lewis: TARR, R. 90; Samuel Beckett: Traum von mehr bis minder schönen Frauen, R. 96, 98; William Golding:

Heldt

Mit doppelter Zunge, R. 98; Emily Brontë: Ums Haus der Sturm, G. (m. Nachw. vers.) 98; Robert Graves: Der Schrei, Erz. 98; Samuel Beckett: Lang nach Chamfort, G. (m. Nachw. vers.) 03. – *Lit:* Hans Neubauer in: 120 J. Kunstver. Bamberg 94. (Red.)

Heldt, Dora, gelernte Buchhändlerin, arbeitet f. e. Verlag; lebt in Hamburg, c/o Deutscher Taschenbuch Verl., München (* 10. 11. 61). – **V:** Ausgeliebt, R. 06; Unzertrennlich, R. 06; Urlaub mit Papa, R. 08. (Red.)

Helens, Toni s. Thomsen, Doris

Helfenstein, Heidy, Dipl.-Psych.; Büttenenhalde 26, CH-6006 Luzern, Tel. (0 41) 3 70 00 01, Fax 3 71 01 21, *h.helfenstein@bluewin.ch, www.h-helfenstein.ch, www. hhip.ch.* c/o Marco Caluzi, Winkelstr. 9, CH-8046 Zürich (* Sempach, Kt. Luzern). SSV; Ess., Kolumne, Fachlit. – **V:** Querdenkereien einer lustvollen Moralistin, Ess. u. Kolumnen 01, 08; Haltet die Welt an, ich will aussteigen, Kolumnen 06.

Helfer, Joachim; c/o Suhrkamp Verl., Frankfurt/M. (* Bonn 26. 8. 64). Lit.förd.pr. d. Stadt Hamburg 92 u. 99, Aufenthaltsstip. d. Berliner Senats 96, Villa-Aurora-Stip. Los Angeles 99, Förd.pr. z. Hans-Erich-Nossack-Pr. 99, Lit.pr. d. Irmgard-Heilmann-Stift. 00. – **V:** Du Idiot, R. 94, Tb. 99; Cohn & König, R. 98, Tb. 00; Nicht Himmel, nicht Meer, R. 02; Nicht zu zweit, drei Nn. 05. – **MV:** Die Verschwulung der Welt. Rede gegen Rede, m. Raschid al-Daif 06. – **MA:** Schraffur der Welt 00; Helden wie Ihr 00. – *Lit:* Bernhard Viel in: KLG. (Red.)

Helfer, Monika (auch Monika Helfer-Friedrich, verh. Monika Köhlmeier; Johann-Strauß-Str. 9, A-6845 Hohenems, Tel. (0 55 76) 7 28 08 (* Au/Vorarlberg 18. 10. 47). GAV, IGAA; Staatsstip. d. BMfUK 80, Franz-Michael-Felder-Med. 85 (zurückgegeben), Lit.-stip. d. Ldes Vbg 89, Förd.pr. d. BMfUK 91, Dramatikerstip. d. BMfUK 92, Robert-Musil-Stip. 96–99. – **V:** Eigentlich bin ich im Schnee geboren 77; Die wilden Kinder, R. 84; Mulo, Sage 86; Ich lieb Dich überhaupt nicht mehr, R. 89; Der Neffe, Erz. 91; Oskar und Lilli, R. 94; Kleine Fürstin, N. 95; Wenn der Bräutigam kommt, R. 98; Bestien im Frühling, Stück 99; Mein Mörder, R. 99; Rosie in New York, Bilderb. 02; Rosi in Wien, Bilderb. 04; – THEATER/UA: Die Aufsässige 92; Bestien im Frühling 99. – **MV:** Der Mensch ist verschieden, m. Michael Köhlmeier 94. – **R:** Der Zorn des Meisters, m. Gerold Amann u. Michael Köhlmeier 79; Tondbandprotokoll, m. Michael Köhlmeier 79; Indische Tempeltänzerin 81; Oskar und Lilli 94. (Red.)

Helfmann, Kornelia; Panoramaweg 18a, CH-3672 Oberdiessbach, *bandi-helfmann@bluewin.ch* (* Birkenau-Löhrbach 6. 11. 55). BRIGITTE-Romanpr. 04; Rom., Erz. – **V:** Abgetreten, R. 04, 06. (Red.)

Helfrich, Herbert, Lehrer; Badstr. 9, A-4490 St. Florian (* Ansfelden/ObÖst. 12. 2. 56). Florianer Tintenfische; Lyr., Erz. – **V:** Erasmus, der Holznagel aus dem Stiegenhaus, Kdb. 98; Der Schatten des Mädchens, Jgdb. 01; Klopfzeichen, Jgdb. 03; Die Zeichen des Bussards, R. 04. – **MA:** Anthologie (Bd 26), Intern. Lit.- u. Lyr.verlag 97. (Red.)

†Helfrich, Horst, Schriftst., Bühnenautor, Mundartdichter; lebte in Altendiez (* Diez 31. 10. 39, † 20. 7. 06). Kulturpr. d. Stadt Diez 94. – **V:** Ein Aacheblick e'mol, Geschn. 67; Freidejzer Joahreszeire 86; Gemorje aach 86; Feuer auf Zacharias, R. 90; Vier, zereck unn roff unn runner, G.-Ausw. 96; Derf's e' bissje meh' sei?, Mda.-G., Bd 7 01; Kaukasische Koteletts, Sat. 03; – Aufgeführte Stücke / Uraufführungen: Graf Uhland 86; Zum Teufel mit den Geistern 87; Wenn dich die bösen Buben locken 89; Die Hose des Herrn Slobo-

witz 89; Jasper & Jolinde, oder der Schlangenkuß 89; Märchen können grausam sein 89; Kreiselspiele 89; Papagei mit Folgen 89; Flughafen Frankfurt 19 Uhr 05 91; Auch Galgenvögel können lügen A 91; Froste Nichte 92; Die Diamanten der Dora Dinkel 93; Ohne Mantelfutter 93; Heavy Beethoven 94; Ach, hätt ich sie doch nie geseh'n 95; Rheinböllener Szenen 95; Johannisfeuer 95; Die Mitternachtsbraut 95; Die Hochzeitsnacht 95; So mag die Saat gedeih'n 95; Wann starb Johann Gottlieb Fichte? 95; Kabal 95; Blütenstaub und Bienenkuß 96; Mit einem Apfel fing alles an 96; In Drei Deuwels Name 96; Feuer marsch 96; Alter, Größe? 96; Chicken Mc Nuggets contra Waldorfsalat 97; Der Kühlschrank 97; Die Jagd nach dem Ende 97; Raphael in den Zeugenstand 97; Suche friedfertigen Partner 97; Die Baugenehmigung für ein Hühnerhaus 97; Letzte Ruhe in pyramidaler Lage 97; Der Budenwettstreit 97; Flowergreen, Musical 97; Der geplatzte Reigen des Franz Schubert 97; Rede, wem Gesang gegeben 97; Die Spinnstube 97; Tausche Magen gegen Lungenflügel 98; Der Hochzeitslehrling 98; Casar erfand das elektrische Licht 98; Die Himmelfahrt der Oktavia Schlüter 98; Planet der Frauen 99; Der Liebesbrief 99; Hochzeitsglocken/Puppenspiel 99; Alles Gute aus Schanghai 01; E-Mail für Lola 01; Das Telefongespräch mit der Britisch Arwäjs 01; Der Karl ist am Telefon 01; Letzter Wille 01; Gesucht wird … 01; Ach, du lieber Balduin 01. – **MV:** Es weihnachtet, m. Margret Drees, Geschn. u. Lyr. 95. – **R:** Wellerod Alaaf, 5-tlg. Fsf. 95; ca. 270 Beitr. in d. Sdg „Guten Morgen aus Mainz" (SWR) seit 91. – *Lit:* Lit. aus Rh.-Pf III: Mundart; Bruno Hain / Rolf Lehr: Pälzisch vun hiwwe un driwwe; dies.: Do is mer dehääm; Bernd J. Diebner / R. Lehr: Dt. Mundarten u. d. Wende.

Heliandos, Lucky s. Kullmann, Wilton

Heliodor, C.S./Caes s. Radkowetz, Heliodor

Hell, Bodo; Alserstr. 47/36, A-1080 Wien, Tel. u. Fax (01) 4 05 59 78 (* Salzburg 15. 3. 43). GAV, Bielefelder Colloquium Neue Poesie; Rauriser Lit.pr. 72, Erich-Fried-Pr. 91, Lit.pr. St. Johann im Pongau 91, Berliner Lit.pr. 98, Pr. d. Stadt Wien f. Lit. 99, Stip. Herrenhaus Edenkoben 00, Pr. d. Literaturhäuser 03, Calwer Hermann-Hesse-Stip. 05, Pr. d. Jury im Bachmann-Lit.-wettbew. 06; Prosa, Radiophone Arbeit, Theater, Foto, Film, Musik. – **V:** Dom. Mischabel. Hochjoch, 3 Bergerzn. 77, 79; 666, Erzn. 87; Wie geht's, Erzn. 89; Der wirklichen Möglichkeiten. Ernst Jandl/B.H.: 2 Reden 92; Frauenmantel 93; mittendrin, Erzn. 94; die Devise lautet, Erz. 99; im Prinzip gilt, Erz. 01; Tracht: Pflicht, Lese- u. Sprechst. 03; Yppenplatz 4356m2 05; Admont Abscondita 08; Nothelfer 08; zahlr. Texte zu Künstlerarbeiten, außerdem Fotoausst., Text im öffentl. Raum, Musikperformances; – THEATER/UA: Herr im Schlaf 95; Tassen im Schrank, Sprechst. 96; Gold im Mund 99; Mohr im Hemd 00; Tracht: Pflicht 03; Donna Juana 06. – **MV:** Larven. Schemen. Phantome, m. Friederike Mayröcker 85; Gang durchs Dorf, m. ders. 92; An der Wien, m. Linde Waber, Künstlerb. 97; Ria nackt – Ariadne im Garn, m. Renald Deppe u. Othmar Schmiderer, gedr. u. UA 02; Frost relaunched, m. Norbert Trummer u. Renate Welsh 06. – **MA:** Gaussplatz 11 (Fotos) 94; Wiener Läden, Fotobd (Einl.) 96; Unplugged, Kat.-Buch 96; Quer.Sampler 03. – **MH:** Das Gericht – ein Gedicht, m. Hil de Gard u. Linde Waber 99. – **F:** mobile stabile, Videof. 92; Am Stein, m. Othmar Schmiderer, Dok.film 96; Im Anfang war der Blick, m. Bady Minck 00 (auch DVD). – **R:** Zwettl Gmünd Scheibbs 74; Aberich Aberich 76; Kopf an Kopf 78; Akustisches Porträt 81; 2 × 2 Sprechhaltungen 96, alles Hfk-Arbeiten; Hsp./Radiokunst f. ORF, SDR, NDR, RIAS, WDR, zuletzt: Mein Radio und ich 04; div. Rundfunk-

506

prod. m. Liesl Ujvary; – Linie 13A, Fsf. 81; 1 Häufchen Blume, 1 Häufchen Schuh. Porträt F. Mayröcker, m. Carmen Tartarotti, Fsf. 91. – *Lit:* M. Mittermayer in: KLG 93; Diagonal – Radio f. Zeitgenossen, 100 Min. z. Person B.H. 94; C. Mayer: Sprachwiss. Unters. exper. Prosatexte d. öst. Gegenw.lit. am Bsp. B.H., Dipl.arb., Wien 95; A. Bernhart: Ort u. Raum in ausgew. Vinschgau-Texten, Dipl.arb., Wien 96; Land der Berge. Doppel-Portr. Toni Burger/B.H., ORF 98; Bettina Steiner: B.H. – e. Erzähler u. sein Verschwinden in Zeit u. Raum, Dipl.-Arb. Univ. Wien 99.

Hell, Cornelius, Mag. theol., Publizist, Ressortleiter Feuill. d. Wochenztg „Die Furche" seit 02; Jägerstr. 24/14, A-1200 Wien, Tel. (06 64) 4 03 77 03, Fax u. Tel. (01) 2 76 29 81, *cornelius.hell@chello.at* (* Salzburg 18. 4. 56). P.E.N.-Club Öst., Übersetzergemeinschaft; Öst. Staatspr. f. Wiss.publizistik 96; Übers., Ess. Ue: litau. – **V:** Skepsis, Mystik und Dualismus. Eine Einf. in das Werk E.M. Ciorans 85; Christsein auf eigene Gefahr. Porträts u. Perspektiven 98; Lesen ist Leben 07. – **MA:** Rez., Schriftstellerportr., Artikel u. Interviews in Ztgn u. Zss., u. a. in: Die Zeit; Die Welt; Die Presse; Der Standard; Die Furche; Lit. u. Kritik 251/252, 257/258, 267/268, 269/270, 303/304, 329/330, 341/342, 367/368, 369/370, 373/374, 385/386, 389/390, seit 91; SALZ, Zs. f. Lit. 73/91, 91/98; Das Salzburger Jahr 1991 92; Orientierung 20/96, 4/04; KLG, 55.Lfg 97, u. a.; – Beitr. u. Lex.artikel u. a. in: Christl. Philosophie im kath. Denken d. 19. u. 20. Jh., Bd 3 90; Vom Rande her? ... Festschr. f. H.R. Schlette 96; Die Bibel in d. dt.sprachigen Lit. d. 20. Jh., Bde 1 u. 2 99; Religion – Literatur – Künste 99; Religion – aber wie? 02; Albert Camus u. die Christen 02; Peter Henisch (Dossier Bd 21) 03; Stachel wider den Zeitgeist 04; Die Kirchenkritik d. Mystiker, Bd 3 05; Litauisches Kulturinst., Jahrestagung 2004 05. – **H:** u. Ue: Meldung über Gespenster, Erzn. aus Litauen 02. – **R:** über 150 Sdgn zu wiss., kulturellen u. lit. Themen in ORF u. BR, u. a. einstündige Gespr. m. Kardinal Franz König, Ruth Klüger, Imre Kertész u. Ilse Aichinger; Porträts v. H.C. Artmann u. Aleksander Tišma; – Drehb. zu: Mitmensch und Mitwelt. Der Schriftsteller Carl Amery (ORF) 02. – **Ue:** G. von Markas Zingeris; Ričardas Gavelis: Vilnius-Poker, R. (Ausschnitt); G. versch. litauischer Autoren in: Akzente, Zs. 00; G. u. Prosa von Eugenijus Ališanka, Laurynas Katkus u. Herkus Kunčius in: Europaexpress 01; Antanas A. Jonynas: Mohnasche, G. dt./gr. 02; G. v. Tautvyda Marčinkevičiutė in: Top 22, Teil 2 05; Marius Ivaškevičius: Madagaskar, Stück 05; ders.: Der Nachbar, Stück (in e. Anth. d. Bühnenverl. Kaiser) 06. – **MUe:** Das Stieropfer, m. Rita Hell, Erzn. aus Litauen 91 (auch Mithrsg.); Jonas Kubilius: Literatur in Freiheit und Unfreiheit, m. Lina Pestal u. (Red.)

Hellberg, Wolfgang s. Barthel, Manfred

Heller, André (geb. Franz Heller), Liedermacher, Schauspieler, Entertainer, Filme- u. Theatermacher, Aktionskünstler, Autor; c/o Artevent GmbH, Renngasse 12, A-1010 Wien, *contact@andreheller.com*, *www. andreheller.com* (* Wien 22. 3. 47). IGAA; zahlr. intern. Ehrungen u. Auszeichn., u. a. Poetik-Gastprofessur d. U.Tübingen 04. – **V:** Sie nennen mich den Messerwerfer 74; Die Ernte der Schlaflosigkeit in Wien 76; Auf und davon, Erzn. 79; Die Sprache der Salamander. Lieder 1971–1981 81; Schattentaucher, R. 90; Wallfahrten zum Allerheiligsten der Phantasie, Lieder, Prosa, Tageb. 90; Jagmandir – Traum u. Wirklichkeit, Bildbd 91; Schlamassel, Erzn. 93; Sein und Schein, UA 93; Die Zaubergärten des André Heller, Bildbd 96; Als ich ein Hund war, Liebesgeschn. 01; Augenweide, Bildbd 03;

Wie ich lernte, bei mir selbst Kind zu sein, Erz. 08. – **MV:** Sitzt ana, und glaubt, er ist zwa, m. Peter Pongratz u. Helmut Qualtinger, G. 96. – **H:** Es werde Zirkus 76; Die Trilogie der möglichen Wunder 83; Begnadete Körper 86. – **F:** Im toten Winkel. Hitlers Sekretärin, Regie m. Othmar Schmiederer 01. – **P:** 15 Langspielplatten 1968–83; Ruf und Echo, 3 CDs 03; Bestheller 1967–2007 08. – *Lit:* Chr. Brandstätter u. Wolfg. Balk (Hrsg.): Bilderleben. Öffentliches u. Privates 1947–2000 00; über 20 Fs.-Dokumentationen, u. a. von Werner Herzog, H.J. Syberberg, Elsa Klensch. (Red.)

†Heller, Eva, Dr., Schriftst., Karikaturistin; lebte in Frankfurt/Main (* Esslingen 8. 4. 48, † Frankfurt/ Main 2. 08). Rom., Sachb., Kinderb. – **V:** Beim nächsten Mann wird alles anders, R. 87 (Übers. in 20 Sprachen verfilmt); Der Mann, der's wert ist, R. 93; Die wahre Geschichte von allen Farben, Kdb. 94; Das unerwartete Geschenk vom Weihnachtsmann, von Frau Glück und Herrn Liebe, Kdb. 96; Erst die Rache, dann das Vergnügen, R. 97; Wie man allseits beliebt wird – vom Sinn des Lesens, Kdb. 01; Welchen soll ich nehmen, R. 03; Melittas wunderbare Verwandlung, Kdb. 05; Die wahre Geschichte von allen Farben, Theaterst. f. Kinder 07; – SACHBÜCHER: Wie Werbung wirkt. Theorien u. Tatsachen 84; Wie Farben wirken 89 (in mehrere Spr. übers.), Neuausg. u. d. T.: Wie Farben auf Gefühl und Verstand wirken 00; Ich bin Künstler, ich kann alles malen, Malschule f. Kinder 04; – CARTOONS: Küß mich, ich bin eine verzauberte Geschirrspülmaschine 84; Vielleicht sind wir eben zu verschieden 87; Willst du meine Teilzeit-Lebensgefährtin werden? 91. – *Lit:* Spiegel 10/97; FAZ-Mag. v. 18.4.97; Buch Markt 6/97.

Heller, Friedrich, Autor; Schloßhofer Str. 54, A-2301 Groß-Enzersdorf, Tel. u. Fax (02 24 9) 31 08 (* Großenzersdorf 2. 4. 32). Ö.S.V., Der Kreis, NÖ Bildungs- u. Heimatwerk, P.E.N., IGAA; Lit.förd.pr. d. Ldes NdÖst., Theodor-Körner-Pr., Franz-Karl-Ginzkey-Ring 82, 1. Pr. d. I. Intern. Haiku-Contests v. Japan, Würdig.pr. d. Ldes NdÖst. 90, Öst. E.kreuz f. Wiss. u. Kunst 92, E.bürger d. Stadt Groß-Enzersdorf 96, Gold. E.zeichen f. Verd. um d. Bundesland NdÖst. 01; Lyr., Nov., Rom., Ess., Hörsp. – **V:** Neun aus Österreich, Jgdb. 71; Die Turnstunde und andere fast unmögliche Geschichten von übermorgen, Glossen 72; Die Lobau, Landschafsb. 75; Marchfeldein, G. 80; Von Hieb zu Hieb, G. 81; Fisch und Vogel, G. 82; Demonstrationen 83; Bald ist Heilige Nacht, Erzn. 84; Zeichensprache 85; Balhorns gesammelte Denkanstöße, Betrachtn. 85; Das Marchfeld bildlich besprochen, Landschaftsb. 88; Der unmögliche Onkel, Schelmen-R. 89; Der Himmelfahrer, Blanchard-Biogr. 89; Marchfeldsagen 95; Die Geschichte unserer Stadt Groß-Enzersdorf 96; Das Buch von der Lobau 97; Groß-Enzersdorf – einst & jetzt 98; Geschichte – Geschichten – G'schichten 01; Heimkehr in ein Potemkinsches Dorf 04. – **MV:** Die Blumenuhr, m. Otto Feil 73. – **MA:** Literaturlandschaft; zahlr. Beitr. in Lit.-Zss. seit 60, u. a. in: Literatur aus Österreich; Vom Dichter, der auch Gärtner war. – **H:** Das Haiku in Österreich, Anth. 92; Jenseits des Flusses, Haiku-Anth. jap.-öst. 95. – **R:** Der Koffer des Titanen 73; Die Energiequelle, beides Funk-Erzn. – **P:** Weite Welt Marchfeld, m. Heinz Brückler, Video. – *Lit:* Johannes Twaroch: Von d. absurden Logik d. Wirklichkeit; ders.: Zwischen Sand u. Zen; Alfred Heinrich u. Friedrich Suppan: Wahrnehmungen, Freundesgabe m. Texten v. F. Heller 08.

Heller, Gisela (geb. Gisela Hielscher, verh. Gisela Schoelzgen), Red.; Nuthestr. 2b, D-14513 Teltow, Tel. (0 33 28) 30 21 60 (* Breslau 6. 8. 29). SV-DDR 69–90;

Heller

Theodor-Fontane-Pr. 76 u. 89, Kunstpr. d. DDR 85; Hörsp., Feuill., Rep., Ess., Erz. – **V:** Biedermann im Trommelfeuer, Ess. 64; Märkischer Bilderbogen 76, 81; Potsdamer Geschichten 84, 93; Neuer Märkischer Bilderbogen 87; Unterwegs mit Fontane in Berlin und der Mark Brandenburg 92, 3. Aufl. 99; Unterwegs mit Fontane von der Ostsee bis zur Donau 95; „Geliebter Herzensmann ...“, biogr. Erz. 98, 3. Aufl. 00, Tb. 02; Mit Glück ins Leben. Schlesische Kindheit, Sächsische Jugend 07. – **MA:** Schaufenster, Anth. 89; Fontane und Potsdam, Sonderausg. d. Berliner Bibliophilenabends 93. – **F:** Das Familienalbum, Fk-Rep. 57; Auf den Spuren des Orpheus 66. – **R:** Das Familienalbum, Fk-Rep. 57; Unsterbliches Lieschen Müller, Feat. 57; Die Unruhevollen und die Allzufriedfertigen, Fk-Rep. 59; Edda und der Herr vom anderen Stern, Fk-Rep. 59; Eine Residenz wird ungekrempelt, Feat. 59; Der letzte Mohikaner von Rogäsen, Fk-Rep. 60; Weiße Zelte – bunte Segel 60; Von den Mühen, eine glaubwürdige Kanaille zu werden 61; Das ist ja sagenhaft, kulturhist. Bilderbogen aus d. Mark Brandenburg 67–70; Wein, Musik und heiße Quellen, Ungarn-Reisebögle, Fk-Feuill.; Ausflug mit Gisela: 100 Jahre nach Fontane, Wanderungen durch die Mark, 100 Fk-Feuill. 70–74; Traum und Tag, Tadshikische Impressionen 74; Familienbild ohne Goldrahmen 75–76; Potsdamer Geschichten 78–82, alles Fk-Feuill.; Die wild wuchernden Onkel und Tanten, Ungar. Reisebilder 81; Neuer Märkischer Bilderbogen, Fk-Feuill. 82–85; Wie ich mir einen König eroberte 85; Reisen zu Fontane, Fk-Feuill. 86–89; Fontane u. d. Maler W. Hensel 87.

Heller, Jörn, Dipl.-Theol., Buchhändler; Hundgasse 31, D-57072 Siegen, Tel. (02 71) 2 33 01 85, *joehel.de, joern-heller-verlag@gmx.de, www. joernheller.com* (* Lüdenscheid 2. 8. 67). Lyr. – **V:** Liebes- & Hiebes-Gedichte 98; Na also, sprach Zarathustra 99; Feierabendgedichte 00; Podvečerní básničky 01; Frische Verse 03. (Red.)

Heller, Manfred G. W. (Ps. Thamathin Sternhelm, Markus von Heller, Bruder Manfred), Autor, Denker (seit 1992 Visionär), Privatgelehrter, Übers.; c/o Nordstern-Verlag, Jagdfeldring 51, D-85540 Haar, Tel. (0 89) 46 91 68 (* Groß Ujeschütz, Kr. Trebnitz/Schles. 1. 11. 35). VS Bayern 79, VG Wort 84; Ehrenmitgl. „Georg. Verein in Dtld e.V.“ 07; Volksdichtung, Erz., (relig.) Ess. Ue: russ, engl, georg, türk, pers, arab, agr (Koino), jidd. – **V:** Rübezahl, schles. Sagen 60, Neuausg. u. d. T.: Unser Rübezahl 01; Kater Graustirn, russ. Märchen 61; Späße vom Mulla, kaukas. Anekdn. 63; Ssyrdons Flohpulver, osset. Schwank-Märchen 64; Englische Märchen, Anth. 78; Dschuhas Streiche, arab. Schwank-Erzn. 86; Auf Buddhas Spuren, Jataka-Geschn. 89; Das UP „Aufwärts“-Prinzip (Vom innersten Wesen Gottes), Ess. 94; Zum Guten streben, Ess. 01; Lachen mit Herschel, ostjüd. Eulenspiegeleien 05; Über Buddha hinaus (Andergeburt schafft Wiedergeburt), Ess. 06; Mein Leben (T. 1: Auf Irrwegen, T. 2: Abrechnung), Autobiogr. 08/09. – **MA:** Friedrich Blume (Hrsg.): Die Musik in Geschichte und Gegenwart (MGG), Enzykl. Bd XV 73, Bd XVI 79, Tb.-Neuausg. 89, 2. Aufl. 90; Monika Kühn (Hrsg.): Märchen von starken Frauen, Anth. 91, 10. Aufl. 04; Tanja Locher (Hrsg.): Gedicht und Gesellschaft, Anth. 01. – **H:** Karl Heller: Hoch in den Lüften ..., Gedichte 65, Neuausg. u. d. T.: Duell in den Wolken 80. – **Ue:** Johnny Retcliffe: Narrenlist, erot. Erz. 90. – *Lit:* M. Wockel: Who's Who (IBP/BVW) 94ff. (WN 7–14, WG 8–14); B. Schellmann: Who's Who in German 99/00, 01.

Heller, Sabine, M. A., Lit.wissenschaftlerin, VHS-Doz.; München, *sabine-heller.de.* c/o Fischer Taschen-

buch Verl., Frankfurt/M. Rom. – **V:** Flucht durch Mexiko, R. 96; Die Reise mit meinem Geliebten, R. 00.

Heller, Walter, ObStudR. i. R.; Eichbergstr. 9, D-36039 Fulda, Tel. (06 61) 6 66 77 (* Steinwand/Rhön 25. 1. 32). Kulturpr. d. Stadt Fulda 03; Lyr., Erz. – **V:** Spiegel aus Träne und Licht, Lyr. 76, 2. Aufl. 80; Zieh den Flittervorhang weg, Lyr. 84; Rhöner Humor, Anekdn. in Mda. u. hdt. 89, 4. Aufl. 99 (auch CD); Ausgewählte Gedichte 94, 2. Aufl. 02; Findlinge, autobiogr. Erzn. 97; Griechischer Herbst. Ein Reisetageb. 1958 02, 03. – **MA:** Bäume im Landkreis Fulda 91.

Hellmann, Alfred, freier Autor u. Kabarettist; lebt in Berlin, c/o Emons Verl., Köln (* Bonn 10. 6. 58). – **V:** Zeuss, Krim.-R. 98; Disziplin für Faule Oder Wie man es trotzdem schafft 01; Vor den Hymnen, Krim.-R. 08. (Red.)

Hellmann, Diana Beate; c/o Gustav Lübbe Verl., Bergisch Gladbach, *hellmannca@sbcglobal.net, dianabeatehellmann.com* (* Essen 25. 9. 57). Rom., Fernsehsp. – **V:** Zwei Frauen, R. 89, 97 (auch Hörbuch); Laras Geschichte R. 94, 98; Das Kind, das ich nie hatte 98, 99; Ich fang noch mal zu leben an 00. – **F:** Zwei Frauen, m. Carl Schenkel, Drehb. 89. (Red.)

Hellwig, Ernst (Ps. Ernst Wilhelm Nyssen, Rex Albert Aladin); Brönnerstr. 34, D-60313 Frankfurt/Main, Tel. u. Fax (0 69) 29 33 16. Auszeichn. Intern. Wettbewerb 'Der Geigenbauer von Cremona' 53, 1. Pr. d. DLF 'Onkel Eduards Dampfradio' 80, Dipl. di Merito Univ. delle Arti Salsomaggiore 82; Rom., Nov., Ess., Erz., Jugendb. – **V:** Ein Mann schlägt sich durch, R. 39; Mord an der Adria, R. 55; Das lautlose Sterben 55; Sierra Parima 56; Stadt der Götter 57; Rauhe Männer unter tropischem Himmel 58, alles Jgdb.; Seidenhemden für Marrakesch, R. 58; Danse Macabre, Krim.-R. 59; Tobatinga, Jgdb. 60; Nur der Liebe wegen, R. 63; Weg ohne Umkehr, R. 64; Des alten Köhlers Schuld, R. 65; Vabanquespiel des Teufels, Krim.-R. 66; Ilona und das große Glück, R. 68; Buchhalter der Hölle, Krim.-R. 71; Im Banne des Schicksals, R. 71; Abenteuer in Peru 72; Der goldene Dämon 73; Im Lande der Guaharibos 75; Desperados der grünen Hölle 76; Die schwarze Galerie 76; Eva muß sich bewähren 78; Das Geisterboot 79; Der Mann ohne Gesicht 79, alles Jgdb.; Der neue Empfangschef, R. 79; Der Stier von San Goncalo, Jgdb. 81; Der Rabe mit den grünen Füßen, Jgdb. 82; Dr. med. Brummeisens handfeste Erlebnisse, R. 82; Kleine Detektive, Jgdb. 83; Spion im Dunkel, R. 84; Karussell der Liebe, Geschn. 88; Grandhotel Hofmüller, R. 89; Unter dem Sonnensegel des Lebens, R. 93; Schicksal in zweiter Hand, Geschn. 96; Zwischen gestern und heute, Geschn. 99; Ossy will nicht zum Film, Geschn. 03; Das Gift der Grünen Mamba, Krim.-Geschn. 04, 05; Ein Sandkorn in der Wüste, Erzn. 06, 07.

Helm, B. s. Bähr, Helmut

Helm, Gisela (eigtl. Hellfride Gause-Groß), Dipl.-Chemikerin; Sophienbergstr. 12, D-74632 Neuenstein, Tel. (0 79 42) 89 20, Fax 41 82, *GesaHelm@web.de* (* Hamburg 24. 7. 54). Rom. – **V:** Der Spiegel von Kajx 99; Die Spur des Seketi 03, beides Fantasy-R.

Helm, Helga s. Schubert, Helga

Helm, Inge; Thüringer Str. 33, D-51766 Engelskirchen, Tel. u. Fax (0 22 63) 96 94 64 (* Köln 4. 5. 38). VS; Kurzprosa. – **V:** Ach du grüne Neune, R. 84. Familiengeschn. 82, Neuaufl. 02; Haste Töne, Geschn. 84, Neuaufl. 02; Männer vom Umtausch ausgeschlossen 87, Neuaufl. 03; Alle lieben Berni 90, 03; Behalt bloß deine Babysachen 91, 92; Der Liebhaber meiner Mutter geht in Pension, R. 93; Die Rechnung getrennt, bitte 93; Späte Erdbeeren, R. 96; Hilfe, ich werde Großmutter 00; à la provencale, Kochb. 00, 02. – **MA:** Lach mal wieder 01; Fröhliche Weihnachtszeit; Von Herzen 01; Signal „Leben mit Krebs" 02. – **R:** Ach du grüne Neune, Hf. 82. (Red.)

Helm, Johannes, Dr. nat. habil., o. Prof. em.; Neu Meteln, Wiesenweg 4, D-19069 Alt Meteln, Tel. (0 38 67) 2 86, *schubert-helm@web.de.* Zähringer Str. 42, D-10707 Berlin (* Schlawa 10. 3. 27). Kurzprosa, Kinderb., Lyr., Rom. – **V:** Malgründe, Prosatexte zu eig. Bildern 78, 2. Aufl. 83; Ellis Himmel, Kdb. 81; Seh ich Raben, ruf ich Brüder, Bilder u. G. 96; Gegenwelten 01; Tanz auf der Ruine, R. 07. – **MA:** Alma fliegt, Anth. 88. – **R:** Oh, meine Lea 85; Roberts Zeichen 85, beides Hfk.erzn.

Helm, Manfred; c/o Orthopäd. Klinik u. Rehazentrum, HAUS 21, Am Mühlenberg, D-37235 Hessisch Lichtenau, Tel. (0 56 02) 7 08 25, *www.manfredhelm.de. vu* (* Ahe/Hinnenkamp 22. 9. 55). VG Wort 06; Rom. – **V:** Von einem Tag auf den anderen. Geschichten, die unter die Haut gehen 06; Sie gaben mir nur 10 Jahre. 30 Jahre Leben im Rollstuhl, Autobiogr. 07.

Helm, Sonja (Ps. Susan Hastings), Dipl.-Geologin, Romanautorin; *www.susan-hastings.de.* c/o Lianne Kolf Literaturagentur, München (* Leipzig 6. 12. 54). DeLiA 03; Rom. – **V:** Waldbeeren, R. 98; Venus und ihre Krieger 00; Der Kuß des Verfemten 00; Der schwarze Magier 01, 03 (auch Tb.), alles hist. R.; Der Klang deiner Worte, R. 02, Tb. 03; Die Nacht des Jaguars, R. 03; – Kurzromane: Du hast den Ring vergessen 98; Julia und der falsche Romeo 98; Beim Küssen spricht man nicht 99; Ein Trio mit Charme 99; Mein Traummann hat drei Kinder 99; Spürst du es denn nicht? 99; Turbulenzen im 7. Himmel 99; Wenn das Herz spricht 99; Christiane galoppiert ins Glück 00; Diesem Kind muß geholfen werden 00; Das Geheimnis der Schloßkatze 00; Immer wenn sie schlief 00; Spiegel der Angst 00; Die Blumenfee 01; Düstere Leidenschaft 01; Dem Himmel so nah 01; Hundstage 01; Heiß wie Lava 01; Küß mich, Feigling 01; Böhmische Lustbarkeiten 01; Wolkenmädchen 01; Aus anderem Holz geschnitzt 01; Im Bann der Aphrodite 01; Dolce Vita 01; Für eine Nacht mit Dennis 01; In der Hitze der Nacht 01; Prickeln unter der Haut 01; Gefährliche Faszination 01; Leidenschaftliche Klänge 01; Ein Mann wie ein Erdbeben 01; Magische Liebe 01; Hahn im Korb 01; Eine Nummer zu groß 01; Wilde Wasser 01. – **P:** Herzen im Sturm/Dolce vita, CD 03. (Red.)

Helmecke, Manfred, Dipl.-Wirtschaftler; Jungfernsteg 5a, D-39307 Genthin, Tel. u. Fax (0 39 33) 45 24, *www.m-helmecke.de* (* Genthin 30. 11. 42). SV-DDR 89, VS, Förd.ver. d. Schriftst., Friedrich-Bödecker-Kr.; Stip. Schloß Wiepersdorf; Hörsp., Kinderb., Reisetageb. – **V:** Amerika von unten 94; Geier über Kathmandu 96; Australien. Oasen im Nichts 06, alles Reisetageb. – **MV:** Weil Mutti heut Geburtstag hat, m. Monika Helmecke, Kdb. 88; Norwegen – Ein Jahr hinter dem Polarkreis, Reisetageb. 99; Pollo aus Altenpluff, m. Monika Helmecke 00; Michael und Mikal, Kdb. 02. – **MA:** Tandem 91; Querbeet 93; Immer wieder Ikarus 95; Auf dem Rücken der Schwalben 97; Das Kind im Schrank, Anth. 98; Und morgen reden wir weiter 99; Schulgeschichten aus aller Welt, Erz. 06. – **R:** Die abenteuerliche Reise nach Omamuckel 88; Die ganz große Reise 95, beides Kd.-Hsp.; Die Vermißtenanzeige; Auf Tour nach Berlin, beides Hsp. m. Monika Helmecke.

Helmecke, Monika (geb. Monika Steiner), Dipl.-Wirtsch.; Jungfernsteg 5a, D-39307 Genthin, Tel. u. Fax (0 39 33) 45 24, *www.m-helmecke.de* (* Berlin 16. 10. 43). SV-DDR 86, VS, Friedrich-Bödecker-Kr., Förd.ver. d. Schriftst.; Stip. Schloß Wiepersdorf, Arb.-

stip. d. Kunststift. Sa.-Anh.; Rom., Erz., Krim.rom., Hörsp., Kinderb., Reisetageb. – **V:** Klopfzeichen, Erzn. u. Kurzgeschn. 79, 4. Aufl. 86; Himmel und Hölle, Erzn. 90; Manzao – Legenden um einen Flüchter, R. 95; Versprochen ist versprochen, Krim.-R. 96, 00; Das letzte Fondue, Krim.-R. 98; Die Vase, R. 00; Das Duell, R. 05; Ein Schuß zurück, Krim.-R. 07; Ein Lachen zu viel, Krim.-R. 07. – **MV:** Weil Mutti heut Geburtstag hat, m. Manfred Helmecke, Kdb. 88; Norwegen – Ein Jahr hinter dem Polarkreis, m. dems. u. Michael Helmecke, Reisetageb. 99; Pollo aus Altenpluff 00; Michael und Mikal/Mikal og Michael, Kdb. 02, beide m. Manfred Helmecke. – **MA:** Landsleute 89; Noch sind wir wenige 89; Anderssein 90; Goldene Löffel für die Gäste 90; Labyrinthe 91; Tandem 91; Querbeet, Leseb. 93; Schwarze Kolibris 95; Immer wieder Ikarus 95; Die kleine Europa 95; Auf dem Rücken der Schwalben 97; Das Kind im Schrank, Anth. 98; Und morgen reden wir weiter, Anth. 99; Versuchungen, Anth. 99; Verrückt nach Leben, Anth. 99; Schulgeschichten aus aller Welt, Anth. 06; Ort der Augen, Zs. – **R:** Nerz und Masche; Aus der Schule geplaudert, beides Hsp.; Rose bleibt Rose; Hedwig und ihre Enkel; Ich brauche euch nicht; Julia, die Gerechte; Auf Tour nach Berlin; Freundinnen; Weil Mutti heut' Geburtstag hat oder Kiki u. seine Insel; Die Vermißtenanzeige; Die ganz große Reise 95, alles Kd.-Hsp.; Die abenteuerliche Reise nach Omamuckel, m. Manfred Helmecke, Hsp. – **P:** Nerz und Masche, Hsp. 03. – *Lit:* Gert Reifarth: Die Macht der Märchen, Diss. 01.

Helmer, Pamela (Ps. Undine Cartal; Fremdspr.korrespondentin, kfm. Tätigkeiten; Hopfenberger Weg 5, D-34497 Korbach, Tel. (0 56 31) 82 76, Fax 6 67 63, *info@pamela-helmer-verlag.de, www.pamela-helmer-verlag.de* (* Bad Harzburg 5. 3. 50). Rom., Erz., Lyr., Ess. Ue: am, engl. – **V:** Goldfaden und Bilderflut, mod. M. 97; Josefine und die Zauberer, R. 01; Wortnebelwald, G. 03; Der Fiebervogel oder Wer die Nachtigall hört, R. 04; Was für ein Zauberer ist Harry Potter?, Ess. 06. – **H:** Schwemmhölzer und Perlen, Leseb. 02. – Ue: Oscar Wilde: Der Glückliche Prinz, M. 95; Mark Twain: Die Million-Pfund-Note, Erz. 95; L. Frank Baum: Der König der Eisbären, M. 96; Ouida: Der Nürnberger Ofen, Erz. 98. (Red.)

Helmich, Hans-Joachim, Dr. phil., ObStudR.; Lindenstr. 259, D-40235 Düsseldorf, Tel. (02 11) 68 58 09 (* Dinslaken 27. 6. 48). Rom., Lyr. – **V:** „Verkehrte Welt" als Grundgedanke des Marxschen Werkes, Diss. 80; Keiner trifft dich aus der Ferne, R. 95. – **MV:** Spuren und Wege, m. Bernd Kersting u. Georg Vitz 97. – **MA:** verstreute Veröff. v. G., u. a. in: Jb. d. Lyrik 1, 79; Aufss. in Fachzss., u. a. in: Heine-Jb., 82. – **H:** Ulrich Bräker: Lebensgeschichte und natürliche Abenteuer des armen Mannes im Tockenburg, Autobiogr. 86, 89. (Red.)

Helmig, Günter, Gymnasiallehrer; Schwerfelstr. 26, D-51427 Bergisch Gladbach, Tel. u. Fax (0 22 04) 6 64 65, *Guenter.Helmig@web.de, guenterhelmig. kulturserver-bergischesland.de* (* Köln 19. 3. 41). IGdA, Gruppe K 60, Wort u. Kunst e. V.; Lyr.pr. „Schloß Bensberg" 99; Lyr., Prosa. – **V:** die kinderhaut der bäume, Lyr. 91; Salamanderleben, Lyr. 91. – **MA:** Beitr. in Lit.-Zss., u. a. in: Neues Rheinland 11/86; zahlr. Beitr. in Anth., u. a. in: Wortnetze I–III; Zehn; Zacken im Gemüt; Der Mond ist aufgegangen; Jahrhundertwende; Das Buch d. kl. Gedichte; Paradiesäpfel; Blitzlicht. (Red.)

Helmig, Klaus, Arbeiter; Sonnenberg 8, D-66909 Nanzdietschweiler, Tel. u. Fax (0 63 83) 61 44 (* Nanzdietschweiler 24. 4. 55). mehrere Auszeichn. b.

Mundart-Wettbew.; Erz., Rom., Lyr., Mundart. – **V:** Ein Tag im Leben des Chemiearbeiters Bruno K. 99; Lars entdeckt die Chemie 00. (Red.)

Helming, Michael; Hirschgraben 15, D-88214 Ravensburg, Tel. (07 51) 3 27 02, *kontakt@michael-helming.de, www.michael-helming.de* (* Bremerhaven 30. 9. 72). VS 03–04; Literareon-Kurzgeschn.wettbew. München 02, Ravensburger Lit.pr. 02, Anth.wettbew. „Rätselhafte Phänomene", Düsseldorf 04; Kurzgesch., Erz., Rom., Dramatik, Lyr. – **V:** Drei Windbeutel für Aschenblödel, Kurzgeschn. u. G. 98; Rundskreise, R. 00; Auto(r)aggression, Kurzgeschn. 02; Der Rabe 03; Atomtextgelände, Kurzgeschn. 04; Eine anrüchige Weihnachtsgeschichte 04; Eiszeiten, 2 Einakter, gedr. u. UA 05. – **MV:** Love of my Life, m. Felix Strasser, Theaterst., UA 07. – **MA:** zahlr. Beitr. in Zss., Anth. u. im Internet, u. a.: Pulp, Nr. 2–5 96–98; Scope, Nr. 1–6 98–00; Wandler, Nr. 27 00; Subh, Nrn. 33, 35, 40, 42 01–04; PHatal-Gedicht-Anth. 01; Wechsel Anth. 02; Außerdem, Nr. 10 03; Münchner Hefte, Nr. 3 03; Subh Greatest Hits 1993–2003 03; Rätselhafte Phänomene 04; Poetry Slam Jb. Nr. 3 04; Deutschland in 30 Jahren 05; Sprachgebunden, Nr. 1 05; Punchliner, Nr. 1–5 05–08; Mystisches und Geheimnisvolles 06; Macondo, Nr. 16 06; Exot, Nr. 6 07; Lichtwolf 21–26 06–08. – **MH:** Fleisch Reader 03; Automat 03; Love Me Gender 04; Textmaschine 06, alle m. Toby Hoffmann.

Helminger, Guy; lebt in Köln, *helminger@netcologne.de, www.guyhelminger.de* (* Esch/Alzette 20. 1. 63). L.S.V. 86, VS 00, P.E.N.-Zentr. Dtld 07; Baden-Württ. Jgd.theaterpr. 02, Prix Servais 02, 3sat-Pr. im Bachmann-Lit.wettbew. 04, Prix du mérite culturel de la ville d'Esch 06, u. a.; Lyr., Rom., Hörsp., Theater. – **V:** Die Gegenwartsspringer, G. 86; Die Ruhe der Schlammkröte, R. 94, Neuaufl. 07; Entfernungen (in Zellophan), G. 98; Leib eigener Leib, Lyr. 00; Rost, Kurzgeschn. 01; Ver-wanderung, Lyr. 02; Etwas fehlt immer, Erzn. 05; Morgen war schon, R. 07; – THEATER: Wer noch glaubt, UA 92; Venezuela, UA 03. – **MA:** Anth.: In Sachen Papst 85; Lustich 87; Intercity 95; 33 Erzählungen. Luxemburger Autoren d. 20. Jh. 99; Poésie. Anth. Luxembourgeoise 99; – Zss.: orte 53, 85; Das Gedicht 4/96, 7/99; Krautgarten 31, 97; perspektive 37+38 99. – **R:** Habicht 99; 5 Sekunden Leben 01; Morgen ist Regen 01; Wasser 02; Nachbarn 02; Fluggeräte 03; Rekonstruktion Kresch 05, alles Hsp.

Helmke, Edda, freie Schriftst.; lebt in Berlin, c/o Piper Verl., München (* Bad Marienberg 64). Walter-Serner-Pr. 97. – **V:** Bitte keine Umstände 98; Am Anfang war die Windel 98, beide in einem Bd 01; Pepsi im Waschsalon 99, 01, u. d. T.: Alles hat sein Gutes 03; Die Cappuccino-Schwestern 02; Und dienstags immer Elternfrühstück 03; Die schönen Väter anderer Kinder 05, alles R.; Der Tag nach dem Klassentreffen 07; Eine gefährliche Erbschaft 09, beides Krim.-R. (Red.)

Helmold, Günter; Brucknerring 14, D-30629 Hannover, Tel. u. Fax (05 11) 58 63 34, *g.d.helmold@t-online.de, www.g-d-helmold.de* (* Herzberg/Harz 14. 1. 38). Lyr., Ballade, Geschichte, Philosophie, Musik. – **V:** Gedichte für Herz, Geist und Seele 07; Germanische Götterballade 07; Olympische Götter- und Heldensagen 07.

Helscher, Reinhard J., Mag. Dr. Dr.; Hofzeile 29/9, A-1190 Wien, Tel. (01) 3 68 36 47, *r.j.helscher@aon.at* (* Wien 21. 4. 59). Rom. – **V:** Völlig dazwischen, R. 96; Mitten am Rand, R. 98. – *Lit:* s. auch 2. Jg. SK. (Red.)

Hemau, Gisela (Ps. f. Gisela Oberer, geb. Gisela Haslinger), ehem. Hörspielredakteurin; Kronprinzenstr. 67, D-53173 Bonn, Tel. (02 28) 35 24 23 (* Hemau 12. 4. 38). GZL; Lyr. – **V:** Mortefakt 74; Gitter mit

Augen 89; Abschüssiges Gelände 95, 2. Aufl. 00; Außer Rufweite 03, alles G. – **MA:** Luchterhand Jb. d. Lyr.; Luceafarul (Bukarest) 36/99; Städte. Versezur Zeit. Wort 03; Die Zeit 20/04; Jalons 79/04; Diérèse 28 04/05; Spurensicherung 05; Scrisul Românesc 3–4 06; 47&11 06; Inédit 200/06; Versnetze 08; Sirena (Baltimore) 1/08, u. a. – **R:** Lesungen im DLF 87, NDR 91, BR 98, WDR 03. – *Lit:* Hartmut Ihne in: Humboldt Nr. 66 (portug.) u. Nr. 108 (span.) 93.

Hemken, Heiner (Das Ei), Student, Schriftst., Künstler; Poststr. 1, D-26506 Norden, Tel. (0 49 31) 8 15 79, *DasEi@gmx.de.* Am Wunderburgpark 3a, D-26135 Oldenburg (* Norden 18. 7. 75). Rom., Lyr. – **V:** [du:it] du sein, Erz. 01; Das Gelbe vom Ei, Lyr. 02; NEV kein Ende zu sehen, R. 02. (Red.)

Hemm, Wiebke, Studentin; Stauffenbergstr. 108, D-96052 Bamberg, Tel. u. Fax (09 51) 4 07 31 43, *Wiebke Hemm@web.de.* Kulmbacher Str. 11, D-10777 Berlin (* Wriezen 6. 10. 76). – **V:** Wachgeküsst 00. (Red.)

Hemmann, Tino, Verleger, Autor; Siedlung 24, D-04683 Naunhof, Tel. (03 42 93) 3 30 06, *www.tino-hemmann.de.* Engelsdorfer Verlag, Schongauer Str. 25, D-04329 Leipzig, *tino.hemmann@engelsdorfer-verlag.de, www.engelsdorfer-verlag.de* (* Leipzig 2. 2. 67). FDA. – **V:** Engelsdorf bleibt, Sachb. 02; Mein erstes Buch, Ratgeber 03; Shinkh, R. 03; Helagonitis, R. 04; OST gegen WEST, R. 04; Silberauge, Jgdb. 04; Die Menschfabrik, SF-R. 04, 2. Aufl. u. d. T.: Mutanta. Die Menschfabrik 06; Mein Krampf oder das kapitalistische Manifest, Satn. 04; Der unwerte Schatz, Erz. 05 (auch poln.); 500 Stufen über Leipzig, Krim.-R. 05; Das Gutböse Reich, Kdb. 05; Nomenclatura, Krim.-R. 05; Vogelgrippe, Krim.-R. 06; Und weil die Stunde kommt, Thr. 07; Leipziger Nächte sind lang, R. 07. (Red.)

Hemmer, Frank D., Prof. Dr.-Ing. habil., Architekt (* Goyanna/Brasilien 28. 4. 30). Pr.träger d. Kulturkr. im Bdesverb. d. Industrie; Aphor., Erz. – **H:** Die lustigen Hannoveraner 01, 2., überarb. Aufl. 04. – *Lit:* s. auch 2. Jg. SK. (Red.)

Hemmerle, Rudolf, Schriftleiter, Bibliotheksleiter i. R.; Schubertstr. 8a, D-85591 Vaterstetten, Tel. (0 81 06) 62 49, (0 81 06) 30 93 80, Fax 30 93 81 (* Sebastiansberg 3. 10. 19). Adalbert-Stifter-Ver. 48, Kg. 58, Hist. Kommission d. Sudetenländer, korrespond. Mitgl.; Dr.-Egon-Schwarz-Gedächtnispr. f. Publizistik 85, Adalbert-Stifter-Med. 85, Dr.-Richard-Zimprich-Med. in Gold 94, August-Sauer-Plakette 98; Ess., Biogr. – **V:** Franz Kafka 58; Deiner Heimat Antlitz, Ess. 59; Heimat im Buch 70, 2., überarb. u. erw. Aufl. 96; Heimat Nordböhmen 80; Sudetenland-Lexikon 84, 4. Aufl. 97; Biographische Skizzen aus Böhmen, Mähren, Schlesien 89; Sudetenland-Wegweiser 93, 2. Aufl. 96. – **MV:** Städte im Sudetenland, hist. Ess. 69; Brünner Köpfe 98. – **MA:** Große Sudetendeutsche 57, 82; Alma mater Pragensis 59; Sudetenland – Heimatland 73, 82. – **H:** Prager Nachrichten (Schriftl.); Mitt. d. Sudetend. Archivs; Olmützer Blätter (Schriftl.). – **R:** Johann Michael Sailer 67. – *Lit:* S. Seifert: Komotauer im Strom der Zeit. Lebensbilder 77.

Hemmerling, Peter (Ps. Pet/Peter/Pierre Hemmrling), Maler, Poet; Via R. Simen 82, CH-6648 Minusio/Tessin (* Zürich 20. 9. 43). Lit.club Der Keller Zürich 63, ZSV 65, Elka 65–80; Lyr. Ue: frz, ital. – **V:** Die Jahreszeiten 77. – **MA:** In die Wüste gesetzt 77–80; Karlsruher Bote 77–81. – *Lit:* s. auch Kürschners Handbuch der Bildenden Künstler, 1. Aufl. 2005. (Red.)

Hemmerling, René; Landstr. 2d, A-2410 Hainburg a.d. Donau, Tel. (0 21 65) 6 29 73, *info @renehemmerling.de, www.renehemmerling.de* (* Belzig/Dtld 26. 5. 72). – **V:** Das Universum ... und von allem ein bisschen, SF-Sat. 01; Ein selten blödes Märchenbuch 04; Noch ein blödes Märchenbuch 04, beides Kurzgeschn. – **MA:** Der goldene Zahn, Kurzgeschn. 05. (Red.)

Hempel, Brita, Dr. phil., Berufsschullehrerin; Schwarzwaldstr. 157, D-79117 Freiburg, *bhempel@debitel.net.* Albstr. 17, D-72074 Tübingen (* Tübingen 9. 3. 72). Gr. Holzmarkt, Tübingen. – **V:** Vorsicht im Erholungswald. 37 kurze Erzn. 07.

†**Hempel, Rudolf,** Dipl. theol., Red.; lebte in Bremen (* 11, †04). Erz. – **V:** Die Welt ist voller Engel, Erzn. 63; Aber das Herz weiß es besser, Erzn. 67; Uwe hält durch, Erz. 69; Leben, Ess. 71, 83; Moni, ist das dein Freund? 73; Fülle, Ess. 79, 81; Ein Weihnachtsfest wie kein zweites 87; Eine kleine Kerze und so viel Licht! 88; Das Licht vertreibt die Finsternis 88; Komm, zünde die Kerzen an! 89; Was macht dich denn so froh? 89; ... und dann auf einmal diese Freude! 90; Wie ein Baum voll reifer Früchte 90; Jenes ganz andere Glück 92; Es siegte das Herz 93; ... und alles beginnt zu leuchten 94; Hol dir die Freude zurück, Ess. 95; Wege im Dunkeln, Pfade zum Licht 95; Das erst nenne ich Leben 96; Leise klopft er bei uns an ... 96; Oma, wenn wir dich nicht hätten 97; Reiche Ernte 97; Ein ganzer Korb voll Freude 98; Glocken aus weiter Ferne 00; Ein Fenster im Adventskalender 01 u. a., alles Erzn.

Hempel-Soos, Karin (Ps. Katherina Koslowsky), Schriftst., Kabarettistin; Prof.-Neu-Allee 20, D-53225 Bonn, Tel. (02 28) 46 66 00 (* Dresden 13. 3. 39). VS 81, Haus d. Spr. u. Lit. Bonn; Offenbach-Med. d. Freien Volksbühne Bonn 87, Arb.stip. d. Ldes NRW 86, 91, 94, 97, Lit.pr. d. Bonner Lese 97, BVK 99, Bröckemännchen d. Bonner Medien-Clubs 02; Lyr., Kurzprosa, Kabarett-Text, Sat. – **V:** Meine unsortierten Jahre, G. 80; Für Männer verboten, Erzn. u. G. 83; Blütenblättermüll, G. 86; Feuerlilien. Eizacherhaar, G. 87; Das kenne ich mehr sich über Nacht 89; Liebe in dieser Zeit 94; Zeitlose 95; Anabiose, Lyr. 01. – **MV:** 1 Reisef. 86. – **MA:** Geschichten von Frauen u. Frieden 82; Ein Lied, das jeder kennt 85; Erotische Gedichte von Frauen 85; So nah und doch so fern 85; Sprache im technischen Zeitalter, Zs. 86, u. v. a. – **H:** Margaret Klare: Blut ist im Schuh 91; Edith Vennemann: Keine Zeit für Schlüsselblumen 94. – **MH:** Herta Müller: In der Falle 96; Ruth Klüger: Von hoher u. niedriger Literatur 96; Was wir aufschreiben ist der Tod. Thomas Bernhard Sympos. in Bonn 1995, m. Michael Serrer 98; Jens Reich: Spiel Raum Sprache 98. – *Lit:* K.H.-S., die Spottdrossel von Bonn, Fsf. 83; Neues Rheinland Mai/Juni 85. (Red.)

Hendler, Maximilian (eigtl. August Maximilian Hendler), Dr., Pensionist; Rückergasse 11, A-8010 Graz, Tel. (03 16) 34 68 74, *maximilian.hendler@gmail.com* (* Radkersburg 2. 6. 39). Sachb. – **V:** Am Weg. 67 Gedichte 06; zahlr. musikwiss. Veröff.

Hendrich, Hermann J., Dipl.-Ing.; Rathausstr. 3/16, A-1010 Wien, Tel. (01) 40 23 49 30, Fax 4 08 14 45 16, *julhen@hfdata.at* (* Wien 19. 11. 34). „werkstatt breitenbrunn", Mitbegründer 67, Arb.gem. öst. Lit.produzenten, Mitbegründer 71, Gruppe „alternative medien", Gründer 73, Austria Filmmakers Coop 82, GAV; Förd.pr. d. Stadt Wien 78: Prosa, Ged., Ess., Theater. – **V:** rollt es 62; reihentext 67; zehn, Kurz-R. 73; stadt – visuelle strukturen 73; DIN A4 variationen 77; die reise nach de panne 81; fern schwarz, ges. Texte 00; – zahlr. Theaterst., u. a.: das starke stück; der schlaf und seine erweckung 60; stücke für fünf personen 61; theater in einem abend 63; schlemmer schläft fur innsbruck 68. – **MH:** Reihe „edition literaturproduzenten" 71. – **F:** zahlr. Kurzfilme, u. a.: cleinview experiment 62; frame me a movie 73; mnemosyne 68; handschuhen 96. –

P: zahlr. Tonband-, Video- u. Multimedia-Arb. sowie Ausstellungen u. Lesungen im In- u. Ausland seit 67. (Red.)

Hengel, Willi van (Ps. Francois Celavy), Korrektor, Lektor; Am Birnbaum 13, D-52525 Heinsberg, Tel. u. Fax (0 24 52) 93 06 85, *vanhengel@t-online.de, willi@vanhengel.de, www.vanhengel.de* (* Oberbruch 13. 5. 63). Rom., Kurzgesch., Lyr., Ess. – **V:** Lucile, R. 06. – **B:** Kai Mommsen: Utopia. – **MA:** Barlust 07; Guten Morgen, Köln 07; Von Idioten umzingelt 07; Gefüllte Artischoken 07; Trauer 08, alles Anth.; zahlr. Beitr. in Lit.zss. seit 05, u. a.: Die Brücke; Der Zünder (Die Zeit online); Asphaltspuren; Sterz; Maskenball. – *Lit:* Portr. in: west.art, Fs.-Sdg 06; M. Moser in: Rheinische Post v. 29.6.06; M. Funke in: General-Anzeiger Bonn v. 12.9.06, u. a.

Henger, Claudia, Erzieherin; Dauchingerstr. 34/1, D-78056 Villingen-Schwenningen, Tel. (0 77 20) 95 74 75, *hengers@email.com* (* Schwenningen 7. 4. 69). Lyr. – **V:** Mein Leben mit dir, G. 94. (Red.)

Hengge, Paul; c/o Rowohlt Verlag, Agentur für Medienrechte, Hamburger Str. 17, D-21465 Reinbek, *paul.hengge@t-online.de, paul-hengge.de* (* Wien 12. 5. 30). Adolf-Grimme-Pr. 98, Gold. Löwe v. RTL 98, Bayer. Fs.-Pr. 98; Rom., Dramatik, Hörsp., Fernsehsp. – **V:** Der Sender schweigt, UA 57; Die Bibelkorrektur 79; Die tiefen Wurzeln, Dok. 79; Der Vater 80; Der Rosengarten, R. 89; Freispruch kann es nicht geben, UA 93; Es steht in der Bibel 93; Der Flügelschlag des Schmetterlings, UA 94; Das Urteil, R. 98. – **F:** 2000 Jahre, Dok.film 71; Drehbuch zu: Bittere Ernte 83; Hanussen 84; Hitlerjunge Salomon 86; Das Urteil 96; Ein glücklicher Tag 04. – **R:** Durchreise, Hsp. 57; Grenzen, Fsp. 58; Die Schöngrubers, Fs.-Serie 71; Die Rettung des Retters vor den Rettern, Hsp. 84; Hitlerjunge Salomon, Hsp. 86. (Red.)

Hengsbach-Parcham, Rainer (eigtl. Rainer Hengsbach, Ps. Uwe Bornfeld, Gero Padelück); Stieglakeweg 21, D-13591 Berlin, Tel. u. Fax (0 30) 36 72 95 74, *hengsbach-parcham@web.de* (* Berlin/West 22. 6. 50). FDA 99–01, GZL, IGdA; Lyr., Lyriktheorie, Erz. – **V:** Querschnitt, Quersumme negativ 94; Süßauer und nicht ganz koscher 95; Fließrichtungen 96; Bei Licht besehen 97; Scheingefechte 98; Gemischtes Doppel 99; Standortbestimmung 99; Säkulare Sonette 00; Vorläufige Nachlese 01; Flußgeschiebe. E. Ged.-Ausw. 02; Lesesteine 03, alles G.; Zeichen des Krebses, Erzn. 03; Verwerfungsflächen, G. 04; Erwartungsfelder, G. 05; Was bleibet aber, stiften die Dichter, autobiogr. Erz. 06; Tiefenbrüche 06; Nachbeben 07; Flußgeschiebe II, Ges. Gedichte 2003–2007 08; Wortperspektiven 09, alles G. – **MA:** Beiträge in versch. Fachzss. – **H:** Arno Hach: Lichter im Nebel, Mären u. Bilder, Neuaufl. d. Ausg. v. 1910. – *Lit:* s. auch 2. Jg. SK.

Hengstler, Wilhelm; Herrgottswinkel 5, A-8111 Judendorf-Straßengel, Tel. (0 3124) 5 11 31 (* Graz 3. 1. 44). F.St.Graz, GAV, IGAA; Staatsstip. d. BMfUK 72, Lit.förd.pr. d. Stadt Graz 77, Lit.stip. d. Ldes Stmk 78 u. 06, Dramatikerstip. d. BMfUK 79, Jahresstip. d. BMfUK 82, Förd.pr. d. Theodor-Körner-Stift.fonds 85, manuskripte-Pr. 04. – **V:** Die letzte Premiere, Geschn. 87; fare. Eine griech. Novelle 03. – **MV:** Wallfahrt – Wege zur Kraft, m. Karl Stocker 94. – **MH:** VierHandschreiben, m. Günter Eichberger 05. (Red.)

Henisch, Peter; Neudeggergasse 10/7, A-1080 Wien, *henisch@peter-henisch.at, www.peter-henisch.at* (* Wien 27. 8. 43). GAV; Öst. Staatsstip. f. Lit. 70, Gr. Lit.pr. d. Wiener Kunstfonds 71, Förd.pr. z. Öst. Staatspr. f. Lit. 71, Luitpold-Stern-Pr. 73, Theodor-Körner-Pr. 73, Förd.pr. d. Stadt Wien 75, Rauriser Lit.pr.

(Sonderpr.) 76, Anton-Wildgans-Pr. 77, UNDA-Pr. 81, Buchprämie d. BMfUK 86, Elias-Canetti-Stip. 96–98, Josefstädter Lit.pr. 05, Würdig.pr. d. Ldes NdÖst. f. Lit. 05; Prosa, Lyr., Ess., Drama. Ue: engl. – **V:** Hamlet bleibt, Prosa m. lyr.-aphor. Anhang 71; Vom Baron Karl. Peripheriegeschichten u. a. Prosa 72; Die kleine Figur meines Vaters, R. 75, Neuausg. m. Fotos v. Walter Henisch sen. 03; Wiener Fleisch & Blut, G. 75; Lumpazimoribundus. Antiposse m. Gesang 75; Mir selbst auf der Spur, G. 77; Der Mai ist vorbei, R. 78; Vagabunden-Geschichten 80; Bali oder Swoboda steigt aus, R. 81; Das Wiener-Kochbuch 82; Zwischen allen Sesseln. Geschichten, Gedichte, Entwürfe ... 1965–1982 82; Hoffmanns Erzählungen. Aufzeichnungen e. verwirrten Germanisten, R. 83; Hoffmann oder die Renitenz, Bü., Hsp. 84; Pepi Prohaska Prophet, R. 86, überarb. u. erw. Neuausg. 06; Steins Paranoia, R. 88; Hamlet, Hiob, Heine, G. 89; Morrisons Versteck, R. 91; Vom Wunsch, Indianer zu werden, R. 94; Kommt eh der Komet, Erz. 95; Schwarzer Peter, R. 00; Black Peter's Songbook 01 (m. CD); Figurenwerfen. Der Peter-Henisch-Reader (hrsg. v. Franz Schuh) 03; Die schwangere Madonna, R. 05; Eine sehr kleine Frau, R. 07. – **MA:** Fällt Gott aus allen Wolken?, Ess. 71. – **R:** Schöner wohnen in Wien 72; Monte Wien – Monte Laa 75; Die kleine Figur meines Vaters 79, alles Fsf.; Geht's mir, bittschön, aus der Sonn!, Hsp. 92; Vom Wunsch, Indianer zu werden ..., Hsp. 92. – *Lit:* Eva Schobel: P.H. Eine Monographie, Diss. 88; Craig Decker (Hrsg. u. Vorw.): balancing acts. textual strategies of P.H., Riverside/Calif. 02; Walter Grünzweig u. Gerhard Fuchs (Hrsg.): P.H. (Dossier 21) 03; Christoph Parry in: KLG. (Red.)

Henke, Hermann s. Manhenke, Hanno

Henke, Susanne; *storysite@storysite.de*, *www.storysite.de* (* Hamburg 23.5.63). Sisters in Crime (jetzt: Mörderische Schwestern) 05; Pr. b. Wettbew. „Deutschland schreibt" 05; Kurzgesch., Krimi, Sat. Ue: engl. – **V:** Bissige Stories für boshafte Leser 05; Finderlohn u. a. Stories 06. (Red.)

Henkel, Katja, Rundfunkmoderatorin, Journalistin, Übers., Autorin; c/o Paul & Peter Fritz AG, Jupiterstr. 1 / Postfach 1773, CH-8032 Zürich, *katja@katjahenkel.de*, *www.katjahenkel.de* (* Karlsruhe 67). – **V:** Schattenschwestern 97; Gestern, stille Stadt 99, Tb. 02; La-Vons Lied 02, Tb. 03; Die Anderen 05, alles R.; Der Himmel soll warten, Kdb. 05 (auch frz., ital., span., pol. u. korean. u. als Hörb.); Linas Lachen, Kdb. 07. – **Ue:** Wendy Markham: Apartment in Manhattan 02; Ariella Papa: Männerfreie Zone? 02; Cathy Yardley: L.A. Woman 02; Karen Templeton: Erst Eis – dann heiß! 03; Lynda Curnyn: Single und fünf Kilo zuviel 04; dies.: Ein bisschen Single 04; Anne Stuart: Mitternachtsschatten 04; Evelyn Doyle: Evelyn 04; Kate Charles: Im Namen des Vaters 04; Lynn Messina: Frauen sind anders, Männer sowieso 04.

Henkel, Oliver; *o.henkel@gmx.de*, *www.oliverhenkel.com* (* 73). SFCD-Lit.pr. 02, 03; Rom., Kurzgesch. – **V:** Die Zeitmaschine Karls des Großen, R. 01, 06; Kaisertag, R. 02, 06; Wechselwelten, Erzn. 04, 06; Im Jahre Ragnarök, R. 08. – **MA:** Visionen 2. Die Legende von Eden, Erz. 05, 06; The Black Mirror & Other Stories, Middletown/USA 08.

Henn, Carsten Sebastian, M. A., freier Journalist u. Autor; Mariengartenstr. 9, D-50354 Hürth, Tel. u. Fax (0 22 33) 10 06 93, *autor@carstensebastianhenn.de*, *www.carstensebastianhenn.de* (* Köln 29.10.73). Autorenkr. Rhein-Erft 97, VS 00, Das Syndikat 02; Jack-Gonski-Pr. f. SlamPoetry 98, Kulturpr. d. Stadt Hürth 05; Rom., Lyr., Kurzgesch. – **V:** Julia, angeklickt.

Ein erot. Internet-R. 00, 5. Aufl. 03; In Vino Veritas 02, 4. Aufl. 03; Nomen est omen 03, 2. Aufl. 04; In Dubio Pro Vino 04; Vinum Mysterium 06, alles Krimis; Henkers Tropfen, Kurzkrimis 07; – mehrere Sachbücher. – **MA:** Junger Westen 96; Orte. Ansichten 97; Was ist Socialbeat? 98; Der parodierte Goethe 99; Feuer u. Flamme 00; Von Traum- u. anderen Männern 00; Blitzlicht. Deutschsprachige Kurzlyr. aus 1100 Jahren 01; Heiss auf Dich 02, u. a.; – zahlr. Beitr. in Lit.zss. seit 95, u. a. in: Das Gedicht; Einblick; text. Zs. f. Lit.; – lit. Kolumnist b. „Gault Millau Mag.", seit 06. (Red.)

Henn, Tanja, Erzieherin; Neudorfer Str. 12, D-63936 Schneeberg (* Miltenberg 9.7.72). – **V:** Erpresser im Schloßhotel. Ein Falken-Fall, Kinderkrimi 00. (Red.)

Henneberg, Claus (Ps. Igor A. Strauss, Claus Greben, David Gimmel, Hans von Aussen, Dacapo Cugel), freier Schriftst.; Haidthöhe 3, D-95028 Hof/Saale, Tel. (0 92 81) 4 35 09 (* Hof/Saale 16.7.28). Förd.pr. d. Stadt Nürnberg 68, Joh.-Christ.-Reinhart-Plakette 98; Lyr., Rom., Erz., Bühnenst. Ess., Hörsp., Rundfunkfeature. – **V:** Texte und Notizen 62; Monologe 63; Christ ist erschienen uns zu versühnen. Ein Lebensbild Heinrich Holzschuhers aus Wunsiedel 68; Wörterbuch zu Homer und andere Siebtexte 70; Hauptbuch 83; Jugend-Geschichten, Erzn. 95; Kinder und Narren, R. 96; Grenznähe, G. 98; Rabenpost, R. 98; Zeitsprünge, R. 01; Selbstporträt 03; Eine Liebesgeschichte, Erz. 04; Auferstehung, Erz. 08; – THEATER/BÜHNENSTÜCKE: Fidelio, Neubearb. d. Textes 70; Die alte Anna; He Schwestern; Kisten. – **MV:** Einrichtung eines seltzamen Vaganten, m. Eduard Gaede, Armin Sandig, G. u. Steindruck 50; Gespräch in der Werkstatt, m. Wolfgang Ritter 08. – **MA:** div. Beitr. in Jbb., Zss., Mag., Lyr.- u. Prosa-Anth. – **R:** Dreieck, Hsp. 67; div. Beitr. im BR, HR, WDR, SR, DLF, Radio Bremen. – *Lit:* Rudolf Nikolaus Maier in: D. moderne G. 59; Reinhard Döhl: Lyr. nach 1945. H. f. Lit. u. Kritik 60; G. v. Wilpert: Dt. Dichterlex. 76; K. Hensel in: W. Killy (Hrsg.): Lit.lex., Bd 5 90; Bohumila Grögerová/Josef Hiršal: Let Lex 94; Meyers Enzyklopäd. Lex.; Kurt Marti: Abratzky oder Die kleine Blockhütte; Kleine Geschichte der Stadt Hof; Alexandra Mickley: Tage für neue Literatur. Facharb.; dies. in: Miscellanea curiensia, Bd VI.54 06, u. a.

Hennemann, Susanne, Dipl.-Dolmetscherin; Bugenhagenstr. 29, D-23568 Lübeck, Tel. (04 51) 3 27 27 (* Plön/Holst. 15. 1. 26). VS 81; Lyr. Ue: engl. – **V:** Davidsgesänge 80; Auge in Auge 82; Das Räderwerk 83; Blaue Räume 84; Woher nahmst Du den Mond 85; Und ich fand ein Land 86; Feuerland 91; Im Schatten der Wölfe 93; Asphalt in Grün 95; Der gefundene Bruder 97; Die Achse der Welt 99; Die Kehrseite der Medaille 03. – **MA:** Wo liegt euer Lächeln begraben?, Anth. 83. (Red.)

Hennen, Bernhard; Burgstr. 15 B, D-47828 Krefeld, *khennen@t-online.de*, *www.bernhard-hennen.de* (* Krefeld 66). – **V:** Der Tanz der Rose 96; Die Ränke des Raben 96; Das Reich der Rache 96; Der Flötenspieler 96; Der Tempelmord 96; Das Gesicht am Fenster 97; Das Nachtvolk (Ein Nibelungenroman) 97; Der Ketzerfürst (Ein Nibelungenroman) 97; Die Husarin 98; Die Könige der ersten Nacht 99; Die Nacht der Schlange 00; Nebenan 01; Die Wahrträumer (Gezeitenweltzyklus Bd 1) 02; Wolfsspuren 03; Elfenwinter 05; Alica und die Dunkle Königin 05. – **MV:** Das Jahr des Greifen, m. W. Hohlbein, 3 Bde 93/94; Die Elfen, m. James Sullivan 04. (Red.)

Hennetmair, Karl Ignaz, Handelsreisender, Ferkelgroßhändler, Immobilienhändler; A-4694 Ohlsdorf (* Linz 20). – **V:** Aus dem versiegelten Tagebuch. Weihnacht mit Thomas Bernhard 92; Ein Jahr mit Thomas

Bernhard. Das notariell versiegelte Tagebuch 1972 00, 4. Aufl. 01, Tb. 02 (auch Hsp. u. CD). – **MV:** Ein Briefwechsel 1965 – 1974. Thomas Bernhard – Karl Ignaz Hennetmair 94. (Red.)

Hennig von Lange, Alexa, Moderatorin, Drehb.-autorin; Berlin, *ahvl@alexahennigvonlange.de, www.alexahennigvonlange.de* (* Hannover 73). Dt. Jgd.lit.pr. 02. – **V:** Relax, R. 97; Flashback, m. Stefan Pucher, UA 98; Ich bin's, R. 99; Ich habe einfach Glück!, R. 01; Lelle, Kdb. 02; Woher ich komme, R. 03; Erste Liebe 04; Mira reichts, Kdb. 04; Warum so traurig?, R. 05; Mira schwer verliebt, Kdb. 06; Risiko, R. 07; (mehrere Titel auch als Hörb.). – **MV:** Mai 3D, m. Till Müller-Klug u. Daniel Haaksman, Tageb.-R. 00. – **R:** Mitarb. an Fs.-Serien, u. a.: Gute Zeiten, schlechte Zeiten; Lonely Hearts. (Red.)

Hennig von Lange, Joachim s. Bessing, Joachim

Hennig, Falko, freiberufl. Buchautor, Journalist u. Vortragsreisender; Lottumstr. 9, D-10119 Berlin, Tel. (0 30) 4 48 35 06, *radiohochsee@web.de, www.falkohennig.de* (* Berlin 22. 10. 69). Gründer d. Charles-Bukowski-Ges. 96, Karl-May-Ges.; Autorenwerkstatt d. LCB 99, E.bürger v. Lubbock/Texas 00, Fünf-Finger-Buchpr. 02, Solitude-Stip. 02/03; Rom., Erz., Hörsp., Feat. – **V:** Gastronomie in der Krise 98; Alles nur geklaut, R. 99; Trabanten, R. 02; Radio Hochsee 04; 100 % Berlin 08. – **MA:** ANTH.: Traumstadtbuch 01; Frische Goldjungs 01; Asphaltpoeten, CD 01; Wahlverwandtschaften 02; Planet Slam 02; Wilder Osten 02; Das Beste hört sich Scheiße an 02; Berlin im Licht 04; Doppelpass 04; Karl May im Llano Estacado 04; Alles Gute kommt von oben? 04; Iguana à la Carte 06; Stimmen aus dem Abseits 06; Der Ball ist aus 06; Pauschal ins Paradies 07; woanders 07; Ich bin Buddhist u. Sie sind eine Illusion 08; – ZSS.: Salbader; Orange Agent; Eulenspiegel; Märkische Allg. Ztg; Charles Bukowski Journal; Lumpen magazine (Chicago); Berliner Morgenpost; Berliner Zeitung; Junge Welt; Sklaven; Titanic; zitty; Das Blättchen; Frankfurter Rundschau; tip; Die Welt; Der Tagesspiegel; konr@d; Hebammen-Info; NRC HANDELSBLAD, u. a.; – Kolumnen in: Stadt-Ztg „scheinschlag" 94–06; taz 97–99. – **H:** Jb. d. Charles-Bukowski-Ges. 98; [bju:k], Jb. d. Charles-Bukowski-Ges. 2000 99; Volle Pulle Leben. 10 Jahre Reformbühne Heim & Welt 05; 10 Jahre Reformbühne Heim & Welt, Doppel-CD 05. – **R:** Geschn. u. Kurzhsp. bei Radio Hochsee; Opferbahnen, Radiofeat. (WDR) 05; Frankie and Johnny, Radiofeat. (WDR) 07. – **Ue:** Paul Halpern: Schule ist was für Versager 08.

Hennig, Windemut (geb. Windemut Heusser), Dr. med.; Buschweg 10, D-22850 Norderstedt, Tel. (0 40) 5 25 43 57. Grillparzerstr. 26, D-22085 Hamburg (* Hohleborn/Thür. 8. 4. 26). Lyr., Tiergesch. – **V:** Freude mit Tieren. Gedichte für Jung und Alt 06.

Henning, Peter; c/o Kunststiftung NRW, Bereich Literatur, Roßstr. 133, D-40476 Düsseldorf (* Hanau 59). Lit.förd.pr. d. Ponto-Stift. 96; Erz. – **V:** Licht und Schatten 84; Parkgeschichten und andere 84; Tod eines Eisvogels, R. 97; Aus der Spur, Erz. 00; Giganten, Geschn. 02; Linda und die Flugzeuge, R. 04. – **H:** Einpacken und abhauen, Geschn. 94. (Red.)

Henningsen, Wiltrud; Breslauer Str. 31, D-48157 Münster, Tel. (02 51) 16 17 67 (* Untertannowitz/Südmähren 29. 7. 35). Prosa, Lyr. – **V:** Verlorene Zeit – gebrochenes Leben, Beschreibungen, Ztg., Tagebuchauszüge 95; Selber über den Berg, autobiogr. R. 97; >in Sprache gebunden zwei<, Text u. Gedicht 00 II; >in Sprache gebunden drei<, G. 01; >in Sprache gebunden vier<, G. 02; >in Sprache gebunden fünf<, G. 03; >in Sprache gebunden sechs<, G. 04; >in Sprache gebun-

den sieben<, G. 05; >in Sprache gebunden acht<, G. 06; >in Sprache gebunden neun<, G. 07; >in Sprache gebunden zehn<, G. 08. – **MV:** u. H: In Sprache gebunden, m. Jürgen Henningsen, G. 99. – **MA:** Neue Sammlung, Vj.schr. f. Erziehung u. Gesellsch. (Schriftleiterin) 86–87; Das Gedicht lebt, Bd 2 01, Bd 4 03, Bd 6 05, Bd 7 06, Jubiläumsausg. 07; Collection dt. Erzähler, Bd 1 02; Weihnachten, Lyrik-Jb. 03; Jb. f. d. neue Gedicht 04–07. – **H:** Zwei Krimis von Jürgen 94; Jürgen Henningsen: Drei Geschichten 02. – *Lit:* s. auch 2. Jg. SK.

Henrich, Stella Eva (Ps. Eva Rosenthal, Künstlername: stellysee), Autorin, Journalistin, Schriftst.; Am Taubenloch 8, D-61200 Wölfersheim-Södel, Tel. (01 62) 1 81 59 01, *stella@stellysee.de, digitalstellysee.twoday.net* (* Frankfurt/Main 1. 11. 68). BVJA 04; 3. Pl. (Lyr.) b. Lit.wettbew. „Poesie d. Alltags" 04; Kurzgesch., Lyr., Theaterst., Hörsp. Ue: engl. – **V:** stellysee – eine erotische Irrfahrt, Kurzgeschn. u. Lyr. 04; Tote Autisten, Lyr. 04; Verliebt in das Leben?, Kurzgeschn. 05; Tagebuch Ver-rückte Zeit, Prosa 06; stellysee*podiobook, Tageb. 06. – **MA:** Criminalis, Krim.-Mag. 03; Kalte Stufen 03; Aggum 04; Angst – Kein Weg zurück 04; Besteht die Liebe 04; Liebe deine Feinde 04; Einmal ist keinmal 04; Bibliothek dt.sprachiger Gedichte 05; Schwarzbuch Deutschlands! 05. – **H:** stellysee*magazine, Online-Mag. unter: stellysee-magazine.twoday.net 05. – **R:** day another day 05; Verliebt in eine Hexe 06, beides Hörtheater. – **P:** podiobook*stellysee „Verrückte Zeit", Hörb. 06. (Red.)

Henricks, Paul s. Hoop, Edward

Henry, A., Dipl.-Journalist; c/o Gala-Verl., Wörther Str. 38, D-10435 Berlin, *agericke@t-online.de, www.galabuch.de* (* Altdöbern 4. 12. 61). Rom. – **V:** Negative Schriften, Wortskizzen 95. – **MV:** Erlebnis Farbe. Fachb., m. Lothar Gericke 90. – **MA:** Erzn. in Anth.: Nicht für die Schublade geschrieben 89; Anth. Buchwelt 92, 06; Prosa De Luxe 95. (Red.)

Hens, Gregor, Germanist, o. Prof. Ohio State Univ. Columbus; c/o The Ohio State University, 328 Hagerty Hall, 1775 College Road, Columbus, OH 43210–1340/USA, Tel. 6 14–2 92–69 85, Fax 6 14–2 92–85 10, *hens.1@osu.edu* (* Köln 25. 11. 65). Prosa. – **V:** Himmelssturz, R. 02; Transfer Lounge. Deutsch-amerikan. Geschichten 03; Matta verläßt seine Kinder, Erz. 04; In diesem neuen Licht, R. 06. (Red.)

Henscheid, Eckhard, M.A., Schriftst.; An der Schwemm 2, D-92224 Amberg/Obpf., Tel. (0 96 21) 2 42 74 (* Amberg/Obpf. 14. 9. 41). Poetik-Dozentur d. Univ. Heidelberg 00, Poetik-Dozentur Klagenfurt 01, Italo-Svevo-Lit.pr. d. Blue Capital GmbH Hamburg 04 Poetik-Dozentur an d. Univ. Göttingen 07; Rom., Erz., Ess., Oper, Lit.gesch., Sat. – **V:** Die Vollidioten, R. 73; Geht in Ordnung – Sowieso – Genau -, R. 77; Die Mätresse d. Bischofs, R. 78; Ein scharmanter Bauer, Erzn. 80; Verdi aus der Mozart Wagners, Ess. 79, erw. Neuausg. 96; Beim Fressen beim Fernsehen fällt der Vater dem Kartoffel aus dem Maul, R. 81; Roßmann, Roßmann..., Erzn. 82; Der Neger (Negerl), Erz. 82; Wie Max Horkheimer einmal sogar Adorno hereinlegte, Anekdn. 83; Dolce Madonna bionda, R. 83; Frau Killermann greift ein, Erzn. 85; Helmut Kohl, Biogr. e. Jugend 85; Erledigte Fälle, Ess. 86; Wir standen an offenen Gräbern. 120 Nachrufe 88; Maria Schnee, N. 88; Die Wurstzurückgehlasserin, Erzn. 88; Die drei Müllerssöhne, M. u. Erzn. 89; Die Lieblichkeit des Gardasee, ges. Erzn. 93; Welche Tiere und warum das Himmelreich erlangen können. Theolog. Studien 95; Die Zwicks, Fam.gesch. 95; 10:9 für Stroh, 3 Erzn. 98; Goethe unter Frauen 99; Meine Jahre mit Sepp Herberger,

Henscheid

Feuill. 99; Warum Frau Grimhild Alberich außerehe-
lich Gunst gewährt, Ess. 00; Alle 756 Kulturen. Eine
Bilanz 01; Erotik pur mit Flirt-Faktor, Ess. 02; auweia.
Infantilroman 07; Gott trifft Hüttler in Vaduz, Prosa 08;
– Eckhard Henscheids Gesammelte Werke. Bd 1: Romane 1, Bd 2: Romane 2, Bd 3: Polemiken, Bd 4: Erzählungen 1, Bd 5: Erzählungen 2, alle 03, Bd 6: Romane 3 04, Bd 7: Musik 05, Bd 8: Lyrik & Drama 06,
Bd 9: Literaturkritik 07, Bd 10: Biografie & Theologie
08. – **MV:** Kulturgeschichte der Mißverständnisse, m.
G. Henscheid u. B. Kronauer, Ess. 95; Die Zwicks. Fron-
vögte, Zwingherren u. Vasallen, m. Regina Henscheid
95; Jahrhundert der Obszönität, m. G. Henschel 00. –
MA: Zss.: Titanic; Konkret; Merkur; Der Rabe, u. a. –
H: Sentimentale Tiergeschichten, Anth. 97; Joseph Eichendorff: Aus der Heimat hinter den Blitzen rot, G.
99. – **MH:** Unser Goethe 82; Mein Lesebuch 86. – **R:**
Mag.-Sdgn, musik- u. lit.wiss. Arbeiten, Hsp., Kurzhsp., Satn., u. a.: Großmutter rückt ein, Hsp. 72; Eckermann u. sein Goethe, Hsp. 79. – **P:** Poschiaro – Graz
einfach, Autorenlesung 03; Geht in Ordnung – Sowieso – ja mei, m. Gerhard Polt 05; Wie man eine Dame
verräumt, Autorenlesung 07; Hörwerke. Schau- u. Hörsp., Rundfunkessays u. Moderationen, Lesungen, Parodien u. Rezitationen, CD-ROM 08. – *Lit:* Text + Kritik, H.107 90; Michael Ringel (Hrsg.): Bibliogr. E.H.
92; Gerd Haffmans (Hrsg.): Über manches. Ein E.H.-
Leseb. 96; Oliver Schmitt: Die schärfsten Kritiker der
Elche – Portr. d. Neuen Frankfurter Schule 01; M.M.
Schardt/T. Steinberg in: KLG.

Henscheid, Regina; Adalbert-Stifter-Str. 13, D-
60431 Frankfurt/Main, Tel. (0 69) 51 68 37. – **V:** Die
Memoiren des Miez, R. 02. – **MV:** Die Zwicks. Fron-
vögte, Zwingherren u. Vasallen, m. Eckhard Henscheid
95. (Red.)

Henschel, Gerhard, freier Schriftst. u. Übers.; lebt in
Bad Bevensen, c/o Hoffmann und Campe Verl., Hamburg (*Hannover 28. 4. 62). Stip. d. Dt. Lit.fonds 07,
Jahresstip. d. Landes Nds. f. Lit. 08; Erz., Rep., Sat., Kritik, Ged., Glosse, Feuill. – **V:** Menschlich viel Fieses
92; Moselfahrten der Seele 92; Das erwachende Selber
93; Das Blöken der Lämmer 94; Die gnadenlose Jagd
94; Falsche Freunde fürs Leben 95; Lesen ist Essen
auf Rädern im Kopf 95; Der alte Friedensrichter und
seine Urteile 98; Bruno in tausend Nöten 98; Wo ist
die Urne von Roy Black? 00; Die Liebenden 02; Die
wirrsten Grafiken der Welt 03; Kindheitsroman, R. 04;
Der dreizehnte Beatle, R. 05; Gossenreport. Betriebsge-
heimnisse d. Bild-Zeitung 06. – **MV:** Supersache! Lexikon des Fußballs, m. Günther Willen 94; Drin oder
Linie?, m. dems. 96; Der Barbier von Bebra, m. Wiglaf
Droste 96; Kulturgeschichte der Mißverständnisse, m.
Eckhard Henscheid u. Brigitte Kronauer 97; Erntedank-
fäscht, m. Max Goldt 98; Jahrhundert der Obszönität,
m. Eckhard Henscheid 00; Der Mullah von Bullerbü, m.
Wiglaf Droste 00; Was wäre dir lieber?, m. Alexandra
Engelberts 01; Danksagung, m. ders. 05. – **MA:** Wiglaf
Droste: Zen-Buddhismus und Zellulitis 99. – **MH:** Das
Wörterbuch des Gutmenschen, m. Klaus Bittermann 94.
(Red.)

Henschel, Regine Chiara, freie Presse- u. PR-Referentin, Organisatorin u. Unterstützerin d. Ausstellung „Welt im Tropfen"; lebt in Berlin, c/o Piper Verl., München, *info@mopsfidele-zeiten.de*, *www.
mopsfidele-zeiten.de*. – **V:** Erinnerung des Herzens, Erz.
01; Gefühlte Lage: sonnig, R. 06; Männer und andere
Problemzonen, R. 08. – **MA:** Weihnachten für freche
Frauen, Anth. 07; red. Mitarb. an zahlr. Fachpublikatio-
nen. – **R:** zahlr. Beitr. u. a. f.: Arte; ZDF; MDR u. 3Sat.
(Red.)

Henschelsberg, Wolf von s. Fienhold, Wolfgang

Hense, Karl-Heinz (Ps. Jan Marthens), Dr. phil.,
Akad.leiter; Schönforster Str. 12, D-52156 Monschau,
Tel. u. Fax (0 24 72) 94 01 65, *Karl-Heinz.Hense@
gmx.de.* Druivenlaan 24, B-1560 Hoeilaart (*Lingen
30. 1. 46). Rom., Erz., Lyr., Ess. – **V:** Texte. Lyr. u. Prosa 80; Eine Karriere in Deutschland, R. 85; Die Adern
des Marmor, R. 87; Was sind das für Zeiten, Liederb.
90; Feindbilder, R. 91; Kleine Welten, Prosa u. Lyr. 92;
Das Komplott, R. 93; Schluck und Gebetbuch, Satn. 93;
Krebsgang, R. 94; Glücksache, R. 95; Haus aus Zeit,
Lyr. 97; Die zweite Unschuld, R. 99; Glück u. Skepsis,
wiss. Unters. 00; Herbstlicht, R. 05; Zeitgestade Stationen, Lyr. u. Prosa 08. – **MA:** zahlr. Beitr. in Zss.,
z.B. in: liberal; Mut; vorgänge; Beitr. in Sammelbänden. – **H:** Nicht brav und nicht konform, Sachb. 85. –
P: liberal: das eigener Schreibe 80; Demokratische Lieder, m.a. 82; Würfelspiel, m.a. 84, alles Schallpl.; Widerspenstige Lieder, CD 07.

Hensel, Horst, Dr.päd., Fernmeldehandwerker, Lehrer, Hochschullehrer, Schriftst.; Bramweg 5, D-59174
Kamen, Tel. (0 23 07) 3 15 51, (0 52 41) 23 83 70, *hpw.
hensel@web.de, www.horst-hensel.de.* Königstr. 42, D-
33330 Gütersloh (*Westick, Ruhrgeb. 2. 5. 47). Werkkr.
Lit. d. Arb.welt 70–85, VS 75, P.E.N.-Zentr. Dtld 08; Fi-
scherhuder Lit.pr. 'Der arme Poet' 78, Arb.stip. d. Ldes
NRW 87, Hsp.pr. Ruhrgebiet (Förd.pr.) 87; Lyr., Erz.,
Rom., Hörsp., Theater, Kulturtheorie/Ästhetik, Erzie-
hungswissenschaft. – **V:** in den scherben deiner augen,
G. 79; Werkkreis oder Die Organisierung polit. Lit.ar-
beit 80; neun mal schulwetter 81; Aufstiegsversagen, R.
84; Die Sehnsucht d. Rosa Luxemburg, R. 87, 2. Aufl.
88; Geschichten vom starken Balthasar, Kdb. 89; Der
Name Mathilde, Hsp.-H. 89; Hyänengelächter, Repn.,
G., Erzn., Ess., Tageb. 90; Neue Geschichten vom starken Balthasar, Kdb. 90; Garten Eden, Geschn. u. Texte
91; Die neuen Kinder und die Erosion der alten Schule, Ess. 93, 7. akt. u. neubearb. Aufl. 95; Westfälischer
Herbst, G. u. Balln. 93; Die autonome öffentliche Schule. D. Modell d. neuen Schulsystems 95; Majoks Spiel,
Jgd.-R. 97; Elli Randelli und Tina Lu oder Was mit
Bildern bei Vollmond geschieht, Kdb. 98; Sprachver-
fall und kulturelle Selbstaufgabe, Sachb. 99, 3. Aufl. 00;
Esthers zweite Reise nach Schanghai, R. 99; Stauffenbergs Asche 01; Sturzacker. Roman einer Jugend 05;
Erziehen lernen, Sachb. 05; Tango, Trug und Teufel,
Krim.-R. 06; Tango und Theater, Krim.-R. 07; mehrere erziehungswiss. Veröff. – **MV:** Natal 91; Die Ban-
del-Barrikade 94, beides Stücke m. H. Peuckmann. –
MA: rd 200 Beitr. in Anth., Ztgn u. Zss. – **H:** Republique en miniature, Festschr. 74; Unterrichtseinhei-
ten z. demokrat. Lit. 77; Hildburg Aufrecht: Lese- u.
Rechtschreibschwächen 85. – **MH:** Mithrsg. v. 13 Büchern; pädagog. Fachzss.: päd.extra 80–87; demokratische erziehung 80–87; päd.extra und demokratische erziehung 88–90; Päd.EXTRA 91–95. – **R:** zahlr. Features u. Repn., u. a.: Papierschiffe gegen den Strom. D.
Schriftsteller Josef Reding 89; Werner Habig, Bildhauer
90, beide m. H. Peuckmann, Filmber.; Tod und Aufstieg
des Gerbeiterführers Fritz Husemann 87; Der Name
Mathilde 89; Im Versteck 89; Bei Anpfiff Mord, m. H.
Peuckmann 91; Freitags im Schrebergarten, m. dems.
93; Brotzkis Akte, m. dems. 97, alles Hsp. – **P:** Mädche-
norchester 91; Annette und George, m. H. Peuckmann
97, beides Opernlibr. – *Lit:* zahlr. Portr., Interviews u.
Gespr. in Rdfk, in Ztgn./Zss. u. Büchern, u. a.: Toshita-
ta Mandokoro in: die horen Nr. 152 88; Rolf Liffers in:
DoNo 6/91.

Hensel, Ilse, Med.-techn. Assistentin / Fachassisten-
tin f. Mikrobiologie; Koppel 17k, D-20099 Hamburg,

Tel. (0 40) 24 39 69 (* Königsberg/Pr. 30. 12. 30). Dt. Haiku-Ges. 89, GEDOK 90; Lyr., Kurzprosa. – **V:** ... unterm vogelschrei, Haiku 89; grünfiedrig herab neigt sich der Phönixbambus ... 90; NOCH, G. 93; In jeder Sonne grünt ein Baum, G. 98; ... regenbogenpfeil, Haiku 02; Maske, G. 06. – **MA:** Beitr. in: Wegwarten; Gegengift; die horen; Spektrum; Mirrors; apropos; horizonte, u. a.; W.J. Higginson: The Haiku Handbook Mc Graw Hill 85; Tigers in a teacup 88; Narrow road to renga 89; Stadtmenschen 90; treffpunkt: Lübecker Autoren u. ihre Stadt 93; Rabengekrächze 98; Mitarb. an Veröff. d. GEDOK u. d. Dt. Haiku-Ges.

Hensel, Kai, freier Autor; c/o Kiepenheuer Verlag, Berlin (* Hamburg 30. 10. 65). Förd.gabe d. Schiller-Gedächtnispr. 01, Dt. Kurzkrimi-Pr. 02, Dt. Jgd.theaterpr. 05, Baden-Württ. Jgd.theaterpr. 06; Dramatik, Hörsp., Fernsehsp., Film. – **V:** Party mit totem Neger 00; Klamms Krieg 01 (auch Hsp.); Weg in den Dschungel 01 (auch Hsp.); Welche Droge paßt zu mir? 02; Sommer mit Mädchen 04; Das Meerschweinchen 07, alles Dr. – **F:** Kismet 99; Der Tag an dem Bobby Ewing starb 05.

Hensel, Kerstin, Schriftst.; Thulestr. 20, D-13189 Berlin, Tel. (0 30) 4 73 46 71, *henselkers@aol.com, www.kerstin-hensel.de* (* Karl-Marx-Stadt 29. 5. 61). SV-DDR, P.E.N.-Zentr. Dtld, Sächs. Akad. d. Künste 06; Anna-Seghers-Pr. 89, Leonce-u.-Lena-Pr. 91, Lyr.pr. Meran (Förd.pr.) 93, Villa-Massimo-Stip. 95, Brandenburg. Lit.pr. (Förd.pr.) 96, Lit.stip. d. Stift. Preuss. Seehandlung 96, Förd.pr. z. Lessing-Pr. d. Ldes Sa. 97, Gerrit-Engelke-Lit.pr. 99, Ida-Dehmel-Lit.pr. d. GEDOK 04, Stip. d. Dt. Lit.fonds 06, Lit.pr. d. Stahlstift. Eisenhüttenstadt 08; Lyr., Drama, Hörsp., Erz., Film. – **V:** Ausflugszeit, Theaterst. 80; Poesiealbum No. 222, G. 83; Stilleben mit Zukunft, G. 86; Lilit, Prosa 87; Hallimasch, Erzn. 89; Schlaraffenzucht, G. 89; Stinopel, Erz. 89; Ulriche und Kühleborn, Erz. 90; Auditorium panopticum, R. 91; Diana! 93; Kahlkuß, G. 93; Tanz am Kanal, Erz. 94, Tb. 97; Augenpfad, G. u. Prosa 95; Freistoß, G. 95; Grimma, Theaterst. 96; Neunerlei, Erzn. 97; Gipshut, R. 99; Atzenköfls Töchter, Szenenbilder 01; Bahnhof verstehen, G. 1995–2000 01; Sprach Heil Schule, G. 02; Im Spinnhaus, R. 03; Falscher Hase, R. 05; Alle Wetter, G. 08; Lärchenau, R. 08; – THEATER/UA: Rondo allemange, Libr. 91; alias mandelstam, Libr. 95; Hitzequitte, Libr. 97; Klistier, Theaterst. 97; Hyänen 99; Müllers Kuh Müllers Kinder 00; Kalka 05, u. weitere Bühnendramatik. – **MV:** 11.9. – 911. Bilder des neuen Jahrhunderts, m. Dagmar Leupold u. Marica Bodrozic 02. – **B:** Edgar Allen Poe 87; Boris Pasternak 96, beides Nachdicht. – **MA:** Beitr. in Lyr.-Anth. u. Zss., u. a. in: Sinn u. Form 2/96: Alexandre Laiko (Nachdicht.); die horen; Freibeuter; das Gedicht. – **H:** Christine Lavant: Kreuzzertretung 95. – **MH:** COR/ART/ORIUM – Blätter f. Lyr. u. Graphik, m. K.G. Hirsch 88–94. – **F:** Leb wohl, Joseph, Szen. 91; Der Kontrolleur, Szen. 94. – **R:** Anspann 85; Die lange lange Straße 87; Max und Moritz 88; Marie und Marie 91; Teufel und Soldat 91; Der Fensterputzer 92; Der Spielmannszug 92; Die Gespenster des Lavant 93 (auch Regie), alles Hsp. – *Lit:* Birgit Dahlke: Papierboot. Autorinnen aus der DDR – inoffiziell publiziert 97; Kerstin Hensel, Fachb. (teilw. engl.) 02; Hermann Korte in: KLG.

Hensel, Klaus, freier Autor u. Fernsehjournalist; Fürstenbergerstr. 1, D-60322 Frankfurt/M., *khensel@hronline.de* (* Braşov/Kronstadt 14. 5. 54). P.E.N.-Zentr. Dtld; Marburger Lit.pr. (Förd.pr.) 84, Aufenthaltsstip. d. Berliner Senats 85, Friedrich-Hölderlin-Pr. d. Stadt Homburg (Förd.pr.) 86, Stip. d. Dt. Lit.fonds 86, Kranichsteiner Lit.pr. 88, Villa-Massimo-Stip. 91, Frank-

furter Poetik-Vorlesungen SS 93. – **V:** Das letzte Frühstück mit Gertrude 80; Oktober, Lichtspiel 88; Stradivaris Geigenstein 90; Summen im Falsett 95; Humboldtstraße, römisches Rot 01, alles Lyr. (Red.)

Hensel, Maria, Dipl.-Päd.; Am Pfaffenberg 6, D-88368 Bergatreute, Tel. (0 75 27) 91 47 99 (* Frankfurt 30. 10. 54). Kinderb. – **V:** Mein Flickenmax, Erz. 97; Bergmännleins Mütze, Erz. 00.

Hensel, Sabine s. Josellis, Sabine

Hensen, Friedhelm, Prof. Dr.; Virchowstr. 2, D-42897 Remscheid, Tel. (0 21 91) 66 05 64 (* Hilfarth 18. 1. 33). Lyr., Erz., Sachb. – **V:** Bewegte Bäume, Sachb. 99; Zeichen der Zuneigung, Sachb. 99; Skizzen am Rande von Geschäftsreisen, Erzn. 00; Gemalte Gedanken, Lyr. 00; Kartoffelbrot und Rübenkraut, Erzn. 01; Geld und die Guten Sitten, Erzn. 02; Susanna 02; Die Stadtkirche von Lennep 03. – **H:** Plastics Extrusion Technology, Hdb. 88, 2. Aufl. 97. – **MH:** Kunststoff-Extrusionstechnik, Hdb. 86. (Red.)

Hensgen, Andrea, Doz. f. Erwachsenenbildung; Im Speitel 47, D-76229 Karlsruhe, Tel. (07 21) 4 64 46 81, *andreahensgen@web.de* (* Nennig/Mosel 28. 6. 59). Jahresstip. d. Ldes Bad.-Württ. 97; Erz., Nov., Jugendb., Kinderb., Bilderb. – **V:** Dich habe ich in die Mitte der Welt gestellt, Jgdb. 96, 98 (auch korean. u. port.); Hamlet redet zu viel, R. 97, 99 (korean.); Das blaue Sofa, Jgdb. 98; Melusine, R. 99; Der kleine Tod, N. 01; Im Sitzen kann ich besser gucken, Bilderb. 02; Sie ging in die Stadt, um sich die Mädchen anzusehen 02; Marquise, Sie stellen Fragen!, Erzn. 03; Darf ich bleiben, wenn ich leise bin?, Kdb. 03. (Red.)

Henss, Dietlind (geb. Dietlind Meyer), Doz., Malerin; Im Osterbach 1, D-34576 Homberg/Efze, Tel. (0 56 81) 29 07 (* Quedlinburg 4. 10. 39). GEDOK 00; Lyr. – **V:** Rebellenrot im Reiherzug 81; Mein schönes Haar Erde 84; Blaue Ferne 00; Festplatte Leben. (Red.)

Hentig, Hartmut von, Prof. Dr., oö.Prof. f. Pädagogik, Wiss. Leiter d. Schulprojekte d. U.Bielefeld; Kurfürstendamm 214, D-10719 Berlin, Tel. (0 30) 8 85 08 05 (* Posen 23. 9. 25). Dt. Akad. f. Spr. u. Dicht., Dt. Ges. f. Erziehungswiss., Academia Europaea; Schiller-Pr. d. Stadt Mannheim 69, Lessing-Pr. d. Stadt Hamburg 86, Sigmund-Freud-Pr. 86, Comenius-Pr. 94 Ernst-Christian-Trapp-Pr. 98, Eugen-Kogon-Pr. 03, Margrit-Egnér-Pr. 03; Ess., Kinderb., Erz. Ue: engl. – **V:** Röll, der Seehund 72; Paff, der Kater oder wann wir lieben 78; Die häßliche kleine Fledermaus 93; Kaspar der Marder oder die Liebe zur Freiheit 99; Warum muss ich zur Schule gehen? Eine Antwort an Tobias in Briefen 01; Joschi. Eine Hundegesch. 04; Mein Leben – bedacht u. bejaht. Bd 1: Kindheit u. Jugend, Bd 2: Schule, Polis, Gartenhaus 07; Nichts war umsonst. Stauffenbergs Not 08; – rainh. schul- u. bildungspolit. Veröff. – **MA:** C. Stern/I. Brodersen (Hrsg.): Nationalsozialmus f. Jugendliche, Erzn. 04. – **H:** Deutschland in kleinen Geschichten 95, 96; Hermann Franck: Wenn du dies liest... 97; Meine deutschen Gedichte 99 (auch CD); Deutsche Gestalten, Erzn. 04. – Ue: Elisabeth Sifton: Das Gelassenheits-Gedicht, Biogr. 01. – *Lit:* s. auch SK. (Red.)

Hentsch, Gerhard (Conte Belek), Dr. med., Arzt, Doz. (FHS); Slevogtstr. 7, D-76829 Leinsweiler, Tel. (0 63 45) 12 94, 22 13, Fax 91 82 76 (* Leipzig 26. 2. 25). BDSÄ; Nominierung f.d. Lit.pr. d. Bdesärztekammer 97, 98; Reisebeschreibung. – **V:** Spätzchen Naseweis u. a. Erzählungen für kleine und große Leute 94; Indonesische u. a. Erzählungen 94; Du ..., Tageb. 95; Der Tod des Markus B., Einakter 97; Das Licht leuchtet in meinem Herzen, Einakter 98. (Red.)

Hentschel

Hentschel, Henky, Soziologe, Ethnologe, Journalist, Filmemacher, Schriftst.; Habana Vieja, Aguacate 13 (4.Piso), Habana/Cuba, Tel. u. Fax (00 5 37) 33 87 81, *henkyhentschel@hotmail.com, www.henkyhentschel.de* (* Ulm 15. 4. 40). Pr. d. Leseratten 92; Kinder- u. Jugendb., Rom., Kurzgesch., Rep., Kommentar, Ess., Feat., Hörsp. – **V:** Zwei Null Drei Sechs (Die grüne Kraft) 79; Capoliveri – Porträt e. schwierigen Freundes 82; Auf dem Zahnfleisch durch Eden 84; Nadelstreifen, R. 85; Die Traumtränenmaus 86; Alles bezahlt 87; Die Hunde im Schatten des Mandelbaums 88, 96; Jan Tatlins Drachenjagd 90; Jajas Klau 91, 93; Die Häutung, R. 94; Ramóns Bruder, Kdb. 95, 97; Die Charlies haben die Märchen geklaut, Kdb. 97; Wie das Nashorn zum Horn und die Schlange zur Klapper kam 98; Salsa einer Revolution – Eine Liebeserklärung an Cuba zum 40. Geburtstag, m. Fotos von Sven Creutzmann 99; ZOCK. Theorie u. Praxis des Zockens 03; Briefe aus Havanna. – **MA:** Was für ein Glück, 9. Jb. d. Kinderlit. 93; Texte dagegen, Anth. 93; Männer, Anth. 94; Beitr. in Zss., u. a. in: Südt. Ztg; Die Woche; Transatlantik; Playboy; Lui; Geo; Geo-Saison; Merian; versch. Tageszgtn. – **R:** Fs.-Beitr. f.: ZDF, WDR, SDR 3; Hfk-Beitr. f.: BR, SWR, HR. (Red.)

Hentschläger, Ursula, Dr., Mag. phil., Publizistin, Theaterwiss.; Laimgrubengasse 19/7, A-1060 Wien, Tel. u. Fax (01) 5 81 38 89, *u.hentschlaeger@zeitgenossen.com, www.zeitgenossen.com* (* Linz 16. 11. 63). IGAA; Prosa, Rom. – **V:** Martscherie oder das Leben in der Versuchung, Krim.-SF 95; Lost & found, R. 01. (Red.)

Henz, Günter Johannes, Dr. phil.; Akazienstr. 16, D-52428 Jülich, Tel. (0 24 61) 5 44 47, Fax 34 49 94, *guenter.henz@web.de* (* Stolberg/Rhld 6. 12. 40). FDA; Rom., Lyr., Erz. – **V:** So unmenschlich menschlich. Lyrische Versuche über die Menschenseele 02; Lauter perfekte Morde, R. 04; Daß wir tot sind, steht noch gar nicht fest, Erz. 06.

Henze, Hans Werner, Dr. h. c. mult., Prof., Komponist; c/o Künstlersekretariat Christa Pfeffer, Schongauerstr. 22, D-81377 München, Tel. (0 89) 28 72 36 24, Fax 71 05 49 91 (* Gütersloh 1. 7. 26). zahlr. Preise u. Ehrungen. – **V:** undine. Tagebuch eines Balletts 59; Essays 64; Musik und Politik. Schriften u. Gespräche 76, erw. Aufl. 81 (u. d. T.: Schriften und Gespräche), 84; Die englische Katze. Ein Arbeitstageb. 1978–1982 83, überarb. Neuaufl. u. d. T.: Wie 'Die englische Katze' entstand 97; Reiselieder mit böhmischen Quinten. Autobiogr. Mitteilungen 1926–1995 96, u. a. – **H:** Neues Musik-Theater, Aufs.-Samml. 88; Musik und Mythos, Aufs.-Samml. 99, u. a. – *Lit:* Dieter Rexroth (Hrsg.): Der Komponist H.W.H. 86; Peter Petersen: H.W.H., ein polit. Musiker 88; ders.: Hans Werner Henze. Werke d. Jahre 1984–1993 95; Deborah Hochgesang: Die Opern v. H.W.H. im Spiegel d. dt.spr., zeitgenöss. Musikkritik bis 1966 95; Andreas Krause (Red.): Hans Werner Henze, Werkverz. 96; Ingeborg Bachmann, Hans Werner Henze. Ausst.-Kat. 96; Thomas Beck: Bedingungen librettist. Schreibens. Die Libretti Ingeborg Bachmanns f. H.W.H. 97; Sabine Giesbrecht/Stefan Hanheide (Hrsg.): Hans Werner Henze, Festschr. 98; Karja Schmidt-Wistoff: Dichtung u. Musik bei Ingeborg Bachmann u. H.W.H. 01, u. a.; s. auch Kürschners Dt. Musik-Kal. (Red.)

Henze, Peter, Schauspieler, Regisseur, Autor; Arbste 7, D-27330 Asendorf, Tel. (0 42 53) 9 20 11, Fax 9 20 16, *info@theater-henze.de, www.theater-henze.de* (* Bad Lauterberg 3. 6. 49). Erz., Dramatik. – **V:** Die Freien Theater in Niedersachsen 94; Bühnen-Erzn.: Herrgott! Nochmal, UA 02; Usal Traum, UA 04; Der alte Bauer und die Öko-Tussi, UA 04; Großes Herz & ich, UA 06 (auch DVD). – **MV:** zahlr. Bst. d. theaterwerkstatt hannover 75–92; Aidsfieber, m. Wolfram Hänel, Sch. 88; Kleiner Kaiser Ferdinand, m. Katrin Orth u. Christine Schoch 98; Die Bremer Stadtmusikanten, m. Kathrin Orth, 99, beides Theaterst. – **MA:** Aspekte grüner Kulturpolitik II 90; Freies Theater 93 (auch engl., frz.). – *Lit:* Interview in: magascene Hannover 3/90.

Heppner, Harald, Dr. phil., Historiker; Am Dominikanergrund 32, A-8043 Graz, Tel. (03 16) 32 23 16, *harald.heppner@uni-graz.ac.at* (* Graz). – **MV:** Eine wahrlich ernste Sache und sonst noch Bedenkliches, m. Fritz Heppner 97. (Red.)

Heppner, Karlo (geb. Karlo Leineweber) *

Heppt, Karl Heinrich, Volksschullehrer; Friedhofstr. 9, D-96364 Marktrodach, Tel. (0 92 61) 9 29 35 (* Bramberg/Haßberge 7. 2. 53). Lyr., Aphor. – **V:** Mit den Augen stehlen, G. 05; Leben lieben lernen, Aphor. (Red.)

Herb, Elfriede (geb. Elfriede Gärtner); Kurze Steig 9, D-61440 Oberursel, Tel. u. Fax (0 61 71) 5 24 42 (* Frankfurt/Main 11. 2. 33). FDA Hessen; 1. Pr. Haiku + Bild 93; Lyr., Erz., Haiku, Tanka, Biogr. – **V:** Es gibt Menschen gibt es ..., lyr. Texte 97; Worte: Perlen an der Schnur, G. 97; Erde blauer Planet, lyr. Texte 00; Geboren werden im Stall, Erz. 00; Kaum ein Laut, Haiku u. Bild 00; Rot glüht erwachend der Tag, Haiku; Der sprechende Stein, zwei Erzn. 01; Reichtum des Augenblicks, Tanka 02; Behutsam um der Liebe Willen, G. 03; Joshe und die heilige Familie, Erz. 03; E. Goethes Freund, Biogr. J.P. Eckermann 04; Mehr als nur „mein Traum", Ess. 07; Archibald kommt bald, Erz. 08.

Herbener, Hildegard (geb. Hildegard Eismann), ehem. Sekretärin; Charlottenburger Str. 19, Wohnstift A 414, D-37085 Göttingen, Tel. (05 51) 7 99 24 14, Fax 7 99 25 29 (* Hannover 28. 9. 18). Lyr. – **V:** Es gibt Tage im Leben ..., G. 95; Solang' du noch atmest ..., G. 96; Dank an das Leben, G. 01. – **MA:** Gedichte in: Apotheker-Ztg (Göttingen), monatl. seit 91; 10 Gedichte in: Das Gedicht lebt, Bd 2 01.

Herbert, Matthias, Polizeibeamter, Drehb.autor, Seriendramaturg u. a.; Rossmarkt 15, D-65549 Limburg, Tel. (0 64 31) 2 88 03 88, Fax 2 88 03 77, *herbert@mordsfilm.de, www.mordsfilm.de* (* Darmstadt 15. 9. 60). Verb. Dt. Drehb.autoren; Rom., Erz., Theater. – **V:** Game over, Jgd.-Theater 90; Und es fängt wieder an zu schneien, Nov. 99. – **R:** Tod in Miami, Fsf.; Drehb. f. Fs.-Serien u. -Reihen: Der Clown, 7 Folgen; Alarm für Cobra 11, 30 F.; Rosa Roth, 1 F.; Der Glücksbote, 2 F.; Tatort, 1 F.; Doppelter Einsatz, 37 F.; Ein Fall für zwei, 4 F.; Zappek, 3 F.; Eurocops, 2 F.; Auf eigene Gefahr, 9 F.; Drehkreuz Airport, 12 F.; Schwarz greift ein, 12 F.; Die Rettungsflieger, 27 F.; Im Namen des Gesetzes, 9 F.; SOKO Rhein-Main, 6 F.; GSG 9, 2 F.; Deadline, 2 F.; Da kommt Kalle, 1 F.; Die Gerichtsmedizinerin, 2 F.

Herbig, Heinz-Dieter; Waisenhausgasse 54, D-50676 Köln, Tel. (02 21) 31 29 18, *dieterherbig@web.de* (* Fleckeby 29. 3. 51). – **V:** Herzilein, Theaterst. 98; Mythos Tod 01; Die Exzessiven 02; Hitlers Nichte, R. 02; Energien. Die sinnliche Intelligenz 03; Smoke, mon ami, R. 04. – **R:** Robinson und Julia 86; Diebereien 88; Aufstand der Kinder 97; Romy Schneider 02; Das Geheimnis um Franz Xaver Winterhalter 06; Al Capone war nicht Capone 06, alles Hsp.; – 2 Mio suchen einen Vater, Fsp. 05. (Red.)

Herbolzheimer, Wolfgang Georg, Dr. med.; Sandgasse 54, D-63739 Aschaffenburg, Tel. (0 60 21) 2 60 44, *www.dr-herbolzheimer.de* (* Ansbach/Mfr.

24. 12. 43). Lyr., Erz. – **V:** Eine Rose blüht für immer, Lyr. 04. – **MA:** Alm. dt.sprachiger Schriftsteller-Ärzte 94–05. – **MH:** Spiegel des Lebens 90; Temenos der Liebe 91, beides Lyr. m. Grafiken; Georg Friedrich Herbolzheimer. Gedichte m. Klaviermusik, CD. (Red.)

Herborn, Henriette Clara, M. A., freie Autorin; Binger Str. 7, D-55116 Mainz, Tel. (0 61 31) 2 63 13 86, *h.c.herborn@web.de* (* Mainz 19. 5. 78). Lit.förd.pr. d. Stadt Mainz 07; Kurzgesch., Lyr., Chanson, Nov., Rom. – **V:** Zufall, Erzn. 05; Henris Welt, Erzn. 08. – **MA:** Fremde Nachbarn 97; Trafo 2, Alm. d. Lit.büros 98; Was passiert? Neun verdrehte Geschn. 99; Rheinland-Pfälz. Jb. f. Lit. 00, 03, 06; Vorkehrungen. Neue Texte aus Rh.-Pf. 04; Mörderisches Rheinhessen 08.

Herbrich, Peter-Christian, Dipl.-Ing., Techn. Chemiker i. R.; Paracelsusstr. 2, A-9545 Radenthein, Tel. (0 42 46) 20 55 13, Fax 20 55 16, *pc_herbrich@hotmail. com* (* Rumburg 19. 6. 44). Lyr. – **V:** die Zeit versprach dir Silber in den Haaren, G.-Samml. 00. (Red.)

Herbst, Alban Nikolai (Ps. f. Alexander Michael v. Ribbentrop), Schriftst.; Herbst & Deters Fiktionäre, Dunckerstr. 68, D-10437 Berlin, *fiktionaere@gmail. com, www.albannikolaiherbst.de, albannikolaiherbst. twoday.net, www.die-dschungel.de* (* Refrath 7. 2. 55). VS 76–85, P.E.N.-Zentr. Dtld; Nds. Nachwuchsstip. f. Lit. 81, Stip. d. Alten Hauptfeuerwache Mannheim 85, Stip. Casa Baldi/Olevano 87, Grimmelshausen-Pr. 95, Stip. d. Dt. Lit.fonds 96, Villa-Massimo-Stip. 98, Phantastik-Pr. d. Stadt Wetzlar 99; Writer in residence Keio-Univ. Tokio 00, Aufenthaltsstip. Villa Concordia Bamberg 06/07, Poetik-Dozentur d. Univ. Heidelberg 07/08. – **V:** Marlboro, Prosastücke 81; Die Verwirrung des Gemüts, R. 83; Joachim Zidts Verirrungen, Erz. 86; Die blutige Trauer des Buchhalters Michael Dolfinger, Lamento/R. 86, Ausg. zweiter Hand 00; Die Orgelpfeifen von Flandern, R. 93; Wolpertinger oder Das Blau, R. 93; Eine Sizilische Reise, fantast. Ber. 95, u. d. T.: New York in Catania 97; Undine, Kom. 95; Der Arndt-Komplex, Nn. 97; Nicht Sirius, Fantasiest. 97; Goegg. Ein bürgerl. Revolutionsstück 97; Thetis. Anderswelt, R. 98; In New York. Manhattan-R. 00; Buenos Aires, Anderswelt. Kybernetischer R. 01; Meere, R. 03, letzte Fass. 07, veröff. 08; Die Illusion ist das Fleisch auf den Dingen, poet. Features 04; Die Niedertracht der Musik, Erzn. 05; Dem nahsten Orient/Très Proche l'Orient, G. 07; Aeolia. Gesang/Stromboli, G.-Zyklus 08; Kybernetischer Realismus, Heidelberger Vorlesungen 08; Der Engel Ordnungen, G. 08; Das bleibende Tier, Bamberger Elegien 09; – MUSIK-SPRACHE-Arbeiten/UA: plötzlich wird vieles klar, Minioper 99; Städtebilder 00; Leere Mitte/Lilith, m. Robert HP Platz 05; – INTERNET-Projekt: Die Dschungel. Anderswelt, lit. Weblog (albannikolaiherbst.twoday.net), tägl. seit Sept. 03. – **MV:** Inzest oder Die Entstehung der Welt, m. Barbara Bongartz, R. in Briefen (Schreibheft Nr.58) 02. – **H:** Dschungelblätter, Zs. f. d. dt.spr. Kulturintelligenz 85ff. – **R:** Radioarbeiten: Das Leda-Projekt, Hsp. 96; Es wird uns nicht verziehen werden, umsonst gelebt zu haben 96; Der Blaue Kammerherr 96; Die Sprache des Trottoirs 96; Der Fürst der Romane 97; Die Muschelerde der Träume 97; Notturno: Nach Palermo!, Hörst. 99; So ist es. Ist es so? 00; Das Ohr an der Straße oder Im Glanz u. Elend der Stadt Bombay, Hörst. 00; Der walische Eckenberg oder Länder gibt es, vertrackte, Hörst. 01; Slothrop's Verschwinden oder Das war Thomas Pynchon, Collage 02; Tokyos Lächeln 02; Imaginäre Ären oder Die unsichtbare Chronologie 02; Das gelbe Licht des Friedens 03; Die Illusion ist das Fleisch auf den Dingen 03; Delta-Plus u. Grabeswelten 03; Das widerliche Genie 03; Briefe aus Catania 04; Das Wun-

der von San Michele 06; Leidenschaftlich ins Helle erzürnt oder Die vergessene Dichtung Carl Johannes Verbeens 06; Pettersson-Requiem 06; Und also es geschah 07. – **P:** Weltwechsel (Hörst. I), Zeitstrahl (Hörst. II), CD 02. – *Lit:* S. Scherer in: Juni, Bd.26 97; W. Kühnemann in: EUPHORION 4/03; H.-P. Preußer in: Letzte Welten 03; R. Schnell in: Gesch. d. dt.spr. Lit. seit 1945, 2. Aufl. 03; U. Reber in: Andererseits: Die Phantastik 04; T. Malsch in: Kron/Schimank (Hrsg.): Die Gesellschaft d. Lit. 04; L. Glauche in: Telepolis 30.4.05; G. Patorski: Das Ribbentrop-Rhizom 05; R. Prunier in: L'Atelier du Roman 41 05; C. Jürgensen in: Moderne Postmoderne – u. was noch? 07; V. Mergenthaler in: Islinger/Jürgensen: Nine Eleven. Ästhet. Verarbeitungen d. 11. Sept. 2001 08; R. Schnell (Hrsg.): Panoramen d. Anderswelt – Expeditionen ins Werk v. A.N.H. (die horen Nr. 231) 08; Stefan Scherer in: KLG.

Herbst, Christian (Ps. f. Clemens Höslinger), Musikschriftst., Kritiker, Musikforscher; Jägerstr. 25/9, A-1200 Wien, Tel. u. Fax (01) 3 34 92 12, *clemens. hoeslinger@aon.at*. Johann-Strauß-Gasse 16, A-3400 Klosterneuburg (* Wien 9. 9. 33). Literar Mechana 96; Verleih. d. Prof.titels 00; Prosa, Rom., Drama, Hörsp., Fernsehsp./Drehb. – **V:** Belutschistan, Theaterst., UA 76; Gehversuche, Drehb. 82; Puccini, Biogr. 84, 8. Aufl. 08; Furtwänglers Augen, Erz. 96. – **MA:** Symphonie erotique 95. – **R:** Esperanza; Karten für Domingo (auch Fsp.); Barkarole der Liebe, alles Hsp. – *Lit:* s. auch 2. Jg. SK.

Herbst, Daniel s. Alpers, Hans Joachim

Herbst, Daniel s. Hahn, Ronald M.

Herbst, Henri; Henriettenstr. 65, D-20259 Hamburg, Tel. (0 40) 4 91 93 35 (* Hamburg 22. 9. 41). Erz., Rom. – **V:** Der Cadillac ist immer noch endlos lang und olivgrün, Geschn. 81; Siesta, Erzn. 84, Tb. 86; Mendoza, R. 86; Männersachen, ges. Repn. 87; Ein Sohn Ogums 88; Gringo & andere Geschichten 92; Zwischen den Zeilen, Stories 97; Cuba Linda, Stories 01; Stille und Tod, Krimi-Stories 04. (Red.)

Herbst, Ruth (Ps. Ruth Kirsten-Herbst), Hausfrau; Hasselfelder Weg 38, D-12209 Berlin, Tel. (0 30) 7 72 68 88 (* Berlin 2. 3. 23). Erz. – **V:** Er zerschlägt – und seine Hände heilen, Erz. 73; Sei ganz Sein, oder laß es ganz sein!, Erz. 76; Lobpreis öffnet Türen, Erz. 77; Loslassen, Erz. 84; Mädchen an der Front. Eine Falkhelferin erzählt, Erz. 85; Der Feigenbaum grünt. Israel mit dem Herzen erlebt, Reiseber. 86; Warten können bringt mehr Freude, Erz. 91.

Herbst, Silke; Biberdamm 2a, D-26345 Bockhorn, Tel. (0 44 53) 93 00 23, *Autorin_Herbst@web. de, www.silkeherbst.de* (* Wilhelmshaven 21. 11. 68). Rom., Kurzgeschn. – **V:** Alicia und Sabrina und die Kinderhändler, R. 05. – **MA:** Kuhbunte Kurzgeschichten, Anth. 05; Scha(r)fsinnige Kurzgeschichten, Anth. 07.

†**Herbst,** Werner, Volksschullehrer, Hrsg., Verleger, Leiter d. Schreibwerkstatt d. Stift. Märtplatz (Schweiz); lebte in Wien (* Wien 20. 1. 43, † Wien 17. 3. 08). GAV 76, Podium, IGAA; Öst. Rom-Stip. 73, Staatsstip. d. BMfUK 75 u. 81, Jahresstip. d. BMfUK 82, Theodor-Körner-Pr. 83, Lit.förd.pr. d. Stadt Wien 88, Buchprämie d. BMfUK 89, Wiener Autorenstip. 92, V.-O.-Stomps-Pr. 93; Lyr., Prosa, Theaterst., Hörsp. – **V:** Zur eisernen Zeit, Kurzprosa u. Lyr. 80; Zwischendort, Lyr. Prosa 83; Das (Apfel)mus (bist) du's, G. 89; Drucksachen 89; Erste Wahl 90; Eine gute Wiener Familie, Prosa 93; Alfabet 95; ganz ohne kunst und doch sehr schön 99; Hin und her 01; Werner Herbst. Arbeiten a. d. Jahren 1968–2002 03; hurra hurra hurra 03; Der Popanz 03, u. a.; – Theaterst.: Nein, diese Aussicht; Über Ehrenstein: Heidi. – **MV:** Vom Häkchen zum Haken/Wir sind

Herburger

jung, die Welt ist offen, 2 Hörst. 88; Albert Ehrenstein. Eine Collage 96; Vom Häkchen zum Haken. Literarische Duett-Duelle 1988–1998, 99; Schöne Stunden. Ein lit. Duett-Duell 01; knickerbocker im kakao oder auch albatros & benzinger … 04, alle m. Gerhard Jaschke. – **MA:** experiment. Arbeiten u. Prosa in Anth. u. Zss. seit 70, u. a. in: neue wege; neue texte; Freibord; Wespennest. – **H:** Literatur für Wandbenützer/Herbstpresse, ab 70. – **R:** Lyrik, Kurzprosa u. Hsp. in dt., öst. u. Schweizer Sendern, u. a.: Feierabend, Hsp. 81. – **P:** Ausstellungen visueller Poesie u. Happenings im In- u. Ausland. – *Lit:* Walther Killy (Hrsg.): Literaturlex., Bd 5 90; KLÖ 95; DLL, Erg.Bd IV 97.

Herburger, Günter; Bahnhofstr. 41, D-88316 Isny, Tel. (0 75 62) 21 06, 91 26 23, Fax 91 26 24 (* Isny 6. 4. 32). VS, P.E.N.-Zentr. Dtld; Theodor-Fontane-Pr. d. Jungen Generation 65, Bremer Lit.pr. 73, Stip. d. Dt. Lit.fonds 90, Peter-Huchel-Pr. 91, Stip. d. Ldeshauptstadt München 91, Hans-Erich-Nossack-Pr. 92, New-York-Stip. d. Dt. Lit.fonds 95, Lit.pr. d. Ldeshauptstadt München 97, Villa-Aurora-Stip. Los Angeles 00, Pr. d. SWR-Bestenliste 08, u. a.; Drama, Lyr., Rom., Nov., Film, Hörsp., Fernsehsp., Erz., Übers. Ue: frz, lat, sanskr, arab. – **V:** Eine gleichmäßige Landschaft, Erzn. 64; Ventile, G. 66; Die Messe, R. 69; Training, G. 70; Jesus in Osaka, R. 70; Birne kann alles, Geschn. f. Kd. 71; Birne kann noch mehr, Geschn. f. Kd. 71; Helmut in der Stadt, Erz. f. Kd. 72; Die Eroberung der Zitadelle, Erzn. 72; Operette, G. 73; Die amerikanische Tochter, G., Aufss., Hsp., Erz., Film 73; Schöner Kochen, Verse 74; Birne brennt durch, Geschn. f. Kd. 75; Hauptlehrer Hofer, Erzn 75; Flug ins Herz, R. 77; II; Ziele, G. 77; Orchidee, G. 79; Die Augen der Kämpfer, R., I 80, II 83; Blick aus dem Paradies / Thuja, 2 Spiele 81; Makadam, G. 82; Das Flackern des Feuers im Land, Beschr. 83; Capri, Erz. 84; Kinderreich Passmoré, G. 86; Lauf und Wahn, Erzn. 88; Kreuzwege, Photoalbum 88; Das brennende Haus, G. 90; Thuja, R. 91; Sturm und Stille, G. 93; Das Glück, Photo-N. 94; Traum und Bahn, Erzn. 94; Birne kehrt zurück, Erzn. 96; Die Liebe, Photo-N. 96; Im Gebirge, G. 98; Elsa, R. 99; Humboldt, Reise-Nn. 01; Eine fliegende Festung, G. 02; Schlaf und Strecke 04; Der Tod, Photo-N. 06 (Das Glück, Die Liebe, Der Tod = Trilogie d. Verschwendung); Der Kuss, G. 08. – **F:** Tätowierung 67; Die Eroberung der Zitadelle 77. – **R:** HÖRSPIELE: Gespräch am Nachmittag 61; Der Reklameverteiler 63; Die Ordentlichen 65; Wohnungen 65; Der Topf 65; Blick aus dem Paradies 66; Tag der offenen Tür 68; Das Geschäft 70; Exhibition oder Ein Kampf um Rom 71; Thuja 80; Der Söhne 68; Tanker 70; Helmut in der Stadt 74; Hauptlehrer Hofer 75; Lenau 75. – **Ue:** Edouard Dujardin: Geschnittener Lorbeer, R. (auch Nachw.) 66. – *Lit:* Peter Bekes in KLG. (Red.)

Herchenbach, Wolfgang; Mendener Str. 28, D-53757 Sankt Augustin, Tel. (0 22 41) 20 35 56 (* Siegburg 23. 12. 70). Goethe-Ges. Siegburg 00; Lyr., Kurzgesch. – **V:** Achterbahn der Gefühle 00; Lebenswege 01; Momentaufnahmen, G. 01; Wortwellen 02; Stille Stunden 03; LITER-ATUR, Lyr. 04; Die Weinprobe, Kurzgeschn. 07.

Herde, Oliver H., Dipl.-Kfm. (FH), M. A., Autor, Verleger; Sprengelstr. 44, D-13353 Berlin, Tel. (030) 45 49 32 97, ohherde@cs.tu-berlin.de, cs.tu-berlin.de/~ohherde/ (* Berlin 9. 1. 66). Science-Fiction, Fantasy, Geschichte. – **V:** SF-Reihe „Projekt Caniron": Fremde Welten 92, Gefahr für Asgard 94; Des Forschers

Geheimnisse (in Vorb.). – **H:** Das Herzogtum Engasal, Fantasy-Rollensp. 99 (auch Mitarb.).

Herden, Roland; mail@roland-herden.de, www.roland-herden.de (* Duisburg 25. 6. 70). – **V:** Wer stirbt schon gern für Schokolade? 00; Nibelungen-Rallye 01, beides Krim.-R. – **MA:** Pleasure, Erotik-Mag. (Red.)

Hereld, Peter, Kaufmann; An der Renne 58, D-31139 Hildesheim, Fax (05 11) 32 01 21, Peter.Hereld@web.de (* Hildesheim 26. 8. 63). Rom. – **V:** Mein achtes Leben, R. 05. – **MA:** Illusionen!? 00. (Red.)

Heresch, Elisabeth (Ps. Alexander Rothstein), Dr.; eheresch@gmx.at, www.heresch.co.at (* Graz 5. 10.). Presseclub Concordia, P.E.N.-Club Öst., Öst. Journalistenclub, Dt. Ges. f. Osteuropakunde, Rotary Club Wien-Süd; Anerkenn.pr. d. Fachverb. d. öst. Buchhandels 82; Biogr., Sachb., Bildband, Fernsehfilm. Ue: russ, frz, engl. – **V:** Schnitzler und Rußland 82; Blutiger Schnee. Das russ. Oktoberrevolution in Augenzeugenberichten 87 (auch amerikan.); Das Zarenreich. Glanz u. Untergang 91 (auch engl., russ.); Nikolaus II. Feigheit, Lüge u. Verrat 92, 2. Aufl. 93, Tb. 94 (auch holl., ital., ung., bulg., poln., russ.); Alexandra. Tragik u. Ende d. letzten Zarin 93, 3. Aufl. 95 (auch ital., tsch., russ.); Rasputin. Das Geheimnis seiner Macht 94, 2. Aufl. 00 (auch bulg., russ.); Alexej. Der Sohn d. letzten Zaren 96 (auch russ.); Alexander Lebed. Krieg oder Frieden 97 (auch russ.); Geheimakte Parvus. Die gekaufte Revolution 00 (auch russ.); Wladimir Fedosejew, Maestro 02; Petersburger Zarenschlösser 06. – **MA:** Autoren im Exil 81, u. a.; Kataloge u. Schriften z. Thema Rußland, u. a.: Rot in Rußland; Rußland und Österreich; Freiheit und Verantwortung; Tage deutscher Kultur in Rußland 1999. – **R:** Hsp. nach Lydija Rasumowskaja „Unter einem Dach" 88 (auch Theaterst.); div. Serien f. d. ORF zur russ. Geschichte u. Kultur, u. a. Mitarb. an: Hört die Signale; Fernsehfilme: Das Geheimnis Rasputins (ZDF); Königin Victorias Geheimnis (Arte, ZDF); Die gekaufte Revolution (Spiegel-TV); Wer bezahlte Lenin? (RTR, Rußland); Fabergé, Hofjuwelier des Zaren (Arte). – **Ue:** Alexander Sinowjew: Ohne Illusionen 80; Michail Bulgakow/Jurij Ljubimow: Der Meister und Margarita 82; A. Sinowjew: Die Diktatur der Logik 85; Lydija Rasumowskaja: Unter einem Dach 88; Alexander Solschenizyn: Harvardrede 1978 90; K. Kondraschin: Über das Dirigieren 89; I. Welembowskaja: Deutsche 93; E. Lever: Das geheime Tagebuch der Marie Antoinette 04, Tb. 05, 06. – *Lit:* Fs.-Portr. d. russ. Fs.-Senders Ostankino 92; zahlr. Fs.-Interviews in Dtld, Österr. u. Rußland; zahlr. Buchbesprechungen.

Herfurtner, Rudolf, M. A. phil.; Preysingstr. 37, D-81667 München, Tel. (0 89) 48 64 74, Rudolfherfurtner@aol.com. Zeppelinstr. 43, D-81669 München, Tel. u. Fax (0 89) 4 48 72 71 (* Wasserburg/Inn 19. 10. 47). Förd.pr. d. Stadt München 81, Hans-im-Glück-Pr. 85, Auswahlliste z. Dt. Jgdb.pr. 90, Pr. d. Leseratten 90, Das wachsame Hähnchen 92, Dt. Kinderhsp.pr. 93, Moritz, Pr. d. 9. Werkst.-Tage Halle 94, Dt. Kindertheaterpr. 96, MARTIN, Kd.- u. Jugendkrimipr. d. Autoren 01, Pr. d. Dt. Akad. f. Kd.- u. Jgd.lit. 02; Kinder- u. Jugendlit., Erz., Hörsp., Drehb., Libr., Kulturkritik. – **V:** Hinter dem Paradies 73; Die Umwege des Bertram L. 75, bearb. Neuaufl. in 1 Bd 83; Hard Rock 79, 81 (auch dän.), alles Jgd.-R.; Brennende Gitarre. Ist Jimi Hendrix wirklich tot?, biogr. Erz. 81; Café Startraum 82; Rita Rita 83, 89, beides Jgd.-St.; Die Bibermänner 84; Der liebste Malte aller Zeiten 84; Das Ende der Pflaumenbäume, N. 85; Regula radelt um 86; Das Taubennädchen 87; Das Christkind fliegt ums Haus 88; Gloria von Jaxtberg oder Die Prinzessin vom Pfandlhof 88, 6. Aufl. 95; Rosalinds Elefant und Rudi Rudi Wolldecke 88; Der Wald unterm

Dach 88; Mensch, Karnickel 90, 5. Aufl. 97; Motzarella und der Ärgerriese 90; Ratzenspatz 90; Wunderjahre, Gesch. 91; Gloria oder Das Gegenteil von Wurst ist Liebe, Libr. 92; Motzarella und die Weihnachtswölfe, Geschn. 92; Der Nibeljunge, Jgd.-St. 92; Papa, du sollst kommen 92; Lieber Nichtsnutz 93; Motzarella und der Geburtstagsdrache 93; Waldkinder, Kinderst. 94; Kleiner Kater, große Welt 95, 99; Liebe Grüße, Dein Coco 95; Muschelkind 95; Rosalinds Elefant und Rudis Rakete 96; Gumpert Blubb 97; Der wasserdichte Willibald 97; Robert fährt im Bus zur Schule 97; Träne und Meikk 97; Waldkinder, Bilderb. 97; Donnerwetter, Robert! 98; Joseph und seine Schwester 98; Niki und der kleine Hund 98; Niki wird gerettet 98; Milo und die Jagd nach dem grünhaarigen Mädchen 00; Toni Goldwascher, Drehb. 00; Milo, Drehb. 01; Rosa, Bilderb. 01; Pinocchio, Opernlibr. 01; Musikerzählungen 02; Zanki Fransenohr, Kinderst. 02; Muschelkind, Kinderst. 03; – THEATER: Nachtvögel, Kinderst. n. T. Haugen, UA 88; Der Nibeljunge, Jgd.-St., UA 94 (auch engl.); Gloria oder Das Gegenteil von Wurst ist Liebe, Libr., UA 94; Waldkinder, Kinderst., UA 95; Gloria von Jaxtberg oder Die Prinzessin vom Pfandlhof, UA 97; Joseph und seine Schwester, UA 98; Spatz Fritz, Kinderst., UA 99; Eduard auf dem Seil, Libr., UA 99. – **MA:** Die beste aller möglichen Welten 75; Menschengeschichten 75; Auf der ganzen Welt gibt's Kinder 76; Die Stunden mit dir 76; Ein schönes Leben 77; Einsamkeit hat viele Namen 78; Rotstrumpf 3 79; Ich singe gegen die Angst 80; Kein schöner Land 79; Heilig' Abend zusammen 83; Nicht mehr allein sein 83; Draußen gibt's ein Schneegestöber 90; Spielplatz 13 01; Mein dickes Ferienbuch für unterwegs 01; Fundevogel 142/02, 143/02; – Beitr., v. a. z. Thema Kinder- u. Jugendtheater, in: Lit. in Bayern 1/85; Süddt. Ztg v. 16.4.85; TheaterZeitSchrift 17/18/86; Theater heute 8/86; Beitr. z. Kd.- u. Jgd.lit. 93/89; Beitr. z. Jgd.theater, Beil. Praxis Schule 5–10 3/93; A. Israel/S. Riemann: Das andere Publikum 96; J. Richard (Hrsg.): Jgd.theater 96; Beitr. Jgd.lit. u. Medien 2/96; Theater d. Zeit 1/97; J. Kirschner (Hrsg.): Kinder- u. Jgd.theater in d. Medien 98; P. Maar/M. Schmidt (Hrsg.): Vorhang auf u. Bühne frei 98; Fundevogel 140/01, 141/01. – **MH:** Das bayrische Kinderbuch 79; Das rheinische Kinderbuch 80, beide m. Frederik Hetmann. – **R:** Noch mal Glück gehabt 74; Die Fahrradbande 75, beides Kinderspielf.; Bennie und die Band, Jgdf. 73; Rita Rita, Fsf. 84; Käpt'n Erwin segelt zur Schokoladeninsel, Bilderf. 88; Rosalinds Elefant, Fsf. 89; Wunderjahre, Fsf. 92; – zahlr. Hsp. f. SFB, WDR, HR, SDR, BR, u. a.: Der Schlagzeuger d. Big Three, Jgd.-Hsp. 80; Pack ... 83; Käpt'n Erwin segelt zur Schokoladeninsel 92; Motzarella und der Ärgerriese 92; Ein tierischer Geburtstag 92; Motzarella und die Federkerle 93; Ratzenspatz 93; Motzarella und die Weihnachtswölfe 94; Motzarella und der Geburtstagsdrache 95; Der Nibeljunge 96; Waldkinder 97, (alle auch als Tonkass.); Gumpert Blubb 98; Joseph und seine Schwester 99; Gloriarosa 00 (auch Tonkass.); Zinas Sänger 01; Milo 02; 2 Folgen d. Kinderserie „Siebenstein“ – **Ue:** R. Cormier: Auf der Eisenbahnbrücke 82; Die Jagd auf das Einhorn 83; Andrew Davies: Konrads Krieg 88. – *Lit:* Klaus Doderer (Hrsg.): Lex. d. Kinderu. Jgd.-Literatur 82; H.H. Ewers (Hrsg.): Jgd.kultur im Adoleszenzroman 94; Reclams Kindertheaterführer 94; Manfred Jahnke in: Die Dt. Bühne 5/94, 4/97; Gundel Mattenklott in: Zwischen Bullerbü u. Schewenborn 95; Henning Fangauf: Grundschule u. Praxis Grundschule 11/95; Ingeborg Pietsch in: Theater d. Zeit 1/97; Gisela Dorst in: Lesen in d. Schule 97; Ursula Bold in: Eselsohr 10/97; Tristan Berger in: Theater d. Zeit, Arbeitsb. 2 98;

Steffen Peltsch in: Lexikon Deutsch. Kinder- u. Jugendlit. 98; Gunter Reiß in: Theater u. Musik f. Kinder 01; Kurt Franz in: Volkacher Bote 77/02. (Red.)

Hergl, Ben (Bernhard Hergl-Tritschler), Schauspieler, Komponist, künstl. Leiter d. Chawwerusch-Theaters; c/o Chawwerusch Theater, Obere Hauptstr. 14, D-76863 Herxheim, Tel. (0 72 76) 69 81, *Ben. Hergl@online.de*, *www.chawwerusch.de* (* Herxheim 23. 7. 55). La Profth Rh.-Pf.; Kunstförd.pr. d. Ldes Rh.-Pf., Pamina-Kulturpr. – **MV:** Theaterstücke: Starker Duwak, m. Monika Kleebauer, Stefan Detzel 91; Nuff un nunner, m. Walter Menzlaw, Monika Kleebauer 98; Krumm un schäbb un iwwerzwerch, m. Felix S. Felix, Walter Menzlaw 95; Hände hoch!, m. Thomas Kölsch, Walter Menzlaw 01; Hollywood am Rhein, m. Felix S. Felix, Walter Menzlaw 02; Wo bitte liegt Assisi? 03; hambach 2 oder rote Socken für Metternich 07, beide m. Ro Tritschler. – **MH:** Vamos Caminando. Machen wir uns auf den Weg, m. Norbert Lauer, pastorales Handb. 83.

Hergöth, Silvia (Silvia Hergöth Calivers), Dipl.-Theol.; Gartenweg 8b, CH-6207 Nottwil, Tel. (0 41) 9 37 22 11, *calihe@bluewin.ch* (* München 26. 10. 68). Lyr., Sat., Kurzprosa. – **V:** facette frau, Lyr., Kurzprosa u. Sat. 04. – **MA:** Veröff. im Scriptum Verl. u. Nimrod-Verl.; Umrisse. Entdeckermag. d. Kunst + Kultur Nr.7. (Red.)

Herhaus, Ernst (Ps. Eugenio Benedetti); Hauptstr. 23, CH-8280 Kreuzlingen, Tel. (0 71) 6 72 33 65 (* Ründeroth/Köln 6. 2. 32). P.E.N.-Zentr. Dtld 70; Stip. d. Dt. Lit.fonds 85; Rom., Lyr., Tageb., Lit. zur Gruppenselbsthilfe. – **V:** Die homburgische Hochzeit, R. 67, 83; Roman eines Bürgers 68; Die Eiszeit, R. 70, 84; Kinderbuch für kommende Revolutionäre 70, Neuausg. u. d. T.: Poppie Höllenarsch 79; Notizen während der Abschaffung des Denkens 70, 84; Kapitulation. Aufgang einer Krankheit 77, 86; Der zerbrochene Schlaf, Tageb. 78, 81; Gebete in die Gottesferne 79, 82; Der Wolfsmantel, R. 83, 86; Phänomen Bruckner. Hörfragmente 95; Meine Masken 02. – **MV:** Siegfried, m. Jörg Schröder 72, 90. – **H:** HAP Grieshaber: Malbriefe an Margarete 96. – *Lit:* Großer Brockhaus 74ff.; P.E.N. BRD, Autorenlex. 96; Norbert Schachtsiek-Freitag in: KLG. (Red.)

Herholz, Gerd, Leiter Lit.büro NRW-Ruhrgebiet e. V.; Zanderstr. 15, D-47058 Duisburg, Tel. (02 03) 34 21 54, *GerdHerholz@compuserve.com* (* Duisburg 15. 11. 52). VS; Anerkenn.pr. b. Lyr.-Wettbew. d. P.E.N.-Liechtenstein 88; Lyr., Ess. – **V:** auf- und abgesegelt 93; Die Musenkußmischmaschine 91, 2.erw.Aufl. 92. – **H:** Die Welt in der Tasche, Gesch. 96; Experiment Wirklichkeit. Renaissance d. Erzählens?, Poetikvorlesungen u. Vorträge 98. (Red.)

Herken, Sabine, Dipl.-Schauspielerin, Regisseurin, Doz. UdK Berlin; Am Fischtal 10, D-14169 Berlin, Tel. u. Fax (0 30) 80 90 71 10, *herken@gmx.de* (* Berlin 6. 10. 57). VG Wort 01; Rom., Dramatik. – **V:** Rosen fallen nicht vom Himmel, R. 00. – **MV:** Absprung, UA 93; Ran an den Zahn, UA 94; Und wer steht draußen? Icke, UA 97, alles Theaterst. m. Ninette Kühnen. (Red.)

Herkt, Uwe, Schriftst.; Duckwitzstr. 16, D-28199 Bremen, Tel. (04 21) 59 32 23 (* Bremen 31. 1. 53). VS; Autorenstip. d. Bremer Senators f. Bild., Wiss. u. Kunst 83; Kurzprosa, Nov., Lyr. – **V:** ... sehen, wie das ist, leben, Prosa 84; asphalt und himmel, Lyr. 98; sterben wird der augenblick, Lyr. 03. (Red.)

Herkula, Birgit, Autorin u. IT-Mangerin Neue Medien; Wielandstr. 23, D-39108 Magdeburg, Tel. u. Fax (03 91) 7 31 57 63, *herkula@gmx.de*, *www.herkula.de* (* Magdeburg 60). Förd.ver. d. Schriftst., Pelikan e.V.,

Herles

VS 94; Sally-Bleistift-Pr. 87. – **V:** Manchmal weiß ich was vom Tag, Erz. 88; Das fröhliche Ende einstürzender Burgen, Kurzgesch. 94; Hinter den Kulissen 08. – **MA:** Das Kind im Schrank 98; Von Erichs Lampenladen zur Asbestruine 98; Versuchungen ... und kein bißchen Angst ... 99; Die dürre dunkle Frau 00; ODA. Orte der Augen 3/08. – **H:** Die Reise der Worte, Erz. 05; Ich bin ich, Tageb. 06; Auf den Spuren der Bücherverbrennung 07. – **MH:** Verboten, verschwiegen, verschwunden, m. Simone Trieder 08.

Herles, Wolfgang, Dr. phil., Fernsehjournalist u. -moderator, Autor; c/o ZDF Hauptstadtstudio, Redaktion aspekte, Unter den Linden 36–38, D-10117 Berlin, Tel. (0 30) 20 99 13 30, Fax 20 99 13 28 (* Tittling 8. 5. 50). Kurt-Magnus-Pr. d. ARD 75, Ernst-Schneider-Pr. 95 u. 00, Herbert-Quandt-Medienpr. 96, Dt. Wirtschaftsfilmpr. 00. – **V:** Nationalrausch 90; Geteilte Freude 92; Das Saumagen-Syndrom 94; Eine blendende Gesellschaft, R. 96; Die Machtspieler 98; Fusion, R. 99; Die Tiefe der Talkshow, R. 04; Wir sind kein Volk 04; Dann wählt mal schön 05; Neurose D 08. – **H:** Bücher, die Geschichte machten 07; Gedichte für unterwegs 08. – **R:** Machtspiele, 15-tlg. Fsf.-Reihe 96. (Red.)

Herleth, Annemarie s. Schwemmle, Annemarie

Herlt, Günter, Dr., Dipl.-Journalist, TV-Publizist i. R., Autor; Fischerinsel 2, Whg.04/03, D-10179 Berlin, Tel. (0 30) 2 01 26 39 (* Berlin 18. 6. 33). Kunstpr. d. FDGB, Theodor-Körner-Pr., Egon-Erwin-Kisch-Pr., Gold. Feder d. Verb. d. Journalisten d. DDR, Heinrich-Greif-Pr.; Fernsehpublizistik, Dokumentarsp., Fernsehfilm, Bühnenst., Sat. – **V:** Worte und Widerworte 66; Der Engel im Visier, Bü. 71; Zukunft als Verlängerung der Vergangenheit? 72; De Bäcker un sin Fru, Mda.-Schwank 83; Die Axt im Haus, Lustsp. 84; SDI und „Denver-Clan", Sachb. 87; Birne contra Historie, Streitschr. 93; Sendeschluß, Erinn. 95; Einheitstag, Sexmesse und Handy. Satn. 97; Wie wird man Wessi, satir. Ratg. 99; Opa und das Callgirl, Geschn. 00; ... so wunderschön wie heute, Satn. 01; Aber Oma!, Geschn. 02; Unser Opa ... 03; Lach dich gesund 04; Wenn der Opa mit der Oma 05; Sekt oder Selters? 06; Ossis fallen immer auf 06; Topf sucht Deckel 07. – **H:** Das dicke DDR-Fernsehbuch 07. – **R:** Rotation 60; Dr. Sorge funkt aus Tokio 63, beides Dok.-Spiele; Polterpeter, Hsp. 64; Worte und Widerworte 66; Unterwegs in Deutschland 66, beides Szenenfolgen; Die Nacht zwischen Donnerstag und Freitag, Fsp. 66; Zwanzig Zahnbürsten, Groteske 67; Der Engel im Visier, Fsp. 69; Verschwörung, Dok.-Spiel 69; München, Englischer Garten 1 71; Der Krieg um die Köpfe 72; Das Geheimnis der schwarzen Witwe 72, alles szen. Dok.; Sieben Unterschriften 80; Zeitzünder 82; Schwingungen 87, alles Fsp. – **P:** Graue Panther mit roten Krallen, G.H. liest Geschichten, CD 06. (Red.)

Herlyn, Okko, Dr., Prof. f. Theologie FHS Bochum; Mühlenwinkelsweg 9, D-47239 Duisburg, Tel. (0 21 51) 4 02 96 80, okkoherlyn@gmx.de, www.okkoherlyn.de (* Göttingen 27. 8. 46). Dromagener Federkiel 97, 1. Preis b. Oberhausener Lit.pr. 06; Lyr., Kurzprosa, Satirischer Text, Geistliches Lied. – **V:** Blues in Grün 92, 00; Niederrheinische Gottheit mit zwei Buchstaben 95, 97; Hoffnungslos heimatlich, Sat. 01; Niederrhein an und für sich, Sat. 02; zahlr. theolog. Veröff. – *Lit:* s. auch 2. Jg. SK.

Herm, Gerhard; c/o Econ-Verl., München (* Crailsheim 26. 4. 31). Rom., Ess., Film, Hörsp. – **V:** Amerika erobert Europa 64; Das zweite Rom 68; Auf der Suche nach dem Erbe, Ess.; Die Phönizier 73; Die Kelten 75; Die Diadochen 78; Strahlend in Pur-pur und Gold 79; Des Reiches Herrlichkeit 80; Sturm am Goldenen Horn, R. 82; Die Königin des Dionysos 88; Der Sprung nach Wappolonien 88; Wer den Bären umarmt, R. 93; Die Frau von Alexandria, hist. R. 97; Octavia, die Römerin, R. 97, 98; Der Assassine, R. 99; Brockmeyers schönste Morde, Erzn. 04; Hitler, Göring und ich, Sachb. 05. – **R:** Bauernbarock; Als Köln noch römisch war, beides Fsp.; Asche unterm Schnee; Adieu mein armes Negerlein 98; Mordsreklame 99; Ina kann nicht nur schießen 00; Feuer, Eis und Mord 02; Ritt auf dem Tiger 04, alles Hsp.; – zahlr. Dok.filme. (Red.)

Herman, Eva, Fernsehmoderatorin; c/o Medienbüro Hamburg, Postfach 76 21 44, D-22069 Hamburg, Tel. (0 40) 34 16 04, Fax 34 16 03, info@eva-herman.de, www.eva-herman.de (* Emden 9. 11. 58). – **V:** Dann kamst du, R. 01; Aber Liebe ist es nicht, R. 02 (auch Hörb.); Vom Glück des Stillens, Sachb. 03. – **MV:** Fernsehfrauen in Deutschland. Im Gespräch mit E.H. 01. (Red.)

Hermann, Gudrun, Exportleiterin; Schloßstr. 90, D-72461 Albstadt, Tel. u. Fax (0 74 32) 67 70, Hermann.Gudrun@t-online.de (* Gniebel, Kr. Tübingen 30. 8. 35). VS Bad.-Württ. 01; Erz., Reiseber., Prosa. – **V:** Ein Traum wird wahr 99; Jugendsünden vergißt man nicht 01. – **MA:** Kreuzwege. Die Frauen u. der Tod, Anth. 98; Aus Freude am Wort, Anth. 99; Mobil, Zs.; Volksfest, Lit.zs. (Red.)

†**Hermann,** Hans (Ps.: Michael Felsen); lebte in Berglen (* Blaubeuren 13. 10. 37, † lt. PV). VS/VdÜ; Lit.pr. d. Stadt Stuttgart 84. Ue: am. – **V:** Wiaschde Schbrich. Oder: Schwäbische Artigkeiten 95. – **Ue:** Bücher von: Jack Kerouac, John Irving, Richard Ford, u. a.

Hermann, Judith; c/o S. Fischer Verl., Frankfurt/M. (* Berlin 15. 5. 70). Stip. d. Stift. Kulturfonds 98, Hugo-Ball-Förd.pr. d. Stadt Pirmasens 99, Bremer Lit.förd.pr. 99, Esslinger Bahnwärter 99, Kleist-Pr. 01. – **V:** Sommerhaus, später, Erzn. 98 (Übers. in 17 Spr., auch CD); Sonja. Rote Korallen, UA 99; Nichts als Gespenster, Erzn. 03 (auch CD). (Red.)

Hermann, Kai, freier Journalist u. Autor; Jasebeck 3, D-29472 Damnatz, Tel. (0 58 65) 5 37 (* Hamburg 29. 1. 38). Theodor-Wolff-Pr. 64 u. 66, Carl-v.-Ossietzky-Med. (zus. m. Günter Grass) 68, Egon-Erwin-Kisch-Pr. (2. Pr.) 98. – **V:** Die Revolte der Studenten 67; Yakuza. Porträt e. kriminellen Vereinigung 90; Die Starken. Von Kindern, die für das Leben kämpfen 90; Engel und Joe, Jgdb. 01. – **MV:** Entscheidung in Mogadischu, m. Peter Koch 77; Andi. Der beinahe zufällige Tod d. Andreas Z., 16, m. Heiko Gebhardt 80; Deutschland, ein Familien-Bilderbuch, m. Wilfried Bauer 86; Sich aus der Flut des Gewöhnlichen herausheben. Die Kunst d. großen Reportage, m. Margrit Sprecher 01; Der Panikpräsident, m. Udo Lindenberg, Biogr. 04. – **B:** Christiane F.: Wir Kinder vom Bahnhof Zoo, m. Horst Rieck 78 (üb. 40 Aufl.). – **MA:** Licht. Art. u. Repn. in: Die Zeit; Spiegel; Stern; Twen; Konkret. – **MH:** Man hat nur sieben Leben, m. Norbert Kleiner, Foto-Repn. 02. – **F:** Christiane F. – Wir Kinder vom Bahnhof Zoo 78; Die Fälschung, m. V. Schlöndorff, M. v. Trotta u. a. 81; Engel und Joe 01. (Red.)

Hermann, Peter, Schriftst., Journalist; Gräfin-Hedwig-Str. 2, D-56457 Westerburg, Tel. (0 26 63) 91 19 80, info@phermann.de, www.phermann.de (* Hadamar 24. 8. 59). VS Rh.-Pf., Das Syndikat. – **V:** Statt Luft 97; Luftikus 97; Landluft 98; Preßluft 99; Zugluft 01, alles Krim.-R. (Red.)

Hermann, Rolf; Wasenstr. 14, CH-2502 Biel, Tel. (0 32) 3 22 79 01, (0 79) 4 37 21 92, info@rolfhermann.ch, www.rolfhermann.ch (* Sierre/VS 3. 7. 73). AdS,

ProLitteris, BSV, WSV; Werkbeitr. d. Stadt Biel, Werkbeitr. d. Migros-Kulturprozent; Lyr., Prosa, Hörsp., Performance-Text. – **V:** Hommage an das Rückenschwimmen in der Nähe von Chicago und anderswo, Lyr. 07. – **R:** Kein Zucker im Kaffee. Hommage an Grossmutter, Hsp. 07.

Hermann, Roman s. Engelbert, Friedrich

Hermann, Wolfgang, Dr.; Maurachgasse 16, A-6900 Bregenz, Tel. u. Fax (0 55 74) 4 64 43, whermann@vol.at, www.wolfganghermann.at (* Bregenz 27. 9. 61). P.E.N.-Zentr. Dtld; Lit.förd.pr. d. Ponto-Stift. 87, Arb.-stip. f. Berliner Schriftst. 88, Pr. d. Intern. Bodenseekonferenz 94, Jahresstip. d. Ldes Bad.-Württ. 99, Rauriser Förd.pr. (m. Daniela Egger) 00, Siemens-Lit.pr. 02, Puchberger Lit.pr. 03, Stip. Herrenhaus Edenkoben 05, Anton-Wildgans-Pr. 06, Öst. Förd.pr. f. Lit. 07, u. a.; Lyr., Prosa, Rom., Drama, Hörsp., Ess. – **V:** Das schöne Leben, Prosa 88; Die Namen, die Schatten, die Tage, Prosa 91; Mein Dornbirn, Ess. 91; Die Farbe der Stadt, R. 92; Paris, Berlin, New York. Verwandlungen, Prosa 92, Neuaufl. 08; Schlaf in den Fugen der Stadt, G. 93; In kalten Zimmern, Erzn. 97; Bruno, Theaterst. 00; Fliehende Landschaft, R. 00; ins tagesinnere, G. 02; Atemanfall. Pneumatisches Stück, Musiktheater 02; Das japanische Fährtenbuch, Prosa 03; Das Gesicht in der Tiefe der Straße, Prosa 04; Herr Faustini verreist, R. 06; Die Unwirklichkeit, Erzn. 06; Fremdes Ufer, Erzn. 07; Herr Faustini und der Mann im Hund, R. 08. – **MV:** Brokers Opera, m. Daniela Egger, Theaterst. 02; Inge Morath: New York, Photogr. m. e. Ess. v. H.M. 02. – **MA:** zahlr. Beitr. in Zss., u. a. in: manuskripte, Literatur & Kritik, Akzente, seit 86. – **H:** Kein Innen. Kein Außen. Texte üb. Leben in Vorarlberg 94. – **R:** Im Dunkel der Städte 95; Vanessa 95; Julia 96; Bruno 97; Die Agentinnen, m. Daniela Egger 00; www.moses.at, m. ders. 00; Schamanen-Simulation, m. ders. 02, alles Hsp. – **P:** Traum von der rauchenden Stadt, Lyr. u. Prosa, CD 04. – **Ue:** Andy Warhol/Truman Capote: Ein Sonntag in New York 93. – *Lit:* Mnemosyne Nr.18 95; Geoffrey C. Howes in: Austria Kultur 98; Matthias Kußmann in: KLG 00; I. Gleichauf in: Dt.spr. Gegenwartslit. nach 1945 03; Rüdiger Görner in: Jb. Franz-Michael-Felder-Archiv 05; Katharina Ehrne: Vom Aufenthalt in Zwischenwelten, Dipl.arb., Univ. Innsbruck 05; Johann Holzner in: Jb. Franz-Michael Felder Archiv 07; Matthias Kußmann in: Lilly Lit.lex. 08; Erich Hackl in: Der Standard (Album) v. 19.4.2008.

Hermanni, Horst O., Journalist u. Schriftst. (* Mannheim 11. 2. 24). Literar. Verein d. Pfalz 98; Maximilianstaler d. Stadt Ludwigshafen 91, 2. Medienpr. d. Bez.verb. Pfalz 97; Rom., Lyr., Erz. – **V:** William Dieterle. Vom Arbeiterbauernsohn z. Hollywood-Regisseur, Dok. 91; Rennstrecke zum Ruhm, R. 93; Rosa Maas, die Prinzipalin, Dok. 96; Majestät im blauen Anton, Dok. 97; ... um seiner selbst willen, R. 01; Gegen den Strom, R. 06; mehrere Sachbücher seit 89. – **MA:** Heimkehr, Lyr. 94; Lass' Dich von meinen Worten tragen 94; Wortgeflechte, Bd 5 95; K.-F. Geißler/R. Paulus (Hrsg.): Fabrik, Anth. 99; Zs. d. Lit. Vereins d. Pfalz 99. – *Lit:* Zierden 98; Lex. Pfälzer Persönlichkeiten 99; s. auch SK. (Red.)

Hermannsdörfer, Elke *

Hermes, Gero s. Bachmaier, Peter

Herms, Uwe, M. A., freiberufl. Schriftst.; Bamberger Str. 53, D-10777 Berlin, Tel. (0 30) 2 18 84 18, Fax 2 13 91 70, uwe.herms@t-online.de (* Salzwedel 9. 9. 37). VS Hamburg, LIT, P.E.N.-Zentr. Dtld; Förd.pr. d. norddt. S.V. 68, Förd.pr. d. nds. Kunstpr. 69, Villa-Massimo-Stip. 79/80, Pr. d. Kärntner Ind. b. Bachmann-Wettbew. 83, Arb.stip. d. Ldes Schlesw.-Holst.

86, Aufenthaltsstip. Villa Concordia Bamberg 01, u. a.; Lyr., Prosa, Rom., Ess., Lit.kritik, Feat., Hörsp., Film. – **V:** Zu Lande, zu Wasser, G. 69; Brokdorfer Kriegsfibel, Fotos u. G. 77; Der Mann mit den verhodeten Hirnlappen erfindet Transportmittel und anderes / The Man with the Testiculated Brainlobes, Prosa, zweispr. Ausg. 77; Familiengedichte, G. u. Fotos 77; Franz und Paula leben noch, R. m. Fotos v. Elke Herms 78; Wahnsinnsreden, Prosa 78; Das Haus in Eiderstedt, Erz. 85; Im Land zwischen den Meeren. Reisen durch das unbekannte Schleswig-Holstein 96; Wundertüte eines halben Tages, Erzn. 97; Schrauben, aha, Prosa u. G. 01; Das verlorene Haus, R. 02. – **MA:** Richard-Dehmel-Ges. (Hrsg.): Hamburger Musenalm. auf d. Jahr 1963, 64; Max Sidow/Cornelius Witt (Hrsg.): Hamburger Anth., Lyr. d. letzten 50 Jahre 65; Druck-Sachen. Junge dt. Autoren 65; Erstens, Geschn. u. Bilder 66; Peter Hamm (Hrsg.): Aussichten. Junge Lyriker d. dt. Sprachraums 66; Helmut Lamprecht (Hrsg.): Deutschland Deutschland. Politische Gedichte v. Vormärz bis z. Gegenwart 69; Hilde Domin (Hrsg.): Nachkrieg u. Unfrieden. Gedichte als Index 1945–1970 70; Vagelis Tsakiridis (Hrsg.): Supergarde. Prosa d. Beat- u. Pop-Generation 69; Walter Aue (Hrsg.): typos 1, Zeit/Beispiel 71; science & fiction 71; Collage in: P. C. A., Projecte, Concepte & Actionen 71; Gerald Bisinger (Hrsg.): Über H.C. Artmann 72; Anni Voigtländer/Hubert Witt (Hrsg.): Denkzettel. Polit. Lyrik aus d. BRD u. Westberlin 74; Dt. Inst. d. Univ. Utrecht (Hrsg.): Brachland – Eine Schrift herum, Prosa u. Lyr. 76; Joachim Fuhrmann (Hrsg.): Tagtäglich, G. 76; Jan Hans u. a. (Hrsg.): Hamburger Lyr.-Kat. 77; Nicolas Born (Hrsg.): Literaturmag. 77 (z.T. auch tsch., slow., am.); Ess. in: Hans-Ruprecht Leiß: nauta navigat 00. – **H:** Druck-Sachen. Junge dt. Autoren, Prosa 65. – **MH:** Hamburger Lyrik-Katalog, m. Jan Hans, Mathias Neutert, Ralph Thenior, Uwe Wandrey 71. – **F:** Franz und Paula leben noch, Kurzf. 77. – **R:** Deutschland-Collage (WDR) 66; Der Supermann, m. Alfred Jarry 68; Siebenerlei Fleisch, m. Hans Jürgen Fröhlich 67; Die Frau, die wegging 77; Büro-Hörspiel, m. W.E. Richartz 78, alles Stereo-Hsp. – **Ue:** George MacDonald: Lilith, R. 77; James Joyce: Finnegans Wake (Teilübers.) 77. – *Lit:* Peter Rühmkorf: Über d. Lyrik v. U.H. (WDR/SR) 69; ders.: Die Jahre, die ihr kennt 76; Klaus Rainer Röhl: Fünf Finger sind keine Faust; R. Hinton-Thomas/Keith Bullivant: Westdt. Lit. d. „sechziger" Jahre 75; Albrecht Schöne: Lit. im audiovisuellen Medium 74; Martin Hielscher in: KLG. (Red.)

Hernández, David (eigtl. David Antonio Hernández Santos), M. A. (Germanistik u. Politik), Journalist, Dr. phil.; Dannenbergstr. 14, D-30459 Hannover, Tel. (0511) 2 33 07 95, Fax 2 33 53 12, david.hernandez @stud.uni-hannover.de (* San Salvador/El Salvador 14. 3. 55). DJU, IG Medien Nds., Fachbereich Journalismus, VS Nds. 95, VS 06; Mittelamerikan. Erzählung-Wettbew. 76, Lateinamerikan. Roman-Wettbew. in Costa Rica 90; Rom., Lyr., Erz., Ess. – **V:** en la prehistoria de aquella declaración de amor 77 (auch russ., frz., ital., dt.); Salvamuerte. Affären der Liebe und eines kleines Krieges, R. 92 (auch span.); Putolión, R. (span.) 95, 20. Aufl. 99; Alexander von Humboldt, eine andere Suche nach Eldorado u. weitere Ess. z. zeitgen. lateinamerikan. Lit. 96; Neue Definition des Kulturkanon in El Salvador, Ess. 00; Indigene Kultur und nationales Trauma, Diss. 00; Putolión, die letzte Reise des Schamanen 03; Fuego del fuego 03; Berlin años guanacos, R. (span.) 04. – **MA:** Auf nach Lysupa, Lyr. u. Prosa 88; Mittelamerika: Abschied von der Revolution? 95; Stadtansichten. E. Hannover-Kaleidoskop 95;

Herold

sowie Mitarb. als Kulturjournalist d. Ztgn La Opinion, Los Angeles u. ila-latina, Köln. (Red.)

Herold, Albert; c/o Elmar Herold, Im Vogel 12, D-97218 Gerbrunn (* Dipbach 12. 2. 28). – **V:** Die Geschichte des Mangaliso 79, 86 (auch Kisuaheli, engl.); Das Begräbnis des Herrn X 89. (Red.)

Herold, Denis, Dipl.-Verwaltungswirt; Münchener Str. 3, D-48529 Nordhorn, *denisherold@gmx.de, www. denisherold.de* (* Geldern 3. 1. 79). Rom., Sachb. – **V:** Der Eifer des Gefechtes, R. 04. (Red.)

Herold, Désirée, Elektroinstallateurmeisterin; c/o Karin Fischer Verlag, Aachen (* Freiburg 16. 6. 61). Erz., Lyr. – **V:** Trauer. Gedanken u. Gefühle nach d. Verlust eines geliebten Menschen 04; Angekommen am Anfang! Neue Gedichte 05.

Herold, Friedrich, Staatswiss., Verwaltungsangest., Autor; Hartensteiner Str. 115, D-09376 Oelsnitz-Neumürschnitz, Tel. (03 72 96) 9 35 77 (* Karl-Marx-Stadt 23. 1. 55). Rom., Erz., Fachartikel. – **V:** Böhmischer Nebel. Jagderzn. eines Erzgebirglers 99. – **MA:** Mensch Hüppet! 94; Auf Hubertus' Spuren 95. (Red.)

Herold, Johann s. Stupp, Johann Adam

Herr Jeh s. Kutschker, Adolf

Herr, Bruno, Forstamtsrat i. R.; Bamberger Str. 27, D-64546 Mörfelden-Walldorf, Tel. (0 61 05) 27 71 66 (* Horschenz/Sudetenld 12. 5. 28). Kg.; Adalbert-Stifter-Med. 99, Kurzgeschn.pr. d. Gerhart-Hauptmann-Stift. 99; Rom., Kurzgesch., Sachb. – **V:** Einer von Hunderttausend, R. 84, 96; Nacht über Sudeten, R. 85; Die Lausbuben vom Assigbach 95; Weg ohne Wiederkehr 95; Heiter bis wolkig, Kurzgeschn. 96; Liebe bis in den späten Herbst, Sachb. 96, 97; Eine Stunde Freiheit, Kurzgesch. 01; Mitten in der Nacht, Erzn. 03; Zwei Seelen wohnten, ach! in meiner Brust, R. 04. – **MA:** Doch gewiß sitzt irgendwo auch ein Mensch im Amtsbüro, heit. Geschn.brevier 86; Letzte Tage im Sudetenland, Sammelbd. 89; Verlorene Heimaten, neue Fremden, Sammelbd. 95; zahlr. Beitr. in: Sudetenland, Zs.; ZEITschrift, Anth. – *Lit:* Sepp Seifert: Komotauer im Strom der Zeit 77. (Red.)

Herr, Marianne, 20 Jahre tätig als Betreuerin u. Lehrerin im Strafvollzug; seit 92 freie Schriftst.; Via Riviera 24, CH-6976 Castagnola, Tel. (0 91) 9 72 14 15 (* Zürich 19. 10. 33). Kg., ZSV, GEDOK, P.E.N.; Pr. f. Lyr. d. Künstlergilde 97, Pr. f. Prosa d. Künstlergilde 05; Lyr., Prosa. – **V:** Sommertau, Lyr. 83; Durch die Spiegel gehn, Lyr. 87; Und hielt es aus, Lyr. 97; Immer die Liebe, Prosa 97; Wo der Wind schläft, Prosa 99; Herzschläge, Lyr. 04; Morgen und alle Tage, Lyr. 04; Worte wandern auf endlosen Strassen, Lyr. 05; Martin und die Schwarzen Engel, Prosa 06 (auch ital., dt.-ital.); intime Momente, Lyr. 07. – **MA:** 37 Beitr. in Lyr.-Anth., 3 in Prosa-Anth. – *Lit:* R. Steffan-Paleski: Zwischenbereiche 1 u. 2 84; P. E. Müller in: Der Literat 6 85; Johanna Anderka: Sudetenland 97; Anneliese Merkel: Künstlergilde 97.

Herrde, Bernd, Dipl. cult., Binnenschiffer, Konservator; Holbeinstr. 38, D-01307 Dresden (* Dresden 29. 5. 46). Lyr. – **V:** Ein Brunnen voller Schimmer 04; Leise spricht das Damals 06; Erlebtes führte meine Feder 07. – **MA:** Nationalbibliothek d. dt.sprachigen Gedichtes 03–07; Das Gedicht lebt! 05–08; Jb. f. d. neue Gedicht 06, 07; Die besten Gedichte 07, 08.

Herrgesell, Hartmut; Goethestr. 24a, D-32105 Bad Salzuflen, Tel. (0 52 22) 63 63 28, *hartmut.berlin@gmx.de* (* Bad Salzuflen 13. 1. 54). Rom. – **V:** Gegenwind, R. 02; Wetterleuchten, Erz. 04.

Herrig, Erich M. (* Peterslahr/Westerwald 23. 11. 24). Erz., Lyr. – **V:** Hunde auf meinem Weg,

Erinn. 02; Man-Kou, Hund der Barbaren, Sachb. 04. (Red.)

Herrlein, Theo; Gartenstr. 11c, D-85635 Höhenkirchen, Tel. (0 81 02) 32 98 (* München 39). – **V:** Ihr kommt's aa no drauf, Mda.-G. 85; Zeit der Zwerge, Geschn. 88; Gesichtsschnitte 90; Gut angspitzt 92; Die Wallfahrt, R. 98; Der Doppelvater von Hirtling, Geschn. 01; Lichterglanz und Sternenfunkeln 02; Das Weihnachts-Lexikon 05, Tb. 06.

Herrmann, Elisabeth, Hörfunk- u. Fernsehjournalistin, Autorin; c/o RBB Fernsehen/Abendschau, Masurenallee 8–14, D-14057 Berlin (* Marburg/Lahn 59). Das Syndikat 05; Frauengeschn.-Pr. d. Lübbe-Verl. 97; Rom., Krim.rom., Hist. Rom. – **V:** Mondspaziergänge, R. 98; Das Kindermädchen, Krim.-R. 05; Die 7. Stunde, Krim.-R. 07; Konstanze – Der Thron des Falken, hist. R. 09; Der Schwarze Ring, Krim.-R. 09. – **R:** seit 86 in Berlin f. Hörfunk (Hundert, 6) u. Fernsehen (SAT 1, ORB, SFB, RBB) tätig.

Herrmann, Franz J., Autor, Red., Journalist, Sozialpäd.; Westendstr. 138, D-80339 München, Tel. u. Fax (0 89) 50 15 05, *franzj.herrmann@01019freenet.de* (* Sulzbach-Rosenberg 19. 3. 55). Lyrik-Kabinett München 97; Lyr.pr. d. Jungen Welle/BR 78, Literar. Wanderpr. d. Lit.zs. Federlese 83, Lit.stip. d. Stadt München 86; Erz., Rom., Lyr., Kinderb. Ue: ital, engl. – **V:** Keilberg, G. 81; Die Rache der fetten Sau … und andere Moritaten, G. u. Prosa 86; Herzflekken, G. 92; Caspar, Melchior & Balthasar fliegen ins Morgenland, Gesch. f. Kinder 99. – **MH:** u. Red. v. Sirene, Lit.zs., Nr. 18–21.

Herrmann, Hans, Journalist, Schriftst.; Willestr. 10, CH-3400 Burgdorf, Tel. (0 34) 4 23 04 62, *hans. herrmann@besonet.ch* (* Burgdorf/Schweiz 29. 3. 63). 2. Pr. b. Kurzgeschn.wettbew. d. Emmentaler Kulturorg. Paragraph K 95; Erz., Lyr., Kabarett. – **V:** Vorhang auf, wir spielen Burgdorf, Stadtgeschn. 90; Hurra, wir sind im falschen Film, Kabarettprogr. 94; Der Untermieter, Erz. 99; Hab' stets an hübschen Frauen noch Gefallen. Erinnerungen an d. Burgdorfer Stadtpoeten Ernst Marti 01; Zeitsprünge, Kabarettprogr. 02; Die Goldhügel des Emmentals. Eine histor. Reportage 03; Burgdorfer Märchen 05; Drachenjagd, Mytholog. Sch. 05; Fäustchen, Groteske 08; Die Franzosenkrankheit, Bst. 08; Im Garten der Hesperiden, R. 08. – **MA:** Mordsgeschichten, Anth. 08.

Herrmann, Horst (Ps. Peter Simon), Dr. theol., o. Prof. U.Münster 70–05; Am Schlagbaum 2, D-48301 Appelhülsen. Uhlandstr. 12, D-48565 Steinfurt, *info@horstherrmann.com, www.horstherrmann.com* (* Schruns 1. 8. 40). P.E.N.-Zentr. Dtld 78, VS; Robert-Mächler-Pr., Zürich 06; Sachb., Biogr., Rom. – **V:** Der Papst, die Prophezeiung und das Nest der Waschbären, R. 96; Im Vatikan ist die Hölle los, R. 98 (beide unter Pseud.); – SACHBÜCHER/BIOGR.: u. a.: Ehe u. Recht 72; Ein unmoralisches Verhältnis 74; Die sieben Todsünden d. Kirche 76; Savonarola. Der Ketzer v. San Marco 77 (auch russ.); Ketzer in Deutschland 78; Zu nahe getreten, Aufss. 1972–1978 79; Martin Luther. Ketzer wider Willen 83; Papst Wojtyla. Der Heilige Narr 83; Vaterliebe 89; Angst d. Abendlandes vor Frauen 89; Stichwörter 89; Kirche u. Geld 90; Antikatechismus 91; Kirchenfürsten 92; Kirchenaustritt – ja oder nein? 92; Die Caritas-Legende 93; Was ich denke 94; Passion d. Grausamkeit 94 (auch span., poln.); Johannes Paul II. 95 (auch poln., span., port.); Thomas Müntzer heute 95; Die Vermarktung 98; Religiöser 98; Hirtenwort u. Schäferständchen 99; Liebesbeziehungen – Lebensentwürfe 01; Begehren, so was verachtet 03; Lex. d. kuriosesten Reliquien 03; Kirche, Klerus, Kapital 03; Die Heiligen Väter 04; Die Folter. Eine Enzyklopädie d.

Grauens 04; Nero, Biogr. 05; Johannes Paul II., Biogr. 05; Agnostizismus – Freies Denken f. Dummies 08. – **H:** Reihen: Querdenken, seit 94; Aufklärung u. Kritik, seit 98. – *Lit:* P. Rath (Hrsg.): Die Bannbulle aus Münster oder Erhielte Jesus heute Lehrverbot? 76; Roland Seim (Hrsg.): „Mein Milieu meistert mich nicht", Festschr. 05; s. auch GK.

Herrmann, Juliane s. Braun, Edith

Herrmann, Liane, Schulsekretärin; Frauensteiner Str. 44, D-09599 Freiberg/Sa., Tel. (03731) 214588 (* Weißenborn b. Freiberg 29.1.22). Erz. (Wahre Begebenheiten). – **V:** Menschen neben uns, Kurzerz. 77, 2. Aufl. 80; Am Rande des Weges, Kurzerz. 80. – **MA:** zahlr. Kurzerzn. in Veröff. d. Gütersloher Verl.hauses u. d. Verl. St. Johannis-Druckerei Lahr 90–95 sowie d. Brunnenverl. Gießen 03. (Red.)

Herrmann, Martina *

Herrmann, Wolfgang s. Abaelardius, Wolfgang

Herrndorf, Wolfgang; D-10115 Berlin, Tel. (030) 2858087 (* Hamburg 65). Kelag-Publikumspr. im Bachmann-Lit.wettbew. 04, Dt. Erzählerpr. d. Grandhotel Römerbad 08, Eifel-Lit.pr. (Förd.pr.) 08. – **V:** In Plüschgewittern, R. 02; Diesseits des Van-Allen-Gürtels, Erzn. 07; Die Rosenbaum-Doktrin 07. (Red.)

Hertel, Gisela, Apothekerin; Theodor-Heuss-Str. 8, D-67245 Lambsheim, Tel. (06233) 50259, Fax 351772, *GiselaHertel@aol.com*. Bernhardstr. 27, D-76530 Baden-Baden (* Nürnberg 5.12.36). Steinbach Ensemble Baden-Baden; Lyr., Erz. – **V:** Erzähl mir vom Leben... Heitere u. besinnliche Geschn. u. Gedichte 04; Trotzdem ..., G. 07.

Hertzfehler, Brunhilde s. Behr, Sophie

Hertzsch, Klaus Peter, Dr., UProf.; Ricarda-Huch-Weg 12, D-07743 Jena, Tel. (03641) 426600 (* Jena 23.9.30). Lyr., Erz. – **V:** Ein Thüringer Krippenspiel 58, 93; Der ganze Fisch war voll Gesang, bibl. Balln. 69, 05; Nachdenken über den Fisch, Texte u. Predigten 94; Vertraut den neuen Wegen 96, 05; Alle Jahre neu, Meditn. 00, 05; Laß uns vorwärts in die Weite sehen, Texte 04; Sag meinen Kindern, dass sie weiterziehn, Erinn. 05. (Red.)

Herweg, Rita, M.A., freie Texterin u. Lektorin; Obergrünewalder Str. 11, D-42103 Wuppertal, Tel. (0202) 2801080, *www.text-und-training.de* (* Hückeswagen 24.7.52). Lyr. – **V:** unterwegs, G. 08. – **MA:** O du allerhöchste Zier 03; Auszeit 04; Lyrik Heute 05, 07; Wir träumen uns 05; Das Gedicht 2006; Ich lebe aus meinem Herzen 06; Wie Phönix aus der Asche 08; Denn unsichtbare Wurzeln wachsen 08, alles Lyr.-Anth. – **H:** Mörtel im Mund. G. 02.

Herwig, Ralf, Dr., Prof.; Rheinstr. 84, D-76351 Linkenheim-Hochstetten, Tel. (07247) 89956, *r-hg@gmx.de, www.ralf-herwig.de* (* Kassel 31.8.46). Lyr., Erz., Drama. – **V:** Denk Pausen Gedanken, Lyr. 04.

Herz-Kestranek, Miguel, Schauspieler, Autor; Piaristengasse 54, A-1080 Wien, Tel. u. Fax (01) 4084175, *miguel@herz-kestranek.com, www.herzkestranek.com* (* St. Gallen 3.4.48). Öst. P.E.N. 99, Vizepräs. 01, IGAA 99; Öst. E.kreuz f. Wiss. u. Kunst 01, E.zeichen f. Kultur d. Stadt Bad Ischl 06; Erz., Lyr., Sachb. – **V:** Mit éjzes bin ich versehen 98, 2. Aufl. 00 (auch CD); wos wea wo waun wia en wean – einblige en de weana sö, lyr. Prosa 02; Wie der Auer Michl einen Christbaum holen ging, Erzn. 02, 05 (auch CD); Wortmeldung. Polemiken, Pointen, Poesien 07. – **MA:** Gereimte Sammelschüttler 95, 5. Aufl. 99 (auch hrsg.); ... also hab ich nur mich selbst!, m. Marie Th. Arnbom 07; Mir zugeschüttelt, Schüttelreime 99, 2. Aufl. 05 (auch hrsg.). – **MA:** zahlr. Beitr. in: Der Standard

(Wien), u.v.a. – **H:** Theodor Kramer – O käms auf mich nicht an! 87; George Terramare: Uns ward ein Kind geboren. Wiener Weihnachtslegenden 98, 2. Aufl. 00; Winterliches & Weihnachtliches aus dem alten Wien, Anth. 05. – **MH:** Herrlich ists in Tel Aviv – aus der Wiener Perspektive, m. A. Lichtblau u. D. Ellmauer 05; In welcher Sprache träumen Sie? Österreichische Exil-Lyrik, m. K. Kaiser u. D. Strigl 06.

Herzberg, André, Musiker, Sänger, Schauspieler; *briefe@andreherzberg.de, www.andreherzberg.de* (* Berlin 55). – **V:** Tohuwabohu, UA 96; Songtexte f. „Das kalte Herz", Musical n. Hauff, UA 00; Geschichten aus dem Bett 00. (Red.)

Herzberg, Mark s. Enders, Horst

Herzberger, Sylvia (Ps. Ana Capella), Schriftst.; Obergasse 10, D-61250 Usingen (* Frankfurt/Main). Rom. Lic: span. – **V:** Liebe Deinen Nächsten wie sein Vorgänger 96, Tb. 00; Tequila, Tapas und ein Traummann 99, Tb. 02; Chaos an der Costa Brava 00, Tb. 02; Ein Tisch mit drei Beinen 03. (Red.)

Herzele, Margarethe (Margarethe Herzele-Kraus), Mag. art., akad. Malerin, Kunsterzieherin, Schriftst.; Aslangasse 13/2, A-1190 Wien, Tel. (01) 3208338 (* St. Veit an der Glan 2.8.31). Intern. P.E.N., RSGI, Podium, P.E.N.-Club NdÖst., Künstlerhaus Wien, Ö.S.V., u.a.; 1. Pr. d. BMfUK 89, div. Buchprämien, Preise f. Malerei u. Kunst; Rom., Lyr., Erz. – **V:** Gedichte-Katalog 66; Carinthian Love Songs, G. engl./dt. u. Zeichn., I 76, II 79; Reflexionen gelben Lichts, Aphor. u. Zeichn. 83; Trauer, die dunkelste Farbe der Freude, Erzn. 83; Trommelwirbel der Wolken, G. 87; O Glanz des m(w)ilden Mondes, Erzn. 89; Gedichte (Podium Porträt 3) 01; Chaos unter der Haut, R. 08/09. – **MA:** seit d. 60er Jahren zahlr. Beitr. in Ztgn u. Zss. sowie in Anth. im In- u. Ausland, u.a.: Mladje; Aufschrei: Nonnen; Querflöte; Eisfeuer I u. II; Die Pestsäule; Dichtung aus Kärnten; Austrian Poetry today; The Portlandreview; Domino mit Domina; Fell aus Titan; Sah was, als wüsste sie die Welt; Keine Aussicht auf Landschaft; Schnittmuster; Blaß sei mein Gesicht I u. II; Mord vor Ort; Against the Grain; Köpfe, Herzen u. a. Landschaften; Liebe ist die Antwort; Schriftstellerinnen sehen ihr Land; Vom Wort zum Buch; Gedanken-Brücken; Literaturlandschaft; Mit Katzenzungen; Kaleidoskop; Lit. aus Öst.; Land der Hämmer; Dicht auf den Versen; Süchtig (RV); FestEssen; Podium; Die Brücke. – **MH:** Zss. 'Impulse' u. 'Integratio', 70er Jahre. – **R:** Kunst-u. Lit.berichte sowie Lyr. in ORF u. ZDF. – **P:** Als Reporter bei den Vögeln, Tonkass.; Und jede Zeit ist ..., Tonkass.; Lassen wir ruhig ..., CD. – **V:** Gavril Matei Albastru: Geschichten, die mein Großvater mir erzählte 98. – *Lit:* Porträts M.H. auf DVD (NdÖst. P.E.N.-Club u. Ö.S.V.); H.H. Hahne in: Die Brücke; www.k-haus.at, u.a.

Herzfeld, Franca (Inez Meyer, Jenny Bentin), B.A.; Kaiser-Friedrich-Str. 54, D-10627 Berlin, Tel. (030) 4200690 10, *languagetransfer@aol.com, www.mediatranslations.net* (* Greifswald 11.6.56). VS 98, VdÜ 98, BDÜ 00; Rom. Untertitelung. Lic: engl. – **V:** Nicht mit mir, Chéri!, R. 97; Mach 'ne Fliege, Liebling!, R. 97; Achtung, giftig!, R. 00; zahlr. „Bücher zum Film", u.a. für d. Fs.-Serie „Unter uns"

Herzig, Anna Franziska; Neusserplatz 1/3/5, A-1150 Wien, *writer1987@gmx.net* (* Wien 2.5.87). Rom. – **V:** La Muerte Puede Esperar – Der Tod kann warten, R. 05. (Red.)

Herzig, Michael; Neugasse 59, CH-8005 Zürich, Tel. (044) 2714481, *hallo@michaelherzig.ch, www.michaelherzig.ch* (* Bern 18.8.65). – **V:** Schmutzige Wäsche, Krim.-R. 07. (Red.)

Herzler

Herzler, Hanno (eigtl. Johannes Herzler), Journalist, Theologe, Rhetoriktrainer u. Sprecherzieher; Friedhofstr. 54, D-35753 Greifenstein, Tel. (0 27 79) 15 28, Fax 15 89, *HannoHerzler@t-online.de* (* Langenau 24. 10. 61). Erz., Hörsp. – **V:** Fackeln in der Nacht, bibl. Gesch. 94; Das unheimliche Gesicht 97; Der unsichtbare Feind 97, beides Krim.-Geschn. f. Kinder. – **MV:** Ich brauch dich und du brauchst mich, m. Friedbert Gay, Sachb. 95. – **MA:** WeihnachtsWunderGeschichten 03, 04. – **P:** Wildwest-Hsp.: Auf der Spur d. Wildpferde; D. Versteck in d. Prärie; Schneewolke; D. Höhle auf d. Adlerberg; D. sprechende Felsen; D. Schiff d. Diebe; D. goldene Sarkophag; D. letzte Warnung; Schreie in der Nacht; D. Geisterinsel; D. Geheimnis d. alten Mühle; Alarm an d. Brücke; D. Rätsel d. Wildpferdschlucht; D. geheime Schwur; D. verbotene Kammer; Spuk in d. Radiostation; Wer entdeckt America?; D. Jagd nach d. Saphir; In d. Bergen d. Aberglaubens; D. Gold d. Apachen; Schneewolke u. d. Gift; D. verschwundene Bergwerk, seit 93; – Hsp.-Serie „Weltraum-Abenteuer": Dr. Brockers tolle Erfindung; Raketenformel – streng geheim; D. Flugzeug ohne Flügel; D. Schatz v. Hispaniola; D. aufregende Mondflug; Auf d. dunklen Seite d. Mondes; Geheimtreffen m. d. Gegner; D. Spion im Raumschiff; Marsmission m. Hindernissen; D. rätselhafte Marsgesicht; Notruf aus d. Nirgendwo; Dr. Brockers größte Tat; Dr. Brockers Erbe; Abgründe am Abendstern; Asteroid auf Abwegen; Klassenfahrt ins All; D. rettende Garten; D. schwarze Schiff; D. tödliche Pfeil; D. Jupiter-Katastrophe, seit 96; – Hsp.-Reihe „Abenteuer zwischen Himmel u. Erde": Jesus – Menschen am Wege; Jesus – Heilsame Begegnungen; Jesus – in Jerusalem; Jesus – Tod u. Auferstehung; Petrus; Paulus 1 u. 2; Daniel – als junger Mann; Daniel – als Prophet; Elisa; Joram – König von Israel, seit 98; Hsp.-Ser. „Andy Latte": Nur ein Traum?; Spiel doch ab, Mann!; Turbulenzen beim Turnier; D. größte Sieg; D. Bock als Gärtner; D. Diakon im Stadion; Zoff m. d. Roten; Spuk am Klosterberg; D. Sportheim brennt!; Gefahr am Höllbergtunnel; Pizza f. d. Bankräuber, seit 99; – Singspiele: Mein kleines Fohlen Baruch 94, Josef – dicke Kühe, fette Ähren 95; – Hsp. f. Erw.: Fackeln in d. Nacht, Erstaufl. u. d. T.: Feuer am Mittag 88; Seine beharrliche Liebe, Erstaufl. u. d. T.: Christina oder das zerbrochene Spiegelbild 88; – Videos: Entdecke die Bibel, m. Ken Curtis; Wunderwelt Natur. (Red.)

Herzog, Annette (geb. Annette Göhler), Dipl.-Sprachmittler; 55 Rudolph Berghs Gade, DK-2100 Kopenhagen, Tel. u. Fax (00 45) 39 20 84 55, *herzogannette@hotmail.com, www.annetteherzog.com* (* Ludwigsfelde 7. 11. 60). Dansk Forfatterforening, Dänemark; Autorenstip. d. Stift. Preuss. Seehandlung 02, AkG- u. Jgd.lit.pr. ‚Eberhard' d. Ldkrs. Barnim 03; Kinderb., Hörsp., Film. Ue: dän. – **V:** Bei Emily weiß man nie 01; Drei gegen Mama 01; Ein verhexter Winter 02; Das Plumpsklo 03; LilliLinda: Verschollen im Computer 04; Das Loch in der Tapete 04; Schlüssel verloren, Bilderb. 05; Kleine Hexen, große Drachen, R. 05; Verhexte Sommerferien, R. 06; Ein wildes Hexenfest, R. 06; Einer, der bleibt, R. 06. – **R:** i. d. Reihe „Ohrenbär": Der kleine und der große Mann 00; Ein verhexter Winter 01; Lillilindas Geschichte 02; Ganz ohne Hexen geht es nicht 02; Hexerei im Herbst 02; Zum Blocksberg im April 03; Noras Traum 03; Hotel zu den frohen Gespenstern 06, alles Radiogeschn./Hsp. (Red.)

Herzog, Axel; Kantstr. 43A, D-66125 Saarbrücken-Dudweiler, Tel. (0 68 97) 7 44 08, Fax (0 68 97) 92 44 15 (* 1. 8. 44). Stadtteilautor Saarbrücken 87/88, Hans-Bernhard-Schiff-Lit.pr. 07. – **V:** Geschichten aus Nandertal 81; Hammledd 97; Lorette und Simon 98; Manchmol hann ich e beeser Drahm 99; Gwennas Schweigen 06; Die Frauen des Pastors 07; Heftreihe „Der Drei-Euro-Roman", 9 Bde 02–05. – **R:** Käfer klärt die klorschde Fäll, Hörspielserie (SR) 85–87, u. a. (Red.)

Herzog, Emmy; Tibus-Stift, Tibusplatz 1, D-48143 Münster, Tel. (02 51) 6 20 21 26 (* Oberschlesien 13. 4. 03). – **V:** Leben mit Leo. Ein Schicksal im Nationalsozialismus 00; Bunte Zeiten, R. 06. – *Lit:* Emmy – 100 Jahre nie einen Liebeskummer, Fs.-Porträt v. Christoph Busch (WDR) 14.4.04. (Red.)

Herzog, Gabriele (Ps. f. Gabriele Herzog-Gericke), Dipl.-Theaterwiss.; Luisenstr. 82, D-14532 Stahnsdorf, Tel. u. Fax (0 33 29) 61 33 50, *Gabriele.Herzog@t-online.de* (* Leipzig 18. 3. 48). VS; Debütpr. d. Verl. „Neues Leben", 2 x Hauptpr. b. Filmfestival „Goldener Spatz" Gera, zahlr. nationale u. intern. Hsp.preise; Rom., Nov., Film, Hörsp. – **V:** Das Mädchen aus dem Fahrstuhl, Erz. 85, 89 (auch poln.); Keine Zeit für Beifall, R. 90. – **MA:** Wahnsinn, Anth. 90. – **F:** Herz des Piraten 88; Das Mädchen aus dem Fahrstuhl 91; Elefant im Krankenhaus 92. – **R:** Anton, Frieda und die neue Katze 83; Lord Nelson 86; Fahrt in den Spreewald 87; Elefant im Krankenhaus 89; Meine beste Freundin 90, alles Hsp.; Erste Begegnung, Fsf. 92; Andi, Hsp. 96; Die vertauschte Tante, Hsp. 97, u. a. (Red.)

Herzog, Josef, Dipl.-Verwaltungswirt; Hildegardstr. 11, D-38259 Salzgitter (* Seesen 28. 7. 60). VS Nds., AG Lit. d. Braunschweig. Landschaft; Pr. b. Lit.wettbew. d. Braunschweig. Landschaft 01, Pr. d. Norddt. Büchertage 04, Pr. b. Braunschweig. Lyrikfenster 06; Kurzgesch., Lyr. – **V:** Grenzlandbesuch, Kurzgeschn. 04. – **MA:** zahlr. Beitr. in Anth. u. Lit.zss. (Red.)

Herzog, Marianne *

Herzog, Valentin, Dr. phil., freischaff. Publizist, Leiter d. Lit.-Initiative ARENA, Riehen/Basel; Morystr. 96, CH-4125 Riehen, Tel. u. Fax (0 61) 6 01 94 72, *v.herzog@bluewin.ch.* Via del Riuscello 23, I-01017 Tuscania, Tel. (07 61) 43 64 43 (* Erfurt 6. 9. 41). ARENA Lit.-Initiative Riehen, AdS 07; Erz., Ess., Reiseerz., Rom. – **V:** Ironische Erzählformen bei Conrad Ferdinand Meyer, Diss. 70; Zu den Etruskern unterwegs, Reiseschild. 86; Bastarde der Wölfin, Tageb., Ess. 92; Feldpost od. der napoletanische Kongress über Kriegsverbrecher u. Kriegsverbrechen, Erz. 94; Karims Café. Geschichten aus Marokko, Erzn. 06; Alifas Zeichen. Erzn. aus Marokko 08. – **MV:** Am Ende deckt doch der Efeu alles zu, m. Beat Trachsler, Ess. 93; Nichts von dem, was uns begegnet, haben wir je gesehen, m. Sylvia Herzog, Reisetageb. u. -erz. 97. – **MA:** zahlr. Erzn. u. Ess. in Anth., Zss. u. Ztgn seit 72, u. a.: Die Weltwoche; Basler Ztg. – **H:** Texte in der Arena, Anth. (auch Mitarb.) 88; Arena, Jahreshefte, seit 00; Ingeborg Kaiser: Róza und die Wölfe, R. 02; Katja Fusek: Novemberfäden, R. 02; René Regenass: Die Schranke, R. 02.

Herzog, Werner (eigtl. Werner H. Stipetic), Filmemacher, Regisseur, Drehb.autor, Produzent; c/o Werner Herzog Film GmbH, Türkenstr. 91, D-80799 München, Tel. (0 89) 33 04 07 67, Fax 33 04 07 68, *office@wernerherzog.com, www.wernerherzog.com* (* München 5. 9. 42). Silb. Bär d. Intern. Filmfestspiele Berlin 68, Sonderpr. d. Jury in Cannes 75, Pr. d. Filmkritik 77, Rauriser Lit.pr. 79, Pr. f. d. beste Regie in Cannes 82, Bayer. Poetentaler 07, u. a. – **V:** Herz aus Glas, Filmerz. 76; Drehbücher I u. II 77; Vom Gehen im Eis 78 (als Hörb. 07); Stroszek. Nosferatu, zwei Filmerzn. 79; Fitzcarraldo, Filmerz. 82; Fitzcarraldo. Das Buch z. Film 82; Wo die grünen Ameisen träumen, Filmerz. 84; Cobra Verde, Filmerz. 87; Cobra Verde.

Das Buch z. Film 87; Die Eroberung des Nutzlosen 04. – **MA:** 10 G. in: Akzente Nr.3 78; Reden über das eigene Land, Anth. 84; – zahlr. Beitr. in Filmzss. seit 64, u. a.: Filmstudio; Filmkritik; Celluloid; Film & Fernsehen; Cahiers du Cinéma; Filmcritica. – **F:** Lebenszeichen 68; Auch Zwerge haben klein angefangen 70; Fata Morgana 70; Aguirre, der Zorn Gottes 72; Jeder für sich und Gott gegen alle 74; Herz aus Glas 76; Stroszek 76; Nosferatu – Phantom der Nacht 78; Woyzeck 79; Fitzcarraldo 82; Wo die grünen Ameisen träumen 84; Cobra Verde 87; Lektionen in Finsternis 92; Little Dieter Needs to Fly 97; Invincible 00, u. a. – **R:** Tod für fünf Stimmen, Dok.film 95; Julianes Sturz in den Dschungel, Dok.film 98. – **Ue:** Michael Ondaatje: Die gesammelten Werke von Billy the Kid 97. (Red.)

Herzog, Winand, Gymnasiallehrer; Oskar-Kühlen-Str. 8, D-41061 Mönchengladbach, Tel. (0 21 61) 2 32 97 (* Oberhausen/Rhld. 10. 3. 49). Rom., Lyr., Erz. – **V:** Klagenfurt, Erz. 94; Leben die Bücher bald?, Ess. u. Miszellen 94; Fata Morgana in Dosen, G. 95. – **MA:** Lyr. in: die horen 130/83; Krautgarten 29/96, 30/97, 35/99; Entwürfe 21 00; Erzn. in: ndl 5/99, 5/00, 3/01. (Red.)

Herzog-Gericke, Gabriele s. Herzog, Gabriele

Hese s. Dewran, Hasan

Hesekiel, Toska (geb. Toska Schultze) *

Heske, Henning, Dr. phil., StudDir.; Krengelstr. 20, D-46539 Dinslaken, *henningo@t-online.de, www. heske.homepage.t-online.de* (* Düsseldorf 20. 3. 60). BjA 84–87, VS 86–96; 2. Pr. b. NRW-Autorentreffen 83; Lyr., Ess., Kinder- u. Jugendb., Kurzprosa. – **V:** Der seltsame Schatz der Schildkröteninsel, Kdb. 86, Neuaufl. 08, Neuaufl. u. d. T.: Die rätselhafte Sieben 92; Eisbärensommer, Prosagedicht 86; Lireillas Badewannenparties, Kdb. 88, Neuaufl. 08; Hafenreste, G. 91; Molly, Ricky und der Quälgeist, Kdb. 02, Neuaufl. 08; Amelie Augenstern, Jgdb. 02, Neuaufl. 08; Ereignishorizonte, G. 03; Goethe und Grünbein, Aufss. 04; Garbenfelder, G. 05; Wegintegrale, G. 06; Fausts Phiole, Aufss. 06. – **MA:** Lyrik u. Ess. in Anth. u. Lit.zss., u. a.: L'80 29/84, 43/87; ndl 1/00, 2/01, 5/01, 1/02, 5/03, 6/03, 6/04; Frankfurter Anth., Bd 25–31 02–07. – *Lit:* s. auch 2. Jg. SK.

Hess, Adelheid-Johanna, Autorin, Dipl. Med. Päd., Psychologin; Göhrener Str. 9a, D-10437 Berlin, Tel. u. Fax (0 30) 4 41 28 33. Hofstr. 3, D-39596 Altenzaun (* Sangerhausen 15. 6. 49). Lyr., Haiku, Kritik, Märchen, Erz., Rezension. – **V:** Wortstau, G. 92; Träume laden ein, Haiku u. Senryu 97; Sturz voraus, G. 98. – **MA:** Von einem Land und dem anderen, Anth. 93; Alexander Richter: Eine Rose für die Deutschen (Vorw.) 95. (Red.)

Heß, Dieter, Prof. Dr., em. Ordinarius f. Pflanzenphysiologie; Brunnenwiesen 47c, D-70619 Stuttgart, Tel. (07 11) 47 46 27. c/o Universität Hohenheim, Inst. f. Physiologie u. Biotechnologie d. Pflanzen, D-70593 Stuttgart, *hessd@uni-hohenheim.de* (* Karlsruhe 11. 5. 33). Rom. – **V:** Yeshe-Ö, König in Tibet, R. 98, 2. Aufl. 00; Das Lebensrad, R. 99. – *Lit:* s. auch 2. Jg. SK. (Red.)

Hess, Maja s. Gerber-Hess, Maja

Hess, Sylvia (Sylvia Catharina Hess), Lehrkraft an e. Berufsbildungszentrum, Methodentrainerin, Schriftst.; c/o Kulturhof Blaues Land, Miehlener Str. 4, D-56355 Bettendorf, Tel. (0 67 72) 96 29 23, Fax 9 52 61, *sy-hess @online.de, www.loreley.de* (* Freiburg/Br. 23. 2. 52). KULT-UR-INSTITUT f. interdisz. Kulturforsch. 01, VS 05; Märchen, Erz., Kurzgesch., Rom., Lyr., Sachb., Spez. Biogr. – **V:** Wo die Loreley dem Lahnteufel winkt. Märchen u. Sagen aus d. Blauen Land 02. –

MA: Begegnungen. Schreibwerkstatt m. Josef Reding 91; Yam Festival. 40 Jahre Yam und 40 Jahre FLUXUS 02; Jb. f. d. neue Gedicht 03, 04, 05; Von einem der auszog ... Frederik Hetmann/Hans-Christian Kirsch – Märchen sammeln erzählen deuten 04; Er war einmal ... im Jahre 2003, M. 04; Gedanken zu Brustkrebs 06. – **P:** Wenn die Mondbarke über den Himmelsberg schwebt, CD 04; Märchenreise durch die Heimat, CD 04; mehrere Kurzgeschn. auf: www.online-roman.de 04. – *Lit:* Gudrun Kippe-Wengler in: Literaturdienst Rh.-Pf., die bücherei 47/03.

Hesse, Andreas D. (Andreas Daniel Hesse); Augustenstr. 71, D-80333 München, Tel. (0 89) 52 05 98 83, (01 76) 23 20 65 78, *a.d.hesse@web.de* (* München 74). Kinderb. – **V:** Schatten über Fuaterna 98; Das Grab des Ritters 99; Das Schwert der Macht 00; Das Spiel des Hexers 00; Die letzten Magier 00; Die Tochter der Wüste 00; Die Türme von Shalaan 01; Die Schattenjäger u. die Augen des Dämons 01; Die Schattenjäger u. das Moor des Grauens 01; Arcan-Virus 04. (Red.)

Hesse, Andree, Sattler, Übers., Schriftst.; Simon-Dach-Str. 35, D-10245 Berlin, Tel. (0 30) 26 94 84 71 (* Braunschweig 28. 2. 66). Lit.stip. d. Stadt München 98, Alfred-Döblin-Stip. 03; Rom., Kurzprosa, Übers. Ue: engl. – **V:** Aus welchem Grund auch immer 01; Der Judaslohn 05, Tb. 06; Das andere Blut 06, Tb. 07; Die Schwester im Jenseits 08, alles R. – **MA:** Die Lehre der Fremde – die Leere des Fremden 97; Vom Fisch bespuckt 02; Cocktails 03. – **Ue:** Robert Rigby: Goal!, Buch z. Film 05; – Romane: Dan Fesperman: Lügen im Dunklen 00; Jake Arnott: Der große Schwindel 01; Peter Robinson: Ein unvermeidlicher Mord 01, In blindem Zorn 01, Das verschwundene Lächeln 02, Die letzte Rechnung 03, Der unschuldige Engel 04, Das blutige Erbe 05, Das stumme Lied 06; Jack Kerley: Einer von Hundert 04; Simon Beckett: Die Chemie des Todes 06; ders.: Kalte Asche 07, Tb. 08; ders.: Obsession 08; Will Adams: Das Gottesgrab 07; ders.: The Exodus Quest 09. – **MUe:** Yeats ist tot! 01; Adam Fawer: Null, R., m. Jochen Schwarzer u. Frank Böhmert 05.

Hesse, Christian Sören (Christian Søren Hesse); Lechweg 25, D-24146 Kiel, Tel. u. Fax (04 31) 78 77 77, *shesse1@web.de* (* Hamburg 31. 7. 69). VS Schlesw.-Holst. 99; Lyr., Kurzprosa, Kindergesch. – **V:** Zeiten des Leuchtfeuers 99; Nordstern-Universen 01; Spiegelband 03.

Hesse, Eva, Dr. phil. h. c., Senior Editor d. Kulturjournals 'Paideuma', U.Maine seit 72; Franz-Joseph-Str. 7, D-80801 München, Tel. (0 89) 33 37 10, Fax 38 36 76 86, *eva-hesse@gmx.de, www.evahesse.de* (* Berlin 2. 3. 25). Übers.pr. d. Akad. f. Sprache u. Dicht. 68, Friedrich-Märker-Essaypr. 92, Stip. d. Dt. Lit.fonds 93, Dr. phil. h. c. U.München 93, Schwabinger Kunstpr. 00; Ess., Lit.kritik. Ue: engl, am. – **V:** Beckett, Eliot, Pound. Drei Textanalysen 71; T.S. Eliot und „Das wüste Land". Eine Analyse 73; Die Wurzeln der Revolution. Theorien der individuellen u. d. kollektiven Freiheit 74; Ezra Pound: Von Sinn u. Wahnsinn 78 (auch ital.); Die Achse Avantgarde – Faschismus. Reflexionen üb. F.T. Marinetti u. E. Pound 91; Marianne Moore. Dichterin d. amerikan. Moderne 02; Vom Zungenreden in der Lyrik 03; Ein freiwilliger Neger. Melvin B. Tolson u. sein afrikan. Libretto 04; Ich liebe, also bin ich. Der unbekannte Ezra Pound 08. – **MV:** Der Aufstand der Musen. Das „Neue Frau" in d. engl. Moderne, m. M. Knight u. M. Pfister 84; Literarische Moderne 95; Bi-Textualität. Inszenierung des Paares 01. – **B:** Robinson Jeffers: Die Quelle 51, 59; Medea 53, 59; Archibald MacLeish: Spiel um Job 57; Ezra Pound:

Die Frauen von Trachis 59; Die Frau aus Kreta 60, alles Bü., auch als Hsp.; Forrest Read: Ezra Pound und James Joyce 71. – **MA:** zahlr. Einzelbeitr./Ess. u. a. in: Kindlers Lit.lex. 74; Kindlers Neues Lit.lex. 92; Literarische Moderne. Europäische Lit. im 19. u. 20. Jh. 95; Ess., Buchbesprechungen, Notizen in den Zss.: Merkur; Hochland; Text + Kritik; Akzente; Frankfurter Rundschau; Sprache im techn. Zeitalter; American Poetry; American Studies; Anglia; Wort u. Wahrheit; Paideuma; Wespennest. – **H:** Ezra Pound: Zeitgenossen 59; ders.: Patria Mia 60; John J. Espey: Ezra Pounds Mauberley: Ein Essay in der Tonsetzung 61; Robert Frost: Gedichte 63; Ezra Pound, Ernest Fenollosa, Serge Eisenstein: No – Vom Genius Japans 63; Ezra Pound. 22 Versuche über e. Dichter 67; New Approaches to Ezra Pound 69; Forrest Read: Pound/Joyce: Briefe u. Dokumente 72; Poesiealbum 08; – H: u. Ue: Ezra Pound: Dichtung und Prosa 53, erw. Neuausg. u. d. T.: Ezra Pound. Lesebuch 85, 97; Fisch und Schatten, G. 54, 59; Die Pisaner Gesänge 56, 59, Studienausg. u. d. T.: Pisaner Cantos 69, 3. Aufl. 02; ABC des Lesens 57, 65, 06; motz el son: Eine Didaktik der Dichtung 57, Liz.ausg. u. d. T.: Wort und Weise: motz el son 71; Personae: Die Masken Ezra Pounds 59, Liz.ausg. u. d. T.: Personae/ Masken 92, Neuausg. 06; Die Frauen von Trachis 60; Cantos I–XXX 64; Cantos 1916–1962, Ausw. 64; Der Revolution zu Lesebuch 69; Letzte Texte. Entwürfe u. Fragmente zu Cantos CX-CXX 75; Ezra Pounds Usura-Cantos XLV und LI 85; Die ausgefallenen Cantos LXII u. LXXIII 91; Die Cantos von Ezra Pound. Gesamtausgabe 07/08; – E.E. Cummings: Gedichte 58, erw. Ausg. 94; Archibald MacLeish: Spiel um Job 58; Robinson Jeffers: Dramen 60; Langston Hughes: Gedichte 60; James Laughlin: Die Haare auf Großvaters Kopf, G. 66; Robinson Jeffers: Gedichte 84, 04/05, Neuausg. u. d. T.: Unterjochte Erde 87, erw. Neuausg. u. d. T.: Die Zeit, die da kommt 08; Lyrik Importe 04; – H: u. MUe: Robert Frost: Gedichte 63; T.S. Eliot: Gesammelte Gedichte 72, erw. Neuausg. 88. – **MH:** u. MUe: Amerikanische Dichtung von den Anfängen bis zur Gegenwart, m. Heinz Ickstadt 00. – **R:** Der Fall Ezra Pound 50; Ezra Pound, m. H. Hohenacker, Fsp. 69. – **P:** Die Männer von 1914, Video 04/05; Lyrik Importe von Eva Hesse, CD 04/05. – **Ue:** G. v. H.C. Artmann, H.M. Enzensberger, W. Schmied in: Modern German Poetry 62; Horst Bienek: Boyhood in Gleiwitz in: London Magazine, Vol. 8, No. 3 68; ebenso in: New Directions in Prose and Poetry 26 73. – **MUe:** Robert Frost: Gesammelte Gedichte 52; Heinie deutschen Hände, Negerlyr., m. P. von dem Knesebeck 53, 64; Marianne Moore: Gedichte, m. W. Riemerschmid 59, 79; J.L. Borges: Labyrinthe 60; T.S. Eliot: Gedichte 64; Schwarzer Bruder, m. S. Hermlin, B.K. Tragelehn u. a. 66; Schwarze Lyrik amerikan. Neger 60; Langston Hughes: Poesiealbum 40, m. S. Hermlin 71; Samuel Beckett: Gedichte, m. E. Tophoven 76; E.E. Cummings: so klein wie die welt und so groß wie allein, gedichte 60; Horst Bienek: Selected Poetry 1957–87, m. Ruth u. Matthew Mead 89. – *Lit:* Donald Davie: Six Epistles to E.H. 67; Harold Bloom: Modern Critical Views. Ezra Pound 87; Ira Schabert: No Room of One's. Women's Studies in English Departments in Germany 04; Michael Basse: E.H. Rebellin aus Passion, Rdfk-Portr. 04; Elisabeth Daumer: The Intern. Reception of T.S. Eliot 07.

Hesse, Manfred, ObStudR. i. R.; Hans-Böckler-Str. 106, D-65199 Wiesbaden, Tel. (06 11) 42 18 89 (* Remscheid 24. 5. 35). ADA 82; Lyr., Übers., Erz., Rezension. Ue: engl, frz. – **V:** Die Steigerung des Fortschritts, G. 81; Aus der Chronik der Ölbäume, G. 82; Flurstück 219, Grünland, G. 88; Wachwerden, G. 89. –

B: Die Silberpappel mit den goldenen Früchten, Türkische Volksmärchen 76; Die Logik der Narren, Volksgeschn. aus dem Kumaon-Himalaya 78. – **MA:** Anth.: Gauke's Jahrbuch 88; Gauke's Lyrik-Kalender 88; premiere 3/5/6/7 89/94/97/98; Reisegepäck 2–4 94/95/97; Mit Worten Bilder malen 94; Faszination der Miniaturen HAIKU. SENRYU 95; Mit Worten Brücken schlagen 95; Zss.: Streit-Zeit-Schrift 59; adagio; Schelmengraben-Zeitung 4/87. – **H:** Reihe: Ethnos-Folktales: Kichapi der Tüchtige (auch übers. u. Einf.) 75; Die Silberpappel mit den goldenen Früchten (Textbearb.) 76; Die Logik der Narren (Textbearb. u. Anhang) 78. – **R:** Dröhnen der Rinderhauttrommel, G. v. Oswald Mbuyiseni Mtshali 78. – **Ue:** W.R. Geddes: Nine Dayak Nights 57, 2. Aufl. 61 (Teilübers.); S.M. Natesa Sâstri: The Dravidian Nights Entertainments u. d. T.: Tamulische Nächte, Die zwölf Erzählungen des Ministers Buddhichâturya 84; Franklin Edgerton: Vikrama's Adventures, or The Thirty-two Tales of the Throne u. d. T.: Vom guten König Vikrama 85 (Teilübers.). (Red.)

Hesse, Rainer (Rainer Hermann Albert Hesse), techn. Chemiker, Red., Schriftst.; Bep van Klaverenboulevard 4, NL-1034 WP Amsterdam, Tel. (00 31-20) 6 33 76 13 (* Königsberg/Ostpr. 28. 3. 38). Psychobiolog. Ges. 63–99, Inst. f. Ndt. Spr. 77–93, Dt. Haiku-Ges. 89–05, Haikoe Centrum Vlaanderen 90, Haiku Kring Nederland 01, Dt.-Mongol. Ges. 03–06, Promotion de la Medic., Brüssel 06; Lyr. Ue: ndl, fläm. – **V:** Kaze iro. Wie der Wind weht 92; Irakusa. Brennesseln 93; Suigetsu. Der Mond spiegelt sich im Wasser 94; Shirojiro. Nichts als reines Weiß 95; Noroshi. Leuchtfeuer 96; Shima. Inseln 97; Usei. Regenmelodien 98; Genkai. Grenzen 99; – Wiss. Veröff.: Han minwen. Versuch z. Entw. e. chin. Volksschrift 81; Wangma fenleifa. Ausführliche Beschreib. d. Netzcodes z. Klassifizierung chin. Schriftzeichen 85; Das Kanji-Netzcode-System 00. – **MA:** regelm. Beitr. in Zss. „Psychobiologie" 74–81 u. 1–4/86; Zss. „Das behinderte Kind" 3/79; regelm. Beitr. in Vj.schr. d. Dt. Haiku-Ges. seit 90; Golden im Blatt steht der Gingko, Festgabe f. C.H. Kurz 90; Das Buch der Tanka-Dichtung 90; Haiku 1995, Anth. 95; Neue Literatur, jeweils Frühj. u. Herbst 02–07; Schaduw van regen, dt.-ndl. 03; Jb. f. das neue Gedicht 03–07; Auf den Weg schreiben 03; Ich träume deinen Rhythmus .. 03; De tuin van toen, Lyr. dt.-ndl. 04; Der Klang der Kugeln 05; Die besten Gedichte (Frankfurter Bibliothek) 06, 07; ... vergeht im Fluge, Lyr. 07. – **Ue:** Übers. von G. in: Haiku-Kette 92; Bart Mesotten: Duizend kolibries 93; Luc Vanderhaeghen: Over de grenzen 00; Niederländische Kurzgedichte nach japanischem Vorbild, 1–7 01–03; Bart Mesotten: Boven de wolken 03; Kurze Anmerkung zum Problem d. Übersetzens, m. d. Dt. Haiku-Ges., Nr.2/03; Paul Berkenman als Übersetzer einiger Gedichte von R.H. ins Flämische, in: ebda. – *Lit:* Margret Buerschaper (Hrsg.): Bio-Bibliogr. d. Mitglieder d. Dt. Haiku-Ges. 94, 05; Herbert Stelzenmüller (Bearb.): Bibliogr. d. Lungwitzschen Psychobiologie u. zugehöriger Lit. 95; Dt. Schriftst.lex. 02, 04.

Heße, Sascha, freier Schriftst. u. Musiker; Naumburger Str. 49, D-04229 Leipzig, Tel. (03 41) 2 41 97 89 (* Magdeburg 6. 11. 76). – **V:** Trag die Trümmer ans Licht, G. 04; Bewegungen des Zweifels, philos. Fragmente u. Aphor. 06; Schopenhauer und das Christentum, religionsphilos. Studie 06; Weggetrennt, G. 07; Den Anker in die Luft werfen, Aphor. 08; Das Licht des Antares, G. 08. (Red.)

Hesse-Werner, Ingrid (Ps. Ina von Ketel), Buchhalterin, Verlegerin, Autorin; Thiegarten 3, D-32369 Rahden, Tel. (0 57 71) 60 84 33, Fax 15 46, *info @bookcollection.de, www.bookcollection.de* (* Stettin

15. 4. 34). Lit.büro Ostwestf.-Lippe 95, Buchhändler-Verein., Börsenver. d. dt. Buchhandels; Rom., Erz., Erz. f. Kinder, Kindersp. – **V:** Anna, wie war es eigentlich 1934?, hist. Jgd.-R. 03, 04; Bogislav v. Ketel und seine Vorfahren 03, 04; Sagen und Erzählungen aus dem Altkreis Lübbecke, 1.u.2. Aufl. 04; Heinrichs Briefe 04, alles Erzn.; Schicksalswege, R. 05; Alzheimer, was nun?, Sachb. 05. (Red.)

Hessel, Joana, Schülerin; Maifeldstr. 10, D-56330 Kobern-Gondorf, Tel. (0 26 07) 97 20 86, Fax 97 20 88, *joana@elfenspuren.de*, *www.elfenspuren.de* (* Kobern-Gondorf 2. 90). – **V:** Elfenspuren, Jgdb., 1.u.2. Aufl. 03. (Red.)

Hesselmann, Elisabeth Maria s. Näther, Ursula

Hessing, Jakob, Prof. f. Dt. Lit. an d. Hebr. Univ. Jerusalem; c/o The Hebrew University, Mt. Scopus, Dept. of German Language and Literature, IL-91905 Jerusalem, *hessingjakob@hotmail.com* (* Lyssowce/Polen 5. 3. 44). – **V:** Else Lasker-Schüler. Biographie e. dt.-jüd. Dichterin 85; Der Fluch des Propheten. Drei Abhandlungen zu Sigmund Freud 89; Der Zensor ist tot, R. 90; Mir soll's geschehen, R. 05; Der Traum und der Tod. Heinrich Heines Poetik d. Scheiterns 05. – **MA:** regelm. Beiträge f. FAZ, Merkur. – **H:** Israel. Fiktionen in Texten 98. (Red.)

Hettche, Thomas, Dr. phil., freier Schriftst.; lebt in Berlin, *www.hettche.de* (* Treis/Hessen 30. 11. 64). P.E.N.-Zentr. Dtld 99; Stip. d. Kärntner Ind. im Bachmann-Lit.wettbew. 89, Aufenthaltsstip. d. Berliner Senats 89, Rauriser Lit.pr. 90, Robert-Walser-Pr. 90, Stip. d. Dt. Lit.fonds 91, Solitude-Stip. 94, Ernst-Robert-Curtius-Förd.pr. 94, Rom-Pr. d. Villa Massimo 96, Spycher: Lit.pr. Leuk 01, Stip. Casa Baldi/Olevano 04, Lit.stip. Sylt-Quelle Inselschreiber 05, Premio Grinzane Cavour, Turin 05, u. a.; Prosa. – **V:** Ludwigs Tod, R. 88; Ludwig muß sterben, R. 89, Neuausg. 02; Inkubation, Prosa 92; Nox, R. 95, Neuausg. 02 (in mehrere Spr. übers.); Das Sehen gehört zu den glänzenden und farbigen Dingen, Ess. 97; Animationen 99; Der Fall Arbogast, Krim.-R. 01 (in über 10 Spr. übers., auch als Hsp. u. Hörbuch); I modi. Sonette d. göttlichen Aretino [...], nachgedichtet u. m. e. Essay vers. von T.H. 97, Neuaufl. u. d. T.: Stellungen. Vom Anfang u. Ende d. Pornografie 03 (ital.-dt.); Woraus wir gemacht sind, R. 06; Fahrtenbuch 1993–2007, ausgew. Ess., Feuill. u. Repn. 07. – **H:** Null. Literatur im Internet 00. – *Lit:* Timo Kozlowski in: KLG.

Hetzel, Tatjana, Realschullehrerin, Autorin; Borgerweg 28, D-25856 Wobbenbüll, *t.hetzel@onlinehome. de*, *www.tatjana-hetzel.de*. Hist. Rom., Kurzgesch., Chronik. – **V:** Idingen 93; Verschwunden 05; Das versunkene Dorf im Watt 06; Das Geheimnis des Deichgrafenhofes 08. – **MV:** Chronik von Wobbenbüll, Bd 3 03. – **MA:** Jb. Ldkr. Soltau-Fallingbostel, seit 03; Ebenrode/Stallupönen, seit 09.

Heubner, Christoph; c/o Internationales Auschwitz Komitee, Stauffenbergstr. 13/14, D-10785 Berlin (* Niederaula 6. 5. 49). VS 74; Kavalierskreuz d. Verd.-ordens d. Rep. Polen 98; Lyr., Prosa, Film. – **V:** Nach Hause gehen, G. 81; Das andere Ende der Welt 89. – **MV:** Lagebericht, m. Volker von Törne, G. 76; Lebenszeichen – Gesehen in Auschwitz, m. Alwin Meyer, Jürgen Pieplow, e. Leseb. 79. – **MH:** Taschenkal. Literatur, m. Alwin Meyer seit 84. – **F:** Die Stationen der Lore Diener 75; Helden 76; Ausflug nach Auschwitz 77. (Red.)

Heuck, Sigrid; Tel. (0 80 27) 5 37 (* Köln 11. 5. 32). VG Wort; Friedrich-Gerstäcker-Pr. 84, Phantastik-Pr. d. Stadt Wetzlar 88, Pr. d. Leseratten 88, Gr. Pr. d. Dt. Akad. f. Kd.- u. Jgd.lit. 90, Öst. Kd.- u. Jgdb.pr. (Jgdb.)

90, Das wachsame Hähnchen 93; Kinder- u. Jugendb. – **V:** u. a.: Das Mondkuhparadies 59; Roter Ball und Katzendrache 72; Cowboy Jim, Geschn. 74; Zacharias Walfischzahn 74; Ich bin ein Cowboy und heiße Jim 75; Der kleine Cowboy und die Indianer 76; Der kleine Cowboy und Mister Peng-Peng 77; Ein Ponysommer 77; Petah Eulengesicht 77; Pony, Bär und Apfelbaum 77; Der kleine Cowboy und der wilde Hengst 78; Wind für Dolly McMolly 79; Die Reise nach Tandilan, Abenteuer-R. 79; Tommi und die Pferde 79; Der Regenbaumvogel 80; Long John Tabakstinker 81; Wo sind die Ponys, Tinka? 81; Mondjäger, Jgdb. 83; Pony, Bär und Papagei 83; Zum Beispiel Colleen, Gesch. 85, Neuaufl. u. d. T.: Colleen. Die Gesch. e. Pferdes 00; Maisfrieden 86; Saids Geschichte oder der Schatz in der Wüste 87; Die verzauberte Insel 87; Die Bärenwette 88; Eselgeschichten 88; Pony, Bär und Schneegestöber 88; Meister Joachims Geheimnis, Jgdb. 89; Die Wolkenreise 89; Geschichten aus Noahs Bordbuch 90; Hui, Wolpi Wolpertinger 90; Knubbel vom Fluß 90; Die Windwette 91; Die alte Mühl, Jgdb. 91; Eulengespenst und Mäusespuk 92; Der Garten des Harlekins, Jgdb. 93; Lauf, Rasputin, lauf! 94; Tüs abenteuerliche Reise 94; Der Windglockentempel, R. 94; Jonas und der Hund vom Mond 95; Leselöwen-Cowboygeschichten 95; Mustangs, Ponys und andere Pferde 95; Die Perlenschnur, R. 95; Das Katzenfest 96; Das Pferd aus den Bergen, Jgdb. 96; Windmähne 96; Ich wünsch mir einen Hund 97; Die Prinzessin vom gläsernen Turm, M. u. Geschn. 97; Aminas Lied, Jgdb. 98; Das Wunschpony, Kdb. 98; Wo geht's nach Dublin?, Kdb. 98; Cowboy Jim im wilden Westen 99; Frohe Weihnachten, liebes Christkind! 99; Die verzauberten Ostereier 99; Die Großstadtprinzessin, M., Geschn. u. 00; Die Inselsucherin 00; Der Ritter und die Geisterfrau 00; Der Fremdling 01; Der Elefantenjunge 02; Irgendwo, nirgendwo 04; Das geheimnisvolle Bild im Baum 05; Der Elefant des Kaisers 06; E-Mails aus Afrika 07. – **B:** Alvedra: Sie folgten einem hellen Stern 93; Philippe Fix: Weihnachtszeit, schönste Zeit 96. – **MA:** Advent, Geschn. f. Kinder 97. (Red.)

Heucke, Maren, Schiffahrtskauffrau, staatl. gepr. Fremdspr.assistentin, Autorin; Ochsenwerder Norderdeich 100, D-21037 Hamburg (* Hamburg 3. 7. 69). VG Wort 05; Rom. – **V:** Fensterblicke, R. 05. (Red.)

Heuer, Christoph (Ps. Pül), Dipl.-Architekt ETH; Klosbachstr. 4, CH-8032 Zürich, Tel. (0 79) 6 41 33 54, *heuer@pul.ch*, *www.pul.ch* (* Bon 5. 4. 66). Kinderb. – **V:** Lola die Schildkröte 01; Endlich Ferien. (Red.)

Heuer, Stefan, Angest. in d. Kulturarbeit; Ortbruch 9, D-31303 Burgdorf, Tel. (0 51 36) 87 45 73, *motte719 @aol.com*, *www.heuerseite.de* (* Großburgwedel 27. 5. 71). BVJA; Finalist b. Lyrikpr. Meran 08; Rom., Lyr., Erz., Rezension, Dramatik. Ue: engl. – **V:** zum ende der spielzeit, Erz. 96; gezeiten an land, G. 97; spiel's noch einmal, Stefan, Kurzdramen 98; das gute geschäft, G. 02; strobe cut. Gedichte zu Filmen von Andy Warhol 04; Die Flügel der letzten Kastanie, N. 06; favoritensterben, G. 06; honig im mund, galle im herzen. 68 lyr. Montagen zur Geschichte d. RAF 07. – **MA:** zahlr. Veröff. in Zss. u. Anth., u. a. in: Litflatt; Poet(mag); lauter niemand; SIC; Dulzinea; Freiberger Lesehefte; Dichtungsring, alles Zss.; – Begegnung im Keller 96; TOP 12 neue Texte 97; Orte.Ansichten 97; Umbruchzeit 99; Slam! Wir fahrn den Wagen vor u. 01; Ye No.10 03; SUBH – greatest hits 03; Zeit. Wort 03; NordWestSüdOst 03; Vertraulich 04, Grün pflanzen, Lyr.; Spurensicherung 05; Lass uns herzen! 05; Nordsee Wortsee 06; Stimmen aus dem Abseits 06; Der Dt. Lyrikkalender 2008 07; Versnetze 08; Zurück zu den Flossen 08; Hermetisch offen 08; Lyrik von jetzt

Heufert

2 08, alles Anth. – **MH:** LiMa, seit 00. – **P:** (MA:) Wortgewitter – neue Lit. aus Hannover, Hörb.-CD 05; gegen die kammerjäger der poesie, Hörb.-CD 05.

Heufert, Gerhard, Heilerzieher, Keramiker; Lübecker Str. 46, D-23701 Eutin, Tel. (0 45 21) 40 98 32 (* Ochtrup 5. 8. 51). Rom. – **V:** Das Vorwerk, R. 03, 05; Der Narr von Weimar, R. 06. (Red.)

Heukenkamp, Ursula, Prof. Dr.; Hollstr. 24, D-12489 Berlin, Tel. (0 30) 6 77 08 18. – **V:** Das Programm einer Selbstbefreiung durch Poesie und Imagination in Novalis' „Hymnen an die Nacht" 70; Die Sprache der schönen Natur. Studien z. Naturlyrik 80. – **MV:** Karl Mickel, m. Rudolf Heukenkamp 85. – **MA:** zahlr. lit.-wiss. Beitr. in Zss. u. Aufs.-Samml., u. a.: Neue Ansichten 90; Zs. f. Germanistik, Bd 2 92, Bd 9 99; Verrat an der Kunst? 93; Weimarer Klassik in der Ära Ulbricht 00. – **H:** Komm! Ins Offene. Dt. Naturgedichte d. 18.Jh. 85; Die eigene Stimme. Lyrik d. DDR 88; Eduard Mörike: Ein seltsam Märchen trägt der Fluß 89; Richard Pietraß: Weltkind, G. 90; Unerwünschte Erfahrung. Kriegslit. u. Zensur in d. DDR 90; Militärische und zivile Mentalität. Ein lit.krit. Report 91; Unterm Notdach. Nachkriegslit. in Berlin 96; Deutsche Erinnerung. Berliner Beitr. z. Prosa d. Nachkriegsjahre 99, u. a. (Red.)

Heuklein, Hans s. Heeke, Franz

Heumann, Gaiatra Rosina, Fachtherapeutin Psychotherapie HP6; Wilhelm-Högner-Str. 3, D-95326 Kulmbach, Tel. (0 92 21) 87 86 80, Fax 87 86 79, *gaiatra@email.de, www.gaiatra.de* (* Kronach 27. 6. 58). Lyr. – **V:** Land der Seele. Fließende Verse zwischen den Welten 06.

Heupgen, Gabriela, Musik- u. Stimmpäd. (IK); Danziger Str. 20, D-26316 Varel, *info@melodiewelten.de, www.melodiewelten.de* (* Coesfeld). – **V:** Äste meines Baumes 06.

Heuser-Bonus, Wiebke-Katrin s. Sundergeld, Wiebke-Katrin

Hewener, Vera (geb. Vera Weisgerber), Dipl.-Sozialarb.; In den Siefen 54, D-66346 Püttlingen-Köllerbach, Tel. (0 68 06) 48 04 05, Fax 48 08 55, *VeraHewener @aol.com, webmaster@vera-hewener.de, www.vera-hewener.de* (* Saarwellingen 23. 2. 55). FDA, IGdA, GuBK, KiK, CEPAL; Pr. u. Auszeichn. bei intern. Lit.-wettbew. in: Benevento 95, Rom 98, 99, 00, 01, 02, Luco dei Marsi 00, 2×01, 2×02, Thionville 03, 04, 05, 07; Lyr., Kurzprosa, Erz., Bühnenst. – **V:** Vermisstenanzeige, Lyr. u. Prosa 00; Lichtflut, Lyr. u. Prosa 01; Eine Neigung aus Blau 02; Bist Himmel mir und tausend Feuerfunken 03; Verwirbelungen der Zeit 04; Es kommen andere Ewigkeiten 07; Himmelsstürme 09, alles Lyr. – **MA:** Veröff. in 42 Anth., u. a. in: Am Kap der guten Hoffnung 90; Liebe ich dich? 93; Ich bin, also schreibe ich? 94; Lyrik 90/94 95; Heimat. Mundart Modern II 95; Annäherungen 95; LYRIK HEUTE 96; Schweigen ist Sterben 96; Dichter und Schriftsteller Deutschlands 96; Im Salzwind 98; Lyrik und Prosa 1999; Lyrische Annalen 00; Lyrik Heute 02; Dahemm 02; Tanz der Grenzen 04; Kleine wertende Gedichte. I: Frühlings- u. Sommergedichte 06, II: Herbst- u. Wintergedichte 07; Milles-Feuilles de Vies 07; 10 Jahre Hans-Bernhard-Schiff Literaturpreis 07; Zebra 4 Lesehefte 08; – Veröff. in 29 Zss. u. Ztgn, u. a. in: Saarheimat 9/85; Theaterzeitung 7/86; Perspektiven 2/94; Der Literat 12/94; Der Zettel 3/95; Der Dreischneuß 2/97; Saarbrücker Ztg v. 8.5.97 u. v. 17.4.03; Rabenflug 15/98; Aktuell 1 u. 2/03, 1/06; Mil' Feuilles Par Chemins 23/03, 26/04, 9/07; Kis Lant Irodalmi Folyóirat (Budapest) 4/04; EUROP'AGE 2/05; OASe 2/06. –

Lit: Katja Leonhardt: Weibliches Schreiben in regionalen Strukturen 08.

Hey, Elke s. Nané

Heyar (Lefeber), Carmen, Mitarb. im Nationalen Lit.zentrum Luxemburg, Buchrezensentin, Vertreterin d. Schriftst. im MinR d. Buches, Freie Autorin, Kinderlit.kritikerin; 16, rue de Bourgogne, L-1272 Luxemburg, Tel. (0 03 52) 26 68 43 24, *Carmen-Lefeber@gmx.de* (* Luxemburg 21. 6. 59). Luxemburger S.V. 05; Künstlerstip. 03, Stip. f. kulturelle Kreation d. Fonds Culturel National 03, 08 u. 09; Lyr., Erz., interaktive Lesung m. Musik. – **V:** Sonne, Mond und Schiwa, Lyr. 03; Chichiyokohanachichi, Poetik 07; Actes suprêmes, dt. Lyr. u. Kurzprosa 09. – **MA:** Nos Cahiers 00–06; Les Cahiers Luxembourgeois, seit 02; Lyrik u. Prosa unserer Zeit, Bd 2 05; Collection dt. Erzähler, Bd 5 06. – *Lit:* www.lsv.lu, www.wikipedia.de.

Heydwolff-Kullmann, Ilse von (Ps. Agnes Wolf, geb. Ilse Littmann, verw. Ilse Kullmann, verw. Ilse von Heydwolff), Acc. Dr. phil., Ehe- u. Psychotherapeutin, Psychagogin; Scheffelstr. 28, D-60318 Frankfurt/Main, Tel. (0 69) 44 76 60. Gut Germershausen, D-35096 Oberweimar (* Berlin 28. 8. 18). FDA, Dt.-Japan. Ges., Dt. Haiku-Ges. bis 04, Europ. Akad. f. Lit., Wiss. u. Kunst, Neapel 96, Humboldt-Ges. Mainz 00; 2. Pr. f. Ess. d. Europ. Akad. f. Lit., Wiss. u. Kunst, Neapel 96, Europa-Med. f. literar. Arb. in Europ. Ländern 96, Trophäe 'Griechenland' 98, „Woman of the Year", American Biographical Institute, Raleigh/USA 98, 20th Century Achievement Award, Library of Congress, Washington D.C. 99, Pr. 'Sokrates' u. Dipl. d. Intern. Ges. griech. Literaten, u.a.; Lyr., Ess., Literar. Briefperformance, Fachartikel, Vortrag. Ue: engl. – **V:** Ich bin Du 87; Einander begegnen 88, beides G. u. Gedanken; Über das Eigentliche, G. 88; Im Sternenwind, G. 89; Über das Ufer gebeugt, Haiku, Senryu, Tanka 89; Fleia, Samto und Gurri, Geschn. 90; Wirklichkeit und PSI, autobiogr. Skizzen 90; Unter der Krone des Lichts, u. a. Ess. 91; Gelber Lotos, Lyr., literar. Briefperformance 92; Des Herzens Licht, Lyr. 93; Ihr mit uns – Wir mit euch, Miniatn. 93; Kristallin die Nacht, Lyr. 93; Brandung im Blut, Lyr. 94; Kosmische Liebe, G. 95; Rosenblätter im Fluß, G. 97; Sonnenregen, Texte 04/05 (auch CD u. Video); Hope to Waken a New Spring, Haiku, Senryu, Tanka 05; Oh Baum, Oh Glut, Oh Sturm und Flut, Umweltgedichte 07; Gezeiten der Liebe, G. 07. – **MA:** 500 Leaders of Influence (USA); Intern. Who's Who of 20th Cent.; PoetCrit (Indien), seit 88; Parnassus of World Poets (Indien) 90–00; Das neue Gedicht, Jb. 03; Der Literat, Lit.zs.; zahlr. in- u. ausländ. Anth. – **H:** Überwindene Grenzen, dt.-bulg. Lyr.-anth. 96. – **P:** Rosenblätter im Fluß, Hörb. n. Gedichten 00; Laserlicht und Amethyst, Hörb. n. Gedichten 02; Des Herzens Licht; Brandung im Blut; Kinder der Sterne, alles Videos; Deep in Dreams My Butterfly 04; Snowwhite Blossoms out of Black Thorns 04/05; Blaues Licht 04/05; Das goldene Licht 04/05, alles Hörb. – **Ue:** G. v. Georgy Konstantinov u. Elmira. – *Lit:* Intern. Who's Who 98; Who's Who d. BRD 98. (Red.)

Heye, Uwe Karsten; c/o Berliner vorwärts Verlagsgesellschaft mbH, Stresemannstr. 30, D-10963 Berlin, Tel. (03 31) 2 37 88 77 (* Reichenberg 31. 10. 40). – **V:** Vom Glück nur ein Schatten. Eine deutsche Familiengeschichte 04; Gewonnene Jahre oder die revolutionäre Kraft der alternden Gesellschaft 08.

Heym, Inge (Inge Wüste-Heym), Dramaturgin, Szenaristin; Rabindranath-Tagore-Str. 9, D-12527 Berlin, Tel. (0 30) 6 74 41 12, Fax 6 74 09 62 (* Berlin 2. 6. 33). Film, Lyr., Prosa. – **V:** Die Leute aus meiner Straße, Geschn. 00. – **MA:** Passauer Pegasus 11/87; Mauer-

Hezar-Khani

sprünge, Anth. 88; Anderssein, Anth. 90. – **MH:** Stefan Heym: Einmischung, m. Heinfried Henniger 90, 95; Stefan Heym: Offene Worte in eigener Sache. 1998–2001, m. H. Henniger u. Ralf Zwengel 03. – **F:** Dramaturgie: Die Nacht im Grenzwald 68; Der Weihnachtsmann heißt Willi 69; Wir kaufen eine Feuerwehr 70; Die neuen Leiden des jungen W. 70; Sechse kommen durch die ganze Welt 72; Abenteuer mit Blasius 75; Ikarus 75; Unterwegs nach Atlantis 77; Wer reißt denn gleich vorm Teufel aus 78; – Szenarium: Männer ohne Bart 71; Der Wüstenkönig von Brandenburg 73; Und nächstes Jahr am Balaton 80, alles DEFA-Filme. (Red.)

Heym, Oscar *

Heymach, Heinz, Red., fr. Journalist, Pressereferent (Min.); Alsheimer Str. 74, D-67583 Guntersblum, Tel. (0 62 49) 71 43 (* Wintersheim/Rhh. 18. 1. 28). Lyr. – **V:** Sonnenglut und Traubenblut 95; Licht ist Liebe 96; Alles hat seine Zeit 98; Träume deinen Traum 99; Der Wein spricht meine Sprache 01; Stimme des Herzens 04; Eh' der letzte Vorhang fällt 07, alles Lyr.

Heymann, Helma, Arbeitstherapeutin; Blausternweg 34, D-12623 Berlin, Tel. (0 30) 5 66 13 41 (* Wolgast 16. 1. 37). Verl.pr. d. Verl. Junge Welt 89, Sonderpr. f. „Lyr. am Meer" d. Stadt Wilhelmshaven 93; Kinderb. – **V:** Halbhorn 80, 3. Aufl. 83, Neuaufl. 00; Das Faschingsschneiderlein 83, 2. Aufl. 86; Piet Himp und der Geselle Wind. Ein Windmühlenmärchen 85, 2. Aufl. 90; Die Mühle vom Ginsterberg 85, 2. Aufl. 87, alles Kdb.; O so dumm – Usedom, Reiseb. f. Kinder 86; Arepo und die schöne Tuberose, M. 88; Marktflecken im Thüringer Becken 88; Borstel und die Feldlerche 92. – **MA:** Der grüne Kachelofen 78, Tb. 82; Der blaue Schmetterling 79, Tb. 81, beides Kindergesch.; Mit Kirschen nach Afrika, Pioniergesch. 82; Der Knabe mit dem Engelsgesicht 88; Leseschatz 4 91; Jo-Jo-Lesebuch 95; Sagen rund um die Wartburg 95; Schöne Advents- u. Weihnachtsgeschichten 95; Neue Studie 98; Bücherkiste 99; Lolipop Fibel 00. – **R:** Das Mandarinengärtchen, Hsp. – f. Kinder 83; Spitzohr und Krummbein 94; Jacob Flatterhose 95; Das Wappentier von Greifenhausen 98; Die Hütte am Meer 03, alles 7tlg. Radiogeschn.; Wie es bunt wurde im Dorf, 5tlg. Radiogeschn. 05.

Heyn, Christiane (geb. Christiane Hübsch), Autorin, Verlegerin; Neuer Hagen 30, D-21436 Marschacht, Tel. (0 4176) 9 44 87 97, Fax 94 96 24, *webmaster@heyn-verlag.de, www.heyn-verlag.de* (* Hamburg 13. 1. 70). Rom., Kinderb. – **V:** Die Elfe Morgentau, Kdb. 03 (auch Hörb.); Emily, die Pups-Prinzessin. Ein Märchen mit echten Düften zum Reiben 05. (Red.)

Heyn, Erich (Ps. Terrik, Dr. Globerich) *

Heyne, Isolde; Holunderbogen 5, D-04158 Leipzig-Wiederitzsch, Tel. u. Fax (03 41) 5 21 75 58 (* Prödlitz/Kr. Aussig 4. 7. 31). VS 80; Pr. d. Leseratten 81, 92, Dt. Jgd.lit.pr. 85, Buxtehuder Bulle 88, Sudetendt. Kulturpr. 98; Prosa, Drama. – **V:** Tschaske Wolkensohn 72; ... und keiner hat mich gefragt! 82; Kara, der Sklave aus Punt 82; Na flieg doch schon! 83; Treffpunkt Weltzeituhr 84; Der Krötenkrieg von Selkenau 85; Was geschah mit Anja Hagedorn 85; Ankunft im Alltag 85; Ein König namens Platzke 86; Der Held von Zickzackhausen 87; Funny Fanny 87; Die Kommissarin. 1: Ein Ticket zur Sonne 87, 2: Lösegeld 88, 3: Ein anonymer Anruf 89; Astrid, sechzehn: „... daß man manchmal auch nein sagen muß" 88; Der Ferienhund 88; Leselöwen-Sandmännchengeschn. 88; Sternschnuppenzeit 88; Gewitterblumen 89; Leselöwen-Traumgeschn. 89; Hexenfeuer 90; Leselöwen-Christbaumgeschn. 90; Amadeus kann's nicht lassen 91; Wenn die Nachtigall verstummt 91; Imandra 92; Jerusalem ist weit 93; Was macht die

Maus im Zirkus? 93; Tanea 93; Das große Buch der Gutenachtgeschn. 94; Der Sommer der alles veränderte 94; Yildiz heißt Stern 94; Lara und Justus oder Die unsichtbare Grenze 96; Lämmchen und die Streithammel 96; Schattenschwester 96; Silbermond, Gesch. 97; Höllenzauber 98; Was wußte Jasmin S.? 99; Jenny und Jojo 99; Unter der griechischen Sonne 99; Malvea und der Herr der Adler 01, alles Kdb./Jgdb.; (Übers. in mehrere Sprachen). – **MA:** Augenblicke d. Entscheidung 86; Schule muß nicht ätzend sein 95; Früher war auch mal heute 95; Die kleinen Riesen im Alltag 96; Stand up 96; Der kleine Prinz lebt 00. – **R:** Löwenzahn, Fs.-Ser. 83. (Red.)

Heynowski, Walter, Prof., Autor, Regisseur; Strausberger Platz 1, D-10243 Berlin (* Ingolstadt 20. 11. 27). Verb. d. Film- u. Fernsehschaff. d. DDR 67, Akad. d. Künste d. DDR; Heinrich-Greif-Pr. I. Kl. 61, Lit.pr. d. FDGB 65, Nationalpr. f. Kunst u. Lit. d. DDR II. Kl. 66, 69, I. Kl. 80, Goldmed. Joliot Curie d. Weltfried.rates 66, Egon-Erwin-Kisch-Pr. d. OIRT 67, Kunstpr. d. FDGB 74, Johannes-R.-Becher-Med. 74, 40 Pr. intern. Filmfestivals; Dok.film, Dokumentation. – **MV:** Der lachende Mann 65 (auch russ., poln., tsch., ung., serbokroat.); Kannibalen 67; Der Fall Bernd K. 68 (auch russ.); Piloten im Pyjama 68 (auch russ., poln.); Der Präsident im Exil/Der Mann ohne Vergangenheit 70 (auch russ.); Bye-bye Wheelus 71; Anflug auf Chacabuco 74; Operación Silencio 74 (auch russ., jap., ung.), beide auch m. P. Hellmich; Filmen in Vietnam 76; Die Teufelsinsel 77 (auch russ.); Phoenix 80; Die Kugelweste 80; Die Generale 86, alle m. G. Scheumann. – **MA:** Zss.: Frischer Wind; Eulenspiegel 48–56 (Red./Chefred.). – **MH:** Briefe an die Exzellenz 80. – **F:** Mord in Lwow 60; Aktion J 61; Brüder und Schwestern 63; Globke heute 63; Kommando 52 65; Hüben und drüben 65; O. K. 65; Der lachende Mann 66; PS. zum lachenden Mann 66; 400 cm^3 66; Heimweh nach der Zukunft 67; Geisterstunde 67; Der Zeuge 67; Mit vorzüglicher Hochachtung, auch m. P. Voigt 67; Der Fall Bernd K. 67; Piloten im Pyjama 68 IV; Der Präsident im Exil 69; Der Mann ohne Vergangenheit 70; Bye-bye Wheelus 71; 100, auch m. P. Voigt 71; Remington Cal. 12 72; Mitbürger! 74; Der Krieg d. Mumien 74; Psalm 18 74; Ich war, ich bin, ich werde sein 74; Der Weiße Putsch 75; Geldsorgen 75; Meiers Nachlaß 75; Eine Minute Dunkel macht uns nicht blind 76; Die Teufelsinsel 76; Eintritt kostenlos 76; Der erste Reis danach 76; „Ich bereue aufrichtig" 77; Die eiserne Festung 77; Die toten schweigen nicht 78; Am Wassergraben 78; Im Feuer bestanden 78; Ein Vietnamflüchtling 79; Die fernen Freunde nah 79; Phoenix 79; Kampuchea. Sterben und Auferstehen 80; Fliege, roter Schmetterling 80; Exercices 81; Die Angkar 81; Der Dschungelkrieg 82; Hector Cuevas 86; Die Generale 86; Die dritte Haut 89; Hunger – ein deutscher Lebenslauf 91, seit 66 alle m. G. Scheumann. – **P:** Der lachende Mann 66. – **Lit:** Achefte d. Akad. d. Künste DDR: H.18 – Der Krieg der Mumien. Werkstattber. ... 74; H.27 – Dokument u. Kunst 77; H.34 – Figur d. Kurzfilms 79; Michel: Werkstatt Studio H & S 76; H & S im Gespräch 77; Möglichkeiten d. Dok.films, Retrosp. Oberhausen 79; Biograph. Hdb. d. SBZ/DDR 1945–1990 96; Die Tagesztg 4.6.98; Rüdiger Steinmetz: Dokumentarfilm zw. Beweis u. Pamphlet 02; Claudia Böttcher u. a.: Heynowski & Scheumann – Dokumentarfilmer im Klassenkampf 04. (Red.)

HEZ s. Zak, Helmtraud Eleonore

Hezar-Khani, Reinhard; Oberstr. 14c, D-20144 Hamburg, Tel. (0 40) 4 20 71 23 (* Hamburg 11. 9. 56). Nov. – **V:** Merges war die Stadt, N. 02. (Red.)

529

Hezik, Haki van (Hans van Hezik), Lokalred. Rheinische Post Kleve, selbst. Handelsvertreter in d. Schuhbranche; Friedrich-Ebert-Str. 6A, D-22459 Hamburg, Tel. u. Fax (0 40) 40 74 50, *www.hans.vanhezik@arcor. de* (* Eindhoven/Niederlande 30. 8. 32). Ged., Anekdote, Mundart. – **V:** Retzkadi, de geit es loss ..., pldt. Reime 89, Hörb. 07; Därr, dor heij't ..., G. u. Anekdn. in Klever Mda. 06.

Hezoucky, Martin, Ing.; Hockegasse 59/4B, A-1180 Wien, Tel. (01) 4 78 98 91 (* Prag 18. 6. 53). Lyr., Erz. – **V:** Begegnungen, Lyr., Erz. 99. (Red.)

Hickel, Werner, Dr., freier Autor; Pestalozzistr. 1, D-50374 Erftstadt, Tel. (0 22 35) 46 66 16, *w.hickel@ arcor.de, www.werner-hickel.de* (* Koblenz 29. 4. 67). Rom., Erz. – **V:** Die fünfte Jahreszeit, R. 03. – **MA:** Surf 11–12/02; Runner's World 10/03; Snow Winter-Special 03. (Red.)

Hiebel, Hans Helmut, Dr. phil., o. UProf. Univ. Graz, Lit. wiss.; c/o Karl-Franzens-Universität, Inst. f. Germanistik, Universitätsplatz 3, A-8010 Graz, Tel. (03 61) 3 80 24 49, Fax 3 80 97 61, *hans.hiebel@kfunigraz.ac. at, www.uni-graz.at/~hiebel*. Untere Teichstr. 53 F, A-8010 Graz, Tel. (03 61) 47 52 97 (* Reichenberg/ Böhmen 18. 5. 41). Georg-Büchner-Ges., Kafka-Soc. (USA), Jean-Paul-Ges.; Lyr., Prosa. – **V:** Seelensatz, G. 75; wären wir doch gleich noch in jener nacht ausgewandert. gedichte 85; Dreharbeiten, Erzn. 99; Johnny Papagei, Trag. 00; Die Vertreibung, R. 05; zahlr. wiss. Veröff. – **MA:** G. u. Erzn in: Siren (Brighton) 66; Das Heft (Braun HEFT) 8/9 67; Phoenix 2 68; A. Ovoli/R. Leoni (Hrsg.): proposta (Rom) 70; IN FÜRTH 86; bateria 1 82, 2 83, 6 87; In einem guten Land brauchts keine Tugenden 84; Geharnischte Rede 88; Interviews/Artikel in: Theater heute, 12/88, 1/89; Die Presse v. 10./11.12.88, 21./22.1.89; Toneel Theatral (Amsterdam), Jg.111, H.2/90; AAA – Arbeiten aus Anglistik u. Amerikanistik, Jg.16, H.1/91; Das neue Erlangen, H.89/92. – *Lit:* s. auch SK u. GK. (Red.)

Hiel, Ingeborg (geb. Ingeborg Salmhofer), Innenarchitektin; Römerstr. 24, A-8063 Eggersdorf, Tel. u. Fax (0 31 17) 21 28 (* Graz 15. 6. 39). IGAA, Humboldt-Ges. Dtld 94; Steirischer Kurzprosawettbew. 73, Hartberger Kunstpr. f. Lyrik 76, Lit.pr. f. Kd.- u. Jgdb. d. Steiermärk. Ldesreg. 79; Lyr., Rom., Nov., Märchen, Kinder- u. Jugendb. – **V:** 41 lustige Gespenstergeschichten, 1.u.2. Aufl. 72; 41 lustige Räubergeschichten 73; Bunte Spuren, Lyr., I 76, II 91, III 92; Der kleine Musketier 77; Der Mondkratzer, Prosa 79; Istrienmappe 82; Budapestmappe 83; Viele Tage, R. 84; 41 lustige Gespenster, 1.–3. Aufl. 84; Kleine Büttenreihe, G. 84; Hiel-Gedichte 84; Schatten im Licht, N. 87; Christian der Mitternachtsdrachenerfinder 88; Szintigramme, G. 91; Daham ist daham, G. 95; Morgen : Hoffnung, R. 96; ... und andere Zeitgenossen, Kurzgeschn. 98; Engel, G. 04 (m. eig. Ill.). – **MA:** Beitr. in zahlr. Anth., u. a. in: Lyrik heute (Ed. L); Gaukes Jb. 82, 83, 83; Haiku heute 92; Ohnmacht Kind 94; Zu viel Frieden. (Red.)

Hielscher, Juliane, Fernsehjournalistin u. -moderatorin; lebt in Berlin, c/o Eichborn Verl., Frankfurt/M. (* Hamburg 9. 5. 63). Debütpr. d. Buddenbrookhauses 05. – **V:** Vom Leben und Sterben der Pinguinfische, R. 05; Verheißung oder Sessils geheime Geschichte 06. (Red.)

Hiemer; Leo, Regisseur, Autor, Produzent; Siedlungsstr. 4, D-87600 Kaufbeuren, Tel. (0 83 41) 97 19 58, Fax 97 19 59, *hiemer-film@onlinehome.de, www.hiemer-film.de* (* Maierhöfen 29. 6. 54). Kinofilm, Theater. – **MV:** Mohr of Memmingen, m. Utz Benkel u. Henry Tauber 02. – **F:** Daheim sterben die Leut' 85; Leni ... muss fort 94; Komm, wir träumen! 04. – **R:**

Die Enkel von Annaberg, Fsf. 88; Die Fallers, Fs.-Serie, mehrere Folgen seit 98. (Red.)

Hierdeis, Irmgard, Dr., Mag., Gymnasiallehrerin; Graf-Berchtold-Str. 4, D-86911 Diessen a. Ammersee, Tel. (0 88 07) 94 73 37 (* Böhm. Kamnitz 17. 9. 39). GAV 87; Adolf-Schärf-Pr. 89, 2. Lit.pr. f. Prosa d. Stadt Innsbruck 90, Würth-Lit.pr. 99; Lyr., Rom., Ess., Übers. Ue: frz. – **V:** Der lange winter nimmt kein ende, G. 83; Allein mit mir, Kurzprosa 85; Columbus, R. 91; Späte Reise, R. 95; Irmgard Hierdeis Gedichte 02. – **MV:** Mord in Mompé, m. Jon Durschei, Krim.-R. 87, 88; Zeitzünder IV, m. Fülöp u. Lüscher, G. 88. – **MA:** orte 87–95; poesie-agenda 88–98; Artikulation der Wirklichkeit (he hören 154 89, 161 91; Schnittpunkt Innsbruck, Lyr. 90; Der weite Schulweg der Mädchen 90; Gaismair-Kalender 94; Passauer Pegasus, Nr.10; Auf, Nr.84. – **MH:** Inn, Lit.Zs. (Schriftleit. u. Mitarb.) 83–88. – **Ue:** Poullain de la Barre: Die Gleichheit der Geschlechter u. Die Erziehung der Frauen (auch m. einl. Kommentar vers.) 93. (Red.)

Hiertz, Paula, Verlegerin, Musikreferentin; Reinhold-Schneider-Str. 4, D-51109 Köln, Tel. (02 21) 89 24 60, Fax 9 46 22 63, *paula-hiertz@netcologne.de, www.paula-hiertz.de* (* Köln 30. 3. 31). Gr. Mundarten-Schriftst. b. d. Akad. för un kölsche Sproch bis 05; Kölsche Diplom ebda. 89, 3. Preisträger „De kölsche Blomespillcher" 90, 1. Kölner Theaterpr. 91, Orden am Bande um besond. Verdienste um d. Kölnische Brauchtum 04. – **V:** THEATER: Zwesche Kirmes un Erntedank 79; Et Fröhjahr kütt 83; De Fündlinge vum Neppes 83; Vun Dag zo Dag 83; Et jeit loß! 85; Müllem anno domini 86; De Schlaach vun Worringen 87; 20 Johr Franzuseszick 91; Kölle, em Jlanz der Hanse 92; Et jeit wigger. 15 Stöckelcher för Pänz un Ahle 92; En de Zick jesponne 93; Advendszick kütt 94; Reise! Reise! Ävver wohin? 96; Et kölsche Dschungelboch 97; Erve kann der Charakter verderve 98; Em Stänekarjär der Rhing erav 99; En der Weetschaff op der Eck. E kölsche Krimistöckelche 00; Der 1.F.V. Kromm-Bein-Rummelsdöppe ... 01; Et kölsche Äscheputtel 02; Chressdag em ahle Kölle 02; Romeo un Julia en Kölle 03; Die hinger de Jadinge ston 04; Met der Wooch et Rääch jemesse 04; Fastelovend wie de Feuerwehr 07; Der Zoch kütt 07; Alaaf! Zwesche Flora un Zoo 08; Madamm Luna 08; Krune un Flamme 09; – Der Don Camillo vun Zi Pitter un ander Verzällcher vun kleine Lück, Erzn. 88; Durch de Jadinge jespinngks, Erzn. 97; Wann en Kölle de Chress-Stäne blöhe, Erzn. 02; Kölle em Bund der Hanse, Erz. 03; Der Ieis vun der Ervtant Stina 05; Der verlorene Himmelsschlössel 06. – **MA:** Pänz us Kölle; Kölle läv; Dat es Kölle, wie et läv; Kölle läv et janze Johr; Mer kann et och in Rümcher sage, alles Anth.; zahlr. Beitr. in Lit.zss. seit 85; Erzn. u. Mda.-Beitr. in: Kölnische Rdsch., Rubrik „Uns kölsch Verzällche", seit 92. – **R:** div. Erzn., Serien, Dok. im Hfk seit 99, u. a.: Die KLV den 1940–1945 02; Die Kölner Mundart im Wandel der Zeit 02; Die Preußenzeit 03; Die Franzosenzeit 03; Us Kölsche sage Lejende met Beihau 04; Ne Spazeerjangk öm Zi Pitter eröm 04; Chressdag wie et nit mih jefeet weed 04, alles Erzn.; zahlr. Radio-Sdg. 05–09. – **P:** Kölle loss jon!, Mda., CD 99; Morje es ebsch Morje, Mda., CD 07. – *Lit:* Autorinnen u. Autoren in Köln 92; Lit.-Atlas NRW 92; Kölner Profile 93; Kölner Persönlichkeiten 94; Alles Kölsch 98; Unser Köln 99.

Hiess, Peter (Ps. Pater Michael Hass, Gertrude Tauschek, Dr. Trash, Luigi Vercotti), Gründer d. Online-Magazins „Evolver", Chefred., Textchef u. seit 05

Hrsg.; Mittelgasse 7/16, A-1060 Wien, *hiess@evolver.
at, Peter.Hiess@chello.at* (* Wien 19. 6. 59). IGAA;
Prosa, Ess., Übers., Sachb. Ue: am. – **MV:** Die Mordschwestern 92; Jahrhundertmorde 94, beide m. Christian Lunzer; Richtig wandern im Wienerwald, m. Helmuth A.W. Singer 95; Kurt Ostbahn: Peep-Show, m.
Günter Brödl 00, Tb. 02; Mord-Express. Die größten
Verbrechen in der Geschichte der Eisenbahn 00; Die
zarte Hand des Todes. Wenn Frauen morden ... 02, Tb.
04 (auch tsch.), Neuausg. 07, beide m. Christian Lunzer; Chemtrails – Verschwörung am Himmel, m. Chris
Haderer 05; div. Presse-, Kat.- u. Konzepttexte f. Künstler, Veranstaltungen u. Ausstellungen. – **MA:** Beitr. in
ca. 50 Ztgn u. Zss. (tw. auch Red.) seit 82, u. a.: Männer-Vogue; Prinz; Wiener; Tempo; Merkur-Mag.; MO
BIL; Chelsea Hotel; Abenteuer Lust; Die achtziger Jahre – Das Jahrzehntbuch; Literatur aus den USA; Mein
Mord am Freitag; Dark Zone. Ein Noir-Reader; Was für
Zeiten. O Jubel, o Freud! – **H:** Kino-Killer. Mörder im
Film 95; druckabfall (40 Nrn.); Zwietracht (10 Nrn.);
Die Krankheit; Kurt Ostbahn: Seid's vuasichtig – und
loßt's eich nix gfoin! (auch Mitarb.) 04. – **R:** journalist. Beitr. f. d. ORF-Hfk, u. a.: Musicbox; Literaturmagazin; Radio-Kolleg; Radiothek; Ö3 Spezial; Radiodrom; zahlr. Rdfk-Serien u. Rdfk-Sdgn zu div. Themen, u. a.: Kultbücher, Neue Lit. aus den USA, Science
Fiction, Kriminalroman, Datenschutz, Zensur, Kultur-
Sponsoring. – **Ue:** Eddy/Sabogal/Walden: Der Kokainkrieg; Harry Shapiro: Drugs & Rock'n'Roll; Makos:
Warhol; Frederick Kempe: Aufstieg und Fall Noriegas;
Der Riß im Himmel, Anth.; Don Webb: Märchenland
ist abgebrannt (auch mithrsg.); Unter die Haut, Anth.
(auch mithrsg.); Edward Limonow: Die Geschichte seines Butlers; Howard Chaykin: Black Kiss; John Casey: Der Traum des Dick Pierce; Harry Shapiro: Eric
Clapton; Hunter Davies: The Beatles; Ewbank/Hildred:
Rod Stewart; Nostradamus und das neue Millennium;
John Cleare (Hrsg.): Distant Mountains; zahlr. Art. in
Männer-Vogue; Apple-Time, Ego, u. a. – **MUe:** Patricia Morrisroe: Mapplethorpe, eine Biogr., m. Sylvia de
Hollanda.

Hießleitner, Günther, Dipl.-Soz.päd.; Journalist;
Heilsbronner Str. 1, D-91560 Heilsbronn, Tel. (0 98 72)
22 70, Fax (0 98 74) 8 28 40 (* Nürnberg 1. 1. 55).
Mundart. – **V:** Eipflanzd und Worzln gschloogn, fränk.
Mda. 97. (Red.)

Hike s. Kremer, Hildegard

Hil de Gard (Ps. f. Hildegard Steiger); Alserstr. 47/38, A-1080 Wien, Tel. u. Fax (01) 4 06 67 98
(* Lustenau/Vbg 19. 7. 64). GAV, Berufsverb. bild.
Künstler Öst.; Öst. Rom-Stip. 92, Öst. Staatsstip. f. Lit.
01/02; Visuelle Poesie. – **V:** Wirf nicht das Handtuch
90; 3 x darfst du raten. Zeitung an jeden Haushalt 90. –
MV: Wie geht's Hell (darin 136 Pictogr.) 89; Stichwort Stadt, m. Thomas Northoff 91; Mittendrin, Erzn.,
Zeichn., Stickbilder 94, alle m. Bodo Hell; Ma(h)lzeit
97; Das Gericht – ein Gedicht 00, beide m. Bodo Hell
u. Linde Waber; Fisch Poem, m. Linde Waber 04; –
Fuszspuren: Füsze, Anth. (Buchgestaltung) 94. – **MA:**
Bühnenbild (1200 Dias) f. Bodo Hell: Herr im Schlaf,
UA 95; Bild-Text-Beitr. in versch. Zss. u. Anth., u. a.
in: Manuskripte; Schreibheft; edition ch; Das fröhliche Wohnzimmer; SALZ. – **R:** Der Stuhl, Die Sprache, Das Tisch – Lit. als Radiokunst (Ö1 Kunstradio)
03. – **P:** Dia-Serien/Dia-Vorträge zu Themen wie: Zeichen im Alltag, copyright identity, visuelle Poesie; Performances u. Konzertante Auftritte im In- u. Ausland.

Hilbert, Ferd, Sprachlehrer im techn. Unterricht
i. R.; 3 Rue de la Résistance, L-8262 Mamer, Tel.
(0 03 52) 31 81 92 (* Luxemburg 25. 4. 29). Preis d. In-

stituteurs Réunis Luxemburg 57, 63; Jugendb., Kurzgesch. Ue: frz., engl. – **V:** Pitter Spatz, Jgdb. 58; Das
Leuchtende X, Jgdb. 60; 1 Sachbuch 63. – **MA:** Marienkalender 1959–1982; Ucht-Kalender 1966–1971.
(Red.)

Hilbert, Florian s. Benesch, Kurt

†**Hilbig,** Wolfgang, freier Schriftst.; lebte zuletzt in
Berlin (* Meuselwitz 31. 8. 41, † Berlin 2. 6. 07). Lit.
Ges. Lüneburg e.V., P.E.N.-Zentr. Dtld; Brüder-Grimm-
Pr. d. Stadt Hanau 83, Förd.pr. d. Berliner Akad. d.
Künste 85, Stip. d. Dt. Lit.fonds 86, 87, 89, Kranichsteiner Lit.pr. 87, Ingeborg-Bachmann-Pr. 89, Berliner
Lit.pr. 92, Brandenburg. Lit.pr. 93, Bremer Lit.pr. 94,
Frankfurter Poetik-Vorlesungen WS 95/96, E.pr. d. Dt.
Schillerstift. 96, Fontane-Pr. (Kunstpr. Berlin) 97, Lessing-Pr. d. Ldes Sa. 97, Hans-Erich-Nossack-Pr. 99,
Stadtschreiber v. Bergen-Enkheim 01, Walter-Bauer-Pr.
02, Peter-Huchel-Pr. 02, Georg-Büchner-Pr. 02, Erwin-
Strittmatter-Pr. 07; Lyr., Kurzprosa, Rom. – **V:** Abwesenheit, G. 79; Unterm Neomond, Erzn. 82; Stimme,
Stimme, G. u. Prosa 83; Der Brief, 3 Erzn. 85; Die Territorien der Seele, Prosa 86; Die Versprengung, G. 86;
Die Weiber 87; Eine Übertragung, R. 89; Die Angst vor
Beethoven, Erz. 90; Über den Tonfall, Prosast. 90; Alte Abdeckerei, Erz. 91; Das Meer in Sachsen, Prosa u.
G. 91; Er, nicht ich 92; Die Kunde von den Bäumen
92; Zwischen den Paradiesen, Prosa u. Lyr. (m. e. Essay von Adolf Endler) 92; Grünes grünes Grab, Erzn.
93; Ich, R. 93; Die Arbeit an den Öfen, Erzn. 94; Abriß
der Kritik, Frankfurter Poetikvorlesungen 95; Die Flaschen im Keller 95; Das Provisorium, R. 00; Bilder vom
Erzählen, G. 01; Berlin, sublunar, G. 01; Natureingang,
G. 02; Erzählungen 02; Der Schlaf der Gerechten, Erzn.
03; Werke. Bd 1: Gedichte 08. – **MV:** Plagwitz, m. Peter Thieme (Fotogr.) 92. – **P:** Der Geruch der Bücher.
Prosa u. Gedichte. Gelesen v. Autor, CD 02. – *Lit:* Uwe
Wittstock (Hrsg.): Wolfgang Hilbig. Materialien zu Leben u. Werk 94; Text u. Kritik 123 94; LDGL 97; DLL,
Erg.Bd 5 98; Sylvie Marie Bordaux: Lit. als Subversion.
Eine Unters. d. Prosawerkes von W.H. 00; Paul Cooke:
Speaking the taboo. A study of the work of W.H. (Amsterdamer Publikationen z. Sprache u. Lit., 141) 00; Karen Lohse: Wolfgang Hilbig. Eine motivische Biogr. 08;
Michael Buselmeier (Hrsg.): Erinnerungen an W.H. 08;
Harro Zimmermann in: KLG.

Hilbrich, Hansi s. Hill, Maxi

Hildband, Nobet s. Hildebrand, Norbert

Hildebrand, Alexander (v.), Dr. phil., Publizist;
Klarenthaler Str. 2, D-65197 Wiesbaden. Vors. Wiesbabad. Goethe-Ges. 74–06/07, IBK, Jawlensky-Kuratorium (f. vermehte Kunst); Lyr., Ess., Collage. Ue: chin. –
V: Wasser ohne Haut, G. 58; Insel und Limes, Ess. 65;
Aschenhimmel, G. 67; Anderland, G. 68; The Child
Waking Now and other Lyrics, G. 70; Autoren Autoren, Ess. 74, 79; Ritschl, Kat. 74; Wegmarken 78; Augenblicke Gewißheit, G. 79; Noblesse in Unbildung, G. 81;
Malerbücher, Ess. 82; Fremdheit im Vertrauten, Ess. 87;
Magie und Kalkül, Ess. 88; Azorenhoch, G. 90; Fundort Alltag, Ess. 96; Abendrot, G. 98; Fenster ins Absolute, Ess. 99; Air, G. 00; Atelier en bleu, Ess. 03; Meer
Amrum, G. 05; Arkanum, G. 07; Äquinoct, G. 09. –
B: Von Archipenko bis Zadkine, Ess. 93. – **MA:** KLL
64ff.; Chinesische Gedichte aus drei Jahrtausenden 65;
Festschr. f. Carl Zuckmayer 76; Theater in Wiesbaden,
Ess. 78; St. Zweig, Legenden 79; Jawlenskys zusammen. Holzschnittsammlung 92; Schrr. d. Stadtarchivs Bd 10
07. – **H:** Wiesbadener Leben, Mag. f. Kultur, Jg. 41–
44 92ff. – **Ue:** Du Fu, G. 77; Von Jahres- und anderen
Zeiten, G. 87.

Hildebrand

Hildebrand, Katja, Gymnasiallehrerin; Waldrand-siedlung 21, D-16761 Hennigsdorf, Tel. (0 33 02) 22 49 32, *hilzie@gmx.de* (* Enger 12. 4. 68). – **V:** Zwischen uns die Mauer, Jgdb. 06, 07.

Hildebrand, Martin (v.), Publizist; Dresdener Str. 68, D-65232 Taunusstein (* Wiesbaden 14. 12. 63). Ess., Dokumentation, Kritik. – **V:** Wegzeichen im Unbekannten, Ess. 93; Face to Face, Ess. 94; Von der Magie der Dinge, Kat. 95; An der Grenze von Kunst und Leben, Ess. 95; Kunst am Arbeitsplatz/Musée imaginaire, Dok. 97; Daheim auf Reisen. Wohnkultur I, Dok. 99; Spur der Stühle. Wohnkultur II, Dok. 02; Auf den Weg gebracht. Wohnkultur III, Dok. 06. – **MA:** Aus der literar. Werkstatt 84ff.; Kulturförderung 98ff. (Red.)

Hildebrand, Norbert (Ps. Nobet Hildband, Michaele Vivien, Maximiliam Schnee, C. G. F. Forlorn, Bahumiel Daniel, Sprinkling Sparkling Bubalu, Leise Kostgänger), Dipl.-Bibl. (FH), Schriftst., Fotokünstler; Hermann-Kurz-Str. 3, D-71069 Sindelfingen, *NorbertHildebrand@web.de*, *www.norberthildebrand. com*, *www.popopott.de*, *www.intimrasierte-schafe.de* (* Böblingen). Lyr., Erz. – **V:** Eine dreckige Spüle, der Tod und andere Streicheleinheiten, Lyr. u. Erz. 04. – **MA:** Coitus Koitus, Nr. 9 05; Lichtwolf, Nr. 17 05, 18 u. 20–22 06, 24–25 07.

Hildebrandt, Dieter, Kabarettist, Autor; Rollenhagenstr. 3a, D-81739 München, Tel. (0 89) 60 47 26, *www.dieterhildebrandt.com* (* Bunzlau 23. 5. 27). P.E.N.-Zentr. Dtld; Schwabinger Kunstpr. 63, Adolf-Grimme-Pr. m. Bronze 76, m. Silber 83, m. Gold 86, Dt. Kleinkunstpr. 77, Ernst-Hoferichter-Pr. 79, „Glashaus", Medienpr. d. RFFU 82, Kritikerpr. 83, Ludwig-Thoma-Med. 84, Schiller-Pr. d. Stadt Mannheim 86, Telestar 87, Alternativer Büchnerpr. 90, Fs.pr. 'Das gold. Kabel' (Sonderpr.) 97, Münchhausen-Pr. d. Stadt Bodenwerder 97, Till-Eulenspiegel-Pr., Bremen 03, Kulturpr. Schlesien d. Ldes Nds. 03, Bes. Ehrung d. Adolf-Grimme-Pr. 04, Bayer. Poetentaler 06, Dt. Kleinkunstpr. (E.pr. f. d. Lebenswerk) 08, u. a. – **V:** Stein oder nicht Stein 77; „... über die Bundesliga. Die verkaufte Haut oder ein Leben im Trainingsanzug" 79, Tb. 81; Spass ist machbar 80; Scheibenwischer Zensur. Vollständiger Text d. Sendung u. Dok. üb. d. Reaktionen in d. Öffentlichkeit 86; Was bleibt mir übrig. Anmerkungen zu (meinen) 30 Jahren Kabarett 86 (auch Tonkass.); Wippchen oder die Schlacht am Metaphernberge, Kabarettprogr. 91; Denkzettel 92, Tb. 94; Der Anbieter 94, Tb. 97 (auch Tonkass.); Gedächtnis auf Rädern 97; Vater unser – gleich nach der Werbung 01 (auch als Hörb.); Ausgebucht. Mit dem Bühnenbild im Koffer 04 (auch als Hörb.); Nie wieder achtzig! 07 (auch als Hörb.). – **MV:** Unser Kanal, m. Gerhard Polt, Gisela Schneeberger u. Hanns Chr. Müller 83; Krieger Denk Mal! Ein Buch z. moral. Aufrüstung 84; Faria Faria Ho. Der Deutsche u. sein Zigeuner 85, beide m. Gerhard Polt u. Hanns Chr. Müller; Ich mußte immer lachen. D.H. erzählt sein Leben, m. Bernd Schroeder 07 (auch als Hörb.). – **R:** Lach- und Schießgesellschaft (ARD) 56–76; Notizen aus der Provinz (ZDF) 73–79; Scheibenwischer (ARD), 144 Sdgn 80–03; – Streichquartett, n. Szöke Szakell, Fsp. 62; Dr. Murkes gesammeltes Schweigen, n. Heinrich Böll, Fsp. 63. – *Lit:* Metzler Kabarett Lex. 96; Armin Toerkell u. Toni Schmid: D.H. – Ein Reisender in Texten, Fs.-Porträt (Phoenix) 06; Erhard Jöst in: KLG, u. a. (Red.)

Hildebrandt, Dieter, Dr. phil., Journalist, Schriftst.; Heinrich-Kreß-Weg 5, D-63637 Jossgrund/Spessart (* Berlin 1. 7. 32). Ess., Biogr., Kritik, Rom. Ue: engl. – **V:** Die Mauer ist keine Grenze 64; Deutschland deine Berliner 73, Tb. 77; Ödön von Horváth 75, 78; Blau-

bart Mitte Vierzig 77; Lessing, Biogr. e. Emanzipation 79, Tb. 82; Christlob Mylius 81; Die Leute vom Kurfürstendamm, R. 82, 97; Piano-Forte oder der Roman des Klaviers 85; Saulus, Paulus 89; Berliner Enzyklopädie 91; Der große Tag des Hans im Glück, R. 98; Piano, piano! Der Roman d. Klaviers im 20. Jh. 00; Pianoforte. Der Roman d. Klaviers im 19. Jh. 01; Die Neunte 05; Die Sonne 08. – **B:** Voltaire: Candide 63; Lessing: Minna von Barnhelm 69. – **H:** Wenn der Biber Fieber kriegt. Komische Tiergedichte 02; Jünger werden mit den Jahren 04. – **MH:** Ödön von Horváth: Ges. Werke, m. Traugott Krischke 70/71. – **F:** Abschied von Anhalter (Bahnhof) 70; Ariadne in Berlin 71; Flucht aus der Stille 76; Der gelbe Stern 80. – **Ue:** William Least Heatmoon: Blue Highways 85; G.B. Shaw: Getting married u. d. T.: Heiraten 91; Norman Lewis: Die Stimmen des alten Meeres 97. – **MUe:** Sean O'Casey: Ein Freudenfeuer für den Bischof, m. K.H. Hansen 69; Der Pflug und die Sterne, m. Volker Canaris 70; Hinter den grünen Vorhängen 73. (Red.)

Hildebrandt, Georg, Konstrukteur (* Kondratjewka/Ukraine 19. 7. 11). BVK 03. – **V:** Wieso lebst du noch? Ein Deutscher im Gulag 90, 93 (in USA 01); Erst jetzt lebe ich 95, erw. Ausg. 04. – **MA:** Heimat in der Fremde. Deutsche aus Russland erinnern sich 92. – **R:** So war das. Georg Hildebrandt – eine Kindheit in der Ukraine, SFB III, 24.10.92. – *Lit:* Rhein-Neckar-Ztg 7.2.01, 19.7.01; Volk auf dem Weg 7/01. (Red.)

Hildebrandt, Irma (geb. Irma Bucher), Autorin, Red.; Schlösslihalde 19, CH-6006 Luzern, Tel. (0 41) 3 70 42 30, Fax 3 70 42 35, *hildebrandt@bluewin. ch*, *www.irma-hildebrandt.de* (* Hergiswil/Schweiz 17. 6. 35). GEDOK 82, ISSV 85, Goethe-Ges. 85, Kogge 89, Dt.schweizer. P.E.N.-Zentr. 89; 1. Tuttlinger Lit.pr. 86, IVG-Journalistenpr. 89, Werkpr. d. Stadt Luzern 90, 1. Lyr.pr. d. EG-Frauen Luxemburg 91, OKR-Pr. 97, Lyr.pr. d. Liselotte-u.-Walter-Rauner-Stift. 99; Sachlit., Kurzgesch., Ess., Biogr., Lyr., Hörsp. – **V:** Warum schreiben Frauen? 80; In der Fremde zu Hause? Flüchtlinge u. Emigranten i. d. Schweiz 82; Vom Eintritt der Frau in die Literatur, Dipl.-Arb. 83; Es waren ihrer Fünf. Die Brüder Grimm u. ihre Fam., Biogr. 84, 3. Aufl. 86 (auch jap.); Zwischen Suppenküche u. Salon. 18 Berlinerinnen, Biogr. 87, 8.,erw. Aufl. 02; Curtidas pieles de años/Gegerbte Jahreshäute, G. span.-dt. 88; Im tück'schen Eichendorffschen Frieden, G. 88; Bin halt ein zähes Luder. 15 Münchner Frauenportr. 90, 8. Aufl. 99; Wege wohin, G. 94 (auch frz.); Die Frauenzimmer kommen. 15 Zürcher Portr. 94, erw. Aufl. 97; Hab meine Rolle nie gelernt. 15 Wiener Frauenportr. 96, Tb. 97; Dreizehn schwarze Katzen, G. 97; Provokationen zum Tee. Leipziger Frauenportr. 98; Innenhöfe, G. 00; Weser – Wasserstandsmeldungen, Texte/ Lyr. 00; Tun wir den nächsten Schritt. 18 Frankfurter Frauenportr. 00; Frauen, die Geschichte schrieben. 30 Frauenportr. v. M.S. Merian bis S. Scholl 02; Worte für Orte, G. 02 (m. CD); Greifenklaus Tochter, M. 02; Immer gegen den Wind; Hamburger Frauenporträts 03. – **MV:** Leben aus der Kraft der Stille 86; Leipzig auf den zweiten Blick 92, beide m. Walter Hildebrandt. – **MA:** zahlr. Beitr. in Prosa- u. Lyr.-Anth., Ess.-Samml. u. Zss. im In- u. Ausland. – **H:** verantw. Red. d. Zs. „Frau u. Kultur" seit 83. – **MH:** Ich schreibe, weil ich schreibe, m. Renate Massmann 90; Das Kind, in dem ich stak, m. Eva Zeller, Anth. 91. – **R:** Morgengrauen, Hsp. 01 (auch Tonkass.); Lyr.-Beitr. im WDR. – **P:** Hörb. d. Schweiz. Blinden-Bibl. Zürich: Bin halt ein zähes Luder; Die Frauenzimmer kommen; Hab meine Rolle nie gelernt; Zwischen Suppenküche und Salon 97; – Hörb. d. Dt. Blindenbibl. Marburg: Es waren ihrer Fünf; Provokationen zum Tee; Tun wir den nächsten Schritt 01. – *Lit:* A. Brewitt in: LNN Luzern 90; Schreiben in der Innerschweiz, Anth. 93; E. Scheidegger in: Tagesanzeiger Zürich 94; G. Ubenauf in: Apéro. Schweizer Mag. 94; Künstlerinnen in NRW 95; Hdb. Lit. in Nds. 00; Westfäl. Autorenlex. 00; Who's Who in the World 02; Wer ist wer? 02, u. a. (Red.)

Hildebrandt, Otto, Bergmann, Mitarb. b. Fernsehen d. DDR, Bibliothekar; Adam-Weise-Str. 34, D-06773 Gräfenhainichen, Tel. (03 49 53) 8 11 10 (* Gräfenhainichen 22. 11. 24). VS Brandenbg 92; 1. Pr. Lit.wettbew. d. Ztg Tribüne 63, Förd.pr. Verl. d. Nation 74, Stip. d. Min. f. Kultur, Potsdam 93; Erz., Filmszenarium, Kinderb. – **V:** Die Jäger von der Hohen Jöst 71, 5. Aufl. 88, Auszug u. d. T.: Die Entenjagd 80 (auch tsch., bulg.); Die schwarze Margret 75, 78; Wie konnte es geschehen? 05, alles Erzn. – **MV:** Begegnung mit Tieren, Tiergeschn. m. Heinz Hunger 72. – **MA:** Der junge Techniker, Sammelbd 52; Bergbaugeschichten, Anth. 02; ndl. – **H:** Alt Babelsberg, Bildbd 98. – **R:** Beiträge f. d. Hörfunk (SWF, Berliner Rundfunk, MDR), u. a.: Mein liebes Gräfenhainichen, Ess. 57; Wörlitzer Park – Mitteldeutsches Sanssouci; Die Hofmännin 83; Christian August Böck, Ess. 88; Ein Spaziergang durch die Dübener Heide, Ess. 97; – Beiträge f. d. Kinderfernsehen (Sandmännchen). – *Lit:* Brigitte Böttcher: Bestandsaufnahme, Biogr. 76; Who's Who 94; Sigrid Grabner/Hendrik Röder: Wer schreibt?, Biogr. 98; Dt. Schriftst.lex. 02.

Hildebrandt, Ulla; Spicherenstr. 1, D-81667 München, *info@ulla-hildebrandt.de, www.ulla-hildebrandt. de* (* München). Rom. – **V:** Eine Frau für alle.

Hildenbrand, Koschka, Gymnasiallehrerin; Heppstädter Weg 55, D-91334 Hemhofen (* Prag 29. 11. 41). NGL Erlangen, VS, Kogge, GEDOK; Kulturförd.pr. f. Lit. d. Stadt Erlangen 84; Lyr., Erz., Rom., Hörb. – **V:** federfarbe, Lyr. 81; Die grüne Tür, Erzn. 83; Brief an den Herrn Bruder, Erzn. 90. – **MA:** Beitr. in Anth., u. a.: Auszeit 98; Fund im Sand 00. – **P:** Nachtvogelruf, Erz., CD 99. (Red.)

Hilff, Heiner; Niederfeldstr. 36, D-33611 Bielefeld, Tel. (05 21) 9 86 33 77 (* Bielefeld 21. 12. 51). Erz., Sat., Ged., Anekdote. – **V:** Kurze Ewigkeit, Kurzgeschn. 03; Verdichtetes, Sat., Lyr., Anekdn. 04. (Red.)

Hilge, Richard; Im Hagenfeld 51, D-48147 Münster, Tel. (02 51) 23 27 45. – **V:** Gottdurchlässig. Augenblicke der Berührung 05.

Hilgers, Madita *

Hilgert, Wilfried, Schriftst., Verleger; c/o Leander Hilgert GmbH, Aspisheimer Str. 18, D-55457 Horrweiler, *Wilfried.Hilgert@gmx.de, www.hilgert-verlag. de* (* Horrweiler 30. 4. 41). Förd.kr. dt. Schriftst. Rh.-Pf. bis 01; Mundart, Lyr. – **V:** Bekanntmachung!, G. u. Geschn. 88, 2. Aufl. 91; Anno Tuwak. Römer und Winzerlatein 94, 3. Aufl. 98; Wuleewu Kardoffelsupp 90, 11. Aufl. 00; Mores, Zores un Maschores 93, 3. Aufl. 97; Schinnoos, Schluri, Schnorreswixer 97; Farben eines Weinjahres 99; Englisch-Rhoihessisch 00; Der dut nix! 01. – **MV:** Auf den Busch geklopft Bd 1 u 2, m. Jörg Baltes 98. (Red.)

Hilker, Helmut, Schriftst.; Jordanstr. 15, D-30173 Hannover, Tel. (05 11) 88 80 84 (* Köln 16. 11. 27). D.A.V. 65; Robert-Mayer-Pr. 83; Hörsp., Kurzgesch., Ess. – **B:** André Gide: Der schlechtgefesselte Prometheus, Funkfass.; Kriminalhsp. n. James M. Cain (SWF/WDR). – **R:** ca. 380 Hörspiele f. d. Schulfunk (Wirtschaftsgeogr., Forschungsreisen, Medizin, Mikrobiologie, u.v. a.) f. WDR, RAI, Radio Studio Basel.

Hill, Frances K. s. Gerdom, Susanne

Hill, Maxi (eigtl. Hansi Hilbrich, geb. Hansi Jannasch); Stadtpromenade 11, D-03046 Cottbus, *Buch-von@maxi-hill.de, www.maxi-hill.de* (* Großdubrau 30. 1. 44). Rom., Erz., Kurzgesch. – **V:** Afrika – im Auftrag der Geier, Erz. 06; Die Würde, R. 07; Ein Bestseller fällt nicht vom Himmel (Arb.titel) 09.

Hille, André, M. A., freier Autor u. Kulturjournalist; Holbeinstr. 17, D-04229 Leipzig, Tel. (03 41) 3 57 53 71, (01 77) 6 64 45 33, *andre@andre-hille.de, www.andre-hille.de* (* Osterburg/Altmark 23. 5. 74). Förd.pr. d. Neuen Lit. Ges. Marburg 05, Stip. d. Kulturstift. Sachsen 06, u. a.; Prosa, Reiseerz. – **V:** Erzähl mir vom Land der Birken, Reiseerz. 06, Tb. 07; Wir vom Jahrgang 1974, Erz. 08. – **MA:** Beiträge u. a. für: Zs. Medienwissenschaft; Arte-Literaturseite; literaturkritik.de; taz.

Hillebrand, Bruno, Dr., o. UProf.; Heinrich-Emerich-Str. 45, D-88662 Überlingen, Tel. (0 75 51) 6 81 60 (* Düren 6. 2. 35). Akad. d. Wiss. u. d. Lit. Mainz 78, Fellow Wiss.kolleg Berlin 81/82, Freie Akad. d. Künste Mannheim 85; Lyr., Ess., Rom., Lit.wiss. – **V:** Sehr reale Verse, G. 66; Reale Verse, G. 72; Gottfried Benn 79; Versiegelte Gärten, R. 79; Über den Rand hinaus, G. 82; Vom Wüstenrand, G. 85; Benn, Ess. 86; Ästhetik des Nihilismus, Ess. 91; Und sage ja zu diesem Augenblick, G. 1960–1985 92; Von der Krümmung des Raumes, G. 92 (la courbure de l'espace 96); Theorie des Romans, Ess., 3.,erw. Aufl. 93; Ästhetik des Augenblicks, Ess. 99; Nietzsche. Wie die Dichter ihn sahen, Ess. 00; Was denn ist Kunst?, Ess. 01. – **MA:** Der dt. Roman im 20. Jh. 76; Das Große dt. Gedichtbuch 78; Literatur als Gepäck 79; Jahrbuch f. Lyrik 79; Beih. Jb. d. Akad. d. Wiss. u. d. Lit. 79/80; Areopag 80/81; Lyrik von allen Seiten 81; Jahresring 81/82; Zs. f. Kulturaustausch 84; Die großen Deutschen unserer Epoche 85; Text + Kritik 85; Die Vergeßlichkeit ist das Ende von allem 85; Jb. Dt. Akad. f. Sprache u. Dichtung 87 u. 88; Lyrik – Erlebnis und Kritik 88; Vom Verschwinden der Gegenwart 92; ZeitVergleich 93; Vor Bildern. G. u. Prosa 99; zahlr. Beitr. in Lit.-Zss. seit 66, u. a. in: Neue Dt. Hefte, Neue Rundschau, Sprache im technischen Zeitalter, das kunstwerk. – **H:** Gottfried Benn: Ges. Werke in 4 Bden 82–90. – *Lit:* Franz Lennartz: Dt. Schriftst. d. Gegenw., 4., erw. Aufl. 78.

Hillebrand, Gerda (Gerda Hillebrand-Trautner); Anton-Maller-Str. 1, A-3011 Tullnerbach, Tel. u. Fax (0 22 33) 5 38 63, *email@gerdahillebrand.at, www. gerdahillebrand.at* (* Eisenstadt 22. 3. 47). IGAA, V.G.S. 03, PODIUM 05; Rom., Erz., Dramatik, Kurzgesch. – **V:** Verdammt zum Leben, biogr. R. 00; Im Schatten des Baumes, Kurzgeschn. u. Lyr. 02; Bergler G'schichten – Zeitzeugen erinnern sich 03; Bergler G'schichten II – Wenn Bilder sprechen 05; Lilien im Dornbusch, R. 05; G'schichten aus Tulinerbach und Pressbaum – eine Spurensuche 06.

Hillebrand, Harald, Verwaltungsbeamter; Glambeck 3, D-16775 Löwenberger Land, *haraldhillebrand@aol. com, haraldhillebrand.blog.de* (* Frankfurt/Oder 58). Rom., Kurzgesch. – **V:** Eismenschen, R. 05; Jard der Druidenlehrling, R. 06. – **MA:** Kurzgeschichten 11/04, 5–8/05, 10/05, 11/05; Lesestoff Leipzig, Nr. 14. (Red.)

Hillebrand, Marita (geb. Marita Althaus), Buchhalterin, Sekretärin; Gerstr. 7, D-33034 Brakel, Tel. (0 56 48) 8 03 (* Paderborn 2. 9. 36). Lyr. – **V:** Streifzug durch die Jahreszeiten 99. (Red.)

Hillebrand-Trautner, Gerda s. Hillebrand, Gerda

Hillebrandt, Franz, M. A., Lit. wiss., Kaufmann, Rezeptionist; Berliner Str. 61, D-80805 München, Tel. (0 89) 3 61 25 32, *franzhillebrandt@aol.de* (* Brilon 8. 8. 51). Stip. d. Ldeshauptstadt München 91. – **V:** Der

Hillen

sich selbst erfüllende Prophezeihund, N. 93; Jagdsaison, R. 01; Der Infant, R. 03. (Red.)

Hillen, Michael, Buchred.; Nordstr. 81, D-53111 Bonn, Tel. (02 28) 65 71 11, *m.hillen@ish.de* (* Bonn 30. 6. 53). Lyr. – **V:** Der Hantelkönig, G. 94; In den Engen der Straßen, G. 96; Am Wegrand ein Judasbaum, G. 00.

Hiller, Eva, Autorin, Filmemacherin; Holsteinische Str. 42, D-10717 Berlin, Tel. (0 30) 8 73 22 26 (* Frankfurt/Main 6. 3. 50). Erz., Film. – **V:** Berührungsverluste, Erz. 84. – **F:** Unsichtbare Tage, Ess.-Film 91. – **R:** Aquaplaning, Fsf. 87; Kann denn das noch Sünde sein, Fs.-Ess. 92; Der Umgang mit Menschen, die man nicht liebt, Fs.-Ess. 97. (Red.)

Hilliges, Ilona Maria (Ilona Maria Köglmaier), Dipl.-Betriebswirtin, Autorin; Furkastr. 42, D-12107 Berlin, Tel. (0 30) 7 47 19 53, Fax 7 47 23 04, *ilona-maria@t-online.de, www.ilona-maria-hilliges.de* (* Spaichingen 21. 2. 53). NGL Berlin, Literaturfrauen e.V.; Rom., Sachb. – **V:** Die dunkle Macht, R. 01; Auf den Schwingen des Marabu, R. 02; Sterne über Afrika, R. 07; mehrere Sachbücher. – *Lit:* s. auch SK. (Red.)

Hillmann, Walter, Dipl.-Ing. f. Informationstechnik i. R.; Zum Kahleberg 75, D-14478 Potsdam, Tel. (03 31) 8 87 20 79 (* Hünern/Kr. Trebnitz 3. 8. 32). Erz., Dramatik. – **V:** Der Huen 96; Flucht und Vertreibung 96; Notreife 02; Stauffen, dramat. G. 02/03; Ververster Zeitgeist, Lyr. 04; Geist und Boden, Erz. 05; Durchs wüste Komintern, Erz. 05; Der Spitzenwald, R. 05; Die Versailler Republik, R. 06; Das rosarote Pentagramm, Erz. 06; Toccata, Erz. 07; Eda, phantast. R. 07; Sext, Übersetzung 08. – **MA:** Erzählungen, Anth. 97; /kladde. auf/die reihe, Anth. Bd. 4, 02. – **H:** Erich Hillmann: Aus dem Veteranentagebuch eines Pickelhaubenfreiwilligen, Biogr. 05.

Hillmann, Wolfgang; Erdbirnweg 22, D-88459 Tannheim, Tel. (0 83 95) 9 11 7 21, mobil: (01 76) 51 19 84 72, Fax 9 11 7 22, *prohi@gmx.de* (* Augsburg 27. 4. 45). Erz., Rom., Dramatik. – **V:** Dann setz' ich mir den Todesschuß, Sch., UA 83; Die Wahrheit ist los, Sch., UA 92; Benjamino Benz, Sch., UA 94; Die Toten der Iller, Erz. 94; Mallorca Faust Spital, Sch., UA 01. – **MV:** Ein Engel ohne Flügel, m. Julia Marie, biogr. Erz. 04. – **MA:** Spiel und Theater. – *Lit:* Rüdiger Schablinski in: Ebbes, Zs. 94.

Hillmer, Manfred s. Knebel, Hajo

Hillreiner, Heidi (geb. Heidi Hirner), Rechtsanwaltgehilfin; Von-Eck-Str. 7, D-85253 Eisenhofen, Tel. (0 81 38) 10 29 (* Ebersbach 18. 11. 58). – **V:** Bloß koan Schnaps, Lsp. 87; 's Zuckerpupperl, Schw. 89, 90; Ein feiner Kerl, Lsp. 90. (Red.)

Hilsbecher, Walter, Autor; Bühlweg 8, D-35510 Butzbach, Tel. (0 60 33) 7 23 78 (* Frankfurt/Main 9. 3. 17). P.E.N.-Zentr. Dtld 68–95, Gruppe 47, Gründ.-mitgl.; Lyr., Erz., Ess., Aphor., Übers. Ue: engl, frz. – **V:** Ernst Jünger und die Neue Theologie, Fragm. 49; Sporaden, Aphor. 53; Wie modern ist die Literatur?, Ess. 65; Lakonische Geschichten, Erzn. 65, erw. Ausg. u. d. T.: 13 lakonische Geschn. 86; Schreiben als Therapie, Ess. 67; Sporaden – Aufzeichn. aus 20 J., Aphor. 69; An- und Absage, G. 84; Les Adieux, G. u. Kurzprosa 84; Eulenflug, Traumaufzeichn. 84; Von Träumern, Suchern und Schimären, Erz. 86; Kopfsprünge. Zufällige Notn. 87; Zum Beispiel Ödipus, Ess. 87; Sardonisches Credo, 13 schwarzbunte Son. 91; Federspiel, G. 97; Kuckucksorakel, G. 97; Zeitkäfig, Aphor. 01. – **MA:** Bänkelsang der Zeit, G. 48; Wilhelm Herzog. Die Affäre Dreyfus, Ess. 57; PEN. Neue Texte dt. Autoren, Aphor. 71; Das große Hdb. geflügelter Definitio-

nen, Aphor. 71, Tb. u. d. T.: Schlagfertige Definitionen 74; Lyrik 80, G. 81; Zeitalter des Fragments, Ess.; Ess. u. Rez. in d. 60er J. in Zss., u. a.: Merkur; Frankfurter Hefte; Neue Rundschau; Antaios; Text u. Kritik. – **R:** Spiegelungen des Nichts, Tageb. 60; Das Echo der Stille, Hsp. 63; Wahnsinnig logisch, Funk-Erz. 87; Rashomon, Hsp. n. Akutagawa; Die Wellen, Hsp. n. Virginia Woolf; mehrere Feat., Kurz-Ess. u. Rdfk-Sdgn üb. literar. Themen. – **Ue:** Amos Tutola: Der Palmweintrinker; Jean Reverzy: Die Überfahrt 56; Françoise Mallet-Joris: Le rempart des béguines. La chambre rouge u. d. T.: Der dunkle Morgen 57; Jean-Louis Curtis: Die seidene Leiter 57; Herman Melville: Ein sehr vertrauenswürdiger Herr 58. – *Lit:* Hulisser: Hommage für W.H. 87.

Hilscher, Jutta s. Petzold, Jutta

Hilsenrath, Edgar, Schriftst.; lebt in Berlin, c/o Dittrich Verlag, Berlin (* Leipzig 2. 4. 26). P.E.N.-Zentr. Dtld, P.E.N. USA, American Center, VS, Verb. Amerik. Schriftst., Writer's Guild, VHS, Autorenkr. d. Bdesrep. Dtld; Alfred-Döblin-Pr. 89, Hans-Erich-Nossack-Pr. 94, Heinz-Galinski-Pr. d. Jüd. Gemeinde zu Berlin, Jakob-Wassermann-Pr. d. Stadt Fürth 96, Hans-Sahl-Pr. d. Kulturstift. d. Dt. Bank 98, Lion-Feuchtwanger-Pr. 04; 'Der Besondere Pr.' d. Präs. d. Rep. Armenien 06, Prof. h.c. Univ. Erewan 06; Rom., Erz., Hörsp., Drehb. – **V:** Nacht, R. 64; Der Nazi und der Friseur, R. 77; Gib acht, Genosse Mandelbaum, R. 79, u. d. T.: Moskauer Orgasmus 92; Bronskys Geständnis, R. 80; Zibulsky oder Antenne im Bauch 83; Das Märchen vom letzten Gedanken, R. 89; Jossel Wassermanns Heimkehr, R. 93; Die Abenteuer des Ruben Jablonsky, autobiogr. R. 97; Werke in 11 Bänden, hrsg. v. Helmut Braun, 03ff.; (Übers. d. Werke ins: Engl., Amerikan., Schw., Norw., Holl., Griech., Poln., Tsch., Rum., Litau., Lett., Hebr., Ital., Frz.). – **R:** Hsp., u. a.: Warum so umständlich; Das verschwundene Schtetl. – *Lit:* Walther Killy (Hrsg.): Literaturlex., Bd 5 90; Thomas Kraft: E.H. Das Unerzählbare erzählen 96; LDGL 97; Sander L. Gilman/Jack Zipel: Yale Companion to Jewish writing and thought in German Culture 1998–1996; Norbert Schachtsiek-Freitag in: KLG. (Red.)

Hilzinger, Sonja, Dr. habil., PD, Autorin, Doz., Lektorin; Pallasstr. 10/11, D-10781 Berlin, Tel. u. Fax (0 30) 78 91 32 87, *email@sonjahilzinger.de, www.sonjahilzinger.de* (* Offenburg 55). Caroline-Schlegel-Pr. d. Stadt Jena 05. – **V:** Anna Seghers (Reclams Universal-Bibliothek) 00; Das Leben fängt heute an. Inge Müller, Biogr. 05; Christa Wolf (Suhrkamp-BasisBiographie) 07. – **H:** Christa Wolf: Werke, 12 Bänden 99–02; Inge Müller. Daß ich nicht ersticke am Leisesein, ges. Texte 02. (Red.)

Himmelberger, Daniel, Lehrer, Musiker, Autor; Berchtoldstr. 44, CH-3012 Bern, Tel. (0 31) 3 01 91 21, *d.himmelberger@gmx.ch* (* Bern 24. 1. 57). Be.S.V., Präs. 98, AdS 03; Unterstützungsbeitr. d. Stadt Bern 93, Doron-Pr. 01; Rom., Erz., Lyr. – **V:** Der Strassenmörder, R. 93; Kaper de Pyrénées, R. 97, 00 (bulg.); SpracheSprachGespräch, Lyr. 01; Der Tod kennt keine Grenzen, R. 06. (Red.)

Himmler, Kurt, Dipl.-Ing., Prof. FH (* Wolfenbüttel 13. 12. 21). Lyr., Ess. – **V:** Gereimtes und Ungereimtes, Lyr. 76. – **MA:** Spuren der Zeit V, Lyr. 80; ZEITschrift – Ein Leseb., Bd. 14, 46, 65, 89,100 93–01; zahlr. Beitr. in Lit.-Zss. seit 77, u. a. in: Das Boot. – *Lit:* FH-Nachrichten, FH Hagen 11/76. (Red.)

Hinck, Walter, Prof. Dr., Lit.kritiker; Am Hammergraben 13–15, D-51503 Rösrath, Tel. u. Fax (0 22 05) 51 47 (* Selsingen/Bremen 8. 3. 22). P.E.N.-Zentr. Dtld; Kasseler Lit.pr. f. grotesken Humor 92, Pr. d. Frankfurter Anthologie 03; Rom., Lyr., Erz., Dramatik, Ess. –

V: Die Wunde Deutschland. Heinrich Heines Dichtung, Ess. 90, 2. Aufl. 91; Walter Jens. Un homme de lettres, Ess. 93; Im Wechsel der Zeiten, Autobiogr. 98; Stationen d. dt. Lyrik. Von Luther bis in d. Gegenwart – 100 Gedichte mit Interpretationen 00, 2. Aufl. 01; Literatur als Gegenspiel, Ess. 01; Selbstannäherung. Autobiogr. im 20. Jh. v. Elias Canetti bis M. Reich-Ranicki, Ess. 04; Zerbrochene Harfe. Die Dichtung d. Frühverstummten Georg Heym u. Georg Trakl, Ess. 04; Roman-Chronik d. 20. Jh., Ess. 06, 2. Aufl. 07. – **MA:** Neue Rundschau; die horen; text + kritik; Sinn u. Form. – **H:** Goethe im 20. Jh. 00, 2. Aufl. 07. – **R:** Rette die Welt! (und wenn nicht, dann wenigstens dich), Lyr. 01; biete bluterguss & suche das weite 03. – **MA:** Tränen, Anth. 00; Angsthasen, Anth. 01; Beitr. in Lit.zss. seit 00, u. a. in: Zeitriss; Federwelt. (Red.)

Hindel, Günther *

Hindelang, Ludwig; Alpenstr. 26, D-87484 Nesselwang, Tel. (0 83 61) 31 16. – **V:** Es geit nix G'sünders, als sich kranklache 98; Lieber gut drauf als schlecht dran 00; Nimms leicht, nimm mich 02; Lieber Feste feiern, als feste arbeiten 06.

Hindringer, Herbert; Kaltenkirchener Str. 2, D-22769 Hamburg, *buero@herbert-hindringer.de, www. herbert-hindringer.de* (* Passau 8. 11. 74). – **V:** Rette die Welt! (und wenn nicht, dann wenigstens dich), Lyr. 01; biete bluterguss & suche das weite 03. – **MA:** Tränen, Anth. 00; Angsthasen, Anth. 01; Beitr. in Lit.zss. seit 00, u. a. in: Zeitriss; Federwelt. (Red.)

Hingst, Hans s. Rühmkorf, Peter

Hinkelmann, Astrid (Astrid Martini, A. E. Keele, Alice Keele, Sarah Lindten), Erzieherin; Adolf-Damaschke-Str. 13c, D-16540 Hohen Neuendorf, Tel. (0 33 03) 50 61 62, *astrid@astrid-martini.de, www. astrid-martini.de* (* 7. 5. 65). – **V:** Zuckermond, erot. R. 06; Mondkuss, erot. R. 07. – **MV:** www-Steinfelshexede, Bd 1, m. Elke Bräunling, R. f. Kinder 06. – **MA:** deutsch.punkt 1 05; Elfenschrift, Nr.9 06. – **P:** Hühnertanz und Erntespaß, Tonkass. 00. (Red.)

Hinlegen, Anton s. Haverkamp, Wendelin

Hinnack, Michel s. Hülsmann, Harald A.

Hinrichs, Meike *

Hinrichs, Stephan; c/o Albech-Verlag, Auf dem Meere 46, D-21335 Lüneburg, *info@albech.de, info @stephan-hinrichs.de, www.albech.de, www.stephan-hinrichs.de.* – **V:** Küss mir die Sinne, Lyr. 04; Rachengold, Lyr. 06. (Red.)

Hinse, Ulrich, Kriminaldirektor; Dat Middelfeld 17, D-19065 Pinnow, Tel. u. Fax (0 38 60) 4 23, *reikistudiohinse@t-online, www.ulrichhinse.de* (* Münster 47). 1. Pr. b. Kurzkrimi-Wettbew. d. Literaturtage Schwerin 05; Rom. – **V:** Wer will schon nach Meck-Pomm? 02; Blutiger Raps, R. 03; Die 13. Plage, R. 06. – **MA:** Der Mord am Schwarzen Busch, R. 05. (Red.)

Hintaye, Helga s. Schicktanz, Helga

Hinterberger, Ernst; Margaretengürtel 122–124/Stg1/4/16, A-1050 Wien, Tel. (01) 5 45 32 66 (* Wien 17. 10. 31). Öst. P.E.N.-Club, Öst. Ges. f. Lit. 65, IGAA; Förd.pr. d. Stadt Wien 72, Anton-Wildgans-Pr. 74, Buchprämie d. BMfUK 89, Öst. E.kreuz f. Wiss. u. Kunst I. Kl. 94, Gr. Gold. E.zeichen d. Stadt Wien 95, Ehrenkriminalbeamter 01, Öst. E.kreuz f. Wiss. u. Kunst I. Kl. 03; Drama, Lyr., Rom., Hörsp. – **V:** Beweisaufnahme, R. 65; Salz der Erde, R. 66; Immer ist ja nicht Sonntag 74; Im Käfig 74; Wer fragt nach uns, Erz. 75, Tb. 79; Das Abbruchhaus, R. 77; Jogging, R. 83; Kleine Leute, R. 89; Und über uns die Heldenahnen..., Krim.-R. 91, 94; Das fehlende W., Krim.-R. 91, 96; Alleingang, Krim.-R. 93; Kleine Blumen, Krim.-R. 93, 95; Von furzenden Pferden, Ausland und Inländern, Prosa 93; Kaisermühlen Blues, R. 94; Mundl 95; Was

war, wird immer sein, Krim.-R. 95; Zahltag in Kaisermühlen, Krim.-R. 97; Die dunkle Seite, Krim.-R. 98; Ein Abschied. Lebenserinnerungen 02; Doppelmord, Krim.-R. 06; Die Tote lebt, Krim.-R. 06; Mord im Prater, Krim.-R. 07. – **R:** Hörspiele: Die Puppe 71; Aus 73; Zimmer 28 74; Am Fenster 74; Kein La Rochelle 75; Mit fliegenden Fahnen 83, u. a.; – Fernsehspiele: Kurze 1000 Jahre 75; Ein echter Wiener, Serie 75/77; Ein Sonntagskind 81; Das Ende kann auch Anfang sein 82; Fahrerflucht 85; Alleingang 86; Superzwölfer 87; Endstation 87; Zahltag 87; Kaisermühlen Blues, Serie 92; Trautmann 00, u. a. (Red.)

Hinterkausen, Siegfried, Dr.; Aggerstr. 50, D-53840 Troisdorf, Tel. (0 22 41) 7 72 38, *siegfried.hinterkausen @t-online.de, shinterkausen.de* (* Altenrath 6. 3. 38). Rom., Lyr., Erz. – **V:** Niobe und ihre Kinder 95; Julias Fall 00. – **MA:** ZEITschrift, Bde 102, 108 u. 112 01. (Red.)

Hintze, Christian Ide, Schriftst., Mitbegründer d. Schule f. Dichtung in Wien; Neustiftgasse 101/2/27, A-1070 Wien, Tel. (01) 5 22 35 26, *sfd@sfd.at* (* Wien 26. 12. 57). GAV 81, IGAA; Nachwuchsstip. d. BMfUK 78, Theodor-Körner-Pr. f. Lit. 81; Lyr., Drama, Ess., Video, Prosa. – **V:** Zettelalbum, G. 78; Gold im Ofen, G.-Theater, UA 81; Die goldene Flut, G. 87; Die lyrische Guerilla 93; Neue Sonanzen 94; Selbstgespräche 99; Autoren als Revolutionäre 01. – **MA:** üb. 150 Beitr. in Lyr.-Anth. u. Lit.zss. – **H:** Poetiken – Dichter über ihre Arbeit 94; Buchreihe „edition schule für dichtung in wien"; CD-Reihe „sound poetry live" – **MH:** Über die Lehr- und Lernbarkeit von Literatur, m. Dagmar Travner 93. – **F:** Zetteldämmerung, m.a. 79, u. a. – **P:** SPIN-NEN-AN-N, Video 87; 30 rufe, CD 92; 30 nanzen, Video 94. – *Lit:* Herbert Holba in: F-Filmmagazin 15 79; Friederike Mayröcker/Ernst Jandl: Fast ein Messias in: Forum März 81; Christiane Goller/Peter Klein: Der Kommunikator, Hfk-Portr. 92. (Red.)

Hinz, Hannelore (Ps. Treckfiedel-Hanne), Ing.-Ökonomin, freischaff. Unterhaltungskünstlerin, VHS-Lehrerin f. Niederdt., freie Mitarb. b. NDR; Rahlstedter Str. 1, D-19057 Schwerin, Tel. (03 85) 4 84 29 77, *HanneHinz@t-online.de, lowlands-l.net/hanne* (* Rostock 17. 7. 30). Fritz-Reuter-Ges. 90, Quickborn 96; Lowlands-L Anniversary Celebration 05, EM Lowlands-L 08; Lyr., Erz. – **V:** Glücksknüüst, Lyr., Erzn. 98. – **MA:** Ick weit ein Land 84; Typisch Mecklenburg 86; Johrestieden 87; Wie austen uns'n Weiten 87; Dat du mien Leewsten büst 88; Carolinum, 52. Jg., Nr.100 88/89; Der Reiter, Zs. 91, 00–01; För lütt Lüd 92; Pusteblaumen 92; wat möt, dat möt ... 98; Voß un Haas, Kal. 98–09; Mecklenburg 12/99, 3/00; Schmökern, Schmüüstern, Schnacken, ndt. Leseb., Bd III 00; Quickborn, Zs. 00, 02, 4/05; Koppheister 01; Ein ndt. Sonettenkranz zu Ehren d. Künstlerkolonie Schwaan 01; Kennt ji dat niege Leed? 02; Dat's ditmal allens, wat ik weit un jümmer Mal mehr, Festschr. 04; Spiegelsplitter – Speegelsplitter – Speegelsplitter 07; 2. u. 3. Autorentreffen Niederdt. 07 u. 08, u. a.; – zahlr. Beitr. in Ztgn, u. a.: Schweriner Volksztg; Norddt. Ztg seit 91; Im Internet unter: lowlands-l.net/anniversary/feature_hanne_nds.php; lowlands-l.net/traditions/sayings_extended.php. – **R:** ca. 300 Rdfk-Sdgn b. Sender Schwerin u. NDR 1 Radio MV seit 72. – **P:** mehrere CD-Prod. seit 94, u. a.: Mien Nam' is Hinz, Lyr., Prosa, Bänkellieder 01.

Hinz, Nicola; Wildenhofeck 16, D-21465 Reinbek, *come-to@candybeach.com, www.candybeach.com* (* Berlin 11. 12. 71). Rom., Lyr., Fachb. – **V:** Mondvergiftung, 20 Gedichte 00; Mirjas Macht, R. 03; Die Stunde der Waage, Sat. 06.

Hinz, Thorsten, Dr. phil., Philosoph u. Ethnologe; Hauriweg 8, D-79110 Freiburg/Br., *tstl.hinz@t-online. de* (* Leonberg 29. 1. 65). Fraktal – Netzwerk libertärer AutorInnen 98, Gründ.mitgl.; Lit.pr. d. Kt. Fribourg 95; Rom., Lyr., Erz., Ess. – **V:** Hommages, G. 96; Mystik u. Anarchie. Meister Eckhart u. seine Bedeutung im Denken Gustav Landauers, wiss. Ess. 00. – **H:** Paul Feyerabend: Thesen zum Anarchismus, Ess. 96. – *Lit:* s. auch SK. (Red.)

Hinze, Dagmar, Krankenschwester; Heinrich-Heine-Str. 12, D-06844 Dessau (* Dessau 23. 11. 61). Lyr. – **V:** Ich leg mein Herz in deine Hände, G. 01. (Red.)

Hinzpeter, Rita; Am Sportfeld 42, D-55270 Schwabenheim, Tel. (0 61 30) 83 67, *Hinzpeter.R@gmx.de, www.flohkumpels.de* (* Ingelheim 22. 8. 68). Erz. – **V:** Lustige Geschichten für Hundefreunde. I: Zwei Flohkumpels on Tour 06, II: Typisch Podenco! 08.

Hipp, Rüdiger, Dr., Übers., Autor; Ringstr. 40, D-74423 Obersontheim, Tel. (0 79 73) 53 53 (* Stuttgart 5. 2. 40). Übers. Ue: engl, am. – **V:** Grand Hotel Abgrund, R. 83; Herzlichkeit für Millionen, Glossen 89. – **MV:** Mir braucht koi Kunscht, mir brauchet Krombiera, m. Peter Grohmann u. Paul Nanz, Satn. 88, 3. Aufl. 90; Muggaschiß, m. dens., Satn. 90. – **Ue:** Joyce Carol Oates: Die unsichtbaren Narben 92, Tb. 95; dies.: Schwarzes Wasser 93, Tb. 95; dies.: Bitterkeit des Herzens 94, Tb. 98; dies.: Foxfire 95, Tb. 97; Tad Szulc: Papst Johannes Paul II., Biogr. 96; Matthew Lynn: Im Netz, R. 98, Tb. 99; Ridley Pearson: Bis zur Unkenntlichkeit, R. 00. – **MUe:** Anne Edwards: Die Tolstois, Biogr. 84; Thomas Jefferson: Betrachtungen über den Staat Virginia, Ess. 89; Bruno Bettelheim: Themen meines Lebens, Ess. 90, Tb. 93. (Red.)

Hippe, Hannelore, Autorin, Rundfunk- u. Fernsehjournalistin; Bülowstr. 2, D-50733 Köln, *hannelore. hippe@pironet.de* (* Frankfurt/Main 5. 10. 51). VS; Jgd.-Hsp.pr. Terre Des Hommes 94; Rom., Hörsp., Fernsehsp. Ue: engl. – **V:** Niedere Frequenzen, Krim.-R. 94; Irische Gespräche, Erlebnisber. 96; Der Friedhofsgärtner, Krim.-R. 97; Die Hexe an der Wand, R. 98. – **MA:** Mein Genie 91. – **R:** ca. 20 Hsp. b. WDR, MDR u. DLR. – **P:** Die feinste Nase Frankreichs, CD 01. (Red.)

Hippel-Schäfer, Gabriele von (Ps. Gabriele Schäfer, geb. Gabriele von Hippel), Dr. phil., ObStudR. i. R., Autorin; Schloßgasse 22, D-79112 Freiburg/Br., Tel. (0 76 64) 18 25 (* Heidelberg 10. 4. 27). GvlF-Ges. 85–05, Inklings-Ges. 85, ADA 85–88, Paul-Ernst-Ges. 87–00, FDA 88–93, IGdA 88, Ges. d. Lyr.freunde 88–04, E.T.A.-Hoffmann-Ges. 95, GEDOK 97; Rudolf-Descher-Feder 02; Nov., Erz., Lyr., Ess., Übers., Journalist. Arbeit, Rezension. Ue: engl. – **V:** Stein und Stern, Lyr. 78; Lieber hinter dem Mond ..., Lyr. 84; Die Braut ist glücklich, Erzn. 85; Leih mir Atem, Lyr. 89; Ein Teppich mit Ranken, Erz. Tb. 91; Aus dem Dachfenster gesehen, Lyr. 96; Der verschüttete Quell, Lyr. 07. – **MA:** Lyr. u. Prosa in ca. 40 Anth., u. a. in: Kirche in der Welt 55; Eigentlich Einsam 86; Taube und Dornzweig 87; Das Gedicht 87; Denn du bist bei mir 88; Der Wald steht schwarz und schweiget 89; Mit Mystikern ins Dritte Jahrtausend 89; Sang so süß die Nachtigall 90; Weit hinter dem Regenbogen 90; Lyr.-Anth. 90; Singt ein Lied in allen Dingen 91; Nacht lichter als der Tag 92; Die Bewohner der blauen Stadt 92; German Love Poetry 92; Lyrik heute 93, 96, 99, 07; Uns ist ein Kind geboren 93; IGdA-Almanach 02, 97; Der Himmel ist in Dir 95; Schlagzeilen 96; Zähl mich dazu 96; Ströme unserer Zeit 96; In meinem Gedächtnis wohnst du 97; Allein mit meinem Zauberwort 98; Hab keine Angst 99; Kindheit im Gedicht 01; In den Ohren ein Sirren vom Flugwind der Erde 01; Wie ein Phönix aus der Asche 08; – Prosa- u. Lyrikbeitr. in Ztgn, Lit.-zss. u. Jb., u. a. in: Dt. Tagespost 84–89; Adagio 85–87; Lyrischer Oktober 85–88; das boot, seit 86; Gaukes Lyr.-Kal. 87–95; IGdA-aktuell, seit 88; Silhouette 88–89; der literat 91; IGdA-Alm. 92–97; Begegnung; poetcrit, Indien 93–96 (engl.); Lyr. Flugblätter 99; Jb. d. dt. Dichtung; Tippsel; Badische Ztg. – **R:** Die Diebin, Die Malerin 93, beides Erzn. im WDR. – *Lit:* Wer ist Wer?, seit 90; AiBW, seit 91; H. Steinmeyer in: Mitt.bl. d. Paul-Ernst-Ges. 95; Petra Urban in: IGdA-aktuell 2/3 98; Cordula Scheel in: IGdA-aktuell 3/4 02; Autoren-Dok. d. GEDOK Rhein-Main-Taunus 02.

†Hirsch, Dagmar, Dipl.-Psych., Psychoanalytikerin; lebte in Pinneberg (* Eisenach 9. 11. 28, † lt. PV). – **V:** Das Haus im Kreidekreis. Eine Reise in d. Vergangenheit 94; Beumeleien. Ein- u. Ansichten e. Psychoanalytikerin, Ess. 04. – **MA:** Palmbaum 3/97, 4/98, 3/00, 4/00.

Hirsch, Eike Christian, Dr. theol., freier Autor; Voßstr. 41, D-30161 Hannover, Tel. (05 11) 83 49 29, *echirsch@gmx.de* (* Bilthoven/Niederl. 6. 4. 37). Kasseler Lit.pr. f. groteskten Humor 86, Niedersachsen-Pr. 92, Kurt-Morawietz-Lit.pr. 06; Sprachglosse, Sat., Religiöse Betrachtung, Rom. – **V:** Das Ende aller Gottesbeweise 75; Deutsch für Besserwisser 76, Tb. 94; Mehr Deutsch für Besserwisser 79, Tb. 95; Expedition in die Glaubenswelt 81, Tb. 89; Den Leuten aufs Maul 82, 88; Der Witzableiter oder Schule des Gelächters 85, Tb. 91, überarb. Neuausg. 01; Vorsicht auf der Himmelsleiter 87, Tb. 93; Kopfsalat, Spott-Repn. 88, Tb. 92; Wort- und Totschlag 91; Im Haus des Seidenspinners, R. 93; Mein Wort in Gottes Ohr 95; Der berühmte Herr Leibniz, Biogr. 00; Gnadenlos gut. Ausflüge in das neue Deutsch, Glossen 04; Deutsch kommt gut. Sprachvergnügen f. Besserwisser 08. – **MV:** Das Buch der Bücher. Altes Testament, m. Hanns-Martin Lutz, Hermann Timm 70, Tb. 84, 6. Aufl. 97.

Hirsch, Helmut (Ps. Bam-Bi-No, Bichet/Bichette, Verax), Prof. Dr. phil., Ph.D., Hon. prof. f. Politikwiss. Univ. Duisburg-Essen; Kleiansring 48, D-40489 Düsseldorf, Tel. u. Fax (02 11) 40 28 62 (* Barmen 2. 9. 07). Heinrich-Heine-Ges. Düsseldorf 71, EM 97, P.E.N.-Zentr. Dtld 80, Präs.mitgl. 84–87, Bettina-von-Arnim-Ges. Berlin 87, Fabian Soc. London 01–05; ehrenhafte Erwähng. in John-Billings-Fiske Poesiewettbew. 43, Fellow Encyclop. Britannica 44, Stip. d. Social Science Research Council 74, Eduard-von-der-Heydt-Pr. 74, BVK I. Kl. 77, Verd.orden d. Saarldes 80, Verd.-orden d. Ldes. NRW 88, Cantador-Med. 93, Gebrüder Jacobi-Plakette 93; Lyr., Prosa, Autobiogr., Hist. Monographie, Germanist. u. hist. Studien, Edition. Ue: am. – **V:** Germania, Du Morgenröte. Verse e. Flüchtlings (1939–1942) 47 (div. Einzelabdrucke); Friedrich Engels in (mit) Selbstzeugnissen u. Bilddokumenten 68, 02; Rosa Luxemburg in (mit) Selbstzeugnissen u. Bilddokumenten 69, 04 (auch holl., span., katalan., korean.); August Bebel in (mit) Selbstzeugnissen u. Bilddokumenten 73, 79, Neuausg. 88; Karl Ludwig Bernays und die Revolutionserwartung vor 1848, dargestellt am Mordfall Praslin 76; Sophie von Hatzfeldt in Selbstzeugnissen, Zeit- u. Bilddokumenten 81; Bettine von Arnim mit Selbstzeugnissen u. Bilddokumenten 87, 03 (auch frz. u. als Blindenhörb.); Onkel Sams Hütte, Autobiogr. (m. e. Geleitwort v. Lew Kopelew) 94; Freund von Heine, Marx/Engels u. Lincoln, Biogr. Karl Ludwig Bernays 02. – **MA:** Germanic Review 46; Deutsche Rundschau 60; Heine-Jb. 74, 86, 87; Heimat-Jb. (Wittlaer) 80, 81, 82, 88, 90, 93; Muttersprache 83; Etudes de Marxologie 8 87; Intern. Jb. d. Bettina-von-Arnim-

Ges. 87, 88, 89, 90, 93, 96, 98; Hefte d. Thomas-Mann-Ges. 87; Tribüne 108 88; Düsseldorfer Jb. 91; Beitr. z. Gesch. d. Arbeiterbewegung 4 91; Bilanz Düsseldorf '45. Kultur u. Ges. von 1933 bis in die Nachkriegszeit 92; Deutsch-jüdische Geschichte im 19. u. 20. Jh. 92; Zs. d. Bergischen Geschichtsvereins 91/92; Die Erfahrung anderer Länder 94; Maurice Halbwachs 1877–1945 (Strasbourg) 97; Die Rückkehr der Vernunft, Kolloq. Goethe-Mus. Düsseldf 4.10.1995; West-östl. Spiegelungen, Reihe A, Bd 4: Russen u. Rußlanddeutsche aus dt. Sicht, 19.–20. Jh. 00; ExIL 00. – **H:** Eduard Bernsteins Briefwechsel mit Friedrich Engels 70; Robert-Blum-Symposium. Dok., Referate, Diskussionen 82. – **F:** Rosa Luxemburg (Beratung) 86. – **Ue:** Carlos Baker: Ernest Hemingway. Der Schriftsteller u. sein Werk 67; John A. Hobson: Der Imperialismus 68. – *Lit:* H. Schallenberger/H. Schrey (Hrsg): Im Gegenstrom, Festschr. 77; Albert H.V. Kraus in: saarheimat 3/78; Lore Schaumann in: 22 Autorenportr. 81; U. Lemm (Hrsg.): Festschr., in: Intern. Jb. d. Bettina-v.-Arnim-Ges. Bd 2 88; Einzelfälle. Helmut Hirsch, in: Dt. Intellektuelle im Exil. Eine Ausst. d. Dt. Bibliothek 93; Spalek/Strelka: Dt.sprachige Exillit. seit 1933, Bd 4 94; Albert H.V. Kraus: Die Freiheit ist unteilbar! Der Historiker H. Hirsch 04; s. auch GK.

Hirsch, Jörg; Bursagasse 12, D-72070 Tübingen, Tel. u. Fax (0 70 71) 25 43 54 (* Bydgoszcz 16. 1. 44). GZL 94, Gr. Holzmarkt, Tübingen 02; Gedicht d. Monats b. Wettbew. d. GZL 98; Lyr., Erz., Dramatik. – **V:** nachtlied der gallwespe, Lyr. 02; Mo's Ursprung, Erz. 03; Baumstück, Dr. 05; Afra Dehnerin, Erz. 05; mein lieber Schokoschinski. 3 Piecen, zu spielen, zu lesen, Dr. 08.

Hirsch, Rosemarie s. Schuder, Rosemarie

Hirsch, Siegfried-H. (Hans Siegmann), staatl. gepr. Betriebswirt, Verleger, Antiquar, Buchhändler, Poet u. Maler; Nürnberger Str. 23, D-96050 Bamberg, Tel. (09 51) 2 08 10 40, (0 92 55) 81 90, Fax 2 08 10 41, *Buechersuchdienst@t-online.de, mail@sigi-hirsch.de, www.sigi-hirsch.de.* Eppenreuth 9, D-95356 Grafengehaig (* Bad Salzuflen 10. 5. 45). Biogr., Erz., Lyr. – **V:** Bitte nicht küssen, Nonsens-G. 03; Ich hab so Sehnsucht nach Gewalt. Kriminelle G. u. Geschn. 08. – **MH:** The Private Album of Queen Victoria's German Governess Baroness Lehzen, m. Michaela Blankart, dt.-engl. 01. – **R:** Poetry Slam (WDR) 07. – *Lit:* Slamschlachtereien, FAZ v. 4.4.2008.

Hirschberg, Dieter, Dramaturg, Fernsehproduzent, Autor; Brahmsstr. 12, D-99423 Weimar, Tel. (0 36 43) 49 94 00 (* Hagen 22. 3. 49). – **V:** Die Räumung 74; Drunter – Drüber 76; Fünfzehn, sechzehn, siebzehn 76; Dortmund, das Nichts, Kom. 83; Die schwarze Muse, hist. Krim.-R. 04; Tagebuch des Teufels, hist. Krim.-R. 05; Tödliche Loge, hist. Krim.-R. 06. – **R:** Hörspiele: Aus der Traum 76; Safari 77; Aufgabe 81; Hilfe 82; Vielleicht später 83; Die Erennung 83; Harrisburg 83; Der Onkel 87, u. a.; – Drehbücher u. a. für „Tatort" (Red.)

Hirschburger, Klaus, Schriftst., Produzent, Texter; Margaretenstr. 43, D-20357 Hamburg, *www.klaushirschburger.com* (* Reutlingen 4. 2. 63). Erz., Lyr., Musiktext. – **V:** Die Wahrheit über das Geld, Erzn. 94. – **F:** Musiktexte zu: Die wilden Kerle 03. – **P:** zahlr. Musiktexte seit 82 u. a. für: Oli P.; Yvonne Catterfeld; Die wilden Kerle, CD, Video, DVD 03. (Red.)

Hirscher, Hubert, Fernfahrer, Reisebusfahrer, Forst- u. Landwirt. Facharbeiter; Siedlungsstr. 285, A-5440 Golling, Tel. u. Fax (0 62 44) 69 74, *animalhelp@sbg. at, www.animalhelp.at* (* Irdning/Stmk 8. 9. 51). Erz. –

V: Wo die Frauen Tschador tragen, Erz. 99; Lordi & Co. Tierhilfe ohne Grenzen, Erz. 01. (Red.)

Hirschfelder, Hans Ulrich *

Hirschhuber, Christine s. Huber, C. H.

Hirschl, Friedrich, Dipl.-Theol. Univ., Pastoralreferent, Schriftst.; Innstr. 58, D-94032 Passau, Tel. (08 51) 7 56 10 33, *Hirschl.PA@t-online.de* (* Passau 15. 10. 56). Passauer Lit.kr., RSGI; ELK-Feder 92, Pr. b. Lyrikwettbew. „Wasserpoesie" 07; Lyr., Erz. – **V:** Erdzeit, G. u. Prosa 87; Im Fluß der Zeit, G. 89; ... und Sehnsucht singt ein leises Lied, G. 92; Glut am Himmel, G. 02; Herbstmusik, G. 06. – **MA:** zahlr. Beitr. in Anth. seit 84, u. a. in: Begegnung im Wort 84; Der Wald steht schwarz und schweiget 89; Zeit, die uns trägt 96; Posthornlyrik 00; Rast-Stätte 01; Weltenschwimmer 04; Vulkan Obsidian 06; ÜberBrücken 06; Zurück zu den Flossen 08. – *Lit:* Joachim Linke in: lichtung, 4. Jg./H.1 u. 15. Jg./H.2; Ernst R. Hauschka in: Die Oberpfalz, 81. Jg./H.10; Rupert Schützbach in: Die Neue Bücherei 93/4; ders. in: Öffentl. Bibliotheken in Bayern ÖBiB, 1. Jg./H.4; Theo Breuer: Aus dem Hinterland 05; Adalbert Pongratz in: Schöner Bayer. Wald 6/06; Gerhard Dietel in: Mittelbayer. Ztg v. 3.1.07; Georg Bergmeier in: Buchprofile, 52. Jg., H.2; Ines Kohl in: lichtung, 20. Jg., H.3; R. Schützbach in: Die Oberpfalz, 95. Jg., H.4; Bernhard Setzwein in: Unser Bayern 10/07; Lit. in Bayern, 23. Jg, Nr.92.

Hirschler, Adolf (Ps. Ivo Hirschler), Journalist; Hans-Mauracher-Str. 9, A-8044 Graz, Tel. u. Fax (03 16) 39 18 84, *a.hirschler@aon.at, ivo.hirschler @aon.at* (* Stadl/Mur 26. 10. 31). St.S.B. 58–85, F.St.Graz 63–65, IGAA; Förd.pr. d. Öst. Staatspr., Förd.pr. d. Dt. Erzählerpr. 63, Paula-Grogger-Pr. 80; Rom., Nov., Hörsp., Kurzgesch., Fernsehsp., Theaterst. – **V:** Tränen für den Sieger 61 (auch ndl.); Denn das Gras steht wieder auf 62, 65 (auch ital.); Treibholz 65, Vorabdr. u. d. T.: Ein Köder für Haie 65; Pauschalreise 67; Der Unfall des Mr. Ross 68, alles R.; Sieger in d. besten Jahren 80; Weibergeschichten, Bü. 83, 85; Türkenglück, Bü. 85. – **MV:** Woanders lebt man anders, Reiseführer 62; Ausblick 77. – **MA:** Das Buch von der Steiermark, Anth. 66; Der geschärfte Sinn, Anth. 81; Stadtkultur – Kulturstadt 94. – **R:** Im Sinne des Gesetzes 63; Ungeklärter Vorfall an der Grenze 64; Viele Zigeuner heißen Stefan 66; Fast eine Reportage 68; Trost und tausend Worte 70, alles Hsp.; Mord im Erholungsdorf 67/68; Geheimakte ADM 20 68; Mord im Nebel 69, alles Krim.-Ser.; Sprechstunde bei Dr. Weiß, Hsp.-Serie 74–78; Signale vom Jupitermond 78; Mörder auf dem Meeresgrund 79; Im Namen des Gesetzes, Hsp.-Serie 80–83; Weibergeschichten, Fsp. 82; Türkenglück 87; Gendarmerieposten Sulzenau, 4-tlg. Fs.-Serie 89. (Red.)

Hirschler, Ivo s. Hirschler, Adolf

Hirschligau, Gunther, Pfarrer; Alte Str. 2, D-39365 Ummendorf, Tel. (03 94 09) 4 63, Fax 2 04 17, *hirschligau@aol.com, members.aol.com/hirschligau* (* Hartenstein/Erzgeb. 4. 18. 51). IGdA 02; 1. Kulturpr. d. Bördekreises 98; Hist. Rom. – **V:** Auf den Flügeln der Morgenröte 00; Eleonores Geheimnis 01; ... und der Ehrlichste unter den Räubern und Dieben 02; Das Fenster zum Himmel 04; Das Tal des Friedens 06; – 15 Theaterst. f. d. Ummendorfer Burgtheater u. d. Wormsdorfer Pfarrhoftheater.

Hirt-Léger, Yvonne s. Léger, Yvonne

Hirth, Matthias, Schauspieler u. Regisseur, freiberufl. Schriftst.; lebt in München u. Berlin, *kontakt@ flur-magazin.de* (* Regensburg 58). Stip. d. Ldeshauptstadt München 05. – **V:** Plantage. 66 Prosatexte 94; An-

Hischuk

genehm. Erziehungsroman e. künstl. Intelligenz 07. – **MA:** Osten. In sechsundzwanzig Geschichten um die Welt 03. – **MH:** Flur. Unorte u. Utopien, Zs., seit 06. (Red.)

Hischuk, Rainer s. Kraus, Heinrich

Hitzbleck, Friedrich s. Lens, Conny

†Hitzer, Friedrich, freischaff. Autor u. Übers., Mitbegründer, Mithrsg. u. Chefred. d. Zs. „Kürbiskern" 1965–87; lebte in Wolfratshausen (* Ulm/Donau 9. 1. 35, † Wolfratshausen 15. 1. 07). VS Bayern. – **V:** Am Kalten Markt, Erz. 69; Toni Arco, Fsp. (f. d. Schwed. Fs., München-Stockholm) 80; Sibirischer Sommer. Ein Reiseroman 82; Die Brücke von San Fernando, Dr. 86; Lebwohl Tatjana, R. 95; Archetypen aus der Großen Steppe, Ess. 01; zahlr. Sachbücher. – **H:** F.M. Dostojewski: Gesammelte Briefe (Hrsg., Übers., Nachw., Glossar) 66; Es gibt kein fremdes Leid. Alfred Andersch u. Konstantin Simonow 81. – **MH:** Zs. „Kürbiskern" 65–87. – **Ue:** 28 Spielfilme d. klass. Sowjetfilms (Eisenstein, Pudowkin, Romm, Kuleschow, Protasanow, Barnet, Schub, Medwedkin u. a.): Gesamtregie. Für d. WDR III, Ende d. 60er Jahre; – Tschingis Aitmatow: Die Träume der Wölfin 86; Der Richtplatz 87; Karawane des Gewissens 88; Begegnung am Fudschijama 92; Das Kassandramal 94; Akbara und andere Märchen 97; Kindheit in Kirgisien 98; – Michail Schatrow: Weiter..., weiter..., weiter... 88; Alexander Galin: Das Loch 90; Nikolai Schmeljow: Gewalt oder Rubel 90; Michail Schatrow: Der Friede von Brest-Litowsk 91; Daniil A. Granin: Unser werter Roman Awdejewitsch 91; ders.: Die verlorene Barmherzigkeit 93; Alexander Kostinskij: ... der Wind ummert mich 95; Muchtar Schachanow: Irrweg der Zivilisation 99; Alexander N. Jakowlew: Abgründe meines Jahrhunderts 03. – *Lit:* s. auch SK.

Hladej, Hubert Christoph s. Mauz, Christoph

Hlauschka-Steffe, Barbara (geb. Barbara Steffe), Journalistin; Heinrich-Meißner-Str. 29, D-71711 Steinheim a.d. Murr, Tel. (0 71 48) 53 22 (* Woischwitz b. Breslau 20. 4. 20). Erz., Märchen, Ess., Landschaftsschilderung, Journalist. Arbeit. – **V:** Roswitha und das Traumschiff, Kdb. 60; Goldenes und gläsernes Glück, Erzn. 68; Nicht wie andere Kinder!, Kdb. 75; Schöner Schwäbischer Wald, Reiseb. 82. – **MA:** Mitarb. an Ztgn, Zss., Pressediensten, Jahrbüchern u. Anth. – **R:** Die silberne Spieluhr, Hsp. 55; zahlr. Hörfolgen u. Kurzzeiten.

Hlawaty, Graziella, freischaff. Schriftst.; Hoffingergasse 7–9/4/13, A-1120 Wien, Tel. (01) 8 02 02 07. Ungargasse 28/I/17, A-1030 Wien, Tel. (01) 7 18 28 37 (* Wien 2. 2. 29). PODIUM 77, ÖSt. P.E.N.-Club 82, Ö.S.V. 82; Förd.pr. d. Wiener Kunstfonds 76, 81, Stip. d. Kulturamtes d. Stadt Wien 77, Buchprämie d. BMf UK 77, 81, 90, ÖSt. Staatsstip. f. Lit. 78/79, Theodor-Körner-Förd.pr. 84, Bertelsmann-Erzählpr. 86, Würdig.pr. d. Ldes NdÖst. 87, Hsp.-Pr. d. BMfUK 91; Erz., Rom., Übers., Kurzprosa, Lyr. Hörsp. Ue: schw. – **V:** Endpunktgeschichten, Erzn. 77; Börsch oder Die Verwunderung d. Hohltierchen, R. 79 (auch am.); Erdgeschichten, Erzn. 81; Land zu erfahren u. vor zu erfliegen, Erzn. 89; Die Grenzfahrt, R. 90; Inseljahre, Lyr. 95; Die Stadt der Lieder, R. 95 (auch am.); Nordwind – Ber. von d. Inseln, R. 96; Der schwedische Demerang, Erzn. 99; Auf Leben und Tod, Erzn. 03; Graziella Hlawaty – Podium Porträt, Lyr. 04. – **MA:** Beitr. in Anth., u. a.: Erdachtes – Geschautes 75; Liebe in unserer Zeit 86; Abschied und Ankunft 88; Köpfe, Herzen und andere Landschaften 90; Literaturkalender 90; Österr. Literatur 90; Das verschlossene Fenster 91; Hörspiele 92; Lit. Streifzüge durch Filmpaläste 96; Lite-

raturlandschaft 97; Against the Grain 97; Vom Wort zum Buch 98; Gedanken-Brücken 00; dicht auf den versen 01; sowie Kurzprosa u. Lyr. in Zss. u. Ztgn, u. a.: Die Presse; Neue Zürcher Zeitung; Morgen; Literatur und Kritik; Podium. – **R:** Der Wettbewerb 80; Das Fest im vierten Stock 83; Eine Höhlenbesichtigung 83; Dort draußen, auf der Insel 85; Das Vierwaldstätter-Trio oder Vergiß die Peitsche nicht ... 91, alles Hsp. – **P:** Lassen wir ruhig die Himmel beiseite, CD 95. – **Ue:** Gun-Britt Sundström: Maken 78; dies.: Die andere Hälfte 78. – **MUe:** Maj Samzelius: Abenteuer am Sternenhimmel 91. – *Lit:* Hans Thöni: Die Sinnfrage im Werk von G.H., Diss. 83.

Hnidek, Leopold *

Hoba, Christine; Fischer-von-Erlach-Str. 30, D-06114 Halle, Tel. (03 45) 5 22 61 99, *ChristineHoba@web.de* (* Magdeburg 14. 5. 61). Förd.kr. d. Schriftst. in Sa.-Anhalt; MDR-Lit.pr. (3. Pr.) 02, Anerkenn.urk. d. Frau-Ava-Ges. f. Lit. 03, Arb.stip. d. Kunststift. Sa.-Anh. 06; Lyr., Erz., Kinderb. – **V:** Die Salzstadt, Gesch. f. Kinder 99; Spiegelkabinett, Kurzprosa 01; die metallenen reste von engeln, G. 01; Im Lufthaus, G. 05; Die Abwesenheit. Eine Nachforschung, R. 06. – **MA:** Antigones Bruder 03. – **R:** Das Rad, Hsp. 89. (Red.)

Hoben, Josef, freier Schriftst., Lit.historiker; Tüfinger Str. 9b, D-88690 Uhldingen, Fax (0 75 56) 55 77, *josef.hoben@t-online.de* (* Unterraderach/Bodensee 27. 5. 54). VS Bad.-Württ., Vorst.mitgl., Meersburger Autorenrunde 94, Forum Allmende, Robert-Walser-Ges.; Stip. d. Kunststift. Bad.-Württ. 95, Stip. d. Förd.kr. dt. Schriftst. in Bad.-Württ. 95, Stadtschreiber v. Soltau 98, Kunstpr. d. Stadt Friedrichshafen 01; Kurzgesch., Rom., Erz., Ess. – **V:** Ferienvergnügen, Erzn. 96; Nauwieser Notizen – Nachlaßrettung, Erzn. 96; Lossprechung, R. 98; Vermutungen über das Glück, Geschn. 99; Friedrichshafen – eine verlorene Stadt, Bild-Bd 00; Friedrichshafen – Die 50er Jahre, Bild-Bd 01. – **MA:** zahlr. Beitr. in Lit.-Zss. seit 89, u. a. in: Allmende; Bodenseehefte; Leben am See, Jb. – **H:** Der dornige Schulweg, Erzn. 90; Norbert Jacques: Der Bodensee hintenherum ... 95; Gesprochene Anth. auf der Meersburg. Autoren stellen Autoren vor, 5 Bde 95–98; He, Patron! – Martin Walser zum Sechzigsten 97; ... vielleicht Salvatore. Prosa & Lyrik aus d. Schreibwerkstatt 03. – **MH:** Dimensionen des Lebens, Anth.-Reihe, 6 Bde 91–92; Landmarken, Seezeichen. Eine Bodensee-Anth., m. Walter Neumann 01. – *Lit:* Lit. Forum Südwest, Freiburg (Hrsg.): Autorenverz. 2000. (Red.)

Hoberg-Heese, Christel, Dipl.Päd.; Am Bergelchen 21, D-59955 Winterberg, Tel. (0 29 85) 3 14 (* Plettenberg 3. 11.). Christine-Koch-Ges.; Erz., Rezension, Kurzgesch., Kinderb. – **V:** Es spukt im Kaufhaus, Kdb. 74; Weit sind die Wege, Erzn. 01. – **MA:** Auf den Spuren der Zeit, Anth. 99; Satn., Rez. u. Erzn. f. Kinder in Zss. (Red.)

Hoche, Karl, Autor; Kurbelwiesgasse 4, D-80939 München, Tel. (0 89) 3 11 03 53, *mail@khoche.de*, *www.khoche.de* (* Schreckenstein/Böhmen 11. 8. 36). Förd.pr. f. dt.spr. Satire 76 (Verl.: 'Ver. z. Förd. dt.-spr. Satire e.V.' 1. Vors. u. einziges Jury-Mitgl.: K. H.), Tukan-Pr. 77, Ernst-Hoferichter-Pr. 87; Parodie, Realsatire. – **V:** Schreibmaschinentypen, Parodien 71, 72; Das Hoche Lied, Sat. u. Parodien 76, 78; Ihr Kinderlein kommet nicht – Gesch. d. Empfängnisverhütung 79, 83; Die Marx-Brothers. Kurzer Lehrgang d. Gesch. d. Sozialismus 83; Ein Strauß Satiren 83; Die deutsche Treue 89; In diesem unseren Lande – Gesch. d. Bdesrep. in ihren Bildern 97; Das Evangelium nach Hoche 98. – **MA:** Dr. Spiegel, Spiegel-Parodien 85, 90. – **H:**

Die Lage war noch nie so ernst. Eine Gesch. d. Bdesrep. in ihrer Sat. 84.

Hocher, Rainer J., freier Schriftst.; Ranzenbergweg 3, D-32689 Kalletal, Tel. (0 57 55) 96 87 96, *www.lyrikhocher.de* (* Gersdorf/Sachsen 10. 8. 48). VS, Lit.büro Ostwestf.-Lippe; Silb. E.nadel d. Heimatkr. Bad Langensalza/Thür. – **V:** Der Freiheit willen, G. 91; Moorwege, G. u. Prosa 94; Hommage-Poems, Lyr. 95; Mein Weg, Lyr. u. Prosa 95; Von Sachsen an die Mühlenstrasse 95; Liebe, Lust und Laster, G. 98; Tot – gelebt, R. 00; Aus dem Leben eines Unmaskierten, G. 01; Einem Löwen leckt man nicht die Eier 01; Hier daheim 02; Makulierte Verse 03. (Red.)

Hochgatterer, Paulus, Dr. med., Kinderpsychiater; Hammer-Purgstall-Gasse 7/16, A-1020 Wien, Tel. (01) 2 12 03 45. Wurschenaigen 3, A-3522 Lichtenau, Tel. (0 27 18) 2 27 (* Amstetten/NÖ 16. 7. 61). IGAA; Anerkenn.pr. d. Ldes NdÖst. 89, Nachwuchsstip. d. BMfUK 89, Förd.pr. d. Ldes NdÖst. 91, Max-v.-d.-Grün-Pr. 91, Buchprämie d. BMfUK 93, Otto-Stoessl-Pr. 94, Hans-Weigel-Lit.stip. 95, Öst. Förd.pr. f. Lit. 98, Öst. Projektstip. f. Lit. 98/99, Öst. Kd.- u. Jgdb.pr. 00, Lit.förd.pr. d. Stadt Wien 00, Öst. Staatsstip. f. Lit. 00/01, Elias-Canetti-Stip. 01, Dt. Krimipr. (2. Pr.) 07, u. a.; Prosa. – **V:** Rückblickpunkte. Unbereitete Wege, Erzn. 83; Der Aufenthalt, Erz. 90; Über die Chirurgie, R. 93; Die Nystensche Regel, Erzn. 95; Wildwasser, Erzn. 97; Caretta Caretta, R. 99; Über Raben, R. 02; Eine kurze Geschichte vom Fliegenfischen, Erz. 03; Die Süße des Lebens, R. 06. – **MV:** Von 8 bis 5, m. Hahnrei Wolf Käfer u. Lisa Witasek 94. (Red.)

Hochhuth, Rolf, Dramatiker u. Schriftst.; Wilhelmstr. 73, D-10117 Berlin. Postfach 380, CH-4002 Basel (* Eschwege 1. 4. 31). P.E.N.-Zentr. Dtld, Akad. d. Künste Berlin 86, Bayer. Akad. d. Schönen Künste 89; Förd.pr. d. Gerhart-Hauptmann-Pr. 62, Berliner Kunstpr. „Junge Generation" 64, Friedrich-G.-Melcher-Buchpr. 65, Kunstpr. d. Stadt Basel 76, Geschwister-Scholl-Pr. 80, Lessing-Pr. d. Stadt Hamburg 81, Jacob-Burckhardt-Pr. d. Goethe-Stift. Basel 90, Elisabeth-Langgässer-Lit.pr. 91, Frankfurter Poetik-Vorlesungen 96, Jacob-Grimm-Pr. 02; Schausp., Drama, Komödie, Erz., Rom., Ess., Nov. – **V:** Der Stellvertreter, Sch. 63; Die Berliner Antigone 66; Soldaten, Tr. 67; Guerillas, Tr. 70; Die Hebamme, Kom., Erzn., G., Ess. 71; Krieg und Klassenkrieg 71; Dramen 72; Lysistrate und die Nato, Kom. 73; Zwischenspiel in Baden-Baden 74; Stücke 75; Tod eines Jägers 77; Eine Liebe in Deutschland 78; Tell 38. Dankrede f. den Basler Kunstpr. 79; Juristen, Dr. 79; Ärztinnen, Dr. 80; Räuber-Rede 82; Spitze des Eisbergs 82; Judith 84; Atlantik-Novelle, Erzn. 85; Schwarze Segel, Ess. u. G. 86; Alan Turing, Erz. 87; Täter und Denker 87; War hier Europa?, Reden, G., Ess. 87; Jede Zeit baut Pyramiden, Erzn. u. G. 88; Unbefleckte Empfängnis 88; Sommer 14, 89; Alle Dramen 91 II; Menzel. Maler d. Lichts 91; Panik im Mai, sämtl. G. u. Erzn. 91; Von Syrakus aus 91; Julia oder der Weg zur Macht 92; Tell gegen Hitler, hist. St. 92; Inselkomödie 93; Wessis in Weimar, Tragikkom. 93; Effis Nacht, Monolog 96; Resignation oder die Geschichte einer Ehe 96; Und Brecht sah das Tragische nicht 96; Wellen 96; Alle Erzählungen, Gedichte u. Romane 01; Hitlers Dr. 03; McKinsey kommt. Molières Tartuffe, zwei Theaterstücke 03; Familienbande, Kom. (beigefügt: Nachtmusik, Komplex) 05; Neue Dramen, Gedichte, Prosa 06; Drei Schwestern Kafkas. 100 Gedichte 06; Was soll der Unsinn. Beiläufige Beobachtungen 06; Vorbeugehaft, G. 08; – THEATER/UA: Der Stellvertreter 63; Soldaten 67; Guerillas 70; Die Heb-

amme 72; Lysistrate und die Nato 74; Tod eines Jägers 77; Juristen 80; Ärztinnen 80; Judith (engl.) 84, (dt.) 85; Unbefleckte Empfängnis 89; Sommer 14, 90; Arbeitslose oder das Recht auf Arbeit 99; McKinsey kommt 03, u.v. a. – **MA:** Annäherungen an Ernst Jünger, Ess. 98. – **H:** Wilhelm Busch: Sämtl. Werke u. eine Auswahl d. Skizzen u. Gemälde 59 II; ders.: Lustige Streiche in Versen u. Farben 60; ders.: Sämtl. Bildergeschichten 61; Liebe in unserer Zeit, 16 u. 35 Erzn. 61 II; Liebe in unserer Zeit, 32 Erzn. 61; Theodor Storm: Am grauen Meer, ges. Werke 62; Liebe in unserer Zeit, 20 mod. Erzn. 64; Die großen Meister. Europ. Erzähler d. 20. Jh. 66 II; Des Lebens Überfluß 68; Erzn. u. Gedichte aus verschwundenen Mühlen 78; Die Gegenwart. Deutschsprachige Erzähler d. Jgg. 1900–1960 81 II; Die zweite Klassik. Deutschsprachige Erzähler d. Jgg. 1850–1900 83 II; Julia oder Der Weg zur Macht, Erz. 94. – **MH:** Marquis de Sade, m. Otto Flake 66; Otto Flake: Die Verurteilung des Sokrates, m. F. Gröbli-Schaub, biogr. Ess. 70; Ruhm u. Ehre. Die Nobelpreisträger f. Lit, m. H. Reinoß 71; Kaisers Zeiten, m. H.-H. Koch 73; Otto Flake: Werke in 5 Bden, m. P. Härtling 73–78. – **F:** Eine Liebe in Deutschland 83. – **R:** Berliner Antigone, Fsf. 68. – *Lit:* R. Grimm/W. Jäggi/H. Oesch (Hrsg.): Der Streit um Hochhuths Stellvertreter 63; Siegfried Melchinger: Hochhuth 67; Rainer Taëni: R.H. 77; Text u. Kritik, H. 58 78; Walter Hinck (Hrsg.): R.H. – Eingriff. in d. Zeitgesch., Ess. u. Werk 81; Franz Lennartz in: Dt. Schriftst. d. 20. Jh. im Spiegel d. Kritik, Bd 2 84; Rudolf Wolff (Hrsg.): R.H.: Werk u. Wirkung 87; Walther Killy (Hrsg.): Literaturlex., Bd 5 90; LDGL 97; Peter Bekes in: KLG. (Red.)

Hochmann, Helga; Galgengartenstr. 13, D-91126 Schwabach, Tel. (0 91 22) 1 44 07, *Helga.Hochmann @t-online.de, www.helgahochmann.de* (* Schwabach 28. 4. 61). Else-Lasker-Schüler-Ges. 95, Autorenverb. Franken 98; Lyr., Kurzprosa. – **MV:** Komm und entdecke, m. B. Lorenz, N. Mint u. H. Reiter 01. – **MA:** In stiller Anteilnahme 98; Ausschauen 00; Weißt du noch das Zauberwort 00; 160 Zeichen Literatur 01; Rast-Stäte 01; Kindheit im Gedicht 01. (Red.)

Hochmuth, Karl, Dr. phil., Doz. Univ. Würzburg (* Würzburg 26. 10. 19). VFS 63, FDA 73; Max-Dauthendey-Plakette 65, 79, Lit.pr. d. VdK Dtld 74, Friedlandpr. d. Heimkehrer 80, Pr. d. Ostdt. Kulturrats 82, Prosapr. Stadtbibl. Nürnberg 84, BVK 01; Jugendb., Rom., Nov., Erz., Hörsp., Hörbild. – **V:** Der geheimnisvolle Fund in d. Bergen, Jgd.-Erz. 52; In der Taiga gefangen, Jgd.-Erz. 54, 76; Das Schmugglernest, Jgd.-R. 55, 77; Der Leutnant u. d. Mädchen Tatjana, Erz. 87; Riml oder von zwei Pferden, die Nurredin und Nathalia hießen, Erz. 59, 2. Aufl. 88; Ein Spielmann ist aus Franken kommen, M. 59; Achtung – Kartoffeln explodieren, Jgd.-Erz. 59; Arm u. reich u. überhaupt ..., R. 60, 2. Aufl. 94; Klemens Maria Hofbauer, Biogr. 61; Ein Mensch namens Leysentretter, R. 65, 2. Aufl. 91; Das andere Abenteuer, Jgd.-Erz. 66; Das grüne Männlein Zwockelbart, Kindererz. 73, 78; Wo bist du – Würzburg? I 75; II 79; ... sang die Taiga tausend Lieder, Jgd.-R. 81; Weihnachtliches Spektrum Unterfranken, Texte u. Bilder 81, 83; Die Kiesel am Strand von Bordighera, Erz. 86; Das Loch, R. 92; FloFlo und der Zauberstift, Kdb. 98; Bonbonkoch oder Schokoladenaufseher, Geschn. 00. – **MV:** Der perfekte Weihnachtsbaum, m. Margarete Kubelka, Erz. 91. – **MA:** Harfen im Stacheldraht, Anth. d. Kriegsgefangenenlyr. 54; Gelebte Menschlichkeit, Dok.-Samml. 56; Und bringen ihre Garben, Samml. 56; Alltag in Kurzgeschichten 61; Zeugnisse einer Gefangenschaft 62; Cornelius, Jgd.-Anth. 63; Dichtungen dt. Lehrer der Gegen-

Hochstätter

wart 65; Der rotkarierte Omnibus 67; Texte aus Franken 69; Ohne Denkmalschutz 70; Conny u. seine kl. Welt, Kinderanth. 76; Deine samtenen Nüstern, Erz.-Anth. 76 (mit Pflug/Franken); Die griech. Schildkröte, Erz.-Anth. 76; Fränkische Dichter erzählen, Erz.-Samml. 76; Monolog f. morgen, Anth. 78; Deutschland – das harte Paradies, Anth. 77; Deutschland – Traum oder Wirklichkeit?, Anth. 78; Fränkisches Mosaik, Anth. 80; Der große Hunger heißt Liebe, Lyr.-Anth. 81; Spätlese, Anth. 81; Zeitaspekte, Anth. 81; Bäder in Franken 81; Wurzeln, Anth. 85; Unterwegs, Lyr.-Anth. 85; Weihnachtsgeschichten aus Franken 86; Satzzeichen, Anth. 88; Zeitenecho, Anth. 89; Das große Bayerische Weihnachtsbuch 93; Mainfränkische Sommerbilder 94; Der vergessene Hochzeitstag 96; Sterne leuchten auf dem Weg 96; Danach, Anth. 96; Komm, Christkind, flieg über mein Haus 95. – **R:** Achtung, gefährlicher Fund, Hsp. f. Kinder 63; Büffelbewegung, Hsp. 65; Dreißig Jahre ..., Hsp. 68; Die griechische Schildkröte, Hsp. 71; Die Lichter ham gebrönnt, Hb. 75; Main-Abenteuer, Hb. 76; ... geht die Dämmerung ums Haus, Hb. 76; ... den abgeknickten Zweig, den blütevollen (Hauff) 77; Wenn die Glasharfen singen 77; In Bocklet spielt man Kammermusik 78; Auf der Spur bekannter u. vergessener Poeten 78; Georg Thomas Vergho aus Trappstadt 78; Franken ist wie ein Zauberschrank, Hb. 81; Eines schlichten Mannes und seiner Pferde seltsamer Weg durch den großen Krieg, Hsp. 82; Eine selige Ikone, Hsp. 84; Auch ich denke oft an Piroschka, Hb. 85. – **P:** Wo bist du – Würzburg?, CD 97; Bring Herr, dein Licht in unsre Zeit, Video 99. (Red.)

Hochstätter, Leonie s. Hauenschild, Lydia

Hockemeyer, Tom s. Hardo, Trutz

Hodjak, Franz, Lehrer f. deutsche Sprache u. Lit., Lektor; Am Riedborn 41, D-61250 Usingen, Tel. (0 60 81) 1 52 00 (* Sibiu 27. 9. 44). Rum. S.V. 77, Kg., Lit. Ges. Lüneburg e.V.; Lit.pr. d. ZK d. VKJ 74, Lit.pr. d. rum. S.V. 76, 84, Stadtschreiberstip. d. Stadt Mannheim 82, Pr. d. S.V., Sibiu 83, Georg-Maurer-Pr. d. Stadt Leipzig 90, Pr. d. Ldes Kärnten im Bachmann-Lit.wettbew. 90, E.gabe z. Andreas-Gryphius-Pr. 97, Förd.pr. z. Hans-Erich-Nossack-Pr. 91, Stip. Künstlerdorf Schöppingen 91 u. 02, Stip. d. lit. Ges. Wien 91, Stip. d. Dt. Lit.fonds 91, 92 u. 05, Künstlerwohnung Soltau 92, Frankfurter Poetik-Vorlesungen SS 93, Stadtschreiber v. Minden 95, Lit.stip. Amsterdam 95, Nikolaus-Lenau-Pr. d. Kg. 96, Heinrich-Heine-Stip. 97, Calwer Hermann-Hesse-Stip. 98, Stip. d. Konrad-Adenauer-Stift. 99, Stip. Künstlerhof Schreyahn 00, Dresdner Stadtschreiber 02, Kester-Haeusler-E.gabe 09. Dt. Schillerstift. 05, Stip. Herrenhaus Edenkoben 07; Lyr., Prosa, Übers., Ess. Ue: rum. – **V:** Brachland, G. 70; Spielräume, G. 74; Offene Briefe, G. 76; Das Maß der Köpfe, Prosa 78; Mit Polly Knall spricht man über selbstverständliche Dinge, als wären sie selbstverständlich, G. 79; Die humoristischen Katzen, Kinderverse 79; Flieder im Ohr, G. 83 (auch ung., rum.); An einem Ecktisch, Prosa 84; Der Hund Joho, Kdb. 85 (auch ung.); Augenlicht, G. 86; Fridolin schlüpft aus dem Ei, Kdb. 86; Friedliche Runde, Prosa 87; Gedichte (Poesiealbum 232) 87 (auch ung.); Luftveränderung, G. 88; Sehnsucht nach Feigenschnaps, ausgew. G. 88, 89 (auch rum.); Franz, Geschichtensammler, Monodrama, UA 89, gedr. 92; Siebenbürgische Sprechübung, G. 90; Zahltag, Erzn. 91; Sonderangebot 92; Landverlust, G. 93; Grenzsteine, R. 95; Der Anfang einer Linie, G. 97; Ankunft Konjunktiv, G. 97; Der Sängerstreit, R. 00; Ein Koffer voll Sand, R. 03; Links von Eden, G. 04; Was wäre schon ein Unglück ohne Worte, Aphor. 06. – **MV:** Interpretationen dt. u. rumäniendt. Lyrik 72;

Lehrb./Textsammlung IV.Jg. dt. Lyzeen in Rumänien 75, 77; Lehrb./Textsammlung II.Jg. dt. Lyzeen in Rumänien 79. – **MA:** Neue Literatur 9/71; Reiner Kunze, Mat. u. Dok. 77; Nachrichten aus Rumänien 76; Vorläufige Protokolle, Anth. 76; Ein halbes Semester Sommer, Prosa 81; A hamis malváuia (ung.) 81; Vînt potrivit pînă la tare (rum.) 82; Der Herbst stöbert in den Blättern, Lyr. 84; Herkunft Rumänien. „Freunde, wundert euch schleunigst" 93, u. a. – **Ue:** Aurel Răus: Auf diese Weise schlaf ich eigentlich weniger, G. 80; Eugen Jebeleanu: Dem Leben geborgt, G. 83; Adrian Popescu: Die Amseln sind im allgemeinen ungefährlich, G. 85; Al. Caprariu: Die allgegenwärtigen Augen, G. 87; Ana Blandiana: EngelErnte, G. 94. – **MUe:** Rumänische Gedichte. Arghezi, Blaga, Barbu 75; Die Lebensschaukel, Prosa-Anth. 72; In einem einzigen Leben, Lyrik-Anth. 75; Die beste aller Welten, SF-Anth. 79; Ion Barbu: Das dogmatische Ei, G. 81; Die tanzende Katze 85; Erkundungen II 85; Maria Banus: Schau, die Zypressen dort, G. 86; Texte der rumänischen Avantgarde. 1907–1947, 88. – *Lit:* Emmerich Reichrath (Hrsg.): Reflexe. Kritische Beitr. z. rumäniendt. Gegenwartslit. 77; Heinrich Stiehler: Paul Celan, Oscar Walter Cisek u. d. dt.sprachige Gegenwartslit. 79; Peter Motzan: Die rumäniendt. Lyrik nach 1944, 80; Walther Killy (Hrsg.): Literaturlex., Bd 5 90; Ralph Grüneberger in: Sinn u. Form 3/90; Peter Motzan in: Südostdt. Vj.bll. 4/90; Hinnerk Einhorn in: ndl 1/92; Dieter Schlesak in: Lit. u. Kritik 278–279/93; Jürgen Engler in: ndl 2/94; Peter Motzan in: LDGL 97; ders. in: Dt.spr. Lyrik des 20. Jh. 06; Holger Dauer in: KLG. (Red.)

Höbermann, Frauke (Ps. Frauke Turm), Dr. phil.; c/o Argument Verl., Hamburg (* Hamburg 7. 8. 41). DJV 88; Rom., Kurzgesch., Fachb., Journalistik. – **V:** Der Gerichtsbericht in der Lokalzeitung, Fachb. 89; Zugeschanzt, R. 07. – **MV:** Gerichtsreporter, m. H. Weimann u. N. Leppert, Fachb. 05. – **MA:** Weihnachtliche Schloßgeschichten m. Rezepten aus d. Schloßküche 04; – Beitr. in: Message; Journalist; Sage + Schreibe, seit 89. – **H:** Der Kampf um die Köpfe, Fachb. 85.

Höch, Ingeborg s. Santor, Ingeborg

Hoecker, Bernhard (Bernhard Hoëcker), Comedian, Schauspieler, Moderator; lebt in Bonn, c/o Rowohlt Verl., Reinbek, *info@bernhard-hoecker.de*, *www. bernhard-hoecker.de* (* Neustadt a.d. Weinstraße 70). Dt. Fernsehpr. 04, Romy 05, Dt. Comedypr. 03, 06, 07. – **V:** Aufzeichnungen eines Schnitzeljägers 07 (auch als Hörb.); mehrere Comedy-Shows sowie Lesungen. – **P:** Hoëcker, Sie sind raus. Comedy vom Kleinsten; Ich hab's gleich 07, beides Live-CDs. (Red.)

Höcker, Katharina; c/o zu Klampen! Verlag, Hermannshof Völksen, Röse 21, D-31832 Springe, *katharina.hoecker@freenet.de* (* Kiel 26. 7. 60). VS, Lit.zentr. Hamburg, Lit.förd.pr. d. Stadt Hamburg 91, 97, Hebbel-Pr. 98, Autorenförd. d. Stift. Nds. 00, Stip. Atelierhaus Worpswede 96/97, Aufenthaltsstip. Künstlerhaus Kloster Cismar 98, Stip. im Künstlerhaus Schreyahn 99/00, Stip. d. Künstlerinnenstift. „Die Höge" 02, Lit.förd.pr. d. Stadt Hamburg 03; Prosa, Lyr., Drehb. – **V:** Durststrecken 89; Schwesternehe, Erz. 93, Tb. 98; préludes, G. 98; Nacht für nichts, Dichtn. 01; In einem Mietshauskörper, Erz. 02. – **P:** Liebe dein Symptom mit dich selbst, Dok.-F., Video 96. (Red.)

Höfel, Johanna s. Liesfeld, Joluel

Höfele, Andreas, Dr. phil. habil., Prof. f. Anglistik U.München, Präs. d. Dt. Shakespeare-Ges.; Pitzeshofen 193, D-86911 Dießen, Tel. (0 88 07) 94 67 30 (* Bad Kreuznach 19. 9. 50). – **V:** Das Tal 75; Die Heimsuchung des Assistenten Jung 78; Jugendliebe, R. 80; Malcolm Lowry. Aber d. Name dieses Landes ist Hölle,

Biogr. 88; Tod in Tanger 90; Der Spitzel, R. 97; Abweg, Erz. 08; – mehrere wiss. Veröff. (Red.)

Höfels, Ilse (auch geb. Ilse Schoepke), Rentnerin; Am Wirtsanger 1, D-86576 Schiltberg, Tel. (0 82 59) 5 40, Fax 82 89 88, *Hoefels-Schiltberg@t-online.de* (* Warschau 9. 3. 40). – **V:** Die Eiche, R. 02. (Red.)

Höfer, Gerald (Projektname Barbara Rossa); Schloßstr. 4, D-99706 Bendeleben, Tel. u. Fax (0 34 71) 7 96 99, *nachricht@barbara-rossa.de*, *www.barbara-rossa.de* (* Nordhausen 5. 3. 60). VS 90–95; Lyr.pr. d. Kulturbdes d. DDR 89; Lyr., Erz., Dramatik. – **V:** Ich habe die Hoffnung längst aufgegeben, Monologe 01; Sophie, Kurzgeschn. u. Rep. 02; Gedichte zwischen mir nichts und dir nichts 03. – **MV:** bloß, Fotos u. Texte 90. – **MA:** zahlr. Beitr. in Anth. u. Lit.zss., u. a. in: Die Schublade 89; Die unter 30 90; Der Morgen nach der Geisterfahrt 98. – **H:** Oswald Henke: FSK 18, Lyr. 03; Norbert Engelhardt: Schön, Lyr. 03. – **MH:** Stefanie Keyser: Der Rabe vom Kyffhäuser, m. Helmut Köhler, Erz. 97; Tief im Schooße des Kyffhäusers, m. Michael Brust, Lyr. 04. (Red.)

Hoefer, Natascha Nicole, Dr. des., wiss. Mitarb. d. FB Neuere deutsche Lit. d. Univ. Gießen; Gotenweg 70, D-35578 Wetzlar, Tel. u. Fax (0 64 41) 2 62 06, *natascha.n.hoefer@germanistik.uni-giessen.de* (* Weilburg 6. 12. 74). Rom., Erz., Ess. – **V:** Wie es vielleicht war, R. 05. – **MA:** Veröff. in Lit.zss., u. a.: Nagelprobe 14 97; Der Literaturbote 62, 68, 75 01ff.; Maskenball. (Red.)

Hoeffle, Jürgen; Landstr. 24, A-4020 Linz, Tel. (06 50) 2 66 19 72, *juergen.hoeffle@liwest.at*, *www. alpen-jirschi.info* (* Steyr 26. 6. 72). – **V:** Der Scherbenfresser 96; Torro El Loco, G. 98. – **MV:** Maul-Würfe, m. T.W. Duschlbauer u. W. Haunschmied 97. (Red.)

Höfler, Maria Magda; Weinbergsiedlung 3, A-8605 St. Lorenzen im Mürztal, Tel. (0 38 62) 3 38 53 (* Pernegg/Stmk 12. 3. 40). B.St.H., Rosegger-Ges.; Rom., Lyr., Erz., Theater, Lied. – **V:** Die bucklate Lärchn, Lyr. u. Prosa 94; Im Mondschein dalost, Geschn. 96; Steirischer Bergsumma 99; Jakob vergiss ... Die Tragödie d. Schwarzerdekinder, R. 02; Die verflixte Ziehschwester, Sch. 06. – **MA:** Mundartdichtung d. Gegenwart; Auf dem Wege zum Licht; Anth. d. Rosegger Gesellschaft 90; ein bisschen mehr Friede ..., Anth. 01; Durchs Steirerland, Anth. 05. – **E:** einige G. im ORF. (Red.)

Höfling, Helmut, Schriftst.; Stichelfeldstr. 7, d-61350 Bad Homburg, Tel. (0 61 72) 3 35 63 (* Aachen 17. 2. 27). VG Wort 67; mehrf. Ausw.liste z. Dt. Jgdb.pr., Intern. Jgd.-Bibliothek: Weißer Rabe; Drama, Rom., Film, Hörsp., Jugendb., Sachb., Fernsehsp., Liedtext, Erz. Ue: engl. – **V:** Die Lebenden u. d. Toten, Bü. 51; Sagenschatz d. Westmark 53; Todesritt durch Australien 54; Verschollen in d. Arktis 55; Im Faltboot z. Mittelmeer 56; Stunden d. Entscheidung 57; Pingo, Pongo u. der starke Heinrich 60; Pingo, Pongo u. der starke Heinrich im Owambien 61; Pingo, Pongo u. der starke Heinrich b. Maharadscha v. Inapur 62; Pingo, Pongo u. der starke Heinrich in Müggelhausen 64; Das dicke Fränzchen Fit II; Der kleine Sandmann fliegt z. Himmelswerkstatt 61; Spielen macht Spaß 61, 70; Prinz Heuschreck 62 II; Der Floh Hupfdiwupf 63; Ein Extralob für Klaus 64; Wo d. Erde gefährlich ist 64; Dackel mit Geld gesucht 65; Käpt'n Rumbuddel 67; Sepp zähmt d. Wölfe 67; Verschwiegen wie Winnetou 68; Sepp auf Verfolgungsjagd 68; Wikiwik in Dinkelwinkel 69; Wikiwik u. der fliegende Polizist 69; Pips, d. Maus mit d. Schirm 69; Kringel u. Schlingel 69; Keine Angst vor Hunden, Petra! 70; Jumbinchen mit d. Ringelschwänzchen 71; Der stachelige Kasimir; Ge-

brüder Schnadderich 73; Drei Wichtel im grünen Wald 74; Drei Wichtel stechen in See 74, 93; Drei fröhliche Wichtel 74, 94 (auch ung.); Die drei Abenteurer 75/76 IV; Ein buntes Bastelbuch 76; Eine ganze Bande gegen Sepp 77; Sepp zähmt d. Bande 77; Sepp u. seine Freunde 77; Sepp auf heißer Spur 77; Vom Goldplatz verschwunden 78; Eine Million f. Krawall City 78; Ein Sack voll Witze 79; Ein Mädchen, vier Jungen u. viele Hunde 79; Maus u. Schwein u. Elefant fliegen übers ganze Land 79; Harald 80; Petra wird z. Hundefreund 81; Petras Abenteuer mit Hunden 81; Petra entdeckt ihr Herz für Hunde 81; Löwenkrallen 84; Spaß mit Tieren 87; Hundewirbel 89; Die Flunkerkiste, R. 90, alles Jgdb.; – Der Gefangene d. Königs, hist. R. 80; Der Löwe v. Kaukasus, hist. R. 90; zahlr. Sachb. – **B:** Das Schatzschiff 71, 73, 78. – **MA:** Mariza 56, 62; Mario 63; Zeichensetzung 71; Frieden aufs Brot 72; Satzbau 72; Am Montag fängt d. Woche an 73; bundesdeutsch 74; Schriftsteller erzählen v. ihrer Mutter 74; Der Geschichtenbaum 74; Sie schreiben zwischen Goch u. Bonn 75; Menschengesichten 75; Auf d. ganzen Welt gibt's Kinder 76; Unser Lesehaus 3 76; Arbeitsbuch Texte 76; Blätter f. meinen Kalender 79; Spiel u. Spaß mit Sprache 79; In 33 Tagen durch d. Land Fehlerlos 80; Wort u. Sinn 81; Deutschbuch f. Kinder 82; Bei uns u. anderswo 82; Städte – Lebensraum oder Betonwüste? 83; horizonte 1 83; Westermann Texte deutsch 83; Sommerfestival 91; Guten Tag Elefant 91; Arbeit m. Texten 93; Neue Lesestraße 98; In 33 Tagen durch d. Land Fehlerlos 98; Das Flügelpferd 99; Heimatbuch I u. II 00; Leserschule 4 01; Mobile 3 05; Kinderhits mit Witz 4 05, 6 06; Religionsbuch für d. 9. u. 10. Schuljahr (Patmos Verl.) 08. – **H:** Schüler-Taschenb. 86 – 91; Krambambuli u. a. klass. Tiererzählungen 88, 01; Wenn alles schläft u. einer spricht ..., Geschn. 88, 98. – **R:** Üb. 1650 Sdgn in Rdfk u. Fs., u. a.: D. Frauensand; Gisli d. Waldgänger; Edgars Reise um d. Welt; Agnes Neuhaus; D. Narr von Jülich u. das Recht; D. Zauberpferd; D. große Wasser; Brot für alle; Lambert v. Oer mit d. eisernen Halsband; Lorenz Werthmann; Friedrich Fröbel; Daisy Bates; Und das am Montagmorgen (nach J.B. Priestley); Nordost-Passage; Nix deutsch – nix spanisch; D. Gangsterbraut; D. Fall Georg Pohl; D. Söhne d. anderen; D. Kabeldieb; E. Katze ist (k)ein Hund; Pips, d. Maus mit d. Schirm; Leo, d. gähnende Löwe; Klaus u. d. geheimnisvolle Keller; Droben stehet e. Kapelle; Untergetaucht; Feuertaufe; D. Geburtstagsüberraschung; Wunschträume fürs neue Jahr; Roter Mond u. heiße Zeit; Aufruhr am Silbersee; Am Marterpfahl; D. Büro im Hinterhaus; Käpt'n Rumbuddel; Sepp zähmt d. Wölfe; Auf d. Hund gekommen; D. Schatzschiff; D. schwarze Pudel; Triumph d. Geistes; Wenn Papa Mama wird; D. Meisterschuß; Versunkene Welten; Gefangen im Eismeer; Tod auf d. Brücke; D. letzte Begegnung; Sinkt d. Arche Noah?; Amors spitze Pfeile; Dem Verbrechen auf d. Spur; D. letzten Tierparadiese; Detektive mit d. Spaten; Helden gegen d. Gesetz, alles Hsp.; – Boni, d. (un)sichtbare Elefant; Jeder Adam e. Adonis; Leo, d. gähnende Löwe; Spiel mit; Pingo, Pongo u. d. starke Heinrich; D. Witzakademie IV; Henry Mancini Show; Hippie Happy Yeah, alles Fsp.; – Las Casas u. d. Konquistadoren; Ufos – Wahn u. Wirklichkeit; Heinrich Schliemann; Auf d. Suche nach d. Nordwest-Passage; Reisen nach Sibirien – freiwillig und unfreiwillig. – **P:** Das häßliche junge Entlein, Schallpl. 61; Von einem, der auszog, das Fürchten zu lernen, Schallpl. 62; Das Schatzschiff 76; Die Abenteuer d. kleinen Elefanten Gongo 78; Caius ist ein Dummkopf, Tonkass./CD 04; Aschenputtel, Tonkass./CD 06. – *Lit:* s. auch 2. Jg. SK.

Höfner

Höfner, Irmgard, Dipl.-Soz.; Hermannstädter Str. 5, D-90765 Fürth, Tel. (09 11) 7 65 81 58, *hoefner@odn. de, www.chaos-4.de* (* Neuendettelsau 4. 4. 57). Kurzgesch., Sat. – **V:** Chaos hoch vier 02; Noch mehr Chaos hoch vier 03, beides Kurzgeschn./Satn. – **MA:** zahlr. Beitr. in: Spielen u. lernen, seit 93. (Red.)

Höhfeld, Barbara, Dipl.-Übers., Publizistin, Feldenkrais-Lehrerin; Ziegelhüttenweg 1–3, D-60598 Frankfurt/Main, Tel. u. Fax (0 69) 62 51 91, *BHoehfeld@aol. com* (* Dortmund 24. 11. 34). VS Hessen, LSV Luxemburg, Literaturges. Hessen e.V.; Lyr., Ess., Erz., Rom., Übers. Ue: frz, engl, ital. – **V:** Ginsburg und der Rotkohl, R. 99. – **MA:** G. u. Erzn. in Anth.: Frauenlyrik in Luxemburg 80; IST 81; Giftgrün 84; Schriftbilder 84; Letzebuerg Luxembourg Luxemburg 89; Die Feder schreibt kratzend 95; Melusina 95; Schweigen 96, u. a.; – in Zss.: Galerie (Lux.) 87 u. 96; Streckenläufer 90; Les Cahiers Luxembourgeois 1/97, u. a. – **R:** Sdgn auf „Radio X" (Frankfurt/M.), seit Okt. 97. – **Ue:** Serge Gainsbourg: Je t'aime, G.-Ausw. 89 (zweispr.); Alfred J. Kolatsch: Jüdische Welt verstehen 97. (Red.)

Höhmann, Christiane, ObStudR.; Fürstenallee 12a, D-33102 Paderborn, Tel. (0 52 51) 37 03 62, Fax 69 06 40, *christiane.hoehmann@gmx.de* (* Salzgitter 10. 7. 57). Rom., Lyr., Erz. – **V:** Das brauch ich um zu bleiben, Lyr. 02; Puppenvater, Krim.-R. 06. – **MA:** Deutsch plus 5/02, 7/04, 8/05, 10/06, Schulb. – **P:** Stille halten, Lyr. u. Prosa, Hörb.-CD 05. (Red.)

Höhn, Anna s. Debes, Astrid

Hoehn, Helmut, Lehrer, Autor, Illustrator; Spitalplatz 10, D-93413 Cham, Tel. u. Fax (0 99 71) 46 35. Gesandtenstr. 18, D-93047 Regensburg (* Steinenhausen 3. 5. 47). VS Ostbayern; Lyr., Erz., Kinderb. – **V:** Der Besuch, Geschn. u. Reflexionen 81; Stunde der Halbwertszeit. Ein Zyklus, G. 85, 2. Aufl. 86; Der Fall des Konrad Fischer, Erz. 93; Der Wurstkuchlhund, Kdb. 99 (auch engl.); Der Wurstkuchlhund in Nürnberg, Kdb. 01; Die Geschichte von Adi Adler, Comic 08. – **MA:** zahlr. Beitr. in Zss., Ztgn u. Anth. – **P:** Der Wurstkuchlhund / Doggie of the Sausage Kitchen, CD 01; Der Wurstkuchlhund, Hörb., CD 08. – *Lit:* s. auch Kürschners Handbuch der Bildenden Künstler, 1. Aufl. 2005.

Höhn, Michael, Pfarrer u. Lehrer; Börnhausen 2, D-51674 Wiehl, Tel. (0 22 62) 70 14 66, Fax 70 14 67, *m.hoehn@t-online.de, home.t-online.de/home/m.hoehn* (* Gießen 22. 10. 44). VS 79, Friedrich-Bödecker-Kr., Ldesarb.gem. Jgd. u. Lit. NRW; Ausw.liste f. d. Sonderpr. d. Dt. Jgdb.pr. 78, Sonderpr.liste Dt. Jgdb.pr „Geschichte u. Politik im Jgdb." 79; Kinder- u. Jugendb. – **V:** ... die unter die Gauner fielen, dok. Erz. 71; Die Schüppenstiefele 74; Verdammt und zugedreht 76; Edips kurzer Sommer 81; Das Geheimnis der Sarah Abt 85, 01; Asyl in D. 87; Dubbel 92; Schattenkämpfer, Gesch. 93; Graffiti Kids 95; ... und und du 03; mehrere Sachb. – **MA:** Poeten beten 69; Auf der ganzen Welt gibt's Kinder 76; Das große Schmökerbuch 80. – *Lit:* s. auch SK. (Red.)

Höhn, Monika, Hausfrau, Schriftst.; Börnhausener Str. 2, D-51674 Wiehl, Tel. (0 22 62) 70 14 66, Fax 70 14 67, *m.hoehn@t-online.de* (* Göttingen 6. 3. 45). VS. – **V:** Die Luft, die wir atmen. Aufzeichnungen e. Pfarrfrau aus d. Ruhrgebiet 83; Vom Kohlenpott in die Schmalzgrube 85; Kirche mit Ausländern 93; Häusliche Pflege ... und sich selbst nicht vergessen 95; ... Dann beißt dich der Hund! 97. – **MV:** Bruckhausen – ein Stadtteil kämpft 79; Jana sucht den Frieden, Jgdb. 84; Die Taube wird fliegen, Kdb. 85; Kontakte ins Jenseits? 89; Leben und Sterben 96; Fremde – zu Hause in Oberberg 96; Lieben lernen 97; Was tun?! 99; Nicaragua.

Ometepe – mi amor 99, alle m. Michael Höhn. – **MA:** mehrere Beitr. in Prosa-Anth. (Red.)

Höhne, Reinhard, Papierschneider, Bürohilfe, Pförtner, Schriftst.; Käthe-Kollwitz-Str. 10 d, D-01477 Arnsdorf, Tel. (03 52 00) 2 09 23 (* Lucka 28. 4. 35). Lyr., Kurzgesch., Erz. – **V:** Die Feuerprobe, Kurzgeschn. 99; Über den schmalen Weg, G. 03; Im Anbeginn das Wort, G. – **MA:** Herbst/Weihnachten, Anth. 99. (Red.)

Höhne, Silke, Studienreferendarin; Hölderlinstr. 6, D-71642 Ludwigsburg, Tel. (0 71 41) 5 56 58 (* Ludwigsburg 1. 11. 72). Scheffel-Pr. 92; Rom., Lyr. – **V:** Silvas Ritt ins Abenteuer 92. (Red.)

Hoekstra, Jens, Dr.; Fontanestr. 14, D-40789 Monheim am Rhein, *vlg6584@hoekstra.de, www.hoekstra. de.* – **V:** Kurzgeschichten 95; Secunda – eine Welt mehr 95; Zeitsprung 02. (Red.)

Hoeld, Nicholas s. Ulrich, Matthias

Hölke, Helfried, Dipl. Fischwirt; Hällarydsvägen 4, S-37012 Hallabro, Tel. (00 46) 4 57 45 20 00. Haffstr. 9, D-18230 Seebad Rerik (* Kamminke/Usedom 21. 2. 36). Erz. – **V:** Üsdomer Geschichten von Kammink un Haff 03, 04. (Red.)

Höll, Peter, Verleger; Darmstädter Str. 14b, D-64397 Modautal, Tel. (0 61 67) 91 22 20, Fax 91 22 21, *hoell. verlag@t-online.de, www.hoellverlag.de* (* Detmold 15. 5. 48). Lyr., Prosa. – **V:** An manchen Tagen ..., G. 85; Minutengedichte, G. 87; Meine Zeit, G. 88. (Red.)

Hoellbacher, Marianne B. s. Beck-Höllbacher, Marianne

Hölle, Margret (geb. Margareta Sträußl), Schriftst. u. Rezitatorin; Hirsch-Gereuth-Str. 42, D-81369 München, Tel. (0 89) 78 58 23 56 (* Neumarkt/Opf. 2. 4. 27). Mundartfreunde Bayerns e.V. 76, 'Lit. in Bayern' e.V. 85, Turmschreiber 03; Kulturpr. d. Stadt Neumarkt/Opf. f. Lit. 90, Friedrich-Baur-Pr. f. Lit. 96, Nordgau-Pr. f. Dicht. 98, Bayer. Poetenlate 03; Lyr., Erz. – **V:** A weng wos is aa vüi 76; Iwa Jauha und Dooch 81; unterwegs 88; Wurzelherz 91, 2. Aufl. 96; Blöiht a Dornbusch 97; Distelsamen 99, alles Lyr. – **MA:** Zammglaabt 77; Oberpfälzisches Lesebuch 77; Das große bayerische Weihnachtsbuch 93; Bayerische Glückwünsche 94; Deutsche Mundarten an der Wende 95; Bausteilen des Himmels 01; Stille Zeit, heilige Zeit? 01; Weihnachtsüberraschungen 03, alles Anth.; Turmschreiber, bayr. Hausbuch 05 u. 06; – zahlr. Beitr. in Lit.-Zss., u. a. in: Lit. in Bayern, Vjschr. seit 85; Charivari 4/92 u. 1/98; Sankt Michaelsbund aktuell 2/03; Lyrik u. Erz. in Hfk u. Fs. – **P:** Margret Hölle: Gedichte, hochdt. u. Mda., CD 00; OBERPFÄLZER PSALM, CD 01. – *Lit:* W. Flemmer: Das gr. Buch d. Bayer. Lyrik aus zwei Jh. 86; L. Zehetner: Bairisches Deutsch, Lex. 97; N.E. Schmid: M.H., Portr. in: Lichtung 97; Laudatio auf M.H., in: Jb. d. Bayer. Akad. d. Schönen Künste 97; B. Setzwein: M.H., Portr. in: Lichtung 02; O. Beisbart/K. Maiwald: Oppelner Beitr. z. Germanistik, Bd 6 02; W.F. Schnetz: in: Lit. in Bayern 68/02 (Portr.) u. 83/06; E.M. Fischer in: Südt. Ztg 140/03 (Portr.); F. Eder: Turmschreiber i. d. Karikatur 04. (Red.)

Höllger, Dieter Arnim, Oberamtsrat a. D., Dipl.-Kameralist, Dipl.-Finanzwirt; Berliner Str. 103, D-13507 Berlin-Tegel, Tel. (0 30) 4 33 87 59 (* Königsberg/Ostpr. 4. 8. 36). Lyr. – **V:** Gedanken in Dangast, G. 00. – **MA:** Amtsblatt f. Berlin 72–82; Neue Horizonte entdecken 85; Frischer Wind 95; 20 Jahre Ed. Fischer und R.G. Fischer Verlag 96; Königsberger Express, Nr.7 05; Das Gedicht lebt, Jubiläumsausg. 07.

Hölling, Charlotte G. s. Halink, Charlotte

Höllriegl, Wolfgang, Dr. phil., Lektor, LBeauftr. an e. Univ. i. R.; Gustav-Siegle-Str. 41, D-70193 Stuttgart

(* Brünn 27. 3. 27). Parodie, Erz. – **V:** Wenn Shakespeare und Goethe Bridge gespielt hätten 99; Haben denn Ringelnatz und Kästner Bridge gespielt? 00.

Höllrigl, Siegfried, Handpressendrucker; Valentin-Haller-Gasse 5, I-39012 Meran, Tel. (04 73) 21 23 54 (* Meran 26. 8. 43). Lyr. – **V:** Nix Anno Domini, G. 81; Italia, flüchtig, G. 93 (auch Hrsg.); Prosastücke 00 (auch Hrsg.); Athena und Leòn, Weihnachtsgesch. 01; Fussnoten – Ein Sechzigerbuch, Lyr. 03; Reisedrucke, Lyr. 05. – **H:** W.S. Engel: feuerbohnenblüte 87; W. Duschek: zeit der roten larch 88; Maria Lamprecht: Der Nuipau in insern Angerle, Mda.-G. 90; Giancarlo Mariani: Non ho mai voluto gridare 92; Werner Menapace: 35 Kraniche für Klaus, Haikus 93; Margarete Hannsmann: Irische Drift 94; Sarah Kirsch: Meraner Rabe 94; I.E.A. Tappeiner: ES 95; Ezra Pound: Night Litany 95; Mary de Rachewiltz: This house is made to last 95; Joseph Zoderer: Gegen die Gewalt 95, alles G.; ders.: Und doch das Schweigen verloren, Prosafragm. 95; Margarete Hannsmann: Laurin II, G. 96; Kurt Drawert: Zwei Gedichte 96; Martin Benedikter: Lebensdaten und Anekdoten, Prosa 96; Margarete Hannsmann: Die Zeit ist da, G. u. Prosa 97; Robinson Jeffers: Hommage à California 98; Irma Waldner: Flink übers entfesselte Lychener Wasser 98; Klaus Merz: East End 98; ders.: Drei Gedichte 98; Peter Lloyd: Ich grüße dich daher, Cupido 98, alles G.; Margarete Hannsmann: In Bozen im Juni, Prosa 99; Klaus Merz: Libellen, Prosa 99; Friederike Mayröcker: dieses Kind diese Parze diese Ligusterhain, G. 99; Margarete Hannsmann: Dieser Traum, G. 99; Kurt Drawert: Das Jahr 2000 findet statt, Kal. m. Gedichten 00; Johannes Poethen: Nach all den Hexametern / sieben miniaturen, G. 01; Almanach Offizin S. 1985–2000 01; Bertolt Brecht: Das Lied von der Moldau 01; Homer / Odyssee: Drei Gesänge 02; Markus Bundi: Ohne Ach und Oh 02/03; Andreas Neeser: Treibholz. Die schwarzen Stämme 03; 10 Dichter – 11 Gedichte, 10 Mappen 03; Irma Waldner: Bedeutungswild 03; Max Caflisch/Jan Tschichold: Revolutionär, Reformer oder Renegat? 04; Andreas Neeser: Lauter Zwischenton 04. – *Lit:* Dieter Scherr in: Börsenblatt 03. Autorinnen, Autoren u. Lit. 4/98–1/99; Georg Mair in: ff, Südtiroler Wochenmag. v. 25.1.01; Bartkowiaks forum book art (Hamburg), 19.Ausg. 01/02; Beatrice v. Matt in: NZZ v. 18./19.8.01; Randolph Braumann in: ADAC-Reisemag. „Südtirol", Febr. 02. (Red.)

Höllteuffel, Benno s. Reichert, Carl-Ludwig

Hölscher, Birgit H., freie Autorin; zu Kreisvolkshochschule NWM, Fritz-Reuter-Str. 15, D-19205 Gadebusch (* Memphis/Tennessee 58). VS 98, Das Syndikat 98, Sisters in Crime (jetzt: Mörderische Schwestern) 98; Marlowe-Pr. 01, Nominierung f. d. FrauenKrimiPreis 01, Dt. Kurzkrimi-Pr. (3. Pr.) 05; Rom., Kurzgesch., Spannungslit. – **V:** Therapie mit Todesfolge 98; Kaputtmacher 99; Süßer Sumpf, Krim.-Erz. 00; Der Strohmann von Steilshoop, R. 01; Letzte Ausfahrt Wilhelmsburg, Krimi 02; Treibjagd an Bord, R. 03; Tod im Heukenlock 03. – **MA:** Hinter den Glitzerfassaden 98; Mord zwischen Messer und Gabel 99; Mordsgewichte 00; Bei Ankunft Mord 00; Alter schützt vor Morden nicht 00; Mord im Grünen 01; Teuflische Nachbarn 01; Liebestöter 02; Flossen hoch 02; Mord am Hellweg 02; Tod am Kai 03; Letzte Worte 03; Mordsjubiläum 03; Mord am Niederrhein 04; Winterreise 04; Mehr Morde am Hellweg 04. (Red.)

Hölscher, Stefan, Dr. phil., Dipl.-Psych., M. A., Unternehmensberater; an der Unteren Rombach 12a, D-69118 Heidelberg, Tel. (0 62 21) 80 57 73, Fax 80 57 74, *stefan_hoelscher@t-online.de* (* Hildesheim 4. 12. 61). Lyr., Sat., Kurzprosa. – **V:** Tautologien, Rhythmen und

Gedankenenge, Lyr. 94. – *Lit:* D. Kemper (Hrsg.): Hildesheimer Lit.lex. von 1800 bis heute 96. (Red.)

Hölzl, Bernhard, Mag., Dr., AHS-Lehrer, U.-Lektor; Hauptplatz 12, A-3910 Zwettl, Tel. (0 28 22) 5 35 70, *bernhard.hoelzl@utanet.at* (* Zwettl 7. 8. 59). IGAA; Lyr., Philosophie, Schulb. – **V:** Die rhetorische Methode 87; Tractatus poetico-philosophicus 91; Schnee ist weiß, philos. G. u. Bilder 92. – **MV:** Fragen der Philosophie, m. Friedrich Mühlöcker u. Hans Urach, Diskurse u. Texte 98, 02 (jap. Teilübers. „Diskurse"). (Red.)

Hönemann, Hildegard, Bankkauffrau, jetzt Rentnerin; Horn-Millinghausen, Im Rübenkamp 9, D-59597 Erwitte, Tel. (0 29 45) 27 90 (* Soest 23. 9. 46). Stip. Künstlerhaus Rolfshagen 99; Lyr., Kurzgesch. – **V:** Flieg doch – flieg!, G. 98. – **MA:** Kalender VHS Unna 95; Leben beginnt jeden Tag, Anth. 98; 3 Geschn. in: Dom, H. 48, 49, 51 00; lfd Veröff. in Anth. d. VHS sowie im lokalen Mitt.blatt. (Red.)

Höner, Herbert, Pfarrer i. R.; Wilhelm-Kern-Platz 4, D-32339 Espelkamp, Tel. (0 57 72) 9 95 88 (* Bad Salzuflen-Schötmar 13. 3. 21). – **V:** Erinnern hat seine Zeit 04. – **MV:** Zweimal Bescherung, m. Marlies Kalbhenn 02. (Red.)

Höner, Peter, freischaff. Schriftst., Schauspieler, Regisseur; Hegibachstr. 56, CH-8032 Zürich, Tel. (0 43) 8 18 54 74, *peter.hoener@bluewin.ch*, *www. limmatverlag.ch/hoener/hoener.htm* (* Winterthur 17. 1. 47). Gruppe Olten, jetzt AdS, Das Syndikat 97; Werkjahr d. Kt. Aargau 82, Werkbeitr. Pro Helvetia 89, E.gabe d. Stadt Zürich 90, Halbes Werkjahr d. Stadt Zürich 98; Theaterst., Hörsp., Prosa. – **V:** Rafiki Beach Hotel, R. 90; Das Elefantengrab, R. 92; Das Medium, Erz. 95; Seifengold, R. 95; Am Abend, als es kühler ward, R. 98, Tb. 00; Bonifaz. Ingenieur seines Glücks 01; Wiener Walzer. Mord im Euronight 467 03; – DRAMATIK: En Muurerstreik 81; Abschied von Venedig, UA 82; Prolet Lear 84; Anna und Paul, UA 85; Uf zweimol Tuusig und z'rugg, UA 86; Nach Babylon, Tragikom. 87, 90; Albert und Albert oder DERDIEDAS ManFRauKind 90; Rezeptur wider das Böse, Grot., UA 95; Café Pelikan, UA 98; Die Helvetische Sphinx, UA 98; Seitenwechsel, UA 00; Zauber der Marien, Festsp. m. Musik, UA 02; Theaterst. f. Jugendl.: Minotaurus; Die Atlantiker; Linie 13; Das Sparschwein; Love Robinson, u. a. – **R:** De Setzgrind, Fsf. 83; Die Schwarze Schweiz, Hsp. 91. (Red.)

Hönig, Christoph, Dr.; Lupsteiner Weg 51, D-14165 Berlin. – **V:** Die Lebensfahrt auf dem Meer der Welt. Der Topos. Texte u. Interpretation 00; Schattenmosaik. Ein Lebensbild d. jungen Jahre, Autobiogr. 04; Neue Versschule, Sachb. 08.

Hönig-Sorg, Susanne, Angest.; Stoitznergasse 360, A-3511 Furth b. Göttweig, Tel. (0 27 32) 8 27 47 (* Beschmen/Jugoslawien 24. 7. 39). IGAA, Kremser Lit.forum, Gründerin; Anerkenn.pr. b. 1. öst. Haiku-Wettbew. 92, ehrenvolle Erwähnung b. intern. Haiku-Wettbew. in Tokio 94; Lyr., Prosa, Lied. – **V:** Heiteres und Besinnliches, G. 83; Meine Seele singt und weint, G. u. Kurzprosa 88; Der wandelbare Tag, Kurzgeschn. 91; Einen bunten Blumenstrauß, G. 92; Auf kargem Boden, Kurzgeschn. 94; Flammende Röte, Kurzgeschn. u. G. 97. – **MA:** Veröff. in Anth., Ztgn u. Lit.zss. – **H:** Hommage 92; Im Fluß der Zeit 94, beides Anth. – **R:** Beitr. im ORF. – *Lit:* Lit. aus Öst. (Red.)

Höpfel, Jutta (geb. Jutta Pohl), Prof. h. c., Journalistin; Galgenbühelweg 20, A-6020 Innsbruck, Tel. u. Fax (05 12) 28 17 46, *juttahoepfel@surfeu.at* (* Berlin 26. 5. 28). P.E.N.-Club Öst., Zweigst. Tirol, Präs. seit Mai 98; E.zeichen d. Stadt Innsbruck f. Kunst u. Kultur 80, Cavaliere dell'ordine al Merito della Republi-

Höpfner

ca Italiana 83, Prof. h.c. 88, Verd.kr. d. Ldes Tirol 95, Verd.kr. d. Stadt Innsbruck 00, u. a.; Lyr., Prosa. – **V:** Innsbruck – Residenz der alten Musik 89. – **MA:** Innsbruck '65 65; Wort im Gebirge 13 72; Innsbruck Stadtbuch 90; Schnittpunkt Innsbruck 90; Kulturförderung in den Alpenländern 92; 175 J. Musikverein in Innsbruck 93; Theater-Almanach Tirol 94; Jungbürgerbuch Tirol; Stadtlandschaften, Anth. 03; sowie Beitr. in Zss., u. a.: Das Fenster; Inn; Kulturberichte aus Tirol; Öst. Musikzs.; Parnass; Tirol – immer einen Urlaub wert; Tiroler Almanach; Tirolerin; Publicum/Zugabe 57–04; Musikland Tirol 02; Theaterland Tirol 03; sowie 63 J. journalist. Tätigkeit im Feuilleton. – **R:** regelm. Rdfk-Sdgn 45–72. – *Lit:* Lit. macht Schule 95.

Höpfner, Jochen Domenico, Dipl.-Psych.; Glasgasse 25, D-89073 Ulm, Tel. (07 31) 1 75 37 62, *sognodivenezia@gmx.de, farbenderliebe. de* (* Gomadingen 25. 8. 69). – **V:** Farben der Liebe, Lyr. 04. (Red.)

Höpfner, Niels, Lit.kritiker, Autor; Richard-Wagner-Str. 37, D-50674 Köln, Tel. (02 21) 52 60 56, *niels. hoepfner@bigfoot.com, www.angelfire.com/poetry/ nielshoepfner* (* Wollstein/Posen 10. 11. 43). Drama, Hörsp., Film, Ess. – **V:** Die Hintertreppe der Südsee, Figuren u. Personen 79; und wo wir, G. 80; Zschokke – E. sanfter Rebell 96; Goethe und sein „Blitz page" Philipp Seidel 04. – **R:** Spiegelgasse 14; Der Nordpol ist grausam wie die Sahara; Zu Lande, zu Wasser und in der Luft; Etwas Besseres als den Tod findest du überall oder Reise ans Ende eines Kopfes; Der Hummelforscher, alles Hsp. (Red.)

Höpfner, Thomas M., Autor u. Übers.; Wielandstr. 4a, D-10625 Berlin-Charlottenburg, Tel. (0 30) 3 12 86 26 (* Magdeburg 21. 5. 36). Lyr., Erz. Ue: engl. – **V:** Auch Marder lernen 03; Der Darm des Elefanten 04; Hafen, Mutter, Bettelstab 05; Denktexte für Summchor 06, alles G.; Früher oder später, Prosa 06; Orpheus tat am Ausgang 06; Begegnungen 07; Die kalte Schulter 08, alles G. – **Ue:** J. Drought: Das Geheimnis, R. 65; ders.: Dem Himmel entronnen, R. 66; V. Brome: Und alle nannten es Liebe, R. 68; Lynn Keefe: Mir hat es immer Spaß gemacht, Mem. 69; zahlr. Zss.-Artikel sowie Sach- u. Fachtexte seit 69, u. a.: Mozart Operas in Facsimile. Musikwiss. Einf. zu 4 Werken, 2006ff.

Hoeps, Thomas, Dr. phil., Schriftst. u. Leiter d. Kulturbüros Mönchengladbach; Westparkstr. 52, D-47803 Krefeld, Tel. (0 21 51) 75 34 75, Fax 75 34 81 (* Krefeld 30. 12. 66). VS 98; Promotionsstip. d. Friedrich-Ebert-Stift. 94–97, Lit.förd.pr. d. Ldeshauptstadt Düsseldorf 95, Nettetaler Lit.pr. 99. – **V:** Fremder, kommst Du nach Krefeld 90; Gib dem Onkel die Hand (die schöne!), Lyr. u. Prosa 94, Neuaufl. 97; Pfeifer bricht aus, R. 98, Tb. 03; Bacon-Notate, G. u. Fotogr. 01; Tomorrow never knows / Systemsieg. Zwei Erzn. über d. Glück 03. – **MA:** Neues aus der Heimat 04; Die grünen Hügel Afrikas 04. – **MH:** Zeitzonen. Literatur in Deutschland, m. Michael Lentz, Antje Strubel u. Martin Gülich, Anth. 04. (Red.)

Höptner, Marianne (auch Marianne Höptner-Coppenrath); Am Pfingstgarten 5, D-40822 Mettmann, Tel. (0 21 04) 7 51 94 (* Mettmann 7. 8. 28). Rom., Kinderb. – **V:** Mein kleines Geheimnis, Kdb. 81, 3. Aufl. 88; Mit den Wolken ziehen, Kdb. 84; Im Tod ist das Leben, R. 94; Durch Dunkel bricht das Licht, R. 95; Sieben Jahre und ein Hund, Kdb. 96, 3. Aufl. 01; Sankt Peter fährt ins Heilige Land, Reiseerz. 97; Geschichten zur Weihnachtszeit 00. (Red.)

Höricht, Johannes Maria; Frundsbergstr. 56, D-80637 München, Tel. (0 89) 13 03 85 67 (* Rom

21. 6. 54). Ue: ital. – **V:** Stilles Ende der Seelendoktorei, R. 96. (Red.)

Hörig, Ursula (Ursula Jarrasch), Zahnarzthelferin; Eduardstr. 26, D-06844 Dessau, Tel. (03 40) 2 21 18 20 (* Dessau 16. 5. 32). VS 90, Förd.kr. d. Schriftst. in Sa.-Anh. 90; 2. Pr. d. „Poetry Slams", Aurich 98; Rom., Erz., Hörsp. – **V:** Palermo und die himmelblauen Höschen, Erzn. 72; Timmes Häuser, R. 75, 3. Aufl. 81; Spatzensommer, Erzn. 82; Ungehörige Begebenheiten, Erzn. 03. – **MA:** Lebenszeichen 95; Immer wieder Ikarus 95; Die kleine Europa 95; Wer dem Rattenfänger folgt 98; Das Kind im Schrank 98; Versuchungen 99, alles Anth. – **R:** Frauenporträts, Hsp.-F. 86; Meine unfreiwilligen Telefongespräche, Hsp. 89; Wilma, Rdfk-Erz. 00. – *Lit:* Christel Hildebrandt: Zwölf schreibende Frauen in d. DDR 84. (Red.)

†**Hörler,** Rolf; lebte in Wädenswil (* Uster, Kt. Zürich 26. 9. 33, † Wädenswil 17. 8. 07). Gruppe Olten 73, P.E.N. 87, SSV 92, Humboldt-Ges. 93; E.gabe a. d. Lit.-kredit d. Kt. Zürich 74, 81, 92, Conrad-Ferdinand-Meyer-Pr. 76, Anerkenn.gabe d. Stadt Zürich 79, Auszeichn. d. Schweiz. Schillerstift. 84, Pr. d. Schweiz. Schillerstift. 93, E.gabe d. STEO-Stift. Zürich 96; Lyr., Prosa, Hörsp., Einakter, Tageb. – **V:** Mein Steinbruch, G. 70; Poem à la carte oder Monstergastmahl für Poet und Speisekarten, Einakter 72; Zwischenspurt für Lyriker 73; Mein Kerbholz 76; Abgekühlt vom Sommer war die Luft 77; Hilfe kommt vielleicht aus Biberbrugg 80; Windschatten 81; Auswärtsspiele 83; Vereinzelte Aufhellungen, Ausgew. G. 1954–1983 84; Nesselblumenworte 92; Erlkönigs Tochter und die Achillesverse 97; Ein Dachzimmer fürs kommende Jahrhundert, 281 G. 00; Federlesen 03, alles G. – **MV:** Die Seelentänzerin und der nordsüdliche Diwan, m. Antonietta Pellegrino, G. 98. – **MA:** Gut zum Druck 72; Kurzwaren 1 75; Zwischensaison 1 75; Zeitzünder 1 76; Fortschreiben 77; Belege 78; Gegengewichte 78; Café der Poeten 80; Die Baumgeschichte 82; Steck' Dir e. Vers 83; Zürcher Spektrum in der Lyrik 84; Handschrift 86; Der ganze Zürichsee vor meinen Füssen 87; Träumereien 87; Die skeptische Landschaft 88; Brachzeit 90; Hora de Poesia 90; Kommt Zeit – kommt Rat, Sprichwort-G. 90; Deutsch reden, Redensarten-G. 92; Schweizer Lesebuch 94; zeitweilig 96; Antologia de la Poesia suiza alemana 98; P.E.N.-Anth. 98; Beginn den Tag mit Poesie 99; Töbel u. Höger 01. – **H:** reflexe, Zs., seit 58; Hans Davatz: Die Seele des Zwischenraums, G. 94; ders.: Bartnelkengeruch, G. 96. – **MH:** edition herbszt, seit 73. – **R:** Nekrolog, Hsp. 77. – *Lit:* Dieter Bachmann: Von d. Weite d. Augenblicks 70; Egon Wilhelm: Rutengänger d. Poesie 75; Ernst Nef: Von Mund zu Mund 77; Sprache als Behelf 81; Rainer Stöckli: Sprachernst u. Sprachspiel 81; Nach Quellen pendeln 84; Egon Wilhelm: Macht d. Lyr. 85; Ernst Nef: Lyrikerporträt. R.H. 85; Beatrice Eichmann-Leutenegger: Pöröses Selbstbewusstsein 87; Ingeborg M.C. Prosch-Brückl: Zum lyr. Werk R.H.s 94.

Hörmann, Marlene (geb. Marlene Nehrkorn), Realschullehrerin; Theodor-Storm-Str. 7, D-38442 Wolfsburg, Tel. (0 53 62) 5 18 32, Fax 54 69 26, *hoermannw@ aol.com, www.marlenehoermann.com* (* Braunschweig 11. 4. 38). Arb.gr. Lit. in d. Braunschweig. Landschaft 00; Lyr. – **V:** ... barfuß am Strand, G. 85, 7. Aufl. 98; Wolkenspiele, G. 86, 5. Aufl. 98; Flügel im Wind, G. 89, 3. Aufl. 98; Zauber der Weihnachtszeit, G. u. Gedanken 92, 4. Aufl. 00 (auch auf Tonkass.); ... ein leises Lied, G. 95; ... ein Lächeln bleibt, G. 98; Die siebente Seite des Würfels entdecken 04, 05. – **MA:** Veröff. in Kal., Jahrb., Trauerb., Zss., Ztgn., Heimatkal. etc.; 2000 Gedichtkarten.

Hörner, Jürgen; Werner-von-Siemens-Str. 29, D-76351 Linkenheim-Hochstetten, Tel. (0 72 47) 8 99 08, *juergenlukas@go4more.de* (* Edesheim/Pfalz 14. 7. 56). Dramatik. – **V:** Nichts als Kuddelmuddel, Lsp., Ms. 96; Zum kurzsichtigen Uhu, Lsp., Ms. 99 (auch in schwäb. Mda.); Drei Kerle und ein halber, Lsp., Ms. 02. (Red.)

Hörner, Unda, Dr. phil., Schriftst. (* 11. 11. 61). Bettina-von-Arnim-Pr. (2. Pr.) 01; Biogr., Rom. Ue: frz. – **V:** Unter Nachbarn, R. 00; Flüchtige Männer, Erzn. 03; mehrere Biogr. u. a. Sachbücher. – **P:** Verführung im Schatten der Dünen, CD 00. – **Ue:** André Breton: Entretiens – Gespräche 96. – *Lit:* s. auch SK. (Red.)

Hoerning, Hanskarl, Kabarettist i. R.; Konrad-Hagen-Platz 2, D-04277 Leipzig (* Leipzig 28. 12. 31). Sachb. – **V:** Geh hin, wo der Pfeffer wächst 84; Keinen Pfifferling wert? 89, 2. Aufl. 90; Harlekin im Stasiland 94; Harzstationen, Reiseber. 95; Im Zeichen des Pilzes, Erinn. 00; Die Leipziger Pfeffermühle. Geschichten u. Bilder 04; Aufgewachsen in Ruinen, Erinn. 08. – **MV:** Die Geschichte der Nikolaischule zu Leipzig im 20. Jh., m. Hans Burkhardt u. Manfred Andreas, Dok. 01. – **MA:** Pfeffermüllereien, Kabarett-Texte 75, 78; Leipzig in Trümmern, Text-/Bildbd 04; Drei Tage im April. Kriegsende in Leipzig, Dok. 05. – **MH:** u. MA: Dürfen die denn das. 75 Jahre Kabarett in Leipzig, m. Harald Pfeifer 96. – **R:** Zimmerkomödie, Fs.-Musical 63. – *Lit:* Metzler Kabarett Lex.

Hörr, Peter (Ps. Urs Bäumli), ObStudR. a. D.; Mühlweg 21, D-63303 Dreieich-Dreieichenhain, Tel. (0 61 03) 8 56 97, *peter_hoerr@web.de* (* Brandenburg/Havel 22. 3. 40). Rom., Erz. – **V:** Herr Berner und Filou. Eine Erzählung von Katzen und ihren Menschen 05; Wasser ist zum Baden da, Kurzprosa 06; Halbierte Kindheit. Von Brandenburg a.d. Havel nach Rüsselsheim a. Main 1940–55, Erinn. 07.

Hörtner, Heinz, Gendameriebeamter i. R., Bergführer u. Schilehrer; Parkstr. 5, A-8794 Vordernberg, Tel. (0 38 49) 8 01, *hoeha@lion.at* (* Knittelfeld 20. 12. 30). Rosegger-Ges., Stelzhamerbund; Lyr., Prosa. – **V:** Wos oan so einfollt 85; Wias oan so einfollt 87; A Joahr geht uma 90; Aus'n Tol in der z'Luibn 91; Joahresausklaung, G. 91, erw. Neuaufl. 00; Kräuter-ABC 92; Auf dem Weg zum Licht 93; Sing mit uns, Liedersamml. 93; Gipfelwind 94; Kurioses aus der Vergangenheit 95; Ortsgeschichte von Vordernberg 96; Häuserverzeichnis von Vordernberg 96; So redtma bei uns im Steirerland 96; Was mia im gaunz Joahr zan feiern hobm 97; Das große steirische Adventbuch 97; Leiden, natürlich lindern und heilen 98; Herentersberger G'schichtn 98; Die Liab ias dabei 99. (Red.)

Hörz, Herbert, Prof., Dr. phil. habil., Dr. h. c., Wiss.-philosoph u. -historiker; Hirtschulzstr. 3, D-12621 Berlin, Tel. (0 30) 5 64 56 22, *herbert.hoerz@t-online.de* (* Stuttgart 12. 8. 33). – **V:** Lebenswenden, Biogr. 05; s. auch GK. – **MA:** Nachwort zu: G. Lem: Summa technologiae 80, Philosophie des Zufalls I 88, II 90; O.R. Spittel (Hrsg.): Science Fiction, Ess. 87. – *Lit:* G. Banse/S. Wollgast: Philosophie u. Wiss. in Vergangenheit u. Gegenwart, Festschr. 03.

Höschle, Otto, lic. phil. I., Schriftst.; Bienenweg 33, CH-4106 Therwil, Tel. (0 61) 7 21 59 65 (* Sulz/Neckar 21. 1. 52). ISSV 82, Pro Litteris/Teledram 83, Gruppe Olten 85, Dt.schweizer. P.E.N.-Zentr. 93; Prix Suisse, lobende Anerkenn. 98, Schweiz. Hsp.pr. 99; Lyr., Hörsp., Prosa. – **V:** Die Lunte brennt, G. am Abgrund 84; Die Zauberinsel, M.-Sp., UA 86; Stadtrundgang, lyr. Miniatn. 92; Merglprech vom Berg Witschmont, Bilderb. 97. – **MV:** Schlüsseljahre, m. Romano Cuonz u. Heidy Gasser 84. – **R:** Heimkehr 78; Hören Sie

mich? 82; Bestiarium 83; Ecoutez, vous m'entendez? 84; D' Flinte id Hand und z'Bärg 97; Xaver Z'gilgen 97; Nansen 98; Pratolini, Kurzkrim. 04; Schönes Prättigau, Kurzkrim. 04; Die Sammlung, Kurzkrim. 04; i. d. R. „Auf der Pirsch. Das unmögliche Tier" 97–02: Der Langohrmuschel; Otto der Hausoktopus; Das Drakodil; Der Gletscherlöwe; Der Tzuytang; Der Geigenelefant; Der Gitifant; Der Polarfrosch; Der Schlangenbold; Lukas der Flugstier; Der Koala-Eisbär; Der Saharafisch; Tessie das Seeungeheuer; Der Grunzknödler; Die Qualle Sipototi; Die Wurstbeinzwecke; Das Wechselkopfschaf; Der Elekolyptus; Die Drachirfliege, alles Hsp. (Red.)

Hösle, Johannes, Dr., Prof. em. (Roman. Lit. wiss.); Müllerstr. 3, D-93059 Regensburg, Tel. (09 41) 8 57 46 (* Erolzheim 25. 2. 29). Premi de Sant Jordi; Autobiogr., Ess., Übers. Ue: ital, kat. – **V:** Cesare Pavese 61; Molière. Sein Leben, sein Werk, seine Zeit 87; Goldoni. Sein Leben, sein Werk, seine Zeit 93; Die italienische Literatur der Gegenwart 99; Vor aller Zeit. Geschichte e. Kindheit 00 (auch ital.); Und was wird jetzt? Geschichte e. Jugend 02 (auch ital.). – **MA:** zahlr. Beitr. in Lit.zss. u. Jahrbüchern seit 60, u. a. in: Schweizer Monatshefte; Merkur; Akzente; Jahresring. – **H:** u. Ue: Katalanische Erzähler 78; Erzählungen des ital. Realismus 85. – **MH:** u. MUe: Katalanische Lyrik im zwanzigsten Jh., m. Antoni Pous 70; Ramon Llull: Lo Desconhort/Der Desconhort, m. Vittorio Hösle 98. – *Lit:* s. auch GK.

Höslinger, Clemens s. Herbst, Christian

Höss, Dieter, Maler, Graffiker; Marsdorfer Str. 58–60, D-50858 Köln, Tel. (02 21) 48 81 50 (* Immenstadt 9. 9. 35). VS 70, Lit.haus Köln 99; Rhein. Lit.pr. Siegburg 00; Lyr., Sat., Parodie, Humor. – **V:** Ali und der Elefant 61; ... an ihren Büchern sollt ihr sie erkennen, Parodien 66; Schwarz Braun Rotes Liederbuch, Parodien 67; ... an ihren Dramen sollt ihr sie erkennen, Parodien 67; Binsenweisheiten, Epigr. u. Karikaturen 69; Gespensterkunde 69; Sexzeiler, Persiflage auf Sex-Beratung 70; Die besten Limericks vom D.H. 73; Wer einmal in den Fettnapf tritt ..., sat. G. 73; Hösslich bis heiter, Sat., Sprüche, Limericks 79; Kanal voll, Satn., Sprüche, Limericks 80, beide m. Collagen; Olympericks 84; Fortschritt der Menschheit, sat. G. m. Collagen 85; Fragen Sie Frau Olga 87; Kölner Limericks 94; Hössliche Weihnacht, Satn., Sprüche, Limericks 96; Land meiner Väter 97; Der Rhein von Koblenz bis Bingerick, Limericks 02; Ein Imi in Köln, Satn., Sprüche, Limericks 04; Wer war's?, 150 Rätselreime 04; Man muss den grauen Alltagshimmel kennen, Son. 06; Nudel-Sonette, m. Zeichn. v. Walter Hauel 06; Verknappung, sat. G. 07; Auch wieder mal im Städtle 08. – **MA:** zahlr. Beitr. in Ztgn u. Anth. seit 68, u. a. in: Die Zeit; Stern; SZ; Kölner Stadt-Anzeiger; Nebelspalter. – **P:** Schwarz Braun Rotes Liederbuch 67. – *Lit:* s. auch Kürschners Handbuch der Bildenden Künstler, 1. Aufl. 2005.

Hoessle, Renata von (Renata Juliane Edle von Hoessle), M. A.; Lennéstr. 17, D-53113 Bonn, *renavhoe @aol.com, www.renatavonhoessle.de* (* Kuwait 1. 2. 79). Ue: Lichtrisse, Lyr. u. Zeichn. 07. – **MA:** Amour Fou 04; Autoren ohne Grenzen – auf nach Indien 06; Beitr. in: Indienmag. 6/08–8/08; Südasien 8/08.

Höting, Hans, freiberufl. Journalist, Heilpraktiker, Clowndoktor; Tiwedelftsweg 13, D-28279 Bremen-Arsten, Tel. u. Fax (04 21) 82 03 95, 82 56 77, *hoeting-bremen-hp@t-online.de, www.top-hoeting.de.* Nösslerstr. 3, D-28359 Bremen (* Bremen 20. 11. 34). Rom., Erz., Lyr., Hörsp., Fernsehsp. – **V:** Worte, Lyr. 83; Lachen ist die beste Medizin, heitere Episoden 93; Der neue Tag besiegt die Nacht, Bilder u. Kurztexte 93; zahlr. Sachb. zu heilprakt. Themen. – **MA**: mehrere Veröff. in Anth. – **P**: Höting Lachlieder, CD 01. – *Lit*: s. auch 2. Jg. SK. (Red.)

Hoevels, Fritz Erik, Dr. phil., Dipl.-Psych., Psychoanalytiker; c/o Ahriman-Verlag, Freiburg, *fritzerik.hoevels@gmx.de*, *www.fritz-erik-hoevels.com* (* Frankfurt/M. 6. 1. 48). Ue: engl. – **V**: Waitoreke. Stück in einem Akt 93 (auch als bibliophile Ausg.), 2 CDs 98; zahlr. wiss./Fachveröff. – **Ue**: Hyam Maccoby: Die Disputation, Theaterst. 04. – *Lit*: s. auch SK. (Red.)

Hoeverkamp, Ingeborg (geb. Ingeborg Wienzkol), Realschullehrerin; Karl-Plesch-Str. 15, D-90596 Schwanstetten, Tel. (0 91 70) 9 78 14, Fax 9 78 15, *WHoeverkamp@t-online.de* (* Vilseck/Bayern 10. 9. 46). Frankenbund 93, FDA Hessen 95, Pegnes. Blumenorden 98; Ausz. f. Lyr. durch d. FDA 91, Elisabeth-Engelhardt-Lit.pr. d. Ldkr. Roth 97, 2000 Outstanding Writers of the 20th Century, Intern. Biographical Centre, Cambridge/England 00; Monographie, Wiss. Beitrag, Ess., Erz., Kurzgesch., Hörbild, Bericht, Märchen, Kindergesch., Lyr., Rom. – **V**: Elisabeth Engelhardt. Eine fränk. Schriftstellerin (1925–1978), Monogr. 94; Ein Riemenschneider in Mittelfranken, Kirchenführer 96; Mondstaub, Lyr. 97; Zähl nicht, was bitter war..., R. 01. – **MA**: Heimatkundl. Streifzüge seit 90; Frankenland 2/93, 4/94, 5/96, 4/98, 5/98, 1/99; Mit offenen Augen 97; Einer flog übers Gemüsefach 97; Wir sind so solchem Zeug wie das zu Träumen 97; Katalog: Ausstellungen u. Lesungen 96–97 98; Seitenwechsel 00; Hefte f. Kultur u. Bildung (dt.-poln.), seit 03. – **R**: Fränkische Weihnacht, Fk-Erz. 94; Ein Riemenschneider in Mittelfranken, Hb. 96. – *Lit*: 2 Interviews im BR 93, 96; Inge Meidinger-Geise in: Lit. in Bayern Nr. 37 94; Dieter Stoll in: Selbstportrait 99; Dt. Schriftst.lex. 00; John Gifford in: 2000 Outstanding Writers of the 20th Cent. 00; ders.: 2000 Intellectuals of the 20th Cent. 00. (Red.)

Hofbauer, Friedl (auch Elfriede Hofbauer-Kauer, Ps. f. Elfriede Kauer); Daringergasse 12–20/13/6, A-1190 Wien, Tel. (01) 3 20 35 14 (* Wien 19. 1. 24). Ö.S.V. 47, Podium – Lit.kr. Schloß Neulengbach; Pr. d. Romanpreisausschr. v. Jugend u. Volk Wien, Lit.förd.pr. d. Stadt Wien 64, Öst. Kd.- u. Jgdb.pr. 66, 69, 81 u. 83, Kd.- u. Jgdb.pr. d. Stadt Wien 66, 69, 75, 81 u. 84, Theodor-Körner-Förd.pr. 67, Hsp.pr. d. Stadt Linz u. d. ORF 67, Dt. Jgdb.pr. (f. Übers.) 75, E.liste z. Hans-Christian-Andersen-Pr. 75, Silb. E.zeichen d. Stadt Wien 94, Öst. Staatspr. f. Kinderlyr. 99; Lyr., Hörsp., Rom., Nov., Kinder- u. Jugendb. Ue: engl, ital. – **V**: Am End' ist's doch nur Phantasie, R. 60; Traumfibel, G. 69; Der kurze Heimweg, R. 71; Die Insel der weißen Magier, u.a. Merlin-R. 87; – KINDER- u. JUGENDBÜCHER u.a.: Hokuspokus, M. in 3 Akten 1949; Der Schlüsselbund-Bund, R. 64; Eine Liebe ohne Antwort, R. 64; Die Wippschaukel, Reime u. G. 66; Fräulein Holle 67; Der Brummkreisel, G. 69; Die Träumschule 72; Agapimu 72; Zwei Kinder und ein Mondkalb 72; Der Benzinsäugling oder Die Reise nach Papanien 73; Im Lande Schnipitzel, G. 73; Von allerlei Leuten 73; Das goldene Buch der Tiere im Wald und auf der Wiese 74; Die Kirschkernkette, Jgdb. 74; Lochschaufler und Tunnelbauer 74; Mit einem Blumenstrauß 74; Das Spatzenballett 75; Der Meisterdieb 75; 99 Minutenmärchen 76; Links vom Mond steht ein kleiner Stern 77; Das Land hinter dem Kofferberg 77; Mein lieber Doktor Eisenbarth 78; Der Waschtrommel-Trommler 80; Die sieben Langschläfer 80; Ein Garten für Stutzimutzi 80; Katze schwarz und Wolke weiß 80; Tierkinder groß

und klein 80; 333 Märchenminuten 81; Federball 81; Der Engel hinter dem Immergrün 81; Der Esel Bockelnockel 83; Minitheater, Fingerspiele u. Spiel-G. 83; Die Glückskatze 84; Komm, kleiner Indianer 84; Der kleine grüne Tannenbaum 85; Die große Wippschaukel 85; Ein Stück Zucker für die Maus 86; Das Bett ist gemacht 87; Das ganz sanfte Pferd Nelly u.a. Tiergeschichten 90; Die Wassermänner aus dem grünen Fluß 91; Von Rittern und Rettern, G. u. Geschn. 91; Gespenster bitte warten 92; Zehenbuch 92; Heinzelmännchen und Wichtelweibchen 93; Katzenbettgemisch 93; Wenn ein Löwe in die Schule geht 93; Fee Fledermaus 94; Miki und der Saurierkönig 94; Die Spinnerin am Kreuz, hist. Gesch. 94; Minni, Robi und das Baby; ... und der Krach; ... und der Streichelzoo; ... und das Nachtgespenster, alle 95; Von Pferden, Mäusen u.a. Tieren 95; Der Heidelbeerbär 96; Die Heinzelmännchen und Wichtelweibchen kommen zurück 96; Die Schliefernasen und der kleine Mruschel 96; Auf in die Fehlermachschule 98; Was Papagei Lorenzo erzählt 98; Weihnacht im Winterwald 99; Weißt du, daß alles sprechen kann?, G. 99; Zum Glück gibt's Oma, Geschn. 99; Häschen und Rübe 99; Gute Nacht im Bärennest 01; Geduld bringt Frösche 06. – **MV**: Examen im Splittergraben. Ein Tageb. d. letzten Kriegswochen in Erinn., Dok. u. Interviews, m. Herbert Riesz 88; Zahnweh, Tod und Teufel, m. C. Buchinger u. B. Waldschütz 98. – **B**: W. Shakespeare: Der Sturm, M. 92; Gebrüder Grimm: Von Hexen, Feen und allerlei Zauberei 95, Von Schelmen und Glückskindern 96, Tiermärchen 97; Sagen aus dem Burgenland; ... Kärnten; ... Niederösterreich; ... Oberösterreich; ... Salzburg; ... der Steiermark; ... Tirol; ... Vorarlberg; ... Wien 00. – **MA**: Tür an Tür, G. 50, 51 II; Ernstes kleines Lesebuch 55; Lebendige Stadt. Alm. d. Stadt Wien, G. 56, 62; Die Barke, G. 61, 63; ... und senden ihr Lied aus. Lyrik öst. Dichterinnen v. 12. Jh. bis z. Gegenwart 63; Wien im Gedicht 67; Schriftsteller erzählen von ihrer Mutter 68; Die Propellerkinder 71; Komm und spiel mit dem Riesen, Jb. f. Kinder 72; Der Riesenhans, Sagen 76; Die Frösche von Bethlehem, Theaterspiele 96; Reime, Rätsel u. Geschichten, u.a. – **R**: Die Spur und der Strom, Hsp. 66; Orpheus in der Oberwelt, Hsp. 68. – Ue: Gianni Rodari: Von Planeten und Himmelhunden (nur die Gedichte) 69; Erskine Caldwell: Unser Gast das kleine Reh 71; Mosel/Lent: Die kleine Lachfrau 75; J.C. George: Julie von den Wölfen 75; ders.: Angle dir einen Berg 76; Toshi Maruki: Das Mädchen von Hiroshima 80; mehrere Titel von Hans Wilhelm 88/89, Peter Dickinson, u.a. – *Lit*: KLÖ 95. (Red.)

Hofbauer, Maria (geb. Maria Beer), Lehrerin; Ledererergasse 30, D-94032 Passau, Tel. (08 51) 26 96 (* Passau 12. 6. 32). Rom., Erz., Ess., Kulturgeschichtl. Hörfunkbeitrag. – **V**: Boiotro oder Der Fall Severin, R. 96. – **MA**: Kurzgeschn. in: Altbayerische Heimatpost 92, 62; Reiseber. in: Passauer Neue Presse 72–93; Ess. in: Schöner Bayerischer Wald 91–94. – **R**: tägl. Alm. u. wöchentl. kulturelles Preisrätsel in: Radio Passau u. Inn-Salzach-Welle 87–98 – *Lit*: Gerhard Beckmann in: Die Welt v. 23./24.11.96, u.a. (Red.)

Hofbauer-Kauer, Elfriede s. Hofbauer, Friedl

Hofele, Klaus s. Walder, Andre

Hofer, Franz; Reinberger Gerbst. 112/31, A-8020 Graz, Tel. (03 16) 91 41 95, *frhofer@surfeu.at* (* St. Marein b. Graz 16. 8. 37). Lyr., Prosa, Hörsp., Theater. – **V**: Gedichte gegen das Zerfließen eines Aufenthalts 99; ... einen Tunnel ins Herz gegraben, G. 00. (Red.)

Hofer, Franz Xaver, Schriftst., ehem. Lehrer; Korneredt 14, A-4780 Schärding, Tel. u. Fax (0 77 12) 30 29, *fxhofer@utanet.at* (* Niederwaldkirchen/OÖ 24. 11. 42). ÖDV, Öst. P.E.N.-Club bis 05; Drehb.pr.

d. ORF 76, Arb.aufenthalt im Bundesländeratelier Paliano/Ital. 00; Erzählende Prosa, Lyr., Drehb., Hörsp., Ess. – **V:** Orestie 72, Dr., UA 72; Der Sohn des Faßbinders, Erzn. 85; Der Kentaur, Erz. 91; Die Notwehr des Herakles, Erzn. 93; Valeries Partitur, R. 96; Schnee, Seele, G. 99; Sigmund oder die Stimme am Ohr, Erz. 99; Flammengrün, G. 01; Die Reisen des Nico Landmann, R. 04; FLORA. Pflanzenportraits, G. 05; Das Ich im Freien, Lyr. Kalender 07. – **MV:** Texte/Ess. u. a. in: Margret Bilger als Zeichnerin 75; Hans Breustedt 76; G. Ph. Wörlen, Biograf. Abriß 90; Die Papiere des Pino Guzzonato 94; Das Netzwerk der Sinne 95; Josef Čapek 96; Wellen und Netze 00; Hadwig Schubert. Arbeiten von 1970–1996 04; Stifter x 3 07, alles Kat. – **MA:** Erzn. in: die Rampe 78, 81, 84; Landstrich 80–83; Geschichten aus der Arbeitswelt I 82. – **MH:** Landstrich, Kulturzs., seit 80; Die Rampe, Lit.zs. d. Landes OÖ, 85–90 u. 98. – **R:** Sprachgestört, Fsf. 77; Orest – wer ist das?, Hsp. 78; Das Prinzip Verletzlichkeit, fiktives Interview 85.

Hofer, Herbert, Mag. phil.; Guritzerstr. 66, A-5020 Salzburg, Tel. (06 62) 43 54 70, *herb.hofer@aon.at* (* Salzburg 9. 11. 24). IGAA 96. Ue: engl. – **V:** Hüben und drüben. Vomero, 2 Erzn. 99. – **MA:** Erziehung u. Unterricht, H. 9/83. – **R:** „Das Posthornserenade" und der Fluß der teilt, Erz. im Rdfk 50; Eine Jugend, autobiogr. Erz. im Rdfk 96. (Red.)

Hofer, Hermann (Ps. Charles Ofaire), Prof. Dr., Musiker, Regisseur, Romanist, Autor; Mariborer Str. 20, D-35037 Marburg, Tel. (0 64 21) 16 11 63, Fax 16 51 43, *margret.riegels@gmx.de*, *www.hofer-marburg.de*. Soc. des Ecrivains Normands; Lauréat de l'Académie de la Manche, Chevalier dans l'Ordre des Palmes Académiques et de la Légion d'Honneur; Drama, Rom. Ue: frz. – **V:** Der letzte Auftritt des Herrn Mercier oder Das Mahl 95; La Cène de Mère 98; Nur für Sie 07. – **MV:** Berlioz. Ein Franzose in Deutschland, m. Brzoska u. Strohmann 03. – **Ue:** Barbey d'Aurevilly: Ein verheirateter Priester, R. 68; Charles Nodier: Die Krümelfee u. a. Erzählungen 72.

Hofer, Karl, Prof., Journalist im ORF, Intendant d. ORF-Landesstudios Burgenland 74–82 u. 86–90; Stiegengasse 2, A-7202 Bad Sauerbrunn, Tel. (06 64) 2 44 84 33 (* Forchtenstein 22. 11. 29). P.E.N.-Club Burgenland, Vizepräs.; Würdig.pr. d. Ldes Burgenland f. Kulturpublizistik 80, Gür. E.zeichen d. Ldes Burgenland 82, Berufstitel Prof. 03. – **V:** Meine Rundfunkjahre. Der Aufbau d. ORF-Landesstudios Burgenland 94; Mäusewässerer, R. 04; Begegnung mit der Lebenszeit, Erzn. 05. – **MA:** Zss. u. a.: Volk u. Heimat; Pannonia; Wortmühle; versch. Anth.

Hofer-Garstka, Heiderose; Maxburgweg 10, D-76187 Karlsruhe, Tel. (07 21) 7 45 34. Apartat Correus, E-43580 Deltebre/Tarragona, Tel. (00 34) 9 77 47 70 94 (* Karlsruhe 6. 8. 41). – **V:** Meine kleine Anthologie. Über 60 und (k)ein bisschen weise 06, 2.,erw. Aufl.

Hofer-Riffler, Yvonne; Anzenbach 9, A-3240 Mank, Tel. (0 27 55) 85 03 (* Straßburg 17. 10. 31). Lit. Ges. St. Pölten 03; Buchpr. b. Lit.wettbew. d. NÖ-Ldesreg. 99. – **V:** Freiheit hinter Milchglasscheiben, Erz. 01; Verschollen in Brasilien, R. 03.

Hoff, Kay, Dr. phil.; Flanaganstr. 17b, D-14195 Berlin, Tel. u. Fax (0 30) 84 71 90 06 (* Neustadt/Holstein 15. 8. 24). P.E.N. 69; Lyr.pr. b. 'Wettbew. junger Autoren' d. Ldes Schlesw.-Holst. 52, Pr. b. Funkerz.-Wettbew. d. SDR 57, Förd.pr. z. Gür. Kunstpr. d. Ldes NRW 60, Ernst-Reuter-Pr. 65, Georg-Mackensen-Lit.pr. 88, E.gast Villa Massimo Rom 94; Lyr., Rom., Erz., Hörsp., Funkfeat. – **V:** In Babel zuhaus, G. 58; Zeitzeichen, G. 62; Die Chance, Hsp. 65; Skeptische Psalmen, G.

65; Bödelstedt oder Würstchen bürgerlich, R. 66, 69; Ein ehrlicher Mensch, R. 67; Eine Geschichte, Erz. 68; Netzwerk, G. 69; Zwischenzeilen, G. 70; Drei. Anatomie e. Liebesgesch. 70, 82; Wir reisen nach Jerusalem, R. 76; Bestandsaufnahme, G. 77; Hörte ich recht?, 8 Hsp. 80; Gegen den Stundenschlag, G. 82; Janus, R. 84; Zur Zeit, G. 87; Zeit-Gewinn, G. 1953–1989 89; Frühe Gedichte 1951/52 94; Voreheliche Gespräche oder Im Goldenen Schnitt, R. 96; Zur Neige, G. 1989–1998 99; Der Kopf in der Schlinge, R. 00; Gesammelte Werke in Einzelausgaben, Bd 1–7 hrsg. v. Jürgen H. Petersen, Bd 8–10 hrsg. v. Hans Dieter Zimmermann, 02–05; Reminiszenzen. 4 Elegien 06. – **MA:** Kunst in Schleswig-Holstein 53; Auch in Pajala stechen d. Mücken, Erzn. 56; Jahresring 57/58, 61/62; Neue Ornithologie, G. 60; Gott kommt ins Heute 60; Dt. Lyrik. G. seit 1945 61; Lyr. aus dieser Zeit 1963/64 63; Eckart-Jb. 1963/64 63; Beschreibung e. Stadt (Düsseldorf) 63; Lyr. in unserer Zeit. Bremer Beitr. IV 64; Keine Zeit f. Liebe?, G. 64; Panorama mod. Lyr. dt.sprechener Länder 65; Ich habe d. Ehre, Hsp. 65; Spiele f. Stimmen 65; Mariza 65; Tuchfühlung, Erzn. 65; Stimmen vor Tag 65; Thema Weihnachten 65; jahrbuch 66; Dt. Teilung 66; Thema Frieden 67, alles G.; D. Reise nach Bethlehem, Erzn. 67; Werkb. Gottesdienst 67; Strömungen unter d. Eis, Erzn. 68; Dschungelkantate, Spiele & Happenings 68; Alm. 2 f. Lit. u. Theol. 68; Ehebruch & Nächstenliebe, Erzn. 69; Eremitage od. Herzblättchens Zeitvertreib 69; Poeten beten, G. 69; Mitternachtsgeschn., Erzn. 69; Alm. 4 f. Lit. u. Theol. 70; Nachkrieg u. Unfrieden, G. 70, Neuausg. 95; Motive 71; Du bist mir nah, Erzn. 71; Aller Lüste Anfang 71 (A Soragyogasu Banat, G. 73); Schaden spenden 72; Geständnisse. Heine im Bewußtsein heutiger Autoren 72; Jedem deutsch, G. 74; Im Bunker 74; Miteinander, G. 74; Der Seel e. Küchel 74; Gegenwartslit. Mittel u. Bedingungen ihrer Produktion 75; Unartige Bräuche 76; Wer ist mein Nächster 77; D. gr. dt. Gedichtb. 77, 91; D. gr. Rabenb. 77; Psalmen v. Expressionismus bis z. Gegenw. 78; D. Stimme in d. Weihnachtsnacht 78; Jb. f. Lyr. 1 79; Hoffnungsgeschn. 79; Schnittlinien 79; Bestandsaufnahme 80; Lyrik, G. 80; 47 u. elf Gedichte üb. Köln 80; Seismogramme 81; Kennwort Schwalbe 81; Ja, mein Engel 81; Rufe, G. 81; Lessing heute 81; Komm, süßer Tod 82; Wenn d. Eis geht, G. 83, 85; D. Erde will ein freies Geleit, G. 84; Poesie fürs Album, G. 84; D. Ros ist ohn Warum, G. 84; Festschr. Johann-Heinrich-Voß-Schule 84; Denk ich an Weihnacht 84; Schläft e. Lied in allen Dingen, G. 85; Mein Wort ihm Glück mein Weinen, G. 85; Honig klebt am längsten 85; D. Worte haben es schwer mit uns 85; Ernst Meister 85; Lübecker Lit.-Tel. Autorenlex. 85; Heiterkeit ist d. Himmel unter d. alles gedeiht, G. 86; Nenne deinen lieben Namen den du mir so lang verborgen 86; Eremiten-Alphabet, G. 87, 91; Se begab sich aber zu d. Zeit 87; Vom Fliegen 90; Wenn sich d. Jahre neigen 90; Köln im Gedicht 91; Zwischen gestern u. morgen 91; Lyr. unseres Jahrhunderts 92; Auschwitz. Gedichte 93; Schleswig-Holstein im Gedicht 93; Kindergarten 94; Das ist d. Ostsee 98; Unvollendete Geschn. 1972–1977 98; Diesen Himmel schenk ich dir 98; Seelenarbeiten 1978–1983 98; Alm. d. Autorenbuchhandlung 98; Ich denke mir eine Welt 98; Der neue Conrady 00; Doch wo kommt es morgen 00; Fundstücke, Jb. 01; Dt. Lyrik 1961–2000 01; Lyrik nach Auschwitz 01; Bahnhöfe 03; Sea and Land in Poetic Harmony 05; Lady-Tagebuch 05; Das Leben ist doch schön! 07. – **R:** Kein Gericht dieser Welt 61; Nachtfahrt 63; Alarm 63; Rezepte 64; E. Unfall 64; D. Chance 64; Zeit zu vergessen 64; Dissonanzen 65; Nachrufe 65; Inventur 65; Bödelstedter Würstchen 65; Konzert an vier Telefonen

547

66; Im Durchschnitt 66; Stimmen d. Libal 66; Solange man lebt 67; Totentanz f. Querflöte u. Solostimmen 67; Liebesbericht 68; Spiegelgespräch 68; Uhrenzeit 69; E. Schiff bauen 69; Unkraut 69; Materialien zu e. Liebesroman 70; Unterwegs 76, alles Hsp.; – Lukas u. d. Zeit d. Pilze 59; D. Prophet u. d. Kaufhaus 59; Beschreibung e. Stadt: Düsseldorf 62; Ungestraft unter Palmen 66; D. Schulgeburtstag 66; Student sein, wenn d. Veilchen blühen 68; Thema Schwarz-Weiß 68; E. Brüllen ohne Ende 74; Wie ich anfing 74; Autoren-Musik 74; Beschreibung v. Bruchstellen 75; D. Falkland-Inseln – am Rande d. Welt 80; Iyengar u. d. Illusion 81. – *Lit:* Wilpert: Lex. d. Weltlit. 88; Thomas Wörther: Das frühe Romanwerk v. K.H. 04; ders.: Schriften eines Unbequemen. Das Prosawerk v. K.H., Diss. Berlin 08; Jürgen H. Petersen in: KLG.

Hoffbauer, Jochen; Ehrstener Weg 1, D-34128 Kassel, Tel. (05 61) 88 27 23 (* Geppersdorf-Liebenthal/ NS. 10. 3. 23). Wangener Kr. 58, VS 77; Eichendorff-Lit.pr. 63, Hsp.pr. d. Stift. Ostdt. Kulturrat 70, Medienpr. Bd V Bayern 85, Gerhart-Hauptmann-Plakette d. Kulturwerks Schlesien 03; Rom., Lyr., Erz., Ess., Jugendb., Hörfunk. – **V:** Winterliche Signatur, G. 56; Voller Wölfe und Musik, G. 60; Unter dem Wort, Ess. 63; Die schönsten Sagen aus Schlesien, Samml. 64; Abromeit schläft im Grünen, Erzn. 66; Schlesische Märchenreise, Samml. 69; Passierscheine, G. 76; Scheinwerferlicht, G. 82; Hüte das Bild! – Liegnitz und seine Dichter, Ess. 85; Glut aus der Asche, Erzn. 87; Schwalbental, R. 91; Eisregen, Erzn. 97; Stationen, G. 02; Winterstrophen, G. 06. – **MA:** Lyr. u. Prosa in üb. 50 Anth. – **H:** Schlesisches Weihnachtsbuch, Anth. 65; Schlesien – Du Land meiner Kindheit 66; Sommer gab es nur in Schlesien. Schlesische Erz. 72; Riesengebirge – Eine Landschaft im Bild ihrer Dichter 82. – *Lit:* Arno Lubos: Geschichte der Literatur Schlesiens Bd 3 74; Ostdeutsche Gedenktage 1993 92; Spektrum des Geistes, u. a. 94; Hans-Joachim Sander (Hrsg.): J.-H.-Freundesgabe 03. (Red.)

Hoffer, Gerda (Ps. Illy Stefan, geb. Gerda Pollatschek), Sprachlehrerin, Übers., Schriftst., Journalistin (* Wien 3. 2. 21). Ue: engl. – **V:** Guilty my Lord, Detektiv-R. 68 (engl.); I did not survive 81 (engl.); The Utitz Legacy 88 (engl.); Ererbt von meinen Vätern. 400 Jahre europ. Judentum im Spiegel e. Familiengesch. 90; Nathan Ben Simon und seine Kinder. Eine europ.-jüd. Familiengesch. 96; Zeit der Heldinnen. Lebensbilder außergewöhnl. jüdischer Frauen 99; Ein Haus in Jerusalem 02/03. – **B:** Stefan Pollatschek: Dr. Ascher und seine Väter, R. 99. – **MA:** Veröff. in engl. u. amerikan. Zss.; Mit der Ziehharmonika: Kleider machen Leute 91; Wer war Viktor Matejka? 94. – *Lit:* Bernadette Rieder: Deutschspr. SchriftstellerInnen österr. Herkunft in Palästina/Israel. (Red.)

Hoffer, Klaus, Dr., Schriftst.; Aspasiagasse 2, A-8010 Graz, Tel. u. Fax (03 16) 38 29 71, *hoffer.klaus @tele2.at* (* Graz 27. 12. 42). F.St.Graz 63, GAV 72; Förd.pr. d. Stadt Graz 79, Rauriser Lit.pr. 80, Alfred-Döblin-Pr. 82, Lit.förd.pr. d. BMfUK 83, Stip. d. Dt. Lit.fonds 85, Elias-Canetti-Stip. 86, Lit.pr. d. Ldes Stmk 86, manuskripte-Pr. 92; Rom., Prosa, Übers. Ue: engl. – **V:** Halbwegs. Bei den Bieresch I, R. 79; Am Magnetberg. Ein Fragment, Erz. 82; Der große Potlatsch. Bei den Bieresch II 83; Methoden der Verwirrung 85; Pusztavolk, Ess. 91; Bei den Bieresch (1979/83), Neuaufl. 07; Die Nähe des Fremden, Ess. 09. – **MA:** Beitr. in: Manuskripte; Protokolle; Fiction Intern. – **MH:** Graz von außen, m. Alfred Kolleritsch, Anth. 03. – **R:** Am Magnetberg; Säcke; Fürsorglich..., Vorzüglich ..., alles Hsp. – **Ue:** Kurt Vonnegut: Jailbird 80; Jakov

Lind: Reisen zu den Enu 83; Raymond Carver: Kathedrale 86; Nadine Gordimer: Der Ehrengast 86; Humpty Dumpty: Die 77 schönsten engl. Kinderreime, Nonsenseverse u. Rätselsprüche aus d. berühmten Sammlung d. Mother Goose 85; Kurt Vonnegut: Mutter Nacht 87; Raymond Carver: Wovon wir reden, wenn wir von Liebe reden 89; Joseph Conrad: Almayers Luftschloß 92; ders.: Lord Jim 98; Lydia Davis: Fast keine Erinnerung 08. – *Lit:* Madleine Napetschnig: K.H. (Dossier extra) 98; Paul Jandl in: NZZ 9.7.07; Gerhard Melzer in: KLG.

Hoffmann, Angela Elisabeth, Schriftst., Übers., Ghostwriter, PR-Consultant; Theaterstr. 37, D-29352 Adelheidsdorf, Tel. (01 77) 2 19 41 28, Fax u. Tel. (0 50 85) 79 01, *hoffmannae@aol.com* (* Hannover 2. 10. 57). VS 75–88; Lit.förd.pr. d. Ldes Nds. 88; Lyr., Ess., Rom., Übers., Ghostwriting. Ue: engl, am. – **V:** Aphrodisiaka, G. u. Kurzprosa 79; Die Haut vom Leib, G. dt./engl. 87. – **MA:** zahlr. Anth.-Beitr., u. a. in: Mein heimliches Auge II 85; Gedichte Über Leben 84; Kopfstand 89; Knaurs Neues LeseFestival 90; Der goldene Drache, in: Sommerfestival Bastei-Lübbe 91; Unter dem Magnolienbaum, Erz. in: Schwestern der Erde 94; Flett ein kleines Blau vom Himmel 94; Der Weg des Schwertes, in: DAO 1/97; Der Kuß 98; Liebhabereien, erot. Leseb. 98, 02; Wort und Schrift, Leseb. f. den Deutschunterricht 9/10 00; Haiku mit Köpchen 03. – **Ue:** Jason Leen: Die Heimkehr des Propheten 90, Tb. 97; Philip Ziegler: König Edward VIII. 00. – **MUe:** Barbara Young: Kahlil Gibran. Die Biogr. 94; Khalil Gibran: Die Propheten-Bücher, m. Hans C. Meiser 02. – *Lit:* Hans-Dieter Gärtner / Peter Klemm: Der Griff nach d. Öffentlichkeit 89; Hendryk M. Broder: Erbarmen mit den Deutschen 94. (Red.)

Hoffmann, Anna *

Hoffmann, Anna s. Schnabl, Antje E.

Hoffmann, Christian s. Christ, Jan

Hoffmann, Christian; Schmellerstr. 25, D-80337 München, *crg.hoffmann@gmx.net* (* Bad Tölz 5. 8. 66). Erz., Artikel, Sat., Kritik. – **MV:** Fallstricke, m. Christian Haas, Geschn. 00; Wie kommt die Wienerin aufs Gleis, m. Markus Dosch u. Dieter Walter 01. – **MA:** zahlr. Beitr. in Zss., u. a.: Volksfest; Alien Contact; Gegengift; Das Blättchen; Maskenball; LiteraTour; Retro. – **H:** Klivuskante, Sat.- u. Lit.zs., seit 96; Uns reichts – Lesebuch gegen rechts, 1.–3. Aufl. 01. (Red.)

Hoffmann, Daniel, Dr. phil., außerplanmäßiger Prof. f. Neuere dt. Lit. wiss. Univ. Düsseldorf; c/o Heinrich-Heine-Universität, Germanist. Seminar IV, Universitätsstr. 1, D-40225 Düsseldorf, Tel. (02 11) 8 11 29 49, Fax 8 11 56 68, *daniel.hoffmann@phil-fak. uni-duesseldorf.de* (* Bielefeld 11. 6. 59). – **V:** Lebensspuren meines Vaters. Eine Rekonstruktion aus dem Holocaust 07.

Hoffmann, Dieter (Ps. Anton Thormüller), Red. i. R.; Ebersbrunn, Haus 19, D-96160 Geiselwind, Tel. (0 95 56) 10 56, Fax 8 17 (* Dresden 2. 8. 34). Akad. d. Wiss. u. d. Lit. Mainz 69; Rompr. Villa Massimo 63, Andreas-Gryphius-Förd.pr. 69, Wilhelm-Heinse-Med. 01, Arras-Pr. 01; Lyr., Ess. – **V:** GEDICHTE: Aufzücke deine Sternenhände 53, 72; Mohnwahn 56; Eros im Steinlaub 61; Ziselierte Blutbahn 64; Veduten 69; Lebende Bilder 71; Elf Kinder-Gedichte 72; Oeil de Boeuf 73; Seligenstädter Gedichte 73; Papiers Peints 74; Il Gardino Italiano 75; Norddeutsche Lyra 75; Alte Post 75; Villa Palagonia 76; Kinderfasching 76; Moritzburger Spiele 76; Sub Rosa 76; Schlösser der Loire 77; Gedichte aus d. Augustäischen DDR 77; Elegien aus Teisenham 78; Italia 80; Naxos 80; Engel am Pflug 80; Farbige Kreiden 84; Nachtprogramm 88; Drei ländliche Bilder 89; „Frammenti" 93; Graskrone 93; Pulvis et umbra 93; Kythera 94; Lössnitz-Gedichte 95; Glockenspeise 96; Pillnitzer Elegien 98; Joachimstein zu Radtmeritz 98; Waldzauber / Tier-Galerie 99; Gedichte aus der DDR selig 99; Medaillons 99; Die schönen Badenden 99; Das Entzücken 99; Neue Nymphen 00; Ernster Abend oder Crepuscalaria 00; Elbtal 02; Gesammelte Gedichte in Einzelbänden, (vorerst) 48 Bde 05; – WEITERE: Ernst Hassebrauk. Leben u. Werk 81; Eugen Batz. Leben u. Werk 84; Helmut Schmidt-Kirstein. Ein Dresdner Künstler 85; Dresden ein Traum. Lithogr. u. Zeichn. v. Ferdinand Dorsch, Bild-Bd 93; Streublumenmuster, Texte u. Reden 01. – MA: G. in: Stierstädter Gartenbuch 64. – H: Reinhard Goering: Dramen, Prosa, Verse 61; Hinweis auf Martin Raschke. Eine Ausw. d. Schriften 63; Max Ackermann, Zeichn. u. Bilder 65; Personen. Lyrische Porträts von d. Jahrhundertwende bis z. Gegenwart 66; Wasserringe. Fische im Gedicht 72; Literatur als Gepäck 79; Vor Bildern, Lyr.- u. Prosa-Anth. 99. – Lit: Gianni Selvani: Alchimismi Barocchi e Pittura Naïve. Cinque „Vedute" di Dieter Hoffmann, in: Poesia e Realtà 71; Eckart Kleßmann (Hrsg.): Schwanengesangsstunde. Noten z. Lit. u. Kunst im Werk v. D.H. 05; Das Wort liebt Bilder. D.H. – Arbeit m. Künstlern u. Pressen 1955–2005, Kat. u. Werkverz. 05. (Red.)

Hoffmann, Elvira, Verlagskfm.; Scharnhorststr. 43, D-58511 Lüdenscheid, Tel. (0 23 51) 4 12 22 (* Dahlbruch, Kr. Siegen 2. 5. 41). 1. Pr. b. Kurzgeschn.-wettbew. d. Maison Delacre u. d. Fischer Verl. 97; Kinder- u. Jugendb. – V: Frauke, das Mädchen am Meer, Kdb. 77, Teilabdr. 81 (frz.); Wiedersehen am Meer, Kdb. 77, 85; Heimweh ist erlaubt, Jgdb. 78; Begegnung mit Christian, Jgdb. 79, 81 (auch ndl., bras.); Zwei gegen die Tunnelbande, Kdb. 79; Mein Hobby, mein Beruf: Aus Liebe zum Pferd, Jgdb. 80; Abenteuer mit zwei Pferdestärken, Jgdb. 81; Ausstieg verpaßt, R. 81, 88 (auch dän., ndl., schw., span.); Das gestohlene Pony, Kdb. 81; Ingas Freund von gegenüber, Kdb. 81; Wie erzieht man eine Tante?, Jgdb. 82; Mit einem Hund durch dick und dünn, Kdb. 84, 87; Sand im Getriebe, Erzn. 84; Tragen Füchse Trainingshosen? oder Die Müllaktion, Jgdb. 84, 95 (auch gr., ndl.); Brummis, Pudel und Elendswürstchen, R. 95; Traumhaftes Inline-Skating 96; Erlebnishunger 97; Einer zu viel, Jgdb. 98; Süßer Traum von bösen Blumen, R. 98. – MA: Mädchenkal. d. Franz Schneider Verl. – P: Tragen Füchse Trainingshosen? oder Die Müllaktion, Schallpl./Tonkass. 85. – Lit: Fs.-Portr. d. WDR.

Hoffmann, Frank, Dr. phil., Regisseur; 1 Montée de Saeul, L-8395 Septfontaines, Tel. (0 03 52) 30 50 21, Fax 30 72 15 (* Luxemburg 23. 2. 54). Prix Lions 94; Ess., Drama, Film. Ue: frz. – V: Der Kitsch bei Max Frisch, Ess. 79; Genet – Der gebrochene Diskurs, Ess. 84; Trilogie der Wut, Stücke 85; Une histoire sans fin – Dialoge m. Corina Mersch 00; Zwölf Geschichten oder So 03. – MA: Son et lumière 90; Gemälde u. Bühnenbildentwürfe f. 'Othello' im Bremer Theater 94. – F: Die Reise das Land 87; Schacko Klak 90, beides Spf. – Lit: Jean-Paul Hoffmann in: 150 Jahre Theater in Luxemburg 89; Danièle Michels in: Revue 10/93; Irma Dohn in: Foyer 7/94; Laudatio z. Verleihung d. „Prix Lions 1994" an F.H., in: Forum 9/95, u. a. (Red.)

Hoffmann, Gabriele (geb. Gabriele Krüger), Dr. phil., Schriftst., Journalistin; An der Gete 43, D-28211 Bremen (* Berlin 19. 11.). Auswahlliste z. Dt. Jgdb.pr. 77, 2. Hist. Sachb.pr. Schloß Burg 85, Dt. Pr. f. Denkmalschutz 85; Biogr., Sachb., Rom., Rep., Feat. – V: Heinrich Böll, Biogr. 77, 91; Sommerhelden, R. 84, 94; Constantia von Cosel und August der Starke. Die Geschichte e. Mätresse, Biogr. 84, 08; Versunke-

ne Welten 85, 90 (auch span., ung.); Frauen machen Geschichte. Von Kaiserin Theophanu bis Rosa Luxemburg, Biogr. 91, 07; Das Haus an der Elbchaussee. Die Godeffroys – Aufstieg e. Dynastie 98, 08; Schätze unter Wasser 01; Die Schiffbrüchigen, R. 01, 04; Annas Atoll, R. 02; Max Warburg, Biogr. 08. – MA: Rundfunk und Fernsehen, H.4/71; Bremisches Jb., Bd 76 97; chasse-marée 171 04; Schiffahrtsarchiv, Jb. 05; Maritime Life and Traditions 27 05; Jb. der Männer vom Morgenstern 08; Internat. Journal of Nautical Archeology III/08. – H: 900 Jahre nasse Füße. Landschaft aus Deichen u. Gräben 90. – MH: Die Kogge, m. Uwe Schnall, Bd II 03. – R: zahlr. Rdfk-Feature. – Lit: s. auch SK.

Hoffmann, Gerd E., freiberufl. Autor; Pohlstadtsweg 454, D-51109 Köln (* Deutsch-Eylau 6. 6. 32). VS 69, P.E.N.-Zentr. Dtld; Villa-Massimo-Stip. 69/70, Preespr. d. Dt. Anwaltver. 91; Prosa, Lyr., Hörsp., Sachb., Jugendb., Mehrmediales, Grenzbereich, Feat. – V: Chromofehle, Beschreib. 67; Chirugame, Beschreib. m. einer Zuschreib. v. Heinr. Böll 69; Bellasten, Beschreib. 71; Erlebt in Indien – Wenn ich Vishnu Sharma hieße, Jgdb. 81; Die elektronische Umarmung, Jgdb. 82; Computersklaven. Computerherren, Jgdb. 83; 3 Sachb. 76–83. – MV: Tropenzeit, m. Angelika Mechtel, Reiseber. 93. – MA: u. a.: Enzyklop. d. Zukunft I 78; Hoffnungsgeschichten 79; Orwells Jahr – der Kalender für 1984 83. – H: Der verkabelte Mensch 83; Schaffen wir das Jahr 2000? 84; P.E.N. international, dt.-engl.-frz. 86. – MH: Numerierte Bürger 75; Es geht, es geht ... Zeitgenöss. Schriftsteller u. ihr Beitrag z. Frieden – Grenzen u. Möglichkeiten 82. – R: suchen sechsstimmig 70; erkennen vielstimmig, Daten-Krimi 1 71; Glückliche von morgen 71, alles Stereo-Hsp.; Wenn ich Vishnu Sharma hieße, Hörbild 80; 50 Welten fremder Entzückung, Wort-Ton-Beschreibung, m. K.H. Wahren 70. – Lit: s. auch SK. (Red.)

Hoffmann, Gerhardt, Pfarrer; Loewenhardtdamm 61, D-12101 Berlin, Tel. (0 30) 7 86 65 53 (* Bad Reinerz/Schles. 3. 1. 25). E.urk. d. „Verb. d. inhaftierten u. verbannten Widerstandskämpfer 67–74", Griechenland; Erz., Film, Rom. – V: Kreuzberger Geschichten, Erzn. 80, 81; Herzoperation, Ber. 88; Mein Herz hat mich verlassen, R. 97. – R: Und das Meer ist immer noch blau wie zu allen Zeiten ..., Prot. e. Griechenlandreise, Fsf. 71.

Hoffmann, Gisela; Julius-Brecht-Anger 39, D-46147 Oberhausen, Tel. u. Fax (02 08) 67 03 52 (* Oberhausen/Rhld. 19. 6. 32). Lit. Ges. Oberhausen e.V. 86; Ehrenritter d. Ordre Equestre du Saint-Sauveur de Mont-Réal 08; Rom., Erz., Polit. Sachb. – V: Kindheit zwischen Kohlen, Kühen und Kosaken, authent. Erzn. 90–94; Ein Genius zu viel – Timo springt ins Mittelalter, Jgd.-R. 02. – MA: Erzn. in: Bei uns zu Haus in Oberhausen, Anth. 87; Utkiek, Nr.31 04. – H: Zwischen Ablehnung und Zustimmung. Die Kinderlandverschickung Oberhausener Kinder von 1940–1945 01; Zwischen Angst, Ehre und Obrigkeit. 1940 bis 1945 – Kinderleben 05.

Hoffmann, Giselher W.; P.O. Box 14, Swakopmund/Namibia, Tel. u. Fax (0 02 64) 64 40 25 53, hoffmann@iway.na (* Windhoek 10. 1. 58). Bertelsmann-Romanpr. (3. Pr.) 00; Rom. – V: Im Bunde der Dritte 83; Irgendwo in Afrika 86; Land der wasserlosen Flüsse 89; Die Erstgeborenen 91, Tb. 94, 02; Die verlorenen Jahre 91, 03; Die schweigenden Feuer 94; Schattenjäger 01, Tb. 03, alles R. – Lit: Der Elefantenbulle und die Schriftsteller, Fs.-Rep. 99, gedr. in: Peter Faecke: Das Kreuz des Südens 01; M. Loimeier in: Anthropos, Zs. 01. (Red.)

Hoffmann

Hoffmann, Hans (Ps. Hoffmann-Herreros, Petra Piers, Hans Uri, Peter Siegentaler, eigtl. Johannes Peter Hoffmann), Dr.; Kirchstr. 22, D-51570 Windeck/Sieg, Tel. (0 22 92) 61 01 (* Wissen/Sieg 22. 11. 29). Rom., Erz., Biogr., Lyr. Ue: engl, frz, span, ital. – **V:** Zeitgenossen – Fünfzehn P.E.N.-Porträts, Biogr. 72; Die Schweigerose, Lyr. Texte 74; Am Abend sind die Lichter heller als am Tag. Texte f. d. späten Jahre, Lyr., Prosa 75; Auf seinen Wegen. Erlebnisse u. Geschn. mit Pastor Dienemann u. seinen Kommunionkindern 77 (auch jap.); Beim ersten Mal gelingt nicht alles. Geschn. aus Icksdorf 77, beides R. f. Kinder; Wer hätte das gedacht. 3 × 3 Geschn. zum Lesen u. Vorlesen 78; Da staunte Noachs Tochter, Geschn. v. Menschen u. Tieren f. kleine u. große Leute 78; Mettes Geheimnis, Geschn. f. Kinder 78; Der Ausflug, Mädchen-R. 79; Eine Entdeckung am Strand u. a. Abenteuer aus der Kirchengeschichte, Erzn. 86; Teresa von Avila. Ihr Leben zwischen Mystik u. Ordensreform 86; Ich lasse mich nicht einsperren. Das ungewöhnl. Leben d. Margery Kempe, Biogr. 87; Am Abend sind die Lichter heller als am Tag, Gebete 88; Charles de Foucauld, Biogr. 88; Catherine und William Booth, Biogr. 89; Das Nachtflugzeug, Geschn. 89; Matteo Ricci, Biogr. 90; Die neue Patmos Bibel 90; Dag Hammarskjöld, Biogr. 91; Thomas Merton, Biogr. 92. – **MV:** Patmos Bibel. Altes u. Neues Testament, m. A.-M. Cocagnac 67/68; Kirchengesch. in Bildern, m. Jaca 79/82 X. – **MA:** Wort u. Antwort; Meine Welt. – **H:** Spur der Zukunft. Moderne Lyr. als Daseinsdeutung 73; Weihnachtsgeschn. 75; Stille 76; Geborgenheit 77; Freundschaft 77; Gute Besserung 78; Geschn. von Tod und Auferstehung 78; Geschn. der Hoffnung 81; Geschn. von der Liebe 82; Geschn. von der Ehe 82; Geschn. vom Glück 83; Geschn. von der Freundschaft 84; Geschn. für stillere Stunden 84; Tröstliche Geschn. 85. – **MH:** Weihnachten. Materialien z. Feier in Familie, Gruppe u. Gemeinde, m. G. Frorath u. R. Harbert 73. – **Ue:** Errol Brathwaite: Sipuri, R. 63; José Vidal Cadellans: Bevor es Tag wird, R. 64; Thomas Merton: Sinfonie für einen Seevogel und andere Texte des Tschuang-Tse 73; Pierre Griolet: Zu jeder Zeit, Gebete 74; Frederick Buechner: Wer niemals zweifelt. Ein ABC des Glaubens 75; Raoul Follereau: Die Liebe treibt mich. Impulse für den Tag 78; Jacques Leclercq: Ermutigung zur Hoffnung, Prosa 78; Francine Fredet: Trotzdem gebe ich mein Kind nicht auf, Ber. 80; Carmen Bernos de Gasztold: Ein Fisch, der sich im Meer verirrte, Geschn. 81; Rabbi Shmuel Avidor HaKohen: Als Gott das sah, mußte er lächeln, Legn. z. Schöpfungsgesch. 82.

Hoffmann, Hans Peter, PD Dr. phil. habil., Sinologe u. Germanist, Autor u. Übers.; c/o Univ. Tübingen, Seminar f. Sinologie u. Koreanistik, Wilhelmstr. 133, D-72074 Tübingen, Tel. (0 70 71) 2 97 27 05, *peter.hoffmann2@uni-tuebingen.de* (* Schafbrücken, heute Saarbrücken 57). Hans-Bernhard-Schiff-Lit.pr. 05, Jahresstip. d. Ldes Bad.-Württ. 07; Lyr., Prosa, Ess., Übers. Ue: chin. – **V:** In den letzten Tagen, G. 98; Der Nichtstuer, Erz. 02; Langsame Zeit. Eine Reise im Elsaß 04; Die Truhenorgel. Gesänge, Capriccios, Kapriolen 06; zahlr. Essays u. wiss. Veröff. – **MA:** Beitr. in Zss. u. Anth., u. a. in: J. Sartorius (Hrsg.): Atlas der neuen Poesie, Anth. 95. – **Ue:** u. a.: Gao Xingjian; Bei Dao; Wen Yiduo; Duo Duo; Xi Chuan. (Red.)

Hoffmann, Heide, Anglistin u. Romanistin, Dipl.-Bibliothekarin, Übers. u. Dolmetscherin, jetzt freie Schriftst.; Hieberstr. 48, D-70567 Stuttgart, Tel. (07 11) 71 31 09 (* Düsseldorf 16. 12. 42). Ged., Märchen, Skizze, Biogr. – **V:** Tönende Stille, G. 95. (Red.)

Hoffmann, Hilmar, Prof. Dr. h. c. Dr. h. c., Präs. d. Goethe-Instituts a. D., Kulturdezernent in Frankfurt/M. 1970–90, jetzt Verwaltungratsvors. Dt. Film-Inst. u. Film-Mus.; Buchrainstr. 94, D-60599 Frankfurt/Main, Tel. (0 69) 65 30 34 85, Fax u. Tel. (0 69) 65 98 20. c/o Deutsches Filminstitut, Schaumainkai 41, D-60596 Frankfurt/M. (* Bremen 25. 8. 25). P.E.N.-Zentr. Dtld, EM Bayer. Akad. d. Schönen Künste, Stiftungsratsmitgl. d. Bundeskulturstift., EM Dt. Film-Akad.; E.ring d. Stadt Oberhausen, Friedrich-Stoltze-Pr., Helmut-Käutner-Pr., Wartburg-Pr., E.ring d. Ruhrfestspiele, Chevalier de l'Ordre des Arts et Lettres, E.senator d. Goethe-Univ. Ffm., E.bürger d. Univ. Tel Aviv, Waldemar-v.-Knoeringen-Pr., Paul-Klinger-Pr., Kasseler Bürgerpr., Gr. BVK m. Stern, Goethe-Med. d. Ldes Hessen u. d. Stadt Frankfurt/M., Verd.orden d. Ldes Hessen u. d. Ldes NRW, Öst. E.kreuz f. Wiss. u. Kunst I. Kl., Wilhelm-Leuschner-Med. d. Ldes Hessen. – **V:** Erwachsenenbildung 62; Tauben – Reisende Boten 63; Der tschechoslowakische Film 64; Theorie der Filmmontage 69; Kultur für alle 79; Das Taubenbuch 82; Kultur für morgen 85; Die Aktualität von Kultur 88; Es ist noch nicht zu Ende – Nazikunst und Nazifilm 88; Und die Fahne führt uns in die Ewigkeit 88; Kultur als Lebensform 90; Geschichten aus Oberhausen 91; Mythos Olympia 93; Hundert Jahre Film – Von Lumière bis Spielberg 94; The Triumph of Propaganda 96; „Ihr naht Euch wieder, schwankende Gestalten" 99, 02; Der Ehrenbürger 03; Erinnerungen 03; Peter Schamoni – Filmstücke 04; Die großen Frankfurter 05; Frankfurts starke Frauen 06; Lebensprinzip Kultur 07; Frankfurter Stardirigenten 08. – **MV:** Sprache des Kurzfilms 81; Der Zeichentrickfilm 84. – **MA:** Aufss., Ess., Kurzgeschn. in üb. 300 Büchern, u. a.: Bd. d. Filmkritik I–X 59–69; Film im Museum 66; Theorie d. Kinos 73; Plädoyers f. e. neue Kulturpolitik 74; Film u. Fernsehen 80; Kunst u. Gesellschaft 81; Vorw. in: Dt. Museumsführer 86; Krit. Theorie u. Kultur 89; Rainer Werner Fassbinder. Werkschau 92; Intern. Jb. d. Erwachsenenbildung 95; Die Entdeckung d. Ruhrgebiets 96; Voyage 97; Vorw. in: Brockhaus Kunst u. Kultur 97; Kultur – Wirtschaft – Politik 98; Deutschland, mein Land 99; Im Namen Goethes 99; – Festschriften, u. a. für: Eugen Loderer 80; Richard von Weizsäcker 83; Hans-Dietrich Genscher 97; Hundert Jahre Ludwig Erhard 97; Walter Wallmann 97; Heinrich Klotz 98; Joachim Knoll 98; Hermann Glaser 98; Horst Eberhard Richter 98; J. Chr. Ammann 99; Jürgen Flimm 00; Helmut Kohl 00; Rita Süssmuth 01; Julius H. Schoeps 02; Petra Roth 04. – **H:** Kultur – Zerstörung 74; Perspektiven d. Kulturpolitik 74; Jugendwahn und Versuch, Vergangenheit zu verbiegen 87; Jugendwahn u. Altersangst 88; Frankfurter Museumsführer 88/90; Warten auf die Barbaren 89; Gestern begann die Zukunft 94; Das Guggenheim-Prinzip 98; Deutsch global 99; Kultur u. Wirtschaft 01; Kulturverschwörung 02. – **MH:** Schr.-Reihe d. Dt. Filmmuseums Frankfurt seit 74 (30 Bde); Kulturgeschichte unseres Jahrhunderts 87–93 VI; Der Umbau Europas 91; Anderssein – Ein Menschenrecht 92; Arbeit ohne Sinn – Sinn ohne Arbeit? 94; Auf den Schultern Gutenbergs 95; Freund oder Fratze? 95; Europa – Kontinent im Abseits 98; Wendepunkt 11. September 01; Kulturpolitik in der Berliner Republik 02. – **R:** Castros Cuba 69; Geschichten aus O 91; Kult der Körper 96; alles Dok.filme. – **Lit:** Typisch H.H. 88; Wechselrede mit H.H. 90; Wortwechsel mit H.H. 93; H.H. im Gespräch 94; Meine Bildergeschichte 96; Zeugen d. Jahrhunderts 98, alles Fs.-Sdgn; FAZ-Mag. 771 94; Schriften u. Univ. Bamberg 98; Festschr. d. Goethe-Inst. 00; H.H. zu Ehren 01; Laudatio v. Johannes Rau in: Phoenix 02; Sein Haus für den Film 05, u. a.

Hoffmann, Horst (Ps. Neil Kenwood, Kevin Hayes), Autor, Lektor, Red.; Triftstr. 7, D-50126 Bergheim/ Erft, Tel. (0 22 71) 6 26 21, Fax 6 75 57, *hor.hoffmann @t-online.de* (* Bergheim/Erft 21. 3. 50). Rom., Erz., Hörsp. Ue: engl, am. – **V:** üb. 115 Hefte u. Taschenbücher in d. Reihe „Perry-Rhodan-Planeten-Romane", u. a.: Transformation Kreuzzug des Bösen 90; Als die Kröten kamen 94; Luminia ruft 94; Tuulemas Welt 97. – **MV:** Schach den Kyphorern 03; Gehirnpest 03; Ein Opfer für die Menschheit 03; Die letzten ihrer Art 03, alle m. Margret Schwekendiek. – **B:** 61 Romane in d. Reihe „Perry-Rhodan" seit 84. – **MA:** Bezwinger der Zeit 88; Der Zeitagent 88. – **H:** Als die Menschen starben, Stories 87; Unter fremden Sternen, Stories 88. – **P:** Jan Tenner, F. 7–46 83–87, F. 1–10 00–02, alles Hsp. auf Tonkass. – **Ue:** mehrere Science-Fiction-Romane u. Stories v. E.C. Tubb u. Edmond Hamilton 78–84. (Red.)

Hoffmann, Ilka (Ps. Ilona Lay), Dr., Lehrerin; Im Borresch 14, D-66606 St. Wendel, *ihoff@t-online.de* (* Quierschied/Saar 8. 4. 64). Rom., Lyr. – **V:** Der Schattenhändler, R. 05, 08; Versunken, Lyr. 08.

Hoffmann, Johannes Peter s. Hoffmann, Hans

Hoffmann, Karl-Heinz, Opernsänger; Bernhardstr. 75, D-01187 Dresden, Tel. u. Fax (03 51) 4 71 33 37 (* Dresden 23. 3. 43)). ASSO Unabhängige Schriftst. Assoz. Dresden. – **V:** Spielräume 94; Gegen den Wind 98; Fragment 99; Spurlos 01; Der Glaskäfig 04; Am Ende des Weges 06. (Red.)

Hoffmann, Klaus, Schauspieler, Liedermacher; c/o stille-music, Schorlemerallee 16, D-14195 Berlin, Tel. (0 30) 3 13 18 79, Fax 3 12 91 33, *info@klaus-hoffmann. com*, *www.klaus-hoffmann.com* (* Berlin 26. 3. 51). Dt. Kleinkunstpr. (Chanson) 78, Dt. Schallplattenpr. 80, Gold. Europa 97. – **V:** Was fang ich an in dieser Stadt, Liedertexte 86; Erzählungen. 20 Jahre Klaus Hoffmann 95; Ich will Gesang, will Spiel und Tanz, Liedertexte 96; Afghana, R. 00, 02 (auch Hörb.); Sänger, Liedertexte 02. – **H:** In Liebe. Von Herz nach Schmerz, G., Lieder u. Geschn. 88. – **P:** zahlr. Schallpl./CDs, u. a.: Klaus Hoffmann 75; Was bleibt? 76; Ich will Gesang, will Spiel und Tanz 77; Was fang' ich an in dieser Stadt 78; Westend 79; Ein Konzert 80; Veränderungen 82; Ciao Bella 83; Morjen Bella 85; Wenn ich sing 86; Es muß aus Liebe sein 89; Sänger 93; Erzählungen 96; Erzählungen 95; Friedrichstadtpalast 20.00 Uhr 96; Brel – die letzte Vorstellung 97; Hoffmann – Berlin 98; Jedes Kind braucht einen Engel 99; Melancholia 00; Schenk mir die Nacht, m. Reinhard Mey 00; Afghana. Eine literarische Reise 01; Insellieder 02. (Red.)

Hoffmann, Klaus W., Autor; c/o Kids Kultur, Elke Bannach, Von-Plettenberg-Weg 10, D-59425 Unna, Tel. (0 23 03) 53 94 44, Fax 53 94 26, *KW.Hoffmann @t-online.de*, *www.klaus-w-hoffmann.de* (* Dortmund 10. 4. 47). VS 81; Buch d. Monats d. Dt. Akad. f. Kinder- u. Jgd.lit. 91; Kinderb., Kinderlied, Sachb. – **V:** So singt und spielt man anderswo 86; Der Ritter mit dem Zauberschwert 90; Am Tag, als ich Houdini traf 04; Piraten auf der Nudelinsel 07; Der verhexte Zauberstab 07; Da steppt der Eisbär 08; mehrere Bilderbücher, mehrere Sachbücher. – **H:** Die Hexe im Spiegel 04. – **P:** Wenn der Elefant in die Disco geht 83; So singt und spielt man anderswo 93; Die schönsten Kinderlieder aus aller Welt 94; Laß uns kuscheln 95; Wozu sind die Hände da? 96; Hören, sehen – sicher gehen 97; Abend wird es wieder 99; Wie das Fähnchen auf dem Turme 99; Der Ritter mit dem Zauberschwert, Hsp. 00; Kinderwelt 02; Da steppt der Eisbär 08. – **Lit:** s. auch SK.

Hoffmann, Léopold, Dr. phil., em. Prof. Athenäum u. Cours Universitaires Luxembourg; 19 Rue J. B. Esch,

L-1473 Luxemburg (* Clerf/Lux. 1. 2. 15). Syndicat des arts et des lettres 65, Kogge 68, P.E.N.-Zentr. Dtld, Inst. Grand-Ducal 78; BVK, Pr. Batty Weber 93, u. a.; Erz., Sat., Funkerz., Ess., Aphor. – **V:** Kulturpessimismus und seine Überwindung. Essay üb. Heinrich Bölls Leben u. Werk 58; Der letzte Romantiker und die Härten der Existenz. Leben u. Werk d. Dichters Ernst Koch 59; Die Revolte der Schriftsteller gegen die Annullierung des Menschen. Tibor Déry u. Marek Hlasko 61; Jenseits der Nacht. Ein Versuch über Luise Rinsers Werk 63; Heinrich Böll. Einf. in Leben u. Werk 65; Literatur im Spiegel. Säuerliche Aphor. 66; Das private Theater Bertolt Brechts mit besonderer Berücksichtigung der Stücke „Mutter Courage und ihre Kinder" u. „Leben des Galilei" 66; Reflexe und Reflexionen, Mikrogeschn. 68; Brenn- und Blendpunkte, Aphor. u. Mikrogeschn. 70; Stress und Stille, Aphor. u. Mikrogeschn. 74; Schnappschlüsse, Aphor. u. Mikrogeschn. 78; Gegen die Tüchtigen ist kein Kraut gewachsen, Aphor. u. Mikrogeschn. 79; Risse im Putz, Texte 80; Wer will schon wissen, wie spät es ist, Texte 83; Meinetwegen so was wie Liebe, Erzn., Satn., Texte 86; Aufhänger, Texte 88; Gebrochener Zeitschein, Texte 93; Der Pelz der Reißwölfe, Texte 97; Vor offenem Feuer oder Das Schicksal der Wörter in sprachloser Zeit, Texte 99; Schlitter, Texte 06. – **H:** Ernst Koch: Prinz Rosa-Stramin (m. e. Erz. als Nachw.) 60. – **R:** Meinetwegen so was wie Liebe 67; Der Schwerenöter 67; Der Asche gleich 68, alles Funkerzn.; Die Gleichungen des Dichters Andreas, Funksat. 68. (Red.)

Hoffmann, Lieselotte s. Eltz, Lieselotte von

Hoffmann, Marius; Poststr. 3, D-82140 Olching, Tel. (0 81 42) 1 41 01, *Marius.Hoffmann@gmx.de*, *www. bod.de* (* München 15. 8. 60). Lyr. – **V:** Zurück ins Land der Pfirsichblüte 99; Sonnenuntergang auf blondem Hügel 99; Im Blau der Saphire 01; Honigfalle 04; Schmetterlingseffekt 05; Lotgänge 06; Blaualgenblüte 07; Deichspiele 08, alles Lyr.

Hoffmann, Peter; Bergstr. 36, D-06749 Friedersdorf b. Bitterfeld, Tel. (0 34 93) 5 53 20 (* Friedersdorf 7. 7. 56). – **V:** Die Schwalbe möge wiederkommen, Geschn. 98; Wendelin-Geschichten 00; Die Hexe von Hohenroda 05. – **MV:** Farbmischung, m. Norbert Kühne 96. – **H:** Auf dem Weg zu 94; Ich bremse auch für Wessis 95; Lebenswege 96; Wir in Europa und in der Welt 97; Jeder Tag ist ein Berg 98; Bitterfeld – Mosaik der Erinnerungen 99. (Red.)

Hoffmann, Renate, Dr. med. vet., Veterinärrat, Tierärztin, Schauspielerin, Publizistin; Harnackstr. 16, D-10365 Berlin, Tel. u. Fax (0 30) 5 59 82 78 (* Jena 28. 8. 32). Ess., Feuill., Szenarium, Drehb. – **V:** Von Adorf bis Australien, Feuill. 94; Zu Fuß durch die Pfützen, Feuill. 97; Kunstführer Schloß Wernigerode, Ess. 99; Gärten, Parks und Grüngelüste, Ess. 01; Sommervögel, Feuill. 03; Er konnte ja sehr drollig sein, Anekdn. über Thomas Mann 05; Das Karussell, Feuill. u. Lyr. 07; zahlr. Lesungen u. literar.-musikal. Progr. seit 70. – **MA:** Die Weltbühne 78–93; Wochenpost; Für Dich; Sibylle; Sonntag 80–90; Neue Zeit; Berliner Ztg; Die Welt; Neues Dtld; Das Blättchen; Pankower Brücke; Wortspiegel seit 91; Ess. in: Harzreise v. Heinrich Heine 97; Ich habe es erlebt, Anth. 04; Frankfurter Bibliothek 01; Neue Wernigeröder Ztg 08. – **F:** Herrn Goethes glücklich-große Reise oder die Schweiz, Dok.film 00. – **R:** Drehb. f. kultur- u. kunsthist. Kurzf. 80–90.

Hoffmann, Rüdiger, Kabarettist, Musiker; c/o Pool Position Management, Eifelstr. 21, D-50677 Köln, Tel. (02 21) 9 31 80 60, Fax 93 18 06 30, *info @ruedigerhoffmann.com*, *www.ruedigerhoffmann.com* (* Paderborn 30. 3. 64). Saarländ. Kleinkunstpr. 92,

Hoffmann

Wolfsburger Kleinkunstpr. 94, Salzburger Stier 94, Echo 99, Gold. Europa 99. – **V:** Ja hallo erstmal 95, 99; Asien, Asien 98; Ich komme! 00; – Comedy-Progr.: Der Hauptgewinner 95; Asien, Asien 98; Ich komme ...! 00; Ekstase 02, 03; Rüdiger Hoffmann's Kostbarkeiten 05; Der Atem des Drachen 06. – **MV:** Es ist furchtbar, aber es geht, m. Jürgen Becker 97. – **P:** Es ist furchtbar, aber es geht, m. Jürgen Becker 95; Der Hauptgewinner 95; Asien, Asien 98; Ich komme ...! 00; Ekstase 03; Beute 03; Rüdiger Hoffmann's Kostbarkeiten 05, alles CDs; Rüdiger Hoffmann Live! Das Beste vom Besten, DVD 06. (Red.)

Hoffmann, Sandra, M. A., freiberufl. Schriftst.; lebt in Tübingen, *sandra@hoffmannserzaehlungen. de, www.hoffmannserzaehlungen.de* (* Laupheim 11. 5. 67). Stip. Künstlerdorf Schöppingen 02/03, Stip. d. Kunststift. Bad.-Württ. 04, Förd.pr. d. Erik-Reger-Pr. Rh.-Pfalz 05, Georg-K.-Glaser-Pr. 05, Jahresstip. d. Ldes Bad.-Württ. 05, u. a.; Rom., Erz., Lyr. – **V:** Schwimmen gegen blond, Erz. 02; Den Himmel zu Füßen, R. 04; Liebesgut, R. 08. – **MA:** versch. Texte in Anth. u. Zss.

Hoffmann, Tobias (Toby Hoffmann), freie Tätigkeit; Rosmarinstr, 9, D-88212 Ravensburg, Tel. (07 51) 3 54 42 94, *korpustoby@web.de, www.korpustoby.de* (* Hechingen 14. 2. 80). Ravensburger Lit.pr. 02, 1. Pr. b. Intern. Poetry Slam, Tartu/Estland; Hörsp., Lyr. Ue: ital, estn, engl. – **V:** Salz auf die Wunden, G. 02; Die Tage in der blauen Stadt, G. 03; asphaltspalten, G. 04. – **MA:** zahlr. Beitr. in Zss. u. Anth., u. a. in: Lyrikland 03; Planet Slam 2 04; Bühnenpoeten 04; Best of Germany Underground Lyrik 1+2 05, 06; Zum Teufel, wo geht's in den Himmel? 05; lass uns herzen! Liebe u. Lyrik 05; Slam 2005. – **MH:** Fleisch. Der Meat-Reader 03, 04; Love me Gender 04; Textmaschine 06, alles Anth. m. Michael Helming. – **P:** Moralverkehr, CD m. Etta Streicher 06. (Red.)

Hoffmann-Herreros s. Hoffmann, Hans

Hoffmann-Koziol, Ruth *

Hoffmann-Sagebiel, Ingeborg (geb. Ingeborg Sagebiel), Dr. phil., Autorin; Am Rosenanger 40, D-13467 Berlin, Tel. (0 30) 4 01 28 27 (* Perleberg 20. 3. 25). – **V:** Krebs-Nachsorge und Seelsorge 84, 2. Aufl. 88; Auswahlchrist und liturgisches Jahr 84; „Gemeinde" in Gemeinde 84; Behindertenschicksal und Seelsorge 84, 2. Aufl. 88; Daten eines Lebens – Zeitdokumentation 85; Pastoral – Wegführung für den Menschen heute? 86; Leben in meiner Hand, Erz. 87; Sommergedanken 89; In der Wehmut ist ein Hauch von Freude 91; In Jesu Worte hineingenommen, biogr. Skizzen 92; Es kann ein Leben sein, autobiogr. Not. 95; Eine un-perfekte Frau?, Erinn. 99; Gedanken der Nacht spiegeln den Tag 00; Paulas Traum, Prosa 02; Lisa Lissum 05; Dem Himmel näher 05; Simone Sommer 06. – **MA:** lfd. Beitr. in d. „Deutschen Behinderten Zs."; – i. d. Reihe „Zeitgut". Bd 8: Und weiter geht es doch, Deutschland; Bd 11: Von hier nach drüben; Bd 20: Jugend im Zusammenbruch. – *Lit:* Lex. f. Theologie u. Kirche; Leben u. Glauben, Nr. 23 86. (Red.)

Hoffsümmer, Willi, Pfarrer; Glescher Str. 54, D-50126 Bergheim/Erft, Tel. (0 22 71) 4 22 60 (* Köln 2. 5. 41). – **V:** Wir freuen uns auf die Predigt 76, 2. Aufl. 79; 133 Kinderpredigten 77, 6. Aufl. 87 (auch pam, kroat.); Starthilfen für dich 78, 6. Aufl. u. d. T.: Wir wagen den Glauben 83, 3. Aufl. 87 (auch Blindenschr.); Anschauliche Predigten 79, 5. Aufl. 93; Glaube steigt 79, 9. Aufl. 98 (auch dän., fin.); Religiöse Spiele I 80, 6. Aufl. 94, II 81, 4. Aufl. 93; 144 Zeichenpredigten 82, 7. Aufl. 98 (auch kroat.); Nikos Traum, Kdb. 83; 2 × 11 Bußfeiern 84, 4. Aufl. 95 (auch ital.); 111 Bausteine für

Gottesdienste mit 3–7jährigen 85, 5. Aufl. 95; 33 Gruppenstunden für Ministranten 86, 6. Aufl. 98; Gott ist mit David 86; Geschichten für Kranke 89, 4. Aufl. 97; 77 religiöse Spielszenen für Gottesdienste, Schule u. Gruppen 89; Geschichten zur Taufe 91, 3. Aufl. 97; Geschichten für junge Christen 95; Brot in unserer Hand 97, 2. Aufl. 98; Anschaulich verkündigen 98; Gott und die Welt der Kinder 99; Mehr als 1000 Kurzgeschichten 00; Das Wunder dieses Morgens, Geschn. 03. – **H:** Kommuniongeschn. 79, 18. Aufl. 98; Bußgesch. 80, 6. Aufl. 93; 255 Kurzgeschn. 81, 8. Aufl. 86; Firmgeschn. 83, 9. Aufl. 98; 222 Kurzgeschn. 83, 4. Aufl. 86; Geschn. wie kostbare Perlen 84, 7. Aufl. 98; Geschn. wie Spiegel des Herzens 86, 4. Aufl. 95; Geschn. zum Sakrament der Ehe 87, 5. Aufl. 98; 244 Kurzgeschn. 87; Geschn. wie Wegweiser 93, 3. Aufl. 97; Geschn. wie Brunnen in der Wüste 95; In Geschn. das Leben spiegeln; Kindermeßbörse, Zs. – **MH:** Gottesdienste mit Kindern u. Jugendlichen, mtl. seit 77. (Red.)

Hofinger, Robert; Albert-Schöpf-Str. 48, A-4020 Linz, *roberthofinger@yahoo.de* (* Wels 15. 7. 68). – **V:** Märchenseele, R. 07; Omanda, R 08.

Hoflehner, Ingeborg K.; Emil-Kralik-Gasse 4/39, A-1050 Wien, Tel. (01) 5 45 56 19 (* Wels 23. 3. 42). GZL, Ö.S.V., Öst. P.E.N.-Club 00; Kurzprosa, Lyr. – **V:** Abendlandschaften, Haiku 87, 5. Aufl. 94; Unter dem Kreuz mein Schatten, Meditn. 90; Im roten Mohn, Kurzprosa 92; Vom Baum der Erkenntnis, Kurzprosa u. Lyr. 93; Mondscheinlandschaften, Haiku 97; Ein Tag wie Seide, Tanka 97, 2. Aufl. 99; Eine Annäherung, G. 01; Singe mich in den Himmel hinein. Aus meinem Stundenh. 07. – **MA:** NZZ 110/86, 150/88, 132/89, 130/91; Jahreslese d. österr. Haiku-Autoren 96–99; Anthologie d. Dt. Haiku-Ges. 98; Anthologie deu Haiku (Orléans/Kanada) 98; Flechten am Zaun, Haiku-Anth. 98; Rabengekrächze, Dreizeiler 98; Sichelspuren, Dreizeiler 98; Mit leichtem Gepäck, Dreizeiler 98; – Haiku, Senryu, Tanka i. d. Vjschr. d. Dt. Haiku-Ges.; Vrabac/Sparrow, kroat. Haiku-Mag. – **P:** 1. Intern. Haiku-Anth. im Internet: www.atreide.net/rendezvous.

Hofmann, Annegret, Dipl.-Journalistin, freischaff. Journalistin, Schriftst.; *annegret.hofmann@mediencity. de* (* Teichwolframsdorf/Thür. 2. 11. 46). Verl.pr. z. Förd. populärwiss. Lit. f. Kinder im jingeren Lesealter, Verl. Junge Welt Berlin 86, Arb.stip. f. Berliner Schriftst. 90; Kinderb., Erz., Rep., Ess., Protokoll. – **V:** Das Mikrofon im Primeltopf 84, 2. Aufl. 87; Die Flaschenpost im Hochhaus 85, 88; Tomi, Pitt und ein Vehikel 86; Das Geschenk der Spürnasen 87; Die Sache mit dem Seesack 88; Der Papagei im Möbelwagen 89, alles Kdb.; Unterwegs nach Deutschland, Prot. 92. (Red.)

Hofmann, Charlotte s. Hofmann-Hege, Charlotte

Hofmann, Corinne; lebt am Luganer See, c/o A 1 Verlag, München, *c.hofmann@massai.ch, www.massai. ch* (* Frauenfeld/Th. 4. 6. 60). – **V:** Die weiße Massai 98 (in 29 Spr. übers., 05 als Kinofilm, Regie: Hermine Huntgeburth); Zurück aus Afrika 03; Wiedersehen in Barsaloi 05.

Hofmann, Else; Viehweg 32, D-70771 Leinfelden-Echterdingen, Tel. u. Fax (07 11) 53 24 52 (* Stuttgart 24. 3. 33). – **V:** Paulchen und Paulinchen & Büsum. Das Märchen v. kleinen Seehund 00. (Red.)

Hofmann, Frank, M. A.; Auf dem Farrweg 16, D-65474 Bischofsheim, Tel. (0 61 44) 3 35 49 61, *Verlag @kentauros.de, www.kentauros.de* (* Flörsheim/Main 16. 8. 65). – **V:** Der Flug der Ratte 90; Obsess-A, N. 90; Segremor 93; mehrere lit.wiss. Veröff. seit 90. (Red.)

Hofmann, Fritz; Auerstr. 20, D-10249 Berlin, Tel. (0 30) 4 29 16 72 (* Leipzig 15. 9. 28). Erz., Biogr. –

V: Die Erbschaft des Generals, Erz. 72; Himmelfahrt nach Hohenstein, Geschn. 77; Kurschatten, Geschn. 81; Egon Erwin Kisch, Biogr. 88. – **MV:** Das erzählerische Werk Thomas Manns 78. – **H:** Carl Sternheim: Gesammelte Werke I–VI 63–68; Alfred Polgar: Die Mission des Luftballons 75; Hermann Hesse: Über Literatur 78; Mensch auf der Grenze, 25 Erzn. aus d. antifaschist. Exil 81; Hermann Hesse: Bilderbuch d. Erinnerungen 86; Phantom der Angst, 33 Erzn. aus Dtld u. Öst. 1933–1945, I/II 87; Hermann Hesse: Die blaue Ferne 89. – **MH:** Über die großen Städte, G. 1885–1967 68; Servus, Kisch!, Erinn., Rez., Anekdn. 85; Egon Erwin Kisch: Ges. Werke IX–XII 93. – **R:** Ein Bild von einem Mann, Fsp. 82.

Hofmann, Jürgen (Jürgen Hofmann-Grandmontagne), Dr. med., Kinderarzt; 4, rue de Jauldes, F-57350 Schoeneck, Tel. 3 87 87 71 86 (* Merseburg 24. 10. 40). Rom., Nov. – **V:** Cave Canem, R. 83, 89; Warmer Sommer – heißer Herbst 90; Der Gärtnerbursche von Wörlitz, Krim.-Erz. 91; Altitona oder die magische Berg und die sieben Vorleben einer Prinzessin, R. 99; Denkmalnachspiel, Posse 00; Frühling in Pertuis, Reiseerz. 02; Switch oder das merkwürdige Ende einer Reise, Erz. 05; Leilas Leid, Erz. 07.

Hofmann, Manfred, Dr., Apotheker; Fohlenweg 10, D-14195 Berlin, Tel. (0 30) 8 61 86 19, ho7250@aol. com (* Fallingbostel 7. 2. 50). Humor, Kinderb. – **V:** Das gibt Rache! Kdb. 94; Wo fehlt's uns denn? 94; Fröhliches Wörterbuch „Apotheker" 95; Viagra – Das blaue Wunder 98; Dr. Hofmann klärt auf. Die 7 kleinen Geheimnisse d. Mannes 03; Dr. Hofmann klärt auf. Die 7 großen Geheimnisse d. Frau 03. – **MV:** Keine Angst vor Berlin, m. Erich Rauschenbach 04. – **MA:** Zss.: Titanic, ZITTY Berlin, u. a. – **Ue:** Wendy Marston: Das kleine Buch für Hypochonder 05.

Hofmann, Maria Georg (eigtl. Maria Hofmann), Prof.; c/o Intern. Paul Hofhaymer-Gesellschaft, Albrecht-Dürer-Str. 14, A-5023 Salzburg, Tel. (06 62) 64 06 72, hofhaymer@nusurf.at, www.m-g-hofmann.at (* Györ/Ungarn 17. 3. 33). Öst. Dramatikerstip. 89, Jahresstip. d. Ldes Salzburg 93, Bestenliste d. SWF 96, Lit.stip. d. Bundes 97, Stadtsiegel d. Stadt Salzburg in Gold 07; Rom., Drama. – **V:** Ghicco und seine Kinder, mod. Märchen, UA 79; Blasius oder Man soll die Norm erfüllen, selbst wenn man daran sterben müßte, UA 84; Die Süchtigen, lyr. Kom., UA 94; Der Auftritt des linkshändigen Dichters Alexander Galajda, R. 95 (auch ung.); Dolores, ein Heldenleben oder Jedem sein Krieg!, UA 96; Bulgakow. Der Dichter und sein Diktator, UA 03. – **MA:** SALZ, Lit.zss.; Euridike, Dez.Nr. 98; Der Mond ist aufgegangen, Dez.Nr. 99.

Hofmann, Marianne; Amselweg 10, D-81735 München, Tel. (0 89) 40 04 71 (* Rohr/Ndb. 8. 9. 38). Puchheimer Leserpr. 97; Erz. – **V:** Es glühen die Menschen, die Pferde, das Heu, R. 97, Tb. 98. – **MA:** zahlr. Erzn. seit 92, u. a. in: Landshuter Ztg 97, 98, 99; Frankfurter Allg. Sonntagsztg 98, 99, 00; Mittelbayer. Ztg 99; Literatur in Bayern; – **R:** Lesungen im BR 97, 98. (Red.)

Hofmann, Monika (Monika Maria Anna Hofmann), PR-Assistentin, techn. Angest., Management u. PR f. ODYSSEE Theater; Elisenstr. 114/16/1, A-1230 Wien, Tel. (06 76) 5 27 91 60, Monika.Hofmann1@chello.at (* Wien 27. 12. 58). VÖT 95. – **V:** Frosch Kasimir und seine Freunde, Gesch. f. Kinder 99. – **MA:** Aus der Feder von ..., Bd 4 97; Gedichte & Prosa (VÖT) 05.

Hofmann, Peter, Rundfunkjournalist; prhofmann@ aol.com, www.berlinsolo.de (* Sonneberg/Thür. 65). Arb.stip. d. Ldes Brandenbg. 92 u. 98. – **V:** Hurenherz, G. 95; Berlinsolo, R. 00; Allein die Welt dazwischen, R. 01; Nachtnovelle, R. 03. (Red.)

Hofmann, Roswitha, Autorin; Beim Römerturm 26, D-87600 Kaufbeuren, Tel. (0 83 41) 1 36 00, withy. hofmann@freenet.de (* Pfaffenhofen/Ilm 20. 5. 48). Lyr., Kurzprosa. – **V:** Die Lust auf der Zunge zergehen lassen, Lyr. 03. – **MA:** Sagenhafte Märchen 04; Lust auf Erotik, Lyr. 05; Kurze Geschichten von starken Frauen 05; Wintermärchen aus dem Allgäu 05; Neue Geschichten von starken Frauen 06. (Red.)

Hofmann, Sylvia; D-53343 Wachtberg, Tel. (02 28) 4 10 00 48, info@hofmann-sylvia.de, www.hofmannsylvia.de. VS NRW; Rom., Erz., Reiseber. – **V:** Reiseratgeber USA 88; Wo bist Du? Auf der Suche nach Glück 99; Die wandelbare Frau, R. 06. (Red.)

Hofmann-Grandmontagne, Jürgen s. Hofmann, Jürgen

Hofmann-Hege, Charlotte (Ps. f. Charlotte Hofmann), Erwachsenenbildung; Raubachstr. 31, D-74906 Bad Rappenau, Tel. (0 72 64) 79 05 (* Stuttgart 30. 6. 20). Erz., Biogr. – **V:** So ist kein Ding vergessen, Erzn. 56, 72; Das goldene Kreuz, Erzn. 57, 61; Mutter, Geschichte eines Lebens 62, 00; Wie in einer Hängeschaukel. Geschichte einer jungen Ehe 65, 83; Der Engel, 2 Erzn. 67, 68; Die Berliner Reise. Erz. 68; Spielt dem Regentag ein Lied, Erz. 70, 95; Das Tuch aus Tariverde, Erz. 72; Das Licht heißt Liebe, Erzn. 80, 96; Eine goldene Spur, Biogr. 84, 96; Heimkehr, Erz. 87; Alles kann ein Herz ertragen 89, 02; Alle Tage ist kein Sonntag 91, 00; Tausend Sterne hat die Nacht, Biogr. 95, 04; Mein Bruder Albrecht, Biogr. 97; Unter dem Bogen des Himmels 00, 02; Der Zeit Flügel geben, Biogr. 00, 04; Geschichten aus meinem Leben 03. – **MA:** Das Geschenk des Lebens, Geschn. u. G. 89. (Red.)

Hofpoet von Zellewitz s. Thäder, Olaf

Hofstädter, Lina (geb. Lina Elfi Hagen), Mag. phil.; Bogenweg 270, A-6073 Sistrans, Tel. u. Fax (05 12) 37 81 43, elfi.hofstaedter@aon.at (* Lustenau/Vbg 9. 3. 54). GAV; Harder Lit.pr. f. Kurzprosa 87, Götzner Theaterpr. 88, Lesezirkel-Kurzprosa-Pr. 89, 90, Buchprämie d. BMfUK 91, Öst. Staatsstip. f. Lit. 98/99, Anerkenn.stip. d. Ldes Vorarlberg 01, Feldkircher Lyr.pr. 08; Rom., Kurzprosa, Lyr. – **V:** Der Finder, Erz. 88; Kopfzirkus I–III, Satn. 91; Tillmanns Schweigen, R. 93; Hungrige Tage, R. 02; Lustauer Idyllen, Kurzprosa 03; Ausapern, Krim.-R. 04; Bergiselschlachten, Krim.-R. 07; Valcamona, Krim.-R. 07. – **MV:** Kopfzirkus, m. Kassian Erhart, Kunstb. 87. – **MA:** Beitr. in Anth., u. a. in: Kindheit im (Nach)krieg 88; Kurzgeschichten d. 2. Harder Lit.wettbew. 89; Schriftstellerinnen sehen ihr Land 95; Wegen der Gegend: Vorarlberg 00; Witz – Bild – Sinn 08; – Beitr. in Lit.zss., u. a. in: Sterz 34, 40, 45; Thurntaler 13, 17; Wortbrücke 2, 4; Das Fenster 39; Gaismairkalender 86, 89–91; Kultur 3/88; Lesezirkel 26, 41/89; InN 5, 11, 12, 19/89; Noisma 25 90; Die Rampe 91; Tiroler Lit.; Hauskalender 00. – **P:** Gegen das Vergessen 84; Mir leb zähig. Jiddische Lieder aus Ghetto u. Widerstand 1933–1945 86, beides Tonkass.

Hogeforster, Jürgen, Dr., Ing., Landwirtschaftsmeister; Sülldorfer Kirchenweg 77, D-22587 Hamburg, Tel. (0 40) 86 08 51, Fax 35 90 53 07, juergen@hogeforster. de (* Kapellen 2. 5. 43). Autorenvereinig. Hamburg 03; Erz., Fachb. – **V:** Utopia 2000, 88; Die Versuchung des Goldfuchses 89; Der Club der runden Gesichter 91; Die Ringe des Lebens 96; Langsam schneller sein 99; Jakobs Wissen 00; Der blaue Saphir 01, alles Erzn.; – Fachbücher: Plädoyer für eine radikale Menschlichkeit 94; Vertrauen 02. (Red.)

Hoggenmüller, Klaus, Lehrer; c/o Pädagogische Hochschule Freiburg, Kunzenweg 21, D-79117 Freiburg/Br., Tel. (07 61) 68 23 29, hoggenmu@ph-freiburg.

Hoghe

de (* 54). Dramatikerpr. d. Theatergem. (2. Pr.) 88/89, Landespr. f. Volkstheaterstücke (Förd.pr.) 90, Förd.pr. d. Ldes Bad.-Württ., Reinhold-Schneider-Pr. (Stip.); Bühnenst. – **V:** Sack und Asche 89; Wendels Heimat 90; Mondenquarz 92; Hasentöter 94; Hinter Mailand 96; Das Jahrhundertwerk 98, alles Bü. – **MV:** Die Leute auf dem Wald. Alltagsgeschichte d. Schwarzwaldes, m. Wolfgang Hug 87. – **MA:** Beitr. in versch. Kulturzss. (Red.)

Hoghe, Raimund, Autor, Journalist; Hansaallee 103, D-40549 Düsseldorf. Theodor-Wolff-Pr. 72/73, Förd.pr. f. Lit. d. Stadt Düsseldorf 82, Förd.pr. f. Lit. d. Ldes NRW 83, Arb.stip. d. Ldes NRW 88; Erz., Ess., Rep. – **V:** Schwäche als Stärke, Repn. 76; Bandoneon – Für was kann Tango alles gut sein? 81; Anderssein. Lebensläufe außerhalb d. Norm 82; Preis der Liebe, Erz. 84; Pina Bausch, Tanztheatergeschn. 86, 95; Wo es nichts zu weinen gibt, Portr. u. Repn. 87/90; Zeitporträts 93. – **MA:** Lieben Sie Deutschland? Gefühle zur Lage d. Nation, Ess. 85, 95; Fotobücher: Abschied u. Anfang, ostdt. Portr. 91; Sankai Juku 94; Asylbilder 96. – **R:** Lebensträume, 24 Filmportr. 94; Der Buckel, Selbstportr., Fs. 97. (Red.)

Hohberg, Rainer; Sophienstr. 5, D-07743 Jena, Tel. (0 36 41) 79 69 52, *r.hohberg@gmx.de, www.rainerhohberg.de* (* Eisenach 18. 5. 52). VS, Lit. Ges. Thür., Friedrich-Bödecker-Kr. Thür.; Hsp.pr. d. Rdfks d. DDR 85, Horst-Salomon-Pr. d. Stadt Gera 86, Stadtschreiber v. Tübingen 90, Förd.stip. d. Ldes Thür. 95, 00, 08; Kinderb., Hörsp., Kunstmärchen. – **V:** Der Junge aus Eisenach. Begegnung mit J.S. Bach 75, 4. Aufl. 85; Der Lindwurm von Lambton, M. 80, 3. Aufl. 86; Schachtelhälmchen, M. 87, 2. Aufl. 89; Kunterbunt im Jahresrund, Kdb. 89; Die Nacht ist gar nicht finster 90; Thüringer Burgen – sagenhaft 96, 00; Auf Schatzsuche ..., Kdb. 98; Thüringen. Mysteriöses, Geheimnisvolles, Sagenhaftes 98; Der Ritter der Posthornschnecke, M. 00; Profile aus dem Saale-Holzland-Kreis 01; Jenaer Profile 03; Ein botanischer Märchengarten. Pflanzenmärchen und -portraits 05, 06 (auch als Hörb.); Thüringer Sagengeheimnisse 07, 08; Thüringen. Reisebegleiter zu magischen Sagenplätzen 08. – **MV:** Brot und Rosen. Das Leben der hl. Elisabeth von Thüringen in Sagen und Legenden, m. Sylvia Weigelt 06, 07. – **MA:** zahlr. Beitr. in Zss. u. Ztgn, u. a.: Palmbaum, lit. Journal seit 94; Es war einmal ein Zweihorn. Gesch. rund um das erste Schuljahr, Kdb. 04. – **H:** Märchen aus Thüringen 00. – **R:** Die Mutprobe 84; Der Traktorinenkönig 85; Wie die Ratte Ratzekahl ihr grünes Wunder erlebte 86; Bedenkzeit für Sherlock Holmes 87; Der Kopf des Krokodils 88; Sherlock Holmes geht baden 88; Die neuen Bremer Stadtmusikanten 91; Die Sonnenglocke von Syrila, M. 97; Vatermorgana oder Ein Auto dreht durch, M. 97; Tim & Tina und das kleine Burggespenst 02, alles Hsp. – *Lit:* Ute Frey in: Grundschule 11/05; Lex. Thüringer Autoren d. Gegenw. 03.

Hohe, Irene, Dipl.-Soz.päd., Pferdefotografin; Moosweg 9, D-96123 Lohndorf, Tel. (0 95 05) 72 75, Fax 67 85, *irenehohe@aol.com, www.pferdefotos.de* (* Nürnberg 17. 8. 64). Rom. – **V:** Samtpfoten, Geschn. 01; Islandfieber, R. 02; Skratti und Gnyfari, R. 04. (Red.)

Hohenberger, Thomas, Dr. theol., Pfarrer; c/o Auferstehungskirche, Medlerstr. 15a, D-95023 Hof, Tel. (0 91 81) 5 80 90 92, Fax 54 08 33, *thomas_hohenberger @web.de.* Schmiedstr. 12, D-95233 Helmbrechts (* Helmbrechts/Ofr. 31. 1. 65). Luther-Ges. 87, VG Wort 93; Studienstift. d. dt. Volkes 87–93; Theologie. – **V:** Er bricht uns das Brot, Predigten 02; Du führst uns in des Himmels Haus. Erinn. an Paul Gerhardt 1607–1676

08; zahlr. religionswiss. Veröff. u. Beitr. – **MV:** Dem Ziel entgegen 03; Oasen des Alltags 03, beides Bildmeditn. m. Werner Thurm.

Hohenester, Walther; Georgenstr. 16, D-82152 Planegg, Tel. (0 89) 8 59 83 07 (* München 13. 12. 35). – **V:** Der Diamantenfisch 77; Da ging der Mond nach Hause 81; Da nahm der Mond sein Pfeifchen 82; Da blies der Mond sein Lämpchen aus 83; Die Apotheke am Markt 85; Der Drullnick auf dem Nachthemd 86; Die Kinder von der Pfefferstrasse 89; Der grüne Goldfisch, Geschn. 92; Der Juli-Apfelbaum 92; Das verzauberte Julchen, Geschn. 93; Die beleidigte Kokosnuss, Geschn. 94; 65 plus 97; Das literarische Quartett, Parodien 98; Eisstöcke gehören nicht ins Bett, Feuill. 00; Der Zauberer, der gar nicht zaubern konnte, Gesch. 01; Summertime und ganz andere Geschichten 04; Mord im Paradies, Krim.-R. 05; Freinacht, Krim.-R. 06; Kalter Regen, Krim.-R. 07. (Red.)

Hohenlohe-Waldenburg, Marie-Gabriele Fürstin zu (geb. Marie-Gabriele von Rantzau); Schloss, D-74638 Waldenburg, Tel. (0 79 42) 82 30 (* Berlin 29. 8. 42). Rom. – **V:** Alison liebt einen Franzosen, R. 86, 2. Aufl. 87; Schräglagen, R. 91; Zwischen Frauen und Pfauen, R. 96; Das letzte Fest, R. 06. – **MA:** Hohenlohe 70; Schwäbisch Hall, MERIAN 3/75; Republik im Stauferland 77. – **H:** Die vielen Gesichter des Wahns. Patientenporträts a. d. Psychiatrie d. Jh.wende 88 (auch jap.). (Red.)

Hohenwallner, Wolfgang, Dr. med., Autor, Maler, Grafiker; Nöbauerstr. 25, A-4060 Linz-Leonding, Tel. u. Fax (07 32) 67 00 28, *hohenwallner@utanet.at, www. hw-hohenwallner.at* (* Salzburg 25. 7. 39). Lyr., Prosa. – **V:** Gondoliere und Holzpfahl, Prosa u. Lyr. 87 (auch engl.); Der Weg zu See, Lyr. 89; Bilder des Augenblicks 89; ... gestern war es noch so tief und kalt in mir ... 93; Die Sprache der Uferstraßenbilder 97; Im Aufwind der allesumarmt 97, alles Prosa u. Lyr. (Red.)

Hohl, Peter, Journalist, Verleger; Jungfernpfad 8, PF 1206, D-55218 Ingelheim, Tel. (0 61 32) 7 31 13, Fax (0 67 25) 59 94, *peter.hohl@t-online.de, www. wochensprueche.de* (* Karlsruhe 29. 7. 41). 1. Pr. (Sonderkategorie) b. Wettbew. „Rosenworte" d. SWR 08; Lyr., Nov., Fernsehsp., Aphor. – **MV:** ... und als Zugabe mich, m. Steffi Hohl, G. u. M. 85, 4. Aufl. 97; Lieber ein Optimist, der sich mal irrt ... 97, 3. Aufl. 01; Ein Mittel gegen Einsamkeit ... 99, 01; Seid froh, wenn's schwierig ist ... 01, 02; Direkt nach vorn ..., 04; Erfolg ist leicht ... 06, alles Sprüche m. Joaquín Busch. – **R:** Lebenslänglich – ganz ohne Gnade, m.a., Fsp. 86. – *Lit:* Skorniakova/Tabanakova: Moderne dt. Aphor. aus linguistisch-kultureller Sicht aufgrund der Aphor. von P.H., Dipl.-Arb. Univ. Kemerovo/Sibirien, dt.-russ. 05; s. auch 2. Jg. SK.

Hohlbein, Heike; Schluchenhausstr. 19, D-41469 Neuss, Tel. (0 21 07) 75 90 (* Neuss 3. 11. 54). Phantastik. – **MV:** zus. m. Wolfgang Hohlbein: Märchenmond 83; Elfentanz 84; Die Heldenmutter 85; Midgard 87; Drachenfeuer 88; Der Greif 89; Märchenmonds Kinder 90; Spiegelzeit 91; Unterland 92; Die Prophezeiung 93; Die Bedrohung 94; Dreizehn 95; Schattenjagd 96; Katzenwinter 97; Teufelchen 97; Märchenmonds Erben 98; Krieg der Engel 99; Gralszauber 00; Norg im verbotenen Land 02; Norg im Tal des Ungeheuers 03; Das Buch 03; Drachenthal, 4 Bde 03/04; anders, 4 Bde 04; Die Zauberin von Märchenmond 05, u. a.; (zahlr. Nachaufl. sowie Übers. in mehrere Spr.). (Red.)

Hohlbein, Rebecca; *www.rebecca-hohlbein.de* (* Neuss 27. 7. 77). – **V:** Indras Traum 04; Thans Geheimnis 04; Laurins Schatten 05; Der Sohn des Waffenmeisters 05; Willkommen im Geisterhaus 06. (Red.)

Hohlbein, Wolfgang (Ps. Robert Craven), freier Schriftst. u. Übers.; Schluchenhausstr. 19, D-41469 Neuss, Tel. (0 21 07) 75 90, *www.hohlbein.net* (* Weimar 15. 8. 53). Phantastik-Pr. d. Stadt Wetzlar, Der Dt. Phantastik-Pr. 04, u. a.; Phantastik. – V: Der wandernde Wald 83; Der Stein der Macht 84; Nach dem großen Feuer, R. 85; Die Kinder von Troja 86; Hagen von Tronje 87; Die Heldenmutter 87; i. d. R. „Kapitän Nemos Kinder": Das Mädchen von Atlantis 93, Die vergessene Insel 93, Die Herren der Tiefe 94, Im Tal der Giganten 94, Das Meeresfeuer 95, Die schwarze Bruderschaft 95, Die steinerne Pest 96, Die grauen Wächter 97, Die Stadt der Verlorenen 98 Die Insel der Vulkane 99, Die Stadt unter dem Eis 00; Saint Nick, R. 97; Magog, R. 97; Das Rätsel um Majestic 12, R. 97; Schattenjagd, Gesch., 97; Die Verschwörung der Bosse, Krim.-R. 97; Wolfsherz, R. 97; Hehlerbande 98; in d. Reihe „Das Herz des Waldes" u. a.: Gwenderon; Cavin; Megidda 98; Im Netz der Spinnen, R. 98; Die Nacht des Drachen 98; Die Rückkehr der Zauberer, R. 98; Der Sohn des Hexers, R. 98; Wyrm – Das Geheimnis von Morrisons Farm 98; Dunkel 99; Das Teufelsloch 99; Das Avalon-Projekt 00; Der Rabenritter 00; Flut 01; Tödlicher Verrat 01; Der Ring des Sarazenen 02; Der Schattenmagier 02; Unterland 02; Feuer 02; Nächtliche Begegnung 03; Intruder 03; Die Saga von Garth und Trojan 2 03; Das Vermächtnis der Feuervögel 03; Das Druidentor 03; Die Chronik der Unsterblichen, 8 Bde 03–05; Das Erbe der Moroni 04; Das Blut der Templer; Die Tochter der Himmelsscheibe 05; Anubis 05; Das Paulus-Evangelium 05; Die Wolf-Gäng 07; Horus 07; Wasp 08, u. a. – MV: zus. m. Heike Hohlbein: Märchenmond 83; Elfentanz 84; Die Heldenmutter 85; Midgard 87; Drachenfeuer 88; Der Greif 89; Märchenmonds Kinder 90; Spiegelzeit 91; Unterland 92; Die Prophezeiung 93; Die Bedrohung 94; Dreizehn 95; Schattenjagd 96; Katzenwinter 97; Teufelchen 97; Märchenmonds Erben 98; Krieg der Engel 99; Gralszauber 00; Norg im verbotenen Land 02; Norg – Im Tal des Ungeheuers 03; Das Buch 03; Drachenthal, 4 Bde 03/04; anders, 4 Bde 04; Die Zauberin von Märchenmond 05, u. a.; (zahlr. Nachaufl. sowie Übers. in mehrere Spr.). (Red.)

Hohler, Franz, Kabarettist, Schriftst.; Gubelstr. 49, CH-8050 Zürich, Tel. (0 44) 3 1237 83, Fax 3 1238 70, *franz.hohler@smile.ch*, *www.franzhohler.ch* (* Biel 1. 3. 43). Gruppe Olten 70, jetzt AdS; Pr. d. C.-F.-Meyer-Stift. 68, Georg-Mackensen-Lit.pr. 72, Dt. Kleinkunstpr. 73, Hans-Sachs-Pr. 76, Oldenburger Kd.-u. Jgdb.pr. 78, Kunstpr. d. Kt. Solothurn 83, Alemann. Lit.pr. 87, Hans-Christian-Andersen-Diplom 88, Pr. d. Schweizer. Schillerstift. 91, Schweizer Kinder-u. Jgdb.pr. 94, Premio mundial „José Marti" de lit. infantile 95, Liederpr. d. SWF 97, Kunstpr. d. Stadt Olten 00, Binding-Pr. f. Natur- u. Umweltschutz 01, Aargauer Kulturpr. 02, Kasseler Lit.pr. f. grotesken Humor 02, Kunstpr. f. Lit. d. Stadt Zürich 05, Schiller-Pr. d. Zürcher Kantonalbank 05, Tertianum-Pr. f. Menschenwürde 07, Salzburger Ehren-Stier f. d. kabarettist. Gesamtwerk 08; Prosa, Drama, Kabarett, Hörsp., Kinderb. – V: Das verlorene Gähnen 67; Idyllen, Prosa 70; Der Rand von Ostermundigen u. a. Grotesken 73; Wegwerfgeschichten 74; Wo?, Prosa 76; Mani Matter, Portr. 77; Ein eigenartiger Tag, Prosa 79; Die Rückeroberung, Erzn. 82; Das Kabarettbuch 87; Vierzig vorbei, G. 88; Der neue Berg, R. 89; Sprachspiele 89; Der Mann auf der Insel, Leseb. 91; Da, wo ich wohne, Prosa 93; Michael Bauer/Klaus Siblewski (Hrsg.): F.H. – Texte, Daten, Bilder 93; Die blaue Amsel, Geschn. 95; Drachenjagen. Das neue Kabarettbuch 96; Das verspeiste Buch,

Gesch. 96; Die Steinflut, N. 98; Zur Mündung, Geschn. 00; Die Karawane am Boden d. Milchkrugs, Grotn. 03; Die Torte, Erzn. 04; 52 Wanderungen 05; Vom richtigen Gebrauch der Zeit, G. 06; Es klopft, R. 07; Das Ende eines ganz normalen Tages, Erzn. 08; – KINDERBÜCHER: Tschipo 78; Dr. Parkplatz, Erz. 80; Der Granitblock im Kino, Geschn. 81; Tschipo u. die Pinguine 85; Der Riese u. die Erdbeerkonfitüre u. a. Geschichten 93; Tschipo in der Steinzeit 95; Die Spaghettifrau u. a. Geschichten 98; Der große Zwerg u. a. Geschichten 03; Mayas Handtäschchen 08; – SOLOPROGRAMME: pizzicato 65; Die Sparharfe 67; Kabarett in 8 Sprachen 69; Doppelgriffe 70; Die Nachtübung 73; Schubert-Abend 79; Der Flug nach Milano 85; s isch nüt passiert 87; Ein Abend mit Franz Hohler 90; Drachenjagd 94; Wie die Berge in die Schweiz kamen 95; Das vegetarische Krokodil 99; Im Turm zu Babel 00; s Tram uf Afrika 01; – THEATER/UA: Bosco schweigt, Grot. 68; Lassen Sie meine Wörter in Ruhe! 74; Der Riese, Einakter 76; Der Zwerg, Einakter; David u. Goliath, St. f. Kinder 77; Die dritte Kolonne 79; Die Lasterhaften 81; Die falsche Türe 95; Die drei Sprachen, St. f. Kinder 97; Zum Glück, Kom. 02. – MV: Hin- u. Hergeschichten, m. Jürg Schubiger 86; Die Rückeroberung, m. Karin Widmer, Comic 91; Aller Anfang, m. Jürg Schubiger, Geschn. 06; – BILDERBÜCHER: In einem Schloß in Schottland lebte einmal ein junges Gespenst 79, Miniaturausg. 07; Der Nachthafen 84; Der Räuber Bum 87, alle m. Werner Maurer; Der Urwaldschreibtisch, m. Dieter Leuenberger 94; Wenn ich mir etwas wünschen könnte, m. R.S. Berner 00; Der Tanz im versunkenen Dorf, m. Reinhard Michl 05. – MA: Auf meinem Schreibtisch liegt ein Bär, Texte 93. – H: 111 einseitige Geschichten 81; 112 einseitige Geschichten 07. – F: Dünki-Schott 04; Der Kongress d. Pinguine 93. – R: HÖRSPIELE: Das Besondere am Mai 72; Bsüech 78; Lassen Sie meine Wörter in Ruhe! 79; Die Dritte Kolonne 80; Zytlupe, 12-tlg. 86, 95, 96, 97, 03; Der Zusammenstoss, m. Jürg Schubiger 90; sowie zahlr. Kindersdgn, Einzelbeitr. u. Programmaufzeichn. in diversen zer., österr. u. dt. Rdfk-Anstalten; – FERNSEHARBEITEN: Das Parkverbot 73; Franz u. René (Kinderstunden im DRS-Fs.), m. René Quellet 73–94; Vom Angsthaben. Streiten u. Essen 74; Emil auf der Post 75; Denkpause, 40 sat. Sdgn 80–83; übrigens..., 46 sat. Sdgn 89–94; sowie zahlr. Aufzeichn. von Programmen bzw. Teilen daraus in schweizer., österr. u. dt. Rdfk-Anstalten. – P: es bärndütsches Geschichtli 68; Celloballaden 70; Traraa 71; I glaub jetzt hock i ab 73; Ungemütlicher 2. Teil 74; Iss dys Gmües 78; Vom Mann, der durch die Wüste ging 79; Es si alli so nätt 79; Einmaliges 80; Das Projekt Eden 81; s isch nüt passiert 87; Hohler kompakt 89; F.H. liest Der Räuber Bum u. a. Geschichte 92; Der Flug nach Milano 96; F.H. erzählt seine Geschichten 96; Der Theaterdonnerer 96; Hanns Dieter Hüsch trifft F.H. 96; Zytlupe 98; Das Zauberschüttelchen u. a. Geschichten 98; Schweizer sein, Vol.1 98, Vol.2 99; Zur Mündung, Hörb. 01; Bedingungen für d. Nahrungsaufnahme, Hörb. 01; Im Turm zu Babel 02; Weni mol alt bi 03; Die Torte und andere Erzählungen, Hörb. 04; 52 Wanderungen, Hörb. 05; Das kleine Orchester und andere Geschichten, Hörb.-Hörb. 06; Es klopft, Hörb. 07; In einem Schloss in Schottland, Hörb. 07; Das Ende eines ganz normalen Tages, Hörb. 08; Aller Anfang, Hörb. 08, alles Tonkass./CDs; div. Videos. – Ue: J.B. Molière: Liebeskummer. – *Lit:* Michael Bauer/Klaus Siblewski (Hrsg.): F.H. – Texte, Daten, Bilder 93; Michael Koetzle/Klaus Hübner in: KLG.

Hohler, Ursula; Gubelstr. 49, CH-8050 Zürich (* 43). – V: Ursula Hohler, Ueli Schenker, Peter Mor-

Hohloch

ger, René Sommer. Vier Gedichtbände in einem (Zeitzünder 7) 94; öpper het mini Chnöche vertuuschet, schweizerdt. Gedichte 04. (Red.)

Hohloch, Peter; c/o Der Reichsstädtische Verlag, Bruno-Matzke-Str. 4/1, D-72770 Reutlingen, Tel. u. Fax (0 71 21) 5 52 32 (* Reutlingen 54). – **V:** Schwäbische Gedanken und Geschichten 89; Schwäbische Anekdota und Sticheleia 93; Schnappos großer Traum 99. (Red.)

Hohmann, Andreas W., Dipl.-Päd., Journalist, Autor; c/o Verlag Edition AV, Postfach 1215, D-35420 Lich, Tel. (0 64 04) 6 57 07 63, Fax 66 89 00, *editionav@gmx.net, www.edition-av.de* (* Bad Homburg 7. 6. 68). Rom., Erz., Herausgeberschaft. – **V:** Der Spitzelbericht, Dok. 99. – **MV:** Wein-Lesung, m. Dieter Johannes 98. – **B:** Pierre Joseph Proudhon: Die Bekenntnisse eines Revolutionärs, Biogr. 00. – **H:** Abel Paz: Feigenkakteen und Skorpione, Biogr. 07; ders.: Anarchist mit Don Quichottes Idealen, Biogr. 08.

Hohmann, Barbara s. Klassnitz, Barbara

Hohmann, Wolfgang, Realschullehrer; Rhönbergstr. 43, D-36100 Petersberg b. Fulda, Tel. (0 66 1) 6 67 28, Fax 9 62 87 76 (* Fulda 15. 9. 39). Schultheaterst., Jugendtheaterst. – **V:** Angst vor der Schule muß nicht sein, Schultheaterst. 84; Die guten Willens sind 85; Einstellungssachen 86; Die Kaugummikonferenz 87, alles Jgdtheaterst.; Wann kommst du, der da kommen soll?, Weihnachtssp. 88. (Red.)

Hohoff, Curt, Dr. phil.; Adalbert-Stifter-Str. 27, D-81925 München, Tel. (0 89) 9 82 89 80 (* Emden 18. 3. 13). Akad. d. Künste Berlin 56, Bayer. Akad. d. Schönen Künste 57; Förd.pr. d. S.D.S., München 55; Biogr., Ess. Ue: agr, engl. – **V:** Der Hopfentreter, Erz. 41; Hochwasser, Erzn. 48; Adalbert Stifter, seine dichterischen Mittel u. die Prosa des XIX. Jahrhunderts 49; Woina-Woina, russ. Tageb. 51, Neuausg. 83; Feuermohn im Weizen, R. 53; Geist und Ursprung. Zur modernen Lit., Ess. 54; Paulus in Babylon, R. 56; Heinrich v. Kleist, Biogr. 58; Die verbotene Stadt, Erz. 58, 89; Dichtung und Dichter der Zeit, vom Naturalismus zur Gegenwart 61 II; Schnittpunkte, ges. Aufs. 63; Gefährl. Übergang, Erzn. 64; Die Märzhasen, R. 66; Gegen die Zeit, Theologie – Literatur – Politik, Ess. 70; München, Portrait einer Stadt 71; J.M.R. Lenz, Biogr. 77; Die Nachtigall, R. 77; Grimmelshausen, Biogr. 78; Unter den Fischen, Erinn. 1934–1939, Autobiogr. 82; Venus im September, R. 84; Besuch bei Kalypso, Landschaften u. Bildnisse 88; Johann Wolfgang Goethe, Dicht. u. Leben 89; Scheda – im Flug vorbei, R. 93; Veritas Christiana, Aufs. z. Lit. 94; Glanz der Wirklichkeit, Ess. 98. – **H:** Cl. Brentano: Ausgewählte Werke 49; Flügel der Zeit, dt. G. 1900–1950 56. – **MH:** Lyrik des Abendlands 48, 79. (Red.)

Hoi, Helga, Bibliothekarin; Kirchgasse 5, A-9300 St. Veit a.d. Glan, Tel. (0 42 12) 34 52 (* St. Veit a.d. Glan 15. 2. 43). Jgdb.pr. d. Ldes Kärnten 97. – **V:** Auf einmal war alles ganz anders 98, 2. Aufl. 99. (Red.)

Holbach, Gabriele von; *feedback@gabriele-von-holbach.de, Gabriele-von-Holbach.de.* Rom. – **V:** Is von Oma, R., 3 Aufl. 07, 3. Aufl. u. d. T.: In der Villa ist die Hölle los.

Holbe, Rainer, Journalist, Moderator Fernsehen u. Funk; Gutzkowstr. 2, D-60594 Frankfurt/M., Tel. (0 69) 6 77 12 52, *Rainer.Holbe@web.de, www.rainer-holbe. de* (* Komotau/Böhmen 10. 2. 40). Schweizerpr. Bern f. Ges.werk; Jugendb., Fernsehsp., Sachb., Rom. – **V:** Jo rettet eine Fernseh-Show, Jgdb. 71; Das Mondbaby, Kdb. 73; Ein Toter spielt Schach u. a. unglaubliche Geschichten 88; Niemand stirbt für immer, Dok.-

R. 98 (auch tschech.); Es ist Wochenende, I 03, II 05; zahlr. Sachbücher. – **H:** Knaurs Lesefestival: Unglaubliche Geschichten 85, 88; Neue Unglaubliche Geschichten 87; Mysteries 05. – **P:** Verflixt noch mal, Schallpl. f. Kinder 78; Botschaften der Engel, Video 95; Ruhepunkte, Video 97; Hundert deutsche Jahre, CD 99; Phänomene dieser Welt, CD-ROM; Geheimnisse versunkener Welten, m. Erich von Däniken, Hörb. 03; Kultstätten der Menschheit, Hörb. 04. – *Lit:* Munzinger-Archiv; auch SK. (Red.)

Holbein, Ulrich (Ps. Uriel Bohnlich, Heino Brichnull, Lili Chonhuber, Heinrich Bullo), Schriftst.; c/o Verlag Edition AV, Postfach 1215, D-34576 Allmutshausen, *knuell @t-online.de* (* Erfurt 24. 1. 53). Ernst-Robert-Curtius-Förd.pr. 86, Ernst-Willner-Pr. im Bachmann-Lit.wettbew. 92, Arno-Schmidt-Stip. 92, Hugo-Ball-Förd.pr. d. Stadt Pirmasens 93, Märk. Stip. f. Lit. 94, u. weitere Stipendien; Rom., Dialog, Denkmärchen, Themenfeldmeditation, Libr., Sprachglosse, Thesenpaket. – **V:** Samthase und Odradek 90, 98; Der belauschte Lärm, hum. Darst. 91; Knallmasse, M. 93; Ozeanische Sekunde, Ess. 93; Die vollbesetzte Bildungslücke, Ess. 93; Warum zeugst du mich nicht?, R. 93; Zwickmühlen 94; Das Schwein der Erkenntnis 96; Sprachlupe 96; Typologie der Berauschten, Ess. 97; Werden auch Sie ein Genie! 66 Tips 97; Ungleiche Zwillinge, Doppelporträts 98, 2. Aufl. 02; Im Reich der Stümpfe, Ess. 99; Nekrolog auf den Ladenhüter und andere, Ess. 99; Isis entschleiert, R., 1.u.2. Aufl. 00; Zwischen Liquid-Sounds, Spiritualiekt und Zwerchfellatio 00; Drehwurm, Grotn., 1.u.2. Aufl. 02; Januskopfweh, Glossen, 1.u.2. Aufl. 02; Narratorium. Lexikon unheiliger u. heiliger Narren 08; Weltverschönerung. Umwege zum Scheinglück, Kompendium 08. – **MA:** Theater für Kinder ist unglaubliche, Bd 1 89; Kulturgeschichte der Mißverständnisse 97; – seit 90 jährl. Beitr. in: die horen; Griffel; Rowohlt Lit.-Mag.; Von Büchern & Menschen; Ed. horen; Neue Rundschau (S. Fischer); – Kolumnen in: ZEIT; FAZ; FR; SZ; konkret. – **R:** Hsp.: Biomasse 84; Warum hast Du mich nicht gezeugt? 91; Wir contra Ich 94; Hirnwäsche 98; Im Reich des Fleischwolfs 98; Leila 98; – Wort/Musik-Ess. im Rdfk: Lockvögel im Maschinenzeitalter 91; Elysiumsdebatte zw. Adorno, A. Schmidt u. R. Steiner 93; Musikalische Selbsterziehung 94; Orgasmus in der Musik 96; Waldesrauschen, Hörwunder, Naturmystik 97; Liebe geht das Ohr 98; Minutenstücke 98; Verwechslungsquiz 99; Psychedelische Musik 00; Tränenpalast in a-moll 01; Morgenlandfahrt in die 3. Welt 01; Gerätepark u. Seelenqual 01; Wenn Philosophen Radio hören 02; Vorreiter, Nachzügler, Rückwärtsläufer 02; Oase des Unhörbaren 03; Zuspätromantik, heut u. vorgestern ... einst u. jetzt 05. – *Lit:* Munzinger Archiv; Who's Who; Lex. d. dt.spr. Gegenwartslit.; Jan Süselbeck in: Killy, Lit.Lex.; Eske Bockelmann in: KLG.

Holl, Adolf, Dr. theol., Dr. phil., U.-Doz. f. Religionswiss., Dr. h.c.; Hardtgasse 34/2/2, A-1190 Wien, Tel. (01) 3 69 56 85 (* Wien 13. 5. 30). Öst. P.E.N.-Club, IGAA; Pr. d. Stadt Wien f. Geistes- u. Sozialwiss. 95, Dr. h.c. U.Klagenfurt 00, Öst. Staatspr. f. Kulturpublizistik 02; Biogr., Ess. – **V:** Wie ich ein Priester wurde, 1. Autobiogr. 92, Neuaufl. u. d. T.: Gott ist tot und lässt Dich herzlich grüßen 01; Falls ich Papst werden sollte. Ein Szenario 98, Tb. 00; Brief an die gottlosen Frauen 02; Der lachende Christus 05; Om & Amen. Eine universale Kulturgesch. d. Betens, Ess. 06; Wie gründe ich eine Religion, Ess. 09; zahlr. wiss. Veröff. u. Sachb. – *Lit:* Walter Famler/Peter Strasser (Hrsg.): A.H. – Zwischen Wirklichkeit u. Wahrheit (Wespennest

Holm

Sonderh. Mai) 00; Anita Natmessnig: A.H. – Der erotische Asket, Biogr. 07; s. auch SK u. GK.

Holl, Hanns, freier Schriftst.; Lohbachufer 19, A-6020 Innsbruck, Tel. (05 12) 27 45 83, *Hanns.Holl@aon.at* (* Innsbruck 5. 8. 19). SDA 48–55, Ges. d. Lyr.freunde Innsbruck 81, Ö.S.V. 98, Turmbund 02; 1-Jahres-Stip. d. Min. f. Kultur Berlin 53; Drama, Lyr., Ess., Filmkritik, Kabarett, Kinderb., Rep., Prosa, Sachb. – **V:** Das Wrack 48; Erika und HV3 51; Olle Kamellen 52; Irgendeiner unter uns 53; Allotria 54; Friede auf Erden 55; Tartarin von Tarascon 58; Monolog um Mitternacht 62, alles Dr.; Unsere neue Schule, Kdb. 51; Rotkäppchen und die Hexe, Kdb. 52; Die einfache Weise, G. 84; Leonis zweiter Schultag, Kdb. (Arb.titel) 05; – Sachbücher: Der Sündenfall – Nachruf auf Homo sapiens 01; Das Dritte Buch – Wenn nicht Gott, was dann? (Arb.titel) 07. – **MA:** Ergebnisse, Anth. 84; Meine kleine Lyrikreihe, Anth., 4.Bd 85. – **H:** Begegnung, Zs. f. Lyr.freunde 81–91; Meine kleine Lyrikreihe, jährl. Lyr.-Anth. 85–91. (Red.)

Holländer, Anne/Dorothee s. Haentjes, Dorothee

Holland, Nikolas s. Haag, Klaus

Holland-Moritz, D., M.A., freier Autor; Rostocker Str. 37, D-10553 Berlin, Tel. (0 30) 3 91 46 83 (* Solingen 28. 12. 54). VS 97; Erz., Hörst., Ess. – **V:** Der Weg durch Gegenwelten 95; Lovers Club. Eine Stimme aus dem Off 02. – **MA:** Geniale Dilletanten 82; Das Abschnappuniversum 84; Platz machen 91; Hormone des Mannes 94; Heinz Emigholz. Normalsatz. Siebzehn Filme 01; zahlr. Beitr. in: perspektive, hefte f. zeitgenöss. lit., seit 00. – **P:** Und immer parallel zur Venus, CD 01. (Red.)

Holland-Moritz, Renate, Journalistin, Schriftst.; Leipziger Str. 48, D-10117 Berlin, Tel. u. Fax (0 30) 2 04 27 67 (* Berlin 29. 3. 35). VS; Kunstpr. d. FDGB 72, Heinrich-Greif-Pr. 73, Goethe-Pr. d. Hauptstadt d. DDR 78, Heinrich-Heine-Pr. 81, Lit.pr. d. DFD 88. – **V:** Das Phänomen Mann, Kurzgeschn. 57; Das Durchgangszimmer, Erz. 67, 94; Graffunda räumt auf, Erz. 70, 94; An einem ganz gewöhnlichen Abend, Erz. 73, 75; Der Ausflug der alten Damen, Kurzgesch. 75, 89; Bei Lehmanns hats geklingelt, Kurzgeschn. 77, 79; Erzählungen 79, 85; Klingenschmidts Witwen, Erz. 80, 82; Die Eule im Kino, Filmkritiken 81, 82; Die schwatzhaften Sachsen, Erzn. 82, 01; Die tote Else, Anekdn. 86, 89; Ossis, rettet die Bundesrepublik! 93, 00; Die Eule im Kino. Neue Filmkritiken 94; Die Macht der Knete, Kindergeschn. f. Erwachsene 94; Angeschmiert und eingewickelt 96; Der Trickbetrüger 96; Die tote Else lebt, sat. Geschn. 97; Die Eule im Kino. Neue Filmkritiken 1991 bis 2005 05. – **MV:** David macht, was er will, Kdb. 65; Guten Morgen, Fröhlichkeit, Geschn. 67, 68; Ein Vogel wie du und ich, Kurzgesch. 71, 72, alle m. Lothar Kusche. – **MA:** Satire-Zs. „Eulenspiegel"; Filmkritiken in: MDR Hörfunk Sa.-Anh.; Weltbühne; Das Magazin; Wochenpost; zahlr. Beitr. i. zahlr. Anth. d. Eulenspiegel Verlags, u. a.: Das Tier lacht nicht. – **F:** Der Mann, der nach der Oma kam 72; Florentiner 73 72; Eine Stunde Aufenthalt 73; Verzeihung, sehen Sie Fußball? 85. – **P:** zahlr. Schallpl. u. Kassetten bei VEB Dt. Schallplatten (Litera). – *Lit:* zahlr. Diplomarb. v. Absolventen d. Sektion Journalistik d. Univ. Leipzig. (Red.)

Hollburg, Martin s. Baresch, Martin

Holler, Christiane (Ps. Agnes Baum, Holly Holunder), Autorin u. Kabarettistin; Hans-Widermann-Gasse 10, A-2102 Bisamberg, Tel. (0 22 62) 6 24 90, *christiane.holler@aon.at* (* Wien 6. 8. 55). IGAA; Bruno-Kreisky-Pr. 97, Kd.- u. Jgdb.pr. d. Stadt Wien 00 u. 02, Öst. Kinderbuchpr. 01; Kinder- u. Jugendb.,

Sachb. – **V:** Ich heiße Melisande 93, 03 (auch frz.); Radio Pferdewelle 95; Esel oder Pferd?, Geschn. 97, 2. Aufl. 00, Neuaufl. 06 (auch fläm., estn.); Die Gespensterkoppel 99; Erzähl uns was vom Krokodil 01 (auch estn.), alles Kdb.; Meine Alten spinnen 07; Die kleine Liebesapotheke 08. – **MV:** mehrere Sachbücher. – *Lit:* s. auch SK.

Hollmann, Usch; *www.freche-frauen.de.* Kulturpr. d. Kr. Steinfurt 99; Erz., Kinderb., Kabarett. – **V:** Hallo Änne, hier is Lisbeth 96, 6. Aufl. 03 (auch Hörb.); Wat is uns alles erspart geblieben 99; Spekulatius und Springerle 02, alles Erzn./Humor. (Red.)

Hollweg, Hans, M. A., Deutschlehrer; Funkstr. 112/302, CH-3084 Wabern/Bern, Tel. (0 31) 9 61 63 78 (* Berlin 25. 11. 42). IGdA 91; Bühnenst., Lyr., Kurze Prosa. – **V:** Von der Seele geknill. Gereimte Skizzen e. heiteren Hundes 84, Neuausg. 88, 3. Aufl. 92; Spielereien mit der Sprache. Geschüttelte Kleinigkeiten 85, Neuausg. 89; Von Herzen mit Scherzen. Gereimte Korrespondenz 86, Neuausg. 92; Katze aus dem Sack, Kom. 87, Bü.-Ms. 95; In der Kürze die Würze, Aphor., Knittelverse, Schüttelreime 88; Peter in der Patsche, Posse 89, Bü.-Ms. 95; Heimliche Hoffnungen, Kom. 90, Bü.-Ms. 95; Ich bin nur ein armer Dichtergesell. Gereimtes Selbstportr. e. kauzigen Poeten 92; Zwielicht im Glashaus, Kom., Bü.-Ms. 95; Die Unnachahmliche, Kom., Bü.-Ms. 95; Palette des Lebens, Sketche u. Impress., Bü.-Ms. 95; Die heiße Kartoffel, Kom., Bü.-Ms. 97; Warum hab' ich, der Wullimann, heute einen Pulli an? 00; Am Riesenbaume keine Pflaume. Gereimte Beobachtungen 00; Reime bringen Glück. Verse zum Vergnügen 01; Die nächste Pause kommt bestimmt. Gereimtes aus d. Schule u. a. Verse 02. – **MA:** Beitr. in Anth., u. a.: ZEITschrift, Bde 69 96, 73 97, 84 00, 87 00, 92 00, 104 01, 105 01, 116 02, 2/06, 2/07.

Holly, Harry s. Hülsmann, Harald K.

Holm, Friedrich A. (Friedrich Axel Holm), Schriftst., Lehrer a. D.; Gaudystr. 11, D-10437 Berlin, Tel. (01 76) 25 75 88 00 (* Simonsberg/Schlesw.-Holst. 3. 5. 52). VS Schlesw.-Holst. 93–99, Akad. v. Europa 98; 5. Pl. b. Gr. Prix Mediterranée, Sparte Gedicht, 98; Lyr., Kurzprosa, Rom. – **V:** Gewöhnung ist nirgendwo eine Weite des Denkens, G. 91; Sternzeit, G. 99; Sternzeit 2, G. 03; Lauter nur im Land der Liebe, G. u. Bilder 06; Blicke ins Zuletzt der Liebe, G. u. Bilder 07; Scheues Wort wie deutsche Schatten, Sentenzen u. Bilder 08. – **R:** mehrere Rdfk-Sdgn u. lit. Veranst. im Offenen Kanal Lübeck, seit 93. – *Lit:* Corrado Palmisciano in: Sangue sull' Europa 98; Friedrich Mülder in: Sternenzeit 99; Sabine Lippok in: Wortwahl 8/99; Theo Czernik in: Beschwörungen 01; Radio-Interview m. Martina Rosenbladt u. Hauke Bülow in: Offener Kanal Lübeck 02.

Holm, Günter; Valentinianstr. 74, D-68526 Ladenburg, Tel. (0 62 03) 92 45 48 (* Tilsit 2. 10. 25). Rom. – **V:** Anfänge. 150 Jahre Julius Beltz, Sachb. 91; Der Altenzoo, R. 98; Urlaubssperre, Romaneske 05.

Holm, Knut s. Huhn, Klaus

Holm, Louis (eigtl. Ulrich Mohl, weiteres Ps. Ludwig Uhler), Dr. phil., StudProf.; Gielsbergweg 20, D-72793 Pfullingen, Tel. u. Fax (0 71 21) 7 25 51 (* Tübingen 31. 8. 26). Erz., Kurzgesch., Hist. Lebensbild. – **V:** Die Kauzenhecke 87; Der Zwiebelkuchen u. a. Geschichten aus Schwaben zum Lesen u. Vorlesen 93, 5. Aufl. 01; Die Hosenmadam u. a. Geschichten aus Schwaben zum Lesen u. Vorlesen 95; Die schwarzbraune Haselnuss, 22 Zeitzeugnisse 97; Monte Scherbelino – Vergessene Schicksale 98; Ein erfülltes Dreivierteljahrhundert, Autobiogr. 00; Die Weiber von Pfullingen 01 (unter Ulrich Mohl); Die Geschichte vom Erlenhof 02; Schloss Pfullingen in Vergangenheit und Ge-

557

Holm

genwart 03; Pfullingen im zweiten Weltkrieg 05; Ausklang, 21 Kurzgeschn. 07. – **MA:** Gesch. in Wissenschaft u. Unterricht; Reutlinger Geschichtsbll.; Historischer Kal. d. Lahrer Hinkenden Boten; Schwäb. Heimatkal.

Holm, Peter s. Holmsten, Georg

Holmsten, Aldona (Ps. Aldona Gustas), Autorin,
Malerin; Elßholzstr. 19, D-10781 Berlin, Tel. (0 30)
2 16 56 75 (* Karceviškiu/Litauen 2. 3. 32). VS 65, GE-
DOK 70, NGL 73, BBK 75, GZL 96, Varnhagen Ges.
98, Kg., Heinrich-Heine-Ges. 04; Rahel-Varnhagen-v.-
Ense-Med. 97, Arb.stip. f. Berliner Schriftst. 92, BVK
am Bande 98, EM d. NGL 01; Lyr., Prosa. – **V:** Nacht-
straßen 62; Grasdeuter 63; Mikronautenzüge 64; ...
Blaue Sträucher 67; Notizen 68; Liebedichtexte 68;
Worterotik 71; Frankierter Morgenhimmel 75; Puppen-
ruhe 77; Eine Welle, eine Muschel od. Venus persönlich 79; Luftkäfige 80; Sogar den Himmel teilten wir
81; Liche meine Brüder (litau.-dt.) 83; Spreeschnee 83;
Sekundenresidenzen 89, alles G.; Körpernaturen, G. u.
Zeichn. 91; Querschnitt, G. 1962–1992 92; Symbiose-
frauen, Prosa u. Zeichn. 93; Gedichte, Prosa, Zeichnungen (litau.-dt.) 94; Aber mein Herz ist ein Herkules, G.
98; Jetzt – Dabar (litau.-dt.) 98; Sphinxfrauen 99; Asyl
im Gedicht 01; Mitlesebuch 05; Berliner Tagebuchge-
dichte 06, alles G. u. Zeichn.; – Wtopieni w noc –
Nachtversunken, G. poln.-dt. 04. – **MA:** Alphabet 61;
Berlin zum Beispiel 64; Meisengeige 64; Lyrik aus dieser Zeit 1965/66 65; Thema Weihnachten 65; Dt. Teilung 66; Anth. als Alibi 67; Kochbuch f. Feiertage 67;
Siegmundhofer Texte 67; Lyrik aus dieser Zeit 1967/68
67; Stierstädter Gesangbuch 68; Zur Nacht – Autoren
im Westdt. Fs. 68; Poeten beten 69; Berlin – Buch d.
Neuen Rabenpresse 69; Aller Lüste Anfang 71; Die gespiegelte Stadt 71; Der Seel e. Küchel 74; Kreatives Lit.
Lex. 74; Dt. Lyr. 1960–1975 75; Tagtäglich 76; Bewegte Frauen 77; Stadtansichten 77; Das große Rabenbuch
78; Dt. Unsinnspoesie 78; Anfällig sein 78; Viele von
uns denken noch sie kämen durch 78; Im Beunruhigenden 80; umsteigen bitte 80; Berlin realistisch 81; Berliner Galerie 81; Poesiekiste 81; Unbeschreiblich weiblich 81; Frieden – Nicht nur e. Wort 81; Weißt Du, was
d. Frieden ist? 81; Berlin-Zulage 82; Liebe danach 82;
Frauen erfahren Frauen 82; Körper, Liebe, Sprache 82;
Straßengedichte 82; Die Paradiese in unseren Köpfen
83; Frauenalltagsgeschn., Frauenjb. 84; Berliner Auto-
ren-Stadtb. 85; Alphabet 87; Berlin im Gedicht 87; Rei-
se-Textb. Berlin 87; Berlin literarisch 88; Mein heimliches Auge 88; Lesespass 89; Autorinnen im GEDOK
90; Doppeldecker 90; Eremiten-Alphabet 91; Das Kind,
in dem ich stak 91; Poezijos Pavasaris 92; The Berliner
95; Lit. vor Ort 95; Autoren von A bis Z 96; Schmetterlinge im Bauch 96; Berlin mit deinen frechen Feuern
97; Brüche u. Übergänge 97; Sprachwechsel 97; Wörter sind Wind in Wolken, Anth. 00; Berlin am Meer 00;
Doch von oben kommt er nicht 00; Hoffnung auf Meer
00; Wenn die Geschichte um die Ecke geht 01; Berlin
ist ein Gedicht 01; Schreibwetter 02; Poetische Sprachspiele 02; Ausgeschriebene Zeit 03; NordWestSüdOst
03; Berlin ist eine Frau 05; Dünn ist die Decke der Zivilisation 07, u. a. – **H:** Berliner Malerpoeten 74, Tb.
77; Berliner Malerpoeten – Pittori Poeti Berlinesi, ital.-
dt. Texte 77; 10 Jahre Berliner Malerpoeten 82; Pintore-
spoetas Berlineses – Berliner Maler; Erotische Gedichte v. Frauen 85; 20 Jahre Berliner Malerpoeten 92 (alles auch Mitarb.); Erotische Gedichte v. Männern 87. –
MH: Zwiespalt 99.

Holmsten, Georg (Ps. Peter Holm, Michael Ra-
vensberg); Elßholzstr. 19, D-10781 Berlin, Tel. (0 30)
2 16 56 75 (* Riga 4. 8. 13). VS; BVK I. Kl. 81; Rep.,

Rom., Biogr. Ue: engl, frz. – **V:** Berliner Miniaturen,
Großstadtmelodie 46; Lucrezia Borgia 51; Kaiser Elisabeth von Österreich 51; Ludwig XIV. der Sonnenkönig 52; Rembrandt, Maler aus Leidenschaft 52; Maria Stuart 52; Aurora von Königsmarck u. die Frauen
um August den Starken 53; Die Königin von Saba 53;
Gräfin Woronzeff 53; Nofretete 53; Lady Hamilton 53;
Die Barberina u. Friedrich der Große 54; Salome 54;
Casanova 55, alles R.; Caniferciminologie – Die Wissenschaft der Hundewürste, Sat. 68; Endstation Berlin,
R. 74; Berliner Miniaturen 1945. Geschichten von damals 85; Als keiner wußte, die er überlebt, Erlebnisber.
95. – **MA:** Geheimnisse fremder Völker, Rep. 56; Bal-
tisches Erbe, Selbstzeugnisse 64; Spiele für Stimmen,
Tonbandtexte 66; Nachbar Mensch 68; Wir erlebten
das Ende der Weimarer Republik 82; Berliner Autoren-
Stadtbuch 85. – **H:** Auerbachs Kinderfreund 50; Herzblättchens Zeitvertreib 50; Sophie Wörishöffer: Aben-
teuer-Romane, 6 Bde 50–51. – *Lit:* s. auch 2. Jg. SK.

Holst, Evelyn, Journalistin; c/o Droemer Knaur,
München (* Hamburg 52). Egon-Erwin-Kisch-Pr. – **V:**
Ein Mann für gewisse Sekunden 92; Der Mann auf der
Bettkante 94; Ach, wie gut, daß niemand weiß... 97; Ein
Mann aus Samt und Seide 97; Der Liebe Last 00; Ver-
dammte Gefühle 00, 02; Dann geh doch 03; Ein Mann
für gewisse Sekunden 03; Das Verlangen 03, alles R.;
Wie ich Papas Geliebte vergraulte oder Sky sei Dank,
Jgdb. 03; Der Mann auf der Bettkante, R. 04. – **MV:**
Berlin, m. Stéphane Duroy, Bildbd 86. – **MA:** zahlr.
Repn. im „Stern“ (Red.)

Holst, Helmut, Pensionär; Brückenstr. 11, D-24306
Plön, Tel. (0 45 22) 45 98 (* Behl b. Plön 9. 9. 25). – **V:**
As dat Läben so speelt 92; Ach du leve Tied 96; Dor
weer doch nee wat 98; Ünnerwegs 02, alles Geschn.
u. G. (Red.)

Holst, Rolf; c/o R. Holst Verlag, Rotdornstr. 6,
D-19370 Parchim, Tel. (0 38 71) 44 43 78 (* Laage/
Mecklenb. 27. 8. 42). Bund Ndt. Autoren. – **V:** Baern-
los, Geschn. 96; Dit wihr eimaal... 96; Min leiw Dörp
96; Gaude Frünn 97; Korl Eik vertellt 97; Biller ut Oll
Mäkelborg, Teile I,II,III. (Red.)

Holstein, August Guido, lic. phil. I., pens.
Bez.Lehrer, Schriftst.; Leemattenstr. 29, CH-5442 Fis-
lisbach, Tel. (0 56) 4 93 19 21 (* Zürich 3. 3. 35). Lit.
Ges. Baden 73, SSV, jetzt AdS 90, ZSV 91, Pro Lyri-
ca Schweiz 96; Prosa, Lyr., Theater. – **V:** Geschichten
vom Boll 83; Wind auf Fahrt, Lyr. 86; Geschichten
von Dorfe F 87; Windmessstäbe, Lyr. 90; Alptag, R.
92; Zirkus im Gebirge, Erz. 95; Don Juan und Alter
Meister, Erzn. 97; Der Augenblick, hist. Erzn. 99; Der
Berg geht zum Meer, Lyr. 01; Mücken, Kurz-Erzn. 04;
Windspiele, Lyr. 05. – **MA:** Beitr. u. a. in: „News“ u.
Jb. d. ZSV, Kalendern u. Pro Lyrica Schweiz, Badener
Neujahrsbll.

†**Holstermann,** Elisabeth, Hausfrau; lebte in Olden-
burg (* Sögel/Hümmling 13. 2. 21, † 06). Kurzgesch.
(Plattdt.). – **V:** tut miene Kinnertied, Prosa 81. – **MA:**
De plattdüütsch Klenner; 7 weit. Beitr. in Prosa-Anth.

Holt, Hannes von; In der Ey 71, CH-8047 Zürich,
www.vonholt.ch (* Hamburg 21. 9. 46). – **V:** Nonna's
Tafelrunde, Erz. 00; Die Wohn von Esopatamien oder
Seldwyla ist überall, R. 02. (Red.)

Holtkötter, Stefan, Berater u. Motivationstrainer;
Prenzlauer Allee 31, D-10405 Berlin, Tel. (030)
44 04 53 29, *info@stefan-holtkoetter.de,* *www.stefan-
holtkoetter.de* (* Münster 73). Das Syndikat. – **V:** Fundort Jannowitzbrücke, Krim.-R. 05; Das Geheimnis von
Vennhues, Krim.-R. 06. (Red.)

Holtz, Hannelore s. Krollpfeiffer, Hannelore

Holzwarth

Holub, Josef; Römerweg 3, D-71577 Großerlach, Tel. (0 71 92) 88 10, Fax 90 97 55, *Josef.Holub.Grab@t-online.de* (* Nyrsko/Böhmerwald 7. 9. 26). Peter-Härtling-Pr. 92, Oldenburger Kd.- u. Jgdb.pr. 93, Zürcher Kinderb.pr. 96, 97, Sudetendt. Kulturpr. f. Lit. 03, Mildred L. Batchelder Award, USA 06; Kinder- u. Jugendb. – **V:** Der rote Nepomuk, R. 92 (auch ndl., ital., tsch., korean.); Bonifaz und der Räuber Knapp, R. 96 (auch ndl., engl., dän., span., frz., chin.); Lausige Zeiten, R. 97; Juksch Jonas und der Sommer in Holundria, R. 98; Die Schmuggler von Rotzkalitz, Jgd.-R. 01; Der Rußländer (auch engl.) 03.

Holunder, Holly s. Holler, Christiane

Holz, Harald (Ps. Albert Otto), Dr. phil., em. UProf. f. Philosophie; Haarholzerstr. 36, D-44797 Bochum, Tel. (02 34) 79 31 52, *harald.holz@gmx.de* (* Freiburg/Br. 14. 5. 30). Lyr., Rom. – **V:** Randgänge. Belletristica 03; Fjodor und Vidjaia, R. (unter Ps. Albert Otto) 04, 3. überarb. u. erw. Aufl. 06. – *Lit:* s. auch GK.

Holzamer, Hansjörg, Leichtathletik-Bundestrainer, ObStudR. i. R.; Elbestr. 16, D-64646 Heppenheim, Tel. (0 62 52) 7 16 27, *mail@hj-holzamer.de* (* Heppenheim 9. 2. 39). – **V:** Jakes Traum. D. Tod d. Nichtschwimmers. 78, Neuausg. 07; Der Flug der Libelle, R. 05. – **MV:** Wilhelm Holzamer (1870 – 1907), m. Klaus Böhme 07. – **B:** Hans Detlev Holzamer: Das bunte Buch der Bergstrasse 68. (Red.)

Holzapfel, Olaf Siegfried s. Lunaris, Olaf

Holzbauer, Siegfried (Advanced Poet X), Dr.; Im Bäckerwinkel 3, A-4112 Rottenegg, Tel. (0 72 34) 8 79 18, *s.holzbauer@advancedpoetx.com*, *www.advancedpoetx.com* (* Bad Ischl 7. 7. 55). GAV; Lyr., Prosa. – **V:** joh.ann:::a 90; sonntagsgedichte 90; etwa-Sticker 91; fontal 92; die rute im fenster 92; grautöne sieben drucke 93; voodoo, shorts and other stories 95; wenn worte verbalken 95. – **H:** Das Lied vom Hürnen Seyfried 01. – **R:** sehtexte sieben hörbilder 93. – **P:** hauptsache, CD 93; pole, CD-ROM 98 (auch engl., chin.); advancedpoetx, CD-ROM 99 (auch engl., chin.), beides visuelle Poesie. (Red.)

Holzer, Stefanie (Ps. Luciana Glaser); Adolf-Pichler-Platz 10, A-6020 Innsbruck, Tel. (05 12) 56 46 75, Fax 57 60 49, *gegenwart@magnet.at* (* Ostermiething/ObÖst. 17. 10. 61). Prosa, Rom., Sat., Ess. – **V:** Vorstellung. Eine kleine Unkeuschheit, R. 92, Tb. u. d. T.: Eine kleine Unkeuschheit 99; Gumping. Eine Chronik 94, Neuaufl. 04; Kultur Geschichten Tirol, Sachb. 00; In 80 Tagen um Österreich 03. – **MV:** Winterende, Erz. 90; Luciana Glaser. Eine Karriere 91, beide m. Walter Klier. – **H:** Gegenwart, Kulturzs. 89–97. – **MH:** Essays aus 5 Jahren Gegenwart, m. Walter Klier 94. (Red.)

Holzer, Werner, Autor, freier Journalist; Am Zollstock 20, D-61352 Bad Homburg, Tel. (0 61 72) 45 14 96, Fax 48 84 16, *werner.holzer@t-online.de* (* Zweibrücken 21. 10. 26). DJV 47, P.E.N.-Zentr. Dtld; Europ. Pr. Cortina Ulisse 61, Theodor-Wolff-Pr. 64, Dt. Journalistenpr. 67, Großkreuz d. Verd.orden d. BRD 93; Reiseber. u. -analyse. Ue: engl. – **V:** Das nackte Antlitz Afrikas, Reiseber. 61; Europa: Woher – Wohin? Die Deutschen u. die Franzosen, hist. Ber. 63; Washington 6 Uhr 46, Reiseber. 64; Kairo 2 Uhr 24, Reiseber. 65; 26 mal Afrika, Reiseber. 67/68; Vietnam oder Die Freiheit zu sterben, Ber. 68; Bei den Erben Ho Tschi Minhs, Reiseber. 71; Was kostet die Welt? Amerikanische Träume, transatlantische Zweifel, polit. Ess. 98. – **H:** 20 mal Europa 72. – **R:** Uhuru na Elimu – Freiheit durch Erziehung 63; Vor einem erntereifen Feld 63; Suche nach einer Zukunft, Tansania. Modell eines Entwicklungslandes 71, alles Fsf. – **Ue:** Howard Browne: Thin Air

u. d. T.: In eigener Sache 58; The Taste of Ashes u. d. T.: Tödliche Schatten 60.

Holzheimer, Gerd, Dr. phil., Autor; Pippinstr. 12, D-82131 Gauting, Tel. (0 89) 89 30 81 66, Fax 89 30 81 65, *g.holzheimer@khg.net* (* München 2. 5. 50). Oskar-Maria-Graf-Ges. 98, Phantast. Ges. 03; Ausz. d. Stift. Buchkunst 90, Anerkenn.pr. d. Bayer. Volksstift. 95, Pasinger Kulturpr. f. literar. Schaffen 03, Günther-Klinge-Pr. 05; Rom., Erz., Rep., Ess., Lexikal. u. wiss. Veröffentlichung. – **V:** Maierschwang, Satn. 86; Winter wird hart, R. 86; Endstation Dreisessel, R. 90; Sie haben etwas vergessen, literar. Repn. 90; Figaros bröllop. Weg zu Mozart, R. 91; Wenn alle Strick' reißen, häng ich mich auf. E. Öst.-Lex. 97; Denk dir nix. E. Bayern-Lex. 99; Krachen lassen, Ess. 99; Wanderer Mensch 99; Das Erotik ABC 99; Kurier zwischen den Lagern. Zur Poetik Günter Herburgers 99; Wider den genitalen Ernst. Die Geschichte d. sexuellen Revolution 02; Auf Trüffeljagd im Fünfseenland 03; Niederwahna, N. 05; Und sie werden lachen. E. spirituelles Lex. 05; Tagmeiers Mütze. E. Dorfatlas 07; Habe die Ehre, Münchner Kulturgesch. 08; München. E. Reisebegleiter 08; – UA von Bst.: Der Eremit 06; Die Tür 07; Ein nächtliches Gespräch 08. – **MA:** Ein Parkplatz f. Johnny Weissmüller, Kinogeschn. 84; Focus, Zs. f. Lit. 86; Echo der Bilder. Ernst Jünger zu Ehren 90; Jb. d. Oskar-Maria-Graf-Ges. 97/98; Böhmen. Ein literar. Porträt 98; Stifter Jb., N.F. Bd 13 99; Dt.-Tsch. Alm. 00; Turmschreiber 00ff.; Die größten Schurken d. Filmgeschichte 00; Der Macho-Guide 00; Schwabenspiegel, Jb. 00; Pur. Die Bar-Anthologie 01; Mutters Tochter Vaters Sohn 01; Leben ohne Geländer 01; Vorne fallen die Tore 02; Zeitklänge, Jb. 03; Josef Oberberger 03; Das Gewicht der Zeichen. W. Holderied 04; Krachert – global über Bayern 04; Nachw. zu: L. Ganghofer: Der Jäger v. Fall 04, ders.: Der Herrgottschnitzer v. Ammergau 04; Kehrseite eines Klischees. Der Schriftst. Ludwig Ganghofer 05; Eine Krone für Bayern 06; Stadt + Sterne 06; Zeitfelder. W. Holderied 08; Beat-Stories 08; Hotel Daheim 08; Beitr. in Zss.: Konturen; Charivari; Lit. in Bayern; lichtung; Morgenschatten; Applaus. – **MH:** Leiden schafft Passionen 00. – **R:** Beitr. f. „Nachtstudio" in Bayern 2; Texte z. „Adventsingen"" im Bayer. Fs. – *Lit:* Dietz-Rüdiger Moser (Hrsg.): Hdb. d. dt.spr. Gegenwartslit. seit 1945 97; B. Setzwein in: Lex. d. dt.spr. Gegenwartslit. 03; B. Bothen in: Autoren u. Autorinnen in Bayern 95; J.R. Hansen in: Und Sisyphos lachte 04.

†**Holzinger,** Dieter O., Regisseur u. Dramaturg; lebte in Pressbaum u. Wien (* Villach 16. 10. 41, † Schleswig-Holstein 1. 9. 06). IGAA; Prosa, Ess., Fernsehsp./Drehb., Dramatik. – **V:** Von Narren, Träumern und anderen Genies, Theaterstücke 99; Ein Fest für Nathan, Sk. 01. – **R:** Regisseur von mehr als 300 Fernsehfilmen.

Holzinger, Hubert W. (Ps. Kurt Kowalsky); c/o Holzinger-Verlag, D-10783 Berlin, Tel. (0 30) 2 16 75 13, *www.Holzinger-verlag.de.* – **V:** Fliegen müsste man können, R. 96; Heinz Geier-Busch: „Euer Zirkus, mein Leben" 96; Fluchtgefahr! Als der Rindviechern die Felt ausging 97; Kleine Fluchten aus dem Staatsdienst, R. 98. – **MV:** Liebe, Lust, Frust 95, 97; Entscheidung für die Hölle 96. – **MA:** G. u. Geschn. in Anth.; Chartbrief.

Holzschuster, Adolf; Resthofstr. 58/5/16, A-4400 Steyr (* Graz 23. 12. 30). – **V:** Vor Freude stirbt keiner, Erz. 03; Lehn–, Ohren–, Schaukelstuhl 05. (Red.)

Holzwarth, Georg, ObStudR.; Lindenstr. 25, D-72074 Tübingen, Tel. (0 70 71) 8 26 65 (* Schwäbisch Gmünd 28. 8. 43). VS Bad.-Württ. 75; Schubart-Lit.pr. 78, Landespr. f. Volkstheaterstücke 84; Lyr., Prosa, Hörsp. in Mda., Rom., Ess. – **V:** Denk dr no, G. in mit-

559

Holzwarth

telschwäb. Mda. 75, 79; Recht bacha, Erzn. in schwäb. Ein Tonb. 77; Jetz grad mit Fleiß ed, schwäb. G., Balln. u. Lieder 77; Des frißt am Gmiat, Schwäb. Mda.-G. 77, 79; S Messer em Hosasack, Schwäbisches in Vers u. Prosa 80; Das Butterfaß, R. 82, 88; Die Kommode, Geschn. 85; Die Fußreise, R. 88; Bei einem Wirte wundermild, Ess. 90; Das schwäbische Dekameron, Geschn. 93; Zongaschläg ond Burzelbäum, schwäb. G. u. Geschn. 96; Heimwohl und Heimweh, Ess. 97. – R: zahlr. Hsp., Feat., Hf., u. a.: Der Abstieg von der Schwäbischen Alb, Mda.-Hsp. 75; Denk au ans Schterba Josef, Mda.-Hsp. 80; Dr. Mabuse am Bodensee, Fs.-Drehb. – P: Recht bacha 77; Dr Nachtgrabb kommt, Schwäb. Lieder 82. (Red.)

Holzwarth, Werner; Wencelsweg 67, D-60599 Frankfurt/Main, *mail@wernerholzwarth.de, www. wernerholzwarth.de de Tivola Verl., Berlin*. Das wachsame Hähnchen 90. – **V:** Vom kleinen Maulwurf, der wissen wollte, wer ihm auf den Kopf gemacht hatte, Kdb. 91 (in zahlr. Spr. übers.); Ich heiße José und bin ziemlich okay!, Geschn. 96; Fünf Kinder hatte Mama Maus 00; Mäuschen klein und ganz allein 01; Die Angst der Maus im dunklen Haus 01, alles Bilderb. (Red.)

Homann, Heinz-Theo, Dr. theol., Dipl.-Theol.; Floßweg 90, D-53179 Bonn, Tel. (02 28) 34 93 16, *trient@online.de*. Kirchstr. 13, D-56410 Montabaur (* Dernbach/Rh.-Pf. 8. 3. 50). Rom., Ess. – **V:** Mord im Wolfsturm, hist. Krim.-R. 92; Das funktionale Argument, Diss. 97. – **MA:** div. Beitr. in: ETAPPE, seit 88; Jb. z. Konservativen Revolution 94; Dt. Almanach 96. – **H:** Jb. z. Konservativen Revolution 94. – **MH:** ETAPPE, Zs. f. Politik, Kultur u. Wiss., m. Günter Maschke 88ff.

Homann, Ludwig, Lehrer Sek. I; Im Brokamp 1, D-49219 Glandorf, Tel. (0 54 26) 13 69 (* Gläsersdorf, Kr. Lüben/Schlesien 5. 2. 42). Annette-v.-Droste-Hülshoff-Pr. 99, Kunstpr. d. Landschaftsverb. Osnabrücker Land 02; Erz., Rom. – **V:** Geschichten aus der Provinz, Erz. 68; Der schwarze Hinnerich von Sünnig und sein Nachtgänger, Erz. 70; Jenseits von Lalligalli, R. 73; Engelchen, Erz. 94; Ada Pizonka 95; Klaus Ant 96; Der weiße Jude 98; Der Hunne am Tor 01; Befiehl dem Meer 06, alles R. – **B:** Lit. Bearb. d. Übers. v. Wassilij Grossman: Alles fließt, R. 72. – **MA:** Prosa heute, Erzn. 75; Tunesien, landeskdl. Führer 79; Nach dem Frieden, Anth. 98; Der Rabe, Lit.zs. 55/99, 59/00. – *Lit:* Olaf Kutzmutz in: KLG; Hermann Wallmann in: Lex. d. dt.-spr. Gegenwartslit. 03.

Hombach, Dieter, Dr. phil., freier Schriftst.; lebt in Berlin, (-lo Rotbuch Verl. GmbH, Berlin (* Köln 53). – **V:** Die Zahnfalle 00; Die Göttin vom Potsdamer Platz 01; Berlin Evil II 03; Die zusammengesetzte Frau 04; Die zersägte Frau 07, alles Krimis/Thr.; – mehrere wiss. Veröff. (Red.)

Homberg, Bodo (Ps. Christian Collin), Schriftst.; Daheimstr. 10, D-12555 Berlin, Tel. (0 30) 6 55 75 58, *bh@bodo-homberg.de,   www.bodo-homberg.de* (* Rostock   4. 3. 26). VS; Gerhart-Hauptmann-Pr. (Förd.pr.) 54; Drama, Rom., Nov., Hörsp., Fernsehsp., Film, Ess. Ue: engl. – **V:** Die Karriere des Dr. Ritter, Dr. 54; Die Geier der Helen Turner, Dr. 65; Mañaña, Mañaña, Dr. 74; Zeit zum Umsehn, 4 Erzn. 76, 3. Aufl. 87; Versteckspiel, R. 78, 2. Aufl. 81; Nachreden über einen King, R. 83; Bobs Begräbnis, R. 86; Die Stunde d. Maulwurfs, R. 88; Moments memorables, Erz. 02; Das Mündel, Erz. 01. – **MA:** Sinn und Form 4/65; Das erste Haus am Platz 82; Wegzeichen, Jb. 93; Pozegnanie z Motylem 88; Anderssein, Anth. 90; WALTHARI H.13 90; Berlin – Ein Ort zum Schreiben 96. – **H:** Tabakia-

na. Lob-, Schimpf- u. nachdenkliche G. 72, 4. Aufl. 82; Rundgesang und Gerstensaft, Anth. 88. – **F:** Effi Briest 71; Schach von Wuthenow 77, beide n. Fontane. – **R:** Die Heimkehr des verlorenen Vaters 57; Öl für Frisco 58; Der verlorene Blick 58; Raststätte 60; Dunkle Träume 63; Attentäter 73, alles Fsp.; Blackpool Kurs Südwest, Fsf. 61; Golf bei Sniders, Hsp. 64; Scheintot, Rdfk-Erz. 92; Deutschland teils teils, Rdfk-Ess. 96. – **Ue:** He walks through the fields, Hsp. 59. – *Lit:* Lex. dt.spr. Schriftsteller d. 20. Jh. 93; www.wikipedia.org.

Hommes, Ulrich, Prof., Dr. phil., Dr. jur.; Rilkestr. 29, D-93049 Regensburg, Tel. (09 41) 2 18 09, Fax 2 96 60 36 (* Freiburg/Br. 7. 10. 32). – **V:** Erinnerung an die Freude 78; Dem Leben vertrauen 82; Der Glanz des Schönen 92; Über die Leichtigkeit 97.

Honegger, Arthur, Schriftst., Journalist; Brunnenstr. 51, CH-9643 Krummenau, Tel. (0 71) 9 94 24 09, *www.lotty-wohlwend.ch/arthurhonegger* (* St. Gallen 27. 9. 24). SSV; Pr. d. Kt. Zürich 75, Pr. d. Stadt Zürich 76, Pr. d. Schweiz. Schillerstift. 76, E.gabe d. Kt. Zürich 00; Drama, Rom., Hörsp. – **V:** Die Fertigmacher, R. 74, 86; Freitag oder die Angst vor dem Zahltag, R. 76; Wenn sie morgen kommen, R. 77; Der Schulpfleger, R. 78; Der Ehemalige, R. 79; Der Nationalrat, R. 80; Alpträume, R. 81; Der Schneekönig u. a. Geschichten aus dem Toggenburg 82; Wegmacher, R. 82; Der Weg des Thomas J., R. 83; Ein Flecken Erde, R. 84; Das Denkmal 85; Dobermänner reizt man nicht, R. 88; Das fremde Fötzel oder die Wahl in den großen Rat 92; Armut, R. 94; Bernies Welt 96; Zwillinge, R. 00; Bühler, R. 02; Götti, R. 06; Der rote Huber, Repn. 07. – **R:** Wenn sie morgen kommen, Fsf. 81. – *Lit:* Bruno H. Weder in: KLG 82; Walther Killy (Hrsg.): Literaturlex., Bd 5 90; Brauneck 05. (Red.)

Honigmann, Barbara, Schriftst., Malerin; 9, rue Edel, F-67000 Strasbourg, Tel. 3 88 60 58 49, Fax 3 88 60 45 04, *honigmann@noos.fr* (* Berlin 12. 2. 49). Pr. d. Frankfurter Autorenstift. 86, aspekte-Lit.pr. 86, Jahrestip. d. Ldes Bad.-Württ. 87, Stip. d. Dt. Lit.-Fonds 89, Stefan-Andres-Pr. 92, Petrarca-Pr. (Nicolas-Born-Pr.) 94, E.gabe d. Dt. Schillerstift. 96, Kleist-Pr. 00, Toblacher Prosapr. 01, Jeanette-Schocken-Pr. 01, Koret-Jewish-Book-Award 04, Solothurner Lit.pr. 04, Spycher: Lit.pr. Leuk 05; Drama, Prosa. – **V:** Das singende, springende Löweneckerchen 80; Der Schneider von Ulm 81; Don Juan 82, alles Dr.; Roman von einem Kinde 86 (auch ital., ndl., finn., schw., frz., jap., poln., chin.); Eine Liebe aus nichts, Erz. 91 (auch ndl., norw., port., frz., engl., dän.); Soharas Reise, Erz. 96, 98 (auch engl., ung.); Am Sonntag spielt der Rabbi Fußball, Prosa 98 (auch frz.); Damals, dann und danach, Erz. 99 (auch frz.); Alles, alles Liebe, R. 00 (auch frz., ital.); Ein Kapitel aus meinem Leben 04; Das Gesicht wiederfinden. Über Schreiben, Schriftsteller u. Judentum 06; Der Blick übers Tal 07; Das überirdische Licht. Rückkehr nach New York 08. – **R:** Der Schneider von Ulm, Die Schöpfung, Hsp. 82; Roman von einem Kinde, Hsp. 84; Es ist als ob einem Augenlider abgeschnitten wären, szen. Montage 87; Letztes Jahr in Jerusalem, Hsp. 95. – *Lit:* Michael Braun/Ulrike Pohl-Braun in: KLG. (Red.)

Hoop, Edward (Ps. Paul Henricks), Dr. phil., Stud.-Dir. a. D.; Glück-Auf-Allee 3, D-24782 Büdelsdorf, Tel. (0 43 31) 3 13 54 (* Büdelsdorf 19. 5. 25). Krim.-rom., Rom., Erz. – **V:** 7 Tage Frist für Schramm 66, 70; Der Toteneimer 67, 69; Der Ameisenhaufen 69, 70; Pfeile aus dem Dunkel 71; Viktors langer Schatten 96; Ein Schlaflied für Corinna 97; Venedig für immer 98, alles Krim.-R.; Aufgegebene Zeiten, R. 98;

Außenseiter, Erz. 02; Seines Vaters Zahn, Erz. 05. – **R:** Das Tabu, Krim.-Hsp. 74.

Hoorn, Richard E. (Ps.), Hauptschullehrer; c/o novum-Verlag, Rathausgasse 73, A-7311 Neckenmarkt, *info@richard-e-hoorn.com, www.richard-e-hoorn.com* (* 23. 12. 59). – **V:** Der 9töter 07; Keltenasche 08; Cyranos Traum 09, alles Krim.-R. – **MA:** Querschnitte Herbst 2007, Bd 1 (novum-Verl.) 07.

Hoose, Hannelore, Dipl.-Ing. f. Maschinenbau, Statikerin im Flugzeugbau i. R.; Kurt-Huber-Str. 6, D-28329 Bremen, Tel. (04 21) 47 15 94 (* Grottkau/ Schles. 23. 3. 29). Poesie. Ue: poln, russ, lat. – **V:** Umwelt – leicht satirisch 91; Humor im Alltag 99. (Red.)

Hopf-v. Denffer, Angela (Angela Hopf), Malerin; Friedrichstr. 6, D-80801 München, Tel. (0 89) 34 73 47, Fax 39 90 77 (* Göttingen 5. 10. 41). P.E.N.-Zentr. Dtld; Kinderb., Sammlerthemen, Kunst- u. Kulturgesch. – **V:** Der Regentropfen Pling Plang Plung 68; Jetzt hast du ja mich! 91. – **MV:** zahlr. Bilderbücher m. Andreas Hopf 68–85. – **B:** Nils Holgersson 82 X; Die schönsten Fabeln der Welt 83 X; Winnie Puuh 83 V, alles Bilderb. – **MH:** Anth.: 365 Liebeserklärungen 78; Verkenne nie 79; Viel Glück 79; Exlibris, Samml. 80; Anth.: Geliebtes Kind! 86; Geliebte Eltern! 87; Archiv des Herzens 88, alle m. Andreas Hopf. – **B:** Die große Elefanten-Olympiade, Fsp. – *Lit:* s. auch Kürschners Handbuch der Bildenden Künstler, 1. Aufl. 2005. (Red.)

Hopp, Paul-Joachim, Dr. forest., Forstbeamter a. D.; Am Beilstein 11, D-63637 Jossgrund, Tel. (0 60 59) 16 46 (* Ludwigslust 29. 2. 28). Jagdschilderung. – **V:** Das magische Gespann, Jagdschild. 73, 2. Aufl. 04; Weite Pürsch 84; Auf den Wechseln der Zeit 00. – **MA:** mehrere Veröff. in: Wild u. Hund, seit 71.

Hoppaus, Daniela s. Immer, Vera

Hoppe, Felicitas; Schumannstr. 15, D-10117 Berlin, Tel. (0 30) 44 05 93 26, *Felicitas-Hoppe@t-online. de* (* Hameln 22. 12. 60). VS, P.E.N.-Zentr. Dtld 07, Dt. Akad. f. Spr. u. Dicht. 07; Stip. Künstlerdorf Schöppingen 90, Arb.stip. f. Berliner Schriftst. 91, Stip. Schloß Wiepersdorf 93, Alfred-Döblin-Stip. 94, Foglio-Pr. f. junge Lit. 95, aspekte-Lit.pr. 96, Esslinger Bahnwärter 96, Ernst-Willner-Pr. im Bachmann-Lit.wettbew. 96, Rauriser Lit.pr. 97, Laurenz-Haus-Stift. Basel 98, Förd.pr. f. Lit. d. Ldes Nds. 99, Heinrich-Heine-Stip. 02, Stip. d. Dt. Lit.fonds 02/03, Spycher: Lit.pr. Leuk 04, Heimito-v.-Doderer-Lit.pr. 04, Nicolas-Born-Pr. d. Ldes Nds. 04, Brüder-Grimm-Pr. d. Stadt Hanau 05, New-York-Stip. d. Dt. Lit.fonds 07, Bremer Lit.pr. 07, Roswitha-Pr. 07; Prosa. – **V:** Unglückselige Begebenheiten, Geschn. 91; Picknick der Friseure, Geschn. 96, 98 (auch ndl., frz., türk., estn.); Pigafetta, R. 99, Tb. 00 (auch ndl., frz., russ.); Die Torte, Erz. 00; Fakire und Flötisten 01; Paradiese, Übersee, R. 03 (auch ndl.); Verbrecher und Versager. 5 Porträts 04; Johanna, R. 06; Iwein Löwenritter, R. 08. – **MA:** zahlr. Beitr. in Anth., Ztgn sowie in- u. ausländ. Lit.zss., u. a.: Rowohlt Lit.-magazin, 96; ART 96; DU 97/7998; Wenn Kopf und Buch zusammenstossen 98; FAZ; FR; Merian; Hundspost; Entwürfe; Kursbuch; SZ; Spiegel. – **R:** Kurzprosa im WDR, seit 90. – **P:** Picknick der Friseure, Geschn. 98; Pigafettas Köche, Reiseberichte 99; Pinocchio 02; Paradiese, Übersee 03. – *Lit:* Kurt Rothmann (Hrsg.): Die dt. Lit. 99; Thomas Kraft (Hrsg.): Aufgerissen 00; Stefan Neuhaus: F.H. im Kontext d. dt.spr. Gegenwartslit. 08; ders. in: KLG.

Hoppe, Heike (Ps. Ina Lenz), M. A.; Zum Prinzenwäldchen 18, D-58239 Schwerte, Tel. (0 23 04) 8 29 74 (* Bochum 58). Lit.büro Unna, DPV Dt. Presse Verband e.V.; Kinderb., Krim.gesch., Lyr., Theaterst., Erz. – **V:** Der kleine Herr Bepideo, Kdb. 89; Tante Trudes Woh-

nung, Theaterst. 97; Aufruhr in Hoppenstedt, Theaterst. 00. – **MA:** Anth.: Schade, daß Du gehen mußt 88; Von Till und anderen Tieren 88; Menschenjunges 92; Abschied für immer 94; Worte und Wege 97; Drei saßen schon auf ihren Plätzen 98; Langsam füllten sich die Reihen 00; Forum 01 (kroat.); Erinnerungen werden wach 02; zahlr. Veröff. in Zss. (Red.)

Horbach, Dietmar R., Beamter; Grohner Heide 16, D-28795 Bremen, Tel. (04 21) 62 85 56, Fax 62 85 92 (* Potsdam 26. 6. 43). Rom., Kurzgesch., Lyr. – **V:** Der Ölfresser, R. 00. (Red.)

Horbatsch, Anna-Halja (geb. Anna-Halja Lutziak), Dr. phil., freie Slavistin, Osteuropahistorikerin; Michelbacherstr. 18, D-64385 Reichelsheim/Odw., Tel. u. Fax (0 61 46) 18 36 (* Brodina/Bukowina 2. 3. 24). Ukrain. S.V., Göttinger Arb.kr.; Wassyl-Stus-Pr. d. UANTI, Iwan-Franko-Übers.pr. d. Ukrain. S.V., EM Ukrainian Women's League of America 92, E.med. d. Ukrain. Freien Univ. München 04; Lit.wiss. Beitrag. Ue: ukr. – **V:** Die Ukraine im Spiegel ihrer Literatur, 2.,erg. Ausg. 02. – **MA:** Art. üb. ukrain. Autoren in: Kindlers Lex. d. Weltlit.; Autoren d. Welt, Bd 1 (Kröner-Verl.) 04. – **H:** Blauer November 59; Ein Brunnen für Durstige 70, beides Prosa-Anth.; Wilde Steppe – Abenteuer, Kosakengeschn. 74; Letzter Besuch in Tschernobyl 94; Stimmen aus Tschernobyl 96; Die Ukraine im Spiegel ihrer Literatur 97; Ein Rosenbrunnen, Prosa-Anth. 98; Die Kürbisfürstin, Prosa-Anth. 99; Viktor M. Kordun: Weiße Psalmen und andere Gedichte 99; Die Stimme des Grases, ukrain. Phantast. Prosa 01; W. Herassymjuk: Ein Dichter in der Luft, Erzähl-G. 01; Kerben der Zeit. Ukrain. Lyrik d. Gegenwart 03, (alles auch übers.). – **MH:** Politische Gefangene in der Sowjetunion, Dok. 76; Chrestomathie d. Ukrainischen Literatur d. 19. u. 20. Jahrhunderts, Prosa, Lyr. u. lit.wiss. Texte 01. – **Ue:** Mychajlo Kozjubynskyj: Fata Morgana u. a. Erzn. 62; ders.: Schatten vergessener Ahnen 66; Wassyl Karchut: Das zähe Leben 63; Oxana Iwanenko: Ukrainische Waldmärchen 63; Andrij Tschajkowskyj: Ritt ins Tatarenland 65; ders.: Verwegene Steppenreiter 69; ders.: Märchen aus der Karpatenukraine 71; Hnat Chotkewytsch: Räubersonate 86; Wassyl Stus: Du hast dein Leben nur geträumt 87; Jurij Andruchowytsch: Spurensuche im Juli 95; ders.: Reich mir die steinerne Laute 96; Viktor Kordun: Kryptogramme, R. 96; Ihor Rymaruk: Goldener Regen, R. 96; Walerij Schewtschuk: Mondschein über dem Schwalbennest, Prosa 97; Lina Kostenko: Grenzsteine des Lebens, G. 98; Die Stimme des Grases, Erzn. 00. – **MUe:** Ihor Kalynez: Pidsumowujutschy montwschannja u. d. T.: Bilanz des Schweigens, mod. sowjetukr. Lyr. 75; Politische Gefangene i. d. SU, Dok. 76; Leonid Pljuschtsch: Im Karneval der Geschichte 81, alles m. Katerina Horbatsch; I. Switlytschnyj/J. Swerstjuk/W. Stus: Angst ich bin dich losgeworden, m. Marina Horbatsch, ukr. G. aus d. Verbannung 83. (Red.)

Horkel, Wilhelm, Pfarrer i. R.; Kuglmüllerstr. 14, D-80638 München, Tel. (0 89) 17 78 80 (* Augsburg 3. 12. 09). VG Wort 78; AWMM-Buchpr. 80; Lyr., Erz., Ess., Anthologie, Parapsychologie. – **V:** Das Ulmer Münster, G. 42, 79; Einem Gefallenen, G. 48; Botschaft von drüben? 49, 6. Aufl. 96; Das Turmschwälbchen, Erz. 50; Weihnachtliche Welt, Kurz-Erz. 50; Niels Hauge, Erz. 52; Unsere Träume, St. 60; Der christliche Roman der Gegenwart, St. 61; Einer reitet uns immer ..., Erz. 62; Geist u. Geister (St. ü. Spiritismus) 62; Der Kreuzweg, Son.kranz 63, 5. Aufl. 98; Träume sind keine Schäume, St. 74, u. d. T.: Träume sind nicht nur Schäume 92, 4. Aufl. 98; Fragen – Hören – Trösten, St. 74; Auf den Straßen der Welt, 20 Erzn. 78; Vor der Trauung,

Hormann

Seelsorge-Hilfe 82; Die Familie im Blickfeld der Bibel 83; Spiritismus einst und heute 87; Bleibe bei uns ... 91; Unter Deiner schützenden Hand 91; Schritte durch die Zeit, Gebete 94; Trotz dieser Zeit, Lyr. 94; Zeiten, Tage und Stunden, Leseb. 94; „Mit dem Herzen sehen" 95, 3. Aufl. 99; Luther zu Ehren, Erzähl-G. 96, 3. Aufl. 08; Nacht über Petrus, Erz. 96; Älter werden ... 97; Die Sonne des Lebens 97; Bild der Mutter, Lyr. 99; Gedanken großer Dichter 99; Das Schweigen Gottes 99; Vom Wort ergriffen 99; Kleines Osterbrevier 00; Kleines Weihnachtsbrevier 00; Sieh, das ist Gottes Treue 01; Blüh auf, gefrorner Christ 01; Mut zum Leben 01; Kleines Kranken-Brevier 01; Älter werden ... 02; Die gestundete Zeit 02; Kleines Gebets-Brevier 02; Kleines Abend-Brevier 02; Kleines Ehe-Brevier 03; Kleines Morgen-Brevier 03; Kleines Urlaubs-Brevier 03; Mitte des Lebens 03; Reinheit des Herzens 04; Unsere Jahreszeiten 04; Wunder Gottes 04. – MV: Was ich deiner Seele wünsche, m. Peter Helbich 04; Einigkeit und Recht und Freiheit, Lyr.-Anth., m. Gottfried Fischer 05; Herr Gott Allmächtiger Vater, m. dems. 06. – MA: Luther heute, Ess. u. Anth. 48; Dem Leben entgegen, Konf.-Leseb. 50, veränd. Ausg. u. d. T.: Ins Leben hinein 53; Herbst des Lebens 60, 74; Was bleibt dir und mir? 70; O ihr Tiere!, Anth. dt. Tiergedichte aus 1000 Jahren dt. Lyrik 79; Johann Albrecht-Bengel-Brevier, Ausw. 87; Lob der Tiere, Lyr. aus 1000 Jahren 87; Soweit die deutsche Zunge klingt ..., Dtld im G., Lyr.-Ausw. aus 1000 Jahren 87; Gedichte zur Weihnachtszeit, Anth. 90. – H: Trost in Trümmern, G. von Goethe bis Schröder 49; Funken vom ewigen Feuer, Jgd.-Erz. 50; Schaut den Stern!, Erz. 52; Viele Farben liebt das Leben, Erz. 53; Du bist nicht allein, Jgd.-Erz. 53; Zauber der Erinnerung, Erz. u. G. 66, 92; Von Jahr zu Jahr, Erz. 65; Ein fröhlich Jahr, G. 67; Es weihnachtet sehr, Erz. u. G. 69; In Gottes Hand steht meine Zeit 69; Jahraus – jahrein 69; Lobe den Herrn 69; Schritt um Schritt 69; Im Gang des Jahres 70; Mit jedem neuen Morgen 72, alles Erzn.; Zuversicht, Erz. u. G. 72; Gott hat dich mir gegeben, Erz. u. G. 74; Das Christliche ABC (bisher 89 Abh. üb. Grundbegriffe d. christl. Glaubens), in Lief. seit 78; Vom Glück des Alters, Leseb. 90; Erzähl mir etwas von früher, Anth. 97; Die beste Zeit im Jahr ist mein 05; Zeit der Erinnerung 08; (Gesamtaufl.: 371.000).

Hormann, Ivit (Ps. f. C.-D. Stelling); Mühlenstr. 16 A, D-27367 Sottrum-Stuckenborstel. – V: Und ich bin doch ein Genie, R. 01; Witwenlust & Erbenfrust, R. 04; Schirm und schamlos, R. 04. (Red.)

Horn, Hans, Diakon, Bibliothekar; Auf der Leith 13, D-34613 Schwalmstadt (* Kassel 27. 2. 42). VS Hessen 78; Rom., Nov., Ess., Lyr. – V: Lyriksplitter, Lyr. 74; Umhergetrieben, R. 74; Whisky mit Fantata = fürchterlich, N. 75; Railwayboy, N. 76; Ich will ein guter Bürger werden, N. 77; Sei gefährlich, R. 77; Narziss und Tausendzünder, N. 78; Sprung in die Brille, N. u. Ess. 82; Von der Liste gestrichen, N. u. Ess. 83; Kein Ersatz für die Blaue Blume, Ess. 94; Auf der Lauer 97; U-Bahn nach M. 98; „... hilft kein Löschen" 99, alles N.; ... besteht kein Anspruch auf Ersatzbehandlung, R. 01; Weshalb besitze ich keine Fotos aus dieser Zeit, R. 02; Es könnte sein, dass jemand der nicht kommt, schon da war, R. 04; Ohne Feindberührung, R. 05; Die besten Freunde kommen nicht zu Besuch, R. 06; Die Reise nach Röstenau, Erz. 07; Nordstadtneid, Erz. 08. – MA: Poetisch rebellieren 81; Wo Dornenlippen dich küssen 82; Nordhessen antwortet 95; Marburger Literaturalm. 96; Kasseler Literaturspaziergang 97; Nordhessen intim 06; – Gegner, Zs., seit 00. – P: Die besten Freunde kommen nicht zu Besuch, CD 07.

Horn, Peter (Ps. f. Peter Schnaubelt), Mag. phil., Lehrer; Hoyosgasse 24, A-3580 Horn/NdÖst., Tel. (0 29 82) 40 97, peterhorn2000@yahoo.de, www.peterhorn.com (* Krems 22. 6. 64). Anerkenn.pr. d. Ldes NdÖst. 91, Walther-v.d.-Vogelweide-Pr. 92, Nachwuchsstip. d. BMfUK 93; Prosa, Rom., Ess., Kurzgesch., Kinder- u. Jugendb. – V: Licht zwischen Schatten, Reiseerzn. 92; Florian und die Geisterwelt, 12 Bde: Das Geheimnis der Geisterreiter, ... der mechanischen Kinder, ... der steinernen Teufel, ... der Katzenmenschen, ... der verdunkelten Sonne, ... der sprechenden Delphine, ... des fliegenden Schattenwesens, ... des strahlenden Monsters, ... der schwarzen Göttin, ... des Eislabyrinths, ... des vergessenen Landes, ... des verwunschenen Tunnels 95–98 (auch tsch.); Weißt du, was ich werden will? 99 (auch engl., frz., ital., holl., finn., slowen., span., korean., taiwan.); Die Zeitzwillinge 00; Gefährten des Windes 00; Benedikt und die Schmetterlingsmenschen 00; Die Farbe des Sommers 00; Die Stimmen der Sterne 01; Die Regeln des Verhaltens 02; Wozu ist ein Papa da? 02 (auch engl., frz., ital., holl., finn., slowen.); Die Seilbahn zum Mond 02; Feuernebel 06. – MA: keine aussicht auf landschaft 91. (Red.)

Hornawsky, Gerd, Dr. rer. nat., Chemiker; c/o dialobis edition, Ebereschenallee 11, D-12623 Berlin, g.hornawsky@dland.de, www.dialobis.de (* Suhl 10. 11. 39). NGL Berlin 95; Erz., Dramatik, Hörsp., Fernsehsp. – V: Lord Arthurs pflichtbewußtes Verbrechen, Bst. 76; Nachlaß oder Ein Besuch für die Vergangenheit, Bst. 86; Wahnsinn 96; Vor dem Hintergrund 98; Vier Reisen nach Osteuropa 03. – R: Die Büchnerpapiere, Hsp. 84; Der Elefant, Hsp. 85; Sagenhaftes vom Petermännchen, Fsp. 86; Hinnerk Wittkamp, Hsp. 88; Aretino, Fsp. 89; Der Flaschenteufel, Hsp. 89; Der Bunker, Hsp. 91. (Red.)

Horndasch, Gerrith B., M. A., PR-Berater; Max-Planck-Str. 31, D-78713 Schramberg, Tel. (0 74 22) 97 04 97, Fax 97 04 28, gerrithhorndasch@swol.net, www.gilas.de (* Fürstenfeldbruck 15. 6. 64). Fabel, Rom. – V: Gilas' Abenteuer 99.

Horndasch, Irmgard (geb. Irmgard Bergmann), Lehrerin, Missionarin; Schönau 14, D-91781 Weißenburg, Tel. (0 91 41) 92 29 12 (* Berlin 3. 3. 31). Erz., Erlebnisbericht. – V: Gott ist überall zu Hause, Erz. 71, 2. Aufl. 75; Rings um den Saruwaged, Erz. 75, 2. Aufl. 78; Sturz in den Dschungel, Erlebnisber. 79; Frauen bahnen den Weg 94; Goldenes Leuchten hinter dem Grau, Erinn. 07.

Horndasch, Matthias, M. A., Komponist, Autor u. Moderator; info@horndasch.eu, www.horndasch.eu, www.die-weisse-runde.de, www.weiterleben-im-gespraech.de (* Hannover 17. 9. 61). VG Wort, GEMA, DJV, Dt. Komponistenverb., GVL, u. a.; Wohn- u. Arb.stip. d. Stadt Syke, Nds. Filmförd., Filmförd. Nordmedia Nds. u. Bremen, Förd. durch: Nds. Staatskanzlei, Nds. Innenmin., Nds. Landesamt f. Lehrerbild. u. Schulentw. NiLS, Ldeshauptstadt Hannover, Region Hannover, Stadt Hannover, u. a.; Lyr., Kurzprosa, Ess., Erz., Biogr., Skript u. Drehb. f. Bühne/TV/Hörfunk/CD, Hörb., Lied. – V: Das Herz auf dem Tisch, Lyr. 81; Karate – Ka Mensch!, Bü.performance 92; Die Anderen – INNI, Ballett (Libr. u. Musik) 92; Gespräche des Herrn R. 93, Neuaufl. 96 (auch als Hfk-Prod. NDR); Die Odyssee des Tracko. Hommage à J.P. Sartre, Bü. 94; Verhältnisse – oder 18 Episoden, die die Welt bewegten, Bü. 95; Land der Kinder 96 (als Hfk-Prod. NDR u. Theaterstück 98); SEX – Spiel ohne Worte, Bü. 96; First Step to Love, Bü. 01; Draussen. Dorfkindheit im Postkartenformat 03; Du kannst verdrängen, aber nicht vergessen! 05; Ich habe jede Nacht die

Bilder vor Augen 06; Spuren meines Vaters 06; Kunst, Väter, Integration..., Ess. 08; Den Tod meines Vaters verwinde ich nie! 08; Annäherungen. Porträts junger Niedersachsen ..., Online-Publ. 08; Ich war Deutscher wie jeder andere! 08. – **MA:** Chanson und Zeitgeschehen 87. – **H:** Geneigt zu verzeihen? 07. – **F:** Premiera, Dok.film (Co-Autor u. Filmmusik) 92. – **R:** Also sowas!, Ess.-Reihe (Radio ffn) 97; Talk & Talente / Talentoskop / Net-View-TV (Konzepte, Skripte, Red., Mod.) 98–04. – **P:** Am 7. Tag, Lesekass. 82; Requiem to Mohammed, Internetaktion 00; Kindische Geschichten, CD 00; Kid Connection – Egal was du tust, CD 00; Die Weiße Runde – Prominente im Talk für Toleranz, TV, Radio, Internetvideo, monatl. seit 01; Jazzmonauten, CD 04; Innenmin. Uwe Schünemann eröffnet das Integrationsportal, Video 07; WULFF TV – der Podcastauftritt v. Christian Wulff, Video-Ser. 07/08; Integrationslotsen in Nds. – Momentaufnahmen, DVD 08. – *Lit:* Wer ist Wer?; Komponisten d. Gegenwart; Freie Journalisten, DJV-Tb., u. a.; s. auch Kürschners Dt. Musik-Kal.

Hornfeck, Susanne (Ps. Katharina Renne, Susanne Ettl), Dr. phil., Sinologin, Übers.; Glückaufstr. 1, D-83727 Schliersee, Tel. u. Fax (0 80 26) 48 63, *Susanne. Hornfeck@t-online.de* (* Stuttgart 28. 2. 56). Übers.pr. d. C.H. Beck Verl. 07; Kinder- u. Jugendb., Übers. Ue: chin, engl. – **V:** Ina aus China. Oder: Was hat schon Platz in einem Koffer 08. – **Ue:** u. a. Bücher von: Jonathan Spence, Qiu Xiadong, Ha Jin, Yang Mu, Lin Haiyin. (Red.)

Hornung, Maria, Dr., Prof.; Semperstr. 29, A-1180 Wien, Tel. u. Fax (01) 4 79 60 83 (* Wien 31. 5. 20). Ver. d. Mda.freunde Öst.; Innitzerpr., Rennerpr.; Rom., Wiss. Fachlit. – **V:** Heimat in fremdem Land, R. 80; Gottes offene Hand, R. (Red.)

Horrig, Iris s. Kater, Iris

Horschitz, Paula s. Schütz, Ulla

Horst, Eberhard, Dr. phil., Schriftst., Lit.kritiker; Weiherweg 41, D-82104 Gröbenzell, Tel. (0 81 42) 5 24 73 (* Düsseldorf 1. 2. 24). P.E.N.-Zentr. Dtld zm Gründ.vorst. d. VS 69/70, Verwalt.rat VG Wort 69–95, Präs. d. Stift. z. Förd. d. Schrifttums 93–99, Europ. Akad. d. Wiss. u. Künste 94; Pr. d. Ernst-Klett-Verl. 64, Lit.pr. d. Stift. z. Förd. d. Schrifttums 75, Tukan-Pr. 87, kultureller E.pr. Gröbenzell 87, BVK 92, E.gast Villa Massimo Rom 97; Biogr., Ess., Erzählende Prosa, Lit.kritik, Reiseb. – **V:** Christliche Dichtung und moderne Welterfahrung. Zum Werk E. Langgässers 56; Sizilien, Reiseb. 64, 9. Aufl. 90; Venedig, Reiseb. 67, 5. Aufl. 86; 15mal Spanien. Panorama e. Landes 73; Friedrich der Staufer, Biogr. 75, 11. Aufl. 97 (auch ital., frz.); Was ist anders in Spanien, Bildbd 75; Südliches Licht, Aufzeichn. 78; Caesar, Biogr. 80, 4. Aufl. 96 (auch ital., frz.); Geh ein Wort weiter, Aufs. z. Lit. 83; Konstantin der Große, Biogr. 84, 5. Aufl. 96 (auch ital., gr.); Die kurze Dauer des Glücks, Erzn. 87; Die spanische Trilogie, Isabella – Johanna – Teresa 89; Der sizilische Brunnen, Prosa 91; Die Haut des Stiers, Spanien-Por-tr. 92; Im Licht des Südens, Ess. dt.-engl.-ital. 94; Geliebte Theophanu, R.-Biogr. 95, 2. Aufl. 96; Der Sultan von Lucera 97; Hildegard von Bingen, Biogr. 00, 3. Aufl. 02; Der Maulwurffänger, Erzn. 00; Heloisa und Abaelard, Biogr. 04. – **MA:** Neue Dt. Hefte Bln. 56–87; Dt. Rundschau Stg. 63; Neues d. Lit. Hamburg; Rhein. Post Düsseldorf u. a. überregg. Ztgn, Zss., Lexika u. in Sammelbden. – **R:** Briefe der Liebe: Abaelard und Heloise 64, Brentano und Sophie Mereau 65, Goethe und Bettina 68, alles Fsp.; zahlr. Hörsdgn, vorw. Lit.kritik. – *Lit:* H. Piontek: Üb. E.H., in: Das Handwerk d. Le-

sens 79; Chr. Sahner: E.H., in: Lit. in Bayern 89; H.-R. Schwab in: Walther Killy (Hrsg.): Literaturlex., Bd 5 90; G. Schramm: El Donador, in: E.H.: Im Licht d. Südens 94; E. Jooß: E.H. in: LDGL, Bd 1 03; K. Hillgruber: E.H. in: München literarisch 05.

Horst, W. van der s. Pies, Eike

Horstmann, Bernhard s. Murr, Stefan

Horstmann, Ulrich (Ps. Klaus Steintal), Dr. phil., Prof., Hochschullehrer; Friedrich-Naumann-Str. 1, D-35037 Marburg, Tel. (0 64 21) 2 45 09, *Ulrich. Horstmann@anglistik.uni-giessen.de, www.untier.de.* c/o Justus-Liebig-Universität, Inst. f. Anglistik u. Amerikanistik, Otto-Behaghel-Str. 10, D-35394 Gießen (* Bünde 31. 5. 49). P.E.N.-Zentr. Dtld; Kleist-Pr. 88; Rom., Ess., Erz., Lyr., Aphor. Ue: engl, am. – **V:** Er starb aus freiem Entschluß, Kurzprosa 76; Wortkadavericon, G. 77; Nachgedichte 80; Steintals Vandalenpark 81; Würm, Theaterst. 81; Terrarium, Theaterst. 82; Das Untier 83; Hirnschlag, Aphor. 84; Schwedentrunk, G. 89; Patzer, R. 90; Ansichten vom Großen Umsonst, Ess. 91; Infernodrom, Aphor. 94; Altstadt mit Skins, G. 95; Konservatorium, Prosa 95; Beschwörung Schattenreich, Theaterst. 96; Einfallstor, Aphor. 98; Jeffers-Meditationen, Ess. 98; Göttinnen, leicht verderblich, G. 00; Abdrift, Ess. 00; J – Ein Halbweltroman 02; Ausgewiesene Experten. Kunstfeindschaft in d. Literaturtheorie, Ess. 03; J.M. Coetzee. Vorhaltungen, Ess. 05; Rückfall, R. 07; Der lange Schatten der Melancholie, Ess. 08. – **MA:** zahlr. Beiträge. – **H:** Aqua Regia, Zs. f. Lit. u. and. Kulturschätze 76–78; Robert Burton: Anatomie der Melancholie (auch übers.) 88; Philipp Mainländer: Philosophie der Erlösung 89; Jack London: Werke in 4 Bden 90/91; Die stillen Brüter. E. Melancholie-Leseb. 92; James Thomson: Nachtstadt u. a. lichtscheue Schriften (auch übers.) 92; Think more, actless. English Aphorism 93, 05; Ted Hughes: Gedichte (auch übers.) 95; Oscar Wilde zum Vergnügen 00; Philipp Mainländer: Vom Verwesen der Welt und anderen Restposten 03, 2. Aufl. 04. – **R:** Nachrede vor der atomaren Vernunft und der Geschichte 78; Die Bunkermann-Kassette 79; Gedankenflug – Reise in einen Computer 80; Kopfstand – Über die Schwierigkeiten beim Anpassen der Prothese 80; Grünland oder Die Liebe zum Dynamit 82, alles Hsp. – **Ue:** Jack London: Der Seewolf 90; James Thomson: Nachtstadt u. and. lichtscheue Schriften 92; Jonathan Swift: Ein Tonnenmärchen 94; Robert Burton: Anatomie der Schwermut 03, u. a. – *Lit:* Burkhard Biella: Zur Kritik d. antropofugalen Denkens 86; Winfried Müller-Seyfarth: Die modernen Pessimisten als décadents: Von Nietzsche zu H. 93; Rajan Autze/Frank Müller: Steintal-Geschichten. Auskünfte z. Werk U.H.s 00; Rainer Moritz in: KLG.

Horti, Melanie; c/o Karin Fischer Verlag, Aachen, *horti.melanie@web.de* (* Arad/Rum. 7. 11. 78). Lyr. – **MV:** Melancholie des Augenblicks, m. Markus Scherer, Manuel Junginger u. Michael Schuster 08.

Horton, Peter, Komponist, Schriftst., Chansonnier u. Gitarrist; Martin-Luther-Str. 24, D-81539 München, Tel. (089) 69 56 89, Fax 6 25 91 89, *peter-horton@gmx. net, www.peter-horton.de* (* Feldsberg 19. 9. 41). Lyr., Erz. – **V:** Die andere Saite, Aphor., Sat., Poesie 78; Vierzig Jahre Leben 83; Hoffnung hat Appetit, Aphor. 83; Wer andern nie ein Feuer macht, Texte u. Chansons 83; Eine Handvoll schöner Gedanken, Aphor. 85; Lieder sind wie Brot 91; Pflaumen im Apfelhimmel, Geschn. u. G. 01; Die zweite Saite 04. – **MV:** Intermezzo an Inn, Bildbd 88; Über den Wassern zu singen, m. Kurt Schubert 90. – *Lit:* s. auch Kürschners Dt. Musik-Kal. (Red.)

Horvath

Horvath, Stefan; c/o edition lex liszt 12, Raingasse 9b, A-7400 Oberwart (* Oberwart 12. 11. 49). – **V:** Ich war nicht in Auschwitz, Erzn. 03; Katzenstreu, Erzn. 07. (Red.)

Horvath, Regina; Tel. (06 50) 6 66 75 26, *info @reginahorwath.at, www.reginahorwath.at* (* Wien 11. 11. 60). – **V:** Max und Paul, die beiden Teufelsbuben, Kdb. 07; Hanna und Sarah, zwei himmlische Mädchen, Kdb. 08; Das Kreta-Virus, R. 08.

Horwege, Wilfried, Dr. phil.; Am Elbdeich 67, D-21706 Drochtersen, Tel. (0 41 48) 3 86 (* Stade 3. 8. 60). – **V:** Tod im Badehaus, hist. R. 99, 03 (auch ung.). (Red.)

Hoshino, Neko; *neko@michiru.de, www.michiru.de.* c/o dead soft verlag Simon R. Beck, Querenbergstr. 26, D-49497 Mettingen. Rom. – **MV:** Die Akte Daniel, m. She Seya Rutan, R. 08.

Hoskin, Greg s. Rothhammer, Gabi

Hosp, Inga (geb. Inga Schmidt), Dr. phil., Publizistin; Gebrack 6, I-39054 Klobenstein-Ritten, Tel. u. Fax (04 71) 35 61 88, *inga.hosp@alice.it* (* München 24. 5. 43). P.E.N.-Club Liechtenstein, Südtiroler Künstlerbund; Prosapr. Brixen-Hall (2. Pr.) 89, Verdienstkreuz d. Ldes Tirol 07; Prosa, Ess. – **V:** Südtirol von außen – 42 Menschenbilder 86; Als Stückgut unterwegs 89; Tschuggmall oder Das Leben durch Maschinen, R. 95. – **MV:** Südtirol – Porträt eines Landes, m. Guido Mangold 90; Die Riesin von Ridnaun, m. Samantha Schneider, Dok. u. Ess. 01; Atelier Natur, m. Georg Kantioler 07. – **MA:** zahlr. kulturpublizist. Art. u. Ess. in Zss., Monogr. u. Anth. – **MH:** Evolution. Entwicklung u. Organisation in d. Natur 94; Simulation. Computer zw. Theorie u. Experiment 95, beide m. Valentin Braitenberg; Die Welt ist unser Modell von ihr 96, alle m. Valentin Braitenberg; Entwicklung des Universums und des Menschen, m. Peter Mulser und Klaus Schredelseker 03. – **R:** zahlr. Hörbilder u. Fs.-Dok. f. RAI-Sender Bozen, BR u. ORF.

Hossenfelder, Hartwig, Realschuloberlehrer a. D.; Trift 15, D-21502 Geesthacht, Tel. (0 41 52) 7 12 10 (* Bad Segeberg 14. 9. 30). Schopenhauer-Ges. 69, Dt. Haiku-Ges. 94–03; Lyr. – **V:** Kurzgedichte I 68; II 71; Eindrücke und Gedanken, G. 78; Auch dein Schatten ist dir nicht treu, Senryu 81, 84; Den grauen Himmel machst du nicht blau, Tanka 83; Den Abgrund im Nebel spürt nur der Esel, G. 86; Auch der Mund des Engels hat einen dunklen Schlund, G. 90; Hellsicht im Dunkel, ges. Kurz-G. 94, 2. Aufl. u. d. T.: Gesammelte Kurzgedichte, Bd 1 04; Gesammelte Kurzgedichte, Bd 2 03, Bd 3 05; Ich rate: Die Augen auf und dran vorbei, ausgew. Kurz-G. 04. – **MA:** Beitr. in Zss. u. Anth.

Hoßfeld, Dagmar, freie Autorin; Karlsburg 16A, D-24398 Winnemark, Tel. u. Fax (0 46 44) 97 32 58, *dagmar@dagmarhossfeld.de, www.dagmarhossfeld.de* (* Kiel 8. 6. 60). Arb.kr. f. Jgd.lit. 03; Mohland-Jb.pr. 05; Jugendb., Rom., Kurzgesch. – **V:** Pferdemädchen Mia 99; Wiedersehen mit Tam 99; Mit Tam ins Turnier 99; Das Fohlen Filina 99; Zwei Pferde verschwinden 00; Verbotenes Training 00; Rettung für Kristall 01; Das wilde Inselpony 01; Neues vom Erlengrund 01; Sattelgeschichten, Sammelbd 02; Das frechste Pony der Welt 03; Kleines Fohlen, großes Glück 03; Wirbel um Wanja 03; Alles wegen Daniel 03; Ritt durch die Nacht 03; Halloween im Schloss 03; Flucht im Sattel 04; Ein Fohlen für Karfunkel 04; Die Rivalin 04; Kiki und der Filmstar 04; Reiterhof Erlengrund, Sammelbd I 04; Das Inselabenteuer 05; Vier Freunde im Galopp 06; Kristin und das Einhorn 07; Herr Schmitt geht auf Jagd 07; Hokuspokus Hexenspaß 07; Conni und der Neue 07, 08; Conni und die Austauschschülerin 08; 4 Freunde und

das verlassene Pony 08; Lilli tauscht ihr Pausenbrot 08; – ROMANE: Eine Insel im Wind 00; Die Muschelfrau 00. – **MV:** Das Krippenferkel, m. Luise Holthausen, Erzn. 05. – **MA:** Fröhliche Weihnacht überall 05; 24 Geschichten f. d. Adventszeit 05; Vom Himmel hoch 05, alles Anth.; Mohland Jb. 05.

Hostettler, Nadine, lic. phil. hist. Ethnologie, Autorin, Journalistin; 25 Rue Frederick Lemaitre, F-75020 Paris, Tel. 01 43 49 06 38, *nadinehostettler@ gmx.ch* (* Bern 19. 8. 59). AdS; Werkjahr d. Stadt Zürich 03; Rom., Erz. – **V:** Fräulein Matter verliebt sich, Erzn. 02; Die letzte Hemmung, R. 03. (Red.)

Hotschnig, Alois; Brandjochstr. 10, A-6020 Innsbruck, Tel. u. Fax (05 12) 27 34 24 (* Berg im Drautal 3. 10. 59). GAV 90; Stip. d. Dt. Lit.fonds 89, 91, 99, Lit.förd.pr. d. Ldes Kärnten 89, Pr. d. Ldes Kärnten im Bachmann-Lit.wettbew. 92, Aufenthaltsstip. d. Berliner Senats 93, Anna-Seghers-Pr. 93, New-York-Stip. d. Dt. Lit.fonds 93, Robert-Musil-Stip. 99, Italo-Svevo-Lit.pr. d. Blue Capital GmbH Hamburg 02, Pr. d. Ldeshauptstadt Innsbruck f. erzählende Dicht. 02, Jahresstip. d. Ldes Kärnten 02, Öst. Förd.pr. f. Lit. 03, Aufenthaltsstip. Villa Concordia Bamberg 04, Erich-Fried-Pr. 05. u. a.; Prosa, Rom., Drama, Hörsp. – **V:** Aus, Erz. 89, Tb. 92 (auch slowen.); Eine Art Glück, Erz. 90; Absolution, Theaterst. 94; Leonardos Hände, R. 92, Tb. 95 (auch frz., slowen., schw., am.); Ludwigs Zimmer, R. 00, Tb. 02; Ich habe einen Menschen gestohlen 05; Die Kinder beruhigte das nicht, Erzn. 06. – **MA:** Kopf oder Adler 91; Paralyse. 1000 Jahre Österreich 96; Wenn der Kater kommt 96. – **R:** Augenschnitt, Hsp. 91; Aus, Hsp. 97. (Red.)

Houben, Udo, Rektor, LBeauftr.; Bruckersche Str. 202, D-47839 Krefeld, Tel. (02 151) 73 08 86, *u.houben @freenet.de* (* 30. 11. 36). Lyr., Aufsatz. – **V:** Lyrische Orte 04, 2. Aufl. 06. – **MA:** Lit. am Niederrhein; Muschelhaufen; Kat. Blätter; Nieuw Duits (Groningen); G. in div. Ztgn. – **P:** Seidenspinner. Krefelder Heimatbriefe f. Kinder, DVD 04. (Red.)

Howard, Karin (geb. Karin Böcher), Dipl.-Soziologin, Journalistin; 3541 Landa Street, Los Angeles, CA 90039/USA, Tel. (3 23) 6 62–94 11, Fax 6 62–14 09, *Ka HHow@aol.com.* Dammackerweg 9, D-30880 Laatzen/ Gleidingen (* Posen 14. 4. 44). Alan-Paton-Stip., FFF-Drehb.förd.; Spielfilm, Fernsehsp., Rom. – **V:** Wilde Trauer, R. 98; Der arabische Prinz, R. 99. – **F:** Die unendliche Geschichte 99; Die Tigerin 91; Wow, wir sind reich 99, alles Buchadaptionen. – **R:** Entscheidungen (Mitarb.) 76; 20 Episoden zu „Galerie Bücher" 86; Alptraum im Airport (Mitarb.) 98; Eine Sünde zuviel (Mitarb.) 98; Der arabische Prinz 00; Und morgen geht die Sonne wieder auf 00. – *Lit:* Creating Unforgettable Characters 90. (Red.)

†**Hoyer,** Alexander, Kaufmann; lebte in Graz (* Schönbach bei Eger 16. 2. 14, † lt. PV). St.S.B., Ver. Dichterstein Offenhausen 70; Kulturpr. d. Stadt Graz 66, Lyr.wettbew. Dichterstein Offenhausen 70, Adalbert-Stifter-Med. 75, Dichtersteinschild 92; Lyr., Rom., Mundart-Lyr. – **V:** Ich rede Fraktur, G. 71; Die Wahrheit lügt, R.-Trilogie 71; Gegen des Lichts, G. 74; Ein Blick nach innen, G. 82; Zwiespalt der Gemüter, R. 86; Die Geige war sein Leben, R. 89; Das Wort auf der Waage, Haiku, Senryu, Tanka 89; Befreiendes Götz-Zitat, Ess., N., Satn. 91; Wo das Gute kräftig blüht, Aphor., Epigramme, Haiku, G. 91; Ohne Blatt vor dem Mund 93; Das Hohelied der Sinne, Lyr., Aphor., Epigr. 00; Gebliebe, der ich war, Lyr. 02; Wes Herz voll ist ..., Aphor. 04. – **MV:** Lyrische Anthologie 71; Deutscher Gesang, Anth. 74; Quer, Anth. 75. – **P:** Lachendes Egerland, Egerländer Mundart-G. 69. – *Lit:* Dichterbildnisse.

Hoyer, Martin (Martin Holger Romain Hoyer, Ps. Marc H. Romain), stud. Mag. Germ., freischaff. Journalist, Freelancer DTP/EDV, ldt. Red. Sonnensturm Media; Hunnenstr. 10, D-17489 Greifswald, Tel. (01 70) 5 22 03 05, *hoyer@webprojekt.org, www.martin-hoyer.de* (* Bergen auf Rügen 18. 11. 79). Rom., Lyr., Erz. – **V:** Tempelsturz 00; Genotype. Bd 1: Die Herde 02, 2. Aufl. 2003, Bd 2: Sprecher der Anderen 03, Bd 3: Sphärenhammer 03, Bd 4: Schatten über Casilda 04, alles SF-R. – **B:** MacLachlan. Bd 1: Erbin der Macht 02, Bd 2: Der Fürst der Finsternis 03, beides Fantasy-R. (Red.)

Hoyme-Kuruszky, Maria, Dipl.-Psych.; Staufenstr. 21, D-41061 Mönchengladbach, Tel. (0 21 61) 18 49 04 (* Rumänien 2. 11. 37). Lyr. – **V:** Wind entzaubere versickerte Köpfe, Lyr. 91; Symphonie des zu menschlichen Alltagswahns, Lyr. 97. – **MA:** Im Zauber des Regenbogens 88; Großer Vogel Hoffnung 89; Wir schreiben 94; Frischer Wind 95, alles Anth.

Hróðólfsson, Úlfur s. Müller, Wolfgang

Hrubant, Manfred; Hainfelder Str. 16, A-3071 Böheimkirchen, Tel. u. Fax (0 27 43) 2 54 20, *manfred. hrubant@aon.at, www.manfred-hrubant.at.tf* (* Wien 24. 8. 55). IGAA 99, Lit. Ges. St. Pölten 99, Lit.kr. Podium 00, Ö.S.V. 05; Rom., Lyr., Theater, Libr. – **V:** Licht der Liebe, Kurzgeschn. 99 (auch CD); Die schönsten Weihnachten, Stück f. Kinder 99; Sterngeflüster, G. 01; Katharina, Stück f. Kinder 01; Im Wandel des Tarot, R. 03; Wege des Glücks, Kurzgeschn. 05; Im Zeichen des Tarot, R. 06. (Red.)

HS Alpha s. Sattler, Heidemarie Andrea

Huainigg, Franz-Joseph, Dr. d. Philos., freier Schriftst. u. Journalist, tätig im BMfUK, Abt. Medienpädagogik; Serravagasse 14A, A-1140 Wien, Tel. (01) 8 12 86 79 (* Paternion/Kärnten 16. 6. 66). P.E.N.-Club; Öst. Jgdb.pr. 86, Kd.- u. Jgdb.pr. d. Stadt Wien 02; Lyr., Prosa, Drama, Hörsp. – **V:** Maskerade dieser Welt, Lyr. 84; Lebe mich. Kärnten f. behinderte u. ältere Menschen 91; Wenn ich nicht wäre, wie ich bin, Lyr. 91; Was hat'n der? Kinder über Behinderte 92; Meine Füße sind der Rollstuhl, Kdb. 92; Füttern verboten, Kabarettprogr., UA 95; Fred hat Zeit, Kdb. 96; Schicksal täglich. Zur Darst. behinderter Menschen im ORF 96; Muß es denn gleich Liebe sein?, Erz. 97; Max mait Gedanken, Kdb. 99; Oh du mein behindertes Österreich. Zur Situation behinderter Menschen in Öst. 99; Ritter haben leicht lachen 03; Auf der Seite des Lebens 07, u. a. – **MA:** Beitr. in zahlr. Ztgn u. Zss. sowie in Medien d. Behindertenvereine u. -verbände. – **R:** Mutter auf vier Rädern 95; Eine besondere Mutter 97; Neue Gesichter 98; Kevin weiß mehr 98, alles Fsf. (Red.)

Hub, Peter, Schauspieler, Steptänzer; Pestalozzistr. 2, D-97421 Schweinfurt, Tel. (0 97 21) 9 42 99 24, *p.hub @t-online.de* (* Schweinfurt 13. 12. 54). – **V:** Der Steppentraum des Löwen Flausch, M. 96. (Red.)

Hub, Ulrich, Theaterschriftst., Schauspieler, Regisseur; Tel. (0 30) 78 70 54 89 (* Tübingen 2. 11. 63). Pr. d. Frankfurter Autorenstift. 97, Autorenpr. d. Heidelberger Stückemarktes 97, Niederländ.-Dt. Kinder- u. Jgd.-dramatikerpr. 00 u. 06, Dt. Kinderhsp.pr. 06, Dt. Kindertheaterpr. 06, Kinder- u. Jgd.lit.pr. d. Linzer Buchmesse LITERA 06. – **V:** Die Beleidigten. Blaupause, zwei Stücke 02; Das Schlafzimmer von Alice, Sch. 06; An der Arche um Acht, Kdb. 07; – THEATER/UA: Fräulein Braun 95; Der dickste Pinguin vom Pol 96; Die Beleidigten 98; Die Rechnung des Milchmädchens 00; Pinguine können keinen Käsekuchen backen 01; Der Froschkönig 01; Blaupause 02; Imago 04; Das Schlafzimmer von Alice 05; Remind me to forget 05; An der

Arche um Acht 06; Die Leiden des jungen Werthers, n. Goethe 06; Ich, Moby Dick 07, u. a. (Red.)

Huber, C. H. (früher Christine H. Huber, eigtl. Christine Hirschhuber), freie Schriftst.; Riedgasse 19, A-6020 Innsbruck, Tel. (05 12) 27 23 48 (* Innsbruck 29. 8. 45). Turmbund 94, IGAA, GAV, Ö.S.V.; Anerkenn.pr. b. „Wasserpreis", Gem. Vomp 95, 1. Pr. b. 1. Poetry-Slam Innsbruck 97, Anerkenn.pr. d. Gr. Haikupr. d. NIPPON-Ges. 98, 3. Pr. „Silbersommer", Schwaz 98, 03, 05, 2. Pr. Lyrik „wasserworte", Algund 02, Lyr.-Anerkenn.pr. d. Stauffacher Buchhandlungen, Bern 03, Prosa-Anerkenn.pr. d. FDA, Pr. b. „Innsbruck liest" 07; Lyr., Prosa, Dramatik. – **V:** unter tag, Kurzprosa 99; gedankenhorden, Lyr. 00; Kurze Schnitte, Prosa 05; wohin und zurück, Lyr. 08. – **MV:** Sinnlos, m. Günther Kreidl, Dramatik. – **MA:** zahlr. Beitr. in Lyr.- u. Prosa-Anth., u. a. in: Fliehende Ziele 95; Frechheiten 98; Flechten am Zaun 98; Ausblicke 99; stadtstiche-dorfskizzen 03; Stadtlandschaften von Innsbruck bis Irkutsk 03; Frankfurter Bibliothek d. zeitgenöss. Gedichts 03, 05; Erzpoet und Eulenspiegel 04; Kaleidoskop 05; Fortgesetzter Versuch einen Anfang zu finden 05; Fluchträume 06; ca. 1000m^2 Tiroler Kunst, Ausst.kat. 07; Innseits 07; – zahlr. Beitr. in Lit.zss seit 96, u. a. Lyr. in: Der Mongole wartet 98; Lit. + Kritik März/00; Orte 02; Dulzinea 04; Lichtungen März/07; Kurzprosa in: freibord Nr. 139 u. 142/07; – zahlr. Lesungen im In- u. Ausland sowie Beteiligungen an versch. Projekten u. Ausst.

Huber, Christine; Albertgasse 34/13, A-1080 Wien, Tel. (01) 4 03 69 21, *ch.huber@nextra.at, www. oecoaccount.at/klienten/ch_huber* (* Wien 27. 7. 63). GAV, IGAA, LVG/Literar-Mechana, AKM; Theodor-Körner-Förd.pr. 90, Nachwuchsstip. d. BMfUK 91, Stip. Künstlerdorf Schöppingen 95, Lit.förd.pr. d. Stadt Wien 99, Wiener Dramatikerstip. 02, Stip. Künstlerhof Schreyahn 06, u. a.; Lyr., Prosa, Libr., Visuelle Poesie. – **V:** Annahmeschluß, G. 90; reibung – stadtwarm, Prosa 91; und was/ist/dem/schleier/, Textgrafiken 92/93; großes mühlenstein/staunen, G.-Zykl. 94; verlaufen vermehrt, G. 95; fährtenstellen, G. 96; blindlings. dialog mit kommentar 98; Rebecca tableau x, Prosa 99; das doch das bauschen steckt 01; nichts als gegensätze, G. 04; über maß und schnellen, G. 06; – THEATER/UA: King Rist, Libr. 89; Lichtung/Version I, Libr. 95; Lichtung/Version II, Libr. 97; Emile Lieder 99. – **MV:** tauziehen, m. Ilse Kilic 93; Interjektionen, m. Helmut Schranz, UA 97; absolut alles relativ unsonst, m. dems. 98; Kreise – Yuan, m. Yang Lian, Libr. UA 99. – **H:** Zahyby řeci – Sprachfalten. Neue Lyr aus Öst. 94. – **MH:** wichtig – kunst von Frauen, m. Ilse Kilic 89; Was soll die Landschaft im Atlas, m. Marianne Gelaudie 90. – **F:** Handschuhen, m. H. Hendrich 96. – **R:** und was machen sie, fragt nachbarin mich ..., m. Ilse Kilic 91; blindlings. dialog mit kommentar, Live-Hsp. 98; bei liebesirren, oper, m. Alexander Stankovski 03; to navigate is to construct, m. dems. 06. – **P:** Lichtung, elektroakust. Version, m. C. Utz 96; zeilen in schwarz und weiß, m. I-Tsen Lu 99; Kreise – Yuan, m. C. Utz 02, alles CDs. – Lit: Karin Hammer: Die Kinder d. Wiener Gruppe. Zeitgenöss. konkrete u. visuelle Poesie in Wien, Dipl.arb. 01; Franz-Peter Griesmaier in: Literature, Film and the Culture Industry in Contemporary Austria 04; Alice Bolterauer in: Schreibweisen. Poetologien 03. (Red.)

Huber, Christine H. s. Huber, C. H.

Huber, Fritz (eigtl. Friedrich Huber), EDV-Leiter, jetzt Pensionist; Zellerstr. 60, A-5071 Wals, Tel. (0 662) 85 27 68, *friedrich.huber@aon.at* (* Salzburg 29. 1. 42). Autorensolidarität Wien, IGAA; Lyr. – **V:** Ein Segel aus gegerbter Luft, Lyr. 00; Ein brennender Fisch, G. 03;

Huber

Entsprungene Zwillinge / Jumeaux délivrés, Lyr. dt.-frz. 06. – **MA:** Stadtlandschaften von Innsbruck bis Irkutsk, Anth. 03; Beitr. in Lit.-Zss. u. im ORF seit 99, u. a. in: erostepost 22 u. 25. (Red.)

Huber, Heide Maria, freischaff.; Schulstr. 9/8, A-4482 Ennsdorf, Tel. (06 64) 4 57 30 46, *heide@heide.at, www.heide.at* (* Steyr 10. 5. 70). 2. Platz b. Literaturkarussel NdÖst., Region Mostviertel 07; Lyr., Märchen, Rom. – **V:** Liebe – Licht – Kraft 99, 02; Dein Leben ist reine Freude – Ein spiritueller Weg durch den Alltag 01; Weihnachtsfrieden 02; Geheimnis der Freiheit, Erz. 03, 04; Als ich auf die Erde kam, Lyr. 06; Auch Engel haben Träume, R. 07; Elisander. Geheimnis d. Freiheit, M. 07; Wo lebt die Liebe?, fragte der Delphin, M. 07. – **P:** Strom der Liebe – Harmonie in Wort und Klang, CD/Tonkass. 00.

Huber, Heinz Günter, ObStudR.; Erbstr. 19a, D-77704 Oberkirch (* Oberkirch 30. 5. 52). Grimmelshausen-Ges. Münster; Heimatmed. Bad.-Württ. 99; Prosa, Lyr., Aphor., Ess. – **V:** Dittli gnue, Mda.-Lyrik 80; Der erfundene Friede, Prosa 87; Offenburger Idyllen, lyr. Miniatn. 84; Ortenauer Lebensläufe 89, 2. Aufl. 90; Die Kirschbaumchronik (Arb.titel), autobiogr. Prosa 07/08; – mehrere heimat-, sozial- u. regionalgeschichtl. Veröff. – **MV:** Die Ortenau 96. – **MA:** 12 Beitr. f. Zss. Allmende, u. a.: H.1, 4, 15, 24/25, 26, 35/36, 46/47, 54/55, 56/57; Beiträge in d. Zss.: Das Nachtcafé; die horen; Univers; Vorgänge; Das Boot; Aufsätze z. regionalen Lit. in: Badische Ztg; Mittelbadische Presse; Schwarzwälder Bote; D Deyflsgiger; – G. Mahal (Hrsg.): topographia lyrica 87; Vom Fürstbischof zur Straßburg zum Markgraf zu Baden 03; Europa – eine Vision wird Wirklichkeit. Hans Furler 1904–1975 04. – **R:** Badische Geschichte, Lyrprosa (SWF 2); Über Lyrik von Jochen Kelter (SWF 2); Mundartlyrik (versch. Sender). – *Lit:* Lit.forum Südwest e.V. (Hrsg.): Verz. v. Autorinnen u. Autoren; s. auch SK. (Red.)

Huber, Katja, Journalistin, Autorin; c/o Bayerischer Rundfunk, Zündfunk, Rundfunkplatz 1, D-80335 München, *katjahuber@gmx.net* (* Weilheim/Obb. 12. 7. 71). Bayer. Kunstförd.pr. f. Lit. 06; Rom., Erz., Hörsp. – **V:** Fernwärme, R. 05; Reise nach Njetowa, R. 07. – **R:** Das Ticken des Vaters (Radio Bremen) 01; Hechtzeit (BR) 02; Wir allein (SWR) 03; Melonen (BR) 04; Eine Nacht im Zoo (BR) 08, alles Hsp.

Huber, Klaus, Lehrer; Zur Friedrichshöhe 30, D-77855 Achern-Oberachern, Tel. (0 78 41) 53 81, Fax 27 05 10, *klaus.huber@t-online.de, www. klausvomdachsbuckel.de* (* Achern 13. 7. 46). Steinbach Ensemble Baden-Baden 88. 2. Vors.; Lyr., Aphor., Lied, Journalist. Arbeit. – **V:** Lebensspuren, G. 89; Alles Geschmackssache, Aphor. 90; Dem Du auf der Spur, G. 92; Verankerungen, G. 93; Schlag-kräftiges und Ein-schläg-iges, Aphor. 96; Lösungs-Wege, G. 97; Gedankengänge, Lyr. 01. – **MA:** Mein Leseabend 87; Ferment 5/6 90, u. a. – *Lit:* Dt. Schriftst.lex. 02. (Red.)

Huber, Leopold, Autor, Regisseur; Rigishusstr. 3, CH-8595 Altnau, Tel. u. Fax (0 71) 6 95 24 53 (* Harrau/ObÖst. 20. 10. 55). Pro Litteris; Rom., Drehb. f. Film u. Fernsehen. – **V:** Zug nach Süden, R. 89; HeimSuchung, dramat. G. 93; Lust und Frust in der Provinz, Theaterb. 01. – **F:** Mirakel 89; Vater lieber Vater 93; Jeden 3. Sonntag 94; Sternenweg 96. – **R:** Aschenregen 85; HeimSuchung 86, beides Hsp. (Red.)

Huber, Max, Domkapitular, Prälat; Steinweg 7, D-94032 Passau, Tel. (08 51) 39 32 34 (* Reisbach/Vils 9. 5. 29). Bayer. Poetenteller 92. – **V:** St. Nikolaus in der Pfarrgemeinde 73; So sollt ihr beten 75; Taufgespräche 76; Rund um den Kirchturm 76; Glaubn auf Boarisch 79; Wia Weihnachtn wordn ist 81; Hoblschoatn,

Geschn. u. G. 84; Lustigs Pichlstoana, G. 85; Severin und Riccabona 88; Aufs Maul gschaut, Mda.-Predigten 94; Ane(c)kdoten 02; zahlr. pastoralliturg. Veröff. – **MA:** Liturgie Konkret, Zs. f. Gottesdiensthilfe. – **R:** Wia Weihnachtn wordn ist, Weihnachtssdg; Ob's es glaubts oder net – ein bayer. Weihnachtsevangelium, jl. Fs.-Sendung am Hl. Abend seit 96. – **P:** Passauer Meßgsang, Schallpl. u. Tonkass.; Glaubn auf Boarisch; Rund um den Kirchturm; Wia Weihnachtn wordn ist, Tonkass. (Red.)

Huber, Max Rudolf, Medienschaffender; 9 Parc Bean, St. Ives TR26 1EA/GB, Tel. (0 17 36) 79 53 26 (* Luzern 25. 10. 45). Rom., Erz. – **V:** Lendenfeuer, Erzn. 00. (Red.)

Huber, Ossi (Oskar Huber); Siebenbürgengasse 5, A-9073 Viktring, Tel. (06 99) 19 14 91 41, *huber.oskar @chello.at, www.ossihuber.at* (* Feldkirchen/Kärnten 31. 7. 54). Lyr., Erz., Hörsp., Kurzgesch. – **V:** Karntna Kuchlklong 1 u. 2, Kochb. m. Musik-CD 03 u. 04; Zuggarpliapleaggarzle, Mda.-G. 05; Bewegungsreise ins Abenteuerland, Kdb. m. CD 06; Hundekot & Mangoeis 08.

Huber, Toni, VHS-Doz.; Borselstr. 17, D-22765 Hamburg, Tel. (0 40) 39 90 98 61 (* Urexweiler 13. 6. 54). VS Hamburg 99; Hans-Bernhard-Schiff-Lit.-förd.pr. 98; Rom., Kurzprosa, Aphor. – **V:** Das Herz der Flöhe, Aphor. 95; Meinetwegen, sagte der Stellmacher, Kurzgeschn. 97. – **MV:** Schwarze Post aus Altona, m. Ralph Schwingel, Krim.-R. 89. – **MA:** zahlr. Beitr. in Lit.-Zss. seit 89, u. a. in: Freibord; Das Plateau; Radius Alm. (Red.)

Huber, Wolfram, Dr., Autor; Löfflergasse 16, A-1130 Wien, Tel. (01) 8 79 75 39 (* Wien 10. 9. 48). AKM, Literar-Mechana, IGAA; Lyr., Prosa, Drama, Ess. – **V:** ... aber langweilig war es nie, Erlebn. 95; Das Phänomen Heinz Conrads 96. – **MV:** Die Erben des lieben Augustin, m. Wolfgang Zapf, Erinn. 00. – **MA:** Veröff. in: Prö; Reisen; Manual; Pferderevue. – **R:** Features f. ORF 81–86. (Red.)

Huber-Gagnebin, Cécile, Lehrerin, Journalistin; Meiershalde, CH-6162 Entlebuch, Tel. (0 41) 4 80 15 27 (* Luzern 9. 10. 31). ISSV 75; Lyr., Kurzgesch., Sinnspruch. – **V:** Geschleifte Mauern, Lyr. 75. – **MA:** zahlr. Beitr. in Prosa- u. Lyr.-Anth. sowie in Jbb., u. a.: Lozärner Liebesgedicht 88; Entlebucher Brattig 00. – **MH:** Entlebucher-Brattig 89–93. (Red.)

Huber-Hering, Vita (Vita Huber), Dr. phil., Chefdramaturgin u. Persönl. Referentin d. Gen.Intendanten d. Dt. Oper am Rhein bis 1996; Park Rosenhöhe 25, D-64287 Darmstadt, Tel. u. Fax (0 61 51) 7 49 53 (* Salzburg 27. 9. 38). Öst. P.E.N.-Club 71, P.E.N.-Zentr. Dtld 87, Hofmannsthal-Ges.; Ess., Feat., Hörsp., Bearbeitung u. szenische Einricht. f. Bühne u. Rdfk. Ue: frz. – **V:** Flirt und Flitter. Lebensbilder aus der Bühnenwelt, Ess. 70; Applaus für den Souffleur, Schauspieler-Anekdn. 73; Momo, n. Michael Ende, UA 81; Luther. Die Nachtigall von Wittenberg, n. August Strindberg, UA 83; Das Theater Gerhard F. Herings – Landestheater Darmstadt 1961–1971, Vortrag 01; Mein Theaterbuch. Essays zu Dichtern u. Komponisten, Themen u. Szenarien 06. – **MV:** Ein großer Herr. Das Leben des Fürsten Pückler, Biogr. 68; Tolstois Kreutzersonate, Theaterst. 80, beide m. Gerhard F. Hering. – **MA:** Pipers Enzyklopädie d. Musiktheaters, Bd 2, 3, 6 86ff.; Programmbuch z. Berg-Büchner-Zyklus / C. Abbado 96; „... ich bin ein Fremdling überall", Wanderer-Zyklus v. C. Abbado 97; Augenblick: Brecht. Zeitgenossen schauen auf ein Phänomen d. Jh. 98; Gedenkstunde Hans-J. Weitz 02; Beitr. in Theaterztgn u. Programmheften d. Staatstheaters Darmstadt, d. Hamburgischen Staatsoper, d. Deutschen Oper am Rhein Düsseldorf-Duisburg u. versch. anderer Bühnen. – **H:** Interviews und Gespräche 1986–1996 Deutsche Oper am Rhein Düsseldorf-Duisburg 96; Gerhard F. Hering. Schriftsteller – Regisseur – Intendant, ausgew. Schriften m. Bildteil u. Nachw. 98; Gerhard F. Hering. Auf der Bühne unserer Phantasie, ausgew. Schriften m. Nachw. 08. – **R:** Die Gefährlichen 65; Das Ungreifbare 66; Das verfluchte Ding des Ambrose Bierce 67; Paganini 71; George Sand oder die Leidenschaft zu leben 72; Rameaus Neffe, v. Diderot 73; Memoiren zweier Jungvermählter, n. Balzac 73; Ein treuer Diener seines Herren, n. Grillparzer 75; Die Glocken, n. Dickens 75, alles Hsp.; weitere Hsp. u. Einrichtungen f. d. Rundfunk. – **Ue:** Denis Llorca: Zelda, Sch. 68, dt. EA 82; Jean Baptiste Lully: Alceste, Oper 80, dt. EA 80.

Huby, Felix (Ps. f. Eberhard Hungerbühler), Red., Korrespondent d. SPIEGEL, freier Schriftst., Drehb.-autor; Wernerstr. 5, D-14193 Berlin, *www.felixhuby.de* (* Dettenhausen 21. 12. 38). Robert-Geisendörfer-Fs.pr. 89, Ehren-GLAUSER 99, Berliner Krimifuchs 02, Goldene Romy d. Ztg. Kurier (Wien) f. d. beste Drehbuch d. Jahres 06; Krim.rom., Kinder- u. Jugendb., Drehb., Sachb. – **V:** JUGENDBÜCHER: Vier Freunde auf heißer Spur 76, u. d. T.: Felix & Co auf heißer Spur 83; Einbruch im Labor 77; Terloff 78; Ilaniz 79; Vier Freunde sprengen den Schmugglerring 79, u. d. T.: Felix & Co jagen die Schmugglerbande 80; Felix & Co u. der große Eisenbahnraub 79; Das abenteuerliche Leben des Doktor Faust 80; Felix & Co u. der Kampf in den Bergen 81; Felix & Co u. die Jagd im Moor 82; Reihe „Paul Pepper", 15 Bde 84–88; – KRIM.-ROMANE: Der Atomkrieg in Weihersbronn 77; Tod im Tauerntunnel 77; Ach wie gut, daß niemand weiß... 78; Sein letzter Wille 79; Der Schlangenbiß, m. F. Breinersdorfer 81; Schade, daß er tot ist 82; Bienzle stochert im Nebel 83; Bienzle u. die schöne Lau 85; Bienzles Mann im Untergrund 86; Schimanski, m. Götz George 87; Bienzle u. das Narrenspiel 88; Jeder kann's gewesen sein, Stories 88; Bienzle u. der Sündenbock, Stories 90; Gute Nacht, Bienzle 93; Bienzle u. der Biedermann 94; Bienzle u. der Champion 99; Bienzle u. die lange Wut 00; Bienzle u. der Klinkenmörder 01; Schattenbilder, m. Ulrich Werner Grimm 03; Bienzle im Hecklespiel. Das schönste aller Spiele 04 [?]; Bienzle u. die letzte Beichte 05; Der Heckenschütze 05; – WEITERE BELLETRIST. VERÖFF.: Oh Gott, Herr Pfarrer 88; Abenteuer nach 90; Pfarrerin Lenau 90; Kummerplatzkinder 91; Die Leute von Bärenbach 92; Ein Bayer auf Rügen, m. B. Schulz 94; Die Kids von Berlin, m. Ch. Brohm, 2 Bde 97; Die schönsten Geschichten mit Tierarzt Dr. Engel 01; Männer sind zum Abgewöhnen, m. Astrid Litfaß 01; Tierarzt Dr. Engel, m. Hans Münch 03; – SACHBÜCHER: Rettet uns die Sonne vor der Energie-Katastrophe? 75; Neuer Rohstoff Müll-Recycling 75; Klipp u. klar. 100 x Kriminalistik 77; Die Geschichte von Doktor Faust, m. M. Conradt 80; Traumreisen. Auf den Spuren großer Entdecker 80; Warum sagst du nicht „Nein Danke"? 82; Pioniere d. Automobils, m. G. Scheuthle 82; Pioniere d. Archäologie, m. B. Brehm 83; Pioniere für den Frieden 83; Ein Kampf ums Recht. Die Affäre Dreyfus 84; Der Eugen, m. M. Conradt 87; Neues vom Eugen, m. dems. 90; Baden-Württemberg, m. K. Fuchs 98, u. a. – **B:** Robin Hood 84; Der Letzte der Mohikaner 84; Die Schatzinsel 85; Störtebeker 85; König Artus 86; Münchhausen 86; Buffalo Bill 87. – V. O. Petersen: Wie löst die Wirtschaft ihre Probleme?; W. Schmidbauer: Ich in der Gruppe. – **F:** Didi auf vollen Touren, Kinof. 87. – **R:** seit 1981 zahlr. Drehbücher f. Fsp., Mehrteiler, Serien u. Reihen, u. a.: Tatort; Berliner Weiße mit Schuß; Alles, was recht

ist; Detektivbüro Roth; Der Hafendetektiv; Wartesaal zum kleinen Glück; Ignatz der Gerechte; Stärker als alle Pferde; Oh Gott, Herr Pfarrer; Abenteuer Airport; Pfarrerin Lenau; Oppen u. Ehrlich; Liebe auf Bewährung; Rummel um den Skooter; Der König von Bärenbach; Die Trotzkis; Ein Bayer auf Rügen; Cornelius hilft; Heimatgeschichten; Mona M. – Mit den Waffen e. Frau; Spiel d. Lebens; Auto-Fritze; Zwei Brüder; Die Kids von Berlin; Tierarzt Dr. Engel; Großstadtrevier; Rosa Roth, u. a.; – ca. 15 Hsp. – *Lit:* Rudi Kost (Hrsg.): Der moderne dt. Krim.roman, T. 2 89; Irene Bayer: Juristen u. Kriminalität als Autoren d. neuen dt. Krim.romans 89; H.P. Karr: Lex. d. dt. Krimi-Autoren, 2. Internet-Ed. 98ff. (Red.)

Huckauf, Peter, Bibliotheksangestellter; Hildegardstr. 17, D-10715 Berlin (* Bad Liebenwerda 12. 5. 40). NGL 74–99, Sorbische Künstlerbund 07; Arb.stip. d. Westberl. Senators f. Wiss. u. Kunst 77, Arb.stip. f. Berliner Schriftst. 78, 82, 86, 88 u. 07, 3. Pr. b. Hsp.-u. Erzählwettbew. d. Ostdt. Kulturrats 80; Drama, Lyr., Ess. – **V:** Karge Tage, G. 74; Oase Ruine, G. 76; Fertigteile, G. 77; Die Zeilung Schneuztanz, Spontanismen, Lyr. 77; Unterschlupf f. Schmetterlinge, G. 78; Schwarze Elster, Manische Feste 1, G., Texte, Dialog u. Fotos 80; Schnepfenstrich, Lsp. 80; Frühes aus Ückendorf, panische Geste 2, G. 81; Lautraits, Lyr. 81; Ein loses Blatt aus der Schlussakte von Helsinki, Lsp. 82; Schraden, Sp. 82; AllphAbeete. Spontanische Collagen 1981–1984, exper. Arb. 84; Lisch Aue, G. 85; Allrapp, G. 87; Quecksilben, Anagrammierungen 89; Floß & Wüstung/Alphabet des Augenblicks, Texte u. Visualisierungen 92; SCHWAeRZUNGEN, G. 1972–1987 92; Rosstäuscherschicksal, G. 94; peR tinaX, Szene 95; Vers Tand, Szene 95; LIUBUSUA, G. 96; Warschau – meine Böschungen, G. 96; Posener Assoziationen, G. u. Collagen 97; Die Idylle des Schlichters, G. 97; Krakauer Februar, G. u. Collagen 98; Sichel, Sicher 98; Nempulak 99; ohnungen 00; Tykocin 00; Erd Mute 01; Schief Mund 03; Vorwerk: Siebenundvierzig 05; An einen polnischen Kartographen 05; Wer weiß wie weiß 06; Die Wiederzulassung historischer Brüste 07; Mitlesebuch 06; Kujawisches Schweigen 08, alles G. – **MA:** Ich bin vielleicht du, lyr. Selbstportr., Anth. 75; Lyrik non stop – G. in Aktion. Anth. 75; Mein Land ist eine feste Burg – Neue Texte z. Lage in d. BRD, Anth. 76; Natur ist häufig eine Ansichtskarte – Stimmen z. Schweiz, Anth. 76; Lyrik-Jb. 1 78; Lyrik 78, Anth. 78; Lyrik 79, Anth. 79; Narren und Clowns. Aus Jux und Tollerei, Anth. 82; Berlin-Zulage, G. aus d. Provinz, Anth. 82; protokolle, Zs. 84; Der Krieg trifft jeden ins Herz, Malerei, Graphik u. Plakate aus Minsk u. Berlin, Dok. 65; Stadtansichten, Jb. f. Lit. u. kulturelles Leben in Berlin (West) 85; Die „andere" Wirklichkeit, Dok. 86; Erotische Gedichte von Männern, Anth. 87; Berlin! Berlin!/E. Großstadt im G., Anth. 87; Sprache im technischen Zeitalter Nr. 107/108 88; Commonsense, Alm. f. Kunst & Lit. 89, 92, 97; Freibord Nr. 1 90; Berliner KUNSTstücke, Kat. 90; Des Kaisers Bart, Künstlerb. 90; Das Gleichmaß der Unruhe, Texte u. Graphiken 91; Phönix, Zs. 91; Park, Zs. 92; Entwerter-Oder, Künstlerb. 92, 95, 97, 98, 00, Nrn. 86 04, 90 06; Lyriker für VauO, Anth. 92; Kolumbus, Anth. 92; Höllarchiv, Alm. 93; miniature obsession, Zs. 93, 94, 96–98, 00, 11/01, 10/05; pespektive, Zs. 94, 95; linzer notate/positionen, Anth. 94; Literatur vor Ort 95; Berlin – in Graffenstein Zs. 96; FREIBORD, Zs. 97; edition ljub 1987–1997 97; schischyphusch, Zs. 97; jelängerjelieber, Anth. 99; Augen Blicke Wort Erinnern 99; Im Zwiespalt, Anth. 99; Oberlausitzer Kulturschau Nr. 9 01; Festschr. f. Aldona Gustas 02; Wiecker Bo-

Huckebein

te 12+13/01, 14/03, 19/07; sensorium, Grafikmappe 02; Schritt u. Gruß. Für Felix Philipp Ingold 02; Heimatkal. Für d. Land zwischen Elbe u. Elster 03; Mythos des Unsichtbaren, Jubiläums-Alm. 07. – **H:** Bekassine, Bl. + Zeichen z. Poesie 78–81; Ach sO/LALLschwAeLLe pumPHuts zwerchfAelle, Zs. 82–89; chimAere, Zs. seit 87; pumPHutION, Zs. 89–90. – *Lit:* Peter Gerlinghoff: Vom Sinn zum Laut? in: Stadtansichten 1982, Jb. f. Lit. u. kulturelles Leben in Berlin (West) 82; Felix Philipp Ingold in: Neue Züricher Ztg v. 21./22.1.1984.

Huckebein s. Starcke, Michael

Huckebrink, Alfons; Kronprinzenstr. 20, D-48153 Münster, Tel. (02 51) 52 69 27, Fax 5 39 51 63, *huckebrink@muenster.de, www.alfons-huckebrink.de* (* Emsdetten 20. 2. 53). VS, Intern. Peter-Weiss-Ges., Büro f. intermediale Kunst TRANSIT 95, Gründ.mitgl.; Reisestip. d. Ausw. Amtes f. Kaliningrad 05; Lyr., Prosa, Lit.kritik. – **V:** Beobachtungen an frühen Januartagen, G. 1990–1993 94; Übergangswetter, Lyr. 98; Wie Thomas Bitterschulte sich von seinem Daseinszweck verabschiedete, R. 02; Wie Thomas Bitterschulte sich das Leben neu erfand, R. 05; Königsberger Küsse, R. 08. – **MA:** zahlr. Beitr. in Zss. u. Anth., u. a.: Hinter den Glitzerfassaden 88; Am Erker 36/98; Bei Anruf Poesie, Leseb. 99. – **MH:** Morgens brauchte man nicht mehr mit ‚Heil Hitler' zu grüßen, m. Jürgen Lange u. Udo Oberdick, Erinn. (auch Mitarb.) 96; sechskommanull 99; Aus heiterem Himmel, Anth. 01; Aus den Augen verlieren, Anth. 02; Aus freien Stücken, Anth. 03; Aus der Reihe tanzen, Anth. 04; Aus dem Vollen schöpfen, Anth. 05; Nachtpost, Anth. 06; Dorfkirmes, Anth. 07, alle m. Frank Lingnau.

Hübel, Lore; Hofstattgasse 7, A-3400 Klosterneuburg, Tel. (0 22 43) 3 71 95 (* Wien 16. 2. 31). Podium, Ö.S.V.; Kulturpr. d. Stadt Klosterneuburg 01; Prosa, Lyr. – **V:** Markion, hist. N. 95; Gedichte 96; Angekommen, Prosa 98; Aufgehoben, Lyr. 98; Die große Reise nach Japan und in den Zen Buddhismus 00; Geliebter Mann, G. 02. – **MA:** Literatur aus Österreich 94; Podium, Lit.zs. 94. (Red.)

Hübel, Marlene, Stadtführerin, Autorin; Neumannstr. 6, D-55131 Mainz (* Mainz 19. 8. 41). Anna-Seghers-Ges. 93, Freundeskr. Schloß Wiepersdorf; Kulturhist. Buch, Reiseführer. – **V:** Minireiseführer Rheingau von A-Z 92; Mein Schreibetisch. Schriftstellerinnen aus drei Jh. in Mainz 94; Der Stadioner Hof. Geschichte und Gegenwart 95; Mainz. Kleiner Führer d. Stadt Mainz 09; Wo Goethe schritt und weilte 99; Geheimnisvolles Mainz 03; Was fragt die Welt nach Poesie. Die Dichterin Adelheid von Stolterfoth 06; Im Schatten Napoleons. Frauen in Mainz 08. – **MV:** Ort der Stille 06; Mainzer Hausmadonnen 08. – **MA:** Mainz. Wiesbaden zu Fuß 90; Kulturreiseführer Dtld Bd 2; Rheingau von A-Z 92; Wiesbaden und Rheingau zu Fuß 92; Mainz. Die Geschichte d. Stadt 98; Federführend. 19 Autorinnen vom Rhein (auch hrsg.) 03; Ort der Stille – 200 Jahre Mainzer Hauptfriedhof 06; Beitr. in Kulturzss.

Hübener-Lipkau, Elke, Dipl.-Soziologin; *elke. huebener@gmx.de, www.elkelipkau.de* (* Görlitz). Lit.-Kollegium Brandenbg 06; Lyr. – **V:** Aus Zeit. Vorübergehend entschlossen 06; AUSSICHT. Vorübergehend erschlossen 07. – **MA:** Gespräche am deutschen Kamin 07; Mein Leben ist bunt, weil ich es will 07.

Hueber, Manfred, Krankenpflegehelfer, Gärtner; Grenadierstr. 15, D-13597 Berlin, *www.Pippie-Kasperle-und-Co.de* (* Graz 23. 11. 58). Märchen. – **V:** Magische Märchen 93, 99; Öko-Kasperle 99, 02; Die neun Leben des Pinokkio 02, 06, alles ökolog. M.; Die

doppelte Pippielotta, Abenteuergesch. 08. – *Lit:* Eva Corino: Das Taschenbuch 01.

Hübner, Anneliese (Anneliese Frank-Hübner, geb. Anneliese Frank), Verwaltungsangest.; Einberg, Ringstr.5, D-96472 Rödental, Tel. (0 95 63) 32 44 (* Coburg 17. 7. 46). Frankenbund 79; Frankenwürfel 88, Gr. Gold. Bdesabzeichen d. Frankenbdes 94; Lyr., Erz., Hörsp. in Mda. u. Hdt. – **V:** Ölles hot sai Zait 79; Su a Liib 81; Schrittwechsel 82; Souch's fai net waite 83; Coburger Bauernblumma im fränkischen Strauß 85; Paradiesvögel 86; Loss desch fai net gereu ... 86; Des blaibt sich ghüpft wii gschprunga ... 90; Die Hullewaatsch im Dorf 91; Ingo Cesaro: Landschaft mit Vogelscheuchen. A.H.: Grautspüüewl Gschichtn 92; Weihnachtszeit im Coburger Land 95; Die Walpurgisnacht 96; Zwischen den Stunden 98; Schtiiaufmannla, Mda. 99; Christkindleläuten 03; Eine Weihnacht auf dem Lande, n. Heinrich Schaumberger, Bst. u. Hsp., UA 06. – **MV:** Das Coburger Kochbuch, m. Lothar Hofmann, Sachb. 92, 98. – **MA:** Bll. z. Geschichte d. Coburger Ldes., seit 79; Weil mir aa wer sen 80; Annäherungen 81; Oberfränk. Mundarten 81; Erlebtes und Erdachtes aus u. um Rodach 81; Ev. Kirchgemeinden im Coburger Land 84; Brigitte Koch: Stadt u. Ldkr. Coburg 85, 2. Aufl. 94; Unsere Coburger Heimat 86; Rodacher Alm. 86; Taschenlex. d. Bayer. Gegenwartslit. 86; Das fränk. Dialektbuch 87; Bayer. Mundarten 87; Als ich wiederkam, Friedrich Rückert zum 200. Geburtstag 89; Thüringer Mundart 92; Das große bayer. Weihnachtsb. 93; Möcherlesversli 93; Bayer. Glückwünsche in Vers, Reim, Prosa u. Liedern 94; Volkskultur in Franken, Bd. II 94; Dt. Mundarten an d. Wende?! 95; Komm, Christkind, flieg über mein Haus 95; An Rejchnbuechn ka me nije bestll 97; Musarum Sedes 1605–2005, Festschr., 1.u.2. Aufl. 05; „Seien Sie doch vernünftig!", Biogr., 1.u.2. Aufl. 08. – **R:** zahlr. Wortbeitr. im BR seit 80; Die Hullewaatsch im Dorf 83; Die Walpurgisnacht 96; Das Umsingen 88, alles Hsp. – **P:** Hogg diich a weng haa, Tonkass. 82.

Hübner, Franz, freier Autor u. Verleger; Mühlstr. 117, D-63741 Aschaffenburg, Tel. (0 60 21) 45 09 96, *www.wunderlandverlag.de* (* 56). – **V:** KINDER-/BILDERBÜCHER: Der grüne Elefant 85; Der grüne Elefant feiert Geburtstag; Der Junge in der Buchstabenwüste 87; Der Wunschstein 89; Meckerfritze 90; Ich schenk Dir mein Herz; Timmy in der Zahlenstadt 92; Der liebe Gott wohnt hier in uns im Apfelbaum 92; Großmutter 92; Die Schöpfungsgeschichte für Kinder 94; Ich hab einen Freund im Himmel 97; Faxenmaxe 00; Komm, lieber Gott ... 02; Danke, für den neuen Tag 03; – LIT. f. ERWACHSENE: Ich bin glücklich 99; Gebete für den Frieden in der Welt 01; Mit Vertrauen in die Zukunft 02; Die kleine LiebesBibel 03; Gott hat alle öffnen 03; Der kleine Glücksbringer 04; Du bist gut, so wie Du bist 04. – **MV:** Nur weil ich klein bin, heißt das doch nicht doof, m. Christine Hübner 00. (Red.)

Hübner, Irene *

Hübner, Klaus; Nimweger Str. 17, D-47533 Kleve, Tel. (0 28 21) 7 11 62 11, *Textator.9@gmx.de* (* Kleve 49). VS; Erz., Essay, Feat., Rezension, Sachb. – **V:** Lohengrin beim Händewaschen, Texte 88; Lärm-Reise 92; Yoko-Ono – Leben auf dünnem Eis 99 (auch korean.). – **MA:** Der Aufstand der Radfahrer 82; Autorenporträt Volker W. Degener in: KLG 83ff.; Kalender für das Kleve Land auf das Jahr 1985 86; Verständigung. Deutschunterricht f. berufl. Schulen 87; Stolde 9 87; Literarische Porträts – 163 Autoren aus NRW 91; Die Beatles und 95; Tonabnehmer 98; Kaltland Beat 99; Autorenporträt Franz Hohler in: KLG 03; – zahlr. Beitr. in Lit.- u. Publikumszss. seit den 70er Jahren, u. a. in: die horen; neues rheinland; Jazzthetik; Neue Zs. f. Musik; KULT; Sterz; Westzeit; Neue Rhein Ztg; Online-Lit.-mag. „Jazzthing"

Hübner, Sabine; Rüthlingstr. 7, D-80636 München, Tel. (0 89) 1 23 37 15 (* Stuttgart 29. 5. 57). Ue: engl. – **V:** Wenn mein Mensch Diät hält. Ein Ratgeber f. Katzen u. a. Mitbewohner 00; Goethe für Katzen, humorist. Lyr. 02; Das torlose Tor 03. – **Ue:** W. Percy: Die Wiederkehr 89; J.M. Cain: Doppelte Abfindung 89; ders.: Die Frau des Magiers 89; L. McMurtry: Die letzte Vorstellung 90; M. Frayn: Wie macht sie's bloß? 92; S. Faludi: Die Männer schlagen zurück 93; S. Minot: Ein neues Leben 94; L. Hemingway: Die Stimme des Flusses 94; M. Frayn: Jetzt weißt Du's 94; S. Bergman: Mein fremder Vater 95; J. Caroll: Wenn Engel Zähne zeigen 95; E. Marshall Thomas: Das geheime Leben der Katzen 96; S. Minot: Der Mann, den ich nicht mehr los wurde 96; D. u. D. Hays: Seelenriffe 96; D. Martinez: Der Himmel ist ewig 97; F. Nugent: Ich gehe nach Frankreich und komme nicht wieder 97; J. Wallis Martin: Das steinerne Bildnis 97; S. Kane: Phädras Liebe 97; E. Marshall Thomas: Zwei ganz besondere Hirten 98; F. Nugent: Zwei auf der Flucht 99; M. Kneale: Englische Passagiere 00; W. Russell: Der Fliegenfänger 01; D. Chavez: Loving Pedro Infante 02; M. Haddon: Supergute Tage oder Die sonderbare Welt des Christopher Boone 03. – **MUe:** N. Wolf: Der Mythos Schönheit, m. U. Locke-Groß u. C. Hohlfelder von der Tann 91; D. Eisenberg: Eine lehrreiche Geschichte, m. N. Hansen 91; dies.: Im Paradies des Regengottes, m. N. Hansen 93; A. Huxley: Essays in 3 Bänden, m. W. v. Koppenfels u. H.-H. Henschen 93; S. Faludi: Männer – das betrogene Geschlecht, m. U. Locke-Groß u. A. Schumitz 01; sowie Mitübers. v. Hsp. u. Drehb. (Red.)

Hübner, Uwe, Galerist; Pulsnitzer Str. 10, D-01099 Dresden (* Gelenau/Erzgebirge 51). Arb.stip. d. Ldes Sa. 99; Prosa; Lyr. – **V:** Pinscher und Promenade 93. (Red.)

Hübsch, Hadayatullah (Hadayatullah Jamal, Gerhard Jamil, eigtl. Paul-Gerhard Hübsch), Schriftst. u. Publizist, Verlagsleiter; Steinrutsch 7, D-65931 Frankfurt/Main, Tel. (0 69) 31 45 96, Fax 31 25 04, hadayatullah@web.de (* Chemnitz 8. 1. 46). VS (Vors. LV Hessen 92–00); Kurt-Magnus-Pr. d. ARD 73, Lit.pr. d. Stadt Boppard 91, Lyr.pr. Kultursommer Hessen 92, Walter-Schadt-Pr. 95; Lyr., Rom., Erz., Sat., Hörsp., Feat., Songtext, Sachb. Ue: engl. – **V:** mach was du willst, G. 69; die von der generation kamikaze, G. 70; Ramadan, Tageb. 71; ein neuer morgen mit Dir, Erzn. 74; abgedichtetes, Texte 79; Liebe Gedichte 83; SPrächen Sich DeutschLicht, UA 83; Konferenz der Tiere, n. e. pers. Versepos 87; Ich hab meine Blumen verloren, Lyr. 87; Hinter der Mauer des TV, Geschn. 88; Innenhaut, Lyr. 88; Die Katdolen-Tonbänder 88; Frank Furt am here Blues 88; Gespaltener Mond, R. 89; A mind shown, a mind blown 90; Born to run, run, run 90; Haiku 90; Marrakesch connection 90; Meine Erinnerung an Deutschland heißt Mercedes, sagte die 2. Geisel 90; Jazz hat keine Worte 91; Europa Störungsfrieden, G. 90; Stop Mond 92; Tötet für den Frieden, G. 92; Die Batschkapp-Gedichte 93; Meininger Haikus 93; PENG. Langer Brief e. 68ers ... 93; Bewege deinen Kopf, G. 94; Walkman 94; Zeithammer, 2 Stories 95; Regenmund, G. u. Lieder 96; Wenn, G. 96; Nächte mit VauO 97; Jeder macht sein Ding, G. 97; Sternenmund 97; Macht den Weg frei, G. 98; Als die Wildblumen blühten 99; „Something happened to me yesterday" oder ein paar von uns leben noch 99; Blumenmund 00; Die Puppenspelunke 01; WTC KO KG, Lyr. 02; Tickets, G. 02; Die ersten 100, Publ.gesch.,

Lyr.auswahl u. Bibliogr. 03; Eurobeat 04; Vorkriegsgedichte 04; Monolith 2 04, alles Lyr.; zahlr. Sachbücher. – **MV:** DADADA, m. Gustav Jacobsen 93; Braun, m. Enno Stahl, Acidprosa 97; Asphalt-Derwisch, m. Axel Monte, Erz. 07, u. a. – **B:** Das Schweigen des Geliebten, G. 01. – **MA:** aussichten, Anth. 66; kinder von marx & coca cola, Anth. 71; Lyrikkatalog Deutschland, Anth. 79, u. a. – **H:** Törn 63–68; Sadid, 74–80; HolUnderground (jährl.). – **R:** keine zeit für trips, Hörroman in 3 Teilen 02; lachend wie ein haupt voll wunden 73; stirb bevor du stirbst 75; der Tag als Elvis Presley lebenslänglich werden sollte 76; Stadtplan 77; Konferenz der Vögel 79; was wahr war u. was wirr war 80; Gleichzeitigkeit 82, alles Hsp.; Ich öffne mein Gehirn, Lyr. zu Musik, Rdfk 82, u. a. – **P:** Wann Du schrie 84; Konferenz der Vögel 87; Texte 91, alles Tonkass., u. a.; Wortsalat, CD. – **Ue:** Die Gnade Allahs 72; Muslimische Mystiker und Heilige 02. – *Lit:* Andreas Fanizadeh in: taz v. 19./20.1.08; s. auch SK.

Hüchtker, Robert, StudDir.; Maikottenhöhe 23, D-48155 Münster, Tel. (02 51) 31 52 10 (* Füchtorf, Kr. Warendorf 31. 12. 31). – **V:** Kiewitt, wo bliew ik 92; Mahnmal gegen das Vergessen. Verlorene Väter, Söhne, Brüder. Füchtorf im 2. Weltkrieg 98; Backen, Brennen, Böllern 99; Kruep, Fößken, dür den Tun 00, u. a. (Red.)

Hücker, Franz-Josef, Dr.; Nollendorfstr. 10, D-10777 Berlin, Tel. (0 30) 2 15 81 79, ff@huecker.com, www.huecker.com (* Meschede 15. 12. 46). Rom. – **MV:** Gotteskinder, R. 02; Herz im Kopf 04/05, beide m. Adelheid Gehringer. (Red.)

Hückstädt, Hauke, Autor, Kritiker, Geschäfts- u. Programmleiter d. Lit. Zentrums Göttingen e. V.; Nikolaikirchhof 4, D-37073 Göttingen. Tel. (05 51) 4 88 21 41, info@lit-zentrum-goe.de. c/o zu Klampen Verlag, Lüneburg (* Schwedt/Oder 20. 8. 69). Arb.stip. f. Lit. d. Ldes Nds. 94, 97, Lit.pr. d. Stadt Georgsmarienhütte 96, Autorenford. d. Stift. Nds. 06; Lyr., Ess., Lit.kritik. – **V:** Matrjoschkaschritt, G. 95; Neue Heiterkeit, Lyr. 01. – **MA:** zahlr. Beitr. in Lit.zss. u. Anth. seit 94, u. a. in beiden; Akzente; du; manuskripte; Jb. d. Lyrik; Welfengarten, etc.; Auf kurze Distanz, O-Tône, Geschn., Ideen 03. – **H:** Verstörung im Kino 98; Sujata Bhatt: Nothing is Black, really nothing, G. 98 (engl.-dt.). – Ue: Michael Hofmann: Dann folgte der große Krach, G. in: Akzente 4/00. (Red.)

Hüffmeier, Dankward s. Heinsius, Hero

Hüfner, Heiner, Dr.; Albert-Schweitzer-Str. 51, D-09116 Chemnitz, hhuefner@aol.com (* Wintersdorf b. Altenburg 1. 7. 40). Rom., Erz. – **V:** Juliane und der Synthorg 83, 87; Das Land Caldera 84, alles utop. R. – **MV:** Utopische und phantastische Geschichten, m. Ernst-Otto Luthardt 81, 89. – **MA:** Gerda Zschocke (Hrsg.): Zeitreisen 86. (Red.)

Hüfner, Stefan, o. Prof. Univ. Saarbrücken; Königsberger Str. 19, D-66121 Saarbrücken, Tel. (06 81) 81 82 58, Fax 3 02 27 72, huefner@mx.uni-saarland.de (* Löwenberg 2. 7. 35). Dr. h.c. U.Fribourg, Dr. h.c. FU Berlin; Rom., Erz. – **V:** Der Physiker und sein Experiment 88; Zwischen Physik und Politik. Briefwechsel in e. unruhigen Zeit Nov. 1989 – Mai 1991, 93; Nur ein Störfall ..., R. 90; Deutsch als Wissenschaftssprache im 20. Jahrhundert 00; Die Frauen des Physikers, R. 01; Der Tote von Dresden, R. 04; Artikel Eins, R. 06. – **MA:** Bildung. Ziele – Wege – Probleme 04. (Red.)

Hügli, Carola (geb. Carola Sandvoss), Autorin, Verlagstätigkeit; Adlerstr. 8, D-63322 Rödermark, Tel. (0 60 74) 79 78, mc.huegli@t-online.de, sonnenstreif.de (* Burgdorf, Kr. Wolfenbüttel 7. 10. 37). Lyr., Erz. – **V:** Herzlichst, Gedanken, G. u. Bilder 88 (3 Aufl.); Blattgeflüster 93; Die kleine Mistel, Parabel 99, 2. Aufl. 00;

Hügli

Am Sonnenstreif, G. u. Aphor. 02. – **MA:** Nationalbibliothek d. dt.sprachigen Gedichtes, Bde 1–3, 5–7;
Frankfurter Bibliothek, Bde 1–4; Neue Literatur. Erzn.
u. Gedichte 97–99; Edition L 03, 04. (Red.)

Hügli, Martina, lic.phil.; c/o axel dielmann verl.,
Frankfurt/M. (* Olten 9. 3. 69). Werkbeitr. d. Kt. Ba-
sel-Stadt u. d. Stift. Pro Helvetia 96, Aufenthaltsstip.
d. Berliner Senats 97, Werkjahr d. Kt. Solothurn 98,
Werkbeitr. d. Kt. Basel-Stadt u. Basel-Landschaft 99;
Lyr. Ue: russ, engl. – **V:** Nicht gegen uns selbst immun
98; am ohrenäquator 00. – **MA:** 45 Gedichte 96; Über
Erwarten 98. (Red.)

Hühn-Keller, Gabriella (Gaby Hühn-Keller, Gabriella Hühn, Ps. Gabriella Welladits), Freizeitpäd.,
VHS-Doz.; Ernst-Mezger-Str. 24, D-86316 Friedberg/
Bay., Tel. u. Fax (08 21) 60 19 21 (* Rábafüzes/Ungarn
5. 5. 42). IGdA, Kg. Landsberg-Lech-Ammersee; Lyr.,
Text, Malerei. – **V:** Schlangengebet, Lyr. 72; Zeit-
brücken, Lyr. 79; Koch- und Lesebuch 83; Sensible Wesen, G. u. Bilder 91; Dies zur Erinnerung ..., Verse 94. –
MA: G. u. Texte in zahlr. Anth. – **MH:** Lyrikkalender
2000–2006; sowie weitere Anth.

Hühnermann, Eike s. Mattheus, Bernd

Hülle, Dieter E. (Ps. Christoph Martin Hauff), Dipl.-
Bibl., Kulturamtsleiter i. R.; Lange Str. 5, D-71063 Sin-
delfingen, Tel. (0 70 31) 87 96 83 (* Halle/S. 25. 12. 34).
Theaterst., Opernlibr. – **V:** Die listigen Weiber vor
Sindlingen, Bst. n. Shakespeare 90; Zom Guggugg,
Mda.-Bst. 99; Der Sindelfinger Zwerg Nase, Kinder-
theater n. W. Hauff 02; – Texte zu musikal. Werken:
Kalif Storch, Kinderoper n. W. Hauff 87; Teilen statt
töten, Oratorium 91; Requiem-Metamorphosen, Text-
Prolog 92; Sindelfinger Christgeburt, Weihnachtsspiel
96; Adelheid, Musical n. Goethe 96. – **H:** Literarische
Leckereien, Anth. 00. (Red.)

Hülse, Erich, StudDir. a. D., Schriftst.; Ginsterweg 5, D-51427 Bergisch Gladbach, Tel. (0 22 04)
6 32 96, *dhuelse@debitel.net* (* Solingen 12. 1. 26).
Rom., Erz. – **V:** Schneeverwehung, Erz. 84; Schach-
figuren, Erzn. 85; Die steinerne Ewigkeit, R. 86; Wo
fahren wir denn hin?, Erzn. 87; Der Rückwanderer, R.
89; Das Denkmal, R. 95. – **MA:** Möglichkeiten des modernen deutschen Romans 62, 79; Erzählen – Erinnern
92. – **H:** Beispiele. Ein literar. Arbeitsb. f. Schulen 71–
76 IV; Ludwig Tieck: Reisegedichte 87. – **MH:** Modelle. Ein literar. Arbeitsb. f. Schulen 68, 80. (Red.)

Hülsebusch, Rolf; An der Schanz 2, D-50735 Köln,
Tel. u. Fax (02 21) 7 60 33 31 (* Köln 8. 5. 27). Rom. –
V: ... und nebenbei war Krieg 88; Hundert Nächte Lö-
segeld, Köln-Krimi 92; Nekropolis Cologne, Köln-Kri-
mi 96 – Krimis f. Jugendliche: Die Spur führt zurück
95; Hundeklau 98; Das Gesicht an der Decke 04; Dicke
Kohle 06; Der Raub der Apollonia 07; Gefährlicher
Verdacht 08.

Hülsen, Hartmut, Dr.; Bei Gerstnershaus 31a, D-
66125 Saarbrücken, Tel. (0 6 8 97) 72 82 43 (* Stuttgart
23. 7. 52). Rom., Erz., Fernsehsp. – **V:** Trümmerjäger,
SF-R. 02. (Red.)

Hülsmann, Dorothea Maria; Hansastr. 6, D-59929
Brilon. – **V:** Worte des Herzens 02. (Red.)

Hülsmann, Harald K. (Ps. Michel Hinnack, Aldo
Carlo, Harry Holly, Saihoku), chem. Verwaltungsangest., Rentner; Eschbachweg 5a, D-40625 Düsseldorf,
Tel. (02 11) 23 72 92 (* Düsseldorf 6. 6. 34). VS NRW
67, EM Gruppe AKIAJI-SHA Japan, Senryu-Zentr.,
Gründer u. Präs. 81, Intern. Autoren-Progressiv Mölle 81, Korr. Mitgl. Intern. Autorenkr. Plesse 81, EM
Jap. Senryu-Ges. 81, Kogge, GZL; Förd.prämie f. Lit.
d. Stadt Düsseldorf 71, Malkasten-Lit.pr. 73, Arb.stip.

d. Ldes NRW 75, Med. studiosis humanitatis 80, Reisestip. d. Kultusmin. NRW (Japan) 81, E.urk. AKIA-
JI-SHA 81, E.urk. d. Jap. Senryu-Ges. 81, Senryu-Pr.
Zur Flussweide 82, Med. 'Unsterbliche Rose' 81, Rei-
sestip. Polen 88, BVK am Bande 89, Silberne PC-Nadel 90; Lyr., Sat., Kurzprosa, Ess. – **V:** Wermutblatt und
Rabenfeder, Lyr., Aphor. 62; Der gute Gott Ambrosius,
Prosa 66; Aus dem Rezeptbuch des Mr. Lionel White,
Lyr., Prosa 68; Lageberichte, Lyr. 70; New Yorker Notizen, Lyr. 75; Fancy, Lyr. 76; Griechische Impressionen, Lyr. 79; Im Rachen der Ruhe, G. a. Sizilien 80;
Reise ins Land der Chrysanthemen u. Computer, Reiseber. 81; In diesen Halbwert-Zeiten, Lyr. u. Aphor. 82;
Als sei nichts dabei ..., Lyr. 82; Der Clown weint für
uns, Lyr. 82; Von Spiegeln umstellt, Senryu 83; Der
Mond färbt unsere Träume, Haiku u. Senryu 83; Lachen aus zugeschnürter Hals 86; Endlich einmal ehrlich gemeint 88; Pfeile wider den Alltag, Sat. 94; Unsere und der Wolken Wege/Droga przez obłoki, Lyr. 94; In
Hinsicht auf Einsicht 95; Beim Wort und wahrgenom-
men, G. 96; Aus den Gedankengängen ins Bild gesetzt
und zur Sprache gebracht & kleine Zugaben 97; Mit
der Laterne des Diogenes, G. 98; Des Morgens Kurz-
weil/Dieses kaum Fassbare, G. 98; Wandel der Worte
00; Wortfallen 00; Memento 01; Bilder erzählen nicht –
sie zeigen 03; Dieses Zählen aus dem Leben 04; Ein
Stift für Heine 06; Dem Tag über die Schulter geschaut
07. – **MV:** Tau im Drahtgeflecht 61; Danach ist alles
wüst und leer 62; Welch Wort in die Kälte gerufen 68;
Dein Leib ist mein Gedicht 70. – **MA:** zahlr. Beitr. in
Lit.zss. u. Anth., u. a.: Catalyst, G. 77 (auch engl.); Pro-
methee, G. 77 (auch frz.); Anth. der deutschen Haiku
78; Anth. der Welt Haiku 1978 79; Lyrik-Kat. BRD 78;
FLAX 81; SF-Story Reader 16 81; Friedensfibel 82; Zuviel Frieden 82; Quasar 3 83; Jugendliteratur 83; Gauke-Jb. 81, 82; Frankfurter Anth. gegenwärtiger dt. Haiku 88; Straßenbilder 89; Lyrik heute 05; Blick aus dem
Fenster 06. – **R:** Mein Sonntag in Düsseldorf, 3 Senryus, Rdfk 82; Kurzgeschn. im WDR, Red. Familie u.
Gesellschaft; Interview m. Lyriklesung b. Radio Olsz-
tyn/Polen. – **P:** Literaturtelefon, CD 02/03. – **MUe:** 48
Haiku von Issa Kobayashi. – *Lit:* Aufbau, New York 74;
Düsseldorf schreibt (44 Autorenportr.) 75; Dok. Düsseldorfer Autoren Nr. 14 76; Sie schreiben zwischen Goch
u. Bonn 76; Jb. f. neue Lit., Lobbi 8 76; G. Roeder in:
Literar. Porträts 91; W. Bortenschlager in: Dt. Lit.gesch.
1992 92; Düsseldorf creativ; Prof. Sakanishi in: Sen-
ryu-Forsch.; ders. in: Mainichi Shimbun; Lex. Senryu-
Autoren, Tokyo; C.H. Kurz in: Von Spiegeln umstellt;
Prof. Sakanishi in Sendung NHK, Japan; js in: Gazeta
Olsztynska; Zbigniew Chojnowski in: Gazeta Olsztynska; e.m. in: Aus den Gedankengängen ins Bild gesetzt
u. zur Sprache gebracht; Ralf Kulschewskij: Vorw. in
„Dem Tag über die Schulter geschaut"

Hülstrunk, Dirk, Schriftst., Performance-Künst-
ler; Alexanderstr. 43, D-60489 Frankfurt/Main, Tel.
(0 69) 76 49 52, *dirkhuelstrunk@yahoo.de, www.
soundslikepoetry.de, www.gruenrekorder.de, www.
myspace.com/dirkhuelstrunk* (* Frankfurt/Main). VS
Hessen, Vorst.mitgl. 92–94 u. 96–06, Kulturnetz Frankfurt e.V., Vorst.mitgl.; Performance, Slam Poetry,
Sound Poetry, Kurzprosa, Lyr., Ess., Radio. Ue: engl,
dt. – **V:** Echt, R. 95; Sitzen Gehen Stehen, Kurzprosa.
97. – **MV:** Das Lied von der Glocke, m. H.J. Lenhart,
Schillerparodie 95. – **MA:** Anth.: Lyrik als Aufgabe
95; Schweigen 96; Slam Poetry 97; Kaltland Beat 99;
Poetry Slam! Was die Mikrophone halten 00; Das Verschwinden der Autoren 01; Visuelle Poesie 02; Sprache
u. Identität 03; Dichterschlacht – schwarz auf weiß 03;
Poetry Slam 03; Poezi bez Granic 04; Himmelhoch-

jauchzend – zu Tode betrübt 04; Poetry Slam Jb. 04; Hess. Lit. im Portr. 06; Soundrawing 07; Kult 07; Slam Poetry. Texte f. d. Unterricht 08; Playing with words 08; – div. Zss. u. MailArt Projekte seit 86. – **MH:** Rind & Schlegel 12/88; Oppossum, Zs. 88; Ölflimmern, Zs. 88. – **F:** ArBeiTe, m. Bernhard Bauser, Kurzf. 05/08. – **R:** Alles ist Schall, Performance u. Gespräch 03; No On, Performance in: Artist Corner 04; Me and the US Poetry Slam, Hfk.-Feat. 05; Ein Zimmer; Da ist der dort, beides Hfk-Beitr. in: Newcomer Werkstatt 05; Arbeite, Hfk.-Beitr. in: Lange Nacht d. Poetry Slam 05; Zitatenwelten für die Dichtung, Hfk.-Beitr. 08. – **P:** Tonkass.: Krasm I & II 90/92; S-Brech-t-äxte & Versbrecher 95; Sounds-Like-Poetry? 97; Videos: Andererseits 98; Sounds Like Poetry? 98; Die Wörter 99; Wer ist Erwin, m. Burkard Kunkel 00; Sprach-CDs: Examples of Sample Poetry 04; Wer ist Erwin? 04; Blitzkrieg/Gemutlichkeit 05; Anth./Sampler auf CD: Gruenrekorder Audioart Compilation 1 04, 2 05; Urban Electronic Poetry 05; Chemtrails 06; Soundrawing 07; Artronic 08; DVD: Ar Bei Te 05. – *Lit:* Hdb. Hess. Autoren 93; Dt. Schriftst.lex. 00ff.; www.autorenhessen.de.

Hülswitt, Tobias; lebt in Berlin, c/o Literaturagentur Graf & Graf, Berlin, *www.tobiashuelswitt.com* (* Hannover 13. 4. 73). OPEN MIKE-Preisträger 98; Martha-Saalfeld-Förd.pr. 98, Aufenthaltsstip. d. Berliner Senats im LCB 01, Förd.pr. z. Kunstpr. d. Ldes Rh.-Pf. 03, Förd.gabe z. Pfalzpr. f. Lit. 04 Villa Aurora-Stip. Los Angeles 07. – **V:** So ist das Leben, Lyrikerz. 97; Saga, R. 00; Ich kann dir eine Wunde schminken, R. 04; Der kleine Herr Mister, R. 06; Bernhard Bonsai geht sich rächen, Kdb. 07. – **MA:** Rheinl.-Pfälz. Jb. f. Lit. 95, 97–99; Heimat. Deutsch-israel.-italst. Lesebuch 97 (auch engl.); Manuskripte 99. – **MH:** EDIT, Lit.zs. 00. (Red.)

Hültner, Robert, gelernter Schriftsetzer, später Regieass., Dramaturg, Regisseur, Filmrestaurator; Ickstattstr. 10, D-80469 München, Tel. (0 89) 2 01 06 34 (* Inzell 4. 6. 50). Dt. Krimipr. 98, GLAUSER 98. – **V:** Bis der Wirt die Rechnung zeigt, Geschn. 82; Walching, Krim.-R. 93; Inspektor Kajetan und die Sache Koslowski, Krim.-Erz. 95; Die Godin, R. 97; Der Hüter der köstliche Dinge, R. 01; Das schlafende Grab, Krim.-R. 04; Inspektor Kajetan und die Betrüger, Krim.-Erz. 04; Fluch der wilden Jahre, Krim.-R. 05; Der Sommer der Gaukler, R. 05; Ende der Ermittlungen 07. – **MV:** Das Gipfeltreffen, Ketten-R. gemeinsam m. 8 Autoren 00. – **R:** Walching, 2-tlg. Hsp. 95. (Red.)

Hümmer, Artur, Rektor; Kilianstr. 2a, D-97493 Bergrheinfeld, Tel. (0 97 21) 9 02 32 (* Geldersheim 21. 10. 21). – **V:** Sou redt mer üm Schweifert rüm 92, 4. Aufl. 98; Dos und sall va früher und heut 96, 2. Aufl. 98, beides Mda.-Reime. (Red.)

Hümmer, Ingo s. Cesaro, Ingo

Hünnebeck, Marcus (Ps. als Kinderbuchautor: Marc Beck); Humboldtstr. 32, D-40789 Monheim am Rhein, Tel. (0 2173) 10 65 12, *MarcusHuennebeck@aol.com, www.marcushuennebeck.de, www.marc-beck.com* (* Bochum 6. 5. 71). Das Syndikat 00; Thriller, Kurzgesch., Kinderb. – **V:** Verräterisches Profil 01; Wenn jede Minute zählt 02; Im Visier des Stalkers 04, alles Thr.; Gefangen im Land der Dinosaurier, Kdb. 07; Verschwörung im Palast des Pharao, Kdb. 07. (Red.)

Hüppi, Hans-Martin, lic. phil., alt Univ.lektor u. Leiter d. Ev. Lehrerseminars; Untermättli 10, CH-8913 Ottenbach, Tel. (0 44) 7 61 23 31, *huppiottenbach@hotmail.com* (* Winterthur 10. 5. 39). – **V:** Ein Türke im Landesmuseum, Musical, UA 90 (auch CD); FictaFac-

ta, Kammeroper, UA 94; Langsam, G. 06; außerdem Schultheaterst. sowie wiss. Publ. zum Spracherwerb in der Schule.

Hürlimann, Thomas; Reckholdern 14, CH-8846 Willerzell, Tel. (0 55) 4 12 70 70 (* Zug 21. 12. 50). aspekte-Lit.pr. 81, Rauriser Lit.pr. 82, Pr. d. Frankfurter Autorenstift. 82, Gastpr. d. Luzerner Lit.pr. 85, Anerkenn.pr. d. Dienemann-Stift. 89, Pr. d. SWF-Lit.-magazins 90, Berliner Lit.pr. 92, Marieluise-Fleißer-Pr. 92, Lit.pr. d. Innerschweiz 92, Mozart-Pr. 93, Weilheimer Lit.pr. 95, Lit.pr. d. Adenauer-Stift. 97, Solothurner Lit.pr. 98, E.gabe d. Stadt Zürich 01, Joseph-Breitbach-Pr. 01, Jean-Paul-Pr. 03, Pr. d. LiteraTour Nord 07, Pr. d. Schweizer. Schillerstift. 07, Stefan-Andres-Pr. 07, Caroline-Schlegel-Pr. d. Stadt Jena 08. – **V:** Grossvater und Halbbruder, Bü. 81; Die Tessinerin, Geschn. 81; Stichtag. Grossvater und Halbbruder, 2 Theaterst. 84; Stichtag, Text u. Bilderb. zur Probenarbeit 85; Der Ball, Erz. 86; Das Gartenhaus, N. 89; Der letzte Gast, Kom. 90; Der Gesandte 91; Innerschweizer Trilogie 91; Die Satellitenstadt, Geschn. 92; Güdelmäntig, Kom. 93; Carleton, Dr. 96; Der Franzos im Ybrig, Kom. 96; Zwischen Fels und See 96; Das Holztheater, Geschn. u. Gedanken 97; Das Lied der Heimat, alle Stücke 98; Der große Garte. R. 98; Windrose, Literat. Übersetzer-Stafette (vierspr.) 98; Das Einsiedler Welttheater 00; Fräulein Stark, N. 01 (auch als Hörb.); Himmelsöhi, hilf! Über die Schweiz u. andere Nester 02; Vierzig Rosen, R. 06; Der Sprung in den Papierkorb. Geschn., Gedanken u. Notizen am Rand 08; – THEATER/UA: Grossvater und Halbbruder 81; Stichtag 84; Der letzte Gast 90; Claus Lymbacher 90; Der Gesandte 91; De Franzos im Ybrig 91; Der Gesandte, Berner Fass. 93; Güdelmäntig 93; Das Franzos in Ötz 94; Dämmerschoppen/Jelzins Koffer od. der Robbenkönig 95; Der Franzos in Ybrig, hochdt. Fass. 96; Carleton 96; Das Geburtstagskind 96; Das Lied der Heimat 98; Das Einsiedler Welttheater 00; Synchron 02; Mein liebstes Krokodil 02, u. a. – **MA:** Theater heute, Jb. 83. – **H:** Meinrad Inglin: Der schwarze Tanner u. a. Erzählungen 85. – **F:** Der Berg, m. Markus Imhof, Drehb. 90. – **R:** Rauriser Dramolette, Hfk-Sdg 95. – *Lit:* Walther Killy (Hrsg.): Literaturlex., Bd 5 90; LDGL 97; Hans-Rüdiger Schwab in: KLG. (Red.)

Hüsgen, Clemens, Sonderschul-Konrektor a. D.; Schwerinstr. 12, D-40477 Düsseldorf, Tel. (02 11) 4 92 09 24. Robert. 108, D-40476 Düsseldorf (* Moers 8. 4. 32). Kurzprosa, Ess., Lyr. – **V:** Ein Herr namens Quichotte 01. – **MH:** Kontraste. Zeitgenössische Lyrik & Kurzprosa, m. G. Moldenhauer 97. (Red.)

Huesmann, Britta s. Altherr, Britta

Hüsmert, Ernst, Dipl.-Ing., Betriebsleiter, Beratender Ing. d. Fa. Krupp-Essen; Bergstr. 47, D-58849 Herscheid, Tel. (0 23 57) 21 39, Fax 48 81 (* Plettenberg 12. 4. 28). Lyr. – **V:** Zwischen Mond und Stern, ausgew. G. 98. – **H:** Carl Schmitt: Jugendbriefe. Briefschaften an seine Schwester Auguste 1905–1913 00. – **MH:** Schmittiana I u. VI 88 u. 98, m. Piet Tommissen. (Red.)

Hüther, Julius E.; Sustrisstr. 16, D-80639 München, Tel. u. Fax (0 89) 17 26 33, *huetherart@surfeu.de* (* München 25. 8. 54). Lyr., Ess. – **V:** Was den Menschen bewegt 84; Momente – Wie ein Wimpernschlag vom Leben 88; Das Knistern flüchtiger Berührungen 89; Flußspur durch Gedankenwüsten tief ins Herz 90; Herz ist nicht gleich Austernschlürfen 91; Zeitlupentempo 92; Smartes Würzwerk 99, alles Lyr.

Hüting, Angelika, freie Übers. u. Autorin; lebt in München c/o Emons Verl., Köln (* Altötting 62). – **V:** Tödliche Heimkehr 07; Fischblut 09, beides Krimis. (Red.)

Hütt

Hütt, Wolfgang, Dr. phil., Kunsthistoriker (* Barmen 18. 8. 25). Assoc. intern. des critiques d'art; Excellence Fédération intern. de l'art photographique 61, Händel-Pr. 86; Kunstb., Kinderb., Autobiogr. – **V:** Heimfahrt in die Gegenwart. Ein Bericht 82; Heimfahrt. Erinnerung an Kindheit u. Jugendzeit in Wuppertal 97; Schattenlicht, Autobiogr. 99; zahlr. kunsthist. Veröff. u. Monographien seit 55. – **MA:** Bildende Kunst, Berlin 56–89; Fotografie, Halle (S.) 59–64. – **H:** Ergötzliche Briefe des Dessauer Malers Carl Marx 02. – *Lit:* Börsenbl. f. d. Dt. Buchhandel Nr.44/143. Jg.; Schriftsteller d. DDR 74; Für Kinder geschrieben. Autoren d. DDR 79; DLL, Bd VIII 81; Ulrike Krenzlin in: Bildende Kunst, H.8 85; dies. (Hrsg.): Lebenswelt u. Kunsterfahrung, Festschr. z. 65. Geb. 90; Spektrum d. Geistes 95; Wer ist wer? 01/02ff.; s. auch SK. (Red.)

Hütte, Jonas s. Kudis, Frieder R. I.

Hüttenegger, Bernhard, Freier Schriftst.; Lacknergasse 40/23, A-1170 Wien, Tel. (01) 4 81 36 86 (* Rottenmann/Stmk 27. 8. 48). Lit.förd.pr. d. Stadt Graz 75, Theodor-Körner-Förd.pr. 79 u. 91, Lit.pr. d. Ldes Stmk 80, Lit.förd.pr. d. Ldes Kärnten 84; Erz., Ess., Rom., Hörsp. – **V:** Beobachtungen eines Blindläufers, Prosa 75; Die sibirische Freundlichkeit, Erz. 77; Reise über das Eis, R. 79; Ein Tag ohne Geschichte, Erzn. 80; Verfolgung der Traumräuber, Geschn. 80; Die sanften Wölfe, R. 82; Der Glaskäfig, Erz. 85; Wie man nicht berühmt wird, Geschn. 90; Die Tarnfarbe, R. 91; Felix, der Floh, Fb. 93; Der Hundefriedhof von Paris, Erzn. 94; Die Unschuld am Morgen, Erzn. 00; Abendland, R. 01; Wer seinen Sohn liebt, Erz. 03; Die Insel aller Inseln, Erz. 04; Weg von allem, Erz. 06; Rockall, R. 06; Quasi una fantasia, G. u. Hsp. 06; Buch des Schweigens 07; Alphabet der Einsamkeit. Notizb. 73–06 08. – **R:** Schöne Stille 78; Atlantis 83; Quasi una fantasia 91; Anatomie der Engel 94, alles Hsp.

Hüttner, Doralies (Ps. Lisa Dorn), Dr. phil., Red.; Heinrich-Boschen-Str. 11, D-25421 Pinneberg, Tel. (0 41 01) 2 85 91 (* Freystadt/NdSchles. 8. 4. 23). Rom., Kinderb. – **V:** Schwester Regine, R. 65; Ich trage es allein, R. 66; Los, Jürgen, spring! 71, 94; Komm, ich zeig dir die Sonne 77, 97; Die linke Pinke 88, alles Kdb.; Der falsche Freund, R. 91, 94; Zweimal Fanny, Kdb. 03. – **MA:** Herzklopfen; Der Sandmann packt aus 82; Das Rowohlt rotfuchs Lesebuch 83; Ein völlig klarer Fall 84; Das Krokodil am Marterpfahl 86.

Hüttner, Hannes, Dipl.-Journalist, Dipl.-Ökonom, Dr. sc. phil., Fachsoziologe f. Med.; Rügenwalder Weg 25, D-12621 Berlin, Tel. (0 30) 5 62 70 15, Fax 56 49 84 10, berlin@hanneshuettner.de (* Zwickau 20. 6. 32). SV-DDR 64, Friedrich-Bödecker-Kr.; Heinrich-Greif-Pr. I. Kl. 71, 78, Alex-Wedding-Pr. 82; Märchen, Bilderb., Kinderb., Film. – **V:** Nachtalarm 61, 62; Fracht für Alexandria 63; Taps und Tine 63, 75; Troddel, Taps und Tine 65; Kleiner Bruder Staunemann 66; Singe, Vöglein, singe 66, 80; Taps und Tine im Garten 67; Das Huhn Emma ist verschwunden 67, 87; Die Leute mit den runden Hüten, 68; Das Mitternachtsgespenst, M. 68, 99; Rolle, rolle Rad 69; Bei der Feuerwehr wird der Kaffee kalt 69, 94, 01, 03, 05; Was ich alles kann 70; Pommelpütz 71; Das Blaue vom Himmel 75, 81; Beowulf 75, 81; Das goldene Buch der Tiere 75; Alpha bläst Trompete 76, 78; Saure Gurken für Kaminke 76, 87; Familie Siebenzahl zieht um 77, 88; Eine Uhr steht vor der Tür 78, 80; Herakles 79, 3. Aufl. 90; Der Schatz 80, 89; Meine Mutter, das Huhn 81, 4. Aufl. 04; Das Lachen, M. 82, 85; Wir entdecken einen Stern 82, 87; Grüne Tropfen für den Täter, Krim.-Erz. 83, 85; Kommt ein Mädchen geflogen 87; Trieselwisch ruft an 87; Die Joram-Kinder 89; Vier Geschichten von Taps

und Tine 90; Kater Willi 93, 98; Kater Willi hebt ab 94, 00; Die U-Bahn-Mäuse 94; Herr Fischer und seine Frauen 01; Benjamin Blümchen, 12 Titel 01; Unser Sandmännchen, 6 Titel 03. – **MV:** Der Fasan Johann, m. Erdmut Oelschlaegel 88. – **MA:** Die Zaubertruhe 69; Der Märchensputnik 72; Die Räuber gehen baden 77; Der grüne Kachelofen 78; Mir scheint der Kerl lasiert 78; Kinder unterm Regenbogen 79; Kinder 79; Das achte Geißlein 80, 86; Ich leb so gern 82; Regnbågsbarnen 82; Brunnen der Vergangenheit 86; Vor Witwen wird gewarnt 00; – regelm. Feuill. in 'Wirtschaft & Markt', Monatszs., seit 94. – **F:** Dr. med. Sommer II 70; Es ist eine alte Geschichte 72; Die Flucht 78. – **R:** Der Rabaukenzug, Hsp. 64. – *Lit:* Beitr. z. Kinder- u. Jgdlit.; Lex. d. Kinder- u. Jgdlit.; Umweltfreunde 4, Lehrb. Sachunterr. 05. (Red.)

Hug, Ernst-Walter (Ps. R. Hugh, CAT Schroedinger), Journalist, selbst. Kaufmann, Internet-Red.; PF 100508, D-74505 Schwäbisch Hall, Tel. (0791) 7 12 62, Fax 8 49 57, productmedia@hall1.de, www.hall-one.de, www.hucverlin.de (* Heidenheim a.d. Brenz 15. 11. 52). Hfkpr. d. Ldesanstalt f. Kommunik. Bad.-Württ. 90, 92; Rom., Kurzgesch., Film, Hörsp., Erz., Lyr., Journalist. Arbeit. – **V:** Träume von Träumen, R. 76; Zuflucht, Short-Stories 77; Anic, R. 79; Bushveldt's Kaninchen, Short-Stories 85; Kleine Expedition ins Teeparadies, Sachb. 90. – **B:** 976–1976, tausend Jahre Sulzdorf 75. – **MA:** Unterholzliteratur, Lyr. u. kleine Prosa 81; Tanzende, brennende Fakten, Lyr. u. Prosa 84; Kleiner Genosse Sin Tian, in: Flugasche, Zs. 86; Willkommen, Zs. d. Goethe-Inst. München 05. – **F:** Kain Mensch – oder die Gewalt die kainer mehr sieht. Halbdokumentar. Abhdl. üb. alltägl. Gewalt, bzw. Gewalt im Alltag, Video. – **R:** üb. 250 Folgen „Hohenloher Schnipsel" f. Radio Regional Heilbronn 90–94. – **P:** 55 Folgen „Hohenloher Schnipsel" in: hohenlohelive.com, Online-Mag. 02–03. (Red.)

Hugel, Renate, Lehrerin, heute freie Mitarb. d. freien künstlerische Bremen, Malerin, Literatin; An Smidts Park 48, D-28719 Bremen, Tel. u. Fax (04 21) 64 14 48 (* München 12. 2. 44). Lyr. – **V:** Burnout – Malereien aus der Mitte 94; Der Kuß des stummen Fisches 98 alles Kunstlerb.); Ein leises Geschehen – weitab vom Lärm der Welt 99, alles Lyr. – **MV:** Ein Karton ist keine in sich abgeschlossene Welt, m. Heinz Hugel 02. – **MA:** Ly-La-Lyrik, Anth. 95, 97, 98, 99; Ein Übermaß von Welt 98; Zeitaufnahme 99. (Red.)

Hugh, R. s. Hug, Ernst-Walter

Hughes, Sandra; Rebgässli 11, CH-4123 Allschwil, Tel. (0 61) 2 72 40 86, sandra.hughes@bluewin.ch (* Luzern 66). Rom. – **V:** Lee Gustavo 06.

Huhn, Klaus (Ps. Bernd Grimm, Knut Holm, Frank Kronau, Rolf Lohner, Ullrich Mang, Heinz Munz, Michael Pankow, Klaus Ullrich), Dr., Verlagsleiter; Hanns-Eisler-Str. 2, D-10409 Berlin, Tel. (0 30) 44 35 92 06, info@spotless-verlag.de, www.spotless-verlag.de (* Berlin 24. 2. 28). VS. – **V:** Wenn Kanus brennen, Tatsachenerz. 80; Murphys letzter Kampf 83; Die Spur der blauen Schafe 84; Das Riff der Kariben 86; Zwischen den Linien 87; Inspektor Badonel 87; Jason Crams gefährliche Rolle 89; Inspektor Peltier wird von der Vergangenheit eingeholt 92; Mord am Strand 94; Der lange Weg der Katze Adele 96; Mit blauem Paß in die Kälte 96; Schüsse in Marzahn 96; Eröffnung eines Testaments 01; Mein drittes Leben, Autobiogr. 07; zahlr. Sachbücher. – *Lit:* s. auch SK. (Red.)

Huizing, Klaas, Prof. Dr. Dr.; Sonnenweg 24, D-82335 Berg, Starnb. See, Tel. (0 81 51) 5 04 08, Fax 9 55 30 (* Nordhorn 14. 10. 58). P.E.N.-Zentr. Dtld;

Förd.pr. d. Freistaates Bayern 94; Rom., Ess. – **V:** Tagebuch des Kunststudenten K 80; Oberreit oder: Der Gesichtsleser, R. 92; Der Buchtrinker, R., 1.–3. Aufl. 94 (in mehrere Spr. übers.); Paradise. Die Roman-Illustrierte 96; Das Ding an sich, R. 98 (auch ital.); Auf Dienstreise, R. 00; Das Buch Ruth, R. 00; Ästhetische Theologie. Bd 1: Der erlesene Mensch 00, Bd 2: Der inszenierte Mensch 02; Der letzte Dandy, R. 03; Frau Jette Herz, R. 05. (Red.)

Hula, Saskia, Grundschullehrerin; *saskiahula@web.de, www.saskia-hula.at* (* Wien 3. 10. 66). autorenforum montsegur 08. – **V:** Romeo und Juliane 04; Tausend Sterne über mir 05; Das Bibel-Puzzle-Buch 05; Romeo soll Vater werden 05; Basti bleibt am Ball 05; Romeo macht, was er will 05; Auf dem Weg nach Bethlehem 05; Donnerstag ist Drachentag 06; Oma kann sich nicht erinnern 06; Besuch bei Marie 06; Mamas Liste 06; Vossi vergisst sich 06; Komm, wir gehen nach Bethlehem 06; Der Lesemuffel 07; Marie macht Urlaub 07; Lausige Zeiten für Paula 07; Windig und Wolkenbruch 07; Meine schönsten Bibelgeschichten 07; Wo ist denn der Nikolaus? 07; Lola und die Buchstabentage 08; Hermann hört Stimmen 08; Der Löwe auf dem roten Sofa 08; Eine Maus kommt groß raus 08; Der Mathemuffel 09; Komme gleich! 09. – **MA:** Meine schönsten Engelsgeschichten 04. – **H:** Meine schönsten Geschichten von Gott 06.

Hulpe, Marius, Student d. Studiengangs Kreatives Schreiben u. Kulturjournalismus in Hildesheim; lebt in Hildesheim, *marius.hulpe@gmx.de* (* Soest 6. 7. 82). Lit.pr. Migration in Bonner Haus d. Gesch. 05, Acheron-Lyr.pr. 06, Werkstatt-Stip. d. LCB 07, Aufenthaltsstip. d. Berliner Senats im LCB 08, Stip. Künstlerdorf Schöppingen 08, Arb.stip. d. Ldes Nds. 08, Förd.pr. d. Ldes NRW 08. – **V:** Wiederbelebung der Lämmer, Lyr. 08. – **MA:** Lyr., Ess. u. Prosa in zahlr. Lit.-Zss. u. Anth, u. a. in: Lyrik von Jetzt 2 08; Hermetisch offen 08; Am Erker 48–53/08 (auch Mitarb.); BELLA triste 21 u. 22/08; Entwürfe; interdenzenzen; Belletristik Berlin; Poet; Krautgarten; – regelm. Veröff. v. kulturjournalist. Beitr. in Wochenztgn u. Mag. – **H:** Landpartie 08, Anth. 08; Privataufnahme, Lyr.-Anth. 08, u. a. – *Lit:* Walter Hinck in: FAZ; Tobias Lehmkuhl in: SZ; A. Vitolic in: BücherPick; H. Bajohr in: Goldmagazin; C. Hoeck in: UDRS-Scala; M. Bosch in: ekz-Informationsdienst.

Hultenreich, Jürgen K. (Ps. Dietrich Zwanziger), Bibliothekar, freier Schriftst.; Samoastr. 7, D-13353 Berlin, Tel. u. Fax (030) 4 56 64 73 (* Erfurt 24. 10. 48). Autorenkr. d. Bdesrep. Dtld; Arb.stip. f. Berliner Schriftst. 86, Marburger Lit.pr. (Förd.pr.) 90, Stip. Kunstver. Röderhof 02; Kurzgesch., Drama, Hörsp., Lyr., Rom., Erz. – **V:** Langsam rückwärts ins eine kräftige Gangart, G. 85; Mein Erfurt, poet. Reiseführer 94; Mittenmang – Eindrücke aus d. Berliner Bez. Mitte u. Prenzlauer Berg 95; Die 748-Schritte-Reise, R. 96; Die Entfernung der Nähe, Kurzgeschn. 97; Zerbrochene Krüge, Erzn. 98; Kopfstand, Aphor. 98; Anfang. Ende. Anfang, Miniatn. 98; Ich heb ein Bein und bin auf einmal Hund, Lyr. 99; Oberochsen, Rep. 99; Die Schillergruft, R. 01; Einschüsse, Aphor. 03; Der Rest, Lyr. 04; Im Koffer nur Steine, Erzn. 04; Westausgang. 64 Stories 05; Fiel Schnee schon auf mich?, Lyr. 06. – **MV:** Zeitsprünge – Frankenthal 425, m. H.-A Klimek 02; Argonauten, m. Hasan Özdemir, Erzn. 04. – **MA:** zahlr. Beitr. in Lyr.-Anth., lit. Kal. u. Lit.-Zss. seit 83, u. a. in: Sprache im techn. Zeitalter; Gegengift, Zss. f. Politik u. Kultur 96ff.; Ästhetik u. Kommunikation; ndl; ARI-ES (Istanbul); Häuptling Eigener Herd, Anth., 30 u. 31 07, 34 08; „Kopfgefäße", Ausst.kat. Museum f. Vor- u. Frühgesch., Berlin 07. – **R:** Seiner inneren Landschaft

eine äußere suchen, Rdfk-Ess. 95. – *Lit:* Ulrich Schacht: Gewissen ist Macht, Ess. 92; Stan Jones in: Dtld Archiv 5/96; ders. in: Dtld Archiv 2/02.

Hultsch, Günther, Ing.; Am Stichgartl 1, D-85764 Oberschleißheim, Tel. u. Fax (089) 3 15 33 09 (* Zuckelhausen b. Leipzig 5. 1. 23). Kulturpr. d. Gemeinde Oberschleißheim 04. – **V:** Rädervieh und Butterrübe, skurrile G. 96; Die Stachelkugel und das güldene Knöpfchen, SF-Story 99; Das Tagebuch des Ewald Kröbig K.G., Erz. 03; zahlr. Fachveröff. – **MA:** Das Gedicht lebt, Anth., Bd 2 01; Freude und Dankbarkeit, Anth. 03; Wetter-Kapriolen, Anth. 07.

Hultzsch, Hartmut, Dr.; Maiwiese 2, D-55765 Birkenfeld, Tel. (06782) 98 17 98, Fax 98 17 99, *Hubir@t-online.de* (* Oldenburg/i.O. 11. 9. 32). – **V:** Ein Kleinstadtleben 06. – **H:** Hans Hultzsch: Soldatengeist, Erz. 05.

Humbach, Markus, Dipl.-Designer, Kinderbuchautor, Illustrator; Meppener Str. 1, D-49078 Osnabrück, Tel. (0541) 43 43 95, *Markus.Humbach@t-online.de* (* Münster 2. 5. 69). Kinderb. – **V:** Bruno Stachelbär 97; Bruno Stachelbär und die stolze Rosi 99; Felix und die wilden Tiere 99; 1,2,3 ... Geburtstagszauberei, Gesch. 99; Felix und der Räuber Findnix 01; Der kleine Bär lernt lesen 01; Konrad Krokodil auf Abenteuerreise 01. (Red.)

Huml, Gaby (geb. Gabriele Muth); Versbacher Röthe 129, D-97078 Würzburg, Tel. (0931) 2 52 45, dienstl.: 3 05 08 12 (* Würzburg 24. 2. 58). Erz., Rom., Ged. – **V:** Wo bist du mein Leben, Erzn. 06.

Hummel, Eleonora, Fremdspr.sekretärin; Wiener Str. 115, D-01219 Dresden, Tel. (0351) 4 70 27 62, *info@eleonora-hummel.de, www.eleonora-hummel.de* (* Zelinograd 31. 12. 70). Stip. d. Klagenfurter Lit.kurses 01, Russlanddt. Kulturpr. d. Ldes Bad.-Württ. f. Lit. (Förd.pr.) 02, Stip. Künstlerdorf Schöppingen 03, Stip. d. Kulturstift. Sachsen 05, Adelbert-v.-Chamisso-Pr. (Förd.pr.) 06; Rom., Erz. – **V:** Die Fische von Berlin, R. 05. – **MA:** Beitr. in Lit.zss. seit 00, u. a.: Am Erker; Signum. (Red.)

Hummel, Hedi (Hedwig Luise Hummel), M. A., Red. b. ZDF; Gneisenaustr. 10, D-65195 Wiesbaden, Tel. (0611) 40 05 14, (0170) 1 23 97 08, *hedi.hummel@freenet.de* (* Rüsselsheim 1. 2. 57). Rom., Erz. – **V:** Pluto über Berlin, R. 04, 05; Nachsaison in Duhnen, R., 1.u.2. Aufl. 08. – **MA:** Seitensprünge, Erzn. u. G. 00.

Hummel, Katrin, Red.; c/o FAZ, Ressort FAZ.NET, Hellerhofstr. 2–4, D-60267 Frankfurt/M., Tel. (069) 75 91–0 (* Ulm 18. 5. 68). Rom. – **V:** Hausmann gesucht 03, Tb. 05 (auch als Sonderausg.); Anrufer unbekannt, 1.–3. Aufl. 05, Sonderausg. 06; Herz zu verschenken 08.

Hummel, Reinhard, Dr. phil.; Tile-Wardenberg-Str. 3, D-10555 Berlin, *Reinhard.Hummel@freenet.de* (* 28. 11. 42). Hsp. d. Monats 81, Alfred-Döblin-Stip. 95. – **V:** Die Volksstücke Ödon von Horvaths 70. – **R:** Hörspiele: Schallmauer (RIAS Berlin) 69; Liebesdivision (Radio Bremen) 70; Arbeitsfrieden (RIAS Berlin) 74; Das Haus, in dem ich wohne (Radio Bremen) 76; Das Wasser war viel zu tief (Radio Bremen/SWF) 78; Was du willst (Radio Bremen/RIAS Berlin) 81; Kurze Unterbrechung (BR) 85; Worte gegen den Stein (Radio Bremen) 87; Wendeschicksal (Radio Bremen) 91.

Hummelt, Norbert, freier Schriftst. u. Publizist; Greifswalder Str. 197, D-10405 Berlin, Tel. (030) 32 53 38 70, *hummelt@online.de* (* Neuss 30. 12. 62). P.E.N.-Zentr. Dtld 98; Förd.pr. d. Ldes NRW 95, Rolf-Dieter-Brinkmann-Stip. d. Stadt Köln 96, Autorenförd. d. Stift. Nds. 97, Stip. d. Dt. Lit.fonds 98, 03, 06, Mond-

Hundegger

seer Lyr.pr. 98, Förd.stip. d. Hermann-Lenz-Stift. 00, New-York-Stip. d. Dt. Lit.fonds 02, Förd.pr. z. Georg-K.-Glaser-Pr. 03, Fellowship d. Raketenstation Hombroich 05, Ndrhein. Lit.pr. d. Stadt Krefeld 07; Lyr., Ess., Übers., Erz., Feat. Ue: engl. – **V:** knackige codes 93; singtrieb 97; Zeichen im Schnee 01; Stille Quellen 04; Totentanz 07, alles G. – **MV:** maisprühdose/geknautschte zone, m. Ingo Jacobs, G. 91. – **MA:** Gertrude Stein: Spinnwebzeit, darin Übers. v. 4 G. 93; – zahlr. Beitr. in Lit.zss. seit 88, u. a. in: manuskripte; Schreibheft; Zwischen den Zeilen; text + kritik; die horen; Sinn u. Form; Castrum Peregrini; Wespennest. – **H:** weiter im text. 10 Jahre Kölner Autorenwerkstatt 1980–1990 91; W.B. Yeats: Die Gedichte 05; Quellenkunde 06; Th. Kling: Schädelmagie, G. 08. – **MH:** Ed. Kölner Texte Bd 1–5, m. Ekkehard Skoruppa 93–96; Jb. d. Lyrik 2006, m. Christoph Buchwald 05. – **R:** Hsp.–Übers., u. a.: Jeremiah F. Healy: Bei vollem Bewußtsein 92; Ronnie Smith: Alte Liebe rostet nicht 94; ders.: Gier nach Gold 95; Julie-Ann Ford: Little Johnny 96; Features, u. a.: Wenn ich heut nicht deinen leib berühre 03; Lyrik aus Leipzig 03; Der Weißdorn vor dem Rosenhaus 04; Stimme in der Wüste 04; Der träumerische Mann der Tat 05; Allein den Betern kann es noch gelingen 06; Dann versteh' ich den Marmor erst recht 07; Hör ich das Mühlrad gehen 07; Droben unterm Dach willst du allein sein 08; Quellenkunde 08. – **P:** Ohratorium, m. M. Beyer, Tonkass. 87; Das Abenteuer Sprechfolter, m. Marcel Beyer, Video 90; „laut": Hummelt spricht u. Clöser spielt, CD 97. – **Ue:** Inger Christensen: Das Schmetterlingstal, Lyr. 99; W.B. Yeats: Die Gedichte 05; T.S. Eliot: Four Quartets, Lyr. 06; W. Wordsworth: Tintern Abbey 06; T.S. Eliot: Das öde Land, Lyr. 08. – *Lit:* Faustschnauze, Fsf. 91; Klaus Siblewski in: manuskripte Nr.143 99.

Hundegger, Barbara, Korrektorin, Lektorin, Red.; Anzengruberstr. 6, A-6020 Innsbruck, Tel. (05 12) 39 41 69, *bahu@i-one.at* (* Hall/Tirol 28. 5. 63). GAV, x-tra Künstlerinnen Kooperative Innsbruck; Pr. d. Ldeshauptstadt Innsbruck f. Lyr. 96 u. 02, Finalteilnahme b. Christine-Lavant-Lyrikpr. Wolfsberg/Kärnten 97, Öst. Staatsstip. f. Lit. 97/98 u. 00/01, Lit.pr. Floriana (3. Pr.) 98, Reinhard-Priessnitz-Pr. 99, Öst. Projektstip. f. Lit. 02/03, Christine-Lavant-Lyr.pr. 03; Lyr., Dramatik, Hörsp. – **V:** und in den schwestern schlafen vergessene dinge, Lyr. 98; desto leichter die mädchen und alles andre als das, Lyr. 02; kein schluss bleibt auf der andern, Theatertext 04; rom sehen und, Lyr. 06. – **MA:** Die Sprache des Widerstandes, Anth. 00; Sprachkurs. Beispiele neuerer österr. Wortartistik 1978–2000, 01; mehrere Beitr. in Lit.zss., u. a. in: Kolik; Salz; Stint; Eva & Co. (Red.)

Hunder, Steffen, Pfarrer; Tiegelstr. 19, D-45141 Essen, Tel. u. Fax (02 01) 31 32 19, *wessling-hunder@cnweb.de* (* Waldheim/Sachsen 16. 2. 57). Das Syndikat 06; Rom., Lyr., Theologischer Fachtext, Meditation. – **V:** Das Ritual des 11. Gebotes 99. – **MA:** Bruderzwist und Männerfreundschaft, Kurzgesch. 93; Der Pott kocht, Anth. 00; Halt uns bei festem Glauben, Andachten 00–02; Viel zu wenig Zeit, Lyr. 01; Pastoralblätter 02. (Red.)

Hundgeburt, Barbara (bis 1988 Barbara Bock-Grabow, ab 1988 Barbara Hundgeburt-Grabow); Heerstr. 13, D-54579 Üxheim, Tel. u. Fax (0 26 96) 12 32, *hundgeburt.barbara@online.de* (* Prag 5. 4. 43). FDA 87, VG Wort 07; Finalistin Koblenzer Lit.pr. 06, W.A. Windecker-Lyr.pr. 07; Lyr., Erz. – **V:** Spiegelbilder 85; Lichtspuren 89, beides Lyr. u. Erzn.; Tagebuch eines Augenblicks, Erz. 07. – **MA:** Bagatelle, Mag. d. Men-

sa in Dtld, seit 85; Der Literat, seit 98; sowie Beitr. in zahlr. Anth. seit 89.

Hunger, Roland *

Hungerbühler, Eberhard s. Huby, Felix

Hungerbühler, Tatjana s. Buchinger, Wolf

Hunold, Claus; c/o Plöttner Verl., Leipzig (* 40). Ue: chin. – **V:** Der Donring-See, N. 05; Die Lilie, G. 05; Auf dem Flügel Chinas, Erzn. u. G. 05; Das Haus am See 06. – **H:** Ich liebe sie – meine Stadt 05. – **Ue:** Wang Liping: Die Tauen, M. u. G. dt.-chin. 06. (Red.)

Hunold, Maximiliane (geb. Anna Maximiliane Braunschmidt); Hintergasse 2, CH-8640 Rapperswil, Tel. (0 55) 2 11 08 53 (* München 8. 10. 36). Lyr. – **V:** Kathedralglas 00. – *Lit:* Who's Who in the World 74/75. (Red.)

Hunt, Frederick s. Kuhner, Herbert

Hunt, Irmgard E. (auch Irmgard Elsner Hunt, Irmgard Elsner, Ingeborg Jäger), Dr. phil., Prof.; c/o Dept. of Foreign Languages and Literatures, Colorado State University, Fort Collins, CO 80523/USA, *ihunt@lamar.colostate.edu* (* Hirschberg/NS 20. 7. 44). Philological Assoc. of the Pacific Coast, Rocky Mountain Modern Lang. Assoc., Soc. for Contemp. American Lit. in German (SCALG), Präs., P.E.N.-Zentr. dt.spr. Autoren im Ausland; Elisabeth Fraser De Bussy Prosa-Pr. 97; Lyr., Prosa, Ess., Übers. Ue: engl, frz. – **V:** Schwebeworte, Lyr. 81; Mütter und Muttermythos in Günter Grass' Roman „Der Butt" 83; Krieg und Frieden in der deutschen Literatur 85; Abbau des Muttermythos. Zum Prosawerk v. Elisabeth Alexander 87; Pazifische Elegie 88; Hier, auf der Erde, Geschn. 91; Urs Jaeggi, Werkbiogr. 93; Out of My Element, G. u. Prosa 05. – **MA:** Lyr., Ess., Prosa u. Art. in Anth., u. a.: Abstellgleise 87; Unsere Kinder, unsere Träume 87; Dimension 94; B. Cronin/C. Leahy (Hrsg.): Ingeborg Bachmann 06; zahlr. Beitr. in Lit.zss. seit 85, u. a.: Dimension; Dim 2; Schatzkammer; Litfaß; Monatshefte; Literaturexpress; Translit; The Brecht Yearbook; The Goethe Yearbook; The Nation; World Lit. Today. – **H:** Dimension 16/2 87; Paul Gurk: Gedichte 1939–1945 87; Litfaß 47/89; Trans-Lit2, Lit.zs., seit 06. – **MH:** German 20th Century Poetry, m. Reinhold Grimm, Anth. (auch Mitarb. u. Übers./Mitübers.) 01. – **Ue:** Günter Grass: Cat and Mouse + Other Writings 94. (Red.)

Hunter, Brigitte, Hausfrau; 4625 Lenox Avenue, Jacksonville, FL 32205/USA, Tel. (9 04) 3 84–30 20 (* Nordhausen/Harz 30. 11. 29). Rom. – **V:** Kitty, R. 81. (Red.)

Hunter, Jeff s. Schanovsky, Hugo

Huonder, Silvio; c/o MENGAMEDIA, Neue Scheune 25, D-14548 Schwielowsee, OT Ferch, *silvio.huonder@t-online.de*, *www.silviohuonder.de* (* Chur 6. 10. 54). Gruppe Olten, A&S 03; Pr. d. Schweizer. Schillerstift. 98, Stip. d. Stift. Kulturfonds 02, MDR-Lit.pr. 05; Prosa, Theater, Hörsp., Film. – **V:** Von Silber bis Ruß schillert der Regenbogen bei Vollmond, Erzn., G. 82; Adalina, R. 97, 99; Übungsheft der Liebe, R. 98, Tb. 00; Valentinsnacht, R. 06; Wieder ein Jahr, abseits am See, Erzn. 08; – THEATER/UA: Die Holzfresser 88; Vincent 91; Feuerlilli 93; Schneller Wohnen 96; Kino – Das Leben ein Film 05. – **MA:** Abends um acht, Anth. 98; NETZ-Lesebuch, Erzn. 98. – **F:** Frau im Schatten 97; berlintaxi 00. – **R:** Hsp.: Feuerlilli 95; Monsieur + Leontine 96; Kino – Das Leben im Film 05. (Red.)

Hupach, Sascha, Chemielaborant; Sterkenkamp 53, D-58640 Iserlohn, Tel. (0 23 71) 6 02 08 (* Iserlohn 26. 9. 73). Rom., Erz., Dramatik, Hörsp. – **V:** Die Lehren des Pogulos / Zwischen den Ufern, Erzn. 06; Die Mauern von Thunst, R. 07, Neuaufl. 08; – Theaterst.:

Kampf der Elemente, UA 03; Das Reich der Mitte, UA 04; Der Sonnenläufer, UA 05; Das Orakel von Zillina, UA 05; Der alte Turm, UA 06; Ronas Reise, UA 07. – **R:** Der Sonnenläufer, Hsp. 06.

†**Hupka,** Herbert, Dr. phil., Journalist, Publizist, Mitgl. des Dt. Bundestages, Präs. d. Landsmannschaft Schlesien, Vors. d. Ostdt. Kulturrates, Vizepräs. d. Bundes d. Vertriebenen; lebte in Bonn (* Diyatalawa/ Ceylon 15. 8. 15, † Bonn 24. 8. 06). Ess. – **V:** Ratibor – Stadt im schlesischen Winkel 62; Schlesisches Credo. Reden u. Aufss. aus zwei Jahrzehnten 89; Unruhiges Gewissen. Ein dt. Lebenslauf, Erinn. 94, 01 (poln.); Schlesien lebt. Offene Fragen – kritische Antworten 06. – **B:** Schlesien geliebt u. unvergessen 89; Breslau geliebt u. unvergessen 90; Die Oder geliebt u. unvergessen 92. – **MA:** Finnland 52; Die letzten hundert Jahre 61; Geliebte Städte 67; Schles. Lebensbilder V 68; Versuche über Dtld 70; Ostpolitik im Kreuzfeuer 71; Urbild u. Abglanz. Festschr. f. Herbert Doms 72; Wie Polen u. Deutsche einander sehen 73; Schlesien in 1440 Bildern 73; Bausteine od. Dynamit? 74; Ratibor. Stadt u. Land an d. oberen Oder 80, T. II 94; Zeitgesch. in Lebensbildern IV 80; Reden zu Dtld 1980 81; Wege u. Wandlungen. Die Deutschen in d. Welt heute 83; Materialien z. Dtldfrage 1981/82 83; Heimat u. Nation 84; Frieden durch Menschenrechte 84; Mut z. Wende 85; Alltag in d. Weimarer Republik 90, Tb. 93; Ostdeutsche Gedenktage, lfd. Jgg. – **H:** Schlesien 54, 89; Breslau 55, 67; Max Herrmann-Neiße: Im Fremden ungewollt zuhaus 56; Die Oder – ein deutscher Strom 57, 92; Otto Julius Bierbaum: Das Reimkarusell 61; Leben in Schlesien. Erinn. aus fünf Jahrzehnten 62, 64; Schlesien. Das große Buch d. 260 Bilder 63, 67; 17. Juni – Reden z. Tag d. Dt. Einheit 64; Meine schlesischen Jahre. Erinn. aus sechs Jahrzehnten 64; Einladung nach Bonn 65, 73; Schlesisches Panorama 66, u. d. T.: Schlesien – Städte u. Landschaften 79, 82; Große Deutsche aus Schlesien 69, 86; Menschliche Erleichterungen 74; Meine Heimat Schlesien. Erinn. an ein geliebtes Land 80, 4. Aufl. 99; Letzte Tage in Schlesien. Tageb., Erinn. u. Dok. d. Vertreibung 81, 12. Aufl. 05, Tb. 95. – *Lit:* Für unser Schlesien. Festschr. f. H.H. 85; Stefan Reker (Hrsg.): Der dt. Bundestag 99.

Hůrková, Klára, Dr. phil., Sprachlehrerin u. Übers.; Jakobstr. 30, D-52064 Aachen, Tel. (02 41) 3 92 84, 3 43 15, Fax 3 92 84, *Hurkova@t-online.de, www. hurkova.de.* Nr. 347, CZ-362 35 Abertamy (* Prag 15. 2. 62). Lit.büro d. Euregio Maas-Rhein 01; 2 x Special Commendation b. „Poet of the Year Awards", Norwich/England 98, Publikumspr. (Lyr.) b. Wiener Werkstattpr. 03; Lyr., Ess. Ue: tsch, engl. – **V:** Verše z hor, G. tsch. 94; Fußspuren auf dem Wasser, G. 98; A Season of Blue – Grey Thoughts, G. engl. 99; Vor der Sonnenwende, G. 02; Ausflüge und Aufenthalte, G. 03; Za práh zraku, G. tsch. 06; Stillstand der Gräser, Lyr. 08. – **MA:** ADVANCE!, Lyr.-Zs., seit 99; Zeichen und Wunder, Lyr.-Zs. 01; Signum, Lyr.-Zs. 02; Der Dreischneuß, Lyr.-Zs. 03; Versnetze, Anth. 07; Der dt. Lyrikkalender 2008 07; Federwelt, Zs. 07; Chrismon plus, Zs. 07. – **H:** u. Ue: Schlüsselsammlung – Sbírka klíčů, Anth. 07. – *Lit:* The Intern. Who's Who in Poetry and Poets' Encyclopaedia 99.

Hurni-Maehler, Susanne, Übers., Kritikerin; Neubruchstr. 14, CH-8127 Forch b. Zürich, Tel. (01) 9 80 08 78 (* Lübeck 20. 5. 25). Ue: ital, engl. – **Ue:** Elsa Morante: Arturos Insel 59; Enrico La Stella: L'amore giovane u. d. T.: Eine Lanze von Licht 62; Edith Bruck: Andremo in città u. d. T.: Herr Goldberg 65; Elsa Morante: Lo scialle andaluso u. d. T.: Das heimliche Spiel 66; Giuseppe Berto: Il male oscuro u. d. T.: Meines Va-

ters langer Schatten 68; David Tutaev: Dante's wife u. d. T.: Gemma Donati 72; Sophia Loren: In cucina con amore u. d. T.: Komm', iß mit mir! 72; Ennio Flaiano: Tempo di uccidere u. d. T.: Alles hat seine Zeit 78; Plinio Martini: Delle streghe e d'altro u. d. T.: Fest in Rima 79; Lydia Stix: Artigliera rusticana u. d. T.: Die andere Lulu 80; Bonaventura Tecchi: Tarda estate u. d. T.: Später Sommer 81; Ennio Flaiano: Diario notturno u. d. T.: Nächtliches Tagebuch 88; Rossella de Angioy: Exotic Pasta u. d. T.: Pasta Fantastica 89; Paolo Monelli: Die Lawine in: Winter, Anth. 89; Riccardo Bacchelli: Die Legende vom Heiligenschein in: Legenden, Anth. 90; Prima di farla, Anth. dt./ital. 98. – **MUe:** Gianni Cesarini/Pietro Gargano: Caruso, m. Cornelia Schlegel, Biogr. 91. (Red.)

Hurst, Harald, freier Schriftst., Journalist; Marktstr. 12, D-76275 Ettlingen, Tel. (0 72 43) 7 77 79, Fax 3 00 99 (* Buchen 29. 1. 45). VS 80; Stip. d. Kunststift. Bad.-Württ. 88, Jahresstip. d. Ldes Bad.-Württ. 89, Thaddäus-Troll-Pr. 93; Lyr., Rom., Kurzgesch., Mundart-Text, Erz., Hörsp., Journalist. Arbeit. – **V:** Lottokönig Paul, Kurzgeschn. u. G. 81; S'Freidagnachmiddagfeierobendschtraßebahnparfüm, Kurzgeschn. u. G. 81; Menschengeschichten 83; Es geschah vor gar nicht langer Zeit ... 85; Ich bin so frei 86; Das Zwiebelherz 87; De Polizeispielkaschte 90, alles Geschn.; Daß i net lach! 93; So e Glück! 95; Vergeß den Vogel 98, alles Geschn. u. G.; Fuffzich, Kom., gedr. u. UA 01; Komm, geh fort!, Mda.-Geschn. 03. – **P:** Der mit de Wurscht (live), CD 97; Musik & Literatur – live & pur, m. Kuno Bärenbold u. Gunzi Heil, CD 00. – **Ue:** Alexander Ramati: Als die Geigen verstummten, R. 87. (Red.)

Hurst, Thea (geb. Thea Gersten); 5 Bank Terrace, Cragg Vale, Hebden Bridge, HX7 5SX/GB, Tel. (0 14 22) 88 62 51 (* Leipzig 12. 11. 25). – **V:** Das Tagebuch der Thea Gersten 01. (Red.)

Hurt, Benno, Richter; Museumstr. 11, D-93186 Pettendorf-Reifenthal, Tel. (0 94 04) 96 24 46, Fax 96 27 40, *benno.hurt@web.de* (* Regensburg 11. 4. 41). Kulturpr. d. Stadt Regensburg 99; Rom., Lyr., Erz., Dramatik. – **V:** Frühling der Tage, Erzn. 65; Freies Geleit, Sch., UA 87; Weinzwang, Sch., UA 90; Eine deutsche Meisterschaft, R. 91; Wer möchte nicht den Wald der Deutschen lieben!, Sch., UA 91; Der Wald der Deutschen, R. 93, 06; Ein deutscher Mittelläufer, R. 96; Jahreszeiten, Erzn. 98; Poggibonsi auf Kodachrome, G. 99; Der Samt der Rote, Erzn. 02; Eine Reise ans Meer, R. 07; Wie wir lebten, R. 08. – **MA:** Vor dem Leben, Schulgeschn. 65; Aussichten, Lyr. 66; Dein Leib ist mein Gedicht, Lyr. 70; Steinsiegel. G. u. Geschn. aus der Oberpfalz 93; Überall brennt ein schönes Licht 93; Oberpfalz, Leseb. 95; Regensburg. Reise-Lesebuch 06; 1968. Kurzer Sommer – lange Wirkung, Anth. 08; Veröff. in Zss., u. a.: Merian Monatshefte; Akzente. – **R:** mehrere Rdfk-Beitr.

Hussel, Christian, M. A., freischaff. Autor; Färberstr. 18, D-04105 Leipzig, Tel. u. Fax (03 41) 9 80 18 01, *Huxhu@aol.com* (* Leipzig 2. 4. 57). VS 90, Autorensyndikat Leipzig 92; Stipendien: Baltic Centre for Writers and Translators, Visby 94, Ahrenshoop-Stip. Stift. Kulturfonds 94, Ucross Found., Ucross/Wyoming 97, Intern. Writers' and Translators' Centre of Rhodos 98 u. 08, Arb.stip d. Sächs. Min. f. Wiss. u. Kultur 98, Schloß Wiepersdorf 99, Denkmalschmiede Höfgen 01 u. 05, Hawthornden Castle, Schottland 02, Afrique Profonde, Rep. Kongo 02, Kunstver. Röderhof 02, Red Gate Gallery Beijing, VR China 04, Artistas Siempre, Costa Rica 05, Fundacion Valparaiso, Spanien 07, Ventspils House for Writers and Translators, Lettland 08/09;

Hussel

Dramatik, Hörsp. – **V:** Doiiing!!, UA 02; Sex im Gewandhaus. TheaterSpiele 08. – **MV:** Junges Theater in der DDR 1968–1990, m. Michael Meinicke 98; Gunten, Bü. n. Robert Walser, m. Wolfgang Zander, UA 01. – **MA:** Publ. in Graph.-Foto-Texte-Ed. seit 83, u. a.: Entwerter/Oder; Reizwolf; Spinne; UNIverse; zahlr. Beitr. in Lit.zss. u. Anth., u. a.: ndl; SIGNUM, Beim Verlassen des Untergrunds. – **R:** der turm 89, 90 (auch im ung. Rdfk); Veroniques Schweißtücher, n. M. Tournier 91; Das Labor, m. Wolfgang Zander 91; Die Jäger 93; Fahrenheit 451, n. R. Bradbury, m. W. Zander u. Steffen Birnbaum m. Die Mühle auf dem Meeresgrund 94; Das Büro für Ärgernisse 97; der inselfürst 97; der turmspringer 97; Hirninfarkt 99; Der kleine Muck 03; Das Fressverhalten der Mäuse, n. M. Ebbertz 04; Der Tag, an dem ich Papa war, n. Hera Lind 06; Gottfried Keelenlos 07; Das Lager, m. W. Zander 07; Pränatale. Erben 08, alles Hsp. – **P:** Projektleiter Leipziger literarischer Herbst 2000 „laut & stil.le"; Mondélé in Salambam. Eine Hörreise durch die Rep. Kongo, CD 05.

Hussel, Horst, Graphiker, Schriftst.; Elisabethweg 9, D-13187 Berlin, Tel. (0 30) 4 85 74 85 (* Greifswald 28. 4. 34). P.E.N.-Zentr. Dtld 91; Jule-Hammer-Pr. 93; Erz., Drama. – **V:** Briviéra, Geschn., Briefe, Dialoge 82; Herrengespräch, 7 Dialoge 85; Calmen, 23 Gespräche 85; Abendglühn, Gespräche, Briefe, Geschn. 86; Balsaminen, Novelettenkranz 89; Briefe an S. 90; Hageböck, Gespräche, Erinn., Zeichn. 92; Landaufenthalt oder Die Verwandlung von Landluft in ein Hornsignal, Singsp. 93; Vier nachgereichte Briefe an Herrn S. 93; Die Währung der Räterepublik Mekelenburg, Text, 15 Radier. 94; Damengespräche 95; Kompliment, Fräulein Rosa!, Gespräche 97; Aus den Tagebüchern u. Notenheften d. Komponisten Albrecht Kasimir Bölckow, Erz., 16 Radier. 00, u. a. – **H:** Celander. Verliebt-galante G. 81; Paul Scheerbart: Meine Tinte ist meine Tinte 86; Joh. Matthias Dreyer: Schöne Spielwerke beim Wein, Punsch und Krambambuli 87. – *Lit:* Friedrich Dieckmann in: ndl 2/86; Hiltrud Lubbert/Peter Röske (Hrsg.): H.H., Werkverz. d. Druckgraph. u. Bücher. 1954–1993 93; Kiwus 96. (Red.)

Hussi, Klaus; Am Irmenhof 7, D-21227 Bendestorf, Tel. (0 41 83) 72 01, klaus.hussi@t-online.de (* Essen 8. 7. 34). Rom., Lyr., Erz. – **V:** Tim. Der Junge, der vom Himmel fiel 99, 04; Tom. Der Junge, der zum Zirkus ging, Kdb. 02; Tim und Tom. Die Jungen mit dem fliegenden Koffer 04; Tom, der Trutz 05, alles Jgd.-R.

Hustert, Horst; Pater-A.-Schnusenberg-Str. 10, D-33378 Rheda-Wiedenbrück, Tel. (0 52 42) 5 69 14, horst.hustert@web.de (* Gütersloh 30. 8. 40). Rom. – **V:** Der Rivale des Pharaos, R. 05. (Red.)

Huth, Günter, Dipl.-Rechtspfleger; Zu-Rhein-Str. 5, D-97074 Würzburg, Tel. (09 31) 88 67 76 (* Würzburg 13. 12. 49). Rom., Kinder- u. Jugendb., Fachb., Aufsatz, Krimi. – **V:** Der Hengst Corsar, R. 79; Der rote Hengst – Ein Zeichen Manitus, R. 82; Wilderer am Jägerstein, R. 82; Ben und der Habicht 91; Frühstückseier wachsen nicht auf Bäumen oder Das Geheimnis des Stuntmans 91; Ein Mädchen, ein Pferd und ein Dingo 91; Heiterkeit auf grünen Seiten 92; Hoppla, hier kommt Hampel Waldwicht 92; Tatort Revier 92; Wenn alle Pizzas strahlen oder Das Computerfieber 92; Tierfreunde im Einsatz, 6 Bde 93–95; Nero greift ein 94; Hasenblumen pflückt man nicht oder die Wildererbande 95; Im Sattel durch die Wildnis 95; Dennis startet durch 97; Alarm im Stadion 98; Ein Trikot für starke Kicker 98; Spitz aufs Korn genommen, Satn. 98; Steffis größter Wunsch 98; Entführung auf See 99; Alex im Abseits 99; Jan zieht durch 99; Superquiz für Pferdefans 99; Verschwörung im Basar 00; Tatort Wald, Jagdkrim.-R. 01; Die Profis

von der Fußballschule 02; Eine brandheiße Story 02; Der Schoppenfetzer und die Silvanerleiche 03; Gefahr in den Bergen 04; Der Schoppenfetzer und der Tod des Nachtwächters 04. – **MA:** Sachbeitr. in: Die Pirsch, seit 75; Auf Pirsch, Erzn. 82. – *Lit:* s. auch SK. (Red.)

Huth, Michael, Maler, Autor; Bergstr. 1a, D-96149 Breitengüßbach, Tel. (0 95 44) 79 40 (* Kronach 2. 3. 59). Stück, Text. – **V:** Der Maler A in seinem Zimmer oder die Schmetterlinge, Stück 96; Stuhl, Stück 97; Der Maler und sein Modell im Schnee, 2 Stücke u. 1 Text 00; A schindet M, Stück 02. – **MA:** Der Holzschnitt 97; Die Festung Rosenberg 99. – **H:** Die Voraussetzungen der Malerei. Bd 1: Kerngehäuse – Fruchtfleisch 94, Bd 2: Gänsehaut – Prachtgefieder 95, Bd 3: Muschelkalk – Holzmehl 96; BIG ONES 02. (Red.)

Huthmacher, Dieter, Graphiker, Zeichner, Liedermacher, Kabarettist, Autor; c/o Doppelfant – Buchverlag u. Konzertagentur, Schwarzwaldstr. 9, D-75175 Pforzheim, Tel. (0 72 31) 28 07 67, Fax 28 19 31, huthmacher@doppelfant.de, www.doppelfant.de (* Pforzheim 7. 5. 47). Kogge 96; Villa-Massimo-Stip. 77; Cartoon, Bildergesch., Lyr., Verdichtung, Theaterst., Lied, Kabarett. – **V:** Go down, Liederb. 82; Schmus' nie ..., Liederb. 84; Ein Schwein, ein traurig Schwein, Cartoon-Gesch. 86; Das Märchen vom Vogel 88; Die Lieder der Huthmachers 95; Huthmachers St(r)icheleien, Cartoons 96 (auch hrsg.); Matteo und der Zauberwald, musik. M. 99; „Lass den Kopf nicht hängen, Gertrud!", musik. Tragikom. 00. – **MA:** 5 Beitr. in Anth. sowie seit 96 Karikaturen f. d. Schwarzwälder Boten in Calw. – **H:** Franz Köb: Innehalten – Von d. Verlangsamung d. Zeit 96 (4 Aufl.); Sterben – Vom letzten Abschiednehmen 00 (4 Aufl.). – **P:** zahlr. Tonträger-Einspielungen, u. a.: Ballade von Gertrude, Lieder 99; Herzkirschen, Lieder 00, beides CDs. (Red.)

Hutmacher, Rahel, Dipl.-Psych., Psychotherapeutin, Doz., Schriftst.; Ackersteinstr. 130, CH-8049 Zürich, Tel. (0 44) 3 42 27 55 (* Zürich 14. 9. 44). Anerkenn.pr. d. Stadt Zürich 80, Rauriser Förd.pr. 81, Förd.pr. d. Ldes NRW f. junge Künstler 81; Prosa. – **V:** Wettergarten, Geschn. 80; Dona, Geschn. 82; Tochter, Prosa 83; Wildleute, Prosa 86.

Hutten, Astrid, Designerin; Landrain 19B, D-06118 Halle, Tel. (03 45) 3 88 10 18, AstridqAhu7@gmx.de (* Halle 26. 10. 51). Förd.kr. d. Schriftst. in Sa.-Anh.; Arb.stip. 98; Erz., Rom. – **V:** Nicht sehend – nicht blind, Erze. 00; Unter trockenen Blättern, Geschn. 03. – **MA:** Ort der Augen, Lit.zss. 94–96; Eröffnungen 96; Wer dem Rattenfänger folgt 98; Das Kind im Schrank 98; Versuchungen 99; Die dünne dunkle Frau 00; Unsere Vorbilder 00; Anders sind wir alle 01, alles Anth. (Red.)

Hutter, Andreas, Autor, Regisseur, Schauspieler, Theaterleiter, Ensemble-Leiter; c/o Theater am Alsergrund, Löblichgasse 5–7, A-1090 Wien, Tel. (01) 3 10 46 33, Fax 3 15 54 64, office@alsergrund.com, www.alsergrund.com, www.stachelbaeren.com (* Wien 18. 12. 61). Scharfrichterbeil, Passau 00, Kabarettkaktus München 01; Bühnenst., Rom. – **V:** Du bist anders, R. 02; – THEATER/UA: Von einem auszog, das Fürchten zu lernen 91; Tag und Nacht im U-Bahn-Schacht, m. Axel Bagatsch 93; Du bist anders 95; Der unheimliche Piratenschatz 99; Die Schneekönigin 00; Robin Hood 01; Die Schöne und das Biest 02. (Red.)

Hutter, Gardi, Clownin; Via Ciòs, CH-6864 Arzo, Tel. (0 91) 6 46 88 88, Fax 6 46 62 44, ghutter@tinet.ch, www.gardihutter.com (* Altstätten 5. 3. 53). – **V:** Mamma mia! was habe ich geweint 99; Mamma mia! lass das Zaubern 00; Mamma mia! geh nicht weg 01; Der kleine See und das Meer, Gesch. 01. – **MV:** Jeanne d'ArPpo – Die tapfere Hanna 81; Abra Catastrofe 84;

So ein Käse 88; Sekretärin gesucht 94; Das Leben ist schon lustig genug! 98; Hanna & Knill im Schweizer National Circus Knie 00; Die Souffleuse 03, alles Bst. – **P:** Jeanne d'ArPpo – Die tapfere Hanna; So ein Käse 90; Die Souffleuse 02, alles Fs-Aufz. auf Videokass./DVDs. – *Lit:* G.H. Die Clownerin, Dok. u. Biogr. 85, 86.

Hutter, Ulrike, Lektorin; Losergasse 2, A-6900 Bregenz, *u.hutter@telering.at* (* Lustenau/Vbg 8. 7. 58). – **V:** Wienfluß, Krim.-R. 01. (Red.)

   Hutter, Walter, Dr. rer. nat., Hochschullehrer; *whutter.de* (* Mediasch/Siebenbürgen 64). – **V:** Gedichte 06; Punktgebilde 06; Ernst Irtel. Aus seinen späten Jahren 07; Ungereimtheiten 07.

Hutterli, Kurt (Ps. Claudio Turri), Schriftst., Künstler; Seacrest-Hill R.R. 5, S. 53, C. 9, Oliver, BC VOH 1TO/Kanada, Tel. (2 50) 4 98–27 43, *hutterli@vip.net* (* Bern 18. 8. 44). AdS, Be.S.V., Dt.schweizer. P.E.N., Pro Litteris; Gedichtpr. d. Stadt Bern 71, Buchpr. d. Stadt Bern 72, 78, Autorenbeitr. d. Stadt Bern 75, Werkbeitr. d. Kt. Bern 75, Jgd.theaterpr. SADS 76, Werkjahr v. Bund u. Kt. Bern 80, Welti-Pr. f. d. Drama 82, Pr. d. Berner Ges. f. Volkstheater 87, Stip. d. Vereinig. d. Freunde d. Schweiz in Finnland 88, Werkjahr d. Stadt u. d. Kt. Bern u. d Stift. Pro Helvetia 90, E.gast d. finn. Porthan-Inst. 91; Lyr., Rom., Nov., Drama, Jugendb., Hörsp. – **V:** Die Gottesmaschine, Skizzen 62; Blätter zur Acht, Dicht. 63; Tal der hundert Täler, Erz. 63; Krux, Erz. 65; aber, Prosa-G. 72; Die Centovalli. Inventar eines Tessiner Bergtals 73; Herzgrün. E. Schweizer Soldatenb. 74; felsengleich, fiktiver Tag.her. 76; Die Erziehung d. Kronprinzen Otto, Stück 77, 82; Die Faltsche, Erz. 77; Kreuzkinder, Stück 78, 81; Das Matterköpfen, Stück 78; Ein Hausmann, Prosa/Lyr.-Text 80; Ghiga, Stück 81, 89; finnlandisiert, Prosa-G. 82, 83; Ueberlebenslust, Theaterst. 83; Ali Sultanssohn, M.-Sp. 84, 90; Romea und Julio, Kom. 86, 91, beides Jgd.-Theaterst.; Elchspur, R. 86; E suberi Lösig, Dr. 88; Baccalà, Krim.-Geschn. 89; Gaunerblut, Erz. 90; Mir kommt kein Tier ins Haus, Jgdb. 91; Stachelflieder, G. u. Kurzprosa 91; Gounerbluet, Dr. 93; Happy Holidays, Jgd.-Theaterst. 93; Katzensprung, G. 93; Rouchzeiche, Dr. 93; Omlet, Prinz von Telemark, Jgd.-Theaterst. 94; Die sanfte Piratin, Jgdb. 94; Tiramisù in Illustrien, Jgd.-Theaterst. 96; Im Fischbauch, Dr. 98; Hotel Goldtown 00; Der Clown im Mond 00; Arche Titanic 00; Der Rocky Mountain King 03, alles Bst.; Das Centovalli Brautgeschenk, R. 04; Omleto, Bst. 04; Wie es euch nicht gefällt, Bst. 06; Üxi, Bst. 07; Der Salon der Witwe Rusca, Erz. 08. – **MV:** Kurzwaren, Prosa-G. 75. – **R:** George 83; Bakunin 83; Dem Dichter bleibt zuhanden der Oeffentlichkeit nur noch das Verstummen 83; Ich habe mein Lied zu Ende gesungen 84; Schweizerin zu sein und Schweizer 85, alles Hsp.; Adern, Fsp. 88; Oberassistent Märki, Kurzhsp.-Ser. 91; Kindergeschichten 95–08.

Huwyler, Max, Sekundarlehrer i. P.; Grafenauweg 5, CH-6300 Zug, Fax (0 41) 7 80 58 89, *max.huwyler@datazug.ch* (* Zug 6. 12. 31). ISSV 80, AdS 03, P.E.N.; E.gabe d. Kt. Zürich 80, Schweizer Jgdb.pr. 93, Pr. d. Schweiz. Schillerstift. 94, Anerkenn.pr. d. Kt. Zug 96, Schweizer Kinder- u. Jugendmedienpr. 03, Medienpr. SRG idée suisse Zentralschweiz 04, Hsp.pr. d. Stift. Kulturpflege d. Sparkasse Neuss/Int. Mundartarchiv Dormagen-Zons 04; Lyr., Mundart-Ged., Kurzprosa, Stück, Hörsp., Kinderb. – **V:** ABC-Büchlein mit Esels-Ohren, Kdb. 78; Bapeier, Stück 78; Würfelwörter, G. 81; Einen Kreuzweg gehen, G. zu Bildern v. Franz Bucher 81; Föönfäischter, Erz. u. G. 87; Das Narrensuchen 90; De Wind het gcheert, G. 93; Das Nas-

horn und das Nashorn, Anth. 97; Vom Mann im Bild, Gesch. f. Kinder 98; Stadtgartenschnecke, Bilderb. 99; Dackel und Dogge, Bilderb. 01; Öppis isch immer, G. in Zuger Mundart 06; Der fünfte Bremer Stadtmusikant, Kdb. 06; Das Zebra ist ein Zebra 09; – THEATER/UA: Eus stinkt's, kabarett. Szenen 68; Aus der Stofftruhe gespielt 77; Bapeier 78; Das Narrensuchen 79; Das tapfere Schneiderlein 83. – **MV:** Welt der Wörter, m. Walter Flückiger, Schulb. I 83, II 84, III 86, rev. Ausg. I 99, II 00, III 01; Von Krebsen, Fliegen und Affen, 15 Tiergeschn. m. Franz Hohler u. Erwin Moser 08; Gewidmet und umgewidmet. Begegnung m. Denkmälern, in: 100 Jahre Morgartendenkmal (Schwyzer Hefte 93) 08. – **MA:** Der Weg nach Absam 81; Und dänn? U de? U dernoo? 83, u. a. – **H:** Hünenberger Predigten 86. – **R:** wiemermitenandredt, m. Daniel Ilg, Fsf. 83; versch. Radioarbeiten, u. a.: D'Bremer Stadtmusikante u. d'Gschicht vom föifte Bremer, Hsp. 03. – **P:** D'Bremer Stadtmusikante u. d'Gschicht vom föifte Bremer, CD 03, u. a. – *Lit:* DLL, Erg.Bd V 98.

Huxhage, Rainer, Autor, Mediengestalter, Layouter; Zirkelstr. 14, D-33729 Bielefeld, Tel. u. Fax (05 21) 2 38 93 94, *hucky@bitel.net* (* Lage/Lippe 28. 9. 60). BDS 03; Rom., Erz., Sat. – **V:** Lena und die blaue Drache, Kdb. 03. – **P:** Stainless Steel: Mortal Dreams, Schallpl. 03; Charger: Live Fast, Die Young, Schallpl. 04. (Red.)

Hyde, Malachy (gem. Ps. m. Ilka Stitz, eigtl. Karola Hagemann), Dipl.-Päd.; Herbartstr. 1, D-30451 Hannover, Tel. (01 73) 4 43 62 02, *karola.hagemann@gmx.de*, *www.malachy-hyde.de*. c/o Ilka Stitz, Im Buschfelde 19, D-50859 Köln (* Dannenberg 16. 2. 61). Das Syndikat, Quo vadis – Autorenkr. Hist. Roman; Rom., Hist. Krim.rom. – **MV:** Tod und Spiele, R. 99, Tb. 00 (auch span.); Eines jeden Kreuz, R. 02, Tb. 03; Wisse, daß du sterblich bist 04; Gewinne der Götter Gunst 07. (Red.)

Hyde, Malachy (gem. Ps. m. Karola Hagemann, eigtl. Ilka Stitz), Referentin f. Öffentlichkeitsarbeit; Im Buschfelde 19, D-50859 Köln, Tel. (02 21) 50 86 36, *ilkastitz@gmx.de*, *www.malachy-hyde.de*. Herbartstr. 1, D-30451 Hannover (* Hannover 22. 10. 60). Das Syndikat, Quo vadis – Autorenkr. Hist. Roman; Hist. Krim.rom. – **MV:** Tod und Spiele 99, Tb. 00 (auch span.); Eines jeden Kreuz 02, Tb. 03; Wisse, daß du sterblich bist 04; Gewinne der Götter Gunst 07. (Red.)

Hyner, Stefan; Rheinauer Str. 6, D-68782 Brühl-Rohrhof, Tel. u. Fax (0 62 02) 7 89 95 (* Mannheim 7. 1. 57). Stip. d. DAAD 81. Ue: chin, jap, engl. – **V:** Der Schnee auf den Gipfeln der Sonne 76; Glückliche Wanderungen 78; Schäfersbuckel/Shepherd's Hill 80; Wind & Donar 81; Auf der Suche nach einer Frau die schwer zu finden ist 85; Krähen und andere Wilde Rosen 85; Auf dem Wasser treiben Pfirsichblüten 88; Durch's Dickicht 91; Suzzinga 91; Die Phänomenologie 92; In der Milde der Worte/In the Mildness of Words 94; Verschiedene Welten 95; zügellos/gelassen, G. 99; Sfrenata Quiete, Lyr. 01; Dreams, Lyr. 02; Affentanz, Lyr. 02. – **MV:** SchiffsFragmente, m. Hans Zimmermann; leben wir eben ein wenig weiter, m. Helmut Salzinger, Dok. u. Anth. (auch hrsg.) 88; Karuna, m. Roland Scholz 93; Werden & Gehen, m. Hadayatulla Hübsch, G. 93. – **MA:** Falk, Zs. 84–85; In-Difference, Lyr. 96; Kicking the Habit, Lyr. 98; sowie G. in Zss. u. Anth., u. a.: Handschriften 78; Narachan; China Economic News; Hearsay News; Falk; c/o 85; Longhouse; Traumtanz 86; Communale; Coyote's Journal; Gegengift; Zs. f. angewandtes Alphabet; Exquisite Corpse; Geiger #10; Raise the Stakes; Maultrommel 95; Museo Theo 96; Bombay Gin; Performances: Durch's Dickicht, m. R. Heß u. M. Jordan 91; Der Thödol im

Iasevoli

Bardo, m. Marianne Steel 92; Kein einziges Ding hinzugefügt, m. ders. 96. – **H:** James Koller: Working Notes 85; Gate, Mag. f. Dicht., seit 87. – **R:** Hfk-Progr.: Rainer Maria Gerhardt, m. Michael Braun; Poesia Totale – ein Raum aus nichts als Dichtung; Lu Li & Weng Li. – **Ue:** James Koller: O, wäre er nicht herumgezogen 80; Bill Deemer: Das gibt es nur zu sagen 80; Bodhidharma: Betrachtungen der vierteiligen Tätigkeit 84; James Koller: Großartige Dinge Passieren 84; ders.: Gebt dem Hund einen Knochen 85; Ts'ang Lang: Talks Poetry 86; Shuh Wu: Wo sich Pflaumenblüten im Mondlicht baden 93; Joanne Kyger: Eine neue Landkarte, Lyr. 95, erw. Neuaufl. 98; Edward Dorn: Am Rande 96; Tien An Men: The Poems/Die Gedichte 96; Jerome Rothenberg: 14 Stationen 00; Philip Whalen: Nachspielzeit, Lyr. 01; Lo Ching: Einen Drachen wecken, Lyr. 02; Lew Welch: Eherne Flügel 03. – **MUe:** Edward Dorn: Am Rande, R. 02; Albert Saijo: Unverblümt, Lyr. 02. – *Lit:* s. auch 2. Jg. SK. (Red.)

Iasevoli, Roswitha; Lindemannstr. 42, D-44137 Dortmund, Tel. (02 31) 10 09 65, *roswitha@iasevoli.de, www.iasevoli.de* (* Schweidnitz/Schles. 12. 11. 42). – **V:** Naturblicke, G. 84; Zwitterwetter, G. 87; Meine Sommer in Italien 89, Neuaufl. 06; Nacktschnecken im Paradies – Gartenplausch, Erzn. 03; Zartes Zoff und Zipperlein, Erzn. 06. – **MH:** Mitten ins Gesicht. Weiblicher Umgang mit Wut u. Haß 84; Venus wildert. Wenn Frauen lieben... 85; Die Nacht der schönen Frauen, m. Ellen Widmaier, Geschn. 97. – **R:** Das Christkind war ein Mädchen, Fsp. (WDR 3) 88. (Red.)

Iba, Eberhard Michael, Gymnasiallehrer; Höhenweg 5e, D-66130 Saarbrücken, Tel. (06 81) 8 76 18 65, *michael@iba-grimm.de, www.iba-grimm. de* (* Obermeiser, Kr. Kassel 6. 5. 48). Brüder-Grimm-Ges. Kassel 78, Literaturlandschaften e.V. 98; Erz., Märchen, Sage. – **V:** Sagen und Geschichten aus Nordhessen 74, 7. Aufl. 98; Auf den Spuren der Brüder Grimm von Hanau nach Bremen 78, 3., völlig neubearb. u. erw. Aufl. u. d. T.: Auf den Spuren der Brüder Grimm. Eine literar. Reise entlang der dt. Märchenstraße mit Märchen, Sagen u. Liedern. Bd I: Von Hanau nach Höxter 00, Bd II: Von Kassel nach Bremen 09; Der Klabautermann u. a. Sagen und Geschichten in und um Bremerhaven 84, 2. Aufl. 85; Aus der Schatzkammer der deutschen Märchenstraße. Teil I: Sagen, Geschichten, Märchen, Erzählungen, Gedichte u. Lieder aus Bremen, Bremerhaven, Verden u. Nienburg 87; Hake Betken siene Duven. Das große Sagenbuch an Elb- u. Wesermündung 88, 3. Aufl. 99; Aus der Schatzkammer der deutschen Märchenstraße. Teil II: Nördliches Weserbergland 93. – **MV:** Die Grüne Küstenstraße von Emden nach Westerland, m. Walter Iba 81; The German Fairy Tale Landscape, m. Thomas L. Johnson 06. – **MA:** Jb. Landkreis Kassel 76 u. 87. – *Lit:* Fred u. Gabriele Oberhauser: Literar. Führer durch Dtld 83, Neuausg. 08.

Ibach, Michael *

Idstein, Norbert, Dipl.-Ing. Informatik, SW-Entwickler; Philipp-Wasserburg-Str. 3, D-55122 Mainz, Tel. (0 61 31) 4 34 77, (01 75) 8 83 33 23, *Graf Steinschlag@t-online.de* (* Wiesbaden 18. 9. 46). Erz. – **V:** Der Graf Steinschlag Report, Erz., 1 04, 2 05, 3 06; Graf Steinschlag in China, Privatdr. 08. – **MA:** Das Neue Gedicht 05, 06.

Igel, Jayne-Ann (B. Igel); c/o Urs Engeler Editor, Basel (* Leipzig 18. 9. 54). Jahresstip. d. Dt. Lit.fonds 01, E.gabe d. Dt. Schillerstift. 07; Lyr., Prosa. – **V:** Das Geschlecht der Häuser gebar mir fremde Orte, G. 89; Ernst Jandl, Jayne-Ann Igel. Texte, Dok., Mat. 91; Fahrwasser. Eine innere Biogr. in Ansätzen 91; Wiederbele-

bungsversuche. Gedichte u. Resonanzen 01; Unerlaubte Entfernung, Erz. 04; Traumwache, Prosa 06. – **MV:** Ostberlin 1983–1986, m. Karin Wieckhorst u. Barbara Köhler, Fotos u. Texte 91; Perfect sister, m. Brigitte Maria Mayer, Bild-Bd m. Texten 92. – **MA:** Luchterhand Jb. d. Lyrik 85, 86, 87/88, 88/89; Sprache und Antwort. Stimmen u. Texte e. anderen Lit. aus d. DDR 88; Schöne Aussichten. Neue Prosa aus d. DDR 90; Kopfbahnhof 2 90; Kristallisationen. Dt. Gedichte der 80er Jahre 92; Der heimliche Grund. 69 Stimmen aus Sachsen 96; Jb. d. Lyrik 98/99, 02/03; Mein heimliches Auge XVIII 03; Michael Buselmeier (Hrsg.): Erinnerungen an Wolfgang Hilbig 08; – ZSS.: Sinn u. Form 3/87, 6/88, 6/89; Zwischen den Zeilen 6/95; Sprache im techn. Zeitalter 148/98, 174/05; Büchner, Jg.3/Nr.12 01/02; Ostragehege 24/01; die horen 228 07. – **H:** Anne Dessau: Weisheit des Sommers 92; Christian Hussel: Sex im Gewandhaus. TheaterSpiele 08; Tom Pohlmann: Die Geschwindigkeit der Formeln, Lyr./Prosa 08. – **MH:** Kirschbaumblätter. Stockender Traum, m. Sylvia Kabus, Anth. 96; Heimkehr in die Fremde. Stimmen aus der Mitte Europas (Sonderh. d. Zs. 'Ostragehege'), m. Peter Gehrisch u. Axel Helbig 02.

Ignée, Wolfgang, Theater- u. Lit.kritiker, Schriftst., Feuilletonchef d. Stuttgarter Ztg 1970–93; Waagenbachstr. 16, D-73765 Neuhausen, Tel. (0 71 58) 24 72 (* Königsberg/Ostpr. 26. 3. 32). Schiller-Ges. Marbach 95; Erz., Ess. Ue: engl, frz. – **V:** Masurische Momente. Reiseskizzen aus West- u. Ostpreußen, e. Tagebuch 86 (mehrere Aufl.); Schiller, Peymann & Co. Geschichten u. Köpfe aus Baden-Württemberg, Essays 02. – **MA:** Über Peter Handke 72; Lessing 82; Apokalypse (über G. Grass) 86; Große Stuttgarter (über H. Lenz) 96; Benn-Jahrbuch 1 (Ausw.) 03. – **H:** Frank Wener: Alte Stadt mit neuem Leben 76; Gottfried Keller. Gesammelte Werke, 5 Bde 81; Conrad Ferdinand Meyer. Gesammelte Werke, 5 Bde 85. – **R:** Essays, Reportagen u. Berichte in vielen Sendern. – **Ue:** Essays v. Eugène Ionesco in Zss. (autorisiert) 60/61; Leslie A. Fiedler: Die Rückkehr des verschwundenen Amerikaners 70.

Ihls, Gertrud, Autorin, Journalistin; Turiner Str. 12, D-13347 Berlin, Tel. (0 30) 45 08 59 68, *gertrud.ihls @potenziale-entfalten.de, www.potenziale-entfalten.de* (* Bayreuth 15. 7. 61). Lyr., Prosa, Ess. – **V:** MONAliesA oder: Wenn frau den Mund aufmacht, dann lächelt sie ... nicht immer! 97; Mitlesebuch 32, Lyr. 98. – **MA:** DUM. E. Lit.fenster zur Welt 3/97; Buch u. Bibliothek 2/98, 10/00; Wenn das Wasser im Rhein u. a. Erzn. 00. (Red.)

Ihmels, Els'chen, Kauffrau; c/o Elisabeth Ekkart u. Rolf Ihmels GbR, Osnabrück (* Bremerhaven 19. 1. 27). Lyr. – **V:** Wachstumsjahre, Lyr. 00. (Red.)

Ihmels, Rolf, freier Autor, Kaufmann; Jahnstr. 13, D-49080 Osnabrück, Tel. (05 41) 4 09 78 78, Fax 4 09 78 79, *ev@ekkart-verlag.de, www.ekkart-verlag.de* (* Osnabrück 12. 4. 55). Autoren-Progressiv PegasOs 01; Lyr., Erz., Sachb. – **V:** Kein Ende und kein Anfang, Lyr. 00; ... nur das ist was bleibt, Lyr. 00. – **MUe:** Valentina Babak: Häuser überall verstreut, Lyr. 00. – *Lit:* s. auch 2. Jg. SK. (Red.)

Ilg, Wolfgang (Ps. Wortgräber), selbständ. Behindertenbetreuer; Bernhard-Marc-Platz 3, D-85604 Zorneding, Tel. (0 81 06) 24 73 81, *wolimati@arcor.de* (* Waldkirchen 17. 7. 61). Lyr. – **V:** Zerreissprobe 91; Wortgräber 92; Mondgesang 93; deiner Wunden Atem 03, alles Lyr.

Ilgert, Beate (Beate Ilgert-Pröbsting), Lehrerin, Hausfrau; Auf dem Brauck 34, D-58675 Hemer, Tel. (0 23 72) 1 07 66 (* Essen 1. 4. 53). Erz. – **V:** Sandras Schwarzwald-Urlaub 83; Karlchen Kurzohr 84; Vi-

co, der Krummbeinige 84, alles Tiererz.; Das Leben
schreibt denkwürdige Geschichten, Kurzgeschn. 88;
Augenblike des Lebens, Kurzgeschn. 95; Tiere erzählen, Erzn. 96; Aus dem Leben eines bärenstarken Typen, Erzn. 99. (Red.)

Illgner, Gerhard, Redaktionsleiter i. R.; Hannen-
busch 6, D-51467 Bergisch Gladbach, Tel. (0 22 02)
5 98 87 (* Bad Hersfeld 12. 3. 28). Erz., Sat., Glosse,
Aphor. – **V:** Die deutsche Sprachverwirrung, Glossen
00, 4., erw. Aufl. 07; Mozart für Milchkühe, Glossen,
Satn. u. Aphor. 01; Brötchen für Milliardäre, Glossen
03; Abenteuer der Sprache, Glossen 05; Lauter Wunderkinder, Erzn. 06. – **MA:** Walter Krämer u. Reiner
Pogarell (Hrsg.): Sternstunden der deutschen Sprache
02, 2. Aufl. 03.

Illies, Florian, Journalist, Autor, Hrsg.; c/o Juno
Kunstverlag GmbH / Mag. „Monopol", Rosentha-
ler Str. 49, D-10178 Berlin (* Schlitz/Oberhessen
4. 5. 71). Ernst-Robert-Curtius-Förd.pr. 99, Axel-Springer-Pr. 99, Hess. Kulturpr. 03. – **V:** Generation Golf
00; Anleitung zum Unschuldigsein 01; Generation Golf
zwei 03; Ortsgespräch 06. – **MH:** Kleines Deutsches
Wörterbuch, m. Jörg Bong 02; Monopol, Kunstmag., m.
Amélie v. Heydebreck. (Red.)

Ilmer Ebnicher, Marianne, freie Autorin, Mitarbeit
b. Südtiroler Künstlerbund u. b. Kreis Südtiroler Autorinnen u. Autoren im SKB; ebnicher.ebnicher@dnet.it,
ebnicher@alice.it, www.webalice.it/ebnicher (* Latsch/
Südtirol 25. 12. 59). SAV, Kr. Südtiroler AutorInnen im
Südtiroler Künstlerbund, Intern. Inst. f. Jgd.lit. u. Leseforsch. Wien, IGAA Wien; mehrere Stip. d. Autono-
men Provinz Bozen-Südtirol; Kinder- u. Jugendb., Lyr.,
Rezension. – **V:** Robbi und die verflixten Umzüge 98;
Südtiroler Sagen für Kinder erzählt 99, 05 (auch ital.);
Krampussi und das Menschenmädchen 04; Frau Bohnenstange. Herr Stummelbein 09, alles Kinderb. – **MA:**
Rezensionen in „kulturelemente", Kulturzs. – **R:** Südti-
roler Sagen für Kinder erzählt, Hsp. 05.

† **Ilmer,** Walther (Ps. Claude Morris, Ralph M. Walters), Oberregierungsrat i. R.; lebte in Bonn (* Köln
4. 3. 26, † Bonn 14. 5. 03). Karl-May-Ges. 71; Verd.or-
den d. Bdesrep. Dtld; Rom., Karl-May-Forschung. – **V:**
36 Krim.-R. bis 58, u. a.: Das Netz 58; Totentanz in
Mersley Hall 58; Karl May – Mensch u. Schriftsteller.
Tragik u. Triumph, Psychographie 92. – **MV:** Exem-
plarisches zu Karl May, Sammelbd (auch Hrsg.) 93. –
MA: Beitr. in Jb. d. Karl-May-Ges. 79, 82, 84, 85, 87-
90, 96; Karl-May-Hdb. 87; Karl-May-Studienbände 89,
91, 93, 95, 99; zahlr. weitere wiss. Publ. zur Karl-May-
Forsch. – **P:** Die Lebensbilanz des Hiob Karl May 96;
Tragik und Triumph 97; Karl May in Wien 98, alles Vi-
deos. – *Lit:* Jörg Weigand: Pseudonyme 94; ders.: Träu-
me auf dickem Papier 95; Wilfrid Eymer: Pseudonym-
Lex. 97; mehrere Nachschlagewerke, u. a.: Who's Who;
Wer ist Wer? Who's Who in Germany.

Imbsweiler, Gerd, Schauspieler u. Autor; Rufa-
cherstr. 28, CH-4055 Basel, Tel. (0 61) 3 01 70 40,
3 01 70 18, Fax 3 02 53 79, info@imbosverlag.ch, www.
imbosverlag.ch (* Offenbach/Main 19. 2. 41). Gruppe
Olten 99, jetzt AdS; Kunstpr. d. Stadt Basel 87, Hans-
Reinhart-Ring 99, Pr. d. ASSITEJ 99, Werkbeitr. d. Pro
Helvetia 03; Kurzgeschn., Erz., Dramatik. – **V:** Sarto-
lo der Puppenspieler 86; Fink oder Freitag der 13. 87,
beides Theaterst.; Von Perlen und Säuen 89; Positiefschläge 95; Aus der Früherheit 98, alles Kurzgeschn.;
Schildkrötenträume, Bilderb. 03; EselsSchatten Theaterst.; Du Blume, 20 Bildergeschn. 05. – **MV:** Hexenfie-
ber, m. Beat Fäh 90; Knigges Erben; Gute Frage-Näch-
ste Frage, alles Theaterst. – **P:** Positiefschläge, m. Fritz
Hauser 86; Trio IKS: Finks Kopfsprünge, CD 04. (Red.)

Imbsweiler, Marcus, Publizist; Ladenburger Str.
84, D-69120 Heidelberg, Tel. (0 62 21) 48 48 11,
mimbsweiler@web.de (* Saarbrücken 2. 6. 67). Rom.,
Erz. – **V:** Bergfriedhof, Krimi 07; König von
Wolckenstein, R. 07; Verwandte vom Mars, Erzn. 08;
Schlussakt, Krimi 08.

Imer, André, Rechtsanwalt, Altbundesrichter; 8, route de Bienne, CH-2520 La Neuveville, Tel. (0 32)
7 51 28 77 (* La Neuveville 30. 6. 28). SSV 76–99, Präs.
82–86, Be.S.V., P.E.N.-Club Schweiz, u. a.; Lyr., Erz.
Ue: frz, rät. – **V:** Freigut, Lyr. u. Kurzprosa 1960–1982
84; Mensch, Mond und Blume, G. 1954–1959 88; Briefe an ein kleines Mädchen 92. – **MA:** Lamellenstories,
Anth. 90. – **H:** Jakob Flach: Ein Bursche namens Ibrahim 90. – **MH:** Literatur geht nach Brot. Die Gesch.
d. Schweizer. Schriftstellerverbandes, m. O. Böni, H.
Loetscher u. U. Niederer 87. – *Lit:* Hans Erpf / Barbara Traber (Hrsg.): „Mutz". 50 Jahre Berner Schriftst.-
ver. 89.

Imfeld, Al, Dr. theol., MA soc., MSJ, MS Agr, Mitbegründer d. Ges. z. Förd. d. Lit. in Afrika, Asien u.
Lateinamerika, Frankfurt/M.; Konradstr. 23, CH-8005
Zürich, Tel. u. Fax (01) 2 72 17 51, mail@alimfeld.
ch, www.alimfeld.ch (* am Napf 14. 1. 35). Gruppe Olten; Christoph-Eckenstein-Pr. 84, Zürcher Journalistenpr. 90, Europ. Journalistenpr. 90, Publikumspr. 02. Innerschweizer Lit. 97, E.gabe d. Kt. Zürich 97; Lyr.,
Erz., Sachb. Ue: engl (afrik). – **V:** zerstreut liegen die
steine des heiligtums, G. 84; Die Wüste erobert uns,
G. 84; Lebenszeichen, G. 85; Wenn Fledermäuse auf-
schrecken, liegt etwas in der Luft, das kein Mensch zu
ändern vermag, Kurzgeschn. 96; Da kam eines Tages
im Frühsommer, kurz vor dem Melken, ein Mann leicht
und fast tänzelnd vom Wald daher, Kurzgeschn. 97; Ein
Gesang zur Sonnen-Wende, G. 97; Lauter verwundbare
Jahre, G. 98; Berge führen nicht in den Himmel sondern in die Tiefe, Kurzgeschn. 02; Lose Texte 01; üb.
40 Bücher zu Entwicklungspolitik u. Themen afrikan.
Kulturen. – **MV:** Bilder und Texte, m. Godi Hirschi, bibliophile Ausg. 96. – **P:** Arme Seelen fahren Schiff,
Geschn., CD 98; Quartiergeschichten, CD 01. – **Ue:**
Afrika. Der langsame Marsch d. Entkolonialisierung,
m. Maya Zürcher, G. 88. – *Lit:* s. auch SK. (Red.)

Imgrund, Bernd; Swisttalstr. 23, D-50968 Köln, Tel.
(02 21) 8 90 20 00. – **V:** 1000 Tipps fürs Auswärtsspiel
93; Das Skat-Lesebuch, e. Kulturgesch. 02; Korrupt, R.
02; Kölner Samstalsurium, Sachb. 06; Quinn Kuul, R.
07; Ölle. Die Stadt am Niehr 07; Fränki, R. 08.

Imhasly, Pierre, Publizist, Schriftst., Übers.; Bahnhofstr. 21, CH-3930 Visp, Tel. (0 27) 9 46 44 81 (* Visp
14. 11. 39). Gruppe Olten; Übers.pr. d. Oertli-Stift. 77,
Werkjahr d. Kt. Zürich 77, Werkjahr Pro Helvetia 79,
Kulturpr. d. Gemeinde Visp 80, Staatspr. d. Kt. Wallis
83, Werkbeitr. d. Pro Helvetia 02. Ue: frz. – **V:** Sellerie, Ketch up & Megatonnen, Textsamml. 70; Wider-
part oder Fuga mit Orgelpunkt vom Schnee. Ein Poem
79, 00; Bodreito Sutra, dt./frz. 92; Rhone Saga 96; Pa-
raíso sí 00; Leni, Nomadin, m. Fotogr. v. Renato Jordan
01; Zermatt, m. Fotogr. Vlad 04; Maithuna. Berg der
Welt, Liebesakt transzendierend 05. (Red.)

Imhof, Karl, Künstler; Marlene-Dietrich-Str. 11, D-
80636 München (* München 40). – **V:** Texte und
Sprechstücke 90; Sprechstücke 1989–1996 98; Lose
Texte 01. (Red.)

Imhof, Sabine; sofa@sabineimhof.com, www.
sabineimhof.com. – **V:** Sonntags, Lyr. 04. (Red.)

Imhof, Ursula; Prinzess-Luise-Str. 125, D-45479
Mülheim/Ruhr, Tel. (02 08) 42 33 26, Ursula.Imhof@t-
online.de (* Bernburg 30. 12. 44). Rom., Lyr., Erz. – **V:**
Ich suchte Liebe 92; Und über uns der Regenbogen 92,

Imhoff

00; Mit dem Herzen sehen, Erzn. 93; Ich hoffe auf das erste Lächeln 95; Einfach himmlisch, Kurzgeschn. 97; Der Mann im Spiegel, R. 99. (Red.)

Imhoff, Hans (Frosch), Prosaschriftst., Lyriker, Philosoph; Güntherstr. 22, D-60528 Frankfurt/Main, Tel. (0 69) 67 24 10, *www.euphorion.de* (* Langenhain/ Taunus 16. 2. 39). – **V:** Die Mitscherlich-Aktion, Dok. 72; Der Hegelsche Erfahrungsbegriff, philos. Ess. 73; Gespräche. 1–3: Dialoge 73, 4: Vertrauliche Mitteilungen 74, 5–7: Vortrag / Dialog / Monolog 76, 8–9: Meisterdialoge 77, 10: Dialog 80; Kleine Postfibel, Dok. 74; Allgemeine Gedichte 1973–1975 75; Das Naturwerk, Autobiogr. 75, 78; Die Substanz, R. 76; Pyrrho, 1. Fünfjb. f. konkrete Poesie (1972–1977) 76, 77; Übergang zur Wirklichkeit, R. 77; Asozialistik, Dok. 78; Logik des Plans, philos. Abh. I 78; Republikanische Blüte, Bd I 79, II 81, III 86, IV 90, V 99; Gedichte auf die Monate des Jahres (1977/80) 80; Dramen. – Zugleich Gorgo, 2. Fünfjb. f. konkrete Poesie (1977–1982) 82; Juvenalien, Frühe Kunstprosa (1963–1965) 82; Mnemosyne, Satn. 83; Poiesis 84; Passus, G. 84; Untersuchung über d. Verhältnis d. Gegenwartsmoderne zum Schönen 85; Pytho, 3. Fünfjb. f. konkrete Poesie 87; Splendor globi 88; Summa Ovidiana 88; Erster Besuch in der Abyssos 89; Figurengedichte, 4. Fünfjb. f. konkrete Poesie 90; Vertumnus und Pomona 90; Herabstieg zur Lebensmitte 94; Die Herablassung des Dichters 96; Echo, 5. Fünfjb. f. konkrete Poesie 97; ich für Dich bei mir, Briefe 98; Charta gemina. Unica Laurentiaca 99; Trinität aus Parmenidis I–V 00, VI–X 02/03; Eine Geliebte Goethes, Ess. 01; Das Erbe. Briefe 1995–2000. Bd 1: Die Bärin 02; Ursa poeta maior 02.

Imm, Günther s. Bischof, Heinz

Immendorf, Ruth, gelernte Krankenschwester; Schneeberger Str. 98, D-08280 Aue, Tel. (0 37 71) 27 43 36 (* Topfseifersdorf/Sa. 24. 10. 26). Erz. – **V:** Liebe in Bewegung 95; Weil Gott vergibt ... 96; Licht in meine Dunkelheit 97; Die Bernsteinkette, Erzn. 00, 2. Aufl. 06; Glück hat viele Seiten, Erzn. 03, 2. Aufl. 07; Immer wieder Freude, Erzn. 06.

Immer, Vera (Ps. f. Daniela Hoppaus), Ing. Elektrotechnik; Denisgasse 35/9, A-1200 Wien, Tel. (06 76) 7 10 20 50, *netghost@gmx.net, members.chello. at/netghost* (* Leoben 7. 12. 72). IGAA. – **V:** Restl' essn 06. – **MA:** Das große Dorfhasserbuch, Anth. 00; Traumpfade, Anth. d. Story-Olympiade 00; Das große Verwandtenhasserbuch, Anth. 01; Solar X 128, Fanzine 01; Die Melange, Ztg 06.

Immig, Harald, Liedpoet u. Maler; Nägelesgasse 21, D-73037 Göppingen. Tel. (0 71 65) 86 77, Fax 20 05 28, *info@harald-immig.de, www.harald-immig. de* (* Göppingen 13. 12. 49). Lyr., Lied, Prosa. – **V:** Gedichte und Bilder 98; Gedichte 99; Der Spielmann, Erzn. – **P:** 10 Schallpl./CDs, u. a.: Da komm ich her; Nach Hause; Bergen blau; Roter Mohn; Rosen; Nixle em a Bixle. (Red.)

Incorvaia, Brigitte, Kinderpflegerin, Reiki-Lehrerin, Heilpraktikeranwärterin; Schwaighofstr. 5, D-86899 Landsberg, Tel. (0 81 91) 9 73 44 84, *Ceridwen56@ web.de, www.ynys-wytrin.de* (* Landsberg am Lech 6. 8. 56). – **V:** Der Sternenschüler 01; Die gläserne Insel 02; Hinter den Schleiern der Zeit 03; Das vergessene Lied 04, alles R. – **MA:** Nationalbibliothek d. dt.sprachigen Gedichtes. Ausgew. Werke 00ff.; Kulinaria 02; Neue Literatur 02; Frankfurter Bibliothek 02, 03; Das Lachen deiner Augen 03; Kindheit im Gedicht.

Inden, Jutta (geb. Jutta Nyhus, Ps. The Voice) *

Inderwisch, Karin, Dr. phil., Autorin, Malerin; Fasaneriestr. 15, D-80636 München, Tel. u. Fax

(0 89) 18 95 63 12, *KarinInderwisch@aol.com, www. KAIN-KunstStoff.de & www.Schauplatz-Wechsel.de* (* Braunschweig 14. 8. 68). Pr. b. Lyr.-Wettbew. d. Lit.zentrums Braunschweig 05; Lyr., Kurzprosa. – **V:** Typen-Galerie, Lyr. 04. – **MA:** zahlr. Beitr. in Anth. u. Lit.zss., u. a.: Buchjournal 99–03. (Red.)

Ingendaay, Marcus (Ps. Isabel Ingendaay, Mickey Goudswaard), Übers.; Pählstr. 39, D-81377 München, Tel. (0 89) 71 05 60 98, (01 75) 5 16 74 59, Fax (0 12 12) 5 62 17 61 42, *Marcus.Ingendaay@web. de* (* Bonn 24. 5. 58). VS/VdÜ; Heinrich-Maria-Ledig-Rowohlt-Übers.pr. 97, Helmut-M.-Braem-Übers.pr. 00. Ue: engl. – **V:** Die Taxifahrerin, R. 03. – **Ue:** David Foster Wallace: Kleines Mädchen mit komischen Haaren, Erz. 01. (Red.)

Ingendaay, Paul, Kulturkorrespondent d. FAZ in Madrid; 9 Alberto Bosch, E-28014 Madrid, Tel. 9 13 69 50 56, Fax 9 13 69 50 57, *p.ingendaay@faz. de, www.paulingendaay.com* (* Köln 5. 1. 61). Alfred-Kerr-Pr. 97, Ndrhein. Lit.pr. d. Stadt Krefeld 06, aspekte-Lit.pr. 06. – **V:** Die Romane von William Gaddis 93; Gebrauchsanweisung für Spanien 02; Warum du mich verlassen hast, R. 06. – **H:** Javier Marías: Alle unsere frühen Schlachten 00. – **MH:** Werkausgabe Patricia Highsmith, m. Anna von Planta, 02ff. (Red.)

Ingenheim, Marieluise von s. Koizar, Karl Hans

Ingenhoff, Sebastian, freier Autor u. Journalist; Brüsseler Platz 17, D-50674 Köln, Tel. (02 21) 1 79 45 67 (* Duisburg 3. 3. 78). Rom., Essay. – **V:** Rubikon, N. 06. – **MA:** Konkursbuch 45 special 06. – *Lit:* Cigdem Akyol in: taz v. 31.1.2006; Thomas Edlinger in: The Gap 07.

Ingenkamp, Karlheinz s. Adam, Frank

Ingold, Felix Philipp, Dr. phil., Prof. U. St. Gallen, Doz. ETH Zürich; rue du Collège, CH-1323 Romainmôtier, Tel. 02 44 53 16 28, Fax 07 12 24 26 69, *Felix. Ingold@unisg.ch, www.kwa.unisg.ch.* Herzogstr. 6, CH-8044 Zürich, Tel. 0 12 51 41 24 (* Basel 25. 7. 42). Petrarca-Übers.pr. 89, Gastpr. d. Kt. Bern 91, Gr. Lit.pr. d. Kt. Bern 98, manuskripte-Pr. 01, Buch d. Schweizer. Schillerstift. 03, Ernst-Jandl-Pr. f. Lyr. (Öst.) 03, E.gabe d. Kt. Zürich 03, Erlanger Lit.pr. f. Poesie als Übersetzung 05, u. a.; Lyr., Erz., Rom., Ess., Übers. Ue: russ, tsch, frz. – **V:** Leben Lamberts, Prosa 80; Literatur und Aviatik, europ. Flugdicht. 1909–1927, 80; Dostojewskij und das Judentum 81; Unzeit, G. 81; In Goethes Namen, Anekdn. 82; Haupts Werk Das Leben, Prosa, G. 84; Schriebsal, Prosa 84; Fremdsprache, G. 85; Mit anderen Worten, Prosa 86; Letzte Liebe, R. 87; Und das soll ein Gedicht sein, G. 87; Das Buch im Buch 88; Der Autor im Text 89; Echtzeit 89; Ewiges Leben, Erz. 91; Der Autor am Werk 92; Reimt's auf Leben, G. 92; Ausgesungen, Ode 93; Autorschaft und Management, poetolog. Skizze 93; Restnatur, G. 94; Freie Hand 96; Nach der Stimme, Lyr. 98; Auf den Tag genaue Gedichte 00; Der grosse Bruch. Russland im Epochenjahr 1913 00; Jeder Zeit – andere Gedichte 02; Im Namen des Autors. Arbeiten für d. Kunst u. Literatur 04; Wortnahme. Jüngste u. frühere Gedichte 05; Tagesform, G. 07; Russische Wege. Geschichte, Kultur, Weltbild 07. – **MA:** Tagebuch, m. R. Winnewisser 88; Unter sich, m. Bruno Steiger, Briefe 96; Nach der Stimme, m. Urs Leimgruber 00. – **MA:** Erinnere einen vergessenen Text 97. – **H:** u. größtenteils Ue: Edmond Jabès: Die Schrift der Wüste, Gedanken, Gespr., G. (auch Nachw.) 89; ders.: Vom Buch zum Buch (auch Nachw.) 89; Boris Pasternak: Der Strich des Apelles 90; Francis Ponge: Gnoske des Vorfrühlings, Prosa 90; Gennadij Ajgi: Aus Feldern Rußlands, G. u. Prosa 91; ders.: Und: für Malewitsch 92; Ossip Mandelstam: Das zweite Leben, G. u. Not.

92; Lewis Caroll: Tagebuch einer Reise nach Russland im Jahre 1867 97; Geballtes Schweigen, zeitgenöss. russ. Einzeiler 99; Henri-Frédéric Amiel: Tag für Tag 02, u. a. – **MH:** Fragen nach dem Autor 92; Der Autor im Dialog 95, beide m. Werner Wunderlich. – **P:** Nach der Stimme. Ein konzertanter Dialog ..., m. Urs Leimgruber, CD 00. – **Ue:** Michel Leiris: Suppe Lehm Antikes im Pelz tickte o Gott Lotte, e. Glossar 91; Gennadij Ajgi: Widmungsrosen, G. (zweispr.) 91; Jan Skacel: Ein Wind im Namen Jaromir, G. 91; Edmond Jabès: Das Gedächtnis und die Hand 92; ders.: Verlangen nach einem Beginn 92; Wladimir Buritsch: Texte in freien Versen 92; Gennadij Ajgi: Im Garten Schnee 93; ders.: Die letzte Fahrt (zweispr.) 93; ders.: Veronikas Heft 93; Joseph Brodsky/Antoni Tàpies: Römische Elegien 93; Jan Skacel: Und nochmals die Liebe 93; Marina Zwetajewa: Gruss vom Meer, G. 94; Joseph Brodsky: Gedichte 99, u. a. – *Lit:* H.-J. Frey in: manuskripte, H.151 01; A. Hansen in: manuskripte, H.159 03; B. Ledebur in: manuskripte, H.161 03; Martin Zingg in: KLG. (Red.)

Ingram, Angelika; Schwesternweg 3/2, A-5020 Salzburg. – **V:** Lichtspiel der Seele. Ein grenznormales Tagebuch 06; Häppchen zwischendrin 06.

Ingrisch, Lotte s. Einem, Charlotte von

†**Inkiow,** Dimiter (Dr. Dimiter Janakieff), Diplomregisseur, Dr. h. c.; lebte in München (* Haskowo/Bulg. 10. 10. 32, † München 24. 9. 06). P.E.N. Club 75; Auswahlliste z. Dt. Jgd.lit.pr., Dr. h.c. HS f. Film u. Theater Sofia 98; Kindergesch., Nov., Drama, Hörsp. – **V:** Miria u. Räuber Karabum 74; Die Puppe, die ein Baby haben wollte 74; Transi Schraubenzieher 75; Der kleine Jäger 75; Transi hat 'ne Schraube locker 76; Ich u. meine Schwester Klara 77; Reise nach Peperonien 77; Ich u. Klara u. der Kater Kasimir 78; Ich u. Klara u. der Dackel Schnuffi 78; Planet der kleinen Menschen 78; Klub der Unsterblichen 78; Kunterbunte Traumgeschichten 78; Ich u. Klara u. das Pony Balduin 79; Der grunzende König 79; Das fliegende Kamel 79; Das Geheimnis der Gedankenleser 79; Der versteckte Sonnenstrahl 80; Vier fürchterliche Räubergeschichten 80; Ich u. Klara u. der Papagei Pippo 81; Leo der Lachlöwe 81; Eine Kuh geht auf Reisen 81; Ich, der Riese u. der Zwerg Schnips 81; Leo der Lachlöwe im Schlaraffenland, Geschn. 82; Meine Schwester Klara u. die Geister 82; Meine Schwester Klara u. der Löwenschwanz 82; Meine Schwester Klara u. die Pfütze 82; Der Hase im Glück 82; Ich, der Riese u. der große Schreck 82; Meine Schwester Klara u. ihr Schutzengel 83; Ein Igel im Spiegel 83; Kleiner Bär mit Zauberbrille 83; Maus u. Katz 83; Meine Schwester Klara u. der Haifisch 83; Meine Schwester Klara u. ihr Geheimnis 84; Meine Schwester Klara u. der Schneemann 84; Hurra, unser Baby ist da 84; Meine Schwester Klara u. das liebe Geld 85; Meine Schwester Klara u. die große Wanderung 85; Die fliegenden Bratwürstchen 85; Hurra, Susanne hat Zähne 85; Was kostet die Welt, Geschn. 86; Die Karottennase, Geschn. 86; Meine Schwester Klara u. ihre Kochlöffel 86; Peter u. die Menschenzähnefresser, Kdb. 87; Meine Schwester Klara u. das Lachwürstchen 87; Die Katze fährt in Urlaub 88; Meine Schwester Klara u. der Osterhase 88; Meine Schwester Klara u. der Piratenschatz 88; Meine Schwester Klara u. die geschenkte Maus 88; Erzähl mir von der Sonne/Ein Sonnenstrahl auf großer Fahrt 88; Susanne ist die Frechste 88; Ich u. meine Schwester Klara. Die schönsten Geschn., Sammelbd 89; Meine Schwester Klara u. Oma Müllers Himbeeren 89; Der singende Kater, Geschn. 89; Das Buch erobert die Welt 90; Ich hab dich ganz stark lieb, Susanne, Sammelbd 90; Inkiow's schönstes Lesebuch 90; Das kluge Mädchen u. der Zar 90; Mein Opa, sein Esel u. ich 90; Meine Schwester Klara als Umweltschützerin 90; Meine Schwester Klara u. ihre Mäusezucht 90; Pipsi u. Elvira, Geschn. 90; Das Buch vom Fliegen 91; Herkules, der stärkste Mann der Welt, griech. Sagen 91; Ich bin Susannes großer Bruder, Sammelbd 91; Inkiows schlaues Buch für schlaue Kinder 91; Ein Kater spielt Klavier, 5 Geschn. 91; Die Katze läßt das Mausen nicht, Fbn. nach Äsop 91; Filio der Baum 92; Meine Schwester Klara ist die Größte!, 20 Geschn. 92; Meine Schwester Klara u. das sprechende Auto 92; Der Widder mit dem goldenen Fell 92; Antonius wird Mauspatenonkel 93; Der bebrillte Rabe 93; Hund u. Floh – Die hüpfenden Gäste 93; Ist die Erde rund?, Geschn. 93; Meine Schwester Klara u. das große Pferd 93; Der Prinz mit der goldenen Flöte 93; Wie groß ist die Erde? 93; Wie Siegfried den Drachen besiegte, Nacherzn. europ. Sagen 93; Das Abc-Zauberbuch 94; Die Gänse, der Fuchs u. der Luchs 94; Der größte Esel 94; Ich u. meine Schwester Klara – Die lustigsten Tiergeschichten, Sammelbd 94; Das Krokodil am Nil 94; Lustige Abc Geschichten 94; Meine Schwester Klara erzählt Witze 94; Das Kaninchen u. der Frosch 95; Das Mädchen mit den viereckigen Augen 95; Meine Schwester Klara stellt immer was an, Sammelbd 95; Meine Schwester Klara u. das Fahrrad 95; Die fliegende Schildkröte 96; Die Glücksschweine/Eine Maus im Haus 96; Ein Baby für Babuschka 98; Krokodilbauchbesichtigung, Theaterst. 98; Die Abenteuer des Odysseus, Erzn. 99; Äsops Fabeln, Erz. 00; Orpheus, Sisyphos & Co. 00; Die Bibel für Kinder nacherzählt 03; Klara u. ich in Amerika 03; Klara u. ich im Winter 03; Ich u. Klara u. die Tiere 03; Achtung! Menschenzähne-Fresser 03; (Übers. insges. in: bulg., chin., dän., engl., fin., frz., gr., hebr., holl., ital., jap., korean., poln., port., rätorom., russ., schw., serbokroat., span., türk., wallon., ung.). – **R:** Der kleine Junge und der Spatz, Fsf.; Die Puppe ein Baby haben wollte, Hsp.; Als die Menschen noch nicht so klug waren, Hsp.-Serie; Die Abenteuer vom Plimp und Plomp 86; Die ersten Flugabenteuer mit Schaf, Hahn und Ente 86; Eine Geisterreise um die Welt 87; Medea 01; Argonautensage 01; Hercules 02; sowie Serien f. RB, BR u. Deutsche Welle. – **P:** Die Puppe, die ein Baby haben wollte 78; Ich u. meine Schwester Klara 78; Ich u. Klara und der Kater Kasimir 79; Reise nach Peperonien 79; Abenteuer in Peperonien 79; Griechische Sagen 1–2 98, 3–4 99, CDs; Die Heldentaten des Herkules, CD 99; Die Abenteuer des Odysseus, CD 99; Medea, Tonkass./CD 01; Der Zug der Argonauten, Tonkass./CD. 01; Die fliegenden Bratwürstchen, Tonkass.; mehrere Kass. z. Serie „Ich u. meine Schwester Klara"

Innecken, Martin, Dipl.-Ing., Architekt; Zum ewigen Frieden 12, D-32049 Herford, Tel. (0 52 21) 2 42 74, (01 77) 4 92 74 76 (* Herford 16. 7. 63). Rom. – **V:** Schmetterlinge, Krim.-R. 98. (Red.)

Innerhofer, Maridl, Matura/Abitur d. Lehrerbildungsanstalt; Kirchweg 8, I-39020 Marling/Meran, Tel. (04 73) 44 70 17 (* Marling 2. 4. 21). Turmbund 76, Südtiroler Künstlerbund, Kr. f. Lit. 76, Bair. Burgschauspieler, Josef-Reichl-Bund 89; Heimatpr. d. Kulturwerk f. Südtirol, München 88, Poetenteller d. Stadt Deggendorf 92, E.zeichen d. Ldes Tirol 02; Lyr., Kurzprosa, Aphor. – **V:** Hennen und Nochtigolln 76, 3. Aufl. 79; In fimf Minutn zwelfe 77, 2. Aufl. 81; A Kraut mit tausnd Guldn 80; Mundart im Chorlied 82; ... daß die Kirch in Dorf bleib 84; A Hondvoll Minz 85; Muansch du mi? 90, 2. Aufl. 92; A Liacht in dr Nocht 91, 2. Aufl. 93; Nochtkastlbiachl 92, alles Mda.-G. – **MA:** Anth.: Sagst wasd magst 75; Wegweiser durch d. Lit. Tirols seit 1945 78; Südtirol erzählt 79; Am oa-

Innerwinkler

gnen Roan sei Orbeit toan 83; Tirol 1809–1984 84; Im Schatten d. Ulme 86; Tiroler Kinderreime 86; Tiroler Mundartbuch 86; Lyrische Annalen, Bd 3 87; Anth. II d. Bairischen Burgschreiber 88; Partnerschaftsgedichte 89; Im Wechsel d. Jahre 90; In d. Eulenflucht 90; Max u. Moritz (Übers. in Burggräfler Mda.) 90; Nachrichten aus Südtirol 90; Tiroler Gegenwart 90; Die Weihnachtsgesch. in dt. Dialekten 93; Der Mundart Struwwelpeter 96; Gott's Ehr – hoamatlich, Mda.-Messen 97; Wilhelm Buschs Hans Huckebein in 65 dt. Dialekten 97; Wilhelm Buschs Plisch und Plum in 40 dt. Mundarten 99; Ludwig Soumagne – Die Litanei; Grenzenlos, beides Übers. in Burggräfler Mda.; Pommaraida; Durch kahle Alleen; Vom Rot des Mohns, Haikus; – Zss.: Schmankerl; Arunda; Volkskultur; Dolomiten; D. Schlern; Lichtungen; Südtirol in Wort u. Bild; D. Fenster; Lorenzer Bote; St. Antoniusbl.; D. Spur; Fels u. Firn; Mitt. d. Stelzhamer-Bdes; 900 Jahre Ulten, Festschr.; Il Chardun; Musicalbrandé; dafür; Tiroler Gedenkjahr 1809–1984; Pogrom Nr.152, 90; Tiroler Heimatbl. 2/91, u.v.a; zahlr. Beitr. in Schulb., Gesangsb. u. Kal. – **R:** Rdfk-Sdgn: Autoren, Werke, Meinungen; D. Welt d. Frau; Dichterstimmen aus Tirol; Tirol isch lei oans; I probier's mit an Liadl; A Stübele voll Sonnenschein; Tirol an Etsch u. Eisack; Frauenbilder; Schulfunk – Autoren in d. Klasse, u. a.; – Fs.-Sdgn: D. Frau im Blickfeld; Regenbogen 00, u. a. – **P:** Südtiroler Singmesse, Tonkass. 92; Die 5 Johreszeitn – M.I. liest ihre Gedichte, CD u. Tonkass. 95. – **Ue:** Antoine de Saint-Exupéry: Le Petit Prince (Übers. in Burggräfler Mda.) 02. – *Lit:* Burgi Reiterer: Aspekte d. hist. Entwicklung d. Dialektlyr., Diss., Univ. Mailand-Feltre 85; Ria Wess: M.I., die Mda.-Dichterin aus Südtirol, Dipl.arb., Univ. Wien 00.

Innerwinkler, Sandra (Saška Innerwinkler); Übers Land 11, A-9800 Spittal a.d. Drau, Tel. (06 76) 7 51 41 82, *sandra.innerwinkler@reflex.at* (* Villach 6. 11. 77). Jgdb.pr. d. Ldes Kärnten 94; Lyr., Prosa, Kinder- u. Jugendb. – **V:** Nora, Gesch. 94; Heimatlieder und andere Bosheiten, Lyr. dt./slowen. 00. (Red.)

Insayif, Semier, freier Schriftst., Org. literar. Veranstaltungsreihe „LITERATniktechTUR", Kommunikations-Verhaltens- u. Fitnesstrainer; Paradisgasse 27/B/3, A-1190 Wien, Tel. u. Fax (01) 3 20 14 66, *semierinsayif @aon.at, www.semierinsayif.com* (* Wien 12. 9. 65). Wiener Werkstattpr. 00; Lyr., Prosa. – **V:** 69 konkrete annäherungsversuche, exper. Lyr. 98 (m. CD); über gänge verkörpert oder vom verlegen der bewegung in die form der körper, G. 01; libellen tänze, G. 04. – **MA:** zahlr. Beitr. in Lit.-Zss. u. Anth. seit 94, u. a. in: ICH + ICH sind zweierlei 95; Scriptum 95; Dichtungsring 24/25/96, 27/98; Freie Zeit Art 20/97, Sonderdr. VII/00; wespennest 117/00. – **MH:** txtour –; Siemens-Forum-Lit.pr., m. Roland Leeb u. Alfred Rubatschok, Anth. 98, 99. (Red.)

Ionescu, Lidia (geb. Lidia Staniloae), Dipl.-Physikerin; Wilmersdorfer Str. 3, D-79110 Freiburg, Tel. (07 61) 80 76 98, *dumitras.ionescu@t-online.de* (* Sibiu/Hermannstadt 8. 10. 33). Rum. SV 82; Rom., Lyr. Ue: frz, rum. – **V:** Zähringerblut, hist. R. 07; 6 Veröff. in rum. Sprache seit 71. – **Ue:** Hilde Domin: Nur eine Blume als Stütze 72; Rainer Maria Rilke: Die Aufzeichnungen des Malte Laurids Brigg 82.

Ippensen, Antje (Ps. Janet E. Spinpen), Autorin, Lektorin, Übers.; Schwetzinger Str. 44, D-68165 Mannheim, Tel. u. Fax (06 21) 40 20 66, *janetespinpen@t-online.de* (* Oldenburg 18. 2. 65). Die Räuber '77; RS-GI-Autorenpr. (7. Pl.) 90, Liechtenstein-Pr. (2. Pr.) 91, Pr. b. Wettbew. ‚Jugend schreibt' (Kurzprosa) d. FDA Bad.-Württ. 94, Werner-Ross-Pr. 98; Ged., Phantastik.

Ue: engl. – **V:** Gegenkreis, Fantasy-R. 97; Der 24. Buchstabe, Mystery-R. 00. – **MA:** junge lyrik dieser jahre – pen-club liechtenstein 93; Liebe ich dich?, G. 93; Ich bin, also schreibe ich? 94; Märchens Geschichte 94; Perforierte Wirklichkeiten 94; angst – begegnung im keller 96; Literat 12/97; Die Handgranate Gottes 99. (Red.)

Irgang, Margrit, Schriftst.; Stegenbachstr. 9, D-79232 March, Tel. (0 76 65) 9 39 07 57, *www.margritirgang.de* (* Bad Kissingen 8. l. 48). Förd.pr. d. Freistaates Bayern 85, Stip. d. Dt. Lit.fonds 85, Münchner Lit.jahr 86, Villa-Massimo-Stip. 87/88, Marburger Lit.pr. (Förd.pr.) 88, Arb.stipendien d. Förd.kr. dt. Schriftst. Bad.-Württ.; Rom., Erz., Kinder- u. Jugendb., Hörsp., Ess., Rezension, Lyr., Feat. Ue: engl. – **V:** Einfach mal ja sagen, Gesch. 80, 7. Aufl. 88; Ich bin meine Geschichte, Jgdb. 82, 2. Aufl. 83; Unheimliche nette Leute, R., 2. Aufl. 82, Tb. 84; Min, Gesch. 84, Tb. 86; Blicke, Erzn. 87; Die erste und einzige Geschichte vom Gedankenland, Kdb. 94 (auch ndl.); Dieser Augenblick, Ess. 06 (auch ndl.). – **MA:** zahlr. Beitr. in Anth.; Studiengäste u. Ehrengäste Villa Massimo, Kat. (Samml. Ludwig, Aachen) 89. – **H:** Buch der Freude 01. – **R:** Rabennacht, Hsp. 95; zahlr. künstler. Feat., u. a.: Engel 99; Leselust und Leseleid 00; Und die Nacht legte ihr silbernes Ei 00; Die Wonnen des Alleinseins 01; Die Frauen in Leben und Werk von Hermann Hesse 02; Und immer ist es ein unerreichbarer Stern, den wir lieben 02; Was ist schöpferische Kraft? 02; Singen für die Warschauer Toten 03; Der Tod ist ein großer Lehrer 03; Der Sound einer neuen Generation 04; Wenn ich ihm nur den Mond schenken könnte 04; Sinn und Eigensinn 05; Hier & Dort und Hin & Her 08; Portr. üb. Tanja Blixen, Alfred Polgar, Grete Weil, Virginia Woolf, Vanessa Bell, Elizabeth Bowen, Thomas Merton, Mevlana Dschelalledin Rumi, Isabelle Eberhardt u. v. a. 99–02. – *Lit:* s. auch 2. Jg. SK.

Irle-Sourisseau, Mechthild s. Sourisseau, Mechthild

Irmscher, Claus; Straße der Einheit 20, D-07924 Ziegenrück, Tel. (03 64 83) 2 03 40, Fax 2 03 85, *verlag. espero@t-online.de, www.espero-verlag.de* (* Leipzig 9. 5. 39). FDA 91, Vors. d. Ldesverb. Thüringen seit 07, Friedrich-Bödecker-Kr. 00; Kunstpr. f. Lit. d. Bd V–Ldesverb. Thüringen 04; Lyr., Erz., Dramatik, Hörsp., Rep. – **V:** Vom Regen in die Traufe, Poem 03; Meine Stimme, das Pfeifen der Maus, Lyr. 04; Requiem für Erika D., Hsp. 04; Bitterer Wein, Hsp. 04; Ziegenrücker Gedichte 04; Die Vögel im Rauch, Jgdb. 05; Heimatverräter, G. 05; Zuspruch für Arbeitslose, G. 06; Herakles und Antäus, G. 07. – **MV:** Streifzüge durch Süd-Ungarn, Reise-Rep. 02; Falkenflug – eine verlorene Jugend in der DDR, Tatsachen-R., Neufass. 08; Abenteuer Altstadt, R. 09, alle m. Gisela Rein. – **B:** Thomas Perlick: Herr Pauli redet lieber mit Tieren, Kdb. 06. – **MA:** Zauber Zeit 01.

Irnberger, Harald, freier Autor u. Journalist; c/o Werner Eichbauer Verlag, Wien (* Wolfsberg/Kärnten 24. 8. 49). – **V:** Sieg in deutscher Nacht, Satn. u. Erzn. 78; I bin Österreicher, Satn. u. Parodien 86; Andalusische Arabesken. Ein literar. Reiseführer 02; – KRIM.-ROMANE: Richtfest 90; Stimmbruch 94; Geil 95; Das Schweigen der Kuratoren 96; Ein Krokodil namens Wanda 97; Der Wolf 01; – zahlr. Sachb. – **H:** Betroffensein. Literar. Wortmeldungen z. Slowenenproblem in Kärnten 80. – *Lit:* s. auch SK. (Red.)

IRONIMUS s. Peichl, Gustav

Ironymus bavaricus s. Graf, Hans-Wolff

Irtenkauf, Dominik, M. A., freischaff.; Ostmarkstr. 79, D-48145 Münster, Tel. (02 51) 8 49 35 85, *kreiselei @yahoo.de* (* Mutlangen 18. 7. 79). Pratajev-Ges. 02;

Rom., Erz., Mediencollage, Kurzgesch. – **V:** Subkultur und Subversion. Wanderer zwischen Zeichen, Zeiten und Zeilen; Ess. 03, Orig.-Ausg.; Der Teufel in der Tasche. Ein Reisebegleiter in seiner Welt, Erz. 06; Worträtsel. Aufgabe in Mensch und Wort, Erz. 06; Holmes und das Elfenfoto, R. 07. – **MA:** Wolfgang Hohlbeins Schattenchronik: Der ewig dunkle Traum 05; Der Rattenfänger 05; Der dünne Mann u. a. düstere Novellen 06; Das Geheimnis des Geigers 06; zahlr. Beitr. in Lit.-zss. seit 00 u. a., in: Aeonikon; AHA; Der Golem; Fantasia; Artic; Rude look; Bizarre Cities. (Red.)

Isau, Ralf, Essayist, Schriftst.; Tel. (0 71 41) 6 50 66, *ralf@isau.de, www.isau.de.* c/o AVA – Autoren- und Verlags-Agentur GmbH, Herrsching (* Berlin 1. 11. 56). Buxtehuder Bulle 98, Buch d. Jahres d. Ju-Bu-Crew 98, 99, Buch d. Monats d. Ju-Bu-Crew Februar 98, 3. Pl. b. Pr. d. Moerser-Jgdb.-Jury 99/00; Rom., Erz., Ess., Fachartikel. – **V:** Der Drache Gertrud, Kdb. 94, 04 (auch dän., estn. sowie als Tonkass. u. Bühnenbearb.); Neschan-Trilogie: Die Träume des Jonathan Jabbok 95, 07, Das Geheimnis des siebten Richters 96, 07, Das Lied der Befreiung Neschans 96, 07 (alle auch jap., korean., Thai); Das Museum der gestohlenen Erinnerungen 97, 07 (auch dän., jap., kat., korean., nor., span., Thai); Das Echo der Flüsterer 98, 05; Das Netz der Schattenspiele 99, 06 (auch chin., korean., Thai, nor.); Der Kreis der Dämmerung, 4 Bde 99–01, 05 (auch chin., korean., Thai, hebr., kat., russ., ung., jap.); Pala und die seltsame Verflüchtigung der Worte 02, 05 (auch jap.); Der Silberne Sinn 03, 04 (auch tsch., jap.); Die unsichtbare Pyramide 03, 07 (auch jap.); Die geheime Bibliothek des Thaddäus Tillmann Trutz 03, 05 (auch span./kastilisch, jap., korean.); Der Leuchtturm in der Wüste 04; Der Herr der Unruhe 04, 06 (auch span.); Das gespiegelte Herz 05, 06 (auch jap.); Die Galerie der Lügen 05, 06; Der König im König, 1.u.2. Aufl. 06; Das Wasser von Silmao, 1.u.2. Aufl. 06; Die Dunklen 07, 08; Minik. An den Quellen der Nacht 08; Der Tränenpalast 08; Metropoly 08; Der Mann, der nichts vergessen konnte 08, alles R. (teilw. auch als Tb.- und Sonderausg.). – **MA:** Das große Vorlesebuch (Thienemann) 00; Das neue große Vorlesebuch (Thienemann) 01; Flammenflügel, Anth. 07; Ich schenk dir eine Geschichte, Anth. 08; Das große, dicke Vorlesebuch (Thienemann) 08; – Ess. in: Stuttgarter Ztg 99–01; Lehren und Lernen 02; 1000 und 1 Buch, Mag. 04; Rhein-Ztg 07; – zahlr. Beitr. f. Computer- u. Wirtschafts-Zss., u. a.: DATACON 90, 91, 94; UNIX Mag. 92; iX Multiuser Multitasking Mag. 92; c't 93; Handelsblatt 94; Lehren und Lernen 02; 1000 und 1 Buch, Mag. 04; Rhein-Ztg 07. – *Lit:* Ralf Isau no uchu (Nagasaki Publishing, Tokio) 08.

Isbel, Ursula s. Dotzler, Ursula

Isele, Hans, Prof., Dr.med; Handschuhsheimer Landstr. 62, D-69121 Heidelberg, Tel. (0 62 21) 48 06 90, Fax 47 26 55, *senisele@web.de* (* Heidelberg 18. 1. 22). – **V:** Nörgeleien & Sticheleien 06.

Iser, Dorothea, Schriftst.; Hauptstr. 8, D-39291 Burg-Niegripp, Tel. u. Fax (0 39 21) 94 43 57, *Dorothea.Iser@t-online.de, www.literaturfenster.de* (* Elbingerode 18. 7. 46). Friedrich-Bödecker-Kr., Förd.kr. d. Schriftst. in Sa.-Anh., P.E.N.-Zentr. Dtld. – **V:** Wolkenberge tragen nicht, Erz. 79; Lea, R. 83; Neuzugang 85; Besuchszeit 91; Pink ohne Ende 98, alles Erzn.; Der dicke Dieter, Kdb. 01; schon morgen ist alles anders, Lyr. 03; wasser ist wieder blau, Lyr. 04; Glücksfall 05; Versuch einer Ordnung 05; eigensinnig, Lyr. 06. – **MV:** Alte Liebe, m. Elisabeth Heinemann u. Marcus Waselewski 05; Zu zweit. Eine lyrische Reise durch das Jahr, m. Walter Iser 06. – **H:** Einmal Ko-

lumbus sein, Texte v. Schülern 97; Anders sind wir alle (Jerichower Auslese 3) 01. – **MH:** Querbeet, Leseb. 93; Fluchtwege, Erlebnisber. 97; Auf dem Rücken der Schwalben, Leseb. 97, alle m. Heinz Kruschel; Versuchungen ... und kein bißchen Angst vor einflußreichen Männern, m. Christel Seidel, Anth. 99; Verrückt nach Leben, m. Claudia Glockner, Anth. 99. – **R:** Ich springe in den Regen 85; Katzenkopf 87; Verrückt nach Albert 88; Eckstein oder bis nach Amerika 89, alles Hsp. f. Kinder. (Red.)

Isermann, Ingrid, Kulturjournalistin FBZ; Hegarstr. 18, CH-8032 Zürich, Tel. u. Fax (0 44) 4 22 31 72, *ingrid.isermann@bluewin.ch, ingrid.isermann@ journalists.ch, www.journalists.ch* (* Hamburg 26. 5. 43). impressum – Die Schweizer JournalistInnen, FBZ Freie BerufsjournalistInnen, SSV 92, jetzt AdS, Pro Litteris; Lyr., Erz., Hörsp., Visuelle Poesie. – **V:** Lichtjahre, G. 92. – **MA:** div. Beitr. in Anth., u. a. in: Wenn die Nacht dein Gesicht berührt 91; Sex, Drugs, Rock'n'Roll 99; Herzschrittmacherin 00; ch.eese – Eine Zeitreise durch d. Schweiz (auch hrsg.) 00, 03; Ich habe es erlebt 04.

Ishikawa-Franke, Saskia, Prof. em. Dr. phil., LBeauftr.; Sakamato 4–10–41, Otsushi 520– 0113/Japan, Tel. u. Fax (00 81) 7 75 78 03 07 (* Freiburg/Br. 14. 9. 41). Dt. Haiku-Ges. 88; Saji-Pr. 81; Lyr., Kurzerz., Haiku. Ue: jap. – **V:** Am Wegrand, Lyr./Haiku m. eigenen Zeichn. 81; Deutschlandreise, Lyr./Haiku m. eigenen Zeichn. 90. – **MV:** Im Wandel der Jahreszeiten, m. Christa Wächtler, Lyr./Haiku m. eigenen Zeichn. 87. – **MA:** zahlr. Mitarbeiten an Anth., dem dt. Haiku-Kal. sowie an d. Vj.zs. d. Dt. Haiku-Gesellschaft; Beitr. in 'Saji', japan. Lit.zs. (z.B. über Luise Rinser u. Herta Müller); Essay in: Weg von der Welt, einen halben Tag 06. – **MH:** Über Basho (Goethe u. Basho) 94; Haiku und Internationalität 97. – **MUe:** 3 Renku zus. m. Y. Sato, in: Weg von der Welt, einen halben Tag 06.

†**Isler,** Ursula, Dr. phil. I, Kunsthistoriker (* Zürich 26. 3. 23, † Küsnacht/Zürich 12. 3. 07). SSV 70; Pr. d. Schweiz. Schillerstift. 61, Anerkenn.pr. d. Stadt Zürich 67, 75, 89 u. 92, Pr. d. Kt. Zürich 80, E.gabe d. Kt. Zürich 86, Kulturpr. d. Heimatgem. Küsnacht 92; Rom., Nov. – **V:** Das Memorial, hist. R. 61; Porträt eines Zeitgenossen, zeitkrit. R. 62; Die Schlange im Gras, N. 65; Nadine – eine Reise, R. 67; Der Mann aus Ninive, R. 71; Landschaft mit Regenbogen, R. 75; Pique-Dame und andere Gäste, Erz. 79; Madame Schweizer, R. 82; Nanny von Escher, das Fräulein, Erz. 83; Die Ruinen von Zürich, R. 85; Ein Bild für Enderlin, Erz. 89; Frauen aus Zürich. Sechs Frauenporträts 91; Der Künstler und sein Fälscher, R. 92; Ein Fest für Orwell, R. 97; Der Nachbar, R. 00, u. a. – **MV:** Stadt Zürich 60; Zürcher Album 70; Zürcher Geschichten 72; Die Tierfreunde, bibliophile Ausg. 79.

Ismail, Abdel Salam, Dr. phil., selbst. Übers. u. Dolmetscher; Ruhrlastr. 18, D-45239 Essen, Tel. (02 01) 8 49 69 06, Fax 4 90 16 63, *ismail.abdel-salam@arcor. de, www.translationnetwork.com* (* Ägypten 15. 6. 43). Ue: arab. – **V:** Und traurig ist es, zu schreiben! 03; Lass Islam Friede sein: Hüte dich vor den Hasspredigern 05. (Red.)

Ismann, Clemens; c/o Bruno Gmünder Verl., Berlin. – **V:** Der Goldesel, Geschn. 94; Sehnsucht nach Poel 95; Das Landei, R. 98; Echseljahr, Erzn. 03. (Red.)

Ismer, Knut, Schriftst. 26, D-38106 Braunschweig, Tel. (05 31) 7 76 55 (* Eichwalde, Kr. Teltow 21. 2. 43). IGdA 90–96; Lyr., Rom., Erz., Märchen. – **V:** Atemlos oder Im Lärm der Zeit 06; Querbuchstaben 06; Holocaustdenkmal 07, alles Lyr. – **MV:** Ge-

Israel

dankenbrücken, m. Friederike Amort, Lyr. 04. – **MA:** ANTHOLOGIEN (Ausw.) seit 89: 6 Anth. in d. Edition L, u. a.: Der Wald steht schwarz und schweiget 89, Lieb Vaterland 90, Lyrik heute 93; – 4 Anth. im Zwiebelzwergverlag, u. a.: Das sind die Starken 89, Weit hinter dem Regenbogen 90; – Saalburger Bogendrucke, Nr.6 90; German Love Poetry 92 (in engl. Spr., Skylark/ Indien; IGdA-Almanach 92, 94, 96; Eine Brücke für den Frieden 95; Spuren der Zeit 96 (aktuell-Verl.); – 15 Anth. im Wolfgang Hager Verl., Öst.: ZEITschrift zw. 94 u. 05, u. a.: Ein Sommer mit Alice 03; – Nacht 07 (Geest-Verl.); sowie Anth. u. a. bei den Verlagen: Erik-Grischke-Verl. 90, Graphikum-Verl. 90–93, Verl. Zeininger 96, Wimmer-Verl., Öst. 01, 02 u. 06, Ed. Wendepunkt 06; – ZEITSCHRIFTEN (Ausw.) seit 86: in Deutschland: Edition L, das boot 88–96, IGdA-aktuell 90–95, Die Brücke 93–94, Abstrakt 93–94; – in Österr.: Lyrik-Mappe 88, Österr. Literaturforum 89 u. 90, Zenit 90–04, ZEITschrift, Feierabend/Augenblick-Lit.editionen Lebenszeichen, ab 94; – in Indien (in engl. Spr.): Skylark 89, 90, 95, Rachna.

Israel, Jürgen (Ps. F. Israel), Autor, Lektor, Publizist; Waldfließstr. 51a, D-15366 Neuenhagen/Berlin, Tel. u. Fax (0 33 42) 74 34, *j.israel@web.de* (* Hörnitz 7. 11. 44). Stip. Schloß Wiepersdorf 99, Stadtschreiber zu Rheinsberg 01; Lyr., Erz., Ess. – **V:** Novembersonne, Prosa u. Lyr. 88; Preußisch Blau, Prosa 01; Freundschaft, Texte 03; Prominente Protestanten, Ess. 06. – **B:** Marienkalender 2001 ff., Anth. 00 ff. – **MA:** Am Tage meines Fortgehns. Peter Huchel 1903–1981, Ess. 96; Jahrbuch für das Erzbistums Berlin 2004, 03. – **H:** Friedrich Rückert: Poesiealbum, G. 88; Vom Wertmaß der Poesie, Ess. 88; Roman Brandstaetter: Marienhymnen, G. 88; Anise Koltz: Keine Schonzeit, G. 88; J.M. Camenzind: Schiffmeister Balz, R. 89; H.D. Schmidt: Vom Gras lernen, G. 89; Das Fischwunder, Franziskuslegn. 90; Zur Freiheit berufen, Ess. 91; Gustav Schwab: Ein Lesebuch für unsere Zeit, Prosa u. Lyr. 92; Friedrich Leopold Graf zu Stolberg: Gedichte 92; Bei uns drüben, Ess. 93; Kath. Hausbuch 1994–1995, Anth. 93–94; Christl. Hausbuch 1996, Anth. 95; Worauf du dich verlassen kannst II. Weitere Briefe Prominenter an ihre Enkel 01; Heinrich A. Stoll: Der Ring des Etruskers, Erzn. 03; Marienkalender 2000–2004, Anth. 00–03; Cordiers Geschichtenmarkt 2005–2007, Anth. 04–06. – **MH:** Türklinken zum Leben, m. Elisabeth Antkowiak, Prosa u. Lyr. 90; Musen und Grazien in der Mark, m. Peter Walther 02. (Red.)

Isterheyl, Clara, Maschinenbautechnikerin, Referentin, Techn. Red.; c/o Ingrid Paul, Schloßstr. 8, D-74199 Untergruppenbach (* München 20. 6. 64). – **V:** Soul – oder Das Andere Sehen, Lyr. 00. – **MA:** Anstöße 01; Das Gedicht 02; O du allerschönste Zier 03; Liebe denkt in süßen Tönen 06; Denn unsichtbare Wurzeln wachsen 08, alles Lyr.

Istock, Ruth, Dr. phil., Lehrerin, Schriftst.; c/o Gollenstein Verl., Blieskastel (* Alzey 26. 1. 33). Lit. Ver. d. Pfalz; Rom., Lyr., Erz., Glosse, Ess. – **V:** Unter der Sanduhr, Erz. 89, 90; Das andere Ende des Bogens, R. 91; Fundstücke schwarz auf weiß 95; Da du nun Suleika heißest, R.-Biogr. 98, 99; Hummelflüge 00; Aladins Garten, R. 01; Goethes Lili – Elise von Türckheim, R.-Biogr. 04. (Red.)

Iten, Andreas, Lehrer, Politiker; Bödlistr. 27, CH-6314 Unterägeri, Tel. 04 17 50 23 03, Fax 04 17 50 45 70, *info@andreas-iten.ch*, www.andreas-iten.ch (* Unterägeri 27. 2. 36). ISSV 76; Rom. – **V:** Das Schwingfest, R. 81; Zuger Landschaftsgeschichten 85; Die Hängematten-Wende, R. 88; Zugerkeiten 91; Jahr des Kirschbaums 96; Im Zeichen der Fische 99; Anna Galante, R. 02; Der Handverleser u. a. Geschichten 03; Blätz und Bajass 04; Gegenlesen. Ein politischer Bericht, R. 05; mehrere Sachbücher. (Red.)

Itschert, Michael s. Lothar, Felix

Itzinger, Helga (Helga Wolff-Itzinger), Prof. Dr., Psych. Beratung; Mahrersdorf 21, A-3591 Fuglau, Tel. (06 64) 2 21 95 92, Fax (0 29 89) 2 14 23, www. schrattenthal.at/itzinger/. Weimarer Str. 5/10, A-1180 Wien (* Wien 14. 4. 34). Fulbright Stip., USA 58/59. Ue: engl. – **V:** Kinder im fremden Land, Kdb. 64; Reise ins Innere, Sachb. 01; Geschichten für große und kleine Denker 01; Haben Sie eine eigene Meinung? 60 Überlegungen 03; Ein Leben, kurzgefaßt, G. 04; Durchhalten, Biogr. 04.

Iuszt, Ioan Matei s. Just, Hans Matthias

†**Ivănceanu,** Vintilă, Schriftst., Regisseur, Verleger, Theateraktionist, Kulturkritiker; lebte in Wien (* Bukarest 26. 12. 40, † Essaouira/Marokko 7. 9. 08). – **V:** Sodom 78; MS 80; Begra, G. 00; Mahura oder die Weltschöpfung in fünf Tagen 02; Ausgewählte Gedichte 05. – **MV:** Prozessionstheater, m. Johannes C. Hoflehner 95; ZeroKörper. Der abgeschaffte Mensch 97; Triebwerk Arkadien. 1899/1999 – zweimal Fin de Siècle 99; Aktionismus all inclusive 01; KKK - Kunst.Klang.Krieg. 08, alle m. Josef Schweikhardt.

Ivancsics, Karin, freie Schriftst.; Kaiserstr. 100/42, A-1070 Wien, Tel. u. Fax (01) 5 23 70 33 (* St.Michael/ Bgld 30. 3. 62). Podium; Aufenthaltsstip. d. Berliner Senats 91, Hertha-Kräftner-Pr. 93, Lit.pr. d. Ldes Bgld 99, Öst. Staatsstip. f. Lit. 97–99, Wiener Autorenstip. 01, Förd.pr. d. Ldes Burgenld 04; Prosa, Lyr. – **V:** Frühstücke, Kurzgeschn. 89; Panik, N. 90; Durst!, Kurzgeschn. 95; Deppen & Dämonen – Dancing through the Human Zoo, Miniaturprosa 95; Aufzeichnungen einer Blumendiebin, Prosa 96; Wanda wartet, Prosa 99; Süß oder scharf 05. – **MA:** Objekt Mann 86; Blaß sei mein Gesicht 88, Tb. 90; Auf Zungenspitzen 92; Gesicht des Widerspruchs 92; Auf dem Sprung 93; Margeriten und Mohn 93; Schriftstellerinnen sehen ihr Land 95; 3–900956–332 96; Dann kratz ich dir die Augen aus 97; Ach du Schreck 99; Der dritte Konjunktiv 00, u. a.; Veröff. in Lit.zss. u. im Rdfk. – **H:** schräg eingespielt, Anth. 87; Der Riß im Himmel, SF 89, Tb. 93. – **MH:** Unter die Haut, phant. Erzn., m. Peter Hiess 90. (Red.)

Ivanji, Ivan, Schriftst., Journalist, Übers., Diplomat; Billrothstr. 83/18, A-1190 Wien, Tel. (06 76) 4 12 52 79, (01) 4 03 73 79, *inav.ivanji@chello.at* (* Zrenjanin/ Jugoslawien 24. 1. 29). Öst. P.E.N.-Club 94; Rom., Prosa, Hörsp., Übers., Ess., Kinder- u. Jugendb. Ue: serb, ung. – **V:** Kaiser Diokletian 76; Der Tod auf dem Drachenfels 84; Kaiser Konstantin 88; Schattenspringen 93, alles R.; Die andere Seite der Ewigkeit, Geschn. 94; Ein ungarischer Herbst 95; Barbarossas Jude 96; Das Kinderfräulein 98; Der Aschenmensch von Buchenwald 99; Die Tänzerin und der Krieg 02, alles R.; mehrere Veröff. in serbokroat. Sprache. – **Ue:** mehrere Übers. aus d. Serbokroat. seit 62. (Red.)

Ivanov, Petra, freie Journalistin u. Schriftst.; Stettbachstr. 42, CH-8600 Dübendorf, Tel. (0 78) 8 80 48 13, *texte@petraivanov.ch*, www.petraivanov.ch (* Zürich 5. 9. 67). AdS 05, Mörderische Schwestern 06, Das Syndikat 07; Werkbeitr. d. Kt. Appenzell/Ausserrhoden 07; Krim.rom. – **V:** Fremde Hände 05; Tote Träume 06; Kalte Schatten 07; Angst, Haas und Glockenschlag, drei Regio-Krimis 07; Stille Lügen 08. – **MA:** Tatort Schweiz 2, Anth. 07; Im Fadenkreuz 07.

Iwanek, Sabine, wiss. Mitarb.; c/o 2a-Verlag, Hamburg (* Frankfurt/Main 13. 5. 67). Rom. – **V:** Unternehmen Grenzenlos, R. 00. (Red.)

Jacob

Iwascheff, Olga s. Koch-Iwascheff, Olga

Iwoleit, Michael K., Schriftst. u. Übers.; c/o NO-VA, Verlag Nummer Eins, Ronald M. Hahn, Werth 62, D-42275 Wuppertal, *artikel@nova-sf.de, www.nova-sf.de* (* Düsseldorf 22. 2. 62). Kurd-Laßwitz-Pr. 01 u. 08, SFCD-Lit.pr. 04 u. 06; Science-Fiction-Rom., Erz., Übers. Ue: engl. – **V:** Rubikon, R. 84; Am Rande des Abgrundes, R. 04; Psyhack, R. 07. – **MV:** Hinter den Mauern der Zeit, m. Horst Pukallus, SF.-R. 89. – **MA:** zahlr. Erzn. in SF-u . Fantasy-Anth.; 2-tlg. Art. in sekundärlit. Jb. z. SF. – **MH:** Nova, m. Ronald M. Hahn u. Helmuth M. Mommers, SF-Zs., seit 02. – **Ue:** David Wingrove: Chung Kuo, SF-R. 94ff; Colin Kapp: Der Zauberer von Anharitte, R. 98; Caroline J. Cherryh: Geklont, R.-Trilogie 98; Raymond Derek: Die verdeckten Dateien 99. (Red.)

Izgi, Mete, Schriftst., M. A. Lit.- u. Politikwiss., Mitarb. d. Forschungsstelle Krieg u. Lit. d. Univ. Osnabrück (1997–99), Gymnasiallehrer; Am Pappelgraben 5, D-49080 Osnabrück, Tel. (05 41) 8 24 24, *izgi.mete@web.de* (* Eskisehir/Türkei 2. 5. 63). VS, Erich-Maria-Remarque-Ges., Kogge; Pr. b. G.plakatwettbew. d. Litbüros Westnds. 93, Künstlerpr. d. nds. Min. f. Wiss. u. Kultur 95, Pr. d. VHS-Lit.wettbew. in Nds. 96, Künstlerpr. d. Robert-Bosch-Stift. Stuttgart 96, Jgd.theaterpr. Erfurt 97; Prosa, Drama. – **V:** Yesilyurt – Zwischen zwei Feuern, Stück, UA 94, R. 97; Der verborgene Spiegel, Stück, UA 00. – **MA:** 30 Jahre türkische Migranten in Deutschland, Leseb. 92; Heimat, Anth. 95; Ort der Augen, Anth. 96, 00; Über diese Entfernung hinweg, Anth. 96; sowie Kurzgeschn. in: Neue Osnabrücker Ztg. seit 93. – **MH:** Die Nacht von Lissabon, n. E.M. Remarque, Bühnenfassg. 98; Remarque-Aktuell, Zs. seit 98. – **P:** Kurzprosa im Lit.-Tel. Osnabrück seit 94.

Izquierdo, Andreas, Autor; *kontakt@izquierdo.de, www.izquierdo.de* (* Euskirchen 9. 8. 68). Das Syndikat; Sir Walter Scott-Lit.pr. f. hist. Romane 08. – **V:** Der Saumord 95; Das Doppeldings 96; Jede Menge Seife 97, alles Krim.-R.; Tempo Rubato, Kurzgesch. 98; Schlaflos in Dörresheim, Krim.-R. 00; König von Albanien, R. 07. – **MV:** Dartpilots. Das Kultbuch f. Zufallsreisende, m. Andreas Heckmann 07. (Red.)

J.M.C. s. Förg v. Thun, Gertrud

Jablonski, Marlene (gem. Ps. m. Christian Bieniek u. Vanessa Walder: Bieniek u. Band, C. B. Lessmann); c/o Egmont Franz Schneider Verl., München (* Danzig 14. 10. 78). – **V:** Reihe „Monster Flo": Ein unsichtbarer Gast; Grusel auf Burg Grauenstein. – **MV:** Schulhofgeschichten; Pferdegeschichten; Freundschaftsgeschichten, alle m. Christian Bieniek; – Reihe „Grips & Grübel": Und die verflixte Wette; Schnüffler, beide m. Christian Biniek; – Reihe „Hier spricht Hamster Hektor": Hunde und andere Krisen; Oma im Anmarsch; Die Laufrad-Verschwörung; Katz oder Maus; Ein Rollmops auf vier Pfoten; Chaos im Käfig; Der Mattscheiben-König; Eieralarm; – Reihe „Das Inselinternat": Fünf Mädchen legen los; Ran an den Schatz; Jungs und andere fremde Wesen; Die fiese Krise; Der Freundinnen-Test; Der Superstar, alle m. Christian Bieniek u. Vanessa Walder; – Reihe „Ein Pferd für alle Fälle": Bleib im Sattel, Cowboy; Rache für Michelangelo; Tatort Pferdestall; Rodeo auf Lancelot, alle m. Christian Bieniek u. Vanessa Walder; – Reihe „Zwei echte Profis": Der geschmuggelte Erdog; Die verschwundene Ophelia; Ein chaotischer Schwindler; Neun Entführungen und ein Todesfall; Jagd auf den Pillendieb; Die Spur des Katers; Kreuzfahrt in den Knast; Schwere Jungs und leichte Beute, alle m. Christian Bieniek u. Vanessa Walder; – Reihe

„Sisters": Dicke Freunde, dünne Haut; Zicken, Zoff und viel Gefühl; Verliebt, verlobt und ungeküsst; Katzenjammer auf Wolke sieben; Popstars, Pleiten, Peinlichkeiten; Eine für alle, jede für sich; Lebe wild und küsse sanft, alle m. Christian Bieniek u. Vanessa Walder. (Red.)

Jabs, Hartmut *

Jaccard-Pestalozzi, Elisabeth, Psychologin; Bergstr. 12, CH-8700 Küsnacht, Tel. (0 44) 9 10 19 69 (* Rüschlikon 2. 9. 21). Lyr. – **V:** Satt von Reife liegt die Orange in meiner Hand, Lyr. 05. (Red.)

Jackob, Nikolaus, Autor; Boppstr. 44, D-55118 Mainz, Tel. (0 61 31) 61 88 14, *njackob@gmx.de* (* Mainz 17. 5. 75). Lyr., Erz. – **V:** Altera Pars. Weithere Exercitien 00; La fuga nera, Erz. 01; Windrädchen und Wechselwetter, Liebesg., Satn., Klagen, 2. Aufl. 01. – **MA:** Elementare Zeichen, Bd 1: Gedichte 01, Bd 2: Zeichen setzen 02 (auch Mithrsg.). (Red.)

Jackson, Carter s. Kasprzak, Andreas

Jackson, Hendrik, M. A., Filmwiss.; Kastanienallee 4, D-10435 Berlin, Tel. (0 30) 44 05 46 48, *jackson@literaturkritik.de, www.lyrikkritik.de* (* 6. 8. 71). Rolf-Dieter-Brinkmann-Stip. 02, GWK Förd.pr. Lit. 04, Wolfgang-Weyrauch-Förd.pr. 05, Förd.pr. z. Hans-Erich-Nossack-Pr. 06, Friedrich-Hölderlin-Pr. d. Stadt Homburg (Förd.pr.) 08; Lyr. Ue: russ, frz. – **V:** einflüsterungen von seitlich, Lyr. 01; brausende bulgen, Lyr. 04; Dunkelströme, Lyr. 06; Im Innern der zerbrechenden Schale, Ess. 07. – **MA:** Zss.: lauter niemand 2/97; intendenzen 7/01, 9/02; edit 23/01, 24/01; filadressa 1/02; Sprache im technischen Zeitalter 163/02; Akzente 5/03; – Das Doppelgesicht der Großstadt, Ess. 02, u. a. – **H:** intendenzen 9/02. – **Ue:** Marina Zwetaewa: Poem vom Ende / Neujahrsbrief, Lyr. 02. (Red.)

Jacob, Jörg, freiberufl. Autor; Arndtstr. 49, D-04275 Leipzig (* Glauchau 16. 10. 64). MDR-Lit.pr. 99, Leipziger Lit.stip. 99, Gellert-Pr. 06. – **V:** Das Vineta-Riff. Roman in 20 Erzn. 06. – **MA:** EDIT 21/99; Wenn das Wasser im Rhein, Anth. 00; Ostragehege 23/01; Der wilde Osten, Anth. 02; Ha!art, 23/06 (Krakau). – **P:** Lyrik & Prosa. Stimmen aus Sachsen, Hörb.-Beitr., CD.

Jacob, Klaus, Krankenpfleger; Bockhorner Weg 122b, D-28779 Bremen, Tel. (04 21) 6 09 88 12, *jacobklaus@web.de* (* Spangenberg 2. 8. 55). Lyr. – **V:** Dabeisein 94; Geburtsfehler 00; Mensch-heit 02; Das Zeitliche segnen 04; Dem Frieden trau ich nicht 06, alles Lyr. – **MA:** Ly-La-Lyrik Edition 95–00; Welt der Poesie 98; Worte auf den Weg 99; Das ist meine Meinung 00; Gesicht zeigen – gegen rechts 01; Arm ist nur, wer keine Träume hat 01; Aufschrei, Anth. 02; Bibliothek dt.sprachiger Gedichte VIII 05. (Red.)

Jacob, Ursula (Ps. Ursula Knöller-Seyffarth, geb. Ursula Seyffarth), Dr. phil. (* Berlin 10. 1. 15). Stift. z. Förd. d. Schrifttums 67, Rudolf-Alexander-Schröder-Ges. 75, Goethe-Ges. Kassel 80; Tukan-Pr. 77; Erz., Nov., Ess., Lit.kritik, Übers. Ue: engl, frz, ital. – **B:** Otto Jacob: Löhlbach, ein Bergdorf im Kellerwald 88. – **MA:** Forum Collegium Augustinum 1/95, 1/97. – **H:** Liebe Charlotte ..., aus Wilhelm von Humboldts Briefen an eine Freundin 45; Paul Eipper: Zwiegespräch mit Tieren 57; Ludwig Thoma: Onkel Peppi und andere Geschichten 59; Fritz Knöller: Tulpen und Alligatoren, Geschn. 01 (auch Vorw.). – **Ue:** Colette: Julie de Carneilhan, R. 50, u. d. T.: Die erste Madame d'Espivant 60, 62; Leo Ferrero: Angelica, Tragikom. 51; Max-Pol Fouchet: Nubien. Geborgene Schätze 65; Ménie Grégoire: Le Métièr de Femme u. d. T.: Die zweite Emanzipation Ms. 66; Raymond Bloch: Die Kunst der Etrusker 66; Léon Gozlan: Balzac in Pantoffeln 67, 69; Ferdinan-

Jacobi

do Rossi: Malerei in Stein, Mosaiken und Intarsien 69; Michael Grant/Antonio De Simone/Maria Teresa Merella: Eros in Pompeji 75; Hommage à Marc Chagall 76; Paolo Lecaldano: Goya. Die Schrecken des Krieges 76; John Boardman/Eugenio La Rocca: Eros in Griechenland 76; Die Sportspiegel-Kartei 77–79; Albert Moravia: Judith in Madrid 84; Mariateresa Fumagalli: Heloise und Abaelard 86. – **MUe:** Larry Collins/Dominique Lapierre: Jerusalem 72, 74; Leonor Fini. Gesicht und Maske, Ms. 78. (Red.)

Jacobi, Hansres, Dr. phil., em. Red. Neue Zürcher Zeitung; Seefeldstr. 152, CH-8008 Zürich, Tel. (01) 3 83 21 69 (* Biel-Bienne 14. 9. 26). Silb. E.zeichen f. Verd. um d. Rep. Öst. 79; Ess. Ue: frz. – **V:** Amphitryon in Frankreich und Deutschland, St. 52. – **H:** Der Weiberfeind. Liebenswürdige Bosheiten v. d. Antike bis z. Gegenw. 54; Nur für Raucher. Das kleine Buch v. blauen Dunst 55; Marcel Pagnol: Dramen I 61; Johannes Urzidil: Bekenntnisse eines Pedanten 72; Ferdinand von Saar: Meisternovellen 82. (Red.)

Jacobi, Heinz (* Frankfurt/Main 23. 1. 44). VS; Rom., Hörsp., Pamphlet. – **V:** Idiotikon, Glossen 68, 75; Beichtspiegel, Dr. 70, 73; Deutschdeutsch 90; Tod und Teufel, Polemiken 91. – **MV:** Stadtbuch für München 78. – **H:** MV: Der Martin-Greif-Bote, seit 73, bisher 11 Bde u. 3 Sonderbde; 1 Bildbd/Dok. 72. – **MH:** Das Große Eierbuch, Anth. 70; Streitbarer Materialismus, Zs., Red. u. Mitarb. seit 89; Besenbuch 94ff.; Straußenbuch 94ff. (Red.)

Jacobi, Hermann, Rechtsanwalt; Dentenberg 66, CH-3076 Worb, Tel. 03 18 39 50 25 (* Bern 13. 2. 29). Rom., Lyr. – **V:** Die Kleefabrik, R. 90; Die Intervention. Aufzeichn. e. bürgerl. Revolutionärs 97; Siebzig erreicht. G. aus 6 Jahrzehnten 99.

Jacobi, Peter, Schriftst.; Kapuzinerstr. 37, D-80469 München, *jacobi@jacobi-peter.de, www.jacobi-peter. de* (* Meiningen 30. 5. 51). VS Bayern; Hsp.pr. d. Kriegsblinden 89; Rom., Dramatik, Hörsp. Ue: engl, ital. – **V:** Fussballplatz, Stück 77; Der Sohn der Eltern des Chefarzts, Stück 87; Der weiße Zwerg, R. 94; Herrjemine!, Erz. 96; Mein Leben als Buch 00; Die falsche Schlange, Kdb. 01; Der blaue Affe, Kdb. 02. – **R:** üb. 30 Hsp. b. ARD, DRS, ORF, RAI, u. a.: Wer Sie sind 89; Tut Tut Tot 97; Konferenz der Schuhe 98; Briefwechsel mit einem Schwein 99; Das Schweigen der Mailbox 00. – **P:** Der Hase mit der roten Nase, m. Helme Heine, Hörb. 96; Konferenz der Schuhe, Hörb. 02; I could cry vor lauta bluus..., CD 08. – **Ue:** zahlr. Übers. amerikan. Theaterautoren, u. a.: Sam Shepard, William Mastrosimone, Donald Freed, Christopher Durang.

Jacobs, Bernd (Ps. bejot), freier Schriftst., Verleger; Nourneystr. 43, D-40822 Mettmann, Tel. (0 21 04) 7 28 27, *bernd.jacobs@bj-verlag.com, www. bj-verlag.com, www.die-steinzeit-ung.de* (* Velbert/ Rhld. 23. 12. 34). Rom., Kurzerz., Kindergesch., Ged. – **V:** Wir alle sind Prokrustes!, G. 89; Tod der Stadt, R. 90; Weihnachten, Wannengedichte und anderes, weniger Ernstes, Kindererzn., G., Kurzerzn. 90; Die Reseolve-Legende, Aphor., Kurzerzn. u. G. 00; AnnA hat geträumt, R. 07; „Ihr seid ja alle Prokrustes!", G. 08; Der Große Begleicher, R. 08. – **P:** NeoLit aus dem Neanderthal, G., Kurzerzn. u. Lieder, CD u. Video 03.

Jacobs, Dietmar, Dr. phil., Bühnen- u. Drehb.autor; Am Botanischen Garten 54, D-50735 Köln, Tel. (02 21) 7 60 76 14, Fax 76 11 91, *panem@circenses.com* (* Mönchengladbach 11. 1. 67). Leipziger Kabaret Pr. 01, Grimme-Pr. 06; Drehb., Kabarett, Bühnenst. – **V:** Texte f. 5 Bühnenprogr. d. Kabaretts „Rattenpack" 91–96; Wahlempfehlung. Die letzten Tage von Erkrath 98; Amok 99, beides Kabarett-Progr.; Millionär in 98 Mi-

nuten, Theaterst. 00; Geld oder Gülle, Kabarett-Progr., UA 03; Einmal nicht aufgepasst, Theaterst., UA 03; Das andalusische Mirakel, UA 06. – **MV:** Ein Lied für NRW 95; Unplugged, m. Thomas Freitag 96; Damit müssen Sie rechnen, m. Volker Pispers 00, alles Kabarett-Progr.; Anfang offen, m. Richard Rogler, Theaterst., UA 02, gedr. 03. – **R:** Texte, Sketche u. Bücher f. Fs.-Reihen u. Fsf., u. a.: Hallervordens Spottlight 95; Verstehen Sie Spaß? 95; Die Camper 95; Liebesgrüße von Backbord, m. Martin Maier-Bode 96; Hein Blöd im All, m. Martin Maier-Bode 96; Käpt'n Blaubär 96; Das Amt 96–02; Roglers Freiheit 97, 99–01; Locker bleiben, m. Lars Albaum 98; Etwas geht immer 98; Die Hinterbänkler, m. Lars Albaum 01; Missfits – Der Tod ist kein Beinbruch 01–02; Käpt'n Blaubär – Spezial, m. Martin Maier-Bode 02; Stratmanns 02–03; Trautes Heim 02–03; Halt durch Paul, m. Lars Albaum 02–06; Mitternachtsspitzen 03; Drei für Götz, m. Lars Albaum 03. (Red.)

Jacobs, Jean-Paul; Paul-Lincke-Ufer 38, D-10999 Berlin, Tel. (0 30) 6 18 76 92 (* Esch/Alzette 23. 1. 41). L.S.V.; Lyr., Prosa. – **V:** Apoll kaputt, G. 64; Die Toten schießen schneller 70; Spectres 71 (frz.); Die Bärenhäuterin, Erz. 82, 2. Aufl. 83; Himmelsruinen, G. 82; De Jean-Paul ride of Roger un 93 (luxembg.); Der Trüffelhirsch, G. 93; Die Feste der Engel, G. 95; Firwat as dem Denise seng Bitzmaschin da geckeg gin? 98 (luxembg.); Le Concert Imaginaire. Konzert f. Goethe 99; Ode an die Mode 00. – **MA:** Publ. in div. Luxemburger Ztgn seit 61; zahlr. Beitr. in Anth. u. Lit.zss., u. a.: Das Pult; manuskripte; Energumène; Das Gedicht; Die klassische Sau; Black Letters. (Red.)

Jacobs, Steffen (Ps. Jakob Stephan), Schriftst., Übers.; lebt in Berlin, c/o Eichborn-Verl., Frankfurt/M. (* Düsseldorf 4. 4. 68). Akad. d. Wiss. u. d. Lit. Mainz 07, P.E.N.-Zentr. Dtld 08; Alfred-Döblin-Stip. 94, Förd.pr. Lit. d. Kunstpr. Berlin 98, Amsterdam-Stip. Senat Bln 01, Hugo-Ball-Förd.pr. d. Stadt Pirmasens 02, New-York-Stip. d. Dt. Lit.fonds 04, Heinrich-Heine-Stip. 08, u. a.; Lyr., Ess., Übers. Ue: engl. – **V:** Der Alltag des Abenteurers, G. 96; Geschulte Monade, G. 97; Lyrische Visite oder Das nächste Gedicht, bitte!; Kolumnen 00; Angebot freundlicher Übernahme, G. 02 (m. CD); Der Lyrik-TÜV. Ein Jahrhundert dt. Dichtung wird geprüft 07. – **MA:** zahlr. Beitr. in Lyrikanth., u. a. in: Jahrhundertgedächtnis. Deutsche Lyrik im 20. Jh. 98; Hell und Schnell 04; Das dt. Gedicht vom Mittelalter bis z. Gegenwart 05; Der Kanon. Die dt. Literatur – Gedichte 05; Reclams großes Buch d. dt. Gedichte 07; Der Große Conrady 08. – **H:** Die komischen Deutschen. 878 gewitzte Gedichte aus 400 Jahren 04, 7. Aufl. 08; Die liebenden Deutschen. 645 entflammte Gedichte aus 400 Jahren 06, 2. Aufl. 08; Liederlich! Die lüsterne Lyrik d. Deutschen 08. – **R:** zahlr. größere Hörfunkarb., u. a.: Lyrische Visite 00; Deutsche Dichter zwischen Witz u. Aberwitz 05; Der Täter ist immer das Opfer 06, alles Feat. im NDR; Der Jahrhunderttest der deutschen Lyrik 1–9, Serie v. Feat. (RBB) 05–07. – **P:** Frauen. Naja. Schwierig. Gute Gedichte. Sonst nichts, m. Matthias Politycki u. Hellmuth Opitz, CD 05; Die komischen Deutschen, Hörb. m. Katharina Thalbach, Harry Rowohlt, Gerd Haffmans, CD 05. – **Ue:** Kyril Bonfiglioli: Das große Schnurrbart-Geheimnis, R. 03; Philip Larkin: Wirbel im Mädcheninternat Willow Gables, R. 04; Neil Jordan: Schatten, R. 05; Philip Larkin: Jill, R. 09; Kingsley Amis: Jim im Glück, R. 09. – *Lit:* Uwe Wittstock in: Neue Rundschau 4/98; Harald Hartung in: Hugo-Ball-Alm. 02/03.

Jacobsen, Elke s. Vesper, Elke

Jacobsen, Gustav s. Dormagen, Herbert

Jacobsen, Werner, Kirchl. Mitarb. i. R.; Bergheckenweg 10/1, D-69412 Eberbach/Baden, Tel. u. Fax (0 62 71) 91 90 17, *wernerjacobsen1@freenet.de*. c/o Libri Books on Demand, Gutenbergring 53, D-22848 Norderstedt (* Hamburg 14. 1. 29). Dt. Haiku-Ges. 91–01, FDA 94; div. regionale u. überregionale Preise; Rom., Lyr., Erz. Ue: Kotte. – **V:** Der Präsident, Bst. 68; Ein Auftrag für Engenzi, Erzn. 68; Der falsche Weg, Erzn. 70; Im Tal des Kuat, Erz. 73; Kriegserklärungen, Lyr. u. Prosa 92; Unterwegssein ist alles, Kurzgeschn. 99; Auf der Sichel des Mondes, Erzn. 00; Mit Worten werken, Kurzgeschn. 00; Zeichne mein Gesicht, G. 00; Auf der Sichel des Mondes, Erzn. 00; Schnullebacke und Erdnuckel, Kurzgesch. u. Erzn. 02; Das freiheitliche Leben der Frieda Radke. Eine Jugend im „Tausendjähr. Reich", R. 08. – **MA:** Anth. Buchwelt '93; Autorentage Baden-Baden 91–98; Spuren der Zeit 91–98; Das Boot, Zs. seit 91. – **Ue:** Gottes Lob unter Palmen, geistl. Lyr. 93.

Jäcke, Anja, M. A., Autorin, Übers.; *anja@kemi.de* (* Hamm 30. 5. 69). Rom. Ue: engl. – **MV:** Rabengeflüster, R., m. H. Wolf u. A. Wichert 04. – **MUe:** Clayton Emery: Flüsterwald, R. 95; ders.: Zerschlagene Ketten, R. 96, beide m. Armin Abele; ders.: Die letzte Opferung, R., m. Armin Abele u. C. Jentzsch 96. (Red.)

Jäckel, Karin (geb. Karin Voss, Ps. Anna Benthin), Dr. phil., Autorin, Kunsthistorikerin u. Journalistin; Hansjakobstr. 5, D-77704 Oberkirch, Tel. (01 60) 97 58 68 11, Fax (0 78 02) 37 07, *karin.jaeckel@t-online.de, karin-jaeckel.de* (* 22. 7. 48). DJV; Scheffel-Pr. 68; Rom., Kurzgesch., Erz., Drehb., Bilderb., Theaterst., Lyr. f. Kinder u. Jugendl., Biogr., Kunsthist. Abhandlung f. Erwachsene. – **V:** Leben u. Werk d. Bildhauers Joachim Günther (1720–1789), Diss. 75; Teddie 28 Geschn. aus d. Alltag e. kleinen Jungen 82; Und ich? Geschn. v. Steffi 83; Zahlr. Drehbücher zu Printausgaben erfolgreicher TV-Comic-Serien, wie: Alice im Wunderland; Tao-Tao; Glücks-Bärchis; Mainzelmännchen, 1983–94; Der Geist in d. Handtasche 85; Mein Freund ist e. Känguruh 88; In e. Land vor unserer Zeit (Buch z. Film) 90; Turtles: Im Kampf f. d. Gerechtigkeit (Buch z. Film) 90; Pico u. Columbus (Buch z. Film) 91; Flitz, d. kleine Dinosaurier 92; Meine liebsten Dinosauriergeschn. 92; Das kleine Lachgespenst 92; Das große Buch d. Weihnachtsgeschn. 92; Das Geheimnis d. Steins (Buch z. Film) 92; Karin Jäckels Gesundlachgeschn. 93; Karin Jäckels Flunkergeschn. 94; Der kleine Seehund 94; 1000 Rätsel d. Urzeit 94; Karin Jäckels Glücksgeschn. 94; Karin Jäckels Hab-michlieb-Geschn. 95; Karin Jäckels Fernsehgeschn. 95; Das große bunte Osterbuch 95; Das große Buch d. Geister u. Gespenster 95; Schlummergeschn. 95; Frau Sandmann u. das Traumteufelchen 95; Das große Buch d. Tiergeschn. 96; Lieber Papa, mir geht's gut 96; Das Weihnachtsgeheimnis 97; Jule Nissen, d. Weihnachtszwerg 98; Die kleine Hexe Billerbix 99; Lilly läßt Gespenster tanzen 00; Vampirelli 01; Meine allerschönsten Weihnachtsgeschn. 01; Die kleine Hexe Billerbix findet e. Freund 02; Meine allerliebsten Weihnachtsgeschn. 02; Das Superbuch d. Gruselgeschn. 02; Die kleine Hexe Billerbix u. d. Zauberkessel 04; Die kleine Hexe Billerbix, Sammelbd 04; Dein Engel hat dich gern 05; Die kleine Hexe Billerbix, Hörb. 05; Die kleine Hexe Billerbix u. d. Traumkobold 06; – Erzählende SACHBÜCHER: Geistheilung 86; Du bist doch mein Vater 88; Inzest: Tatort Familie 88; Es kann jede Frau treffen – Vergewaltigung 88; Betrug in d. Partnerschaft 89; Mitleid? Nein Danke 90; Sag keinem, wer dein Vater ist 92, neubearb. u. aktual. Aufl. 04; Trauen wir uns wieder? 92; Monika B. – Ich bin nicht mehr eure Toch-

ter 93; Ein Lächeln für Lucia 94; Alles Ehe oder was? 95; ... weil mein Vater Priester ist, m. Thomas Forster 97; Treffpunkt Nachtcafé 97; Furcht vor dem Leben 98; Im Stich gelassen 99; Ein Vater gibt nicht auf 00; Iris, die Fürstin 02. Nacht 03; Denn das Weib soll schweigen in der Kirche, m. Gisela Forster 04; Vater werden 05; Das Urteil des Salomon 05; Nicht ohne meine Kinder, m. Joumana Gebara 06; Die Frau d. Reformators, hist. R. 07; Er war ein Mann Gottes 07; Durchgewinkt und abgewickelt 09. – **MA:** zahlr. Beitr. in Anth., Sammelbden u. Schulbüchern, Zss. u. Mag., Jahrbüchern, Kalendarien, kunsthist. Fachzss., Feuill.beil. d. Tagespresse sowie im virtuellen Fam.-Mag. „Urbia AG" (www.-urbia.de) u. im online-Familienhandb. (www.familienhandbuch.de), u.v. a. – **Lit:** Autoren in Bad.-Württ. 91; Wer ist Wer 01/02ff.; Who's Who International; s. auch SK.

Jäckle, Nina, Schriftst.; c/o Berlin Verl., Berlin, *nina.jaeckle@gmail.com* (* Schwarzwald 20. 5. 66). P.E.N.-Zentr. Dtld; GEDOK-Lit.förd.pr. 95, Lit.förd.pr. d. Stadt Hamburg 96, Allegra-Lit.wettbew. (3. Pl.) 97, Alfred-Döblin-Stip. 03, Stip. d. Dt. Lit.fonds 03/04, Stip. Künstlerdorf Schöppingen 04, Aufenthaltsstip. Künstlerhaus Kloster Cismar 04, Jahresstip. d. Ldes Bad.-Württ. 04, Karlsruher Hörspielpr. 05, Ahrenshoop-Stip. Stift. Kulturfonds 05, Heinrich-Heine-Stip. 07; Hörsp., Prosa, Film. – **V:** Es gibt solche, Erzn. 02; Noll, R. 04 (auch frz.); Gleich nebenan, R. 06; L'instant choisi, R. 08 (frz.). – **R:** Damit sich die Tage unterscheiden 95; Auf dem Platz des Dorfes 96; Der Gewitterkoffer 97; In einem Wort 99; Auf allen Sendern, stündlich 05; Hanne 06, alles Hsp.

Jaeg, Paul (Ps. Paula Jaegand); Vordertal 660, A-4824 Gosau, Tel. (0 61 36) 2 00 16, Fax 83 36, *arovell @arovell.at, jaeg@jaeg.at, www.arovell.at, www.jaeg.at* (* Gosau 1. 2. 49). Stip. d. Ldes ObÖst. 99, Stip. Schielezentrum Krumau; Rom., Lyr., Erz. – **V:** Andere und andere, G. 95; Wandere und wandere, G. 96; rare beime und reime 97; Ausdruck geben, Erzn. 98; Literaturzweifel. Verschiedene Texte 98; Schandsand im Gewand, Erzn. 98; Simulation einer Reise, R. 99; Der Landwiener Thomas Bernhard 00; alles noch unentfalt 03; Es zieht in Österreich, Erzn. 05; Es gilt. ArolaParola Roman Nr.1 07; hochmotiviert & niederträchtig, Lyr. 08; Dachstein & Gosausee, Sachb. 08. – **H:** ceit & taeg, Vjschr., seit 91; Erlesenes hören, CD 06.

Jaegand, Paula s. Jaeg, Paul

Jaeger, Bernd; c/o Sujet Druck u. Verlag, Friesenstr. 9, D-28203 Bremen (* Kiel 5. 7. 48). Bremer Lit.förd.pr. 80; Lyr. – **V:** Im verlandeten Teich von Bethesda 70; Kelvin-Reise 72; Der späte Stein 80; Hart an der Grenze 80; Das Licht am Ende des Tunnels 98; Ganymedische Einsichten oder Das letzte Bild 01/02; Meister Mensch, G., Zyklen, lyr. Prosa, 3 Bde 06. – **MA:** Lyrik in Zss. seit 65, u. a. in: Der Igel; Kreuzfeuer; Underground; Skandalon; Der Anker; die horen; ZET 2; Spectrum (Zürich); Anabas; Kürbiskern; STINT; artist; Das Gedicht; Scriptum (Zürich); – in Anth., u. a. in: Wir Kinder von Marx und Coca Cola 69; Miteinander 76; Wenn das Eis geht 83; Spuren hinterlassen 87; Euterpe, 7 89. 3 90; Toleranzbuch 96; Bremer Blüten 97; Helden, Engel u. andere Heilige 00; Norddeutsche Dichter 02. – **F:** Vatern. Kreuzkorrespondenzen 73; Optische Täuschungen 74; Musik-Genies 74/75, u. a. – **R:** Die Clique 68; Stille Post, m. Thomas Nagel, Hsp. 75/76. – **P:** Ich weiß schon, daß nach Liebe Liebe kommt, Single 79; Lieder a. d. extraterrestrischen Sprachraum, LP 79, beide m.d. Gruppe „Der Mensch"; Engel der Stadt, m. D.W. Wildgrube, Tonkass. 87/88; Haiku zu Op.tosis

Jaeger

2000, Internet 00; zahlr. Einzel- u. Gruppenlesungen, Performances u. Musikshows. (Red.)

Jaeger, Brigitte Karoline (B. K. Jaeger), Unternehmensberaterin. freie Schriftst.; *BKJaeger@gmx.net* (* Mödling/Öst. 2. 5. 60). Pr. b. Schreibwettbew. Lyrikecke 01, Pr. b. Maxi Kurzgeschn.-Wettbew. 03; Rom., Lyr., Erz. – **V:** Lebensbetrachtungen/Life through a lens, Lyr. 02, 2. Aufl. 03; Les Places de la Vie, Chansontexte 03, 04. – **MV:** Viermal Leben und zurück, m. Franziska Stein, Biogr. 05. – **MA:** Lyrische Glanzlichter 01, 02; Eifersucht. Die böse Schwester der Liebe, Kurzgeschn. 03; Frieden, Lyr. 03, 04. (Red.)

Jäger, David; c/o Kulturförderverein Ruhrgebiet e.V., Rentforter Str. 43 a, D-45964 Gladbeck, Tel. (0 20 43) 92 88 01, Fax 2 17 76, *info@kfvr.de*, *www.kfvr.de/hypergotik.html* (* Bottrop 13. 4. 83). Auszeichn. b. Bundeswettbew. „Schüler schreiben"; Lyr., Dramatik, Ess., Erz. – **V:** herbst – mitternacht – stunden, Lyr. 00; Nach dem Feuern, Lyr. 00. – **MV:** Nachw. (Essay u. Gedicht) in: Eva-Maria Struckel: Österreich, Monarchie, Operette und Anschluß 01. – **MA:** Intro, Kulturzs. 99. (Red.)

Jäger, Hildegard (geb. Hildegard Kabrt), Mag. Ed., Volksschullehrerin i. R.; Nr. 63, A-3610 Joching, Tel. (0 27 15) 26 37, *hilde.jaeger@gmx.net* (* Weißenkirchen/Wachau 1. 9. 47). Lit.forum Krems 98; Erz. – **V:** Mit Hand und Fuß 99.

Jäger, Ingeborg s. Hunt, Irmgard E.

Jaeger, Mike s. Mechtel, Hartmut

Jäger, Stefan, Dipl.-Wirtschaftswiss., Physiotherapeut; c/o Piper Verl., München (* 70). – **V:** Der Silberkessel, hist. R. 06; Das Gold des Nordens, hist. R. 08. (Red.)

Jägersberg, Otto; c/o Diogenes Verl. AG, Zürich (* Hiltrup 19. 5. 42). P.E.N.-Zentr. Dtld; Rom., Erz. – **V:** Weihrauch und Pumpernickel 67; Nette Leute 67; Der Waldläufer Jürgen, Gesch. 69; Cosa Nostra, Stücke 71; Land. Ein Lehrstück f. Bauern u. Leute, die nichts über die Lage auf dem Land wissen 75; He he, ihr Mädchen und Frauen, eine Konsum-Köm. 75; Seniorenschweiz, Rep. unserer Zukunft 76; Der industrialisierte Romantiker 76; Der letzte Biß, Geschn. 77; Das Kindergasthaus 78; Der Herr der Regeln, R. 83; Vom Handel mit Ideen, Geschn. 84; Wein, Liebe, Vaterland, G. 85; Söffchen oder nette Leute, R. 89. – **MV:** Glückssucher in Venedig 74; Rüssel in Komikland 72; Flucht aus den Bleikammern 75, alle m. Leo Leonhard; Deutsche Tiefe, m. Dieter Krieg, G. u. Bilder 02. – **MA:** Der große Schrecken Elfriede 69; Johannes Vennekamp, Arbeiten 1999–2003, u. a. – **H:** Georg Groddeck: Der Seelensucher 98; Die Arche, I.–III. Jg. (1925–27) 01. (Red.)

Jaeggi, Urs, Prof. Dr., Schriftst., Soziologe, bildender Künstler; Fasanenstr. 66, D-10585 Berlin, Tel. u. Fax (0 30) 3 42 89 86, *urs@snafu.de*, *universes-in-universe.de/jaeggi* (* Solothurn 23. 6. 31). SSV Zürich 65, P.E.N.-Zentr. Dtld, Austritt 96; Lit.pr. d. Stadt Bern 63, Lit.pr. Kanton. Komm. z. Förd. d. bernischen Schrifttums 79, Ingeborg-Bachmann-Pr. 81, Kunstpr. d. Kt. Solothurn 87; Rom., Lyr., Erz., Hörsp. – **V:** Die Wohltaten des Mondes, Erzn. 63; Die Komplizen, R. 64; Literatur und Politik, Ess. 72; Für und wieder die revolutionäre Ungeduld, Samml. 72; Geschichten über uns, Realienb. 73; Brandeis, R. 78; Grundrisse, R. 81; Was auf den Tisch kommt, wird gegessen, Aufss. 81; Versuch über den Verrat 84; Rimpler, R. 87; Soulthorn, R. 90; Am Ende ein stein, Prosa 94; Lange Jahre Stille als Geräusch 99; Kunst, Texte 02. – **MA:** zahlr. Beitr. in Anth. u. Lit.zss., u. a. in: Texte, Prosa junger Schweizer Autoren 46; Litfass, Mai 93; perspektive, H.32/96,

33/97; DU, H.2/96, 7–8/97, 691/99; Bahnhof Berlin 97; Über Erwarten 98; Torso 99; Das Jahr 2000 findet statt 99; Orte Nr.117, 00. – **H:** Mauersprünge 88. – **R:** Rimpler, Hsp. 88. – **P:** Volterra I 93; Volterra II 94; Am Ende ein Stein 94, alles Videos. – *Lit:* S. Hiekisch-Picard/P. Spielmann: U.J. – Figuren 91; G. Althaus u. a.: Avanti Dilettanti – Über d. Kunst, Experten zu widersprechen. U.J. z. 60. 92; Irmgard Elsner Hunt: U.J., Werkbiogr. 93; Das Heisse u. das Kalte. Kunst u. Soziologie. Progr. u. Texte z. Symposium f. U.J. z. 65. Geb. 97; s. auch Kürschners Handbuch der Bildenden Künstler, 1. Aufl. 2005. (Red.)

Jähne, Karl-Heinz, Dipl.-Philologe, Übers.; Zillertalstr. 47, D-13187 Berlin, Tel. u. Fax (0 30) 4 72 36 47 (* Gumbinnen/Ostpr. 20. 3. 32). VS, P.E.N.-Zentr. Dtld; Vítězlav-Nezval-Pr. d. Tschech. Lit.fonds Prag 80, 84, Übers.pr. d. Verl. Volk u. Welt Berlin 82, Übers.pr. d. Kinderbuchverl. Berlin 85, Ludmila-Podjavorinská-Plakette 91, Finalist d. Europ. Übers.pr. 92, Paul-Celan-Pr. 97; Übers. Ue: tsch, slowak, russ. – **H:** František Halas: Der Hahn verscheucht die Finsternis, Lyr. 70; František Švantner: Das Dame, Nn. 76; Karel Čapek: Reisebilder, Feuill. 78; Hana Prošková: Der Mond mit der Pfeife, Krim.-Erzn. 79; Erkundungen, 24 tschech. u. slowak. Erzähler, Erzn. 79, 3. Aufl. 81; Das Prager Kaffeehaus 88, 90. – **MH:** Der Fotograf des Unsichtbaren, phantast. Erzn. 78; Die St. Christophoruskapelle, Erzn. 82. – **Ue:** Jiří Marek: Männer gehen im Dunkeln 64; J. Blažková: Feuerwerk für Großpapa 66; J. Škvorecký: Feiglinge 68; M. Rázusová-Martáková: Jánošík, der Held der Berge 69; M. Ďuríčková: Geschwister aus Stiefelheim 69; V. Erben: Die Tote im Foyer 72; B. Hrabal: Der Tod des Herrn Baltisberger 70; Karel Čapek: Wie ein Theaterstück entsteht 75; Miroslav Skála: Hochzeitsreise nach St. Ägidien 76; Klára Jarunková: Der Hund, der einen Jungen hatte 78; Bohumil Hrabal: Wollen Sie das Goldene Prag sehen? 81; Scharf überwachte Züge 82; Bambini di Praga 82; Miroslav Skála: Reise um meinen Kopf in vierzig Tagen 82; Vítězslav Nezval: Der Prager Spaziergänger 84; seit 88: Bohumil Hrabal: Ich habe den englischen König bedient; Schneeglöckchenfeste; Die Katze Autitschko; Leben ohne Smoking; Verkaufe Haus, in dem ich nicht mehr wohnen will; Pavel Kohout: Ich schneie; Meine Frau und ihr Mann; Sternstunde der Mörder; Zyanid um fünf; Eduard Petiška: Wie der Maulwurf zu seiner Hose kam; Der Maulwurf und das kleine Auto; Der Maulwurf und der Adler; Der Maulwurf in der Stadt; Vom Maulwurf und seinen Freunden; Konstantin Biebl: bei einem totenmahl 03; mehrere Hörspiele 91–97. – **MUe:** I. Babel: Die Reiterarmee 66; Ein Abend bei der Kaiserin 69; J. Marek: Panoptikum alter Kriminalfälle 71; Jiří Marek: Panoptikum der Altstadt Prag 81; Das Abenteuer der alten Dame. Tschech. Erzn. 1918–1945 82; Der durchbrochene Kreis. Slowak. Erzn. 1918–1945 83; Richard Weiner: Der gleichgültige Zuschauer 92. (Red.)

Jähne, Robin (Canis Vulpes Meles), Journalist, Fotograf, Kameramann; Wellnerweg 16, D-32760 Detmold, Tel. (0 52 31) 4 82 46, *devilsfilm@aol.com* (* Detmold 3. 8. 69). Dokumentation, Lyr., Erz. – **MV:** Schmunzelhorror am Kamin, m. Theo Gremme u. Andrea Osthushenrich, Kurzgeschn. 02. – **F:** Das Pferd im Wald, Dok. 00. (Red.)

Jähnel, Andrea; Magstadter Str. 3, D-71229 Leonberg, Tel. (0 71 52) 33 47 54, *info@andreajaehnel.de*, *www.andreajaehnel.de* (* Köln 61). Kinderb. – **V:** Das Geheimnis des schwarzen Pharao 03; Geigenklau und

Currywurst 04; Schimpansen-Raub 06; Drei Spürnasen wittern Gefahr, Sammel-Bd 06; Das Kloster der dunklen Schatten 06; Die Geheimakten der Superdetektive, Sammel-Bd 07; Die Kathedrale der Geheimnisse 08.

Jähnichen, Manfred, Dr.phil. habil., o.Prof.; Damerowstr. 66, D-13187 Berlin, Tel. (0 30) 47 53 14 12 (* Ullersdorf 26. 1. 33). SV-DDR 67–90, VS 91; Hviezdoslav-Pr. 77, Nezval-Pr. 77. Ue: tsch, slowak, serb, kroat, slowen, mak. – **V:** 3 wiss. Werke 67, 72, 91. – **MA:** Literatur der ČSSR 1945 bis 1980, Einzeldarst. 85. – **H:** P. Bezruč: Schles. Lieder 63; J. Cankar: Am Steilweg 65; Jugoslaw. Erzähler 66, 76; Jiří Wolker: Poesie-Auswahl 68; L. Novomeský: Abgezählt an den Fingern der Türme 71; Petres Lied, Jugoslaw. Erzählungen 72; Augen voller Sterne. Mod. slow. Erzn. 74; I. Samokovlija: Die rote Dahlie 75; K. Čapek: Dramen 76; B. Chňoupek: Der General mit dem Löwen 76; F. Hrubín: Romanze für ein Flügelhorn 78; M. Válek/M. Rúfus/V. Mihálik: Gedichte 78; Die Akrobatin. Mod. tschech. Erzn. 78; V. Závada: Poesiealbum 81; D. Maksimović: Der Schlangenbräutigam, G. 82; Gesang der Liebe zum Leben. Tschech. Poesie d. Gegenwart 83; V. Popa: Poesiealbum 84; V. Holan: Poesiealbum 85; V. Závada: Die wahre Schönheit der nackten Worte 86; B. Koneski: Lied der Weinstöcke 88; L. Feldek: Poesiealbum 90; Weiße Nächte mit Hahn. Anth. d. slowak. Poesie d. 20. Jh. 96; M. Rúfus: Strenges Brot 98; Das Schlangenhemd des Windes. Anth. d. kroat. Poesie d. 20. Jh. 00; Das Lied öffnet die Berge, Anth. 03. – Ue: Hamza Humo: Trunkener Sommer 58, 66; Der goldene Vogel. Jugoslaw. M. 64; I. Cankar: Am Steilweg 65. – **MUe:** L. Aškenazy: Die schwarze Schatulle 65; M. Macourek: Die Wolke im Zirkus 66; C. Kosmač: Ballade von der Trompete und der Wolke 72; M. Válek: Gedichte 78; Das große Reisefieber 80, alle m. Waltraud Jähnichen. (Red.)

Jaekel, Gerda (Geb.name v. u. Ps. f. Gerda Nöllenheidt), Referentin f. Aquarellmalerei, Autorin, freischaff. Künstlerin, Schriftst. dipl.; Körtlingsfeld 8, D-46244 Bottrop, Tel. (0 20 45) 77 72 (* Winterberg/Sauerland 7. 6. 43). IGdA 86, GAL in d. Cornelia-Goethe-Akad.; Religiösität, Spiritualismus, Philosophie, Naturalist. Stilelement, Lyr. – **V:** Im Garten der Stille, Lyr. 00; Im Tal der Schmetterlinge, autobiogr. R. 07. – **MA:** Faszination 88; Mondtraum 95; Zeitschriften, Bde 25, 31, 40, 48 95; Sonnenreiter-Anth. 95, 99, 00–03; Sagen und Bräuche 97/98; Frankfurter Bibliothek – Jb. f. d. neue Gedicht 00–06; Borbecker Beitr., Nr. 30 01; Cornelia Goethe Literaturverlag- Anthologie 04; Mohland Jb. 05; Eine Feder aus Christkinds Kleid; Hoppla, jetzt komm ich; Erinnerung an Corfu; 25 Luftballons, u. a. – **H:** Etika Bibliothek unter http://www.etika.com. 20.7.97 b. dtsch. kl. – **P:** ... wir werden kämpfen, siegen, Video 84.

Jäniche, Günter, Übers.; Seydelstr. 36/902, D-10117 Berlin, Tel. u. Fax (0 30) 2 01 25 45. Postfach 060151, D-10051 Berlin (* Mittweida/Sa. 5. 4. 31). SV-DDR 60, DSV; Nationalpr. 69. Ue: russ. – **Ue:** A.N. Ostrowski: Gewitter 58; Klugsein schützt vor Torheit nicht 59; D. letzte Opfer 61; Späte Liebe; E. heißes Herz; Wölfe u. Schafe; A.A. Fadejew: D. Neunzehn 58; M. Sarudny: D. Glücksbogen 59; N. Winniow: Wenn d. Akazien blühn 59; Dostojewski: D. Idiot 60; E. Rannet: D. verlorene Sohn 60; J. Dworezki: Hohe Wogen; V. Rosow: Unterwegs; A. Arbusow: Mein armer Marat; J. Schwarz: D. Drache; D. gewöhnliche Wunder; D. nackte König; E. Radzinski: Ihr seid 22; A. Lunatscharski: D. befreite Don Quichote; W. Aksjonow: Stets im Verkauf; A.N. Ostrowski: Wenn Katzen spielen 69; M. Schatrow: Bol-

schewiki 68; V. Ossipow: Nur Telegramme 68; V. Rosow: Klassentreffen 68; R. Nasarow: D. kürzeste Nacht 68; M. Lermontow: Maskerade 68; J. Jefimow: Früchtchen Finik 68; M. Gorki: Komische Käuze 68; A. Arbusow: Stadt im Morgenrot 68; M. Baidshijew: Duell 69; D. Aitmatow: D. Straße d. Sämanns 69; J. Naumow/A. Jakowlew: Gepäckschein Nr. 3391; D. zweigesichtige Janus 69/70; A.N. Ostrowski: D. Wald 70; Talente u. Verehrer 70; M. Schatrow: D. sechste Juli 70; A. Stein: Gefangen von d. Zeit 70; J. Edlis: Zeugen gesucht 70; A.N. Ostrowski: Tolles Geld 71; A. Stein: Singender Sand 71; J. Schwarz: Zar Wasserwirbel 71; D. verzauberten Brüder 71; N. Gorbunow: Tiger auf d. Eis 71; J. Schwarz: Aschenbrödel, Rotkäppchen; M. Schatrow: Campanella u. d. Kommandeur; Wetter f. morgen; L. Sorin: Warschauer Melodie 73; M. Gorki: Barbaren; W. Shelesnowa; Der Alte; D. Letzten; B. Wassiljew: In d. Listen nicht erfaßt 74; M. Schatrow: D. Ende; V. Rosow: Vom Abend bis zum Mittag; Vier Tropfen; A. Salynski: Sommerspaziergänge 75; A. Gelman: Protokoll e. Sitzung; Gorbowitzki: Anweisung No 1; M. Schatrow: Meine Nadjas – meine Hoffnungen; A. Arbusow: Altmodische Komödie; A. Agranowski: Kümmert euch um Malachow; V. Rosow: Situation 76; M. Gorki: Die Sykows; N. Ostrowski: Ohne Schuld schuldig; Baitemirow: Rebellin u. Zauberer; Beekmann: D. Transitreisende 77; M. Schatrow: Blaue Pferde auf rotem Gras; V. Rosow: D. Nest d. Auerhahns; Sanin: Als Neuling in Antarktika; Bitow: Onkel Dickens; Sartakow: In d. Folterkammern d. Zaren; V. Rosow: D. ewig Lebenden; Schundik: D. weiße Schamane; Tschchaidse: D. Brücke 79; A. Stein: D. schwarze Seekadett 80; A. Sanin: Ich bin e. Mensch; W. Manewski: Karl u. Jenny Marx 81; L. Ustinow: D. Kristallherz 82; J. Schwarz: Don Quijote; M. Schatrow: So werden wir siegen; S. Goljakow: Richard Sorge; A. Mischarin: Viermal Frankreich 83; M. Tschernjonok: Kuchterins Brillanten; seit 88: A. Tschechow: Von der Schädlichkeit d. Tabaks; L. Tolstoi: D. lebende Leichnam; B. Razer: D. russ. Bär; G. Gorin: Reinkarnation; W. Rezepter: Puschkins sonderbare Frauen; I. Tschlaki: Schwüle Nacht; Vorm Sprechzimmer; Wie heißt denn du?; Zwei Freundinnen; L. Rasumowskaja: Garten ohne Erde; Eure Schwester u. Gefangene; Ende d. Achtziger; Wladimirskaja Platz; Wohnhaft; Sextett, alles Theaterst. (Red.)

Jänicke, Gisbert, Übers., Essayist; Sampsantie 13 b 2, FIN-00610 Helsinki, Tel. (0 03 58–9) 7 57 00 59, *jaenicke@welho.org* (* Ziegelhausen 19. 3. 37). Finn. P.E.N., Finn. Lit.ges., Schwed. Lit.ges. in Finnland, Kalevala-Ges. Finnland; Finn. Staatspr. f. Übers. 97, Nossack-Akad.pr. 02; Ess., Übers., Lit.wiss. Ue: finn, estn, schw, jidd. – **V:** Edith Södergran – diktare på två språk 84; Kalewaland. Das finn. Epos u. die Problematik d. Epikübersetzung 91; Ernst Brausewetters finnländisches Abenteuer. Das Schicksal e. Übersetzers 06. – **Ue:** u. a. Titel von: Paavo Haavikko, Daniel Katz, Runar Schildt, Elias Lönnrot (Kalevala), Kirsti Simonsuuri.

Jaenicke, Hilla, Dipl.-Psych., Psycholog. Psychotherapeutin; Wundtstr. 56, D-14057 Berlin, Tel. (0 30) 3 22 37 64, Fax 30 82 41 04 (* Gladbeck/Westf. 13. 5. 47). Lyr., Erz. Ue: engl. – **V:** Soap Opera, G. 87; Was kommen könnte, G. 01. – **MA:** Mitarb. in Anth.: Wenn die Blätter fallen; Das Kino im Kopf; Theater heute, Zs. (Red.)

Jäschke, Katharina, Autorin, EDV-Trainerin, Yogalehrerin; Wolfram-von-Eschenbach-Str. 4, D-65187 Wiesbaden, Tel. (06 11) 81 25 14, *kontakt@katharina-jaeschke.de*, *www.katharina-jaeschke.de* (* Nordenham 60). VS Hessen 01, Ges. Literaturfreunde 01; 1. Pr. b. XI. intern. Lit.wettbew. d. GEDOK, Autorenpr.

Jaffin

f. poet. Kurzprosa 04; Lyr. – **V:** Lebenszeichen, Lyr. u. Prosa 00; trink doch die Rosen, G. 07. – **MA:** bin feuer und flamme 99; Schön bist du, Fremde/r 02; Schreiben. Ich schreibe, weil ... 02.

Jaffin, David, Dr., Pfarrer, Dichter, Historiker u. Kunsthistoriker; c/o Verl. Johannis, Lahr (* New York City 14. 9. 37). Lyr., Erz., Autobiogr., Humor, Aphor., Kinderb. – **V:** Wastl, Gesch. 89, 90; Erinnerungen eines alternden Pfarrdackels 90, 91; Wastls Tips für Taps 91; Über sich selbst hinaus 94; Die Verspeisung der 5000 u. a. wahre Begebenheiten, Autobiogr. 95; Gehüpft wie gesprungen 96; Harry, die Hausmaus 97; Der Ruf, Erzn. u. Gleichnisse 98; Lebensrhythmen, Prosa 00; Die Welt innerhalb der Welt 01; Die Zeit der gefallenen Blätter 02; Farbtöne, Geschn. 03; Hören auf die Stille 04; An Ende der Tage 05; Singet dem Herrn ein neues Lied 06; Das Beste von David Jaffin 08, alles Geschn., Aufs. u. Lyr.

Jaggi, Rosalie, pens. Lehrerin; Stöckackerstr. 105B/4, CH-3018 Bern, Tel. (0 31) 9 91 88 30 (* Bern 10. 2. 31). Literar. Frauengr. Frauenwerkstatt 76–83; Werkjahr d. Kt. Bern 83; Rom., Erz., Dramatik. – **V:** Schön ist die Jugend, Stück (unveröff.) 82/83; Statt Krimer Erotika, Erz. 96. – **R:** Heitere Anmut, zierliche Kunst, Hsp. 65. (Red.)

Jagnow, Bjørn (Björn Jagnow), Verlagskfm., Buchhändler, Verlagsfachwirt, tätig als Zeitschriftenlayouter, Betriebsrat; Philippsbergstr. 9, D-65195 Wiesbaden, Tel. (01 51) 14 90 19 81, bjoern@bjoernjagnow.de, www.bjoernjagnow.de (* Dortmund 19. 12. 72). BVJA 94–03, VS 98; Preisträger im Wettbew. „C:\Literatur" d. BVJA 95, Nominierung f. d. Phantastik-Pr. 00, Nominierung f. d. Kurd-Laßwitz-Pr. 03; Rom., Erz., Dramatik. Ue: engl. – **V:** ein Flammenruf, ein Sternenstrich, Erz. 94; Die Zeit der Gräber, R. 95, 5. Aufl. 99; Wilde Jagd, R. 00. – **MA:** zahlr. Erzn. in Zss. seit 93, u. a. in: John Sinclair; c't mag. f. computertechnik; C:\Literatur, Anth. 95; Jenseits des Happy ends, Anth. 01; Nova 8/05, 9/06. – **P:** mehrere Erzn. auf CD-ROM 94–96; weitere Erzn. im Internet seit 00; Wilde Jagd, R., e-Book 99; Dualismus – fliehe die Vergangenheit, Erz., e-Book 01. – *Lit:* s. auch SK.

Jahn, Andreas C., Student; Bahnhofstr. 14, D-01609 Wülknitz, andreas72jahn@yahoo.com.mx (* Riesa 8. 8. 72). – **V:** Flugversuche 00. – **B:** Volker Janssen: Kornblumen und Salo 01. (Red.)

Jahn, Arthur Wolfgang s. Wolfarth, Jan

Jahn, Ewald, Schulrektor i. P.; Irrlrinnig 24 a, D-91301 Forchheim/Obfr., Tel. (0 91 91) 6 68 01 (* Kunewald/Neutitschein 6. 12. 20). Sudetendt. Lit.kr. Bamberg 70, Literar. Runde d. VHS Forchheim 89; Anerkenn. f. kulturelle Leist. d. Bdeskulturverb. d. Sudetendt. Landsmannschaft 87, Verd.med. d. Heimatlandschaft Kuhländchen 89, Verd.med. f. bes. literar. Leist. f. d. sudetendt. Volksgruppe, Ldesgr. Bayern 00; Rom., Lyr., Erz. – **V:** Vergoldet, Erinn. 77, 3. Aufl. 97; Heimat im Herzen, Erinn. 81, 2. Aufl. 97; Wie Kiebitze im Aurachtal, G. u. Geschn. 86, 2. Aufl. 95; Tränen und Perlen 87; Freuden spüren 94; Ring im Schnee, R. 95; Von Schmetterlingen und anderen Dingen, G. u. Erzn. 97; Lebenswege, 3 Kurz-R. 98; Bunte Gedanken, G. u. Erzn. 00; Rita und Milan, R. 01; Gedankenflüge..., Bd.1+2, Lyr. 05. – *Lit:* Franz Lorenz (Hrsg.): Schicksal Vertreibung 80; Franz Kubin (Hrsg.): Im Geist d. Ackermann aus Böhmen 81; Franz Kubin/Arnulf Rieber (Hrsg.): Von der alten zur neuen Heimat 86; Ulrike Weber (Hrsg.): Bamberger Autoren 87; Walter Sauer (Hrsg.): D. Weihnachtsgesch. in dt. Dialekten 94; „Kuhländchen". Unvergessene Heimat 98. (Red.)

Jahn, Günter, Landwirt, Büroangest.; c/o Dagmar Dreves Verl., Lüneburg (* Sandlack, Kr. Bartenstein 15. 6. 14). – **V:** Meine Welt von gestern und heute, ist sie noch zu retten? 92; Der Frieden ist das Allerwichtigste 02. (Red.)

Jahn, Reinhard (Ps. Hanns-Peter Karr), freier Autor; PF 101813, D-45018 Essen, Tel. (02 01) 76 56 99, 100740.3540@compuserve.com, www.hpkarr.de (* Saalfeld/Thür. 19. 10. 55). Das Syndikat 84; Arb.-stip. d. Ldes NRW 85, 2. Pr. b. NRW-Autorentreffen 85, Walter-Serner-Pr. 88, Aachener Lit.pr. 90, Lit.pr. Ruhrgebiet (Förd.pr.) 90, GLAUSER 96, Lit.pr. Ruhrgebiet 00; Rom., Short-Story, Hörsp. Ue: engl. – **V:** Stop der Juwelenbande, Jgdb. 79; Stop den Falschmünzern, Jgdb. 81; ... beziehungsweise Mord 85; Mord! 91; Das Morden geht weiter 92; Lexikon der deutschen Krimi-Autoren 92 (auch als Internet-Edition), erw. Neuaufl. u. d. T.: Lex. d. deutschsprachigen Krimi-Autoren 06; Mord ist nicht für Männer 97; Kombinieren Sie mit, Ratekrimis 00; Ratekrimis zum Selberlösen 00; Neue Ratekrimis zum Selberlösen 01; Ratekrimis für Kinder u. Jugendliche 02. – **MV:** Berbersommer 82; Geierfrühling 94, Tb. 96 (auch frz., ital.); Rattensommer 95, Tb. 97 (auch ital.); Hühnerherbst 97, Tb. 99; Gefährliche Bücher 97; Bullenwinter. Ein Gonzo-Krimi 99, Tb. 01; Mike Jaeger – EUROKILLER 99; Das John Lennon-Komplott 00, alle m. Walter Wehner; Doppelt gewinnt, m. Barbara Hölscher 99; Das Gipfeltreffen, Ketten-R. 00; Hotel TERMINUS, Gemeinschafts-R. 05. – **MA:** zahlr. Beitr. in Büchern u. Zss. – **MH:** Mord am Hellweg, m. Herbert Knorr u. Jürgen Kehrer 02; Mehr Morde am Hellweg 04; Mord am Hellweg III 06 u. IV 08, alle m. Herbert Knorr. – **R:** Unerkannt; D. weiße Nacht; Totes Kapital; D. Mord, d. e. Mord war 79; Lebenslänglich 80; Höhenflug 81; Finale in Frankfurt; Müll 82; Palmen werfen kurze Schatten; Von Mord und der Rede; Flucht in d. Freiheit; Tante Mabel schläft; E. glatte halbe Million; D. Schaschlikprinzessin 83; Backstage oder: Weine nicht, wenn d. Regen fällt; D. Miete im Keller; Mordfall Grüne Leiche; Dexter ermittelt; Zwischenbericht; Schneewittchen 84; Pourquoi M Robinson est-elle morte?; Sag mir, wo d. Mörder sind; Mord verdirbt d. Preise; Zeitz gibt gute Tips; D. Zweck heiligt d. Mittel; D. gute alte David; Dreimal ist kein Zufall; Mrs Pinkerton hat e. Verdacht; D. Geheimnis d. alten Cesare 85; E. Ding f. Theodor; Frauen sind unberechenbar; D. Haus am Waldrand; In d. Höhle d. Löwen; D. Mädchen m. d. goldenen Augen; Ich versichere Sie; Henry Hertz weiß sich zu helfen; Schach zu dritt; D. lange Abschied 86; D. Dame zwei Tische weiter 86/87; Ja, hallo?; Brents Bluff; Frau am Steuer; Zahn um Zahn; Zucker f. d. Haifisch; D. Zauber d. Mrs Ballentine; D. Haus d. Don Alvarez; Sie ist sicher; Lift 87; D. Frau im grauen Flanell; Wie du mir; D. Stunde vor Mitternacht; Tod e. Herzensbrecher; Kennziffer 777; Gewißheit f. Monsieur Antoine; Zeit ist Mord; Sherlock Holmes Quiz; Herz aus Glas; Mit d. Waffen e. Frau; Falsche Fünfziger; D. Revolverheld 88; Blaubarts letzter Fehler; Victor d. Millionendieb; Sommerfreuden; Keinen Pfennig f. d. Witwe; Mord m. doppeltem Boden; Sag d. Wahrheit, Schwester 89; D. Polizeifunk; Mord frei Haus 90; Charlies letzter Tip; Der Erbe v. MacKendrick Castle; Erpressung 91; Scrabble 94; Cash and Carry, m. B. Hölscher 98; D. schwarze Serie (jew. 5 Teile) I 00, II 01, III 02, alles Krimi-Comedies; Formel 4000. Benzin – Adrenalin – Maskulin, Krimi-Comedy 05 – zus. m. W. Wehner: D. Gedenktafel; D. Leben ist d. halbe Tod; D. Intrigant; D. eierlegende Wollmilchpartei 89; D. Leben, d. Liebe, d. Tod; Nachtexpreß 90; Straße frei!; Siebzehn gewinnt;

Berberstar 92; Schlüsselfahrt 94; Schöner sterben; Haste was in Aussicht? 95; Auf d. Höhepunkt mußt du aufhören; Immer wieder aufstehen 96; Graceland 00. – **P:** Höhenflug, Krim.-Hsp., Tonkass. 95; Karr & Wehner: Ehrenmann – Toter Mann, Krimi-Puzzle 98; dto.: Gefährliche Bücher 98; Inspektor Carter, Ratekrimis, Hörb. 05. – **Ue:** zahlr. Krim.-Stories in div. Anth.

Jahn, Walter *

Jahncke, Rolf; Gryphiusstr. 9, D-22299 Hamburg, Tel. (0 40) 46 22 31, Fax 46 22 37, *rolf_jahncke@web.de, www.rolf.jahncke.de.vu* (* Hamburg 22. 1. 23). ver.di, DJV 67; Biogr., Lyr. – **V:** Des Kaisers neue Kleider, Bst. 47; Cran Canaria, mehr als Sonne, Strand und Wasser, Reiseb. 89; Einfach lachhaft, Lyr. 90, 92; Sprechtechnik und Redekunst, Lehrb. 88, überarb. u. erw. Aufl. 02; Kennen Sie mich etwa?, Biogr. 05. – **Ue:** W. Shakespeare: Ende gut – alles gut, Bst. 85.

Jahnel, Dietmar, Dr. jur., Jurist; Richard-Strele-Str. 17, A-5020 Salzburg, Tel. (06 62) 83 41 42, *Dietmar. Jahnel@SBG.AC.AT* (* Linz/D. 8. 12. 59). Lit.ver. Skriptum Wels, Salzburger Autorengr.; Georg-Trakl-Förd.pr. 94; Lyr., Prosa. – **V:** Neonlicht & Plastikherzen, G. & Cartoons 85; Getauschte Schatten, G. 97. – **MA:** 10 Beitr. in Lyr.-Anth. (Red.)

Jahnke, Gerburg (zus. m. Stephanie Überall: Missfits); c/o Künstleragentur Jutta Jahnke, Sternstr. 106, D-20357 Hamburg (* Oberhausen 18. 1. 55). Leipziger Löwenzahn 91, Salzburger Stier 92, Dt. Kleinkunstpr. 93. – **MV:** Kennse einen, kennse alle 96; Krapf und Krömmelbein 96; 12 Kabarettprogramme 1988–1999, alles m. Stephanie Überall. (Red.)

Jahns, Dietrich, Lehrer; Bergwiesenstr. 28, D-97816 Lohr, Tel. (0 93 52) 56 13 (* Zerbst 12. 6. 34). Lyr. – **V:** Am Abend des Tags vor der Nacht, G. 00; Schneckenjagd 01; Ohrenwackeln, G. 06; Die Steine werden schweigen, Erzn. 08. – **MA:** Der Garten und sein Mensch 01; Wilhelm-Busch-Preis, Lyr.-Anth. 02, 03, 04; O du allerhöchste Zier 03; Denn unsichtbare Wurzeln wachsen 08.

†**Jakob,** Angelika (Ps. f. Ingrid Kreuzer, geb. Ingrid Oßmann), Dr. phil., Schriftst.; lebte in Siegen (* Pethau/Oberlausitz 21. 3. 26, † 04). VS, GEDOK, FdA, Kg., Christine-Koch-Ges.; Kulturbüro-Stadt-Landesbibliothek Dortmund 89, Siegburger Lit.pr. 89, FdA-Lit.pr. (3. Pr.) 90, Leipziger Lit.pr., Belob. 91, Sonderpr. 92, Anerkenn.pr. d. Stadt Wolfen f. Lit. 94; Rom., Kurzgesch., Lyr. – **V:** Amie, Erz. 82; 12 Gedichte 82; Flieg, Schwesterlein, flieg!, Erzn. 84; Grauer Stein und Gelbe Flügel, G. 86; Die Lady und der Boy, Erzn. 89; Rosinas Kostgänger, Erzn. 91; Muß wandeln ohne Leuchte. Amine v. Droste-Hülshoff, poet. Biogr. 94, 3. Aufl. 97; Labans Lernen. Amie, Erz. 95; Meine Flügel im Rucksack, G. 96; Liebe in falschen Schuh, Erzn. 97; Stirb oder lies! u. a. Erzählungen 01. – **MA:** Erzn. in Prosa- u. Lyr.-Anth. sowie in lit. Zss. – **R:** Der Moribunde 61; Martas Heimholung 85; Auf der Flucht 87; Die fünf kleinen Mädchen 90; Verwandlungen 90; Spurensuche, Lyr. 91. – *Lit:* Mechthild Curtius: Autorengespräche 91; P. Gendolla / K. Riha (Hrsg.): Schriftsteller/ Wissenschaftler 91; Über d. Schriftstellerin A.J., Zblizenia 2/97 (dt./poln.).

Jakob, Barbara, Gründerin „Frühstücks-Treffen f. Frauen"; Lanzenhausweg 1a, CH-8127 Forch, Tel. (0) 8 87 64 64, Fax 8 87 64 62, *barbarajakob@freesurf.ch* (* 12. 7. 50). – **V:** Mit uns Frauen fängt was an 83; Vorwärtskommen oder stehenbleiben 95; Laß dir Liebe schenken 95; Auf dem Weg zum Weihnachtslicht 98, 00; Mensch, ärgere dich – aber richtig! 98; Gewinnen durch Loslassen 99, 02; zahlr. meditative Bild-Text-Bände sowie Geschenkbücher. – **MV:** Partnerschaft ge-

meinsam leben 94; Wie kann man Teenager „überleben"?! 95; Schwierige Zeiten überstehen – aber wie? 97; Warum bist du so arm? 98, alle m. Ben Jakob; Die zweite Karriere, m. Michael Kres 01. – **MA:** Family. Das christl. Mag. f. Partnerschaft u. Familie; Aufatmen – Authentisches Christsein. – **H:** Mehr als nur ein Frühstück 87; Typisch Frau – was heisst das? 88; – Reihen „Die Reihe von Frauen für Frauen"; „Johannis-FAMILY-Reihe" (Red.)

Jakob, Hanna, Studentin d. Sprachtherapie; Auf der Wegscheide 2, D-79686 Hasel, Tel. (0 77 62) 36 51, *hanna.jakob@gmx.de, www.realhomepage.de/members/hannajakob* (* Viernheim 2. 8. 87). Autorengemeinsch. artep 06; Rom. – **V:** Der Seidenfaden und was er entpuppt, R. 06.

Jakob, Karla s. Rajcic-Bralic, Dragica

Jakob, Lucia, Volksschullehrer; Ruthgasse 11/2/8, A-1190 Wien, Tel. (01) 3 68 22 10 (* Zisterdorf/NdÖst. 1. 6. 28). Märchenpr. d. Wiener Volksbildungswerkes 86; Lyr., Kurzgesch., Mundart. – **V:** Die silberne Straße, Lyr. 85; Bunte Perlen, Lyr. 86; Lach a bissel, Mda. 89; Spätes Grün, Lyr. u. Mda. 89; Frosch im Gras, G. f. Kinder 91; Wia s halt is, Mda. 93; Verweile hier, Lyr. 97; Farbnkastl, Mda. 99; Dem Wind anvertraut, Lyr. u. Prosa 99. (Red.)

Jakob, Markus, Journalist; P°. Picasso, 40, 2° 3a, E-08003 Barcelona, Tel. 9 33 19 88 67, *mjakob @jazzfree.com, www.barcelonablog.hochparterre.ch* (* Bern 1. 7. 54). Ue: frz, span. – **V:** Die Zähmung der tosenden Stadt, Repn. 01; Café du Commerce. Eine Berner Kulturgeschichte 04; mehrere Sachb. – **MV:** „Klick!", sagte die Kamera, m. Balthasar Burkhard 97. – **MA:** Repn. f. Zss. u. Mag., u. a.: Tages-Anzeiger Mag.; NZZ. – **Ue:** Gaston Chaissac: Hippobosque au bocage, Briefe 93. – **MUe:** Paul Valéry: Cahiers, Essayistik 86. (Red.)

Jakob-Käferle, Anton; Neugasse 24, A-2410 Hainburg/NdÖst., Tel. (0 21 65) 6 48 91 (* St. Hubert/Banat 2. 2. 26). Rom., Lyr. – **V:** Sonne und Wolken 00; Verschlungene Pfade 01. – **MA:** Hainburger Geschichten 92; Ein Buch von Flüssen 94; Perle der Heimat 97; Zeitenwege 01; Kirchenführer der Stadt Hainburg 02. (Red.)

Jakobs, Erhard s. Jakobs, Seep

Jakobs, Karl-Heinz, Schriftst., Hrsg., Journalist, Außenred. 1990–1997; Looker Str. 42, D-42555 Velbert (* Kiauken/Nordostpr., heute Kaliningradskaja Oblast/Rußland 20. 4. 29). SV-DDR 59–79 (Ausschluß), Vorst.mitgl. SV Ostberlin 60–64, Vorst.mitgl. SV-DDR 74–78, VS 81, P.E.N.-Zentr. Dtld 83; Heinrich-Mann-Pr. 72, Verd.med. d. DDR. F.nadel Ges. f. Dt.-Sowjet. Freundsch. in Gold 76, Writer in Residence Oberlin-College 86, Gastvorl. USA, Kanada, England 86/87; Lyr., Rom., Erz., Nov., Film, Rep., Fernsehsp., Fernsehdok., Ess., Hörsp., Schausp., Nachdichtung. Ue: jidd. – **V:** Guten Morgen, Vaterlandsverräter, G. 59; Die Welt vor meinem Fenster, Erzn. u. Nn. 60; Beschreibung eines Sommers, R. 61, 95; Das grüne Land, Erzn. u. Nn. 61; Merkwürdige Landschaften, Erzn. 64; Einmal Tschingis Khan sein, Reise-R. 64; Heimkehr des verlorenen Sohns, Bü. 68; Eine Pyramide für mich, R. 71, 78; Die Interviewer, R. 73, 77; Tanja, Taschka und der Nikolaus, Kinderb. 74; Die Frau im Strom, R. 82, 91; Das endlose Jahr, Erinn. 83, 90; Das große Buch vom Frieden, Textsamml. 83; Leben und Sterben der Rubina, R. 99. – **MA:** Olymp. Spiele, Sport-G. 71; Liebes- u. a. Erklärungen 72; Meinetwegen Schmetterlinge 73; D. Antigeisterbahn 73;

Auskunft. Neue Prosa aus d. DDR 74; Blitz aus heiterem Himmel 75; D. letzte Mahl mit d. Geliebten 75; Was zählt, ist d. Wahrheit 75; Fernfahrten, erlebt u. erdacht 76; D. Rettung d. Saragossameeres 76; D. Räuber gehen baden 76; D. Tarnkappe 78; Geschn. aus d. DDR 79; D. Mauerbuch 81; V. Fischerdörfern u. Badeorten 90; Prag u. d. Landschaften d. Tschechoslowakei 91; Dtld zwischen Nordsee u. Alpen 91; Nie wieder Ismus, Satn. 92; Fragebogen: Zensur 95; zahlr. Beitr. in Zss. u. Mag. – H: D. Sonntagsgeschichte, Ztgs-Anth. m. 141 europ. Autoren 90–97. – **MH:** D. Sonntagsgeschichte od. alles fängt doch erst an, m. Johann P. Tammen 94; Von Abraham bis Zwerenz, Anth. 95 III; Autoren lesen 96; Festessen mit Sartre u. a. Sonntagsgeschn., m. J. Monika Walther 96. – **F:** Beschreibung e. Sommers 63; E. Pyramide für mich 75, beide m. Ralf Kirsten. – **R:** Fs.-Arb.: D. Fontäne 63; Im Schnellzug nach B. 71; Fest in Oberspree 71; Landschaft mit Denkmal u. Leuten 85; Auf d. Seite d. Schwachen 85; – RdfkArb.: Post für Iwan Iwanowitsch 66; D. große brennende Aquarium 67; D. Orion steigt auf 68; Da lebte einmal e. Bauer 69; Drei Tage wußte ich nicht wer ich bin 69; Letzter Tag unter d. Erde 71; Die Wologdaer Eisenbahn 75; Ginsbergs Reise 75; Beginn e. neuen Art d. Reisens durch Afrika im Jahre 1886 78; Casanova in Dux 80; Wir werden ihre Schnauze nicht vergessen 81; Der Krieg 83; Mein weggeschmissenes Leben 83; D. Ring d. Samojeden 84; Weite Strecken Wildnis, 4-tlg. 85; Flußwindungen, 4-tlg.; D. Wüste lebt; Am Rande d. Welt; D. Schwalben v. Capistrano; Süchtig nach Melancholie; Stadt d. erloschenen Feuer; D. Stadt, in der ich lebe; Merkwürdige Landschaft 87; Weihnachten in Timbuktu; Vom Rothaargebirge z. Rhein, 3-tlg.; Königliche Stadt nach Swenssons Art; D. Häusermeer; D. Leben, e. Garten; D. Entdeckung d. Einsamkeit; D. Wüstenschiff; Fremd auf Erden; D. große Düne v. Nidden 88; An Mosel u. Sauer; E. Weiser aus d. Morgenland; Sechsundachtzig Meter unter d. Meeresspiegel; Puebloland; D. Welt d. Dichters Tschingis Aitmatow; Tagtägliche Paradiese; Im Baumwollwald; Über sechzehn Wehre; Gladiolenzeit in Jasnaja Poljana; Rose, oh reiner Widerspruch 89; Vom Webstuhl z. Videorecorder; Chicago im Mai; Geheimnisvolles, unbekanntes Wasser; Sommer in Flandern; Hinter uns d. Zukunft; D. Stunde d. roten Schabracken; Nicht nur Handball 90; Mit d. Faltboot auf d. Havel, 4-tlg.; Nicht mehr Zitadelle; Einmal Tschingis Khan sein; D. Spiel ist aus; Schwarz u. Weiß; Es gibt kein Entrinnen; Bergauf u. gegen Wind; Chicago kann auch kalt sein; E. Hauch v. Traurigkeit 91; Ganze Tage auf d. Wasser, 4-tlg.; Aus d. Vollen schöpfen; Kaukehmen – Jasnoje; Meschkinnes mit Speck; D. Lächeln der Karyatiden; Vier Straßen, 4-tlg.; Versammlungsplatz in d. Prärie; Romantik im Ruhrpott; Zwickau v. unten 92; D. nasse Grenze, 4-tlg.; Seestadt auf d. Berg; D. Sprache d. Vögel; D. Orakel v. Delphi 93; Bermudadreieck Ost; Diesseits u. jenseits d. Brocken; Zw. Brocken u. Bitterfeld; Grenzdurchbruch 94, u. a. – **MUe:** Dora Teitelboim; D. Ballade v. Little Rock, m. Konrad Mann, Nachdicht. aus d. Jidd. – *Lit:* Stilmittel in d. Erz. „Der Mast" v. K.-H.J., Beitr. z. Gegenwartslit. II, 24 62; Chr. Berger: Nur wer präzis informiert ist, kann präzis formulieren, in: Künstler. Schaffen im Sozialismus 75; Eva Kaufmann: Dem Leben auf d. Schliche kommen. K.-H.J. als Romancier, in: Erwartung u. Angebot 76; K. Antes: Poet im Pott: K.-H.J., Fs.-Feat. 84; Walther Killy (Hrsg.): Literaturlex., Bd 6 90; Manfred Behn-Liebherz in: KLG.

Jakobs, Seep (eigtl. Erhard Jakobs), Journalist u. Autor; Talstr. 4, D-35321 Laubach, Tel. (0 64 05) 39 56 (* Trier 10. 2. 59). Rom., Lyr., Erz., Dramatik. – **V:** Das Buch vom Kopp, R. 94; Die UFer-Trilogie, 3 Einakter, UA 01; Wartenarr, R. 02. (Red.)

Jakoby, Friedhelm; Felkestr. 19, D-65582 Diez, Tel. (0 64 32) 38 94 (* Keidelheim 14. 8. 28). – **V:** Gnadenschuss für einen Leih-Opa, ... und andere Geschn. e. Schlaganfall-Betroffenen 99. (Red.)

Jakuba, Friedrich s. Ziebula, Thomas

Jakubaß, Franz H., Verwaltungsrat a. D., ehem. Berufsberater; Landsknechtstr. 69, D-96103 Hallstadt, Tel. (09 51) 7 15 16, Fax 7 15 28, *franz.h@jakubass.de, www.jakubass.de* (* Gelsenkirchen 13. 11. 23). RSGI 82, FDA 89; E.med. „bene merenti" in Silber Univ. Bamberg, Lit.pr. d. Bistums Trier f. Hsp.; Hörsp., Märchen, Kurzgesch., Ess., Theaterst. – **V:** Schritt für Schritt, Erzn. a. d. Arbeitswelt 69; Karl Rudolf Grumbach, ehedem Abt d. Klosters St. Georgenberg b. Fiecht in Tirol, Ess. 81; Wie die Schildbürger einen Brand löschten, Laisp. f. Kd. 83; In Schilda bellt die Katz' so grün, Erzn. 90; Katz' und Maus und die Computer 94; Flegeleien, Erzn. 99; Hans Hartlieb, der Langgaß-bader aus Bamberg, hist. R. 00; In Niederungen, Erzn. 01; Ali, der Bettler, Erzn. 01; Eulogius Schneider – von der Kanzel zum Schafott, R. 03, 08; Die Silberhochzeitsreise, Forts.-R.; Der Rebell von Bamberg, Forts.-R. 04, u. d. T.: Der Rebell in Bamberg 06; Ein toter Mann im Sarg, Erz. 04; Das Original Bamberger Götzzitat, Erz. 05; Schildbübereien, Laisp. 06; Das Natternhemd, R. 07; Johannes Schwanhausen, der Bamberger Reformator, R. 08; – Freilichttheatersp.: Von der Gleichheit der Menschen 89; Der Geist von Lisberg 91. – **R:** Hsp.: Ein toter Mann im Sarg 81; Glaube – Hoffnung – Tod 94; Hsp. f. Kd.: Lucky, Schlucky u. Mecky im Wunscheland 83; Das Geständnis 85; Des Kaisers neue Kleider 86; Der unkluge Gutsherr und der undumme Kutscher 87; Vom Frost und den beiden Brüdern 87; Der Brüderlichkeit Schatten 91; Die goldene Muschel 92; Der König und sein Narr 92; O, o Hans 92; Offorus 92; Ali und der Wunderstein 96; Sebastian 96; Hb.: Karl Rudolf Grumbach, ehedem Abt d. Klosters St. Georgenberg b. Fiecht in Tirol 83; Der verlorene Sohn 84; Hofprediger und Revolutionär: Eulogius Schneider 86; Pater Alfred Delp, ein Opfer der Hitlerjustiz 86; Von der Kanzel zum Schafott 86; Ich bin der Doktor Eisenbart 91; Setzt auf's Klosterdach den roten Hahn 92; Das Attentat auf Bismarck in Bad Kissingen 94; Über Moses zum falschen Gold 94; „Glück auf" im Frankenwald 96; Das Gefecht bei Bad Kissingen 98; „.... und lehret alle Völker" 00. – *Lit:* in Bayern 29/92.

Jakubeit, Peter, Filmwiss. u. Filmdramaturg; Wassertorstr. 1, D-06507 Gernrode, Tel. (03 94 85) 6 50 96, *peterjakubeit@yahoo.de* (* Bernburg 3. 11. 39). Hörsp., Rom. – **V:** Die Krallenwurzel, R. 79; Blondes Flittchen, Erzn. 89; Wegen Aufruhrs zu verhaften, R. 95; Der Katzenwald, R. 00. – **R:** Mein lieber Joaquin, Hsp. 87; Der Verbrecher Hans Kohlhase, Hsp. 88; Der Heilige Christ, Hsp. 89. (Red.)

Jalka, Susanne (geb. Susanne Jalkotzy), Dr. phil., Dr. rer. nat., Dipl.-Psych., Schriftst.; Feldgasse 10, A-1080 Wien, Tel. u. Fax (01) 4 08 13 70, *jalka @konfliktkultur.at, www.konfliktkultur.at* (* Wien 4. 4. 45). Rom. – **V:** Schmerzlust, R. 92, Tb. 95. (Red.)

Jamal, Hadayatullah s. Hübsch, Hadayatullah

Jamil, Gerhard s. Hübsch, Hadayatullah

Jamin, Peter H., Journalist, Buch- u. Fernsehautor; Steffenstr. 35, D-40545 Düsseldorf, *jamin@jamin.de, www.jamin.de* (* Bückeburg 51). Vis. – **V:** Skandalstadt!, R. 96; Der Sieg der Taube, R. 01; Die schwarze Mamba, Geschn. 01; mehrere Sachb. – **MV:** Streng geheim! 00; Revolution! 01; Scheidung! 01, alles R. m.

Jens Prüss u. Thomas Klefisch. – **MA:** Fernweh exclusiv 89; Ganz Deutschland lacht! (Konzept u. Redaktion) 99 (auch CD). – *Lit:* s. auch SK. (Red.)

Jana, Gera; Gießhüblerstr. 104, A-2344 Maria Enzersdorf, Tel. (0 22 36) 4 23 94 (* Wien 30. 1. 33). – **V:** Kongreß ohne Streß, Lyr. u. Prosa 88; Der Cash-Floh, Satn. 89; Ein Schwein kommt nie allein, G. u. Geschn. 90; Kann eine Blume weinen?, Lyr. 00; Schräge Perspektiven 00; Die Eurotiker, Satn. 00; Es weihnachtet sich schwer, Gedanken 01; „Blauer Dunst", Lyr. 01, u. a. (Red.)

Jana, Robert s. Schneider, Robert

Janach, Christiane (eigtl. Delphine Blumenfeld); St. Jakob 100, A-9184 St. Jakob i. Rosenfeld, Tel. (06 64) 2 02 94 83, *blumenfeld@aon.at* (* Klagenfurt 19. 10. 61). IGAA, GAV 01; Förd.pr. d. Ldes Kärnten f. Lit. 87, 1. Pr. d. „Mund-art"-Lit.wettbew. Feldkirchen 94; Lyr., Prosa. – **V:** Der Clown mit dem Spiegel. G. u. ein Märchen 87; Seesterngedichte 96; Die Schneeläufer, G., zweispr. 99. (Red.)

Janacs, Christoph, Schriftst., Übers., Lehrer, LBeauftr. U.Salzburg; Niederalm, Dorfstr. 29, A-5081 Anif, Tel. (0 62 46) 7 44 63, Fax (06 62) 84 59 40, *christoph.janacs@utanet.at, www.janacs.at* (* Linz 4. 10. 55). IGAA, GAV; Talentförd.prämie d. Ldes ObÖst. 86, Rauriser Förd.pr. 88, Stefan-Zweig-Pr. d. Ldeshauptstadt Salzburg 92, Staatsstip. d. BMfUK 93, Projektstip. d. BMfUK 96, Prosapr. Brixen-Hall 99, Salzburger Lyrikpr. 03, Staatsstip. 05; Lyr., Rom., Ess., Übers. Ue: span, engl. – **V:** Schweigen über Guernica, R. 89; Das Verschwinden des Blicks, Erzn. 91; Stazione Termini, Erz. 92; Nichtung 93; Der abwesende Blick 95; Templo Mayor 98; Brunnennacht 99; Šumava 00; Tras la ceniza/Der Asche entgegen 00, alles G.; Aztekensommer, R. 01; Der Gesang des Coyoten, mexikan. Geschn. 02; draußen die Nacht ist uns, G. 02; Meteoriten, Aphor. 04; Unverwandt den Schatten, G. 06; Eulen, G. 06; Schlüsselgeschichten, short stories 07; die Ungewißheit der Barke, Lyr. 08. – **MA:** zahlr. Beitr. in Zss., Ztgn u. Anth. – **H:** Tauchgänge, Anth. 03; Unerbittliche Sanftmut, Anth. 05. – **R:** zahlr. Beitr. im ORF. – **Ue:** Marco Antonio Campos: Poemas Austriacos 99. – *Lit:* KLÖ 95. (Red.)

JanaJana s. Kolb, Helga

Janakieff, Dimiter s. Inkiow, Dimiter

Jancak, Eva, Dr., Psychologin, Autorin; Krongasse 15/1, A-1050 Wien, Tel. (01) 5 85 37 29, *jancak@isis. wu-wien.ac.at, www.jancak.at* (* Wien 9. 11. 53). GAV 87, IGAA, Jurymitgl. b. Ohrenschmaus-Lit.pr. (* Menschen mit Lernbehinderungen 07, 08; Kdb.pr. d. Stadt Wien 82, Pr. b. Märchenwettbew. d. Wochenschau 82, Theodor-Körner-Pr. 87, 1. Pr. b. Wettbew. „Wasserzeichen" 96, Luitpold-Stern-Förd.pr. 00, 03, 05, 3. Pr. b. Amadeus-Hörbuchwettbew., 1. Pr. b. Schreibwettbew. d. Bücherei Pannaschgasse 06; Prosa, Rom., Sach- u. Fachb. – **V:** Hierarchien oder der Kampf der Geräusche, R. 90; Wiener Verhältnisse, R. 00; Schreibweisen, Erzn. 01; Lore und Lena, Erz. f. Kinder 02; Mutter möchte 20 Kinder, Erz. f. Kinder 02; Die Vertagebuchfrau oder was ist los in Wien?, R. 02; Best of. Das Eva Jancak Lesebuch 03; Das Glück in der Nische, N. 03; Eine begrenzte Frau, Erz. 03; Besessen oder das literarische Leben der Dora Faust, R. 04; Tauben füttern, Krim.-R. 04; M.M. oder die Liebe zur Germanistik, Erz. 04; Die Zusteigerin oder die Reise nach Odessa, Erz. 05; Best of 2. Das Eva Jancak Lesebuch 2001–2005 05; Die Stimmungen der Karoline Wagner oder Fluchtbewegung 06; Wie süß schmeckt Schokolade?, R. 07; Wilder Rosenwuchs, Erz. 07; Und trotzdem, R.-Erz. 08. – **MA:** zahlr. Veröff. in Zss. u. Anth., u. a.: Stimme der Frau 7–8/80,

1/88, 6/89; Mädchen dürfen pfeifen, Buben dürfen weinen 81; InN 1, 14, 19 82ff.; Arbeite, Frau, die Freude kommt von selbst 82; Volksstimme 83–85; Pelzflatterer 1/83, 1/84; LOG 26–27/85, 31/86, 33/86, 37/87; Freibord 54/86, 109/110; Wortbrücke 5/87, 7/88, 8/88, 11/90, 12/90; Podium 63, 81, 90 87ff.; Die Leiche im Keller 88; Die Rampe 1/89, 2/93; Kuckucksnest 2–3/90, 3/91; Kälte frißt auch auf 91; Gaismair Kal. 94; Sichten u. Vernichten 94; Die Fremden sind immer die anderen 95; Klaubauf 2/3 99; Strahlen kennen keine Grenzen 98/99; Die Sprache des Widerstandes ist alt wie die Welt und ihr Wunsch 00; Schubumkehr 00; Viechereien 01; Hierorts Unbekannt 01; Donaugeschichten 02; Der Wahnsinn eine Form des Protest 02; Seien wir realistisch ... 04; Uhudla, Nr. 107 04; Augustin 150 04; Luitpold-Stern-Preis 05; Der literarische Zaunkönig 1/06. – **R:** versch. Texte im ORF. – *Lit:* Im Wiener Untergrund – 8 Autorinnen im Portr. 91; Anita C. Schaub: FrauenSchreiben 04; Dieter Scherr in: Autorensolidarität 2/06.

Janczak, Joachim; Sonnenallee 103, D-12045 Berlin, Tel. (0 30) 6 81 28 99 (* Kettwig/Ruhr 6. 3. 47). NGL 98, VS 00; Lyr., Dramatik, Ess. – **V:** Marie, Marie Antoinette, Marie Capet, Ballett-Libr., UA 90; O Gegenwart, G. 94; Salomo, König der Könige, Opern-Libr. 95; Scaramouche, Ballett-Libr. n. Knudsen/Sibelius, UA 95; Warum ich der Retter des Balletts bin, Libr., Ess., Dramaturgien 95; Asphalt & Seife, Poem 96; Küß mich!, G. 99. – **MA:** zahlr. Kunstkritiken in Ztgn u. Zss. (Red.)

Jandl, Hermann, Schuldir. i. R.; Hietzinger Hauptstr. 82/1/15, A-1130 Wien, Tel. u. Fax (01) 8 76 44 79 (* Wien 1. 3. 32). Öst. P.E.N.-Club, Podium, Ö.S.V., IGAA; Stip. z. Öst. Staatspr. f. Erzn. 68, Theodor-Körner-Förd.pr. 74, Öst. Staatsstip. 74, Förd.pr. d. Ldes NdÖst. f. Dichtkunst 77, Öst. Würdig.pr. f. Lit. 88, Würdig.pr. d. Ldes NdÖst. f. Lit. 93, Öst. E.kreuz f. Wiss. u. Kunst I. Klasse 00; Lyr., Prosa, Drama, Hörsp. – **V:** Geständnisse, 2 Akte 69; Leute Leute, Lyrik 70; Vom frommen Ende, Prosa 71; Storno, Erz. 83; Die Übersiedlung, Erz. 85; Kernwissen, Lyr. 85; Licht, Erz. 87; Kein Flieger, Erz. 93; Schöne Welt, Lyr. 93; Der Denker, Erz. 94; Ein Goldgräber, Lyr. 97; Die Tür ist offen, Erz. 97; Durst, Erz. 01; Hermann Jandl. Ausgewählte G., Lyr. 02; Schattenspiel, Prosa 06; Schau dass du weiterkommst. Gesammelte G. 1955–2006 07. – **MA:** Konfigurationen; Wort und Wahrheit; Protokolle; Generationen; Tintenfisch; Dimension, Zeit und Ewigkeit; Verlassener Horizont. – **H:** duda, Anth. d. Ndöst. P.E.N.-Clubs 77; Das unsichtbare Fenster, Anth. d. Ndöst. P.E.N.-Clubs 91. – **R:** Das Geständnis 69; Samstag 73; Ein Mensch oder Das Leben ist eines der schwersten, Hsp. (auch als Buch m. Tonkass.) 79; Kleine Liturgie 80; Bindungen 84. – *Lit:* lobbi 3 70; 4 71; morgen 4 78.

Jandl, Ralf (Ps. Karl Napf), MinR f. Min. f. Wiss. u. Kunst; Horber Steige 32, D-72160 Horb/Neckar, Tel. (0 74 51) 6 69 87, Fax 6 06 46, *jandl.napf@t-online. de, karlnapf.net* (* Hirschberg/NS 18. 12. 42). VS; Sat., Hörsp., Sketch, Zeitungsbeitrag, Theater. – **V:** Der fromme Metzger, sat. Geschn. 84, 6. Aufl. 03; Oh heiligs Blechle, Sketche 86; Der neue Schwabenspiegel 89, 2. Aufl. 93; Doktor Fäuschtle 90; Der Schultes 91; D' gettlich und d' menschlich Komede 92; Der Schwabe als solcher 94; Lieber Fiskus 95; Heuhofen ist überall, Geschn. 01; Der wahre Jakob. Das wundersame Leben d. Emmerich Pulcher 01. – **MA:** Sauglatt, Sat. in Schwaben 94; Schöne Aussichten, Sat. in Schwaben. – **H:** Schwäbischer Heimatkalender, seit 93. – **R:** An der Himmelstür 85; Das Landesmuseenschaumuseum 87; Dr. Fäuschtle; Der zerbrochene Krug auf Schwäbisch; D'

Jandrlic

gettlich und d' menschlich Komede, frei n. Dante (auch Fs.-Übertrag. 97); Die Parfümfabrik von Raffda; Die Türken vor Burladingen; Das kalte Herz; Der Crash von Heuhofen; Die Frauen in Halbhöhenlage; Monopoly in der Silvesternacht; Die ehrbaren Zocker; Rummelplatz des Lebens; Witwen in Halbhöhenlage, alles Hsp.; zahlr. Glossen f. SWF u. SDR. – *Lit:* Diane Wenzelburger: Im Jahr 2000 kommt d. wahre Jakob, in: Schwarzwälder Bote 98. (Red.)

Jandrlic, Mladen s. Rühmann, Karl

Jandt, Dieter, freier Autor u. Journalist; Hirschstr. 75, D-42285 Wuppertal, Tel. u. Fax (02 02) 89 95 83, *dieterjandt@aol.com* (* Remscheid 16. 3. 54). VS 98; Rom., Hörsp. – **V:** Rubine im Zwielicht, Krimi 06. – **R:** Gold geht an China, m. Ulrich Land, Hörsp. (WDR) 08.

Janetz, Urs Peter; Hauptstr. 76, D-82467 Garmisch-Partenkirchen, *Urs@Janetz.de, www.Angstschatten.de* (* München 8. 7. 69). Rom. – **V:** König Ludwig's Urlaub in Garmisch-Partenkirchen. Eine Geschichte 06.

Janetzki, Ulrich, Dr. phil., Geschäftsleiter d. Lit. Colloquiums Berlin; c/o Literarisches Colloquium Berlin, Am Sandwerder 5, D-14109 Berlin, Tel. (0 30) 81 69 96 12, Fax 81 69 96 19, *Janetzki@lcb.de, www. lcb.de.* Kaiserwerther Str. 4, D-14195 Berlin (* Selm/ Westf. 5. 9. 48). P.E.N.-Zentr. Dtld. – **V:** Alphabet und Welt. Über Konrad Bayer 82. – **H:** Ottilie von Goethe, Portr. 82; Henriette Herz: Berliner Salon 84; Tendenz Freisprache. Texte z. einer Poetik d. achtziger Jahre 92. – **MH:** Anfang sein für einen neuen Tanz kann jeder Schritt, m. Lutz Zimmermann 88; Berlin zum Beispiel, m. Sven Arnold 97; Die Stadt nach der Mauer, m. Jürgen Jakob Becker 98; Preise u. Stipendien. Hdb. f. Autoren, m. Chr. Böde 00. (Red.)

Janisch, Heinz; Mühlgasse 9/14, A-1040 Wien, Tel. (01) 5 24 97 04, *info@heinz-janisch.com, www.heinz-janisch.com* (* Güssing 19. 1. 60). Podium, GAV; E.liste z. Öst. Kd.- u. Jgdb.pr. 90, 97, E.liste z. Kdb.pr. d. Stadt Wien 94, Kd.- u. Jgdb.pr. d. Stadt Wien 95, 97, 99, 01, 03, 04, 05, 06, Öst. Förd.pr. f. Kd.- u. Jgd.lit. 98, Öst. Kd.- u. Jgdb.pr. 98, 99 u. 01; Lyr., Prosa, Kinder- u. Jugendb. – **V:** Vom Untergang der Sonne am frühen Morgen, Erz. 89; Nach Lissabon, Erz. 94; Schon näher herst sich das Meer, G. 94; Lobreden auf Dinge, Prosa-Miniatn. 94; Eisenstadt. Stadtbilder 95; – KINDER- u. JUGENDBÜCHER: Mario, der Tagmaler 89; Till Eulenspiegel 90, Neuausg. 94; Gute Reise, Leo 91; Ein Krokodil zuviel 94; Benni und die sieben Löwen 95; Vollmond oder Benedikts Reise durch die Nacht, R. 95 (m. CD); Der rote Pirat u. a. Rucksackgeschichten 96; Sarah und der Wundervogel 96; Die Arche Noah 97; Grüner Schnee, roter Klee 97; Die kleine Marie und der große Bär 97; Josef ist im Büro oder Der Weg nach Bethlehem 98; Die Prinzessin auf dem Kürbis 98; Der Sonntagsriese 98; Gesang, um den Schlaf gefügig zu machen, Lyr. 99; Ich schenk Dir einen Ton aus meinem Saxophon, G. 99; Heut bin ich stark 00; Zack Bumm! 00; Es gibt so Tage ... 01; Die Reise zu den fliegenden Inseln 01; Wenn Anna Angst hat ... 02; Her mit den Prinzen! 02; Zu Haus 02; Bärenhunger 02; Schenk mir Flügeln 03; Ich bin noch gar nicht müde 03; Herr Jemineh hat Glück 04; Ein ganz gewöhnlicher Montag 04; Katzensprung 04; Einer für Alle! Alle für einen! 04; Der Prinz im Pyjama 04; Drei Birken 05; Bist du morgen auch noch da? 05; Cleo in der Klemme 05, u. a. – **MA:** Beitr. in zahlr. Anth., v. a. im Bereich Kinder- u. Jgd.lit. – **H:** Salbei und Brot, Erinn. 92; Leben mit der Angst, Gespräche 95. – **MH:** Menschenbilder, m. Hubert Gaisbauer, Portr. 92. – **F:** Im Schatten des Kreidetuchbaums, m. Robert F. Hammerstiel, Kurzf. – **R:**

Menschenbilder, Hfk-Reihe (Red.). – **P:** Benni und die sieben Löwen, Tonkass. 96. (Red.)

Janitz, Katrin, freie Autorin, Krankenschwester; Bamberg, *janitzkatrin@aol.com, www.beepworld.de/ members85/katrin-janitz/* (* Hamburg 77). Rom. – **V:** Maria, letztes Jahr 03; In Liebe, Elena 04; Das Blau ihrer Augen 05; Auch noch ein Morgen 07. (Red.)

Jank, Doris A., Sekretärin; Theodor-Körner-Gasse 10, A-1210 Wien, Tel. (01) 2 71 26 36, Fax 7 11 62 44 99, *doris.jank@bmvit.gv.at* (* Wien 10. 11. 67). Rom. – **V:** Cactus Connection, R. 02. (Red.)

Janke, Dagmar s. Garbe, Dagmar

Janker, Josef W., Schriftst.; Marienburger Str. 32, D-88213 Ravensburg, Tel. (07 51) 9 23 87 (* Wolfegg 7. 8. 22). P.E.N.-Zentr. Dtld 71; Förd.pr. z. Ostdt. Lit.pr. 61, Rompr. Villa Massimo 68/69, Schubart-Lit.pr. 72, E.gabe d. Bayer. Akad. d. Schönen Künste 74, Förd.pr. d. SWF 75, Kulturpr. d. Städte Ravensburg u. Weingarten 77, BVK 80, Staatsstip. Bad.-Württ. 81, Platz 2 Bestenliste März 88, Hermann-Lenz-Pr. 99, BVK I. Kl. 99; Rom., Erz., Reiseber., Feuill., Literar. Porträt. – **V:** Zwischen zwei Feuern, R. 60, Tb. 86; Mit dem Rücken zur Wand, Erzn. 64; Aufenthalte, Reiseber. 67; Der Umschuler, R. 71, 01; Das Telegramm, Erz. 77; Ansichten & Perspektiven, 10 Bde 73–82; Werkausgabe, 4 Bände; Janker-Briefe, literar. Korrespondenz 1951–1997 88; Vertrautes Gelände 88; Ein willkommener Auftrag, Namibia-Ber. 91, 2. Aufl. 93; Meine Freunde, die Kollegen, Samml. 94. – **MA:** zahlr. Beitr. in Anth. – **H:** Maria Menz: Anmutungen, Lyr. 69. – *Lit:* Peter Hamm in: Dt. Lit. d. Gegenw. 63; Reflexionen 72; Heinrich Böll in: Neue polit. u. lit. Schriften 73; Dt. Schriftsteller d. Gegenw. 78; Manfred Bosch in: KLG 80; Peter Handke in: NZZ v. 11.9.99. (Red.)

Jankofsky, Jürgen, Berufsmusiker, Absolvent Lit. inst. Leipzig; van't-Hoff-Str. 1, D-06237 Leuna, Tel. (0 34 61) 81 18 94, Fax 80 92 48, *juergen.jankofsky @t-online.de, www.fbk-pelikan.de* (* Merseburg 19. 6. 53). VS, Friedrich-Bödecker-Kr. Sa.-Anh., Geschf.; Walter-Bauer-Pr. 96, VS-Stip. Kanada 98; Prosa, Kinderb., Hörsp., Film, Lied, Ess. – **V:** Ein Montag im Oktober, Kdb. 85, 3. Aufl. 90; Bastian und der Familienausflugsdampfer 90; Merseburger Chronik 91; Merseburg – 50 Persönlichkeiten aus 1000 Jahre Geschichte 92; Weißenfelser Ansichten 92; Querni und die Neunlinge 94; Rabenzauber 94; Graureiherzeit 96; Münchhausens Mansfelder Reise 96; Über die Schreibweise meines Namens 97; Ortungen 99; Novembertau 00; Rotkäppchen aus Unstrutnix, Kdb. 00; Grenz-Übergänge, Erz. 01; Wer das liest ist doof, Kdb. 02 (auch als Hörb.); Loewe Carls Löbejüner Lieblingsnöck 02; Repertoire JJ, Erz. 03; Das Walter-Bauer-Spiel, Kdb. 04; Ortungen 2, Erz. 05; Stille Nacht, Kdb. 05; Dalis Lama, Kunstb. 06; Jesus rot Himmel weit, Kdb. 07; Blütengrundblätter, Kunstb. 07; Sekret, Erzn. 08. – **MV:** Merseburger Ansichten, m. Jochen Ehmke 91; Merseburger Ansichten 2, m. Klaus-Dieter Urban 92; Merseburg im Jahresverlauf 94. – **MA:** zahlr. Beitr. in Anth., Kal., u. a.; Ess. in Periodika. – **H:** Annäherungen 93; Die große Klappe 96; Kinder, Kaiser & Klamotten 98; Träume taufrisch. Texte schreibender Schüler 99; Ich sein! 00; Zehn Jahre danach 01; Sternenzauber 01; Ich bin wieder die Sonne ein 02; Pfefferminzmelancholie 02; Nichts Neues im Osten? 03; Einigland? 06; Anschluss finden! 06; Anschluss halten! 07. – **MH:** Grenzgedanken 91; Sonnentanz. Ein Walter-Bauer-Lesebuch 96; Einmal Kolumbus sein 97; Reihe „Zeitzeugen-Berichte", m. Konrad Potthoff 98ff.; Fragen auf Antworten 03; Phase Phönix 04; Schnee im August 04; Bereit zum Flug 05; Als ich mit den Vögeln flog 06; Zeig mir die Welt 07; Spuren im Sand, m. S. Maaß 08. – **F:** Schpergsche Lichtmeß – ein Männerfest, m. Karlheinz Mund 88; Schloß in der Börde, m. Rolf Losansky 95; Ach wär ich doch ein Junggesell geblieben, m. Edmund Ballhaus 97; Münchhausens Mansfelder Abenteuer, m. Rolf Losansky 99. – **R:** Anna und der Trommelstock, Hsp. 83; Teufel, Teufel, Hsp. 85; Leuna 2000, Feat. 94. – *Lit:* Günter Ebert: Schmerzhafte Erinnerungen, Gespr. m. ... J.J., Rdfk-Sdg 85; Beitr. zur Kd.- u. Jgd.lit. Nr.78; Marion Striggow: Personalmonogr. d. Schriftstellers J.J., Dipl.arb. Univ. Halle/S. 89; Susanne Göbel: Es gibt viele weiße Flecke zu entdecken, Mag.arb. Univ. Tübingen 91.

Jankowiak, Christa (geb. Christa Consbruch, Christa Schubert-Consbruch), Dipl. phil., Schriftst., Übers.; Meiereifeld 26, D-14532 Kleinmachnow, Tel. (03 32 03) 2 26 85 (* Königsberg/Pr. 31. 1. 28). VS 90; Übers.pr. Aufbau-Verl. Bln 88; Erz., Rep., Landschaftsbild, Sage. Ue: russ, poln. – **MV:** Straße der Adlerhorste, Reiserep. 84; Im Fläming. Lit. Landschaftsbilder 88; Die Lüchtermännchen, Sagen 91; Wanderungen durch den Fläming. Landschaftsbilder 92; Grüne Oase im märkischen Sand – Kleinmachnow 92; Unterwegs an Nuthe u. Nieplitz. Auf alten Spuren u. neuen Wegen 95; Babelsberg – ein Ortsteil Potsdams 96, 2., überarb. Aufl. 99; Brandenburger Allerlei 03; Brandenburger Kaleidoskop 04, alle m. Johannes Jankowiak. – **MA:** Galaxisspatzen 75; Giftige Genüsse 98; Hochzeiten und andere Todesfälle 99; Hunde wie wir 01; zahlr. Beitr. in Ztgn, u. a. in: Märk. Allgemeine. – **Ue:** I. Nestjew: Prokofjew, Biogr. 62; M. Gorki: Geschichte der Fabriken u. Werke 64; J. Trifonow: Durst, R. 65. – **MUe:** J. Iwaszkiewicz: Ruhm u. Ehre, Bd 3 66; J. Kawalec: Der tanzende Habicht, R. 67; B. Prus: Die Welle strömt zurück, R. 68; A. Rudnicki: Die Ungeliebte, R. 68; H. Sienkiewicz: Briefe aus Amerika 70; J. Iwaszkiewicz: Die Kirche in Skaryszew. Heydenreich, Erzn. 70; Die Tauben u. das Mädchen 70; K. Fialkowski: Die fünfte Dimension, SF-Erz. 71; Nawrocka/Donski: Der Tod d. Magiers, Krimi 74; J. Kawalec: Die graue Aureole, R. 75; J. Przymanowski: Das Geheimnis der Höhe 117, Erz. 77; T. Holuj: Die Rose u. der brennende Wald, R. 78; S. Lem: Die demographische Implosion, Erz. in: Die Rekonstruktion d. Menschen 78; D. Bienkowska: Wenn du mich liebtest, R. 81; J. Kawalec: Du wirst den Fluß durchschwimmen, R. 82; T. Holuj: Zur Person, R. 83; J. Iwaszkiewicz: Meine Reise nach Sandomierz, Erz. 85; H. Sienkiewicz: Ohne Dogma, R. 88, alle m. Johannes Jankowiak.

Jankowiak, Günter, freier Autor, Regisseur, künstler. Leiter; Hauptstr. 159, D-10827 Berlin, Tel. u. Fax (0 30) 78 71 97 95, *GueJan@aol.com* (* Berlin 20. 2. 51). Brüder-Grimm-Pr. d. Ldes Berlin 87 u. 00. – **V:** iieeh ... küssen!, Kdb. 89, 91; – THEATER: Bilsenkraut, UA 93; Jespers Dusel, UA 95; Volltreffer, UA 95; unkaputtbar, UA 95; Wilder Panther, Keks, UA 96; Genau wie immer: Alles anders, UA 98; Gleich knallt's! UA 98; Willis Kastanie, UA 99; Auszeit, UA 99. – **MV:** Ich bin überhaupt nicht schüchtern – wenn ich träume, m. Ingrid Ollrogge, UA 80; Nippes u. Stulle spielen Froschkönig, m. ders., UA 85; Gewalt im Spiel, m. ders. u. Helma Fehrmann, Holger Franke, UA 87; September hat Zeit, m. Alfred Cybulska u. Klaus Sommerfeld, UA 88; Nichts für Kinder, m. H. Fehrmann u. I. Ollrogge, UA 90; blackout, m. Fereidoun Ettehad, UA 94. – **R:** Hörfeat. f. Kinder, m. Ingrid Ollrogge seit 84; Familie Findig geht ihren eigenen Weg, div. Folgen 93. – *Lit:* Henning Fangauf in: Stückwerk 2, Werkb. 98. (Red.)

Jankowiak, Johannes, Übers., Schriftst.; Meiereifeld 26, D-14532 Kleinmachnow. Tel. (03 32 03) 2 26 85

(* Landsberg/Warthe 8. 2. 12). Übers.pr. Aufbau-Verl. Bln 88; Rep., Sage, Erz. Ue: poln. – **MV:** Straße der Adlerhorste, Reiserep. 84; Im Fläming. Lit. Landschaftsbilder 88; Die Lüchtermännchen, Sagen 91; Wanderungen durch den Fläming. Landschaftsbilder 92; Grüne Oase im märkischen Sand – Kleinmachnow 92; Unterwegs an Nuthe u. Nieplitz. Auf alten Spuren u. neuen Wegen 95; Babelsberg – ein Ortsteil Potsdams 96, 2., überarb. Aufl. 99; Brandenburger Allerlei 03; Brandenburger Kaleidoskop 04, alle m. Christa Jankowiak. – **MA:** Galaxisspatzen 75; Beitr. f. Ztgn u. Zss., u. a. f. d. lokale Tagespresse in: Märk. Allgemeine; Potsdamer Neueste Nachrichten. – **MUe:** J. Iwaszkiewicz: Ruhm u. Ehre, Bd 3 66; J. Kawalec: Der tanzende Habicht, R. 67; B. Prus: Die Welle strömt zurück, R. 68; A. Rudnicki: Die Ungeliebte, R. 68; H. Sienkiewicz: Briefe aus Amerika 70; J. Iwaszkiewicz: Die Kirche in Skaryszew. Heydenreich, Erzn. in: Die Tauben u. das Mädchen 70; K. Fialkowski: Die fünfte Dimension, SF-Erz. 71; Nawrocka/Donski: Der Tod d. Magiers, Krimi 74; J. Kawalec: Die graue Aureole, R. 75; J. Przymanowski: Das Geheimnis der Höhe 117, Erz. 77; T. Holuj: Die Rose u. der brennende Wald, R. 78; S. Lem: Die demographische Implosion, Erz. in: Die Rekonstruktion d. Menschen 78; D. Bienkowska: Wenn du mich liebtest, R. 81; J. Kawalec: Du wirst den Fluß durchschwimmen, R. 82; T. Holuj: Zur Person, R. 83; J. Iwaszkiewicz: Meine Reise nach Sandomierz, Erz. 85; H. Sienkiewicz: Ohne Dogma, R. 88, alle m. Christa Jankowiak.

Jankowski, Frank, M. A. (Russ. Phil. u. Theaterwiss.); Klausenerplatz 8–9, D-14059 Berlin, Tel. u. Fax (0 30) 32 10 33 14, *post@frankjankowski.de, www. frankjankowski.de* (* Gifhorn 17. 8. 63). Rom., Dramatik, Drehb. Ue: engl, russ. – **V:** Letter oder die Verrückung des Alltags, R. 07. – **Ue:** Leonid Andreev: Hinauf zu den Sternen, Theaterst. 96.

Jankowski, Martin E., Musiker, Regisseur, Schriftst., Hrsg., Übers.; *martin.jankowski@indt. de, www.martin-jankowski.de* (* Greifswald 65). NGL Berlin, Autorengr. „Gelber Salon Berlin“, Berliner Literar. Aktion e.V. (Vors.); Stip. d. Stift. Kulturfonds 96, Autorenstip. d. Berliner Senats 98, Jahrespr. f. Lit.-wiss. u. Geistesgesch. d. DVLG 98, Alfred-Döblin-Stip. 06, Arb.stip. f. Berliner Schriftst. 07; Rom., Lyr., Erz., Dramatik, Hörsp., Ess. Ue: engl, russ, indon, ung, poln, frz, span, slowak, finn, ital. – **V:** Rabet oder das Verschwinden einer Himmelsrichtung, R. 99; Seifenblasenmaschine, Erz. 05 (auch auf CD); Indonesisches Sekundenbuch, G. 05; Mäuse, N. 06; Der Tag der Deutschland veränderte, Ess. 07. – **MV:** (u. H:) Frische Knochen aus Banyuwangi. m. Agus Sarjono, Lyr., Ess. 02. – **MA:** zahlr. Beitr. in: Sinn u. Form 93; Dt. Vj.schr. f. Lit.wiss. u. Geistesgesch. 99; Heute vor zehn Jahren 00; NDL. Small Talk im Holozän 05; My Song. Texte z. Soundtrack d. Lebens 05; Stimmen aus d. Abseits 06; – Panorama – Indonesienmag.; Orientierungen, Zs.; Die Zeit; taz; Der Tagesspiegel; Das Magazin; Benjamin; kunstleutekunst; Die neue Sirene, Lit.zs; Horison – majalah sastra (Jakarta); Jb. d. Intern. Brecht Soc. Nr.30; Texte in Schulbüchern u. Internetmagazinen, u.v.a. – **MH:** Herbstzeitlose, Anth. 90. – **F:** Tarkowski-Stalker-Material, m. Jule Gust u. Stefan Trittmann, film. Dok. 99. – Der fliegende Robert handelt mit dem Teufel, Hörgesch. 99; alphatiere, Hsp. 02; Tropen zwischen Traum und Trauma, Fk-Ess. 03; Die internat. Poetry Slam Revue, Fk.-Dok. 07. – **P:** Mythos und Moderne – die Indianer Nordamerikas 01; Picasso und seine Zeit 01, beides mehrspr. Hörtexte auf CD. – *Lit:* Art. in div. Nachschlagewerken sowie in mehreren int. o. ausländ. Univ. Zss., u. a.: Tagesspiegel; Quantara; Sächs. Ztg;

Jannakakos

Die Zeit; Junge Welt; Neues Deutschland; Leipziger Volksztg; The Jakarta Post; Frank Thomas Grub: 'Wende' u. 'Einheit' im Spiegel dt.sprachiger Lit. 03; Janet L. Grant in: Exberliner, Nr. 53 07.

Jannakakos, Kostas s. Gianacacos, Costas

Jannausch, Doris (Doris Jannausch-Schmidt), Schriftst.; Birkenlohe-Mühlhalde 9, D-73577 Ruppertshofen, Tel. u. Fax (0 71 76) 5 46, *www.doris-jannausch. de* (* Teplitz-Schönau 30. 8. 25). Hans-Boedecker-Kr. 74; Rom., Kinderb., Hörsp., Kindermusical, Feuill., Erz. – **V:** Kinderbücher: Blauer Rauch 70; Meffi, der kleine feuerrote Teufel 71 (auch ital., span., türk. u. als Bühnenfass.); Meffi sieht sich ein 72; Mr. Brown taucht auf 72; Florian in der großen Stadt 72; Hat Florian das Huhn geklaut 72; So geht das nicht mit Florian 72; Julia im alten Turm 73; Die Luftballonapfelsine 73; Meffi spielt verrückt 73; Miß Ponybiß und die Villa 73; Rixi vom Regulus 73; Die Spur führt zu Herrn Schmollenbeck 73; Meffi lacht sich ins Fäustchen 74; Miß Ponybiß und das verhexte Schiff 74; Lorbeer ist nicht immer grün 74; Rixi bitte kommen 74; Guten-Morgen-Geschichten 75; Leselöwen-Gruselgeschichten 75 (auch Hörb.); Miß Ponybiß und der Leuchtturm 75; Miß Ponybiß und die heiße Spur 75; Meffi und der Papagei 75; Meffi im Zirkus 75; Das Klabauterlottchen 75; Klabauterlottchen ahoi 76; Rätsel um Burg Silbereck 77; Annabell und die tanzenden Puppen 78; Nina und Ninette 79; Leselöwen-Gutenachtgeschichten 79; Willibald im Wald 79; Nina und Ninette auf Tournee 80; Kümmel, Keks und Karin 81 IV; Isabell, das Mädchen mit dem 6. Sinn 82 IV; Ein Märchen für den Riesen 83; Lappelupp der Osterhase 84; Leselöwen-Nikolausgeschichten 85; Die Giraffe auf Rollschuhen 86; Leselöwen-Wichtelgeschichten 86; Die Kuschels im Wunderland 88; Mein lieber Harlekin 88; Joschi wehrt sich 89; Was macht der Igel vor dem Spiegel? 90; Das große bunte Wichtelbuch 90; Miß Ponybiß ist Spitze 91; Miß Ponybiß und der Geheimbund 91; Nichts geht ohne Miß Ponybiß 92; Miß Ponybiß und Mister Brown 92; Wie kommt der Bär aufs Dach? 92; Miß Ponybiß lebt gefährlich 93; Miß Ponybiß wittert einen neuen Fall 93; Julia tanzt aus der Reihe 97; Zauberhafte Elfengeschichten 03; Meine liebsten Wichtelgeschichten 03; – Bücher f. Erwachsene: Kopfsalat und Liebeskummer 77; Kurschattenspiele 80; Treffpunkt Notenschlüssel 82; Mein Mann, der Hypochonder 82; Ausgerechnet Kusinen 82; Champagner für Vier 83; Mustergatte abzugeben 84; Mannequin für Übergrößen 85; Jungfrau sucht Löwen 86; Geh zum Teufel, mein Engel 86; Mein lieber Schwan 87; Hausmann entlaufen 87; Alles wegen Hannibal 87; Casanova wider Willen 88; Als hätten die Engel im Sande gespielt 89; Montag ist erst übermorgen 89; Glück mit Pechvögeln 89; Als hätte der Teufel die Karten gemischt 90; Komm nach Hause, Odyseus! 91; Der Vollmond kostet keine Mark 91; Als hätten Funken die Nacht erhellt 93; Das Paradies ist steuerfrei 94; Die Nacht der Sternschnuppen 94; Der Zauberer und die schwebende Jungfrau 94; Traummann auf Bestellung 99; Sanfte Männer liebe besser 01; Starker Mann mit schwachen Nerven 04; (zahlr. Nach- u. Neuaufl. versch. Titel). – **MA:** zahlr. Beitr. in Anth., u.a.: Lustige Geschichtenkiste 72; Adventsträume 81; Zwölf krumme Sachen 82; Weihnachtsfrieden – Weihnachtsfreuden 83; Neue Advents- und Weihnachtsgeschichten 84; Der Gespensterräuber 84; Heynes Jahrbuch 84; Jeden Morgen geht die Sonne auf 85; Alle Jahre wieder 86; Die verrückte Kinderstadt 87. – **R:** Blauer Rauch; Die Spur führt zu Herrn Schmollenbeck; Mr. Brown taucht auf; Loretta der singende Papagei, 7 Folgen; Radrennen in Belfast; Das erste Papier aus Holz alles Hsp. – **P:** Meffi

der kleine feuerrote Teufel 74. – *Lit:* Aut.-Verz. Böd.-Kr. 97, u. a. (Red.)

Janosa, Felix, Komponist u. Autor; *www.janosa.de.* c/o Terzio Verl., Heilmannstr. 15, D-81479 München (* Clausthal-Zellerfeld 19. 7. 62). Gladbecker Satirepr. 86 u. 89, Leopold – Gute Musik für Kinder 97, 99, 01; Sachb., Kinderb., Musical. – **V:** Laß das Tier raus aus Dir, Lyr. u. Songtexte 92; Ruhrpott Pauschal, humorist. Sachbuch 98. – **MV:** Ritter Rost 94, 00; Ritter Rost und das Gespenst 95, 00; Ritter Rost und die Hexe Verstexe 96, 00; Ritter Rost und Prinz Protz 98, 00; Ritter Rost macht Urlaub 00; Ritter Rost hat Geburtstag 01, alles Kdb. u. Musical. – **R:** Melden Sie sich, Istvan Kukuruz, Hsp. 89. – **P:** Tauben Vergiften 90; Laß das Tier raus aus Dir 91; Live im Forum 91; Doppelstunde 94; Trottelmörder 98, alles CDs. (Red.)

Janosch (Ps. f. Horst Eckert), Maler u. Schriftst.; c/o Goldmann Verlag, München (* Hindenburg/OS 11. 3. 31). VS 70; Bestenliste Dt. Jugendbücher 65, Kulturförd.pr. München f. Lit., Kulturförd.pr. Oberschlesien f. Lit., Dt. Jgd.lit.pr. 79, Tukan-Pr. 81, Andreas-Gryphius-Pr. 92, Kulturpr. Schlesien d. Ldes Nds. 99, Bayer. Poetentaler 02; Märchen, Nov., Kindergesch., Hörsp. – **V:** seit 1960 ca. 300 Bücher, v.a. Kinderbücher, geschrieben u. illustriert, von denen Übersetzungen in ca. 50 Sprachen vorliegen, u. a. KINDERBÜCHER: Die Geschichte vom Pferd Valek 60; Valek u. Jarosch 60; Der Josa mit der Zauberfiedel 60; Das kleine Schiff 60; Der Räuber u. der Leiermann 61; Reineke Fuchs 62; Das Auto hier heißt Ferdinand 62; Onkel Poppoff kann auf Bäume fliegen 64; Heute um Neune hinter der Scheune 65; Ferdinand im Löwenland 65; Das Apfelmännchen 65; Reite, reite Jockel 66; Leo Zauberfloh oder wer andern eine Grube gräbt 66; Poppoff u. Piezke 66; Rate mal, wer suchen muß 66; Hannes Strohkopp u. der unsichtbare Indianer 66; Schlafe, lieber Hampelmann 67; Lukas Krümmel, Zauberkünstler 68; Böllerbam u. der Vogel 68; Herr Wuzzel u. sein Karussell 68; Ich male einen Bauernhof 68; Wir haben einen Hund zuhaus 68; Das Regenauto 69; Der Mäusesheriff 69; Ach, lieber Schneemann 69; 3 Räuber u. 1 Rabenkönig 69; Komm nach Iglau, Krokodil 70; Leo Zauberfloh oder die Löwenjagd in Oberfimmel 70; Flieg, Vogel, flieg 71; Lügenmaus 6; Bärenkönig 71; Lari Fari Mogelzahn 71; Ene bene Bimmelbahn 71; Löwe spring durch den Ring 71; Ich bin ein großer Zottelbär 72; Janosch erzählt Grimm's Märchen 72; Julia sucht einen Freund 73; Hau den Lukas! 73; Hottentotten, grüne Motten 73; Geburtstagsblumen mit Pfeffer u. Salz 74; Familie Schmidt, eine Moritat 74; Hosen wachsen nicht im Garten 74; Mein Vater ist König 74; Ein schwarzer Hut geht durch die Stadt 75; Das starke Auto Ferdinand 75; Bärenzirkus Zampano 75; Kleiner Mann in der Zigarilloschachtel 76; Kleines Hasenbuch 77; Kaspar Löffel u. seine gute Oma 77; Ich sag, du bist ein Bär 77; Der Mann, der Kahn, die Maus, das Haus 77; Traumstunde für Siebenschläfer 77; Oh, wie schön ist Panama 78 (etwa 40 Aufl.); Die Maus hat rote Strümpfe an 78; ABC für kleine Bären 79; Schnuddelbuddel sagt Gutnacht 79; Der Gliwi u. der Globerik 79; Komm, wir finden einen Schatz 79; Die Grille u. der Maulwurf 79; Der Wolf u. die sieben Geiserlein 79; Kaiser, König, Bettelmann 79; Kasperglück u. Löwenreise 80; Schnuddelbuddel baut ein Haus. Der Wandertag nach Paderborn 80; Post für den Tiger 81, 99; Ach, du liebes Hasenbüchlein 81; Verzauberte Märchenwelt 81; Das Leben der Thiere 81; Mehr von Gliwi u. Globerik 81; Liebe Grille spiel mir was 82; Ich bin ein großer Zottelbär 82; Circus Hase 82; Wenn Weihnachten kommt 82; Rasputin der Vaterbär 83; Raspu-

596

tins ewiger Wochenkalender 83; Kleines Schiff von Paris 83; Kasper Mütze u. der Riese Wirrwarr 84; Kaspar Löffel 84; Ein Kanarienvogelfederbaum. Schnuddelbuddel fängt einen Hasen 84; Kleine Tierkunde für Kinder 84; Janoschs Flaschenpostgrüße 84; Ferdinand im Löwenland 84; Es war einmal ein Hahn 84; Herr Korbes will Klein-Hühnchen küssen 84; Der alte Mann u. der Bär 85; Ich mach dich gesund, sagte der Bär 85; Häschen Hüpf 85; Kleine Katze, spiel mit mir 85; Mein Bär braucht eine Mütze 85; Rasputin. Das Riesenbuch vom Vaterbär 86; Kleines Schweinchen, großer König 86; Der kleine Affe 86; Kasper Mütze hat Geburtstag 86; Kasper Mütze geht in den Zoo 86; Kasper Mütze darf verreisen 86; Hallo Schiff Pyjamahose 86; Das Haus, der Klaus 86; Kasper Mütze. Wie man einen Riesen foppt 87; Kasper Mütze baut ein Auto 87; Kasper Mütze fängt einen Fisch 87; Kasper Mütze holt einen Hasen 87; Das Lumpengesindel 87; Ein kleiner Riese 88; Die Tigerente u. der Frosch 88; Kasper Mütze geht in die Schule 89; Kasper Mütze hat Besuch 89; Kasper Mütze hat fünf Freunde 89; Rasputin der Lebenskünstler 89; Riesenparty für den Tiger 89; Schimanzki. Die Kraft der inneren Maus 89; Das Geheimnis des Herrn Josef 90; David 90; Mutter sag, wer macht die Kinder? 92; Der kleine Tiger braucht ein Fahrrad 92; Der Musikant in der Luft u. a. Geschichten 92; Du bist ein Indianer, Hannes! 93; Wie der Tiger lesen lernt 94; Wie der Tiger zählen lernt 95; Ein Regenauto zum Geburtstag 97; Hasenkinder sind nicht dumm 98; Papa Löwe u. seine glücklichen Kinder. Kleiner Erziehungsberater 98; Ich liebe eine Tigerente. Kleiner Beziehungsberater 99; Das glückliche Leben des Günter Kastenfrosch 00; Wörterbuch der Lebenskunst-Griffe 00; Bei Liebeskummer Apfelmus 02; Morgen kommt der Weihnachtsbär 02; Ach, so schön ist Panama 03; – BÜCHER f. ERWACHSENE: Cholonek oder der liebe Gott aus Lehm, R. 70; Sacharin im Salat, R. 76; Liebespaare & Hochzeitsgeschichten, Geschn. u. Radier. 78; Sandstrand, R. 79; Die Kunst der bäuerlichen Liebe 90; Polski Blues, R. 91; Schäbels Frau, R. 92; Zurück nach Uskow oder eine Spur von Süden oder der Hund von Cuernavaca, Theaterst. 92; Von dem Glück, Hrdlak gekannt zu haben, R. 94; Von dem Glück, als Herr Janosch überlebt zu haben 94, 2., erg. Aufl. u. d. T.: Leben & Kunst 05; Gastmahl auf Gomera, R. 97; Wie ich nach Pragl kam. Traum 97; Restaurant und Mutterglück oder Das Kind. Eine Tragödie in Szenen oder Ein einzigroßes Drama 98. – MA: geschätzt: 50–60. – R: zahlr. Trickfilme nach d. Büchern, u. a.: Ach lieber Schneemann; Hannes Strohkopp; Leo Zauberfloh od. die Löwenfalle von Oberfimmel; ARD-Serie „Janosch's Traumstunde" – P: zahlr. Tonkass., CDs, Videos, u. a.: Onkel Poppoff u. die Weihnacht der Tiere; Onkel Poppoff u. die Regenjule; Josa mit der Zauberfiedel; Onkel Poppoff kann auf Bäume fliegen; Onkel Poppoffs wunderbare Abenteuer, alle 85; Der Mäusesheriff 71; Janoschs Emil Grünbär 95; Ich mach dich gesund, sagte der Bär 97; Der Frosch sitzt auf der Ofenbank 98, u.v.a. – *Lit:* Uwe Dietrich: „Nur Glücklichsein macht glücklich". Die Welt im Werk von Janosch, Diss. Frankfurt/M. 92; Axel Feuß u. Andreas J. Meyer (Hrsg.): Janosch. Katalog m. e. vorläufigen Bibliogr. seiner bisher erschienenen Bücher 98. (Red.)

Jans, Stephanie, wortschaffende Künstlerin, literar. Dienstleisterin u. Verlegerin, Lektorin, Schamanin d. Wortes; Bäckergasse 2, D-31535 Neustadt, Tel. u. Fax (0 50 32) 57 81, *stephanie.jans@gmx.de,* www. *lyriklandschaft.de* (* Hannover 23. 12. 65). Gruppe Poesie 86–03, VS Nds. 88, Dt. Haiku-Ges. 92–98, GEDOK 93, Autorenkr. Plesse 94, Sisters in Crime (jetzt: Mörderische Schwestern) 02–07; 4. Pl. b. 2nd Short-Story-

Wettbew. d. 42er Autoren 03; Lyr., Kurzprosa, Glosse, Sat., Rep., Gebet. – **V:** Warum nicht?, G. 89, 2., veränd. Aufl. 92; Pyramidon, Lyr. u. Prosa 92; Gabe, Lyr. u. Prosa 97; Einer Mohnblüte gleich, Kal. 99; Die Erbschaft, Prosa 00, 2. Aufl. 01; Danke, daß niemand geschwiegen hat, Lyr. u. kurze Prosa 04; – Fotos u. Lyrik: Thoughts 99; Signs 01; Ways 02; Moments 02; Dreams 03; Goodbye 03; goodbyes, Trauerkartenserie 04; Baumworte, Kartenserie 08; Wolkenworte, Kartenserie 08. – **MV:** Sanduhrzeit, m. Joachim Grünhagen, Renga 97, 04. – **MA:** Beitr. in zahlr. Anth., Ztgn u. Zss., u. a. in: Emma 8/89; Richtung Hoffnung?, Lyr. u. Prosa 89; Das kleine Buch der Haiku-Dichtung 92; Das große Buch der Senku-Dichtung 92; Stadtansichten – Hannover-Kaleidoskop 95; Schlagzeilen, Lyr. 96; Der Literat 12/96; Himmelsmacht & Teufelswerk, Prosa 97; Ossietzky (Rezensionen) 97 u. 98; Literamus Trier, Bd 15 99; Das Wort – Ein Flügelschlag, Lyr. 00; Hildegard Mahn: Pferde in Bewegung (Vorw.) 00; Posthorn-Lyrik 00; schreib ich in taumelnder lust 02; Nationalbibliothek d. dt.sprachigen Gedichtes. Ausgew. Werke V+VIII 02 u. 05; Der Sperling 07; – freier Mitarb. d. Ztg HAZ, Neustadt. – **R:** Lyr.- u. Prosalesungen im Radio Flora 97/98, im Lokalradio Neustadt seit 04. – **P:** Gute-Nacht-Geschichten 2, Tonkass. 01; Danke, daß niemand geschwiegen hat, Lyr. u. Prosa 07; Gebete an alte Göttinnen, Lyr. 07; Wann ist Weihnachten?, Prosa 07; Mörderische Minuten, Prosa 07; Drachenfrauen schweigen nicht, Lyr. u. Prosa 08; Meine Blätterworte grünen auf im Weg zu Dir, Lyr. u. Prosa 08; Die meisten Gründe, ein Brot zu backen, sind weiblich, Lyr u. Prosa 08; Sternschweigen, Lyr. u. Prosa 08, alles CDs. – *Lit:* Lex. d. dt.spr. Krimi-Autoren 05.

Jansen, Annehild (eigtl. Hildegard Jansen), Illerweg 15, D-22393 Hamburg (* Straelen a. Niederrhein 25. 7. 29). Rom., Lyr., Erz. – **V:** Ottilie, die andern und ich, Rom. 01; Tag und Traum, Lyr. 02; Wir kommen schon durch, Mam, Familiengesch. 04. (Red.)

Jansen, Brigitte, Köchin u. Hausfrau; c/o Karin Fischer Verl., Aachen (* Naumburg/Saale 22. 9. 37). Ged. – **V:** Dies und das vom Allgemeinen, G. 02; Am Wegesrand, G. 04. – **MA:** Lyrik u. Prosa unserer Zeit 14 03. (Red.)

Jansen, Elmar, Prof. Dr. sc. phil., ehem. Mitarb. AdK Berlin, Kunstkritiker, freier Schriftst.; Brehmstr. 60, D-13187 Berlin, Tel. (0 30) 4 81 19 78 (* Paderborn 23. 5. 31). P.E.N.-Zentr. Dtld 02; Ess., Biograph. Studie. – **V:** Albert Ebert. Bildnis eines Künstlers 59; Ernst Hassebrauk. Grafische Bildnisse 59; Meinolf Splett. Bildnis eines Künstlers 62; Kleine Geschichte der deutschen Glasmalerei 64; Francisco de Goya. Caprichos 76; Ernst Barlach 84, 94; Ernst Barlach – Käthe Kollwitz. Berührungen, Grenzen, Gegenbilder 89; Hermann Glöckner. Maßstab Landschaft 93. – **MV:** Die Ernst Barlach-Museen, m. V. Probst, K. Tiedemann, J. Doppelstein u. a. 98; Hartwig Hamer. Himmel, Erde, Horizonte, m. D. Schmidt, W. Jens, W. Kempowski, G. Wolf 97; Ausdrucksplastik, m. U. Berger, A. Hartog, C. Lichtenstern u. a. (Bildhauerei im 20. Jh., Bd I) 02; Hans Theo Richter 02; Hartwig Hamer: Meine Landschaft, m. S. Kleinschmidt, H. Ringstorff, M. Titze 03; Künstler in Dresden im 20. Jahrhundert. Literarische Porträts, m. Wulf Kirsten, Hans-Peter Lühr 05; Barlachs Reise nach Rußland, m. V. Probst, H. Thieme 07. – **MA:** Ess. in: Sinn u. Form 6/75 bis 3/05; Neue Rundschau 2/88; Ausfälle, immer auch von jenseits, Ess. in: Die eichten Sedemunds, Veröff. d. Dt. Theaters Berlin, 105. Spielzeit 88. – **H:** E. Barlach: Prosa aus vier Jahrzehnten 63, 66; W. Wereschtschagin: Der alte Haushofmeister 64; C. G. Carus: Lebenserinnerungen und Denkwürdigkeiten 66 II; A. von Droste-Hülshoff: Ledwina

Jansen

u. a. Erzählungen 66, 69; P. D. A. Atterbom: Ein Schwede reist nach Deutschland und Italien 67, 70; G. Heym: Umbra vitae 68, 69; E. Barlach: Graphik 70; Ernst Barlach. Werk und Wirkung 72, 75; Goethe – Barlach: Gedichte 78, 98; E. Barlach: Güstrower Tagebuch (auch Komment.) 80; F. Schult: Barlach im Gespräch 85, 89. – R: Voll Wut und Frömmigkeit – Ernst Barlach, m. Udo Wilk, Fs.-Portr. 88, überarb. Version 06. – Lit: F. König in: NZZ 2.8.70; F. Löffler in: Das Münster 4/71; D. Gutzen in: Arcadia 1/72; M. Huggler in: NZZ 11.4.74; C. Menck in: FAZ 7.9.76; P. Gorsen in: FAZ 20.11.84; W. Paulsen in: The Germanic Review 3/87; H.H. Hofstätter in: Das Münster 4/91; Jens Chr. Jensen in: Versuch über d. Thema „Barlach heute" 97; C. Blechen in: FAZ 23.5.01; E. Frommhold in: Freitag 25.5.01; s. auch GK.

Jansen, Hanna (Hanna Schötker-Jansen, geb. Hanna Schötker); Schilfweg 13, D-53721 Siegburg, Tel. (0 22 41) 6 07 22, Fax 96 19 90, *hanna.jansen@nexgo.de*, *www.hannajansen.de* (* Buxtehuder Bulle 03; Rom., Lyr., Erz. – **V:** Der gestohlene Sommer, Jgdb. 01 (auch ndl., dän.); Über tausend Hügel wandere ich mit Dir, Jgdb. 02, Tb. 03 (auch ndl., frz.); Ich heirate Felixa, Kdb. 02 (auch korean.); Gretha auf der Treppe, Kdb. 04. – **MA:** Mensch sucht Sinn. 5 Erlebnisse mit d. Weltreligionen 04. (Red.)

Jansen, Hildegard s. Jansen, Annehild

Jansen, Ivo s. Jansen, Yves

Jansen, Johannes; Rettigweg 10, D-13187 Berlin, Tel. (0 30) 4 85 97 13 (* Berlin 6.1.66). P.E.N.-Zentr. Dtld 95; Anna-Seghers-Pr. 90, Alfred-Döblin-Stip. 92, Pr. d. Ldes Kärnten im Bachmann-Lit.wettbew. 96, E.gabe d. Dt. Schillerstift. 97; Lyr., Erz. – **V:** Johannes Jansen, G. (Poesiealbum 248) 88; Prost Neuland 91; Schlackstoff 92; Reisswolf, Aufzeich. 93; Zügellos sorgsam 92; Splittergraben, Aufzeich. II 94; Heimat... Abgang... Mehr geht nicht, Ansätze 96; Kleines Dickicht 00; Vorhandensein 00; Verfeinerung der Einzelheiten 01; Dickicht Anpassung 02; Halbschlaf. Tag Nacht Gedanken 04; Liebling mach Lack 04; Bollwerk. Vermutungen 06. – **MV:** Unsereins, m. Antje Kahl 95; Lost in London, m. Ute Zscharnt 96. (Red.)

Jansen, Yves (eigtl. Ivo Jansen), Theaterregisseur; Große Brunnenstr. 41, D-22763 Hamburg, Tel. (0 40) 60 76 17 73, *yvesjansen@freenet.de* (* Aarau/Schweiz 4.7.52). Rom. Ue: schw, nor. – **V:** Platzeks Häutung, R. 05. – **Ue:** Ibsen: Hedda Gabler, Sch., UA 97.

Jansenberger, Eva, Dr. phil., Mag., freie Schriftst. u. Malerin; Steingasse 33/16, A-1030 Wien, Tel. u. Fax (01) 7 96 31 22 (* Leoben 8.11.64). – **V:** Es ist nichts umsonst, Lyr. 87, 94; Stehenbleiben ist schwimmen gegen den Strom, Theaterst. 00; Im Augenblick des Augenblicks 02. (Red.)

Janssen, Hilla, Übers. u. Dolmetscherin; Hochstr. 99, D-47647 Kerken (* Aldekerk/Niederrhein 20.3.65). Ue: ital. – **V:** Im Kühlschrank brennt immer ein Licht, R. 98. (Red.)

†**Janssen,** Jans-Bernhard, Autor; lebte in Westoverledingen (* Bunde 4.10.33, † 24.4.06). Arb.kr. ostfries. Autor/inn/en; Prosa. – **V:** Sebo. Bd 1: Ein Junge zw. Krieg u. Frieden 96; Bd 2: Die Farben des Lebens; Bd 3: Menschen, Arbeit u. Leben 02/03; Hajo. Erlebnisse e. fries. Jungen in Sibirien 99; Tage in Moskau 00; Wenn der Wind darüber 02/03.

Janssen, Klemens *

Janßen, Peter, Sonderschullehrer a. D.; Okeraue 9, D-38112 Braunschweig, Tel. (05 31) 51 20 54, *peja.bs@t-online.de* (* Krefeld 10.4.37). Lyr.pr. Zum Halben Bogen 87; Lyr., Kurzprosa. – **V:** Der Flügelschlag meiner Unruhe, G. 81; Immer warten wir, G. 83; Im

wechselnden Licht, Lyr., Kurzprosa, Fotos 87; Maria-Schmolln, Erinn.bilder 87; Vernissage, Kurzprosa 88; Unterwegs, Kurzprosa 96; Das Gesicht im Wind, Kurzprosa 02. – **MA:** zahlr. Veröff. lyr. Texte u. Kurzprosa in Ztgn, Zss. u. Anth. – **R:** lyr. Texte in Rdfk-Sdgn. – *Lit:* niedersachsen literarisch 88; Dt. Schriftst.lex. 00ff.

Janssen, Reinhard, Forstamtmann i.R.; Jahnstr. 23, D-97772 Wildflecken, Tel. (0 97 45) 32 15, Fax 93 13 28, *R.Janssen@Janssen-Reinhard.de*, *www.Janssen-Reinhard.de* (* Neuwied/Rhein 12.3.35). Hist. Rom. – **V:** Der Wolfsritter 02; Das Haus im Moor 03; Des Waldhorns Ruf 05; In nomine Dei 05; Die Letzte der Amelungen 06; Die Bären vom Finsterbüsch 06, alles R. (Red.)

Jantschik, Anja, freiberufl. Journalistin; Hofackerweg 10, D-73571 Göggingen, *jantschik@arcor.de* (* Mutlangen 28.5.69). DJV. – **V:** Mord zwischen den Zeilen 06; blauäugig! 07; Naturtod 08.

Janus, Helmut, Dipl.-Volkswirt; Gustav-Streich-Str. 42, D-45133 Essen, Tel. (02 01) 8 94 38 97, Fax 8 94 38 98, *h.janus@china-experts.de*, *www.china-experts.de* (* Essen 17.10.54). Rom. – **V:** Shanghai rapid, R. 04.

Janz, Angelika (Zazza Jazz), Autorin, Bildende Künstlerin, Mus.päd.; Aschersleben, Dorfstr. 32, D-17379 Ferdinandshof, Tel. (03 97 78) 2 03 05, Fax 2 87 69, *janz.angelika@t-online.de* (* Düsseldorf 28.5.52). IG Medien, Westdt. Künstlerbund; Arb.stip. d. Ldes NRW 78, 1. Pr. f. Experimentelle Lit. d. Stadt Düsseldorf 81, Arb.stip. d. Dt. Lit.fonds Darmstadt 82, Arb.stip. d. dt.-frz. Jgd.werks Bad Honnef 82, Cité International des Arts Paris 82, Werkstip. d. Dt. Kunstfonds Bonn 85/86, Aufenthaltsstip. d. Ldes Meckl.-Vorpomm. 99; Lyr., Erz., Hörsp. – **V:** Der Inbegriff, Erzn. 79; Corridor, Fragment-G. 91; Ein interessantes Frühstück, das im Trend zu liegen gehen lernt, Fragmenttexte 1979–1994 95; Schräge Intention, G. 95; orten vermühte alphabetien, Lyr. u. Prosa 02. – **MV:** Aus der isolierten Wildnisszene, m. Uwe Meier-Weitmar 86; Das Un, m. Jörg Hoffmann 89; Selbander, m. Uwe Meier-Weitmar, G., Fragmenttexte 89; tEXt BILd, m. Klaus Kinter 92; zahlr. Gruppen- u. Einzelausst. seit 79. – **MA:** Tee & Butterkekse 86; Schreiben Hören Lesen. 3. Autorenreader NRW 93; Fragment als Haltung, Jb. 96; zahlr. Veröff. in Kat., Zss. u. Anth., zuletzt in: <ersichtlichkeiten< 96; Ein Märchen und keins, Anth. 97; Wieker Bote 98; Erinnern u. Entdecken, G. 99; Pegasus am Ostseestrand. Lit. u. Lit.gesch. in Meckl.-Vorpomm. 99; Pommersches Jb. f. Literatur 02; Ein weiter Mantel. Polenbilder in Gesellschaft, Politik u. Dicht. 02. – **R:** Ela/Abgelauscht, Hsp. 84; Lunar Caustic, Hsp. 88; zahlr. Rdfk-Beitr. (Red.)

Janzárik, Hilde, Dr. med., PDoz.; Uhlandstr. 1, D-35392 Gießen, Tel. (06 41) 20 14 71 (* Kassel). Kinderb. – **V:** Die Männchen und die Fräuchen, Kdb. 64, 93 (auch engl., holl., span.).

†**Jappe,** Georg, Dr. phil., Prof. f. Ästhetik; lebte in Kalkar u. Hamburg (* Köln 7.5.36, † Kleve 16.3.07). Bielefelder Colloquium Neue Poesie, Assoc. Intern. des Critiques d'Art (AICA), Intern. Vizepräs. 80–83, 85–88; „Die schönsten Bücher" 75, 99; Poesie, Ess., Kritik. – **V:** Ich War Guter Dinge Aber Ihr Anblick Hat Mich Sehr Versachlicht. Ein Atlas 1952–1972 76; Mementi. Themat. Tagebücher aus 3 Jahrzehnten 80; Haikubuch 81; Aus den laufenden Ungelegenheitsgedichten 88; OmU, Fischermappe Opt. Poesie 88; Muttersprachschnellkurs 90; Handexemplar – Ein Konvolut Haiku 93; Ornithopoesie 94; Schreibtischblätter 96; Beuys Packen 97; Laufende Ungelegenheitsgedichte 99; Cleviaturen 99; Dichtung und Lehre, literar.-künst-

ler. Dok. 01; Aufenthalte. Ein Haibun, Lyr. 05; Schöne Nester von ausgeflogenen Wahrheiten, Kaligramme 06. – **MV:** Winterbuch von Norderoog 82; Teufelsmoor persönlich 83; Schreibpegel Bleckede 86; windunter 95; Leporello-Arie 97; Polare Gestade 97; Ästuarien & Limikolen 01; Torfes Träume 04; Aus erster Hand, Doppelkat. 05, alle m. Lili Fischer. – **MA:** Kunstforum Nr.51 82; Am Anfang war das Wort 84; Animal Art 87; Wortlaut 89, 91; Tiere-Gedächtnisort Museum 91; Grenzgänger zwischen den Künsten 93; 20 Jahre Bielefelder Colloquium 97; Poesia totale 98; Licht und Dunkel. Zum 200. Todestag v. Novalis, Kat. 01; Landschaft(en), Kat. 03; Inter 87/04. – **H:** Kunstforum Nr.21 77, Nr.29 78; Ressource Kunst, Kat. 89; Hajo Jappe: Gesammelte Haiku 92. – **R:** Nachtbilder, Feat. 04. – **P:** Nicht anlegen Trümmer, Video-G. 79 (dok. in: Zweitschrift 7, 80); Zurückbleiben! Rohzustände, akust. Poesie, Tonkass. 81; Nord-Süd-Dialog/Die vier Jahreszeiten, Tonkass. 89; Von früh bis spät/Ein Nachtwort, CD 96; Gänsefüsschen oben, CD 97; Mit tausend Zungen, CD 00; Aus/Ab/Ein/Sicht. 25 Jahre Bielefelder Colloquium, m. and., CD 03; Die Vogelweissagung, CD 03; Der fliessende Turm, m. Lili Fischer, DVD 03. – *Lit:* Kölner Skizzen 1/96; Joachim Büthe: G.J. u. d. Ornithopoesie, Feat. im WDR III 03.

Jardine, Anja, Journalistin u. Autorin, Redaktorin b. NZZ Folio; Zollstr. 118, CH-8005 Zürich, Tel. (0 43) 3 66 80 09 (* Pinneberg/Holst. 67). Bettina-von-Arnim-Pr. (3. Pr.) 99. – **V:** Als der Mond vom Himmel fiel, Erzn. 08. (Red.)

Jaros, Vladislav, Musiker, Komponist, Musikpäd.; Moosgasse 82, CH-3053 Münchenbuchsee, Tel. (0 31) 8 69 42 24, *LadyJaros@yahoo.com* (* Karlsbad 24. 4. 49). Bs.S.V. 95; Rom., Lyr., Erz., Märchen. – **V:** Aufzeichnungen eines Entwurzelten, R. 94; Provenzalisches Requiem, R. 99; Martin und die Schwalbe, M. 00; Australische Winterreise, R. 02; Im Wartsaal, gesamm. Erzn. 02; Betrachtungen 07. – **P:** Die Abenteuer eines Kastanienmännchens, musikal. M., CD 00. (Red.)

Jarrasch, Ursula s. Hörig, Ursula

Jarvers, Michael, Elektroinstallateur, Bürokfm.; Stegerwaldstr. 11, D-49134 Wallenhorst, Tel. (0 54 07) 85 73 68, *michaeljarvers@12move.de* (* Osnabrück 4. 11. 63). – **V:** Aufregung im Wald 99. – **MA:** Neue Literatur, Anth. 01. (Red.)

Jary, Micaela; lebt in München u. im Tessin, *www. micaelajary.de* (* Hamburg 29. 7. 56). Quo vadis – Autorenkr. Hist. Roman, DeLiA; Hist. Rom. – **V:** Traumfabriken made in Germany. Die Geschichte d. dt. Nachkriegsfilms 1945–1960 93; Ich weiß, es wird einmal ein Wunder gescheh'n. Die große Liebe d. Zarah Leander 93; Bleib bei uns, Salima, Kdb. 93; Die Figuren des Goldmachers, hist. R. 97; Charleston & van Gogh Die Pastellkönigin, hist. R. 05; Die geheime Königin, hist. R. 07. (Red.)

Jaschke, Bruno, freier Autor u. Journalist; Prater Str. 15/3, A-1020 Wien, Tel. u. Fax (01) 9 68 49 67, *bruno.jaschke@chello.at* (* Irdning 19. 10. 58). Rom., Erz., Kurzgesch. – **V:** In Wahrheit ist es würdig und recht, R. 03; Fürchtet euch nicht, Geschn. 04; Adventträume. Etwas andere Weihnachtsgeschn. 07.

Jaschke, Gerhard, Schriftst., Lektor, Hrsg., Verleger, bildender Künstler; Kutschkergasse 9/9, A-1180 Wien, Tel. (01) 4 08 31 78 (* Wien 7. 4. 49). GAV 78, Vorst. 79, IG öst. Lit.zss. u. Autorenverl.; Gründ.mitgl., Podium, IGAA; Theodor-Körner-Förd.pr. 77, 82, 88, 99, Öst. Staatsstip. f. Lit. 77, 85, 91, Rom-Stip. 77, Arb.-stip. d. BMfUK seit 78, Arb.stip. d. Stadt Wien 79, 82, Arb.stip. d. Ldes Ndöst. 81, Förd.pr. d. Stadt Wien 85, Buchprämie d. BMfUK 91, 93, 94, V.-O.-Stomps-

Pr. 93, Wiener Autorenstip. 00, Öst. Projektstip. f. Lit. 01/02; Lyr., Prosa, Rom., Ess., Hörsp. Ue: engl. – **V:** Windschiff eine ersten Blindschrift, G. 77; Die Windmühlen des Hausverstands, Texte u. Zeichn. 79; Ausgewählte Gedichte 1971–1980 80; schnelle nummern, Spontan-G. u. Zeichn. 81; Das Geschenk des Himmels, Erzn. 82; Das zweite Land, G. 82, 87; Gedichte zur freien Entfaltung 84; Hohe Kühe 84; Einsame Ameisen 85; Flugspuren/Skulpturen 86; AH, G. 87; Am Anfang war das All 88; Faungabe, Aufgaben, Anagramme 88; Ha Ha, G. 88; Proviele, Kat. 88; Wiegen-, Hirten-, Splitter-, Spießerlieder 88; Absichtslose Kunst, Telefonzeichn. 1983–1989 89; Essensreste der letzten Sternsegler 89; Immer am Anfang, Theaterst., UA 90; Immer am Anfang / Einfach herrlich / Ende in Sicht, Stückausschnitt 90; Trostpflaster 90; Ursachen rauschen 90; 51 Haiku 91; erinnern und vergessen 91; Schraube locker und anderes Angefangene 91; Kopfarbeit 92; Opfer und Täter in einem 92; Treues Steuer, Anagramme 92; von der täglichen umdichtung des lebens alleingelassener singvögel in geschlossenen literaturapotheken am ende mehr, Innsbrucker Poetikvorlesung 1990 92; Von mir aus 93; der rede wert 94; Blauer Schocker 95; Letternbretter 95; Schlaue Brocker 96; Verboten von A bis Z 96; Illusionsgebiet Nervenruh, Kurzprosa 97; stubenrein 98; alles in allem, G. 99; Bis hierher und weiter 99; Alles klar. Natürlich, G. 00; Schlenzer 00; Wortfest. Das Jahrhundertbuch 00; mehr denn je, Lipogramme 01; NACH WIE VOR, exper. Texte 02; Leuchtende Eingaben, G. 02; Fieber-Briefe 03; Anfänge – Zustände, Werkausg. 07; Endlich doch noch, Kurzprosa 08. – **MV:** Goethe darf kein Einakter bleiben, m. H. Schürrer 78; Fliegende Trümmer, m. Tone Fink, G. 84; Wien unörtlich, m. Herbert Pasiecznyk 84; Vom Häkchen zum Haken / Wir sind jung, die Welt ist offen, m. Werner Herbst, 2 Hörstücke 84; Weissbleich, m. Wolfgang Drechsler u. Tone Fink 90; Scheeneflocke, die Erde treffend, m. P. Garnier 94; Vom Häkchen zum Haken. Literar. Duett-Duelle 1988–1998, m. Werner Herbst 99; Schöne Stunden. Literar. Duett-Duell, m. dems. 01. – **MA:** Reizwort Nitsch. Das Orgien Mysterien Theater im Spiegel d. Presse 1988–1995; Veröff. v. Lyr., Prosa, Ess. u. Stücken in Zss. d. In- u. Ausldes, u.a. in: protokolle; manuskripte; Lit. u. Kritik; downtown; Heft; Zs. f. alles; podium; Sterz; Inn, sowie in zahlr. Anth. – **H:** Freibord, kulturpolit. Gazette, seit 76; Sonder-R. Freibord, seit 77. – **F:** Texte f.: Narrohut, Experimentalf. 82. – **R:** Von Anfang zu Anfang, Hsp. 96; Geld und Leben, Hsp. 99; Eins aus Unendlich, Hsp. 01; Duett-Duelle, m. Werner Herbst. – **P:** Vom Häkchen zum Haken, Tonkass. 88; es ist, um den verstand zu verlieren, Tonkass. 89; Sprachwerk. Literar. Duett-Duelle im Wien, m. Werner Herbst, 2 CDs 00. (Red.)

Jasinska, Zofia (Gottlieb, Filipowska, Clair de Liss), Schauspielerin, Schriftst.; c/o Aufbau Taschenbuch Verl., Berlin (* Krakau 6. 3. 08). Autobiogr. Rom. – **V:** Der Krieg, die Liebe und das Leben 99, 01. – *Lit:* Friedhelm Zubke in: Krieg u. Lit, Jb. 00; David Dambitsch in: Im Schatten der Show 03. (Red.)

Jasko s. Jeske, Gerhard

Jaskulla, Gabriela, Hörfunkred. u. -moderatorin; c/o NDR Kultur, Rothenbaumchaussee 132–134, D-20149 Hamburg (* Dettelbach b. Würzburg 62). Stip. Herrenhaus Edenkoben 04, Stip. Künstlerhof Schreyahn 05. – **V:** Ostseeliebe, R. 03; Chet Baker/Songs, UA 03; Glückstadt, R. 05. – **P:** G.J. im Gespräch mit Martin Walser, CD 02. (Red.)

Jasper, Willi, Prof. Dr., Autor, Kritiker, Kulturwiss.; Johann-Friedrich-Str. 52, D-10711 Berlin, Tel. (0 30) 89 09 10 00 (* Lavelsloh/Niedersachsen

Jatzek

11. 6. 45). P.E.N.-Zentr. Dtld. – **V:** Heinrich Mann und die Volksfrontdiskussion 82; Keinem Vaterland geboren, Biogr. Ludwig Börne 89; Der Bruder, Biogr. Heinrich Mann 92; Hotel Lutetia. Ein dt. Exil in Paris 94; Faust und die Deutschen 98; Lessing. Aufklärer u. Judenfreund, Biogr. 01. – **H:** Ludwig Börne: Über das Schmollen der Weiber 87; ders.: Berliner Briefe 00. – **MH:** Russische Juden in Deutschland, m. Julius H. Schöps 96; Deutsch-jüdische Passagen 96; Menora 2000. Jb. f. dt.-jüd. Geschichte, m. Julius H. Schoeps u. Gert Mattenklott. (Red.)

Jatzek, Gerald, Dr. phil., Autor, Musiker, Internet-Programmierer; Rüdigergasse 27/26, A-1050 Wien, Tel. (06 76) 6 92 80 59, Fax (01) 20 69 94 33, *g.jatzek@ wienerzeitung.at, www.wienerzeitung.at/jatzek* (* Wien 23. 1. 56). IDI 77, Podium 87, P.E.N. 90; Liechtenstein-Pr. 80, Theodor-Körner-Pr. 80, Lit.stip. d. Stadt Wien 81, 86, Kd.- u. Jgdb.pr. d. Stadt Wien 90, 00 u. 02, Öst. Staatsstip. f. Lit. 97/98, Pr. d. Kinderjury z. Öst. Staatspr. f. Kinderlyr. 99, Öst. Staatspr. f. Kinderlyr. 01; Lyr., Kurzgesch., Hörsp., Kinderb., Chanson, Sat., Film, Drama, Ess., Sach- u. Fachb., Neue Medien, Kabarett. Ue: engl. – **V:** Das Lied hinter dem Lied, G. in Mda. u. Chansontexte 79; Männergedichte 81; Die Nachgeborenen werden unser ohne Nachsicht gedenken, Kantatenlibr., UA 83; Der Lixelhix, Kdb. 86, 2. Aufl. 87; Unser schöner Park, Kdb. 87; Der Bart ist ab, Bü. f. Kinder, UA 87; Mira und der Schnüffelbold, Kdb. 88; Allerleischlau 89; Der Tag des Riesen 89; Dina und der Zauberzwerg 90; Guten Morgen allerseits 90; Der freche Pelikan 91; Hopper. Der Frosch, der alles kann, Kdb. 91; Isidor, der kleine Drache 91; Jedermann ist verdächtig! G. 92; Mein Freund, der Riesenriese, Kdb. 92; Der Rückwärtstiger, Kdb. 95; Kuno, das Schulgespenst, Kdb. 96; Kuno aus der Tasche, Kdb. 96. – **MV:** Männergedichte/Frauengedichte, m. Gunda Uhl, Lyr. 81; Flucht, m. Beppo Beyerl u. Klaus Hirtner, Erzn. 91; Ich bin, wer ich will!, m. Christian Orou, Kdb. 92; Freddie Flink in Schilda, Kdb. 93; Das Goldhorn, Sportgeschn. 93; Lexikon der nervigsten Dinge und ätzendsten Typen, Satn. 98; Valentin und Wanda 03, alle m. Beppo Beyerl. – **B:** Mietzekatz, Mietzekatz, wo gehst du hin, Nachdichtn. engl. Kinderreime 95. – **MA:** Von Gutenberg zum World Wide Web 00; Beitr. in etwa 80 Anth. in Öst., Dtld, Holland u. Slowakei; Veröff. in zahlr. Zss., u. a. in: Wespennest; Podium; Lesezirkel. – **H:** Ich denk, ich denk, was du nicht denkst, Anth. f. Kinder 91; Beppo Beyerl: Eckhausgeschichten 92; Wenn ich zaubern könnte!, Anth. f. Kinder 93. – **MH:** Gedichte nach 1984, m. Hansjörg Zauner, Lyr. aus Öst. 85; Schmäh ohne – Wiener Humor und Satire, m. Manfred Chobot 87; Erleichterung beim Zungezeigen, m. Manfred Chobot, Lyr. 89; Klaus Hirtner: Der Geräuschalchimist, m. Beppo Beyerl u. Birgit Schwaner, Leseb. 99. – **R:** Wer haglich is, bleibt über, m. Beppo Beyerl, Hsp. 84; I steh auf di und am Bandl, Hsp. 87; Dina und der Zauberzwerg, Kd.-Hsp. 88; Empfänger bekannt, m. Beppo Beyerl u. Klaus Hirtner Kurzhsp. 89; Die Überprüfung, Kurzhsp. 89; Valentin und Wanda, m. Beppo Beyerl, Erz. f. Kinder, 20 F. 90; Valentin und Katja, m. Beppo Beyerl, Erz. f. Kinder, 7 F. 90; Sieben Tage hat die Woche, m. Thomas Neuwerth, Geschn. f. Kinder 91; Dieses Schuljahr wird anders, 5 TV-Spots 92; Abschied vorm Sommer, Drehb. 95; Heimkehr von der Reise, m. Beppo Beyerl, Drehb. 95. – **Ue:** Schöne Bescherung, kleiner Bär! 98; Veröff. v. Ian Whybrow. – *Lit:* s. auch SK. (Red.)

Jaud, Tommy, freier Buch- u. Drehb.autor; c/o S. Fischer Verl., Frankfurt/M., *www.tommyjaud.de* (* Schweinfurt 16. 7. 70). – **V:** Vollidiot, R. 04; Resturlaub, R. 06; Millionär, R. 07, alle auch als Hörb. – **F:**

Vollidiot 07. – **R:** u. a. tätig für: Harald Schmidt Show; Freitag Nacht News; Ladykracher; Wochenshow Sat.1.; LiebesLeben.

Jaumann, Bernhard, Lehrer, freischaff. Autor; lebt z.Z. in Windhoek/Namibia od. bei Montesecco/ Italien, *autor@bernhard-jaumann.de, www.bernhard-jaumann.de* (* Augsburg 8. 6. 57). Das Syndikat 99; GLAUSER 03, Kurzkrimi-GLAUSER 08; Krim.rom. – **V:** Hörsturz 98; Handstreich 99; Sehschlachten 99; Duftfallen 01; Saltimbocca 02; Die Vipern von Montesecco 05; Die Drachen von Montesecco 07; Die Augen der Medusa 08. – **MA:** Zum Sterben schön, Anth. 07. (Red.)

Jaun, Sam; Tillierstr. 15, CH-3005 Bern, Tel. (0 31) 3 51 58 10. Weimarische Str. 6, D-10715 Berlin, Tel. (0 30) 8 54 51 18 (* Wyssachen, Kt. Bern 30. 9. 35). Gruppe Olten; versch. Pr. u. Stip. v. Stadt u. Kanton Bern, Stip. d. Berliner Senats 78 u. 82, GLAUSER 86, Dt. Krimipr. 01; Drama, Lyr., Rom., Hörsp., Übers. Ue: frz. – **V:** Texte aus der Provinz, Prosa 72; Die weissen Zähne der Gemeinde, Lyr. 74; Die Wirklichkeit des Offenbarens, Erzn. 77; Der Weg zum Glasbrunnen, Krim.-R. 83, 94; Barbara, Erz. 84; Die Brandnacht, Krim.-R. 86, 93 (auch verfilmt u. als Hsp.); Der Feierabendzeichner, R. 92; Dr Wald, Landschaftstheater 96; Fliegender Sommer, R. 00; Paradiesgärtli, Kom., UA 01; Die Zeit hat kein Rad 04. – **MV:** Ach Auerbach 72; Bier 74, beide Spieltexte m. Peter J. Betts. – **R:** Die Schweigeminute, Hsp. 83; Die Eisprinzessin, Hsp. 89. – *Lit:* Walther Killy (Hrsg.): Literaturlex., Bd 6 90; Kiwus 96. (Red.)

Jauslin, Hilda; Sandweg 29, CH-4123 Allschwil, Tel. (0 61) 4 81 03 72 (* Basel 11. 8. 32). Lit.kurve Basel 99, femscript 05; 1. Pr. Oberrhein. Rollwagen 02 u. 3. Pr. 05; Lyr., Kurzprosa (Dialekt u. hdt.). – **V:** Jorus – Joryy, Lyr. u. Prosa, 1.u.2. Aufl. 05. – **MV:** Ebbe und Flut, m. D. Buser, C. Michel, H. Hetzel, Erzn. 03; Basel, d Fasnacht und der Rhyy, m. E. Schweizer, G. Wolf, H. Lehr, Lyr. u. Prosa 04; Blaues vom Himmel, m. D. Buser, C. Michel, H. Hetzel, M. Kamber u. M. Schwenk, Kurzprosa u. Lyr. 06.

Jaworski, Hans-Jürgen (Ps. Johnny Jaworski) *

Jazz Gitti (eigtl. Martha Bohdal), Sängerin; c/o Agentur Roman Bogner, Weinberggasse 12/1, A-2100 Leobendorf, Tel. u. Fax (0 22 62) 67 34 40, *fanpost@ jazz-gitti.at, www.jazz-gitti.at* (* Wien 13. 5. 46). – **V:** Wer sagt, daß des net geht?, Autobiogr. 99. – **P:** A Wunda 90; Hoppala 91; Alles Pico Bello 93; Nimm's leicht 96; Jazz Gitti Gold 97; Appetit auf di 98; Es g'hörn immer zwa dazua 98; Made in Austria 01, alles Schallpl./CDs. (Red.)

Jean, Eve s. Boesche, Tilly

Jean, Robert F. (eigtl. Robert Joachim Feinbier), Prof. Dr., Dipl.-Psych.; Lindenstr. 12, D-94330 Aiterhofen, Tel. (0 94 21) 91 30 76, Fax 8 00 51 60, *feinbier @t-online.de* (* Schweinfurt 31. 10. 46). Rom. – **V:** Rückert: östlich von Ulm ..., R. 00; Rückert: Finistère – am Ende der Welt 02; Rückert: In der Zwiefalte 03. (Red.)

Jeanne s. Dunckern, Waltraut K.

Jebsen, Kirsten; Nindorf 4, D-21354 Bleckede, Tel. (0 58 52) 39 02 69, Fax 9 51 90 25, *info@kirstenjebsen. de, www.kirstenjebsen.com* (* Remscheid 19. 4. 60). – **V:** Die Kleinschmidts und Victoria, Kdb. 06, 2., erw. Aufl. 08; Spitze Findigkeiten. Gedanken u. Zeichn. 06; Die Kleinschmidts und Struppi, Kdb. 08.

Jeck, Anna Regine (A.R. Sinnlich), M. A., Historikerin; *REJE@gmx.de* (* Weinheim 78). VS; Rom., Kurzgesch., Hörsp., Drehb. – **V:** Toni Ella Nick, R. 00; Babyface und die Liebe, R. 07. – **MA:** Mein heimliches Auge XVIII 03; Mein lesbisches Auge 4 04, 5 06; Coming again and again 06.

Jedinger, Angelika, Sekretärin; Schachet 6, A-4681 Rottenbach, Tel. (0 77 32) 28 36, *angelika_jedinger@hotmail.com* (* Grieskirchen 7. 10. 80). Stelzhamerbund 06, neue mundart 06; Hans-Schatzdorfer-Lit.pr. 01; Lyr. (auch in Mda.). – **V:** Spiegelseele – Spiagöbüda, G. 06. – **MA:** Bibliothek dt.sprachiger Gedichte. Ausgew. Werke IX 06; Drundda und drüwa, Lyr.-Anth. 07.

Jegen, Els, integrative Bewegungstherapeutin, Künstlerin; Weissensteinstr. 18, CH-3008 Bern, Tel. u. Fax 0 31 38 27 20 75, *kunst@els-jegen.ch, www.els-jegen.ch* (* Klosters 10. 2. 46). AdS, femscript, Be.S.V.; Rom., Lyr. – **V:** Über den Wassern träumen Sternfrauen, G. 02 (auch Hörb.). – **MV:** Dornröschen aufgewacht, m. Hilde Bradovka 03. – **MA:** Herzschrittmacherin 00; Berner Texte 02; Literar. Venus 03; Nationalbibliothek d. dt.sprachigen Gedichte 03; Alle Mädchen wollen Maria sein 03; Bibliothek dt.sprachiger Gedichte. Ausgew. Werke X 07. – **P:** Elfenschar, G., DVD 08.

Jegensdorf, Lothar, Dr. phil.; Kasernenstr. 7, D-26123 Oldenburg, Tel. (04 41) 5 70 48 29, *lothar.jegensdorf@ewetel.net* (* Elbing/Westpr. 28. 9. 40). Erz., Lyr. – **V:** Anstöße und Aufbrüche 98. – **MA:** Die Nacht hat geweint 88; Gegen alle Üblichkeit 89; Grenzenloses Land 93. – *Lit:* R. Peise in: Hildesheimer Lit.lexikon von 1800 bis heute 96.

Jehle, Frank, Dr. theol., Pfarrer; Speicherstr. 56, CH-9000 St. Gallen, *www.frankjehle.ch* (* Zürich 9. 9. 39). – **V:** Augen für das Unsichtbare 81; Das kleine Legendenbuch 83, 85; Was glauben wir wirklich? 89; Dem Tod ins Gesicht sehen. Lebenshilfe aus d. Bibel 93; Wie viele Male leben wir? 96; Du darfst kein riesiges Maul sein, das alles geizig in sich hineinfrisst und verschlingt, Vorlesungen 96; Grosse Frauen der Christenheit. Acht Porträts 98; Lieber unangenehm laut als angenehm leise. Der Theologe Karl Barth u. die Politik 1906–1968 99, 2., rev. Aufl. 02 (auch engl., frz.); Emil Brunner 1889–1966, 06. – **MV:** Kleine St. Gallener Reformationsgeschichte, m. Marianne Jehle 77, 3. Aufl. 06. – **MA:** zahlr. Beitr. in Ztgn u. Zss. (Red.)

Jehle, Volker, Dr. phil., freier Autor; Bachstr. 56, D-72351 Geislingen b. Balingen, Tel. (0 74 33) 1 55 75, *amv.jehle@t-online.de, www.eppler-jehle.de.* c/o Klöpfer u. Meyer, Tübingen (* Balingen 23. 12. 54). VS; Stip. d. Kunststift. Bad.-Württ. 91; Rom., Erz., Ess., Drehb., Drama. – **V:** W. Hildesheimer. Eine Bibliogr. 84; Kulmbacher Rede über W. Hildesheimer 85; W. Hildesheimer. Werkgeschichte 90, korr. Neuaufl. 03; Ulrike, R. 96, Neuaufl. 06, u. d. T.: Ulrike. Die Geschichte e. ungewöhnl. Liebe 01 (auch am.); Größerer Dachschaden u. a. Beschädigungen, Geschn. 97; Susanne, Drama, UA 00; Kunst und Leben, Berichte, Ess., Interviews u. Rez. 03; Scheiterndes. Kunst u. Leben: Wolfgang Hildesheimer 03. – **H:** Wolfgang Hildesheimer: Gedichte und Collagen 84; ders.: Mit dem Bausch dem Bogen 85; ders.: Die Hörspiele 88; ders.: Die Theaterstücke 89; Wolfgang Hildesheimer, Aufs.-Samml. 89; Gesammelte Werke in sieben Bänden 91; Hanna Jehle: Gedichte 08 (auch kommentiert). – **F:** Ulrike, Drehb., verfilmt u. d. T.: Komm, wir träumen 05, DVD 07.

Jehn, Margarete (Margarete Jehn-Rollny), Liedermacherin; Am Hasenmoor 23, D-27726 Worpswede, Tel. (0 47 92) 14 98, Fax 40 98, *www.jehnmusik.de* (* Bremen 27. 2. 35). VS, GEMA; Hsp.-Pr. d. Kriegsblinden 81, 1. Pl. d. EBU-Auswahlliste 81, Pr. d. Frankfurter Autorenstift 84, Kinderhsp.pr. 'terre des hommes' 85, 87, 90; Hörsp., Fernsehsp., Lyr., Prosa, Lied. Ue: schw, dän. – **V:** Xerxes sprach zu Xerophon 00; Bol-

los Weihnachtsglück, Gesch. 01. – **MA:** Lyr. u. Prosa in Anth.; zahlr. Lieder in dt., öst., dän. u. Schweizer Liedersammlungen. – **H:** zahlr. Liederbücher u. -hefte sowie CDs. – **R:** Hsp.: Der Bussard über uns 63; Der Drachentöter 65; Opfer für Manitou 65; Irma Kupczik 45 71; Papa, Charly hat gesagt (7 Folgen) 72–73; Mit mir nich', Hansi 73; Serie „Vier Zimmer, Küche, Bad": Fahr lieber mit der Bundesbahn 73, Wieso – hat es denn keinen Spaß gemacht? 74, Die Kunst der freien Rede 84; Wernicke (6 Folgen) 75; Die Liebe zu den Orangen 79; Der arme Heinrich 81; Isa und ich drei Wochen im Paradies 84; – Hsp. f. Kinder: Der Streit der Spielleute von Svartnäs; Jacke; Ein Ei für den Zaren; Der Waschbär und seine Exzellenz; Grünrock gegen Kuckucksmann; Schusterjunge Andersen; Nun fahrn die Wagen wieder; Assars Abenteuer im Menschenland (4tlg.); Pfannkuchen und Preiselbeeren; Punkt der Saftkoch; Schildkröte und Eichhörnchen; Ist Herr Sirrse ein Regenwurm; Betonrosen und Feuerlilien; Winzie, die Weihnachtsglocke; – weitere Hfk-Arb.: Die Erfindung Worpswedes, Feat.; Was machte Hemingway in Afrika; Mensch, das Beckn; Der Geisterseher in den Katakomben (3tlg.); Hohn für 'ne Million; Im Siruphaus, alles Hsp.-Übers.; Malwa (n. M. Gorki), Hsp.-Bearb. – **P:** zahlr. Tonkass. u. CDs. (Red.)

Jeier, Thomas (Ps. Mark L. Thomas, Sheriff Ben, Christopher Ross), freier Schriftst.; Bäumlstr. 26, D-82178 Puchheim-Bahnhof, Tel. (0 89) 80 07 18 81, (01 72) 8 10 37 63, *tjeier@aol.com, www.jeier.de.* Bodenseestr. 11 a, D-82194 Gröbenzell, Tel. (0 81 42) 5 29 16, Fax 5 17 93 (* Minden 24. 4. 47). Western Writers of America 74; Friedrich-Gerstäcker-Pr. 74, Nominierung d. Dt. Jgd.lit.pr. 04, Elmer-Kelton-Pr. f. d. Gesamtwerk; Rom., Jugendb., Sachb., Rundfunkarbeit. Ue: engl. – 100 Sachbücher, Romane u. Jugendbücher, u. a.: Die Frau des Siedlers, R. 74; Das versunkene Kanu, R. 74; Der letzte Büffel, R. 75; Der sterbende Kranich, R. 76; Der Mann aus d. Bergen 76; Blutiger Schnee, R. 77; Der lange Weg nach Norden 77; Der letzte Häuptling der Apachen, R. 77; Danny überlistet Häuptling Krumme Nase 77; Danny wittert faule Tricks 77; Das Geheimnis d. Bärenschlucht 78; Abenteuer am großen Fluß, Ber. u. Geschn. 78; Am Marterpfahl d. Irokesen 78; Sie nannten ihn Montana 79; Der weiße Apache 84; Wieder auf Achse, R. 88; Das Lied der Cheyenne, R. 94; Meuterei im Eismeer, Jgdb. 94; Weil er mein Freund ist, Jgdb. 94; Rom, zweite Klasse – einfach, Jgdb. 94; Der Fluch des Medizinmanns 96; Flucht durch die Wildnis 96; Das Geheimnis der Hexen 96; Der grüne Ritter 96; Eine Million für Abigail 96; Der Schatz im Baggersee 96; Die Tochter des Schamanen, R. 96; UFO-Alarm 96; Windfrau, Tochter der Cheyenne, Jgdb. 96; Das Geheimnis der roten CD 97 (m. CD-ROM); Geistertruck 97; Ein Monster geht fremd 97; O du coole Weihnachtszeit 97; Sturm über Stone Island, Jgdb. 97; Biberfrau, R. 98; Der Catcher von Chicago, Jgdb. 98; Das Geheimnis der Anasazi, Jgdb. 98; Hilferuf aus dem Internet 98; Das Wissen d. Bäume, R. 98; Auch Engel haben Träume 99; Ich will keine Schokolade 99; Die Reise zum Ende d. Regenbogens 99; Die abenteuerliche Reise d. Clara Wynn 00; Flucht vor dem Hurrikan 00; Nscho-tschi, die Häuptlingstochter 00; Das Geisterpferd 01; Wo die Feuer der Lakota brennen 01; Im Inferno d. Flammen 01; Hinter den Sternen wartet die Freiheit 02; Sie hatten einen Traum 03; Die Sehnsucht der Cheyenne 04; Die Sterne über Vietnam 06; Emmas Weg in die Freiheit 06; – unter Christopher Ross: Hinter dem weißen Horizont 00; Jenseits d. großen Stille 03; Wohin die Sonne geht 04; Das Geheimnis d. Wölfe 04; Die Fährte d. Bären 04;

Jekoff

Die Nacht d. Wale 05; – zahlr. Sachbücher, v. a. zu den USA. – **H:** Heyne-Westernreihe, u. a. – **R:** Die letzten Söhne Manitous, Hb. – **Ue:** E. Blyton: Die Stadtparkkinder retten den Weidenhof 76, u. a. – *Lit:* s. auch SK. (Red.)

Jekoff, Christa, M. A., Doz. Erwachsenenbildung, Schriftst.; Bendergasse 1, D-63505 Langenselbold, *dialog@christa-jekoff.de, www.christa-jekoff.de* (* Dresden 19. 2. 49). VG Wort; Rom., Sachb. – **V:** Zur Sache, Kätzchen 96, 2. Aufl. 98; Kätzchen, die Champagner trinken 97, 2. Aufl. 98; Ruhe in Frieden, Kätzchen 97; Mach's noch einmal, Kätzchen 98, alles Krim.-R.; Traumprinz, R., 1.u.2. Aufl. 98; Ein richtiger Mann, R. 00; Rauchzeichen. Die Liebe zum Tabak, lit. Handb. 06. – **MA:** Katzen, ein lit. Brever 06. – **P:** Rauchzeichen, lit. Fundstücke f. leidenschaftliche Raucher 06. (Red.)

Jelen, Frieder, Pfarrer a. D., Minister a. D.; Dorfstr. 23a, D-18586 Middelhagen, Tel. (03 83 08) 2 52 68 (* Kittlitz, Kr. Löbau 29. 9. 43). Lyr., Erz. – **V:** Garten mein Verlies, G. 97; ... dann träumen, G. 00; Frühstück bis in die Nacht, G. 08.

Jelen, Maria; Haringstr. 33, D-85635 Höhenkirchen (* Isen-Buchschachen 37). – **V:** Boarisch glacht und boarisch brummt 84; Weihnachten ist überall, G. u. Geschn. 87, 4. Aufl. 95; Waar ja g'lacht, Verse 94; Heilsame Pflanzen, Geschn. 95; Das lebendige Christkind, G. u. Geschn 01. – **MV:** Das kleine große Wunder, m. M. Pauderer 91. (Red.)

Jelinek, Elfriede, Schriftst.; *www.elfriedejelinek. com* (* Mürzzuschlag/Stmk 20. 10. 46). Korr. Mitgl. Dt. Akad. f. Spr. u. Dicht. 98, IGAA, ÖDV, Übersetzergemeinschaft; Lyr.- u. Prosapr. d. 20. österr. Jgd.kulturwoche Innsbruck 69, Lyr.pr. d. öst. Hochschulschülerschaft 69, Öst. Staatsstip. f. Lit. 72, Roswitha-Gedenkmed. 78, Drehb.pr. d. Innenmin. d. BRD 79, Öst. Würdig.pr. 83, Heinrich-Böll-Pr. 86, Lit.pr. d. Ldes Stmk 87, Würdig.pr. d. Stadt Wien 89, Dramatikerin d. Jahres d. Zs. „Theater heute" 93, 98 u. 07, Walter-Hasenclever-Pr. 94, Peter-Weiss-Pr. d. Stadt Bochum 94, Bremer Lit.pr. 96, Stück d. Jahres d. Zs. „Theater heute" 96, Georg-Büchner-Pr. 98, manuskripte-Pr. 00, Heine-Pr. d. Stadt Düsseldorf 02, Theaterpr. Berlin 02, Mülheimer Dramatikerpr. 02 u. 04, Else-Lasker-Schüler-Dramatikerpr. 03, Lessing-Pr. f. Kritik d. Akad. Wolfenbüttel 04, Hsp.pr. d. Kriegsblinden 04, Franz-Kafka-Lit.pr., Prag 04, Nobelpr. f. Lit. 04; Lyr., Rom., Ess., Hörsp., Theater, Film. Ue: engl. – **V:** Lisas Schatten, Lyr. 67; wir sind lockvögel baby! 70; Michael. Ein Jugendb. f. d. Infantilgesellschaft, R. 72; Die Liebhaberinnen, R. 75; bukolit, Hörroman 79; Die Ausgesperrten, R. 80; ende, G. 1966–1968 80; Die Klavierspielerin, R. 83; Oh Wildnis, oh Schutz vor ihr 85; Robert, der Teufel. Musik v. Jugendlichen, Libr. 85; Lust, R. 89; Wolken. Heim. 90 (m. CD); Totenauberg, Stück 91; Theaterstücke (Was geschah, ... / Clara S. / Burgtheater / Krankheit od. Moderne Frauen) 92; Die Kinder der Toten, R. 95; Stecken, Stab und Stangl / Raststätte oder Sie machens alle / Wolken. Heim., neue Theaterst. 97; Ein Sportstück 98; Jelineks Wahl, Anth. 98; Macht. Nichts, Texte 99; Das Lebewohl. 3 kl. Dramen 00; Gier. Ein Unterhaltungsroman 00; In den Alpen. Drei Dramen 02; Der Tod und das Mädchen I–V. Prinzessinnendramen 03; Bambiland. Babel, zwei Theatertexte 04; Neid, R. 08 (nur im Internet); – THEATER/UA: Was geschah, nachdem Nora ihren Mann verlassen hatte 79; Clara S. 82; Burgtheater 85; Krankheit oder Moderne Frauen 87; Präsident Abendwind 87; Wolken. Heim. 88; Totenauberg 92; Raststätte 94; Stecken, Stab und Stangl 96; Ein Sportstück 98; er nicht als er 98; Das Lebewohl, Mo-

nolog 00; Prinzessinnendramen I–III 02; Macht nichts 02; In den Alpen 02; Jackie und andere Prinzessinnen : Der Tod u. das Mädchen IV–V 02; Die Liebhaberinnen 02; Das Werk 03; Bambiland 03; Wer will allein sein: Eine Untersuchung 03; Ernst ist das Leben 05; Wolken. Heim. Und dann nach Hause 05; Babel 05; Rechnitz (Der Würgeengel) 08. – **MH:** Literarische Verwandtschaften, m. Brigitte Landes, Anth. 98. – **F:** Die Ausgesperrten, m. Franz Novotny 82; Was die Nacht spricht, m. Hans Scheugl 87; Malina 90, alles Drehb.; Die Klavierspielerin 01. – **R:** Die Ramsau im Dachstein, Fsf. (ORF) 76; – HÖRSPIELE: Wien-West 72; Wenn d. Sonne sinkt, so für manche auch noch Büroschluß 72; Untergang e. Tauchers 73; Kasperl u. d. dicke Prinzessin od. Kasperl u. d. dünnen Bauern 74; Für d. Funk dramatisierte Ballade v. d. 3 wichtigen Männern sowie dem Personenkreis um sie herum 74; D. Bienenkönigin 76; Porträt e. verfilmten Landschaft 77; Jelka, 8 F. 77; D. Jubilarin 78; D. Ausgesperrten 78; Was geschah, nachdem ... 79; D. endlose Unschuldigkeit 80; Frauenliebe – Männerleben 82; Erziehung e. Vampirs 86; D. Klavierspielerin 88; Burgteatta 91; Wolken. Heim 92; Präsident Abendwind 92; Stecken! Stab! Und Stangl – Eine Leichenrede 96; Todesraten 97; er nicht ale er 98; Jacky 03. – **Ue:** Thomas Pynchon: Gravity's Rainbow, R. u. d. T.: Die Enden der Parabel, m. Thomas Piltz 76, 98; Georges Feydeau: Herrenjagd 83; Floh im Ohr 86; Der Gockel 86; Das Mädel vom Maxim; Eugène Labiche: Die Affäre der Rue de Lourcine 88, alles Theaterst. – *Lit:* Christa Gürtler (Hrsg.): Gegen den schönen Schein. Texte zu E.J. 90; Kurt Bartsch/Günther A. Höfler (Hrsg.): E.J. (Dossier, 2) 91; Text+Kritik, Bd 117 93; Allison Fiddler: An introduction to E.J. 94; Bärbel Lücke: Jelineks Gespenster. Grenzgänge zw. Politik, Philosophie u. Poesie 07; Ulrike Haß, Hans Chr. Kosler u. a. in: KLG.

Jelkmann, Waldtraut, Lehrerin (* Cloppenburg 16. 7. 37). – **V:** Steffens Geheimnis 00; Steffens Zauberwelt 02; Steffen auf heißer Spur 03; Steffen sucht Amelie 05; Steffen schläg Alarm 06. (Red.)

Jenders, Ralph, Dipl.-Soz.päd.; Wildgrund 32a, D-48282 Emsdetten, Tel. (0 25 72) 8 86 27, *ralfdorothee. jenders@t-online.de, www.lyrikundjazz.purespace.de* (* Emsdetten 27. 3. 58). FDA 97, Autorengr. TEKSTE – Der Autorenkreis, Kr. Steinfurt 97, Gründ.mitgl.; Lyr., Prosa. – **V:** Die Ewigkeit des Augenblicks, Prosa u. Lyr. 1979–1996 97; Lyrik und Jazz, Progr. m. Ingo Nüssemeier 98; Blaue Hoffnung, Lyr. 99. – **MA:** Kunst in unserer Region seit 96; Kalenderprojekt „Blaue Sehnsucht Münsterland" 99/00; Stimmen, Anth. 00. (Red.)

Jendryschik, Manfred; Am Fischerhaus 5b, D-04159 Leipzig, Tel. (03 41) 4 61 52 80 (* Dessau 28. 1. 43). P.E.N.-Zentr. Dtld, VS Sachsen; Händel-Pr. d. Stadt Halle 81, Heinrich-Heine-Pr. 87. – **V:** Glas und Ahorn, Kurzgeschn. 67; Die Fackel und der Bart, Erzn. 71; Frost und Feuer, e. Prot. u. a. Erzn. 73; Johanna oder Die Wege des Dr. Kanuga, R. 73; Jo, mitten im Paradies, Erzn. 74; Lokaltermine. Notate z. zeitgenöss. Lyr., Ess. 74; Aufstieg nach Verigovo, Erzn. u. Tageb. 75; Ein Sommer mit Wanda 76; Die Ebene, G. 80; Der feurige Gaukler auf dem Eis, Miniatn. 81; Der sanfte Mittag, Geschn. u. Miniatn. 83; Die Schublade, Alm. 83; Anna, das zweite Leben, Prosa u. a. Auskünfte 84; Zwischen New York und Honolulu, Briefe e. Reise 86; Straßentage, Ess. 92; Die Reise des Jona, R. 95; Sieben und eine Todsünde 98; Ein Todtentanz. Sagt ja, sagt nein. Getanzt muess sein, m. Holzstichen v. K. G. Hirsch 00; Babylons Mauern, Miniatn. 02. – **H:** Bettina pflückt wilde Narzissen, Kurzgeschn. 72; Auf der Straße nach Klodawa, Reiseerzn. u. Impress. 77;

Alfons auf dem Dach u. a. Geschn., Anth. 82; Unterwegs nach Eriwan, Reiseber. 88; Franz Jung: Die Eroberung der Maschinen, R. 90. – **MH:** Menschen in diesem Land, m. Sylvia Albrecht u. Klaus Walther, Portr. 74; Das Kind im Schrank, m. Harald Korall, Erich-Günther Sasse, Erzn. 98. – *Lit:* Werner Jung in: KLG 83; Walther Killy (Hrsg.): Literaturlex., Bd 6 90; Brauneck 95. (Red.)

Jenne, Margarete, Dipl. Sozialarb. a. D.; Bleichestr. 17, D-79102 Freiburg/Br., Tel. (07 61) 3 90 09 (* Freiburg/Br. 3. 8. 41). GEDOK Freiburg 62, vier J. Fachbeirätin; Lyr., Prosa. – **V:** Gedichte (Reihe Stimmgabel) 89; Streugut 96; Wenn auch nur leise zusammengefügt 97; Lass mich ins Licht wachsen 98; Notiere, daß ich ankomme 99; Einfach fortblühen 00; ins Feuer ins Wasser 01; Wenn Schweigen siegt 02; Im Wind meine Sprache 05, alles Lyr. – **MA:** zahlr. Veröff. in Zss., Ztgn u. Anth., u. a. in: Flugschrift, Zs. 64; Ich lebe aus meinem Herzen 75; Lyrik heute (Ed. L) 76, 78; Spuren der Stille 79; Kennwort Schwalbe 81; Unterwegs 87; Denn du bist bei mir 88; Sang so süß die Nachtigall (Minne '90) 90, alles Lyr.-Anth. – **H:** Lyr.heft Stimmgabel, unregelmäß. 71–89. (Red.)

Jenne, Wolfgang, Dr. rer. nat.; Triebweg 109, D-70469 Stuttgart, Tel. (07 11) 85 19 48 (* Stuttgart 29. 1. 34). VS, Förd.kr. Dt. Schriftst. Bad.-Württ.; Prosa, Lyr. – **V:** Der entferntere Raum, Kurzprosa 88, 2.,überarb. Aufl. 01; Stadtvisionen, Kurzprosa 90; Wohnen, R. 93; Kaspar Hauser, N. 95; Orte, R. 95; Chaos, R. 98; In anderem Sein, Kurzprosa 01; Der eigene Ort, Kurzprosa 03; Das Modell, R. 03; Die Großstadt, R. 05. – **MA:** zahlr. Veröff. in Lit.zss. u. Anth., u. a. Die Landschaft in: Edition Literateam 85; Der Soldat in: KindheitsVerluste 87; Der Wärter in: Flugasche 87; Drei Gulden in: Wegwarten 89; Der Park in: die form 92; Der Canyon in: exempla 95; Zeit in: Alm. Stuttgarter Schriftstellerhaus 96; Auf dem See in: drehpunkt 97; Die Spur in: Wander 97; Der Tisch in: NOISMA 97; Seychellen, Das Dorf, Bilder, Wilder Garten, Die Muschel in: InselSPRACHE/SprachINSEL, Alm. 03; Über der großen Stadt in: Auf dem Kamm geblasen 06. – **MH:** ZeitSchriften, Förderband 2, m. Ulrich Zimmermann, Anth. 03. – *Lit:* Claudia-Elfriede Oechel: Arbeit am Mythos Kaspar Hauser, Diss., Univ. Leipzig 02, zugl. Europ. Hochschulschr., Reihe I, Bd 11 05. (Red.)

Jennert, Andrea, Journalistin, Autorin, Klavierlehrerin; Elsa-Brandström-Weg 7, D-14822 Borkwalde, Tel. (03 38 45) 3 02 07, andrea@jennert.com, www.jennert. com (* Stendal 1. 9. 62). VS, Autoren-Progressiv PegasOs bis 00; Lyr.sonderpr. Potsdam 88, Arb.stip. d. Ldes Brandenbg. 93, Anerkenn.pr. d. Stadt Wolfen f. Lit. 94, Lit.pr. d. Lit.-Kollegiums d. Ldes Brandenbg 95, Arb.-stip. d. Ldes Nds. 99, Ravensburger Medienpr. , Hauptpr. Hfk. 01; Rom., Lyr., Erz. – **V:** Spiegelberg, Kurzprosa 95; Inselkinder, R. 00; Yomahr oder die Kunst des Abschieds, Lyrik-Kunst-Bd 01. – **MA:** Beitr. in Lit.pr.-Anth. u. a. z. Elm-Welk-Lit.pr. 94. – **R:** Hsp.: Alwine; Still wie vor dem Aufwachen 91; Ich hätte sie so gern geliebt 03; Ich bin wie du, Mama 03; Lieber, intelligenter junger Mann sucht ... 04. (Red.)

Jenny, Matthyas; Bachlettenstr. 9, CH-4054 Basel (* Basel 14. 6. 45). SSV. – **V:** Mittagswind, G. 73; Fahrt in eine vergangene Zukunft, G. 75; Zwölf-Wort-Gedichte 76 II; Traumwende, G. 76; Citystraight-up, Kurzgeschn. 76; Postlagernd, R. 81; Highway-Junkie 83; Alles geht weiter, das Leben, der Tod, Kurzgeschn. 94; Die Beschreibung der Tiefsee, Erz. 98; Die Nachtmaschine 03. – **MA:** Gegengewichte, Anth. 78. – **H:** Nachtmaschine, lit. Zs. – **P:** Roadrunner, Tonkass. 81. (Red.)

Jenny, Richard Helmut, Dr. Med. Prof. f. Chir.; Reithlegasse 10, A-1190 Wien, Tel. (01) 3 68 35 15 (* St. Gallen 5. 4. 16). – **V:** Ein Arzt blickt zurück 06.

Jenny, Zoë; lebt in London, c/o Frankfurter Verlagsanstalt, Frankfurt/M. (* Basel 16. 3. 74). AdS 03; 3sat-Stip. im Bachmann-Lit.wettbew. 97, Lit.förd.pr. d. Ponto-Stift. 97, aspekte-Lit.pr. 97, Zentralschweizer Kulturspr. f. Lit. 01; Kurzgesch., Rom., Ess. – **V:** Das Blütenstaubzimmer, R. 97 (Übers. in ca. 30 Sprachen); Der Ruf des Muschelhorns, R. 00; Mittelpünktchens Reise um die Welt, Kdb. 01; Ein schnelles Leben, R. 02; Das Porträt, R. 07. – **MA:** Kolumnen in: DIE ZEIT; Financial Times; Schweizer Illustrierte. – **R:** In Nuce. Ein Filmpoem (ZDF) 98. (Red.)

Jens, Inge, Dr. phil., Dr. phil. h. c.; Sonnenstr. 5, D-72076 Tübingen, Fax (0 70 71) 60 06 93, inge-jens@t-online.de (* Hamburg 11. 2. 27). P.E.N.-Zentr. Dtld; Theodor-Heuss-Pr. (m. Walter Jens) 88, Dr. h.c. U.Giessen 91, Thomas-Mann-Med. 95, Wilhelm-Hausenstein-Ehrung 94, Internat. Buchpr. 'Corine' 03. – **V:** Dichter zwischen rechts und links 71, erw. u. verb. Neuaufl. 94; Die expressionistische Novelle, Studien 97. – **MV:** Eine dt. Universität. 500 Jahre Tübinger Gelehrtenrepublik 77; Die kleine große Stadt Tübingen 81; Vergangenheit – gegenwärtig, biogr. Skizzen 94; Frau Thomas Mann. Das Leben d. Katharina Pringsheim 03 (auch als Hörb./4 CDs); Katias Mutter 05 (auch als Hörb./3 CDs); Auf der Suche nach dem verlorenen Sohn 06, erw. Tb.-Ausg. 08, alle m. Walter Jens. – **H:** Briefe Thomas Manns an Ernst Bertram 60; Max Kommerell: Briefe u. Aufzeichn. 67; ders.: Essays, Poetische Fragmente 69; Über Hans Mayer 77; Hans Scholl/ Sophie Scholl: Briefe u. Aufzeichn. 84; Thomas Mann: Tagebücher 1944–1955 86–95; Hans Mayer: Goethe 99; Monika Mann – Vergangenes und Gegenwärtiges 01; Ralph Benatzky: Triumph u. Tristesse, unter Mitarb. v. Christiane Niklew 02. – **MH:** Willi Graf: Briefe u. Aufzeichn., m. Anneliese Knoop-Graf 88.

Jens, Tina Viola, Autorin, künstler. Fotografin, Texterin; Herderstr. 15, D-64285 Darmstadt, Tel. (0 61 51) 66 49 91 (* Bergneustadt 12. 5. 56). FDA 01–03; Lyr., Geschenkb. – **V:** Lyrik: Der 107. Abschiedsbrief 90; Mit Liebe imprägniert 95; Trüffel der Nähe 98; Sesam öffne uns 02; Allerlei linkskrerum rechtsherum 04; – Geschenkbücher: Hutila 04, 05; Was ich mit dir alles gerne machen würde 06; Was ich mit dir noch alles sagen will 06. – *Lit:* s. auch Kürschners Handbuch der Bildenden Künstler, 1. Aufl. 2005 f.

Jens, Walter (Ps. Walter Freiburger, Momos), Dr. phil. habil., Dr. phil. h. c., UProf., Dr. mult. h. c., Hochschullehrer em.; Sonnenstr. 5, D-72076 Tübingen, Fax (0 70 71) 60 06 93 (* Hamburg 8. 3. 23). Akad. d. Künste Berlin 61, Dt. Akad. f. Spr. u. Dicht. 62 P.E.N.-Zentr. Dtld, Präs. 76–82, EPräs. seit 82, Akad. d. Künste Berlin-Brandenbg, Präs. 89–97, jetzt EPräs.; Dr. d. Freunde d. Freiheit 53, Schleussner-Schüller-Pr. 56, Kulturpr. d. Kulturkr. im BDI 59, Dt.-Schwed. Kulturpr. 63, Lessing-Pr. d. Stadt Hamburg 59, Pr. d. DAG 76, Tübinger U.Med. 79, Heine-Pr. d. Stadt Düsseldorf 81, Öst. Verdienstzeichen 83, Adolf-Grimme-Pr. 84, Theodor-Heuss-Pr. (m. Inge Jens) 88, Hermann-Sinsheimer-Pr. 89, Alternativer Büchnerpr. 89, Frankfurter Poetik-Vorlesungen SS 92, Bruno-Snell-Plakette U.Hamburg 97, Ernst-Reuter-Plakette d. Stadt Berlin 98, Dt. Predigtpr. 02, Gr. BVK m. Stern 03, Internat. Buchpr. 'Corine' 03, u. a.; Rom., Ess., Nov., Fernsehsp., Libr., Drama, Übers. Ue: agr, lat. – **V:** Walter Freiburger: Das weiße Taschentuch, N. 47, 94; Nein. Die Welt der Angeklagten, R. 50, 93; Der Blinde, N. 51; Vergessene Gesichter, R. 52; Der Mann, der nicht alt werden woll-

Jensen

te, R. 55; Hofmannsthal u. die Griechen 55; Das Testament des Odysseus, N. 57; Statt einer Literaturgeschichte, Ess. 57, 98; Ilias u. Odyssee, Nacherz. 58; Die Götter sind sterblich, Tageb. 59; Deutsche Literatur der Gegenwart, Ess. 61; Zueignungen, Ess. 62; Herr Meister, Dialog über e. Roman 63; Literatur u. Politik, Ess. 63; Euripides – Büchner, Ess. 64; Von deutscher Rede, Ess. 69; Fernsehen – Themen u. Tabus, Ess. 73; Die Verschwörung. Der tödliche Schlag, Zwei Fsp. 74; Der Fall Judas, N. 75, 02; Republikanische Reden, Ess. 76; Eine dt. Universität. 500 Jahre Tübinger Gelehrtenrepublik 77; Ort der Handlung ist Deutschland, Ess. 81; In Sachen Lessing, Vortr. u. Ess. 83; Kanzel u. Katheder, Ess. 84; Momos am Bildschirm 84; Feldzüge eines Republikaners 88; Juden u. Christen in Deutschland 89; Reden 89; Einspruch. Reden gegen Vorurteile 92; Die Friedensfrau, Leseb. 92; Ein Jud aus Hechingen. Requiem f. Paul Levi 92; Die sieben letzten Worte am Kreuz 92; Die Buddenbrooks u. ihre Pastoren 93; Mythen der Dichter. Modelle u. Variationen 93; Zeichen des Kreuzes. 4 Monologe 94; Macht der Erinnerung, Betrachtn. e. dt. Europäers 97; Aus gegebenem Anlaß, Texte e. Dienstszeit 98; Farinelli, Singsp. 98; Wer am besten redet, ist der reinste Mensch. Über Fontane 00; Der Teufel lebt nicht mehr, mein Herr! Erdachte Monologe – imaginäre Gespräche 01; Pathos u. Präzision. Texte z. Theologie 02. – **MV:** Die kleine große Stadt Tübingen, m. Inge Jens 81; Dichtung u. Religion, Ess. 85; Theologie u. Lit., Ess. 86; Anwälte der Humanität. Thomas Mann – Hermann Hesse – Heinrich Böll 88, alle m. Hans Küng; Dichter u. Staat. Disputation zwischen W.J. u. Wolfgang Graf Vitzthum 91; Deutsche Lebensläufe in Autobiogr. u. Briefen, m. Hans Thiersch 91; Vergangenheit gegenwärtig, m. Inge Jens, biogr. Notn. 94; Menschenwürdig sterben, m. Hans Küng 95; Frau Thomas Mann. Das Leben d. Katharina Pringsheim, m. Inge Jens 03 (auch Hörb.); Katias Mutter, m. Inge Jens 05; Auf der Suche nach dem verlorenen Sohn, m. Inge Jens 06. – **H:** Studentenalltag 85; Kindlers Neues Lit.-Lex. 88; Schreibschule. Neue dt. Prosa 91. – **MH:** Rhetorik. Ein intern. Jb., m. Joachim Dyck u. Gert Ueding 80ff. – **R:** Ein Mann verläßt seine Frau 51; Der Besuch des Fremden 52; Alte Frau im Grandhotel 53; Ahasver 56; Tafelgespräche 56; Der Telefonist 57, alles Hsp.; Vergessene Gesichter, Fsp. 59; Die Rote Rosa, Fsp. 66; Die Verschwörung, Fsp. 69; Der tödliche Schlag, Fsp. 75; Der Untergang 82; Roccos Erzählung. Zwischentexte zu „Fidelio" 85; Die Friedensfrau 86; Jesu sieben letzte Worte am Kreuz. Zwischentexte zu J. Haydn 86. – **Ue:** Sophokles: Antigone 55; König Oedipus 61; Ajas 65; Das Evangelium d. Matthaeus 72; Die Orestie d. Aischylos 79; Das A u. das O. Die Offenbarung d. Johannes 87, 91; Die Zeit ist erfüllt. Das Marcus-Evangel. 90; Am Anfang der Stall, am Ende der Galgen. Das Evangel. n. Matthäus 91; Und ein Gebot ging aus ... Das Lukas-Evangel. 91; Am Anfang das Wort. Johannes-Evangel. 93; Der Römerbrief 00. – *Lit:* Henri Vallet: L'oeuvre de W.J., in: Afrique 53; E. Lambrecht in: Studia Germanica, Gent 60; W.J. Eine Einf. 65; Jürgen Kolbe in: Dt. Lit. seit 1945 in Einzeldarst. 70; Herbert Kraft: D. literar. Werk von W.J. 75; Manfred Lauffs: W.J. 80; Ulrich Berls: W.J. als polit. Schriftsteller u. Rhetor 84; Festgabe f. W.J. 88; Walter Hinck: W.J. – un homme de lettres. Zum 70. Geb. 93; Dariusz Marciniak: Die Diktion d. poeta doctus. Zur Essayistik u. Rhetorik v. W.J. 00; D.T. Seger in: Intern. Germanistenlex. 1800–1950 03; Karl-Josef Kuschel: W.J. – Literat u. Protestant 03; s. auch SK u. GK. (Red.)

Jensen, Marcus, M. A.; c/o Frankfurter Verlagsanstalt, Frankfurt/M., *mail@marcusjensen.de, www.*

marcusjensen.de (* Hamburg 27. 6. 67). Lit.büro Aachen 99–01; Bettina-von-Arnim-Pr. (3. Pr.) 94, Lit.-förd.pr. d. Stadt Hamburg 94, OPEN MIKE-Preisträger 96, Aufenthaltsstip. d. Berliner Senats 98, Ahrenshoop-Stip. Stift. Kulturfonds 99, Stip. d. Dt. Lit.fonds 00/01, Stip. Künstlerdorf Schöppingen 01/02, Stip. d. Ldes NRW 02, Würth-Lit.pr. 03, Kulturförderpr. d. Kr. Pinneberg 03, New-York-Stip. d. Dt. Lit.fonds 07, Stip. d. Stuttgarter Schriftstellerhauses 08; Rom., Erz., Drama, Ess., Rezension. – **V:** Red Rain, Erz. 99; Oberland, R. 04. – **MA:** Stimmen von morgen 94; Hamburger Ziegel, Bd 3 94; Bitte streicheln Sie hier 00; Schräge Weihnachten 00; Von Sinnen 01; Macht 02; Einfalt – Vielfalt 03; Verdächtige Freunde 04; Wissen und Gewissen 05; Fortgesetzter Versuch, einen Anfang zu finden 05; Mein heimliches Auge, Bd 22 07; Treibgut 07; Signale aus der Bleecker Street, Bd 3 08; – über 60 Beitr. in Lit.-Zss. seit 93, u. a. in: Am Erker; ndl; Macondo; Passagen; Das Magazin; Signum; Salbader; bücher – Das Mag. z. Lesen; die horen; Die Gazette; Drehpunkt; Poetmag.; Lichtungen. – *Lit:* Junkerjürgen/Buffagni in: Comunicare. Letteratura Lingue (Bologna) 1/01; Uschmann in: sinn-haft 17/04.

Jensen, Nils, Schriftst.; Gebrüder-Lang-Gasse 16/10, A-1150 Wien, Tel. (01) 8 92 96 94, *jensen@buchkultur.net* (* St. Pölten 20. 6. 47). GAV 80, IGAA 81, Podium, ÖDV; Förd.pr. d. Wiener Kunstfonds 75, Theodor-Körner-Förd.pr. 78, Arb.stip. d. BMfUK 78, 79, 81, Öst. Staatsstip. f. Lit. 79, Dramatikerstip. 80, Arb.stip. d. Gemeinde Wien 80; Drama, Lyr., Rom. – **V:** Was Hände schaffen, G. z. Gesch. 79; Der tägliche Tod, Theaterst. 80; Ballon aus Blei, G. 83; Bixi, Stoppel und die Räuber, Kdb. 84, 91; Skizzen vom alltäglichen Tag, Lyr. 04; Die schönsten Kirchen Österreichs, Text-Bildbd 05; Podium Porträt 30, Lyr. 07. – **MH:** Geschichten nach 1968, Anth. 78, 3. Aufl. 79; Buchkultur – Das intern. Buchmagazin. – **P:** Emigration, Schallpl. 73.

Jensen, Silke s. Köster-Lösche, Kari

Jentsch, Hubert, Problematologe, Privatdoz.; Lichtentaler Str. 33, D-76530 Baden-Baden, Tel. (0 72 21) 27 14 29, *Hubertus-Jentsch@t-online.de, www. problematologe.de, www.beihubertus.de* (* Hamburg-Finkenwerder 16. 12. 40). – **V:** Zum Licht, G. u. Aphor. 05; Erotische Gedichte 06; Neue und erotische Gedichte 06; Perlen der Seele, G. 06; Politische Gedichte 08; mehrere Sachb. seit 88.

Jentzmik, Peter, Dr., Verleger, Doz.; Frankfurter Str. 77, D-65549 Limburg, Tel. (0 64 31) 4 15 89, Fax 40 97 15, *DrPeterJentzmik@aol.com, www.Glaukos-Verlag.de* (* Limburg 17. 5. 43). Europ. Märchenges. 81; Lyr., Erz. – **V:** Zum Rand der Erde, Lyr. 97; Der Tanz der Sonne, Lyr. 99; Zen in der Kunst des Haiku, Lyr. 00. – **H:** Emil Hermann: Wege zu deinen oder der Versuch, auf philosophische Weltanschauungen sich einen Reim zu machen 99; Tilemann Elhen von Wolfhagen: Fasti limpurgensis 1336–1398 03; Walter Flögel: Limburger Ansichten 03. – **P:** Rouven Emanuel Hoffmann: Zum Rand der Erde. Komposition für Soli u. Orchester nach Haiku-Texten v. P.J., CD 06. – *Lit:* auch 2. Jg. SK.

Jentzsch, Bernd, Prof., Schriftst., 1991–98 Gründungsdir. d. Dt. Lit. inst. Leipzig DLL, Sächs. Kultursenator; Valdergasse 13, D-53881 Euskirchen (* Plauen 27. 1. 40). SV-DDR 62–76, SSV, P.E.N.-Zentr. Dtld 78, VS 90, Freie Akad. d. Künste Leipzig, Sächs. Akad. d. Künste; Johannes-Bobrowski-Med. 68, Werkjahr d. Stadt Zürich 78, Gastprof. Oberlin College, USA 82, Förd.pr. d. Kulturkr. im BDI 82, Werkbeitr. d. Kt. Solothurn 84, Märk. Kulturpr. 87, Eichendorff-Lit.pr. 94;

604

Lyr., Ess., Erz., Film, Kinderb., Übers. Ue: russ, weiß-russ, poln, ung, tsch, fläm, gr, rum, schw, türk, frz, nor, serbokroat. – **V**: Alphabet des Morgens, G. 61; Jungfer im Grünen, Erzn. 73; Der Muskel-Floh Ignaz vom Stroh, Kdb. 74; Ratsch und ade!, Erzn. 75; Der bitterböse König auf dem eiskalten Thron, Kdb. 75; In stärkerem Maße, G. 77 (auch schw.); Quartiermachen, G. 78, Tb. 80; Prosa, Ges. Erzn. 78; Vorgestern hat unser Hahn gewalzert, Kdb. 78; Berliner Dichtergarten und andere Brutstätten der reinen Vernunft, Erzn. 79; Die Wirkung des Ebers auf die Sau, Kdb. 80; Irrwisch. Ein Gedicht 81, Neuausg. 85; Die Kaninchen von Berlin oder Von den strengen Ordnungen, Erz. 83; Rudolf Leonhard – Gedichteträumer. Biograf. Ess. 84; Schreiben als strafbare Handlung, Ess. 85; Bernd Jentzsch: Poesiealbum 276 91; Von der visuellen Wohlhabenheit, Ess. 91; Die alte Lust, sich aufzubäumen, Ausw. 92; Flöze. Schrr. u. Archive 1954–1992 93; Das erste Newtonsche Prinzip/Äußere Kräfte, Erz. u. Komm. 93; Peter Stein: Badstilleben mit Selbstporträt, gesehen v. B.J., Ess. über Malerei 06; Welt-Echo. 76 ostwestl. Schriftbilder 06; Baukasten für den reinen Partei-Apparat, G., Tagebuchverse, Blocksätze 07; Zählung der wilden Hunde, G. 07; Erotisches Meer, G. 07. – **MV**: Bekanntschaft mit uns selbst, m. H. Czechowski, W. Bräunig, R. Kirsch, K. Mickel, K. Steinhaußen, G. 61. – **H**: Poesiealbum, 122 Bde 67–76, Wiedererscheinen 07, bisher: P. Huchel, E. Jandl; Auswahl 68 68; Max Herrmann-Neiße: Flüchtig aufgeschlagenes Zelt 69; Auswahl 70 70; Lauter Lust, wohin das Auge gafft 71, 3. Aufl. 91; Ich nenn Euch mein Problem 71; Das Wort Mensch 72; Barthold Hinrich Brockes: Im grünen Feuer glüht das Laub 75; Schweizer Lyrik d. 20. Jh. 77; Max Herrmann-Neiße: Ich gehe, wie ich kam, G. u. ein Aufs. 79; Ich sah das Dunkel schon von ferne kommen 79; Der Tod ist ein Meister aus Deutschland 79; Ich sah aus Deutschlands Asche keinen Phönix steigen 79, alles G.; Bettina und Gisela von Arnim: Das Leben der Hochgräfin Gritta von Rattenzuhausbeiuns, M.-R. 80; Wilhelm Raabe: Pfisters Mühle. Ein Sommerferienheft 80; Friedrich Rückert: Das Männlein in der Gans. Fünf Märlein z. Einschläfern f. mein Schwesterlein, Kinder-G. 80; Alfred Döblin: Gespräche mit Kalypso, Ess. 80; Peter Bichsel: Eigentlich möchte Frau Blum den Milchmann kennenlernen, Geschn. 80; Franz Hohler: Dr. Parkplatz, Kdb. 80; Paul Heyse: Die Kaiserin von Spinetta u. a. Liebesgeschichten 81; Hermann Kesser: Das Verbrechen der Elise Geitler u. a. Erzählungen 81; Gustav Falke: Gi-ga-gack, Kdb. 81; Clara Viebig: Das Miseräbelchen u. a. Erzählungen 81; Efraim Frisch: Zenobi, R. 81; Thomas Brasch: Der König vor dem Fotoapparat, Kdb. 81; Friedrich Halm: Die Marzipanlise, Erzn. 82; Max Halbe: Die Auferstehungsnacht des Doktors Adalbert, N. 82; Reiner Kunze: Eine stadtbekannte Geschichte, Kdb. 82; Werner Bergengruen: Pelageja, N. 82; Ludwig Strauß: Die Brautfahrt nach Schwanenburg, Kdb. 82; Hans Christian Andersen: Mutter Holunder, M. 82; Elisabeth Langgässer: Grenze: Besetztes Gebiet, Erz. 83; Ludwig Winder: Die jüdische Orgel, R. 83; Robert Flinker: Fegefeuer, R. 83; Erich Fried: Fall ins Wort, G. 83; Alfred Döblin: Der Oberst und der Dichter oder Das menschliche Herz, Erz. 84; José Orabuena: Henri Rousseau, N. 84; Victor Hugo: Vom Leben und Sterben des armen Mannes Gueux, Erzn. 84; Rowohlt Jahrhundert, 52 Bde 87–88; Paul Celan: Die rückwärtsgesprochenen Namen. G. in gegenläufiger Chronologie 1970–1952 (auch Ausw. u. Nachbem.) 96. – **MH**: Auswahl 66, G. 66; Über die großen Städte, G. 1885–1967 68; Auswahl 72, G. 72; Auswahl 74, G. 74; Hermannstraße 14, Hjschr. f. Lit. 78–81; Der Rüsselspringer 83–85

XII. – **R**: Gedichte und Gespräche, Fsf. 75; Die geliebte Stadt: Zürich, Fsf. 83. – **Ue**: Jannis Ritsos: Romiossini/Griechentum, Kantate 67; Mikis Theodorakis: vier Lieder 67, beide m. K.-D. Sommer; Lew Kwitko: Fliege Schaukel himmelhoch, Kdb. 68; Jannis Ritsos: Philoktet, Poem 69; ders.: Die Wurzel der Welt, m. K.-D. Sommer, G. 70; Harry Martinson: Die Henker des Lebenstraums, G. 73; Tadeusz Kubiak: Im Herbst, Kdb. 73; ders.: Im Winter, Kdb. 75; Jacques Prévert: Übertragungen (Poet's corner 20) 93; einzelne Gedichte v. Jon Alexandru, Demjan Bedny, Marc Braet, Oskar Davičo, Ilja Ehrenburg, Zbigniew Herbert, Nazim Hikmet, Gyula Illyés, Jewgeni Jewtuschenko, Anatoli Lunatscharski, Leonid Martynow, Tadeusz Nowak, Robert Roshdestwenski, Boris Sluzki, Andrej Wosnessenski, u. a. – *Lit*: Bernd Allenstein/Michael Töteberg in: KLG.

Jentzsch, Kerstin, Schriftst.; Herzog-Georg-Str. 62, D-36448 Bad Liebenstein, Tel. (01 78) 8 18 34 46, *KerstinJentzsch@arcor.de* (*Wriezen 11.7.64). VS 94; Empfehlung d. Stift. Lesen f. „Ankunft der Pandora" als einer d. 100 Jh.-Romane 98, Stip. Schloß Wiepersdorf 98, Arb.stip. d. frz. Kulturmin. in Bordeaux 99, Arb.stip. d. Ldes Thür. 01; Rom., Dramatik. – **V**: Seit die Götter ratlos sind, R. 94, Tb. 96; Ankunft der Pandora, R. 96, Tb. 97; Iphigenie in Pankow, R. 98; Zimmer Nr. 51, R. 00; Iphigenie in Pankow, Theaterst. 02; Die Stadt, Theaterst. 06. – **MA**: Wilde Frauen, Anth. 96; Der Tagesspiegel v. 5.2.2000. – **P**: über 500 öff. Lesungen im In- u. Ausland seit 94. (Red.)

Jenzer, Louis R., Schriftst., Verleger; Postfach 6849, CH-3001 Bern, Fax (0 31) 3 86 29 65 (*Melchnau/Bern 8.6.45). Be.S.V. 81, P.E.N. 87, SSV 89–97, Schweiz. Buchhändler- u. Verlegerverband (SBVV) 91, Biographic Assoc. Cambridge; Ambass. Intern. ABI, Hall of Fame; Rom., Aphor., Sat., Kurzgesch. – **V**: Der wahre Jakopp, sat. Lügen; Gruseljournal 76–80; Ansichten und Einsichten, Aphor. 83; Perspektiven einer nicht ganz vollkommenen Welt, Satn. 83; Fabula rasa, unheiml. Geschn. 85; Die Geburt des Handelsreisenden 89; Die Wohnungssuche des Herrn Jedermann 92; Der Erfolgsautor 01, alles sat. R. – **MA**: Zeitglockentzg; Berner Ztg; Aargauer Tagbl.; Mödlinger Anth., u. a. – **H**: Fridolin Limbach: Die Suche nach omega, R.; Andersen Steel: Simon und das Himmelhohe Xylophon, Kdb.; Jörg Frey: Abenteuer im Land der Träume, Kdb. – *Lit*: Prominenten-Hdb. d. ABI u. IBA Cambridge; intern. Directory of Distinguished Leadership.

Jerome O.S.B. s. Nagel, Muska

Jerschowa, Marion (geb. Marion Böhme), Dr.phil., Übers.; lebt in Linz, c/o Verl. Bibliothek d. Provinz, Weitra (*Wien 16.7.43). IGAA, Öst. P.E.N.-Club; Würd.pr. f. Lit. d. Stadt Linz 94; Lyr., Prosa, Rom., Übers., Hörsp. Ue: russ. – **V**: Der Traurigkeit die Zähne zeigen, Lyr. 83; Honigland – Bitterland, R. 90, 91; Wind aus Ost, Erzn. 91; Das Emukleid, R. 93; Luftschlösser und Espaläste, literar. Reiseber. 95; Du musst verstehen. Eine Kriegsehe, R. 07; Methusalems letzter Wille, R. 08. – **MV**: u. Ue: SuperGAU Tschernobyl, m. Nikolaj Buchowetz, Sachb. 96. – **MA**: zahlr. Beitr. in Anth. u. Zss. seit 78. – **R**: zahlr. Radiogeschn. seit 86. – Ue: Anton Tschechow: Das Duell u. a. Erzählungen 70; Antscharow: Ein Clown stellt Fragen 76.

Jesch, Ursula, Dr. med., Zahnärztin; Ferdinand-Rhode-Str. 12, D-04107 Leipzig, Tel. (03 41) 2 12 42 04, *Dr. Jesch@telemed.de* (*Leipzig 19.12.45). – **V**: Der Rosenkönig und andere Geschichten 03. (Red.)

Jeschke, Mathias, Dipl.-Theol., Verlagslektor u. Autor; Österfeldstr. 44, D-70563 Stuttgart, Tel. (07 11) 7 35 35 51, *mat.jes@gmx.de* (*Lüneburg 29.8.63). Stip. d. Ldes Meckl.-Vorpomm. 98, Würth-Lit.pr. 02,

Jeschke

Eugen-Wolff-Lit.pr. d. Univ. Kiel 04, Arb.stip. d. Förd.kr. Dt. Schriftst. Bad.-Württ. 07, 08; Lyr., Prosa. – **V:** Windland, G. 99; Erleben Sie Bad Doberan, Heiligendamm, Kühlungsborn, Rerik, Reiseführer 99; Daniel in der Löwengrube 03; Himmlische Boten 03; Die Geschichte vom Lastkran, der eine Schiffssirene sein wollte 05; Komm, lass uns feiern 06; Die Bibel für die Allerkleinsten 06; Ein Stern in der Heiligen Nacht 06, alles Kdb./Bilderb.; Der Graureiher 06; Boot und Tier 07, beides G.; Peter Pumm sucht einen Freund 07; Flaschenpost 09, beides Bilderb. – **MA:** zahlr. Beitr. in Anth., Zss. u. Ztgn seit 89, u. a.: Akzente; Jb. d. Lyrik; mare; ndl; Süddt. Ztg. – **H:** Meeresgeschichten der Bibel, Anth. 04.

Jeschke, Tanja (geb. Tanja Dedekind), M. A., Autorin, Lit.kritikerin; Österfeldstr. 44, D-70563 Stuttgart, Tel. (07 11) 7 35 35 51, *tanja.jeschke@gmx.net* (* Pretoria/Südafrika 22. 9. 64). Ver. christl. Künstler „DAS RAD"; Arb.stip. d. Förd.kr. Dt. Schriftst. in Bad.-Württ. 00, 02, 07, Stip. d. Kunststift. Bad.-Württ. 02, Autorenförd. d. Stift. Nds. 05; Kurzgesch., Kinderb., Rezension, Lyr., Ess. – **V:** Ich sehe was, was du nicht siehst, Bilderb. 01; Mein buntes Geschichtenbuch zur Erstkommunion, Kdb. 02; Das Wunder von Bethlehem, Bilderb. 02; Fette Beute Wort, Geschn. 03; Die geheimnisvolle Nacht der Geschenke 04; Ein Jahr mit Marie 05; Carolin und die Sache mit den geklauten Klunkern 06, alles Kdb.; Mama, Papa und Zanele, Bilderb. 07; Alle mal herhören!, rief der König 08; Die Bibel für Kinder 08, beides Kdb. – **MA:** G. in: Das große Buch d. kleinen Gedichte 98; Blitzlicht 01; Kurzgesch. in: Das Dorf, Anth. 01; Die Erstkommunionsbande, Kdb. 04; Mein schönstes 5-Minuten-Geschichtenbuch zu Ostern u. Frühling 04; Wunderbar. Einfach Wunderbar, Anth. 04; zahlr. Beitr. in Zss.: ndl; Das Gedicht; Der Literat. – **MH:** Jesus lieben lernen. Irmela Hofmann erzählt aus d. Bibel, m. Angela Ludwig 04. – **R:** Wie der Löwe Grim nach Afrika kam, Hsp. 77; mehrere Geschn. im Hfk „ERF" 00, 02.

Jeschke, Wolfgang, Lektor, Red., Hrsg.; Agnesstr. 36, D-80798 München, Tel. (089) 2 71 56 62, Fax 28 78 81 72, *wolfgang.jeschke@web.de* (* Tetschen/Nordböhmen 19. 11. 36). World SF 79, SFWA 80; Kurd-Laßwitz-Pr. 85, 89, 90, 94, 98, 00 (f. d. Lebenswerk), 02, 05, Sonderpr. 81, 82, 88, 97, 01, Dt. Fantasypr. 84, The Harrison Award 87, Premio Futuro Europa 92, Prix Utopia 99 (f. d. Lebenswerk), SFCD-Lit.pr. 06, Kurd-Laßwitz-Pr. 06; Rom., Nov., Kurzgesch., Hörsp., Sachb. Ue: engl. – **V:** Der Zeiter, Erzn. 70, rev. u. erw. Ausg. 78; Der König und der Puppenmacher, Hsp. 75; Der letzte Tag der Schöpfung, R. 81; Wir kommen auf Sie zu, Mr. Smith, Hsp. 84; Sibyllen im Herkules, Hsp. 85; Nekyomanteion, Erz. 85; Osiris Land, R. 86; Jona im Feuerofen, Hsp. 89; Midas oder die Auferstehung des Fleisches, R. 89; Der Wald schlägt zurück, Hsp. 93; Schlechte Nachrichten aus dem Vatikan, Erz. 93; Nachrichten von Lebendigen und von Toten, Erz. 95; Meamones Auge, R. 97; Cataract, Hsp. 98; Der Geheimsekretär, Erz. 99; Die Cusanische Acceleratio, Erz. 99; Allah akbar and so smart our NLWs, Erz. 01; Das Geschmeide, Erz. 04; Das Cusanus-Spiel, R. 05; (Übers. in: GB, Frankr., USA, Tschechei, Italien, Polen, Spanien, Rumänien, Bulg., Ungarn). – **MV:** Lex. d. Science Fiction Literatur, m. Hans Joachim Alpers, Werner Fuchs u. Ronald M. Hahn 80, erw. u. erg. Ausg. 88; Marsfieber, m. Rainer Eisfeld, Sachb. 03. – **H:** (MH:) Planetoidenfänger 71; Die sechs Finger d. Zeit 71; Die große Uhr 77; Im Grenzland d. Sonne 78; Spinnenmusik 79; Der Tod d. Dr. Island 79; Eine Lokomotive für den Zaren 80; Auf-

bruch in die Galaxis 80; Feinde d. Systems 81; Arcane, m. Helmut Wenske 82; Die Gebeine d. Bertrand Russell 83; Das Gewand d. Nessa 84; Das digitale Dachau 85; Das Auge d. Phoenix 85; Venice 2 85; Entropie 86; Langsame Apokalypse 86; Schöne nackte Welt 87; L wie Liquidator 87; Second Hand Planet 88; Wassermans Roboter 88; Papa Godzilla 89; An der Grenze 89; Mondaugen 90; Johann Sebastian Bach Memorial Barbecue 90; Die wahre Lehre nach Mickymaus 91; Das Blei d. Zeit 91; Der Fensterjesus 92; Die Menagerie v. Babel 92; Die Zeitbraut 93; Lenins Zahn u. Stalins Tränen 94; Gogols Frau 94; Die Pilotin 94; Die Straße nach Candarei 95; Partner fürs Leben 96; Riffprimaten 96; Die Verwandlung 96; Die säumige Zeitmaschine 97; Die letzten Bastionen 97; Die Vergangenheit d. Zukunft 98; Winterfliegen 98; Das Jahr d. Maus 00; Fernes Licht 00; Reptilienliebe 01; Ikarus 2001; Auf der Straße nach Oodnadatta 02; Ikarus 2002; – SF Story Reader 1, 3, 5, 7, 9, 11, 13–21, 1974–84; Titan 1–23, 1976–85 (m. versch. Mithrsg.); Heyne Science Fiction Jahresbd 1980–2004; Heyne Science Fiction Magazin 1–12, 1981–85; Chroniken der Zukunft 1–3, 84; Welten der Zukunft 4–12, 1985–86; Heyne Science Fiction Jubiläumsbd: Das Lesebuch 85; Heyne Science Fiction Jubiläumsbd: Das Programm 85; Heyne Science Fiction Jubiläumsbd: Das Programm 1960–1998, m. Werner Bauer 98. (Red.)

Jeska, Andrea (Andrea Strunk), Journalistin u. Schriftst.; Schwarzer Weg 13, D-23919 Rondeshagen, Tel. (0 45 44) 15 53, Fax (0 45 44) 89 13 65 (* Bremerhaven 64). – **V:** Beslan, Requiem 05; Vom Bild der Welt, R. 06; Als der Inkosi tanzen lernte 07. – **R:** Die toten Kinder von Beslan, Fsf. (WDR) 05. (Red.)

Jeske, Gerhard (Jasko), Grafiker, Fotograf, Autor; Franzosenkoppel 32, D-22547 Hamburg, Tel. u. Fax (0 40) 8 31 48 94, *GerhardJeske@web.de* (* Danzig 20. 8. 29). IG Medien, BBK Hamburg; Verd.kreuz der VR Polen in Gold; Lyr., Erz., Dok.film. – **V:** Engel mit Trompete, 23 Erzn. 97. – **MA:** Danzig erleben 85; Von Danzig aus 87; Danzig Chronik 91; Gedichte in: Oberschles. Bulletin (Polen) 52, 53, 54/99, 63, 65, 66/01, 67, 68/02; Unser Danzig 01; Nasze Pomorze Pl., Nr.6 04; Jb. d. Kaschubischen Museums, Interv. m. Szmuda Trzebiatowska 06 04; Danziger Hauskalender 2007. – **R:** Fsf. u. Wortbeiträge, u. a. zum Thementag d. Offenen Kanals Hbg am 5.6.96; Opposition in Danzig 95; Schneesturm 95; KZ Stutthof im Schatten von Auschwitz 95; Hallo Taxi! 96; Davongefahren 96; Künstlergruppen 96; Flucht u. Vertreibung 96; Die Tragödie Danzig 97; Ordensburg Bytow in Polen 97; Geschichte d. Kaschuben 97; Kunstakad. in Gdansk 97; Verfolgt, verbannt, vergessen 98; Von Danzig emigriert nach Tel Aviv 98; 1939: Ende d. Minderheiten in Danzig 98; Festung Westerplatte 98; Stiftung „von Krockow" u. d. Kaschuben 98; Kabale u. Liebes 98; Hacks verhackst die Kaschuben 99; Gdansk, Regenflut 01; Danzig, Frische Nehrung, KZ Stutthof 02. – **Lit:** Künstler in Hamburg 82; Hamburg-Luruper Nachrichten 22/93; Prof. J. Borzyszkowski in: Pomerania (Gdansk) 99; ders. Das Kaschuben, Danzig-Pommern 02; C. Obracht Prondzynski: G. Jeske u. d. kaschubische Skansen 07; Schlesw.-Holst. Diakonenschaft: Schriftst. heute.

Jesse, Horst, Dr., Pfarrer, Historiker; Berlstr. 6a, D-81375 München, Tel. (0 89) 7 19 57 40, *dr_horst_jesse@hotmail.com*, *www.dr-horst-jesse.de* (* Wagenfeuersel 17. 4. 41). Brecht-Kr. Augsburg 84, Goethe-Ges. München 89; Lyr., Rom., Erz. – **V:** Erzähl mir eine Geschichte, Kurzgeschn. 04; Der Himmel hat viele Gesichter 06; mehrere Sachb. seit 80. – **MA:** Lyrik

u. Prosa unserer Zeit, NF, Bd 6 07; Nymphenspiegel, Bd 3 08.

Jestl, Alfons, Mag. theol., Ordensangehöriger, Bibliodramaleiter (Therapeut. Masken- u. Theaterspiel); Nr. 23, A-7433 Mariasdorf, Tel. (06 64) 4 01 86 06, *alfons.jestl@gmx.at*, *www.alfons.jestl.at* (* Oberloisdorf 29. 6. 56). Förd.pr. d. Theodor-Kery-Stift. 02; Lyr., Ess. Ue: dän. – **V:** Den Wasserkrug zerschlagenen tragen, Lyr. 99; Der nackte Kaiser, Lyr. 01; Die Sandalen des Mose 03; Die Fee im Kirschbaum, Lyr. 06. – **MV:** Mein Rahmen fällt in die Hoffnung, m. Matthias Waiß u. Feri Schermann 87; Zwischen Liebe und Liebe gespalten, m. Wilfried Scheidl, Lyr. 95. – **MA:** arg aug & ohr, G. 97; Im Kontext 31/08.

Jetter, Ursula (geb. Ursula Dilger), Schriftst., Hrsg., Dipl.-Päd. u. -Psych., Doz. f. Musikpäd. u. Musiktherapie, Lehrmusik-, Gesprächs-, Kunst- u. Psychodramatherapeutin; Teckstr. 56, D-71696 Möglingen, Tel. (0 71 41) 24 19 46 (* Bruchsal 21. 2. 40). VS 90, Schreibende Frauen, GEDOK, Künstlergilde Essl., GZL (alle seit d. 90ern), Intern. P.E.N. 00, Literar. Ges. Ludwigsburg 01; Scheffel-Pr., Lit.pr. d. Intern. P.E.N. 01, u. a.; Lyr., Erz., Ess. – **V:** und suche ein verstummtes wort, Lyr. u. Prosa 90; Musiktherapeutisches Märchenspiel 91 (m. Tonkass.); Klangräume der Stille, lit. Essays 96; Die Prozession aus Afrika, Gesch. 97; erkundungen und befunde, Lyr. 98; grenzgänge, niemandsland, Lyr. u. Prosa 03; Sex und Liebe – unversöhnt? 03/04. – **MA:** Lyr. u. Prosa in Anth., u. a. in: Ballade für Lilith 91; Feuer das ewig brennt 01; Schreibwetter 02; Dialoge 03; Ludwigsburger Schloßgeschichten 04; Ludwigsburg 2004, Kal.; Begegnungen 06; Die hohe Herrlichkeit den Frauen, dt.-span. 07. – **H:** Lit.zs. „exempla" seit 89, seit 00 erscheint die Anth. als bibliophiles, jeweils von einem Künstler illustr. Tb. m. eigenem Titel: 26. Jg./Bd 1 00: Autoren/innen aus Ludwigsburg u. d. Neckarraum, Bd 2 00: Die Schuld- u. Judenfrage, 27. Jg./Bd 1 01: Fallstudien, Bd 2 01: Auf der Suche, 28. Jg. 02: Europa – Osteuropa, 29. Jg. 03: Verwerfungen, 30./31. Jg. 04/05: Der Mensch, das noch nicht festgestellte Tier, 32./33. Jg. 06/07: Spuren, (34./35. Jg. 08/09: in Vorbereitung). – **P:** 30 Jahre exempla-Literaturzeitschrift u. Ursula Jetter, CD 05. – *Lit:* Sabine Gärttling: 30 Jahre exempla-Lit.zs. u. U.J., in: Freies Radio Stuttg. 1.5.05; U.J. u. die exempla-Lit.zs., in: Kultur im Land v. 7.6.05 (SWR 2-Hörfunk); exempla-Jubiläum: Lit.zs. feiert 30-jähriges Bestehen, Internet-Ess. v. Michael Matzer 27.7.05; Autorinnen in Stadt u. Kreis Ludwigsburg 18.–20. Jh. 07; Internet-Interview v. Ulrike Dierkes 7.4.08.

Jeudi, Jean s. Knoop, Hanns D.

Jezek, Paul Christian (Ps. Krist), Werbe- u. PR-Fachmann, Journalist (Chefred.); Magdalenenstr. 8/7, A-1060 Wien, Tel. (06 76) 7 77 14 99, Fax (01) 60 11 74 31, *p.jezek@newbusiness.at*, *www. newbusiness.at*. Flurschützstr. 36/12/8, A-1120 Wien (* Wien 31. 12. 63). Erster Öst. Jgd.pr. d. Ersten öst. Spar-Casse 84, 2. Platz RSGI-Jungautorenpr. 86; Dess., Drama, Lyr., Hörsp., Sachb. – **V:** Schnitte, G. 84; Der Fall Libro 03. – **MA:** Beitr. in: Scheiterhaufen. Ein Leseb. 84; Lyr., Ess. u. Buchbesprech. in lit. Zss. – **H:** Eigenverleger in Österreich, Anth. 86. – **MH:** Wilhelm Pevny: Der Mann, der nicht lieben konnte 86. – **R:** Die Idee 83; Der Zimmermann 83; Karin hat Geburtstag 83, alles Hsp. (Red.)

Jirgl, Reinhard, ehem. Elektronik-Ing., freiberufl. Schriftst.; Wiesbadener Str. 3, D-12161 Berlin, Tel. (0 30) 85 96 67 77 (* Berlin 16. 1. 53). P.E.N.-Zentr. Dtld; Anna-Seghers-Pr. 90, Alfred-Döblin-Pr. 93, Marburger Lit.pr. 94, Stip. Künstlerdorf Schöppingen 95,

Stip. d. Berliner Senats 95, Stip. Ledig House Intern. Writer's Colony, N.Y. 96, Alfred-Döblin-Stip. 96, Stip. Künstlerhof Schreyahn 97, Heinrich-Heine-Stip. 98, Berliner Lit.pr. u. Johannes-Bobrowski-Med. z. Berliner Lit.pr. 98, Joseph-Breitbach-Pr. 99, Kranichsteiner Lit.pr. 03, Rheingau-Lit.pr. 03, Dedalus-Lit.pr. 04, Stip. d. Dt. Lit.fonds 04, E.gabe d. Dt. Schillerstift. 04, Arno-Schmidt-Stip. 04/05, Bremer Lit.pr. 06, Stadtschreiber v. Bergen-Enkheim 07, 08; Rom., Erz., Ess. – **V:** Mutter Vater Roman 90; Uberich. Protokollkomödie in den Tod, Kurz-R. 90; Im offenen Meer, R. 91; Das obszöne Gebet. Totenbuch, Prosa 94; Abschied von den Feinden, R. 95, 98; Hundsnächte, R. 97; Die atlantische Mauer, R. 00, 02; Genealogie des Tötens, Trilogie, Prosa u. Dramatik 02; Gewitterlicht, Erz. 02, 03, Hörb. 04, 05; Die Unvollendeten, R. 03; Abtrünnig, R. 05; Land und Beute. Aufsätze a. d. Jahren 1996–2006 08; Die Stille (Arb.titel), R. 09. – **MV:** Zeichenwende, m. Andrzej Madeła, Ess.-Samml. 93. – **MA:** Zss.: Sinn u. Form; text u. kritik; Res publica (Schweden); „Monatshefte" d. Univ. of Wisconsin; Schreibheft; Litfass; ndl; Akzente; Deus ex machina (Belg.); du (Schweiz); Centrum (Schweiz); New German Critique (USA); „Forschungsberichte" d. Duitsland Inst. d. Univ. Amsterdam 3/07. – **R:** Lesungen in DLF, SFB, Berliner Rdfk, Dtld-Radio; Fs.-Kulturmsgn in ARD, SWF, BR, HR3 89–97; Abtrünnig, Hsp. 06. – *Lit:* Eberhard Falcke in: Dt. Lit. 1997; Helmut Böttiger in: Nach den Utopien 04; Kerr Grimm (Columbia Univ.) in: KLG; Clemens Kammler/ Arne de Winde in: German Monitor (Amsterdam) 06.

Jo s. Köhler, Jo

Jo von der Wiese s. Schulz, Jo

Joachim, Jörg s. Ehgahl, Jo

Joachim, Johannes (eigtl. Johannes Joachim Rübner), Dr. sc. nat., Facultas docandi, Dipl.-Chemiker i. R.; c/o MyStory-Verlag, Albestr. 26, D-12159 Berlin. Liebermannstr. 119, D-13088 Berlin, Tel. (0 30) 96 20 80 02, *joachim.ruebner@t-online.de* (* Leipzig 24. 6. 36). Lyr., Erz. – **V:** Ab in die Nische!, Geschn. 06. – **MA:** Nationalbibliothek d. dt.sprachigen Gedichtes 99, 00; Ein vertrauter, silberheller Klang ... 02.

Joachim, Walter s. Störig, Hans Joachim

Job s. Brauerhoch, Juergen

joba s. Barth, Johann

Jochimsen, Jess, Kabarettist, Autor; c/o URS ART, Urs Wiegering, Hoheluftchaussee 57, D-20253 Hamburg, Tel. (0 40) 4 23 00 00, Fax 42 30 00 23, *ursart@ursart.de*, *www.jessjochimsen.de* (* München 16. 7. 70). Scharfrichterbeil, Passau 97, Dt. Kabarett-Pr. (Förd.pr.) 98, Prix Pantheon (Jurypr.) 99, Förd.pr. Komische Lit., Kassel 06/07; Rom., Erz. – **V:** Das Dosenmilch-Trauma. Bekenntnisse eines 68er-Kindes 00; Flaschendrehen oder: Der Tag, an dem ich Nena zersägte 02; Bellboy oder: Ich schulde Paul einen Sommer, R. 05; DANEBENLEBEN. Ein fotogr. Streifzug durchs städt. Hinterland 07; – Kabarett- u. Comedyprogramme: Friss, vögel oder stirb; Das Dosenmilch-Trauma; Flaschendrehen und andere miese Bräuche; Das wird jetzt ein bißchen wehtun; Durst ist schlimmer als Heimweh. – **MH:** Shoah. Formen der Erinnerung, m. Nicolas Berg u. Bernd Stiegler 96. – **R:** Mitarb. u. Mod. von: Die Vorleser, Hfk-Sdg seit 00; U-Punkt, Hfk-Sdg, seit 02. – **P:** Friss, vögel oder stirb; Das Krippenspiel; Das Dosenmilch-Trauma; Flaschendrehen u. a. miese Bräuche; Die Vorleser I–III, alles CDs.

Jochmann, Ludger s. Knister

Jochum, Edith; Oberboden 112, A-6888 Schröcken, Tel. (0 55 19) 3 03 12 (* Au/Bregenzerwald 30. 4. 68).

Jocketa

Rom., Erz. – **V:** Nachtfalter. Gratwanderung zurück zum Licht 06.

Jocketa, Jochen; c/o Neunplus1 Verlag, Rotherstr. 21, D-10245 Berlin, *neunplus1@aol.com, neunplus1.de* (*Jocketa). – **V:** Charakt(i)ere wie Du und ich, G. 03. (Red.)

Jockwig, Klemens, Prof. Dr., Gesprächsseelsorger; Dietrichstr. 41, D-54290 Trier, Tel. (06 51) 9 78 49 26, Fax 9 78 49 44 (*Glatz 1.5.36). Lyr., Ess. – **V:** Tage und Festtage, Ess. 80; gebannt und geborgen, G. 83; Am Tagstrand der Träume, G. 86; Sehnsucht nach Leben, Ess. 87; Im Haus der Fremde, G. 89; deine Tränen zu trocknen, Lyr. 02. – **R:** Begegnungen, Fsf. 86. – **P:** deine Tränen zu trocknen, ausgew. G., CD 02.

Jocubs s. Zerbst, Ekkehard

Joedicke, Gerhard, Lehrer i.R.; Schloß Hamborn 38, D-33178 Borchen, Tel. (0 52 51) 89 13 60 (*Erfurt 27.10.17). Dichterkr. „Horizonte" Bochum 96, Blaue Blume 99; Lyr. – **V:** Wüstenwanderung, G. 85, als Theateraufführung 97; Im Gespräch mit dem Engel, Texte u. G. 96, 3. Aufl. 01; Zeitgewissen, Texte u. G. 96; Heilendes Wort, Sprüche, Mantren u. Texte 97; Wege der Andacht, Texte, Gebete u. Sprüche 97; Tod – du bist das Leben, Texte, Mantren u. Sprüche 99, 2. Aufl. 01; Du hast mir einen Rosengarten geschenkt, Texte u. G. 00; Schmetterlinge über Manhattan, Lyr. 02; Ich habe einen Traum, Melodrama, UA 02; Liebe zu einem Baum, Lyr. u. Erz. 04; Lichte Lebensspuren, Lyr. 08; Vom Hauch der Ewigkeit berührt, Lyr. 08. – **MV:** Ansichten eines Kastanienbaums, m. H. Lux u. U. Weymann, Lyr. 00. – **MA:** Flügelschlag über dem Abgrund, zeitgen. Lyr. 97; Wort sei mein Flügel – Wort sei mein Schutz, Lyr. 99; Wortfelder steigend, Lyr. 04. – *Lit:* Sigrid Nordmar-Bellebaum in: Goetheanum v. 26.10.97; sowie zahlr. Rez. in Tagesztgn.

Jörg, Sabine (geb. Sabine Wagner), Dr., Journalistin, Medienwiss., Fotografin, Autorin; Ludwigshöher Str. 46, D-81479 München, Tel. (0 89) 7 91 45 49, Fax 79 55 04, *www.sabinejoerg.de* (*Alsfeld 10.11.48). VS; Bertelsmann-Stip. f. Kurzprosa 91, Eulenspiegel-Bilderb.pr. 93/94, Pr. d. Ges. f. Jugend- u. Sozialforsch. 94; Rom., Kurzgesch., Ess., Kinderb., Fernsehfilm, Dramatik. Ue: engl, frz. – **V:** Ach, Roberta!, Kdb. 81; Der kleine Waldzauberer, Kdb. 84; Per Knopfdruck durch die Kindheit, Ess. 87; Zwei Schweinchen sehen fern 87, 98; Bernd, Glotzo u. Felicitas 87; Molli Maulwurf 88; Mila will nicht warten 89; So groß ist der Mond 89, alles Kdb.; Und Freunde werden wir doch!, Jgd.-R. 90; Liebe Mila, freche Mila 91; Rattenschwanz u. Wörtertanz 91; Mein Pony bleibt bei mir 92; Das einsame Pony 92; Kamera ab für Hildegard Huhn 93; Der Ernst d. Lebens 93, 05; Warum das Meer so blau ist 94; Hallo Joko! Hallo Anna! 95, 97; Wiedersehen in Falun 96; Überraschung mit Apoll 97; Zottelhase, Osterhase 97; Schulklassengeschichten 97; Sevi Schraubenschlüssel 98; Mina u. Bär 98 (auch frz., engl., holl., slowen.); So groß ist der Mond u.a. Gutenachtgeschichten 99; Max gehört dazu 01; Michi teilt mit Mona 02; Kdb.-Reihe „Echte Freunde": Die beiden Ausreißer 98, Zwillinge abzugeben 98, Glück gehabt, Karo! 99, Spürnase Moritz 99, Ein Affe auf der Leiter 00, alles Kdb.; Geklontes Glück, Bü. 03; Pauli u. die Meistersinger, Bü. 04; Die parfümierte Schlachtschüssel, Kurzgesch. 06; Fahndung nach Bertis Bike, Kdb. 06; LirumLarumLyrikspiel, G. 06. – **MA:** zahlr. Beitr. in Anth. – **H:** Spaß für Millionen. Wie unterhält uns das Fernsehen?, Anth. 82. – **R:** im Kinderfs.: Der Ernst d. Lebens; Treue Liebe; Warum das Meer so blau ist; mehrere Folgen v. „Löwenzahn" – *Lit:* s. auch 2.Jg. SK; s. auch Kürschners Handbuch der Bildenden Künstler, 1. Aufl. 2005. (Red.)

Jöricke, Frank; Neuwiese 7, D-54317 Kasel, Tel. (06 51) 4 35 78 37. – **V:** Mein liebestoller Onkel, mein kleinkrimineller Vetter und der Rest der Bagage, R. 07.

Jörimann, Albert, Unternehmensberater; Hardturmstr. 269, CH-8005 Zürich, Tel. (01) 5 63 80 34, *joerimann_a@hotmail.com.* c/o Ricco Bilger Verlag, Zürich (*Linthal/Glarus 14.9.55). – **V:** Raumfahrer James, N. 88; Gräber? Aber eine Randvoll, R. 97. – **MA:** Die Schweiz erzählt 98. – *Lit:* DLL, Erg.Bd V 98. (Red.)

Jöst, Erhard, Dr. phil., Gymnasiallehrer, Lit. wiss., Kabarettist; Ludwigstr. 18, D-74078 Heilbronn, Tel. u. Fax (0 71 31) 2 19 63, *gauwahn@gmx.de, Christel.Joest@t-online.de, www.gauwahnen.de* (*Mannheim 22.11.47). Schiller-Ges. bis 00, Oswald-von-Wolkenstein-Ges., Freundeskr. Till Eulenspiegel, Inst. f. Öst.-kunde, Humanist. Union, VS, Bdesvereinig. Kabarett, Dt. Kabarett-Archiv; Kilianpreis 05; Sat., Erz., Lyr., Journalist. Arbeit, Rezension, Ess., Wiss. Untersuchung, Kabarett-Text. – **V:** Grüß Spott, Possen, Satn., Erzn., G. 88; GAUerkundung, satir. Streifzüge 90; Steinerweichend schlecht, Dok. 92; Kultus und Spott, Possen u. Satn. 97, 02; Mützen am Baum, G. u. Geschn. 02, erw. Neuaufl. 07; Friedenskämpfe, Geschn. u. G. 06; – Kabarettstücke der GAUwahnen seit 88: Chaos Regional 88; GAUfahrt 89; alles Land den Räten 90; Jubilieren und Satiren 91; PFAUereien 92; Über(s)leben 93; Kaufrausch 94; Seid auf der Hut 95; Der große Lauschangriff 97; Gauwahnen-Gala 98; Qual der Wahl 98; www.wahnsinn.de 01 (auch als Doppel-CD); Im Volk allein ist Kraft und Leben. Eine Ludwig-Pfau-Revue 01 (auch als CD); Wir ampeln 02; Bombenstimmung (auch als DVD) 03; Schnäppchenjagd 05 (auch als DVD); Der große Ruck 06; PISAGEN 08. – **MV:** Wintermärchen in der Provinz, m. Ruth Broda, satir. Ber. 81; Spots an, Vorhang auf!, m. Eckhard Lück, Kabarett-Spielb. 96, überarb. Neuaufl. 00. – **MA:** Satn., G. u. Erzn. in: LehrerInnenkalender, 82/83ff.; der aufstieg 89ff.; Kurzgeschichten 10/04 ff.; – zahlr. Beitr. in: Kürbiskern; Ossietzky; Kunst u. Kultur; Die Unterrichtspraxis; www.literaturkritik.de; die horen 126, 130, 144, 148, 154, 165, 177, 182/96; Die Pointe 62, 63, 65–72 (2008); Gedicht u. Gesellschaft 01; Kindheit im Gedicht 02; Frankfurter Bibliothek 03; Augsburger Friedenssamen 04; Literareon Lyrik-Bibliothek, Bd IV/05, VI/06, VIII/08; Poetische Porträts 06. – **R:** Heines Ausflug in die deutsche Provinz, satir. Fsf. 81; Über Theodor Körner 91; Gähnen bei Goethe? 92, beides Rdfk-Sdgn. – **P:** Staub des Alltags, G., CD 02; Kraft und Leben!, literar.-kabarettist. Revue, CD 02; wahnsinn.de, Doppel-CD 03; Viagra im Glas, Lieder-CD 05. – *Lit:* Andreas Sommer in: Heilbronner Stimme v. 19.8.88 u. 12.9.96; AiBW 91; Kulturkat. d. Stadt Heilbronn 92; Metzlers Kabarett Lex. 96; Dt. Schriftst.Lex. 01ff.; Heiner Jestrabek in: Von Dichtern u. Rebellen in Schwaben 03; Wieland Schmid in: Ein Vierteljh. Buße für lästerliche Dichterworte, in: Schwarzer Ztg v. 10.2.06; Porträt z. 60. in: Die Feder, Nr.72 Dez. 07; Schule u. Kabarett sind sein Leben, in: Neckar-Express v. 5.12.07.

Johann, Anna (auch Johanna Helene Renfordt, eigtl. Hannelene Limpach), Dramaturgin, Regisseurin, Autorin, Übers.; c/o Fischer Taschenbuch Verl., Frankfurt/M. (*Köln 12. 3. 37). Rom., Erz., Dramatik, Hörsp., Feuill. Ue: engl, ital. – **V:** Geschieden, vier Kinder, ein Hund, na und?, Erz. 93; Ich liebe meine Familie erlich 96 (auch als Fsf.); Ihr erster Auftrag 97; Die kleine Sekunde Ewigkeit 99; Mordsglück 00, alles R.; Jetzt gehts mir gut, Kom. 00; Neles Geheimnis, R. 02. – **MV:** Fuchsteufelswild und lammfromm, m. Alexander F. Hoffmann 93. (Red.)

Johannes, Peter s. Freyermuth, Gundolf S.

Johannimloh, Norbert, StudDir. im Hochschuldienst a. D.; Anton-Aulkestr. 18, D-48167 Münster, Tel. (0 25 06) 23 56 (* Verl, Kr. Gütersloh 21. 1. 30). Augustin-Wibbelt-Ges.; Klaus-Groth-Pr. 63, Förd.pr. f. nddt. Lit. 69, Rottendorf-Pr. 69, Hsp.pr. d. WDR 91; Lyr., Hörsp., Erz., Rom. – **V:** En Handvöll Rägen, pldt. G. m. hochdt. Übers. 63; Wir haben seit langem abnehmenden Mond, G. 69; Appelbaumchaussee, Geschn. 83, Tb. 88, Neuaufl. 00; Riete – Risse, pldt. u. hochdt. G. 91; Roggenkämper macht Geschichten, R. 96; Die zweite Judith, Erzn. 00; Regenbogen über der Appelbaumchaussee, R. u. Lyr. 06. – **MA:** zahlr. Beitr. in Anth. u. Zss, u. a.: Westfalenspiegel seit 63; Bremer Beiträge: Lyr. in unserer Zeit 64; Panorama moderner Lyr. dt.sprech. Länder 66; Eine Sprache – viele Zungen 66; Ndt. Lyr. 1945–1968 68; Von Groth bis Johannimloh, pldt. Lyr. 68; Dt. Gedichte seit 1960 72; Ndt. Hörspielbuch III 85; Westfalens Lyr. aus 2 Jh. 85; Man müßte nochmal 20 sein 87; Plattdütsch Land un Waterkant 1 89; Geschichten von Land u. Leuten 91; Tintenfaß 4; Der Rabe 3, 11, 37, 38, 42, 44; Merkur 12, 64. – **R:** Twe Kröiße; En Weile widderblöihn; Küning un Duahlen und Weind; Atomreaktor; Airport Mönsterland; Jeden Dag wat Nigges; Brummelten; Sülwerhochtied; Ehr dat et tolate is 88; To kurt kuemen 90; Wackelkontakt 90; Echt Strauh oder Ferien auf dem Bauernhof 91; Judith van Mönster 00; Wi sind dr jä no 05, alles Hsp. – **P:** Dunkle Täiken 73. – *Lit:* W. Kosch in: Dt. Lit.-Lex., Bd 8 81; W. Freund-Spork in: Grabbe-Jb. 83; Ulf Bichel/Jörg Eiben in: Hdb. zur ndt. Sprach- u. Lit.wiss. 83; Fernand Hoffmann in: Luxemburger Wort; Jürgen Hein in: Wibbelt-Jb. 84/85; Bertelsmann Lit.-Lex. Bd 6; Kirchhof: Literar. Portr. 91; Jürgen P. Wallmann in: NRW literar. 8/93; W. Freund in: D. Lit. Westfalens 93; Walter Gödden in: Westfalenspiegel 1/95, 4/94, 1/00; B. Sowinski in: Lex. dt.spr. Mda.-Autoren 97; H.E. Käufer in: KLG 99; Jürgen P. Wallmann in: Wein u. Wasser. Lit. in Westf. 00; Iris Nölle-Hornkamp in: Lit. in Westf. 5 00; Westfäl. Autorenlex. 1900–1950 02.

Johannsen, Felicitas, Dr.; Meisenweg 8, D-26131 Oldenburg, Tel. (04 41) 59 39 33 (* Heuchlingen). Scheffel-Pr. 66; Lyr. – **V:** Freude in mir wachsen will ... 97; Meine Freude singt in mir – Deine Liebe atmet mich 98. – **MA:** Das Gedicht der Gegenwart 00. (Red.)

Johannssen, Sara; Franckestr. 18, D-24118 Kiel, SaraJoh@aol.com (* 65). Kieler Autorengr. „Helicon", 42erAutoren, Gründ.mitgl. – **V:** Fiasko Weihnachten, Sat. 01. – **MA:** Das Erste. 1. Jb. d. 42erAutoren 00; Rakes Handbuch für Leidende, Anth. 02; Rakes Handbuch für Krankenhäuser, Anth. 02; Wortwahl, H. 1, 3, 6, 7, 9, 11 u. Sondernr. 1; zahlr. Beitr. in Lit.zss. seit 98. (Red.)

Johannsen, Uwe, Prof., Dr. med. vet. habil.; Stieglitzstr. 83, D-04229 Leipzig, johannsen@t-online.de (* Hamburg 26. 2. 38). – **V:** Bescheidenheit und andere Laster ..., G. 03; Äsku-Lapsus, Verse 04; Der Musenbiss, G. 04; Der Wasserfrosch, Verse 06. (Red.)

Johansen, Hanna (Ps. f. Hanna Margarete Muschg); Vorbühlstr. 7, CH-8802 Kilchberg b. Zürich, Tel. (0 44) 7 15 30 29, Fax 7 15 33 29 (* Bremen 17. 6. 39). Gruppe Olten 79, Dt. Akad. f. Spr. u. Dicht. 93, P.E.N.-Club 99, AdS 03; Marie-Luise-Kaschnitz-Pr. 86, Conrad-Ferdinand-Meyer-Pr. 87, Schweiz. Jgdb.pr. 90, Kinderb.pr. d. Ldes NRW 91, Öst. Kd.- u. Jgdb.pr. 93, Pr. d. Ldes Kärnten im Bachmann-Lit.wettbew. 93, Phantastik-Pr. d. Stadt Wetzlar 93, Pr. d. Schweizer. Schillerstift. f. d. Gesamtwerk 02, Solothurner Lit.pr. 03, Auszeichn. d. Kt. Zürich 07, Atelierstip. d. Zuger Kulturstift. Landis, Gyr 07/08, Kunstpr. f. Lit. d. Stadt Zürich 08, u. a.; Rom., Erz., Hörsp., Kinderb. Ue: am. – **V:** BÜCHER f.

ERWACHSENE: Die stehende Uhr, R. 78; Trocadero, R. 80; Die Analphabetin, Erz. 82; Über den Wunsch, sich wohlzufühlen, Erzn. 85; Zurück nach Oraibi, R. 86, Neuaufl. 95; Ein Mann vor der Tür, R. 88; Die Schöne am unteren Bildrand, Erzn. 90; Über den Himmel. Märchen u. Klagen 93; Kurnovelle 94; Universalgeschichte der Monogamie, R. 97; Halbe Tage, ganze Jahre, Erzn. 98; Lena, R. 02; Der schwarze Schirm, R. 07; – KINDERBÜCHER: unter Hanna Muschg: Bruder Bär u. Schwester Bär 83, Neuaufl. 00 (unter H. Johansen); 7 × 7 Siebenschläfergeschichten 85, Neuaufl. 00 (unter H. Johansen); – unter Hanna Johansen: Felis, Felis 87; Die Ente u. die Eule 88; Die Geschichte von der kleinen Gans, die nicht schnell genug war 89; Dinosaurier gibt es nicht 92; Ein Maulwurf kommt immer allein 94; Die Hexe zieht den Schlafsack enger 95; Der Füsch 95; Bist du schon wach? 98; Vom Hühnchen, das goldene Eier legen wollte 98; Maus, die Maus, liest und liest 98; Maus, die Maus, liest ein langes Buch 99; Sei doch mal still 01; Omps! Ein Dinosaurier zu viel 03; Die Hühneroper 04; Ich bin hier bloß die Katze 07. – **R:** Auf dem Lande 82; Der Siebenschläfer 86; Der Zigarettenanzünder 07, alles Hsp. – **Ue:** Grace Paley: The Little Disturbances of Man u. d. T.: Fleischvögel 71, Tb. u. d. T.: Die kleinen Störungen der Menschheit 85; Walker Percy: Liebe in Ruinen 74, 84; Patricia MacLachlan: Schere, Stein, Papier, Kdb. 94. – **MUe:** Donald Barthelme: Unsägliche Praktiken, unnatürliche Akte, m. Adolf Muschg 69; Grace Paley: Ungeheure Veränderungen in letzter Minute, m. Marianne Frisch u. Jürg Laederach 85. – *Lit:* E. Stuck: H.J. Eine Studie z. erzähler. Werk 1978–1995 97; Samuel Moser in: KLG. (Red.)

Johanson, Irene (geb. Irene Rosenfeld), Pfarrerin, Schriftst.; Germaniastr. 15 b, D-80802 München, Tel. u. Fax (0 89) 34 40 95 (* Grenoble 2. 2. 28). – **V:** Geschichten zu den Jahresfesten, Erzn. 82, 93 (auch russ., span., port., engl.); Wie die Jünger Christus erlebten, Erzn. 84 (auch span., engl.); Ihr dürft auf eurer Wanderung den unsterblichen Wald erleben, Erzn. 86; Jeder Mensch birgt sein Geheimnis, Geschn. 91; Das stille Testament, Nacherzn. 92; Schwabing bei Tag, Geschn. 92; Nina und der Förster, Kdb. 97; Was Engel uns heute mitteilen wollen 00, 02 (auch engl., russ., frz.); Engelgedanken zu heutigen Menschheitsfragen, Erz. 02, 03 (auch engl., russ.); Was ist Schicksal? 04, 06; Mit Seelenaugen schauen 05, 07; Was nun? Erlebnisse mit Kindern 06; Leben mit dem Sprechenden 08. – **H:** Ich übe die Verteidigung. 37 Texte von Jugendlichen, Anth. 76 (auch jap.).

Johler, Jens, Schriftst.; Wittelsbacherstr. 25, D-10707 Berlin, Tel. (0 30) 8 61 81 08, j.johler@gmx.de, www.Jens-Johler.de (* Neumünster 6. 1. 44). – **V:** Zobels Tochter, Bü, UA 90; Jetzt oder nie, Bü., UA 91 (auch ndt.); Ein Essen bei Viktoria, R. 93; Der Falsche, R. 94, 97; Der Geburtstag, Erz. 96; Kritik der mörderischen Vernunft, R. 09. – **MV:** Bye bye, Ronstein, m. Axel Olly, R. 95; Keine Macht für Niemand. Die Geschichte d. Ton Steine Scherben, m. Kai Sichtermann u. Christian Stahl, Biogr. 00, 4. Aufl. 08; Gottes Gehirn, m. Olaf-Axel Burow, R. 01, Tb. 03/04; Das falsche Rot der Rose, m. Christian Stahl, R. 04, Tb. 06. – **H:** Das minimale Mißgeschick 95.

John, Constanze, Lehrerin, Sachbearbeiterin, Arzthelferin, Autorin; Altenburger Str. 8, D-04275 Leipzig, Tel. u. Fax (03 41) 9 13 78 31, Constanze.John@web.de, www.constanzejohn.de (* Leipzig 30. 1. 59). VS, Kulturwerk dt. Schriftst. in Sachsen, Friedrich-Bödecker-Kr., u. a.; Arb.stip. d. Ldes Sa. 97, 98, 99, 01, 02, Reisestip. d. Ausw. Amtes f. Armenien 00, Stip. Denk-

John

malschmiede Höfgen 05, 08, Arb.stip. d. Kulturstift. Sachsen in Šamorín/Slowakei 07; Lyr., Prosa, Prosa f. Kinder, Dramatik, Libr., Feat. – **V:** Sagen aus Zwickau (auch hrsg.) 92; Zwickau – Ein Kinderstadtführer 95; Sagen und Geschichten des Zwickauer Landes 99; Fernwärme, Geschn. u. Miniatn. 99, 2. Aufl. 00; Vom Schwein, das Schlittschuh lief 99, Neufass. 06; Von der verliebten Tintenpatrone 99, 06, beides Geschn. f. Kinder; Der Zuschauer, Theatermonolog, UA 00; Grimma. Ein Landschaftsführer f. Kinder 00; Liramlarum, UA 01; Aber noch war es das Glück, Erz. 05; Das Mädchen Duftender Frühling, Opern-Libr. 06. – **MA:** div. Beitr. in Anth. u. Zss., u. a. in: Freitag, Zs. 01. – **H:** Ein Kindermärchenbuch, Geschn. 93; Es war einmal... Geschn. aus dem Pulverturm 97; Was fehlt er eigentlich zum Glück?, Geschn. 03. – **MH:** Augenblicke, m. Christine Rödel, Geschn. 97; Ein Fisch im Vogelhaus, Geschn. 02; Grenzfall Einheit, Erfahrungsber. 05, beide m. Kerstin Schimmel. – **F:** Glück auf – Mach's gut!, m. Bernd Mast, Dok.film 02. – **R:** Bilder aus Westfalen, Rdfk-Sdg zu A. v. Droste-Hülshoff 90; Das Mäusefangen, Gesch. f. Kd. 90; Der Tintenfisch. Der Vogel. Die Sonnenbrille, Geschn. 90; Frau Sommer hat einen Floh, Radiogeschn. f. Kd. 95; Zwischen Himmel und Erde, Feat. 02/03; Weihnachtsberge, Feat. 04; Denn das Schöne bedeutet das mögliche Ende der Schrecken. Oder: Bach und Braunkohle, Feat. (DLF) 06; Nachrichten von einem anderen Stern. Was Kinder schreiben, Feat. (DLF) 07; div. Abendgeschn. f. d. Kinderprogr. d. SWR seit 00, u. a.: Herztausch; Tim u. der Posträuber; Verliebt in einen Pinguin. – **Lit:** AAiS 96; Lit.landschaft Sachsen, Hdb. 07.

John, Corinna, Software-Entwicklerin; Neue Straße, D-30880 Laatzen, *cj@binary-universe.net, www.binary-universe.net* (* Neustadt am Rübenberge 25. 6. 80). Utop. Rom., Erz. – **V:** Halbseitigkeit, R. 05; 3D-Schock, R. 06. (Red.)

John, Gisa, Autorin; Lärchenstr. 14, D-82515 Wolfratshausen, (0 81 71) 1 81 82, *info@gisa-john.de, autorin@gisa-john.de, www.gisa-john.de* (* Hankow/China 8. 1. 25). – **V:** Mein Mann ist mein Hobby, R. 93, 95; Benno hat euch lieb!, R. 98; Pension Weimar, R. 01. – **R:** Mein Mann ist mein Hobby (ZDF) 93. (Red.)

John, Gottfried, Theater- u. Filmschauspieler; c/o ZBF Agentur Berlin, Friedrichstr. 39, D-10969 Berlin (* Berlin 29. 8. 42). Bayer. Filmpr., u. a. – **V:** Bekenntnisse eines Unerzogenen, Autobiogr. 00, 02; Das fünfte Wort, R. 03. (Red.)

John, Heide (Ps. Sarina Marou, Rosetta Spark, Fanny Harlasna, Clivia Tate, Holly Porter, Bella Berger, Marie Johnson), M. A., Journalistin, Lektorin, Fernsehred., Autorin; Belfortstr. 13, D-50668 Köln, Tel. (02 21) 12 06 26 90, *heide.john@delia-online.de, heidejohn@t-online.de* (* Köln 3. 9. 61). DeLiA, BVJA; Rom., Drehb., Kinderkrimi, Fernsehrom. – **V:** Und wer küsst mich?, R. 01; Ein Herz für Männer, R. 02; Doppeltes Liebesspiel, R. 04; Schlaflos in Paris 04; KI.KA.Krimi.de: Außer Kontrolle 05, Auf Droge 06; Hinter Gittern. Bd 43: Sascha + Kerstin 05; 4D Tatort Hofgarten, Kdb. 07; 4D Fahrerflucht in Derendorf, Kdb. 08; Die Elfenprinzessin und der gläserne Schlüssel 08; Die Elfenprinzessin und der Junge aus dem Moorland 08; zahlr. Kurzromane. – **MA:** Nationalbibliothek d. dt.sprachigen Gedichtes 98; Bitte mit Schuss, Kurzkrimis 08; Romanwoche; Panini; Wer hat die Leiche im Keller; Leben u. Werk C. F. Gellerts; Kölner Sonntag; Tribüne Frankf.; Telegraph; Dino. – **MH:** C. F. Gellert: Schriften. Bd 2, m. Bernd Witte u. Carina Lehnen. – **P:** zahlr. CD-ROMs.

John, Kirsten, Germanistin u. Historikerin, freie Autorin; Hannover, *kirsten@kirsten-john.de* (* Hannover 18. 7. 66). Förd.pr. f. Lit. d. Ldes Nds. 01, Kurt-Morawietz-Lit.pr. 02, Jahresstip. d. Ldes Nds. f. Lit. 07. – **V:** Schwimmen lernen in Blau, R. 01. (Red.)

John-Hain, Rosemarie; Backhausstr. 4, D-55268 Nieder-Olm, Tel. (0 61 36) 23 01. – **V:** Unner de Hand, Geschn. 89; Geje de Strich, Geschn. 90; Knöterich un Feierdorn, Geschn. u. Reime 92; Wann moi Mudder domols, Chronik 93; Haarscharf denäwe, Miniatn. 95; Uff de zweite Blick, Erinn. 97; Schilda – wo liegt des eigentlich? 98; Mit der Zeit, Mda.-Lyr. 04. (Red.)

Johne, Eva; Kaitzer Str. 82, D-01187 Dresden, Tel. (03 51) 4 01 06 15, Fax 4 01 06 13, *eva.johne@gmx.de, www.vinca-online.de.* – **V:** Sebastian in der Mühle 97; Sebastian und Napoleon 99; Mühlengeister-Geschichten 03. (Red.)

Johne, Günter, Dr., Studium d. Volkswirtschaft u. Arabistik/Islamwiss., mehrjährige Arbeitsaufenthalte in Kairo (Goethe-Inst.) u. Moskau (Dt. Botschaft), Mitarb. d. Bundeswirtschaftsmin., seit 87 künstlerisch tätig, Mitgl. im BBK; Hundeshagenstr. 16, D-53225 Bonn, Tel. (02 28) 46 47 92, *Guenter.Johne@t-online. de* (* Dresden 11. 6. 29). – **V:** Günter Johne, Malerei 1997 bis 1999 00; Endstation Pondicherry. Erzählungen aus Indien 07.

Johner, Erich (Ps. Jorik), Kunstmaler, Grafiker, Texter; Joh.-Strauß-Str. 4, D-82008 Unterhaching, Tel. (0 89) 61 83 04. Atelier: Münchner Str. 1a, D-82008 Unterhaching, Tel. (0 89) 61 88 72 (* Neustadt/Schwarzw. 8. 3. 31). Vereinig. d. Freunde Bayer. Lit. e.v.; Euro-Med. f. Kunst u. Kultur d. Kulturkr. Baden-Baden; Lyr., Wander- u. Tourenführer. – **V:** Bergkristalle, illustr. G. 70; Umrisse am Faden, G. 87; Trollsang 06. – **MV:** Höhlenführer 77. – **MA:** üb. 20 Beitr. in Lyr.-Anth. u. vereinzelt in Zss., regelm. in: Lyrik heute 70–86. – *Lit:* Taschenlex. z. bayer. Gegenwartslit. 86; Dietz-Rüdiger Moser: Vorwort zu: Umrisse am Faden 87; s. auch 2. Jg. SK. (Red.)

Johnsen, Maike s. Petersen, Ruth

Johnson, Marie s. John, Heide

Jokkl s. Ehrnsberger, Jörg

Jokl, Ivana; Bamberger Str. 57, D-10777 Berlin, *ivanajokl@ginko.de.* Autorenstip. d. Stift. Preuss. Seehandlung 02. – **V:** Paul ist mein Freund. Eine Freundschafts-Geschichte 01. – **R:** Idiotenbruder oder Der schwarze Hund, Hsp. 05. (Red.)

†**Jokostra,** Peter (Ps. f. Heinrich Knolle), Lit.kritiker; lebte zuletzt in Berlin (* Dresden-Trachau 5. 5. 12, † Berlin 21. 1. 06). P.E.N.-Zentr. Dtld 72, VS, Kogge; Andreas-Gryphius-Pr. 65, Kunstpr. d. Ldes Rh.-Pf. 79, E.gast Villa Massimo Rom 91; Lyr., Rom., Ess., Tageb., Ess. – **V:** An den besonnten Mauer, G. 58; Magische Straße, G. 59; Zeit und Unzeit in der Dichtung Paul Celans, Ess. 59; Hinab zu den Sternen, G. 61; Herzinfarkt, R. 61; Die Zeit hat keine Ufer, Südfrankr. Tageb. 63; Einladung nach Südfrankreich, Reiseaufzeichn. 66; Die gewendete Haut, G. 66; bobrowski und andere. die chronik des peter jokostra 67; Als die Tuilerien brannten. Der Aufstand d. Pariser Kommune 1871 70; Das große Gelächter, R. 75; Feuerzonen, G. 76; Südfrankreich für Kenner, Autobiogr. 79; Heimweh nach Masuren, Autobiogr. 82; Südfrankreich, Reiseber. 89; Damals in Mecklenburg, R. 90. – **MA:** zahlr. Anth., u. a.: Lyrik 56; Widerspiel, Lyr. 61; Tau im Drahtgeflecht. Philosemitische Lyr. 61; Dt. Lyrik seit 1945 61; Lyrik aus dieser Zeit 61–62, 63–64, 65–66; Zeitgedichte. Dt. polit. Lyrik seit 1945 63; Contemporary German Poetry 64; Jahresring 60–61, 64–65; Erzählgedichte 65; Au-

ßerdem – deutsche Literatur minus Gruppe 47 67; Erlebte Zeit 68; Panorama moderner Lyr. dt.sprech. Länder 65; Dt. Erzn. aus drei Jahrzehnten 75; Prosa heute 75. – **H:** Lyrik- u. Prosa-Anth., u.a.: Ohne Visum, Lyr., Prosa, Ess. 64; Keine Zeit für die Liebe? Liebeslyrik heute 64; Tuchfühlung, Neue Dt. Prosa 65; Ehebruch und Nächstenliebe, Männergeschn. 69; Liebe, 33 Erzähler von heute 75. – *Lit:* Walther Killy (Hrsg.): Literaturlex., Bd 6 90.

Jokusch, Bob s. Tietz, Fritz

Jolig, Sam (eigtl. Sandra Jolig), freie Autorin; Oberstr. 31, D-31162 Bad Salzdetfurth, Tel. (01 72) 8 76 55 22, *sam_sandra@web.de, www.all-about-sam.com* (* Hildesheim 27. 2. 76). Vereinig. unabhängiger Journalisten e.V. – **V:** unnackt 03; Echt falsch! 04; Herz-Mama 07. – **P:** pictures, Hit-Single 07.

Jomeyer, Joachim, Journalist; Am Lindenborn 6, D-65207 Wiesbaden, Tel. (0 61 27) 43 48 (* Aschersleben 25. 12. 23). 1. Pr. f. Jgd.-Stück, schlesw.-holst. Landestheater 68; Rom., Theaterst., Film, Hörsp., Fernsehsp. – **V:** Keines Volkes Söhne 52; Der Zwölfte 52; Jeder geht seinen Weg 54; Spuren im Watt 55; Römische Ballade 56, alles Dr.; Bagno-Ballade, Musical 56; Einsatz Knobelgasse, Jgd.-St. 57; Luise, vier Wände und ich, R. 57; Die Gärten der Aliberts, N. 58; Die phantastische Geschichte des Kim Van Dong 68; Ausgeflippt, Jgd.-St. 69; Der gläserne Turm, R. 86; Bartrum, R. 90; Kastanien im Feuer, R. 90; Tod eines Mannes, R. 99; Zeit der Hyänen, R. 00; ALEKOS und andere Menschen, R. 01. – **R:** Menschenleben nicht notiert 48; Der Turm 54; Straßen laufen nicht grade 55, alles Hsp.; Bei Hermann Plaor 56; Leben machen Leute 56; Wenn der Stein rollt 56; Angina Temporis 57; Menetekel 57; 36 schöne Stunden 57; Ohne Gewissen 60, alles Fsp. (Red.)

Jonas, Bruno, Kabarettist, Autor, Schauspieler; Metzstr. 18, D-81667 München, *jonasbruno@aol.com, www.bruno-jonas.de* (* Passau 3. 12. 52). Ernst-Hofe-richter-Pr. 90, Fred-Jay-Pr. f. dt.spr. Textdichter 96, Münchhausen-Pr. d. Stadt Bodenwerder 03. – **V:** Der Morgen davor 87, 97; Wirklich wahr 91; Hin und zurück 95; Es soll nie wieder vorkommen. Ausgesuchte Entschuldigungen u. Geständnisse 96, 99; Ich alter Ego 98; Bin ich noch zu retten, R. u. Erz. 00; Gebrauchsanweisung für Bayern 02; Kaum zu glauben – und doch nicht wahr 05; – KABARETT-SOLOPROGRAMME: Zur Klage der Nation 76, Total verwahrlost 80, Der Morgen davor 87, wirklich wahr 90, hin und zurück 95, Ich alter Ego 98, Nicht wirklich – nicht ganz da 02. – **F:** Wir Enkelkinder, Buch u. Regie 95. – **R:** regelm. Auftritte in D. Hildebrandts „Scheibenwischer" 85–03; Ein Prachtexemplar, Fsp., Buch u. Regie 92; Jonas' chekup, 5 Fs.-Sdgn 95. – **P:** Red ned, CD 96; CDs zu allen Kabarett-Progr. (Red.)

Jonass, Johanna s. Schulz-Vobach, Jo

Jonathan, Ute, Dipl.-Soz.päd., Lehrerin f. Sek. I, II u. Sonderpädagogik; c/o Elisabeth Ekkart u. Rolf Ihmels GbR, Osnabrück (* Paderborn 8. 11. 56). Rom., Lyr., Erz., Kurzgesch., Lied. – **V:** Dieser Krieg ist aus Staub! 98; Seelahs Reise, R. 01. (Red.)

Jones, A.S. s. Schröder, Angelika

Jones, Emilia s. Stegemann, Ulrike

Jonghaus, Pit s. Klein, Pit

Jonigk, Thomas, Dramatiker, Bühnenautor, Dramaturg; c/o Düsseldorfer Schauspielhaus, Dramaturgie u. Autorenlabor, Gustaf-Gründgens-Platz 1, D-40211 Düsseldorf, *info@duesseldorfer-schauspielhaus.de* (* Eckernförde 66). Pr. d. Frankfurter Autorenstift. 93, Pr. d. Goethe-Inst. 95, Nachwuchsdramatiker d. Jahres

95, Drama Logue Crit. Award f. Outstanding Achievement in Theatre 97, Villa-Aurora-Stip. Los Angeles 01. – **V:** Jupiter, R. 99; Vierzig Tage, R. 06; Theater eins, Stücke 08; – THEATER/UA: Von blutroten Sonnen, die am Himmelszelt sinken 94; Du sollst mir Enkel schenken 94; Rottweiler 94; Täter 99; Triumph der Schauspielkunst 00; Heliogabal, Libr. 03; Die Elixiere des Teufels (frei n. E.T.A. Hoffmann) 03; Hörst du mein heimliches Rufen 06; Jupiter 06; Diesseits 07. – **R:** Machtübernahme, Hsp. 95; Vaterfrühling, Hsp. 96. (Red.)

Jonke, Gert, freier Schriftst.; Gumpendorfer Str. 35/12, A-1060 Wien, Tel. (06 76) 6 36 25 11 (* Klagenfurt 8. 2. 46). GAV, IGAA; Suhrkamp-Dramatikerstip. (m. Gaston Salvatore) 71, Lit.förd.pr. d. Ldes Kärnten 71, Nachwuchsstip. d. BMfUK 73, Ingeborg-Bachmann-Pr. 77, Marburger Lit.pr. (Förd.pr.) 80, Elias-Canetti-Stip. 82–83, manuskripte-Pr. 84, Öst. Würdig.pr. f. Lit. 87, Gr. Pr. d. Frankfurter Autorenstift. 88, Robert-Musil-Stip. 90–93, Dramatikerstip. d. Stadt Graz 91, Intern. Bodensee-Kulturpr. 91, Prix Laure Bataillon, Frankr. 93, Würdig.pr. d. Stadt Wien 93, Lit.pr. Floriana (m. Sabine Scholl) 93, Anton-Wildgans-Pr. 94, Erich-Fried-Pr. 97, Franz-Kafka-Lit.pr. 97, Berliner Lit.pr. 98, Kulturpr. d. Ldes Kärnten f. Lit. 99, Gr. Öst. Staatspr. f. Lit. 01, Nestroy-Pr. d. Stadt Wien 03, Kleist-Pr. 05, Arthur-Schnitzler-Pr. 06, Nestroy-Pr. 06; Drama, Rom., Prosa, Hörsp. – **V:** Geometrischer Heimatroman 69, Neuaufl. 04; Glashausbesichtigung, R. 70; Beginn einer Verzweiflung, Prosa 70; Musikgeschichte, 3 Erzn. 70; Die Vermehrung der Leuchttürme, Prosa 71; Die Hinterhältigkeit der Windmaschinen 72; Im Inland und im Ausland auch, Prosa, G., Hsp., Theaterst. 74; Schule der Geläufigkeit, Erz. 77, rev. Fass. 85; Der ferne Klang, R. 79, Neuaufl. 02; Die erste Reise zum unerforschten Grund des stillen Horizonts 80; Erwachen zum großen Schlafkrieg, Erz. 82; Der Kopf des Georg Friedrich Händel, Erz. 88; Gegenwart der Erinnerung 88; Sanftwut oder Der Ohrenmaschinist, Theatersonate 90; Stoffgewitter, erz. Prosa 96; Das Verhalten auf sinkenden Schiffen. Reden z. Erich-Fried-Pr. 97; Es singen die Steine, Theaterst. 98; Himmelstraße – Erdbrustplatz oder Das System von Wien 99; Insektarium 01; Redner rund um die Uhr. Eine Sprechsonate 03; Chorphantasie. Kantate f. Dirigent auf d. Suche nach d. Orchester 03; Klagenfurt, Bildbd m. Fotogr. v. Siegfried Gutzelnig 04; Strandkonzert mit Brandung. Georg Friedrich Händel – Anton Webern – Lorenzo da Ponte 06; Die versunkene Kathedrale und anderes 06; Alle Stücke 08; – THEATER/UA: Die Hinterhältigkeit der Windmaschinen 81; Volksoper, Libr. 84; Damals vor Graz 89; Sanftwut oder Der Ohrenmaschinist, Theatersonate 90; Opus 111. Ein Klavierst. 93; Gegenwart der Erinnerung. Ein Festsp. 95; Es singen die Steine 98; Insektarium 99; Chorphantasie 03; Redner rund um die Uhr 04; Die versunkene Kathedrale 05; Sanftwut oder Der Ohrenmaschinist, EA in Gebärdensprache 06; Freier Fall 08; Platzen plötzlich 08. – **MH:** Weltbilder, m. Leo Navratil 70. – **R:** Zwischen den Zeilen; Der Dorfplatz; Damals vor Graz; Es gibt Erzählungen, Erzählungen und Erzählungen; Die Schreibmaschinen, u. a. Hsp. seit 69; Händels Auferstehung, Fsf. 80; Geblendeter Augenblick – Anton Weberns Tod, Fsf. 86; Insektarium, Hsp. 04. – *Lit:* Peter Handke: Ich bin e. Bewohner d. Elfenbeinturms (darin: Zu G.F.J.: Geometrischer Heimatroman) 72; Marianne Kesting in: Auf d. Suche nach d. Realität. Krit. Schrr. z. mod. Lit. 72; Manfred Hebenstreit: Künstlergespräch m. G.J. 91; Daniela Bartens/Paul Pechmann (Hrsg.): G.J. 95; LDGL 97; Klaus Amann (Hrsg.): Die Aufhebung d. Schwer-

Joop

kraft. Zu G.J. Poesie 98; W. Martin Lüdke/Axel Schmitt in: KLG. (Red.)

Joop, Wolfgang, Prof.; c/o Wunderkind Art GmbH & Co. KG, Ludwig-Richter-Str. 17, D-14467 Potsdam, Tel. (03 31) 23 31 91 00, Fax 23 31 91 16, *info @wunderkind.de, www.wunderkind.de* (* Potsdam 44). Erz., Rom. – **V:** Hectic Cuisine, Kochb. 99; Stillstand des Flüchtigen, Ill. u. Grafiken 00; Das kleine Herz / The little heart 01; Im Wolfspelz, R. 03 (auch als Hörb.). – **MV:** Rudi Rubi, m. Florentine Joop, Kdb. 05 (auch als Hörb.). (Red.)

Jooß, Erich, Dr. phil., Dir. St. Michaelsbund München; Enzianstr. 7, D-83714 Miesbach, Tel. (0 80 25) 36 92 (* Hechingen 13. 3. 46). Turmschreiber; Empf.liste z. Kath. Kdb.pr. 85, 87, 89, 91, Buch d. Monats d. Dt. Akad. f. Kd.- u. Jgd.lit. 87, 90, 95, Das wachsame Hähnchen 90, 92, 95, Öst. Kd.- u. Jgdb.pr. (Ill.) 96, Volkacher Taler 99; Legende, Märchen, Mythos, Kinderb., Lyr., Ess. – **V:** Das Krokodil des Herrn Pfefferminz, Erz. f. Kd. 83; Georg kämpft mit dem Drachen, Leg. 86; Christophorus. D. Leg. d. Heiligen neu erzählt 87; Fürchtet euch nicht, Weisheits- u. Wundergeschn. 87; Der Fuchs, der Vogel und das Lebenswasser 88; Der Kater und die Füchsin, Bilderb. 88; Nikolaus 89, 95; Der rote Ball, Bilderb. 90; Die wunderbare Geschichte vom Mädchen und dem Einhorn 90; Der Himmelsbaum, Bilderb. 91; Simon und der Zauberer mit dem Vogelgesicht 92; 12 Monate hat das Jahr, Bilderb. 92; Der Zauberschirm, Bilderb. 94; Der Sohn des Häuptlings 95, alles Erzn. f. Kd.; Der Reiherbaum, Jgd.-R. 96; Der Mann und die Wolke, Erzn. 97; Kinder des Himmels und der Erde, Mythen 98; König Kaktus, M. 99; Was meinst Du, lieber Gott?, Gebete f. Kinder 99; Es war einmal in Betlehem, Legn. u. Geschn. 00; Der Freund des Adlers 00; Weißt du, daß die Sterne singen, Geschn. 00; Eine literarische Liebe, Erzn. 01; Das Geschenk des kleinen Hirten, Kdb. 01; Daniel in der Löwengrube, Bilderb. 03; Franziskus und das Lied der Lerche 03. – **MV:** Der Zauberschirm, m. Gabriele Hafermaas 94; Der Meister, der Träume schicken konnte, m. Renate Seelig 02. – **MA:** Ludwig Tieck: Pietro von Abano (Nachw.) 77; 7 Ess. zur Kinderlit. u. lit.wiss. Fragestell. in Zss. u. Büchern; Beitr. in Lyr.-Anth. – **H:** Geschichten von Hirten, Heiligen und Narren 83; Wir haben das Kind gesehen 84; Das Brotwunder 87, 95; Das große Buch der Kindergebete 89, u. d. T.: Sonne, Mond und Sterne 97; Michael Ende: Worte wie Träume 91; Rafik Schami: Zeiten des Erzählens 94; Weihnachten mit den Augen der Kinder gesehen 95, alles Anth.; Damals dort und heute neu, Gespr. m. Rafik Schami 98; Baustellen des Himmels, Leseb. 01. – **MH:** Rampenscheinwelt, Dt. Theatergedichte aus 4 Jh. 78; Ein Hauch vom Paradies, Tierlegn. aus zwei Jahrtsd. 86; Katholische Kindheit, Anth. 88; Der Tod ist in der Welt, Lyr.-Anth. 93; Nachgedacht, Radiogedanken 97. (Red.)

Jordan, Love (eigtl. Gabriele Schael, geb. Gabriele Jordan), Dr. rer. pol. habil., Sinologin; Prof.-Zeller-Str. 4, D-15366 Neuenhagen, Tel. u. Fax (0 33 42) 71 57, *g_schael@yahoo.de* (* Triestewitz b. Torgau 15. 6. 48). Lyr. – **V:** Und sie hört nicht auf, die Liebe 02. – **MA:** Lyrik und Prosa unserer Zeit, N.F. Bd 6 07.

Jordan, Roland, Bankkfm., Zithersolist, Gitarrist; Gutenbergstr. 7, A-6020 Innsbruck, Tel. (05 12) 57 59 75 (* Innsbruck 7. 9. 43). Turmbund 16, Präs., IGAA; Lyr., Ess., Rom. Ue: engl, ital. – **V:** Labyrinthische Gärten 69; Lagerfeuer der Seele 71; Ein Sternbild aus Erde 74; Fragen und Fragmente 78; Gesang durch Gitterstäbe 79; Verborgene Ringe 84, alles Lyr. – **MA:** Brennpunkte I, III, V, VII, X 65–73; zahlr. Beitr. in Lit.-

Zss. u. Anth. seit 90, u. a. G.-Zyklen in: Der Mongole wartet 3/96, 4/97, 9/00. (Red.)

Jorik s. Johner, Erich

Jork, Horst H. *

Josca, Al (eigtl. Aljoscha Andreas Schwarz), Dipl.-Psych., Komponist, Autor; *AlJosca@web.de, www.aljosca.de, www.schwarz-schweppe.de* (* Bonn 9. 9. 61). – **V:** Fünf Kugeln Meloneneis, R. 03; mehrere Sachb. – *Lit:* s. auch SK. (Red.)

José, Bert s. Grün, Wolfgang G.

Josefine s. Gillardon, Silvia

Josellis, Sabine (ehemals Sabine Hensel), Dipl.-Betriebswirtin; Auf dem Neuen Lande 7c, D-23936 Groß Pravtshagen, Tel. (0 38 81) 71 94 99, *hensel.lsh @t-online.de* (* Magdeburg 7. 4. 56). FDA Meckl.-Vorpomm. 99; 3. Pl. im Lit.wettbew. FDA-MV; Lyr., Kurzgesch. – **V:** Wir sind auch nur ein Mensch, Kurzgeschn. 03. – **MV:** Kreihnsdörper Lieblingsrezepte, Kochb. 07. – **MA:** Das Ende wird zum Anfang 00; Nationalbibliothek d. dt.sprachigen Gedichtes. Ausgew. Werke III 02, VIII 05; Werte, Wunsch und Wirklichkeit 02.

Jost, Peter; Engstringerstr. 1, CH-8952 Schlieren, *pejos@vtxfree.ch* (* 25. 4. 52). Gruppe Olten; Werkbeitr. d. Kt. Zürich 04; Dramatik, Hörsp. – **V:** Endlose Strände mit jubelnden Völkern, UA 87; Kellner mit Fisch auf Treppe, UA 92; Das Lauern der Jäger am untern Bildrand, UA 93; Sirius Hundestern, UA 99, vollst. Neufass. 03; Test. Lady. Test, UA 99. – **R:** Mücken über der Limmat 81; Fliegenalarm 82; Das persische Sonnenexperiment 83; Städtisches Flussland 86; Unheimliche Vertrautheiten – die Reise der Charlotte Corday 87, alles Hsp. (Red.)

Josten, Wilhelm-Mathias, Kaufmann; c/o Morstadt Verl., Kehl (* Essen 24. 11. 25). Sat. – **V:** Raupen im Sauerkraut 86, 4. Aufl. 87; Denn die Spiegel lügen nie 89; Ich habe Euch zum Fressen gern 92; So weit sind wir gekommen 98; Europa, deine Menschen 99, alles Satn. (Red.)

Jourdan, Johannes, Pfarrer i. R., Schriftst.; Hans-Sachs-Weg 44, D-64291 Darmstadt, Tel. (0 61 51) 37 69 73 (* Kassel 10. 5. 23). VS, GZL; Johann-Heinrich-Merck-Med., Intern. Kolping-Med. in Bronze; Lyr., Ess., Kindergesch. – **V:** Sein Schrei ist stumm, G. 70; Ehre sei Gott in der Tiefe, G. 73; Vertikale Horizonte, G. 73; Kinderliederbuch 82; Danke, daß Du mich gewollt hast, G. 87; Ein Weihnachtsbaum erzählt, Bilderb. 87; Araheiligon, G. 87; Lyrische Porträts 93; Sonate Poétique, G. 95; Ein Denkmal setz ich Dir, G. russ.-dt. 95; Hausaufgabe Frieden. Wider den Selbstbetrug d. Demokratie 00; Meine Seele erhebt den Herrn, G. 03; Das befreite Ich, Sachb. 08; – Vertonung versch. Texte durch den Komponisten Klaus Heizmann. – **MA:** Arnold Krieger: Der Weg von Jordan, Erz., Nachw. 80; Das unzerreißbare Netz 70; Gott im Gedicht 73; Nichts und doch alles haben 76; es. Evangel. Gesangb. 96; GM. Gesangb. d. Menoniten 07; weitere 11 Chorb. – **H:** Du hast mich wunderbar geführt, Biogr. 80; Ostern ist immer, Lyr. 81; Ich freue mich, Liederb. 81; Frieden und noch viel mehr, Lyr. 82; Antwort bin ich, Lyr. 83; Splitter vom Kreuz, Lyr. 98. – **MH:** Unser Lied, Liederb. 76; Rufe, relig. Anth. I 79, II 81 (m. Erhard Domay u. Horst Nitschke). – **R:** Splitter vom Kreuz, Rdfk-Sdg. – **P:** Paulus-Orat. 72; Noah-Orat. 74; Also hat Gott die Welt geliebt, Kantate 75; Petrus-Orat. 76; Jesus lebt, Kantate 76; Marien-Orat. 76; David-Orat. 78; Johannes-Orat. 79; Hoffnung für alle 80; Martin-Luther-Orat. 82; Ja-Nein-Ja, Kd.-Lieder 83; Hallelujah mit Händen und Füßen 83; Alle meine Sorgen werfe ich auf dich 83; Herbei, o ihr Gläubigen, europ. Weihnachtslieder 83; Waldenser-Kantate, Text 85; Die Mainzelmännchen, Kd.-Lieder, Schallpl. 85; Paulus Oratorium II 86; Eine bunte Kette, Kd.-Lieder, Schallpl. 87; Arheilgen Kantate, Text 87; Jesus kommt wieder, Kantate, CD 95; Lichter der Hoffnung, Kantate, CD, 97; St. Petersburger Messe, CD 02; Freude für alle Welt, Singsp., CD 05. – **MUe:** Johnny Cash: Der Mann in Schwarz 75.

Jourdan, Martin; Martinstr. 53, D-64285 Darmstadt, Tel. (0 61 51) 96 16 40, Fax 96 15 88, *m.jourdan@t-online.de*, *www.kinderbuchautor.de*. – **V:** Hundert Jahre Liebe, G. 02; Verschwindomir, Kdb. 04. (Red.)

Journalistin s. Kirilow, Brigitte

Juan Quijotaube Segundo s. Taube, Hans Jürgen

Jucker, Elisabeth, freie Autorin, Erwachsenenbildnerin; Isatzweg 6, CH-5430 Wettingen, *elbejucker@bluewin.ch*, *www.elbe-textwerkstatt.info* (* Schaffhausen 54). femscript, Dt.schweizer. P.E.N., AdS; Rom., Erz., Drama. – **V:** Gestern brennt, Erzn. 00; Übers Meer, R. 03; Die Villa, R. 07. – **MA:** Perforierte Wirklichkeiten 94; Passagen. Lyr. d. dt.spr. Schweiz 97; Passagen 6/97; Lebensmelodie 98; Liebe, was sonst? 98; Mannheim – was sonst, Erz. 01; Und dann das..., Erz. 07.

Jud, Brigitte, Kinder- u. Jugendbuchautorin, Lehrmittelautorin; Rainstr. 17, CH-4557 Horriwil/SO, Tel. (0 32) 6 14 24 23, *wwwbrjud@solnet.ch*, *judbrigitte. hallo-mittelland.ch* (* Solothurn 23. 5. 53). Schweiz. Inst. f. Jgd.medien 95, autillus, Ver. Kd.- u. Jgdb.-schaff. d. Schweiz 95; Lit.pr. d. Regiobank Solothurn 00, Werkjahr d. Kt. Solothurn 03; Kinder- u. Jugendb., Lehrmittel. – **V:** Flos Geheimnis 95; Gänseblümchen hinterm Ohr 97; Irrlicht im Knoblauchschloss 98; Stracciatella und Make-up 99; Zwei Spürnasen auf Lackaffenjagd 00; Anna und der Katzendieb 02; Seufzer in der Spukmühle 03; Die rätselhafte Rüstung 04; Vampirus beisst zu 05; Wie erlöst man einen Hausgeist? 05; Julia und die Befreiungsfront für Gartenzwerge 07; Seeräubersofie 08, alles Kinder- u. Jgdb.; Lehrmittel z. Thema Leseverständnis.

Jud, Roger, Journalist, Autor; Bärschwilerstr. 12a, CH-4247 Grindel, Tel. (0 61) 7 63 07 30, *info@roger-jud.ch*, *www.roger-jud.ch* (* Dornach/Kt. Solothurn 22. 11. 67). – **V:** Irrlichter im Geisterhaus und andere Schattenspiele 06; Köstliche Halbwahrheiten, Kolumnen 04.

Judmayer, Irene, Journalistin, Autorin, Cartoonistin, Kulturred. d. „Oberöst. Nachrichten"; Ferihumerstr. 52, A-4040 Linz, *i.judmayer@oon.at* (* Linz). – **V:** Sirene – echte Heuler, Satn. 01. – **MA:** Glossen in d. ObÖst. Nachrichten seit 93; Texte u. Comics in Anth. (Red.)

†**Juds,** Bernd (Ps. Bernd Gerhardsen), Schriftst.; lebte in Berlin (* Berlin 15. 5. 39, † Berlin 16. 4. 04). VS 71; Funkerz., Hörsp., Feat., Lyr., Aphor., Straßentheater, Reiseb. Ue: engl, frz, poln, serbokroat, ital, span, ngr, lat, sorb. – **V:** Am Bitterfelder Weg u. weiter westlich. Deutsche Lyrik, analysiert u. kritisiert, in: H. Abich: Versuche über Deutschland 70; Jugoslawische Adria 90 (auch frz.); Ernst Gertsch – Der schönste Platz der Welt 98 (hrsg., bearb. u. erg.). – **MA:** Friedolin Reske (Hrsg.): Stierstädter Gesangbuch. Böse Lieder 68; Schaden spenden 72. – **MH:** Zss.: Berliner Blätter 1969/70; Berlin-Brandenburgischer Papageno. – **R:** Stichwort Sao Paulo, Kinderhsp. 55; Schiesst sich's mit Dwinger sicher? 64; Wem gehört eine Landschaft? 68; Halbstadtrundfahrt 69; Bären, Befreit, Bosnafolklor 70; Slawen an der Spree 70; Na Chwilecz-ke bei „Himmlerstadt" 72, alles Hörstücke; Die große Ostermär vom Ostermarsch, Hsp. 72; Zähl mal bis 501,

Hsp. 72; Atatürk, Kunststoff, Goldbronziert, Hörst. 73; Forst, Hörst. 74; Ein noch ungeahntes Fest, Funkerz. 70; Abschied von Meinemberlin, Lyr.zykl. 70; Vier Reisen zu entfernsten Inseln, Hörprosa 70; Olymp(i)ade!, Lyrikzykl. 71; ... und deutscher Sang, Sprechst. 79; Die Reihen fest geschlossen – Dass es nur so kracht 80; Später am Kreuzberg, Erz. 82; Indianer, Hörst. 83; Insel, Hsp. 87. – **Ue:** Momir Vojvodié: Aus den Quellen meiner Berge, G. u. Aphor. 82. – *Lit:* Tagesspiegel v. 2.7.04.

Jüdes, Klaus, selbständig, Inhaber e. Kupferdruck-werkstatt u. Galerie; c/o Steintorverlag, Vogelsang 3, D-59519 Möhnesee, Tel. (0 29 24) 3 91, Fax 20 97, *klaus.juedes@t-online.de*, *www.kunsthaus-moehnesee. de* (* Wolfenbüttel 4. 12. 49). E.med. d. HGB Leipzig. – **V:** Holz hacken. Eine Geschichte, bibliophile Kass. m. Text u. 7 Original-Graphiken 98. (Red.)

Jüngel, Sebastian, Red. u. Schriftst., Kurse zur Lit.; c/o Goetheanum, Postfach, CH-4143 Dornach 1, *sebastian.juengel@dasgoetheanum.ch* (* Berlin 69). VG Wort, Pro Litteris; Prosa, Verb. von Märchen u. Improvisationstheater, Dramatik, Journalist. Text, Fachlit. – **V:** Der leere Spiegel, Erz. 06. – **MA:** M. unter: www.maerchenland-ev.de Mai/07; sowie in: Zs. Seelenpflege in Heilpäd. u. Sozialtherapie Nr.3 u. 4 08, 09; Rundbrief d. Sektion f. Redende u. Musizierende Künste Michaeli/07; Geschn. unter: www.weihnachts-buero.de Sept./07 u. 08.

Jünger, Hubert R. H., Unternehmensberater; Preesterbarg 13, D-24943 Flensburg, Tel. (04 61) 2 28 75, Fax 2 69 62, *webmaster@HubertJuenger.de*, *www. HubertJuenger.de* (* Hanau 1. 6. 35). Lit.ges. federkiel, Kiel 87–94 (Vorst.mitgl.), Schriftst. in Schlesw.-Holst. 88, Dt. Haiku-Ges. 95; Lyr., Haiku, Senryu, Erz., Fachb. – **V:** Urtinktur Amrum, Erzn., Lyr., Aphor. 92; Blätter treibt der Wind, Haiku, Senryu 99; mehrere Bäckerei-Fachb. – **MA:** Lyr. in: Dein Himmel ist in Dir 95; Lyrik heute 96; Allein mit meinem Zauberwort 98; Das große Buch der kleinen Gedichte 98; Mit leichtem Gepäck 99; Blitzlicht 01; Anstöße 01; Das Gedicht 02; Haiku-Kal. 03. – *Lit:* Who is Who in d. Bdesrep. Dtld 02. (Red.)

Jüngling, Kirsten, Autorin, Doz.; Petersbergstr. 80, D-50939 Köln, Tel. (02 21) 46 36 30 (* 49). Biogr. – **V:** „Ich bin doch nur schlecht". Nelly Mann 08. – **MV:** Elly Heuss-Knapp 94; Elizabeth von Arnim 96; Frieda von Richthofen 98; Franz und Maria Marc 00; Katia Mann. Die Frau des Zauberers 03; Schillers Doppelliebe 05, alle m. Brigitte Roßbeck. (Red.)

Jürgas, Gottfried *

Jürgenbehring, Heinrich, Dr., Pfarrer; Torfstich-weg 21a, D-33613 Bielefeld, Tel. (05 21) 2 08 93 70, *Dr.Juergenbehring@gmx.de* (* Osnabrück 13. 10. 39). Lyr., Erz. – **V:** Lebenskurven, Erzn. 89; Was will ich – Ich will Redlichkeit, Ess. 03; ein funken hoffnung angefacht zur glut, Lyr. 05. – **R:** Andacht, Radiokirche (WDR). (Red.)

Jürgens, Udo (eigtl. Udo Jürgen Bockelmann), Prof., Musiker, Sänger, Komponist; c/o Udo Jürgens Office, Carmenstr. 12, CH-8032 Zürich, *www.udojuergens.de* (* Klagenfurt 30. 11. 34). – **V:** Smoking und Blue Jeans, Biogr. 84; Unterm Smoking Gänsehaut, Biogr. 94, 00; Der Mann mit dem Fagott, R. 04. (Red.)

Jürgmeier (eigtl. Jürg Meier), Schriftst., Erwachsenenbildner, Berufsschullehrer, MAS Cultural/ Gender Studies; Letzackerstr. 12, CH-8117 Fällanden, Tel. 04 33 55 51 41, *juergmeier@wort.ch*, *www.wort.ch* (* Adliswil 11. 12. 51). Gruppe Olten, jetzt AdS. – **V:** Narren-ABC 81; Aufmunterung fünf Minuten nach zwölf, Chorwerk 83; Wenn die Flöhe den Direktor hüpfen lassen. Ein Wortzirkus 89ff.; Mein liebes Kind. Ein endloses Dramett 89ff.; Der Marsch ins Paradies der totalen Gesundheit 93; Die totale Familie 94; Als wär's ein böser Traum gewesen – Erinnerungen an d. Zukunft, Lesemappe u. Lesung 95; LieberLieber – LiebeLiebste 96; Der Mann, dem die Welt zu groß wurde, Prosa, Ess., Kolumen, G. 01; Staatsfeinde oder SchwarzundWeiss. Eine literar. Reportage aus d. Kalten Krieg 02; Text u. Redaktion div. Broschüren u. Ausstellungen. – **MV:** Paranoia-City oder Zürich ist überall, m. Manfred Züfle 82; Familie total, m. Peter Hajnoczky u. Iren Monti, Kartenserie 96; „Tatort", Fussball und andere Gendereien, m. Helen Hürlimann 08. – **MA:** Die Angst d. Mächtigen vor d. Autonomie 81; seit den 70er Jahren zahlr. Beitr. in versch. Anth., Ztgn u. Zss., u. a.: Alpha; Entwürfe; Widersprüche. – **H:** Menschereien 73; 1984 – made in Switzerland 81; Fünf nach zwölf – na und? 83; Strahlende Hunde soll man nicht wecken 84. – **R:** Die Jugedhuusleiter, Hsp. 79; Beitr. f. Satire-Sendungen im Radio DRS, v. a.: Faktenordner.

Jürgs, Michael, Journalist, Chefred. Stern 86–90, Chefred. Tempo 92–94; c/o Bertelsmann Verl., München, *mjuergs@aol.com* (* Ellwangen 4. 5. 45). Vorstand Lit.haus Hamburg; Rom., Sachb., Rep., Kolumne, Fernsehdokumentarfilm. – **V:** Das Kleopatrakomplott, R. 98, Tb. 00; – SACHBÜCHER: Die Insel 78; Das Album der Beatles 81; Der Fall Romy Schneider 91 (in 5 Spr. übers.); Der Fall Axel Springer 95; Die Treuhändler 97; Alzheimer. Spurensuche im Niemandsland 99 (in 2 Spr. übers.); Gern hab' ich die Frau'n geküßt, Richard Tauber-Biogr. 00; Bürger Grass. Biografie e. dt. Dichters 02; Keine Macht den Drögen 02; Der Kleine Frieden im Großen Krieg 03 (in 5 Spr. übers.); Der Tag danach 05; Eine berührbare Frau, Eva Hesse-Biogr. 07; Wie geht's, Deutschland? 08. – **MV:** Typisch Ossi – Typisch Wessi, m. Angela Elis 05. – **R:** Fs.-Dok. zu d. Büchern Romy Schneider, Axel Springer, Treuhändler, Alzheimer, Richard Tauber in ARD, ZDF u. Sat 1.

Jüssen, Anne (Anna Maria Jüssen), Lit.-Management, Gründerin u. Leiterin d. Lit.-Atelier im Frauen Mus. Bonn; Im Krausfeld 10, D-53111 Bonn (* Heimerzheim/Bonn 25. 2. 49). VS 79, Gedok Bonn 04. – **V:** Aller Anfang bin ich, Prosa 79; Reineke Fuchs, m. Ill. v. Kestutis Kasparavicius 98; Der Zauberpinsel, chin. Volksmärchen, m. Ill. v. Renate Selig 99 (auch frz., dän.). – **MA:** zahlr. Beitr. in Kunst- u. Ausst.-Kat., Anth. u. Lit.zss., u. a. in: D. Wellershoff (Hrsg.): Etwas geht zu Ende, Anth. 79; Isebel, Ausst.-Kat. 98; Schau mal – die Sterne, Anth. 98; Donau-Welten 01; Zwanzig Jahre Frauen Museum, Festschr./Kat. 01; Muschelhaufen. – **H:** Zeitzeuginnen erzählen, Erzn. 99; Frauensichten, lit. Ess. 00; Nachts auf der Brücke, Prosa 00; Teresa Klemmer: Sonne, Salz und Spuren, Lyr. 01; Wegziehen – Ankommen, Prosa-Anth. 02; Die Töchter der Loreley 04. – **MH:** Ob Frauen ins Bild passen ..., Prosa 98; „Wir wollten Demokratie schaffen" 02. – **R:** Hörbild über Luise Rinser 01. – *Lit:* Ursula El Akramy in: Newsletter BücherFrauen Nr.14 99. (Red.)

Jüssen, Horst; Maria-Theresia-Str. 5, D-81675 München, Fax (0 89) 6 41 56 39, *horstjuessen@t-online.de, www.horstjuessen.de* (* Recklinghausen 10. 1. 41). – **V:** Jeschua, R. 01, 3. Aufl. 02; Ein Teufelskreis, R. 02; Alles über Alles 03. – **MA:** Wider den Hass; Angst. – **H:** Prominente erzählen für Kinder 94. – **MUe:** Sarah u. Victor Rouvais: Sie und Er – ein programmierter Reinfall 02. (Red.)

Juffing, Franz-Rudolf s. Rumpel-Lobin, Peter

Jugel, Charlotte (eigtl. Charlotte Jugel-Olszewski), Lehrerin; Neusalzer Str. 54 b, D-63069 Offenbach/Main, Tel. (0 69) 84 30 93, Fax 84 84 48 77 (* Schmölln/

Sa. 3. 1. 46). Lyr. – **V:** Knicks und sag Danke, Lyr. 00. – **MA:** Türen am Weg 85; Gegenwind 85; Wortnetze III 91; Zehn 93, alles Anth.; Passagen, Lit.-Zs. 93; Scriptum, Lit.-Zs. 94; Mimi, die Lesemaus, Fibel 97; Oder die Entdeckung der Welt, Anth. 97; spielen + lernen, 3 u. 4 04. (Red.)

Juhnke, Bettina, M. A., Autorin, Werbetexterin; Lechenicher Str. 22, D-50937 Köln, Tel. (01 77) 2 30 37 03, *bettina.juhnke@textcafe.de, www.textcafe. de* (* Hannover 23. 3. 70). Rom., Lyr., Erz., Literar. Reiseber. – **V:** Das kleine Buch fast vergessener Märchengestalten 93; Sekundenblume 93; Die Nacht war immer schon die Braut 94; Das Warenhaus für kleines Glück 03; Das Warenhaus für kleines Glück. Der Roman 03.

Juhra, Sabine s. Meding, Sabine

Juhre, Arnim, Journalist; Görlitzer Str. 5, D-42277 Wuppertal, Tel. (02 02) 64 58 10 (* Berlin 6. 12. 25). VS 53, P.E.N.-Zentr. Dtld; Jahresstip. d. C.-Bertelsmann-Stift. 55/56, Nikolaus-Lenau-Pr. d. Kg. (2. Pr.) 96; Drama, Lyr., Nov. – **V:** Das Salz der Sanftmütigen, Erzn. 62, 89; Die Hundeflöte, G. 62; Das Spiel von der weißen Rose, dramat. Ber. 65; Spiele für Stimmen 65; Singen um zu werden, Werkb. 76; Wir stehn auf dünner Erdenhaut, G. 79; Der Schatten über meiner Hand, G. 84; Wer schlug den Funken aus dem Stein, G. 87; Weihnachtsnachrichten 88; Singen auf bewegter Erde, Psalmen u. Lieder 90; Eines Tages müssen wir die Wahrheit sagen. Opus f. Orgel, Schlagzeug u. Menschenstimmen z. Reichstagsbrand 1933 (Musik: Lothar Graap), UA Hannover 00; Friede will gelernt sein, G. 01; Die Ungeborenen schlagen Alarm, G. 03; Largo, G. 07. – **H:** Freundschaft mit Hamilton, Erzn. 62; Die Nacht vergeht, Weihnachtsgeschn. 63; Reise nach Bethlehem, Weihnachtsgeschn. 67; Strömungen unter dem Eis, polit. Geschn. 68; Die Stimme in der Weihnachtsnacht, Erzn. 78; Geboren auf dieser Erde. Schriftsteller erzählen bibl. Geschn. 82. – **MH:** Almanach für Literatur und Theologie 67–75; Wir Kinder von Marx und Coca-Cola, G. 04; Nachgeborenen 71; Mensch Micha, m. Kirsten Kleine, Lyr. 95; Wie Salomo nach Leipzig kam, m. Klaus Stiebert 97. – **P:** Die Arbeiter im Weinberg 67.

Jukowsky, Anna (Ps. f. Helga Jurkewitz, geb. Helga Mischkowsky), Verwaltungsangest.; Friedenstr. 48, D-34121 Kassel, Tel. (05 61) 2 43 56, Fax 2 86 05 60, *hedi. equipments@t-online.de* (* Kassel). – **V:** Lass mich los die Wildgans schreit 96; Die Revanche, R. 00. (Red.)

Jundt, Bernhard, Sekundarlehrer, Theaterpäd.; Muesmattstr. 20, CH-3012 Bern, Tel. (0 31) 3 01 26 79 (* Bern 23. 1. 48). Be.S.V. 92; Förd.pr. d. Kt. Bern 85, Pr. d. Schweiz. Schillerstift. 85, Buchpr. d. Kt. Bern 91; Kurzgesch., Nov., Rom. – **V:** Der Mähdrescher, Kurzgeschn. 84; Der Findling, R. 91. (Red.)

Jung, Barbara; Marbachweg 73, D-60435 Frankfurt/Main, Tel. (0 69) 5 40 04 04, *bejotffm@t-online.de, www.bejot.de* (* Gießen 6. 7. 50). Rom., Lyr., Kindergesch. – **V:** Geschichten von Emily 99; Kreuzzug des Hasses, R. 99; Trauermarsch, R. 99; Tattoos, R. 00; Die Lost Planets-Saga. Bd 1: Sakota's Paradise 00, Bd 2: Brixsieh = Hoffnung 00, Bd 3: Space Rovers 00, Bd 4: Planets of no Return 00; Marco Mars, SF f. Jgdl., Bd 1: Die Entführung 03; Sanfte Morde und andere Begebenheiten, Kurzgeschn. 08; Einfach nur tot, Kurzgeschn. 08. – **MA:** Delfine im Nebel 01; Kein bißchen tote Hose 01; Gedanken im Sturm 02; Des Todes bleiche Kinder 02; Die Stunde des Vaters, Krim.-Anth. 02; Honigfalter 03; Lichtgeschichten 03; Noch einmal leben vor dem Sterben 03; Der falsche Tag 03; Frauen morden sanfter 03; GENpest 03; Schwarzer Drache 03; Future

World 03; la methode 03; Wellensang 04; Gay-Universum I 04, II 05; Futter für die Bestie 04; Herrenreiter 05; Schattenseiten 05; Komm bei mich 05; Rattenfänger 05; Ausblick im Sextett 05. – **H:** Jenseits des Happy Ends, Anth. 01; Elfriede Pfeifer: Schmunzeln mit Elfriede 00; dies.: Elfriede schmunzelt weiter 02; Regina Károlyi: Wisst ihr noch, wie das damals war? 03; Elfriede Pfeifer: Elfriede lässt das Schmunzeln nicht 06; dies.: Und wieder schmunzelt die Elfriede 08. – **MH:** Welten voller Hoffnung, m. Olaf Brüschke 02. – *Lit:* Wolfgang Jeschke (Hrsg.): Das Science Fiction Jahr 2001 01; ders.: Das Science Fiction Jahr 2005 05, beides Jbb.

Jung, Dora (eigtl. Uta Stahl), Dipl. paed.; Suckowstr. 2, D-68165 Mannheim, *uta.stahl@t-online.de* (* Ellwangen 20. 1. 48). Rom., Erz. – **V:** Sunshine in Amerika, Erz. 98. (Red.)

Jung, Frieder, Diplom-Wirtschaftsing., Diplom-Betriebswirt (FH), Geschf.; Rua Dona Carlinda, 255, 95680–000 Canela-RS/Brasilien, Tel. (0 54) 32 82 53 18, *frjung@jungsys.com.br, www.friederjung. de* (* Neu-Ulm 24. 2. 42). Fachlit., Rom. – **V:** Informática no Brasil (port.) 95; Der Fluss des Januar. Erlebnisse in Brasilien 06.

Jung, Jochen (Ps. Gottlieb Amsel), Dr., Verleger; Kleingmainergasse 26, A-5020 Salzburg. Jung und Jung Verlag, Hubert-Sattler-Gasse 1, A-5020 Salzburg, Tel. (06 62) 88 50 48, Fax 88 50 48–20, *jochenjung @jungundjung.at, www.jungundjung.at* (* Frankfurt/ Main 5. 1. 42). P.E.N.-Zentr. Dtld 01; Öst. E.kreuz f. Wiss. u. Kunst I. Kl. 03, Buchpr. d. Salzburger Wirtschaft 05; Rom., Lyr., Erz. – **V:** Mythos und Utopie. Zu Werk u. Poetik Wilhelm Lehmanns 75; Ein dunkelblauer Schuhkarton, Erz. 00; Täglich Fieber, Erzn. 03; Venezuela, R. 05; Allerleirauh und allerlei Zaster, Glossen u. Kolumnen 07. – **H:** Märchen, Sagen u. Abenteuergeschichten auf alten Bilderbogen neu erzählt v. Autoren unserer Zeit 74; Glückliches Österreich. Literarische Besichtigung e. Vaterlandes 78; Deutschland, Deutschland. 47 Schriftst. aus d. BRD u. d. DDR schreiben über ihr Land 79; Ich hab im Traum die Schweiz gesehen 80; Vom Reich zu Österreich. Kriegsende u. Nachkriegszeit in Österreich erinnert v. Augen- u. Ohrenzeugen 83; Österreichische Porträts 85; Reden an Österreich 88; querlandein 95; Goethes schlechteste Gedichte 99; Kleine Fibel des Alltags 02.

Jung, Markus Manfred, StudDir., Verlagslektor, Schriftst.; Enkendorfstr. 4, D-79664 Wehr/Baden, Tel. (0 77 62) 47 09, *markusmanfredjung@gmx.de, www. markusmanfredjung.de* (* Zell im Wiesental 5. 10. 54). Lit.forum Südwest Freiburg 86, IDI 86, VS 93; 1. Pr. Junge Mda. d. Reg.präs. Südbaden u. d. Muettersproch-Ges. 76, Pr. im Mda.-Wettbew. d. Ldes Bad.-Württ. 81, Pr. Junge Mda. 85, Oberrhein. Rollwagen 89, Pr. d. Nathan-Katz-Ges. Elsaß 93, Lyr.pr. Meran (Förd.pr.) 98, Werkstip. v. Stadt u. Kt. Basel 99, Lucian-Blaga-Poesiepr., Cluj-Napoca 01, Stip. d. Förd.kr. dt. Schriftsteller in Bad.-Württ. 01, 04; Lyr., Sat., Erz., Lit.kritik, Alemann. Mundart. Ue: nor. – **V:** rägesuur 86; halbwertsziit 89; hexenoodle 93, alles alemann. G.; E himmlischi Unterhaltig, alemann. Erz. 95; Erlkönig – Der König von Erl, Sch. 95; Rotteck-Ring, Sch. 97; zämme läse, alemann. G. 99; verruckt kommod, alemann. Erz. 01; Verena Enderlin, Sch. 01; durch lange Schatten, G. dt.-rum. 02; Salpetrerhans, Sch. 04; am gääche rank, alemann. G. 04; Parole come l'erba, G. alemann.-ital. 04; verfranslet diini flügel, alemann. G. 08. – **MV:** Norwegen, Text-Bildbd 92, 2. Aufl. 93. – **MA:** Beitr. in über 30 Anth., zahlr. Schulbüchern, Zss., Ztgn u. Kal. – **H:** D Hailiecher 87; weleweg selleweg 96, 2. Aufl. 97, bei-

des alemann. Anth. – **MH:** D'Deyflsgiger, Kulturzs. im Dreyeckland 85–89. – **R:** Hecker – Rotteck oder Revolution contra Evolution, Hsp. 02. – **P:** Ikarus. Ein alemann. Zyklus, Vertonung v. Uli Führe, CD 06, 08. – *Lit:* Gerhard Kaiser: Gesch. d. dt. Lyrik v. Heine bis zur Gegenw. 91; s. auch 2. Jg. SK.

Jung, Michael Marie (eigtl. Michael Jung), Prof. an d. Fak. f. Wirtschaftswiss. d. FH Osnabrück, Univ. of Applied Sciences (persönl. spezialisiert auf betriebl. Personal- u. Bildungsfragen 1972–2000) u. Führungskräftetrainer; Im Sande 8, D-49504 Lotte-Halen, Tel. (01 71) 6 43 92 43, (0 54 04) 9 82 00, Fax 9 82 99 (* Berlin 25. 6. 40). Dt.spr. Aphoristikertreffen Hattingen 04, Dt. Aphorismus-Archiv Hattingen 06, Lichtenberg-Ges. 06; Ged., Aphor. – **V:** Gedichte zur Kommunikationsfreude. Lyrik z. Menschenführung u. Persönlichkeitsentwicklung 00; Achtsamkeit, G., Wahrnehmungen z. Menschenkenntnis u. Persönlichkeitsentwicklung 01; Geistesblitz und Seelenfeuer, G. u. Aphor. 02; Gedichte und Aphorismen zur Kommunikationsfreude. Lyrik u. Spruchweisheit z. Menschenführung u. Persönlichkeitsentwicklung, 2. überarb. u. erw. Aufl. 03; Scharfer Tobak. Psychologische, humorvolle, erot. u. krit. G. 03; Charakterkopf. Dreitausend neue Aphor. u. Sprüche 04; Humoreros. Humorvolle, erot., psycholog. u. krit. G. 04; Augenzwinkern. Ein psycholog. Streifzug in. humorvollen Aphor. u. G. 05; Lichteinfall. 1800 neue Aphor. u. Sprüche 05; So gesehen? In maßlosen Versen 05; Ausgesprochen scharfe Konturen. 1500 neue Aphor. u. Sprüche 06; Nachdenklich. Nagelneue Aphor. u. frisch geklopfte Sprüche 06; Verschämtes und Unverschämtes. Erotische Lesung 07; Merkwürdig. 1000 neue Aphor. u. Sprüche 08 (insges. ca. 1000 Gedichte u. ca. 9000 Aphorismen).

Jung, Robert (Ps. L. R. Roberts, Allan G. Fortridge, Lorenz Amberg), Red.; Landgrafenstr. 6, D-37242 Bad Sooden-Allendorf, Tel. (0 56 52) 13 19 (* Altona 26. 3. 10). Lit. Ges. Altona bis 35, Dt. Schriftst.verb. bis 52, Lesring junger niederdt. Autoren; Kulturpr./Lit.pr. d. Ortenau (Baden) 59, Träger d. E.med. d. 13. Tir.-Regiments f. dt.-frz. Verständigung 64; Rom., Erz., Nov., Zeitungsrom., Sat., Funksendung (Kultur). – **V:** Das verlorene Gesicht 77; Wiben Peter, hist. R. 96. – **R:** Kulturelle Wortsendungen. (Red.)

Jungblut, Christian, Reporter; c/o S. Hirzel Verl., Stuttgart. Egon-Erwin-Kisch-Pr. 86. – **V:** Die riskierte Katastrophe 81; Es war einmal ein Fluß 83, 84; Inferno, R. 93; Hinterm Horizont, Repn. 99; Meinen Kopf auf deinen Hals. Die neuen Pläne des Dr. Frankenstein alias Robert White 01. – **MA:** GEO, Zs.; Stern. (Red.)

Jungbluth, Horst; Brunnenstr. 64, D-41366 Schwalmtal, Tel. (0 21 63) 3 09 19 (* 15. 5. 41). Ged., Mundart-Lied. – **V:** Mensch-Clown, Sat. 90. – **MV:** Die Schwalm – Tal der Mühlen, m. Helmuth Elsner 89, 90. – **MA:** Sichtwelten 95. – **P:** En O'kerke em Tierpark – Lijder it Ilabbach 78; De Päddsköttelopschuffelkonzessiu'en 79; Maak dat Schwaamröttche op 80; Wänn die alde Lüüt d'r Kall donnt 81; Min Vrau, die hät d'r Vöhrerschten 82, alles Schallpl. in niederrhein. Mda.; Kurvenreich, CD 96. (Red.)

Jungbluth, Uli, Dr. phil., Erziehungswiss., Pädagoge, Regionalforscher; Hahnweg 25, D-56242 Selters, Tel. (0 26 16) 14 16 60 (* Nauort 19. 3. 53). Rom., Lyr., Erz. – **V:** Barfuß nach Chicago, R. 02; Metallgeschmack. Aus d. Leben e. Hitlerjungen im Westerwald 05; Heimat Westerwald. Literarische Streifzüge 06; Wundertüten, fantast. Geschn. 07; Unterwegs im Westerwald. Literarische Krähenfüße, Lyr. 09.

Junge, Reinhard, Lehrer; Kampmannstr. 10, D-44799 Bochum, Tel. (0 02 34) 77 22 75, *info@reinhard-*

Junge

junge.de, *www.reinhard-junge.de* (* Dortmund 22. 10. 46). VS 85, Das Syndikat 86; Krim.rom. – **V:** Klassenfahrt 85, 97; Totes Kreuz 96, 97; Straßenfest 98; Glatzenschnitt 01, alles Krim.-R. – **MV:** Bonner Roulette 86; Das Ekel von Datteln 88, 97; Das Ekel schlägt zurück 90, 96; Die Waffen des Ekels 91, 97; Meine Niere – deine Niere 92, 97; Der Witwenschüttler 95, 98, alles Krim.-R. m. Leo P. Ard. – **MA:** Die Meute von Hörde 88, 92; Good bye, Brunhilde 92; Literaturwettbewerb Schwarze Zeiten, student. Ruhrgebietskrimis 94; Der Pott kocht 00; Mordsfeste 05; Blutgrätsche 06. – **MH:** Grünzeug. Stories vom Bund, Anth. 83. – **R:** Mord in der Stadthalle, Hsp. 92; Toter Hering, Hsp. 93. – *Lit:* Kathrin Lankeit/Conny Oldenburg in: Kamen – e. literar. Ort 92. (Red.)

Junge, Ricarda; c/o S. Fischer Verl., Frankfurt/M. (* Wiesbaden 79). Grimmelshausen-Förd.pr. 03, George-Konell-Lit.pr. 04, Stip. d. Dt. Lit.fonds 06. – **V:** Silberfaden, Erzn. 02; Kein fremdes Land, R. 05; Eine schöne Geschichte, R. 08.

Jungheim, Hans Josef (Ps. Joos Aremberg), Schulamtsdir.; Drosselweg 49, D-50374 Erftstadt, Tel. (0 22 35) 61 49 (* Bonn 13. 6. 27). VS 81; Rheinlandtaler 00; Erz., Lyr., Rom., Sachb. – **V:** Nelly und die Jungen von Mirabell, Kdb. 80; Der Mann aus der Kugel, Kdb. 81; Nachruf, R. 83; Im Jahr der Krähen, R. 90; Das läuft der Wolf an einem Tag, R. 91; Labyrinth, R. 94; Eigentlich sollte es ein ganz normaler Ausflug werden, Satn. 05; Die Bürger von Amentia, Kurz-R. 05; Morgengrauen, R. 06. – **MA:** zahlreiche Beiträge in Lyrik-Anthologien. (Red.)

Junginger, Manuel, Fachkraft f. Lagerlogistik; c/o Karin Fischer Verl., Aachen, *credo22@arcor.de* (* Timisoara/Rum. 30. 6. 81). Lyr. – **MV:** Melancholie des Augenblicks, m. Markus Scherer, Melanie Horti, Michael Schuster 08. – **MA:** Frankfurter Bibliothek 07; Bibliothek dt.sprachiger Gedichte. Ausgew. Werke XI 08.

Jungk, Peter Stephan, Schriftst.; 9 rue Michel Chasles, F-75012 Paris, Tel. (01) 43 45 59 23, Fax 43 45 48 99 (* Santa Monica, Kalif./USA 19. 12. 52). Literar-Mechana, VG Wort, Öst. P.E.N.-Club; Hsp. d. Monats Dez. 79, Stefan-Andres-Pr. 01; Prosa, Ess., Film, Hörsp., Übers., Fernsehdok. Ue: am, engl. – **V:** Stechpalmenwald, Kurzgesch. 78; Rundgang, R. 81; Franz Werfel. Eine Lebensgeschichte 87; Tigor 91; Die Unruhe der Stella Federspiel, R. 96; Die Erbschaft, R. 99; Der König von Amerika, R. 01; Die Reise über den Hudson, R. 05. – **MA:** Erzähler d. S. Fischer Verlages 1886–1978, 78; Ernest Hemingway: Schnee auf dem Kilimandscharo (Nachw.) 79. – **H:** Das Franz Werfel Buch 86; Georg Schuchter 02. – **F:** Grigia, n. Robert Musil; Die schöne Frau Seidenman, n. A. Szczypiorski. – **R:** Hsp.: Oktave 79; Suchkraft 83; Fs.-Dok.: Der Meister der Nacht; Dunkles Licht. (Red.)

Jungmann, Kurt, Autor; R., Leiter e. Schreibwerkstatt; Albert-Schweitzer-Str. 4, D-66287 Quierschied, Tel. (0 68 97) 6 17 43 (* Saarbrücken 4. 5. 31). FDA; Epik, Hörsp. – **V:** Aus Gruben und Stuben 82, 2. Aufl. 84; Saarbrigger Stigger 83; Anglerkrach in Kohlenbach 84; Pastöre, Pänz und Pensionäre 89, alles Kurzgeschn.; An da Saar gefonn, G. 93, 2. Aufl. 96. – **MA:** Beitr. in Prosa-Anth., u. a.: Mitten unter uns 96; Dahemm 00. – **R:** 15 Jahre danach 62; Fußball, Bier und Streik 62; Schatzgräber am brennenden Berg 63; Familie Nassauer 63; Anglerkrach in Kohlenbach 64, alles Hsp. (Red.)

Jungwirth, Andreas, Schauspieler, Autor; lebt in Berlin, c/o Verlag der Autoren, Frankfurt/Main (* Linz/D. 15. 4. 67). VG Wort; Talentförd.prämie d.

Ldes ObÖst. 97, Stip. Schloß Wiepersdorf 98 u. 07, Dramatikerstip. d. BMfUK 99, Projektstip. d. Ldes Öböst. 99 u. 00, Adalbert-Stifter-Stip. d. Ldes ObÖst. 04, Arb.stip. f. Berliner Schriftst. 07; Lyr., Erz., Dramatik, Hörsp. – **V:** En el ruido de la ciudad/Im Tosen der Stadt 97; Zwischen Nase und Brillenbogen. Einfälle 98; Barbaren, Theaterst. n. Grillparzers „Weh dem der lügt" 99; Heesters in den Sträuchern, Theaterst. 00; – THEATER/UA: Sünderinnen 05; Alles Helden 05; Schwarze Mamba 06; Outside Inn 07; Volksgarten 08; Schonzeit 08. – **MA:** Wahlbekanntschaften 99; Die Rampe, Lit.zs. 99; Europa erlesen 00; Kursiv, Kunstzs. – **R:** Madonnenterror, Hsp. 97; Im Tosen der Stadt, Hsp. 98; Geprägte Form, die lebend sich entwickelt, Feat. 98; Irgendwie ist alles nicht echt, Feat. 99; Der Mann, der nicht töten kann, Hsp. 00; Korrektur Nr. 1 (Hsp.) 02, u. a. (Red.)

Junker, Rainer W., Dipl.-Designer, freier Maler, Grafiker u. Illustrator; Am Hang 10, D-67659 Kaiserslautern, Tel. (06 31) 7 53 48, Fax 3 70 53 96, *junker @artvisions.de,* *www.artvisions.de* (* Kaiserslautern 15. 11. 47). Lyr. – **V:** Komm, Du großer Vogel Sehnsucht, G. u. Texte 02. (Red.)

Junkherr, Anneliese; Ringstr. 47, D-55758 Hottenbach, Tel. (0 67 85) 77 31 (* 11. 1. 33). – **V:** Unvergeßliche Erlebnisse, Biogr. 00. – **MV:** Was dein Herz bewegt, m. Marina Jerusalem 01. (Red.)

Junold, Horst R., Rentner; Wittekindstr. 7, D-32108 Bad Salzuflen (* Gera 7. 3. 31). Sat. – **V:** Die humoristische Hausapotheke, Anekdn., Geschn., Witze 95, 99, erw. Neuaufl. u. d. T.: Heiter im Text 01. (Red.)

Jurado y García, Miguel; Fax (04 41) 50 75 65 (* Jaén/Spanien). Prosa, Lyr., Dramatik, Sachb. Ue: span. – **V:** Frei wie Zugvögel, R. 89, 95; Oldenburg apokalyptisch, R. 97; Formen, Klänge, Reflexe vom Wege, G. 98; Wiedersehen mit Yoko, R. 03; Abschied von Isabel, Kdb. 03; Die 85ste Sure, Sachb. 04; T-Raum ISOL, R. 04/05. – *Lit:* s. auch 2. Jg. SK. (Red.)

Juretzka, Jörg; lebt in Mülheim/Ruhr, c/o Ullstein Verl., Berlin (* Mülheim/Ruhr 55). Dt. Krimipr. 99 u. 02, GLAUSER 03, Lit.pr. Ruhr 06. – **V:** KRIM.-ROMANE: Prickel 98; Sense 00; Der Willy ist weg 01; Fallera 02; Equinox 03; Wanted 04; Bis zum Hals 07; – KINDERBÜCHER: Das Schwein kam mit der Post 06; Der Sommer der Fliegenden Zucchinis 08. (Red.)

Jurgensen, Manfred, Prof. em., Dr.phil., DLitt, Schriftst., Kritiker, Verleger; PO Box 210, Indooroopilly QLD 4068/AUS, Tel. (07) 38 91 39 01, Fax 38 91 39 04, *manfredjurgensen@aol.com, members.aol. com/manfredjurgensen* (* Flensburg 26. 3. 40). Intern. Vereinig. Germanisten (IVG) 65, Intern. P.E.N. 81, Fellowship of Australian Writers, A.-v.-Humboldt-Stift. 72, 82, 92, Nat. Book Council 86, Australian Soc. of Authors 98, Queensland Writers Centre 98; Federal World Lit. Acad. 86, DAAD-Fellow 87/88, Australia Council Lit. Board Award, Order of Australia 97 (AM), BVK I. Kl. 97, Arts Queensland Writers Award 99 u. 05, ASA Translators Award 00; Lyr., Rom., Lit.kritik. Ue: engl, ital, arab, jap. – **V:** Stationen, G. 68; Symbol als Idee 68; Max Frisch: Die Dramen 68, 76; aufenthalte, G. 69; signs and voices, G. 72; Max Frisch: Die Romane 72, 76; Dt. Literaturtheorie der Gegenwart 72; Wehrersatz, R. 72; Über Günter Grass 74; a kind of dying 77; Das fiktionale Ich 77; break-out, N. 77; a winter's journey 79; south africa transit 79; Innere Sicherheit 79; Erzählformen des fiktionalen Ich 80; Thomas Bernhard: Der Kegel im Wald oder Die Geometrie der Verneinung 80; Ingeborg Bachmann: Die neue Sprache 82; Deutsche Frauenautoren der Gegenwart 83; The Skin Trade, G. 83; The Unit, Dr. 83; Karin Struck. E.

Einführ. 85; waiting for cancer, G. 85; Beschwörung u. Erlösung 85; Versuchsperson, R. 86; A Difficult Love, R. 87; Break-Out, R. 87; Selected Poems 1972–1986, G. 87; My operas can't swim 89; The partiality of harbours, G. 89; Deutsche Reise, Prosa 90; Double shadows counter years, G. 92; Intruders, short-stories 92; Eagle and emu 92; Multicultural Literature in Australia 94; Shadows of Utopia, G. 94; The trembling bridge, R. 95; midnight sun, G. 99; carnal knowledge, G. 00; A Brisbane Kind of Love 02; The Eyes of the Tiger, R. 05; The American Brother, R. 06; The Botticelli Kid, R. 08; Eierschalen, G. 08. – **MA:** zahlr. lit. u. lit.wiss. Beiträge in Anth., u. a. in: The First Paperback Poets Anth. 74; Recent Queensland poetry 75; Joseph's Coat 85; Zehn Takte Weltmusik, Lyr. 88; Two Centuries of Australian Poetry 88; Doch d. Sprache bleibt ... 90; Pink Ink 91; Images of Germany 93; The Oxford book of Australian love poems 93; Made in Australia 94; Uwe Timm, e. Autor d. mittleren Generation 95; Hanns-Joseph Ortheil. Im Innern seiner Texte 95; Kunert-Werkstatt 95; Wolfdietrich Schnurre 95; Walter Benjamin 96; Kulturstreit – Streitkultur 96; F.C. Delius 97; Ingeborg Bachmann 98; The Moment made marvellous 98; 50 Years of Queensland Poetry 98; Die Welt über dem Wasserspiegel 01; Adventures of Identity 01; The Best of Australian Poems 05; – G., Kurzgeschn. u. Prosa in zahlr. nationalen u. intern. Zss., u. a. in: Antipodes (USA/ Austral.); Kunapipi (DK); NZZ (CH); Quadrant; The Bulletin; The Melbourne Chronicle; Outrider; Merian; Akzente; Australian; Kalimat. – **H:** Queensland studies in German language and literature, seit 69; Seminar Canadian, Zs., seit 80; Outrider, Zs., seit 84; German-Australian-Studies/Dt.-Austral. Studien, seit 89; Frauenliteratur. Autorinnen – Perspektiven – Konzepte 83; The German presence in Queensland 88; Australian writing now 88; Johnson: Ansichten – Einsichten – Aussichten 89; Riding out 94; German-Australian cultural relations since 1945 95; Cheating and other infidelities 95; A sporting declaration 96, u. a. – **F:** Native poison / Das Gift der Heimat 87. – **Ue:** Lyrik u. Prosa v.: Francis Webb, Günter Kunert, Bruce Dawe, P.P. Pasolini, Horst Bienek, David Malouf. – **Lit:** DLL, Bd VIII 81; The Oxford Companion to Australian Lit. 85, 01; Elizabeth Perkins: The Writing of M.J. 87; Who's Who of Australian writers 91; Volker Wolf: Lesen u. Schreiben. Festschr. f. M.J. z. 55. Geb. 95; A Guide to Gay and Lesbian Writing in Australia 98; Edwina Jones: The writer M.J., Diss., Perth 99.

Jurisch, Renate; Königsmarckstr. 1, D-14193 Berlin, Tel. u. Fax (0 30) 8 25 62 61 (* Berlin 40). Literatur Frauen Berlin 95, 1. Vors., NGL Berlin 96; Lyr. – **V:** Hautnah, G. 98; Mitlesebuch Nr. 45 00. – **MA:** Schlagzeilen 96; Wir sind aus solchem Zeug, wie das zu Träumen 97. (Red.)

Juritz, Hanne F., Schriftst.; Kennedystr. 25, D-63303 Dreieich, Tel. u. Fax (0 61 03) 8 13 47, *info@hanne-f-juritz.de*, *www.hanne-f-juritz.de* (* Straßburg 30. 8. 42). VS 72, Vors. Hessen 78–82; Pr. d. S. Fischer-Verl. b. Leporello-Wettbew. 71, Leonce-u.-Lena-Pr. f. Lyr. 72, Reisestip. d. Ausw. Amtes 76, Georg-Mackensen-Lit.pr. 78, Pr. d. Schüler f. d. besten dt. Text 79, Stadtschreiberin v. Offenbach 81–83, Kulturpr. d. Kr. Offenbach 93; Lyr., Kurzgesch., Erz., Ess., Rom., Drama. – **V:** Nach der ersten Halbzeit, G. 73; Nr. 2, G. 75; Flötentöne, G. 75; Landbeschreibung, G. 75; Gedistel, G. 75; Spuren von Arsen zwischen den Bissen, G. 76; vorzugsweise: wachend, G. 76; Dichterburg, Dichterkeller, Dichterberg, Dichterhain. Begegnungen m. 22 Schriftstellern in Dreieichenhain 76; Schlüssellöcher, G. 77; Ein Wolkenmaul fiel vom Himmel, G. 78; Sieben Wunder!, G. 78; Der Paul, G. 79; Schilderey No. 1, G. 79; Einen Weg zu finden, G. 80; Die kleinen Nadeln, G. 80; Landstriche, G. 80; Hommage à Marcel Marceau, G. 80; Die Unbezähmbarkeit der Piranhas, ges. Erzn. 82; Der weiche Kragen Finsternis, G. 83; Gelegentlich ist Joe mit Kochsalz unterwegs, G. 84; Die Nacht des Trommlers, G. 85; Verwehung im Park, G. 87; Der Flachmann, Erz. 87; Tromp und Pauk, Erz. 87; Blicke eines Freundes, G. 93; Carolines Feuer, Erz. 94; E.A., epreuve d'artiste 94; Akrostichon 95; ZeitSprung, G. 96; Kein Programm ohne Schußwechsel, G. 99; Mitlesebuch Nr. 14; Von den Ismen, G. 01; Sperren, Kurzgeschn. 02; Chapeau claque, G. 04; Pipistrellus, G. 07; Knabenschuh, G. 08. – **MA:** Almanach 86 72; ZET-Hefte 73–75; tandem 1–4 74, 76, 89; Dimension 74; Mundus Artium 74; Ich bin vielleicht du 75; Literarisches Leben (Zycie Literackie) 75; Neue Expeditionen, Deutsche Lyrik 75; Die Begegnung 75; Neue Texte z. Lage in d. BRD 76; Der neue Egoist 76; Bewegte Frauen 77; Gedichte von Frauen 78; Liebesgedichte 78; Jahrbuch f. Lyrik 79; Jahrbuch der Lyrik 79 (Cl.); Neue Literatur Bukarest 79; Liebesgeschichten 79; Schnittlinien 79; Das achte Weltwunder 79; Reise ans Ende der Angst 80; Das neue Narrenschiff 80; Friedensfibel 82; Brennglas 82; Alphabeet 83 u. 87; Türen am Weg 85; Buch d. Monats 86 u. 97; Liebesgedicht 86; Nenne deinen lieben Namen 86; Mich hat's erwischt 86; Überall u. neben dir 86 u. 89; Dreieich 89; Von Katzen u. Menschen 90; Das Buch d. geheimen Leidenschaften 91; Von Nudeln u. Menschen 91; Ich liege in den Nächten auf deinem Angesicht 92; Schischiphusch 92 u. 93; Skurrikulinarium 92; Texte dagegen 93; Stadtluft macht frei 93; Oder die Entdeckung d. Welt 97; Großer Ozean 01; Frankfurter Anth. 94, 02. – **H:** Tandem 1–4 74–80; Zehn junge rumänien-deutsche Dichter, Anth. 80; Wortgewalt 80; Literarischer März 3–15, 83–07.

Jurkewitz, Helga s. Jukowsky, Anna

Jurreit, Marielouise, Journalistin; Helmstedter Str. 12, D-10717 Berlin, Tel. (0 30) 8 54 73 21 (* Dortmund). – **V:** Sexismus. Über die Abtreibung der Frauenfrage 76, zahlr. Aufl. bis 87; Das Verbrechen der Liebe in der Mitte Europas, R. 00 (auch poln.); Der Antrag, R. 04. – **H:** Frauenprogramm, gegen Diskriminierung 79; Lieben Sie Deutschland? Gefühle z. Lage der Nation 86; Frauen und Sexualmoral 85, alles Sachb. (Red.)

Jursitzka, Angela; Fischnalerstr. 12/2/11, A-6020 Innsbruck, Tel. (05 12) 27 20 08 (* Böhmisch Leipa 25. 10. 38). Turmbund; Prosa, Kinder- u. Jugendb. – **V:** Sprich nicht von Regen 92; Gauner, Gold und Erdbeereis, Jgdb. 94; Das Gähnen der Götter, R. 03. – **MA:** Beitr. in: Tiroler Jungbürgerbuch; Scriptum; Standard; Salzburger Nachrichten; Tirol; Texttürme 5. Stadtlandschaften 03; KALmanach (tsch.) 05/06. – **R:** Erzn. im ORF. (Red.)

Jurtzik, Elfriede, Kindergärtnerin, Horterzieherin f. Körperbehinderte (m. Sonderschul-Studium), Stenotypistin, Kontoristin, Sachbearbeiterin; Brennerstr. 90, Aufg. A II, D-13187 Berlin-Pankow, Tel. (0 30) 4 72 06 52 (* Berlin 22. 6. 23). Ged., Kurzgesch., Kinderb., Erz. – **V:** Jahreszeiten und ihre Begebenheiten, Kdb., Erz. u. G. 04. – **MA:** Gustav-Adolf-Kal. 02; Kindheit im Gedicht 02; Anth. Frühjahr/Herbst 03, 05; Jb. f. d. neue Gedicht 03–05.

Jurukova-Meier, Kristin, Rechtsanwältin; bul. Wasil Aprilow 112, BG-4000 Plovdiv, Tel. (0 32) 64 85 30, *klio@gbg.bg*. Gutenbergstr. 2, D-32756 Detmold (* Plovdiv 14. 1. 56). Vereinig. d. bulg. Schriftst.; 1. Pr. d. Stift. 'Entwicklung 21', Sofia 07; Erz., Rom., Lyr. Ue: bulg. – **V:** Der Mensch vor der Tür, Erzn. 89; Das

Just

Zeichen des Schwures, R. 93; Die Rückseite der Zeit, Kurzprosa dt./bulg. 95; Die Lieder des Weinens, Erzn. 05; Leib von meinem Leib, Lyr. 05; Der Stadtplan von Paris, R. 07; Veröff. in bulg. Sprache. – **MA:** Lyrik 2006; Lyrik 2007, beides Anth. – **P:** Die Schritte des thrakischen Reiters, Lyr. dt./bulg. 04; Die Lieder des Weinens, Erzn. 04, beides e-books im Internet.

Just, Georg, Pensionär; Siedlerstr. 1, D-46399 Bocholt, Tel. (0 28 71) 3 33 63 (* Krainsdorf, Grafschaft Glatz/Schles. 19. 11. 28). – **V:** Es war nicht der Krieg allein, Erinn. 98. (Red.)

Just, Gustav, Literar. Übers., Publizist; Dorfstr. 42, D-16348 Prenden, Tel. (03 33 96) 8 02 (* Rýnovice/Böhmen 16. 6. 21). SV-DDR 73, VS 91, P.E.N.-Zentr. Dtld 95; Hviezdoslav-Pr. 82, Nezval-Pr. 84, Johann-Heinrich-Voß-Pr. 98; Drama, Ess. Ue: tsch, slowak. – **V:** Karl Marx zu Fragen der Ästhetik, Ess. 53; Marx, Engels, Lenin und Stalin über Kunst u. Literatur, Ess. 53; Das schwedische Zündholz, Krim.-Kom. n. Tschechow 64; Zeuge in eigener Sache 90; Deutsch. Jahrgang 1921, e. Lebensber. 01. – **H:** Abstinenzlersilvester, Humoresken v. J. Hašek 84; Böhmische Küche 85; Prager Miniaturen 86; Der Mann, der fliegen konnte – tsch. Klassik f. Kinder 87. – **Ue:** Rudolf Jašík: Die Toten singen nicht 65; Klara Jarunková: Die Einzige 68, 70; Josef Toman: Nach uns die Sintflut 68; František Kubka: Karlsteiner Vigilien 68; Vladislav Vančura: Launischer Sommer 70; Jaroslav Hašek: Drei Mann und ein Hai 71; Vladimír Mináč: Haß und Liebe 72; Eduard Petiška: Der Golem 73; Jiří Weil: Leben mit dem Stern 73, 74; Janko Jesenský: Tausch der Ehepartner 74; Ladislav Fuks: Der Fall des Kriminalrats 74; Bohumíl Ríha: Kelch und Schwert 74; Vladimír Mináč: Die Glocken läuten den Tag ein 74; Norbert Frýd: Die Kaiserin 75, 76; Vladislav Vančura: Dirnen, Gaukler, Advokaten 75; Jan Otčenášek: Als es im Paradies regnete 75; Vladimír Neff: Königinnen haben keine Beine 76; Ladislav Fuks: Die Toten auf dem Ball 76; Vladimír Páral: Der junge Mann und der weiße Wal 76; Karel Čapek: Dramen 76; V. Mináč: Lange Zeit des Wartens 77; Jan Drda: Das sündige Dorf; Josef Kajetán Tyl: Schwanda der Dudelsackpfeifer; Oldřich Daněk: Zwei auf dem Pferd, einer auf dem Esel; Jan Jílek: Die Schaukelkuh; Ján Kákoš: Von den drei Schönheiten der Welt; Miroslav Horníček: Einfach durchs Fenster; Ivan Bukovčan: Ehe der Hahn kräht; Osvald Zahradník: Solo für Schlaguhr; Štefan M. Sokol: Die Familienfeier; Oldřich Daněk: Der Krieg bricht nach der Pause aus; ders.: König ohne Helm 77; Jaroslav Havlíček: Der Unsichtbare 77; Miroslav Horníček: Der verheimlichte Geige 78; Jaromíra Kollárová: Mein Junge und ich 77; Kamil Bednář: Melodie der grünen Welt 78; Karel Čapek: Reisebilder 78; Emil Dzvoník: Die verlorenen Augen 79; Ladislav Fuks: Der Hütejunge aus dem Tal 79; Vladimír Neff: Der Ring der Borgias 79; Emil Dzvoník: Die verlorenen Augen 80; Vladimír Páral: Der private Wirbelsturm 80; Jan Kozák: Der weiße Mengat 80; Oldřich Daněk: Mord in Olmütz 80; Jaromíra Kollárová: Das Mädchen mit der Muschel 81; Jan Kozák: Das Storchennest 81; Václav Cibula: Prager Sagen 82; Peter Kováčik: Palo träumt vom Sonnenroß 82; Jan Kostrhun: Weinlese 82; Vladimír Neff: Die schöne Zauberin 82; Vladimír Mináč: Du bist nie allein 82; Ladislav Fuks: Die Mäuse der Frau Mooshaber 83; Radko Pytlík: Jaroslav Hašek in Briefen und Dokumenten 83; Zdeněk Pluhář: Endstation 83; Ladislav Fuks: Das Bildnis des Martin Blaskowitz 83; Jiří Marek: Der Stern Sirius 84; Miroslav Ivanov: Der Mord an dem Fürsten Wenzel 84; Eduard Petiska: Der König aus der goldenen Wiege 84; Vladimír Neff: Das Gewand des Herrn de Balzac

84; Josef Frais: Die Männer vom unterirdischen Kontinent 85; Mária Duríčková: Bratislavaer Sagen 85; Jiří Mucha: Alfonz Mucha, ein Künstlerleben 86; Vladimír Paral: Der Krieg mit dem Multitier 86; Valja Styblová: Skalpell bitte 87; Karel Houba: Karrieren 87; Anton Hykisch: Es lebe die Königin 88, 98; Ladislav Tažky: Die verlorene Division 89; Peter Karvaš: Tanz der Salome 92; Ladislav Tažky: Die schöne goldene Bestie 00; ders.: Wiener Blut 04; Richard Feder: Jüdische Tragödie – letzter Akt 04; Jaroslav Hašek: Geschichte der Partei d. gemäßigten Fortschritts im Rahmen d. Gesetzes 05. – *Lit:* Vermittler der tsch. u. slowak. Lit., in: Börsenbl. f. d. dt. Buchhandel 14/79. (Red.)

Just, Hans Matthias (eigtl. Ioan Matei Iuszt), Journalist u. Schriftst.; Str. Virgil Madgearu 2, Apart. 5/a, RO-1900 Timişoara (* Temesvar/Rumänien 4. 7. 31). Lit.kr. Stafette, DFDF Temeswar 93 Rum. S.V., Zweigst. Temeswar 00; Rom., Lyr., Erz., Banatschwäbische Mundart. – **V:** Die Pollerpeitsch knallt wiedrum, Humn. 96, 2. Aufl. 97; Von Las Vegas nach Las Begas, Geschn. 96; In den Krallen des Roten Drachen, Dok. 99, 2. Aufl. 01; Temeswarer Geflüster 99, 2. Aufl. 01; Tandelmarkt der Illusionen, Erzn. 02. – **MA:** Die Wahrheit; Neue Banater Ztg; Karpaten-Rundschau; Der Donauschwabe; Donauschwaben-Kal. – **H:** Peter Barth: Flockenwirbel, G. 96; ders.: Schollenfirst, G. 98; Alexander von Tetnovits: Lachend-weinendes Temeswar mit den Josefstädta Franzi, Kurzgeschn. u. Witze; Bildermappe mit 14 Reproduktionen des Heimatmalers Stefan Jäger aus Hatzfeld/Banat 02. (Red.)

†**Just,** Volker, Lic. rer. pol. (* Gotha 16. 9. 37, † 10. 05). Würth-Lit.pr. 99, Lit.pr. d. Landratsamtes Bodenseekr.; Rom., Erz., Der Turm, Kurzgeschn. 96; Der Ursprung des Fernwehs, Erz. 05.

Just-Dahlmann, Barbara (geb. Barbara Dahlmann), Dr. jur., Dir. d. Amtsgerichts a. D., Oberstaatsanwältin; c/o Seniorenresidenz, Speyererstr. 75, D-68163 Mannheim, Tel. (06 21) 8 19 61 89. Meerwiesenstr. 53, D-68163 Mannheim, Tel. (06 21) 81 27 29 (* Posen 2. 3. 22). Theodor-Heuss-Med., Moses-Mendelssohn-Pr., Hedwig-Burgheim-Med., BVK I. Kl., Hermann-Maaß-Med. 93; Lyr., Nov., Ess., Erz., Sachb. – **V:** Tagebuch einer Staatsanwältin 79, 4. Aufl. 81; Simon 80, 2. Aufl. 81; Der Schöpfer d. Welt wird es wohl erlauben müssen 80; Aus allen Ländern der Erde 82; Und sprach zu den Richtern „Sehet zu, was Ihr tut" 84; Der Kompass meines Herzens – während mit Israel 85, 3. Aufl. 87; Der fehlende Registrierschein 87; Israel, Bildbd 93. – **MV:** Die Gehilfen. NS-Verbrechen u. die Justiz nach 1945, m. Helmut Just 88. (Red.)

Jytte s. Dünser, Jytte

K., Roman Roland s. Klein, Roman

k.sino s. Sinowatz, Klaus

Kabelka, Franz, Mag., AHS-Lehrer, freischaff. Autor; Mutterstr. 59, A-6800 Feldkirch, Tel. (06 64) 3 92 21 45, *franz.kabelka@vol.at* (* Linz 1. 10. 54). GAV, Literatur Vorarlberg; Autorenstip. d. Ldes Vorarlberg 01 u. 07, Prosapr. Brixen-Hall 03. – **V:** Schneller als Instant-Coffee, G. 96; Heimkehr, Krim.-R. 04; auszeit. Reflexe u. Reflexionen 05; Letzte Herberge, Krim.-R. 06; Dünne Haut, Krim.-R. 08. – **MA:** Die Rampe, Sondernr. „ausgebrannt" 08.

Kabermann, Friedrich, Dr.; c/o Droemer Knaur, München. Günther Weisenborn-Lit.pr. Frankfurt 73. – **V:** Moira – die Reise zum Nullpunkt der Welt 81, 91; Orpheus' Traum, R. 89; Dunkelzeiten, Ess. 90; Echolot – Tage und Jahre 1975–1985 91; Unter dem Sonnenmond 95; Im toten Winkel, R. 05; Angela Nova, R. 06. (Red.)

Kabitz, Ulrich, Verlagslektor, Dr. h. c. 2008 dr. h; Wensauerplatz 13, D-81245 München, Tel. (0 89) 88 14 75 (* Witten 22. 3. 20). Christopher-Award USA 95; Dramatik, Zeitgesch. Ue: frz, ndl. – **V:** Das Dombaumeisterspiel 47; Krippenballade 47, 50; Spielmann vor der Kirchentür 48; Troßbuben 48, 50; Kolonne Tobias 49; Friedensstraße 8 50, 51; Ali Baba und die 40 Räuber 50; Das Osterpflügen 51; Geschehen in Marseille 52; Wir bauen einen Turm 53, 76; Die Verleugnung 53; Das Nürtinger Laurentiusspiel 55; An allem ist die Katze schuld, grot. Dr. 81; Spielraum des Lebens – Spielraum des Glaubens 01. – **MV:** Walter Netzsch: K(l)eine Experimente 60. – **H:** Die heilsame Reise, Geschn. 89, 94. – **MH:** Begegnungen mit Helmut Gollwitzer, m. Friedrich-Wilhelm Marquardt 84; Brautbriefe Zelle 92. Dietrich Bonhoeffer/Maria von Wedemeyer 1943–1945, m. Ruth Alice v. Bismarck 92, 99 (auch engl., holl., frz., span., ital., jap.); D. Bonhoeffer: Werke, Bd 16: Konspiration u. Haft 1940–1945, m. Jørgen Glenthøj u. Wolf Krötke 96. – **Ue:** Kaspar van Wildervank: De Koningen, die wij zijn u. d. T.: Stern, Spelunke und drei Narren 59; Een heer op een terras u. d. T.: Ein Mann am Tisch 60; Guillaume v. d. Graaf/Teg Logemann/Jan Wit: In einem alten Lokal 60; Wim Groffen: Unterwegs nach Brest 62; Heije Faber: Gottes Lächeln 81.

Kabus, Esther s. Brudermann, Esther A.

Kabus, Sylvia, Studium d. Anglistik u. Germanistik, freie Autorin; Gyßlingstr. 59, D-80805 München, Tel. u. Fax (0 89) 8 11 03 95, *sylvia.kabus@gmx.de* (* Görlitz 15. 1. 52). VS; Sonderpr. b. Kinderfilmfestival „Goldener Spatz", Gera 89, Film d. Mon. Juli, Berlin (West) 89, Joseph-Roth-Pr. d. 6. Intern. Publizistik-Wettbew. Klagenfurt 90, Pr.trägerin in e. Wettbew. d. Autorinnen-Forums München 00; Prosa, Ess. – **V:** ALARM. Ein Kalenderblatt zu Dtld 94; Ich wünsche mir nichts. Ich wünsche mir alles, m. Fotos v. Karin Wieckhorst 96; Dr. A. bittet um Endlospapier. Psychogramme e. dt. Stadt 99; Wir waren die Letzten ... Gespräche mit vertriebenen Leipziger Juden, m. Fotos v. Karin Wieckhorst 03. – **MA:** Veröff. in Anth. neuer Lit. u. in Zss., u. a. in: Sonntag 5/90 u. Ausg. v. 20.5.90; Sinn u. Form 1990; Ostragehege; Temperamente; eDiT 9/95; stechapfel 2; 14. Duisburger Akzente, Ausst.kat. 90; Ein Staat vergeht 90; Aufbruch im Warteland 90; Freies Gehege, Alm. 93; Der heimliche Grund, Anth. 96. – **H:** Deutschland aus der Sicht. Reihe f. junge Dichtung: Jan Zänker: Der Nachbar schweigt 95, Annett Kraske: Schlaf und Fleisch 95, Karin Ernst: Café Hawelka, 96; Chaos ICH?, e. Jugendreport, Anth. 99. – **MH:** Kirschbaumblätter. Stockender Traum, m. Jayne-Ann Igel, Anth. 96. – **F:** Szen. für: Mit Leib und Seele, DEFA-Film 87; Felix und der Wolf, DEFA-Kinderfilm 89. – **R:** Aus der größten Angst urständet auch das größte Leben. Görlitz – Stadt im Osten, Feat. 95; Wer nicht des Staates Glauben hat. Eine akust. Reise nach Schlesien 02; Eine Winterreise nach Bamberg 04 (alle im MDR-Hörfunk); Ich bin bestimmt eine Bereicherung, Hfk-Feat. – *Lit:* Michael Bartsch in: Ostragehege 3/99; Daniel Sturm in: Kreuzer (Leipzig) 11/99; Thomas Meyer in: LVZ 9.11.03; Rudolf Pesch in: Die Tagespost 24.1.04. (Red.)

Kachold, Gabriele s. Stötzer, Gabriele

Kade, Thomas, Dipl.-Soz.päd., Kulturpäd., Buchhändler; Steinmetzstr. 6, D-44143 Dortmund, Tel. (01 74) 7 97 45 32 (* Halle/S. 7. 2. 55). VS, Ver. f. Lit. Dortmund; Gewinner d. „Offenen Textwettbew." d. Literar. Werkst. Herne 75, Einlad. z. Wettbew. um d. Hungertuch 87, Förd.stip. d. Ldes NRW 93; Lyr., Kurzpro-

sa, Multimediaarbeit. Ue: engl. – **V:** Flugasche Edition I 83; Die Seiltänzer sind arbeitslos 83; Landschaft mit Stehgeiger 87; Eine fremde bewegliche Sache 94, alles G.; comedy of errors, Sprechst. 95; rauf und runter, Stück 96; Die Augen beim Lieben, Poem 02; Fernabfrage, Lyr. 05. – **MV:** StadtLandFluss, m. Eva von der Dunk, Lyr. 99; Zunge auf Zunge. Kettengedichte, m. E. v. d. Dunk, R. Thenior, J. Wiersch 01; Das Dunkel ist Weiß. Geh Schichten, m. Hanfried Brenner, Prosa, Bilder, Collagen 05. – **MA:** Naturblicke, G. 84; Mannsbilder, G. 86; Käufliche Träume 86; Acht Minuten noch zu leben?, G. 87; Nordstadtbilder 89; Im Flügelschlag d. Sinne, erot. G. 91; Skulptur im Dunkeln 94; Young Poets Of Germany 94; Zacken im Gemüt, Lyr. 94; Der Mond ist aufgegangen, G. 95; Jahrhundertwende, Lyr. 96; Junger Westen. 11. Leseb. 96; Orte. Ansichten, Lyr. 97; Das große Buch der kleinen Gedichte 98; Nebenbei. Geburtstagslesebuch f. Michael Starcke 99; Großen gefallen. Telefonhaikus 00; Wie Schnee von gestern?, Haikus 01; Saar Emscher Kanal, G. u. Geschn. 02; SMS-Lyrik. 160 Zeichen Poesie 03; Zeit. Wort 03; Der Emscherbrücher 12/03, 13/05; Neues Forum 2 05; Natur Raum 06; Hic, haec, hoc. Der Lehrer hat 'nen Stock, Erz. 07; Auch ohne Flügel, Haikus 08; Versnetze, G. 08. – **MH:** John Hartley Williams: poems/ gedichte 91; Anne Beresford: poems/gedichte 91; Literar. Übersetzungswettbewerb Südeuropäische Literatur-tag 92; Das Dach ist dicht – wozu noch Dichter, Anth. 96. – **R:** Brecht Brecht Weill..., u. a. m. Eva von der Dunk, Jürgen Wiersch u. Ellen Widmaier, Text-Musik-Revue 00. – **P:** Vergehen der Zeit, Lyr.-Video 88. – *Lit:* Uwe-Michael Gutzschhahn in: Schreiben Lesen Hören. 3. Autoren Reader 97; Hartmut Kasper in: Lesarten Herne. 14 Autorenporträt. 01, 2., neu. Aufl. 03.

Käfer, Erika; Thaliastr. 159/3/16, A-1160 Wien, Tel. u. Fax (01) 4 93 84 08 (* Wien 30. 1. 40). – **V:** So is' das Leb'n, G. 93; So is' das Jahr 94; Kindermund und andere kleine Geschichten 96; 'S is' scho' bald Weihnachten, G. u. Geschn. 96; I wollt, i wär' a Luftballon, Gedanken 97; Kunterbunt, G. u. Geschn. 99; Wienerisches – Weihnachtliches, G. u. Geschn. 01.

Käfer, Hahnrei Wolf, Dr. phil., Schriftst.; Ferrogasse 42, A-1180 Wien, Tel. (01) 4 79 87 95, *h.w.kaefer @utanet.at* (* Wien 16. 2. 48). AKM 84, IGAA, Vorst.-mitgl. seit 97; Förd.pr. d. Wiener Kunstfonds 74, Theodor-Körner-Förd.pr. 82, 89, Anerkenn.pr. d. Ldes Nd-Öst. 86, Förd.pr. d. Ldes NdÖst. 93; Rom., Ess., Drama, Lyr., Hörsp., Kabarett, Sat., Fernsehsp. – **V:** Lyr.trilogie: einer 76, 2. Aufl. 86; unterwegs 82; zum anderen 86; Die Flucht zum Ausgangspunkt, R. 84; kopfbegegnungen der dritten art, Lyr.zykl. 91; Seltsame Szenen, Minidr. 93–98; herbstgedichte 95; Friedlieb, Scheukind, Scheinspiel, Prosa 96; symphonien-trilogie, Lyr. 98; VorUrTeil, Erz. 99; ICH GING. D. Buch d. Wandelns, R. 99; im laptop im gras, Haiku u. Metahaiku 00; täuschungen, Lyr.zykl. 00; kultur nach gärtnerinnenart, Lyr. 03; Seltsame Szenen 04; Neue seltsame Szenen 06; Das Klavier im Kopf, Dr. 06; Sicher kein Wunder, Senryus 07. – **MV:** Jazz- u. Lyrikprogr. 04: Adula ibn Quadr seit 82; u.a.: piccolo in splitterwelt und sinngeweb, Multimediaspektakel, UA 85; Der Demiurg, m. Wolfram Wagner, Libr., UA 99. – **B:** Nahid Goldschmied-Bagheri: In der fremde, G. pers.-dt. (Nachdicht.) 94. – **MA:** zahlr. Beitr. in lit. Zss. u. Lyr.-Anth., u. a.: Erlenbl. 74–89; Walther Killy (Hrsg.): Lit.-Lex.; neue wege; Lit. u. Kritik; Podium; Pult; Frischfleisch; Pestsäule; Preßluft; Wiener Bücherbriefe; Streifen; Unke; das Boot; Janus; Tasten; Romboid; Sterz; Lit. aus Öst.; morgenschtean; freibord; morgen; Zungenzeigen; Symphonie erotique; Lyr. u. Ich sind zweierlei; Väter; Hans-

Kaegelmann

Czermak-Pr.-Leseb.; Fantasia; zul. in d. Anth.: flach violett vergiftet 98; Arbeitslos – Phantasie an die Macht 98; TXTOUR 99, 01; weltuntergänge en gros 99; Spinnen spinnen 01; Donaugeschichten 02; Letzte Worte, Krim.-Anth. 03; Verdächtige Freunde, Krim.-Anth. 04; Mirakel 07; Pedanten und Chaoten 07. – **R:** babylonische brücken. Ein Sprechkonzert, Hsp. 83; mehrere Fs.-Arb., zul.: Die Sterne lügen nicht 92; Erzn. im ORF, zul.: Das Märchen vom Weihnachtsgedicht 96; Laudamanie 99; Über die Unmöglichkeit zu telefonieren, Minidr. 98; Narrentreiben 01; Wozu einen Namen für das Ganze 02; Die andere ..., Erz. 04. – *Lit:* Peter Marginter: In d. Folterkammern d. Geistes in: morgen 25 82.

Kaegelmann, Hans, Arzt, Schriftst., Philosoph, Ehrenpräs. d. Intern. Ges. f. interdisziplinäre Wiss. INTERDIS; Hurster Str. 2, D-51570 Windeck/Sieg, Tel. (0 22 92) 70 96, Fax 6 70 69, *hans.kaegelmann@t-online.de, www.interdis-wis.de.* Postfach 1168, D-51556 Windeck/Sieg (* Rahnsdorf, Kr. Niederbarnim 8. 5. 17). BDSÄ 83; Lyr., Humoreske, Ess., Sachb., Aphor., Ballade. – **V:** Das Zeitalter wechselt aus, G. 81; Humoresken. Wahre, halbwahre u. erfundene Geschn., Anekdn. u. Dollereien 82; Bittere, süße und saure Humoresken 83; Noch bittrere und etwas deftigere Humoresken 83; Aphor.: Auftakt 82; Frieden 83; Dämmerung 84; zahlr. Essay-, Sach- u. Fachbücher in d. Bereichen Philosophie, angewandte Biologie, Medizin, Soziologie, Politik, Recht, Zukunftsbewältigung. – **MA:** Beitr. in Lyr.-Anth. u. Zss. – **H:** 5 Sachb. (auch mitverf.) 84–01; Lebensordnung, Zs. 91–01; Bewußt werden – richtig leben, Zs. 02–03. – *Lit:* s. auch 2.Jg. SK.

Kägi, Peter (Ps. Peter Cagney), Verlagsleiter, Zeichner, Übers., dipl. Küchenchef; c/o Meilenbach Verlag, Seestr. 371, CH-8804 Au/Zürich, Tel. (01) 7 81 34 71, Fax u. Tel. 7 81 25 44, *info@meilenbach.ch, www.meilenbach.ch* (* Zürich 22. 4. 40). ZSV 91, Turmbund 92; Rom., Erz. Ue: engl, frz. – **V:** 300 komplette Menüs für jeden Tag, Sachb. 87, 93; Schelmische Geschichte 91; Die schwarze Kuh, Schweizer Gesch. 92; Der Dorfpolizist u.a. Geschichten 93; Der Weg zur schwarzen Insel, Biogr. 97. – **R:** Hätt' ich gewusst..., Fsf. – *Lit:* s. auch 2.Jg. SK. (Red.)

Kaehler, Jörg, Regisseur, Schauspieler, Autor; Hohner Str. 13, D-53819 Neunkirchen-Seelscheid, Tel. (0 22 47) 48 68, Fax 35 03 (* Frankfurt/Main 19. 12. 33). Rom., Dramatik, Hörsp., Fernsehsp. – **V:** Darf ich noch ein bißchen bleiben?, R. 98; Wer kommt da?, R. 01. – **R:** Aufeinander zu, Fsp. 82; Immer, wenn Lehmann kommt, Fsp. 84; Wolga, ade, Funkerz. 86; Ein anderer Abend, Fsp. 88. (Red.)

Kähler-Timm, Hilde (geb. Hilde Timm), Dipl.-Bibl.; Breslauer Str. 30, D-23611 Bad Schwartau, Tel. (0451) 2 56 96, Fax 2 96 19 93, *kaehler-timm@web.de* (* Bargstedt/Rendsburg 1. 3. 47). Lübecker Autorenkr.; Kinder- u. Jugendb. – **V:** Wir sind das ABC 90, 94 (span.), Tb. 96; Matz auf dem Parkplatz 91 (auch in Blindenschr.); Flickenfamilie sucht Wohnung 94, Tb. u. d. T.: Patchworkfamilie sucht Wohnung 00; Mimi und der doppelte Jakob 95; Was Tine auf dem Schulweg macht 95; Keine Bange, Millie! 97; Zazubi Zauberkerling 98; Liberty – Der Traum von der Freiheit 00, überarb. Neuausg. 04; Eulenmond 03; Mit den Möwen fliegen, Kinder.-R. 06. – *Lit:* Heinz Tröger in: BuB 10 97.

Kämpchen, Martin, Dr. phil.; Sabelstr. 49, D-56154 Boppard, Tel. u. Fax (0 67 42) 23 96, *m.kaempchen @gmx.de, www.martin-kaempchen.com.* Santiniketan/West-Bengal 731235/Indien, Tel. (00 91) 34 63–26 16 89 (* Boppard 9. 12. 48). Rabindranath-Tagore-Lit.pr. 90, Martha-Saalfeld-Förd.pr. 94, Forsch.stip. Indian Institute of Advanced Study, Shimla/Indien 95,

Lit.stip. d. Konrad-Adenauer-Stift. 00, Writer in Residence Hawthornden Castle/Schottland 00; Erz., Rom., Ess., Übers. Ue: Bengali, engl. – **V:** Der Honigverkäufer, Erzn. 86, 2. Aufl. 87 (auch engl.); Mit den Armen heute leben, Erzn. u. Erfahrungen 91; Schlangenbiß, Erzn. 98; Das Geheimnis des Flötenspielers, R. 99, 2. Aufl. 00; Franziskus lebt überall. Seine Spuren in den Weltreligionen, Ess. 02; Dialog der Kulturen, Ess. 05, Neuausg. 08; Ghosaldanga. Geschichten a. d. indischen Alltag, Erzn. 06. – **H:** Fünf Rupien Bakschisch für Iwan Denissowitsch (die horen Nr.188) 97, 2. Aufl. 99; Von der Freiheit der Phantasie (die horen Nr.196) 99; Ausblicke von meinem Indischen Balkon 02; Indien. Ein Reisebegleiter 04; „Ich will in das Herz Kalkuttas eindringen". Günter Grass in Indien und Bangladesh 05; Indische Literatur der Gegenwart 06. – **P:** Rabindranath Tagore: Am Ufer der Stille, G., CD 96, Neuausg. 02; ders.: Das goldene Boot, G. u. Erzn., CD 05. – **Ue:** Rabindranath Tagore: Wo Freude ihre Feste feiert, G. u. Lieder 90; Am Ufer der Stille, G. u. Lieder 02, Neuausg. 08; Liebesgedichte 04, 3. Aufl. 06; Das goldene Boot, ges. Werke 05; – Krishnas Flöte, ind. Liebeslyrik 02; Gandhi für Gestreßte 02; Shri Ramakrishna: Gespräche mit seinen Schülern, Ess. 08.

Kämpfert, Peter, Lehrer, Schriftst. (* Bülkau 11. 3. 57). Lyr., Erz. Ue: frz, plattdt. – **V:** Schatohnöffer Poesie-Album, Lyr., Erz. 01; Cadenberge 01. – **Ue:** einzelne G. v. Charles Baudelaire u. Arthur Rimbaud. (Red.)

Kändler, Friedhelm, freier Schriftst. u. Regisseur; *www.friedhelmkaendler.de* (* Hannover 7. 11. 50). Wilhelm-Busch-Pr. (2. Pr.) 97, St. Ingberter Pfanne 01, Wilhelmshavener Knurrhahn 02; Chanson, Literar. Kabarett, Lyr., Drama, Erz. – **V:** Es klingelt, Sp. 89, 02; Wo-Wo. Texte, Lieder u. Szenen 91; Wildkind. Ein Fortsetzungsmärchen, Prosa 92, 00ff.; Liaison, 12 Chansons 95; WoZwo. Texte, Lieder u. Szenen 96; Frau des Dracula, Sch. 97; Kröhlmann. Ein G. in 21 Kapiteln 98; WoWo jagt Dr. Ey. Texte, Lieder u. Szenen 99; Das Teegespräch, Dr. 02; Minidramen 02; Alle Lieder 02; – THEATER: Es klingelt, UA 86; Das Teegespräch, UA 90; Frau des Dracula, UA 97. – **R:** Es klingelt, Hsp. 83. – **P:** Mein schönstes WoWo, CD 96. (Red.)

Käppner, Helmut, Lehrer, Ing.; August-Bebel-Str. 13, D-39418 Staßfurt, Tel. (0 39 25) 62 17 83, *hkaeppner@aol.com* (* Staßfurt 8. 1. 22). – **V:** Jahrgang 22, Lyr. 01; Manch einer, Lyr. 03. (Red.)

Kaes, Wolfgang, Journalist u. Reporter; lebt in Bonn, *wolfgang.kaes@gmx.de, www.wolfgang-kaes.de* (* Mayen/Eifel 17. 1. 58). – **V:** Todfreunde, R. 04; Die Kette, Thr. 05; Herbstjagd, Thr. 06; Das Feuermal, Thr. 08. (Red.)

Käser, Christina, Lehrerin, Heilpäd.; Rosenmattstr. 21, CH-3297 Leuzingen, Tel. u. Fax (0 32) 6 79 24 73 (* Bettlach 10. 7. 48). – **V:** Sebastian, M. 99; Katharina, M. 00; Dario, M. 00; Hamira, Gesch. 02. (Red.)

Kaeser, Ewald, Journalist, Redaktor; Kapellenstr. 10, CH-4052 Basel (* Bösingen/Schweiz 19. 8. 42). SSV; Lyr. – **V:** Bei der Sprache genommen 82; Zeit der wilden Wespen 83; Antransport des Sprachmülls täglich 84; Jahreszeiten 88; Salecina 97, alles G. – **MA:** G. in div. Lit.zss. (Red.)

Käser, Werner, Gartengestalter, freiberufl. Publizist; Neugasse 11, CH-8260 Stein am Rhein, Tel. (0 52) 6 43 19 81, Fax 6 43 63 72, *kaesergartenbau @bluewin.ch, www.kaesergarten.ch* (* Schaffhausen/Schweiz 5. 12. 57). Pro Lyrica, Präs.; Lyr., Reise- u. Fachjournalismus. – **V:** Vom Zauber des Nordens und anderen guten Mächten 92. – **MA:** Blütenlese, Lyr.-Anth. 90; Wer ermordete Frau Skrof?, Krim.-R. 94

(Mitübers.); Finnland Mag., Zs. f. d. Kulturellen Austausch, ständiger Mitarb. 76–00, Chefred. 01–06.

Kässens, Wend, Red., Autor u. Hrsg., Vorstandsmitgl. d. Dt. Lit.fonds, Präsidiumsmitgl. d. P.E.N., Juror bei verschiedenen Lit.preisen; Hohwachter Weg 20b, D-22143 Hamburg, Tel. mobil: (01 72) 4 30 60 16, (0 40) 73 93 86 11, Fax 73 93 86 22, *WKaessens@t-online.de* (* Hamburg 16. 6. 47). P.E.N.-Zentr. Dtld 95, Verb. d. dt. Kritiker 98, Freie Akad. d. Künste Leipzig 99; Critic in Residence Washington Univ. St. Louis 88, Max Kade Fellow Washington Univ. St. Louis 99, Rinke-Pr. (m. Raoul Schrott), Hamburg 07; Ess., Kritik. – **MV:** Marieluise Fleißer, m. Michael Töteberg 79; Theatermacher 87; Tabori 89, beide m. Jörg W. Gronius. – **MA:** Aufss. u. Ess. in ca. 30 Büchern. – **H:** George Tabori: Ein guter Mord 92; Tod in Port Aarif 94; Das Opfer 96; Gefährten zur linken Hand 98; Der Spielmacher. Gespräche m. George Tabori 04; – Paul Nizon: Die Erstausgaben der Gefühle. Journal 1961–72 02, frz. Ausg. u. d. T.: Les Premières Éditions Des Sentiments 06; Das Drehbuch der Liebe. Journal 1973–1979 04, frz. Ausg. u. d. T.: Le Livret de l'amour 07; Die Zettel des Kuriers. Journal 1990–1999 08. – **MH:** Marieluise Fleißer: Der Tiefseefisch 80. – **R:** zahlr. Radio- u. Fernseharb. – **P:** Dichter am Ball. 50 neue Fußballgedichte, CD (Red. m. Raoul Schrott) 06.

Kästner, Herbert, Mathematiker, Hrsg.; Philipp-Rosenthal-Str. 66, D-04103 Leipzig, Tel. u. Fax (03 41) 2 21 61 38, *Kaestner_Lpz@online.de*. c/o Leipziger Bibliophilen-Abend, Gerichtsweg 23, D-04103 Leipzig (* Leipzig 1. 9. 36). Pirckheimer-Ges. 72, Maximilian-Ges. 90, Leipziger Bibliophilen-Abend 91; Ess., Aufsatz, Lit.- u. Buchwiss. – **V:** Karl-Georg Hirsch. Das buchgraphische Werk (unter Mitarb. v. Hiltrud Lilbert) Bd 1 96, Bd 2 08; Die Insel-Bücherei. Bibliographie 1912–1999 99; Egbert Herfurth. Das buchgraphische Werk 09. – **MV:** Fünfunddreißig Jahre Bibliophilie in Leipzig, m. Albert Kapr 91; Zehn Jahre Leipziger Bibliophilen-Abend. Eine Festschrift, m. Elmar Faber, Lothar Lang, Mark Lehmstedt u. a. 01; Die ersten Zehn, m. J.P. Tripp, Ess. 01. – **MA:** U. v. Kritter (Hrsg.): Literatur u. Zeiterlebnis im Spiegel d. Buchillustration 1900–1945 89; Aus dem Antiquariat 5/90 u. 3/91 (Beil. z. Börsenblatt); Sisyphos der Zweite 92; A. Herzog (Hrsg.): Das literarische Leipzig 95; U. v. Kritter (Hrsg.): Buchillustration d. 20. Jh. in Deutschland, Österreich u. d. Schweiz 95; Fünf bibliophile Jahrzehnte in Leipzig 05; U. Rautenberg (Hrsg.): Buchwissenschaft in Deutschland 08; – zahlr. Beitr. in Zss./Periodika, u. a. in: Marginalien; Illustration '63; Insel-Bücherei, Mitt. für Freunde. – **H:** Pegasus von vorn und hinten, Lyr. 83, 86; Einsichten, Lyr. 88; Briefe 89; Fünfunddreißig Jahre Bibliophilie in Leipzig 91; Das Haus des Buches in Leipzig, Aufs. 96; Von A bis Zweitausend. Graphische Neujahrsgrüße 1976–2000 99; Zehn Jahre Leipziger Bibliophilen-Abend, Festschr. 01; Neue Totentänze, Lyr. 02; Baldwin Zettl – Das druckgraph. Werk 1965–2002 03; „... mitten in Leipzig, umgeben von eigenen Kunstschätzen und Sammlungen anderer ..." 04; Rainer Kirsch 70, 04; Reinhard Minkewitz, Radierungen 1984–2007 08; – Reihen/Serien: Originalgraph. Reihe „24 × 34. Blätter zu Literatur u. Graphik" (30 Drucke) 86–00; Originalgraph. Buchserie „Leipziger Drucke" (bisher 19 Drucke), seit 91; Originalgraph. Serie „Totentänze" (6 Drucke) 98–02; Originalgraph. Reihe „Stich-Wort" (bisher 19 Drucke), seit 02. – *Lit:* Herbert Kästner 60 (mit Bibliogr.), in: Marginalien 142/96; Hommage à H.K. 01.

Käufer, Hugo Ernst, Dipl.-Bibliothekar, Lektor, Städt. Büchereidirektor a. D.; Heinrich-Kämpchen-Str. 32, D-44879 Bochum, Tel. (02 34) 49 07 13 (* Witten 13. 2. 27). VS 68, Kogge 68, EVors., P.E.N.-Zentr. Dtld 74; Arb.stip. d. Ldes NRW 73 u. 89, Silberfeder d. schwed. Autorenprogressiv 80, Intern. Lit.pr. Mölle 88, BVK 97, Kogge-E.ring 99, Lit.pr. Ruhrgebiet 02, E.zeichen d. Stadt Witten 04, E.ring d. Stadt Bochum 04, Verd.orden d. Ldes NRW 07; Lyr., Erz., Dramatik, Ess., Glosse, Lit.kritik. – **V:** Wie kannst Du ruhig schlafen ...?, G. 58; Mensch und Technik im Zeichen der zweiten industriellen Revolution 58; Die Botschaft des Kindes, G. 62; Und mittendrin ein Lächeln, G. 63; Das Werk Heinrich Bölls, Ess. 63; Das Abenteuer der Linie, Ess. 64; Spuren und Linien, G. 67; Käuferreport, G. 68; Der Dortmunder Publizist Friedhelm Baukloh 72; Im Namen des Volkes, G. 72; Interconnexions/Bezugsverhältnisse, G. 75; Leute bei uns gibts Leute, G. 75; Standortbestimmungen, Aphor. 75; Rußlandimpressionen, G. 76; Unaufhaltsam wieder Erde werden, G. 76; Massenmenschen Menschenmassen, G. 77; Demokratie geteilt, G. u. Aphor. 77; Stationen, ges. Texte 47–77; Wir, Ess. 77; So eine Welle lang, G. 79; Schreiben und schreiben lassen, G. u. Aphor. 79; Immer gibt es welche, G. 79; Autobiographische Notizen 80; Der Holzschneider HAP Grieshaber, G. 80; Solange wir fragen, G. 80; Letzte Bilder, G. 82; Über das gesunde Volksempfinden und andere Anschläge, Aphor. 83; Zeit wird es, G. 83; Kehrseiten, Aphor. 84; Zeit-Gedichte, G. 84; Die Worte die Bilder 86; Bei Licht besehen, Aphor. 87; Von Büchern, Bibliotheken, Lesern und Autoren, Vortr. 87; Poems (Nachdr. v. 1952) 88; In späten Jahren, G. u. Aphor. 89; Chopins Klavier, G. 89; Wer nicht hören will muß sehen, Dok. 90; Kartoffelkrautfeuer, G. 91; Dialoge, Dok. 92; Die Jäger sind unterwegs, Haiku 95; Botschaften im Wind, Haiku 96; Immer noch unterwegs, G. 97; Ohne Erinnerung hat die Zeit kein Gesicht, G. 97; Unterdessen, G. 97; Grieshaber, Dok. 99; Das Haus der Kindheit, G. 99; Lesezeichen, Im Steinbruch des Vergessens, G. 02; Paul Karalus, Biogr. 02; Eingepaßt ins Riesenrad – Über Otti Pfeiffer, Biogr. 03; Achtsam sein, G. 05; Augapfeltiefe, G. 05; Sieben Gerechte oder Auschwitz der Ort das Tor der Abgrund, Theaterst. 05; Zwischenbericht oder Als die Worte das Laufen lernten, Sammelbd 06; Im Zeitspalt, Melodram 06; Wortwörtlich, G. 06; Ein Mann ohne Frau ist wie ein Vogel ohne Brille, Aphor. 06; ars moriendi, ars vivendi, Kantate 07; Auf dem Kerbholz, neue Aphor. 08. – **MA:** Verborgener Quell 50; Lyrik unserer Zeit; Surrealismus 57; Lotblei; Weggefährten 62; Dt. Teilung; Das ist mein Land; Spuren, Strukturen, Blues 66; Agitation; Anklage u. Botschaft; Deutschland Deutschland; Ein ganz gewöhnlicher Tag; Thema: Arbeit 69; 25 Jahre danach; Linkes Leseb.; Signaturen 70; Nix zu machen?; Ortstermin Bayreuth; Schrauben haben Rechtsgewinde; Satzbau 72; Chile lebt; Revolution u. Liebe 73; Bundesdeutsch; Denkzettel; Im Bunker; Kreatives Literaturleb. 74; Dome im Gedicht; Werkbuch; Jb. 1; Tagtäglich; Federkrieg 76; Pro 27; Jb. 2; Frieden & Abrüstung 77; Recht auf Arbeit; Prisma Minden; Autoren-Patenschaften; arb.gem. Tonband 78; Nachrichten v. Zustand d. Landes 78, 81; Schnittlinien f. HAP Grieshaber; Jb. f. Lyr. 1; Nicht mit d. Wölfen heulen; Über alle Grenzen hin; In unserem Land 79; Jb. f. Lyr. 2; Jahresring 80/81; Grieshaber zu Eningen; Her mit d. Leben 80; Frieden: Mehr als e. Wort; Der Frieden ist e. zarte Blume; Poesiekiste 81; Frieden; Friedens-Erklärung; Einkreisung; Gegen, süßer Tod; Krieg u. Frieden; Straßen-

Kaffke

gedichte 82; Bomben-Stimmung; Gratwanderungen 83; Arbeitsb. Deutsch; Denn wir müssen so manches noch ändern; Europ. Begegnungen in Lyr. u. Prosa; In e. guten Land brauchts Neue Tugenden; Und das ist unsere Gesch.; Tangenten; Wir haben lang genug geliebt, u. wollen endlich hassen; Die Worte haben es schwer mit uns 84; Treff; Als d. Pille in die Emscher flog; Geh Weiter!; Startzeichen; Zeit wird es die Zeit zu bedenken 85; Abseits v. Babylon; Jedes ist gemeint; Frieden; Dortmunder Zeit-Gedichte; Die Worte, d. Bilder, G. 86; Veränderung macht Leben 89; Geisteskinder; Seiltänzer 91; Kontrapunkte 92; Freiräume 93; Poster Wandbuch 94; Das Dach ist dicht 96; Meine Weihnachtsgesch. 97; Ich denke mir e. Welt; Lese-Zeichen 98; Bei Anruf Poesie; 10 Jahre Mauerfall 99; Das große dt. Gedichtbuch 00; Menschen sind Menschen – überall 02; Aus dem Hinterland 03; Der Große Conrady 08. – **H:** Beispiele Beispiele, Anth. 69; Dokumente Dokumente 69; Anstöße I–III 70–73; Revier heute, Anth. 72; Kurt Küther: Ein Direktor geht vorbei, G. 74; NRW literarisch 2–4 74–75; Das betroffene Metall, Anth. 75; Rose Ausländer: Ges. Gedichte 76; Kurt Schnurr: Mitten im Strom, G. 76; Reinhart Zuschlag: Tagesgespräche filtern, G. 76; Beitr. zur Arbeiterlit. 1–3 77–79; Soziale Bibliotheksarbeit 82; Gelsenkirchener Bibliographien 1–2 84; Schulter an Schulter, Anth. 85; Erika v. Nordheim: Geh behutsam um mit dem Licht, G. 85; Himmerod u. anderswo, Anth. 94; Jennifer Söhn: Ein kurzer steiniger Weg, Erz. 98; Petra Thiele: Kein Aufenthalt, G. 99; Nadine Dönecke: All Tag All Nacht, G. 99; Nora Joana Hoch: Vielleicht wieder zum Wort, G. 02; Anni Crämer: Ich habe immer getan, was andere nicht tun wollten, Autobiogr. 05; Rainer Horbelt: Die Kinder von Buchenwald, Dok. 05. – **MH:** Das radioaktive China 60; Afrika zwischen gestern u. morgen 62; Die Sowjetunion heute 65; Nordamerika heute 67; Für e. andere Deutschstunde 71; Sie schreiben zw. Moers u. Hamm 74; Sie schreiben zw. Goch u. Bonn 75; Sie schreiben zw. Paderborn u. Münster 77; Sie schreiben in Gelsenkirchen 77; Sie schreiben in Bochum 80; Im Angebot 82; Liselotte Rauner: Kein Grund zur Sorge, G. 85; Für uns begann harte Arbeit 86; Augenblicke d. Erinnerung 91; Grenzenlos 98; Forum Lyrik, 1–7 00–07; Sieben Schritte Leben 01; Sie schreiben in Bochum 04, alles Anth. – **P:** Auf der schwarzen Liste, Schallpl. 81; Dt. Kulturspiegel 81; Lit. gegen Rechts, Video 02; – CDs: H.E.K. zum 70. Geb. 97; Ohne Erinnerung hat die Zeit kein Gesicht 98; Kartoffel Krautfeuer 99; Spurensuche vor Ort 00; Haus der Kindheit 00; Augapfeltiefe u. a. Texte 05; Sieben Gerechte oder Auschwitz der Ort das Tor der Abgrund 05; Im Zeitspalt 06; H.E.K. Empfang z. 80. Geb. 07; Augenblicke 07; Lauter Lyrik 08. – *Lit:* Wir besuchen d. Stadtbücherei in Gelsenkirchen u. sprechen m. d. Direktor – H.E.K.; Anstöße, H.E.K. z. 60. Geb. 87; Herbert Knorr in: KLG 96; Klaus Scheibe: H.E.K., Autor, Hrsg., Bibliothekar, Galerist. Dok. u. Auswahlbibliogr. 97; Jahresringe. H.E.K. z. 75. Geb. 02; Sascha Kirchner (Hrsg.): Das Wesen d. Schreibens heißt Überleben… Über H.E.K. 03; Thorsten Hanson: Schürfen im Steinbruch d. Vergessens. Der Schriftst., Hrsg. u. Bibliothekar H.E.K. 04; H.E.K. 80, Dok. 07.

Kaffke, Silvia, Texterin, Lektorin, PR-Referentin, Sekretärin; Duisburg, *silvia_k@arcor.de, kaffkescrimes.blogg.de* (* Duisburg 6.6.62). Kulturförd.pr. f. Lit. d. Stadt Düsseldorf 00; Krim.rom. – **V:** Messerscharf 00; Herzensgut 02; Totenstill 05; Blutleer 06; Das rote Licht des Mondes 08. (Red.)

Kafka-Huber-Brandes, Sophie-Marlene s. Brandes, Sophie

†**Kagel,** Mauricio, Prof., Dr. h. c., Komponist, Hörspielautor, Filmemacher, Schriftst.; lebte in Köln (* Buenos Aires 24.12.31, † Köln 18.9.08). Adolf-Grimme-Pr. 70 u. 71, Karl-Sczuka-Pr. 70 u. 95, Prix Italia 77 u. 85, Hsp.pr. d. Kriegsblinden 79, Mozart-Med. d. Stadt Frankfurt 83, Commandeur de l'Ordre des Arts et des Lettres 85, Erasmuspr., Niederlande 98, Prix Maurice Ravel 99, Ernst-von-Siemens-Musik-pr. 00, Dr. h.c. Hochschule f. Musik Weimar 01, Großer Rheinischer Kunstpr. 02, Dr. h.c. Univ. Siegen 07, u. a. – **V:** Tamtam. Monologe u. Dialoge zur Musik 75; Aus Deutschland. Eine Lieferoper, Libr. 81; Das Buch der Hörspiele 82; Zur Eröffnung der Kölner Philharmonie, Festvortr. 86; Worte über Musik 91; Worte über Musik, Gespräche, Aufss., Reden, Hsp. 91; Dialoge, Monologe 01 – Bühnenwerke: Sur scène 59/60; Antithese 62; Probe 71; Con voce 72; Zählen und Erzählen 76; Présentation 76/77; Variété 76/77; Die Erschöpfung der Welt 76/78; Umzug 77; Ex-Position 77/78; Die Rhythmusmaschine 77/78; Aus Deutschland, Lieferoper 77/80; Der Tribun 78/79; Der mündliche Verrat (La trahison orale) 81/83; Tantz-Schul 85/87; Zwei Akte 88/89; „… nach einer Lektüre von Orwell" 93/94; – weiterhin zahlr. Orchester- u. Vokalwerke sowie Kammermusiken. – **R:** Ps.-Produktionen: Antithese 65; Unter Strom 69; Tactil für drei 70; Ex-Position 78; Blue's Blue 81; Le chien andalou 83; Er 84; Dressur 87; Mitternachtsstück 87; – zahlr. Hörspiele, u. a.: Ein Aufnahmezustand; Soundtrack; Die Umkehrung Amerikas; Der Tribun; Mare nostrum; Nah und Fern; Playback Play; Cäcilie: Ausgeplündert; Rrrr …; Nach einer Lektüre von Orwell.

Kahl, Heinrich, Schulleiter i. R.; Hoopwischen 3, D-22397 Hamburg, Tel. (040) 6 07 01 05, Fax 60 76 12 68, *heinrich.kahl@t-online.de* (* Duvenstedt, Kr. Stormarn 26.11.21). Stormarner Schriftstellerkr. 90, Dt. Haiku-Ges. 90, Schriftst. in Schlesw.-Holst. 96; Borsla-Lit.pr. (2. Pr.) 97; Lyr., Erz. Ue: ndl. – **V:** Grootvadder leest vör, M. 90; Küsel, pldt. G. 91; Gollen Hahn, pldt. G. 96; Swatte Schooster/Schwarzer Schuster, Kurzgeschn. 00; Kinnertieden, Erz. 04; Lebensboom, Lyr. u. Prosa 07. – **MV:** Wi snackt Platt 79, 03; Platt för Jungs un Deerns 80, 03; Plattdüütsch in de School 89, alle m. Peter Martens. – **B:** Jb. Kr. Stormarn 2002, zus.gest. m. Joachim Wergin 02; Hamborg Quiz op Platt, zus.gest. m. Ursula Berlitz 07. – **MH:** Unsere Heimat – Die Walddörfer, seit 85; Jb. Alster-Verein 92–03; Jb. Kr. Stormarn 92–03; De Kennung, Zs., seit 93; Kiek mol 'n bäten in, Leseb., Bd 2 98, Bd 3 99; Nichts als Worte? Mehr als Worte!, Anth. 08. – **H:** Wiehnachtsbook för Lütt un Groot, Geschn. u. G. 83, Neuaufl. 97, 2.,überarb. Aufl. 01; Hermann Claudius: Unkruut, pldt. G. 00. – **MH:** Vun Gott un de Welt, m. Peter Martens, Anth. 95; Bll. d. Fehrs-Gilde, m. Bernhard Laatz, Lit.zs. 98.

Kahl, Maria Katharina s. Kawohl, Marianne

Kahlau, Christine, Dipl.-Soziologin; Bötzowstr. 26, D-10407 Berlin, Tel. (030) 4 24 86 45 (* Berlin 6.11.55). Lyr., Erz. – **V:** Ver-Dichtung. Gedichte aus 2 Jahrzehnten 01; Ich zweifel, also bin ich, G. 05. (Red.)

Kahlau, Heinz (geb. Alfred Heinz Hinze), Traktorist, Schriftst.; Dorfstr. 10, D-17406 Gummlin, Tel. (03 83 72) 7 19 66, Fax 7 65 60, *CordulaKahlau@t-online.de* (* Drewitz, Kr. Teltow 6.2.31). SV-DDR 56, VS 90, P.E.N.-Zentr. Dtld; Lit.pr. d. Min. f. Kultur d. DDR 54, Pr. d. Freundschaft d. IV. Weltfestsp. d. Jgd., Warschau, Heinrich-Greif-Pr. 62, Heinrich-Heine-Pr. 63, Attila-József-Med. (Ung.) 63, Goethe-Pr. d. Hauptstadt d. DDR 71, Lessing-Pr. d. DDR 72, Orden d. Arbeit in Gold (Ung.) 78, Johannes-R.-Becher-Pr. 81, Hsp.pr. d. Rdfks d. DDR 84, 87, Nationalpr. d. DDR III.

Kl. 85, Johannes-R.-Becher-Med. 86, Vaterländ. Verd.-orden in Bronze 89, u. a.; Lyr., Drama, Film, Hörsp., Nachdichtung. – **V:** Hoffnung lebt in den Zweigen des Caiba, Vers-Erz. 54; Probe, G. 56; Heut erntet man Lieder mit riesigen Körben. 50 chines. Volkslieder 62; Jones' Family, Grot. m. Gesang 62; Der Fluß der Dinge, G. 64; Mikroskop und Leier, G. 64; Poesiealbum Nr.21 69; Heinrich Zille, Berlin aus meiner Bildermappe, G. 69; Balladen 71; Du, Liebesgedichte 71, 11. Aufl. 87, 1. ill. Aufl. 89; Die kluge Susanne, Sch. 72; Der Rittersporn blüht blau im Korn, Kdb. 72; Schaumköpfe, Kdb. 72; Konrads Traktor, Kdb. 74; Flugbrett für Engel, G. 74; Wenn Karolin Geburtstag hat, Kdb. 74; Der Vers, der Reim, die Zeile. Wie ich Gedichte schreibe 74; Das Hammer-Buch 75; Das Eiszapfenherz, M. 75; Der Früchtemann 76; Wie fand der Fritz grad, krumm und spitz?, Kdb. 76; Das Zangenbuch 77; Das Bohrerbuch 77; Das Sägenbuch 78; Lob des Sisiphus, G. 80; Tasso und die Galoschen, 2 Stücke 80; Bögen, ausgew. G. 1950–1980 81; Daß es dich gibt, macht mich heiter, G. 82; Das Nadelbuch, Kdb. 82; Besuch bei Jancu 83; Fundsachen, G. 84; Im Urwald gibt es viel zu tun 87; Hurra, Hurra. Die Feuerwehr ist da! 88; Spiegelein, Spieglein in der Hand 88; Ich liebe dich 88; Eines beliebigen Tages, G. 89; Die Häsin Paula 89; Querholz, G. 89; Terra humanitas, Text f. Chormusik 89; Der besoffene Fluß, Balln. 91; Kaspers Waage, G. 92; So oder so. Gedichte 1950–1990 92; Zweisam, G. 99; Die schönsten Gedichte, ausgew. v. Lutz Görner 03; Blanke man, Lyr. 03; Sämtliche Gedichte und andere Werke (1950–2005), hrsg. v. Lutz Görner 05; – THEATER/UA: Ein Krug mit Oliven 66; Der Gestiefelte Kater 67; Der Musterschüler 69; Das Eiszapfenherz, M. 72; Die kluge Susanne 73; Das Durchgangszimmer 73; Die Galoschenoper 78. – **MA:** Anth.: Wir lieben das Leben, Lyr. 53; Anthologie '56 56; Die sanfte Revolution 90; Kopfbahnhof. Alm. 3 91; zuletzt: Wozu das Verlangen nach Schönheit 02; Schlafende Hunde 04. – **F:** Auf der Sonnenseite, m. Gisela Steineckert 62; Verliebt und vorbestraft, m. Erwin Stranka 65; Schritt für Schritt, m. Janosch Weiczi 60; Steinzeitballade 61; Vincenth van Gogh, m. Horst Seemann 72. – **R:** FERNSEHSPIELE: Poet der Brotlosen 53; Und das am Sonntag 62; Die nackte Wahrheit 70; Trotzki, Fs.-Serie m. Felix Huby 92; Ein Bayer auf Rügen, Fs.-Serie m. dems. 94; – HÖRSPIELE: Der Lügenkönig 59; Der Neugierstern, m. Gisela Steineckert 60; Geppone 61; Als der Regen kam 75; Der Froschkönig 79; Amor und Psyche 81; Aschenputtel 86; Mutti ist ausgegangen 88. – **P:** Faustus Junior, Schallpl. 81; Ungesagtes, Schallpl. 87; 120 Gedichte aus 50 Jahren und ein Interview, 3 CDs 03, u. a. – **Ue:** Hör zu, Mister Bilbo, Nachdicht. amerikan. Arb.lieder 62; Es brennt, Brüder, es brennt, Nachdicht. jidd. Volkslieder 66; Ping-Pang-Poch, engl. Kinderverse 67; Tudor Arghezi: Ketzerbeichte, G. 68; Die Märchen der Mutter Gans 73; Robert Roshdestwenski: Wir 74; Katinka träumt, russ. Kinderverse 79; Pierre Gamarra: Mandarin und Mandarine, Kinderverse 82; Weöres Sándor: Hagedorn, Kinderverse 86. – **MUe:** Jurek Ady, Ojars Vacietis, Attila József. – *Lit:* Jurek Becker in: Liebes- u. a. Erklärungen 72; Rudolf Dau in: Lit. d. DDR in Einzeldarst., Bd 2 79; Walther Killy (Hrsg.): Literaturlex., Bd 6 90; Internat. Biogr./Hannes Schwenger in: KLG 92.

Kahleyss, Martin, Dr. med., Nervenarzt u. Psychoanalytiker; Hohenstaufenstr. 1, D-80801 München, Tel. u. Fax (0 89) 33 42 90. Heimstättenstr. 28, D-80805 München, Tel. (0 89) 3 22 75 87 (* Heilbronn/Neckar 3. 11. 32). IGdA 83; Lyr., Kurzprosa, Dramatik. – **V:** Gedichte 98; Geschäfte am Styx, ausw. Lesung 00; Das

Heiratsultimatum, szen. Lesung 04; Rotbarts Burg, Lyr. 08. – **MA:** Littfass 22 82; Wegwarten, Heft 106–166 88–05. – *Lit:* s. auch 2. Jg. SK.

Kahn, Lisa, Prof. Dr., Hochschullehrerin, em.; 4106 Merrick, Houston, TX 77025/USA, Tel. (7 13) 6 65–43 25, kahn4@gateway.net (* Berlin 15. 7. 27). Kg. 78, VFS 78, Intern. P.E.N. 82, American P.E.N. 86, Modern Lang. Assoc., American Assoc. of Teachers of German, German Studies Assoc., Soc. for German-American Studies, Texas-German Heritage Soc., Poetry Soc. of Texas, Soc. of Contemp. American Lit. in German (SCALG), GZL Leipzig; Pegasus Award Austin, Einlad. d. Kultusmin. NRW z. Adelbert v. Chamisso-Lesung in Mülheim/Ruhr, BVK 90, Poeta Laureata Univ. of New Mexico, Albuquerque 96; Lyr., Prosa. Ue: am. – **V:** Klopfet an 75; Feuersteine 78; Denver im Frühling 80; David am Komputer 82; Utahs Geheimnisse 82; Bäume 84; From My Texan Log Cabin, zweispr. 84, alles G.; Wer mehr liebt, Kurzgeschn. u. M. 84; Kinderwinter 86; Tor und Tür 86; Kreta. Fruchtbar und anmutsvoll 88, 92 (engl.); Atlantische Brücke 92; Today I commanded the Wind/Heute befahl ich dem Wind 95, alles G.; Kälbchengeschichte 97; Flußbettworte, G. 98; The Calf who fell in love with a Wolf, Kdb. 99. – **MA:** Reisegepäck Sprache. Dt.schreibende Schriftstellerinnen i. d. USA 1938–1978 79; Dt.schreibende Autoren in Nordamerika, G. 90; Zss.: lit.-express 1–3 88–90; TRANS-LIT, ab Nr.1 92ff. – **H:** Robert L. Kahn: Tonlose Lieder, 51 G. 78; Kurt Tucholsky Konferenz-Ausgabe (Schatzkammer d. dt. Spr., Bd 14, Nr. 1) 88. – **MH:** Studies in German, m. Hans Eichner 71; In Her Mother's Tongue, m. Jerry Glenn, zweispr. Anth. 83. – **R:** Beitr. im Rdfk. – *Lit:* Christine Möller-Sahling: Mag.-Arb., Univ. of Vermont 95; Sabine Schönherr: Staatsexamenarb., Univ. Dortmund 97. (Red.)

Kahn, Sepp, Bauer u. Schriftst.; Schwendt 1, A-6305 Itter, Tel. (0 53 32) 7 33 68 (* Itter 8. 4. 52). – **V:** Almsommer 91; Heiles Land, Krim.-R. 94; Ein ganz normaler Fernsehabend u. a. Kurzgeschichte 95; Der Hase auf dem Sessellift, Erz. 99; Almtagebuch 03; Der Birnbaum schweigt, Krim.-R. 08. (Red.)

Kahrs, Axel, LBeauftr. an d. Univ. Lüneburg, Leiter d. Künstlerhofes Schreyahn; Kirchstr. 9, D-29439 Lüchow, Tel. (0 58 41) 63 77, axel.kahrs@t-online.de (* Wustrow 6. 3. 50). VS, P.E.N.-Zentr. Dtld 07. – **V:** Wendland literarisch. Ein Streifzug durch d. Lit.gesch. d. Landkr. Lüchow-Dannenberg 85; Dichter reisen. Literar. Streifzüge 90; Luchovia – Lüchow – Lutschon. Ein lit.-hist. Stadtporträt in zwanzig Skizzen 08. – **MV:** Die Gruppe 47 80, 2. Aufl. 87; Dichter-Häuser in Sachsen-Anhalt 99. – **MA:** Mare Baltikum 98; Politische memoriale 99; Beitr. üb. Nicolas Born in: Text + Kritik 4/06. – **H:** Die Uhren ticken anders – Notate in Schreyahn, Tagebücher 01; Im Wendland ist man der Wahrheit näher, Repn. 07. – **MH:** ... mitten in Deutschland ... Die Grenzöffnung 1989 im Spiegel der EJZ 92; Der Landvermesser. Gedenkbuch f. Nicolas Born 99, beides m. Christiane Beyer. – *Lit:* Lit. in Niedersachsen, Hdb. 00.

Kailand, Alexander s. Keilson, Hans

Kain, Eugenie; Leonfeldnerstr. 24b, A-4040 Linz, Tel. (07 32) 71 08 13, eugenie.kain@aon.at, eugenie. kain@linzag.at (* Linz-Urfahr 1. 4. 60). GAV 00; Max-v.-d.-Grün-Pr. 82, Buch.Preis 03, Öst. Förd.pr. f. Lit. 06, Kulturpr. d. Ldes ObÖst. f. Lit. 07; Rom., Erz., Hörsp. – **V:** Sehnsucht nach Tamanrasset, Erzn. 99; Atemnot, R. 01; Hohe Wasser, Erzn. 04; Flüsterlieder, Erz. 06. – **H:** Hochwassergeschichten aus Mitterkirchen 03. (Red.)

Kaina, Miriam, journalist. u. fotogr. Tätigkeiten, Arbeit in Werbung u. Verlag, Verlagskauffrau, Künstlerin;

Kaindl

Ruhrtalstr. 129, D-45239 Essen, *EisberginderWueste* @web.de, *www.eisberg-in-der-wueste.de* (* Essen 1.7.81). Lyr., Poesie, Kurzgesch., Rom. – **V:** Eisberg in der Wüste 02. – **MA:** Jb. f. d. neue Gedicht 04, 05; Bibliothek dt.sprachiger Gedichte. Ausgew. Werke VIII/05, IX/06; zahlr. Veröff. seit 06 in: essenz, Mag.

Kaindl, Marianne, Dr. phil.; Modl-Toman-Gasse 21, A-1130 Wien, Tel. (01) 8 87 34 96 (* Darmstadt 6. 5. 15). SÖS; Lyr.-Förd.pr. d. DKEG 86; Märchen, Kurzgesch., Kinderb., Kinderhörsp. – **V:** Die roten Schuhe, Kdb. 53; Kunterbunte Märchenstunde, Kdb. 57; Der Märchenbrunnen 60; Ein Kätzchen für Sabine 70; Der Schlupfi, Kdb. 82, 93. – **MV:** Wieder ist Weihnachten 64; Mein liebstes Geschichtenbuch 69; Bußgeschichten 80, 82. – **R:** Punkterl: Die Prinzessin mit dem Karfunkelstein; Prinz Zappelbaum; Die gläserne Stadt; Prinzessin Winzigklein, u. a. M.-Hsp. (Red.)

Kainerstorfer, Bernhard *

Kaip, Günther, Autor; Längenfeldgasse 68/18, A-1120 Wien, Tel. (01) 8 13 98 43, *guenther.kaip@utanet. at* (* Linz 15. 2. 60). GAV 96; Arb.stip. d. Stadt Wien 91, 95, Theodor-Körner-Förd.pr. 91, Talentförd.prämie d. Ldes ObÖst. 95, Werkzuschuß d. Literar-Mechana 97/98, Pr. Gresten Initiative 98; Prosa, Rom., Drama, Hörsp. – **V:** Marco 91, 92 (auch als Fs.-Serie); Andersland, R. 94; lichterloh, Ber. 96; NOVAK, Grot. 96; Momentaufnahmen 99; Nacht und Tag. Eine Tirade 99, erweit. Ausg. 04; Vademekum für Körper, Prosa 01; Umarmungen im Windkanal 02; Kurt, Kdb. 03; Trash, Erz. 04; Der Schneemann, Kdb. 05. – **MA:** zahlr. Veröff. in Anth., u. a.: Phantastisches aus Österreich 95; in Lit.-Zss., u. a.: ndl in Ztgn, u. a.: NZZ; The Dedalus Book of Austrian Fantasy 1890–2000, 04. – **R:** Am Puls der Zeit, Hsp. 95. (Red.)

Kais, Leila, M. A., Übers.; Mollenberg 17, D-88138 Hergensweiler, Tel. (0 83 88) 9 20 47 41, Fax 9 20 47 42, *leila.kais@t-online.de.* BDÜ, VS/VDÜ. Ue: engl. – **V:** Als Adam lachte. Nietzsches Konzeption d. Nihilismus u. der Welt danach 06. – **MA:** Philosophisch-literar. Reflexionen, Bd 5 03, Bd 6 04, Bd 7 05; I. Lüscher: Viveri Polifonici, Mailand 04; H. Szeemann: The Beauty of Failure, Barcelona 05; Marginalien, H.177 05; Sinn u. Form 3/07; Nietzsche u. Europa – Nietzsche in Europe 07; GlobKult, unter www.global-culture.de. – **H:** Oscar Levy: Nietzsche verstehen. m. Steffen Dietzsch 05; ders.: Der Idealismus – ein Wahn! 06. – **Ue:** zahlr. Übers. im Bereich Kunst u. Kultur aus d. Engl. bzw. ins Engl., u. a. Titel von: Robert Wuthnow, Bianca Jagger.

Kaiser, Anna-Maria (geb. Anna-Maria Grabuschnigg), Fachberaterin, Moderatorin, Schriftst., Musiktexterin, Journalistin; Thalsdorf 23, A-9314 Launsdorf, Tel. u. Fax: (0 42 13) 21 46, (06 64) 3 45 14 05, *anna.kaiser@aon.at* (* St. Veit an der Glan 27. 5. 54). Dichtersteingemeinsch. Zammelsberg 95, Kärntner Bildungswerk 95, Kärntner Volksliedhaus; E.krug d. Dichtersteingemeinsch. Zammelsberg, Silb. E.zeichen d. Kärtner Bildungswerkes; Lyr. – **V:** Fang' die einen Sonnenstrahl 94; Mei Hoamat 94; Brauchst koa Zacharle rearn 95; Gib niemals auf 95; Nimm dir a bissl Zeit 98; Ratschweiba dazöhln 00; Laß die Sunn in die Herz 03; Nimms leicht 06, alles Lyr. – **MA:** Kärntner Autoren 97. – **P:** zahlr. CDs u. Lieder auf Noten.

Kaiser, August-Wilhelm (Ps. Caesar), Dr. jur.; Pfalzgrafenstr. 46, D-76887 Bad Bergzabern, Tel. (0 63 43) 41 23. c/o Pandion Verl., Simmern (* Leipzig 22. 12. 23). FDA 86/87; Erz. – **V:** Heldenkampf und Hasenjagd, Lebensgeschichte 96; Mit dem grünen Herzen eng verbunden, Kurzgeschn. 97; Das grüne Herz bittet zu Tisch, Thür. Rezepte u. Kurzgeschn. 00; Tun Falten weh? Vergnügliches aus Kindermund 02. – **MA:** Beitr.

in versch. Anth.; regelm. Beitr. im Heimat-Jb. d. Landkr. Rhön-Grabfeld, seit 97. (Red.)

Kaiser, Daniel (Dan Emperore); Bruggweg 70, CH-4143 Dornach, Tel. (0 79) 3 22 52 58, *info@kaiser-theater.ch, www.kaiser-theater.ch* (* Basel 22. 2. 53). Theater. – **V:** zahlr. Schwänke u. Lustspiele, u. a.: E chaootischi Grichtsverhandlig 90, 95; Nur ohni Schueh 90, 96; Wo isch mi Köfferli 91; Flucht nach Tatakoto 94; Diagnose Alptraum 97, 98 (pldt. u. d. T.: Bloots een Viddelstünn); S Rösli übernimmt s Kommando 98; Empire-Röck u. Männertröim 99; Mafia-Lady Xenia 00; Stress bi Wackernagels 00; Amazonen Virus 01; Projäkt Universus 02; Big Brother spezial 02; Airline Wassermann 03; Das Auge der Isis 05; Tatort Villa Bock 06; Die Monster von Folterstein 06; Dr Hobby Huuswart 08; Wolke 7 08.

†**Kaiser,** Dietlind (geb. Dietlind Planer), Übers., Schriftst.; lebte in Reutlingen (* Kranichau 22. 10. 43, † Reutlingen 1. 1. 08). Lit.pr. d. Bertelsmann-Erzählerwettbew. 86; Erz., Essayist. u. lexikograph. Arbeit, Übers. Ue: engl. am. – **MV:** Schwäbische Wünschelrutengänge 79; Liebe in unserer Zeit 86; Die klugen Schwaben zur Zeit der Romantik 89. – **MA:** Gut gesagt und formuliert 88. – **H:** Knaur Krimi Reihe 82–85; Anth.: Tödliche Beziehungen 84; Tödliche Umwelt 86; Tödliche Feste 88. – **Ue:** über 90 Sachbücher u. Romane, u. a.: Jane Smiley: Dschungel Manhattan 86; Melvin Bragg: Richard Burton 88; Morris L. West: Das Meisterwerk 89; Lazarus 90; Die Fuchsfrau 92; Die Liebenden 94; Der Verschwundene 99; – Joseph Wambaugh: Nur ein Tropfen Blut 90; Ein kalifornischer Traum 91; Flucht in die Nacht 93; – Margaret Forster: Christabel 91; Die Dienerin 92; Familiengeheimnisse 97; – Sara Paretsky: Brandstifter 92; Eine für alle 93; – Walter Mosley: Der weiße Schmetterling 95; Black Betty 96; Mississippi Blues 97; Fische fangen 01; – Graham Greene: Unser Mann in Havanna 95; Ein ausgebrannter Fall 97; – Stephen W. Frey: Die Spekulanten 98; Deirdre Madden: Eine Liebe in Dublin 04.

Kaiser, Gerhard; Liebknechtstr. 30, D-66482 Zweibrücken, Tel. (0 63 32) 4 49 92. – **V:** Wenn du ganz still bist 96. (Red.)

Kaiser, Gloria, Prof., Schriftst., Leiterin d. Iniciativa Cultural Austro-Brasileiro (ICAB), Forschung Exil-Lit. (Libr. of Congress, Washington/D. C.); Dr.-Robert-Sieger-Str. 15, A-8010 Graz, Tel. (03 16) 46 55 34, *Gloria. Kaiser@aon.at* (* Köflach 22. 8. 50). F.St.Graz, IGAA, Öst. P.EN.-Club, Inst. Geográfico e Histórico da Bahia, Brasil, Acad. de Letras da Bahia, Brasil; Förd.pr. f. „Lit. z. Arbeitswelt" (2. Pr.) d. Arbeiterkammer ObÖst. 80, Walter-Buchebner-Pr. 80, Lit.pr. d. Ldesfrauenkomitees ObÖst. 86, Anerkenn.pr. d. Förd.pr. f. Kd.- u. Jgd.lit. d. Ldes Stmk 88, Lit.förd.pr. d. Stadt Graz 88, Förd.pr. f. Kd.- u. Jgd.lit. d. Ldes Stmk 90, Lit.pr. d. Ldes Stmk 94; Rom., Hörsp., Kinder- u. Jugendb. Ue: port. – **V:** Selbstgespräche einer Unbekannten, R. 80; Grenzland, Forts.-R. in „Tagespost" 86; Ein Opfer ohne Bedeutung, R. 90; Julchen und Kasimira, Kdb. 91; Oktoberfrühling, R. 91; Violetta, Kdb. 93; Dona Leopoldina. Die Habsburgerin auf Brasiliens Thron, R. 94 (auch port., am.); Maurice und Violetta, Jgdb. 95; Arnaldo. Ein Straßenkind v. Brasilien, Jgdb. 96; Pedro II. von Brasilien. Der Sohn d. Habsburgerin, R. 97 (auch port., am.); Anita Garibaldi, R. 01; SAUDADE. Leben u. Sterben d. Königin Maria-Gloria von Lusitanien, R. 03; Die Amazone von Rom, R. 05; Mozart, sua vida em cartas (port.), R. 06 (auch am.). – **MV:** Thomas Ender-Expedição ao Brasil 1817, m. Robert Wagner, Bildbd/ Kat. 94. – **MA:** Beitr. in versch. Anth., u. a. in: Encyclopedia Latin America (Washington) 93. – **R:** Figuren,

Drehb. 80; Alltägliches, Hsp. 81; Grenzlandfahrt, Hsp. 85; Ein Tag – ein Abend 86; Osterferien 86; Pokorny – ein Begräbnis 89; Cafezinho 94, alles Funkerzn.; Dona Leopoldina, Hsp. 95. – **P:** Ausschnitte aus „Oktoberfrühling", Tonkass. 92. – **Ue:** G. v. Roseana Murray in: Gott im dritten Jahrtausend 99.

Kaiser, Heidi, Lehrerin, Lektorin, Autorin; Im Hochwald 2, D-83471 Schönau a. Königssee, Tel. (0 86 52) 65 73 04, *HochwaldBGD@aol.com* (* Leipzig 21. 4. 46). Ver. Deutsche Sprache e.V.; Erz., Lyr., Autorenlesung. Ue: engl, frz. – **V:** Mimu Murmel sucht den Sommer, Bilderb. 94; Knuddl Kullerbauch will zum Zirkus, Bilderb. 95 (auch serbokroat.); Linden blühen überall 95, 96 (Blindendr.); Die Arche Noah, Bibelkal. 97. – **MA:** zahlr. Beitr. in versch. Anth., u. a. in: Das Gedicht lebt, Bd 2 01; Collection dt. Erzähler, Bd 1 02; mehrere Beitr. in: forum religion; Schönberger Hefte, seit 75. – **H:** u. MA: Erzählbuch zur Weihnachtszeit für Gemeinde, Schule und Familie 86, 4. Aufl. 91; Das große Kinderbuch von Himmel und Erde, Gebete u. Geschn. 93; Leiden und Hoffen, Anth. 93, 2. Aufl. 94. – **MH:** Erzählbuch zum Glauben 1–4, m. Elfriede Conrad u. Klaus Deßecker 81–89. – **R:** David spielt Harfe, Hsp. 77; Vom Sehen und Blindsein, Hsp. 78. – **Ue:** Eric de Saussure: Professor Rhododendron u. sein Geheimnis, Erz. 83; Doreen Roberts: Davids Geschenk, Erz. 86; Veronica Zundel: Wie Christen beten 86; Benoît Marchon / Andree Prigent: Das Vaterunser 93. – *Lit:* Lex. d. öst. Kinder- u. Jgd.lit., Bd 1 94. (Red.)

Kaiser, Henriette, Autorin, Regisseurin, Sprecherin; Georgenstr. 140, D-80797 München, Tel. u. Fax (0 89) 1 29 82 85, *Henriette.Kaiser@t-online.de, www. henriettekaiser.de* (* München 30. 12. 61). Fernsehsp., Dokumentation, Sachb., Feat. – **V:** Schlussakkord. Die letzten Monate mit Katja, dok. Erz. 1.u.2. Aufl. 06, Tb 08; – Booklets f. CD-Samml.: Klavier Kaiser 04; Ich bin der letzte Mohikaner 08. – **MV:** Ich bin der letzte Mohikaner, m. Joachim Kaiser, dok. Biogr. 08. – **MA:** Glossen u. Art., u. a. in: SZ 01–05. – **F:** Andante 89; Steine 90; Herz sucht Herz 91; Roter Tango 97, alles Kurzf. – **R:** ca. 40 Kultur- u. a. Beitr. in: BR, RTL, TM3 92–95; Annehmen und Loslassen, Feat. (BR 2) 02; Mein absolutes Lieblingslied, Spielf. (ZDF) 01; Musik im Fahrtwind, Dok.film (BR) 06.

Kaiser, Ingeborg (Ingeborg Kaiser-Rehm), Schriftst.; Niklaus von Flüe-Str. 29, CH-4059 Basel, Tel. u. Fax (0 61) 3 31 71 07, *ingeborg.kaiser@bluewin.ch, www. ingeborgkaiser.com* (* Neuburg/Donau 7. 8. 35). Gruppe Olten, jetzt AdS, Netzwerk schreibender Frauen, jetzt femscript 09, FiT, P.E.N. Schweiz, Basler Künstlerges.; 1. Pr. f. „Am Freitagabend" d. Ges. Schweiz. Dramatiker 83, Kurzgeschn.pr. d. Stadt Arnsberg 83, Werkbeitr. u. Stip. d. Lit.komm. Basel-Stadt, Basel-Land, Pro Helvetia Zürich 92, 95, 98, 00, 2. Pr. d. Arena, Riehen 98, Werkbeitr. d. Fachausschusses f. Lit. d. Kte Basel-Stadt u. Basel-Landschaft 05; Prosa, Lyr., Drama. – **V:** Staubsaugergeschichten 75; Basler Texte Nr. 8, Erzn. 78; Ermittlung über Bork 78; Die Puppenfrau, R. 82; Verlustanzeigen, Erzn. 82; manchmal fahren züge, G. 83; Freitagabend, Stück I 83, II 85; Ein Denkmal wird zertrümmert, Erz. 84; Eulenweg, R. 85; In Steinschuhen tanzen, Stück 85; heimliches laster, Lyr. u. episches G. 92; Möblierte Zeit, Erzn. 92; Regenbogenwahn, N. 95; Mord der Angst, R. 96; Den Fluss überfliegen, Erz. 98; zeittasten, Lyr. 02; Roza und die Wölfe, R. 02 (auch Blindenhörb.); galgenmut, Lyr. 07; Alvas Gesichter, R. 08. – **MA:** Junge Schweizer erzählen 71; Spielen, spielen, spielen 78; Lesezeichen 78; Und es wird Montag werden 80; Letztes Jahr in Basel 82; Frauen erfahren Frauen 82; Literatur aus der

Schweiz 83; Basel im Jahre 1999 83; Strahlende Hunde soll man nicht wecken 84; Die Vergesslichkeit ist das Ende von allem 85; Rauriser Lesebuch 86; Handschrift 86; Weil es nichts Schöneres gibt 86; Weihnachtsbäume hat es immer gegeben 87; Tränen ersatzlos gestrichen 88; Schweizer Erzählungen 90; Worte kommt die Hoffnung 90; Texte schlagen Brücken 94; Laure Wyss. Schriftstellerin u. Journalistin 96; Gastmahl 98; 20 Jahre Arena 98; Texte in der Arena 98; Das Weite wählen 99; Herzschrittmacherin 00; Warenmuster blühend 01; Kindheit im Gedicht 01; Z Baasel under em Wiehnachtsbaum 02, alles Anth.; – zahlr. Beitr. in Lit.zss., u. a. in: drehpunkt, seit 69; orte 08; entwürfe 08. – **R:** Ordnungshüter, Hsp. 73; Chiffren der Kälte, Feat. 82; Bitte, keine Beeren, Hsp. 83; Am Freitagabend, Hsp. 83; Lernen zu leben ist schwerer als Sterben, Ess. 83; Grüss mir das Leben, Feat. 84; Als ich ein Kind war 84, u. a.; Sdg Phönixen zu Rosa Luxemburg, Lesung u. Gespräch. – **P:** zeittasten. Dichtung im Originalton, CD 01. – *Lit:* Vaterland Nr.10 79; Walter A. in: Feature Dienst-dpa-Hamburg Nr. 13 81; Danielle Benaoun in: Basler Woche v. 27.5.83; Marco Guetg in: Churer Ztg v. 15.2.85; Evelyn Braun/Dieter Fringeli in: Wohnhaft in Basel 88; Liliane Studer in: Der kleine Bund v. 13.1.90; Verena Bosshard: Dramatikerinnen in d. Schweiz 94; Die Hellseherin, Fs.-Portr. 96; Barbara Traber in: orte Nr. 121 01.

Kaiser, Joachim, Prof. Dr., Kulturkritiker bei d. SZ seit 1959; Rheinlandstr. 4b, D-80805 München (* Milken/Ostpr. 18. 12. 28). P.E.N.-Zentr. Dtld; Theodor-Wolff-Pr. 66, Johann-Heinrich-Merck-Pr. 73, Salzburger Kritiker-Pr. 93, Ludwig-Börne-Pr. 93, Kulturteller E.pr. d. Stadt München 97, Hildegard-von-Bingen-Pr. f. Publizistik 01, Pr. d. Kritik d. Hoffmann u. Campe Verl. 04. – **V:** Grillparzers dramatischer Stil 61, Neuaufl. 69; Große Pianisten in unserer Zeit 65, erw. Neuaufl. 72; Kleines Theatertagebuch 65; Beethovens 32 Klaviersonaten u. ihre Interpreten 75; Erlebte Musik 77, Neuausg. 94; Mein Name ist Sarastro 84; Wie ich sie sah ... und sie waren. Zwölf kleine Portr. 85; Den Musen auf der Spur. Reisen u. drei Jahrzehnten 86; Erlebte Literatur 88; Leonard Bernsteins Ruhm 88; Leben mit Wagner 90; Vieles ist auf Erden zu thun 91; Was mir wichtig ist 96; Kaisers Kopfnüsse 97; Kaisers Klassik. 100 Meisterwerke d. Musik 97; Musikerporträts. Joachim Kaiser. Walter Schels 97; Who is Who in Mozarts Meisteropern 97; Imaginäre Gespräche mit Dichtern, Denkern, Musikern 98 (auch CD); Von Wagner bis Walser, Aufss. 99. – **MV:** Ich bin der letzte Mohikaner, m. Henriette Kaiser 08. – **MA:** zahlr. Voru. Nachworte, Herausgeber-Arb., u. a. – *Lit:* Gesar Anssar u. Gert Rabanus unter Mitarb. v. Helmut Kreuzer (Hrsg.): Verz. sämtl. Bücher, Aufsätze, Essays, Vorträge, Rez. u. Vorw. sowie aller Rundfunk- u. Fernsehsdgn v. J.K. 03. (Red.)

Kaiser, Johannes (Johannes Kaiser-Wendland), Schulleiter; Weiherstr. 12/1, D-78050 Villingen-Schwenningen, Tel. (0 77 21) 2 81 23 (* Lörrach 28. 11. 58). VS 81, Muettersproch-Gsellschaft 79, Lit.forum Südwest 87; Lyr.pr. d. Alemann. Gespr.kr. Freiburg 76, Scheffel-Pr. 77, 4. Lyr.pr. d. Landespavillons Bad.-Württ. 78, 3. 81, Auswahlliste d. Bad.-Württ. Autorenpr. f. d. Jgd.-theater 82, 8. Lyr.pr. d. AStA d. U.Freiburg 84, Lyr.pr. u. Prosapr. u. 2. Liederpr. d. Arbeitskr. Alemann. Heimat 85, Nominierung f. Publikumspr. d. Münchner Lit.büros 96, Asterix-Übersetzerpr. 00, 2. Hemingway-Pr. d. Stadt Triberg 07; Lyr., Theaterst., Hörsp., Ess., Erz., Lied, Alemann. Mundart. – **V:** Singe vo dir und Abraxas, G. 80; Chaschber si Chind, Dr. 81; Heimweh deheim, G.

89; Dote Danz, G.-Zyklus 93; Kuhmilch und Kaugummi. Geschichten e. Schwarzwälder Kindheit 98. – **MA:** S lebig Wort, Alemann. Anth. 78; Freiburger Leseb. 82; Raus mit der Sprache!, G. Freiburger Studenten 84; D Hailiecher, Anth. junge alemann. A. 87; Mei Sprooch – die Red 89; Alemannische Gedichte von Hebel bis heute 89; Mol badisch – mol schwäbisch 90; Deutsche Mundart an der Wende?, Anth. 95; Weleweg selleweg, Anth. 96; Warum brüllt Frau Bichler Frau Kirkowski so an? 00; Krieg u. Frieden. Lit.pr. d. Bezirks Schwaben 05. – **R:** Wasserspiele, Mda.-Hsp. 82; Autobahn A98, Balln.-Zykl. 86. – **P:** Im graue Morge, Tonkass. m. M. Kaiser 90; Johannes Kaiser liest alemannische Texte, Tonkass. 94. – **MUe:** Asterix Mundart Bd 34: Tour durchs Ländli, m. Heinz Ehret u. Klaus Poppen, 1.u.2. Aufl. 00; Bd 43: De Hüslibau, m. dens. 01. – *Lit:* Markus Manfred Jung in: Bad. Heimat 4/00.

Kaiser, Konstantin, Dr. phil., Schriftst., Lit. wiss.; Engerthstr. 204/14, A-1020 Wien, Tel. (01) 7 29 80 12, Fax 7 29 75 04, *TGK@compuserve.com* (* Innsbruck 2. 7. 47). Theodor-Kramer-Ges. 84, GAV 97, Podium 98; Theodor-Körner-Förd.pr. 82, Förd.pr. d. Stadt Wien 88, Anerkenn.pr. d. Bruno-Kreisky-Pr. 02; Lyr., Prosa, Ess. – **V:** Durchs Hinterland, G. 93; Auf den Straßen gehen, Prosa 96; Das unsichtbare Kind, Ess. 01. – **MV:** Vielleicht hab ich es leicht, weil schwer, gehabt. Theodor Kramer 1897–1958. Eine Lebenschronik, m. Erwin Chvojka 97; Lexikon der österr. Exilliteratur, m. Siglinde Bolbecher 00, Neuaufl. 05. – **MA:** zahlr. Aufss. in Fachpubl., Zss. u. Ztgn. – **H:** Theodor Kramer 1897–1958. Dichter im Exil 83; Leo Katz: Brennende Dörfer 93; Berthold Viertel: Das graue Tuch 94; Herbert Kuhner: Liebe zu Österreich 98. – **MH:** ZWISCHENWELT. Zs. f. Kultur d. Exils u. d. Widerstandes, m. S. Bolbecher, seit 84; Dramaturgie der Demokratie, m. Peter Roessler 89; Berthold Viertel: Die Überwindung des Übermenschen, m. dems. 89; ders.: Kindheit eines Cherub, m. S. Bolbecher 91; Bil Spira: Die Legende vom Zeichner, m. Vladimir Vertlib 97. – *Lit:* Erich Hackl in: In fester Umarmung 98. (Red.)

Kaiser, Lothar Emanuel (Ps. Heinrich Schulmann, Emanuel vom Enzi), Dr. phil., a. Seminardir.; Luegetenstr. 23a, CH-6102 Malters, Tel. u. Fax (0 41) 4 97 06 52, *le.kaiser@malters.net* (* Lausen/ Basel-Landschaft 19. 4. 34). ISSV 80; Lyr., Aphor. – **V:** Fibel für Lehrer, Aphor. 73; Grimmige Märchen, Aphor. 75; Wörterschlagbuch, Aphor. 77; Schulmilch, Texte 79; Das liebe Geld 82; Leerbuch für Lehrer 83; Bedenkliche Notizen aus dem Alltag 84; Dädi 89; Die Reise nach Rom 90; Bruder Klaus und seine Heiligtümer 00; Niklaus von Flüe – Bruder Klaus. Der Friedensheilige f. d. ganze Welt 02; zahlr. pädagog. Veröff. sowie Kirchenführer. – **MA:** Nebelspalter, humorist. Zs. seit 82; Willisauer Bote seit 95.

Kaiser, Maria Regina (früher auch Maria Regina Kaiser-Raiss), Dr.; Starenweg 10, D-65760 Eschborn, Tel. (0 61 73) 39 80, Fax 39 82, *mrkaiser@web. de* (* Trier 29. 12. 52). VS; Pr. d. Leseratten 88, Märk. Stip. f. Lit. 93; Kinder- u. Jugendb., Rom., Kurzgesch. – **V:** Schuld an allem war der Maunz, Kdb. 75; Ein junger Römer namens Lukios, Jgdb. 77; Lukios und hundert Löwen, Jgdb. 80; Lukios, Neffe des Kaisers, Jgdb. 83; Der Habicht blieb am Himmel stehn, R. 87; Lukios und die Pferde der Freiheit 90; Lukios 91; Xanthippe, schöne Braut des Sokrates, R. 92; Timon, der Bote 93; Die Trommeln der Freiheit 94; Lügenface 97; Arsinoë, Königin von Ägypten, R. 98; Wohin ich gehöre, R. 99; Das Leben ist anders 99; Der Sänger und die Ketzerin, R. 06; Alexander der Große und die Grenzen der

Welt, Sachb. 07; Die Abbatissa, R. 08. – **MA:** Die Fantasie ist eine Frau 98. (Red.)

Kaiser, Marie Luise (Marie Luise Kaiser-Ehrhardt), Märchenerzählerin, Schriftst.; Am Riesenanger 5, D-87629 Füssen, Tel. (0 83 62) 9 30 88 88, *info @marie-luise-kaiser.de*, *www.marie-luise-kaiser.de* (* Paderborn 7. 3. 53). FDA, BVJA; Märchen, Krimi, Kurzgesch. – **V:** Ein geheimnisvoller Märchengarten 99; Von Leuchtmonstern, Hexenbrühe und Hefemäusen 00. – **MA:** Die Glücksschlange 90; Leuchten die Sterne mit tieferem Glanz 90; Auch mit dem Herzen denken 98, u. a. (Red.)

Kaiser, Peter, Dipl.-Journalist, Agraring., Red.; Seidenberger Str. 20, D-13086 Berlin, Tel. u. Fax (0 30) 47 75 70 28, *peter_und_karin.kaiser@t-online.de* (* Erfurt 8. 10. 38). Rom., Erz., Hörsp. – **MV:** Das Richtschwert traf den falschen Hals 79, 3. Aufl. 82; Gehenkt auf des Königs Befehl 79; Das Loch im Hut der Königin 80, 3. Aufl. 83; Der Henker in der Staatskarosse 81, 2. Aufl. 82; Ein Computer sucht den Täter 81; Mord auf Befehl 81; Der Rädelsführer 82; Der Mörder war sein bester Mann 83, 2. Aufl. 84; Nach Spandow bis zur Besserung 83, 2. Aufl. 84; Das Gift der Agrippina 84, Liz.ausg. 00; Mord in Nowawes 84; Attentat auf den König am Elsengrund 85; Schüsse auf den deutschen Kaiser 86; Blumen für die Fahrt ins Jenseits 88; Ein schöner Sarg und keine Leiche 88; Schüsse in Dallas 88; Am Fallbeil führt kein Weg vorbei 91; Das Gastmahl der Mördern 97; Eine tödliche Verleumdung 97; Heiße Ware 97, alle m. Norbert Moc u. Heinz-Peter Zierholz. – **R:** Doppeltes Spiel, Hsp. 84.

Kaiser, Reinhard, Schriftst., Übers.; Wilhelmshöher Str. 18, D-60389 Frankfurt/Main, Tel. (0 69) 47 94 30, *reinkaiser@t-online.de*, *www.reinhardkaiser. com* (* Viersen 7. 3. 50). P.E.N.-Zentr. Dtld, VS/ VdÜ; Dormagener Federkiel 92, Heinrich-Maria-Ledig-Rowohlt-Übers.pr. 93, Dt. Jgd.lit.pr. 97 (Sachb.) u. 98 (Kdb.), Geschwister-Scholl-Pr. 00, Ndrhein. Lit.pr. d. Stadt Krefeld 03; Prosa, Ess., Rom., Übers. Ue: engl, frz. – **V:** Der Zaun am Ende der Welt, Ess. 89, erw. Ausg. 99; Der kalte Sommer des Doktor Polidori, R. 91; Eos' Gelüst, R. 95; Königskinder. Eine wahre Liebe 96; Literarische Spaziergänge im Internet. Bücher u. Bibliotheken online 96; Mein elektronischer Schreibtisch 99; Unerhörte Rettung. Die Suche nach Edwin Geist 04; Kindskopf, R. 07. – **H:** Nancy Mitford: Noblesse oblige 92; Vivant Denon: Nur diese Nacht 97; Dies Kind soll leben. Die Aufzeichn. d. Helene Holzmann 1941–1944 00. – **MH:** Warum der Schnee weiß ist. Märchenhafte Welterklärungen 05; Olaus Magnus: Die Wunder des Nordens 06, beide mit Elena Balzamo. – **R:** zahlr. Fk-Ess. u. Feat. – **Ue:** u. a.: Nancy Mitford: Englische Liebschaften. R. 88; Irene Dische: Ein fremdes Gefühl, R. 93; Patrick White: Risse im Spiegel. Ein Selbstportr. 94; Sam Shepard: Spencer Tracy ist nicht tot, Erzn. 97; Irene Dische: Zwischen zwei Scheiben Glück 97; Sylvia Plath: Die Glasglocke 98; Jeremy Seal: Unter Schlangen 00; John Michell: Wer schrieb Shakespeare? 01; Irene Dische: Ein Job, Krim.-R. 02; Sybille Bedford: Ein Vermächtnis, R. 03; Susan Sontag: Das Leiden anderer betrachten 03; Irene Dische: Großmama packt aus, R. 05; P.J. O'Rourke: Reisen in die Hölle 06; Irene Dische: Lieben, Erzn. 07; Susan Sontag: Zur gleichen Zeit, Ess. 07; James R. Gaines: Das musikalische Opfer 08.

†**Kaiser,** Stephan, Dr. phil., Schriftst., Übers.; lebte in Reutlingen (* Nürnberg 23. 6. 29, † Reutlingen 15. 3. 08). VS 78–89; Dt. Kinder- u. Jugendschallplattenpr. 81; Rom., Monographie, Ess., Lexikographie, Kinderb. Ue: am, engl. – **V:** Max Beck-

mann, Monogr. 62; Die Besonderheiten der deutschen Schriftsprache in der Schweiz, Monogr., Bd I 69, Bd II 70; Sprachrhythmus und Persönlichkeit, Ess. 71; Der Mord als schöne Kunst betrachtet, R. 77, 94. – **MV:** Der Lesespiegel 1–4, Kinder-Anth. (auch Hrsg.) 76–78; Das Große Buch d. Wälder u. Bäume 83; Kleines Reutlinger Lesebuch 85; Deutsche Dörfer neu entdeckt 85; Ortsvermessung, z.B. Knittlingen 88; Gut gesagt u. formuliert 88. – **H:** u. B: Theodor Haering: Der Mond braust durch das Neckartal 77, 85. – **P:** Ein Esel lernt lesen 77; Die Wanderschaft der Tiere / Die Bremer Stadtmusikanten 80, beides Kd.-Hsp. – **Ue:** Bill Pronzini: Nostalgie mit Todesfolge 83; Trauerarbeit 84; Freundschaftsdienst 84; – Stephen Greenleaf: Der erste Mann 83; Abgang eines Störenfrieds 85; – Ralph McInerny: Mörder lesen kein Brevier 83; Sterben u. sterben lassen 84; Tote brauchen keinen Zahnarzt 85; Die Strohwitwe 86. – **MUe:** Robert Ludlum: Der Ikarus-Plan, m. Edith Walter 88. – *Lit:* P. Roos: Stephan Kaiser, in: Genius loci 78; ders.: Gespräche über Lit. u. Tübingen 86.

Kaiser, Susanne; Rheinlandstr. 4b, D-80805 München, Fax (0 89) 3 23 31 81 (* Heilbronn 15. 12.). Phantastik-Pr. d. Stadt Wetzlar 94; Rom. Ue: frz. – **V:** Von Mädchen und Drachen, M. 94, Tb. 97 (auch lett.); Auf Albatros Schwingen, R. 97. – **Ue:** u. a.: Henri Michaux: Zwischen Tag und Traum 71; Francoise Mallet-Joris: Die junge Allegra 76; Hélène Cixous: Dora 77; Jean-Paul Grumberg: Dreyfus; Freie Zone; Atelier; schmutzige Wäsche; Fenster zur Straße. (Red.)

Kaiser-Mühlecker, Reinhard; Hallwang 9, A-4653 Eberstalzell, *reinhard.kaiser.muehlaecker@gmail.com* (* Kirchdorf/Krems 10. 12. 82). Stip. Herrenhaus Edenkoben 07, Lit.förd.pr. d. Ponto-Stift. 07, Förd.pr. d. Hermann-Lenz-Stift. 08, Öst. Staatsstip. f. Lit. 08/09; Erz., Ged. – **V:** Der lange Gang über die Stationen, R. 07, 2. Aufl. 08.

Kaiser-Raiss, Maria Regina s. Kaiser, Maria Regina

KaiSikor (eigtl. Kai Sikor) (* 24. 3. 22). Lyr., Dramatik. – **V:** Gesamtwerk in 7 Bänden. 1: Zyklen, 2 u. 3: Gedichte, 4: Theater, 5: Episches, 6 u. 7: Nachlass-Studio. Endfassung d. Bände 1, 2, 3, 4 2004/05/06/07 in Werk-Teilen: Sonette vor Gott 83, 87, 02; Tod mit Verzögerung, Versyklus / Post holocaustum, Sonettzyklus 86, 02; Der Philosoph und der Künstler, Sonettzyklen 88, 02; Traumpreisung. Elegie letzter Liebe, G., Sonette 87, 03; Gott und Welt, Sonettzyklen 03; Flügellähmungsnahrung, Gedichte I 87, 03; Unterwolkenfremde, Gedichte 2/I,II 87, 03; Poetische Tagebücher, Gedichte 3 ab 1977 04; Tasso erschießt sich sein Jerusalem, Sonettdrama 02; – in Werk-Stücken: Credo, Sonette 1/Ie 04; Blumenbeatmung, Gedichte 2/I 03; Funkpartikel, Gedichte 2/II 03; Unterwegs-Gedichte, Gedichte 3/Xa; Erinnerungssplitter, G., Sonette 3/Xu; Laub, Gedichte 3/Xv-z 04; Belichtungen, Aphor. 03. (Red.)

Kajuko, Terry, Architekt u. Gartenplaner; lebt in Marbach am Neckar, c/o Plöttner Verl., Leipzig, *Kajuko60@web.de, www.wildwildost.de* (* 60). – **V:** Wild wild Ost, R. 06. (Red.)

Kalb, Wolfgang, Dipl.-Bibl.; *wolfgang.kalb@gmx. net* (* Kronach 11. 11. 52). NGL Erlangen; Lyr., Prosa. – **V:** Winterlicht, G. 93; Bildnis einer unbekannten Landschaft, G. 98; Lieblose Märchen, Erzn. 98; Maschinenlustgarten, Lyr. 00; Das Gebirge am Rande der Stadt, Sinn-G. 02; Wetterleuchten, Erzn. 07. – **MA:** Geharnischte Rede 88; Yessir, das Leben geht weiter 91; Inspiralation 96, alles Anth. (Red.)

Kalbhenn, Marlies; Wilhelm-Kern-Platz 4, D-32339 Espelkamp, Tel. (0 57 72) 42 59 (* Bad Salzuflen-Schötmar 27. 3. 45). Wilhelm-Busch-Pr. (4. Pl.) 99. – **V:** Freitag will ich nicht an Sonntag denken, G. 99; Drei Nadeln im Baguette, G. 01; Mehr als gestern, weniger als morgen, G. 04; Um zwölf Uhr bleibt die Zunge stehen, Geschn. - **MV:** Zweimal Bescherung, m. Herbert Höner 02. – **H:** Denn wer die artige Müllerin küßt 04. (Red.)

Kalck, Hans-Jürgen, Dr. phil., Autor, Texter, Kommunikationsberater, Sozialpsychologe; c/o Himmelstürmer Verl., Hamburg, *info@himmelstuermer.de.* Fantastische Erz., Kurzgesch. – **V:** Zur Hölle mit der Hausarbeit, Fantast. Geschn. 00. (Red.)

Kalender, Barbara (Ps. Mata Pfahl), Schriftst., Verlegerin; Wexstr. 29, D-10715 Berlin, Tel. (0 30) 85 40 97 73, Fax 85 47 95 33, *maerz-verlag@t-online. de, www.maerz-verlag.de* (* Stockhausen/Hessen 30. 7. 58). VS 90–03; Adolf-Grimme-Pr., m. and. 86; Biogr., Bibliographie, Dreh. – **MV:** Schröder erzählt, m. Jörg Schröder, Folgen 1 – 40, Autobiogr. 90–00; NEUE FOLGEN: Willkommen! 00; Ratten und Römer 01; Ausländer, Behinderte, Andersdenkende 02; Kriemhilds Lache 02; Ein letztes Zappzerapp 03; Schlafende Hunde 04; Klasse gegen Klasse, T.1 04, T.2 06; Guru mit Gänsen 07; Wie der Bär flattert 07; Eitelkeit auf Eitelkeit 08. – **B:** Colin Wilson: Die Seelenfresser 83; Anna Kavan: Julia und die Bazooka 83; dies.: Wer bist Du? 84, alles R. – **MA:** MÄRZ – Mammut – März-Texte 1 & 2, Anth. 84; taz-Blog „Schröder & Kalender"; junge Welt-Kolumne „Schröder & Kalender" – **R:** Die MÄRZ-Akte, m. and., Spieldok., Drehb. 85. – *Lit:* Jamal Tuschick in: junge Welt 08; Horst Tomayer in: Konkret 08.

Kaleri, Anna, freischaff. Publizistin u. Hörfunkautorin; *kontakt@annakaleri.de, www.annakaleri.de* (* Wippra/Harz 22. 4. 74). Weddinger Lit.pr. 97, Stip. Schloß Wiepersdorf 03. – **V:** Es gibt diesen Mann, Erzn. 03; Hochleben, R. 06. – **MA:** Was ist Liebe 00; Der wilde Osten 03; All die schönen Sünden 05; Tierische Liebe 05; – Zss.: Signum 1/04, u. a. – **R:** Alles für mein Herz/Das Fiepen/Yesterday 05; Prinzessin Wunderlich will zur Schule gehn, Hsp. (WDR) 06. (Red.)

Kalinke, Viktor, Dr.; c/o ERATA Literaturverlag, Brockhausstr. 56, D-04229 Leipzig, Tel. (03 41) 3 01 14 30, Fax 3 01 14 31, *mail@erata.de, www.erata. de* (* Jena 15. 2. 70). VS bis 01; Kreativpr. d. Hans-Sauer-Stift.; Rom., Lyr., Erz., Nachdichtung. – **V:** Asche. Die Antworten d. Tronje Wagenbrant, R. 96, 01; Indianer im karierten Hemd, G. 99; Tief gehängtes Licht. Türkisches Tageb. 99; Sesam und Pepperoni. Ägyptisches Tageb. 99; Mondtrunken. Chinesisches Tageb. 99; Die Kunst: den Ort zu finden, G. u. Zeichn. 00; Wie ich Amerika entdeckte 03; Gottes Fleisch 1. Die Erfindung d. Reinheit 05; Gottes Fleisch 2. Die Verkettung von Ehe- u. Sexualstrafrecht 07. – **MV:** Liberti terrestris. Kinder d. Erde, m. Katja Langer 00; El Gancho Bravo. Tango-Etüden, m. Caroline Thiele 00; Freiheit macht Arbeit, m. Bertram Kober, Fotogr. u. literar. Porträts 01. – **B:** Große Hymne an die Erde, Bearb. nach d. Übers. v. Klaus Mylius 01; Hammurabi, Gesetze 08. – **MA:** Hermetisch offen 08; Inskriptionen No.1. – **H:** Thomas Wolf: Nachbarschaften. Im kleinen Kreis, Fotogr. 01. – **MH:** Erst die Linke, dann die Rechte, m. Marion Quitz 99; Neue russische Kunst, m. Nina Mordowina. – **F:** Dichtersehen, Dok.film 07. – **Ue:** Studien zu Laozi, Daodejing, 2 Bde 00; Zerbrochenes Holz, m. Kalligr. v. Thomas Baumkehel 00; Juan de la Cruz: Dunkle Nacht, m. Radierungen v. Michael Triegel 02; Miloš Crnjanski: Ithaka, Lyr. 08.

Kalischer, Christian, Sozialpäd.; Westfeld, In der Walmecke 1, D-57392 Schmallenberg, Tel. u. Fax (0 29 75) 12 17 (* Berlin 13. 7. 41). Jugendb. – **V:** Spinne am Morgen 00.

Kalischer

Kalischer, Kristina; Rohrbecker Weg 31a, D-14612 Falkensee, Tel. u. Fax (0 53 65) 72 70, *BKalischer @alice-dsl.de, kontakt@kristinakalischer.de, www. kristinakalischer.de* (* Frankfurt/Main 18. 9. 43). Belletr. – **V:** Geliebter Killer, Erz. 94; Trommeln, Tongas, Tamarisken ..., Erz. 95; Sandrain ... und immer neue Hoffnung, Erz. 97; Bernie, R. 99; Zuweilen reißt der Nebel auf ..., Erz. 01; Start frei zum nächsten Rennen, R. 03.

Kalischer, Wolf-Uwe (Ps. Wolf Uwek); Breite Str. 11a, D-14641 Wustermark. c/o Hendrik Bäßler Verl., Berlin (* Berlin 10. 2. 65). – **V:** Teddy Boy, R. 95. – **MA:** Schwarze Bräute leben länger, Krim.-Geschn. 97; Kurzkrimis in: Neue Revue 13 u. 18 97, 25 u. 29 98; Funk Uhr 32 97; Das Neue Blatt 21 98. (Red.)

Kalk, Stephan, Gemeindesprecher; Am Rabenstein 14, D-55232 Alzey, *stephan-kalk@web.de* (* Frankfurt/ Main 9. 6. 60). – **V:** Der Mensch, Sat. 99; Und Timmy ist geflogen, Kdb. 99; Zwischen Traumreisen und Hintergrundmalereien der Seele 00; Geschichten zur Weihnacht oder aus anderen Zeiten 01; Begegnung der Eigenart und Beobachtungen am freilaufenden Homo sapiens, Sat. 01. – **MA:** Lyr. u. Kurzprosa in Lit.zss. u. Anth., u. a.: Lyrik heute 81; Gauke's Jb. '82 81; Lyrik '81 82; Im Wind weist sich die Rose 84. – **H:** Lichtblicke, Zs., seit 98. (Red.)

Kalka, Dieter, Liedermacher, Schriftst., Logopäde; Hauffweg 8, D-04277 Leipzig, Tel. (03 41) 8 77 42 42, *kafffka@web.de, home.arcor.de/dieterkalka* (* Altenburg/Thür. 25. 6. 57). Lyr., Erz., Lied, Theaterst., Hörsp. Ue: poln., estn. – **V:** Eine übersensible Regung unterm Schuhabsatz, G. 88; Dabei hatte alles so gut angefangen ..., Folkoper, Libr., UA 97; Das Experiment oder Zwei ungleiche Brieder, Theaterst., UA 98, in Weißrußld 00; Der ungepflückte Apfelbaum, Prosa 98; Der Schleier, G. 99; Podwójne i potrójne, Prosa 99; Wszystko to tylko teatr, Prosa 99. – **MA:** Zss.: Akcent (Lublin); Czas Kultury (Poznan); Ostragehege; WIR; Muschelhaufen; List oceaniczny (Toronto); Spatshina (Minsk); Format (Wrocław); Kartki (Białystok). – **H:** Lubliner Lift, Lyr.-Anth. 99. – **R:** Kooperate u. Sdgn im dt., dän., öst., poln. u. weißruss. Fs./Rdfk. – **P:** Das utopische Festival, Tonkass., T.1 86, T.2 88; Noch habe ich die Freiheit zu lieben/Sonnenwende, Tonkass. 89; Das literarische Bett, m.a., CD dt./poln. 98; Lubliner Lift. Lubelska winda, m. Radjo Monk, CD 99; Unsichtbare Mauer, m.a., Tonkass. weißruss. 99. – **Ue:** Nachdicht. (Lyr.) von: Krzysztof Paczuski, Wacław Oszajca, Katarzyna Nalepa, Zbigniew Dmitroca, Alekzander Rozenfeld, Jakub Malukow Danecki, Waldemar Dras, Jolanta Pytel, Bohdan Kos, Marek Snieciński, Bohdan Zadura, Ludmiła Marjańska, Marek Wojdyło, u. a. (Red.)

Kalkschmidt, Beate, StudDir.; Watteaustr. 11, D-81479 München, Tel. (0 89) 79 96 87 (* München 26. 1. 33). GZL 93–99; Lyr. – **V:** Augenblicke, G. 75; Komm, lebendiges Wesen, G. 91; Aufbruch im Herbst, Lyr. 01.

Kallen, Werner, Dr., Theologe; Ursulinerstr. 1, D-52062 Aachen (* Büttgen/jetzt: Kaarst 26. 1. 56). Lyr. – **V:** Zu Gast in deinen Zelten 90; asche und leidenschaft gedichte 94; In der Gewissheit seiner Gegenwart. Dietrich Bonhoeffer und d. Spur d. vermissten Gottes 97. – **MA:** G. in Büchern, Anth., Zss. u. a., z.B. Geist u. Leben 1/07; Weil jede Wüste einen Brunnen birgt, Anth. 08.

Kallweit, Serian Torsten, Dipl.-Ing. Keramik, ganzheitl. Lebensberater, Seminarleiter, Fotograf; Raiffeisenstr. 36, D-53844 Troisdorf, Tel. (02 28) 9 45 47 58, *Torsten.Kallweit@t-online.de, www.spirit-rainbowverlag.de* (* Koblenz/Rhein 16. 7. 62). Dokumentar.

Erz. – **V:** Eine kleine Geschichte vom Nordlicht 04; Lichtreiches Island 04. – **MA:** Art. in: Neue Keramik; Leica Fotografie Intern.; Natur – Foto; Lebens(t)räume. (Red.)

†Kalmar, Fritz (Ps. Harald Hauser), Schauspieler, Bühnenautor, Angest., Gen.-Honorarkonsul a. D., Prof.; lebte in Montevideo (* Wien 13. 12. 11, † Montevideo 8. 6. 08). Öst. P.E.N.-Club 99; Prof.titel, verl. v. öst. Bdespräs. 99, Theodor-Kramer-Pr. 02. – **V:** Doppelte Buchführung, Lsp. 46; Ins Stundenglas geguckt 56; Im Schatten des Turmes, UA 77; Das Herz europaschwer. Heimwehgeschichten aus Südamerika 97 (als Hörb. 01, vom Autor selbst gelesen); Das Wunder von Büttelsburg, Erzn. 99; Von lauten und leisen Leuten, Erzn. 01; Don Juans Rückkehr, Erzn. 03.

†Kalmuczak, Rolf (100 Ps., u. a.: Stefan Wolf), Journalist; lebte in Garmisch-Partenkirchen (* Nordhausen/ Harz 17. 4. 38, † Garmisch-Partenkirchen 10. 3. 07). Krim.rom., Jugendb., Drehb., Hörsp., Presse, Dramatik. – **V:** 168 Jugendbücher, u. a.: Ein Fall für TKKG; 177 Krim.-Romane u. zahlr. Illustrierten-Romane. – **MA:** ca. 2700 Kriminalgeschichten f. Wochenblätter. – **H:** Stefan Wolfs Krimi-Magazin, Anth. – **F:** Drachenauge, Drehb. – **R:** 38 Drehbücher f. Fernsehfilme, über 150 Hörspiele. – *Lit:* Stefan Wolf. Lesehefte f. d. Literaturunterr., u. a.

Kalski, Volker, Kellner, Eisenbahner, Rentner, Autor, Seminarleiter; Wallotstr. 9, D-66123 Saarbrücken, Tel. u. Fax (06 81) 6 85 25 61, *volkerkalski@arcor.de, hometown.aol.de/volkerkalski, www.selbsthilfe-forum. de/espero* (* Quierschied/Saar 4. 1. 55). Autobiogr. – **V:** Krebs ist Macht nichts 04, Tb. 05. (Red.)

Kaltenbach, Roland s. Pfaus, Walter G.

Kaltenberger, Friederike (Ps. Franziska Berger); Bindergasse 6, A-4230 Pregarten, Tel. (0 72 36) 24 41 (* Pregarten 24. 2. 26). Prosa, Rom. – **V:** Tage wie schwarze Perlen, Kriegstageb. 79, 3. Aufl. 89; Ferien mit Siebzehn, Jgd.-R. 81, 2. Aufl. 01; Wellenbrecher, Reiseber. 94; Fern vom vorletzten Aufgebot, Kriegstageb. aus Amerika 97; Der Nächste bitte, Kurzgeschn. u. G. 00; Dort wo die Berge sind, Jgd.-R. 01; Meine Freundin Luisa, Jgd.-R. 03; Mein Lebensbilderbuch, Biogr. 03. – **R:** Ferien mit siebzehn, szenenweise Verfilm. d. Buches im ORF.

Kaltenbrunner, Gerd-Klaus; Im Ölmättle 12, D-79400 Kandern (* Wien 23. 2. 39). P.E.N.-Club Liechtenstein 78, Humboldt-Ges. 80; Baltasar-Gracian-Pr. 85, Anton-Wildgans-Pr. 86, Konrad-Adenauer-Pr. f. Lit. 86, Mozart-Pr. d. Goethe-Stift. Basel 88, Essaypr. d. P.E.N.-Club Liechtenstein 90, Anke-von-Gyldenstolpe-Pr. f. Essayistik d. Herzogin v. Gotland 99; Ess., Biogr., Erz., Feuill., Hörsp. – **V:** Europa, 3 Bde 81–85; Elite 84, 3. Aufl. 08; Wege der Weltbewahrung 85; Vom Geist Europas, 3 Bde 87–92; Die Seherin von Dülmen und ihr Dichter-Chronist. A.K. Emmerich u. C. Brentano 92; Tacui. Johannes von Nepomuk 93; Johannes ist Sein Name 93; Geliebte Philomena 95; Dionysius vom Areopag 96. – **MA:** zahlr. Beitr. in Zss. seit 56, u. a. in: Neue Wege; Monat; Neue Dt. Hefte; Criticón; Theologisches; Mut; Abendland; Zifferblatt; Sophia Perennis; Siona; Zs. f. Ganzheitsforsch.; Scheidewege: Vobiscum; Einsicht; Dolomiten; Werkhefte; Bunte; Junges Forum; Schweizer Rundschau; Zs. f. Religions- u. Geistesgesch.; Teksten. – **H:** Franz-von-Baader-Anth. 65, 2.erw.Aufl. u.d.T: Franz von Baaders erotische Philosophie 91; August M. Knoll: Zins und Gnade 67; Hugo Ball: Zur Kritik d. dt. Intelligenz 70; Hegel und die Folgen 70; Rekonstruktion des Konservatismus 72, 3. Aufl. 78; Konservatismus international 73; Tb.-Mag. INITIATIVE, 75 Bde 74–88. – *Lit:* Munzinger-Archiv;

Festschr. d. Dtld-Stift. 86; Lex. d. Konservatismus 98; Karl Albert in: Philosoph. Lit.anzeiger, Bd 52/H.1, 99; Jürgen Boeckh in Quatember, Jg.63/H.1, 99; Magdalena Gmehling in: Einsicht, H.4, 04; Chiara Davanzati in: Entwurf und Phantasie, 1, 04; Diana C. Wyssdom: Epitres à un ami bibliophile 07.

Kamber, Martin, Archäologe, Redaktor; Kirchackerstr. 10, CH-3250 Lyss, Tel. (0 32) 3 84 44 23, *boisrouge* *@bluewin.ch* (* Zürich 1. 10. 60). Rom. Ue: ital, frz. – **V:** Die Pendlerin, Erzn. 94; Der Rauch des Wacholders, R. 04; Zug verpasst, Erzn. 06. – **MA:** Revue Schweiz 97; Kurzgeschn. in Anth. u. Zss. – **Ue:** Silenzio. Poesie di Enzo Paulo Gallo, Lyr. dt.-ital. 06.

Kambrück, Ingeborg, Rentnerin; Meyerhofstr. 4, D-22609 Hamburg, Tel. (0 40) 80 13 62 (* Siegen 2. 6. 28). Erz. – **V:** Trinchens Tagebuch 01.

Kamenski, Gustav, Dr. med., Arzt; Ollersbachgasse 144, A-2261 Angern a.d. March, Tel. (0 22 83) 22 26, Fax 2 22 64, *kamenski@nextra.at* (* Wien 4. 2. 54). Kinder- u. Jugendb. – **V:** Die sagenhaften Hessis und ihre bedrohten Freunde 03. (Red.)

Kaminer, Wladimir, Toningenieur, Dramaturg, freier Autor; Berlin, *wladimir_k@yahoo.de,* *www.russendisko.de,* *www.russentext.de* (* Moskau 19. 7. 67). Arb.stip. f. Berliner Schriftst. 01, Ben-Witter-Pr. 02, Lit.pr. d. Stahlstift. Eisenhüttenstadt 05. – **V:** Russendisko 00; Militärmusik, R. 01; Schönhauser Allee 01; Die Reise nach Trulala 02; Mein deutsches Dschungelbuch 03; Ich mache mir Sorgen, Mama 04; Karaoke 05; Ich bin kein Berliner. Ein Reiseführer f. faule Touristen 07; Mein Leben im Schrebergarten 07; Salve, Papa! 08; (Übers. insges. in ca. 20 Spr., zahlr. Hörbücher). – **MV:** Helden des Alltags, m. Helmut Höge 02; Küche totalitär. Das Kochbuch d. Sozialismus, m. Olga Kaminer 06. – **MA:** Es liegt mir auf der Zunge, Geschn. 02; – Beitr. u. a. für: Salbader; FAZ; taz; Frankfurter Rundschau. – **H:** Frische Goldjungs 01. – **R:** Wladimirs Welt, wöchentl. Rdfk-Sdg (SFB4). (Red.)

Kaminski, Volker, M. A.; Ravensberger Str. 3, D-10709 Berlin, Tel. (0 30) 8 92 89 46, *v.kaminski* *@freenet.de, www.kaminski.formativ.net* (* Karlsruhe 14. 7. 58). Stip. d. Kunststift. Bad.-Württ. 96, Alfred-Döblin-Stip. 96, Arb.stip. f. Berliner Schriftst. 98, Stip. Künstlerdorf Schöppingen 03; Rom., Erz., Glosse. – **V:** Die letzte Prüfung, N. 94; Lebenszeichen 95; Söhne Niemands, R. 00; Spurwechsel, R. 01. – **MA:** zahlr. Beitr. u. Kurzgeschn. in Ztgn u. Lit.zss., u. a. in: FAZ; Berliner Ztg; BNN; Sprache im techn. Zeitalter 148/98, 174/05, 185/08; entwürfe, Lit.zs. 99–02; Am Erker, Lit.zs. 03–08; Das Magazin, Aug. 04, Dez. 06, Sept. 08; ndl, Lit.zs. Okt. 04; – in Anth.: Wenn der Kater kommt 96; Damals hinterm Deich 02; Beat Stories 08. – **R:** Lesungen aus eig. Manuskripten auf RBB, Kulturradio 01, 07, 08. – *Lit:* in: Winfried Freund: Dt. Phantastik (UTB 2091) 99.

Kammer, Edith (Edith Schneider), Haus- u. Geschäftsfrau, Wirtin; Henri-Dunant-Str. 9, CH-3600 Thun, Tel. (0 33) 2 22 44 44 (* Nyon 20. 12. 32). – **V:** Talgeschichten 95; Schwarzes Gold, Erzn. 00; Einsicht im Schnee, Erzn. 02. – **MA:** Alle Herrlichkeit der Welt 02. (Red.)

Kammer, Elke (Ps. Elkie Cameron), Dipl. CPC, MA Gaelic, PGCE, Lehrerin/Sonderpädagogin; 2 Lodge Road, Inverness IV2 4NW/GB, *elkie.kammer@hcs.* *uhi.ac.uk* (* Oberhausen 1. 9. 63). Erz. Ue: engl. – **V:** Der stumme Schrei, Erz. 90, 92; Kein Schrei verhallt im Nichts, Erz. 91; Flucht übers Meer, Erz. 92, 04 (ung.); Gefangen zwischen Fels und Schnee 92; Der weiße Elch, Erz. 92; Der kleine und der Große Baum, Geschn.

92, 93; Eintrittskarten für den Himmel?, Kurzgeschn. 93; Er kam als ein Kind, Geschn. 93, 94; Hauptsache geliebt, Erzn. 93; Mein Bruder Gary, Erz. 93, 97 (engl.); Der Sommer auf Bardsey 93; Über Höhen und durch Tiefen. Gedanken aus den Bergen 93; Das unbezwingbare Felshorn 93; Verborgenes Gold, Erzn. 94; Wenn die Steine fliegen, Erz. 94; Mein Advents-Lese-Bastel-Spielebuch, Anth. 95ff.; Schatten über dem Hochland, Erz. 95; Das Tal des Friedens 95; Der Turm auf den Hügeln, Geschn. 95; Als der Schnee kam, Erz. 96; Das Grab in den Bergen 96, 99 (engl.); Warten auf Besuch, Erzn. 96; Eine Freundin für Jenny 97; Leben in zwei Welten 97; Strandräuber schlagen zu 97; Wenn der Falke ruft, R. 97; Der lange Weg durch die Wüste 99; Wenn Oma eine Reise macht, Erzn. 00; Einsicht im Schnee, Erzn. 02; Swim with the Seals, Erz. 02; Discovering Who I Am, Autobiogr. 07.

Kammer, Katharina (Hildegard Veken, geb. Hildegard Hoheisel), Lehrerin; Fritz-Heckert-Str. 52, D-09557 Flöha, Tel. (0 37 26) 51 93 (* Chemnitz 29. 9. 20). VS; Preis f. Kinder- u. Jgd.-Buch d. Min. f. Kultur d. DDR 57, Kulturpr. Chemnitz; Rom., Erz., Fernsehsp. – **V:** Nico und Anita, Kdb. 57, 62; Der Unterschied, Erzn. 59, 60; Das Erbe der Eltern, R. 69, 80; Bekenntnisse für meinen Stiefsohn, R. 05. – **MV:** Die unromantische Annerose. Tagebuch e. Achtzehnjährigen, Jgdb. 64, 85; Micki Mager, Jgdb. 66, 75, beide m. Karl Veken. – **MA:** Treffpunkt Heute 58, 60; Die Zaubertruhe 58, 60; Hüter des Lebens 60, 61, alles Anth. – **R:** Das Bleiglasfenster 83; Die Kette 86; Die Graugans 89, alles Fernsehsp.

Kammerer, Iris; Spiegellustweg 29, D-35039 Marburg, Tel. (0 64 21) 21 06 08, *www.iris-kammerer.de* (* Krefeld 63). 42erAutoren, Quo vadis – Autorenkr. Hist. Roman; Rom. – **V:** Der Tribun, 1.u.2. Aufl. 04; Die Schwerter des Tiberius 04; Der Pfaffenkönig 06; Wolf und Adler 07; Varus 08. – **MA:** Autorenkalender 2004 ff. (Die Werkstatt, Göttingen). (Red.)

Kammerer, Martin, Mag. d. Theologie, kath. Priester, Pfarrer; Margarethenplatz 3, I-39035 Welsberg-Taisten, *martin.kammerer@cmail.it* (* Brixen 18. 2. 77). Ess., Erz. – **V:** Student in Brixen 98; Brixen und die Welt 99. – **H:** Sucht der Stadt Bestes 99.

Kammerhofer, Franz, Techn. i. Pens., Autor, Verleger; Josef-Poestion-Str. 15, A-8052 Graz, Tel. (03 16) 58 45 31, *franzkammerhofer@gmx.net* (* Kindberg/ Steiermark 6. 8. 36). Literar-Mechana, VG Wort; mehrere Förd.preise; Rom., Geschichte, Philosophie, Lyr. – **V:** Eggenberg, mit Straßennamen beehrte Persönlichkeiten 96; Die sieben P. Appell und Bergpredigt 98; Das zerrissene Kleeblatt, R. 01; Mathilde, Opernlibr. 02; Menschheit. Geschichtsphilosophie 04. – **MA:** Eggenberg, Geschichte und Alltag, Fachzs. 99. – **H:** 3 Sachbücher 98–01. (Red.)

Kammerlander, Hans, Bergführer, Extrembergsteiger; Jungmannstr. 8, I-39032 Sand in Taufers, Tel. u. Fax (04 74) 69 00 12, *info@kammerlander.com,* *www.kammerlander.com* (* Sand in Taufers/Südtirol 6. 12. 56). Erz. – **V:** Abstieg zum Erfolg, Erlebnisber. 87, 89; Bergsüchtig, Erlebnisber. 99; Unten und oben, Berggeschn. 02; Am seidenen Faden, Erlebnisber. 04. (Red.)

Kammler, Peter (eigtl. Karl-Heinz Kammler), Dipl.-Ing., Kaufmann; Rd 5, 0985 Warkworth/Neuseeland, Tel. (09) 4 25 91 81, Fax 4 25 91 82, *Kammler@xtra.co.* *nz* (* Berlin 10. 5. 36). – **V:** Die ideale Kräftenyacht, Erlebnisber./Fachb. 78; Das Atoll, R. 82, 96. – **MV:** Komm, wir segeln um die Welt, m. Beate Kammler. – **R:** Komm, wir segeln um die Welt, Fsf.; Hochseesegeln, Fsf.

Kamp

Kamp, Christian von; Peter-Adolphs-Str. 18, D-40593 Düsseldorf, Tel. (02 11) 70 82 91, Fax 9 70 39 76, *reichin@aol.com, www.christian-von-kamp. de* (* Stukenbrock 9. 5. 55). Rom., Erz. – **V:** Parkgespräche, R. 02; Farbige Steine, R. 02. – **MA:** Der Sperling, Bd I 06.

Kammann, Renate, M. A., Fremdspr.korrespondentin, Dramaturgin, Hörspiel-Red., TV-Producerin, Autorin; c/o Hartmann und Stauffacher, Köln, Tel. (0 12 21) 51 30 79 (* Dortmund 3. 3. 53). Das Syndikat 01, Sisters in Crime (jetzt: Mörderische Schwestern) 01; Lobende Anerkenn. b. Walter-Serner-Pr. 89; Rom., Fernsehsp., Serie. – **V:** Die Macht der Bilder, Krim.- R. 01, Tb. 03; Im Schattenreich, R. 04, Tb. 05; Fremdkörper, R. 05. – **R:** Drehb. f. Fs.-Serien u. Fsp.: Doppelter Einsatz 94–97; Alarm für Cobra 11 – Die Autobahnpolizei 97; SOKO 5113 98–05; Drei mit Herz 99; Großstadtrevier 01/02; Fsf.: Bella Block 01; Davon stirbt man nicht 02; Das Duo 03; Ein starkes Team 03; Donna Leon: Sanft entschlafen 04; Donna Leon: Verschwiegene Kanäle 05; Donna Leon: Beweise, dass es böse ist 05. (Red.)

Kamradek, Rolf, Dr. med., Arzt; Am Kälberteich 1, D-24837 Schleswig, Tel. (0 46 21) 98 93 45, *RolfKamradek@kabelmail.de, www.Autorengruppe-Colibri.de* (* Mährisch-Schönberg 7. 10. 39). Autorengr. Colibri 01, Schriftst. in Schlesw.-Holst. 04; Scheffel-Pr. 60; Erz., Rom., Satirische Lyr., Kinder- u. Bilderb. – **V:** Die Sau im Kirschbaum u. a. schwäbische Lausbubengeschichten 96; Spätzleduft und Nordseeluft. Neue schwäb. Lausbubengeschichten 05. – **B:** Josef Benoni: Der Idiot von Landskron, Erzn. (auch Nachw.) 01. – **MA:** nach dem fest, Anth. 01; Fundstücke, Anth. 07, 08; Zwischen den Meeren, Anth. 08; Schleswig Kultur, jew. Nr. 1 u. 2 06, 07, 08; Haddebyer Amtskurier Nr. 46 08. – **H:** Hans Kamradek: Geschichten aus dem alten Prag, Erzn. (auch Nachw.), limit. Aufl. 98, Neuaufl. 00.

Kandil, Samir, M. A. phil., Schauspieler, Autor, Regisseur; Erlenweg 3, D-40599 Düsseldorf, Tel. (02 11) 9 99 11 32, *samirkandil@gmx.de, www.samirkandil.de* (* Düsseldorf 6. 7. 75). Einzelwerkpr. d. „Videoholung" Köln 02, Publikumspr. b. „Carambolage"-Festival Heidelberg 06, 1. Pl. b. „Comedians f. Charity"-Festival Dortmund 06, Krimi-Wettbew. d. Süddt. Ztg 06 (2. Pl.) u. 07 (4. Pl.), Sonderpr. d. Jury b. Kurzfilmpr. d. Stadt Mannheim 08; Rom., Erz., Dramatik, Drehb. – **V:** Der storyteller, Einpersonenst., UA 99, gedr. 02; Sex mit guten Freunden, Bühnenshow 05; Ein Anderer Sommer, R. 05. – **MV:** Solanine, m. Jojo Ensslin, Drehb. 02. – **MA:** Lilli muss sterben, Anth. 07; The Beggar's Opera, Kunstb. 08; Gefährliche Gewässer, Anth. 08. – **F:** Düsseldorf, 0.34 Uhr 02; Friday 06; Mittwochs in Kairo 07; FourAct Play, Kurzspielf. 07; Un Hommage Lumière 08; Great German Tragedy. Szene 12 08, alles Kurzf. – **P:** rap in wuelfrath 06; Der Mannheimsong 06, beides Musikvideos.

Kanduth, Gerard, Dr. iur., Richter d. Landesgerichtes; Kreuzweg 40, A-9535 Schiefling am See, Tel. (0 42 74) 5 26 53, Fax 25 58, *gerard_kanduth@utanet. at* (* Lienz/Osttirol 4. 9. 58). IGAA 99, Kärntner S.V. 99, Präs. 02; Arb.stip. d. öst. Bdeskanzleramtes 00, 01, 2. Pr. b. „160-Zeichen-Lit.wettbew." 01; Lyr., Kurzprosa, Erz., Ess., Rom. – **V:** Entsprechungen, Lyr.-Foto-Bd 99; Perspektiven – Texte und Bilder 99; Der Wal auf der Festplatte, G. 00; Strandung, G. u. Kurztexte m. Bildern v. Bernd Svetnik 02. – **MA:** Nationalbibliothek d. dt.sprachigen Gedichtes. Ausgew. Werke IV–VI; Veröff. v. Kurzgeschn. in Tagesztgn u. Lit.-Zss.; etliche Prosa- u. Lyr.-Beitr., u. a. in Lit.-Zss. u. Anth. – **H:**

Tagbilder und Gegenwelten, Anth. 04 (auch Mitarb.). (Red.)

Kandzora, Julia; Winsstr. 51, D-10405 Berlin, Tel. (0 30) 34 08 98 97, mobil: (01 76) 63 00 10 85 (* Hamburg 82). Lyr., Prosa, Erz. – **V:** Sternenbrüder, Kdb. 06; wahr sagen, Lyr. 09.

Kanitz, Brigitte s. Conte, Letizia

Kanitz, Christa (Ps. Christa Canetta), Journalistin; Alsterdorfer Str. 346, D-22297 Hamburg, Tel. (0 40) 51 98 65 (* Guben/NL 18. 10. 28). Rom. – **V:** Das Castello in Umbrien 01; Die Stellings 02; Die Erben der Stellings 03; Das Haus am Feenteich 04; Der Tanz der Flamingos 04; Die Heimkehr der Stellings 05; Schottische Disteln 05; Die Heideärztin 05; Die Venezianerin 06; Schottische Engel 07; Die Tochter der Venezianerin 07; Der Ruf des Leoparden 08; Das Vermächtnis der Venezianerin 08.

Kanke, Gerd; Grüner Weg 46, D-35041 Marburg-Wehrda, Tel. (0 64 21) 8 39 65. – **V:** Wolkenschatten 97; Friedrich Schiller im Sperrgebiet 00 (auch Blindendr.). (Red.)

Kann, Emma; Eichhornstr. 56/Apt. 203, D-78464 Konstanz, Tel. (0 75 31) 80 52 03 (* Frankfurt/Main 25. 5. 14). Poetry Soc. of America 72–97, Bodensee-Club 81, Auden Society, London 89, Mersburger Autoren Runde 97; Lyr. – **V:** Zeitwechsel 87; Im Anblick des Anderen 90; Strom und Gegenstrom 93; Im weiten Raum 98, alles G. – **MA:** G. u. Ess. in: Mnemosyne, H. 24 98; Landmarken und Seezeichen, Texte 01; Der Ewige Brunnen. Jubiläumsausg. 05.

Kann, Hans-Joachim, Dr. phil., StudDir.; Martin-Grundheber-Str. 11, D-54294 Trier, Tel. u. Fax (06 51) 8 01 60 (* Neuwied/Rhein 4. 4. 43). Förd.ver. d. Schriftst. Rh.-Pf.; Lyr., Nov., Drama, Kurzgesch., Rom. Ue: engl. – **V:** Tagesortung: Gedichte zum Zeitungslesen 75; Grabungsschnitte durch Trier, G. u. Grafiken 75; Porträt der Stadt Trier. 75; Schatzkammer Trier, G. u. Grafiken 76; Altsonette 78; Echo eines Stadt, Nn. 80; Affentheater, Dr. 81; Zwischensteinzeit, Nn. 84; Der dritte Arm von rechts 88; Wallfahrtsführer Trier und Umgebung 94 (auch engl. u. frz.). – **H:** American Protest Literature 74; Poetry: Problems of Material, Form and Intention 74; Highlights of American Humor 78. – **Ue:** James Whitehead: Domains – Domänen, Zweisprach. G.-Bd 74; Sarah Boston: Mein Sohn Will 82; Barbara Godwin: Die K/V-Briefe 84; Gordon DeMarco: Ein verdammt heißer Oktober 84; Frisco Blues 86; Jeremy Pikser: Schnee auf N. J. 85; Judith Cooke: Der Dreck aber bleibt 85. – **MUe:** The Bible of Saint-Louis. Commentary 96; Der Ramsey-Psalter 99; Nicholas of Cusa 02. (Red.)

Kannegieser, Gerd, Autor, Kabarettist, Verleger; Haupstr. 36, D-67756 Hinzweiler, Tel. u. Fax (0 63 04) 80 91 (* Kottweiler-Schwanden 23. 4. 57). Förd.kr. Dt. Schriftst. Rh.-Pf.; Förd.gabe d. Stadt Ludwigshafen a. d. Antoni-Besler-Stift. 88; Lyr., Rom., Drama, Kabarett, Erz. – **V:** Scheiermanns Lina hat immer gesat..., Mda.-G. 83, 6. Aufl. 86, veränd.Aufl. 95; s' Feiereise, Bst., UA 94; Naderlisch Scheranje, Mda.-G. 96; Mopsgesichtig! Oder: Der letzte Arsch im Waschsalon, Satn. 02; mehrere Solo-Kabarettprogr., zuletzt u. a.: Oh, solo mio!, UA 06; Fer dehämrum gehts, UA 08. – **MH:** AR-GOS, Zss. f. Kunst u. Lit., seit 81; Einmal im Monat ist Freitag, Anth. 83.

Kanstein, Ingeburg (* Ratingen 28. 9. 39). Dt. Kinderhsp.pr. 85, Pr. d. Leseratten, Auswahlliste z. Dt. Jgd.-lit.pr., Stipendien d. Hamburger Kulturbehörde u. d. Stuttgarter Schriftstellerhauses. – **V:** Ich wünsch mir einen Zirkus oder Das schönste Geschenk d. Welt 77,

81; Sybilla war ein schönes Kind 78; Mein Bruder muß den Stadtpark fegen 79; Lilli und Willi, Wunschgeschn. 81, Tb. u. d. T.: Wunschgeschichten 85; Versuch zu leben, Erz. 80, 85; Kleiner Bruder, große Schwester 82; Der soll zu uns gehören? 83, 93; Braune Locken oder der rechte Weg, Bü. 85; Abhauen – die letzte Chance?, Gesch. e. Flucht, Jgdb. 88, 93; Barfuß übers Stoppelfeld, Kdb. 91, 95. – MV: Manuel 03.: Abhauen, die letzte Chance? 77, 85. – R: Papa, Charly hat gesagt, Hfk-Serie NDR; zahlr. Kinder- u. Jgd.-Hsp. f. NDR, SDR, HR. (Red.)

Kant, Hermann, Dipl.-Phil., Dr. phil. h. c., Schriftst.; Dorfstr. 4, D-17235 Prälank, Tel. u. Fax (0 39 81) 20 29 75, *hmyronk@aol.com* (* Hamburg 14. 6. 26). DSV/SV-DDR 60, Vizepräs. 69–78, Präs. 78–90, P.E.N.-Zentr. DDR 65–90, Akad. d. Künste d. DDR 69–91; Heinrich-Heine-Pr. 62, Kunstpr. d. FDGB 63, 85, Erich-Weinert-Med. 66, Kunstpr. d. FDJ 66, Heinrich-Mann-Pr. 67, Händel-Pr. d. Stadt Halle 68, Ernst-Moritz-Arndt-Med. 69, Nationalpr. d. DDR I. Kl. 73 u. 83, Vaterländ. Verd.orden in Silber 76, Dr. h.c. U.Greifswald 80, Orden d. Völkerfreundschaft 86, Goethe-Pr. d. Hauptstadt d. DDR 87, u. a.; Rom., Publizistik. – V: Ein bißchen Südsee, Erzn. 62, 95; Die Aula, R. 65, 99; In Stockholm, Rep. 71, 76; Das Impressum, R. 72, 99; Eine Übertretung, Erzn. 75, 90; Der Aufenthalt, R. 77, 97 (als Fsp. 83); Anrede der Ärztin O. an den Staatsanwalt F. gelegentlich einer Untersuchung u. a. Erzählungen 78; Zu den Unterlagen. Publizistik 1957–1980 81; Der dritte Nagel, Erzn. 81, 88; Schöne Elise, Erzn. 83, 89; Bronzezeit, Erzn. 86, 88; Krönungstag, Erz. 86; Die Summe, Erz. 87, 90; Herrn Farßmanns Erzählungen 89; Abspann, Erinn. 91, 94; Kormoran, R. 94, 97; Escape, lit. Ess. 95; Okarina, R. 02, 03; Kino, R. 05. – MV: Unendliche Wende. Ein Streitgespräch, m. Gerhard Zwerenz 98 (auch Tonkass./CD). – MA: Zeitgenossen. DDR-Schriftsteller erzählen 86. – F: Ach du fröhliche ..., n. Blažek, DEFA-Film 62; Die Aula, Bü.-Fass. 68 (Übers. in 21 Spr.); Der Aufenthalt, DEFA-Film 83. – Lit: Leonore Krenzlin (Hrsg.): H.K. Leben u. Werk 88; Karl Corino (Hrsg.): Die Akte Kant 95; Friedrich Dieckmann: in: ndl 2/96; Kiwus 96; LDGL 97; Manfred Jäger/Nicolai Riedel in: KLG 98. (Red.)

Kant, Uwe; Am Hünengrab 5, D-19374 Neu Ruthenbeck, Tel. u. Fax (03 87 23) 8 01 90 (* Hamburg 18. 5. 36). SV-DDR; Nationalpr. d. DDR 78; Prosa, Kinderb. – V: Das Klassenfest 69, 76 (auch russ., tsch., ung., estn.); Die tolle lange Woche 71, 75 (auch rin., lit.); Der kleine Zauberer und die große Fünf 74, 94, u. d. T.: Der kleine Oliver und die große Fünf 75; Roter Platz und ringsherum, Reiseb. f. Kinder 77; Vor dem Frieden 80; Wie Janek eine Geschichte holen ging 80, alles Kdb.; Die Reise von Neukuckow nach Nowosibirsk, Jgd.-R. 80; Panne auf Poseidon sieben 87; Alfred und die stärkste Urgroßmutter der Welt 80, 97; Heinrich verkauft Friedrich 93; Wer hat den Bären gesehen? 95, 98; Weihnachtsgeschichten 99, alles Kdb.; Mit Dank zurück, R. 00. – F: Anmut sparet nicht, noch Mühe, Dok.film 80. – R: Die Nacht mit Mehlhose, Hsp. 72. – Lit: Walther Killy (Hrsg.): Literaturlex., Bd 6 90. (Red.)

Kantereit, Hans, freier Autor u. Übers.; Schwenckestr. 107, D-20255 Hamburg, Tel. (0 40) 43 28 21 41, *Hans_Kantereit@arcor.de.*, *www.hanskantereit.com* (* Rheinzabern 14. 4. 59). – V: Der Rest geht dann beim Duschen ab 87; Feinschmecker sind bessere Menschen 92 (unter d. Ps. Max M. Wendelstein); Reisen mit Judith u. a. Geschichten 93; Dr. Kartoffel erklärt uns die Welt 94; Na, auch schon dreißig? 96 (auch korean.); Prof. Kartoffel: So funktioniert die Welt 06; Runter kommen sie immer! 08. – MV: Erste Zeile, letz-

te Klappe, m. Simone Borowiak 98. – MA: Redakteur b. Titanic sowie Kowalski 84–94. – F: Frau Rettich, die Czerni und ich, Drehb. 98. – R: Die Katze von Kensington; Das Karussell des Todes; Der Blinde von Nottingham; Der Joker, alles Fsf.; Lukas, Sitcom, alle m. Simone Borowiak. – Ue: D. Anderson/M. Bermann: Ein Schwuler verrät seiner besten Freundin, was Männer wirklich antörnt 00; Charles M. Schultz: 50 Jahre Peanuts 00, Frohes Fest, Charlie Brown 03; Brian Sibley: Chicken Run. Ein Film wird flügge 01; Richard Horne: 101 Dinge, die man getan haben sollte, bevor das Leben vorbei ist 05; ders./Helen Szirtes: 101 Dinge, die du getan haben solltest, bevor du alt und langweilig bist 06; ders./Tracey Turner: 101 Dinge, die du wissen solltest ... oder auch nicht 07, 101 Dinge, die du gern selber erfunden hättest ... 08; Molière: Tartuffe; ders.: Don Juan; Jérôme Savary: Die Schöne und das klitzekleine Biest, alles Theaterst.; mehrere Kdb. v. Diane Redmond.

Kapf, Kurt vom s. Wagner, Winfried

Kapfer, Elisabeth s. Exner, Lisbeth

Kapfer, Friedrich Norbert, Kaufmann, Polizeibeamter; Franz-Hönig-Str. 15, A-4550 Kremsmünster, Tel. (0 75 83) 63 81 (* Kremsmünster 13. 5. 34). Stelzhamerbund 02; Lyr. – V: Leben und Natur, G. 93; Heimatland, G. 96; Malen mit Worten, G. 00. (Red.)

Kapfer, Herbert, Journalist, Autor, Leiter d. Abt. Hsp. u. Medienkunst im BR, Medientheorie; c/o BR Hörspiel und Medienkunst, Rundfunkplatz 1, D-80300 München (* Ingolstadt 2. 5. 54). Akad. d. Darst. Künste Frankfurt 01; Schiller-Gedächtnispr. 83, Stip. 'Münchner Literaturjahr' 87, Civis-Hfk- u. Fs.pr. d. ARD 90, Dt. Hörbuchpr. 05; Drama, Hörsp., Sprecht, Biogr., Prosa, Medientheorie. – V: Unta Oba Sau, bair. G. 73; Sammeltransport, Stücke 82; Zacherls Brot und Frieden, Bü., UA 84. – MV: Umsturz in München, m. Carl-Ludwig Reichert, R. 88; Weltdada Huelsenbeck, m. Lisbeth Exner, Biogr. 96; Pfemfert. Erinn. u. Abrechnungen, m. ders., Biogr. 99. – MA: Maßnahmen des Verschwindens, Ausstell. u. Hsp. 97. – H: R. Huelsenbeck: Azteken oder die Knallbude. N. 92; Verwandlungen, N. 92; Phantastische Gebete. G. 93; Wozu Dada, Texte 1916–1936 94; Vom Sendespiel zur Medienkunst, Hsp.-Gesch. 99. – MH: R. Huelsenbeck: Die Sonne von Black Point, m. Lisbeth Exner, R. 96; intermedium 2, m. Peter Weibel, Kat. 02; Robert Musil: Der Mann ohne Eigenschaften. Remix, m. Katarina Agathos, Buch m. 20 CDs 04; R. Huelsenbeck: China frißt Menschen, m. L. Exner, R. 06; Intermedialität und offene Form, m. K. Agathos, Sachb. 06; What if?, Sachb. 07. – R: Das Dach über dem Kopf; Der Meßfehler; Weg vom Fenster; Sammeltransport; Zacherls Brot u. Frieden, Hsp. 84; Beat 89; eurohymne 90; Harte Schnitte 91; Ich war irgendwie der erste Existentialist 92; Readytapes 93; Alles in Margarine 96; Futschlinien 96; Abrechnungen in Mexico City, Hsp. 99; intermedium 1, Radiokunst 99; Radiodramatische Enzyklopädie, Hsp. 04; Medien – Meditation, Hsp. 05. – P: Dullijöh 82; der. huelsenbecks mentale heilmethode, CD 92; Alles Lalula, Lyr., 4 CDs 03.

Kapielski, Thomas, Maler, Musiker, Schriftst., Doz. HBK Braunschweig; c/o Merve-Verl., Berlin (* Berlin-Charlottenburg 51). Stip. Schloß Wiepersdorf 09, Ben-Witter-Pr. 99. – V: Waschinen schon mal in Unsinn Schwerefeld drinnen? – Nö!, Foto-R., teilveröff. 76; Die Sonne nackt – Blende 8, Foto-R., unveröff. 76; KAPIELSKI – SCHWARZ WEISS / Kapielski grüßt den Rest der Welt 81; Rosa rauscht, Kass. m. 3 Schallpl., 1 Kreissägeblatt u. 1 Buch 82; Der bestwerliner Tunkfurm, Texte, Fotos u. Zeichn. 84; Frische Hemden, Tex-

Kapp

te u. Fotos 87; Einfaltspinsel = Ausfallspinsel, Texte, Fotos u. Zeichn. 87; Rechnen: 5, Malen: 1, Ausst.-Kat. 87; Zum Hafthaken, Texte u. Hafthaken auf Orig.fotos im Schuhkarton 89; Aqua Botulus, R. 92, durchges. u. leicht veränd. Neuaufl. 00; Onkel und Dantes Inferno. 137. Karton d. Ed. Hundertmark Köln (enth.: 1 Hemd, 11 Fotos, 1 Textbl., 1 Heft „Frische Hemden", 1–2 Zeichn.) 93; Leid 'light' 93; Der Einzige und sein Offenbarungseid. Verlust der Mittel, R., Gespräche, Abb. u. Fotos 94, neu durchges. Neuaufl. 00; Nach Einbruch der Nüchternheit. Werkkatalog 1979–1996 96; Schwerstarbeit, Ed. z. Ausst. „Diverse klare sprachliche Unklarheiten ..." 97, 2., veränd. Ed. u. d. T.: Strafarbeit 97; Davor kommt noch. Gottesbeweise IX–XIII 98, Neuaufl. 01; Danach war schon. Gottesbeweise I–VIII 99, Neuaufl. 01; „Bau Griff ran, schmeiß weg!", Kat. HBK Braunschweig 00; Sozialmanierismus. Je dickens destojevskij 01. – **MV:** Prospekt II, m. Matthias Baader Holst u. Harry Haas 92. – **H:** G.S.P. – U.M.P.K.F. Dett KönnSe! – Bulletin (5 Ausg. u. 1 G.S.P.-Sonderheft: Ein Fall v. verdeckter Erotik in d. Neugriech. Malerei) 90–91; Sabine Vogel: Auf Dienstreisen 99; Katrin Schings: Das Anliegen 00. – **R:** Radio postmoderne, m. Frieder Butzmann, Hsp. 87; Zentrale Randlagenproblematik, Radiovortr. 89; Das Zenonsche Schorleparadoxon im weiblichen Alkoholismus, Hsp. 90; In dubio prosciutto, Hsp. 91; Onkel u. Dantes Inferno, Hsp. 93; Was war eigentlich 1989?, Lesestück 95; Der Nordhausensche Gottesbeweis, Lesestück 97; Pfeifen im Walde, m. F. Butzmann, Hörstück 98; Mitschnitte v. Lesungen. – **P:** Das Zenonsche Schorleparadoxon im weiblichen Alkoholismus & Gleitzeit und Hirschmedaillon (2 Ohrstäbchen / Q-tips), Tonkass. 91. – *Lit:* s. auch Kürschners Handbuch der Bildenden Künstler, 1. Aufl. 2005. (Red.)

Kapp, Elisabeth, Gemeindediakonin i. R.; U 4.5, D-68161 Mannheim, Tel. (06 21) 2 66 14 (* Mannheim 7. 2. 23). Mannheimer Lyr.pr. 03; Erz., Lyr. – **V:** Glasregen, G. 82; Illusionen, Kurzgeschn. 82; Geh mit Freude durch die Welt 00; Denn bei dir ist die Quelle des Lebens 05. – **MA:** Frau und Mutter, Kal. 09.

Kapp, Richard, Rentner, Buchautor; Maisberg 29, D-56291 Wiebelsheim, Tel. u. Fax (0 67 66) 96 01 43, *richard.kapp@web.de* (* Wiebelsheim 24. 1. 40). Rom. – **V:** Mühlenkinder. R. 04; Der Mühlenerbe, R. 05; Die Liebe ist grün, R. 07.

Kappacher, Walter; Thaddäus-Zauner-Str. 12/7, A-5162 Obertrum a. See, Tel. (0 62 19) 82 21, *walter.kappacher@aon.at, www.walter-kappacher.at* (* Salzburg 24. 10. 38). P.E.N.-Zentr. Öst.; Rauriser Lit.pr. (Förd.pr.) 75, Öst. Staatspr. f. Lit. (Förd.pr.) 78, Jahresstip. d. Ldes Bad.-Württ. 82, Förd.pr. d. Kulturkr. im BDI 86, Öst. Projektstip. f. Lit. 98/99, Hermann-Lenz-Pr. 04, Gr. Kunstpr. f. Lit. d. Lds. Salzburg 06; Rom., Erz., Kurzgeschn., Hörsp., Fernsehsp. – **V:** Morgen, R. 75, 92; Die Werkstatt, R. 78, 81; Rosina, Erz. 78; Die irdische Liebe, Erzn. 79; Der lange Brief, R. 82, überarb. Ausg. 07; Gipskopf, Erz. 84; Cerreto, Erz. 88; Touristomania, Erz. 90; Ein Amateur, R. 93; Wer zuerst lacht, Erzn. 97; Silberpfeile, R. 00; Selina oder das andere Leben, R. 05. – **MA:** zahlr. Beitr. in Lit.zss. seit 75, u. a. in: Jahresring 84, 86. – **R:** Der Zauberlehrling, Fsp. 78; Enfant Terrible, Hsp. 79; Rosina, Fsp. 80; Die Jahre vergehen, m. and., Fsp. 80; Die kleinen Reisen des Herrn Aghios, Fsp. 81; Der stille Ozean, m. and., Fsp. 83. – *Lit:* K.M. Gauß in: Lit. u. Kritik 5 93; H. Mürzl in: Bücherschau 4 97; „Vor allem: keine Masche". W.K. z. 60. Geb., in: Salz 10 98; Norbert Schachtsiek-Freitag in: KLG 00; Walter Klier „Eine

ganz eigene Welt", in: Griffel Nr.9 00; Peter Landerl in: Kolik Nr.39/40.

Kapper, Erika; PF 1842, D-25962 Westerland/Sylt, Tel. (01 75) 8 70 17 39. Nr. 21, A-8382 Rosendorf (* Petersdorf 17. 7. 51). Erz., Rom., Kurzgesch. – **V:** Die Regenfrau, M. 04; Janice und Beulah, der Wassergeist, Jgdb. 04; Britta und der Meergeist, Kurzgesch. 05.

Kapper-Melchiori, Emmy, HS-Lehrerin; Seggauberg 155, A-8430 Leibnitz, *buch@kapper-melchiori.at, www.kapper-melchiori.at.* A-1015 Wien (* Eibiswald 30. 6. 56). Rom., Lyr. – **V:** Wachgerüttelt, R. 06; Frauen mag man eben, Lyr. 07.

Kappler, Paul (Ps. Kirk Beljow), Dr. med., Facharzt f. Allg. med. u. Arbeitsmed.; Hohkeppeler Str. 17, D-51491 Overath, Tel. (0 22 06) 21 31 (* Koblenz 21. 5. 24). Rom. – **V:** Einsam stirbt der Letzte 82, 04; Die schwarzen Flieger 84, 04; Der Eisschrank am Meer oder Robinson in Jeans, R. 95; Die Wassermafia, R. 98; Das Boot ist voll, R. 99; Die echt letzte Insel, R. 99; Der globale Präsident, R. 99; Das Leben des Dr. med. Sadler, R. 99; Das Tagebuch des Gottlieb Breythzeh, R. 99; Tot und wiederbelebt, R. 99; Das Virusinstitut, R. 99; Die Freunde des Wassers, R. 00; Eine normale Familie, R. 00; Liebe und Vernichtung 01; Nur dreizehn Tage, R. 03; Wer war es?, hist. Krim.-R. 06; Yesse O'Horn, Baßgitarrist, R. 06; Zugabe, G. 06. – **MV:** Zum Schluß gab es ein Feuerball, m. Stephan Nuding, Schausp. 03. (Red.)

Kapralik, Elena s. Mattheus, Bernd

†**Kaps,** Erhard, Chemo-techn. Kaufmann, Unternehmer; lebte in Leipzig (* Leipzig 21. 11. 15, † Leipzig 1. 10. 07). Bibliophilen Abend Leipzig 94–04; Erz., Lyr. – **V:** Vom Kaiserreich zur Bundesrepublik. Alltagserlebnisse aus Leipzig 98; Es war einmal... Eine Jugend in Leipzig 98; Gefangen, inhaftiert, befreit. Erlebnisse e. Leipzigers 99; ZUCHTHAUSGEDICHTE 00; Alexandra, R. 04.

Kaps, Marie; c/o Resistenz Verl., Linz (* Linz 69). Arb.stip. d. Ldes Oböst. 99; Rom., Dramatik. – **V:** Das Heranwachsen der Unruhe, Krim.-N. 96; Aus/ieben, e. Journal 98; SOLO sucht moon, e. Chatroman 00; Trilogie vom Schlafen, Lügen & Warten. 1: Adalbert Stifters Kurzprotokolle seiner Verliebungen im Meeressalz 03, 2: Todesanzeigen und Verschiedenes in der Süddeutschen 04, 3: Stifters Schallerbacher Sensationen 05. (Red.)

Kapteina, Wilfried, Dipl.-Handelslehrer; Emil-Nolde-Str. 29, D-51375 Leverkusen, Tel. (02 14) 9 31 75 (* Gelsenkirchen 13. 5. 36). – **V:** Scharf belichtet, Lyr. Momentaufnahmen in Schmetterling im Winter, lyr. Kurzprosa u. G. 98; Er ist groß – er bückt sich, G. 00; Das sieht Dir ähnlich, Epigramme 03; Wer hätte das gedacht?, G. 07. – **MA:** Das Gedicht, Anth. (Czernik-Verl.) 02 u. 06.

Kapuste, Eberhard, Pensionär, Stadtverordneter Potsdam; Baumhaselring 4A, D-14469 Potsdam, Tel. u. Fax (03 31) 5 05 11 79 (* Berlin 11. 5. 37). Rom. – **V:** Der Absprung 94; Einmarsch in Diepenstadt 98; Der Stadtverordnete 02, alles R. (Red.)

Kara, Yadé, Schauspielerin, Lehrerin, Managerin, Journalistin; lebt in Berlin, c/o Diogenes Verl., Zürich (* Cayirli/Türkei 65). Adelbert-v.-Chamisso-Pr. (Förd.pr.) 04, Deutscher Bücherpr. (Debütroman) 04. – **V:** Selam Berlin, R. 03. (Red.)

Karabanov, Peter (geb. Peter Reger), Heilerzieher; Neißeweg 43, D-74523 Schwäbisch Hall, Tel. (07 91) 49 14 12, Fax 49 14 11, *Karabanov@Heilpaedagogische-Praxis.de, www. heilpaedagogische-praxis.de* (* Lauffen 6. 9. 50). Lyr. –

V: Flugwetter, Lyr. 89. – **MV:** ... wenn wir gebückt gehen, sieht unser himmel recht hoch aus, Lyr. u. Fotos 82. – **MA:** Kürbiskern 4/74; Sag nicht morgen wirst du weinen, wenn du nach dem Lachen suchst 82; die nachgeborenen 83. – *Lit:* s. auch 2. Jg. SK. (Red.)

Karasek, Hellmuth (Ps. Daniel Doppler), Prof. Dr. phil., Mithrsg. d. „Tagesspiegel" bis Sept. 04; c/o DIE WELT, Axel-Springer-Platz 1, D-20350 Hamburg (* Brünn 4. 1. 34). P.E.N.-Zentr. Dtld, Akad. d. Darst. Künste Frankfurt, Freie Akad. d. Künste Hamburg, Literarisches Quartett; Theodor-Wolff-Pr. 74, Bayer. Filmpr. 91, BVK 94; Hörsp., Komödie, Drehb., Rom. Ue: engl. – **V:** Carl Sternheim 65; Max Frisch 66; Deutschland, deine Dichter 70; Dramatik in der Bundesrepublik seit 1945, T.IV in: Die Literatur d. BRD 73; Bertolt Brecht. Der jüngste Fall e. Theaterklassikers 78; Die Wachtel, Kom. 85; Hitchcock, eine Komödie, Kom. 87; Innere Sicherheit 88; Karaseks Kulturkritik. Literatur, Film, Theater 88; Billy Wilder. Eine Nahaufnahme 92; Mein Kino. Die schönsten 100 Filme 94; Bertolt Brecht. Vom Bürgerschreck z. Klassiker 95; Go West! Eine Biogr. d. fünfziger Jahre 96; Hand in Handy 97; Das Magazin, R. 98; Mit Kanonen auf Spatzen, Geschn. 00; Betrug, R. 01; Karambolagen. Begegnungen mit Zeitgenossen 02; Auf der Flucht, Erinn. 04; Süßer Vogel Jugend oder Der Abend wirft längere Schatten 06; Vom Küssen der Kröten u. a. Zwischenfälle 08. – **MUe:** Raymond Chandler: Die Tote im See 76; Woody Allen: Manhattan, Interiors, Stardust Memories 81, beide m. Armgard Seegers. (Red.)

Karasholi, Adel, Dr.; Rietzschkewiesen 3, D-04316 Leipzig, Tel. (03 41) 69 13 28, *akarash@nexgo. de, www.karasholi.de* (* Damaskus 15. 10. 36). Arab. Schriftstellerunion in d. Syr. Arab. Republik 70, SV-DDR 80, VS 90, P.E.N.-Zentr. Dtld 92; Adelbert-v.-Chamisso-Pr. 92, Kunstpr. d. Stadt Leipzig, Arb.stip. d. Ldes Sa. 99; Lyr., Ess. Ue: arab. – **V:** Wie Seide aus Damaskus, G. 68; Umarmung der Meridiane, G. 78, 81; Brecht in arabischer Sicht, Abhandl. 82; Daheim in der Fremde, G. 84; Wenn Damaskus nicht wäre, G. 92, 3. Aufl. 99; Also sprach Abdulla, G. 95. – **MA:** Nachdenken über Deutschland 90; Gedichte in: Mahmoud Dabdoub: Wie fern ist Palästina? 02. – **Ue:** Mahmoud Darwisch: wo du warst und wo du bist, Lyr. 04. (Red.)

Karau, Gisela (geb. Gisela Wilczynski), Journalistin, Schriftst.; Hartriegelstr. 54, D-12439 Berlin, Tel. (0 30) 6 71 78 77, 81 30 13 77, Fax 01 21 25 03 41 60 40, *gisela.karau@web.de, www.gisela-karau.de* (* Berlin 28. 3. 32). VS 76; Goethe-Pr. d. Hauptstadt d. DDR 86, Autorenstip. d. Stift. Preuss. Seehandlung 94; Rom., Erz., Szenarium, Rep., Kinder- u. Jugendb., Sachb. – **V:** Anne ist ein Sonntagskind 63; Trubel um Anne 64; Der gute Stern des Janusz K. 72, u. d. T.: Janusz K. oder viele Worte haben einen doppelten Sinn 74, 94; Dann werde dich ein Kranich sein, Erz. 75; Darf ich Wilhelm zu Dir sagen? 79; Loni 82; Berliner Liebe 84, 88; Familienkrach 88, 89, alles Kdb./Jgdb.; Die Liebe der Männer, R. 90; Ein gemachter Mann, R. 92; Bolle, der freundliche Hund, Kdb. 94; Marthas Haus oder der Kopf im Keller, R. 94; Buschzulage, R. 96; Küsse auf Eis, Jgdb. 97; Go West. Go Ost, R. 98 (auch Blindendr.); Der jüngere Mann, R. 01; Das kommt in den besten Familien vor, Kdb. 03; Lola spinnt, Jgdb. 04; Der Kugelfisch oder Wie erzieht man einen Vater, Kdb. 04; Die selbstlose Freundin, R. 04; Franzi, ganz cool 05; Toni und Ali 07; Cosima. Verliebt in Sanssouci 07, alles Jgdb. – **MV:** Ich habe keine Lust 80; Max und Maxi 82; Ich bin Ludwig 83, alles Kdb. – *Lit:* s. auch 2. Jg. SK.

Karch, Stefan, Autor u. Illustrator; Nr. 69, A-8223 Stubenberg am See, Tel. u. Fax (0 31 76) 80 08,

office@stefankarch.com, www.stefankarch.com (* Graz 27. 11. 62). Kinderb. – **V:** Reihe „Timmi Tiger": 1: Das Geheimnis des Tigers 99, 2: Das Spiel der drei Magier 99, 3: Die schreckliche Wondery Pu 99, 4: Der eiskalte Narr 99, 5: Hilfe für Vampirello 99, 6: Die Flucht vor dem Drachenjäger 99, 7: Der Geisterläufer 00, 8: Meister Morph's Kammer 00, 9: Die Augen der Titanen 01, 10: Mit der Kraft des Tigers 02, (Bd 1 u. 2 auch korean., indones.); Reihe „Stefan Karch's Knuddel-Geschichten": 1: Nuk, wie siehst du denn aus? 00, 2: Wendelin, der Schneemann 00, 3: Emil und die Monster 01, 4: Piratensalat 02, 5: Alles Käse 03; Hoppla, hier kommt Timmi! 03; Reihe „Nil Nautilus": Nil Nautilus rettet die Welt 04, Nil Nautilus startet durch 04. (Red.)

Karen, Anne s. Tenkrat, Friedrich

Karenovics, Gottfried s. Corvis, Arno Erich

Karfunkelstein, Isa s. Krug, Manfred

Karger, Bernhard s. Karger-Decker, Bernt

Karger, Klaus; Heinrichsdamm 8, D-96047 Bamberg, Tel. (09 51) 2 59 46, Fax 2 08 05 35, *klauskarger @t-online.de* (* Bad Landeck 29. 11. 38). – **V:** Bruckner sah gar nicht mehr gut aus. 50 Jahre Bamberger Symphoniker. 100 Köstlichkeiten aus d. Leben e. Orchesters 95, 96; Mein Gott, der ist ja noch dümmer als ich! 55 Jahre Bamberger Symphoniker. Neue Anekdoten aus d. Leben e. Orchesters 01. (Red.)

Karger, Ulrich, Religionslehrer, Mediator; Elberfelder Str. 17, D-10555 Berlin, Tel. (0 30) 3 92 38 62, Fax (0 32 21) 2 33 88 34, *ulrich.karger@web.de, www. karger.de.vu, home.arcor.de/karger* (* Berchtesgaden 3. 2. 57). VS Berlin 87; Prosa, Kinder- u. Jugendb., Lyr., Rezension. – **V:** Zeitlese, G., Texte u. 14 Miniatn. 82; Gemischte Gefühle, G. u. Texte 85; Verquer, R.-Collage 90; Familie Habakuk und die Ordumok-Gesellschaft, Kdb. 93; Dicke Luft in Halbundhalb, Kdb. 94; Homer: Die Odyssee, Nacherz. 96, überarb. Tb.-Neuausg. 04; Mitlesebuch Nr.26, G. u. Kurzprosa 97; Kopf-SteinPflasterEchos, Grotn., 1.u.2. Aufl. 99; Kindskopf, N. 02; Geisterstunde im Kindergarten, Kdb. 02 (auch engl., frz., ital., ndl., slowen.). – **MA:** Das kleine Märchenbuch 84, 19. Aufl. 94; Männer sind eben so 85; Alptraum 86; Einsamkeit erfahren 86; Die kleine Märchengalerie 86, 8. Aufl. 93; 15 Jahre Reisefieber 87; Die kleine Märcheninsel 86, 6. Aufl. 92; Die kleine Märchenreise 90, 3. Aufl. 92; Der kleine Märchentraum 93, 2. Aufl. 94; Das kleine Märchenschloß 91; Weihnachtsgeschichten am Kamin, Bd 12 97, 4. Aufl. 02; Bücherwurm, Schullese. 98; Projekt Lesen A6, Schullese. 01; Bücherwurm, Schullese. 02; Deutsch plus, Schularbeitsh. 03; Verstehen u. Gestalten H6, Lehrmat. 04, Nauaufl. (K6) 06, Neuaufl. (H6) 07; Mythos des Unsichtbaren, Anth. 07; – Beitr. in div. Lit.zss., zahlr. Art. u. Rez. in Ztgn, Stadtmag. u. Fachzss. – **R:** Familie Habakuk und der Ordumok 91; KopfSteinPflasterEchos 96. – **P:** Die Odyssee 1–5–9, CD 99; Briefe von Kemal Kurt (1947–2002), hrsg. unter: www.textende.vu 07. – *Lit:* Wolfgang Thorns: Religion heute 92; Text & Illustration 97; Aut.-Verz. Böd.-Kr. 97.

Karger-Decker, Bernt (Bernhard Karger), Journalist; Mauritiuskirchstr. 1, D-10365 Berlin, Tel. (0 30) 9 24 71 82 (* Berlin 27. 7. 12). E.zeichen d. D.R.K. 75; Rom., Bericht. – **V:** Männer um die Kamera 53; Der Film – Spiegel der Welt 55, 56; Zirkusparade 56; Mit Skalpell und Augenspiegel 57, 66 (auch ung. u. Bdesrep. Dtld); Da hielt die Welt den Atem an, Ber. 59; Aber die Wahrheit ist stärker 61 (auch tsch.); Wunderwerke von Menschenhand 63, 71 (auch Bdesrep. Dtld); Ärzte im Selbstversuch. Ein Kapitel heroischer Medizin 65, 81; Gifte, Hexensalben, Liebestränke 66, 02; Schach der Tuberkulose 66; Unsichtbare Feinde. Ärz-

Kariger

te u. Forscher im Kampf gegen d. Infektionstod 68, 80 (auch tsch.); Kräuter, Pillen, Präparate 70, 82; Der Griff nach dem Gehirn 72, 3. Aufl. 06; Geschichte und Geschichten um Briefe und Briefmarken 76, 78; Besiegter Schmerz 84; An der Pforte des Lebens, 2 Bde 91; Von Arzney bis Zipperlein 92, Neuaufl. u. d. T.: Die Geschichte der Medizin von der Antike bis zur Gegenwart 01 (auch chin.). – **MV:** Anaesthesiologische Geschichtsfragmente, m. Dr. Volkmar Wünscher. (Red.)

Kariger, Jean-Jacques, freier Schriftst.; Nicolas-Ries-Str. 35a, L-2428 Limpertsberg, Tel. (0 03 52) 44 91 31. Knapp 7, L-7462 Moesdorf/Mersch (* Rodingen/Luxemburg 3. 10. 25). Albo professionale degli artisti europei, GZL; Dipl. di Merito Univ. delle Arti Salsomaggiore 82, Musa dell' Arte (Europ. Kunstpr.) 89; Lyr., Epigramm, Fabel, Sentenz, Panegyrik, Hymnus, Ess., Epistolographie, Ästhet. Theorie. – **V:** Leuchtender Kreis 62; Elemente 67; Akte 72; Gesichte 77, alles Lyr.; Blitzröhren, Epigrammatik 82; Kultur des Feingeistigen als Poetisches Argument, Gattungstheorie 82; Kettenreaktion des Geistes, Ess. 84; Wahlgang der Tiere, Fbn. 87; Kritik der Kreatürlichen Vernunft, Gattungstheorie 87; Scutum Gemma Vigilium/Schild Juwel der Wacht, Sentenz lat.-dt. 93; Collatio ad Sententiam – Vicesimo Saeculo?/ Ein Beitrag zur Sentenz – im 20. Jahrhundert?, Gattungstheorie 93; Geist-Weihen, Panegyrik 97; Preis dem Geschmähten Lob, Gattungstheorie 97; Herz der Flamme, Hymnen 01; Wirbel aus Andacht, Gattungstheorie 01; Form und Fülle im Gleichklang, Anth. 01; Erleuchtete Quellen, innere Biogr. 03; AEDES COGITATIONVM – BAU AUS BESINNUNG, Sentenzen, lat.-dt. 05; Das Verheimlichte Wort, poetolog. Lyr. 08. – **MA:** Wiener Sprachbll.; Dt.schweizerischer Schulverein; Autonomist. Elsass-Lothringer Blatt; Wer Religion hat, redet Poesie, Anth. 06. – *Lit:* Marie-Thérèse Kariger-Karier: J.-J.K. – E. Leben f. d. Wort, Biogr. 00, Bd 2: Stufen d. Entfaltung 05; Luc Deitz in: Der Neue Pauly. Enzyklopädie d. Antike 01.

Karimé, Andrea, Autorin, Fotografin; Vogelsangerstr. 52, D-50823 Köln, *andreakarime55@hotmail.com, andreakarime.kulturserver-nrw.de* (* Kassel 5. 5. 63). VS 05, VG Wort 05; 1. Platz (Kdb.) b. Lit.wettbew. „Mythos Fremde" d. Inst. f. Migrationsforsch. Bonn 05, Nomin. f. d. Linzer Kdb.pr. 08, u. a.; Rom., Erz., Kinderb. – **V:** Der Brieftrágerin, R. 04; Alamat / Wegzeichen, Erzn. arab./dt. 06; Nuri und der Geschichtenteppich 06; Die Zauberstimme 07; Soraya, das kleine Kamel 08, alles Kdb.; Fatina, die Anziehung, R. 08. – **P:** tagebuchstaben, Internet-Tageb. unter: akarime.blogspot.com.

Karkowsky, Stephan (Ps. Stefan Fester), Journalist; Auf dem Risch 5, D-31860 Emmerthal, *kkowsky @snafu.de* (* Hameln 1. 9. 69). – **V:** Technophobia, R. 96, Tb. 98; Countdown im Adlon, R. 97. (Red.)

Karl, Franz Xaver (FX Karl), Autor u. Journalist; Blumenstr. 3, D-80331 München, Tel. (0 89) 2 60 38 20 (* Schönberg/Bayr. Wald 61). Stip. d. Ldeshauptstadt München 05. – **V:** Memomat, R. 02; Starschnitt, R. 04; Fünf Tage im Juli, R. 07. – **R:** Karl Valentin – Weltwitz & Widersinn, Filmess. (BR) 03, u. a. (Red.)

Karl, Rudolf Viktor, Prof. mag., AHS-Lehrer; Mauerbachstr. 48/2, A-1140 Wien, Tel. (01) 9 79 44 30 (* Wien 8. 4. 31). V.G.S. 80; Lyr., Ess., Kurzprosa, Rom. – **V:** Alpensommer, Lyr. 81; Salzburger Impressionen und Der andere Sommer, Lyr. Protokolle 82; Ewig still steht die Vergangenheit, R. 83; Komödie der Zeit, Erz. 90; Sanfte Melodien weltentrückt 93; Warten in S., R. 93; Das Theater lebt, R. 95; Hadersdorfer Spaziergänge, Lyr. 95; Frau – Mutter – Diva – Lausbub:

Lilo Pulver. Eine Begegnung 99; Die unüberbrückbare Kluft, R. 06. – **MV:** Alpensommerwege durch die Zeit, m. Martha Karl-Schandl, Lyr. 01. – **MA:** 10 Anth. d. Verb. geistiger Schaffender, u. a.: Der Mensch spricht mit Gott, Anth. 82.

Karlsdottir, Maria s. Novak, Helga M.

Karlsson, Irmtraut, Dr. phil.; Rueppgasse 26/19, A-1020 Wien, Tel. u. Fax (01) 5 35 67 68, *irmtraut. karlsson@hippo.org* (* Windschau 4. 5. 44). IGAA; FrauenKrimiPreis 02; Krim.rom. – **V:** Mord am Ring 01; Tod der Trüffelsammlerin 02; Naschkätzchens Rache 06, alles Krimi. – **MA:** Tatort Wien 04, 3. Aufl. 05; Rubens Wunder 04; Festessen 05; Mörderisch Unterwegs 06. – *Lit:* s. auch SK. (Red.)

Karma, Werner (Ps. René Volkmann), Agrotechniker, Dipl.-Philosoph, freischaff. Textdichter; Tel. (0 30) 67 77 64 60, Fax 67 77 52 25, *mail@wernerkarma.de, www.deutsche-texte.de* (* Berlin 52). Kunstpr. d. FDJ 78, Kunstpr. d. DDR 87, u. a.; Songtext. – **V:** Alles wird besser, nichts wird gut. Alte und neue Songtexte 1976–2001 02. – **P:** Alle Texte zu: Silly: Mont Klamott 83, Liebeswalzer 85, Bataillon d'amour 86; Pension Volkmann: Die Gefühle 85, Vollpension 88, Traumtänzer 93; Quaster (Puhdys): Liebe pur 87; – Einzelne Texte zu: electra: Die Sixtinische Madonna 80, Augen der Sehnsucht 86; Silly: Tanzt keiner Boogie? 81, Februar 89, Best of Silly vol.1 (bye bye...) 96, Best of Silly vol.2 (p.s.) 97; Kleeblatt 1/81: Gaukler Rock Band 81; City: Unter der Haut 83, Am Fenster 2 02; NO 55: Kopf oder Zahl 84; DREI: Steigen wie ein Falk 86; Kleeblatt Nr. 23: Hard Pop 88; Arnold Fritzsch: Wärme 89; Puhdys: Wie ein Engel 92, Zufrieden? 01; Die Zöllner: Goldene Zeiten 93, Bumm bumm 96; Ralf Bursy: Schick mich auf die Reise 93; Matthias Freihof: Leidenschaften 93; Holger Biege: Leiser als laut 94; Edo Zanki: Komplizen 95; Veronika Fischer: Träumer 95, Mehr in Sicht 97; Hansi Biebl: Unter den Wolken 98; Joachim Witt: „Bayreuth Zwei" 00, u. a. m. (Red.)

Karnani, Fritjof, Dipl.-Wirtschaftsing., Dipl.-Geologe, MBA; c/o Gmeiner-Verl., Meßkirch (* Berlin 68). VS, Das Syndikat, Autorengr. dt.spr. Krim.-Lit.; Thriller, Krimi. – **V:** Takeover, Thr. 06; Turnaround, Wirtschaftskrimi 07 (auch als Hörb.); Notlandung, Thr. 08. – *Lit:* Carsten Germis in: FAZ am Sonntag v. 8.4.07.

Karner, Andreas, Mag., Künstler u. Schriftst.; Praterstr. 60/23, A-1020 Wien, Tel. (01) 2 12 98 62 (* Wien 4. 5. 60). IGAA; Förd.pr. d. Ldes Kärnten f. Kd.- u. Jgd.lit 82, Öst. Staatsstip. 92; Prosa, Hörsp., Kabarett, Fernsehsp./Drehb., Kinder- u. Jugendb., Lied, Dramatik. – **V:** Die Inselfreunde, Kdb. 83; Der freudlose Vormittag, Grotn. 94, 96. – **MV:** Der Einzug des Rokoko ins Inselreich der Huzzis, Drehb., m. M. Mattuschka u. H.W. Poschauko. – **MA:** Weihnachten für Fortgeschrittene, Grotn. 99. – **P:** Die Brüder Poulard, Kabarett, CD 95. (Red.)

Karner, Axel, Religionslehrer, Autor; Liechtensteinstr. 99/11, A-1090 Wien, Tel. (01) 3 10 60 44, *axel. karner@aon.at* (* Zlan/Kärnten 18. 5. 55). IDI, GAV, Podium, Ö.S.V., ÖDA 07; BEWAG-Lit.pr. 02, 05, Buchprämie d. BKA 04; Lyr., Prosa, Hörsp., Sat. – **V:** A meada is sa lei a mensch, G. 91; A ongnoglts Kind, G. 95; Georg Schurl. Mörder, Krim.-Geschn. 97; Kreuz, Lyr. 03; Schottntreiba, Lyr. 04; Die Stacheln des Rosenkranzes, Lyr. 07; Vom ersten Durchblick des Gewebes am zehnten November und danach, Krim.-Geschn. 07. – **MA:** Paßwort Irrenhaus 95; Europa erlesen – Kärnten 98; ersatzlos gestrichen 01; Aux Frontières 03; Kaleidoskop 05; literatur/a 2006, Jb. 06; Chobol bleibt 07; Protestantismus und Literatur 07. – **R:** Konstantin

Fedin: Die Stille 82; Voltaire: Mikromegas 83; Manfred Hausmann: Steuermann Leiss 85, alles Hfk-Bearb.

Karner, Monika, ORF-Red.; Frauenfeld 7A, A-6850 Dornbirn, Tel. (0 55 72) 2 8961, *monika.karner@aon. at* (* Tulln 20. 3. 43). 2 x Arb.stip. d. BMfUK, Anerkenn.pr. d. Ldes Vbg, Andreas-Reischek-Pr.; Rom., Lyr. – **V:** Kunstband : Lyrik, m. Radierungen v. Margot Geiger 82; Ein heißer Sommer 98. – **MA:** Lyr. in Anth. u. Jbb.: bodenlos 80; Litfass 31 84. (Red.)

Karny, Thomas; Erlengasse 11a/12, A-8020 Graz, Tel. u. Fax (03 16) 68 14 27, *thomaskarny@hotmail. com, www.karny.at* (* Graz 20. 5. 64). IGAA; Stip. Linzer Geschn.schreiber 89/90, Nachwuchsstip. f. Lit. d. BMfUK 92, 94; Prosa, Rom., Drama. – **V:** Lesebuch zur Geschichte der oberösterreichischen Arbeiter 90; Die Hatz 92; Der Tod des Tagelöhners 99; Rupert Hollaus. Weltmeister für 1000 Stunden, Biogr. 04. – **MV:** GegenBewegung 95; Geleugnete Verantwortung 96, beide m. Heimo Halbrainer. (Red.)

Karoly, Jil *

Karpf, Urs, freier Schriftst.; Untergasse 46, CH-2502 Biel, Tel. (0 32) 3 22 00 23 (* Zürich 9. 11. 38). Gruppe Olten 77, P.E.N. 87; E.gabe d. Kt. Zürich 77, Förd.pr. d. Kt. Bern 77, Intern. Mölle-Lit.pr. (Schweden) 77, Buchpr. d. Kt. Bern 82, 93, Stud.pr. d. Stadt Minden 83, Lit.pr. d. Stadt Boppard 79, Stip. Künstlerhof Schreyahn 02/03; Rom., Hörsp., Erz. Ue: schw. – **V:** Der Technokrat, R. 77; Die Nacht des großen Kometen, R. 78; Die Versteinerung, R. 81; ATE, Erz. 85; Alles hat seine Stunde, R. 93; Die Reise nach Nürtingen, Erzn. 96. – **MV:** Svenskarna och deras immigranter 74. – **R:** Party bei Grellinger 86. – **Ue:** Maria Scherer: Das Fiasko 74. (Red.)

Karr, Hanns-Peter s. Jahn, Reinhard

Karren, Anne s. Tenkrat, Friedrich

Karrenbauer, Carlo, M. A., Auktionator, vereidigter Sachverständiger; Trägermoosstr. 2, D-78462 Konstanz, Tel. (0 75 31) 2 72 02, 2 19 25, Fax 1 65 96, *info @karrenbauer.de, www.karrenbauer.de* (* Saarbrücken 9. 1. 39). Rom., Kurzgesch. – **V:** Hübschels Tochter, R. 04. (Red.)

Karrenbrock, Friedrich s. Broca, Carlos

Karst, Claus; Parkstr. 87, D-58675 Hemer, Tel. (23 72) 7 49 95, *claus.karst@online.de, www.claus-karst.de* (* Kettwig 14. 5. 40). AutorenForum Hemer; Erz., Erz. f. Kinder. – **V:** Der Mann mit dem sternfunkelnden Koffer, Erzn. 04. (Red.)

Karsunke, Yaak, Schriftst.; Westfälische Str. 34, D-10709 Berlin, Tel. (0 30) 8 91 44 81 (* Berlin 4. 6. 34). VS 70–98, P.E.N. 70–97; Dt. Krimipr. 00, Erich-Fried-Pr. 05; Lyr., Ballett-Libretto, Drama, Ess., Film, Hörsp., Krim.rom. Ue: engl. – **V:** Kilroy & andere, G. 67; reden & ausreden, G. 69; Die Bauernoper. Szenen a. d. schwäb. Bauernkrieg 1525, Bü. 73; Ruhrkampf-Revue, Bü. 75, beides zus. 76; Unser Schönes Amerika, Bü. 76; da zwischen, 35 G. u. e. Stück 79; Des Colhas' letzte Nacht, Bü. 78; Großer Bahnhof, Bü. 82; auf die gefahr hin, G. 82; Die Guillotine umkreisen, G. 84; Unter Brüdern, Bü. 86; Toter Mann, Krim.-R. 89; gespräch mit dem stein, G. 92; hand & fuß, G. 04. – **MV:** Hallo, Irina 70; Die Apotse kommen 72. – **B:** Germinal (nach Zola), Bü. 74; Nach Mitternacht, nach Irmgard Keun, Bü. 81. – **MH:** Kürbiskern, Zs. 65–68. – **R:** Listen to Liston, Hsp. 71; & jetzt Bachmann, Hsp. 72; Der Doppelverlierer/Hommage à Hammett, Hsp. 76; Hier kein Ausgang – nur Übergang, Fsf. 77; Bares Geld, Fsf. 78; Neue Töne, Fsf. 78; Die Großen läßt man laufen, Hsp. n. Sjöwall/Wahlöö 79; Henker der Revolution,

Hsp. 84. – **MUe:** Arnold Wesker: Die Freunde, m. Ingrid Karsunke, Bü. 70.

Karthee, Renée, ehem. Red. b. „Stern", Autorin; lebt in Hamburg, c/o Rowohlt Verl., Reinbek. – **V:** Herzflüstern 04; Herz auf Trab 05; Herzsprünge im Galopp 06; Herzrivalen 07; Heartbeat Hotel, Bd 1 07, Bd 2: Volltreffer für Maxi 08; Ritt zu dritt 08. – **MA:** Auf die Piste, fertig, los! 06. – **R:** Der Kuss meiner Schwester (RTL) 00; All' Arrabiata (RTL) 01; Sternenfänger, 26 F. (ARD) 02; Die Alpenklinik, 2 T. (ARD) 06 u. 07, alle u. a. m. Rolf Karthee. (Red.)

Kartheiser, Josiane, Journalistin, LBeauftr.; 28 Rue Gutenberg, L-1649 Luxemburg, Tel. (0 03 52) 49 50 35, *josiane.kartheiser@education.lu* (* Differdingen/Lux. 28. 11. 50). L.S.V. 86; Lyr., Kurzgesch., Theater, Hörsp., Kabarett, Liedtext, Journalist. Arbeit. – **V:** flirt mit fesseln 78; wenn schreie in mir wachsen 80; Linda 81; De Kontrakt, Theaterst. 83; Härgottskanner, Theaterst. 85; D' Lästermailchen, Kabarett 88; Luxembourg City, Stadtführer 89; Wohlstandsgeschichten, G. u. Kurzgeschn. 93; Als Maisie fliegen lernte, Kurzgeschn. 96; Das Seepferdchen, Kurzgeschn. 00; Allein oder mit anderen, Kurzgeschn. 02; Cornel Meder, Porträt 04; De Maxi an de Geschichtenerzieler, Kdb. 04; De Marc hätt gär Paangecher, Kurzgeschn. 05; Mäi léiwen Alen!, Kurzgeschn., Glossen, Kabarett 07. – **MV:** z.B. Tom – Rep. üb. d. Drogenplatz Luxemburg 81; Esou schwätze mir, themat. Wörterb. 95; Da lass III, Buch u. Video 01. – **MA:** händedruck, Lyr. 81; Möriks Lüfte sind vergiftet 81; Formation 7/8 78, 79; In Sachen Papst 85; Die klassische Sau 86; Ent-Grenzung 82; Lëtzebuerg 82, 83; Lëtzebuerger Alm. 85, 86; Erzählungen Luxemburger Autoren des 20. Jahrhunderts 99; Essays on Politics, Language and Society in Luxembourg 99; Deutschsprachige Lyr. in Luxemburg 02; Kaleidoscope Luxembourg 02; Neue Lyrik 02; Virum wäisse Blat 03; e buch am zuch, Sammelbd 04, 06; D' Messer am Réck, Anth. 06. – **R:** Dem Bop säi Krich 85; 't as nët einfach 86.

Kartheuser, Bruno, Lizenziat in klass. Philologie, Gymnasiallehrer, zeitw. Sonderbeauftr. f. Lit.; Neundorf 33, Postfach 42, B-4780 St. Vith, Tel. (0 80) 22 73 76, Fax 22 94 12, *bruno.kartheuser@pi. be, bruno.kartheuser@skynet.be, www.krautgarten.be* (* Lüttich/Liège 10. 12. 47). P.E.N. Belgien 96; Walter-Hasenclever-Pr. (Förd.pr.) 96, Prix Adam de la Poésie Bruxelles 97; Lyr., Ess., Esss., Gesch. Ue: frz, ndl. – **V:** Ein Schweigen voller Bäume, Lyr. u. Prosa 85; Die letzten Dinge, Erz. 85; Ostbelgische Autoren im Portrait 99; Atemlängen – respirations, Aphor., Miniatn. 00; – mehrere Veröff. zu Geschichte u. Zeitgeschichte. – **MV:** zeitkörner, m. Leo Gillessen u. Robert Schaus, Lyr. 92. – **MA:** Beitr. in: Heimat, dt.-israel.-paläst. Leseb. 97; G. in: op het kruispunt; les elytres du hanneton; européenne lente; L'arbre à poésie; La Revue Générale; Revue alsacienne de littérature; Repn. u. journalist. Beitr. in Ztgn u. Zss. d. In- u. Auslandes. – **H:** KRAUTGARTEN, Lit.-Zss., seit 82; edition KRAUTGARTEN, seit 99. – **R:** Ostbelgische Autoren im Portrait 96; G. im WDR, SWF, DLF. – **Ue:** G. u. Erzn. zahlr. Autoren aus d. Franz. – *Lit:* Josef Zierden: Die Eifel in d. Lit. 94, u. a. (Red.)

Karwehl, Ingrid s. Geleng, Ingvelde

Kasberger, Erich, Publizist, Historiker, Kabarettist; Feldafinger Str. 18, D-82343 Pöcking, Tel. (0 81 57) 81 37 (* München 30. 6. 46). – **V:** Willy Puruckers Löwengrube. Die Familie Grandauer von 1933–1941, R. 91; Arche Noah 03; mehrere Sachbücher. – *Lit:* s. auch SK. (Red.)

Kasch

Kasch, Otto (Ps.), Dipl.-Ing. (grad.); Mozartweg 56, D-76646 Bruchsal, Tel. u. Fax (0 72 51) 30 04 18, *bo-schmich@gmx.de, www.ingeborgschmich. de/Nibelungen* (* Gondelsheim 6. 12. 31). Sat., Kinderb. – **V:** Amadeus Gottlieb, der große Verleger 00; Das fidele Rathaus. Ergötzliche Geschichten aus Unratshausen 00; Utan-Utan, der fidele Bauwerker 00; Der staubige Gustav 01; Tante Chaosine 01. (Red.)

Kashin, Christiane (Ps. Christiane von Wiese) *

Kashti-Kroch, Judith; c/o Sachsenbuch Verlagsgesellschaft, Leipzig (* Leipzig 23. 10. 24). – **V:** Der Spuk geht vorüber 93 (auch hebr., engl., frz.); Es geht den Menschen wie den Leuten, Kurzgeschn. 05. (Red.)

Kasmann, Guido, Grundschullehrer, Autor; Brempter Weg 62, D-41372 Niederkrüchten, Tel. (0 21 63) 57 58 88, *g.kasmann@buchverlagkempen.de, www. GuidoKasmann.de* (* Köln 30. 1. 59). Kinderlit., Kinderlyrik. – **V:** Appetit auf Blutorangen, R. f. Kinder 03, 5. Aufl. 08 (auch als Hörb.); Appetit auf Blutorangen, Lit.projekt, Mat. f. Lehrerinnen u. Lehrer 04; Den Quallen wachsen scharfe Krallen, G. f. Kinder m. Mat. f. Lehrerinnen u. Lehrer 04; Hexenmüll, R. f. Kinder 05, 07; Das Schweigen des Grafen, R. f. Kinder 06; Die Osterschildkröte, R. f. Kinder 07; Kein Raumschiff im Schrank u. a. Adventsgeschn. 07. – **MV:** Hexenmüll, Lit.projekt, Mat. f. Lehrerinnen u. Lehrer, m. Jennifer Eimers 05. – **MA:** Kunterbunt Lesebuch 3 Bayern.

Kasnitz, Adrian, M. A., Hrsg. Ed. parasitenpresse; Richard-Wagner-Str. 18, D-50674 Köln, Tel. (02 21) 5 59 42 72, *parasitenpresse@hotmail.com, adriankasnitz.kulturserver-nrw.de, parasitenpresse. kulturserver-nrw.de* (* Wormditt 10. 1. 74). roundabout 00–01, Rheinische Brigade 01; Lyr.pr. Lyrik 2000 S (3. Pr.) 00, Arb.stip. d. Ldes NRW 01, Rolf-Dieter-Brinkmann-Stip. 05, u. a.; Lyr., Prosa. – **V:** Lippenbekenntnisse, G., 1.u.2. Aufl. 00; Reichstag bei Regen, G. 02; Die Maske, Prosa 04; innere sicherheit, G. 06. – **MA:** Arbeit macht frei. Zwangsarbeit in Lüdenscheid 1939–1945, hist. Sachb. 97; Blitzlicht, Anth. 01; Der Große Conrady 08, u. a.; – zahlr. Beitr. in Lit.zss. seit 94, u. a. in EDIT; Die Außenseiter d. Elementes; Zeitriss; Laufschrift; Decision; Dreichneuß; Macondo; Das fröhliche Wohnzimmer; Intendenzen. – **H:** Agenten, m. Wassiliki Knithaki, G. 01; Kolon, Zs. f. dt. u. tsch. Lit. (Red.)

Kasper-Merbach, Luitgard Renate, Lehrerin, Dipl.-Soz.päd., Dipl.-Schriftst., Mediatorin, Sonderpäd.; Abt-Rohrer-Str. 12/1, D-88427 Bad Schussenried, Tel. (0 75 83) 34 31, Fax 48 65, *dr.alfons_kasper_verlag @web.de, kasper-merbach@t-online.de, www.kasper-verlag.de* (* Bad Schussenried 18. 7. 58). IGdA; 2. Pr. d. Ldeszentr. f. polit. Bildg. Bad.-Württ. 97, Förderpr. d IGdA 99, Lyr.pr. auf Kr.ebene b. Ldes-Lyr.wettbew. 00, E.pr. d. Verb. Kath. Schriftst. Öst. 03; Lyr., Kindergesch., Glosse, Prosa. – **V:** Herbstzeitlose, Lyr. u. Prosa 84, 86; Wurzeln und Weite, G. u. Geschn. 91; Herr Mohrer lernt zaubern, Bilderb.-Geschn. 97; Fenster Bilder, Prosa u. Lyr. 99; Liebe Mutter, Erfahrungsbericht 05. – **MA:** Winterlichter, Anth. 94; Einander Begegnen 97; s' menschelet 2002, 11. September 03; einzig überleben 04. – **H:** Wurzeln und Flügel 02; Ich gebe meiner Trauer Atem 02; Damit das Kluge in mir bleibt vor dir 07, alles Anth.

Kasprzak, Andreas (Ps. Andreas Merke, Carter Jackson, Robert Lamont, Christopher/Sandy Sandford, Jack Slade, Steve Whitton), Journalist, Schriftst., Übers.; c/o Blitz-Verlag, Windeck-Rosbach (* Hameln 7. 9. 72). – **V:** Das Kristall der Macht 94; Dunkle Horizonte, Ber. 97; Area 51, Mystery-R. 98; Das Philadelphia-Projekt, Mystery-R. 99; Christianes letzte Pfade,

Krim.-R. 99; Flight 19 – verschollen im Teufelsdreieck, Mystery-R. 00; Im Schatten des Kranichs, hist. Krim.-R. 00, u. a.; mehrere Sachb. – **MV:** Fiete schwant Böses, Krim.-R. 00; Freibier auf Sylt, Krim.-R. 01, beide m. Martina Bewarder. – **H:** Der Blutfalter, Anth. 96. – *Lit:* s. auch SK. (Red.)

Kassajep, Margaret, Autorin; Destouchesstr. 18, D-80803 München, Tel. (0 89) 34 28 15 (* München). Schwabinger Kunstpr. f. Lit. 96; Rom., Nov., Lyr., Kurzgesch., Groteske, Sat. – **V:** Deutsche Hausmärchen, frisch getrimmt, Satn. 80; Homer ist, wenn man trotzdem lacht, Satn. 81; Die Tränen einer Fahnenjungfrau, Kurzgesch. 84; Trauerflor am Kanapee od. Die Boppi vom Oberanger 86; München, Traumstadt der Gegenwart 87; Die sanften Wilden, Niederbayerngeschn. 87; Meine Arche Noah, Geschn. 88; Endlich achtzehn! 92; Sechzigerin – na und?, Geschn. 93; Mit 60 beginnt das Leben, Geschn. 95; Sündige Kastanien, R. 96; Der Pirol beendet sein Lied, G. 98; So küss ich dich mit meinen Liedern 00; Der Wind schmeckt nach Liebe, R. 00; Erpelswing, R. 02; Grasreden 02; Kind, wein' doch nicht!, R. 04; Dornbusch, Psychothr. 07; In meiner Straße, Geschn. 07. – **MA:** zahlr. Beitr. in Lyrik- u. Prosa-Anth. (Red.)

Kassing, Karl, ObStudR. i. R.; Lothringer Str. 81, D-50677 Köln, Tel. (02 21) 3 31 89 64 (* Lüdenscheid 12. 6. 36). Lyr., Epik. – **V:** Wunderland, heitere u. ernste Geschn. 76; Gedicht auf Rädern, G. 76; Versuch über Wellen zu gehen, Gebete f. Kleingläubige 89; Balladen von der Erft 91; Mirjam, die Mutter Jeschuas, biogr. Erz. 01.

Kassühlke, Gerd, Grafik-Designer; *mail@ kassuehlke.de, www.kassuehlke.de* (* Northeim 8. 3. 56). Rom., Erz. – **V:** Schwesterchen und Luka, R. 01. (Red.)

Kast-Riedlinger, Annette, Realschullehrerin, Schmuckgestalterin, Autorin, Journalistin; Hegaustr. 14, D-78239 Rielasingen, Tel. (0 77 31) 91 73 13, Fax 91 73 14, *ka-ri@t-online.de, www.kast-riedlinger.de* (* Stuttgart 1. 2. 52). VS; Rom., Lyr., Dramatik. Ue: frz. – **V:** Hautnah ist noch zu fern, G. 88, 95; Von nun an bitte ohne mich 90, 99; Von wegen Liebe... 91, 00; Frau in besten Mannesalter 92, 93; Adieu, ich rette meine Haut 94, 98; ... aber bitte mit Liebe 98, 01, alles R.; Rote Vergißmeinnicht, Lyr. 99. (Red.)

Kastendieck, Johanna (Ps. Janna Meischer); Esinger Steinweg 32, D-25436 Uetersen, Tel. (0 41 22) 48 95 80, Fax 48 95 82, *jkastendieck@freenet.de* (* Hinte 31. 7. 46). VS Schlesw.-Holst., Schrieverkring Weser-Ems; Rom., Lyr., Erz. – **V:** Anner Lüüd sünd ok Lüüd, Erz. 02. – **MA:** Reime, Riemels und Balladen 96; Dat Vörleesbook för Lütt un Groot 98; Dat eerste Mal 00; 2000 un mehr 01; Um de Eck keken 01; Kinner 02; Mohland Jb. 06 u. 07; Fundstücke, Anth. 07; Weihnachtsgeschichten für Erwachsene, Anth. 07; div. Voß un Haas-Kal. – **P:** Sömmertiet, CD 03; Stickelplatt, CD 04

Kastner, Corinna, Fremdspr.sekretärin; *www. kastners-welten.de.* c/o AVA international GmbH, Seeblickstr. 46, D-82211 Herrsching/Breitbrunn (* Hameln 2. 11. 65). – **V:** Eileens Geheimnis 05; Das Erbe von Ragusa 06; Die geheimen Schlüssel 07. – **MV:** Die Steinprinzessin, m. Jörg Kastner 02. (Red.)

Kastner, Jörg, freier Schriftst.; c/o AVA international GmbH, Herrsching, *www.kastners-welten.de* (* Minden 15. 12. 62). Sherlock-Holmes-Ges., Karl-May-Ges.; Krimikurzgesch., Erz., Rom., Rezension. – **V:** Das große Raumschiff Orion Fanbuch 91; Das große Karl May Buch 92; Dr. Watson und der Fall Sherlock Holmes, Detektiv-R. 94; Schaumpatrouille –

Die pitschnassen Abenteuer des Schaumschiffes Carry-on, Parodie 94; Speed, R. z. Film 94; Raumpatrouille – Die phantastische Geschichte des Raumschiffes Orion 95; Die Flügel des Poseidon, hist. R. 96; Thorag oder Die Rückkehr des Germanen, hist. R. 96, Sonderausg. 97; Der Adler des Germanicus, hist. R. 97; Das Runenschwert, Nibelungen-R. 97; Sherlock Holmes und der Schrecken von Sumatra, Detektiv-R. 97; Anno 1074. Der Aufstand gegen den Kölner Erzbischof 98; Marbod oder Die Zwietracht der Germanen 98; Widukinds Wölfe 98; Die Germanen von Ravenna 99; Im Schatten von Notre-Dame 99; Der Engelspapst 00; Die Rückkehr des Germanen, 2 hist. R. 00; Die Oase des Scheitans 00; Wenn der Golem erwacht 00; Die Nebelkinder 00; Arminius 01; Mozartzauber 01; Anno 1076. Die Schatten von Köln 02; Der Engelsfluch 03; Die Farbe Blau 05; Engelsfürst 06; Das wahre Kreuz 07; Teufelszahl, R. 08; Die Tulpe des Bösen, R. 08; weiterhin zahlr. Krimi-Kurzgeschn. u. Spannungs-R. – **MV:** Die Steinprinzessin, m. Corinna Kastner 02. – **MA:** zahlr. Ess., Art., Rez. u. Erzn. in: Science Fiction Times; science fiction media; Liquid Sky; Phantastische Zeiten; ZauberZeit; Nautilus; The Soft-Nosed Bullet-In; Space; Alien Contact; c't; vision u. technik.

Kastner, Peter, Dr. rer. soc., Dipl.-Psych., Kulturreferent d. Stadt Esslingen; Uhlandweg 15, D-73776 Altbach, Tel. (0 71 53) 2 34 45, Fax (07 11) 35 1 255 29 12, *phj.kastner@t-online.de* (* Ludwigsburg 16. 11. 52). VS 93, Kulturpolit. Ges. 91, Jurymitgl. d. Förderkr. dt. Schriftst. in Bad.-Württ. 89–92, z. Schubart-Pr. d. Stadt Aalen seit 92, d. „Esslinger Bahnwärters" seit 93, d. Kunststift. Bad.-Württ. 99–02, d. Nikolaus-Lenau-Pr. seit 02; Stip. d. Kunststift. Bad.-Württ. 89, Karl-Hofer-Förd.pr. 90, Dramatikerpr. d. Hamburger Volksbühne 91, 3. Pr. d. Goethe-Essay-Wettbew. d. Ldes Bad.-Württ.; Erz., Rom., Theaterst., Drehb., Hörsp., Journalist. u. wiss. Arbeit. – **V:** In Fabel-Haft, Fabn. 92; Müll, Sch., UA 96; Standardabweichung, Sch., UA 98. – **MA:** zahlr. Beitr. in Ztgn, Zss. u. Büchern seit 82. – **MH:** Theodor Haecker. Verteidigung des Bildes vom Menschen, m. Gebhard Fürst u. Hinrich Siefken, Ess. 01.

Kastura, Thomas, Dipl.-Germanist, Journalist; Am Bundleshof 3, D-96049 Bamberg, Tel. (09 51) 5 44 18, *thwmk@web.de, www.thomaskastura.de* (* Bamberg 14. 9. 66). Das Syndikat 03; Stadtschreiber v. Rottweil 07; Rom. – **V:** Epsteins Nacht, R. zum Film 02; Die letzte Lüge, R. 02; Der rote Punkt, R. 04; Eine Leiche im Gärkeller, Erz. 06; Warten aufs Leben, R. 06; Der vierte Mörder, R. 06; Drive, R. 08; mehrere Sachbücher. – **H:** Unter dem Rohrstock, Erzn. 00; Dandys, Prosa 01. – **R:** Robinsonade auf der Eisscholle (RB) 94. – **P:** Eine Leiche im Gärkeller, Hsp., CD 06. – *Lit:* s. auch SK.

Kasumu, Rita, Einzelhandelskauffrau, Substitutin, Lyrikerin, Publizistin; *kasumu@gmx.de* (* Trier 24. 2. 56). Editors Choice Award d. National Library of Poetry, Maryland/USA 96, Rilke-Pr. d. C.E.P.A.L., Thionville/Frankr. 97, Wolfgang-A.-Windecker-Lyr.pr. 04; Lyr., Erz. – **MA:** dran, Jugendmag. 94; The National Library of Poetry 95; Die Brücke 01, 04; Fluchtzeiten. Das Ende d. Totlachgesellschaft 02; Unter meiner Haut 03; Feuergeheuer zum 70. Jahrestag d. Bücherverbrennung 03; Gedanken-Fontaine Nr. 16 03; Mil' Feuilles 03; Die literarische Venus 03; Literamus Trier, Nr.24 03; Das Lachen deiner Augen, Bd 1 03; Liebe 04; Glaube, Liebe, Hoffnung 04; Rabenmutter sein, ist nicht schwer 04; Amour Fou 04; Verstärker, Feuer 05, alles Anth. u. Mag. (Red.)

Kater, Helmut, ehem. MdB u. MdEP, Arbeitsdirektor i. R., Publizist (* Danzig 30. 8. 27). Schriftst. in Schlesw.-Holst. 86; BVK 75 u. a. – **V:** So manche ...

85; Weichselkirschen wachsen auch woanders, zeitgesch. Erz. 85; Der „Flaschengeist von Tschernobyl" und andere zeitkritische Gedichte und Gedanken 89; Denkanstöße und „so manches" Bedachte und Bedenkliche 90; Ansichtssache 92; Blick zurück und nach vorn ... und andere Gedichte und Geschichten 96; Spiegelbildliche Eselei. Satirisches über Menschen und Tiere, Lyr. 05; Muß das nicht zum Himmel schreien ... und andere Gedichte und Gedanken, Lyr, 05; Mozart und die Elefantendame 07; Nicht jeder, der belogen wird, will Wahrheit wirklich wissen 08. – **MA:** Die Brücke, Monatsztg 86–95; Mecklenburger Aufruch, Wochenztg 90–93. (Red.)

Kater, Iris (Iris Horrig), Schriftst., Malerin; *www. iris-kater.de* (* Mönchengladbach 16. 12. 74). Kinderb. Ue: engl. – **V:** Maurice findet einen kleinen Freund 00; Cado und die Farbdiebe 00, überarb. Neuaufl. 02; Ein Fall für Cado und das Kuschelmonster 01 (auch engl.); Cado und seine Freunde 01; Cado's Drachenjahr 02; Cado's Drachenlandgeschichten 02; Cado, der Drachenkönig 03; Cado, der Drachenkönig im Land der Muffelmorfe 03; sowie Illustrationen zu einigen Kdb. – *Lit:* s. auch Kürschners Handbuch der Bildenden Künstler, 1. Aufl. 2005. (Red.)

Kater, Kaspar s. Engelke, Kai

Kather, Gerhard (Ps. G. F. Kather), Schriftst. u. Zeichner; Karl-Liebknecht-Str. 56, D-08606 Oelsnitz, Tel. u. Fax (03 74 21) 2 24 15, *www.gfkather.de* (* Oelsnitz/Vogtl. 31. 1. 49). Rom., Krim/rom. – **V:** Mit 17 fängt das Leben erst an ..., R. 02; Bockbier-Willi und Pilsner-Eb, R. 02; Mordkommission Chemnitz 1. u. 2. Fall, Krimi 02; Mordkommission Chemnitz 3. u. 4. Fall, Krimi 02; Al Capones verfluchter Schatz, Krim.-R. 03,. (Red.)

Kathollnig, Bruno, Dr. jur., Magistratsdir. i. R.; Freihausgasse 10, A-9500 Villach, Tel. (0 42 42) 21 84 66, *brunokath@gmx.at* (* Villach 4. 5. 42). Rom., Lyr. – **V:** Politu(h)ren, G. 03; Tropfenweises 03; Neue Politu(h)ren 04. (Red.)

Katow, Paul, Journalist u. freischaff. Schriftst.; 74 rue de Muhlenbach, L-2168 Luxembourg, Tel. (0 03 52) 42 00 71 (* 18. 12. 49). Erz., Rom., Ess., Sachb. – **V:** Louis Spohr – Persönlichkeit und Werk, Monogr. 83; Überfahrene Hunde, Erzn. 84; Die Steppe führt nach Luxemburg, R. 96; Einsame Jäger, R. 03. – **MA:** Erzn. u. Essayistik in: Les cahiers luxembourgeois, Kulturzs., seit 88. (Red.)

Kattelmann, Birgit, Autorin; Sulinger Str. 27, D-49419 Wagenfeld, *kattelmann-birgit@t-online.de* (* Diepholz 4. 10. 65). BVJA 98–04, Infantastica; Pr. b. „Junge Autoren schreiben über Hamburg" 86, Pr. d. Frauenverb. d. Stadt Viersen 05. – **V:** Und leise flüstert der Wind, Erzn. 04. 3. Aufl. 07; Das Reich des weißen Bären, R. 04. 4. Aufl. 07; Professor Regers Märchenland, R. 06; Verreisen im Kopf, Erz. 07; Dornröschen, Theaterst. 07; Maheba, die kleine Giraffe, Bilderb. 08. – **MA:** div. Veröff. in Anth.

Kattner, Heinz, Schriftst., Doz.; Leestahl 3, D-21368 Dahlenburg, Tel. (0 58 51) 17 09, Fax 15 78 (* Hildesheim 17. 1. 47). P.E.N.-Centr. Dtld 96; Kulturförd.pr. d. Ldkr. Lüneburg 80, Stip. Atelierhaus Worpswede 81/82, Künstlernachwuchsstip. d. Ldes Nds. 84, Lit.pr. d. Sparkassenstift. Lüneburg 87, Stip. Casa Baldi/Olevano 88, Aufenthalt im Künstlerhof Schreyahn 89, Lyr.pr. d. Associazione Culturale 00, Künstlerstip. d. Ldes Nds. f. Lit. 91, Kulturpr. d. Ldkr. Lüneburg 99, Jahresstip. d. Ldes Nds. f. Lit. 01, Dr.-Hedwig-Meyn-Pr. d. Stadt Lüneburg 03; Lyr., Prosa, Rezension, Herausgabe. – **V:** Zwischen Zeiten 79; Physiquement 81; Wetterleuchten 82, alles G.; Unauffälliges Zittern,

Katz u. Goldt

Poem 84; Einfache Dinge, Menschen und große Namen 86; Worin noch niemand war 87; Rückreise 90; Annäherungen 90; Die unterbrochene Linie 90; Nachfahren 95, alles G.; Und sucht die passende Liebesgeschichte, lyr. Prosa 97; Unauffälliges Zittern, G. 01; Als riefe jemand den eigenen Namen, lyr. Prosa 07. – MV: Blätter, m. Gerhard Zacharias 78. – MA: zahlr. Beitr. in Zss. u. Anth. seit 80. – H: Wo waren wir stehengeblieben?, Texte 95; Hans Georg Bulla: Nachtgeviert 97; Hugo Dittberner: Wasser Elegien 97; Sylvia Geist: Morgen Blaues Tier 97; Katharina Höcker: prèludes 98; Johann P. Tammen: Wetterpapiere 98; Hannelies Taschau: Klarträumer 98; Georg-Oswald Cott: Tagwerk 99; Bianca Döring: Schierling und Stern 99; Anne Duden: Hingegend 99; Peter Piontek: Verläßliche Schatten 00; Jürgen Theobaldy: Immer wieder alles 00; Christoph Meckel: Blut im Schuh 01; Hauke Hückstädt: Neue Heiterkeit 01; Rolf Haufs: Ebene der Fluß 02; Marion Poschmann: Verschlossene Kammern 02; Ernest Wichner: Rückseite der Gesten 03; Volker Sielaff: Postkarte für Nofretete 03; Gregor Laschen: Die Leuchttürme nun was sie können 04; Monika Rinck: Verzückte Distanzen 04; Andreas Münzner: Die Ordnung des Schnees 05; Günter Kunert: Ohne Botschaft 05; Sabine Schiffner: Male 06; Ursula Krechel: Mittelwärts 06; Nora Bossong: Reglose Jagd 07; Henning Ziebritzki: Schöner Platz 07, alles G. – Lit: Nds. literarisch 81; Christine Hahn in: Hildesheimer Lit.lex. 96.

Katz u. Goldt s. Goldt, Max

Katz, Casimir, Dipl.-Kfm., Dr. rer. pol., Journalist, Verleger; Casimir Katz Verlag, Bleichstr. 20–22, D-76593 Gernsbach, Tel. (0 72 24) 9 39 71 15, Fax 9 39 79 05, *info@casimir-katz-verlag.de, www.casimir-katz-verlag.de* (* Lübeck 7. 9. 25). – V: Establishment oder die formierte Gesellschaft in konzertierter Aktion, Kom. 97; Die Patriarchin, Biogr. 98; Fusionen und Konfusionen, Krim.-Kom. 00; Jeder sah es anders, Erinn. 01; Die Holzbarone. Chronik e. Industriellenfamilie, R. 05; – zahlr. Fachbücher sowie Sachbücher f. Kinder u. Erwachsene. (Red.)

Katzenbeisser, Adolf, Lokführer i. P.; Malborghetgasse 27/4/8, A-1100 Wien, *akatzen@aon.at* (* Litschau/NdÖst. 15. 8. 41). Erz. – V: Wo das Glück zu finden ist 98; Mäusegespräche und Gänsegeschnatter 99; Die Ziege Einstein 02, u. a.

Katzenberger, Andrea, Schauspielerin, Regisseurin, Autorin; c/o Rowohlt Taschenbuch Verl., Reinbek (* Heidelberg 62). – V: Pauline und der Mistkerl, Kdb. 01. – F: Neukölln: Ein Platz für Kinder 97; Stille Wasser 95; Blindman Blues 96; Gleislichter 97, alles Kurzf.; Der Mistkerl 01. (Red.)

Katzensteyn, Moritz v. s. Schlensker, Matthias

Katzer, Wolfgang (Musik-Komikerduo Muckenstruntz u. Bamschabl); Floßgasse 4, A-1020 Wien, Tel. (06 64) 3 26 80 07, *members.aon.at/muckenstruntz* (* Mödling 31. 5. 50). IGAA; Prosa, Kabarett, Sat. – V: Till Till Coke und Amok, R. 05; Yellowstone, Geschn. 07. – MV: Kaffee und Gruslhupf 76; Was ist ein Wudel? 90; Im Reich der Unsinne 94. (Red.)

Kaučić, Gerhard s. Con̄čić-Kaučić, Gerhard Anna

Kauer, Elfriede s. Hofbauer, Friedl

Kauer, Wolfgang, Mag. phil., AHS-Lehrer, Autor, Maler; Schöpfgasse 9, A-5023 Salzburg, Tel. (06 62) 64 68 06, *kauer@utanet.at* (* Linz 20. 2. 57). Prosa, Rom., Sat., Übers., Kinder- u. Jugendb. – V: Die Donau hinauf, Erzn. 96; Cembran Cantate, Libr., UA 97; Ein anderes Krippenspiel, Dr., UA 99; Papa auf Abwegen, Dr., UA 01; Herzog Tassilo, Dr., UA 03; Nachtseite, Kurzprosa 07; Azur-Fenster, Lyr. u. Prosa 08. – MA:

linz aktiv 4/91; Facetten. Literar. Jb. d. Stadt Linz 91–94, 98, 99, 01; Die Zeit im Buch 3/93; ceit & taeg 12/94; Die Rampe 2/94, 2/96; Meridiane. Lit. aus ObÖst.; Die Rampe. Sonderbd Portr. Franz Josef Heinrich; Kulturzs. d. Studentenvereins d. Rep. China in Öst., Nrn. 66, 67; Jahresbericht d. Akademischen Gymnasiums Salzburg 02. – P: Cembran Cantate, CD 97. – Lit: Jakob Ebner in: Literatur in Linz 91; Peter Kraft in: Die Donau hinauf 96; Margret Czerni in: Meridiane. Lit. aus ObÖst. (Red.)

Kauf, Felix; Idastr. 15, CH-8003 Zürich, *f.kauf@bluewin.ch* (* St. Gallen 30. 11. 68). Werkbeitr. d. Kt. St. Gallen 01; Dramatik. – V: Eintagsfliegen, 3 Theaterst. 93; Der letzte Diktator, Dr. 93; Barcelona, Dr. 95; Autofahren, Dr. 97. – MA: Das Netz-Lesebuch 98. (Red.)

Kaufer, Stefan David, M. A.; c/o Edition Löwenzahn, Innsbruck (* Saarbrücken 1. 10. 71). Arb.stip. d. Bdeskanzleramtes 98, Arb.stip. d. Ldes Tirol 98, Amsterdam-Stip. Senat Bln 99, Theodor-Körner-Förd.pr. 99; Prosa, Lyr. – V: Geschichte einer Dressur, Erz. 98; Meine schönen Grenzen, Erz. 99; Auf Peamount, Prosatext 00. (Red.)

Kauffmann, Thomas, Dr., Dipl.-Chemiker, UProf. em.; Weierstraß-Weg 5, D-48149 Münster, Tel. (02 51) 86 27 58. c/o Universität Münster, Organisch-Chemisches Institut, Correns-Str. 40, D-48149 Münster (* Reutlingen 20. 11. 24). Erz. – V: In einer anderen Zeit. Erinnerungen 1944 bis 1950 01; Abschiedsvorlesung. Dt. organisch-chemischer „Arbeitskreis" zw. 1956–1993, 04.

Kauffmann-Villmow, Sabine, Oberlehrerin i. R.; Carl-Maria-von-Weber-Str. 33, D-71083 Herrenberg, Tel. (0 70 32) 2 16 22 (* Berlin 26. 7. 27). Lyr., Erz. – V: Wolkenträume – Blütenträume, G. 94 (2 Aufl.); Zauberkreis des Lebens, G. 98; Ein Licht scheint in der Finsternis, Erzn. 00; Schnuffi und seine Freunde, Kdb. 01; Sommerträume am Schwäbischen Meer, G. 02; Impressionen und Erinnerungen, G., Erzn. u. Zeichn. 02; Der Harz – ein Erlebnis, G., Erzn. u. Zeichn. 03; Schöpfen aus ewiger Quelle, G. u. Zeichn. 04. – MA: Beitr. zu 21 Anth. d. R.G. Fischer Verl. u. Arnim Otto Verl. seit 92; Frau im Spiegel 4/99, 20/99, 28/99, 32/00; Das Gedicht lebt I 00, II 01. (Red.)

Kaufhold, Peter, Unternehmer, Schriftst.; Mühlenstr. 65, D-45731 Waltrop, Tel. (0 23 09) 7 99 30, www. *eschholtz.de* (* Waltrop 10. 9. 55). Erz., Rom., Sachb. – V: Auf den Spuren des Erich von Däniken 82; Von den Göttern verlassen? 84; Mit Rucksack und Bluejeans auf den Spuren der weißen Götter 86; alles Reiserzn.; Tommy, der Schornsteinfegerhund, Kdb. 86; Das Anbändelbuch 86; Hasenbrot, R. 00. (Red.)

Kaufholz, Bernd, Journalist, Chefreporter „Volksstimme Magdeburg"; c/o Mitteldt. Verl., Halle (* Magdeburg 31. 10. 52). Tatsachenber. – V: Tod unterm Hexentanzplatz 99, 6.,erw. Aufl. 03; Der Ripper von Magdeburg 01, 2.,erw. Aufl. 03; Die Arsenhexe von Stendal 03; Spektakuläre Kriminalfälle (Sonderedition) 03; Im Dienste des Amoks 03; Der Amokschütze aus der Börde 04; Der Todesengel mit den roten Haaren 06; Der Beilschlächter von Osterwieck 07; Der Muttermörder mit dem Samt 08. – MA: Erst fremd, dann vertraut 01; zahlr. journalist. Beitr. in d. „Magdeburger Volksstimme" seit 76. (Red.)

Kaufmann, Christine, Schauspielerin, Autorin; Ainmillerstr. 15, D-80801 München (* Lengdorf b. Graz 11. 1. 45). Erz. – V: Frauenblicke. Ernstheiteres aus dem Alltag 92; Liebesgefecht, erot. Geschn. 93, 95; mehrere Sachbücher. – Lit: s. auch SK. (Red.)

Kaufmann, K. s. Kurowski, Franz

Kaufmann, Katharina; Ernst-Schwarz-Weg 4, A-9560 Feldkirchen, Tel. (0 42 76) 26 03, *katharina @akis.at, kaufmann.akis.at.* Hofmühlgasse 16/5, A-1060 Wien, Fax (01) 5 87 54 42 (* Feldkirchen/Kärnten 2. 5. 72). Lyr. – **V:** Ja. Liebespoem 95; GeWORTet 97. – **MA:** G. in: MYWAY – Leser machen Zeitung 95, 96; Freie Zeit Art, Sondernr. IV/95; 1 Lied auf: Kärnten – Lieder, CD 96. (Red.)

Kaufmann, Paul, Dr. phil., Journalist; Nr. 31a, A-8854 Krakaudorf, Tel. (0 35 35) 73 95 (* Graz 20. 8. 25). P.E.N. 99; Drama, Rom., Hörsp., Fernsehsp. – **V:** Himmelhunde, Jgdb. 50; Aufruhr in der Bubenstadt, Jgdb. 53 (auch holl.); Hochzeit auf Raten, R. 65 (auch engl.); Meine Frau macht Schlagzeilen, R. 67; ... beschloß ich Politiker zu werden, R. 74 (auch span.); Die Mehrheit bin ich 77; Anton IV. und die rote Veronika, R. 85; Das heimliche Königreich des Genossen H., R. 88, 92 (auch poln.); Fünf-Uhr-Tee bei Frau Pilatus, Sat. 96; Ein Kerl in Samt und Seide, R. 01. – **H:** 10 Jahre Steirischer Herbst; 20 Jahre Steirischer Herbst. – **R:** Das Geld liegt auf der Straße, Hsp.; ... beschloß ich Politiker zu werden, Fsp.; ... beschloß ich Politiker zu bleiben, Fs.-Ser.; 1 Fs.-Dok.

Kaufmann, Walter, Fotograf, Hafenarbeiter, Seemann, freischaff. Schriftst.; Märkisches Ufer 14, D-10179 Berlin, Tel. u. Fax (0 30) 2 75 50 62. Seeberg 22, D-14532 Kleinmachnow (* Berlin 19. 1. 24). SV-DDR 55, P.E.N.-Zentr. DDR 75, P.E.N.-Zentr. Ost, Präsidium seit 80, GenSekr. 85–93; Mary-Gilmore-Award 59, Theodor-Fontane-Pr. 61, 64, Heinrich-Mann-Pr. 67, Lit.pr. Ruhrgebiet 93; Fernsehsp., Rom., Nov., Erz., Rep. Ue: engl. – **V:** Unseren im Sturm, R. 53; Wohin der Mensch gehört, R. 57, 59; Der Fluch von Maralinga, Erzn. 57, 61; Ruf der Inseln, Nn. u. Erzn. 60; Feuer am Suvastrand, Erzn. 61; Kreuzwege, R. 61, 62; Begegnung mit Amerika heute, Rep. 64; Die Erschaffung des Richard Hamilton, Erzn. 64; Stefan – Mosaik einer Kindheit, Erzn. 66; Hoffnung unter Glas, Rep. 66; Unter dem wechselnden Mond, Erzn. 69; Gerücht vom Ende der Welt, Rep. 70; Das verschwundene Hotel, Kdb. 73; Unterwegs zu Angela, Rep. 73; Am Kai der Hoffnung, Erzn. 74, 93; Entführung in Manhattan, Erz. 74; Wir lachen, weil wir weinen, Reiseber. 77, Neuaufl. u. d. T.: Flammendes Irland 03; Patrick, Kdb. 78; Irische Reise, Rep. 79; Drei Reisen ins gelobte Land, Rep. 80; Kauf mir doch ein Krokodil, Erz. 82; Flucht, R. 84; Jenseits der Kindheit, autobiogr. Erz. 85; Tod in Fremantle, R. 86; Die Zeit berühren 92; Ein jegliches hat seine Zeit 94; Im Schloß zu Mecklenburg und anderswo, Erzn. 97; Steinwurf, R. 98; Gelebtes Leben, Erzn. 00; Die Welt des Markus Epstein, Erzn. 04. – *Lit:* Manfred Jurgensen: Eagle und Emu 92 (engl.); J. Trilse-Finkelstein in: Bertelsmann-Lex.

Kaufung, Maria, Rentnerin; Drusenbergstr. 49, D-44789 Bochum, Tel. (02 34) 31 23 46 (* Bochum 20. 9. 26). – **V:** Die Glocken läuten noch, Erlebnisber. 99. (Red.)

Kaul, Reinhard, Sozial-diakon. Mitarb.; Döltschiweg 169, CH-8055 Zürich, Tel. u. Fax (01) 4 63 50 45 (* Zürich 27. 9. 45). ZSV 89, Sekr. 94–00, SSV 00. – **V:** Uebergänge und Höhenflüge, Geschn. u. G. 87; Schmelzwasser, Lyr. u. Prosa 87; Gschichte um de Otti, Mda.-Geschn. 88; Tagebuch im Advent, Ränder 88; Mäander oder das kleine Feuer, Lyr. u. Prosa 89; Das Fehlen der andern 90; Das eigene und das Fremde, Lyr. u. Prosa 91, 19 92; Schall und Rauch 93; Von Tür zu Tür, Lyr. u. Prosa 95; Begegnungen 97; Dorfgeschichten & frühe Gedichte 99; Wahre Geschichten! Wahre Geschichten?, Prosa u. Lyr. 01; Hart an der Grenze 03. – **MV:** Bileam, bibl. Singspiel, m. Christoph Reh-

li, UA 86; Das Haus des Lebens, e. ernste Kom., m. Schreibgruppe Albisrieden 97/98. – **MA:** G. in: Lyrik 89; Lyrik 90/94; Standort 94. – **H:** Olga Piffaretti: Mit einem Lächeln, G. 75. – *Lit:* Hans Peter Niederhäuser: es schreibt. Schreibwerkstatt-Repn. 94.

Kaul, Reinhard, Cartoonist, Schriftst.; Kladower Damm 320, D-14089 Berlin, Tel. (0 30) 3 65 74 33 (* Berlin 15. 1. 56). VS 03; Rom., Erz. – **V:** Hart an der Grenze, R. 02; Die Bestie bin ich, R. 04. (Red.)

Kaulfuß, Wolfgang; Oberwennerscheid, D-53819 Neunkirchen-Seelscheid, Tel. (0 22 47) 91 23 73, *wolfgang.kaulfuss@t-online.de* (* Neuss 8. 2. 55). – **V:** Tränen bringen Glück 01; Zauberhafte Hexenkinder, M. 02. (Red.)

Kaune, Rainer (Ps. Heinrich Berner), Pädagoge, Rezitator, Vortragsredner; Auf dem Brink 4, D-27211 Bassum, Tel. (0 42 41) 44 60, *www.rainer-kaune.de* (* Bückeburg 2. 4. 45). FDA, Wilhelm-Busch-Ges., Lichtenberg-Ges., Verb. d. Hermann-Löns-Kreise in Dtld u. Öst., Kunst in d. Provinz; Biogr., Ess., Aphor., Zitat. – **V:** Die Freundschaft im Spiegel der Weisheit, Ess. 76; Das Glück im Spiegel der Weisheit, Ess. 77; Die Lebenskunst im Spiegel der Weisheit, Ess. 86, 14. Aufl. 99; Wilhelm Busch. Sein Leben, Lernen, Leiden u. Lieben u. was er sonsten allhier getrieben, Biogr. 87; Weihnachten – unser schönstes Fest, Ess. 96. – **MA:** div. Beitr. – **H:** Rund um das Weihnachtsfest 89, 4. Aufl. 97; Christian Morgenstern. Humor, Weisheit, Glaube 91, 6. Aufl. 96; Georg Christoph Lichtenberg. Funkelnde Gedanken üb. sich u. d. Welt 92; Hermann Löns. Naturfreund, Dichter, Umweltschützer 94; Weisheiten f. Bücherfreunde 95, 3. Aufl. 98; Weisheiten weisen den Weg 96, 4. Aufl. 98; Humor u. Weisheit – die besten Lebensbegleiter 98, 3. Aufl. 99; Freue dich im Weihnachtslicht 98; Zum neuen Lebensjahr 99; Ein bunter Strauß von weisen Worten 99; Stille Begegnungen 2. Weihnachtszeit 99; Weihnachten – unser schönstes Fest 99; Zum Geburtstag 00, 6. Aufl. 01; Mit positiven Gedanken 00, 6. Aufl. 01; Für Genießer 00, 2. Aufl. 01; Für besinnliche Festtage 00; Für ein frohes Fest 00; Zur Weihnachtszeit 00; Mit heitere Weisheiten, 1.u.2. Aufl. 01; Zur Freundschaft 01; Zur Gelassenheit 02, 3. Aufl. 03; Für sympathische Menschen 02, 3. Aufl. 03; Mit Worten z. Wohlfühlen 02, 3. Aufl. 03; Zum Geburtstag, 1.u.2. Aufl. 03; Mit allen guten Wünschen, 1.u.2. Aufl. 03; Mit Worten positiver Kraft, 1.u.2. Aufl. 03; Ein Weihnachtsgruß für dich 03; Vom Lichterglanz d. Weihnachtszeit 03; Frohe Festtage u. ein gutes neues Jahr 03; Zum Geburtstag 04, 4. Aufl. 05; Mit positiven Gedanken, 1.–3. Aufl. 04; Mit herzlichen Dankeschön 04, 4. Aufl. 05; Mit guten Wünschen, 1.–3. Aufl. 04; Für e. frohe Weihnachtszeit 04; Frohe Weihnachten u. ein gutes neues Jahr 04; Herzliche Festtagsgrüße 04; Gedanken d. Lebensweisheit 04; Dem lieben Brautpaar, 1.u.2. Aufl. 05; Für besondere Menschen, 1.–3. Aufl. 05; Gute Wünsche z. Genesung, 1.u.2. Aufl. 05; Frohe Festtage u. alles Gute im neuen Jahr 05; Gedanken u. Wünsche zu Weihnachten 05; Gute Wünsche f. die Weihnachtstage 05; Weihnachtslicht für dich u. mich 05; Worte d. Lebensfreude 06; Für Geburtstagskinder 06; Zum freudigen Ereignis 06; Mit Trostworten 06, allgm. Anth. – *Lit:* www.wikipedia.com

Kaup, Ulrike; Feuerbachstr. 2, D-45883 Gelsenkirchen (* Gütersloh 30. 3. 58). VS; Erz. – **V:** Zausel bleibt bei uns! 96; Ein Vampir vom Flohmarkt 98; Vampirgeschichten 98, 99; Schulgeschichten 99; Verfolgungsjagd auf Rollen u. Kufen 99; Geschichten vom Streiten und Versöhnen 00; Kleine Monstergeschichten 00; Ein neues Pony auf dem Hof 00; Das Geheimnis der Goldhöhle 01. (Red.)

Kause

Kause, Hjalmar; Ohmstr. 26, D-35327 Ulrichstein, Tel. (0 66 45) 78 03 80. – **V:** Das Horrorhuhn. Alltagskatastrophen aus der zweiten Hälfte des vorigen Jahrhunderts, Kurzprosa 05. (Red.)

Kaußen, Wolfgang, Dr. phil., Verlagslektor; c/o Suhrkamp Verl., Frankfurt/M., *kaussen@suhrkamp.de* (* Düren 20. 10. 53). Ue: engl. – **V:** Kunstkammer, G. 94; Quadriga, G. 92; Autochrome, G. 01. – **H:** Shakespeare: Einundzwanzig Sonette (dt. v. Paul Celan) 01; Geh, fang einen Stern, der fällt. Gedichte v. John Donne, George Herbert u. Andrew Marvell 01. – **Ue:** Shakespeare: Sonette 93, 98; Gerard Manley Hopkins: Sonnets 93; George Herbert: Poems 01. – **MUe:** Ted Hughes: Der Tiger tötet nicht, m. Jutta Kaußen, G. 98; ders.: Wie Dichtung entsteht, m. Jutta Kaußen u. Claas Kazzer, Ess. 01; ders.: Etwas muß bleiben, m. Jutta Kaußen, G. 02. (Red.)

Kaußler, Elisabeth (Ps. Maria Paul, geb. Elisabeth Greim), Kirchenmusikerin im Nebenamt; Martin-Luther-Str. 15, D-63785 Obernburg, Tel. (0 60 22) 7 27 81 (* Hof/Saale 7. 9. 30). VG Wort. – **V:** Du bist verrückt, mein Kind, R. 90, als Forts.-R. in zahlr. Tagesztgn seit 93; Tierarzt Dr. Limbach, Bd 1: Stefanie hilft überall 91; Bd 2: Entweder Fips oder ich 91; Bd 3: Nun sind wir zwölf 93. (Red.)

Kaussler, Hermann, ev.-luth. Pfarrer i. R.; Hofackerweg 23, D-91126 Wolkersdorf, Tel. (09 11) 63 54 59 (* Neuenmuhr b. Gunzenhausen 6. 1. 33). Novelle, Erzählung, Gedicht. – **V:** Heimat unter dem Storchennest, biogr. Erz. 83; Der wilde Markgraf, N. 87, 3. Aufl. 96; Wer stirbt schon gerne im Schloß, Nn. 04; mehrere regionalgeschichtl. Veröff.

Kaut, Ellis (Ps. f. Elisabeth Preis), Akad. Bildhauerin u. Fotografin; Dr.-Böttcher-Str. 23, D-81245 München, Tel. (0 89) 83 25 31, Fax 8 34 46 98, *Ellis.Kaut@ web.de* (* Stuttgart 17. 11. 20). Hsp.pr. d. Bayer. Rdfks 57, Schwabinger Kunstpr. f. Lit. 71, BVK, Med. ʼMünchen leuchtetʼ 80, Bayer. Verd.orden 85, Ernst-Hoferrichter-Pr., Gold. Verd.med. d. BR 89, Bayer. Poetentaler 92, IBBY-Kulturpr. 99, Kulturpr. „Pro Meritis Scientiae et Litterarum" d. Ldes Bayern 01, Bayer. Verfassungsmed. in Silber 02; Komödie, Hörsp., Kurzgesch., Nov., Ess., Kinderb., Film, Fernsehen. – **V:** Musch macht Geschichten 59, 60 (auch holl. u. frz.); Meister Eder und sein Pumuckl, Kdb. 65, 97, II 66 (auch dän., holl., jap., span., port.); Die Ohren des Herrn Morose, Kom. 63; Pumuckl spukt weiter, Geschn. 66, 97; Immer dieser Pumuckl 67, 97; Geschichten vom Kater Musch 67, 89; Pumuckl und das Schloßgespenst 68, 97; Neue Geschichten vom Kater Musch 68; Pumuckl auf Hexenjagd 69, 97; Nikolaus braucht zwanzig Mark 70; Der Zauberknopf 70, 92; Hallo, hier Pumuckl 71, 98; Puscha und Kiwitti 72; Der kluge Esel Theobald 73, 92; Pumuckl und Puwackl 72, 97; Pumuckl auf heißer Spur 74, 98; Schlupp vom grünen Stern 74; Pumuckl und die Schatzsucher 76, 97; Fehlerteufelgeschichten 73, 85; Pumuckl geht auf's Glatteis, Geschn. 78, 98; Meister Eder und sein Pumuckl, Sch. f. Kinder 78; Der Zauberknopf 88; Der Nymphenburger Park, Bild-Bd 90; Meister Eder und sein Pumuckl, 11 Bde 91–93; Gleich hinter München, Bildbd 92; Der Flibutz 95. – **F:** Pumuckl und das Zirkusabenteuer 02. – **R:** Geschichten vom Kater Musch, Hsp.-R.; Meister Eder und sein Pumuckl, Hsp.-R., u. a. Hsp. f. Kinder; Zum Sterben begnadigt; ... und kämmte sein grünes Haar; In den Vormittagsstunden des gestrigen Tages; Meister Eder und sein Pumuckl, Fs.-Serie m. 52 F. u. weitere Staffeln; Schlupp vom grünen Stern, Fs.-Serie m. 8 F. – **P:** Meister Eder und sein Pumuckl: sämtl. Fs.-Folgen auf Video u. Tonkass. 69ff.; Geschichten v. Kater Musch, 6 F.; Schlupp vom grünen Stern 75 II; Fehlerteufelgeschichten 82 II. – *Lit:* Dietmar Grieser: Die kleinen Helden 87; LDGL 97; Erika David: Erziehungskonzepten in Ellis Kauts Pumuckl, Dipl.arb. 03. (Red.)

Kautz, Gisela, Wirtschaftsdolmetscher, Auslandskorrespondent, Übers.; Dürerstr. 24, D-97464 Niederwerrn, Tel. (0 97 21) 4 00 94 (* Berlin 29. 10. 42). VG Wort 96; Jugendb. – **V:** Sandra und die Pferde vom Lindenhof 84; Treffpunkt Reitstall 84; Ein Pferd zuviel in Himmelpforten 85; Gefahr für Himmelpforten 86; Frischer Wind im Reitverein 88; Hindernisse für Sabine 88; Schafft es Tornado? 88; Ferienreitschule Wiesenthal 89; Rivalinnen im Sattel 90; Abenteuer im Sporthotel 91; Pferdesommer in der Puszta 91, Tb. 96; Start frei für Alassio 91; Tipsy 91, Tb. 97 (auch schw. u. nor.); Das Geburtstagsfohlen 92, 93 (auch schw. u. nor.); Jani und Navarino 92; Siegen und Verlieren 92, 93 (auch schw. u. nor.); Eine wichtige Entscheidung 93, 97 (auch schw. u. nor.); Unter Verdacht 93; Ein Ausritt mit Folgen 94; Eine Chance für Barbara 94, Tb. 00 (auch ndl.); Die Rivalin 94, 97 (auch schw. u. nor.); Ein schwieriger Patient 94; Viel Wirbel um ein Pferd 94; Die Herausforderung 95; Rätsel um Blacky 96; Komm zurück, Arabella 97; Ein Ziel vor Augen 97; Achtung, Pferdediebe 98; Der Turniersieg 98; Dixie: Das Texasfohlen 99, Der geborene Filmstar 00, Die Ausreißerin 01, Die Siegerin 02; Gefahr in der Nacht 99; Ali Baba und die 4 Räuber 00; Pferde in Gefahr 01; Überraschung um Mitternacht 01; Ein gefährlicher Ausritt 03; Die Stute Namenlos 04, alles Jgdb. – **MA:** Kurzgesch. in: Wenn ich ein Pferd hätte 88; Wenn Pferde Freunde sind 02; Das neue große Vorlesebuch 02; Vom größten Glück der Erde 02. – **P:** Viel Wirbel um ein Pferd; Ein schwieriger Patient; Ein Ausritt mit Folgen; Ein Ziel vor Augen; Der Turniersieg, alles Hsp.-Kass. 99.

Kautz, Helge T. (Helge Thorsten Kautz), freiberufl. Autor u. Musiker; Erkelenzer Str. 37, D-47807 Krefeld, Tel. (0 21 51) 9 31 52 89, *helge@helge.de, www.helge. de* (* Hilden 14. 2. 67). Nominierung f. d. Kurd-Laßwitz-Pr. 00. – **V:** Farnhams Legende 00; Die Sagittarius-Verschwörung 04; Nopileos 04; Yoshiko 06. (Red.)

Kawaters, Corinna *

Kawohl, Marianne (Ps. Maria Katharina Kahl), Dipl.-Päd., Psychologin, Schriftst., Bildungsreferentin, Klinische Pädagogin; Gewerbestr. 96, D-79194 Gundelfingen/Breisgau, Tel. (07 61) 58 51 85, Fax 58 06 86 (* Glauchau 14. 7. 45). Reinhold-Schneider-Ges., Intern. Ges. Christl. Künstler (SIAC); 2. Kulturpr. Intern. Lyr.-Wettbew. ʼSoli Deo Gloriaʼ 84, Verd.orden d. Ldes Bad.-Württ. 01; Ess., Sachb., Rom., Lyr., Hörsp., Kurzprosa, Erz., Journalist. Arbeit, Aphor., u. a. Ue: engl, am. – **V:** ... und heirate nie! – Nie?, Sachb. 77; Tränen, die niemand zählt ... Niemand?, R. 77, 79 (auch finn.); Umwege, R. 78; Im Schweigen vor dem Ewigen, Ged. u. Gebete 79; Liebe, die alle (m)eint, Ged. u. Gebete 80 (in Blindenschr. 81); Was der Wind zusammenweht, Ged., Gebete u. Überleg. 81 (auch in Blindenschr.); Im Willen Gottes – Worte d. heiligen Julie Billiart 81; Geöffnete Hände, Ged., G. u. Meditn. 84; Ich gestatte mir zu leben, Ess. 84. 7. Aufl. 97; Den Seinen gibt Gott Schlaf, Ess. 84; Nächte bestehen – Nächte vergehen, G. 85; Hausarbeit mit Heiligenschein, Ess. 85; Semantische Liebkosungen – Stürmischer als der Wind, G. 86; Ich gestatte mir zu weinen – Wie man Traurigkeit durch Tränen überwindet, Ess. 87 (auch holl.); Von Gott verlassen?, Meditn. 88; Heilkraft der Musik, Ess. 89; Was Dir die Träume sagen, Ess. 89; Einkehr der Seele, Aphor. u. G. 90; Mach Dich mal wieder schön, Ess. 90; Ich gestatte mir zu weinen, Ess. 92; Ich gestatte mir zu träumen, Ess. 93. – **B:** Marjorie Buckingham: Dorothea, R. 72, 4. Tb.aufl. 79; Francena H. Arnold: Und die Seele wird nicht satt, R. 73, 3. Aufl. 75; Joyce Landorf: Sein unermeßlicher Reichtum, prakt. Lebenshilfe 78. – **MA:** Christl. ABC heute u. morgen, seit 78; Wirkung d. Schöpferischen 86; Bist du es, Mutter? 88; Ideenbörse Sonntagspredigt 88; Christl. Lit. im Aufbruch 88; Christ in d. Gegenwart 88, 89; Bewußter leben 88; Lyrischer Oktober 89; Was ist e. Christ in d. Gegenwart? 90; Lesen u. Hören 90; Zusammen: behinderte u. nichtbehinderte Mitmenschen 90; Das Größte aber ist d. Liebe 90; Mensch u. Welt in deiner Nähe 90; Kirchl. Beratung – Hilfe z. Leben 91; Stell dich in d. Mitte 91; Wer d. Sagen hat ... 91; Wie im Himmel, so auf Erden 91; Deine Dich liebende... – Briefe an Mutter Kirche 93; Weltbild 94; Das Gedicht 94; Lass dich von meinen Worten tragen 94; Selbst d. Schatten tragen ihre Glut 95; Lyrik heute 96; Wir sind aus solchem Zeug wie das zu träumen 97; Alle Dinge sind verkleidet 97; Lydia 97, 98; Frauen begegnen Gott, Bd 1 97, Bd 2 01; PUR, Mag. f. Politik u. Religion 98, 06; Umbruchzeit 98; Allein mit meinem Zauberwort 98; Lebendiges Zeugnis 00, 01; Posthorn-Lyrik 00; ... und ganz gewiß an jedem neuen Tag 00; Das Wort – ein Flügelschlag 00; Lit. Aktuell 00; ut unum sint 00, 01; Gestern ist nie vorbei 01; Anstösse 01; Raststätte 01; Frankfurter Bibliothek, jährl. seit 01; Kleine Kostbarkeiten für jeden Tag 02; Single in Contact 02; E-mail u Gott. Am Gebiet sinn ech Dir no 02; Ruf in unsere Zeit 03; Kannergebietbuch. Ech bieden cr Lëtzebuergesch 03; Die besten Gedichte 05, 07; Liturgischer Kal., jährl. seit 05; Ich lebe aus meinem Herzen 06; Die Kirche singt der Sonne nach 07; Der Spiegel 07; Idea-Spektrum 07, 08; Denn unsichtbare Wurzeln wachsen 08; Durchs Leben getragen 08, u. v. a. – **H:** Im Willen Gottes – Worte d. Heiligen Julie Billiart 81. – **R:** Liebe – Geheimnis od. Probleme, Hsp. 77; Christl. Trivialromane – Märchen f. Erwachsene – Therapie od. fromme Unterhaltung?, Interv. m. Prof. Kienecker 80; Wunder geschehen da, wo Wunden sind, Medit. 81; Hausarbeit mit Heiligenschein, Medit. 81; Heimkinder ohne Elternliebe, Rep. 82; Den Seinen gibt Gott Schlaf 82; Ich gestatte mir zu leben 83; Phantasie – Verfluchte u. Geliebte 83, alles Medit.; Den Tod denken – den Frieden denken. Gespräch m. Prof. Dr. Ekkehard Blattmann üb. Reinhold Schneider 84; Ich gestatte mir zu weinen, Medit. 84; Verhüllte Offenheit – Bedeutung d. Mode, Medit. 85; Ich werde gerne älter 85; Heilkraft d. Lesens 86; Heilkraft d. Musik 86, alles Überleg.; D. beschädigte Mensch, Medit. 87; Laß mich träumen, Medit. 87; Badewasser f. d. Seele, Ess. 87; Sinn u. Unsinn d. Angst, Ess. 88; Die schönen Worte Jesu am Kreuz, Orat. 88; Vom Paradies bis Paris 88; Über deinem Zorn soll d. Sonne nicht untergehen, Medit. 88; Ist Reden Silber u. Schweigen Gold?, Medit. 89; Beratungsgespräche, Telefongespräche; Briefgespräche; Tischgespräche; Pausengespräche; Selbstgespräche, alles Ess. 92; Ich gestatte mir zu leben I–IV, Ess. 93; Mut zur Muße; Zeit zur Muße; Raum zur Muße; Kraft zur Muße; Gelegenheit zur Muße; Muße – ein Muß?, alles Ess. 94; Den Augenblick leben, Ess./Vortrag 99; – zahlr. Interviews u. Gespräche in Hörfunk u. Fs. seit 89. – **Ue:** Christopher Wright: D. verschwundene Bergwerk 73; Stan Best: The Hidden City of the Amazon u. d. T.: Die verborgene Stadt 74; Bernhard Palmer: Jim Dunlap and the Wingless Plane u. d. T.: D. Flugzeug ohne Flügel u. D. versunkene Schiff, 2 Bde 75, alles Jgderz.; Patricia St. John: Missing the Way u. d. T.: Ungehorsam ist d. Hindernis, bibl. Betracht. 77; Leslie u. Edith Brandt: Gemeinsam wachsen, Gebete 77, 2. Aufl. 89; V. Raymond Edman: In Step with God u. d. T.: Fürchte dich nicht – Ich helfe dir, Betracht. 78; Ada Lum: Single & Human

u. d. T.: Ledig – na und?, Lebenshilfe 78; Frances Hunter: God's Answer to Fat – Loose It u. d. T.: Abnehmen einmal anders – E. Schlankheitskur m. Gottes Hilfe, Lebenshilfe 79; Bonnie Thielmann: D. gefallene Gott 79; Dean Merrill: Hauptberuf Ehemann, Lebenshilfe 80; Jill Briscoe: D. Geschichte v. d. Rippe u. dem Apfel, Lebenshilfe 80; Roy Hession: Nicht ich – sondern Christus, bibl. Interpret. 80; Karol Wojtyla: D. Eucharistie u. d. Hunger des Menschen nach Freiheit, in: Der letzten Wahrheit dienen 80; Mutter Theresa von Kalkutta: E. Weg z. Lieben, Medit. 83, 5. Aufl. 93. – **MUe:** Richard Krebs: Wieder allein, Lebenshilfe 83; Hoffnung für Kinder, Kd.bibel 86, 3. Aufl. 99. – **Lit:** AiBW 91; Das Gold. Buch in d. Kunst u. Kultur d. Bdesrep. Dtld 93; Dt. Schriftst.lex. 00; Who's Who in Europe; Wer ist Wer, u. v. a.

Kay, Martin (Ps. f. Martin Knöpper), Speditionskfm.; Edingkweg 16, D-44319 Dortmund, *www. martin-kay.de* (* Dortmund 28. 10. 67). – **V:** Tag der Offenbarung 02; Kreatur der Dunkelheit 04; mehrere R. in d. Reihen: Rettungskreuzer Ikarus; Dorian Hunter; Dust, u. a. (Red.)

Kaya, Devrim s. Lehmann, Devrim

Kaya, Ibrahim, Architekt; Max-Gutmann-Str. 8a, D-86159 Augsburg, Tel. u. Fax (08 21) 5 89 42 32, *ibrahimkaya@archevola.de* (* Divrigi/Türkei 8. 9. 66). Werkkr. Lit. d. Arb.welt; Rom., Lyr., Erz., Dramatik. Ue: türk. – **MV:** Zweistromland, m. Gerald Fiebig, Lyr. 04. – **MA:** Alles in Ordnung?, Anth. 03; Tarantel 1/06. (Red.)

Kayser, Georg, Dr. med. vet., Tierarzt, leitender Kreisvet. dir. a. D.; Mozartstr. 10, D-32657 Lemgo, Tel. (0 52 61) 32 35, Fax 92 71 01, *Kayserlemgo@t-online. de* (* Berlin 3. 6. 30). BDS 98; Erz. – **V:** Zwischen Sand und Lehm, autobiogr. Erz. 99. – **MA:** Bericht in Fach- u. Lit.-Zss. – **Lit:** Lippisches Autorenlex., Bd I. (Red.)

Kebelmann, Bernd, Dipl.-Chemiker, Schriftst.; Gaststr. 101, D-45731 Waltrop, Tel. (0 23 09) 7 71 60, *Kebelmann@t-online.de, www.berndkebelmann.de, www.lesetheater.de, www.lyrikbruecken.de, www. tastwege.de* (* Rüdersdorf b. Berlin 31. 10. 47). VS 93, Kogge 97; Autorenstip. d. Ldes NRW 00, Förd.pr. d. Dt. Blindenhilfswerks 06; Lyr., Ess., Feat., Erzählende Prosa, Texte. – **V:** Die neuen Bremer Stadtmusikanten, Singsp. 92; Hommage à Caspar David Friedrich, G. u. Graphiken 93; Menschliche Landschaften – 100 zentrierte G. 93/94; Jazz, G. u. Radierungen 93; Staub zu Einsteins Füßen, G. 94 (in Blindenschr.); Requiem für Gran Partita, Prosa u. G. 96; Ein-Stein, G. 97; Insel wo Träume ankern. Liebesgeschichte, Reiseber. u. Träume v. Hiddensee, 3tlg. Erz. 99, 00; Stummfilm für einen Freund, Prosa 01. – **MV:** Skulptur & Literatur, Kat. 92; Tastwege, Kat. 95. – **MA:** Auswahl '84; Die Brücke, Jb. 85–89; Die Gegenwart, Monats-Zs. 85–89, 95; Die Zeichen der Zeit 8/88; Anzeichen 6 88; Hände, wenn sie sehen können, Ausst.-Kat. 89; Andersein – von Jesus bis Janka 90; Zug in der Luft, Text- u. Bildsamml. 90; Jb. f. Blindenfreunde 91ff.; Kirchen im Märkischen Sand 91; Pfingstgarten, Kat. u. Plakat 91; Verboten und verbrannt, Anth. 93; Evangelische Aspekte, Nov. 93, Aug. 95, 06/07; Der dritte Weg, H. 4 93; Skulptur im Dunkeln, Textb. (Vorw.) 94; Lies mit Lust 94; Janus, Zs. 95; Universitas, H. 7 96; 25 Jahre VS NRW, Anth. 97; Common sense, Künstlerb. 98; Sieben Schritte Leben 01; Der (im-)perfekte Mensch 03; Vestischer Kalender 04ff.; Haiku-Anth. 04, 05; WortOrt 05; Jeden Tag segnen 05; Poeci bez granic 06; Guten Morgen lieber Morgen, gute Nacht liebe Nacht 06; Freunde sind wie Sterne in der Nacht 06, u. a. – **R:** Licht u. Himmel, Wald u. Strom. Erkundungen in Bobrowskis poet.

Kebir

Landschaft, m. U. Grober, Feat. 94; Alpträume auf der Orgelbank, Hb. 95; Das Adoptivkind; Else, leicht wie ein Vogel, beides Kurzgeschn. 96; Aus dem Schuhkarton. Erich Fried in der DDR 96; Ein Maulwurf aus dem Oderbruch. Über Günther Eichs späte Prosa, Feat. 97; Der Kohlenmann Alfred, Kurzgesch. 97; Das Fliegenspiel, Hb. 99; Jerusalem, 12 Uhr mittags. Show down der Religionen, O-Ton-Kollage 00; Tastwege. Ein Exkurs über Hand u. Haut, Feat. 01; Ullas Briefe, Hb. 02; Das Blau im Auge des Meisters – was sieht ein blinder Künstler?, Hb. 03; Maulwürfe, Raben und Totentrompeten. Die tierisch ernsten Gesänge d. Günther Eich, Feat. 03; Stilleben mit Kind u. Vogel, Hb. 03; Virginias Weihnacht, Hb. 04; Hedwigs Geschäft mit dem Leben 05. – **P:** Hiddensee. 1.Teil d. 3tlg. Erz., Hörb. 93; Wind, Sand und keine Sterne, Dunkellesung 04; Lyrikbrücken. 6tlg. europaweites Audio-Art-Projekt blinder Lyriker (Mitautor u. Hrsg.) 05 (jeweils dreispr., neben dt. auch dän., span., poln., ung., tsch., fläm., ndl., fin.). (Red.)

Kebir, Sabine (geb. Sabine Beate Kortum), Dr., Privatdoz., freie Autorin; Wiclefstr. 30, D-10551 Berlin, Tel. (0 30) 39 87 78 85, Fax 3 95 92 81, *s.kebir@web.de*, *www.sabine-kebir.de* (* Leipzig 8. 5. 49). GEDOK 91, P.E.N.-Zentr. Dtld 93, Humanist. Verband; Stip. von: Berliner Kultursenat 94, 99, Stift. Kulturfonds 96, DFG 02–05; Ess., Feuill., Übers., Kinderb., Rom., Kurzprosa, Lyr., Nachdichtung, Kabarett-Text, Journalist. Arbeit, Sachb. Ue: ital, frz. – **V:** Die Kulturkonzeption Antonio Gramscis 80; Ein akzeptabler Mann? Streit um Bertolt Brechts Partnerbeziehungen 82, 90, überarb. u. erw. Neufass. 98; Wie ein kleines Eselkind, Kdb. 83, 87; Eene meene Mütze, Kdb. 87; Antonio Gramscis Zivilgesellschaft 91; Eine Bovary aus Brandenburg, R. 91, Tb. 94 (auch ndl.); Karmen, Nn., m. 4 Graf. v. Rainer Ehrt 99; Zwischen Traum und Alptraum. Algerische Erfahrungen zwischen 1977 u. 1992 93, erw. Aufl. u. d. T.: Algerien. Zwischen Traum und Alptraum 99 (auch frz.); Ich fragte nicht nach meinem Anteil. Elisabeth Hauptmanns Arbeit mit Bertolt Brecht 97, Tb. 00; Abstieg in den Ruhm. Helene Weigel. Eine Biogr., 1.u.2. Aufl. 00; Mein Herz liegt neben der Schreibmaschine. Ruth Berlaus Leben vor, mit u. nach B. Brecht 06. – **MV:** Deutschland gegen Bertolt Brecht. Im Namen der Frau, m. Diether Dehm, Kabarettsp., UA 98; – m. Saddek Kebir: Zwei Sultane. Von Liebe u. Liebesliebe 02; Mistkäfers Hochzeit 04; Mistkäfers Kochkunst 05; Unterm Feigenbaum 05; Hamidusch und die Prinzessin der sieben Meere 05; Maria und Jesus im Islam 07. – **MA:** IKA Nr.27 (Nachdicht.) 85; Moderne arabische Literatur (Nachdicht.) 88; Interkulturelle Beiträge 2 91; Arkaden, interkulturelle Zs. 2/93; ndl 6/97; Vorwärts 1/00. – **H:** u. Ue: Antonio Gramsci: Marxismus u. Kultur 83. – **MH:** Eckpunkte moderner Kapitalismuskritik, m. Frank Deppe 91; Brecht u. der Krieg. Brecht-Dialog 2004, m. Therese Hörnigk 05. – **R:** Kabylische Lieder 88; Zwischen Fundamentalismus u. Toleranz 89; Zum Denkmal verdammt? – Franz Fanon 89; Antonio Gramsci u. d. zivile Gesellschaft 91; Couscous am Sabbat 91; Islam u. Islamismus 95; Edward Saids Vorschlag für den postimperialist. Dialog d. Kulturen 95; Algerische Lehren 96; War der Prophet e. Feminist? 96; Brecht unterstehe ich auch nicht – Elisabeth Hauptmann 97; Klassenkampf im Grauen Kloster 97; Unsterbliche Heidi – Johanna Spyri 98; Sprache zw. Magie u. Wahrheit 98; Als Goethe Muslim werden wollte, Hsp. 98; Von lärmenden u. leisen Tönen – Helene Weigel 00; Immer noch wohnt er bei seiner Frau – B. Brecht u. Ruth Berlau 06; Die Pogromnächte von Hassi Messaoud 08. – *Lit:* Kiwus 96; s. auch SK u. GK.

Kebir, Saddek (Saddek El Kebir); Wiclefstr. 30, D-10551 Berlin, Tel. (0 30) 3 96 57 74, Fax 3 95 92 81, *S.Kebir@t-online.de*, *www.saddek-kebir.de* (* WI Khroub/Algerien 8. 4. 45). – **MV:** Zwei Sultane. Von Liebe u. Liebesliebe, m. Sabine Kebir 02. – **R:** Als Goethe Muslim werden wollte, Hsp. 98. – *Lit:* Gespräch m. Dagmar Galin in: Weimarer Beitr. 4/02. (Red.)

Kedi, Shmuel, Musiker, Autor, Gesangspoet; c/o Glaré Verl., Frankfurt/M., *little-white-bridge@gmx.de*, *www.shmuel-kedi.de* (* Jaffa 7. 9. 53). Rom., Ged. – **V:** Auf ewig fremd, R. 03; Ein hauchdünner Mond, G. 05; Jerusalem liegt am Nordpol, R. 08.

Keele, A. E. s. Hinkelmann, Astrid

Keele, Alice s. Hinkelmann, Astrid

Kegel, Bernhard, Dr. rer. nat., Biologe, Musiker, Schriftst.; Berlin, *info@bernhardkegel.de*, *www.bernhardkegel.de* (* Berlin 23. 12. 53). Phantastik-Pr. d. Stadt Wetzlar 96, Kurd-Laßwitz-Pr. (3. Pl.) 97, Erwin-Strittmatter-Pr. 97, Inge-u.-Werner-Grüter-Pr. f. Wiss.-publ. 01, Stip. Schloß Wiepersdorf 02; Rom., Sachb., Rep. – **V:** Wenzels Pilz, R. 93, überarb. Neuaufl. 97; Das Ölschieferskelett, R. 96, 99 (auch ndl.); Die Ameise als Tramp, Sachb. 99; Sexy Sons, R. 03. (Red.)

Kehl, Alexandra, Dr., Lektorin, Red.; Baltenstr. 53, D-70378 Stuttgart, Tel. u. Fax (07 11) 53 29 17 (* Fulda 5. 5. 65). Kinder- u. Jugendb., Hist. Rom. Ue: engl. – **V:** Hedi und Trudi, Bd 1: Ferien auf der Schloß-Ranch 94, Bd 2: Ein Schloß in Schottland 96; Der Brief der Heiligen 95, alles Kinder-/Jgdb. – *Lit:* s. auch 2. Jg. SK. (Red.)

Kehl, Wolfgang (Ps. Arndt Ellmer, Hendrik Villard, H. P. Busch, R. Craven, J. Hall); c/o Pabel-Moewig, Rastatt (* Kehl 26. 2. 54). Science-Fiction, Krimi, Frauenrom., Hörsp. – **V:** 21 R. in d. Tb.-Reihe „Perry Rhodan" seit 80, u. a.: Weg in die Unendlichkeit; Metamorphose einer Superintelligenz; Vlission, der Roboter; Das hohle Paradies; Herrscher von Sonnenland; Raumschiff zu verkaufen; mehrere Bde in d. Heftromanreihe „Atlan" seit 81, u. a.: Akitar, der Chailide; Tuschkans Vermächtnis; 126 Bde in d. Heftromanreihe „Perry Rhodan" seit 83, u. a.: Der Erwecker; Im Bann des Kraken; Das Gericht der Elfahder; Herr der Trümmer; Die Mutantensucher; Rettung für die Posbis; Zwischen den Fronten; Kampf ums Überleben; Die Chronauten; Einsatz für Bully; Kampf der Titanen; Im Netz der Nonggo, SF-R. 00; Veröff. in d. Serien: Der Hexer; Die Ufo-Akten; Vampira; Dämonenland, u. a. a – **P:** Arndt Ellmer präsentiert – Die Blues, CD-ROM. (Red.)

Kehle, Matthias (maske), M. A., Schriftst., Journalist, Soziologe; Ebertstr.13, D-76135 Karlsruhe, Tel. (01 79) 5 95 07 19, *maske@matthias-kehle.de*, *www.matthias-kehle.de*. PF 5533, D-76037 Karlsruhe (* Karlsruhe 17. 2. 67). VS, Stellv. Ldesvors. in Bad.-Württ., Lit. Ges. Scheffelbund, Beiratsmitgl.; Arb.-stip. d. Förd.kr. dt. Schriftst. in Bad.-Württ. 93, 97, 05, Jahresstip. d. Ldes Bad.-Württ. 03; Lyr., Erz. – **V:** Elfmeterschießen, Erzn. 92; 16 Gedichte 94; Vorübergehende Nähe, G. 96, bearb. Neuausg. 06; Schöne Plätze, G. 99; Farben wie Münzen, G. 03; Pappert-Geschichten 03; Drahtamseln, G. 07. – **MA:** zahlr. Beitr., u. a. in: den Anker; Allmende; Jb. d. Lyrik, ndl. – **MH:** Sondern anderswo. Neue Lit. v. Oberrhein 97; Reihe: „Fragmente" 94–05.

Kehler, Siegfried, Oberstleutnant a. D.; c/o Albech-Verlag Alexander Bolz, Auf dem Meere 46, D-21335 Lüneburg. – **V:** Feinde waren wir nie, R. 96. (Red.)

Kehlmann, Daniel, Mag. phil.; lebt in Wien, c/o Rowohlt Verl., Reinbek, *www.kehlmann.com* (* München 13. 1. 75). Akad. d. Wiss. u. d. Lit. Mainz, Dt. Akad.

f. Spr. u. Dicht. 08; Förd.pr. z. Hans-Erich-Nossack-Pr. 98, Aufenthaltsstip. d. Berliner Senats 00, Öst. Staatsstip. f. Lit. 01/02, Öst. Förd.pr. f. Lit. 03, Elias-Canetti-Stip. 04, Candide-Pr. 05, Heimito-v.-Doderer-Lit.pr. 06, Lit.pr. d. Adenauer-Stift. 06, New-York-Stip. d. Dt. Lit.fonds 06, Kleist-Pr. 06, WELT-Lit.pr. 07, Thomas-Mann-Pr. 08, Per-Olov-Enquist-Pr., Schweden 08, versch. Poetikdozenturen; Rom., Erz. – **V:** Beerholms Vorstellung, R. 97; Unter der Sonne, Erzn. 98; Mahlers Zeit, R. 99; Der fernste Ort, R. 01; Ich und Kaminski, R. 03; Die Vermessung der Welt, R. 05 (über 40 Aufl., in zahlr. Spr. übers.); Wo ist Carlos Montúfar?, Ess. 05; Diese sehr ernsten Scherze. Göttinger Poetikvorlesungen 07; Ruhm, R. 09. – **MV:** Requiem für einen Hund, m. Sebastian Kleinschmidt 08. – **Lit:** G. Nickel (Hrsg.): D.K.s „Die Vermessung d. Welt" 08; D.K., Text + Kritik 177 08; Henning Bobzin in: KLG. (Red.)

Kehr, Kurt H. E. s. Kühleborn, Heinrich E.

Kehrer, Elfriede (geb. Elfriede Thonabauer), M. A., Akad. Bildhauer; Furcia-Str. 15, I-39030 Enneberg, Tel. u. Fax (00 39–04 74) 50 09 82, mobil: (03 33) 3 50 08 45, *elli.kehrer@yahoo.de* (* Linz 10. 1. 48). Podium 01, IGAA, SAV, Kr. Südtiroler Autoren, GAV 04; Prämie d. BKA 01, Feldkircher Lyr.pr. 03, Christoph-Zanon-Lit.pr. 04; Lyr., Erz. – **V:** an riffen des lichts, Lyr. 01; lichtschur, Lyr. 05 (beide Lyrikb. teilw. übers. ins Frz., Ital., Rät.); elfriede kehrer chorlieder, vertont v. Felix Resch, UA 06. – **MA:** Lyrik als Aufgabe, Anth. 95; Frei Haus 03; weißt du was schnee ist/frisch gefallener? 04; Da und dort 06; Odyssée du Danube (Marseille), Anth. 07; La Revue des Archers (Marseille), Anth. 08; Anth. zum Feldkircher Lyrikpr. 08; Beitr. in Lit.zss.: Facetten 08; V#11 03; Signum 04; Sturzflüge 04; Podium 133–134/04, 145–146/07; Podium Literaturflugblatt.

Kehrer, Jürgen; *post@juergen-kehrer.de, www.juergen-kehrer.de* (* Essen 21. 1. 56). VS, Das Syndikat; Krim.rom., Drehb. – **V:** Und die Toten läßt man ruhen 90; In alter Freundschaft 91; Gottesgemüse 92; Kein Fall für Wilsberg 93; Killer nach Leipzig 93; Wilsberg und die Wiedertäufer 94; Schuß und Gegenschuß 95; Spinozas Rache 96; Bären und Bullen 96; Kappenstein-Projekt 97; Das Schapdetten-Virus 97; Tod im Friedenssaal 97; Der Minister und das Mädchen 98; Irgendwo da draußen 98; Das Geheimnis der Tulpenzwiebel 99; Mord im Dom 99; Vorbildliche Morde 99; Wilsberg und die Schloß-Vandalen 00; Der Kaufmann und die Tempelritter 01; Wilsberg ißt vietnamesisch 01; Wilsberg und der tote Professor 02; Wilsberg und die Malerin 03; Wilsberg und die dritte Generation 06, alles Krim.-R.; – Mord in Münster. Kriminalfälle aus fünf Jh. 95; Schande von Münster. Die Affäre Weigand 96, beide Sachb. – **MV:** Blutmond, m. Petra Würth, Krim.-R. 05. – **R:** Wilsberg und der Mord ohne Leiche 01; Wilsberg und der Schuss im Morgengrauen, 01; Wilsberg – Der Minister und das Mädchen 04; Wilsberg – Todesengel 05, alles Fsf. (Red.)

Keiderling, Christel (geb. Christel Koch), Erzieherin; Am Ellenberg 44, D-59955 Winterberg, Tel. (0 29 85) 2 72, *u.keiderling@t-online.de* (* Winterberg-Niedersfeld 26. 2. 39). Christine-Koch-Ges.; Belletr. – **V:** So zärtlich kann ein Sieb sein, 2. Aufl. 89, 3. Aufl. 96; Nur eine Sternschnuppe 90; Freundschaft macht stark 92, alles Kdb.; Eine Rose für eine Nonne, R. 93, 2. Aufl. 97 (auch kroat.). – **MA:** Heimliches Bangen 97; Auf den Spuren der Zeit 99; Konturen 02; Über Grenzen 03; Literar. Nationalatlas Arkadiens 03; Liebeserklärungen 04; Sauerländer Alm. 04, 06; Grenzgängerinnen 04; Wind-Wurf 07. – **R:** Fbn. f. d. Sdg ‚Betthupferl'

d. BR. – **Lit:** Sauerländer Schriftsteller 90; Westfäl. Autorenlex. 00.

Keidtel, Matthias, M. A., freier Schriftst.; Schleiermacherstr. 10, D-10961 Berlin, Tel. (0 30) 82 70 99 49, *m.keidtel@t-online.de*, *www.keidtel.de* (* Itzehoe 7. 9. 67). Rom., Erz. – **V:** abgetaucht, R. 98; Falsche Verwandte, R. 03; Ein Mann wie Holm, R. 06, Tb. 08. – **MA:** Freie Universität Berlin, Sammelbd 98; Schicke Neue Welt 98; Die Leiche hing am Tannenbaum 99; EISZEIT 00; Einmalig II 06, alles Anth.; Beitr. in versch. Zss. seit 98. – **Lit:** Intern. Authors and Writers Who's who 99.

Keifer, Herta s. Pfeiffer, Herbert

Keil, Alfred (Ps. Angelo Niklas), Feuill. red.; Weidenstr. 54, D-35418 Buseck, Tel. (0 64 08) 13 59, *niklaskeil@hotmail.com*, *www.buseck-online.de* (* Beuern 11. 6. 41). ver.di, Fachber. Medien, Kunst u. Kultur 72; 1. Pr. Lyrischer Oktober 86, 3. Launhardt-Gedächtnispr. 98, Arb.stip. Intern. Writers' and Translators' Centre of Rhodos 03; Lyr., Erz., Sachb. – **V:** Verschwörungen 84; Mein Neues Lied 86; Triptychon 92; Die Welt des Roten Barbaren 96; Die Angst des Windes 01, alles Lyr.; Orpheus auf der Arche Noah, Lieder m. Noten u. Begleitung 02; Morgen schenke ich dir Deutschland, Erzn. 05. – **MV:** Indianer heute, m. Frederik Hetmann 77; Oktoberlied, m. Hanne Kiwull u. Otto-Wilhelm Bringer, G. 87. – **MA:** Das Gedicht d. Gegenwart 00; Von einem der auszog ..., Märchen sammeln, erzählen, deuten 04; über 100 Beitr. in Lyr.-Anth., 20 Erzn. in Jb.; – wöchentl. Zeitungskolumne: Des Pudels Kern.

Keil, Myriam, Dipl.-Finanzwirtin; D-22047 Hamburg, Tel. (0 15 77) 3 99 78 77, *myriamkeil@web.de*, *www.myriam-keil.de* (* Pirmasens 28. 2. 78). Forum Hamburger Autoren; Lit.pr. Prenzlauer Berg 05, Lit.-förd.pr. d. Stadt Hamburg 06, erostepost-Lit.pr. (2. Pr.) 06, Kurzgeschn.pr. d. Univ. Münster u. d. Lit.-Zs. Am Erker 07, Lit.stip. Sylt-Quelle Inselschreiber (Förd.pr.) 08, u. a.; Rom., Lyr., Erz., Kurzprosa, Ess. – **V:** Angst vor Äpfeln, Kurzprosa 07; ein platz am fenster, G. 07; Sonntags, Erz. 08. – **MA:** Anth.: Voll die Helden 05; Hamburger Ziegel XI 08; Lyrik von Beitr. 07; vor dem Umsteigen, Jb. f. Lit. 14 08, u. a.; – **Zss.:** Macondo 19/08; entwürfe 52/07; Lichtungen 112/07; Sterz 97/98 05, u. a.

Keil, Sonja, Industriekauffrau; Wagnerweg 4, D-95233 Helmbrechts, Tel. (0 92 52) 55 62, *sonjamaria.keil@freenet.de* (* Augsburg 3. 1. 43). NGL Erlangen; Dialektlyrik. – **V:** Zehen-Ess Erodischsda, Zitronenfalter Bd 6, erot. Dialektlyr. 96; Lichtblicke 04. – **MA:** Beitr. in versch. Anth. – **R:** Dialektlyr. sowie Kindergeschn. u. G. f. BR. – **P:** Fränkisch gsoggt, CD; Fränkisch gspillt, CD.

Keil, Ursula *

Keil, Ute; Beim Riesenstein 25a, D-22393 Hamburg, Tel. (0 40) 6 01 23 02, *Keil.U@t-online.de* (* Hamburg 46). – **V:** Die Hexe Trudelzahn 85; Janka heizt allen ein 87; Kellergeschichten 87; Man nehme vier Quitzel ... 88; Der Erziehungsroboter 96; Der falsche Weihnachtsmann 01, alles Kdb. – **MA:** div. Kurzgeschn. in Anth. (Red.)

Keiler, Johann-Albrecht s. Albrecht, Johannes

Keilhauer, Magdalena (Ps. Miriam Wanda), Journalistin, Lektorin, Autorin, Ghostwriterin; Hermannsreuth 29, D-95673 Bärnau, Tel. (0 96 35) 92 46 89, *vertrieb @andra-danu-verlag.de, www.andra-danu-verlag.de* (* Budweis 15. 8. 44). Börsenver. d. dt. Buchhandels. Kinder- u. Jugendb.; Dokumentation, Firmenporträt. Ue: tsch. – **V:** Rawullis Reise zu den Menschen, Kdb.

Keilholz

01, 02. – **MV:** Edith Klug-Wiedemann: Im Spiegel der Salzfrau 04; Albert Arkhim Gewargis: Bruder Doktor 06. – **H:** Gemeinsam in den Garten Eden schauen, Erfahrungsber. 01.

Keilholz, Inge, Hausfrau, Doz. Oberallgäuer VHS; Haus Nr. 34 1/2, D-87538 Balderschwang, Tel. (0 83 28) 2 93. Stuibenstr. 12, D-87471 Durach, Tel. (08 31) 6 00 52 (* Hannover 13. 7. 29). Autorenkr. Ruhr-Mark bis 87; Kinderb., Jugendb. – **V:** Wie viele Beine hat Tiburtius? 75, 76; Cornelia und ihr Meerschweinchen 76; Unser kleiner Langschläfer 76; Turbulente Wochen 76; Was ist mit Tiburtius los 77; Ratz, Struppi und Frau Poppelbaum 77, 89; Besuch auf dem Heidehof 78; Ernesto und das zottelige Pony 78; ... und zwei Ponys 80, alles Kdb. – **MV:** Unsere lieben Tiere 79; Kunterbuntes Kinderland 79. – **MA:** Ruhrtangente: Frau Hagedorns Geiz 72, 73; Spiegelbild: Frauke hat etwas Lobenswertes vor 79; Advent, Weihnachten, Jahreswende: Weihnachtsgeschichten machen Freude 84. (Red.)

Keilich, Reinfried; Vimystr. 4, D-85354 Freising, Tel. u. Fax (0 81 61) 9 41 53 (* Jägerndorf/Mähren 8. 11. 38). Drehb.prämie d. bayer. Filmförderung; Drama, Hörsp., Fernsehsp., Satirische Kurzgesch. – **V:** Die indische Witwe, Bü. 77; Der Tod im Lindenbaum, Bü. 82/83; Otto macht die Ehrenrunde, Drehb. 85; Hinterkaifeck, Bü. 90; Federvieh, Federvieh, Bü. 00. – **B:** Der Heiratsantrag, n. Tschechow, Übertrag. ins Bairische 86. – **R:** Der kanadische Traum, Hsp.; Das Nebelloch, Fsp.; Im Zeichen des Kain, Hsp. 81; Fs.-Ser.: Achtung Kunstdiebe, 5 F.; Der Bürgermeister, 1 F.; Die Wiesingers, 2 F.; Franz Xaver Brunnmayer, 3 F.; Die fünfte Jahreszeit, 2 F. 80; Zur Freiheit, 1 F. 87. (Red.)

Keilson, Hans (Ps. Alexander Kailand, Benjamin Cooper), Dr. Dr. h. c., Nervenarzt; Nwe. Hilverssumseweg 29, NL-1406 TC Bussum, Tel. (0 35) 6 91 74 39, Fax 69 21 92 (* Bad Freienwalde 12. 12. 09). P.E.N.-Zentr. dt.spr. Autoren im Ausland 66, Präs. 85, Dt. Akad. f. Spr. u. Dicht., korr. Mitgl. seit 99; Ramaer-Med. 81, Silb. Med. F.I.R. 86, BVK 90, Dr. h.c. U. Bremen 92, Johann-Heinrich-Merck-Pr. 05, Moses-Mendelssohn-Med. d. Univ. Potsdam 07, E.bürger d. Stadt Bad Freienwalde, u. a.; Rom., Nov., Lyr., Ess., Wiss. Arbeit. – **V:** Das Leben geht weiter, R. 33, 95; Komödie in Moll, N. 47, 95 (auch holl.); Der Tod des Widersachers, R. 59, Neuaufl. 96 (auch holl., engl., am.); Sequentielle Traumatisierung bei Kindern, Unters. 79 (engl. 94, frz. 98); Sprachwurzellos, G. 87, 5., erw. Aufl. 98; Einer Träumenden, Poem 92; Wohin die Sprache nicht reicht. Essays, Vorträge, Aufss. 98; Zerstörung und Erinnerung 98; Sieben Sterne. Reden, G. u. eine Gesch. 03, u. a. – **MA:** Een reis met de Diligence (Jan Amos Comenius) 38; Van vrouwen soldaten en andere Christenen (Erasmus van Rotterdam) 37; De zingende Walvisch 38; 7 × 7 vredesstemmen aller tijden en volkeren 39; Gedenkbuch f. Klaus Mann 50; An den Wind geschrieben, Anth. 60; Moghen wij nog antiduits ziin?, 4 Ess. (holl.) 65; Die Väter, Ber. u. Gesch. 68, 89; Dt. Naturlyrik 83; Scheiding en rouw 83; Exilforschung 3 85; Hier geht d. Leben auf e. sehr merkwürdige Weise weiter 85; Juden in d. dt. Literatur 85; Ach, Sie schreiben deutsch? 86; Jüdisches Leben in Dtld seit 1945 86; Justiz u. Nationalsozialismus 87; Psychoanalyse u. Nationalsozialismus 89; Schicksale der Verfolgten 91; Deutsch-jüdische Gesch. von d. Aufklärung bis z. Gegenwart 92; Neues Lex. d. Judentums 92; Pädagogische Aspekte d. Erinnerns 92; Psychoanalyse in Selbstdarstellungen 92; Ethik u. Technik 95; Fünfzig Jahre danach 96; Aus d. Geschichte lernen 97; Die Erfahrung d. Exils 97; Erstkontakt mit psychisch kranken Menschen 97; Jüdische Selbstwahrnehmung 97; Vergegenwärtigung d. zerstörten jüdischen Erbes 98. – *Lit:* Metzler Lex. d. dt.-jüd. Lit. 00; Birgit R. Erdle in: KLG. (Red.)

Keinke, Margot (Ps. Susanne Neuhausen, geb. Margot Hampel) *

Keiser, César, Kabarettist u. Autor; Englischviertelstr. 38, CH-8032 Zürich, Tel. (01) 2 52 14 24, Fax 2 61 13 43 (* Basel 4. 4. 25). Museumsges. u. Lit.haus Zürich, Vorst.mitgl. seit 93; Auszeichn. f. Kulturelle Verdienste d. Stadt Zürich 84. – **V:** Aus Karli Knöpflis Tagebuch 76; Herrliche Zeiten 76; Limericks 76; Mit Karli Knöpfli durch das Jahr 82; Da gab's einen Herrn in Zernez 85; Texte zur Un-Zeit, Texte, Lieder, Dialoge 86; Die Telefonate des César Keiser 90; Limericks. Die vollständige Samml. 98; Wer lacht, lebt länger! Gesch. d. Schweizer Cabarets 00. – **P:** mehrere Cabaret-Schallpl., CDs u. Videos, u. a.: Cabaret-Hits aus 25 Jahren 86. (Red.)

Keiser, Gabriele (Ps., weiteres Ps. m. Wolfg. Polifka: Lea Wolf, eigtl. Gabriele Korn-Steinmetz), Journalistin, freie Autorin; Kirchberg 47, D-56626 Kobern (02 63 2) 30 08 41, Fax 47 01 66, *gabriele@gkornsteinmetz.de*, *www.gabrielekeiser.de* (* Kaiserslautern 4. 2. 53). Das Syndikat, Sisters in Crime (jetzt: Mörderische Schwestern), Förd.kr. Dt. Schriftst. Rh.-Pf., VS Rh.-Pf., Vorst.mitgl.; Krim.rom., Rom., Kurzkrimi. – **V:** Mördergrube, R. 98; Lust am Morden, Krim.-Erzn. 03; Apollofalter, Weinkrimi 06 (auch als Hörb.); Gartenschläfer, Psychokrimi 08. – **MV:** Kalt ist der Schlaf 03; Im roten Schein der Nacht 05; Puppenjäger, m. W. Polifka, Thr. 06 (auch als Hörb.). – **MA:** Krim.-Erzn. in zahlr. Anth. – **H:** Todsicher kalkuliert. Mord(s)geschn. aus Rh.-Pf. 07.

Keiser, Lorenz, freier Autor; Seefeldstr. 62, CH-8008 Zürich, Tel. (01) 3 80 41 01, Fax 3 80 41 02, *briefkasten@lorenzkeiser.ch*, *www.lorenzkeiser.ch* (* Zürich 20. 10. 59). Salzburger Stier 89, Schweizer Cabaretpr. „Oltener Tanne" 92; Sat., Kolumne, Kurzgesch., Kabarett, Hörsp. – **V:** Jetzt heilen wir uns selbst!, Sat. 87; Zug verpasst, Stücke 92; Wer zuletzt stirbt, Kom., UA 95; Schlagseite, Kolumnen 01; – Solostücke: Zug verpasst, UA 89; Der Erreger, UA 92; Aquaplaning, UA 96; Schär Holder & Meierhofer, UA 00. – **MA:** Briefe aus der Schwarzwaldklinik, Satn. 86; Kolumnen, Satn. u. Kurzgeschn. in div. Ztgn u. Zss. seit 84, u. a.: Nebelspalter; Tages-Anzeiger. – **R:** kabarettist.-sat. Kurz-Hsp. f.: Zweierleier, Hfk-Serie 84–88; sat. Texte f.: Übrigens, Fs.-Reihe 89–93. – **P:** Aquaplaning, CD 96; Schär, Holder & Meierhofer, CD 01. (Red.)

Keitel, Hans, Pfarrer i. R.; Zeilstr. 6, D-86732 Oettingen, Tel. (0 90 82) 92 11 06, Fax 92 12 88 (* Lehrberg/ Kr. Ansbach 15. 4. 37). Lyr., Erz., Theologie, Zeitgesch. – **V:** Alles hat seine Zeit, G. 98, 99; Lichter und Sterne der Hoffnung, G., Gedanken, Lieder u. ein M. 06; Freu dich am Leben!, G. u. Gedanken 06; Märchen – gereimt u. gedichtet u. deutend belichtet, 06 I 06; Kirche im Aufbruch 07; Und das Beste für die Stadt und das Land 08, beides G., Gedanken, Texte u. Bilder; Jesus Christus. Licht u. Leben, Weg u. Ziel 08; Jakobus – für Jakobspilger 09; Erfülltes Leben, Gedanken u. G. 09; Was Christen glauben 09. – **MV:** „Lobet den Herrn mit Posaunen", Dok. 03. – **P:** Mein Leben gleicht dem Baum, G., Video 96; H.K. liest seine Gedichte zur Weihnachtszeit, CD 04; Prediger Salomo, Gedanken u. G., DVD 05 (auch auf Bibel TV).

Keitel, Manfred, Lyriker; Langenbeckstr. 8, D-55131 Mainz, *man71@gmx.de* (* Alfeld/Leine 30. 4. 71). – **V:** Das Mineralwasser, Lyr. 02; Nachtflug zur Erde, Lyr. 06. – **MV:** Himmeln & Erden 00; Gerade Weichen &

Qwerschläger 02; Macht!Missbrauch, m. Inox Kapell 05, alle m. Dr. Treznok. – **P:** GummiNonnen, Beitr. auf Paranoise One CD 05. (Red.)

Keko, Srđan, Übers., Dolmetscher, Sprachlehrer, Korrektor, Lehrer an e. Neusser Privatschule; Am Trippelsberg 210, D-40589 Düsseldorf, Tel. (02 11) 7 90 00 10, *S.Keko@freenet.de* (* Zagreb 13. 1. 50). Polynat. Lit.- u. Kunstver. PoLiKunst 84–86, VS 01; 1. Pr. b. Lyr.wettbew. d. Jugoslaw. Lit.werkstatt, Frankfurt/M. 89, Stip. d. Ldes NRW 89, 3. Pr. b. Lyr.wettbew. d. Zs. „Die Brücke" 90; Sat., Lyr., Erz., Theaterst. Ue: engl, kroat. – **V:** Marko Anderswo, Erz. 90. – **MA:** In zwei Sprachen leben 83; GAStarbeiterliteratur 83; Lachen aus dem Ghetto 85; Maloche ist nicht alles 85; Zehn Jahre Zeitkritik 85; Auf Eis gelegt 85; Ortsangaben 87; Land der begrenzten Möglichkeiten 87; Abstellgleise 87; Lyrik '87, Jb. 87; Schichtwechsel – Lichtwechsel 88; Der Ofen ist noch lange nicht aus 88; Wortnetze I 88, II 90; Was sind das für Zeiten! 88; Stimmen der Völker 88; Usnule zvezde 89; Unterwegs – Spur um Spur 91; Stark genug, um schwach zu sein 93; Zehn 93; Mit List u. Tücke 99; Texte, Themen u. Strukturen, Lehrb. Oberstufe 01; Das Andere sehen – Begegnungen im Alltag 03; Bibliothek dt.sprachiger Gedichte. Ausgew. Werke VII 04; Schritte 5. Deutsch als Fremdspr. 05; Arsen u. Kartöffelchen 06; Tangonächte 07; Und plötzlich die Tür 08; zahlr. Texte u. Zeichn. in Zss, u. a.: Die Brücke, regelm. 84–89; Fremdworte 84–85; Kommune 4/86; epd-Entwicklungspolitik 18/87; MAULTROMMEL, u. a.; – von März 02 bis März 04 insges. 80 Texte/Kritiken f. die Rhein. Post in Düsseldorf. – *Lit:* Azra Džajić: Lit. in der Fremde, Mag.arb., Göttingen 86.

Kekulé, Dagmar, ehem. Erzieherin u. Schauspielerin, jetzt Autorin; c/o Fischer Taschenbuch Verl., Frankfurt/M. (* Landshut 21. 6. 38). Oldenburger Jgdb.-u. Jgdb.pr. 78; Rom., Jugendb., Drehb. – **V:** Ich bin eine Wolke, Jgdb. 78; Die kalte Sophie, Jgdb. 83; Das Blaue vom Himmel 94; Paulinas wilde Reiter, R. 97; Romy Superstar, Jgdb. 97; Die Zeit der Eisblumen, R. 03. – **F:** Die letzten Jahre der Kindheit, m. N. Kückelmann 80; Kraftprobe, m. „Ich bin eine Wolke" 82; Alle haben geschwiegen, m. N. Kückelmann 96. (Red.)

Kellein, Sandra, M. A.; Meininger Str. 12, D-10823 Berlin, *s.kellein@t-online.de* (* Nürnberg 24. 10. 58). VS; Alfred-Döblin-Stip. 90, Solitude-Stip. 91/92, Ernst-Willner-Pr. im Bachmann-Lit.wettbew. 93, Heinrich-Heine-Stip. 95, Pr. d. Stift. Kulturfonds 96, Artist in Residence, Colorado College 97, Berliner Autorenstip. 99, Lit.stip. d. Stift. Preuss. Seehandlung 02; Prosa, Hörsp., Theatertext. – **V:** Die Liebe im Ausland, Erzn. 92; Khaki und Federn, R. 95; Gold oder Rabenschwarz, R. 96; Die Erfindung von Amerika, Erzn. 98. – **R:** Hsp.: Heimspiele 93; Welcome 93; Marder + Mörder 96; Fast 4 Wochen 97; Wie ich die Statistik erfand 97; Eine fragwürdige Geschichte 97; Kreuzfährten, Seiltänze 98; Die Erfindung von Amerika, Erzn. 98; Coach und Crunch 01; Aus dem merkwürdigen Leben der Rekonvaleszenten 02; Kammerflimmern 02; Venus in Aspik 03. (Red.)

Keller + Kuhn s. Keller, Christoph

Keller, Bernhard, Buchhändler; lebt in München, c/o S. Fischer Verl., Frankfurt/M. (* München 61). Stip. d. Ldeshauptstadt München 94. – **V:** Drei Erzählungen 96; Spiel im Dunkeln, R. 05. – **MA:** Merkur Nr.560; EDIT Nr.28 u. 34; Antigones Bruder u. a. Erzählungen 03; Neues aus der Heimat 04; Die Plätzchenerfinder 05; Mein Klassiker 08.

Keller, Brigit, Dr. phil., Studienleiterin; Eugen-Huber-Str. 36, CH-8048 Zürich, Tel. (0 43) 3 17 09 51, *brigit.keller@solnet.ch* (* Zug 7. 3. 42). Lyr. – **V:** Vo-

gelflug im Augenwinkel 98; Wasserzeichen in meiner Haut, G. 06. (Red.)

Keller, Christoph (Keller + Kuhn), freischaff. Publizist, M. A.; *stieglitz101@gmail.com*. c/o Liepman AG, Zürich (* St. Gallen 22. 2. 63). Gruppe Olten, jetzt AdS, P.E.N.-Zentr. Schweiz, P.E.N.-Center USA; Werkbeitr. d. Stift. Pro Helvetia 89, 96, Pr. d. Intern. Bodenseekonferenz 94, Förd.pr. d. Stadt St. Gallen 98, Förd.pr. d. Stadt Konstanz 98, 2. Pr. d. Autorentage d. Saarländ. Staatstheaters 02, Werkzeitbeitr. d. Stadt St. Gallen, Werkbeitr. d. Goethe-Stift. f. Wiss. u. Kunst Zürich 03, Schiller-Pr. d. Zürcher Kantonalbank 04, Puchheimer Leserpr. 06; Rom., Erz., Dramatik, Hörsp., Ess. Ue: russ, engl. – **V:** Gulp, R. 88, Tb. 96; Wie ist das Wetter in Boulder?, Erz. 91 (russ. 95); Der Sitzgott. Stuhlvariationen, Theaterst. 94; Ich hätte das Land gern flach, R. 96; Herumstreunende Bären unter dem Höllenhimmel, Aufs. 97; Im Zustand der Fuge / In a Fuge State, zweispr., Erz. 00; Der beste Tänzer, R. 03; Einige vertraute Dinge / A Few Familiar Things, zweispr. 03; – THEATER/UA: Kalter Frieden, Kom. 91; Der Sitzgott, Monolog 98; Ballerina 03; Die Stiftung 04. – **MV:** Unterm Strich, R. 94; Die blauen Wunder, Fax-R. 97; Der Stand der letzten Dinge, R. 08, alle m. Heinrich Kuhn. – **MA:** regelm. Beitr. in: Die Zeit; St. Galler Tagbl.; Südkurier, u. a.; Maag & Minetti, Stadtgeschn. m. Heinrich Kuhn, fortlaufend in Zss. – **H:** Moskau erzählt, Anth. (z.T. übers.) 93; Petersburg erzählt, Anth. 99. – **R:** Herbstblätter, Hsp. 98. – **Ue:** div. Erzn. aus d. Russ. sowie 1 Hsp.

Keller, Claudia, freie Autorin; Brückenstr. 36, D-60594 Frankfurt/Main, Tel. u. Fax (0 69) 62 24 33 (* Schreiberhau/Kr. Hirschberg 18. 8. 44). VS 85–92; Lit.pr. d. Stadt Aachen 86, Fabrikschreiberin 86/87, Hafiz-Pr. (Sat.) 89; Rom., Kurzgesch., Sat., Drehb. f. Fernsehsp./-film. – **V:** Das Ehespiel, R. 77; Streitorchester, R. 86, Neuaufl. u. d. T.: Liebling, du verstehst mich schon ... 02; Du wirst lachen, mir geht's gut, R. 87; Schaffe, spare, Häusle baue ..., R. 88; Windeln, Wut und wilde Träume 88, 04 (aktual. u. jap.); Herbst in Baden-Baden, Kurzgeschn. 89; Selbst Wunder sind möglich, R. 89, Tb. 00; Der blau-weiß-rote Himmel, R. 90; Kinder, Küche und Karriere, R. 90, 04; Der Flop, R. 91; Frisch befreit ist halb gewonnen, R. 92; Frühstück unterm Fliederbusch, R. 92; Kein Tiger in Sicht, Satn. 92; Briefe einer verhinderten Emanze, 3 R. 95; Ich schenk dir meinen Mann!, R. 95, 03; Einmal Himmel und retour, R. 97; Unter Damen, R. 99; Die Vorgängerin, R. 01; Den Teufel an die Wand, R. 04. – **MA:** Angst vor Unterhaltung? 86; Ein Auto kommt selten allein 86; Literatur in Frankfurt 87; Schwestern der Erde 94; Tage und Träume 95; Liebe, Lust und Zoff 96; Goldmann Lesefest 98, alles Anth. – **R:** Ich schenk dir meinen Mann, 2-tlg. Fsp. 99; Einmal Himmel und retour 00; Ich schenk dir meinen Mann II 01. (Red.)

Keller, David; Scheibenackerstr. 14, CH-9000 St. Gallen, Tel. 0 712 44 37 55 (* Appenzell 3. 1. 79). – **V:** Zwischen Begegnung, R. 06.

Keller, Heidi, Hausfrau; Burgstr. 48, CH-8408 Winterthur, Tel. (0 52) 2 22 40 67 (* Winterthur 19. 10. 27). SSV 78, jetzt AdS; E.gabe d. Kt. Zürich 67, 73, E.gabe d. Martin-Bodmer-Stift. 77, E.gabe d. Bdesamtes f. Kultur 89; Lyr. – **V:** Unter dem Messinggebälk der Waage 67; Zwischen Vogelruf und Tag 69; Mass und Gebärde der Stille 73; Aus verborgener Mitte 77; Zeit der Verwandlungen 77; Primeln statt Schnee 83, alles Lyr.; Wolkenschwalbe 89; Kaleidoskop der Nacht 94; Ein Hauch von Wunder, Lyr. 99, 00; Mit dem Licht aufstehen 03. – **MV:** Worte aus dem Dunkel, m. Anna-Käthi

Keller

Walther, Lyr. u. Prosa 99. – **MA:** Lyrik I, Anth. 79; Aussagen, Anth. 86.

Keller, Lore (Ps. Lore Rose, Lore Rose-Keller, Lorose Lore Rose, Norma Varnhagen, Hadra Rose), Schauspielerin, Malerin; Rolandstr. 91, D-50677 Köln, Tel. (02 21) 29 87 69 83, *www.siwa-orakel.de* (* Iserlohn 28. 7. 32). Hsp.pr. d. ORF 91; Rom., Lyr., Erz., Hörsp. – **V:** Vom Flüstern lauter als Schreien, Lyr. 82; Deutsch-Deutsches Verhör, R. 83, 90; Apokalypsaia, Sat. 91 (auch als Tonkass. u. Video); Die fliegende Braut, Gesch. 95; Und vollende den Kreis, Lyr. 95; Hochzeit mit Luzifer, Autobiogr. 00; Auf der Jakobsleiter, Lyr. 00. – **MA:** Lyr. u. Kurzprosa in zahlr. Anth. seit 76. – **R:** Abschied von Philemon und Baucis; Wiederbelebung; Spinnst Du? 01; Requiem für Osiris 02, alles Hsp. (Red.)

Keller, Lorose s. Keller, Lore

Keller, Peter F., Gestalter, Schriftst.; Finsterrütistr. 14, CH-8134 Adliswil, Tel. (0 44) 7 10 36 31, Fax 7 10 67 96, *p.keller@wirz.ch* (* Unterstammheim, Kt. Zürich 25. 3. 49). Lyr., Erz., Radio-Kolumne. – **V:** Nimm ein Stück Kreide den Kreis deiner Welt zu ziehen 92; In Hinterfultigen scheint die gleiche Sonne 94; Pörlinge, Gesch. 96; Josefs Eselsohren, Geschn. 02; Alle Bäume umarmen für ihr Schweigen, Lyr. u. Zeichnungen 06. – **MV:** Der Wandlungsreisende, m. Jürg C. Maier 90; Oskar Rütsche, der Kunstmaler, m. Oskar Rütsche 93. – **MA:** Zürcher Spektrum, Lyr.-Anth. 86. – **R:** Zum neuen Tag, m.a., Radiokolumne DRS1 98–02.

Keller, Rosemarie, Schauspielerin, Journalistin, Schriftst.; Steinenbühlstr. 46, CH-5417 Untersiggenthal, Tel. (0 56) 2 88 17 30, Fax 2 88 12 60 (* Flühli 35). Werkbeitr. d. Pro Helvetia 88, Förd.beitr. d. Aargauer Kuratoriums 01. – **V:** Paulinenspital 82; Die Wallfahrt 89; Clalüna 92; Die Wirtin 96; Ich bereue nicht einen meiner Schritte 01, alles R. – **MA:** zahlr. Beitr. in Ztgn seit 65. (Red.)

Keller, Sibylle s. Völler, Eva

Keller, Thomas (Ps. als Musiker Tom Kelly); c/o Sunset-Verlag, Sonnenstr. 6, CH-9000 St. Gallen (* Männedorf 57). – **V:** Auf der Strasse, in der Gasse 77; Atlantis 77; Genesis 77; thk 77; Lucifer 77; Für Sabine 78; Memento mori 89; Der kleine Applaus 90; Prima Donna 92; Der Golem 92; Blütenlese 92, alles G. (Red.)

Keller, Wolfgang; Blücherstr. 40, D-10961 Berlin. Alfred-Döblin-Stip. 86. – **V:** Knöterich 91; Spiel – Satz & Sieg 93; Als spakig ward der Bug empfunden – Antiquare, Kataloge 95; ZVAB suckz! Antiquadratische Begebnisse, Erz. 05. – **H:** Marseille ist im Grunde genommen eine sonnige Stadt, Erzn. 06. (Red.)

Keller-Strittmatter, Lili-Lioba (Ps. Lilke, Lili Keller), Lyrikerin, Malerin, ehem. Stenosekretärin; Seestr. 94, CH-8266 Steckborn, Tel. (0 52) 7 61 23 42, *poetlilke @bluewin.ch* (* Breisach 10. 1. 42). SSV 83, jetzt AdS, ISSV 83, Pro Litteris 88, Dt. Haiku-Ges. 88; AWMM-Buchpr. f. Lyr. Luxemburg 85; Lyr., Jap. Lyrikformen, Prosa. – **V:** Wunder des Augenblicks, Haiku u. G. 86; Staubwölkchen, G. 88 (teilw. vertont); Vergissmeinnicht, Haiku, Senryu 88; Geliebte Zuflucht, G. u. Kurzerzn. 89 (teilw. vertont); Leises Staunen – Verweilen, Haiku 90 (teilw. vertont); Wandelnd im Schlosspark, Haiku 97; Ein Vogel singt ihr, Lyr. 98; Flügel die mich halten, Kurzgeschn. 02; Den Zauber aufspüren, Kurzgeschn. 05; Eh die Nacht sich neigt, Haiku 06; (teilw. m. eigenen Aquarellen u. Fotogr.). – **MV:** Besuche dich in der Natur, Haiku u. G. 83; Gedichte zum Verschenken 84/85 (teilw. vertont), beide m. René Marti. – **MA:** Beitr. in üb. 100 Anth. u. zahlr. literar. Zss. u. Ztgn d. In- u. Ausldes; viele Lesungen im In- u. Ausland. – **R:**

Mundart-Sdgn b. Radio DRS 1 86. – **P:** Die Natur ist dir treu, vertont v. Peter Escher, CD.

Kelling, F.K. s. Roering, Joachim

Kelling, Gerhard, Dramaturg, freier Autor, Übers.; Krohnskamp 3, D-22301 Hamburg, Tel. (0 40) 27 87 77 01 (* Bad Polzin 14. 1. 42). Stip. Schloß Wiepersdorf 93, Rauriser Lit.pr. 00; Drama, Hörsp., Rom. Ue: engl. – **V:** Arbeitgeber 69; Die Auseinandersetzung 70; Der Bär geht an den Försterball, Kinderst. 72; Die Massen von Hsunhi 72; Claußwitz 73; Die Zurechnungsfähigkeit des Mörders Johann Christian Woyzeck 74; LKW 75; Gyges und Kandaulis, Kinderst. 77; Scheiden tut weh 78; Heinrich 79; Die Insel des König Schlaf (n. Avila), Kinderst. 81; Der Dilldapp, Kinderst. 84; Bergstation 84; Agnes und Karl 85; Ringolf, der weiße Ritter, Kinderst. 88; Unter der Autobahn 90/91; Dongo Ende am See 93, alles Stücke/Kinderst.; Quasimodos Hochzeit, Libr. 94; Beckersons Buch, R. 99; Jahreswechsel, R. 04; – THEATER/UA: Arbeitgeber 70; Die Auseinandersetzung 71; Der Bär geht auf den Försterball, Kinderst. 73; Die Massen von Hsunhi 75; Die Zurechnungsfähigkeit des Mörders Johann Christian Woyzeck 75; LKW 76; Heinrich 81; Die Insel des König Schlaf (n. Avila), Kinderst. 82; Der Dilldapp, Kinderst. 86; Quasimodos Hochzeit, Libr. 99. – **R:** Gernot T. 71; Die bittern Zeiten des Wohlstands 78; Brandung 82; Agenten 83; Die Insel des König Schlaf (n. Avila) 86; Das fremde Kind 86; Gibt es die Liebe? Gibt es sie nicht? 87; Die Wasser des Mississippi 88; Unter der Autobahn 92; Feindberührung 93, alles Hsp. – **Ue:** u. B: Aischylos: Agamemnon 74, UA 82; Ibsen: Die Frau vom Meer 76, UA 76; J.M. Synge: The Playboy of the Western World, 78, UA 90; ders.: Deirdre (Deirdre of the Sorrows) 83; Calderon: Der Richter von Zalamea, UA 88; Aischylos: Die Perser, UA 91; Racine: Phaidra 93, UA 95; – nur Übers.: Sherwood Anderson: Geheime Liebesbriefe 94; Euripides: Helena 99, UA 00. – *Lit:* Walther Killy (Hrsg.): Literaturlex., Bd 6 90. (Red.)

Kellner, Hans; 79 Washington Street, Walpole, MA 02032/USA, Tel. (5 08) 6 68–43 61 (* Berlin 9. 9. 20). Rom. – **V:** Hör auch auf die Gegenseite, R. 87. (Red.)

Kellner, Ingrid, Illustratorin, Autorin; *ingrid_kellner @web.de* (* 1. 5. 45). – **V:** Großmutter-Suppe 89; Ein Geschenk für Lisa 94; Bär, ärgere dich nicht! 95; Weihnachten bei der Winterhexe 96; Punkterätsel für die Ferienkoffer 97; Leselöwen-Schweinchengeschichten 98; Bildergeschichten und die Hexe Zippel-Zappel 98; Geburtstag bei Familie Hase 98; Trixis erstes Hexenfest 98; Manege frei für Maxi! 99; Bildergeschichten mit Lotti Luftikus 99; Die Freunde von der Arche Noah 99; Ulli Unsichtbar 99; Ulli Unsichtbar und die Fahrraddiebe 99; Frohe Weihnachten, Familie Eisbär! 99; LesePiraten-Geburtstagsgeschichten 99; Spring höher, Flip! 00; Leselöwen-Inselgeschichten 00; Lilli im Computerfieber 00; Willkommen im Kindergarten! 00; Ich bin jetzt 1; Ich bin jetzt 2; Ich bin jetzt 3; Ich bin jetzt 4 00; Die Zwillinge vom Freizeitpark. Bd 1: Jagd 00, Bd 2: Bei den weißen Tigern, Bd 3: Schatzsuche auf Burg Wolkenstein, Bd 4: Auftritt der Delfine 00; Allererste Geschichten vom Kuscheln und Liebhaben 01; Wie die Tiere zur Krippe fanden 01; Das Game-Team. Bd 1: Die versunkene Maya-Stadt 01, Bd 2: Das Geheimnis von Futura 01, Bd 3: Entführung am Nil 01, Bd 4: Sandsturm aus dem All 02, Bd 5: Halloween bei den Vampiren 02; Träum schön, Lara 02; Vorlesebären-Gespenstergeschichten 02; Potz Blitz, Hexe Pauline! 02; Hase Max und seine Freunde 02, u. a. (Red.)

Kellner, Michael, Übers., Autor; Admiralitätstr. 75, D-20459 Hamburg, Fax (0 40) 85 37 37 24, *editionkellner@gmx.de, www.beatnet.de* (* Kassel 18. 2. 53). Lyr., Ess., Übers. Ue: engl. – **V:** The happy Traumland Express, G. 83, 2. Aufl. 85; Groß und furchtbar die H-äupter, G. 86. – **MA:** rd 50 Beitr. in Lyr.-Anth. u. Zss. – **MH:** 39 Grad. Texte von Fernweh u. Reisefieber 83; Kleines expressionistisches Geburtstagsbrevier 87; Loose Blätter Samml. 77–81; FALK – Loose Blätter für alles Mögliche 84–87. – **Ue:** Diane Di Prima: Nächte in New York, R. 02, 4. Aufl. 03. – **MUe:** Ted Joans: Mehr Blitzliebe, G. 79; Allen Ginsberg: Howl/Geheul, Lyr. (komment. Ausg.) 98, 04. (Red.)

Kellner, Wolfgang, freiberufl. Schriftst.; Grellstr. 62, D-10409 Berlin, Tel. u. Fax (0 30) 4 24 45 57, *wolfgang. l.kellner@gmx.de* (* Berlin 4. 6. 28). Lyr., Erz.; VS 90; Utopie, Fernsehsp., Rom., Ess. – **V:** Der Rückfall, utop. R. 74, 4. Aufl. 84; Die große Reserve, Erzn. 81, 2. Aufl. 82, Tb. 90; Abenteurer wider Willen, R. 84, 3. Aufl. 89; Der Ausbruch, utop. R. 88. – **B:** Der Sternschiffer/Siebenquant, Anth. 88. – **MA:** Kurzgeschn. in: Der Mann von Anti 76; Wege zur Unmöglichkeit 83; Aus d. Tagebuch e. Ameise, Anth. 85; Zeitreisen, Anth. 86; Lichtjahr 4, Alm. 88. – **F:** Stielke, Heinz, fünfzehn ..., nach d. R. „Abenteurer wider Willen" 87. – **R:** Die Sternstunde des K.E. Ziolkowski, Fs. 77; Alarm auf dem Dachboden, Fs. 78; Igelstrupp und Doppelfix, Fs.-Puppensp. 79; Der Trichtermann, Fs. 84; Verflixte gute Fee, Fsf. 90. – *Lit:* Olaf Spittel in: Die SF der DDR, Lex. 88.

Kelly, Ron s. Grasmück, Jürgen

Kelly, Tamara s. Mannel, Beatrix

Kelly, Tom s. Keller, Thomas

Kelter, Jochen, Schriftst.; Hauptstr. 87, CH-8274 Tägerwilen, Tel. (0 71) 6 69 23 53, Fax 6 69 29 83, *jochen. kelter@bluewin.ch.* 81, av. de Ségur, F-75015 Paris, Tel. (01) 47 83 65 75 (* Köln 8. 9. 46). Gruppe Olten 80, GenSekr. 88–01, P.E.N.-Zentr. Dtld 85, Pro Litteris 88, Präs. seit 02, Föderation d. Europ. Schriftst.verbände, Präs. 89–03; Lit.förd.pr. New York 82, Lit.pr. d. Stadt Stuttgart 84, Kulturpr. d. Kt. Thurgau 88, Werk- u. Projektbeitr. d. Stift. Pro Helvetia 90, 97; Lyr., Erz., Essay, Theaterst. Ue: frz, engl, ital. – **V:** Zwischenbericht 78; Land der Träume 79; Unsichtbar in taube Ohr 82; Laura 84, alles Lyr.; Der Sprung aus dem Kopf, Prosa 84; Die steinerne Insel, Erz. 85; Finstere Wolken, Vaterland, polit. Glossen 86; Nachricht aus dem Inneren der Welt, G. 86; Derfangen Zeit, Erzn. 88; Ein Ort unterm Himmel, Texte 89; Achtundsechzig folgende, Aufss., Glossen, Ess. 91; In der besten aller Welten, Theater 91; Verteidigung der Wörter, G. 92; meinetwegen wolgabreit, G. 94; Steinbruch Reise – ein europäischer Jahreslauf 96; Die Balkone der Nacht, ausgew. G. lett.-dt. 97; Aber wenigstens Wasser, G. 98; Andern Orts – Postkarten 1995–1997 98; Die kalifornische Sängerin, Erzn. 99; Der erinnerte Blick, Lyr. 00; Petitesses, G. 00; So ist dann Tag, Lyr. 01; Citviet, Erz. 01; Somewhere else, Lyr. 02; Hall oder Die Erfindung der Fremde, R. 05; Verweilen in der Welt, Lyr. 06; Ein Vorort zur Welt, Ess. 07; Ein Ort unterm Himmel, Ess. 08; Eine Ahnung von dem was ist, G. 09. – **B:** Maureen Duffy: Revenant/Heimsuchung, G. (Nachw.) 95. – **MA:** zahlr. Beitr. in Anth. u. Zss. – **H:** Mein Land ist eine feste Burg. Neue Texte z. Lage in d. BRD 77; Konstanzer Trichter. Lesebuch e. Region 83; Kultur am Ende? – Kultur in der Provinz 85; Die Ohnmacht der Gefühle. Heimat zwischen Wunsch u. Wirklichkeit 86; Bodensee-Lesebuch 90. – **MH:** Literatur im alemann. Raum 78; Ich bin nur in Wörtern – Johannes Poethen zum 60. Geb., m. Jürgen P. Wallmann 88; Dreißig auf Fünfzig – Für

Hermann Kinder, m. Jörn Laakmann 94; Bodenseegeschichten, m. Hermann Kinder 09. – **R:** Die steinerne Insel, Hsp. 84; Das süddeutsche Gefühl, Fsf. 88. – **Ue:** Donata Berra: Zwischen Erde und Himmel, G. 97; dies.: Maria, schräg an einen Pfosten gelehnt 99. – **MUe:** Izet Sarajlić: Sarajevo, G. 94; Rachid Boudjedra: Bars von Algier, m. Issam Beydoun 01. – *Lit:* Elke Kasper in: KLG 92.

Kemmer, Wolfgang, freier Autor u. Red.; Ludwig-Thoma-Str. 35, D-86157 Augsburg, Tel. (08 21) 2 72 28 72, *krimi-kemmer@freenet.de, freenet-homepage.de/wkemmer* (* Simmern/Hunsrück 66). Das Syndikat 02. – **V:** Schwarze Witwen, Krim.-Erzn. 96; Ach wie gut, daß niemand weiß..., Krim.-Erzn. 97; Feuersbrunst, Krim.-R. 05. – **MA:** Kurzgeschn. in: Die Stunde des Vaters 02; Alte Götter sterben nicht 02; Tatort Kanzel 04; Rot wie Blues 05; tatorte 06; Mords-Sachsen 07. – **H:** Happy Birthday, Mr. Holmes! 07; Glausers Erben 08; Zeter und Mordio! 08; In Kürze verstorben 08 (auch Mitarb.), alles Kurzgeschn.

Kemmerzell, Marion (Marion Obermeier, geb. Marion Klippert), Kunsthistorikerin, Schriftst.; Im Heimgarten 5, D-66123 Saarbrücken, Tel. (06 81) 3 90 73 56 (* Offenbach/Main 31. 3. 55). VS; Rom., Erz. – **V:** Udug, R. 98. – **MA:** Kakadu. Saarbrücker Kultur-Kal. 01; Streckenläufer, Lit.zs. 05; WortOrt 05. (Red.)

Kemminger, Eduard, Kaufmann; Grosse Zeile 40, A-2172 Schrattenburg, Tel. (0 25 55) 23 32, Fax 2 41 37 (* Schrattenburg 2. 7. 53). – **V:** Die Brautwiese, Lsp. 87; Der Jäger von Fall, Volksst. nach d. R. v. Ganghofer 96; Der arme Emil, Schw. 01. (Red.)

Kemnitzer, Rolf, Theaterregisseur u. -autor; c/o Oval Filmemacher GbR, Rykestr. 17, D-10405 Berlin, *www. oval-film.com* (* Langenfeld/Bayern 64). Alfred-Döblin-Stip. 99, Stip. d. Stuttgarter Schriftstellerhauses 01. – **V:** Die Bauchgeburt, gedr. 00, UA 02; Die Herzschrittmacherin, UA 98, gedr. 02; Das Geschrei der Gartenzwerge im Traum 02; Der Waschboy 04. (Red.)

Kemp, Friedhelm, Dr. phil., Hon. prof. d. Komparatistik U.München; Widenmayerstr. 41, D-80538 München, Tel. (0 89) 22 01 58 (* Köln 11. 12. 14). P.E.N.-Zentr. Dtld, Bayer. Akad. d. Schönen Künste 62, Dt. Akad. f. Spr. u. Dicht. 81; Förd.pr. d. Kulturkr. im BDI 58, Übers.pr. d. dt. Akad. f. Spr. u. Dicht. 63, Essaypr. d. Stift. z. Förd. d. Schrifttums 65, Prix Paul-Desfeuilles 70, Officier de l'Ordre des Arts et des Lettres 96, Joseph-Breitbach-Pr. 98, Horst-Bienek-Pr. 07; Übers., Ess., Lyr. Ue: frz, engl. – **V:** Baudelaire und das Christentum 39; Dichtung als Sprache 65; Kunst und Vergnügen des Übersetzens 65; Goethe. West-Östlicher Divan. Das Ereignis e. Aneignung 83; ... das Ohr, das spricht 89; Das europäische Sonett I/II 01. – **MV:** Niederfahrt und Aufflug. Dreimal Dante, m. Friedemann Maurer u. August Springer, Ess. 01. – **H:** Karoline von Günderode, Ausw. 47; Bartholt Hinrich Brockes, Ausw. 47; Die Weltliteratur, frz. u. ital. Reihe, seit 48; Konrad Weiss: Spuren im Wort, G.-Ausw. 51; Theodor Däubler: Dichtungen u. Schriften 56; Else Lasker-Schüler: Gedichte 1902–43 59; Deutsche geistliche Dichtung aus 1000 Jahren 58, 2. Aufl. 87; Christian Fürchtegott Gellert: Fabeln u. Erzählungen 59; Arno Nadel: Der weissagende Dionysos 59; Deutsche Liebesdichtung aus acht Jahrhunderten 60, 2. Aufl. 96; Leopold Friedrich Goeckingk: Lieder zweier Liebenden; Georg Philipp Harsdörffer: Christliche Welt- u. Zeit-Betrachtungen. 12 Monatslieder 61; Konrad Weiss: Gedichte 1914–1939 61; Else Lasker-Schüler: Helles Schlafen – dunkles Wachen, G.-Ausw. 62; dies.: Prosa u. Schauspiele 62; Christian Hofmann v. Hofmannswaldau: Sinnreiche Helden-Briefe 62; Gertrud Kolmar:

Kempe

Tag- u. Tierträume, G. 63; Clemens Brentano: Werke II–IV 63–66; Bogumil Goltz: Buch der Kindheit 64; Eduard Mörike: Briefe an seine Braut Luise Rau 65; Johann Dietz: Mein Lebenslauf 66; Friedrich Ratzel: Jugenderinnerungen 66; Else Lasker-Schüler: Sämtliche Gedichte 66; Rahel Varnhagen: Briefwechsel mit Alexander von der Marwitz, Karl von Finkenstein, Wilhelm Bokelmann, Raphael d'Urquijo 66; dies.: Briefwechsel mit August Varnhagen von Ense 67; Rahel Varnhagen im Umgang mit ihren Freunden, Briefe 1793–1833 67; Rahel Varnhagen u. ihre Zeit, Briefe 1800–1833 68; Girolamo Cardano: Lebensbeschreibung 69; Abbé Galiani: Briefe an Madame d'Epinay u. andere Freunde in Paris 70; Tiere u. Menschen in Geschichten, Anth. 74; J.W. Goethe: Balladen 74; Paul Gerhardt: Geistliche Andachten (1667), samt den übrigen Liedern u. den lat. G. 75; Jean Paul: Des Luftschiffers Gianozzo Seebuch 75; J.P. Hebel: Briefe an Gustave Fecht, Ausw.; Wilhelm Dieß: Stegreifgeschichten 77; Das Geständnis 77; Der Blitz 78; Madalene Winkelholzerin 78; Adalbert Stifter: Abdias 77; Regina Ullmann: Erzählungen, Prosastücke, Gedichte 78; Clemens Brentano: Geschichte vom braven Kasperl u. schönen Annerl 78; Goethes Leben u. Welt in Briefen 78, 2. Aufl. 96; Regina Ullmann: Ausgew. Erzählungen 79; Goethe: Gedichte, Leseb. 79, 2. Aufl. 95; Gottfried Keller: Romeo u. Julia auf dem Dorfe 79; Franz Grillparzer: Der arme Spielmann 80; Pietro della Valle: Reise-Beschreibung in Persien u. Indien 81; Wilhelm Raabe: Zum wilden Mann 81; Theodor Fontane: Gedichte (Ausw.) 82; Christian Morgenstern: Galgen- u. a. Lieder 85; Konrad Weiss: Die Löwin 85; Carl Jacob Burckhardt: Freundschaften u. Begegnungen 89; Peter Gan: Ausgew. Gedichte 94; Franz Kafka: Kurze Prosa aus dem Nachlass 96; Peter Gan: Ges. Werke 97; Else Lasker-Schüler: Der Prinz von Theben u. a. Prosa 98; Klaus Mann: Kinderjahre in München 99; Stefan Zweig: Die unsichtbare Sammlung 00. – **MH:** Ergriffenes Dasein, dt. Lyrik 1900–1950 53, 13. Aufl. 69; Jean Paul: Werk, Leben, Wirkung 63, Neuausg. u. d. T. Vorschule zu Jean Paul 86; Clemens Brentano: Werke I 68; Knorr von Rosenroth, Aufgang der Artzney-Kunst 71; Der Dichter Konrad Weiß (Marbacher Mag.15) 80; Rudolf Borchardt: Vivian, Briefe, G., Entwürfe 85. – **Ue:** Charles Baudelaire: Mein entblößtes Herz 46, 66; Maurice Scève: Délie, Zehn-Zeiler 46; Simone Weil: Schwerkraft u. Gnade 52; En attente de Dieu u. d. T.: Das Unglück u. die Gottesliebe 53; Die Einwurzelung 56; Jean Cocteau: Les enfants terribles u. d. T.: Kinder der Nacht 53; Der Lebensweg e. Dichters 53; Thomas der Schwindler 54; Raymond Radiguet: Den Teufel im Leib 54; J. Cocteau: Essai de critique indirecte u. d. T.: Versuche 56; Charles Péguy: Nota Conjuncta 56; Paul Valéry: Mein Faust 57; Pierre Jean Jouve: Gedichte 57; Saint-John Perse: See-Marken 59; ders.: Chronik 60; Ch. Baudelaire: Die Blumen des Bösen 62; M. Scève: Délie, Inbegriff höchster Tugend 62; Jean Paulhan: Unterhaltungen über vermischte Nachrichten 62; O.V. de L. Milosz: Poesie, Texte in 2 Spr. 63; Saint-John Perse: Vögel 64; Winde 64, 87; Marcel Jouhandeau: Minos u. ich, Tiergeschn. 65, Neuaufl. u. d.T.: Das Leben u. Sterben e. Hahns 84; P.J. Jouve: Die leere Welt 66; J. Paulhan: Berühmte Fälle 66; Les Pimcengrain, Monsieur Godeau intime, Veronicana, zus. u. d. T.: Herr Godeau 66; Philippe Jaccottet: Elemente e. Traumes 68; Max Jacob: Der Würfelbrecher 68; ders.: Ratschläge für e. jungen Dichter 69, 68; M. Jouhandeau: Elise, Monsieur Godeau se marie, L'imposteur, zus. u. d.T.: Elise 69; Yves Bonnefoy: Hier régnant désert u. d. T.: Herrschaft des Gestern/ Wüste 69; J. Paulhan: Schlüssel der Poesie u. Kleines

Vorwort zu jeder Kritik 69; André Breton: L'Amour fou (auch dt. T.), Charles-Albert Cingria: Le petit labyrinthe harmonique, Pendeloques alpestres, Le comte des formes, zus. u. d.T.: Kleines harmonisches Labyrinth 70; Léon-Paul Fargue: Unter der Lampe, ausgew. Prosast. u. G., M. Jouhandeau: La jeunesse de Théophile, L'oncle Henri, Mémorial (Auszüge), zus. u. d. T.: Der Sohn des Schlächters 72; Ch. Baudelaire: Nouvelles Fleurs du Mal (sämtl. Werke/Briefe IV) 75; S. Weil: Zeugnis für das Gute 76; M. Jouhandeau: Erotologie, De l'Abjection, Chronique d'une Passion, Carnets de Don Juan, Eloge de la Volupté, zus. u. d. T.: Neue Freundschaften 77; Y. Bonnefoy: Rue Traversière 80; Ph. Jacottet: Der Spaziergang unter den Bäumen 81; Y. Bonnefoy: Im Trug der Schwelle 84; Gedichte 85; Ch. Baudelaire: Le Spleen de Paris, G. in Prosa 85; Georges Roditi: Der Geist der Vollkommenheit 88; Y. Bonnefoy: Berichte im Traum 90; Louis-René des Forêts: Das Kinderzimmer 91; Ch. Baudelaire: Die künstlichen Paradiese (Sämtl. Werke/Briefe VI) 91, Richard Wagner, Meine Zeitgenossen, Armes Belgien (Sämtl. Werke/Briefe VII) 92; Ph. Jaccottet: Die Kormorane/ Beauregard 91; ders.: Landschaften mit abwesenden Figuren 92; Y. Bonnefoy: Was noch im Dunkeln blieb/ Anfang u. Ende d. Schnees, G. 94; J. Paulhan: Der beflissene Soldat 95; Y. Bonnefoy: Wandernde Wege 97; L.-R. des Forêts: Ostinato 02; Logan Pearsall Smith: Trivia 03; Y. Bonnefoy: Beschriebener Stein u. a. Gedichte 04; ders.: Die gebogenen Planken 04. – **MUe:** Gerard Manley Hopkins: Gedichte, Schriften, Briefe, m. Ursula Clemen 54; Saint-John Perse: Dichtungen 57; Französische Gedichte, m. Duschan Derndarsky, Claire Goll, Karl Maurer 58; Saint-John Perse: Anabasis 61; Preislieder 64, 87; Maurice de Guérin: Der Kentauer (R.M. Rilke): Die Bacchantin (Eugen Gass); Aufzeichn. aus den Jahren 1833 bis 1835 64; M. Jouhandeau: Chaminadour, 24 Erzn.; Charles Péguy: Die letzten großen Dichtungen, m. O. v. Nostitz 65; Pierre Reverdy: Quellen des Windes, G. übers. v. M. Hölzer, 2 Ess. übers. v. F. Kemp; Ch. Baudelaire: Les Fleurs du Mal, m. Guido Meister 75; Ch. Baudelaire: Werke/Briefe I–VIII, m. and. 75–92; Juvenilia/Kunstkritik (Werke/Briefe I), m. Guido Meister, Dolf Oehler, Ulrike Sebastian, Wolfgang Drost 77; Saint-John Perse: Das dichterische Werk I/II 78; Ch. Baudelaire: Vom Sozialismus zum Supranaturalismus/Edgar Allan Poe (Werke/Briefe II), m. Guido Meister, Wolfgang Drost 83; L.-R. des Forêts: Der Schwätzer, m. Elmar Tophoven 83; Charles-Albert Cingria: Dieses Land, das ein Tal ist, m. Wolfgang Promies 85, u. weitere. – *Lit:* Margot Pehle (Bearb.): F.K., Bibliogr. 1939–1984 84, 84–94 94; Kränzewinder, Vorhangraffer, Kräuterzerstoßer u. Bratenwender – F.K. z. 85. Geb. (metaphora, H.5) 99. (Red.)

Kempe, Erika (Ps. Erika Kempe-Wiegand, geb. Erika Wiegand), Journalistin; Eilbeker Weg 65 a, D-22089 Hamburg, Tel. (0 40) 20 83 19 (* Heringen a. d. Werra 14. 10. 25). Kinderb., Ess., Glosse, Kurzgesch. – **V:** Marietta mit dem Kreidestrich 66; Beate, die Fünferkönigin 67; Unsere fröhliche Familie 73, alles Kdb. – **MV:** 1 photographiegesch. Sachb. 86. – **MH:** INNEN-ANSICHTEN, m. Karen Mandel, Sammel-Bd 00. – **R:** Marietta mit dem Kreidestrich 69; „Archäologie eines Bestsellers" über das Buch „Der Trotzkopf" von Emmy von Rhoden 70. – **P:** Der Trotzkopf, Hsp. nach Emmy v. Rhoden 71. (Red.)

Kempe, Klaus s. Lynn, Robert

Kempe, Niels E. F., ObStudR.; Vierlandenstr. 13, D-21029 Hamburg, Tel. (0 40) 7 21 48 23 (* Hamburg 3. 3. 26). Rom. – **V:** Kreuzfahrt im Pazifik, R. 00. (Red.)

Kempen, Bernhard, Dr. phil., Autor, Journalist, Übers., Red.; Einemstr. 4, D-10787 Berlin, Tel. (0 30) 7 81 96 24, *kempen@epilog.de, www.epilog.de* (* Hamburg 23. 5. 61). Kurd-Laßwitz-Pr. 99; Rom., Erz., Science-Fiction, Erotik. Ue: engl. – **V:** Abenteuer in Gondwanaland und Neandertal 94; Der Gourmet, R. 02; Im Zeichen des Kristallmonds, R. 04; Zwischen den Dimensionen, R. 06; Schwingen der Macht, R. 06. – **MV:** Das Dinosaurier-Filmbuch, m. Thomas Deist 93. – **B:** Arthur C. Clarke: Die letzte Generation, R. 03. – **MA:** zahlr. Art. in Zss. u. Internet-Mag., u. a. in: Science Fiction Times 89–93; Science Fiction Media 93–95; epilog.de, seit 97; Alien Contact, seit 98; Bollhöfener/Farin/Spreen (Hrsg.): Spurensuche im All. Perry Rhodan Studies 03. – **H:** Prehistoric News, Zs., 90–98. – **MH:** Conbuch Trinity, m. Hannes Riffel 99; Invasion des Wahnsinns, m. Rolf Giesen 00. – **Ue:** üb. 90 Bücher, u. a.: William Sarabande: Wölfe der Dämmerung 98; Greg Egan: Qual 99; Ian Watson: Quantennetze 00; Brian Herbert: Das Haus Harkonnen 01; Neil Rose: Wie bei Muttern 03; Jane Graves: Ein Kuss und Schluss 03; Whitley Strieber: The Day after Tomorrow 04; Richard Morgan: Das Unsterblichkeitsprogramm 04; Mike Lawson: Der Luchs 06; Gordon Wahlquist: Die Glasbücher der Traumfresser 07; Terry Pratchett: Schöne Scheine 07.

Kemper, Robert (Ps. Roberto di Campo), Musikdirektor FDB; Holzplatz 17, D-46325 Borken, Tel. (0 28 61) 60 07 87, Fax 80 98 69, *info@robert-kemper. de, www.robert-kemper.de* (* Borken 6. 10. 42). Dt. Verb. d. Pressejournalisten (DVPJ) 07; BVK am Bande 94; Lyr., Erz., Chronik. – **V:** Fußstapfen im Bramgau, Lyr. u. Erzn. 05. – **MV:** 75 Jahre Sängerkreis Westmünsterland, Chronik 06. – **MA:** Lyrik und Prosa unserer Zeit, N.F. Bd 5 07. – **H:** Sängerbrevier 81. – **R:** Moderator einer Sendung Klassik, Pop et cetera im DLF 03. – **P:** Borkenwirthe, eine wertvolle Landinsel, DVD 05. – *Lit:* Meine Stadt 04.

Kemper, Stefanie (geb. Stefanie Pohl), Dipl.-Biologin; Happach 46, D-88167 Maierhöfen/Allg., Tel. (0 83 83) 74 92, Fax 9 22 19 60, *poetasg@t-online.de* (* Hirschberg/NS 26. 11. 44). Signatur e.V. Lindau, VS, Lit. Forum Oberschwaben, Wangener Kr., GZL; Lyr., Prosa. – **V:** Herrn Portulaks Abschied, Erzn. 98; Manchmal sprang eine Kugel, Erzn. u. G. 02. – **MV:** Bilder u. Gedichte, m. Margret Hofheinz-Döring 89. – **MA:** Verknüpfungen – Chaos und Ordnung inspirieren Künstlerische Fotografie und Literatur 92; Spielwiese für Dichter 93; Malachite und Smaragde 93; Allgäuer Heimatkalender 93; Der Zettel, 93, 94, 95, Nr.106 04/05; Verheißung des Schattens 94; Poesiememo 95; STINT, Zs. f. Lit. 18/95; Wegwarten 136/96, 146/99, 150/00, 160/03, 163/04, 165/05, 171/06; Keine laute Provinz 96; vater, mein vater ...! 96; Das Gedicht 9/01–02; Das neue Gedicht 01; Odyssee. Kurzgeschs.-Wettbew. 01; Frankfurter Bibliothek d. zeitgenöss. Gedichts 02; Schreibwetter, Alm. 02; Die literar. Venus 03; Freiberger Lesehefte 4/01, 6/03; BIM Schriftenreihe Migration u. Lit., Bd 7 03; Frankfurter Bibliothek. Die besten Gedichte 2007 07; ... vergeht im Fluge 07; ... auch ohne Flügel 08.

Kempf, Cornelia, IT-Systemspezialistin; Büro: Augsburger Str. 33, D-86343 Königsbrunn, *c_kempf @yahoo.de, www.cornelia-kempf.de* (* Augsburg 13. 1. 70). Quo vadis – Autorenkr. Hist. Roman; Hist. Rom. – **V:** Morituri – Die Todgeweihten 05; Die Gärten von Damaskus 06; Die Vestalin 07; Die Gladiatorin 07. (Red.)

Kempf, Georges Alfred *

Kempf, Joseph, ObStudR.; Königswinterer Str. 713, D-53227 Bonn (* Elbogen an der Eger 30. 1. 35). P.E.N. 99; Sudetendt. Lit.pr. 72, Andreas-Gryphius-Förd.pr. 81, Nordgau-Lit.pr. 96, Lit.pr. d. Künstlergilde 99; Lyr., Erz., Kurzgesch., Rom., Feuill., Ess., Reiserep., Sat. – **V:** Schreib in den Sand, G. 74; Eine Zeit hinter dem Regenbogen, G. 79; Ein anderes Leben, ein anderes Blau, G. 80; Licht und Stille, G. 82; Wahrlich, mein Los hast du mir beschert an lieblicher Stätte: Auf den Spuren Ezra Pounds in Venedig, Erz. 82; Fenster, Erzn. 84; Die Luft ist voll von Wörtern, G. 86, völlig veränd. u. erw. Neuaufl. 03; Die Rückkehr der Bilder, Prosa u. G. 89; Unterwegs nach Böhmen für allezeit, Reiseskizzen 96. – **MV:** Zeit der Sanduhren, Zykl. (vertont) 78; Lieder der Nacht, Zykl. (vertont) 90. – **MA:** Sudetendeutscher Kulturalmanach, Bd VIII 74; Übergänge, Lyr.-Anth. 75; Almanach, G. u. Prosa 77; Der erste Schritt, Prosa 78; Am Rand der Zeit, Jb. d. Lyr. 1 79; neues rheinland 12/81, 10/84, 1/90, 6/96, 2/00; Almanach 82, G. 81; Begegnungen und Erkundungen, Lyr.-Anth. 82; bsv Deutsch 7 82; Formen, Anth. Skulptur u. Lyr., G. 83; An meiner Efeu versammeln, G. 84; Egerland, Landschaft und Menschen in der Dichtung, G. u. Prosa 84; Das Egerland lebt, Prosa 84; Europäische Begegnungen in Lyrik und Prosa 84; Feder und Stift, Prosa 84; Politik und Poesie. Zur Wahl des Bdespräs., G. 84; Rheinblick, G. aus d. Neuen Rheinland 84; Wo deine Bilder wachsen, Lyr.-Anth. 94; Grenzenlos, Reisebilder 98; Literaten-Tischrunde 98; Jb. d. Lyrik 2001 00; Sieben Schritte Leben 01; Projekt Lesen AG 01; zahlr. Beitr. in Ztgn, Lit.-Zss., Anth. sowie im Rdfk. – **H:** Zeit-Zeichen, G. Egerländer Autoren 90. – **R:** Sonnenuntergänge und Martins Vermächtnis, Erz. 80; In einem fernen Land, Erz. 82. – *Lit:* Viktor Aschenbrenner: Dem Jungen eine Chance, in: Sudetendt. Kulturalm., Bd VIII 74; ders. in: Fruchtbares Erbe, 20 J. Sudetendt. Kulturpr. 74; Leo Hans Mally: Scheu vor mod. Lyrik- in: Sudetenland 4 74; Profile v. Schriftstellern aus Ost- u. Mitteldtld in: Nordrhein-Westfalen 79; Viktor Aschenbrenner: Josef Kempf – e. Dichter mit Zukunft in: Sudetenland 3 81; Ariane Thomalla: Ein Poet d. Stille u. Distanz 81; Franz Peter Künzel: Eine neue Lit.strömung – die sudetendeutsche in: Kunst-Landschaften d. Sudetendeutschen, Schrr. d. sudetendt. Akad. d. Wiss. u. Künste, Bd 3 82; Alois Vogel: Licht u. Stille in: Lit. u. Kritik 173/174 83; Josef Weinmann: Egerländer Biogr. Lex., Bd I 85. (Red.)

Kempf, Roman, Gartenbau-Ing.; Dompfaffenweg 29, D-63920 Großheubach, Tel. (0 93 71) 6 86 81 (* Großheubach 4. 10. 53). Rom. – **V:** Schöner Wein, hist. Krim.-R. 07, 08.

Kempff, Martina, Autorin, Übers., Journalistin; lebt in Hallschlag/Kehr, *www.martinakempff.de* (* Stuttgart 17. 5. 50). Rom., Hist. Rom. – **V:** Die Marketenderin 98; Die Rebellin 99, Tb. u. d. T.: Die Rebellin von Mykonos 00; Die Schattenjägerin 01; Die Frau, die nichts tut, zeitgenöss. R. 02, Tb. u. d. T.: Die Eigensinnige; Die Königsmacherin 05; Die Beutefrau 06; Die Welfenkaiserin 08. (Red.)

Kempker, Birgit; Amerbachstr. 19, CH-4047 Basel, Tel. (0 61) 6 81 95 56, *Birgit.Kempker@web.de, www. xcult.org/kempker* (* Wuppertal 28. 5. 56). AdS; Pr. d. Ldes Kärnten 85, Aufenthaltsstip. d. Berliner Senats 86, Stip. d. Dt. Lit.fonds 86; Rom., Erz., Drama, Lyr., Hörsp. Ue: engl, frz, ung, tsch, fläm. – **V:** Der Paralleltäter, R. 86; In der Allee. 1: Scheine x Eine Allee, 2: Auch Frieda war jung 86; Rock me Rose, R. 88; Dein Fleisch ist mein Wort, Prosa 92, Neuaufl. 98; Ich will ein Buch mit dir. Kein Fleisch. Stücke, Prosa + Hörst., Compact-Buch m. CD 97; Liebe Kunst 97; Als ich das erste Mal mit einem Jungen im Bett lag 98; Übung im Ertrinken / Iwan steht auf, 2 Hörst., Compact-Buch m. CD 99; Mike und Jane 01; Meine armen Lieblinge. Altes Ego adieu 03; Peter Pan von J.M. Barrie, nachersetzt v. B.K. 07; Sehnsucht im Hyperbett. Ein transverfickter Diskurs 08; – THEATER/UA: Bertie Brab 99; MAMAWARTEN 04. – **MV:** Scham / Shame. Eine Kollaboration in Dt. u. Amerikan., m. Robert Kelly 04. – **MA:** zahlr. Beitr. in Anth. u. in lit. Zss., u. a.: Rowohlt-Lit.Magazin 17/86 u. 21/88; Traumtanz 86; 61° über dem Horizont 86; Manuskripte 106/89; Wie es ihr gefällt 90; Lektion der Dinge 91; Mein heimliches Auge 92; Der Gipfel 93; Sprache im techn. Zeitalter 127/93; Schriftwechsel 94; Nicht Fisch. Nicht Vogel 94; Zwischen den Zeilen 6/95; perspektive 30/95; Eurup Juni 96; Entwürfe für Literatur, Mai 96; Erinnere einen vergessenen Text 97; Wie es ist 97; Text u. Kritik, Sonderbd 98; Lyrik Anth. 98; Null 00. – **R:** Hörstücke: Der Tiger ist tot/1. 2. 3. und 16. Tod 89; Anleitung fürs Blut 96; Iwan steht auf 98; Übung im Ertrinken 98; Ich ist ein Zoo 99; Die Wurzel des freien Radicalen ist Herz 99; Schrei nicht Fliege 00; Parzifal und Parzifal cry le beau Cris Babylon 00; Ich sage so viel Kafka wie ich will 01; Blackentdecker 03; I. Papa, short version 05; Can I change your life, please 05. – **P:** Wer Sätze kennt kennt Tiere, m. Reinhard Storz, Diskette 96; Ich ist ein Zoo / Anleitung fürs Blut, 2 Hörst., CD m. Booklet 97; Die Wurzel des freien Radicalen ist Herz / Ich sage so viel Kafka wie ich will, 2 Hörst., CD m. Booklet 02. – *Lit:* Silvia Henke in: Schnittpunkte. Parallelen 95; Wolfram Groddeck in: Sprache im techn. Zeitalter 127/93; ders. in: KLG.

Kempker, Kerstin, Sozialarb., freie Autorin; Zabel-Krüger-Damm 183, D-13469 Berlin, *mail@kerstin-kempker.de*, *www.kerstin-kempker.de* (* Wuppertal 17. 2. 58). VG Wort 91; Harder Lit.pr. 03, OpenNet d. Solothurner Lit.tage 04, versch. Stip.; Rom., Erz. – **V:** Mitgift. Notizen vom Verschwinden 00; Die Betrogenen, R. 07. – **MA:** u. a.: Macondo; Konkursbuch; Lesefutter; Schreibkraft; Lichtungen.

†**Kempowski,** Walter, Dr. h. c., Pädagoge; lebte in Nartum (* Rostock 29. 4. 29, † Rotenburg/ Wümme 5. 10. 07). P.E.N.-Zentr. Dtld, Freie Akad. d. Künste Hamburg; Lessing-Pr. d. Stadt Hamburg (Förd.pr.) 71, Wilhelm-Raabe-Pr. 72, Andreas-Gryphius-Förd.pr. 72, Karl-Sczuka-Pr. 76, Niedersachsen-Pr. 79, Jakob-Kaiser-Pr. 81, Hsp.pr. d. Kriegsblinden 81, Lit.pr. d. Adenauer-Stift. 94, Uwe-Johnson-Pr. 95, Gr. BVK 96, Heimito-v.-Doderer-Lit.pr. 00, Dr. h.c. Juniata College in Huntington/Pennsylvania 00, Nicolaus-Born-Pr. d. Ldes Nds. 02, Dedalus-Lit.pr. 02, Dr. h.c. U.Rostock 02, Hermann-Sinsheimer-Pr. 03, Mercator-Professur d. Univ. Duisburg 04, Hans-Erich-Nossack-Pr. 05, Thomas-Mann-Pr. 05, Internat. Buchpr. 'Corine' (Ehrenpr. f.d. Lebenswerk) 05, Hoffmann-von-Fallersleben-Pr. 06, Kulturpr. d. Ldes Meckl.-Vorpomm. f. Lit. 06, Heine-Pr. f. Zivilcourage, Düsseldorf 06, 'Alte-Liebe-Pr.' d. Presseclubs Cuxhaven 07; Rom., Hörsp. – **V:** Im Block. Ein Haftbericht 69; Tadellöser & Wolff, bürgerl. R. 71; Uns geht's ja noch gold. Roman e. Familie 72; Haben Sie Hitler gesehen? 73; Der Hahn im Nacken 73; Immer so durchgemogelt 74; Alle unter einen Hut, Kdb. 75; Ein Kapitel für sich, R. 75; Wer will unter die Soldaten?, Bildbd 75; Aus großer Zeit 78; Haben Sie davon gewußt? 79; Unser Herr Böckelmann, Kdb. 79; Mein Lesebuch 80; Schöne Aussicht, R. 81; Kempowskis einfache Fibel 81; Beethovens V., Kass. u. Partitur d. Hsp. 82; Herrn Böckelmanns Tafelschichten 83; Herzlich willkommen, R. 84; Haumiblau, Kdb. 86; Hundstage, R. 88; Sirius. Eine Art Tageb. 90; Mark und Bein, Episode 92; Das Echolot. Ein kollekti-

ves Tageb. 93; Der arme König von Opplawur, M. 94; Weltschmerz, Prosa 95; Bloomsday '97 97; Heile Welt, R. 98, 99, Tb. 00; Das Echolot II. Fuga furiosa. Ein kollektives Tageb. 99; Die deutsche Chronik. 1: Aus großer Zeit, 2: Schöne Aussicht, 3: Haben Sie Hitler gesehen?, 4: Tadellöser & Wolff, 5: Uns geht's ja noch gold, 6: Haben Sie davon gewußt?, 7: Ein Kapitel für sich, 8: Schule. Immer so durchgemogelt, 9: Herzlich willkommen, Beiheft: W.K. u. „Die deutsche Chronik" 99; Der rote Hahn. Dresden im Februar 1945 01; Alkor. Tagebuch 1989 01; Das Echolot. Barbarossa '41. Ein kollektives Tageb. 02, Tb. 04; Letzte Grüße, R. 03; Das 1. Album. 1981–1986, Deutschland 04; Das Echolot. Ein kollektives Tageb. 1945 05; Hamit. Tagebuch 1990 06; Alles umsonst, R. 06; Somnia. Tagebuch 1991 08. – **MV:** W.K./Uwe Johnson: 'Kaum beweisbare Ähnlichkeiten'. Der Briefwechsel 06. – **F:** Wer will unter die Soldaten?, Film 75; Ein Dorf wie jedes andere 80. – **R:** Ausgeschlossen 72; Träumereien am elektrischen Kamin 73; Haben Sie Hitler gesehen? 74; Beethovens V. 76; Moin Vaddr läbt 80; Führungen 82; Alles umsonst 83, alles Hsp. – **P:** Tadellöser & Wolff, CD-Edition 01; Aus großer Zeit, CD-Edition 03; Alles umsonst. 10 CDs, gelesen vom Autor 06. – *Lit:* Dirk Hempel: Haus Kreienhoop, Kempowskis zehnter Roman 01; ders.: W.K. Eine bürgerl. Biographie, 1.u.2. Aufl. 04; Manfred Dierks in: KLG.

†**Kempski,** Hans Ulrich, Journalist, Chefreporter, Chef- u. Sonderkorrespondent; lebte in München (* Dramburg/Pommern 3. 8. 22, † München 30. 12. 07). P.E.N.-Zentr. Dtld; Bayer. Verd.orden; Rep. – **V:** Um die Macht. Sternstunden u. a. Abenteuer mit den Bonner Bundeskanzlern 1949–1999 99; – mehr als 1000 große Reportagen über wichtige Ereignisse des Weltgeschehens, veröff. in der Südd. Ztg.

Kemptner, Marlies (Ps. M. Salzwedel), Autorin, VHS-Doz.; Marstallstr. 11, D-69117 Heidelberg, Tel. (0 62 21) 2 01 61, Fax 18 01 81, *Marlies.Kemptner@ web.de* (* Viecheln/Mecklenburg 2. 3. 49). Lit. Ver. d. Pfalz 66, VS, FDA; Oberrhein. Rollwagen 89; Rom. – **V:** Meine Freundin Violetta, Kdb. 74; Nie wieder Diät, R. 92. – **MA:** Beitr. in: Der Jugendfreund, Zss. 91–99; Treffpunkte, Leseb. f. Schüler; Gralswelt, Zss. – **R:** ca. 30 Geschn. f. BR 89–93.

Kenlock, David s. Wekwerth, Rainer

Kenn, Markus, arbeitsuchend (zu buchen als Redner u. Prediger); Am Laach 4, D-56253 Treis-Karden, Tel. (01 75) 6 81 25 71, *markus.kenn@freenet.de* (* Koblenz 21. 9. 63). Rom., Lyr., Sachb. – **V:** Das Schweigen brechen, Lyr. 02; Soldat auf Zeit, R. 03. – **MA:** Ein König ward geboren 02; Gott trocknet alle Tränen, Anth. 06; Sehnsucht, Frühjahrsreigen. – **P:** Gedichte, Aufsätze u. Andachten unter: www.neuzeitpoeten.de, www.christliche-autoren.de, www.angedacht.eu

Kennedy, Ann s. Tenkrat, Friedrich

Kennedy, Anne s. Kieffer, Rosi

Kennel, Herma s. Köpernik, Herma

Kennel, Odile, Autorin, Übers.; Tel. u. Fax (0 30) 28 04 72 57, *odile.kennel@arcor.de*, www.myblog.de/ *odile* (* Bühl/Baden 26. 6. 67). VS 01, VdÜ 06; Würth-Lit.pr. 96, Arb.stip. f. Berliner Schriftst. 00, Ahrenshoop-Stip. Stift. Kulturfonds 01, u. a.; Prosa, Lyr. Ue: frz, port, engl. – **V:** Wimpernflug, Erz. 00. – **MA:** lauter niemand 03; tip 03; Schlafende Hunde. Polit. Lyr. in d. Spaßgesellschaft 04; Transversale 04. – **Ue:** Jean Portante: Die Arbeit des Schattens, G. 05. (Red.)

Kenwood, Neil s. Hoffmann, Horst

Keppner, Gerhard (Ps. Oliver Niels), Dipl.-Geologe, Geophysiker; Haushoferstr. 40, D-83358 Seebruck,

Tel. u. Fax (0 86 67) 74 33, *keppner.seebruck@t-online.
de* (* Wendsdorf, Kr. Furth i. Bay. 18. 3. 30). Rom. – **V:**
Wüstenfieber, R. 77, 90; Zündstoff Erdöl 79 (holl. 82);
Hardy 87; Ginette – oder: Bin ich Scheherazade? 92;
Das Haus im Niemandsland 96, alles R. – **MA:** Zss.:
Kultur & Technik 93; The Leading Edge 92 u. 98. – **R:**
Wüstenfieber, 8-tlg. Fs.-Ser. 87. (Red.)

Kerber, Clemens s. Krug, Manfred

Kerbl, Hannes (Johannes Kerbl), Mag., AHS-Lehrer, Dolmetscher f. Russisch; Koloman-Wallisch-Str. 1,
A-4400 Steyr, Tel. (0 72 52) 5 05 43, *Joh.Kerbl@aon.
at* (* Molln/ObÖst. 5. 6. 56). Rom., Lyr., Dramatik. –
V: Zum letzten Mal, Lyr. 00; Hurensöhne, R. 01; As-
sessment, Bst. 02; Der Kanzler und sein Mörder, Bst.
03; Ganglmüllers Rache, R. 04. (Red.)

Kerfin, Gerhard s. Bielicke, Gerhard

Kerkeling, Hape (Hans Peter Kerkeling), Schauspieler, Entertainer, Moderator, Autor; Postfach
320630, D-40421 Düsseldorf, *info@hapekerkeling.de*,
www.hapekerkeling.de (* Recklinghausen 9. 12. 64).
zahlr. Preise u. Auszeichn. im Bereich Fernsehen/
Unterhaltung, u. a. mehrfach Dt. Fernsehpr., Dt. Comedypr., Adolf-Grimme-Pr., Bayer. Fernsehpr., Gold.
Kamera, Gold. Schallplatte, für Lit.: Internat. Buchpr.
'Corine' (Hörbuch) 07, Bambi (Kategorie Kultur) 07. –
V: Hannilein + Co. Texte, Sketche, Parodien 88; Ich
bin dann mal weg. Meine Reise auf dem Jakobsweg
06 (auch als Hörb.). – **F:** Kein Pardon, Kinof. 93; Club
Las Piranjas, Fsf. 95; Willi und die Windzors, Fsf. 96;
Die Oma ist tot, Fsf. 97; Alles wegen Paul, Kinof. 01;
Samba in Mettmann, Kinof. 04. (Red.)

Kerler, Erika, Fernmeldebetriebsinspektorin a. D.;
Kremserstr. 33, D-94032 Passau, Tel. (08 51) 29 30, Fax
9 89 03 50 (* Passau 21. 11. 27). Landshuter Poeten-
stammtisch 78, Passauer Dreiflüsseschreiber 83, Vors.,
Vereinig. d. Freunde Bayer. Lit. bis 01; Lyr., Mundart-
Lyr., Kurzgesch., Ess. – **V:** Was se so tuat 78, 3. Aufl.
87; Hoamat grad oane 82, 2. Aufl. 87; Wia a Blattl
im Wind 87; Verführung auf bayerisch 91, alles G. in
bayer. Mda.; Herz der Erde, G. u. Erzn. 97; Komm, geh'
a Stückerl mit mir, Mda.-G. 02; mehrere Liedtexte. –
MA: Begegnung mit Landshut 79; Bschoad 80; Niederbayer. Weihnachtsmesse, Text 80; Landshuter Poeten-
stammtisch 81, II 85; Land ohne Wein u. Nachtigallen
82; Landshuter Hochzeitsmesse, Text 82; Nimms wias kimmt 85; Weiberleut – Mannerleut 88; Weil's uns
freut 89; Passauer Poesie, Bd IV 91; Heiteres Ostbayern 96; Straubinger Kal. 01, 02; Gedicht + Gesellschaft
01; Kindheit im Gedicht, Jb. 02; Passauer Neue Presse; Altbayer. Heimatpost; Landshuter Ztg; Straubinger
Tagbl. – **P:** 4 CDs m. Liedern in Bayer. Mda. 00–02. –
Lit: Stelzhamer-Bund Linz; Baier. Mda.-Tag Deggendorf. (Red.)

Kerler, Richard, Dipl.-Betriebswirt, Journalist; Ort-
nitstr. 18, D-81925 München, Tel. (0 89) 9 10 09 30, Fax
91 00 93 30, *www.ipm-verlag.de* (* Traunstein 9. 7. 39).
Sachb., Feuill. Ue: engl. – **V:** Geflügelte Witze 76; An
die liebe Mutter 83; Bonmots bekannter Top-Manager
89; ca. 70 Sachbücher zu versch. Themen seit 63. –
MV: Gipfelsprüch 77; Ich liebe Dich. Die schönsten
Liebesbriefe u. Liebesgedichte 78; Denkste. Unglaubliche Wahrheiten 83, alle m. Christine Kerler. – **H:** Bayern wie es lacht 69; München anekdotisch 70; Typisch
bayerisch 87. – *Lit:* s. auch SK. (Red.)

Kermani, Navid, Dr. habil., Schriftst., Islamwiss., seit 06 Regisseur u. 'Kurator f. außergewöhnl. Veranstaltungen' am Schauspielhaus Köln;
Fax (02 21) 9 12 34 19, *kermanibuero@aol.com, www.
navidkermani.de.* c/o Ammann Verl., Zürich (* Siegen
27. 11. 67). Dt. Akad. f. Spr. u. Dicht. 07; Ernst-Bloch-

Förd.pr. 00, Jahresstip. d. Helga u. Edzard Reuter-Stift.
03, Europa-Pr. d. Heinz-Schwarzkopf-Stift. 04; Erz.,
Sachb., Ess. – **V:** Offenbarung als Kommunikation 96;
Gott ist schön 99; Nasr Hamid Abu Zaid, Ein Leben
mit dem Islam 99; Iran. Die Revolution der Kinder
01; Dynamit des Geistes 02; Strategie der Eskalation
05, alles Sachbücher; – Das Buch der von Neil Young
Getöteten 02, Tb. 04; Schöner neuer Orient, Repn. 03;
Vierzig Leben 04; Du sollst, Erzn. 05; Nach Europa 06;
Ayda, Bär und Hase, Kdb. 06; Kurzmitteilung, R. 07,
u. a. – **MV:** Toleranz. Drei Lesarten zu Lessings Mär-
chen vom Ring im Jahre 2003, m. Angelika Overath u.
Robert Schindel 03; – mehrere Herausgaben. (Red.)

Kern, Anja s. Beltle, Erika

Kern, Björn, freier Schriftst.; c/o Verlag C.H. Beck,
München, *bjoernkern@gmx.de, www.bjoernkern.de*
(* Lörrach 22. 4. 78). Hans-im-Glück-Pr. 02, Stip. d.
Dt. Lit.fonds 04 u. 07, Stip. d. Kunststift. Bad.-Württ.
05, Stip. d. Berliner Senats 06, SWR-Bestenliste 06,
Brüder-Grimm-Pr. d. Stadt Hanau 07, London-Stip. d.
Dt. Lit.fonds 08, Heinrich-Heine-Stip. 08; Rom. – **V:**
KIPPpunkt, R. 01 (auch türk.); Einmal noch Marseille,
R. 05, 2. Aufl. 06; Die Erlöser AG, R. 07.

Kern, Elfriede, Bibliothekarin, freie Autorin; Bock-
gasse 5, A-4020 Linz, Tel. (07 32) 66 54 09, *elfriede.
kern@aon.at* (* Bruck a.d. Mur 20. 7. 50). Dramatikerstip. d. BMfUK 92, Max-v.-d.-Grün-Pr. (Anerkenn.pr.)
92, 93 u. 94, Max-v.-d.-Grün-Pr. 95, Öst. Staatsstip. f.
Lit. 97/98, 00/01 u. 01/02, Buch.Preis 99, Adalbert-Stifter-Stip. d. Ldes ObÖst. 00, Marianne-von-Willemer-
Pr. 02, Lit.pr. d. Ldes Stmk 02. – **V:** Geständert, Erzn.
94; Fore!, Erzn. 95; Etüde für Adele und eine Hund,
R. 96 (auch frz.); Kopfstücke, R. 97; Schwarze Lämmer, R. 01; Tabula Rasa, Erzn. 03. (Red.)

Kern, Ernst Heinz (Ps. Enzio Enrici), Industriekfm.;
Sitzenkircher Str. 12, D-79400 Kandern, Tel. (0 76 26)
70 17, Fax 6 01 92, *EnricoEnrici@aol.com, www.
astrecent.de* (* Rochlitz/Sachsen 30. 12. 19). Erz., Lyr. –
V: Venus im Skorpion, G. 81; Mond im Widder, G. 82;
Mars in der Waage, G. 84, alle unter Ps. Enzio Enri-
ci; Besuch bei Scardanelli, Hölderlin-Erz. 86; Diotimas
Rückkehr, G. 86. – **MA:** Anth.: Leuchtfeuer und Ge-
genwind, G. 87; Wie Tautropfen im Morgenlicht, G. 88;
Zs.: ASTROFORUM 87–91.

Kern, Evelyne, Schriftst., Journalistin, Verlegerin; Wolfsbacher Str. 19, D-95448 Bayreuth, Tel.
(01 71) 2 10 34 37, Fax (09 209) 91 83 35, *kontakt
@evelyne-kern.de, www.evelyne-kern.de, www.verlag-
kern.de, www.autorenprofile.de* (* Bayreuth 10. 7. 50).
dju 84; Rom., Lyr. – **V:** Sand in der Seele, R. 97, 5. Aufl.
03; Atemlos ins Nichts, R. 04.

Kern, Helena, Lit.-Agentin; Hegianwendeg 29,
CH-8045 Zürich, Tel. (0 44) 4 63 78 08 (* Winterthur
7. 7. 38). – **V:** Die chinesische Münze, R. 92.

Kern, Judith Miriam s. Winter, Kristin

Kern, Krisztina; Albert-Schweitzer-Str. 30, D-60437
Frankfurt/Main (* Wertheim/Main 14. 7. 54). Dt. Haiku-Ges. 88. – **V:** Menschen in der Stadt, Haiku u. Senryu 98. – **MA:** Haiku sans frontières, Lyr.-Anth. 98.
(Red.)

Kern, Manfred; Mühldamm 12, D-96450 Coburg,
Tel. (0 95 61) 9 52 50 (* Rothenburg ob der Tauber
19. 9. 56). – **V:** Aus dem Leben eines Nichts, N. 82; Der
Abgang, Erz. 99; Offene Wunden. Requiem 01; Verlasse bo mir, Mda.-G. 01; Die Verwandlungen, Erzn.
02; Die woahre Gschichd vo meim zwoide Leewe ..., R.
04 (m. CD); Erste Bilder oder Der Weg bleibt zurück
05; Lerchen und grüne Kartoffeln, Lyr. 07.

Kern-Gutmann, Brigitte s. Gutmann, Brigitte

Kernbeissers

Kernbeissers s. Buchinger, Wolf

Kerndl, Rainer; Balatonstr. 57, D-10319 Berlin, Tel. (0 30) 5 12 98 66 (* Bad Frankenhausen/Kyffh. 27. 11. 28). P.E.N.-Zentr. DDR 72, Präs. 82–89; Erich-Weinert-Med. 60, Lessing-Pr. d. DDR 65, Goethe-Pr. d. Hauptstadt d. DDR 72, Nationalpr. d. DDR 72, Orden f. Verd. um d. poln. Kultur 76; Erz., Drama, Hörsp. Ue: engl. – **V:** Und keiner bleibt zurück 53, 54; Blinkzeichen blieben ohne Antwort 53; Junge Herzen 54, alles Erzn.; Ein Wiedersehen, Ber. u. Erzn. 56; Schatten eines Mädchens, Sch. 62; Glocken und Sterne u. a. Hörspiele 63; Seine Kinder, Sch. 65; Die seltsame Reise des Alois Fingerlein 68; Doppeltes Spiel, Dr. 69; Ich bin einem Mädchen begegnet, Stück, UA 69, 70; Wann kommt Ehrlicher, Sch. 71; Nacht mit Kompromissen, Sch. 73, UA 76; Der vierzehnte Sommer, Stück 77; Eine undurchsichtige Affaire, R. 81, 85; Ein ausgebranntes Leben, R. 83, 88; Stücke, Samml. 83; Der Georgsberg, Stück, UA 84 (verboten); Die Steine der Schahnas, Kdb. 86; Das Mädchen im Kastanienbaum, Kdb. 88; Zwischenlandung 88; Ein heimatloser Typ, R. 90; Boris und Cloy, Bühnenms. 92; Bimbo Hubert, Filmerz. 93. – **MV:** Rosemaries Babies. Die Demokratie u. ihre Rechtsradikalen 93. – **MA:** Dichtung junger Generation, G.-Anth. 51; Für den Frieden der Welt, G.- u. Liedsamml. 51; Wir lieben das Leben, G.-Anth. 54; Dramatik in d. DDR II: Gespr. m. R.K. 76. – **R:** Glocken u. Sterne, Hsp. 59, u. a.; Der verratene Rebell 67; Zwei in einer kleinen Stadt 69; Romanze für einen Wochentag 72; Die Urlauber 83; Die Anmache 86; Schöne Bescherung 88; Konstantin und Alexander 89, alles Fsp. – *Lit:* Walther Killy (Hrsg.): Literaturlex., Bd 6 90; Brauneck 95; Kiwus 96. (Red.)

Kerner, Charlotte, Dipl.-Volkswirtin, freie Publizistin; Elsässer Str. 19, D-23564 Lübeck, Tel. (0 4 51) 62 19 18, Fax 6 11 20 67, *ch.kerner@t-online.de, www. charlottekerner.de* (* Speyer 12. 11. 50). GEDOK, VS; Dt. Jgd.lit.pr. 87, Lit.pr. d. GEDOK Schlesw.-Holst. 97, Ausz. 6. Zürcher Kinderb.pr. 99, Dt. Jgd.lit.pr. 00; Biogr., Erzählendes Sachb., Jugendb., Factasy. – **V:** Kinderkriegen. Ein Nachdenkbuch 84, 96; Lise, Atomphysikerin. Die Lebensgesch. d. Lise Meitner, Biogr. 86, 95; Geboren 1999, Zukunftsgesch. 89, 95 (auch ndl.); Nicht nur Madame Curie ..., 3. Aufl. 90, 95; Alle Schönheit des Himmels. Die Lebensgesch. d. Hildegard von Bingen 93, 97; Seidenraupe, Dschungelblüte. Die Lebensgesch. d. Maria Sibylla Merian 93, 95; Madame Curie und ihre Schwestern 97; Blueprint. Blaupause, R. 99; Die Nonkonformistin. Die Lebensgesch. d. Eileen Gray 02; Kopflos. Roman um ein wissenschaftliches Experiment 08. – **MV:** Jadeperle und großer Mut. Chinesinnen zwischen gestern und morgen, m. Ann-Kathrin Scheerer, Erz. 80. – **H:** Nicht nur Madame Curie ... 90; Madame Curie und ihre Schwestern 01; Sternenflug und Sonnenfeuer 04. – *Lit:* Günter Lange in: Kd.- u. Jgd.lit., Lex. 95.

Kerner, Günter, ObStudR., Lehrer; Spitteler Str. 1, D-66333 Völklingen-Lauterbach, Tel. (0 68 02) 3 85 (* Lauterbach/Saar 12. 5. 36). VS Saar 80; Aufnahme zweier Arbeiten in die Ständige Ausst. d. Lit.archivs Saar-Lor-Lux-Elsass, Campus Dudweiler d. Univ. d. Saarlandes; Rom., Lyr., Erz., Kunstwiss./Semiotik. – **V:** Bei uns dahemm in Lauterbach 89; Von Beruf Lausbub, Texte u. Zeichn. 91; Brotlose Kunst oder der Werdegang eines Idealisten, Autobiogr. 00; Spurensuche mit der Wünschelrute, Gesch. 00; Aus heiterem Himmel – wie im Leben, Lyr. 01; Schlüssel für Bilder oder Widerstand gegen Ignoranten, kunstwiss. Veröff. 02; Spätlese – von Schnurren und Raffinessen 02; Hasenbrot bei Licht, R. 03; Schattenriss mit Worten, Erz. 04. – **MV:** Bildspra-

che 1 77, 10. Aufl. 98; Unterricht in Dokumenten 78; Bildsprache 2 81, alle m. R. Duroy; Materialien z. ästhet. Erziehung – Bildende Kunst, m. R. Berkenhoff u. G. Faber 81. – **MA:** Aufss., G. u. Zeichn. in Ztgn/Zss.: Saarbrücker Ztg 81, 83, 87, 88; Darmstädter Echo 81; Wilinaburgia 82–08; – in Sammelwerken: Blumen haben Zeit zum Blühen 82; Lauterbach – Ort an der Grenze 82; Giftgrün – Gedichte 84; Kunstgeschichte, e. Einf. 88; Das Saarländische Weihnachtsbuch 88; Am Kap der guten Hoffnung 90; Saarland im Text 91; In diesem fernen Land 93; Saarländische Autoren – Saarländische Themen 95. – **R:** Schulfernsehprogr. Bildende Kunst (SR u. a.) 81; Lesung eigener G. u. Werkstattgespr. in „Literatur am Samstag" (SR), 3.12.83. – **P:** Fachdidakt. Ausstellungen „Bild-Elemente" 69, „Bild-Sinn, Sinn-Bild" 73; Lehrfilm 33 2648 „Visuelle Kommunikation" 74; eigene G. im „Poesie-Telefon-Saar" Okt. 80 u. Juni 82; – Ausstellungen: AUGENBLICKE (Essen) 03; Piktogramm statt Epigramm (Berlin) 06; – Lesungen in: Saarbrücken, Berlin, Merzig, Neunkirchen, Völklingen, seit 04. – *Lit:* Who's Who in the Arts 75 (S. 314).

Kerremans, Marlies (Marlies Schröder), Red., freie Journalistin u. Autorin; Bahnhofstr. 33, D-29649 Wietzendorf, Tel. (0 51 96) 14 09, *mkerremans@t-online.de* (* Bergen/Celle 30. 12. 38). Fernsehserie f. Jugendliche. – **V:** Abschied von der Angst, Sachb. 87, 5. Aufl. 92; Ein Goldesel von der Süderhof 98; Das Geheimnis der alten Fabrik 99; Viel Wirbel um Tobias, Jgdb. 99; Herzbube für Peggy 00; Das Schiff nach Singapur 00; Zusammen durch dick + dünn, Jgdb. 00; Kikis Entdeckung 01; Ein tolles Team 01; Zwei Schwestern drehen auf 01; Geheimnis um Kiki 02. – **MV:** Ein mittelmäßiger Mord, Krim.-R. 81; Wundern inbegriffen, Sachb. 82, beide m. Chuck Kerremans. – **R:** Fs.-Serien: Neues vom Süderhof, ca. 40 F.; Die Kinder vom Alstertal, 19 F. (Red.)

Kerschbaumer, Marie-Thérèse (Ps. f. Marie-Thérèse Raymonde Angèle Kurz), Dr. phil., Schriftst.; Adambergergasse 6/12, A-1020 Wien, Tel. u. Fax (01) 2 14 88 31 (* Garches/Frankr. 31. 8. 36). VS/VdÜ 72–82, GAV 75, IGAA 82; Öst. Staatsstip. f. Lit. 74/75, Theodor-Körner-Pr. f. Lit. 78, Förd.pr. z. Staatspr. f. Lit. 81, Meersburger Droste-Pr. 83, Öst. Würdig.pr. f. Lit. 86, Stip. d. Dt. Lit.fonds 88, Pr. d. Stadt Wien f. Lit. 95, Peter-Rosegger-Lit.pr. 95, Öst. Projektstip. f. Lit. 98/99 u. 00/00; Drama, Lyr., Rom., Nov., Ess., Hörsp., Übers. Ue: rum, ital, span, frz. – **V:** Gedichte 70; Der Schwimmer, R. 76; Der weibliche Name des Widerstands, 7 Berichte 80, 86, Neuaufl. 05; Schwestern, R. 82, 85; Gewinner oder Verlierer einer Zeit 88; Für mich hat Lesen etwas mit Fließen zu tun 89; Neun Canti auf die irdische Liebe, G. 89; Versuchung 90, Neuaufl. 02; Die Fremde. Erstes Buch 92; Ausfahrt. Zweites Buch, R. 94; bilder immermehr. Gedichte 1964–1987 97; Fern. Drittes Buch, R. 00; Orfeo. Bilder, Träume, Prosa 03; Neun Elegien / Nueve elegías, dt./span. 03; Calypso. Über Welt, Kunst, Literatur 05; Wasser und Wind. Gedichte 1988–2005 06; Immagini Semprepiù, ital./dt. 06. – **MV:** Neue Autoren I, m. Thomas Losch u. Manfred Chobot, Leseb.-Montagen, Prosa 72. – **MA:** Verlassener Horizont, Lyr. 80; Die Feder, ein Schwert? 81; Tee und Butterkekse, Prosa v. Frauen 82, Tb. 86; Geschichten aus der Geschichte Österreichs, Prosa 84; Linkes Wort für Österreich, Lyr. u. Prosa 85; Stark und zerbrechlich, Prosa 85; Österreichische Porträts I, Ess. 85; eine frau ist eine frau ist eine frau 85; Angst – Antrieb und Hemmung, Lyr. u. Prosa 87; Reden über Österreich 88; manuskripte 118/92; In Sachen Albert Drach 95; Was wird das Ausland dazu sagen? 95; Österr. Erzählerinnen 95; Österreich lesen 95; Die bessere Hälfte

95; Das andere Österreich. Eine Vorstellung 98; Österr. Lesebuch 00; Zwischen Petrus und Judas, G. dt./frz. 02; Schreibweisen. Poetologien (Feministische Theorie 45) 03; Wegen der Gegend. Kärnten 04; Die Dichter u. das Denken (Profile, 7. Jg. 11/04) 04; Fisch Poem. Das endliche Kunst-Kochbuch 04; Fest Essen 05; – ZSS.: Literatur u. Kritik, stetig seit Nr.44 77, zuletzt: 401/402 06; KOLIK, zuletzt: 9, 12, 18, 21 u. 27/04; Testo a Fronte (Mailand) 27 02; Anterem (Verona) 67 03; Tratti (Faenza) 65 04. – **H:** Arkadien.Apologie, Anth. 03; Helmut Kurz-Goldenstein: Zeichnungen 1964–2001 03. – **MH:** Elf Beispiele von Lyrik aus Österreich. Once poetas austríacos, m. Gerhard Kofler, dt./span. 98; Landvermessung, Bde 1–22 05. – **R:** Kinderkriegen, Hsp. 79; Die Zigeunerin, Hsp. 81; Der weibliche Name des Widerstands, m. Susanne Zanke, Drehb. 81; Das Fest, Mini-Fsp., Drehb. u. Regie 82; Eine Frau ein Traum. Kein Requiem, Hsp. 89. – **P:** Marie-Thérèse Kerschbaumer Lyrik, CD 98. – **Ue:** zahlr. Übers. u. Nachdicht. v. Prosa u. Lyrik aus d. Rum., Ital., Span. u. Frz., u. a.: Paul Goma: Ostinato 71; ders.: Die Tür 72; Vladimir Colin: Der Spalt im Kreis 73; Vintila Ivanceanu, Peter Croy: Der Vultcaloborg und die schöne Belleponge 73; – In Lit.zss. d. In- u. Auslandes Übers. von: Alexandru Philippide; Tudor Arghezi; Petru Popescu; Nina Cassian; Ileana Malancioiu; Umberto Saba; Cesare Pavese; Pier Paolo Pasolini; Alfonso Cortéz; Francisco de Asís Fernándes; Francisco Pérez Estrada; Ángel Auguier; Waldo Leyva; Miguel Mejides; Mary Cruz; Jorge Yglesias; Omár González; María Elena Blanco; Armand Gatti; Aurora Luque; Rodolfo Häsler. – *Lit:* Frauenliteratur. Autorinnen, Perspektiven, Konzepte 83; Jorun Johns: M.-T.K.-Bibliogr. in: Modern Austrian Literature 1/94; Sieglinde Klettenhammer in: KLG 98; W. Bryan Kirby: „... dein und mein Gedächtnis ein Weltall". A Metahistorical Avenue into M.-T.K.'s Literary World of Women (Austrian Culture, Bd 29) 00; Barbara Müller: Roman den Strich: Erzählen nach Auschwitz. M.-T.K.s Roman „Die Fremde" im Kontext d. öst. Kulturpolitik ..., Mag.-Arb. Univ. Wien 02; Hildegard Kernmayer in: Schreibweisen. Poetologien 03; Riccarda Novello in: TRATTI (Faenza/Ital.) 65/04; Janko Ferk: Kafka u. a. verdammt gute Schriftsteller, Aufss. 05. (Red.)

Kersche, Peter, Kritiker, Lektor, Übers., Red.; Adelenweg 9, A-9020 Klagenfurt, Tel. (04 63) 23 80 13, *peter@kersche.net* (* Mixnitz/Stmk 1. 5. 45). F.St.Graz 75, GAV 75, Kärntner S.V. 75, Verb. lit. Übers. Sloweniens 81; Arb.stip. f. Lit. d. Ldes Kärnten 75, Theodor-Körner-Förd.pr. 77, Lit.förd.pr. d. Ldes Kärnten 82, Übers.prämie d. BMfUK 87; Lyr., Kurzprosa, Übers., Kritik, Buchrezension. Ue: slowen. serbokroat. – **V:** 1 Fachbibl. 78; Wortwelten, Prosa 97. – **MV:** Kein schöner Land ... 81. – **MA:** Der gemütliche Selbstmörder 86; Under the Icing 86; Anth. d. Kärntner Schriftstellerverb., Lyr. 91; Paßwort Insel 97; Fidibus, Lit.-Zs. 27. Jg. Nr.4 99, 35. Jg. Nr.4 07; Tagbilder und Gegenwelten 04; Celovška knjiga... 04; Zss.: Unke 16/94; Akzente; Lit. u. Kritik; Wespennest; die horen; Podium; Die Brücke; Dialogi; Sterz; Pannonia; Nebelspalter; Mladje; Lit. um 11, u.v.a. – **H:** LOG, Zs. f. intern. Lit. 78–85. – **MH:** Letzte Möglichkeit, Österreich kennenzulernen 87; Milka Hartman: Gedichte aus Kärnten 87, beide m. Janko Ferk; Edvard Kocbek: Literatur und Engagement 04. – **R:** Ein Wort versucht ein Hörspiel, Hsp. 83. – **Ue:** Erich Prunc: Gedichte. In: Kärnten im Wort 71; Tomaz Salamun: Gedichte. In: Sammlung II. Prosa, Lyr., Dr. 74; Milka Hartman/Valentin Polansek: Gedichte. In: Robert Löbl: Kärnten in Farben 76; Andrej Kokot: Die Totgeglaubten, Lyr. 78; Auf den grünen Dach des Windes, Slowen. Lyr. d. Gegenw. 80; Matjaž

Kmecl: Ljubljana 87. – **MUe:** Das slowenische Wort in Kärnten 85; Janko Ferk: Gedichte 87; Nirgendwo eingewebte Spur, Anth. slowen. Lyr. 95; Anleitungen zum Schreien, Anth. slowen. Prosa 96; Ivo Svetina: Svit. Tagesanbruch 00; Tone Pavček: Razsviti. Tagesanbrüche 01; Andrej Medved: Labirinti. Die Labyrinthe 03. – *Lit:* Lev Detela: Mladje 18 75; Die zeitgenöss. Lit. Öst. 76; Slobodan Sembera in: Pannonia 7. Jg./Nr.2 79; Anton Leiler: Kulturtagebuch 95.

Kerscher, Alois, Konrektor i. R.; Rotkreuzstr. 60, D-85354 Freising, Tel. (0 81 61) 6 13 51 (* Freising 13. 9. 62). – **V:** Boarische Philosophie: Wer gern lacht, bleibt lang g'sund!, Lyr. 02, 04; Sei gscheid und das a weng!, Lyr. 04; ... aber lacha dean ma trotzdem 07.

Kersten, Karin, Autorin, Übers.; Berlin. c/o Klöpfer u. Meyer, Tübingen (* Braunschweig 43). Helmut-M.-Braem-Übers.pr. 86. Ue: engl. – **V:** Die Aufgeregten. Ein Großstadtroman 05; Hohe Tannen. Roman f. Freunde 07. – **A** u. a. Titel von: Susan Sontag, Virginia Woolf, Doris Lessing, Djuna Barnes, Fay Weldon. (Red.)

Kersten, Paul, Dr. phil., Lit. red.; Schottmüllerstr. 38, D-20251 Hamburg, Tel. u. Fax (0 40) 4 60 15 84. c/o NDR-Fernsehen, Gazellenkamp 57, D-22504 Hamburg (* Brakel 23. 6. 43). P.E.N.-Zentr. Dtld, Freie Akad. d. Künste Hamburg; Film- u. Fs.pr. d. Dt. Ärzteverb. 82; Ess., Lyr., Rom., Film. – **V:** Steinlaub, G. 63; Nelly Sachs, Bibliogr. u. Ess. 69; Die Metaphorik in der Lyrik von Nelly Sachs 70; Der alltägliche Tod meines Vaters, Erz. 78, 92; Absprung, R. 79, 85; Die Blume ist ängstlich, G. für e. Kind 80; Der Riese, Erz. 81; Die toten Schwestern. Zwölf Kapitel aus d. Kindheit, Erz. 82, 85; Die Verwechslung der Jahreszeiten, G. 83; Briefe eines Menschenfressers, R. 87; Abschied von einer Tochter, R. 90; Die Helligkeit der Träume, R. 92; So viele Wunden in der Luft, Lyr. 00. – **MA:** Es muß sein 89. – **H:** Alfred Mombert. Briefe an Friedrich Kurt Benndorf 1900–1940 75. – **Der Mann ohne Ufer.** Hans Henny Jahnn, m. Peter Rühmkorf 75; Ich sage ich, Fsf. 76; Die Traurigkeit, die töten kann, Fs.-Dok. 81. – *Lit:* Rainer Zimmer in: KLG. (Red.)

Keser, Ranka; *RKLIT1@aol.com* (* Rijeka/Kroatien 16. 2. 66). VS 99; Rom. – **V:** Ich bin eine deutsche Türkin, 1.u.2. Aufl. 95, 99 (in Dänemark als Schullektüre); Das Mitwissenin 00; Rebeccas Freundin 00, alles Jgdb.; Sag nicht hopp, bevor du springst, Krim.-R. 02; Ein Sommer ohne Zimmer, Jgd.-R. 03; Antek und die ganze Welt, R. 04. – **MA:** Du bist nicht wie wir 01; Rechtsherum – wehrt euch 01. (Red.)

Kessemeier, Siegfried, Dr. phil., Historiker, Mus.-kustos i. R.; Kampstr. 2, D-48147 Münster, Tel. u. Fax (02 51) 29 89 96 (* Oeventrop 20. 11. 30). Augustin-Wibbelt-Ges.; Förd.pr. f. ndt. Lit. in westf. Mundart 69, Klaus-Groth-Pr. 75, Kulturpr. Hochsauerland f. Lyr. 97, Wilhelmine-Siefkes-Pr. 02; Lyr., Kurzprosa, Ess. Ue: ndl, lat. – **V:** Gloipe inner Dör, Mda.-G. 71; genk goiht, Mda.-G. 77; Spur der Zeit – Landskop, G. (hochdt./Mda.) 94. – **B:** Mut zur eigenen Sprache 97; Eli Marcus: Ick weet en Land, Lyr., Erz., Sch. 03. – **MA:** Niederdt. Dichtung 68; Dar is keen Antwoort 70; Satzbau 72; Schanne weet 76; Westfalen sitt sich över sich 78; Plattdütsch in Westfoalen 85; Över verlaten Plaasterstraten 91; Keen Tiet för den Maand 93; Neue ndt. Lyrik aus Westfalen 95; Nach dem Frieden 98; bei Anruf Poesie 99; alles plat(t) 02; Festschr. Jürgen Hein 07. – **H:** Westfalen, wie es lacht 70, 02. – **MH:** Jodocus Temme Lesebuch, m. Walter Gödden 04; Carl van der Linde: Löe en Tieden, m. Helga Vorrink, Lyr., Erz. 08. – **R:** an de riuer, Hb. 88; ropper dedal, Jazz u. Lyr. 90. – **P:** üewer diän, üewer dat, üewer dai, in sauerländ. Mda.

Kessens

72; ropper dedal, CD 98. – **Ue:** Kurt Weidemann: Eine Probe unserer Kunst zu zeigen, G. 67; Ferdinand von Fürstenberg: Poemata 04. – *Lit:* Heinz Werner Pohl in: Hausbuch Radio Bremen 68; Rudi Schnell in: Festschr. Gerhard Cordes 73; Jochen Schütt in: Fritz Reuter Gedenkschr. 75; F. Hoffmann/J. Berlinger in: D. neue dt. Mda.dicht. 78; Jürgen Hein in: Wibbelt-Jb. 84/85; ders. in: Niederdt. Jb. 94; Susanne Schulte in: Wibbelt-Jb. 98; Walter Gödden in: Festgabe Hans Taubken 03; Ulrich Weber in: Quickborn 05; ders. in: Wibbelt-Jb. 06.

Kessens, Bernd, ObStudR.; Habichtshöhe 10, D-49401 Damme/Dümmer, Tel. (0 54 91) 15 58, Fax 16 30, *Kessensdamme@t-online.de*, *www.kessens.de*, *www.taurino.de* (* Bunnen 9. 3. 48). Rom. – **V:** Tatort Maisfeld, R. 89; Rabenfluch 92; Die Angst des Stierkämpfers vor der Spitze des Horns 94; Freiheit und gebratener Speck 97; Getanzte Liebe Flamenco 99; ... und an den Füßen eine goldene Uhr 00; Die spanische Haut, R. 02; Ein Stück Land, R. 06. (Red.)

Kessl, Ingrid, Erzieherin; Hauptstr. 136, D-85579 Neubiberg, Tel. (0 89) 6 01 81 79 (* Geltendorf 13. 2. 41). Erz. f. Kinder, Biogr. – **V:** Christian ist ein wilder Tiger 78; Alle Tage ist kein Sonntag 85; Das kann nur Onkel Ferdinand 85, 2. Aufl. 93, alles Kdb.; Zauberwelt im eigenen Kopf, Biogr. 96. (Red.)

Kessler, Cornelia s. Dukakis, Anaïs

Keßler, Klaus s. Frank-Planitz, Ulrich

Kessler, Matthias, Regisseur, Autor; c/o Eichborn Verlag, Frankfurt/M. (* Freiburg/Br. 27. 3. 60). Dramatik, Fernsehsp., Dok.film. – **V:** Das Lachen, das Bluten und die Zeit, Bst. 87; Gewinner und Verlierer, R. 94, 95; Ich muß doch meinen Vater lieben, oder? Die Lebensgeschichte v. Monika Göth, literar. Biogr. 02; MenschenMörder, Bst. 02. – **R:** Al Capone, Fs.-Dok. 99; Wer nur ein Menschenleben rettet ... Das Leben der Emilie Schindler, dokumentar. Fsf. 00. – **P:** Dracula. The true story, Video 98. (Red.)

Kessler, Stephan, Verwaltungsangest.; Gustav-Heinemann-Ring 30, D-81739 München, Tel. (0 89) 6 25 47 05, Fax 67 90 77 54, *StKes47@aol. com*, *stephan.kessler-muenchen@t-online.de*, *kessler-muenchen.info* (* München 27. 2. 47). Lyr., Erz. – **V:** Gedichte 1968–1980 80; Geliebtes Leben? 83; Mehr Mut! 85; Aus der Tiefe 92; Aufbruch 95, alles G.; Als wär's ein Spiel, Lyr. u. Fotos 02. – **MA:** Anstöße 01; Rast-Stätte 01; Lyrik heute 02, alles Lyr. (Red.)

Keßler, Susanne s. Breit-Keßler, Susanne

Keßling, Volker, Sonderpäd.; Verdiring 79, D-17033 Neubrandenburg, Tel. (03 95) 5 66 50 29, *vkessling@web.de* (* Zöschen/Merseburg 7. 1. 39). SV-DDR 87–89; Hans-Fallada-Pr. 88. – **V:** Tagebuch eines Erziehers 80–88; René ist mein Bruder 86, 90; René und die 66 92; Tod in Kruscherow, R.-Montage 98; LQI. Ein Kindheitstrauma, Tagebuch-R. 02. (Red.)

Kestel, H. G. s. Flamel, Louis

Kesting, Hanjo, Leiter d. Redaktion 'Kulturelles Wort' im NDR-Hörfunk bis 06, freier Autor; Hochallee 109, D-20149 Hamburg, Tel. (0 40) 37 08 68 29, Fax 37 08 68 28 (* Wuppertal 23. 1. 43). Freie Akad. d. Künste Hamburg; Salzburger Kritiker-Pr. 82, Kurt-Morawietz-Lit.pr. 05; Lit. Ess., Kritik. – **V:** Dichter ohne Vaterland. Gespräche u. Aufss. z. Literatur 82; Das schlechte Gewissen an der Musik. Aufsätze zu Richard Wagner 91; Das Pump-Genie. Richard Wagner u. das Geld 93; Theodor Fontane. Bürgerlichkeit u. Lebensmusik 98; Nachlese. Essays z. Literatur 00; Erinnerung an Hans Mayer 02; Simenon, Ess. 03; Heinrich Mann und Thomas Mann. Ein dt. Bruderzwist 03; Abschiedsmusik. Nachrufe aus 30 Jahren 05; Ein bunter

Flecken am Kaftan. Essays z. dt.-jüd. Literatur 05; „Der Musick gehorsame Tochter". Mozart u. seine Librettisten 05; Geheimnis und Melancholie. Lit. Zerstreuungen 07; Begegnungen mit Hans Mayer 07; Ein Blatt vom Machandelbaum. Deutsche Schriftst. vor u. nach 1945 08. – **H:** Richard Wagner: Briefe 83; Franz Liszt/Richard Wagner: Briefwechsel 88; Die Tür in der Mauer. Klassische Erzn. aus England 88; Der dunkle Korridor. Klassische Erzn. aus Russland 91; Georg Büchner: Briefe u. Hessischer Landbote 02; Jean Améry: Charles Bovary. Essays zu Flaubert u. Sartre (Werke Bd 4) 06; Siegfried Lenz: Das Rundfunkwerk. Hörspiele, Essays, Features, Dokumente 06; ders.: Wasserwelten. Eine Samml. 07. – **Ue:** André Gide: Die Aufzeichnungen des André Walter 69.

Keswick, Alfons s. Bungert, Alfons

Ketel, Ina von s. Hesse-Werner, Ingrid

Ketelsen, Broder-M., Pensionär, Autor (* Norburg/Dänemark 4. 4. 28). VG Wort 83; Rom., Erz., Dramatik. – **V:** Sporen in't Watt, Erzn. 85; Kieler Sagen 91; Hunger um Mitternacht 00; Das Heulen der Windhunde um den Bunker im Obstgarten 00; Als Leck noch ein Dorf war, Erzn. 01; Rot ist das Meer und heiß der Sand, Erzn. 01; Früchtchen, Schlitzohren und andere Typen, Erzn. 01; Der Heidehof, Erz. 02; Großmutters Märchenstunde, M. 02; Ohne Kick Nullbock, R. 02; Allah ist ihr Gefährte, R. 02; Verflixt und zugenäht 02; Mattscheibenwischer 02; Der Widersacher des Teufels, Ess. 02; Dwarslöper 03; Im Schatten der Corona 03; Snöterwark un Snutensnack 03; Sünnenschein un Düüsternis 03; – THEATER/UA: Die Testamentseröffnung, Kom. 89; Tolle Typen vor Gericht, Kom. 89; Das Urteil des Hardengerichts, hist. Stück 90; Die Birkkätner von Leckhuus, hist. Stück 91; Wenn Früchtchen Bauchweh hat, Kom. 92; Haalicht 92; Plüsch, Kattun und Spitzenhöschen, Kom. 93; Der Dickschädel von Freeswangacker, Kom. 94; Mandragora, Msp. 95; Mutter mit 17 96; Der Neffe und sein Schlitzohr, Kom. 97; mehrere nichtaufgeführte Theaterstücke. (Red.)

Ketteler, Daniel, Student; *www.eineliteraturseite.de*, *www.siconline.de* (* Warendorf 78). BVJA; Prosa, Lyr., Lit.theorie. – **V:** Atemzug, Kurzgeschn. m. Fotos v. Adolphe Lechtenberg 02; Zwei Inseln, eine Reise 06. – **MA:** lauter niemand 5/04; Dreischneuss 16/04; Am Erker 47/04. – **MH:** Zeitschrift für neue Literatur, Print-u. Online-Ausg. 04/05. – **P:** *www.eineliteraturseite.de*; *www.oetzbach.com/susy*. (Red.)

Kettenbach, Hans Werner (Ps. Christian Ohlig), Dr. phil., Journalist, Schriftst.; In der Kreuzau 4, D-51105 Köln, Tel. u. Fax (02 21) 8 30 38 49, *hwkk@aol.com* (* Bendorf/Rhein 20. 4. 28). P.E.N.-Zentr. Dtld; Jerry-Cotton-Pr. 77, Dt. Krimipr. 08; Rom., Hörsp., Drehb. – **V:** Lenins Theorie des Imperialismus 65; Der lange Marsch der Bundesrepublik 71; Grand mit vieren, Krim.-R. 78, 00; Der Pascha, R. 79, 87; Hinter dem Horizont, R. 81, 03; Glatteis, Krim.-R. 82, 01 (auch engl., poln., frz.); Minnie oder Ein Fall von Geringfügigkeit, R. 84, 01 (auch frz.); Sterbetage, R. 86, 03; Schmatz oder Die Sackgasse, R. 87, 03 (auch ital.); Der Feigenblattpflücker, R. 92, 94; Davids Rache, R. 94, 96 (auch frz., span.); Die Schatzgräber, R. 98, 00; Die Konkurrentin, R. 02; Kleinstadtaffäre, R. 04; Zu Gast bei Dr. Buzzard, R. 06. – **R:** Hsp., u. a.: Wo der Hund begraben liegt 61; Die Düsendschunke 61; Privatsache 86; Torschluß 87; Reise nach Dakota 00; Zimmer am Bahnhof 02; Drehb., u. a.: Damenopfer 89; Ein Fall für Onkel 90; Dienstvergehen 91; Ein unbekannter Zeuge 92; Der Richter 93; Tod am Meer 93; Klefischs schwerster Fall 95; Vorbei ist vorbei 96; Das andere Leben (Ausgespielt) 97; Davids Rache 97; Gefährlicher Verdacht 99;

654

Kieber

Der schwarze Sheriff 99. – *Lit:* Magda Motté: Auf der Suche nach dem verlorenen Gott. Religion in d. Literatur d. Gegenwart 97; Marie-Pierre Degeyne: H.W.K.s „Sterbetage" (Univ. Augers) 01.

Kettl, Heike, Schülerin; Pohlstr. 24, A-4910 Ried im Innkreis, Tel. (77 52) 8 71 49, *heike.kettl@gmx.at, www. heike.kettl.at.tf* (* Ried im Innkreis 26. 10. 90). Lit.plattform Innviertel 05; Ged., Fantasy-Rom. – **V:** Tanz mit mir auf dem Sonnenstrahl 01; Tanz in die Hölle, Schwester!, Fantasy 04; Flammenkrieger, Fantasy-R. 06. – **MV:** Märchenjahre – Mädchenjahre, m. Anita Kettl, Erzn. u. G. 08.

Kettler, Leo s. Klünner, Lothar

Kettner, Reinhard, Bankkfm., Dipl.-Jurist, Dramaturg; Bornitzstr.10, D-10367 Berlin, Tel. (0 30) 5 12 11 36 (* Berlin 14. 3. 38). SV-DDR 88–90, VS 90; Förd.pr. d. Mitteldt. Verl. Halle 66, Kritikerpr. d. Verb. d. Film- u. Fernsehschaffenden d. DDR 88, Gold. Bildschirm 88, Kunstpr. d. FDGB (Kollektiv) 88; Prosa, Dramatik. – **V:** Das Loch im Zaun, Erz. 66; Kein Held, nirgends, R. 97. – **R:** Der Fluch der guten Tat, Fsp. 73; Männer mit Grundsätzen, Fsp. 80; Ich, der Vater, Fsp. 83; Wir sind fünf, Fsp. 88. (Red.)

Kettschau, Bettina, Studentin; Freiherr-vom-Stein-Str. 30, D-37154 Northeim, Fax (0 55 51) 6 36 72, *Magarite@t-online.de* (* Arolsen 2. 5. 65). Jugendb. – **V:** Gefahr im Watt, Jgdb. 99; Arnichauds Geheimnis, Jgdb. 99; Stradivaris Erbe, Jgd.-R. 01; Verrat auf den Orkneys, Jgdb. 01; Am Ufer des Ganges, Jgd.-R. 02; Der Doppelagent 03; Die Spürnasen vom Schlossinternat. Der unheimliche Einbrecher 03. – **MA:** zahlr. Beitr. in: Der beste Freund, Zs. f. Kinder u. Jgdl. (Red.)

Keuler, Dorothea, Dipl.-Päd., M. A.; Paulinenstr. 8, D-72072 Tübingen, *Dorothea.Keulert@t-online.de* (* Kirchheim/Teck 28. 7. 51). VS 99, Förd.kr. Dt. Schriftst. Bad.-Württ.; Stip. d. Arno-Schmidt-Stift. u. d. Nordkollegs Rendsburg 98, Pr. b. Mda.hsp.-Wettbew. d. SWR 02; Rom., Hörsp. – **V:** Undankbare Arbeit. Die bitterböse Geschichte der Frauenberufe 93, 2. Aufl. 96; Die wahre Geschichte der Effi B., Melodram 98, Tb. 99. – **MA:** Noblesse, Stil, Eleganz. Prosa, Lyr., Szenen u. Ess. 99. – **R:** Hfk-Features f. SWR, DLF, HR, DR Berlin u. BR.

Keyserling, Sylvia von (Ps. Sylvia Frueh, Sylvia Frueh Keyserling), Schriftst.; Rosenbergstr. 95, D-70193 Stuttgart, Tel. u. Fax (07 11) 6 36 97 25, *www. leserattenfaenger.de* (* Innsbruck 14. 2. 51). VS 81, IGAA 96; Stip. d. Kunststift. Bad.-Württ. 86, Stip. Künstlerhof Schreyahn 88/89, Theaterstip. d. Min. f. Wiss. u. Kunst Bad.-Württ. 90; Kindererz., Kindertheater, Kinderlyrik, Kinderlied, Kurzgesch., Erz., Ged., Miniatur. – **V:** Lightning in my hand, G. engl./dt. 80; Auf Windflügeln reit ich, G. 81; Xaver Gsälzbär, Kindergeschn. 84, Tb. 04; Dunkellichtung, G. u. Miniatn. 85; Frieda Freytag, Kinder-R. 85, 87; Igelfritz und Frieda Freytag, Kindertheater 91; Die Gabe der Füchsin, Miniatn. 90; Im Baum sitzt ein Koalabär, Kinder-R. 91, Tb. 02 (auch dän.); Die Zirkusmaus, Kdb. 92, Tb. 01; Himmelsläuferin, G.zykl. 93; Löle Löffelente, Kdb. 94; und die uns anvertraute die Erde zerstören wir Tag um Tag, G. 97; – THEATER: Igelfritz und Frieda Freytag, Kindertheater, UA 88; Im Baum sitzt ein Koalabär, UA 91; und die uns anvertraute die Erde zerstören wir Tag um Tag, UA 97. – **MA:** Kinderlieder auf Tonkass. u. in Anth.: Stacheligel haben's gut 90; Wenn die Frühlingssonne lacht 92; zahlr. Veröff. in weiteren Anth. u. Zss. – **R:** Lyr. u. Kindergeschn. im Rdfk, u. a.: Das Klappergespenst 96; Vorhang auf für Hexe Nora 98.

Keyserlingk, Linde von (Ps. Linde Thylmann), Funk- u. Buchautorin, Familientherapeutin, Doz.;

Bergackerweg 12, D-72525 Münsingen-Apfelstetten, Tel. u. Fax (0 73 83) 94 92 57, *lindetannevk@gmx.de* (* Berlin-Lichterfelde 8. 5. 32). IG Medien; 3. Journalistenpr. Entwicklungspolitik; Erz., Rom., Hörsp., Lyr., Sachb., Journalist. Arbeit. – **V:** Gülistan, ein Märchendivan 66, als Tb. u. d. T.: Der Rosengarten 77, 6. Aufl. 82; Erzählungen für eine Papalangi, M. aus Tonga 82, Neuaufl. u. d. T. Sehnsucht nach den grünen Inseln; Felix und Lena, Jgd.-R. 92, Neuaufl. u. d. T.: Lena im Schokoladenland 96; Verwurzelt im Zimmer der Mutter, G. u. Graphiken 92; Geschichten für die Kinderseele (Bd 1) 95, 7. Aufl. 01; Da war es auf einmal so still (Bd 2) 97, 4. Aufl. 00; Neue Wurzeln für kleine Menschen (Bd 3) 98; Geschichten gegen die Angst (Bd 4) 99; Geschichten von Freundschaft (Bd 5) 01; Die schönsten Geschichten für die Kinderseele, Sammelbd 01, mehrere Aufl.; Die Welt mit dem Herzen gesehen, Sammelbd 02, mehrere Aufl., (Übers. versch. Bde ins Lett., Poln., Korean., Chin.); Hab mich lieb, sagte das Schweinchen 06; Matthis und der Troststein 07; Sie nannten sie Wolfskinder, R. 08. – **MV:** Geschichten aus Anderland, m. Susanne Nowakowski, Bd 1 84, Bd 2 86, Tb. 88 (auch als Fs.-Reihe). – **MA:** Das Land der Kinder mit der Seele suchen 84; Zärtlichkeit läßt Flügel wachsen 86; Ergriffen vom Wunder des Lebens 87; Du bist ganz anders als gedacht 89, alles Anth. – **MH:** Sandspiel-Therapie, Zs., ab 02. – **R:** 200 Hsp. f. Kinder in d. Sendereihe „Der grüne Punkt" (SDR) 76–90; zahlr. Geschn. f. d. Hfk-Serien „Pinguin" (SDR) u. „Hutzelmann" (SWR); in d. Fs.-Reihe „Anderland" (ZDF): Die fremde Katze; Auf ewig dein; Der leuchtende Stern, alle m. Susanne Nowakowski; div. Hfk-Feat. – **P:** Die drei Prinzessinnen; Die Märze und die Auguste; Der gestiefelte Kater, Opernspiel; Nussknacker und Marie, n. Tschaikowski, alles Hsp. auf Tonkass./CD.

Khalil, Marcus, Dipl.-Psych., Doktorand; Bulthauptstr. 1, D-28209 Bremen, *mkhalil@freenet.de, www. marcuskhalil.com, www.neuer-roman.de* (* Hamburg 22. 11. 80). Rom. – **V:** Schwarze Seele 06.

Khan, Sarah, Schriftst.; c/o Eichborn-Verl., Berlin (* Hamburg 15. 8. 71). Lit.förd.pr. d. Stadt Hamburg 99, Aufenthaltsstip. d. Berliner Senats 00, DAAD-Stip.; Rom., Kurzprosa, Theaterst., Film. – **V:** Gogo-Girl, R. 99; Dein Film, R. 01; Eine romantische Maßnahme, R. 04. – **MV:** Showdown Iphigenie, m. Ute Rauwald, UA 99. – **MA:** Szenenwechsel. Momentaufnahmen d. jungen dt. Films 99; Morgen Land. Neuste Dt. Lit. 00; West-östliche Diven 00; Eine starke Verbindung 00; Hochzeitstanz 03; Cocktails 03. – **F:** September, m. M. Rinke, J. v. Düffel u. M. Pacht 03. (Red.)

Kiausch, Dorothea, Hotelkauffrau, Arzthelferin; Neustädter Str. 37, D-23743 Grömitz, Tel. (0 45 62) 16 80, Fax 98 29 (* Westerstede 1. 8. 42). Erz. – **V:** Die Kugelmacherin, Erz. 99. (Red.)

Kibler, Michael, Dr.; Erbacher Str. 2, D-64283 Darmstadt, Tel. (0 61 51) 3 96 46 55, *mkibler@mkibler. de, www.mkibler.de* (* Heilbronn 24. 2. 63). Das Syndikat 07; Rom. – **V:** Madonnenkinder 05, Tb. 06; Zarengold 07 (5 Aufl.); Rosengrab 08.

Kieber, Jutta (geb. Jutta Lüttich); Brakerstr. 27, D-46238 Bottrop, Tel. (0 20 41) 6 62 39, *jutta.kieber@ web.de* (* Königsberg 5. 8. 41). FDA 05; 1. Lit.pr. d. FDA 05; Lyr., Erz., Ess. – **V:** Gezwiebeltes, Texte u. G. 01, 3. Aufl. 02; Zwei Seiten, Kurzprosa u. G. 03. – **MA:** zahlr. Beitr. in Anth., u. a.: Alter; Ehrlichkeit im Management 03; Fortgesetzter Versuch einen Anfang zu finden 05; zahlr. Beitr. in Lit.zss. seit 98, u. a.: DUM (Öst.); div. Fernseh – und Radiobeitr. – **P:** Und eines Tages ist ihn wieder da, Erzn., CD 04. (Red.)

Kiefer

Kiefer, Heike (eigtl. Elke Frey), Dr. med., Ärztin; Annenstr. 106, D-58453 Witten, *elke.frey@cityweb.de* (* Winningen/Mosel 17. 2. 48). – **V:** Das Kind ohne Schatten 90; Der Rattenfänger von Kessenich 97, beides R. f. Kinder.

Kiefer, Irmentraud, Journalistin, Schriftst.; Ersinger Str. 3, D-75172 Pforzheim, Tel. u. Fax (0 72 31) 44 11 72, *www.bod.de* (* Pforzheim 5. 4. 35). GEDOK Karlsruhe 89, VS Bad.-Württ. 99; Pr. b. Wettbew. d. Ldeszentrale f. polit. Bildg. Bad.-Württ., Pr. b. Wettbew. „Stadtmenschen" d. GEDOK Rhein-Main-Taunus; Erz., Lyr., Journalist. Arbeit, Ess., Ged., Gesch. f. Kinder. – **V:** Blaues A und grünes Z, G. u. Lyr. 00; Damals in Palästina. Die Frauen um Jesus, Erzn. 05. – **MA:** Beitr. in Anth. u. Leseb., u. a. Erzn. u. Verse in: Im Regenbogenland, Bde 6, 7, 9–13; ZEITschrift (Hager Verl. Stolzalpe); Vortragstätigkeit. – **H:** Doris Lott: Anna und Mathilde, Erzn.

Kiefer, Reinhard, Dr. phil. habil.; Rolandstr. 12, D-52070 Aachen, Tel. (02 41) 9 1 21 92, Fax 9 1 21 91, *reinhard_kiefer@yahoo.de* (* Nordbögge 12. 10. 56). Ernst-Meister-Ges.; Lyr.pr. b. NRW-Autorentreffen 83, Aachener Lit.pr. (Förd.pr.) 87, Borchers-Plakette 92, Friedrich-Wilhelm-Pr. der RWTH 92; Lyr., Erz., Ess. – **V:** hofnarrenkorrespondenz, G. 81; entsetzung, Erzn. 81; Zwölf Poeme, G. 83; am ostsende wartet der zauberer, G. 84; ein geheimnis in oberwald. kindermährchen, Erzn. 84; aus der messingstadt, G. 90; Text ohne Wörter. Die negative Theologie im lyr. Werk Ernst Meisters 92; Villa Diaz, T.1, R. 93; liegenschaften am atlantik, G. 97; schwärmerlatein oder küchenhebräisch, ausgew. G. 00; Thomas Mann. Letzte Liebe 01; Vor der Natur. Ein Satzbau 01; Café Moka. Nachschreibungen zu Agadir, Aufzeichn. 03; Gottesurteil. Paul Wühr u. die Theologie, Ess. 03. – **MV:** Der Krieg der Prinzipien, Ess. 81; Ernst Meister 1911–1979, m. Bernhard Albers, Dok. 91. – **MA:** Deutsche Lyrik unseres Jahrhunderts 92; Osiris 1 95, 2 97, 8 99, 9 00, 12 04. – **H:** Musiknovellen des 19. Jahrhunderts 87; blaues Klavier. Deutsche Musikgedichte aus sieben Jh. 88; – Ernst Meister: Sämtliche Gedichte in 15 Bänden 85–99; Liebesgedichte 90; Sämtliche Hörspiele 92ff. – **MH:** P. Pretzsch: Siegfried Wagner 80; W. Abendroth: Hans Pfitzner 81; Karl Schwedhelm: Ges. Werke, m. B. Albers 91ff.; Rudolf Hartung: Ges. Werke, m. dems. 92ff. – **MUe:** Tristan Gorbière: Gelbe Leidenschaften, G. 85; Arthur Rimbaud: Sämtl. Dichtungen, m. Thomas Eichhorn u. Ulrich Prill 97, 02; ders.: Leuchtende Bilder, Prosa, m. Ulrich Prill 04. – **Lit:** O. Martynova: Wer schenkt was wem 03. (Red.)

Kiefer-Hofmann, Angela; Neue Gartenstr. 12, D-15517 Fürstenwalde, Tel. (0 33 61) 37 66 80 (* Marlesreuth 17. 8. 54). – **V:** Niemandszeit. Ein märk. Lesebuch, Erzn. 03, 2. Aufl. 04. (Red.)

Kieferle, Hildegard, Dipl. Damenschneidermeisterin, Hausfrau; c/o SP Verlag, Mozartstr. 17, D-72458 Albstadt (* Stuttgart 23. 8. 30). mehrfach 1. Pr. b. Mda.-dichterwettbew.; Mundart-Dichtung (schwäb.). – **V:** Dr Schwobahansl und sei Weib. Lustige und besinnliche Mundartgedichte einer schwäbischen Hausfrau 06.

Kiefert, Rudolf, Red.; Oberdorf 43, Neugarten, D-17258 Feldberger Seenlandschaft, Tel. (0 39 64) 21 08 41, *kaps@t-online.de* (* Berlin 6. 7. 39). SV-DDR 80; Theodor-Körner-Pr. 81; Rom., Hörsp. – **V:** Die Versuchung 75, 86; Die Schikane 79, 85 (auch tsch.); Der Linksater 79, 89; Ein Fremder im Haus 83, 86; Stilles Verhältnis 91, alles R. – **R:** Der Rutengänger, Hsp. 91; Schwänzeltanz, Hsp. 94. (Red.)

Kieffer, Jean-Louis, Lokalhistoriker, Forscher, Mundartautor; 39, Les Chanterelles, F-57320 Filstroff,

Tel. u. Fax 3 87 78 48 29, *j-l.kieffer@ac-nancy-metz.fr* (* Filstroff 25. 5. 48). FDA, Gau un Griis, Gründ.mitgl. 86, z.Zt. Präs., Soc. des écrivains d'Alsace et de Lorraine, Fédération pour le Lothringer Platt; Grand Prix de la Société des écrivains d'Alsace et de Lorraine 89, Pr. d. Mda.-Wettbew. d. Saarbrücker Rdfk 85, 86, 87, Goldener Schnabel 92, Prix spécial du jury du prix Charlemagne 93, Hans-Bernhard-Schiff-Lit.pr. 99. – **V:** Em Néckel sein Maad, Theaterst. i. Mda. 82; De Famill Schrecklich, Theaterst. i. Mda. 83; Wou de Nitt bréllat, G. u. Gesch. in lothr. Mda. 88; Saa Mol 92; De Nittnix un anner Zählcher, Sagen, M. u. Legn. 94; Wierter for de Wolken, Lyr. u. Erzn in Mda. 94; Images du Pays de Nied 97; Mach keen Dénger, Lyr. u. Mda. 98. – **MV:** Völkingen und Forbach bitten zu Tisch, m. Georg Fox, Mda. 99. – **MA:** Beitr. in versch. Anth. u. Zss. (Red.)

Kieffer, Reni, Schriftst.; Kellerhausstr. 20, D-52078 Aachen, Tel. u. Fax (00 32 87) 85 24 24 (* Aachen 7. 6. 79). Rom., Popb. – **MV:** Take That... and Nobody Else 95; Caught In The Act – Friends Forever 96; HIT! Clique: Am Limit 96; HIT! Clique: Liebe im Internet 97; Das große BSB Fanbuch 97; Boyzone – It's only words... 97; Das große CITA Fanbuch 97; Das große 'N Sync Fanbuch 97; Christiane Wunderlich – Multitalent auf Erfolgskurs 99; SASHA 99; Mörderisches Klassentreffen 01; Der Valentinstagmörder 01, alle m. Rosi Kieffer. (Red.)

Kieffer, Rosi (Ps. Christine Chanel, Anne Kennedy, Saskia Mont, Jacky Rome, Julia Waits, Philippe Dubois, Tanja Braun, Lara Link), Schriftst. u. Radiomoderatorin; Kellerhausstr. 20, D-52078 Aachen, Tel. u. Fax (00 32 87) 85 24 24, *Rosi_Kieffer@webde* (* Aachen 26. 2. 49). Rom., Popb., Reiseführer, Krimi, Kurzgesch. – **V:** seit 1989 ca. 200 Titel unter versch. Pseudonymen, u. a. die Serien „Herzfieber"; Love Zone" – **MV:** Take That... and Nobody Else 95; Caught In The Act – Friends Forever 96; HIT! Clique: Am Limit 96; HIT! Clique: Liebe im Internet 97; Das große BSB Fanbuch 97; Boyzone – It's only words... 97; Das große CITA Fanbuch 97; Das große 'N Sync Fanbuch 97; Christiane Wunderlich – Multitalent auf Erfolgskurs 99; SASHA 99; Mörderisches Klassentreffen 01; Der Valentinstagmörder 01, alle m. Reni Kieffer; – City guide: Zürich. Die schönsten Stadtrundgänge, m. Ulrich Scheffler 99. (Red.)

Kiefl, Walter (Ps. Rolf Rodin, Marion Möller), Dr., Dipl.-Soziologe, Sozialforschung, Übers.; Schönstr. 26, D-81543 München, Tel. u. Fax (0 89) 65 87 66. Kommerzienrat-Meindl-Str. 2, D-84405 Dorfen (* München 23. 2. 48). Creativo – Initiativgr. f. Lit., Wiss. u. bild. Kunst 02; Rom., Erz., Ess. – **V:** Heiße Rachegelüste, R. 00; Verhängnisvoller Stolz, R. 01; Die Liebeslehrerin, R. 04/05; Gefangen im Harem, R. 07; Tod einer Mätresse, hist. R. 09; Aspekte des Bösen, Betrachtungen u. Kurzgeschn. 09. – **MA:** (Un)merkliche Veränderung, Ess. u. Satn. 03; Zu früh erscheint der Weihnachtsmann 06; Des Lebens Fülle, Erzn. 09. – **Lit:** s. auch SK.

Kiehl-Krau, Ingrid, freie Künstlerin; Hauptstr. 49, D-35619 Braunfels, Tel. u. Fax (0 64 42) 2 22 04, *hallo@kiehl-krau.de*, *www.kiehl-krau.de* (* 47). BücherFrauen 98. – **V:** Montags in meiner Familie, Lyr. 88, 3. Aufl. 91; Schul-Versuche, Lyr. 91; Der Riese mit den schweren Schuhen, M. 00. – **MV:** Man muß sich Sisyphus lächelnd vorstellen, m. Hans-Michael Sobetzko 98.

Kienast, Christian; *0815.ck@chello.at*. c/o Klaus-Bielefeld-Verlag, Friedland (* Wien 22. 8. 71). IGAA, Presseclub Concordia; Luitpold-Stern-Anerkenn.pr. 92, Sieger d. „XLarge"-Bewerbs d. ORF 92; Rom., Lyr., Erz., Prosa. – **V:** Das kleine Lokal, Erz. 99. – **MA:** div.

Kieseritzky

Beitr. in Ztgn u. Mag., u. a. in: NÖ Rundschau; DUM –
Das Ultimative Mag.; div. Art. unter: www.bejourna-
list.at; T-Mobile „Schreib-Werkstätte" (Red.)

Kieninger, Martina, Dr., Chemikerin, LBeauftr.
U.Montevideo; c/o Verlag Ulrich Keicher, Magstadter
Str. 6, D-71229 Leonberg (* Stuttgart 66). Würth-Lit.pr.
00, Jahresstip. d. Ldes Bad.-Württ. 06, u. a. – **V**: Die
Leidensblume von Nattersheim, R. 05; Sängerin an der
Lampe 06. (Red.)

Kienperg, Thomas von (Thomas Seiwald), Dichter; thomas@kienperg.at, www.kienperg.at (* Kuchl b.
Salzburg 19. 4. 70). Dritte Stoa 01–07; Rom., Lyr., Drama, Übers. Ue: engl, frz. – **V**: Der Reif der Bourbonen,
R. 02; Erzählungen 03; Der Dragoneroffizier des Königs, R. 04; Die Flammenjungfrau, R. 07. – **MH**: Der
abderitische Epitaph, m. Florianus Epigonus u. Siegfried von Aue, Zs., 01–06.

Kiep, Gerd, Seefahrer, Lehrer, Psychotherapeut,
Schriftst.; Kormoranstr. 2, D-26969 Butjadingen
(* Nordenham 4. 12. 43). Lyr., Rom. – **V**: Schattenli-
nien 99; Das Lachen der Medusa 00; Charons Traum
02; Nachtpost 04, alles Lyr. (Red.)

Kieper, Barbara; Postfach 14 31 30, D-45261 Essen,
www.barbarakieper.de. – **V**: Das Erbe in Amerika 06;
Sei doch keine Lusche 07.

Kiermeier, Klaus *

Kieselbach, Hartmut, Dipl.-Ing.; Tel. (0 30)
2 15 56 31, hkieselbach@arcor.de (* Bad Bramstedt).
NGL Berlin; Rom., Kurzgesch. – **V**: Liebe, Tod & öffentlicher Dienst, R. 98; Die 2 Leben des M., R. 99. –
MA: Ein Übermaß von Welt 87; Mein heimliches Auge
00; Konkursbuch 40 03. (Red.)

Kiesen, Michael (Ps. Michael Mittnacht), Jurist;
michaelki@web.de, www.michaelkiesen.de. c/o Pendragon Verl., Bielefeld. VS; Rom., Erz. – **V**: Freunde
in Manhattan, R. 84; Die Wüste bei Stuttgart, R. 89;
Menschenfalle, R. 92; Der Diskuswerfer, Erzn. 94; Ein
Mord, auf den es nicht ankommt, Krim-R. 95, erw. Aufl.
04; Die spiegelnde Strafe, R. 96; West-östliche Begegnung, Erzn. 97; Unerwünscht, R. 98 (unter Pseud.); Der
nackte Sohn, Krim-R. 03; Hollywood Boulevard, R. 05;
Stuttgart Frühlingsfest, Krim.-R. 06; Nach Stammheim,
Dealer, R. 07.

Kiesenhofer, Evelyn s. Schmidt, Evelyn

Kieser, Egbert, Journalist, Red.; Fischergasse 1, D-
77743 Neuried, Tel. (0 78 07) 35 60 (* Bad Saulgau
17. 3. 28). Zeitgeschichtl., Kulturh., Nov., Rom. – **V**: Je-
scha, Erz. 54; Job auf AFB 231, R. 61; Danziger Bucht
1945 78, 8. Aufl. 97 (auch poln.); Als China erwachte
84; Unternehmen Seelöwe 87 (auch engl., poln.); Margaret Thatcher 89. (Red.)

Kieser, Rolf, Jurist; Belaustr. 22B, D-70195 Stuttgart
(* Schorndorf 25. 4. 41). VS 77; Drama, Rom., Erz. –
V: Explosion des Regenbogens, R. 73; Nach Süden,
R. 75; Go-Go und andere sinnliche Geschichten, Erzn.
79; Hollywood Boulevard, R. 80; weitere Veröff. unter
Pseud.

Kieseritzky, Ingomar von, Buchhändler bis 1970;
Niebuhrstr. 77, D-10629 Berlin, Tel. (0 30) 8 83 46 64
(* Dresden 21. 2. 44). Akad. d. Künste Berlin-Bran-
denbg; Förd.pr. f. Lit. z. Gr. Kunstpr. d. Ldes Nds.
70, Bremer Lit.pr. 89, Berliner Lit.pr. 92, Stip. d. Dt.
Lit.fonds 92, Poetik-Gastprofessur d. U.Bamberg 92,
Montblanc Lit.pr. 93, E.gabe d. Dt. Schillerstift. 95, Al-
fred-Döblin-Pr. 97, Kasseler Lit.pr. f. grotesken Humor
99, Arb.stip. f. Berliner Schriftst. 01, Alfred-Döblin-
Stip. 06, Stadtschreiber v. Bergen-Enkheim 06; Rom.,
Hörsp. – **V**: Ossip und Sobolev oder die Melancholie
68; Tief oben, R. 70; das eine wie das andere, R. 71

(auch frz.); Liebes-Paare. Expertengespräche, 5 Hsp.
73; Trägheit oder Szenen aus der vita activa, R. 78, Tb.
82, 90; Die ungeheuerliche Ohrfeige oder Szenen aus
der Geschichte der Vernunft, R. 81, Tb. 91; Obsession. Ein Liebesfall, R. 84, Tb. 92; Das Buch der Desaster, R. 88, Tb. 91 (auch frz., span.); Anatomie für
Künstler, R. 89 (auch frz.); Der Frauenplan 91; Die Literatur und das Komische. Bamberger Vorlesungen 93;
Der Sinnstift, Hsp. m. Kass. 93; Unter Tanten und andere Stilleben, Erzn. 96; Kleiner Reiseführer ins Nichts
99; Da kann man nichts machen, R., 1.u.2. Aufl. 01. –
MV: Tristan und Isolde im Wald von Morois oder Ein
zerstreuter Diskurs, m. Karin Bellingkrodt 87. – **MA**:
Kursbuch 110, 118, 129; Freibeuter 48, 59; Tintenfisch
17, 21; Akzente 6/79; Das Magazin (Berlin) 00; V. Auffermann (Hrsg.): Beste Deutsche Erzähler 00; Nachruf
auf Helmut Heißenbüttel in: Sinn u. Form 00; Nachruf auf H.C. Artmann in: Sinn u. Form 01. – **R**: ca.
110 Hsp. seit 69, teilw. m. Karin Bellingkrodt: Pâte sur
pâte 69; Zwei Systeme 70; Das Mauss-Hoffender-Mell-
nikoff-System 70; Das Wasser ist das Element d. Seehund's (nicht prod.); Abweichung u. Kontrolle 72; Zodiac u. Modiac 72; Resorption 73; Salute Capone 73;
Über die bevorzugte Behandlung einiger Geräusche unter anderen Geräuschen 74; Diskurs über naive Modelle
d. Lebens 74; Der Traum als Dictionaire 75; Magnus-Corporati-
on 75; Ohne Ballistol geht es nicht 75; Das Attribut 75;
Channel X 75; Plotonismus I 75; Limbus I–IV 77, 78,
81, 82; Morbus Meyerson 77; Plotonismus II 78; Einige
Philosophen im Club 80; Séance od. Die Suche 82; Die
Exkursion 83; Seneca od. Die reine Lehre 83; Vernünftige Träume 83; Tristan & Isolde im Wald v. Morois 84;
Friedliche Automaten 84; Gefühlslabor 84; Gemütsdi-
ät 84; Hiob I u. II 84; Philosophen im Club 84; Der
Desaster-Club 85; Die Konditionierung 85; Dilemma
85; Sulzer besucht seine Mutter; Sulzer u. die Traumfrauen; Sulzer od. Die Theologie d. Erfrischung; Sulzer
od. Wer ist hier eigentlich verrückt?; Sulzer ändert seine Überzeugung; Sulzer kauft Parfum; Sulzer od. Die
Sanierung; Sulzer u. der Suizidversuch; Sulzer od. Die
Aufgabe d. Persönlichkeit, alle 85; Sulzer od. Die Sur-
vivalbox 86; Sulzer od. Ein Mordversuch 86 (alle Sulzer
m. Karin Bellingkrodt); Levarottis Topf 86; Seelenap-
parate 86; Der Bullterrier 86; Nur der liebe Gott hat das
Recht seinen Nächsten zu töten 86; Abenteuer d. Herrn
Milosz 87; Helffrich od. sein Verschwinden im System
86; Kein Versicherungsfall 87; Literatur das Leben 87;
Mißglückte Triole zu Trinitatis 87; Sulzer hat Besuch
87; Sulzer u. das Syndrom 87; Sulzer u. die totale Sanierung 87; Sulzer ganz normal 87; Sulzer kauft ein Weihnachtsgeschenk 87; Frauenlos 88; Auf allen Ebenen 89;
Pleg malig buh! im spiriten 89; Die Suizidklinik 89; Ein
idealer Urlaub 89; Gift 89; Nichts als Zufall 89; Sulzer: Reanimation 89; Die Maschine 90; Große Augenblicke 90; Das Positive ist das Wahre 91; Wunschpro-
gramme für Riesenschildkröten 91; Korridor 2009 91;
Das Universum d. Weibes 92; Der Sinnstift 92; Der Yeti
oder die Lichtung 92; Der Zerfall 92; Die Hundswut od.
der wahre Wahn 92; Instinktversion eine Affaire 92;
Jour fixe 92; Katzenfutter 92; Aktenlos od. der Hamster
im Laufrad 93; Die Abenteuer d. Chevalier de Geoffray
93; Das Fleisch, die Nabelpforte u. a. Abnormitäten 93;
Kleine Dämonologie f. Anfänger 94; Memoiren d. Perio-
phtalmus Koelreutheri 94; Auch Mäuse haben Parasiten 95; Mord in der Villa Massimo 95; Compagnons &
Concurrenten 96; Dog's and Underdog's Life 96; Lamb
& Lamb oder Love's labour's lost 96; Der Analog 98;
Die Spinne im magischen Netz 98; Agonales Missge-
schick 98; Cogito in vitro 99; Fin de Partie 99; Flash
back 99; Schatzi oder Dem Tier ist nichts Menschli-

Kiesewetter

ches fremd 99; Bouvard u. Pécuchet blicken zurück 99; Unnatürliche Akte, vertraute Prozeduren 00; Menagerie 00; Arme Ritter 01; Gastspiele mit Meerblick 02; Doyles Dilemma 02; Fortune oder die Tücke des Objects 02; Coup de Chance 02. – *Lit:* LDGL 97; H. Vormweg / W. Jung / T. Thelen in: KLG. (Red.)

Kiesewetter, Heinz (Heinrich Wilhelm Kiesewetter); *cyberbook@gmx.de* (* Bochum 10. 12. 34). Rom. – **V:** Tod einer Filzlaus, R. 00; Hotel Viagra, R. 01. (Red.)

Kießling, Thanos, Lyriker, Künstler, Kickboxtrainer; Oberes Tor 6, D-95028 Hof, Tel. (0 92 81) 14 04 77 (* 63). Lyr. – **V:** Galerie der Steine 97; Nächtliche Brücken 00; Veränderte Ankunft 04; Der Liebe Orte schaffen 06. (Red.)

Kilchherr, Jürg, freier Journalist, Maler, Sänger; Eigerweg 7, CH-3177 Laupen, Tel. (0 79) 6 66 93 42, *jkilchherr@swissonline.ch*, *www.juergkilchherr.ch* (* Murten 12. 8. 65). Be.S.V.; Murtener Kulturpr. 00; Erz. – **V:** Die Poesie der Menschen, Erzn. 00, 01; Ménage à trois, R. 05. – **P:** Erogene Zonen, Hörb. 06. (Red.)

Kilian, Constantin, Autor, Regisseur; Ainmillerstr. 38, D-80801 München, *KilianCons@aol.com* (* Garmisch-Partenkirchen 13. 10. 53). Verb. Dt. Drehb.autoren 90; Tip-Theaterpr. 86; Rom., Fernsehsp., Theaterst. – **V:** Zehntausend auf Rot, R. 88; Die Abenteuer vom Rio Verde 93; Tresko – der Maulwurf 96, beides R. zur Fs.-Ser.; Wer hat Angst vor Woody Allen?, Stück; Wort am Spieß, Kabarett-St., u. a. – **MV:** Liebe sagt das Herz, Angst sagt der Bauch, m. Katja Reider, Bd 1 98, Bd 2 99. – **F:** Spieltrieb; Zehntausend auf Rot. – **R:** Die Komplizen; Pröckl & Prinz, beide m. Stefan Kirste; Der Struppi ist weg; Gabriellas Rache; Ein Fall für zwei: Scheine spielen schwarz; Zu Gast bei fremden Meistern, alles Fsf. (Red.)

Kilian, Michaela s. Sparre, Sulamith

Kilic, Ilse, Autorin, Filmemacherin, Comixzeichnerin; Fuhrmannsgasse 1a/7, A-1080 Wien, *wohnzimmer @dfw.at*, *www.dfw.at* (* Wien 28. 5. 58). GAV, IGAA, Austria Filmmakers Coop 01; Wiener Autorenstip. 99, 02, 07, Öst. Staatsstip. f. Lit., u. a.; Prosa, Film, Comix, Visuelle Poesie. – **V:** Mein Liedlein geb ich nicht her 90; Zukunftskunde. Notizen zum genetischen Gestaltungsstil 91; Das Wesen des ReisZens 93; LOCK O MOTIVE & SCHOCK O LADE 94; ZIMMER IM MERZ. ein mEHrchen 94; Gegen das Seriöse 95; L5/S1 Aus der Krankheit eine Waffel machen 95; OSKARS MORAL 96; ROSA 97; Als ich einmal zwei war 99; Die Rückkehr der heimlichen Zwei 00; Warum eigentlich nicht?, G. 02; Monikas Chaosprotokoll 03; Vom Umgang mit den Personen 05. – **MV:** Kleine schmutzige Welt des Denkens 89; Nütze die Jahre 91; In den Läufern ist das Abenteuer 92; Irre TrickoHs/Dicke Luft 95; Dieses Ufer ist rascher als ein Fluß!, R. 00; Neue Nachrichten vom gemeinsamen Herd, R. 01; glück omania 02; 2003 – Odyssee im Alltag 03; Zwischen Zwang und Zwischenfall 05; Catomic 05; Ein kleiner Schnitt 05; Wie wir sind, wie wir wurden 07, alle m. Fritz Widhalm; – tauZiehen, m. Christine Huber 93; Nach der Thrillerpfeife, m. Bodo Hell u. Petra Coronato 02. – **MA:** Veröff. in Zss., u. a.: Freibord Nr.100; an.schläge; Kolik, H.11 00; Zeitzoo 01; – in Anth., u. a.: dann kratz ich dir die augen aus 97; Sprachkurs 01; Einsamkeiten 01. – **MH:** Buch, m. Fritz Widhalm 89; WICHTIG. Kunst von Frauen, m. Christine Huber 90; 3–900956–33–2. 10 Jahre „Das fröhliche Wohnzimmer", m. Fritz Widhalm 97; Kontrapunkt 1 – Texte aus der Gegenwart, Anth. türk./dt. 03. – **R:** Und was machen sie, fragt Nachbarin mich, m. Christine Huber; In den Läufern ist das Abenteuer, m. Fritz Widhalm

u. Stefan Krist; Entwurf der Kunstradio FAMILIE AUER, m. Lucas Cejpek, Margret Kreidl, Fritz Widhalm; Gruuuuselhörspiel I 97, II 99, III 01, alle m. Fritz Widhalm. – **P:** PIPS PIPS BRUMM/Let's dance!, Schallpl. 91; buy buy love, CD 94; 10 Jahre Das fröhliche Wohnzimmer 96; Durch das Experiment zu sicherem Wissen, Film-DVD. – *Lit:* Astrid Poier-Bernhard in: Sprachkunst 33/02; dies. in: Schreibweisen. Poetologien 03; s. auch Kürschners Handbuch der Bildenden Künstler, 1. Aufl. 2005. (Red.)

Killer, Ferdinand s. Saß, Hans Werner

Killian, Herbert, Dr. phil. habil., UDoz., ao. Prof.; Fasangartengasse 5–7/2/10, A-1130 Wien, Tel. (06 99) 19 23 36 61, *herbert.killian@gmx.at* (* Korneuburg 24. 11. 26). – **V:** Fr. David a Sancto Cajetano. Ein genialer Sohn d. Schwarzwaldes, Biogr. 76; Gustav Mahler. In d. Erinnerungen v. Natalie Bauer-Lechner 84 (auch jap.); Geraubte Jahre. Ein Österreicher verschleppt in den GULAG, Tatsachenber., 1.u.2. Aufl. 05, Neuaufl. 08; Geraubte Freiheit 08; mehrere wiss. Veröff. – *Lit:* Kürschners Dt. Gelehrten-Kal., 17.Ausg. 96ff.; Who is Who in Öst. m. Südtirolteil, 13.Ausg. 97ff.; Kurier 23.5.1999; Norbert Weigl: Faszination d. Forstgesch., Festschr. f. H.K. 01; Moskauer Dt. Ztg, Nr.24/25 Nov./Dez. 2004; Salzburger Nachrichten 14.3.05; Frankfurter Allg. 11.7.05; Ganze Woche, Nr.9 2.3.05.

Killinger, Erna, Philosophiestudium, Bakk.phil; c/o Wolfgang Hager, Nr. 70, A-8852 Stolzalpe. c/o Wolfgang Hager, Stolzalpe (* Hall/Tirol 15. 6. 28). IGAA, Turmbund 63; Erz., Ged., Haiku, Schulsp., Märchen. – **V:** Skizzen aus meinem Alltag 81; Kleine Reihe 77, 84; Der Patscherkofel 94; Ansichten einer Närrin, Erzn. 98; Dialog mit mir; Lucia und Bartholomeo, Kdb.; Ein Clown auf der Suche nach dem Märchenland 03; Evolution des Geistes, Aphor. 04. – **MV:** Realität aus Tagträumen, m. Johann Küblböck 06. – **MA:** Das unzerreißbare Netz, Anth.; Bildnis einer Generation, Anth. 79; Du bist mein Leben, Anth.; Dialog; Mosaic; Lyrik-Mappe; Tiroler Almanach, dt./ital., dt./slow., dt./engl., u. a. (Red.)

Killmann, Irmin, Ing.; Marktgasse 6, A-8120 Peggau, Tel. u. Fax (03 127) 2 87 93 (* Berndorf/NÖ 25. 2. 41). V.G.S.; Erz., Lyr., Dramolett. – **V:** Wanderungen ins Innere. Wunder-volle Lurgrotte, m. Kalligraphien 01; Gespräch mit dem Glück, Gedanken, Geschn., G., Bilder 03; Rendezvous mit dem Zufall, phant. Kurzgeschn. m. Ill. 07. – **MA:** Gedankensprünge – Wortgeflechte, Anth. 06.

Kim, Anna, Mag. phil., Schriftst.; lebt in Wien, c/o Literaturverl. Droschl, Graz (* Daejeon/Südkorea 10. 9. 77). GAV 00; Wiener Autorenstip. 04/05, Reisestip. u. 08, Öst. Staatsstip. f. Lit. 07/08, Stip. d. Jubil.fonds d. Literar-Mechana 07/08; Rom., Lyr., Erz. – **V:** Die Bilderspur. Erz. 04; das sinken ein bückflug, G. 06; Die gefrorene Zeit, R. 08. – **MA:** zahlr. Beitr. in Lit.zss. seit 99, u. a. in: manuskripte; SALZ; entwuerfe; Spectrum.

Kimpfler, Anton (Ps. Joseph Wörner), Red., Hrsg., Autor; c/o Wege-Verlag, Scheffelstr. 53, D-79102 Freiburg/Br. (* Kißlegg 24. 4. 52). Aphor. – **V:** Sternenfunken 83; Tagessätze und Nachtgedanken 90; Zwischen Blitz und Donner 93, alles Aphor.; zahlr. Sachb. – **H:** Wege mit Erde, Ich und All, Zs. 91 – *Lit:* s. auch SK.

Kinast, Karin, Mag. phil., Autorin, Journalistin, Lehrerin f. Gymnastik u. Tanz; Rosenplatz 2, D-55288 Armsheim, Tel. (0 67 34) 83 20, Fax 68 30, *karinkinast2@aol.com*. Haidfeldstr. 48, A-4050 Traun, Tel. (0 72 29) 6 71 22 (* Linz 16. 10. 60). IGAA, GAV, K.I.T. (Gründ.mitgl.), Lit.büro Mainz; Arb.stip. d. BMf

UK 92, Teilnahme am Finale d. Leonce-u.-Lena-Pr. 95, Arb.stip. d. Stadt Wien u. d. BMfUK 96, 1. Pr. b. 1. Bad Kreuznacher Poetry Slam 98, Arb.stip. d. Ldes Oböst. 98, 04, Theodor-Körner-Förd.pr. 98, Arb.stip. d. BKA 98, 00, 02, 03, 05, 07; Lyr., Prosa, Ess., Kinderb., Sachb. – **V:** Bis zum letzten Zug, Prosa u. Lyr. 95; Vom Ziehen und Brechen und von der Liebe, Prosa 00; herbstzeitlos, G. 07; Trullo am Schneeberg,Kdb. 08. – **MA:** Literarisches Leben in Öst. 91; Kataloglex. zur Lit. d. 20. Jh., T.2 95; Literatur-Korrespondenz 3 96; Die Worte zurechtgekämmt. Lyr.-Anth. z. Leonce-u.-Lena-Pr. 96; zahlr. Veröff. in Ztgn, Lit.zss. u. Anth. seit 89, u. a.: Findlinge; Wortwechsel; Wohnzimmer; Pips; Lillegal; Muschelhaufen; Wandler; Facetten; Die Rampe; Frankfurter Bibliothek; Nationalbibliothek d. dt.sprachigen Gedichtes. – **MH:** Die Lit. d. österr. Klein- u. Autorenverlage 92–95.

Kinder, Hermann (Ps. Grethi T. Tunnwig, Armand Dessin, geb. Hermann Dessin), Dr. phil., Akad.rat; Zasiusstr. 15, D-78462 Konstanz, Tel. (0 75 31) 2 47 48 (* Thorn 18. 5. 44). VS 78, P.E.N.-Zentr. Dtld; Hungertuch 77, Bodensee-Lit.pr. 81, Jahresstip. d. Ldes Bad.-Württ. 91, Alemann. Lit.pr. 96, Lit.pr. d. Ldeshauptstadt Stuttgart 98; Prosa, Lyr., Drama, Wiss. Arbeit. – **V:** Der Schleiftrog, R. 77; Du mußt nur die Laufrichtung ändern, Erz. 78, 88; Vom Schweinemut der Zeit, R. 80; Der helle Wahn, R. 81; Liebe und Tod, Geschn. 83; Ins Auge, R. 86; Fremd–daheim, Prosa 88; Kina Kina, Erz. 88, erw. Neuausg. 99; Die Böhmischen Schwestern, R. 90; Alma, Krim.-N. 94; Von gleicher Hand, Erz. 95; Um Leben und Tod, Erz. 96; Nachts mit Filzstift und Tinte, G. u. Zeichn. 98; Himmelhohes Krähengeschrei, Kammerprosa 00; Mein Melaten, R. 06. – **H:** Bürgers Liebe 81; Die klassische Sau. Handbuch d. lit. Hocherotik 86. – **MH:** Reihe Rotbuch Bibliothek, seit 95. – *Lit:* B. Neumann: D. Wiedergeburt d. Erzählens an d. Geiste d. Autobiogr. (Basis, Jb. f. dt. Gegenwartslit. Bd 9) 79; Ulrich Schmidt in: KLG. (Red.)

Kindermann, Wolfgang; c/o Para Verlag, mailbox no. 119, Wienerbergstr. 9, A-1100 Wien, *wolfgang. kindermann@gmx.at* (* Wien 17. 9. 67). GAV; Lyr., Dramatik. – **V:** Fremde Zungen 01; Kojenschlaf 03; Kein Sterbenswort 07; – THEATER/UA: Abstand. Aufstand. Auferstehung 92; Tuchfühlung 93; Zum Beispiel Tantalos 97; ODYSSEUS engl.part 1 01, 2 02, 8 03; Metamorphosen MEMORY 01; Das unversehrte Jahr 03; Die Verdienten. Helena : Menelaos Match 03; Apuleius Short Cuts 04, u. a. – **MA:** Freie Zeit Art, Sonderdr. 1/92, 2/93; Autoren zur Unzeit, Leseb. 96; Anth. d. edition selene 96; war texts, Anth. 05; – zahlr. Veröff. in Ztgn u. Zss. sowie Redaktion b. Quasar u. Freie Zeit Art. – **P:** Biotope? Hörproben, Tonkass. 93. (Red.)

†**Kindler,** Helmut, Autor, Verleger; lebte in Küsnacht/Zürich (* Berlin 3. 12. 12, † Küsnacht/Zürich 15. 9. 08). Dt.schweizer. P.E.N.-Zentr. 00; BVK I. Kl. – **V:** Berlin – Brandenburger Tor 56; Zum Abschied ein Fest, Autobiogr. 91; Leg mich wie ein Siegel auf dein Herz, R. 97. – **MV:** Brecht in der Kritik, m. Monika Wyss, Dok. 77. – **MA:** Brecht- u. Goethe-Essays in Anth. sowie zahlr. Beitr. z. d. Themen Exillit., Zeitgeschichte u. Psychoanalyse in Sammelbänden.

Kindler, Sonja, Werkstoffprüferin, Autorin; c/o TRI-GA-Verl., Gelnhausen (* Recklinghausen 23. 5. 63). Rom. – **V:** Ene, Mene, Muh!, Krim.-R. 08.

Kinkel, Tanja, Dr. phil., Schriftst.; Maria-Lerch-Weg 5, D-96049 Bamberg, *gondal@t-online.de, www.tanja-kinkel.de* (* Bamberg 27. 9. 69). Intern. Künstlerhaus Villa Concordia Bamberg, Gründ.-Kurat.-Mitgl. 96, Bertelsmann Buch Club, Beiratsmitgl. 01–02, Intern. Feuchtwanger Ges., Los Angeles, Gründ.mitgl. 01,

P.E.N.-Zentr. Dtld 07; 1. u. 3. Pr. b. Fränk. Jgd.-lit.wettbew. 87, Stip. d. HS f. Film u. Fernsehen 91/92, Förd.pr. d. Freistaates Bayern 92, Stip. Casa Baldi/Olevano 95, Villa-Aurora-Stip. Los Angeles 96, Kulturpr. d. oberfränk. Wirtschaft 00; Rom., Drehb. Ue: engl. – **V:** Wahnsinn, der das Herz zerfrißt 90; Die Löwin von Aquitanien 91; Die Puppenspieler 93 (auch Hörb.); Mondlaub 95; Die Schatten von La Rochelle 96, alles R.; Die Prinzen und der Drache, Kdb. 97; Unter dem Zwillingsstern, R. 98; Naemi, Ester, Raquel und Ja'ala. Väter, Töchter, Machtmenschen u. Judentum b. Lion Feuchtwanger, Diss. 98; Die Söhne der Wölfin, R. 01; Gottesurteil, Dramolett, UA 02; Götterdämmerung, R. 03 (auch Hörb.); Der König der Narren, R. 03; Venuswurf, R. 06 (auch Hörb.); Säulen der Ewigkeit, R. 08 (auch Hörb.); Übers. d. Romane ins Frz., Span., Holl., Griech., Poln., Ung., Kroat., Tsch., Ital., Türk., Bulg., Jap., Korean.). – **MA:** Meine Gefühle schlagen Purzelbäume 88; Draculas Rückkehr 96; Heine und Goethe gegen Zwillingsstern, R. 98; Die Wiederentdeckung Europas 99; Schätze der Welt: Erbe der Menschheit 00; Triptychon (Octavia, Julia, Livia) 01; Stille Zeit, heilige Zeit 01; Ein Schnitter namens Tod 02; Feueratem 02; Spuren im Schnee 02; Weltgeschichte in Geschichten 04; Sommer am Meer u. anderswo 04; Aus der Historie von Dr. Johann Faustus 04; So eine Bescherung 04; Die sieben Häupter 04; Böse Nacht Geschichten (CD u. DVD) 05; Wenn die Engel Plätzchen backen 05; Weihnachten für Freche Engel 06. – **Ue:** P.F. Chisholm: A Famine of Horses 97. – *Lit:* LDGL 97.

Kinkele, Stephan, Autor, Ethnologe u. Reiseleiter; *stephan.kinkele@gmx.de, www.stephankinkele.de.* – **V:** Aphrodites Vermächtnis, Reist. R.

Kinne, Otto, Prof. Dr. Dr. h. c., Meeresbiologe u. -ökologe; Nordbünte 23, D-21385 Oldendorf, Tel. (0 41 32) 71 27, Fax 88 83, *ir@intres.com, www.int-res. com* (* Bremerhaven 30. 8. 23). zahlr. wiss. Pr. u. Auszeichn.; Rom., Lyr., Sachb. – **V:** Suchen im Park 96, 2. Aufl. 01; – zahlr. wiss. Veröff. seit 53, in 9 Spr. übersetzt. – *Lit:* s. auch GK. (Red.)

Kinskofer, Lieselotte (Lotte Kinskofer), Dr., Autorin, Journalistin; Schirmerweg 12, D-81245 München, Tel. u. Fax (0 89) 5 02 41 70, *LKinskofer@t-online.de, www.lotte-kinskofer.de* (* Langquaid 5. 12. 59). Verb. Dt. Drehb.autoren, Das Syndikat; Drehb.förd. d. FilmFernsehFonds Bayern; Rom., Kurzgesch., Drehb., Rep. – **V:** Die Agentur der bösen Mädchen, R. 98, 99; Die Klavierling, Kdb. 99, 00; Der Tag, an dem Marie ein Ungeheuer war, Bilderb. 01; Die Sextanten, R. 02; Wie der Klavierling sich verliebte, Kdb. 02; Heimvorteil, Krim.-R. 07; Der Klavierling, Sammelbd 08; Gemeinsam bin ich stark, Bilderb. 08; SMS – Sara mag Sam, Jgdb. 09. – **MA:** Rattenpack, Krim.-Anth. 97; Mittendrin – berauscht von der. Anth. 01; Ein Stern strahlt um die Welt, Kdb. 06. – **H:** Clemens Brentano: Werke, Bd 29–31 (Briefe) 88–91; Rahel Varnhagen v. Ense: Ich will noch leben, wenn man's liest. Journalist. Beitr. 1812–1829 01. – **F:** Die Agentur der bösen Mädchen, m. Dagmar Knöpfel, Drehb. – **R:** Rahel Varnhagen und ihre Freundinnen, m. Rahel Feilchenfeldt, Hb. 84; Lebenslänglich für die Opfer, Dok.-F. 95; Die Tage ohne Bobby 06; Was ist schon normal? Oder: Die Gedichte-Krankheit 07; Kein Tag ohne Fußball 08, alles mehrteilige Erzn. f. Kinder für die Hfk-Reihe „Ohrenbär"

Kinzy, Ruth s. Wegner, Ruth

Kiper, Manuel, Dr., Biologe, Publizist, MdB a. D., Technologieberater; Senator-Bauer-Str. 30, D-30625 Hannover, Tel. (05 11) 53 74 61 (* Berlin 24. 5. 49).

Kippenberger

Lyr. – **V:** Grüne Umarten, G. 94. – *Lit:* s. auch 2. Jg. SK. (Red.)

Kippenberger, Susanne, Red.; c/o Der Tagesspiegel, Potsdamer Str. 77–87, D-10876 Berlin (* Dortmund 57). Journalistenpr. Bahnhof, Bln 98. – **V:** Kippenberger. Der Künstler u. seine Familie, Biogr. 07. (Red.)

Kirch, Gabriele; Drosselhörn 14, D-24226 Kitzeberg, Tel. (04 31) 23 19 03, Fax 23 25 38 (* Finsterwalde 16. 7. 53). Lyr. – **V:** Weiße Sterne sah ich niedergehen, G., 1.u.2. Aufl. 95; Wenn der Tag die Nacht verscheucht 96; Wärmer als die Flammen eines Feuers, G. 98; Wie das Meer 00. (Red.)

Kirchberg, Ursula, Illustratorin, Kinderbuchautorin; Hemsothstr. 21, D-21769 Lamstedt, Tel. (0 47 73) 73 96, Fax 89 20 81 (* Hamburg 6. 5. 38). VS, LIT; Kdb.pr. d. Berliner Senats 84; Bilderb. – **V:** Selim und Susanne 78, 8. Aufl. 93; Krach mit Britta 96; Trost für Miriam 97, 2. Aufl. 98; Mein Freund Robert 99; Das Auto Bogomil 99; Unter dem großen Stern 00; Heimlich-unheimliche Weihnachts- u. Wintergeschichten 03, u. a. – **MV:** Geh nie mit einem Fremden mit, m. Trixi Haberlander 85, 21. Aufl. 98; Opa gehört zu uns, m. Anne Blunk 92, 00; Steffi will auch Inline-Skates, m. Angelika Lukesch 98, u. a. – *Lit:* Petra Römer-Westarp: U.K., Bilderbücher u. Illustrationen, Ausst.-Kat. 94; div. Art. in Fachzss. (Red.)

Kirchfeld, August, Sonderschullehrer i. R.; Welserstr. 9c, D-86391 Stadtbergen, Tel. (08 21) 43 24 05 (* Augsburg 19. 5. 36). VS 85; Lyr., Kurzprosa, Kinderb. Ue: ung. – **V:** Der gutmütige Räuber, Kdb. 79; Die Geisterküche, Kdb. 80; Der Räuber Haselnuß, Kdb. 85; Kein Lächeln auf den Lippen, Lyr. 92; Die merkwürdigen Ansichten des Herrn N. N., Geschn. 94; Der Sündenfall, Lyr. 01. – **B:** Éva Janikovszky: Hurra, es ist ein Junge! 85; dies.: Hurra, es ist ein Mädchen! 85. – **MA:** zahlr. Beitr. in Anth., Ztgn u. Lit.-Zss. seit 75, u. a. in: Gegenwind; die horen. – **MUe:** Die drei Hasen, ung. Volksmärchen 77; Gyula Illyés: Brennglas, G. 78; Gyula Krúdy: Flick, der Vogelfeind, Kdb. 81; Ágnes Bálint: Rosinchen, Kdb. 83; dies.: Robbi und Rosinchen, Kdb. 86; dies.: Wuff, der Katzenschreck 86, alle m. Ilona Kirchfeld. – *Lit:* Dt. Schriftst.lex. 00. (Red.)

Kirchgäßner, Andreas, Journalist, Autor; Am Brückle 13, D-79291 Merdingen, Tel. (0 76 68) 79 40, Fax 95 12 54, *kirchi1@aol.com, members.aol.com/kirchgaess/* (* Freiburg/Br. 6. 3. 57). VS 96, Lit. Forum Südwest; Stip. d. Förd.kr. dt. Schriftsteller in Bad.-Württ. 96, Drehbuchförd. durch d. Bad.-Württ. Filmförd. (MFG) 99; Kinderb., Drehb., Hörfunk, Journalistik, Rom. – **V:** Das alte Haus, Kdb. 01; Zeitverlust, R. 02; Ein Kaninchen stiftet Chaos, Kdb. 02; Donnerwetter, Wikinger! 03; Fußballfreunde, Kdb. 03. – **R:** Jobsharing, Hsp. 00; Eine Reise ohne Geschichten ..., Hb. 00; Trance Atlantik, die Gnawa, Feat. 01; Malaria-Drums, Hsp. 02. (Red.)

Kirchhof, Peter V., Maler, Grafiker, Schriftst.; Hansaallee 165, D-40549 Düsseldorf, Tel. u. Fax (02 11) 59 13 06, *www.peter-k-kirchhof.de* (* Bremen-Blumenthal 18. 1. 44). VS 70–00; Lit.stip. d. Ldes NRW 77, Literatur-Förderpr. d. Stadt Düsseldorf 77, Arb.stip. d. Ldes NRW 77, 87, Aufenthaltsstip. f. Amsterdam 93; Lyr., Prosa, Lit.- u. Kulturkritik, Bericht, Dokumentation. – **V:** Eine Wolke von Staren, Lyrik, dt./holl. 73. – **MA:** Kleines Lyrik-Alphabet 63; Bremer Beitr. 64; Deutsche Teilung 66; die horen, seit 68; bundesdeutsch 74; 40 Lyriker der Bundesrepublik 74, ung.; Göttinger Musen-Alm. 74; Epigramme 75; Sassafras-Bl. 21 76; Begegnungen auf der Schwelle II 78; Gedichte für Anfänger 80; Zu Hause im Fremde 81; Niedersachsen literarisch 82; Straßenbilder 98. – **H:** und was ist das für

ein Ort 84; die horen, Nrn 152, 157, 177 88–95; Literarische Porträts 91; Rost und Wasser 92. – **R:** Lyrik unserer Zeit, Les. 64; Stichworttexte, Lyrik u. Prosa 76; Erna K. – Wollmaus, Hsp. 84; Stichwörter – Flickwörter 90; A bis plus minus Zett 95, beides Funkporträts. – *Lit:* s. auch Kürschners Handbuch der Bildenden Künstler, 1. Aufl. 2005.

Kirchhoff, Bodo, Dr. phil.; Gartenstr. 6, D-60594 Frankfurt/Main, Tel. (0 69) 6 03 12 59, *www.bodokirchhoff.de* (* Hamburg 6. 7. 48). Villa-Massimo-Stip. 86/87, Stip. d. Dt. Lit.fonds 88, Frankfurter Poetik-Vorlesungen WS 94/95, Bayer. Filmpr. 00, Rheingau-Lit.pr. 01, Kritikerpr. f. Lit. 02, Pr. d. LiteraTour Nord 02, Carl-Zuckmayer-Med. 08. – **V:** Ohne Eifer, ohne Zorn, N. 79; Body-Building, Erz., Sch., Ess. 80; Die Einsamkeit der Haut, Prosa 81; Wer sich liebt, Theaterst. 81; Glücklich ist, wer vergißt, Sch./Hsp. 82; Zwiefalten, R. 83; Mexikanische Novelle 84; Dame und Schwein, Geschn. 85; Ferne Frauen, Erzn. 89; Infanta, R. 90 (in mehrere Spr. übers.); Der Sandmann, R. 92; Gegen die Laufrichtung, N. 93; Der Ansager einer Stripteasenummer gibt nicht auf, Erz. 94; Herrenmenschlichkeit, Not. 94; Legenden um den eigenen Körper. Frankfurter Vorlesungen 95; Mach nicht den Tag zur Nacht, Dr. 96; Die Weihnachtsfrau 97; Drei Fische für zwei Paare, Lsp. 98; Katastrophen mit Seeblick, Geschn. 98; Parlando, R. 01; Schundroman, R. 02; Mein letzter Film 02; Wo das Meer beginnt, R. 04; Der Sommer nach dem Jahrhundertsommer, ges. Erzn. 05; Die kleine Garbo, R. 06; Der Prinzipal, N. 07; Eros und Asche, R. 07; – THEATER/UA: Das Kind oder Die Vernichtung von Neuseeland 79; Body-Building 80; An den Rand der Erschöpfung weiter 80; Glücklich ist, wer vergißt 82; Wer sich liebt 84; Die verdammte Marie 86; Der Ansager einer Stripteasenummer gibt nicht auf 95, u. a. – **MV:** Manila. Ein Filmbuch, m. Romuald Karmakar 00. – **MH:** Niemandstage der Verliebtheit 89; Ewige Sekunden der Lust 91; Jahre wie nichts 92, alles Lesebücher m. Ulrike Bauer. – **R:** Glücklich ist, wer vergißt, Hsp. 83; Wer sich liebt, Hsp. 84; – Drehbücher: Die Geldverleiherin 85; Tatort: Alptraum 97; Manila 98; Die Kommissarin: Die Geliebte des Killers 99, u. a. – *Lit:* LDGL 97; Siegfried Steinmann in: KLG. (Red.)

Kirchhoff, Ferdinand, StudDir.; Schöne Aussicht 24, D-37154 Northeim, Tel. (0 55 51) 46 46 (* Göttingen 9. 1. 26). FDA 80; Drama, Lyr., Sat., Kurzgesch. – **V:** Spötterdämmerung, G. 77; Spiegelungen, Erz., G. 84; Verbo(r)gene Pfeilchen, G. 87; Spatzenkonzert 91. – **MA:** Almanach des FDA Nds., Bd 1, 95 u. Bd 2, 97. (Red.)

Kirchhoff, Gusti, ehem. Schulsekretärin, jetzt Rentnerin; Fürstin-Margareten-Str. 12, D-97892 Kreuzwertheim, Tel. (0 93 42) 77 56 (* Würzburg 8. 9. 35). 2. Pr. d. Ldeszentr. f. polit. Bildung Bad.-Württ. 94, 1. Pr. 95. – **V:** Ein deutsches Mädel hat Zöpfe, Erinn. 98; Träume unterm Birnbaum 00. – **MA:** Jb. d. Heimat-Geschichtsvereins Kreuzwertheim 95, 99; Wir sind ein Volk 94; 50 Jahre danach 95; Geschichten zur Weihnachtszeit 97; Wertheimer Ztg; Sonntagsbl. Würzburg. (Red.)

Kirchhoff, Joost, Journalist, Autor, Korvettenkapitän a. D.; Torumer Str. 2, D-26844 Jemgum-Pogum, Tel. (0 49 02) 3 69 (* Pogum 2. 3. 14). Arb.kr. ostfries. Autor/in/en, Gründungsmitgl. 83, EM 06; Lyr., Sachb. – **V:** Beranns Panoramen, Kunstb. (Tokio) 80; Über den Straßen von Torum, Sachb. 82, 90, Neuaufl. 92; Sturmflut 1962. Die Katastrophennacht an Ems u. Dollart 90; Im Atem der Gezeiten, Erz. 90; Es ebbt die Zeit, G. 98; Fischfang unter Wattengrund, Dok. 00. – **MA:** Ostfriesland. Natur, Landschaft, Menschen 84;

Uns Ostfreesland – güstern und vandaag, 2. Aufl. 88; Nix blifft as 't is 89; Tweesprakenland 93; Gezeitenwende. Ostfriesische Lit. d. 90er Jahre 98; Faszination See 00; – Zss.: ständiger Mitarbeiter d. Monatszs. „Marine Forum", Bonn; Niedersachsenztg, Mag. f. Politik, Wirtsch. u. Kultur 10/78; Ostfriesland Mag. 7/85, 9/85, 10/85, 12/85, 2/92; Ostfriesland, Zs. f. Kultur, Wirtsch. u. Verkehr 3/89; Seemeile, Zs. f. Nautik (Hombrechtikon/CH) 4/96. – **P:** Harm Rand erzählt, Tonkass. 77; Lyr. f.d. Lit.-Tel. Ostfriesland, seit 84; Beilage zur Ztg. "Rheiderland 84–99. – *Lit:* Bernhard Sowinski: Lex. dt.spr. Mundartautoren 97; J.K. heeft missie volbracht, in: Nieuwsblad van het Noorden (Niederlande) v. 4.11.00; s. auch 2.Jg. SK.

Kirchhoff, Martin, Korrektor; Hölderlinstr. 7, D-71229 Leonberg, Tel. (0 71 52) 2 54 44, *mkirchhoff01 @aol.com, www.martin-kirchhoff.de* (* Leonberg 23. 11. 54). GZL, LIBUS e.V., Berlin, Förd.kr. dt. Schriftst. Bad.-Württ., Künstlergr. Immodestia e.V., Ludwigsburg; Lyr.pr. Bad.-Württ., Kreissieger Böblingen 99, Kurzgeschn.pr. Bench Press 01, Poet d. Intern. Poetry Translation and Research Centre, Congquin/ China 04, 1. Pr. b. d. immodestiale 06, Kurzgeschn.pr. „Plochinger Einseiter" 06; Lyr., Kurzgesch., Rom., Sat., Hörtext. – **V:** Neumondnacht und Augenblick, G. u. Kurzgeschn. 89; Der Felsenlacher, Erzn. 02; Im Garten meines Schweigens, G. 02; versch. Kabarettexte u. Satn.; zahlr. Lesungen. – **MA:** üb. 300 Veröff. in Zss., Mag., Ztgn u. Anth. im In- u. Ausland, u. a. in: Anth. d. Autoreninitiative Köln 87–94, 02, 04; – Zss.: Einblick 84–85; Ossietzky 98; Zeichen & Wunder 98–99; Rabenflug 00; Wandler; Krautgarten Nr.39; get shorties, H. 1–4; Lit.-Tel. Stuttgart Herbst 98. – **F:** Leben. Oberflächige Betrachtung, Prosa-Kurzf. (Regie: A. Beckmann, Mainz) 03.

Kirchmann, Ingeborg (geb. Ingeborg Zühlke), Sekretärin, Kindergärtnerin, Bürgermeisterin 1991–1993; Dorfstr. 36, D-16515 Freienhagen/Oranienb., Tel. (03 30 51) 2 53 33 (* Berlin 6. 6. 28). Pr. d. Kdb.verl. f. d. Gesamtwerk 69; Lyr. – **V:** Poesievolle Wahrheiten mit Lichteraugen gesehen, Lyr. 96. – **MA:** Beitr. in Zss.: Neue Fotozeilung 6 69, 6 77, 10 78, 5 79, 4 81; Dt. Lehrerztg 45 76; Märkische Allg. v. 22.4.96. – **R:** Kinderlieder u. Texte im Berliner Rdfk 84. (Red.)

Kirchner, Annerose, Steno-Phonotypistin, Tastomatensetzerin, Regieassistentin, Pressereferentin, freie Autorin; Ernst-Toller-Str. 10, D-07545 Gera, Tel. (03 65) 8 00 21 10, *annerose.kirchner@t-online.de* (* Leipzig 2. 9. 51). Friedrich-Bödecker-Kr. Thür., Lit. Ges. Thür., Thür. Literarhist. Ges. PALMBAUM, Bibliotheksförd.ver. „Buch u. Leser", Künstlergr. „schistko jedno", Gera; Horst-Salomon-Pr. d. Stadt Gera 84; Lyr., Kurzprosa, Drama, Hörsp. – **V:** Mittagsstein, G. 79; Die goldene Gans, Libr. z. Märchenoper 83; Cantus pro pace, Text f. Komposition 85; Im Maskensaal, G. 89; Zwischen den Ufern, G. 91; Der Raussspeller, lit. Repn. 99; Keltischer Wald, Lyr. 01; Traumzeit an der Geba, lit. Repn. 05. – **MV:** Doppelkopf, m. Thomas Böhme 92; Ulrich Fischer Photographie, m. Frank Rüdiger, Kat. 01; Ulrich Fischer (Künstler in Thür. 84 9), m. K.-U. Schierz, H.-P. Jakobson u. H.-P. Saupe 04; Schwarzentrub, m. Gertrude Betz, Kat. 04. – **B:** Alfred Traugott Mörstedt. Gespräche, Texte, Bilder 97. – **MA:** Selbstbildnis zwei Uhr nachts 89; Common sense, Alm. f. Kunst u. Lit. 90–93, 97; Grenzfallgedichte 91; Der Morgen nach der Geisterfahrt 93; Von einem Land und vom andern 93; Stiefschwestern. Was Ost-Frauen u. West-Frauen voneinander denken 94; Warteräume im Klee 94; Eintragung ins Grundbuch 96; RUMORE TECNICO – Vom Sachsenring zum Kronjuwel 96; ge-

filtert 97; Ambivalenzen. Das Helle u. Das Dunkle 99; Wandern über dem Abgrund 99; 10 Jahre burgart, Alm. 00; besetzt, Künstlerb. 01; Ich wandle unter Blumen 01; Poesie als Auftrag 01; Warten. Orte des Erinnerns, Lyr. 02; Weitere Aussichten 03; Altenburg. Provinz in Europa, lit. Rep. 07. – **H:** Der Otternkönig vom Zoitzberg. Sagen aus Ostthüringen 96. – **R:** Die Birnblütenfee, Kinder-Hsp. 82.

Kirchner, Ursula s. Boos, Christiane

Kirchschlager, Michael, Diplomhistoriker, Verleger; c/o Verlag Kirchschlager, Ritterstr. 13, D-99310 Arnstadt, Tel. u. Fax (0 36 28) 4 40 49, *info@ verlag-kirchschlager.de, www.verlag-kirchschlager.de* (* Staßfurt 23. 4. 66). Erz., Rom. – **V:** Das teuflische Werkzeug 95; Der Crako und der Gierfraß, R. 06; Der Crako und das Giftmädchen, R. 07.

Kirilow, Brigitte (Ps. Journalistin), Red., Autorin; Borkumstr. 11, D-13189 Berlin, Tel. (0 30) 4 72 43 07 (* Berlin 20. 2. 49). Feat., Feuill. – **V:** Geschichten von der Mondstrahlgasse, Kdb. 85. – **MA:** Mit Wissen, Widerstand und Witz 92. – **R:** Features. (Red.)

Kirmann, Wolfgang (Heinrich Wolfgang Kirmann), Blumengärtner-Meister, Pensionist; Hohlfeldergasse 83, A-2103 Langenzersdorf, Tel. (0 22 44) 45 04 (* Korneuburg 24. 6. 38). Erz. – **V:** Der emanzipierte Mann, humorist. Erz. 06. (Red.)

Kirmse, Gerda Adelheid (Ps. Gerka, Adelheid Ringloo, Käslinde Schnurzel) *

Kirnbauer, Margit (eigtl. Margarethe Nadler), Büroangest., Bestatterin; Herrengasse 12, A-7432 Oberschützen, Tel. (0 33 53) 75 51 18, Fax 75 51 19 (* Bonisdorf/Bgld 19. 10. 52). Josef-Reichl-Bund 03, Die Trommel 04; Erz., Ged. – **V:** Bensdorp um einen Schilling, Erinn. 03; Landpomeranzen sind nicht nur weiblich, Erz. 05. – **MA:** ilco Magazin, seit 99. (Red.)

Kirner, Alice (geb. Alice Kraus), Studium d. Archäologie u. Kunstgesch. Univ. Wien, Autorin; Rusterstr. 40, A-7000 Eisenstadt, Tel. (0 26 82) 6 25 43 (* Mikulov/Mähren 19. 2. 26). V.G.S., IGAA, Ö.S.V., V.S.u.K.; Verd.zeichen in Gold d. Freistadt Eisenstadt 91, E.zeichen d. Ldes Burgenld 92; Prosa, Lyr. – **V:** Mein Traumschloß, G. 87; Hautnah – Pastelltöne im Wandel der Gestirne, G. u. Kurzprosa 89; Marielis – Tagebuch einer Einjährigen, Prosa 90; Wortkristalle, G. 92; Freiflug, G. 96; Das Haus meiner Erinnerung – Wende, Prosa u. G. 00. – **MA:** Beitr. f. 15 Anth. in Wien u. Eisenstadt, Beitr. f. weitere 7 Anth., u. a.: Nicht alles kann man streicheln 89; Aus meiner Feder 04; Gedankenbrücken 04. – **R:** Rundfunkarb., Lesungen im ORF. – *Lit:* W. Bortenschlager: Dt. Lit.gesch., Bd 3 1983–96 96, Bd 4 1996–00 01. (Red.)

Kirow, Michael s. Lämmel, Albert

Kirsch, Botho, Journalist; Zum Eschental 9, D-51491 Overath, Tel. u. Fax (0 22 06) 34 41. – **V:** Ein Fass Honig und ein Löffel Gift. Kalter Krieg auf kurzer Welle, Autobiogr. 06; 7 Sachbücher seit 70. – **MV:** Unser Moskau. Eine Reise in die Vergangenheit, m. Gerda Kirsch 00.

Kirsch, Dietrich (gem. m. Jutta Kirsch-Korn: Kirsch&Korn), Schriftst., Grafiker, Maler; Mühlbachstr. 2/C, D-88662 Überlingen, Tel. (0 75 51) 94 03 71 (* Bunzlau/Schlesien 3. 12. 24). Verb. Bildender Künstler Württ. 60–94, VS 71–91; Auswahlliste z. Dt. Jgd.-lit.pr. 71 u. 74, Auswahlliste Die 50 schönsten Bücher 79; Lyr., Kinder- u. Jugendsachb., Informationsb., Hobbyb. f. Erwachsene. Ue: am. – **V:** Begegnung. 36 Linolschnitte zur Heiligen Schrift 59; Fischeimer. 15 Materialdrucke 62/63; 99 Künstliche Monde. Gedichte aus d. Jahren 1945–1960 08. – **MV:** telegramme 1–12, m.

Kirsch

Victor Winand u. Günter Bruno Fuchs 54–57; Fenster und Weg, m. Richard Salis u. G. B. Fuchs, G. 55; zus. m. Jutta Kirsch-Korn: Bahnhof, m. Sigwart Korn 70, Neuaufl. 73; Kunterbuntes Kindermagazin 72; Seehafen, m. Sigwart Korn 73, Neuaufl. 78; Schreibst du mir?, e. Gesch. 73; Gib mir mal die Hand, Kd.-Mag. 74; Kunterbuntes Tiermagazin 76; Rätselbilder – Bilderrätsel 83; Zahlenspielereien 83; Gute Besserung 83; Ravensburger Kalender 1985, 1986; Großes Rätselraten 90, 4. Aufl. 94. – **MA:** spielen + lernen, Zs. 73–80; treff, Zs. 73–80; s+l-Jahrbuch 77, 78. – **MH:** Buchreihe „Information heute", 1–6 70–74; Mein großes Bastelbuch I 89, 6. Aufl. 94, II 91, 2. Aufl. 93; Mein buntes Bastelbuch 95, 5. Aufl. 98. – **MUe:** Marilyn Burns: Mathe macht mich krank 79. – *Lit:* Kürschners Graphiker-Hdb. 67; Kind u. Buch 78; 100 Jahre Otto Meier Verl. Ravensbg 83; K.H. Burmeister: Gesch. d. Stadt Tettnang 97; Archiv Kirsch&Korn im Stadtarchiv Tettnang 99.

Kirsch, Rainer; Ludwig-Renn-Str. 47, D-12679 Berlin, Tel. (0 30) 9 32 10 66 (* Döbeln 17. 7. 34). SV-DDR 62, P.E.N.-Zentr. Ost 75, Akad. d. Künste d. DDR 90, VS 91, Akad. d. Künste Berlin-Brandenbg 93; Erich-Weinert-Pr. 65, Kunstpr. d. Stadt Halle 65, F.-C.-Weiskopf-Pr. 83, E.gabe d. Dt. Schillerstift. 99, Wilhelm-Müller-Lit.pr. d. Ldes Sa.-Anh. 01; Lyr., Drama, Erz., Rep., Nachdichtung, Ess., Kinderb. Ue: russ, georg, frz, engl, ital. – **V:** Der Soldat und das Feuerzeug, Märchenkom. 68; Heinrich Schlaghands Höllenfahrt, Kom. 73; Wenn ich mein Mützchen hab, Kdb. 74; Kopien nach Originalen, 3 Porträts & 1 Reportage 74, 3. Aufl. 81; Es war ein Hahn, Kdb. 75; Die Perlen der Grünen Nixe, ein mathemat. Märchen 75; Das Feuerzeug, Märchenkom. 76, BRD 82; Das Land Bum-bum, Oper f. Kinder u. Erwachsene (Musik: Georg Katzer) 76; Das Wort und seine Strahlung, Ess. 76; Die Rettung des Saragossameeres, M. 76; Vom Räuberchen, dem Rock und dem Ziegenbock, Kdb. 77; Auszog das Fürchten zu lernen. Prosa, Gedichte, Kom. 78; Amt des Dichters, Ess. 79, 86; Reglindis, Lieder 79, 83; Münchhausen, Ballettlibr. 1979 (Musik: Rainer Kunad) 79; Ausflug machen, G. 80, 85; Frau Holle, Märchenst. nach d. Gebr. Grimm 82; Der Wind ist aus Luft, Kdb. 83, 86; Sauna oder Die fernherwirkende Trübung, Erzn. 85, 87; Der kleine lila Nebel, Kdb. 85; Ordnung im Spiegel, Ess. 85, 2., erw. Aufl. 91; Der Storch Langbein, Kdb. 86; Kunst in Mark Brandenburg, G. 88, 89; Rainer Kirsch, Poesiealbum 271, G. 90; Anna Katarina oder Die Nacht am Moorbusch, Ball. u. Lieder 90; Die Talare der Gottesgelehrten. Kleine Schriften 99; Petrarca bei Malven im Garten und beschweigt die Weltränsel 02; Werke, 4 Bände 04. – **MV:** Berlin – Sonnenseite, Rep. 64; Gespräch mit dem Saurier, G. 65; Heute ist verkehrte Welt, Kdb. 83, 90, alles m. Sarah Kirsch. – **B:** Nikolaj Kulisch: Pathetique 67; Alfonso Sastre: Geschichte von der verlassenen Puppe 74; Carlos Jose Reyes: Der Stein des Glücks 73, alles Stücke; Ben Jonson: Bartholmäusmarkt, m. Peter Kupke 80. – **MA:** Sergej Jessenin: Gesammelte Werke, 24 G. (Nachdicht.) 95; Beitr. für versch. Ztgn. u. Zss., u. a.: ndl 90–97; text + kritik, Sonderbd IX/95; Sinn u. Form 4/89, 3/93; Merkur 5/90; Neue Rundschau 3/91 (Nachdicht.); Freitag, Juni 91 (Minidr.). – **H:** Ossip Mandelstam: Gedichte (Ausw., Nachw., Nachdicht.) 92; Peter Hacks: Verehrter Kollege. Briefe an Schriftsteller 06. – **MH:** Olympische Spiele, Sportgedichte v. Autoren aus d. DDR 71; Das letzte Mahl mit den Geliebten. Freß- u. Saufgedichte v. Autoren aus d. DDR 75. – **R:** Variante B, Hsp. 62; Berufung, Hsp. 64; Ich-Soll, G. 91; Wladimir Wyssotzki: Acht Lieder (Nachdicht.) 95. – **Ue:** Nachdichtun-

gen a. d. Russ., Engl., Franz. u. Ital. in Anth. u. Sammelbden, u. a.: Jessenin: Gedichte 65, 75; Achmatowa: Gedichte 67, 74; Nikolos Barataschwili: Gedichte 68; Rostand: Cyrano aus Bergerac 69; Molière: Die Schule der Frauen 71; Nachdicht. v. Keats und Shelley in einer Anth. der engl. Romantik 72; Ossip Mandelstam, Hufeisenfinder 75, Tristia 85; ferner: Marina Zwetajewa; Majakowski; Villon; Poe, u. a.; – Wladimir Majakowski: Schwitzbad 72; ders.: Die Wanze 77; Shelley: Der Entfesselte Prometheus, lyr. Dr. 80; M. Gorki: Kinder der Sonne, St. 80; ders.: Fünf Dramen 89; Jewgeni Schwarz: Rotkäppchen, Bühnenms. 92; ders.: Die bunten Brüder, Bühnenms. 92; M. Gorki: Kleinbürger, Dr. 95; A. Tschechow: Der Kirschgarten, Bühnenms. 06. – **MUe:** Anth. georgischer Poesie, m. Adolf Endler 71, 74. – *Lit:* Manfred Behn/Hans-Michael Bock in: KLG.

Kirsch, Sarah (geb. Ingrid Bernstein), Dipl.-Biologin, Schriftst.; lebt in Tielenhemme, c/o Deutsche Verlags-Anstalt, München (* Limlingerode 16. 4. 35). Dt. Akad. f. Spr. u. Dicht.; Kunstpr. d. Stadt Halle 65, Heinrich-Heine-Pr. 73, Petrarca-Pr. 76, Villa-Massimo-Stip. 78/79, Öst. Staatspr. f. Lit. 80, Roswitha-Gedenkmal 83, Friedrich-Hölderlin-Pr. 84, Weinpr. f. Lit. 86, Kunstpr. d. Ldes Schlesw.-Holst. 88, E.gabe d. Heinrich-Heine-Ges. 92, Ida-Dehmel-Lit.pr. d. GEDOK 92, Peter-Huchel-Pr. 93, Lit.pr. d. Adenauer-Stift. 93, Georg-Büchner-Pr. 96, Annette-v.-Droste-Hülshoff-Pr. 97, Kulturpr. d. Kr. Dithmarschen 00, Jean-Paul-Pr. 05, Johann-Heinrich-Voß-Pr. d. Dt. Akad. f. Spr. u. Dicht. 05, Ehrentitel Prof., verl. v. Min.präs. d. Ldes Schlesw.-Holst. 06, Samuel-Bogumil-Linde-Lit.pr. 07; Lyr., Kurzprosa, Rep. Ue: russ. – **V:** Landaufenthalt, G. 67; Die Vögel singen im Regen am schönsten, G. 67; Die Pantherfrau, Tonband-Erzn. 73, 92; Die ungeheuren bergehohen Wellen auf See, Erzn. 73, 92; Zaubersprüche, G. 73, 94; Es war dieser merkwürdige Sommer, G. 74, ausz. u. d. T.: Wiepersdorf 77; Rückenwind, G. 76, 95; Musik auf dem Wasser, G. 77, u. d. T.: Katzenkopfpflaster 78, 93; Erklärung einiger Dinge, Gespräche, Ess. 78, 81; Ein Sommerregen 78, 87; Wintergedichte 78; Drachensteigen 79; Schatten 79; Sieben Häute 79; Wind 79, alles G.; La Pagerie, Prosa 80; Erdreich, G. 82, 88; Der Winter, G. 83; Katzenleben, G. 84, 91; Hundert Gedichte 85, 96; Landwege, e. Ausw. 1980–85, 85; Irrstern, Prosa 86; Allerlei-Rauh, Erz. 88, 96; Luft und Wasser, G. u. Bilder 88, 89; Die Flut, G. 89; Schneewärme, G. 89, 93; Tiger im Regen, G. 90; Schwingrasen, Prosa 91; Spreu, Tageb. 91, 96; Wallenstein 91; Bodenlos, G. 92, 96; Eisland, G. 92; Erlkönigs Tochter, G. 92, 93; Sarah Kirsch 92; Das Dorf im Sommer, G. 93; wasserbilder 93; Gedichte 93; Das simple Leben, Prosa 94; Ich, Crusoe, G. 95, 96; nachtsonnen 95; Sechs Gedichte 95; Werke in fünf Bänden 99; Katzen sprangen am Rande und lachten, G. u. Prosa 00; Sarah Kirsch entdeckt Christoph Wilhelm Aigner 01; Schwanenliebe. Leuze u. Wunder 01; Islandhoch. Tagebruchstücke 02; Tatarenhochzeit 03; Sämtliche Gedichte 05; Kommt der Schnee im Sturm geflogen, Prosa 05; Kuckuckslichtnelken 06; Gesammelte Prosa 06; Regenkatze, Kurzprosa 07. – **H:** Annette von Droste-Hülshoff 88. – **R:** Die betrunkene Sonne, Hsp. 62; Briefe an die Freundin, Fsf. 68. – **P:** Die betrunkene Sonne, Schallpl. 72; Sarah Kirsch liest Gedichte, Schallpl. 78; Alles Spatzen und Gänseblümchen, G. u. Prosa, CD/Tonkass. 97; Die ungeheuren bergehohen Wellen auf See, 2 CDs 02, u. a. – **Ue:** Nachdicht. russ. Lyrik in Anth. J. Kincaid: Am Grunde des Flusses 80. – **MUe:** A. Achmatowa: Poem ohne Held 89; L. Sjögren: Der äußere Stand, m. Klaus-Jürgen Liedtke 98. – *Lit:* H.L. Arnold (Hrsg.): S.K.,

Text + Kritik 101, 89; Hans Wagener: S.K. 89; Wolfgang Heidenreich (Hrsg.): S.K. – Texte, Dok., Mat. 95; Walter Helmut Fritz/Christiane Freudenstein in: KLG. (Red.)

†**Kirsch-Korn,** Jutta (gem. m. Dietrich Kirsch: Kirsch&Korn), Schriftst., Grafikerin, Malerin; lebte in Überlingen (* Ludwigshafen/Rhein 25. 11. 31, † Überlingen 7. 8. 06). Auswahlliste z. Dt. Jgd.lit.pr. 66, 69, 71, u. 74, Auswahlliste Die 50 schönsten Bücher 71 u. 79; Kinder- u. Jugendsachb., Informationsb., Hobbyb. f. Erwachsene. Ue: am. – **V:** Mein erstes Rätselheft 90. – **MV:** zus. m. Dietrich Kirsch: Bahnhof, m. Sigwart Korn 70, Neuaufl. 73; Kunterbuntes Kindermagazin 72; Seehafen, m. Sigwart Korn 73, Neuaufl. 78; Schreibst du mir?, e. Gesch. 73; Gib mir mal die Hand, Kd.-Mag. 74; Kunterbuntes Tiermagazin 76; Ilse van Heyst: Leselöwen-Zoogeschichten 77; Rätselbilder – Bilderrätsel 83; Zahlenspielereien 83; Gute Besserung 83; Ravensburger Kalender 1985, 1986; Großes Rätselraten 90, 4. Aufl. 94. – **MA:** spielen + lernen, Zs. 73–80; treff, Zs. 73–80; s+l-Jahrbuch 77, 78. – **MH:** Buch-R. „Information heute" 1–6 70–74; Mein großes Bastelbuch I 89, 6. Aufl. 94, II 91, 2. Aufl. 93; Mein buntes Bastelbuch 95, 5. Aufl. 98. – **MUe:** Marilyn Burns: Mathe macht mich krank 79. – **Lit:** Kürschners Graphiker-Hdb. 67; Kind u. Buch 78; 100 Jahre Otto Meier Verl. Ravensbg 83; K.H. Burmeister: Gesch. d. Stadt Tettnang 97; Archiv Kirsch&Korn im Stadtarchiv Tettnang 99; Franz J. Lay: Märchenhafte Phantasiewelten – Blick ins Arbeitszimmer d. Malerin u. Kinderbuchillustratorin K.-K., in: Leben am See, Jb. d. Bodenseekr. 00.

Kirschbaum, Eddi; c/o Harald Denzel, Reinstetten, Kellerberg 7, D-88416 Ochsenhausen, *eddi.kirschbaum @gmx.de, www.charlotte-kinderbuch.de* – **V:** Charlotte. Eine fast unglaubliche Gesch. 00. (Red.)

Kirschbaum, Hertha (Ps. Hertha Wittmann-Kirschbaum, geb. Hertha Wittmann), ehem. steirische Landesbeamtin, Verlagsangest.; Adalbertstr. 54, D-80799 München, Tel. (0 89) 2 71 01 51 (* Triest 14. 12. 21). Gr. Gold. E.zeichen d. Ldes Steiermark 96; Lyr., Lyrische Prosa. – **V:** Schein und Sein, G. 64, 66; Letzte Rosen im Herbst, G. 66, 71; Österreichreise 66; Geschautes Leben, Prosa 66; Mondviolen, G. 67; Träume des Lichts, Prosa 67; Am Ursprung, Kinder- u. Jgd.-G. 67, 88; Über Musik, Prosa 67, 2. verb. u. erw. Aufl. 80; Der große Reiseweg 67; Das Unnennbare, G. 68, 78; Metamorphose, G. 68; Das magische Jahr, G. 68; Was mir mit Steinen geschah, Prosa 68; Die Kette der lauteren Menschlichkeit, Prosa 69, 74; Benjamin Godron in memoriam, Prosa 70, 74; Zur Sternstunde, G. 71; Saum der Zeit, G. 71, 89; Am Wöhrandhof, Prosa 71; Spiegelungen, G. u. Prosa 72; Briefe eines Lehrers und Menschenbildners, Eugen Spork zum Gedächtnis, Prosa 75; Ein Weg, Gedichte und Träume 73, 79; Meiner Straße Spur, Prosa 75; Ein Strauß Blumen, G., Erzn. 76, 79; Gottes Acker, G. u. Aufs. 77; Das Kind Oreade oder Die blühende Höhle, M. 78; Traum aus Rebe und Licht, Lyr.- u. Prosa-Anth. 78; Gebete, Lyr.-Anth. 79; Ihr lieben Blumen, Lyr.-Anth. 80; Berggeheimnis 81, 87; Mein Baum, Lyr.-Anth. 81, 87; Tanz des Lichts, Lyr.-Anth. 81; Gruß an Wien, Lyr.-Anth. 82; Sonette 84; Von mir zu Euch, Akrostichen 84; Nachtlieder, G. 86; Gewand aus Kristall, Anth. 87; Am Ursprung, G. 88; Vermächtnis, G. 91; Das graue Haus. Eine Kindheit u. Jugend zwischen zwei Weltkriegen, Prosa 95, 97. – **H:** Theodor Sapper: Alle Trauben und Lilien, G. 67; Ludwig von Pigenot: Griechenlandfahrt 1937, Reiseber. 75; Peter Traunfellner: Gedichte 75; Ludwig v. Pigenot: Hölderlin, Friedensfeier 79; Theodor Sapper: Tausend

Lichter – Tausend Tode, G. 80; Friedrich Mitterbacher: An den Quellen der Sphinx, G. 86. (Red.)

Kirschke, Waltraud, ehem. Lehrerin, Leiterin d. Traumbüros Hamburg, Fachfrau f. kreative Bildarbeit, Kreativitätstrainerin; Liliencronstr. 9, D-22149 Hamburg, Tel. (0 40) 6 77 76 25, Büro: 67 56 34 35, Fax 66 90 93 23, *traumbuero@creacomm.de, www. creacomm.de* (* Hage/Ostfriesl. 31. 3. 54). Kurzgesch., Rom. – **V:** Enneagramms Tierleben, Fbn. 93, 98 (engl.); Das verlorene Wissen, M. 97; Wo bitte geht's zum Selbst?, R. 99. – *Lit:* s. auch SK. (Red.)

Kirsch&Korn s. Kirsch, Dietrich

Kirsch&Korn s. Kirsch-Korn, Jutta

Kirschneck, Jens; c/o 11 Freunde Verlag GmbH & Co. KG, Raabestr. 2, D-10405 Berlin, Tel. (0 30) 40 05 36 14, Fax 40 05 36 22, *jens.kirschneck@ 11freunde.de, www.kirschneck.de* (* Minden 17. 2. 66). Glosse, Erz. Ue: engl. – **V:** Tragik im Alltag, Glossen 06. – **MA:** Glossen in: Bielefeld-Buch 03; Zirkeltraining 04; Das Buch vom Trinken 04. – **P:** 11 Freunde Lesereise 06; Lesereise 2. Jetzt wird geheiratet 07, beides Hörb. – **MUe:** Tim Moore: Alpenpässe und Anchovis, m Olaf Bentkämper, Reiseerz. 03.

Kirsten, Wulf, freischaff. Schriftst., Dr. h. c.; Paul-Schneider-Str. 11, D-99423 Weimar, Tel. (0 36 43) 50 28 89, Fax (0 36 43) 49 32 46 (* Klipphausen 21. 6. 34). Dt. Akad. f. Spr. u. Dicht., Bayer. Akad. d. Schönen Künste, Akad. d. Künste Berlin, Akad. d. Wiss. u. Lit. Mainz, Lit. Ges. Thür., Christian-Wagner-Ges., Theodor-Kramer-Ges., P.E.N.-Zentr. Dtld; Louis-Fürnberg-Pr. 72, Johannes-R.-Becher-Pr. 85, Peter-Huchel-Preis 87, Heinrich-Mann-Pr. 89, Evang. Buchpr. 90, Stadtschreiber v. Salzburg 92, Elisabeth-Langgässer-Lit.pr. 94, Fedor-Malchow-Lyr.pr. 94, Erwin-Strittmatter-Pr. 94, Weimar-Pr. 94, Dt. Sprachpr. d. Henning-Kaufmann-Stift. 97, Dresdner Stadtschreiber 99, Stadtschreiber v. Bergen-Enkheim 99/00, Horst-Bienek-Pr. 99, Marie-Luise-Kaschnitz-Pr. 00, Schillerring d. Dt. Schillerstift. Weimar 02, Eichendorff-Lit.pr. 04, Lit.pr. d. Adenauer-Stift. 05, Joseph-Breitbach-Pr. 06, Christian-Wagner-Pr. 08; Lyr., Prosa, Ess. – **V:** Poesiealbum 4, G. 68; Satzanfang, G. 70; Ziegelbrennersprache, G. 70; Der Landgänger, G. 76; Der Bleibaum, G. 77; Die Schlacht bei Kesselsdorf/Kleewunsch, Prosa 84, 90; Die Erde bei Meißen, G. 86, 87; Winterfreuden, Prosa 87; Veilchenzeit, G. 89; Das Haus im Acker, G. 89; Stimmenschotter, G. 93; Wetterwinkel, G. 97; Wegrandworte, G. 97; Textur, Ess. u. Reden 98; Wetterstruz, G. 99; Die Prinzessinnen im Krautgarten. Eine Dorfkindheit, Erzn. 00; woherwohin / odkudkam, G. dt./tsch. 03 (Nachdicht. v. Ludvík Kundera); Zwischen Standort und Blickfeld, G. u. Paraphrasen 01; Erdlebenbilder. Gedichte aus 50 Jahren 1954–2004 04; Steinmetzgarten. Das Uhrmacherhaus, 2 Erzn. 04. – **MV:** Der Berg über der Stadt. Zwischen Goethe u. Buchenwald. e. Fotobuch v. Harald Wenzel-Orf m. Texten v. W.K. 03. – **MA:** Im Thüringer 76, 79; aufenthalte anderswo. Schriftsteller auf Reisen 76; Über Deutschland 93; O. M. Graf-Jb. 93, 94; Der heimliche Grund. 69 Stimmen aus Sachsen 96; Curt Querner: Tag der starken Farben. Aus den Tageb. 1937–1976 96; Harald Gerlach: Die völlig paradiesische Gegend 01; Candida Höfer – weimarer Räume 07, u. a. – **H:** Die Akte Detlev von Liliencron. Aus d. Archiv d. Schillerstiftung 68; E. v. Keyserling: Abendliche Häuser 70, erw. Aufl. 86; W. Müller: Rom, Römer, Römerinnen 79; Veränderte Landschaft, G.-Anth. 79; O. Jellinek: Hankas Hochzeit 80; J. Haringer: In die Dämmerung gesungen 82; J. Boßhart: Jugendkönigin 85; H. Hesse: Heumond 85; Eintragung ins Grundbuch. Thüringen

Kirsten-Herbst

im Gedicht 96; Apostel einer besseren Menschlichkeit. Der Expressionist Rudolf Hartig 97; Thüringen-Bibliothek, Bd 1–10 97–99, fortgesetzt u. d. T.: Edition Muschelkalk, Bd 1–6 00–01; Wandern über dem Abgrund. J. van Hoddis nachgegangen. Eine Hommage 99; W. Werner: Gewöhnliche Landschaft, Thüringische G. 02; „Umkränzt von grünen Hügeln". Thüringen im Gedicht 04. – **MH:** Don Juan überm Sund, G.-Anth. 75; Vor meinen Augen, hinter sieben Bergen, G. vom Reisen 77; Der Metzger von Straßburg, Krim.-Geschn. 80; Deutschsprachige Erzählungen 1900–1945 III 81; Das Rendezvous im Zoo, Liebesgeschn. 83; Gedenkminute für Manfred Streubel 93; Albert Rudolf Leinert: Der aussätzige Mai, m. Peter Salomon 99; Stimmen aus Buchenwald. Ein Lesebuch, m. Holm Kirsten 02; Karl Schloß: Die Blumen werden in Rauch aufgehen, m. Annelore Schlösser 03; Künstler in Dresden im 20. Jahrhundert. Literarische Porträts, m. Hans-Peter Lühr 05. – *Lit:* Peter-Huchel-Pr. 1987. Ein Jb. 87; Martin Walser: Über Deutschland reden. Ein Ber. 88; Harro Zimmermann in: KLG 91; Elke Erb: W.K.s Gedicht 'Die Fähre', Ess. 03; Gerhard R. Kaiser (Hrsg.): Landschaft als lit. Text. Der Dichter W.K., Festschr. 04; Anke Degenkolb: „anzuschreiben gegen das schäbige vergessen". Erinnern u. Gedächtnis in W.K.s Lyrik, Diss. 04; Konrad-Adenauer-Stift.: Literaturpreis 2005 – W.K. 05; Joseph-Breitbach-Preis 2006 06.

Kirsten-Herbst, Ruth s. Herbst, Ruth

Kischlat, Margret; Hacheneyer Str. 136, D-44265 Dortmund, Tel. (02 31) 46 69 95 (* Dortmund 3. 5. 33). – **MV:** Erinnerungen an Frankreich. Frauen u. Kinder auf d. Flucht, m. Lore Jung 01. (Red.)

Kishon, Lisa (geb. Lisa Witasek), Dr. phil., Schriftst.; c/o Langen Müller, München (* Salzburg 8. 3. 56). Öst. Staatsstip. f. Lit. 84, 91, 95, Förd.pr. d. Berliner Theaterwerkst. 88 (abgelehnt), Stip. d. Literar-Mechana 89, Öst. Dramatikerstip. 90, Harder Lit.pr. 91, Gr. Stip. d. Ldes Salzburg 93, Bene-Lit.pr. 94, Inge-Lampe-Lit.pr. 94; Rom., Nov., Drama, Hörsp., Prosa, Ess. – **V:** Die Umarmung oder das weiße Zimmer, N. 83; Friedas Freund, Erz. 84; Leibspeise, Tragikom. 86, Hsp. 88; Früher Vogel, Tragikom. 89, Hsp. 90; Männer und Glückssache, R. 95; Verliebt, verlobt, vergiftet, R. 96, Tb. 98; Mich hat der Himmel geschickt, R. 98; Schneewittchens süße Rache, R. 00. – **MA:** Prosa, Lyr., Ess. in Anth., Zss., u. a.: Vergangenheit erinnern 85; Nenne deinen Namen den du nicht sagen verborgen 86; Rauriser Leseb. 90; Theater v. Frauen 90; Erzn., Interviews in: Die Presse, öst. Tagesztg; Kunstpunkt, Ztg (Chefred.). – **R:** Pronto, Erz. 90; Baum und Bank, Hsp. 91. – **P:** Pannonischer Hochstand, m. Hans Jürgen Wormeck, Ausst. 90–97. (Red.)

Kislinger, Harald, freischaff. Autor; Breitwiesergutstr. 26, A-4020 Linz, Tel. (06 50) 2 66 22 82, *harald_kislinger@hotmail.com* (* Linz 6. 3. 58). P.E.N. 86–96; Staatsstip. f. Dramatik 83–98, Literar-Mechana-Förd. 90, 97/98, Else-Lasker-Schüler-Dramatikerpr. 95; Schausp., Libr., Hörsp., Rom. Ue: engl, frz. – **V:** Die Biedermeiertherapie, R. 98; Sambs' Erscheinen, R. 01; – sowie 18 uraufgeführte Schauspiele u. 1 Opernlibretto, u. a.: A liebs Kind 92 (auch engl). – **MA:** 3 Stücke in S.-Fischer-Tb. 92–97. – **R:** 6 Hsp., u. a.: Ersticken 94; Naxos Naxos Naxos RAP 04. – **P:** Geschnitzte Heiligkeit, CD 97.

Kiss, Ady Henry, Autor, freier Rundfunkmitarbeiter; PF 6971, D-76049 Karlsruhe, Tel. (07 21) 81 69 77, *adyhenrykiss@snafu.de, www.adyhenrykiss.de.vu* (* Heidelberg 12. 1. 63). Europ. Ges. f. theoret. Analyse, Athen 83; Stip. d. Dt. Akad. f. Sprache u. Dichtung; Rom., Nov., Erz., Ged., Drama, Rundfunkarbeit. – **V:** Da wo es schön ist, Erzn., Kurzprosa, Lyr. 83; Manhattan II, R. 95; Baker's Barn. R. 96; Atlantic City, Erzn. 98; Canyons, R. 99; 1999 – Der Planet (enth.: Manhattan II, Baker's Barn, Canyons), m. CD-Beig. 99; multimediale Live-Präsentation eigener Werke. – **MA:** aus, Anth. 86; Feindschaft, Anth. 89; sowie G., Aphor. u. Kurzprosa in versch. Mag. seit 87. – **F:** Phantastische Literatur als multimediale Vision, n. Manhattan II 96/97. – **R:** als Autor, Reporter, Moderator u. Hsp.experte etwa 150 Bearb. v. Autoren u. Texten f. SWF seit 85. – **P:** CDs mit instrumentaler Musik von Carlos Peron zu Büchern von A.H. Kiss.

Kiss, Kathrin (Kathrin Kiss-Elder) *

Kiss, Rainer, Dr. med.; Obere Hauptstr. 64, A-7093 Jois, Tel. (06 64) 1 64 50 37 (* Wien 2. 11. 57). – **V:** Julia lebt! 04. (Red.)

Kiss, Vera (eigtl. Valerie Kiss); Groxstr. 11a, A-6800 Feldkirch, Tel. (0 55 22) 3 86 97 (* Hainburg/NdÖst. 2. 12. 21). Lyr., Hörsp., Märchen, Lied. – **V:** Burgenlandmärchen 54; Kleine Lyrik um den See 75; Märchen aus Vorarlberg 91; Der Lügenlord u. a. neue Märchen 98. – **MA:** Märchen u. Lyr. in: Vorarlberger Volkskalender seit 77; Beitr. in: Feldkircher Anzeiger seit etwa 90. – **R:** Märchen u. Lyr. im ORF, Landesstudios Dornbirn u. Burgenland seit den 60er Jahren. (Red.)

Kiss-Elder, Kathrin s. Kiss, Kathrin

Kissel, Vera, Autorin; lebt in Potsdam, c/o Rowohlt Medienagentur, Hamburg (* Heppenheim 26. 6. 59). VS 97; Autorenpr. d. Heidelberger Stückemarktes 99, Bremer Autorenstip. 99, Hausautorin am Nationaltheater Mannheim 01/02, Stip. Künstlerdorf Schöppingen 02/03, Stip. Schloß Wiepersdorf 07; Dramatik, Lyr. – **V:** vogelkind, G. 98; – THEATER/UA: kalpak, 17.9.97; Apokalypse der Marita Kolomak, 17.12.99; mondkind, 10.5.00. – **F:** Die Anruferin, Drehb. 06. (Red.)

Kisselmann, Waltraud s. Goes, Waltraud

Kissling, Werner, freier autor (* Basel 19. 7. 39). IGdA, BVJA, ZSV; Ged., Kurzgesch., Kurzkrimi. – **MA:** Wie ein Kalabreser Feuer fängt; Verabredung auf Lampedusa; Im Hause d. Fährmanns; Strandläufer; Aufbruch in einer Sommernacht; Warten auf die Stunde X; Randgebiet; Die Konsultation; Antworten bauen Brücken; ...als wär's ein Stück von mir; Sisyphosiaden im idyllischen Ghetto; Erzählungen d. phantast. Literatur; Denn du bist bei mir; Du lebst in meinen Gedanken, alles Anth.; Ein Sommer mit Alice; zahlr. Beitr. in Lit.-Zss. seit 86. (Red.)

Kistenich, Katrin, Dipl.Krankenschwester i. R.; Nr. 89, A-9635 Dellach, Tel. (0 47 18) 7 93 (* Dellach 20. 2. 35). Gailtaler Lit.kr. 95; Lyr. – **V:** Es Lebm is mehr, Mda.-G. 82; Ich will Dich preisen Tag für Tag, Text-Bild-Bd 87; Abba, lieber Vater, Text-Bild-Bd 89; Kosbåre Zeit, Lyr. in Mda. u. Schriftsprache 94. – **MA:** Aus Gottes Blumengarten, Lyr. 01; Kindheit im Gedicht, Jb. 01. (Red.)

Kistner, Karl L., Maler, Grafiker, Designer; Grafisches Atelier, Zedernstr. 14, D-67065 Ludwigshafen, Tel. (06 21) 57 31 42, *kabri.kistner@t-online.de, home. arcor.de/karl_l.kistner/khome.htm* (* Medard am Glan 10. 9. 26). Sat. – **V:** Modern geverst 53; Autoleien 63; Jahreskalender mit je 365 satir. G. 70, 72–75; Man munkelt 82; Liebesbriefe 86; Träumereien 94; Herzenswünsche 94; Passende Worte 94; Himmlisches-Höllisches 95; Liebe alte Sachen 95; Junggeselliges 95; Paradoxes 95; Chinesisches 96; Protestsongs 96; Durch die Blumen 96; Weiniges 96; Gut behütet 97; Tierisch Testamentarisches 97; Hunde auf den Hund gekommen 97; Ein PapaELEFANTENgei 97; Herzen mit Schmerzen und Scherzen 99; Friedhofsgedanken 00; Greisenalter

00; Der falsche Weihnachtsmann 01; Von weit weit weit da komm' ich her 02; Froschkonzert 02; Ach wissen Sie 03; Zeitlos geverst 04, alles Satiren; – Bilderbücher: Seefee Tele 97; Ein Apfel hatte einen Traum 98; Der Ameisen Fernseher 99; Fridolin der violette Frosch 99; Die Computer Super-Mini-Maxi-Wunder-Maus 99; Ein Gartenzwerg auf Reisen 00; Im Haus der sieben Zwerge 00; Eine Adventsreise mit Überraschungen 01; – Die Bibel in 61 Linolschnitten 92; Meine Gedanken beim Schneiden an der Bibel 93; IHM's Gedankensplitter, Prosa 03/04; Mit Engeln auf Du und Du 08. – **R:** Humorigsat. Sdg 52–83, 87; Goldene Worte 88. – *Lit:* s. auch Kürschners Handbuch der Bildenden Künstler, 1. Aufl. 2005.

Kitamura, Federica s. Cesco, Federica de

Kitsche, Karin, Industriekauffrau; Orffweg 7, D-72189 Vöhringen, Tel. u. Fax (0 74 54) 60 46, *kitsche@vr-web.de, www.kitsche.de* (* Lucka/Thür. 30. 10. 52). FDA Bad.-Württ. 02; Erz., Autobiogr. – **V:** Irren ist menschlich, Kurzgeschn. 99. – **MA:** Das Jenseits sendet Botschaften, Anth. 05; Lyrik u. Prosa unserer Zeit, N.F., Bd 2 05; Lima 3 u. 6/07, Kurzgesch.

Kittelmann, Eva (Marie-Thérèse Haramach), Verlagsbuchhändlerin, Lektorin i. R.; Dreyhausenstr. 34/7, A-1140 Wien, Tel. (01) 9 12 37 97 (* Wien 15. 10. 32). V.G.S., VKS, Ges. d. Lyr.freunde, Ö.S.V.; Wilhelm-Szabo-Lyr.pr. 00, Zauberberg-Lyr.pr. 04; Lyr., Prosa, Übers., Ess. Ue: engl, frz, ital. – **V:** Atrium tanzender Stille 93; Dahinterkommen 97; In einem anderen Licht 00; Die eine Stelle in dem einen Buch 00; Tag und Nacht bedacht 01; Sozusagen Europa 02; Zeit Zeichen 03; Dich es Feuer gegangen 03; Ach ja, die Engel 04; Träume Schlafes Stimmen 04; Um auf die Inseln zu kommen 05; Paraphrasen 05; Im Winterlicht 06; Von schönen Dingen 06; Eigentlich 07, alles G. – **P:** Ich bringe dir meine Liebe, G., CD 04; Warten was sich zeigt, G., CD 07. – *Lit:* María-Dolores Raich-Ullán in: Encarnacíon, Barcelona 90.

Kittner, Dietrich, Kabarettist, Schriftst., Theaterleiter; Bischofsholer Damm 88, D-30173 Hannover, Tel. (05 11) 85 13 33, Fax 2 83 49 80, *elgkittner@aol.com, www.dietrich-kittner.de.* c/o Kittners Kritisches Kabarett, Dedenitz 6, A-8490 Radkersburg, Tel. (0 34 76) 35 22, Fax 3 52 24 (* Oels/Schles. 30. 5. 35). VS, VVN, ver.di, Kurt-Tucholsky-Ges., Erich-Mühsam-Ges., Delta T.; Theaterpr. Hannoversche Presse 76, Dt. Schallplattenpr. 80, Dt. Kleinkunstpr. 84, Garchinger Kleinkunstmaske 93, Erich-Mühsam-Pr., Lübeck 99, Gaul von Niedersachsen 06, Walk of fame 06. Kabaretts 06, u. a.; Sat., Kabarett-Text, Glosse, Ged., Flugblatt, Ess., Gesch., Rep. – **V:** Borniene Gesellschaft 64; Dollar geht's nimmer 75; Kittners (zoo)logischer Garten 77, 79; Krisenstab frei 79, 80; Wie ein Gesetz entsteht 79, Neufass. 06; Vor jahren noch ein Mensch 84, 89 (auch russ.); Vorsicht, bissiger Mund 85, 87; Gags & crime 89; Kein Grund zur Beruhigung 90; Jaaa! Deutschland balla, balla! 92; Aus meinem Kriegstagebuch, Glossen, Ess., Reportagen 99, 2. erw. Neuaufl. 01, 3. erw. Neuaufl. 06; Kleine Morde – große Morde – deutsche Morde, Satn. 04, 2. neubearb. Aufl. 01; MORDs-GAUDI, Kabarett-Texte u. Glossen 04; Aus dem Leben eines Glaubenichts, lit. Autobiogr. 09; – BÜHNE/UA: Kompromis(s)ere 60; In höheren Kr(e)isen 60; ... denn sie wissen nicht, was sie tun oder Cavallaria tristicana 62; Goldene Pleiten 63; Der Freiheit eine Gasse 64; Status quo vadis? 65; Im Westen nichts Treues 65; Arm aber kleinlich 66; Borniene Gesellschaft (1. Soloprogramm), Sept. 66 Bern, Nov. 67 Düsseldorf; Wollt Ihr den totalen Mief 68; Konzertierte Reaktion oder Zustände wie in neuen Athen 69; Sie-

cher in die 70er 69; Dein Staat – das bekannte Unwesen 71; Schöne Wirtschaft 74; Kittners progressive Nostalgie 76; Der rote Feuerwehrmann 77; Dem Volk aufs Maul 78; Maden in Germany 83; Hai-Society oder Kein Grund zur Beruhigung 87; Der Widerspenstigen Zählung 87; Das Ei des Kohlumbus : Droge Deutschland 91; Groß, größer, am ... Ende oder Das Vierte reicht 93; Mords-Gaudi oder Betretenheit verboten 96; Ballade über die allgemeine Unschuld im Lande 97; Ab durch die neue Mitte 98; 40 Jahre unter Deutschen 99; Der Krieg der Tröpfe 02; Bürger, hört die Skandale! 03; Agenda der Durchgeknallten 05; Lachen amtl. verboten gem. § 3, Abs. 7 PassMustV 06; „Sehr geehrte Drecksau!" 07. – **MA:** Vorsicht. Die Mandoline ist geladen 70; Freunde, der Ofen ist noch aus 70; Lieder gegen den Tritt 72; Kabarett gestern u. heute 72; Chile lebt 73; Denkzettel. Polit. Lyr. aus d. BRD u. Westberlin 73; Politische Lieder u. Gedichte 1918–1970 74; Berufsverbot 76; Mein Vaterland ist international 76; Lieder aus dem Schlaraffenland 76; Satire im bürgerlichen Deutschland 76; Der mißhandelte Rechtsstaat 77; Strafjustiz 77; Frieden & Abrüstung 77; Kassette 77; Satirejahrbuch 78; Recht auf Arbeit 78; Der Prolet lacht 78; Guido Zingerl 78; ... und ruhig fließt der Rhein 79; Geschichte in Geschichten 79; Sturmfest u. erdverwachsen 80; Anspruch auf Wahrheit 81; Die falsche Richtung: Startbahn West 82; Die zehnte Muse 83; 1984 – Der große Bruder ist da 83; Raketen, Raketen 83; Die Welfen u. ihr Schatz 84; Wir haben lang genug geliebt u. wollen endlich hassen 84; Her mit dem Leben 84; Das große Guten-Morgen-Buch 85; Vor der Tür gekehrt 86; Wer soll etwas verändern, wenn nicht wir? 86; Zurück, Genossen, es geht vorwärts! 86; 8 Minuten noch zu leben 87; Wie weiter? 88, 90; Was sind das für Zeiten! 88; Dieses Knistern hinter den Gardinen 89; Les Art 90; Wenn ihr nur einig seid 90; Warum nicht die Taube in der Hand 93; Wir sind so frei 94; Hierzulande 94; Komitees für Gerechtigkeit 95; Stadtansichten 95; „Soldaten sind Mörder" 96; Weltmacht Deutschland 96; Aufstehen für e. andere Politik 98; Transformationen 98; Rotgesagte leben länger 99; Die geballte Ladung 05; – seit 70 regelm. Beitr. in zahlr. Zss., u. a. in: die horen; Eulenspiegel; Die Weltbühne; Blätter f. intern. u. dt. Politik; seit 98 regelm. Beitr. in: Ossietzky, Zweiwochenschr. f. Politik, Kultur, Wirtschaft. – **MH:** Zs. Ossietzky, 9 Jgg. seit 98. – **F:** Tot in Lübeck, lit.-satir. Dok.film 03. – **R:** Missisanbend für Bürger 70; Dein Staat – das bekannte Unwesen 71; Kabarett bei Kanal 4 91; Droge Deutschland 91. – **P:** Schallpl.: Die Leid-Artikler 65, Neuaufl. 76; Borniene Gesellschaft 69; Konzertierte Reaktion 69; Mark Meister, übernehmen Sie! 72; Dein Staat – das bekannte Unwesen 72; Wir packens an 72; Schöne Wirtschaft 74; D.K.'s Staats-Theater 75; D.K. live 77; Heil die Verfassung 77; Der rote Feuerwehrmann 78, CD 00; Dem Volk aufs Maul 79 II; Vorsicht, bissiger Mund 81 II; Maden in Germany! 84 II; Damit das Leben die Bombe besiegt 85; Hai-Society 88 II, CD 00; DROGE DEUTSCHLAND, Schallpl./Tonkass./CD 92 II; Groß, größer, am ... Ende oder Das Vierte reicht, Tonkass./CD 95 II, Neuaufl. CD 00 (auch Video); KITTNER LIVE 2: 40 Jahre unter Deutschen / MORDs-GAUDI, CD 02 II (auch Video); KITTNER LIVE 3: Der Krieg der Tröpfe, CD 02 II (auch Video); Rundschlag, DVD/Video 05; Sadisten, DVD 06; KITTNER LIVE 4: „Sehr geehrte Drecksau!", CD 07 II; Neuaufl. DVD 09. – *Lit:* Heinz Greul: Bretter, d. d. Zeit bedeuten 71; Rudolf Hösch: Kabarett gestern u. heute 72; Reginald Rudorf: Schach d. Show 74; Lex. d. Unterhaltungskunst 75, 77; Ingo v. Münch: Übungsfälle 76; Rainer Otto/Walter Rösler: Kabarettgesch. 77; Mei-

Kitzbichler

er-Lenz/Morawietz: Niedersachsen literarisch 78; Urania-Universum-Jb. 1979; Günter Wallraff: D.K. – Ein Radikaler im öffentl. Dienst 75, 87; Reinhard Hippen: Sich fügen heißt lügen 81; Klaus Weigle: Der rote Feuerwehrmann, Dok.film 81; Claus Budzinski: Pfeffer ins Getriebe 83; Petra-Maria Einsporn: Juvenals Irrtum 85; Erhard Jöst: D.K. – Ein prolet. Kabarettist 85; Reinhard Hippen: Kabarett aus d. Koffer 85; C. Budzinski: Wer lacht denn da? 89; Walther Killy (Hrsg.): Literaturlex., Bd 6 90; Volker Kühn: Die Zehnte Muse 93; K.H. Walloch: Von einem der auszog, das Fürchten zu lehren, Dok.film 94; Metzler Kabarett Lex. 96; Rita Schoeneberg: 13 von 500.000 99; Thilo Girndt: Was war los 1950–2000? 01; Michael Schwibbe: Zeitreisen 06; Die Wut hält jung, Dok., DVD/Video 06.

Kitzbichler, Kathi; Oberscheiben 15, A-6343 Erl, Tel. (0 53 73) 81 83, *katharina.kitzbichler@gmx.at, www.kathi-kitzbichler.net* (* Thiersee 15. 10. 49). Tiroler Mundartkr. 94, Turmbund 94, Kunstquadrat 08; 1. Pr. b. Vierzeilerwettbew. ORF (Radio Tirol), 1. Pr. b. Kreativwettbew. d. Telekom Austria u. Seniorkom, 1. Pr. b. Geschn.wettbew. z. Thema „Wald"; Lyr., Erz., Krippensp. (Mda.). – **V:** Mittn im Leb'n 97; I schenk dia de Sunn 99; Gedichte fein zum Strauß gebunden 00; Weil i di mog 02; Danke 04; I wünsch da ois Guate 07. – **MA:** Tiroler Frauengeschichten 89; Bunte Welt Familie 91; Manchmal sind wir Randvoll 97; Mundart und Brauchtum im Jahreslauf 01; A Stübele voll Sonnenschein 02; Frankfurter Bibliothek 04–06; Nationalbibliothek d. dt.sprachigen Gedichtes. Ausgew. Werke V u. VIII–X; Tiroler Bauernkalender; Reimmichlkalender; Norgge, Putz und Fangga, Sagen; Tiroler Gschichtln und Gedichtln vo friara; Wald-Geschichten-Gedichte; monatl. Kolumne „Was mich bewegt" in: Österr. Bauernztg. – **R:** Tirol is lei oans, Lyr. (RAI Bozen) 96; A Stübele voll Sonnenschein 97; Krippenspiel in Tiroler Mundart (ORF Tirol) 98; Tiroler Weis (ORF Tirol) 00, 02.

Kitzler, Gerhard, Dr. med.; Wurmsergasse 49–51, A-1150 Wien, Tel. (01) 9 56 44 84, Fax 3 3 03 16 1, *gerhard.kitzler@chello.at, www.aerztekunstverein.at* (* Wien 12. 11. 56). Anekdote, Lyr. – **V:** Die Nächste, bitte! 02; Das Nächste, bitte! 05, beides Anekdn., Aphor. u. G. (Red.)

Kiwus, Karin, M. A.; Glockenturmstr. 28 A, D-14055 Berlin, Tel. (0 30) 30 81 09 44 (* Berlin 9. 11. 42). Akad. d. Künste Berlin 88; Bremer Lit.-förd.pr. 77, Gaststip. d. Stadt Graz 77, Förd.pr. d. Kulturkr. im BDI 81, Arb.stip. f. Berliner Schriftst. 92; Lyr. – **V:** Von beiden Seiten der Gegenwart 76, 84; Angenommen später 79, 80; Zweifelhafter Morgen 87; Das chinesische Examen 92; Nach dem Leben 06, alles G. – **MV:** Poetische Perlen, m.a., Rensch 93. – **H:** Tiere wie wild 89, 94; Berlin – ein Ort zum Schreiben 96; Wenn ich auf mein bisheriges Leben zurückblicke ... Jurek Becker 1937–1997 02. – **MH:** Vom Essen und Trinken, m. Henning Grunwald 78; Fundsachen für Grass-Leser, m. Wolfgang Trautwein 02. – **P:** Schriftsteller lesen in der DAAD-Galerie, m.a., Schallpl. 86. – *Lit:* Rüdiger Wischenbart: KLG 80; Walther Killy (Hrsg.): Literaturlex., Bd 6 90; LDGL 97. (Red.)

Kizilhan, İlhan *

Klaassen-Boehlke, Silke (Capricornia), Erzieherin; c/o Gereon Nigbur, Osningstr. 28, D-49082 Osnabrück, *SKlaa@t-online.de, www.wortfinderin.de* (* Braunschweig 13. 1. 67). Lit.pr. d. Gem. Rommerskirchen 00; Lyr., Erz. – **V:** Schwertfisch, Delphin und Löwe, Erz. 00. – **MV:** Schattentanz, m. Heike Weiand 03. – **MA:** Lebenszeichen 02; In deinem Zeichen 02. (Red.)

Klab s. Brückner, Klaus

Klässner, Bärbel, Autorin; Göttinger Str. 1, D-45145 Essen, *Klaessner@web.de, www.baerbel-klaessner.de* (* Magdeburg 16. 10. 60). Literar. Ges. Thür., Autorinnenvereinig.; Lyr. – **V:** Nahe dem wortwendekreis, G. u. Texte 97; Am ende der städte, G 02; Der zugang ist gelegt, G. 08.

Klager, Christian, Student d. Germanistik u. Philosophie; Doberaner Str. 36, D-18057 Rostock, Tel. (03 81) 2 07 99 55 (* Neustrelitz 18. 7. 81). FDA 01; Fallada-Lit.pr. 98, 99, u. a.; Kurzprosa. – **V:** Lächeln eines Schwanes, Kurzgeschn., Ess. u. Dialoge 00; Masken, Kurzgeschn. u. a. 02. (Red.)

Klages, Simone; *www.simone-klages.de*. c/o Beltz & Gelberg, Weinheim (* Hamburg 20. 6. 56). Auslandsstip. d. DAAD 84, Kdb.pr. d. Ldes NRW 90, Autorenstip. d. Stift. Preuss. Seehandlung 92, Öst. Kd.-u. Jgdb.pr. 94, Lit.stip. d. Ldes Schlesw.-Holst. 94, Schweizer Kd.lit.pr. d. Berner Jgd.schriftenkomm. 96, Heinrich-Heine-Stip. 98, Aufenthaltsstip. Künstlerhaus Kloster Cismar; Kinder- u. Jugendb. – **V:** Henni oder Ich bin doch nicht Hildegard Knef 84, 3. Aufl. 95; Es war einmal ein kleines Mädchen, Bildergesch. 86, Tb. 91 (auch frz.); Bimbo und sein Vogel 88, 00 (auch ndl., fin., frz., schw., am., dän., kan., nor., jap., korean.); Mein Freund Emil, R. 89, 96 (auch ndl., ital. u. als Blindendr.); Und wir flogen tausend Jahre 90; Der blaue Junge 91, 95 (auch engl., am., jap.); Als Viktoria allein zu Hause war 93 (auch korean.); Die Entführung oder Emil kehrt zurück, R. 94, Tb. 97; Ede und die fiesen Franzi 97; Post für Billie 95; Ede und den Weihnachtsriese 95; Von Pechvögeln und Unglücksraben 96 (auch korean.); Mensch, Emil!, R. 97; Rosies Entführung 98 (auch ital.); Mali & Hamster 99; Die Detektive von Cismar u. die geklauten Köpfe 01; ... u. der Bankenraub 02; ... u. das dritte Tattoo 04; Emil, Billy & Katjenka 04; Der geheimnisvolle Kürbiskopf 05; Die Detektive von Cismar u. die geheime Zeichen 06. – **MA:** Luftschlösser 93; Erzähl mir, wie ich früher war 95; Hamburger Jb. f. Lit. 95–97. – **R:** Hannah mit dem Briefmarkenalbum, G.gesch. 95. (Red.)

Klahn, Paul, Bildner, Objekter, Designer, Texter, Schreiber; Schulstr. 3, D-79804 Dogern (* Hamburg 12. 2. 24). Surreal-skurrile Prosa, Sat. – **V:** Kuddel-Muddel, Kdb. 77; Sitzeleien 90; Mappenwerke, u.a.: Ariella; Nifalup; Huni Hen Hit; Stilenten-Gummler; Hann More Tibora, insges. ca. 30 Titel. (Red.)

Klaholt-Husemann, Waltraud J. (geb. Waltraud Klaholt), Buchhändlerin; Postfach 340116, D-45073 Essen, Tel. (02 01) 60 15 16, Fax 8 69 56 55, *Buch@Klaholt-Verlag.de, www.Klaholt-Verlag.de*. Dreesweg 6, D-45130 Essen (* Essen 14. 11. 36). Lyr., Erz., Märchen, Nov. – **V:** auf den Nenner gebracht, G. 00. – **MA:** Das Lied der Deutschen 86; Heimat ist Zukunft 01; 13 Beitr. in versch. Tagesztgn 99–01. – **R:** 8 Gedichte u. 1 Erz. in versch. Sdgn d. WDR seit 97. (Red.)

Klammer, P. Bruno, Dr. phil., Theologe, Germanist; Kehlburgweg 23, I-39030 Gais, Tel. u. Fax (04 74) 55 35 16, *bruno.klammer@deltadator.it* (* St. Johann/Ahrntal 27. 7. 38). Kr. Südtiroler Autoren, Südtiroler Künstlerbund; Lyr., Erz., wiss. u. Fachveröff. – **V:** Lyrische Splitter, G. 80; An einem der Tage ging Jesu zu Bert Brecht, Lyr. 98; Als meine Gehirnblase voll war 02; Versuch um eine andere Seele, Erzn. 04; Denkstücke aus den Krümmungen des Seins 07. – **MA:** Aus der Norm, Anth. 98; Grenzgänger, Anth. 99; – Mitbegründer u. Mithrsg. d. Kulturzs. „Distel" (Red.)

Klamroth, Sabine, Rechtsanwältin a. D.; Bukostr. 8, D-38820 Halberstadt, Tel. (0 39 41) 60 51 12, Fax 60 52 16, *sabine-klamroth@saramos.de, www.*

juden-im-alten-halberstadt.de (* Halberstadt 10. 8. 33).
Rom. – **V:** Achterstädter Monopoly. Notizen aus Ost
und West zur Wendezeit 02, 03; zahlr. jurist. Veröff.;
langj. Hrsg. mehrerer jurist. Zss. (Red.)

Klang, Ulrich, Dipl.-Ing. f. Schiffsbetriebstech-
nik; Liselotte-Herrmann-Str. 26, D-23968 Wismar, Tel. (03 85) 5 89 28 69, Fax u. Tel. (0 38 41)
73 90 82, *u.klang@blue-cable.de, u.klang@freenet.de,
www.people.freenet.de/seemann3/* (* Elbing/Westpr.
7. 11. 40). – **V:** Die Romantik der Seefahrt, R. 04.
(Red.)

Klapproth, Ruedi, ehem. Seminarlehrer; Chlewi-
genstr. 13, CH-6055 Alpnach, Tel. u. Fax (0 41)
6 70 10 43 (* Luzern 8. 10. 25). ISSV; Jugendb., Erz. –
V: Das Geheimnis im Turm 70; Flucht durch die Nacht
72; Die Nacht, die 6 Tage dauerte 76; Fürchte den Stern
des Nordens 79; Stefan 81; Der todsichere Plan 85; Mit
falschem Pass, Jgdb. 88, 92; Der Junge mit dem silbernen Bogen 90; Tunnel der Gewalt 93; Die Fährte des
Wolfes 97; Mandalenas Felsenschloss 99; Wolkenbil-
der, Erzn. 99; Der Stern der Tyraskiden 02. (Red.)

Klare, Margaret, Dr. phil.; c/o Peter Hammer Verl.,
Wuppertal (* Essen 32). VS; Peter-Härtling-Pr. 88,
E.liste z. Öst. Kd.- u. Jgdb.-Pr.; Das wachsame Hähnchen 90, Hsp. d. Jahres (Radio Bremen) 91, Aphoris-
mus-Pr. d. GfdS 91, Theobald-Simon-Pr. d. GEDOK
Bonn 91, Jan-Procházka-Lit.pr. (2. Pr.) 93, Eule d. Monats Juni 94, Kalbacher Klapperschlange 95. – **V:** Studi-
en zu Thomas Manns „Doktor Faustus", Diss. U. Bonn
73; Harry Hamster und die verschwundenen Nüsse 87,
90; Harry Hamster und das Mäusekind 88; Harry Hamster I u. II 89, alles Kdb.; Heute Nacht ist viel passiert,
Kd.- u. Jgdb. 89, Tb. 93 (auch serb.); Blut ist im Schuh,
Lyr. 91; Der Regenbogenberg 91; Anne 92; Petronella
– ein Pinguinkind 93, alles Kdb.; Hallo, hier ist Felix!,
Jgdb. 94, Tb. 97; Liebe Tante Vesna, Kd.- u. Jgdb. 94;
Schabernack 02; In Wolle wickelt sich das Schaf, G. 03;
Wörtertauschen 04. – **R:** Alle Lieder lassen sich nicht
singen, Hsp. 91. (Red.)

Klasing, Johanna (früher Johanna Breitenmoser),
freischaff. Schriftst., Kunstmalerin; Wiesenstr. 47, CH-
9000 St. Gallen, Tel. (0 71) 2 22 91 65, *joklasing@
bluewin.ch* (* Heiligwil/Nidwalden 11. 11. 56). Anonyme Anerkenn. 86/87, Anerkenn. d. Freimaurerlorge
HSG St.Gallen 87, Projekt-Unterstützung d. Stadt
St.Gallen 89; Lyr., Prosa, Textarbeit, Performance. Ue:
engl. – **V:** Gedichte 73–84; Mein Sprachlos, Lyr. 91;
Das Nadelöhr, Prosa 95; div. Texte f. Tanztheater, u. a.:
Tanztheater „WIP" 96; Das zärtlichste Mass ist der Au-
genblick, V.; Leise Tiefen, R.; Sky – Blue Meadow
Green, G. – **MV:** Stockwerk, m. Teresa de Verelli 96. –
MA: Sand, Lyr.-Zs. 84; Momentaufnahme, Lyr.-Anth.
86; Lyr.-Anth. Nimrod-Verl. 96, 99; Bäuchlings auf
Grün, Lyr.-Anth. 05. – **F:** Un'Isola Azzurra/Eine blaue
Insel 03. – **R:** Lyr. im Rdfk 85. – *Lit:* Dok.film üb. d.
Gesamtschaffen, Art-Haus St. Gallen 99.

Klassen, Lena (geb. Lena Schmidt), Dr. phil., Lit.-
wissenschaftlerin; c/o BMV Robert Burau, Uekenpohl
31, D-32791 Lage (* Moskau 25. 10. 71). Förd.pr. d.
Russlanddt. Kulturpr. d. Ldes Bad.-Württ. 96; Rom.,
Lyr. – **V:** Luisas Balkon oder von der Kunst, ein Künstler zu sein, R. 01; Der Todesadler, Fantasy-R. 01; Him-
mel-Hölle-Welt, R. 01; Schwesterherz, Krim.-R. 05;
Caros Lächeln, R. 07; Die Erzählung vom heiligen Nikolaus, Bilderb. 07; Die verrücktesten Berufe für Aussteiger, Humor 07;
Sehnsucht nach Rinland. I: Die weiße Möwe, II: Der Er-
be des Riesen, beides Fantasy-R. 08; Die Weihnachts-
karawane, Adventskal. 08. – **MA:** Meine schönsten 5-

Minuten-Geschichten zu Frühling und Ostern 04; Fröhliche Weihnacht überall 05.

Klassen, Lucie, Physiotherapeutin; *lu.klassen@web.
de, lucieklassen.de* (* 77). – **V:** Red Light. Die Geschichte e. Rennpferdes, Kd.- u. Jgdb. 98; Der 13. Brief,
Krim.-R. 08.

Klassnitz, Barbara (verh. Barbara Hohmann); 293
Chemin du Brana d'En Bas, F-31840 Aussonne,
Tel. (05 61) 85 21 31 (* Bündheim/Landkr. Wolfenbüt-
tel 2. 2. 38). VS (seit 30 Jahren); Rom. – **V:** Hitzewellen,
R. 00; Eingesperrt, R. 01.

Klauber, Erwin, Schulrat, Hauptschuldir. i. R.; Er-
win-Klauber-Weg 265, A-8181 St. Ruprecht a.d.
Raab, Tel. (0 31 78) 23 03 (* Heilbrunn/Stmk 13. 4. 27).
B.St.H. 67, EM 97, P.E.N.-Club 78, IGAA, Roseggger-
bund, Kapfenberger Lit.kr.; Lit.pr. d. Stadt Gleisdorf
82, E.bürger d. Marktgem. St.Ruprecht/Raab 87, Hans-
Kloepfer-Pr. 88, Gold. E.zeichen d. Ldes Stmk 94,
E.bürger d. Gem. Baierdorf b. Anger 97, E.abzeichen
d. Roseggerbundes 97; Lyr. (hochdt. u. Mundart), Kurzprosa. – **V:** Kimm zuwa zan Tisch 75; In da Zwischn-
liachtn 81; Steirische Mundartliader zur Meß 84 (auch
vertont); Enta da Bamgrenz 84; Auf Weihnachtn zua 89;
Zeitnwandl 94; Jahre unterm Vogelflug, Lyr. 97. – **MA:**
Beitr. in Lit.-Anth., Zss. u. Schr.-R., u. a.: Quer 74; Ausblick 77. – **R:** Beitr. f. Rdfk- u. Fs.-Sdgn im ORF seit
55. (Red.)

Klaus, Michael (Ps. Manfred Lukas), freier
Schriftst.; Hochstr. 74a, D-45894 Gelsenkirchen, Tel.
(02 09) 3 18 66 53 (* Brilon 6. 3. 52). VS 78, P.E.N.-
Zentr. Dtld, Vizepräs. u. Writers-in-Exile-Beauftr. seit
03; Lyr.pr. d. Heinrich-Heine-Tagen d. Stadt Düs-
seldorf 81, Hungertuch 81, Förd.pr. d. Ldes NRW 81,
Stip. d. Dt. Lit.fonds 88, Lit.pr. Ruhrgebiet 91, Alfred-
Müller-Felsenburg-Pr. 96, Kulturpr. d. Hochsauerld-
kr. 97; Lyr., Prosa, Drehb. – **V:** Ganz Normal,
Gebrauchs-G. 79; Otto Wohlgemuth und der Ruhrland-
kreis, Beitr. zur Gesch. d. Arbeiterlit. 80; Der Fleck,
R. 81; Nordkurve, R. 82, 93 (auch als Drehb.); Können
Sie mich so akzeptieren?, G. 83; Logbuch, Text-Bild-
Notenh. 84; Unheimlich offen, Satn. 85; Und die Kerle
lechzen, Rep. 86; Brüder zur Sonne zur Freizeit, Sat.
87; Auf ein langes Leben! 93; Scherpe & Ziska, R.
96; Wie ich meine ersten drei Frauen verlor, Geschn.
98; Fellini, Fellini, Musical-Libr. 99; Gelsenkirchener Tagebuch 99; Klaras Geschichte, R. 00; Taco, R.
02; Heimatkunde, Erzn. 02; Little Red Rooster, Erzn.
03; Nullvier. Keiner kommt an Gott vorbei, Musical-
Libr. 04 (auch CD); Die Tiefe des Raumes. Fussball-
oratorium, Libr. 05; Ab die Kirsche!, R. 06; ... in die
weite Welt hinein, Erzn. 06; Totemvogel, Liebeslied,
R. 06.H. – **MV:** Der Sommer in Samuels Augen, m. Roman Klaus, R. 97. – **MA:** Westfalen, Jahreskal. 04. –
H: Nachwehen, Frauen und Männer mit Kindern 82;
Die Zeit ist ein gieriger Hund 05. – **MH:** Und das ist
unsere Geschichte, Gelsenkirchener Leseb. 84; Für uns
begann harte Arbeit, Gelsenkirchener Nachkriegsleseb.
86. – **R:** Preussens, Olschewskis und die Broda
81; Ich hab Sie gefragt! – Staatsbesuch am Schalker
Markt 82; Dann mach ma – Fussball aber nicht! 84;
Vorsicht, Arkterer unter uns! 85; Geisterbahn 85; Den
Montag mit nach Hause nehmen 86; Der verkehrte
Tag 86; Die Taucherbrille 86; Äi du Hirsch! 86; Ich
war nie länger als zehn Minuten alleine oder Ich denk:
Jetzt ist Feierabend! 87; Schluss! Aus! Feierabend, Fsp.
89; Verkehr macht frei, Fsp. 93; Wanderungen. Solo
für einen dicken Mann, Hsp. 95; Irland an Försters
Küchentisch, Hsp. 95; Schimanski muss leiden, Fsp.
00. – **P:** Nordkurve, Video 93; Hin- und hergerissen
zwischen Gelsenkirchen und Hollywood 96; Irland an

Klausens

Försters Küchentisch, CD 00, beides Lit. u. Jazz; Gelsenkirchener Tagebuch, CD 00; Jetzt ist Josef ja tot, CD 03; Schimanski muss leiden, DVD 04. (Red.)

Klausens (Klau|s|ens, Klau-s-ens, Klau's'ens, Klaus Ist-Klausens, Klaus K. Klausen), u. a. Drucker, Radiored., Journalist, Publizist, Entsandter Doz. d. Goethe-Inst., Lektor, Schriftst.; c/o KUUUK Verlag, Cäsariusstr. 91 A, D-53639 Königswinter, *info @klausens.com, www.klausens.com* (* Krefeld-Uerdingen 21. 5. 58). Lyr., Konkrete Poesie, Wortkunst, Kurzgesch., Erz., Rom., Ess., Drehb. – **V:** Kagedichte 06; Weltling, Lyr. 06; Wortbruch als Wortbruch, konkrete Poesie 07; Schnellbuchroman, R. 08; Eintagesroman (v. 8.8.08), R. 08. – **MA:** Ein Zeichen von Dir, G. 05; Bücher – Mein Lebenselexier, Erz. 06; Rote Schuhe – Das Gewinnerbuch, Erz. 06. – **P:** Nur-zum-Schlafen-CD, künstler. Hörst. 06.

Klauser, Herbert, Dr. phil., Dipl.-Kfm., Prof., Dr.hc; Josefstädter Str. 52, A-1080 Wien, Tel. (01) 4 08 39 41, (0 26 36) 31 33, Fax 35 20, *Klauser@connect.co.at* (* Hollabrunn 10. 2. 16). Ö.S.V., Öst. P.E.N.-Club, Concordia, IGAA; Gold. E.zeichen d. Rep. Öst.; Ess., Wiss., Kinder- u. Jugendb., Sachb., Journalistik – **V:** Ein Poet aus Österreich. Ferdinand von Saar – Leben und Werk 90, 2. erw. Aufl. 95. – **MV:** Vom Höhlenmenschen zum Weltraumforscher, m. Robert Polt 59. – **MA:** Wiss. u. Weltbild 3/72; Öst. in Geschichte u. Lit. 1/77; Schriftenreihe d. ndöst. Kulturforums 90; Annales Universitatis Litterarum et Artium Miskolciensis I–VI 92–96; Kurt Bergel (Hrsg.): Ferdinand von Saar. 10 Studien 95; Karlheinz F. Auckenthaler (Hrsg.): Lauter Einzelfälle 96; Orbis Linguarum, Vol. 16 00; Gedanken-Brücken, Prosa-Anth. 00; Kaleidoskop, Anth. 05; Ferdinand von Saar. Richtung der Forschung. Gedenkschr. z. 100. Todestag 06; Studia niemcoznawcze/Studien zur Deutschkunde (Warszawa) Bd 34 07; Erich Sedlak (Hrsg.): Süchtig 07. – **MH:** This is Britain, m. Karl W. Macho 51. – **R:** Blick in die Heimat; Kleine Kulturgeschichte des Alltags; Berufe, die nicht jeder kennt; Sei nett, es lohnt sich, alles Rdfk-R. – *Lit:* Autorenporträt d. NdÖst. PEN-Clubs, Video 06.

Klaushofer, Roswitha, Instrumentallehrerin; Nelkengasse 3, A-5700 Zell a. See, Tel. u. Fax (0 65 42) 5 31 28, *r.klaushofer@sbg.at* (* Salzburg 25. 8. 54). IGAA; Salzburger Lyrikpr. 96, Arb.stip. d. Bdes 02, Arb.stip. d. Ldes Salzburg 03; Lyr. – **V:** Mitlesebuch Nr.34 98; Schattenversteck unterm Lid 99; Mitlesebuch Nr.56 00; Zeitflügel 00; Wärmestein und Windeis 00; Im Wachs klirrt Leim 01; Stein-Garten 02; zwischen tagnacht und hautbeginn 06. – **MV:** Hoffnung auf Meer, m. Aldona Gustas u. Ingeborg Görler, G. 00. – **MA:** Beitr. in Lit.-Zss. – **R:** Texte aus Österreich, Lyr. 97; Zeitton 98; Leseprobe 00; Lesenhören 04; Texte 04, alles Hfk-Beitr. – *Lit:* Chr. Janacs in: Lit. u. Kritik 331/332 00, 363 02; A. Eder in: @cetera 01; Grit Kalies in: Leipzig-Almanach 03. (Red.)

Klauß, Klaus, Dr. phil., Dipl.-Archivar (Wiss. Archivar); Prenzlauer Promenade 162c, D-13189 Berlin, Tel. (0 30) 4 72 12 05 (* Breslau 31. 10. 33). Krimi, Science-Fiction. – **V:** Der vierte Schlüssel, Krim.-R. 80; Duell unter fremder Sonne, SF-R. 85. – **MA:** Das Magazin 7/85, 9/87, 7/90; Technikus 12/88; Eine glänzende Idee, Sammel-Bd (Krim.-Erz.) 91.

Kleberger, Ilse (geb. Ilse Krahn), Dr. med., Ärztin; Cimbernstr. 16, D-14129 Berlin, Tel. (0 30) 8 03 58 28 (* Potsdam 2. 3. 21). GEDOK, NGL, Friedrich-Bödecker-Kr.; Buch d. Monats d. Dt. Akad. f. Kd.- u. Jgd.-lit. 80, Bestliste z. Dt. Jgd.lit.pr. 81, Lyr.pr. d. Concordio Poesia, Benevento 94, Gold. Tb. d. Ravensburger Buchverl. 97; Rom., Nov., Lyr., Kinderb., Erz., Hörsp.,

Fernsehsp., Biogr. Ue: engl. – **V:** Wolfgang mit dem Regenschirm 61 (auch dän.); Mit dem Leierkasten durch Berlin 61; Mit Dudelsack und Flöte 62; Unsre Oma 64, 97, Neuaufl. 08 (auch engl., am., poln., tsch., span., chin.,hebr., jap.); Jannis der Schwammtaucher 65, 72, alles Jgdb.; Unser Kind wird gesund, Sachb. 66; Wein auf Lava, R. 66; Ferien mit Oma, Jgdb. 67, 97 (auch engl., am.); Wir sind alle Brüder. Im Zeichen d. Roten Kreuzes, Sachb. 69; Villa Oma 72, 97; Berlin unterm Hörrohr 76; Verliebt in Sardinien 76, 79; Der große Entschluß, R. 78; Damals mit Kulicke 79; 2 : 0 für Oma 79, 97; Käthe Kollwitz, Biogr. 80, Neuaufl. 99 u. 08; Adolph Menzel, Biogr. 81; Die Nachtstimme 82, 00; Ernst Barlach, Biogr. 84, Neuaufl. 98; Bertha von Suttner, Biogr. 85, 89; Christine, fünfzehn. Hinter der Fassade 86; Erzähl mir von Melong 89; Albert Schweitzer. Das Symbol u. d. Mensch 89; Schwarzweißkariert 89, 98; Wo liegt Eden? 90; Der eine und der andere Traum. Heinrich Vogeler 91; Pietro und die goldene Stadt, R. 93 (auch ital.); Die Vertreibung der Götter, R. 00; Jahresringe, R. 01; Hoppla, jetzt kommt Beppo!, Jgdb. 04, als Hörb. 06. – **MA:** Junges Berlin, Lyr. 48; Piet und Ans leben in Holland, Jgdb. 62 (auch nor.); Pierre und Annette leben in Frankreich, Jgdb. 62 (auch nor.); Pietro und Anna leben in Italien, Jgdb. 63 (auch nor.), sowie Beitr. in zahlr. Anth. – **H:** Keine Zeit für Langeweile. Ein Trostb. f. kranke Kinder 75; Wirf mir den Ball zurück, Mitura 79; Kinderbriefe aus 323 Jahren. – **R:** Die Auswanderung, Hsp. 65. – **P:** Unsere Oma 75; Ferien mit Oma 80; 2 : 0 für Oma 80.

Klecker, Hans, Dipl.-Chemiker; Eisenbahnstr. 43, D-02763 Zittau, Tel. (0 35 83) 70 79 95, Fax 70 79 96, *info@hans-klecker.de, www.hans-klecker.de* (* Obercunnersdorf/Oberlausitz 4. 8. 48). Lyr. (Oberlausitzer Mda.), Erz. – **V:** Su rullts ba uns, G. 87; Sitten und Bräuche im Jahresverlauf in der gebirgigen Oberlausitz 90; Vu jedn Durfe a Hund. 100 G., Geschn., Kurzszenen, Lieder u. Schnurren 91; Von der Wiege bis zur Bahre 94; Gekleckertes. 100 Lieder, G., Geschn., Kurzszenen u. Schnurren in Mda 96; Da wo die Spree entspringt. Neue Lieder aus d. Oberlausitz 97; Heiraten in der Oberlausitz 99; Gequirltes. G., Geschn., Schnurren u. Lieder in Mda. 00; Oberlausitzer Wörterbuch 03; Mir Äberlausitzer Granitschadl 05. – **MA:** Südliche Oberlausitz 91. – **P:** Bei Karaseck ist Räuberfest, CD 98; Schöne Oberlausitz, Video 00. (Red.)

Klee, Karin, Red.; Postfach 1202, D-66681 Wadern, *karink-wadernO@t-online.de, karinklee.saar.de*. Niederlöstem 4, D-66687 Wadern (* Losheim 25. 12. 61). Bosener Gruppe 04, Sprecherin seit 05, Lit. Wettb. d. Saarland. Journalistenpr. 91/92; Lyr., Erz., Dramatik. – **V:** Die Nacht, die zu Ende geht, Kurzdrama-Entwurf, Lesung 03; Am Holländerkopf, Erz. 07; Frauenzimmer, Lyr. 08. – **MA:** Paraple 7 04, 8 05; Tanz der Grenzen. Danse des frontières, Anth. 04; Von Wegen, Anth. 05; Letzte Grüße von der Saar, Anth. 07; wöchentl. Kolumne in: Saarbrückner Ztg, seit 05.

Klee, Ursula, Autorin; Jacobystr. 2, D-56170 Bendorf-Sayn, Tel. u. Fax (0 26 22) 1 58 38, *www.u-klee.de* (* Würzburg 10. 4. 41). Lyr., Erz., Prosa. – **V:** Klarsicht. Ein Blick durch geputzte Fenster 90, 3. Aufl. 96; Berührungspunkte – sind Ansichtssache, G. u. Gedanken 91, 3., veränd. Neuaufl. 96; Mit spitzer Feder und Herzblut, Liebes-G. 92; Silberblick, Geschn., G., Gedanken 93; Es gibt Tage … 95, 2. Aufl. 97; Veilchen im November, Geschn. u. G. 99, veränd. Neuaufl. 04. – **MV:** Luftwurzeln, m. Peter Würl 94. – **MA:** versch. Anth. – **P:** „Liebe, vielleicht -", CD 02. (Red.)

Kleeberg, Lis (geb. Lis Kühne), freischaff. Schriftst.; Petersssteinweg 15, D-04107 Leipzig, Tel. u. Fax (03 41) 9 60 11 10, *www.Lis-Kleeberg.de* (* Leipzig 27. 8. 16). VS 61, Förd.kr. d. Freien Lit.ges., Gründ.mitgl. 90, Lit.-büro Leipzig, Gründ.mitgl. 90, Ver. z. Förd. d. Leipziger Stadtbibliothek, Gründ.mitgl. 90; Rom., Hörsp. – **V:** Schmale Sonne, R. 75, 4. Aufl. 88; Das andere Leben, R. 86, 87; Gegangen, R. 01. – **MA:** Ostragehege, Zs. 96; Mobile, med. Mag. 02. – **R:** Liebe und Schuld der Jana W., Jgd.hsp. nach „Schmale Sonne" 75/76; Beitr. in: Am Abend vorgestellt (WDR) 89; Autoren lesen (mdr) 98. – *Lit:* ich schreibe 74; Deutschunterricht 76; Bestandsaufnahme. Lit. Steckbriefe 76; Autoren in Sachsen 92. (Red.)

Kleeberg, Michael, freier Schriftst. u. Übers.; c/o Petra Lölsberg – Agentur f. PR u. Kommunikation, Heeruferweg 11, D-13465 Berlin (* Stuttgart 24. 8. 59). P.E.N.-Zentr. Dtld 03; Anna-Seghers-Pr. 96, Lion-Feuchtwanger-Pr. 00, Stip. d. Dt. Lit.fonds 03 u. 06, Stadtschreiber-Lit.pr. Mainz 08, Lit.pr. d. Irmgard-Heilmann-Stift. 08. Ue: frz, engl. – **V:** Böblinger Brezeln, Stories 84; Der saubere Tod, R. 87; Proteus der Pilger, R. 93; Barfuß, N. 95; Der Kommunist vom Montmartre u. a. Geschichten 97; Ein Garten im Norden, R. 98; Der König von Korsika, R. 01; Das Tier, das weint. Libanesisches Reisetageb. 04; Karlmann, R. 07. – **Ue:** Yves Simon: Die Drift der Gefühle 94; Xavier Hanotte: Das Bildnis der Dame in Schwarz 96; John Dos Passos: Das Land des Fragebogens 97; Joris Karl Huysmans: Zuflucht 97; Pascal Bruckner: Diebe der Schönheit 98; Nicholas Blincoe: Acid Killers 98; Jules Barbey d'Aurevilly: Finsternis 99; Paule Constant: Vertrauen gegen Vertrauen 99; X. Hanotte: Vom verschwiegenen Unrecht 99; Tim Pears: Der Lauf der Sonne 02; Marcel Proust: Combray 02; ders.: Eine Liebe Swanns 04; Paule Constant: Sex u. Geheimnis 04; Marc Dugain: Der Fluch des Edgar Hoover 07, u. a. (Red.)

Kleemayr, Johann, Mag., Lehrer, Autor, Kunstprojekte; Sandwirtstr. 7, A-4600 Wels, *kleejoha@yahoo.com, www.johannkleemayr.net* (* Schwanenstadt/ObÖst. 22. 3. 54). GAV, IGAA; Stip. Schloß Wiepersdorf 97; Lyr., Prosa, Rom., Drama, Hörsp., Sachb., Reiseber. – **V:** armer 90; Liebknecht 93; Puchheim 93; Die Studie 93; Das Neandertal 94. – **H:** Erinnern für die Zukunft. Schwanenstadt 1933–1945, Ausst.-Kat. 06. – **P:** Thailand für Anfänger 97; London atmen; Thailand für Fortgeschrittene (auch CD) 08, alles Weblogs.

Kleeona s. Ansorg, Angelika

Klees, Thomas; Lindenallee 33, D-20259 Hamburg (* Bremen 66). Aufenthaltsstip. d. Berliner Senats 00. – **V:** Spurlos werden, G. 99. (Red.)

Klefinghaus, Sibylle; c/o Stadtlichter Presse, Berlin (* 49). Projektstip. u. Ed. Mariannenpresse 90/91, Alfred-Döblin-Stip. 99. – **V:** Tribut der schriftkundigen Stämme, G. 83; Der zarte unsichtbare Kompaß 91; Heimweh nach weg von hier, G. 93; Rückwärts vorwärts 02. (Red.)

†**Klefisch,** Walter, Dr. phil., Schriftst., Komponist, Übers. (* Köln 3. 10. 10, † 06). GEMA, VG Wort; Verd.orden d. Bdesrep. Dtld 82; Ged., Ess. (Musik u. Lit.), Kurzgesch., Dramatik, Aphor., Humorist. Literatur. Ue: ital, frz, span. – **V:** Unerhört, Kom.; Der Strohwitwer, Schw., u. a.; Don Poltrone (Don Po), Textb. z. eig. opera buffa 75; Fülle der Welt, G. 76; Gold in der Truhe, Kom. n. Boccaccio 79; Memoiren eines Menschenfunks 83; Tagebuch eines alten Esels 87, beide humorist., sat., humanist.; Komponisten-Porträts 92; Die Natur als Künstlerin 95; Erstaunliches. Ein Buch f. d. ganze Familie 01. – **B:** Carlo Goldoni: Die listige Witwe, Die neugierigen Frauen 01; Die neue Wohnung 58,

alles Kom. (auch übers.); Cervantes: Das Wundertheater 57; Lorenzo da Ponte: Mein abenteuerliches Leben, Mem. (dt. neu gefaßt) 60. – **MA:** zahlr. Kurzgeschn., Glossen u. Aphor. in versch. Ztgn u. Zss. – **H:** Erinnerungen an Hans Pfitzner (Pf. in Köln): Mitt. d. Pfitzner-Ges. 79. – **R:** Bizet, Fk-Portr. 55; Rossini – Sonne Italiens, Fk-Biogr. u. Vortr. 57; Napolitana, kom. Oper, m. Hans W. Klefisch, Fs.-Sdg 60, 65; Albeniz, Fk-Portr. 59; Skandal im Argentina-Theater (Die Urauff. des Barbiers v. Sevilla), Rossini-Hsp.; Die Mundartdichterin Lis Böhle, Rdfk-Sdg (WDR). – **Ue:** G. Rossini: Der Herr Bruschino, kom. Oper, ausgew. Briefe (auch hrsg.) 47; Übers. u. Nachdicht. v. altital. Madrigalen, Villanellen u. intern. Folklore; G. Donizetti: Unveröffentlichte Briefe 42; G. Bizet: Briefe aus Rom (auch hrsg.) 49; Sardou: Der Matratzenfabrikant, Kom.; Lamberto Santilli: Naturhymnen 65. – *Lit:* Hilger Schallehn: Z. 75. Geb. v. W.K. in: Lied & Chor, Zs. 85; Kölner Rundschau, Art. anl. d. 75. Geb. 85; Münchner Merkur, Art. anl. d. 75. Geb. 85.

Klein, Anneliese s. Dressler, Anneliese

Klein, Brunhilde (Ps. Brunhilde Klein-Ettlmayr), Volksschullehrerin i. P.; c/o Seniorenresidenz Warmbad-Villach, Warmbader Str. 82, A-9500 Villach-Warmbad (* St. Veit an der Glan 10. 2. 19). Märchen, Spiel f. Kinder, Lyr., Kurzgesch. – **V:** Das Jahr ist um, das Jahr beginnt, Sp. 76; Das Licht vom Bethlehem, Weihn.sp. 76; Die Sonnenuhr zeigt Mitternacht, M. 76; Gesang aus dem Herzen, G. 80; Licht und Schatten 88; Auferstehung der Natur, G. 99; Sternschnuppen, G. 99. (Red.)

Klein, Carina, Juristin, Autorin, Ghostwriter f. biogr. Texte; c/o Piper Verl., München (* Berlin 4. 8. 64). Rom., Erz. – **V:** Wo geht's denn hier nach oben?, R. 01; Love-M@il, R. 02. – **MA:** Gute-Nacht-Geschichten für Frauen, die nicht einschlafen wollen, Erzn. 02; Freundinnen, Erzn. 02. – **R:** Notti Italiani, Lesung im HR 05. (Red.)

Klein, Cornelia s. Prelicz-Klein, Gerlinde

Klein, Cornelia; Tel. u. Fax (0 26 26) 6 34 70, *derbogner@aon.at.* – **V:** Was glaubt sie, wer sie ist? 06.

Klein, Edwin (Ed Elkin); Hubertusstr. 69, D-54439 Saarburg (* Konz 19. 6. 48). Rom. – **V:** Deckname: Bilog, R. 90; Familienzauber 91; Der Schattenläufer 91; Schlafender Bär 91, alles Polit.-Thr.; Vannic, Thr. 91; Bitterer Sieg, Thr. 92; Das Chimära-Komplott, Polit-Thr. 92; Olympia 92 (auch ung.); Die Kanzlerpuppe, Thr. 93, u. d. T.: Marionetten der Macht 99; Die russische Puppe, Polit-Thr. 94; Rote Karte für den DFB 94; Der Schwur von Sibirien 95; Kampf der Götzen 97; Des Ruhmes Wahn, R. 98. – **MV:** Wer mit dem Ball tanzt, m. Sepp Maier 00. (Red.)

Klein, Georg; Heinitzpolder 16, D-26831 Dollart, Tel. (0 49 59) 12 86, *georg-klein@ewetel.net, www.devries-klein.de* (* Augsburg 29. 3. 53). P.E.N.-Zentr. Dtld; Brüder-Grimm-Pr. d. Stadt Hanau 99, Förd.pr. f. Lit. d. Ldes Nds. 99, Stip. d. Dt. Lit.fonds 00, Ingeborg-Bachmann-Pr. 00; Erzählende Prosa. – **V:** Libidissi, R. 98 (auch frz.); Anrufung des Blinden Fisches, Erzn. 99; Barbar Rosa. Eine Detektivgesch. 01; Von den Deutschen, Erzn. 02; Die Sonne scheint uns, R. 04; Sünde Güte Blitz, R. 07. (Red.)

Klein, Gerlinde s. Prelicz-Klein, Gerlinde

Klein, H. D. (Hans Dieter Klein), Werbefotograf; Studio Eins GmbH, Veit-Stoß-Str. 94, D-80687 München, Tel. (0 89) 16 81 78, Fax 16 81 79, *googol @hdklein.de, studio.eins@t-online.de, www.hdklein. de, www.phainomenon.de* (* Wolfratshausen 21. 2. 51).

Klein

Science-Fiction. – **V:** Googol 00, Neuaufl. 06; Phaino-
menon 03; Googolplex 06, alles SF-R. (Red.)

Klein, Heinrich, Dr., Prof.; Lassallestr. 2, D-67663
Kaiserslautern, Tel. (06 31) 2 37 39 (* Braubach/Rh.
17. 4. 25). Buch d. Monats; Kinder- u. Jugendlit. – **V:**
Steine erzählen. Ferienreisen in die Erdgeschichte 78,
4. Aufl. 79. (Red.)

Klein, Kirsten, freie Schriftst.; Haselweg 53, D-
75228 Ispringen, Tel. (0 72 31) 8 10 69 (* Pforzheim
7. 11. 59). IGdA; Rom., Erz., Drehb., Theaterst., Hörsp.,
Kinderlit. Ue: engl. – **V:** Die Pfeile Gottes, hist. R. 98;
Mondlichtzauber, Erzn. m. Fotos v. Olaf Schulze 03. –
R: Familienbande, Kurzgesch. 90. (Red.)

Klein, Kurt (Ps. kritischer Hans, Gregorianus, Gallus, Erik Klunt, Konrad Nielk), Schulamtsdir. a. D.; Ha-
selwanderstr. 11, D-77756 Hausach, Tel. (0 78 31) 61 25
(* Villingen/Schwarzw. 18. 10. 30). E.gabe d. Reg.präs.
v. Freiburg 78, Silb. Hansjakob-Med. d. Stadt Haslach 83, EM d. Hist. Ver. f. Mittelbaden 85, E.nadel
d. Ldes Bad.-Württ. 85, Med. f. Verdienste um d. Heimat Bad.-Württ. 87, Gr. E.teller d. Stadt Hausach 90,
Heimatpr. d. Ortenaukr. 91, Gold. Hansjakob-E.zeichen
d. Stadt Haslach 93, BVK 01, u. a.; Heimatlit., Ess.,
Hörsp., Erz., Sachb., Journalist. Arbeit. – **V:** Heinrich
Hansjakob – ein Leben für das Volk 77, 3. Aufl. 80;
Einer findet den Weg, Erzn. 77; Rund um den Bran-
denkopf, Erzn. u. Ber. 80; Geheimnisvoller Schwarzwald, Erzn. u. Ber. 80, 2. Aufl. 83; Rund um das Ka-
lenderjahr, volkskundl. Kalenderbll. 83; Verborgener
Schwarzwald, Erzn. u. Ber. 88; Unbekannter Schwarz-
wald 91, 2. Aufl. 97; Schwarzwälder Kalenderblätter
92; Zibärtle aus dem Schwarzwald – Originale u. Ori-
ginelles, 30 Erzn. 93, 2. Aufl. 05; Heckenrösle aus dem
Schwarzwald, Erzn. u. Ber. 95; Burgen, Schlösser und
Ruinen 97; Leben unter der Burg, Erz. 00; Perlen der
Heimat, Erz. 00; Leben am Fluss, Erz. 01, 3. Aufl. 08;
Leben im Schwarzwald, Erz. 03, 3. Aufl. 08; Verborgene Schätze, Erz. 04, 2. Aufl. 05; Wenn der Hahn kräht,
Wetterregeln 05, 2. Aufl. 08; Kostbarkeiten am Weg,
Erz. 07; Zeugen der Vergangenheit. Burgen u. Schlösser 08; zahlr. weitere heimatgesch. u. volkskundl. Publ.
sowie Wanderführer. – **MA:** mehrere Beitr. zur Regionalgesch. – **R:** Der schwarze Rebell; Den Toten zur Ehr,
den Lebenden zur Lehr; Vom Seepfarrer zum Kanzel-
redner von St. Martin; Der letzte Abt; Der Bauernre-
bell, alles Hsp./Hörfolgen; Kalendermann, Rdfk-Sdg,
seit 96. – *Lit:* Geroldsecker Land 88; AiBW 91; Auto-
renverzeichnis Lit. Forum Südwest 97; Dt. Schriftst.lex.
02; s. auch SK.

Klein, Lothar Ernst, Verleger, Autor; Schlesienstr.
11, D-66482 Zweibrücken, Tel. (0 63 32) 7 77 82, Fax
90 78 68, *kv-kleinverlag@web.de* (* Rheidt 22. 8. 48).
Lit. Ver. d. Pfalz 95; Lyr., Erz. – **V:** Weiterwege 93;
Ge(h)dichte 94; Verloren 94. – **H:** Rasiertes schützen-
des Dunkel 94; Wechselklänge 95; Am Kamin erzählt,
Anth. 97.

Klein, Martin, freier Autor, freiberufl. Dipl. Ing. f.
Garten- u. Landschaftsplanung; Böckhstr. 12, D-10967
Berlin, Tel. u. Fax (0 30) 6 94 39 46, *mkleinautor@
aol.com*, *www.martin-klein.net*. An der Alten Braue-
rei 24, D-14482 Potsdam, Tel. (03 31) 6 00 94 09
(* Lübeck 12. 4. 62). VS; Autorenstip. d. Stift. Preuss.
Seehandlung 96, Alfred-Döblin-Stip. 97, Waiblinger
Kd.- u. Jgd.medienpr. 00, Kd.- u. Jgd.lit.pr. "Eberhard"
00, Aufenthaltsstip. Künstlerhaus Kloster Cismar 01,
"Struwwelpippi", Kdb.autorenresidenz Echternach 04;
Kinder- u. Jugendb., Belletr., Hörsp. – **V:** Lene und die
Pappelplatztiger 90, Tb. 08; Lene gegen die Kornfeld-
kobras 91, Tb. 08; Lisas Zauberperle 92, Tb. 96; Ma-
reks große Liebe 93, Tb. 97; Mein Freund, der Schlaf

94, Tb. 97; Marek und Lisa auf Tour 95; Wie ein Baum
95, Tb. 05; Der kleine Dings ... aus dem All 98, ... und
die Zeitmaschine 00, ... in der Schule 01, ... ist verliebt
05; Mats, der Held des Glücks 98, Tb. 01; Das Nest
am Fenster 98; Torjägergeschn. 99; Sportgeschn. 99;
Rittergeschn. 00; Haustiergeschn. 02, 06; Die Stadt der
Tiere 01, 05; Alle Jahre Widder 04, Tb. 06; Piratenge-
schn. 05; Tom & der Piratenkönig 05; Fußballgeschn.
06; Abenteuergeschn. 06; Pelé & Ich 06, 08; Der Geist
aus dem Würstchenglas 06; Luise auf der Wiese 07; Der
Königsball 08; Theo und der Flickenbär 08; Betreten
verboten 08; Rita, das Raubschaf 09; Ein Tag auf dem
Pferdehof 09; Schulgeschn. 09; div. Veröff. z. Garten-
u. Landschaftsplanung sowie Kindersachb.; (Übers. in
Frz., Ital., Korean., Chin., Engl., Tsch., Ndl., Nor.). –
MA: Frei wie die Drachen am Himmel 96; Ab in die Ferien 97; Elefanten, Elefanten, Geschn., Bilder u. G. 97;
Von dir und mir 97; Endlich wieder Ferien 98; Ich mit
dir, du mit mir 98; Ich will ein Tier 00; Ferien wie nie
00; Berlin? Berlin! 01; Schön schaurig 02; Jetzt geht's
los 04; Ich bin aber noch nicht müde 04, u. zahlr. weitere Anth.; zahlr. Beitr. in Lit.-Zss., u. a. in: Erker; Lit. am
Niederrhein, seit 84. – **R:** Radiogeschn. (auch 'Ohrenbär') f. RBB, NDR, WDR u. DLR; Feat. f. DLR: Die
Wildnis von nebenan 06; Von Bunthühnern und Woll-
schweinen; Das ist doch komplett erfunden; einige Fs.-
Beitr. – **P:** Mein Freund, der Schlaf, Hsp. 01; Alle Jahre
Widder 03; Torjägergeschn. 04; Stories about goalget-
ters; Der kleine Dings aus dem All, alle auf CD/Kass.

Klein, Michael, Red.; Schartenbergstr. 4, D-34454
Bad Arolsen, Tel. u. Fax (0 56 91) 4 09 38, *michael.
klein.mail@web.de* (* Gifhorn 28. 7. 60). Rom., Erz.,
Feat. – **V:** Das weiße Schweigen. Jack Londons Weg
durch das Eis, Dok.-VR. 01. – **H:** Walter Scott: Das Leid
von Lammermoor, R. 99; William Gilmore Simms:
Wigwam und Blockhaus, Nn. 02. – **R:** Jack London
oder Die falsche Seite der Schienen, biogr. Collage 97;
Das weiße Schweigen. Jack London u. d. Goldrausch
am Klondike 97; Der fremde Blick. Michelangelo Antonioni u. seine Filme 97; Metaphysik der Angst. Das
Kino d. Alfred Hitchcock 99; Dokumentationen des Lebens. Krzysztof Kieslowski u. seine Filme 01; "Weiß
von Natur, ein wenig Rothaut in Gemüt und Lebensart". James Fenimore Cooper u. seine "Lederstrumpf"-
Erzn. 02; Sänger der Inseln. Der Orkney-Dichter George Mackay Brown 02; Der Traum von der Brüderlichkeit. Charles Dickens u. d. Weihnachtsfest 02; Reisen
in Scotts Land. Walter Scott 03; Die Meuterei auf der
"Bounty". Wahrheit, Legende, Fiktion 04. (Red.)

Klein, Olaf Georg; Bötzowstr. 17, D-10407 Berlin, Tel. (0 30) 4 49 16 39, Fax 42 80 44 00, *ogk.berlin
@gmx.de*, *www.olaf-georg-klein.de* (* Berlin 11. 1. 55).
NGL Berlin 90, VS 90, Autorenkr. d. Bdesrep. Dtld 94–
02, P.E.N.-Zentr. Dtld 04; Arb.stip. f. Berliner Schriftsteller 90, Stip. d. Berliner Kulturelaten 93, Stip. d.
Else-Heiliger-Fonds 95, Stip. Schloß Wiepersdorf 96,
Writer in Residence, Pennsylvania/USA 97; Rom., Erz.,
Ess., Hörsp. – **V:** Nachzeit, R. 90 (auch engl.); Plötzlich
war alles ganz anders. Dt. Lebenswege im Umbruch,
Erzn. 92. 2. Aufl. 95 (auch engl.); Ihr könnt uns einfach nicht verstehen! 01, 7. Aufl. 03; Zeit als Lebenskunst, Ess. 07, 3. Aufl. 08. – **MA:** Erzn. in: Sinn und
Form 6/1993; Mancher Abschied ist schön 94; Literatur vor Ort 95; Lust und Frust der Verführung 96; Der
Spagat im Dreieck 96; Mit dem wort am leben hängen
98; Ess. in: Aufbruch in eine andere DDR 89; Ästhetik und Kommunikation 77/91; Stint. Zs. f. Lit. Bremen
19/1996; Volkseigene Bilder 99; Rdfk-Arb. in: Kontext
4/88. – **R:** Freiheit und Abschied des Herrn von Kleist,
Rdfk-Sdg 86; Warten auf Antwort, Rdfk-Sdg 89; Schat-

tenspringer 90; Schwesterherz 94. – *Lit:* Wolfgang Emmerich: Kleine Lit.geschichte d. DDR 96; Deborah Janson: Ein Gespräch mit Olaf Georg Klein. GDR Bulletin 96.

Klein, Pit (geb. Peter Klein, Ps. Pit Jonghaus), Rundfunk- u. Fernsehjournalist; Krummenweg 2, D-77815 Bühl/Baden, Tel. (0 72 23) 2 12 96, *pitklein@hotmail.de* (* Köln 7. 11. 40). IG Medien; Goldener Gong; Nov., Journalist. Arbeit. – **V:** Wie Franz-Josef Strauß das Christentum interpretierte, Anekd. 65; Francos zweite Inquisition 71; Brief an einen Hörer 78; English, French or Neckermann 79; Ohne Auftrag 81; Wie der Hase in der 3. Welt läuft, Leseb. 83; Boxkampf, N. 85; Kollegusse, Kollegaukasusse 95. – **MA:** Radio Journalismus 80. – **R:** Die serbisch Orthodoxe Kirche und ihre Klöster, TV-Film. (Red.)

Klein, Roman (Ps. Roman Roland K.); *www.romanklein.de* (* Sankt Wendel/Saar 68). Fantasy- u. Science Fiction-Rom., Krimi, Thriller, Erz. – **V:** Der Fünfte Kreis – the fifth circle 06; Das Vermächtnis der fünf Kreise 08; Der Erbsenzähler 09.

Klein, Siegfried; Dockenhudener Chaussee 28, D-25469 Halstenbek, Tel. (0 41 01) 4 33 76. – **V:** Zum Sterben nach Rio ..., Erzn. 00; Bis zum Ende des Hohlwegs, R. 03. (Red.)

Klein, Stefan, Journalist, SZ-Korrespondent; c/o Süddeutsche Zeitung, Sendlinger Str. 8, D-80331 München, *stefan.klein@sz-korrespondent.de* (* Tecklenburg 6. 10. 50). Egon-Erwin-Kisch-Pr. 78, 79. – **V:** Reportagen aus dem Ruhrgebiet 81; Die Tränen des Löwen 92; Die Reisen nach Jerusalem, R. 98; Heilige Kühe und Computerchips. Indische Gegensätze 99; Der Fuchs kann noch mal gute Nacht sagen. Englische Essenzen 02; Highlands, Stripper und der Fünf-Uhr-Tee. Britische Kapriolen 04. – **MV:** Rechtsradikalismus – Randerscheinung od. Renaissance? 80, 84 u. d. T.: Rechtsextremismus in der Bundesrepublik. (Red.)

Klein, Ulrich, Dr. med.; Route du Gaschney, F-68380 Muhlbach-sur-Munster, Tel. u. Fax 3 89 77 75 37 (* Ottweiler/Saar 23. 9. 40). – **V:** Kubus der Stille, Haikus u. a. G. 96; Fremde Frucht 97; Umwege 98; Noch bevor der erste Schnee fiel 99; Erdengel, Erz. 00; Gewagte Begegnungen, Erz. 01; Gegen Mitternacht, Erz. 02. (Red.)

Klein-Ettlmayr, Brunhilde s. Klein, Brunhilde

Kleinbäuerle, Jens, Dr.; c/o Skript Verlag Kühnel, Talstr. 39a, CH-8852 Altendorf, *www.ckskript.ch, www.ckskript.de.* – **V:** Männer aus kaum vergangener Zeit: Vom Irrtum der Spielfiguren 06; Erzählungen eines Liebenden 06; Das Kinderspiel der Angst 06; Das Macht des Schwachsinns 07; Die Zerstörung der Leidenschaft 08.

Kleine, Dorothea (geb. Dorothea Morawietz), Red., Schriftst.; Spremberger Str. 10, D-03046 Cottbus, Tel. (03 55) 2 57 16 (* Krappitz 6. 3. 28). Das Syndikat 90–05; Stadtschreiberin v. Saarbrücken 88; Rom., Erz., Fernsehsp. – **V:** Ohne Chance, Krim.-Erz. 64; Mord im Haus am See 66; Einer spielt falsch 68; Annette, R. 72, 80; Der Ring mit dem blauen Saphir 77; Eintreffe heute, R. 78, 82; Jahre mit Christine, R. 80, 88; Das schöne bißchen Leben, R. 85, 89; Traumreisen 89; Ausflug mit Folgen. Stadtschreiberin in Saarbrücken 90; Rendezvous mit einem Mörder 92; Im Namen der Unschuld 95; Christus kann nur bis Falkenberg. Die Fälle d. Richters W. 98; Paula, liebe Paula 00; Das fünfte Gebot. Plädoyer f. e. Staatsanwalt, Erz. 05. – **MA:** Tötungsverfahren, Anth. 90; Die allerletzte Fahrt des Admirals, Ketten-R. 99. – **R:** Der Rosenkavalier 66; Ihr letztes Ren-

dezvous 68; Der Ring mit dem blauen Saphir 73; Meine Frau 78; Zur Feier des Tages 80; Harmloser Anfang 81; Feine Fäden 86, alles Fsp./Fsf.

Kleineidam, Horst, Weber, Kohlenhauer, Zimmerer; Golberoder Str. 7, D-01219 Dresden, Tel. (03 51) 4 70 60 24 (* Gebhardsdorf 23. 6. 32). SV-DDR 62, Förd.kr. f. Lit. in Sachsen 91; Lit.pr. d. FDGB 63, Erich-Weinert-Med. 69, Martin-Andersen-Nexö-Kunstpr. d. Stadt Dresden 76, Lessing-Pr. d. DDR 77, Johannes-R.-Becher-Med. 88; Prosa, Dramatik. – **V:** Die Offensive, St. 60; Der Millionenschmidt, Lsp. 62; Von Riesen u. Menschen, Sch. 67; Barfuß nach Langenhanshagen, Einakter 69; Der verlorene Sohn, Einakter 70; Susanna oder Ein Stern erster Größe, Einakter 71; Auf dem Feldherrnhügel, Einakter 71; Die Hochzeit in Tomsk, Farce 73; Polterabend, Sch. 73; Hinter dem Regenbogen, Sch. 75; Karaseck, Sch. 77; Westland-Story, R. 83; Siegfried, der Drachentöter, Theaterst. 89; Sonnenuntergänge im Saronischen Golf, N. 98. – **MA:** Sozialistische Dramatik 68; 1525. Dramen zum dt. Bauernkrieg 75; Der Mäuserich vom Königstein 96; Lit. d. Arbeitswelt Nr. 233 98. – **R:** Der Sturz, Fsf. 85. – *Lit:* H.D. Mäde/U. Püschel: Dramaturgie des Positiven 73. (Red.)

Kleinert, Heinz, Glasdrucker; Isergebirgsstr. 16, D-87665 Mauerstetten, Tel. (0 83 41) 6 71 68 (* Volkersdorf 8. 2. 27). Landschaftspr. Polzen-Neiße-Niederland 65, Adalbert-Stifter-Med. 75, Peter-Dörfler-Pr. d. Kulturpr. d. Stadt Kaufbeuren 83, Oswald-Wondrak-Med. in Silber 85, Sudetendt. Volkstumspr. 85, BVK am Bande 86, Mda.pr. Ostallgäu 91, E.brief d. Gablonzer Heimatkr. 92, Gold. E.ring d. Gablonzer Archiv u. Museum e.V. 97; Mundart-Lyr. – **V:** Die Glasdrückerei im Isergebirge 72; Bunte Reigel, Besinnliches und Heiteres in der Mundart der Isergebirgler aus Gablonz und Umgebung I 74, 3. Aufl. 87; II 74, 3. Aufl.; III 79, 2. Aufl. 88; IV 83; V 92, 2. Aufl. 97; VI 97; VII 01. – **B:** Lebensweise der Isergebirgler 1880–1930 71; Adolf Wildner 1882–1966 81. – **MA:** G. in Jb., Ztgn., Zss. u. Kulturh., u. a.: Gablonzer Mundartbücher 60, 62, 64–67, 69; Jeschken-Iser-Jb. 72–02; Horcht ock, Nopprn! 83–02. – **P:** Perlen aus Gablonz 63; Hindr Wandrmoulrsch Häusl 69; Ibr sch Juhr 71; Summrlied 76; Die Nacht tot ich trejm 80, alles Schallpl.; Zengst ömaring, Tonkass. u. Schallpl. 85; Kennst de dos?, Tonkass. 98; De röchtsche Schmeere, Tonkass. 99. – *Lit:* Horst Kühnel: Laudatio für H. K. in: Sudetenland 85. (Red.)

Kleinert, Paul Alfred, Schriftst., Sozialpäd., Hon. doz. f. Sterbebegleitung, Nachhilfelehrer f. Latein; Hasenheide 71, D-10967 Berlin, Tel. (0 30) 6 92 59 83, Fax 62 79 14 52, *paul.alfred.kleinert@web.de* (* Leipzig 22. 2. 60). Franz-Fühmann-Freundeskr., VS Berlin; Beihilfe d. NGDK 97, Arb.stip. d. NGDK 98, Reisestip. d. Berliner Senats f. Irland 98, Reisestip. d. LBV Wien f. Shetland 02, writer in residence am BCWT Visby/Schweden 06, Reisestip. d. LBV Wien f. Åland 07; Lyr., Erz., Übers. Ue: agr, nehbr, lat, engl, russ. – **V:** Eine Gedankengeschichte. Lyr. Prosa 88; Gedichte und Übertragungen 92; Lebensmitte, G. 96; Einträge in's Dasein, G. 99; Fähren und Fährten, G. 01; Lust und Last, G. 03; manchmal/olykor, G. dt./ung. (Übertrag. v. Sándor Tatár) 08; und wieder an Inseln gewiesen, G. 08. – **MV:** Übergangszeit, m. David Pfannek am Brunnen u. Lutz Nitzsche-Kornel, G., 1.u.2. Aufl. 91; Rabensaat, m. Sándor Tatár, G. ung./dt. dt./ung. 08. – **MA:** Veröff. in Jb., Lyr.-Anth. im Inland, zuletzt: Mit einem Reh kommt Ilka ins Merkur 05; im Ausland zuletzt: Vestnik Literatura, Sofia 2007 (Übers. einzelner G. ins Poln., Russ., Engl., Frz., Ung., Bulgar.); – Prosa, zuletzt: Wir 96. – **H:** Gedichtreihen: Zeitzeichen (Kunstverein zu Aschersleben), seit 99; Die Nessing'schen Hefte, Berlin 03–05; Nordische Reihe (Leipzig), seit 06: G. Helmsdal: Stjørnuakrar/Sternenfelder, G. 06, Sándor Tatár: Endlichkeit mit bittrem Trost, G. 06, Von Djurhuus bis Poulsen – färöische Dichtung aus 100 Jahren, G. fär./dt. 07. – **MH:** Schlesische Dichtung der Barockzeit, m. Leopold Brachmann 94; F.E. Ulrich: für später, G., m. Cordula Ulrich 01. – **P:** Gedichte in: www.lyrikwelt.de. – **Ue:** Sappho, Alkman, Byron, Mandelstam, George MacKay Brown, u. a. – *Lit:* Autorenportr. unter: www.vs-in-berlin.de, www.lyrikwelt.de, www.literaturport.de, www.wikipedia.org.

Kleinert, Sabine (geb. Sabine Hackbeil), Dipl.-Päd., z. Z. Schulstationsleiterin; Hasenheide 71, D-10967 Berlin, Tel. (0 30) 6 92 59 83, *sabine.kleinert@web.de* (* Venusberg/Erzgeb. 13. 8. 54). Lyr. – **V:** gebunden an die Steine der Straße, Lyr. 00. – **MA:** Zehn 93; Das große Buch der kleinen Gedichte 98; Kindheit im Gedicht 02; Spurensicherung, Justiz- u. Krim.-G. 05; Versnetze 08; www.lyrikwelt.de.

Kleinert, Ulrike, Sozialpäd., Heimleiterin e. Kindertagesstätte, Schriftst.; Beginenhof 4, D-28201 Bremen, Tel. (04 21) 5 57 18 96, *Ulrike.Feder@web.de* (* Delmenhorst 3. 7. 55). Werkkr. Lit. d. Arb.welt 76–86 BücherFrauen Bremen 99; Pr. b. Wettbew. d. Bibliothek dt.sprachiger Gedichte 04, Bremer Autorenstip. 06; Lyr., Prosa, Kinderb., Journalist. Arbeit. – **V:** Die gezählte Frau, Prosa 00; Lene und die Straßenbahn, die einen Schluckauf hatte, Kdb. 01; Linien meiner Haut, Lyr. 02; Die Stadt, die Zeit und die Liebe, Lyr. 07. – **MA:** zahlr. Beitr. in Anth. seit 78, u. a.: Dornröschen nimmt die Heckenschere 85; Uns reichts, Leseb. 01; Die literar. Venus 03; Augsburger Friedenssamen 04; Bremer Texte 3 06. – **MH:** Für Frauen, Leseb. 79; Ich steh auf und geh raus, Anth. 84. – *Lit:* Datenbank Schriftstellerinnen in Dtld 1945ff.

Kleinknecht, Olivia, Dr.jur., Schriftst., Malerin; c/o Verlag Ludwig, Westring 431–451, D-24118 Kiel, Tel. (04 31) 8 54 64, Fax 8 05 83 05, *webmaster@verlag-ludwig.de* (* Stuttgart 21. 5. 60). SSV 99, P.E.N. Schweiz 00; Schriftsteller Sommerseminar, Nordkolleg Rendsburg; Rom., Erz., Dramatik. Ue: ital, frz, engl. – **V:** Liebeslohn, R. 98; Der Regisseur, R. 02. (Red.)

Kleinlercher, Toni *

Kleinschmid, Hannelore, Dipl.-Germanistin, Journalistin; Wohnanlage am See 9, D-16727 Schwante, *Hkleinschmid@t-online.de* (* Nordhausen 23. 5. 43). Ernst-Reuter-Pr.; Kinderhörsp., Kindergesch., Krim.rom., Hörfunkfeature. – **V:** Anna kann nicht schlafen 86, 88; Anna will nicht essen 88, 91; Anna und das Segelohr 89; Die DDR entdecken – Reiseziele zwischen Eisenach und Stralsund 89. – **MA:** Beitr. in: Alltag im anderen Dtld 85. – **R:** Uhwa, der Pflaumenmann, 2tlg. 78; Alarm bei der Feuerwehr 79; Die Welt hinter dem Spiegel 79; Abenteuer im Jahreland 83; Jonathans Geburtstag 83, alles Kd.-Hsp. (Red.)

Kleinschmidt, Gerhard, Pädagoge i. R., Oberlehrer; Rottmeisterstr. 5, D-39340 Haldensleben, Tel. (0 39 04) 46 26 97 (* Haldensleben 28. 4. 20). Hist. Nov., Lyr. – **V:** Wohin gehst du?, Lyr. m. Fotos 96; Zum Teufel mit allen Teufeln, hist. N. 97; Und sie verzweifelten nicht, hist. N. 00; Suche das Licht und die Wärme, Lyr. m. Fotos 00; Verhext, hist. N. 02. (Red.)

Kleinschmidt, Sebastian, Dr., Hrsg., Essayist, Chefred. d. Zs. „Sinn u. Form"; Käthe-Niederkirchner-Str. 35, D-10407 Berlin, Tel. (0 30) 4 25 03 04, *sebastian.kleinschmidt@arcor.de* (* Schwerin 16. 5. 48). P.E.N.-Zentr. Dtld; Ess. – **V:** Pathosallergie und Ironiekonjunktur, Ess. 01; Gegenüberglück, Essays 08. – **MV:**

Requiem für einen Hund, m. Daniel Kehlmann 08. – **H:** Walter Benjamin: Allegorien kultureller Erfahrung, ausgew. Schrr. 1920–1940 84; Georg Lukács: Über die Vernunft in der Kultur, ausgew. Schrr. 1909–1969 85; Walter Benjamin: Beroliniana 87; Stimme und Spiegel. Fünf Jahrzehnte „Sinn u. Form", Ausw. 98; Brechts Glaube. Brecht-Dialog 2002 02. – **MH:** „Denk ich an Deutschland ...", m. Wolfgang Balk 93; Brecht und der Sport. Brecht-Dialog 2005, m. Therese Hörnigk 06; Die Zukunft der Nachgeborenen – Von der Notwendigkeit, über die Gegenwart hinauszudenken. Brecht-Tage 2007, m. ders. 07.

Kleint, Scarlett; Strausberger Platz 9, D-10243 Berlin, Tel. u. Fax (0 30) 4 29 74 32 (* 58). Verb. Dt. Drehbautoren; Drehbuchpr. Script '92. – **V:** Verliebt, verlobt, verheiratet, Geschn. 93; Happy Birthday, R. z. Fs.-Serie 99. – **MV:** Starke Frauen kommen aus dem Osten, m. Angelika Griebner, Porträts 95; Die Sternbergs, m. Ria Walden, R. z. Fs.-Serie 99. – **R:** Fs.-Filme (teilw. m. Michael Illner): Kleiner Mensch, großes Herz; Mutter wider Willen; Stubbe oder Der Tote an Loch Neun; Entführt in Rio; Verbotenes Verlangen; Fremde Frauen küßt man nicht; Finale mit da capo; i. d. Reihe „Polizeiruf 110": Kurzer Traum; Die Braut in Schwarz; Der Diskokiller; Blutiges Eis; Kurschatten; – Fs.-Serien: Kanzlei Bürger, Konzept u. 13 F.; Happy Birthday, Konzept u. 16 F.; Die Sternbergs, Konzept u. 13 F.; Am liebsten Marlene, 5 F.; Für alle Fälle Stefanie, 18 F.; Alphateam, 9 F.; Drei Biester, 7 F. m. Roswitha Seidel; Die Rettungsflieger, 4 F. m. ders.; Georg Ritter – Ohne Furcht und Tadel, 12 F. m. Michael Illner; – Hsp. nach Erich Kästner: Der 35. Mai; Emil und die Detektive. – **P:** Lyrics f. d. Gruppe City: Feuer unterm Eis 85; Casablanca 87; Keine Angst 90; Rauchzeichen 97; Am Fenster 2 02, alles Schallpl./CDs. (Red.)

Kleinz, Klaus, Lacktechniker i. R.; Erich-Kästner-Str. 39, D-64572 Büttelborn, Tel. u. Fax (0 61 52) 79 25, *kleinzelmann@t-online.de, www.kunstbande.de* (* Regensburg 6. 5. 43). Erz. – **V:** Küsse, Kuchen, Keile, Geschn. 04; Tante Lu und Onkel Jobo, Erzn. 04; Lichtblicke. Not macht erfinderisch 04; Der beste Weg Englisch zu lernen. English learning by doing, Erzn. 06.

Kleiß, Peter; Friedrichstr. 44, D-66557 Illingen-Uchtelfangen, Tel. (0 68 25) 40 69 00, *www.peter-kleiss.de.* – **V:** Zeit und Rhythmus, Lyr. 06; Haste Töne, Lyr. 07.

Kleist, Jürgen; 745 Pointe aux Roches, Plattsburgh, NY 12901/USA, Tel. (5 18) 5 61–69 22, *jurgenkleist@earthlink.net* (* Fürstenberg/Havel 19. 2. 49). – **V:** Wintergott, Erz. 03; Der Zauberer von Wien, R. 03. (Red.)

Klemann, Carsten; Hegerstr. 15, D-20251 Hamburg, Tel. (0 40) 47 35 37 (* Hamburg 29. 8. 63). – **V:** Moselblut, R., 1.u.2. Aufl. 07. – **MV:** Die Nacht ist zum Schlafen da 90 (3 Aufl.; auch mithrsg.); Kriminaltango 94, 02 (auch mithrsg.); Hundert 5-Minuten-Krimis 95; Wie kommt das Messer in die Oma? 97; Morde und andere Kleinigkeiten 00 (auch mithrsg.), zus. m. Wolf Brümmel. – **MA:** Textknacker, 5./6. Jg.-Stufe 04; Deutschbuch 9 07; Grüße aus Sizilien, Erzn. 08. – **F:** Die Abiturprüfung, Erz., verfilmt u.d.T.: Der Überflieger (v. Oliver Rauch) 99, u.d.T.: Incubus (v. Norbert Buse) 99. – **R:** versch. Erzn. im Hfk. – **P:** Erzn. in: Mord unter Palmen, Hörb. 06; Die sieben Todsünden, Hörb. 07.

Klemens, Doris (geb. Doris Baum), Sekretärin, Hausfrau; Milchwerkstr. 9, D-87749 Hawangen, Tel. (0 83 32) 61 34 (* Memmingen 14. 8. 59). Ged. – **V:** Eine Rose ohne Dornen..., G. 99. (Red.)

Klement, Robert; Franz-Binder-Str. 47, A-3100 St. Pölten, Tel. (0 27 42) 36 62 22, *robert.klement@gmx.*

at (* St. Pölten 10. 1. 49). IGAA, Lit. Ges. St. Pölten; Förd.pr. d. Ldes NdÖst. 88, Jakob-Prandtauer-Pr. d. Ldeshauptstadt St. Pölten, Theodor-Körner-Förd.pr. 92; Kinder- u. Jugendb. – **V:** 3 auf Draht 86; Durch den Fluß 87; Hilfe! Fernseh-Vampire 87; Mit einem Schlag 89; Die Kinder von Leninakan 91; Die Panther von Rio 94; Video-Haie küsst man nicht 96; Sieben Tage im Februar 98; Rettet die Titanic 98; Ein Schloss in Schottland 02; Die Spur des Schneeleoparden 03; 70 Meilen zum Paradies 06; Das Todesriff 08. (Red.)

Klemke, Heinz, Rentner; Rudolf-Wendt-Str. 3, D-16816 Neuruppin, Tel. (0 33 91) 50 11 08 (* Dürrlettel/ Kr. Meseritz, heute Polen 19. 6. 26). Erz. – **V:** Es hätte schlimmer kommen können. Ein 80-jähriger erinnert sich, Erz. 06, 07; Das Reisen ist des Rentners Lust, Erz. 08.

Klemm, Gertraud (Ps. Caroline Schiel), Mag.; gertraud@gertraudklemm.at, www.gertraudklemm.at (* Wien 6. 7. 71). Ö.S.V., IGAA; 3. Pl. b. Wortlaut-Wettbew. v. Fm4 04, Förd.pr. f. Lit. d. Stadt Baden 07; Rom., Erz. – **V:** Höhlenfrauen, Erzn. 06.

Klemm, Gunhilde; Kirchstr. 6, D-01855 Sebnitz, Tel. (03 59 71) 5 71 07, gunhilde_klemm@web.de (* Dresden 19. 12. 33). Lyr., Erz. – **V:** Das Land Malyfundien, G. 02. – **MV:** Sichelmondsüchtig, m. Hagen Dobiasch u. Erika Dressler, G. 03. (Red.)

Klemm, Stanislaus, Dipl.-Psych., Dipl.-Theol., Psycholog. Psychotherapeut; Buchholzstr. 25a, D-66787 Wadgassen, Tel. (0 68 34) 94 35 03, Fax (0 89) 2 44 36 01 33, stani.klemm@t-online.de (* Selbach a.d. Nahe 15. 4. 43). – **V:** Sternensplitter. Meditationen mit Steinen 89; Ich kann dich gut verstehen. Lob des einfühlsamen Gesprächs 91; Wenn Steine reden... Botschaften aus e. stillen Welt 98. – **MV:** Deine Nähe, meine Grenzen. Partnerschaft im Alltag, m. Friedrich Petrowski u. Gerhard Wurster 85. – **B:** Heilende Geschichten 96, 2. Aufl. 98; Neue heilende Geschichten 01. – **H:** Zeit zum Feiern, m. Friedrich Petrowski 95. (Red.)

Klemmer, Teresa (Marie-Thérèse Klemmer, geb. Marie-Thérèse Verheyden), Krankenschwester; c/o Literatur Atelier, Frauen Museum, Im Krausfeld 10, D-53111 Bonn (* Gent/Belgien 31. 8. 48). Frauen Museum Bonn – Literatur Atelier 00; Lyr., Erz. – **V:** Sonne, Salz und Spuren, Lyr. 01. – **MA:** Wegziehen Ankommen, Anth. 00. (Red.)

Klemt, Felix, Rentner; Wielandstr. 29, D-71032 Böblingen, Tel. (0 70 31) 22 77 38 (* Sondershausen 16. 1. 20). – **V:** Wie ein Schilfrohr im Wind, Erinn. 03. (Red.)

Klemt, Henry-Martin, Autor, freier Journalist – Text, Bild, PR; Gubener Str. 16 B, D-15230 Frankfurt/Oder, Tel. (03 35) 53 55 47, Fax 53 55 46, frankfurt@hmklemt. de, www.hmklemt.de (* Berlin 3. 4. 60). Lit.-Kollegium Brandenbg; Ehm-Welk-Lit.pr. 96, Pr. d. 3. Festivals Internaz. di Poesia Genua 97, Mannheimer Heinr.-Vetter-Lit.pr. 05; Lyr., Lied-, Rock- u. Kabarett-Text, Nachdichtung. – **V:** Poesiealbum 242 87; Wegzeichen 90; Freiheit riecht nach Verbranntem 97; Menschenherz. Tagtraum, Lichtblick, Nachtgesang 02; Was ich will 08, alles Lyr. – **MV:** Hautkontakte, Lyr. m. Fotos v. Mathias Kapke 04. – **MA:** Lyr. in zahlr. Anth., u. a.: Immernoch 95; Die Augen des Tigers 97; Silberdistel 1998, 4, 5, 6; Sternschnuppenzeit – Lit.kal. 2002 01; Signum 2 01; Flussaufwärts/W góre rzeki 01; Singe in der DDR – Variante Frankfurt 02; Märkischer Alm. 03; Beitr. in div. Lit.-Zss., u.a.: An Oder und Neisse; Signum; Pro Libris (Polen); Utopie Kreativ. – **MH:** Der Judenapfel, m. Frank Radüg, Lyr., Dr. (auch MA) 07. – **P:** Liedtexte u. Nachdicht. auf: Heimwärts 97; Frankfurt (All Stars) –

Das Album 03; Mein Grund; Liebeslieder nach 12 03; Nur diese eine Schwalbe 04; Bald Anders (3 Liter Landwein); Fluss unterm Eis 05, alles CDs. – **Ue:** G. v. Anna Achmatowa, Wladimir Wyssozki, Wadim Sidur, u. a. – *Lit:* Gert Steinert in: Signum, Winter 03; Maik Altenburg in: Schriftzüge 7.

Klepalski, Ulli, Bildende Kunst seit 88; Wolfgang-Schmälzl-Gasse 22/25, A-1020 Wien, Tel. (06 76) 6 90 32 62, ulli.klepalski@gmx.at, www.atelier3a.at/ klepalsk.htm, www.atelier3a.at/les.bar/lesbar.htm, www.ulliklepalski.at. Buchfeldgasse 9/1+2, A-1080 Wien (* Wien 9. 6. 53). IGAA; Pr. d. Stadt Wien; Lyr., Prosa, Rom., Ess. – **MV:** Tränen beleben den Staub, m. Brigitte Schwaiger 91. – **MA:** Kurzprosa in: Denk Mal 1990/91, wordshop 2000; Freie Zeit Art 0/92–9/93; ZeitSchrift 10, 11, 26, 27, 43; Au, feine Literatur Nr.84/Juni 94; myway 95; Against the Grain, Anth. 97 (USA).

Klepper, Franziska (geb. Franziska Severon), Krankenschwester, Schriftst.; Hauptstr. 26, D-56379 Weinähr, Tel. (0 26 04) 95 22 78, FranziskaKlepper@ gmx.net (* Berlin-Charlottenburg 14. 6. 64). VG Wort 06; Rom., Erz., Kurzgesch. – **V:** Denn die Liebe höret nimmer auf, Erzn. 06; Fräulein Kiki Hassloch und der Kampf der unbeirrbaren Lebewesen, R. 08. – **MA:** Getragen von Flügeln, Kurzgeschn.-Anth. 05.

Kleßmann, Eckart, Schriftst.; Kötherbusch 2, D-19258 Bengerstorf, Tel. (0 3 88 43) 2 10 06 (* Lemgo 17. 3. 33). Freie Akad. d. Künste Hamburg, Akad. d. Wiss. u. Lit. Mainz; Lit.pr. d. Irmgard-Heilmann-Stift. 89, E.gast Villa Massimo Rom 92, E.gabe d. Dt. Schillerstift. 95, Lion-Feuchtwanger-Pr. 98; Lyr., Nov., Ess., Sachb. Lit.-wiss. – **V:** Einhornjagd, G. 63; Napoleons Rußlandfeldzug in Augenzeugenberichten 64; Deutschland unter Napoleon in Augenzeugenberichten 65; Die Befreiungskriege in Augenzeugenberichten 66; Die Welt der Romantik 69; Prinz Louis Ferdinand v. Preußen 72, Neuaufl. 95; Undines Schatten, G. 74; Caroline 75, Neuaufl. 92; Seestücke, G. 75; Unter unseren Füßen 78; Die deutsche Romantik 79; Telemann in Hamburg 80; Botschaften für Viviane, G. 80; Geschichte der Stadt Hamburg 81; E.T.A. Hoffmann oder Die Tiefe zwischen Stern und Erde, Biogr. 88; Napoleon – Lebensbilder, Ess. 88; Die Mendelssohns. Bilder aus e. dt. Familie 90; Christiane. Goethes Geliebte u. Gefährtin, Ess. 92, 98 (jap.); Fünf Winter später, G. 93; Die Versteigerung der Sibylle, Erz. 94; Der Dinge wunderbarer Lauf. Die Lebensgesch. d. Matthias Claudius 95; Der Blumenfreund Georg Philipp Telemann, Ess. 95; Ein Fest der Sinne. Casanova u. sein Zeitalter 98; Fürst Pückler und Machbuba 98; M.M. Warburg & Co. Die Gesch. e. Bankhauses, Monogr. 96; Napoleon. Ein Charakterbild, Ess. 00; Das schöne Kolorit der Welt, G. 00; Bildnisse, Ess. 03; Barthold Hinrich Brockes, Biogr. 03; Georg Philipp Telemann, Biogr. 04; Über dir Flügel gebreitet. Eine Kindheit 1933–1945 07; Napoleon und die Frauen 07; Universitätsmamsellen. 5 aufgeklärte Frauen zwischen Rokoko, Revolution u. Romantik 08. – **MV:** Auf Goethes Spuren, m. Michael Ruetz 78; Hamburg bei Licht, Texte zu Fotos v. Jaschi Klein, Bildbd 81; Hamburg, Texte zu Fotobd 95. – **MA:** G., Erzn., Aufss., Interpr. in zahlr. Anth. u. Sammelbdn, u.a.: Frankfurter Anthologie. – **H:** Das Hamburger Weihnachtsbuch 82, 07; Hamburg, Städteleseb. 91; Unter Napoleons Fahnen, Erinn. aus d. Feldzügen 1809–1814 91; Die vier Jahreszeiten, Anth. 91, 00; Lyrische Portraits, Anth. 91; Über Bach, Anth. 92; Goethe aus der Nähe 94; Über Musik, G., Erzn., Betrachtn. 96; Casanova-Geschichten 97; Die Wahrheit umkreisen. Zu d. R. v. Erwin Wickert, Ess. 00; Giacomo Casanova.

Klever

Die Lust des Lebens und der Liebe 02; Laß doch dein Dichten, Vierzeiler 03. – **Ue:** Herman Melville: Der edle Hahn Benevantano 59; Anne Sinclair Mehdevi: Don Chato und die tröstlichen Lügen 60.

Klever, Peter, Pfarrer i. R.; c/o Verlag Ernst Kaufmann GmbH, Allestr. 2, D-77933 Lahr, *peter-klever@ t-online.de* (* Crossen/Oder 14. 6. 34). Prosalyr., Bild-Text-Band, Text. – **V:** Zum Leben erwachen 81; Wo der Himmel die Erde berührt 81; Wege zum Glauben und Leben 82; Hoffnung findet Wege 83; Wenn der Herbst kommt 84; Es soll nicht dunkel bleiben 85; Wend dein Gesicht der Sonne zu 86; Glanz fand ich auch 87; Sehet den Menschen 87; Ich zünde eine Kerze für dich an 87; Vor dem Himmel ein Zaun 87; Damit ich finde, was ich suche 88; Ich reiche dir meine Hand 89; Dein Abend wird wie der Morgen 89; Ich bin dir zugeneigt 89; Sich selbst erfahren 90; Du 90; Einsam 90; Zeig mir den Weg zum Glauben 90; Gott sieht uns von unten 90; Nimm dir etwas Zeit 91; Das Leben hat viele Muster 91; Zur Entfaltung kommen 91; Unter den Wolken 91; Dem Fest entgegengehen 91; Frieden eröffnen 92; Weiß ich den Weg auch nicht 92; Wie ein Baum gepflanzt am Wasser 92; Ins Leben gerufen 92; Aufmerksam werden 92; Uns bleibt mehr als Erinnerung 93; Uns blüht das Leben 93; Zum anderen finden 93; Leben wünsch ich dir 93; Ich sehe dich mit Freuden an 93; Manche Erfahrung habe ich noch vor mir 93; Gefühle begleiten mich 94; Blicke unter der Oberfläche 94; Uns umgibt Wärme 94; Uns leuchten Übergänge 94; Uns ist eine Erde anvertraut 95; Wenn es im Leben Abend wird 95; Träumen Leben schenken 95; Uns begegnet Kälte 95; Wie ein guter Freund 95; Dem Glück auf der Spur 96; Wenn zwei sich finden 96; Bei dir finde ich Halt 96; Zuversicht führt weiter 96; Sprechende Hände 97; Uns geht ein Licht auf 97; Ich lege eine Blume auf dein Grab 98; Zur Ruhe kommen 98; Mit guten Gedanken unterwegs zu dir 98; Leben ist ein Geschenk 98; Aus Quellen der Weisheit schöpfen 99; Aus deiner Schöpfung schöpfe ich Zuversicht 99; Im Meer der Zeit den Tag bestehen 00; Es gibt immer zwei Möglichkeiten 00; Schenk der Liebe ein Zuhause 00; Jeder Sonnenstrahl weckt Leben 00; Gemeinsam durch das Leben gehen 00; Augenblicke der Nähe 02; Noch sind meine Wünsche Knospen 02; Freude die auf uns wartet 03; Beglückende Momente 04; Sei gut zu jedem neuen Tag 04, u. a.; – zahlr. Beitr. in „Gottesdienstpraxis" (Red.)

Klevinghaus, Wilma (Ps. u. Geb.name Wilma Biehn), Lehrerin; Sedentaler Str. 25–27 C549, D-40699 Erkrath, Tel. (0 21 04) 4 18 14, *www.wilma-klevinghaus.de* (* St. Alban/Pfalz 31. 3. 24). IGdA, ERA e. V. Erkrath; Hafiz-Pr. (3. Pr.) f. Ess. u. f. Kurzgesch. 91, Freunde Düsseldorfer Buch (3. Pr.) 00; Lyr., Erz., Laiensp., Meditativer Text, Liedtext. – **V:** Am Vaterherzen. Ein Kind erlebt den lieben Gott, Kindergeschn. 63; Die letzte Schicht, 7 Erzn. 64; Nikos bunter Luftballon, Kindergesch. 65; Lukas in Bethlehem 82; Weihnachten findet nicht mehr statt 82; Laßt uns das Teilen lernen! 84, alles Laisp.; Abschied von Illichen, Erzn. 88; Schwingen 95; Zwischen Eis und Glut 95; Das Wort aller Worte 98; Aus kleinen Dingen leben wir 00, alles G.; Die Engel sind unter uns, Erzn. u. G. 04; Die Scheune, Erz. 04. – **MV:** Zwei Bäume – ein Paar, Fotobuch 03. – **MA:** Beitr. in versch. Anth., Zss., Kal. seit 86, u. a.: IGdA aktuell, seit 95; Weihnachtsanth. 2 Diakonisches Werks Münster 97–07; Weihnachtsanth. d. Johannis Lahr Verl. 02, 05; Hoffnungszeichen, Kal. 04; Weihnachtsanth. u. Topos Verl. Kevelaer 05, 07; Losungen d. Brudergemeinde 06; zahlr. Liedtexte seit 92.

Klewe, Sabine, Dipl.-Übers.; Fleherstr. 69, D-40223 Düsseldorf, Tel. (02 11) 5 80 36 36, *post@sabineklewe.*

de, www.textandtranslation.de (* Düsseldorf 1. 2. 66). VdÜ, Das Syndikat, Sisters in Crime (jetzt: Mörderische Schwestern); DAAD-Stip. f. England, Lit.förd.pr. d. Ldeshauptstadt Düsseldorf 06; Rom. Ue: engl, span. port. – **V:** Schattenriss 04; Kinderspiel 05; Wintermärchen 06; Blutsonne 08. – **MV:** Das Geheimnis der Madonna 07; Das Vermächtnis der Schreiberin 08, beide m. Martin Conrath.

Kliche, Hilde (geb. Hilde Lünse), Lehrerin, Rentnerin; Hanns-Eisler-Weg 18, D-16303 Schwedt (* Jasenitz b. Stettin 11. 6. 23). – **V:** Ich lebe, also hoffe ich 96. – **MA:** Trockenes Stroh und Distelbüsche, Anth. 98. (Red.)

Kliemand, Evi, Prof., Schriftst., Lyrikerin, bildende Künstlerin; Sonnblickstr. 6, FL-9490 Vaduz, Tel. (0 04 23) 2 32 10 48 (* Grabs/Schweiz 28. 7. 46). P.E.N.-Club Liechtenstein; Anerkenn.pr. d. Kulturbeirates Liechtenstein 86, Kulturpr. d. Stadt Graz 95, Chevalier Officiel Acad. des arts et des lettres Ordino Accademico Greci-Marino del Verbano 99, Kunstpr. d. Stadt Konstanz 04, Josef Gabriel von Rheinberger Pr. d. Gem. Vaduz 07; Lyr., Ess., Kunstvermittelnde Arbeit, Werkbetrachtung. – **V:** Kieseliris 73; Grund genug, G. 80; Werkmonographien: Hans Kliemand; Ferdinand Nigg; Martin Frommelt; Nesa Gschwend 80–97; Ohne zurückzublicken, Texte 1974–1984 86; Die Einfaltslieder, G. zum geistl. Jahr 87; Die Schättin (oder die Schlangenspur) 93; Ferdinand Nigg (1865–1949). Zwischen Werkbund u. Mystik 99; Paul Grass. Das verborgene Werk 04; Blätterwerk. I Allgemein 07, II Ausgew. Gedichte u. Sequenzen 08. – **B:** Robert Altmann. Memoiren 00. – **MA:** zahlr. in Anth. Zss. u. Publ., u. a. in: Spektrum, Zss., seit 71; Variationen 82; Liechtensteiner Alm. 87 u. 89. – **H:** Martin Frommelt. CREATION 99 (auch mitverf.); Gesamtverzeichnis der Brunidor Editionen 00; Liechtensteiner Almanach. Kunst u. Lit. zwischen Chur u. Bregenz 89. – **P:** Evi Kliemand liest Lyrik I u. II, Tonkass. 86; Zwischen Himmel und Erde, CD 95. – *Lit:* Schweizer Lex. 93; Walter Guadagnini: Evi Kliemand 94; Claudio Guarda: Evi Kliemand, Video 94; Biogr. Lex. d. Schweizer Kunst 98, u. a.; s. auch Kürschners Handbuch der Bildenden Künstler, 1. Aufl. 2005.

Klier, Freya, freischaff. Autorin u. Dokumentarfilmerin; *www.freya-klier.de.* c/o Ullstein Verl., Berlin (* Dresden 4. 2. 50). Autorenkr. d. Bdesrep. Dtld; Staatspr. f. hervorrag. Regiearbeit 84, Pr. d. Stadt Berlin 95; Erz., Sachb. – **V:** Schwarzer Rotgold, Theaterst., UA 91; Wir Brüder und Schwestern, Erzn. 06; mehrere zeitgesch. Veröff. – **R:** zahlr. Rdfk-Ess. u. Fs.-Dokumentationen. – *Lit:* s. auch SK. (Red.)

Klier, Walter; Adolf-Pichler-Platz 10, A-6020 Innsbruck (* Innsbruck 5. 6. 55). Aufenthaltsstip. d. Berliner Senats 89, Buch d. Monats April 90, Öst. Förd.pr. f. Lit. 96, Stip. Schloß Wiepersdorf 98, Lit.stip. d. Ldes Tirol 01; Belletr., Ess., Lit.kritik, Übers., Sachb. – **V:** Flaschenpost, R. 83; Die Anfänger, Erz. 85; Katarina Mueller, Biogr. 86; Kaufhaus Eden und andere Prosa 90; Aufrührer, R. 91; Das Shakespeare-Komplott, Ess. 94, Tb. 97, u. d. T.: Der Fall Shakespeare 04; Essays zu: Tirol, Bildbd v. Silvia u. Lois Lammerhuber 94; Es ist ein gutes Land, Ess. 95; Pegasus oder ich hasse meinen Lieblingsbuchhändler 97; Grüne Zeiten, R. 98; Hotel Bayer, Erz. 03; Meine konspirative Kindheit u. a. wahre Geschichten 05; Leutnant Pepi zieht in den Krieg, R. 08; zahlr. Wander- u. Gebietsführer. – **MV:** Luciana Glaser: Winterende, Erz. 90; Luciana Glaser. Eine Karriere 91, beide m. Stefanie Holzer. – **MA:** Lit.kritik u. Ess., u. a. in: Merkur; FAZ; tageszeitung; Tagesspiegel; Die Zeit; Die Presse; Lesezirkel; Alltag; sowie ständ. Mitarb. am Extra d. Wiener Ztg. seit 84. – **MH:** Der Luftballon, Zs. f. Sat. 80–84; Zs. „Gegenwart", m. Stefanie Holzer 89–97; Essays aus fünf Jahren Gegenwart 94; Berg.Welten. Ein Reiseleseb. 07. – *Lit:* s. auch SK.

Klimitsch, Peter, Publizist, Autor, Lehrer; Hofergraben 43, A-4400 Steyr, Tel. (06 76) 4 74 10 02, Fax (0 72 52) 4 24 54, *peter.klimitsch@netway.at*, *www. gruppe-fuer-angewandte-texte.at* (* Linz 23. 4. 67). Autorenkr. Linz; Prosa, Sat., Ess. – **MV:** Eurogrips 97; Eurogrips und die verschleppten Hunde 99, beides Krim.-R. Elisabeth Vera Rathenböck. – **H:** Kursiv, Kunstzs. 94–96; Gebrauchsanweisung f. freie Köpfe, Anth. 05. – **MH:** Im Wortwechsel – ein literarischer Zirkel aus Europa, m. Elisabeth Vera Rathenböck, Anth. 98; Sprach.räume. Literatur findet Stadt 02; Leid.geprüft. Beitr. zur gegenwärtigen Verzichtkultur 04; Natur.ereignis. Idylle nach Stifter 05; Seelen.verwandt. Psychoanalyse auf d. Prüfstand 07, alles Ess. m. Thomas Werner Duschlbauer. – **R:** Wer war Alfred Kubin? 94; Die Mühlviertler Hasenjagd 95; Ein heller Riss am Horizont, m. Elisabeth Vera Rathenböck 97, alles Feature.

Klimke, Christoph, Stud. phil., Journalist, Lit. wiss.; Graefestr. 83, D-10967 Berlin, Tel. (0 30) 6 85 92 70 (* Oberhausen 22. 11. 59). ADA 82, VS; 1. Pr. „Zeitdiagnose vor d. Jahrtausendwende, Bonner Stud. schreiben Lyr. u. Kurzprosa" U. u. Stadt Bonn 82, Stip. f. Berliner Übersetzer 89, Arb.stip. f. Berliner Schriftst. 91, Arb.stip. d. Ldes NRW 91, Alfred-Döblin-Stip. 95, Ernst-Barlach-Pr. f. Lit. 95; Lyr., Kurzprosa, Rezension, Übers., Dramatik. Ue: ital. – **V:** Blaue Träume, Lyr. u. Kurzprosa 83; Der Sünder, Fragen an Pier Paolo 85; Stadtträumer, Erz. 89; Sand-Alphabet, G. 91; Der Test oder: Chronik einer veruntreuten Seele, Erz. 92; Wo das Dunkel dunkel genug, G. 94; Wir sind alle in Gefahr 95; Federico García Lorca oder Honig ist süßer als Blut, Ess. 99; Alles sei Traum, G. 00; Janus-Stadt, Erzn. 01; Engel tötet man nicht, G. 02; Hotel Macondo, G. 04; Flügelschlag, Erz. 05; Bernsteinherz, G. 08; – Theaterstücke: Die Siamesischen Zwillinge, UA 91; Leonzek & Woyce, UA 92; Blutsbrüder, UA 97; Hahnenkämme, UA 01; Sanatorium „Zur Sanduhr", n. Bruno Schulz, UA 03; Die nackten Füße, n. Pasolini, UA 05; Spiegelgrund, UA 05; O Wunder! Schöne neue Welt!, n. Huxley, UA 05; Claus Peymann kauft Gudrun Ensslin neue Zähne, UA 06; Amerika. n. Kafka, UA 07; Tiergartenstraße 4, UA 08; Maestro, UA 08. – **MA:** Traumbilder eine schwarzen Zeit 81; Gedichte unter Freunden 81; Autorenbilder 82; Gauke's Jb. 83. – **H:** Kraft der Vergangenheit 87, 88; Du mein Ich, Geschn. 91; Ach, Adam! 93. – **MH:** Ciao, Italien!, m. A. Franck 88; Lieb doch die Männer und die Frauen, m. A. Frei, Ess., Repn., G., Geschn. 89. – Ue: Pier Vittorio Tondelli, Prosa 90; P.P. Pasolini: Essays, Tagebücher, Dokumente, Fotos 96. – *Lit:* Kiwus 96; DLL, Erg.Bd 5 98.

Klimmek, Barbara, Dipl.-Fachlehrerin, Verlegerin; Hintergasse 18, D-65520 Bad Camberg, Tel. (0 64 34) 9 08 86 50, Fax 9 05 47 59, *Barbara.Klimmek@freenet. de* (* Berlin 25. 8. 42). Kinderb., Theaterst., Pädagogik, Sat., Lyr. – **V:** Der liebste Mensch ist ein Tier, Sachb. 88, 2. Aufl. 90; Sterbend lebende Kinder, Ber. 88, 90, u. d. T.: Janec und Tobias 94; Amnenahme verweigert, Sachb. 90; Null Bock? Doppelbock!, Theaterst. 90; Wir spielen – ihr spielt, Theaterst. 91; „Stattgegeben: Du mußt nicht leben" 92; „Ich hätte ein Geschenk für Dich ...!" 93; Alles für die Katz? Kal. zeitlos m. Story 96; Was-Es-War oder Rolle-Rückwärts. Gedanken-Spiel um Liebe, Theaterst. 98; Alten-Weh-G, Balladé für drei 60plus, Theaterst. 06; Die konnten zusammen nicht kommen, Lyr. m. Bildern 06; Gropa, Mam

und mein SCHUL-verätztes Heranwachsen, Sat. 06/07; Was wäre gewesen, wenn Mira Knirtz hätte nein sagen können, Sat. 06/07. – **R:** Finderlohn, Hsp.

Klimmek, F. G. (Friedrich Gerhard Klimmek), Rechtsanwalt; Albertstr. 16, D-44649 Herne, *info@ das-kriminalmuseum.de*, *www.das-kriminalmuseum.de* (* Wanne-Eickel 49). Krim.rom., Hist. Krim.rom. – **V:** Wie die Fliegen 03; Schnee von gestern 04; Sherlock Holmes und die wahre Geschichte vom gesprenkelten Band oder Mrs. Hudsons Theorie, R. 04; Der Raben Speise 04; Des Satans Schatten 05; Tod mit Moselblick 06; Ein Fisch namens Aalbert 07. (Red.)

Klimmt, Reinhard, MdB, ehem. Ministerpräs. d. Saarlandes; Am Zoo 1, D-66121 Saarbrücken, Tel. (06 81) 81 23 59 (* Berlin 16. 8. 42). – **V:** Auf dieser Grenze lebe ich 03; überall und irgendwo. Aus der Welt d. Bücher 06. (Red.)

Klimt, Karlheinz, Dr. rer. nat., Lektor f. Ökologie i. R., Schriftst., Puppenspieler, Drehorgelspieler; Dorfstr. 14, Thurau, D-06369 Zabitz b. Köthen, Tel. (0 34 96) 51 06 31, Fax 57 00 42 (* Bodenbach, heute Dečin 26. 5. 34). SV-DDR, Kand. 80, Mitgl. 88, Förd.kr. d. Schriftst. in Sa.-Anh., Friedrich-Bödecker-Kr. – **V:** Zum täglichen Gebrauch bestimmt 99; Ein Toter spricht sich aus oder Alles, was verboten war 04; ca. 30 Puppentheaterstücke; – V: u. H: Der Doctor u. die Nixe oder Das Ding mit der Riesenfalle, Kdb. 82, 94; Kasper im Zoo, Kdb. 99; Ein König zu viel?!, Kdb. 00. – **MA:** Die Schublade 85; Grüner Mond 98; Das Kind im Schrank 98; WendePunkte, Halle 99, alles Anth. – **R:** Hsp.: Allein gegen den Tod 70; Report zur Affensache 72; Abenteuer mit d. Knochenmann 73; Insel im Fieber 74; Revolution im Kloster 75; Paracelsus 77; Der Goldmacher 79; Rätsel um XT 2 80; Lachen nicht erwünscht 81; Roboter entlaufen 82; Die Kräuterfrau aus Siebenlehn 82; Testament unter der Lupe 83; – Fsp.: Grit u. der Sonnenspiegel 76; Andreas u. der Knochenmann 78; Bereitschaft Dr. Federau, 7-tlg. Serie 88 (zahlr. Wiederholungen). – **P:** Der Doctor u. die Nixe ..., CD. (Red.)

Klinck, Elvira s. Münchow, Elvira

Klinda, Georg von s. Eser, Willibald Georg

Klinge, Reinhold, Dr. phil., StudDir. a. D.; Gärtnergasse 35, D-23562 Lübeck, Tel. (04 51) 59 60 08, *rui. klinge@12move.de* (* Lübeck 13. 3. 28). Lübecker Autorenkr.; Erz., Lyr. – **V:** Blickwinkel veränderlich, Erzn. 05. (Red.)

Klinger, Christian, Mag. jur.; lebt in Wien, c/o echo medienhaus ges.m.b.h., Wien (* Wien 15. 1. 66). Luitpold-Stern-Förd.pr. 05. – **V:** Die Spur im Morgenrot, Krim.-R. 05; Das Don Juan Gen 07; Tote Augen lügen nicht, Krim.-R. 08. (Red.)

Klinger, Nadja, Journalistin; D-10405 Berlin, Tel. (0 30) 4 41 89 26 (* Berlin 23. 7. 65). New-York-Stip. d. Dt. Lit.fonds 99, Das politische Buch 07; Erz., Rep. – **V:** Ich ziehe einen Kreis, Geschn. 97. – **MV:** Einfach abgehängt. Ein wahrer Bericht über die neue Armut in Dtld, m. Jens König 06. – **MA:** Mein Israel 98; tauti saluti, Geschn. 06. (Red.)

Klingler, Eva; Asternweg 82, D-76199 Karlsruhe, *eva.klinger@web.de*, *www.evaklinger-literaturkrimis. de* (* Rothenburg ob der Tauber 23. 6. 58). – **V:** Die Strohfrau 93; Bürogeflüster 94; Die Serienfrau 95; Tödlicher Stammbaum 95; Wie ein Stich ins Herz 96; Rechtsanwälte küssen besser 97; Warte nur, balde ruhest du auch 98; Und tschüs, mein Lieber! 98; Biete Flügel, sucher Hörner 99; Männerspagat 99; Die Maske des Fuchses 00; Die Drillingsfalle 00; Warte nur, balde ruhest du auch 04; Erbsünde 05; Königsdrama 06; Blutrache 06; Kreuzwege 07. (Red.)

Klingler

Klingler, Maria (Ps. Joan Christopher, Marisa Bell), Schriftst., Pflegemutter; Mautfeld 5, A-6382 Kirchdorf/ Tirol, Tel. (0 53 52) 6 31 41 (* Innsbruck 21. 10. 32). Ö.S.V. 78, IGAA, IGAA Tirol, Schweiz. Bund f. Jgd.-lit.; Erz. f. d. Jugend, Rom., Kurzgesch., Legenden fremder Länder. – **V:** Es geschieht den Lebenden, R. 64; Seine zweite Frau, R. 68; Das Mädchen aus dem Wilden Westen 75; Nimm den Diktator und geh! – Ein Mädchen 1945 76, beides Erz. f. d. Jgd.; Ein Zuhause für Billy 80; Abenteuerreise mit dem Zigeunerwagen 81; Als würde es nie mehr Frühling werden 82; Abenteuerreise nach Honolulu 83, alles Jgdb.; Wie eine Puppe, die keiner mehr mag, Ber. 83; Das große Buch vom Reis. Ferien in Sarawak, erz. Sachb. 87; Bumerang und Düsenflugzeug, Geschn. 91; Als Baugesellin beim Bauorden, Erlebnisber. 93. – **MA:** Ferne Länder 79, 80, 71; Schulheft 2/78; Kandaze 79; This Week 87; versch. Jugendzss., Wiener Pflegeelternbriefe. – **R:** Das fremde Kind 83; Hilfe, meine Kinder sind nicht normal 84; Straße meiner Kindheit 85; Hurra ich bin preisgekrönt 86; Endlich daheim 86, alles Hsp. – *Lit:* Dict. of Intern. Biogr., Vol. XVI; Intern. Authors and Writers Who's Who, 9. Aufl.; Who's Who in Western Europe, 1. Aufl.; The World Who's Who of Women, 5. Aufl. (Red.)

Klingmann, Marliese s. Echner-Klingmann, Marliese

Klingmüller, Gepa, Prof., Künstlerin; Mühligweg 59, D-40468 Düsseldorf, Tel. (02 11) 4 20 17 33, Fax 4 22 02 09. Oldenburger Str. 7, D-40468 Düsseldorf (* Halle/S. 1. 9. 30). Lyr. – **V:** Farbgedanken, Lyr. 01, 2. Aufl. 02; Im Anfang war ... Düsseldorf 02. – **MA:** Zum 25jährigen Bestehen der Galerie Smend 08. – *Lit:* s. auch GK. (Red.)

Klingshirn, Heinrich, Dr.jur., MinDir. a.D.; c/o Werner Wolfsfellner MedizinVerlag, Westendstr. 135, D-80339 München (* München 6. 8. 37). Lyr. – **V:** Auf Spurensuche, Erinn. 06; Erhalte dir die Zeit, Lyr. 07.

Klingtheler s. Baumann, Claus

Klinkner, Hans-Guido, Dr.-Ing., Dir. i. R.; Grubenweg 20, D-66386 St. Ingbert, Tel. u. Fax (0 68 94) 3 41 00 (* Quierschied/Saar 3. 4. 34). St. Ingberter Lit.-forum (ILF) 92, FDA 99, Melusine, Lit. Ges. Saar-Lor-Lux-Elsass; Lyr., Aphor., Kurzgesch., Reiseimpression. – **V:** Das Fenster zum Morgen, G. 91; Wolkenritt, Reiseimpressionen u. G. 93; Lichtdelphine 94; Gläserne Tage 96; Blaue Glocken 97; Tanz der Herbstzeitlosen 99; Spuren im Wind 03; Die Wurzeln der Kraft 03; Im Nachen der Zeit 05; Auf Spurensuche 06; Begegnungen 08, alles G., Reiseimpressionen, Aphor. u. Kurzgeschn.; G. auch in mehrere Sprachen übers. sowie vertont. – **MA:** Saarbrücker Bergmannskal. 92–00; Revue Alsacienne de Littérature 96–01; Soll mich wie ein Hund abschinne, Anth. 99; Yearbook of the Centre for Irish-German Studies/Univ. of Limerick; Argentin. Tageblatt 00; Horizonte, dt.-argentin. Zs.; LANT, ungar. Lit.zs.; Universitas Vytauto Magni, Zs. Univ. Kaunas 03; Carnevale Masks of Venice, Kat. 10/04; mundartpostsaar 16/05; Blüten hinter dem Limes, Anth. 05/06; Ujjászületés; Szárnyaló Képzelet, beides ungar. Lit.zss.; Zeitnah, Zs. d. FDA Bayern. – *Lit:* A. Finck in: Littérature Alsacienne, Nr. 75 01.

Klippert, Werner, Schriftst., Pädagoge, Kritiker, Dramaturg, Regisseur, Hörspielred.; Bliesgersweiler Mühle 24, D-66271 Kleinblittersdorf, Tel. u. Fax (0 68 05) 15 26. Danziger Str. 18, D-63128 Dietzenbach, Tel. (0 60 74) 2 89 05 (* Offenbach 22. 4. 23). Dramaturg. Ges. e.V. 66, RFFU 67, VS 80, P.E.N.-Zentr. Dtld 98; Ess., Hörsp., Erz., Kurzgesch., Kritik, Rom. – **V:** Elemente des Hörspiels 77; Scheißkrieg, Erzn. 91; Deserteure 93; Drôle de guerre, Erzn. 94; Schlehen-

schnaps, Krim.-Erz. 97; De Tschupp, de Maikäwer, de Babbes un annere Lehrer un mir bese Buwe, Erzn. 98; Also sprach der Orang-Utan, Erzn. u. Hsp. 02; Der Denunziant, Erz. 07; Chefs oder Das Medium bin ich, R. 08/09. – **MA:** Reclams Hsp.führer 69. – **H:** Manfred Bieler: Vater und Lehrer, Hsp. 70; Georges Perec: Die Maschine, Hsp. 72, 01; Vier Kurzhörspiele 76, 89; Hörspiele Saarländischer Autoren (auch Mitverf.) 82. – **R:** Perikles wählt Krieg 55; Das Kinderzimmer, n. Ray Bradbury 66; Der Fall Sebatinsky, n. Asimov 71; Also sprach der Orang Utan 77, alles Hsp. – **P:** Elemente des Hörspiels, Tonkass. 83.

Klis, Rainer, freier Schriftst.; Weinkellerstr. 20, D-09337 Hohenstein-Ernstthal, Tel. (0 37 23) 41 99 99, 41 99 55, Fax 41 99 19, *Rainer-Klis@t-online.de*, *Rainer-Klis.de* (* Karl-Marx-Stadt 7. 8. 55). Sächs. SV, 1. Vors. 89–08, VS Sachsen 97–06, P.E.N.-Zentr. Dtld 05; Förd.pr. d. Lit.inst. Leipzig f. Prosa 84; Prosa-Miniatur, Kurzgeschl., Erz., Rep., Rom. – **V:** Aufstand der Leser, Miniatn. 83, 85; Hinter großen Männern, Kurzgeschn. u. Miniatn. 86; Königskinder, Erzn. 89; Rückkehr nach Deutschland, Geschn. 93; Rauchzeichen, Brevier 98; Indianerzeit. Vom Yellowstone zum Wounded Knee, Reiseerz. 99; Streifzüge durchs Indianerland, Reise-R. 00; Der Abend des Vertreters, R. 00; Im Land der Crow, Reiseber. 02; Nacht der Kavaliere, R. 03; Mann ohne Pferd, Geschn. 04; Steinzeit, R. 07. – **MA:** Beitr. in nationalen u. intern. Anth.; Mitarb. b. Freie Presse Chemnitz u. Das Mag. Berlin. – *Lit:* DDR-Lit. '83 im Gespräch 84; Weimarer Beitr. 87/89.

Klischat, Claudia; Konradstr. 58A, D-04315 Leipzig, Tel. (03 41) 4 62 63 99 (* Wolfratshausen 25. 8. 76). OPEN MIKE-Preisträger 00, Solitude-Stip. 02, Stip. d. Ldeshauptstadt München 03, Förd.pr. d. Freistaates Bayern 04, Aufenthaltsstip. Villa Concordia Bamberg 07. – **V:** Tiefausläufer, Erzn. 04; Morgen. Später Abend, R. 05; – THEATER: Gestern, UA 04. (Red.)

Kliß, Ingrid (geb. Ingrid Malinka), Lehrerin, Hilfslaborantin, Rentnerin; Panzower Weg 2, D-18233 Neubukow, Tel. u. Fax (03 82 94) 7 85 62, *kliss@arcor.de* (* Rydzewen, Kr. Lyck 31. 5. 32). – **V:** Die Pflanze Toleranz – säen, pflegen, ernten 00; Wie hab' ich das salzige Wasser gehaßt 02; Friede ist schön 06; Auch das war mein Leben 07, alles biogr. Erzn. – **MA:** Jubiläumsschr. der Stadt Neubukow 00; mehrere Beitr. in: Nationalbibliothek d. dt.sprachigen Gedichte.

Klitzing, Martin von *

Klix, Bettina, Autorin, Dipl.-Soz.päd.; Burgunderstr. 8, D-14197 Berlin, *bettina.klix@gmx.de* (* Berlin). VS; Arb.stip. f. Berliner Schriftst. 89, Stip. d. Künstlerinnen-Progr. Berlin 93, Stip. Schloß Wiepersdorf 96; Kurzprosa, Ess. – **V:** Tiefenrausch 86; Sehen Sprechen Gehen, Kurzprosa 93, 99 (CD-ROM); Willkommen in Wunderland, Kurzprosa 08. – **MA:** Lesen im Buch der Zeit. Suhrkamp 95; Poetry! Slam! Texte d. Pop-Fraktion 96; Mädchenmuster-Mustermädchen 96; Normalzeit 01; Shomingeki 11/12 02, 13/14 03 u. weitere bis 08; Zeitschrift „V" 4/03; „State One..." Thomas Hanser Kat. 03; Die Rampe 3/06; Minutentexte. The Night of the Hunter 06. – *Lit:* Kiwus 96; Konstanze Fliedl in: D. Neue Ges./Frankfurter Hefte, März 95.

Klock, Karl-Hermann; Bechemstr. 25, D-47058 Duisburg, Tel. (02 03) 33 73 44 (* Krefeld 20. 1. 40). Lyr. – **V:** Stroh-Versteck 98; Psyche und Amalgam 99; Schreibhand 01; Einblatt-Texte, Lyr. u. Collage 02–09.

Klocke, Iny s. Lorentz, Iny

Klocke, Jens, Fernsehautor; Benzenbergstr. 31, D-40219 Düsseldorf, Tel. (01 73) 2 11 09 05, *Klocke Jens@aol.com*, *www.humanwrites.de* (* Leverkusen

26. 3. 66). – **MV:** 101 Gründe, kein Fernsehen zu gucken, m. Laabs Kowalski, Sat., 1.u.2. Aufl. 99; Das Klugscheißer-Quiz-Buch, m. Christian Matzerath 02. – **R:** Anitas Welt. Das neue Testament, Drehb. z. Sitcom 98; 101 Gründe, kein Fernsehen zu gucken, m. and., Hfk-Sat. 99; Autor f. zahlr. Quiz-, Game- u. Entertainment-Shows, Hfk-Sdgn u. a. seit 85. – *Lit:* s. auch 2. Jg. SK. (Red.)

Klocke, Piet, Klass. Gitarrist, Film- u. Fernsehmusiker; c/o Dr. H. Huber, Grillparzerstr. 38, D-81675 München (* Unaften 20. 12. 58). Gold. Löwe 98, Bayr. Kabarettpr. 99. – **V:** Das geht alles von Ihrer Zeit ab 00. – **P:** 4 Schallpl., 2 CDs u. 32 Film- u. Fs.-Musiken. (Red.)

Kloeble, Christopher; c/o Deutscher Taschenbuch Verlag, Friedrichstr. 1a, D-80801 München, *www. christopherkloeble.de* (* München 82). Stadtschreiber in Ranis 04/05, Lit.förd.pr. d. Ponto-Stift. 08, mehrere Stip.; Rom., Dramatik, Drehb. – **V:** Unter Einzelgängern, R. 08; Wenn es klopft, Kurzgeschn. 09.

Klönne, Gisa, M. A., Schriftst., Doz., Hrsg.; c/o Literarische Agentur Thomas Schlück GmbH, Garbsen (* Stuttgart 22. 9. 64). DJV, Journalistinnenbund (JB), Sisters in Crime (jetzt: Mörderische Schwestern) 00, Das Syndikat 05, VS 05; Nominierung f. d. GLAUSER 06 u. 08, Stip. Tatort Töwerland 07; Rom., Erz. – **V:** Der Wald ist Schweigen 05, Tb. 06, 5. Aufl. 08 (auch ndl., schw., dän.); Unter dem Eis 06, 3. Aufl. Tb. 07 (auch ndl.); Nacht ohne Schatten 08, alles R.; (alle auch als Sonderausg. u. als Hörb.). – **MA:** Erzn. in: Rheinleichen 00; Teuflische Nachbarn 01; Tödliche Beziehungen 01; Herzflattern 02; Die vielen Tode des Herrn S. 02; Mörderische Mitarbeiter 03; Tödliche Touren 03; Flossen höher! 04; Mords-Feste 05; Ich hab schon Schlimmeres erlebt 07; Pizza, Pasta und Pistolen 07; Der Tod hat 24 Türchen 08. – u. **MA:** Leise rieselt der Schnee, Anth. 03, 3. Aufl. 05, 08. – **P:** Mörderisch gute Nacht-Geschichten 06; Messerspitzen 08, beides Hörb.

Klöppel, Renate, Dr. med., Dipl.-Musiklehrerin, Kinderärztin, Doz.; Ludwigstr. 28, D-79104 Freiburg, *renate.kloeppel@t-online.de, www.renate-kloeppel.de* (* Hannover 3. 12. 48). Das Syndikat 01, Sisters in Crime (jetzt: Mörderische Schwestern) 03, Förd.kr. dt. Schriftst. Bad.-Württ. 02, BDSÄ 03; Stip. d. Förd.kr. dt. Schiftsteller in Bad.-Württ. 03, Horst-Joachim-Rheindorf-Lit.pr. 07; Rom. – **V:** Der Mäusemörder, Krim.-R. 01, 3. Aufl. 04; Der Pass, R. 02; Die Tote vom Turm, Krim.-R. 02, 2. Aufl. 08; Die Schattenseite des Mondes, Biogr. 04, 3. Aufl. 07; Die Farbe des Todes ist Schwarz, Krim.-R. 05; Der Kapuzenmann, Krim.-R. 09; mehrere Fachb. zu Musikpädagogik u. Medizin.

Klöpper, Werner, freier Journalist; Travelmannstr. 28, D-48153 Münster, *www.muenster.org/ autorengruppe/index.html* (* Gronau/Westf. 52). Münsteraner Autorengr. MS-Lyrik; Lyr., Prosa. – **V:** Die Augen tragen Trauer ..., Texte 91. – **MA:** Beitr. in Anth., Lit.zss. u. im Internet. – **MH:** MS-Lyrik/Prosa, m. Wolfgang Ueding u. Angela Rohde, Lit.zs. 79–83.

Klöpping, Sven (Ps. fictionality); Mallinckrodtstr. 197, D-44147 Dortmund, Tel. (02 31) 8 82 44 51, *svenkloepping@compuserve.com, www.sf4you.de, www.lesetunnel.de* (* Herdecke 27. 2. 79). VS 01; Poetensitz, 2. Pr. 99, Literascript 01. Ue: engl. – **V:** Mega-Fusion, Kurzgeschn. 01 (auch Hörb.); Coca, R. 02. – **MA:** Nova SF 04, 05; EDFL Jahresanth. 06. – **H:** OPST 01; Vorsicht, böse! 02. (Red.)

Klötgen, Frank; Simon-Dach-Str. 23, D-10245 Berlin, *www.hirnpoma.de* (* Essen 27. 8. 68). Pegasus-Pr. f. Internetlit. 98, Cafe-Royal-Kulturstip.; Lyr., Kurzgesch., Hyperlit. – **V:** Will Kacheln, Lyr., Kurzgeschn.

07 (auch als CD). – **P:** Spätwinterhitze, Krim.-R., Hyperfiction, CD-Rom 05.

Kloimstein, Doris, Dr. phil., Pädagogin; Dr. Karl Renner-Promenade 29 D, A-3100 St. Pölten, Tel. u. Fax (0 27 42) 34 65 01, *doris.kloimstein@aon.at, www. litges.at* (* Linz 11. 12. 59). Lit. Ges. St. Pölten 98, Podium 01, Ö.S.V. 01, Öst. P.E.N.-Club 01; Anerkenn.pr. d. Ldes NdÖst., Arb.stip. d. BKA 01, Förd.pr. f. Wiss. u. Kunst d. Landeshauptstadt St. Pölten 01, Ehrung f. Verdienste um die Colonia Tirol, Espirito Santo/Bras. 07; Lyr., Prosa, Drama, Sat., Ess. Ue: engl, frz. – **V:** Stricharten 92; Koffer habe ich keinen, den ich mir tragen helfen könnte, Prosa 94; Gymnosophistische Betrachtungen, Lyr. 00; Paganini und die Überschwemmten von Saint-Etienne, Capricen 03; Mein Kosmos 03; Kleine Zehen, Erz. 05; Blumenküsser. Kurzgeschichten a. d. Atlantischen Urwald Brasiliens 06; – THEATER/ UA: Weiberwirtschaft, Kom. 95; Frauen spielen sich frei, Kom. 01; Paganini und die Überschwemmten von Saint Etienne 04; Die Flugtellerwerfer 08; (Übers. von Texten ins Frz., Brasilianische, Hindi). – **H:** @cetera, literar.-kultur. Mag. 99–03.

Klomp, Ursula (Ulla Klomp), Autorin, Malerin; Medelssohnstr. 5, D-51375 Leverkusen, *ulla.klomp@t-online.de.* Oude Bildtdijk 490, NL-9076 GP St. Annaparochie (* Bad Salzuflen 1. 6. 45). VS NRW, Vorst.mitgl. 94–97, Kogge, Vorst.mitgl. 97–00, GEDOK; Arb.stip. d. Ldes NRW 94; Erz., Kurzgesch., Lyr., Kinderrom. – **V:** Kalt muß es sein schon lange, G. 81; Kümmel und Karotte, R. f. Kinder 98; Uropas Kiste, R. f. Kinder 03; Grenzgänger, Jgdb. 04; mehrere Schulb. – **MA:** Merkur Nr. 391 80; Lit. u. Kritik 153 81; Erotische Gedichte von Frauen 85; Brigitte Taschenkal. 1987, 1988; Neues Rheinland 1/87; Aktuell/88; Leben in Leverkusen, Textsamml. 89; Dröppelminna u. Co. 90; Stadtbilder – Menschenbilder 92; Stimmen von morgen, Kurzgeschn. 94; Aspekte 5/95; Jederart, Zs. 95; Pflück die Sterne, Sultanim, Leseb. 96; Zähl mich dazu, Kurzgeschn. 96; Zeitvergehen, Kurzgeschn. 96; In meinem Gedächtnis wohnst du 97; Rechts herum – Wehrt euch 01; Weihnachten ganz wunderbar 01; Sieben Schritte Leben 01; Von Strebern und Pausenclowns 02, u. a. – **H:** Lebenszug, Texte zum Reisen m. d. Bahn 97. – P: Lyrikgalerie (DLF) 80, 83, 86; Lyrik um zehn vor Elf 83; Lyrik in NRW 90, alles Rdfk-Sdgn. (Red.)

Klonovsky, Michael, Journalist; c/o FOCUS, Postfach 810307, D-81903 München (* Berlin 62). – **V:** Der Ramses-Code, R. 01; Land der Wunder, R. 05; Radfahren, Sachb. 06. – **MV:** Welcher Wein zu welcher Frau?, m. Uli Martin 01. – **MH:** Stalins Lager in Deutschland. 1945–1950, Dok., m. Jan von Flocken 91. (Red.)

Klook, Carsten, Journalist, Schriftst.; Sommerhuder Str. 31, D-22769 Hamburg, Tel. (0 40) 43 25 41 65 (* Hamburg 59). Lit.förd.pr. d. Stadt Hamburg 87 u. 91, Stip. Künstlerhaus Lauenburg/Elbe 07; Rom., Lyr., Erz., Hörsp. – **V:** Senna!, Erz. 04; Korrektor, R. 05; TV-Lounge, Erzn. 07; White trash, stories 07. – **R:** Die Reise nach Worpswede, Hsp. (RB) 94. – **P:** Halbe Portion Jubel, Hsp., CD 05; Talk Slalom, Hsp., CD 06.

Kloos, Barbara Maria, M. A., Schriftst.; Bülowstr. 15, D-50733 Köln, Tel. (02 21) 94 64 99 00, *bmkloos@ gmx.de* (* Darmstadt 7. 9. 58). Dt. Schiller-Ges. 78, VS 83, GEDOK 95–02; Leonce-u.-Lena-Förd.pr. 83, 1. Pr. Lyr.-Wettbew. d. Bayer. Rdfks 84, New-York-Stip. d. Auswärt. Amtes 84, Aufenthaltsstip. d. Berliner Senats 86, Tukan-Pr. 89, Stip. Künstlerdorf Schöppingen 96, Aufenthaltsstip. d. Dän. Nationalbank in Kopenhagen 00, Arb.stip. d. Ldes NRW 05, Christine-Lavant-Lyr.pr. 08; Lyr., Ess., Kurzprosa, Übers. Ue: engl, am. – **V:** Solo, G. 86; Das Geschlecht der Engel, G. 89; Die Tage

Klopfenstein

waren wie Ballons, G. u. Kurzprosa 91; Venussonde, Lyr. 05. – **MV:** Mund auf, Augen zu. Essen zw. Lust u. Sucht, m. Astrid Arz 83; 61 Grad über dem Horizont, m. Birgit Kempker u. Kristin T. Schnider, G. u. Prosa 86. – **MA:** lit. u. journalist. Veröff. in Anth. u. Zss., u. a. in: litfass 88–90; StadtMagazin München 88–90. – **MH:** federlese, Zs. f. Lit. 78–85. – **Ue:** Lyr. u. a. von Margaret Atwood; Grace Paley; Marilyn Hacker. – **MUe:** Margaret Atwood: Wahre Geschichten, m. Astrid Arz, Sarah Haffner, Katrine von Hutten, Gesine Strempel, G. 84.

Klopfenstein, Eduard, Dr., Prof. d. Japanologie; Eggwiesweg 4, CH-8135 Langnau a. Albis, Tel. u. Fax (0 44) 7 13 07 17, *ekstein@oas.unizh.ch*, *www.unizh.ch/ ostasien.* c/o Ostasiatisches Seminar Univ. Zürich, Zürichbergstr. 4, CH-8032 Zürich, Tel. (0 44) 6 34 31 81, Fax 6 34 49 21 (* Frutigen/Schweiz 14. 6. 38). Gruppe Olten, jetzt AdS, Schweiz. Asienges., Ges. f. Japanforschung; Jury-Mitgl. f. versch. Übersetzerpr.; Übers., Ess. Ue: jap. – **V:** Erzähler und Leser bei Wilhelm Raabe – Unters. zu e. Formelement d. Prosaerz. 69; Tausend Kirschbäume – Yoshitsune 82. – **MA:** Harenbergs Lex. d. Weltlit. in 5 Bden 89; Kindlers neues Lit.lex. in 20 Bden 90–91; Sinn und Form Nr. 1 00; Eins und doppelt. Festschr. f. Sang-Kyong Lee 00; Anbauten – Umbauten. Festschr. f. W. Schamoni 03; Sünden des Worts. Festschr. f. Roland Schneider 04; Hefte für Ostasiatische Literatur; Asiatische Studien 2 04, 2 07. – **H:** Zürcher Reihe Japanische Literatur 91–93; Japan-Edition, seit 92; Mondscheintropfen. Jap. Erzn. 1940–1990 (auch ausgew., mitübers. u. m. e. Nachw. vers.) 93; Asiatische Studien, 1 94, 3 95, 2 07; Shiba Ryōtarō: Der letzte Shogun, R. 98; Mizukami Tsutomu: Im Tempel der Wildgänse, R. 08. – **MH:** Asiatische Studien, Zs.; Wehen auf der Brücke. Zeitgen. Lyr. aus Japan, m. C. Ouwehand 89; Die Schweiz in der modernen Japanischen Literatur, m. Verena Werner 01; Meer und Berge in der japanischen Kultur (Asiat. Studien H. 3), m. Simone Müller 03; Nihon bunka no renzokusei to hirenzokusei 1920–1970, m. Sadami Suzuki 05. – **Ue:** Tanizaki Jun'ichirō: Lob des Schattens 87, Neuausg. 02; Tanikawa Shuntarō: Picknick auf der Erdkugel, G. (auch Ausw. u. Nachw.) 90; Ōoka Makoto: Botschaft an die Wasser meiner Heimat, G. 1951–1996 (auch Ausw.) 97; Suzuki Shun: Die Hausschlange (auch Ausw. u. Nachw.), Lyr. 02; Tanikawa Shuntarō: Fels der Engel, G. (auch Nachw.) 08. – **MUe:** Katzen. E. Auswahl von Texten aus d. Weltlit. 82; Sag' ich's euch, geliebte Bäume ... 84; Vögel in der Weltlit. 86; Poetische Perlen, dt.-jap. (auch Ess.) 86; Inseln in der Weltlit., Anth. 88; Vier Scharniere mit Zunge. Renshi-Kettendicht., m. Hiroomi Fukuzawa 88; Joint Venture. Renshi-Kettengedicht in: Griffel 7, m. Hiroomi Fukuzawa 98; Hängebrücken. Berliner Renshi 00; Ooka Makoto: Dichtung und Poetik des alten Japan, m. Elise Guignard 00. – *Lit:* Harald Meyer (Hrsg.): Wege der Japanologie, Festschr. 08.

Klos, Joël, Dipl.-Ing., Dir. am dt. u. europ. Patentamt; c/o Lettrétage, Methfesselstr. 23–25, D-10965 Berlin, *uhuline47@hotmail.com* (* Corné/Frankr. 4. 1. 33). Rom., Erz. – **V:** Das Beethoven-Experiment, Erz. 06.

Klose, Hans-Ulrich, Jurist, Politiker, MdB; Platz der Republik 1, D-11011 Berlin, Tel. (0 30) 22 77 12 22, Fax 22 77 01 10, *hans-ulrich.klose@bundestag.de* (* Breslau 14. 6. 37). – **V:** Charade, G. 97; Charade zwei. Neue G. 99. (Red.)

†**Klose,** Werner, Dr. med., Internist; lebte in Mainz (* Koblenz 2. 8. 20, † 26. 1. 07). BDSÄ 97; Rom., Erz. – **V:** Ici Mayence 86; Saftra budit! Wenn ist, wird sein! 90; Bis zum letzten Tag leben, lieben, lernen 95; Die Fülle der Leere 95; Der Kaktus blüht nur eine Nacht 99; Der falsche Picasso. Erz. um e. kunstvolles Erbe 02.

Klose-Grigull, Brigitte, Medienpäd., Autorin, Hörfunk; Hof Gretenberg 1, D-40699 Erkrath, Tel. (0 21 04) 94 63 80, Fax 94 63 81, *info@bigsister-online.de*, *www. bigsister-online.de* (* Lank 21. 6. 56). VS; Rom., Erz., Hörfunk. – **V:** Der Gartenzaunkrieg, R. 00; Lilly, R. 00. – **MA:** In der Kiesgrube von Herne 88. – **R:** Erzn. f. d. Kinderbereich im WDR. (Red.)

Klossek, Susann, Journalistin, freie Autorin; Sonnenbergstr. 49, CH-8800 Thalwil, Tel. (0 44) 7 22 21 71, *sklossek@gmail.com* (* Leipzig 14. 12. 66). Stip. d. Gem. Thalwil f. „Tropenfieber" 06; Lyr., Erz. – **V:** Nichts und wieder nichts, Lyr. 04; Männer, Kurzgeschn. 05; Berührung im Dickicht, Lyr. 06; Tropenfieber, Reiserep. 08. – **MA:** Jb. f. zeitgenöss. Lyr. d. Brentano-Ges. 05; DoPen, Lit.zs. 05; Literareon Lyrik-Bibliothek 06; PhoBi, Lit.zs. 06, 08, u. a.

Kloter, Eduard J., Dr. med., FMH allgem. Med., ehem. Amtsarzt Entlebuch, a. Délégué-médecin CICR; Auf Kreuzbühl, CH-6045 Meggen/Luzern, Tel. u. Fax (0 41) 3 77 31 20, *www.autoren.ch.* CH-6174 Sörenberg, Tel. (0 41) 4 88 13 57 (* Basel 21. 7. 26). ISSV 87, Assoc. Suisse des Ecriv. Méd. 79, Präs. seit 91, Assoc. mondiale des Ecriv. Méd. 80, Präs. seit 97, P.E.N.-Zentr. Schweiz 91, ZSV 98; Buch d. Jahres d. Assoc. Suisse des Ecriv. Méd. 86, Premio Cesare Pavese 88, Premio San Lucas, Barcelona 88, Méd. du Centre Mondial de la Paix, des Libertés et des Droits de l'Homme 90; Lyr., Ess. – **V:** bei dem menschen sein, texte eines ikrk-arztes 85; dazwischen-dabei-daneben 88; Skizzen aus Kabul 89; befindlichkeiten – empfindlichkeiten 92; glost und gluegt 93; eine linie – monolinea 98; „in den Wind gesprochen" 00; Kreuze unterwegs 07. – **MA:** Eröffnungsschrift Kreisspital Wolhusen 72; G. in: Schlehdorn, Anth. 79; Lyr. Texte u. Ess. in: Alm. d. Schweiz. Ärzteschriftsteller seit 82; Textbeitr. u. Lyr. in: Entlebucher Brattig seit 83; Verkehrskranke Stadt und ihre Kinder 90; Mendrisiotto, Xylon m. Texten. – **MH:** Entlebucher Brattig seit 83; Almanach d. ASEM seit 87. (Red.)

Klotz, Oswald Michael (Ps. Leonard Santer), Red.-leiter, ORF; c/o EUCUSA, Waidhausenstr. 19, A-1140 Wien, *oswald.klotz@aon.at* (* Innsbruck 5. 3. 43). Turmbund 65; Pr. d. Ldeshauptstsdt Innsbruck f. Prosa 91, Luitpold-Stern-Pr. 97; Lyr., Prosa, Rom., Sachb. – **V:** Musik aus meinen Träumen, Lyr. 73; Viertes Haus der Freiheit, Lyr. 74; Prometheus, G.-Zyklus 90. – **MV:** Tauchen in Österreich, m. Paulina Klotz, Sachb. 95. – **MA:** Neonlicht, Anth. 62; Innsbruck 1967, Dok. d. XVIII. Öst. Jugendkulturwoche 67; Brennpunkte, Bd 10 73; Quer, Lyrik-Anth. 74; Generationen (Textwerkstatt Nr.3) 90; Stadtbuch 1990, Anth. 90; Im Fluß der Zeit, Anth. 94. – **H:** Treffpunkt Österreich, Sachb. 89. (Red.)

†**Klotz,** Roland, Maler, Sprachennarr, Landstreicher, Laienschauspieler, DJ; lebte in Lohfelden u. Kassel (* Kassel 27. 5. 66, † Kassel 1. 8. 06). Kreis 34 89–98, Lit.büro Göttingen bis 94, Freies Radio Kassel seit 97, Comics für Göttingen bis 98, Titanenweiss; Erz., Hörsp., Aphor., Comic, Phantastik, Sat. – **V:** Das Opfer 86, 94; Das Gnom 86, 00; Die K.'s 87, 99, alles phantast.; **R:** Querzufall, Parodie 95 (auch als Comic u. Hsp.); DAS Brevier, Aphor. 96; Kains Testament 98 (auch als Comic u. Hsp.); Der Alte 99; Geschichte der Gothen & Hunnen 99; Don Makellos 00 (auch als Comic u. Hsp.), alles Parodien; Der Wall – das Spiel vom Boss 06. – **MA:** Nordhessen antwortet, Anth. 94; Kopfgeburten, Fanzine 94; Fantasia 123/124 99, u. a. – **R:** Querzufall; Alfi Chan; Don Makellos 03; Das Seeufer-Netz

678

04; Muttermönch-Mönchmutter 06, alles Hsp.; Lit.foren im Freien Radio Kassel, u. a. üb.: Comic-Fanzines, Tolkiens Elbensprache, Telepathie u. Hustenschikane, seit 97. – *Lit:* s. auch Kürschners Handbuch der Bildenden Künstler, 1. Aufl. 2005.

Klotz-Burr, Rosemarie (geb. Rosemarie Burr), Dr., M. A., stellv. Schulleiterin, Psychotherapeutin; Vogelsang 1, D-75248 Ölbronn-Dürrn, Tel. (0 70 43) 67 07 (* Ludwigsburg 10. 7. 34). FDA bis 98; Lyr., Sachb., Kurzgesch. – **V:** Im Jahresgarten, Lyr. 64; Aus dem Klassenzimmer, heitere Samml. 68; Lustig-Heiteres, Stilblütensamml. 70; In meinen Baum fallen Sterne ein, G. 72; Seid noch leuchtend, meine Tage, Lyr. 74; Ich wachse einem großen Traum entgegen, G. 77; Du bist mein Licht und Sonnentag, Liebeslieder 78; Blumenlieder 83; Lieder aus versunkenen Gärten, G. 92; Lindenblütenregen 93; Traumlieder, G. 93; Besuch bei Tante Jette 97; Blumenwege 98; Das Enkelbuch 98. – **MA:** Beitr. in: Dt. Lehrer d. Gegenwart 67; Lehrer-Autoren d. Gegenwart 69; Forum moderner Poesie und Prosa 78–82; Forum mod. Poesie 81/82; Schwäbischer Heimatkalender 88–03; Louis Ferdinand von Preußen, vertonte G. 81. – **R:** Lehrer u. Literat, Lyr. 69; Der Papst sitzt im Wattekahn 02.

Kloubert, Rainer, Dr. jur., Rechtsanwalt, Sinologe; lebt in Peking, c/o Elfenbein Verl., Berlin (* Aachen 9. 3. 44). – **V:** Selbstmord ohne Hut, Erzn. 98; Mandschurische Fluchten, R. 00; Der Quereinsteiger, R. 03; Kernbeißer und Kreuzschnäbel, R. 07; Angestellte, R. 08. (Red.)

Kloy s. Regenbrecht, Klaus-Dieter

Klüber, Margit (geb. Ursula Fikus), Industriekauffrau; Am Berg 6, D-71686 Remseck, Tel. (0 71 46) 38 07, *klueberrem@aol.com, www.klueberrem.de* (* Stuttgart 6. 11. 51). Kinderb., Erz., Ged. – **V:** Abenteuer mit Tante Henriette, Kdb. 99. – **MA:** Mein Name ist Ludwigsau 94; Ludwigsburg tanzt 97; Märchenhaftes aus Ludwigsburg 99; Eremitage 1. Spaziergänge 00; Ludwigsburger Schlossgeschichten 04.

Klüger, Ruth, Prof. Dr. phil.; 62 Whitman Ct, Irvine, CA 92617–4066/USA, Tel. (9 49) 8 54–19 83. Keplerstr. 28d, D-37085 Göttingen, *rkluger@uci.edu* (* Wien 30. 10. 31). P.E.N.-Zentr. Dtld, korr. Mitgl. Dt. Akad. f. Spr. u. Dicht.; Grimmelshausen-Pr. 93, Niedersachsen-Pr. 93, Rauriser Lit.pr. 93, Marie-Luise-Kaschnitz-Pr. 94, E.gabe z. Andreas-Gryphius-Pr. 96, E.gabe d. Heinrich-Heine-Ges. 97, Öst. Staatspr. f. Lit.kritik 97, Thomas-Mann-Pr. 99, Pr. d. Frankfurter Anthologie 99, Bruno-Kreisky-Pr. 01, Pr. d. Stadt Wien f. Publizistik 03, Goethe-Med. d. Goethe-Inst. 05, Roswitha-Pr. 06, Lessing-Pr. 07, E.gabe d. Ldes Sa. 07; Prosa, Rom., Ess., Sachb. – **V:** weiter leben. Eine Jugend, Autobiogr. 92; Katastrophen. Über dt. Literatur, Ess. 94; Lesen Frauen anders?, Vortr. 94; Von hoher und niedriger Literatur 95; Frauen lesen anders. Ess. 96; Knigges „Umgang mit Menschen", Vorlesung 96; Von hoher und niedriger Literatur 96; Dichter und Historiker, Fakten und Fiktionen 00; Schnitzlers Damen, Weiber, Mädeln, Frauen (Wiener Vorlesungen, 79) 01; Gelesene Wirklichkeit. Fakten u. Fiktionen in Lit. 06; Gemalte Fensterscheiben. Über Lyrik 07; unterwegs verloren, Erinn. 08. – **MA:** An den Wind geschrieben 60; Welch Wort in die Kälte gerufen 68. – **H:** Salomon Hermann von Mosenthal: Erzählungen aus dem jüdischen Familienleben (auch Nachw.) 96; Else Lasker-Schüler: In Theben geboren, G. (auch Nachw.) 98. – *Lit:* Wien – Theresienstadt – Los Angeles. Ein Portr., Rdfk-Sdg 92; Stephan Braese/Holger Gehle (Hrsg.): R.K. in Dtld 94; 50 Jahre danach: Weiterleben, Rdfk-Sdg 95; KLÖ 95; DLL, Erg.Bd 5 98; Metzler Lex. d. dt.-jüd. Lit. 00. (Red.)

Klünner, Lothar (Ps. Leo Kettler); Passauer Str. 11, D-10789 Berlin, Tel. (0 30) 3 24 25 91, Fax 23 62 82 68, *kluenner@jeanne-mammen.de* (* Berlin 3. 4. 22). NGL Berlin; Stip. f. Berliner Übers. 90; Lyr., Nov., Ess. Ue: frz. – **V:** Gläserne Ufer, G. 57; Wagnis und Passion, G. 60; Henssels immerwährende it. Kalauer-Kal. 71; Schöner Vogel Firlefanz, Kdb. 73; Tischlein streck dich, Kdb. 73; Windbrüche, G. 76; Gegenspur, G. 77; Befragte Lichtungen, G. 85; Abfuhr und sieben Ermittlungen zur Poetik, Erz. 85; Immer mit zwei Musen im Bund, Schüttelreime 90; Die Rattenleier, Schüttelreime 89, 90 (auch Tonkass.); Briefe aus Retendúdoparadix, Ess. 92; Lattenreiter, Schüttelreime 92; Warum nicht Ithaka?, G. 92; Stumme Muse submarin, G. 97; Diese Nacht aus deinem Fleisch, ges. G. 00; Magnetfeld, G. 00; Nachtseite, G. 02; Die Suche nach dem Wasser, G. 04; Geerdet, G. 05. – **MV:** Hieb- und Stichfest. Streitsonette – Tenzone & Coda, m. Klaus M. Rarisch u. a. 97. – **MA:** Poesie, Prosa u. Übers. in Anth., Sammelbden u. Zss., u. a.: Generationen von 27, G. span.-dt. 84; Der Doppelgänger. Für K.O. Götz zum 80. Geb. 88; Camillo José Cela: Neunter und letzter Wermut, Geschn. 90; Akzente 2/92; Der Redenberater 92; Aus zerstäubten Steinen. Texte dt. Surrealisten 95; René Char: Einen Blitz bewohnen, ausgew. G. frz.-dt. 95; eDiT 8/95; José Gorostiza: Endloser Tod/Muerte sin fin 95; Osiris 1/95; Herzattacke 2 u. 4/96; 1–4/97; 1/98; Valerie Grosvenor Myer: Jane Austen. Ein Leben 98; sowie Veröff. z. Bildenden Kunst, u.a.: Jeanne Mammen: Werkverzeichnis (auch mithrsg.) 97. – **H:** Ringelnatz: Du mußt die Leute in die Fresse knacken, G. 70; Johannes Hübner: Letzte Gedichte 87; ders.: Gedenkbuch 1921–1977, Bd I Gedichte, Bd II Im Spiegel 83. – **MH:** Speichen. Jb. f. Dicht. 68–71. – **R:** üb. 600 Rdfk-Mss. 55–97. – **Ue:** Yvan Goll: Johann Ohneland in: Y.G.: Dichtungen 60; Jacques Dupin: Riffe 60; Paul Éluard: Unvergeßlicher Leib, G. 61; Jacques Dupin: Sehender Leib, G. 69; Gilles d' Aurigny u.a.: Blasons auf den weiblichen Körper 64; René Char: Vertrauen zum Wind, G. 83; André Pieyre de Mandiargues: Monsieur Mouton, geliebter Kater 95; Paul Éluard: Immer wieder in Liebe gespiegelt, in: Herzattacke 4/96; Paul Verlaine: Freundinnen, son. 03; ders.: Der verfemte Eros 04/05; sowie Übers. v. Marc Chagall; Paul Haesaerts; Eric Carle; Francis Ponge; Federico Garcia Lorca; Pierre Guerre; Charles Feld; Yvan Goll, u. a. – **MUe:** René Char: Dichtungen 59, 68; Hypnos und andere Dichtungen 63; Paul Éluard: Ausgew. Gedichte 63; Guillaume Apollinaire: Poetische Werke 69; André Breton: Anth. des schwarzen Humors 71; André Breton/Paul Éluard: Die unbefleckte Empfängnis 74; René Char: Le Marteau sans Maître und Künftig Überfluß 96, alle m. Johannes Hübner. – *Lit:* Norbert Tefelski in: Der Tagesspiegel v. 13.9.95. (Red.)

Klüpfel, Volker, Red.; c/o Autorengemeinschaft Klüpfel/Kobr GbR, Hindenburgring 41, D-87700 Memmingen, *info@kommissar-kluftinger.de, www. kommissar-kluftinger.de* (* Kempten/Allg. 71). Förd.pr. d. Freistaates Bayern 05, Krimi-Publikumspr. MIMI 08, Internat. Buchpr. 'Corine' 06; Krimi. – **MV:** zus. m. Michael Kobr: Milchgeld 03; Erntedank 04; Seegrund 06; Laienspiel 08. (Red.)

Klüssendorf, Angelika (Angelika Klüssendorf-Schirrmacher); Zionskirchstr. 49, D-10119 Berlin, Tel. (0 30) 31 50 92 03, *kluessendorf2002@yahoo.de* (* Ahrensburg 26. 10. 58). Stip. d. Dt. Lit.fonds 87, Arb.stip. f. Berliner Schriftst. 89. – **V:** Sehnsüchte, Erz. 90; Anfall von Glück, Erz. 94; Frag mich nicht, schieß mich tot, Theaterst. 95; Alle leben so, R. 01; Aus allen Himmeln, Erzn. 04. (Red.)

Kluge

Kluge, Alexander, Dr. jur., Rechtsanwalt, Schriftst., Filmemacher, Fernsehautor; c/o Kairos Film, Friedrichstr. 17, D-80801 München, Tel. (0 89) 2 71 74 80, Fax 2 71 65 83, *kluge@dctp.de, www.kluge-alexander. de* (* Halberstadt 14. 2. 32). P.E.N.-Zentr. Dtld, Gruppe 47, Akad. d. Darst. Künste Frankfurt, Akad. d. Künste Berlin 72, Arb.gem. neuer dt. Filmproduz., Sprecher; Berliner Kunstpr. Junge Generation 64, Bayer. Staatspr. f. Lit. 66, Ital. Lit.pr. Isola d'Elba 67, Bundesfilmpr. 67, 69, Gold. Löwe v. San Marco 68, Fontane-Pr. (Kunstpr. Berlin) 79, Bremer Lit.pr. 79, Kleist-Pr. 85, E.pr. d. Stadt München 86, Lessing-Pr. d. Stadt Hamburg 89, Heinrich-Böll-Pr. 94, Ricarda-Huch-Pr. 96, Bremer Lit.pr. 01, Schiller-Gedächtnispr. 01, Hanns-Joachim-Friedrichs-Pr. 01, Lessing-Pr. f. Kritik d. Akad. Wolfenbüttel 02, Georg-Büchner-Pr. 03, Gr. BVK 07, E.pr. beim Dt. Filmpr. 08; Rom., Film, Erz. – **V:** Die Universitäts-Selbstverwaltung 58; Lebensläufe, Erzn. 62, Neubearb. 74 (auch amerikan.); Schlachtbeschreibung, R. 64, u. d. T.: Der Untergang der Sechsten Armee 69, erw. Neuausg. 78; Abschied von gestern, Protokoll 67; Die Artisten in der Zirkuskuppel: ratlos / Die Ungläubige / Projekt Z. Sprüche d. Leni Peickert, Teilsamml. 68; Lernprozesse mit tödlichem Ausgang, Erzn. 73 (auch schw., engl.); Gelegenheitsarbeit einer Sklavin. Zur realist. Methode 75; Unheimlichkeit der Zeit. Neue Geschn. H. 1–18 77; Die Patriotin, Filmb. 79; Bestandsaufnahme. Die Utopie Film 83; Die Macht der Gefühle. Texte, Bilder, Kommentare, weitere Geschn. ... 84; Der Angriff der Gegenwart auf die übrige Zeit 85; Vater Krieg. Neue Geschn. H. 19–27 85; Theodor Fontane, Heinrich von Kleist u. Anna Wilde 87; Zur Grammatik der Zeit 88; Valentin Falin (Interview mit d. Jahrhundert, 1) 95; Die Wächter des Sarkophags. 10 Jahre Tschernobyl 96; „In Gefahr und größter Not bringt der Mittelweg den Tod", Texte 99; Chronik der Gefühle. I: Basisgeschichten, II: Lebensläufe 00 (auch als Hörb.); Facts & Fakes, Fernseh-Nachschriften (hrsg. v. Christian Schulte u. Reinald Gußmann). 1: Verbrechen 00, 2/3: Herzblut trifft Kunstblut 01, 4: Der Eiffelturm / King Kong und die weiße Frau 02, 5: Einar Schleef, Der Feuerkopf spricht 03; Kluges Fernsehen. Alexander Kluges Kulturmagazine (hrsg. v. Christian Schulte) 02; Die Kunst, Unterschiede zu machen 03; Die Lücke, die der Teufel läßt, Geschn. 03; Fontane – Kleist – Deutschland – Büchner 04; Tür an Tür mit einem anderen Leben, Geschn. 06; Geschichten vom Kino 07. – **MV:** Kulturpolitik u. Ausgabenkontrolle, m. Hellmuth Becker 61; Öffentlichkeit u. Erfahrung, m. Oskar Negt 72 (auch amerikan.); Filmwirtschaft in der BRD u. in Europa. Götterdämmerung Raten, m. Michael Dost u. Florian Hopf 73; Ulmer Dramaturgien. Reibungsverluste, m. Klaus Eder 80; Geschichte u. Eigensinn, m. Oskar Negt, 3 Bde 81; Industrialisierung des Bewußtseins. Eine krit. Auseinandersetzung m. d. „neuen Medien", m. Klaus v. Bismarck, Günter Gaus u. Ferd. Sieger 85; Maßverhältnisse des Politischen, m. Oskar Negt 92 (auch bras.); „Ich schulde der Welt einen Toten" 95; Ich bin ein Landvermesser 96 (auch frz.), beide m. Heiner Müller; Der Mann der 1000 Opern, m. August Everding 98; Verdeckte Ermittlung, m. Christian Schulte u. Rainer Stollmann 01; Der unterschätzte Mensch, m. Oskar Negt, 2 Bde 01; Vom Nutzen ungelöster Probleme, m. Dirk Baecker 03; Die Entstehung der Schönheitssinnes aus dem Eis, m. Rainer Stollmann 05. – **MA:** Kursbuch 41 75; Feuerteich 85, u. v. a – **H:** Bestandsaufnahme: Utopie Film 83. – **F:** Brutalität in Stein/Die Ewigkeit von gestern 60, gekürzt u. d. T.: Die Ewigkeit von gestern 63; Rennen 61; Lehrer im Wandel 62/63; Protokoll einer Revolution, m. Peter Berling 63; Porträt einer Bewährung 64; Unendliche Fahrt – aber begrenzt 65; Abschied von gestern (Anita G.) 65/66; Pokerspiel, m. M. Sennett 66; Frau Blackburn, geb. am 5. Jan. 1872, wird gefilmt 67; Die Artisten in der Zirkuskuppel: ratlos 67; Die unbezähmbare Leni Peickert 67/69; Feuerlöscher E.A. Winterstein 68; Der große Verhau 69/70; Ein Arzt aus Halberstadt 69/70; Wir verbauen 3 × 27 Milliarden Dollar in einen Angriffsschlachter (nach d. Erz.: Angriffsschlachter En Cascade) 71; Willi Tobler und der Untergang der 6. Flotte 71; Besitzbürgerin, Jahrgang 1908, 73; Gelegenheitsarbeit einer Sklavin 73; Die Reise nach Wien, m. E. Reitz 73; In Gefahr und größter Not bringt der Mittelweg den Tod, m. dems. 74; Der starke Ferdinand 75/76; Zu böser Schlacht ich heut Nacht so bang (Neufass. v. „Willi Tobler ...") 77; Die Menschen, die das Staufer-Jahr vorbereiten 77; Nachrichten von den Staufern I u. II, m. M. Mainka 77; Deutschland im Herbst, m.a. 78; Die Patriotin 79; Der Kandidat, m.a. 79/80; Krieg und Frieden, m.a. 82/83; Auf der Suche nach einer praktisch-realistischen Haltung 83; Biermann-Film, m. E. Reitz 83; Die Macht der Gefühle 85; Der Angriff der Gegenwart auf die übrige Zeit 85; Vermischte Nachrichten 86; „Neues vom Tage" / Die plebejische Nachricht / Ein Raster in fünf Kapiteln (ZDF) 88; Das Beste an der ARD sind ihre Anfänge / Die „Stuttgarter Schule" / Dokumentarfilm im 20. Jahrhundert (ARD) 90. – **R:** Kluge-Magazine: Primetime (RTL), 10 vor 11 (RTL), News & Stories (SAT 1), MitternachtsMagazin (VOX), u. a. – *Lit:* W. Killy (Hrsg.): Literaturlex., Bd 6; Werner Barg: Erzählkino u. Autorenfilm 96; Metzler Autoren Lex. 97; Rainer Stollmann: A.K. z. Einführung 98; Matthias Uecker: Anti-Fernsehen? A.K.s Fernsehproduktion 00; Corinna Mieth: Das Utopische in Lit. u. Philosophie. Zur Ästhetik Heiner Müllers u. A.K.s 03; Hanno Beth/Kai Precht in: KLG. (Red.)

Kluge, Heidelore (Heidelore Ott-Kluge), Schriftst., Journalistin; Auf der Worth 1, D-27412 Breddorf-Hanstedt, *info@heidelore-kluge.de, www.heidelore-kluge. de* (* Sehnse/Kr. Nienburg 26. 6. 49). VS 86; 3. Pr. d. Erzählwettbew. d. Ostdt. Kulturrats 82, mehrere Stip. d. Ldes Nds., Krimipr. d. Stadt Seelze 93, Gotland-Stip. d. Schwed. S.V. 94, 2. Pr. d. Erzählwettbew. d. Ostdt. Kulturrats 94, Bestenliste (2 Bücher) d. VS Nds.-Bremen 94, Autorenstip. d. Bremer Senats 96; Kurzgesch., Lyr., Rom., Sachb. – **V:** Der Engel, der immer zu spät kam (o. J.); Kleine grüne Blätter, Lyr. 67; Grausliche Geschichten, Kurzprosa 76; Das wissensdurstige Gespenst 78; Das Dorf der Schelme, Geschn. 84; Cato Bontjes van Beek. Das kurze Leben einer Widerstandskämpferin 1920–43 94; Wir haben immer gut zusammengelebt. Die Juden in Ottersberg 94; Jeder Tag ist so schön (o.J.), auch Sachb. zu versch. Themen. – **MA:** Stimmen von morgen. Die besten Kurzgeschichten aus dem Bettina-von-Arnim-Pr. 1994 94; zahlr. Beitr. in Lyr.- u. Prosa-Anth. u. Zss. – *Lit:* s. auch SK. (Red.)

Kluge, Roland, Dr. med., Arzt; Hamburger Allee 130, D-19063 Schwerin, Tel. (03 85) 2 01 51 35. Am Park 47, D-19086 Plate (* Delitzsch 4. 2. 44). BDSÄ; Lyr., Erz. – **V:** Spurensicherung, G. 85; Dr. B. – Arzt im Dienst, Erzn. 89.

Kluger, Martin; lebt in Berlin, c/o DuMont-Verl., Köln (* Berlin 9. 1. 48). Candide-Pr. 08; Rom., Dramatik, Hörsp., Fernsehsp. Ue: engl. – **V:** Mit Heinz Sielmann im Zoo, erz. Sachb. 91; Die Moskitos sind da!, R. 94; Neuaufl. 98; Die Verscheuchte, R. 98; Echte Freunde 99; Abwesende Tiere, R. 02; Der Koch, der nicht ganz richtig war, Erzn. 06; Die Gehilfin, R. 06; Der Vogel, der spazieren ging, R. 08. – **MV:** Rama Dama, m. Joseph Vilsmaier, R. 90. – **F:** Drehb.: Rama Dama; Felidae. – **R:** zahlr. Hsp. sowie Drehbücher f. Fs.-Ser., u. a.: Stan Becker, 3-tlg. Fs.-Ser. 98/99. – **Ue:** u. a.: Iris Murdoch; Malcolm Lowry; Donald Barthelme; Aidan Higgins. (Red.)

Klugmann, Norbert, Journalist; Radekamp 21, D-22175 Hamburg, Tel. (040) 39 90 26 60 (* Uelzen 27. 8. 51). Stadtteilschreiber Hamburg 80, Hans-im-Glück-Pr. 82, Pr. d. Leseratten 85, Dt. Krimipr. 86; Rom., Thriller, Kinderb., Ess., Fernsehdrehb. – **V:** Polizei und Liebe, Bühnenst. 80; Und wo Leben ist, bin ich dabei. Ein Eulenspiegelbuch, Lit.wiss./Ess. 80; Schule, Schlafen und was noch? Jungsein in Hamm, Dok. u. Ess. 81; Es muß im Leben doch mehr als alles geben, Erz. 81; Der Schwede und der Schwarze 86; Niebuhr und Marks 89; Revier im vierten Stock 89; Neues aus Wortleben 91; Feuer und Flamingo 92; Doppelfehler 96; Neuschwanstein 96; Schweinebande 96; Treibschlag 96; Zielschuss 96; Hallo, Nachbarn! 97; Die Mühlen des Teufels 97; Die Liebe fällt nicht weit vom Stamm 98; Reich mir die Hand, mein Leben 98; Tochter werden ist nicht schwer 98; Tour der Leiden 98; Der unglücklichste Mann der Welt 98; Von der Fischerin und ihrem Max 98; Dies Weihnachtsfest ist nur für dich 98; Ein König stirbt 99; Die tausendste Flut 99; Die Hinrichtung 00; Der Dresdner Stollen 01; Land in Sicht 01; Tanz der Schienenfresser 01; Nie wieder Urlaub, Geschn. 01; Amanda lebenslang 01; Der Heilige von Hummelsbüttel, Krim.-Erz. 02; Rebenblut 01; Hamm-Saga 03; Schlüsselgewalt 04; Bordell 05; Kabinettstück 06; Die Tochter des Salzhändlers 07; Alegria Septem – Der Bruder der Sieben 07; Die Nacht des Narren 08. – **MV:** Heumarkt. Versuche anderen Lebens zwischen Stadt u. Land 80; Beule oder wie man einen Tresor knackt 84; Flieg, Adler Kühn 89; Ein Kommissar für alle Fälle 85; Die Scheidungsparty live auf Radio A 13 89; Die Schädiger 90; Tote Hilfe, Thr. 90; Beule & Co., Thr. 94; Eine schöne Bescherung, Krim.-R. 95; Vorübergehend verstorben, R. 96; Fürchtet euch nicht ... 98; Land in Sicht 99, alle m. Peter Mathews. (Red.)

Klump, Herbert, Prediger, Evangelist; Schulstr. 10, D-56379 Singhofen, Tel. (0 26 04) 95 19 19 (* Singhofen 6. 12. 35). Erz., Prosa, Krippensp. – **V:** Frohmachende Begegnungen, Kurzerzn. 91, 93; Schöpfen aus der Fülle, Prosa 92; Die verlorene Brosche und 26 weitere Kurzzählungen 92; Wertvolles Leben 93; Die Taxifahrerin Gottes 94; Der Mann mit dem Cello und 48 weitere kurze Erzählungen 96, alles Kurzerzn.; Und dennoch geborgen in Gottes Hand, Erlebnisbr. 98. (Red.)

Klunt, Erik s. Klein, Kurt

Klusemann, Bettina (geb. Bettina Pritzkoleit), Lehrerin i. R.; *bettina@klusemann.de* (* Mannheim 14. 10. 42). IGdA 99–01; 2. Pr. b. Romanwettbew. im Internet; Rom., Kurzprosa. – **V:** Die Wunder-Wanda, R. 01; Mauerspecht küsst Mauerblümchen, R. 02. – **MA:** Durch die kalte Küche, 1.u.2. Bd 00; Herrin verbrannter Steine 01; Kein bißchen tote Hose 01; Rund um den Schlüssel 02. (Red.)

Klusen, Peter, Gymnasiallehrer, OStR; Heierstr. 33, D-41747 Viersen, Tel. (0 21 62) 3 11 54, *klusen @web.de*, *www.peterklusen.de* (* Mönchengladbach 20. 3. 51). VS, VG Wort, Das Syndikat; Bad Wildbader Kd.- u. Jgd.lit.pr. 98, Frankfurter F&F Lit.pr. in d. Sparte Nonsens/Sat. 07; Drama, Kinder- u. Jugendtheater, Kurzprosa, Lyr. Ue: engl. – **V:** Das Wunderelixier 84, 4. Aufl. 05; Die chinesischen Gartenzwerge. Eine Farce voller Vorurteile 85, 7. Aufl. 04; Die computergesteuerte Regenmaschine 86; Riesenfrieder, Kuchenkrümel und der Große Bär, dramatisierte Fass. 87; Das Fest der Frösche, Sp. 89, 3. Aufl. 96; Riesenfrieder, Kuchenkrü-

mel und der Große Bär, R. f. Kinder 91; Desperado oder Jeder ist seines Glückes Schmied, Jgd.-St. 93, 8. Aufl. 04; Besuch aus dem Weltraum 93; lichterloh im siebten himmel, G. 94; Märchen aus 1001 Nacht. Neue Nacherzn. 96, 4. Aufl. 05; Klapsmühle. Alles ganz normal, Sketche 98, 3. Aufl. 04; Der geniale Kasimir 00; Die Rache der Königin von England, Sketche 01; Die schöne Hexe und der Soldat, Märchensp. 01; Das Zauberkissen, Märchensp. 02; Der Tod kostet mehr als das Leben, Kurzkrimis 03; Die Schatzinsel. Ein Stück f. kleine u. große Piraten (n. R.L. Stevenson), Dr. 04; Die siebte Seite des Würfels, Msp. 06; Zoo Wunderbar. Eine tierische Verserz. 08; augenzwinkernd. Eine lyr. Kammersinfonie in drei Sätzen 08; Der lächerliche Ernst des Lebens, R. 08. – **B:** Jonathan Swift: Gullivers Reisen 93, 2. Aufl. 02; Selma Lagerlöf: Wunderbare Reise des kleinen Nils Holgersson mit den Wildgänsen 94, 10. Aufl. 05; E.T.A. Hoffmann: Nußknacker u. Mausekönig 95. – **MA:** G. u. Kurzkrimis in: ZEITschrift, Leseb., seit 00; Kurzkrimis in: Deutschland einig Mörderland 95; Mord light 96; Leselust 99; Mit List und Tücke 99; Mord vor Ort 00; – Beitr. in: Muschelhaufen, ill. lit. Jschr.; Eulenspiegel; Anabas-LehrerInnenkal. – **Ue:** Mark Twain: Prinz und Bettelknabe 96 (auch dramatisierte Fass.). – *Lit:* Andreas Amberg: Schriftsteller im Erkelenzer Land 93; Interview in: Spiel u. Theater, H.159 97.

Klute, Wilfried, StudDir. a. D.; Börries-von-Münchhausen-Weg 2a, D-31737 Rinteln, Tel. (0 57 51) 52 01 (* Hannover 16. 2. 29). Pr. in versch. Lit.wettbew.; Lyr., Autobiogr. – **V:** Was geschehen ist, autobiogr. Erz. 86; Sag mir wo die Bäume sind, Texte 87; mehrere fachl. Veröff. – **MA:** zahlr. Beitr. in Lit.-Zss. seit 88, u. a. in: Der Literat; G. u. Erzn. in versch. Anth. u. Zss. – *Lit:* s. auch SK. (Red.)

†**Knaak,** Lothar (Ps. Opunzius), Fachpsychologe f. (systemische) Psychotherapie; lebte in Ascona (* Ascona 3. 4. 25, † 18. 8. 06). Lyr., Rom., Nov. Ue: ital. – **V:** Urds Brunnen, Lyr. 56; Pikantes Ascona, Prosa 56; Weinselige Lumpenlieder, Lyr. 57; Der Fall Erwin, N. 57; Eseleien, Prosa 58; Spiegelscherben Pulcinell's, Lyr. 58; Männer am Hag, Prosa 59; Ein Riss im Vorhang, Lyr. 60; Zacharias Griebsch. Ein Held zw. Pose u. Wirklichkeit, R. 62; Sammelsurium, Lyr. 98. – **MA:** Wo Sprache aufhört... 88, 91 (jap.).

Knack, Markus s. Köhle, Markus

Knackstedt, Thomas; Hainbergstr. 2, D-31073 Delligsen, Tel. (0 51 87) 33 41. – **V:** Sommerschnee, Texte 02. (Red.)

Knape, Wolfgang, Bibliothekar, freier Schriftst.; Naunhofer Str. 47, D-04299 Leipzig, Tel. u. Fax (03 41) 8 77 39 22 (* Stolberg/Harz 18. 9. 47). VS, Förderkr. Freie Lit.ges. e.V. Leipzig, Johann-Gottfried-Schnabel-Ges.; Prosa, Reiselit., Lyr., Feat., Publizistik. – **V:** Amigo Doctor. Theodor Binder, Arzt unter Shipibos und Mazahuas, Biogr. 75; In Siebenbürgen, Reisegeschn. 82, 2. Aufl. 87; Schnecken für Frankreich, Geschn. 83, 3. Aufl. 90; In Bulgarien, Reisegeschn. 85; Graf Luckner, der Seeteufel aus Sachsen, Biogr. 99; Unterwegs im Salzburger Land, Reiseb. 01; Ringelnatz aus Sachsen, Biogr. 01; PUR 06; Weimar 08, beides Stadtführer; mehrere Sachb./Reiseb. – **MV:** Die Uckermark, m. Hans-Jochen Knobloch, Reiseskizzen 80, 4. Aufl. 84; Stolberg, m. Sieghard Liebe, Reisebriefe 81, 3. Aufl. 87; Pücklers Parke, m. Erich Schutt, Reiseskizzen 85; Wernigerode, m. Karl-Heinz Böhle, Reiseskizzen 86; Leipzig, m. Siegbert Koch, Reiseskizzen 87; mehrere Reisefeuill. – **V:** Leipzig 91, 2. Aufl. 92; Reisen in Deutschland. Harz, Reisefeuill. 93; Königsberg, Reiseprosa 94; Danzig, Reiseprosa 94; Die sächsische Weinstraße, Reisefeuill. 95; Leipzig, Feuill. 95, u. a. – **B:** Gerdt Bassewitz: Peterchens Mondfahrt 00, 4. Aufl.

Knapp

03 (auch korean. sowie Tonkass./CD); Peter Pan. Neu erzählt 05, 3. Aufl. 08; Robinson Crusoe. Neu erzählt 05, 3. Aufl. 07 (auch als Hörb.); Nussknacker und Mausekönig. Neu erzählt, Kdb. 08; Gullivers Reisen. Neu erzählt, Kdb. 09. – MA: Bulgarische Lyrik des 20.Jhs., Nachdicht. 84; P. Jaworow: Den Schatten der Wolken nach, G. 99; Schnabeliana 2, Jb. 96; Harz. Merian 6/04; Leipziger Bll. Nr.44 04. – R: RADIOFEAT.: Der Weg nach Waldersbach 92; Eine Bude bei Trude 94; Mit Brocken-Benno unterwegs 96; Gärtner d. englischen Königin 97; Die Hexen zu dem Brocken ziehn ... 97; Wo der Winzer Sachse ist 98; Felix Graf v. Luckner 99; Der Eremit aus d. Achtermannstraße 99; Ich sende Herrn Junkers e. Gruß 01; Ein Harzer in Brasilien 01; Der Prophet von Arendsee 02; Ich komme u. gehe wieder. Joachim Ringelnatz 02; Komiker aus Versehen. Theo Lingen 03; Ohne Vier spiel Fünf 04; Der Magdeburger Reiter 05; Das Vogtland. Ein Menschenschlag u. eine Landschaft 06; – ESSAYS: Wo Männer ihren Stebbel Haun, 96; Loblied auf e. Stinker 98; Insel d. Europamüuden 03; Der Mann, d. herausfand, wer B. Traven war 07; Heinrich Zille. Ein Urgestein aus Sachsen 08; Der Erbauer d. Göltzschtalbrücke. Johann Daniel Schubert 08; Ein Pionier d. Film- u. Kinotechnik. Heinrich Ernemann 08; – MINIFEAT. f. Kinder: Der Flotte Otto 99; Albert u. Helene 00; Bei Max u. Moritz in Brasilien 01; Wo der Lehrer Lämpel wohnt 03; Der Däumling mit d. roten Zipfelmütze 05. – Lit: Regine Möbius: Autoren i. d. neuen Bdesländern 95; AAiS 96; Kathrin Kiehl in: Triangel, Kulturmag. v. MDR Figaro 9/07; s. auch SK.

Knapp, Andreas, Dr. theol., Priester u. Seelsorger; c/o Kleine Brüder vom Evangelium, An der Kotsche 47, D-04207 Leipzig, Tel. (03 41) 9 40 35 70, *klbr.andreas@web.de* (* Hettingen 8. 6. 58). Brennerr. E.pr. d. VKSÖ 06, Pr.träger b. Kunstpr. „Das goldene Segel" 06, 2. Pl. b. Walldorf-Lyr.-Wettbew. 08; Rom., Lyr. – V: Werdet Vorübergehende 01, 3. Aufl. 02; Weiter als der Horizont 02, 5. Aufl. 07; Brennender als Feuer 04, 4. Aufl. 07; Tiefer als das Meer 05, 2. Aufl. 06, alles Lyr.; Die Ikone des Kaisers, hist. R. 06, Sonderausg. 09; Gedichte auf Leben und Tod, Lyr. 08. – MA: zahlr. G. in Anth., u. a.: Das Gedicht 02; O du allerhöchste Zier 03; Leben und Tod 06; Wie eine Feder will ich sein 06; Meine Nachbarn 07; Jeder Friedensgedanke ein Gedicht 08.

Knapp, Eva-Maria s. Tepperberg, Eva-Maria

Knapp, Heidi; c/o Turmbund – Gesellschaft f. Literatur u. Kunst, Müllerstr. 3/I, A-6020 Innsbruck (* Klagenfurt 18. 3. 41). Turmbund; Sonderpr. d. Stadt Schwaz, 2. Pr. d. Gemeinde Vomp; Lyr., Prosa, Sat. – V: Silberne Schuppen im Netz 89; Aus dem Leben einer Blödfrau 94; Stunden geliehenen Glücks 99; Minne, Model, Motorrad 00. (Red.)

Knapp, Radek; Wien (* Warschau 3. 8. 64). Nachwuchsstip. d. BMfUK 92, Würdig.pr. d. Stadt Wien 93, aspekte-Lit.pr. 94, Aufenthaltsstip. d. Berliner Senats 95, Projektstip. d. BKA 00, Stadtschreiber von Schwaz 00, Adelbert-v.-Chamisso-Pr. (Förd.pr.) 01; Prosa. – V: Der Bericht, Erz. 89; Franio, Erzn. 94 (auch Hörb.); Ente à l'orange 96; Herrn Kukas Empfehlungen, R. 99 (auch Hörb.); Papiertiger, Gesch. 03; Gebrauchsanweisung für Polen 05. (Red.)

Knapp, Wolfgang, Ev. Diakon; Mörikeweg 14, D-89179 Beimerstetten, Tel. (0 73 48) 9 67 33 42, Fax 9 67 33 46, *WolfgangKnapp@knappweb.de, www.knappweb.de* (* Konstanz 8. 2. 57). – V: Vinz und Uura, M. 03. (Red.)

Knauss, Sibylle, Prof., Doz., Autorin; Schloßweg 36, D-71686 Remseck, Tel. u. Fax (0 71 46) 82 16 37, *sibylle.knauss@t-online.de* (* Unna 5. 7. 44). P.E.N.-Zentr. Dtld; Pr. d. Neuen Lit. Ges. Hamburg 82, Drehb.-

förd. d. Bad.-Württ. Filmförd. 96, Kunstpr. d. Saarldes f. Lit. 06; Rom., Drehb. – V: Ach Elise oder Lieben ist ein einsames Geschäft 81, 98 (auch ndl.); Das Herrenzimmer 83, Tb. 02; Erlkönigs Töchter 85, Tb. 87; Charlotte Corday 88, Tb. 95; Ungebetene Gäste 91, Tb. 93; Die Nacht mit Paul 94, Tb. 96; Die Missionarin 97, 99 (auch Drehb.); Evas Cousine, 1.u.2. Aufl. 00 (auch ndl., engl., gr., span., lit., chin., schw. u. als Hörb.); Füße im Feuer 03, Tb. 05; Die Marquise de Sade 06, alles Romane; – Schule des Erzählens, Ess. 95, 06. – MA: Es geht mir verflucht durch Kopf und Herz 90; Der Gipfel 93; Die Schönen und die Biester 95. (Red.)

Knauth, Joachim, Dipl.-Germanist, Dramaturg; Hufelandstr. 17, D-10407 Berlin. c/o henschel SCHAUSPIEL Theaterverlag, Marienburger Str. 28, D-10405 Berlin (* Halle/S. 5. 1. 31). SV-DDR 57, VS 90–02; Sonderpr. Radio DDR 90 Dt. Kinderhsp.pr. 92; Drama, Hörsp. – V: Heinrich VIII. oder Der Ketzerkönig, Kom. 55, 60; Der Tambour und sein Herr König, Sch. 57; Wer die Wahl hat 58; Badenweiler Abgesang 60; Die sterblichen Götter 60, alles Kom.; Die Kampagne, sat. Lsp. 62; Die Weibervolksversammlung, Kom. n. Aristophanes 65; Wie der König zum Mond wollte, Kinderm. m. Zirkus u. Feuerwerk 68; Der Maulheld, Kom. n. Plautus 68; Der Prinz von Portugal, M.-Lsp. 73; Aretino oder Ein Abend in Mantua, zwei Akte u. zwei Epiloge 73, 89; Die Nachtigall, n. Andersen, e. Aufgabe f. Schauspieler u. kleines Orchester 73; Stücke 73; Bellebelle oder Der Ritter Fortuné, dram. M. 74; Lysistrata, Kom. n. Aristophanes 75; 4 Theatermärchen u. 1 Essay, enth.: Der Prinz v. Portugal/Die Nachtigall; Bellebelle od. Der Ritter Fortuné; Wie der König z. Mond wollte, Zum Beispiel Märchen, Ess. 80; Die Mainzer Freiheit, 2 Theaterst. 87, 89; Der Ritter Fortuné 89; – B: Th.J. London: Neuland unterm Pflug, n. Scholochow, Sch. 59; J.M.R. Lenz: Die Soldaten, Sch. 64. – R: Heinrich VIII, Fsp. 60; Die sterblichen Götter, Hsp. 60; Die arge Legende vom gerissenen Galgenstrick, n. Werfel 76; Der Mantel des Ketzers, n. Brecht 79; Der Prinz v. Portugal 80; Ich möchte schreien 88; Der Nibelungen not, Tril. 88; Gottes Stimme 89; Sifrid, Sifride 90; Prometheus 92; Jason, Medea 93, alles Hsp. – Ue: Ben Jonson: Volpone, Kom. (auch Bearb.) 97, UA 98; William Shakespeare: Der Sturm 00. – Lit: Christoph Trilse: J.K. in: Lit. d. DDR, Einzeldarstell. Bd 2 79; Jochen Ziller: Zwischenbescheid üb. J.K. in: Stücke 73; Dieter Kranz: Nachbemerkung in: 4 Theatermärchen u. 1 Essay 80; Christoph Funke in: Aretino/Die Mainzer Freiheit (Nachw.) 89.

Knauthe, Ursula (geb. Ursula van Oy), Bankkauffrau; Flamer Weg 9, D-46483 Wesel, Tel. (02 81) 2 95 18, Fax 2 22 60 (* Wesel 2. 2. 41). Erz., Lyr. – V: Berthas Geschichten 00; Das Jahr im Spiegel von Gedichten 00. (Red.)

Knebel, Hajo (Ps. Ursula Arndt, Arno Bienwald, Hermann Graupe, Hermann Geisler, Manfred Hillmer, Cynonotus); Gartenstr. 2a, D-55469 Simmern/Hunsrück, Tel. (0 67 61) 31 20 (* Bunzlau 19. 7. 29). 1. Vors. VS 67, 1. Vors. Förd.kr. Dt. Schriftst. Rh.-Pf. 76, Wangener Kr. 75, Hunsrücker Autorenkr. 80–99; Förd.pr. Rh.-Pf. 63, Auslandsreisestip. 65, Förd.pr. z. Schles. Kulturpr. 70, BVK 79, Rheinlandtaler 88, Verd.-orden d. Ldes Rh.-Pf. 88, E.nadel d. Ldes Rh.-Pf. 88, Gr. Europapr. f. Lit., Modena/Italien 89; Rom., Nov., Ess., Hörsp., Film, Sachb. – V: Jahrgang 1929, R. 62, 3. Aufl. 00; Martinswaldau, R. 69; Die Stunde Null, Ber. 72; Bomben am Kiosk, Ess. 76; Carl Zuckmayer, Ess. 77. – MA: verantwortl. Red. d. ev. Wochenbl.: Glaube und Himmel 61–00; Deine Hunsrückheimat 64/66; Als d. Sterne fielen 65; So gingen wir fort 70; Auf d.

Spuren d. schwarzen Walnuß 71; Schriftsteller erzählen v. ihrer Mutter 72; Fremd in Dtld 73; Grenzüberschreitungen 76, alles Erzn.; Der polnische Leutnant 79; Brieger Gänse fliegen nicht 81; Illusion u. Realität 83; Echo – dt./frz. Begegnung 82; Kirn an der Nahe 94. – **H:** Die Pfalz, wie sie lacht, Anekdn. 71, 02; M.E. Glasmann: Tagebuch meines Lebens, R. 73, 83; Neue Texte aus Rheinland-Pfalz, Anth. 74–77, 80, 83; Literatur aus Rheinland-Pfalz, I 76, II 81, III 86; Maria Natorp, Ess. 76; Begegnungen, Jb. Bildende Kunst 79; Der Hunsrück, e. Jb. 79, 80, 83; Echo – dt./frz. Begegnung 82; Bibliogr. Rheinland-Pfalz 83; Typisch schlesisch 88, 93; Julius Zerfass: Du wirst alt, Jonny, Geschn., G. u. M. 90; Julius Zerfass: Werkausgabe. – **F:** Lerchen zwischen Tag und Morgen 75; ... ein Stück von mir: Carl Zuckmayer 76; Falkenjagd 76; Habichtsjagd 77; Königliches Waidwerk: Jagd mit dem Adler 77. – **R:** Der deutsche Michel: Robinson Crusoe aus Kreuznach; Der Prediger von Buchenwald; Wo die Zeit stille steht; Reise nach Ost-Brandenburg; Die Brücke von Remagen, alles Hsp. – *Lit:* Bio – Chronik I 66; Das 5. Buch 69; Kosler: H.K. 71; Gisela Koch: H.K. 77; Carl Heinz Kurz: Autorenprofile/Lit. Biographien: H.K. 77; Susanne Faschon/Sigfrid Gauch: In Sachen Lit./Beitr. aus Rh.-Pf. (H.K. zu Ehren) 79; Henner Grube: Literar. Rh.-Pf. heute, Autorenlex. 88; Josef Zierden: Lit.-Lex. Rh.-Pf. 98; Gudrun Kippe-Wengler: H.K. 70 Jahre 99; Dietrich Meyer: H.K., Leben u. Werk 00; s. auch SK. (Red.)

Knebel, Sven, Maler, Bildhauer, Dichter, Schriftst., Verleger; CH-8158 Regensberg/Zürich. c/o Spektrum Verlag u. Brunnenturm-Presse, CH-8001 Zürich, Tel. (0 79) 4 36 27 27 (* Zürich 25. 1. 27). GSMBA Schweiz, GIAP UNESCO Paris, SLB; Aufmunterungspr. d. Stadt Zürich, Schweizer Pr. Lithographenbund, Premio Agazzi (Bergamo/Ital.) in Silber 00, in Gold 01, ARTECOM Roma, Kulturpr. d. Kt. Zürich, Pr. d. Schweiz. Eidgenoss. Abt. Kultur; Lyr., Ess. Ue: tsch, frz, engl. – **V:** Sätze, G. u. Not. 76; Schattenspiel, Sätze 80; Hommage à G.P. 93; Zeit nimmt zu im Schweigen 94; Denn etwas Namenloses ist im Werden 95; Die vier Schatten des Tages 96; Wie man wird was man schon ist 96; Rot, die Farbe des Schattens aus Licht 97; Die Tragkraft der Helle, Texte 99/00; Kunst am Bau 07; Brunnenturm Presse, Buchmappe 07. – **MV:** Hommage an Rainer Brambach; Carlos Duss. Der Freund und Maler; Francis Roulin. Der Freund und Maler. – **MA:** zahlr. Beitr. in Anth., Kunstb. u. Zss., u. a.: Essence; Matière; Spektrum; Drehpunkt; Poesie; Litfass; Orte. – **H:** Spektrum. Intern. Vjschr. f. Dichtung u. Originalgrafik, 133 Nummern 58–94 (auch Mitarb., Red. u. Gestalt.); Ed. Brunnenturm-Presse, seit 62; Ed. Spektrum, seit 92.

Knecht, Doris, Journalistin, Kolumnistin "Kurier" u. „Falter"; lebt in Wien, *www.dorisknecht.com* (* Rankweil 66). Kolumne. – **V:** Hurra 04; Moment mal! 06; So geht das! 06. (Red.)

Knecht, Richard; Winterhaldenstr. 62a, CH-5300 Turgi, Tel. (0 56) 2 23 52 06 (* Brugg 26. 3. 54). Lyr., Kurzgesch., Kolumne. – **V:** Ausbruch, G. 98; Draussen. Kolumnen, Glossen u. Kürzestgeschichten 99. – **MA:** zahlr. Beitr. in Lit.-Zss. seit 79, u. a. in: Entwürfe Nr.18; Passagen. Lyr. d. dt.spr. Schweiz 97. (Red.)

Kneifel, Johannes W. R. (Ps. Hanns Kneifel), Konditormeister, Gewerbeoberlehrer a. D.; Rümannstr. 61/15, D-80804 München. Tel. (0 89) 36 31 62 (* Gleiwitz 11. 7. 36). Rom., Nov., Hörsp. Ue: am. – **V:** ... uns riefen die Sterne 56; Oasis 58; Ferner als du ahnst 59, alles utop. R.; 13 Atlan-Hardcover-Bücher 92–99; Der Bronzehändler 94; Babylon – das Siegel des Hammurabi 94 (auch türk.); Hatschepsut 95; Serum des Gehor-

sams 95; Die Spur des Widders 96; Sohn der Unendlichkeit 97; Telegonos 97; Darius der Große, König der Perser 98, 04 (auch türk.); Der letzte Traum des Pharao 00; Die Ritter von Avalon 00, 05 (auch gr.); Weihrauch für den Pharao 00; Die Kreuzritter 01; Der Gesandte des Kalifen 02; Katharina die Große 03; Sir Francis Drake 05, alles R.; – seit 1960 ca. 100 Atlan-Heftromane, ca. 150 Perry-Rhodan-Heftromane, ca. 75 P.-Rhodan-Taschenbücher (tw. auch jap.), ca. 70 Orion-Taschenbücher/Heftromane, ca. 70 Terra-SF-Romane, ca. 40 Mythor-Heftromane, 2 Reiseführer Costa Smeralda, ca. 150 andere Taschenbücher u. Heftromane, u.v. a. – **MA:** Die Großen d. Welt 71; Die Großen d. XX. Jhs 73. – **H:** Rainer Castor: Der Blutvogt, R. 97, 99, Tb. 05. – **R:** SCDAEIOUY oder unterstelltes Ergebnis, m.a., Hsp. 72; Das Insel-Dilemma Berenice 77. – *Lit:* E. Schwettmann: All-Mächtiger. Faszination Perry Rhodan 06. (Red.)

Kneifl, Edith, Dr. phil., Psychotherapeutin, Schriftst.; Lininegasse 4, A-1060 Wien, Tel. (01) 5 95 31 75. Schottenfeldgasse 87/1/31, A-1070 Wien, Tel. (01) 5 26 63 81, *kneifl@vienna.at, www.kneifl.at* (* Wels/OÖ 1. 1. 54). AIEP – Intern. Vereinig. d. Krim.schriftst., Das Syndikat, IGAA; Theodor-Körner-Förd.pr. 88, Arb.stip. d. Stadt Wien 90 u. 94, GLAUSER 92; Prosa, Rom. – **V:** Pink Flamingo 91; Zwischen zwei Nächten 91; In der Stille des Tages 93; Triestiner Morgen 95; Ende der Vorstellung 97; Allein in der Nacht 99; Auf der ersten Blick 01; Pastete mit Hautgout 02; Kinder der Medusa 04; Der Tod ist eine Wienerin 07; Gnadenlos. 21 Kriminalgeschn. aus 21 Jahren 08. – **MV:** Museum der Schatten, m. Lithogr. von Rainer Wölzl, Künstlerb. 93. – **MA:** Essays/Aufss. sowie (Krim.-)Erzn. in zahlr. Zss. u. Anth. – **H:** Mörderisch unterwegs, Krim.-Geschn. 06. – **R:** Drehbücher: Triestiner Morgen, m. Milan Dor 99/00; Ende der Vorstellung, m. Wolfgang Murnberger 00/01. (Red.)

Kneip, Matthias, Dr., wiss. Mitarb. am Deutschen Polen-Institut Darmstadt, Schriftst.; Schubertstr. 26 d, D-93053 Regensburg, Tel. (0 15 77) 2 56 25 06, *matkneip@gmx.de, www.matthiaskneip.de* (* Regensburg 30. 7. 69). VS 96, P.E.N.-Zentr. Dtld 02, Kogge 05–06; Pr. d. Bayer. Musikrats 95, 1. Pr. b. GEDOK-Lit.wettbew. 97, Dt. Vertreter auf d. „World Congress of Poets", Tokio 01, Kulturförd.pr. d. Stadt Regensburg 01; Lyr., Kurzprosa. – **V:** Einmal leben und zurück, G. 95; In meiner Faust den Tag, G. 98; Farbe für Schwarz-Weiß, G. u. Essays, dt.-poln. 98; zärtlich kriegen, G. 00; Grundsteine im Gepäck. Begegnungen mit Polen, G. Prosa 02 (auch poln.); Liebes Verhältnisse, Kurzgeschn. u. Lyr. 05; Polenreise. Orte, die ein Land erzählen, Prosa 07. – **MA:** zahlr. Veröff. dt. u. osteurop. Lit.zss. u. Anth. – **MH:** Polnische Literatur u. deutsch-polnische Literaturbeziehungen (Hdb. f. Lehrer) 03; Polnische Geschichte u. deutsch-polnische Beziehungen. Für d. Unterricht 07, beide m. Manfred Mack. – **R:** Wie laden zum Handkuss Euch ein. Polen in d. Lit. (BR) 08. – *Lit:* s. auch SK.

Kneissler, Michael, Journalist, Autor; *www. michaelkneissler.de*. c/o Presseagentur Lionel von dem Knesebeck, München (* Stuttgart 15. 12. 55). – **V:** Papas kleine Monster 98; Neues von Papas kleinen Monstern 03; Papas kleine Monster gehen zur Schule 05, alles Geschn. – *Lit:* s. auch 2. Jg. SK. (Red.)

Knelles, Sylvia; Wandsheker Chaussee 37a, D-22089 Hamburg, *red@mysterious-women.com, www. mysterious-women.de, www.sylvia-knelles.de.* – **V:** Lust der Nacht 93; Clara 94; Sharon's dream 94; Sterne über Malibu 94; Bambus in Georgia 95; Tango, Blues & Cha-

Knellwolf

Cha-Cha 95; Wie krieg' ich bloß 'ne Lesbe rum 99. – **MA:** Mysterious Women Magazin 99. (Red.)

Knellwolf, Ulrich, Dr. theol., Pfarrer, freier Schriftst.; Rebwiesstr. 36a, CH-8702 Zollikon, Tel. (0 44) 3 95 24 24, Fax 3 95 24 25, *ueknellwolf@bluewin. ch* (* Niederbipp 17. 8. 42). Pr. f. Lit. d. Kt. Solothurn 00; Rom. – **V:** Ein roter Teppich für den Messias, Geschn. 89; Roma Termini, Krim.-R. 92, 94; Tod in Sils Maria, Krim.-Erzn. 93, 96 (auch finn.), erw. Neuausg. 04; Klassentreffen, Krim.-R. 95, 97 (auch ndl.); Adam, Eva & Konsorten, Krim.-Erzn. 97; Schönes Sechseläuten, Krim.-R. 97, 99; Doktor Luther trifft Miss Highsmith, Geschn. 98; Auftrag in Tartu, R. 99; Den Vögeln zum Frass, R. 01; Im Taxi nach Bethlehem, Geschn. 00; Der Zuckerbäcker von Bethlehem, Geschn. 02; Sturmwarnungen, R. 04; Der liebe Gott geht auf Reisen, Geschn. 04; Ein roter Teppich für den Messias, Geschn. 05; Lebenshäuser. Vom Krankenasyl zum Sozialunternehmen 07; Erfüllte Zeit 08; – Libr. zu: Zu Babel ein Turm, Oratorium 06; Messe für Gläubige und Zweifler 08. – **MV:** In Leiden und Sterben begleiten, m. Heinz Rüegger, Geschn. 04. – **R:** Zwinglis Nacht, m.a., Hsp. 86.

Kneubühler, Theo, Schriftst.; Badweg 9, CH-5707 Seengen, Tel. (0 62) 7 77 39 82. Pilatusstr. 55, CH-6003 Luzern (* Luzern 3. 10. 45). versch. Preise u. Stip.; Ess., Text, Lyr., Erz. – **V:** Drei mal drei Teile des I. Cherduxman 75; Amazonas – Fast alles nur halb so doppelt 76; Im Wald des einzigen Bildes 82; Malerei als Wirklichkeit 85; Wegsehen, Aufs., Briefe, Texte 86; Ein Augenblick vorher/Das Tortier, G. 93; Josef 93; See der holl/ In jener Dauer, G. 95; Anna beide/Gedicht und Zeiten Erz. 98; Akkord durch Haut/Pythia und der Deuter 03; Atem frei wie etwas/Die ganze Scherbe, Lyr./Text 08. – **MV:** Gemurmelte Differenz des Gleichen, m. Rolf Winnewisser 75; Nil, m. Rolf Winnewisser u. Carlo Sauter 86. – **MA:** Die neue Sprache 80.

Knierim, Truxi, Drogistin, Kosmetikerin, Lehrerin, Autorin; Kurfürstenallee 69, D-28329 Bremen, Tel. (04 21) 44 85 43, Fax 4 34 08 59, *T.Knierim@nord-com. net* (* Hoya 24. 6. 46). Segeberger Kr. 90–03, Bremer Lit.kontor 93, Vorst.mitgl. seit 06; Rom., Erz. – **V:** Annas Befreiungskrieg, hist. R. 96; Die Revolution von Fräulein Mindermann, hist. R. 98; Wer mit dem Teufel buhlt..., hist. Erzn. 00; Carla und Torge. Das Geheimnis d. steinernen Löwen 08 (auch als Hörb.). – **MA:** Krim.-Erzn. in: Criminalis 1/02, 3/04.

Knippenberg, Hermann; Neustadtstr. 28, D-49163 Bohmte, Tel. (0 54 71) 44 84 (* Bohmte 26. 4. 32). Plattdt. Erz. – **V:** Düt und dat – un olles up Platt, Geschn. 01; No een Schluck Muckefuck, Geschn. 02. (Red.)

Knister (eigtl. Ludger Jochmann), Autor, Komponist, Schauspieler; Aaper Weg 93, D-46485 Wesel, Tel. (02 81) 5 18 58, Fax 8 24 75, *knister@knister. com*, *www.knister.com* (* Bottrop 11. 12. 52). Brüder-Grimm-Pr. d. Ldes Berlin 81; Rom., Kinderb., Drama, Film, Hörsp. – **V:** Kieseldikrie 82; Mister Knisters Kassettenspiele 83; Die Reiter des eisernen Drachen 86; Mikromaus mit Mikrofon 87; Von Weihnachtsmäusen und Nikoläusen 87; Willi Wirsing 88; Von Frühlingsboten und Hasenpfoten 88; Die Sockensuchmaschine 89; Teppichpiloten 90; Teppichpiloten starten durch 91; Bröselmann und das Steinzeit-Ei 92; Hexe Lilli wird Detektivin 92; Hexe Lilli zaubert Hausaufgaben 92; Teppichpiloten mit Geheimauftrag 92; Knisters Nikolauskrimi 93; Hexe Lilli macht Zauberquatsch 94; Hexe Lilli stellt die Schule auf den Kopf 94; Hexe Lilli und der Zirkuszauber 94; Hexe Lilli bei den Piraten 95; Hexe Lilli und der Weihnachtszauber 95; Das kunterbunte

Schnupfennasenbuch 95; Hexe Lilli im wilden Wilden Westen 96, alles Kdb.; GALAXY, Jgdb. 97; Hexe Lilli und das wilde Indianerabenteuer, Kdb. 97; Hexe Lilli im Fußballfieber, Kdb. 98; Teppichpiloten erobern den Weltraum, Kdb. 98; Wer verflixt ist YOKO? 99; Hexe Lilli feiert Geburtstag 99; Hexe Lilli und das Geheimnis der Mumie 99; Hexe Lilli und das Geheimnis der versunkenen Welt 00; SMS. Sprüche, Tipps u. Tricks 00; YOKO mischt die Schule auf 00; Wo ist mein Schuh?, fragt die Kuh 01; YOKO und die Gruselnacht im Klassenzimmer 02; Hexe Lilli auf der Jagd nach dem verlorenen Schatz 03; Hexe Lilli auf Schloß Dracula 03; Hexe Lilli und das magische Schwert 03; Hexe Lilli superstark, Sammelbd 03; Hexe Lillis geheime Zauberschule 03; Viel Wirbel um YOKO, Sammelbd 03; Zauberhafte Hexe Lilli 03. – **MV:** Katze, Hund und Kunterbunt, m. Christoph Eschweiler 94. – **R:** versch. Hsp.; Vom Fröhlichsein u. Traurigsein, vom Hören u. Stören, Fsf. 83. – **P:** Tricky Töne mit Knister, Video 84; Musik im Kopf, Schallpl., Musikkass. u. CD 85; Von Weihnachtsmäusen und Nikoläusen, Schallpl. u. Musikkass. 86; Die Reiter des eisernen Drachen, Musikkass. 86; Hexe Lilli und das wilde Indianerabenteuer, Tonkass. 97; Hexe Lilli im Fußballfieber, Tonkass. 98; Hexe Lilli – Abenteuer im Gruselschloss, CD-ROM 99. (Red.)

Knittel, Elke s. Gerhold-Knittel, Elke

Knobel, Jürgen, Restaurator, Seelsorger, Priester, Kunstmaler; c/o Kath. Kirchengemeinde Vom Guten Hirten, Malteserstr. 171, D-12277 Berlin, Tel. (0 30) 72 01 25 33, *Juergen.Knobel@t-online.de* (* Meersburg 29. 6. 62). Lyr., Erz. – **V:** Kreis, Blume und das Kreuz 03; Das Vermächtnis des Fischers, Erz. 06, II 09; Gespräche über den Lichtblütenbaum 07; Die Farben des Schmetterlings, Autobiogr. 08. – **B:** Vorw., Begleittexte u. Bilder zu: Michael Stoll: Mergat, Lyr. 06.

Knoblich, Heidi, Autorin, Moderatorin b. SWR; Obermattstr. 41, D-79669 Zell im Wiesental, Tel. u. Fax (0 76 25) 5 49, *hwknoblich@t-online.de* (* Zell im Wiesental 23. 10. 54). Lyr., Erz. – **V:** Un d Welt hät liislig gschnuuft 98; Ein Winter- und Weihnachtsbuch 98; Fanny, Best., UA 02; Winteräpfel 03. – **MA:** Regio-Magazin, Mda.-Erzn. 00. – **MH:** WälderSeel, Kal. 00. – **R:** Mundart am Samstag, Mag. im SWR 4. (Red.)

Knobloch, Patricia, freie Künstlerin; Lindenstücker 3, D-65627 Elbtal, Tel. (0 64 36) 68 15, Fax 60 28 92, *www.knobloch-elbtal.de* (* Frankfurt/Main 9. 3. 54). Rom. – **V:** Die einzigen Wundergeiger 99.

Knobloch, Peter, Dr. rer. nat., Naturwiss., Kunstmaler, Schriftst.; Eichenstr. 21, D-86845 Großaitingen, Tel. (0 82 03) 95 15 89, Fax 95 15 84, *peter@kunstmalerundwanderer.de*, *www. kunstmalerundwanderer.de* (* Berlin 22. 12. 37). Erz., Ratgeber. – **V:** Durch Autogenes Training zur Meditation 85, 93; Mit Stiften und Pinseln im Fünf-Seen-Land, Erz. u. Ratgeber 03; Faszination Herbst, Erz. 03; Workshop Meditation 04; Jahreszeiten, meine Wanderung, Erz. 06; Baum, was sprichst du?, Erz. u. Ratgeber 07.

Knodt, Reinhard, Dr. phil., Rundfunkautor BR; Schnackenhof 3, D-90552 Röthenbach, Tel. (09 11) 5 06 49 06 / * Dinkelsbühl 13. 10. 51). USA-Jahresstip. (DFG) 90, Wolfram-v.-Eschenbach-Lit.förd.pr. 97, IHK-Lit.pr. d. mittelfränk. Wirtschaft 98, Friedrich-Baur-Pr. f. Lit. 07. Rom., Hörsp., Erz. – **V:** Das Haus, R. 87; Die ewige Wiederkehr des Leidens, philos. Ess. 87; Gott, Liebe oder die Reinhaltung der Luft, Prosa-G. 89; Der technische Raum und das Leiden, Vortr. 90; Der Künstler und die Wissenschaften, Festvortr. 92; Ästhetische Korrespondenzen – Denken im technischen Raum, Ess. 94; Aber so kommen sie doch mit hinunter zum Fluß... 99. – **MV:** Für eine zweite Ästhetik, m. Th. Hierl 89. – **MA:** Torschluß 86; „Dissens", Vortr. 87; Lust auf Lit. 87; Bayreuther Beitr. z. Lit.-wiss., Bd 11 89; Liebesgeschn. aus d. Alltag 89; Schopenhauer u. d. Postmoderne 89; Aufklärung u. Postmoderne 91; Philosoph. Jb. d. Görres-Ges., 2. Halbbd 91; Probleme Philosophischer Mystik 91; Penser apres Heidegger 92; Zukunft oder Ende 93; Karlsruher Gespräche 97; Vom Schweigen u. Vergessen, Vortr.; – lit.wiss. u. philos. Veröff., Erzn. u. Geschn. in: Merkur; Lettre international; Der Humanist; L 80; Stuttgarter Nachrichten; FAZ; West & Ost; Frankfurter Hefte; SZ; Forum; Rhein. Post; Caronte; NZZ u.v.a.; weitere kleinere Arb., Ztgs-Aufss., Kat.-Beigaben, Ausst.texte, Lit.-kritik, Kritik philos. Neuersch., Art. zu Kunst u. Politik, Lex.art. u. Buchbesprechung. – **H:** Nürnberger Blätter, Zs. 85–90. – **R:** ca. 100 Hörfunk-Arb., u.a.: Über den Tod, vor 90; Das Elend d. Wertkonservatismus 93; Die Mall. Zur Ästhetik künstlicher Paradiese; Cartesisches Essen 94; Pfade zum Hirn; Gedanken zur Zeit, Reihe; Zum 95. Geb. Hans Georg Gadamers; Sprache ist Sein, das verstanden werden kann 95, alles Ess.; – „Atlantis" oder eine Insel wird entdeckt; Das Märchen vom Frieden; Das Dorf, Ort ursprünglicher Heimat; Ach wie fern Du nahes Ziel; Das Elend des Wertkonservatismus, vor 90; Winterlied; Natur, Religion, Politik; Die Dornburger Schlösser 92; Vom Gehen in den Gärten 93; Das Kloster. Bericht über e. Aufenthalt 94; Die Kunst des Spazierengehens 95; Aus dem Wasser kommt das Heil; Johann Baptist Schad, Philosoph u. Musiker 96; Goethe hatte viel aus Nürnberg 97, alles Hörbilder u. Coll.; – Der Riß; Das Dorf; Der Waffenhändler, vor 90; Aber so kommen Sie doch hinunter zum Fluß!; Die blaue Pyramide 95, alles literar. Erzn.; – zahlr. Feat., u.a.: Bewältigungen 96. – **P:** versch. Liedertexte auf Schallpl. – *Lit:* Walther Killy (Hrsg.): Literaturlex., Bd 9 88 ff.; Richard Frank Krumel in: Colloquia Germanica, intern. Zs. f. germ. Sprach- u. Lit.wiss., Bd 21 88; Wiebrecht Ries in: Schopenhauer, Nietzsche u. d. Kunst 92; Spiegel 24/96 u. a.; mehrere Fs.-Feat. (Red.)

Knöchel, Heinz, Dipl.-Bibliothekar, Rentner; Zamenhofstr. 3, D-01257 Dresden, Tel. (03 51) 2 03 77 30 (* Oelsnitz/Erzgeb. 13. 3. 26). Kurzgesch., Lyr. – **V:** Kriegsgefangen, Erz. 02; Dieses und jenes von hier und anderswo. Erlebtes u. Erdachtes 06. – **B:** Erichwerner Porsche: Wandern zwischen Staub und Sternen, Lyr. 01. – **MA:** Wortspiegel, H. 11, 12, 15, 25 99–02; Puchheimer Lesebuch 03; Nationalbibliothek d. dt.sprachigen Gedichtes, Bd 6 03. – *Lit:* G. Feuerstake in: Wortspiegel 25/02.

Knoell, Dieter Rudolf, Dr. phil., M. A., Prof. f. Ästhetik (HS Kunst u. Design Halle); Richard-Wagner-Str. 47, D-06114 Halle, Tel. (03 45) 5 32 02 91 (* Landau/Pf. 2. 1. 51). New York Acad. of Sciences; Pr. d. Viva-Maria-Stift. 93; Aphor., Ess., Kurzgesch., Sat. – **V:** Die Gesunden und das Normale, Ess. 73; Zur Lage der Nation. Sekundenbuch, Aphor. 78; Ästhetik zwischen Kritischer Theorie und Positivismus, Ess. 86; Kritik der deutschen Wendeköpfe 92; Zur gesellschaftlichen Stellung der Kunst zwischen Natur und Technik, 2 Bde 93/94; Glasstrum, Aphor. 05. – **MV:** Kunst als Reisegepäck, m. Köker, Weimann u. Rosner 97; Essen und gegessen werden 98; Körpertransparent 00. – **MA:** Diagonalen, Kurzprosa-Anth. 76; Laßt mich bloß in Frieden 81; Sag nicht mehr wurst du weinen, wenn du nach dem Lachen suchst 82; Bücher, nichts als Bücher 94; Extremismus der Mitte 94; Die Weltbühne im Wirbel der Wende 94; Wandlung 01; Utopie kreativ 138/02. – *Lit:* P. Trotignon in: Revue philosophique 95. (Red.)

Knöller-Seyffarth, Ursula s. Jacob, Ursula

Knöllner, Peter, Dr., Veterinärmediziner; Drosteweg 9, D-32825 Blomberg, Tel. (0 52 35) 10 16. Regattastr. 11, D-16816 Neuruppin (* Neuruppin 4. 10. 25). Fachartikel. – **V:** Nichts Tierisches ist mir fremd 98; Tierisches 2. Teil 01. (Red.)

Knöpfel, Marieluise; Ainmillerstr. 13, D-80801 München, Tel. (0 89) 39 01 25, *marieluise@knoepfel.de* (* Heilbronn 2. 1. 35). Erz. – **V:** Der bunte Vogel, Erz. 05. (Red.)

Knöpfle, Karlheinz, Speditionskfm.; Im Wetterkreuz 16, D-73095 Albershausen, Tel. (0 71 61) 3 15 07, Fax 93 73 33, *k.knoepfle@magazintrans.de* (* Schorndorf 22. 10. 42). Erz., Schwäbische Mundart, Kunstdruckkalender. – **V:** Ond ... so a G'schwätz 96; So ist die Welt 97; So isch's no au wieder 98. (Red.)

Knöpper, Martin s. Kay, Martin

Knoff, Artur s. Grass, Günter

†**Knoke,** Will, Lehrer, Schulleiter; lebte in Hannover (* Eltze 12. 6. 25, † It. PV). DAV 79, Das Syndikat 99; Erz., Kurzprosa, Feuill., Lyr., Rom. – **V:** Das Glück zum Greifen, Lyr., Kurzprosa 82; Die Parklücke und 13 weitere Begebenheiten aus dem Autofahrer-Alltag 89; Hassan – Putzi – Casanova, Kurzprosa 90; Der Graskarpfen u. a. ungemütliche Geschichten 93; Knokes Nachtexpress, Erzn. 93 (russ. 96, rum. 99); Die Vorgänge in Hannover, Erzn. 98; Schrille Ostern, Krim.-R. 03. – **MA:** Lyrik und Prosa vom Hohen Ufer I 79, II 82, III 85, IV 88; Europäische Begegnungen 80; Des Menschen Würde ... 81; Ganz prosaisch 81; Ansichtssachen 83; Gaukes Jahrbuch 84; Grenzland 91; Darum ist es am Rhein so schön 93; Ungleich ist der Mensch ... 96; Unterwegs – 24 Schritte 02. – **MH:** Signaturen, Lyr.-Anth. 81; Wortfelder, Anth. 86.

Knoll, Helmfried, Dipl.-Dolmetscher, Pensionist; Bauernfeldgasse 10/1, A-1190 Wien, Tel. (01) 3 69 77 08 (* Wien 18. 1. 30). IGdA 68, 1. Vors. 77–83, Öst. Autorenverb., IGAA, Freundeskr. Döblinger Autoren; E.liste d. Öst. Unterr.min. 69, Theodor-Körner-Förd.pr. 77, Rosegger-E.nadel 97, 1. Pr. b. Zauberberg-Wettbew. Semmering 01, 03, 1. Pr. b. Dr. Rose Eller-Wettbew. 01; Erlebnisbericht, Lyr., Journalistik, Wanderführer, Sachb., Erz. Ue: span, port. – **V:** Von meinen Wanderpfaden 67; Erwanderte Heimat – erlebte Fremde 69; Wanderungen rings um Wien 72; Wandern – jahrein und jahraus 72; Gipfel und Wege zwischen Salzburg und Bad Ischl 73; Vom Nordwald bis zur Puszta 74; Erlebte Geschichte im Land unter der Enns 76; Wandern in Österreich 78; Freizeitführer Haus Zelking 78; Familienwandern in Österreich 81; Kultur und Freizeit rund um Wien 85; Der Umweltwanderführer 89; Wandern ohne Gepäck im Pinzgauer Saalachtal 90; Wandern im Grenzland – Südböhmen – Südmähren – Preßburg 91; Wandererlebnis Fischbacher Alpen 97. – **MA:** Anth. 3 d. RSG (auch span., port.).; Ein bisschen mehr Friede, Anth. d. RSG. – **Ue:** Torcuato Luca de Tena: Embajador en el Infierno u. d. T.: Der Rebell 65; Angela C. Ionescu: De un país lejano u. d. T.: Aus einem fernen Land 69; Gloria Fuertes: Cangura para todo u. d. T.: Känguruh – Mädchen für alles 70; Gabriel García Voltá: El mundo perdido de los visigodos u. d. T.: Die Westgoten 79.

Knoll, Mathias, Dr. med.; Friedenstr. 17–19, D-59755 Arnsberg, Tel. (0 29 32) 2 95 11, Fax 2 47 68, *info@praxis-dr-knoll.de* (* Stuttgart 1. 7. 49). Christine-Koch-Ges., BBK; 3. Preisträger Sundener Lyr.pr. 92, Edel-Rabe-Pr. 05; Rom., Lyr., Erz., Dramatik, Hörsp., Kinderlied, Song, Ess. – **V:** Ein Denkmal für den Deserteur 84; Zwischenbericht, Lyr. 89; Der Regenbogen, Einakter, UA 97, 99; Flugangst, Reisebilder 00; Auf den Vulkan, Reisebilder 00; Das Känguruh, G. u.

Knoll

Geschn. f. Kinder 02; Wenn der Südwind weht, Lyr. 02; Auf der Suche nach dem verlorenen Wort, Ess. 05. – **MV:** Landschaft Lyrik Literatur, m. Hans Claßen u. Hartmut Lübbe 00. – **MA:** zahlr. Beitr. in Ztgn., Zss. u. Anth. seit 77, u. a. in: Die Kribbe, Vjschr.; ärztliches Reise & Kultur Journal; Generalanzeiger Bonn; Dt. Allg. Sonntagsbl.; FAZ; NZZ; Almanach '79 dt. Schriftstellerärzte 79; In den Wind geschrieben 95; 10. NRW-Autorentreffen 97; Bergschäden 98; Winterpoesie Hochsauerland 98; A-45 Längs der Autobahn und anderswo 00; Poetischer Frühling im Sauerland 01; Tavanic Literatur, CD 01; Gedichtendag 2005 (Erasmus Cultur Rotterdam) 05. – **P:** Spurenfinden, m. Hans Claßen, Lyr. u. Prosa 02; Stefania & der DIKIE-Club, Texte 05; Andalusische Nacht Roadhouse No9 Wickede, Lyr. 05. – *Lit:* Dt. Ärzteblatt 43/83; ärztliches Reise & Kultur Journal 6/84; Medical Tribune 20/91; Medizin u. Kunst, April 92; Zwischenbericht (Ruhr-Univ. Bochum, Proseminar Germanist. Linguistik, Prof. Dr. D. Hartmann, WS 00/01); www.nrw-autoren-im-netz.de; Norbert Mittermaier in: Der Allgemeinarzt 8/05. (Red.)

Knoll, Rudolf, Journalist; Zur Kalluzen 8, D-92421 Schwandorf, Tel. (0 94 31) 12 28, Fax 12 72, *rudolf. knoll@t-online.de* (* München 13. 1. 47). BJV, Weinfeder e.V.; Publizistikpr. f. Wein 82–83, 85 u. 94, Pro Riesling Publikumspr. 90, VDP-Trophy 04. – **V:** Das Schmunzelbuch vom Wein, Witze, Sprüche u. Anekdn. 82, 00; Heitere astrologische Weinkunde 83; Duit is. Geschichten von d. Münchner Auer Dult 84; zahlr. Sachbücher zum Thema Wein seit 81. – **MV:** Griechenland genießen, Sachb., m. M. Kellermann 04. – *Lit:* s. auch SK. (Red.)

Knolle, Heinrich s. Jokostra, Peter

Knoop, Hanns D. (Ps. Jean Jeudi); Rilkestr. 12, D-33790 Halle/Westf., Tel. (0 52 01) 36 12 (* Bielefeld 24. 1. 25). – **V:** Albert. Bilder seiner Liebe, R. 93; Axel kommt ins Bild 93; Sterne brennen nicht, Erz. 94; Leinen los! Kurs Dachboden! 95; Mehr als ein Augenblick 95; Tödlicher Tausch, Erz. 95; Lea, Erz. 98; Des Widersachers Erben 99; Soli deo gloria, Erz. 03; Engelhafte Beziehungen, Erz. 04; Klopfet an, so wird euch aufgetan, Erz. 05; Himmel und Erde, Erz. 06. – **MA:** Kribbeln im Bauch 95; Ich liebe dich 95; Wir sind Ausländer – fast überall 97, alles Lyr. (Red.)

Knoop, Hedi; Kleines Holz 1, D-31600 Uchte, Tel. u. Fax (0 57 63) 22 58 (* Saporoshje/Ukr. 22. 6. 19). – **V:** Die rastende Stund, Erzn. 83; Torfgeschichten aus dem Uchter Moor 84, 14. Aufl. 99; Willi, ein Kind im großen Moor 86, 92; Der Herrgott und die Lilie, Gesch. 87, 96; Erst die Pfeife in Brand 88; Toki und Tirileia, M. 88; Wenn die Erde bebt, Erlebn. 90; O je, Herr Schulrat 93, 94; Wilder Honig, Gesch. 94; Mein Hahn soll krähen 95; Gibt es Ameisen im Himmel? 00. (Red.)

Knoppka, Reinhard, Krankenpfleger; Grüner Hof 35, D-50739 Köln, Tel. (02 21) 74 75 50, *r.knoppka @netcologne.de, www.trotzverlag.de* (* Havixbeck 21. 10. 57). VS 01; Rom., Erz. – **V:** Anmache, Erz. 95; Herzschuß, R. 96; Sie haben so etwas raubtierhaft Schönes, Erz. 98; Achim, Rüdiger und andere Jungs, Erzn. 99; Höllenkind, R. 00; Der Mann und das Mädchen, Erz. 00; Jenseits des Tales, R. 02. – **MA:** Wo Dornenlippen dich küssen, Leseb. 82; Heisse Jahre 83; Grüne Nelken, Geschn. 96; Weihnachten schenk ich mir, Geschn. 96; zahlr. Veröff. in Mag. (Red.)

Knor, Daniela, Schriftst.; Merowingerstr. 27, D-97249 Eisingen, *d.knor@gmx.de, www.daniela-knor.de* (* Mainz 30. 10. 72). VG Wort 06, VS 08; Rom. – **V:** Das schwarze Auge. Der Tag des Zorns 01, Blaues Licht 03, Roter Fluss 04, Dunkle Tiefen 05, Hjaldinger-Saga 1. Glut 06; Rhiana die Amazone. 3: Das Geheim-

nis des Königs 04, 5: Klingenschwestern 05; Nachtreiter 08, alles R. – **MA:** Das Fest der Vampire, Kurzgeschn.-Anth. 08.

Knorr, Peter, Journalist u. Autor; Sophienstr. 46, D-60487 Frankfurt/Main, Tel. (0 69) 77 18 10, *Pit.Knorr@ t-online.de* (* Salzburg 11. 8. 39). Binding-Kulturpr. d. Stadt Frankfurt 03. – **V:** Birne – das Buch zum Kanzler, Sat. 83; Der mächtige Max, Kdb. 84; Mallorca – Insel der Inseln, Erzn. 00; Birnes letztes Abenteuer, Sat. 01. – **MV:** Das Buch Otto 80, 98; Das 2. Buch Otto 85, 98; Otto – Das Buch des Friesen 02, alle m. Eilert, Gernhardt u. Waalkes; Erna, der Baum nadelt, m. Gernhardt u. Eilert 03. – **MA:** Pardon; Titanic; FAZ; Zeit-Mag. – **MH:** Titanic – Das endgültige Satire-Magazin 79–04; Das dicke Buch Titanic 01. – **F:** Otto – Der Film 85; Otto – Der neue Film 87; Otto – Der Liebesfilm 90. – **R:** Dr. Muffels Telebrause, Fs.-Serie; Help; Radio-ABC, beides Hfk-Serien. – **P:** Erna, der Baum nadelt, m. Gernhardt u. Eilert 99; Toscana – Mallorca. Das Leseduell, m. Gernhardt 02; Die schärfsten Kritiker der Elche ..., m. Gernhardt u. Eilert 02, alles CD-Hörb. – *Lit:* Oliver M. Schmitt: D. schärfsten Kritiker d. Elche. D. Neue Frankfurter Schule, Biogr. 01. (Red.)

Knorr, Robert-Christian (Ps. Edgar von Wolkenstein); Sternstr. 25, D-39104 Magdeburg, Tel. (01 77) 6 09 01 66, Fax (03 61) 7 45 78 39, *robert.knorr@gmx. de, www.vonwolkenstein.de* (* Halle 21. 12. 63). Rom., Ess. Ue: engl. – **V:** Wie die Ludowinger Politik betrieben, Ess. 94; Die Leiden des jungen Wo., R. 02; Manifest, Ess. 02. – **MV:** Hölder in Jena, m. Tino Strempel, Dr. 94. – **MA:** Der Hermes, Monatsbl. 02. – **H:** Spaziergänge am Fluß, Malerb. 01; Stephen Crane: Gedichte I 04. – **MH:** Chr. Müller: Ostwind, m. Uwe Schmidt, R. 00, 01; Th. Pfanner: Nächstenliebe unmöglich, m. dems., R. 01; Hart an der Grenze, R. 01, 02; Wien ist weit, Erz. 03; Was man aus dem Brunnen ißt, m. U. Schmidt, Anth. 04. (Red.)

Knorr-Anders, Esther, Schriftst., Journalistin, Lit.-kritikerin; Walkmühlstr. 51, D-65195 Wiesbaden, Tel. (06 11) 59 81 11 (* Königsberg/Pr. 9. 3. 31). Hsp.- u. Erzählerpr. d. Stift. Ostdt. Kulturrat 72, 75, Journalistenpr. d. freien Wohlfahrtspflege 77, E.gabe z. Andreas-Gryphius-Pr. 80, Dt. Journalistinnenpr. d. Zs. EMMA 90; Rom., Nov., Ess., Lit.kritik. – **V:** Die Falle, Dok.ber. 66 (auch frz.); Kossmann, R. 69, 78 (auch frz.); Die Packesel, R. 69, 78; Blauer Vogel Bar, Prosa 70; Der Gesang der Kinder im Feuerofen, Prosa 72; Örtel u. Aderkind, Erzn. 73; Das Katteenhaus, Erz. 75; Frau Models Haus am Wasser, Erz. 76; Das Hundekrematorium 76; Jeder hat jeden Tag andere Nerven 76, beides Einakter; Jakob u. Darja, R. 77, Tb. 80; Die Falle, Frau Models Haus am Wasser, Das Kattenhaus, Tb. 78; Ligurische Küste 85; Franken 87; Italienische Riviera 87; Neuschwanstein 89; Salzburg 91; Steiermark 94; Münsterland 95; Romantischer Rhein 95, alles Bildbde.; Wiesbaden für alte und neue Freunde. Ein unüblicher Reiseführer 99; Die Nebel des Eros 03–07 III; Halb zog sie ihn, halb sank er hin 04; Sehnsucht nach Schönheit, Reiseepn. 06; Süchtig nach Schönheit, Reiseepn. 06. – **MV:** Für dich für heute 70. – **MA:** Beitr. für versch. Zss. u. Ztgn, u. a. für: Die Zeit; Die Welt; Welt am Sonntag; SZ; Berliner Morgenpost; Wiesbadener Kurier; Damals; Charivari; Mainzer Allg.; Stuttgarter Ztg. – **R:** Take; Die Mahlzeit, beides Funkerzn. – *Lit:* Autoren, Autoren 74.

Knorre, Dorit (geb. Dorit Schaefgen), Konrektorin i. R.; Emingstr. 52, D-46284 Dorsten, Tel. (0 23 62) 7 13 39 (* Köln 22. 11. 41). Aphor. – **V:** Menschliches und Zwischenmenschliches. Menschen und Natur verstehen lernen 06.

Knull, Gerhard, Dr. jur., Rechtsanwalt; Immermannstr. 24, D-50931 Köln, Tel. (02 21) 40 39 99, *g.knull@web.de* (* Rostock 15. 11. 28). Rom., Lyr., Erz. – **V:** Justitia & Co., Erzn. 94; Frageme, Fragen und Poeme, Lyr. 97; Die Mündigung. Wege der Reife, Sachber. 05; Ambis Ente, R. 07. – **MA:** In den späten Nebeln des Lebens (Autoren-Werkstatt 71) 99.

Knupp, Anna s. Stern, Adriana Channah

Knuth, Elsbeth *

Knutschels, Erich (Ps.); c/o Pandion Verl., Simmern. – **V:** Nähliche Sprüch 00. (Red.)

Kobi, Fritz; c/o Contexta Werbeagentur, Wasserwerkgasse 17/19, CH-3000 Bern 13 (* Flamatt 17. 11. 38). Gruppe Olten. – **V:** Mama, entweder du oder ich, R. 78; Alpina 2020, Thr. 91; Krieg der Schwestern, Krim.-R. 93; Zurück zur Lust, Krim. R. 99; Sprengsätze, biogr. R. 00; Heisser Dampf, R. 03. (Red.)

Kobr, Michael, Lehrer; Colmarer Str. 44, D-87700 Memmingen, Tel. (0 83 31) 9 25 27 50, *info@kommissar-kluftinger.de*, *www.kommissar-kluftinger.de* (* Kempten/Allg. 73). Förd.pr. d. Freistaates Bayern 05, Krimi-Publikumspr. MIMI 08, Internat. Buchpr. 'Corine' 08; Krimi. – **MV:** zus. m. Volker Klüpfel: Milchgeld 03; Erntedank 04; Seegrund 06; Laienspiel 08. (Red.)

Kobus, Nicolai, M. A. (Musikwissenschaft, Germanistik, Philosophie), Dichter, Lit.kritiker, Werbetexter; Katenweide 1, D-20539 Hamburg, Tel. (0 40) 88 16 99 97, *nicolai.kobus@gmx.net*, *www.nicolai-kobus.de* (* Stadtlohn/Westf. 29. 4. 68). Wolfgang-Weyrauch-Förd.pr. 99, Arb.stip. Künstlerdorf Schöppingen 01, Ahrenshoop-Stip. Stift. Kulturfonds 02, GWK Förd.pr. Lit. 04, Westfäl. Förd.pr. zum Ernst-Meister-Pr. 05, Arb.stip. Künstlerhaus Lauenburg 05; Lyr., Ess., Kritik. Ue: engl. – **V:** ach anna. seufzerkalendarium, G. 04 (m. CD); hard cover, G. 06. – **MA:** zahlr. Beitr. in Ztgn., Zss. u. Anth. seit 91. (Red.)

Koch, Boris; Libauer Str. 10, D-10245 Berlin, Tel. (0 30) 29 77 43 68, *boriskoch@snafu.de*, *www.boriskoch.de*, *www.medusenblut.de* (* Augsburg 29. 1. 73). Hansjörg-Martin-Pr. 08. – **V:** Poteideia 97; Hirnstaub 98; Der Tote im Maisfeld 01; Dionysos tanzt 03; Der Mann ohne Gesicht 04; Der adressierte Junge 05, alles Erzn.; Der Schattenlehrling, R. 07; Feuer im Blut, Jgdb. 07. – **MV:** 365 Grad, m. Jörg Kleudgen, phant. R. 97; Das goldene Kalb 01; Bald 02, beide m. Christian von Aster. (Red.)

Koch, Denise, Schülerin; Bekstr. 21A, D-22880 Wedel, Tel. (0 41 03) 55 89, *schniefyak4@gmx.de* (* Wedel 18. 5. 87). Lyr., Dramatik, Jugendb., Fantasy. – **V:** Für immer, Fantasy 03. (Red.)

Koch, Elke (geb. Elke Jacobi), Lyrikerin, Malerin; Hans-von-Hutten Platz 4, D-72622 Nürtingen, Tel. (0 70 22) 4 28 18, *elke.koch@hotmail.com* (* Tübingen). Kunstförd. d. Ldes Bad.-Württ. 06; Lyr. – **V:** Eine Handvoll Perlen 88, 3. Aufl. 93; 2.T.: Blick zurück 90, 2. Aufl. 94; 3.T.: Schattenspringer 95, 2. Aufl. 00. – **MA:** Konturen der Veränderung, Anth. 90; 20 Jahre Ed. Fischer und R.G. Fischer Verlag 97; Wie Blätter am Baum des Lebens 5/00; Das neue Gedicht 00, 03, 04; Kindheit im Gedicht 01; Frieden 02; Gedicht und Gesellschaft 01; Dichterhandschriften 02. – *Lit:* Dt. Schriftst.Lex. 00; s. auch Kürschners Handbuch der Bildenden Künstler, 1. Aufl. 2005.

Koch, Ernestine, Dr. phil., Autorin (* München 19. 5. 22). Ernst-Hoferichter-Pr. 91, Bayer. Poetentaler 00; Sachb., Kinderb., Hörsp., Feat., Dokumentation, Glosse, Drehb., Rom. – **V:** Wumme und der beste Papa der Welt, Kdb. 77, 94 (hebr., dän., finn.); Wumme und

Papa machen Ferien, Kdb. 79, 96; Wumme, Papa und die Großmutter, Kdb. 81, 95; Er und Sie I 82, II 83, III 86; Meine Sorgen möcht ich haben 84; Liesl Karlstadt. Frau Brandl 86; Auf die Schnelle 89. – **MA:** Das Sonntagsweckerbuch 80. – **R:** 550 Hsp. in d. Reihe „Familie Brandl"; 170 Hsp. in d. Reihe „Wumme", u. a. (Red.)

Koch, Erwin, Reporter, Schriftst.; Bahnhofstr. 18, CH-6285 Hitzkirch, Tel. u. Fax (0 41) 9 17 37 72, *erwinkoch@bluewin.ch* (* Luzern 12. 1. 56). Egon-Erwin-Kisch-Pr. 88 u. 96, Dt.schweizer Hörspielpr. 03, Mara-Cassens-Pr. 03; Rom., Rep., Hörsp. Ue: frz. – **V:** Vor der Tagesschau, an einem späten Sonntagnachmittag, Geschn. 97; Wir weinen nicht. Zeugnisse, Reportagen, Berichte 02; Sara tanzt, R. 03; Der Flambeur, R. 05. – **MA:** Reporter u. a. für: Die Zeit; GEO; FAZ-Mag.; Der Spiegel 99/02; seit 02 für: Das Magazin d. Tages-Anzeiger. – **R:** Hörspiele: Jernigan (HR) 97; Das langsame Sterben des Gottfried K. (WDR) 99, beide m. Friedrich Bestenreiner; Unstern (DRS2) 03. (Red.)

Koch, Hans-Jörg, Dr. jur., Amtsgerichtsdir. a. D., Hon. prof. d. Univ. Mainz; Breitenweg 1, D-55286 Wörrstadt, Tel. u. Fax (0 67 32) 25 79 (* Alsfeld 15. 3. 31). Buchpr. d. Intern. Weinamtes Paris, Dt. Weinkulturpr., BVK; Erz., Ess., Feuill., Volkskunde, Weinkultur. – **V:** Trunkene Stunden, Erzn. 58, 75; Eingefang'ner Sonnenschein, Erzn. 59; Wein für Ketzer und fromme Leut, Ess. 62; Gelacht, Gebabbelt un Gestrunzt, G. 64, 92; Weingeschichte, Erzn. 67, 80; Worte vom Wein, Aphor. 67, 82; Bacchus vor Gericht 70; Kneipen, Krätzer und Kreszenzen, Ess. 72; Im Zeichen des Dionysos, Ess. 73; Immerwährender Weinkalender, Ess. 74, 80; Wenn Schambes schennt, Schimpfkex. 75, 95; Weinland Rheinhessen, Ess. 76, 3. überarb. u. erw. Aufl. u. d. T. Weinparadies Rheinhessen 82, 86; Rheinhessischer Weinquellenführer, Ess. 79; Blarrer, Zappe, Leddeköbb 84, 96; Einkehr beim Rheinhessenwein 87, 01; Horch emol! 93, 02; Rheinhessisches Weinlexikon 95, 02; Guck emol! 98; Die Muse Wein 01. – **MV:** Lebensfreude aus Rheinhessen, Ess. 55; Hügelland und Wonnegau, Ess. 92. – **H:** Rheinhessische Impressionen, Ess., Bilderprod. 80, 85; Unbekanntes Rheinhessen, Ess., Fotoauslese 85, 93; Wein, kulinar. Anth. 98; Rheinhessen – geliebt, gelobt, verlacht 99; Wein, liter. Weinprobe 02.

Koch, Hermann, Prof., Doz. i. R.; Ludwigsburger Str. 119, D-71642 Ludwigsburg, Tel. (0 71 41) 5 24 38 (* Walxheim (Aalen) 25. 11. 24). Religionspädagogik, Biblische Erz. – **V:** Wenn der Löwe brüllt 66, 03; Flieg, Friedenstaube 81, 98; Blüh, Mandelzweig, blüh 90, 04; ... mit Flügeln wie Adler 95; Aus der Tiefe rufe ich 03, alles dramat. Erzn.; Fachb.: Weihnachten im Religionsunterricht 72; Die Josefsgeschichte 74; Ostern im Religionsunterricht 75; Glaubt ihr nicht, so bleibt ihr nicht, Lebensgesch. 08. – **P:** Die Berufung des Amos, Schallpl. 82.

Koch, Imme, Diakonin, Erzieherin Sozial- u. Milieupädagogik, Mediatorin; Hinter der Apotheke 8, D-21762 Otterndorf, Tel. (0 47 51) 63 60 (* Großburgwedel 27. 9. 67). Lyr. – **V:** Schlagsahnestreifen 04; Grünes Haar 07.

Koch, Jan; c/o ClauS Verlag GmbH, Leonhardtstr. 23, D-09112 Chemnitz, Tel. (01 73) 6 66 71 31, Fax (03 71) 6 66 17 82, *info@claus-verlag.de*, *www.claus-verlag.de*. Lyr. – **V:** clown auf dem seil 06.

Koch, Jurij, Dipl.-Journalist, Dipl.-Theaterwiss.; Sielower Chaussee 39/B, D-03044 Cottbus, Tel. (03 55) 87 05 23, Fax 8 62 55 25, *kontakt@jurij-koch.de* (* Horka, Kr. Kamenz 15. 9. 36). SV-DDR 67, P.E.N.-Zentr. Ost 91; Lit.pr. d. Domowina 63, 68, Ćišinski-Pr. 74, Carl-Blechen-Pr. 84, Lit.pr. Umwelt 92; Erz., Dra-

Koch

ma, Lyr., Rom., Film, Hörsp. – **V:** Rosamarja, R. 75, 80; Landvermesser, UA 77; Der einsame Nepomuk, Erzn. 80; Landung der Träume, R. 82, 84; Der Kirschbaum, N. 83, 87; Pintlaschk und das goldene Schaf, Kdb. 83, 87 (auch Hsp.); Das schöne Mädchen, M. 83, 88; Rosinen im Kopf, Kdb. 84, 88; Jan und die größte Ohrfeige der Welt, Kdb. 85, 86; Die zwölf Brüder 86; Augenoperation, R. 88, 89, u. d. T.: Schattenrisse 90, 93; Bagola, Gesch. 88, 94; Da lagen sie schön, unsere Dörfer 84; Sprachenwelten 86; Die rasende Luftratte oder Wie der Mäusemotor erfunden wurde, Kdb. 88, 89; Das Sanddorf, Kdb. 91; Jubel und Schmerz der Mandelkrähe, Rep. 92; Golo und Logo, Kdb. 93, 96; Jakub und das Katzensilber, Jgdb. 01; (zahlr. Veröff. auch in sorb. Spr.). – **MA:** Beitr. in zahlr. Anth., u. a. in: Lehrjahre 80; Der Holzwurm und der König 85; Aus jenseitigen Dörfern 92; Von Abraham bis Zwerenz, Bd 2 95. – **F:** Die Enkel der Lusizer, Dok.film 68; Wie wärs mit uns beiden 82; Rublak – Legende vom verlassenen Land 84; Sehnsucht 90; Tanz auf der Kippe 91. – **R:** Die letzte Prüfung, Hsp. 76; Jan Bösmann oder Die Kutsche auf dem Dach, Hsp. 78; Die Enkel des Arnošt Bart, Fsf. 72. – *Lit:* Claudia Schicker: Das dt.spr. Prosaschaffen von J.K., Diss., Univ. Halle 87; Walther Killy (Hrsg.): Literaturlex., Bd 6 90; LDGL 97; Wer schreibt? 98. (Red.)

Koch, Klaus D., Dr. med. habil., Chirurg; Dubenweg 4, D-18146 Rostock, Tel. (03 82 05) 7 12 00, Fax 7 12 02, *KlausDKoch@aphorismus.de, www. aphorismus.de* (* Ellefeld/Vogtld 26. 7. 48). Aphor., Epigramm. – **V:** U-Boote im Ehehafen, Aphor. 93, 3. Aufl. 00; Der neue deutsche Nasführer, Aphor. 95; Klitzekleine Stolpersteine, Epigr. u. Sprüche 96; Hiergeblieben!, Aphor. u. Epigr. 98; Plitsche Platsche Moddergatsche, Kinderreime 98; Das Ding an sich, Sprüche u. Epigr. 98; Hellwache Träume, Aphor., Epigr., G. 99; Neue Ufer voller Altlasten, Aphor. u. Epigr. 00; Verhexte Texte – verzauberte Worte, G. u. Aphor. 01; Inze Bitze Zipfelmütze, Kinderreime 02; Mitten im Paradies, G. 03. – **MA:** zahlr. Aphor. in Ztgn, Zss. u. Anth. seit 78, u. a.: Kein Blatt vorm Mund 82; Das Trojanische Steckenpferd 86. (Red.)

Koch, Manfred, Prof.; Gaisbergstr. 13b, A-5020 Salzburg, Tel. u. Fax (06 62) 64 82 07, *mankoch@aon. at, www.manfredkoch.at* (* Graz 24. 1. 50). F.St.Graz, GAV, IGAA, Salzburger Autorengr., Vorst.mitgl. Lit-haus Salzburg; Salzburger Stier 95, Verleih. d. Prof.-titels durch d. öst. Bdespräs. 06; Kabarett, Sat., Ess., Lied, Fernsehsp./Drehb., Rom., Dramatik, Kolumne. – **V:** Federlesen 86; Böse Buben AG 88; Leseverbot 89; Blattschuß 90, alles Satn.; Manhattamania, Texte 94; Elefantenballett, Satn. 95; Cyberman, R. 02; Haubenköche oder Le Sacre du Gourmet, Farce, UA 02; Total umweihnachtet, Satn. 03; Nachtmusik. Ein Salzburger Totentanz, Erzn. 07; Totenstille, R. 08; – hauben-köche oder Le Sacre du Gourmet, ... – **K:** dt. Kabarettensembles seit 67; 15 Kabarettprogr./Texte f. „Salzburger Affrontheater" seit 89. – **R:** Österreichische Bläserversuche, Fs.-Puppenkabarett 88ff; Festspielzauber, Fs.-Kom. 90; Heiße Liebe mit Kren, Fs.-Kom. 92; Tatort, Fsf. 95. – **P:** Und dann zünden wir den Christbaum an ..., CD, m. F. Popp u. E. Haidegger. – *Lit:* Fritz Popp in: Lit.zs. SALZ, H.102 00.

Koch, Marga (Margarete Koch); Straßberger Str. 43, D-08527 Plauen, Tel. (0 37 41) 22 88 62 (* Köckte 13. 6. 20). VS Sachsen. – **V:** Einmal Hof und zurück. Mein Tagebuch z. Wende 93; Arnikasommer 97; Der bunte Fluß 00; Die Farben der Liebe 00; Das ungehorsame Mädchen oder Blut ist immer rot 03; Tunnel-

geschichten 03; Momente des Glücks 04; Nichts geht mehr 05. (Red.)

Koch, Roland, Dr. phil., M. A.; Römerstr. 43, D-50996 Köln, Tel. (02 21) 35 19 82, *hofsommerkoch@freenet.de, www.roland-koch-schriftsteller.de* (* Hagen 2. 11. 59). Rolf-Dieter-Brinkmann-Stip. 92, Förd.pr. d. Ldes NRW 92, Aufenthaltsstip. d. Berliner Senats 94, Bettina-von-Arnim-Pr. 95, Gastdozent am Dt. Lit.-Inst. Leipzig 98, 01, Heinrich-Heine-Stip. 99, Gratwanderpr. f. erot. Lit. 99, Stadtschreiber v. Minden 03, Metropolenschreiber Paris 03. – **V:** Die tägliche Eroberung, R. 91, 94; Helle Nächte, Erzn. 95; Das braune Mädchen, R. 98, 99; Paare, R. 00; Ins leise Zimmer, R. 03. – **H:** Der wilde Osten. Neueste dt. Literatur 02. – *Lit:* Roman Luckscheiter in: KLG. (Red.)

Koch, Stefan, Journalist; Auf dem Stieg 20, D-37115 Duderstadt, Tel. (01 72) 4 21 29 63, *stefan.koch@haz.de* (* Göttingen 7. 8. 66). Die spitze Feder 95; Erz. – **V:** Neues Land, Erz. 92; Neue Nachbarn, Erz. 00; Russische Skizzen 03. (Red.)

Koch, Stefanie; *stefanie@stefanie-koch.com, www. stefanie-koch.com* (* Düsseldorf 6. 3. 66). – **V:** Konrad Thurano. Beruf Artist, Biogr. 03; Im Haus des Hutmachers 05; Die Karte des Todes 06, beides Krim.-R. (Red.)

†**Koch,** Thilo, Schriftst., Journalist; lebte in Hausen ob Verena (* Canena b. Halle/Saale 20. 9. 20, † Hausen ob Verena 12. 9. 06). P.E.N.-Zentr. Dtld 56; BVK I. Kl.; Rom., Lyr., Sachb., Journalist. Arbeit, Ess., Fernsehdok., Rep. – **V:** Eine Jugend war das Opfer, R. 46; Stille und Klang, G. 47; Zwischen Grunewald und Brandenburger Tor, Feuill. 56; Gottfried Benn, Biogr. Ess. 57, 86; Berliner Luftballons, Feuill. 58; Casanova. Eine Studie 59; Tagebuch aus Washington I, II, III 60/64; Zwischentöne. Ein Skizzenbuch 63; Wohin des Wegs, Deutschland 65; Briefe aus Krähwinkel 65; Neue Briefe aus Krähwinkel 67; Kämpfer für eine neue Welt 68; Fünf Jahre der Entscheidung. Dtld 1945–1949 69; Die Goldenen Zwanziger Jahre. Porträt e. Jahrzehnts 70; Ähnlichkeit mit lebenden Personen ist beabsichtigt 70; Interview mit Südamerika 71; Deutschland war teilbar 72; Nordamerika 72; Reporterreport 72; Piktogramm der Spiele 72; Berlin – teils teils 73; Berlin ist wunderbar 85; Meine Berliner Jahre 85; So fing es an 88; Tischgespräche 89; Deutschland 90; Berlin 91. – **MV:** Ein Jubiläum des Wissens. 175 Jahre Brockhaus 80; 7 polit. hist. Sachb. 72–83. – **H:** Porträts zur deutsch-jüdischen Geistesgeschichte 61, 96; Aral-Journal (Chefred.) 70–76; Die 10 Gebote heute (Chefred.) 75 III; Was die Menschheit bewegt I–III 77; Die Zukunft unserer Kinder I–III 79; Unser Mann in ... (auch Mitverf.) 81; Freiheit die meine ist III. – **MH:** In Deutschland, m. Ernst Haas. – **R:** Wunder dauern etwas länger, Hsp. 56; Die Journalisten, Hsp. 57; Moritat vom Donnerhall 58; Mäcki und die Schildkröte 59; Die Welt, in der ich leben 60; Weltbühne Amerika 1–17 61–64; Amerika, Paese di Dio 66; Afrika durch's Schlüsselloch, Deutschland nach dem Kriege I, II, III 67; Ein Tag in Lissabon, Symphony in Concrete 68; Die Golden Zwanziger Jahre I–IV; St. Pauli-Report; Alle Töne dieser Welt; Selbstmord – Krankheit oder Schicksal? 70; Zu den Toren des Paradieses; Ein Fenster zur Welt – 20 Jahre Deutsches Fernsehen 72; Dornröschen in Straßburg 74; 6 x Amsterdamm 74; P.E.N. in Kiel 74; Ein Kaufmann von Venedig 76; Die Rose von Istanbul 77; Berlin im Wechsel der Zeiten I–III 77; Die 10 Gebote heute I–VII 78, 79, 80; Odysee 78 II; Leonardo da Vinci 81; Eine Nacht in Monte Carlo 81; Capri, kleine Insel mit großer Vergangenheit 81; zahlr. Dok., Repn. u.

Kommentare. – *Lit:* Lennartz: Schriftsteller d. Gegenw., 11. Aufl. 78; Munzinger-Archiv.

Koch, Ursula (geb. Ursula Hirt), ObStudR. i. R.; Habichtsweg 3a, D-32139 Spenge, Tel. u. Fax (05225) 2540 (* Gunzenhausen 12.4.44). Kulturpr. d. Stadt Spenge 06; Rom., Lyr., Erz. – **V:** Sahel heißt Ufer, Erlebnisber. 85; Schritte ins Vertrauen, Kurzgeschn. 86, Neuaufl. 99; Israel – Auf den Spuren Jesu im Heiligen Land, Bild-Bd 88; Im Schatten meiner Angst 89, 2. Aufl. 90; Hiob, mein Bruder 90, 3., neugestalt. Aufl. 99 (auch Tb.); Wie eine Lilie unter Dornen 91, 4. Aufl. 97 (auch Tb.); Das Schweigen des Zacharias 93, Neuaufl. 00; Rosen im Schnee 95, 14. Aufl. 08 (auch ndl., nor., poln., dän., ungar., engl. u. als Hörb.); Elisabeth von Thüringen, biogr. R. 98, 10. Aufl. 08 (auch ndl. u. als Hörb.); Nur ein Leuchten dann und wann. Annette von Droste-Hülshoff, biogr. R. 01, 2. Aufl. 03; Du kamst, du gingst. Abschied, Lyr. 04; Edith Stein, biogr. R. 1.u.2. Aufl. 05; Schwester, Schwester... Dorothea Steigerwald 07. – **MA:** Erzn. u. Lyr., u.a. in Anth. u. Veröff. d. Brunnen Verl, d. Kawohl-Verl. u.d. Ev. Verl.anst. Leipzig; regelm. Lyrikbeitr. in „Dichtungsring" seit 92; Beitr. in „Unvergessen – Gedenktage 1999" – *Lit:* u.a.: Spektrum des Geistes, Lit.-kal. 97; DLL, Erg.bd V 98; Westfäl. Autorenlex., Bd 4 00; www.nrw-literatur-im-netz.de, www.literaturportal-westfalen.de, www.brunnen-verlag.de.

Koch, Walter, o. Prof. em. f. Anglistik u. Semiotik; Markstr. 266, D-44799 Bochum, Tel. (0234) 73457, *walter.a.koch@gmx.de, www.walterkoch.de* (* Hamm/ Westf. 26.7.34). Lyr. – **V:** Es steigt ein Mensch (aus seiner Höhle dem Himmel entgegen und weint). Lyrische Versuche zur Korrespondenz der Struktur 72; Die Dinge und Du, Lyr. 04. (Red.)

Koch-Gosejacob, Anne; Wilhelm-von-Euch-Str. 5D, D-49090 Osnabrück, Tel. (0541) 61756, Fax 7507668, *a.koch-gosejacob@osnanet.de* (* Osnabrück 21.12.46). Kinderb., Lyr., Erz., hist. Rom. – **V:** Vanessa und die Elfenkinder 02; Lillys Reise ins Regenbogenland 04, beides Kdb.; Die Tochter des Schmieds, hist. R. 08. – **MA:** Lyrische Glanzlichter, Nr.4, G. 02; Licht im Dunkel, Erz. 04; Sehnsucht, Erz. 05; In den Tag hinein, Erz. 05, alles Anth.

Koch-Iwascheff, Olga (geb. Olga Iwascheff); Graf-Wirich-Str. 27, D-45479 Mülheim, Tel. (0208) 421650 (* Moskau 1.5.20). – **V:** ... und am Anfang war Musik, Erinn. 97; Erlebte Geschichten 99; Kaleidoskop persönlichen Zeiterlebens, Autobiogr. 06; Deutschland kreuz und quer. Schlußakkord, Autobiogr. 07.

Koch-Thalmann, Dorothea (geb. Dorothea Koch), ev. Gemeindepäd., Erwachsenenbildnerin; Sengelsweg 52, D-40489 Düsseldorf, Tel. (0203) 740929, Fax 7386432 (* Breslau 18.9.32). VS Rh.-Pf.; Rom., Lyr., Erz. – **V:** Mein Dorf oder die Reise rückwärts, R. 00. – **MA:** Klopfzeichen, Anth. 86; Transparent, Zs. 94–00; 11. September, Anth. 02. (Red.)

Kochawi, Rachel s. Magall, Miriam

Kocher, Kurt E., Autor u. Fachbuch-Verleger; Uhlandstr. 16, D-67125 Dannstadt-Schauernheim, Tel. (06231) 7185, Fax 929330, *hekoverlag@t-online.de, www.hekoverlag.de* (* Tübingen 20.5.34). Hugo-Obermaier-Ges. 96; Ess. Ue: engl. – **V:** Tübingen – eine Stadt am Neckar. Erinn. e. Lausbuben 74; Jakob Böhme. Sein Werk u. seine Aussage 75; Die Boreer 79; Die Entzifferung der Kalendersymbole der Stein- und Bronzezeit 79; Kalenderwerke der Vorgeschichte 81; Die Steinzeit war anders 81; Macht euch die Erde untertan, 2. Aufl.83; Battenberg, Pfalz 84; Die Entdeckung der Skulpturen des Mittel-Paläolithikums in Battenberg 89; Botschaft aus der Altsteinzeit 91; Kultort des Homo

erectus 93; Mithras. Kultbilder am Sternenhimmel 95. (Red.)

Kocher, Tim, Student d. Philosophie u. Germanistik; Gladbecker Str. 282, D-45326 Essen, Tel. (0201) 3168617, *tim.kocher@gmx.de* (* Oberhausen/ Rhld 16.6.81). Lyr., Kurzprosa. – **V:** Exitus Menschsein, Lyr. 04. – **MA:** Bibliothek dt.sprachiger Gedichte. Ausgew. Werke VI, VII, VIII 03ff.; best german underground lyriks 04, 05. (Red.)

Kock, Erich (Ps. Leo Bretelle, Georg Clamor), Red., freier Schriftst., Publizist; Wendelinstr. 25, D-50933 Köln, Tel. u. Fax (0221) 4912476 (* Münster 19.9.25). VS 64, Ges. Kath. Publ. Dtlds 70, EM Lit. Ges. Köln, Arb.kr. Lit. u. Kunst im Zentralkomitee d. dt. Katholiken; Pr. d. Presse u. d. Kritik beim Festival d. UNDA Monte Carlo 63, 66, Silb. Taube, Förd.stip. d. Ldes NRW 76, Kath. Journalistenpr. 77, Silb. Brotteller d. Dt. Caritasverb. 90; Ged., Fernsehfilm, Sachb., Kurzgesch., Film, Ess., Glosse, Kritik. – **V:** Westfälische Bildhauer u. Plastiker d. Gegenwart 56; Zwischen uns sei Wahrheit 59; Vorsignale 60, alles Ess.; Morgen aller Morgen, Erz. 63; Ludwig der Heilige, Ess. 69; Franziska Schervier – Zeugin e. dienenden Kirche 76; Flandrisches Evangelium – Auf d. Spuren v. Felix Timmermans 76; Dein Kleid ist Licht – Rembrandt malt d. Glauben 77; Wege ins Schweigen 78; Du Grund unserer Freude, e. Marienb. 79, 89; Ich freue mich auf heute, Stundenb. 81, 89; Es ist noch Zeit 89; In den Ecken hausen die Engel 91; Er widerstand – Bernhard Lichtenberg 96; Abbé Franz Stock – Priester zwischen den Fronten 96, 2. Aufl. 97; Jeden Morgen weckt mich das Licht 99; Beter, Täter, Zeuge – Nikolaus Groß 01; Zeitzeugen des Glaubens, Ess. 01; Johann Wolfgang von Goethe. Zwei Studien 01; Die Jahre wie die Wolken gehn, Erinn. 02, 2. Aufl. 04; Und schrieb auf, was ich sah, 2. Aufl. 05. – **MV:** Unfertig ist der Mensch, m. H. Böll 67; Ludwig van Beethoven, m. H.C. Fischer 70; Ein anderes Leben, m. B. Schellenberger 80. – **R:** zahlr. Radio- u. Fs.-Sdgn. – *Lit:* Sie schreiben zw. Goch u. Bonn, Biobibliogr. Daten, Fotos u. Texte v. 61 Autoren 75; Lit.atlas NRW 92; Westfäl. Autorenverz. 93; s. auch 2.Jg. SK.

Kock, Inger; lebt in Dresden, c/o ERATA Literaturverl., Leipzig (* Concepcion/Chile). – **V:** Flüsternder Eukalyptus, Erz. u. G. span./dt. 06. – **MA:** Ostragehege H.33. (Red.)

Kock, Wiebke, Chem.-Techn. Assistentin, Lit.-Referentin, Rentnerin; Gundenstr. 11, D-38640 Goslar (* Magdeburg 10.7.33). Prosa, Ged., Dokumentation. – **V:** Im Schatten der Türme, Erz. 03. – **MA:** Nationalbibliothek d. dt.sprachigen Gedichts, Bd IV 01, V 02; Zwischen Harz und Bruch, 3. Reihe, H. 29 02. (Red.)

Kocman, Viktorija, Dipl.-Ing.; Jahngasse 36/11, A-1050 Wien, Tel. (01) 9204949, *viktorija.kocman@ innonet.at.* zeitweise auch: 201 East 62nd Street, New York, NY 10021/USA (* Belgrad/Zemun 11.7.72). Lit.pr. „Schreiben zwischen den Kulturen", Wien 03; Prosa. Ue: serbokroat. – **V:** Reigentänze, Erz. 01; Ein Stück gebrannter Erde, N. 03. – **MA:** Herausforderung Schicksal – Prüfung bestanden 02; Eure Sprache ist nicht meine Sprache 02. (Red.)

Koczian, Johanna von, Schauspielerin, Sängerin, Schriftst.; Dahlemer Weg 64, D-14167 Berlin, Tel. Fax (030) 8129 8499 (* Berlin). Ö.S.V.; Kunstpr. d. Stadt Berlin, Bdesfilmpr., 2 x Der gold. Vorhang, Die gold. Maske, u.a. Ue: engl, frz. – **V:** Abenteuer in der Vollmondnacht 77; Der geheimnisvolle Graf 78; Die Fee, die keiner haben wollte 79; Flucht von der Insel 80, 91; Der Tölpel und die Nachtigall, Hsp. 81; Unterwegs nach Atlantis 82; Poseidons Karneval, phant. Erzn. 85; Das Märchen vom Erzengel Gabriel und dem

Koczwara

Angsthasen, 2 Hsp. 86; Phantastische Geschichten 91; Sommerschatten 91; Das Narrenspiel, R. 92; Gestatten, ich heiß' Lohengrin 00. – **B:** Seidenstrümpfe, Musical von C. Porter 76. – **MA:** Bisquit, in: Meine liebe Mama 86. – **R:** Unterwegs nach Atlantis, Fsf.; Die Fee, die keiner haben wollte, Fsf.

Koczwara, Werner, Kabarettist; c/o im&k, Eichenweg 31, D-73525 Schwäbisch Gmünd, Tel. (0 71 71) 22 77, Fax 6 17 77, *kontakt@koczwara.da*, *www.koczwara.de* (* 57). Salzburger Stier 89, Ravensburger Kupferle 01. – **V:** Warum war Jesus nicht rechtsschutzversichert? 92; Es gibt Jahrhunderte, da bleibt man lieber im Bett 98. – **P:** Wenn die Keuschheit im Bordell verpufft ..., CD 97; Am achten Tag schuf Gott den Rechtsanwalt, CD 01. (Red.)

Köb, Armin; Reichsstr. 7a, A-6800 Feldkirch, Tel. (0 55 22) 7 95 16 (* Hohenems 14. 12. 13). IGAA 02; Rom., Lyr., Erz., Dramatik. – **V:** Der alte Mann und sein Gedicht, G. 92; Das Lächeln des Herrn, Erzn. 97; Lichtblicke aus verdunkelter Zeit, Erzn. 99; Heilige Arbeit 01; Von der Waise zum Weisen 02; Ehreguta und der Appenzellerkrieg, Sch. 08. – **MA:** Anth. d. Intern. Lyr.verl. Wien, Bd 27; Das Gedicht lebt 00; G. in Jbb. u. Zss.

Köbbert, Horst, Sänger u. Entertainer; Gartenstraße 3, D-18119 Rostock-Warnemünde, Tel. (0 3 81) 5 29 50 (* Warnemünde 12. 2. 28). EM Literatur Salon Greifswald. – **V:** Erinnerungen an meinen Appetit, Autobiogr. 99. (Red.)

Köberl, Oswald, Prof., Rundfunksprecher, Abt.leiter Hörspiel u. Lit. i. R., Schriftst.; Pradler Str. 83, A-6020 Innsbruck, Tel. u. Fax (05 12) 36 10 35, *oswald.koeberl @aon.at* (* Innsbruck 14. 2. 31). Turmbund; 1. Pr. d. Schwazer Silbersommers 07; Lyr., Kurzprosa, Hörsp., Hörfolgen. – **V:** Und es bewegt sich doch, Karikatur u. Text 76; Schmück die Gedanken mit bunten Kleidern, Lyr. 87; Crescendo. Allerlei Amüsement aus der Welt der Musik, Erz. 05; Lachende Sonette und verrückte Reimereien, Lyr. 06; Ich sage ein uraltes Wort, Lyr. 08. – **MA:** mehrere Beitr. in Zss. u. Anth., u. a. in: Fantastisches Österreich, Erz. 05. – **R:** zahlr. Hörfolgen, Funkerzn. u. Lyrik.

Köberlein, Ursula; Lönsstr. 18, D-74747 Ravenstein/Baden. – **V:** Frisches Hemd und saubere Füße 92; Jeden Tag ein bißchen Frühling 94; Liebe kennt kein Alter 96; Das liebe Leben 98; Zuviel Mann für Katharina 98; Nicht ohne Liebe, Erzn. 00; Kleider für die Seele 01; Gestern blühten alle Blumen 02; Der Blaue Sessel, R. 03. (Red.)

Köcher, Monika, Doz. f. Deutsch als Fremdspr., Kommunikations- und Kulturtrainerin, freie Schriftst.; Heulestein 20, NL-3461 GE Linschoren, *monika_koecher@hotmail.com* (* Wien 9. 6. 67). dichtWerk, Mitbegründerin 94, Wereldschrijvers Amsterdam 98; Lyr., Erz., Experimentelles, Prosa. Ue: ndl, dt. – **V:** Engeltexte 00. – **MA:** Beitr. in Zss. u. Anth.: Script 15/98; Perspektive 33/96; Lyrik als Aufgabe 95. – **MH:** schneidKreise, m. Uta Eisinger 99; Sitzfleisch/Lecken 96. – *Lit:* Rez. in Schreibkraft 7/02. (Red.)

Köck, Ferdinand Anton s. Anton, Ferdinand

Köditz, Jürgen *

Kögl, Gabriele, Mag.; Schulz-Straßnitzki-Gasse 15, A-1090 Wien, Tel. u. Fax (01) 5 87 37 33, *gabriele.koegl@aon.at* (* Graz 15. 4. 60). Arb.gem. öst. Drehb.-autoren, Drehb.forum Wien, IGAA; Drehb.pr. Tokio, Max-v.-d.-Grün-Pr. (Anerkenn.pr.) 93, Lit.förd.pr. d. Stadt Graz 94, Clemens-Brentano-Pr. 95, Lit.stip. d. Ldes Stmk 02, Alfred-Gesswein-Lit.pr. 05, Landespr. f. Volkstheaterstücke, Bad.-Württ. 05, Würth-Lit.pr. 05,

Lit.pr. Floriana (2. Pr.) 06, u. a.; Rom., Drama, Fernsehsp./Drehb. – **V:** Das Mensch, R. 94; Das kleine Schwarze, R. 00; Mutterseele, R. 05.

Köhle, Markus (Ps. Markus Knack), Autor, Rezensent, Veranstalter; Adambergergasse 2/26, A-1020 Wien, *www.autohr.at* (* Ehenbichl-Reutte 19. 7. 75). IGAA, GAV; Marktschreiber in St. Johann/Tirol 02, Stadtschreiber in Vöcklabruck/ObÖst. 07, Dorfschreiber in Aich-Assach/Stmk 08, Öst. Staatsstip. 08/09, u. a. Stip.; Rom., Lyr., Erz., Dramatik, Hörsp., Visuelle Poesie, Performance-Text. – **V:** Pumpernickel, Kurzgeschn. 03; Couscous à la Beuschl, Episoden-R. 04; Letternletscho. Stabreim-Abcetera 04; Brahmskoller, experiment. Lit. 05; Riesenradschlag, Kolumnen-Samml., ca. 07. – **R:** Kommunikationsklimbim, Hsp. (ORF) 07. – **P:** Abendroth goes L-E-L, CD 03; Sprechknoten, Spoken Word, Slam, Performance, CD 07.

Köhler, Andrea, Kulturkorrespondentin d. NZZ, Red.; lebt z.Z. in New York, c/o Neue Zürcher Zeitung, Falkenstr. 11, CH-8001 Zürich (* Bad Pyrmont 57). Berliner Pr. d. Lit.kritik 03. – **V:** Lange Weile. Über das Warten 07. – **MA:** Sprache im techn. Zeitalter, Sonderh. 02; Akzente 1/03; W.G. Sebald / Jan Peter Tripp: Unerzählt (Nachw.) 03; zahlr. Aufs. im „Merkur"; Thomas Kraft (Hrsg.): Autorenlexikon zur dt.spr. Gegenwartslit. – **H:** Kleines Glossar des Verschwindens 03; Das Tier und wir 08. – **MH:** Maulhelden und Königskinder, m. Rainer Moritz 98. – *Lit:* Robert Menasse in: Forum 55. Jg., H.5/03; Kurt Flasch in: NZZ v. 4.12.07; Burkhard Müller in: SZ v. 22.12.07.

Köhler, Andreas, Dr., Facharzt f. Psychiatrie u. Psychotherapie; Lessingstr. 2, CH-9008 St. Gallen, Tel. (0 71) 2 44 88 74, *www.andreas-koehler.com* (* Zürich 11. 9. 48). – **V:** Zur Quell, R. 01; Schuss ins Licht, R. 03. (Red.)

Köhler, Barbara; lebt in Duisburg, c/o Suhrkamp Verl., Frankfurt/M. (* Burgstädt/Sachs. 11. 4. 59). Lit.-förd.pr. d. Ponto-Stift. 90, Leonce-u.-Lena-Förd.pr. 91, Aufenthaltsstip. d. Berliner Senats 92, Friedrich-Hölderlin-Pr. d. Stadt Homburg (Förd.pr.) 92, Förd.pr. d. Else-Lasker-Schüler-Lyr.pr. 94, Stadtschreiber zu Rheinsberg 95, Clemens-Brentano-Pr. 96, Förd.pr. d. Ldes NRW 97, E.gabe d. Dt. Schillerstift. 98, Lit.pr. Ruhrgebiet 99, Stip. d. Dt. Lit.fonds 99, Förd.pr. z. Lessing-Pr. d. Stadt Hamburg 99, Samuel-Bogumil-Linde-Lit.pr. 03, N.-C.-Kaser-Lyr.pr., Spycher: Lit.pr. Leuk 07, Joachim-Ringelnatz-Pr. 08; Lyr., Ess., Textinstallation. Ue: engl. – **V:** Deutsches Roulette, G. 1984–1989 91, 92; Blue Box, G. 95, 2. Aufl. 00; In Front Der See (Rheinsberger Bogen 2) [o. J.]; cor responde, m. Ueli Michel 98; Wittgensteins Nichte. Vermischte Schriften mixed media 99; Projekt 42, Fotos & Paradoxa (m. H.D. Hotzel) 00; Niemands Frau. Gesänge 07 (m. CD). – **MV:** to change the subject, m. Ulrike Draesner 00. – **MA:** Akzente 5/96; Orts Zeit, Ausst.kat. 96; Zwischen den Zeilen 11/98; Der Prokurist 19/20 98. – **MH:** Rosa Immergruen. Ein Florilegium, m. Barbara Bongartz u. Suse Wiegand 02. – **P:** Stimmführung, akust. Install. f. d. Diözösanmuseum Köln, CD 00. – **Ue:** Gertrude Stein: Zeit zum Essen, CD 00. Booklet 02; dies.: Sachte Knöpfe 04; Samuel Beckett: Trötentöne / Mirlitonnades 05. – *Lit:* LDGL 97; G. Paul/H. Schmitz (Hrsg.): Entgegenkommen 00; Mirjam Bitter: sprache – macht – geschlecht. Lyrik u. Essayistik v. B.K. 06; Helmut Schmitz in: KLG. (Red.)

Köhler, Gerhard, Vermessungsbeamter, VHS-Doz.; Herrengasse 3, D-96274 Itzgrund, Tel. (0 95 33) 98 10 53, (01 51) 18 30 59 79, *Gerhard-Koehler-Itzgrund@t-online.de*, *www.diavortraege-gerhard-koehler-itzgrund.homepage.* *t-online.de*

(* Schottenstein 20. 8. 53). – **V:** Der Weg zum Glück ist hart, R. 05. (Red.)

Köhler, Harriet, freie Journalistin; lebt in München u. Frankfurt/Main, c/o Verl. Kiepenheuer & Witsch, Köln (* München 5. 5. 77). Stip. d. Klagenfurter Lit.-kurses 06. – **V:** Ostersonntag, R. 07, als Theaterst. UA 07. – **MA:** Beitr. u. a. f.: Die Zeit; Tagesspiegel; GQ; Neon; Süddt. Ztg; Jetzt; Intro; Bücher H. 4/06; Medien im Alltag 06; The Gold Collection 07; Schicht! Arbeitsrepn. f. d. Endzeit 07; treffen – Poetiken d. Gegenwart 08. – **R:** Beitr. f. MTV u. BR 2, u. a.: Als ob Gott nicht gewürfelt hätte, Kurzhsp. (Red.)

Köhler, Ilse, Hausfrau; Alte Kirchstr. 13, D-38364 Schöningen, Tel. u. Fax (0 53 52) 22 14, *ilse.koehler @web.de* (* Büddenstedt 11. 10. 43). Autorenwerkstatt d. Braunschweigischen Landschaft; Lit.pr. d. Deuregio-Ostfalen (zweimal 1. u. ein 3. Pr.); Erz., Lyr., Theaterst. in Plattdt. – **V:** As dat Leben sau speelt, Geschn. 99, 4. Aufl. 01. (Red.)

Köhler, Jo (Ps. Jo), Schriftst., Lit.vermittler, Leiter d. Lit.büros in Hildesheim; Karthäuserstr. 30, D-31139 Hildesheim, Tel. (0 51 21) 26 37 75, Fax 26 37 74, *jo. koehler@forum-literatur.de, www.kulturium.de.* Willi-Plappert-Str. 8, D-31137 Hildesheim (* Hildesheim 6. 12. 60). FDA Nds.; Lit.pr. AusLese d. Stift. Lesen 97, Förd. als Lyriker durch d. Friedr.-Weinhagen-Stift. Hildesheim, Pr. d. Nationalbibliothek d. dt.spr. Gedichtes 02; Lyr., Lyrikinstallation, Ess., Konzeptkunst, Rom. – **V:** Inselufer, Lyr. 87; Zunge in Brand, G. 88; Dichtung hin/Wahrheit her, Prosa u. Liebeslyr. 89; Friedensbrüche, G. 90; Hell-Blau, G. 90; Mensch ohne Haut 91; Zart/Bitter, G. 91; Blaues Wunder, G. 93; Experimenteller Lyrik-Kalender 94; Sich einander begegnen – sich voneinander entfernen, G. 95; Von Mensch zu Mensch, Lyr. 96; Und doch ... immer wieder, G. 97; Eine Frage der Zeit, G. u. Erzn. 00; Unausgesprochenes, Lyr.-Plakat 08. – **MA:** Till-stolpert, Lit.zs. 93; Gaukes Jb. 96; Hamburger Literar. Bill. 96; Im Schatten der Leidenschaft, Anth. 96; Worte wachsen durch die Wand, Alm. 2 d. FDA 97; Gaukes Lyr.-Kal. 97; Wenn doch die Erde sich erwärmte..., dt.-russ. Anth. 97; Expo-Lit.-projekt 'Stadt-Lyrik 2000': In der Nähe in die Ferne 01; Wieder schlägt man ins Kreuz die Haken 01; Anth. Dorstener Lyrikpreis 03. – **P:** Ausstellung v. Lyrik u. Wortgrafiken in Hildesheim 92; Lyr.-Plakate 1–4 an Bushaltestellen u. in Bussen in Hildesheim 96–97; Lyr.-Säulen in der City 99 u. 00, u. a. Aktionen. – *Lit:* Lyrik an d. Haltestelle, Hann. Allg. Ztg v. 5.12.97; Hubert Spiegel: Keiner liest mich, FAZ-Feuill. v. 19.12.00; Anat-Katharina Kalman in: Kaubraue (Hfk. SWR 2) v. 17.4.01.

Köhler, Jörg *

Köhler, Julia Christine (Julia Rymarzik), Versicherungskauffrau, Dipl.-Handelslehrerin; Märchenring 27, D-50127 Bergheim, *info@koehlerjule.de, www. koehlerjule.de* (* Kassel 2. 12. 76). Kinderb., Fachb. – **V:** Erdwin und Andreyla, M. 00; 2 Fachbücher. – **H:** Liebe Kinder! Briefe aus der DDR an die Kinder im Westen 07.

Köhler, Manfred (Ps. Manfred.); Ferienpark 25, D-95192 Lichtenberg, Tel. (0 92 88) 9 24 7 58, *mw.koehler@t-online.de, manfred-koehler.de* (* Hof 6. 12. 64). Nominierung f. d. GLAUSER 08. – **V:** Schreckensgletscher 07; Tiefpunkt 07; Der Biß 08; Die verschlüsselte Liste 08; – Sachbücher: Sich einfach auf den Weg machen 00; Franken, Bildbd 07, sowie weitere Bildbde u. Reiseführer.

Köhler, Monika (geb. Monika Schulz), Schriftst., Galeristin; Föhrengrund 4, D-21224 Rosengarten, Kr. Harburg, Tel. (0 40) 7 96 02 45 (* Berlin 9. 4. 41). VS, LIT; Lit.förd.pr. d. Stadt Hamburg 87; Rom., Lyr. – **V:**

Die Früchte vom Machandelbaum, R. 80, 96; Kielkropf, R. 96; Vom Essen der Schatten, Lyr. 02. – **MA:** Lyr. in Sammelbden u. Zss., u. a.: ndl 4/96; Jb. d. Lyr. 97/98; Warum heiraten?, Anth. 97. (Red.)

Koehler, Susanne, Dipl.-Übers.; Eduard-Hiller-Str. 6, D-73630 Remshalden-Buoch, Tel. (0 71 51) 7 45 35, Fax 7 54 69 (* Korntal 4. 4. 34). VS/VdÜ; Übers., lit.-derb. Ue: engl, engl (afrik). – **V:** Der Schlangengarten, Kdb. 87, 2. Aufl. 93; Im Haus der Großen Mutter, Lyr. 99. – **Ue:** Desmond M.B Tutu: Versöhnung ist unteilbar 77; R. Weßler (Hrsg.): Südafrikas Christen vor Gericht 77; Ngugi wa Thiong'o: Verbrannte Blüten 82; Der gekreuzigte Teufel 88; Kaltgestellt 91; Matigari 91; Henry ole Kulet: Im Kreis der Krieger 85; Nancy Durell McKenna: KwaZulu 88; John de Gruchy: Beten und Widerstehen 88; Menàn du Plessis: Vor der Schwelle der Angst 88; Das Lied der Gemeinschaft 90; Chinua Achebe: Termitenhügel in der Savanne 91; Diana Pitcher: Erstermann und Erstefrau 91; Meja Mwangi: Narben des Himmels 92; Mr. Rivers letztes Solo 95; Die Achte Plage 97; Charles Mungoshi: Der sprechende Kürbis 94; Gcina Mhlophe: Love Child (auch hrsg.) 96; Wie die Geschichten auf die Welt kamen 98; Buchi Emecheta: Sklavenmädchen 97; Bessie Head: Sternenwende 97; Lindiwe Mabuza: Africa to me 98. – **MUe:** Die Sonnenfrau, m. Thomas Brückner 94. (Red.)

Köhler, Tilo, Hochseefischer, Germanist, freier Autor; Paul-Robeson-Str. 3, D-10439 Berlin, Tel. u. Fax (0 30) 4 45 12 46 (* Babelsberg 2. 3. 55). Brandenburg. Lit.pr. (Förd.pr.) 94, Burgschreiber zu Beeskow 96, Stip. Schloß Wiepersdorf 98, Stadtschreiber zu Rheinsberg 00, Stadtschreiber v. Stade 05, Stip. Herrenhaus Edenkoben 05; Rom., Erz., Hörsp. – **V:** Comedian Harmonists, R. 97, 99; „Sie werden platziert". Die Geschichte d. MITROPA 02; Das abgefahrene Tablett, ill. Erz. 06; mehrere Sachb. – **MA:** Beitr. in Anth. d. Verlage: Suhrkamp, Wagenbach, Kunstmann, Reclam, DuMont, Transit, Aufbau, seit 89. – **R:** zahlr. Hfk-Arbeiten b. WDR seit 91. – *Lit:* DLL, Erg.Bd V 99; s. auch SK.

Köhler, Werner, Autor, Verleger, Miterfinder u. Geschf. d. lit.COLOGNE; *www.wernerkoehler.de, www.crinelli.de* (* Trier 10. 1. 56). – **V:** Cookys, R. 04; Das Mädchen vom Wehr, Krim.-R. 05; Eine ganz normale Familie, R. 06; Crinellis kalter Schatten, Krim.-R. 08; mehrere Kochbücher. (Red.)

Köhlmeier, Michael; Johann-Strauß-Str. 9, A-6845 Hohenems, Tel. (0 55 76) 7 28 08 (* Hard 15. 10. 49). GAV, IGAA, Vorarlberger Autorenverb., jetzt Lit. Vorarlberg; Raurier Förd.pr. 74, Nachwuchsstip. 0. BMf UK 76, Raurier Lit.pr. 83, Staatsstip. d. BMfUK 85, Georg-Rendl-Lit.pr. 85, Johann-Peter-Hebel-Pr. 88, Manès-Sperber-Pr. 93, Buchprämie d. BMfUK 96, Anton-Wildgans-Pr. 96, Grimmelshausen-Pr. 97, Hsp. d. Jahres (Öst.) 98, E.pr. d. Vorarlberger Buchhandels 01, Öst. Würdig.pr. f. Lit. 07, Bodensee-Lit.pr. 08, u. a. – **V:** Like Bob Dylan, Stücke 75; Der Peverl-Toni und seine abenteuerliche Reise durch meinen Kopf, R. 82; Moderne Zeiten, R. 84; Die Figur, Gesch. v. Gaetano Bresci 86; Spielplatz der Helden, R. 88; Die Musterschüler, R. 89; Im Staate der Vernunft 91; Wie das Schwein zu Tanze ging, Fb. 91; Marile und der Bär 92; Meine Mannmännchen, Gesch. 92; Eine blaukrause Geschichte 92; Bleib über Nacht, R. 93; Der Narrenkarren 94; Sunrise, Erz. 94; Telemach, R. 95; Ballade von der sexuellen Abhängigkeit, Prosa 96; Dein Zimmer für mich allein, Erz. 97; Kalypso, R. 97; Aus Köhlmeiers Sagen des klass. Altertums von Eos bis Aeneas 97; Trilogie der sexuellen Abhängigkeit 97; Der Unfisch, Erz. z. Film 97; Die Welt der Mongolen, Opernlibr. 97; Bevor Max kam, R. 98; Calling, Hrsg.-Gesch. 98; Michael

Köhlmeier

Köhlmeiers neue Sagen des klass. Altertums von Amor und Psyche bis Poseidon 98 (auch CD); Der traurige Blick in die Weite, Geschn. 99; Die Nibelungen neu erzählt 99; Tantalos oder der Fluch der bösen Tat 00; Geh mit mir, R. 00; Der Menschensohn. Geschichte v. Leiden Jesu 01; Moses. Geschichten von d. Bibel 01; Brief aus Ulan-Bator 02; Der Tag, an dem Emilio Zanetti berühmt war, N. 02; Vom Mann, der Heimweh hatte, Erzn. 02; Roman von Montag bis Freitag, 38 Stories 04; Shakespeare erzählt 04; Nachts um eins am Telefon, Erzn. 05; Der Spielverderber Mozarts, N. 06; Abendland, R. 07; Idylle mit ertrinkendem Hund 08; – THEATER/UA: Like Bob Dylan 74; Das Anhörungsverfahren 76; Elektronecho oder Der innere Kreis 76; Das Kreuz von Hohenems 85; Scheffknecht und Breuss, I 89, II 91; Apokalypse, Musiktheater 90; Love & Glory, Musical 90; Die Natur des Gegners 90; Männer in der Stadt 94; Der lieber Augustin 95; Mein privates Glück 95; Die Welt der Mongolen 97. – MV: Der Mensch ist verschieden, m. Monika Helfer 94. – F: Die wilden Kinder, m. Monika Helfer 88; Der Unfisch, m. Joachim Hammann 96, beides Drehb. – R: Klaus will Millionär werden, m. Reinhold Bilgeri 73; Der Melierdialog des Thukydides 73; Giacomo 79; Theorie des Heimzahlens 91; Theorie des Aufrisses 92; Theorie der völligen Hilflosigkeit 93; Dein Zimmer für mich allein 98, u. a. Hsp.: – Die Goldgräber 77; Requiem für Dominic 90, beides Fsf. – *Lit:* Walther Killy (Hrsg.): Literaturlex., Bd 6 90; Wolfgang Bunzel in: KLG. (Red.)

Köhlmeier, Monika s. Helfer, Monika

Köhn, Michael; Prof.-Wohltmann-Straße 2/15, D-29456 Hitzacker, Tel. (0 58 62) 98 79 42, *M.Koehn@literatalibre.de* (* Berlin 3. 11. 42). VG Wort 01; Rom., Lyr., Erz., Dramatik. – **V:** Drinnen ist's wie draussen 01. – **MA:** Federwelt, Okt. 02, Nr.36 u. 42 03; Asphaltspuren, Nr.0 u. 1 03; Lesestoff, Nr.7 03; Gastautor bei: www.zugetextet.de. (Red.)

Köhn, Monika, Schriftst., Malerin, freie Journalistin; Guck ins Land 10, D-67098 Bad Dürkheim, Tel. (0 63 22) 6 56 63, *MonikaKoehn@t-online.de* (* Viernheim 17. 11. 46). VS 90; Baldreit-Stip., Marha-Saalfeld-Förd.pr., Aufenthaltsstip. Künstlerhaus Kloster Cismar, Medienpr. d. DGZ, Lit.pr. Kulturfestival Wissembourg/Frankr., u. a.; Lyr., Erz., Hörsp., Rundfunkfeature. – **V:** Cézanne ist verschwunden, G. 89; Oh cet echo, Lyr., poet. Prosa (auch mithrsg.) 96. – **MA:** zahlr. Beitr. in Anth. u. Lit.zss. seit 85, u. a.: Jb. d. Lyrik; Rhld.-Pfälz. Jb. f. Lit.; Akzente; manuskripte; protokolle; Sterz; Révue Alsacienne de Littérature; Krautgarten; Flugasche; Chaussée. – **R:** zahlr. Rdfk-Sdgn mit eigener Lyr. seit 85, u. a.: Und schlafen abseits vom Schlummer, literar. Tageb.; zahlr. Feat. zu literar., kulturgeschichtl. u. psychiatr. Themen seit 89. – **P:** Vertonung von Gedichten durch V. Dinescu, J. Heinen u. J.S. Sistermanns. – *Lit:* J. Zierden: Lit.lex. Rh.-Pf. 98; Online-Lex. Lit. Rh.-Pf. unter: www.literatur-rlp.de; Online-Verz. Autoren in Bad.-Württ. unter: www.autorenbw.de; s. auch Kürschners Handbuch der Bildenden Künstler, 1. Aufl. 2005. (Red.)

Köhn, Wulf, Polizeidir. i. R., Verleger (Hottenstein Buchverl.); Ostdeutsche Str. 24, D-31061 Alfeld/Leine, Tel. (0 51 81) 69 49, Fax 82 74 89, *wulf.koehn@t-online.de, www.hottenstein.de* (* Berlin 1. 8. 41). Sat., Science Fiction, Biogr., Märchen, Rom. – **V:** Jahrgang '41, Biogr. 95; Unendliche Zukunft und andere SF-Geschichten, Erzn. 00; Das Ende der Drachen, R. 01; Vorsicht Märchen!, Sat. 02; Im Reich der Nymphe, M. 03; Mit Wanzen spielt man nicht, Biogr. 06. – **MV:** Die Welt ist bunt, m. Susanne Diehl u. Brunhilde Heinrich, Sat. 03. – **B:** Brunhilde Heinrich: Moskitos sind

Mücken auf Deutsch 01, Sonntags sind es immer viele 02, Latschenkuchen nach Art des Hauses 04, Mein linker Platz ist leer 06, alles Biogr. – **MA:** Nachkriegs-Kinder, Erinn. 98, 04; Schlüssel-Kinder, Erinn. 00, 02; Unvergessene Weihnachten, Erzn. 04; zahlr. Beitr. in Anth. seit 00, u. a.: Wolken im Wind; Träume; Grenzgänge. – **H:** Alfelder Märchenrunde, M. 03; Das Phantom von Jedershusen, R. 05. (Red.)

Koehne, Heide (geb. Heide Köhne), Verlagsmitarbeiterin; An den Birken 35, D-21266 Jesteburg, *heide_koehne@spiegel.de* (* Papenburg 9. 5. 48). Rom., Nov. – **V:** Damals ein Sommer, N. 92; Frieda, Liebes, R. 94; Das Regenhaus, R. 97. – *Lit:* DLL, Erg.Bd V 98. (Red.)

Köhnen, Rita (geb. Rita Enders), ehem. kfm. Sachbearbeiterin, Rentnerin; Begrstr. 53, D-63456 Hanau, Tel. (0 61 81) 6 31 04, *ritakoehnen@aol.com* (* Breslau 6. 11. 35). – **V:** Mozart. Eine reizende Katzengeschichte 01; Mozart. Neue Abenteuer von Kater Mozart 04. (Red.)

Koell, Hermann, Lehrer, Rentner; Rosenweg 57, D-19322 Wittenberge, Tel. (0 38 77) 7 11 91 (* Jankendorf/Polen 5. 2. 25). Lit.-Kollegium Brandenbg, Lit.zirkel Prignitz Wittenberge, Klub d. Kulturbundes Wittenberge. – **V:** Vom Kuchen des Lebens, Lebenserinn. I: Eine Kindheit im nationalsoz. Dtld 93, 2. Aufl. 02, II: Vage Hoffnung 07; Heim, uns reicht's! 97, 2. Aufl. 02; Entscheide Dich!, Tatsachenber. 00; Erziehung zum Kadavergehorsam, Tatsachenber. 01.

Koelle, Patricia, Dipl.-Päd.; Eichenroder Ring 3, D-13435 Berlin, Tel. (0 30) 4 02 15 59, *TwoPingis @t-online.de, www.patriciakoelle.homepage.t-online. de* (* Huntsville,Alabama/USA 5. 8. 64). Kurzgesch., Rom., Lyr. – **V:** Die Füße der Sterne, Kurzgesch. 06, Neuaufl. 08; Der Weihnachtswind, Kurzgeschn. 07. – **MA:** Beitr. in über 30 Zss. u. Anth. seit 90, u. a. in: Denk ich an Deutschland 90; Schickse und Machino 90; Flugasche, Nr. 39 91; Philosophischer Garten 07. – **P:** Tee. Ein anregender Aufguß zum Hören, Hörb. 08.

Köllemann, Adalbert, Fachtechniker beim Richtfunk, Fachoberinsp. i. R.; Gumppstr. 53/1, A-6020 Innsbruck, Tel. u. Fax (05 12) 39 25 18 (* Innsbruck 2. 7. 29). Turmbund 72–95, Tiroler Mundartkr. im Ver. f. Heimatschutz u. -pflege, Obmann 92–95; Lyr., Prosa, Erz. – **V:** Und die Uhr schlägt die Zeit 76; Klone aus Kerzn werfn groosse Schatten 79; Vourn Brenner hintern Reschn, G. u. Prosa 82, 2., erw. Aufl. 00; Da moansch der Himml waar obm 86; Was oan so passt oder ah nit 94; Der Mulimarschall 02; Aus'n Mottnkistl, Lyr. u. Prosa 03; Worte Andante Forte, G. 03; Südwind am Patscherkofel, Erz. 05; Zwischen Berg und Tal, Mda.-G. 06. – **MA:** Veröff. in: Bauernkalender; Reimmichlkalender; zahlr. Veröff. in d. Zss. v. Wolfgang Hager (Stolzalpe). – **R:** Rdfk-Lesungen in: ORF, RAI-Bozen, BR u. SRG. (Red.)

Köllerer, Annemarie (Anna Maria Köllerer), freie Schriftst.; Seeweiherstr. 6, D-84555 Jettenbach, Tel. Fax 88 75 85, *wilhelm.busch@a1.net, www.annemariekoellerer.de* (* Kraiburg am Inn 6. 11. 44). Kurzgesch., Legende, Märchen, Lyr., Sachb. (z.T. in bayer. Mundart). – **V:** Weihnachten spürn 92, 4. Aufl. 03; A kloans Mitbringsl 94, 2. Aufl. 99; Auf's Christkindl warten, G., Lieder u. Geschn. 97, 3. Aufl. 06; Sag's auf bayrisch 00, 4. Aufl. 08; Bayerisches Schmankerlbuch. Rezepte, Geschn., Verserl 02; Paradeiserlzeit. Rezepte, Brauchtum, Geschichten, Verse 04. – **MV:** A kloans Liacht kimmt auf, m. Elfie Meindl, G. u. Geschn. 07. – **MA:** Heute kommt der Nikolaus 03; Kripperl-Geschichten 03; Auf dem Christkindlmarkt 05.

Kölpin, Regine (als Kinder-/Jugendbuchautorin Regine Fiedler, gemeinsam m. Christiane Franke u. Manfred C. Schmidt: TrioMortabella), Autorin; An der Lehmbalje 44, D-26452 Sande, Tel. (0 44 22) 42 95, *koelpin@t-online.de*, *www.regine-koelpin.de*, *www.regine-fiedler.de* (* Oberhausen 26. 1. 64). VS, Das Syndikat, Sisters in Crime (jetzt: Mörderische Schwestern), Arb.kr. ostfries. Autor/inn/en Kogge 07; 1. Pl. b. Pr. der Ostfries. Autoren 02, 05; Rom., Jugendrom., Kurzgesch., Krimi. – **V:** Ich hatte mal 'nen Seidenslip, Erzn. 99; Wer niemals eine Leiche fand, Erzn. 00; Krähenflüstern, Krim.-R. 07; KehrSaite, Jgdb. 07; Spinnentanz, Krim.-R. 08; Herz auf Takt, Jgdb. 08. – **MV:** Mord Mord Mord – Der Tod kommt aus Nordwest 07; Mord + Mord = Doppelmord 09, beides Kurzkrimis m. Chr. Franke u. M.C. Schmidt. – **MA:** zahlr. Kurzgeschn. u. Kurzkrimis, u. a. in: Und die Fische zupfen an meinen Zehen 03; Tee mit Schuss 07; Tödliches von Haff und Hering 08.

Koemeda, Adolf Jens, Dr. med.; Fruthwiler Str. 70, CH-8272 Ermatingen, Tel. (0 71) 6 64 11 10, Fax 6 64 11 30 (* Prag). ZSV 92, SSV 97; Lyr., Erz. Ue: tsch. – **V:** Noran und andere Kurzgeschichten 88; Die Grenzgängerin, R. 96. (Red.)

Koemeda, Margit, Dr., Dipl.-Psych.; Fruthwiler Str. 70, CH-8272 Ermatingen, Tel. (0 71) 6 64 11 10, Fax 6 64 11 30, *koemeda@bluewin.ch*, *www.koemeda. ch* (* Nürnberg 29. 9. 54). ZSV bis 00, femscript, P.E.N.; Rom., Erz., Drama. – **V:** Eine Frau ist eine Frau ist eine Frau, R. 97; Suchbild Liebe, R. 98; Maus. Klick. Gefühle, Erz. 99; zahlr. psycholog. Fachpubl.

Kömmerling, Anja (geb. Anja Goller), Autorin; Brend'amourstr. 8, D-40545 Düsseldorf, Tel. (02 11) 5 98 22 50, Fax 5 98 22 51, *koemmerling@brinx-koemmerling.de*, *www.brinx-koemmerling.de* (* München 65). Kinderb. – **V:** Was kommt vor im Ofenrohr?, Kdb. 91. – **MV:** Fritz Schröder – König der Lüfte 89; Willi Wunders Wolke 94; Koch Edward träumt 95; Elli Hotelli 97; Elli Hotelli in den Bergen 98; Weiberalarm! 01; Ibo hat einen Vogel 01; Tigerlily 02; Der grosse Gismo 02; Weiberalarmstufe Rot 02; Ibo traut sich 03; Alles Machos – außer Tim! 03; Alles Hühner – außer Ruby! 03; Ein Paul zum Küssen 03, alles Kdb. m. Thomas Brinx. – **MUe:** Such uns doch 95. (Red.)

König, Armin, Journalist, Bürgermeister; Jahnstr. 9, D-66557 Illingen, Tel. (0 68 25) 40 91 02, Fax 40 92 08, *Armin.Koenig@illingen.de*, *www.arminkoenig.de* (* Illingen 20. 5. 57). Lyr., Ess., Erz., Rep. – **V:** Wüstensturm und Sonnenkönig, polit. G. 91; Der Saarländer, das All und das Nichts, short stories 01; Sturmwind und Sommerbrise, Lyr. 01. – **MA:** Beitr. in: VS-Saar-Alm. 74/75; Saarbrücker Ztg u. Saarländ. Rdfk (SR). – *Lit:* s. auch J.Jg. SK. (Red.)

König, Barbara; lebt in Dießen am Ammersee (* Reichenberg 9. 10. 25). P.E.N.-Zentr. Dtld, Gruppe 47 50, Akad. d. Wiss. u. d. Lit. Mainz 73, Vizepräs. 81–84, Bayer. Akad. d. Schönen Künste 84; Lit.pr. d. Kulturkr. im BDI 62, Charles-Veillon-Pr. 65, Förd.pr. f. Lit. d. Stadt München 66, E.gabe z. Andreas-Gryphius-Pr. 70, Ohio State Award 82, Tukan-Pr. 83, Kulturpr. f. Schrifttum d. Sudetendt. Landsmannsch. 84, E.gabe d. Kulturkr. im BDI 85, E.gast Villa Massimo Rom 89/90, BVK am Bande 93, Bayer. Verd.orden 05; Rom., Erz., Fernsehsp., Hörsp., Ess. – **V:** Das Kind und sein Schatten, Erz. 58; Kies, R. 61 (auch frz., poln., serbokroat.); Die Personenperson, R. 65, 98 (engl., mitübers., auch poln., slow.); Spielerei bei Tage, Erzn. 69; Schöner Tag, dieser 13., R. 73; Die Wichtigkeit, ein Fremder zu sein, Ess. 79, 01; Der Beschenkte, R. 80, 93 (engl. mitübers.,

auch serb.); Ich bin ganz Ohr. Gesammelte Hörspiele 85; Hans Werner Richter. Notizen einer Freundschaft 97. – **R:** HÖRSPIELE: Böhmische Gänse 69; Freiersfüße-Witwersfüße 70; Ich bin ganz Ohr 71; Dreimal Zeit 73; Ich und Ihr, die ich mal war 75 (auch engl., franz., span.); Etuden 76; Der Fuß im Netz 80; Die Personenperson 81 (auch engl.); Victor 83; – FERNSEHSPIELE: Abschied von Olga 69; Die Magermilchbande, Folge 6: Die Doda 79. – **Ue:** John Roy Carlson: Araber rings um Israel 53. – *Lit:* Bruna Morelli: Barbara König, Poetessa del Privato e dell'Interiorità, Diss. U.Bologna 79/80; Gerhard Bolaender in: KLG. (Red.)

König, Béatrice, Pflegerin, Betreuerin; Ankengasse 10, CH-8623 Wetzikon, Tel. 0 19 30 10 89 (* Zürich 26. 1. 65). Lyr. – **V:** Mit den Augen der Seele, Lyr. 01. (Red.)

Koenig, Christina, Dipl.-Kommunikationswirtin; Bergstr. 16, D-16831 Heinrichsdorf, Tel. u. Fax (03 39 31) 3 40 03, *christina.koenig@t-online.de* (* Herzebrock 16. 12. 58). Kinder- u. Jugendb., Hörsp., Drehb. – **V:** Wackelzahn-Pia, Erz. 95; Kleine Freunde, Bildb. 96; Pia am Ball, Erz. 98; Pia schwimmt oben, Erz. 98; Ostereiergeschichten 00; Feriengeschichten 01; Das Geheimnis vom Geisterhaus, Erz. 02; Besuch auf dem Bauernhof, Erz. 02; Mord oder was?, Krim.-R. 02; Attacke im Blaubeerwald (Arb.titel), Erz. 02; Burggespenst und Flötenschreck, Erz. 02; Tiergeschichten 02; Zilly und die Zauberbrille, Erz. 03; Delfine bringen Glück 03; Lagerfeuergeschichten 03; Kleine Geschichten zum Einschlafen 03; Geheimzentrale Baumhaus, Erz. 03; Mit Zaubern macht die Schule Spaß 03; Nun träum was Schönes!, Geschn. 03; Vier Spürnasen im Baumhaus 03: Sonne, Fisch und Regenbogen 04. – **MA:** Das super Leselöwen Abenteuerbuch, Anth. 00; Weihnachtsgeschichten, Anth. 02. – **F:** mehrere Kurzfilme, u. a.: Dinheiro 88; Tá Limpo 89. – **R:** Lutz und Linda, Fs.-Serie 00; Pia schwimmt oben 00. (Red.)

König, Ditte s. Bandini, Ditte

König, Edda (Edeltraud König, geb. Edeltraud Böhm), Pharmazeut.-Techn. Assistentin; Holzstr. 22, D-65343 Eltville, Tel. (0 61 23) 60 14 02, *eddakoenig@aol.com* (* Eltville 29. 5. 53). Rom. – **V:** Das Haus in Rimini, R. 04. (Red.)

König, Elke s. Weber, Anne-Christin

†König, Hans, Dipl.-Verwaltungswirt (FH), Verwaltungsoberamtsrat; lebte in Erlangen (* Erlangen 30. 9. 25, † 11. 3. 07). Heimat- u. Gesch.ver. Erlangen 69, EM 95, Kunstver. Erlangen 69, VFS 75, EM 98, Collegium Nürnberger Mda.dichter 75, Pegnes. Blumenorden 90; Verd.med. d. Verd.ordens d. Bdesrep. Dtld 85, Kultureller E.brief d. Stadt Erlangen 89, BVK am Bande 91, E.kreuz d. Pegnes. Blumenordens 95, Frankenwürfel d. fränk. Reg.bezirke 99 u. a.; Lyr., Ess. in Hochsprache u. Fränk. Mundart. – **V:** Dä Gmaaroat tohchd, Tonb. mc. Schallpl. 77; Dä Pelzermärtl kummt. Erlanger Stadtchronik d. Jahre 1973–1977 in Mda.versen 77; Schau i nei ins Spiegela, neue Mda.dicht. 78; Anekdoten, Erzählungen, Originale aus Erlangen 80; Woß wissd denn mir, mod. Mda.dicht. 81; Burschen, Knoten und Philister. Erlanger Studentleben 1743–1983 83; Erlangen vorwiegend heiter, e. Streifzug 89; Dahamm in Erlang, Mda.dicht. 90; Wie es spricht in, Texte 93. – MA: Erlanger Gschichtli, Lyr. u. Prosa in Mda. u. Hochspr. 67, 68; Erlanger Verschli, Mda.-lyr. 69; Erlanger Blummastraißli, Lyr. u. Prosa in Mda. 70; Erlanger Zuckerstickli, Mda.lyr. 77; Monolog f. Morgen, Erz. 78; Fränkisches Mosaik 80; Weil mir a wer sen, Fränk. Mda.dicht. 80; Lyr.-Reader 9 81; Der große Hunger heißt Liebe, Lyr. 81; Heimatgeschichtl. Leseb. d.

König

Michael-Poeschke-Schule Erlangen 84; In einem guten Land brauchts keine Tugenden 84; Unterwegs, Prosa 85; Bayer. Mundarten-Leseb. 85; Erlangen 1686–1986, kulturhist. Leseb. 86; Su wia die Leit sin, is ka Mensch 89; Zeitenecho, Gegenw.texte 89; Vertraut u. fremd 93; Poesie e Cultura 93; Dichter u. Schriftsteller Italiens 93; Pleiade 95; Selenia 95; Morgenschtean 95; Danach 96; Inspiration, Texte 96, alles Anth. – **H:** Erlanger Raritätn-Kistla, Samml. ausgesuchter Mda.lyr. 85. – **R:** Gaudeamus igitur 83; Streichkonzert 84; Am Dechsendorfer Weiher 88; Die hohe Zeit des Homo Erlangensis 90, alles Hb.; Mda.lyr. im BR. – *Lit:* Taschenlex. z. bayer. Gegenwartslit. 86; Das fränk. Dialektbuch 87; Kitzmannztg Erlangen 92; Das neue Erlangen, Dez. 95; Intern. authors and writers who's who 16.Ausg. 99; Who's who in German 99/00; Dt. Schriftst.lex. 03, u. a.

König, Johann-Günther, Dipl.-Soz.päd., Dr. phil., Schriftst.; Fesenfeld 93, D-28203 Bremen, Tel. (04 21) 7 94 28 47, Fax 7 94 73 25, *jg@koenig-koenig.de, johann-guenther-koenig.de, mr-pye.com.* Kohlhökerstr. 73, D-28203 Bremen (* Bremen 15. 8. 52). VS 78, Intern. Assoc. f. Audio-Visual Media in VS, Hist. Res. a. Educ. 76, Projektgr. f. vergl. Sozialforsch. 80, Bremer Lit.kontor 85, Friedo-Lampe-Ges. 96, Förd.kr. dt. Schriftst. 00; Reisestip. d. Ausw. Amtes 84, Promotionsstip. d. Friedrich-Ebert-Stift. 84, Stip. „Stichting Culturele Uitvisseling" Amsterdam 85; Lyr., Feat., Monographie, Biogr., Prosa, Wiss. Artikel, Übers. Ue: engl. – **V:** Verlieren ist kein Schicksal, Lyr. 76; Stellungswechsel, Lyr. 78; Die streitbaren Bremerinnen, Biogr. 81; Bremen im Spiegel der Literatur, Monogr. 91; Peanuts für die Hai-Society, R. 96; Bremen. Literar. Spaziergänge, Monogr. 00; Von Pub zu Pub in London und Südengland. Eine literar. Kneipen-Tour 03; Irish Pubs. Ein literar. Reisebegleiter 04. – **MV:** Goethe und die Heringe aus Bremen, m. Bernhard Gleim, Prosa 89, 2. Aufl. 92. – **MA:** aus der nicht ganz freien hansestadt bremen, Prosa 75; Für Portugal, Lyr. 75; Berufsverbot, e. bundesdt. Leseb., Prosa 76; Federkrieg 76; Rettet die Garlstedter Heide 77; Frieden u. Abrüstung 77; Kein schöner Land, dt.spr. Autoren z. Lage d. Nation 79; Anders als die Blumenkinder, G. d. Jugend a. d. 70er Jahren 80; walten, verwalten, gewalt 80; Her mit dem Leben, illustr. Arbeitsb. f. Abrüstung u. Frieden 80; Friedensfibel 82, alles Lyr.; Friedens-Erklärung, e. bundesdt. Leseb., Prosa 82; Wenn das Eis geht, Temperamente u. Positionen, Lyr. 83, 2. Aufl. 85; Niedersachsen literarisch 83; Und was ist das für ein Ort 84; Kunstfrühling, Kat. 88; ... und sie machten sich auf den Weg nach Bremen. Geschichte u. Geschn. v. d. Bremer Stadtmusikanten 90; Bremen lang und breit, Biogr. 95; Bremer Blüten, Prosa 97; Die Weser 1800–2000, m. J. Dierking 99; Ein Autor wird wiederentdeckt. Friedo Lampe 1899–1945, Biogr. 99; Wir hatten die Wahl. Erste Rückblicke auf unsere neue Regierung 06; – Zss.: die horen; Stint; Ossietzky. – **H:** Das große Buch des bremischen Humors 87, 2. Aufl. 90; Wilhelm Scharrelmann 1875–1950, Monogr. 00; Friedo Lampe: Von Tür zu Tür, Phantasien u. Capriccios 02; Friedrich Engels: Die Bremer Jahre (1838–1841) 08. – **MH:** Künstler in Fischerhude, m. G. Busch u. a. 84; zus. m. Jürgen Dierking: Friedo Lampe: Das Gesamtwerk (auch Nachw.) 86; Josef Kastein: Melchior, R. 97, 99; Jan Osmers: Auf ganz eigenen Wegen. Das Leben Konrad Weichbergers 01; Josef Kastein: Mosaiken, Erz. 04. – **R:** div. Arb. f. Radio Bremen, u. a.: Gleichheit u. Gerechtigkeit f. einen jeden 79; Frauenrechte – Volksrechte 79; Erst kommt d. Fressen, dann kommt d. Moral 79; Gleicher Lohn f. gleiche Arbeit 80; Vision d. neuen Frau 80; Stellt mich hin, wo es brennt 81; Das Bremer Block-

land 81; Nichts als Ärger mit d. Schule 81; Norderney – Insel d. Fischer u. Urlauber 81; Da kann ein' ja rot bei werden 81; Vorabend 82; Erinnern an Cato Bontjes van Beek 83; Trotz dicker Luft, wir fahren 83; Bis es Bomben hagelte 84; Als d. alten Zöpfe noch ganz neu waren 83; Prachtvolle Mordgeschichten haben ausgedient 84; Zum 40. Todestag d. Bremer Schriftstellers Friedo Lampe 85; Gewiß, eine schöne Stadt ... 86; Die erste und letzte Fahrt des Handels-U-Bootes 'Deutschland' 86; Wo Englands stolze Flagge wehte 88; Mit Spießern habe ich nie gekonnt – Ernst Rowohlt 88; Für Menschen mit Kinderherzen – Anni Diederichsen 89; Für Hobbyköche u. Gartenfreunde – Otto Nebelthau 90; An der trüben gelben Weser – A.H. Post 90; Melchior in Haifa 90; Sohn seiner Firma – Friedrich Lindemann 91; Oft riecht es nach Regen 91; Von Schwabing nach Bremen – Ken Kaska 91; Das Schreien d. Waisen... – Georg Joachim Göschen 92; Den kennen wir nicht nur, den lieben wir alle – H. Fromme 93; Von märchenhaftem Ruhme? 94; In großer Zeit ganz klein – Friedo Lampe 95; Der Heini von Bremen – Heinrich Binder 97; Fahrt ins Leben – Wilhelm Scharrelmann 00; Auf der Tintenspur 00. – **Ue:** Rebecca Hall: Endlich 40 06; Robert Allen: Endlich 50 06; Graeme Kent: Endlich 60 06. – *Lit:* Who's Who in Germany 79ff.; Nds. literarisch 81; Who's who in Literature 82; Lit.szene Bremen & Bremerhaven 93, 2. Aufl. 07; s. auch 2. Jg. SK.

König, Johanna, c/o IG Autoren & Autorinnen, Musilhaus, Bahnhofstr. 50, A-9020 Klagenfurt, *johanna. koenig@aon.at* (* St. Lorenzen/Stmk 25. 7. 58). Europ. Kulturinitiative Klagenfurt, Mitbegründerin 01, IGAA, Vorst.mitgl., IGAA Kärnten, Obfrau, Kärntner S.V.; Arb.stip. d. BKA. – **V:** Die Glöcknerin, R. 00; Das Tuch, R. 04; Ein Haus erzählt, Erz. 04; Der gläserne Mann 05. – **MV:** Der Geschmack der Fremde, Kochb. u. Erzn. 04. – **MA:** Tagbilder und Gegenwelten, Anth. 04. (Red.)

†**König,** Josef Walter (Ps. Walter Grenzer), Germanist, Schriftst.; lebte in Donauwörth (* Hotzenplotz 16. 2. 23, † Donauwörth 21. 4. 07). Kg. 62, Assoc. Intern. des Journalistes Philateliques 62, Wangener Kr. 64, FDA 73, RSGI 84, Exil-P.E.N. 97, Literaturlandschaften e.V. 01; Christophorus-Pr. 69, Anerkenn.pr. 77, AWMM-Buchpr. 84, BVK 93, Gold. Bürgermed. d. Stadt Donauwörth 93, Adalbert-Stifter-Med. 00; Kurzprosa. Ue: tsch. – **V:** Aus sonnigen Tagen, Anekdn. 62; Viktor Heegers Leben und Wirken, Biogr. 63, 64; Im Dienste der Heimat, Festg. f. E. Weiser 64; Ihr Wort wirkt weiter, Ess. u. lit.hist. Miszellen 66; Donauwörth im Spiegel der Literatur, Ess. 68; Hunzaches, der Räuberhauptmann auf der Schellenburg, Sage 69; Straßenrandbemerkungen, Glossen 72; Heimat im Widerschein, Ess. 77; Donauwörther Miniaturen 79; Sie wahren das Erbe 83, 4. Aufl. 04; Donauwörth – literarisch gesehen 84; Viktor Heeger – Leben und Werk 85; Die Heimatvertriebenen im Landkreis Donau-Ries 89; Ein Sammler erzählt 89; Einkehr und Bleibe 95; Ascona – Ruf u. Echo, Impressionen 98; Ihr Wort wirkt nach, Kurzbiographien 98, 2. Aufl. 99; Die Grabstätten der deutschsprachigen Dichter und Denker, lexikal. Wegweiser 00, 2. Aufl. 03; Des Lebens Buntheit, Kurzprosa 01; Im Städtchen unterwegs 03; Ich ziehe meine Kreise um Donauwörth, Kurzprosa 04; Der Literatur auf der Spur, Kurzprosa 05. – **MV:** Führer durch Donauwörth 65; Der Landkreis Donauwörth 66; Asbach-Bäumenheim 87; Schwäbische Alb, Donau, Ries, Orsbh. Brenztal 89; Der Landkreis Donau-Ries 91; Gosheim 93; 850 Jahre Ebermergen 94; So isch's bei uns g'wesa 95; Malerische Rathäuser und Gemeindeverwaltungen im Landkreis Donau-Ries 96; Huisheim in alten Bil-

dern 97; Weihnachtsmärkte im Landkreis Donau-Ries 99; Heimatbuch Deiningen 04. – **MA:** Autoren reisen 76; Zueinander 76; Feuer, das ewig brennt 01; Weltenschwimmer 04; Blüten hinter dem Limes 06. – **H:** Viktor Heeger: Koppenbriefe, Ess. 60; Grüße der Heimat, Erzn. 62; Josef Lowag: Geschichten vom Förster Benedix (in schles. Mda.) 62; ders.: Altvatersagen 65; Die Heimat erzählt, Anth. 64; Altvater-Jb. 68–91; Nordmähr. Heimatbuch, seit 90; Heimatgrüße, Anth. 96. – *Lit:* Erhard J. Knobloch: Dt. Lit. in Böhmen, Mähren, Schlesien 68, 76; Werner Jerratsch in: Sie wahren das Erbe 83; Karl Krampol in: Ihr Wort wirkt nach 99; Achim Raak in: Nordmährisches Heimatb. 03; Herbert Gröger: J.W.K., Bibliogr. 03; Jana Fricová: Die Erforschung d. Schaffens von J.W.K., Diss. 06; s. auch 2. Jg. SK.

König, Jürgen; Pfifferloh 13, D-83112 Frasdorf, Tel. (0 80 51) 9 13 70. – **V:** Das Hintertürl zum Paradies, von einem, der auszog das Landleben zu lernen 81; Wahnsinn Paris – Dakar, Rep. 84, 2. Aufl. 86; Medalges, Rep. 90, 5. Aufl. 01; Magnus, R. 93; Viel mehr als nur ein Hund, Rep. 98, 2. Aufl. 01. – **MV:** Tschernobyl – Die Informationslüge, m. W. Limmer u. P. Kafka, Dok. 86. – **R:** Tränen sind salzig, Rep. 02. (Red.)

König, MariaLuise; Muckhorster Weg 38, D-49497 Mettingen, Tel. u. Fax (0 54 52) 93 52 54, *marlies. koenig@osnanet.de* (* Mettingen/Westf.). Freundeskr. Düsseldorfer Buch 85, Kulturver. Mettingen e.V. 01, FDA 01; Hafiziyeh-Lit.pr. (Lyr.) 87, Lit.pr. (Prosa) Erkrather Lit.tage 91, Förd.pr. (Gesamtwerk) d. Freundeskr. Düsseldorfer Buch 04; Lyr., Prosa. – **V:** Flugsonnen, Lyr. 96; KamiKatze, Lyr. 02; Gottferne ganz nah, Lyr. u. Prosa 05. – **MA:** Saitenspiele 87; Frauen schreiben 97; Weniger wäre mehr 97; Nationalbibliothek d. dt.sprachigen Gedichtes 99, 01; 10 Jahre Mauerfall 99, alles Lyr.; Goethe mal ganz anders, Lyr. u. Prosa 99; Kindheit im Gedicht 01; Herbst-Anth. 01; Farbbogen 03; Mehrstimmig 03; Schmunzelbuch 04; Wasser und Salz 04, alles Lyr.; Nachdenken über Schüler, Prosa 05; Die Finsternis, die ich meine, Lyr. 07; Auf den Busch geklopft, Prosa 08.

Koenig, Stefan (weiteres Ps. Sandra Dornemann, eigtl. Jürgen Bodelle), Taxifahrer, Lehrer, wiss. Assistent; c/o Pegasus Bücher, Postf. 1111, D-35321 Laubach, Tel. (0 64 05) 9 02 33, Fax 95 06 83, *juergen@ bodelle.de* (* Erfurt 10. 5. 60). Rom. – **V:** Maschendrahtzaun 00; The Überlebensshow – Wadde hadde dudde da 00; Nina N. 00, 02.

König, Theo; c/o Maternus Verlag, Severinstr. 76, D-50678 Köln. – **V:** Zwischen Himmel und Ehrenfeld 98. (Red.)

König, Theresia, Akad. Humanenergethikerin, Irisologie Discoverer, Autorin; Treschmitz 21, A-8903 Lassing, Tel. (06 76) 5 40 83 73, *office@edition-theresia.at, www.irisologie.at* (* Lassing 12. 9. 59). Lyr. – **V:** Die Liebe 02; Mein Kind 02; Abschied 02; Anregende Gedanken 04, alles Lyr. – **MA:** Kleine Wunder ... die uns begegnen, Lyr. 01; Literatur der Literaten, Lyr. 04; Querschnitte 2/06, Anth.

König, Ulf, Ing., freier Autor, Firmeninhaber Recherche/Publikation; Im Rönnefeld 5, D-21706 Drochtersen, Tel. (0 47 75) 81 64, *koenig@ulfkoenig.de, www. ulfkoenig.de* (* Stade 1. 8. 64). Rom., Fachb. – **V:** Tödlicher Wein, Thr 04; zahlr. Sachbücher u. Reiseführer. – **MA:** zahlr. Fachart. in Ztgn u. Zss., u.a. in: tauchen, seit 90.

König, W. B. (eigtl. Wolfgang Blausula), Kaufmann, Schriftst., Verleger; Grimmweg 1, D-30890 Barsinghausen, Tel. (0 51 05) 8 19 09, Fax 8 06 07, *w.b.koenig @wbl.net.de* (* Hannover 15. 5. 56). Rom., Sat., Come-

dy, Film, Fernsehen. – **V:** Der Pate von Palma, R. 96. (Red.)

König, Wilhelm Karl (Ps. Bantlhans), Schriftst., Red.; Kaiserstr. 147, D-72764 Reutlingen, Tel. (0 71 21) 48 76 46, Fax 13 76 20, *info@mundartarchiv.de, www. mundartarchiv.de* (* Tübingen 27. 6. 35). Mundartges. Württ., 1. Vors. seit 78; Ludwig-Uhland-Pr. 92, BVK am Bande 95, Verd.med. d. Stadt Reutlingen 05, Verd.-med. d. Landkreises Reutlingen 05; Rom., Lyr. in schwäb. Mundart, Hörsp., Journalist. Arbeit, Theater. – **V:** lebens lauf, G. 74; neue heimatlieder, G. 75; dees ond sell, G. in mittelschwäb. Mda. 75; A Gosch wia Schwärt, G. u. Geschn. in mittelschwäb. Mda. 76; (Du schwäddsch raus, G. im schwäb. Dialekt 78; Jeddsd wäärmr gscheid, schwäb. Prosa 80; s Loch u. andre Mundartstücke 80; Hond ond Kadds, schwäb. G., Sprüche u. Aphor. 82; Koe Angschd Bua, Mda.plakate 83; Mei Schbrooch, schwäb. G. 83; Schwoba wia gmolad, G. u. Bilder 83; Immerwährender Schwäb. Schimpfkalender 83; Magengga, schwäb. G. u. Sprüche 83; Der Gsondheitsmuffel, Kom. 84; Em Fahrschduahl. Dr Guadschei, zwei Szenen 84; Näher zum Himmel oder Der Fall Karl Simpel, R. 85, 95 (auch rum.); Der Sonderling, R. 86; Johr ond Daag, Mda.kal. 87; Grenzgänge, R. 89; Habbicht ond Daub, schwäb. G. 93; Do machscht äbbas mit 95; äwwl, schwäb. G. 05. – **MA:** Mda.-Dichtung in Württemberg seit 1945 91. – **H:** schwäbsch, Mda.-Zs. seit 80. – **MH:** Mol schwäbisch – mol badisch, Anth. 82. – **R:** Wilhelm König stellt Mundart-Autoren vor 82. – **P:** Dees ond sell, Schallpl. 76; Ets häämr da Drägg, Schallpl. m. Texteinlage 77; Du schwäddsch raus, Schallpl. 79, Tonkass. 84. – *Lit:* Karl Corino: Der Lyriker W.K., Rdfk 70; Eckard Lang: Das geteilten Dtld, Rdfk 71; Fernand Hoffmann: Ein Zärtlicher m. scharfem Mundwerk. Zum hochdt. u. mundartl. Werk d. schwäb. Lyrikers W.K., in: Die Warte 82; Norbert Feinäugle in: schwädds 95. (Red.)

König-Hollenwöger, Rainer, Dr. Mag., interdisziplinärer Sozialforscher, Sexualforscher, Schriftst., Musiker, Maler; Klimschgasse 12/5, A-1030 Wien, Tel. u. Fax (01) 7 15 11 93, *isk.dr.koenig-h.@gmx.at* (* Gmunden 9. 1. 57). IGAA; Rom., Lyr., Erz., Dramatik. – **V:** Der Aufschrei 98; Mit Angst in der Hölle der Gewalt 00. – **MA:** Kirche intern; Augustin; Lazarus. (Red.)

Königes, Rudolf, Ing. grad., Betriebs- u. Sicherheitsing.; Whistlerweg 10, D-81479 München, Tel. (0 89) 7 91 32 20 (* Schirkanyen/Siebenbürgen 19. 6. 14). Lyr., Ged., Prosa. – **V:** Goldener Brunnen Liebe, Lyr. 81; Überschüsse, G. 81; Berührungen, neue G. 84; Nicht immer dienstlich, G. u. Prosa 84; Das Dorf am Bach, Prosa 86; Honterus, der 'Luther' Siebenbürgens, Prosa 93. (Red.)

Königsdorf, Helga (Geb.- u. Künstlername, eigtl.: Helga Bunke), Dr. rer.nat, Dr. sc., Prof., freischaff. Schriftst.; lebt in Berlin, c/o Aufbau Verl., Berlin (* Gera 13. 7. 38). P.E.N.-Zentr. DDR 87, P.E.N.-Zentr. Dtld; Heinrich-Mann-Pr. 85, Nationalpr. d. DDR 89, Roswitha-Pr. 92; Rom., Erz., Lyr., Ess. – **V:** Meine ungehörigen Träume, Geschn. 78; Der Lauf der Dinge, Geschn. 82; Mit Klischmann im Regen, Geschn. 83; Hochzeitstag in Pizunda, Geschn. 86; Respektloser Umgang, Erz. 86 (auch dän.); Die geschlossenen Türen am Abend, Erzn. 89; Lichtverhältnisse, Geschn. 89; Ungelegener Befund, Erz. 90 (auch ndl.); 1989 oder Ein Moment Schönheit, Ess., G., Briefe 90; Adieu DDR. Protokolle e. Abschieds 90; Aus dem Dilemma eine Chance machen, Reden u. Aufss. 91; Gleich neben Afrika, Erz. 92; Im Schatten des Regenbogens, R. 93;

Königstedt

Über die unverzügliche Rettung der Welt, Ess. 94; Eine ungewöhnliche Expedition, Erz. 94; Unterwegs nach Deutschland, Protokolle 95; Die Entsorgung der Großmutter, R. 97; Der gewöhnliche Wahnsinn, Ausw. 98; Landschaft in wechselndem Licht, Erinn. 02. – MV: Deutschland um 1900, m. Bruno Weber 01. – P: Jutta Limbach liest H.K., Hörb. 99. – Lit: Barbara Lersch-Schumacher in: KLG 00. (Red.)

Königstedt, Harry, Prof., Chefred. i. R.; Herbert-Boeckl-Weg 1/58/8, A-1220 Wien, Tel. (01) 2 59 71 03, (06 76) 4 00 00 81, Fax (01) 2 59 70 82, harry@koenigstedt.at, www.harry.koenigstedt.at (* Magdeburg 14. 11. 28). Ö.S.V. 49, P.E.N.-Club 89, IGAA 93; Verleih. d. Prof.titels 07; Erz., Ess., Lyr., Biogr., Prosa. – V: Der Weg des Adolf Hitler 73, 83; Joseph Goebbels – der Trommler des „Führers" 74, 82; Mussolini 76, alles Biogr.; Sprachtips für Journalisten, Bd 1–3, 92–94; Die 99 häufigsten Sprachschnitzer in unseren Zeitungen 97. – MV: Heiter bis wolkig, G. 71. – MA: Gedanken-Brücken, Prosa 00; Kaleidoskop, Prosa 05.

Koenigstein, Christine (geb. Christine Vesely), M. A., Autorin, Seminarleiterin; Anzengrubergasse 50, A-3400 Klosterneuburg, Tel. u. Fax (0 22 43) 2 60 46, edition.koenigstein@aon.at, members.aon.at/edition_koenigstein (* Wien 27. 2. 42). Lyr., Erz. – V: Erlebte Wirklichkeit 94; Tarot-Tagebuch 94; Krähenflug, Erzn. 95; Eusebius, der kleine Straßenkater 98; PA KOUA Bilder der Wandlungen 99. – Lit: s. auch 2. Jg. SK. (Red.)

Königstein, Horst, Prof. an d. Kunsthochschule f. Medien Köln, Dr., Regisseur, Drehb.autor; c/o Kunsthochschule für Medien, Peter-Welter-Platz 2, D-50676 Köln. Kurt-Magnus-Pr. 69, Adolf-Grimme-Pr. in Gold 84, 02, DAG-Pr. in Gold 92, Sonderpr. d. Akad. d. Künste 92, Bes. Ehrung d. Adolf-Grimme-Pr. 93, Bayer. Filmpr. 02, International Emmy Award 02. – MV: Die Manns, m. Heinrich Breloer, R. 02. – F: Du bist meine Mutter 83. – R: Das Beil von Wandsbek, m. H. Breloer 82; Treffpunkt im Unendlichen 84; Hamburger Gift, m. Cordt Schnibben 92; Nächte mit Joan, m. Caas Enklaar 98; Jud Süß – Ein Film als Verbrechen?, m. Joachim Lang 01; Die Manns – Ein Jahrhundertroman, m. H. Breloer 01. (Red.)

Könner, Alfred, Lehrer, Cheflektor; Valwiger Str. 32, D-12681 Berlin, Tel. (0 30) 5 40 63 62 (* Altschalkendorf 2. 12. 21). SV-DDR; Kinderb., Ged., Lied, Puppensp., Szenarium f. Trickfilme. Ue: engl, russ, frz. – V: Wenn ich groß bin, lieber Mond 61; Mein bunter Zoo 62, 64 (auch engl., fin.); Der Rosenesel 62 (auch ndl., fin., engl.); Das Pony mit dem Federbusch 62; Josefine, Erz. 63, 71; Jolli 63, 90 (auch ung., fin., ndl., engl., dän., ital.); Tappelpit 64, 65; Kiek in die Welt, Gesch. 64, 75; Der närrische Kuckuck 65; Hühnchen Katrinchen 66 (auch engl., schwed., dän.); Watschel 67, 04 (auch engl., schwed., dän.); Timpetu 67, 69 (auch engl.); Piddel 67; Fertig macht sich Nikolaus 67, 68; Der Räuberhase 69, 74 (auch engl., nor.); Wer mäuschenstill am Bache sitzt 71, 80 (auch engl., span., nor.); Die Katze sitzt im Pflaumenbaum 71, 80 (auch nor., span., engl.); Hinter dem Statekenzaun, G. 72; Die Hochzeit des Pfaus 72, 93 (auch nor., ndl., frz., dän., engl., poln., tsch., ung., chin.); auf dem Hofe tut sich was, G. 72; Wo ist mein Auto? 73; Drei kleine Küken 73, 74 (auch poln., dän., tsch., slow.); Weder Katz noch Maus, Puppensp. 74; Drei kleine Affen 74, 81 (auch poln., rum.); Der Affe Alois 74; Ich bin schneller 75, 78 (auch ung.); Kieselchen 75, 93 (auch fin., engl., ndl., chin.); Was da fährt und fliegt 75, 88; Silko 76, 81 (auch fin.); Eine kleine Tagmusik, G. 76; Olrik 76, 89 (auch engl.); Ein Bagger geht spazieren

76, 82 (auch frz.); Drei kleine Bären 76, 81 (auch poln., engl.); Die große Reise 76, 78; Wovon träumt der Igel? 77; Warum denn weinen 78, 82; Tanz mal, Peter, wie ein Bär, rumpel pumpel hin und her 78, 88; Der Stiefelgeist, Puppensp. 78; Ich reise ins Blaue 79, 88; Es tanzen die Flocken 79; Ein schöner Hahn 79, 81; Der blaue Traktor 80, 88 (auch poln., tsch.); Der Mond geht auf die Reise 80, 81 (auch poln.); Seppel Deppel 80, 82; Weine nicht, sagte der Baum 80, 82; Eines Tages früh am Morgen 81 (auch engl., poln.); Kleiner Bruder Namenlos, Gesch. 81, 88 (auch engl.); O wie schön, ein Lied zu pfeifen 81, 82; Titerinchen 81, 88; Flieg, Schirmchen, flieg 81, 89 (auch engl., poln., tsch.); Wer fliegt dort am Himmel?, G. 81, 82; Wer hüpft in der Hecke? 82, 90; Die Äpfel wackeln schon am Baum 82; Pfefferchen, Gesch. 82, 90 (auch engl.); Weit fliegt der Ball 82 (auch engl.); Hansemann und die Küken 82, 88; Der Herbstwind bläst 82 (auch poln.); Wo schlafen die Hasen? 82; Ein Spatz sang auf dem Hühnerstall 82, 88; Ich bin der große Bruder 83; Wir pfeifen auf das Krokodil, Gesch. 83, 88; Wer darf schwarz sein jeden Tag 83 (auch poln., tsch.); Das große Wasser 83, 90; Bilderzoo, G. 83, 90; Herr Dickbauch u. Frau Dünnebein 83, 90 (auch engl.); Drei kleine Hasen 83, 90 (auch engl.); Im Garten grünt u. blüht es 83, 86; Da waren sieben Hasen 84, 86; Der dicke große Fisch 84, 86; Hoch im Baum schlief d. Kater 84, 90; Ich reise nach Pinkepank 84, 86; Was ich so alles kann 84, 88; Der Fuchs und die Weintrauben 85, 89; Ein Mädchen namens Rosamund 85, 86; Der Riese im Schnee 85, 87 (auch engl.); Das Apfelsinenmädchen 86, 88 (auch engl.); Vom goldenen Handwerk 86, 89 (auch engl., fin.); Der Apfel wartet auf die Sonne 88, 89; Der Elefant ist groß 88, 90; Denn sie hatte ihn gern 88; Das gezähmte Feuer 88, 89 (engl., gr.); Hans und Franz 88; Der Herbst hat rote Äpfel gern 88, 89; Ein Morgen auf dem Dorf 88; Die Perle des Glücks, Gesch. 88, 90 (auch engl.); Wo ist Anne? 88, 89; Kieselchen, Puppensp. 89; Der Ochse im Teich 89; Der Winter ist ein weißer Mann 89; Wo schlafen die Frösche? 89; Der rote Cowboyhut 90; Tanz auf der Trommel, M. 94; Sonne Sonne scheine; Wasser überall; Der Frühling summt im Apfelbaum,; Tausendfüßler Matz, Lyr. 01, alles Kdb. – H: Der Rummelpott, europ. Kinderreime 67 (auch nor., nor.); Der Plumpsack, Berliner Kinderreime 75; Mit Schnick und Schnack und Schabernack, europ. Kinderreime 77; Eene meene mopel, Berliner Kinderreime 86, 89. – Ue: Jan Lööf: Die Jagd nach dem fliegenden Hund 66, 67; Robert McCloskey: Ich habe einen Wackelzahn 67; Ilse-Margret Vogel: Pummel, Pummel, sei kein Dummel 67, alles Bilderb.; Friedel mit der Fiedel, europ. Kinderreime 75; Waschek Paschek 72, 73; Unser Kater Stanislaus 72, 73, beides tsch.; Kinderreime Bunter Regenbogen, engl. Kinderreime 75; Der Zauberer Oz 88. (Red.)

Koepcke, Cordula, freie Schriftst.; Heider Str. 33, D-24106 Kiel, Tel. (04 31) 33 19 07 (* Misdroy auf Wollin/Pomm. 3. 10. 31). Biogr., Ess., Erz. – V: Blaue Wälder – Weiße Dünen, Erinnerungen an Pommern, Erzn. 67, 2. Aufl. 76; Lou Andreas-Salomé. Ein eigenwilliger Lebensweg. Ihre Begegnung mit Nietzsche, Rilke und Freud, biogr. Ess. 82; Jochen Klepper 83; Johann Friedrich Oberlin 84; Edith Stein 85, 91; Lou Andreas-Salomé. Leben – Persönlichkeit – Werk 86, 5. Aufl. 00; Reinhold Schneider 93; Ricarda Huch, 1.u.2. Aufl. 96; Lotte Warburg 00, alles Biogr. – MA: Östlich von Insterburg 79; Neue Dt. 30, 1 83; Frei sein, um andere frei zu machen 84; Ess. in: Die großen Leipziger 96; Wesen und Widerstand 97; Vergangenheit vergegenwärtigen. Der hist. R. im 20. Jh. 98; Literar. Landschaften, Bde 1 00, 3 00, 5 03. (Red.)

Köpernik, Herma (Ps. Herma Kennel), Schriftst., Illustratorin, Malerin; Dernburgstr. 55, D-14057 Berlin, *h.kennel@yahoo.de*, *www.herma-kennel.de* (* Finsterbrunnertal 20. 6. 44). Cercle littéraire des Communautés européennes 71, Lit. Ver. d. Pfalz 71, Belg. Autorenvereinig. 72, VS 95; Gheorghe-Ursu-Pr. Bukarest; Kinderb., Biogr., Polit. Buch. – **V:** Krokodile machen keinen Handstand 73; Die Reise mit der Pfeffermaus 76, 32. Aufl. 92; Er lacht sich einen Sonnenschein 77, alles Kdb.; Puppen, Tiere, Dekorationen 90; Der Zirkusbär, Gesch. 90; Alleingang, Lebensber. 91; Birnes Kinder 91; Es gibt Dinge, die muß man einfach tun 95, 98 (auch rum.); BergersDorf 03; Die Welt im Frühling verlassen 08.

Köpf, Friederike (Rike Köpf), Dipl.-Dramaturgin, freischaff. Autorin u. Regisseurin; Scharnhorststr. 11, D-04275 Leipzig, Tel. (03 41) 3 03 88 64, *mail@ friederike-koepf.de*, *www.friederike-koepf.de* (* Leipzig 6. 7. 76). Theaterst., Drehb., Prosa. – **V:** Hermanns Haus, Bü.-Ms. 07; – THEATER/UA: die idee 97; Ein Stück Italien 98; CO2 02. – **MA:** Beitr. in Anth. seit 96, u. a. in: Verschenk-Calender, Jahresschr. f. Grafik u. Lit. 96; Kirschbaumblätter. Stockender Traum 96; Anthologie schwarz 03; Mohland-Jb. 2007 07. – **F:** Summertime Blues, Drehb. m. Uschi Reich u. Robin Getrost 09. – **R:** Der Froschkönig, Drehb. m. Uschi Reich u. Robin Getrost (SWR) 08.

Köpf, Gerhard, Prof. Dr. phil., Gastprof. Psychiatr. Klinik d. LMU München; Ariboweg 10, D-81673 München, *innerfern@web.de* (* Pfronten/Allgäu 19. 9. 48). P.E.N.-Zentr. Dtld, Bayer. Akad. d. Schönen Künste, Dt.sprachige Ges. f. Psychopathologie d. Ausdrucks (DGPA); Pr. d. Klagenfurter Jury b. Ingeborg-Bachmann-Pr. 83, Jean-Paul-Förd.pr. 83, Münchner Lit.jahr 84, Villa-Massimo-Stip. 85/86, Stadtschreiber v. Bergen-Enkheim 86, Förd.pr. d. Berliner Akad. d. Künste 89, Wilhelm-Raabe-Pr. 90, Poetik-Gastprofessur d. U.Bamberg 93, Poetik-Gastprofessur d. U.Tübingen 99; Rom., Ess., Hörsp., Erz. – **V:** Innerfern, R. 83; Die Strecke, R. 85, 91; Die Erbengemeinschaft, R. 87; Eulensehen, R. 89; Bluff oder das Kreuz des Südens 91, 95; Borges ist es nicht, N. 91, 93 (auch engl., türk.); Vom Schmutz und vom Nest, Aufs. 91; Piranesis Traum, R. 92; Papas Koffer, R. 93, 95 (auch engl.); Lesegift 94; Der Weg nach Eden, R. 94 (auch engl.); Ezra & Luis oder Die Erstbesteigung des Ulmer Münsters, Sp. 94, 95; Der Kühlmonarch, Erz. 95; Nurmi oder die Reise zu den Forellen, Erz. 96; Vor-Bilder, Ess. 99; Astrain, Ess. 01; Die Vorzüge der Windhunde, Ess. 04; Ein alter Herr, N. 06; Käuze in Pfeffer und Salz, R. 08. – **MA:** Beitr. in: Der Mongole wartet; Nervenheilkunde; NeuroTransmitter, seit 04. – **H:** Ein Schriftsteller schreibt ein Buch über e. Schriftsteller ... 84; Ch. W. Hufeland: Der Scheintod ... 86; Das Buch der Drachen 87; Gregor von Rezzori, Ess. 99; Noblesse, Stil und Eleganz, Erzn. 99; ICD-10 literarisch. Ein Lesebuch f. d. Psychiatrie, Ess. 06. – **MH:** Das Insel-Buch der Faulheit 83; Die Internet-Süchtigen, m. Oliver Seemann, Ess. 01; Psychiatrie in der Literatur, Ess. 03; Lob der Faulheit, m. J. Schultz, Lyr. u. Ess. 04; Gregor von Rezzori. Werkausgabe 04ff. – **R:** Der Wolkenschieber 83; Fischwinter 84; Der Kampf mit dem Drachen 84; Landfunk 84; Das Lesegift 87; Borges gibt es nicht 88; Piranesi oder der Quälgeist 88; Der Alte und der Hahn 91; Die Ermordung des J.J. Winckelmann 91; Ezra & Luis 94; Sizilianisches Roulette 95, alles Hsp. – *Lit:* F. Loquai: G.K. 93; ders.: Der blaue Weg des Möglichen 93; E. Platen: Erzählen als Widerstand 94; H. Kaiser in: KLG 99; W.-M. Böttcher: Auftritt der Tod ... 00.

Köpp, Claus Friedrich, Dr. phil., Dr. sc. phil., Lit.-wissenschaftler, Red., Lyriker; Schnellerstr. 123, D-12439 Berlin, Tel. (0 30) 6 31 15 94 (* Marienburg/ Westpr. 5. 3. 29). Lyr. – **V:** Zwiegespräch zu dritt, Lyr. 04, erw. um „Gesang der Sonne" 08. – **MA:** Lyrik u. Prosa unserer Zeit, N.F. Bd 6 07 (Separatdruck Zyklus „Steckbriefe : Zukunft").

Köpp, Constanze, Wohnkosmetikerin, Autorin, Kolumnistin; Turmweg 7, D-20148 Hamburg, *che @wohnkosmetik.de*, *www.willkommen-im-himmel.de* (* Hamburg 20. 6. 69). – **V:** Frannys Weg. Willkommen im Himmel, Erz. 07 (auch als Hörb.), Neuaufl. u. d. T.: Frannys Reise. Eine kleine Gesch. über das Leben u. das Sterben 08. – **MA:** Kolumnen f. Lifestyle-Mag. – **P:** getrübte Einigkeit, Hörsp. 95.

Köppe, Manfred, Lehrer, Vizepräs. Landesheimatbund Sa.-Anh. e. V.; Körnerplatz 5, D-39218 Schönebeck/Elbe, Tel. (0 39 28) 6 96 01 (* Wolmirstedt 30. 6. 40). Verb. d. Hermann-Löns-Kreise in Dtld u. Öst. 94, Friedrich-Bödecker-Kr. Sa.-Anh. 07, VS Sa.-Anh. 08; Erz. – **V:** „Der Deutschen Dreyßig-Jähriger Krieg". Sagenhaftes aus Sa.-Anh. 01; Auch noch diese Stunde. Eine Guericke-Novelle 03; Heimkehr am Strom, Erzn. 07; Clemens Brentano. Bilder einer Reise ins Salz 08. – **MA:** Magdeburg. Porträt e. Stadt 00; seit 98 Beiträge u. a. in: Sa.-Anh.-Journal f. Natur- u. Heimatfreunde 1/98, 3/99, 1 u. 3/00, 2 u. 4/01, 1/02, 1–5/03, 3/08; Beitr. z. Regional- u. Landeskultur Sa.-Anh. 10/99, 25/03, 30/03, 38/04, 37/05, 41/06; Magdeburg. Porträt e. Stadt 00; Mitteldt. Jb. f. Kultur u. Gesch. 00; Monumenta Guernica 83/01; Magdeburger Biogr. Lex. d. 19. u. 20. Jh. 7/00; Almanach d. Lit. Ges. Magdeburg 02/03; 13. Landschaftstag 2005 05; Schätze des Salzlandkreises 07. – *Lit:* Schriftst. in Sa.-Anh. 05.

Koeppel, Hans Albrecht; Schillerstr. 27, D-64380 Roßdorf, Tel. u. Fax (0 61 54) 95 65. – **V:** Limericks von A bis Z 96. (Red.)

Köppel, Helene-Luise; Lindenstr. 9, D-97424 Schweinfurt, Tel. (0 97 21) 94 15 56, Fax 8 49 78, *helene @koeppel-sw.de*, *www.koeppel-sw.de* (* Schweinfurt 24. 11. 48). VS 06, VG Wort 06; Rom. – **V:** Die Ketzerin vom Montségur 02; Die Erbin des Grals 03; Die geheimen Worte 05; Das Gold von Carcassonne 07; Die Affäre Casla 08.

Koeppel, Matthias, Prof., Kunstmaler; Pommersche Str. 12A, D-10707 Berlin, (0 30) 8 73 89 34, Fax 8 73 93 73, *Atelier.Smk@freenet.de*, *www.matthiaskoeppel.de* (* Hamburg 22. 8. 37). BVK am Bande 98; Ged. – **V:** Starckdeutsch, G., I 83, II 82; Starckdeutsch. Come Orrswuuhl dörr schtharkvokköstn Gedeuchten, G. 85, 93; Koeppels Tierleben in Starckdeutsch, G. 95; Abschied der Moderne, Kunstb. 00. – **MA:** mehrere Beitr. in Lyrik-Anth. u. Jb. – **P:** Starckdeutsch I u. II, Tonkass. 83; Starckdeutsch, CD 00. – *Lit:* M.K. „Berlin ist immer im Werden" 02, 2. Aufl. 03; s. auch Kürschners Handbuch der Bildenden Künstler, 1. Aufl. 2005. (Red.)

Koeppen, Johannes, Pastor i. R.; Deutsch-Ordens-Str. 37, D-25551 Hohenlockstedt, Tel. (0 48 26) 82 33 (* Ravenstein/Pomm. 20. 4. 26). – **V:** Ihr werdet sein wie Gott, R. 93.

Köppen, Theo, Bibliotheksangestellter; Bunsenstr. 19, D-37073 Göttingen, Tel. (05 51) 70 61 93 (* Göttingen 5. 3. 53). Lyr., Hörsp., Kurzgesch., Lied, Prosa. – **V:** Bekanntmachung u. andere Gedichte 81; Brennessein – Dein Haar, G. 82; Der Angstcaruso, Prosa 86; Einmal werden wir noch wach, Collage 90; Der Geschmack, Prosa 00; Oktoberprotokoll, Lyrik, jährl. 00; Die Hecke, Fragmente 02. – **MV:** Zs. f. angewandtes Alphabet u. Kunst, A-Z, m. Peer Schröder

Köppern

96 (Reprint). – **MA:** Beitr. in Zss., u. a. in: Der Störer; Krachkultur; GATE.; Anth.: social beat d 95; Humus 96; Kaltland Beat 99. – **R:** Die Wirklichkeit wird geschlachtet, Hsp. 82; Salzingers Häutungen 95. – **P:** Noch lange nicht kaputt 80; Froi-de, Tonkass. 91. (Red.)

Köppern, Antje, Journalistin, Autorin; Galgenbergsheide 12, D-47443 Moers, Tel. (0 28 41) 50 51 26 (* Lippstadt 6. 5. 65). – **MV:** Bungee-Time! 93; Gute Rückkehr allen Brieftauben 93, beide m. Norbert Köppern. – **MA:** Kurzgeschn. in Ztgn u. Zss. – *Lit:* s. auch 2. Jg. SK.

Köppern, Norbert, Journalist, Autor; Galgenbergsheide 12, D-47443 Moers, Tel. u. Fax (0 28 41) 50 51 26 (* Hattingen 27. 11. 54). Lyr. – **MV:** Bungee-Time! 93; Gute Rückkehr allen Brieftauben 93, beide m. Antje Köppern. – **MA:** Jb. f. d. neue Gedicht 04; Bibliothek dt.sprachiger Gedichte. Ausgew. Werke VII 04; Kurzgeschn. in Ztgn u. Zss.

Körber, Esther-Beate, Prof. Dr., Historikerin; Denkstr. 12, D-12167 Berlin, Tel. (0 30) 7 96 85 70, *ekoerber@t-online.de* (* Tübingen 27. 12. 57). Haiku-Pr. d. Tagesspiegels. – **V:** Laute, die mir an den Lenden liegt, G. 97. – **MV:** Feiere einen schönen Tag, m. Emma Brunner-Traut, altägypt. Dicht. 96.

Körner, Franz-Josef, Gymnasiallehrer; Arnauer Str. 4, D-87616 Marktoberdorf, Tel. (0 83 42) 89 99 90 (* Bamberg 21. 2. 58). Rom. – **V:** Der Domreiter 04; Feuerspur 06; Das Gänsespiel 07.

Körner, Franziska (Franziska Barbara Körner, geb. Franziska Barbara Schwabe, Ps. Franziska K. Schwabe), Autor, Hrsg., Lektor, Grafiker; Zwei Zwerge Verlag, PF 35 07 25, D-10216 Berlin, Tel. (01 60) 5 61 46 62, *zweizwergeverlag@aol.com*, *www.zwei-zwerge-verlag.de* (* Berlin 15. 1. 63). VG Wort 96, VS 04; Erz., Lyr., Aphor., Biogr., Dok.film, Kinderb., Fotobildband. – **V:** u. H: Die beiden Tagebücher einer jungen Toten 95; Philosophie vor d. Frisiertoilette, Erzn. 95; Der P-Mensch oder Die Fee in d. Gruft, R. 95; Holographie e. Frauenzimmers, Lyr. 96; All-Gemeinheiten, die ins Auge gehen können, Aphor. 97; Spruchstückchen, Aphor. 01; Parnasse Wasserspritzer, Erzn. 01; Verssuche, Lyr. 01; In See(l)not, Lyr. 03; Rillis Memoiren, Kdb. 04; Weibsstücke, Lyr. 05; Landhaus der Kranken, R. 08. – **MV:** u. H: Ein wenig Licht im vielen Dunkel 03; Die Amorphie des Menschen 03; „Objektive" Körperstudien – Akt u. Figur 03; Zusammenfall 05, alles Bildbände m. Sebastian Langkorn. – **H:** u. teilw. B: Waldemar Brust: Koppenstraße 60 98, Angeschmiert 00, Mittag-Zeit 00, Von Damals bis Gestern 01, alles Autobiogr.; Günther Hönicke: Spillerkin – Jahrgang 28 98, Spillerkin als Polizeier 00, Spillerkin zurück 01, Spillerkin – Vom Zillejungen z. „Beutesachsen" 01, alles Autobiogr.; Ursula Ball: Bombenwetter, Tageb. 99; dies.: bis zum „Häkel-Geschwader", Autobiogr. 99; Kurt Borowski: Linienführung, Autobiogr. 99; Horst Schröder: Hotta, Autobiogr. 99; Walter Toplep: Brücken-Schläge, Autobiogr. 00; Margot McKinney Bouchard: Eine Singerin 00, Eine Fülle von Gesichten 01, beides Autobiogr.; Jan Feustel: Turmkreuze über Hinterhäusern, Sachb. 01; Horst Heizenröther: Leuten, Zeiten u. Nichtigkeiten auf den Versen, Lyr. 01; Franz Körner: Eine Fahrt ins Wunderland, Tageb. 01; Jürgen Kiesewalter: Als „langer Kerl" zum Mikrokosmos, Autobiogr. 02; Elfriede Waldeck Cannata: Von Berlin nach Bologna, Autobiogr. 02; M. McKinney Bouchard: Der Milkweedfaktor, R. 03; Wilhelm Staedtke: Zap Zerap – Uhr lief ab, Autobiogr. 05.

Körner, Hans, Zollbeamter i. P.; Kaipershof 12, D-96047 Bamberg, Tel. (09 51) 2 17 75 (* Bamberg 7. 10. 22). Rom., Lyr. – **V:** Jahr und Tag 93; Kurz gesagt von A-Z 93; Erlöstes Leben 94; Zeitenwende 95; Auf den Punkt gebracht 95; Ins Herz geschrieben 96; Liebe o Liebe 96; Spuren 97; Freiheit der Liebe 98; Soviel Freude 00, alles Lyr.; Flucht nach Mallorca, R. 02; Am Rubikon, R. 03.

Körner, Heinz (Ps. W. von Rotenburg, W. Müller), Verleger, Literar. Agent; c/o Lucy Körner Verl., Fellbach (* Marburg 1. 7. 26). IGdA; Rom., Ess. – **V:** Irrwege des Glückes, R.; Zwischen Pflicht und Liebe, Ess.; Das Rätsel einer Liebe, R., u. a. (Red.)

Körner, Heinz, ehem. Sozialarb., Schriftst.; c/o Lucy Körner Verl., Fellbach (* 47). – **V:** Johannes, Erz. 78; Ein Märchen 81; Sarah, Erz. 94; Alle Macht den Träumen 94. – **H:** Eifersucht, Leseb. 79; Heroin – Die süchtige Gesellschaft, Leseb. 80; Die Farben der Wirklichkeit, M. 83; Männertraum/a, Leseb. 84; Wieviele Farben hat die Sehnsucht, M. 86; Alle Farben dieser Welt, M. 95; zahlr. Nachaufl. u. Übers. (Red.)

Körner, Matthias; Dorfstr. 4a, D-03116 Illmersdorf, Tel. (03 56 02) 8 65 (* Kamenz 23. 9. 54). P.E.N.-Zentr. Dtld, VS; Hans-Marchwitza-Pr. 90, Brandenburg. Lit.pr. (Förd.pr.) 92, Lit.pr. Umwelt 92, Hsp.pr. 92, Ehm-Welk-Lit.pr. 94. – **V:** Die Totenkeule, R. 88; Auf Pücklers Spuren 00; Tödliches Wasser, R. 03. – **MV:** Ess. in: Thomas Kläber: Fürst Pückler Land, Foto-Bd 00. – **R:** Wintervorrat, Hsp. 91; Das kalte Herz, Hsp. 92; Und führe uns nicht in Versuchung, Filmess. 92; Reif für's Museum 96; 100 Jahre Oscar Schmidt 97; Was hätten wir anders machen sollen? 98; Annaburg, 5 F. 00; Die wahre Geschichte von Strittmatters Laden 00; Die Hühnerprinzessin 03, alles Feat.; Hierzulande, 4 F., Fsf. (Red.)

Körner, Wolfgang, freier Schriftst., Drehb.autor; Hamburger Str. 97, D-44135 Dortmund, Tel. (02 31) 57 18 42, Fax 55 35 22, *w.koerner@t-online.de*, *www.wolfgangkoerner.de* (* Breslau 26. 10. 37). Lit.förd.pr. d. Ldes NRW 67, Förd.pr. d. Kogge 69, Annette-v.-Droste-Hülshoff-Pr. 73, Arb.stip. d. Ldes NRW 87, 90, Autorenstip. d. Stift. Preuss. Seehandlung 89; Rom., Erz., Ess., Fernsehsp., Hörsp., Kinderb., Sachb. Ue: engl. ital. – **V:** Versetzung, R. 66, 75; Nowack, R. 69, 77; Die Zeit mit Harry 71; Ein Ham-Ham, Kdb. 73; Der ausgedachte Vater, Kdb. 74; Wo ich lebe, Erzn. 74; Der Weg nach Drüben, R. 76; Ich gehe nach München, R. 77; Ich gehe die Freiheit, R. 78; Die Zeit mit Michael, R. 78, 88; Im Westen zuhause, R. 78; Verlassene Männer erzählen, Ess. 79, 3. Aufl. 01; Nach Skandinavien reisen 82; Noch mal von vorn anfangen, Ess. 81, 84; Büro, Büro, R. 84, 89; Kandinsky oder ein langer warmer Sommer, R. 84, 89; Der einzig wahre Opernführer, sat. Ess. 85, 99; Der einzig wahre Schauspielführer, sat. Ess. 86, 01; Scharfe Suppen für hungrige Männer, R. 86; Willkommen in der Wirklichkeit, Erzn. 87; Der einzig wahre Anlageberater, sat. Ess. 87; Der einzig wahre Karriere-Ratgeber 88, 92; Büro, Büro, R. 89; Der einzig wahre Ehe-Berater 89, 93; Ein langer warmer Sommer, R. 89; Körners endgültige Geschichte der Deutschen, sat. Ess. 94, 95, Tb. 98; Aus dem Leben eines empfindsamen Chauvinisten, Stories 96; Körners endgültige Entdeckung Amerikas, sat. Ess. Tb. 98. – **MA:** Aus der Welt der Arbeit 66; Außerdem – deutsche Literatur minus Gruppe 47 67; Kinderland – Zauberland 68; Lesebuch 1 70; Ich denke mir eine Welt 98; zahlr. lit.polit Kolumnen in: BuchMarkt, Fachzs. 67–94. – **H:** Kindergeschichten aus Skandinavien 77; Gespenstergeschichten aus Skandinavien 78. – **F:** Todesarten, Drehb. 71. – **R:** Ich gehe nach München, Fsp. 68; Versetzung, Fsp. 68; Kimmerische Fahrt, Fs.-Feat. 71; Zum Beispiel diese fünf Frauen, Hsp. 70; Ich gehe nach München, Fsp. 74; Schule in der Drogenwelle, Fs.-Dok. 81; Fs.-

Serien: Büro-Büro; Kurhotel Sonnenschein; Stahlkammer Zürich; Spielergeschichten; Auch das noch; Violet Dreams, Fs.-Krimi; Amerika in der Krise, Rdfk-Feature 95; Mörderischer Montag, Hsp. 97. – **Ue:** Franca Permezza: Prosciuto di Parma, R. 05; dies.: Partitura di Praga, R. 06. – *Lit:* Lennartz: Dt. Schriftst. d. Gegenwart 78; Kunisch: Neues Hdb. d. dt.spr. Gegenwartslit. 93; Braneck 95; KLG; Munzinger Archiv.

Körner, Wolfgang Hermann, Schriftst.; Uhlandstr. 195, D-10623 Berlin, Tel. (0 30) 45 08 76 83 (* Sindelfingen 30. 6. 41). P.E.N.-Zentr. Dtld; Rom., Hörsp., Erz., Gesch. – **V:** Normalfälle, Geschn. 67; Krautgärten, R. 70; Die Verschwörung von Berburg, R. 71; Katt im Glück, R. 73; Die ägyptischen Träume, Geschn. 80; Die Nilfahrt, Erz. 84; Der Eremit, Erz. 85; Das Weinschiff, Erz. 87; Die deutschen Träume, Geschn. 90; Die französischen Träume, Geschn. 91; Die griechischen Träume, Geschn. 93; Krebs, R. 95; Die luxemburgischen Träume, Geschn. 95; Der Nichtstuer, N. 97; Die spanischen Träume, Geschn. 97; Der Ägyptenreisende, R. 99; Fronäcker, R. 00; Sommerhofen, R. 01; Fatimas Atem, N. 02; Die Fremde, N. 04; Der Emigrant, R. 06; Stiller Ausweg Nil, Erz. 07; Liebermanns Mythen, R. 08. – **R:** Spiegelbild 70; Fünfsatzspiel 71; Dokumentation 71; Ich will den Fischen vom Wasser erzählen 80, alles Hsp.

Körting, Philip; *info@coolhunter.de, www. coolhunter.de* (* Düsseldorf 17. 10. 74). Rom., Drehb. – **V:** Der Letzte in der Schlange, N. 03. (Red.)

Köse, Nursel, Architektin, Kabarettistin, Schauspielerin, Autorin; Mainzer Str. 39, D-12053 Berlin, *www. diebodenkosmetik.de* (* Malataya/Türkei). VS Münsterland, ver.di; Kinder- u. Jugendtheaterst. – **V:** Die Bodenkosmetikerinnen, Kabarett-Texte 92–01; Der Liebe zum Trotz, Lyr. – **MA:** Lyr. u. Prosa in Zss. – **R:** Ameisenfrau, Hsp. 98; Der Schlangenbrunnen, Hsp. 00; Unter den Trümern 03. (Red.)

Köster-Lösche, Kari (geb. Kari Köster, Ps. Silke Jensen), Dr. med. vet., Tierärztin, Wissenschaftlerin, Schriftst.; Osterstr. 8, D-25923 Süderlügum, Tel. u. Fax (0 46 63) 13 36, *koeloe@t-online.de, home.arcor. de/koeloe.* Ketelswarf, D-25863 Langeneß (* Lübeck 23. 1. 46). Schriftst. in Schlesw.-Holst. 88–93, Friedrich-Bödecker-Kr. 93–03, VS 97, Nordbuch 98, Quo vadis – Autorenkr. Hist. Roman 03–07; Reisestip. d. Ausw. Amtes 99, 01; Rom., Sachb., Ratgeber. – **V:** Die Pesthexe oder wie eine Jungfrau Anno 1650 den Schwarzen Tod nach Tondern lockte, hist. R 87; Das Herz der Wale, R. 88; Mutter Griebsch, R. 91; Die Reeder, R. 91, 99; Das Drachenboot, hist. Krim.-R. 92, 95; Sanft wie Tauben im Käfig, R. 92; Der Thorshammer, hist. Krim.-R. 92 (auch tsch.); Die Bronzefibel, hist. R. 93, 99; Das Deichopfer, hist. Krim.-R. 93, 05, Tb. 99; Die Hakima, hist. R. 94, 02 (auch span., tsch., russ.); Die Erbin der Gaukler, R. 96, 98 (auch tsch.); Die letzten Tage von Rungholt, R. 97, 07; Hexenmilch, hist. R. 98, 06; Die Heilerin von Alexandria, hist. R. 99, 00; Die Hexe von Tondern, hist. R. 99; Die Raubritterin, R. 00; Tod allen Reichen!, hist. R. 00; Die Wagenlenkerin, R. 00, 02 (auch russ.); Die Tochter der Raubritterin, R. 01; Das Sylt-Virus, R. 02; Die Rückkehr der Hakima, hist. R. 02 (auch tsch. u. russ.); Stille Nacht, eisige Nacht. Als Nis Puk das Weihnachtsfest rettete 02; Das Blutgericht 03; Donars Rache, R. 04; Mit Kreuz und Schwert, R. 05; Mit der Flut kommt der Tod, R. 05, Tb. 06; Der Austernmörder, R. 06; Die Hakima/ Rückkehr der Hakima, Doppelbd Tb. 06; Das Grab im Deich, R. 07, Tb. 08; Die Pestheilerin, R. 08; Das kleine Halligweihnachtswunder 08; Elfenbeinfälscher 09; mehrere Sachb. – **MA:** Euterpe, Bd 9 91; Feueratem 02; Norddt.

Jb. f. Lit., Gesch., Malerei 04; Möhren fürs Fest 05; Fundstücke 08. – **R:** Lesung im Offenen Kanal Westküste 06. – *Lit:* Spektrum d. Geistes 1995, Lit.kal. 94; s. auch SK.

†**Köstlin,** Renate (geb. Renate Harlfinger), Sekretärin; lebte in Ludwigsburg (* Jena 7. 11. 13, † 03). VS 69, GfdS 73–97, Lit. Gesprächskr. Ludwigsburg; Lyr. – **V:** Der Anglerstag 73; Das Küstenschiff 76; Am Sprechgitter 79; Der Stein im Fluß 81; Schneefall im Hügelland 82; Nicht ohne Herrlichkeit 88; Das Brunnenhaus 92; Das Bernsteinmeer 95; Das Antlitz der Sonne 99.

Koethe, Dieter, Chemiker; Moosbergstr. 26, D-64285 Darmstadt, Tel. (0 61 51) 66 14 71 (* Erfurt 5. 9. 37). Lyr., Erz., Aufsatz. – **V:** Augenasche. Das Buch d. Verluste, Lyr. 84; Stadtansichten. Zwei postmod. Texte 91; Vermeidbare Stürze, Erz. 97; Auf schmalem Grat. Rolf Dieß – ein Künstlerleben, Biogr. 05; mehrere Katalogtexte, Würdigungen, Lex.artikel über zeitgenöss. bild. Künstler.

Kötter, Ingrid (Ps. Klara Göbel, geb. Ingrid Göbel), Großhandelskauffrau; Waldhäuser Str. 73, D-72076 Tübingen, Tel. (0 70 71) 6 70 11, Fax 6 70 12 (* Hagen 23. 6. 34). VS 75; Pr. Dramatikerwettbew. d. Kammerspiele Wuppertal 75, Buch d. Monats d. Ju-Bu-Crew 78, Auswahlliste z. Dt. Jgd.lit.pr. 79, Tb. d. Monats Aug. d. Akad. f. Kd.- u. Jgd.lit. 87, Empf.liste „Der bunte Hund"; Erz., Rom., Hörsp., Lyr., Fernsehdrehb., Theaterst., Kinderb., Kurzgesch. – **V:** Das kunterbunte Spielemagazin 74; Ein starkes Stück oder Treulich geführt, Einakter, UA 75; Alle sagen Neuer zu mir 78, Tb. 86 (auch frz.); Manchmal bin ich nachts ein Riese 83, Tb. 87; Kroko beim Zahnarzt 84, 94 (auch engl., kat.); Von Supereltern kannst du träumen 85, Tb. 90 (auch slowen.); Der Platzda 86, 88; Für 20 Pfennig Bildsalat 87; Die Kopftuchklasse 89, 94; Willi Wasserkatze 89, Tb. 94 (auch kat.); Das Tübinger Hutzelmännlein 90; Cocker & Co. – Detektivbüro 92, 94; Cocker & Co. – Diebe im Zoo 93, 94; Mädchen sind klasse! 93 (auch holl.); Keine Angst vor Mister Dobermann!, 4 Mutmach-Geschn. 94 (auch holl.); Mutig, mutig, Katharina! 94, 95; Sebastian und die Riesenblume 94; Die Windpockenbande, Geschn. 95, 97; Schule ist schööön!, Geschn. 96; Zwillinge kommen selten allein, Kdb. 97 (auch holl.); Das Geheimnis der Bronzemaske 99; Detektiv Jan Winter – Den Dieben auf der Spur 00; Ich raus weil! 00. – **MA:** Für eine und. Deutschstunde 73; bundesdeutsch 74; Keine Zeit f. Langeweile 75; Menschengeschichten 3. Jb. d. Kd.lit. 75; Leseladen 77; Wirf mir den Ball zurück, Mitura 78; Das achte Weltwunder, 5. Jb. d. Kd.lit. 79; Ich singe gegen die Angst 80; Das neue Sagenbuch 80; Für eine irrer Nachmittag 81; Augenaufmachen, 7. Jb. d. Kd.lit. 84; Das Vaterunser 85; Die Erde ist mein Haus, 8. Jb. d. Kd.lit. 88; Jetzt fängt das schöne Frühjahr an 88; Herzlichen Glückwunsch 88; Tübinger Lesebuch Anstiftungen 88; Drum kannst du fröhlich sein 89; Sichtwechsel 90; Gesundlach-Geschichten 93; Mut tut gut 94; Wir sind Freunde 95; Das gr. Vorlesebuch für Kindergartenkinder 96. – **R:** Außenseiter 73; D. Samstagsjunge 74; Auf eigene Faust 74; Die Mümpse 74; Motzer mag Mozart 75; Der Tod 75; Der Spielverderber 75; Peter paßt auf 75; Rund um die Uhr 76; D. Knopfwährung 76; Katja u. d. roten Rosen 76; Tomate war's! 76; Die Wolkenbeobachter 76; D. Wandertruhe 76; Axel Anonym 77; Die „Akzion" 77; Motte, Schlacks u. Opa Schick 77; Vier Mädchen u. Manne 78; Kauft, Leute, kauft! 78; Gisela mag kein Gemüse 79; D. Zensoren 79; D. Nachtwanderung 79; Alexandras Schadenfreude 79; Himmelsschlüssel 79, alles Kinderhsp.; mehrere Beitr. in d. RIAS-Kinderfunk-Sdg

Koetter

„Jetzt sag ich mal was" 79/80; Drehbücher zu d. Serien: Den lieben langen Tag: Probezeit 76, Der Besuch 76; Das feuerrote Spielmobil: Mutti, Mutti, er hat gebohrt 76, Im Kaufhaus 77; Denkste: Drittes Bett links 77, Die Un(m)gezogenen 80; Neues aus Uhlenbusch: Knopfgeld 80, Die Probefahrt 82. – **P:** Cocker & Co. – Der blaue Papagei 88; Cocker & Co. – Der verflixte Schlüssel 88; Mädchen sind klasse! 89, alles Tonkass. – *Lit:* Reinbert Tabbert in: Mitt. d. Inst. f. Jgdb.forschung d. J.W.Goethe-Univ. Ffm. 3/85; Luitgard Wahl: I.K., Kinderbuchautorin. Eine Analyse ihrer Werke. Lit.wiss. Lg. 84/87; Karl-Heinz Klimmer in: Volkacher Bote Nr. 48; ders. in: Jgdb.magazin 1/93. (Red.)

Koetter, Ludwig, Prof. em. Dr.; Hangweg 22, D-66130 Saarbrücken, Tel. (0 68 93) 33 34, *LKoetter@t-online.de* (* Altenburg/Thür. 19. 3. 26). Erz. – **V:** fortgesponnen hintergrimmsch, Kontermärchen 02. (Red.)

Köttner-Benigni, Klara, Schriftst.; Josef-Knotzer-Str. 14c, A-7000 Eisenstadt, Tel. (0 26 82) 7 32 90 (* Wien 21. 3. 28). Öst. P.E.N.-Club, Ö.S.V., IGAA, Slowak. S.V., Böhmerwaldmuseum Wien; Theodor-Körner-Förd.pr. 79, Anerkenn.pr. d. Theodor-Kery-Stift. 79, Jaroslav-Hašek-Med. d. ČSSR 83, Würd.pr. d. Kulturpr. d. Ldes Burgenld 84, E.med. d. Slowak. Literar. Fonds 89, E.zeichen d. Ldes Burgenld 92, Björnstjerne-Björnson-E.med. d. Slowak. Rep. 96, Kyrill- u. Method-E.med. d. Slowak. Literar. Zentr. 98, Öst. E.kreuz f. Wiss. u. Kunst 03, Erinn.med. d. Slowak. S.V. 03; Lyr., Rom., Hörsp., Übers., Sat., Ess., Erz. Ue: bulg, engl, kroat, slowak, tsch, ung, russ. – **V:** Nichts, in das ich Zeichen setze, Lyr. 76; Abläufe, R. 83; In der Zone des roten Winds, Lyr. 89; Obrat – Wendepunkt – Turningpoint, Lyr. 93 (mehrsprach.); Terminal, Lyr. 96 (dt.-engl.); Lapidea 5, Ess. 97; Widmungen – Venovania – Věnování, Lyr. 04 (dt.-slowak.-tsch.). – **MV:** Aus tiefen Quellen, Lyr. 98; Zeit der untergehenden Sonne, m. Etela Farkašová 00 (dt.-slowak.); Strömungen 01 (dt.-slowak.). – **B:** Mida Huber: Wegwarten 61; dies.: Stille Pfade 65; Michael Andreas Lang: Rund um an See 73; Anni Pirch: Der Sommer zerfiel 75; Herta Schreiner: Lausbüubmstücküln 76; Hans Krenn: Gspiast wos davon? 87, u. a. – **MA:** Burgenland 80; literatur '81 81; Modern nyugatnémet, osztrák és svájci költők, dt.spr. Dicht. 86 (ung.); Kultur ist e. weites Feld 88; Österr. Lyrik u. kein Wort Deutsch 90; Wortweben 91; Gesicht d. Widerspruchs, burgenländ. Lit. 91; This same sky 92 (engl.); Rudolf Klaudus 95; Aus d. sieben Gemeinden 97; Vom Wort z. Buch 99; Der dritte Konjunktiv 99; Schriftbilder 99; Gedanken-Brücken 00; Kaleidoskop 05; – ZSS.: Wortmühle; Pannonia; Volk u. Heimat, jetzt: Kultur u. Bildung; Natur u. Umwelt im Pannonischen Raum; Burgenländ. Heimatbll.; Burgenland-Jb.; Podium; Neue Wege; Wiener Bücherbriefe; Österr. in Gesch. u. Lit.; Subdream (engl.spr.); Sterz; Spektrum d. Geistes; Mühely (Ung.); Revue svetovej literatúry (Slowak.); Meridiane 12–23 (Slowak.); Literárny týždenník (Slowak.); Plamak (Bulg.); BravDa. – **H:** ... und fügen uns in den Reigen, Anth. 64; Dichtung aus dem Burgenland, Anth. 70; 21 Autoren nehmen Stellung 79; Hat Heimat Zukunft? 81; Aus der Slowakei, Lyr.-Anth. 90 (auch Übers.); Norbert Möstl: Echo Mensch 92. – **R:** Circulus vitiosus 70; Schritte 74; Tastaturen 75; Spuren an der Grenze 76; Botschaften 85; Kanada? 95, alles Hsp.; Die Parndorfer Platte, Fsf. 76; Lyrik, Satn., Erzn. im ORF u. im slowak. Rdfk. – **MUe:** Lyriksamml. v. Braňo Hochel u. Ján Strasser 92, 94. – *Lit:* KLÖ 95; Dieter Scherr in: Autorensolidarität 2–3/03; Peter Nedoroščík in: Slovo 18–19/08 (Bratislava).

Kötzsch, Karl (Carl Arno), Ing.; Martinsreuther Str. 36b, D-95032 Hof, Tel. (0 02 81) 79 45 00, Fax 79 45 01

(* Ronneburg 20. 9. 40). Rom., Erz. – **V:** Vorn dran war zu weit hinten – Teil 1+2, Erz. 05. (Red.)

Kövary, Georg (Ps. Eric Corda), Prof., freier Schriftst.; Rubensgasse 11, A-1040 Wien, Tel. u. Fax (01) 5 86 73 47 (* Budapest 21. 2. 22). P.E.N. Club, Ö.S.V., IGAA; Förd.beitr. d. Wiener Kunstfonds 75, Theodor-Körner-Pr. 76, Berufstitel Prof. 77, Öst. E.kreuz f. Wiss. u. Kunst 01; Drama, Lyr., Rom., Nov., Ess., Film, Hörsp., Übers. Ue: ung, engl. – **V:** Das Schülerstreichquintett, humorist. R. 57; Das Luftschloß des Herrn Wuschelkopf, Musical 67; Ich an deiner Stelle, Kom. 70; Wolfgang spielt die Hauptrolle, Kdb. 81; Haltet den Dieb und haltet den Mund!, Jgdkrimi 82, ung. 86; Der Dramatiker Franz Molnár 84; Ein Ungar kommt selten allein. Ein Magyarenspiegel, sat. Sachb. 84, 7. Aufl. 94; Tibor goes west oder ein Ungar kommt ins Paradies, sat. R. 92; Humor és Magyar 99; Träume deutsch mit ungarischen Untertiteln. Meine Kaffeehausgeschichten 02. – **MA:** Geschwindt 1985 76; Das größere Österreich 82; regelmäß. Beitr. in: Der Neue Pester Lloyd (Budapest), seit 99; Kurzprosa in dt.spr. u. ung. Ztgn u. Zss. – **H:** Das Herz einer Mutter 82; Kinder sind eine Brücke zum Himmel 82. – **F:** Autofahrer unterwegs 60; Johann Strauß – König ohne Krone 59. – **R:** St. Peters Regenschirm; Die Franz Molnár Story; Sie haben ihn sehr lieb, u. zahlr. andere Hsp.; Franz Molnár, Dichtung oder Boulevard? 78; Wien 8. Bezirk, Josefstadt; Dorf ohne Männer, n. Horváth; zahlr. Fernsehcabaret-Sdgn. – **P:** Kurzhörspiele 81. – **Ue:** Tibor Déry: Képzelt riport egy popfesztiválról u. d. T.: Popfestival; Tibor Váradi: Liebe Nachbarn, Bü. 68; Károly Szakonyi: Adáshiba, u. d. T.: Sendestörung; 72; Árpád Göncz: Magyar Médea u. d. T.: Die ungarische Medea; ders.: Kö a kövön u. d. T.: Bilanz; zahlr. Hsp. f. d. Rdfk. (Red.)

Kofler, Werner, Schriftst.; Eslarngasse 3–9/Stg. 3, A-1030 Wien, Tel. (01) 7 14 57 76 (* Villach 23. 7. 47). GAV, IGAA, Autorenbuchhandl. München u. Berlin; Lit.pr. d. öst. Hochschülerschaft 69, Öst. Staatsstip. f. Lit. 72/73, Theodor-Körner-Pr. 76, Förd.beitr. d. Wiener Kunstfonds 77, Andreas-Reischek-Pr. 78, Förd.pr. f. Lit. 78, Förd.pr. d. Stadt Wien 80, Bremer Lit.förd.pr. 81, Dramatikerstip. d. BMfUK 81, Prix Futura Berlin 83, Elias-Canetti-Stip. 87–89, Intern. Hsp.pr. Unterrabnitz 88, 89, Stip. d. Dt. Lit.fonds 90, 92, Arno-Schmidt-Stip. 96/97, Öst. Projektstip. f. Lit. 98/99, Peter-Roseger-Lit.pr. 01, Buch.Preis 04, Kulturpr. d. Ldes Kärnten f. Lit. 04, u. a. – **V:** örtliche verhältnisse, G. u. Prosa 73; Analo und andere comics 73; Guggile. Vom Bravsein u. vom Schweinigeln 75; Ida H. Eine Krankengeschichte 78; Aus der Wildnis. Zwei Fragmente 80; ZELL-ARZBERG. Ein exzeß, Bü. 82, UA 84; Konkurrenz, R. 84; Amok und Harmonie, Prosastücke 85; Am Schreibtisch, Prosa 88; Hotel Mordschein, 3 Prosastücke 89; Der Hirt auf dem Felsen, 1 Prosastück 91; Herbst, Freiheit. Ein Nachtstück 94; Wie ich Roberto Cazzola in Triest plötzlich und grundlos drei Ohrfeigen verpaßte, Texte 94; Dopo Bernhard / Nach Bernhard, dt.-ital. 96; Üble Nachrede – Furcht und Unruhe 97; Aus der Wildnis. Verstreute Prosa 98; Manker. Invention 99; Zerstörung der Schneiderpuppe 99; Blöde Kaffern, Schwarzer Erdteil u. weitere Hörspiele 99; Mutmaßungen über die Königin der Nacht, dt.-ital.-slowen. (aus: Hotel Mordschein) 00; Werner Kofler. Texte u. Mat. (Hrsg.: Klaus Amann) 00; Tanzcafé Treblinka. Gesammelte Gesellschaft. Sprechstück m. Musik 01; Kalte Herberge. Ein Bruchstück 04; Trypticthon (Am Schreibtisch, Hotel Mordschein, Der Hirt auf dem Felsen) 04; In meinem Gefängnis bin ich selbst der Direktor, Leseb. m. CD (Hrsg.: Klaus Amann) 07. – **MA:** An

700

Kohler

zwei Orten zu leben, Heimatgeschn.; Tintenfisch 16 u.
17, u. a. – **MH:** Das große Buch vom kleinen Oliver,
m. Gerhard Haderer 91 (m. CD). – **R:** Örtliche Verhältnisse; Vorgeschichte; Surrealismus oder Was ist, kann
nicht wahr sein; Geschlossene Anstalt; Zell-Arzberg;
Oliver; Die vier Jahreszeiten; Feiner Schmutz, gemischter Schund; Blöde Kaffern, dunkler Erdteil, u. a. Hsp. –
Lit: Ingo Käthner in: KLG. (Red.)

Kofmehl, Damaris, Lehrerin, Schriftst.; Niederweg
103, CH-8907 Wettswil, Tel. (01) 7 00 38 36, *kofmehl
@hotmail.com, www.damariskofmehl.org* (*Zürich
10. 8. 70). Rom. – **V:** Jgdb-Serie „Die Abenteuerklas-
se": Conny reisst aus 85, Der Banküberfall 88, Der
Schatz auf der Insel 89, Gefahr im Zeltlager 92, Die
geheimnisvolle Brosche 93; Das Geheimnis des Maya-
Tempels 96; Gejagt durch Costa Rica 96, 97; Kampf
um den Regenwald 97; Marcio – ich will leben 97;
Christus kam bis São Paulo 98; Flieh, Valdir, flieh! 99;
Shannon, ein wildes Leben 00, 02 (engl.); Alex – Adrenalin pur! 01; Eliana – Samba im Blut 03; Rinaldo –
Tatort Flughafen 03. (Red.)

Koglin, Michael, Autor, Journalist; Lehmweg 48,
D-20251 Hamburg, Tel. (0 40) 47 47 03, Fax 47 50 06,
www.michael-koglin.de (*Büdelsdorf 29. 7. 55). VS,
LIT Hamburg; Hamburger Kurzgeschn.pr. 88, Lit.-
förd.pr. d. Stadt Hamburg 89, 97, Kunstpr. d. Ldkr. Lud-
wigshafen f. Kinder- u. Jugendtheater 92, Pr.träger b.
Drehb.wettbew. d. Hamburger Kulturbehörde 92, Erich-
Kästner-Fernsehpr. 99, Lit.pr. d. Dt. Landwirtschaft 07;
Rom., Krim.rom., Kurzgesch., Drehb., Kindergesch. –
V: Die Reise in die Unterwelt, Kdb. 93; Single-Blues,
R. 97; Reif für den Mörder, Krim.-Erzn. 98; Safran,
Salbei und eine Prise Tod, Krim.-Erz. 98; Spaziergän-
ge durch das jüdische Hamburg, Ess. 98, 99; Drachen-
tanz in Fuhlsbüttel, Krim.-Erz. 99; Mord im Frühcafé,
Krim.-Erz. 00; Das Kreuz von Blankenese, Krim.-Erz.
01; Dinner for one – killer for five, R. 02, 06; Dinner
for one auf der Titanic, R. 03; Dinner for One mit Al
Capone, R. 05; Der du bist dem Vater gleich, R. 08. –
MV: Italien in Hamburg, Sachb. 06. – **MA:** zahlr. Beitr.
in Krim.-Anth., u. a. in: Warum heiraten? 06; Schwarze
Beute 97. – **H:** Mörderisches Hamburg, Krim.-Stories
94, 96; Hamburg total verliebt 96. – **R:** Max und Moritz. Neue Streiche, 14 Folgen 00; MOMO, 4 Folgen 01,
alles Trickfilme. – *Lit:* s. auch 2. Jg. SK.

Kohl, Christiane, Journalistin, Korrespondentin
d. SZ; Dresden, *Christiane.Kohl@Sueddeutsche.de*
(*Frankenberg/Eder 26. 5. 54). Friedensmed. d. Gem.
Sant'Anna di Stazzena/Italien 00. – **V:** Der Jude und das
Mädchen. Eine verbotene Freundschaft in Nazideutsch-
land 97, 02 (u. d. T. „Leo u. Claire" 01 v. Jos. Vilsmaier
verfilmt); Kuhmist, Klingelbeutel und Kalaschnikow.
Deutsche Provinzen, Repn. 99; Villa Paradiso. Als der
Krieg in die Toskana kam, R. 02; Der Himmel war
strahlend blau. Vom Wüten d. Wehrmacht in Italien 04;
Das Zeugenhaus. Nürnberg 1945: Als Täter u. Opfer
unter einem Dach zusammentrafen 05. (Red.)

Kohl, Erwin; Am Gertrudenhof 5, D-46487 We-
sel-Ginderich, Tel. (0 28 03) 9 30 61, *www.erwinkohl.de*
(*Alpen/Niederrhein 5. 5. 61). Krimi. – **V:** Der doppelte Mord 03; Im Nebel des Krebses 04; Zugzwang 06;
Grabtanz 06; Flatline 07; Willenlos 08. (Red.)

Kohl, Hans, Textautor; Josef-Weidinger-Str. 3, A-
3390 Melk, Tel. (06 64) 1 24 43 46 (*Melk 25. 10. 39).
Lit. Ges. St. Pölten; Ballade, Chanson, Heimattext,
Schlagertext, Wanderlied, Haiku (alles in Liedform). –
V: BÄNDE im A5-Format: Oh Mensch; Wandergrüsse;
Gedankensplitter; Vielerlei Gedanken; Heimat; Dich-
terseligkeit; Urlaubszeit; Durch's schöne Österreich; In
der Wanderspur; Erlöser zum Wandersteg; – BÄNDE

im A4-Format (Serie: ... des Lebens): Weg des Lebens;
Wurzel des Lebens; Spur des Lebens; Spiel des Lebens;
Treppe des Lebens; Lauf des Lebens; Hauch des Le-
bens; – WEITERE BÄNDE im A4-Format: Am Weg;
Traumphantasie; Meine Gedanken; Meine Ideen; Mein
Heimatland; Liebe Hass Gerechtigkeit; Alle haben Na-
men; Grüsse meiner Heimat; Die Phantasie; Im wei-
ten Land; Das Traumbild; In der Fremde; Das Gebil-
de; Auf der Welt; Blatt und Blüte; In der Geborgenheit;
Durch die Wachau; Mit ihrem Sinn; Haikus Chansons
Balladen, Bände 1–4; – GEISTLICHE BÜCHER: Aus
dem Buch der Könige. Bd 1: Die getrennten Reiche;
Die geheime Offenbarung von Johannes; Gotteswort –
Prosawerke; – CD-PRODUKTION: Ein kleines Lied; –
VERTONUNG von ca. 100 Texten durch versch. Kom-
ponisten in der Zeit 1970 – ca. 1985; VERTONUNG
geistl. Texte zu einem Kantatenkonzert „Des Sturmes
Bebens Feuerspracht und die Schöpfung", Musik: Peter
Moscatelli, 2006 – 2008.

Kohl, Sylvie (geb. Sylvie Barts); Eichenweg 8, D-
97640 Stockheim, Tel. u. Fax (0 97 76) 69 35, *kohl-
stockheim@t-online.de* (*Belgien 3. 4. 61). Schreibwerkstatt 'Lo Scritto', Mellrichstadt 99; Streck-Bräu-
Kulturpr. 03. – **V:** Ein Stein für Anna 00; Zoff mit Rudi
01; Oskar geht seinen Weg 02; François sucht Freunde 04; Das Monster im Kinderzimmer 05, alles Kdb. –
MA: mehrere Kurzgeschn. u. G. in 5 Anth. d. Turmhut-
Verl. 00–05. (Red.)

Kohl, Walter, freier Schriftst.; Waldweg 26, Kam-
merschlag, A-4201 Eidenberg, Tel. (0 72 39) 2 01 90,
walter.kohl@aon.at (*Linz 8. 2. 53). P.E.N.-Club
ObÖst. 96–99, Nenzinger Gruppe (Gründ.mitgl.) 98,
GAV 99; Max-v.-d.-Grün-Pr. 92, Dramatikerpr. d.
Ldestheaters ObÖst. 95, Buch d. Jahres ObÖst. 96,
Dramatikerstip. d. Theaterfestivals „Luaga u. Losna",
Bludenz/Nenzing 97, 98, 99, Pr./Stip. „Möglichkeiten"
d. Öst. Außenmin. 99, Mira-Lobe-Stip. d. BMUKK 03,
Adalbert-Stifter-Stip. d. Lds ObÖst. 07; Prosa, Rom.,
Drama, Hörsp. – **V:** Katzengras, R. 93; Spuren in der
Haut, R. 95; Fuck off, Koff, Jgdb. 04; Good hope. Der
Verschwinder oder: warum bringen sich Indianer um?,
R. 04; – SACHBÜCHER: Die Pyramiden von Hart-
heim, Dok. 97; Ich fühle mich nicht schuldig. Georg
Renno, Euthanasiearzt, Dok. 00; Senna lebt 04; Auch
auf dich wartet eine Mutter 05; Die Poldi 06; Nacht
wird nicht sein 07; – THEATER/UA: Sonst wird
dich 95; Arbeit. Krokodilsbraut 95; Dagi Delphin & die
Skater, m. Rudolf Harbringer 96; Die Pyramiden von
Hartheim 98; Hart.Heim.Suchung, m. R. Harbringer u.
Th. Hinterberger 00; Katzengras 01; ritzen 02; Talfahrt
07. – **MV:** So lange ich noch da bin, m. Linde Klement,
Foto-Essay 03. – **MH:** Hinter dem Niemandsland, m.
R. Habringer u. Andreas Weber, Gesch. 03; Mein
Leben ist ein Roman, m. R. Habringer, Gesch. 03; Er-
lebte Geschichte Niederösterreich, m. Andreas Weber
04. – **R:** Die Saugruft, Hsp. 94; Good Hope, Hsp. 01. –
P: Heimat zuerst, Videoinstall. 95; Visuelles Projekt
„Bilderzaun Puchenau" 97. (Red.)

Kohler, Oliver, Dr. phil., Schriftst.; Beuthener Str.
1, D-55131 Mainz, Tel. (0 61 31) 5 32 81, Fax 5 32 51,
elol.kohler@t-online.de (*Stuttgart 3. 4. 58). Künstlergr. 'Das Rad', Exil-P.E.N. – **V:** Glut, Erz. 91; Knospen
im Frühwind, G. 91; Deinen Namen findet ich, Ess. u.
Lyr. 95; Jerusalem, Anth. 96; Vierzig Wünsche, Ess. u.
Lyr. 03; Ein ungeschriebener Tag, Lyr. 03; Das Wirkliche tapfer ergreifen. Dietrich Bonhoeffer. Eine Annäherung, R. 06; Fünfzig Wünsche, Ess. u. Lyr. 06;
Zwischen christlicher Zionssehnsucht und kaiserlicher
Politik 05. – **MV:** Wir werden sein wie die Träumenden, Biogr. Jochen Klepper 03. – **MA:** Einen Engel dir

701

Kohlhaase

zur Seite 01, 02; Im Ende ein Anfang 02; Einen Engel schick ich dir 02, 03; Protestantismus und Dichtung 08. – **H:** In deines Herzens offene Wunde. In Erinn. an Jochen Klepper 92; Aller Worte verschwiegenes Rot. Albrecht Goes zu Ehren 93; Fremdling du, G. u. Bilder, dt./engl./hebr. 93; Groß ist die Welt und dein, Lyr. u. Prosa 96; Albrecht Goes: Das Erstaunen 98; Herbst. Goldenes Gleichnis, Lyr. 98; Dein Engel, Lyr. 03; Farbwunder, Lyr. 04; Hilde Domin: Auf Wolkenbürgschaft, Lyr. 05; Gottesnähe. Vater Unser, Prosa 05; A. Goes: Lebensspur, Lyr. 07; H. Domin: Wer es könnte, Lyr. 00 (3 Aufl.). – **MH:** Nelly Sachs, Paul Celan u. a.: Das dunkle Wunder, Lyr. 03.

Kohlhaase, Wolfgang; Mittelstr. 49, D-10117 Berlin (* Berlin 13. 3. 31). P.E.N.-Zentr. DDR 70, P.E.N.-Zentr. Ost, Akad. d. Künste Berlin-Brandenbg, Europ. Filmakad. 04, Dt. Filmakad. 06; Nationalpr. d. DDR (Kollektiv) 54, 68, 77, Erich-Weinert-Med. 57, Goethe-Pr. d. Hauptstadt d. DDR 74, Heinrich-Greif-Pr. 84, Prix Italia, Drehb.pr. Filmfestival Chicago, Ernst-Lubitsch-Pr. 90, Helmut-Käutner-Pr. 90, Drehb.pr. Filmfestival San Sebastian 06, BVK 07; Drehb., Hör- u. Fernsehsp., Erz. – **V:** Erfindung einer Sprache, Erz. 70; Nagel zum Sarg, Geschn. 76; Silvester mit Balzac, Erzn. 77 (in mehrere Spr. übers.); Die Grünstein-Variante 88; Sommer vorm Balkon 05. – **H:** Ortszeit ist immer auch Weltzeit, Dok. 81. – **F:** Die Störenfriede, m. H.W. Kubsch 53; Alarm im Zirkus, m. H. Kubisch 54; Eine Berliner Romanze 56; Berlin – Ecke Schönhauser 57; Der Fall Gleiwitz, m. Günther Rücker 61; Berlin um die Ecke 65, UA 87; Ich war neunzehn, m. Konrad Wolf 68; Der nackte Mann auf dem Sportplatz 74; Mama, ich lebe 77; Solo Sunny, m. Konrad Wolf 80; Der Aufenthalt (m. Hermann Kant) 83; Die Grünstein-Variante 84/85; Der Bruch 89; Inge, April und Mai 93; Die Stille nach dem Schuß 00; Baby, m. David Hamblyn 02; Sommer vorm Balkon 06. – **R:** Fernseharbeiten: Josef und alle seine Brüder, m. K.G. Egel 62; Fisch zu viert, m. Rita Zimmer 70; Lasset die Kindlein 76; Ein Trompeter kommt 77; Die Zeit, die bleibt, Dok.film über Konrad Wolf 85; Begräbnis einer Gräfin 91; Der Hauptmann von Köpenick 96; Mein Leben ist so sündhaft lang, Dok. m. Ullrich Kasten u. Victor Klemperer 99; – Hörspiele: Fragen an ein Foto 69; Fisch zu viert, m. Rita Zimmer 70; Ein Trompeter kommt 70; Die Grünstein-Variante 76. – *Lit:* Kiwus 96; P.E.N. Ost, Autorenlex. 96; Walther Killy (Hrsg.): Literaturlex., Bd 6. (Red.)

Kohlhagen, Norgard, Schriftst.; Adolph-Schönfelder-Str. 31, D-22083 Hamburg, Tel. (0 40) 20 00 67 88. Heikenbergstr. 17a, D-37431 Bad Lauterberg, Tel. (0 55 24) 65 97, *norgard-kohlhagen@t-online.de*, *www. kohlhagen.de*, *www.dichterinnen.de* (* Bad Lauterberg 20. 2. 41). VS 83, LIT 83, Friedrich-Bödecker-Kr. 89; Biogr., Hörsp., Erz., Rom. Lit- u. frz. – **V:** Kümmel und die blauen Kinder, Kdb. 66; Janes verrückter Sommer, Jgdb. 75; Für Mädchen verboten, R. 84 (frz. u. d. T.: Histoire d'une fille qui voulait vivre autrement 96); Purpurrote Schattenspiele, R. 86; Was soll ich denn mit Mutters Traum?, R. 86; Mehr als nur ein Schatten von Glück, R. 89; Die verrückten Zwillinge, Kdb. 92; Die Schöne und die Kluge, R. 94; Traumboy, R. 96; Nachtigall und Lerche, R. 98; Steff und Fanny. Ein Bretagne Sommer, R. 99, 02; – SACHBÜCHER/BIOGR.: Nicht nur dem Manne untertan 81; Frauen, die die Welt veränderten 82; Unsere frühesten Jahre sind nicht die glücklichsten 83; „Sie schreiben wie ein Mann, Madame!" 83, durchges. u. erw. Ausg. 01; Widerstand u. Träume 84; Tabubrecher 92; Eine Liebe in Weimar 93; Elsa Brändström. Die Frau, die man Engel nannte 92, 3. Aufl. 97. – **MV:** Wie wir es sehen 64. – **MA:** Frauen

81; Meine beste Freundin 82; Unzertrennlich, unersetzlich 08; sowie Erzn. in zahlr. Anth. – **H:** Unsere frühesten Jahre sind nicht unsere glücklichsten 83. – **MH:** Herzflattern 96; Acapulco und anderswo 97, beides Stories m. Renate Boldt. – **P:** Detektivin Katja Krümel, Kass. 76, CD 05; Molle wird Fotomodell, Schallpl. 77, CD 03.

Kohli, Ulrich s. Douglas, James

Kohlmeigner, Winfriede (geb. Winfriede Potthoff), Hausfrau, Gartenberaterin; c/o Stelzhamerbund, Promenade 33, A-4020 Linz (* Bad Hall 25. 1. 39). Ges. d. Freunde zeitgenöss. Dicht. im ObÖst. Volksbildungswerk 81, Autorenkr. Linz 88, Stelzhamerbund 98; Lyr., Erz., Hörsp., Theater, Kinderlit. – **V:** Ein Schloß zum Träumen, G. 81, 83; Der Schrei u. a. Erzählungen 96; Der Glücksstein u. a. Erzählungen 02. – **MA:** zahlr. Beitr. in Anth. – **R:** Lyrik-Beitr. in: Die gute Stunde, Hfk-R. 81, 84; Hörbuch 85; Ess. in: Lesezeichen 85; Prosa in: Premiere, Hfk-R. 97. (Red.)

Kohm, Ines A., Autorin; Hegelstr. 4, D-72213 Altensteig, Tel. (0 74 53) 93 00 39, *lesestoff@aol.com*, *www. sagen-haft.de* (* Stuttgart 24. 8. 65). BVJA; Erz., Rom., Kurzgesch. – **V:** Anton Mohr, Segelohr 01; 1:0 für Lukas, Kurzgesch. 06; Die kleine Elfe mit den großen Füßen, Kurzgesch. 06. – **MA:** Wie eine Feder will ich sein, Anth. 06; Das Spinnennetz der Sappho, Anth. 07; Liebe in all ihren Facetten, Anth. 07.

Kohn, Gudula, Erzieherin, Heilpäd., Autorin, Leiterin e. Kindertagesstätte; Heumarktstr. 21, D-42289 Wülfrath, Tel. (0 20 58) 46 44 (* Wuppertal 6. 1. 56). Kinderb. – **V:** Drachomir und die Abfalldetektive 91, 97; Die Gespensterkinder aus der Kastanienallee 93; Kinderdetektiv-Büro Alina und Hung 97; Die Gespensterkinder und ihre Freunde 98; Die drei Gespensterkinder 99; Tor, Tor, Tor! 02. (Red.)

Kohnke, Hannelore; Am Knick 2, D-24582 Bordesholm, Tel. (0 43 22) 88 64 39, *eMail@Hannelore-Kohnke.de*, *www.Hannelore-Kohnke.de* (* Bad Pyrmont 10. 4. 44). – **V:** WeltenRaum; GottesKinder; DaSein; AusZeit; AugenBlick, alles Lyr. 06.

Kohtes, Michael, Autor, Journalist, Red. u. Moderator beim WDR; Brabanter Str. 55, D-50672 Köln, Tel. (02 21) 5 10 20 95, *Michael.Kohtes@wdr.de* (* Gut Rosauel/Köln 25. 2. 59). Vera-Piller-Poesiepr. 86, Europarat-Stip. 88/89, Pr. b. Brücke-Lyr.wettbew. 89; Ess., Kritik, Lyr. – **V:** Hysterie und Beschwichtigung, ausgew. G. 1984–1990 90; Nachtlebens. Ess. 94; Literarische Abenteurer, Portr. 96; Boxen – Eine Faustschrift 99; Lyrik-Performances u. Songtexte. – **MV:** Der Rausch in Worten, m. Kai Ritzmann, Ess. 87. – **MA:** Ess., Kurzprosa u. Lyr. in Anth., Kunst- u. Lit.zss., u. a. in: das nachtcafé; die horen; Literar. Arbeitsjournal; Am Erker; ndl; Wolkenkratzer Art Journal; Das Gedicht; du; – lit.krit. Beitr. in Tages- u. Wochenztgn, u. a. in: Die Zeit; taz; Kölner Stadt-Anzeiger; Frankfurter Rundschau; NZZ. – **H:** Jean Rhys: Ein Abend in der Hitze, Erzn. 90; Dichter und Schriftst. über das Radio 06.

Koizar, Karl Hans (Ps. Marieluise von Ingenheim, Rolf Shark), Schriftst.; Gänseblümchenweg 47, A-1220 Wien, Tel. (01) 7 34 28 91 (* Wien 3. 11. 22). E.nadel f. bes. Leistung i. d. Erwachsenenbild. 96, Gr. E.zeichen f. bes. Verdienste um Erwachsenenbild.; Rom., Drehb. – **V:** Panzerspitze Normandie; Todeskommando El Alamein; U-Bootflak Todesmeer; Stahlgewitter Stalingrad; Die Hölle von Monte Cassino; Der Fall von Berlin; Operation Höllenfahrt; U 91 – Satan der Tiefe; Feuervögel über Tobruk; Inferno am Westwall; Teufelskerle über Kreta; Kasperl u. d. Löwe Willie; Kasperl als Polizist; Kasperl als Nachtwächter; Kasperl u. d. 7 Zwerge; Ballade d. Sehnsucht, Lyr.; Frühlingsfest;

Nacht über Narvik; Der Stern von Afrika; Amelie, Rose im Sturm; SOS Titanic; Das fremde Mädchen; Verwunschener Frühling; Liebespremiere; Süßes, kleines Biest; Im Tempel d. Lotosblüten; Die weiße Braut des Maharadscha; – Krim.-R.: Das Rätsel von Winston-Castle; Unter falschem Verdacht; Bob Barrings Geheimnis; Der goldene Papagei; Die Herrin der Oase; Ein gefährlicher Auftrag; Heute Nacht, Hotel Ritz; Luxuskabine 212; Der Dämon von London. – **F:** Schamlos; Liebe durch die Autotür; Geissel des Fleisches (Buch-Mitarb.); Der lebende Wald (Synchronbuch). – **P:** Kasperl u. d. Hexe Wischiwaschi; Die Galeere der Verdammten, hist. SF-R. unter: www.readersplanet.at 01. – *Lit:* Tobias Dörr: An der Quelle saß der Knabe in: Wiener Ztg.; Peter Soukup: Ein Besuch bei K.H.K. in: Bll. f. Volkslit.; s. auch 2. Jg. SK. (Red.)

Koland, Reinhard, Prof., Dr. phil., Mag. phil.; Im Hoffeld 60, A-8046 Graz, Tel. (03 16) 69 63 76, *Reinhard.Koland@borg-graz.ac.at* (* Spielfeld/Stmk 25. 9. 47). Sachb., Rom., Lyr. – **V:** Ethik am Prüfstand 88; Wege der Unvernunft 93; Die Rückkehr des Höhlenmenschen 98; Skarabäus 00; Osiris, Erz. 03. – **MA:** ETHICA – Wiss. u. Verantwortung (Innsbruck), Jg. 5/4 97. (Red.)

Kolarik, Bernd, Schauspieler, Regisseur, Bühnenautor; Murtener Str. 32, D-79108 Freiburg, Tel. u. Fax (07 61) 5 62 98, *Kolarik-Freiburg@t-online.de* (* Frankfurt/Main 2. 3. 39). Schausp. – **V:** Das Wirtshaus im Spessart 93; Das Dschungelbuch 95; Die Schöne und das Biest 96; Chaos im Hause Tudor 01; Pinocchio 02; Ali Baba und der vierzig Räuber 03. (Red.)

Kolb, Franz J., Lehrer i. R.; c/o Josef Kolb, Grüntenstr. 8, D-88299 Leutkirch, Fax (0 75 61) 55 44, *avj. kolb@t-online.de*, *www.allgaeuverlag.de* (* Wangen 18. 2. 37). FDA. – **V:** 12 Aphorismen zu Krebs; ... zu Korpulenz u. Fettsucht; ... zu Krankheit; ... zur Ökonomie der menschlichen Kräfte; 30 Aphorismen zu Liebe und Partnerschaft; ... zu gut oder böse; ... für Eltern; ... für Menschen in der Bewährung, in Ehe u. in Scheidung; ... zum Leben als Kunst; ... zu Schule, alle 88/89; Sibylle. Ein Drama zu Krebs in drei Akten 89; Manfred E. oder Der Mensch in der Welt der Leistung und dem Wohlstand allein 91; Aphorismen und Gedanken über Menschen für Menschen 93; mehrere Fach- u. Sachbücher. – *Lit:* s. auch SK. (Red.)

†**Kolb,** Guido J., Pfarrer, Schriftst.; lebte in Zürich (* Oberriet/St. Gallen 27. 3. 28, † Zürich 2. 1. 07). – **V:** 100 Jahre St. Peter und Paul 74; Im Schatten der Zürcher Kirchtürme, Geschn. 79; Die Mai-Käfer-Andacht u. a. Geschn. 84; Manila und seine tausend Gesichter, Reiseber. 85; Anruf nach Mitternacht u. a. ernste und heitere Kalendergeschichten 87; Franz Höfliger – der Bettelprälat 88; Herbergsuche, Geschn. 88; Niederdorfgeschichten 88; Der Schatz im Estrich, Autobiogr. 88; Schalk des Himmels und andere Geschichten 89; Licht in dunkler Nacht, Erlebnisber. 90; Lausbuben sterben nicht aus, Geschn. 91; Weisheit – nie entdeckt, Sachb. 91; Leises Lächeln in einer lauten Stadt, Kurzgeschn. 92; Der Clochard auf dem Standesamt, Kurzgeschn. 94; Die vergessene Heilige auf dem Zürichberg, Geschn. 96; Das Christkind an der Weihnachtsfeier, Geschn. 97; Zürcher Schmunzelgeschichten 99; Scherbenviertel-Story u. a. Kalendergeschichten 03; Die Kirche im Dorf, Geschn. 07; Als die Priester noch Hochwürden hiessen. E. Lesebuch z. 200-Jahr-Jubiläum d. Kathol. Gemeinde Zürich 07.

Kolb, Helga (Ps. Helen Konstantin, JanaJana); Saarlandstr. 4, D-85630 Grasbrunn-Neukeferloh, Tel. (0 89) 46 83 95, (01 63) 6 78 14 00, *janajana.poet@freenet.de* (* München 13. 3. 42). Lyr., Lyrische Prosa, Rom.,

Nov. – **V:** Leises Glück der Liebe, Lyr. 84; Das kleine Buch zum Geburtstag, Lyr. 85; Die kleine Freude an Bäumen, lyr. Prosa 86; JanaJana's Zwischenberichte 94, 2., erw. Aufl. 96, 3., überarb. Aufl. 00; Erogene zonen, G. 98, 00; An unsichtbaren Fäden, Erz. 00; Auf die Zunge geschrieben, Prosa 02; Mond, schuldig gesprochen, Lyr. 02, 2. Aufl. 04; Mein blauer Pinguin, Lyr. 03; Schatten Seiten, R. 05. – **MA:** Die kleine Freude zum frohen Ereignis, Lyr. 86; Zehn, Anth. 93; Das kleine Buch zur Weihnacht, Lyr. 94; Das Gedicht, 7/99–04; Versnetze 08.

Kolb, Klaus, Historiker, Germanist, ObStudDir. a. D.; Kolpingstr. 20, D-68526 Ladenburg, Tel. (0 62 03) 1 31 29, Fax 18 07 85 (* Ludwigshafen 4. 9. 24). Lyr. – **V:** Die Ladeberger Weltg'schicht, Mda.-G. 97; Koppodunum, Verse 98; Vun Palzgrafe un Kurferschte, Mda.-G. 99; Kurpälzer Liewslewe, G. 03; mehrere Sachbücher. – *Lit:* s. auch SK. (Red.)

Kolb, Oskar Friedrich; 10, Résidence Martinsbourg, F-68920 Wettolsheim (* Essen 17. 2. 21). Lyr. Ue: engl, frz. – **V:** Spiegel des Lebens, G. 97; Inselgedanken 01. (Red.)

Kolb, Ulrike, Schriftst.; Grüneburgweg 137, D-60323 Frankfurt/Main, Tel. (0 69) 5 97 15 88 (* Saarbrücken 14. 7. 42). Pr. d. Ldes Kärnten im Bachmann-Lit.wettbew. 95, Stip. d. Dt. Lit.fonds 96, New-York-Stip. d. Dt. Lit.fonds 97, E.gabe d. Dt. Schillerstift. 07; Rom., Nov., Ess., Hörsp., Kurzgesch. – **V:** Die Rabe, Erz. 83; Idas Idee. R. 85; Schönes Leben, R. 90; Eine Liebe zu Ihrer Zeit, Erz. 95; Roman ohne Held 97; Frühstück mit Max, R. 00; Diese eine Nacht, R. 03; Werden Sie Akrobat. Rede an die Abiturienten d. Jahrgangs 2006. – **MV:** Salto Vitale, m. Jutta Stössinger 81. – **MA:** Beitr. in Prosa-Anth.; Ess. in Feuill. – **H:** Die Versuchung der Normalen, Anth. 86. – **R:** Wenn nicht die Wolke dagewesen wär, Hsp. 86. – *Lit:* Petra Günther in: KLG. (Red.)

Kolbe, Gerd, Ing. f. Wasserwirtsch.; Postfach 320225, D-39041 Magdeburg, Tel. (01 72) 5 42 23 12, Fax (03 91) 7 32 66 91 (* Thüringen 19. 12. 58). VS 99–03; Rom., Erz. – **V:** Meridian Null, Prosa 99; Das graue Schiff, Prosa 02. – **MA:** Zeitriss 98; Ort der Augen 98, 00; Die ohne dunkle Frau, Anth. 00; Werk statt Kiste, Künstlerb. 01; Brandsanierung 2, Künstlerb. 03. (Red.)

Kolbe, Jutta s. Schlott, Jutta

Kolbe, Uwe, Autor; Thrasoltstr. 22, D-10585 Berlin, *kolbeuwe@web.de* (* Berlin 17. 10. 57). Förd.pr. Lit. d. Kunstpr. Berlin 87, Friedrich-Hölderlin-Pr. d. Stadt Homburg (Förd.pr.) 87, Stip. d. Dt. Lit.fonds 88, 93, Petrarca-Pr. (Nicolas-Born-Pr.) 88, Villa-Massimo-Stip. 91, Berliner Lit.pr. 92, Hölderlin-Pr. d. Stadt Tübingen 93, Stadtschreiber zu Rheinsberg 04, Pr. d. Literaturhäuser 06; Lyr., Übers., Nachdichtung, Ess., Erz. Ue: engl, span. – **V:** Hineingeboren, Lyr. 80, 82; Abschiede, Lyr. 81, 83; Bornholm II, Lyr. 86; Vaterlandkanal, Lyr. u. Kurzprosa 90; Nicht wirklich platonisch, G. 94; Die Situation, Ess. 94; Renegatentermine, Aufss., Reden, Notate 98; Vineta, G. 98; Die Farben des Wassers, G. 01; Der Tote von Belintasch, Krim.-Gesch. 02; Thrakische Spiele, R. 05; Diese Frau, Lyr. 07; Heimliche Feste, G. 08; Storiella. Das Märchen von d. Unruhe, Erz. 08; Lietzenlieder, G. 09. – **MA:** zahlr. Beitr. in Anth., u. a.: Nach 20 Seiten waren als Helden tot! 95; an dies sieben himmel, G. u. Prosa 02; Sailor's Home, G. 05; BeatStories 07; Das erste Buch 07; Michael Buselmeier (Hrsg.): Erinnerungen an Wolfgang Hilbig 08; – Zss.: die horen 201, 213, 230. – **MH:** die horen 219 05 u. 230 08. – **MUe:** Kim Soo-Young: Jenseits d. Rausches 05; Hwang Chi-Woo: Die Schatten der Fi-

Kolberg

sche 06, beides Lyr. m. Kang Yeo-Kyu. – *Lit:* Hannes Krauss/Katharina Rieckhoff in: KLG.

Kolberg, Ruth s. Schlott, Jutta

Kolenaty, Irene s. Zens, Irene

Kolkhorst, Willy (Binder u. Ko), Buchhändler; Blütenstr. 2, D-63762 Großostheim (* Rathen/Sa. 3. 1. 44). – **MV:** Der Mörder war wieder der Gärtner, R. 98; Mord macht tot, R. 99, beide m. Sibylle Luise Binder. (Red.)

Kollegger, Harald (Ps. Oskar Pfeil), Dr., UProf., Facharzt f. Neurologie u. Psychiatrie; Lugeck 7, A-1010 Wien, Tel. (01) 9 13 76 26, *harald.kollegger@ chello.at, members.chello.at/harald.kollegger* (* Bruck a.d. Mur 14. 3. 55). Pr. Lit. aus d. Arb.welt d. Arbeiterkammer f. ObÖst. 77. – **V:** Sommerholz oder die Versprengten, R. 01. – **MA:** Alles Stille, Anth. 96; Wiener medizin. Wochenschr. 96; Neue Horizonte, Patienten-Zs. 97–00. – **MH:** Nebelhorn, Lit.zs. 76–79. (Red.)

Kollenda, Barbara, Dr.; Karwinskistr. 1a, D-81247 München. – **V:** Laura und der ganz normale Wahnsinn, m. Heike Knapke, R. 02.

Kollender, Andreas, M. A. d. Philosophie, Autor, Creative-Writing-Lehrer; Kurfürstenstr. 55, D-22041 Hamburg, Tel. (0 40) 6 57 06 46, *koll-mi@t-online.de* (* Duisburg 25. 9. 64). Rom. – **V:** Teori. Die Geschichte d. Georg Foster, R. 00; Der Todfeind, R. 01; Vor der Wüste, R. 04. (Red.)

Koller, Gundela Patricia (Ps. Patricia Sin); Hildegardstr. 4a, D-80539 München, Tel. (0 89) 22 80 79 09, (01 72) 4 42 53 84, *GundelaKoller@gmx.de, www.gpak. de, www.patricia-sin.de.* VG Wort. – **V:** Parasiten, Satn. u. Kurzgeschn. 03; Der transparente Fuchs, Dramödie 04; Spring hinein ins Haifischbecken, Kamikätzchen!, Kurzgeschn. 05; Schmetterlinge am Venushügel 05. – **MA:** Und ich dachte, es sei Liebe 06; Ich bin so wild nach Deinem Erdbeermund, Anth.; Feigenblatt, Nr. 2. (Red.)

Kolleritsch, Alfred, Dr. phil., Prof.; Bürgergasse 8–10, A-8010 Graz, Tel. (03 16) 82 52 70 (* Brunnsee 16. 2. 31). GAV, Vizepräs., Mitbegr. u. Präs. 68–95 F.St.Graz, IGAA, Dt. Akad. f. Spr. u. Dicht.; Staatsstip. d. BMfUK 70, Lit.pr. d. Ldes Stmk 76, Petrarca-Pr. 78, manuskripte-Pr. 81, Öst. Würdig.pr. f. Lit. 82, Gr. E.zeichen d. Ldes Steiermark 84, Josef-Krainer-Pr. 85, Georg-Trakl-Pr. 89, Gold. E.zeichen d. Ldes Steiermark 91, Franz-Grillparzer-Ring d. BMfUK 92, Öst. Staatspr. f. Kulturpublizistik 93, Öst. E.kreuz f. Wiss. u. Kunst 97, Peter-Rosegger-Lit.pr. 97, Hanns-Koren-Kulturpr. 02 Z& Horst-Bienek-Pr. 05, u. a. – **V:** erinnerter zorn, G. 72; Pfirsichtöter, R. 72; Die grüne Seite, R. 74; Von der schwarzen Kappe, Erz. 74; Einübung in das Vermeidbare, G. 78; Im Vorfeld der Augen, G. 82; Absturz ins Glück, G. 83; Gespräche im Heilbad 85; Augenlust, G. 86; Gedichte 88; Allemann, R. 89; Gegenwege, G. 91; Über das Kindsein, Prosa 91; Hemler der Vogel 92; Zwei Wege, mehr nicht, G. 93; Der letzte Österreicher, Prosa 95; Die geretteten Köche, Lsp. 97, UA 98; In den Tälern der Welt, G. 99; Die Summe der Tage, G. 01; Die Verschwörung der Wörter, ausgew. G. 01; Befreiung des Empfindens, G. 04; Tröstliche Parallelen, G. 06. – **MV:** Überschattungen, m. Peter Strasser u. Hannes Schwarz 90; Schönheit ist die erste Bürgerpflicht, Briefwechsel P. Handke/A.K. 08. – **MA:** Da nahm der Koch den Löffel 74; Literatur im Residenzverl., Alm. 74; Wie die Grazer auszogen, die Literatur zu erobern 75; Zwischenbilanz 76; Zeitgenössische Lit. – Lit. f. Zeitgenossen 81; Mein Körper, Lit.-

Alm. 85; Peter Handke. Die Arbeit am Glück 85; Protokolle, Bd 2 85; Träume, Lit.-Alm. 87; Politicum, Sonderh. 38a 88; Lit. in Graz seit 1960 – das Forum Stadtpark 89; Steirisches Weinland 90; Schnellstraße, Fernlicht 91; Als das Schreiben noch geholfen hat 98. – **H:** manuskripte, Lit.-Zs. 61ff.; Graz von außen 03. – **MH:** Hemm-Schuh-Anlegen – Kunstfahne, m. G. Waldorf 96. – **R:** Die schwarze Kappe, Hsp. 85. – *Lit:* Hans-Jürgen Heinrichs in: Spielraum Lit. 73; Wolfgang Bauer in: Die Sumpftänzer 78; Elisabeth Wiesmayr: Die Zs. „manuskripte" 1960–1970 80; Manfred Mixner in: KLG 89; Walther Killy (Hrsg.): Literaturlex., Bd 6 90; Kurt Bartsch/Gerhard Melzer: A.K. 91; LDGL 97. (Red.)

Kollhof, Rainer; Gresserstr. 13, D-79102 Freiburg, Tel. (07 61) 27 53 54, *rainergs@yahoo.com* (* Vechta 17. 10. 58). Rom., Erz. – **V:** Hambrookes Kathedralen, R. 02; Volksmörder, Kurzprosa 03; Bebel nimmt die Welt in Besitz, Kurzprosa 05; Heigerts Irrlauf, Erzn. 06; Aus der Verwahrung, Prosa 06; Plankton, Erz. 07.

Kollmer, Lukas, Schriftst., Lektor; c/o Luftschacht – Buchberger & Vollmann OEG, Malzgasse 12/2, A-1020 Wien, *lukaskollmer@hotmail.com, www.luftschacht. com* (* Wien 4. 9. 76). Rom. – **V:** Nihil, R. 03; Schlächtervergessen, R. 05. – **MA:** Autorenmorgen 01, Anth. 02. – *Lit:* Alfred Koch in: etcetera Nr. 15 04; Stefan Schmitzer in: Schreibkraft Nr. 10 04; Christoph D. Weiermair in: Schreibkraft Nr. 12 05; Michaela Schmitz in: Literaturhaus.at 05. (Red.)

Kollros, Ernst, Dr. iur.; Unterer Markt 5, A-4292 Kefermarkt, Tel. (0 79 47) 64 31 (* Linz 5. 6. 57). IGAA 98; Spezialpr. V. concorso Internazionale di poesia, Benevento/Ital. 99; Lyr. – **V:** Im Schatten des Galgens. Aus Oberösterreichs blutiger Geschichte 99. (Red.)

Kolozs, Martin, Schriftst., Journalist u. Verleger; Stafflerstr. 7, A-6020 Innsbruck, Tel. (05 12) 93 46 81, *kyrene-verlag@chello.at, www.kyrene-verlag. com* (* Graz 30. 9. 78). Mira-Lobe-Stip. 05, Arb.stip. d. Ldes Tirol 07. – **V:** Mon amie, Kriminalgeschn. 06; Mein Herz/schlägt für dich/mich k.o., Liebesg. 06; Die Geschichte geht aus, Erz. 07; Bar, Kriminalgeschn. 08. – **H:** Tiroler Identitäten, monogr. Reihe, seit 06. (Red.)

Kolter, Gerhard (Gerd Kolter), Dr., ObStudR.; Georg-Boehringer-Weg 42, D-73033 Göppingen, *GKolter @t-online.de* (* Ludwigshafen 5. 12. 49). VS 00; Einlad. z. Literar. März 83; Lyr., Kurzprosa. – **V:** Die Rezeption westdt. Nachkriegslyr. am Beispiel Karl Krolows 77; Wechselnde Orte, G. 84–85; An den See zu fahren, G. 87; New York – anstatt, G. 91; Ortsgedächtnis, G. 97; Was er sich nur gewehr?, Lyr. u. Kurzprosa 99; Fallende Handlung, Lyr. 03; Vor der Krümmung, Lyr. 07. – **MV:** Der Lyriker Karl Krolow, m. Rolf Paulus 83.

Komarek, Alfred, Schriftst.; Porzellangasse 26/7, A-1090 Wien, Tel. u. Fax (01) 3 17 91 91, *akomarek@a1. net, Alfred.Komarek@reflex.at, www.alfred-komarek.at* (* Bad Aussee 5. 10. 45). IGAA; GLAUSER 99; Nov., Ess., Hörsp., Sat., Drama, Kabarett, Rom. – **V:** Traum ist Regen, der in den Himmel fällt, Lyr. Kurzprosa 79; Der gefallene Weihnachtsengel, Erzn. 79; Tagschatten, Nn. 81; Der verliebte Osterhase Eberhard, Erzn. 82; Wer borgt mir bitte ein Gewehr?, Sat. 83; Otto, der Weihnachtsrabe, Erz. 83; Niederösterreich, das sanfte Land, Ess. 86; Steiermark. Harmonie der Gegensätze, Ess. 87; Salzburg, die vielstimmige Symphonie, Ess. 87; Gott hab uns selig, Geschn. 89; Sternbilder, Geschn. 91; Polt muß leben, Krim.-R. 98, 3. Aufl. 99, Tb. 00; Blumen für Polt, krim.-R. 00; Himmel, Polt und Hölle, Krim.-R. 01; Niederösterreich. Land der Vielfalt, Ess. 01; Der Asoziale. Gottfried Kumpfs Geschöpf, Erz. 01; Laguna. Venedigs Inselwelten, Ess. 02; Polterabend, Krim.-R. 03; Die Villen der Frau Hürsch, R.

04; Flugs! Ein Spatz führt durch Wien, Kdb. 04; Bohumil Blubb und die Wächter der Wasserwelt, Kdb. 04; Warteschleife, Ess. 04; Die Schattenuhr, R. 05; Narrenwinter, R. 06; Spätlese. Texte aus vier Jahrzehnten 07; Doppelblick, R. 08; – Ess. u. Kurzprosa in zahlr. Bildbänden/Sachbüchern. – **MA:** Beitr. in: Diners Club Mag.; Ikarus; Travellers World; Vif; Auto Revue; Gala; GEO. – **R:** Das Mutterglück des Martin P. 81; Kaufmann und Mongolenkaiser 82; Dudelsack und Türkenmond 83; Danubius Wasserplantscher 84, alles Hsp. – **P:** Der Rattenfänger 68; Freitag abend 68; Milestones 68; Wer bin ich wirklich 81. – **Lit:** KLÖ 95. (Red.)

Komatsu, Taeko (Taeko Komatsu Lindenberger), M. A., Assistentin Univ. Tokio; Von-Ketteler-Str. 25, D-97447 Gerolzhofen, Tel. (0 93 82) 79 73 (* Matsumota-City/Japan 16. 4. 41). Studienaufenthalt in Dtld im Auftrag d. Meji-Univ. Tokio; Lyr., Erz., Bericht. Ue: dt, jap. – **V:** Es war nicht Zufall ..., Erz. 96. – **MA:** zahlr. Beitr. in Lit.-Zss. zu kulturellen Themen über Dtld 70–80.

Komm, Karlheinz, Lehrer, Konrektor, Rektor, Regisseur, Dramaturg, Rentner, Schriftst.; Auf der Burgstädt 22, D-32312 Lübbecke, Tel. (0 57 41) 6 39 53 (* 19. 12. 34). Kurzgesch., Theaterst., Rom., Lyr. f. Kinder. – **V:** Aladin und die Wunderlampe, Musical 75; Vom Fischer und seiner Frau 75; Barabbas ʼ82 75; Der Fall Luther 75; Westkurve 85; Gewitter in Flakenbruch 85; Hänsel und Gretel 88; Geben Sie mir ein Interview? 88, u. d. T.: Eenmal de Wohrheit 89; Schneewittchen und die sieben Zwerge 89; Die Bremer Stadtmusikanten 90; Die Concierge 90; Coco soll lachen oder die Zaubermusik 90; Heidi 90; Dornröschen 91; Der Froschkönig 95; Der Küsterin Weihnachtsabend 95; Sofies Welt 97; Hanno malt sich einen Drachen 97; Einmal die Wahrheit, UA 98; Einmal die Wahrheit, 5 Volkst. 00; Die goldene Gans 02; 5 Volksstücke 03; Kirche und Theater, 7 Stücke, 2 Bde 06; Kinderstücke, 2 Bde 07; 5 Theaterstücke in kleiner Besetzung 08, alles Stücke; – Kriegskinder, R. 99; Gedichte für Kinder 05.

Kommerell, Blanche, Schauspielerin; Giesestr. 9, D-12621 Berlin, Tel. (01 77) 4 43 27 48, Tel. u. Fax (0 30) 5 6 27 1 41, *blanchekommerell@web.de,* *alexanderweigel@t-online.de* (* Halle/S. 10. 3. 50). Stip. Schloß Wiepersdorf, Ahrenshoop-Stip. Stift. Kulturfonds, Dt. Sprachpr. 08, u. a.; Lyr., Erz. – **V:** Der blaue Schmetterling, Lyr. 99; Gib mir deinen Atem, wenn der Wind weht, Lyr. 99; atem los / stille halten, Lyr. 03. – **B:** Ich bin ein Kur. Versuch e. Annäherung an Inge Müller, Portr. 92, 00. – **MA:** Zwischen Unruhe und Ordnung, Anth. 89; Marburger Lit.alm. 94, 96; Berühmte Frauen in Marburg. Die Träume d. Rahel Levin Varnhagen 02. – **MH:** Max Kommerell. Spurensuche, m. Gert Mattenklott 93, 00; Im Nichts verloren, m. Ursula Dreysse 02. (Red.)

Kondrat, Kristiane (Luise Fabri, Ps. f. Aloisia Bohn), ehem. Journalistin; c/o Verband dt. Schriftsteller in Bayern, Dr. Thomas Kraft, Panoramastr. 27a, D-82211 Herrsching (* Reschitza/Rum. 11. 12. 38). VS 98; Rom., Lyr., Erz. – **V:** Abstufung dreier Nuancen von Grau, R. 97; Vogelkirschen 00. – **MA:** Beitr. in Lit.-Zss., u.a in: die horen; protokolle; Sterz; Heft (Schaffhausen); Südostdt. Vjbll. (Red.)

Kondrataviciene, Kristel s. Neidhart, Kristel

Konecny, Jaromir, Dr., ehem. wiss. Ass. TU München, z.Z. freier Schriftst., Publizist, Antiquar; München, *jaromir.konecny@t-online.de, www.jaromir-konecny.de* (* Prag 1. 11. 56). VS Oberbayern 05; Fritz-Hüser-Pr. d. Werkkr. Lit. d. Arbeitswelt 95, Haidhauser Werkstattpr. 98, Gewinner zahlr. Slams u. a. in Mün-

chen (50x), Stuttg., Mainz, Esslingen, Frankf., Augsburg, Würzburg, 2 x Vizemeister b. dt. National Poetry Slam; Rom., Erz. Ue: tsch. – **V:** Zurück nach Europa, Erzn. 96, 3. Aufl. 01; Mährische Rhapsodie, R., 1.u.2. Aufl. 98; Slam Stories, Erzn. 98, 3. Aufl. 03; Das Geschlechtsleben der Emigranten, Erzn. 00; Das traurige Ende des Märchenkönigs u. a. Sexgeschichten 02; In Karin, R. 05; Hip und Hop und Trauermarsch, R. 06; Jäger des verlorenen Glücks, R. 07. – **MA:** Beitr. u. a. in: Die Zeit; Junge Welt; Titanic; Am Erker; Literatur u. Kritik; Literatur in Bayern; SZ; Stuttgarter Ztg. – **P:** Endlich daheim, Live-CD 02; In Karin – live, CD 05; Hip und Hop und Trauermarsch, Live-CD 07.

Koneffke, Jan, M. A., freier Schriftst., Publizist, Redaktionsmitgl. d. Zs. „Wespennest"; Rembrandtstr. 35/12, A-1020 Wien, Tel. (01) 9 42 29 48, *jankoneffke@* *yahoo.it.* Greizer Str. 13, D-35596 Gießen (* Darmstadt 19. 11. 60). Arb.stip. f. Berliner Schriftst. 87 u. 92, Leonce-u.-Lena-Pr. 87, Stip. d. Suhrkamp-Stift. 87–88, Friedrich-Hölderlin-Pr. d. Stadt Homburg (Förd.pr.) 90, Alfred-Döblin-Stip. 90, Villa-Massimo-Stip. 95, Aufenthaltsstip. d. Ldes Rh.-Pf. f. Bulgarien 98, Poetik-Gastprofessur d. U.Bamberg 01, Stip. d. Stift. Bahnhof Rolandseck 02, Lit.pr. d Stadt Offenbach 05, „Grenzgänger"-Stip. d. Robert-Bosch-Stift. 07; Rom., Lyr., Erz., Ess., Hörsp. Ue: ital, rum. – **V:** Vor der Premiere, Erz. 88; Gelbes Dienstrad wie es hoch durch die Luft schoß, G. 89; Bergers Fall, R. 91; Halt! Paradiesischer Sektor!, G. 95; Gulliver in Bulgarien 99; Paul Schatz im Uhrenkasten, R. 00; Wie rauchte ich Schwaden zum Mond, G. 01; Nick mit den stechenden Augen, Kdb. 04; Die Schönheit des Vergänglichen. Erinnerung u. ästeth. Erfahrung b. Eduard Mörike, Ess. 04; Eine Liebe am Tiber, R. 04; Schlittenfahrt, Kdb. 05; Abschiedsnovelle 06; Die Sache mit Zwille, Jgd.-R. 08; Eine vergessene Geschichte, R. 08. – **R:** Unterirdische Vulkane 00; Die Arche San Lorenzo 01; Mondfinsternis in Maneciu 02; Diese dunkle Erde 04; Durch jedes Knopfloch schaut ein anderer Knopf 07, alles Radio-Feat. – **Lit:** Kiwus 96; LDGL 97; Monica Fröhlich/Wulf Segebrecht (Hrsg.): Auskünfte von u. über J.K. (m. Bibliogr.) 01; Sven Robert Arnold in: KLG 03.

Konietzko, Josefine (geb. Josefine Kämmerling), Hausfrau u. Autorin (* Eschweiler/Dürwiß 17. 5. 35). Literar. Werkstatt Marl, VS, VG Wort; Lyr., Prosa, Kinderlied, Erz. u. Ged. f. Kinder. – **V:** TACH, Texte im Ruhrpott-Slang 90; Schwarz/weiße Tage 91; Kroko – Das Krokodil, Kdb. 92; Kuckma, neue Texte im Ruhrpott-Slang 94; sowie Theaterst. – **MA:** Veröff. in bisher 64 Anth., Kdb. u. Schulb.; Texte auf Briefkarten. – **R:** Texte im Hfk u. Fs. – **P:** Tonkass. u. Schallpl. m. vertonten Texten. (Red.)

Konjetzky, Klaus, Schriftst., Journalist; Pilarstr. 8, D-80638 München, Tel. (0 89) 17 51 31 (* Wien 2. 5. 43). VS 71, P.E.N.-Zentr. Dtld; Lyr., Prosa, Hörsp., Dokumentation, Lit.theorie, Theater. – **V:** Grenzlandschaft, G. 66; Perlo peis ist eine städtische Blume, Erzn. 71; Poem vom Grünen Eck, G. 75; Die Hebriden, G. 79; Hauskonzert in h, Bü. 80; Am anderen Ende des Tages, R. 81; Die Lesereise 88. – **MV:** Für wen schreibt der Schriftst.?, Dok. 73. – **MH:** Auf Anhieb Mord, Erzn. 75; Keine Zeit für Tränen, Erzn. 76; An zwei Orten zu leben, Erzn. 79; Die stillenden Väter, Erzn. 83. (Red.)

Konopatzki, Ilse-Lore, Dr. phil., akad. Oberrätin a. D.; Lotosweg 23, D-13467 Berlin, Tel. (0 30) 4 04 59 73 (* Berlin 19. 10. 25). FDA 97; Wiss. Arbeit, Kurzgesch., Ged. – **V:** Grimmelshausens Legendenvorlagen 65; Eugenio Pacelli 74, 2. Aufl. 01; Alle Tassen im Schrank?, G. 95; Uhr ohne Zeiger 97; Simon aus Ky-

Konrad

rene 99; Ein Durchschnittsmensch, G. 07. – **MA:** Beitr. in d. Kurzprosa-Anth. „Reisegepäck 3", ca. 96.

Konrad, Johann Friedrich, Dr., Prof., Hochschullehrer, em.; Strüningweg 25, D-44287 Dortmund, Tel. (0231) 445223, *KonradFamilie@t-online.de* (* Breslau 25.2.32). – **V:** Kalina und Kilian, Puppenspiele 75; Hexen-Memoiren, M. 81, Tb. 86; Puppenspiele mit Märchen 88; Als Eva noch alleine war 93. – **H:** Seid klug wie die Schlangen, Fbn. 78; Wenn alte Adler wieder jung werden, M. 81; Wo die Blume zu finden ist, M. 81; Wo die Flöte ertönt, M. 84; Wenn Lügen lange Beine haben, M. 85; Die Reise durchs Nadelöhr, M. 88. (Red.)

Konrad, Kurt s. Rahm, Kurt

Konrad, Lea s. Winkler, Manfred

Konrad, Marcel, Schriftst.; Pilatusstr. 56, CH-6003 Luzern, Tel. (041) 2402746, *konlec@bluewin.ch* (* Luzern 6.5.54). Gruppe Olten; Werkpr. Stadt u. Kt. Luzern 80, 84, 95, Friedrich-Hölderlin-Förd.pr. 84, Pr. d. Schweiz. Schillerstift. 85, Werkjahr d. Pro Helvetia 85, 92, Werkpr. Kt. Zürich 86, Werkjahr Stadt u. Kt. Luzern 86, Pro-Arte-Lit.pr. 87, Pr. d. Marianne u. Curt Dienemann-Stift. 91, Anerkenn.pr. d. Stadt Luzern 93, Lit.pr. d. Kt. Aargau 88, 94, u. weit. Pr. u. Stip.; Rom., Nov., Drama, Hörsp. – **V:** Stoppelfelder, R. 83, Tb. 87; Erzählzeit, ein Zustand, R. 84; In meinem Rücken hängt das Vatertier – vor meinen Füßen liegt das Muttertier, R. 88. – **MA:** Erzn. u. Texte in div. Anth., u. a.: Kutsch, Lit. aus d. Schweiz 83; Onkel Jodoks Enkel, die Literatur und ihre Schweiz 88; Schweizer Erzn. 90; Schreiben i. d. Innerschweiz 93, u. a. – **R:** Hallstaedt, die Liebe einer Frau, Hsp. 86; Familienkrieg, Hsp. 89. (Red.)

Konrad, Paul W. s. Chwalek, Johannes

Konrad, Susanne (Susanne Czuba-Konrad), Dr.; Talstr. 93, D-60437 Frankfurt/M., Tel. (069) 502968, Fax 95059872, *czuba-konrad@t-online.de, www.czubakonrad.de* (* Bonn 14.4.65). VS Hessen; Rom., Erz. – **V:** Camilles Schatten, Erz. 05. – **MA:** Beitr. in Anth. seit 87, u. a.: Sonnensprung 02. (Red.)

Konstantin, Helen s. Kolb, Helga

Konstantinou, Silvia, Assoc. Managerin; Pfeilgasse 30/4/13, A-1080 Wien, Tel. (01) 4072317, Fax 4051383 23, *skonstantinou@medacad.org, www.konstantinou.at* (* Wien 12.11.52). IGAA 96/97; Lyr., Prosa, Mundart, Drama, Kinder- u. Jugendb., Märchen, Artikel, Interview. – **V:** Auf der Suche nach Liebe, autobiogr. Texte u. G. 97; Fips, die Feldmaus, Kdb. 04. – **MA:** Andachtsbuch f. Frauen 01; Beziehungsweise Liebe 02; Düstere Visionen 02; Honigfalter 03; Mystische Märchen 04; Zauberhafte Märchenwelt 04, alles Anth.; üb. 30 Beitr. in d. christl. Zss.: Lydia; Ethos seit 97. – **R:** Rdfk.-Beitr.: Atempause 97, 98; Schwarz auf weiss 98; Radio Orange 98, u. a. (Red.)

Kont, Cem Y.; Fischerstr. 22, D-76726 Germersheim, Tel. (07274) 4435, Fax 777769, *saitkont@t-online.de.* Windhofstr. 1, D-76726 Germersheim (* Speyer 24.4.94). Rom., Kurzgesch. Ue: dt, türk. – **V:** Moradon. Mission im Elfenwald, Fantasy-R. 07.

†**Konzelmann,** Gerhard, Journalist, Nahost-Korrespondent; lebte in Isny (* Stuttgart 26.10.32, † Stuttgart 28.5.08). BVK I. Kl. 98, Bambi 98, Adolf-Grimme-Pr. 98, u. a. – **V:** Der Diwan des Harun al-Raschid 87; Das Schwert des Saladins 90; Sindbad der Seeräuber 92; Bilqis, Königin von Saba 95; Cleopatra 98, alles R.; – zahlr. Sachbücher z. Nahen Osten. – *Lit:* Gernot Rotter: Allahs Plagiator. Die publizist. Raubzüge d. „Nahostexperten" G.K. 92.

Kooij, Rachel van, Behindertenbetreuerin; Feldergasse 49, A-3400 Klosterneuburg, Tel. (02243) 26248

(* Niederlande). Mira-Lobe-Stip. d. BKA 02. – **V:** Jonas, die Gans 00; Das Vermächtnis der Gartenhexe 02; Kein Hundeleben für Bartholomé 03. (Red.)

Kopacka, Werner, Red.; Popelkaring 92, A-8045 Graz, Tel. u. Fax (0316) 692589, *wr.kopacka@aon.at, members.aon.at/kopacka* (* Großlobming/Stmk 9.7.50). Rom., Ess. – **V:** Der Wald 92; Die Spur des Tigers 93, Tb. 95; Der Schneepalast 94, Tb. 96; Die Siedler 96, Tb. 98; Im Tal des Yeti 97, Tb. 00; Everest 98, Tb. 00; Reichsgold 00, alles R.; Enthülltes Geheimnis Toplitzsee 01; Die Afrika-Connection, Krim.-R. 02. – **MA:** Gipfelsieg am Everest 78; Der Buschpilot 79; Ewig jung durch Bewegung, Ratgeber 94. – **F:** Lauf, Hase, lauf, Drehb. – **R:** Kopacka, Fs.-Talkshow 97–98; Die Auswanderer, Fs.-Dok. (red. Mitarb.). (Red.)

Kopatz, Monika; c/o House of the Poets, Paderborn (* Paderborn 41). – **V:** Sennesand und Muckefuck. Erinnerungen an die Kinderzeit 03; In inniger Feindschaft 04; Brief nach Apulien, Roman 07. (Red.)

Kopecný, Angelika, M. A., Dipl.-Soz.; Planufer 88, D-10967 Berlin, Tel. (030) 69256 36, Fax 81 466778, *angelika.kopecny@gmx.de* (* Berlin 20.8.49). VS 00; Arb.stip. f. Berliner Schriftst. 88, u.a.; Rom., Kurzgesch. – **V:** Fahrende und Vagabunden 80; Abschied vom Wolkenkuckucksheim, Erz. 86, 89; Unter dem Eis 97, Neuaufl. 00; ÜberLebensGeschichten, Sachb. 99; Swing in Blue, Erz. 04.

Kopetzky, Kurt (Ps. Conrad Eyssl), Hauptschullehrer i. P.; Nr. 52, A-8954 St. Martin am Grimming, Tel. (0650) 6137587, *kurt.kopetzky@sweb.st* (* Graz 22.10.42). Verb. Geistig Schaffender, Graz, Rosegger-Ges.; Schladminger Kulturpr. 83; Lyr., Erz., Dramatik. – **V:** Gedankenflug 97. (Red.)

Kopetzky, Steffen, freier Autor, Stadtrat/Referent f. Kultur in Pfaffenhofen; Breslauer Str. 5, D-85276 Pfaffenhofen/Ilm, Fax (08441) 859457, *steffen.kopetzky@t-online.de* (* Pfaffenhofen/Ilm 26.1.71). Kurt-Magnus-Pr. d. ARD 96, Pr. d. Ldes Kärnten im Bachmann-Lit.wettbew. 97, Baldreit-Stip. 98, Else-Lasker-Schüler-Stückepr. 99, Förd.pr. z. Caroline-Schlegel-Pr. d. Stadt Jena 00. – **V:** Eine uneigentliche Reise, R. 97; Einbruch und Wahn, R. 98; Zuverlässiger Bericht über die Schlaflosigkeit, Schauspielmonolog 99; Grand Tour oder die Nacht der Großen Complication, R. 02; Lost/Found, Erzn. 05; Marokko. Tagebuch e. Reise 06; Der letzte Dieb, R. 08; – THEATER/UA: Herr Krampas: Auftauchend 99; Zuverlässiger Bericht über die Schlaflosigkeit 99; Nacht der Fliege 00. – **R:** Die Entdeckung der Pyramiden 95; Schlaf Rauch Zufall 99; Zeuge Stirb 00, alles Hsp. (Red.)

Kopf, Elfriede, Buchhalterin/Pension; Roseggerstr. 26, A-9900 Tristach, Tel. (04852) 63868, *johannes@tele2.at* (* Babenhausen/Bayern 30.11.40). IGAA Tirol. – **V:** Hinkender Riese, Mohikaner, R. 01.

Kopietz, Gerit, Schriftst.; Beim Alten Schacht 3, D-74177 Bad Friedrichshall, Tel. (07135) 9629998, *post@kopietz-sommer.de, www.kopietz-sommer.de* (* Möckmühl 22.1.63). Das Syndikat: Buchpr. d. Dt. Umweltstift. 06; Kinder- u. Jugendb., Sachb. – **V:** Leselöwen – Mädchengeschichten 01. – **MV:** zus. m. Jörg Sommer: Kinderkrimi-Reihe „ZAP". 1: Die geheimnisvolle Villa 98, 2: Jagd nach den Turbo-Skates 98, 3: Rettet die Affen 98, 4: Der Millionen-Basketball 98, 5: Die Spur der falschen Hunderter 98, 6: Der Elefant im Internet 99, 7: Die Asphaltcowboys 99, 8: Der blaue Dschungel 99, 9: Der Ferrari des Schreckens 99; Apachen in der Tulpenstraße 98; Mc Morrister ermittelt: Abgetaucht 98; Schaf am Wind 99 (auch dän., gr., frz.); Achtung, UFO in der Schule! 99; Kinderkrimi-

Reihe „Mira Morgenstern". 1: Die Feuerteufel 99, 2: Die Angst ist schwarz 99, 3: Das Tal des Terrors 00, 4: Das gefräßige Parkhaus 00; Kinderkrimi-Reihe „Charly Clever & Doktor Lupe". 1: ... auf Tigerjagd 00, 2: ... gefangen im City-Turm 00, 3: ... Die verschwundenen Zwillinge 00, 4: ... Gefahr an Bord 00, 5: ... greifen ein 01, 6: ... auf heißer Spur 01, 7: ... und der Schwarze Ritter 01, 8: ... voll in Fahrt 02; Katzengeschichten 00; Film ab für Tobi! 00; Treffpunkt Taschengeld 00; Adventsgeschichten 01; Detektivgeschichten 01; Joschi im Tal der Wölfe 01; Kinderkrimi-Reihe „Megapark". 1: Virus X, 2: Der Plan der Reporter, 3: Die Japan-Falle, alle 02; R.U.D.I der Held 03; weiterhin zahlr. Sachbücher, überwiegend f. Kinder u. Jugendl. (insges. etwa 80 Titel, in mehr als 20 Spr. übers.). – *Lit:* s. auch SK. (Red.)

Kopka, Fritz-Jochen, Schriftsetzer, Journalist, Red.; Heiligenberger Str. 42, D-10318 Berlin, Tel. (0 30) 5 09 99 19 (* Güstrow 14. 4. 44). P.E.N.-Zentr. Dtld. – **V:** Barbara Thalheim. Höhlen-, Drachen- und Trotzdem-Lieder, Liederb. 88. – **MV:** Linker Charme. 10 Repn. vom Kollwitzplatz, m. Jutta Voigt 89. – **MA:** Und diese verdammte Ohnmacht. Report d. unabhängigen Untersuchungskommission zu d. Ereignissen v. 7./8.Okt. 1989 in Berlin, (Red., m. Daniela Dahn) 91; Prenzlauer Berg. E. Bez. zwischen Legende u. Alltag 95; Ztgn u. Zss.: Temperamente 75–78; Sonntag 79–89; Wochenpost; Die Woche. – **H:** Irgendwo nirgendwo. Bahnhofsgeschn. 88; Konstantin Wecker: Das macht mir Mut. Lieder, G., Prosa 89. – **MH:** Das erste Haus am Platz. 32 Übernachtungsversuche, m. Martin Stephan 82. – **P:** Texte f. B. Thalheim: Lebenslauf 78; Was fang ich mit mir an 80; Und keiner sagt: ich liebe dich 82; Die Kinder der Nacht 85; Ohne Vorschrift leben 87; Die Frau vom Mann 88; Neue Reiche 90, alles Schallpl. (Red.)

Kopp, Eduard, Dipl.-Theol., leitender Red.; Niedwiesenstr. 14, D-60431 Frankfurt/Main, *kopp@konzil. de* (* Koblenz 19. 6. 53). Rom., Ess. – **V:** Nacht über Canterbury, hist. R. 02. – **MV:** Religion für Einsteiger, Bd I 03, Neuaufl. 07, Bd II 08, m. Reinhard Mawick u. Burkhard Weitz, Ess. – **MH:** Gottes Sucher. Reisen in d. Kirchengeschichte, m. Arnd Brummer, hist. Portr. 04.

Kopp, Heinz s. Rumpf, Michael

†**Koppal,** Sepp (eigtl. Josef Koppal), Kaufmann; lebte in Großheubach (* Maria-Raschitz/Böhmen, † lt. PV). Lodgman-von-Auen-Med. (Sudetendt. E.med.) 05. – **V:** Von Heimat zu Heimat, G. u. Erzn. 95; Großheubach. Ein fröhlicher Blick ..., G., Erzn., Sagen 99. – **MV:** Großheubacher Mundart I 94, 96, II 98; Dokumentation über das Kriegsende in Großheubach 95. – **MA:** G., Erzn. u. a. Beitr. in Heimat-Ztgn, u. a. in: Heimatruf; Brüxer Heimatztg, sowie in versch. Tagesztgen seit 51.

Koppehele, Bernd; Turmstr. 6, D-18356 Barth, *info @bk-hr.de, www.bk-hr.de* (* Treuenbrietzen 66). Rom., Erz. – **V:** Ein traumhaftes Dasein, R. 03. (Red.)

Koppel, Gert, B. A.; 4448 Caminito Fuente, San Diego, CA 92116/USA, Tel. (6 19) 2 95–55 53, Fax 2 97–65 81, *gertkoppel@cox.net* (* Hamburg 21. 12. 27). Zürcher Kinderb.pr. (2. Pr.) 98. Ue: engl, frz. – **V:** Untergetaucht. Eine Flucht aus Dtld 97, Tb. 99. (Red.)

Koppenfels, Werner von, Prof. Dr.; Boberweg 18, D-81929 München, Tel. (0 89) 93 59 97, *koppenfels@gmx. de* (* Dresden 25. 11. 38). Dt. Akad. f. Spr. u. Dicht. 94; Johann-Heinrich-Voß-Pr. 94; Übers. Ue: engl, frz, span. – **V:** Geist und Metamorphose 91. – **H:** A. Huxley. Essays, 3 Bde (auch mitübers.) 94. – **MH:** Frz. Dicht. von Villon bis Théophile, m. F. Kemp (auch mitübers.) 90. – Ue: Th. Browne: Religio Medici 78, 2. Aufl. 98; J.

Donne: Alchemie der Liebe 86, 3. Aufl. 96; R. Burton: Anatomie der Melancholie 88, 3. Aufl. 00; E. Dickinson: Dichtungen 95, 2.,erw. Aufl. 01; Hilaire Belloc: Biesterbuch 99; F. de Quevedo: Aus dem Turm, G. 03. – **MUe:** Englische Dichtung, Bd 1, m. F. Kemp 00; Bd 2, m. M. Pfister 00. (Red.)

Koppenol, René, Koch u. Konditor; Eschmarer Str. 18, D-53844 Troisdorf-Müllekoven, Tel. (02 28) 6 88 62 16 (* Troisdorf-Sieglar 24. 1. 81). Krimi. – **V:** Das Geheimnis der Statuen 06.

Koppert, Claudia, freie Lektorin, Autorin; Moorweg 4, D-27367 Horstedt, Tel. (0 42 88) 92 72 04, Fax 92 72 05, *C.Koppert@t-online.de* (* Heidelberg 18. 1. 58). Rom., Sachb. – **V:** Allmendpfad, R. 03. – **MH:** Hand aufs dekonstruierte Herz 03. (Red.)

Koppetsch, Anne-Kathrin, Theologin, Pastorin; Chemnitzer Str. 76, D-44139 Dortmund, Tel. (02 31) 5 33 08 05, *AK.Koppetsch@gmx.de* (* 63). Das Syndikat 03; Rom. – **V:** Blei für den Oberkirchenrat, R. 00, 2. Aufl. 01; Blues im Pfarrhaus, R. 02; Der Himmel drückt ein Auge zu, R. 08.

Kopplin, Wolfgang, StudDir. i. R.; In der Schlah 6, D-58840 Plettenberg, Tel. (0 23 91) 1 24 29 (* Cottbus 19. 7. 35). Interpretation, Bibliographie, Lyr., Kurzprosa. – **V:** Beispiele. Dt. Lyrik 1960–1970 69, 81; Kontrapunkte, Deutsche Kurzprosa 76; Der mißverstandene Luther 77; Wassermusik, Erz. 00. – **MA:** Carossa, Forsch.-Ber. 68, Bibl. 71, Ess. 78ff.; Demokratie u. Schule, Ess. 72; Lesarten 9/10, Arbeits- und Textbücher 74 IV; The Works of Siegfried Lenz, Ess. 78; Lessing, Ess. 82; R. Kunze, Ess. 87; Gewissensprüfung mit Hilfe d. Literatur, Erz. 89; Antisemitismus, Ess. 91; Gebet beim Hahnenschrei, G. 92; Martin Luther u. d. deutsche Schule, Ess. 96; D. Haupt d. heiligen Cornelius, Erz. 97; Katharina v. Bora, Ess. 99; Goethe u. d. Deutschunterricht, Ess. 01; friedensgebet, G. 02; Der Gänsekrieg von Radach, Erz. 05; Alles Zufall. Oder?, Sat. 06; glauben und wissen, G. 06; Begegnungen mit Buchautoren, Ess. 07; altersbetrachtungsgebet, G. 07; Der Sitzenbleiber, Erz. 08; ca. 600 Ess. in Zss. – *Lit:* Westfäl. Autorenlex., Bd 4 02; Dt. Schriftst.lex. 02.

Kopton, Boerries-Peter, Schriftst., Kunstmaler, bildender Künstler, ehem. VHS-Doz. f. kreative Gestaltung; Niederhofener Str. 56, D-91781 Weißenburg (* Frankfurt/Main 23. 5. 42). Intern. Künstlergr. Die Spirale Wien; Silbermed. d. Stadt Haßfurt 85; Lyr., Prosa, Nov., Hörsp. – **V:** Diesmal holzt man Bambus, G. 69; Vom Glück des Friedens – Bauer Thanh Vui 75; Theinbiographie. Vorw. zu dem Kunstkatalog „Lubo Kristek" 76; Gedichte zum Kunstkatalog „Gebrüder Gartner" 78. – **MA:** Das Rechte Mass, G., Weltanth. 77; Die Ernte des Lebens, G., Weltanth. 80; Gedichte, Anth. 80. – **R:** Sandmännchen, Märchen Rdfk-Sdg 74. (Red.)

Korall, Harald, Lektor, Schriftst., Gerichtsreporter, Hrsg.; Rennbahnring 7, D-06124 Halle/S., Tel. u. Fax (03 45) 8 04 50 27 (* Oldisleben, Kr. Artern 19. 6. 32). Förd.kr. d. Schriftst. in Sa.-Anh. 90, Gründ.mitgl., zeitw. Vors., VS 90, Friedrich-Bödecker-Kr. Sa.-Anh. 92; Erzählung, Fernsehspiel. – **V:** Hochzeit nach neun Jahren, Erzn. 70, 72; Die Tat an der Waisenhausmauer 84, 90; Die Millionenlady 86, 90; Die Stunde vor Mitternacht 88, wesentl. veränd. Aufl. 98, Tb. 04; Der Tod der Ärztin 97; Stirb, Schwester! 99, 00, Tb. 03; Eine Rose für die Tote 00, Tb. 03; Ich habe sie alle im Schlaf getötet 02, Tb. 04; 113 Messerstiche 05. – **H:** Literatur 71, Alm. 71; Lebenszeichen, Alm. 96; Hallesche Autorenhefte, seit 96; Stunde der Phantasten 96; Wer dem Rattenfänger folgt 98; Zuhause in der Fremde 02. – **MH:** Chile – Gesang und Bericht 76. (Red.)

Korb

Korb, Markus K., Autor u. Rezensent; Schweinfurter Weg 30, D-97520 Röthlein, *www.markus-k-korb.de* (* Werneck 71). SAG; Der Dt. Phantastik-Pr. 04; Fantasy. – **V:** Grausame Städte, Horror-R. 03; Wasserscheu, Erzn. 07; Grausame Städte 2, Horror-R. 08. – **MV:** Das Arkham-Syndrom, m. Tobias Bachmann, R. 08. – **MA:** Nachtgeschichten, Anth. 97, u. a. – **H:** Jenseits des Hauses Usher 02.

Korb, Viktoria (gesch. Viktoria Grevemeyer-Korb), Dr. rer. pol., Diplomatin, Managerin (UNO), Wissenschaftlerin, Journalistin; Kulmer Str. 18, D-10783 Berlin, Tel. u. Fax (0 30) 2 15 53 19, *vikorb@web.de*. ul. Wilcza 33 m.5, PL-00544 Warschau (* Guriew/ Kazachstan 11. 6. 45). NGL 96, GEDOK 99–04; Promotionsstip. v. Studentenwerk d. FU Berlin u. d. Friedrich-Ebert-Stift. 71–73; Rom., Erz. Ue: engl, poln. – **V:** Tod eines Friedensforschers, Krim-R. 05 (auch poln.); Ni pies, ni wydra (poln.), autobiogr. R. 06. – **MA:** zahlr. Beitr. in d. poln. u. dt. Presse, im Radio Freies Europa und RadioMultiKulti 89–06; WIR – Zweisprachigkeit. Doppelte Identität 95; Brüche und Übergänge, G. u. Prosa aus 23 Ländern 97; Kurier Berliński, poln. Monatszs. in Berlin 97/98; Die Bonner kommen 98; Pogranicza, Grenzgebiete-Stettiner Kulturmag. Nr.3 00; Die Brücke 01, 03, 07; Midrasz, jüd. Zs. 03; Jüdisches Wort 04; Wedding Connections 04; Es lebt! Story-Olympiade 2004; Deutschland in 30 Jahren 04; Die neuen Mieter 04; Still und starr ruht die Spree 05; Berlin. Polnische Perspektiven, 19.–21. Jh. 08. – *Lit:* TIP 26/97; Freitag 6/02; Susanne Rehlein in: Das Magazin 8/02; Tagesspiegel 27.11.04; Morgenpost 1.12.05; Teresa Toranska in: Swiat Ksiazki, Warschau 08; Dt. SchriftstLex.; – Radio- u. Fs.-Sdg: Rezension in: Dt. Welle 16.3.05; M. Hadatty in: Kowalski trifft Schmidt, RBB 5.6.05; Radiofeuill., Deutschlandradio Kultur 6.6.05; HF Literatur, HR-2-Kultur 9.7.05.

Korber, Tessa (eigtl. Tessy Korber-Willett, Ps. Franka Villette), Dr., Germanistin, Schriftst.; *tessykorber@aol.com, www.tessa-korber.de*. c/o Agentur Graf und Graf, Berlin (* Grünstadt 23. 6. 66). Das Syndikat, Quo vadis – Autorenkr. Hist. Roman; Hist. Rom., Krim-rom. – **V:** HIST. ROMANE: Die Karawanenkönigin 98, Tb. 00, 03 (auch span.); Die Kaiserin 00, Tb. 01, 03 (auch türk, tsch.); Der Medicus des Kaisers 01, Tb. 02 (auch tsch.); Berenike 03; Die Frau des Wikingers 04; Die Königin von Saba 05; Odinstochter 06; Das Dorf der Mütter 06; Die Kreuzfahrerin 07; – KRIMIS: Toter Winkel 00; Tiefe Schatten 01; Falsche Engel 03; Triste Töne 04; Kalte Herzen 05; Teurer Spaß 07. – **MV:** Die sieben Häupter, R. 04. – **MA:** Weiberweihnacht, Geschn. 03; Da liegt der Himmel näher an der Erde 03. (Red.)

Korbie, Markus, Archivar, Schriftst.; Scharnhorststr. 37, D-39576 Stendal, Tel. u. Fax (0 39 31) 31 44 76, *wolfgang.siebert@verdi.de, www.literatur-lsa.de* (* Stendal 1. 11. 63). Autorenverb. 93, VS 04, Werkkr. Lit. d. Arb.welt 05; Stip. Denkmalschmiede Höfgen 06; Rom., Lyr., Erz., Short-Short-Story. – **V:** Zwischen den Gleisen, Lyr. u. Kurzprosa 03. – **MA:** Kontakte 88; Engel über dem Erpetal 93; Janus 94; Wind machen 96; Sprache ist Sehnsucht 97; Flügelschlag 00; Tarantel, Zs. 05; Volksstimme, April 06; Wortspiegel 07; Waberner Anzeiger, Sept. 07; Altmarztg, Nov. 07; Alberndorfer Anth. 1 07; Bibliothek dt.sprachiger Gedichte 07. – **MH:** Ein Sack voller Fäden, m. K. Rose u. K. Lange, Lyr. u. Kurzprosa 04. – *Lit:* Norbert Büttner in: Tarantel 2/05; Lit. in Sa.-Anh. 05.

Kordes, Phillip, Lehrer; *www.phillipkordes.com*. c/o Emons Verlag, Köln (* Winterberg-Züschen 4. 4. 49).

Krim.rom. – **V:** Mord in acht Tagen, Krim.-R. 03; Windvögel, Krim.-R. 05. (Red.)

Kordon, Ingo, Dipl.-Ing. Bauing.wesen (FH), privater Entwicklungshelfer/eigene Hilfsorg.; P.O.Box 15, A. Sanpatong, Chiang Mai 50120/Thailand, Tel. u. Fax: (00 66–53) 48 91 38 (* Spremberg 6. 10. 41). Science-Fiction-Rom., Erz., Dokumentation, Sachb. – **V:** Entwicklungshelfer durch eigene Gnaden, Dok. 91, Neuaufl. 99; Siamesische Geschichtchen 92; Geschichtchen aus Siam 93; Meine Reisen zum Sternbild der Fische 93; Tierisch Menschliches und menschlich Tierisches I u. II 94; Bei den Bergstämmen 97; Siamesische + thailändische Geschichtchen 99; Die Thaifrau Sikam und ihr Leben vom Haus und Grundstück 01. – **MA:** Südostasienzeitung (Pattaya/Thailand), ab 94 (inzwischen eingestellt). – *Lit:* s. auch SK.

Kordon, Klaus, Schriftst.; Sedanstr. 16, D-12167 Berlin, Tel. (0 30) 7 71 67 82, Fax (0 30) 54 73 00 24. Katingsiel 26/28, D-25832 Tönning (* Berlin 21. 9. 43). P.E.N.-Zentr. Dtld 90; Friedrich-Gerstäcker-Pr. 82, Zürcher Kinderb.pr. 85 u. 91, Harzburger Jgd.lit.pr. 89, NRW Jgdb.pr. 90, 93 u. 96, „Das politische Buch" 92, Buxtehuder Bulle 93, Dt. Jgd.lit.pr. 95, Alex-Wedding-Pr. f.d Ges.werk 98, Evang. Buchpr. 98, Gr. Pr. d. Dt. Akad. f. Kd.- u. Jgd.lit. 99, BVK am Bande 99, Berliner Erich-Kästner-Stip. 01, Dt. Jgd.lit.pr. (Pr. d. Jugendjury) 03, Jgdb.pr. d. „Jury der Jungen Leser", Wien 05, ver.di-Lit.pr. 06, antifaschist. Medienpr. „Das rote Tuch" 07; Rom., Nov., Lyr., Hörsp., Fernsehsp. – **V:** Tadaki, R. f. Kd. 77, Neufass. u. d. T.: Der Weg nach Bandung 89, Tb. 94, Sonderausg. 98; Henner od. 10 Tage wie ein Jahr, Jgd.-R. 78; Möllmannstraße 48, R. f. Kd. 78, Neufass. u. d. T.: Felix kommt 00; Brüder wie Freunde, R. f. Kd. 78, Neuausg. 92; Schwarzer Riese, 5. Stock, Jgd.-R. 79; Die Einbahnstraße, Jgd.-R. 79, 97; Monsun od. Der weiße Tiger, R. 80, 98; Eine Stadt voller Bäume, Erz. f. Kd. 80; Willst du fliegen?, Geschn. f. Kd. 81, Neuausg. u. d. T.: Der Menschenfresser 88, Tb. 92, 97; Querverbindungen od. Man gibt Laut, G. 82; Ein Trümmersommer, R. f. Kd. 82, Tb. 94; Einer wie Frank, R. 82; Maxe allein in der Stadt, Bilderb. 82; Die Wartehalle, R. 83; Immer feste druff, Postkartenb. 83; Zugvögel od. Irgendwo im Norden, Erz. 83; Die Reise zur Wunderinsel, R. f. Kd. 83, Neuausg. 96; Diktatur, Interviews 83; Wir haben halt einfach zugepackt, Interviews 83; Till auf der Zille, Erz. f. Kd. 83; Die roten Matrosen od. Ein vergessener Winter, R. 84 (auch Tonkass.), überarb. Neuausg. 95, Sonderausg. 96, Tb. 98; Schnee auf'm Kanapee, G. 84; Die 1002. Nacht u. der Tag danach, M. 85, Tb. 92; Hände hoch, Tschibaba!, Erzn. 85; Knuddel u. Eddi, Bilderb. 85; Eine Oma für Till, Erz. f. Kd. 85; Das Fünfmarkstück, Erz. f. Kd. 85, Neufass. u. d. T.: Fünf Euro für die Hexe; Frank guck in die Luft, R. 86; Mottha u. Bawani, Erz. f. Kd. 86; Wie Spucke im Sand, R. 87, Sonderausg. 95, Tb. 97; Der kleine graue Spatz u. seine Freunde, Geschn. f. Kd. 87; Der liebe Herr Gott od. Der Postskandal von Tippelrode, R. 87, Tb. 95; Der Ritter im Sack, Sagen 87; Kellerleichen. Bitterböse Stories 87; Ich bin ein Geschichtenerzähler, Erzn. Tb. 88; Komm, alter Tom!, Erzn. 88; Die Flaschenpost, R. f. Kd. 88, Tb. 92, 99; Der Käpt'n aus dem 13. Stock, R. f. Kd. 88, Tb. 04; Maltes Großvater wohnt am Meer, Erz. f. Kd. 89; Ich möchte eine Möwe sein, R. 89, Tb. 93; Ein richtiger Indianer, R. f. Kd. 89, Tb. 94; Tage wie Jahre, R. 89; Annapurna. Meine Mutter ist e. Göttin, Erz. f. Kd. 89; Der große Fisch Tin Lin, Bilderb. 90, 95; Es war einmal in Usambara, R. f. Kd. 90; Mit dem Rücken zur Wand, R. 90, 99; Stille Tage od. Lenz feiert Weihnachten, Erzn. 90; Am 4. Advent morgens um vier, Erz. 90, 98; Die Lisa, Bilderb. 91; Im tiefen, tiefen Grün, Bilderb. 91; Der Kleine, der Riese u. der Großriese, Bilderb. 91; Robinson, Mittwoch u. Julchen, R. f. Kd. 91, Tb. 96; Alicia geht in die Stadt, Erzn. 92, Tb. 96; Bei uns in Charlottenburg, Erzn. 92; Das ist Harry, R. f. Kd. 92, Tb. 97; Marius u. der Feuergeist, Bilderb. 92; Der erste Frühling, R. 93, 99 (auch Tonkass.); Das Mädchen Eisenstein u. der Rabe Fritz, Erz. 93; Ein Freund für Löwe Boltan, Bilderb. 94; Die Zeit ist kaputt, Biogr. Erich Kästner 94, Neuausg. 96; Lütt Luftballon u. die große Mitternachtsbeschwörung, R. f. Kd. 94, 98; Adams Apfel, Erzn. 94; Opageschichten, Erzn. f. Kd. 95; Der Adler Arkabar, Bilderb. 96; Lütt Luftballon u. der schwarze Teufel aus dem Moor, R. f. Kd. 96, Tb. 00; Der goldene Ritter, Erz. 96; 1848. Die Geschichte von Jette u. Frieder, R. 97, Tb. 00; Murras Rache, Erzn. Tb. 97; Dreck am Stecken, Erzn. 97; Mein Freund Ringo, Kdb. 98, Tb. 00; Lütt Luftballon u. der Weihnachtshund, R. f. Kd. 98, Tb. 00; Hundert Jahre u. ein Sommer, R. 99, Tb. 02; Paule Glück, Geschn. 99; Paula Kußmaul, R. f. Kd. 01; Die Stadt der Diebe, Erz. 01; Krokodil im Nacken, R. 02; Paula Kußmaul u. Kater Knutschfleck, R. f. Kd. 03; Alice geht in die Stadt, Geschn. 03; Julians Bruder, R. 04; Paula Kußmaul tief im Schnee, R. f. Kd. 05; Jinbal von den Inseln, Erz. 05; Fünf Finger hat die Hand, R. 06; Piratensohn, R. 07; Auf der Sonnenseite, R. 09; (Übers. in: dän., schwed., ndl., engl., span., jap., fin., frz., ital., lett., chin. rätorom., ung., slowen., westfries., korean., türk., katalan., port., estn.). – MA: Männerleben; Entfernungen od. Sehnsucht im Alter; D. achte Weltwunder; Keine Angst vor d. Angst; So ein irrer Nachmittag; Wie man Angst versetzt; Nachwehen; Signal – D. Buch f. junge Menschen; D. Rabe u. ich; Geschenk-Geschn.; D. letzten 48 Stunden; Ihr seid groß u. wir sind klein; Hütet d. Regenbogen; Augenaufmachen; In e. fremden Land; Leben gegen d. Angst; Heiser auf d. Seele?; Oh, ich bin glücklich...!; Oh danke, ich mach d. schon selbst!; Oh, Mann; Oh, das kriegen wir schon hin!; Oh nein, schon wieder Rot!; Oh, ist d. komisch ...!; Schönheit ist e. Frage d. Beleuchtung od. Nicht nur Kleider machen Leute; Wir leben v. d. Hoffnung; Überall u. neben dir; Augenblicke d. Entscheidung; Vergessen, was Angst ist; D. ist unser Buch; D. Superrutsche u. a. Miteinander-Geschn.; D. schönsten Freundschaftsgeschn.; Abschied u. Ankunft; Jetzt fängt d. schöne Frühjahr an; Mit Ketchup u. mit Senf; D. ist mein Land; Ich bau' mir e. Nest; Gemeinsam sind wir unausstehlich; Feelings; Brausepulver; D. blaue Knopf u. andere Geschn. rund ums Fernsehen; D. schönsten Schulgeschn.; Karfunkel; Glücklich seid ihr; Fundevögel; Ich denk', ich denk', was du nicht denkst!, Lügen haben lange Beine; Ravensburger Kinderjahr; D. schönsten Hundegeschn.; Texte dagegen; D. Feuerkopf; Zwischen nicht mehr u. noch nicht; Sagenhafte Rittergeschn.; Inge, Dawid u. d. anderen; Wir sind Freunde; Bilderbuchgeschn. f. jeden Tag; D. schönsten Leselöwen-Geschn.; Lebensgefährlich!, alles Anth. seit 79, u. a. – H: Kichererbsen, Erzn. (auch Mitarb.) 82; Liebe Liebe, Erzn. 84; Noch sind wir wenige!, Erzn. u. G. (auch Mitarb.) 89. – R: Hsp., Fs.-Drehb., Moderation. – Lit: Malte Dahrendorf in: KLG, u.v. a.

KORE s. Eglseer, Karl-Heinz

Korff, Friedrich Wilhelm, Dr. phil., Prof. f. Philosophie Univ. Hannover i. P.; Burgbreite 8, D-30974 Wennigsen, Tel. (0 51 09) 6 30 19, Fax 56 58 52 (* Hohenlimburg 29. 12. 39). Hermann-Hesse-Pr. (Förd.pr.) 84, Nds. Kunstpr. f. Lit. 85, Fellow am Wissenschaftskolleg Berlin 85; Nov., Ess. – V: Diastole und Systole/Zum Thema Jean Paul u. Adalbert Stifter 69; Der Katarakt von San Miguel, Gesch. 74; Der

rote Kampfflieger von Rittmeister Freiherr von Richthofen 77; Drachentanz 81; Der komische Kierkegaard 82; Auswege, Erzn. 83; Der Philosoph und die Frau, Ess. 95, Neuaufl. 99; Der Klang der Pyramiden 08. – H: Redliches Denken, Festschr. f. Gerd-Günther Grau 81; Celsus. Gegen die Christen 91; Wider den absoluten Anspruch. Gerd-Günther Grau z. 75. Geburtstag 98. – R: Simplonflug, Hsp. 85. – Lit: DLL, Bd IX 84; Sprachen der Philosophie. Symposium f. F.W.K. 01.

Korff, Ilka s. Boesche, Tilly

Korff, Malte, Musikwiss., Autor, Hrsg.; Naunhofer Str. 49, D-04299 Leipzig, Tel. (03 41) 8 61 44 55 (* Leipzig 1. 4. 50). Erz., Biogr. – V: In den Wassern versunken?, Erzn. 92; Komponistennovellen 97; Kleines Wörterbuch der Musik 00, 07; Johann Sebastian Bach (dtv portrait) 00, 02; Franz Schubert (dtv portrait) 03, 07; Wolfgang Amadeus Mozart 05; Johannes Brahms. Leben u. Werk 08. – MA: Komponisten- u. Länderartikel in: Brockhaus, Enzyklopädie in 30 Bden, 21., völlig neu bearb. Aufl. 06. – H: Konzertführer Georg Friedrich Händel 84; Konzertführer Ludwig van Beethoven 88; Konzertführer Wolfgang Amadeus Mozart 91; Konzertbuch Orchestermusik 1650–1800 91. – R: Max Reger – Mozart-Variationen, Radiosdg 91. – P: Wolfgang Amadeus Mozart – Leben, Werk, Wirkung, Hörstück, 2 CDs 06; Johann Sebastian Bach – biograf. Porträt in. Musik, 2 CDs 08.

Korhammer, Eva, Verlagsbuchhändlerin, Autorin, Übers.; Röhrichtweg 29a, D-30559 Hannover, Tel. u. Fax (05 11) 52 32 72, kibuko@freenet.de, www.kibuko. de (* Frankfurt/Main 5. 5. 32). GEDOK 69, Friedrich-Bödecker-Kr. 70, VS, Fördererkr. 71; Rom., Kurzgesch., Fest., Jugend- u. Kinderb., Hörb. Ue: engl, am. – V: Die guten Sonntage, R. 65; Die glückliche Wahl 68, Tb. 74; Der Floh im Ohr, Kdb. 72; Ich gehöre dazu 76; Zwilling gesucht! 78; Fremde Federn 80; Weißt du, was los ist? 80; Wo wohnst du, Mama? 81; Reifezeit 83, 93; Viel Theater in der Klasse 83; Warum gerade Astrid? 84; Sandra M., Azubi 84; Nestwärme – nein danke 84; Tanja, 14, Heimschülerin 85; Musik aus der Coladose 85; Fast eine Schwester 87; Flicflac liebt Flohilde 88; Notfalls Spaghetti! 88, 01; Flutsch und das Schmuse-Krokodil 90; Echt klamottenmäßig 91; Flutsch und der Quassel-Hering 91; Spiegelbilder 92; Ausbüxgeschichten 95; Verhängnisvoller Irrtum 95; Die lachende Yukka 96, 00 (CD u. Tonkass., auch Blindendr.); Durchblick gesucht! 97; Ich weiß jetzt, wo Undine wohnt 98; Artenvielfalt. Textspiele 98, alles Jgdb.; Ratzegrün... u. a. tierische Einfälle, Kdb. 99, 00 (CD u. Tonkass.); Das glaubt wieder kein Floh! 02 (auch Blindendr.); Fußengeflüster 03, (auch Blindendr.); Aktion grüne Soße 05; Der Familienbändiger 07, alles Kdb. – MA: Lyrik und Prosa vom Hohen Ufer I 80, II 82, III 85; Nds. literarisch. 100 Autorenportr. 84; Siegburger Pegasus 82; Mädchen 84, 86; Nachkriegskinder (Zeitgut 2) 98; Himmelsmacht und Teufelswerk 98; Das Haus des Herren Pius, Zs. 02; Von abenteuerlichen Welten 08; Die alternative Katze 08; Das Stachelwunder 08. – R: Frank Swinnerton: Kunst ist Strategie 63. – Ue: Ellis Dillon: Bold John Henebry u. d. T.: Die Henebrys 66; Erna Wright: The New Childbirth u. d. T.: Geburt ohne Schmerz 67; Frank G. Slaughter: A Savage Place u. d. T.: Ein Arzt steht allein 68; Corrado Pallenberg: Die Finanzen des Vatikans 68; Catherine Cookson: Marriage and Mary Ann u. d. T.: Das Persönliche sein oder nicht sein Glück 67; Sam Levenson: Everything but Money u. d. T.: Kein Geld aber glücklich 68; Morris L. West: Scandal at the Assembly u. d. T.: Skandal in der Kirche 70; Bentz Plagemann: This is Goggle u. d. T.: Mein Sohn der Lausbub 69; ders.: Father to the Man

Korherr

u. d. T.: Mein Sohn wird flügge 70; Otto Friedrich: Before the Deluge u. d. T.: Weltstadt Berlin 72; John Pearson: James Bond u. d. T.: Agent 007 74; Herbert Lieberman: Nekropolis 77; Bulwer-Lytton: The Last Days of Pompeji u. d. T.: Die letzten Tage von Pompeji 78; Geoffrey Grigson: The Goddess of Love u. d. T.: Aphrodite 78; Dorothy Farmiloe: And Some in Fire u. d. T.: Venessa 80; Mara Kay: Restless Shadows u. d. T.: Blasser Mond über Astrowo 80; Enid Blyton: The Adventures of Binkle and Flip u. d. T.: Binkle und Flip zwei pfiffige Hasen 82; Arlene Hale: The Impossible Love u. d. T.: Das Herz allein kennt die Antwort 83; Nancy Smiler Levinson: Make a Wish u. d. T.: Schritte ins Glück 83; Josephine Wunsch: Class Ring u. d. T.: Wenn ein Herz für dich schlägt 85; Caroline Cooney: Nancy & Nick u. d. T.: Gestern warst du noch allein 85; Vivian Schurfranz: The Mansion Murder u. d. T.: Wenn der schwarze Vogel fliegt 86; Mary Hooper: Janey's Diary u. d. T.: Jessie und die liebe Liebe 86; Betsy Byars: The Not-just-anybody-family u. d. T.: Eine Familie hält zusammen 87, 95; weitere Titel, zuletzt u. a.: Marilyn Sachs: Aphrodite 08.

Korherr, Helmut, freier Schriftst. u. Dramatiker; c/o Ed. Va Bene, Klosterneuburg (* Wien 29. 3. 50). ARGE Literatur, IGAA, ÖDV, Öst. P.E.N.-Club, Ö.S.V., Podium; Theodor-Körner-Förd.pr. 73, 91, Dramatikerstip. d. BMfUK 80, 91, Anerkenn.pr. d. Ldes NdÖst. 86, Förd.pr. d. Ldes NdÖst. 88, Öst. Dramatikerstip. 91. – **V:** Saures aus dem westlichen Weinviertel, Briefe 85; Julia &, Erz. 86; Waldviertel-Weinviertel-Trilogie, Stücke 86; Gaudeo und Jubila, Kdb. 89; Kurz- & Gemischtwaren, G., Texte, Satn. 90; Wirklich fantastisch, Kdb. 93; Rudolf II., Dr. 94; Katapult, Erz. 95; Wos an hoid so eifoid und auffoid, G. 97; Hakoah führt, Sch. 00; Durch Rauhes zum Stern, Gedanken u. G. 01; Drei literarische Frauenbilder 03; üb. 20 Theaterst. m. UA im In- u. Ausland seit 73. – **MV:** Jesus von Ottakring, Stück 80 (auch Spielf.); Fridolin und Barto, Kdb. 85; Der achte Zwerg, Kdb. 86, alle m. Wilhelm Pellert. (Red.)

Koridon, Alexander s. Preyer, J. J.

Korinek, Karl, Dr. Dr. h. c. mult., Präs. d. österr. Verfassungsgerichtshofes; Auhofstr. 225, A-1130 Wien. Judenplatz 11, A-1010 Wien, Tel. (01) 5 31 22–5 22, Fax 5 31 22–4 99 (* Wien 7. 12. 40). – **V:** Der Onkel Julius – oder: Der Wiederaufbau Österreichs in Anekdoten, Erz. 05. (Red.)

Korn, Carmen (Carmen Korn Hubschmid); Schrötteringksweg 5, D-22085 Hamburg (* Düsseldorf 28. 11. 52). Marlowe-Pr. 99, Kurzkrimi-GLAUSER 04. – **V:** Thea und Nat, R. 89, Tb. 91; Das Singende Kind, R. 92; Der Tod in Harvestehude, Krim.-Erz. 98; Barmbeker Blues, Krim.-R. 99; Die Liebe in Hohenfelde, Krim.-Erz. 00; Schlafende Ratten, Krim.-Erz. 02; Der Mann auf der Treppe, Krim.-Gesch. f. Kinder 02; Kleine Fische, Erz. 03; Liebesgrüße aus Breslau, Erz. 04; Tod eines Klavierspielers, R. 04; Tod eines Politikers, R. 05; Tod einer Göttin, R. 05; Der Fall der Engel, Erz. 06; Tod eines Träumers, R. 06; Tod eines Heimkehrers, R. 08. – **MV:** Girlfriends. Demnächst auf Wolke sieben, R. z. Fs.-Serie, m. Christian Pfannenschmidt 01. – **MA:** Gute Nacht-Geschn. f. Männer, die nicht einschlafen wollen 96; Das Mordsbuch 97; Warum heiraten?, Leseb. 97; Was ist dran am Mann? 97; Eine starke Verbindung, Anth. 00; Geheimnisvolle Schützen, Anth. 00; Liebesgeschichten am Kamin, Anth. 00; – **Zss.:** Brigitte; Die Zeit. – **R:** Thea und Nat, Fsf. 92.

Korn, Ernst, ObStudDir., Neuphilologe, Lehrerbildner; Mozartstr. 2, D-82152 Krailling, Tel. (0 89) 8 57 18 18, korn.ernst@t-online.de (* Neumarkt/

Westböhmen 13. 10. 27). FDA 99–03; Rom., Erz. – **V:** Spuren hinterm Zaun, Biogr. 98, 03 (engl.); Ein blaues Band. Aus dem Leben u. Wirken Eduard Mörikes 04; Afra oder Im Dirndl nach Müllowa, Erz. 04; mehrere Lehrbücher seit 60. – **B:** Sidonia Dedina: Edvard Beneš – der Liquidator 00; Marian Ježik: Leopoldov. Die Insel d. Schatten 04; Sidonia Dedina: Der Pyrrhussieg des Edvard Benesch 05; Milan Churaň: Potsdam und die Tschechoslowakei 07. – **MA:** Erzieherbrief (auch Chefred.), seit 67; Heimatbrief f. d. Bezirke Plan-Weseritz/Tepl-Petschau (auch Red.), ab Folge 413/83; Rückblick an der Schwelle zum 3. Jahrtausend, Bd 1 97; Ein vertrauter silberheller Klang 97; Lyrische Annalen, Bd 15 03, alles Anth. – Lit: Intern. Who's Who of Professionals, Vol. 2, No. 7 99; H. Mirtes in: Erzieherbrief 4/07.

Korn, Gerlinde Theresia (Ps. Linda Korn, geb. Gerlinde Theresia Endlicher), Pensionistin; Keldorfergasse 11/7, A-1100 Wien, Tel. (01) 6 16 75 47 (* Králíky/Böhmen 25. 8. 25). V.G.S., Öst. Autorenverb., V.S.u.K., Lit.haus Wien, Ed. Doppelpunkt; Lyr., Prosa. – **V:** Schlesische Kalendertage, schles. Mda. 94, 2. Aufl. 00; Das Säbeltanzmäuschen 95; Oma Siebzehnträume 96; Alles über Zwerge 97; Fröhliche Mahlzeiten. Ein Armeleute-Kochbuch 01. – **MA:** Und wieder locken die Weibchen 96; Beitr. in allen Anth. d. Öst. Autorenverb. seit 91; sowie in div. Zss. u. Anth., u. a.: Mei Heemt, schles. Mda.; Trostbärnla, Jb. (Red.)

Korn, Linda s. Korn, Gerlinde Theresia

Korn, Renke; Calvinstr. 33, D-10557 Berlin, Tel. (0 30) 3 93 65 98, Fax 39 88 97 84, info@renke-korn.de, www.renke-korn.de (* Unna 14. 12. 38). Förd.pr. f. Lit. d. Ldes NRW 72, Fs.pr. d. Arbeiterwohlfahrt 80, Arb.stip. f. Berliner Schriftst. 90; Drama, Erz., Hörsp., Fernsehsp., Film. – **V:** Die Überlebenden 67; Partner 70; Flucht nach Hinterwiesenthal 71; Die Reise des Engin Özkartal von Nevsehir nach Herne und zurück 75, alles Dr.; Der Mann, der die Vögel liebte, Erzn. 04. – **F:** Vera Romeyke ist nicht tragbar, Drehb. 76. – **R:** Verteidigung eines Totengräbers 66; Die Sonne ist nicht mehr dieselbe 67; Der Umzug 67; Picknick 69; Vorstellungen während der Frühstückspause 71; Das Attentat auf das Pferd des Brasilianers Joao Candia Bertoza 71; Es mußte sein, Elke, das war ja nicht mehr auszuhalten 74; Geh nach Deutschland 77; Gedämpft 78; Der gute Mensch von Kreuzberg oder Ich will kein Hausbesitzer sein, m.a. 83; Das kalte Büffet der Perlons 84; Der Hausmann 85; Letzte Botschaft aus Lagos 86; Wenn wir an lauen Sommerabenden ... 86; Feme 86; Das Klopfen 95, alles Hsp.; Der Alte 75; Die neue Armut der Familie S. 78; Der Architekt der Sonnenstadt 79; Tilt 79; Zuhaus unter Fremden 79; Die Rückkehr der Träume 83, alles Fsp. – **P:** Nigger, Tonkass. 96; Das kalte Büffet der Perlons, Hörst. 99; Mein Vater und ich, Hörst. 99; Warum schreit das Kind der weißen Frau so viel?, Hörst. 99; Wenn wir an lauen Sommerabenden, Hörst. 99, alles Tonkass./CD; Das Klopfen, Hsp., CD 99. – Lit: Hannes Schwenger in: KLG 91.

Korn-Steinmetz, Gabriele s. Keiser, Gabriele

Korn-Wimmer, Brigitte (Ps. Anna Wenzel, Alma Zorn, geb. Brigitte Korn), M. A., Verlegerin, Übers., Autorin, Dramaturgin; Speyerer Str. 8/IV, D-80804 München, Tel. (0 89) 36 96 09, Fax 36 10 48 81, info @theaterstueckverlag.de, www.theaterstueckverlag.de. Mainzer Str. 5, D-80804 München, Tel. (0 89) 36 10 19 47 (* Neumarkt-St. Veit 27. 4. 59). Verb. dt. Bühnenverleger, Dramaturg. Ges. e.V., VG Wort; Übers.stip. d. Europ. Kommission, Brüssel 96; Dramatik. Ue: ital, engl. – **V:** Die Welt Ist Rund, Stück frei n. Gertrude Stein; fünfter sein, Stück frei n. Ernst Jandl/

Norman Junge; Die Kinder des Lichts weinen am Hals der weinenden Teufel, n. Schillers „Räuber", Drama, UA 05. – **MV:** Die Schöne und die Bestie, m. Jürgen Flügge, UA 87; EigenSinn, m. Tristan Berger 02; Swing Kids, m. Franz Ritter 03; Stoffel fliegt übers Meer (n.d. Kdb. v. Erika Mann), m. Tristan Berger 04, UA 06; Der kleine Medicus (n. Grönemeyer), m. dems., UA 08, alles Theaterst. – **MA:** Die Deutsche Bühne, Nr.6 94; Theater der Zeit, Nr.5 97; SPOT – Die Festivalzeitung 99; Tatr, Nr.45/00, 54/02; double 14 2/08; XYZ 2/08. – **Ue:** Bruno Stori: Die große Erzählung (Auszug) in: Vorsprechbuch für Schauspielschüler 99; R. Frabetti/M. Ellero: Der Zug und der Regenbogen in: Spielplatz 13 – 7 Theaterst. f. d. Allerkleinsten 00; zahlr. Übers. ital. Kinder- u. Jgd.-Theaterst. seit 92. – **MUe:** Marco Baliani: Die Erinnerung des Gefühls, m. A. Testini in: Kinder- u. Jugendtheater in Italien 96; ders.: Das Staunen, die Zeit und der Körper, m. A. Testini in: Beitr. z. Jugendtheater, H. 3 96. – *Lit:* Sandra Uschtrin (Hrsg.): Hdb. f. Autorinnen u. Autoren, 4. Aufl. 97 f.

Kornbichler, Sabine (geb. Sabine Schlitt), freie Autorin; c/o Droemer Weltbild Verl., München, *www. sabine-kornbichler.de* (* Wiesbaden 24. 1. 57). Limburg-Pr. (2. Pr.) 97; Rom., Kurzgesch. – **V:** Klaras Haus, R. 00; Steine und Rosen, R. 01; Majas Buch 02; Annas Entscheidung, R. 03; Vergleichsweise wundervoll, Erzn. 04; Nur ein Gerücht, R. 05; Im Angesicht der Schuld, R. 06 (auch als Hörb.); Gefährliche Täuschung, Krim.-R. 08; Der gestohlene Engel, R. 08. – **MA:** Herz & Schmerz 00; Jb. d. Werbung 00; Samtnächte 01; Zungenküsse 01; Draußen nur Kännchen 02, alles Anth.

Kornel, Lutz s. Nitzsche-Kornel, Lutz

Kornemann, Heinz; Wolfsburg, Tel. (01 62) 4 13 77 87, Fax (0 53 61) 86 15 92, *Kornemann@ t-online.de*, *www.heinzkornemann.de* (* 11. 1. 49). Rom. – **V:** Kater Max und der Bremer Vulkan, R. 98; Kupferberger Gold, R. 04. (Red.)

Kornfeld, Maria (geb. Maria Königshofer), Präventionstrainerin; Sommersgut 82, A-8253 Waldbach (* Weiz 54). mehrere Lit.kreise u. in d. Steiermark u. im Burgenland. – **V:** Wo Großvaters Atem weht, Erzn. 06; Ein Baum voll Kraft, Lyr. 06 – **MA:** Schneelicht 00; Es wird kundgemacht, Anth. 03.

Korschunow, Irina; Römerstr. 28, D-82131 Gauting, Tel. (0 89) 8 50 29 82 (* Stendal 31. 12. 25). VS, P.E.N.-Zentr. Dtld; Bestliste z. Dt. Jgd.lit.pr. 72, 77, 79, 80, 82, Tukan-Pr. 77, E.liste Silb. Feder 78, Zürcher Kinderbpr. 79, E.liste z. Hans-Christian-Andersen-Pr. 80, Silb. Feder 80, Wilhelm-Hauff-Pr. 81, Roswitha-Gedenkmed. 87, BVK I. Kl. 87, E.gabe z. Andreas-Gryphius-Pr. 88, Das wachsame Hähnchen 93, Bayer. Verd.orden 95, Hertha-Koenig-Lit.pr. 08 u. Kinderb., Erz., Feuill., Fernsehsp., Rom. – **V:** KINDERBÜCHER: Der bunte Hund 59; Heiner und die roten Schuhe 63; Alle staunen über Timm 66; Der Stern, der Berg und die große Stadt 67; Die Wawuschels mit den grünen Haaren 67; Bubulla und der kleine Mann 69; Neues von den Wawuschels mit den grünen Haaren 69; Ich heiße starker Bär 70; Der Zauberstock des Herrn M. M. 71; Der kleine Clown Pippo 71; Duda mit den Funkelaugen 71; Schwuppdiwupp mit der Trompete 76; Steffel und die Autos 68; Niki und die Mumpshexe 69; Die Wawuschels feiern ein Fest 72; Niki und die verschiedenen Stock 73; Ein Auto ist kein Besenstiel 74; Töktök und der blaue Riese 75; Wenn ein Unugunu kommt 76; Stadtgeschichten 76; Eigentlich war es ein schöner Tag 77; Schulgeschichten 78; Hanno malt sich einen Drachen 78; Steffis roter Luftballon 78; Steffi und Muckel Schlapphor 80; Feriengeschichten 81; Maxi ein Pferd besuchen 81; Für Steffi fängt die Schule an 82; Autoge-

schichten 82; Der Findefuchs 82; Kleiner Pelz 84; Kleiner Pelz will größer werden 86; Wuschelbär 90; Merrymaus 92; Wuschelbär hat keine Lust 94; Wenn Tiere träumen 96; Es muß auch kleine Riesen geben 97; Der Silberpfeil u. a. Autogeschichten 99; Nina hat Mut u. a. Trau-dich-Geschichten 00, u. a.; – JUGENDBÜCHER: Die Sache mit Christoph 78; Er hieß Jan 79; Ein Anruf von Sebastian 81; – ROMANE f. ERWACHSENE: Glück hat seinen Preis 83; Der Eulenruf 85; Malenka 87; Fallschirmseide 90; Das Spiegelbild 92; Ebbe und Flut 95; Von Juni zu Juni 99; Das Luftkind 02; Langsamer Abschied 09; (zahlr. Nachaufl. u. Taschenbuchausg., Übers. in insges. ca. 20 Spr.). – **MA:** Mäusemax fliegt um die Welt 73; Grüna und der große Baum 73; Iwan Diwan 74; Blumen gibt es überall 74; Da stieg Micha auf seine rotes Rad 76; Jussuf will ein Tiger sein 78; Zurück ins Schildkrötenland 80; Ich weiß doch, daß ihr da seid 80; Fränzchen Dudel kann einen Schatz 97; Keine Angst vor Mäusen, Teddy 97; – zahlr. Beitr. in Anth. f. Erwachsene u. Kinder sowie in Zss. u. Ztgn.

Korsukéwitz, Sabine (Ps. Sabrina Capitani), Dr.phil., Radiomoderatorin u. Autorin; Tel. (0 30) 8 05 12 28, *sabine.korsukewitz@gmail.com*, *sabine.korsukewitz.googlepages.com/home* (* Berlin 14. 2. 58). Friedrich-Bödecker-Kr. Brandenbg bis 06; DeLiA-Pr. f. d. besten dt.spr. Liebesroman 07 (3. Pl.); Hist. Rom., Kinderb., Sachb., Fernsehbeitr., Hörsp. Ue: engl, frz. – **V:** Die Mugnuffs 85; Betti Bauch taucht unter, Gesch. 88; Prinzessin Rotnase und Prinz Angsthase 91; Robinsons Schatz 93; Traumspuren, R. 96; Muskelschulz und Wolkenmeier 97; Das Lied der Zikaden, R. 98; Zauber des Windes, hist. R. 00; Königin Giovanna, R. 03; Die Weisheit der Steine, Sachb. 03; Das Buch der Gifte, R. 06, Tb. 07, 3. Aufl. 08 (auch span.); Der verborgene Brunnen, hist. R. 08. – **R:** Drehb. u. Beitr. zu: Siebenstein; Löwenzahn; Tobi u. die Stadtparkkids, alles Fs.-Ser. – **P:** Prinz Angsthase + Prinzessin Rotnase 86; Das Schlamperhaus 88; Sternenbonbons 88; Der Glückshändler 89; Guguli, das ängstliche Ungeheuer 90, alles Tonkass.

Kort, Emil, Bauer; c/o Töpferei Kort, Kampehl, Dorfstr. 24, D-16845 Neustadt/Dosse (* 27). – **V:** fach losfahr'n, 2., überarb. Aufl. 96. (Red.)

Korte, Hermann-Anters, Dr. sc.pol., em. UProf.; Kleimannstr. 8, D-48149 Münster, Tel. (02 51) 1 32 19 47, *dreskorte@t-online.de* (* Münster 28. 3. 37). P.E.N.-Zentr. Dtld 85. – **V:** Eine Gesellschaft im Aufbruch. Die Bundesrep. Dtld in d. sechziger Jahren 87; Über Norbert Elias. Vom Werden e. Menschenwissenschaftlers 88, Neuaufl. 97; Zwischen Provinz und Metropole. Essays zur d. Nützlichkeit d. Soziologie 90; Einführung in die Geschichte der Soziologie 92, 7.,erw. Aufl. 03; Utopia. Das Himmelreich auf Erden? 99; Soziologie im Nebenfach, e. Einf. 01; Statik und Prozeß, Ess. 05; – zahlr. wiss. Veröff. – *Lit:* s. auch GK. (Red.)

Korte, Lea, Schriftst.; *leakorte@leakorte.com*, *www. leakorte.com* (* Frankfurt-Hoechst 2. 6. 63). Quo vadis – Autorenkr. hist. Rom.; hist. Rom. – **V:** Die Nonne und den Schwert, R. 07.

Korte, Ralf B.; Lehmbruckstr. 22, D-10245 Berlin, Tel. (01 71) 8 38 95 30, *mcsnake@snafu.de* (* Ulm 12. 9. 63). – **V:** entstandene lücken. mit zwei händen, kurzprosa 94; unter der haut. mehrzweckprosa 97; m.T. baby hold on 98 (m. CD); forward slope. fronttext und fussnoten, Prosa u. Ess. 00. – **MV:** shelter performance group: sound systems caterpillar, m. Alex-

Korte

ander Brückner u. Sylvia Egger, lit. Theorie 96. –
MA: Fuszspuren : Füsze, Anth. 94. – **H:** o.T. rot,
Anth. 98. – **MH:** perspektive, hefte f. zeitgenöss. lit.,
seit 91; o.T. rot, Anth. 97; o.T. gelb, Anth. 97. – **R:**
DAS/EINSTZEILIG/NICHT, m. Sylviy Egger u. Hel-
mut Schranz, Hörtext 95. (Red.)

Korte, Sabine, M. A., Schriftst.; Trogerstr. 24,
D-81675 München, Tel. (0 89) 41 92 98 28, Fax
41 92 98 29, *quinn.korte@gmx.de, www.happy-
birthday-aphrodite.de* (* Dortmund 2. 11. 58). Rom.,
Sachb. – **V:** Pumps und Pampers 93; Zimtküsse 95; Das
Atelier der Engel 97; Reisende in Sachen Liebe 99,
alles R. – *Lit:* s. auch 2. Jg. SK. (Red.)

Korth, Dieter, Dr.; Franz-Wienholz-Str. 26, D-17291
Prenzlau, Tel. (0 39 84) 80 07 21 (* Schwennenz b. Stet-
tin 29. 3. 38). Uckermärkische Lit.ges. 04; Lyr., Erz.,
Hörsp. Ue: frz. – **V:** Ein anderes Blau, G. 01; Der
kleine Wassertropfen, Kdb. 01; Tauchen in Zauberseen,
Erz. 02; Die verborgene Tür, Erz. 04; Wassertröpfchens
Reise nach Vineta, Kdb. 05, 08; Musik aus Seide, G.
07; Angeltage, Angelnächte, Erz. 08; Mittsommerreise,
Erz. 08.

Korthals, Werner P.H. (Ps. Dieter Mertens), Ver-
packungsingenieur i. R.; Tannenweg 22, D-76437 Rastatt, Tel. u. Fax (0 72 22) 2 51 22, *werner.p.h.korthals
@gmx.de* (* Neustettin 15. 7. 24). Akad. f. wiss. Wei-
terbildg Karlsruhe 90; Reiseber., Dokumentarbericht. –
V: Die lange Fahrt, Erlebnisgesch. 67; ... ihre Hilferufe erstickten im Meer, Dok. 88, 3. Aufl. 90; Das verlorene Land 95; Das große Grab auf Meeresgrund 00;
Überwintern auf Teneriffa – Traum und Wirklichkeit,
Dok. 08.

Korthals-Beyerlein, Gabriele s. Beyerlein, Gabriele

Kortina, Liv (Ps. f. Ingrid Bühler-Leinweber), Redaktorin; Terrassenweg 7, CH-6048 Horw/Luzern, Tel.
(0 41) 3 40 30 50, Fax (0 41) 3 40 31 42 (* Tetschen/
Nordböhmen 19. 1. 35). ISSV 80; Horwer Kulturpr.
03; Erlebnisbericht, Kurzgesch., Feuill., Sat., Ged.,
Aphor. – **V:** Mit schwarzem Flügelschlag. Aufzeichnungen über Liebe u. Tod 80, 3. Aufl. 05; Löwenmaul &
Hasenherz. Feuilletons e. Kindheit 80; Aus dir wird nie
eine richtige Frau, Frauenportraits 82; Glück. Ernste,
heitere u. krit. Glücksgedanken, Aphor. 83, 85; Nichts
als ein Mensch zu sein, G., Sprüche, Aphor. 86; Auf den
Kontra-Punkt gebracht, Aphor. 03, 04; Nah am Leben.
60 Jahre Kriegsende u.a. Kolumnen 05. – **MA:** Monatsbl. „bewußter leben" (Red.); Beitr. in. lit. Anth.: Das
Rassepferd, Lyr. 82; Das kleine Buch vom Hoffen 85,
92; Und ER bewegt uns doch 88; Die andere Weihnacht
90; Was ist Glück ...? 1060 Zitate geben 1060 Antworten 91; Schreiben in der Innerschweiz 93; Geschichten
95. – **R:** Aus dir wird nie eine richtige Frau, kabarettist. Lesung, Fs.-Sdg 85; Hörfunk-Sdgn: Löwenmaul &
Hasenherz. Gespr. u. Texte von u. mit Liv Kortina 86;
Treffpunkt mit Liv Kortina 03; 1:1 vor Ort mit Liv Kortina 04 (auch als CD). – *Lit:* Porträts in Ztgn u. Zss.

Kortmann, Christian, Dr. phil., Autor; Agilolfinger-
platz 10, D-81543 München, Tel. (0 89) 44 11 84 90,
kortmann@cablemail.de (* Köln 19. 2. 74). Ess., Rom.,
Erz. – **V:** Urban Safari. Expeditionen in die populäre
Kultur, Ess. 03; Die aus dem Nichts kommende Stimme 06. – **MA:** Deutschland extrem 04. (Red.)

Kortner, Alfred, Dr. phil., Gymnasiallehrer a. D.;
Konrad-Celtis-Str. 45, D-81369 München, Tel. (0 89)
7 60 82 85 (* Karavas/Zypern 15. 9. 32). Theaterst. – **V:**
Pygmalion, Theaterst. 93; Helene 94; Unser Neffe Max
96; Amphitryon 99; Margarete 99; Eduard 00; Meduse
00, alles Kom.; Andrew Jackson Davis – Der Seher von
Poughkeepsie 00; Tod im Wattenmeer 00; Das Mädchen aus München 01; Die Viererkette 01; Herodes At-

tikos 02; Monika 04, alles Theaterst.; Die Mörderkette,
Krim.-St. 04; Putsch in der Sekte, Krim.-St. 05; Peregri-
nos, Theaterst. 07; Gregors Verlobung, Kom. 08.

Kortzfleisch, Siegfried von, Dr. theol., Publizist, Pfarrer; Wallstr. 43, D-23560 Lübeck, Tel.
(04 51) 3 99 89 85, Fax 3 99 93 56, *S-v-Kortzfleisch@
hamburg.de, mail@siegfriedvonkortzfleisch.de, www.
rhetorikmedientraining.de* (* Dresden 5. 7. 29). – **V:**
Verkündigung und „öffentliche Meinungsbildung" 60;
Mitten im Herzen der Massen. Evangelische Orden u.
Klienten d. Kirche 63; Religion im Säkularismus 67;
Türme wollen hoch hinaus 69; Leben in einer guten
Zeit 00. – **MV:** Seelenwanderung – Hoffnung oder Alptraum der Menschen?, m. K. Hutten 62, 66; Seelsorge
in der modernen Gesellschaft, m. E. Müller, H. Stroh
u. a. 64. – **MA:** Die provozierte Kirche 68; Partner
im Entwicklungsprozeß 70; Papsttum heute und morgen 75; Unschuld, die schuldig macht 77; Rechtsstaat
und Christentum 82 II; Scheidewege 85; zahlr. weitere
Buchbeitr.; ca. 400 Beitr. in: Lutherische Monatshefte
70–81; ca. 150 Beitr. in: Dt. Allg. Sonntagsblatt 82–86;
u. a. Ztgn. u. Zss., Feat. etc. im Hfk. – **H:** Kirche in den
Entwicklungsländern 61; Die Antiklerikalen und die
Christen, Ess. 63. – **MH:** Medienkult – Medienkultur, m. Peter Cornehl 93; Aus der Geschichte lernen?,
m. H. Lehming 96; Räumet die Steine hinweg, m. R.
Meister-Karanikas 97; Kirche und Synagoge, m. K.H.
Rengsdorf 68/70, 88 II.

Kos, Michael, M. A., Objektkünstler, Bildhauer, Li-
terat; Göschlgasse 12, A-1030 Wien, Tel. (06 50)
7 98 95 60, *asterion@utanet.at* (* Villach 30. 12. 63).
IGAA 00; Jahresstip. d. Ldes Kärnten 00, Hans-Weigel-
Lit.stip. 00/01, Anerkenn.pr. d. Ldes NdÖst. f. Lit. 03. –
V: Herzversagen, Prosa 00; Die Fasanensichel, Lyr. 02;
Warnungen vor dem Hund, Lyr. 03. (Red.)

Kosar, Walter (Ps. Kosilo), Clown, Schriftst., Dramatiker, Regisseur, Schauspieler, Theatertrainer, Unter-
nehmenstheater „the company stage"; Neudeggergasse
14, A-1080 Wien, Tel. u. Fax (01) 4 08 46 62, *kosart@
utanet.at, www.kosilo.at* (* Wien 18. 6. 47). IGAA, IG
Freie Theaterarbeit, ÖDV, Kulturforum Wiener Wahnsinn; Lit.pr. d. Wiener Festwochen 85, Walter-Nettig-
Pr. 01; Theaterst., Sat., Prosa, Kabarett, Kinder- u. Jugendb. – **V:** Blöde Briefe an g'scheite Leut, Sat. 94;
Theaterst.: Normal ist, was Spaß macht, UA 84; Die Arche Noah, UA 85; C'est la Wien/Mein Leben, ein Frühstück, UA 87; Transfusionale, UA 01. – **MA:** Unruhe
in der Tiefkühltruhe, Anth. 85; Das Feuer von Groß-
gruppen 00; journalist. Arb. f.: Wiener; New Business;
Intern. Wirtschaft.

Koschel, Christine, freie Schriftst., Übers., Hrsg.;
Hämpfergasse 1, D-89073 Ulm. Piazza della Madda-
lena 2, I-00186 Rom, Tel. u. Fax (06) 6 86 53 80
(* Breslau 19. 5. 36). VS, P.E.N. 82, P.E.N. Liechten-
stein; Hieronymus-Ring 83 (m. Inge v. Weidenbaum),
Stip. d. Stuttgarter Schriftstellerhauses 87, Sonderpr. d.
Kulturpr. Schlesien d. Ldes Nds. 93, Villa-Waldberta-
Stip. 03, Heinrich-Ellermann-Stip. 07/08; Lyr. Ue: engl,
ital. – **V:** Den Windschädel tragen 61; Pfahlfuga 66;
Zeit von der Schaukel zu springen 75; Das Ende der
Taube 92; Ein mikroskopisch feiner Riss 00; L'urgenza
della luce 07; Dichterpaare (dt.-ung.) 07, alles Lyr. –
MA: Ingeborg Bachmann u. Paul Celan. Literar. Kor-
respondenzen, 1.u.2. Aufl. 97; Verschwiegenes Wortspiel,
Komm. über Ilse Aichinger 99. – **MH:** Ingeborg Bach-
mann: Werke 78 IV; Wir müssen wahre Worte finden,
Interviews 83; Daß noch tausend u. ein Morgen wird,
Ausw. 86. – **Ue:** Eugenio Montale: Postumes Tagebuch
I 98, II 00. – **MUe:** Oscar Wilde: Das Bildnis des Do-
rian Gray, Ess. Werke, 2 Bde 70; Djuna Barnes: Anti-

phon 72; Bernhard Shaw: Die goldenen Tage des guten König Karl. Phantastische Fbn. 72, alles m. Inge von Weidenbaum. – *Lit:* Maura Del Serra in: Kamen Nr.12 98; Poeti e Poetia Rivista Internazionale Nr.4 05.

Koschinsky, Dagmar (geb. Dagmar Ross) *

Koschinsky, Isa (eigtl. Isa Wicke-Koschinsky), ehem. Verlagskauffrau u. Berufsberaterin; Siebenbürgenstr. 14, D-60388 Frankfurt/M., Tel. (0 61 09) 3 19 10 (* Breslau 29. 9. 36). Erz., Rom. – **V:** Gedanken über eine Reise nach Schlesien 02; Griechin und türkischer Teppich, Geschn. 03; Alma Kothe, R. 08.

Koserow, Barth (Ps. f. Steffen Schulze), M. A. Germ. u. Angl., Dipl.-Dolmetscher, öffentl. best. Dolmetscher u. Übers.; Sasstr. 27, D-04157 Leipzig, Tel. (01 77) 2 44 89 93, *steffen@german-translator.biz, www.barth-koserow.de* (* Leipzig 13. 2. 74). VG Wort; Prosa, Krim.rom. Ue: engl. – **V:** Rosentals Erster, Krim.-R. 98. – **MA:** Zeitpunkt, Kulturmag. 91–93; Andere Straßen – Andere Geschichten 94. (Red.)

Kosian, Wolfgang, Bankangest. i. P.; Seuttergasse 54, A-1130 Wien, Tel. (01) 8 76 98 17 (* Troppau 28. 1. 32). Erz. Ue: engl, ital. – **V:** Nachgedacht in Poesie und Prosa 97. (Red.)

Kosilo s. Kosar, Walter

Koslowsky, Katherina s. Hempel-Soos, Karin

Kosmidis, Dimitris (Ps. Mimis Feréos) *

Kosok, Heinz, Dr. phil., em. Prof. f. Anglistik u. Amerikanistik (Lit. wiss.); Dornröschenweg 2, D-42111 Wuppertal, Tel. (02 02) 72 11 05, *heinzkosok@gmx.de* (* Wilhelmshaven 21. 3. 34). Dt. Anglistenverb. 71, Intern. Assoc. for the Study of Irish Lit. 70; EM d. Dt.-Irischen Ges. Bonn 99, EM d. Intern. Assoc. for the Study of Irish Lit. 03, EM d. Dt. Anglistenverb. 04; Erz., Dramatik, Ess. Ue: engl. – **V:** Jungs, sagte der Igel 00, 01; Gullivers Reisen mit seinem Schiffsjungen Pip 00; lit.wiss. Veröff.: 14 Bücher, ca. 120 größere Fachaufss. in wiss. Zss. u. Sammelbdn in Dtld, GB, Irland, Ungarn, USA, Kanada, Japan, Brasilien, Österreich, u. a.: The Theatre of War 07, Explorations in Irish Literature 08. – **MA:** G., u. a. in: Miscellany 2 76; Ess. in: Geschichte d. engl. Kurzgeschichte 05; New Britain. Politics and Culture 06; SHAW, vol.30 09 u. Ilha do Desterro, vol.53 09. – **R:** Abschied von den Playboys 84; An den Wurzeln der Krankheit 88; Das Jahr der Verschickten 88. – **Ue:** Robertson Davies: Der Kopierer im verschwundenen Zimmer 89. – *Lit:* Twentieth-Century Theatre and Drama in English, Festschr. f. H.K. 99.

Koßmann, Andrea; Riegestr. 137, D-45768 Marl, *kossi@kossis-welt.de, www.kossis-welt.de* (* Marl 26. 7. 69). Lyr. – **V:** Herzgestöber. Gedichte, Sprüche u. Kurzgeschn. rund um die Liebe ... 06.

Kossuth, Leonhard, Hrsg. u. Übers.; Schönholzer Str. 4c, D-13187 Berlin, Tel. u. Fax (0 30) 5 33 73 65, *L. Kossuth@gmx.de* (* Kiew 25. 7. 23). VS/VdÜ; Kunstpr. d. DSF 89, Pr. d. Kasachisch P.E.N.-Clubs 02; Herausgabe, Lit.kritik, Übers. Ue: russ. – **V:** Volk & Welt - Autobiographisches Zeugnis von einem legendären Verlag 02. – **MA:** Sonntag; Berliner Ztg; Die Weltbühne; Das Blättchen; Osietzky; Sowjetlit. (Moskau); TAZ-SCHOLPAN (Almaty). – **H:** Wladimir Majakowski: Ausgewählte Werke, Bd 1–5 66–73 (als Liz.aufl. Frankfurt/M., einzelne Nachaufl.); Justinas Marcinkevičius: Auf der Erde geht ein Vogel, G. 69; Lilli Promet: Ruhender Tiger, Erzn. 75; Olshas Sulejmenow: Im Azimut, Nachdenken, Poeme u. G. 81; Sergej Jessenin: Oh, mein Rußland, G. u. Poeme 82; Rimma Kasakowa: Gedichte 82; Bulat Okudshawa: Romanze vom Arbat 85, 88; Sergej Jessenin: Gesammelte Werke, Bd 1–3 95; ex oriente - Literatur aus dem Osten: Ilia Tschaw-

tschawadse: Die vertauschte Braut 95, Alexander Grin: Purpursegel 95; Bulat Okudshawa: Reise in die Erinnerung 95; Galina Sergejewna Kossuth: Butschaer Tagebuch 01; Niemals hat der Dichter eine Schönere erblickt... 07. – **MH:** Zwei und ein Apfel. Russische Liebesgedichte 65, 67; Oktober-Land 1917–1924. Russische Lyrik d. Revolution 67, beide m. Edel Mirowa-Florin. – **R:** Majakowski – persönlich, Film-Szen. 80. – **Ue:** Michail Lermontow, Wladimir Majakowski, Sergej Jessenin, Bulat Okudshawa, Boris Pilnjak, Wassili Schukschin; Abai, G. 07. – **MUe:** 5 Romane v. Juri Rytchëu, m. Charlotte Kossuth. – *Lit:* Ralf Schröder in: Börsenblatt f. d. dt. Buchhandel 33/83; Sawwa Dangulow in: Sowjetlit. 7/83 (Moskau); Bella Salesskaja in: Voprosy literatury 2/03 (Moskau); Herold Belger in: TAZ-SCHOLPAN 2/03 (Almaty); ders. in: Amanat 6/04 (Almaty); Ainur Maschakowa in: Keruen 1/07 (Almaty).

Kostadinovski, Savo, Poet, Erzähler, Übers.; Vogelsanger Str. 253, D-50825 Köln, Tel. (02 21) 5 46 22 74 (* Botusche/Makedonien 30. 5. 50). VS, S.V. Makedonien, DJV; mehrere Preise u. Auszeichn., u. a. Lit.pr. d. Auswanderervereinig. Makedoniens „Zlanta Gramota" 93; Lyr., Prosa (f. Jugendl. u. Erwachsene). – **V:** Der Sommer in der Heimat 80; Sehnsüchte 89; Ein Vogelkäfig ohne Vögel 90; Kinder der Welt 90; Gedichte 90; Gedichte aus Botuse, Ausw. 92; Gedichte 93; Porece 95; Tausend und eine Nostalgie 01; Poesie für die Poesie 02; Heimatdorf mit Herz 05; Das dritte Jahrhundert, biogr. R. 05; (Übers. ins Serb., Kroat., Rumän. u. Dt.). – **MA:** Beitr. in zahlr. makedon. u. mehreren dt. Anth. – *Lit:* Kölner Autorenlex. 1750–2000, Bd. 2.

Kostajnšek, Maximilian; Geidörflweg 1, A-8430 Leibnitz/Kaindorf a. d. Sulm, Tel. (0 34 52) 8 28 49 (* Bruck a.d. Mur 1. 3. 38). St.S.B. 85–91, Oest. P.E.N.-Club 92–01; Lyr. – **V:** i. d. Reihe „Werkgruppe Lyrik". Bd 14: Jahrzeiten 85; Bd 18: Ortungen 89; Bd 21: Zeitschatten 92; i. d. Reihe „Lyrik aus Österreich". Bd 53: Die ohnmächtigen Ordnungen 91. – **MA:** Lyrik in der Steiermark 1947–1997, Anth.; Dicht auf den Versen, österr. Lyr., Anth. 01; Beitr. in Lit.-Zss. seit 2003.

Koster, Guido Gin (Guido Koster); Zietenstr. 26, D-10783 Berlin (* Trier 62). Arb.stip. f. Berliner Schriftsteller 89, 01, Stip. d. Berliner Senats 93, Stip. d. Stift. Kulturfonds 95, Kleist-Förd.pr. 96, Lit.stip. d. Stift. Preuss. Seehandlung 99; Rom., Dramatik, Hörsp. – **V:** Komedianor; Carmencita; Arcadio. Trunkenes Schiff 86–89; Im Viertel des Mondes, UA 94; Nachklang. Deutsche Farcetten, UA 97; Aufbruch oder 99 Orchestervariationen; das Dirigenten zu entdigeden, UA 99; Indiskrete Blicke, UA 01; Tanzwut. Eine Veranstaltung im Grandhotel Imperial, alles Theaterst. – **R:** mehrere Hsp. seit 90, u. a.: In Sicht nicht mehr als Erinnerung, m. George Tabori; Weint die Treue durch die Nacht; Im Viertel des Mondes; Nachklang; Es muß etwas geschehen; Judith mit dem Haupt des Fälschers; Sehnsucht. Unzensiert 02; Quel beau voyage oder was für eine schöne Reise 04, Es wird das letzte Land vor dem Meer sein 2005; Prosatexte f.d. Hfk-Reihe „Passagen" seit 98; Buchvorstellungen im Hfk seit 98; Kinderhsp. seit 99: Wilma reiste weiter; Linus Luftikuss; Eine unglaublich verrückte Stadtrundfahrt; Robin geht in die Luft; Sally, Onkel Harvey und die ganz geheimen Geheimnisse; Babette im Kaufhaus 03; Timon reist auf dem Campingplatz 04; Weihnachten im Grandhotel 04. (Red.)

Kostgänger, Leise s. Hildebrand, Norbert

Koswig, Eberhard, Dipl.-Germanist, FS-Doz., Reiseleiter; Steinheilstr. 6, D-97080 Würzburg, Tel. (09 31) 2 99 98 19 (* Leipzig 25. 2. 33). Rom., Erz., Kurz-

Kotarski

gesch. – **V:** Damit müssen Sie sich abfinden 97; Kalter Kaffee, R. 05; Die tanzende Tasse, Erz. 07. (Red.)

Kotarski, Carmen, Schriftst., Lehrauftrag f. Sprache d. Figurentheaters; Möwenweg 77, D-70378 Stuttgart, Tel. (07 11) 5 30 28 87, *carmen.kotarski@gmx.de* (* Mannheim 4. 7. 49). VS; Stip. d. Kunststift. Bad.-Württ. 85, Reisestip. d. Förd.kr. dt. Schriftst. in Bad.-Württ. 87, Thaddäus-Troll-Pr. 88; Lyr., Kurzprosa, Ess., Journalist. Arbeit. – **V:** Wolfsgedichte 78, 2. Aufl. 79; Eurydike und die Wölfe, Erz. 78; Spanisches ABC, G. 89; Hans und Maria, Fragment in 9 T., Prosa 91; ich war eine insgeheime Person, Texträume 99. – **MA:** Veröff. in Anth. u. Lit.zss., u.a.: Anders als die Blumenkinder 80; Univers 19/81; Heiligabend zusammen 82; Stuttgart – märchenhaft 86; die horen 89; Alm. Stuttgarter Schriftstellerhaus 1 90; 2 91; 3 93; Erwartungsland 97. – **R:** Schwierigkeiten beim Anfangen 87; Dichten und Reisen 88; Was ist das für ein Wort – Glück? 89, alles Funk-Ess.; Nachts treiben die Bilder, Gespr. z. Poetik u. lyr. Texte 96. – **P:** Sofortlandschatten, m. Reinhard Döhl, poet. Korrespondenz, 64 Vierzeiler in: http://www.geocities.com/Paris/Metro/3379/ wandtext 7.html 98. – *Lit:* Uta-Maria Heim in: Stuttgart live 12/88; Bernd Storz in: Ketchup 12/88. (Red.)

Kothe, Dietrich (Ps. Hannes Kothe-Opperau), Literat, Bildhauer; Stockacker 7, D-86978 Hohenfurch, Tel. (0 88 61) 76 02, *kothe@kotheopperau.de*, *www. kotheopperau.de* (* Opperau 10. 10. 38). Lyr., Epik. – **V:** Männertypen, Erzn. 71; Zeitläufe der Statisten, Erzn. 77; Trebegängers Heiliger Kram, Lyr. 78; Polis und Herzgebau, Lyr. 81; Schizofil und Hüpokrisn, R. 87; SchattenMann, R. 98, 99, als Hörbuch 00; Bärlapper. Ein ländlicher Fortgang, R. 02; Tagesblätter, Lyr. 04; Landpartie oder Auf der Suche sein, Erzn. 07. – **MA:** Weltenschwimmer, Erz. 04; Poetische Porträts, Lyr. 05; zahlr. Beitr. in Lit.zss. – *Lit:* s. auch Kürschners Handbuch der Bildenden Künstler, 1. Aufl. 2005.

Kothgasser, Liesl, Landwirtin; Liedlweg 10, A-8502 Lannach (* Graz 9. 4. 33). – **V:** Unterm Rosenkogel 93; Dahoam 95; Aus da Hoamat, Mda.-G. 01. (Red.)

Kotisch, Günter, Polizeibeamter i. P.; Possingergasse 59/9/15, A-1160 Wien, Tel. (01) 8 02 85 01, Fax u. Tel. (01) 4 93 78 90. Altmannsdorfer Anger 2, Parzelle 36, A-1120 Wien (* Wien 19. 10. 42). Erz., Chronik. – **V:** Von Beamten, Hunden und Menschen, Erz. u. Chronik 05. (Red.)

Kotrba, Walter (Ps. Wilhelm M. Kotrba), Dr. med., Med. Dir. i. R.; Vogelherd 138, D-91058 Erlangen, Tel. u. Fax (0 91 31) 60 18 58, *www.goldenesherz.eu* (* Prag 28. 12. 24). Freundeskr. dt.-tschech. Verständigung, Gründer u. Ehrenvors.; Pr. d. Jan Masaryk „Gratias Agit" 99, E.bürger d. Gem. Křakov/Westböhmen, Stift. d. Versöhnungspr. „Gold. Herz f. Europa" z. 80. Geb.; Lyr., Ethik, Zeitgesch. – **V:** Ruinen der Heimat, G. 48; Knospen, Blüten, Welkende Erinnerung, G. 49; Heimweg, G. 68; Im Strom der Zeit, G. 79; Ein Prager zwischen Krieg und Frieden, Erzn., Biogr., Gedanken z. Zeitgesch., dt./tsch. 00. – **MA:** Jb. dt. Dichtung 78, 79; Prager Wochenblatt 92–96; Český-Böhmen Expres, Monatsmag. 92–96. – *Lit:* Dialogforum, tsch.-dt. 95; Czech Dialogue, Mitteilungsblatt 99; Das Deutsche Schriftstellerlex. 02, 04, 06.

Kotremba, Rudolfine s. Haiderer, Rudolfine

Kott, Charlott Ruth (geb. Charlott Ruth Herrmann), Schriftsetzerin, Malerin, Bildhauerin; Museumstr. 4, D-38100 Braunschweig (* Leipzig 29. 3. 37). GEDOK Nds. 87–04, BBK, Internat. Ges. d. Bildenden Künstler IGBK; Lyr., Erz., Prosa. – **V:** Begegnungen, Künstlerb. 02; Ich werde... Wege der Malerin Ch. R. Kott, Prosa 04; Sternenstaub und Rosenwind, Malerei u. G.

06; Kornäpfel. Kindheit u. Jugend in Leipzig 08. – **MA:** Mit Spürsinn unterwegs, Anth. 05; sowie kleine lit. Arbeiten zu Bildern u. für Ztgn.

Kotte, Henner, Dipl.-Germanist, Red.; Riemannstr. 12, D-04107 Leipzig, Tel. u. Fax (03 41) 2 12 53 10, *henner.kotte@fuenffinger.de*, *henner-kotte. de* (* Wolgast 17. 8. 63). Förderkr. Freie Lit.ges. e.V. Leipzig, Das Syndikat, VS; MDR-Lit.pr. 97, Silb. Schreibtischtäter 01; Krimi. – **V:** Natürlich tot! Ein Jahr Bad. Zwölf Mordsgeschn. 00; Vivace, R. 02; Vergessene Akten. Ungelöste Kriminalfälle 03; Abriss Leipzig, R. 05; Titelhelden, R. 06; Der Tote im Baum, R. 07; Doppelherztod. Ehrlicher ermittelt weiter 08; – THEATER/UA: Schnee vor der Hütten 99; Der Genosse Massenmörder 04; Patientenfest der Volksmusik 05. – **MV:** Mörder, Monster, Menschenfresser 04; Wilderer 05; Mordsarbeit 06, alle m. Christian Lunzer. – **MA:** zahlr. Beitr. in Anth., Ztgn u. Zss., u. a. in: Romanführer (Hiersemann-Verl.), ab Bd 31 95ff.; Zeitpunkt 4/97; BILD Leipzig v. 12.–14.5.97; PädForum 4/99; Landschaft mit Leuchtspuren 99; Grüner Mond 99; Der Turmspringer 99; Unter Leute gehen 99; Tremor 13/00, 14/01, 16/01; die horen 204/01; Artefact 7/01, 8/01; Schreib mal eine Geschichte 01; Blitz 12/01; Deutschbuch 10 02; Das Beste hört sich Scheiße an 02; Auf Augenhöhe 02; Halbe Engel 04, u.v. a. – **H:** Tod im Talk. Der Internet-Krimi 01. – **MH:** u. MV: Klassische & moderne Horrorgeschichten, m. Karl-Ewald Tietz 03. – **F:** Indianerfüße, Kurzf. 01; Fahrerflucht, Kurzf. 03; Beas Vorstellung vom Glück 06. – **R:** Dem Euro auf der Spur, Fs.-Sdg 01; Vergessene Akten, Fs.-Reihe 02–03. (Red.)

Kotté, Margot s. Bérard, Margot

Kotulla, Annemarie (Ps. Anna Zaschke, geb. Annemarie Czaschke), Dr. phil., Schriftst., Übers.; Giselastr. 25, D-80802 München, Tel. u. Fax (0 89) 34 55 42 (* Münster 7. 11. 30). VG Wort 75; Nov., Hörsp., Drehb. Ue: frz, ital. – **V:** Der Cantique de Mesa in Paul Claudels Drama Partage de Midi 64; Männergeschichten 74, 94; Frauenfronten, Erzn. 82, 94. – **MA:** Kürbiskern 1/67, 2/68; Die klassische Sau 86; Wir zwischen Himmel und Erde 92; Freundinnen 95; Ab in die Wüste 98, alles Anth. – **R:** Gemeinplatz 74; Wo liegt Arkadien? 76; Von Frau zu Frau 92. – **P:** Herrenparfum, Erz. in: Die klassische Sau, Hörb. 03. – **Ue:** u. a.: Michelangelo Antonioni: L'Avventura 63; Die rote Wüste 65; Federico Fellini: 8 1/2 63; Oreste del Buono/Umberto Eco: Der Fall James Bond 66; Raffaele Monti: Michelangelo. Die Sixtinische Kapelle, Bildmonogr. 69/70; Luciano Berti: Fra Angelico. Fresken im Kloster San Marco, Bildmonogr. 69/70; Jean Cocteau: Neuübers. d. Bst. als Bühnen-Mss. 78–89; Taschentheater 89. – **MUe:** Theodor Kotulla: Der Film, Manifeste, Gespr., Dokumente 64; Enno Patalas: Spectaculum. Texte moderner Filme 2 64; Franz Norbert Mennemeier: Der Dramatiker Pirandello 66; Peter W. Jansen/Wolfram Schütte: Humphrey Bogart 76; Joseph Losey 77; Pier Paolo Pasolini 77; Roberto Rossellini 87; Freunde der deutschen Kinemathek: Stationen der Moderne im Film 89.

Koumides, Glavkos, Bildender Künstler; Teutoburgerstr. 40, D-50678 Köln, Tel. (02 21) 37 43 18 (* Nicosia/Zypern 13. 2. 50). Lyr., Erz. Ue: gr. – **V:** Von Stiftern und Anstiftern, Erz. 95; Verrückte Kausalität, Lyr. 01.

Kovacs, Franz Friedrich, Kaufmann, div. Tätigkeiten in versch. Berufen; Zeltinger Weg 5, D-66113 Saarbrücken, Tel. (06 81) 75 47 29, *f-kovacs@web.de* (* Saarbrücken 15. 9. 49). VS 93, Saarländ. Künstlerhaus, Melusine, lit. Ges. Saar-Lor-Lux-Elsass 07; Lyr., Aphor., Kurzprosa. – **V:** Kälteschauer 89; Betonsymphonie 93; Schmetterlinge überm Rattennest 00, al-

714

les Lyr.; Die Einsamkeit der Sonde auf einem fernen Planeten, Kurzgeschn. 1987–2002 02; Der Zusammenbruch des Marathonläufers auf der Zielgeraden, Kurzgeschn. 05. – **MA:** Beitr. in Anth. u. Zss. seit 90, u. a. in: Die Neue Gesellschaft/Frankfurter Hefte 90; Glashaus 91; Pegasus 3/92, 1/93, 2/93, 1/94, 3/94; L.O.G. 66/94, 71/96, 83/99, 90/00, 93/01, 98/02, 100/03, 103–104/04, 108/05, 109/06, 113–114/07, 116/07; Müllers, Mag. 97–08; Gegenwind 11/97, 13/99, 14/99, 16/01, 17/02, 19/03, 20/04, 21/05, 22/06, 23/06, 24/08; Ort der Augen 2/07; Gegengift; Chiffre; Laufschrift; Kulturherold; Ventile; Feuerprobe. – *Lit:* Müllers, Mag. 01; Lev Detelta in: L.O.G. 98/02, 114/07.

Kovarik, Paul, Grafik-Designer i.R.; Paschingerstr. 12/1, A-4060 Leonding, Tel. (07 32) 67 70 11 (* Wien 4. 2. 37). Rom., Ess., Lyr. – **V:** Rudigier, R. 84; Die Blumen des Dominikus Savio, Kdb. 92; Der heilige Antonius von Padua 95; Petrus Canisius – Retter der Kirche 97; Juliana Weiskircher, die Stigmatisierte aus der Nähe Wiens 04, alles Biogr. – **MA:** Lyr. u. Beitr. in relig. Zss. – **R:** Lyr.beitr. u. a.m. (Red.)

Kowall, Arvid, Dr. rer. nat.; c/o TRIGA-Verl., Herzbachweg 2, D-63571 Gelnhausen (* Essen 3. 4. 58). Rom., Erz. – **V:** Loki, Linas, Pinguin, Faust. Deutsche Notizen, Textcollage 98; Nur ein paar Tage zwischen Nordsee, Ruhr und Ganges, Erz. 00. (Red.)

Kowalski, Jörg, Schriftst.; Wittekindstr. 11, D-06114 Halle, *www.kowalski.jsj@t-online.de* (* Halle/S. 26. 12. 52). VS; Anna-Seghers-Stip. 89; Lyr., Hörsp., Ess. – **V:** Vertrauliche Mitteilung 85; Türen 87; November in Antonin 90; Inschrift auf weißem Papier 91, alles G.; Arkanum, G. u. Kalligramme 93; Palimpsest, G. 96; Tinius oder die Bibliothek im Kopf, Krim.-Erz. 98; Hyle, G. 01; Fraktale, G. 02. – **MA:** zahlr. Beitr. in Anth. u. Lit.-Zss. seit 75, u. a. in: ndl, Sinn und Form, Das Gedicht, Text + Kritik. – **MH:** Common Sense. Alm. f. Kunst u. Lit. seit 87; Mein Zahn Riesengroß 87, beide m. Ulrich Tarlatt; Rauhnachtträume, m. Ulrich Tarlatt u. Hans-Ulrich Prautzsch 89; Des Kaisers Bart, m. Ulrich Tarlatt 90; WortBild – visuelle Poesie in der DDR, m. Guillermo Deisler 90; Diva in Grau, m. Dagmar Winklhofer 91, alles Anth. – **R:** Hsp.: Leerer Raum 81; Weitergehen ... 90. – *Lit:* Volker Hebestreit: Vertrauen in d. Mitt. in: ndl 2 86; Sabine Schulz: Mitteilen od. Verstummen in: Temperamente 1 86; Dmitry Bulatov: Visual poetry. The 90s 98.

Kowalski, Laabs (auch Morrison Lewis, eigtl. Michael Laabs), Verleger, Drehb.autor, Schriftst.; Ahornweg 1, D-50827 Köln, Tel. (02 21) 2 76 14 51 23, *Laabs Kowalski@netcologne.de* (* Dortmund 3. 8. 63). VS 99; Bayer. Fs.-Pr. 95, Lit.pr. Ruhrgebiet (Förd.pr.) 00, Dt. Fernsehpr. 04; Rom., Lyr., Erz., Fernsehen/Kino. Ue: am. – **V:** Taximann, R. 98; Banner der Venus, R. 98; Meine Seele ist ein verlaustes Hotel 99; Laabs but not least ..., Kolumnen 00; Das Herz ist ein Cowboy auf einem epileptischen Pferd, G. 01; Jesus, John Lennon, all die anderen Verlierer und ich, G. 01; Ich, Jesus, Scharlatan, R. 01, 03; So kriegt man alle Frauen rum, Comics u. Sat. 01; Wie ein Schmetterling auf dem Hintern einer lächelnden Frau, Erzn. 02; Tage im Umbruch, R. 03; Das Fanal des James Peterson Floyd, R. 06; Yeah, Yeah, Yeah. 50 Jahre Pop & Rock, sat. Sachb. 06; Eine kurze Geschichte über Liebe und Tod 07; Reise der Lampenschirme durch den Kongo, R. 08 (unter Ps. Brasse Hering); Notizen eines Erzidioten – Die seltsamen Tagebuchaufzeichn. d. John-Henry Picasso Matisse, Sat. 08. – **MV:** 101 Gründe, kein Fernsehen zu gucken, m. Jens Klocke, Sat. 99, 00; Königsblut – American Bar, m. Christoph Heitmann, Georg Weyers-Rojas u. Dagmar Schönleber

02. – **H:** Die Hirse. Comics, Stories & Gedichte, Gedichte, Nr. 1 – 20 82–99; Aale, Comix 98; Christoph Heitmann: Fußball für Kenner 02. – **MH:** Die Quasten an den Zipfeln der Kleider, m. Christoph Heitmann u. Georg Weyers-Rojas 03. – **P:** Knackige Prosa, Lesung live, CD 02.

Kowalsky, Kurt s. Holzinger, Hubert W.

Kowalsky, René; Schüttaustr. 20, A-1220 Wien, *rene.kowalsky@chello.at* (* Wien 29. 9. 78). – **V:** Der Blitz des Kismet, R. 06.

Koydl, Wolfgang (Ps. Maxim Gorski); c/o Süddeutsche Zeitung, Sendlingerstr. 8, D-80331 München, Tel. (0 89) 21 83 04 54, *wolfgangkoydl@yahoo.com.* 6 Heatherdale Cl., Kingston, KT2 7SU/GB (* Tübingen 24. 5. 52). – **V:** Gebrauchsanweisung für Ägypten, Erz. 89, 2. Aufl. 91; Gebrauchsanweisung für Deutschland, Erz. 96, 3. Aufl. 99; Istanbul, Bilbd 97, 2. Aufl. 98; Der Bart des Propheten, Erzn. 98, 3. Aufl. 99; Gelobt sei der Hl. Staat. Türkische Tragikomödien 01; John Kerry. Eine neue Politik f. Amerika?, Biogr. 04; Fish and Fritz. Als Deutscher auf d. Insel 09.

Kožik, Christa, ehem. kartograph. Zeichnerin, Schriftst., Filmautorin; Stahnsdorfer Str. 73, D-14482 Potsdam, Tel. u. Fax (03 31) 70 78 47 (* Liegnitz 1. 1. 41). Lit.-Kollegium Brandenbg, Friedrich-Bödecker-Kr. Brandenbg, Gemeinsch. z. Förd. d. Kinderlit., Filmverband; Nationalpr. f. Kunst u. Lit. d. DDR II. Kl., Alex-Wedding-Pr. 91, Hauptpr. (Kinofilm) b. Kinderfilmfestival „Goldener Spatz" 97, div. Pr. auf intern. Filmfestivals; Lyr., Film, Kinderb. – **V:** Moritz in der Litfaßsäule, Kdb. 78, 8. Aufl. 06; Poesiealbum, G. 81; Der Engel mit den goldenen Schnurrbart, Kdb. 83, 94; Ein Schneemann für Afrika, Kdb. 83, 95; Tausendundzweite Nacht. G. 88, 89; Kicki und der König, R. 90, 97; Gritta vom Rattenschloß 91; Gritta von Rattenzinhausbeiuns 94; Der verzauberte Einbrecher, Gesch. 94; Philipp und der Katzentiger, Kdb. 01; Tausendunddritte Nacht, G. 01; Trompeten-Anton oder das Geheimnis des silbernen Tons, Kdb. 03; (Übers. insges. in: schwed., dän., ung.). – **MA:** Begrenzt glücklich – Kindheit in der DDR 92; Berliner Kindheit im 20. Jh., Anth. 07; sowie G. in weiteren Anth. – **F:** Philipp, der Kleine 76; Ein Schneemann für Afrika 77; Sieben Sommersprossen 78; Trompetenanton 80; Moritz in der Litfaßsäule 83; Gritta vom Rattenschloß 85; Hälfte des Lebens 85; Grüne Hochzeit 89; Friedrich und der verzauberte Einbrecher 97, alles Spielf. – **R:** Der verzauberte Einbrecher, Kinderhsp. 98.

Koziol, Andreas; lebt in Berlin, c/o Druckhaus Galrev, Berlin (* Suhl 8. 1. 57). Stip. d. Dt. Lit.fonds 91, Stip. d. Stift. Kulturfonds 99, E.gabe d. Dt. Schillerstift. 05. – **V:** mehr über rauten und türme, G. 91; Bestiarium Literaricum 91; Sammlung, G. u. Prosa 96; Ein Buch der Schlafwandlungen 97; Lebenslauf, e. Poem 99; Frühjahre, e. Verserz. 01; Anpassungen. Vierundfünfzig multiple Redensarten 04. – **H:** Abriss der Ariadnefabrik 90; Schilda Komplex. Aus d. Nachlaß v. Uwe Greßmann 98. – **Ue:** John Barton Epstein: VEGA 96. (Red.)

Kraack, Renate (Ps. Renate K. Luther, eigtl. Renate Kraack-Luther), med.-techn. Assist. i.R.; Roter-Brach-Weg 6a, D-93049 Regensburg (* Narva/Estland 24. 1. 33). Christl. Erz. – **V:** Goldene Kindertage, Erzn. 79, ungekürzte Orig.ausg. 00; Ziehende Wolken, Erzn. 83; Ich singe das Herrschinger Lied 90, 2. Aufl. 92; Rosen aus dem Meer 91; Sie lebten und sie starben 91; Allein, mein Gott mit Dir 92; Kindlich durchs Leben 93; Zarte Maiglöckchen 96; Die deutsche Schule in Narva 1919–1939 99. – **MA:** Nordost-Archiv 19, H. 83/84 86. – **H:** Wohnkomfort, Brosch. 07.

Kraak

Kraak, Wolfgang, Hochschullehrer f. Techn. Akustik i. R.; Regensburger Str. 21, D-01187 Dresden, Tel. (03 51) 4 72 60 10, *w.kraak@web.de* (* Sorau 23). Rom., Ess. – **V:** Zwischen den Moränen 03; Der Dulder im Tunnel 03; Der absurde Kongress 03, alles R. (Red.)

Kracht, Christian, Schriftst. u. Journalist; c/o Eggers & Landwehr KG, Berlin, *christiankracht@hotmail.com, www.christiankracht.com* (* Saanen/Bern 29. 12. 66). Axel-Springer-Pr. f. junge Journalisten 93. – **V:** Faserland, R. 95; Der gelbe Bleistift, Reiseber. 00; 1979, R. 01 (Übers. in 8 Spr.); New Wave. Ein Kompendium 1999–2006 06; Ich werde hier sein im Sonnenschein und im Schatten, R. 08. – **MV:** Ferien für immer, m. Eckhart Nickel 98; Tristesse royale 99; Die totale Erinnerung. Kim Jong Ils Nordkorea, m. Eva Munz u. Lukas Nikol, Bildbd 06; Metan, m. Ingo Niermann 07; (Übers. insges. in 14 Spr.). – **H:** Mesopotamia, Anth. 99. – **P:** Hörbücher: Liverecordings 99; Faserland 00; 1979 02; Das Sobhraj Quartett 04; Das Jagdgewehr v. Y. Inoue 05; Frühstück bei Tiffany v. T. Capote 07. – *Lit:* Jörg Döring u. a. (Hrsg.): Verkehrsformen u. Schreibverhältnisse 96; DLL, Erg.bd V 98, u. a.

Krack, Maschi (Marlis Krack), Autorin u. Fotografin; Brehmweg 42a, D-22527 Hamburg, Tel. (0 40) 49 35 76 (* Neumünster 11. 4. 48). – **V:** Dunkler Vogel, G. u. Erzn. 95. – **MA:** Zs. Spielen u. Lernen 6/94; Frischer Wind-Anth., T.2 95; Weihnachts-Anth. 99; Anth. d. Realis-Verl. I u. II 99; Nationalbibliothek. dt.sprachigen Gedichtes 99. (Red.)

Krähenbühl, Peter, Dr. rer. pol., Betriebswirtschaftler, Soziologe; Graffenriedstr. 5, CH-3074 Muri b. Bern, Tel. (0 31) 9 51 23 89 (* Zwingen/BE 25. 6. 43). Be.S.V.; Buchpr. d. Stadt Bern 85; Lyr., Chanson. – **V:** Zwischen zwei Welten, G. 68; Git's äch das?, berndt. Chansons 74; Sonnenwende. G. zu Jazz 81; Lichtscherben – Poetische Spuren einer Erblindung, G. 84; neumond, G. 89; Schwarzlicht, G. 93. – **MA:** die Wüste gesetzt, Lyr. 67; Berner Chansons ab Blatt, Chansons u. Lyr. 69; Die Berner Trouvères. Ein Chansonalbum 74; Mys nächschte Lied, Chansons 76; Bärndütsch, Mda.-Texte 79; Heitere Schweiz, humorist. Texte 76; Zeitloses Bern, Fotos u. G. 81; Behindertenkalender 1982, G. 81; Mitten in einen Vers, Chansons 86; Am Himmel zieht das Licht der Nacht, Lyr. 88; Mit em Velo dür d Aare, Chansontexte 92. – **P:** Berner Chansons 8; Git's äch das 68; Berner Chansons 17: Nüüt 72; Chansons 73; Kollektion 73; Was i no ha wölle säge, Chansons 75; Schweizer Chansonniers und Dritte Welt, Chansons 75; Schweizer Mundart, Stadt Bern 76; Stägetritte, Chansons 81.

Krämer, Klaus, Lyriker; Fritz-Brandt-Weg 11, D-40593 Düsseldorf, Tel. (0 22 11) 7 00 91 66, (01 72) 2 66 82 88 (* Düsseldorf 5. 52). Lyr., Erz. – **V:** So gehobelt wird ..., Geschn. 90, 91; Klaus Krämers Neue Werkstattgeschichten 91. – **MV:** Kosovo. Der Alltag, m. Markus Lüpertz, Zeichn. u. G. 00. – **MA:** Das große Buch d. kleinen Gedichte 98; Herma Körding: Düsseldorfer Köpfe 00; Der Mongole wartet, Zs., Nr. 1–9. (Red.)

Krämer, Marlies, Soziologin; Wiesenstraße 38, D-66280 Sulzbach/Saar, Tel. u. Fax (0 68 97) 8 90 30 (* Illingen/Saar 28. 12. 37). Teilnahme 'Lyr.pr. St. Wendel 03'; Ged., Lyr., Erz. – **V:** Supermarkt Frühlingswiese, Erz. 02; Aus Liebe zur Wirklichkeit, G.; Wirbel im Blätterwald 03; Tausend und ein Frauenleben 04. – **MV:** Wenn politische Frauen kuren..., m. Dolly Hüther 92. – **MA:** Unter meiner Haut 03; Mundart modern; QueerBeet, alles Anth. – **P:** Supermarkt Frühlingswiese, Musical, UA 03 (auch CD m. Liedtexth.). (Red.)

Krämer, Renate, Dipl.-Psych.; Hilblestr. 40, D-80636 München, Tel. (0 89) 1 78 35 94, *info@renatekraemer.com* (* Halberstadt 17. 12. 38). VG Wort 91, Paul-Klinger-Sozialwerk 99; Lyr., Belletr. – **V:** Auf Dich ist Verlaß, G. 78; Neun Passepartouts und Hölderlins Hund, 2 Erzn. 97; Nachts, Prosa 98; Das Leben lang, R. 99; Bleibende Erinnerungen, Erz. 00. – **MA:** Merkur 77; Jahresring 78–79 78; In diesem Lande leben wir 78; Viele von uns denken noch ... 78; Jb. für Lyrik I 79, II 80; Wieder vereinigt. Neue dt. Liebesgeschn. 05; Lettre International 3/07. – *Lit:* Ilse Braatz in: Gegner, Zs., 9/01.

Krämer, Sabine M., Autorin, Altenpflegerin; c/o Rhein-Mosel-Verlag, Ed. Schrittmacher, Bad Bertricher Str. 12, D-56859 Alf/Mosel (* Trier 31. 3. 72). Förd.kr. dt. Schriftst. Rh.-Pf., VS; Martha-Saalfeld-Förd.pr. 95, Förd.pr. z. Kunstpr. d. Ldes Rh.-Pf. 97, Amsterdam-Stip. d. Künstlerhauses Edenkoben, Stip. Künstlerdorf Schöppingen 00; Rom., Erz., Hörsp. – **V:** Hurensohn, Lyr. 96, 97; Vor Morgen, Erz. 99; Wie immer, Erz. 06. – **MA:** Rheinl.-Pfälz. Jb. f. Lit., seit 95; Völkerfrei. 25 Jahre Krautgarten, Anth. 07.

Krämer, Thomas, Schriftst.; Arenberger Str. 8, D-56182 Urmar, Tel. u. Fax (02 61) 6 59 51, *kraemerth@gmx.de* (* Bendorf/Rhein 18. 10. 67). FöK 87, Lit.-ver. Südthür. 91, Intern. Künstlergemeinsch. Bussana Vecchia 94, 95 95, Ldesvors. seit 98, Friedrich-Bödecker-Kr., Ldesvorst. seit 97, Dichtungsring Bonn 00, Vorst.mitgl.; Stip. d. Auswärt. Amtes u. d. VS 97, Pr. d. Lit.-Zs. „Convorbiri literare", Iasi/Rum., f. Übertragung rum. Gegenwartslyr. seit 07; Lyr., Liedtext, Kurzprosa, Erz. Ue: dt, ital, engl. – **V:** Die Stunden des Sammlers, Lyr. 89; Wohliges Halbdunkel, Kurzprosa 92; Stillaub – Herbstleben, Lyr. 97 (rum. 04); Um Antwort wird gebeten, geistl. Lyr. 97; Mord Land Fluß, Krim.-Erz. 97; Der Romantische Rhein, Reiseführer 02; Formloser Antrag auf Schnee, Lyr. 04. – **MA:** Eisblume violett 88; Am keltischen Stein 90; Inländer Ausländer Freunde 92; Der Morgen nach der Geisterfahrt 93; Aufatmen Aufstehen Weglaufen 95, alles Anth.; – Zss.: Cronica; Romania Literara; Antiteze (alle Rumänien). – **MH:** Schreibkraft, Lit.zs. 86–92; „Edition Schrittmacher", m. Marcel Diel, Sigfrid Gauch u. Arne Houben, 4 Bde im Jahr, ab 04; – Anth.: Zusammenflüsse 93; Abgenutzter Engel, m. Francisca Ricinski-Marienfeld 03. (Red.)

Krämer, Uschi, Dipl.-Hdl., StudR.; Am Schulhof 2, D-27404 Zeven, Tel. (0 42 81) 21 12, Fax 43 22. Am Parkhaus 2, D-49356 Diepholz (* Duisburg-Meiderich). Schrieverkring Oldenburg, Schrieverkring f.d. Kr. Diepholz, FDA, Arb.kr. Ndt. Theaterautoren e.V.; Pr. v. Radio RSH u. Ohnsorgtheater, Preise v. NDR; Kurzgesch., Theater, Sketch. Ue: engl, russ. – **V:** Hest 'n besten Tiet för mi 81; Föhr mit mi in Omnibus 85; Vun Wiehnachten un Snee 86; Spinndönz 87; Dat is jo lachhaftig 88; In de Schummerstünn 88; Bi Boddekoken un 'n Tass Kaffee 89; Boddermelk un Klüten 91; Platt – dat is wat! 92; Domols bi Oma un Opa 93; Is dat nix, 15 pldt. Spielwitze 94; Wo schöön wöör doch de Kinnertiet 94; Uns un Deerns in ole Tieden 95; 'n beten Freid för jeden Dag 96; Witte Handschen 96; Vör Gericht 96; Dat grode Geschäft 98; Hart op Ies 98; Ick oder Se 99; Regenkaffee 99; De zerstörte Schönheit 00; Alte Schachteln/Ole Schateken 02. – **MV:** Kiek mol öber'n Tuun, m. Jonny Sinnig 83, 88. – **B:** Tennessee Williams: Die Glasmenagerie, Übertr. ins Ndt. 96. – **MA:** Beitr. (überw. ndt.) in 21 Anth.; zahlr. Veröff. in Zss. – **R:** über 100 Kurzgeschn. im Radio Bremen u. NDR Radio Nds. seit 82. – *Lit:* Who is who im Ldkr. Rotenburg/Wümme. (Red.)

Kraft

Kraft, Claus Martin; Wikingerstr. 5, D-81549 München (* Stuttgart 23. 8. 57). Dramatik. – **MV:** – THEATER: Feuerzauber, UA 90; Der Traum ist aus, UA 92; Geliebt – gelobt – verlassen, UA 93; Daidalos oder Die Kunst zu bleiben, UA 96, alle m. Ursula Obers. – **F:** Erpressung und Schweigen, m. Ursula Obers u. Mechthild Gaßner, Drehb. 99. (Red.)

Kraft, Dieter, Theater-Therapeut, Dramaturg, Regisseur; Schwedter Str. 47, D-10435 Berlin, Tel. (0 30) 4 49 63 97, *dekraft@t-online.de* (* Chemnitz 7. 9. 50). Lyr., Dramatik. – **V:** traumhaft, Theaterst. 85; Sponsai, Theaterst. 89; traumhaft. theater zinnober, Dok. 91; Nichts. Meer, Erz. 00. – *Lit:* H.L. Arnold: Die andere Sprache 90; Harald Müller: DDR-Theater d. Umbruchs 90; Barbara Büscher/Carena Schlewitt: Freies Theater, Dok. 91; Petra Stuber: Spielräume u. Grenzen, St. 00. (Red.)

Kraft, Gerda, Erzieherin; Wüstrathstr. 5, D-47829 Krefeld, Tel. u. Fax (0 21 51) 45 18 43, *kraft.gerda@freenet.de* (* Fulda 2. 5. 49). Erz. – **V:** Ich habe Pipi, Erz. 02. (Red.)

Kraft, Gisela, Dr. phil., Schriftst.; Windischenstr. 14, D-99423 Weimar, Tel. u. Fax (0 36 43) 40 01 07, *leila.sophia@web.de, www.gisela-kraft.de* (* Berlin 28. 6. 36). P.E.N. 87; Weimar-Pr. 06; Lyr., Prosa, Ess. Ue: türk. – **V:** Die Überfahrt des Franziskus, Laiensp. 77; Eines Nachts in der Zeit, G. 79; Wovon lebt der Mensch, Laisp. 80; Die Schlange Gedächtnis, M. 80; Istanbular Miniaturen, G. 81; Aus dem Maukar-Diwan, G. 83; Schwarzwild, Prosa 83; Müllname, Prosa 84; An den zeitlosen Geliebten, G. 85; Katze und Derwisch, G. 85, erw. Neuaufl. 89; Prolog zu Novalis, R. 90; Sintflut, M. u. Träume 90; West-östliche Couch, Noten u. Abh. 91; Keilschrift, G. 92; Zu machtschlafener Zeit, postpolit. Fragment 94; Madonnensuite, Romantiker-R. 98; Prinz und Python, G. 00; Rundgesang am Neujahrsmorgen, e. Familienchronik 01; Schwarz wie die Nacht ist mein Fell, G. 01; Matrix, G. 03; Planet Novalis, R. 06; Aus Mutter Tonantzins Kochbuch, G. 06. – **MA:** zahlr. Beitr. in: Info3; Palmbaum. – **H:** Räderzeit, Lyr. 88. – **R:** Sivas – Stadt der verbrannten Dichter, Radiodok. 93; Kann ein Müllgeist Angst haben?, Übersetzer-Not. 96. – **Ue:** Aras Ören: Privatexil, G. 77; Deutschland ein türkisches Märchen, G. 78; Mitten in der Odyssee, G. 80; Die Fremde ist auch ein Haus, Poem 80; Vasif Öngören: Die Küche der Reichen, Sch. 80; Nazim Hikmet: Unterwegs, Sch. 81; Yunus Emre/Pir Sultan Abdal: Mit Bergen mit Steinen, G. 81; Fazil Hüsnü Dağlarca: Komm endlich her nach Anatolien, G. 81; Brot und Taube, G. 84; Bekir Yildiz: Südostverlies, Prosa 87; Nazim Hikmet: Die Liebe ein Märchen, Sch. 87; Marja Krawcec: Ralbitzer Sonntag, G. 93; Nazim Hikmet: Die Namen der Sehnsucht, Lyr. 08. – **MUe:** Nazim Hikmet: Bleib dran Löwe, m. Horst Wilfrid Brands, Poeme 84; Aziz Nesin: Surname. Man bittet zum Galgen, m. Semiramis Aydinlik, Prosa 88. – *Lit:* Franz Josef Görtz in: Innenansichten 87; Wilhelm Bartsch in: Sinn u. Form 39 87; Detlev Krumme in: Walther Killy (Hrsg.): Literaturlex., Bd 7 90; Regine Möbius: Autoren in den neuen Bundesländern 95.

Kraft, Peter, Dr.; Kopernikusstr. 22/13/93, A-4020 Linz, Tel. (07 32) 34 87 15 (* Wien 27. 8. 35). MAERZ, P.E.N., IKG; Lyr., Prosa, Ess., Sachb. – **V:** Die freigelassenen Worte, Lyr. 89; Medusenschild. Gedichte zu Holzschnitten v. Felix Dieckmann 06; Schnee, der nicht gefriert, Aufzeichn. 06; – Monogr. u. a.: Der Künstler Helmuth Gsöllpointner 01. – **MA:** Stadtbuch Linz 93; Bildende Kunst 1945–1955 Oberösterreich 95; Gsöllpointner – Objekte u. Plastiken 1955–1995 95; Auf den zweiten Blick Linz 97; Facetten, Jb.; – Ztgn u. Zss.:

ObÖst. Kulturbericht; Blickpunkt ObÖst.; Salzburger Nachrichten (Theaterrez.). – **R:** Lyrik, Erzn. u. Ess. im ORF. (Red.)

Kraft, Ruth (Ps. f. Ruth Bussenius); Barnimstr. 18, D-10249 Berlin, Tel. u. Fax (03 37 62) 7 11 24 (* Schildau, Kr. Torgau 3. 2. 20). ver.di, VS Brandenbg, VG Wort; Theodor-Fontane-Pr. 67, Lit.pr. d. Demokr. Frauenbundes 85; Hörsp., Film, Jugend- u. Kinderb., Rom., Erz. – **V:** Die Wunschlaterne, M. 48; Rüben, Säfte und Kristalle, Jgdb. 49; Dumdideldei, Kinderlieder 50; Lutz und Frosch und wie sie alle heißen, Kdb. 50, 53; Die Schildbürger, Libretto f. Kd.-Oper 51, 98; Janni vor dem Mikrofon, Jgdb. 54, 55; Insel ohne Leuchtfeuer, R. 59, 06 (auch poln., tsch., slow., ung., weißruss. u. als Hörb.); Usch und Thomas an der See, Kdb. 60; Usch und Thomas im Ferienlager 62; Usch und Thomas im Spielzeugland 64; Menschen im Gegenwind, R. 65, überarb. 93, 02 (auch poln., tsch., slow., ung.); Gestundete Liebe, R. 70, 81 (auch tsch. u. slow.); Träume im Gepäck, Erz. 72, 74; Solo für Martina, R. 78, Tb. 02; Unruhiger Sommer, R. 80, 86; Die Kunst, Damen zu empfangen, Erz. 83, 87; Leben von der Pike auf, Erinn. 00, 06. – **MV:** Aufbruch zur Quelle – Bilder aus dem Dahmeland, m. Fotos v. Marianne Motz, Bildbd 95. – **MA:** Ein bunter Jahresring, Kunstkal. f. Kinder 53, 54; Mein erstes großes Buch, Anth. f. Kinder 54; Erste Ernte 55; Die Wundertüte, Anth. f. Kinder 55, 2. Aufl. 56; Von Fips, Kathrinchen und anderen Kindern 56; Der erste Augenblick der Freiheit 70; Stimmen einer Stadt 71, 81; Eine Rose für Katharina 71; Sehreise nach Indien 75; Berliner Schriftsteller erzählen 76; Mir scheint, der Kerl lasiert 78, 81; Die Fontäne 80; Vom Geschmack der Wörter 80; Brennesselsuppe und Hiatiti 83; Mecklenburg – Ein Reiseverführer 83; Mein Vater – meine Mutter 87. – **H:** Das Schildbürgerbuch von 1598 (auch bearb. u. m. e. aktuellen Nachw. vers.) 53–55, 04; Schnick – schnack – Dudelsack. Alte u. neue Kinderreime 54, 61. – **F:** Das Gespenst im Dorf 55; Vom Hansl und anderen Spielsachen 55; Der See im Glase 56. – **R:** Zahlr. Hsp. u. Hsp.-Bearb. f. Kinder-, Schul- u. Jugendfunk; Solo f. Martina, Fs.szenarium 80. – *Lit:* Kleine Enzyklopädie Die Frau 61; Lex. dt.spr. Schriftsteller 72; Kurze Gesch. d. dt. Lit. 81.

Kraft, Thomas, Dr., freier Lit.kritiker, Ausstellungsmacher, Ghostwriter, Autor u. Organisator kult. Veranstaltungen; *mail@thomas-kraft.net, www.thomas-kraft.net* (* Bamberg 6. 3. 59). VS Bayern (Vors. seit 05). – **V:** Fahnenflucht und Kriegsneurose. Gegenbilder z. Ideologie d. dt.spr. Lit. nach d. Zweiten Weltkrieg 84; Jurek Becker: Jakob der Lügner (Komm.) 00; Musils Mann ohne Eigenschaften 00; Schwarz auf weiß. Warum die dt.spr. Lit. besser ist als ihr Ruf 05; Zwischen Bratwurst und Barock. Fränkische Besonderheiten 06; Jakob Wassermann, Biogr. 08. – **MV:** Michael Ende und seine phantastische Welt. m. Roman Hocke 97; München literarisch. 40 Jahre Tukan-Preis, m. Kathrin Hillgruber 05; Spaziergänge durch das Franken der Literaten u. Künstler, m. Klaus Gasseleder 08. – **MA:** Aufss. u. Rezensionen in: SZ; NZZ; Frankfurter Rundschau; Financial Times Dtld; Tagesanzeiger; Tagesspiegel; Tageszeitung; Rhein. Merkur; Freitag; Die Welt; Stuttgarter Ztg; Darmstädter Echo; Badische Ztg; Literaturen; Lit. & Kritik; ndl; Hannoversche Allg. Ztg; Landshuter Ztg; Fränkischer Tag; Wespennest; Donaukurier; Stuttgarter Nachrichten; Nürnberger Nachrichten. – **H:** Edgar Hilsenrath – Das Unerzählbare erzählen 96; Oskar Maria Graf: Ich schwebe von Dingen geschaukelt und lebe mich wund 96; Aufgerissen. Zur Literatur d. 90er 00; Lexikon der deutschsprachigen Gegenwartsliteratur 03 (als CD-ROM 05); Beat Stories, Anth. 08. – **MH:**

717

Krahe

Anpassung und Utopie. Beiträge z. lit. Werk Oskar Maria Grafs, Franz C. Weiskopfs, Anna Seghers' u. August Kühns, m. D.-R. Moser 87. – **P:** Panorama der deutschen Literatur. Zeitgenössische Lit. 1945–2000, CD-ROM 02.

Krahe, Susanne, Schriftst.; Klosterstr.55, D-59423 Unna, Tel. (0 23 03) 2 27 59, *info@susanne-krahe.de, www.susanne-krahe.de* (* Unna 27.11.59). VS 92; Hsp. d. Monats März 97, Robert-Geisendörfer-Hfkpr. 01, Lit.pr. d. Landkr. Dillingen 05; Lyr., Kurzprosa, Erz., Rom., Hörsp. – **V:** Tolle Jahre, Lyr. 81; Umkehrungen, G. 86; Das riskierte Ich. Paulus aus Tarsus, biograph. R. 91; Auf Maulbeerbäumen sitzt es sich nicht sehr bequem 96; Blinden-Blick. Reisen in das beschädigte Leben 96; Die Letzten werden die Ersten sein 97; Ermordete Kinder u. a. Geschichten von Gottes Unmoral 99; Adoptiert: Das fremde Organ 99; Rahels Rache 00; Der defekte Messias 02; Aug' um Auge, Zahn um Zahn? 05. – **MA:** div. Veröff. in theolog. u. literar. Zss. u. Anth. – **R:** Schattengeburten 96; Ein Fremder im Spiegel 97; Grenzgang, Hsp. 97; Symbiose, Hsp. 97; Die Fütterung, Hsp. 98; Dies ist ein Test, Hsp. 99; Das Blindenspiel, Hsp. 00; Lisabetha, Hsp. 00; zahlr. Beitr. im Kirchenfk d. WDR, NDR u. SWR sowie literar. Sdgn im BR u. HR. (Red.)

Krainhöfner-Fink, Annette (Annette Krainhöfner), Illustratorin; Schönlind 21, D-95111 Rehau, Tel. u. Fax (0 92 87) 5 03 06, *fink.a@gmx.de, annette-krainhoefner-fink.de* (* München 18.12.62). Jugendrom. – **V:** Rebecca und der Schatz der Nofretete 06; Rebecca und das Geheimnis des Tempelritters 08.

Krajewski, André, Schriftst., Lektor, Verlagsdienstleister; Kieselstraße 21, D-42119 Wuppertal, *Andre.Krajewski@gmx.de, www.andre-krajewski.de* (* Wuppertal 2.11.67). Sonderpr. d. Jury b. Lit.wettbew. d. Trude-Unruh-Akad.; Rom., Erz., Kurzgesch. – **V:** strg+alt+entf, R. 07. – **MA:** Heute wir, morgen Ihr 06; Janus-Mädchen 07; Mordsjahr (Arb.titel) 09, alles Anth.

†**Krajewski,** Theophil, Dr. med., Facharzt; lebte in Merzig (* Neunkirchen/Saar 4.5.16, † Merzig 11.4.07). FDA, Dt. Haiku-Ges.; Med. Lyr.-wettbew. 'Die Rose' 82, Aufn. v. 3 Haiku-Bändchen i. d. Haiku-Museum Tokio; Lyr. – **V:** Der Rosenhag, G. 82; Die Blaumeise, Tanka u. Haiku 87; Der Sichelmond, G. 88; Der Augenfalter, Kurz-G. 93; Der Birkenschleier, Kurz.-G. 94; Die Duftwolke, G. 98; Berliner Skizzen, G. 00. – **MA:** zahlr. Lyrik-Beitr. in dt., öst., poln., jap. u. amerikan. Lit.zss. u. Anth., u. a. in: Slady stop wiatru, Anth. (Krakau) 96; Topos, Lit.zss. (Sopot) 1/96; Kleiner Literaturkurier 13/98. – **H:** Die Bewährung, Anth. 42. – *Lit:* T. Brenner in: Saarbrücker Ztg v. 16.4.98.

Krall, Ralph, Student, Nachhilfelehrer, Musiker; lebt in Regensburg, c/o Verlag Neue Literatur, Jena (* Wolfratshausen 12.6.82). Rom. – **V:** Erinnerungen. Sie sind es, die aus mir Menschen machen, R. 04.

Kramberg, Karl Heinz (Ps. Dixi), Schriftst., Journalist; Auenstr. 104 A, D-80469 München, Tel. (0 89) 7 25 56 66 (* Dortmund 15. 2. 23). Ernst-Hoferichter-Pr. 89, Friedrich-Märker-Essaypr. 93; Erz., Ess., Fernsehfilm, Hörbild, Lyr. – **V:** Der Clown. Marginalien zur Narretei 56; Werters Freuden. Die Erziehung eines Epikureers, R. 57; Geständnisse eines Lesers, Ess. 88. – **MV:** Der Lügenspiegel, m. Karl Rauch, Ess. 58; Lieber in Lappland. E. Hüttenbuch, m. Maria Kramberg 72, 73. – **H:** Sade: Kleinere Schriften 65; 34 x verbotene Liebe, Anth. 67; vorletzte Worte. Nachrufe zu Lebzeiten 69; Marryat: Das Geisterschiff, R. 70; Kindersachen, Leseb. 81. – **MH:** Casanova: Memoiren 57. – **R:**

Die Peitsche der Vernunft, ein Porträt des Marquis de Sade; Muotkatunturi, eine lappländ. Wanderung; Nach Barra Head, eine Reise durch Schottland; Ultima Thule, Aufzeichn. in Island; Das andere Licht, eine arkt. Idylle; Garten der Folter, nach dem R. v. Mirbeau; Die Verlobten vom Tränensee – E. Geschichte aus Lappland, alles Fsf.; Der Winkel, F. aus dem Bayer. Wald; Mein Freund der Oberpfälzer, Heimatf.; Das verräterische Herz, Die schwarze Katze (beide n. E.A. Poe); Der Mann mit dem Falken (nach Boccaccio) 81; Werthers Reise (n. Goethe) 82; Einer von den Vermißten (n. Ambrose Bierce) 83; Napoleon – König der Köche (n. Sternheim) 84; Der Wanderer zwischen beiden Welten (n. Walter Flex) 85; Das unsichtbare Kind 86; Nichts ist wie es ist, alles lit. Filmerzn.; ; Lieber in Lappland 89; Der Ring (n. Paul Heyse) 90; Die Gyßlingstraße oder der Weg dorthin 91; Merkwürdiges Beispiel einer weiblichen Rache (n. Schiller) 91; zahlr. Hb. u. Radio-Ess. (Red.)

Kramer, Bernd (Ps. Robert Halbach, F. Amilié), Autor u. Verleger; Braunschweiger Str. 22, D-12055 Berlin, Tel. (0 30) 6 84 25 98 (* Remscheid 22. 1. 40). Kurzgesch., Sachb. – **V:** Aus der Liebe eines Tau-Geni-X 97; mehrere Sachb. – **MA:** zahlr. Beitr. in: die strassenzeitung; zytti; Der Gegner. – *Lit:* s. auch SK. (Red.)

Kramer, Jens Johannes, Ethnologe, Islamwiss.; Lindenallee 72, D-20259 Hamburg, Tel. (0 40) 4 39 34 55, *JJKramer@web.de* (* Cuxhaven 18. 6. 57). – **V:** Die Stadt unter den Steinen, R. 00; Das Delta, R. 07. – **MA:** zahlr. Kolumnen in: Cosmopolitan, seit 06. – **P:** Liebesgeflüster 06; Erotische Berührungen 06; Liebesspiele 06; Liebesfantasien 06, alles Hör-CDs m. Nina Kramer. – *Lit:* Dirk Göttsche in: German Life and Letters 56/03.

Kramer, Lars, Psychiatriepfleger; Mendestr. 13, D-28203 Bremen, Tel. (04 21) 2 21 69 69, *kramer_lars@web.de, www.larskramer.de* (* Bergen/Rügen 28. 12. 79). Dichterforum keinverlag.de 04; Lyr. – **V:** Papiersoldaten 06; Zickenzoff im Märchenland 07. – **MA:** Lyrikbeitr. in: Ostseezeitung 97; SechzehnSeiten Nr.2 05 u. 3 06; herz.rhythmus.störung, Lyrikanth. 07.

Kramer, Thomas, Privatdoz. Dr.phil., Wiss. Assistent; Grunewaldstr. 70, D-10823 Berlin, Tel. (0 30) 4 45 48 75, *thomas.kramer@rz.hu-berlin.de* (* Zeitz 16. 9. 59). – **V:** Das Mosaik-Fan-Buch. Die ersten 89 Hefte d. „MOSAIK VON HANNES Hegen" 93; Das MosaikFanBuch. Zweiter Teil. Die Hefte 90 bis 223 d. „MOSAIK VON HANNES Hegen" sowie unveröff. Textgrundlagen 96; Die Lesebiographie eines Autors und das literarische Produkt. Lothar Dräger u. der DDR-Comic „Mosaik", Habil.schr. Humboldt-Univ. Bln 01, bearb. Veröff. u. d. T.: Micky, Marx u. Manitu. Zeit- u. Kulturgesch. im Spiegel d. DDR-Comics 55–90 02. – **MA:** Auswahl: Th. Kramer/M. Lehmstedt: Abgründe u. Hintergründe 95; Geschichte.Erziehung.Politik 2/96; Schwäbische Heimat 4/96; Berliner Blätter 15/97, 22/01, 25/01; Kultur u. Technik, Zs. d. Dt. Museums 3/97; M. Sabrow (Hrsg.): Verwaltete Vergangenheit 97; M. Lehmstedt (Hrsg.): Leipziger Jb. z. Buchgeschichte, 7. Jg. 97; A. Lüdtke/P. Becker (Hrsg.): Akten, Eingaben, Schaufenster 98; Barck/Langermann/Lokatis (Hrsg.): Zwischen „Mosaik" u. „Einheit" 99; H.-H. Ewers/U. Nassen u. a. (Hrsg.): Kinder- u. Jugendliteraturforsch. 1999/2000 00; Humboldt-Spektrum 1/01, 3/05; K. Brodersen (Hrsg.): Crimina. Die Antike im mod. Kriminalroman 04; C. Roxin/H. Schmiedt u. a. (Hrsg.): Dt. d. Karl-May-Ges. 03; I. Stark (Hrsg.): Elisabeth Charlotte Welskopf u. die Alte Gesch. in d. DDR 05; Hdb. Geschichte d. Kinder- u. Jugendlit. d. DDR, Teilbd SBZ/DDR 1945–1990 (vorauss. Erscheinen 2006). (Red.)

Kramer, Veronika (geb. Veronika Kastori), Lehrerin a. D.; D-59939 Olsberg (* Belgrad 19. 2. 38). Christine-Koch-Ges. 98, Sisters in Crime (jetzt: Mörderische Schwestern) 00; 2. Pr. „Summer-Love-Story" Bertelsmann 97, Pr. d. Bonner Buchmesse Migration 01, 1. Pr. Lit. Stadt Völklingen; Rom., Krimi, Lyr., Erz. – **V:** Veras Fluchtpunkte, R. 01; Rachesommer, Sauerland-Krimi 05; Todesgeheimnis, Krimi 06. – **MA:** Auf den Spuren d. Zeit 99; A 45 – längs der Autobahn u. anderswo 00; Jahrhundert d. Migration 00; Zuhause ... in der Fremde, Bde 1 u. 2 01; Wortspiegel 01; Begegnungen, gemalte u. geschriebene Worte 01; Mord ist die beste Medizin 04. – **R:** „Lyrik am Abend" in Radio Sauerland. – **P:** Lyrik am Abend, CD. (Red.)

Kramlovsky, Beatrix Maria (geb. Beatrix Maria Burian), Schriftst., Malerin, Graphikerin; Spargelfeldgasse 14, A-2102 Bisamberg, Tel. u. Fax (0 22 62) 6 20 07, *Beatrix@Kramlovsky.at, www.kramlovsky.at* (* Steyr 11. 12. 54). IGAA 87, 1. Wiener Lesetheater 94, Das Syndikat 97–07, Podium 00, Sisters in Crime (jetzt: Mörderische Schwestern) 00, Präs. 05–07; Anerkenn.pr. d. Ldes NdÖst. 97 u. 08, Hans-Weigel-Lit.-stip. 03/04, Schweizer Arb.stip. f. Lit. d. Ldes NdÖst. 06, Artist in Residence, Paliano 07; Prosa, Rom., Short-Story, Erz., Dramatik. – **V:** Das Chamäleon, N. 90; Eine unauffällige Frau, Geschn. 96; Das Risiko, Krim.-R. 97; Angeln in Zwischenräumen, Sch. 00; Auslese, Krim.-R. 02; Die Erde trägt ein Kleid aus Worten, Prosa 04. – **MA:** Beitr. in Anth.: ... sah aus, als wüßte sie ... 90; Sidesteps 94, Tb. 97; Der Bär ist los 98; Mit Katzenzungen 98; Frauen schreiben Widerstand 00; Das Kreuz am Sonntag 00; Katz- u. Kratzgeschichten 00; Female Science Faction 01; Wetterbericht (Podium 121/122) 01; Mord am Freitag 02; Flossen hoch! 03; Ellery Queen's Crimes Mystery Magazine 03, 05; Die Winterreise 04; Tatort Wien 04; Mord in der Kombüse 05; Tödliche Torten 05; Passport to Crime (New York) 07; Südliche Luft 08; Pizza, Pasta und Pistolen 07; Literatur und Wein 08; Liebe, Lust & Lösegeld 08, u. a.; – in Lit.zss.: Rampe; Spektrum; Lit. aus Öst., u. a. – **H:** SDRASTI. Bulg. Jugendliche präsentieren sich Österr. 08. – **R:** Short Stories f. ORF u. WDR 5 seit 77, u. a.: Im Schatten des Feuers 00; So im Vorüberwehn 00. – **P:** Mord im Weinkeller. Fruchtiger Abgang, 2 CDs 08. – *Lit:* Lucie Horáková: Frauenkrimis an Beispielen von B.M.K. und Elfriede Semrau, Univ. Brünn 07.

Kramorz, Roman, Techniker; In der Marlache 35, D-61130 Nidderau, Tel. (0 61 87) 2 40 69, *Roman. Kramorz@t-online.de* (* Friedberg/Hessen 10. 3. 58). Erz. – **V:** Gedankenverloren, Erz. 05. (Red.)

Kramp, Ralf, Karikaturist, Schriftst.; Augustinerstr. 4, D-54576 Hillesheim, Tel. (0 65 93) 99 86 68, Fax 99 87 01, *RalfKramp@aol.com, www.ralfkramp.de* (* Euskirchen 63). Das Syndikat, Agatha-Christie-Soc.; Eifel-Lit.pr. (Förd.pr.) 96, Kulturpr. d. Kr. Euskirchen 02; Krim.rom. u. -erz. – **V:** Tief unterm Laub 96; Spinner 97; Rabenschwarz 98; Wenn Goldfinger rauskommt, Kinderkrimi 99, Neuaufl. 03; Der neunte Tod 99; Still und starr 00; Kurz vor Schluß 01; ... Dann sterben muß David!, Krim.-R. 01; Malerische Morde 02; Ein Viertelpfund Mord 03; Hart an der Grenze 03; Ein kaltes Haus 04; Totentänzer 06; Nacht zusammen 06; Der doppelte Professor, Kinderkrimi 08. – **H:** Mord After Eight 99; Der Ferienkrimi 00, 01, 02; Mit 66 Jahren, da fängt das Morden 01; Der Tod klopft an 01; Der Tod tritt ein 02; Mörderisch kalt 02; Sport ist Mord 02; Frühling, Sommer, Herbst und Mord 03. – **MH:** Abendgrauen, m. Manfred Lang, Anth., Bd 1 99, Bd 2 01, Bd 3 06. (Red.)

Kramp, Sigurd Ingo, Beamter; Wismarer Str. 5, D-23758 Oldenburg/Holst., Tel. (0 43 61) 51 40 80, *Sigurd Kramp@aol.com* (* Solingen 20. 5. 60). Rom., Erz., Kinderb. – **V:** Trübes Wasser, Kurzgesch. 02; Die Ofenmännchen, R. 03. (Red.)

Krampitz, Karsten, Red., freier Autor, Aktionist; Christinenstr. 31, D-10119 Berlin, Tel. (0 30) 4 48 75 71 Ullstein Verl., Berlin (* Rüdersdorf b. Berlin 69). Alfred-Döblin-Stip. 04; Ged., Erz., Rom. – **V:** Rattenherz, Erzn. 95; Affentöter. Ab heute wird zurückgeschrieben! 00; Der Kaiser vom Knochenberg, R. 02, Tb. 04. (Red.)

Kraneis, Michael (Ps. f. Joachim Moeller), Staatl. gepr. Hochbau-Techniker, Maurer, Gartenarchitekt; Bahnhofstr. 19, D-63517 Rodenbach, Tel. (0 61 84) 5 09 35 (* Rückingen 13. 8. 44). VS 77; Stip. d. Dt. Lit.-fonds 86, Kulturpr. d. Main-Kinzig-Kr. 89; Lyr., Kurzprosa, Rom. – **V:** Lichttücher, Lyr.-Fotogr. 76; Spurrillen, G. 77; Indien, Porträt einer Reise 80; Im Gras der gemeinsamen Wüste, Erz., G. 82; Baumkinder, Erz. 84; Erde und Himmel, R. 88. – **MA:** Tage wie Tau, G. 81; Poetisch rebellieren 82; Lyrik und Kurzprosa Kasseler Autoren 77; Wortgewalt – Lyr. u. Prosa hess. Autoren 80; natur, Horst Sterns Umweltmag. 2/82; Angst vor Unterhaltung, Dicht. u. Sprache, Bd 5 86. – **H:** Das große Lesebuch der Freundschaft 93; Piraten und Korsaren, Geschn. 97. (Red.)

Kraneis, Oskar, Dr., StudDir.; Dorfweiler Str. 12, D-61350 Bad Homburg, Tel. (0 61 72) 3 23 67 (* Aachen 16. 3. 26). – **V:** Jost, der Schäfer 02; Jost, der Handelsmann 03; Jost, der Flüchtling 03; Jost, der Medicus 04; Jost, der Unbesiegbare 05; Jost, der Diplomat 06; Jost, der Adlige 08.

Kranert, Klaus, Dr. Ing.; Marschweg 34, D-22559 Hamburg, Tel. (0 40) 81 54 53, *Klaus-Ingrid.Kranert@ gmx.de* (* Ellrich 29. 9. 34). Rom. – **V:** Schicksalhafte Grenze 06; Segeln in den Ruhestand oder wahre und unwahrscheinliche Erlebnisse rund um Europa 06; Als Kuckuck im sozialistischen Nest 07; Der lange Kampf um Freiheit und Liebe 08.

Kranz, Gisbert (Ps. Kris Tanzberg), Dr. phil.; Erster-Rote-Haag-Weg 31, D-52076 Aachen, Tel. (02 41) 6 18 76 (* Essen 9. 2. 21). EM New York C.S. Lewis Soc., EM Ovid-Ges. Bukarest, Thomas-Morus-Ges., Inklings-Ges., Präs., Dante-Ges., Charles-Williams-Soc., George-MacDonald-Soc., Dorothy L. Sayers Soc., Kogge 76–84; Dt. Fantasypr. 97; Ess., Lit.kritik, Biogr., Lyr. Ue: engl, frz, ital, span, dän, schw, ndl, lat. – **V:** Der Mensch in seiner Entscheidung: Die Freiheitsidee Dostojewskis, Ess. 49; Farbiger Abglanz, Ess. 57; Elisabeth von Thüringen, Biogr. 57, 79 (auch engl., ung.); Politische Heilige, Biogr. 58, 59, 63 III; Gertrud von le Fort als Künstlerin 59; Bischof Ketteler, Biogr. 61; Europas christl. Lit. 61–68 II, 88; Thomas More, Biogr. 64; Augustinus, Biogr. 67, 94 (auch slow., tsch.); Das göttliche Lachen, Ess. 70; Liebe und Erkenntnis, Ess. 72; Siebenundzwanzig Gedichte interpretiert 72; Sie lebten das Christentum, Biogr. 73, 83 (auch ital. frz., engl., dän.); Epiphanien, G. 75, 76 (auch engl., rum.); Gertrud von le Fort: Leben und Werk in Daten, Bildern und Zeugnissen 76, 3. Aufl. 94; Herausgefordert von ihrer Zeit: Sechs Frauenleben 76; Engagement und Zeugnis: Elf Lebensbilder 77; Lex. d. christl. Weltlit. 78; Freie Künste, G. 78 (auch ung., schw., engl., ndl.); Schmunzelkatechismus 78, 11. Aufl. 05; Was Menschen gern tun: Essen und trinken, singen, lachen, dichten und denken, lieben und erkennen, Ess. 79, u. d. T.: Menschsein in Freude 89; Martin und Prado, G. 81; Bilder und Personen, G. 81; Das Bildgedicht 81–87 III; Johann Michael Sailer, Biogr. 82; Studien zu C.S.

Krapf

Lewis 83; Frédéric Ozanam, Biogr. 83; Niederwald und andere Gedichte 84 (auch ndl., rum., chin.); Meisterwerke in Bildgedichten 86; Das Architekturgedicht 88; Menschsein in Freude, Ess. 89; Begegnungen mit Dichtern, Ess. 90; Eine kath. Jugend im Dritten Reich, Erinn. 90, Neubearb. u. d. T.: Jugend unterm Hakenkreuz 08; Kafkas Lachen, Ess. 91; Tolkien in aller Welt 92; Die Inklings-Bibliothek 92; Warum wurden sie Despoten?, Biogr. 92 (auch slow.); Thomas von Kempen, Biogr. 93; Morde im Wald, Krim.-Fälle 94, 02; Von Aschoka bis Schuman, Biogr. 96; Zwölf Frauen, Biogr. 98; Zwölf Reformer, Biogr. 98; Zehn Nothelfer, Biogr. 99; Zwölf Kirchenmänner 00; Acht Despoten, Biogr. 00; G.K. Chesterton: Prophet mit spitzer Feder, Ess. 05; Plädoyer für Heiligenleben 06; Christliches in der Weltliteratur, Lit.empfehlungen 07. – **MA:** Festschr. f.: R.O. Wiemer; Eugen Biser; Denis Conlon; Kurt Herberts; Eduard Buess; Barbara Reynolds; Bernd Jaspert; Johannes Paul II., u. a.; G. u. Prosa in zahlr. Anth., Sammelwerken, Zss., Schulb. sowie im Inklings Jb. – **H:** G. v. le Fort: Die Frau des Pilatus 62; Englische Sonette, Anth. 70, 81; C.S. Lewis, Stories 71; Christliche Pointen 71; Gedichte auf Bilder: Anthologie und Galerie 75, 76; Deutsche Bildwerke im deutschen Gedicht, Anth. 75; Heiligenlob moderner Dichter, Anth. 75; Dome im Gedicht, Anth. 75; Bildmeditation der Dichter: Verse auf christl. Kunst, Anth. 76; Inklings Jb. f. Lit. u. Ästh. 83–06. – **MH:** Inklings Jb. 93–06. – **R:** Feat. u. Rdfk-Ess. f. dt. u. ausländ. Rdfk-Anstalten. – **Ue:** G. von: Aafjes; Achterberg; Alberti; Alhau; Aragon; Auden; Ausonius; George Barker; Barrett-Browning; Baudelaire; Bellmann; Belloc; Bjørnvig; Bottrall; Brooke; Browning; Burns; Byron; Carducci; Clemo; Cocteau; Coleridge; Corso; Cowper; Cummings; D'Annunzio; Darío; Day-Lewis; De la Mare; Donne; Durrell; Éluard; Emmanuel; Gautier; Gongora; Guillevic; Gunn; M. Hamburger; HeathStubbs; Heidenstam; George Herbert; Hopkins; Jonckheere; Ben Jonson; Jouve; Keats; Kirkup; Lerner; C.S. Lewis; Lindegren; G. MacDonald; Machado; MacNeice; Marino; Maritain; Marvell; Milton; Molière; J.H. Newman; Ezra Pound; Proust; D.G. Rossetti; Chr.G. Rossetti; Setterlind; Shakespeare; Shelly; Sodenkamp; Southwell; Spenser; Statius; Sully Prudhomme; R.St. Thomas; Thwaite; Verhaeren; Verwey; Villaespesa; Vondel; Wilbur; Wilde; Ch. Williams; Wivel; Wordsworth; Yeats; G.K. Chesterton: Heitere Weisheit, ernste Späße, Aphor. 88; Charles Williams: Die Arthur-Gedichte 91. – **Lit:** H.M. Werhahn: G.K. – das Werk: Einf., Kritik, Bibliogr. 71; Spektrum d. Geistes 76; H. Verlinde in: Yang 76; Petra Urban in: Literar. Portr. 91; Von und über G.K. 91; Elmar Schenkel in: Kafkas Lachen (m. Bibliogr.) 91; Christina Hofmann-Randall: Das G.-K.-Archiv. Kat. d. UB Eichstätt IV. Die Nachlässe Bd 2 96; The Intern. Who's Who in Poetry; Rudolf Peyer in: Poetische Galerien 96; Westfäl. Autorenlex., Bd 4 02.

Krapf, Heinz Wolfgang, Dr., Chemiker, Autor; In der Schleit 5, D-67269 Grünstadt, Tel. (0 63 59) 16 89 (* Plauen 2. 6. 40). Förd.kr. dt. Schriftst. Rh.-Pf. 04, Lit. Ver. d. Pfalz 04; Kurzgesch., Sketch. – **V:** Was wer'n denn da die Leute sagen!, Kurzgeschn., Sketche 05, 2., veränd. Aufl. 06. – **MA:** Pfälzer Geschichten von Vadder und Mudder 03; Löwin sucht ... 04; Eltern haften für ihre Kinder! 08.

Krass, Stephan, Lit. red., Autor; Erwinstr. 26, D-79102 Freiburg, Tel. u. Fax (07 61) 7 72 11, stephan.maria.krass@web.de, www.stephan-krass.de (* Ochtrup/Westfalen 9. 9. 51). Lyr., Textinstallation. – **V:** Tropen in Tau. Permutation, Anagramm-G., 1.u.2. Aufl. 02; Lichtbesen aus Blei. Gewichtete

Gedichte 04. – **MA:** Deutsche Erinnerungsworte, Ess., Bd 3 01; Beitr. in: Kunstforum; Merkur. – **H:** Th. W. Adorno, Gespräche, Tonkass. 99; Niklas Luhmann, Vorträge, 4 CDs 00; Karl Heinz Bohrer, Vorträge, 2 CDs 01. – **R:** Alles ist gesagt, Hsp. 03. – *Lit:* Robert Gernhardt in: Frankfurter Poetikvorlesungen 2001, 02. (Red.)

Krassa-Dienstbühl, Grete; Töpferstr. 4, D-36088 Hünfeld, Tel. (0 66 52) 24 13 (* Scheibbs 19. 1. 33). Med. d. Stadt Hünfeld 83, Bdesverd.orden 83, Kultur-Ehrenpr. d. Stadt Hünfeld 98; Lyr., Erz. – **V:** Von dir zu mir ... 70; Zeit zwischen Licht und Schatten 74; Nicht so weit von dieser Welt 78; Wie Sonne auf Glas, Lyr. u. Prosa 81; In den Laubhütten unserer Zeit, Impress. 84; In den Pfauengärten unserer Verblendung, Lyr. u. Prosa 92; Was ich Dir noch sagen wollte, Lyr. u. Prosa 03. – **MA:** versch. Anth. Wien u. Westdeutschland; zahlr. Lesungen. (Red.)

Krassnig, Friederike; Neubaugasse 7, A-8750 Judenburg, Tel. (0 35 72) 8 69 66 (* Judenburg 28. 3. 31). Prosa, Lyr. – **V:** Voll Flug ist die Sonne, Lyr. 90; Das Pfauenblau meiner Sprache, Lyr. 92; Wunder des Waldes I, Lyr. 93; Luna candida 94; Korallenbaum, Lyr. 95; Wunder des Waldes II, Lyr. 97; Nacht des Widders, Lyr. 99/00. (Red.)

Kratschmer, Edwin, Prof., Dr. phil., Lit. wiss., Publizist, Schriftst.; Viehtreibe 6, D-07333 Unterwellenborn, Tel. (0 36 71) 61 21 66, kratschmer8 @aol.com, www.edwin-kratschmer.de.vu (* Komotau/Böhmen 9. 6. 31). Kunstpr. d. Bez. Gera; Prosa, Lyr., Ess., Nachdichtung. – **V:** Habakuk oder Schatten im Kopf, R. 01; Das ästhetische Monster Mensch, Ess. 02; Blaurausch, R. 08. – **B:** Ludvík Kundera: Berlin 00 (auch mitübers.); Gottfried Meinhold: Die Grenze 00, beides Erzn. – **MA:** Interpretationen Erzählungen, Bd 2 (Reclam) 00; Reclams Romanlex., Bd 5 00. – **H:** Und Mut gehört zum Wort, Anth. 64; Offene Fenster, Anth. 67; Literatur + Diktatur 92; Poesie und Erinnerung 98; Humanum Literatur 01, alles Poetik-Vorl.; Jürgen Fuchs: Schriftprobe, G. 01. – **MH:** Offene Fenster, 2 70, 3 72, m. Margret Kratschmer, 4–8 74–85, m. Margret Kratschmer u. Hannes Würtz; Ich nenn mein Problem, m. Bernd Jentzsch 71, alles Anth. – **R:** Das mehrfache Leben des Habakuk, Hfk-Feat. 02. – **MUe:** Marco Aguinis: Der Zauberschuh, Erz. 96. – *Lit:* Ulrich Zwiener in: Zwischen gestern u. morgen 98; Dt. Schriftst.lex. 02; Udo Scheer in: Wärmestrom in bleierner Zeit 06; Zofia Wóycicka in: Karta 48 06.

Kratzer, Hertha, Dr. phil.; Schindlergasse 3a, A-1180 Wien, Tel. u. Fax (01) 4 78 17 08, herthakratzer @A1.net (* Bruck an der Leitha 28. 5. 40). Literar-Mechana; Öst. Staatspr. f. Kinder- und Jugendliteratur. Ue: engl. – **V:** Die großen Österreicherinnen, 90 Porträts 01; Die unschicklichen Töchter, Frauenporträts 03; Donausagen 03; Rheinsagen 04. – **H:** Wien im Gedicht 01; Österreich im Gedicht 02. – **Ue:** Werke von: E.W. Hildick, Christine Pullein-Thompson, Patricia Windsor, Pamela Melnikoff, Hilary Ruben, u. a. (Red.)

Kratzert, Armin, Journalist, Schriftst.; St.-Anna-Str. 13, D-80538 München, arminkratzert@yahoo.de (* Augsburg 57). VS; Rom., Lyr., Theater. – **V:** Der Senn. Reise in 7 Tagen von der Alm nach Passau, ein Gesang 98; Gothik. Nachrichten vom Ende der Welt, R. 99; König Ludwig Love Sensation 02; Playboy, R. 04. (Red.)

Kratzl, Karl Ferdinand, Kabarettist; c/o Agentur Hoanzl, Arbeitergasse 7, A-1050 Wien, agentur@hoanzl. at (* Wien 27. 11. 53). Salzburger Stier 92, Förd.pr. d. Dt. Kabarettpr. 92. – **V:** Au! Schau. Himmel, Jö!, Kurzgeschn. 00; Fleischfisch. Dialoge, Quadrologe, Sexologe 06; – THEATER/UA: Justus Neumann erschlägt sich mit dem Bügeleisen, m. Justus Neumann 01; Parzifal 02. – **MV:** Schlappi, Bilderb. m. Helga Bansch, Bd 1 04, Bd 2 05. (Red.)

Kratzmann, Horst, Dipl.-Betriebswirt im Ruhestand, Hobbyhistoriker; Haydnstr. 16, D-61130 Nidderau, Tel. (0 61 87) 2 59 85, *horstkratzmann@yahoo. de, www.horst-kratzmann.de* (* Tetschen 6. 1. 40). – **V:** Das Vermächtnis des Keltenfürsten, hist. Kurz-R. 03, 3. Aufl. 04; Geschichte der Ritterorden 05; Hessen in der Antike 06; Der große Bauernkrieg 07; Kampf ums Heilige Land 08. – **MA:** Sternstunden, Anth. 05.

Kraus, Carla, Mag. iur., Dr. iur., Dr. iur.; Märzstr. 49/10, A-1150 Wien, Tel. (01) 9 83 56 12 (* Wien 23. 12. 40). IGAA, Ö.S.V., Übersetzergemeinschaft, American Biograph. Inst. ABI, E.mitgl. d. Intern. Writers and Artists Assoc. IWA u. d. Intern. Women's Review Board; Preise d. Intern. Soc of Greek Writers Athen: Papadiamantis-Pr. 01, Sokrates-Pr. 01, Lit.pr. 04, Pr. im Mozartjahr f. Leistungen auf d. Gebiet d. Dichtkunst 06, – Editors Choice Award Nat. Library of Poetry, USA 95, 1. Pr. f. schriftst. Tätigkeit auf d. Gebiet d. intern. Verständigung 03, E.pr. f. e. anläßl. d. Olympiade eingereichtes Gedicht 04, Wolfgang-A.-Windecker-Lyr.pr. (3. Platz), Alfeld/D 04, D.litt. hon. 08, u. a.; Lyr., Übers., Märchen. Ue: engl, frz. – **V:** Résumé, Lyr. 89, 2. Aufl. 97; Ich bereue nichts, Lyr. 92. – **MA:** sehr zahlr. Veröff. in Anth. u. Lit.ztgn versch. Länder, u. a.: Parnassus of World Poets, ind. Anth.; Ich lebe aus meinem Herzen, Lyrikanth. 06; Bibliothek dt.-sprachiger Gedichte. Ausgew. Werke X 07; – REDAKTEURIN b. den indischen Lit.ztgn 'Skylark' u. 'Poetcrit'. – **MH:** u. MUe: German Love Poetry, Skylark-Anth. 92. – **Ue:** Übers. von Lyrik a. d. Engl. u. Frz. sowie ins Engl. in zahlr. versch. Publikationen weltweit, zuletzt u. a. in: Voice of Humanity (Indien) 02; Eintragungen ins LOG Buch 03; Capriccio III 04; Begegnungen / Mit Erde, Wasser und Wind / Impressionen 05; Poetcrit (Indien), Juli 05; Oliver Friggieri: Ziffa – Becalmed – Windstille – Acalmie 05; Sternstunden u. andere 05; Dichterstimmen – Griechenland / Malta 06; LOG 114/07 u. 116/07; Voice of Kolkata (Indien), Vol.8 07, u. viele weitere.

Kraus, Chris, Lektor, Dramaturg, Drehb.autor, Regisseur; Tegeler Str. 36, D-13353 Berlin, Tel. (0 30) 4 54 39 21 (* Göttingen 63). Nominierung f.d. Dt. Drehb.pr. 97, 98, Drehb.pr. d. Ldes Bad.-Württ. 04. – **V:** Scherbentanz, R. 02. – **F:** Der Einstein des Sex, m. Valentin Passoni 99. – **R:** Scherbentanz, Fsf. 02. (Red.)

Kraus, Gerhard, Dr., Leiter Jüd. Lehrhaus; Brixener Str. 12, D-90461 Nürnberg, Tel. (09 11) 4 31 17 90, *Kraus_Gerhard@lycos.de* (* Bamberg 25. 4. 50). NGL; Lyr., Erz. – **V:** Andernorts hier, Lyr. 00; Türmer Tollmanns. Fluch. Verwandlung, Erz. 05. – **MA:** Mein heimliches Auge XV 00; Ich träume deinen Rhythmus ... 03; Von Ufer zu Ufer 03, alles Anth. (Red.)

Kraus, Heinrich (Ps. Rainer Hischuk, S. Vark), Schriftst.; Raiffeisenstr. 9, D-66892 Bruchmühlbach-Miesau 2, Tel. (0 63 72) 44 58. PF 46, D-66890 Bruchmühlbach-Miesau (* St. Ingbert 9. 6. 32). Lit. Ver. d. Pfalz 65, Förd.kr. Mundarttage Bockenheim 90, Bosener Gruppe 00, Mundartring Saar e.V. 01, Lit. Ges. Melusine e.V. 06; 2. Pr. d. Erzählerwettbew. d. SR 64, 1. Pr. d. Bockenheimer Mda.dichterwettstreits 65, Die Gold. Mda.zeile 78, Pfalzpr. f. Lit. 84, 1. Pr. Saarl. Mda.-Wettbew. 88, 1. Pr. Pfälz. Volksschausp.-Wettbew. 89, 94 u. 01, Gold. Schnawwel 90, 1. Pr. Gondrom-Wettbew. f. Mda.-Theater 91, 1. Pr. Sickinger Mda.dichter-Wettbew. 91, 1. Pr. Mda.-Wettbew. Dannstadter Höhe 92, Jakob-Böshenz-Pr. 93, 1. Pr. Lit.wettbew. „Fabrik"

97, Anerkenn.pr. f. Mda.-Theater 98, Dannstadter Sonderpr. 01, Dr.-Wilhelm-Dautermann-Pr. 02, BVK am Bande 05; Erz., Rom., Lyr., Fernsehen, Dialekthörsp., Volkstheater, Libr., Ess., Schulfunk, Jugendb., Kindertheater. Ue: lat, ital, frz, span, engl. – **V:** Kurzschlüsse, Erz. 65; Dimensionen, Erz. 66; Herzdrickerte 66; Staub, R. 67; Spiel für Meckerer, Kindersp. 74; Gutsjer 75; Von Ochsen u. Eseln, Kindersp. 75, 78; Metzelsupp 76; Sigi Wulle u. der Bankräuber, Jgdb. 76, 82 (jap. 86, chin. 89); Aufregung in Bethlehem, Kindersp. 76; Sigi Wulle auf dem Kriegspfad, Jgdb. 77, 86 (auch jap.); Allseiläbdah 77; Aufstand der Schneemänner, Kindersp. 77; Sigi Wulle u. der Einbrecher, Jgdb. 78, 82 (jap. 86, chin. 89); Haltestellen, G. 78; Gradseiläds 79; De anner Wäh 79; Unser Babbe drowwe im Himmel 80, 7. Aufl. 91; Sigi Wulle rächt den Hund X, Jgdb. 82, 86 (auch jap.); Denen werd ich's zeigen, Jgdb. 82, 83; Gloori Bagaasch 83; Mei Hämelischkät 84; Scharfer Tuwwak 85; E Stern geht off 85; Annäherungen, G. 86; Singe wie äm de Schnawwel gewachst isch 86; Off huwwlische Pädcher 87; Unkraut in Wind, G. 87; Allä, off Pälzisch die Gosche geschlenkert 88; Distelblüten, G. 88; M'Pat sei Bombardon 88; Grickelmaus am Chausseeresch 89; Kindheit, N. 90, 07; Mord in Rischweiler, N. 90, 07; Der Seiltänzer, N. 90; Arwed macht mied 91; Tropsi hebt ab, Bilderb. 91; Putscheblum un Schlenzebuckel 92; Rechts un links von de Großbach 92; De Glattisch, Sch. 93; Mei Naube 93; Schluri, Schlamp, Schlawiner 93; M'Herrgott sei Du 94; Balaawer, Feez un Schookes 95; Licht off Läwe 95; Die Schnut voll Mussik 95; Juuwel un Truuwel 96; Lauter laute Lautrerer oder Die Spatzenplage, Libr. 96; De letschte Ritter, Volksst. 96; Krummbucklischi Welt 97; Die Göllheimer Schlacht, Volksst. 98; Frieher war de Leeb e Keenisch 98; E roisches Johr 99; Eine Lanze für die Mundart, Ess.-Reihe 00; Poetische Haltestellen, ausgew. Lyr. 02; Herzogsnarre, Volksst. 02; Rebelle in Elschbach, Volksst. 03; Parrgass, Mess un Discheinsel 03; Das Geheimnis, Prosa-Ausw. 07. – **MV:** Wo die Weltachs geschmiert wird 87 (auch engl.); Haag-Lieder 93; Domols un heit 94; Maier-Lieder 96; Niederländer-Liede 99. – **MA:** Mei Geheichnis 64; Saarländischer Alm. 65; Junge Stimmen 68; So spricht d. Herz sich aus, Mda. 77; Junge Lyr. Graphik Pfalz 80; Das rhein. Kinderbuch 80; Das Gr. Pfalzbuch 80, 95; Loewes Lausbubengeschn. 80, 81; Wort u. Landschaft 81; 17 Autoren 82; Süßes Hoffen bittre Wahrheit 82; Gedichteles, Mda. 82, 83; Wenn d. Eis geht 83, 85; ... und ihr Duft kandierte die Sommer 83; Mit Schraubstock u. Geige 84; Die Tiefe d. Haut 84; KI. Bettlektüre f. fröhliche Saarländer 84; Schnookes 84; Als ich noch d. Ultrakurzwellenbub war 85; Lit. aus Rh.-Pf. III 86; fließend rheinland-pfälzisch 87; Innenansicht e. Zeit 87; Das Westrich-Leseb. 88; Miesau, Gesch. u. Gegenw. 88; Sprachbuch Deutsch 88; Jahreszeiten Jahresringe 89; Mei Sprooch – dei Red 89; Die Pfalz, Impressionen 89; Sprach-Landschaften 89; Die Flemm, Mda. 89; Unser Land Saarland 89; Reiseziele 90; Weihnachten in d. Pfalz 90; Pfalz Landschaften 91; Die Liederpfalz 91; En gute Rutsch 91; Necknamen d. Saar 91; Pälzisch run hiwwe un driwwe, Bd I 91, Bd II 92; Wie d. Kaiser unter d. Edelleuten 91; Glashaus 91; pegasus 92, 93; Neies Läwe 92; Heij bei uus 92; Geschn. waren immer da 92; Im Kerzeschein 92; Mund-Art 93; Schluck fer Schluck 93; Nachbarschaften 93; Bosener Tageb. 93; Mundart modern 93; Zeit Vergleich 93; Die Weihnachtsgesch. in dt. Dialekten 93, 94; Do sin mer dehääm 93; Durch s ganze Johr 93; Westrich u. Pfälzer Bergland 93; So schmackt's im Sickinger Land 94; Die Krott, Liederb. 94; handgeschrieben 94; Freihändig über d. Frieden-

Kraus

straße 94; Die Pfalz ist e. gelobt Land 94; Saarländ. Autoren – Saarländ. Themen 95; Hasenbrot u. Gänsewein 95; Dt. Mundarten an d. Wende? 95; Ich bin gern do 95; Heimat 95; Lesenswert 9/10, Schulb. 95; Grenze u. Region 96; Ich redd mein Muddersprooch 97; Pfälzer Mundart 97; Poetisches Friehjohr 97; Pfälz. Wörterbuch 97; Kerch of pälzisch 97; Saar-Lor-Lux-Kulturwanderwege 98; Mundart in Deutschunterricht 98; Franz haiß ich Franz pleib ich 99; Dengmerder fein Zeich 99; Fabrik 99; Worte unnerwegs 99; Silberglöckchen 00; Fichtners Erbe 01; Kopfüber am Himmel 02; E rundi Sach 03; Einatmen will ich die Zeit 03; St. Ingbert erzählt 04; Lob der Westpfalz 05; Heimatkundl. Sachunterricht 05; Trugbild des Himmels 05; Von Wegen 05; Zauberzauber Simsalabim 06; Poëtischer Springbrunne 06; 10 Jahre Lit.-Archiv Saar-Lor-Lux-Elsass 06; 100 Jahre St. Franz. 07; Westpfälz. Sagen 07; Ringel Ringel Reihe 08. – **R:** Die lieb Verwandtschaft 64; Don Schang 66; E großes Fescht 67, 78, 79; De Wejberheld 68; De heilische Rupp 68, 78; Krawall in Hinnerkrottelbach 69, 74, 75; E Dah wie im Himmel 70, 73, 74; Helau 70; Zwische Dah un Dunkel 71, 76; Frejhät for s' Karlche Schwabbel 79, 80; Dehäm 80, 82; M' Hännes sei Sparbuch 81, 82; Balaawer 82; Gute Vorsätze 82; Bloß in Gedanke 83; S' Posaune-Luwwis 83; Die Hotvolee 84; Chanxe droffundewedder 85; Allä, Bänsel 86, 87; Eva v. Neuleiningen, m. P. Münch 87; Hamlet in Gääßwiller 90; De Sultan vom Westrich 90; Harmonie in Schwollekoppshause 93, alles Dialekt-Hsp.; – Glut, Funkerz.-Zykl. 67; Heimat, 7 Hb. 67; Löwen u. Läuse, 10 Hör-Fbn. 69; Blut, Funkerz.-Zykl. 69; Etüden f. Halunken, 46 Funkerz. 73; Kalendermann, Ess. 77; Psälmcher, Liedcher un Geschichtcher 82; Die Buddik, Fsf. 83; Pfälzer Passion 83; Ruhische Zejte awejle, Sketche 83; Begegnungen 83, 84; Bagadälle, 31 Erzn. 83–87; E Stern geht off, Mda.-Kant. 84; Jiwwe un driwwe, Fk-R. 85; Sejfzerallee un Schnapphahner Dell, 15 Erzn 85, 86; Dabber laaft die Zejt, Mda.-Kant. 85; Dunkli Zejt voll Hellischkät, Fsf. 85; O Ibrahim!, 3 Funkerzn. 86; E Bu isch gebor, Fsf. 86; Land wie e Mamme, Mda.-Kant. 87; Pälzer Mussik, Mda.-Kant. 88; Ommersheimer Mundartmesse 96. – **P:** Sigi Wulle auf d. Kriegspfad 78; Dengmerder Geschichde 87; Pfälz. Weihnachtslieder 91; ... ein lichter Punkt 98; Musica, die ganz lieblich Kunst 98; Kondraschde 99; Kammerkonzert Haag 01; Herzogskarre 02; O du fröhliche 02; Die Buddik 04. – **Ue:** Sellemols, lat., ital., span. Lyr. 81; Die Geschicht von de Pein 84; Seinerzejt, lat. u. anglo-am. Lyr. 84; Die ewisch Pläseer, frz., kat., jidd. Lyr. 90; Iwwerall anne, lat., frz., galiz. Lyr. 93; Fremde Feddere, engl., fläm., frz. Lyr. 01. – **MUe:** Echos, dt.-frz. Anth. 82; L. Soumagne: Die Litanei 88, 95. – *Lit:* bis 1987 s. Kürschners Dt. Lit.kal. 1988; P. Kaps: Denken u. schreiben auf Pfälzisch 87; B. Hain: Wer ist Rainer Hischuk? 87; Goldmann/Grube/Hempel: Lit. Rh.-Pf. heute 88; R. Post: Pfälzisch 90; K. Schauder: De Herrgott veschdeht a Pälzisch 90; E. Redlich-Gilliotte: H.K., Fsf. 91; K. Schauder: Sigi Wulle im Fernen Osten 91; B. Scheifele: „Aussteiger" in Sachen Lit. 92; P. Wandernoth: E. Kraus a. d. Aschen`eimer 93; G. Scholdt: Shakespeare u. d. Bibel in Mda. 94; V. Carl: Lex. d. Pfälzer Persönlichkeiten 95; R. Dick: Vom Reiz d. (scheinbar) Schlichten 96; E. Minkus: Vielfalt d. Dialekts zeigen 96; B. Hain: H.K., Wegbereiter d. „modern mundart" 96; R. Dick: Von d. Daseins praller Fülle 97; G. Scholdt: D. Dunstglocke d. Provinz ist gelüftet 97; ders.: Von Heimatseligen, 68ern u.d. Generation X 97; K. Schauder: Seine Lyr. erschließt d. Dialekt neue Inhalte 97; H.-J. Kliewer: H.K. 97; B. Sowinski: Lex. dt.spr. Mda.-Autoren 97; A. Karaouan: D. gegenwärt. Zustand d. Pfälz.

Sprachkultur 98; C.J. Müller: Urgestein in d. Lit.-Szene 98; J. Zierden: Lit.-Lex. Rheinland-Pfalz 98; N. Hofen: Mda. im Dt.unterricht 98; W. Felk: Fs.-Porträt in „Südwest" 99 u. 01; K. Schauder: Weltlit. ins Pfälz. übertragen 00; H.-J. Kliewer: Mda.lit. d. Pfalz 01; E. Dillmann: Ich hall mich am Griffel fescht 02; G. Scholdt: E Dichter, der isch gar iwel dran 02; R. Dick: Meister d. Form 02; Ulla Wiese: H.K. 02; Jean-Louis Kieffer: H.K., écrivain-poète 04; Kathrin Werno: Mundart ist für mich sprachl. Anarchie 06; G. Scholdt: Nachw. zu „Das Geheimnis" 07.

Kraus, Peter J., freier Journalist, Rundfunkmoderator, Autor; 4682 S. Bradley Rd., Santa Maria, CA 93455/USA, Tel. u. Fax (8 05) 9 34–58 04, *p.j.kraus @verizon.net, www.peterjkraus.com* (* Wolfenbüttel 5. 11. 41). – **V:** Geier, Krim.-R. 03; mehrere Sachbücher. – *Lit:* s. auch SK. (Red.)

Kraus, Rudolf, Bibliothekar, Autor, stellv. Leiter d. Hauptbücherei Büchereien Wien; Pilgramgasse 8/2/25, A-1050 Wien, Tel. (01) 9 52 67 58, *kraus1@chello.at, www.rudolfkraus.at* (* Wiener Neustadt 25. 9. 61). PODIUM, Ö.S.V., Öst. P.E.N.-Club 03; Anerkenn.pr. b. Lit.wettbew. „Gedanken gegen Rassismus u. Intoleranz" 98, Anerkennpr. b. Berner Lyrikpr. 03, Sonderpr. d. Berliner Lit.kritik b. Jokers-Lyrik-Pr. 06; Lyr., Prosa, Drama, Ess. – **V:** Der Lykanthrop der Erinnerung, Prosa 95; Bestandscontrolling für öffentl. Bibliotheken, Fachb. 98; ich bin mein treuer killer, Lyr. 99; die sinne verwildert, Lyr. 00; Hoamat strange homeland, Prosa 01; die satanische ferse, Lyr. 03; aus der seele brennen 05; Literatur-Vade me cum 06; tausend schritte neben mir, Lyr. 08.

Kraus, Sonja, Datentechnische Assistentin; Dömänenstr. 47, D-88069 Tettnang, Tel. (01 78) 7 17 75 64, *LittleMoon_@yahoo.com, LittleMoon.tripod.com/ Start.html* (* Tettnang 1. 6. 72). – **V:** Begegnungen mit anderen Dimensionen, Kurzgeschn. 01. (Red.)

Kraus, Susanne, M. A., Angest.; Brunnenstr. 71, D-67661 Kaiserslautern, Tel. (01 79) 1 74 55 13, *susanne_ kraus@t-online.de* (* Brilon 11. 9. 66). Rom. – **V:** Der Knochenpoet, hist. R., 1.u.2. Aufl. 05; Das Flammensiegel, R. 06. – **MA:** Blutrot. Spuren im Schnee, Anth 06. (Red.)

Krause, Barbara, Romanistin, Schriftst.; c/o Herder GmbH u. Co. KG, Freiburg (* 39). – **V:** Das Mädchen aus Maslennikow, Kdb. 74; Samakina, Kdb. 76; Der weiße Skoda, Krim.-Erz. 76; Ein Wochenende im August 80; Das weiße Schneckenhaus, Kdb. 83; Anna, die Widerspenstige, Jgdb. 84; Wendelins Königreich, Kdb. 89; Camille Claudel, R.-Biogr. 91; Das zweite Sektglas, Krim.-Erz. 91; Diego ist der Name der Liebe, R.-Biogr. Frida Kahlo 92; Der verbrannte Schmetterling, R.-Biogr. Tina Modotti 93; Gefesselte Rebellin Brigitte Reimann, R.-Biogr. 94; Das Glück ist eine Insel 96; Der blaue Vogel auf meiner Hand, R.-Biogr. Marianne Werefkin u. Alexej Jawlensky 98; Die Farben des verlorenen Paradieses, R.-Biogr. Marc Chagall 02. (Red.)

Krause, Christiane; Elsenheimerstr. 54, D-80687 München, Fax (0 89) 57 61 92 (* 9. 4. 47). FDA-Lit.pr. 93, Bettina-von-Arnim-Pr. 97. – **V:** S wie Beethoven, R. 98; Wer nicht hören kann, muß fühlen, Autobiogr. 94. – **MA:** zahlr. Veröff. in Anth. u. Zss.

Krause, Christine, Ing. f. Fernmeldetechnik, Red.; August-Bebel-Str. 11, D-01468 Reichenberg, *dkrausee@ gmx.de* (* Dresden 5. 1. 61). Amsterdam-Stip. 99. – **V:** Landschaft – träge und Ewige, G. 93; Vergleichen Sie ihre goldgelbe Haut im Spiegel, G. 98; Dusche auf, den Fuß noch in der Tür, Hörstück 00; Desertieren oder der dreißigste Sinn, N. 02. – **MA:** zahlr. Beitr. in Anth., u. a. in: Landschaft mit Leuchtspuren 00; Jb. d. Lyrik

03; zahlr. Beitr. in Zss., u. a. in: Edit 93; Literatur u. Kritik 98; Pegasus 00; Signum 01; Ostragehege. – **MH:** Ostragehege, m. Peter Gerisch u. Axel Helbig, Zs., 01–07; Stimmen aus Polen, Anth. – *Lit:* Interview in: Freie Presse 94; Theo Breuer in: Ohne Punkt u. Komma. Lyrik in d. 90er Jahren 99; Werner Winkler: Abitur-Wissen Deutsch 00.

Krause, Inge (geb. Inge Sperling), Ökonomin, Versicherungs-Fachfrau, Autorin; Johannesstr. 28, D-01662 Meißen, Tel. (0 35 21) 73 36 83, Fax 4 07 03 09, *krause. inge@t-online.de* (* Weinböhla 16. 9. 47). Förd.kr. f. Lit. in Sachsen; Erz., Kurzgesch., Kinderlit. – **V:** Das Mädchen Gustav 01, 02; Das Mädchen Gustav. Neue Geschichten 04, beides Erz. u. Kurzgeschn.

Krause, Jutta (auch Jutta H.E. Krause, Juta Krause, früher Jutta Taghi-Khani); *de.geocities.com/jutakrause* (* 10. 10. 44). Schreibwerkstatt VHS Hannover 83, Doz. 89–94, DAV 89–97, VS 97; Lyr., Prosa, Theaterst. – **V:** Im Jahr des Tantalus, R. 91, UA als Dr. 92; Das Luftschloss der Zauberer, R. 95; Drachenfels, Krim.-R. 00; Albtraum Flucht, Theaterst., UA 01; 8 Theaterstücke 99. – **B:** Ihsan Aksoy: Das Lied des Kurden 94. – **MA:** Anth.: Überwindungen 84; Gesichter einer Stadt 89; Hannoverreport literarisch 91 (alle auch lektor.); Ich ist ein Anderer 00; In der Ferne die Nähe 01; Hebe, endlich hast du gesprochen 03. – **MH:** Orphea, Zs. 98 (auch MA u. Mitbegr.). – **P:** Schriftstellerinnen zwischen Mythos und Aufbruch, Projekt v.: Frauen in Kunst u. Kultur, Netzwerk Niedersachsen 02. (Red.)

Krause, Sybille (geb. Sybille Kley), examinierte Krankenschwester; Jahnstr. 24, D-89233 Neu-Ulm-Pfuhl, Tel. (07 31) 71 93 68 (* Ulm 7. 1. 55). – **V:** Schwarze Milch. Magersucht – Erinnerungen e. Selbstzerstörung, autobiogr. R. 99; So fern und doch so nah, R. 00; Der Zuflüsterer und der blaue Winterschuh, Kurzprosa u. Lyr. 01. – **MA:** Geschaut – gedacht (Lyrik u. Prosa unserer Zeit 13) 99. (Red.)

Kraushaar, Elmar, Journalist u. Autor; c/o MännerschwarmSkript Verl., Hamburg (* Hessen 11. 8. 50). – **V:** Der homosexuelle Mann ..., Glossen 04. – **MA:** zahlr. Beitr. in Ztgn u. Zss., u. a.: Siegessäule; Spiegel; Süddt Ztg; taz; tip; zitty. (Red.)

Krausnick, Michail, Dr. phil., Publizist; Richard-Lenel-Weg 13, D-69151 Neckargemünd, Tel. (0 62 23) 64 68, Fax 64 55, *Krausnick@web.de, krausnick-web. de, krausnick-info.de* (* Berlin 30. 11. 43). VS 75, P.E.N. 02; Drehb.prämie d. BMI 77, Auswahlliste z. Dt. Jgd.lit.pr. 84, Auswahlliste Gustav-Heinemann-Friedenspr. 84 u. 91, Dt. Jgd.lit.pr. 91, Friedenspr. d. Friedenstage Kirchheimbolanden 91, Nominierung Adolf-Grimme-Pr. u. Civis-Hfk- u. Fs.pr. d. ARD 95, Louise-Zimmermann-Pr. 98, Wildweibchen-Pr. d. Reichelsheimer Märchen- u. Sagentage 99; Erz., Rom., Hörsp., Theaterst., Drehb. f. Film u. Fernsehen, Kabarett, Lyr., Sachb., Sat. Ue: engl. – **V:** Die Paracana-Affäre, SF-R. 75; Im Schatten der Wolke, SF-R. 80; Lautlos kommt der Tod, SF-R. 82; Ritter Ulrich will es wagen, Kdb. 83; Hungrig. Die Lebensgesch. d. Jack London, Biogr. 84; Auf dem Kopf stehen und lachen, Kdb. 85; Die Sache Mensch, Satn. 85; Der Liebesverweigerer, Erz. 87; BAPF!, Texte f. Kinder 88; Stichworte, Satn., Lieder u. G. 90; Verschüsselt und verkabelt, Satn. 91; Die eiserne Lerche. Die Lebensgesch. d. Georg Herwegh 93; Der Räuberlehrling 93; Der Ritter Ullrich 93; Johann Georg August Wirth, Biogr. 97; Der Hauptgewinn oder Bären und Co, Erz. 97; Die Ketchupboys 98; Nicht Magd mit den Knechten. Emma Herwegh, Biogr. 98; Al Capone im Deutschen Wald, R. 99; Der Wanderkuss, Kdb. 00; Auf Wiedersehen im Himmel, Erz. 01; Pausenliebe, Kdb. 02; gegensatz und widerwort, Satn. u. Lyr. 03; Jack Lon-

don, Biogr. 06; Elses Geschichte. Ein Mädchen überlebt Auschwitz 07; – THEATER/UA: Beruf: Räuber 79; Die Sinti-Revue 85; Lustig ist das Zigeunerleben? 88; Emma H., oder: Vom Traum der deutschen Republik 98. – **MV:** Deutschlands wilder Westen, hist. R. 77; Matthias Erzberger, m. Günter Randecker, Biogr. 05. – **MA:** Die Stunden mit dir 76; Tagtäglich 76; Morgen beginnt mein Leben 77; Gedichte für Anfänger 80; Kreidepfeile und Klopfzeichen 81; Welt ohne Hoffnung 81. – **F:** Frau Marie Grubbe 78; Grandison, dt./frz. Spielf. 79. – **R:** Die Friedenswaffe; Die Aufnahmeprüfung; Psychopflicht; Letzte Liebe, alles Rdfk; Die Abenteuer des schwäbischen Ritters Ullrich von Weissenberg 76; Wer 3 x lügt, seit 76; Der Räuberlehrling 77; Das letzte Lied des Räubers Mannefriedrich 82; Absender-Ser. (Goethe, Lessing, Bürger, Schumann, Brahms, Schnitzler), seit 82; Freitags Abend, seit 85; Hierzuland, seit 86, alles Fs.-Sdgn; Kabarett f.: Zeitbrille; Kommödchen; Thomas Freitag; Und wenn sie nicht gestorben sind, Hsp. 88; Das Lord-Byron-Projekt, Hsp. 90; Eine ganz raffinierte Person, Hsp. 92; Auf Wiedersehen im Himmel. Die Sinti-Kinder von d. St. Josefspflege, Fsf. 94; Herweghs verfluchtes Weib, Fsf. 98. – *Lit:* s. auch SK. (Red.)

Krauß, Angela, freischaff. Schriftst.; Am Kickerlingsberg 8, D-04105 Leipzig, *www.suhrkamp.de/ autoren/* (* Chemnitz 2. 5. 50). P.E.N.-Club, Sächs. Akad. d. Künste 96, Akad. d. Wiss. u. d. Lit. Mainz 06; Hans-Marchwitza-Pr. 86, Ingeborg-Bachmann-Pr. 88, Stadtschreiberin v. Graz 90/91, Stip. d. Dt. Lit.fonds 93, Förd.pr. z. Lessing-Pr. d. Ldes Sa. 95, Berliner Lit.pr. u. Johannes-Bobrowski-Med. z. Berliner Lit.pr. 96, New-York-Stip. d. Dt. Lit.fonds 97, Stip. Casa Baldi/Olevano 99, Gerrit-Engelke-Lit.pr. 01, Thomas-Valentin-Lit.pr. 01, E.gabe d. Dt. Schillerstift. 02, Calwer Hermann-Hesse-Stip. 06, Lit.pr. 'Kammweg' 06, Hermann-Lenz-Pr. 07; Rom., Erz., Film. – **V:** Das Vergnügen, R. 84, 88; Glashaus 87; Kleine Landschaft, Erzn. 89; Der Dienst, Erz. 90; Dienstjahre und andere Prosa, Erzn. 91; Die Überfliegerin, R. 95 (auch frz.); Sommer auf dem Eis, Erz. 98; Milliarden neuer Sterne, Erz. 99; Weggeküsst, Erz. 02; Die Gesamtliebe und die Einzelliebe. Frankfurter Poetikvorlesungen 04; Wie weiter, R. 06; Triest. Theater am Meer 07; Ich muß mein Herz üben, G. (m. Zeichn. v. Hanns Schimansky) 09. – **MA:** Prosa-Anth., u. a.: Schöne Aussichten 90; Absolut Homer 95; Beste Deutsche Erzähler 01; G. u. Prosa in Katalogen bild. Künstler, u. a.: Hanns Schimansky: Nulla dies sine Linea II 98; Leipzig im Umbruch, Fotobd 99; Leipzig in den Flußfigern, Ess. 03. – **R:** Meine Oma stirbt nie, Hsp. 87; Im Sommer schwimme ich im See, Fsf. 92. – *Lit:* Gerd Katthage/Karl-Wilhelm Schmidt: Langsame Autofahrten. Studien zu Texten ostdt. Schriftsteller 97; Rainer Moritz in: KLG, u. a.

Krauß, Irma, freie Autorin; Lindenfeld 26, D-86647 Buttenwiesen, Tel. (0 82 74) 14 48, *kontakt@ irma-krauss.de, www.irma-krauss.de* (* Unterthürheim 25. 2. 49). Lit.pr. d. Dillinger Kulturtage 91, Empf.liste d. Jgdb.pr. 'Die silberne Feder' 93, Peter-Härtling-Pr. 98, Buchpr. 'Lesen f. die Umwelt' 99, Buch d. Mon. d. Dt. Akad. f. Kinder- u. Jgd.lit. 99 u. 00, Empf.liste z. Hans-im-Glück-Pr. 00, Autorenresidenz in Luxemburg 02, Frau Ava-Lit.pr. 03, Kd.- u. Jgd.lit.pr. 'Eberhard' d. Ldkrs. Barnim 05 Luchs d. Monats, Sept. 02, Die besten 7 Bücher f. junge Leser, Nov. 07; Kinder- u. Jugendb., Rom., Erz. – **V:** Ungeheuer, Erz. 90; Bis unter die Haut 92; Serie „Katharina". 1: Katharina, 15 Jahre 92, 2: Heimlichkeiten 94, 3: Herzklopfen 95, 4: Hochgefühle 95, 5: Eifersucht 96, 6: Zärtlichkeiten 96 (auch tsch., slowak., griech.); Das rote Seil 93; Ausge-

Krauss

klinkt 94; Ein stinknormaler Hund 94; Ein stinknormales Pferd 94; Ein stinknormales Schwein 95; Flo gehört dazu 95; Flo baut ein Baumhaus 96; Frust und Freunde 96; Panik oder was 96; Die Bande der geheimen Skater 97; Esthers Angst 97, Tb. 00; Lachgeschichten 97; Eine Bescherung namens Maxi 98, Tb. 01; Spion am Schulcomputer 98; Serie „Einsatz fürs Leben". 1: Janas Entschluß 98, 2: Nächtliches Drama 98, 3: Notfall im Jugendtreff 98, 4: Mit offenen Augen 99, 5: In letzter Minute 99; Die Nacht in der Abenteuerhöhle 99; Arabella oder Die Bienenkönigin 99, Tb. 01 (auch frz., span.); Kurz vor morgen 99, Tb. 02 (auch ndl.); Geheimaktion kleiner Hund 00; Rabentochter 00, Tb. 03 (auch ndl.); Timos wunderbare Reise nach Bethlehem 00, Tb. 02; Das Gespenst hinter der Wand 00; Kommt, wir folgen dem Stern, Geschn. 01; Meerhexe oder: ein Unsichtbarer im Haus 01, Tb. 03; Meine kleine Hexenschwester 01; Serie „Internat Fledermaus". Ein Glückstreffer für Antonia 01, Schatzsuche im verbotenen Haus 01, Vier in geheimer Mission 02; Gott zieht um 03 (auch korean.); Eine Freundin für Amelie 03; Sonnentaube 04; Mutgeschichten 05; Engelgeschichten 05; Tante Doras Killerblick 05; Kick ins Leben 06; Der wunderbare Weihnachtsstern 06; Herzhämmern 07; Das Wolkenzimmer 07; Jule-Geschichten 08, u. a. – **B:** Gerdt v. Bassewitz: Peterchens Mondfahrt 07; J.M. Barrie: Peter Pan 07; Lewis Carroll: Alice im Wunderland 08. – **MA:** Kurzgeschn. u. Gedichte in Anth. – *Lit:* Barbara Standigl in: Vorneweg & mittendrin.

Krauss, Martin, Verleger Elf Uhr Verlag; Am See 26, D-36341 Lauterbach, Tel. (0 66 41) 6 43 40, *depesche @kraussmartin.de, www.kraussmartin.de* (* 20. 6. 67). Kulturver. Lauterbach; Lyr., Erz., Prosa. – **V:** Von Frauen auf Kaufhausrolltreppen, Erzn. 95; Außen Ton Innen Geräusch, G. 96; Glanz, Erzn. 98; Kamille, Prosa 99; Vogelspur, Lyr. 02. – **MA:** Fragmente jüdischen Lebens im Vogelsberg 94. – **H:** Fremde Federn, Anth. 96. (Red.)

Krausser, Helmut (Ps. Titus Keller?), freier Schriftst.; lebt in Berlin, *genieundhandwerk@aol.com, www.genieundhandwerk.de, www.helmut-krausser.de (Fanseite)* (* Esslingen 11. 7. 64). P.E.N. 98; Lit.stip. d. Stadt München 89, Tukan-Pr. 93, Villa-Massimo-Stip. 97, Prix Italia 99, Hsp. d. Jahres 00, Ahrenshoop-Stip. Stift. Kulturfonds 02, Heinrich-Heine-Stip. 05. – **V:** Könige über dem Ozean, R. 89; Spielgeld, Erzn. 90; Fette Welt, R. 92; Melodien, R. 93; Lederfresse, Stück 93; Die Zerstörung der europäischen Städte, Erzn. 94; Spät Weit Weg, Stück 96; Thanatos, R. 96; Der große Bagarozy, R. 97, Tb. 99 (auch engl., span., frz., türk., port.); Helle Nächte, Opernlibr. 97; Denotation Babel, Hsp. 98; Schweine und Elefanten, R. 99; Dienstag, Hsp. 00; Gedichte '79-'99 00; Schmerznovelle 01; UC Ultrachronos, R. 03; Strom, Gedichte 99–03 03; Stücke '93-'03 03; Die wilden Hunde von Pompeii, Erz. 04; Eros, R. 06; (Aussortiert, Krim.-R. 07, unter Ps.?); Kartongeschichte 07; Plasma, Gedichte 03–07 07; Die Jagd nach Corinna. E. Puccini-Recherche 08; Die kleinen Gärten des Maestro Puccini, R. 08; Tagebücher, 12 Bände 92–04. – **MV:** Das Kaninchen, das den Jäger erschoss ... u. a. bizarre Todesfälle, m. Marcel Hartges 99; Wenn Gwendolin nachts schlafen ging, m. Susanne Straßer 02. – **H:** Der erotische Pepys 07. – *Lit:* Lutz Hagestedt in: KLG. (Red.)

Krautgartner, Monika, Karikaturistin, Kolumnistin, Liedtexterin, Kinderbuchill.; Schnalla 63, A-4910 Tumeltsham, *monika@krautgartner-monika.at, www.krautgartner-monika.at* (* Ried/ObÖst. 4. 6. 61). IGAA, Innviertler Künstlergilde, Gildenmeisterin, Stelzhamerbund, Vorst.mitgl.; Luitpold-Stern-Pr. 95

u. 00, Leopold-Wandl-Pr. 00. – **V:** ... nie geschriebene Liebesbriefe 93; d' Muatta find't hoam, Mda.-Lyr. 95; Benimm für späte Mädchen 96; Neiche Weg', Mda.-Lyr. 98; Philosophisches über das menschlichste aller Geräusche, Sat. 98; Frieden, Erz. 99; Krautlandschaften 01; Bis'd heiratst is's wieder guat 03; Zwiegespräche 04; Frech sei, weil's geil is 05; Frag d' Mama 06. – **MA:** Meridiane 95; Neue Weihnachtserzählungen 96; Mundart heute 98; skriptum 9 99, 01; Vom Land in der Mitte 00; Von Männern, Autos u. a. Frauenthemen 00; ollahaund durchanaund 01, alles Anth. – **P:** 4 Liedtexte in: Spuren, CD 99. (Red.)

Krautmann, Sasja (eigtl. Renate Freymark, geb. Krautmann), Dipl.-Theol., Musiklehrerin; Jacobistr. 2, D-79104 Freiburg/Br., Tel. (07 61) 2 08 58 20 (* Leipzig 18. 6. 40). GEDOK Freiburg; Scheffel-Pr. 60; Lyr. Ue: frz. – **V:** Steinschlag, Lyr. 97. – **Ue:** mehrere religiöse Kdb. (Red.)

Krawc, Křesćan s. Schneider, Christian

Krawczyk, Stephan, Liedermacher, Schriftst.; Friedelstr. 43A, D-12047 Berlin, Tel. u. Fax (0 30) 61 30 85 63, *nepit777@aol.com, www.stephan-krawczyk.de* (* Weida/Thür. 31. 12. 55). Bettina-von-Arnim-Pr. (2. Pr.) 92; Rom., Erz., Ess., Lyr. – **V:** Wieder stehen, Textbuch 88; Schöne wunde Welt, Lyr. u. Prosa 00; Das irdische Kind, R. 96, 98; Bald, R. 98, Tb. 00; Steine hüten, Erz., Ess., Betrachtn. 00; Faustchen, Sch. 00; Feurio 01; Der Narr 03; Das Wendedankfest 04. – **P:** Wieder stehen, Schallpl. 87; Wie geht's, Schallpl. 89; Terrormond 93; Milonga 95; Die Queen ist in der Stadt 00, alles CDs. (Red.)

Krayer, Gisela, Lehrerin; Lindenstr. 25, D-72074 Tübingen, Tel. (0 70 71) 8 74 73 (* Friedeberg/Neumark 27. 6. 14). – **V:** Unter der Efeudecke. Von Pommern zum Rheingau 01. (Red.)

Kraze, Hanna-Heide; Rathausstr. 7, D-10178 Berlin, Tel. u. Fax (0 30) 2 41 28 27 (* Berlin 22. 9. 20). SV-DDR 50, Kogge, RSGI; Jgd.-Pr. d. Min. f. Kultur d. DDR 55; Lyr., Rom., Nov., Rep. – **V:** ... und suchen Heimat, Erzn. u. G. 50, 51; Es gibt einen Weg, Erz. 51; Des Henkers Bruder 55, 10. Aufl. 89; Der rote Punkt, Nn. u. Skizzen 59; Weiß wird die Welt zur Ernte, Poem 59, 75; Heimliche Briefe, R. 60, 67; Der du nach Babel gezogen, G. 60; Das verlorengegangene neue Jahr 63; Üb immer Treu und Redlichkeit ..., R. 65; Steinchen schmeißen, Kd.geschn. f. Erwachsene 68, 7. Aufl. 78; Im Regentropfen spiegelt sich die Welt, Skizzen u. Betrachtn. 75, 3. Aufl. 80; Babel, G.-Zykl. 78; Stunden mit weißem Segel, Lyr. 79; Ehe es Ehe ist, Erz. 81, 2. Aufl. 83. – **MV:** Siebenerlei, siebenerlei wollen wir gerne kaufen, m. Erika Klein, Bilderb. 64, 3. Aufl. 80. – **H:** Wünschegrund, M.-Ausw. nach Gebr. Grimm 45. – **R:** Thomas Münzer, Hsp. 46; Brahms, Hsp. 47; Tilman Riemenschneider, Ausschnitte aus einem Poem, Rdfk 60, 75. (Red.)

Krebitz, Hans, Dipl.-Arch.; Germergasse 10, A-2500 Baden b. Wien, Tel. u. Fax (0 22 52) 2 10 99, *monikakrbitz@hotmail.com* (* St. Veit an der Glan 18. 12. 35). VKSÖ, Vorst.; Rom., Lyr., Erz., Dramatik. – **V:** Die Stiefel, Erz. 03. – **MA:** Gefühle 03; Zukunft 04; Beginn 05; Schritte 05; Warten 06, alles Lyr. (Red.)

Krechel, Ursula, Dr.phil., Schriftst.; Helmstedter Str. 5, D-10117 Berlin, Tel. (0 30) 21 47 70 12, Fax 21 47 70 18, *U.Krechel@berlin.de* (* Trier 4. 12. 47). P.E.N.-Zentr. Dtld 82; Stip. Auswärtige Künstler zu Gast in Hamburg 81, Stip. d. Dt. Lit.fonds 86, 92, Martha-Saalfeld-Förd.pr. 94, Eifel-Lit.pr. 95, Elisabeth-Langgässer-Lit.pr. 97, Münchner Jugend-Dramatiker-Pr. 97, escriptora convidada in Barcelona 02, Calwer Hermann-Hesse-Stip. 06, Rheingau-Lit.pr. 08; Lyr.,

Prosa, Drama, Ess., Hörsp. Ue: frz. – **V:** Selbsterfahrung und Fremdbestimmung. Ber. aus der Neuen Frauenbewegung, Ess. 75, 78; Nach Mainz!, G. 77; Verwundbar wie in den besten Zeiten, G. 79; Zweite Natur, R. 81; Lesarten, Ess. 82; Rohschnitt, G. 83; Vom Feuer lernen, G. 85; Kakaoblau, G. f. Erwachsene 89; Sitzen Bleiben Gehen, Theaterst. 89; Die Freunde des Wetterleuchtens, Prosa 90; Technik des Erwachens, G. 92; Mit dem Körper des Vaters spielen, Ess. 92; Sizilianer des Gefühls, Erz. 93; Äußerst innen, G. 93; Landläufiges Wunder, G. 95; Ich glaub, mich tritt ein Meerschwein, Theaterst. f. Kinder 96; Ungezürnt, G. 97; Verbeugungen vor der Luft, G. 99; Der Übergriff, Erz. 01; Mein Hallo dein Ohr, Erz. 02; In Zukunft schreiben. Handbuch f. alle, d. schreiben wollen 03; Stimmen aus dem harten Kern, G. 05; Mittelwärts, G. 06; Shanghai fern von wo, R. 08. – **MV:** Tribunal im askanischen Hof, m. Karin Reschke u. Gisela von Wysocki, Theatertexte 89. – **MA:** Mein heimliches Auge Bd IX 94; Die großen Frankfurter 94; Der Autor im Dialog 95; Deutschland in kleinen Geschichten 95; Eine ganz falsche rechte Hand 96; Frauen dichten anders 98; Autorenwerkstatt Prosa 1999 (Red.) 99. – **H:** Elisabeth Langgässer: Das unauslöschliche Siegel 79; Irene Brin: Morbidezza 86. – **MH:** Women's Liberation. Frauen gemeinsam sind stark 77. – **R:** Zwei Tode 75; Erika 75; Die Entfernung der Wünsche am hellen Tag; Das Parkett ein spiegelnder See; Der Kunst in die Arme geworfen; Glückselig feindselig vogelfrei; Der Keksgigant, alles Hsp.; Ich bin eine erstklassige Schriftstellerin zweiter Güte. Die Karriere der Vicki Baum, m. and., Film; Stadtluftundliebe 88; Bilderleben 91; Näher am springenden Punkt 91; Zwischen den Ohrringen der Redefluß 91; Meine Hallo dein Ohr 95; Im Ohrensaal 95; Unendliches Türenschlagen 97; Shanghai fern von wo 98; Liebes Stück 02; Meine Stimme ist mit den Fischen geschwommen 04; Die Nachtwache 07, alles Hsp. – **Ue:** Jacques Roubaud: Stand der Orte 00. – **MUe:** Eine Jacke aus Sand. Poesie a. d. Niederlanden 93; Der Finger Hölderlins. Poesie aus Frankreich 96.

Kreibohm, Dirk *

Kreide, Christoph, Maler, Schriftst.; Oelsen 12, D-15848 Friedland b. Beeskow, Tel. (03 36 73) 54 46, *kreide@t-online.de* (* Fürstenwalde/Spree 30. 1. 60). – **V:** Regen-Tropfen, Lyr. u. Prosa 02; ... und ich war nie in Stalingrad 04.

Kreidl, Margret, freie Schriftst.; Kettenbrückengasse 12/20, A-1040 Wien, Tel. (01) 5 86 07 83, Fax 5 86 96 88, *margret.kreidl@utanet.at* (* Salzburg 2. 1. 64). IGAA; Aufenthaltsstip. d. Berliner Senats 91, Solitude-Stip. 93/94, Reinhard-Priessnitz-Pr. 94, Lit.-förd.pr. d. Stadt Graz 96, Lit.stip. d. Ldes Salzburg 98, Lit.förd.pr. d. Stadt Wien 01, Siemens-Lit.pr. (Förd.pr.) 01, Writer in residence Allegheny College, Pennsylvania 03, Wiener Dramatikerstip. 06, Staatsstip. d. BMf UK 07/08; Lyr., Prosa, Drama, Hörsp. – **V:** Meine Stimme, Prosa 95; Ich bin eine Königin, Prosa, Lyr. u. Dr. 96; Schnelle Schüsse, Prosa 96 (auch slowen.); In allen Einzelheiten, Prosa u. Dr. 98; Süße Büsche, Lyr. u. Dr. 99; Grinshorn und Wespenmaler, 34 Heimatdramen 01; Laute Paare. Szenen, Bilder, Listen (m. CD) 02; Le bonheur sur la colline. Operette politique 04; Mitten ins Herz 05; Eine Schwalbe falten, Lyr. u. Prosa 09; – THEATER/UA: Asilomar, szen. Collage 90; Auf die Plätze, Dr. 92; Halbe Halbe, Stück 93; Unter Wasser 94/98; Dankbare Frauen, Kom. 97; Mehlspeisenland, Heimatdramen 99; Grinshorn und Wespenmaler, Heimatdramen 01; Schneewittchen und die Stahlkocher, Stück 04; Jedem das Seine, Stück 06. – **MA:** Luchterhand Jb. d. Lyrik 9 93; querlandein 95; Trash-Piloten 97; Hundert

kleine Freuden des Alltags 00; Women's Works, Women's Words 00; Die dritte Generation. Österr. Gegenwartslit. 02; Une Anthologie de Rencontres 02; Shimon Levy (Hrsg.): Austrian Plays 03; Bouquet autrichien 04; Dnevi poezije in vina 04; Die Welt, an der ich schreibe, Ess. 05; Europa erlesen 05; Mozarts Zauberkutsche 06. – **MH:** Der Geschmack der Fremde, Rezepte u. Gespräche, m. Lucas Cejpek 04. – **R:** Halbe Halbe 93; Reiten 96; Auf der Couch 98; Privatprogramm 00; Heimatkunde 02, alles Hsp.; Spuren, Schwärme, Hörst. 03; Wir müssen reden 04; Von Herzen, mit Schmerzen 06; Kinderspiel (ORF) 07; Schneewittchen und die Stahlkocher (ORF) 09, alles Hsp. – **P:** Damen. Kontakte, CD 93. – *Lit:* Jeanne Benay in: Le théatre autrichien des années 1990, 02; dies. in: Österreich (1945–2000). Das Land der Satire 02; Daniela Bartens in: Schreibweisen. Poetologien 03; Andrea Bauer in: Visions and Visionaries in Contemporary Austrian Literature and Film 04; Andrea Bandhauer in: Seminar. A Journal of Germanic Studies (Toronto) Vol. XLIII 4/07.

Kreiger, Gerlinde (geb. Gerlinde Fritz), Haushälterin; Nr. 69, A-9633 Reisach, Tel. (04 28 4) 6 87 (* Villach 24. 1. 53). Dichtersteingemeinsch. Zammelsberg 05; Erz., Ged. – **V:** Grad lei amal so nachgedacht, G. 06; Wia's is und wia's war quer durchs Jahr, G. 07; Denn die Mutter war nur eine Magd, Erz. 08. – **R:** Dichterstube (ORF) 07.

Kreil, Heinz, Buchhändler, Bibliotheksassistent, Kunstfotograf, Digitaldesigner; Saarstr. 4, D-54290 Trier, Tel. u. Fax (06 51) 4 59 55, *Heinz.Kreil@t-online. de, www.tufa-trier.de/Kulturwerkstatt* (* Jegenheim a.d. Birsstraße 2. 8. 54). Lit. Ver. d. Pfalz, PunktUm; Pr. b. Lit.wettbew. Luxemburg – Europ. Kulturstadt 95; Lyr., Experiment. Prosa. – **V:** Oblada, Lyr. 99; Eiszwerge, Lyr. 00; – Übers. einiger Texte ins Libanes. – **MA:** Auf der Messerspitze tanzen, Anth. 94. – *Lit:* J. Zierden: Lit.lex. Rh.-Pf. 98.

Kreiner, Hans (Johann Kreiner), Pensionist; Feldgasse 4, A-2540 Bad Vöslau, Tel. (0 22 52) 7 61 64, *hans.kreiner@live.at* (* Neunkirchen/NdÖst. 25. 8. 31). Verb. Öst. Textautoren 93; Albert-Rotter-Lyr.pr. 95; Lyr., Erz., Liedtext. – **V:** Im Gegenwind 94; Leise Töne 01; Tierisch (un)ernst 06. – **MA:** Beitr. in zahlr. Anth. seit 91, u. a.: Lyr. Annalen, Bde 8–12 92–97; Zwei Koffer voller Sehnsucht 93; In stiller Anteilnahme 98; Leben beginnt jeden Tag 98; Weißt du noch das Zauberwort 98; Im Lauf der Jahre 00. – **P:** Geh deinen Weg, CD 00.

Kreis, Christian, M. A., Student am Dt. Lit.inst. Leipzig; Halle/Saale, *ChristianKreis@web.de* (* Bernburg 23. 3. 77). Walter-Bauer-Stip. f. Lit. 06, Georg-Kaiser-Förd.pr. d. Ldes Sa.-Anh. 07. – **V:** Nichtverrottbare Abfälle, G. 08. – **MA:** Du Mann Ich Frau 03; Tippgemeinschaft, Jahresanth. d. DLL 08. (Red.)

Kreis, Gabriele, Dr.; Eppendorfer Landstr. 102, D-20249 Hamburg (* Mannheim 3. 2. 47). Lit.förd.pr. d. Stadt Hamburg 88, Stip. Ledig House Intern. Writer's Colony, N.Y. 00; Erz., Biogr., Hörsp., Fernsehsp., Feat., Hörb. – **V:** Frauen im Exil 84, Tb. 88; Was man glaubt, gibt es. Das Leben d. Irmgard Keun, Biogr. 91, Tb. 93; Frauen morden leichter, Erzn. 97. – **MA:** Repn., Ess., Portr. in: GEO; Stern; Merian, u. a.; Beitr. in wiss. u. populärwiss. Anth. – **MH:** Ich lebe in einem wilden Wirbel. Irma Keuns Briefe, m. Marjory Strauss 88, Tb. 94; Es geht mir verflucht durch Kopf und Herz, m. Jutta Siegmund-Schultze, Anth. 90, Tb. 93. – **R:** Drehb. f. Fsf.: Großmutters Courage, m. Charlotte Drews-Bernstein 95; Großstadtrevier: Das Stuntgirl, m. Jürgen Roland 96; Großstadtrevier: Only You 97; Frauen morden leichter, teilw. m. Charlotte Drews-Bernstein, 6tlg. Fs.-

Kreis-Chaloun

Serie 97; Das Komplott 98; Mit einem Rutsch ins Glück 03; Sehnsucht nach Rimini 07; Brüderchen und Schwesterchen 08; – Feat. u. Abear., u. a.: „Nicht um mich zu bereichern, um mich zu beschenken ...". Ladendiebinnen; Die Freiheit hinter Mauern; „Ich hab' ein wildes, buntes Bilderbuch erlebt". Irmgard Keuns Briefe aus dem Exil; „Ich kann nur sprechen, wenn mir etwas nicht gefällt". Rolf Dieter Brinkmann – d. Poet d. 60er Jahre?; Totentanz auf grünem Gras; Was macht die Kunst?; Das höchste Glück der Erde ... Frauen u. Pferde; „Du wärest mein Glück gewesen ...". Versuch üb. d. Liebe. – P: Buch u. Regie f. Hörb.-Prod., u. a.: „Ich sehne mich sehr nach deinen blauen Briefen". Briefwechsel Rainer Maria Rilke u. Claire Goll 00; Alexander Kluge: Chronik der Gefühle 01; John Donne: Hier lieg ich von der Lieb erschlagen 01; Die schönsten Stellen aus dem Alten Testament 01; Die Buddenbrooks. Gesch. e. Romans v. Leo Domzalski 01; Friedrich de la Motte Fouqué: Undine 02; Harold Brodkey: Unschuld 02; Irmgard Keun: Das kunstseidene Mädchen 03; Colette: Eifersucht 04; Henri-Pierre Roché: Jules und Jim 05; Pascal Mercier: Nachtzug nach Lissabon 06; Margriet de Moor: Sturmflut 06; Orhan Pamuk: Das schwarze Buch 07; Leonora Carrington: Das Hörrohr 08; Ahmet Hamdi Tanpinar: Das Uhrenstellinstitut 08.

Kreis-Chaloun, Daniel; Bahnhofstr. 39, CH-3072 Ostermundigen, Tel. (0 31) 9 31 12 33, *daniel.kreis@egw-ostermundingen.ch, www.kreis-chaloun.ch.* Rom., Lyr. – **V:** Kraft aus der Stille 96; Wunderbar bin ich gemacht 98; Das Übel 99. (Red.)

Kreis-Schäppi, Annemarie, Dipl. Primar- und Musiklehrerin; ch. de la Chapelle 25, CH-1964 Conthey, Tel. u. Fax (0 27) 3 46 58 18. Route de la Moubra, le Fairway 60, CH-3963 Crans-Montana (* Zürich 2. 2. 33). Walliser SV (WSV/AVE) 00; Lit.pr. d. Walliser SV 07; Lyr., Erz. – **V:** Aus Worten fiel ein Wort 88; Ordnungsversuche auf Inseln 90; Nachdenken den Horizonten 95; Im raumfangenden Anstieg 07. – **MA:** Und es wird Montag werden, Anth. 80; Heimatkunde Bottmingen BL 96; Heft d. WSV, Jb., seit 01; Talwind, Anth. 06; Die Literareon Lyrik-Bibliothek, Bd VI 06, VIII 08; Frankfurter Bibliothek 07. – **P:** Finden in Begegnung, Erzn., Tonkass. 93.

Kreisel, Helene Margarete (Ps. Sabrina Donath, früher Helene Margarete Schreiber); Hauptstr. 15, D-45527 Hattingen, Tel. (0 23 24) 3 32 90 (* Plettenberg/Sauerland 2. 5. 37). Kr. d. Freunde, VS.u.K., ADA; Aphor., Gebet, Lyr., Kurzprosa, Senryu, Haiku, Uta, Tanka, Renga. – **V:** Am Horizont die Silhouette, lyr. Texte 98. – **MA:** Beitr. in Anth. u. in Ztgn im In- u. Ausland, u. a. in: O Correo Galego; Weltanthologie 99, 00. (Red.)

Kreisler, Frank, Bibliothekar, Studium am Dt. Lit.-Inst. Leipzig, freiberufl. Schriftst.; Baunackstr. 2, D-04347 Leipzig, Tel. u. Fax (03 41) 2 32 60 08, *frank @kreisler-art.de, www.frank-kreisler.de* (* Rostock 8. 10. 62). VS 02, Friedrich-Bödecker-Kr. 05; Kinder- u. Jugendb. – **V:** Sagen u. Bilder um das Dübener Land 00; Sagen u. Bilder aus der sächsischen Lausitz 01; Wahre Geschichten aus sächsischen Mühlen 02; Wahre Geschichten aus Sachsen-Anhalts Mühlen 04; Aufbruch der Bücherwürmer, Geschn. u. G. 05; Wahre Geschichten um Thüringens Mühlen 06; Ein Albtraum für Mumien, Kdb. 07; Dringend Pottwal gesucht, Kdb. 07; Mühlengeist. Ein Einbrecher aus d. Wand, Kdb. 08.

Kreisler, Georg; Lotte-Lehmann-Promenade 12, A-5026 Salzburg, Tel. u. Fax (06 62) 62 69 04, *www. georgkreisler.de* (* Wien 18. 7. 22). GAV, IGAA; Gold. E.zeichen d. Stadt Wien 94, Prix Pantheon, Bonn 03, Richard-Schönfeld-Pr. 04, Bayer. Kabarettpr. 04;

Lied (Text u. Musik), Schausp., Musikalische Komödie, Funk, Fernsehen. Ue: engl. – **V:** Zwei alte Tanten tanzen Tango 61; Der guate alte Franz und andere Lieder 62; Sodom und Andorra, Parodie 63; Lieder zum Fürchten 64; Polterabend, Musical 66; Mutter kocht Vater und andere Gemälde der Weltliteratur 67; Nichtarische Arien 67; Ich weiß nicht, was soll ich bedeuten 73; Ich kann ka Lust. Seltsame, makabre u. grimmige Gesänge 80; Taubenvergiften für Fortgeschrittene 83; Heute abend: Lola Blau und nichtarische Arien 85; Worte ohne Lieder, Satn. 86; Ist Wien überflüssig?, Satn. 87; Die alten bösen Lieder, Erinn. 89; Ein Prophet ohne Zukunft, R. 90; Der Schattenspringer, R. 96; Wenn ihr lachen wollt ..., Leseb. 00; Heute leider Konzert, drei Satn. 01; Lola und das Blaue vom Himmel, Memoiren 02; Mein Heldentod, Prosa u. G. 03; Alles hat kein Ende, R. 05; Leise flehen meine Tauben, Lyr. u. Prosa 05; – STÜCKE u. MUSICALS: Sodom und Andorra; Polterabend; Hölle auf Erden; Heute abend: Lola Blau; Atempause; Der tote Playboy; Mord nach Noten; Maskerade; Oben; Der Klezmer; Ein Tag im Leben des Propheten Nostradamus; Die schöne Negerin; Willkommen zu Hause; Mister Elfenbein; Der Aufstand der Schmetterlinge, Oper 00; Du sollst nicht lieben, musikal. Kom. 00; Das deutsche Kind, Kom. 01; Adam Schaf hat Angst, Musical 02; weiterhin Bearbeitungen versch. Stücke; – KABARETTPROGRAMME: Zwei alte Tanten tanzen Tango 60; Als der Zirkus in Flammen stand 63; Lieder für Fortgeschrittene 66; Protest nach Noten 68; Ich wünsch mir ein mächtiges Deutschland zurück 69; Autobiographie 70; Hurra, wir sterben 71; Allein wie eine Mutterseele 74; Heute leider Konzert 75; Ich weiss nicht, was soll ich bedeuten 76; Von Morgens bis Mitternacht 76; Rette sich, wer kann 77; Everblacks 80; Gruselkabinett 81; Gruselkabinett II 82; Wo der Pfeffer wächst 82; Alte Lieder rosten nicht 84; Wenn die schwarzen Lieder wieder blühen 88; Ernste Bedenken 94; Fürchten wir das Beste; Die alten, bösen Lieder; Ungesungene Lieder, u. a. – **MV:** Das Auge des Beschauers, m. Christoph Gloor 95. – **R:** Letzte Etage, Fsp.; Irgenwo am Strand, Fsp.; Miau, Hsp.; Polterabend, Hsp.; – Drehbücher: Miau (ARD) 60; 13 Mal Makabres (ARD) 68; Die heiße Viertelstunde (ORF) 68; Heiße Kost. Eiskalt serviert (ZDF) 70; Unsere kleine Show (ZDF) 71; Zeitvertreib (ARD) 71; Der Zirkus brennt (ARD) 73; Narrenlieder (ARD) 80; Abschied von Berlin (ZDF) 88. – **P:** Vienna Midnight Cabaret 1–2 56–57, 65; Seltsame Gesänge 58; Seltsame Liebeslieder 59; Georg Kreisler Platte 60, CD 98; Sodom und Andorra 61, CD 89; Lieder zum Fürchten 62; Frivolitäten 63; Unheilbar gesund 64; Polterabend 65; Nichtarische Arien 66, CD 88; Vienna Cabarett Classics 1–3 68–69; Heute Abend: Lola Blau 89, u. a., alles Schallpl.; Everblacks 1–3 93–96; Literarisches und Nichtarisches 97; Sieben Galgenlieder 97; Der Tod, das muß ein Wiener sein 97; Die alten bösen Lieder; Taubenvergiften für Fortgeschrittene; Als der Zirkus in Flammen stand; Fürchten wir das beste; Wenn ihr lachen wollt; Lieder gegen fast alles, alles CDs. – *Lit:* div. Anth., u. a.: Klaus Pudzinski: Die Muse mit d. scharfen Zunge; Ich über mich, autobiogr. Not. 92; Begegnungen, Radio-Sdg 94 (beides Videos); KLÖ 95; Hans-Juergen Fink u. Michael Seufert: Georg Kreisler gibt es gar nicht, Buch u. CD 05.

Kreisz, Marie-Luise (Marie-Luise Geißler), Lehrerin; Dösingen, Wiesenstr. 5, D-87679 Westendorf, Tel. (0 83 44) 99 26 81 (* Oberstdorf 18. 10. 55). Autorenkr. Allgäu 99; Sachpr. d. Nationalbibl. d. dt.spr. Gedichtes 02; Lyr., Erz. – **V:** Noch einmal Kind sein?, Erinn. 98; Reise durch die Jahreszeiten 00; Der Weg ins Licht,

G. 00; Auf der Bühne des Lebens, Erzn. 02; Auf der Suche, G. 02. (Red.)

Kremer, Hildegard (Ps. Hike), Dipl.-Ing., freie Journalistin; Hülserbleck 36, D-41065 Mönchengladbach, Tel. u. Fax (0 21 61) 60 34 85 (* Krefeld 16. 1. 35). Lyr., Kurzgesch., Kinderb., Rep. – **V:** Blickpunkt: Leben, Lyr. u. Nachdenkl. 82; Wie mich mein Sohn erzieht, Heit. Geschn. um Mutter u. Sohn 83; Die Geheimnisse d. Jeremias Tabbeldei, Eine ungewöhnliche Geschichte für Kinder 85; Aber ich lebe noch so gern. Not. üb. Altwerden, Altsein u. Sterben 88; Ich lass dich nicht allein. Die späten Jahre meiner Mutter 01; Die neuen Großmütter. Anregungen für e. neue Rolle im Leben 01. – **MA:** Autoren stellen sich vor, Lyr. 1 84; Rep. in: Kirchenztg für das Bistum Aachen.

Kremers, Eibert; Birkenweg 3, D-35398 Gießen, Tel. (0 64 03) 7 79 04 58, Fax 9 72 37 40, *info@ eibertkremers.de, www.eibertkremers.de* (* Enschede/ Niederlande 19. 2. 44). VG Wort 04; Rom. – **V:** Der Hüter der Kristalle, R. 04. (Red.)

Kremers, Jörg, M. A.; Roermonder Str. 56, D-52525 Heinsberg/Rhld., *Joerg.Kremers@t-online.de* (* 20. 3. 69). – **V:** Humana Comedia 98; Mea Culpa. Bekenntnisse e. Hexenjägers, hist. R. 02. – **MA:** Janus, Zs. f. Kunst u. Lit. (Red.)

Kremser, Stefanie, Buch- u. Drehb.autorin; lebt in München u. Barcelona, c/o Agentur gattys global, Postfach 14 02 29, D-80452 München, *www. stefaniekremser.de* (* Düsseldorf 6. 12. 67). Aufenthaltsstip. d. Berliner Senats 99, Stip. Ledig House Intern. Writer's Colony, N.Y. 01, Stip. Casa Baldi/ Olevano 03, FilmFernsehFonds Bayern 06, Nominierung f. d. Adolf-Grimme-Pr. 08; Rom., Fernsehsp., Erz. – **V:** Postkarte aus Copacabana, R. 00 (auch katalan.). – **MA:** Keine Angst vor großen Gefühlen 01. – **F:** San Paolo e la Tarantola, m. Edoardo Winspeare, Dok.film 91. – **R:** Ode an São Paulo, Dok.film 93; in d. Reihe Tatort: Wolf im Schafspelz 02, Sechs zum Essen 04, Kleine Herzen 07; zahlr. Beitr. im Hörfunk seit 94. – *Lit:* Wiebke Eden: Keine Angst vor großen Gefühlen – Die neuen Schriftstellerinnen 01. (Red.)

Krenk, Janina, Schülerin; Im Leinental 1, D-97980 Bad Mergentheim, Tel. u. Fax (0 79 31) 47 82 59 (* Emmerich am Rhein 13. 12. 89). Jugendrom. – **V:** Wenn Engel sich verlieben ... 04, 06; Wenn Engel auf Erden l(i)eben ... 06.

Krenner, Günter Giselher, Lehrer, Schriftst., Schauspieler; Dürckheimstr. 9, A-4232 Hagenberg i. Mühlkr., Tel. (0 72 36) 60 80, Fax 2 10 52 (* Hagenberg i. Mühlkr. 11. 7. 46). P.E.N.-Club 82, IGAA, Autorenkr. Linz, Zülow-Gr.; Max-v.-d.-Grün-Pr. (Anerkenn.pr.) 91, Stip. d. BKA/Abt. Kultur, Wien 99, Stip. d. Ldes ObÖst. 99; Erz., Rom., Lyr., Kurzprosa, Sat., Prosa. – **V:** Am Teich, Erz. 79; Scheinbar ohne Bewegung, R. 89; Über den leeren Feldern, G. 90; Zwischen Licht und Schatten, G. 91; Lieb' Heimatland, Satn. 92; Späte Tage, R. 95; Und die Steine warten, Erzn. 95; Weg, R. 97; Durch alle Tage, G. 98; Was sonst verloren ginge zwischen Nacht und Morgen, Prosa 99; Nachlass, R. 00; Winterernte, G. 02; Schrägflug, Prosa 06. (Red.)

†Krenzer, Rolf, Rektor a. D.; lebte in Dillenburg (* Dillenburg 11. 8. 36, † Dillenburg 16. 3. 07). VG Wort, GEMA; Pr. d. ev. Kinderakad. Hofgeismar 86, Zürcher Kinderb.pr. 90, Gold. Feder d. Arb.kr. Lit. u. Schule 92, Gold. Schallplatte 96; Rom., Kinderlyrik, Lyr., Lied. – **V:** zahlr. Liedersamml., Werk-, Kinder-, Bilder- u. Gebetbücher, immerwährende Kal., u. a.: Der kleine Lehrer, R. 77; Frieder u. Fridolin 78; Heute scheint d. Sonne 78; 52 Sonntagsgeschichten 79; Deine Hände klatschen auch 79; Wir spielen Theater, 50

Theatersp. f. Kinder 79, Bd.II 83; Sternenadventskal. 80; Christusgeschichten 81; Und darum muß ich für dich sprechen, R. 81; Weihnachten im Kindergarten 81; Der kleine Benjamin v. Bethlehem, Theaterst. 82; Der Räuber Siebenstark, Theaterst. 82; Eine Schwester so wie Danny, Kdb. 85; Alle Kinder warten auf Weihnachten 85; Sollte d. Fuchs einmal wiederkommen, R. 86; Ein Regenbogen in Stefans Garten 86; Väter, d. geliebt werden 86; Du machst mein Leben hell 86; Eine dicke Raupe 87; Der kleine David war auch dabei 87; An meine Frau 87; König nur für e. Tag 87; Das große Liederb. 88; Nur weil ich 5 Minuten zu langsam denke, Geschn. u. Ber. 88; Pusteblume, wart' auf mich, R. 88; Schwester Sonne – Bruder Wind 88; So war das mit Tommy, Kdb. 88; Vom Kind, das immer lachen mußte 88; Das Weihnachtslicht 88; Wenn Bulu etwas zu essen hätte 88; Die alte Straße 89; Leuchte, Stern v. Bethlehem 89, alles Geschn.; Septemberliebe 89; Vom Krieg, d. nie stattfand, Stück 89; Außer der Reihe?, Geschn. u. Texte 90; Ein Hirtenjunge wird König, Gesch. 90; Das Märchen-Tram 90 (auch ndl., fin.); Wir könnten Freunde sein, Geschn. 90; Heut' spielen wir Theater 91; Der Weihnachts-Spatz 91; Einfach klasse, diese Klasse! 92; Dinolis Abenteuer in d. Stadt 93; Drache, kleiner Drache 93; Drum feiern wir ein Fest 93; Osterhäschen Peter, du bist noch zu klein! 93; Die Gesch. v. Weihnachtsglöckchen 94; Steigt in Noahs Arche ein 94; Der Sternenputzer 94; Torsten u. d. Nikolaus 94; Du hast uns deine Welt geschenkt 94; Ein ganzer Tag voll Sonnenschein 95; Ich freu mich auf d. Weihnachtszeit 95; Kuschel d. ganz nah an mich, Lieder 95; Heute wird es wieder schön, Lieder 95; Martin, Martin, guter Mann, gr. Werkb. 95; Sebastian reist nach Sansibar, Bilderb. 95; Wenn Gott in unserer Mitte ist 95; Wenn's Weihnachten wird, d. mach ich; Kätzchen zu uns kam, Geschn. 96; Die Babuschka, Sascha u. d. Huhn Natascha 96; Der kleine Clown, Gesch. 96; Vom ersten, zweiten u. dritten Gesspest 96; Die Wassertropfenweltreise 96; Weihnachtssterne überall, Geschn. u. G. 96; Die Hagelheiner, Bilderb. 97; Der kleine Nathan m. d. schwarzen Schäfchen, Bilderb. 97; Komm, wir fangen e. Regenbogen 97; Moritz u. die Mikkelis, Gesch. 97; Wir feiern Ostern 97; Das große Buch v. d. kleinen Indianern 98; Die schönste aller Sterne, Werkb. 98; Wie der Friede ins Tal kam, Werkb. 98; Kleiner Bruder Wirbelwind, Bilderb. 98; Das große Buch v. d. kleinen Rittern 98; Die heilige Messe Kindern erklärt, Sachb. 98; Kinder 98; Buntes Laub u. Stoppelfelder, Kdb. 98; Das große Rolf-Krenzer-Buch 99; Das große Buch v. d. kleinen Römern 99; Eins, zwei, drei, Hexerei 99; Mach mit, bei uns erlebst du was 99; Ein Licht leuchtet auf 99; Blumenwiese u. Vogelzwitschern 99; Sonnenschein u. blauer Himmel 99; Was weißt du von Jesus? 99; Willkommen, lieber Nikolaus 99; Wir spielen unsere Welt 99; Wir spielen unseren Glauben 99; Wir spielen durch das Jahr 00; Wir spielen unsere Märchen 00; Rot heißt stehen 00; Gespenster, Gespenster 00; Kinderlieder 2. indonesischen Hungertuch 00; Meine schönsten Lieder v. Jesus 00; Mach's gut, kleiner Freund 01; Kindergarten Kinderbunt 01; Sag', bist du ein Engel? 01; Anna u. Jonathan 01; Das große Buch v. d. kleinen Ägyptern 02; Alle Tage Gottes Segen 02; Meine erste Bibel 02; Kommt herbei zum großen Kreis 02; Kleine Weihnachtsgeschichten z. Vorlesen 02; Meine ersten Jesusgeschichten 02; Licht für ein ganzes Leben 03; Micha u. das Osterwunder 03; Wann fängt Weihnachten an? 03; Es scheint die helle Sonne 03; Weihnachtsgeschichten 04; Ein Lied für die Sonne 04; Bei uns haust der Klabautermann 06; Weihnachtsduft liegt in der Luft 06. – **MV:** Kommt alle her 75, 77; Hast du unsern Hund gese-

Krenzke

hen? 76; Wir fahren m. d. Karussell 77, alles Sp.lieder; Spieltherapeut. Liederfibel 78; Wir sind d. Musikanten, Sp.lieder 79; Geschn. u. Bilder z. Kirchenjahr 78, 82; Ich schenke dir e. Lied v. mir 81; Josef zwischen Wohlstaat u. Armewelt, Musiksp. 80; Noah unterm Regenbogen, Musiksp. 83; U. sie fingen an, fröhlich zu sein, Musiksp. 83; Wettstreit d. Zahlen 87; Das Greifensteiner Glockenspiel, Musiksp. 02; Der Prinz aus Dillenburg, Musical m. Musik v. Siegfried Fietz 04; Ich bin mit dabei, m. Robert Haas u. Matthias Micheel 06. – **H:** Geschichten zu fünf Bereichen 73, 79 (auch MV); Columbus, Zs. 80–93; Mag.-R. f. d. Schule, 12 Titel 78–80; Kindermag.-R., 8 Titel 82; 100 einfache Lieder Religion 78, 81; Regenbogen bunt u. schön, Lieder 81; Ich wünsch' dir e. guten Tag 83; Ich wünsche dir e. gutes Jahr 83, beides Werkb. m. Texten u. Liedern f. Rel. u. Gottesdienst; Halte zu mir, guter Gott, Gebete f. Kinder 83; Hoch lebe d. Geburtstagskind 85; Gebt mir Zeit zu leben 85; Weihnachten ist nicht mehr weit 86; Habt acht auf Gottes Welt 86; Komm, wir gehen Hand in Hand 87; Gib mir e. Freund, aber e. richtigen, Geschn. 88; Eine Nacht im Dunkeln, Geschn. 89; Leseb. d. Jahreszeiten 93; Die schönsten Geschn. z. Advents- u. Weihnachtszeit 93, 95. – **MH:** Kurze Geschichten z. Vorlesen u. Nacherzählen im Relig.unterr. I 75, 89, II 81, 82 (beide auch MV:); 100 einfache Texte z. Kirchenjahr 83; Wir feiern fröhlich Ostern 02. – **R:** Szenen für d. 'Sesamstraße'. – **P:** üb. 90 Tonkass., Schallpl. u. CDs, u. a.: Da lacht d. dicke Bär, Sp.lieder 75; Hast du unsern Hund gesehen?, Sp.lieder 77; Einfache Lieder Religion 78; Wir sind d. Musikanten 79; Der grüne Zweig 80; Josef zwischen Wohlstaat u. Armewelt 81; Ein Regenbogen bunt u. schön 82; Biblische Spiellieder z. Misereor-Hungertuch aus Haiti 82; Kommt alle u. seid froh 82; Ich wünsch' dir e. guten Tag 83; Ich gebe dir d. Hände 83; Wir feiern heut' e. Fest 83; Kinderflohmarkt 86; 12 Treffpunkt-Kass. m. R. K. 87; Adventszauber 97; Meine schönsten Geschn. f. Kinder 98; Zehn Gebote geb' ich dir 03; Es scheint die helle Sonne 03; Kommt wir feiern 03; Sing, David, sing 03; Der Prinz aus Dillenburg 04; Ich bin mit dabei 06; Bei uns haust der Klabautermann 06; Mitten in der Weihnachtsnacht 06; 6 Videos zu Bilderb. z. NT 97–98. – *Lit:* H.J. Gelberg: Menschengeschn. 75; ders.: Neues vom Rumpelstilzchen 76; ders.: Das achte Weltwunder 79; Lex. d. Kd.- u. Jgdlit. 82; Spektrum d. Geistes 82, u. a.

Krenzke, Hans-Joachim, Journalist, Autor, Fotograf; Pfeifferstr. 38, D-39114 Magdeburg, Tel. (03 91) 8 11 55 94, *h.krenzke@tiscali.de, www.hajo-krenzke.de* (* Magdeburg 9. 10. 46). Journalistenverb. 72, VS 97; Arb.stip. d. Stift. Kulturfonds 93, 00, Aufenthaltsstip. d. Ldes Schlesw.-Holst. in d. Künstlerstätte Barkenhoff-Worpswede 95, 96, 97, 99, 02; Biogr., Erz. – **V:** Ein Fest im Dresdner Zwinger 84; Ein Krokodil auf der Leipziger Messe 85; Doktor Eisenbart kuriert in Magdeburg 86; Das Seeungeheuer von Stralsund 88; Königskrone und Tandarei, Erzn. 91; Magdeburger Geschichte(n), Erzn. 92; Blütenfest, G. 92; zahlr. Sachb. über Magdeburg. – **MV:** Mieke Vogeler – Ein Leben zwischen Traum und Wirklichkeit, m. Regina Krenzke, Biogr. 01. – *Lit:* s. auch SK.

Kress-Fricke, Regine (Ps. f. Regine Kress, geb. Regine Fricke), Wirtschaftsdolmetscherin, freischaff. Autorin, Performerin; Werderstr. 65, D-76137 Karlsruhe, Tel. u. Fax (07 21) 37 84 33 (* Kiel 1. 3. 43). VS, Mitgl. im Landes- u. Bundesvorst. 89–91, GEDOK, Kongr., Initiative „Schreibende Frauen" in Bad.-Württ., Gründ.-mitgl., Quo vadis – Autorenkr. Hist. Roman 01; Gold. Federkiel d. IGdA 74, Arb.stip. d. Förd.kr. Dt. Schriftst. in Bad.-Württ., Reisestip. d. Ausw. Amtes f. Mexiko 79,

Jahresstip. d. Kunststift. Bad.-Württ. 84, Stadtschreiberin v. Sindelfingen 88, Kooperationsförd. d. Kultus Monterrey, N.L., Mexiko u. Förd.kr. dt. Schriftst. Bad.-Württ. 92, Projektförd. (Berthold Auerbach) durch d. Stadt Karlsruhe 94, Stip. Künstlerhaus Lauenburg/Elbe 97/98, Elle-Hoffmann-Pr. (m. V. Zingsem) 03, Schreibstip. d. frz. Min. f. Kultur u. Kommunikation u. d. DRAC 03; Kurzprosa, Erz., Lyr., Rundfunkbeitrag, Rom., Bühnenst. Ue: span (mex). – **V:** Was weinst du Faizina, G. 66; Sag' mir, wo du wohnst, Kurzprosa u. Szenen 73; Die liebevollen Hinterhöfe, R. 78; Match, G. 83; Mein mexikanischer Traum, Prosa u. Lyr. 89/92; Alma mit leeren Augen, Textb. 95, als Theaterst. 54/95; Wer mich einen Fremden heißt – Berthold Auerbachs Jahre in Karlsruhe 96; Wenn Hansemann kommt, R. 02; Die Kuh auf dem Dach, N. 04 (auch frz.). – **MA:** Quer 74; Synchron 75; Karlsruher Almanach 1977; Frieden und Abrüstung 77; Trauer 78; Karlsruher Lesebuch 80; Schreibende Frauen 1–3, Leseb. (auch Mithrsg.) 82, 85, 88; Jetzt, Lit.zs. (Mödling) 83; Lesetag I 83; Don Juan 86; Menschengesichter 86; Soleil de prières 89; Malende Frauen – Schreibende Frauen 90; Beifall für Lilith (auch Mithrsg.) 91; die feder, Lit.zs. 91; Der Literat, Lit.zs. 92; Die Liebe zum Kymographion; zahlr. Beitr. in: exempla, Tübinger Lit.zs., seit 88, u. a. – **H:** Grenzüberschreitungen 79. – **R:** Beitr. f. Lit. Kabarett u. Fröhliche Morgenstunde 76–79; Umkehr in Mexiko 83; La lucha por la tierra – Kampf ums Land 91; Mexikos Frauen im Aufbruch 91; Die Bedrohung läuft mit 94; Die Welt ist mein Haus 97; Glocke aus Fleisch und Blut 96/97; Jenseits aller Kindesliebe 97. – **P:** LESART, Lit. u. Leseausstellung 98; Sprung in den Tag, Kat. m. Lyrik, Prosa u. Literaturobjekten d. Autorin, Künstlerhaus Lauenburg 98. – **MUe:** Graciela Salazar Reyna: Tragafuegos – Feuerschlucker, G. m. Bárbara Brinckmann 97. – *Lit:* A. Wenzel in: Malende Frauen – Schreibende Frauen 90; G. Salazar in: Aqui Vamos, Lit.beil. v. El Porvenir (Monterrey/Mex.), 7.10.90; G. Dudziak in: Sprung in den Tag 97; K. Bärenbold in: Standpunkte, Dez. 01. (Red.)

Kressl, Günther, Dr. med., Facharzt f. Augenkrankheiten; Bergstr. 21A, D-28832 Achim b. Bremen, Tel. (0 42 02) 23 37 (* Leer 30. 8. 34). Lyr.pr. 83, TUSCU-LUM-Pr. Wiesbaden 98; Lyr., Kurzprosa, Grafik-Lyrik-Mappe. – **V:** Immaculata, Grafik-Lyr.-Mappe 75; Es war wohl im September, Grafik-Lyr.-Zyklus 76; Nachtfragmente-unzensiert, 12 Lyr.texte, 12 Handzeichn. 76; Staubiges Licht, 10 Lyr.texte, 10 Handzeichn. 76; Dein kranker Garten – Fleurs du mal, 6 Lyr.texte, 6 Silberstiftzeichn., 6 Farbradier.; Bis es in Licht erstrahlt, 25 Handzeichn. m. Texten 77; Wie war ich im Venusberg, Grafik-Lyr.-Zyklus 77; Behutsam geb ich Linien, Lyr. u. Holzschn. 81; Dein blaues Fenster, G. u. Holzschn. 84. – **MV:** Mit den Augen des Krebses – Visionen, Drehzeit-Rückblenden, m. J. Schwalm 78. – **MA:** ca. 100 Anth., u. a.: Spuren der Stille 79; Gewichtungen 80; Lyrik heute 81; Wellenküsser 9, 10, 13; Lyr.-Anth. Al-Leu, alle Ausg. seit 79; Lichtbandreihe, R. 13–17, 19, 21; Eine Hand ist kein Jawort 80; Anth. Dt. Ärzteschriftsteller 20 Bde.; Haiku 80; Einkreisung 82; Wahr-Nehmungen 84. – **H:** u. a.: Augen aus dem Teufelsmoor, Zyklus, 14 Lyriktexte, 14 Radierungen 78. – *Lit:* Immaculata 75; Portraits, Kunstzs. d. Künstlerhof Galerie 7 77; Dietmar Schultheis: Zugang zu scheinbar unverständlichen Bildern: Intuition u. Emotion, in: Dt. Ärztebl. 80; ders.: Ein Handwerker im wahrsten Sinne d. Wortes, in: Der Kassenarzt 80; ders.: Archetypen wahr lassen, in: Musik + Medizin 81; ders.: Aufdecken, was d. Verstand nicht wahrhaben will, in: Praxis Kurier 82; Verene Flick in: Kunst als Dialog 85. (Red.)

Kreßner, Martina *

Kretschmann, Felicitas; Prießnitzstr. 20 d, D-98527 Suhl, Tel. (0 36 81) 72 79 00, *fee@feekretschmann.de, www.feekretschmann.de* (* Merseburg 91). VS, Lit.ver. Südthür., Friedrich-Bödecker-Kr. – **V:** Alles Gott sagen, Gebete 91; Lebenslaute, Texte, Miniatn., G. 97; den augenblick umarmen, Aphor., Geschn., G. 00; unter nachtblauem himmel, Lyr. u. Prosa 03; Klassenfoto, Jgdb. 04; Sanddornwege, Texte u. Bilder 05. (Red.)

Kretschmar, Anne (geb. Anne Schmidt) *

Kretschmer, Ulrike, M. A. d. Erziehungswiss., Psychologie u. Sozialwiss.; Boschkamper Weg 9, D-47495 Rheinberg, Tel. (0 28 43) 5 04 41, *www.leichtefeder.de* (* Herne/Westf. 4. 7. 56). Niederrhein. Frauenschreibwerkstatt „Leichte Feder" 96; Rom., Kurzgesch., Lyr., Fachb./Fachartikel. – **V:** Märchenhaftes Kinderturnen, Fachb. 05; ... und in Ewigkeit. Amen, Krimi 06; Beim dreizehnten Glockenschlag, Kurzgeschn. 08. – **MA:** Bibliothek dt.sprachiger Gedichte 98 u. 04; Ein paar Schritte zum Glück, Kurzgesch. 99; Aus der Reihe tanzen, Kurzgesch. u. Lyr. 04.

Kretzen, Friederike, Doz. f. Schreiben u. Theorie HS f. Gestaltung u. Kunst/ETH Zürich; Bäumleingasse 13, CH-4051 Basel, Tel. u. Fax (061) 2 72 31 09, *fKr@hyperwerk.ch, www.hyperwerk.ch* (* Leverkusen 20. 7. 56). Gruppe Olten; Kritikerpr. f. Lit. 98, Arno-Schmidt-Stip. 02/03, Werkbeitr. d. Pro Helvetia 03, u. a.; Rom., Dramatik. – **V:** Die Souffleuse 89; Die Probe 91; Ihr blöden Weiber 93; Indiander 96; Ich bin ein Hügel 98; Übungen zu einem Aufstand 02; Weißes Album 07, alles R. – **MA:** Erinnere einen vergesssenen Text, Anth. 97; – Texte in: Konkursbuch; Die Philosophin; Schriftwechsel; manuskripte; ndl; text u. kritik; Basler Ztg; NZZ; WoZ. (Red.)

Kretzschmar, Otto R. *

Kreusch-Jacob, Dorothée, Schriftst., Pianistin, Musikpäd.; Hermann-Löns-Str. 8, D-85521 Ottobrunn, Tel. (0 89) 60 51 16, Fax 66 00 92 77. Pr. d. dt. Schallpl.-kritik; Liederb., Musikpäd., Musikhörsp., Kinderlyr., Anth. – **V:** Heut nacht steigt der Mond übers Dach, Geschn. u. Lieder 88; Rosen, Tulpen, Kieselstein – komm wir wollen Freunde sein 89; Der fliegende Trommler, M. 90; Das Liedmobil 91/ Tanzlieder 91; Der Bärendoktor hilft bestimmt 92; Ich schenk dir einen Regenbogen 93; Lieder von der Natur 93; Der kunterbunte Ferienkoffer 94; Finger spielen – Hände tanzen 97; Weihnachtsnüsse eß ich gern, Lieder u. Geschn. 97; Da hüpft der Frosch den Berg hinauf, Verse 98; Glöckchen, Trommel, Zaubergeige, Musik-M. 01; 10 kleine Musikanten, Liederbilderb. 02; Hol dir ein Gelb aus der Sonne, Lieder 03; zahlr. Sachbücher. – **P:** KIDS! – Kinder der Welt; Glöckchen, Trommel, Zaubergeige; Finger spielen – Hände tanzen; Lieder von der Natur; Tanzlieder; Rosen, Tulpen, Kieselstein; Der Liederregenbogen; Hol dir ein Gelb aus der Sonne; Lieder aus der Stille; Das Wolkenboot; Sieben kleine Siebenschläfer; Mandala – Musik; Stille Klänge – leise Reisen; Zauberwelt der Klänge; J.S. Bach: Von Tastenrittern u. Klavierhusaren; L. v. Beethoven: Die Wut auf den verlorenen Groschen; W.A. Mozart: Glockenspiel u. Zauberflöte; Klassikhits für Kids, alle Schallpl. bzw. Tonkass./CDs, u. a. – *Lit:* s. auch SK. (Red.)

Kreuter, Gerhard, Dipl.-Ing.; *GKKDA@hotmail.com, www.GerhardDorothea.de/page10.html* (* Empelde b. Hannover 30. 11. 48). Rom., Erz., Schausp. – **V:** Wer ist Katie Bender? 88; Bei Raubrittern und Edelleuten, Anekdn., Glossen u. Begebenheiten 89; Der Küster von Mögeldorf, Krim.-R., ca. 90, 05; Der vergessene Wächter u. a. Geschichten 92; Das Signalhorn, Sch. 97; Das Haus von alten Dame, Sch. 99; Die Dschädder, Sch. 00;

Des Frankedahl fer nix, Sch., gedr. u. UA 02; Katie Bender, R. 06. – **H:** Hermann Schneider: 3787 Tage unter Stalins Knute, Biogr. 97.

Kreutzer, Christian, Dr. med., MA, Arzt, Schriftst.; Im Mittelbusch 43, D-14129 Berlin, Tel. (0 30) 8 13 36 31, *C.Kreutzer@t-online.de* (* München 20. 1. 52). Rom., Prosa. – **V:** Der Dauphin, R. 89; Clinicum, Ber. 97. (Red.)

Kreuz, Angela, Dipl.-Psych., Schriftst.; Obermünsterstr. 2, D-93047 Regensburg, Tel. (09 41) 5 84 07 31, *info@angelakreuzinfo.de, www.angelakreuzinfo.de* (* Ingolstadt 31. 3. 69). VS 04, BVjA 05, Sisters in Crime (jetzt: Mörderische Schwestern) 05; Aufenthaltsstip. im Virginia Center for the Creative Arts, USA; Erz., Kurzgesch., Rom., Lyr., Hörsp., Rezension. – **V:** Der Engländer und weitere kurzgefasste Geschichten, Erzn. 03, Hörb. 04; Lyrische Städtereisen, G. 04; Scarlattis Wintergarten, Erz. 05, Hörb. 06; Warunee, R. 07. – **MA:** Beitr. in Lit.zss., Anth. u. im Internet seit 99, u. a.: Wandler; poet[mag].

Kreuzer, Ingrid s. Jakob, Angelika

Kreuzmann, Harry, Dr.paed., freier Doz. u. Autor; Moselstr. 20, D-15738 Zeuthen, Tel. (03 37 62) 9 02 08, *harry_kreuzmann@web.de, www.mix4fun.de* (* Reckahn/Brandenbg 20. 10. 53). Science-Fiction-Rom. – **V:** Zeitlos im Teufelskreis 99; Das Rätsel der Zeitmaschine 00; Das Weltenpendel 01, alles SF-R. (Red.)

Kreuzmann, Rainer; Via Empolese 20 D, I-50020 San Vincenzo a Torri, Tel. (00 39) 34 03 82 75 29, *rainer.kreuzmann@yahoo.it* (* Brandenburg 25. 1. 55). Rom. – **V:** Der Fotograf 02; Paul 06.

Kreye, Andrian, Autor, Journalist; 319 Union Street, Brooklyn, NY 10213/USA, Tel. (7 18) 5 96–56 02, *info@andriankreye.com, www.andriankreye. com* (* München 9. 10. 62). Erz., Rep., Ess. – **V:** Aufstand der Gettos, literar. Repn. 93; Grand Central. Menschen in New York, Erzn. 98, 01; Berichte aus der Kampfzone, Rom. 02; Broadway Ecke Canal – New York im Aufbruch 04; Geschichten vom Ende der Welt 06. – **MV:** New York selbst entdecken 85, 99; Los Angeles selbst entdecken 99, beides Reiseb.; Das war die BRD, Ess. 01. – **MA:** Pool – Die Anth. 01; Traumstadtbuch 01; Jb. d. dt. Literatur 01; BRD, Ess. 01; Repn. in: Geo; Stern; SZ Mag. (Red.)

Kreymeier, Holger, Journalist; Tel. (0 40) 6 92 85 23, Fax 20 98 24 92, *Kreymeier@t-online.de, www. kreymeier.de* (* Hamburg 8. 12. 71). Rom. – **V:** Showtime, R. 00; Psycho Gay, R. 03. (Red.)

Kreysa, Gerhard, Prof., Dr. rer. nat., Dr.-Ing. E. h., Dr. tekn. h. c., Chemiker; Reichenberger Str. 10, D-61273 Wöhrheim (* Dresden 21. 9. 45). – **V:** Fusionsfieber, R. 98. (Red.)

Krichel, Markus *

Kricheldorf, Rebekka, Dramaturgin; lebt in Berlin, c/o Gustav Kiepenheuer Bühnenvertriebs-GmbH, Berlin (* Freiburg/Br. 9. 10. 74). Autorenpr. d. dt.spr. Theaterverlage 02, Publikumspr. b. Heidelberger Stückemarkt 02, Kleist-Förd.pr. 03, Förd.gabe d. Schiller-Gedächtnispr. 04, Stip. Schloß Wiepersdorf 08, Stip. d. Kunststift. Bad.-Württ. 08, u. a. – **V:** THEATER/UA: Schade, daß sie eine Hure war 02; Prinzessin Nicoletta 02/03; Kriegerfleisch 03; Die Ballade vom Nadelbaumkiller 04; Floreana 04; Schneckenportrait 06; Rosa und Blanca 06; Landors Phantomtod 06; Hotel Disparu 06; Liebesdienst (Vier von Vierzigtausend) 06; Neues Glück mit totem Model 07. (Red.)

Kriechbaum, Karl, Konsulent d. oberöst. Ldesregierung (nicht akad.) i. R.; Kopalstr. 15, A-4070 Eferding,

Krieg

Tel. (0 72 72) 32 98 (* Linz 23. 4. 33). Stelzhamerbund 78, Reichlbund Burgenld 90, Rosegger-Ges. 97, Verein z. Förd. d. Werkes v. Prof. Hans Schatzdorfer 04; Bundesehrenzeichen f. Kunst u. Kultur 03 u. a.; Lyr., Erz., Dramatik. – **V:** Was d' Doana verzählt, G. 80; Schau ins Landl, G. u. Hirtensp. 82; Gern denk ih zruck ..., Geschn. 88; 5 Stücke für die Advent- und Weihnachtszeit 94; Festlih und feierlih, G. u. Kurzgeschn. 95; Weidmannsheil, G. 95; Lacha und woana, G. u. Prosa 97; Ollerloa Gedanka, G. 97, alles in Mda.; Wo i dahoam bi, Lyr. u. Prosa 00; Da Franz va Piasnham, St. UA 02. (Red.)

Krieg, Karl, Dipl.-Bibliothekar; Wörthstr. 8, D-94032 Passau, Tel. (08 51) 5 61 89, *Karl.Krieg@uni-passau.de* (* Untergriesbach 14. 3. 57). Ossi-Sölderer-Pr. 85; Lyr., Prosa. – **V:** Heazzbluadblodan, Lyr. 93. – **MV:** HinterBayern, m. Bernhard Setzwein u. Herbert Pöhnl, Prosa, G. 96. – **MH:** Passauer Pegasus, Lit.zs. 83 ff.; Tschechische Gegenwartsliteratur 96; Literatur aus der Slowakei (Sonderbd d. Passauer Pegasus) 01. (Red.)

Krieger, Günter, freier Autor; Paradiesstr. 18, D-52379 Langerwehe, Tel. (0 24 23) 40 87 78, Fax 40 87 79, *gue-krieger@t-online.de* (* Langerwehe 29. 1. 65). Quo vadis – Autorenkr. Hist. Roman; Rom., Hist. Krim.rom. – **V:** Teufelswerk 99, 3. Aufl. 01, Tb. 05; Mönchsgesang 00, 2. Aufl. 01, Tb. 06; Löwentod, 1.u.2. Aufl. 01, Tb. 07; Gertrudisnacht 01, 2. Aufl. 02; Das Haupt der Anna 01, 2. Aufl. 02, Neuausg. 09; Drachensturm 02; Maria und der Inquisitor 03; Der Henker von Köln 04; Das Schloss im See. Sagenwelten zw. Aachen, Köln u. Trier, Kurzgeschn. 04; Brennende Seelen 05; Grethes Ring 07; Wolfsjäger 07; Das zweite Leben 09. – **MV:** Das dritte Schwert 08. – **H:** Ein Schnitter namens Tod, Anth. 02; Mönche, Meuchler, Minnesänger, Anth. 07.

Krieger, Hans, Publizist, Lyriker; Oberländerstr. 31, D-81371 München, Tel. (0 89) 77 51 55, Fax 76 72 94 13 (* Frankfurt/Main 13. 3. 33). Friedrich-Märker-Essaypr. 97; Lyr., Ess. Ue: frz. – **V:** Gottverdauen – ein Stimmengewirr, G. 93; Im Schattenschwarz deines Haars, G. 95; Der Rechtschreib-Schwindel. Zwischenrufe zu e. absurden Reformtheater 98, 2., erw. Aufl. 00; Blinzelblicke. Ein Frühjahr in Manhattan, G. 02; Wortschritte – Über Kunst u. Politik, über Gott u. d. Welt, Ess. 03; Liedschattig, G. 04; Frei wie die Zäune. Eine Saison in Virginia, G. 05; Das Asphalt-Zebra. Animalphabetische Verse, G. 06; Nachtflügel, G. 07. – **H:** Sophie Zerchin: Auf der Spur des Morgensterns. Psychose als Selbstfindung 90, 05. – **Ue:** Paul Verlaine: Poèmes – Gedichte 05.

Krier, Jean, Gymnasiallehrer; 10, rue Nicolas Goedert, L-8133 Bridel, Tel. (0 03 52) 33 15 47, *krier.jean @education.lu* (* Luxemburg 1. 2. 49). L.S.V. 96; Lyr. – **V:** Bretonische Inseln 95; Tableaux – Sehstücke 02; Gefundenes Fressen 05.

Kriese, Wilfried, Verleger; Mauer Verlag, Wittenberger Str. 51, D-72108 Rottenburg, Tel. (0 74 72) 2 13 89, Fax 12 29, *mauerverlag@mauerverlag.de, www.mauerverlag.de.* – **V:** Freie Gedanken?, Texte 94, 03; Sonderschüler Suppentrieler geht in die Schule und kann nichts(?), R. 94, 03; „Was", chant. M. 95, 03; Der alte Mann in den Bergen, Geschn., i 96, II 98; 69 Leserbriefe auf ihrem Weg zum Horizont 96; Meine Wolle-Kriwanek-Story 99; Hoffnungs Freiflug nach Bali 03; Familie Haus Arbeit Auto CityEL 03; Brunos Freiflug nach Kenia 03; Der Schicksalsschlag der Gesundheitsministerin 03; u. a. (Red.)

Kriki s. Groß, Christian

Krill, Roman s. Kurrath, Winfried

Krimischmitz s. Schmitz, Ingrid

Krimmling, Wolfgang, Dr.-Ing.; Karl-Liebknecht-Str. 40, D-01109 Dresden, Tel. u. Fax (03 51) 8 80 43 27, *chwkrimmling@aol.com* (* Barby 14. 9. 35). Förd.ver. f. Lit. in Sachsen e.V.; Erz., Rom. – **V:** Spurensuche 02; Am Rande entlang, Kurzgeschn. u. Ess. 03; Mein lieber Herr Kempinski, sat. Kurzgeschn. 03. (Red.)

Kringelschatz, Katharina s. Parise, Claudia Cornelia

Krippner, Eri, Malerin, Schriftst.; Mendelssohnstr. 26, D-40670 Meerbusch, Tel. (0 21 59) 74 44, *Eri Krippner@t-online.de* (* Nürnberg). Ver. Düsseldorfer Künstler 93; Arb.aufenthalt in d. Cité des Arts Paris 94; Lyr., Erz. – **V:** Schwarzdrossel-Antennenlied, G. 86; Hoch im Blau, G. 91; Gunter Haese. Kinetik ohne Steckdose, Biogr. 05. – **MA:** Meerbusch, Stadt am Niederrhein 80; Kunstblatt Rhein. Post 86; zahlr. Beitr. in: Neues Rheinland 86; Texte im Kiefel-Verl. u. Coppenrath-Verl.

Krischker, Gerhard C., Dr. phil., Lektor; Kleebaumsgasse 9, D-96049 Bamberg, Tel. (09 51) 5 64 93 (* Bamberg 24. 6. 47). Goethe-Ges.; Lit.förd.pr. d. Stadt Nürnberg 79, Kulturpr. d. Oberfränk. Wirtschaft 80, Wolfram-v.-Eschenbach-Förd.pr. 85, Jörg-Scherkamp-Pr. 87, Poetik-Gastprofessur d. U.Bamberg 97, Frankenwürfel 99, E.T.A.-Hoffmann-Pr. d. Stadt Bamberg 04; Prosa, Lyr., Feuill. – **V:** deutsch gesprochen – Epigramme 74, 2. Aufl. 77; fai obbochd, ges. Mda.-G. 74, 86, Neuaufl. 94; wadd nä 74; miä langds 75; fai niggs bärümds, Mda.-G. 76; a dooch wi brausebulfä, Mda.-G. 77; un dä basdl hodd doch rächd, D. 5. Evangelium im Bamberger Dial. 79; Zeit-Gedichte 2 82; rolläfässla, Mda.-G. 83; muggnschiisla, Mda.-G. 92; ansichtsja-Karten 89; schlechdä schdoddrod is doiä, Mda.-G. 02; Meine Fränkische Toskana 07. – **MV:** Das Wirtshaus im Spessart. Auf Kurt Tucholskys Spuren, m. Robert Gernhardt 96; Meine Fränkische, m. Erich Weiß 99; Meine Haßberge, m. dems. 00; Fränkische Weinlese, m. Godehard Schramm 03; Mein Bamberg, m. Erich Weiß 04; Damals war der Teufel los, m. Rudi Sopper, Theaterst. 08. – **B:** Bertolt Brecht: Geschichten von Herrn K. 81. – **MA:** LesArt 8 98, 9 99; Der neue Kolumbus 5–8 01–04. – **H:** Ich bin halt do allaa. Äs schönsta in Bambärchä Mundort, Anth. 76; Bamberg in alten Ansichtskarten 78; Bodo Uhse: Bamberger Erzählungen 79; Ich habe Bamberg lieb gewonnen ... 78; Die schönsten Bamberger Sagen u. Legenden 80, 02; Jeder Herr hat auf allen Plätzen eine Dame frei. Bamberg in alten Zeitungsanzeigen 81; Mißbrauch vom Schulbüchern ... 85; Wolfgang Buhl zum 60. Geburtstag 85; Zeitenwechsel, zeitgenöss. G. aus u. über Franken, Anth. 87; Bei Gott, eine schöne Stadt, Bamberger Leseb. 88, 2. Aufl. 90; Overseas call, Amerika-G. 89; Irdisches u. Himmlisches, Bamberger Leseb. 90; Forever Young, Bob-Dylan-Anth. 91; Noch einmal der Bachmann begegnen, G. 93; Wien im Gedicht 93; Der Augenblick des Fensters, G. 94; Weinachdn 94; Du mußt deine Unruh enden, liter. Fußnoten 95; Literarisches Logbuch I–XXIX 02. – **MH:** 300 Jahre Schlenkerla Bamberg, m. Hans Liska 78; Bambergs unbequeme Bürger 87; Bücher Lust u. Leidenschaft, m. Wulf Segebrecht 88; Gedichte aus unserer Zeit, m. Karl Hotz 90, 2. Aufl. 92; In Bamberg war der Teufel los, m. and. 03; Du fährst zu oft nach Heidelberg, Geschn. 94; Apfel auf silberner Schale, Geschn. 94; Durch den Tunnel, Geschn. 95; P. Schneider: Vati 01, alle m. Karl Hotz; B. Vanderbeke: Das Muschelessen, m. Ansgar Leonis 03; Wie war der Himmel blau, Geschn., m. Karl Hotz 04; A. Skarmeta: Mit brennender Geduld, m. A. Leonis 05; E. Heidenreich: Die schönsten Jahre 05. – **P:** Mund(un)artiges

76. – *Lit:* Berlinger/Hoffmann: Die neue dt. Mundartdicht. 78; Radlmaier: Beschaulichkeit u. Engagement. Die zeitgenöss. Dialektlyr. in Franken 81; Weber: Hdb. d. Lit. in Bayern. Vom Frühmittelalter bis z. Gegenwart 87; Wagner: Das fränk. Dialektb. 87.

Krismayr, Sylvia, Literatin; c/o TAK – Tiroler Autorinnen u. Autoren Kooperative, Tschamlerstr. 3/1, A-6020 Innsbruck, *sylvia.krismayr@utanet.at* (*Innsbruck 12. 7. 57). Lit.pr. f. Lyr. d. KIWANIS-Clubs Landeck 93, 95, Gr. Lit.stip. d. Ldes Tirol 97; Rom., Lyr., Erz., Dramatik. – **V:** Haiku 94; Und – Tak, Lyr. 97; Prinzen & Co, Erzn. 97; Langsam geht der Tod im Kleide der Sorge ums Leben, Libr. 98; Offen & Rot, insz. Lyr. 98; La Paloma, Theater 01; Dornröschen, Theaterst. 03. – **MA:** Das Interkulturelle Leseb. 92; kontakte, Zs. 92; Stimmen, Zs. 92; Brücken schlagen 93; Innerer Raum, Zs. f. Lit. u. Kunst 96/97; Paradies-Äpfel, Haiku-Anth. 96; Und wieder locken die Weibchen, Lyr.-Anth. 96. (Red.)

Krispel, Alexander Gerhard, Erzieher; Eisenwerkstr. 8, A-4020 Linz, Tel. (07 32) 33 00 24 (*Linz 15. 2. 63). IGAA; Lyr. – **V:** Unter der Schädeldecke, G. 96. (Red.)

Krist s. Jezek, Paul Christian

Krista, Adolf-Eduard (Ps. Eduard von Wosilovsky), Facharbeiter f. Landwirtschaft, staatl. gepr. Landwirt, Dipl.-Jurist, Berufsoffizier (58–87); Zielhecke 14a, D-37339 Worbis (*Böhmisch-Leipa/Sudetenld 19. 9. 37). VS Thür. 93; Jagdbuch d. Jahres (Leserentscheid) 99, 03; Erz. – **V:** Was blieb, war das Weidwerk 94; Mit Hirschruf und Passion, Erzn. 98; Der Sohn des St. Hubertus, Erzn. 03; Die Heide träumt, Erz. 05; Das geheimnisvolle grüne Kristall, phantast. Gesch. 05; Kriegskinder, Autobiogr. 05. – **MA:** Weidmannsheil 95; Mit grüner Feder 98; Der rote Bock 99; Jägerlatein 01. (Red.)

Kristan, Georg R. s. Cordts, Georg

Kristan, Georg R. s. Cordts, Renate

Kristen, Karin *

kritischer Hans s. Klein, Kurt

Krneta, Guy, Schriftst.; Schalerstr. 7, CH-4054 Basel, Tel. (061) 2 81 74 65, *krnet@dplanet.ch*, *www. matterhorn.li* (*Bern 24. 3. 64). Gruppe Olten, jetzt AdS; Pr. d. Stift. z. Förd. d. Bernischen Mda.-Dramatik 89, Werkbeitr. v. Stadt u. Kt. Bern 95, 05, Werkbeitr. d. Pro Helvetia 95, 03, Buchpr. d. Stadt Bern 97, Förd.bei-tr. d. Aargauer Kuratoriums 01, Buchpr. d. Stadt Bern 03, Welti-Pr. f. d. Drama 03, Pr. d. Stift. z. Förd. d. Bernischen Mda.-Dramatik 04; Dramatik, Erz., Rom. – **V:** Furnier, Geschn. 96; Mitten im Nirgendwo / Zmittst im Gjätt uss 03; – THEATER/UA: Die mutige Kathrin 87; Till Eulenspiegel, m. Beatrix Bühler 89; Legende vom Dolchstoss 89; Niemals Vergessen 90; Dr aut Lehme 91; Der Faulpelz Paul Felz 92; Ursle / Marthes Eltern 94 (auch dt., holl., engl.); Die Pferde stehen bereit 94; Furnier 96; Münchhausen 96; Iquitos 97; Monkey 98; Zwöi im Mai 98; Schönweid 00; Zmittst im Gjätt uss 03; Das Leben ist viel zu kurz, um offene Weine zu trinken 04; E Summer lang, Irina 04; E Schtau vou Reh 06. – **MA:** Berner Lit.alm. 00; Einspeisen 99; Berner Theaterralm. 00; swiss made 01; Natürlich die Schweizer 02. (Red.)

Kröger, Alexander (Ps. f. Helmut Routschek), Dr.-Ing., Markscheider, Faching. f. Datenverarbeitung; Poznaner Str. 34, D-03048 Cottbus, Tel. u. Fax (03 55) 53 30 60, *routschek.alias.kroeger@t-online. de*, *vertrieb@alexander-kroeger.de*, *www.alexander-kroeger.de* (*Zarch/ČSR 25. 9. 34). SV-DDR 74, VS 92, Vors. LV Brandenbg seit 03, Friedrich-Bödecker-Kr. Brandenbg, Ver. Dt. Sprache e.V. 08; Pr. d. Min. f. Kultur f. Jugendlit. 69; Rom., Kurzgesch. – **V:** Sieben fielen vom Himmel, R. 69, 88 (auch sorb.); Antarktis 2020 73, 85; Expedition Mikro 75, 84 (auch poln.); Die Kristallwelt der Robina Crux 77, 85 (auch ung.), überarb. Neuausg. u. d. T.: Robina Crux 04; Die Marsfrau 79, überarb. Neuausg. 03; Das Kosmodrom im Krater Bond 81, 89; Energie für Centaur 83, 85; Der Geist des Nasreddin Effendi 84, stark überarb. Neuausg. 01; Souvenir vom Atair 85, 86; Die Engel in den grünen Kugeln 86, überarb. Ausg. u. d. T.: Falsche Brüder 00; Der Untergang der Telesalt 89, überarb. Neuausg. u. d. T.: Die Telesaltmission 02; Andere 90; Mimikry 96; Vermißt am Rio Tefé 96; Die Mücke Julia, Stories 96; Funsdache Venus 98; Das zweite Leben 98; Saat des Himmels 00; Der erste Versuch 01; Chimären 02; Begegnung im Schatten 03; Robinas Stunde null 04, alles SF-Romane; – Das Sudelfaß – eine gewöhnliche Stasiakte, Sachb. 96. – **MA:** 4 Kurzgeschn. in Anth. (auch russ., ung., chin.). – *Lit:* Erik Simon/Olaf R. Spittel (Hrsg.): Die Science-fiction d. DDR 88; Die Zeitinsel 91; Wer schreibt? 98; Hans-Peter Neumann (Hrsg.): Die große ill. Bibliogr. d. Science Fiction in d. DDR 02.

Kröger, Annchen (geb. Annchen Neben); Magdeburger Str. 13, D-74889 Sinsheim, Tel. (0 72 61) 55 90, *kontakt@briefe-an-kaspar-hauser.de*, *www.briefe-an-kaspar-hauser.de* (*Salzhausen 15. 4. 39). – **V:** Briefe an Kaspar Hauser 03.

Kröger, Heinrich, Dr. theol., Pastor i. R.; Lönsweg 28, D-29614 Soltau, Tel. u. Fax (0 51 91) 7 19 49 (*Ahrenswohlde, Kr. Stade 15. 10. 32). Freudenthal-Ges. Soltau 56, Vors. seit 79, Bevensen-Tagung 72, Förd.kr. Gleimhaus Halberstadt 08; Quickborn-Pr. 92, Verd.orden d. Ldes Nds. 92, Fritz-Reuter-Pr. 98; Plattdt. Erz., Regionallit., mundartl. geistl. Texte. Ue: hebr, gr. – **V:** To'n Advent, pldt. Andachten 74; Bi em tohuus, Rdfk-Andachten 84; 40 Jahre Freudenthal-Gesellschaft 1948–1988 89; Das Erbe der Brüder Freudenthal. Freudenthal-Preisträger 1989–1990 91; Plattdüütsch in de Kark in drei Jahrhunderten, I 96, II 01, III 98, IV 06. – **MV:** W. Eggers: Sien leste Red' un sien Truuerfier 79. – **B:** Th. Harms (Hrsg.): Honnig, pldt. Bibelstunden v. L. Harms, 5. Aufl. 81; A. Freudenthal: Heideckern, 3. Aufl. 89; Fr. Freudenthal: Meine Kindheit, 2. Aufl. 81, 3. Aufl. 00; In de Fierabendstied, 4. Aufl. 84; Bi'n Füür, 6. Aufl. 08; Ünnern Strohdack, 5. Aufl. 91; Leinhus, 3. Aufl. 92; Ole Geschichten, 2. Aufl. 95; Tönjesvadder, 2. Aufl. 99; Im Hause des Gerichtsvogtes, 3. Aufl. 05; Wied un sied, 3. Aufl. 07. – **H:** Plattdüütsche Predigten ut us Tied 77; Sonderlinge u. Vagabunden, Erzn. v. Fr. Freudenthal, Neuaufl. 80, Nachaufl. 02; Plattdüütsch Lektionar, Bibelübertragung 81; Freudenthal-Preisträger 1979–1982 82; 1983–1986 86; Dat Licht lücht in de Nacht, pldt. Predigten 86; Dor kummt een Schipp, pldt. Gesangb. 91, 2. Aufl. 92; Plattdüütsch Choralbook 95; Soltauer Schriften z. Regionallit. 1.–7 92–01; Soltauer Schriften/Binneboom 8–14 02–08; „Ick löw, ick bin en Stück von di..." Freudenthal-Preisträger/innen 1976–2001 02; De groote Prophet in de Lünebörger Heide. Louis Harms 08. – **MH:** Freudenthal-Preisträger 1969–1978 78; Sprache, Dialekt u. Theologie 79; De Kennung, Zs. f. pldt. Gemeindearbeit, seit 79, Beihefte seit 92; Niederdeutsch als Kirchensprache, Festgabe f. Gottfr. Holtz 80; To'n Leben trügg 82; Stünn um Stünn, Festschr. Bernd Jörg Diebner 00; Johann Diedrich Bellmann: Hörspiele 90; Loccumer Trilogie 06, 2. Aufl. 07; Johannes Jessen: Dat Ole un dat Nie Testament, 9. u. 11. Aufl. 06; Favete linguae. Das Bernhard Raupach Symposion Rostock – Okt. 2004 07. – *Lit:* Bibliogr. in: De Kennung 5/82; Festschr. z. 65 Geb.: De Kennung, Beih. 6/97; Voß un Haas 00; KE 25 (02), H.2, 21–28 (z. 70. Geb.).

Kröger

Kröger, Merle, Filmemacherin, Cutterin, Autorin u. Produktionsleiterin, Kuratorin; c/o pong – Kröger & Scheffner GbR, Skalitzer Str. 62, D-10997 Berlin, Tel. u. Fax (0 30) 61 07 60 98, *info@pong-berlin.de*, *www. pong-berlin.de* (* Plön 19. 7. 67). – **V:** Cut!, Krim.-R. 03; Kyai!, Krim.-R. 06. (Red.)

Kröhn, Julia, Fernsehjournalistin; *julia.kroehn@gmx.at*, *www.juliakroehn.at* (* Linz 9. 6. 75). VKSÖ; Rom., Erz. – **V:** Lukrezias Töchter, Erz. 98; Deborah 01; Engelsblut 05; Die Chronistin 06; Die Tochter des Ketzers 07, alles (hist.) R. (Red.)

Kröhnke, Friedrich, Dr. phil.; lebt in Berlin, c/o Ammann Verl., Zürich (* Darmstadt 12. 3. 56). Arb.stip. d. Ldes NRW 86, Arb.stip. f. Berliner Schriftst. 90, 98, Alfred-Döblin-Stip. 94, Stip. d. Stuttgarter Schriftstellerhauses 96, Aufenthaltsstip. Künstlerhaus Kloster Cismar 97, Ahrenshoop-Stip. Stift. Kulturfonds 99, Stip. d. Stift. Kulturfonds 04; Ess., Lyr., Prosa. – **V:** Propaganda für Klaus Mann, Ess. 81; Jungen in schlechter Gesellschaft 81; Gennariello könnte ein Mädchen sein, Ess. über Pasolini 84; Gorki-Kolonie, Nachtstücke, Erz. 84; Ratten, R. 86; Zweiundsiebzig, Erz. 87; Knabenkönig mit halber Stelle, Erz. 88; Leporello, Erz. 89; Was gibt es heut bei der Polizei?, R. 89; Grundeis, Erz. 90; P 14, R. 92; Dieser Berliner Sommer, Erz. 94; Aqualand, R. 96; Die Attersee-Krankheit, R. 99; Zwillinge, m. Karl Kröhnke 99; Murnau. Eine Fahrt, N. 01; Ciao Vaschek, R. 03; Samoa, oder Ein Mann von fünfzig Jahren, R. 06; Wie in schönen Filmen, R. 08. – **MA:** Exilforschung. Ein intern. Jb. 85; L'80, Zs. 80–87; Dit verval 88; Gläserne Herzen – Kölner Liebesleben literarisch 88; Stadt im Bauch – 3. Kölner Leseb. 88; Ein Ort, überall 94; Berlin – ein Ort zum Schreiben 96; Litfass 89 u. 92; ndl 92 u. 97; Mein heimliches Auge 92; manuskripte 95; Alm. Stuttgarter Schriftstellerhaus 96, u. a. – **MH:** Wanderbühne, Zs. für Lit. u. Politik 81–83; Zwillinge, m. Karl Kröhnke, Anth. 99. – *Lit:* Roland Löffler in: KLG. (Red.)

Kroell, Erika, Rundfunkjournalistin u. Schriftst.; Thurgauer Str. 7, D-53474 Bad Neuenahr-Ahrweiler, Tel. (0 26 41) 20 80 78, *ekvverlag@yahoo.de*, *www. erikakroell.de* (* 58). VS, Sisters in Crime (jetzt: Mörderische Schwestern), Dt. Sherlock-Holmes-Ges. – **V:** Fürchte Deinen Nächsten ..., Krim.-R. 00; Nebelkind – oder: Das Tarot des Todes, R. 02, Hörb. 05; Quelle des Zorns, R. 04, Hörb. 05; Dunkle Schwestern, R. 06. – **MA:** Der Tod tritt ein 01; Abendgrauen II 01; Mordseifel 04; Lit.-Jahresband d. Ldes Rh.-Pf. 05. – **P:** Der König, Kurzgeschn., CD 05. (Red.)

Kröll, Friedhelm, Prof., Dr. phil., M. A., Soziologe, Gastprof. an d. Univ Wien (* Tirschenreuth 7. 3. 43). Heisenberg-Stip., Nürnberg-Stip. d. Pr. f. Kunst u. Wiss. d. Stadt Nürnberg 01; Ess., Feat. – **V:** Bauhaus 1919–1933. Künstler zwischen Isolation und kollektiver Praxis, St. 74; Die „Gruppe 47". Soziale Lage u. gesellschaftl. Bewußtsein literar. Intelligenz in d. Bdesrep., St. 77; Gruppe 47. Realien z. Literatur, Ess. 79; Verein im Lebensalltag einer Großstadt am Beispiel Nürnbergs, St. 87; Schweigen und Walten. Poesie u. Politik der Nachkriegszeit, Ess. 92; Das Verhör 95; Die Archivarin des Zauberers. Thomas Mann u. Ida Herz 01; Die Zukunft war gestern, Szenen u. Texte 01. – **MV:** Vereine. Geschichte – Politik – Kultur, m. S. Bartjes u. R. Wiengarn 82; Einführung in die Geschichte der Soziologie, m. F. Heckmann 84; Vereine vor Ort, m. B. Hülsmann u. a. 86; Angebetet und Verworfen 92. – **MA:** Hansers Sozialgeschichte d. Deutschen Lit., Bd 10 86; Das Plateau, H. 31 95, H. 44 97; Der Nationalsozialismus vor Gericht 99; Deutschland – Ein Einwanderungsland? 01. – **R:** Zwischen Poesie u. Politik. D. Gruppe

47, Szenario 97; „Mit mir geht die Zeit ...", Feat. 98; Urteil u. Anfang: Das Jahr 1945, Szenario 99; Re-education auf Schellack, Feat. 99; Weggefährten, Feat. 00; Unser Freund der Poet, Szenario 00; Th. Mann: Zu Nürremberg im Bund ..., Szenario 01; Ich bin doch kein Stiftsfräulein 01; Adorno in Amorbach 03; Erziehung zur Freiheit 04; Magie des Kalenders 04; Adriaan Morrien: Ein unordentlicher Mensch 04, alles Feat. (Red.)

Kröning, Kirsten, Autorin, Dramaturgin, Journalistin, Malerin; Reiherstieg 36–38, D-23564 Lübeck, Tel. (04 51) 3 84 60 52, *kikroening@aol.com* (* 7. 2. 60). Journalistinnenbund; Lit.stip. Eckernförde; Rom., Ess., Poetisches Portrait. – **V:** Tattoo, R. 98. – **MA:** Wortwahl, Lit.zs. 99, 00, 02. (Red.)

Kröninger, Heide; Friedrich-August-Str. 43, D-55765 Birkenfeld, Tel. (0 67 82) 75 18 (* 45). Biogr. – **V:** Not bricht Eisen. Erinnerungen e. Frau aus d. Hunsrück 01. – **H:** Heinrich Bähren: Blätter vom Herbst geschüttelt und gefärbt, Lyr. 99. (Red.)

Kröpfl, Heinz; Ruthenenweg 7, A-8770 St. Michael in Obersteiermark, Tel. (0 38 43) 28 76, *heinz7 @utanet.at*, *www.kunstboerse-steiermark.at/literatur/ index.html#413*, *www.heinz-kroepfl.de.md* (* Leoben 30. 4. 68). Steir. Werkkr. Lit. d. Arb.welt 88–90, Bootsfreunde 91, IGAA 91, V.S.u.K. 93; Prosa, Lyr., Rom., Erz. – **V:** zwischen zeit, G. 93; Vorsichtiges Aufatmen, G. 95; Ungebrochene Fragen und verlorene Tage. Sieben Gedichte 95; Bis zum Wendepunkt. Eine Fußballnovelle 99, 2. Aufl. 03; Hiob 2001, Erz. 02; Narben und andere Lebenszeichen, G. 03; In die Höhe. Ein Fall, Erz. 06; Deus Formicarum. Der Gott d. Ameisen, R. 08. – **MA:** zahlr. Beitr. in Lit.zss. seit 89, u. a. in: @cetera; Boot; Literar. Kostproben; Zenit; sowie in Anth., u. a. in: In der Tiefe der Zeit 97; Du bist mein Ein und Alles 01; Weihnachtstraum 01; Mein Leid am Mittwoch 02.

Kroetz, Franz Xaver (Ps. Franz Landau), Schriftst., Schauspieler, Spielleiter, Regisseur; Kirchberg 3, D-83352 Altenmarkt a.d. Alz, Tel. (0 86 21) 46 55 (* München 25. 2. 46). Suhrkamp-Dramatikerstip. (m. Alf Poss) 70, Ludwig-Thoma-Med. 70, Fontane-Pr. (Kunstpr. Berlin) 72, Kritikerpr. f. Lit. 73, Hannoverscher Dramatikerpr. 74, Wilhelmine-Lübke-Pr. 75, Dramatikerpr. d. Mülheimer Theatertage 76, Ernst-Hoferichter-Pr. 85, Bertolt-Brecht-Pr. 95, Marieluise-Fleißer-Pr. 07; Drama, Bayrisches Kleinbauern- u. Proletariermilieu, Rom., Gesch., Lyr. – **V:** insges. ca. 60 Stücke, in ca. 30 Spr. übersetzt, u. a.: Heimarbeit. Hartnäckig. Männersache, 3 Stücke 71; Stallerhof. Geisterbahn. Lieber Fritz. Wunschkonzert, 4 Stücke 71; Wildwechsel 73; Oberösterreich. Dolomitenstadt Lienz. Maria Magdalena. Münchner Kindl 74; Gesammelte Stücke 75; Stücke 75; Reise ins Glück. Wunschkonzert. Weitere Aussichten... 75; Weitere Aussichten..., Leseb. 76; Weitere Aussichten... Neue Texte 76; Chiemgauer Gschichten 77; Mensch Meier. Der stramme Max. Wer durchs Laub geht..., 3 Stücke 79; Der Mondschneinknecht, R. 81, Forts. 83; Nicht Fisch nicht Fleisch. Verfassungsfeinde. Jumbo-Track, 3 Stücke 81; Frühe Stücke/Frühe Prosa 83; Furcht und Hoffnung der BRD 84; Nicaragua Tagebuch 85; Bauern sterben 87; Bauerntheater 91; Brasilien-Peru-Aufzeichnungen 91; Ich bin das Volk 95; Heimat Welt 96; Blut und Bier. 15 ungewaschene Stories 06; – THEATER/UA: Julius Caesar, n. Shakespeare; Oblomow, n. Iwan Gontscharow 68; Hilfe, ich werde geheiratet! 69; Heimarbeit. Hartnäckig; Michis Blut; Wildwechsel 71; Männersache; Stallerhof; Globales Interesse; Dolomitenstadt Lienz; Oberösterreich 72; Wunschkonzert; Maria Magdalena; Münchner Kindl 73; Weitere Aussichten ...; Das Nest; Lieber Fritz; Geisterbahn 75; Herzliche Grüße aus Grado 76; Sterntaler; Agnes Bernauer; Verfassungsfeinde 77; Mensch Meier 78; Bilanz; Der stramme Max; Die Wahl fürs Leben 80; Wer durchs Laub geht ...; Nicht Fisch nicht Fleisch 81; Gute Besserung 82; Jumbo-Track 83; Furcht und Hoffnung in der BRD 84; Bauern sterben 85; Der Nusser, n. „Hinkemann" v. Ernst Toller 86; Heimat 87; Die Eingeborenen 99; Das Ende der Paarung 00, u. a. – **B:** Georg Büchner: Woyzeck: die Kroetz'sche Fassung 96. – **R:** HÖRSPIELE: Bilanz 72; Globales Interesse 72; Gute Besserung 72; Herzliche Grüße aus Grado 72; Inklusive 72; Oberösterreich 73; Die Wahl fürs Leben 73; Reise ins Glück 75; Weitere Aussichten... 75; Das Nest 76; Verfassungsfeinde 77; Wer durchs Laub geht... 78; Maria Magdalena 80; Nicht Fisch nicht Fleisch 82, u. a.; – FERNSEHFILME: Herzliche Grüße aus Grado 73; Maria Magdalena 74; Der Mensch Adam Deigl und die Obrigkeit 74; Mütter. 7 Geschn m. Inge Meysel (Mitarb.) 75; Weitere Aussichten... 75; Inge Meysel ... in allen Lebenslagen (Mitarb.) 76; Oberösterreich 76; Das Nest 76, Zweitprod. 79; Heimat 80; Mensch, Meier 82, u. a. – **P:** F.X.K. liest „Wunschkonzert" 75; Weitere Aussichten... 77, beides Schallpl.; Maria Magdalena, Tonkass. 87. – *Lit:* Jan Berg in: Von Lessing bis Kroetz 75; Evalouise Panzer: F.X.K. u. seine Rezeption 76; Rolf-Peter Carl: F.X.K. 78; Otto F. Riewoldt in: Von Zuckmayer bis Kroetz 78; Gerd Müller: Das Volksstück von Raimund bis Kroetz 79; Heinz-B. Heller in: Das dt.spr. Drama seit 1945 81; Christian L. Hart Nibbrig in: Rhetorik d. Schweigens 81; Jürgen H. Petersen in: Studien zur Dramatik i. d. BRD 83; Otto F. Riewoldt (Hrsg.): F.X.K. 85; Anne Betten: Sprachrealismus im dt. Drama d. siebziger Jahre 85; KLG 86; Walther Killy (Hrsg.): Literaturlex., Bd 7 90; LDGL 97. (Red.)

Krohm, Jagomir s. Schüller, Martin

Krohmer, Fritz, Bauing., freier Mitarb. Donautal Ztg; Meisenweg 6, D-74343 Sachsenheim, Tel. u. Fax (0 71 47) 82 73, *fkrohmer@arcor.de* (* Großsachsenheim 3. 11. 31). Biogr., Erz., Zeitgeschichtl. Erz. – **V:** Verwischte Spuren, biogr. Erz. 92, 3.,überarb. Neuaufl. 02; Mein Freund Ferry, zeitgesch. Erz. 93; Der Ruf des Adlers 97; Der schwarze Schakal 99, 3.,erg. Aufl. 02 (auch verfilmt); Louis wo ist dein Bruder 01; Menschen in unserer Stadt 04, alles Biogr. u. hist. Erzn. – **MA:** Damals, Zeitgesch. 95; Die Mörin, heimatgesch. Schrr.-Reihe 96; Ortschronik Hohenhaslach 99; Donautal Ztg 00–03; Leben für die Gemeinde, Heimatforsch. 03; Chronik ev. Sozialst. 04; Die unheimliche Mühle am Neckar, hist. Erzn. 05. (Red.)

Krohn, Alexander, Musiker, Schriftst., Künstler; c/o Distillery, Postfach 870238, D-13162 Berlin, *xandi24@ hotmail.com, www.distillerypress.de* (* Berlin 71). Lyr., Prosa, Ess. Ue: engl, ndl. – **V:** Felsenstern. Handbuch für Maultrommler 03; Blaue Jeans grün 05; Die rote Käthe 05; Anfassen ist noch frei; for ever 07.

Krohn, Barbara, Autorin, Übers.; Killermannstr. 40, D-93049 Regensburg, Tel. (09 41) 3 25 17, Fax 3 73 02, *bk@burger-krohn.de, www.barbara-krohn.de* (* Hamburg 5. 6. 57). VS Bayern, Das Syndikat; Nominierungen f. d. GLAUSER 99, 00, Nominierung f. d. Frauenkrimipr. Wiesbaden, Kulturförd.pr. d. Stadt Regensburg 02; Rom., Erz., Lyr. Ue: ital, engl. – **V:** Der Tote unter der Piazza 97, 4. Aufl. 01; Weg vom Fenster 99, 7. Aufl. 03; Rosas Rückkehr 02, 3. Aufl. 05; Die Toten von Santa Lucia 06; Was im Dunkeln bleibt 07; Die achte Todsünde 08, alles Krim.-R.; – Die Liebe der anderen, Erzn. 03, 05; Orte der Liebe, G. 04. – **MA:** Neues vom Leben 93; Im Zwiespalt 99; Ferienlesebuch

00; Die Weihnachtsfrau kommt 00; Mord am Hellweg 02; Mord am Niederrhein 03; Tatort Bayern 05; Völlig abgefahren 05; Tödliche Pässe 06; Regensburg 06; Schöne Leich' in Wien 08. – **Ue:** Giuseppe Pontiggia: Vom Leben gewöhnlicher Männer und Frauen 95; Fabrizio Rondolino: So ein schöner Ort 98; Carlo Lucarelli: Der trübe Sommer 00; Enzo Striano: Die Portugiesin 00; Carlo Lucarelli: Autostrada 02; Ben Pastor: Kaputt Mundi 05, alles R. – **MUe:** Guido Ceronetti: Albergo Italia, m. Viktoria v. Schirach 93; Philip K. Dick: Zeit aus den Fugen, m. Gerd Burger 95; Isabella Bossi Fedrigotti: Palazzo der verlorenen Träume, m. Viktoria v. Schirach 97.

Krohn, Jan, Schriftst., Texter; Wetlistr. 4, CH-8032 Zürich, *jankrohn@bluewin.ch* (* Hamburg 10. 5. 62). SSV; Werkbeitr. d. Kt. Glarus 86/87, 91, Stip. d. Dt. Lit.fonds 94/95; Rom., Hörsp., Fernsehsp., Songtext. – **V:** Scherbentanz, Erzn. 88; XICA, N. 90; 30, R. 96. – **R:** Modern Love, Hsp. 89. – **P:** In Love, CD; Slamming the Door, CD 97, beides Lied-Texte f. d. Popband Starfish. (Red.)

Krohn, Rolf, Dipl.-Physiker, Schriftst.; Schulstr. 10, D-06108 Halle/S., Tel. (03 45) 5 12 55 59, *Rolf.Krohn. Halle@t-online.de, post@rolf-krohn-halle.de, www. rolf-krohn-halle.de* (* Halle/S. 25. 10. 49). Förd.kr. d. Schriftst. in Sa.-Anh. 90; Stadtschreiber v. Halle/S. 03/04; Hist. Abenteuerlit., Science-Fiction. – **V:** Das Grab der Legionen, hist. R. 79; Das Labyrinth von Kalliste, hist. R. 83; Begegnung im Nebel, SF-Erzn. 86; Hannibals Rache, hist. Erz. 89; Die tötende Sonne, SF-Erzn. 90; Die andere Seite der Wahrheit 97; Auf den anderen Ufern der Nacht, SF-Erzn. 96; Schatten über der Saale, SF-Erzn. 00; Am Tor der Zeit, SF-Erzn. 02; Das dunkle Bild der Liebe, SF-R. 05; Tod auf tausend Hufen, hist. Erzn. 05; Vier Säcke Silber, hist. R. 05; Mord für die Macht, hist. R. 07. – **MA:** Beitr. in mehreren Anth. seit 75. – **H:** Blicke und Halle 06.

Krohn, Tim; Röntgenstr. 75, CH-8005 Zürich, Tel. u. Fax (0 44) 2 72 48 87, *timkrohn@smile.ch* (* Wiedenbrück/NRW 9. 2. 65). SSV, Präs. 98–01, AdS 03; UNDA-Radiopr. 93, OPEN MIKE-Preisträger 93, Conrad-Ferdinand-Meyer-Pr. 94, Aufenthaltsstip. d. Berliner Senats 95, Solitude-Stip. 96, Pr. d. Schweiz. Schillerstift. 98, Förd.gabe d. Intern. Bodenseekonferenz 11, London-Stip. Landis, Gyr 02/04, Auszeichn. d. Kt. Zürich 07, Werkbeiträge von: Kt. Zürich 93, 98, 02, Stadt Zürich 95, Kt. Glarus 97, Pro Helvetia 98 u. 03, u. a.; Rom., Erz., Dramatik, Hörsp. Ue: frz, engl. – **V:** Fäustlava, R. 90; Surfer/Zeitalter des Esels, Stücke 92; Der Schwan in Stücken, hist. Erz. 94; Poly. Dreigroschenstück ohne Gesang 95; Die kleine Oper vom Herbstmondfächer 96; Dreigroschenkabinett, R. 97; Quatemberkinder und wie das Vreneli die Gletscher brünnen machte, R. 98; Irinas Buch der leichtfertigen Liebe, R. 00; Bienen, Königinnen, Der Schwan in Stücken 02 (m. CD); Heimweh, Erzn. 05; Vrenelis Gärtli, R. 07; Warum die Erde rund ist. 111 Schöpfungsmythen 08; – THEATER/UA: Surfer 91; Zeitalter des Esels 92; Die apokalyptische Show von den vier Flüssen Manhattans 95; Der Schwan in Stücken 95; Revolution mit Hund 98; Revolution mit Hund die Zweite 99; Quatemberkinder, Dialektfass. 00; Die Bienenkönigin 00; Verbrechen und Strafe, n. Dostojewski 01. – **MV:** Die Erfindung der Welt, m. Elisa Ortega, R. 02. – **R:** Johann & Johanna 86; Ehrenbürger Böhm 88; Tamilen nach Auschwitz 91; Zeitalter des Esels 92; Der gepökelte Lenin 94; Die apokalyptische Show von den vier Flüssen Manhattans 97; Révolution com Esels 01, alles Hsp. – *Lit:* LDGL 03. (Red.)

Kroitzsch

Kroitzsch, Igor; c/o PRESS-Bühnenvertrieb, Göhrener Str. 9A, D-10437 Berlin, *kroitzsch@kroitzsch.de*, *www.kroitzsch.de* (* Potsdam 9. 5. 60). Autoren-Kollegium 89–93; Grabbe-Pr. 94, 1. Pr. im Autorenwettbew. Theater a.d. Rott 01, Stip. u. a. von: Stift. Kulturfonds, LCB, Akad. Schloß Solitude, Stift. Preuß. Seehandlung, Alfred-Döblin-Stip., Schloß Wiepersdorf; Theaterst., Hörsp., Libr., Drehb. – **V:** Ausgang zum Theater, Kammersp. 89, 03; Die Busgesellschaft, Stück 90, 08; Nachspiel, Mysteriensp. 90, 02, UA 01; Das Drama, Stück 91, 00, als Buch 96; Parvus, Historie 92, 01; Parvus am Golf, Grot. 96, 00; Warten auf Hitler, Dr. 99; Mahlzeit, Dramolett 99, 03; Ernst, Stück 00, UA 05; Nobiskrug, Totentanz 02; Tübingen Blick, Wachtraum 03; Flickflack, Tragikomödie 04; Fall Althusser, Aporie 06; Helsingörer Gespräche, Reminiszenzen 07, alles Theaterstücke. – **R:** Was nun?, Hsp. 95; Mordio X Y, Parodie 99 (beide im DLR Berlin).

Krokauer, Christine (geb. Christine Schlegel), M. A., Red., freie Schriftst., Lektorin; Sterntalerweg 14, D-97084 Würzburg, Tel. (09 31) 6 32 96, *www.bitfeder. de* (* Baden-Baden 7. 3. 63). E.senatorin d. Cornelia-Goethe-Akad. Ffm. 02; Lyr., Kurzprosa, Sachtext. – **V:** Zwischentöne, G. u. Kurzprosa 87; M@ilenstein, R. 01. – **MA:** Nähe ganz nahe Nähe, Lyr. 89; Fällt ein kleines Blau vom Himmel, Lyr. 94; Frankfurter Anth. 00, 01; zahlr. Beitr. f. Unterrichtsmat. im Fach Sozialkunde u. f. d. Bundeszentrale f. polit. Bildung, Bonn. (Red.)

Krolkiewicz, Ralf-Günter, Schauspieler, bis 04 Intendant d. Hans-Otto-Theaters; lebt in Bredow b. Nauen, c/o Märkischer Verl., Wilhelmshorst (* Erfurt 55). Autorenpr. d. Heidelberger Stückemarktes 04, Landespr. f. Volkstheaterstücke 05. – **V:** Hafthaus 03; Nirgends ein Feuer mehr 06; – Stücke: Herbertshof, UA 05; Keinen Tag länger; Puppetkillers; Viel Rauch und ein kleines Häufchen Asche 02. (Red.)

Kroll, Fredric, Ph. D., Schriftst., Komponist; Berliner Str. 80, D-79211 Denzlingen, Tel. (01 63) 4 56 84 84, *fredrickroll@hotmail.com* (* Brooklyn/New York 7. 2. 45). VS 83, Interessenverb. dt. Komponisten 90; Sachb., Übers. Ue: am. – **V:** Klaus-Mann-Schriftenreihe. Bd 1: Bibliographie 76; Bd 3: 1927–1933. Vor der Sintflut 79; Bd 5: 1937–1942. Trauma Amerika 86. – **MV:** Klaus-Mann-Schriftenreihe. Bd 2: 1906–1927. Unordnung und früher Ruhm 77; Bd 4/1: 1933–1934. Sammlung der Kräfte 92; Bd 6: 1943–1949. Der Tod in Cannes 96; Bd 4/2: 1935–1937. Im Zeichen der Volksfront 06, alle m. Klaus Täubert. – **MA:** Klaus Mann: Tagebücher 1931–1949 (Berichtig. u. Erg. d. Anm.) 95; Klaus Mann: Der Wendepunkt (Anhang u. Nachw.) 06. – **H:** Klaus-Mann-Schriftenreihe 76–06. – **P:** The Scarlet Letter. Vorspiel u. 3. Akt, CD 99; Lieder aus der Einsamkeit u. a. Lieder, CD 01. – **MUe:** Klaus Mann: Zweimal Deutschland 94; ders.: Auf verlorenem Posten, Ess. 94.

Kroll, Renate, Techn. Zeichnerin; Waldstr. 90, D-15732 Schulzendorf, Tel. (03 37 62) 4 80 70 (* Bürgdorf/OS 6. 3. 37). Lyr., Sat. – **V:** Wo endet unsere Straße der Sehnsucht ..., G. 01; Das Leben ist ein Kommen und ein Gehen ..., G. 03. (Red.)

Krollpfeiffer, Hannelore (geb. Hannelore Holtz), Journalistin, Autorin; 1541 Mantanzas Rd., Santa Rosa, CA 95405/USA (* Berlin 8. 24). Rom. – **V:** Wir lebten in Berlin, R. 47; TTF gegen Knallbiß, Jgdb. 78; Diese schwer erziehbaren Eltern, Jgdb. 79; Eine ideale Familie, R. 81, Tb. 83; Die Zielgruppe, R. 82; Alles nur Euch zuliebe!, Jgdb. 82, 93; Meine neue große Schwester, Jgdb. 83; Das rosa Atelier oder Der verlorene Traum, R. 85; Tanzstundenzeit, Jgdb. 85; Die Mutter mit Marie, Jgdb. 86, 93; Schatten auf der Seele,

R. 94; Telefonspiele, R. 95; Damals in Berlin, R. 97; Spätlese 98; Herzenssachen, R. 99; Frau Nebenkrugs Reise, R. 01; In meinem Alter. Ein respektloser Ratgeber 05. – **MA:** Anth.: Mädchen dürfen pfeifen, Mädchen dürfen weinen, Geschn. 82, Nachaufl. u. d. T.: Mädchen dürfen stark sein, Jungen dürfen schwach sein; Der Planet der Platten, SF-Geschn. 83; Wir treffen uns morgen, Erzn. 87; Was ist dran am Mann? 97; Im Dialog mit Hans Weigel, Texte 98; – Zs. Brigitte (stellv. Chefred.) 57–87. (Red.)

Krolop, Bernd, Dr., StudR., LBeauftr.; Volmerswerther Str. 22, D-40221 Düsseldorf, Tel. (02 11) 39 43 97, *zerodvessel@web.de*, *www.berndkrolop.de* (* Barby 23. 3. 51). – **V:** Seltsame Berührungen, Erzn. 02.

Kromer, Hans, Lehrer; Sarrasanistr. 13, D-01087 Dresden, Tel. u. Fax (03 51) 8 04 12 91 (* Chemnitz 15. 5. 38). ASSO Unabhängige Schriftst. Assoz. Dresden 90; Pr. d. Stadt Triest 84, Pr. d. Stift. Ostdt. Kulturrat 85; Rom., Lyr., Erz., Drama. – **V:** Liebeserklärung, Lyr. 90; Ankunft aus dem Osten, Erz. 92; Die Verletzung, R. 04. – **H:** Dresden. Die friedliche Revolution, Dok. 90.

Krommer, Anna (Ann Krommer), Künstlerin; 345 North State Road, Apt. D1F, Briarcliff Manor, NY 10510–1473 (* Kubin/ČSR 31. 3. 24). TRANS-LIT (SCALG) 94–04; Lesung an der Univ. Graz 95; Lyr., Ess., Nov. – **V:** Galiläa. Lieder einer Siedlung, G. 56; Spiegelungen, G. 71; Das Rattenhaus, N. 76; Staub von Städten, Lyr. 95. – **MA:** Aufbau (New York); Staatsztg (New York); Prosa u. Lyr. in: Mit der Ziehharmonika, seit 88; – Lyrik in: Literatur u. Kritik 75, 81, Juli 01; Citate Meritorions German-American Studies 73; Amerika im austro-amerikanischen Gedicht, Anth. 73; Reisegepäck Sprache, Anth. 79; Das Boot, Anth. 80; Die Sprache als Heimat, Anth. 81; Geschichte im Gedicht, Anth. 82; Nachrichten aus den Staaten 83; Sudetenland 2/95; In welcher Sprache träumen Sie?, Anth. 07; – Prosa in: Mnemosyne 25/99; ZWISCHENWELT, 20. Jg./Nr.3 03; Berlin Aktuell, Nr.72 03; Holunderblüten, Anth. 05. – *Lit:* Sabine Prem: Kein Haus, keine Heimat, Dipl.-Arb. über A.K. 94; Mit der Ziehharmonika, 12. Jg. 94; Aufbau (New York) 96; Rita Terras: World Literature Today, Univ. Oklahoma 96; Christoph Haacker, Sigrid Bauschinger in: Dt.sprachige Exillit. seit 1933, Bd 3 02; Christoph Haacker: Echo d. Exils 06.

Krommidas, Giorgos, Schriftst.; Weiherstr. 2, D-53111 Bonn, Tel. (02 28) 2 42 54 24 (* Kavalla/ Griechenland 36). VS 95, Kogge 00; Arb.stip. d. Ldes NRW 88 u. 96; Rom., Lyr. – **V:** Du aber, Lissi, hab' keine Angst... 86; Tagebuch einer Trennung 87; Ithaka, Erz. 89, Neuaufl. 00; Die Liebe übrigens, G. u. Miniatn. 94; Der Ölberg, Erz. 96; Die Flügel der Rotkehlchen 02. (Red.)

Kron, Norbert, freier Autor u. Journalist; Melanchthonstr. 10, D-10557 Berlin, *mail@norbertkron.de*, *www.norbertkron.de* (* München 23. 3. 65). Arb.stip. f. Berliner Schriftst. 03, Alfred-Döblin-Stip. 04, Villa Aurora-Stip. Los Angeles 04, Stip. d. Stift. Kulturfonds 04, u. a.; Rom., Erz. – **V:** Autopilot, R. 02, Tb. 04; Der Begleiter, R. 08. – **MA:** zahlr. Beitr. in Zss. u. Anth., u. a. in: Konzepte; ndl; EDIT; Sinn u. Form; Literatur primär; – Anth. u. a.: Stadt, Land, Krieg 04; Unwürdige Lektüren 08; Titelkampf, Fußballgeschn. d. dt. Autorennationalmannschaft 08. – **MH:** Konzepte (Mitbegründer) 86–98. – **R:** zahlr. Fs.- u. Radiobeitr., u. a. für: Kulturreport/ttt; Metropolis; kulturzeit; Ticket/ Stilbruch; Bücherwelt. (Red.)

Kronabitter, Erika, Mag., Schriftst. u. Künstlerin; Schießstätte 2, A-6800 Feldkirch, Tel. (0 55 22) 7 38 88, *e.kronabitter@cable.vol.at*, *www.kronabitter.*

com (* Hartberg/Stmk 3. 2. 59). Vorarlberger Autoren-verb., jetzt Lit. Vorarlberg, IGAA, IG Bildende Kunst, GAV; Arb.stip. z. Dramatikerbörse 3. Theaterfestivals „luaga u. losna" 95, Stip. d. Ldes Vbg f. d. Künstlerate-lier Pyrgi/Chios, Griechenland 98/99, Arb.stip. d. BKA 99/00, Theodor-Körner-Förd.pr. 01, Anerkenn.pr. f. Lit. d. Ldes Vbg 01, Anerkenn.pr. „Melinia Trophies" 01, Stip. d. Strobler Lit.gespräche 01, Prosapr. Brixen-Hall 01, Teiln. b. d. Dramatikerwerkstatt d. Tiroler Landes-theaters 02, Aufenthaltsstip. d. BINZ 39 im Unterenga-din/Schweiz 03; Lyr., Prosa, Drama. – V: Wer spricht denn noch von Liebe, Lyr. 93; kein sand zum darüber-streuen, Lyr. 99; Ich auf Chios 00; friederikenbriefe 02; neue gedichte 02; So wie man beim Schlafen die Augen schließt, Lyr. 02; Mona Liza, R. 07. – MA: Vorarlberger Lesebogen; Zenit; Orgon; Auf den Spu-ren der Menschlichkeit, Anth.; Welt der Frau; Öst. Lit.-forum; Vater!Vaaater!Papa, Anth.; Wohnzimmer. Zs. f. unbrauchbare Texte; Sterz; Podium; Komplex (Univ. Innsbruck); Wiener Wandertage; V 12 – Liebesspiele; Der Geschmack der Fremde; Gedichtpostkarten im No-ah-Verl.; Nirgendort, Anth. 04; sterz, Lit.zs. 04; No ent-ry. Access und Kunst im 6. Kondatieff 04; V 15 05; Fest Essen, Anth. 05; Die Übenden, Theaterst. 06. – H: Pyr-gi, Anth. 01. – R: Beitr. im ORF u. SWR. – P: Textbei-tr. in: donner blitz und parablü, CD f. Kinder 98. – Lit: s. auch Kürschners Handbuch der Bildenden Künstler, 1. Aufl. 2005. (Red.)

Kronau, Frank s. Huhn, Klaus

Kronauer, Brigitte, Schriftst.; Rupertistr. 73, D-22609 Hamburg (* Essen 29. 12. 40). VS bis 05, Dt. Akad. f. Spr. u. Dicht. Fontane-Pr. (Kunstpr. Berlin) 85, Pr. d. SWF-Lit.mag. 87, Heinrich-Böll-Pr. 89, Ida-Deh-mel-Lit.pr. d. GEDOK 89, Berliner Lit.pr. 94, Joseph-Breitbach-Pr. 98, Hubert-Fichte-Pr. 98, Lit.pr. Ruhrge-biet 01, Stadtschreiber-Lit.pr. Mainz 01 (zurückgege-ben), Mörike-Pr. 03, Grimmelshausen-Pr. 03, Vilenica-Lit.pr., Slowenien 04, Bremer Lit.pr. 05, Georg-Büch-ner-Pr. 05; Erz.; Rom., Ess. – V: Der unvermeidliche Gang der Dinge, Erzn. 74; Die Revolution der Nach-ahmung, Kurzprosa 75; Vom Umgang mit der Natur, Erzn. 77; Frau Mühlenbeck im Gehäus, R. 80, 2. Aufl. 00; Die gemusterte Nacht, Erzn. 81; Rita Münster, R. 83; Berittener Bogenschütze, R. 86; Aufsätze zur Lite-ratur, Ess. 87; Enten und Knäckebrot, 7 Erzn. 88; Die Frau in den Kissen, R. 90; Schnurrer, Geschn. 92; Hin-und herbrausende Züge, Erzn. 93; Literatur und schöne Blümelein, Ess. 93; Die Wiese, Erzn. 93; Das Taschen-tuch, R. 94; Die Lerche in der Luft und im Nest 95; Die Einöde und ihr Prophet 96; Teufelsbrück, R. 00; Zwei-deutigkeit, Ess. 02; Verlangen nach Musik und Gebir-ge, R. 04; Die Tricks der Diva, Erzn. 04; Frau Melanie, Frau Martha und Frau Gertrud 05; Feuer und Skepsis, Einleseb. 05; Die Feder des Hyazinthäras, Ess. 06, 08; Errötende Mörder, R. 07; Die Kleider der Frauen, Erzn. 08; Die Sprache von Zungen- und Sockenspitze, Ess. 08. – MV: Kulturgeschichte der Mißverständnisse 97. – H: Wolf Ror: Verschiedene Möglichkeiten, die Ruhe zu verlieren, Prosa 01; Beitr.: Heinrich Vormweg in: Akad. d. Künste, „Kunstpr. Berlin" 85; Magdalene Heuser in: Frauen-Fragen i. d. dt.spr. Lit. seit 1945, 89; Walther Killy (Hrsg.): Literaturlex., Bd 7 90; Heinz Ludwig Ar-nold in: Text + Kritik 112 91; KLG 97; LDGL 97; Wer ist Wer 97/98; Markus Barth: Lebenskunst im Alltag 98; Heinz Schafroth (Hrsg.): Die Sichtbarkeit der Din-ge. Über B.K. 98; Clausen/Kopfermann/Kutter (Hrsg.): Literar. Portr. B.K. 04.

Kronberg, Renate (geb. Renate Gutbier), Notari-ats-Bürovorsteher, Rentner; Garstedter Weg 199, D-22455 Hamburg, Tel. (0 40) 5 51 02 67, Fax 55 54 94 06,

renate_kronberg@web.de (* Wilhelmshaven 22. 1. 33). Rom., Erz. – V: Zwischen Rüstringen und Bant, R. 01, 02; Troja. Eine Handvoll Zärtlichkeit, Erz. 02; Laß die Tauben fliegen, R. 06/07.

Kronberger, Hans, Lotse, Kapitän; Parkstr. 5, D-21635 Jork, Tel. (0 41 62) 89 55, info@angemustert. de, www.angemustert.de (* Teplitz-Schönau 15. 5. 42). Erz. – V: Angemustert. Die Reisen auf d. Maria Horn 99; ... noch 500 Meilen bis Puerto Limon 99; Blumen im Staub. Gesichter Spaniens 03. (Red.)

Krone, Juliane A. (Ps. f. Annette Fliegner), Be-triebsschlosser, Industriekfm., Kulturwiss., Angest. u. Editorin d. Neißemünde-Verl.; Neißestr. 27, D-15898 Neißemünde-Ratzdorf, Tel. (03 36 52) 8 90 28, Fax 8 90 56, neissemuendeverlag@arcor.de (* Guben 5. 11. 50). FDA Brandenburg; Hauptpr. b. Internat. Lit.-wettbew. d. Ldkr. Oder-Spree, d. Kulturzentr. Krzeszyn, d. Bez.exekutivkomitees Grodno u. d. Kulturfabrik Für-stenwalde 06; Rom., Erz. – V: Forget me not / Odyssee zum Horizont, R. 05; Philipps Tochter, R. 06; Mamas Schürzenknopf / Ein Antlitz von Ratzdorf, Erz. 07. – Lit: Waltraut Tuchen in: Märkische Oderztg v. 19.10.06.

Kronberg, Eckart, Journalist, Film- und Fernsehkritiker; Kai-serdamm 84, D-14057 Berlin, Tel. u. Fax (0 30) 3 01 41 65 (* Stünzhain/Thür. 10. 6. 30). VdK; Julius-Campe-Pr. 61; Rom., Ess., Fast. Ue: engl. – V: Der Grenzgänger, R. 60; Keine Scherbe für Hiob, R. 64; Zum Beispiel Marokko, Reise-R. 71; Die Kraft der Schlange, R. 75; Buddha, Berlin-Wilmersdorf, Reise-R. 80; Don Quijote in den Anden, R. 91, 93 (span.); El Camino de Santiago a Potosí, Reise-R. 95; Buddha in der City, Autobiogr. 97; – Libr.: Die Menschen von Ba-bel, Oratorium 78. – Ue: Malcolm Cowley: Literatur in Amerika, Lit.-Kritik 63. (Red.)

Kronenberg, Susanne, Dipl.-Ing. FH; Sauer-bruchstr. 13, D-65232 Taunusstein, Tel. (01 79) 9 17 73 52, susanne.kronenberg@t-online.de, www. susanne-kronenberg.de (* Hameln 3. 12. 58). Das Syn-dikat 05; Jugendb., Krim.rom., Sachb. – V: Philipps Pferdehof 90, 92 (auch nor.); Tränen, Tölt und Träume 90, 94 (auch ndl.); Ein Pferd aus Island 91, 95 (auch ndl.); Handbuch Reitweisen, Sachb. 92; Kein Land für Luna 93; Unterwegs mit Gisli 93, 95 (auch ndl., nor.); Freizeitpferde, Sachb. 94; Reihe „Reiterhof Rote Müh-le": Bd 1: Fünf Ponys für Lia 00, Bd 2: Auf Lara ist Verlass 00, Bd 3: Zwei dicke Freunde 00, Bd 4: Galopp im Sturm 00, Bd 5: Alles wegen Moritz 01, Bd 6: Die fremde Reiterin 01; Pferdemörder 05; Flammenpferd 05; Kultopfer 06; Weinrache 07. – MA: Tatorte Hessen kulinarisch, Kurzgeschn. 06.

Kronenberg, Yorck, Schriftst. u. Pianist; Berlin, info@yorck-kronenberg.de, www.yorck-kronenberg.de (* Reutlingen 73). Stipendiat Autorenwerkstatt Prosa d. LCB 06, Autorenförd. d. Stift. Nds. 08. – V: Welt unter, R. 02. – MA: Wieder vereinigt. Neue dt. Liebesgeschn. 05. (Red.)

Kropf, Erich, ObStudDir.; Wetzelstr. 22, D-96047 Bamberg, Tel. (09 51) 2 75 57 (* Bamberg 10. 4. 30). – V: Kommunales, Anekdn. 96. (Red.)

Kropivnik, Matjaž s. Messner, Janko

Kropp, Gudrun, Schriftst., Lyrikerin; Weiden-str. 32, D-86956 Schongau, Tel. (0 88 61) 25 49 42, Fax 25 49 43, gudrun.kropp@t-online.de, www.gudrun-kropp.de (* Heidenau/Nordheide 23. 3. 55). VS 02; Lyr., Rom., Erz., Kinderb., Sachb. – V: Alles Lebendige passt in keinen Rahmen, G. 00; Wie ein Traum ist die Frei-heit, Gebete u. Meditn. 00; Den Klang der LIEBE hö-ren, G. 00; Hat die Sonne ein Gesicht?, Kdb. 01; Der empfindsame Weihnachtsbaum, G. u. Geschn. 05; Lass

Kropp

dich fallen ... ins Leben, Aphor. 06; Weihnachten – Das Fest der Sinn(e), Sprüche 06. – **MA:** Nationalbibliothek d. dt.sprachigen Gedichtes 00; Beitr. in Lit.-Zss.; in: BILD der Frau; efi, evang. Frauen-Zs. in Bayern, seit 00; Die Brücke, Lit.zs. seit 04; Am Ufer der Träume 04; Deutschland schreibt Geschmack, Anth. 04; Pausenhofliebe, Anth. 04; Friedenssamen, Anth. 06. – **H:** Irene Hitt: Auf der Straße der Erinnerung 06. – *Lit:* s. auch 2. Jg. SK. (Red.)

Kropp, Jürgen, Autor u. Dramaturg; Wallhof 4, D-24214 Blickstedt, *juergenkropp@web.de, www. juergenkropp.de* (* Büdelsdorf/Schleswig-Holstein 8. 5. 55). Förd.pr. d. Klaus-Groth-Pr. 84, Freudenthal-Pr. 85, 93 u. 03, Pr. d. NDR-Wettbewerbs „Vertell doch mal" 98, 99, 04, Borsla-Pr. 02, Klaus-Groth-Pr. 07; Dramatik, Erz., Lyr. Ue: ndt. – **V:** Tweihbraken Rauh, Lyr. 88; De dulle Greet, ndt. Kom. 90; Der Sturz des Herrn Leonberger in ein Loch, Kurzgeschn. 90, 2.,erw. Aufl. 97; Der Amateursuppenkochwettbewerb, Kurzspiele 90; Över Kopp, ndt. Lsp. 92; Dat Jubiläumsstück, ndt. Klamauk 93; Montebello oder Kaamt doch mal vorbi, ndt. Kom. 95, 97 (hdt.); Der Froschkönig, Märchenstück 97; Kalle alaaf oder Karneval in Büggelsdörp, ndt. Kom. 98; Nix för Frömde, Prosa ndt./hdt./ital. 98; Gutbürgerlich. Ein Essen für eine Person, Monologstück 99; Acapulco, Kom. 99; Backpflaumen. Ein Reigen, Kom. 99; Ut'n Tritt. Vertellen to'n Smuustern un Gruweln, ndt. Erzn. 07. – **B:** Fritz Stavenhagen: De ruge Hoff, Tragödie 87; Labiche/Delacour/Reinhardt: Die Spardose, Kom. 96. – **MA:** Geschichten aus W. 89; Över verlaten plaasterstraten/Per abbandonati selciati, Lyr. ndt./ital. 91; Keen Tied för den Maand, Leseb. 93; Bremer Blüten 97; Glück hatt 98; Platt för Land un Lüüd, Leseb. 99; Besöök 99; Dat groote Smuusterbook 00; Swartsuer 02; Fieravend 03; Ünnerwegens 04; Dat Land so free un wiet 06; Jahresgabe der Klaus-Groth-Ges., Lyr. 08. – **Ue:** Georges Feydeau: Der Floh im Ohr, Kom. 98; – ins Ndt.: Ina Nicolai: Besöök ut Busum 88; Hans Gnant: Millionen in't Heu 90; ders.: Elisa 96; ders.: De Sündenbook 98; Gerhard Loew: Slachtköst 99, alles Volksst.; Georges Feydeau: De Floh in't Ohr, Kom. 04. – *Lit:* Inge Bichel in: Freudenthal-Preisträger d. Jahre 1983–1986 86; Dirk Römmer in: Quickborn, 2/99; Martin Schröder in: Soltauer Schrr. Binneboom 10/04; Reinhard Goltz in: Jahresgabe 2008 der Klaus-Groth-Ges. 08.

Kroshin, Grigory, Dipl.-Bauing., Dipl.-Journalist u. Red.; Geeststr. 87, D-40589 Düsseldorf, Tel. u. Fax (02 11) 79 01 37, *gkroshin@mail.ru* (* Moskau 19. 6. 39). VJ Russlands 76, VS Moskau 93, Intern. Federation of Journalists 95, VS 98, Intern. P.E.N.-Club 04, APIA Authors and Publicist Intern. Assoc. 05; Pr. d. Journalistenverb. Rußland, Pr. d. Schriftst.verb. d. UdSSR, u. a.; Erz., Hörsp., Fernsehsp. – **V:** Maulhelden an der Macht, Sat. 01; mehrere Veröff. in russ. Sprache. (Red.)

Krosien, Gerhard, Dipl.-Verw.; Kolbenbergweg 3, D-61440 Oberursel, Tel. u. Fax (0 61 71) 88 30 76, *gerhard.krosien@freenet.eu* (* Memel 3. 3. 35). Erz., Kurzgesch. – **V:** Le(e)hrzeit 94; Merkwürdiges im heutigen Gestern 94; Schau doch mal auch the 95; Neuerlebtes Memelland 97; Trautes Memelland – glückliche Kinderzeit 98, alles Kurzgesch. Beitr. – **MA:** zahlr. Beitr. in: Memeler Dampfboot, seit 88; vereinz. Beitr. in: Dt. Nachrichten f. Litauen; Sportpost d. PSV Blau-Gelb Frankfurt/M., seit 93.

Kross, Jürgen (eigtl. Hinrich Jürgen Kross), Buchhändler; Kaiserstr. 8, D-55116 Mainz, Tel. u. Fax (0 61 31) 22 83 58. c/o Claudius-Buchhandlung, PF 2709, D-55017 Mainz, Tel. (0 61 31) 22 83 58,

Claudius-Buchhandlung@t-online.de (* Hirschberg/ NS 26. 8. 37). FÖK Rh.-Pf., Wangener Kr.; Lyr., Hörsp., Drama, Kurzprosa. – **V:** Ortungen 75, 76; inmitten 80; Kaltfront 84; angesichts 86; Raumzeit 88; Ungemach, G. 90; Letzter Hand 91; Brandstätten, G. 93; Sichtwechsel, G. 95; Auf dem Gletscher/On the glacier 97; Schattenwurf, Lyr. 97; Totenhag 97; Sonnengeflecht 98; Mitlesebuch (einschlüsse), Lyr. 00; waldungen, Lyr. 00; zwiesprachen, Lyr. 00 (Tonkass. 99); angespül, Lyr. 01; Höllenglut, Erzn. 02; Fremdgut, G. 04; Schneelicht, Lyr. 05; grenzverlauf, Lyr. 07; zufluchten, Lyr. 07. – **MA:** neue texte aus rheinland-pfalz 74; Lit. aus Rh.-Pf. 76; Lyrik-Prosa-Bilder-Leseb. 80; Handgeschrieben 81; Komm süßer Tod 82; Ortsgedächtnis. Rh.-pfälz. Jb. f. Lit. Bd 6 99; Das Regenbuch 99; Das Buch vom Schnee 00; Tage des Glücks 02; Die Sonne 02; SMS-Lyrik 02; Nordsee ist Wortsee 06; Ins Wort gesetzt 07; Völker frei 07; Kraut und Pflaster 07; Versnetze 07, alles Anth.; zahlr. Beitr. in Lit.zss., u. a.: Litfaß; die horen; ndl; Akzente; Lichtungen; Krautgarten; Zeichen und Wunder; Das Gedicht; Castrum Peregrini; Podium; Signum; Dichtungsring. – **MH:** Prosa heute 75; Areopag, Jb. 80; Vom Verschwinden der Gegenwart, Anth. 91; Zeitvergleich, Anth. 93. – **R:** Morgenstund, Hsp. 75; Untergänge, Hsp. 82.

Kroth, Olivia, Gymnasiallehrerin; lebt im Taunus, *o. kroth@t-online.de, www.olivia-kroth.de* (* Heidelberg 27. 4. 49). – **V:** Märchenschlösser und Dichterresidenzen 01; Zeitreisen im Taunus 02; Im Zeitstrom des Main. Ein Stundenbuch 04; Tote tanzen nicht, Krim.-R. 06. (Red.)

Kruchen, Beate Maria, Mediengestalterin, Design u. Druck; D-48291 Telgte, *bmkruchen@kbt-bettwaren.de* (* Telgte 7. 3.). FDA 85–96; Lit.pr. Turin 01, 1. Pr. f. Lyr. im dt.spr. Raum Menzione d'Honore, Turin 03, 05, 07; Lyr. – **V:** Schrei des Raben 82; In den Augen 84; Fremde Wasser 88; Im Zeichen des Wassermann 94; Grenzgänger 02; Hinter dem Tag 05; ... nur eine kleine Unruhe 08, alles Lyr. (teilw. auch chin., ital., georg.). – **MA:** zahlr. Beitr. in Anth., u. a. in: Ich lasse meine Seele fliegen 92; Liebe Stadt im Lindenkranze 93 (auch chin., ital., georg.). – **P:** Zurück nach Bejing, Lyr. 94. – *Lit:* Westfäl. Autorenlex.; Lit.-Atlas; Nachlese.

Kruczek, Dietmar, Arbeitshygieniker, freier Schriftst.; Carwitz, Carwitzer Str. 64, D-17258 Feldberger Seenlandschaft, Tel. (0 39 8 31) 5 29 22, (01 72) 3 53 54 74, *www.fbk-pelikan.de* (* Groß-Strelitz 11. 11. 40). VS 90; Erz., Dramatik. – **V:** Doktor in Lambarene, biogr. Erz. 81, 83; Der Mann, der das Leben verlängern wollte, biogr. Erz. 89; Die verschwundenen Windmühlenflügel, M. 91; Drogenstrich. Die Karriere des Axel K., Ber. 93, 99; Sei nicht traurig, Hummelbienchen, Kdb. 93; Hilfe, die Kirche brennt, Jgdb. 94; Das namenlose Grab, Jgdb. 94; Der Engel von Newgate, biogr. Erz. E. Fry 96; Hat Kalle sie noch alle?, Jgdb. 97; Der kleine Clown, Theaterst. f. Kinder 97; Der Doktor im Regenwald, Jgdb. 98; Der Froschprinz, Theaterst. f. Kinder, UA 98; Ich sehe mit der Seele, biogr. Erz. H. Keller 98; Mein Leben für das Leben, biogr. Erz. T. Fliedner 99; Zwischen Liebe und Reformen, biogr. Erz. F. Nightingale 99; Fridolin, das fliegende Krokodil, Kdb. 99; Eine Frau zwischen den Fronten, biogr. Erz. E. Brändström 00; Konflikte, Erz. 00; Ricis abenteuer am Schwarzen See, Kdb. 00; Geschichten aus der Abseits, Erz. 00; Geschichten aus der Weihnachtsbäckerei, Kdb. 02; Im Abseits, Kd.-u. Jgdb. 02; Lo und die Königin von Saba, Erz. 02; Streichel meine Seele, Erz. 03; Der kleine Sommerwind, M. u. Geschn. 04; Friedhofsmädchen, Erz. 05; Erotisches, Erz., I 06, II 07; Das tödliche Seminar, Erz. 06; Die Zeit der Raben,

Kdb. 07; Allez hopp, Kdb. 07; Der Sommer wiegt sich in den Zweigen... Biogr. Erz. über Anna Karbe, Kdb. 08; – in Zusammenarb. m. geistig behinderten Kindern: Ottilies letzte Fahrt, Kdb. 95; Der kleine Clown, Kdb. 98; Die Indianer vom Kirchplatz Nr. 7, Kdb. 98; Die Verwandlung des Zauberers Isidorus Kraxi, Kdb. 03. – **B:** Frieda Ruta: Geliebte Sonja, Erz. 92. – **H:** Richard Pistelok: Kriegserlebnisse, Ber. 08. – **MH:** Balduin, das Burggespenst, m. Hannelore Kruczek, Kdb. 08. – **R:** ca. 70 Märchen u. Geschn. f. d. Abendgruß d. DFF 87–91; 1 Szenarium/Kinderf. f. d. DFF 90.

Krügel, Mareike; *webmaster@mareikekruegel.de*, *www.mareikekruegel.de* (* Kiel 77). Lit.förd.pr. d. Stadt Hamburg 03, Hebbel-Pr. 06. – **V:** Die Witwe, der Lehrer, das Meer, R. 03; Die Tochter meines Vaters, R. 05. (Red.)

Krueger, Axel; Milzau 4, D-95349 Thurnau, Tel. (0 92 28) 2 68, Fax 97 13 59, *atelierhaus.thurnau@web. de* (* Kempten/Allg. 24. 6. 43). Kulturpr. d. Ldkr. Bayreuth; Lyr. – **V:** Fünfsiebenfünf, Dreizeiler 05; Über Jahre hin-weg 07; Mikado 09.

Krüger, Hans (Ps. Vigocesti); Solsteinstr. 8, A-6170 Zirl, Tel. u. Fax (0 52 38) 5 26 46, *h.krueger@ tirol.com*, *home.pages.at/vigo* (* Innsbruck 30. 11. 47). IGAA; Rom., Erz., Kurzgesch., Hörsp., Sachb. – **V:** Lächerliche Liebesleiden, Erzn. 98. – **MA:** Kurzgeschn. in: Tiroler Tagesztg 73; Landshuter Ztg 97. – **R:** Pluto und die anderen Welten, Fkerz. 73; Dichtung aus Tirol, Lyr. 74; Bitte, darf ich Rache schwören?, Hsp. 82; Die bösen Bücher von Karl May, Fkerz. 82. (Red.)

Krüger, Hardy s. Crueger, Hardy

Krüger, Hardy, Schauspieler, Regisseur, Schriftst.; lebt in Hamburg u. in den USA, c/o Gustav Lübbe Verl., Bergisch Gladbach (* Berlin 12. 4. 28). Academy Award – Best Foreign Film, Prix Femina Universel, Grand Prix du Cinema Francais, Bdesfilmpr., Gold. Kamera, Offizier d. frz. Ehrenlegion 01; Erz., Rom., Sachb., Film, Theater. – **V:** Eine Farm in Afrika 70; Sawimbulu, Kdb. 71, u. d. T.: Die Kinder von der Kastnerfarm 73; Wer stehend stirbt, lebt länger 75; Schallmauer, R. 78; Die Frau des Griechen, Erzn. 80; Junge Unrast, R. 83; Sibirienfahrt 85; Frühstück mit Theodore, R. 90; Weltenbummler. Bd 1: Reisen zu Menschen und Göttern 92, Bd 2: Willkommen auf fünf Kontinenten 94, Bd 3: Glückliche Tage auf dem Blauen Planeten 96; Wanderjahre. Begegnungen e. jungen Schauspielers, Sachb. 98; Szenen eines Clowns 01; Zarte Blume Hoffnung, R. 05; Die andere Seite der Sonne, Erzn. 07. – **F:** Schauspieler in insgesamt 75 dt., frz., engl., amerikan., austral. u. israel. Filmen sowie Mitarb. an versch. u. eig. Drehbüchern. – **R:** Autor, Erzähler u. Regisseur v. 35 „Weltenbummler"-Filmen im dt. Fs. 87–89. (Red.)

Krüger, Irmtraud s. Tarr, Irmtraud

Krüger, Jonas Torsten; Berlin, *schreiber@ fabulalitera.de*, *www.fabulalitera.de* (* Frankfurt/Main 8. 7. 67). Oberrhein. Rollwagen 98, Umweltpr. f. Jgd.lit. 03, Lit.pr. d. Landkr. Dillingen 03; Jugendb. – **V:** unter sterbenden bäumen. Ökologische Texte in Prosa, Lyr. u. Theater 01; Das Geheimnis der Dünen 02; Das Erbe des Magiers 02; Das Geheimnis im El Escorial 03; Die Wassermagier von Alua 04; Der Hüter des Bergwerks 05; Der Racheengel von Venedig 07. (Red.)

Krüger, Klaus, Journalist, Red.; Friedrich-Hecker-Str. 4, D-77654 Offenburg, Tel. (07 81) 9 69 32 26, Fax 9 86 29 67, *bruderlustig@mac.com*, *www.bruderlustig. de* (* Bad Mergentheim 26. 9. 58). Märchen, Kinderb., Kurzgesch. Ue: engl. – **V:** Merse. Merse. Ginster, M. 00; Der König und die fliegende Kuh, M. u. Geschn.

02; Wilde Geschichten aus Großmutters Schrank, N. 03; Die Zaubermärchen des Freiherrn Bock von Wülfingen 07. – **MV:** Die Ilwedritschejagd, Kdb. 04.

Krüger, Manfred, Dr. phil., Prof.; Rieterstr. 20, D-90419 Nürnberg, *krueger.nuernberg@t-online.de* (* Köslin/Pomm. 23. 2. 38). Lyr., Ess., Aphor., Übers. Ue: frz. – **V:** Wandlungen des Tragischen, Ess. 73; Bilder und Gegenbilder, Ess. 78; Wortspuren, Lyr. 80; Denkbilder, Aphor. 81, 90; Literatur und Geschichte, Ess. 82; Mondland läßt Sonne ein, Lyr. 82; Meditation, Ess. 83; Nah ist er, ungesehn, Lyr. 83; Ästhetik der Freiheit 84, 92; Tugendlehre 87; Anthroposophie und Kunst 88; Meditation und Karma 88; Ichgeburt 96; Das Ich und seine Masken 97; Die Verklärung auf dem Berge 03; Michael 07; Novalis 08, alles Ess. – **MA:** Eugène Ionesco, Ess. in: Frz. Lit. d. Gegenwart 71; Das frz. Drama 1880–1920, Ess. in: Neues Hdb. d. Lit.wiss., Bd 19 76; Gerhard Wendland, Kat. Kunsthalle Nürnberg Nr. 46 80; Al Leu (Hrsg.): Lyrik 82/83, 84/85, 86–88 u. 89 84–89; Wortkristall, Aphor. 85; Welträtsel 88; Erstausg. dt. Dichtung 91; Lex. d. Weltlit. 92. – **H:** Logoi, Ess. seit 73; Schöne Wissenschaften, Festschr. f. Friedrich Hiebel, Ess. 78; Albert Steffen: Ausgew. Werke 84 IV; Friedrich Hiebel: Boethius 91. – **MH:** Das Goetheanum, Wschr. 84–96. – **Ue:** Gérard de Nerval: L'Histoire de la Reine du Matin... u. d. T.: Tempellegende, Die Gesch. von d. Königin aus d. Morgenland... 67, 2. Aufl. 82; ders.: Poèmes – Chimären u. a. G. 81, 2., erw. Aufl. u. d. T.: Die Chimären u. a. G. 08; Guillaume de Lorris: Li Roumanz de la Rose u. d. T.: Der Rosenroman 85. – **MUe:** H. Helbing/F. Hindermann (Hrsg.): Französische Dichtung 98. – *Lit:* Gérard de Nerval: Manfred Krüger in: Triades XXIX 82; Profundes z. Gesch. d. Reinkarnationsidee, in: Die Drei 96; R. Bind (Hrsg.): Wissenschaft, Kunst, Religion, Festschr. z. 60. Geb. 98.

Krüger, Michael, Geschf. d. Carl Hanser Verlages; c/o Carl Hanser Verlag, Vilshofener Str. 10, D-81679 München (* Wittgendorf/Zeitz 9. 12. 43). VS 74, P.E.N.-Zentr. Dtld, Akad. d. Wiss. u. d. Lit. Mainz, Dt. Akad. f. Spr. u. Dicht., Bayer. Akad. d. Schönen Künste, Akad. d. Künste Berlin; Förd.pr. f. Lit. d. Ldeshauptstadt München 74, Förd.pr. d. Kulturkr. im BDI 76, Förd.pr. f. Lit. d. Ldes Bayern 82, Villa-Massimo-Stip. 82, Tukan-Pr. 83, Peter-Huchel-Pr. 86, Wilhelm-Hausenstein-Ehrung 91, Ernst-Meister-Pr. 94, Prix Medicis Etranger Paris 96, Kultureller E.pr. d. Stadt München 00, Plakette „Dem Förderer des dt. Buches" d. Dt. Börsenver. 04, Gr. Lit.pr. d. Bayer. Akad. d. Schönen Künste 04, Mörike-Pr. 06, Dr. h.c. U.Bielefeld 06, Dr. h.c. U.Tübingen 07; Lyr., Ess., Rom. – **V:** Reginapoly, G. 76; Diderots Katze, G. 78; Nekrologe, G. 79; Lidas Taschenmuseum, G. 81; Aus der Ebene, G. 82; Stimmen, G. 83; Was tun?, Gesch. 84; Die Dronte, G. 85, 88; Warum Peking?, Gesch. 86; Zoo, G. 86; Wieso ich?, Gesch. 87; Idyllen und Illusionen, G. 89; Das Ende des Romans, N. 90; Hinter der Grenze, G. 90; Der Mann im Turm, R. 91; Brief nach Hause, G. 93; Himmelfarb, R. 93 (auch slowen.); Nachts, unter Bäumen, G. 96; Aus dem Leben eines Erfolgsschriftstellers, Geschn. 98, 00; Wettervorhersage, G. 98; Das Schaf im Schafspelz u. a. Satiren aus der Bücherwelt 00; Die Cellospielerin, R. 00; Das falsche Haus, N. 02; Vorreden Zwischenworte Nachrufe 03; Kurz vor dem Gewitter, G. 03; Die Turiner Komödie, R. 05; Unter freiem Himmel, G. 07; Die Tiere kommen zurück, Erz. (Ill.: Quint Buchholz) 08. – **MV:** Literatur & Alkohol, m. Ekkehard Faude 04. – **H:** Akzente, Zs. f. Lit., m. Hans Bender seit 76, alleiniger Hrsg. seit 81; Kunert lesen 79; Bienek lesen 80; Zbigniew Herbert: Gedichte 87; Hermann Lenz: Viel-

Krüger

leicht lebst du weiter im Stein, Lyr. 03; Joseph Brodsky: Liebesgedichte u. a. Zuneigungen 08; William C. Williams: Liebesgedichte 08. – **MH:** Tintenfisch, Jb. f. Lit., m. Klaus Wagenbach seit 68; Kommt, Kinder, wischt die Augen aus, es gibt hier was zu sehen, Kinder-G. 75; Was alles hat Platz in einem Gedicht? 77; Vaterland – Muttersprache. – **P:** Deutsch für Deutsche, m. and. 75; Hiob 00; Wettervorhersage, G., CD 01. – **Ue:** Sheridan Le Fanu: Onkel Silas, R. 72. – **MUe:** Charles Simic: Grübelei im Rinnstein, m. H.M. Enzensberger, J. Wagner u. R.G. Schmidt 00; John Ashbery: Mädchen auf der Flucht, m. J. Sartorius, D. Grünbein, E. Einzinger, M. Göritz u. K. Reichert, Lyr. 02; Michael Hamburger: Unterhaltung mit der Muse des Alters, m. H.M. Enzensberger, D. Grünberger, G. Kunert u. a. 04.

Krüger, Renate, Dr., Kunsthistorikerin; Eutiner Str. 2/717, D-19057 Schwerin, Tel. (03 85) 4 84 42 39, *Dr. Renate.Krueger@t-online.de* (* Spremberg 23. 7. 34). SV-DDR bis 90; Fritz-Reuter-Kunstpr. 79; Kinderb., Kunst- u. Kulturgesch. – **V:** Licht auf dunklem Grund 67, 89; Saat und Ernte des Josef Fabisiak 69; Der Tanz von Avignon (Holbein) 69, 81 (auch ung., rum., estn.); Kaiser, Mönche u. Ikonen 69; Das Kloster am Ilmensee 72; Nürnberger Tand 74, 83; Malt, Hände, malt (Cranach) 75, 82 (auch ung.); Jenseits von Ninive 76; Aus Morgen und Abend der Tag (Runge) 77, 80; Niels Stensens Schweriner Advent 79; Geisterstunde in Sanssouci (Menzel) 80, 81; Türme am Horizont 82, 83; Das Männleinlaufen 83, 86; Des Königs Musikant (C.Ph.E. Bach) 83, 86, alles R.; Doberaner Maßwerk, lit. Rep. 89; Tanz in der Schlinge, Autobiogr. 97; Spurensuche in Mecklenburg, lit. Rep. 99; Aufbruch aus Mecklenburg, lit. Rep. 00; Rembrandts Nachbarn, R. 01; Die stumme Braut, Erz. 01. – **B:** Ludwigslust, lit. Rep. 90; Schwerin und sein Schloß, lit. Rep. 90, 92; Das Schweriner Schloß 97. (Red.)

Krüger, Thomas, Journalist, Schriftst., Programmleiter e. Hörbuchverlages; Dählchen 10, D-51469 Bergisch Gladbach, Tel. (0 22 02) 5 84 84, Fax 24 59 36, *thomas@thomaskrueger.info, www.thomaskrueger.info* (* Löhne 62). – **V:** Michelangelo rising, Lyr. 03; Rufus und das Geheimnis der weißen Elefanten, Kdb. 04; Alarm auf Planet M, Langgedicht 04; Im Grübelschiff, Lyr. 06; Wie Kaiser Franz das Fußballspiel erfand, Kdb. 06; Die Stadt der fliegenden Teekannen, Kdb. 07. – **MA:** u. a. Akzente; Sinn u. Form; ndl; die horen. (Red.)

Krüger, Thomas W., Informatiker IHK; Rheinstr. 42, D-56412 Heiligenroth, *info@ganthuarim.de, www.ganthuarim.de* (* Koblenz 11. 4. 66). Rom. – **V:** Im Banne des Horus 03; Der Fluch des Andvari, 1.u.2. Aufl. 07; Uh'sia – Atlantis' letzte Kriegerin 08.

Krug, Hildegard Maria, Sprachlehrerin; Spenglersruh 23, D-36381 Schlüchtern, Tel. (0 66 61) 17 42 (* Danzig-Langfuhr 11. 1. 27). Erz. Ue: engl. – **V:** Drei Neue im Städtchen 55; Sabines großer Kummer 56, u. d. T.: Sabine wird es schaffen 66, 68; Ferien mit Fee, Kdb. 70; Alles Glück für Gisela, R. 70; Begegnung am See 73; Wenn das Papa wüßte 73; Die Vetternreise 73; Die Leuchtraketchen 73; So was kann jedem passieren 74; Es stimmt was nicht in Klasse 6 75; Sterne leuchten im Advent 75; Dein Weg wird hell 76; Mit Ronald nimmt es keiner auf 76; Gerolf, steig nicht ein 77; Mit Jesus durchs Leben 77; Die Roten Adler von Runkelsbühl 77; Es weihnachtet wieder bei Wisselmanns 78; Geh froh durch deinen Tag 78; Ein Brief erreicht sein Ziel 78; Der Stachelkaktus 79; Des Lebens Glück 79; Stark sein durch Hoffen 79; Grit und Pit in Appelsrod 79; Leben zu zweit 80; Es wichtelt ganz heimlich bei Wisselmanns 80, 90; Die glücklichen Geschwister 81; Gott liebt auch dich 81; Neue Erlebnisse der Familie Wisselmann 82; Ausweg aus dem Tunnel 83; Weihnachtsgäste bei Wisselmanns 83; Eine aufregende Adventszeit bei Wisselmanns 84; Advent bei Familie Abendroth 85; Eine neuer Adventsgast im Wisselnest 85; Wer danken gelernt hat... 86; Überraschende Adventsaufgaben für Wisselmanns 86; Unvergeßliche Ferien der Wisselmanns auf dem Brunnenhof 87; Verlobung unterm Weihnachtsbaum bei Familie Abendroth 87; Wisselmanns Adventskalender 87; Der Ausflug zu den Apfelschweinchen 88; Herbergssuche im Advent 88; Das Kreuz im Finsterbuch 88; Die sonderbaren Nachbarn von Familie Wisselmann 88; Tim und Toni auf dem Tannenhof 88; Wolken und Sonnenschein im Advent bei Familie Abendroth 88; Die Adventsreise von Familie Abendroth 89; Eine Entdeckung beim Weihnachtsbummel 89; Frau Doktors „Perle" 89, 97; O freudenreiche Zeit 89; Sternentaler und Pechmarie im Wisselnest 89; Tom und Toni ziehen in die Stadt 89; Harte Nüsse im Advent für Familie Wisselmann 90; Tom und Toni und das Hochzeitsfest 90; Ein unerwarteter Adventsgast bei Familie Abendroth 90; Aufregung im Advent bei Familie Wisselmann 91; Familie Wisselmann und der Adventsbesuch aus Amerika 91; Ein ganz anderes Weihnachtsgeschenk 91; Tom und Toni und der schöne Frühling 91; Eine ereignisreiche Adventszeit für Familie Wisselmann 92; Fahrt im Advent 92; Familie Abendroth und das Adventsbaby 92; Tom und Toni und die spannende Adventszeit 92; Advent im fröhlichen Pfarrhaus 93; Hochzeit im Advent mit Familie Abendroth 93; Weihnachtsbesuch bei Nadine 93; Die Adventswürfel im fröhlichen Pfarrhaus 94; Der fröhliche Seniorenausflug 94; Die Äpfel in Nachbars Garten 95; Seltsame Adventsgäste im fröhlichen Parrhaus 95; Enthüllung am Heiligabend 96; Der Geheimnisclub im fröhlichen Pfarrhaus 96; Das fröhliche Pfarrhaus und 2 × 4 Hundepfoten 97; Leucht auch uns, du Morgenstern, Erzn. 98; Entscheidung zu Weihnachten, Erzn. 99; Heimkehr zum Weihnachtsfest, Erzn. 00; Weihnachtsgäste im Doktorhaus 01, u. a. – **MV:** Im rechten Licht, Weihnachtserz. II 58. – **Ue:** Patricia St. John: Einer lief davon 71; Bruce Larson: Keiner soll mehr draußen stehen 74; Ellen S. MacLeod: Die geheimnisvolle Glocke 77; Doris James: Jenny fliegt nach Singapur 81; Bunyan: Pilgerreise in Bildern 82; A.W. Tozer: A.B. Simpson 87. (Red.)

Krug, Josef, Sozialwiss., Pädagoge, Autor; c/o Grupello Verl., Düsseldorf (* Bad Brückenau/Ufr. 15. 2. 50). VS; Vera-Piller-Poesiepr. 87, Lyr.pr. d. Liselotte-u.-Walter-Rauner-Stift. 99; Ged., Erz., Aufsatz, Rom., Übers. Ue: türk. – **V:** Vom Schmerz der Geschichte, G. 89; Brunos Kristallnacht, Erz. 98; Hinter den Bildern, G. 00. – **MA:** Das Wunder d. Fliegens u. a. antifaschist. Erzählungen 81; Nicht mit dir und nicht ohne dich 83; Augenblicke der Erinnerung 91; Lit.zss.: InN; Jederart; Linkskurve; Werkstatt, Bll. f. Lit. u. Grafik. – **MH:** Ruhrpottriviera, m. Ulrich Straeter, Texte 85. – **R:** Der Stein im Biotop im Schulhof, Hsp. 00. – **Ue:** Yücel Feyzioglu: Kelolan und die Gazellen, Kdb. 91; ders.: Watschel und Trippel, Kdb. 91. – *Lit:* Andrea Erwterer: Politisch Lied – e. garstig Lied?, Rdfk-Sdg 88. (Red.)

Krug, Manfred (Ps. Clemens Kerber, Isa Karfunkelstein), Schauspieler, Sänger; c/o Katja Bickel, KBV events, Minkwitz 25 F, D-04703 Leisnig, Tel. (03 43 21) 68 3 46, Fax 12 3 09, *kv-events@t-online.de* (* Duisburg 8. 2. 37). – **V:** Abgehauen 96 (auch als Hörb., verfilmt 98); 66 Gedichte, was soll das? 99 (m. CD); Mein schönes Leben, Autobiogr. 03; Schweinegezadder. Schöne Geschn. 08. – **P:** zahlr. Lesungen sowie Jazz- u. Schlagerproduktionen. (Red.)

Krull von der Linde, Ursula (geb. Ursula Matthias) *

Krumbein, Wolfgang E., Prof. Dr. Dr. hc. mult., Geomikrobiologe, Philosoph, Maler, Schriftst., Poet; Lindenweg 16 A, D-26188 Edewecht, Tel. (0 44 86) 29 87, *wek@biogema.de, www.icbm.de/~gmb/index.html, www.biogema.de* (* München 14. 3. 37). Lyr. Ue: engl, frz. – **V:** Gesammelte Gedichte und Aquarelle, 65 Bde (6000 S.) 96 (unveröff.); 50 Motive griechischer Mythologie, Lyr. (m. Zeichn. v. Alla Nesterova) 04; 440 wiss./populärwiss. Einzelveröff. (Red.)

Krumsee, Vera (geb. Vera Herrmann), Grundschullehrerin, Pensionärin; Botterdamm 10, D-27321 Thedinghausen, Tel. (0 42 04) 91 30 80, Fax 91 30 81 (* Bremen 4. 3. 39). – **V:** Flüsterjahre 01; Und dennoch haben sie sich lieb ..., Geschn. 02. (Red.)

Krupa, Klaus, Lehrer i. R.; Am Volkspark 19, D-06886 Lutherstadt Wittenberg, Tel. (0 34 91) 63 14 87, *info@klauskrupa.de, www.klauskrupa.de* (* Lutherstadt Wittenberg 14. 7. 35). Förd.kr. d. Schriftst. in Sa.-Anh. 03, Friedrich-Bödecker-Kr. Sa.-Anh. 03, VS 06; Rom., Erz. – **V:** Stunde der Entscheidung, Erz. 63; Viertmanns absonderliches Sterben, R. 03 (2 Aufl.); Karlchen oder Das verschlossene Leben, R. 04; Geständnisse, Erzn. 06; Salz auf der Haut (Hallesches Autorenheft Nr. 45) 07; Ausgeliefert, R. (Arb.-titel) 08/09. – *Lit:* Schriftst. in Sa.-Anh. 05; Matthias Gärtner in: Klartext 2/05.

Krupicka, Sylvia, Autorin, Lit.vermittlerin; *skrupicka@call-a-story.de, www.call-a-story.de* (* Berlin 60). Gemeinsch. z. Förd. d. Kd.- u. Jgd.-lit.; Lyr., Hörsp., Rom. – **V:** Mondphasen, Lyr. 05. – **P:** Mimi Kurherfurt ermittelt. 1.F.: Der Todesengel von Salisbury. 2.F.: Die Vergangenheit ruht nicht, 2CDs 08.

Krupp, Ute-Christine, freie Schriftst.; Eberstr. 64, D-10827 Berlin, Tel. (0 30) 78 71 97 75, *uckrupperblin @aol.com* (* Börsborn/Rheinland-Pfalz 5. 4. 62). Rolf-Dieter-Brinkmann-Stip. d. Stadt Köln 94, Martha-Saalfeld-Förd.pr. 94, Joseph-Breitbach-Pr. (Förd.pr.) 94, Förd.pr. d. Ldes NRW 97, Förd.gabe z. Pfalzpr. f. Lit. 97 u. 01, Aufenthaltsstip.: Amsterdam 98, Tokio 99, Wiepersdorf 00; Prosa, Hörsp., Lyr., Theaterst. – **V:** Gesenwichprosa, Erz. 97; Alle reden davon, R. 01; Membercard Europa. Ein Dialog 05. – **H:** Zuerst bin ich immer Leser, Anth. 00. – **R:** Hsp.: Schritte für Kellner 93; Strom/Störung 94; Grammatik/dieser wankende Sommerton 95. (Red.)

Kruppa, Hans, Schriftst.; *kontakt@hans-kruppa.de, www.hans-kruppa.de* (* Marl 15. 2. 52). VS 79; Otto-Mainzer-Preis (New York) 04; Ged., Liedtext, Aphor., Märchen, Erz., Rom., Hörsp. – **V:** Der Eierkult, R. 74; Gegengewicht, G. 81; Zaubersprüche, Aphor. 83; Nur für Dich, G. 83; Sei gut zu Dir, Aphor. 84; Nur wer sich liebt, G. 84; Wo die Liebe wohnt, M. 84; Eine gute Zeit, Erzn. 85; Schau mal rein, G. 85; Liebesgedichte 86; Ein Abend mit Dir, R. 86; Mach dir den Tag zum Freund, G. und Aphor. 86; Glücksmomente, G. 86; Das kleine Buch zum Geburtstag, Aphor. 87; Lust auf Leben, G. 87; Glück ist immer unterwegs, Aphor. 87; Ich habe einen Traum gepflanzt, G. 87; Das kleine Buch der Zuversicht, Aphor. 87; Das Zauberbuch, M. 87; Magische Momente, G. 88; Die fliegenden Erdbeeren, R. 88; Der Witz dabei, Kurzgeschn. 88; Kaito, M. 88; Du lebst in mir, G. 89; Mitgefangen – Mitgehangen, Kurzgeschn. 89; Die kleine Freude am Miteinander, Aphor. 89; Unterwegs zu sich selbst 90; Circus Animali, Kdb. 90; Lichter der Hoffnung, G. 91; Das andere Lexikon, Aphor. 91; In Deiner Nähe, G. 91; Am liebsten mit Dir, Geschn. 92; Der Sprung ins Leben, Gesch. 92; Versteh einer die Menschen, M. 92; Die Le-

gende von Tay Manka 93; Die kleine Freude an Katzen, Aphor. 95; Das kleine Buch für Dich, Aphor. 95; Delphine, R. 96; Die Farben der Gefühle, G. 97; Der dritte Wunsch, R. 97; Wunschzettel ans Glück, G. 97; Deinen Zauber spüren, G. 97; Wunschzettel ans Leben, G. 97; Komm, laß uns fliegen, G. 97; Der Wunschkristall, poet. M. 98; Wunschzettel an die Liebe, G. 98; Sternschnuppen, Geschn. 98; Wunschzettel an den Augenblick, G. 98; Wegweiser zur Freude 99; Wegweiser zum Leben 99; Wegweiser zum Glück 99; Wegweiser zur Liebe 99, alles Aphor.; Amanda und das Zauberbuch, M. 99; Nur Du, G. 00; Du bringst mir Glück, G. 00; Für immer Du, G. 01; Sonnenklar, G. u. Fotos 01; Die Stimme der Seele, M. 01; Verrückt nach Dir, G. u. Fotos 01; Nimm deine Träume mit, G. u. Fotos 02; Der unsichtbare Berg 02; Weil es Dich gibt, G. 02; Die Verwandlung, M. 02; Zu dir, G. u. Fotos 02; Zauber der Seele, G. 02; Auf der Suche nach dem Sinn 03; Berauscht von der, G. u. Fotos 03; Umarme die Liebe, G. 03; Verliebt ins Leben, G. u. Fotos 03; Von Selbstvertrauen und Lebenskraft 03; Von innerer Ruhe und Gelassenheit 03; Zauber der Freundschaft 03; u.v. a.m. – **H:** Wo liegt Paner Lächeln begraben? G. 83; Warmer Regen, G. 88. – **R:** zahlr. Hsp. (Red.)

Kruppa, Martin, Rechtsanwalt; Parkweg 4, D-65191 Wiesbaden, Tel. (06 11) 7 2 49 2 75, Fax 1 6 0 87 77 (* Frankfurt/Main 24. 11. 61). Lyr., Dramatik. – **V:** In den Gerüsten, G. 96; Bärbeißige Nacht, G. 99.

Krusch, Andreas, Schriftst. (* Berlin 15. 9. 61). Rom., Kinder- u. Jugendb. – **V:** Das böse Wort, R. 01; Lenas Erwachen, R. 06.

Krusche, Anne C.; c/o Alkyon Verl., Weissach, *www.anne-c-krusche.de.* – **V:** Wie ein Mantel aus Schnee, R. 97; Sarah, Erzählung aus dem Traumhaus 01; Liebe zwischen den Zeilen 03. (Red.)

Krusche, Dietrich; Marre Vieille, Condorcet, F-26110 Nyons, *KRUSCHEDG@club-internet.fr* (* Rippin/Westpr. 25. 1. 35). Bayer. Akad. der Schönen Künste 95; Rom., Erz., Lyr., Drama, Ess., Hörbild, Wiss. Abhandlung. Ue: jap. – **V:** Das Experiment oder Die Fahrt nach Hammerfest, R. 61; Japan – konkrete Fremde, Ess. 73, 83; Obenauf, R. 73; Kafka und Kafka-Deutung 74; Kommunikation im Erzähltext 78 II; Das Ruder dem Dach, Lyr. 79; Der Fisch im Sand, Erzn. 80; Kienspan steht auf, R. 80, Tb. 83; Verzögerte Geburt, Lyr. 82; Literatur und Fremde 85, 2. Aufl. 93; Reisen. Verabredung mit der Fremde 89, 94; Klatschen mit einer Hand, G. 90; Stimmen im Rücken, R. 94; Besuch bei Galilei. Die Eroberung Japans von den Bergen aus, 2 St. 95; Lesererfahrung und Lesergespräch 95; Himalaya, R. 98; Zeigen im Text 01; Das Haus im Haus, R. 01; Englisch für Tiger, R. 05. – **MV:** Anspiel, Konkrete Poesie 84, 86; Aufschluß, kurze dt. Prosa 87. – **H:** Haiku. Bedingungen e. lyr. Gattung (auch übers. u. e. Ess.) 70, Tb. 94, 95; Auf einen Atemzug, Haiku 96. – **R:** Hb. u. Erz.reihen, z.B.: Befremdungen 76; Deutsche Lyrik unseres Jahrhunderts 92; Der Ewige Brunnen 05.

Kruschel, Heinz, Modelltischler, Lehrer, Journalist, Schriftst.; Kirschweg 27, D-39118 Magdeburg, Tel. u. Fax (03 91) 6 2 2 70 78 (* Staßfurt-Leopoldshall 8. 10. 29). Friedrich-Bödecker-Pr. 90; Erich-Weinert-Pr. 73, Theodor-Körner-Pr. 74, Kunstpr. d. Bez. Magdeburg 76, Lit.pr. d. FDGB 77; Rom., Erz., Rep., Hörsp., Puppensp., Kindertheater. – **V:** In Wulnitz ist nichts los, Kdb. 61; Das Kreuz am Wege, Erz. 62, 64; Jenseits des Stromes, Erz., 64; Das Mädchen Ann und der Soldat, Erz. 64, 84 (auch russ.); Rette mich, wer kann 69, 76 (auch slow., ukr.); Jeder Abschied ist ein kleines Sterben 69, 77; Wind im Gesicht 71, 74; Mein elftes Schuljahr, Erz. 71, 80 (auch bulg.); Rebell mit Kreuz

Kruschel

und Schwert, Erz. 72, 75; Die Schneidereits, R. 73, 85; Der Köder, Erzn. 74, 83; Der Mann mit den vielen Namen, R. 75, 87, Bdesrep. 81; Gesucht wird die freundliche Welt, R. 77, 86 (slow. 88); Zwei im Kreis, Erz. 79, 86; Der rote Antares, R. 79, 86 (auch russ.); Bimmeljule, Puppensp. 81, 86; Müssen Nutzen und Schönheit die ewigen Feinde sein?, Ess. 81; Meine doppelte Liebe, Erz. 83, 90; Leben. Nicht allein, R. 85; Tantalus, Krimi 85; Endlich ein Mann sein 88, 89; Magdeburg, Stadtportr. (Entdecken & erinnern) 93, 95; Lamyz, Erzn. 95; Jeder Mensch hat eine Seele, Bildhauerportr. (Querschnitte) 95; Man muß nur sehen und wissen (Deutschland-Buch) 96; Wenn olle Teite unzensiert uns allen Magdeburg erklärt, Kindertheater 99; Voll auf Zack sein, Kindertheater 00; Ihr wilder Mut, Erzn. 01; Fine, das Teckelmädchen, Kdb. 01; B. B., der Augenmensch. Gedanken über den Maler Bruno Beye 02; Der große Teufelsrochen, Erzn. 03. – **H:** Unzensiert und unfrisiert, Schülermag. 98; und morgen reden wir weiter, Leseb. 98. – **MH:** Querbeet, Sachsen-Anhalt-Leseb. 93; Kieselsteine 93; Loopings 94; Schwarze Kolibris 94; Wale am Himmel 95; Die kleine Europa 95; Immer wieder Ikarus 95; Einmal Kolumbus sein 97; Auf dem Rücken der Schwalben 97; Fluchtwege 97, alles Leseb. – **F:** Sabine Wulff 78; Totzeit 88. – **R:** Gruppe vier 56; Spuk auf der Erichsburg 58; Seltsame Freundschaft 58, alles Hsp.; Fragezeichen um Sabine, Feat. 73, 75, 83 (auch slow.). – *Lit:* Auskünfte 74; Weimarer Beiträge 5/73, u. a. (Red.)

Kruschel, Karsten, Dr., Chefred.; Großpötzschau 47, D-04579 Espenhain, OT Pötzschau, Tel. (03 43 47) 5 18 14, *kruschelx2@arcor.de* (* Havelberg 10. 12. 59). EDFC; Science-Fiction u. Fantasy, Rom., Ess., Rezension. – **V:** Raumsprünge, wiss.-phant. Erz. 85; Das kleinere Weltall, SF-Erzn. 89; Bildschirm im Gegenlicht. Texte z. Medienerziehung 92; Spielwelten zwischen Wunschbild und Warnbild. Eutopisches u. Distopisches in d. SF-Lit d. DDR in den achtziger Jahren 95; Vilm. Der Regenplanet, R. 08. – **MA:** Kurzgeschn. u. Erzn. in: Neues Leben 3/79 u. 6/79; Kontakte Nr.5 82; Aus dem Tagebuch e. Ameise 85; Lichtjahr 6 88; Der lange Weg zum Blauen Stern 90; Johann Sebastian Bach Memorial Barbecue 91; Solar-X, Juli 93; Lichtjahr 7 99; Alexanders langes Leben, Stalins früher Tod 99; Lotus-Effekt 08; – Artikel u. Ess. u. a. in: Wiss. Zs. d. PH Erfurt/Mühlhausen, H.2/84; Lichtjahr 3 86; Science Fiction Times 7/88, 9/88, 12/88, 3/89, 9/89, 3/90, 7/91, 12/91, 1/92; Wiss. Zs. d. PH Leipzig, H.3/89; Das Science Fiction Jahr (Heyne Verl.), Ausg. 4 89, 6 91, 7 92, 8 93, 20 05, 2007; Science Fiction Times 9/89, 12/91, 7/91, 2/91; ElsterCon '92. ConReport 3 93; Solar-X, Juli 93; Gottfried Meinhold. Poesie u. Utopie 96; Lichtjahr 7 99; Zwischen Phantasie u. Realität. Michael Ende Gedächtnisband 00; Quarber Merkur 93/94 01; – Beitr. in Lexika u. Fachbüchern: J. Körber (Hrsg.): Bibliograph. Lex. d. utopisch-phant. Lit. 85; E. Simon/O.R. Spittel (Hrsg.): Die Science-Fiction d. DDR, Lex. 88; F. Rottensteiner/M. Koseler (Hrsg.): Werkführer durch die utopisch-phant. Lit., Loseblattsamml. 89ff.; Steinlein/Strobel/Kramer (Hrsg.): Handbuch z. Kinder- u. Jugendlit. SBZ/DDR 06; – zahlr. Rezensionen v. a. in: Leipziger Volksztg; Magdeburger Volksstimme; Das Science Fiction Jahr (Heyne Verl.); Science Fiction Times, Mag.

Kruse, Harald, Chemotechniker, Fachlehrer a. D., Autor; Paul-Klee-Str. 23, D-24539 Neumünster, Tel. (0 43 21) 7 23 51, *harald.kruse@gmx.net* (* Wasbek b. Neumünster 16. 2. 45). Schriftst. in Schlesw.-Holst. 73–02; Lyr., Erz., Hörsp., Rom., Sachb. – **V:** Rebellion der Regenwürmer, Lyr. 76; Lagebericht, Lyr. u. Pr. 78;

Maulwurfshaufen, Lyr. 87; Unschuldig schuldig, Erz. 94, 2. Aufl. 95; Die Königin von Augsburg, R. 99; mehrere Sachb. – **MA:** Gedichte aus der Bundeswehr 73; Anth. dt. Arbeiterliteratur d. Gegenwart 73; Geht Dir da nicht ein Auge auf 74; Alm. 8 f. Literatur u. Theologie 74, 9 75; Werkbuch Thema Angst 75; Mit 15 hat man noch Träume 75; Epigramme Volksausgabe 75; Neue Expeditionen 75; Federkrieg, G.-Anth. 76; Katapult-Extra 78; Schriftsteller in Schleswig-Holstein – heute, Alm. 80; Im Gewitter d. Geraden, Dt. Ökolyr. 81; Wenn das Eis geht 83; Dimension 86. – **R:** Aus der Bahn geworfen (SFB), O-Ton-Feat. 93. – *Lit:* s. auch SK.

Kruse, Hellmut, Dr. phil., Kaufmann; Heimhuder Str. 51, D-20148 Hamburg, Tel. (0 40) 22 72 45 70, Fax 22 72 45 45, *drk@wiechers-helm.de* (* Hamburg 19. 5. 26). – **V:** Wolf Graf von Kalckreuth. Ein frühvollendeter Dichter 49; Wagen und Winnen. Ein hanseatisches Kaufmannsleben im 20. Jahrhundert, Autobiogr. 06. – **H:** Wolf von Kalckreuth: Gedichte und Übertragungen, Lyr. 62.

†**Kruse,** Ingeborg (geb. Ingeborg Dunker), Diakonin u. Schriftst.; lebte in Norden (* Martfeld 11. 2. 36, † Norden 23. 8. 02). Arb.kr. ostfries. Autor/inn/en, VS, VG Wort; Bibelkundliche Frauenlit., Belletr. – **V:** Unter dem Schleier – ein Lachen 86, 10. Aufl. 95; Mädchen, wach auf! 89 (auch jap.); Und Priska ließ sich nicht beirren 94, alles Frauengeschn.; Gütiger Himmel, R. 96, Tb. 98; Unter dem Schleier – ein Lachen / Mädchen, wach auf!, vollst. überarb. Ausg. beider Titel in einem Bd 99; Mirjams Lied, Erz. 00; Frauenkonkordanz zur Bibel 01; Johanna von Ingelheim. Das wahre Leben d. Päpstin Johanna 02. – **MA:** Gedichte in „Evangelische Ztg", Ausg. Landeskirche Hannover 82–96; – Reflexionen u. Betrachtungen in: diakon 3/80, 3 u. 4/81, 1/85; Frau u. Mutter, März 82; Kirche u. Mann, Febr. 84; – Aufss. in den Textsamml.: Nennt uns nicht Brüder 85; Unsere Kinder, unsere Träume 87; Befreit zu Rede u. Tanz 89; – Geschn. u. G. in: Tweesprakenland 6/88 Folge 17 u. 2/89 Folge 20; Nix blifft as 't is 89; Gezeitenwende 98; Der schwarzbunte Planet 00; Faszination See 00; DIESEL, dat oostfreeske Bladdje 4/03; – Mitarb. an d. Dokumentation „Frauenleben im ostfries. Raum – gestern u. heute", 3 Teile 89–93. – *Lit:* Ingrid Ganser u. Roswitha Homann in: Jb. d. Ges. f. Niedersächs. Kirchengesch., Bd 103 05 (auch als Sonderdruck).

Kruse, Joseph Anton, Dr. phil., Prof., Dir. d. Heinrich-Heine-Inst.; Kaiserswerther Str. 70, D-40477 Düsseldorf, *joseph.kruse@stadt.duesseldorf.de* (* Dingden/Westf. 8. 6. 44). Heinrich-Heine-Ges., Goethe-Ges. Weimar, Speyer-Ges., Germ.verb., u. a.; BVK 94, Chevalier dans l'Ordre du Palmes Académiques 95; Lyr., Literar. Prosa, Erz. – **V:** Gelbe Saison, Erz. 77; Lebensläufe Mariens, G. 82; Zeit der Apfelblüte 82; Zentaura, Prosa 82; Gestern, Prosa 88; Sizilien mein Sommerland, G. 95; Ägyptische Momente, Prosa 96, 2. Aufl. 97; Chinesische Fahrt, Prosa 99; Bastarde sind wie ich oder George Sand besuchen, Prosa 04; Düsseldorf – Ansichten, Prosa 06; Neuenglisches Frühjahr, Prosa 08. – **MA:** Der imaginäre Geliebten, Mappenwerk 77; 7 gegeben und 5 genommen 78; Jahreskreise 80; Metaphern 84; Tulpenfelder 84; Liebeslauf, G. 85; Sterblichkeit oder Sein und Schein 85.

Kruse, Kuno, Journalist, Reporter; c/o Stern, Redaktion Deutschland aktuell, Am Baumwall 11, D-20459 Hamburg, Tel. (0 40) 37 03 35 70, Fax 37 03 57 10, *kunokruse@aol.com* (* Verden 10. 8. 53). Theodor-Wolff-Pr. 95, Egon-Erwin-Kisch-Pr. 97, Joseph-Roth-Pr. 97, Hansel-Mieth-Pr. 98. – **V:** Dolores & Imperio. Die drei Leben des Sylvin Rubinstein 00. (Red.)

Kruse, Max; Untermaxkron 38a, D-82377 Penzberg, Tel. u. Fax (08856) 7757, *Kruse@max-kruse-urmel. de, www.max-kruse-urmel.de* (* Bad Kösen 19.11.21). P.E.N.-Zentr. Dtld, VG Wort, Intern. Jgd.bibliothek München; BVK, Gr. Pr. d. Dt. Akad. f. Kd.- u. Jgd.lit. 00; Lyr., Rom., Nov., Kinder- u. Jugendb., Fernsehfilm u. -sp., Schausp., Libr., Hörsp. – **V:** zahlr. Kinder- u. Jugendb., u. a.: Der Löwe ist los, Kdb. 52 (u. 4 Anschlußbde); Die kleine Fang, Kdb. 66; Der kleine Mensch bei den fünf Mächtigen, Jgdb. 68; Windkinder, G. f. Kinder 68; Urmel aus dem Eis, Kdb. 69 (u. 10 Anschlußbde); Goldesel AG, R. 70; Don Blech und der goldene Junker, Kdb. 72 (u. 2 Anschlußbde); Lord Schmetterhemd, Kdb. 74 (u. 2 Anschlußbde); Die Nacht der leuchtenden Pantoffeln, Kdb. 75 (u. Theaterst.); Froki und der Schatz der Erde, Jgdb. 79; Warum ... Kleine Geschichten von großen Dingen, Kdb. 80; Shaofangs Reise, Reise-Erz. 81; Federleicht, Verse zu chin. Holzschnitten 82; Ich will keine Lady sein, Musical-Libr. 82; Caroline 82 (u. 4 Anschlußbde); Die versunkene Zeit, Biogr. 83; Ägypten, Reise-Erz. 84; China, Reiseb. 85; Der Schattenbruder, R. 85, 94; Les Chants d'Avignon, Libr. 85; Der Ritter, R. 88, 93; Der Morgenstern, Jgd.-R. 90 (u. 2 Anschlußbde); Gläserner Vogel, G. 91; La Primavera, R. 91, Tb. u. d. T.: Der Kronenkranich 98; Anna zu Pferde, R. 92, 95; Die behütete Zeit, Biogr. 93; Hazard, der Spielmann, R. 94, 97; Der Auserwählte. Animurs Geschichte, R. 95, 98; Die verwandelte Zeit, Biogr. 96; Im weiten Land der alten Zeit. Vom Urknall bis Galilei 97; Im weiten Land der neuen Zeit. Von Galilei bis heute 98; Federleicht und Windkinder, G. 98 (auch CD); Schelmengeschichten 00; Kerlchens wundersame Reise, Kdb. 01; Ich bin ein Vogel aus Samarkand, G. 01; Die Inselponys 02; Ein Klecks ging mal spazieren, G. 03; 1000 Stiefel, Kdb. 03; Vorfrühling, R. 06; – zahlr. Rdfk-Sdgn, Hsp., Fsp., Bearb., Tonkass., Videos, CDs u. Theaterst. f. Kinder sowie zahlr. Nachaufl. u. Übers. in fremde Sprachen.

Kruse, Siegfried, Dr.; Mevenheide 49, D-52134 Herzogenrath (* Kiel 6.6.34). Krim.rom., Erz. – **V:** Quickstep, G. 85; Die Nackten und die Noten, Krim.-R. 98; Unheilsjahr 2000, Krim.-R. 99. – **MA:** Beitr. in Anth., u. a.: H. Milloth/G. Midinet (Hrsg.): Freizeit-Lose 90. (Red.)

Kruse, Sigrid, Dipl.-Bibl.; Am Maashof 10, D-47269 Duisburg, Tel. (0203) 762825, *sigridkruse@ arcor.de* (* Berlin 9.2.41). VS NRW 76, GEDOK Niederrhein-Ruhr, Lit.büro Ruhrgebiet, Vorst. 86, Ver. f. Lit. u. Kunst Duisburg, Beiratsmitgl.; 1. Lyr.pr. Kultur in NRW 84, 1. Pr. im Kurzgeschn.-Wettbew. d. Psychiatrie-Verl., Förd.stip. d. Ldes NRW 85, 92, Lit.pr. d. Schlachthoftheaters in Neuss 04, Oberhausener Lit.pr. 04; Lyr., Nov. – **V:** Eine Wimper fällt durch den Abend, Lyr. 76; Das Betreten der Brücke, G. 83; Träume holen mich nicht ein, G. 86; Überschaubarer Raum, Lyr. 87; Tahiti ist irgendwo, Geschn. 87; Zimmerflucht, Geschn. 93; Eitel Sonne, Geschn. u. G. 04. – **MA:** zahlr. Texte in Lyr.- u. Prosa-Anth., u. a.: Der kleine Prinz lebt 00; Sieben Schritte Leben 01; Das komische Ding mit dem Rad 01; Das Blaue vom Hafen 03; KORA-Kalender, Haiku 06. – **MH:** Duisburg auf dem zweiten Blick, m. Hans-Martin Große-Oetringhaus, Texte 94. (Red.)

Kruse, Tatjana, Autorin; *mail@tatjanakruse.de, www.tatjanakruse.de* (* Schwäbisch Hall 20.2.60). Sisters in Crime (jetzt: Mörderische Schwestern), Das Syndikat, BücherFrauen, VS, Agatha-Christie-Soc.; Marlowe-Pr. 96, Fancy-Media-Pr., Krimi-Stadtschreiber Flensburg 05; Krimi. Ue: engl, am. – **V:** Die Wuchtbrumme 00; Achtung: Wuchtbrumme 01; Die Wuchtbrumme kehrt zurück 02; Wuchtbrummenalarm 03;

Küss mich, Schatz! 06; Wie klaut man eine Insel? 07; Vorsicht: Stufen! 07. – **MA:** Der Mörder bittet zum Diktat 95; Der Mörder kommt auf sanften Pfoten 95; Der Mörder kennt die Satzung nicht 96; Eine Leiche zum Geburtstag 97; Der Bär schießt los 98; Eine böse Überraschung 98; Mordsweiber 98; Zehn mörderische Wege zum Glück 99; Skrupellose Fische 00; Rheinleichen 00; Mordkomplott 00; Tatort Berge 01; Teuflische Nachbarn 01; Von Mord zu Mord 01; Tödliche Beziehungen 01; Tatort München 02; Alte Götter sterben nicht 03; Tatort Hamburg 03; Liebestöter 03; Mord ist das beste Medizin 04; Mord am Niederrhein 04. – **MH:** Mordsgewichte 00; Greiffenstein 02; Tatort Kanzel 05; Tatort Stuttgart 06; Tatort Niederrhein 07. – **Ue:** Jeffrey Archer: Die Kandidaten, Krimi 05; ders.: Die Farbe der Verbrechen, Krimi 06.

†**Kruse-Seefeld,** Matthias-Werner (Ps. Wolfgang Hainau, Matthias Berg, William Blackstone), Hauptred., Verlagsleiter, Journalist; lebte in Seefeld/Kr. Barnim (* Nordhausen/Harz 24.12.19, † 20.7.07). Gewerksch. Kunst 46, SDA 59, SV-DDR 64, VS 89/90, NGL Berlin 90; Prosa, Drama, Lyr. – **V:** Der blaue Löwe, hist. R. 67, 84, Forts.: Das Vermächtnis, R. in: ndl; Entscheidung in K., Erz. 69; Pan Twardowski oder die merkwürdige Begegnung mit dem Doppelgänger während des Jahrmarkts zu Steenbrügge, hist. R. 81, 05; Martiros Sarjan – Ein großer armenischer Maler; Juri Trifonow – Graphomanischer Erfinder der Fahrräder; Mein Weg zu Hermann Hesse, alles Ess. vor 88; Windflüchter. Lyrik u. ein wenig Prosa, G. aus fünf Jahrzehnten 00. – **MA:** Ruf in den Tag 62; Neue Texte 63; Himmel meiner Stadt 66; Erzählerreihe 156 69; Einer neuen Zeit Beginn 80. – **MH:** Himmel meiner Stadt – aus der Werkstatt der Gruppe alex 64 66. – **R:** Madame Curie 47; Semmelweis 47; Politisch Lied – ein garstig Lied 48; Franco oder die Freiheit 48; Landschaften und Jahreszeiten, Lyr. 63; Auftakt für alex 64 64; Die Geschieterten von Plaza Girón 72; Das Schneegespenst 72; Der große Slawenaufstand 983 73; Flucht aus dem Jenseits 73; Besuch in Chafadschi 73; Vom Edelweiß zum Roten Stern 74; Der Marsch von Boston nach Valley Forge 75, alles Hsp.

Krydl, Hans Michael, Journalist, Lektor; Brombeerweg 16, D-14052 Berlin, Tel. u. Fax (030) 30819671, *krydl@t-online.de*. Dorfstr. 103, A-8750 Judenburg-Oberweg (* Linz 14.5.63). GAV, IGAA; Österr. Staatsstip. d. Lit. 96/97, Aufenthaltsstip. d. Berliner Senats 97; Prosa, Drama, Hörsp., Sat., Ess. Ue: engl, russ. – **V:** Geschichte entsteht. Anmerkungen, Korrekturen, Prosa 95. – **MA:** manuskripte. (Red.)

Krzywon, Ernst Josef, Dr. phil.; Eichenstr. 20, D-85579 Neubiberg, Tel. (089) 6029 76, *Ernst@Krzywon.de, www.krzywon.de* (* Rokittnitz/ Oberschles. 3.1.33). Lyr., Ess., Prosa. Ue: poln. – **V:** Du kommst aus dem Schmerz 86; Schriftstellung 86; Widerklänge 86; Landnahme 88; Mündungen 88; Die Amsel blieb aus 90, alles G. – **MA:** Lit. in Bayern; Stimmen d. Zeit; Oberschles. Jb.; Schlesien; Sudetenland; Orbis Linguarum – Neisse: Kulturalität u. Regionalität, Ess. 95; Lyrisches Breslau 97; Leben – Werk – Lebenswerk. Ein G. Hauptmann Gedenkbd 97; Aufbrüche und Umbrüche, Ess. 07; Wrocław literacki, Ess. 07. – **H:** Zeitansagen, G. 89; Paarweise, Lyr. (auch Vorw.) 93. – *in:* Lit: Franz Heiduck (Hrsg.): Oberschles. Lit.-Lex., Bd 2 93; E.G. Schulz in: Schles. Kulturspiegel, H. 1 u. 6 98; DLL, Erg.bd V 98.

Krzyzelewski, Kai; Zimmermannstr. 13, D-37075 Göttingen-Weende, Tel. (0551) 2811303, *Kai. Krzyzelewski@gmx.net* (* Salzgitter 13.8.84). – **V:** Die

Kuan

Stadt jenseits des Todes. Abenteuer & schmerzende Gefühle 06.

Kuan, Yu-Chien, Dr., Sinologe; Milchstr. 24, D-20148 Hamburg, Tel. (0 40) 45 70 94 (* Kanton 31). – **V:** Mein Leben unter zwei Himmeln, Autobiogr. 01; mehrere Sachb. z. Thema China. (Red.)

Kuba, Alexandra, Dipl. Med.-Techn. Fachkraft; Rosalia-Chladek-Gasse 3–7/3/7, A-1220 Wien, Tel. (06 64) 1 83 78 14, Fax (0 22 43) 3 21 25 33 09, *alexandra.kuba@chello.at,* www.alexandra-kuba.at (* Wien 29. 7. 71). Prosaged., Lyr., Kurzgesch. – **V:** Ich liebe dich!, Prosa-G. u. Lyr. 05. (Red.)

Kubaczek, Martin, Dr. phil., Gastprof. an d. Tokyo Univ. of Foreign Studies u. an d. Meiji-Univ. (2003–06), Gastdoz. an d. Nagoya City Univ. (2001/02), Schriftst.; Rotensterngasse 22/28, A-1020 Wien, Tel. u. Fax (01) 2 16 75 98, *peckczek@nusurf.at* (* Wien 25. 10. 54). GAV; Stip. d. LVG 00/01 u. 08/09, Staatsstip. f. Lit. 01/02, Wiener Autorenstip. 03; Lyr., Prosa, Ess., Lit.kritik. Ue: engl, jap. – **V:** Poetik der Auflösung 92; Somei, Texte 97; Hotel Fantasie, Erz. 98; Strömung, Erz. 01; Amerika, R. 02. – **MV:** Wittgenstein Und – Philosophie/Literatur, Ess. 90. – **MA:** zahlr. Beitr. in: Lit. u. Kritik, Manuskripte, Rampe, seit 82, in: Kolik, seit 00, sowie in Anth. – **H:** Peter Waterhouse: Blumen 93; Gerhard Roth: Über Bienen 96; Peter Rosei: Kurzer Regentag 97; Ingram Hartinger: Gelb. Eine Eskapade 98, alles dt.-jap.; Bevorzugt beobachtet. Zum Japanbild in d. Gegenwartslit. 05. – **MUe:** Bob Kaufman: Zweiter April 89.

Kubal, Ramona, Schülerin; Am Riefenberg 9, D-31073 Kaierde, *RamonaKubal@yahoo.de, www. ramona-kubal.de.vu* (* Gronau 14. 4. 90). Lyr. – **V:** Hoffnung auf einen neuen Morgen 07.

Kubasta, Wolfgang (Ps. Matscho), Dr. phil., Autor; Erdbrustgasse 32, A-1160 Wien, Tel. (01) 4 80 77 48, *kubasta_wolfgang@hotmail.com* (* Wien 15. 2. 48). Sat., Kabarett. – **V:** Matscho – das Buch 89; Das große Matscho-Buch 91; Matscho räumt auf 94; Gleiches Recht für Matscho 97; Matscho mag man eben 00; Matscho – das Letzte! 03; Matscho – mir reichts! 07. – **P:** MatschoMania, CD 01.

Kubelka, Susanna, Dr. phil., Schriftst.; 16, rue Augereau, F-75007 Paris, Tel. u. Fax (01) 45 55 08 42. Richtergasse 7, A-1070 Wien (* Linz/Öst. 20. 9. 42). Rom., Sachb. – **V:** Burg vorhanden – Prinz gesucht 83, 03 (in 4 Spr. übers.); Ophelia lernt schwimmen 87, 04 (in 12 Spr. übers.); Madame kommt heute später 93, 04 (in 12 Spr. übers., auch als Hörb.); Das gespregte Mieder 00, 04 (in 4 Spr. übers.); Der zweite Frühling der Mimi Tulipan 05, alles R.; – Sachbücher: Endlich über vierzig 80, 04 (bisher 33 Aufl., in 27 Spr. übers.); Ich fange noch mal an 81, 00. – **H:** Mein Wien 90, 92 (auch tsch.); (Übers. insges. in 29 Spr., Gesamtaufl. über 3 Mio.). (Red.)

Kubiczek, André, freier Autor; lebt in Berlin, c/o Rowohlt Berlin Verlag (* Potsdam 20. 1. 69). Arb.stip. Brandenburg 97, Alfred-Döblin-Stip. 98, Candide-Pr. 07. – **V:** Junge Talente, R. 02; Die Guten und die Bösen, R. 03; Oben leuchten die Sterne, R. 06. – **MA:** Edit; Zeno; ndl; Herzattacke, u. a. (Red.)

Kubik, Georg Johannes; Gotthelfstr. 9, D-44225 Dortmund, Tel. (02 31) 71 48 64 (* Hindenburg/OS 2. 4. 29). Autobiogr. 04. (Red.)

Kubin, Danka, Prof., Malerin, Graphikerin, Autorin; Herbeckstr. 116, A-1180 Wien, Tel. (01) 4 70 45 35, Fax 4 79 80 75 (* Abtenau/Salzburg 14. 3. 41). mehrere Auszeichn. als Malerin; Lyr. – **V:** Der Flug des Pelikans.

Der einsame Weg, Lyr. 94; Der Ruf des Leguans, Lyr. 97. (Red.)

Kubin, Wolfgang, Prof. Dr., Leiter d. Abt. f. Sprache u. Gesch. Chinas im Inst. f. Orient- u. Asienwissenschaften d. Univ. Bonn; Weiers Wiesen 14, D-53229 Bonn, Tel. (02 28) 22 24 84. c/o Univ. Bonn, Inst. f. Orient- u. Asienwiss., Regina Pacis Weg 7, D-53113 Bonn, Tel. (02 28) 73 57 31, Fax 73 72 55, *sinologie@uni-bonn.de, www.sos.uni-bonn.de* (* Celle 17. 12. 45). BdÜ, VS NRW-Süd; Pr. f. d. beste Lit.kritik 98/99, Schreibstip. d. Ldes NRW 00, Lit.pr. d. Bonner Lese 03, Lyrikpr. d. Volksrep. China 06, Staatspr. d. Volksrep. China 07, Pamir Internat. Poetry Price, China 07; Lyr., Übers., Ess., Erz. Ue: chin. – **V:** Das neue Lied von der alten Verzweiflung 00; Narrentürme 02; Schattentänzer 04, alles Lyr.; Die Geschichte der Schwärze u. a. Geschichten 05; Halbzeit einer Liebe, Erz. 06; Lacrimae mundi, G. 08. – **MA:** mehrere Lyrikbeitr. in: Akzente, seit 93; zahlr. Beitr. in: Sprache im techn. Zeitalter, seit 97. – **MH:** minima sinica, Zs. zum chin. Geist 89ff.; Orientierungen, Zs. zur Kultur 89ff. – **Ue:** Lu Xun: Die Methode, wilde Tiere abzurichten 79, 2. Aufl. 81; Feng Zhi: Inter Nationes Kunstpreis 1987; Bei Dao: Notizen vom Sonnenstaat 91; Yang Lian: Masken und Krokodile 94; Lu Xun: Werke in sechs Bänden 94; Yang Lian: Der Ruhepunkt des Meeres 96; Zhang Zao: Briefe aus der Zeit 99; Leung Ping-Kwan: Von Politik und den Früchten des Feldes 00; ders.: Seltsame Geschichten von Vögeln und Blumen 00; Bei Dao: Post Bellum 01; Zhai Yongming: Kaffeehauslieder 04. – *Lit:* Joachim Sartorius: Auf Titt Die Poesie, in: Sprache im techn. Zeitalter; www.vsbonn.de; s. auch GK.

Kubisiak, Silvia; c/o Buchverl. Andrea Schmitz, Toppenstedt (* Münster 30. 9. 73). Rom., Fernsehsp. – **V:** Janes Weg, R. (Red.)

Kubitschek, Ruth Maria, Schauspielerin, Malerin; Hauptstr. 21, CH-8559 Fruthwilen/Thurgau, Tel. (0 71) 6 64 12 06 (* Chemnitz/Böhmen 2. 8. 31). Rom., Märchen. – **V:** Engel, Elfen, Erdgeister, M. 91; Immer verbunden mit den Sternen, R. 93; Wenn auf der Welt immer Weihnachten wäre ..., M. 94; Im Garten der Aphrodite, R. 98; Das Flüstern Pans, R. 00; Ein Troll in meinem Garten, M. 02; Das Wunder der Liebe, R. 04. (Red.)

Kubitza, Stephan s. Cerxú

Kubowsky, Manfred, Dipl.-Ing., Maler; Berliner Allee 28, D-15345 Altlandsberg, Tel. (03 34 38) 1 40 52 (* 39). – **V:** Die Stellung ist krampflos zu halten, Aphor. 81, 83; Der Förtner als Filosof oder nieder mit dem Schlaglöchern, Satn. u. Grotn. 89; Querfeldein und geradezu, Satn. u. Aphor. 90; Der Deutsche, satir. Reflexionen 93; Winter in Deutschland – kein Märchen – „oder die Freiheit ist eine teure Hure" 97; Das Wildgänseland. Miniaturaquarelle u. Texte 98; Der Mann und die Insel oder: eine Rose von Elisabeth, Erzn. 00.

Kucera, Ulrike A. (auch Ulrike A. Albert-Kucera), Schriftst.; c/o Eichborn-Verl., Frankfurt/M. (* Lostau 29. 3. 58). VS Hessen 92; Arb.stip. d. Hess. Min. f. Wiss. u. Kunst 92, 98; Rom., Lyr., Hörsp. – **V:** Und, G. 93; Die Gottesanbeterin, R. 98, Tb. 00 (auch slowak.); Caput Mortuum, R. 06. – **MA:** Erzn. in: FAZ Sonntagsztg. 93, 96, 97; Anth. d. Piper-Verl. 00, u. a. – **R:** Überlandunter Hsp. 91. (Red.)

Kuchar, Leo; Brückengasse 5, A-1060 Wien, Tel. (01) 5 97 81 17 52, Fax 5 97 81 17 37 (* Brünn 16. 2. 28). – **V:** Auch Lausbuben können Priester werden 92. (Red.)

Kucher, Erhard, Prof., Dr. med. habil., Arzt/Internist i. R.; Am Holzhafen 7, D-16303 Schwedt/Oder, Tel.

(0 33 32) 52 39 96, Fax 58 17 74, *Erhard.Kucher@web. de* (* Schönheide 5. 11. 26). – **V:** Unsterbliche Sehnsucht. Ein Menschenleben mit mir, autobiogr. R. 07; Juliette und die Glut in ihren Augen, R. 08.

Kuck, Manuela; Apoldaer Str. 38, D-12249 Berlin, *manuela.kuck@web.de*, *www.manuelakuck.de* (* Wolfsburg 8. 6. 60). Rom. – **V:** Lindas Entscheidung 97; Neue Zeiten für Linda 98; Lindas Ankunft 99; Die Schattentänzerin 00 (auch span.); Die Boxerin 02; Hungrige Herzen 03; Die Rivalin 05; Ariane 06.

Kuckart, Judith; Berlin, *www.judithkuckart.de* (* Schwelm/Westf. 17. 6. 59). P.E.N.-Zentr. Dtld; Rauriser Lit.pr. 91, Stip. d. Dt. Lit.fonds 93, Stadtschreiber zu Rheinsberg 97, Villa-Massimo-Stip. 97, Villa-Aurora-Stip. Los Angeles 00, Werkpr. Pro Helvetia 02, Stip. Herrenhaus Edenkoben 03, Kritikerpr. f. Lit. 04, New-York-Stip. d. Dt. Lit.fonds 05, Margarete-Schrader-Pr. 06, Werkjahr. d. Stadt Zürich 06; Ess., Rom., Theaterst. – **V:** Im Spiegel der Bäche finde ich mein Bild nicht mehr, Ess. 85; Eine Tanzwut 89; Wahl der Waffen, R. 90; Die schöne Frau, R. 94; Der Bibliothekar, R. 98; Sätze mit Datum, dt./ital. 98; Lenas Liebe, R. 02; Die Autorenwitwe, Erzn. 03; Kaiserstraße, R. 06; Dorfschönheit 06; Die Verdächtige, R. 08; – THEATER/ UA: Last Minute, Fräulein Dagny 95; Melancholie 1 oder die zwei Schwestern 96; Blaubart wartet 02. – **R:** Melancholie 1 oder Die zwei Schwestern, Hsp. (SFB) 98; Sätze mit Datum, Hsp. (SWR) 00; Krimisommer mit Kommissar Maigret, 9 Folgen (SFB/ORB/MDR/ SWR) 02. – *Lit:* Jörg Plath in: KLG. (Red.)

Kuckero, Ulrike, Lehrerin; Paschenburgstr. 40, D-28211 Bremen, Tel. (04 21) 49 37 38 (* Bremen 28. 8. 52). Rom. f. Kinder u. Jugendliche. – **V:** Die Zahnspangenjagd 99; Lilys Tierstation 99; Geheimsache Hund 00; Ein Brief an Ali 00, alles R. f. Kinder; Das Geheimnis der drei Geigen 02; Die Jagd nach den Handydieben 03; Paulas Tagebuch 03; Das Ende der Stille, R., 1.u.2. Aufl. 04; Paulas Sorgenbuch, R. 05. – **MA:** WahnSinn heute 09. (Red.)

Kuczynski, Rita, Dr. phil., Philosophiehistorikerin, Publizistin; Matterhornstr. 90, D-14129 Berlin, Tel. (0 30) 9 25 19 01, Fax 92 37 59 77, *RitaKuc@aol. com, www.rita-kuczynski.de* (* Neidenburg/Ostpreußen 25. 2. 44). Arb.stip. f. Berliner Schriftst. 93, Stip. d. Dt. Kulturfonds 94, Förd.pr. d. Berliner Autorenförd. 95, Stip. d. Council for European Studies Columbia Univ. New York 95, Stip. d. Univ. at Buffalo 95, Lit.stip. d. Stift. Preuss. Seehandlung 98, Writer-Fellowship Johns Hopkins Univ. 01. Ue: russ. – **V:** Nächte mit Hegel 84; Wenn ich kein Vogel wär, R. 91 (auch frz., chin.); Staccato, R. 97, 00; Mauerblume. Ein Leben auf der Grenze 99, Tb. 00; Die gefundene Frau, R. 01; Die Rache der Ostdeutschen 02; Im Westen was Neues?, Sachb. 03. – **MA:** Jb. d. Anna-Seghers-Ges. 95; Festschr. d. Columbia-Univ. New York 97. – **F:** Zwischen Pankow und Zehlendorf. Eine Berliner Geschichte 91. – **R:** Was ist ein Berg 92; Lacrimosa 1953, Kinderhsp. 93; Sich nicht zur Unzeit begegnen, Feat. 93. (Red.)

Kudernatsch, André (Ps. Charlie Swampbirth, Pestizid), Funkreporter, Gleisbau-Arbeiter, Autor; Gartenstr. 4, D-06896 Straach, *kudernatsch@klappkautsch. de, www.kudi.de* (* Wittenberg 70). Cabinet-Pr. 02; Kurzprosa, Lyr., Lied. – **V:** „Nu reecht's mich aber!", Geschn. 95; Gift im Tee, Geschn. 97; Suffis Welt, Kurzgeschn. 00; Alles Wurscht. Reime gegen Käse 05. – **MA:** Onkel Schwamms Bücherstunde 07; Der Montag hat mir nicht gefallen. Das jetzt-Tagebuch 98. – **H:** Mandibula, Anth. 98; Best of Kudernatschs Kautsch, Anth. 99. – **P:** Konservierte Kautsch 99; Generation Goldi, m. Boy Kottke 02; Die Wurstplatte. Live

bei Lasch, Hörb. 05; Die Pest – Pest of 06, alles CDs. (Red.)

Kudis, Frieder R. I. (Ps. Jonas Hütte, Kassandro Sperator), Pfarrer, ObStudR.; Castrum Peregrini, Schauinslandstr. 8, D-76316 Malsch-Völkersbach, Tel. (0 72 04) 83 02 (* Heidelberg 18. 4. 36). BDS 03, World Writers Assoc. WWA 03; Scheffel-Pr. 55; Lyr., Erz. Ue: engl, lat, hebr. – **V:** Nachtmeerfahrt. Stationen e. Genesung 99; Weltenfahrt. Rückblicke u. Ausblicke 00, 3., veränd. Aufl. 00; Spuren im Garten. Völkersbacher Impressionen 01, 3. Aufl. 03; Sie wälzten den Stein. Drei aus d. Wolke der Zeugen 02, 3. Aufl. 03; Sprachgesell und Augenweide. Utopia vorüber, Utopia voraus 03; Moosalb-Blicke. Flaschenpost aus d. Arche, 1.u.2. Aufl. 05; Der Himmel über der Burg. Paradiesische Spiegelungen im Gartenteich 06; Unterwegs im Sanduhrland 06; DICH-TE. Between NOWHERE and NOW HERE 07; Tragende Luft 09, jeweils Lyr. u. Erzn.; – Durch das Jahr, Lyrikkal. 05, 06, 07, 08, 09. – **MV:** Europäische Marktfrau, Lyr. 04; In dunkler Zeit gemeinsam unterwegs, Erz. 08, beides m. Holzschnitten v. Andrea Lange. – **MA:** zahlr. Beitr. in: Anth. deutschsprach. d. Landkr. Karlsruhe sowie in Anth. seit 94. – **MUe:** Louis Maier: Schweigen hat seine Zeit, Reden hat seine Zeit, m. Sally Laws-Werthwein u. Donald Werthwein, Erz. 00. – *Lit:* Who's Who, 12.Ausg. 05; Besprechungen v. Klaus Friedrich, Gustav Schwander u. Erika Burkart zus.gestellt in „Tragende Luft" 09.

Kudrnofsky, Wolfgang (Ps. Wolfgang Bertrand), Dr. phil., Schriftst., Journalist, Regisseur; Rückaufgasse 29, A-1190 Wien, Tel. (01) 4 79 51 29 (* Wien 1. 5. 27). VS 69, IGdA, GenSekr. 79, P.E.N.-Club Öst., Vorst.-mitgl., IGAA; Förd.pr. d. Literar-Mechana 86; Drama, Rom., Nov., Ess., Hörsp., Fernsehsp., Fernsehfeat. Ue: engl. – **V:** Profit Neujahr!, sat. Kabarett 55; Spanien 57; Salzkammergut 58; Griechenland 59; Tirol 62, alles Reiseb.; Jean d'Arc. E. szen. Collage 62; Bubis Hochzeit oder Die Unreifen, R. 67; Qualtinger-Revue 67; Mode-Brevier 70; Fall out, Theaterst. 70; Fifi Mutzenbacher 71; Vom III. Reich zum 3. Mann. Helmut Qualtingers Welt d. 40er Jahre 73, Theaterst. u. Feat. 88; Zur Lage des österr. Schriftstellers 73; Der Mensch in seinem Zorn 74; Liebling, wer hat dich verhext?, Kom. 76; Frau Havel mal 3, Theaterst. 82, 90; Der Messias von der Lobau, biogr. R. 83; Marek, Matuschka & Co. 89; Gassner, Gußer & Co. 91; Schandl, Schubirsch & Co. 94, alles Krim.-Erzn.; Natur – Oh Natur, sat. R. 00; Der Schamane, Short-Stories 02. – **MV:** Die Kaffeehaus-Revue, m. Topsy Küppers 80. – **MA:** Erzn. u. Kurzgeschn. in Anth. seit 50. – **F:** Der Rabe, nach E.A. Poe 51. – **R:** Hsp.: Vorsicht Eis! 71; Spuk 75; Oh, Warenhaus! 76; Der Messias von der Lobau 78; Taxifunk 82; Pierre Ramus – Der Anarchist von Klosterneuburg 82; Sie stehen an deiner Seite 82; Wer hat Dollfuß ermordet? 84; Tantes Zustand hoffnungslos 83; Ein lieber Besuch 92; Hfk- u. Fs.-Feat.: Damals 74; Die Vorrechte der Älteren 74; Alkoholikerinnen 75; War es Müh und Plage 77; zuletzt: Von Mördern, die nicht schuldig sind 86; Hier irrte der Fachmann 90; Der Herr Qualtinger. E. Laudatio z. 65. Geb. 93, sowie 20 weitere Feat.; Drehb. f. Fs.-Prod.: Banger Zweifel; Gelegenheitskauf; Abrakadabra; Haushälterin gesucht; Gerüchte; Große Pläne; Wohnung gesucht; Gewissensbisse; Erwartungen; Auswanderungspläne; Abschied 91–93. – **P:** Bubis Hochzeit, Schallpl. 67; Pierre Ramus – Der Anarchist von Klosterneuburg, Hsp., CD 00; Fifi Mutzenbacher, CD. – Ue: Andrea Newman: Ein Brautbouquet aus Stacheldraht. – *Lit:* Heger: D. österr. Roman d. 20. Jh.; Patera: Eine Bibliogr.; Erinn. an Hans Weigel 98; Maria Fialik: Strohkoffer-Gespräche 98. (Red.)

Kübler

Kübler, Adrian, lic. phil., MBA, Politologe, Unternehmensberater; c/o PELESP GmbH, Churerstr. 43, CH-8808 Pfäffikon, Tel. (0 55) 4 16 10 14, Fax 4 16 10 11, *mail@pelesp.ch*, *www.pelesp.ch* (* Schaffhausen 16. 6. 53). – **V:** Unterschiedliche Auffassungen / Das Endprodukt, Erz. u. Sch. 05; Penelope 21, R. 06; Die WPK-Balance, Sachb. 07.

Kübler, Roland; Mozartstr. 42, D-70734 Fellbach, *www.stendel-verlag.de* (* Bad Cannstatt 11. 7. 53). Märchen. – **V:** Der Gesang des Wales 88; Die Mondsteinmärchen 88 (auch Hörb. u. Blindendr.); Die Sagen um Merlin, Artus und die Ritter der Tafelrunde 88; Der Märchenring 95 (auch Hörb.); Die Blüte des Lebens 97; Der Liebestrank 97; Lichtauge 98; Sindbad der Seefahrer 00; Träume der Sehnsucht 02. – **MV:** Wieviele Farben hat die Sehnsucht, m. Heinz Körner 86; Traumfeuer, m. Norbert Sütsch u. Jürgen Werner 91; Traumsegel, m. Jürgen Werner 94; Feuerblume, m. Sigrid Früh 98. – **H:** Traumquelle, M. 99; Sigrid Früh: Die Elemente des Lebens. Märchen, Brauchtum, Aberglaube 00. (Red.)

Küchler, Manfred; Feldtmannstr. 49, D-13051 Berlin, Tel. (0 30) 96 20 97 20 (* Ziegenrück 26. 4. 31). VS 91–03; Rom., Erz., Literar. Rep. Ue: schw. – **V:** Ärger mit der Fliegerei, Kdb. 71, 75; Tobias, der Schwarzkünstler, Kdb. 76, 88; Kopenhagen. Ein dänisches Mosaik, lit. Rep. 77, 80; Börge, Kdb. 83; Reisetage. Begegnungen zwischen Athen und London, lit. Rep. 83, 89; Der Planet ohne Sonne, SF-R. 89, 90; Gerrit, Kdb. 90. – **H:** Schwedische Proteststücke, Dr. 72; Verse für Verliebte. Von 59 Dichtern aus 28 Ländern 74; Die Reise nach Mohrbach. Ndl. Kindheitsgeschn. 85. – **Ue:** Streik bei Volvo 72; Björn Runeborg: Stenhugg, u. d. T.: Reise nach Vattjek 73; Olov Svedelid: Offren, u. d. T.: Die Opfer 87.

Küchler, Sabine, Journalistin, Rundfunkred. (* Bremen 15. 5. 65). Arb.stip. f. Berliner Schriftst. 88, Friedrich-Hölderlin-Pr. d. Stadt Homburg (Förd.pr.) 95, Förd.pr. d. Ldes NRW 95; Prosa, Lyr., Hörsp. – **V:** Ich erklär es mir so, G. 90; In meinem letzten Leben war ich die Callas, Erzn. 93; Unter Wolken, G. 05. – **MH:** Vom schwierigen Vergnügen der Poesie. Gedichte u. Essays nebst e. Gespräch über Poetik, m. Denis Scheck 97. – **R:** Die Glücklichen, Hsp. 99; Uhrenvergleich, Hsp. 02. (Red.)

Küchmann, Maren, gelernte Sozialassistentin, Küsterin bis 07, Schriftst.; Schloßstr. 20, D-37445 Walkenried, Tel. (0 55 25) 21 30 (* Bad Lauterberg 11. 11. 77). Rom. – **V:** Wind des Schicksals 06; Im Kreis des Lebens 07.

Kügel, Charlotte; c/o Harald Rumpf, Augsburger Str. 13, D-80337 München (* Uschballen/Memelland 6. 4. 19). AWMM-Lyr.pr. Ue: litau. – **V:** Silvestersterne, G. 1931–1992 92; Wege und Steine 96. – **MV:** Helfende Hände. – **F:** Münchner Freiheit, Dok. 98. (Red.)

Kühl, Barbara (Ps. Barbara von Stärk, Rita Wilde), Lohnbuchhalterin, Schriftst.; Waldstr. 30, D-23996 Bad Kleinen, Tel. (03 84 23) 2 97 (* Heydebreck, Kr. Cosel/OS 28. 11. 39). SV-DDR 83, VS 90; Förd.pr. d. Kdb.verl. Berlin 80; Lyr., Erz., Hörsp. f. Kinder, Hist. Dokumentation, Publizistik. – **V:** Til und der Körnerdieb 80, 4. Aufl. 85; Martin oder zwei linke Hände 82, 4. Aufl. 87; Irrlichter 86; Schlappohr 90, alles Erzn.; Tiere, welche Eier legen, Bilderb. 90; Vom Fischer Fiete Bloom, Bilderb. 90; Leo, das Luder, Erz. 92; Spurensuche, hist. Rep. 92; Ein irrer Vogel, phant. Erz. 93; Liebliche Landschaft zwischen Wismar u. Schwerin 96; Tagträume 1998, Kal., G. u. Fotos 97; Tagträume 2000, Kal., G. 99. – **MA:** Der Räuber schwingt das Buttermesser, Lyr.-Jb. 80; Eine kleine Fledermaus ruht sich ..., Jb. 81; Ich leb so gern, Kal. 82; Frösi, Zs. 87; Edith

Bergner – Vom Leben erzählen so wie es ist 87; Dorfgeschichten – einmal anders 87; Sieben Hasensprünge hinter dem Ende der Welt 88, alles Anth.; Im Fußballtor steht Maus Mathilde, Jb. 89; Frau Zwei kaut Schokolade, Anth. 89; Wegweiser, Amtsbl. Bad Kleinen 93–99; Das Neue Gedicht, Jb., 1.–5. Jg. 00–03, 05; Legenden, Fabeln u. a. kurze Erzähltexte. Systemat. Training zur Textanalyse 5.–7. Kl. 07. – **R:** Kinder-Hsp.: Paradiesäpfel 79; Fingerlang 80; Die Dükermutter 82.

Kühl, Barbara Hedwig (Ps. Fremde, geb. Barbara Hedwig Knolle), Orthoptistin; Nordbahnhofstr. 61, D-70191 Stuttgart, Tel. (07 11) 85 05 67, *www.autorenbw.de* (* Sulingen 16. 8. 45). FDA Bad.-Württ. bis 98, VS 98; 3. Pr. b. Lyr.wettbew. Bez. Frankfurt/Oder 86, 1. Pr. b. Kurzgeschn.wettbew. Stadtradio Stuttgart 92, 4. Pr. Lyr.wettbew. Sannio Benevento 95, 3. Pr. Lit.-kultureller Wettbew. d. Ldeszentr. f. polit. Bild. Bad.-Württ. u. Sa. 96, Pr.träger mit Hängung „Lyrik im Zug" 99; Lyr., Kurzgesch., Epigramm, Ess., Autobiogr. Rom. – **V:** Manchmal geträumt, G. u. Bilder 93; Kletterkünste, G. u. Fotos 97, 98. – **MA:** Neuer Tag, Ztg. 69; Töne des Tages, Anth. schreibender Arbeiter 70; Lesebühne, Zs. 85; Esslinger Stadtblatt 92; FDA-Brief d. Ldesverb. Bad.-Württ. 94; Heimkehr, Lyr.-Anth. 94; Herz-Geschichten, Mail-Art-Projekt 96; Schlagzeilen, Lyr.-Anth. 96; Alle Dinge sind verkleidet, Lyr.-Anth. 97; Zss.: Der Literat; Die Feder; Syrlin Art; Wandler (online); G. u. Kurzprosa im Hfk u. a.: SWF-Nachtradio 89. – **P:** Lit.telefon d. Stadt Stuttgart 93, 97. – *Lit:* Kat. d. Syrlin-Kunstver. Stuttgart 91; Gegenwind, Lit.-Zs. 13/99; Bernd Herrmann in: Feuerbacher Woche 99; Susanne Müller-Bägi in: Feuerbacher Woche 02; ABR-Kabinett d. Stadtbücherei Wilhelmspalais, ausgest. seit 00; Anett Neumann in: Märk. Oderztg. Brandenbg/Bln 01. (Red.)

Kühl, Gabriele s. Kühl, Katharina

Kühl, Katharina (eigtl. Gabriele Kühl, geb. Gabriele Steinhaus), Autorin; Rostocker Str. 27, D-20099 Hamburg, Tel. u. Fax (0 40) 28 05 55 06. LIT; Rom., Hörsp., Fernsehsp. Ue: engl, frz. – **V:** Donner, Blitz und Wolkenbruch 89; Wackelpudding 89, 93; Panik, Pech und Schabernack 90; Der Prinz von Pumpelonien, Kdb. 91, 98; Eine Schwester für Christine 91; Satansbraten, Geschn. 92; Das Burggespenst Lülü, Dr. 93, 99; Weihnachten auf freier Strecke 94, 96; Fundsache, Jgdb. 95, 98; Geschichten vom kleinen Teufel, Kdb. 95; Alexandra Superfetzig 96; Die Leuchtsam-Oma, Kdb. 96; Michi Meisterkoch 97; Die Rotoffels und das Ungeheuer, Jgdb. 97; Fundsache, Jgdb. 98; Das Geheimnis vom Dachboden 98; Stille Nacht, lustige Nacht 98; Kunterbunte Zoogeschichten 99; Das Geheimnis der Schatzkarte 99; Lulu, das Klassengespenst 00; Lulu im Spukschloss 00; Bildergeschichten mit dem kleinen Gespenst 00; Die Spur der schwarzen Pfote 00; Zottelpelz und Zauberpilz 03. – **MV:** Die spannendsten Spukgeschichten, m. Ursel Scheffler 02. – **MA:** zahlr. Beitr. in Anth. – **R:** Der Prinz von Pumpelonien, Fsp. 90; Das Burggespenst Lülü, Fsp. 90; zahlr. Hsp. u. Feat. (Red.)

Kühl, Sebastian, M. A., Autor, Red., Journalist; *gallinarius@lycos.de*, *www.gallinarium.de* (* Neubrandenburg 22. 9. 75). Rom., Kurzgesch. – **V:** George Burton und das Tor zur Finsternis, R. 00; Sonne, Seen und blauer Himmel, Reisef. 08. – **MA:** Winternachtsanth. 11, R.G. Fischer Verl. 99; Friedrichshain Anth. 01; Wettbewerb d. Geistes, Jahresschr. 03; Winterwelt 03; Hexe, Vampir u. Magier u. a. phant. Wesen 04; Mystische Märchen 05; – ZTGN/ZSS. u. a.: Zypresse 8/02; Mecklenburg. u. Pommersche Kirchenztg 18/03; Seenland, Mag., seit 03; Brandenburger Museumsztg 07. – **P:** Dämonenhorror II, Hörb., CD 06.

Kühn

Kühl-Martini, Dorothea; Hans-Sachs-Weg 3, D-40699 Erkrath, Tel. (0 21 04) 4 12 56 (* Gadderbaum 3. 10. 56). VS 06; Rom., Erz., Ess. – **V:** Marylin an Papst Johannes, R. 97, 00 (bras., lett.), 02 (poln.); Beffchen, Weihrauch und Visionen, Ess. 00; Die Fahrt nach Assisi, UA 09.

Kühleborn, Heinrich E. (eigtl. Kurt H. E. Kehr), Prof. Dr.; Buchenweg 3, D-34593 Knüllwald, Tel. (0 56 81) 16 71 (* Rosenthal, Kr. Frankenberg/Eder 12. 11. 31). Georg-Ludwig-Hartig-Pr. 03. – **V:** Rotkäppchen und die Wölfe 82, 99; Eisenfrosch. Metamorphosen aus d. Bogwald 00; Loucura. Geschichten von d. verborgenen Insel 00; Appalachia. Neues aus d. alten Virginia 00. – **MV:** Strukturen am Strand, m. Sabine Wolters 91; Eingewachsene Zeit. Von Bäumen u. Menschen, m. Pawel Hałasa 00 (dt.-poln.). (Red.)

Kühlke, Kirsten, freiberufl. Schriftst.; Baumstr. 51, D-65428 Rüsselsheim, Tel. (0 61 42) 97 67 03 (* Rüsselsheim 65). Würth-Lit.pr. 99, Allegra-Lit.pr. 03, Förd.pr. d. Hamburger Autorenvereinig. 05, u. a. – **V:** Der Moana Effekt. Eine Romankapriole 04; Tagebuch einer Expedition, R. 06; Mitredeneinander. Gesprächsstücke 07. (Red.)

Kühlwein, Annette (geb. Annette Grabein), Dipl.-Soz.päd.; Jungnauerstr. 7, D-79211 Denzlingen, Tel. (0 76 66) 70 85, *AnnetteKuehlwein@gmx.de* (* Stollberg/Erzgeb. 13. 4. 53). Erz. – **V:** Keito lebt. Eine Indianergesch. aus Peru 85, 2. Aufl. 00 (auch gr. u. in Blindenschr.); Das Versteck unter der Brücke 91; Geheime Wege in Lima 94; Flieh Noyo flieh 05, alles Kd.- u. Jgdb.

Kühn, Bodo, Red. (* Stützerbach 2. 5. 12). Rom., Erz. – **V:** Das Schwedengretel, 2tlg. Ztgs-R. 35/36; Licht über den Bergen, R. 55, 95; Arkanum, R. 59, 60; Meister Gutenberg, R. 61, 68 (auch jug.); Gloriosa, R. 62, 96; Der Rhön-Paulus, Erz. 62, 90; Laß Frieden sein, Erzn. 64; Das kostbare Fenster, Erz. 65; Das Raubnest auf dem Herrmannstein, Erz. 67, 69; Sturmnacht, R. 67, 71; Der Stadtpfeifer, R. 69, 75; und er schaffte es doch 72; Die gläserne Madonna, Weihnachtsgeschn. 74, 76; Das Werk macht den Meister, R. 74, 89; Der Heilige Stein, Erz. 78, 3. Aufl. 80; Die Bauern von Molsdorf, hist. R. 79; Schneidemüller Sturm, Erz. 80, 3. Aufl. 83; Burgscheidunger Geschichten 81; Brandleite, R. 84, 90; Die Kirchturmuhr, Erzn. 88; Der Papierkönig, R. 99. – **MA:** Erzn. in: Die Spur führt durch Thüringen 59; Am Webstuhl des Lebens 60; Gott grüße dich 61; Die Welt – eine Brücke 62; Von Haus zu Haus 62; Die Wiederkehr des Sterns 63; Fahndungen 75. (Red.)

Kühn, Dieter, Dr.; Richard-Bertram-Str. 79, D-50321 Brühl (* Köln 1. 2. 35). P.E.N.-Zentr. Dtld, Akad. d. Wiss. u. d. Lit. Mainz; Hsp.pr. d. Kriegsblinden 75, Hermann-Hesse-Pr. 77, Stadtschreiber v. Bergen-Enkheim 80/81, Gr. Lit.pr. d. Bayer. Akad. d. Schönen Künste 89, Frankfurter Poetik-Vorlesungen WS 92/93, Stadtschreiber-Lit.pr. Mainz 93; Drama, Rom., Ess., Nov., Hörsp. Ue: mhd. – **V:** N, Erz. 70, 95; Ausflüge im Fesselballon, R. 71, Neufass. 77; Grenzen des Widerstands, Ess. 72; Siam-Siam, R. 72, veränd. Tb.ausg. 74; Die Präsidentin, R. 73, gek. Tb.ausg. 78; Festspiel für Rothäute, Erz. 74, 96; Unternehmen Rammbock, Ess. 74; Luftkrieg als Abenteuer, Ess. 75, 78; Stanislaw der Schweiger, R. 75, 97; Josephine, Ess. 76, 80; Ludwigslust, Erzn. 77; Ich Wolkenstein, Biogr. 77, 96; Löwenmusik, Ess. 79; Und der Sultan von Oman, Erz. 79, 98; Der wilde Gesang der Kaiserin Elisabeth, Erz. 82, 00; Schnee und Schwefel, G. 82, 01; Der Himalaya im Wintergarten, Erzn. 84; Die Kammer des schwarzen Lichts, R. 84, 88; Flaschenpost für Goethe 85; Bettines letzte Liebschaften 86, 92; Der Parzival des Wolf-

ram von Eschenbach 86, 97; Neidhart aus dem Reuental 88, 96; Beethoven und der schwarze Geiger, R. 90, 96; Tristan und Isolde des Gottfried von Straßburg 91, 03; Die Minute eines Segelfalters, Erz. 92; Das Heu, die Frau, das Messer, N. 93, 97; Es fliegt ein Pferd ins Abendland, Kdb. 94, 95; Clara Schumann, Klavier. Ein Lebensbuch 96, überarb. Neuausg. 98; Der fliegende König der Fische, Kdb. 96; Prinz Achmed und die Pferde des Sultans 96; Der König von Grönland, R. 97, 99; Das Geheimnis der Delphinbucht, Kdb. 98; Goethe zieht in den Krieg, biogr. Skizze 99; Frau Merian!, Biogr. 02; Mit Flügellohren. Mein Hörspielbuch 03; Schillers Schreibtisch in Buchenwald 05; Geheimagent Marlowe, R. 07. – **R:** Das Ärgernis 65; Präparation eines Opfers 68; U-Boot-Spiel 69; 5-Uhr-Marquise 69; Ludwigslust 70; Goldberg-Variationen 76; Galaktisches Rauschen 79, u. a.; zuletzt: Mühsames Klettern im Altersbaum 91; Der Mann im Heu 93; Mit Flügelohren ins Dritte Reich, 3tlg. 01, alles Hsp.; Eine Reise nach Surinam, Fsf. 93. – **Ue:** Wolfram v. Eschenbach: Parzival 94 II; Gottfried v. Straßburg: Die Geschichte der Liebe von Tristan und Isolde (auch Ausw.) 98; Tristan und Isolde des Gottfried von Straßburg 03. – *Lit:* W. Klüppelholz/H. Scheuer (Hrsg.): D.K. 92; Norbert Schachtsiek-Freitag in: KLG 96; LDGL 97; Ofelia Martí-Peña/Brigitte Eggelte (Hrsg.): D.K. Ein Treffen m. d. Schriftst. üb. sein Werk 01. (Red.)

Kühn, Frauke, Autorin; c/o Rowohlt Verl., Reinbek (* Kiel 9. 1. 53). Eule d. Monats, u. a.; Rom., Erz., Drehb., Hörsp. – **V:** ... trägt Jeans und Tennisschuhe, Krim.-R. 87, 96 (auch dän.); Sag was, Bruno 88; Du schaffst es, Claudia 89; Ein Mädchen verschwindet, Krim.-R. 89, 96; Du brauchst mich doch 90, 93 (auch dän.); Es fing ganz harmlos an 90, 02 (auch dän.); Das Mädchen am Fenster 01. – **R:** Embryo, Fsf. 70. (Red.)

Kühn, Günter, Dipl.-Rechtspfleger, Justizamtsrat; Huntemannstr. 7, D-26131 Oldenburg, Tel. (04 41) 5 47 54, *guenter.kuehn@ewetel.net*, *www. guenterkuehn.de* (* Falkenburg/Pomm. 10. 4. 33). Schrieverkring im Spieker 72, VS 81; 1. Pr. Dr. wettbew. Kulturkr. Schloß Raesfeld 75, Förd.pr. Oldenburg Landschaft 77, Freudenthal-Pr. 77, Borsla-Pr. 99, 3 Pr. d. Ndt. Bühnenbunds, Bremen 90; Drama, Prosa, Lyr., Hörsp., Übers., Ess. Ue: engl. – **V:** De Trallen, Sch. 75; Suur Wien, Sch. 77; Allns na Vörschrift, Plattdütsche Vertelln, Kurzgeschn. 86, 01 (Hörb.-CD); Apen Döör, Sch. 90; Oldenburger Impressionen 94; Un holl dein Muul von Politik, Posse m. Gesang 95; Bucksbüdeleen 98; Spijöök in'e Nacht, Kom. 99. – **B:** Bearb. u. Übertrag. von Theaterstücken vüm Hochdt. ins Niederdt. – **MA:** Vorw. zu: Jan in'n Busch; , Oldenburg, Bilder und Texte 74; Gezeitenwende, Anth. 95; 13 Beitr. pro Jahr in: Nordwest-Ztg. Oldenburg, seit 96; Frankfurter Bibliothek 02, 05, 06; Wi in us Tiet, Anth. 04; Beitr. in: Niederdeutsch Heute; Brüggen, niederdt. Anth.; Vom Reichtum des Erzählens; Dat Schrieverkring-Book; zahlr. Beitr. in Zss. u. Kal. – **H:** Plattdeutsch in der Charta: was nun? 97; Erinnern, wat bleiven mutt. Schrieverkring-Matinee im Jubiläumsjahr 1997 98; 20 Jahre Snacken un Verstahn 06. – **R:** Du steihst noch alleen, nach d. Bü. De Trallen. – **Ue:** Budil Hagbrink: Die Kinder von Vernette 75, 87. (Red.)

Kühn, Hans-Eckhard (Hans-Eckhard Richard Stanislaus Kühn), freier Schriftst.; Fasanenstr. 50, D-74199 Untergruppenbach (* Schloppe/Pommern 18. 9. 34). 3. Pr. b. künstler.-literar. Wettbew. d. Ldes Bad.-Württ. 96/97; Rom., Lyr., Aphor., Kurzgesch. – **V:** Die Herbstzeitlose blüht nicht mehr, G. u. Gedankenspiele 99. – **MA:** Am Kamin 96; premiere 7, Anth. 99; Gestern ist nie vorbei, Lyr.-Anth. 01; Rast-Stätte, Lyr.-Anth. 01;

Nationalbibliothek d. dt.sprachigen Gedichtes. Ausgew. Werke V 02, VI 03; Zeit der dunklen Frühe, Lyr. 04; Autoren stellen sich vor, Lyr. 05. (Red.)

Kühn, Johannes, Prof.; c/o Irmgard u. Dr. Benno Rech, Don-Bosco-Str. 2, D-66822 Lebach, Tel. (0 68 88) 3 01, Fax (0 68 88) 58 12 35, *benno.irmgard. rech@t-online.de* (* Tholey/Bergweiler 3. 2. 34). Kunstpr. d. Saarldes f. Lit. 88, E.gabe d. Dt. Schillerstift. 91, Horst-Bienek-Pr. 95, Christian-Wagner-Pr. 96, Stefan-Andres-Pr. 98, Hermann-Lenz-Pr. 00, Friedrich-Hölderlin-Pr. d. Stadt Homburg 04; Lyr., Prosa, Drama. – **V:** Vieles will Klang immer wieder, G. 56; Stimmen der Stille, G. 70; Salzgeschmack, G. 84, 3. Aufl. 89; Zugvögel haben mir berichtet, M. 88; Ich Winkelgast, G. 89, 3. Aufl. 90; Meine Wanderkreise, G. 90; Blas aus die Sterne, G. 91; Geigenmensch / Die Saarschleife / Daß uns nichts als der Schlaf einfällt, und nicht einmal der..., drei Einakter, UA 91; Gelehnt an Luft, G. 92; Wenn die Hexe Flöte spielt, M., G. u. Bilder 94; Leuchtspur 95; Lerchenaufstieg 96; Wasser genügt nicht 97; Em Guguck lauschdre, Mda. 99; Vom Lichtwurf wach 00; Mit den Raben am Tisch 00; 12 Lithographien von Markus Gramer zu 12 Gedichten von J.K. 01; cien poemas 01; Nie verließ ich den Hügelring 02; En el Destino del Rey Edipo / An das Schicksal des König Ödipus, dt.-span. 03, alles Lyr.; Ein Ende zur rechten Zeit, Erz. 04; Ganz ungetröstet bin ich nicht, G. 07. – **MV:** Voll Geheimnis – ganz wie die Welt, m. Urszula Koziol u. Jean-Pierre Lefebvre, G. poln./dt. u. frz./dt. 98; Hab ein Auge mit mir, m. Wolfgang Wiesen, Lyr. u. Fotos 98. – **MA:** zahlr. Beitr. in Lit.-Zss. seit 85, u. a. in: Akzente; manuskripte; Sinn u. Form; ndl; die horen; Merkur; Das Gedicht; The Subaru (Jap.); Po&esie (Paris) Nr.94/01; IDRA (Milano) 4. Jg./Nr.6; – in Anth.: Luchterhand-Jb. d. Lyrik, seit 92; Frankfurter Anth. 15 92; Deutsche Lyrik unseres Jahrhunderts 92; Anth. bilingue de la poésie allemande (Paris) 93; Jahrhundertgedächtnis 98; Das verlorene Alphabet 98; Die deutsche Literatur seit 1945. Letzte Welten 1984– 1989 99; Lyrik über Lyrik 99; Unterwegs ins Offene 00; Der neue Conrady 00; Blitzlicht 01. – **P:** Künstler-Begegnungen. J.K. u. Christian Brembeck, CD 05. – *Lit:* Reiner Kunze: Am Sonnenhang 92; Peter Rühmkorf: Tabu I 95; Ludwig Harig: Bilder d. Sommers wechselnd. J.K. als Maler, Rede 96; Christoph Stölzl: Laudatio z. Verleihung d. Friedrich-Hölderlin-Pr. 04; Birgit Lermen in: KLG. (Red.)

Kühn, Matthias *

Kühn, Volker, Schriftst., Regisseur; Grolmanstr. 28, D-10623 Berlin, Tel. (0 30) 88 67 87 00, Fax 88 67 87 02, *vauka-berlin@t-online.de, www.vauka-berlin.de* (* Osnabrück 4. 11. 33). Kurt-Tucholsky-Ges. 88, P.E.N.-Zentr. Dtld 95; Kurt-Magnus-Pr. d. ARD 68, Jacques-Offenbach-Med. f. Satire 89, BVK 06, Dt. Hörbuchpr. 07; Ess., Lyr., Film, Hörsp., Sat., Dokumentation. – **V:** Das Kabarett der frühen Jahre. Ein freches Musenkind macht erste Schritte 84; Leise rieselt der Schmäh. Wende-Parodien z. Lage d. Nation 85; Gedicht aus Bonn. Wegwerf-Lyrik aus d. Bundestag 85; Die bissige Muse. 111 Jahre Kabarett 93; Spötterdämmerung. Vom langen Leben d. großen kleinen Friedrich Hollaender 97; – THEATER: Sternstunden – Da machste wat mit, UA 87; EinsZweiDrei, UA 89; Libertäterä oder die Revolution findet im Saale statt, UA 89; Bombenstimmung, UA 92; Hurra, wir singen noch, UA 95; Das Wunderkind, UA 96; Wortschmatz, kabarett.-musik. Lyr.-Collage, UA 97; Bankers Opera, UA 98; Um Goethes Willen – eine verunglückte Jubelfeier, UA 99; G wie Gustav. Mit F. – Gründgens. Das Leben als Spiel, UA 00; Zores haben wir genug, UA 05. – **MV:** Ich beja-

he die Frage rundherum mit Ja. Einführung in d. Kanzlersprache 85; Schöner wählen. Ratgeber für d. mündigen Staatsbürger 86, beide m. Günter Walter; Marlene, m. Pam Gems, UA 98. – **MA:** Vorsicht, die Mandoline ist geladen 70; Respektlose Lieder 70; Sich fügen heißt lügen 81; Wir Kellerkinder 83; Die Lage war noch nie so ernst 84; Musik und Musikpolitik im faschistischen Deutschland 84; Pardon-Briefe aus der Schwarzwaldklinik 86; Hans Albers. Hoppla, jetzt komm ich 86; Das große Buch des Lachens 87; Dies Knistern hinter den Gardinen 89; Liebe Winternuuna, liebes Hasenfritzli 90; Lit.-Lexikon. Autoren u. Werke dt. Spr. 90; So'n bißchen Gift bringt die Welt doch nicht um 90; Geschlossene Vorstellung 92; Christian Hörburger. Nihilisten, Pazifisten, Nestbeschmutzer 93; Anstiftung zum Lachen in Lit. u. Wiss. 95; die horen, Sonderh. Kabarett 95; 100 Jahre Theater des Westens 96; Bei uns um die Gedächtniskirche rum ... 96; Lachen in het donker – Amüsement in kamp Westerbork 96; Politparade 96; Wenn ich mir was wünschen dürfte 96; FILMEXIL 97; Und Rudi macht Musik dazu. Rudolf Nelson 99; Theatrical Performance during the Holocaust 99; Der Schriftst. Volker Ludwig 99; Im Namen Goethes! 99; Die Zeit fährt Auto. Erich Kästner z. 100. Geb., Ausst.-Kat. 99; Ein Freund, ein guter Freund. Der Komponist Werner Richard Heymann 00; Halb erotisch – halb politisch. Kabarett u. Freundschaft b. Kurt Tucholsky 00; print://theaterszene-koeln.de, Jb. 00; Magazin Deutsch 1. Arbeitsbuch f. d. 11. Schuljahr 00; Helen Vita. Freche Chansons 01; Curt Bois. Ich mache alles mit den Beinen 01; Günter Krenn (Hrsg.): Helmut Qualtinger 03; Echolos. Klangwelten verfolgter Musikerinnen in d. NS-Zeit 04; Das Edelbuch 04; Hitlers Künstler 04; Dreimal auf Anfang. Fernsehunterhaltung in Dtld 06; Politisches Kabarett und Satire 07; Wir machen Musik. Schlager d. 20er, 30er u. 40er 08; „The Times They Are A-Changin'". Der Sound der 60er Jahre 08; Melodien für Millionen 08. – **H:** Das Wolfgang Neuss Buch 81, 2. Aufl. 84; Wolfgang Neuss: Wir Kellerkinder, Satn. 83; Tunix ist besser als arbeitslos. Sprüche d. Überlebenden 85; Neuss Testament. Eine sat. Zeitbombe 85; Zurück, Genossen, es geht vorwärts! Satiren, Songs, Sarkasmen – uns Sozis ins Stammbuch, Anth. 86; Kleinkunststücke. Eine Kabarett-Bibliothek. Bd 1: Donnerwetter, tadellos 87, Bd 2: Hoppla, wir beben 88, Bd 3: Deutschlands Erwachen 89, Bd 4: Wir sind so frei 93, Bd 5: Humanista 94, Neuaufl. 01; Friedrich Hollaender: Menschliches Treibgut, R. 95; ders.: Von Kopf bis Fuß. Mein Leben mit Text u. Musik 96; Und sonst gar nichts ..., Friedrich-Hollaender-Chanson-Buch 96; Claire Waldoff: Weeste noch ...?, Erinn. u. Dok. 97; Der totale Neuss, ges. Werke 97, 8.Auf. 03; Otto Schneidereit: Richard Tauber 00; Matthias Beltz: Gut und Böse – Gesammelte Untertreibungen 04, Neuaufl. 08. – **F:** Sigi, der Straßenfeger 85; Die Hallo Sisters 90. – **R:** Bis zur letzten Frequenz, Hfk-Serie 65–72; Einer sorgt vor oder wie Mann sich bettet, so liegt man, Hsp. 72; Endstation: Happy End, Hsp. 73; Die halbe Eva 75; Euer Clown kann ich nicht sein 80; Hochkant 82; Der Eremit 84; Bombenstimmung, Fs.-Dok. 88; Totentanz, Fs.-Dok. 91; Total banal – Unterhaltung in d. Medien, Fs.-Dok. 92; Die zehnte Muse, 12-tlg. Fs.-Reihe 93–95; Das Wunderkind, Fsp. 97; ... und wo hab ick Murmeln jespielt?, Feat. üb. Paul Graetz 00; Lachen am Abgrund, Feat. üb. Fritz Grünbaum 04; Vom Kabarett ins Kloster, Feat. üb. Isa Vermehren 05; Hitlers Künstler, Feat. 05; Immer gibt es einen, der die Witze macht, Feat. üb. Willy Rosen 06. – **P:** Wie die Alten sungen 69; Pol(h)itparade 72; Musik aus Studio Bonn 75; Das Duell 80; Turos Tutti 80; Lyrics – Texte und Musik Live, m. and. 85; Ich bin Kohl, mein Herz ist rein 85, alles Schallpl.; EinsZweiDrei, Songs aus d. gleichnam. Musical 89; Die Hallo-Sisters, Songs aus d. gleichnam. Spielf. 90, beides Tonkass.; Totentanz – Kabarett im KZ, DVD 00; – zahlr. CDs, u. a.: Das Wunderkind 96; Politparade 96; Bei uns um die Gedächtniskirche rum 96; Mir geht's gut. Songs aus Bankers Opera 99; Um Goethes willen 99; Das gab's nur einmal. Eine kleine Heymann-Revue 00; Die Welt ist eng geworden 00; Don Kohleone – der Soundtrack zum Stummfilm 00; Paul Graetz. Heimweh nach Berlin, Feat. 00; Judy meets Marlene, Feat. 00; Fritz Grünbaum. Das Cabaret ist mein Ruin, Feat. 03; Neuss Total, Portr. 03; Die May, 8 CDs u. 1 DVD 04; Ich bin nicht immer laut, Portr. üb. Isa Vermehren 05; Zores haben wir genug ..., Hb. 05; Mir ist heut so nach Glücklich sein, Feat. üb. Willy Rosen 06; Mit den Wölfen geheult, Hörb.-Feat. 06; Lili Marleen. Ein Lied geht um die Welt 06; Da machste was mit. 100 Jahre Kabarett, 12 CDs 06; Das war sein Milljöh. Heinrich Zille, Hörb.-Feat. 07. – *Lit:* Das Kabarett ist. in Frankfurt, ein Lex. zum Lesen 87; Wer ist wer 89ff.; Metzler Kabarett Lex. 96; P.E.N.-Autoren-Lex. 00ff.; Dt. Schriftst.lex. 01ff.; Stephan Göritz: "Kleinkunst? Was, um alles in der Welt, ist dann Großkunst?!, Hfk-Portr. (DLF) 03.

Kühn, Volkmar s. Kurowski, Franz

Kühn, Wolfgang; Walterstr. 33/2, A-3550 Langenlois, Tel. (0 27 34) 41 62, *dummail@gmx.at, , wolfgang. kuehn@ulnoe.at* (* Baden b. Wien 23. 10. 65). Lyr., Prosa, Ess. – **V:** Des Wetta wiad betta, Mundartpoesie 06. – **H:** mehrere Titel in d. Edition Aramo, Krems. – **P:** Zur Wachauerin: Kalmuk, CD 03; Zur Wachauerin & Die Strottern: Live. Glatt & Verkehrt, CD 06. (Red.)

Kühne, Jürgen, Hochschulprof.; Fennstr. 12, D-12439 Berlin, Tel. (0 30) 6 31 13 03, Fax 45 04 21 67, *juekue@yahoo.de, www.juergen-kuehne.de* (* Rosslau 12. 5. 50). Lyr., Prosa. – **V:** Wege zu Dir, Lyr. u. Prosa 06; Herbstzeit 06; Begegnungen 06; Zweisamkeit 07; L wie Liebe 08; Zeit für die Seele 08; Zeit für Gedanken 08; Zeit für Fragen 09, alles Lyr. – **MA:** Lyrik in Bewegung, CD 08.

Kühne, Michael; *erlesenunderlogen@gmx.de, www. erlesenunderlogen.de.vu* (* Bonn 13. 9. 76). Stip. d. GEMA-Stift. f. Textdichter in d. Unterhaltungsmusik 06; Lyr., Kurzprosa, Dramatik. – **V:** Der Kopist des Zaren, Kurzdr. 04. – **MV:** Erlesen und Erlogen, m. Axel Löber 04. – **MA:** Der rote Sessel 2, Anth 05.

Kühne, Norbert (Ps. Ossip Ottersleben), Dipl.-Psych., StudDir. a. D.; Lavendelweg 1, D-45770 Marl, Tel. (0 23 65) 50 80 76, Fax 50 80 77, *KuehneOsO@aol. com, Kuehne.no@t-online.de* (* Magdeburg 23. 6. 41). VS 72, ASIMASOGRA 86; Kulturpr. d. Stadt St. Pölten 76, Bruno-Schuler-Sonderpr. f. Kinderrheumatologie (f. e. Ms.) 92; Rom., Lyr., Lyr.-Theorie, Konkrete Poesie. – **V:** Der Mord am Bürgermeister, Heimat-R. 77; Reisebilder, G. 79; Leben in der Leberwurst, Geschn. 83; 30 Kilo Fieber – Die Poesie der Kinder 97. – **MV:** Die kesse Familie Korte, m. Sho Hayashi 90. – **MA:** Militante Lit. 73; bundesdeutsch, Lyr. z. Sache Grammatik 74; Kreatives Lit.-Lex. 74; Quatsch. Bilder, Reime u. Geschn. 74; Ich bin vielleicht Du, Lyr. Selbstporträts 75; federkrieg 76; Stimmen zur Schweiz, Anth. 76; Gedichte f. Anfänger 80; Der Sandmann packt aus, Vorlesegeschn. 81; Im Morgengrauen, Erzn. u. G. über d. Altern 83; Oh, das tut gut! Geschn. f. Genießer 85; schon Mittag! Geschn. f. Langschläfer u. Morgenmuffel 85; Auf d. Weg zu mir 95; Ich bremse auch f. Wessis 96; Europe – Wir in Europa u. in d. Welt 98; Ein böses Knie ist besser als ein böses Maul, Lyr. 00. – **H:** Wer früh stirbt, ist länger tot 82; thema

lyrik 83. – **MH:** Die hässliche Seite Deutschlands 93; Typisch deutsch? 95; Neue deutsche Skandale in Karikaturen 96, alles m. Sho Hayashi; Bitterfelder Biografien, m. Peter Hoffmann 97. – **P:** Asimasogra, CD 94. – *Lit:* s. auch 2. Jg. SK.

Kühnelt, Walter, Mag. theol., Bibliothekar; Goldschlagstr. 120, A-1150 Wien. c/o Religionspädagogisches Institut der Erzdiözese Wien, Stephansplatz 3/3, A-1150 Wien, Tel. (01) 5 15 52 35 87, Fax 5 15 52 36 49, *wien@rpi.at* (* Mödling 19. 6. 54). Förd.pr. d. Univ.-bundes Alma mater Rudolphina 98; Anthologie, Erz. – **V:** Das Kinderparlament. Eine utop. Umwelt-Erz. 92. – **MA:** Lebensschutz 7–8/93, 2/95, 2/96, 3/96, 1/97, 2/97; Wiener Blätter z. Friedensforschung 4/94; Agemus 40/95; Endlich leben 1/96; Gesellschaft u. Politik 3/96, 1/97. – **H:** Breite deinen Frieden in mir aus, Gebete 89. (Red.)

Kühr-Reuss, Annemarie (geb. Annemarie Kühr), Hausfrau; Friedrichsburg 99, D-31840 Hessisch Oldendorf, Tel. (0 51 52) 15 27 (* Hameln 20. 1. 44). Kurzgesch., Rom., Sachb. – **V:** Hundesprache. Was will mein Hund mir mitteilen? 84 (auch holl.); Die Geschichte von Mio, R. 96. – **MA:** Tiergeschn. in den Zss.: Collie-Revue 77–85; Hundewelt 85–91; Unsere Katze; – Literarische Bagatellen, Anth. 05/06.

Kühr-Schack, Marlies (Marlies Kühr, geb. Schack), Dipl.-Lehrerin f. Russ./Deutsch/Geogr. i. R.; Wanfrieder Landstr. 2a, D-99974 Mühlhausen, Tel. (0 36 01) 42 78 72, *marlieskuehr@t-online.de, www.marlies-kuehr.homepage.t-online.de* (* Eisenach 18. 12. 36). Freundeskr. „Louis Fürnberg", Mühlhausen 63; Lyr., Erz. Ue: russ. – **V:** Den Himmel im Blick, Lyr. 99, erw. Ausg. 04/05; Lebensweichen/Mosaik einer Kindheit 04/05. – **MV:** Jahresringe, m. Hanna Höppe u. Ruth Pannicke, Lyr. 96. – **MA:** zahlr. G. in: Deutschlands neue Dichter und Denker 92–94; Anth. d. Arnim Otto-Verl. 00–01; Mit dem Herzen gesehen. Mühlhäuser Anth. (auch Mithrsg.) 01; Treffpunkt Schreiben, Anth. Bd II 02; Kalte Stufen 03; Erzn. in: Treffpunkt Schreiben, Anth. Bd II 02; Jubiläumsanth. d. Arnim Otto-Verl. 03; Geschichte und Geschichten eines Ort. Weges. Mühlhäuser Anth. (auch Mithrsg.) 08. – **H:** Nähe und Ferne, m. u. Prosa (auch Mitarb.) 05, 06. – **Ue:** Der Schatten des Vogels, Erz. 99.

Kuehs, Wilhelm (Ernesto Valenti), Mag., U.-Lektor; Hattendorf 38, A-9411 St. Michael b. Wolfsberg, Tel. (0 43 52) 6 22 40, *w.kuehs@aon.at, members. aon.at/wilhelmkuehs* (* Wolfsberg/Kärnten 19. 11. 72). Max-v.-d.-Grün-Pr. (3. Pr.) 97; Rom., Sachb., Theater, Liedtexte. – **V:** Die Thrud, R. 93; Die gläsernen Ringe des Satans, R. 98; Die Saligen, Textbd. 06; Die Saligen, Komm.bd. u. Sachb. – **MV:** Gefallene Engel, m. Walter Melcher, Grafikmappe u. Erz. 94. – **B:** Hanns Renger: Die Fackel des Orpheus, G. 96; Tini Supantschitsch: Aus dem Nachlaß, Mda.-Prosa 96; Richard Schmied: Intan Opßbam, Mda.-G. 96; Stefanie Bäck: Mutter Josefa, Erz. 96. – **MA:** Die Macht der Bilder, Ausst.-Kat. 95; Dann bist Du mit deinem Mörder allein 95; Das schreibende Tal (auch hrsg.) 95; Heimat bis Du 96; Paßwort: Insel 97; Kuhstall und Cyberspace 97; Paßwort: Auferstehung 98; Ztgn: Der Standard; Die Brücke; Monte Caranos, Anth. 06; Beitr. in „Kleine Zeitung", „Unterkärntner Monatsmagazin", „Wienzeile" – **H:** Das malende Tal, Kunstbd 98. – **R:** Casanovas Lust auf Glas, m. Heimo Toefferl u. Berndt Rieger, Hsp. 94. (Red.)

Külow, Edgar, Schauspieler, Kabarettist, Autor; c/o Büro f. Künstlermanagement Holger Schade, Lichtenberger Str. 10, D-10178 Berlin, Tel. (0 30) 42 80 72 93, Fax 42 80 72 95, *info@concertidee.de,*

Külp

www.edgarkuelow.de. c/o Eulenspiegel Verl., Berlin (* Werdohl/Westf. 10. 9. 25). Stern d. Satire 06; Erz., Dramatik. – **V:** Koslowski in Weimar 96; Koslowski im Bundestag 00; Ruhrpott-Willi erobert den Osten 03; Koslowski macht das Licht aus 06, jeweils eine Erz. – **MV:** Der Schelm von Schilda, m. Helmut Schreiber, Erz. 64. – **F:** Lachen und lachen lassen, m. and., Kabarettprogramm 99, als CD 00.

Külp, Lilo (eigtl. Liselotte Külp), Red., Regisseurin, Schauspielerin, Autorin; Mercystr. 25, D-79100 Freiburg/Br., Tel. (07 61) 7 48 60, *mail@kuelp.com, www. kuelp.com, www.kuelp.net* (* Freiburg/Br. 12. 12. 26). GEDOK 87, Intern. Faust-Ges. 88–97, Lit.forum Südwest Freiburg 97; Europa-Pr. f. Lit. (in d. Klasse Gedichte/Aphor.) 02; Lyr., Erz., Dramatik, Hörsp. – **V:** 's Grossele. Der Stein der Weisen, zwei Funkerzn. 93; Der Sommer mag scheiden ..., Stück 94; Das Lachen des Tages – Die Seufzer der Nacht, G., Aphor. 00; Das Lächeln Gottes, poet. Geschn. 02; Nur der Spiegel war schuld, Erzn. 03; So weit die Stiefel trugen..., Erzn., Kurzgeschn., G. 06. – **MV:** Frauen.Wissen: Aberglauben und Hexenwahn. Das vergebliche Wissen d. Cornelia Schlosser, lit. musikal. visuelle Performance 07. – **MA:** Lyr. u. Kurzgeschn. in zahlr. Anth.; Die Schizophrenie des Computers, Sp. in: Theater-Jb. 97. – **R:** über 100 Hörspielbearb. 69–84, u. a.: Das Bett, n.d. Bü.st. v. Jörg Steiner; Die Situation des Mieters Eduard, Dialektfass. n.d Stück v. Wilhelm Genazino; Nach fuffzehn Jahr, dass.; Beton, n.d. Hsp. v. Elisabeth Wäger Häusle; Dort oben im Wald bei diesen Leuten, n.d R. v. Ch. F. Zauner; Brief an meinen Richter, n.d R. v. Georges Simenon 85 (Übernahme von 6 Sendern); – Prod. zahlr. Lit.-Portr. 69–74 im SWF Freiburg, u. a. von: Reinhold Schneider, Yvan Goll, Peter Bichsel, Otto F. Walter, Rainer Brambach, Walter Vogt, Friedrich Glauser, Werner Dürrson; Eugen Gomringer u. die Konkrete Poesie.

Kültür, Gülbahar, M. A., Autorin, Lyrikerin, freie Journalistin; Bremen, *www.gkultur.de* (* Ordu/Türkei 1. 4. 65). LiteraturFrauen e.V. 93, VS 94; Lyr.pr. d. Stadt Istanbul 77, Filmförd. 91; Lyr., Prosa, Übers. Ue: türk. – **V:** Zwischen Schweigen und Reden, G. dt.-türk. 87; Laufend durchs Leben, G. 94; Das Märchen von der Tränensammlerin 99; vermindert schuldfähig, G. 1994–2000 00; Rudolf und Destina, N. 02. – **MA:** Anth.: Bremen d. vielen Kulturen 88; Frauen u. Fremde 90; Wege zu Bündnissen 92; Über das Fremdsein u. von den Träumen 93/94; Frauen zwischen Grenzen 94; Beitr. in div. Zss., Ztgn, u. a.: Merhaba; Stimme; Skript; Die Brücke; Anlasim; Tagestip; Stint; essener lit. flugbll. – **R:** Beitr. in Rdfk u. Fs., u. a.: Willkommen auf der Welt, vertontes G. 88. (Red.)

Kümhof, Horst, Schriftst.; Raesfeldstr. 45, D-48149 Münster, Tel. (02 51) 29 54 01, *horstkuemhof@web.de* (* Bochum 4. 3. 52). Rom., Erz. – **V:** Die schönen Gärten, N. 88; Als ich in den Garten ging 03; Der Weg nach San Christobal, R. 06; An den Fluss, R. 07; Das Haus am Audubun Park, R. 08. – **MA:** Was mich tröstet, Alm. 88; Aus einem Raum, Erz. 04.

Kümmel, Anja; Sielwall 18, D-28203 Bremen, *akuemmel@yahoo.com, www.anjakuemmel.com* (* Karlsruhe 78). Stip. d. Kunststift. Bad.-Württ. 07. – **V:** La Danza Mortale 04; Das weiße Korsett 07; Hope's Obsession 08, alles R. – **MA:** Allmende 05 u. 07.

Kümmelberg, Günther (Ps. Fred Berger, Günther K. Berg), Bankkfm., Getränkehändler; Schlierseestr. 23, D-81541 München, Tel. (0 89) 6 92 82 10 (* Wien 16. 4. 53). Science-Fiction-Rom., Fantasy-Rom., Erotische Lit. – **V:** Endzeit auf Kalisti, prähist. SF-R. 82. – **MA:** zahlr. erot. Kurzgeschn. in d. Zs. „Sexy" seit 86.

Kümpfel-Schliekmann, Ilse (Ps. Ponkie), Film- und Fernsehkritikerin; Ludwig-Werder-Weg 11, D-81479 München, Tel. u. Fax (0 89) 79 57 25 (* München 16. 4. 26). Ess.pr. d. Schwabinger Kunstpr. 84, Ernst-Hoferichter-Pr. 87, Sigi-Sommer-Lit.pr. 89, Adolf-Grimme-Pr. (E.pr.) 91, Med. München leuchtet 91, Wilhelm-Hoegner-Pr. 95; Glosse, Kritik. – **V:** Wo bleibt das Positive: Ponkies Glossen 83; Bayern vorn 88; Cinema & Kino 90. – **MA:** Zeitung-Jb. 83/84; 17 Beitr. üb. Film, 27 üb. Fs. in: Kultur 85 84; Alles Gute für den Tennisfreund 87; Kunst in München 88; Regional-Freizeitführer Oberbayern 92; Merian: Bayern 92; Münchner Sommerbilder, Anth. 98; Film! Das 20. Jh. 00; Mit 100 Sachen durch die deutsche Küche, Anth. 00; S. Krafft (Hrsg.): Der unsterbliche Stenz. Biografie ü. Helmut Fischer 06; sowie Beitr. in: Dt. Allg. Sonntagsbl.; Die Woche; Konturen. – *Lit:* Jurate Baronas: Ponkies Fs.kritiken in d. Münchner Abendztg., Mag.arb. (Red.)

Küng, Paula (Ps. Elsa Ehrensperger, eigtl. Paula Maria Küng-Hefti), Dr. phil. hist., Lehrerin, Sekretärin, Bibliothekarin; Im Stockacker 32, CH-4153 Reinach, Tel. (0 61) 7 11 89 72, *paula.kueng@dplanet.ch.* c/o Institut f. Soziologie, Bibliothek, Petersgraben 27, CH-4051 Basel, Tel. (0 61) 2 67 28 15, Fax 2 67 28 20, *paula. kueng@unibas.ch* (* Budapest 17. 11. 44). Schweizer. Ges. f. Volkskunde, Europ. Märchenges., Schweizer Sekt., Pro Litteris; Märchen f. Erwachsene u. Kinder, Kurzgesch., Erz. Ue: dt, frz, engl, ung. – **V:** Aus eins mach zehn, M. 94. – **MA:** NZZ am Wochenende 89–94; Kakadu 90–96. (Red.)

Künkel, Petra (Inca Petra Künkel) *

Künnemann, Horst, Hon. prof., Lehrer, Doz., Begründer d. Bull. Jugend und Lit., Kritiker; Am Knill 36, D-22147 Hamburg, Tel. u. Fax (0 40) 6 43 80 68, *hok. kuennemann@web.de* (* Berlin 30. 6. 29). VS 70; 2. Pr. im intern. Kritiker-Wettbew. d. Zs. Zlaty Maj, Prag 68; Erz., Sachb. f. Jugendliche, Lit.kritik, Übers. – Visa – Schicksal e. Schiffes 66; Wigwams, Büffel, Indianer 68; Drachen, Schlangen, Ungeheuer, Erz. 70; Profile zeitgenössischer Bilderbuchmacher, Ess. 72, Nr. 2 80; Kinder und Kulturkonsum, Ess. 72; Cowboys, Colts und Wilder Westen 72; Safari zu den Massais 72; Das Seeräuberbuch 72; Die gute Tat der dicken Kinder, Bilderb. 72; Märchen – wozu?, Ess. 76, 78; Ratlos vor Bilderbüchern?, Ess. 77; Abenteuer – Abenteuer, Ess. 80; Tonkonserven, Ess. 80; Sieben kommen durch die halbe Welt, M. 81, 87; Berge – Bücher – weite Wege, Rep. 82; Einmal Bali und zurück, Rep. 92; Kunst für Kinder. 25 J. bohem press, Ess. 98; Die schönsten Märchen aus 1001 Nacht 04. – **MA:** Zwischen Ruhm und Untergang 65; Aspekte der gemalten Welt, 12 Kapitel üb. d. Bilderbuch unserer Zeit 67; Kinderland, Zauberland, G., Erz. 67, 70; Arena der Abenteuer 69; Sex und Horror, Crime und Comics 71; Die Mächtigen des 20. Jahrhunderts, Aufs. 72; Lex. d. Kinder- u. Jgd.lit., 4 Bde 75–80; Jürgen Spohn: Drunter und drüber, Kat. 94; Helme Heine: Der schöne Stein. Kat. 96; Janosch, Kat. 98. – **H:** Signal II–VII, Jb. 62–72; Bulletin Jgd. + Lit. seit 68; Heinz Albers: Zu dieser Stunde – auf diesem Ort 68; Hans Christian Kirsch: Abenteuer einer Jugend 69; Rudolf Braunburg: Elefanten am Kilimandscharo 69; Omnibus, Ess. I 78; II 79. – **MH:** Auswahl II–IX, Lesewerk 69–71. – **R:** Die Leseratte stellt vor; Das Kinderstudio; Die stille Stunde, alles Repn. – **MUe:** Sterling North: Abe Lincoln – Von der Blockhütte ins Weiße Haus 67; Willy Ley: Pläne für die Welt von Morgen 68; Jerome S. Fass: Wir helfen unserem Kind 69; Wardell B. Pomery: Boys & Sex 69; Gordon Boshell: Käptn Cobwebb I 70; II 72; Paul Zindel: Das haben wir nicht gewollt 73; ders.: Eigentlich habe ich sie nie gemocht 75; ders.:

Lass dir nicht auf den Nerven herumtrampeln 77; Ron Holloway: Z wie Zagreb Paul Zindel: Bekenntnisse eines jugendlichen Ungeheuers 80, alle m. Ingeborg Künnemann. (Red.)

Künzel, Gerd, Dipl.-Ing., stellv. Presseamtsleiter Dresden, freischaff.; Bockemühlstr. 14, D-01279 Dresden, Tel. (03 51) 2 81 58 85, *g.kue@web.de* (* Zwickau 5. 3. 45). VS Sachsen; Erz., Hörsp., Fabel, Aphor. – **V**: Verfolgungen, Erzn. 90; Schlange in der Nähe des Rathauses, Erz. 90; Die Last der Tugend, Fbn. 95; Vor und nach, Erzn. 02. – **MA**: zahlr. Beitr. in Anth., Lit.zss. u. Ztgn seit 75. – **R**: 6 Kinder-Hsp. 84–90.

Künzel, Horst, Dr. phil., StudDir. i. R.; Gewendeweg 68, D-90765 Fürth, Tel. (09 11) 7 90 84 78, *kuenzel @aol.com* (* Asch/Böhmen 26. 11. 34). Heinrich-Heine-Ges.; Erz. – **V**: Not-Bremsen-Attrappen in pünktlichen Zügen. Oder: Das Aussteigen während der Fahrt geschieht auf eigene Gefahr, Geschn., Erzn., Texte 03, u. a. – **MA**: Heine Jahrbuch, Jg.12 73; die horen 120/80.

Künzell, Ekkehard s. Ekky, Oskar

Künzler, David, Dr. med., Rentner; Jakob-Zürrer-Str. 35, CH-8915 Hausen, Tel. u. Fax 04 47 64 04 72, *dkkuenzler@bluewin.ch* (* Zürich 3. 1. 33). ZSV, Vereinig. Schweiz. Schrift.-Ärzte; Lyr. – **V**: Gottes Schöpfung 93; Gedichte zum Durchblick 96; Gerade neben mir ein Mensch 98; Unendliche Weite 00, alles Lyr. – **MA**: G. in Anth. d. Diwan-Verl. Zürich seit 02. (Red.)

Künzler-Behncke, Rosemarie, Dr. phil.; Stiftsbogen 27, D-81375 München, Tel. (0 89) 7 14 95 39 (* Dessau 27. 2. 26). Friedrich-Bödecker-Kr.; Kinderb., Lyr., Hörsp. – **V**: Nüsse vom Purzelbaum 70; Neue Tiergeschichten 70; Der Lokführer Wendelin 71; Hannes u. die Zaubermütze 73; Nie wieder umziehen 75; Kai u. der Kwinkwonk 76; Besuch im anderen Jahrhundert 78; Nur eine Woche 80; Ganz andere Ferien 81, 92; Alle Tage ist was los 81; Simon Siebenschläfer 82; Eine Freundin wie Pauline 85, 94; Markus möchte alles wissen 86; Philipp, spinnst du? 87; Jakob u. der Strichmann 87; Murmeline u. Murmel 90; Florentine flunkert 91; Die kleine grüne Tomate 91; Jella Schnipp-Schnapp 92; Jonas Anderswo 92; Jule findet Freunde 93; Laß doch den Mumpitz 93; Laura legt los 93; Was Wilma wissen will 93; Ich bin schon groß 94, 95 (auch frz.); Wenn ich dich nicht hätte 94; Wer will schon ein Zwilling sein 95; Der kleine Dachs macht eine Reise 95; Molle Plumpsack 96; Spiel mit Käpt'n Blaubär 96; Wickis Wackelzahn 96; Braver Bertram – Wilde Winni 96; Beim Kinderarzt 97; Die kleine Maus auf dem Bauernhof 97; Meine ersten Gute-Nacht-Geschichten 97 (auch frz., ital., belg.); Oma Guste ist die Beste 97; Wer kommt mit in den Kindergarten? 97, 99 (auch belg.); Eine Brille für Ille 98; Wenn ich erst mal groß bin 98; Drei ganz dicke Freunde 98; Jonas geht in die Schule 98; Heute habe ich Geburtstag 98 (auch frz., ital.); Zu Besuch bei Oma u. Opa 98; Mein erstes Dreirad 98; Der kleine Biber feiert Weihnachten 99; Simon will auch in die Schule 99 (auch belg. u. dän.); Der kleine Hase kommt bald in die Schule 99; Gute Nacht – schlaf gut 99 (auch frz., ital., span., kat.); Ab ins Bett u. Gute Nacht 99; Meine ersten Tiergeschichten 99 (auch frz., ital., belg.); Meine liebsten Weihnachtsgeschichten 99; Meine liebsten Geschichten vom Bauernhof 00; Der kleine Hase beim Arzt 00; Der kleine Hase im Kindergarten 00; 1–2-3 und noch ein Ei 00; Achtung, da kommt Benni 00 (auch belg.); Tim u. Tilli 00; Gute Nacht mein Mäuschen 00; Osterhase u. Ostermaus 01; Ich mag dich doch 01; Komm kuscheln, kleiner Bär 01; Fanny u. der Lügen-Löwe 01; Loni u. ihr Töpfchen 01 (auch dän., nor.); 4 Bilderbücher Paulchen 01; Bei den kleinen Tieren 02; Willi Wutz u. Gitti Gax 02; Mach dir nichts draus, klei-

ne Maus 02; Mein erstes Uhrenbuch 02; Viel Spaß mit Timmi 02; Es war mal eine Maus 02; Montag, Dienstag ... Hexentag 02; Kikeri! kräht der Hahn 02; Der kleine Biber findet neue Freunde 02; Die kleine Weihnachtsmaus 02; Ich hab dich sehr, sehr lieb, Geschn. u. G. 03; Was macht Mimo? 03; Meine ersten Kasperlegeschichten 03; Meine ersten Sandmännchengeschichten 03; Meine ersten Weihnachtsgeschichten 03; Kleine Katze, wie geht es dir? 03; Die kleinen Enten entdecken den Mond 03; Wo bist du lieber Gott? 03 (auch engl.); Mein erster Märchenschatz 03; Weihnachtstraum auf 8 Pfoten 03; Meine ersten Fahrzeuge 03; Alle sind unterwegs 04; Meine Arche Noah 04; Meine ersten Kindergartengeschichten 04; Viele viele Tiere 04; Auf dem Weihnachtsmarkt 04; Frohe Weihnachten 04; Weihnachten im Winterwald 04; Loni u. ihre Kuscheldecke 04 (auch gr., hebr.); Osterbuch 05; Ein echter Osterhase 05; Eins-zwei-drei – kleine Hexe, flieg herbei 05; Ich schenk dir einen Stern 05; Die Warum-warum-warum-Geschichte 05; Land in Sicht, kleiner Pirat 05; Meine ersten Geschwistergeschichten 05; Willst du mein Freund sein? 05; Glück gehabt, kleine Maus 05; Montag, Dienstag – Wichteltag 05; Lissi und Bobo halten zusammen 06; Meine ersten Feuerwehrgeschichten 06; 1 u. 2 u. dann kommt 3 06; Ein Hund für eine Woche 06; Der Heilige Martin 06; Prinzessin will ich sein 06; Welche Farbe siehst du hier? 06; Zählen ist nicht schwer mit dem Kuschelbär 06; Blinke, kleiner Weihnachtsstern 06; Osterbuch 07; Loni u. ihr Schnuller 07; Der kleine Zappel-Felix 08; Spiel mit, kleines Schäfchen 08; Komm, wir gehn ins Märchenland 08; Wenn der Mond am Himmel wacht 08; Was passiert auf dem Bauernhof? 08; Oink, oink, wo ist meine Mama? 08; Miau, miau, ich bin wie-de 08; Wau, wau, wer spielt mit mir? 08; Quak, quak, ich hab Hunger 08; Mein erstes Buch v. Alten Testament 08; Franz von Assisi 08; Viele, viele Weihnachtssterne 08; Heute kommt der Weihnachtsmann 08; Mein erstes Buch v. Neuen Testament 09; Die Weihnachtsgeschichte 09; Der kleine Trödelengel 09; Flieg, kleiner Schmetterling 09, u. a. – **MV**: Narrentanz u. Hexenreigen 91; Drachenflug u. Lichterspiel 91; Die Zwerge im Schwechhäuserberge 94, alle m. Klaus W. Hoffmann. – **MA**: Guten Morgen – Gut Nacht 71; Ein Jahr so lange Tag 71; Bin der Kasperl da u. dort 71; Bunte Geschichten 71; Die Sterne im Birnbaum 72; Schlupf unter die Deck 72; Schnick-Schnack-Schabernack 73; Halb so schlimm 74; Menschengeschichten 75; Neues vom Rumpelstilzchen 76; Der fliegende Robert 77; Das achte Weltwunder 79; Schüler 80; Weihnachten für alle 80; Breaking the Magic Spell 80; Wie man Berge versetzt 81; Augenaufmachen 84; Überall u. neben dir 86; Kerzenschein u. Tannenduft 88; Ich wünsche dir viel Glück u. Segen 91; Selbst Riesen sind am Anfang klein 93; Schlaf nun schön u. träume süß 94; Kinderfeste 95; Schule muß nicht ätzend sein 95; Auch Bärenkinder werden groß 96; Engel 96; Ostern 96; Oder die Entdeckung der Welt 97; Ei-nanu 97; Das Geschichtenjahr 97; Hasen, Hühner, Osterspaß 99; Wenn es Frühling wird 01; Ravensburger Jb. 02 – 06; Das große bunte Vorlesebuch für Frühling u. Ostern 03; Wenn der Sommer lacht 03; Das große Weihnachts-Vorleseb. 03; Meine schönsten 5-Minuten-Geschn. zu Frühling u. Ostern 04; Das große Vorleseb. zu Advent u. Weihnachten 04; Frühling u. Ostern 05, u. a.; zahlr. Schulbücher. – **R**: Markus u. der Mann mit dem Leierkasten; Markus in der Arche; Markus auf Weltreise; Markus raucht die Friedenspfeife, alles Hsp. 69, u. a. Radiosdgn; Betthupferl-Gesch.; Geschichten von Kai 80; Geschichten von Rufus u. Winni 97.

Küpper

Küpper, Michaela, Autorin, Verlagsred., Dipl.-Soziologin; Berghausener Str. 172, D-53639 Königswinter, *michadiet@t-online.de* (* Alpen/Kr. Moers 3. 11. 65). Sisters in Crime (jetzt: Mörderische Schwestern) 97, Das Syndikat 00; Rom., Kurzgesch. – **V:** Wintermorgenrot, R. 97. – **MA:** Mord zwischen Messer und Gabel 99; Alter schützt vor Morden nicht 00; Mordsfluß 00. (Red.)

Küppers, Topsy, Prof.; Postfach 194, A-1041 Wien, Tel. u. Fax (01) 5 05 13 88, *topsy@freiebuehne.nextra. at, www.kueppers.at* (* Aachen 17. 8. 31). GAV 80; E.kreuz f. Wiss. u. Kunst Öst., Gold. Verd.kr. Dtld, Silb. E.zeichen d. Stadt Wien, EM d. Abraham Goldfaden Company N.Y. – **V:** Eine glückliche Frau 85; Anny macht Money 90; Jedes Wort Gedankensport 95; In Vera veritas 97; Lauter liebe Leute 01; Alle Träume führen nach Wien 02; Wolf Messing „Der jüdische Magier" 02; Wolf Messing. Magier u. Hellseher 03. – **MV:** Jedes Wort Gedankensport, m. Erwin Brecher 99, 00. – **MA:** Symphonie Erotic; Illustrierte Neue Welt, jüd. Monats.-zss. 90–98. (Red.)

Kürten, Brigitte, Fachlehrerin Geographie u. Englisch, Doz. (VHS); Am Honnefer Kreuz 21, D-53604 Bad Honnef, Tel. (0 22 24) 1 52 97 (* Bonn 10. 4. 41). IGdA 87, Ges. d. Lyr.freunde, VKSÖ bis 07; 1. Pl. b. Symposium zur Haiku-Dicht. 94; Erzählende Sachkunde, Lyr., Ballade, Haiku, Märchen. – **V:** Kennst du das Land wo Sieben Berge steh'n? 82, 11. Aufl. 94; Das Märchen von Blume, Fisch und Vogel 88; Wellengang 88; Verbannung, Text 93; Auferstehung zum Himmel, G. 94. – **MV:** Blütenlese, m. Werner Vomfelde u. Hildegard Faltings, G. 05. – **MA:** Anth.: Auf der Suche nach dem Heute 88; Inseln im Zeitenfluß 88; Lichtzeichen im Schatten des Betons 89; Die Rückkehr der Schmetterlinge 89; Spuren der Zeit, Bd 6 89, 7 92; Autorentage '89 in Baden-Baden 90; Autorentage '90 in Aschaffenburg 90; Autorentage in Konstanz 90; Das Große Buch der Haiku-Dichtung 90; Die Rückkehr des Fünften Reiters, in: Jb. Deutsche Dichtung 1990; Leuchten die Sterne mit tieferem Glanz 90; Glocken hör ich klingen 91; Heimlich webt Erinnerung, Kasen 91; Jb. Deutsche Dichtung 1991; Blaue Blumen der Sehnsucht 92; German Love Poetry 92; Eine Zeile für den Frieden 92; Das Große Buch der Senku-Dichtung 92; IGdA-Alm. '92 u. '96; Im schimmernden Mondlicht, Hyakuin 92; 2. Autorentage in Konstanz 92; Autorentage '93 in Weinstadt 93; Das Dritte Buch der Senku-Dichtung 93; ... Nie mehr, als Du gingst, ein Schnitt ja so tief... 93; Uns ist ein Kind geboren 93; Weihnacht heißt mit Hoffnung leben 93; Ślady stóp wiatru, Haiku 96; ... Aber die Liebe ist das Höchste 96; Herbstliche Weisheit, Herbst-Kasen; Reichlich gedeckt ist der Tisch, Sommer-Kasen; – Zss.: Angebote 90, 95; Der Karlsruher Bote Nr.91, 90; Skylark 71/90; Bonner-Bezirksbrief 6–7/93; Hamburger Hefte seit 1997; Das Boot, Bll. f. Lyr. d. Gegenwart ab Nr. 92. – **MH:** Frühling. – *Lit:* Autorenporträts 92; Autorenkat. „53" 93.

Kürthy, Ildikó von, Journalistin u. Autorin; lebt in Hamburg, c/o Rowohlt Verl., Reinbek (* Aachen 20. 1. 68). Rom. – **V:** Mondscheintarif 99; Herzsprung 01; Freizeichen 03; Blaue Wunder 04; Höhenrausch 06; Schwerelos 08; – Karl Zwerglein, Kdb. 03. (Red.)

Kürzl, Bernhard, Bauzeichner; Karlstr. 11, D-63589 Linsengericht, Tel. (0 60 51) 88 33 74, Fax 88 33 75, *Bernhard@Kuerzl.de, www.Kuerzl.de* (* Frankfurt/Main 24. 7. 63). – **V:** Mac Mountain, R. 97; Prinzessin Sina, R. 07.

Küsters, Arnold, Journalist; Dohrer Str. 312, D-41238 Mönchengladbach, Tel. (0 21 66) 91 33 93, Fax 91 33 94, *akuemg@aol.com.* Das Syndikat 06; Rom. –

V: Der Lambertimord 05, 3. Aufl. 08; Maskenball 06; MK Bökelberg 08.

Küsters, Claus, ObStudR., Dipl.Sportlehrer; Im Burckhardtsfeld 6/2, D-75335 Dobel, Tel. (0 70 83) 58 35, *claus.kuesters@web.de* (* Duisburg 27. 5. 42). Lit. Ges. Karlsruhe; Rom., Lyr., Erz., Dramatik. Ue: engl. – **V:** Leichte Verse 88; Gereimtes und Ungereimtes 89; Der Konzern 91; Wutgedichte aus Mölln 93; Harrys Flucht, R. 96; Meine Reisen mit Elfriede, Kurzgeschn. 97; Dann singt ...!, Lyr. 00; Sprüche 02; Der Referendar, R. 05; – THEATERSTÜCKE: Unfälle, UA 99; Kidnappings, UA 01; Glatze, UA 03; Fast behindert 05; Jackpot 05. – **MA:** Anth. d. Frieling Verlages 98; Im Namen Goethes!, Anth. 99.

Küsters, Heide (Ps. Luise Liu), M. A., Germanistin, Romanistin; lebt in Berlin, *heidekueste@web.de, www. heidekuesters.de* (* Düsseldorf 25. 10. 73). FDA 96–03; Arb.stip. d. Ldes NRW 01; Lyr., Erz., Rom. – **V:** Hätte ich Hände 03. (Red.)

Küther, Kurt, techn. Angest. (Bergbau) i. R.; Welheimer Str. 69, D-46238 Bottrop, Tel. u. Fax (0 20 41) 4 59 63, *Kuether@freenet.de, www.people.freenet.de/Kuether* (* Stettin 3. 2. 29). VS 74, Dortmunder Gr. 63–69, LWG 69, Werkkr. Lit. d. Arb.welt 69–73, Gruppe Gelsenkirchener Autoren 83–88; Stip. d. Kultusmin. NRW 84, 94, Pr. Forum Kohlenpott Bochum 86, Kulturpr. d. Stadt Bottrop 89, Plakette d. Stadt Bottrop 91, 3. Pr. b. Kantatenwettbew. BUGA 91; Lyr., Kurzgesch., Glosse, Sat. – **V:** Ein Direktor geht vorbei, G. 74; Und doppelt zählt jeder Tag, G. u. Prosa 83, Neuaufl. 95; Frachsse mich wattat is, Ruhrpottogramme 94, 95; „Ich hörte davon: Hier verdient man gut!", Erzn., Episoden, G. 01, 02. – **MA:** zahlr. Beitr. in Anth., Leseb., Lehrb., Schulb., Zss. seit 66; u. a.: Poesiekiste, Textsamml. 81; Lieder a. d. Ruhrgebiet, Liederb. 81; Der Frieden ist eine zarte Blume 81; Frieden ist mehr als ein Wort 81; Frieden bedeutet mehr als die Abwesenheit von Krieg, Buch z. Ausstell. 81; Das kleine dicke Liederbuch 81; Der treffende Vers, Lex. 81; Carmen 82; Straßengedichte 82; Das Ziel sieht anders aus 82; Wer früh stirbt ist länger tot, Lit.zs. 82; Im Angebot 82; 100 J. Bergarbeiterdichtung 82; Wes' Brot ich eß' des Lied sing ich noch lange nicht, Liederb. 82; Texte Deutsch H. 7 83; Bombenstimmung 83; Sprache u. Beruf, Zs. 83; Lebensber. dt. Bergarb., Geschichtsb. 84; Toffte Kumpel 84; Caput I–III, VI, Lit.zs. 84, 90; Lesen u. Lernen, Schulleseb. 4 84; 5 86; Denn wir müssen so manches noch ändern, Werkstatt-Bll. f. Lit. u. Grafik 84; Stimmen a. d. Revier, Lit.zs. 84; Sieben Häute hat die Zwiebel 84; Und das ist uns. Geschichte, Leseb. Gels. 84; Seid einig – seid einig, dann sind wir auch frei, G. 84; Gelsenkirchen literarisch, Autoren-Lex. 84; Wo Lampen Sterne sind, Lit.zs. 85; Als die Pille in die Emscher flog 85; Mach mich nich dat Hemd am Flattern 83; Schulter an Schulter 85; Maloche ist nicht alles 85; Zehn Jahre Zeitkritik 85; Es ist alles in Ordnung, Lit.zs. 85; Buchstäblich, Lit.zs. 85; Herausforderungen 9, Relig.-B. 85; Lesezeichen C 8, Schulb. 85; Pro-Lyrik, Lit.zs. 86; Wir brauchen Kohle, Begleitb. 86; Auer-Leseb. 6 86; Umgang m. Sprache, Sprachb. 86; Dortmund, Leseb. 86; Die Zukunft hat zwei Gesichter 86; Anstöße, Festschr. 87; Ein Tschernobyl war schon zuviel, Aufkleber-Kass. 87; Denkmaschine 88; Der Ofen ist noch lange nicht aus 88; Schichtwechsel – Lichtwechsel 88; Zwar 1/88, 2/89, Lit.zs.; Lose Kunst, Lit.zs. 89; Musenalp, Lit.mag. 89; Muschelhaufen, Lit.zs. 89; Vereinigung, Zs. 90; Gegenwind, Lit.zs. 90; Schülerduden – Grammatik 5 90; Augenblicke der Erinnerung 91; Grimassen (von Städten und Menschen) 91; Grenzgedanken 91; Das Boot, Lit.zs. 91; Das große deutsche

Gedichtbuch 91; An Rhein, Ruhr und Lippe, Hist. 92; Wie wir am Besten in Öl baden ... 92; Aufbruch 92; Land ich fasse deine Nähe nicht 93; Umbruch – Chaos und Hoffnung, Kat. 93; Annäherungen, Anth. 93; Rundbrief 205–208, 211–213, 215, 216, 218, Lit.zs. 93–95; Die Wegguck-Gesellschaft 93; Lyrik 2000, Wandb. 94; Textnah 5 94, 7 97, Sprachb.; Nationalismus und Ethnozentrismus, Jb. 94; 25 J. Werkkreis, Dok. 95; Sage und Schreibe, Textb. 95; ... und dann kommst du nach Hause, Jubil.bd THS 95; Germanica, Lit.zs. 95; Dichter und Schriftsteller Dtlds 96; Sprache ist Sehnsucht 97; Spracherfahrungen 97; Ethik 10 – Handeln u. Verantworten 97; Das lesende Klassenzimmer 6 B 98; Ich tanze nicht mit meinem Spiegelbild 98; Phantasie und die Macht 98; Hinter den Glitzerfassaden 98; Schülerduden Grammatik 99, 00; Die gestohlene Jugend 00; Der neue Conrady, Anth. 00, 01; Uns reichts!, Anth. 01; Herbst, Anth. 01; Wilhelm-Busch-Preis, Anth. 03; sowie weitere Beitr. in Dok., Schul- u. Sprachb. – **R:** Wo das Revier noch Revier ist – Bottrop, Portr. im WDR3 90; Der Reviersteiger, Rdfk-Sdg 96. – **P:** Mein Vater war Bergmann 79; Land und Leute gestern und heute (Rationalisierung) 80; Der Mond von Wanne Eickel ist passé, Tonkass. 82; Die Zukunft hat zwei Gesichter 86; Kumpels Erben, Schallpl. 88; Düwelskermes, Schallpl. 89; Zeche? Frachsse mich wattat is, CD 03. – *Lit:* Friedrich G. Kürbisch: Was ist Arbeiterdicht.?; lobbi, junge dt.spr. Lit. 73 v. H.E. Käufer; W. Köpping: Sie schreiben heute – Neue Ind.dicht. XVI; W. Hermann: Wir tragen e. Licht durch d. Nacht; J. Büscher: E. echter Arbeiterpoet; H. Jansen: Es brennt in meiner Brust e. ganzes Flöz; W. Neumann: Lektionen aus d. Arb.-welt; H. J. Loskill: Anwalt d. Hauer u. Schlepper 77; E. Schütz: K.K., Arbeiterschriftsteller 89; M. Burkert: Mosaik, Portr. im WDR 3 94; D. Hallenberger: Wenne bei uns anne Ruhr 'n flotten Spruch drauf hass ... 94; Vor schwerer Arbeit hatte ich keine Angst, Portr. im WDR 5 95; Westfäl. Autorenlex. 00.

Küveler, Gerd, Dr., Prof., Hochschullehrer, Publizist; Kastanienstr. 16, D-61479 Glashütten, Tel. (0 61 74) 93 40 20, Fax (0 61 42) 89 84 21, *kueveler@gmail.com*, *www.mnd-umwelttechnik.fh-wiesbaden.de/prof/kuveler*. c/o FH Wiesbaden, Am Brückweg 26, D-65428 Rüsselsheim (* Gummersbach 3. 1. 50). Kinderb. – **V:** Gerd Küveler erzählt von Sonnensystem 92. – **MA:** Sterne und Weltraum, H. 6/06. – *Lit:* s. auch 2. Jg. SK.

Kuffer, Dietmar, Realschullehrer; Bayerwaldstr. 3, D-93176 Beratzhausen (* Parsberg/Opf. 24. 10. 67). Ernenn. z. Lit.- u. Archivpfleger durch d. Marktgem. Beratzhausen 94 u. z. Ortheimatspfleger d. Marktes Beratzhausen 05; Lyr., Erz. – **V:** Sagen, Märchen und Legenden aus dem Gebiet des Marktes Beratzhausen 92; Beratzhausen in historischen und geographischen Fragmenten 05. – **MV:** Markt Beratzhausen. Ein Führer durch Landschaft, Gesch. u. Kultur, m. Franz-Xaver Staudigl 93. – **H:** (u. MV:) Lesebuch des Laberjuras. Land zwischen Neumarkt/Ofr. u. Regensburg, Altmühl u. Naab 94.

Kugelmeier, Clemens, StudDir. i. R.; c/o Karin Fischer Verl., Aachen (* Waldbröl-Bladersbach 12. 9. 20). Rom., Lyr., Erz. – **V:** Zwischen Hell und Dunkel, R., I: Crescendo, II: Finale, beide 99, 01; Zeitaufnahmen, Lyr., I: Kleines Welttheater, II: Großes Welttheater, beide 08; Von Gong zu Gong, Prosa 08.

Kugler, Hans Jürgen (Ps. Hajku), Korrektor b. d. Badische Zeitung; Kapellenring 13, D-79238 Ehrenkirchen, Tel. (0 76 33) 9 23 83 17, *hajku@nikocity.de*, *www.godcula.de* (* Villingen 18. 2. 57). Sachpr. d. Wettbew. d. Nat.bibliothek d. dt.spr. Gedichtes 01; Lyr.,

Rom. – **V:** WortBruch, G. 99; Godcula oder Die Harmonie der Insekten, R. 01. (Red.)

Kugler, Lena (Gisela Helene Kugler), Lit. wiss.; lebt in Berlin, c/o S. Fischer Verl., Frankfurt/M. (* Singen 26. 7. 74). Stip. d. Kunststift. Bad.-Württ. 04; Prosa, Lyr. – **V:** Wie viele Züge, R. 01 (auch als Hörb.); Bo im Wilden Land, Kdb. 06 (auch als Hörb.); Chanukkatz, Bilderb. 08. (Red.)

Kuhfuß, Claudius s. Cueni, Claude

Kuhla, Wilhelm; Van-Gogh-Platz 10, D-53844 Troisdorf, Tel. (0 22 41) 4 39 97 (* Troisdorf 26). Ged., Reiseber., Erz. – **V:** Hingeschaut ... und aufgeschrieben, G. 99; In die Runde geschaut, G. 00; Aus dem Eis geholt, G. 02; Es lächelt der See, Reiseber. 03; Im Rückspiegel, Erinn. 03; Inge und ich in Fernost, Reiseber. 03; Japan und ich, Reiseber. 03; Keine rosigen Zeiten 03; ... und trieben mich ins Ungewisse 03; ... und weiß nicht, wo ich abends ruh' 03; Vergangene Vergangenheit 03, u. a.

Kuhlbrodt, Detlef, freier Autor; c/o taz, die Tageszeitung, Kochstr. 18, D-10969 Berlin (* Bad Segeberg 61). Ben-Witter-Pr. 08. – **V:** Morgens leicht, später laut, Texte 07. – **MA:** seit den 80er Jahren Beitr. für zahlr. Ztgn u. Zss., besonders für die „taz" (Red.)

Kuhlbrodt, Dietrich, Dr. iur., Oberstaatsanwalt in Hamburg a. D., LBeauftr. an versch. HS u. Univ., Medienwiss., Film- u. Theaterschauspieler; Osterweg 11, D-22587 Hamburg, Tel. u. Fax (0 40) 86 49 06, *Dietrich@DKuhlbrodt.de*, *www.dkuhlbrodt.de* (* Hamburg 15. 10. 32). Verb. d. dt. Filmkritik 72–08; Kommandeur d. Friedenssterns d. ehem. alliierten Widerstandskämpfer in Europa 80. – **V:** Das Kuhlbrodtbuch, Erinn. 02; Deutsches Filmwunder – Nazis immer besser 06. – **MA:** P.W. Jansen/W. Schütte (Hrsg.): Bernardo Bertolucci 82; dies.: Rosa von Praunheim 84; ABBA – Avantgarde d. Normalen 84; Die Tödliche Doris 84; CineGraph, Lex. z. dt.spr. Film (edition text + kritik) 84ff.; H. Eppendorfer (Hrsg.): Kleine Monster. Innenansichten d. Pubertät 85; Video in Kunst u. Alltag 86; K. Kreimeier (Hrsg.): Friedrich Wilhelm Murnau 88; Die Macht der Filmkritik 90; Karl May: ein Popstar aus Sachsen 92; Das Ufa-Buch 92; Jb. Fernsehen d. Adolf Grimme-Inst. 95–96; Das Wörterbuch d. Gutmenschen, Bd II 95; 100 Jahre Kino 95; Das große Rhabarbern 96; L'art du mouvement. Collection cinématographique du Musée national d'art moderne 1919–1996 (Paris, Centre Georges Pompidou) 96; Mein heimliches Auge 97; Schlingensiefs Ausländer raus 01; apropos-Film 2005. Das 6. Jb. d. DE-FA-Stiftung; Rosen auf den Weg gestreut. Deutschland u. seine Neonazis 07; Das Hamburger Kneipenbuch 08, u. v. a.; – seit 57 über 1000 Beitr. (Film-, Funk-, Fernseh-, Theaterkritik) u. a. für: Filmkritik, Hamburger Echo, magnum, Die Zeit, Die Welt, Atlas Filmhefte, den NDR, Frankfurter Rundschau, Kirche u. Film/später: epd Film, Szene Hamburg, konkret, SZ, den WDR (Achternbusch), Medienwissenschaft, taz, Meteor, Jungle World, Der Schnitt, Ästhetik & Kommunikation. – **MH:** www.Filmzentrale.de. – **F:** Drehb. f. „Das Liebeskonzil", Film v. Werner Schroeter 82. – **R:** seit Ende 68 Arbeiten u. a. f. ARD, ZDF, WDR; Produktion u. Regie von: Film ohne Kino. Der jüngste deutsche Film (ZDF) 88; zahlr. Fs.-Auftritte. – *Lit:* Bert Rebhandl in: FAZ v. 4.1.07; Jürgen Kiontke in: Neues Deutschland v. 15.10.07.

Kuhlbrodt, Jan; Rochlitzstr. 35, D-04229 Leipzig, Tel. (03 41) 9 80 86 61, *Jan.Kuhlbrodt@addcom.de* (* Karl-Marx-Stadt 29. 2. 66). – **V:** Lexikon der Statussymbole 01; Verzeichnis, G. 06; Wagnis Warteschleife, G. 07; Schneckenparadies, R. 08. – **MV:** Platon und die

Kuhligk

Spülmaschine, m. Ernst Kahl 02. – **MA:** Jb. d. Lyrik 2005, 2006, u. a. – **R:** Im Spiegel bin ich jung, Hörstück (DLR) 02.

Kuhligk, Björn; c/o Literaturwerkstatt Berlin, Schreibwerkstatt open poems, Knaackstr. 97, D-10435 Berlin (*Berlin 19.2.75). RSGI; 2.Pr. d. Allegra-Lit.wettbew. 97, OPEN MIKE-Preisträger 97, Rheda-Wiedenbrücker Förd.pr. 98, Poetensitz-Pr. 99, Arb.-stip. f. Berliner Schriftst. 08; Lyr. – **V:** Dann ziehe ich los, Engel suchen 95; Engelschrot 95; 32 Splitter 97; Draußen fällt ein Vogel 01; Es gibt hier keine Küstenstraße 01; Am Ende kommen Touristen 02; Leben läuft (Schöner lesen 39) 05; Großes Kino 05. – **MV:** Minotaurengesänge 95; Die Minotauren 97; Der Wald im Zimmer – Eine Harzreise, m. Jan Wagner 07. – **MA:** zahlr. Beitr. in Lit.-Zss. seit 95, u. a. in: Passauer Pegasus; ndl; Macondo; Muschelhaufen; Noisma; Wandler. – **H:** Thomas Meyer: deutsche am pol 98; Gerald Fiebig: rauschangriff, gedichte und remixes 98. – **MH:** Lyrik von Jetzt 03, Lyrik von Jetzt 2 08, beide m. Jan Wagner; Das Berliner Kneipenbuch 06; Das Kölner Kneipenbuch 07; Das Hamburger Kneipenbuch 08, alle m. Tom Schulz. (Red.)

Kuhlmann, Andreas, Chem. Techn. Assistent, Dipl.-Bibliothekar; Am Martinspfad 6e, D-67227 Frankenthal, Tel. (0 62 33) 5 01 98, *andreas.kuhlmann@gmx.net* (*Frankenthal 12.5.74). Lyr. – **V:** Wenn Du sprichst. Nachdenkpausen, Lyr. 99. (Red.)

Kuhlmann, Hermann, Bundesbahnoberinspektor a. D.; Auf dem Winkel 12, D-26160 Bad Zwischenahn, Tel. (0 44 03) 37 65 (*Veenhusen, Kr. Leer 12.8.25). Erz. – **V:** Pläseerlk Geschichten bi'n Koppke Tee 87, 5. Aufl. 95; Smüstergeschichten bi'n Koppke Tee 93, 3. Aufl. 08; Vertellen van Leven un Leevde 95; Vertellsels bi'n Koppke Tee 98, alles pldt. Geschn., Erzn. u. G.; Licht und Wärme, Geschenke zu Weihnachten, Geschn. 99. – **MA:** Unser Weihnachtsbuch 93, 94; Wenn das Weihnachtsglöckchen läutet 95; Kleines Buch mit plattdeutschen Weihnachtsgeschichten 01. (Red.)

Kuhlmann, Irmgard, diplom. Krankengymnastin, später Schriftst.; Husbarg 4, D-24884 Selk b. Schleswig, Tel. (0 46 21) 3 26 84 (*Deutsch-Krone 24.5.26). Kurzgesch., Hörsp., Bühnenst. – **V:** So ihr nicht werdet wie die Kinder 77; Die Bettelkinder von Emmaus und andere Jesusgeschichten 95; Bst. in pldt. Sprache. (Red.)

Kuhlmann, Marianne (geb. Marianne Krämer), Assessorin an Gymnasien a. D.; Amselweg 8, D-45289 Essen, Tel. u. Fax (02 01) 57 96 60, *wilfried.kuhlmann @epost.de* (*Osnabrück 12.1.35). FDA 86, GEDOK, LGO; 7 Pr. f. G. d. Monats d. Stadtbibl. Essen 82, 83, 84, 2 Pr. G.-Wettbew. anläßl. d. Kulturwochen d. Stadt Essen 83, Pr. f. Text d. Monats d. Stadtbibl. Essen 86; Lyr. – **V:** Hinter dem blauen Vorhang, G. 84; Glasmurmelaugen, Lyr. 90. – **MA:** zahlr. Beitr. in Anth., Ztgn, Zss., u. a.: Der Literat. – **R:** Beitr. f. Nachtwanderung, Hfk 87. – **P:** Lit.-Tel. Essen/Düsseldorf u. Osnabrück; Gedichtebilder, Einzelausstellungen 94–04. (Red.)

Kuhn, Achim (Hans-Joachim Kuhn-Schellpeper), reformierter Pfarrer, Dipl. PR- u. Kommunikationsberater; Kirchstr. 7, CH-8134 Adliswil, Tel. (044) 7 10 88 04, *kuschell@bluewin.ch, www. fussballschoepfung.ch* (*Stuttgart 16.1.63). Rom., Erz., Musical. – **V:** Seniorentrost, Krim.-Gesch. 05; ... und Fussball auf Erden!, Musical 08 (Schülerheft, Lehrerprojektmappe inkl. CD-Rom, CD m. Liedern). – **MA:** Wenn die Krippe erzählen könnte 87.

Kuhn, Axel; c/o swb-Verlag Stuttgart, Rinkenberg 6, D-70327 Stuttgart, *www.swb-verlag.de.* Rom. – **V:** Emerichs Nachlass 07; Francks Debüt 08.

Kuhn, Christoph, Dr. phil. I, Rentner u. Publizist; Hauptstr. 26, CH-8585 Birwinken, Tel. (00 41) 7 16 48 23 89, *chrkuhn@yahoo.de, christophkuhn@ bluewin.ch.* 9, rue Pelouze, F-75008 Paris (*Basel 20.11.37). Gruppe Olten 81, jetzt AdS; Lit.ausz. d. Stadt Zürich 81, Lit.ausz. d. Stadt Bern 82; Prosa. – **V:** Gestellte Bilder, R. 81, 90; Zeit und Stadt 94; Wo der Süden im Norden liegt, Ess. 07. – **MA:** Schweiz heute, Leseb. 76; Fortschreiben, Anth. 77; Im ganzen Land schön, Anth. 07; Zürich steht Kopf, Buch z. Ausst. 08.

Kuhn, Christoph, Schriftst.; Advokatenweg 3, D-06114 Halle, Tel. (03 45) 2 02 60 73, *kuhn.c@gmx.net* (*Dresden 27.5.51). VS, Förd.kr. d. Schriftst. in Sa.-Anh., Kulturwerk dt. Schriftst. in Sachsen; Stadtschreiber in Halle/Saale 95, Stip. Schloß Wiepersdorf, Amsterdam, Visby, Stuttgart, Rhodos; Prosa, Kurzgesch., Ess., Erz., Lyr., Dramatik, Kinderlit. Ue: engl, poln. – **V:** Nachtgerüche, Geschn. 90; Zeitzeugen, Texte 92; Wortbruch, G. 95, 2., verb. Aufl. 96; Die Beine unterm Tisch, Erz. 97; Die Leseratte Misram, Erz. u. G. f. Kinder 97; kein tagesthema, G. 03; Tatjanas Zimmer, Erzn. 05; Der kleine und der große Klaus, Theaterst. nach H. C. Andersen 06; Am Leben, R. 08. – **MV:** Wie gut, daß bei uns alles anders ist. Ost-West-Briefwechsel, m. Kai Engelke 99. – **MA:** zahlr. Beitr. in Zss. u. Anth. – **H:** Magdalena Kuhn: Der große Wunsch, Erzn. 94. – **R:** Hörfunkarb.: Geliebte, mein Baum, Feat. 91; Erzn. im BR u. MDR 91, 96; Kinderprogr. im SDR/SWR, seit 96.

Kuhn, Fritz, Augenoptiker, seit 82 Rentner, freier Schriftst.; lebt in Dresden (*Dresden 3.1.18). SV-DDR, Förd.kr. f. Lit. in Sachsen bis 05; Lyr., Erz., Dramatik. – **V:** Die Verworfenen, Erzn. 51 (unter Ps. Christian Kern); Der schreiende Fisch, Erzn. 06; – Bühnenspiele/Laienspiele u. a.: Der künstliche Mond geht auf 56; Leicht bewölkt, vorwiegend heiter 56; Venezianisches Glas 57 (als Fsp. 58); Kredit bei Nibelungen 59; David und Bathseba 60; Interview der verlorenen Söhne 71; Wiederkehr eines Brieftägers 73.

Kuhn, Gianni, Ausstellungstechniker; Zürcherstr. 139, CH-8500 Frauenfeld (*Niederbühren 55). – **V:** alpseen. meerkanten. anderorten, G. 99; festland für matrosen, G. 00. (Red.)

Kuhn, Heinrich, Schriftst.; Salisstr. 5, CH-9000 St. Gallen, Fax (0 71) 7 93 36 31, *heinrichkuhn@bluewin. ch* (*Uznach/Schweiz 29.12.39). SSV 83; Kulturförd.pr. d. Stadt St. Gallen 86, Pr. d. Schweiz. Schillerstift. 87; Rom., Lyr., Hörsp. – **V:** Zu einer Dramatisierung d. Lage besteht kein Anlass, Prosatexte 79; Schatz und Muus, Erz. 86; Der Traumagent, Erzn. 87; Boxloo, R. 89; Harrys Lächeln, Erzn. 92; Haus am Kanal, R. 99; Sonnengeflecht, R. 02. – **MV:** Unterm Strich, R. 94; Die blauen Wunder, R. 97, beide m. Christoph Keller. – **MA:** Beitr. in Lyrik- u. Prosa-Anth., div. in Lit.zss., u. a.: orte; Drehpunkt; Litfass; Noisma. – **R:** Schatz und Muus 90; Paarpatt 92; Baller wird staunen 93; Absetzung vom Spielplan 94, alles Hsp. – **P:** 12 Minuten für einen Roman; Mein Leben ist schnell erzählt, beides CDs m.a. (Red.)

Kuhn, Heribert, Dr., freier Publizist; c/o Suhrkamp Verlag, Postfach 101945, D-60019 Frankfurt/M. (*53). Stip. d. Ldeshauptstadt München 01. – **V:** Thomas Mann – Rollende Sphären. Eine interaktive Biographie, CD-ROM 95; Stehender Sturmlauf – Kafka in Prag, CD-ROM 97; – Kommentare zu: Hermann Hesse: Siddharta, Der Steppenwolf, Demian, Narziß u. Goldmund; Franz Kafka: Die Verwandlung, Der Prozeß; Theodor Storm: Der Schimmelreiter; Max Frisch: Biedermann u. die Brandstifter; Norbert Gstrein: Einer. (Red.)

Kuhn, Johannes, Pfarrer; Teutonenstr. 15, D-70771 Leinfelden-Echterdingen, Tel. (0711) 751640, Fax 751626 (*Plauen 21.4.24). BVK I. Kl. 89, Verd.med. d. Ldes Bad.-Württ. – **V:** Aufmerksam leben 69; All Zeit und Stunde 72; Jahr der Ernte 72; Christus mitten unter uns 72; Der offene Himmel 72; Worte wirken weiter 74; Erfahrungen 75; Mitten wir im Leben sind 76; Die Wege und das Ziel 76; Aufmerksam Leben 76; Wir gratulieren zum Geburtstag 76; Vor uns das Leben 78; Vorfreude. Einladung z. Advent 78; Von allen Seiten umgibst du mich 79; Unter der Sonne Gottes zu leben 79; Ermunterung 80; Gesegnet seien 81; Das Kind, dem alle Engel dienen 81; Du liebst alles, was ist 82; Weiß einer, was morgen ist? 83; Auch heute leuchtet der Himmel 83; Freude an der Kirche 84; Aufbruch in ein neues Land 86; Krisenzeiten in der Ehe 86; Wo die Hoffnung Hand und Fuß hat 87; Ausblicke 88; In deinen Händen 88; Geduld. Für Tage, die uns nicht gefallen 89; Zeit bringt Rosen 91; Heilsame Begegnungen 91; Erinnerungen sind wie eine Schatztruhe 91; Wir werden erwartet am letzten Ufer 92; Zeit für gute Worte 94; Wege kommen dir entgegen 94; Die einfachste Art, mit Gott zu sprechen: „Vater unser ...“ 96; So war's mein Leben 96; Nimm die Jahre freundlich an 97; Sonnengesang des Franz von Assisi 98; Das Alter ist die Zeit, die nach der Wärme des Herzens gemessen wird 99; Manchmal mit leeren Händen, aber immer mit vollem Herzen 00; Laßt uns das Leben wieder leise lernen 00; Bewußt leben in einer hektischen Zeit 01; Weihnachten. Geschichten aus alter u. neuer Zeit 02; Das Haus unseres Lebens hat viele Wohnungen 03; Mein Leben, Autobiogr. 05. – **MV:** Wir zwei 75; Gemeinsam leben 82, beide m. Henriette Kuhn; Hinauf nach Jerusalem, m. Josef Anselm Adelmann 86; ... meines Fußes Leuchte, m. Ottheinrich Knödler 87; Zu zweit sind wir alt geworden, m. Henriette Kuhn 98. – **H:** Frieden. Abenteuer d. Brückenschlags 67; Die bessere Gerechtigkeit 69; Und nun? 69; Chancen. Die 10 Gebote in d. veränderten Welt 70; Weihnachtsgeschichten 71; Wohin sollen wir gehen? 72; Leben in Ewigkeit 72; Bilder helfen hören 73; Petrus, ein Mensch im Widerspruch 73; Wovon wir leben 73; Menschen um Jesus 75; Wendepunkte 77; Warum bist du so, Gott? 78; Damals in Korinth 80; Stationen des Lebens 81; Wer ist Gott? 82; Lebenserfahrungen mit Worten der Bibel 83; Auf daß wir klug werden 84; Bis dem Licht kommt 85; ... So werdet Ihr leben 86; Frauen und Männer der Bibel 87; Ecksteine 88; Manchmal setzt der Himmel Zeichen 89; Die Offenbarung des Johannes 89; Lebenserfahrungen, Glaubensentdeckungen 90; Mein Weihnachtsbuch 95. – **R:** 400 Sdgn in SDR, DLF u.a. 1961–89; Fs.-Reihe „Pfarrer Johannes Kuhn antwortet“ (ZDF) 1978–87. – **P:** mehrere gesprochene Schallpl. in den 60er Jahren.

†Kuhn, Josef (Josef Kuhn-Wallbach), Lehrer, Konrektor, Kulturreferent; lebte in Burgwallbach u. Schönau a. d. Brend (*Offenbach/Main 3.8.18, †12.12.05). VFS, FDA; Kulturpr. Rhön, Med. z. BVK, BVK am Bande; Rom., Lyr., Erz. – **V:** Resonanzen, Ausgew. G. 80; Geschichte u. Geschichten vom Pfarrei u. Dorf Burgwallbach 81; Erinnerungen aus zwei fränkischen Landschaften 82; Menschen 88; Weihnachts-Krippen, G. 92; Rhöner Weihnachtsgeschichten 97; Regina. Lebensgesch. e. Rhöner Mädchens, 2 Bde 99. – **MV:** Fränkische Glaubenszeugen 89; Texte zu: Gärten Gottes, Bildbd v. Heinz Kistler 91. – **MA:** Jb. d. Ldkr. Rhön-Grabfeld (21 Bde).

Kuhn, Krystyna (eigtl. Christiane Kuhn-Eckert), Mag. Slawistik, Germanistik, Kunstgeschichte; lebt in Lohr am Main, *weissmies@aol.com, www.krystyna-kuhn.de* (*Würzburg 7.12.60). Das Syndikat 02;

Krim.rom. – **V:** Fische können schweigen 01; Die vierte Tochter 03; Engelshaar 04; Märchenmord 07; Schneewittchenfalle 07; Wintermörder 07; Die Signatur des Mörders 08. – **MA:** Geschichten zum Rotwerden 00; Rätselhafte Waagen 02; Neuntöter, Halbe Engel 03, u.a. Anth. (Red.)

Kuhn, Marion, Arzthelferin; Leuschnerstr. 20, D-67063 Ludwigshafen, Tel. u. Fax (0621) 524149 (*Ludwigshafen 17.3.62). – **V:** Der Sternschnuppentraum, Kdb. 97; 16 Jahre und noch keinen Sex gehabt!?, Jgd.-Sachb. 02. (Red.)

Kuhn, Monika Maria, Familienfrau u. freischaff. Künstlerin; Hammanstr. 23, D-67549 Worms, Tel. (06241) 57171, Fax 950702, *kuhnmo@web.de* (*Bedburg-Hau/Niederrhein 13.5.54). – **V:** Tabea – Überleben, M. u. G. eigenen Bildern 96; Das Leben lieben lernen, M. u. G. 03.

Kuhn, Ortwin, Rentner; Sollingstr. 7, D-33719 Bielefeld-Heepen, Tel. (0521) 150345 (*Bielefeld 15.8.28). Lyr., Erz., zeitkrit. Beitr. – **V:** Sanft vom Wind dahingetragen 03; Lass die Freude in dein Herz 06, beides Lyr. u. Erzn. – **MA:** Beitr. in: Monokel, Mag., regelmäß. seit 15 Jahren; Gedichte in: Bild der Frau.

Kuhn, Wolfgang, ObStudR.; Bäckerredder 3a, D-24613 Aukrug, Tel. u. Fax (04873) 688 (*Düsseldorf 21.8.42). Lyr., Drama, Nov., Ess. – **V:** Gärten im Spiegel, G. 80; Die Sprache des Lichts, G. 94. – **MA:** G. in versch. Anth., u.a.: Autorenwerkstatt, Lyr. 1188; Zeit-Schrift, Bd. 29.

Kuhn-Eckert, Christiane s. Kuhn, Krystyna

Kuhn-Schellpeper, Hans-Joachim s. Kuhn, Achim

Kuhn-Wallbach, Josef s. Kuhn, Josef

Kuhner, Herbert (Ps. Frederick Hunt), Prof., Schriftst., Übers.; Gentzgasse 14/4/11, A-1180 Wien, Tel. u. Fax (01) 4792469, *harry.k@vienna.at, www.herbertkuhner.com* (*Wien 29.3.35). P.E.N.-Club Öst. u. USA, American Transl. Assoc., American Lit. Transl. Assoc.; Gold. Feder d. Struga Poetry Evenings Mazedonien 80; Lyr., Drama, Nov., Hörsp., Übers. Ue: am, frz. – **V:** Nixe, R. 68; Vier Einakter 73; Broadsides & Pratfalls, Lyr. 76; The Assembly-Line Prince, R. 81; Der Ausschluß. Memoiren e. Neununddreißigjährigen 88; Liebe zu Österreich 95; Minki, die Nazi-Katze und die menschliche Seite 98. – **R:** Der Mann, der Züge liebte 71. – **Ue:** u. **MH:** Hawks and Nightingales: Current Burgenland Croatian Poetry 83; Carinthian Slovenian Poetry 84; Austrian Poetry Today/Österreichische Lyrik heute 85; Under the Icing: Modern Austrian Poetry 86; Lyrik. 20 hess. Autoren 89; Wären die Wände zwischen uns aus Glas/If the Walls Between Us Were Made of Glass, Anth. 92; Pti ci i slavuji, kroat. Lyr. 96. – **Lit:** Metzler Lex. d. dt.-jüd. Lit. 00. (Red.)

Kuhnert, Gudrun s. Reinboth, Gudrun

Kuhnke, Gabriele, Autorin; Siethwende 116, D-25358 Sommerland, Tel. (04126) 1499, Fax 38820, *gabriele@kuhnke-buch.de, www.kuhnke-buch.de* (*Olsberg 19.6.46). Sonderpr. d. Ostfries. Landschaft f. Theaterst. f. Kinder; Erz. – **V:** Reihe: „Die Acht vom großen Fluß“. Bd 1: Der abenteuerliche Fund 85, Neuausg. 04, Bd 2: Die unheimliche Vogelinsel 85, Neuausg. 04, Bd 3: Das geheimnisvolle Boot 85, Bd 4: Feuer in der Nacht 86, Bd 5: Rote Fässer über Bord 86, Bd 6: Die verschwundenen Goldmünzen 87, Bd 7: Der verdächtige LKW 87, Bd 8: Alarm auf dem Zollschiff 88, Bd 9: Die geheimnisvolle Felsenhöhle 89, Bd 10: Regatta mit Hindernissen 90, Bd 11: Deich in Gefahr 91, Bd 12: Der Schatz unter dem Eis 91; Tilman und den Schweinchen, R. 87; Zwei Gäste zuviel, Bst. 91;

Kui

Bei uns in Sommerland 92; Ein Traummann für Mami, heit. R. 92; Ein Dorf steht auf dem Kopf, Bst. 93.

Kui, Alexandra (eigtl. Alexandra Kuitkowski), Dipl.-Soziologin, Journalistin; Jägerstieg 2, D-21614 Buxtehude (* Buxtehude 10. 3. 73). Rom., Lyr., Songtext. – **V:** Ausgedeutscht, Jgd.-R. 98; Der Nebelfelsen, R. 05. (Red.)

Kuitkowski, Alexandra s. Kui, Alexandra

Kukatzki, Bernhard, M. A., Historiker; Ebertstr. 20, D-67105 Schifferstadt, Tel. (0 62 35) 33 32 (* Speyer am Rhein 10. 10. 60). Univ.pr. Landau 00, Kunst- u. Kulturpr. d. Dr. Feldbausch-Stift.; Erz. – **V:** Sellemols. Schifferstadter Episoden u. Histörchen 99; Pudding für den Sultan. 50 hausgemachte Pfälzer Geschn. m. zwei Rezepten 01. – *Lit:* s. auch 2. Jg. SK. (Red.)

Kulbach-Fricke, Karina; Im Großacker 20, D-79249 Merzhausen, Tel. (0 7 61) 40 94 11, *Karina.KF@t-online.de*. Rom. – **V:** Der Kaufmann von Köln, hist. R. 02; Der Münzmeister von Köln, hist. R. 04; Mischa das Bärenkind, Kdb. 05. – **MA:** Genealog. Jb. 99. (Red.)

Kulessa, Hanne; Cronstettenstr. 58, D-60322 Frankfurt/M., Tel. (0 69) 90 55 27 34, *hkulessa@web.de*. – **V:** Das störrische Sparschwein, Geschn. 90; Wann kommmt der große Buntspecht? 90; Unterm schwarzen Holunder 91; Die scheue Nachbarin 03; Der Große Schwarze Akt, R. 08. – **H:** Der Schatten 84; Tagebuch eines halbwüchsigen Mädchens 87; Tagebuch einer Verlorenen 87; Nenne deinen lieben Namen, den du mir so lange verborgen 89; Die Spinne, Geschn. 91; Herznaht. Ärzte, die Dichter waren 01; Grüne Liebe, Grünes Gift, Erzn. 06.

Kulitzscher, Werner, Kfz-Schlosser, Dipl.-Arbeitsökonom, Erz. seit 90 im Ruhestand; Teupitzer Str. 2, D-12627 Berlin, Tel. (0 30) 9 93 77 18 (* Chemnitz 29). – **V:** Der Planet der Zukunft, phantast. R. 02; Unsanfte Landung. Aus meinem Leben 03.

Kullak-Brückbauer, Helga (geb. Helga Brückbauer); Johann-Sebastian-Bach-Str. 34, D-71711 Steinheim a.d. Murr, Tel. (0 71 44) 2 35 34, Fax 28 19 32 (* Stuttgart 30. 4. 43). IGdA 84, RSGI 86, Dt.schweizer. P.E.N.-Zentr. 90; Erz., Lyr., Kindergesch., Journalist. Arbeit, Rom., Nov., Ess., Märchen, Vortrag. – **V:** Kennst du Robert?, Kdb. 86; Das Tor, N. 86; Schattenspiegel, G. 89; Eisgegürtete Welt, G. 94; Der Prinz mit den roten Haaren, M. 97. – **MA:** zahlr. Beitr. u. a. in: Wir 56; Die Lyrik-Mappe 89; Ludwigsburg tanzt 97; PEN-Anthologie 98; Die besten Gedichte 2005 05. – **MH:** Steinheimer Rezeptbuch 1 u. 2; Irgendwo ein leises Lied. – **R:** Gedichte in: Klassik am Morgen 85. (Red.)

Kullik, Georg, Soz.päd. (grad), Leitender Sozialarb., Amtsrat a. D.; Kalifornien, Moorweg 3, D-24217 Schönberg, Tel. (0 43 44) 30 48 85, Fax 41 43 28. Neuer Weg 3, D-25845 Nordstrand (* Düsseldorf 26. 10. 39). Hist. Abhandlung in Rom.form, Märchen, Geschichtliches. – **V:** Südfall. Die Geschichte e. Hallig 86; Das Haus auf dem Deich, Geschn. 89; Der Vogelkönig von Beenshallig, M. u. Geschn. 93; Die Hallig Nordstrandischmoor 95; Micmac – der Skrälinger, hist. R. 02; Gil Eannes – ein geborener Seekapitän, hist. R. 05; Kalifornien und Brasilien – von Fischerhütten zum Ostseebad. (Red.)

Kullmann, Katja, M. A., Red.; lebt in Berlin, c/o Kiepenheuer & Witsch, Köln (* Bad Homburg 70). Deutscher Bücherpr. (Sachbuch) 03. – **V:** Generation Ally. Warum es heute so kompliziert ist, eine Frau zu sein, 1.–3. Aufl. 02 (auch als CD); Fortschreitende Herzschmerzen bei milden 18 Grad, Erz. 04. – **MA:** Birgit Hamm: Generation Ally. Lifestyle-Guide (Vorwort) 03; Beitr. u. a. für: EMMA, FAZ, Financial Times Dtld. (Red.)

Kullmann, Wilton (Ps. Lucky Heliandos), ObStudR. i. R., Forscher, Erfinder, Komponist, Texter, Autor; Im Bangert 7, D-55566 Daubach/Hunsrück, Tel. (0 67 56) 91 09 91 (* Bad Kreuznach 28. 5. 26). – **V:** Das macht nur ein Bösewicht, brave Kinder tun das nicht, Kdb. 97; Die kleine Rasselbande, Kdb. 97; Vom Teenager zum Lebenskünstler mit Zukunft, Jgdb. 00; Das Leben, eine Achterbahnfahrt, Erz. 02; 7 Sachbücher über Radiästhesie, Techniken u. Therapie 88–99. – **MA:** mehrere Veröff. in Fachzss. d. Radiästheten, Ärzte u. Heilpraktiker 94–02. – **P:** ca. 300 Popmusik-Titel (Text u. Musik); 6 CDs (Musik in Lizenz in üb. 50 Länder); 16 Blasorchesterwerke u. Konzert „Zurück zum 1. Jahrhundert" f. Chor u. Orchester. – *Lit:* Komponisten d. Gegenw. 85; Das neue Blasmusik-Lex. 94; J. Zierden: Lit.lex. Rh.-Pf. 98; s. auch SK.

Kulpe, Ernst, Dr. agr., Dipl. Landwirt; Driesemannstr. 5, D-07389 Ranis, Tel. (0 36 47) 41 39 38 (* Herwigsdorf/Oberlausitz 5. 2. 28). – **V:** BUND-Naturlehrgarten Ranis – ein praktisches Beispiel aktiver Umwelterziehung, in: Veröff. d. Museums f. Naturkunde d. Stadt Gera (Themenh. „Gartenvielfalt in Ostthüringen"), Bd 33/34 06/07; Der Zweiseithof Kulpe in Jerchwitz, in: Mitt.bl. d. Ver. Ländliche Bauwerke in Sachsen e.V., H. 5+6/07; Meine kubanischen Tagebücher 07; Gartenfreude – Lebensfreude oder ein Leben für eine Idee 08.

Kumar, Anant, M. A. (Germanistik); Schriftst.; Adolfstr. 1 / Whg. 11, D-34121 Kassel, *info@anant-kumar.de*, *www.anant-kumar.de*; c/o Wiesenburg Verl., Schweinfurt (* Katihar, Bihar/Indien 28. 9. 69). VS 98, IGdA 98, Lit. Ges. Hessen 99, NGL Berlin 99, BVJA, Else-Lasker-Schüler-Ges.; 4. Pl. b. Poetischen Füßling 98, Finalist b. Würth-Lit.pr. 02, Aufenthaltsstip. Wettbew. Inselschreiber Sylt 03, 3. Pl. b. 2. Poeticus-Kurzgesch.-Wettbew., Gewinner b. 1. Poeticus-Gedichte-Wettbew., Rudolf-Descher-Feder 06; Lyr., Gesch., Erz., Kurzprosa, Fabel, Anekdote, Parabel. Ue: Hindi. – **V:** Fremde Frau – Fremder Mann. Ein Inder dichtet in Kassel 97, 00 (teilw. engl., Hindi); Kasseler Texte, Glossen, Skizzen u. Ess. 98, 00; Die Inderin, Prosa 99; ... und ein Stück für Dich, Bilderb. 00; Die galoppierende Kuhherde, Ess. u. Satn. 01; Die uferlosen Geschichten, Erzn. 03/04; (stufenweise Übers. d. Texte in 8 Sprachen: engl., jap., poln., indon., alb., per., türk., Hindi). – **MA:** Anth.: Der Poetische Füßling 98; Mach die Tür zu, Uwe!, Satn. 98; ... mit leichtem Gepäck 99; 160 Zeichen 01; Wieder schlägt man ins Kreuz die Haken 01; Zuhause ... in der Fremde 01; Uns reicht's! Ein Leseb. gegen Rechts 01; Honigfalter. 26 Liebes-Geschichten 02; Mach dich nackig, du Luder 02; Enemies a love affair 02; Das Lachen deiner Augen, Bd 2 03; Fluchten – Zufluchten 03; Kinder sind unser Leben 04; regelm. Beitr. in ca. 30 überregi. dt. u. intern. Lit.-Mag. (USA, Indien, Albanien, Österreich, VR China ...), u. a. in: Fliegende Lit.-Bll.; Entwurfbote; Die Brücke; Vehement; Unicum-literar., seit 93; Vagarth (Indien); Jivan (USA). (Red.)

Kumeth, Michael s. Wolfsmehl

Kumm, Shirin (geb. Shirin Ghorashi); c/o Frankfurter Verlagsanstalt, Frankfurt/M. (* Teheran). Lit.club d. Frauen aus aller Welt, Frankfurt/M. 01, Gründ.mitgl.; Rom., Lyr., Erz. Ue: pers. – **V:** Royadesara. Eine Verwirrung, R. 03. – **H:** Bunt und bündig, Anth. 99. – **MUe:** Abbas Kiarostami: In Begleitung des Windes, G., m. Hans-Ulrich Müller-Schwefe 04. (Red.)

Kummer, Tania, Freie Autorin, Publizistin u. Kursleiterin; Zürich, *info@taniakummer.com*, *www.*

754

taniakummer.com. c/o Zytglogge-Verl., Oberhofen (* Frauenfeld 3. 5. 76). SSV 01, jetzt AdS; Förd.pr. d. Stadt Winterthur 01, Intern. Förd.pr. d. Rotary-Clubs 04, Stip. d. LCB 05, Aufenthaltsstip. d. Berliner Senats im LCB 06, u. a.; Prosa, Lyr. – V: vermutlich vollmond, Lyr. 97; unverbindlich, Lyr. 02; Platzen vor Glück, Kurzgeschn. 06. – MA: Langfinger & Öpfelringli, Anth. 06, u. a.

Kummer, Tanja; Schönblickstr. 23, D-71336 Waiblingen, Tel. (0 71 46) 88 99 04, Fax 01 21 26 07 02 19 62, *tanja@tanjakummer.de*, *www.tanjakummer.de* (* Gunzenhausen 25. 6. 76). Rom., Lyr., Kurzgesch., Biogr. – V: Die Weltenwandlerin, Fantasy-R. 06; Der Weltenbezwinger, Fantasy 08.

Kummer, Tom, Journalist, Tennislehrer; lebt in Los Angeles, c/o Blumenbar Verl., München (* Bern 14. 1. 63). – V: Gibt es etwas Stärkeres als Verführung, Miss Stone? Star-Interviews 97; Good morning LosAngeles. Die tägliche Jagd nach d. Wirklichkeit 97; Jackie! Ein Body-Bildungsroman 99; Blow up. Die Story meines Lebens 07; Kleiner Knut ganz groß 07. (Red.)

Kummert, Wolfgang s. Ruge, Simon

Kumpf, Elisabeth, Schriftst.; Gontardweg 110, D-04357 Leipzig, Tel. (03 41) 6 01 68 18 (* Preßnitz/ČSR 13. 5. 29). DSV; Erz., Kurzgesch., Ged. Ue: engl. – V: Jungferngrube und Teufelsschmiede, Sagen 83, 85; Das Fest beginnt, Kdb. 88. – H: Auf schmalen Pfaden 66; Marienkal. (auch Mitarb.) seit 70; Bruder Abel 74, 76; Marienhausbuch (auch Mitarb.) seit 89. – MH: Seilschaft des Herrn, Jgdb. 67, 68; Das Angebot, Erz. 68, 71; Der Bernsteinanhänger, Jgdb. 71; anders für jeden 74, 75. – Ue: Chesterton: Jetzt schlägt's dreizehn, Krim.-Erzn. 87. – MUe: Ich möchte Johannes heißen, Biogr. 80, 3. Aufl. 83 (auch Mhrsg.). (Red.)

Kumpfmüller, Hans, Literat, Fotograf; St. Georgen 8, A-4982 Obernberg a. Inn, Tel. (0 77 58) 25 66 (* St. Georgen b. Obernberg 3. 7. 53). GAV; Lyr., Prosa, Kabarett, Sat., Ess. – V: goidhaum & logahauskabbe 97; Stiefmutterland und Grossvatersprache 99; sauschdoidialgraffiti 00; ruam suam 02; zeus schau owa 04; blasdeggfensdaln 04; Vergessene Österreicher 06; gugarzusahara 07. – MA: zahlr. Veröff. in Anth., Ztgn u. Zss. – P: ruam suam, CD, m. H.P. Falkner; Dialekt eines Heimatlosen, CD.

Kumpfmüller, Michael, Dr.; Martin-Luther-Str. 62, D-10779 Berlin (* München 21. 7. 61). Walter-Serner-Pr. 93, Kath. Journalistenpr. 97, Film- u. Fs.pr. d. Hartmannbundes (m. Thomas Hallet) 00, Alfred-Döblin-Pr. 07, u. a. – V: Die Schlacht von Stalingrad. Metamorphosen eines dt. Mythos, Diss. 95; Hampels Fluchten, R. 00 (in mehrere Spr. übers.); Durst, R. 03; Nachricht an alle, R. 08. – MV: Literarische Intellektualität in der Mediengesellschaft, m. H. Eggert, Ch. Garbe u. I.M. Krüger-Fürhoff 00. – MA: Süddt. Ztg, NZZ u. a. (Red.)

Kunas, August, Pfarrer i. R.; Nordufer 9, D-13353 Berlin, Tel. u. Fax (0 30) 6 91 54 23, *kunas@gmx.de*. Schifferstr. 14, D-17438 Wolgast, Tel. (0 38 36) 23 79 77 (* Litauen 35). Erz. – V: Ein Jahr im Seniorenkreis, Sachb. 00 II; Aufgesammelt im kirchlichen Dienst 03. (Red.)

Kundel, Herbert, Pensionär; Kaulbachring 24, D-67549 Worms, Tel. (0 62 41) 5 40 32 (* Worms 4. 9. 38). Rom., Erz. – V: Wolfstränen, R. 05. (Red.)

Kunert, Günter; Schulweg 7, D-25560 Kaisborstel, Tel. (0 48 92) 14 14 (* Berlin 6. 3. 29). SV-DDR 53, Freie Akad. d. Künste Hamburg, Dt. Akad. f. Spr. u. Dicht., Freie Akad. d. Künste Mannheim, Hamburger Autorenvereinig.; Heinrich-Mann-Pr. 73, Johannes-R.-Becher-Pr. 73, Georg-Mackensen-Lit.pr. 79, Stadt-

schreiber v. Bergen-Enkheim 83, Heine-Pr. d. Stadt Düsseldorf 85, Stadtschreiber-Lit.pr. Mainz 90, Ernst-Robert-Curtius-Pr. 91, Friedrich-Hölderlin-Pr. d. Stadt Homburg 91, Hans-Sahl-Pr. d. Kulturstift. d. Dt. Bank 96, Georg-Trakl-Pr. 97, Prix Aristeion d. EU 99; Lyr., Prosa, Ess., Erz., Hörsp. – V: Wegschilder und Mauerinschriften, G. 50; Der ewige Detektiv, Satn. 54; Unter diesem Himmel, G. 55; Der Kaiser von Hondu, Fsp. m. eig. Ill. 59; Tagwerke, G. 60; Das kreuzbrave Liederbuch, G. 61; Erinnerung an einen Planeten, G. 63; Tagträume, Kleine Prosa 64; Kunerts lästerliche Leinwand, Fotosatn. 65; Der ungebetene Gast, G. 65; Verkündigung des Wetters, G. 66; Unschuld der Natur, G. 66; Im Namen der Hüte, R. 67; Die Beerdigung findet in aller Stille statt, Erz. 68; Kramen in Fächern, Kleine Prosa 69; Betonformen/Ortsangaben, 2 Prosast. 69; Warnung vor Spiegeln, G. 70; Notizen in Kreide, ges. G. 70; Ortsangaben, Prosa 71; Tagträume in Berlin und andernorts, Prosa 72; Offener Ausgang, G. 72; Gast aus England, Erz. 73; Die geheime Bibliothek, Prosa 73; Im weiteren Fortgang, G. 74; Der andere Planet, Amerika-Reisebuch 74; Der Mittelpunkt der Erde, Prosa m. eig. Ill. 75; Das kleine Aber, G. 76; Warum schreiben, Ess. 76; Jeder Wunsch ein Treffer, Kdb. 76; Keine Affäre, 3 Geschn. 76; Kinobesuch, ges. Erzn. 77; Ein anderer K., Hsp. 77; Unterwegs nach Utopia, G. 77; Heinrich von Kleist – ein Modell, Vortr. 78; Die Schreie der Fledermäuse, Geschn., G., Aufsätze 78; Verlangen nach Bomarzo, G. m. eig. Zeichn. 78; Camera obscura, Prosa 78; Ein englisches Tagebuch, Prosa 78; Ziellose Umtriebe, ges. Reiseber. 79; Unruhiger Schlaf, ges. G. 79; Drei Berliner Geschichten, Prosa m. eig. Ill. 79; Kurze Beschreibung eines Momentes der Ewigkeit, ges. Prosa 80; Abtötungsverfahren, G. 80; Verspätete Monologe, Prosa 81; Diesseits des Erinnerns, Ess. 82; Stilleben, G. 83; Auf der Suche nach der wirklichen Freiheit, Prosa 83; Leben und Schreiben, Prosa 83; Zurück ins Paradies, Gesch. 84; Vor der Sintflut, Frankfurter Vorlesungen 85; Berlin beizeiten, G. 87; Zeichnungen und Beispiele, Zeichn. u. Texte 87; Fremd daheim, G. 90; Günter Kunert – Zwischen den Meeren, Foto-Bilderb. 91; Die letzten Indianer Europas, Ess. u. Vortr. 91; Der Sturz vom Sockel, Aufsätze u. Art. 92; Im toten Winkel, Prosa 92; Baum Stein Beton, Prosa 94; Mein Golem, G. 96; Erwachsenenspiele, Erinn. 97; Immer wieder am Anfang, Erzn. 99; Die Therapie, Erz. 99; Nachtvorstellung, G. 99; Nachrichten aus Ambivalenzia 01; So und nicht anders, ausgew. u. neue G. 02; Kopfzeichen vom Verratgeber 02; Die Botschaft des Hotelzimmers an den Gast, Aufzeichn. 04; Kunerts Antike 04; Sinnstiftung und anderer Zeitvertreib, Ausst.kat. Kleist-Mus. Frankfurt/O. 04; Neandertaler-Monologe 04; Irrtum ausgeschlossen, Geschn. 06; Auskunft für den Notfall 08. – MV: Berliner Wände, mit Th. Höpker, Foto-Bilderb. 76; Da sind noch ein paar Menschen in Berlin, m. Konrad Hoffmeister, Bildbd 99; Ess. in: Mit Hundert war ich noch jung 00; Vertrieben aus Eden, m. Roger David Servais 02. – MA: Wörter sind Wind in Wolken, Anth. 00. – H: Mein Lesebuch 83; Lesarten: Gedichte d. „ZEIT" 87; Aus fremder Heimat 88; Dichter predigen (auch Mitarb.) 90; Texte, die bleiben 98, Neuaufl. 02; Harald Wenzel-Orf: Der steinerne Gast. Goethe unterwegs in Weimarer Wohnzimmern, Bildbd 99; G.K. entdeckt Nikolaus Lenau 01, u. a. – F: DEFA-FILME/Uraufführung: in d. Reihe 'Das Stachtelier': Das Prinzip (2. Folge) 53, Eine Liebesgeschichte (5. Folge) 53, Abseits (14. Folge) 54, Um 5 Minuten (57. Folge) 55, Ein Lebenslauf (113./114. Folge) 58; Seilergasse 8 60; Guten Tag, lieber Tag 61; Das zweite Gleis 62; Vom König Midas 63; Abschied 68; Beethoven – Ta-

Kunik

ge aus einem Leben 76; Unterwegs nach Atlantis 77. – **R:** FERNSEHFILME: in d. Reihe 'Haare hoch': Der Schuß durch den Lehnstuhl (5. Folge) 59, Der seltsame Unfall (8. Folge) 59; in d. Reihe 'Tante Karolinas Insel': Die zwei Testamente (1. Folge) 59, Im Gasthaus zum Toten Mann (2. Folge) 60, Auf den Wellen d. Atlantik (3. Folge) 60 (nicht gesendet); Fetzers Flucht, Fsf.-Oper 62; Monolog für e. Taxifahrer (geplante UA: 23.12.63, abgesetzt, neue UA: 26.4.90); Fleiß u. Faulheit 68; Alltägliche Geschichten e. Berliner Straße 69; Karpfs Karriere 71; Zentralbahnhof 71; Berliner Gemäuer 73; Reflexion über Bernau 76; Berlin mit Unterbrechungen 76; Laterna magica. Kindheit um 1900 81; Autor-Scooter. Eine Fragestunde m. G.K. 81; Ein Stück Himmel, 10-tlg. 82; Der blinde Richter, 13-tlg. 84; Die Rückkehr d. Zeitmaschine 84; Der Schiedsrichter 85; Die Sterne schwindeln nicht 86; Eine Reise wert ... 87; Augenblicke: Steine reden 87; Profile Heute: G.K. 89; Einer für alle 90; Ganz persönlich: G.K. – zu Hause zwischen den Meeren 90; Artus – ein König wird gesucht 90; Nachruf auf die Mauer 91; Endstation Haremsbar 92; Platzwechsel 92; G.K. u. die Sächsische Schweiz 93; Profile. Richard Schneider im Gespräch m. G.K. 94; Das literar. Duett: G.K. über Matthias Claudius 01; – HÖRSPIELE/FEATURES: Der Engel m. dem Pferdefuß 57; Das Denkmal d. Fliegers 58; Fetzers Flucht, Funkoper 59; Der Teufel in d. Flasche 59; Schöne Gegend mit Vätern 69; Familie Marx in e. fremden Stadt 70; Bernau – Exkursion in die Gesch. nebst Abschweifungen 71; Eine Insel am Rande d. Welt 71; Mit der Zeit ein Feuer 71; Mehr als ein Mensch u. weniger als ein Mensch zugleich ... 72; Ehrenhändel 72; Wahrzeichen oder – Momentaufnahmen aus Amerika 75; Die Überquerung d. Niagara-Falls 75; Ein anderer K. 76, Neuinszen. 77; Teamwork 81; Briefwechsel 83; Countdown 83; Kein Anschluß unter dieser Nummer 85; Unter vier Augen 87; Hitler lebt 87; Männerfreundschaft 88; Besuch bei Dr. Guillotin 89; Stimmflut 89; Der zwiefache Mann 89; Das Experiment 92; Die Therapie 93; Ostragon u. Wessimir 93; Fantasien über d. Verbrechen 94; Treffen auf d. Sandkrugbrücke 95; Am Sexophon: Esmeralda 01; Nummer 563.000, Planquadrat C 3 02. – **P:** Vom König Midas 61; Die Weltreise im Zimmer 62, beides Kinderopern; Fremd daheim. Gedichte u. Prosa, gelesen v. Autor, CD 00; Ostragon und Wessimir 00; Fantasien über das Verbrechen 00; Briefwechsel 00. – *Lit:* Eine Reise wert – d. Dichter Kunert in Berlin, Fsf. 87; Intern. Kunert-Bibliogr. I 87; Ganz persönlich – G.K., Fsf. 90; G.K. – Beiträge zu seinem Werk 92; Kunert-Werkstatt, mit u. Studien 95; Günter Agde: Filmographie G.K., in: Apropos: Film. Das Jb. d. DEFA-Stift. 4 03; Peter Bekes in: KLG. (Red.)

Kunik, Petra, Schauspielerin; Im Staffel 131, D-60389 Frankfurt/Main, Tel. (0 69) 90 47 79 10, *Schalom Kunik@aol.com* (* Magdeburg 28. 6. 45). VS, Friedrich-Bödecker-Kr., Kogge; Belletr. – **V:** Der geschenkte Großvater 89; Keine gute Adresse – Judengasse, Erz. 92; Der Hohe Rabbi Löw dem sein Golem 98; Auf den Spuren von Carl von Weinberg 02. – **MA:** zahlr. Ess. u. Kurzgeschn., u. a. in: Weil du ein Mädchen bist 97; Ich will Spaß!? 97; Frankfurt am Main – Jüdisches Städtebild 97; Und wenn die Torarolle fällt? 00. – **MH:** Reichspogromnacht, m. Micha Brumlik 88. (Red.)

Kunik, Wolf, Autor, Drehb.autor u. Filmemacher; *mail@wolfkunik.de, www.wolfkunik.de* (* Frankfurt/Main 24. 12. 66). – **V:** Der Katalane, R. 04; Wüstensohn, R. 05; Tränen der Sahara, R. 06; Ben und die Sache mit der Lügenfalle, Kdb. 06; Ich wär so gern wie du, Kdb. 07. (Red.)

Kunkel, Gottfried, Zimmerer, Dipl.-Lehrer, jetzt Rentner; Karl-Marx-Str. 43, D-37355 Gerterode, Tel. (03 60 76) 4 42 95, *GKunkel43aut@aol.com* (* Tomaszow/Polen 6. 11. 34). Lit.pr. d. FDGB 83, Kunstpr. d. Bd V Thür. 00. – **V:** Wendezeiten im Eichsfeld, R. 93; Eichsfelder mit Kisten und Kasten, Geschn., Bd I 96, Bd 2 97, in einem Bd 09; Janek – Der Junge aus dem Osten, Kd.- u. Jgdb. 97; Kreuz des Ostens, R. 00, erw. u. überarb. Neufass. u. d. T.: Kreuzwege 07.

Kunkel, Thor, Schriftst., Drehb.autor; Berlin, *www.thorkunkel.com* (* Frankfurt/Main 2. 9. 63). Ernst-Willner-Pr. im Bachmann-Lit.wettbew. 99; Rom., Fernsehsp., Erz. Ue: engl, ndl. – **V:** Das Schwarzlicht-Terrarium, R. 00; Ein Brief an Hanny Porter, R. 01; Endstufe, R. 04; Kuhls Kosmos 08. – **MA:** Weihnachten u. a. Katastrophen 98; Die Akte Ex 99; Klagenfurter Texte 99; Schicke neue Welt 99; Eiszeit 00. (Red.)

Kunkelmoor, Fritz Arnold (* 46). Lyr. – **V:** Lebensfluss. ... dass innen horchen, G. 00; Hauptsächlich zwischendurch, G. 04. (Red.)

Kunst, Sonny, Pädagogin; Gagelstr. 16, D-27574 Bremerhaven, Tel. (04 71) 2 95 22, *sonnykunst@web.de* (* Bremen 25. 2. 28). Friedrich-Bödecker-Kr. 93; Ausz. d. Dt. Akad. f. Kinder- u. Jugendlit. Volkach 95, Leopold-Medienpr. 05; Rom., Lyr., Erz., Liedtext. – **V:** Der Klingelknopf im Suppentopf 87; Die Geschichte vom Ring der Nibelungen, Kdb. 95, Neuaufl. 03, 2. Aufl. 07 (auch Hörb.); Das geraubte Blau 97; Seedorfs auf großer Fahrt, Nr. 02; Durchwachsen, Lyr. 07; Die Geschichte vom Fliegenden Holländer 08. – **MA:** Prosau. Lyr.-Beitr. f. Erwachsene u. Kinder in Anth. u. Zss., seit 90. – **P:** vertonte Texte auf CD u. Tonkass. seit 90, u. a.: Komm, du kleiner Racker; Flaschenpost, Schallpl. u. CD 07.

Kunst, Thomas, Bibliotheksangestellter; August-Bebel-Str. 82, D-04275 Leipzig, Tel. (03 41) 2 28 40 06, *Thomas_Kunst@web.de, www.thomaskunst.de* (* Stralsund 9. 6. 65). P.E.N.-Zentr. Dtld 07; Dresdner Lyr.pr. 96, Villa-Massimo-Stip. 03, F.-C.-Weiskopf-Pr. 04, Rom., Lyr., Erz. – **V:** Besorg noch für die Segel die Chaussee, G. u. Erz. 91; Die Verteilung des Lächelns bei Gegenwehr, G. u. Texte 92; Medelotti, Texte 94; Der Schaum und die Zeichnung von Pferd, G. 98; Martellis Untergewicht. Eine Leichtigkeit, R. 99; Die heftigen Strände der Doresa Mandolf, Erz. 00; was wäre ich am fenster ohne wale, G. 05; Sonntage ohne Unterschrift, R. 05; Vergangenheit für alles, Son. 08; Estemaga, G. 08. – **P:** rein theoretisch adieu, Hörb. 03.

Kuntz, Mark, Dipl.-Psych., Journalist, Autor; Friedensallee 61, D-22763 Hamburg, Tel. (0 40) 2 29 06 21 (* Hamburg 62). Rom. – **V:** Der letzte Raucher. Nachrichten von e. aussterbenden Art 05; Die richtige Frau 07; Besser als Sex 08. (Red.)

Kuntz, Stefan, Freier Theatermacher, Geschichtenerzähler, Unternehmensberater f. Künstler; Mutzer Str. 43, D-51467 Bergisch Gladbach, Tel. (0 22 02) 70 88 70, Fax 70 87 87, *stefan.kuntz@geschichten-erzaehlen.de, www.geschichten-erzaehlen.de* (* Krefeld 7. 1. 50). VS 01; Erz., Dramatik, Kritik, Funk, Sachb. – **V:** Die Rote Rübe, UA 81; Max und die wilden Kerle, UA 81; Wer hat Angst vor'm schwarzen Mann, UA 84, alles Bühnentexte; Karin will nach Kairo 89; Auf und Davon 89, beides Bühnen-Ms.; Als Papa fast verlorenging, Dramatisierung e. Erz. v. Ragnhild Nilstun, UA 93; Er hasst mich, hasst mich nicht, er liebt mich u., Bühnen-Ms. 93; Mäusespeck und Drachenbart, UA 93; Jacken abziehen, UA 95; Einfach irre, UA 95; Schmoller, Dramatisierung e. Erz. v. Gottfried Keller 97; Stories 1+2 01, 02; Veröff. zahlr. Sachb. – **MV:** Regenwürmer sind kein Scheidungsgrund, m. Petra Afonin u. Leonore Franckenstein, UA 88. – **MA:** Beitr. in Anth.: Brit. Kinder- u. Jugendtheater, z. „Spielkreis" H.3 74; Sozialpädagogik und Spiel 76, 79; Spielpädagogik 78, 79; Mann oh Mann, wie bist du schön, Männerkal. 81; Animationstheater 88; Zacher 00; Bibliothek dt.sprachiger Gedichte. Ausgew. Werke VII/04; zahlr.Beitr. in Zss.: ASSITEJ Mitt. 1/72–73; Dt. Bühne 11/75, 8/77; Grimm & Grips 3/75; Spielkreis 3/75, 1–2/76, 9/76 12/76; dt. jugend 5/76; Rhein. Heimatpflege 2/77; schwalbacher bll. 1/78; päd.extra 2/78; Off-Informationen (auch Red.) seit 98; Kunst und Kultur; Troitoir; Wortspiegel; GEW Forum; off & spiel; IG Medien; Kulturpolitische Mitteilungen, Puppenspiel-Informationen; UNI-Mag.; Theater der Zeit u. a. – **R:** Leih mir Dein Ohr. Geschichtenerzähler in Westafrika, WDR 3 87; Un conteur allemand en afrique occidentale, Dt. Welle 87; La conte du caillou du soupe, DW Afrika 87; Praxis Schulfernsehen 96/84. – **P:** S.K. erzählt. Stories aus dem Leben., Hörb. auf CD 03. – *Lit:* Badische Ztg. 27.4.89; www.nrw-autoren-im-netz.de. (Red.)

Kunze, Peter, ehem. Red.; c/o Egmont Franz Schneider Verl., München (* Kiel 31.3.41). Sach- u. Kinderb., Rom. – **V:** Die Kippnase 76; Cora-Cora oder Der Streik der Tiere 79; Das Versteck im Park 80; Der geheimnisvolle Ring 83; Bleib bei uns, kleiner Hund! 87, alles Kdb.; Der Färingische Traum, R. 87; Himmlischer Frieden, R. 90; Kdb.-Reihe „Das Trio mit Pfiff". Bd 1: Darling findet ein Zuhause 91, Bd 2: Romeo und Julia 91, Bd 3: Drei Mädchen machen Schlagzeilen 91, Bd 4: Strandkorb-Geflüster 91, Bd 5: Im Zelt auf dem Hubertushof 92, Bd 6: Alle suchen Tommy 92; Kdb.-Reihe „Die verflixte 7b". Bd 1: Dicke Luft im Klassenzimmer 92, Bd 2: Die unheimliche Bio-Stunde 92, Bd 3: Der große Lacherfolg 92, Bd 4: Klassenfahrt ins Abenteuer 92, Bd 5: Unterricht im Hexenhaus 93, Bd 6: Volltreffer mit blauen Flecken 93, Bd 7: Der Affe ist los! 94, Bd 8: Ein Dino in der Turnhalle 94, Bd 9: Mit Volldampf ins Rathaus 95, Bd 10: Wer klaut denn da? 95, Bd 11: Ein Schuß in den Ofen 96, Bd 12: Mopsen mit Finderlohn 96; i. d. Kdb.-Reihe „Das Internat am Genfer See": Bd 3: Die Neue aus China 95, Bd 8: Melinas Geheimnis 97; Angriff am Netz 97; Im Strafraum brennt's 98; Eine Klasse startet durch 01; mehrere Sachb. – **MA:** In allen Häusern, wo Kinder sind 75; Auge um Auge – Zahn um Zahn 77; Gute Nachbarn – böse Nachbarn 78; Die Geschichte von Yü-Gung oder wie man Berge versetzen kann 83; Mädchen-Kalender 87.

Kunz, Gregor, Journalist, Publizist; Bischofsweg 16, D-01097 Dresden, Tel. u. Fax (03 51) 8 01 52 03 (* Berlin 8. 10. 59). Lyr.pr. Meran (1. Förd.pr.) 94; Lyr. – **V:** Poets Corner Nr. 13, G. 92; Nordbad, Texte, G. u. Fotogr. 96; Luftschiffhalde, G. 00. – **MA:** Zss.: Temperamente; ndl; orte; INN; Sklaven; Ostragehege; SAX; eDit; Sklaven-Aufstand; Lit. u. Kritik; entwürfe f. lit.; Anth.: Auswahl 1986 88; Wider den Schlaf d. Vernunft 90; Ausdrückliche Klage aus d. inneren Emigration 91; In keiner Zeit wird man zu spät geboren, Lit. März 7 91; Monolog d. Sandes 92; Böhmen, e. literar. Portr., 98; Schokoladenbruch 95; Warteräume im Klee 95; Bekehrung am Elbufer 97; Der Garten meines Vaters 99. (Red.)

Kunze, Heinz Rudolf, Liedermacher, Rocksänger; c/o Büro Heinz Rudolf Kunze, Wolfgang Stute, Postfach 5703, D-30057 Hannover, Tel. (05 11) 9 08 87 22, Fax 9 08 86 12, *buero@heinzrudolfkunze. de, www.heinzrudolfkunze.de.* c/o Christoph Links-Verl., Schönhauser Allee 36/Haus S, D-10435 Berlin, Tel. (0 30) 44 02 32 10, Fax 44 02 32 29 (* Espelkamp 30.11.56). Lit.förd.pr. d. Stadt Osnabrück 78, Klein-

kunstpr. „Berliner Wecker" 82, Willy-Dehmel-Pr. 82, Dt. Schallplattenpr. 83, RTL-Sonderlöwe in d. Sparte „Neues Deutsches Lied" 87, Musical-Pr. „Image" 98, Niedersächs. Staatspr. 07. – **V:** Deutsche Wertarbeit. Lieder u. Texte 1980–1982 84; Papierkrieg. Lieder u. Texte 1983–1985 86; Mücken und Elefanten. Lieder u. Texte 1986–1991 92; Nicht daß ich wüßte. Lieder u. Texte 1992–1995 95; Heimatfront. Lieder u. Texte 1995–1997 97; Klärwerk. Lieder u. Texte 1998–2000 01; Vorschuß statt Lorbeeren. Texte 2000–2002 03; Ein Sommernachtstraum. Das Musical nach W. Shakespeare 05; Artgerechte Haltung. Texte 2003–2005 06; Ein Mann sagt mehr als tausend Worte. Texte 2006–2007 07. – **P:** Reine Nervensache 81; Eine Form von Gewalt 82; Der schwere Mut 83; Ausnahmezustand 84; Die Städte sehen aus wie schlafende Hunde 84; Dein ist mein ganzes Herz 85; Wunderkinder 86; Deutsche singen bei der Arbeit – Live 87; Einer für alle 88; Gute Unterhaltung 89; Brille 91; Draufgänger 92; Kunze: Macht Musik 94; Richter-Skala 96; Alter Ego 97; Korrekt 99; Halt 01; Rückenwind 03; Das Original 05; Man sieht sich – 25 Jahre Heinz Rudolf Kunze 05; Klare Verhältnisse 07; – literar. Programme: Sternzeichen Sündenbock 91; Der Golem aus Lemgo 94; Wasser bis zum Hals steht mir 02; Kommando Zuversicht 06. – **Ue:** Musicals: Les Miserables 87; Miss Saigon 92; Joseph 96; Rent 99. – *Lit:* Peter Badge: H.R.K. Agent Provocateur, Bildbd m. CD 99; Karl-Heinz Barthelmes: H.R.K. – Meine eigenen Wege, Biogr. 07. (Red.)

Kunze, Michael (Ps. Stephan Prager), Dr. jur., Schriftst.; Kritenbarg 46, D-22391 Hamburg, Tel. (0 40) 611 68 73, Fax 61 16 84 27, *michaelkunze@ michaelkunze.info, michaelkunze.info* (* Prag 9. 11. 43). GEMA, VG Wort, D.U., Dramatists Guild N.Y.; 64 Gold. Schallpl. u. CDs, 21 Platin-CDs, Gold. Europa 71 u. 76, Grammy 76, Paul-Lincke-Ring d. Stadt Goslar 85, Heinz-Bolten-Baeckers-Pr. d. GEMA 94, GEMA-Ehrenring 97, Stimmgabel in Platin 03; Rom., Drama, Fernsehdrehb., Übers., Musiktheater, Lied, Chanson. Ue: engl. – **V:** Der Prozeß Pappenheimer, Sachb. 81; Straße ins Feuer, R. 82 (auch engl., port., jap.); Der Freiheit eine Gasse, R. 90; Hexen Hexen, UA 91; Elisabeth, UA 92; Tanz der Vampire, UA 97; Mozart!, UA 99, alles Musicals. – **MV:** Warum ich Pazifist wurde, m. Heinrich Albertz u. a., Ess. 83; Die Bedeutung der Wörter, Studien 91; Rechtsgeschichte in den beiden deutschen Staaten (1989–1990) 91; Der Kampf ums Recht 95. – **R:** Drehb. zu: Liebe ist… 84–85; Schneezauber 85–86; Bravo, Catrin 86; Weil wir leben wollen 86; Show mal zwei 86; Showgeschichten 86–88; Willkommen in München 87; Menschen, die helfen 88; ARD-Sportgala 88–93; Bambi '90-'94; The Peter Ustinov Gala 91; ARD-Chorgala 91, 92, 94; Die Peter-Alexander-Show 97; Viccos Geburtstag 95; Die Inge-Meysel-Gala 95; Gala Der goldene Löwe 96. – **P:** über 2000 CD- u. Schallpl.veröff.; Titelsongs für zahlr. Filme; zahlr. Chansons u. Kabarett-Texte, u. a. für Münchner Lach- u. Schießgesellschaft, Lore Lorentz, Dieter Hildebrandt. – *Lit:* Munzinger-Archiv, seit 82; Wer ist Wer?, seit 85.

Kunze, Monika (Monika Melcher), Journalistin, Autorin; Teichstr. 62a, D-02943 Weißwasser, Tel. (0 35 76) 24 08 89, Fax 24 08 89, *mail@monika-kunze.de, www. monika-kunze.de* (* Bruch, jetzt: Lom/Tschechien 19. 11. 44). Förd.kr. f. Lit. in Sachsen 97, VS 00; Reisestip. d. Ldes Sa. 00; Belletr., Publizistik. – **V:** Das Stehauf-Frauchen, R. 97, 99; Wenn die Liebe stirbt ..., R. 01; Zuhause ist anderswo, R. 03; Dreimal sieben Jahre 06; Jan und Paulas Abenteuer im Hexenhaus 07. – **MA:**

Kunze

Steinlese, Anth. 01; Reader's Digest 10/01; Signum, H.1 06. (Red.)

Kunze, Reiner, Dr.phil. h.c.; Am Sonnenhang 19, D-94130 Obernzell-Erlau, *www.reiner-kunze.com* (* Oelsnitz/Erzgeb. 16.8.33). Bayer. Akad. d. Schönen Künste 74, Akad. d. Künste Berlin (West) 75–92, Dt. Akad. f. Spr. u. Dicht. 77, P.E.N. 77–97, VS 77–82, Freie Akad. d. Künste Mannheim 93, Sächs. Akad. d. Künste, Gründ.mitgl. 96, EHRENMITGL.: Ungar. S.V. 91, Collegium europaeum Jenense d. U.Jena 92, Tschech. P.E.N. 94, Sächs. Lit.rat 99, FDA, Neue Fruchtbringende Ges. zu Köthen/Anh.; Med. d. tschechoslow. Ges. f. intern. Beziehungen in Silber, Pr. f. Nachdicht. d. tschechoslow. S.V. 68, Dt. Jgd.lit.pr. 71, Lit.pr. d. Bayer. Akad. d. Schönen Künste 73, Intern. Mölle-Lit.pr. (Schweden) 73, Georg-Trakl-Pr. 77, Andreas-Gryphius-Pr. 77, Georg-Büchner-Pr. 77, Bayer. Filmpr. 79, Geschwister-Scholl-Pr. 81, Eichendorff-Lit.pr. 84, BVK I. Kl. 84, Bayer. Verd.orden 88, Kulturpr. Ostbayern 89, Herbert-u.-Elsbeth-Weichmann-Pr. 90, Hanns-Martin-Schleyer-Pr. 90, Gr. BVK 93, Kulturpr. dt. Freimaurer 93, Dr. h.c. U.Dresden 93, E.bürger d. Stadt Greiz/Vogtld 95, Kulturpr. d. Landkr. Passau 95, Weilheimer Lit.pr. 97, Europapr. f. Poesie d. KOV, Serbien 98, Friedrich-Hölderlin-Pr. d. Stadt Homburg 99, Christian-Ferber-E.gabe d. Dt. Schillerstift. Weimar 00, Bayer. Maximiliansorden 01, Hans-Sahl-Pr. 01, Kunstpr. z. dt.-tsch. Verständigung 02, Ján-Smrek-Pr., Slowakei 03, E.bürger d. Stadt Oelsnitz/Erzgeb. 03, STAB-Pr. d. Stift. f. abendländ. Besinnung, Zürich 04, Übers.pr. „Premia Bohemica" d. Gemeinsch. d. Schriftst. Tschechiens 04, E.gast d. Heinr.-Heine-Hauses Lüneburg 06, Pr. d. Weidener Lit.tage 08, Memminger Freiheitspr. 1525 09; Lyr., Ess., Erz., Film, Übers. Ue: tsch, ung. – **V:** Vögel über dem Tau, G. 59; Lieder für Mädchen, die lieben, G. 60; Halm und Himmel stehn im Schnee, G. 60; Aber die Nachtigall jubelt, heitere Texte 62, 63; Widmungen, G. 63; Vĕnování, G. (Ausw. in tsch.) 64; Poesiealbum 11, G. 68; Sensible Wege, G. 69, Tb. 76, 6. Aufl. 83, erw. Neuausg. u. d. T.: Sensible Wege u. frühe Gedichte 96, 4. Aufl. 03; Der Löwe Leopold, Erzn. 70, Tb. 74, 15. Aufl. 95, Neuausg. 87, Tb. 3. Aufl. 03, Schallpl. 78 (auch dän., frz., jap., holl., norw., span.); Der Dichter und die Löwenzahnwiese, Erz. 71, Neuausg. 83; Zimmerlautstärke, G. 72, Tb. 77, 18. Aufl. 03; With the volume turned down, G. (Ausw. in engl.) 73; Brief mit blauem Siegel, G. 73, 74; Dikter över alla gränser, G. (Ausw. in schw.) 73; Die wunderbaren Jahre, Erzn. 76, Tb. 78, 31. Aufl. 03, Drehb. 79 (auch am., dän., engl., frz., fin., holl., isl., ital., jap., nor., schw., span., rum.); Die Bringer Beethovens, G. 76; Wintereisenbahnhochzeit, Ess. 78; Das Kätzchen, G. 79; Ergriffen von den Messen Mozarts, Ess. 81; With the volume down low, G. (Ausw. USA) 81; Auf eigene Hoffnung, G. 81, Neuausg. 83, Tb. 87, 9. Aufl. 05; Eine stadtbekannte Geschichte, Erz. 82; Gedicht sensibili, G. (ital.-dt. Ausw.) 82; In Deutschland zuhaus. Funk- u. Fs.-Interviews 1977–1983 84; Gespräch mit der Amsel, G. 84; Poemas, G. (port.-dt. Ausw.) 84; R.K., La Poesia Traducida (span. Ausw. Argentinien) 85; Eines jeden einziges Leben, G. 86, Tb. 94, 3. Aufl. 03; Das weiße Gedicht, Ess., 1.u.2. Aufl. 89; Deckname „Lyrik", Dok. 90, 3. Aufl. 03 (auch rum., serb.); Wohin der Schlaf sich schlafen legt, G. f. Kinder 91, 5. Aufl. 93, Tb. 94, 6. Aufl. 03; Mensch ohne Macht. Dankreden 91; Am Sonnenhang. Tagebuch e. Jahres 93, Tb. 95, 3. Aufl. 03; Wo Freiheit ist ..., Gespräche 1977–1993 94; Steine und Lieder. Namibische Not. u. Fotos 96; Der Dichter Jan Skácel, Portr. 96; sn v isgnanije, G. (bulg. Ausw.) 96; Bindewort „deutsch", Reden 97; Jako vĕči z hlíny. wie die dinge aus ton, G. (tsch.-dt. Ausw.) 97; Ein Tag auf dieser Erde, G. 98, 6. Aufl. 99, Tb. 00; Tschaj od jasmina, G. (serb. Ausw.) 98; R.K.: Poesie, G. (makedon. Ausw.) 00; o zi pe acest paÔEmînt, G. (rum. Ausw.) 00; Un jour sur cette terre, G. (frz.-dt.) 01; Gedichte 01 (auch korean.); Die Aura der Wörter, Denkschr. 02, 3. Aufl. 03, erw. Neuausg. 04, 2. Aufl. 04; Der Kuß der Koi, Prosa u. Photos 02; Moneta visomis kalbomis, G. (litau.) 03; Parole & Segni, G. (m. Ill. v. Giuseppe Maraniello) 03; Bleibt nur die eigne Stirn, Reden 05; lindennacht, G. 07, 2. Aufl. 08 (auch korean.); remont poranka, G. (poln. Ausw.) 08; (Übers. insges. in 30 Spr.). – **MV:** Die Zukunft sitzt am Tische, m. Egon Günther, G. 55; Georg-Büchner-Preis 1977 an Reiner Kunze, m. Heinrich Böll, Reden 77; Die Intellektuellen als Gefahr für die Menschheit oder Macht u. Ohnmacht d. Literatur. Ein Gespr. zwischen Günter Kunert u. R.K. ... 99; Zeit für Gedichte? Fernsehgespräch m. Peter Voß 00; Deutsch. Eine Sprache wird beschädigt, m. Wolfg. Illauer, Hans Krieger u. a. 03; Die Chausseen der Dichter, Gespräch m. Mireille Gansel 04 (auch engl. u. frz.); Mensch im Wort, Gespräch m. Jürgen P. Wallmann 08. – **H:** Mein Wort – ein weißer Vogel. Junge dt. Lyrik 61; Das Brot auf dieser Erden. Ausw. aus d. Werk Peter Nells 62; Elisabeth Kottmeier: Die Stunde hat sechzig Zähne, G.-Ausw. 84; Über, o über dem Dorn, G. aus 100 Jahren 86; Aus den Briefen d. Mautners Hans Salcher, Briefe 97; Vytautas Karalius: Die ewige Jugend d. Zeit, Aphor. u. Paradoxa 03. – **MH:** Die Sonne des anderen, Peter-Nell-Ausw. 59; Mir gegenüber 60. – **P:** Die wunderbaren Jahre, Spielf. 80. – **Ue:** Der Wind mit Namen Jaromír, Nachdicht. tsch. Lyr. 61; Die Tür, Nachdicht. aus d. Tschech. 64; Ladislav Dvorský: Der Schatz d. Hexe Funkelauge, Kom. f. Puppen u. Schauspieler 64; Josef Topol: Fastnacht, Sch. 66; Ludvík Kundera: Neugier, Hsp. 65; Der Abend aller Tage, Hsp. 67; Jan Skácel: Fährgeld für Charon, G. 67, Neuausg. 89; Vladimír Holan: Nacht mit Hamlet 69; Vor einer Schwelle 70; Antonín Brousek: Wunderschöne Sträflingskugel 70; Miloš Macourek: Eine Tafel, blau wie der Himmel, Erz. 82; Jan Skácel: Wundklee, G. 82, Tb. 89; Lenka Chytilová/László Nagy: Manchmal schreibt mir das Weibchen des Kuckucks, G. 82; Tschechische Märchen zur guten Nacht 85; Jaroslav Seifert: Erdlast, G. 85; Jan Skácel: Das blaueste Feuilleton, Prosa 89; ders.: Die letzte Fahrt mit der Lokalbahn, Prosa 91; Milena Fucimanová: Schmerzstrauch, G. 97; B. Reynek/J. Zahradníček/I. Blatný: Hoffnung auf Heimkehr, Lyr. 02; Wie macht das der Clown, Anth. tsch. Poesie 02. Jh., Lyr. 02; Wo wir zu Hause das Salz haben, Nachdichtn. aus versch. Sprachen 03; Petr Hruška: jarek anrufen, G. 08. – **MUe:** Milan Kundera: Die Schlüsselbesitzer, Sch., m. B.K. Becher 62; Marie Skálová: Die Schuld der Unschuldigen, Lebenserinn., m. Elisabeth Kunze 99. – *Lit:* Helga Anania-Hess: L'opera poetica di R.K., Diss. U.Urbino, Ital.; Jürgen P. Wallmann: R.K., Mat. u. Dokumente 77; Karl Corino: R.K., der Moralist, Ess. in: D. wunderbaren Jahre, Lyr., Prosa, Dokumente 79; Rudolf Wolff: R.K. – Werk u. Wirkung 83; Heiner Feldkamp: R.K. – Mat. zu Leben u. Werk 92; ders.: Sichtbar machen. Bild u. G. im Werk R.K.s 91; Herbert- u. Elsbeth Weichmann-Pr. 1990 f. R.K. o. J. (91); Hanns Martin Schleyer-Pr. 1990 u 1991 91; Walter Schmitz (Hrsg.): Sprachvertrauen u. Erinn., Reden z. Ehrenpromotion v. R.K. 94; Volker Strebel: R.K.s Rezeption tschech. Lit. 00; Friedrich-Hölderlin-Preis. Reden z. Preisverleihung am 7. Juni 1999 00; R.K. – Hans-Sahl-Preisrede, m. Ulrich Schacht u. Joachim Walther 01; Christian Eger: Böhmische Dörfer...

Sieben Var. über d. Dichter R.K., in: die horen 210/03; ders: Ohne Traumata kein Leben. Ein Gespr. m. R.K., ebda; Ulrich Zwiener/Edwin Kratschmer (Hrsg.): Das blaue Komma – zu R.K.s Leben u. Werk 03; Manfred Jäger in: KLG.

Kunze, Thilo; Am Tegeler Hafen 38, D-13507 Berlin, *TDKunze@aol.com, www.thilo-kunze.de* (* Cottbus 26. 10. 72). Lyr., Erz. – **V:** Aus dem Leben der Phasmegeanten, Texte u. Lyr. zu Bildern u. Zeichn. v. Karola Smy 97; Verwandlungen 01. – **MA:** Der Leinpfad 99. (Red.)

Kupczyk, Nina, Schauspielerin, Opernregie-Studentin; *Nina.Kupczyk@t-online.de* (* Bremen 14. 5. 75). Richard-Wagner-Stip.; Rom., Erz., Lyr. – **V:** Der Lehrer und das Wunderkind, R. 00. – **MA:** Lyr. u. Prosa in: Zeichensuche 96; Aspekte 97; Allernächst & weite Ferne 97; Ein Übermaß an Welt 98, alles Anth. (Red.)

Kuper, Michael, Dr. phil., freier Schriftst., Kulturwiss.; Versener Str. 53, D-49716 Meppen (* Haselünne 23. 4. 60). Rom., Ess., Lyr., Biogr., Sachb. (Kunst- u. Kulturgeschichte). Ue: engl, kelt. – **V:** Marionettentango im Welttheater, G., Kurzgeschn. 78; Portus Urini – Die Hirnklempner u. anderes, Dr., Grotn. 80; Der Narrenspiegel 88; John Dee und der Engel vom westlichen Fenster 93; Zur Semiotik der Inversion: Verkehrte Welt und Lachkultur im 16. Jh. 93; Agrippa von Nettesheim. E. echter Faust 94; Kinderkreuzzug oder Die Reise nach Genua 95; Roger Bacon. Der Mann, der Bruder Williams Lehrer war 96; Nettesheim oder Wie man Feuer fängt 96; Jackson Pollock 97. – **MV:** The United Trade a. Turn Company: Here we are! Drachensaat 1. E. Textausw. 80; Einwegrasur oder Worte wirken länger, m. Markus Eiden 93. – **B:** Die Vereinigung des Feuers, Ursprungsmythen d. Winnebago-Indianer 90. – **MA:** Menschenfresser/Negerküsse 91; Phantasie und Phantastik 93. – **H:** Hungrige Geister und Rastlose Seelen 91; Das schwarze Loch im Bremer Ratskeller 02. – **MH:** Berliner Beiträge zur Kultursemiotik, m. Günter Bentele, Ivan Bystrina 90. – **P:** 500 Jahre Sebastian Brants „Das Narrenschiff", szen. Lesung m. Musik, Tonkass. 94. – **Ue:** Jeana McKennedy: Hey women, listen! in: Drachensaat 1 80; Wie der Widerspruch in der Welt kam (auch hrsg.) 98. (Red.)

Kupferschmitt, Rudy, Dipl.-Volkswirt; Madenburgstr. 24, D-67065 Ludwigshafen, Tel. (06 21) 57 52 43, Fax 5 79 26 98, *kuvaru@gmx.de* (* Ludwigshafen 13. 1. 54). Die Räuber '77 92; Mannheimer Kurzgeschn.pr. 92, Oberrhein. Rollwagen 93, Pfälzer Mundarttheaterpr. 99 u. 05, Saarländ. Mundartpr. 07, versch. Preise Pfälzer Mda.wettbewerbe. – **V:** Keschdezeit, UA 99; Zidronezeit, UA 03; Erntezeit, UA 05; Pälzer in future, UA 05, alles Kom. – **MV:** Kupferschmitts im Doppelpack, m. Van Kupferschmitt 01. – **MA:** Spuren d. Zeit, Bd 7 92; Zwei Koffer voller Sehnsucht 93; Perforierte Wirklichkeit 94; Der letzte Drache 96; Liebe – was sonst? 98; Nur ein paar Schritte zum Glück 99; Fenster, geklappt 01; Mannheim, was sonst 01; Ein ordawider yaar der 02; Kunstpreis 2006 05 u. 2007 07; Die Räuber 77. 30 Jahre 07, alles Anth.

Kupka, Ludwig, Maler, Dichter; Untere Ringstr. 23, D-79859 Schluchsee, Tel. (0 76 56) 98 76 95, *Ludwig. Kupka@web.de.* c/o L.Kupka im Hotel Vier Jahreszeiten, D-79859 Schluchsee (* Freiburg/Br. 26. 11. 59). Kg. 05; Murnauer Künstlerlogen-Podiumspr. 05; Lyr. – **V:** Zeitentiefe, G. 07.

Kupkow, Andrea; Schmiljanstr. 23, D-12161 Berlin, Tel. u. Fax (0 30) 21 75 58 84. Lit.pr. „Siegessäule", Stip. d. Ldes Berlin; Lyr. – **V:** Verwaiste Tränen 80; Irritation desparat, G. 00. (Red.)

Kupper, Regula (auch Regula Kupper-Mazenauer, geb. Regula Mazenauer), Kleinkinderzieherin; Rychenbergstr. 15, CH-8400 Winterthur, *raegi@bluewin.ch* (* Grindelwald 11. 7. 62). – **V:** Pfefferminztee mag ich nicht trinken und die andere Geschichte, R. 99. (Red.)

Kuppler, Lisa (Ps. Merle Faber, Valerie Schönfeld, Rosa Welz), Lektorin, Übers., Hrsg., Red., Autorin; Das Krimibüro, Dunckerstr. 17, D-10437 Berlin, *lisa. kuppler@krimilektorat.de* (* Esslingen 63). Bücher-Frauen, Dt. Tolkien Ges.; Rom., Kurzgesch. Ue: engl. – **MV:** Sturm der Liebe 06; Ausgerechnet Paul 07; Sturzflug ins Glück 07, alle m. Carlo Feber. – **H:** Queer Crime 02; Erotische Krimis mit Schuss, 4 Bde 03; Mord isch kald a Gschäft 04; Bisse & Küsse III, 04 u. IV 06; Tödliches Blechle 06; A Schwob A Mord? 08. – **Ue:** Mickey Spillane: Verkorkst 00, Tote kennen keine Gnade 01, Tod mit Zinsen 02, Das Ende der Straße 08; William Maltese: Dessous zum Sterben 00; Billy Waugh: Der Terroristenjäger 05; P.N. Elrod: Vampirdetektiv Jack Fleming. Blutzirkel 05; Dahlia Schweitzer: Sex mag ich eigentlich gar nicht 05; Laura Anne Gilman: Das Talent 07; Jennifer Armintrout: Besessen 08; Barbara C. Pope: Im hellen Licht des Todes 08.

Kur s. Reinke, Klaus Ulrich

Kura, Michaela (geb. Michaela Wendeler), Dipl.-Designerin, Autorin; Glehner Str. 52, D-41564 Kaarst, *www.aufgelesen.de* (* Bonn 8. 4. 71). BVJA 01; Lyr., Prosa. – **MV:** Zugeständnisse, m. Renate Berg, Lyr. u. Prosa 01 (m. CD, auch bearb.). – **B:** Buchstäblich 01. – **MA:** Zwischen Heine + Altbier 99; Tränen 00; Kleine Wunder, die uns begegnen 01; Farbbogen 03, alles Anth.; Beitr. in Lit.zss., u. a.: Literatur am Niederrhein. – **MH:** Dichter Nebel am Niederrhein, Anth. 02. (Red.)

Kurberg, Horst, StudDir. a. D.; Pestalozzistr. 44b, D-25826 St. Peter-Ording, Tel. (0 48 63) 36 09 (* Hamburg-Bergedorf 5. 5. 21). Bugenhagen-Med. d. Nordelbischen Ev.-Luth. Kirche. – **V:** Einquartierung, R. 98. – **MA:** Streifzüge durch Eiderstedt 89; Tönning im Wandel der Zeiten 90, beides Landsch.schild.; Blick über Eiderstedt, hist. Schild. 91. – **H:** Geschichte der Propstei Eiderstedt, Sachb. 84. (Red.)

Kurbjuhn, Martin, Red., Schriftst. (* Kassel 37). Stip. Künstlerhof Schreyahn 85/86, Projektstip. d. Edition Mariannenpresse 86/87, Arb.stip. f. Berliner Schriftsteller 87, Lit.stip. d. Stift. Preuss. Seehandlung 90, Alfred-Döblin-Stip. 88, Arb.stip. f. Berliner Schriftst. 08. – **V:** Staatsgäste, Erz. 88; Der Mann und die Stadt, R. 99. – **R:** zahlr. Hsp., u. a.: Altersfürsorge 68; Erste Hilfe 68; Ausreden 70; Gräfenberg 70; Die Familie 72; Gegenbeweis 72; Klare Verhältnisse 72; Einfach anfangen 73; Die Reparatur 75; Arbeitslos 76; Orginalton 79; Öffentliche Armut 79. (Red.)

Kurbjuweit, Dirk, Reporter b. Spiegel, Leiter d. Spiegel-Hauptstadtbüros; Holbeinstr. 60, D-12203 Berlin, Tel. (0 30) 84 31 32 66 (* Wiesbaden 3. 11. 62). Egon-Erwin-Kisch-Pr. 98 u. 03. – **V:** Die Einsamkeit der Krokodile, R. 95; Schußangst, R. 98; Zweier ohne, N. 01; Unser effizientes Leben. Die Diktatur d. Ökonomie u. ihre Folgen 03; Nachbeben, R. 04; Nicht die ganze Wahrheit, R. 08. – **MV:** Operation Rot-Grün, m. Matthias Geyer u. Cordt Schnibben 05. – **F:** Schußangst, Drehb. 03. (Red.)

Kurella, Frank, Bankkfm.; *info@das-pergament-des-todes.de, www.das-pergament-des-todes.de* (* Düsseldorf 26. 2. 64). Quo vadis – Autorenkr. Hist. Roman. – **V:** Neuss im Mittelalter, Comic 04; Das Pergament des Todes, hist. Krim.-R. 07. (Red.)

Kurer

Kurer, Fred, Dr. phil.; Malvenweg 9, CH-9000 St. Gallen, Tel. u. Fax (0 71) 2 78 18 39, *fred.kurer@ bluewin.ch* (* St. Gallen 28. 5. 36). SSV 01; Lyr., Dramatik. Ue: engl. – **V:** epigonale strofen, Lyr. 56; Abschied von ..., R. 67; Nacht der offenen Tür, Bü. 80; Klassenzusammenkunft, Bü. 81; Texte, Noten, Improvisationen, Bü. 91; Kreta, Lyr. 96; Unser Verschwinden in Australien, Lyr. 96; Die lebendig begrabene Braut ... 01; Vom Wasser sprechen, Bü., Lyr. 03; Da bin ich doch auch gewesen, oder nicht? 05; Darüberschreiben / dröber schriibe, Lyr. 06; Das Glück in St. Gallen, Lyr. 08. – **MV:** Hierzulande hat jedermann nur den Säntis im Auge, Lyr. 00; Tote Puppen tanzen nicht, Bst. 02, beides m. Ivo Ledergerber. – **B:** Max Hungerbühler: Briefe nach Hause 00. – **MA:** zahlr. Beitr. in Lit.zss. seit 56, u. a.: NOISMA; Unter Kennwort; Kuartet Poetik. Ein dichteriches Quartett, Lyr. 04 (auch alb.). – **H:** Martita Jöhr: Haikus 99; dies.: Kleine weisse Wolke, Fsf. 73; Warum lesen Sie keinen Conrad?, Hsp. 05. – **Ue:** Der Gardist, Musical 00. – *Lit:* Heinrich Mettler: F.K. – St. Galler, Weltreisender, Poet 98. (Red.)

Kurnitzky, Horst, Dr., Philosoph, Religionswiss., Essayist, Publizist, Architekt; Savignyplatz 4, D-10623 Berlin, Tel. (0 30) 3 12 88 41, *kurnitz@zedat.fu-berlin. de*. Xotepingo 59b, MEX-04370 México, D.F./Mexiko, Tel. 55 49 07 73, 53 36 34 55, *llaneza@servidor.unam. mx* (* Berlin 23. 8. 38). VS 76; Ess., Hörsp., Feat. – **V:** Versuch über Gebrauchswert, Ess. 70, 73; Ödipus, Ess. 78, 81; Der heilige Markt. Kulturhist. Anmerkungen 94; Veröff. in span. Sprache. – **MV:** Zapata, m. Barbara Beck, Drehb. 75, 78; Deutsche Stichworte, m. Marion Schmid, Ess. 84. – **MA:** Beitr. in: Lettre International 15,IV/91; 34,III/96; 35,IV/96; 41,II/98; TAZ v. 1.3.95, 22.6.95; Frankfurter Rdsch. v. 20.7.96, 11.7.98; Kursbuch 129/97 u. a. – **F:** Niemanns Zeit, m. Marion Schmid 85; El Eco, m. Chr. Schneegass 97, beides Filmessays. – **R:** Die Kriege d. Medien, Hfk-Feat. 91; Auf der Flucht 94; Unterwegs in den Wahn 94; Germania – die neue Hauptstadt? 94; Rasende Bewegungslosigkeit 95, alles Hfk-Ess.; Richard u. Ludwig unterwegs im Reich – Die Aussteiger, Hörst. 95; Das Netz 96; Abschied v. d. zivilen Gesellschaft 96; Guerilla 2000 96; Traktat vom Sparen 96; Global Village 96; Ein Aufruf z. Gewalt 97; Das Fremde meiden 97; Unterwegs in die Risikogesellschaft 98; Der flexible Mensch 98, alles Hfk-Ess.; Mexico City – Hauptstadt d. Gewalt, Feat. 99. – *Lit:* s. auch 2. Jg. SK. (Red.)

Kurowski, Franz (Ps. K. Kaufmann, Joh. Schulz, Heinrich H. Bernig, Karl Alman, Gloria Mellina, Jason Meeker, Rüdiger Greif, Volkmar Kühn); Kötterweg 2, D-44149 Dortmund, Tel. (02 31) 65 02 21 (* Dortmund-Hombruch 17. 11. 23). D.J.V. 74; Öffentl. Anerkennung (in öffentl. Sitzung) d. Acad. de Marine, Paris 68, E.liste z. d. Öst. Staatspreisen 71, Kurt-Lütgen-Sachb.pr. 74, Sachb.pr. FDA 75, AWMM-Buchpr. 78, E.bürger v. Mexia/Texas 86, Gold. Eichenlaub z. Bismarckmed. in Silber, Bismarck-Erinnerungsmed. in Gold, St. Georgs-Verd.orden d. SDRO (Souveräner Deutschritter-Orden), Hermann-v.-Salza-Kulturpr. d. SDRO (Statue d. Hochmeisters Hermann v. Salza), Schles. Erinnerungsmed. 'Exoriare Aliquis Nostris Ossibus Ulter', Hermann-v.-Salza-Kulturpr. d. SDRO (Verleihung d. Statue d. Hl. Sankt Georg im Kampf m. d. Drachen), Ritter d. Ordens Equester Theutinicorum, Fellow of the Intern. Oceanographic Found. Miami/USA, Ernennung z. Reichsritter d. SDRO, Gr. Halskreuz d. SDRO, u. a.; Jugendb., Rom., Erz., Hörsp., Zeit- u. Kriegsgesch., Geschichte. Ue: engl. – **V:** Schatz der Santa Cruz 57, 59; Kampf am Todesfluß 57, 66; Aufstand in Hellas 57, 60; Malta muß fallen 57, 60; Panther, Jäger und Gejagte 57; Das Tal der Dämonen 57; Perlen, Haie, Silberpesos 48; Der Schatz im Dschungel 58; Die Fahrt der tausend Tage 58; Pensione Isabella 58; Auf den Spuren der Grenzschmuggler 58, alles Jgdb.; Der Weg nach Tobruk 59; Fahrt ohne Wiederkehr 59; Die verlorene Armee 59, 75; Tiger der Meere 59, 75; Und mit uns nach der Tod 60; Hölle Alamein 60; Der letzte Torpedo 60; Fahrt ins Verderben 60; Großlandung Seinebucht 61, 75 (auch fläm.); Unternehmen Overlord 61, 75; Fackeln der Vernichtung 61; Duell der Giganten 61, 75; Festung Europa 61, 75, alles R.; Horchposten Athen 62 (auch fläm.); Unter Indios und Banditen, Jgdb. 62; Insel ohne Wiederkehr, Jgdb. 61; Todesflottile, R. 61; Endstation Kaukasus, R. 62, 75; Tödlicher Atlantik, R. 62 (auch fläm.); Rotte der Verlorenen, R. 63; Ritter der sieben Meere 63, 75; Sprung in die Hölle 64, 65; Die Panzer-Lehr-Division 64; Von den Ardennen zum Ruhrkessel 65 (auch frz.); Der Kampf um Kreta 65, 2. Aufl. 68; Angriff, ran, versenken 65, 75; Brückenkopf Tunesien 67; Russisches Roulette 68 (auch holl.); Miss Brasilia, R. 68 (auch holl.); Im Lande der Furcht, Jgdb. 68; Goldpest, R. 69; Zwischen Tanger und Maipures, R. 69; Zelten im Land der Störche 69; Abenteuer im Tibesti 70; Anschlag auf Kribadamm 71; Das Diamantenfloß 72; Das Gold der Bäume 73; Geheimorder Itschabo 73, 76; Die Insel der schwarzen Panther 74; Wilde Mustangs weite Prärie 75, alles Jgdb.; Vier Freunde auf Safari, Erz. 75; Ritter der Wüste, Erz. 76; Schlucht ohne Wiederkehr, Jgderz. 77; Zu Wasser zu Lande in der Luft 77; Auf den Spuren der Berber 78; Die wilden Tiere Afrikas 78; Das große Rennen 78; Abenteuergeschichten wilder Mustangs 80, alles Jgdb.; Das Afrikakorps, Gesch. 80; Graue Wölfe in blauer See, Gesch. 80, 81; Heimatfront, Tats.-R. 80, 82; Der Panzerkrieg, Gesch. 80; Im Reich der Delphinmenschen 81; Diamanten auf dem Meeresgrund 81; SOS von Atlantik City 81; Unterseeschleppzug spurlos verschwunden 81; Jagd auf die Handelspiraten 81; Der Schatz im Birkenwald; Terror im Jugenddorf; Die Haschischbande wird entlarvt; Unternehmen Nachtschatten; Katzendieben auf der Spur, alles Jgdb. 81; Die Schlacht um Deutschland, Ess. 81; Günther Prien. Der Wolf und sein Admiral, Biogr. 81; Ölpestalarm vor Südamerika; Kemals letzte Chance; Jagd auf die Automarder; Operation Förderkorb; Die Falle schnappt zu; Das Ding mit den Briefmarken; Kampf um den Roten Blitz, alles Jgdb. 82; Das Vermächtnis, Biogr. 82; Der Unglücksrabe aus Fernost, Jgdb. 83; Karl Dönitz. Vom U-Boot-Kommandanten z. Staatsoberhaupt, Biogr. 83; Hilferuf der Silberdelphine 83; Nordseestation Alpha: Tödliches Gift 83; Automatenknacker am Werk 84; Erpresser leben gefährlich 84; Der Goldschatz am Badesee 84, alles Jgdb.; Generalfeldmarschall Albert Kesselring, Biogr. 85; Das Volk am Meer 86; Das Meer, Schatzkammer der Zukunft 86; Schwertgenossen – Sahsnotas 86; SOS für das Meer. Müssen Nord- u. Ostsee sterben? 89; Herrscher der Meere 90; Im Lande der wilde Mustangs 91; Sizilien. Geschichte e. Insel 91; Spanien. Im Auftrag d. Krone 91; Abenteuer mit wilden Pferden 92; Rommel in the Desert 92; Stalingrad. Die Schlacht, die Hitlers Mythos zerstörte 92; Fallschirm-Panuerkorps „Hermann Göring" 94; Jäger der Sieben Meere 95; Der Deutsche Orden. Geschichte e. ritterl. Gemeinschaft 97; Josef Grünbeck. Der Mensch u. sein Werk 97; Die Franken 98; Deutsche Kommandotrupps. Die Brandenburger im Einsatz 00; Verleugnete Vaterschaft. Wehrmachtsoffiziere schufen die Bundeswehr 00; Der Deutsche Orden. 800 Jahre ritterl. Gemeinschaft 00; Todeskessel Kurland 00; Bomben über Dresden 05; Deutsche Fallschirmjäger im Zweiten

Weltkrieg 1939–1945, 12. Aufl. 00; Operation Bagration. Zusammenbruch d. Heeresgruppe Mitte 01; Raketenpionier Arthur Rudolph – „Mister Saturn V" 01; Generaloberst Eduard Dietl. Heerführer am Polarkreis 01; Luftwaffen Aces in World War II 01, 04; Deutsche Kommandotrupps im Zweiten Weltkrieg, Bd II 01, 04; Herrscher der Morgenröte. Märchenhafte Königreiche Anatoliens 02; Panzer Aces II 02, 04; Heimatfront 03; Operation Zitadelle. The Decisive Battle of World War II 03; Battleground Italy 1943–1945 03; Erich von Manstein. An den Brennpunkten d. II. Weltkrieges 04; Hasso von Manteuffel. Armeeführer im II. Weltkrieg 05; Hans Joachim Marseille. Der Stern v. Afrika 05; Tiger. Geschichte e. legendären Waffe 05; Chronik des Bombenkrieges. Europas u. Japans Städte im Bombenhagel 06; Großadmiral Karl Dönitz. Vom U-Boot-Kommandanten z. Staatsoberhaupt 06; Thüringen – von der Vorzeit zum Heute. Herrscher – Residenzen, Land u. Leute 06, sowie ca. 65 weitere Titel; (Übers. u. Auslandsveröff. in Belgien, England, Estland, Finnland, Frankreich, Griechenland, Italien, Japan, Kanada, Niederlande, Österr., Polen, Portugal, Russland, Tschechien, USA). – **MV:** Haustochter zu sechs Rangen 57, 62; Vier fahren nach Griechenland 57, 59; Hausfrau in Vertretung 58, 59; Ferien im Kinderturm 60, 61, alles Märchen. m. Johanna Schulz; Sturmartillerie – Fels in der Brandung, m. Gottfried Tornau 65; Einzelkämpfer 67; Mein Freund Jan 67; Der Hauptgewinn 69; Gegenüber wartet jemand 70; Gitta ist prima 70. – **MA:** Ruhrtangente 72; Ein Dortmunder Leseb. 72; Sie schreiben zwischen Moers u. Hamm 72; Die Großen d. Welt 76, 78, II 78, 79; Spiegelbild, Anth. 78. – **R:** Die Kaiserin auf dem Drachenthron 58; Fragen an den Autor 70; Der Hunger und das Meer I–V 70, alles Hsp. – *Lit:* Autorenkr. Ruhr-Mark (Hrsg.): F.K. 60 Lebensjahre – 30 Jahre Dämonie d. schöpferischen Einfälle 83; Alfred Müller-Felsenburg in: Das gute Jugendbuch Il/93; Dr. Jörg Weigand: JMS-Report 5/98; ders.: Biographie u. Bibliographie v. F.K.; ders.: Die ganze Welt als Abenteuer – 60 Jahre Autor – Ein Leben als Wissensvermittler u. Erzähler, u. a. (Red.)

Kurrath, Winfried (Ps. Roman Krill; Journalist; Meckenheimer Str. 19, D-53919 Weilerswist, Tel. u. Fax (0 22 54) 52 69, *wkurrath@aol.com* (* Castrop-Rauxel 8. 2. 39). DJV 72; Journalistenpr. d. Bdesmin. f. wirtsch. Zusammenarb. 85, 88, d. Lebenshilfe 88, d. Dt. Krankenhausges. 93, d. Dt. Jagdschutz-Verb. 98; Erz., Ess., Hörsp. – **V:** team, pädagog. Hdb. 68; Pferdegoulasch & Co., autobiogr. Erz. 86; Meine Heimatstadt. Geschn. aus 5 Jahrzehnten, autobiogr. Erz. 00. – **MV:** Crash, pädagog. Hdb. 71; Nenikhkamen, m. Karl Wiehn, Reiseber. 74; Mit dem Volk unterwegs, m. Reinhard Kellerhoff, Bernd Schwingboth, Reiseber. 85; 2 pädagog. Werkb. 64. – **B:** 1 Festschr. – **MA:** Erzn., Repn., Reiseber. in mehreren Prosa-Anth., u. a.: Junger Westen, 11. Leseb. 96. – **MH:** Meine Heimatstadt Castrop-Rauxel, m. Manfred van Fondern 00. – **F:** Kirche ist Gemeinschaft 1 u. 2 82. – **R:** Bauer Gonçalves muß dem Staudamm weichen, Hsp. 80; Der erfolgreiche Widerstand der Menschen von São Felix, Hsp. 80. (Red.)

Kurth, Cornelia, freie Autorin; Krankenhäger Str. 22, D-31737 Rinteln, Tel. (0 57 51) 95 84 93, *kurthtext @aol.com* (* Rendsburg 60). Bremer Lit.stip.; Rom., Erz. – **V:** Frederikes Tag, R. 98, 00; Ein Jahr mit 99 Tagen, Jgdb. 01. – **MA:** FR; taz; Schaumburger Ztg. (Red.)

Kurtz, Helmut, Techn. Übers., Sprachlehrer; Heinrich-Eschenburg-Weg 6, D-25488 Holm, Tel. (0 41 03) 8 49 92 (* Hannover 12. 2. 21). VS; Sat., Aphoristische Definition. – **V:** Pippin der Schucklöwe 85; Sehen Sie

das auch so? 92; No buddy is perfect, Geschn. 00; Hirn, Stirn und Sterne, G. 01; Zwiegespräche in einer Bildergalerie 03. – **MA:** Holm Heute, Jg. 97–00. (Red.)

Kurtz, Marianne (geb. Marianne Appel), Lehrerin; Konstanzer Str. 35, D-51107 Köln, Tel. (02 21) 89 51 37 (* Rastenburg/Ostpreußen 29. 9. 37). VS 89; Buch d. Monats d. Dt. Akad. f. Kd.- u. Jgd.lit. 89; Kinder- u. Jugendlit. – **V:** Die Pflaumenbaumbande, Kdb. 86, 98; Kein Tag zum Bleiben, Jgdb. 89; Das rote Schlittenauto, Kdb. 90; Flucht ins Buddibu, Kdb. 92; Sina und Janusz, Jgdb. 95; Die Klassensprecherin, Kdb. 99, 00; Kais Geheimnis, Kdb. 00; Das Trio aus Zimmer 113, Jgdb. 02. (Red.)

Kurz, Andreas, freiberufl. Zeichner u. Autor; Schulstr. 13, D-82166 Gräfelfing, Tel. (0 89) 89 83 91 75, Fax 8 54 92 29, *post@andreas-kurz.eu*, *www.andreas-kurz. eu* (* München 22. 11. 57). Satirepr. Pfefferbeißer 09, Agatha-Christie-Krimipr. 03, Eichborn-Jubiläumsautor 06, u. a.; Rom., Erz., Kurzgesch. – **V:** Eigene Wege 92; Ganz nah 92; Das verdammte Glück, Kurzgeschn. 06; Wolkenfahrer, Jgdb. 07; Nachtfalken, R. 07, u. a. – **MA:** Veröff. in Anth., u. a. in: Gefährliche Gefühle; Letzte Worte; Geschichten und Gerichte.

Kurz, Andreas, Mag., freier Autor u. Regisseur; Riemerstr. 64, A-4800 Attnang-Puchheim, Tel. (06 50) 9 81 97 42, *literatur@andreaskurz.at*, *www. andreaskurz.at* (* Attnang-Puchheim 19. 4. 80). IGAA 07; Ernst-Koref-Pr. 05, Theodor-Körner-Förd.pr. 06, Dramatikerstip. 07; Rom., Drama, Film. – **V:** Checkpoint Karli, R. 07; Zwischen Himmel und Erdnuss, Dr. 09. – **F:** Kohle auf Papier 07; Nicht vom Brot allein 08; family secrets 08, alles Kurzf.

Kurz, Jan, Dr. phil.; Danziger Str. 35a, D-20099 Hamburg (* Würzburg 5. 3. 69). Rom. – **V:** Der Tote im Hafen. Ein Berlin-Krimi 06.

Kurz, Marie-Thérèse Raymonde Angèle s. Kerschbaumer, Marie-Thérèse

Kurz, Ursula; Große Str. 50, D-19243 Wittenburg, Tel. (0 38 52) 5 05 40 (* Wittenburg 25. 1. 23). Johannes-Gillhoff-Pr. 98; Lyr., Erz. in Niederdt. – **V:** Heimatbiller, Lyr. 84; Heimatleiw 86; Heimatkläng'n 88; Oll-wiewersommer 90, alles Lyr. u. Erzn.; Plietsch möt'n sin, pldt. Reime 98; Ick fleut di wat. Riemels för lütte un grote Lüd 07. – **MV:** Du un ick, m. Wolfgang Kniep, Lyr., Rom. 94. – **MA:** Up Platt is ok hüt noch wat 80; Ick weit ein Land 84; In'n Wind gahn 87; Dat du min Leewsten büst 88; Pusteblomen 92; Keen Tied för den Maesang 93; Norddt. Heimatkal. (Voß um Haas) 96–05; Mecklenburgischer Kirchenkal. 97–02, 04; Wat möt, dat möt 98; Honderd Dichters 1 00; Schmökern, Schmüstern, Schnacken 00; Pampower Liederhefte 00–03; Fuustdick achter de Uhren 01; Wi sünd de lütt Plattnackers 01; Koppheister 01; Gillhoff-Preisträger 02; Versök dat up Platt 03. – **P:** Plattdütsch Land, CD 94; Fang dat Daagwark an mit Hoegen, CD 02; div. Lieder auf mehreren CDs.

Kurzeck, Peter, Schriftst.; c/o Stroemfeld Verlag GmbH, Holzhausenstr. 4, D-60322 Frankfurt/ Main (* Tachau/Böhmen 10. 6. 43). P.E.N.-Zentr. Dtld; versch. Stip. u. Lit.pr., u. a.: Alfred-Döblin-Pr. 91, Gr. Lit.pr. d. Bayer. Akad. d. Schönen Künste 99, Stadtschreiber v. Bergen-Enkheim 00, Hans-Erich-Nossack-Pr. 00, Pr. d. Leipziger Buchmesse 04, Kranichsteiner Lit.pr. 04, George-Konell-Lit.pr. 06, Lichtenberg-Pr. f. Lit. 07, Goethe-Plakette d. Stadt Frankfurt 08. – **V:** Der Nußbaum vor unserm Haus (zuden in dem du dein Brot kaufst, R. 79; Das schwarze Buch, R. 82; Kein Frühling, R. 87, erw. Neuaufl. 07 (auch als Hörb.); Keiner stirbt, R. 90, 00; Mein Bahnhofsviertel, Erz. 91; Vor den Abendnachrichten, Erzn. 96; Übers Eis, R. 97; Als Gast, R. 03; Das

Kurzemann

schwarze Buch, R. 03; Ein Kirschkern im März, R. 04; Oktober und wer wir selbst sind, R. 07; Ein Sommer, der bleibt. Peter Kurzeck erzählt das Dorf seiner Kindheit, 4 CDs 07. – **R:** zahlr. Funkerzn. sowie d. Hsp.: Kommt kein Zirkus ins Dorf? 87; Der Sonntagsspaziergang 92; Staufenberg. Ein Schriftsteller beschreibt das Dorf seiner Kindheit, Fsp. 88.

†Kurzemann, Rudolf, Textiltechniker, Mda.-Schriftst., freier Mitarb. d. Öst. Rdfks (Vorarlberg) seit 1949; lebte in Götzis (* Götzis 26. 4. 32, † Götzis 19. 4. 08). – **V:** O Bömm kond tanza. Gedichte in Götzner Mda. 88; Uf Tod und Leaba. Ged., Aphor. u. Kurzgeschn. in alemann. Mda. 94; GSI. Mundart-Sprachdok. 99; Der Prologus 05. – **P:** Leasa und Losa. Ged. u. Aphor. in Mda, CD 96.

Kurzweil, Herbert Eugen, Dipl.-Ing., Dr. nat. techn., Pensionist; Felixgasse 34, A-1130 Wien, Tel. (01) 8 87 34 90 (* Wien 7. 12. 33). Lyr., Aphor., Epigramm. – **V:** Hab' Mut zum Gefühl! 77; Seht, welch ein Mensch! 79, beides G. u. Sprüche; Tag für Tag, G., Aphor., Sprüche 81; Glücksworte, G. 83; Aus Waldestiefen, G. 84; Zum Menschen berufen, G., Aphor., Epigr. 86; Im Namen der Schöpfung, Umweltgeschn. 87; Aus Blütenkelchen, G. 88; Begegnungen, Sentenzen u. Aphor. 90; Lebensspiegel, G. u. Epigr. 93. (Red.)

Kusch, Rita (geb. Rita Schwarze), Diakonin, Dipl.-Religionspäd. (FH); Am Horstbusch 24, D-26180 Rastede, Tel. (0 44 02) 13 85, Fax 8 49 35, *RitaKusch @web.de* (* Hude 16. 11. 58). – **V:** Lachsschnittchen am Designersarg, Kurzgeschn. 01; Weihnachtsbaumkerzenkrisen, Kurzgeschn. 02; Ein Schwein mit Masern 03. (Red.)

Kusche, Lothar (Ps. Felix Mantel), Publizist, Schriftst.; Ernststr. 22, D-12437 Berlin, Tel. u. Fax (0 30) 9 25 34 42 (* Berlin 2. 5. 29). SV-DDR 53, P.E.N.-Zentr. DDR 74, VS 90; Heinrich-Heine-Pr. 60, Heinrich-Greif-Pr. 73, Werner-Klemke-Pr. 77, Nationalpr. d. DDR 84, Kurt-Tucholsky-Pr. 07; Feuill., Ess., Lyr., Kurzgesch. – **V:** Das bombastische Windei u. a. Feuilletons 58, 59; Wie streng sind denn im Sowjetland die Bräuche?, Feuill. 59; Überall ist Zwergenland. Ein Streifzug durch den Kitsch 60; Nanu, wer schießt denn da?, Geschn. 60; Quer durch England in anderthalb Stunden 61, 5. Aufl. 96; Immer wieder dieses Theater 62; Unromantisches Märchenbuch 62; Käse und Löcher, Geschn. 63; Eine Nacht mit sieben Frauen 65, 66; Wie man einen Haushalt aushält 69, 89; Kein Wodka für den Staatsanwalt, feuill. Rep. 67; Die Patientenfibel, Erzn. 71, 78; Der gerissene Film 73, 75; Vorsicht an der Bahnsteigkante 75, 77; Kusches Drucksachen 76, 79; Die fliegenden Elefanten 77; Kellner Willi serviert 78; Knoten im Taschentuch 80; Donald Duck siehe unter Greta Garbo 81, 82; Leute im Hinterkopf 83; Der Mann auf dem Kleiderschrank 85, 87; Nasen, die man nicht vergißt 87; Das verpaßte Krokodil 88; Der Opa hat'n Schwein verschluckt 89; J. Stalin, Herr König und ich 90; Ost-Salat mit West-Dressing 93, 5. Aufl. 97; Der Feinfrostmensch und andere positive Helden 94; Die wiedervereinigten Kartoffelpuffer 94; Das Stau-Buch 95; Minutenmärchen 96; Stille Nacht und Mandelfleisch 96; Aus dem Leben eines Scheintoten, Erinn. 97; Neue Patientenfibel, Sat. 98; Was hat Napoleon auf St. Helena gemacht? 28 Ausflüge & Einblicke 00; Einsteigen bitte, dieser Zug endet hier 02; Wo die Rosinenbäume wachsen, Geschn. 04. – **MV:** Bilderbuch vom starken Mann, m. Joachim Hellwig u. Hans Oley 61; David macht, was er will 65; Guten Morgen Fröhlichkeit 67; Ein Vogel wie du und ich u. a. Geschichten 71, 73, alle m. Renate Holland-Moritz. – **MA:** Neue Texte 62, 64, 65, 68; Heine im Spiegel neuer Poesie und

Prosa 72; Liebes- und andere Erklärungen 72; Komödiantisches Theater 74; Eröffnungen. Schriftsteller über ihr Erstlingswerk 74; Die heiteren Seiten 74; Die Rettung d. Saragossameeres 76; Die Tarnkappe 78; Zwiebelmarkt 78; Der Tod ist ein Meister aus Deutschland 79; Sonderzüge nach Auschwitz 81; Blick durchs Astloch 86; Recits allemands contemporains 87; Es wird einmal. Märchen f. morgen 88; Das heitere Buch d. Liebe 88, 2. Aufl. 90; Rostock, e. Leseb. 88; Das große Buch d. Lachens 90; Mitten ins Herz. 66 Liebesfilme 91; Das neue Osterbuch 95; Vor der Kamera. 50 Schauspieler in Babelsberg 95; Lachen u. lachen lassen 96; Wenn's mal wieder anders kommt 96, 2. Aufl. 97; So lachte man in der DDR 99; Die alten Hasen 01; Lachen u. lachen lassen 02; Die geballte Ladung. Das war 2005 05; Sternstunden d. DDR-Humors 08; – ZSS.: Die Weltbühne 50–91; Kolumne „Press-Kohl" in Ossietzky. 2-Wschr., seit 98; Eulenspiegel. – **H:** Joachim Ringelnatz (Poesiealbum 26) 69; Joachim Ringelnatz: Nie bist Du ohne Nebendir 76; Mark Twain unterwegs 88. – **F:** ca. 25 Kurz- u. Dok.filme; Der Mann, der nach der Oma kam, m. Maurycy Janowski 71. – **P:** Eulenplatte, m.a., Schallpl. 84; Lachen und lachen lassen. Eulenspiegeleien 1, CD 00; Rolf Ludwig. Ein Porträt, CD 01. – *Lit:* S. Grunwald in: Osten u. Westen 70; L. Creutz in: Liebesu. a. Erklärungen 72; P. Rosié in: Ich will sie schmähen ... 84; W. Weismantel in: Killy, Lit.lex. Bd 7 90; N. Sellmair in: Vom Sitzen zwischen den Stühlen. Berliner Satirezs. 'Ulenspiegel', Diss. 96; Frank Wilhelm in: Literar. Satire in d. SBZ, DDR 1945–1961 98; M. Biskupek in: Ossietzky 99; H. Knobloch: ebda.

Kuschewski, Paul (Hans-Paul Kuschewski), Koch, Musiker, Autor; Noellstr. 1, D-51063 Köln, *paul-kuschewski@web.de*, *www.kuschewski.net* (* Köln 30. 8. 65). Erz. – **V:** Frank, Erol und ich, Erz. 01 (3 Aufl.).

Kushal Mitra s. Brahma, Santosh Kumar

†Kusterer, Ferdinand, Dipl.-Ing., Stud. Prof.; lebte in Karlsruhe (* Karlsruhe 25. 5. 13, † 03). BVK. Ue: engl. – **V:** In den Händen der Zeit, Autobiogr. 90, 2. Aufl. 94. – **MV:** 250 Jahre Karlsruhe 64, 2. Aufl. 69. – **MA:** Baden-Württemberg. Staat Wirtschaft Kultur, Sammelbd 63. – **H:** Einer für alle – alle für Einen 70; Jugend von heute – Bürger von morgen 72, 4. Aufl. 74, beides Schulb.

Kusterer, Karin (geb. Karin Strauß), Dr., Ethnologin, freie Schriftst.; Im Hart 21, D-82110 Unterpfaffenhofen-Germering, *kamahi@gmx.de* (* München 6. 1. 55). 2 x E.liste z. Öst. Kd.- u. Jgdb.pr. 95, 98, Bertelsmann-Stip. 99, Haidhauser Werkst.pr. 00, Arno-Schmidt-Stip. 00; Erz., Jugendb., Rom. – **V:** Und Winter war um Mitternacht, Jgdb. 88; Sturzflüge, Geschn. 99; Märchen von der unglaublichen Liebe 02. – **MV:** Von Rußland träum' ich nicht auf deutsch, m. Julia Richter, Jgdb. 89; Heimat ist nicht nur ein Land 94, 95 (dän.); Kommst du mit nach Bosnien. Editas Heimkehr 97, 98 (dän.), beides Jgdb. m. Edita Dugalic. – **MA:** Torso Nr. 7 97/98, Nr. 8 98/99; Der Mann im Mond ist eine Frau 98; Der Rabe, Frühj. 99, Sommer 99, Frühj. 00; Bella Italia 99; Ferienlesebuch 99; Die Leiche hing am Tannenbaum 99; Walpurgistänze 00; In einem reichen Land 02. – **R:** Kathrin und die Kinder, Erz. 99. (Red.)

Kusterer, Wilhelm, Leiter d. „Waldhufen-Mus." Salmbach; Birkäckerstr. 1, D-75331 Engelsbrand-Salmbach, Tel. (0 72 35) 84 43 (* Salmbach 8. 2. 22). FDA 89; Emil-Imm-Pr. d. Schwarzwald-Ver. 83; Lyr., Erz., Rom., Hörsp. – **V:** Von „Modden" und „Mödela", schwäb. Verse, Geschn. u. Sagen 81; Von Seggel, Waldzoaga on annere Leit, Mda.-Geschn. 83; Wald-Weihnacht, Bräuche u. Geschn. 85; Halbseggeldeutsch on Dachtraufschwäbisch 87; Der Harzknaubamichel, Geschn. 87; Jetz gugg do no, Mda. 87; Lieben sollten die Menschen, G. 89; Jugend-Dämmerung, R. 95; Der Ikarusflug der Martinsvögel, hist. R. 97; Märchenwelt, Lyr. u. Erz. 98; Helizena, hist. R. 98; Teufelsauge, Abenteuer-R. 98; Angelstein, N. 99; Meine geliebte kleine Welt, Lyr. 99; Waldmichel, Kurzgeschn. 99; Die Heckenbäuerin, Erzn. 00; Märchen, Sagen und Balladen 00; Alleweil ein wenig lustig, Lyr. u. Erz. 01; Geschändet, geschlagen und verloren, R. 01; Märchen der Liebe, Erz. u. Lyr. 01; Geliebte Heimat. Schwarzwälder Impressionen, Lyr. u. Erz. 02; Bis ans Ende des Regenbogens, R. 02; „Sesam öffne dich" 03; Fröhliches Poetenleben, Lyr. 04; Adlershorst & Wolfsblut, Erz. 05; Wo die alten Eichen rauschen, Lyr. 06; Was du net sagsch?, Lyr. u. Erz. 07; Märchen- und Sagenwelt, Lyr. u. Erz. 08. – MA: 3.–9. u. 12.–15. Reise ins Regenbogenland, 93–05; Zum Jahreswechsel, Auslese 95–97 u. 03/04; Kaleidoskop 96; Licht und Hoffnung 96; Was haben wir gemacht mit unserm Stern 98; Gedanken und Erlebnisse 98; Worte die beleben 99; Mein Leben, mein Denken 00; Das ist meine Meinung 00; Freude und Dankbarkeit, Lyr. u. Erz. 03; Herbstlaub, Lyr. u. Erz. 04; Der Generationenvertrag 04; Die großen Themen unserer Zeit 04; Die Flutkatastrophe 05; Ruhe suchen wie die Natur, Lyr. u. Erz. 05; In Erwartung besinnlicher Tage, Lyr. u. Erz. 05; Freude geben, schöner leben, Lyr. u. Erz. 05; Prosa de Luxe 05; Tage der Wonne, Lyr. u. Erz. 06; Ich habe es erlebt 06; Besinnliches zur Weihnachtszeit 06; Wetterkapriolen, Lyr. u. Erz. 07. – R: Waldweihnacht; Die Liebe siegt.

Kusz, Fitzgerald; Ludwig-Frank-Str. 36, D-90478 Nürnberg, Tel. (09 11) 40 54 18, Fax 4 08 84 29, *fitzgerald@kusz.de,* *www.kusz.de* (* Nürnberg 17. 11. 44). VS, P.E.N.-Zentr. Dtld, NGL Erlangen, Dt. Akad. d. Darstellenden Künste; Förd.pr. d. Stadt Nürnberg 74, Hans-Sachs-Pr. d. Städt. Bühnen Nürnberg 75, Gerhart-Hauptmann-Stip. 77, Wolfram-v.-Eschenbach-Pr. 83, Förd.pr. d. Freistaates Bayern 85, BVK 92, Friedrich-Baur-Pr. f. Lit. 98; Drama, Lyr., Hörsp., Fernsehsp. – V: Beherzigungen 68; Wunschkonzert 71; Morng sixtäs suwisu nimmä 73; Kehrichdhaffn 74; Liichdi nei und schlouf 76; Ä Daumfedern affm Droddoa 79, alts Lyr.; Schweig, Bub!, Dr. 76, 97; Selber Schuld, Dr. 77; Bloß ka Angst!, Einakter 78; Stinkwut, Dr. 79; Saupreißn, Dr. 81; Derhamm is derhamm, Dr. 82; Derzähl mer nix!, Geschn. 84; Unkraut, Dr. 83; Burning Love, Dr. 84; Höchste Eisenbahn, Dr. 85; Stücke aus dem halben Leben 87; Irrhain, G. 88; Bräisälä, G. 90; „Ärrberrt", Monolog-Hsp. in fränk. Mda. 94; Hobb, G. 94; Let it be, 3 Stücke 94; Letzter Wille 96; Schdernla, 144 Haikus 96; Alles Gute 97; Du, horch, Szenen u. G. 97; Fränkischer Jedermann 01; Wouhii, Leseb. 02; muggn, G. 07; – THEATER: Höchste Eisenbahn, UA 85 (auch neugriech.); Die Nibelungen. Eine dt. Seifenoper, UA 90; Letzter Wille, UA 96; Alles Gute, UA 98; Zwerge. Eine fränk. Passion, UA 00; Der fränkische Jedermann, n. Hugo von Hofmannsthal, UA 01; Hänsel und Gretel. Ein Familiendrama, UA 02; Der Alleinunterhalter, Monodr., UA 03; Witwendramen, Mein Lebtag, Dr. 04; Schlammschlacht, Kom., UA 06. – B: Fünf Fastnachtspiele von Hans Sachs (auch ins Landnürnberg. übertr.) 76. – F: Marianne und Sofie, m.a. 83; Himmelsheim, Kom. 88; Gudrun, Spielf. 92. – R: HÖRSPIELE: Schweig, Bub! (div. Fassungen) 76; Peter grüßt Micki 76; Feich 76; Die Bestellung 79; Die Vögel, m.a. 80; Da hab ich aber Angst gehabt, m. Birgit Kusz 83; Der Hauptgewinn 87; Herrmann 89; Ärwert, Monolog 92; Alles Gute 95; Mama 96; Der Alleinunterhalter, Monolog 96; Valentinaden 03; – FERNSEH-

FILME: S zweite Lehm 80; Die Schraiers, m.a., Serie 82; Goldkronach, m.a. 86. – P: Allmächd 96; Fläiss, fluss 98; Schweig, Bub! 99; Horch Kusz!, Lyr. 03, alles CDs. – *Lit:* Fernand Hoffmann/Josef Berlinger: D. Neue Dt. Mda.-Dicht. 78; J. Berlinger: D. zeitgenöss. dt. Dialekt-G. 83; Anne Betten: Sprachrealismus im dt. Drama d. siebziger Jahre 85; Michael Töteberg in: KLG 88; Walther Killy (Hrsg.): Literaturlex., Bd 7 90; LDGL 97.

Kutasi, Hildegard, Sonderschul-Konrektorin; Birkenweg 22a, D-47647 Kerken-Eyll, Tel. (0 28 33) 68 50, *hg.kutasi@freenet.de,* *www.hildegard-kutasi.de* (* Neuss 17. 5. 32). Rom., Erz. Ue: engl. – **V:** Neun Mädchen auf Fahrt, Erz. 03; Gekauftes Glück, R. 03; Annette und ihr rätselhafter Verwalter, R. 04; Wilfried, Erz. 04, 05 (engl.); Annette auf dem Feldhof, R. 04; Flucht in ein neues Leben, R. 05. – **Ue:** Reidung Sijercic: Romany Legends, Erz. 04. (Red.)

Kutsch, Angelika, Verlagsangest.; Frankring 23 b, D-22359 Hamburg, Tel. (0 40) 6 03 82 42 (* Bremerhaven 28. 9. 41). Dt. Jgd.lit.pr. 75 (Sonderpr.), 80, 84, 88, 92, 93, 96, 99, Silb. Feder 91; Jugendrom. Ue: schw, dän, nor. – **V:** Der Sommer, der anders war, R. 66; Abstecher nach Jämtland, R. 70; Man kriegt nichts geschenkt, R. 73 (auch holl., kroat., schw.); Eine Brücke für Joachim, R. 75, 82 (auch lett., schw., in Blindenschr.); Rosen, Tulpen, Nelken 78, 81; Nichts bleibt, wie es ist, R. 79, 90 (auch holl., schw.); Liebe Malin oder Nie wieder dein Hänschen, R. 80; Micki malt das Meer 83; Hauptsache wir sind Freunde 85, 89 (auch in Blindenschr.); Man müßte alles anders machen 89; Billi möcht gern Pferde streicheln 91, 93; Weihnachten, als ich klein war 96. – **B:** Pippi Langstrumpf 86; Pippi Langstrumpf geht an Bord 86; Pippi Langstrumpf in Taka-Tuka-Land 86; Meisterdetektiv Blomquist 88; Kalle Blomquist lebt gefährlich 88; Kalle Blomquist, Eva-Lotta und Rasmus 88; Familie Maus gibt niemals auf 98. – **MA:** Wir leben Europa 62; In allen Häusern wo Kinder sind 74; Die Stunden mit dir 76; Auf der ganzen Welt gibt's Kinder 76; Morgen wenn ich erwachsen bin 77; Einsamkeit hat viele Namen 78; Mittwoch war d. schönste Tag 82; Wenn Weihnachten kommt 82; Frühstück f. Amanda 84; Schön u. klug u. dann auch noch reich 85; Antwort auf keine Frage 85. – **H:** Träume brauchen nicht viel Platz – Wunschträume 1918–1948 89; Erzähl mir, wie früher war. Großelterngeschn. 95. – **Ue:** Annika Skoglund: Bara ein Tonåring u. d. T.: Mit 15 Jahren 72; Maria Gripe: Glasblåsarns barn u. d. T.: Die Kinder des Glasbläsers 77; Gunilla Wolde: Fiöste sommaren med Twiggy u. d. T.: Twiggy unser erstes Pferd 78; Ulf Malmgren: Den blå tranan u. d. T.: Joel und Lena 80; Greta Fagerström: Per, Ida & Minimum u. d. T.: Peter, Ida und Minimum 79; Jannike Molander: Nattfågeln u. d. T.: Maifeuer 81; Marit Nordby: Ole-Martin står på u. d. T.: Ole-Martin redet ohne Worte 81; Beate Audum: Paraplytreet u. d. T.: Mads und Nolo unterm Schirmbaum 81; Ole Lund Kirkegaard: Per og bette Mads u. d. T.: Die Strolche von Vinneby 82; Lena Andersson: Linneas Årbok u. d. T.: Linneas Jahrbuch 83; Gunnel Beckman: Att trösta Fanny u. d. T.: Ein Vorrat an Liebe 83; Hans Ulf Nilsson: Om ni inte bede mig u. d. T.: Wenn ihr mich nicht hättet 87; Viveca Sundvall: Roberta och kungen u. d. T.: Meine Freundin Roberta und der König 87; Stefan Casta: Der Fall Mary Lou 00; Henning Mankell: Ein Kater, schwarz wie die Nacht 00; Åke Edwardson: Segel aus Stein 03, u. a. (Red.)

Kutsch, Axel (Ps. Anton Mai), Red., Schriftst., Hrsg.; Im Wohnpark 21, D-50127 Bergheim/Erft, Tel. (0 22 71) 9 63 81 (* Bad Salzungen 16. 5. 45). Lyr., Erz.,

Kutsch

Kurzprosa, Herausgeberschaft, Kritik. – **V:** Vorläufiges, Lyr., Prosa, Dialog 75; Aus einem deutschen Dorf und andere Gedichte 86; In den Räumen der Nacht 89; Stakkato 92; Zerbissenes Lied 94, alles Lyr.; Das Festmahl, Text zu Kunst-Comic 95; Einsturzgefahr 97; Wortbruch 99; Fegefeuer, Flamme sieben 05; Ikarus fährt Omnibus 05; Stille Nacht nur bis acht 06, alles Lyr. – **MV:** Doppelt laut, m. Rainer Rubin, Lyr. 93. – **MA:** Beitr. in Lyr.- u. Prosa-Anth., u. a.: Für Portugal, Lyr., Prosa 75; Berufsverbot 76; Frieden & Abrüstung 77; Augen rechts 81; Pegasus 82; Das große Buch d. Renga-Dicht. 87; Luchterhand-Jb. d. Lyr. 87, 93; Sind es noch d. alten Farben? 87; Eiszeit – Heißzeit 88; Kölner Weihnachtsb. 89; Stadt im Bauch 89; Veränderung macht Leben 89; Dtld, deine Träume überwintern 90, alles Lyr.; Erzn. d. phantast. Lit., Prosa 90; Zwischen Stadt u. Dorf, Lyr. 90; Im Flügelschlag d. Sinne, Lyr. 91; Das Gedicht, Rez. 93 ff.; Vater, mein Vater 96; Junger Westen 96; Freibord 97; Der Mongole wartet 97/98; Jalons 98; Deutsch in der Oberstufe 98; Wörter sind Wind in Wolken, Anth. 00; Der neue Conrady. Das große dt. Gedichtbuch 01; SMS-Lyrik 02, 2. Aufl. 03; Wörter kommen zu Wort 02; Orte-Poesie-Agenda 02–07; Feuer, Wasser, Luft & Erde 03; NordWestSüdOst 03; In höchsten Höhen 05; Duden-Lesebuch 3 06; Kinder, Kinder. Gedichte zur Kindheit 07; Jb. d. Lyrik 08, alles Lyr. – **H:** Die frühen 80er, Lyr.- u. Prosa-Anth. 83; Keine Zeit für Lyrik? 83; Lebenszeichen '84; Gegenwind 85; Ortsangaben 87; Lyrik '87; Wortnetze II 90, III 91; Zehn 93, alles Lyr.-Anth.; Wortfelder, Lyr.-u. Prosa-Anth. 94; Zacken im Gemüt 94; Der Mond ist aufgegangen 95; Jahrhundertwende 96; Orte. Ansichten 97; Das große Buch der kleinen Gedichte 98; Reißt die Kreuze aus der Erden! 98; Der parodierte Goethe 99; Blitzlicht 01; Lunas kleine Weltrunde 02; Städte. Verse 02; Zeit.Wort 03; 47&11 Kölngedichte 06; Versnetze 08, alles Lyr.-Anth. – **MH:** Wortnetze I, m. Michael Rupprecht, Lyr.-Anth. 88; Wortrevier, m. Markus Lakebrink 88; Knollen, Kohle und Miljöh, m. Jochen Arlt 90, beides Lyr.- u. Prosa-Anth.; Unterwegs ins Offene, m. Anton G. Leitner, Lyr.-Anth. 00; Übergänge 20, m. Gynter Mödder, Lyr.- u. Prosa-Anth. 02; Spurensicherung, m. Amir Shaheen, Lyr.-Anth. 05. – **R:** G. in BR, DLF, WDR, Dt. Welle. – **P:** Kotzender Frohsinn, CD 95. – *Lit:* AM: Die Nummer Eins in Lyr. 92; Jochen Arlt: Kölner Stadtgespräche II 94; A.J. Weigoni: Ein Schreibtischtäter im positiven Sinn 96/98; Andreas Rumler: Zeitgenöss. dt. Lit. 97; Theo Breuer: A.K. „Orte. Ansichten" – „Einsturzgefahr" 99; F.N. Mennemeier in: Neues Rheinland 00; Enno Stahl in: Das Kölner Autorenlex. 02; Markus Peters in: Deutscher Depeschendienst (zum 60. Geb., ca. 15mal veröff.) 05; Theo Breuer in: Aus dem Hinterland – Lyr. nach 2000 05; Guido Ernst in: Das Innerste von außen. Zur dt.spr. Lyr. d. 21. Jh.s 07.

Kutsch, Katja; Graf-Stauffenberg-Str. 24, D-50354 Hürth, Tel. (0 22 33) 68 60 43, *Katja_Kutsch@hot mail.com* (* Aachen 16. 12. 76). 3. Pl. b. Holzhäuser Heckethaler 04, 1. Pl. b. DeLiA-Kurzgeschn.wettbew. 06. – **V:** Schützenfest, Erzn. 07. – **MA:** Kurzgeschichten 8/04; Liebesgeheimnisse, Anth. 05; Federwelt, Nr. 56 06. – *Lit:* Theo Breuer in: Kiesel & Kastanie 07.

Kutsche, Bettina s. Szrama, Bettina

Kutscher, Franz Alfred, Heimleiter e. Senioren- u. Pflegeheimes; Wildstr. 22A, D-83043 Bad Aibling, Tel. (0 80 61) 3 06 40, Fax 39 22 84, *Alfred.Kutscher@t-online.de* (* Bad Kreuznach 26. 9. 50). Lit.pr. d. Kulturstift. Städt. Spark. Offenbach/Main (Essay-Pr.) 86; Sat., Lyr., Ess., Aphor., Kurzgesch., Journalistik. – **V:** Und hinterm Horizont?, Aphor. 93. – **MA:** Veröff. in mehre-

ren Anth. seit 77, u. a. in: Moderne Lyrik – mal skurril 77; Lyrik heute 91, 93.

Kutscher, Volker, freiberufl. Autor u. Journalist; lebt in Köln, c/o Kiepenheuer & Witsch, Köln (* Lindlar 62). – **V:** Der schwarze Jakobiner, R. 01, 03; Der nasse Fisch, R. 07, Tb. 08 (auch als Hörb.). – **MV:** Bullenmord 95; Vater unser 98, beides Krim.-R. m. Christian Schnalke. (Red.)

Kutschke, Joachim, ObStudR.; Rilkeweg 26, D-35039 Marburg, Tel. (0 64 21) 2 64 68 (* Darmstadt 26. 8. 44). Drama, Rom., Kurzgesch. – **V:** Hör endlich auf zu träumen!, R. 83; Revoluzzer oder Georg Büchner, ein zorniges Herz, Dr. 85; Happy Birthday, Dr. 86; Malgenes Traum, Dr. 00. (Red.)

Kutschker, Adolf (Ps. Herr Jeh), Markogrammotologe; Collinistr. 8, D-68161 Mannheim, Tel. (06 21) 1 36 93 (* Freudenthal 6. 3. 29). Die Räuber '77, Literar. Quadrat Mannheim; Lyr., Kurzgesch., Text-Bild-Collage. – **V:** Herrn Jeh's Doppelbegegnungen 79; Fußball, Sprachsp. 80; Kriminelles, Limericks 80; Wie einst im Mai, Liebeslieder 80; Herr Jeh, Gesamm. 81; Die Umweltfibel im Bibel-look 81; Rundumgespräche 82; Von Zeit zu Zeit 82; Herrn Jeh's Private Freiheit 83; Ruhm und Ehre: Badewonnen 83; Worte in den Wind gesprochen 83; Das gesäuberte Reinheitsprinzip 84; Guten Morgen 84; Gereimte Ungereimtheiten 1 + 2 84/85; Ach, Herr Jeh 1 + 2 85/86; Dufte Dichter an der Strippe 86; Aus Herrn Jeh's Tagebuch 87; Bildwelt-Weltbild 88; Wünsche für das Jahr 2000 88; Herrn Jeh's Rückschau 89; Ach Herr Jeh Jehminiszenzen 89; Reflexionen 89; Ach Herr Jeh, da helfen keine Pillen 89; Tagebuchblätter 90; Die Lust am Fabulieren 90; Also sprach Herr Jeh 90; Über Stock und Stein 91; Tierisch 91; Im Prinzip prinzipiell dagegen 92; In die Schuh geschobenes 92; Liebes-, Lust- & Lasterlieder 95; Stædte aus Utopia, Textcollage 95; Wenn Schiller unter die Räuber fällt 97. – **MA:** Rhein-Neckar-Lesebuch 83; Umwelt literarisch 84; Neue deutschsprachige Lyrik 85; Träume & Arbeit 86; Ein immerwährender Kalender 87; Gauke's Lyrik Kal. 88 87; Topographia Lyrica 87; Darstellung 88; Was mich bewegt 89; Perforierte Wirklichkeit 94; Liebe – was sonst 98; Lyrik 2000 99; Nationalbibliothek d. dt.sprachigen Gedichtes, Bd I u. II 99. – **H:** Fenster, geklappt 01. – **P:** Beitr. f. Kultur-Tel. Ludwigshafen 84, 87. – *Lit:* Bernhard Sandfort in: Museum der Fragen 78; Autoren a. d. Rhein-Neckar-Raum 87; Passagen, Nr. 10 90; AiBW 91; Lit. live 92; Kulturnotizen/Pressespiegel 1/00, u. a. (Red.)

Kutti MC s. Halter, Jürg

Kutzer-Salm, Peter; Kleene Steenweg 30, Postfach 204, B-2160 Wilrijk-Antwerpen, *office@kutzerbilder. at, www.kutzerbilder.at* (* Wien 3. 8. 46). – **V:** Kutzerg'schichteln, Bd 1: Ernstes u. Heiteres rund um die Kutzermalet 05; Kutzerg'schichteln, Bd 2; Emil Salm. Auf den Spuren d. Bildhauers in Pforzheim; Das silberne Lachen der Lydia Weiss.

Kutzmutz, Olaf, Dr.phil.; c/o Bundesakademie f. kulturelle Bildung, Postfach 1140, D-38281 Wolfenbüttel, Tel. (0 53 31) 80 84 18, Fax 80 84 13, *olaf. kutzmutz@bundesakademie.de, www.bundesakademie. de* (* Schalke 20. 3. 65). Grabbe-Ges.; Lit. d. 18.–21. Jh., Schwerpunkt Gegenwartslit. – **V:** Grabbe. Klassiker ex negativo 95; Max Frisch für die Schule 02; Jurek Becker, Biogr. 08. – Lektüreschlüssel f. Schüler: Max Frisch: Andorra 04; Jurek Becker: Jakob der Lügner 04; Martin Walser: Ein fliehendes Pferd 06. – **MA:** Beitr. zur Lit. d. 18. bis 21. Jh. u. a. in: KLG; Text + Kritik; Reallexikon d. dt. Lit.wiss.; Reclams Romanlexikon. – **H:** Harry Potter oder Warum wir Zauberer brauchen 01; Warum wir lesen, was wir lesen 02; Geld,

Ruhm u. a. Kleinigkeiten. Autor u. Markt – John v. Düffel 06; Jurek Becker: Bronsteins Kinder 09. – **MH:** Nicht von dieser Welt? Aus d. Sciencefiction-Werkstatt, m. Klaus N. Frick 02; Halbe Sachen. Dokument der Wolfenbütteler Übersetzergespr. I–III, m. Peter Waterhouse 04; Wie aufs Blatt kommt, was im Kopf steckt. Beiträge z. Kreat. Schreiben, m. Karl Ermert 05; Halbe Sachen. Wolfenbütteler Übersetzergespr. IV–VI. Erlanger Übers.werkstatt I–II, m. Adrian La Salvia 06; Wolf N. Büttel: Sie hatten 44 Stunden, m. Andreas Eschbach u. Klaus N. Frick 06; Lauter Lehrmeister, m. Stephan Porombka 07; Destillate. Literatur Labor Wolfenbüttel 2007, m. Katrin Bothe, Friederike Kohn u. Peter Larisch 08.

Kutzner, Hans s. Guder, Rudolf

Kwyas, Sabine, selbständig; Kardenstr. 155, D-45768 Marl, Tel. (0 23 65) 79 58 48, *SabineKwyas@aol. com* (* Recklinghausen 23. 11. 60). – **V:** Der kleine Kobold Mallefitz 02. (Red.)

ky s. Bosetzky, Horst

Kynast, Helene; *bremenkynast@yahoo.de.* c/o K. Thienemanns Verl., Stuttgart (* 42). Oldenburger Kd.-u. Jgdb.pr. 97, Silb. Feder d. Dt. Ärztinnenbundes 03, Empf.liste z. Kath. Kd.- u. Jgdb.pr. 03, Evang. Buchpr. 04. – **V:** Alles Bolero! 97, Tb. 99, Neuaufl. u. d. T.: James Dean Werther und ich 05; Amor & Co. 99, Tb. 01; Ana und Paul? 00; Siebter Himmel, freier Fall 01; Sunshine 02; Das Mädchen ohne Gesicht 05; Tanz für mich 07; Nah bei der 08, alles Jgdb. – **MV:** Liebe und andere Rätsel, m. Dierk Rohdenburg, Jgdb. 00.

Kynast, Pierre, Philosoph; Postfach 1602, D-06206 Merseburg, Tel. (0 34 61) 30 96 71, Fax 30 99 65, *pierrekynast@pierrekynast.de, www.pierrekynast.de* (* Merseburg 73). – **V:** Der vertreibte Tänzer. Tausend Geschn., tausend Fragen u. ein paar Antworten, Erz. 06; Friedrich Nietzsches Übermensch. Eine philosoph. Einlassung 06.

Kyrion, Käthe (geb. Maria Katharina Neunzig); Berrenrathestr. 493, D-50354 Hürth (* Efferen/heute Hürth-Efferen 21. 7. 28). Autorenkr. Rhein-Erft, Ehrenmitgl., Rhein. Mundartschriftst. e.V.; Kulturpr. d. Erftkr. (als Mitgl. d. Autorenkr.) 92, Kulturpr. d. Stadt Hürth 99; Lyr., Prosa, Lied, Erz., Hörsp. – **V:** Nostalgie am Baumwollfädchen 68; Frauen zwischen den Betten 69; Do stemmp jet nor 70; Leicht melankolisch 71; Kinder heute, gestern, anno dazumal 73; Strommelodie 74; Schau – du bist meine Schwester 75; Heimateleien 78; Wunder sind Natur und Liebe 79; Nostalgie 80; Es war wie sterben 81; An die Seele rühren 82; Alle Städte waren einmal Dörfer 85; Wunder sind Natur und Liebe 89; Zuflucht – Weiße Wolke 90; En Effere un Kölle doheem 91; Anno dozumol wie höck 92; Kinder, Tiere, Gänseblümchen, Kdb. 92; Strommelodie 93; En Effere am Duffesbach 94; De Leev krünt et Levve, G. 95; Frauen zwischen den Betten, G. 99; Ährengoldene Tage 00; Fotoband-Reihe „Nostalgie in Bildern": Von der Wiege bis zur Bahre 96, Sie drängen ins Leben hinaus 97, E janz kleen Ströößje 98, En ahl de Ströößje 99, Öm de Renneberch eröm 00, Kinder, Quöös un Putepänza 00. – **MA:** Lyr. u. Prosa in Hochdt. u. Mda. in zahlr. Anth., u. a. in: Frauensachen, Anth. 87; Wortrevier. Lyr. u. Prosa v. Erftkreis-Autoren 88; Traumschiff 06; Die Farbe der Kindheit, Anth. 07; Zeitbanditen 07; Versnetze. – **R:** Jlöcklich verhierot odder De Matratzeball, Hsp. 91; Der verzauberte Schloßpark (WDR).

La Loba, Inka s. Frödert, Ingrid

La Poetrice s. Philipp, Eva

La Trobe, Fred de, Dr. phil., Journalist i. R.; Akiya 5508, Yokosuka 240–0105/Japan, Tel. (04 68) 56 86 29,

Fax 56 25 19, *delatrobe14@aol.com.* Beltweg 22, D-80805 München (* Baden-Baden 17. 9. 28). Ostasiat. Ges. Tokyo 59–06; Verd.kr. 1. Kl. d. Verd.ordens d. Bdesrep. Dtld; Rom. Ue: jap, engl. – **V:** Krieg und Kirschblüten. Geheimauftrag in Japan, R. 98 (auch engl.). (Red.)

Laabs, Joochen, Dipl.-Ing.-Ökonom; Hußstr. 126, D-12489 Berlin, Tel. (0 30) 6 77 55 65, Fax 67 89 27 78, *joochen.laabs@gmx.net.* Zum Aubach 16, D-23996 Dambeck (* Dresden 3. 7. 37). SV-DDR 69, P.E.N.-Zentr. DDR 85, P.E.N.-Zentr. Ost 90, VS 90, P.E.N.-Zentr. Dtld 98; Erich-Weinert-Med. 72, Martin-Andersen-Nexö-Kunstpr. d. Stadt Dresden 73, Uwe-Johnson-Pr. 06; Lyr., Rom., Erz., Fernsehfilm. – **V:** Eine Straßenbahn für Nofretete, G. 70; Das Grashaus oder Die Aufteilung von 35000 Frauen auf zwei Mann, R. 71, 8. Aufl. 86 (auch tsch.); Die andere Hälfte der Welt, Erzn. 74, 4. Aufl. 78; Himmel sträflicher Leichtsinn, G. 78; Der Ausbruch, R. 79, 6. Aufl. 87; Jeder Mensch will König sein, Erzn. 83, 2. Aufl. 85; Der letzte Stern, Erzn. 88; Der Schattenfänger, R. 89, 00; Verschwiegene Landschaft, Erzn. 01; Späte Reise, R. 06; (Übers. d. Gedichte u. Erzn. ins: Amerikan., Bulg., Engl., Frz., Litau., Poln., Russ., Span./Galic., Slow., Tsch. u. Ung.). – **MA:** Lyrik der DDR 70, 82 (auch engl.); Neue Erzähler der DDR, Erzn. 75; Temperamente, Alm. f. junge Lit. 76–78; Time for dreams, Poetry from the GDR, Lyr. 76; Jeden Tag neun Menschen fragen, Erzn. 80 (auch tsch.); Liebe, G. dt., öst., schweiz. Autoren 80; Gespräche hinterm Haus, Erzn. 81; Alfons auf dem Dach, Erzn. 82; Erzähler der DDR, Erzn. 85; Brautfahrt, Erzn. 84; Jetzt, Erzn. 86, alles Anth. – **MH:** Lebensmitte, m. Manfred Wolter, Prosa-Anth. 88. – **R:** Das Grashaus, m. Klaus Jörn, Fsf. 75 (auch tsch., poln., ung.); Winnetous Enkel, Feat. 91; Nachricht vom wahren Amerika, Feat. 92. – **MUe:** Nachdicht. aus d. Amerikan., u. a.: William Carlos Williams: Der harte Kern der Schönheit 91; sowie Nachdicht. v. Lyrik a. d. Russ., Schw., Engl.-Am. – *Lit:* Kindlers Lit.gesch. d. Gegenwart: Die Lit. d. DDR 74; Geschichte d. Lit. d. DDR 76; Gerhard Rothbauer in: Weimarer Beitr. 6 80; Fritz König in: Studies in GDR Culture and Society 2 82; Ingrid Hähnel in: Auskünfte 2 84; Therese Hörnigk in: KLG 96; Monika Melchert in: Berliner LeseZeichen 5/00; Klaus Walther in: NDL 00; Josef Haslinger in: Freitag 36/00; Fritz-J. Kopka in: BZ-Mag. 217/06; Detlev Stapf in: Nordkurier 230/06; Kristina Maidt-Zinke in: SZ 225/06; Sabine Doering in: FAZ 217/06; Uwe Neumann in: Johnson-Jahre 07.

Laabs, Michael s. Kowalski, Laabs

Laakes, Monika (Ps. mola, Mo MariaL), Verlegerin; Düsterweg 10a, D-45475 Mülheim/Ruhr, Tel. u. Fax (02 08) 7 34 64, *monika.laakes@cityweb.de, www. monika-laakes-verlag.de* (* Salzburg 18. 9. 43). IGdA 87–97, Lit.büro NRW; Lyr., Erz., Prosa. – **V:** Bolero und Peitsche, Erzn. 90; Vom Wunder der Verzauberung, Erz. 93; Im TAO der Hunde, R. 04. – **MV:** Dichte Momente & so, Grüß Dich Alltag & Co, Lyr. 00; Potenz-Reliquien & weitere Wunder, Satn. 00, beide m. Nora Mälzner. – **MA:** Schleierträume und Kahlschlag 88; Märchen für Erwachsene Kinder 90; Märchenhafte Geschichten 92; zahlr. Beitr. in Lit.zss., u. a.: IGdA-aktu-il; Impressum 87–97. – **P:** Tagträume 90; Literadio 93, beides Tonkass. – *Lit:* Mühlheimer Jb. '96. (Red.)

Laar, Augusta, Lyrikerin, Musikerin, Künstlerin; Rudolf-von-Hirsch-Str. 9, D-82152 Krailling, *augusta @poeticarts.de, www.poeticarts.de.* Seilgasse 1/11, A-1030 Wien (* Eggenfelden 14. 6. 55). Wiener Werkstattpr. f. Fotografie 02, Pr. f. elektroakust. Poesie v. Radio Fm4 02; Lyr. – **V:** weniger stimmen, Lyr. 04 (auch CD). – **MA:** zahlr. Beitr. in Lit.-Zss. seit 95, u. a. in:

Laas

Das Gedicht; Intendenzen; Volltext; Der Dreischneuß; Poet Nr.4/08; – Zurück zu den Flossen, Anth. 08.

Laas, Christa; Fuchsgang 10, D-21755 Hechthausen, Tel. (0 47 74) 36 06 49, *C.Laas@t-online.de* (* Hamburg 46). Kinder- u. Jugendb. – **V:** Muß ja nicht jeder ein Held sein 93; Cornelia Sommer – Privatdetektivin 95; I miss you 95, 98; Keine Ferien für Detektive 97; Liebe mal zwei 97; Spuk im Schrank 99; Emily 00; Bitte mit Action! 00. (Red.)

Laben, Hego (eigtl. Heinrich Labentsch), Dipl.-Ing, freiberufl. tätig; Kleine Schmalt 22, D-40822 Mettmann, Tel. (0 21 04) 1 29 32, Fax 91 78 15, *h.u.labentsch @t-online.de* (* Bremen 15. 12. 37). Rom., Lyr., Erz., Dramatik. – **V:** Merkwürdige Geschichten eines Reihenhäuslers, Erz. 00; Wasser an Deck, R. 02; Verse, die man ... 03; Der unsichtbare Faden, R. 04.

Labentsch, Heinrich s. Laben, Hego

Lachauer, Ulla (geb. Ulla Demes), Historikerin, Dokumentarfilmerin; Nietzschestr. 4, D-68165 Mannheim (* Ahlen/Westf. 6. 2. 51). – **V:** Land der vielen Himmel. Memelländ. Bilderbogen. Die Fotosamml. Walter Engelhardt 92; Die Brücke von Tilsit. Preußens Osten, Rußlands Westen 94; Paradiesstraße. Lebenserinn. d. ostpreuß. Bäuerin Lena Grigoleit 96; Ostpreußische Lebensläufe 98; Ritas Leute. Eine dt.-russ. Familiengesch. 02. (Red.)

Lachenmeyer, Hans Th., Unternehmer; Graf-Stauffenberg-Str. 8, D-86720 Nördlingen, Tel. (0 90 81) 2 47 93 (* Nördlingen 12. 12. 36). – **V:** Tinte im Stundenglas, Lyr. 96; Wer in den Spiegel schaut, ist selber schuld, Verse 97; Schattenspiel der Tage, Lyr. 99. (Red.)

Lachmann, Käthe; *www.kaethelachmann.de* (* Reutlingen 71). – **V:** Esst mehr Obst! 95; Moussaka im Wigwam 98; Andere lassen sich piercen 01; Sitzriesen auf Wanderschaft 03, alles Kabarett-Progr. (Red.)

Lachmann, Werner s. Pfaus, Walter G.

Lachner, Eva, Dr. phil., Prof. f. Kunstgeschichte; c/o Frieling & Partner Verl., Berlin (* Bünde 20. 3. 21). Lyr., Erz. – **V:** Die Geschichte von der weißen Maus 88; Die weiße Maus auf großer Fahrt 90; Die Katze, die keiner haben wollte 92; Lena – eine alte Katze, Gesch. 94; Pittura Negra, G. 96; Ein Blatt aus sommerlichen Tagen ..., G. 97; Im Wartesaal zum kleinen Glück, G. 01; Kater Felix setzt sich durch, Geschn. 02; Zu jung um ohne Wunsch zu sein, G. 05; Der Teppich mit dem roten Herzen, M. 08. – **MA:** mehrere Beitr. in Anth.

Lacky s. Lakomy, Reinhard

Ladegast, Walter, Druckerei sen. i. R.; Seestr. 31 b, D-78464 Konstanz, Tel. (0 75 31) 6 34 57 (* Köthen 11. 10. 11). – **V:** Reise in die Vergangenheit, Autobiogr. 90; Der Orgelbauer von Weißenfels, Biogr. 98. (Red.)

Ladendorfer, Edith (geb. Edith Neumüller), Pensionistin; Michael-Hainisch-Str. 8, A-4040 Linz, Tel. (06 64) 1 10 42 48. Dornachweg 2, A-4291 Lasberg (* St. Oswald b. Freistadt 15. 6. 53). – **V:** Jukla. Bd 1: Die Beammaschine, Bd 2: Supercoole Beamgeschichten. – **MV:** Musa Ruralis. E. Heimatroman a.d. Mühlviertel, m. Elisabeth Schiffkorn 03.

Ladenthin, Volker, Dr. phil., Prof. U.Bonn; *v. ladenthin@uni-bonn.de* (* Münster 11. 6. 53). Görres-Ges., Erich-Kästner-Ges., Präs. seit 00, Rhein. Kinderbuchges., 1. Vors. seit 01; Lyr., Erz., Ess., Lit.theorie, Lit.didaktik, Kinder- u. Jugendlit., Lit. d. Gegenwart. – **V:** türkis und bleu, Lyr. 81; Erziehung durch Literatur? 89; Moderne Literatur und Bildung 91; Sprachkritische Pädagogik 96. – **MV:** Die Hauptschule, m. Jürgen Rekus u. Dieter Hintz 98. – **MA:** Sherlock Holmes auf der Hintertreppe 81; Zs. f. dt. Philologie 102 83; Euphori-

on 77 83; zahlr. Beitr. in: Wirkendes Wort 88, 91, 92, 94, 95, 97, 98, 99, 01; engagement, Zs. – **H:** Deutsche Criminalgeschichten (auch Nachw.) 85; Erich Kästner: Gedichte (auch Nachw.) 87; Märchen von Mördern und Meisterdieben 90, 92 (auch span., ndl.); J.W. v. Goethe: „Ich bin nun, wie ich bin" 92, 93; Goethe, über Sprache (auch Einleit. u. Nachw.) 99; Die Sprache der Geschichte 00; Erich-Kästner-Jb., seit 00; Wilhelm Hauff: Das kalte Herz (auch m. Anm. u. Mat. vers.) 00. – **MH:** Ethik als pädagogisches Projekt, m. Reinhard Schilmöller 99. – *Lit:* s. auch GK. (Red.)

Ladisich, Walter, Dr., Arzt; Bahnstr. 29, A-2440 Gramatneusiedl, Tel. (0 22 34) 7 29 75, *ladisich@ utanet.at* (* Wien 28. 8. 38). GAV 86; BEWAG-Lit.pr. 98, Jokers-Lyr.pr. 04; Lyr., Erz., Rom. – **V:** M (arion), M (ax), M (anfred), R. 00; Inga und Ingo, die Tötung des Unterschieds, R. 05. (Red.)

Läänsen, Juri W. s. Lenzen, J. W.

Laederach, Jürg, freier Schriftst.; Burgweg 8, CH-4058 Basel, Tel. (061) 6 91 60 28 (* Basel 20. 12. 45). Gruppe Olten 75, F.St.Graz, Dt. Akad. f. Spr. u. Dicht., korresp. Mitgl.; Förd.pr. d. Stadt Bern 76, 78, Förd.pr. d. Stadt Berlin 80, manuskripte-Pr. 85, Lit.pr. d. Stadt Basel 88, Poet in residence U.Essen 88/89, Pr. d. Schweiz. Schillerstift. 90, Öst. Staatspr. f. europ. Lit. 97, Gr. Lit.pr. d. Kt. Bern 01, Italo-Svevo-Lit.pr. d. Blue Capital GmbH Hamburg 05; Rom., Nov., Ess., Drama. Ue: frz, am. – **V:** Im Verlauf einer langen Erinnerung, R. 77; Das ganze Leben, R. 78; Fahles Ende kleiner Begierden, 4 St. 79; Das Buch der Klagen, Erzn. 80; Nach Einfall der Dämmerung, Erzn. 82; 69 Arten, den Blues zu spielen, Erzn. 84; Flugelmeyers Wahn, R. 86; Sigmund oder der Herr der Seele seiner 86; Vor Schrecken starr, Erzn. 88; Der zweite Sinn 02. Unsentimentale Reise durch ein Feld Literatur 88; Rost oder Das Denken ist immer, UA 89; Emanuel, R. 90; Passion, R. 93; Schattenmänner, Erzn. 94; Eccentric, Kunst und Leben: Figuren der Seltsamkeit 95; Portraits Schweizer Autoren 98; In Hackensack – Vier minimale Stücke 03. – **MV:** Über Robert Walser, m. William H. Gass, Ess. 97. – **MA:** Adolf Wölfli: 0 Grad 0/000! Entbrannt von Liebes,=Flammen, G. (Nachw. u. Ausw.) 96. – Ue: John Hawkes: Travestie 85, u. d. T.: Belohnung für schnelles Fahren bei Nacht 96; Maurice Blanchot: Thomas der Dunkle, R. 87; Marguerite Duras: Der Lastwagen 87; Frederick Barthelme: Moon de luxe, Erzn. 88; ders.: Leuchtspur, R. 89; Gertrude Stein: Warum ich Detektivgeschichten mag 89; Walter Abish: 99 – der neue Sinn 90; Maurice Blanchot: Das Todesurteil 90; William H. Gass: Im Herzen des Landes 91; ders.: Pedersens Kind, Erz. 92; Frederick Barthelme: Koloraturen, Erzn. 92; William H. Gass: Orden der Insekten, Erzn. 94; Maurice Blancho: Im gewollten Augenblick, Erz. 04. – **MUe:** Walter Abish: Das ist kein Zufall, Erzn. 87; William Carlos Williams: Kore in der Hölle 88; Grace Paley: Später am selben Tag, G. 89; ders.: Die schwebende Wahrheit, Erzn., G. 91; Harold Brodkey: Engel. Nahezu klass. Stories, Bd 2 91; Gertrude Stein: Spinnwebzeit 93. – *Lit:* Markus R. Weber in: KLG. (Red.)

Lähnemann, Frank; Margaretenstr. 39, D-20357 Hamburg, Tel. (0 40) 4 39 98 02, *marinarecords@joice. net* (* Dortmund 16. 1. 63). Rom., Erz. – **V:** Polyesterliebe, R. 04, 05. – **MA:** Und alles danach, Anth. 01; Frankfurtmainbuch, Anth. 06. (Red.)

Lämmchen Kralle s. Plinke, Manfred

Lämmel, Albert (Ps. Michael Kirow), Verleger i. R., Kaufmann, Wirtschaftstheoretiker; Murgtalstr. 24a, D-76437 Rastatt, Tel. (0 72 22) 8 14 14 (* Villach 27. 5. 17). FDA 93–95; Rom., Sachb. – **V:** Wende in

Moskau, visionärer R. 87; mehrere Sachb. z. Fachgeb. Volkswirtschaft. – *Lit:* s. auch 2. Jg. SK. (Red.)

Lämmer-Eybl, Sixtus s. Schön, Wilhelm Hagen

Längle, Ulrike, Mag. Dr. phil., Lit.wissenschaftlerin, Schriftst., Kritikerin, Übers.; Klausmühle 5, A-6900 Bregenz, Tel. (0 55 74) 4 35 64, Fax 51 14 40 96, *ulrike.laengle@vorarlberg.at* (* Bregenz 4. 2. 53). Stip. Schloß Wiepersdorf 95, Visiting Writer d. Univ. Texas/ Austin 97, Heinrich-Heine-Stip. 99, E.gabe d. Ldes Vbg f. Kunst 03; Prosa, Rom., Drama, Übers., Sat., Ess., Lyr., Erz. – **V:** Am Marterpfahl der Irokesen, Liebesgeschn. 92; Der Untergang der Romanshorn, Erz. 94; Tynner, R. 96; Il Prete Rosso, Prosa 96, 00 (ital.); Vermutungen über die Liebe in einem fremden Haus, R. 98; Mit der Gabel in die Wand geritzt, Lyr. 99; Bachs Biss, N. 00; Seesucht, R. 02; Tolle Weiber, Tragikom., UA 07. – **H:** Mir Wibar mitanand, Texte von Frauen 90, 2. Aufl. 91; Franz Michael Felder: Ich will der Wahrheitsgeiger sein. E. Leben in Briefen (Nachw.) 94; Max Riccabona: Auf dem Nebengeleise, Erinn. u. Ausflüchte 95. – **MH:** Allmende, m. Martin Walser, Adolf Muschg, u. a.; F.M. Felder: Reich und Arm, m. Jürgen Thaler, R. 07. – *Lit:* G. Fischer in: Lex. d. dt.spr. Gegenwartslit. seit 1945 03.

Laer, Bo *

†**Lätzsch,** Monika, Schriftst.; lebte in Rostock (* Merseburg 29. 12. 30, † Rostock 5. 11. 01). SV-DDR 78; Kinder.hsp.pr. d. Stadt Wien 88, DDR-Kinder.-hsp.pr. 91 (Hörerpr., 2. Platz); Rom., Drama, Fernsehsp., Hörsp. – **V:** Geburtstag ohne Nelken, Erz. 69; Das Jahr mit Strobel, R. 77, 85; Fährt ein weißes Schiff ... 95. – **R:** Annekatrin u. der Mann ..., Kinder-Hsp. 80; Abend mit Franziska, Fsp. 81; Wilhelmine Schönherr, Fsp. 81; Die Rocker aus der 9b, Kinder-Hsp. 83; Vom Linealmännlein..., Kinder-Hsp. 85; Die Chronik der Sperlingsgasse, nach W. Raabe, 3tlg. Hsp. 87; Jetzt kommt Karli, Fsp. 87; Das Mädchen von morgen, Kinder-Hsp. 88; Robert und die rechte Hand des Teufels, Kinder-Hsp. 90; Kleinschmidt, Anneliese, Hsp. 90; Fährt ein weißes Schiff ..., Hsp. 93; Matjessaison, Hsp. 97.

Lafeuille, Stefan s. Haacke, Wilmont

Lafleur, Stan, Autor, Spoken Word-Performer; Friedrich-Karl-Str. 38/40, D-50737 Köln, Tel. u. Fax (02 21) 74 66 43, *stanlafleur@netcologne.de, www. stanlafleur.de* (* Karlsruhe 16. 2. 68). Rheinische Brigade 01; Rolf-Dieter-Brinkmann-Stip. 01, NAHBELL-Pr. 02, NRW-Autorenpr. Sparte Lyr. 02, 2. Pr. f. dt.-spr. Lyr. b. Féile Filóchta/Intern. Poetry Competition des Dún Laoghaire-Rathdown County Council 03, Sylt-Quelle-Förd.stip. 04, vo:pa-Lit.pr. Siegen 05, DEW21/dO!PEN-Award 07; Lyr., Kurzgesch., Hörsp. – **V:** kleine blöde schöne scheiß geschichten 95; what to do in paradise. caribbean notices 96; fresse (verse) 98; grills sind ok 99; goldene momente 00; palmalyren 02; laßt uns alle voll so in die gegend gucken 03; neue heimat, Lyr. 04; als pong noch auf ping 05; Ein paar Bars 06; die welt auf dem fusz 06. – **MV:** 48h-4d-live-roman 96; poésie blonde 97; zenturie minus eins. 4chen (tenzone), m. Hel 99. – **MA:** Synthetische Welten 96; German Trash 96; Social Beat. Slam! Poetry, Bd 1 97, Bd 2 99; Was ist Social Beat? 98; 100 Jahre KRASH-Verlag 98; Kanaksta 99; Kaltland Beat 99; Open Mike – Das Buch 00; Blitzlicht 01; Slam! Wir fahrn den Wagen vor ... 01; Städte. Verse 02; Poetry Slam 02/03, 03/04; Lunas kleine Weltrunde 02; Zeit. Wort 03; Lyrik vor JETZT 03; Auf den Weg schreiben 03; GROSSALARM, Bd 4 03; Nationalbibliothek d. dt.sprachigen Gedichtes, ausgew. Werke VI 03, alles Anth.; zahlr. Veröff. in div. Lit.zss., auf Tonträgern u. im Internet, mehrere hundert Autoren-

lesungen im In- u. Ausland. – **H:** elekropansen. lloret de mar 94; elektropansen, Nr. 1 95, 0 95, 4 96, 1033 97, 2 97, 3 98; elektropansen. claudia schiffer spécial 98. – **MH:** Bier & Schläge, m. Adrian Kasnitz, G. 03. – **R:** div. Auftritte in Radio u. Fs. (Red.)

Lager, Sven; lebt in Hermanus/Südafrika, c/o Kiepenheuer & Witsch, Köln (* München 65). Rom. – **V:** Phosphor 00; Im Gras 02; Mein Sommer als Wal 07. – **MV:** die Buch – leben am pool 01; Durst Hunger Müde 04; Was wir von der Liebe verstehen 08, alle m. Elke Naters. (Red.)

Lagerpusch, Peer, Fachinformatiker; Mittelweg 12, D-28844 Weyhe, *kontakt@lagerpusch.info, www. lagerpusch.info* (* Bremen 23. 1. 83). Lit.haus Bremen 07; Lyr., Erz., Kurzgesch. – **V:** Wort:Injektion, Lyr., Erzn., Kurzgeschn. 07; Barfuß durch den Regen, Erzn. u. Kurzgeschn. 08.

Lagger, Jürgen, Dipl.-Ing., Autor u. Verleger; Taborstr. 44/2/36, A-1020 Wien, Tel. (06 99) 19 25 56 64, Fax (01) 2 19 73 03 38, *jl@juergenlagger.net, www. juergenlagger.net.* Malzgasse 12/2, A-1020 Wien (* Villach 2. 4. 67). IGAA, GAV, Kärntner S.V.; Förd.pr. d. Otto-Friedrich-Univ. Bamberg 'Fragmente2000', Bamberg 00, Wiener Autorenstip. 02, Theodor-Körner-Förd.pr. 04, Lit.förd.pr. d. Stadt Wien 05, Lit.förd.pr. d. Ldes Kärnten 06, Pr. f. neue Lit. d. Kärtner S.V. 06, Projektstip. d. BMUKK 06/07 u. 07/08; Rom., Lyr., Erz., Ess. – **V:** Kreuzblütler, R. 02; Öffnungen. Ein Maßnahmenkatalog 05. – **MA:** Anth. z. Alfred Gesswein Lit.pr. 01; Beitr. in mehreren Anth. d. Aarachne Verl. seit 96, u. a. in: Das große Dorfhasserbuch 00; mehrere Beitr. in Lit.zss. seit 98, u. a. in: Kolik 15/01, manuskripte. – **MH:** Reihe „Autorenmorgen", m. Stefan Buchberger u. Gabriel Vollmann 02.

Laher, Ludwig, Mag. phil., Dr. phil., Autor; Nr. 142, A-5120 St. Pantaleon, Tel. (0 62 77) 72 12, Fax 72 12, *L.Laher@aon.at, www.ludwig-laher.com* (* Linz/D. 11. 12. 55). GAV 80, IGAA 80; Ernst-Koref-Pr. 87, Rauriser Förd.pr. 90, ObÖst. Lit.förd.pr. 89, Theodor-Körner-Förd.pr. 90, 94, Übers.stip. d. Stadt Salzburg 92, Öst. Übers.prämie 97, Öst. Projektstip. 01, Buch.Preis 01, Öst. Staatsstip. f. Lit. 02 u. 04/05, Kulturpr. d. Ldes ObÖst. f. Lit. 03, Robert-Musil-Stip. 05–08, u. a.; Drama, Lyr., Nov., Ess., Literar. Bearbeitung, Hörsp., Sat., Übers., Fernsehsp./Drehb., Hörbild/Feat., Erz., Rom. Ue: engl. – **V:** nicht alles fließt, G. 84; Always beautiful. Grenada 89; Im Windschatten der Geschichte, Ess. 94; unerhörte gedichte 95; Selbstakt vor der Staffelei, Erz. 98; Wolfgang Amadeus junior. Mozart Sohn sein, biogr. R. 99; Herzfleischentartung, R. 01, Tb. 05; feuerstunde, Lyr. 03; Aufgeklappt, R. 03; Zeitloser Herbst, R. 05; Folgen, R. 05; Und nehmen was kommt, R. 07. – **B:** Theaterst., u. a.: Jean Cocteau: Der Ochs auf dem Dach 81. – **MA:** Beitr. in zahlr. Lit.zss. u. Ztgn, u. a. in: Projektil, seit 75; Lit. Kritik 335/99, 343/00, 363/84/02, 381/382/04; ndl, H.417; FORUM 481–484; Podium 121/122 01, 123/124 02, 127/128 03; Der Bundschuh 6/03; Salz 114/03; Die Rampe 1/04; sowie in: Wespennest; ORTE; Die Rampe; SALZ; Wiener Journal; Einblick; Schreibarbeiten; Salzburger Nachrichten; Restant; STANDARD; Facetten; – Beitr. in Anth., u. a. in: Autorenpatenschaften 80; Geschichten 2000 83; Erleichterung beim Zungezeigen 89; Vom Land in der Mitte 00; Mein Heil am Montag 01; Kleine Fibel des Alltags 02; Hinder dem Niemandsland 03; von sinnen 04. – **H:** Der Genius Loci überzieht die Stadt 92; Uns hat es geben sollen, Erzn. 04; Europa erlesen: Oberösterreich 04; Europa erlesen: Linz 08. – **MH:** Angstzunehmen (auch Mitarb.) 83; So also ist das / So that's what it's like, m. Mitarb.

Lahmann

Görtschacher, Lyr.-Anth. 02 (auch Mitübers.). – **R:** Grenada ging den Dritten Weg 83; Tote Grenze 83; Der Weg ist schon das Ziel 87; Öffentliche Haltungsschäden 89; Wie schnell die Zeit vergeht 90; Grenzerfahrungen 91; Kein echter Tscheche bin ich nicht 92; Dr. Borneman und Mr. McCabe 94, u. a. Hörbilder; Das Linie-M-Märchen, Hsp. 94; Durst nach Widerstand, Kurzfilm 95 (auch als Video); Warme Körper, Hsp. 98; Wolfgang Amadeus junior. Annäherung an einen Sohn, Fsf. 98; Humanitatis causa, Hsp. 00; Herzfleischentartung, Fsf. 01; Ultimative Annäherung, Hsp. 04. – **Ue:** Jacob Ross: Ein Lied für Simone 93; Lindsey Collen: Sita und die Gewalt 97. – *Lit:* Klaus Zeyringer in: Öst. Lit. seit 1945 01; Anna Mitgutsch in: Der Standard 01; Christiane Zintzen in: NZZ 01; Walter Hinck in: FAZ 01; Vladimir Vertlib in: Wiener Ztg 01; Gerhard Moser in: Lit. u. Kritik 01; Julia Kospach in: Profil 03; Samuel Moser in: NZZ 03; Uwe Schütte in: FAZ 03; Helmut Sturm in: Salzburger Nachrichten 03. (Red.)

Lahmann, Erika, Dipl.-Maler-Grafikerin, zahlr. Personalausst. seit 59; Rigaer Str. 1A, D-10247 Berlin, Tel. (0 30) 4 26 85 31 (* Magdeburg 30. 6. 27). Berufsverband Bildender Künstler bbk Berlin 92. – **V:** Fragil, Erz. 06.

Lahres, Waltraud, ObStudR.; c/o verlag kleine schritte, Trier (* Viernheim 55). BDS; Nomin. f. d. Lyrikpr. d. Buchmesse Linz 08; Lyr. – **V:** Fast im Fluß 03; Dem Augenblick Zärtlichkeit geben 06; Die Räume des Himmels atmen 07. – **MA:** Verschenk Calender, Leseb. 03, 06; Das neue Gedicht, Jb. 04.

Lahtela, Silvo, Schriftst.; Klausenerplatz 4, D-14059 Berlin (* Helsinki 59). Rom. – **V:** Auf dem Heldenstrich 84; Zeichendämmerung, R. 90; Alp-Traum Terror, Krim.-R. 95; Letzte Obsession, R. 95; Update, R. 99. (Red.)

Laib, Uta s. Fischer, Judith

Lajta, Esther-Maria, Dr. phil., U.-Lektor; Schopenhauerstr. 47/5, A-1180 Wien, Tel. (01) 9 42 71 18, *esther.lajta@univie.ac.at* (* Wien 16. 1. 73). IGAA; Nachwuchsstip. f. Kinder- u. Jugendlit. 92, 94; Kinder-u. Jugendb., Lyr. – **V:** Austria felix und die Kinder der Zeit, Kdb. 95, 2. Aufl. 96. – **MA:** Das Geschichtenjahr 97; 200 kurze Geschichten 99. (Red.)

Lakomy, Monika s. Ehrhardt, Monika

Lakomy, Reinhard (Lacky), Sänger u. Komponist; Sulzer Str. 1, D-13129 Berlin, Tel. (0 30) 4 74 22 91, Fax 4 74 20 66, *reinhardlakomy@aol.com, www.reinhard-lakomy.de, www.traumzauberbaum.de* (* Magdeburg 19. 1. 46). – **V:** Es war doch nicht das letzte Mal, Erinn. 00. – **MV:** Der Traumzauberbaum, Geschn.lieder 98; Mimmelitt, das Stadtkaninchen, Geschn.lieder 98, alles m. Monika Ehrhardt. – **P:** zahlr. Schallpl./Tonkass./CD, u. a.: Reinhard Lakomy 73; Lacky u. seine Geschichten 74; Lackys Dritte 75; ... daß kein Reif 76; Die großen Erfolge 77; Geschichtenlieder 78; Der Traumzauberbaum 80; Der Wolkenstein; Mimmelitt, das Stadtkaninchen 83; Die Immer-Wieder-Lieder 93; Josefine, die Weihnachtsmaus 97; Das blaue Ypsilon 99; Der Traumzauberbaum 2 – Aggaknack, die wilde Traumlaus 01. (Red.)

Lalli, Marco, Dr., Dipl.-Psych.; Im Schilling 2, D-69181 Leimen, Tel. (0 62 24) 92 17 07, *marco@lalli.de, www.lalli.de* (* Massa/Italien 14. 11. 54). – **V:** Die Himmelsleiter, R. 96, Tb. 00; Die Nacht wird deinen Namen tragen, R. 03, Tb. 05. – *Lit:* Lexikon der Kriminalliteratur 97.

Lambacher, Ursula s. Bach, Ulla

Lambrecht, Christine, Tourismus-Marketing Manager; August-Bebel-Platz 26, D-06842 Dessau, Tel.

(03 40) 21 45 94, *Christine-Lambrecht@t-online.de* (* Dessau 6. 12. 49). Förd.kr. d. Schriftst. in Sa.-Anh.; Erz. – **V:** Dezemberbriefe, Geschn. u. Miniatn. 82, BRD 83, Tb. 85; Männerbekanntschaften, Theaterst. 85, Tonbandprotokolle 86; Die aus'm Osten, Kurzgeschn. 01; Dessau. Porträt einer Stadt, Erz. 06. – **MA:** DUDEN-Abiturhilfen 97; Das Kind im Schrank, Anth. 98; Hinter den Glitzerfassaden, Anth. 98, u. a. – *Lit:* Joachim Walther: Sicherungsbereich Literatur 96; Wolfgang Engler: Die Ostdeutschen 00. (Red.)

Lambrecht, Wolfgang; Tilsiter Str. 23, D-36119 Neuhof/Hess., *info@bombelmann.de, www.bombelmann.de* (* Fulda 20. 12. 58). – **V:** Herr Bombelmann 06; Herr Bombelmann und seine abenteuerlichen Geschichten 06; Herr Bombelmann auf Reisen 08; Herr Bombelmann und seine unglaublichen Erlebnisse 08. – **MV:** Herr Bombelmann. Das Buch zum Buch, m. Sabine Stolzenburg 07. – **P:** Herr Bombelmann. Edition I, Hörb. m. Musik 07.

Lamers, Monika, Schriftst.; Limbacherstr. 49, D-57635 Kircheib, Tel. (0 26 83) 96 65 80, Fax 78 38 (* Bonn 1. 1. 41). VS 80; Lyr., Rom. – **V:** Nur du kannst mir helfen, Tageb.-R. 79; Der Anachoret, R. 93. (Red.)

Lammla, Uwe, Buchhändler; Schmellerstr. 18 RG, D-80337 München, Tel. (0 89) 12 16 43 66, *weltnetzbuch@yahoo.de, www.lammla.de* (* Neustadt/ Orla 21. 1. 61). Lit. Ges. Thür.; Lyr., Ess. – **V:** Fliederblüten 86, 3. Aufl. 07; Gefangener Schwan 88, 2. Aufl. 90; Weckruf und Mohn 89, 3. Aufl. 08; Der Seerosenritter 90, 2., erw. Aufl. 07; Der Weiße Falter 92, 2., erw. Aufl. 07; Traum von Atlantis 95, 2., erw. Aufl. 08; Deutsche Passionen 03, 2. Aufl. 07; Das Jahr des Heils 04, 2., erw. Aufl. 07; Idäisches Licht 07, 2., erw. Aufl. 08; Tannhäuserland 07; Engelke up de Muer 08, alles Lyrik. – **MA:** Palmbaum II/07; Bibliothek dt.sprachiger Gedichte. Ausgew. Werke XI 08; Diktynna, Jb. f. Natur u. Mythos 08. – *Lit:* Rolf Schilling: Kreis d. Gestalten 90; Johannes Nollé: Idäisches Licht 08; Daniel Bigalke: Hyperions Schwermut 08.

Lamont, Robert s. Giesa, Werner Kurt

Lamont, Robert s. Kasprzak, Andreas

Lamont, Robert s. Weinland, Manfred

Lampe, Bernd, Schriftst., Doz.; Hohle Str. 2, D-26345 Steinhausen/Friesl., Tel. (0 44 53) 7 11 85, Fax 9 79 79 17, *eulogon@web.de* (* Hamburg 14. 4. 39). FDA, Freies Hochschulseminar Friesland; Drama, Lyr., Erz., Ess., Wiss. Arbeit (Mediaevistik u. alte Philologie). Ue: mhd, agr. – **V:** Vor dem Tore der Sonne. Ein Ostersp. um Konstantin u. Julian 72, UA 73, Chorfass. 86; Tobin. Eine slaw. Legende u. a. Erzählungen 72, 86; Cristóbal Colón. Das Schicksal einer Meerfahrt, Dr. 74, UA 74; Kaspar Hauser in Treblinka, Dr. 77 (frz. 83, holl. 84, engl. 85, dän. 87, norw. 88), UA 79; Pandora oder Das Haus des Wortes 82; Patmos, Dr. 85, UA 84; Parzivâl 86, 8., verb. Aufl. 00; Gâwân 87, 6., verb. Aufl. 08; Das Evangelium nach Johannes 88, 5., verb. Aufl. 97; Anfortas 90, 5., verb. Aufl. 07; Die Apokalypse des Johannes 96; Der goldene Fisch, Erz. 99; Das Markus-Evangelium 02; Vier Theaterstücke 03; 19 Gespräche zum Vater Unser 08; 23 Gespräche zum Prolog des Johannes-Evangeliums 08; Die Briefe des Johannes 09. – **MA:** Germanist. u. lit.wiss. Arb. in Fachzss.

Lampe, Roland, Autor u. Rezensent; Tegeler Str. 35, D-13353 Berlin, Tel. (0 30) 45 49 17 15, *rollon@web.de, www.rolandlampe.de* (* Berlin 30. 11. 59). Lyr., Erz. – **V:** Der Besuch der Tante, Kurzgeschn. 01; Tage mit Trost, kurze Geschn. 03, 2., veränd. Aufl. 05; Glück ist das Ende aller Poesie, Kurzprosa 05; Alles dreht sich um nichts 08; Die Rache des kleinen Mannes, Geschn. 09. – *Lit:* Ulrich Kiehl in: Signum 2/06.

Lampe, Rolf Heinrich (Ps. Matthias Sternberg, Rolf Bachmann); Heidentalstr. 52a, D-32760 Detmold, *RolfHLampe@aol.com* (* Schwelentrup/Lippe). VS 99; Rom., Erz., Hörsp. – **V:** Das Geheimnis des Sehers 99; Die Spur der eisernen Reiter 01; Der Ring des Thor 02; Im Schatten des Königs 03; Wolfskind 04, alles hist. R. – **R:** Beitr. für: Betthupferl (BR); Ohrenbär (WDR). (Red.)

Lampenhain, Leo (Ps.); c/o Schüling Verlag, Falkenhorst 4, D-48155 Münster. – **V:** Halbgott und Habenichts, R. 06.

Lamping, Simone s. Frieling, Simone

Lamprecht, Bruno, Lehrer, Künstler; Forchstr. 212, CH-8032 Zürich, Tel. (01) 4 22 54 70 (* Zürich 22. 5. 54). Lyr., Ess., Aphor. – **V:** Schwerenot, G. 80; Untrost, G. 82; Silberzwiebeln, Aphor. 85. (Red.)

Lamprecht, Günter, Orthopädiemechaniker, Schauspieler, Autor; c/o Verl. Kiepenheuer & Witsch, Köln (* Berlin 21. 1. 30). 2 x Goldene Kamera, Dt. Darstellerpr., Goldener Gong, Verd.orden d. Landes Berlin, Verd.-orden d. Landes NRW, BVK I. Kl., Hess. Film- u. Kinopr., Herbert-Strate-Pr. – **V:** Und wehmütig bin ich immer noch. Eine Jugend in Berlin 00; Ein höllisches Ding, das Leben 07; Erinnerungen 08. – **R:** Drehb. zu: Tatort: Geschlossene Akten 94; Tatort: Endstation 94, beide m. Matti Geschonneck.

Lamprecht, Rolf, Dr. phil.; Tannenweg 7, D-77815 Bühl/Baden, Tel. (0 72 23) 90 18 83, Fax 90 18 86 (* Berlin 12. 10. 30). Justizpressekonferenz Karlsruhe (JPK), EVors.; BVK I. Kl.; Ess. – **V:** Die Ehe des Richters Steuben oder Anatomie einer Scheidung, R. 90, 92; mehrere Sachbücher, zuletzt: Die Lebenslüge der Juristen 08. – *Lit:* Lamprecht im Spiegel, Fs. 95; s. auch SK.

Land, Ulrich, freier Schriftst., Doz. f. creative writing Univ. Witten/Herdecke seit 05; Höhenweg 60, D-45529 Hattingen, *ulrichland@gmx.de* (* Köln 13. 3. 56). VS 87; 1.Pr. b.d. Wuppertaler Literaturtagen 89, Ingeborg-Drewitz-Lit.pr. 91, Hsp.stip. d. Filmstift. NRW 98, 02, Hsp. d. Monats Mai 00, Arb.stip. d. Kultusmin. NRW 00, Kölner Medienpr. 02; Lyr., Prosa, Ess., Hörsp., Funkfeat., Theaterst. – **V:** Worte im Aufwind. 100 Schreibspiele u. Schreibaktionen 89; Bayreuther Zeitschleuder, Jgd.-Theaterst., UA 07; Der Letzte macht das Licht aus, Krim.-R. 08; Die Räuber?, Theatercollage, UA 09. – **MA:** Kreuz und quer den Hellweg 99; Öde Orte 99; Der Frankenstein-Komplex 99. – **MH:** Tasten, Lit.mag. 89–97; Grimassen. Von Städten u. Menschen, Anth. 91; Grenzgedanken, Anth. 91. – **R:** zahlr. Hsp. u. feuill. Radioporträts, u. a.: Rhinberkse Wend 88; Der Spuk ist vorbei, m. Winfried Sträter 88; Lappland in der Eifel und Atlantis in der Eifel 89; Dat Ihrefelder Fluidum, m. Hans-Georg Oligmüller 90; Hoi was uise Henrich, m. Winfried Sträter 90; Schnauze voll – Eichendorff und Schwermetall 91; Embrica – geläge flak an de Rhin 92; Eine blasse Spur – Der Hellweg, m. Winfried Sträter 92; De Eck is doot, m. Sigrun Politt 93; Die Geister machen die Musik, m. Winfried Sträter 93; Zwielichter 94; Feuerzeug 94; Herzversagen 94; Else und Fritz, m. Sigrun Politt 95; De aolle Herm, m. Winfried Sträter 95; Klammern 96; Loß de Jecke trecke!, m. Sigrun Politt 96; Krähen über Rügen 99; Abriss 00; studiotime 00; C'est la vie. Eine Krimifarce, m. Dieter Jandt 02; Entsorgung 02; Marlowe's Drama 03; Im Schatten des Singvögel 03; Kleist – Das Nachspiel 03; Auf freien Füßen 04; Nabokovs Nachtfalter 05; Krupp, wie er sich auf Capri ergeht 05; Ins Gras gebissen 06; Horváths Ast (WDR) 07;

Tourschlusspanik (WDR), m. Dieter Jandt 07; Gedächtnislücken (WDR) 08; Vernagelt (DLR) 08; Gold geht an China (WDR), m. Dieter Jandt 08; – zahlr. Funkfeat., u. a.: Das Fatale des Fatalismus 87; Das Horoskopfieber 88ff.; Das Wetter 90ff.; Die Stille 90ff.; Die Seele des Computers 91ff.; Die Masse 92ff.; Das Wilde 93ff.; Das Paradies, m. Sigrun Politt 94ff.; Die Unsterblichkeitsphantasien 95ff.; Kannibalismus 96; Das Wasser 97ff.; Als Adenauer noch regierte 98; Als Brandt noch regierte 98; Die Eitelkeit des Mannes 99; Mountain Madness. Der Boom der Berge 00; Faust 2000. Oder: Wir basteln uns den besseren Menschen 00f.; Hell – schwarz – hell. Das Prinzip Tunnel 00f.; al dente. Mit Biss 01f.; Aus der Haut fahren und in eine andre schlüpfen 01; standby für Zugvögel. Warteschleife Kölner Hauptbahnhof 01; Radio der Zukunft – Zukunft des Radios 01; Alle reden vom Wetter. Wir auch 02; Obi et Orbi. Paradies Baumarkt 02; Raumtraum 02; Der Urknall 02; Jede Wette 03; Das neue Sparfieber 03; Schreiben unterm Fallbeil der Echtzeit 04; Biete Elite – Mythos und Realität 04; Grenzübertritte, 5-tlg. Ess.-Serie 04; Die Rechtschreibreform, 5-tlg. Ess. 04; Wie Preußen das dreigliedrige Schulsystem erfand, m. G. Biemann 05; Fortschritt, Tradition, Sackgasse?, m. dems. 05; Eliten – der neue Geniekult, 5-tlg. Ess.-Serie 05; Zum Himmel hoch 06; Quo vadis Stadt?, m. G. Biemann 06; match und Macht. Fußballstadien 06; Fußballstadien, 5-tlg. Ess.-Serie (SWR) 06; „Sprache, die schreitet so tönend". Hölderlin – eine Klangpoesie im Turm, akust. Kunst 06; Der Zug der Zeit (DLR), m. G. Biemann 06; Sie nicken, wenn sie 'nein' meinen (WDR) 07; Kinderläden am Ende? (WDR), m. G. Biemann 07; Kindlein Kindlein (WDR) 07; Ein Kleinkind gehört ins Erdgeschoss (WDR), m. G. Biemann 07; Futureflashback (NDR, SWR) 07/08; Die Download-Wisser (WDR) 08; VeLiMir. Oder: Chlebnikovs Karneval der Worte, akust. Kunst (DLR) 08; Türme und Hochhäuser, 5-tlg. Ess.-Serie (SWR) 08; – zahlr. Glossen, Ess. u. Repn. in div. Kulturmag. v. WDR, HR, NDR, DLF, SFB, SDR, SWF sowie Schulfk-Sdgn im WDR, NDR, RIAS. – *Lit:* Matthias Schühmann in: FAZ v. 3.11.99 u. 29.5.00; Frank Kaspar in: FAZ v. 11.4.01.

Landa, Norbert, Philosoph, Journalist, Autor; Blauenblickstr. 18, D-79424 Auggen, Tel. (0 76 31) 1 07 70, Fax 1 07 71, *nlanda@aol.com* (* Linz 5. 12. 52). Ess., Kinder- u. Jugendb. – **V:** über 40 Bilder-, Kinder- u. Kindersachbücher, u. a.: Meister Hu und das Geheimnis der Kronjuwelen 89; Leselöwen-Osterhasengeschichten 91; Leselöwen-Delphingeschichten 96; Weihnachten bei den Wichteln 97; Vier verrückte Hühner 97; Hüte dich vor Drachen 98; Hier kommen die Brummels 98; Weihnachtsmann, vergiß mich nicht! 99; Schön, daß wir beide Freunde sind 01; – m. Bildern v. Dieter Konsek: Jesus ist geboren 99; Die Schöpfung 99; Abraham und Sara 99; Josef in Ägypten 00; Mose 00; Noahs Arche 00; Der verlorene Sohn 01; Jesus ist auferstanden 01; Jesus bei den Menschen 01; (Übers. versch. Titel in zahlr. Sprachen). – **R:** Fs.-Reihen: Philipps Tierstunde (Kinderkanal); Die Stunde mit Philipp (SWF). – *Lit:* s. auch SK. (Red.)

Landahl, Klaus (Ps. Mörla, Klaus Landahl-Mörla), Leitender Reg. dir.; Grüne Twiete 107, D-25469 Halstenbek, Tel. (0 41 01) 4 10 73, Fax 40 97 32, *www.famlandahl.de* (* Rudolstadt/Thür. 12. 3. 44). VS, Schriftst. in Schlesw.-Holst.; Lyr., Erz., Fernsehsp. – **V:** Welt-all, G. 84; Unterwegs zur Lebensinsel, G. 85; Sichelschnitte, Erzn. 92; Kainland, Drehb. 97. – **MA:** Beitr. in div. Anth.

Landau, Carl s. Zanca, Andrei

Landau, Franz s. Kroetz, Franz Xaver

Landau

Landau, Horst, Dr. med. dent., Zahnarzt i. R.; Lichtstr. 30, D-40235 Düsseldorf, Tel. (02 11) 68 14 28, Fax 6 98 80 51, *horst_landau@yahoo.de* (* Düsseldorf 11. 12. 37). VS 73, BDSÄ 76, Kogge 90; Nordrhein. Zahnärztepr. in Bronze f. journalist. Arb. 76, Pr. im Mona-Lisa Text-Wettbew. d. Wilhelm-Lehmbruck-Mus. Duisburg 79, Pr. Lit.wettbew. Lebenswege Düsseldorf 86; Lyr., Erz., Hörsp., Feat. – **V:** Zweifaltigkeitstexte, Lyr./Sat. 75; Schädelstadt, Lyr. 83; Das verschwundene Haus, Erzn. 87; Die Invasion u. a. Geschn. 94; Befremdliche Befindlichkeiten, Lyr. 02; Wenn Dornröschen erwacht..., R. 08. – **MV:** Das Experiment 75; Selbstzeugnisse, Lyr. 85, u.v. a.; zuletzt: Straßenbilder 99; Zeitzeugen 01. – **MA:** 94 Beitr. in Anth., div. Zss.- u. Ztg.-Artikel sowie Texte zu Graphikmappen d. Künstlers Boris Fröhlich. – **R:** Das Orakel, Hsp. 72, 75, 79; Mit Näglein besteckt, Hsp. 74, 80. – **P:** Das Orakel, m. Evelyn Reben, Tonkass. m. Begleittext 86. – *Lit:* Lore Schaumann in: Düsseldorf schreibt. 44 Autorenporträts, Ess. 74.

Lander, Jeannette, Dr. phil.; Pessiner Weg 7, D-14662 Mühlenberge, Tel. (03 32 38) 2 06 63, Fax 2 06 64, *bauer.lander@snafu.de* (* New York 8. 9. 31). VS 71, P.E.N.-Zentr. Dtld; Lit.pr. d. 'Southern Literary Festival Assoc.' f. Ess. 54, f. Short Story 55, f. Dr. 56, Villa-Massimo-Stip. 76, Arb.stip. f. Berliner Schriftst. 88, Writer in residence Univ. of Georgia 00, Washington Univ. St.Louis 01; Rom., Lyr., Ess., Feat. – **V:** Ein Sommer in der Woche der Itke K., R. 71; Auf dem Boden der Fremde, R. 72; Ein Spatz in der Hand ..., Erzn. 73; Die Töchter, R. 76, Tb. 96; Der letzte Flug, Erz. 78; Ich, allein, R. 80, 91; Jahrhundert der Herren, R. 93; Überbleibsel. E. kleine Erotik d. Küche, R. 95, Tb. 99; Eine unterbrochene Reise, R. 96, Tb. 98; Robert, R. 98. – **MA:** Fremd im eigenen Land 79; Die Hälfte der Stadt 82; Das kleine Mädchen, das ich war 82; New York 82; Du gehst fort und ich bleib da 89; ndl 94; Mein Berliner Zimmer 97. – **H:** Jüdisches Leben heute, Kal. 99, 00. – **R:** Eine exotische Frau für den dt. Mann 79; Managerin mit Gemüt 80; Das verflixte Pflichtgefühl 81; Ich wollte Menschen erreichen 81; Bei Managern geht's nicht ohne sie 82; Ich wollte werden, was Vater war 82; Kinder in kranken Ehen 82; Der Mann für den kleinen Ärger 84; Rita und Trip 86; Sehen will gelernt sein 86, alles Fsf.; Rdfk.-Arb.: Schwesterliebe, Schwesternliebe, Hsp. 81; Ich war immer auf mich gestellt, Hsp. 91; Die Brüder, Hsp. 92; Sage und Schreibe, Feat. 93; Umzug West 94; Winter in Atlanta 94; Die schöne Alte und die häßliche Alte, Erz. 94; Auf der Suche nach Summerhill, Feat. 96; Aus-Zeit in Inland 97; Landmarks zur Miete, Feat. 98; Litera-Tour U.S.A., Feat. 99; Eine Hochzeit in Italien, Feat. 00. – *Lit:* Leslie Adelson in: new german critique Nr. 50 90; dies. in: Making Bodies, Making History 93; Tobe Levin in: Intern. Women's Writing 95; dies. in: Commonwealth and American Women's Discourse 96; Yale Companion to Jewish Writing and Thought in German Culture, 1096–1996 97; Marjanne Goozé in: Monatshefte 99; Lawrenca Rosenwald in: The Antioch Review 00; Women in German Yearbook 15 00; Helga Kraft/Dagmar Lorenz: The German Quarterly, Vol. 73, No. 2 01.

Landerl, Peter, Dr. phil., U.-Lektor; c/o Université Marc Bloch, Dép. d'Etudes allemandes, 22, rue René Descartes, F-67084 Strasbourg (* Steyr 12. 6. 74). Publikumspr. b. Lit.wettbew. „Enge Gasse", Steyr 96, Talentförd.prämie d. Ldes ObÖst. 00; Rom., Erz. – **V:** Blaustern, Erzn. 98; Happy Together, R. 03; Der Kampf um die Literatur. Literarisches Leben in Öst. seit 1980 05; Dunkle Gestalten, R. 07. (Red.)

Landfinder, Thomas s. Scheidt, Jürgen vom

Landgraf, Gitta s. Hausmann, Brigitta

Landgraf, Willi (Ps. skypper); *www.skypper.de* (* Dienheim). – **V:** Ich schenke Dir meine Gedanken, Lyr. 05. (Red.)

Landgraf, Wolfgang; 4820 Cleon Avenue, Hollywood, CA 91601, *wlandgrafusa@mindspring.com* (* Langenchursdorf 5. 12. 48). SV-DDR 75–89, Writers Guild of California 00; Stip. d. Franz. Außenministeriums 85. – **V:** Wie Vögel im Käfig. Eine Legende v. Kinderkreuzzug, Erz. 77; Martin Luther. Reformator und Rebell, Biogr. 81; Drachenschiffe auf dem Rhein, Erz. 83; Kinder der Finsternis, Ess. 86; Das Land der Katharer, Erz. 87; Heinrich IV. Macht u. Ohnmacht e. Kaisers, Biogr. 91; Troubadors Tod, hist. R. 94. – **MA:** Fernfahrten 76; Moskauer Begegnungen 81; Wegzeichen 85; Geschichten vom Trödelmond 90, alles Anth. – **R:** Venedig – Jetzt und in alle Ewigkeit; Unter Mißbrauch des Kreuzes, Hsp. 80; Zu Schutz und Wehr erbaut – e. Kulturgeschichte d. dt. Burg, Fsf. 82; Das Dorf der Krokodile – die seltsamen Gesichter von Papua-Neuguinea (MDR) 98; The Valley of the Dancing Spirits 00; The Island beyond Times 00; In Search for Camelot 01, alles Dok.filme. (Red.)

Landin, Walter, Lehrer, Autor; Höhenstr. 22, D-68259 Mannheim, Tel. (06 21) 79 42 89, Fax 7 99 41 34, *info@landin.de*, *www.landin.de* (* Dirmstein/Pfalz 29. 5. 52). VS 84, Lit. Ver. d. Pfalz 85; Mannheimer Kurzgeschn.pr. 84, Förd.gabe z. Pfalzpr. f. Lit. 90, Lyr.pr. b. Mda.-Wettbew. d. Arb.kr. Heimatpflege Nordbaden (1. Pr.) 94, 98, Hauptpr. b. Lit.wettbew. Fabrik 97, Agatha-Christie-Krimipr. 03 u. Nominierung 04; Kurzprosa, Rom., Lyr., Erz., Kabarett, Drama. – **V:** Wenn erst Gras wächst, Erzn. 85; Dorfluft, Erz. 88; Kennscht du, detscht du, Mda.-Erzn. 93; Plötzlicher Tod, Kürzestgeschn. 96; Baumers Fall, Erz. 98; Das Gras, die Stille, der Mohn, G. 99; Fichtners Erbe, Krim.-R. 01; Von Hurenmenschen, Polacken und Volksgenossen, Theaterst. 01; Wu bitte is die Speisekart, Mda.-Prosa 05; Mord im Quadrat, Krim.-Erzn. 07, 4. Aufl. 08 (auch als Hörb.); Mannheimer Karussell, Krim.-R. 08. – **MA:** Beitr. in Prosa- u. Lyr.-Anth., u. a.: Augenaufmachen 84; Zärtlichkeit läßt Flügel wachsen 85; Geschichten 7./8. Schuljahr 90; Mord light 96; Brüche und Übergänge, G. u. Prosa 97; Hinter den Glitzerfassaden, Erzn., Lyr. 98; Pistole und Würde, Erz., Ess., Lyr. 99; Fabrik. E. Anth. 99; Noblesse, Stil und Eleganz, Erzn., Ess., Lyr. 00; Letzte Worte, Kurzkrimis 03; Verdächtige Freunde, Kurzkrimis 04. – **R:** Die Feldpostkarte, Erz. 90; Neue Prosa- u. Lyriktexte von W.L. 92. – **P:** Mundart im Pälzer Saund, CD-ROM in: Pcetera 7/96; Das kalte Herz, Hörb. u. Wilhelm Hauff, CD 03; Pälzer Sound, Hörb. m. Musik 03.

Landmesser, Alfred; Heilighäuser Ring 7, D-61184 Karben (* Eikfier/Pommern 22. 7. 34). – **V:** Der Stadtkämmerer und die Schotten, Geschn. 92; Als Sankt Antonius das Jesuskind verschenkte, Leg. 99; Schneegestöber und Kerzenschein, Geschn. 00. – **R:** Wer den Sport hat, braucht der den Schaden nicht zu sorgen, Sat. 88; div. Geschn., Sketche u. a. f. versch. Rdfk-Anst. (Red.)

Landmesser, Ralf G. (Ps. u. a. Leo von Seelöffel, Kain Abels), Schriftst., Künstler, Publizist; Rathenower Str. 23, D-10559 Berlin, Tel. (0 30) 3 94 78 94, Fax 3 94 61 67, *ralf@free.de*, *www.schwarzrotbuch.de*. Stümgesgasse 7, D-41236 Mönchengladbach-Rheydt (* Rheydt 13. 11. 52). Gruppe 75 75–77, VS 90, Autorennetzwerk FRAKTAL 99; Aufenth. im Intern. Writers' and Translators' Centre of Rhodos 00, 02; Rom., Lyr., Ess., Kurzgesch., Experiment. Lit. Ue: engl, ndl, frz. – **V:** Schwarze Milch, Lyr. u. Grafik 80; Schwarzroter KALENDA, polit. Taschenkal. 83ff.; Wat Nu?, Ess.

93; Die 3. Revolution, Ess. 96; Landwehrkanallje, Lyr. u. Photos 00. – **MA:** Die richtige Idee für eine falsche Welt 02; – Mitarb. an Zss. u. Mag., u. a. an: BLATT; Die andere Zeitung; Maischrei (teilw. auch hrsg.); Lyr., Artikel, Kurzgeschn. u. Ess. in Zss. im In- u. Ausld, u. a. in: Frankfurter Hefte; Schwarzer Faden; Umanita Nova; graswurzelrevolution; Die Brücke. – *Lit:* s. auch Kürschners Handbuch der Bildenden Künstler, 1. Aufl. 2005. (Red.)

Landplage s. Rossmanek, Klaus

Landskron, Ludwig s. Sonntag, Werner

Landstorfer, Peter, Rechtsanwalt; c/o Wilhelm Köhler Verl., München (* München 10. 12. 61). Theater, Komödie. – **V:** Der bayerische Protectulus, Sch. 88; Da Roagaspiz, Kom. 90; Da Wolpertinger, Volksst. 91; Die bayerische Prohibition 92; Der Mascara 92; Komödianten 94; Da Rauberpfaff 95; Elädrische 96; D'Wahl-Lump'n 96; Da Weltverdruss 97; Theater 98; Ratsch und Tratsch 99; A Kufern 00, alles Kom.; Hoffnung Dreizehnlinden, Volksst. 00, alle Stücke auch aufgeführt. (Red.)

Landt, Jürgen; lebt in Greifswald, c/o Bench Press Publishing, Lindenstr. 20, D-72582 Grabenstetten, *landt@gmx.net, www.j-landt.de* (* Demmin 31. 5. 57). Arb.stip. d. Stift. Kulturfonds Berlin 99, Stip. d. Ldes Meckl.-Vorpomm. 01, 03, 05; Rom., Lyr., Kurzprosa, Type-Art. – **V:** Der Gang durch die Tüte, Kurzprosa 97; ich nickte mit dem mundgeruch 00; Bis zum Hals, Kurzgeschn. 01; Immer alles kurz vorm Tod, Kurzgeschn. 02; In Echt, Kurzgeschn. 04; Der Sonnenküsser, R. 07; Realität ist Zauberwald, Kurzgeschn. 08. – **MA:** zahlr. Beitr. in Lit.- u. Kulturzss. u. a. in: Risse; dO!PEN; Blut im Stuhl; Der Literat; Kopfzerschmettern; Ort der Augen.

Landt, Uta s. Franck, Uta

Landwirth, Heinz s. Lind, Jakov

Laner, Rosa (geb. Rosa Pfleghar); Dürerweg 31, D-88250 Weingarten, Tel. (07 51) 55 35 05, *die4Laners@gmx.de* (* Weingarten 15. 1. 57). Rom. – **V:** Hauptsache, die Suppe dampft, R. 99; Der muss es sein, R. 00; Helens Gräber, R. 05. – **MA:** Nationalbibliothek d. dt.sprachigen Gedichtes 99; Kurzgeschn. in: Südwestpresse, Nr. 296 96; Dt. Tagespost, Nr. 57 97; SZ, Nr. 84 97. (Red.)

Lanfranconi, Katharina, Art Director; Sonnenhof 8, CH-6004 Luzern, Tel. 04 14 10 97 50, Fax 04 14 10 97 45, *Katharina.Lanfranconi@bluewin.ch.* Geissmattstr. 42, CH-6004 Luzern (* Luzern 20. 6. 48). Lyr. – **V:** Im Traum heisst mein Geliebter Meer, G. 02; Manchmal geh ich nachts zum Spiegel, G. 03. (Red.)

Lang, Ana, Schriftst.; Großmattweg 4, CH-5619 Uezwil/Kt. Aargau, Tel. (0 56) 6 22 83 94 (* Zürich 26. 5. 46). Netzwerk schreibender Frauen 92; Lyr., Erz. – **V:** Der rote Gärtner 89; Rauhnacht, Erz. 96; Nebel Leben, Erz. 97. – **MA:** Das helle und das dunkle Zimmer 88; Lyrik Kt. Aargau 97; Herzschrittmacherin 00, alles Anth. – *Lit:* DLL, Erg.bd V 98. (Red.)

Lang, Christoph s. Bender, Helmut

Lang, Elmy (auch Elmy Lang-Dillenburger, Elmy Dillenburger), Schriftst., Malerin, Übers.; Strobelallee 62, D-66953 Pirmasens, Tel. u. Fax (0 63 31) 4 14 25 (* Pirmasens 13. 8. 21). VS 68, Lit.Ver. d. Pf. 68, Kogge 74, Autorengr. Kaiserslautern 74, RSGI 75, Friedrich-Bödecker-Kr. 75, Förd.kr. 77, Assoc. Européene Francois Mauriac 92, Artists for Peace 96, Kulturvereinig. Wasgau e.V.; Dipl. d. merito U. delle Arti 82, Landgrafen-Med. d. Stadt Pirmasens 86, Gran premio d'Europa la Musa dell'Arte 88, Auslandsstip. 89, ELK-Feder 90, Woman of the year, US Biograph. Centre 98, Kurz-

geschn.pr. d. Lit.wettbew. z. 5. Buchmesse, Ried 01; Drama, Lyr., Rom., Ess., Hörsp., Kurzgesch., Kinderb., Schausp. Ue: engl, frz, ital, span. – **V:** Mitternachtsspritzer, G. 70; Frühstück auf französisch, R. 71; zahlr. Kinderb. in Prosa u. Reimen 72–75; Kleine Maus auf großer Reise, Kdb. 76; Dackel Strolch und der Schnupfen, Kdb. 76; Die Bodenguckkinder, Leg. 77; Ping pong Pinguin, G. 78, 80 (auch engl.); Das Wort, G. 80; Blick ins Paradies, G. u. Kurzgeschn. 80; Limericks, G. 84; Der Rabenwald, R. 85; Stufen zum Selbst, G. 86; Der Schäfer von Madrid, Erzn. 87; Lebenszeichen, G. 88; Meisenheim in Wort und Bild 89; ICH – Vincent van Gogh, R. 90; Verdammt geliebtes Leben, dt.-frz. 92; Paradies mit Streifen, Kurzgeschn. 94; Bis der Adler stürzt, R. 97; Die Bodenguckkinder, Sch., UA 98, 99, gedr. 02; Hieroglyphen des Lebens, G. 02 (teilw. auch engl., frz., holl., ital.); Die Puppe darf nicht mehr tanzen, Sch. 02; Er sprach immer von Tauben, Sch. 02; Nele und der Arnikadoktor, R. 03; Ohne Liebe läuft nichts – Ansichten e. Hundes, R. 05; Lebensboot, G. 06. – **MA:** Ich lebe aus meinem Herzen 74; Neue Texte Rhld-Pfalz, Jg. 75, 76, 77; Heimatkal. Pirmasens-Zweibrücken 78; Einheimische Autoren stellen sich vor (R.-Auszug: Berlin zur Stunde Null) 80; Haiku-Reihe 1: Hoch schwebt im Laub 80; Echos, Lyr. u. Prosa 82; Literat 83; Entleert ist mein Herz 80; Baum-Symbiosen 83; Europ. Begegnungen in Lyr. u. Prosa, Kogge-Leseb. 84; Gauke's Jb. 84; Prosa-Jb. I 85; ... und das kleine bißchen Hoffnung 85; Carl Heinz Kurz 86; Lit. aus Rhld-Pfalz, Anth. III, Mda. 86; Nur e. Windhauch, Senryu-Kleist-Anth. 87; Kindheiten. Pfälz. Schriftst. erinnern sich 87; Das gr. Buch d. Renga-Dicht. 87; Das kl. Buch d. Renga-Dicht. 87; Das dritte Buch d. Renga-Dicht. 89; Europ. Lit. u. Grafik. G. 89; Seiltanz, G. 90; Das gr. Buch d. Senku-Dicht. 90; Das dritte Buch d. Senku-Dicht. 91; Wie d. Kaiser unter Edelleuten, Leseb. 91; Wunder d. Windhauch, Erzn. 92; Liebe ich Dich?, G. 93; Zeitgeschehen einmal anders 93; Himmerod u. anderswo 94; La viro en la luno 94; Revista de Cultura Asachi Nr.82 95; Kogge-Werkstatt, G. 95; Pflücke d. Sterne, Sultanim 96; Begegnung im Keller, Geschn. 96; Parnassus of World Poets 96; Angst, Geschn. 96; Literatur u. Erotik, G. 97; Grenzenlos, Reisebilder 98; I. Triberger Hemingway-Preis/Stories 01; Bunte Träume 03; Die Räuber '77. 30 Jahre 07. – **R:** Die Verfolgung, Hsp. 74; Dani und Heseki reisen zur Erde, Funkerz. 75; Der Flacon, Erz. 81; Politisches Gebet, G. 81; Späte Gäste am Heiligen Abend, Funkerz. 82. – Ue: Jerome Weidmann: Die andere Frau 57. – *Lit:* Karl Greifenstein in: Die Bücherei 35/2 91; Theater d. Gegenw. 92; N. Popa in: Revista de Cultura Asachi Nr.82, 95; Viktor Karl in: Lex. Pfälzer Persönlichkeiten 95.

Lang, Emmerich, Sozialarb.; Maria Roggendorf 1, A-2041 Wullersdorf, Tel. (0 29 53) 2 71 61, Fax 2 34 84 (* Kemeten 18. 9. 41). Ö.S.V. 03; Förd.pr. f. Lit. d. burgenländ. Ldesreg. 77, Anerkenn.pr. d. Ldes NdÖst. 92; Lyr., Hörsp., Kurzgesch., Märchen, Fabel, Aphor., Ess. – **V:** Jenseits der Wüste, G. u. Aphor. 69; Durch das Hügelland, G. u. Aphor. 76, 93; Immer noch keinen Schritt weiter, Lyr. 77; Natürlich, Lyr. 78; Stachelkleid und Prachtgefieder, Fbn. 78; Gedichte fallen mir zu wie reife Äpfel 80; Durststrecke 84; Wie geschmiert 85; Signale der Hoffnung 86; Farben wechseln 88; Wo bleiben die Sterne? 91; Prägungen 92, alles Lyr.; Zwischen Asphalt und Ähren, Haiku 98; Umzingelt vom Grün, Haiku 00; Am Rain tanzt der Mohn, Haiku u. Senryu 01; Entschleunigung, Haiku 02; Wettwachsen, Lyr. 03. – **MA:** Aus d. literar. Schaffen d. Burgenlanden 64; Dicht. aus NdÖst., Bd 1: Lyrik 69, Bd 4: Dramatik 74; Dicht. aus d. Burgenland 70; Land vor d. Stadt

Lang

73; Quer 74; Das Jagdhorn schallt 78; Standortbestimmungen 78; Kinder-Reader 78; Lebendiges Fundament 78; Anth. d. dt. Haiku 79; Das immergrüne Ordensband 79; Heimat 80; Ein burgenländ. Leseb. 81; Hat Heimat Zukunft? 81; Issa 81; Künstler im Weinviertel 81; Der Mensch spricht mit Gott 82; Wort im Weinviertel 82; Lebensraum Weinviertel 88; Jenseits d. Flusses, Haiku 90; Eine Region im zweiten Leben 92; Das Haiku in Öst. 92; Der Lerchenturm, Anth. tsch. Lyr. 93; Verwundbar durch Schönheit im Aug, Lyr. dt./ndl. 01; Siebzehn Silben, Haiku 02; Tage in Dur und Moll, Lyr. 02; Über das Land, Lyr. u. Erz. 03; Wenn die Erinnerung atmet, Lyr. 03; – regelm. Beitr. in: Kulturnachrichten aus d. Weinviertel, seit 81. – **H:** Blätter f. Lyrik u. Kurzprosa 1–47 71–81; Der Falter, seit 81. – **R:** April! April! 75; Abfahrt 15 Uhr 07 75; Geschichten vom Wind 76; Der Schneemann Kugelrund 76; Frühlingsspaziergang 77; Martin und seine Freunde 77; Die Prinzessin 77; Was der Wind erzählt 77; Susi, Schwupp und Pipo 78; Himmelsschlüssel 78; Der Drache Hochhinaus 78; Der Lügenbaron 79; Rübezahl hilft 79; Englisch gut 79; Rex 79; Der enttäuschte Frühling 80; Not lehrt junge Spatzen fliegen 80; Der Regenschirm 80; Alexander im Traumland 81; Der unfreiwillige Hellseher 81; Meinstimmt und die Hexe 81; Der Führungsbericht 81; Der betrogene Betrüger 82; Der Rübezahl und der Veit 82; Der Mann, der mit den Bäumen redet 82; Geschichten vom König der Tiere 82; Das Schatzkästlein 83; Michael Mops 83; Der Fliegenkobold 84; Ein aufregender Tag 85; Froschgeschichten 86; Kater Peters Abenteuer 86; Der kluge Hase Bunny 88; Lustige Geschichten vom Till 89; Schildbürgergeschichten 89; Storchgeschichten 90, alles Hsp. – *Lit:* Karl Schön: Natur als Symbol u. Chiffre d. Seins, in: Horizonte 16–17 80; Rotraut Hackermüller: E. Lyriker d. Verknappung, in: morgen 42 85; Friedrich Heller in: Kulturnachrichten aus d. Weinviertel Jg.21/H.2. (Red.)

Lang, Ernst s. Bender, Helmut

Lang, Fred, Autor, selbst. Fotograf; Estebrügger Str. 101, D-21635 Jork, *fred.lang@t-online.de*, *www.fred-lang.de* (* Meudt/Westerwaldkr. 21.1.38). Lyr., Erz. – **V:** Von Mäusen, Menschen und anderem Getier, G. u. Geschn. 00; Der Patentmaulkorb, Geschn. 05, 2.,erw.Aufl. 06, als Hörb. 07; Mutter Flint mit dem Stint, Geschn. u. Anekdn. 06. – **MA:** Glück über Generationen 03; SpruchReif 07, beides Lyr. u. Prosa; art of man. Alles, was man(n) kann 07.

Lang, Gerda (Ps. Gerda Ludwig), Lektorin; Obere Seefeldstr. 41, D-82234 Weßling b. München (* München 23.5.37). – **V:** Gute Besserung, Texte 95; Von mir für dich, Texte 98, 99. – **H:** Groh-Karten-Bibl., Postkartenbuch Bd 1–59 seit 85. (Red.)

Lang, Gerhard, Dr. iur.; Leinfeldener Str. 13, D-70597 Stuttgart (* Rottenburg/Neckar 18.8.31). – **V:** Bekenntnisse, G. 88; Gedichte – Natur, Liebe 88; Kein Engel in der Höllgasse 92, 3. Aufl. 00; Streiche eines Musikus 94; Paragraphen und Programme 99; Was bleibt ... 01.

Lang, Karl Konradin *

Lang, Margitta (geb. Margitta Fick), Industriekauffrau; Sauerbruchstr. 4, D-95447 Bayreuth, Tel. (09 21) 7 56 34 92, *Margittal@aol.com* (* Creussen 8.3.45). Rom., Erz. – **V:** Vorsicht, schwarzer Kater oder ein Traumhaus mit Hindernissen, R. 06. – **MA:** Heimatkalender f. Fichtelgebirge, Frankenwald u. Vogtland 84, 86, 88, 04.

Lang, Othmar Franz; Ella 1a, D-84428 Buchbach/ Obb., Tel. (0 80 86) 94 64 94 (* Wien 8.7.21). Ö.S.V. 53, SÖS; Erzählerpr. d. gr. j. a. 52, Theodor-Körner-Förd.pr. 54, Kd.- u. Jgdb.pr. d. Stadt Wien 55; Kinder-

u. Jugendb., Rom., Erz., Hörsp., Fernsehsp. – **V:** Campingplatz Drachenloch, Jgdb. 53, 81; Und sie fand heim, Jgdb. 54, 62; Der Aquarellsommer, R. 55, 62; Aber das Herz schlägt weiter, Erz. 55; Die Männer von Kaprun 55, 60; Manfred knipst sich durch 55, 57; Männer und Erdöl 56; Das Leben ist überall 56, 58, alles Jgd.-R.; Mädchen, Mode und Musik, Jgdb. 57, 62; Weg ohne Kompaß, Jgdb. 58; Das tägliche Wunder, R. 59; Siebzehn unter einem Dach, Jgdb. 59, 61; Mein Mann Michael, R. 59; Die beispiellosen Erfindungen des Felix Hilarius, Jgdb. 60, Tb. u. d. T.: Die Erfindungen d. Felix Hilarius 79; Der Mann mit dem Baby, R. 61; Meine geliebte, gehaßte Verwandtschaft, R. 61, 62; Vielleicht in fünf, sechs Jahren, Jgdb. 61, 63; Der Baumeister. Julius Raab – Freund d. Jugend 61; Der Baumeister. Julius Raab – Kämpfer für Österreich 62; Ein Garten, bunt wie die Welt 62; Großes Glück mit kleinen Finken 63; Man ist nur dreimal jung, R. 63, 84; Alle Schafe meiner Herde, R. 64, 76, Tb. 85; Zum Heiraten gehören zwei 65; Paradies aus zweiter Hand, R. 65; Die Stunde des Verteidigers 66; Rache für Königgrätz, R. 66, Tb. 82 u. d. T.: Ein österreichisch-preußisches Liebesgeschichte 68, 76; Ein paar Tage Frühling 66, Tb. 79; Sekt am Vormittag, R., 67, 77; Glück hat nie Verspätung, R. 69; Schritte, die ich gehe 68, 75; Die olympischen Spiele des Herrn Peleonis, R. 69; Warum zeigst du der Welt das Licht?, Jgd.-R. 74, 93 (auch holl., dän., schw., nor., frz., engl.); Das Haus auf der Brücke, Jgdb. 74, 81; Barbara ist für alle da, Jgdb. 74; Vom Glück verfolgt 75, Tb. 84; Wenn du verstummst, werde ich sprechen, Jgd.-R. 75, 95 (auch ndl.); Alle lieben Barbara, Jgdb. 75, 81; Müssen Schwiegermütter so sein?, heit. R. 75, 80, Tb. 85; Regenbogenweg, Jgd.-R. 76, Tb. 80; Ferienfahrt ins Dackeldorf, Kdb. 77; Kaugummi für die Zwillinge 77, Tb. 81; Meine Spur löscht der Fluß 78, 81, Tb. 83, 85; Wer schnarcht denn da im Tiefkühlfach 78, 92; Armer, armer Millionär 79, 81; Rufe in den Wind, Jgdb. 79, 93; Ein Haus unterm Baum 80, 91; Geh nicht nach Gorom-Gorom 81, 92; Wo gibt's heute noch Gespenster 81, 96 (auch kat.); Flattertiere wie Vampire 82, 96; Komm zu den Schmetterlingen 82; Ein Baum hat viele Blätter 83, Tb. 85; Die Lebertran-Affäre 83; Nessie und die Geister der MacLachlan, Kdb. 84, 93; Hexenspuk in Workingham 84, 85; Mord in Padua 84; Angelo 86; Überlebenstraining bei Maisenbachs 86; Münchhausens Enkel 86; Angelo und Mama Rosa 88; Dürfen sich Gespenster fürchten? 89; Das Haus an der Brücke 89; Hungerweg, Jgdb. 89, 95 (auch ndl.); Perlhuhn und Geier 89; Zukunft ist immer morgen 89; Alles, was Flügel hat, spukt ... 90; Spuk lass nach!, R. 90; Spatz mit Familienanschluss 90; Hetzjagd, Jgdb. 91, 94; Warteschleife 91; Die Katze kommt mir nicht ins Haus 92, 98 (auch dän.); Barfuss durch die Wiese gehn, Kdb. 93; Bruderherz, Kdb. 95; Lionel und Mortimer 96; Steffi braucht einen Hund, Kdb. 96; Sebastian, der Elternschreck, Jgdb. 98; Eine Katze kommt selten allein 02. – **MV:** Das vergessene Geschenk u. a. Weihnachtsgeschn., m. Elisabeth Malcolm 97. – **B:** Der andere Herr Karl. – **R:** Eine Tür ging auf; Wir werden erwartet; Fahrt im Nebel; Ich klopfe auch an deine Tür, alles Hsp.; Campingplatz Drachenloch, Hsp.-Reihe. – **P:** Rufe in den Wind, Tonkass. (Red.)

Lang, Peter Thaddäus, Dr., Stadtarchivar; Lammerbergstr. 53, D-72461 Albstadt, Tel. (0 74 32) 1 37 88, *drpeterlang@gmx.de* (* Stuttgart 30.3.45). Rom. – **V:** Tagolf der Siedler, R. 94; Die Jagd nach dem heiligen Stab, R. 98; Tod in Albstadt, Krim.-R. 03; Der Killer von Albstadt, Krim.-R. 05. – **MA:** Aus Freude am Wort, Kurzgeschn. 99. – **H:** Kurt Georg Kiesinger: Ebinger Gedichte 1921–1926 (auch Einf.) 06. (Red.)

Lang, Ralf Otto *

Lang, Roland; Benedikt-Schwarz-Str. 2, D-76275 Ettlingen (* Jablonec 2. 4. 42). VS 74; Stuttgarter Lit.pr. 78, Villa-Massimo-Pr.träger 79, Schubart-Pr. 80, Hermann-Hesse-Pr. (Förd.pr.) 80, Stip. d. Kunststift. Bad.-Württ. 81, Oberrhein. Rollwagen 88; Prosa, Ess., Kritik, Hörsp., Drehb. – **V:** Beliebige Personen, Kurzprosa 69; Ein Hai in der Suppe oder das Glück des Philipp Ronge, R. 75, 76; Die Mansarde, R. 79; Der Pfleger, Erzn., Kritiken 80; Zwölf Jahre später, Tageb. 81; Erkundungen in Nepal 94; Wilhelm Faller. E. Leben im Schwarzwald, R. 98; Die Fallers. Aus d. Leben e. Schwarzwaldfamilie, Bd 1, R. 01; Himmel und Hölle, R. 02; Stürmische Zeiten, R. 03; Ein Fest der Liebe, R. 05; Mord im Hirsch, Krim.-R. 07. – *Lit:* Jürgen Lodemann in: KLG 82; Walther Killy (Hrsg.): Literaturlex., Bd 7 90.

Lang, Sabine, Dr. phil., Marktforscherin; Limburgstr. 14, D-67098 Bad Dürkheim, Tel. (0 63 22) 50 59, Fax 16 45, *sabine.lang@lang-marktforschung. de, lang-marktforschung.de* (* Bayreuth 12. 11. 52). Lyr. – **V:** Gewalt ist austauschbar 99. (Red.)

Lang, Sibylle s. May, Sibylle

Lang, Thomas, Autor; c/o Verlag C.H. Beck, München, *lang@thomaslang.net, www.thomaslang.net* (* Nümbrecht 19. 3. 67). Förd.stip. f. Lit. d. Stadt München 99, Förd.pr. d. Freistaates Bayern 02, Marburger Lit.pr. 02, Ingeborg-Bachmann-Pr. 05, u. a.; Prosa. – **V:** Than, R., 1.u.2. Aufl. 02, Tb. 05; Am Seil, R., 1.-3. Aufl. 06; Unter Paaren, R. 07.

Lang-Dillenburger, Elmy s. Lang, Elmy

Langanke, Martin, M. A., Dr. phil.; Mathildenstr. 1, D-90762 Fürth, Tel. (09 11) 74 66 03, *text@laufschrift-magazin.de, www.laufschrift-magazin.de* (* Augsburg 15. 8. 72). Lyr. Ue: engl. – **V:** Montage/Wörter, Lyr. 00. – **MA:** zahlr. Beitr. in Lit.zss. seit 92, u. a.: Zeitriss; Wortlaut; zahlr. wiss. Veröff. – **MH:** Laufschrift, Mag. f. Lit. seit 95; laufschrift edition, Monogr.-Reihe; Gopi K. Koftoor: Vater, wecke uns im Vorübergehen, m. Christine Marendon, Lyr. engl.-dt. 04. – **Ue:** William Shakespeare: 30 Sonette 98; Otto Horvath: Kanada. Gedichte 99. (Red.)

Lange, Antje s. Lindau, Agnes

Lange, Ariane; Manteuffelstr. 5, D-51103 Köln (* Berlin 8. 6. 66). Lyr. – **V:** Anderer Mond und weitere Liebesgebilde 97. (Red.)

Lange, Bernd-Lutz, Kabarettist, Autor; Kurt-Eisner-Str. 92, D-04275 Leipzig, Tel. (03 41) 3 91 02 21 (* Ebersbach/Sa. 15. 7. 44). – **V:** Kaffeepause, Texte 91; Davidstern und Weihnachtsbaum, Erinn. 92, 2. Aufl. 93, Tb. 06; Jüdische Spuren in Leipzig 93; Dämmerschoppen, Geschn. 97, Tb. 99; Magermilch und lange Strümpfe, Erinn. 99, 11. Aufl. 03 (auch Tb.); Es bleibt alles ganz anders 00, 5. Aufl. 03; Mauer, Jeans und Prager Frühling, Erinn. 03, 4. Aufl. 04, Tb. 06; Ratloser Übergang, Erinn. u. Geschn. 06; Gebrauchsanweisung für Leipzig 08. – **H:** Deutsch-Sächsisch 91; Sächsische Witze 1 91, 2 92, 3 93, 4 96, 5 97; Teekessel und Othello. Meine sächs. Lieblingswitze, 4. Aufl. 06. – **P:** Fröhlich und meschugge, m. Küf Kaufmann, CD 01.

Lange, Brigitte, Blumenbinderin, Bibliothekarin, Nachlassverwalterin; Lazarusstr. 13, D-04347 Leipzig, Tel. (03 41) 6 88 82 24, Fax 6 52 49 00, *heine_brigitte @yahoo.de* (* Leipzig 20. 4. 43). Kulturwerk sächs. Schriftst., ver.di; Sonettengr. d. Wiener Zs. „Die Gegenwart"; Lyr., Prosa, Hörsp. Ue: engl, frz, poln. – **V:** Schlimmstenfalls Geschiebemergel, G. 99. (Red.)

Lange, Claudio, Dr. phil.; Rothenburgstr. 45, D-12163 Berlin, Tel. u. Fax (0 30) 7 92 19 84. Atelier: Lindowerstr. 4, D-13347 Berlin, Tel. u. Fax (0 30)

4 61 23 81 (* Santiago de Chile 18. 12. 44). Lyr., Prosa, Hörsp., Malerei, Ausstellung. – **V:** Milch, Wein & Kupfer, Prosa 79; Rückkehr ins Exil, Lyr. 80; Dueto, Lyr. 80; Al Mar, Lyr. 81; Würde des Menschen, Lyr. 82; Kleines Werkzeug, Dicht. 96. – **MA:** Liebesfreuden im Mittelalter 95. – **MH:** Moderne arabische Literatur, m. Hans Schiler 88. (Red.)

Lange, Gisela S. (geb. Gisela S. Straube), Dr. med., Augenärztin; Blankenloch, Wiesenstr. 21, D-76297 Stutensee, Tel. (0 72 44) 9 15 67, Fax 9 32 41 (* Hohndorf/Erzgeb. 29. 6. 46). Erz., Lyr. – **V:** Das kleine Vögelchen, Geschn. u. Lieder 00, 01; Die Frauen von Paphos, Tageb. e. Reise 02; Spaziergänge um den Grünfelder Park, lit. Sachb. 1./2. Aufl. 05. (Red.)

Lange, Hartmut, Schriftst.; Hohenzollerndamm 197, D-10717 Berlin (* Berlin 31. 3. 37). P.E.N.-Zentr. Dtld; Förd.pr. f. Lit. z. Gr. Kunstpr. d. Ldes Nds. 66, Gerhart-Hauptmann-Pr. 68, Stip. d. Dt. Lit.fonds 91 u. 00, Lit.pr. d. Adenauer-Stift. 98, E.gabe d. Dt. Schillerstift. 01, Italo-Svevo-Lit.pr. d. Blue Capital GmbH Hamburg 03, Pr. d. LiteraTour Nord 04, Calwer Hermann-Hesse-Stip. 05; Drama, Nov., Ess. Ue: frz, engl. – **V:** Senftenberger Erzählungen oder Die Enteignung, Stück, in: ndl 1/62; Marski, Kom. 65; Die Gräfin von Rathenow, Kom. 65. Neuausg. 73; Die Ermordung des Aias oder Ein Diskurs über das Holzhacken, Stück 71; Trotzki in Coyoacan, Dr. 71; Die Revolution als Geisterschiff, Reden u. Aufss. 73; Theaterstücke 1960-1972 73, erw. Neuausg. u. d. T.: Texte für das Theater 1960-1976 77, Tb. u. d. T.: Vom Werden der Vernunft u. a. Stücke fürs Theater 88; Pfarrer Koldehoff, Dr. 77; Die Selbstverbrennung, R. 82; Deutsche Empfindungen, Tageb. 83, Tb. u. d. T.: Tagebuch eines Melancholikers 87; Die Waldsteinsonate, fünf N. 84; Das Konzert, N. 86; Die Ermüdung, Erz. 88; Die Wattwanderung, Erz. 90; Die Reise nach Triest, N. 91; Die Stechpalme, N. 93; Schnitzlers Würgeengel, Novellen 95; Der Herr im Café, Erz. 96; Italienische Novellen 98; Eine andere Form des Glücks, Erz. 99; Die Bildungsreise, N. 00; Das Streichquartett, N. 01; Gesammelte Novellen in zwei Bänden 02; Irrtum als Erkenntnis. Meine Realitätserfahrung als Schriftsteller 02; Leptis Magna, zwei N. 03; Der Wanderer, N. 05; Der Theaterpoet, drei N. 07; (Übers. einiger Werke ins Frz., Span., Ital., Engl.); – THEATER/UA: Marski, Kom. 66; Senftenberger Erzählungen 67; Der Hundsprozeß/Herakles 68; König Johann, n. Shakespeare 68; Staschek oder Das Leben des Ovid, Dr. 73; Die Ermordung des Aias oder Ein Diskurs über das Holzhacken, Stück 74; Jenseits von Gut und Böse, Dr. 75; Frau von Kauenhofen 77; Pfarrer Koldehoff, Dr. 79; Gerda Achternach 83; Krankenzimmer Nr. 6, n. Tschechow 83; Requiem für Karlrobert Kreiten 87. – **MUe:** Carl Michael Bellman: Fredmans Episteln an diese und jene, aber hauptsächlich an Ulla Winblad, m. Peter Hacks u. a. 65, 78; Molière: Tartuff 66. – *Lit:* Jochen Schulte-Sasse in: Dietrich Weber (Hrsg.): Dt. Lit. d. Gegenwart 77; Rüdiger Bernhardt in: Winfried Freund (Hrsg.): Deutsche Novellen 93; Ralf Hertling: Das literar. Werk H.L.s 94; Kiwus 96; LDGL 97; Manfred Durzak: Der Dramatiker u. Erzähler H.L. 03; Hubert Bruntränger in: KLG. (Red.)

Lange, Kathrin *

Lange, Kathrin (geb. Kathrin Hartmann), Buchhändlerin, freiberufl. Mediendesignerin; c/o Literarische Agentur Michael Gaeb, Berlin, *kathrin. lange@federwelt.de, www.kathrin-lange.de* (* Goslar 29. 3. 69). Quo vadis – Autorenkr. Hist. Roman; Rom., Hist. Rom., Kinder- u. Jugendb. – **V:** Jägerin der Zeit, R. 05, Tb. 06; Die verbrannte Handschrift, Jgdb. 06; Das 8. Astrolabium, R. 06; Friedhof der Raumschiffe 07; Das

773

Lange

graue Volk, Jgdb. 07; Seraphim, R. 08; Das Geheimnis des Astronomen, Jgdb. 08. – **MV:** Der 12. Tag, m. R. Gablé, T. Müller, G. Dieckmann u. R. Wickenhäuser, R. 06. – **MA:** Federwelt, Lit.zs., seit 03.

Lange, Luca s. Raupach, Verena

Lange, Moritz Wulf (Ps. Melchior Hala), Schriftst.; Ackerstr. 15, D-10115 Berlin, *info@moritz-wulf-lange. de, www.moritz-wulf-lange.de* (* Hamburg 17. 7. 71). Lyr., Hörsp., Rom. – **V:** Lebendig begraben, R. 07; Kleine Aster, R. 09. – **B:** Victor Hugo: Der Glöckner von Notre Dame 00; Henning Mankell: Der Mann, der lächelte 01; Die Brandmauer 01; Die weiße Löwin 02; Hunde von Riga 02; Mörder ohne Gesicht 02; Wallanders erster Fall 02; Die Pyramide 02, alles Hsp.bearbeitungen auf CD, z.T. auch gesendet. – **MA:** mehrere Beitr. in Lit.-Zss. seit 96, u. a. in: Freibord; Janus. – **P:** Edgar Allan Poe, Hsp.serie, 29 Folgen, CD 03–08; Opa Dracula, Kinderhsp.serie, 10 Folgen, CD 03.

Lange, Norbert; c/o Deutsches Literaturinstitut Leipzig, Wächterstr. 34, D-04107 Leipzig (* Gdynia 29. 10. 78). Stip. Schloß Wiepersdorf 06; Lyr., Erz., Libr., Ess. Ue: engl, poln. – **V:** Rauhfasern, G. 05. – **MA:** Jahresanth. d. DLL Leipzig 03, 04; Manuskripte 165/04; Jb. d. Lyrik 2006, 05; Text + Kritik „Junge Lyrik" 06; – zahlr. Beitr. in Lit.zss. seit 04. (Red.)

Lange, Roland (eigtl. Roland Paul Lange), Vermessungsing.; Im Büh 10, D-37191 Katlenburg-Lindau, Tel. (0 55 52) 9 12 37, *schreibmal@autor-rolandlange. de, www.autor-rolandlange.de* (* Förste-Osterode/Harz 20. 10. 54). VS; Kurzgesch., Erz., Rom. – **V:** Schatzsuche, Kurzgeschn. 91; Das Kanzelkomplott, Stories 92; Nebeltage, R. 93; Kleine Fische, Krim.-R. 94; Großer Traum und kleine Lügen, R. f. Mädchen 95; Ein wünschenswerter Tod, Krim.-R. 95; Der Weideunfall, Krim.-R. 96; Wo liegt Bethlehem, Erzn. 98; Taxi – im vierten Gang durch dick und dünn, R. f. Mädchen 00. (Red.)

†**Lange,** Rudolf, Dr. phil., Red., Schriftst.; lebte in Ronnenberg (* Osnabrück 2. 4. 14, † 17. 4. 07). Goethe-Ges. 55, VS Nds. 61, P.E.N.-Zentr. Dtld 67; Goldmed. d. Asse. della Stampa Romana 59, E.gast Villa Massimo Rom 88; Ess., Monographie, Feuill. – **V:** Auf Goethes Spuren in Italien. Tagebuch e. Reise 60; Otto Gleichmann, Monogr. 63; Olivenhaine und Götterbilder 64; Carl Buchheister, Monogr. 64; Kurt Lehmann, Monogr. 68; Carl Zuckmayer 69; Bernhard Dörries, Monogr. 82; Alexej Iljitsch Baschlakow, Monogr. 89; Kleiner Spaziergang durch Hannovers Theatergeschichte 94; Kurt Lehmann – Ein Bildhauerleben 95; Ingeborg Steinohrt – Plastiken 1942–1992 98. – **MA:** Kleiner Bummel durch große Städte 58; Gesicht u. Gleichnis. Niedersächs. Alm. 59; Jb. d. Wilhelm-Busch-Ges. 61; Freundesgabe f. Max Tau 66; Kunstjb. I 70; Junge Dichtung in Niedersachsen 73; Festliches Herrenhausen 77; Kleine Bettlektüre f. lustige Hannoveraner 77; Der Freund d. Freunde – Max Tau 77; A. Paul Weber – Das graphische Werk 80; Denker – Dichter – Eigenbrötler 03. – **H:** Vom Nützlichen durchs Wahre zum Schönen, Festschr. E. Madsack 64; Spiegel der Antike 68 (beide auch mitverf.); Damals lernte Lenau pfeifen, Anth. 94. – **MH:** Kunst der Gegenwart aus Niedersachsen, bis 94.

Lange, Sabine (geb. Sabine Frick), Autorin, Hrsg.; Klinkecken 8, OT Feldberg, D-17258 Feldberger Seenlandschaft, Tel. (03 98 31) 2 10 22, Fax 2 24 72, *slange17@t-online.de, www.sabinelange.com* (* Stralsund 20. 6. 53). VS 99, Autorenkr. d. Bdesrep. Dtld 07; Lyr., Sachb., Rom. – **V:** Immer zu Fuß, Lyr. 94; Und dieser See an meiner Tür. Mit Hans Fallada durch d. Feldberger Landschaft 02, 04; Das Ohr meiner Katze,

G. 05; The Fishermen sleep, G. dt.-engl. 05; Fallada. Fall ad acta, Sachb. 06; Verschwiegene Gedichte 06; Schlüsselbund, R. 07. – **MA:** Carsten Gansel (Hrsg.): Gedächtnis u. Lit. in d. 'geschlossenen Gesellschaften' d. Real-Sozialismus zwischen 1945 u. 1989 07. – **H:** Hans Fallada: Der Schmortopf ist ganz überflüssig, Erzn. 01, u. d. T.: Köstliche Zeiten 06. – *Lit:* s. auch 2. Jg. SK.

Lange, Sophie; Höhenweg 9, D-53947 Nettersheim, Tel. (0 24 86) 77 16 (* Aachen 26. 2. 36). Rheinlandtaler 99. – **V:** Küche, Kinder, Kirche... 92, 96; Wo Göttinnen das Land beschützten 94, 97; Alt-Eifeler Küche Bd 1: Kochen 94, Bd 2: Backen 94; Als feines Fräulein hinterm Pflug, Biogr. 96; Steht die Sonne auf Stippen... 97; Weiberdorf 2000, R. 98; Eifeler Küche. Mit Kindern backen, kochen und erzählen 99. – **MA:** Erzn. in: Vaters Land und Mutters Erde; Abendgrauen I, II; „Und er hat sein helles Licht bei der Nacht..."; Ber. seit 84 in: Jb. Kr. Euskirchen; Eifel Jb. – H: Die Jahreszeiten. Eine literar. Reise durch d. Eifel 98; „Die Eifel hat ihresgleichen nicht!", Samml. v. hist. Texten 99; Hier spukt's! 00; Im Dunkel der Nacht 01, beides ges. Sagen u. Geschn. (Red.)

Lange, Ursula (geb. Ursula Flade), staatl. gepr. Übers.; Vogelsangweg 4, D-49401 Damme, Tel. (0 54 91) 25 10 (* Waldenburg/Sachsen 31. 5. 21). BdÜ 55–80, ADA 83, Künstlergilde Essl. 86–92; Kulturpr. d. stadt Damme 05; Erz., Lyr., Biogr. Ue: engl. – **V:** Heimweh nach Schlesien, Erzn. 90, 3. Aufl. 98; Das Reichthaler Ländchen, Ortsmonogr. 95; Sagen und Geschichten um den Dümmer 97, 2. Aufl. 98; Jenseits von Schlesien, Erzn. 99; Stand ein Schloß in unserem Dorf, Erzn. 02; Verborgene Wunden, G. 02; Briefe an Miepsel 1915–1926, Biogr. 04; Dümmerland, wie bist du reich, G. 06; Weihnachtszeit hier und dort. Geschn. u. G. 06. – **MA:** Immer gibt es Hoffnung 86; Kindheitserinn. aus Schlesien 89; Der rote Hahn 01; Menschen wie wir 02; Echolot 01; zahlr. Beitr. in versch. Jbb. u. Zss. – **H:** Klaus-Joachim Flade: Ich bin ein junger Baum, G. 83.

Lange, Wigand, Dr., Schriftst., Übers.; Moosleiten 8, D-86974 Apfeldorf, Tel. (0 88 69) 6 98, *wigand.lange @t-online.de, www.wigand-lange.de* (* Heide/Holstein 16. 12. 46). VS; Prosa, Rom., Ess. Ue: engl. – **V:** Theater in Deutschland nach 1945 80; Wollt ihr Thomas Mann wiederhaben? 99; Mein Freund Parkinson. R. 03, 5., erw. u. überarb. Neuaufl. 08; Wenn Parkinson kommt 07; Der Schrei nach Liebe (Arb.titel). – **H:** Henry Fielding: Man muß das Lesens kundig sein, journalist. Schrr. (auch Übertrag. u. Vorw.) 91; Das Verschwinden des Autors, Anth. 02. – **MH:** Schweigen, lit. Anth. (auch Mitarb.) 96. – **R:** Portrait der Aristokratin, Literatin u. Feministin Mary Wortley Montagu 89; Der Dichter, m. Andreas Lechner, Hsp. 91; Henry Fielding: Palast des Reichtums 92; ders.: Essay über Nichts 95, (beide auch übers.); Die verbotenen Liebesbriefe der Mary Wortley Montagu 95; Thomas Mann Feat. 00; Lesungen aus: Mein Freund Parkinson; Wenn Parkinson kommt. – **Ue:** Henry Fielding: Die Tragödie der Tragödien oder Leben und Tod von Tom Däumling dem Großen, Sch. 85; Nick Darke: Der tote Affe, Theaterst. 87; Reinaldo Povod: Cuba und sein Teddybär, Sch. 89; Jane Martin: Keely und Du, Sch. 94; Kit Craig: Vergeltung, R. 94; Michael Benedetti: Kathedrale des Irrglaubens, Theaterst. 95; Jane Martin: Jack und Jill, Theaterst. in: Theater Theater. Aktuelle Stücke 97; Ron Querry: Der Tanz des Kojote, R. 99.

Lange-Müller, Katja, Schriftst.; lebt in Berlin, c/o Kiepenheuer & Witsch, Köln (* Berlin 13. 2. 51). Dt. Akad. f. Spr. u. Dicht. 00, Akad. d. Künste Berlin 02; Ingeborg-Bachmann-Pr. 86, Stip. d. Dt. Lit.fonds 87, 93,

99, Stadtschreiber v. Bergen-Enkheim 89, New-York-Stip. d. Dt. Lit.fonds 90, Alfred-Döblin-Pr. 95, Berliner Lit.pr. 96, Stadtschreiber v. Minden 97/98, Pr. d. SWR-Bestenliste 01, Stadtschreiber-Lit.pr. Mainz 02, Roswitha-Pr. 02, Burgschreiber zu Beeskow 04, Kasseler Lit.pr. f. grotesken Humor 05, Kunstpr. Lit. d. Lotto Brandenburg GmbH 07, Pr. d. LiteraTour Nord 08, Gerty-Spies-Pr. 08, Wilhelm-Raabe-Lit.pr. 08; Rom., Erz., Dramatik. – **V:** Wehleid – wie im Leben, Erzn. 86; Kasper Mauser – Die Feigheit vorm Freund, Erz. 88; Lebenslauf, Hsp. 88; Verfrühte Tierliebe, Erz. 95; Schneewittchen im Eisblock, UA 96; Die Letzten – Aufzeichnungen aus Udo Posbichs Druckerei, R. 00; Die Enten, die Frauen und die Wahrheit, Erzn. u. Miniatn. 03; Böse Schafe, R. 07. – **MV:** Der süße Käfer und der saure Käfer, m. Ingrid Jörg 02. – **MA:** Jonas Maron: Was weiß die Katze vom Sonntag? 02. – **H:** Bahnhof Berlin, Anth. 97; Vom Fisch bespuckt, Anth. 02; Kurt Tucholsky: Liebesgedichte 08. – *Lit:* Walther Killy (Hrsg.): Literaturlex., Bd 7 90; Wolfgang Emmerich: Kleine Lit.gesch. d. DDR 89; LDGL 97; Andreas Kölling: Ein weiblicher Beatnik. Unters. z. Werk K.L.-M., Mag.arb. HUB Berlin 97; Dagmar Vogel in: KLG. (Red.)

Lange-Wilms, Verena s. Raupach, Verena

Langenberger, Frigga s. Haug, Frigga

Langer, Christine; Alpspitzweg 24, D-89231 Neu-Ulm, Tel. (07 31) 8 76 52, Fax 1 76 86 21, *christine-langer@gmx.de* (* Ulm 24. 10. 66). VS, Kg.; Lit.-förd.pr. d. Stadt Ulm 96, Lit.pr. d. Kg. f. Lyr. 97, Stip. Villa Vigoni, Italien 00, Künstlerwohnung Soltau; Lyr., Prosa, Lit.kritik. – **V:** Horizonte, G. 93; Treppenaufgang, Lyr. u. Prosa 00; Lichtrisse, G. 07. – **MA:** Mein heimliches Auge 98–00; Kleiner Bruder, G.-Kal. 99; Kulturpolitische Korrespondenz 99; ndl 4/00, 6/02; Das Gedicht 8/00, 12/04; Lyrik nach d. Glockenschlag 02 (m. CD); Städte. Verse, Lyr. 02; Lunas kleine Weltrunde 02; Zs. d. Künstlergilde Esslingen, Dez. 02, Jan. 03; SMS-Poesie 02; Zeit. Wort, Lyr. 03; Himmelhoch jauchzend – zu Tode betrübt, Lyr. 04, u. a. – **H:** Konzepte, Lit.zs., ab Nr.24 04. – **MH:** Konzepte, Lit.zs., Nrn. 19–23 99–03. (Red.)

Langer, Hedwig s., freischaff. Künstlerin; Neubaugasse 1, A-9560 Feldkirchen, Tel. (06 64) 5 50 44 01 (* Waiern b. Feldkirchen/Kärnten 14. 7. 50). – **V:** Abenteuer Leben. Lebensbetrachtungen e. marktfahrenden Künstlerin 07; Wie ist das Leben so? 08.

Langer, Horst (Ps. Thomas Gryff), Prof. Dr. phil. habil., HS-Lehrer i. R., Lit.historiker, Kritiker u. Hrsg.; Steinstr. 29, D-17489 Greifswald, Tel. u. Fax (0 38 34) 50 89 64, *Horst.A.Langer@gmx.de*, *www. horst-langer-greifswald.de* (* Königs Wusterhausen 7. 9. 38). Ges. f. Pommersche Gesch., Altertumskunde u. Kunst, Arb.kr. Lit. d. Frühen Neuzeit, Univ. Osnabrück; Forsch.pr. 1. Kl. Univ. Greifswald 80 u. 85, Stip. Herzog August-Bibliothek Wolfenbüttel 90, Univ. Heidelberg 91; Übertragung frühneuhochdt. Prosatexte in Versdichtungen, Erz., Rom., Dokumentar. Arbeiten. – **V:** Spiel mit hohem Einsatz, Krim.erz. 95; Das Lächeln des Siegers, Krim.erz. 97; Annas Männer, R. 04; Chronique brutale. Tagebücher über d. Ausgang d. 20. Jh.s 06. – **B:** Venusnarren. Erotisch-verwegene Geschn. nach alten Vorlagen [...] Ausw., Übertr. u. Nachw. von H.L., m. Ill. von Ronald Paris 88; Grobianus. Von groben Sitten u. unhöflichen Gebärden [...] Wieder an den Tag gegeben u. neu in Verse gesetzt von H.L. 95. – **MA:** Aufss., Buch- u. Hörspielkritiken über sowie Interviews mit Autoren in Zss. (ndl) u. Ztgn; Vorbemerkung zu: Hans-Jürgen Schumacher: ... die Lieb' ist mein Beginn, Romanbiogr. Sibylla Schwarz 07. – **MH:** Tödlicher Tauchgang, m. Sascha Lamp u. Hans-Jürgen Schuma-

cher, Krim.erzn. 04; Sibylla Schwarz: Das schnöde Tun der Welt, m. Susanne Grätsch 08. – **R:** Die Sache mit dem Hundeohr, Fs.-Dok.film über Herbert Otto 80; – Aufss., Buch- u. Hörspielkritiken über sowie Interviews mit Autoren im Hörfunk (Radio DDR II, Sendereihe 'Kritiker am Mikrofon' 16.2.74–23.9.80, 49 Kritiken) u. im Fs. (Sendereihe 'Literaturcafé' 77–79), u. a. über/ mit: Rudolf Bartsch, Jurek Becker, Günther de Bruyn, Günter Eich, Fritz Rudolf Fries, Jochen Hauser, Werner Heiduczek, Fritz Hoffmann, Karl Heinz Jakobs, Wolfgang Joho, Uwe Kant, Walter Kaufmann, Eduard Klein, Dorothea Kleine, Erich Köhler, Helga Königsdorf, Jan Koplowitz, Günther Kunert, Erich Loest, Viktor Mann, Steffen Mensching, Klaus Neukrantz, Joachim Nowotny, Herbert Otto, Hans Pfeiffer, Manfred Pieske, Elisabeth Plessen, Egon Richter, Uwe Saeger, Adam Scharrer, Klaus Schlesinger, Rolf Schneider, Max Walter Schulz, Helga Schütz, Martin Sperr, Ewa Strittmatter, Martin Viertel, Hans Weber, F.C. Weiskopf, Charlotte Worgitzky, Hans-Jürgen Zierke. – *Lit:* s. auch GK.

†**Langer,** Rudolf, Schriftst.; lebte in Ingolstadt (* Neisse 6. 11. 23, † Ingolstadt 19. 7. 07). Kunstpr. d. Stadt Ingolstadt f. Lit. 75, Andreas-Gryphius-Pr. 77, Neisser Kulturpr. 84; Lyr., Rom., Schausp. – **V:** Ortswechsel 73; Überholvorgang 76; Gleich morgen 78; Wounded no doubt, dt./engl. 79; Das Narrenschiff schwankt 86; Unaufhaltsam 87; Die Pyramide 89, alles G.; Der Turmfalk und die Taube, Kurzgeschn. 90; Eine Gaudi bei dem Verein, Erzn. 01; An den großen Flüssen, G. 04. – *Lit:* Neue Dt. Hefte 2/74; die horen 4/75; Neue Rdsch. 3/75, 1/77; Franz Lennartz: Dt. Schriftst. d. Gegenwart, 11. Aufl. 78; Gerhard Rademacher: Von Eichendorff b. Bienek 93; Thomas Zenke in: KLG.

Langer, Tanja, Journalistin, Rezensentin, Schriftst.; lebt in Berlin, *post@tanjalanger.de*, *www.tanjalanger. de* (* Wiesbaden 10. 9. 62). P.E.N.-Zentr. Dtld 03; Autorenstip. d. Berliner Senats 99, Stip. Schloß Wiepersdorf 00, u. a.; Rom. – **V:** Cap Esterel 99; Der Morphinist oder Die Barbarin bin ich 02; Kleine Geschichte von der Frau, die nicht treu sein konnte 06; Nächte am Rande der inneren Stadt 08. (Red.)

Langer-Aßmann, Gudrun (früher Gudrun Staudt); Nibelungenstr. 14, D-64625 Bensheim, Tel. (0 62 51) 5 18 81, Fax 1 05 57 37, *g.langer@basics-transfer.de* (* Friedberg/ČSR 16. 7. 37). Lyr., Erz., Rom. Ue: frz. – **V:** Das Haus zwischen den Dörfern, R. 98. – **MA:** „ab 40" 3/92, 3/93, 4/00; Lyr.-Beitr. in: FAZ; Lyr. u. Kurzgeschn. in div. Anth.; Lyrik in Ed.L 06. – **MH:** W.E. Peuckert: Nordfranzösische Sagen 68.

Langhans, Jörg s. Schwarz, Jürgen

Langhans, Rainer, Schauspieler, Autor u. Filmemacher; Herzogstr. 123, D-80796 München, Tel. (0 89) 3 00 45 60, *rainerlanghans.de* (* Oschersleben/ Bode 19. 6. 40). Adolf-Grimme-Pr. 94. – **V:** Die Mitte der Dunkelheit 82; Theoria diffusa 86; Geschichten von der wahren Liebe 88; Ich bin's – Die ersten 68 Jahre 08. – **MV:** Klau mich, m. Fritz Teufel 68; K1 – Das Bilderbuch der Kommune, m. Christa Ritter 08. – **MA:** Die Grünen und die Religion 88; Was bleibt vom New Age 88; Unterwerfung. Über den destruktiven Gehorsam 89; Bye-Bye '68 ... 98; Love Parade Story 99; Socialbrain.com 00; G. Conradt: Starbuck 01. – **R:** Fs.-Arbeiten: Ein Neuss Begräbnis (BR) 88; Aufstehen und ganz leise ans sagen (WDR) 91; Die Perversität der Perser (WDR) 91; SchneeweißRosenrot 94; Langhans, Teufel u. die Frauen mit d. 'Harem' (Spiegel TV) 94; Todespionier (SDR) 96, alle m. Christa Ritter. – *Lit:* R. Hoghe: Anderssein 82; R. Hethey: In bester Gesellschaft 91; P. Kratz: Die Götter d. New Age 94; J. Win-

Langheim

kelmann: Future Sex 96; dies.: Das Haremexperiment 99; M. Lau: Die neuen Sexfronten 00, u. a.

Langheim, Horst, Zollbeamter i. R.; Bremer Weg 1, D-64446 Emmerich, Tel. (0 28 22) 7 03 94. c/o Frieling & Partner Verl., Berlin (* Göttingen 1. 10. 29). Lyr. – **V:** Die rote Buche, G. 92; Das Lied der tausend Geigen, G. 96. – **MA:** Zeitaufnahme 99; Zeitgeist 00; Das Gedicht lebt 02; Dichterloh 04; Weihnachten 04. (Red.)

Langhoff, Anna, Regisseurin, Dramaturgin; c/o henschel SCHAUSPIEL Theaterverlag GmbH, Marienburger Str. 28, D-10405 Berlin (* Berlin 30. 5. 65). VG Wort 98; Förd.pr. d. Ingeborg-Bachmann-Wettbew. 85, Stip. d. Dt. Lit.fonds 88, Villa-Waldberta-Stip. 95, Solitude-Stip. 97, Stip. d. Stift. Kulturfonds 00, Baden-Württ. Jgd.theaterpr. 00, Hsp.pr. Slabbesz 01, Grabbe-Pr. 01, Pr. d. Emscher Drama 02, Stip. d. Stift. Preuss. Seehandlung 03, Stadtschreiber v. Otterndorf 04; Rom., Lyr., Erz., Dramatik, Hörsp. Ue: frz, russ. – **V:** Herzschuß, Prosa 86 (auch frz.); Vielliebchen, G. 90; TRANSITHEIMAT/gedeckte Tische 93 (auch engl., russ., amerik.); SCHMIDT DEUTSCHLAND Der Rosa Riese 94 (auch frz.); Frieden Frieden 95 (auch frz.); Papageienfleisch 98 (auch frz.); Antigonebericht 99 (auch frz.); Unsterblich und Reich 99 (auch frz.); – THEATER/UA: TRANSITHEIMAT/gedeckte Tische 94; SCHMIDT DEUTSCHLAND Der Rosa Riese 95; Frieden Frieden 97; Papageienfleisch 99; Antigonebericht 00; Unsterblich und Reich 00, u. a. – **B:** Simple Storys, Sch. n. Ingo Schulze 98, UA 98. – **MA:** Anfang sein ... kann jeder Schritt 88; Von Herz nach Schmerz 88; Theater heute 94; Theater der Zeit 97, 98; l'Ubu 99; Stunden, die sich miteinander besprechen 99. – **R:** FRIEDEN, FRIEDEN 00; AntigoneBericht 99; Party 00; Unsterblich und Reich 00; Brandrodung Berlin 03, alles Hsp. – *Lit:* Theater heute 94; Stückfonds 97; Theater der Zeit 97.

Langhorst, Ursel; K.-Adenauer-Str. 36, D-53604 Bad Honnef, Tel. (0 22 24) 32 03 (* Steinbach-Hallenberg 6. 7. 37). Rom., Erz. – **V:** Kreuzweidenstraße, Geschn. 99. (Red.)

Langkabel, Jochen, Dr. agr., Landwirtschaftl. Dir. i. R.; Grüner Weg 67, D-24582 Bordesholm (* Bonehof, Kr. Grünberg/Schles. 14. 1. 28). Rom., Lyr., Erz. – **V:** In unserer Welt, Lyr. 95; Akte Sorgenkind, Erz. 98; Perspektiven, Lyr. 02. – **MA:** Frankfurter Bibliothek 01–05; Bibliothek dt.sprachiger Gedichte 02, 03, 05–07; Literareon Lyrik-Bibliothek 04–07.

Langmeier, Harald, Lehrer; Pater-Rupert-Mayer-Siedlung 10, D-84416 Taufkirchen, Tel. (0 80 84) 41 35 84 (* Wartenberg 21. 6. 69). Lyr. – **V:** Der dunkle Ort, G. 01; Der Schlaf aus Sicht der Tsetsefliege, G. 05; Was Else für ein Vermächtnis hielt, Miniatn. 06. (Red.)

Langner, Manfred, Dipl.-Theol.; Luxemburger Ring 38, D-52066 Aachen, Tel. (02 41) 6 33 23 (* Ostercappeln/Osnabrück 54). Lyr. – **V:** Wider die Resignation, Texte, Gebete u. Gedanken 77. – **MA:** MS – Lyrik 79, Anth. 79; Auf der Straße der Sehnsucht summt die Gitarre ein Lied 79; Beten durch die Schallmauer, Impulse u. Texte 97, u. a. – **H:** Dem Leben auf der Spur. Erinnerungen – Meditationen – Annäherungen 96. – **MH:** Horizonte. Gebete u. Texte für heute 81, 2.,überarb. Neuaufl. 90; Leben in Allem. Ermutigung zu einer Spiritualität für alle, m. Christel Winkler 00. (Red.)

Langner, Margot *

Langstein-Jäger, Elke (Ps. Elke Neuenahr), freie Lektorin, Autorin; Lindenstr. 53, D-72348 Rosenfeld/ Württ., Tel. (0 74 28) 32 25, *langstein.jaeger@t-online.de* (* Rödgen 9. 11. 52). VS 97, Ev. Akademikerschaft,

Kg.; Arb.stip. d. Förd.kr. dt. Schriftst. in Bad.-Württ. 91, 1. Pl. (Professionelle) b. d. Kreisauswahl Zollernalb z. Ldeslyr.wettbew. Bad.-Württ. 99; Lyr., Prosa. – **V:** Die fünfblättrige Rose. Südböhmische Miniatn., lyr. Prosa 00. – **MA:** Luchterhand Jb. d. Lyr., Anth. 93; Allmende 94; Verschenk-Calender 94–98, 00–09; ev. aspekte 95; Brigitte-Kal. 95, 04, 05; Wenn ich einen Vorschlag machen dürfte, Anth. 96; Religion heute 97, 00, 05; Spurenlesen 7.8. Kl. 98; Zollernalb-Profile 99; Borkum erleben 2/02, 4/02; Christ in der Gegenwart, Frau im Leben, Ferment, u. a. – **H:** Reinhold Schneider: Freilich bedarf es der Herzenskraft 87; Der störrische Esel 87; Fröhliche Weihnacht überall 93; Hell die Nacht 96. – **MH:** Ricarda Huch: Herzen bewegen – Gedanken lenken 89. – *Lit:* M. Jäger in: Wenn ich e. Vorschlag machen dürfte 96; S. Link in: Zollern-Alb-Kurier v. 5.2.00 u. 8.8.00.

Langthaler, Hilde, Dr. med., Med. Tätigkeit, U.-Lektorin; Nemethgasse 3/27, A-1110 Wien, Fax (01) 9 71 74 40 (* Graz 11. 3. 39). Ö.S.V. (Vorst.mitgl.), ÖDV (Vorst.mitgl.), GAV, IGAA; Dramatikerstipendien, u. a.; Prosa, Drama, Ess., Fernsehsp./Drehb. – **V:** Nur keine Tochter ..., Stück 82, 2. Aufl. 92 (auch rum.); Satellitenstadt, Kurzgeschn., Textb. zur Tonkass. 93; Gras dein Gesicht, Bilder u. Texte 98; Golem Now, Stück 00, 05; Ungeschichten, sechs Episoden 01, bearb. 05; wer in aller welt weiß, Lyr. u. Prosa 08; – THEATER: Nur keine Tochter ..., UA 82; Golem Now, UA 98. – **MV:** Zeitenrisse. Gedanken zu Anton Schweighofers 'Stadt des Kindes', m. Bodo Hell u. Michael Guttenbrunner 06. – **MA:** Beitr. in Anth. u. Zss., u. a. in: Im Beunruhigenden 80; Aufschreiben 81; Unbeschreiblich weiblich 81; Arbeite Frau die Freude kommt von selbst 82; Frauen erfahren Frauen 83; Beschädigte Bilder 85; Häm und Tücke 89; Renntag im Irrgarten 89; Mir Wibar Mitanand 90; Essener Literatur Flugblätter 93; Wie ist es am Rhein so schön. Meistersatiren aus Dtld, Öst. u. d. Schweiz 93; Liebe in den Zeiten der Marktwirtschaft 98; Vom Wort zum Buch 98; Gedanken-Brücken 00; Das neue Gedicht, Jb. 01; Fest Essen 05; Kaleidoskop. Texte v. Mitgliedern d. Ö.S.V. aus d. Jahren 1945–2005 05. – **R:** Mit beiden Beinen fest in den Wolken, Fsf. 82; Heimweg, Kurzgesch. 91; Nur keine Tochter, Fs.-Mitschnitt e. Aufführ. in Temeswar 91; gras dein gesicht, Texte (Radio orange, Wien) 99; Der helle Fleck, Erz. (ORF) 04; Der gute Tag, Texte (Radio orange, Wien) 04. – **P:** Satellitenstadt, Tonkass. 93; Text in: Der Wahnsinn, eine Form d. Protests? 02. – *Lit:* Anita C. Schaub: FrauenSchreiben 04.

Langwege, Achim von s. Arlt, Jochen

Lanius, Joachim P., Lehrer; Am Wehr 6, D-82362 Weilheim/Obb., Tel. (08 81) 63 88 40 (* Hamburg 23. 12. 44). GZL 93; Kurzgesch., Lyr. – **V:** Wozu viele Worte machen?, Kurz-G. 81; Sprüche und Widersprüche, Kurz-G. 85; Die Welt mit Heiterkeit ertragen, G. 86; Mirzas römische Reise, Erz. 86; Biographische Notizen einer Seele, Erz. 90; Kaum grünt der Zweig, G. 94; Pococurante oder über den Wert der Gleichgültigkeit, Erz. 95; Die Komik bleibt, G. 00; Vertracktes aus dem Jammertal, Satn. 01. (Red.)

Lanois, Yves s. Drvenkar, Zoran

Lanoo s. Anders, Christian

Lanser, Günter; Graf-Recke-Str. 160, D-40237 Düsseldorf, Tel. u. Fax (02 11) 63 21 63 (* Düsseldorf 23. 3. 32). Hölderlin-Ges. 58; Arb.stip. d. Ldes NRW 72; Lyr., Prosa, Drama. – **V:** An den Ufern, G. 64; Schwarznebel, G. 73; Viadukte – Viaducs, G. dt.-frz. 76; Nachtworte, G. 84; Sternjerusalem, G. 02. – **MA:** Thema Weihnachten, G. d. Gegenwart 65, 73 (auch jap.); Frieden aufs Brot 72; Ruhrpottbuch 72; Sassafras-

Blätter 1 72, 27 77; Satzbau 72; Brennpunkte X 73; Jahresring 74/75 74; Unartige Bräuche 76; Autorenpatenschaften 78; Jahresring 78/79 78; Jb. für Lyrik 1 79, 2 80; Anstöße 87; Liebesgeschichten aus dem Alltag 89; Augenblick Liebe 92; Osiris 9/00; Spätlese 03; Das Wesen d. Schreibens heißt überleben ... Über Hugo Ernst Käufer 03; Johnson-Jahre 07. – **MH:** Satzbau. Poesie u. Prosa aus NRW, m. Hans Peter Keller 72. – **P:** Lyrik in Nordrhein-Westfalen, Tonkass. 88. – *Lit:* Philipp Rebiersch: Orpheus u. d. Aufklärung. In: Neues Rhld. H. 12 71; Hans Bender: Nachw. in: G.L.: Schwarznebel 73; Lore Schaumann: Hinter d. Tagesstunden. In: Düsseldorfer Hefte 3 74; u. in: Düsseldorf schreibt – 44 Autorenportr. 74; Horst Schumacher: Vorw. in: G.L.: Viadukte-Viaducs 76; Sie schreiben zwischen Goch & Bonn 75; Düsseldorf Creativ 80; Bild. Künstler u. Autoren in Düsseldorf 83; Franz Norbert Mennemeier: Kunst d. Aussparung in: Neues Rhld. 5 85; Volkmar Hansen: Worte in d. Nacht in: Komet 102- 103 85; Hans Clande: Freund d. Dichter 92; Horst Schumacher: Licht aus dunklen G. 92; Reinhard Kiefer: Nachw. in: G.L.: Sternjerusalem 02; Volkmar Hansen: G.L. – Zum 70. Geburtstag 03; s. auch 2. Jg. SK.

Lanthaler, Kurt, freier Schriftst.; Berlin, *info@ lanthaler.info, www.lanthaler.info* (* Bozen 9. 11. 60). GAV, Das Syndikat, SAV; Staatsstip. f. Lit. d. Rep. Öst. 96, Alfred-Döblin-Stip. 98, Stip. Schloß Wiepersdorf 02, Öst. Projektstip. f. Lit. 04, Arb.stip. d. Dt. Übers.fonds 06, u. a.; Rom., Prosa, Lyr., Drama, Hörsp., Drehb. Ue: ital. – **V:** Der Tote im Fels, R. 93, Tb. 99 (auch dän.); Grobes Foul, R. 93, Tb. 00; Herzsprung, R. 95, Tb. 00; Heisse Hunde, Kurzgeschn. 97; Azzurro, R. 98, Tb. 01; Offene Rechnungen – Anoichtoi Logariasmoi, G. 00; Weißwein und Aspirin, Kurzgeschn. 01; Napule, R. 02, Tb. 05; Das Delta, R. 07; – THEATER/ UA: Heisse Hunde. Hot Dogs 97; Die Catalani Verführung 03; Rasura, Libr. u. Videoinstall. zu e. semiphantast. Oper v. Manuela Kerer 07. – **MV:** Südtiroler Wein Lesen, m. Wolfg. Maier u. Jochen Wermann, G. u. Kurzgeschn. 04; himmel & hoell. 84 strofen u. 84 bilder fuer 84 stufen, m. Peter Kaser 04. – **MA:** Schriftzüge 97; Der Bär schießt los 98; Es wird nie mehr Vogelbeersommer sein 98; Niemandsland 98. – **F:** Der Gelati Killer 86. – **R:** Der Tote im Fels, Hsp. 02. – **Ue:** Peppe Lanzetta: Roter Himmel über Napoli, R. 99; ders.: Die Sehnsucht des Cattivotenente 03; Roberto Alajmo: Mammaherz, R. 08.

Lanz, Martha, Dr.; Maria am Rain 6, I-39035 Welsberg, Tel. (04 74) 94 42 75, *lanz.plieger@dnet.it* (* Toblach/Italien 16. 12. 41). IGAA; Lyr. – **V:** Der Tage Zahl 84; Randnotizen 00; Gezeitige Fußnoten, Lyr. 01. (Red.)

Lanzelot, Martin s. Lott, Martin

Lapp, Horst M., Bauer u. Schriftst.; Staighof 35, D-77709 Wolfach-Langenbach, Tel. (0 78 34) 63 77 (* Straßburg 21. 4. 37). – **V:** Heimat, deine Sünder 88, 91 (auch russ.); Schwarzwald – Liebe – Lumperei 90; Jakob und Luna 91; Ein deutscher Türke 93; Jesses Maria 95; Johanna von Zorn 00. (Red.)

Lappe, Thomas, Dr. phil., Journalist, Pressebüro in Nürnberg; Rathausplatz 6, D-90403 Nürnberg, *tl@ lappeliteratur.de, www.lappeliteratur.de* (* Paderborn 30. 3. 64). 1. Pr. Bibliothek dt.spr. Gedichte 06; Rom., Lyr., Erz., Dramatik, Monodrama, Ess., Sat. – **V:** Elias Canettis Aufzeichnungen 88; Die Aufzeichnung 91, beides Lit.wiss.; Quallenqualen, R. 03; Vierung, Erzn. 03; Es geht weiter so. Satn. 07. – **MA:** Bibliothek dt.-sprachiger Gedichte 04; zahlr. Erzn. u. G. in Zss. u. Anth. seit 06. – **MH:** Paderborner, Kultur-Zs., m. Grosche, Greifenberg u. Meyer 89–90. – *Lit:* W. Barner

in: Germanistik 95; D. Göttsche in: Denkbilder b. M.L. Kaschnitz 04; S. Hanuschek: Elias Canetti 05.

Lappert, Rolf, Schriftst.; lebt in Listowel, Co. Kerry/ Irland, c/o Hanser Verl., München (* Zürich 21. 12. 58). Gruppe Olten 82, AdS 08; Pr. d. Schweiz. Schillerstift. 95, Werkbeitr. d. Stadt Zürich 95; Rom., Lyr., Drehb. – **V:** Folgende Tage, R. 82; Die Erotik der Hotelzimmer, G. 82; Passer, R. 84; Im Blickfeld des Schwimmers, G. 86; Der Himmel der perfekten Poeten, R. 94; Die Gesänge der Verlierer, R. 95; Nach Hause schwimmen, R. 08. – **MA:** Beitr. in Anth., zuletzt in: Wiener Walzer 08. (Red.)

Larberg, Marina (geb. Marina Honnef), Techn. Zeichnerin; Im Mallingforst 65, D-46242 Bottrop, Tel. (02041) 55 80 68, *rielar@gelsennet.de* (* Gelsenkirchen 28. 3. 56). Lyr. – **V:** Die Reise zum Mond und zurück, G. u. Gedanken 07. – *Lit:* Julia Sandforth in: mittendrin v. 25.3.07.

Larf, Rena, Autorin u. Lit.künstlerin; Postfach 80 81 17, D-21015 Hamburg, Tel. (0 40) 68 87 70 57, *renalarf @web.de, www.renalarf.de* (* Herwen-en-Aerdt/NL 2. 3. 61). – **V:** Das Spiel der Sinne, Lyr. 01; Puls der Leidenschaft, Kurzgeschn. 03; Das Liebesleben einer Macho-Frau, R. 06. (Red.)

Larisch, Günter, Dipl.-Journalist i. R.; Majakowskistr. 44, D-18059 Rostock, Tel. (03 81) 44 16 29 (* Magdeburg 27. 3. 31). Rom., Erz. – **V:** Mord im Atlantik 75; Landung am Cajobabo 77; Konvoi im Feuerhagel 84; Orzel kommt durch 86; Es begann in Stralsund 06.

Laroche, Jutta (Ps. Michaela Sedlatzek); Heinrichstr. 79, D-45663 Recklinghausen, Tel. (0 23 61) 3 17 05, *jutta.laroche@goldmail.de* (* Recklinghausen 13. 2. 49). Rom., Erz., Dramatik, Rezension, Ess. – **V:** Arminius. Fürst der Cherusker, hist. R. 93 (auch als Libretto). – **MV:** Roman-Reihe „Winnetous Testament". Bd 1: Winnetous Kindheit 99, Bd 2: Blutsbrüder 00, Bd 3: Der Häuptling der Apachen 01, Bd 4: Unruhige Jahre 02, Bd 5: Die Farbe des Blutes 03, Bd 6: Rot und Weiß 04, Bd 7: Brennendes Wasser 05, Bd 8: Dem Abschied entgegen 06; „Erinnerungen an Winnetou". Heinz Ingo Hilgers. Ein Schauspielerleben, Biogr. 05, alle m. Reinhard Marheinecke. – **MA:** Winnetou-Anth. 97, 2.,erw. Aufl. 02; Stern über Bethlehem 01; Scharlih 04; Effendi 05; Spurensuche 07, alles Anth.; Karl May & Co., H. 73, 74, 77, 85, 92, 94, 97, 112, 113 seit 98; Glosse in d. Nachrichten d. Karl-May-Ges.; 3 Beitr. f. „Wissen" (Media-Verl. Gütersloh): König Arthur; Der Heilige Gral; Karl-May-Festspiele.

Larsen, Alma (Heidemarie Larsen), freischaff. Schriftst. u. Fotografin; Toni-Schmid-Str. 26, D-81825 München, Tel. (0 89) 42 46 14, *lyrik@alma-larsen.de, www.alma-larsen.de* (* Kyritz/Brandenburg 15. 3. 45). Münchner Lit.büro 83–08, Lyrik Kabinett München 98; Stip. Münchner Literaturjahr 89, Stip. Kunstver. Kühlungsborn 96, Stip. Freistaat Burgstein/Öst. 00, Hohenzollern-Poesie-Pr. München 04; Lyr., Erz., Ess. – **V:** Verrichtungen 83; ... notfalls morgen einen Kater 90; Steine klopfen 96; Pupillen Rand 98; Kunst am Bein, m. Zeichn. v. Samuel Rachl 00; fliegt auf rot 03; welle vorwärts 06, alles Lyr. – **MV:** Doppel Stier Gymnastik Hach!, m. Merve Lowien 02. – **MA:** Mein Weihnachten 00; Stille Zeit, heilige Zeit? 01; NordWestSüdOst 03; Sommertage 05; – Lyrikanth. d. Landpresse Verlages seit 96; div. Lyrikbeiträge in Kunstkat.

Larsen, Viola s. Hahn, Annely

Larutan, Justin, Dr. phil., Autor, Lektor; Rotenbergstr. 2, D-70190 Stuttgart, Tel. (07 11) 6 07 03 59, *Larutan@lautsprecherverlag.de,   Larutan@web.de,*

Lasa

www.larutan.de (* Stuttgart 6. 12. 67). Rom., Dramatik. – **V:** Tangens, R. 98; Das Attentat, R. 00; Kidnapped in Benztown, Krim.-R. 00; Lobenrots Echo, Krim.-R. 03.

Lasa, Rolf s. Swieca, Hans Joachim

Lascaux, Paul s. Ott, Paul

Laschen, Gregor, Dr. phil.; lebt in Bremen, c/o zu Klampen Verl., Springe (* Ückermünde 8. 5. 41). VS 72, P.E.N. Niederl. 82, P.E.N.-Zentr. Dtld; Lyr.stip. FH.Hamburg 78, Peter-Huchel-Pr. 96, E.gabe d. Dt. Schillerstift. 04, Stadtschreiber zu Rheinsberg 08, u. a.; Lyr., Prosa, Ess., Film. Ue: dän, engl, frz, ndl. – **V:** Ankündigung der Hochzeitsnächte, Prosa 67; Lyrik in der DDR, Ess. 71; Die andere Geschichte der Wolken, G. 83; Anrufung des Horizonts, G. 87; Jammerbugt-Notate, G. 95; Die Leuchttürme tun was sie können, G. 04. – **MA:** G. in versch. lit. Anth. – **H:** Lyrik aus der DDR, Anth. 73; Erich Arendt: Das zweifingrige Lachen, ausgew. G. 81; Zerstreuung des Alphabets. Hommage à Arp 86; Eine Jacke aus Sand. Poesie aus d. Niederlanden 93; Hör den Weg der Erde. Poesie aus Bulgarien 94; Die Mühle des Schlafs. Poesie aus Italien 95; Der Finger Hölderlins. Poesie aus Frankreich 96; Das erste Paradies. Poesie aus Norwegen 97; Das Zweimaleins des Steins. Poesie aus Irland 98; Die Freiheit der Kartoffelkeime. Poesie aus Estland 99; Schönes Babylon. G. aus Europa in 12 Sprachen 99; Ich ist ein andrer ist bang 00; An die sieben Himmel, Lyr. u. Erzn. 02; Die Heimkehr in den Kristall. Poesie aus Finnland 03, u. a. – **MH:** Der zerstückte Traum 78; Erich Arendt: Reise in die Provence; Christoph Meckel: Unterwegs 83; Erich Arendt 84; Hans/Jean Arp 86; Ernst Meister 87; Mein Gedicht ist mein Körper. Neue Poesie aus Dänemark, m. Harly Sonne 89; Inzwischen fallen die Reiche. Poesie aus Ungarn, m. Zsuzsanna Gahse 90; Ich bin der König aus Rauch. Poesie aus Spanien, m. Jaime Siles 91; Ich rühre die Farbe Blau. Poesie aus Island, m. Wiel Schiffer 92. – **Ue:** Übers. von: Judith Herzberg, Wiel Kusters, Frans Budé, Remco Campert, André du Bouchet, Bernlef, C.O. Jellema, Jacques Hamelink, Inger Christensen, Michel Deguy, Ed Leeflang, Harry Mulisch, Jean-Claude Walter 79–87; Übers. in allen Bänden d. Reihe „Poesie der Nachbarn" – *Lit:* H. Thill/S. Wieczorek/I. Wilhelm (Hrsg.): Im Fremdwort zuhaus, Anth. z. 60. Geb. 01. (Red.)

Laschet, Herbert s. Toussaint, HEL

Laserer, Wolfgang (Ps. Anatol Saeer), Dr. med. univ., Facharzt f. ZMK/Kieferorthopädie; Fischerndorf 111, A-8992 Altaussee, Tel. (0 36 22) 7 10 20, *laserzahn@gmx.at* (* 4. 1. 56). Peter-Rosegger-Lit.pr. 83; Rom., Erz. – **V:** Karl Springenschmid 87; Dachstein, Geschn., Mythen u. Bilder 98; Mord vom Dachstein an 03; Wilde Jahre, R. 07.

Laserich, Brigitte; Lübbecker Str. 95a, D-32278 Kirchlengern, Tel. (0 52 23) 57 48 11, *brigitte.carsten@ vodafone.de* (* Eilshausen 22. 1. 56). – **V:** abgemahnt, biogr. R. 06.

Lasinger, Engelbert, Beamter; Anzengruberstr. 19, A-4020 Linz, Tel. (07 32) 7 72 01 46 40, Fax 7 72 01 46 19, *engelbert.lasinger@ooe.gv.at* (* Kaltenberg/ObÖst. 27. 9. 60). Stelzhamerbund 96, Vorst.mitgl. 00, neue mundart, Gründ.mitgl. 97, Leiter 01, Schreibwerkstatt Brigitte, Gründ.mitgl. 99, Rosegger-Ges., EM 02, Lit.kr. PromOtheus, Gründ.mitgl. 05; Leopold-Wandl-Pr. 97, 98, Gold. E.zeichen d. Stelzhamerbundes 02, Gewinner d. Lit.wettbewerbe von: Rosegger-Ges. 02, Schreibwerkstatt Brigitte 02, Linzer Frühling (Tag der Texte) 08; Lyr., Prosa, Mundart. – **V:** Seitnweis. Gedanken u. Gedichte in Mühlviertler Mundart, Lyr. 98; Zwoa Poar Schuah. Eine Wanderung

in oböst. Mda, Lyr. 01; bredlbroat 04; zaumgwoxn 07, beides G. in oböst. Dialekt. – **MA:** zahlr. Beitr. in Anth. u. Zss. seit 96, u. a. in: Mundart heute 98; Das Gedicht zur Gegenwart 00; Kindheit im Gedicht 01; ollahaund durchanaund 01; Die kleine Erzählung 02; Bibliothek dt.sprachiger Gedichte. Ausgew. Werke VII–X 04–07; Frankfurter Bibliothek 06; drundda und drüwa 07, alles Anth. – **R:** Lesungen in Rdfk u. Fs., u. a. seit 98 in Radio OÖ u. ORF 2.

Lassahn, Bernhard; Nehringstr. 6, D-14059 Berlin, Tel. (0 30) 30 83 92 73, (01 72) 4 13 85 98, *www. bernhard-lassahn.de* (* Coswig/Anhalt 15. 4. 51). VS 79; Salzburger Stier 82, Lit.förd.pr. d. Stadt Hamburg 85, Stadtschreiber v. Otterndorf 90; Prosa, Lied, Hörsp. – **V:** Du hast noch 1 Jahr Garantie, Prosa 78; Land mit lila Kühen, R. 81; Liebe in den großen Städten, Prosa 83; Ohnmacht und Größenwahn, G. 83; Ab in die Tropen, R. 84; Der Bonsai ist das 89; Das große Buch der kleinen Tiere, Geschn. 89; Prima! Prima! Ein Beo im Eissalon 92; Kokosnuß u. seine faulen Tricks 94; Zuckerhut u. Flitzebogen 94; Der kleine Pirat Riesenbart 94; Der kleine Pirat Riesenbart u. die Säuberparty 96; Das will ich wissen – Piraten 96; Der Untergang der Kowalski, kl. Texte 98; Leselöwen-Schülergeschichten 99; Der Schatz der Bananenbieger 99; Auf dem schwarzen Schiff, R. 00; Die Schönheit der Frauen, R. 01; Piratengeschichten 03, u. a.; REIHE: Käpt'n Blaubärs – Geschichtenbuch 91; – Ponguin 93; – Seebär-Geschichten 93; – Wüstenschiff 93; – Badetag 94; – Lügengeschichten 94; – Nervensäge 94; – Piratencreme 94; – Verkehrsschul 94; – Lieblingsgeschichten 95; – reine Wahrheit 95; – Laß das, Hein Blöd! 95; – Gutenachtgeschichten 97. – **H:** Dorn im Ohr. Das lästige Liedermacher-B. 82; Das Günther-Anders-Lesebuch 84. – **MH:** Man müßte nochmal 20 sein, oder doch lieber nicht?, Leseb. 86. – **R:** Silchers Rache, Hsp. 82; Heimliche Hitparade, Hsp. 86; Was ist Liebe? 92. – **P:** Diese mörderische Stille 83; Vorsicht bei Musik 85. (Red.)

Lassak, Thilo P. (Thilo Petry-Lassak, Ps. als Kinderbuchautor: THiLO); Prunkgasse 49, D-55126 Mainz, Tel. (0 61 31) 8 37 17 00. c/o THiLO, Fritz-Ohlhof-Str. 3, D-55122 Mainz, *kontakt@thilos-gute-seite.de, www. mumienherz.de, www.thilos-gute-seite.de.* Kinder- u. Jugendb. – **V:** ca. 50 Kinderbücher u. zahlr. Drehbücher, zuletzt u. a.: Die magische Insel. 1: Verrat bei den Wikingern, 2: Der heimliche Ritter, 3: Wildpferde in Gefahr!, 4: Der Verdachte des Pharao, 5: Die gefährliche Hexenmission, 6: Rettung für die Delfine 07; Mumienherz. 1: Die Rückkehr des Seth 07. (Red.)

Lasselsberger, Rudolf; Lorenz-Mandl-Gasse 32–34/Stg 2, A-1160 Wien, Tel. (01) 5 48 13 35 (* Schlatten/Ruprechtshofen/NÖ 12. 9. 56). GAV 81; Stip. Linzer Geschn.schreiber 87/88. – **V:** Das Fenster öffnen u. a. Gedichte 98; Willi auf Kur 07. – **P:** Schlalalager und Gedichte 97. (Red.)

Lasser, Volker, Dipl.-Mathematiker; Isenstr. 27, D-84539 Ampfing, Tel. (0 86 36) 51 95, *volker.lasser@ web.de* (* München 48). – **V:** Heldenlied, Hexenverfolgung und große Heiterkeit, Sachb. 04; Neues von der Ursprache, Sachb. 05; Der Lotto-Milliardär, e. mathemat. Krimi 06.

Lasserre, Sonja s. Chevallier, Sonja

Last, Petra; Rotdornweg 4, D-29342 Wienhausen, Tel. (0 51 49) 18 62 82, *info@petralast.de, www. petralast.de* (* Großburgwedel 29. 11. 65). DeLiA 03; Rom. – **V:** Gemma 00, Tb. 05; Bis ans Ende der Zeit 02, Tb. 06 (5 Aufl.); Einzig Dir gehört mein Herz 04, Tb. 05; Mann meiner Sehnsucht 04, Tb. 05; Wie der Himmel auf Erden 06, Tb. 08; alles R.

Laterne-Schorsch s. Brückl, Reinhold

Lattmann, Dieter, gelernter Verlagsbuchhändler, Gründungsvors. VS 69–74, MdB 72–80, Begründer d. Künstlersozialvers., Präs. mitgl. d. Goethe-Inst. 77–85, freier Schriftst.; Heimstättenstr. 28, D-80805 München, Tel. (0 89) 32 54 79 (* Potsdam 15. 2. 26). P.E.N.-Zentr. Dtld, Vors. VS 69–74, EVors. VS 06; Lit.förd.pr. d. Stadt München 68; Ess., Erz., Hörsp., Feat., Rom., Fernsehdok. – **V:** Die gelenkige Generation, Ess. u. Erzn. 57; Ein Mann mit Familie, R. 62, Neuausg. 79; Mit einem deutschen Paß, Tageb. e. Weltreise 64; Zwischenrufe, Texte 67; Schachpartie, R. 68; Die Einsamkeit des Politikers 77, 82; Die lieblose Republik, Aufzeich. 81, 84; Die Brüder, R. 85 (DDR 86), Neuausg. 97 (auch russ.); Die Erben der Zeitzeugen 88; Kennen Sie Brecht? 88; Deutsch-deutsche Brennpunkte 90; Die verwerfliche Alte, Gesch. 91; Jonas vor Potsdam, R. 95; Fernwanderweg, R. 03; Einigkeit der Einzelgänger. Mein Leben mit Literatur u. Politik, Erinn. 06. – **MA:** Beitr. in über 100 Anth., u. a. in: Europa heute 63; Tuchfühlung 65; Eine Sprache – viele Zungen 66; Außerdem 67; Die Ehe 68; Die Wende zum Gewissen 68; Propheten d. Nationalismus 69; Ehebruch u. Nächstenliebe 69; Städte 1945 70; Kultur ohne Wirtschaftswunder 70; Vorletzte Worte 70; PEN 71; Motive 71; Lit.betrieb in d. Bundesrep. 71; Gedanken über e. Politiker 72; Die Lit. d. Bundesrep. 73; Poesie u. Politik 73; Toleranz 74; Vorbilder f. Deutsche 74; Das andere Bayern 76; Extremismus im demokrat. Rechtsstaat 78; Die Notwendigkeit d. Bösen 79; Den Frieden sichern 82; Frieden in Dtld 82; Klassenlektüre 82; Die Friedensbewegung 83; Mensch, d. Krieg ist aus! 85; Europa an d. Schwelle zum 3. Jahrtausend 86; Johannes Rau 86; Alm. Stuttgarter Schriftstellerhaus 90; Schmerz 90; Keine laute Provinz 96; Eigentum verpflichtet 97; Jahrgang 1926/27. Erinnerungen an die Jahre unter dem Hakenkreuz 07, 08; Herausforderungen. Michail S. Gorbatschows Leben u. Wirken 07. – **H:** Einigkeit der Einzelgänger. Dok. d. ersten Schriftstellerkongr. d. VS 71; Entwicklungsland Kultur. Dok. d. zweiten Schriftstellerkongr. d. VS 73; Die Literatur d. Bundesrepublik, Lit.gesch. 73, Neuausg. 80; Das Anekdotenbuch 79. – **MH:** Demokratischer Sozialismus in Theorie u. Praxis 75–77. – **R:** zahlr. Hsp., Funkerzn., Feat., Fsf., u. a.: Zwischen den Grenzen, Hsp.; Das Wochenende, Fk-Erz.; Joseph Goebbels, Fsf. 65; Lehrjahre im Parlament, Feat. 80; Nachdenken über Deutschland: Hauptsache Provinz, Fsf. 81; Ich, Bertolt Brecht, in die Asphaltstädte verschlagen 87; Carl von Ossietzky 88; Üb immer treu und Redlichkeit 96, alles Feat. – *Lit:* Gerhard Bolaender in: KLG.

Latzel, Sigbert, Dr. phil., Angest. b. Goethe-Inst. i. R.; Farinellistr. 10/I, D-80796 München, Tel. (0 89) 3 08 66 33, *S.Latzel@freenet.de* (* Sörgsdorf/ČSSR 25. 2. 31). Aphor., Schüttelreim, Lyr.-Übers., Limerick, Epigramm. Ue: engl, frz. – **V:** Stichhaltiges, Aphor. 83; Mit dem Kopf geschüttelt, Schüttelreim-Epigr. 96; Nix wie Limericks 98, 2. Aufl. 00; Kurz und fndig, Epigr. 07; Federgewichte, Aphor. 08. – **H:** „... die ohne Klag' stets unten lag" 01. – **Ue:** Englische und französische Lyrik, Nachdichtn. 98.

Lau, Heiner *

Lau, Paul (Paul 'Pablo' Lau), Künstler; Aptdo. 66, E-03550 San Juan, *www.paulau.com* (* Cismar 19. 9. 36). Prosa. Ue: span. – **V:** Welche Farbe hat die See?, Erzn. 04. (Red.)

Laube, Günter; *autor@guenterlaube.de, www.guenterlaube.de* (* Kiel 29. 2. 72). Schriftst. in Schlesw.-Holst. 05; Rom. – **V:** Return of God. I. Im Anfang, 1.u.2. Aufl. 04, II. Das Große Gesetz 04.

Laube, H. S. (Heinz S. Laube), Offizier d. Luftwaffe, Flieger, Schriftst.; Via Perego 58, I-00144 Rom, Tel. (06) 5 20 41 27, Fax 5 20 45 52. Sternbergstr. 8, D-72116 Mössingen (* Gräben 12. 7. 35). Rom., Lyr., Kurzgesch. – **V:** Der Falke 97, 99; Im Gefolge des Kaisers 98; Die Erben des Staufers 99, alles hist. R. (Red.)

†**Laube,** Sigrid (Sigrid Strohal-Laube), Dr., Illustratorin u. Autorin; lebte in Wien (* Wien 20. 2. 53, † 9. 9. 07). Öst. Kd.- u. Jgdb.pr. 97 u. 04, E.liste z. Öst. Kd.- u. Jgdb.pr. 01, Kd.- u. Jgdb.pr. d. Stadt Wien 06; Kinder- u. Jugendb., Bilderb. – **V:** Henriette kommt in die Schule, Kdb. 91; Rosmarie auf dem Regenbogen, Kdb. 93; Wenn sieben Kinder Ferien machen, Kdb. 95; Pauline jagt die Langeweile 97; Wenn Jakob unterm Kirschbaum sitzt 97; Ein Kindergarten für Cornelius 98; Großvater hebt ab 98; Am Nordpol wachsen Seifenblasen 99; Cornelius und den Weihnachtsmann 00; Mia malt 00, alles Bilderb.; Und jenseits liegt kein Paradies, Jgdb. 00; Der Zoo macht Spaß, Bilderb. 01; Der unterbrochene Ton, Jgdb. 01; Zoogeschichten, Kdb. 02; Das Mancherlei, Bilderb. 02; Wasser in der Hand, Jgdb. 03; Freunde lässt man nicht im Stich 03; Erstaunlich, sagt der Weihnachtsmann 03; Als Papa Osterhase streikte, Bilderb. 03; Aber Mozart! 05; Marie mit dem Kopf voller Blumen, Jgdb. 05; weitere Bilderbücher.

Laubi, Werner, Pfarrer; Rütmattstr. 13, CH-5004 Aarau, Tel. (0 62) 8 23 24 40, *w.laubi@swissonline.ch*. c/o Chalet Heidi, Fach Bergli 111, CH-7075 Churwalden (* Basel 17. 3. 35). Öst. Kd.- u. Jgdb.pr. 93; Erz. – **V:** Geschichten zur Bibel. I: Saul, David, Salomo 81, 5. Aufl. 95, II: Elia, Amos, Jesaja 83, 3. Aufl. 91, III: Abraham, Jakob, Josef 85, 2. Aufl. 90, IV: Jesus von Nazaret 1 88, 3. Aufl. 96, V: Jesus von Nazaret 2 89, 3. Aufl. 96, VI: Mose, Mirjam, Aaron 94, 2. Aufl. 99, VII: Narrative Theologie u. Erzählpraxis 95, VIII: Schöpfung, Daniel, Jona, Pfingsten 99; Albert Schweitzer, der Urwalddoktor 84, 3. Aufl. 99; Lese- und Spielszenen zur Bibel 90; Kinderbibel 92, 10. Aufl. 08 (auch ndl.); Der lächelnde Engel, Weihnachtserzn. 96; Wie die Osterbotschaft zu uns kam 96, 2. Aufl. 99; Emma findet den Weihnachtsstern 98; Die Sonnenhauskinder 01; Erzählbibel, Geschn. aus d. Neuen Testament 03; König Salomo 03; Der Friedenskönig, Geschn. f. Kinder 03. – **MA:** Erzählb. zur Bibel 75, 3. Aufl. 78; Erzählb. zum Glauben I 81, II 83; Du segnest mich denn 00.

Laudan, Dorothy s. Haentjes, Dorothee

Laudenklos, Frederic G.; *frederic@purpurhain. de, www.purpurhain.de/frederic, www.mysterium4u. com* (* Mannheim 4. 9. 86). Pr. b. Wettbew. „Schmetterlinge im Kopf"; Rom. – **V:** Jameston Horror, R. 02; Demonsville, Kurzgeschn. 03; I just want Michael Jackson, R. 03. (Red.)

Laudert, Andreas, Absolvent d. HS d. Künste Bln., staatl. anerkannter Erzieher; lebt in Berlin, c/o Pforte Verlag, Postfach 135 / Hügelweg 34, CH-4143 Dornach (* Bingen 16. 2. 69). Arb.stip. d. Ldes Rh.-Pf. 93, Solitude-Gaststip. 00, Förd.pr. z. Georg-K.-Glaser-Pr. 01; Rom., Lyr., Dramatik, Hörsp. – **V:** Auf Schädelhöhen, Sch. 99; Die Unentschiedenen, R. 00; Auf Erden, Stück 00; 35 Gedichte 03; Immer, Theaterst. 03; Die große Pause, Monolog 04; Monolog für Horst Köhler 04; Würde. Wie wir heute Menschlichkeit bewahren 05; In diesem Leben, Monolog 05; – THEATER/ UA: Spalter 99; Die Dromedarpedale 00; Monolog einer Stabhochspringerin 01; Feeb 02; Auf Schädelhöhen 02; Immer 03; Nach Berkeley 05. – **MA:** zahlr. Beitr. in Lit.zss. u. a.; Zss. seit 90; Neue deutsche Stücke 00.

Laudien, Melanie s. Durben, Maria-Magdalena

Laudon

Laudon, Hasso; Grünstr. 12, D-16321 Bernau b. Berlin (* Berlin 23. 1. 32). VS; Pr. d. Leseratten 89; Rom. Ue: russ. – **V:** Semesterferien in Berlin, R. 59; ... zur Bewährung ausgesetzt, R. 62; Das Labyrinth, R. 64; Adrian, R. 70, 87; Tamara oder Podruga heißt Geliebte, R. 73, 79; Der ewige Ketzer, R. 83, 84; Legende vom See, N. 84; Gulliver im Irrenhaus, Erz. 86; Wunderkind und Zauberflöte, Kdb. 87, 89; Der fröhliche Tod des Leberecht Schreck, Erz. 88, 01 (russ.); Die Verschwörer von der blauen Brücke 89. – **MV:** Ein ungewöhnliches Wochenende, Rep. 71. – **R:** Versch. Kinderhsp. seit 60; Draußen im Heidedorf, Fs. 80; So wie du lebst, Fs. 84. – **Ue:** A. Powelichina/J. Kowtun: Das russische Reklameschild u. die Künstler der Avantgarde, Dok. 91.

Lauenheim, Peter s. Zwerenz, Gerhard

Lauer, Gerda; Heidelberger Str. 20a, D-64285 Darmstadt, Tel. (0 61 51) 2 03 47 (* Wannov/Sudetenld 32). – **V:** Lebensgedanken. Gemischt – Aufgetischt, G. 01; Lebensgedanken (Nr. 2), G. 02; Lebensgedanken. Mut zu mir selbst, G. 03; Lebensgedanken. Ich liebe das Leben, G. u. Erzn. 03; Lebensgedanken. Dem Leben die Hand reichen, G. 04. – **MA:** Entlebucher Brattig 04. (Red.)

Lauer, Heinrich, M. A.; Stanigplatz 4, D-80933 München, Tel. (0 89) 3 14 68 05, *ilse.lauer@web.de*. c/o Südostdeutsches Kulturwerk, Leo-Graetz-Str. 1, D-81379 München (* Sackelhausen/Banat 27. 5. 34). Künstlergilde 80; Donauschwäb. Kulturpr. d. Ldes Bad.-Württ. 97; Rep., Rom. Ue: rum. – **V:** Das große Tilttappenfangen, Schwänke 86, 94; Kleiner Schwab – großer Krieg, R. 87, 93 (auch frz.); Vorsicht, Adjektive, Repn. u. Ess. 00. – **MA:** Die schöne Welt, Reisebl. d. Bundesbahn 82–94.

Lauerer, Toni, freier Schriftst., Kabarettist; Hostauer Str. 11, D-93437 Furth i. Wald, Tel. Agentur: (0 94 22) 80 50 40, Fax (0 99 73) 80 21 96, *tonilauerer@t-online.de*, *www.tonilauerer.de* (* Furth im Wald 7. 9. 59). Meistverkaufter Buchautor Ostbayerns 97–01, 06, 1. Pr.träger d. Kulturpr. d. Ldkr. Cham 02; Prosa in bayer. Mda. – **V:** Der Paul in der Krise, ländl. Dreiakter 95; I glaub', i spinn!, Mda.-Prosa 98, 9. Aufl. 03; Unser Rudi mog koa Wei, ländl. Dreiakter 98; Wos gibt's Neis?, Geschn. 00, 3. Aufl. 03; Hauptsach', es schmeckt! 02; Endlich wieder gschafft 03; Ich bin's wieder!, Mda.-Prosa 05, 06; Wenn die Sterne lügen, Bühnenst. 05; Lauerer-Mini's, Mda.-Prosa 06. – **R:** Mane und die Hochzeitsglocken 99; Meistens heiter, manchmal wolkig 01, beides Mda.-Comedy; tägl. Comedy-Beitr. im Bayer. Rdfk seit 01. – **P:** I sog's wia's is; Kannt ned besser passn; Prost, Herr Nachbar; Lauter guade Sachen; I bin doch koa glatter Depp; Es is ned einfach; I glaub', i spinn, alles Live-Mitschnitte v. Kabarett-Auftritten auf CD u. Tonkass. (Red.)

Lauerwald, Hannelore; Fröbelstr. 5, D-02826 Görlitz, Tel. (0 35 81) 40 18 70 (* Dittelsdorf, Kr. Zittau 7. 4. 36). – **V:** An einem Donnerstag oder der Duft des Brotes, Erz. 75, 85; In fremdem Land, Tatsache, Briefe, Dokumente 97; Goethes Minchen in Görlitz 05. – **R:** Geschichte einer ungewöhnlichen Uraufführung – Quatuor pour la fin du temps, Feat. – **P:** Quartett für das Ende der Zeit, Ess. 95; Ich habe auf vier Saiten gespielt, Interview 98. (Red.)

Lauf, Robert; Kolpingstr. 1, D-45657 Recklinghausen, Tel. (0 23 61) 8 49 83 88, *info@biker-kult.de*. Rom., Kurzgesch., Erz., Drehb. – **V:** Die Reise nach Gent, R. 01, 02; Chaos in Lagos, R. 03. (Red.)

Laufenberg, Maria (Ps.); c/o Frau Theegarten Schlotterer, Kulmer Str. 3, D-81927 München. – **V:** Grausames Feuerwerk, Ber. 91; Im Schatten der golde-

nen Moschee, Ber. 97, Tb. 98 (auch frz.); Als der Kranich flog 98, Tb. 99. (Red.)

Laufenberg, Walter, Dr. phil., Publizist; Waldparkdamm 2, D-68163 Mannheim, Tel. u. Fax (06 21) 8 28 18 85, *laufenberg-mannheim@t-online.de*, *www.walterlaufenberg.de*. FDA 93, Quo vadis – Autorenkr. Hist. Roman 03, Das Syndikat 06; Arb.stip. d. Ldes NRW 79, Heine-Pr. d. Stadt Düsseldorf 81, Mannheimer Kurzgeschn.pr. 88, Dt. Kurzgeschn.pr. Arnsberg 89, Pr. d. Schülerjury Arnsberg 89, Stadtteilschreiber v. Heidelberg 91, Stadtschreiber v. Otterndorf 95, Aufenthaltsstip. Autorenzentr. Rhodos 98, 00, 02, 04–06, Visby 00 u. 03, Tarazona 02 u. 03; Rom., Erz., Kurzgesch., Prosaged., Sachb., Rep., Ess., Feat., Drehb. – **V:** Welt hinter dem Horizont. Reisen in 4 Jahrtausenden 69; Leichenfledderer, R. 70; Die letzten Tage von New York, Erz. 72; Der kleine Herr Pinkepank, Kdb. 73; Lieben Sie Istanbul, Erz. 75; Seiltänzer und armer Poet. Textb. e. uneinigen Museumsbesuchers, Prosa-G. auf Bilder 80; Vom Wohnen überm Markt, Kurztexte 81; Berlin, Parallelstr. 13, Kurzgeschn. u. Tageb. 82; Maybe und das Goldene Zeitalter. Textb. e. uneinigen Museumsbesuchers, Prosa-G. auf Bilder II 82; Orakelfahrt, Erz. 83; Axel Andexer oder Der Geschmack von Freiheit und so fort, R. 85; Die Stadt bin ich, Kurzgesch. 85; Ich liebe Berliner, Sat. 86; Ratgeber für Egoisten, Sat. 87; Die Entdeckung Heidelbergs, Kurzprosa 90; Der Zwerg von Heidelberg, R. 90; Im Paradies fing alles an, Erz. 91; Ritter, Tod und Teufel, R. 92; Goethe und die Bajadere, R. 93; Das Lusthaus, Erz. 95; Hitlers Double, R. 97, 00; So schön war die Insel, R. 99; Sylvesterfeuerwerk, R. 00; Odysseus' Dilemma, R. 01; Laufenbergs Läster-Lexikon, Kurzprosa 02, Neuaufl. 04; Amor und der Richter, Erzn. 04; Krim intim. Erlebte Städtepartnerschaft, Bericht 04; Stolz und Sturm 05; Hotel Pfälzer Hof 06; Die Frauen des Malers 07; Der Hund von Treblinka 08; Sarkophag 08, alles R. – **MV:** Jugoslawiens Küste, m. Jerko Culic 71; Der zwölfte Tag, hist. R. 06; Das dritte Schwert, hist. R. 08. – **MA:** Enzyklopädie 2000, 69–73; Ruhrtangente 72; TransAtlantik 82–85; Gleisweise, Anth. 85; Berliner Lesebuch 86; Passagen 88–95; Frühstück und Gewalt, Anth. 97; Mönche, Meuchler, Minnesänger, Anth. 07. – **MH:** Berlin im Gedicht, Anth. 87; Reise-Textbuch Berlin, Anth. 87. – **F:** Fernsehen nah besehen, Dok. 67; Es lohnt sich, Dok. 69. – **R:** div. Hfk-Feat. 65–70, aktuelle Fs.-Beitr. (WDR, ZDF); 13-tlg. Lesung aus „Im Paradies fing alles an" als Fs.-Serie 92/93. – **P:** literar. Mag. 'NETzine' unter www.netzine.de, seit 96. – **MH:** Ingibjörg Haraltsdóttir: Die dritte Bitte, m. Elena Teuffer 07. – *Lit:* Gerd Gotzmann in: Fenster 12/81; Gisbert Kranz: D. Bildgedicht I u. III 81–87; Guido Robbens in: Levende Talen 9/83; Markus R. Weber in: Passagen 6/89; Walther Killy (Hrsg.): Literaturlex., Bd 7 90; Stephen C. Merrick: W.L.'s Laufenberg Instinct, Phoenix/Arizona 92.

Lauppe, Angelika J.; Hörnlestr. 22, D-72658 Bempflingen, *mail@angelikablauppe.de*, *www.angelikablauppe.de* (* Stuttgart 49). Lit.grp Südwest, Schreibwerkstatt Leonberg, Lit.kr. Atmosphäre Nürtingen; Lyr., Erz., Kurzgesch. – **V:** Eiszeit, Lyr. 96 (auch Hrsg.); Und das alles, weil ich dich liebe 98 (auch Hrsg.); Morgentau und Dämmerlicht, Erz. 00; Bis ans Ende der Regenbogens, Lyr. 03. – **MA:** Gepflegte Geschichten 97; Herzwäsche 60° bunt 93. – **MH:** Schattenlicht, Atmosphärisches 94, 99; Petra Chelmieniecki/ Christa Felger: Intermezzo, Lyr. u. Kurzgeschn. 00. (Red.)

Laurent, Martin s. Lauschke, Helmut

Laurenti, Marie (* Wien 55). V. Internat. Arturo-Iannace-Lyr.pr., Benevento 99. – **V:** Die Pole frosten mei-

nen Traum, Lyr. 03; Schöne Geschichten..., Erzn. 07. –
MA: Beitr. in: Literatur u. Kritik. (Red.)

Lauscher, Ernst Josef; Wundtstr. 62/Gartenhaus, D-
14057 Berlin, Tel. (01 72) 9 21 58 65, (0 30) 3 25 75 28,
ernst.josef.lauscher@t-online.de (* Wien 18. 1. 47).
Bundesverb. d. Fernseh- u. Filmregisseure Dtld; Förd.-
beitr. d. Wiener Kunstfonds 76, Grand Prix du Jury b.
Festival d. jungen Filmes in Hyerés/Frankr. 81, Carl-
Mayer-Drehbuchpr. 93, Arb.stip. d. Kulturamts d. Stadt
Wien 94; Rom., Film, Fernsehsp./Drehb. – **V:** Tin-
tenseifensuppe, Gesch. 85; Hackers Braut, R. 92; Ein
Herr aus dem Jenseits, R. 93; Eiserne Reserve, R. 95;
Verlorene Kinder, Drehb. 02. – **F:** Kopfstand 81; Zeitgenossen 83; Das tätowierte Herz 92. – **R:** Motivsucher
86; Tanners letzte Chance 00; Interne Angelegenheiten
01; Tränen im Paradies 03, alles Fsp.

Lauschke, Helmut (Ps. Martin Laurent), Dr. med.,
Chirurg; lebt in Windhoek/Namibia, c/o Projekte-Verl.,
Halle/Saale (* Köln 10. 9. 34). Lyr., Rom. – **V:** Ein Leben 80; Lösung und Bindung 81; Jugendporträt 83; Wo
sich die Geister schieden. Dr. Ferdinand – Alltag eines Arztes im Norden Namibias, 2 Bde 06; Sieben Geschichten aus Namibia 06; Die Gespräche des Herrn Simonis an einer Würstchenbude in Windhoek, Sprechstücke 06; Halbwegs geschnürt, G. u. Reflexionen 06;
Aufstieg und Niedergang der Dorfbrunners, R. 06; Die
Hebräer. Im Land der falschen Träume, Trag. 06; Wendung und Preisung, Psalmendichtung 07. (Red.)

Laußermayer, Frida Ingeborg s. Romay, Frida Ingeborg

Lauster, Peter, Dipl.-Psych.; Usambarastr. 2, D-
50733 Köln, Tel. (02 21) 7 60 13 76, Fax 7 60 58 95,
an@peterlauster.de, www.peterlauster.de (* Stuttgart
21. 1. 40). VS. – **V:** Liebesgefühle, Texte 88; Flügelschlag der Liebe. Gedanken u. Aquarelle 94; zahlr.
Sachb./Ratgeber. – *Lit:* s. auch SK.

Lausterer, Ursula, Dipl.-Soz.päd., Ref. f. Jugendbe-
teiligung; *lausterer@moostapper.de, www.moostapper.
de* (* Übereisenbach/Rh.-Pf.). Kinderb. – **V:** Die Moo-
stapper und die dunklen Schatten, Kdb. 04; 2 Sachbücher. (Red.)

Lauterbach, Benjamin; Johann-Sebastian-Bach-Str.
24, D-04109 Leipzig, Tel. (03 41) 2 25 54 45, *benjamin.
lauterbach@web.de,   www.benjamin-lauterbach.de*
(* Kronberg/Ts. 5. 9. 75). Telephos-Lit.pr. 03, Bremer
Netzresidenz 07, Lit.pr. Prenzlauer Berg (3. Pr.) 08;
Rom., Lyr., Erz., Dramatik. Ue: engl. – **V:** Ich nehm's
persönlich, G. 03, 06. – **MA:** Vier Periode, Anth. 01,
06; Tippgemeinschaft, Jahresanth. d. DLL 07. (Red.)

Lauterbach, Hermann O. s. Otto, Hermann

Lauterbach, Peter, Dr. med., Kinderarzt; Schillerstr. 19, D-71364 Winnenden, Tel. (0 71 95) 6 48 80,
drachenpeti@gmx.de (* Dresden 1. 10. 44). – **V:** Johns-
bach. „Ihr werdet nochmal an mich denken", Erzn. 06.

Laux, Maria *

Lavee, Ingrid, B. A. English; Schadinagasse 11/1/43,
A-1170 Wien (* Wien 17. 7. 40). AGA 93, Podium 01;
Öst. Staatsstip. f. Lit. 95/96, 04/05; Prosa, Rom. – **V:**
Rafaelas Geschichte, R. 01, 04 (hebr.). – **MA:** zahlr.
Erzn. in Anth. u. Zss. (Red.)

Lavizzari, Alexandra, Lic. Phil., dipl. Gemmologin;
lebt in Rom, c/o Edition Ebersbach, Berlin (* Binningen
b. Basel 11. 8. 53). SSV 84, jetzt AdS; Bieler Lit.pr.
84, Heinz-Weder-Pr. f. Lyr. (Anerkenn.pr.) 01, Aner-
kenn.pr. d. Union des Banques Suisses, Würth-Lit.pr.
02, Feldkircher Lyr.pr. 07; Rom., Lyr., Erz. Ue: pers. –
V: Der Belutsche, Erzn. 90; Am Tag des ungebroche-
nen Zaubers, G. 93; Ein Sommer, N. 99; Gwen John.
Rodins kleine Muse, R. 01; Die Muse des Bildhauers,

R. 04; Schattensprung, G. 04; Lulu, Lolita und Alice.
Das Leben berühmter Kindsmusen 05; Nach Kenad-
sa, R. 05; Wenn ich wüsste wohin, R. 07; Fast eine
Liebe. Annemarie Schwarzenbach u. Carson McCullers
08. – **MA:** Und es wird Montag werden, Anth. 80; Ein
Volk schreibt Geschichten, Anth. 84; Herzschrittmache-
rin 00; Erzn. u. G. in versch. Lit.zss., u. a.: Macondo;
drehpunkt; Orte. – **H:** Virginia Woolf. Materialien 91. –
Ue: Ayyuqi: Warqa und Gulscha, R. 92. – *Lit:* Beatrice
Eichmann-Leutenegger in: Schritte ins Offene, Nr.4 00.
(Red.)

Lax-Lavendel, Leneliese (eigtl. Johanna Lesch),
Schauspielerin, Theaterleiterin, Kabarettistin; Falkenstr. 66, D-14532 Stahnsdorf, Tel. (0 33 29) 61 55 55,
LaxLavendel@gmx.de, www.frauen.potsdam.org/lesch
(* Potsdam-Babelsberg 6. 11. 41). – **V:** Die Annoncen-
frau, R. 01; Von Katzen, Männern und anderen Umständen, Geschn. 01.

Lay, Ilona s. Hoffmann, Ilka

Lazarowicz, Margarete (eigtl. Margarete Lazaro-
wicz-Prodoehl), Dr., freie Autorin, Lehrerin; Augsburger Str. 4, D-40597 Düsseldorf, Tel. (01 72) 3 81 73 00,
(02 11) 71 33 29, Fax 7 1 19 0 92, *la-pro@t-online.
de.* Heinrichsfelder Weg 1, D-16831 Neu-Köpernitz/
Rheinsberg (* Wiesbaden 8. 11. 57). Kultursalon Düsseldorf (Gründ.mitgl.) bis 03/04; Rom., Lyr., Erz., Dramatik. – **V:** Morgen in W., R. 81/82; Karoline von Günderrode. Portrait e. Fremden, Biogr. u. Werkausg. 86;
Angelika Lebensmut. Portrait e. dt. Ärztin, Biogr. 95;
Glückauf HADO (Arb.titel), Theaterst. 09. – **MV:** Tom
und Tonja in Kandelar, R. f. Kinder 01; Tom und Tonja in Schaganga 04, beide m. Hans Gerd Prodoehl. –
H: FunkFenster, Medienfachzs. 87–95 (auch verantw.
Red.)

Le Blanc, Thomas; Merianstr. 11, D-35578 Wetzlar, Tel. (0 64 41) 4 83 81, *thomas.le.blanc@t-online.de*
(* Wetzlar 13. 8. 51). – **V:** Bonner Gründe, warum alles
schiefgeht, was schiefgehen kann! 86; Murphys Gesetze für Beamte 88; Einer kehrte zurück, phantast. Erzn.
01. – **MA:** zahlr. Erzn. in Anth. seit 75. – **H:** Die Anderen 79; Antares 80; Start zu neuen Welten 80; Beteigeuze 81; Canopus 81; Deneb 82; Eros 82, 83; Fomal-
haut 83; Ganymed 83; Goldmann Fantasy Foliant II 83;
Noch Leben auf Ka III? 83; Halley 84; Io 85; Jupiter 85;
Die spannendsten Weltraum-Geschichten 85; Die Ewige Bibliothek und andere phantastische Geschichten 90;
Die Feuerprobe, 1.u.2. Aufl. 05. – **MH:** Vom Ende des
Domes 93; Imago 97; Von Schuhen und Stiefeln 97. –
Ue: Edmond Hamilton: Rückkehr zu den Sternen 81. –
MUe: Edmond Hamilton: Die Sternenkönige 80.

Leányka s. Brüggen, Franziska

Lebek, Hans, Dr., Dipl.-Volkswirt, Dipl.-Kfm.;
Berlin, *privat@hans-lebek.de,   www.hans-lebek.de*
(* München 50). Das Syndikat. – **V:** Doppelte Gefahr,
Thr. 02; Todesschläger, Krim.-R. 05; Karteileichen,
Krim.-R. 06; Schattensieger, Krim.-R. 06. (Red.)

Leber, Ralph E., Schriftst.; Bergstr. 145, D-
69121 Heidelberg, Tel. (0 62 21) 48 09 73 (* Heidelberg
10. 9. 25). Rom., Nov. – **V:** Schatten im Licht, R. 65;
Libretto für einen Tanz aus der Reihe, R. 99.

Lebert, Benjamin; lebt in Hamburg, c/o Eggers &
Landwehr KG, Berlin (* Freiburg/Br. 9. 1. 82). – **V:**
Crazy, R. 99 (in mehr als 30 Spr. übers., auch verfilmt);
Der Vogel ist ein Rabe, R. 03; Kannst du, R. 06. –
MV: Die Geschichte vom kleinen Hund, der nicht bel-
len konnte, m. Ursula Lebert, Kdb. 00. – **MA:** wöchentl.
Kolumne im „Tagesspiegel"

Lebert, Vera (Ps. Claire Grohé, auch Vera Lebert-
Hinze), Schriftst.; Am Sonnenhang 24, D-57271 Hil-

Lechner

chenbach, Tel. (0 27 33) 5 11 96, Fax 5 18 51. Qu 7, 6, D-68161 Mannheim. Tel. (06 21) 1 41 58 (* Mannheim 23. 6. 30). Kg., VS, GEDOK, Wangener Kr., Humboldt-Ges. Mannheim, VG Wort, GEMA; Unsterbl. Rose 81, 2. Pr. Lyr.wettbew. d. GEDOK 86, Nikolaus-Lenau-Pr. d. Kg. 90, Alfred-Müller-Felsenburg-Pr. 99; Lyr., Ess. – **V:** Wenn die Schatten leben 81; Flugtuch der Träume 84; ... und die Wege sind ohne Zeichen 88; Sprachwege, Lyr.-Zykl. 97; Ortloses Gelände 98; Signale im Nebel 98, alles Lyr.; Geliehenes Licht, medit. Texte 98. – **MV:** Kinder des Windes, m. Dietmar Scholz, Lyr. 92; Sonnengesang, Kunstmappe 96; Mut zur Stille – Ja zum Leben, m. Karl A. Pfänder, Kunst-Kass. 98. – **MA:** Was ist e. Christ in d. Gegenwart? 89; Ein wenig von Verschwörung, G. 90; Kontrapunkt, GEDOK-Dok. 92; Hab gelernt durch Wände zu gehen, G. 93; Wo deine Bilder wachsen, G. 94; Lyrik unterwegs 97; Orte. Ansichten, G. 97; Blitzlicht. Dt.spr. Kurzlyr. aus 1100 Jahren 01; Frauen begegnen Gott 01, u. a. – **R:** Hfk-Sdg im WDR (Mitarb.) 95. – **P:** Musik-Kass. m. Vertonungen v. Georg Lawall; Ausstell. v. Lyr.-Texten; Lyr. unterwegs in Stuttgarter Straßenbahnen; Sylvia Heermann singt, Lyriktext 99; Es ist ein Singen in der Zeit, Gr. „musica viva", CD. – *Lit:* GEDOK-Dok. üb. Autorinnen; Lit. Heimatkunde d. Ruhr-Wupper-Raumes; Wer ist wer?; Literar. Leben i. d. BRD; Kulturhdb. Kr. Siegen; Lit.-Atlas NRW. (Red.)

Lechner, Anni s. Lorentz, Iny

Lechner, Odilo, Dr. phil., Abt von St. Bonifaz München-Andechs; Karlstr. 34, D-80333 München, Tel. (0 89) 55 17 10, Fax 55 17 11 00 (* München 25. 1. 31). – **V:** Idee und Zeit in der Metaphysik Augustins 64; Vom Gewicht der Zeit, Meditn. z. Kirchenjahr 80; Geschenke für den Tag, Meditn. 81; Advent Weihnachten 86, 2. Aufl. 88; Ostern 86, 2. Aufl. 88; Vom Weihnachtsstern, Geschn. 01. – **MA:** Weltbild-Magazin. – *Lit:* s. auch GK. (Red.)

Lechner, Zita, Autorin; Jose de Espronceda Nr.3 Ed. D. ap. 23, E-07015 Real Golf de Bendinat, Tel. 97 14 00 11 59. Heßstr. 59, D-80798 München (* Reghin/Rum. 2. 7. 57). – **V:** Mein Traum 01. (Red.)

Ledebur, Benedikt, Dr. phil., Dichter, Essayist; Werdertorgasse 4/2/18, A-1010 Wien, Tel. (01) 5 33 35 69, *benedikt.ledebur@chello.at* (* München 20. 8. 64). GAV; Lyr., Ess., Lit.theorie u. -kritik, Philosophie. Ue: engl, frz. – **V:** Poetisches Opfer 98; Über/Trans/Late/ Spät 01; Nach John Donne 04; Genese 08, alles Lyr. – **MA:** Zwischen den Zeilen 22, 23; manuskripte; ndl; Kolik; Schreibheft. – **H:** Der Ficker 05; Der Ficker 2 06. – **R:** St. Pauls Cathedral, Lyr. u. Übers. (ORF) 03.

Lederer, Herbert, Dr. phil., Prof. h. c., Schauspieler; Steingasse 18/7, A-1030 Wien, Tel. u. Fax (01) 7 13 61 74 (* Wien 12. 6. 26). IGAA, ÖDV; Johann-Nestroy-Ring 81, Dramatikerstip. d. BMfUK 89, Öst. E.kreuz f. Wiss. u. Kunst 92, Gold. E.zeichen f. Verd. um d. Land Wien 08; Drama, Rom., Nov., Ess., Hörsp., Lied. – **V:** Der Schwindler von Salzburg, UA 70; Theater für einen Schauspieler 73; Kindheit in Favoriten, Autobiogr. 75; Onkelchens Traum, Dr. 75; Celestina, Opernlibr. 76; Na, ist das ein Geschäft?, Kom. 80; Abgeschminkt, Theateranekdn. 83; Andererseits..., Parodien 83; Im Alleingang 84; Bevor alles verweht, Wiener Kellertheater 1945–1960 86; Kain, Opernlibr. 86; Mozartsuite. 40 krit. Strophen 88; Auf dem falschen Bahnhof, UA 93; Durch die Blume 93; Dissonanzen. 99 Kürzestgeschn. 96; Der Schlüssel, UA 02; ein Yeti macht Karriere, UA 04; ein unheimlicher besuch, UA 06; Von abdingan bis Zwettl. Weltreisen e. Schauspielers 08. – **H:** Funken der Heiterkeit, Nestroy-Zitate 76. – **Ue:** Genie und Galgenstrick (François Villon) 65.

Lederer, Rosemarie (geb. Rosemarie Rabitsch), Mag. Dr. phil., Germanistin, LBeauftr. U.Klagenfurt; Grabuschniggasse 6, A-9170 Ferlach, Tel. (06 64) 3 14 04 36, Fax u. Tel. (0 42 27) 49 56, *rosemarie. lederer@uni-klu.ac.at* (* Guttaring/K. 20. 11. 47). IGAA 95; Jgdb.pr. d. Ldes Kärnten 99; Lyr., Prosa, Sachb. – **V:** Wia platschlt da Brunn, Mda.-Lyr. 97; Grenzgänger Ich, Sachb. 98; Nachtschattenräume, Lyr. u. Ess. 98; Der Fremde im Chatroom, Jgdb. 00. – **MA:** Hier spricht der Dichterin. Wer? Wo? 98; beyond. darüber hinaus 02; Kaskaden 04; Blickdicht 05; Lust auf..., Lyr., Kurzprosa 06; Akt.u.elles, Lyr., Prosa 07. – *Lit:* s. auch SK.

Ledergerber, Ivo; Rappensteinstr. 17, CH-9000 St. Gallen, *i.ledergerber@bluewin.ch* (* Gossau/St. Gallen 39). SSV 01, jetzt AdS; Lyr. – **V:** Mit der Zeit 72; Auf dem Papier entwickelt die Hand, was der Kopf nicht entwirren kann 94; Ziel November 94; Vier Miniaturen 94; Sollten uns einst die Bilder fehlen 97; Flora schöne Nachbarin 98; Diesen Sommer noch 99; R (Roma), G.-Tagebuch 02 III; Drei kleine Reisen 03; Rom. Je-mandem erklären wo der Weg ist der hinführt wohin er will 04; Gli Angeli del Campo Verano, G. zu Fotos 04; Spiegelungen, G. zu Fotos 05; Aus dem Maghreb/ Impressions du Maghreb, dt.-frz. 07, alles Lyr. – **MV:** Hierzulande hat jedermann nur den Säntis im Auge, m. Fred Kurer, G. 00. – **MA:** CaHier 91 92; Teresa Pevarelli: StockwerkStückwerk 00; Der du die Regenpfeifer gemacht hast 01; Jost Hochuli: Heilig Kreuz und Eichenlaub 02; ULNÖ: TOP 22, II Steiner Requiem, Krems/Stein 05; sowie Einzeltexte in Anth.

Lederle, Roland, Rektor a. D. (GHS); Sonnhalde 40a, D-79674 Todtnau, Tel. (0 76 71) 81 50 (* Todtnau 10. 4. 28). Massensproch-Gsellschaft 65, Philipp Flettner-Ernst Niefenthaler e. V. 98; Literar. Wettbew. d. „Bund Heimat u. Volksleben" Freiburg (8 Preise); Lyr. (Dialektspiel), Alemann. Gesch., Heimatgesch. – **V:** Aitern. Die Gesch. e. kleinen Schwarzwaldgemeinde 61, Neuaufl. 94; Bei uns daheim 67, Neuaufl. 94; Wo mr amig no mitenand in d Schuel gange sin 92; Familienchronik Lederle-Laile 93; E baar Hampfle voll, G. u. Geschn. in Mda. 96; alemann. Mda.spiele: D'Zit isch do, de Frühelig mueß cho! 51; Das verkaufte Herz 51; Gottes Mühlen mahlen langsam 51; So e Bscherig! 57; Im Klaus isch schönschte Nikolausdag 58; De Sepp hät d'Nase voll! 58; De Heiner hät en Wiehnächtsdraum 60; D'Wandlig vo de Pauline 60; D'Line setzt de Wille durch 62; Eine mueß dra glaube! 63; S isch sowit! 65; Ruprecht Grether 65; Bocke mueß mr chönne! 66; Alles wegem Gsangsverein 68; Es isch Beschluß, es sei eso 70; E gizzig Wiibervolch mueß bluete 71; Wie mr s macht, s isch eifach lätz! 73; De Herr Pfarrer hät Geburtstag 73; Die sin jo nimmi ganz bache! 74; Mir sin ja gar it so! 76; Un wer zletscht lacht, lacht am beschte! 78; Unerhört, des hän mr überhaupt it glehrt! 85; Keine Milde, keine Gnade, weg mit ihnen, s ist nicht schade! 87; Tatort. Der Rektor dreht e. großes Ding 88; Halte-und Schaltstationen, Autobiogr. 08.

Ledermann, Hellmuth, Dr. med., Arzt; Schwannstr. 16, D-64678 Lindenfels, Tel. (0 62 55) 22 90 (* Hamburg 19. 5. 39). Lyr., Reisegesch., Rom., Medizinisches Fachb. – **V:** Nur ein Kirschblütenzweig, G. 78; Überall und Irgendwo, Geschn. 96, 01; Ich liebe, also bin ich, G. 97; Streulicht, R. 02. (Red.)

Ledersberger, Erich, Prof., Lehrer, Schriftst.; Heiligwasserweg 23/2, A-6080 Igls, Tel. u. Fax (05 12) 37 00 65, *kakanien@utanet.at, www.kakanien.com* (* Wien 20. 6. 51). GAV 81, IGAA, ÖDV; Förd.pr. d. Rauriser Lit.tage 81, Förd.pr. d. Adolf-Schärf-Fonds 83, Öst. Dramatikerstip. 83, 87, Buchprämie d. BMfUK

782

84, Förd.pr. Öst. Filmförd.fonds; Lyr., Hörsp., Drama, Sat., Kurzerz. – **V:** Der Kopffüßler, UA 84; Wiener Brut, Sat. 86; Ein Autor sieht rot und besetzt das Theater, UA 92; Schnitzel mit Beilage, Satn. 01; Maria fährt, Erz. 04. – **MV:** Ende der Salzstreuung: Glatteisgefahr, G. 83; Alles im Lot, Kurzerz. 85, beides m. Herbert Link. – **MA:** 2 Beitr. in Prosa-Anth., mehrere in lit. u. sat. Zss. – **R:** Gerhard Weiner wäre nicht tot, Hsp. 82; Das Friedensspiel, Hsp. 84. (Red.)

Ledig-Schön, Käte (geb. Käte Schön, Ps. Mena, Anna Blume), bildende Künstlerin, Schriftst.; Burgdorfer Damm 63, D-30625 Hannover, Tel. (05 11) 57 64 24 (* Darmstadt 25. 2. 26). BBK 54, VS Nds. 78, Intern. Ges. d. Bildenden Künste IGBK 04; Reisestip. Frankr. 80; Aphor., Lyr., Sat., Kurzprosa, Gesch., Parabel. – **V:** ein & aus, Aphor. 78; natürlich, Aphor. 78; ZWEI und noch mehr SEITEN, Lyr. 85; MEN-AGE, Satn. 87; ... in diesem unseren Lande, Satn. 88; GANG-ART, Kurzprosa 90; ES SIND 7, Kurzprosa 94; Da-Da „Anna Blume in Blau" 04. – **MA:** Frankf. Rundschau; Emma; Für Sie; Loccumer Protokolle, alles um 80; „Schreibende Arbeitslose" Hannover, Anfang-Mitte d. 80er Jahre; desweitern in: Courage; Frauenkalender u. Kalender, Hannover/Linden; Asphalt, Zs. d. Wohnungslosen, Hannover; Literatur d. Arbeitswelt u. gegen Kernkraftwerke; – Veröff. in 30 Anth., u. a.: Lyrik und Prosa vom hohen Ufer, I 79, II 82; Mörikes Lüfte sind vergiftet 81; Schlüsselerlebnisse 81–84; Endstationen 82; Ich zerbreche den Kreis 84; So macht Leben Spaß 84; Ortsangaben 87; Das große Buch d. Haiku-Dichtung 90; Deutschland einig Vaterland – zerissenes Land? (auch Mithrsg.) 91; Stadtansichten, Hannover-Kaleidoskop 95; Neue Literatur, Anth. 01; Das Buch ohne Fau (Fünf-Finger-Verl. Leipzig) 03; Die Literareon Lyrik-Bibliothek, Bd I 04. – *Lit:* s. auch Kürschners Handbuch der Bildenden Künstler, 1. Aufl. 2005.

Leeb, Alois Josef, Dr. phil., Naturwiss.; Nr. 73, A-2620 Wartmannstetten, Tel. (0 26 35) 6 51 27 (* Wartmannstetten/NdÖst. 9. 6. 31). Öst. Autorenverb., IGAA, Der Kreis, Ver. d. Mda.freunde Öst.; Joseph-Misson-Bund, Stelzhamerbund, Josef-Reichl-Bund, ARGE Literatur; Lyr. – **V:** Hetscherl und Rosn, Mda.-G. 84. – **MA:** G'redt und 'dicht, Mda., CD 02; G. in Lyr.-Anth., Zss. u. Rdfksdgn.

Leeb, Karin Solweig (geb. Karin Solweig Eckner), Mag., Dr. phil., AHS Lehrerin i. P.; Am Hoffeld 22, A-8230 Hartberg, Tel. (06 50) 8 20 12 35, *leeb. reiner.solweig@gmail.com.* Bräuhof 230/Top C30, A-8993 Grundlsee (* Marburg/Draus 5. 12. 44). Rom., Lyr., Erz. – **V:** Spaziergang im Ausseerland, autobiogr. R. 06; Ein halbes Jahrhundert aus der Schule geplaudert. Eine Anekdotensammlung 07.

Leeb, Root, M. A., Dipl.-Soz.päd. (FH), Autorin, Zeichnerin; Kaiserstr. 37, D-67297 Marnheim, Tel. (0 63 52) 58 85, Fax 57 56, *roo.lee@gmx.de* (* Würzburg 15. 8. 55). VG Wort m. Rom., Erz. – **V:** Tramfrau, Geschn. 94, erw. Neuaufl. 03 (auch korean.); Das ist Trippel, Bildgeschn. 94; Mein Morgenfahrgast war ein Rabe 97; Mittwoch Frauensauna, R. 01, Tb. 03 (auch korean.). – **MV:** Die Farbe der Worte, m. Rafik Schami 02. – **MA:** Ich möchte einfach alles sein 98; Wie kam die Axt in den Rücken des Zimmermanns 99; Sommerabenteuer 00; Schneeflocken tanzen in der Nacht 02; Sommerfantasie 03; Mein Song 05; Postcard Stories 05; Lob der Ehe 07. – **H:** Diesen Himmel schenk ich dir 98. – **R:** Mittwoch Frauensauna, Hsp. 02, als Autorenlesung 07; Tramfrau, Autorenlesung 08. – *Lit:* s. auch Kürschners Handbuch der Bildenden Künstler, 1. Aufl. 2005.

Leenders, Artur, Dr. med., Chirurg; Schüttestr. 1, D-47533 Kleve/Ndrh., Tel. (0 28 21) 1 85 95, Fax 2 19 97 (* Meerbusch 12. 3. 54). Rom. – **MV:** Königsschießen 92, 10. Aufl. 97 (auch ndl.); Belsazars Ende 93, 10. Aufl. 98 (auch ndl.); Jenseits von Uedem 94, 9. Aufl. 97 (auch ndl.); Feine Milde 95, 4. Aufl. 98; Clara! 1.–3. Aufl. 97; Eulenspiegel 98; Ackermann tanzt 99; Die Schatten schlafen nur 00; Mörderischer Niederrhein 00; Augenzeugen 02; Die Schanz, R. 04, alles Krim.-R. m. Hiltrud Leenders u. Michael Bay. – *Lit:* H. Tervooren in: Der Kulturraum Niederrhein 96. (Red.)

Leenders, Hiltrud, Schriftst.; Schüttestr. 1, D-47533 Kleve/Ndrh., Tel. (0 28 21) 1 85 95, Fax 2 19 97 (* Nierswalde 5. 3. 55). Rom., Lyr. Ue: ndl. – **V:** hügelan. gedichte, Lyr. 94. – **MV:** zus. m. Artur Leenders u. Michael Bay: Königsschießen 92, 10. Aufl. 97 (auch ndl.); Belsazars Ende 93, 10. Aufl. 98 (auch ndl.); Jenseits von Uedem 94, 9. Aufl. 97 (auch ndl.); Feine Milde 95, 4. Aufl. 98; Clara!, 1.–3. Aufl. 97; Eulenspiegel 98; Ackermann tanzt 99; Die Schatten schlafen nur 00, alles Krim.-R.; Mörderischer Niederrhein 00; Augenzeugen, Krim.-R. 02; Die Schanz, R. 04. – *Lit:* H. Tervooren in: Der Kulturraum Niederrhein 96. (Red.)

Leenen, Maria Anna, freie Journalistin, Autorin; Postfach 1226, D-49573 Ankum, *kontakt@ maria-anna-leenen.de, www.maria-anna-leenen.de* (* Osnabrück 12. 10. 56). Rep., Biogr., Lyr., Erz. – **V:** Lukas und Lisa finden neue Freunde, Erzn. 02; Paradiese liegen tief, Lyr. 03; Reinhold Schneider, Biogr. 03; Das geheime Zimmer, Kdb. 04; Schatten über St. Klara, Krimi f. Kinder 06. – **MA:** Im Regenbogenland, Anth. 99; Geschaut – gedacht 99; Eremitage 7, 03; Mit deinem Segen unterwegs 04; Spirituelles Lesebuch 04; zahlr. Veröff. in Ztgn u. Zss., vor allem d. katholischen Presse. – **H:** témenos, Bll. f. relig. Lyrik, ab Nov. 02; Reinhold Schneider. Ein Lesebuch 03. – **MH:** Eremitage 8 04, 12 u. 13 06. – *Lit:* s. auch 2. Jg. SK.

Leerdörf, Max s. Vollstädt, Andreas

Leeven, Rik van s. Alke, D. Harald

Léger, Yvonne (eigtl. Yvonne Hirt-Léger); Berghaldenweg 19, CH-8135 Langnau am Albis, Tel. u. Fax (01) 7 13 24 30 (* Luzern 19. 1. 41). SSV, Schweizer Verb. d. Journalistinnen u. Journalisten (SVJ); Stip. von Pro Helvetia 90, Lit.pr. von Stadt u. Kt. Luzern 91; Rom., Lyr., Filmdrehb. – **V:** Alles schien noch möglich. Die Gesch. d. Clara Hut 87; Eljascha, R. 90; Malva Rosetta nimmt ein Bad, Balln. 93; Rolltreppe nach Hawaii, R. 95. – **MA:** Happy Birthday Mister Manhattan 95; Fenster mit Aussicht 98; Zweifache Eigenheit 01. (Red.)

Legge, Ludwig (Ps. f. Ludwig H. B. Ziehr), Red., Schriftst.; Sauersgäßchen 1, D-35037 Marburg, Tel. u. Fax (0 64 21) 6 48 22. Aulgasse 4, D-35037 Marburg (* Berlin 5. 12. 36). NLG 74, Karl-May-Ges. 76; Silb. Kulturmed. d. Stadt Linz 89, Verd.med. in Gold d. Ldes ObÖst. 96, Ehrenbrief d. Ldes Hessen 97, Silb. Med. d. Stadt Marburg, E.urkunde d. Republik Kirgistan 02, BVK 03; Lyr., Text, Lit.gesch. Ue: litau, slowen, tsch, engl, rum, russ. – **V:** untermorgen übergestern, Textsamml. 71, 2. Aufl. 79; Mosaïke, G. 04 (auch CD); Straßenbahnen fahren durch mein Hirn 07. – **MV:** Ramben, m. Bernd S. Müller, Nonsens-G. 69; Weltreise, enzykl. Länderkunde 70–75; Dt. Lit.gesch. 1–5, m. Josef Bättig 80–83. – **H:** Perché non tutto vada perduto – Damit nicht alles verloren geht. Italienische Kulturtage 1998 in Marburg 99. – **MH:** Der gemütliche Selbstmörder 86; Literatur um 11, Texte der Autoren, seit 87; Der Flügelschlag meiner Gedanken. Lit. d. Kärntner Slowenen 92. – **P:** Legge and friends, CD 08.

Lehmann

Lehmann, Christine (Ps. Madeleine Harstall), Dr., Nachrichtenred. b. SWR Stuttgart; Stuttgart, *dr. christine.lehmann@googlemail.com, www.lehmann-christine.de* (* Genf 23. 11. 58). VS Bad.-Württ. 98, Das Syndikat 00; Nominierung f.d. Frauenkrimipr. Wiesbaden 01; Rom., Krimi. Ue: span. – **V:** KRIMIS: Kynopolis 94; Der Masochist 97, überarb. Fass. u. d. T.: Vergeltung am Degerloch 06; Training mit dem Tod 98; Pferdekuss 99; Harte Schule 05; Höhlenangst 05; Gaisburger Schlachthof 06; Allmachtsdackel 07; – Das Modell Clarissa, Diss. 91; Der Bernsteinfischer 01; Der Winterwanderer 02; Die Rache-Engel 03; Das Geheimnis der Gräfinnen 04; Die Liebesdiebin 05 (auch russ.); Die Brückenbauerin 06; Auf den Spuren der Liebe 07. – **MA:** Der Aufstand der Radfahrer 82; Stuttgart märchenhaft 86; Flugasche, Lit.zs. 87–89; Amoklauf im Audimax 98; die horen 157 90; Der Dolch des Kaisers 99; Der Schuß im Kopf des Architekten 00; It's Christmas Crime 01; Mord isch hald a Gschäft 04; Hotel Terminus 05; Nur Bacchus war Zeuge 06; Tödlichs Blechle 06. (Red.)

Lehmann, Devrim (geb. Devrim Kaya), Übers. u. Dolmetscherin; c/o REFUGIO Thüringen, Wagnergasse 25, D-07743 Jena (* Ebersbach 2. 9. 74). VS; Rom., Erz. Ue: kurd, türk. – **V:** Meine einzige Schuld ist, als Kurdin geboren zu sein 98, Tb. 00. (Red.)

Lehmann, Gerlind, Dipl.-Bibl.; Heegermühler Str. 30, D-16225 Eberswalde, Tel. (0 33 34) 28 15 47, *herbstnacht@hotmail.com* (* Forst/Lausitz 10. 8. 64). Rom. – **V:** Herbstnacht, R. 00; Leben lassen, R. 01; Ohne Ausweg, R. 04. (Red.)

Lehmann, Hanif, Lyriker, Graphiker u. Maler; c/o widukind-presse Dresden, Hermann-Löns-Weg 3B, D-01445 Radebeul, Tel. (03 51) 8 30 57 00 (* Rochlitz/ Sachsen 71). Lyr., Prosa. – **V:** Auf der Suche nach ha-tem Tai 94; Landschaftliche Bedingtheiten 00; Inschriften der messingnen Stadt 01; Schlösser Bahnhöfe Fabriken, Prosa 02; Der zweite Besuch im Dorf Murillo, Prosa 04; Argo, Lyr. 04; mehrere Graphikbände. – **Ue:** Ezra Pound: Cantos I–V 04. (Red.)

Lehmann, Hanjo (Hans-Joachim Lehmann), Autor, Mediziner; Berlin, Fax (0 30) 85 07 68 76, *hanlehmann @debitel.net* (* Berlin 46). – **V:** Die Truhen des Arcimboldo, R. 95, 19. Aufl. 04; I killed Norma Jeane, R. 01; – Akupunkturpraxis, Fachb. 99. (Red.)

Lehmann, Harry (Ps. Oldenborger Plattsnacker); Am Stadtpark 4, D-23758 Oldenburg (* 1. 7. 23). Pr. b. NDR-Wettbew. „Vertell doch mal" 97, 98, 01, 07; Plattdt. Prosa, Lyr., „Riemeldöntjes" – **V:** Lachen is ook Medizin 93; Lachen kost' keen Geld 95; Lach di kringelig 03; Lachen bringt Sünnschien 03; Harry Lehmann vertellt op Platt 04; Lach di scheef 06; Lachen maakt glücklich! 09. – **P:** Harry op Platt – för jeden wat, Hörb. 08.

Lehmann, Jürgen, Schriftst.; Pösnaer Str. 17, D-04299 Leipzig, Tel. (03 41) 8 61 25 58, *juergen.lehmann @lycos.de* (* Großdubrau b. Bautzen 26. 12. 34). VS Sachsen; Förd.pr. d. Mitteldt. Verl. u. d. Lit.inst. Johannes R. Becher 77, Kunstpr. d. Stadt Leipzig 82; Erz., Rom., Hörsp., Feat. – **V:** Begegnung mit einem Zauberer, Erz. 76; Strandgesellschaft, R., 1.u.2. Aufl. 98; Hochzeitsbilder, R. 83; Brief aus Hamburg, R. 99. – **MA:** Das Huhn des Kolumbus 81; Alfons auf dem Dach 82; Jetzt 86; Windvogelviereck 87. – **R:** Hsp.: Brötchen holen 97; Habenichts-Legende 98; Feature: Der Widerruf 93; Signale der Not 94; Als Zeuge in dieser Sache 97; Ein großes Haus in Flammen 98. (Red.)

Lehmann, Jutta, Lehrerin i. R.; Niederkasseler Kirchweg 6, D-40547 Düsseldorf, Tel. (02 11) 57 95 58 (* Berlin-Adlershof 14. 2. 37). BDS 98; Rom., Lyr.,

Erz. – **V:** Requiem für einen Freund, R. 98; Sie starb in meinen Armen, R. 00. – **MA:** Nationalbibliothek d. dt.sprachigen Gedichtes. Ausgew. Werke 1 u. 2 98/99. (Red.)

Lehmann, Roger, Verleger (* Knokke/Westflandern 16. 3. 28). Rom. – **V:** Aufregende Tage auf Gran Canaria, R. 85; Sie verfluchten Hitler 94; Die Rache der Vergewaltigten, R. 06. (Red.)

Lehmann-Brune, Marlies, Schriftst.; Sülldorfer Kirchenweg 2B, D-22587 Hamburg, Tel. (0 40) 39 90 32 68, Fax 39 90 65 85, *marlies.lehmann-brune @gmx.de, www.rolli-on-tour.de* (* Hameln 11. 10. 31). Hamburger Autorenvereinig. 79; Hamburger Lit.pr. f. Kurzprosa 81; Rom., Erz., Familienchronik. – **V:** Im Schatten des Obelisken. Eine römische Romanze, Erz. 82; Lloyd's of London. Kriege, Krisen, Katastrophen 88; Die Althoffs. Geschichte u. Geschn. um d. größte Circusdynastie 91; Der Koffer des Karl Zuntz. Fünf Jahrhunderte e. jüd. Familie 97; Die Story von Lloyd's of London. Glanz u. Tragödien d. legendären Versicherungshauses 99; Gegen den Strom – mit Rad und Rollstuhl den Elberadweg flussaufwärts, Reise-Tageb. 04; Das Meer war ihr Schicksal. Wracks und Strandleichen zwischen Sylt und Terschelling 05. – **MV:** Sagen und Legenden an der Weser und ihre geschichtl. Hintergründe, m. Harald G.F. Petersen 07. – *Lit:* s. auch 2. Jg. SK.

Lehmitz, Reinhard, Dr. rer. nat., Biologe; Dalwitzhof 2G, D-18059 Rostock, Tel. (03 81) 1 20 44 57, *ReLeh @t-online.de* (* Wittenburg 29. 1. 48). Lyr. – **V:** Jahreszeiten – Miniaturen 03; Ein offenes Wort – Wahrnehmungen 04; Kontraste – Aufgegriffen 05, alles Lyr. – **MV:** Grenzenlose Bläue, m. Friederike Amort, Lyr., 1.u.2. Aufl. 03. – **MA:** In deinem Zeichen 02; Dich zu lieben 02; Lust auf Weihnachtszeit 02; Solange du die Antwort bist 03; Lust auf Gefühl 03, 04; Frankfurter Bibliothek 03–05; Bibliothek dt.sprachiger Gedichte 04, 05; Pausenhofliebe 04; Denn du bist mir nah 05; Erinnerung an Licht 05, u.a.; zahlr. Beitr. in d. Lit.edition „Lebenszeichen", seit 01.

Lehmkuhl, Kurt, Red.; Graf-Reinald-Str. 28, D-41812 Erkelenz, Tel. (0 24 31) 7 36 68 (* Übach-Palenberg 3. 2. 52). Das Syndikat 99. – **V:** Tödliche Recherche 97; Kirmes des Todes 97; Mord am Tivoli 97; Ein Sarg für Lennet Kann 98; Vertrauen bis in den Tod 98; Spritzen für die Ewigkeit 98; Blut klebt am Karlspreis 99; Begraben in Garzweiler II, 1.u.2. Aufl. 99; Die Aachen-Mallorca-Connection 99; Mörderische Kaiser-Route 00; Der Grenzgänger 00; Ein C.H.I.O. ohne Rasputin 03; Tore, Tote, Tivoli 04; Mallorquinische Träume 05, alles R. – **MA:** Ein Schnitter namens Tod, Anth.; Grenzfälle, Anth. 05, Anth.; Tatorte, Anth. 06. – *Lit:* T. Gutmann in: Rhein. Post v. 20.3.99. (Red.)

Lehner, Alfried, Generalstabsoffizier, Oberstleutnant a. D., Freimaurer, Pythagoreer; Lupinenweg 15, D-73635 Rudersberg, Tel. (0 71 83) 11 5 35, Fax 93 10 14 (* Dresden 27. 10. 36). Matthias-Claudius-Med.; Lyr., Ess., Sachb. – **V:** Ach, Frieden, G. 81; Erfülltes Leben, G. 82; Wir bauen den Tempel der Humanität, G. 84, 2., erg. Aufl. 98; Eines zu sein mit allem, G. 87; Ich bin eine Stufe, G. 88; Sagt es niemand, Ess. u. Betrachtn. 89; Die Esoterik der Freimaurer, Sachb. 90, 4. Aufl. 97; Raumknoten, G. 92; Ich weiß, daß ich unsterblich bin, Briefe u. Meditn. 96. – **R:** Von der Allegegnwart der Musen, Rdfk-Ess. 87; Männerbünde, m. Wieland Backes, Fs.-Sdg 89; Es umschlinge diese Kette uns gar den Erdenball, Rdfk-Ess. 97.

Lehner, Fritz, Drehb.autor, Regisseur u. Buchautor; Alser Str. 32, A-1090 Wien (* Freistadt 15. 5. 48). Akad. d. Darst. Künste Frankfurt, Akad. d. Künste Berlin; Öst. Volksbildungspr. 79 u. 86, Erich-Neuberg-Pr.

d. ORF 80, Prix Italia 82 u. 83, Adolf-Grimme-Pr. in Gold 82 u. 86, Kulturpr. d. Ldes ObÖst. f. Lit. 92, f. Film 99, Gr. Diagonale-Pr. 02; Drehb., Rom., Film. – **V:** R, Roman 03; Hotel Metropol. Bd 1: Ankunft 06, Bd 2: Tage und Nächte 06, Bd 3: Abreise 07; Der Schnee-flockenforscher, R. 08. – **F:** Buch u. Regie: Jedermanns Fest 96/00. – **R:** Der große Horizont 76; Edwards Film 77; Sprachgestört (Geschichten aus Österreich) 77; Der Jagdgast 78; Das Dorf an der Grenze, Trilogie 79–83; Schöne Tage 81; Mit meinen heißen Tränen, Trilogie 86, als Kinofilm 88. – *Lit:* Sylvia Szely (Hrsg.): Fritz Lehner. Filme 02. (Red.)

Lehner, Gitta, Sozialarb.; Stadthofstr. 11, CH-6006 Luzern, Tel. (0 41) 4 10 18 64, *gittalehner@tic.ch* (* Frankfurt/Main 25. 4. 64). ISSV, AdS; Rom. – **V:** Eva und Heinz 06; Küsse und anderes 07. – **MA:** Entwürfe, Zs. 54/08.

Lehnerer, Barbara, Übers., Autorin; Frundsbergstr. 20, D-80634 München, Tel. (0 89) 13 03 86 86, Fax 13 03 95 12, *BarbaraLehnerer@cs.com* (* Hannover 22. 12. 55). IG Medien, VdÜ; Stip. d. Ldeshauptstadt München 01; Rom., Drehb. Ue: engl, engl (austral), am. – **V:** Der Klang der Farben, Jgd.-R. 03. – **Ue:** Tim Winton: Das Haus an der Cloudstreet, R. 98. – **MUe:** Colleen McCullough: Caesars Frauen, m. W. Ahlers, R. 96. (Red.)

Lehnert, Christian, Pfarrer; Pfarramt Burkhards-walde, D-01809 Müglitztal-Burkhardswalde, Tel. (03 50 27) 53 25, Fax u. Tel. (03 50 27) 6 27 88, *christian.lehnert.dd@web.de* (* Dresden 20. 5. 69). Leonce-u.-Lena-Förd.pr. 95, Lyr.pr. Meran (Förd.pr.) 96, Dresdner Lyr.pr. 98, Stip. d. Hermann-Lenz-Stift. 99, Förd.pr. z. Hans-Erich-Nossack-Pr. 01, Förd.pr. z. Lessing-Pr. d. Ldes Sa. 03, Förd.pr. Lit. d. Kunstpr. Berlin 03, Hugo-Ball-Förd.pr. d. Stadt Pirmasens 05, Märk. Stip. f. Lit. 06; Lyr. – **V:** Der gefesselte Sänger 97; Der Augen Aufgang 00; Finisterre 02 (m. CD); Ich werde sehen, schweigen und hören 04; Phaedra, Opernlibr. (Musik: H. W. Henze), UA 07; Auf Moränen 08.

Lehnert, Lutz, Lehrer; Körnerstr. 23, D-15345 Eggersdorf, Tel. (0 33 41) 4 20 05 25, *Einhaar@gmx.de*, *www.lutzlehnert.de* (* Altlandsberg 21. 12. 58). Erz. – **V:** Weihnachten mit Till, Märchenerzn. 06.

Lehnert, Tilmann, Lehrer; Niedstr. 21, D-12159 Berlin, Tel. (0 30) 8 73 68 41 (* Darmstadt 3. 6. 41). Fondation Saint-John Perse; Alfred-Döblin-Stip. 87, Stip. d. Stadt Berlin in Petzow 91; Erz., Lyr., Drama, Hörsp., Ess. – **V:** Widerstandsprosa für ziellose Fußmärsche 69; Die Teddy-Fritz-Papst-Story, Stück 72; Bissiger Thiel, Erzn. 73; Oben ist nur der Boden, Prosa 83; Paarungen, Verwüstungen, Prosa 83; Das 7. Zimmer, Stück, UA 91; Herrchen, Fackel hoch!, G., Prosa, Dialoge 94; Der Frauentunnel, Prosa 95; Heidi und Schmitt, G., Prosa, Dialoge 06. – **MV:** mit Johannes Grützke: Kolophon, G., Szenen, Lieder, Dialoge 86; 30 Jahre Bohren, Prosa, G., Theaterst., Dialoge 97; Pauvre Bobo, Prosa 00. – **MA:** zahlr. Beitr. u. a. in: Sprache im techn. Zeitalter 80; Plötzlich brach der Schulrat in Tränen aus 80; Lit. im techn. Zeitalter, Bl. 81; Tintenfisch 21/82; Litfass 32/84, 45/88, 61/94; Karl May – der sächsische Phantast in: Studien zum Leben und Werk 87; Liebesgeschichten aus der Altag 89; Was Männer von Frauen wollen 90; Doppeldecker. Texte u. Grafik aus ganz Berlin 90. – **R:** Erlebnisgeiger und Klavier und Gesang, m. J. Grützke, Hsp. m. Musik 87.

Lehnhardt, Jürgen, Schriftst. (* Berlin 14. 6. 47). Berliner Lit.stip. 83, Lit.stip. d. Ldes Nds., Arb.stip. f. Berliner Schriftst. 88; Rom., Erz. – **V:** Nacheiszeitlich 75; Unpaar 81; Der fremde Garten 85, 96, alles Kurzerzn.; Die Reise der Toten, R. 95; Das Schnelle, R. 97,

98; Drhei, R. 98; Im Sulky der Stadt, Kurzerzn. 00; Nonne 1992. Hintergründe 08. – **R:** Eine Anschauung 82; Im Schongang 83; Das Schnelle 84; Feuerwehrball 85; Die Reise nach Paris 85, alles Hfk. (Red.)

Lehnhof, Rose Marie, Dipl.-Chemikerin; Elsa-Brandström-Str. 161, D-53227 Bonn, Tel. (02 28) 46 73 62. Graf-Waldersee-Str. 11, D-28205 Bremen (* Duisburg 16. 3. 21). Walter-Hasenclever-Ges.; Rom., Geschichte, Autobiogr. – **V:** Was Homer verschwieg 83; Olympische Spielereien. Affären v. Göttern u. Menschen 85; Vater Rhein und seine Rheinländer 86, neubearb., erw. Aufl. 04; Geschichtspunkte III: Der Niederrhein 91; Mischpokengeschichten 95, 98; Tausendundein Jahr. Autobiogr. Mitteilungen e. Nichtarierin 01; Sechs Frauen und ein Mann 06. – **MV:** Zauberhafter Niederrhein, Bild-Bd 99. (Red.)

Lehnhof, Uli; Graf-Waldersee-Str. 11, D-28205 Bremen, Tel. (04 21) 4 98 51 65 (* Bonn 17. 5. 53). Bremer Autorenstip. 94. – **V:** Voll die Liebe 91, 94 (auch dän., fläm.); Über Schalke fahr'n wir nach Berlin 92; Kriegskind, Jgdb. 95; Nie wieder Schule, Jgdb. 97; Der beste Mittelstürmer der Welt 98; Schluss gemacht, Jgdb. 99; Gefährliches Foul, Jgdb. 00. – **R:** Ein amerikanisches Ende, Hsp. 88. (Red.)

Lehnhoff, Joachim s. Swieca, Hans Joachim

Lehr, Gita; lebt in Würzburg, c/o Eichborn AG, Frankfurt/M. (* 68). – **V:** Die Lewins, R. 04, Tb 06 (auch als Hörb.). (Red.)

Lehr, Thomas; Niebuhrstr. 58, D-10629 Berlin, Tel. (0 30) 3 24 65 88, *Thomas_Lehr@gmx.de* (* Speyer 22. 11. 57). P.E.N.-Zentr. Dtld; Buch d. Jahres d. FöK Rh.-Pf. 93, 99 u. 01, Mara-Cassens-Pr. 94, Rauriser Lit.pr. 94, Förd.gabe z. Pfalzpr. f. Lit. 95, Förd.pr. Lit. d. Kunstpr. Berlin 96, Rheingau-Lit.pr. 99, Martha-Saalfeld-Förd.pr. 99, Wolfgang-Koeppen-Pr. 00, Georg-K.-Glaser-Pr. 02, Kunstpr. d. Ldes Rh.-Pf. 06 Stip. d. Dt. Lit.fonds 07; Rom., Erz., Ess. – **V:** Zweiwasser oder die Bibliothek der Gnade, R. 93, 98; Die Erhörung, R. 95, Tb. 00; Nabokovs Katze, R. 99; Frühling, N. 01, Tb. 05; 42, R. 05; Tixi Tigerhai und das Geheimnis der Osterinsel, Kr. f. Kinder 08. – **R:** Frühling, Hsp. (SWR) 03. – *Lit:* Martin Luchsinger in: KLG.

Lehr, Walter Vitus; Klosterstr. 6, D-55124 Mainz-Gonsenheim, Tel. (0 61 31) 46 58 40. – **V:** Urlaubserlebnisse und andere Geschichten 93; Gedichte, die das Leben schrieb 96. – **MA:** Gedichte von Dir + Mir 96; Perlenkette der Erinnerung 00. (Red.)

Lehre, Albrecht Christian, staatl. ex. Krankenpfleger; Am Stadtgraben 3, D-73441 Bopfingen, Tel. (01 60) 6 58 64 93 (* Tuttlingen 15. 5. 65). Rom., Erz. – **V:** Der Introitus, phantast. R. 04. (Red.)

Leiber, Ingeborg (Ps. Katharina Voerden), Malerin, Graphikerin, Lyrikerin; Bischofstr. 14a, D-59494 Soest, Tel. (0 29 21) 76 75 85. Lange Geist 10, D-59510 Lippetal (* Voerden/Höxter 8. 4. 41). „Pyrit" – Lit.kreis Warendorf, seit 81; Lyr., Erz. – **V:** Mit Flügeln und mit Fesseln, Lyr. 85; Harfe und Trommel, Lyr. 02; Dreiklang, Lyr. 03; Kaleidoskop, G. u. Erzn. 09. – **MA:** zahlr. Beitr. in Lyrikanth.

Leiber, Svenja, Autorin; *svenjaleiber@gmx.de* (* Hamburg 14. 7. 75). Lyr.pr. Prenzlauer Berg 03, Bremer Lit.förd.pr. 06, „Grenzgänger"-Stip. 06, Arb.stip. f. Berliner Schriftst. 07, Kranichsteiner Lit.förd.pr. 07, Autorenförd. d. Stift. Nds. 08; Rom., Erz. – **V:** Büchsenlicht, Erzn. 05. – **MA:** EDIT Nr.35 04; du, Nr.767 06; Das Berliner Kneipenbuch 06. (Red.)

Leiden, Gerke van s. Niederwieser, Stephan

Leifert, Arnold; Hohn 5, D-53804 Much, Tel. (0 22 45) 32 13, Fax 89 04 74, *arnold.leifert@gmx.de*,

Leimeier

www.lyrikweg.de (* Soest 24. 11. 40). VS 73, Literar. Ges. Köln 80, Ges. f. Lit. in NRW 96, Arb.kr. umweltengagierter Autoren im Fön 97, Lit.haus Köln 99, P.E.N.-Zentrum Nederland 01; Arb.stip. d. Ldes NRW 73, 77, 82, Förd.pr. d. Stadt Köln 76, Lit.pr. Umwelt 89, Förd.pr. d. Lyrischen Oktobers Bayreuth, Lit.pr. d. Stadt Wolfen 94, Haidhauser Werkstattpr. 96, Teiln. b. intern. Lyr.festival „poetry international" Rotterdam 96, Teiln. an d. „45. Sarajevo Poetry Days" 06, Teiln. an „The Maastrich intern. poetry nights" 06; Lyr., Erz., Ess., Hörsp. Ue: engl, holl. – **V:** Signale im Verteidigungsfall, G. 74, 04; Damit der Stein wächst, G. 94, 2. Aufl. 96; Lyrik und Akkordeon, Bühnenprogr. seit 95; Natur? – Sich verbünden mit dem, was noch ist, Ess. 96; wenn wach genug wir sind, G. 97; Hohnlevve, Mda.-G. 00; Man könnte doch einfach das Pferd satteln, G. 01; Bleibt zu hoffen der Schnee, G. 02; Übers. v. Lyr. u. Prosa ins Rum., Holl., Frz. u. Serbokroat. – **MV:** Friede der Wildnis, Begegnung m. d. Maler Peter Fritz, Ausst.kat. 96. – **MA:** seit 65 zahlr. Veröff. in Ztgn, Zss., Sammelbgen, Schulb. sowie ca. 50 Anth., u. a.: Akzente 1–2/73; Arbeiter-Songbuch 73; Wettbewerbstexte, Intern. Kurzgeschn.-Kolloquium Neheim-Hüsten 73; das pult 43/76; Befunde IV–V 78; Hörspieltexte 79; Alm. f. Lit. u. Theologie 14 80; Berliner Lesezeichen 95; Wir träumen ins Herz der Zukunft 95; Jb. Westfalen 96; Der neue Conrady 00; Sarajevske Sveske 11–12/2006. – **H:** ZwirN, Texte 93; montags, Texte aus d. Siegburger Lit.-Werkstatt 02. – **MH:** Mumia Abu-Jamal: ... aus der Todeszelle – Live from Death Row 95. – **R:** Immer noch besser als MIG-Jäger – Oder der NATO-Schießplatz Nordhorn-Range, Hsp. 75; Lyr. u. Prosa in WDR, BR, HR, SWF. – **P:** Rock und Lyrik 73; Texte auf Materialobjekte 73; Hohnleben-Literatur Musik-Live 80; Brennnessel Reservate, Lyr.+ Arkordeon, m. C. Pfeiffer, CD 03; „Lyrikweg Much", Lyrikinstall. im öffentl. Raum 04 (auch auf SVCD). – **MUe:** Hans van de Waarsenburg: Gedichte in: Akzente 5/74; ... und auf den Straßen eine Pest, m. Karin Clark, Lyr. 96. – *Lit:* W. Gödden in: Westfäl. Autorenlex. 99; K. Deterding in: Eine Handvoll Erde 00; C. Linder in: Die Burg in den Wolken 01; R. Land in: Jb. d. Rhein-Sieg-Kr. 03; W. Gödden in: Westfalenspiegel 05; S. Tontić in: Hefte aus Sarajevo 06. (Red.)

Leimeier, Walter, ObStudR.; Haslei 65, D-59558 Lippstadt, Tel. (0 29 41) 1 88 03 (* Lippstadt 16. 9. 53). Lyr. – **V:** Meine Träume – Meine Flügel, G. 83, 5. Aufl. 85; Schaukeln mit dem Mond 83; Visuelle Vibrationen, G. 93. – **MA:** Beitr. in mehreren Lyr.- Anth. – **H:** Wie ein Stein im Wind 84; Aufwärmen für die Eiszeit 85; Augenblicke unterm Regenbogen 86; Gedankengänge 87, alles Anth. (Red.)

Leimer, Hermine; Ludwig-Thoma-Weg 19, D-83661 Lenggries, Tel. (0 80 42) 87 84 (* München 23. 12. 20). Rom., Nov., Drama, Lyr. Ue: ital, span, engl, frz, russ. – **V:** Unter einem unendlichen Himmel, R. 69; Radama II, Fsp. 70; Die schwarze Perle I 79; Gedichte 97. (Red.)

Leinemann, Jürgen, Red., Reporter; Eisenzahnstr. 4, D-10709 Berlin, Tel. (0 30) 8 93 12 02, Fax 81 49 56 08, *juergen_leinemann@spiegel.de* (* Burgdorf 10. 5. 37). P.E.N.-Zentr. Dtld; Egon-Erwin-Kisch-Pr. 83, Siebenpfeiffer-Preis 01; Rep., Ess., Porträt. – **V:** Die Angst der Deutschen 82; Macht. Psychogramme v. Politikern 86; Nur nicht weiter so, Repn. 90; Der gemütliche Moloch 91; Gespaltene Gefühle, polit. Porträts 95; Sepp Herberger 97; Helmut Kohl. Die Inszenierung e. Karriere 98, erw. Neuausg. u. d. T.: Helmut Kohl. Ein Mann bleibt sich treu 01; Gratwanderungen, Machtkämpfe, Visionen 99; Höhenrausch. Die wirklichkeitsleere Welt d. Politiker 04. (Red.)

Leineweber, Gino (eigtl. Gerd Leineweber), Schriftst.; Hamburg, *cybergino@onlinehome.de*, *www. gino-leineweber.de* (* Hamburg 17. 9. 44). Hamburger Autorenvereinig. (1. Vors.), VS Hamburg. – **V:** Der Aphroditenkomplex, R. 99; Der bedeutsame Daumen, Kurzgeschn. 01; Francisco Pizarro. Im Namen von Kreuz u. Krone, N. 05. – **MA:** ... denk ich an Hamburg 04; ... und Bosnien, nicht zu vergessen 08. – **H:** Meere, Anth. 07.

Leineweber, Karlo s. Heppner, Karlo

Leipprand, Eva (geb. Eva Dietzfelbinger), Schriftst., Rezensentin, Stadträtin, 3. Bgm. u. Kulturreferentin; Arthur-Piechler-Str. 4A, D-86161 Augsburg, Tel. (08 21) 55 36 51, Fax 55 43 91, *eva.leipprand@gmx.de* (* Erlangen 2. 5. 47). VS; Erz., Glosse, Aufsatz, Rezension, Rom. Ue: engl. – **V:** Dornröschen und Eva 89; Am Ende der Zeit 98; Woher alles kommt, Erz. 02. – **MA:** Ess., Rez., Erzn. in Ztgn, Zss. seit 89, u. a.: Exempla; FLUGASCHE; INN; Orte; Lit. in Bayern; ndl; Augsburger Allg.; Die Weltbühne; Mitteldt. Ztg; Bayer. Staatsztg; Freitag; Wochenpost; Dt. Allg. Sonntagsbl.; Süddt. Ztg; Neue Zürcher Ztg; Tagesspiegel; Stuttgarter Ztg; Neue Osnabrücker Ztg. – **MA.:** Fluchtpunkt Augsburg 93; Keine laute Provinz 96. – **H:** Jane Austen Lesebuch 01 (auch übers.). – **R:** zahlr. Feat. üb. Schriftsteller u. Buchbesprech. im Rdfk. – **Ue:** C.S. Forrester: Sailors – Seefahrer, zweispr. 96. (Red.)

Leischke, Bernd. – **V:** 2012 – Die Invasion, R. 03; Die Kristalle von Lemuria, R. 05. – **MA:** Lust auf Gefühl. Die Erste, Hörb. 04; Lust auf Gefühl V 05, VI 06, alles Lyr. (Red.)

Leisering, Holger, freiberufl. Autor; c/o Galgenbergsche Literaturkanzlei e. K, Postfach 11 04 65, D-06018 Halle (Saale) (* Niemberg 28. 3. 58). Förd.kr. d. Schriftst. in Sa.-Anh. 98, Lit.büro Sa.-Anh. 98; Stip. Künstlerhaus Röderhof 00; Rom., Lyr., Erz., Dramatik. – **V:** Faust. Eine Persiflage a. d. Jahre 1986 97; Galgenzauber, G. 97; Holzwurm, Engel und andere Lügen (Hallesche Autorenhefte 30) 01; ASSI, Lyr. 04; infra struktur geliebt, G. 07; Epimetheus oder Kühlschrank auf dem Ast 07. – **MA:** Von dem Rattenfänger folgt ... 98; Die blaue Schrift Nr.4 02; Ort der Augen 98–03. – **R:** Leisering liest ..., Lit.mag. (CORAX 95,9), bis 03. (Red.)

Leising, Michael, Industriekfm., Bäckermeister; Essener Str. 95, D-45899 Gelsenkirchen, Tel. (02 09) 5 19 70 66, *michael_leising.pageonpage.eu* (* Duisburg 31. 5. 68). – **V:** Die Frau die aus der Kälte kam 07.

Leisner, Regine (Rani), Industriekauffrau, Psycholog. Beraterin, Coach, Kommunikationstrainerin; Steingarten 10, D-97519 Riedbach, Tel. (0 95 26) 98 10 51, *r.leisner@t-online.de*, *www.regine-leisner.de*. c/o Leisner + Göbel Coaching, Richard-Wagner-Str. 6, D-97421 Schweinfurt (* Schwend/Opf. 15. 4. 54). Ver. Dt. Sprache, VG Wort, Wiss. Buchges.; Rom. – **V:** Die Rabenfrau, R. 07 (auch span.); Unter dem Rabenmond, R. 08; mehrere Sachb. – **MA:** Karma 97; div. Aufss. in: Chökor; Lotusblätter; Dialog der Religionen, alles Zss.; Bote vom Haßgau, Ztg 88–05.

Leissle, Walter (Walter Waal), Dipl.-Ing., Betriebswirt; Rosengasse 6, D-82237 Wörthsee, Tel. (0 81 43) 15 14, Fax 44 43 52, *Walter_Leissle@web.de* (* Karlsruhe 26. 1. 32). GEMA 56, VG Wort; 3 Gold. Schallpl. – **V:** Kreuz und quer durch's weißblaue Jahr 02; mehrere Theaterst. u. Musical-Libretti; über 4000 Liedtexte auf Schallpl. u. CD sowie über 100 Rdfk-Sdgn.

Leist, Otmar, Schriftst.; Löningstr. 35, D-28195 Bremen (* Bremen 16. 1. 21). VS 77, Werkkr. Lit. d. Arb.welt 75–85; Lyr., Rom., Erz. – **V:** Helm ab zum Denken, G. 75, 83; In halber Helle, G. 76; Jahre d. Feuerteufels, G. 76; Mobilmachung, G. 77, 82; Im Goldenen Westen, G. 78; Menschenwerk, G. 79; Die Stadt für uns 81; Springende Punkte 84; Langer Zorn, längere Liebe, G. 92; Sinjes Tagebuch. Eine Liebesgesch. m. Heinrich Vogeler 94; Wendepunkte, Erzn. 96; Die Schlange, R. 01. (Red.)

Leisten, Christoph, Gymnasiallehrer u. Schriftst.; Neuhauser Str. 50, D-52146 Würselen, Tel. (0 24 05) 8 22 21, *www.christoph-leisten.de* (* Geilenkirchen 30. 5. 60). Lyr., Prosa, Ess., Rezension. – **V:** entfernte nähe, G. 01; in diesem licht, G. 03; Marrakesch, Djemaa el Fna, Prosa 05; der mond vergebens, G. 06. – **MA:** Petroglyphen Homochiffren 00; NordWestSüdOst 03; – zahlr. Beitr. in Ztgn. u. Zss., u. a. in: Die Zeit; Das Gedicht; die horen; Faltblatt; Osiris; Muschelhaufen. – **MH:** Zeichen & Wunder, Zs. f. Kultur, m. H. Brunträger u. a. seit 01. – **P:** Texte aus Marrakesch, CD 02. (Red.)

Leistenschneider, Ulrike, Studentin d. Germanistik, Philosophie u. kath. Theologie; Hauptstr. 27, D-55411 Bingen (* Mainz 8. 3. 81). Rom., Kinderkrimi. – **V:** Der Junge vom Mond, Kinderkrimi 04. (Red.)

Leistner, Bernd, Prof. f. Dt. Lit. d. Neuzeit, Dr.; Brockhausstr. 61, D-04229 Leipzig, Tel. (03 41) 4 79 11 92, *ble@br61.de* (* Eibenstock 3. 5. 39). P.E.N.-Zentr. Dtld 85, Sächs. Akad. d. Künste 98; Heinrich-Mann-Pr. 85; Ess., Lyr. – **V:** Unruhe um einen Klassiker 78, 2. Aufl. 81; Sixtus Beckmesser. Essays zur dt. Lit. 89; Von Goethe bis Mörike. Nachworte zu dt. Gedichten 01. – **MA:** zahlr. Ess. in Zss. u. Sammelbänden, u. a. in: Sinn u. Form; ndl; – Gedichte in Zss.: Ort der Augen 1/07, 2/08. – **MH:** Goethe-Jahrbuch, m. Jochen Golz u. Edith Zehm, Bd.117 00, Bd.118 01; Literarisches Chemnitz, m. Wolfgang Emmerich 08. – **R:** Sächsische Dichterschule, Feat. 92. – *Lit:* s. auch GK.

Leiter, Karin E., Dipl.-Krankenschwester, Priesterin d. altkath. Kirche, Mitbegründerin d. österr. Hospizbewegung, Schriftst. u. Malerin, Fotografin; Längenfeldgasse 68/18/8, A-1120 Wien, Tel. u. Fax (01) 8 12 14 38, *karin.leiter@chello.at, www.karin-e-leiter.net* (* Innsbruck 14. 12. 56). Förd.pr. d. Ldes Tirol f. Lit. 87, Lit.stip. d. Bundes 88; Lyr., Prosa, Sat., Sachb. – **V:** Der Trotzdem-Baum, Kurzprosa u. Lyr. 89, 5. Aufl. 98; Tanzendes Kreuz, Psalmen u. Kurzprosa 90, 4. Aufl. 97; Die Bibel atmet, Erz. 90, 3. Aufl. 98; Deine Liebe schmeckt wie Erde, Medit. 91; Nichts-Nutz, N. 91, 30. 1. Aufl. 93; Schlag-Worte, Kurzprosa u. Lyr. 92, 5. Aufl. 97; Lebensbegleitung bis zum Tod, Erz. 93, 4. Aufl. 97; Die Lachfalten Gottes, Kurzprosa u. Lyr. 94, 4. Aufl. 98; Ach, wie gut, daß jemand weiß ..., Märcheninterpret. 95, 2. Aufl. 98; Wenn Gott uns streichelt 97, 2. Aufl. 99; Ein Mandala voll Gottvertrauen, Kurzprosa u. Lyr. 98; Reichlich gibt es starke Frauen, Erz. 00; (K)eine Zeit zum Sterben. Euthanasie. Problem oder Lösung 02, 04; Mitautorin mehrerer Sachb. z. Sterbe- u. Trauerbegleitung. – **MA:** Beitr. in mehreren Sammelwerken, u. a. in: Peter Huemer: Im Gespräch 93; zahlr. Art. in Ztgn u. Zss., zahlr. Rdfk- u. Fs.-Arbeiten. – *Lit:* Ingrid Melzer-Traversa: Der Trotzdem-Baum. Lebensportrait e. besond. Frau u. Schriftstellerin, Film ORF 90; s. auch SK u. Kürschners Handbuch der Bildenden Künstler, 1. Aufl. 2005. (Red.)

Leitner, Anton G., Verleger, Publizist, Rezitator; c/o Anton G. Leitner Verlag, Buchenweg 3b, D-82234 Weßling b. München, Tel. (0 81 53) 95 25 22, Fax 95 25 24, *info@agl.info, post@anton-leitner.de, www. agl.info, www.anton-leitner.de* (* München 16. 6. 61). BVJA, Mitbegr. 85, Austritt 87, IJA, Gründer 85, Vors. 85–91, Friedrich-Bödecker-Kr. Bayern 04; RSGI-Jung-

autorenpr. 86, Finalist im Leonce-u.-Lena-Wettbew. 89 u. 91, Lyr.pr. Meran 94 (zurückgetreten), Lit.pr. Auslese d. Stift. Lesen 96, V.-O.-Stomps-Pr. 97, Kogge-Förd.pr. 99, Kulturpr. d. Landkr. Starnberg 02; Lyr., Erz., Story, Kurzprosa, Feuill., Glosse, Lit.kritik, Polemik, Kinder- u. Jugendb. – **V:** Schreite fort, Schritt, G. 86; Kleine Welt Runde, G. 94; Bild Schirm schneit, roter Stich. 100 ausgew. G. 1980–1997 97; Still Leben ohne Dichter, Erz. 97; Das Meer tropft aus dem Hahn, Lyr. 01, erw. Neuausg. 02; Napoleons erster Fall, Kdb. 03, 2. Aufl. 04; Der digitale Hai ist high, Gesänge (m. e. Vorw. v. Günter Kunert) 04; Im Glas tickt der Sand. Echtzeitgedichte 1980–2005 06. – **MV:** Lyrik unserer Zeit, m. Kurt Drawert u. Durs Grünbein, G. 89; Nichts geht mehr – aber spielt ruhig weiter!, m. Thomas C. Becker, Miniatn. u. G. 89; In keiner Zeit wird man zu spät geboren, m. Bianca Döring, Kerstin Hensel, Barbara Köhler u. Dirk v. Petersdorff, G. (Literar. März 7) 91. – **MA:** zahlr. Beitr. in Lyrikanth., u. a. in: Klartexte – Wut in der Republik 87; Ciao Italien – Ein Land auf den zweiten Blick 88; Deutschland, deine Träume überwintern 90; Hab gelernt durch Wände zu gehen 93; Zacken im Gemüt 94; Der Mond ist aufgegangen 95; Jahrhundertwende 96; Lyrik am Lech, Festivalkat. 00; Der Neue Conrady. Das große dt. Gedichtbuch, Neuausfl. 00; Mein heimliches Auge XVI 01; Komische Gedichte 01; Fliegende Wörter 2003 02; Zeilenweise – Gedichte üb. die vielen Seiten d. Buches 03; Die komischen Deutschen 04; Das Gedicht v. Mittelalter b. z. Gegenwart 05; In höchsten Höhen 05; Die liebenden Deutschen 06; Mein heimliches Auge XXII 07; Überlass es der Zeit 08; Lauter Lyrik. Der Kleine Conrady 08; Versnetze 08; – Beitr. in Zss., u. a. in: Lieux d'Etre Nr.13 92; die horen 2/96 u. 4/01; Freibord 2/96; ndl 5/99, 3/01 u. 4/03; literaturkritik.de 5/99; Die Außenseite des Elements 8/99 (Lit.schachtel); Diagonal 2/99; Podium 113–114/00; Konzepte 19/00; pas (revue de poésie contemporaine) No.1 02; Passauer Pegasus 38/39 02; mare Nr.30 02 u. 50 05; Brigitte 25/05; orte Nr.145 06; Volltext 2/06; lichtung 3/06; Décharge Nr.132 06; Krachkultur Nr.11 07; POESIEALBUM neu 1/07. – **H:** Dichte, denn die Welt ist leck. Gedichte junger Münchner Autoren, Anth. 85; DAS GEDICHT, Zs. f. Lyr., Ess. u. Kritik, seit 94; Zettels Traum. Flugblatt f. junge Münchner Lit. 1–16, 86–87; Der Zettel. Münchner Flugblatt f. junge Lit. 17–99, 87–96; Der Zettel. DAS GEDICHT-FLUGBLATT Nr.100 ff., seit 97; Vom Minnesang zum Cybersex – geile Gedichte! (m. Gedicht, Erotik-Special) 00; Halb gebissen, halb gehaucht. Das kleine Liebeskarussell d. Poesie 01; Heiß auf dich. 100 Lock- u. Liebesgedichte 02; Experimente mit dem Echolot. Der modernen Dichtung auf den Grund gehen 02; Wörter kommen zu Wort 02; SMS-Lyrik. 160 Zeichen Poesie 03; Feuer, Wasser, Luft & Erde. Die Poesie d. Elemente 03; Ein Poet ist dein sein. Liedlyrik 04; Es sitzt ein Vogel auf Leim. Rabenschwarze Gedichte 04; Himmelhoch jauchzend – zu Tode betrübt. Poesie f. alle Liebeslagen 04; Nackt. Leibes- u. Liebesgedichte (Das Gedicht, Erotik-Special II) 04; Darf ich dich bei Tag und Nacht, Liebesgedichte 05; Die Arche der Poesie. Lieblingsgedichte dt. Dichter 07; „Kinder, Kinder!". Gedichte z. Kindheit 07; Mutters Hände, Vaters Herz. Familiengedichte aus 2500 J. 07; Zu mir oder zu dir? Verse f. Verliebte 08; Im Ursprung ein Ei sprang. Gedichte v. Werden u. Vergehen 08; Ohne dich bin ich nichts. Poesie in einem Band 08. – **MH:** Gedichte über Leben, m. Olaf Alp, Anth. 87; Junge Geflechte, m. Hannes Kühl 87; Eiszeit – Heißzeit, m. Thomas C. Becker 88; Im Flügelschlag der Sinne, m. Anton Wallner, erot. G. 91; Zs. DAS GEDICHT 1, m. Ludwig St-

Leitner

einherr 93; Unterwegs ins Offene, m. Axel Kutsch 00; Zum Teufel, wo geht's in den Himmel?, m. Siegfried Völlger 05; Der Garten der Poesie, m. Gabriele Trinckler 06; Gedichte für Nachtmenschen, m. ders. 08; Ein Nilpferd schlummerte im Sand., m. ders. 09. – **R:** Die B-Tonleier. Ein musikal.-poet. Reigen, Rdfk-Sdg 85; Isarsommer, G.-Verton. als Kurzhsp. 95; – G. auch in Fs.-Sdgn, seit 89; Das Meer tropft aus d. Hahn 04; Still Leben ohne Dichter 04, beides szen. Lesungen (RBB-Fs.). – **P:** Die B-Tonleier, Tonkass. 85; Schnee, Mann. Gedicht auf Feinzuckertütchen (Fa. Hellma/Südzucker-AG) 99/00; Wörter kommen zu Wort, CD 02; Das Meer tropft aus d. Hahn, CD 03; Herzenspoesie, CD 07; LY-RIK. SPUREN. Eine poetische Schatzsuche m. A.G.L., Lyrik-Blog-Kolumne bei www.zvab.com 08. – *Lit:* Taschenlex. z. bayer. Gegenwartslit. 86; Friedrich Ani in: SZ 23./24.5.87; Hans Bender in: Bild Schirm schneit, roter Stich (Einl.); Ulrich J. Beil, ebda (Vorw.) 97; Sabine Zaplin: Portr. A.G.L., Bayr. Rdfk 98; D.P. Meier-Lenz in: die horen 189/98; Thomas Krüger in: die horen 192/98; Joachim Sartorius in: Die Welt 8.4.00; ders.: Nachw. zu „Das Meer tropft ..." 00; Alexander Nitzberg: Das Wort beim Wort nehmen, in: DIE ZEIT, Lit.beil. z. Frankfurter Buchmesse 4.10.01; Rainer Hartmann: Dichtet, denn die Welt ist leck, in: Kölner Stadt-Anzeiger 24.4.02; Wieland Freund: Im Keller d. Lit. blühen die Verse, in: Die Welt 25.4.02; Christoph Leisten: Elementarpoesie aus Weßling, in: die horen 211/03; Felix Philipp Ingold: Lyrik fürs Handy – Eine SMS-Anth. v. A.G.L., in: Basler Ztg 24.1.03; Richard Kämmerlings: Sendesause – SMS-Lyrik, in: F.A.Z. 6.5.03; Hanns-Jos. Ortheil: Lustvoll z. Lyrik, in: Die Welt 3.9.03; Werner Schwerter: Wie Gedichte neu genießbar werden, in: Rhein. Post 27.9.03; Denis Scheck/Hartmut Kasper: Gespr. m. A.G.L., in: DLF 29.6.04; Sabine Zaplin: Augenblicke d. Erotik, in: SZ 7.7.04; Schweiggert/Macher: Autoren u. Autorinnen in Bayern, 20. Jh. 04.

Leitner, Martin, Prof. Dr.; c/o Liebfrauentheater e.V., Thorwaldsenstr. 27, D-80335 München, Tel. (0 89) 12 73 78 51, Fax 12 71 38 52, liebfrauentheater @t-online.de, www.liebfrauentheater.de (* 59). – **MV:** RehVue en verre 99; ScheiternHaufen 00; AbendrotBallerMann 02, alles Theatertexte m. Sonja Breuer. (Red.)

Leitner, Sophie (geb. Sophie Seebacher), Pensionistin, Hausfrau, Pensionisten-Obfrau; Nr. 233, A-8983 Bad Mitterndorf, Tel. (0 36 23) 30 84 (* Obersdorf, Gem. Mittendorf 27. 5. 22). Mundart-Ged. – **V:** Find' ålltåg a Freid 93; So wia's en Lebm hålt is' 97. (Red.)

Leitner, Thea (geb. Thea Knapp), freie Schriftst.; Weinberggasse 69/5/2, A-1190 Wien, Tel. (01) 3 28 40 71 (* Wien 2. 6. 21). IGAA; Goldenes Buch f. 50000 verkaufte Ex. „Habsburgs verkaufte Töchter", Berufstitel Prof., Silb. E.zeichen d. Ldes Wien; Biogr. – **V:** Schätze: vergraben, versunken, gefunden 85; – Biogr.: Habsburgs verkaufte Töchter 87, 99; Habsburgs vergessene Kinder 89, 99; Fürstin, Dame, Armes Weib 91, 99; Skandal bei Hof 93; Die Männer im Schatten 95, 98; Spiele nicht mit meinem Herzen 98, 00; Habsburgs Goldene Bräute 00; Jugendzeit seinerzeit 02, in Dtld u. d. T.: Jugendzeit damals; Hühnerstall und Nobelball 04; (Übers. ins Jap., Ndl., Ung., Tsch., Slow., Lett., Estn.). (Red.)

Leiwig, Horst, Beamter; Robert-Nacke-Str. 70, D-33729 Bielefeld, Tel. (05 21) 39 19 65 (* Bottrop 31. 3. 38). IGdA; Lyr. – **V:** Zum Fluge bereit, Lyr. 83; Schneetreiben, Erzn. 08. – **MA:** bb-Lit.ztg 5/82; IGdA-aktuell 1/83, 2/84, 2/85, 3/85, 1/86; Vis-a-Vis 8/83; Lyrik-Mappe 2/83, 7/85; Gauke-Jb. 83, 84; IGdA-Alm. 85/86; Publ.-Reihe „Zeitschrift": Bd 6, 18, 27, 41, 51,

58, 61, 68, 72, 76, 78, 82, 88, 99, 109, 113 i. d. Jahren 90–02; Anth.: „Schwing deine Flügel"; Vor dem Schattenbaum; Lyrische Annalen; Vom hohen Ufer; Diedrichsblatt Nr.80.

Leix, Bernd, Dipl.-Ing. (FH) Forst, Revierförster; Am Lehenwald 11, D-72275 Alpirsbach, Tel. (0 74 44) 41 03, Fax 41 08, Leix-Alpirsbach@t-online.de, www. bernd-leix.de, www.oskar-lindt.de (* 63). Das Syndikat 07; Krimi. – **V:** Bucheckern 05; Zuckerblut 05; Hackschnitzel 06; Waldstadt 07.

Lejeune, Sarah Maria, Studium d. Germanistik, Anglistik u. Philos. an d. Univ. Münster; c/o Wiesenburg Verl., Schweinfurt, info@sarahmarialejeune.de, www. sarahmarialejeune.de (* Gütersloh 9. 10. 83). – **V:** patricius, mein edler Herr, G. 02; Kind im Nebel, R. 07. – **MA:** zahlr. Beitr. in Lit.zss. seit 01, u. a. in: FLB – Fliegende Literatur Blätter; DUM; Log; Decision; PhoBi; Holunderground.

Leky, Mariana; lebt in Berlin, c/o DuMont Literatur u. Kunst Verlag, Köln (* Köln 12. 2. 73). Allegra-Talentwettbew. 00 (3. Pr.), Aufenthaltsstip. Villa Concordia Bamberg 02/03, Förd.pr. f. Lit. d. Ldes Nds. 03, Förd.pr. d. Ldes NRW 05; Erz. Ue: engl. – **V:** Liebesperlen, Erzn. 01; Mit Vergnügen, Prosa 02; Erste Hilfe, R. 04. (Red.)

Leman, Alfred, Dr. rer. nat., Rentner; Otto-Devrient-Str. 14, D-07743 Jena (* Nordhausen 9. 4. 25). Förd.kr. Phantastik; Science-Fiction, Rom., Erz. – **V:** Der unsichtbare Dispatcher, wiss.-phantast. Erzn. 80, 3. Aufl. 85; Schwarze Blumen auf Barnard 3, wiss.-phantast. R. 86, 89; Zilli 2062, utop. Erz. 91. – **MV:** Das Gastgeschenk der Transsolaren, m. Hans Taubert, Erzn. 73, 78. – **MA:** Erzn. in Anth.: Auf der Suche nach dem Garten Eden 84; aus dem Tagebuch einer Ameise 85; Lichtjahr 5 86; Zeitreisen 86; Siebenquant 88; Der Trödelmond 90; Lichtjahr 7 99.

Lemanczyk, Iris, Kinderbuchautorin, Journalistin; Falbenhennenstr. 13, D-70180 Stuttgart, Tel. (0711) 2 20 05 55, Iris.Lemanczyk@t-online.de, www.Iris Lemanczyk.de (* Kirchheim/Teck 11. 12. 64). VS 01; Jahresstip. d. Ldes Bad.-Württ. 99, Stadtschreiberin v. Rottweil 02, Stip. d. Auswärt. Amtes 02, 06, Stip. d. Förd.kr. dt. Schiftsteller in Bad.-Württ.; Kinderb., Jugendb., Reiselit. – **V:** Mein Lehrer kommt im Briefumschlag 97, 2. Aufl. 99; Ich bin doch nicht blöd 99, 2. Aufl. 01; Verrat im Stangenwald 01; Das verlorene Land – Flucht aus Tibet 05, 3. Aufl. 08. – **MA:** Die Katze und das Lied vom Mond 03.

Lemar, Peter s. Schwenke, Elmar P.

Lembcke, Marjaleena (geb. Marjaleena Heiskanen); Bismarckstr. 58, D-48268 Greven, Tel. (0 25 71) 5 38 13, Fax 99 25 68, www.nagel-kimche. ch (* Kokkola/Finnland 45). VS; Kd.- u. Jgdb.liste d. Saarl. Rdfks, Arb.stip. d. Ldes NRW 96, E.liste z. Öst. Kd.- u. Jgdb.pr. 96, 00, 1. Pr. im Kurzgeschn.wettbew. d. Stadt Georgsmarienhütte 96, Vorschlagsliste d. Ju-Bu-Crew 97, Empf.liste DIE BESTEN 7 97, 98, 00, 05, Jgdb. d. Monats d. Akad. f. Kd.- u. Jgd.lit. Juli 98, Öst. Kd.- u. Jgdb.pr. 99 u. 05, Auswahlliste z. Dt. Jgd.lit.pr. 99, Auswahlliste z. Kd.- u. Jgdb.pr. 99, Hörbuch d. Jahres 99, Auswahlliste z. Jgd.lit.pr. d. Stadt Ellwangen 99, Empf.liste Luchsjury 02, 03, Luchs 05; Kinder- u. Jugendb., Belletr., Lyr. Ue: finn. – **V:** Marja Mäusegewicht 86; Die kleine Hexe Fingernagelgroß 90; Lisas dreizehnter Geburtstag 91; Mein finnischer Großvater, Kdb. 93 (auch ndl.); Die erfundene Großmutter 94; Pelle Filius, Bilderb. 94; Pferde der Nacht 94; Die Zeit der Geheimnisse, Kinder-R. 95, 98 (auch ndl.); Polkabären, Apfelratten u. andere Tiere 96; Die schwarzäugige Susanne 97 (auch span.);

Der Sommer als alle verliebt waren 97 (auch ndl., frz., ital., span.); Als die Steine noch Vögel waren, Jgd.-R. 98 (auch ndl., span., korean., chin.); Der Schatten des Schmetterlings, Jgd.-R. 98 (auch poln.); Finnische Tangos, R. 98 (auch lett.); Und dahinter das Meer, Jgdb. 99 (auch span.); Abschied vom roten Haus, Jgd.-R. 00; Die Nacht der sieben Wünsche, Kdb. 00 (auch ndl.); Schon vergessen, Kdb. 01 (auch span., korean.); Das Eisschloß, Bilderb. 01; Ein Schrank voller Geheimnisse 01; Die Geschichte von Tapani, vom Fernfahrer Frisch u. roten Ente 02 (auch span., chin., korean.); In Afrika war er nie 03 (auch span., korean.); Weihnachten bei uns u. anderswo, Geschn. 03 (auch korean.); Ein neuer Stern 03; Ein Märchen ist ein Märchen ist ein Märchen 04 (auch korean.); Die Fremde im Garten, Kdb. 05; Liebeslinien, R. 06; Vaters wundersame Tiergeschichten, Erz. 06; Pelle Filius Zirkuskind, Erz. 06; Der Mann auf dem roten Felsen 08. – **MA:** Schreibende Frauen 88; Endlich leben 88; Autorinnen über Gewalt 91; Erzähl mir, wie ich früher war 95; Weihnachten, als ich klein war 96; Von dir zu mir 97; Weihnachtszeit – Zauberzeit 98; ich mit dir, du mit mir 98; Gipfeltreffen, Leseb. 98; Beste Freundin – schlimmste Feindin 99; Draußen gibt's ein Schneegestöber 00; Weihnachten wie nie 00; Autorenreader 00; Unterwegs 01; Es kratzt ganz leis' an meiner Tür 01; Der sprechende Weihnachtsbaum 01; Schneeflocken tanzen in der Nacht 02; Das große Adventskalenderbuch 03; Geschichten ohne Ende ... 04, alles Anth.; – Kurzgeschn. in: Am Erker, Lit.zs. – **R:** zahlr. Kindergeschn. im Hörfunk, u. a. in: SFB, WDR, BR, SR. – **P:** Tonkass.: Als die Steine noch Vögel waren; Der Sommer als alle verliebt waren; Und dahinter das Meer; Mein finnischer Großvater 01. – **Ue:** Helme Heine: Sieben wilde Schwäne 87. (Red.)

Lembke, Harald, Realschulrektor a. D.; Prenzlinger Str. 32, D-33102 Paderborn, Fax (0 52 51) 87 32 78, *haralem@aol.com*. 69, rue Robert Surcouf, F-17650 St. Denis-d'Oleron (* Lippstadt 22. 7. 47). Rom. – **V:** 13 Austern sind ein Dutzend, R. 00; Manche Austern haben Perlen, R. 01. (Red.)

Lemhöfer, Wolfgang, ObStudR. i. R.; Hauptstr. 7, D-56182 Urbar, Tel. u. Fax (02 61) 63117 (* Köln 12. 4. 37). Stück f. Schul- u. Amateurtheater, Szenisches Spiel f. den Gottesdienst, Erz. – **V:** Ein Schiff wird kommen, Dr. 76, 2. Aufl. 84, Neuaufl. u. d.T.: Das Festland 99; Zwischen allen Stühlen, Schul-Grot. 79; Ein Stern über den Steinen, Geistl. Sp. 81; Der Weg nach Emmaus, Sp. f. d. Gottesdienst 83; Heckmeck und Meise, Jokus m. Gesang 84; Die ersten und die letzten, Lesesp. 85; Salz und Suppe, heit. Szene 85; Drei Mann, ein Stern und die Nacht von Bethlehem, Verse 87; Ich gehe mit dir, Theaterst. 89; Gelegenheit macht Gäste, Lsp. 91; Ein kleiner Aufenthalt, Dr. 98; Die Hornberger Spende, Lsp. 98; Die Bande der Berresburg, Erz. 99; Mühlengeplapper, Dr., UA 00, gedr. u. d.T.: Die Chronik der Matthesmühle 00; Die Erben von Stadt, Land, Fluß, Lsp. 01; Die unbekannte Gräfin, Kom. 02; Le coq im Korb, Lsp. 03; Von Menschen und Bäumen und ihren Träumen, Erzn. 03; Die Heimkehrer, Dr. 04; Ein Geburtstag an Bord, Kom. 06; Maulwurf und Lerche, Dr. 07; Erwin und Elfriede, Erz. 08. – **P:** Erwin und Elfriede, Erz., CD 06.

Lemke, Gustav s. Oppermann, Norbert

Lemmen, Anne s. Bauer, Ingeborg

Lemmer, Hellmut; Otto-Hue-Str. 3, D-45525 Hattingen, Tel. (0 23 24) 2 21 70 (* 26. 2. 47). VS. – **V:** Unter der Johannisträuchern, G. u. Erzn. 90; Gedichte im Dutzend 92. (Red.)

Lemmer, Manfred, em. Prof. Dr. habil. f. Gesch. d. dt. Sprache u. mittelalterl. Lit.; Hoher Weg 14, D-06120

Halle/S., Tel. (03 45) 5 50 40 59 (* Halle/S. 27. 7. 28). Theodor-Frings-Pr. 01; Erz. Ue: mhd. – **B:** Der Saalaffe, Sagen 89, 4. Aufl 03 (auch als Hörb.); ... und war auch in Frau Venus' Berg, Sagen 92; Hier stehe ich ..., Anekdn. üb. Martin Luther 95. – **H:** Sebastian Brant: Narrenschiff, Moralsat. 62, 4., erw. Aufl. 04; Wernher d. Gärtner: Helmbrecht, Märe 64; Dietr. Schernberg: Juttenspiel, Drama 71; Forr Ischen und Scheekser, G. u. Prosa in hallesch. Mda. 91, 98; Reinhold Hoyer: Jedichte un Brosa uff althallsch 05. – **MH:** De Dilpsche, wasse heite so schmusen, m. Wolfgang Schrader, Texte in hall. Mda. 97, 98; Dr neiste Schmus. Neue Texte 02. – **P:** Gesprochenes Mittelalter, Lyr. u. Epik, CD 98. – **Ue:** Deutschsprachige Erzähler des Mittelalters 77, 5. Aufl. 07; Leben der heiligen Elisabeth, Legenden-R. 81, 82; Mutter der Barmherzigkeit, Erzn. 86, 87, alle a.d. mittelalterl. Dt. übers. – *Lit:* G. Lerchner in: Sprachpflege 7/78; H. Mettke in: ebda 7/1988; U. Sachse in: Hallische Studien zur Wirkung v. Sprache u. Lit. 16/1988; G. Heine in: Skizzen u. Portr. aus Halle Bd 1 93; Ingrid Kühn/Gotthard Lerchner (Hrsg.): Von Wysheit wirt der Mensch geert, Festschr. 93.

Lena Lena s. Winkler-Sölm, Oly

Lender, Christel (geb. Christine Elisabeth Gehlen) *

Lendle, Jo, Lektor u. Programmverantwortl. im DuMont Verlag, Köln; c/o DuMont Literatur u. Kunst Verlag, Amsterdamer Str. 192, D-50735 Köln (* Osnabrück 28. 2. 68). Leipziger Förd.pr. f. Lit. 97, Stip. von: Studienstift. d. Dt. Volkes 91–95, Dt. Lit.fonds 05, Kunststift. NRW 06, Robert-Bosch-Stift. 06. – **V:** Unter Mardern, Miniatn. 99; Die Kosmonautin, R. 08. (Red.)

Lengsfeld, Vera, Dipl.-Philosophin, Politikern, Mitgl. d. Dt. Bundestags; Erfurter Str. 12, D-99423 Weimar, Tel. (0 36 43) 90 56 90, Fax 90 57 72, *vera. lengsfeld@bundestag.de*, *www.vera-lengsfeld.de*. c/o Deutscher Bundestag, Platz der Republik 1, D-11011 Berlin (* Sondershausen/Thür. 4. 5. 52). Aachener Friedenspr. 90. – **V:** Virus der Heuchler, Autobiogr. 92; Von nun an ging's bergauf, Autobiogr. 02. (Red.)

Lenk, Fabian, Dipl.-Journalist, leitender Red.; Koppeldamm 15, D-27305 Bruchhausen-Vilsen, *Lenk-Syke @t-online.de* (* Salzgitter 4. 8. 63). Rom., Kinderb. – **V:** Brandaktuell 96; Schlaf, Kindlein, schlaf 97; Mitgefangen, mitgehangen 98; Der Gott der Gosse 99; Schattenland 00; Paparazzi-Poker 01, alles Krim.-R.; – KINDERBÜCHER: Falsches Spiel in der Arena 02; Der Mönch ohne Gesicht 02; Anschlag auf Pompeji 02; Verschwörung gegen Hannibal 03; Die Spur führt zum Aquädukt 03; Das Schülergericht – Unter Verdacht 03; Das Schülergericht – Dunkler Weg 03; Das Rätsel der roten 13 03; Schöne Bescherung! 04; Fluch über dem Dom 04; Crashkids 04; Auf der Fährte des Verräter 04; Tanz in den Abgrund 04; Eine Falle für Alexander 05; Die Zeitdetektive. Bd 1: Verschwörung in der Totenstadt, Bd 2: Der rote Rächer, Bd 3: Das Grab des Dschingis Khan, Bd 4: Das Teufelskraut 05, Bd 5: Geheimnis um Tutanchamun, Bd 6: Die Brandstifter von Rom 06, u. a. (Red.)

Lennert, Nikolaus s. Poche, Klaus

Lens, Conny (Ps. f. Friedrich Hitzbleck), Schriftst.; Wilhelmstr. 40, D-45711 Datteln, Tel. u. Fax (0 23 63) 73 49 60, *hitzbleck.lens@t-online.de* (* Essen 10. 3. 51). Das Syndikat, Verb. Dt. Dreib.autoren; Nominierung f. d. GLAUSER 02; Rom., Hörsp., Drehb. – **V:** Kobermann 86; Roter Fingerhut 86; Roman-Reihe „Steeler Straße": Die Sonnenbrillenfrau 90, Ottos Hobby 90, Casablanca ist weit 91, Endstation Abendrot 92, Die Kattowitz-Connexion 95 Drecksgeschäfte 00, Sonderausg. d. Roman-Reihe 00; Die Hand am Drücker 91; Herzchen Neukölln 91; Herzchen Neukölln II 92; Sil-

Lentz

vi und Mokka 92, Tb. 95; Verliebt in den Tod 94, Tb. 94; Zwei Väter unter einer Decke 94; Zwei Väter und fünf wilde Hummeln 95; Ammons Team: Jagd auf GEL 96; Ammons Team: Blutspur 97; Bauer, Springer, Turm und Tod 98, alles Krim.-Erzn./Krim.-R. – **MA:** zahlr. Beitr. in Anth. u. Zss., u. a.: Hör zu; Quick; Gong. – **R:** Hsp. u. Kurz-Hsp.: Alexandra 90; Angst? 91; Dreißigtausend 91; Der Tod des Schwiegervater 91; Zug um Zug 91; Irenes Schlummertrunk 92; Ostwind 92; Alexandra 94; Der Schleimer 94; Fluchtversuch 95; Drehb. f. d. Fs.-Ser.: Auf Leben und Tod 92–93; Der Fahnder 94; Wolffs Revier 95–96; Die Partner 96; Koerbers Akte 97; SOKO 5113 97–00; Die Straßen von Berlin 99; Zimmer mit Frühstück, Fsf. 00. – **P:** Alexandra; Der Schleimer; Fluchtversuch; Ostwind; Zug um Zug, alles Tonkass. (Red.)

Lentz, Georg, Verleger Lentz-Verl. Stuttgart; 9, Route de Cernoy, F-45360 St. Firmin sur Loire, Tel. (02 38) 37 04 94, *lentzgeorg@aol.com* (* Blankenhagen 21. 6. 28). P.E.N. 71; Rom., Ess., Sat., Erz., Rep. Ue: engl. – **V:** Leitfaden für Preußen in Bayern, humorvolle Betracht. 58; ... aber das Fleisch ist schwach. 560 J. Eros in der Geschichte 65, 68; Noahs blonde Enkel 67; Muckefuck, R. 76, 96; Kuckucksei, R. 77, 81; Molle mit Korn, R. 79; Weiße mit Schuß, R. 80; Heißer April '45, R. 82, 95; Trennungen, R. 83; Ein Achtel Rouge, R. 85; Der Herzstecher, R. 87; Mallorca 88; Das Schützenhaus, R. 89; Grüß', grüne Gurke, den Spreewald, Geschn. 89; Märkische Protokolle, Repn., Ess. 92; Die Farm in den Wäldern, R. 93; Das Schleusenhaus, R. 93; Das Schloß an der Loire, R. 93; Der blaue Zug, Repn. 93; Märkische Spaziergänge, Repn. 96; Potsdamer Landschaften, Ess. 96; Im Land der Bayern, Sachb. 97; Oma Krause oder der Untergang Preußens in Anekdoten, Erinn. 98. – **MV:** Preußenliebe, m. G.H. Moster, R. 80, 82. – **MA:** Klassenlektüre, Anth. 82; sowie Beitr. in: Zeit-Mag.; Feinschmecker; Merian; Saison; ADAC-Specials; Bild und Funk; Berliner Ill.-Sonderausg. – **H:** Die schönsten Liebesbriefe aus acht Jahrhunderten 69; Die Maus auf drei Rädern 93. – **MH:** Jochen Rindt: Reportage einer Karriere 70. – **R:** Mitarb. an: Molle mit Korn, Fs.-Ser. 89.

Lentz, Michael, Dr. phil., Autor, Musiker, Vortragskünstler, Präs. d. Freien Akad. d. Künste Leipzig, Prof. f. Literar. Schreiben am DLL; lebt in Berlin u. Leipzig, c/o Dt. Literaturinst. Leipzig, Wächterstr. 34, D-04107 Leipzig, *www.michaellentz.com* (* Düren 15. 5. 64). Stip. d. Ldeshauptstadt München 93, Publ.-Bachmann-Wettb. 98, 1. Pr. Individual Competition National Poetry Slam 98, Stip. d. Dt. Lit.fonds 99, Aufenthaltsstip. d. Berliner Senats im LCB 99, Förd.pr. d. Freistaates Bayern 99, Stip. Casa Baldi/Olevano 00, Villa Aurora-Stip. Los Angeles 01, Ingeborg-Bachmann-Pr. 01, Förd.pr. z. Hans-Erich-Nossack-Pr. 02, Pr. d. Literaturhäuser 05, Kieler Liliencron-Dozentur f. Lyrik 06, Wiesbadener Poetik-Dozentur 08; Lyr., Erz., Hörsp., Anagramme, Prosa, Sprechakt, Rom., Theater. – **V:** Zur Kenntnisnahme, Lyr. u. Prosa 85; NEUE ANAGRAMME 98, Tb. 03; ODER, Prosa 98, Tb. 03; LAUTPOESIE/-MUSIK NACH 1945. Eine krit.-dokumentar. Bestandsaufnahme 00; Il ÉTAIT UNE FOIS ... ES WAR EINMAL 01; ENDE GUT, Sprechakte 01; Muttersterben 02, Tb. 04; Liebeserklärung, R. 03; Alter Ding, G. 03; Tell me – Erzähle, Künstlerb. 04; Gotthelm oder Mythos Claus, UA 07; Pazifik Exil, R. 07. – **MV:** Neues vom Tod: Arnold Schönberg 03, Thomas Mann 04 Lion Feuchtwanger 05, alles Künstlerb. m. Valeri Scherstjanoi u. Hartmut Andryczuk; Abseits, m. Hartmut Andryczuk 07. – **MA:** Jb. d. Lyrik 90/91, 92, 93, 97/98, 98/99, 00–08; ndl 8/93, 2/00, 2/01; Tapir 6/94;

Neue Sirene 1/94, 5/96; Rowohlt Lit.mag. 37/96; manuskripte 134/96; Passauer Pegasus 29–30/97; Rituale d. Alltags 02; „Lieber Lord Chandos". Antworten auf einen Brief 02; Inventur. Dt. Lesebuch 1945–2003 03; Theater Theater. Aktuelle Stücke 17, 07, u. a. – **H:** Bob Cobbing: VERBIVISIVOCO (mit CD) 02; Franz Mon: Freiflug für Fangfragen (m. CD) 04; Helga M. Novak: Wo ich jetzt bin 05; Oskar Pastior: durch und zurück 07. – **MH:** Zeitzonen, m. Pazifik Exil, Hörbel 04; Jb. d. Lyrik 2005 04. – **R:** Lautmusik nach 1945, Hörfeat. 95; Absprache. 5 Sprechakte, Hörst. 95; Poésie sonore 1957–96 96; Musiksprechen 97; VerbiVisiVocals 97; Verbophonien 98; Sonosoph & Co. 00; Soundbox 00; Musiksprechen. Die andere Tradition 01; Sprachwirklichkeiten 01, alles Hörfeat.; Muttersterben, Hörst. 02; Tell me – Erzähle, Hsp. 04; Erst mitspielen, dann weglassen, Hörfeat. 04; Exit, Hsp. 05; Rot sehen, Hsp. 06; Klinik, Hsp. 08. – **P:** Land-, See- und Luftschaften, m. Uwe Dick 95; ENDE GUT 01; Muttersterben 02; Liebeserklärung 03, alles CDs; Gespräch m. Herbert Grönemeyer auf: H.G. „Mensch Live", DVD 04; Sprechakte x-treme 05; Pazifik Exil, CD 07. – *Lit:* Axel Sanjosé in: Applaus 3/98; Thomas Heck/Beate Zapka in: unerhört 99; Anton Thuswaldner in: Klagenfurter Texte 01; Claudia Voigt in: Kultur Spiegel 3/02; Martin Maurach in: KLG.

Lenz, Christopher s. Ray, Christopher

Lenz, Ina s. Hoppe, Heike

Lenz, Johanna Gerlinde (geb. Johanna Gerlinde Paul), Lehrerin i. R.; Im Siebigsfeld 25, D-37115 Duderstadt, Tel. (0 55 27) 27 94, *gerlinde.lenz@creativo-online.de, jglenz@t-online.de, jogelenz.de* (* Göttingen 17. 3. 33). Lit.kr. Geismar 86, Lit.büro Südniedersachsen 88–97 (aufgelöst), Creativo – Initiativgr. f. Lit., Wiss. u. bild. Kunst 01; Völklinger Senioren-Lit.pr. 95, Diploma di Merito Speziale, Benevento 95, 99, 2. Pr. b. Mons Aegrotorum, Montegrotto 96; Lyr., Kurzprosa. – **V:** Als Roringen noch ein Dorf war, Erz. 97, erw. Neuaufl. 08; Der Referendar und andere Geschichten, Erzn. 00; Nur mit meinem Sohn, Reiseber. 03 (m. CD-ROM); Lesezeichen, Lyr. u. Zeichn. 07. – **MA:** Beitr. in zahlr. Anth. seit 88, u. a. in: Grenzgeschichten 90; Nacht, lichter als der Tag 92; Unterm Fuß zerrinnen euch die Orte 93; Dein Himmel ist in Dir 95; Antologia Poetica „Mons Aegrotorum" 96; Literamus Trier, Bd 15 99; 10 Jahre Mauerfall 99; Das unruhvolle Spiel des Lebens 99; Jb. Lyrik 00; Nationalbibliothek d. dt.prachigen Gedichte, Bd. IV 01; Ein Koffer voller Träume 02; Krokus horcht und Tulpe schläft 02; Auf den Weg oder das Buch 03; Die literarische Venus 03; Die Welt ist reich an Stimmen 03; Der Seele Flügel geben 03; Leben im Konflikt 05; ... und dann der Brief 05; Mein Kriegsende 05; Leben Wahrnehmen 05; 20 Jahre Literaturkreis Geismar 1986–2006 06; Leben im Aufbruch 07; Beitr. in regionalen Zss. – **H:** Elfriede Brehm: Abenteuer Südamerika, Biogr. 01.

Lenz, Martin; Marburger Str. 5, D-34497 Korbach, Tel. (0 56 31) 33 16, *lenz_kb@yahoo.de* (* Halle/S. 30. 9. 33). Krimi-Pr. d. Stadt Bad Arolsen 06; Rom., Erz. – **V:** Der Mann am Mikro 00; Am Ende heißt es: Spaß beiseite! 03; Die fremde Tochter, R. 07; Die Freuden des Herrn Labrowitz, R. 07; Café Himmelreich, R. 08; Sonnyboy, R. 08; Pfarrer Meerhammers Schäfchen, Erzn. 08; Im Himmel über Halle, R. 08; Mitten wir im Leben sind ..., Krim.-R. 09. – **MA:** Schwemmhölzer und Perlen, Leseb. 02; Grenzerfahrungen, Anth. 05; Karla Kallinger und ihre Kollgen ermitteln, Kurzkrimis 06.

Lenz, Pedro, gelernter Maurer, jetzt Schriftst. u. Kolumnist; Wylerstr. 83, CH-3014 Bern, Tel.

03 13 31 53 09, *info@pedrolenz.ch*, *www.pedrolenz.ch* (*Langenthal 65). AdS 03, Autorengr. „Bern ist überall"; sabz-Lit.pr. 94, Kulturpr. d. Stadt Langenthal 05, Kleinstkunstpr. „Goldener Biberfladen Appenzell" 05, 1. Teilnehmer Lit.austausch Bern-Glasgow 05, Lit.pr. d. Kt. Bern 08, mehrere Poetry-Slam-Preise. – **V:** Die Welt ist ein Taschentuch, G. 02; Momente mit Menschen – Ein Mosaik, Porträts 02; Tarzan in der Schweiz, Kolumnen 03; Das kleine Lexikon der Provinzliteratur 05, 2. Aufl. 08. – **MA:** Kolumnen in: Berner Tagesztg 'Der Bund', Megafon, Eigenart, Langenthaler Tagbl.; Lyrikübers. in: Spanische Lyrik d. 20. Jh. 03; Beitr. in: Langenthal – Eine Heimat im Wandel 03; Bern – Gesichter, Geschichten 04. – **P:** CDs: I wott nüt gseit ha. Monologe d. Kummers 04; Im Kairo 06; Angeri näh Ruschgift 07. (Red.)

Lenz, Siegfried, Dr. h. c., Schriftst.; Preußerstr. 4, D-22605 Hamburg (*Lyck/Ostpr. 17. 3. 26). VS, Gruppe 47, P.E.N.-Zentr. Dtld, Freie Akad. d. Künste Hamburg, Dt. Akad. f. Spr. u. Dicht., Akad. d. Künste Berlin 73; René-Schickele-Pr. 52, Stip. d. Hamburger Lessing-Pr. 53, Bremer Lit.pr. 61, Gerhart-Hauptmann-Pr. 61, Ostdt. Lit.pr. 61, Georg-Mackensen-Lit.pr. 61, Gr. Kunstpr. d. Ldes NRW 66, Lit.pr. dt. Freimaurer 70, Kulturpr. d. Stadt Goslar 78, Andreas-Gryphius-Pr. 79, Thomas-Mann-Pr. 84, Manès-Sperber-Pr. 85, DAG-Fs.pr. 85, Wilhelm-Raabe-Pr. 87, Friedenspr. d. Dt. Buchhandels 88, Heinz-Galinski-Pr. 89, Jean-Paul-Pr. 95, Hermann-Sinsheimer-Pr. 96, Samuel-Bogumil-Linde-Lit.pr. 98, Goethe-Pr. d. Stadt Frankfurt/M. 99, E.bürger d. Stadt Hamburg 01, Weilheimer Lit.pr. 01, Eifel-Lit.pr. (Sonderpr. f.d. Lebenswerk) 01, Bremer Hanse-Pr. f. Völkerverständigung 02, E.pr. z. Intern. Buchpr. 'Corine' 02, Heine-Gatsprofessur U.Düsseldorf 03, Goethe-Med. d. Alfred-Toepfer-Stift. 03, Nordfries. Kulturpr. d. Sparkassen-Stift. Nordfriesland 04, Hannelore-Greve-Lit.pr. 04, E.pr. d. Goldenen Feder 06, u. a., – Ehrendoktorate: U.Hamburg 75, U.Beer Sheva/Israel 92, U.Erlangen-Nürnberg 01; Rom., Nov., Drama, Erz., Ess., Hörsp. – **V:** Es waren Habichte in der Luft, R. 51; Duell mit dem Schatten, R. 53; So zärtlich war Suleyken, Erz. 55; Der Mann im Strom, R. 57; Jäger des Spotts, Geschn. 58; Brot u. Spiele 59; Das Feuerschiff, Erzn. 60; Zeit der Schuldlosen, Sch. 61; Stadtgespräch, R. 63; Der Hafen ist voller Geheimnisse, Erz. 63; Lehmanns Erzählungen oder So schön war mein Markt 64; Das Gesicht, Kom. 64; Der Spielverderber, Erzn. 65; Haussuchung, ges. Hsp. 67; Deutschstunde, R. 68; Leute von Hamburg 68; Die Augenbinde, Sch. 70; Beziehungen, Ansichten u. Bekenntnisse zur Literatur. 70; Gesammelte Erzählungen 70; Das schönste Fest der Welt 70; So war das mit dem Zirkus, Kdb. 71; Ein Haus aus lauter Liebe, ausgew. Erzn. 73; Das Vorbild, R. 73; Der Geist der Mirabelle, Geschn. aus Bollerup 75; Einstein überquert die Elbe bei Hamburg, Erzn. 75; Elfenbeinturm u. Barrikade 76; Wo die Möwen schreien 76; Die Kunstradfahrer u. a. Geschichten 76; Heimatmuseum, R. 78; Die Wracks von Hamburg 78; Gespräche mit Manès Sperber u. Leszek Kołakowski 80; Der Anfang von etwas, Erzn. 81; Der Verlust, R. 81; Fast ein Triumph, Erzn. 82; Ein Kriegsende, Erz. 84; Exerzierplatz, R. 85; Die Erzählungen 1949–1984, 3 Bde 86; Kleines Strandgut 86; Das serbische Mädchen, Erzn. 87; Dostojewski. Der gläubige Zweifler, Ess. 88; Motivsuche, Erzn. 88; Zeit der Schuldlosen u. a. Stücke 88; Die Klangprobe, R. 90; Über das Gedächtnis, Reden u. Aufss. 92; Die Auflehnung, R. 94; Ludmilla, Erzn. 96; Über den Schmerz, Ess. 98; Das Wunder von Striegeldorf u. a. Weihnachtsgeschichten 98; Arnes Nachlaß, R. 99;

Mutmaßungen über die Zukunft der Literatur, Ess. 01; Zaungast, Geschn. 02; Fundbüro, R. 03; Die Erzählungen 06; Schweigeminute, N. 08; Werkausgabe in Einzelbänden, 20 Bände 96–99; (Übers. insges. in ca. 30 Spr., zahlr. Nach-/Neuaufl.). – **MV:** Über Phantasie, Gespräche 82; Geschichten, nicht nur für Kinder, m. W. Schnurre u. K. Kusenberg 82; Manès Sperber, sein letztes Jahr, m. J. Sperber 85. – **H:** Ben Witter: Schritte und Worte 90; ders.: Angst auf weiße Zettel schreiben 94. – **MH:** Julius Stettenheim: Wippchens charmante Scharmützel, m. Egon Schramm 60; Auf Verlegers Rappen, m. Jens Jordan 86. – **R:** zahlr. Hörspiele, -bilder u. Fernsehspiele seit 52, u. a.: Die Zeit der Schuldigen 62; Haussuchung 63; Die Glücksfamilie des Monats 64; Die Enttäuschung 66; In fremder Sache 66; Das Labyrinth 68; Die Bergung 88, alles Hsp.; – Zeit der Schuldlosen 62; Das schönste Fest der Welt 69; Ein Kriegsende 84, alles Fsp. – **P:** So zärtlich war Suleyken 89; Fundbüro 03; Deutschstunde 06; Erzählungen, T.1 u. T.2 06 (alle m. S.L.); Hanjo Kesting (Hrsg.): Siegfried Lenz, das Rundfunkwerk, 2 CDs m. Begleitbuch 06; Der Mann im Strom (Sprecher: Jan Fedder) 07; Das Feuerschiff (Sprecher: Volker Lechtenbrink) 08; Schweigeminute (Sprecher: Konstantin Graudus) 08. – *Lit:* Albrecht Weber: S.L., Interpretn.; Deutschstunde, Interpretn.; Rudolf Wolff (Hrsg.): S.L. Werk u. Wirkung 85; Walther Killy (Hrsg.): Literaturlex., Bd 7 90; LDGL 97; Erich Maletzke: S.L. – eine biogr. Annäherung 06; H. Zimmermann/J. Dirksen/N. Riedel in: KLG.

Lenz, Ulrich Maria (Ps. Uli Ostara) *

Lenze, Ulla, Schriftst.; c/o Ammann Verl., Zürich, *ullalenze@ullalenze.de*, *www.ullalenze.de* (*Mönchengladbach 18. 9. 73). Ernst-Willner-Pr. im Bachmann-Lit.wettbew. 03, Lit.förd.pr. d. Ponto-Stift. 03, Rolf-Dieter-Brinkmann-Stip. 03, Stadtschreiberin in Damaskus 04, Kunststift. NRW 05; Rom., Erz., Ess., Reiserep. – **V:** Schwester und Bruder, R. 03, 2. Aufl. 04, Tb. 06 (auch chin. u. arab.); Archanu, R. 08. – **MA:** Midad. Das dt.-arab. Stadtschreiberprojekt, Tageb. 07; Beitr. in: NZZ; FAZ 07/08.

Lenzen, Hans Georg, Prof. FH Düsseldorf, Maler, Graphiker; Landsberger Str. 13, D-41516 Grevenbroich, Tel. (0 21 82) 77 26 (*Moers 2. 7. 21). Übers.pr. d. Dt. Jgdb.pr. 82; Kinder- u. Jugendb. Ue: frz, engl, holl. – **V:** Mensch, wundere Dich nicht, 21 sat. Texte 56; Die Republik der Taschendiebe 60; Die blaue Kugel 61, 69 (auch engl.); Onkel Tobi, Jgdb. 63; Onkel Tobis Landpartie 66, 69 (auch engl.); Dann schenk ich Dir ein Riesenrad 69; Zu Besuch bei Onkel Tobi 70; Ich bin der Kapitän 71; Hasen koppeln über Roggenstoppeln, Kinder-G. 72; Onkel Tobi hat Geburtstag 71; Messer Gabel und Löffel 78; Zwei kleine Bären 79; Lindas Zimmer 86, alles Jgdb. – **MA:** Die Stadt der Kinder, G. 69; Jb. d. Jugendlit., Nr.2, 4, 7, 8, 10, 74–97; Neues von Rumpelstilzchen, M.-Anth. 76; Texte dagegen, G. 93; Grosser Ozean, Anth. 00. – **Ue:** A. Maurois: Patapuf u. Filifer 56; P. Guth: Le Naïf Locataire u. d. T.: Erdgeschoß, Hofseite links 57; Le Mariage du Naïf u. d. T.: Zwecks späterer Heirat 59; Maurice Druon: Tistou mit dem grünen Daumen 59; P. Guth: Le Naïf Amoureux u. d. T.: Nur wer die Liebe kennt 60; Sempé/Goscinny: Le petit Nicolas u. d. T.: Der kleine Nick 62; P.S. Beagle: A fine and private place u. d. T.: He, Rebeck! 62; Desmond Morris: Biologie der Kunst 63; Sempé/Goscinny: Neues vom kleinen Nick 65; James Thurber: Das geheimnisvolle O 66; James Burke: Der Dreh 66; Thurber: Die dreizehn Uhren 67; Das weiße Reh 68; Charles Simmons: Eipulver 67; G. Timmermanns: De Kip, de Keiser en de Tsar u. d. T.: Henne Blanche, Soldat des Kaisers 73; Der kleine Nick, 5 Bde seit 71;

Lenzen

G. Timmermanns: Professor Pilasters grote Ballontocht u. d. T.: Professor Pilasters Ballon-Wettfahrt 75; Tomi Ungerers Märchenbuch 75; Guus Kuijer: Met de poppen gooien u. d. T.: Ich stell mich auf ein Rahmbonbon 77; Op je kop in de prullenbak u. d. T.: Vernagelte Fenster 79; Groote mensen, daar kan je beter soep van koken u. d. T.: Kopfstehen und in die Hände klatschen 80; Krassen in het Tafelblad u. d. T.: Erzähl mir von Oma 81; Een hoofd vol macaroni u. d. T.: Mal sehen, ob Du lachst 83; Hans Andreus: Meester Pompelmoes en de geleerde Kat u. d. T.: Meister Pompelmos 79; Rita Törnquist: Morgen kom ik logeren u. d. T.: Morgen, wenn ich gross bin 81; Colin McNaughton: Football Crazy u. d. T.: Bruno vor, noch ein Tor 84; Mary Rees: Rutsch mal rüber 88; Mercer Mayer: Da liegt ein Krokodil unter meinem Bett 88; Nathan Zimelman: Melvins Stern 94. – *Lit:* s. auch Kürschners Handbuch der Bildenden Künstler, 1. Aufl. 2005. (Red.)

Lenzen, J. W. (auch Juri W. Lenzen, Juri W. Läänsen, eigtl. Werner Lenzen), Maler, Kunsterzieher, Schriftst., Lyriker, Grafiker, Bildhauer; Storchenstr. 8, D-75196 Remchingen, Tel. (0 72 32) 37 00 21, (0 70 51) 34 93, *www.malerei-lyrik-lenzen.de.* Profitten Møllemarksvej 43, DK-5400 Bogense-Skåstrup (* Mühlhausen/Thür. 12. 5. 38). FDA 94–96; Lyr., Prosa. Ue: dän. – **V:** Liebe ist Licht, G. 88; Liebe ist Flamme, G., Texte, Aphor. 92; Digte, G. 97 (dän.); Agni, G. 1995–1998 98; Dänische und andere Spezialitäten, G., Zeichn., Rezepte 98; Weltharmonie – Vision oder Utopie, Ess. 99; Bilder der Sprache, des Geistes und des Lebens. Zum Zyklus d. Gottfried-Benn-Bilder 02. – *Lit:* s. auch Kürschners Handbuch der Bildenden Künstler, 1. Aufl. 2005.

Leon, Hal W. s. Werner, Helmut

Leonhard, Eva-Maria s. Leonhard, Maria

Leonhard, Leo s. Leonhardt, Siegmund

Leonhard, Maria (Ps. Eva-Maria Leonhard, geb. Maria Selb), Verwaltungsangest.; Zehntwiesenstr. 31c, D-76275 Ettlingen, Tel. (0 72 43) 52 37 00 (* Heidelberg 21. 10. 28). Erz., Lyr. – **V:** Eine Rose für Dich, G. 84. – **MA:** Bäume sind Gedichte, die die Erde in den Himmel schreibt, Lyr.-Anth. 85; Pegasus, Anth. 2–8 85–89; Sprich von heute – schweig von morgen, Lyr.- Anth. 86; Gedanken zeichnen Spuren, Lyr. u. Prosa-Anth. 86; Mehr ahnend als wissend, erot. Leseu. Bilderb. 87; Badenwürtt. Literaturtage 1987 in Knittlingen: topographia lyrica; Wir selbst sind der Preis, Lyr.-Anth. 89. (Red.)

Leonhard, Wolfgang, Prof. Dr. h. c.; Kirchstraße 24, PF 44, D-54531 Manderscheid/Eifel, Tel. (0 65 72) 7 55, Fax 12 93 (* Wien 16. 4. 21). P.E.N.-Zentr. Dtld; BVK I. Kl. 87, E.med. d. Stadt Wien in Gold, Dr. h.c. Univ. Chemnitz 98, Öst. E.kreuz f. Wiss. u. Kunst I. Kl. 02, Ehrenpr. z. Europ. Kulturpr. 04, Gastprofessuren: Univ. of Michigan, Ann Arbor 67, Univ. Mainz 71, Univ. Trier 73, Univ. Kiel 90, Univ. Chemnitz 97, Univ. Erfurt 99; Sachb. – **V:** Schein und Wirklichkeit in der UdSSR 52 (auch frz., serbokroat.); Die Revolution entläßt ihre Kinder 55, 22. Aufl. 05 (auch engl., am., frz., holl., schw., fin., arg., jap., arab., marathi/Indien); Kreml ohne Stalin 59 (auch engl., am., dän., schw., fin., jap., bras.), erw.Ausg. 62; Sowjetideologie heute. Polit. Lehren 62 (auch ital., span.); Chruschtschow – Aufstieg u. Fall e. Führers 65 (auch frz.); Die Dreispaltung des Marxismus 70 (am., engl., span.); Am Vorabend einer neuen Revolution? Die Zukunft d. Sowjetkommunismus 75 (auch bras., jap.); Was ist Kommunismus? Wandlungen e. Ideologie 76; Eurokommunismus 78, Tb. 80 (auch am., jap.); Völker hört die Signale. Die Anfänge d. Weltkommunismus 81; Dämmerung im Kreml 84, Tb. 87 (aktualis. Neuausg; auch am.); Der Schock

des Hitler-Stalin-Paktes 89 (auch am., jap.); Das kurze Leben der DDR. Berichte u. Kommentare aus vier Jahrzehnten 90; Spurensuche. 40 Jahre nach „Die Revolution entläßt ihre Kinder" 92; Die Reform entläßt ihre Väter. Der steinige Weg z. modernen Rußland 94 (auch jap.); Spiel mit dem Feuer. Rußlands schmerzhafter Weg z. Demokratie 96, aktualis. Neuaufl. 98; Meine Geschichte der DDR 07. – **MA:** zahlr. Aufs., Ess. u. Anth.beitr. seit 57, u. a. in: Der Weg nach Pankow – Zur Gründungsgesch. d. DDR 80; Foreign Affairs 87; Osteuropa 10/91; Deutschland – Archiv 7/95; Rückblicke auf d. DDR 95; Besiegt, befreit. Zeitzeugen erinnern sich an d. Kriegsende 95; Als d. Krieg zu Ende war. Erinn. an d. 8. Mai 95; Die Stunde Null. Erinn. an Kriegsende u. Neuanfang 95; Das Jahr 1945. Brüche u. Kontinuität 95. – **R:** Die Revolution entläßt ihre Kinder, 3tlg. Fs.-Ser. 62, 74 (auch schw., holl., norw.). – *Lit:* Journal Trier-Luxemburg-Mag. 3/89 u. 9/91; Wir waren die Helden. SPIEGEL-Gespräch W.L. u. Markus Wolf, 8.7.96. (Red.)

Leonhardt, Henrike, freiberufl. Autorin; Rablstr. 47, D-81669 München, Tel. (0 89) 48 39 14, Fax 48 11 47, *leonhardt.konitzer@t-online.de* (* Iserlohn 7. 12. 43). VS 84, GEDOK 00; Stip. d. Stuttgarter Schriftstellerhauses 85, Stip. Münchner Literaturjahr 87, Schubart-Lit.pr. 93; Lyr., Erz., Kinderb., Dokumentar. Rom., Hörfunkfeature, Hörbild. – **V:** Grillengesang, Fb. 79; Fressen Alpendosenvollmilchschokoladenkühe Gras?, Lyr. 80; ... ab die Post, Kdb. 82; Unerbittlich des Nordens rauher Winter, dok. R. 87; Der Taktmesser – Johann Nepomuk Mälzel 90. – **MA:** Zwischen den Fronten, B. z. Ausst. 95; Und lächelnd ins Aufatmen nimmt dich mit der Delphin 01; Es geschah in ... 02; Das Kalenderblatt im Sommer 02; Das Kalenderblatt zum Herbst 03; Überall und nirgends zu Hause 03. – **R:** zahlr. Hfk-Feat. u. Hb., u. a.: Jahrzeit – Erinnerung an Maria Ehrlich 94; Es geschah in Bad Reichenhall – wie Heinrich Heines Schreibtisch nach Jerusalem kam 96; Für vielfache Einfuhr von Dekadenz ist in Deutschland kein Bedarf. Über Hedwig Lachmann 00; Ein brauner Halbmund ... 01; Für Tata habe ich Soldaten gekauft 01; Zur fleißigen Besuchung angehalten 01; Die entwichene Brillenschlange 02; Die verwegenen Saqui 02; Schinderjackl und Zaubererbuben 02; „Um das Rhinozeros zu sehen ..." 03; Der „Schwarze Adler" in München 03; Es geht im Kriege alles ohne Butter 03; Schicksal Name – Rahel Sanzara 04; Schicksal Name – Willi Schmid 04; Roland Ziersch 04; Zeitmesser Adventskalender 04; – BR-Kalenderblatt seit 01. – *Lit:* Konstanze Streese: Cric? – Crac! 91. (Red.)

Leonhardt, Siegmund (Ps. Leo Leonhard), Prof.; Sandstr. 18, D-64404 Bickenbach/Bergstr., Tel. u. Fax (0 62 57) 6 27 29 (* Leipzig 12. 5. 39). Prämiierung im Wettbew. 'Die 50 Bücher' 72, 77, Silber- u. Bronzemed. IBA Leipzig 77; Jugendbuchtext. – **V:** Leben & Traum mit Schellenfuß 75; Schimpferd & Nilpanse 75; Bärlamms Verwandlung 76, alles Jgdb.; Der Prozeß um des Esels Schatten – Wielands abderitische Komödie gezeichnet u. erzählt 78. – **MV:** Rüssel in Komikland 72; Glückssucher in Venedig 1 73, 2 74, alle m. O. Jägersberg; Es wollt ein Tänzer auf dem Seil den Seiltanz tanzen eine Weil, m. Ad. Halbey 76, alles Jgdb. – **R:** Adenauer 74; Eine Dame von Dürer 74; Museumsbesucher 74; Schimpferd & Nilpanse 74, alles Trickf. – *Lit:* Lex. d. Kinder- u. Jgdlit., Bd 2 77; H.P. Willberg: Buchkunst im Wandel; A. Dexter in: „Illustration 63" 89; R. Held in: Palette u. Zeichenstift 06. (Red.)

Leonhartsberger, Rudolf; Breitenfurter Str. 375/1/7, A-1230 Wien, Tel. (06 64) 2 53 37 25, *r.leonhartsberger @chello.at, www.r.leonhartsberger.at.tf* (* St. Seba-

stian 7. 6. 60). Lyr. Ue: engl. – **V:** gedanken kurz geschichtet, m. I.K.M. Guarghias, Lyr. 04, 05. (Red.)

Leopold, Helmut, Dr. rer. soc., Dipl.-Psych.
(* Wilhelmshaven 15. 4. 77). Rom., Lyr., Dramatik. –
V: Damit nicht ist, was nicht sein darf, Dramatik 02. –
MA: Das Gedicht lebt!, Bd 3 02. (Red.)

Lepka, Gregor M., Schriftst.; Anbieterberg 2,
A-4600 Thalheim b. Wels, Tel. (0 72 42) 7 00 54
(* Salzburg 7. 8. 36). GAV, IGAA, Podium 07, Ö.S.V.
07; Prosa, Lyr. – **V:** So als wäre ... 89; Laß den Mund
91; Minimalismen 94; Die Sinnlichkeit der Bäume im
Herbst 97; In bemerkbaren Abständen 98; Ohne Zeichen sein 02; Mit Gedanken befasst 05; Bäume 06; In
der Krümmung des Raums, slowak.-dt. 08, alles Lyr.

Lepka, Waltraud s. Seidlhofer, Waltraud

Leporinus (Marrivalis) s. Ritter, Hans Werner

Leppert, Kerstin (geb. Kerstin Schreiber), Betriebswirtin, Yogalehrerin, Red., Autorin; Hamburger Str.
11, D-22393 Hamburg, Tel. (0 40) 60 84 88 82, Fax
60 84 81 96, *kerstin.leppert@hanse.net*, *www.gedichte-
pur.de* (* Hamburg 22. 8. 67). FDA 02; Lyr., Kurzprosa. – **V:** feuerleger 02; Stundenkokon 04, beides Lyr.;
Das ErsteHilfebuch bei Liebeskummer 05; Nie mehr
Stress 07, beides Sachb.; Spüre mich, Lyr. 07. – **MA:**
zahlr. Veröff. in Anth. u. Lit.zss. seit 01, u. a.: Macondo;
Dulzinea; Wortspiegel; Reflexe; Federwelt; Lesestoff.

Leppert, Simone (geb. Simone Müller), Lehre-
rin; Allendorfer Weg 8a, D-39365 Wefensleben,
Tel. (03 94 00) 5 04 71, *Simone.Leppert@gmx.de*
(* Gardelegen 27. 10. 67). VS Sa.-Anh. 99; Georg-
Kaiser-Förd.pr. d. Ldes Sa.-Anh. 00; Lyr., Kurze Prosa,
Lit.kritik. – **V:** Die Regnerin, Lyr. 98; Wünschelruten,
Lyr. 99, 2., veränd. Aufl. 00. – **MV:** Wassergarten, m.
C. Hüning, Lyr. u. Grafik 99. – **MA:** zahlr. Beitr. in Lit.-
Zss. seit 92, u. a. in: Ort der Augen. – *Lit:* Schriftsteller
in Sa.-Anh., Autorenlex. 97/98, 99. (Red.)

Lepping, Carola, Lehrerin; Weierbachstr. 1, D-
42499 Hückeswagen, Tel. (0 21 92) 21 69 (* Wuppertal-
Elberfeld 14. 5. 21). Autorenkr. Ruhr-Mark 61; Charles-
Veillon-Pr. 55; Rom., Erz., Kritik, Aufsatz, Bilderbuchtext. – **V:** Bela reist am Abend ab, R. 56. – **MV:** Das
alte Haus auf Hartkopsbever, e. Bergisches Bilderb., m.
Ilse Noor 81. – **MA:** Moderne Autoren, Schulbroschü-
re; Heimatkal. Wupper u. Rhein; Leiw Heukeshoven
(Redaktion); Stimmen in d. Weihnacht; Rhein. Bergi-
scher Kalender; Neues Rheinland; Weggefährten. Zeitgenössische Autoren aus d. Ruhr-Wupper-Raum 62;
Strömungen unter dem Eis, Anth. 68/69; Spiegelbild,
Anth. d. Autorenkr. Ruhr-Mark 78; Zeitstimmen 86;
900 Jahre Hückeswagen 85; div. Beiträge in: ZEIT-
schrift (Stolzalpe/Öst.), zuletzt in Bd 106 01. – *Lit:*
Hans Schulz-Fielbrandt: Literar. Heimatkunde d. Ruhr-
Wupper-Raumes 87. (Red.)

Leppler, Willi (Ps. Magnus Schauen), Lehrer, Hochschullehrer; Mörchinger Str. 37, D-14169 Berlin, Tel.
u. Fax (0 30) 8 11 75 05, *euwilepl@t-online.de* (* Groß-
Schauen 29). Rom., Erz., Drama. – **V:** Brille, R. 08.

Leps, Irene, freischaff. Malerin, Grafikerin, Illustratorin u. Autorin; Hopfenbänke 13, D-39261 Zerbst, Tel.
(0 39 23) 78 51 45 (* Zerbst 6. 5. 59). Forum Illustra-
torum 97, VS 99. – **V:** Hanna und der Traumfänger 98;
Das fliegende Pferd 99; Das Welttelefon 00; Idas kleiner König 00; Der Drache, der Roland heißt 00; Verroste-
te Schrottgeschichten 01. (Red.)

Lerch, Fredi, Journalist u. Redaktor; Spittelerstr. 22,
CH-3006 Bern, Tel. u. Fax (0 31) 3 52 22 19, *fredi.lerch
@puncto.ch* (* Roggwil/Bern 10. 4. 54). comedia 98,
AdS 03; Zürcher Journalistenpr. 98, Buchpr. d. Kt. Bern

01. – **V:** Konvolut, Lyr. 89; Echsenland, lyr. Chronik 05;
mehrere Sachbücher. – *Lit:* s. auch SK. (Red.)

Lerch, Robert, Sozialarb.; Reppenhalde 11, CH-
4616 Kappel, Tel. 06 22 16 23 53 (* Olten). Lyr. – **V:**
Wer nicht vom Fliegen träumt, dem wachsen keine Flügel 01. (Red.)

Lerch, Wolfgang Günter, Red. F. A. Z.; Gartenstr.
174, D-63263 Neu-Isenburg, Tel. (0 61 02) 2 66 58, Fax
(0 69) 75 91 19 48, *w.lerch@faz.de* (* Friedberg/Hess.
21. 3. 46). Lyr. Ue: türk. – **V:** Tod in Bagdad oder Leben und Sterben des Al-Halladsch, R. 97 (auch türk.);
Die Laute Mansurs. Türkische Literatur im 20. Jh. 03;
Händler, Mullahs, Autokraten. Aus den Ländern d. Islams, Reisefeuill. 03; zahlr. Sachbücher. – *Lit:* s. auch
SK. (Red.)

Lerche, Doris, Cartoonistin, Autorin; Uhlandstr.
21, D-60314 Frankfurt/Main, Tel. (0 69) 4 95 08 56
(* Ausleben/Kr. Oschersleben 25. 3. 45). VS 80, Romanfabrik 85; Förd. d. Hess. Ministeriums f. Wiss. u.
Kunst; Kinderb., Cartoon, Erz., Rom., Musikal.-literar.
Bühnenshow. – **V:** Du streichelst mich nie!, Cartoons
80, 7. Aufl. 87; Kinder brauchen Liebe!, Cartoons 82;
Nix will schlafen, Kdb. 82; Katzenkind, Kdb. 83, 91
(auch span.); Keiner versteht mich, Cartoons 84; Die
Unschuld verliert s. u. Zeichnungen 84; Ich mach's
dir mexikanisch!, Cartoons 86; Erdbeermund und andere erotische Shorties 88, 91; Erotisches Daumenki-
no, Cartoons 88; Eine Nacht mit Valentin, Erzn. 89, 94;
Hauptsache verliebt, Cartoons 91; Der Lover 91, 92;
Wenn Männer Falten kriegen, Cartoons 93; 21 Gründe, warum eine Frau mit einem Mann schläft, Erzn.
93, 02 (auch türk., korean.); Hauptsache gesund, Cartoons 94; Wo ist Romeo?, R. 96, 99; Frau Franz gibt
Gas!, Krim.-R. 97; Frau Franz packt aus, Krim.-R. 99;
19 Gründe, warum ein Mann mit einer Frau schläft,
Erzn. 01; Sich zu nähern ist gefährlich, R. 01; Verführe mich!, Grotn. 03; Die Nacht der LiteratUren, Bst. –
MA: zahlr. Beitr. in Prosa-Anth., zahlr. Cartoons in Büchern u. Zss., 11 Ess. u. zahlr. Erzn. in Zss. – **MH:** In
einem fremden Land, Cartoons 83; Romanfabrik, Geschn u.
Bilder 86. (Red.)

Lerchenmüller, Franz, freier Journalist; Eichenweg
18, D-23568 Lübeck, Tel. (04 51) 39 66 16, *www.
franz-lerchenmueller.de* (* Westallgäu 10. 3. 52). Diplom. Journalistenpr. signaTOUR-Award 04. – **V:** Hoffnung am Ende der Straße 97; Zwischen Küste und Küste, Reiseber. 00; Rendezvous mit der Meerjungfrau 01;
mehrere Stadt- u. Reiseführer. (Red.)

Lercher, Lisa, Dr., Erziehungswiss.; c/o Milena Verl., Wien, *www.krimiautorinnen.at* (* Hartberg
13. 2. 65). AIEP 03, Sisters in Crime (jetzt: Mörderische Schwestern) 03, Ö.S.V. 07, Das Syndikat 07; Lu-
itpold-Stern-Förd.pr. 03; Rom. – **V:** Der letzte Akt 01;
Der Tote im Stall 02; Ausgedient 04; Die Mutprobe 06,
alles Krim.-R.; besser tot als nie, Krim.-Geschn. 08. –
MA: Erz./Kurzgeschn. in: Viechereien 01; Roter Klee
02; Mein Mord am Freitag 03; Mein Mahl am Donnerstag 04; Tatort Wien 04; Mein Akt am Dienstag 05; An
der öden, lauen Donau 05; Über die Blödheit 05; Mein
Kreuz am Sonntag 06; Mörderisch Unterwegs 06, alles
Anth.

Lerner, Hubert, Kaufmann, Unternehmer, Richter,
Autor in Fachzss.; Hubertusstr. 15, D-65388 Schlan-
genbad, Tel. (0 61 29) 5 91 04, 95 96, *hubert.lerner
@lerner-art.de*, *hubert.lerner@atelier-lerner.de*, *www.
lerner-art.de* (* Bendorf/Rhein 4. 4. 12). Lyr., Rom.,
Kurzgesch., Erz., Biogr. – **V:** Mitten im Leben, G. 90;
Mädchen am Fluß, Kurzgeschn. 93; Bewußte Augenblicke, G. u. Kurzgeschn. 94; Bis an die Grenzen der
Liebe, R. 97; Wovon das Herz erfüllt, G. 00; Ein Maß

Lerow

voll Leben, Biogr., I 01, 2. Aufl. 03, II 01; Elena, R. 01; Distel und Mohn, G. 01, 2. Aufl. 03; Überwiegend Heiter, Kurzgeschn. 02; Schau ins Leben, G. 03, 2. Aufl. 04. (Red.)

Lerow, Tea s. Pracht-Fitzell, Ilse

Lerryn s. Dehm, Diether

Lesch, Johanna s. Lax-Lavendel, Leneliese

Leser, Anne Christin (geb. Anne Christin Wurms), Sekretärin, Astrologin; Ebenrainstr. 9, D-97877 Wertheim, Tel. (0 93 42) 91 84 18, Fax 2 35 42, *leser@ t-online.de*, *www.maerchenleser.de* (* Suhl 16. 4. 44). Erz., Fach- u. Sachb. – **V:** Es war einmal ... und kann morgen wieder sein, M. u. Geschn. 01; Zurück zur Natur und zur Gesundheit, Sachb. 06; Vorbereitung auf den Ernstfall, Sachb. 08.

Lesina-Debiasi, Arthur, Unternehmer; St. Prokulus 49, I-39025 Naturns, Tel. (04 73) 66 70 85 (* Kastelbell/ Vinschgau 20. 7. 25). Lyr. – **V:** I hon enk gearn 90; Sou long di Gloggn laitn 92; Nimms wias isch 94; Main Wainbiachl 96; Joorinn – jooraus 97, alles Mda.-G.; Maurer sain a lai Lait 98; Eltr werrn 99. (Red.)

Lesinski, Sarina Maria, Sozialarb.; Hohe Str. 8, D-38889 Blankenburg/Harz, Tel. (0 39 44) 21 57, Fax 36 89 34, *sarina.lesinski@creativo-online.de*, *www. borten-buecher.de* (* Blankenburg/Harz 24. 8. 57). Creativo – Initiativgr. f. Lit., Wiss. u. bild. Kunst 02; Rom., Lyr., Erz., Sachb. – **V:** Die Antwort weiß die Eiche, Lyr. 01; Das Labyrinth im Spiegel, R. 05; Die Wächter des Kelches von Arx, R. 06; Eriks Weg über die Brücke der Sonne, Kdb. 06; Eriks Reise auf den Flügeln des Windes, Kdb. 07; Unheimliche Erbschaft, R. 07; Schatten im Moor, R. 08. – **MA:** Zu früh erscheint der Weihnachtsmann 06; Leben im Dialog 07; Lyrik und Prosa unserer Zeit 07, alles Anth.

Leskien, Jürgen; Klein Beuthen, D-14974 Großbeuthen, Tel. u. Fax (03 37 31) 1 54 04, *jue.leskien @t-online.de* (* Berlin-Friedrichshain 19. 10. 39). Arb.-stip. d. Ldes Brandenbg. 92. – **V:** Sturz aus den Wolken 72; Tobias sucht den Doppeldecker 75; Rote Elefanten und grüne Wolken für Till 76; Ondjango, Tageb. 80; Das Brot der Tropen 82; Georg 84; Shilumbu 88; Einsam in Südwest, Tagebuch-R. 91; Ölfluß, sei still 99; Kieloben, Gesch. 01. (Red.)

Lessen, Sabine van (geb. Sabine Heddinga), Künstlerin, Fotografin, Dipl.-Designerin; Hemelinger Str. 12, D-28205 Bremen, Tel. (04 21) 44 01 80, *botschaft @wortforschung.de*, *www.wortforschung.de* (* Norden 4. 7. 60). Lyr., Skurriles Kinderb., Prosa. – **V:** Das Ohr im Buchstaben, Lyr. 02; Die Bremer Nixe Nixina H2O sowieso 04. – **MA:** Stint 11/88, Lit.-Zs. – **R:** Geschwister Fiese-Miese, Lesung im RB 00. – *Lit:* Franko Zotta in: taz 3/98; Annette Hoffmann in: taz 1/02. (Red.)

Lessmann, C. B. s. Jablonski, Marlene

Lessmann, Sandra, Magister; Märkische Str. 52, D-40625 Düsseldorf, *sandra.lessmann@gmx.net*, *www. sandra-lessmann.de* (* Düsseldorf 14. 3. 69). Historical Novel Society, England 04, Das Syndikat 05; Rom. – **V:** Die Richter des Königs 05 (auch russ.); Die Sündentochter 06 (auch russ.); Das Jungfrauenspiel 07; Sündenhof 09, alles R.

Lessmann, Ulla, Journalistin, Dipl.-Volkswirtin; Lehmbacher Weg 50, D-51109 Köln, Tel. u. Fax (02 21) 84 36 87, *ulessmann@t-online.de*, *www.ulla-lessmann. de* (* Bremerhaven 7. 11. 52). VS 95, Sisters in Crime (jetzt: Mörderische Schwestern) 98, Das Syndikat 06; Herner Förd.pr. f. sat. Lit. 98, Dt. Journalistinnenpr. d. Zs. EMMA 98, Kurgastdichterin in Hörste 99, Stip. Tatort Töwerland 08; Rom., Erz., Sat. – **V:** Helenens ge-

störte Ruhe, R. 97; Hedwigs Rache, R. 99; Wir sehen das hier nicht so eng, Satn. 00. – **MA:** Wer will schon einen Weihnachtsmann? 01, 05; Ingeborgs Fälle 03; Mörderische Mitarbeiter 03; Leise rieselt der Schnee 03; Tödliche Torten 05; Noch mehr Weinleichen ... 05; Unter den Radieschen 06; Pizza, Pasta und Pistolen 07, alles Krim.-Geschn.; Über den Dächern der Stadt, Balkongeschn. 06. – **MH:** Lese-Lust, m. Eva Weissweiler, Anth. 99. – *Lit:* DLL, Erg.Bd V 98.

Leßner, Gerhard, Prof. Dr.; Margueritenweg 9b, D-33189 Schlangen, Tel. (0 52 52) 8 11 59, *lessner@phys. uni-paderborn.de* (* Uedem, Kr. Kleve 1. 3. 40). Rom., Erz. – **V:** Wurmloch, R. 03.

Lethen, Gisela, Dipl.-Päd.; Adelkampstr. 89, D-45147 Essen, Tel. (02 01) 70 28 70 (* Essen 17. 12. 29). Lyr. – **V:** Sprache Du Meine Geliebte, G. u. Sprachgeschöpfe 98. (Red.)

Letsche, Curt; Stauffenbergstr. 20, D-07747 Jena, Tel. (0 36 41) 33 58 91 (* Zürich 12. 10. 12). SV-DDR 59/VS; Max-Reger-Pr. 69, Kunstpr. d. Bezirks Gera 81; Rom., Erz. – **V:** Kleines Tagebuch der Liebe, Erz. 48; Auch in jener Nacht brannten Lichter, R. 60; Der graue Regenmantel, Krim.-R. 60; Und für den Abend eine Illusion, R. 61; Die gläserne Falle, Erz 65; Alarm in der Nacht, Erz. 66; Schwarze Spitzen, Krim.-R. 66; Das geheime Verhör, Krim.-R. 67; Verleumdung eines Sterns, utop. R. 68; Der Mann aus dem Eis, utop. R. 71; Raumstation Anakonda, utop. R. 74, 5. Aufl. 82; Das andere Gesicht, Krim.-R. 77, 90; Das Schaftott, R. 79, 3. Aufl. 80; Zwischenfall in Zürich, R. 84; Operation Managua, Krim.-R. 86; Chromosom X, Gesch. 94.

Lettau, Andrea, Musik- u. Freizeitpäd., Jugendarbeiter; Margaretenstr. 19, D-24811 Owschlag, *Lettau@ addcom.de*, *www.modern-spirit.de* (* Büsum 29. 7. 58). Heinrich-Wolgast-Pr. 93; Liedtext. – **V:** Nur ein Schritt zum Himmel 89; Glücksrausch 91. – **MV:** Worauf du dich verlassen kannst 89. – **P:** Freedom will shine, Musical, CD 99. (Red.)

Leu, Alois Josef s. Al'Leu

Leu, Ewald; Unterer Rain 9, CH-8117 Fällanden, *ewald.leu@bluewin.ch* (* Münsterlingen 4. 4. 48). – **V:** Blind und blöd, Biogr. 05. (Red.)

Leu, Hans Jörg, Dr. med., Prof. em. Univ. Zürich; Zürcherstr. 23, CH-5400 Baden, Tel. (0 56) 2 22 94 59 (* Baden/Schweiz 22. 8. 26). Erz., Sat., Glosse. Ue: ital. – **V:** Nun hab' ich es doch geschrieben..., Satn. 91; Dort, wo der Berg brennt, Kurzgeschn. 97, 2. Aufl. 98 (auch ital.); Der Feuerspeier, Erzn. 98; Là, dove brucia la montagna, Erzn. 98 (ital.); Büchsenlicht, Erz. 02; Stunden aus Blei und Asche, Erzn. 06. – **MV:** Den Teufel an die Kette nehmen 00; Tessin – einmal anders 02, beides Erzn. m. P. Lienhard.

Leubner, Ulrike, Pädagogin; c/o ClauS Verlag GmbH, Leonhardtstr. 3, D-09112 Chemnitz, Tel. (01 73) 6 67 13 1, Fax (03 71) 6 66 17 82, *info@ claus-verlag.de*, *www.claus-verlag.de* (* Olbersdorf/ Sa. 13. 2. 55). Kinderb. – **V:** Zwergenland ist zwar nicht groß ... , I 05, II 06, III 08; ClauS, der Drache 03; Helens Traumdach 06; OMO 08, alles Kdb.; Planen mit Kindern, Fachb. 07.

Leupold, Dagmar, Dr., freie Schriftst.; Am Lohholz 3, D-85614 Kirchseeon, Tel. (0 80 91) 13 21 (* Niederlahnstein 23. 10. 55). P.E.N.-Zentr. Dtld; aspekte-Lit.pr. 92, Förd.pr. d. Freistaates Bayern 94, Förd.pr. d. Karl-Vossler-Pr. 94, Montblanc Lit.pr. 94, Martha-Saalfeld-Förd.pr. 95 Förd.pr. d. Bayer. Akad. d. Schönen Künste 95, Stip. d. Dt. Lit.fonds 95, Kieler Liliencron-Dozentur f. Lyrik 02, Georg-K.-Glaser-Pr. 07; Lyr., Prosa. Ue: ital. – **V:** Wie Treibholz, Erz. 88;

Edmond: Geschichte einer Sehnsucht, R. 92; Eccoci qua, G. 93; Die Lust der Frauen auf Seite 13, G. 94; Federgewicht, R. 95; Destillate, G. u. Kurzprosa 96; Ende der Saison, R. 99; Byrons Feldbett, G. 01; Eden Plaza, R. 02; Nach den Kriegen, R. 04; Alphabet zu Fuß. Essays z. Literatur 05; Grüner Engel, blaues Land, R. 07. – **MV:** 11.9. – 911. Bilder d. neuen Jahrhunderts, m. Kerstin Hensel u. Marica Bodrozic 02. – **MA:** Roman oder Leben. Postmoderne in d. dt. Literatur 94. – **Ue:** Daniele de Giudice: Das Land vom Meer aus gesehen, R. 86; Giorgio Agamben: Idee der Prosa 87. – **MUe:** Cesare Pavese: Sämtliche Gedichte, m. Michael Krüger u. Urs Oberlin 88. – *Lit:* Ralf Georg Czapla in: KLG 97. (Red.)

Leutenegger, Gertrud, Schriftst.; c/o Suhrkamp Verl., Frankfurt/M. (* Schwyz 7. 12. 48). Gruppe Olten 77–00; Rom., Dramatik, Ess. – **V:** Vorabend, R. 75; Ninive, R. 77; Lebewohl, Gute Reise, Sch. 80, UA 84; Gouverneur, R. 81; Wie in Salomons Garten, G. 81; Komm ins Schiff, dramat. Poem 83; Kontinent, R. 85; Das verlorene Monument, Kurztexte 85; Meduse 88; Acheron 94; Sphärenklang, dramat. Poem 99; Pomona, R. 04; Gleich nach dem Gotthard kommt der Mailänder Dom 06; Matutin, R. 08. – **MA:** Ess. in: Catherine Colomb: Zeit der Engel 89; Ess. zu Christina Viragh in: Domino 98. – **R:** Sphärenklang, Hsp. (Radio DRS) 98. – *Lit:* Elisabeth Boa: G.L., a feminist synthesis in rejection and emancipation 91; Henriette Herwig in: Grenzfall Lit. 93; dies. in: Der Deutschunterr. 93; Margrit Verena Zinggeler: Literary Freedom an Social Constraints in the work of Swiss Writer G.L. 93; Rike Felka: Das geschriebene Bild 96; Mattia Mantovani: La legge degli spazi vuoti in Idra 97; Yunfei Gao in: China u. Europa im dt. Roman 97; Jochen Hieber in: Festschr. z. Lit.pr. d. Innerschweiz 99; Eve Pormeister in: Bilder d. Weiblichen (Tartu) 03.

Leutzsch, Jan s. Dost, Hans-Jörg

Leverenz, Fritz, Former u. Gießer, Lehrer, Erzieher, Schriftst.; Wendenschloßstr. 21, D-12559 Berlin, Tel. (0 30) 6 54 22 48, Fax 65 47 08 94, *f.leverenz@bluecable.de, user.blue-cable.de/fritz.leverenz* (* Berlin 30. 4. 41). Köpenicker Lyr.seminar, SV-DDR 88, VS 90, Lichtenberger Lit.kr.; Arb.stip. f. Berliner Schriftsteller 90, Autorenstip. d. Stift. Preuss. Seehandlung 97; Erz., Rom. – **V:** Lied der Grasmücke, Erzn. 87; Sikesö, der graue Kater und der kleine Frosch Ulysses 03; Amsel Amadeus und der Graue Kater 05; East Side Stories, Erzn. 07. – **MA:** Inselfenster 1980, G.; Erzn. in: Temperamente 2/83 u. 4/83; Auf du und du 85; Die Schublade 85; Einstieg 87; ndl 10/87; Sibylle 4/88; Annäherungen (Hrsg.: Europaforum Halle) 93; Die Wüste Leben 96; Im Zwiespalt 99; Flaschenpost aus Nordost, Anth. 04 u. 05. – **R:** Die Hürde, Erz. 78; Gießereiskizze. Ein heißer Tag, eine Kohlenstaubnacht, Schulfk-Sdg 83; 2 Kinderhsp. 80.

†**Levi-Mühsam,** Else (geb. Else Mühsam), Bibliothekarin, Leiterin d. Dr.-Erich-Bloch-u.-Lebenheim-Bibliothek Konstanz, Hrsg.; lebte in Konstanz, zuletzt in Jerusalem (* Görlitz 8. 5. 10, † Jerusalem 3. 6. 04). Wangener Kr. 69, Kg. 70, VdSI; Max-Lippmann/Walter-Meckauer-Gedenkmed. 71. – **V:** Mein Vater Paul Mühsam (Israel-Forum 11) 66; Paul Mühsam. Ein jüdisch-schlesisches Dichterschicksal (Schlesien III) 69; Viele Wege bin ich, Gott, nach Dir gegangen 87, 89; Paul Mühsam, von seiner Tochter gesehen (Exil I) 98. – **H:** ... seit der Schöpfung wurde gehämmert an deinem Haus, Ausw. a.d. Werk v. Paul Mühsam 70, 93; Paul Mühsam: Tao, der Sinn des Lebens 70, 79, u. d. T.: Über den Sinn des Lebens 93; Der Ewige Jude 75; Mein Weg zu mir. Aus Tagebüchern 78, 92; Glaubensbekenntnis 78,

94; Sonette an den Tod 80, 93, 95; Spiegelbild eines Welterlebens 81, 93; Vollkommeneres wurde nie und wird nicht werden als die Liebe. Aus d. Briefw. von Paul u. Irma Mühsam 85; Der Hügel. Ein Mysterium in 16 Bildern 86; Ich bin ein Mensch gewesen, Lebenserinn. 89; Arthur Silbergleit u. Paul Mühsam: Zeugnisse einer Dichterfreundschaft. Ein Zeitbild 94. – **Ue:** Spiegelbild eines Welterlebens u. d. T.: World in a Mirror 93. – *Lit:* Ingrid A. Wiltmann (Hrsg.): Lebensgeschichten aus Israel. Zwölf Gespräche 98.

Levin, Anna s. Stollwerck, Karsten

Levin, U. S. (eigtl. Uwe Bauer), Modelltischler; Ligusterring 36, D-04416 Markkleeberg, Tel. (03 41) 3 30 16 14, *u.s.levin@freenet.de, www.uslevin. de* (* Laucha 28. 5. 60). Förderkr. Freie Lit.ges. e.V. Leipzig 01; Humorist. u. satir. Texte. – **V:** Sketche für jung und alt 95; Das Auto im Manne 97; Schuld war der Computer 00; Paradies für Kunstverbrecher 00; Ich bin nüchtern, aber in Behandlung, Satn. 03; Bis das der Arzt uns schneidet, Satn. 05; Kein Hunger im Knast 07; Eiterherd ist Goldes wert, Satn. 08. – **MA:** Lyrik u. Prosa unserer Zeit 92; Sketch mal wieder 94; Lustige Sketche 96; Heitere Sketche I 96. – **R:** Ohne Termin läuft nichts 95; Der ehrenwerte Einbrecher 96, beides Sketche im BR-Fs.

Levy, Moshe H., Musikschullehrer i. R.; Schottenstr. 24, D-93138 Lappersdorf, Tel. (09 41) 8 62 99, Fax 8 10 78 51, *edimattin@aol.com, members.aol.com/ edimattin* (* Hannover 19. 2. 23). Autobiogr., Musikwissenschaft. – **V:** Eine leicht verständliche Einführung in die Tonsysteme, Fachb. 97 (auch engl.); Ein Auge lacht, Autobiogr. 00. – *Lit:* Josef Powrozniak in: Gitarren Lexikon 79; Maurice Summerfield in: The Classical Guitar, 5th Ed. (Ashley Mark Publ. Comp., England).

Lewalter, Brigitte (geb. Brigitte Kangro); Am Rosenrain 23, D-53179 Bonn, Tel. (02 28) 34 71 63 (* Düsseldorf 14. 8. 42). Rom., Erz. – **V:** Das baltische Fernrohr, R. 98. – **MA:** Wir selbst. Rußlanddt. Lit.blätter, Anth. 98; Beitr. in Ztgn u. Illustrierten, u. a. in: Generalanzeiger; Ein Herz für Tiere, seit 89.

Lewandowski, Rainer, M. A., Autor f. Hörfunk, Fernsehen u. Theater, Regisseur, Intendant d. E.T.A.-Hoffmann-Theaters Bamberg; Titusstr. 69, D-96049 Bamberg, Tel. (09 51) 6 57 70, Fax 9 68 63 54, *Rainer. Lewandowski@t-online.de, www.Rainer-Lewandowski. de* (* Hannover 14. 4. 50). 1. Pr. b. Dramatikerwettbew. d. Zs. „Drehbühne" 88, Pr. d. 10. Bayer. Theatertage, 2 x Pr. f. Darst. Kunst d. Bayer. Akad. d. Schönen Künste u. d. Friedrich-Baur-Stift. 96, Kulturpr. d. Oberfrankenstift. 03 ,3. Pr. d. 24. Bayer. Theatertage; Erz., Dramatik, Hörsp., Kinderb. Ue: engl. – **V:** Peine. Eine Familiensaga aus dt. Landen, Hsp. 87; Sie sind auch kein Bamberger, wie ich höre?, Textb. z. Theaterst. 95; Bambolo, Mitmach-Bilderb. 97; Der Königsmord zu Bamberg 98; Manongahila. Ein Umwelt-Märchen, Bilderb. 99; Meine Lieblingsgeschichten vom Kasper 04; – THEATER/UA: Die Prinzessin im Meer 82; Heute weder Hamlet 86 (Übers. ins Russ., Frz., Engl., Ung., Poln.); Marmor, Stein und Eisen bricht oder Eine Probe, Musical 87; Hauptsache liegt immer noch an der Leine, Revue 88; Ferienglück, Thr. 89; Mambo Mortale oder Der Notruf ist leider besetzt, Rock-Musical 89; Der Geburtstag oder The same procedure as every year 90; Weihnachten in Gefahr 90; Streit im Spielzeugland 91; Junges Gemüse 1. u. 2. Teil 91 u. 92; Deutsche Herzen, deutsche Helden, n. Karl May 92; Gespenst von Canterville 93; Ich, Marlene, Musical 93; Befana u. der Weihnachtsengel 97; Das fremde Kind, n. E.T.A. Hoffmann 95; Sie sind auch kein Bamberger, wie ich höre? 96; Bericht vor einer Akademie 96; Bambolo, Mitmach-Theater f. Kinder 96; Bambolo od. Hilfe! Giuseppe Fantassissimo ist unsichtbar, Mitmach-Theater f. Kinder 97; Die Weisheit hat sich ein Haus gebaut, Festsp. 98; Alarm, Kom. 98; Königsmord 98; Burgfrosch Balthasar, m. Rudi Sopper 98; Manongahila, Umwelt-M. 99; In einem tiefen dunklen Wald, m. Paul Maar 00; Der gestiefelte Kater, Musical f. Kinder 00; Volwälts Neihwacht, Musical f. Kinder 02; Der Sandmann, n. E.T.A. Hoffmann 03; Punkt gegen Punkt 03; Ich 03; Escape!, Jgd.-Stück 04; Nichts hält mich mehr in Kisslingen 04; Der Struwwelpeter, Stück f. Kinder 06; Die Tour 06. – **MA:** Medium u. Kunst 78; Ausgesuchte Einakter u. Kurzspiele I 81, III 84; Interaktionsanalysen 82; Alexander Kluge 83; Geflechte 3/86; Monologe 87; Jb. d. Grabbe-Ges. 89; Jb. d. E.T.A.-Hoffmann-Ges., Bd 4 96; West Virginia University Philosophical Papers 98; Jb. 13 d. Bayer. Akad. d. Schönen Künste 99; S. Constantinidis (Hrsg.): Text and Presentations 00; Reisen zum Planeten Franconia 01; Meine Lieblingsgeschichten vom Kasper 03; Die Wanderspielzeiten des E.T.A.-Hoffmann-Theaters u. die Jahre danach 03; Rückkehr zum Planeten Frankonia 06; Die verrückte Labyrinthreise 06. – **R:** zahlr. Hfk-Feat., Hsp., Hfk-Serien, u. a.: Bitte beachten Sie genau die Pausen im Dialog, die ich mit „STILLE" bezeichne ... 76; Das Theater des Nationalsozialismus, 2 Teile 77; Der Prozeß um Schnitzlers „Reigen" 80; Es war wie ein Glucksen, Hsp. 81; Solange wir noch da sind, O-Ton-Hsp. 82; Kommen Sie mir nicht an meine Hose, Hsp. 83; Deutschland, deine Schlager, 2 Teile 84; Und dann und wann ein weißer Elefant, Montage 84; Deutsche Herzen, deutsche Helden, 47tlg. Serie n. Karl May 85; Der Geisterseher, n. Friedrich Schiller 86; Peine. Eine Familiensaga aus dt. Landen, Parodie-Serie 86; Die Parodie als Lebensform 86; Der aktuelle Basteltip, 15 Folgen 86; Das Sommerhaus, Krim.-Sp. 86; Streife Anton 8, 60tlg. Serie 86/87; Ein Mythos und kein Ende? 75 Jahre Titanic 87; „da wird die Sau geschlacht...", O-Ton-Hb. 87; Ohne Motiv, Krim.-Sp. 87; Wahrheit oder Lüge?, Hsp. 88; Wählen kann jeder, Hsp. 88; Polizei vor Ort, Hsp. 89; Die Phantasie kommt Hoffmann zum Trost, Feat. 97; „Gibt es denn eine Seligkeit, die der unsrigen gleicht?". E.T.A. Hoffmann u. Julia Mark 98; – Kurz-Hsp./Hsp.: Hier spricht der automatische Anrufbeantworter; Glückliche Reise; Ferien im Flöz oder Städteurlaub einmal anders; Wenn die bunten Fahnen wehen ...; Scheidung auf deutsch; Das aktuelle Kulturstudio, Simultan-Rep., u. a.m.; – zahlr. Fs.-Aufzeichn. d. Theaterst. sowie Fst 2. Serie „Kontakt bitte": Einmal ist keinmal 89. – **P:** Hörspielkass. f. Kinder: Fantassissimo, 10 Kass. 97; Die Prinzessin im Meer; Weihnachten in Gefahr; Streit im Spielzeugland; Abenteuer im Märchenwald; Das Gespenst von Canterville, n. O. Wilde; Befana u. der Weihnachtsengel; Junges Gemüse 1 + 2; Das fremde Kind; Bambolo 1; Bambolo od. Hilfe! Giuseppe Fantassissimo ist unsichtbar; Manongahila; Burgfrosch Balthasar, m. Rudi Sopper; In einem tiefen dunklen Wald, m. Paul Maar. – **Ue:** Molière: Der eingebildete Kranke, m. B. Renne; Calderón de la Barca: Der wundertätige Magier. – *Lit:* s. auch SK. (Red.)

Lewek, Christoph, Sozialarb.; Karower Chaussee 21, D-13125 Berlin, Tel. (0 30) 94 51 84 39, *ch.lewek@web. de* (* Lützen 10. 2. 54). Belletr., Rom., Lyr., Erz. – **V:** Reisegepäck, R. 96; Die Konferenz der Geister, Geschn. 04.

Lewin, Hannah-Miriam s. Margraf, Miriam

Lewin, Waldtraut, Dipl. phil., Dramaturgin/ Regisseurin f. Oper, Autorin; Rheinbabenallee 37, D-14199 Berlin, Tel. (0 30) 32 70 57 60, *federico. confidente@arcor.de, www.wlewin.de* (* Wernigerode

8. 1. 37). SV-DDR 76–90, Akad. d. Künste d. DDR 86–89, VS 90; Händel-Pr. d. Stadt Halle 73, Lion-Feuchtwanger-Pr. 78, Nationalpr. d. DDR 88, Harzburger Jgd.lit.pr. 00; Rom., Nov., Operntext, Krimi, Jugendb. Ue: ital, russ. – **V:** Herr Lucius und sein Schwarzer Schwan, R. 73; Die Ärztin von Lakros, R. 77; Katakomben und Erdbeeren, Reisebeschr. 77; Die stillen Römer, R. 79; Rosa Laub, Libr. d. Rock-Oper 79; Der Sohn des Adlers, des Müllmanns und der häßlichsten Frau der Welt, M. 81; Victoria von jenseits des Zaunes, M. 81; Garten fremder Herren. 10 Tage Sizilien 82; Vom Eulchen und der Dunkelheit, Kdb. 82, Neuaufl. 99; Kuckucksrufe und Ohrfeigen, Erzn. 83; Federico, R. 84, 4. Aufl. 03; Villa im Regen, Reisebeschr. 84; Addio, Bradamante, Kdb. 86; Poros und Mahamaya, Kdb. 87; Ein Kerl, Lompin genannt, R. 88; Dicke Frau auf Balkon, Krim.-R. 94; Alter Hund auf drei Beinen, Krim.-R. 94; Alles für Caesar!, Jgd.-R. 96; Frau Quade sprengt die Bank, Krim.-R. 97; Jenseits des Meeres: die Freiheit, Jgd.-R. 97, Tb. 99; Frau Quades Welt bricht zusammen, Krim.-R. 98; Insel der Hoffnung, Jgd.-R. 98; Ein Haus in Berlin, Trilogie. 1: Luise, Hinterhof Nord (1890), 2: Paulas Katze (1935), 3: Mauersegler (1989), Jgdb. 99; Tochter der Lüfte, Jgd.-R. 00; Der Fluch, Jgdb. 00; Die aus der Steppe kommen, Jgd.-R. 02; Capriole d'Amore, Opernlibr., UA 02; Mond über Marrakesch, Jgd.-R. 03; Marek und Maria, Jgdb. 04; Wenn die Nacht am tiefsten, hist. R. 05; Samoa, Jgd.-R. 05; Moana, Jgd.-R. 06; Wiedersehen in Berlin 06; Columbus 06; Deutsche Heldensagen 06; Drei Zeichen sind ein Wort 07; Die Löwinnen von San Marco, R. 07; Nordische Göttersagen 07; Artussagen 07; Griechische Sagen 08; Drei Zeichen sind die Wahrheit 08. – **MV:** Georg Friedrich Händel, Biogr. 84; Märchen von den Hügeln 87; Hunde in der Stadt, Erzn. 95; Jochanaan in der Zisterne, Krim.-R. 96; Kleiner Fisch frißt großen Fisch 97; Kdb.-Serie „Die Wolfsbande". 1: Der Mönch, 2: Der Freund, 3: Das Mädchen, 4: Der Dorn, 5: Die Hexe, 6: Das Turnier 01/02; Weiberwirtschaft, Krim.-R. 04, alle m. Miriam Margraf. – **MA:** Wie Karel mit dem blauen Motorrad zu Rosa Laub flog, Anth. 74; Fernfahrten, Anth. 76. – **R:** Vom Eulchen und der Dunkelheit, Kinderhsp. 79; Ich wünsch der Braut ein' goldne Kron' 79; Die Erzählungen des Far-li-mas 79; Wie die Lilien des Feldes 84; Das Geheimnis des persischen Sklaven 96, alles Hsp. – **Ue:** 16 Opern Georg Friedrich Händels f. d. Bühne 58–72; La pazzia senile, Oper 02. (Red.)

Lewinsky, Charles, freier Autor; Eleonorenstr. 12, CH-8032 Zürich, Tel. (01) 2 62 76 89, Fax 2 62 76 90, *charles@lewinsky.ch, www.lewinsky.ch* (* Zürich 14. 4. 46). Emmy 80, Chaplin-Pr. d. Stadt Montreux 83, Prix Walo 89, 94 u. 95, E.gabe d. Kt. Zürich 00 u. 06, Schiller-Pr. d. Zürcher Kantonalbank 01, Tele-Pr. 02, Annual Best Novels, Peking 08, Premio Vallombrosa von Rezzori (Shortlist), Florenz 08, u. a.; Fernsehsp., Hörsp., Theater, Drehb., Prosa. – **V:** Galaktische Gartenzwerge u. a. Sonntagsgeschichten, Satn. 85; Mattscheibe, R. 91; Der gute Doktor Guillotin, Sch. 92; Der A-Quotient 94, überarb. Neuausg. 05; „Schuster!", R. 97; Der Teufel in der Weihnachtsnacht 97; Die Talkshow, R. 99; Johannistag, R. 00; Freunde, das Leben ist lebenswert 00, 02; Deep, Musical 02; Ein ganz gewöhnlicher Jude, Drehb. 05; Melnitz, R. 06 (in mehrere Spr. übers.); Einmal Erde und zurück: der Besuch des alten Kindes, Kdb. 07; Zehnundeine Nacht, Erzn. 08; – weiterhin zahlr. Bühnenstücke, Drehbücher, ca. 500 Liedertexte f. versch. Komponisten. – **MV:** Hitler auf dem Rütli. Politfiktion, m. Doris Morf 84; Gipfelkonferänz. Monatslieder, m. Jacob Stickelberger

07. – **R:** über 1000 TV-Shows für ARD, ZDF, SRG, ORF, SAT1, RTL sowie ca. 30 (Kinder-)Hörspiele.

Lewis, Morrison s. Kowalski, Laabs

Lewitscharoff, Sibylle, Religionswiss., Buchhalterin; Landhausstr. 13, D-10717 Berlin, *s.lewitscharoff @t-online.de* (* Stuttgart 16.4.54). Dt. Akad. f. Spr. u. Dicht. 07; Ingeborg-Bachmann-Pr. 98, Kranichsteiner Lit.pr. 06, Pr. d. Literaturhäuser 07, Marie-Luise-Kaschnitz-Pr. 08; Rom., Erz. – **V:** 36 Gerechte 94; Pong, R. 98, Tb. 00 (auch Tonkass.); Der höfliche Harald 99 (auch CD); Montgomery, R. 03; Consummatus, R. 06. – **R:** Im Schrank, Hsp. 96. (Red.)

Leybrand, Hanna, Sängerin, Schriftst., Rezitatorin, ObStudR. i. R.; Kaiserstr. 47, D-69115 Heidelberg, Tel. u. Fax (0 62 21) 2 95 35, *wilhelm.kuehlmann@gs.uni-heidelberg.de* (* Passau 15.7.45). Goethe-Ges., GEDOK Heidelberg 90, Scheffelbund 92, FDA 96, Grimmelshausen-Ges. Münster 04, Die Räuber '77 00; Preisträgerin d. Intern. Lyr.wettbew. 'Sannio' 95, Mannheimer Lyr.pr. (2. Pr.) 01; Lyr., Erz., Kurzprosa. – **V:** Schafft die Träume ab, G. 03; Der Chaosforscher, Geschn. u. Kurzprosa 05; Der Schwarzwaldschamane, Geschn. u. Kurzprosa 06; Tage in Weiß und Blau, G. 07. – **MA:** zahlr. Beitr. in Anth. seit 93. – *Lit:* H.-P. Ecker in: Dt. Bücher H.3/03; ders. in: Passauer Pegasus 03; W. Hinck in: FAZ v. 20.2.2008; www.autorenbw.de.

Leyendecker, Gudrun, Autorin, Lebensberaterin, Rezitatorin; Endenicher Str. 260, D-53121 Bonn, Tel. u. Fax (02 28) 3 36 07 22, *gudrunleyendecker@gmx.de* (* Bonn 19.5.48). VS 99, World Writers Assoc., Culturaitalia 04; Zeitkrit. Rom., Märchenrom., Erz., Ged. Ue: ital. – **V:** Zauberkraft der Liebe, M.-R. 97; Der Clown auf der Schaukel, M.-R. 99; Liebe ist kein Alibi, Krim.-Erz. 99; Die Hex vom Dasenstein, Sagen-R. 99, Neuaufl. u. d. T.: Hex vom Dasenstein 07; Motten haben keinen Mund, Krim.-R. 99; 9 mm sind dein Tod, Krim.-R. 00; Ma-Ma-Mallorca, Krim.-R. 00; Beinah witzig 03; Heartplay – Teufelsspiel mit heißem Herzen, R. 03; Kein Glück in der Liebe, Sachb. 05; E-Mail an den Papst, rel.-hist. R. – **MV:** Inpronte di Memoria, m. Vanni Poli, G. 04; Cuore Sal-Vaggio, m. Salvatore Messina, G. 05; Intra me, m. Vanni Poli, G. 05. – *Lit:* s. auch SK.

Leyk, Ursula, Bibliothekarin, Werbetexterin, Erzählerin; c/o Karin Fischer Verlag, Aachen (* Marktredwitz 5.5.40). Rom., Erz. – **V:** Nach Berlin!, R. 04. (Red.)

Leykamm, Jürgen, freier Journalist, Autor; Tel. (01 79) 4 90 06 21, *leykamm@freenet.de*, *www. leykamm.de* (* Weißenburg/Bay. 25.10.67). BJV 03; Erz. – **V:** Punkt Punkt KOMA Strich, autobiogr. Erz. 04. – **MA:** Nehemia-Info. – **P:** DJC is in the House!, CD.

Li Deman s. Berger, Friedemann

Li, Larissa, Choreografin, freischaff. Performerin; Postfach 624, CH-8475 Ossingen, Tel. 09 3 18 77 87, *info@larissa.li, www.larissa.li* (* 21.11.68). Gruppe Olten 98; Lyr.-Theater. – **V:** MissBraucht 95; Die Keimling Kinder 96; EndScheit 97; Schäferlos 99; 1 A X omega 00, alles Lyr. (Red.)

Li, Martin s. Liechti, Martin

Libbert, Helga (geb. Helga Benker), Verlegerin; Hohentwielweg 12, D-76337 Waldbronn, Tel. u. Fax (0 72 43) 65 24 99 (* Osnabrück 9.7.38). Sachb., Erz., Lyr. – **V:** Zum Wasser zieht's die Leute hin, Verse, Rei-m a. Sprüche; Anmut und Schönheit; Wir und unsere Vier; Reich gemacht, Erinn., u.v. a.; – zahlr. Kinder-u. Bilderbücher, u. a.: Ball, Ball, überall, 2 Bde; Der Schweigekünstler; N.; Die Kinder der Familie Lustig; Wenn es keine Tiere gäbe, 2 Bde; Buntes Versmosaik;

sowie 2 Sachb. – **MV:** Wer möchte nicht mal lachen?, m. Martin Kupka; Durch mein Lied danke ich IHM, m. Manfred Domrös; Majestätisches Wort. – **H:** Du und Dein Haus, Zs. 79–04.

Libig, Zoe s. Brem, Jakob

Licha, Otto, Dr. phil., Mag. rer. nat., AHS-Lehrer, Schriftst., Musiker, Dokumentarfilmer; Technikerstr. 44/3/9, A-6020 Innsbruck, Tel. (05 12) 93 57 94, (06 99) 10 83 18 52, *otto.licha@chello.at* (* Wien 14.2.52). GAV 01; Erz., Rom. – **V:** Rand der Berge, Erz. 90; Die Begegnung 04, 2. Aufl. 05; Zuagroaste, Kurzgeschn. 05; Geiger, R. 08. – **F:** Ich nenn dich dritte Welt 85; Noch ist es dunkel, aber vielleicht ehe der Tag bald kommt 87; Sequenzen aus Nicaragua 89, alles Dok.fil-me; Canto a terra, Filmess. 89. – **P:** Dreams and Words 79; Lieder aus dem Leben 83, beides Schallpl.; Süden – aus einer Welt 91; Erdige Gefühle 92; Derfmades 93, alles CDs; Adolf Pichlers Erinnerungen, Dok. 05; Jean Rouch im Cinematograph, Dok. 05, beides Videokass.

Licher, Helga; Ulmenhof 2, D-49176 Hilter, Tel. (0 54 24) 34 32, *h.licher@gmx.de, www.helgalicher.de* (* 14.4.48). Rom., Kolumne. – **V:** Papa kocht italienisch, Nm. 06; Reich mir mal die Kombizange, Nm. 06; Dünenwind, R. 07.

Licht, Bettina, Dipl.-Päd., Sozialpäd.; An der Röthe 16, D-36145 Hofbieber/Rhön, Tel. (0 66 57) 62 51, Fax (06 61) 2 92 68 64, *BettinaLicht@forumfrau.de, www. forumfrau.de* (* Homberg/Efze 20.2.57). Kurzgesch., Science-Fiction-Gesch., Sachb., Fachartikel. – **V:** Leute, die ich kenne. Geschichten üb. Menschen aus Hessen 01; Geschichten aus der Zukunft 01; Balzac. Leben u. Werk d. Romanciers, Biogr. 02. – **H:** Frauenrollen neu schreiben!, Fachb. 02. (Red.)

Licht, Wolfgang, Dr. med., Arzt; Am Viertelsberg 5, D-04651 Bad Lausick, Tel. (03 43 45) 2 22 59, Fax (03 48 50 60) 33 44 21 54, *w-licht@t-online.de* (* Leipzig 1.11.38). VS 94; Rom., Erz. – **V:** Bilanz mit Vierunddreißig oder Die Jahre der Claudia M., R. 78, 90 (auch tsch.), Tb. 81; Die Geschichte der Gussmanns, R. 86; Die Axt der Amazonen. Eine Penthesilea-Modifikation in Prosa 95, 3. Aufl. 04; Leibarzt am sächsischen Königshaus, Erz. 98; Johannes oder Versuch einer ménage à trois, R. 02, Tb. u. d. T.: Johannes. Versuch einer Ehe zu dritt 04; Lea, R. 06; Vera, R. 08; Der Vergeudung, R. 08. – **MA:** Die Tarnkappe 78, 83; Das erste Haus am Platz 82, 83.

Lichtenauer, Fritz, Autor; Aubergstr. 37, A-4040 Linz, Tel. u. Fax (07 32) 71 57 37 (* Vichtenstein, ObÖst. 19.7.46). GAV, MAERZ; Öst. Staatsstip. f. Lit. 73; Drama, Lyr., Visueller Text, Prosa, Hörsp., Ess., Kinder- u. Jugendb. – **V:** text & linie 78; Wosden wosden, Dialekt-G. 84; do schausd midde augn, Dialekt-G. 89; Einschicht. Aufgewachsen in 90; der eingang ist der ausgang, Texte 90; sogi sogi, Dialekt-G. 91; buchstäblich, Werkheft 91; bleangazn/blingazn, Dialekt-G. 93; pattern 95; Sebastians Bösendorfer, Kdb. 95; Ali auf der Alm, Kdb. 96; a longs und a broads, Dialekt-G. 00; Sprechen Sie Oberösterreichisch? 03; Wenn ich nachts nicht schlafen kann, fange ich zu reimen an, Lyr. 04; Darüber lacht Oberösterreich, Witze, Anekdn., Kurioses 06; Oberösterreich in Rätseln, Geschn. 07. – **MA:** zahlr. Beitr. in Lit.-Zss., Kat. u. Anth., u. a. in: Facetten; neue texte; Landstrich; ObÖst. Kulturber.; ed. philosoph.-literar. reihe. – **R:** Abendstille 83; Aufgewachsen ... 90; Herbergsuche 03; Auf der Suche nach A. Stifters Feldblumen 05, alles Hsp. – **P:** Wortreihen, Künstlerbuch u. CD 04; Textbilder, Zeichnungen, Fotografien, Bibliothek der Provinz 04.

Lichtenberg, Bernd, freier Dreh.autor; Schenkendorffstr. 36, D-50733 Köln, Tel. (02 21)

Lichtenberger

72 81 54, *blichtenberg.wwr@debitel.net*, *www.drehbuchwerkstatt.de* (* Leverkusen 24. 6. 66). Drehbuchpr. d. Ldes NRW 95, Dt. Drehbuchpr. 02, Bayer. Filmpr. (Publikumspr.) 04, u. a. – **V:** Eine von vielen Möglichkeiten, dem Tiger ins Auge zu sehen, Geschn. 05. – **F:** Déjà vu 97; Good Bye Lenin! 02, u. a. (Red.)

Lichtenberger, Sigrid (geb. Sigrid Mertens), Hausfrau; Flehmannshof 9, D-33613 Bielefeld, Tel. (05 21) 88 97 68 (* Leipzig 27. 5. 23). VS, GZL; Lyr., Erz. – **V:** Vom Ende her, Erzn. 83; Klopfzeichen, Lyr. 87; Suchet der Stadt Schönstes, G. 91; Mulekin, Erz. 94; Als sei mein Zweifel ein Weg, G. 95; Zweisamkeit, G. 96; Jeder ist anders anders 97; Am Bahnsteig entgleist die Zeit, Erzn. 98; Gedichte in unruhigen Zeiten, 1963–2003 03; Der Herbst der Veränderung, G. 04. – **MA:** mehrere Beitr. in Prosa- u. Lyrik-Prosa-Anth. (Red.)

Lichtenstein, Swantje (Swantje Julia Maike Lichtenstein), Dr.phil., Prof. FH Düsseldorf; Vorgebirgstr. 35, Hinterhaus, D-50677 Köln, Tel. (02 21) 28 07 59 93, *swantje.lichtenstein@fh-duesseldorf.de*, *www.lichtblatt.de*. Engelboldstr. 73, D-70569 Stuttgart (* Tübingen 11. 9. 70). VS Bad.-Württ. 07; Stip. d. Kunststift. Bad.-Württ. 07, Stip. Künstlerhaus Nairs 08; Lyr., Erz., Dramatik, Hörsp., Ess. – **V:** Das lyrische Projekt 04; figurenflecken oder: blinde verschickung 06; Entlang der lebendigen Linie 08. – **MA:** LIT.ZSS.: lauter niemand 6/05; Dulzinea 8/05, 10/07; LIMA 1/06; Schrieb, IV.Ausg./II.Aufl. 06; Die Brücke, Nr.1–4 07; HERZATTACKE I/06, II/07; poet[mag] 2/06, 5/08; spa_tien 4/07; plumbum 4/07; sprachgebunden 4/07; – ANTH.: 47 & 11 06; Das Kölner Kneipenbuch 07; Versnetze 07; Der dt. Lyrikkalender 2008, Bertem/Brüssel 07; Hermeticus offen 08; Lyrik von Jetzt 2 08.

Lichter, Elisabeth (geb. Elisabeth Kaufhold), Dr. phil.; Hauheckenweg 21, D-69123 Heidelberg, Tel. (0 62 21) 83 64 96, Fax 84 08 99, *elisabeth.lichter@gmx.de*, *www.elisabeth-lichter.de* (* Schwerte 6. 1. 30). GEDOK Heidelberg 02; Inge-Czernik-Förd.pr. 98; Lyr., Erz. – **V:** Weiter gehen 98; So nah so weit entfernt 01; Kein Atem zwischen den Bildern 03; In gebrochenem Licht 04; Zögern vor jedem Wort 06, alles Lyr.

Lickup, Fritze s. Schierer, Jürgen

Lie, Romie s. Liechti-Moser, Rose-Marie

Lieb, Helga (verh. Helga Haller, Ps. Madlen Model) *

Liebchen, Wilfried (Ps. 1965–74: Wilfried Wettstedt); Kirchenstr. 6, D-97657 Sandberg, Tel. u. Fax (0 97 01) 14 63 (* Haldensleben 9. 6. 31). SDS Berlin 58–60, NGL 73–86; Fabel, Rom., Erz., Dramatik. – **V:** Der witzige Reineke Fuchs, Erz. 89, 3. stark erw. Aufl. 06; Die Fabel 90; Vom Wiederfinden, Erzn. 90; Die Fabel heute, Fbn. 92; NIEMAND, R. 95; Goethes Farbenlehre, Sachb. 99; Die Kunst der Rezeption 00; Die Moritat vom Scheintod der Fabel in vier Gesängen, UA 03; Goethe-Fabeln, Kriterien der Fabelform 05; Wunschkonzert, Hsp. 07. – **MV:** Kompositum Fabel, m. Klaus-Jürgen Prohl u. Maria Ausserhofer, Fbn. u. Aufss. 02; Kreuzwegbilder, m. Bildern v. K.-J. Prohl 06. – **MA:** zahlr. Erzn. u. Stegreifspiele in: GRIPS-Theaterhefte 72–78; zahlr. Erzn. u. Lyr. in: Heimat-Jb. Rhön 90–06; Anschaulich philosophieren, Fbn. u. Lyr. 07. – **H:** Begleitheft zu: Die Moritat vom Scheintod der Fabel in vier Gesängen 02. – *Lit:* Maria Ausserhofer/Martina Adami (Bearb.): Velut in speculum inspicere. Der Mensch im Spiegel d. Fabel 97, dsgl. als Lehrerkommentar 99; J.Wons in: Heimat-Jb. Landkr. Rhön-Grabfeld 05; s. auch 2. Jg. SK.

Liebenfelss, Jörg von (geb. Georg von Felicetti von Liebenfelss), Schauspieler, Autor; Otto-Lauffer-Str. 37, D-37077 Göttingen, Tel. (05 51) 3 41 15, *Joerg Liebenfelss@t-online.de* (* Graz 17. 2. 30). IGAA, ÖDV; Bayer. Förd.pr. f. Kom. d. Turmtheaters Regensburg 93; Rom., Drama, Hörsp., Kinder- u. Jugendb. – **V:** Die Rätselprinzessin oder Robot und Futurandot UA 80, B. 84; Die unheimliche Statue, Jgd.-R. 82; Satelliten-Piraten, Jgd.-R. 82; Der unheimliche Inselstern, Sammelbd 82; Der kleine Rübezahl, UA 86; Das trojanische Schaukelpferd, Kom. 92. – **B:** Marduk u. die Täuscher, nach A. Döblin, Sch.; Das Märchen vom Täuscher, nach F. Molnar, Kammerspielfass. – **MA:** 4 Erzn. in SF-Anth. – **R:** zahlr. Hsp., u. a.: Das Monument der Harmonie 78; Der Anti-Orpheus-Effekt 78; Stempel in meinem Fleisch 79; Vitriol, oder der Mann im Hundefleisch 79; Das bessere Drittel 89; Drei Sonntage in einer Woche 89; Eine Schreckensnacht 89; Heimatochare 89; Sternenglimmer und Hot Dog 90; Adom und Iva, oder das Ende der Eifersucht 92; Daser 93; Erben ist ein Risiko 96; Magic Jump 96; Das gestohlene Gesicht 97; Eine schöne Bescherung 97; Sammelwut 98.

Liebenow, Eva-Maria, EDV-Fachfrau; Bornheimer Str. 10, D-53332 Bornheim-Uedorf, Tel. (0 22 22) 8 21 14, *eva@evamaria-liebenow.de*, *evamaria-liebenow.de* (* Gelsenkirchen 23. 1. 53). Literaturatelier d. Frauenmuseums Bonn (Gründ.mitgl.) 97; Rom., Lyr., Erz. – **V:** Perlen-Suite, G. u. Kurzgeschn. 99. – **MA:** Rache ist süß ist lustvoll, Kurzgesch. u. G. 98; „Ob Frauen im Bild passen... ...ist nur eine Frage des Rahmens" 98. (Red.)

Liebermann, Martina, Kindergärtnerin, Kosmetikerin; Hauptstr. 16, D-18246 Jürgenshagen, Tel. (03 84 66) 2 04 02, Fax 2 02 02 (* Zwenkau 5. 12. 64). – **V:** Die Perle von Madeira, Erz. 98. (Red.)

Liebers, Andrea, Dr., Schriftst., Red.; Im Anger 4, D-69118 Heidelberg, Tel. (0 62 21) 88 95 50, Fax 88 95 52, *autorin@andrea-liebers.de*, *www.andrea-liebers.de* (* Karlsruhe 15. 6. 61). VS 04; Kinder- u. Jugendb. – **V:** Eine Frau war einer Mann 89; Die schöne Lau 95; Der Schneider von Ulm 96; Die sieben Schwaben 96; Spuk in Heidelberg 96; Als der Buddha einst ein Löwe war 97; Als der Buddha einst ein Häschen war 97; Das Geheimnis der Tiefburg 97; Das Stuttgarter Hutzelmännlein 97; Die wundersame Rettung im Alamannenhain 97; Graf Zeppelin erobert das Luftmeer 98; Spuk im Neckar 98; Lina und der Kaiser 00; Das Geheimnis des Stutengartens 00; Spuk in Karlsruhe 01; Spuk im Odenwald 01; Die Weiber von Weisberg 01; Spuk in Mannheim 02; Spur in die Urzeit 04; Der Schatz unter der Stadt 04, alles Kd.- u. Jgdb. – **MV:** König Titi, m. J. Wilz 97; Ninas Traum, m. G. Balle 98; Sagenhaftes Wandern auf der Schwäbischen Alb 92; Sagenhaftes Wandern am Bodensee 02; Sagenhaftes Wandern in Oberschwaben 02, alle m. G. Stahl; Kinder-Universitas, m. Kirsten Baumbusch u. Stefan Zeeh 04. (Red.)

Liebers, Verena, Dr. rer. nat., Biologin, Künstlerin; Kohlenstr. 159, D-44793 Bochum, *vigli@web.de*, *www.vigli.de* (* Berlin 31. 5. 61). 2. Pr. im Poetensitz, Heidelberg 99, 1. Pr. b. Kulturfestival d. AG „Die Fittinge" 00, 1. Pr. im Salonline-Lit.wettbew. 00, 2. Pr. Oberhausener Lit.wettbew. 02, Dorstener Lyrikpr. 03, Stadtschreiber v. Otterndorf 05, Stadtkünstlerin v. Verlbert-Langenberg 06; Kurzgesch., Lyr., Rom. – **V:** Lebensstücke, Kurzprosa 00; Kleine Welt, Erzn. 01; Das Schattenmädchen, R. 03; Der Mantelmann, Erzn. 04; NESTEL, R. 05; Läufer sind auch nur Menschen, Anekdn. 08. – **MA:** Glück – ein verirrter Moment 99; Almanach

2000 99; zahlr. Beitr. in Lit.zss. seit 99, u. a. in: Eulalia, Ausg. 5 00.

Liebert, Andreas (Ps. Christian Turnau, Andreas Trebal, Andrea Olsen), Dr. phil., Schriftst., Musikwiss.; *a.liebert@online.de, andreas-liebert.de.* c/o Droemer Weltbild Verl., München (* Hamburg 25. 6. 60). Rom., Erz., Ess. – **V:** Das Blutholz 94; Marcellos Geige 98, Tb. u. d. T.: Corellis Geige 02; Mein Vater, der Kantor Bach 00, Tb. 01; Die Handheilerin, R. 01, Tb. 03; Im Schatten der Frauenkirche 03; Der Hypnotiseur 04; Die Safranprinzessin 05, alles R. – **MA:** Hamburger Jb. f. Musikwiss. 95. – **R:** Ess. im NDR 92–95. – **P:** Werk-Einführungen f. CDs 89–91. (Red.)

Liebetrau, Anton, Informatiker; Oberer Deutweg 14a, CH-8400 Winterthur, *antlie@gmx.ch* (* Basel/ Schweiz 22. 2. 63). Rom., Erz. – **V:** Saitensprung, R. 98; Moonlighter, R. 03. (Red.)

Liebing, Wolfram, Zerspaner, Heizer, Hausmann, z. Zt. freier Autor u. tätig f. Ausstellungen/Messebau; Annaberger Str. 22, D-09429 Wolkenstein, Tel. u. Fax (03 73 69) 50 91, *wolframliebing@gmx.de* (* Karl-Marx-Stadt 8. 7. 55). 3. Pr. b. best german underground lyriks 05, Hauptpr. b. Tagesspiegel-Erzählwettbew. „Schule d. Erzählens" 06, Lit.pr. (Förd.pr.) ’Kammweg’ 07; Lyr., Erz. – **V:** Ruhestörung, Lyr. 99; Liebe 00; Traumzeit 01; Gehirn-Hälften-Dominanz, Lyr. 02; Das Zündblättchen Nr. 22, Lyr. – **MA:** Annäherungen 93; Deutschlands neue Dichter & Denker 94; Flügelschlag zwischen Horizonten 00; Herbst 01; Weißt du noch das Zauberwort 01; Augsburger Friedenssamen 04; Grenz Fall Einheit 05; Heute wir, morgen Ihr 06; Fräulein Semelings Ahnung 06; best german underground lyriks 2005 06; Die Tyrannei von Feder & Flasche 06; Meine Nachbarn 07, alles Anth.; Lyr. u. Prosa in Ztgn u. Zss. seit 89.

Liebler, Margarethe (Marguerithe Liebler), Hausfrau; Krottenbachstr. 90/4/5, A-1190 Wien, Tel. (01) 3 694 56 0 (* Wien 13. 3. 13). V.G.S. 62, VKSÖ 82, Wiener Frauenclub 61, Der Kreis 69; Lyr., Rom., Ess. – **V:** Ich streck den Seele Fühler, Lyr. 78; Begegnung in Rom, R. 84; Schicksalsfügung; Der Tierquäler; Der Hasenbraten 89. – **MA:** Das immergrüne Ordensband, Anth.; Das kath. Wort Öst., Jb.; zahlr. Beitr. in Veröff. d. Verl. W. Hager, Stolzalpe. (Red.)

Liebmann, Irina, Autorin; lebt in Berlin, c/o Berlin Verl., Berlin, *www.irina-liebmann.de* (* Moskau 43). Stip. d. Dt. Lit.fonds 88, 89, 06, aspekte-Lit.pr. 89, Bremer Lit.förd.pr. 90, Autorenstip. d. Stift. Preuss. Seehandlung 90, E.gabe d. Dt. Schillerstift. 95, Villa-Aurora-Stip. Los Angeles 95, Berliner Lit.pr. 98, Aufenthaltsstip. Villa Concordia Bamberg 98, Jahresstip. d. Dt. Lit.fonds 01, Gastdoz. d. Oberlin-Coll. (USA) 01, Pr. d. Leipziger Buchmesse 08; Erz., Theaterst., Hörsp., Kinderb., Rep., Rom., Feat. – **V:** Berliner Mietshaus 82, Tb. 93, 02; Ich bin ein komischer Vogel, Kdb. 86; Die sieben Fräulein, Kdb. 87; Mitten im Krieg, Erzn. 89, Tb. 92; Quatschfresser, Theaterst. 90; In Berlin, R. 94, Tb. 96, 02; Der Weg zum Bahnhof 94; Wo Gras wuchs bis zu Tischen hoch. E. Spaziergang im Scheunenviertel, Briefwechsel 95; Die schöne Welt der Tiere 95; Perwomajsk erster Mai und Lalala L.A. 96; Letzten Sommer in Deutschland. E. romantische Reise 97; Stille Mitte von Berlin 02; Die freien Frauen, R. 04; Wäre es schön? Es wäre schön! Mein Vater Rudolf Herrnstadt 08. – **MH:** Georg Seidel: In seiner Freizeit las der Angeklagte Märchen, m. Elisabeth Seidel 91. – **F:** Ein Mietshaus in Berlin 80. – **R:** Neun Berichte über Ronald, der seine Großmutter begraben wollte 80; Christina 80; Ist denn nirgendwo was los? 81; Sie müssen jetzt gehen, Frau Mühsam 81; Aphrodite Arsinoe Philadelphos 87; März,

Berlin 90; Poem für Jakob Wassermann 95; Lolalola.de; Das Lied vom Hackeschen Markt, alles Hsp.; – Eine Fahrt nach Hoyerswerda, Feat. 98. (Red.)

Liebrecht, Carl; Reußeweg 1, D-35689 Dillenburg, Tel. (0 27 71) 2 19 17, Fax 2 42 81, *Liebrecht-Eibach @t-online.de, www.liebrecht-chronik.de* (* Lengefeld/ Waldeck 19. 5. 27). Erz. – **V:** Chronik der Familie Liebrecht 99; Ein unordentliches, doch wunderschönes Leben, Erz. 05. (Red.)

Liebrecht, Manfred, Lehrer; Im Schulfeld 6, D-72290 Loßburg, Tel. u. Fax (0 74 46) 26 71 (* Hamburg 8. 7. 54). Kinderrom. – **V:** Das Loch im Marktplatz 00; Der Matapuschel 01. (Red.)

Liebscher, Thomas, Red. Badische Neueste Nachrichten; Martin-Luther-Str. 10, D-68766 Hockenheim, Tel. (0 62 05) 1 75 51, Fax 20 87 03, *LiebscherMut@aol. com, www.thomas-liebscher.de* (* Bruchsal 31. 7. 61). Bosener Gruppe; Nordbad. Mda.pr. f. Lyr. 94, 97, 01, 02, Dautermann-Pr. 95, Pamina-Kulturpr. 03; Lyr., Hörsp., Glosse, Ess. – **V:** Ins Heimatmuseum 93, 2. Aufl. 95; Besser wie nix 97; Isch doch wohr 00; ’S isch immer ebbes ..., awwer net wie’s sei soll 05, alles Lyr. u. Prosa in Mda. – **MA:** Pälzisch, vun hiwwe und driwwe 91/92 II; Bosener Begegnungen 98; Fabrik, Anth. 99; Kraichgau. Reiseführer d. Region 99; Ein gutes Dutzend, Geschn. u. G. in Mda. 00; Reinhard Düchting. Sibi et amicis 06. – **R:** regelm. Gedichte u. Glossen auf SWR4 Bad.-Württ. – **P:** Wie’s Lebe isch, m. Iris Treiber u. Rudolf Stähle, CD 02. (Red.)

Liechti, Martin (Ps. Martin Li); Dachslernstr. 133, CH-8048 Zürich, Tel. (0 44) 4 31 96 62 (* Jegenstorf/ BE 11. 10. 37). VS 71, Gruppe Olten 73, P.E.N. 87; Förd.pr. d. Kt. Bern 73, Anerkenn.pr. d. Stadt Zürich 76, Werkjahrbeitr. d. Eidgenoss. u. d. Kt. Zürich 78; Rom., Hörsp. – **V:** ICH WILL, R. 71; Die Schärfe der Unschärfe und ihre möglichen Teile, R. 73; Erinnerung an eine alte Fröhlichkeit, R. 76; Noch sind wir allein, R. 81; Bewegung in Worten, Aphor., Sätze, Sprüche 82; Übermorgenland, Utopie 87; „Hic salta!", R. 00; Blauer Dunst. Lakonische Miniaturen, Erzn. 01; Sätze und Ansätze, Sentenzen/Aphor. 02; Vor- und Nachgedachtes, Aphor. u. Notate 05; Wort- und Kopfsprünge, Aphor. u. Notate 08. – **R:** Die Unentschlossenen 76.

Liechti-Moser, Rose-Marie (Ps. Romie Lie), Schriftst.; Beundeweg 51, CH-3033 Wohlen, Tel. u. Fax (0 31) 8 29 45 03, *romie.lie@gmx.ch* (* Langnau i.E. 7. 6. 54). Gruppe Olten 84, jetzt AdS, Netzwerk schreibender Frauen 91; Schweiz. Arbeiterlit.pr. 86, Mannheimer Lyr.pr. (3. Pr.); Rom., Lyr. – **V:** Liebe Sonja, R. 83; ... und sah ein Feld von Sonnenblumen 93; Leben – und nichts als das Leben 94; Am Fenster die Zeichen, Lyr. 01; Federtage, Lyr. 04; Rote Fische unter westlichem Himmel, Lyr. m. Holzschn. v. Gerhard S. Schürch 06. – **MA:** Im Schatten der Apfelbäume, Anth. 94; Die Herzschrittmacherin, Prosa 01. – **H:** Zwischentöne. Annäherung an d. Hörbehinderung 97. – **P:** Herzlichter, Lyr. 01.

Lieckfeld, Claus-Peter, Schriftst. u. Journalist; Am Berg 4, D-86949 Windach, Tel. (0 81 93) 68 22, Fax 56 14, *lieckfeld.strauss@t-online.de* (* Hanstedt/ Kr. Harburg 18. 11. 48). DJU, verd.pl. Lit.pr. Nds. Ue: engl. – **V:** Gedichte unter Zeitdruck, Lyr. 77; Rilkes Herbst findet nicht statt, Lyr. 84; 427 – Im Land der grünen Inseln, R. 86; Esel & Co., Kurzgeschn. 88; Raben über der Autobahn, R. 94, 00; Rinaldo ist ein Esel, Erzn. 96; Das Buch Haithabu, R. 97, 03; Das Buch Glendalough, R. 00, 03. – **MV:** Leben wie ein Hund, m. Veronika Straass 91, 92, u. a. Sachb. – **MA:** versch. Lyr.-Anth., Liedersamml., Kdb., u.a.: Heut steigt der Mond übers Dach 86; div. Beitr. f. GEO; Merian; Die

Liedholz

Zeit. – **P:** Die Schmetterlinge: Herbstreise 78; Texte f. Kom(m)ödchen u. die Lach- & Schießgesellschaft; div. kabarettist. Texte. (Red.)

Liedholz, Ulrich, Dipl.-Soz.päd.; Glasower Str. 67, D-12051 Berlin, Tel. (0 30) 6 84 45 07 (* Marburg/Lahn 12. 6. 60). Lyr., Prosa. – **V:** hoffen auf leben, G. 83; Paris Eiffelturm, Erz. 87; Die Anstalt, R. 95. – **MA:** Heller kann kein Himmel sein, G. 84; Nähe wächst in unseren Worten, Erzn. 96. (Red.)

Liedke, Wolfgang; Gondeker Str. 21, D-12437 Berlin, Tel. (01 77) 8 45 54 18, Fax (0 30) 53 00 00 66, *liedke.berlin@t-online.de* (* Berlin 19. 1. 40). Rom., Erz. – **V:** Leben in Dur, Erzn. 04; Inseln in der Wüste, R. 06; Irrtum inbegriffen, R. 08/09. – **MA:** Berliner Geschichten 00; Ich Dich nicht, Kurzgeschn. 03.

Liedtke, Anja, Dr. phil.; Am Chursbusch 22b, D-44879 Bochum, Tel. (02 34) 41 23 43, *anja_liedtke@web.de, anja-liedtke.de* (* Bochum 5. 12. 66). Bettina-von-Arnim-Pr. 96, Autorenförd. d. Lit.büros NRW 02; Rom., Erz., Ess. – **V:** Grün, gelb, rot, R. 00. – **MA:** Schreibhauseffekte, Anth. 94; Das komische Ding mit dem Rad, Kurzgeschn. 01; Sie schreiben in Bochum 04; Eine unvergessliche Reise, Anth. 04; Honey, Erotikanth. 05; Gottfried Benn (Text+Kritik, Bd 44) 06; Hic, haec, hoc. Der Lehrer hat 'nen Stock 07.

Liedtke, Götz, Zollbeamter i. P.; Kloster-Mondsee-Str. 18, D-94060 Pocking, Tel. (0 85 31) 17 10, Fax 40 56, *Goetz.Liedtke@t-online.de* (* Köthen 23. 12. 26). – **V:** VaterMax, Erz. 92, 2. Aufl. 94. (Red.)

Liedtke, Hartwig, Dr., Chirurg, Unfallchirurg, Handchirurg, Sportmedizin; Hochstadenstr. 15, D-50674 Köln, Tel. u. Fax (02 21) 12 46 61, *dr.liedtke@koeln.de, www.chirurg-koeln.de* (* Paderborn 17. 9. 52). Das Syndikat, BDSÄ; Rom., Erz. – **V:** Klinisch tot 91; Tod auf Rezept 93; Scharfe Schnitte 97, alles Krim.-R. – **MA:** Good bye, Brunhilde 92; Der Mörder bricht den Wanderstab 94; Der Mörder kommt auf Krankenschein 94; Der Mörder kommt auf sanften Pfoten 95; Der Mörder bittet zum Diktat 95; Der Mörder würgt den Motor ab 96; Mord und Steinschlag 02; Die Stunde des Vaters 02; Mörderische Mitarbeiter 03; Tödliche Touren 03; Mord am Niederrhein 04; Inselkrimis 06, alles Anth.

Liedtke, Klaus-Jürgen, Übers., Schriftst.; Bergmannstr. 17, D-10961 Berlin, Tel. (0 30) 6 92 77 35, *berg@snoe.in-berlin.de* (* Enge 11. 12. 50). VS/VdÜ, BWC, Vors., Three Seas Writers' and Translators' Council Rhodos (TSWTC), P.E.N.-Zentr. Dtld 07; Übers.stip. d. Schwed. Inst. 84, 90, Stip. f. Berliner Übers. 90, 98, 02, Aufenthaltsstip. Künstlerhaus Kloster Cismar 90, Jahresstip. d. Informationszentr. f. Finn. Lit. Helsinki 91, Prämie d. Schwed. Schriftst.fonds 92, Reisestip. d. Berliner Senats 92, Projektstip. d. Ed. Mariannenpresse 92/93, Natur och Kultur-Übers.pr. d. Schwed. Akad. 93, Stip. Schloß Wiepersdorf 93, Arb.-stip. d. EU im Ostseezentrum f. Schriftsteller u. Übersetzer 96, Arb.stip. d. Freundeskr. z. internat. Förd. lit. u. wiss. Übersetzungen 96, Jahresstip. d. Schwed. Schriftst.fonds 98, 00, Stip. d. Dt. Übers.fonds 98, 01, 08, Ahrenshoop-Stip. Stift. Kulturfonds 01, Reisestip. d. Informationszentr. f. Finn. Lit. Helsinki 01, Stip. d. Stift. Kulturfonds 02, Übers.pr. d. Schwed. Akad. 04, Paul-Celan-Pr. 05; Lyr. Ue: schw. – **V:** Brocken Tod, G. 91; Schwarze Leben Brocken Tod, G. 1969–1999 01, Hörb. 04; Die versunkene Welt, Erzn. 08. – **MA:** die horen 221 06. – **MH:** Trajekt 1–6 81–86; Hölderlin träumte. Schwedische Lyrik 1965–98. Die horen 135/84; Navigare. Visby Text Book, Nr. 1 99. – **F:** ... bald schlimmer als die Flucht. Ein Leben zwischen Grenzen, Dok.-film 02. – **Ue:** Jan Myrdal: Karriere 77; Karl August Tavaststjerna: Harte Zeiten 83; Christer Kihlman: Homo tremens 85; Design Art 88; Göran Sonnevi: Das Unmögliche, G. 1958–75 88; Ernst Brunner: Bruders Hüter 88; Göran Sonnevi: Sprache; Werkzeug; Feuer, G. 1975–87 89; Elmer Diktonius: Janne Kubik 90; Olav Christopher Jenssen: Episodes 91; Katarina Frostenson: Moira 91; Gunnar Ekelöf: Diwan über den Fürsten von Emgión 91, Das Buch Fatumeh 92, Führer in die Unterwelt 95, Der ketzerische Orpheus 99, Unfoug, G. 1955–1962 01, Fährgesang, G. 1932–1951 04, Ein zerbrochenes Kästchen aus Holz, G. aus d. Nachlaß 04; Kjell Espmark, G. 93; Ulf Peter Hallberg: Der Blick des Flaneurs 95; Bo Carpelan: Axel 97; Carl-Henning Wijkmark: Der du nicht bist, R. 01; ders.: Letzte Tage, R. 02; Edith Södergran: Der Schlüssel zu allen Geheimnissen, G. 1907–1922 02; Carl Jonas Love Almqvist: Das Geschmeide der Königin, Romaunt 05, 06; Kjell Espmark: Die Lebenden und die Gräber 06; Horace Engdahl: Meteore 07. – **MUe:** Lennart Sjögren: Der äußere Strand, m. Sarah Kirsch 98; Edith Södergran: Scharf wie Diamanten. Ausgew. Briefe, m. Sieglinde Mirau 03 (auch hrsg.).

Liehr, Tom, selbst. Kaufmann, freier Autor; Schwalbacher Str. 1, D-12161 Berlin, Tel. (0 30) 69 50 98 16, Fax 69 50 98 17, *post@tomliehr.de, www.tomliehr.de* (* Berlin 4. 12. 62). 42erAutoren; Rom. – **V:** Radio nights 02; Idiotentest 05; Stellungswechsel 07; Geisterfahrer 08. (Red.)

Lielacher, Josef; Sackgasse 4, A-2540 Bad Vöslau, Tel. (0 22 52) 7 43 75 (* Bad Vöslau 30. 9. 65). – **V:** Geher. Eine Sicht 00. (Red.)

Lienhard, Fredy (Ernst Alfred Lienhard, Ps. Guy Dübendorfer, Hannes Mockart), Theater; Hohle Gasse 29, CH-8154 Oberglatt/Zürich, Tel. (01) 8 50 29 19, Fax 8 50 60 86 (* Erlenbach b. Zürich 10. 1. 27). Pro Litteris, Suisa; Vers, Kabarett-Text, Glosse, Liedtext. Ue: zürichdt. – **V:** Heiteres 92; – Cheibe fiin empfunde, Einmann-Progr.; Spott-au-feu, Einmann-Progr.; Texte f. Kabarett „Rotstift" in Zürich, u. a. – **B:** Wilhelm Busch: Max und Moritz 81; Plisch und Plum 83; Hans Huckebein 97. – **MA:** jeweils zürichdt. Fassung in: Manfred Görlach (Hrsg.): Max und Moritz. Die sieben Lausbubenstreiche in 21 dt. Mundarten 90; ders.: Max und Moritz mundartgerecht 07; – Beiträge in: versch. Ztgn u. Zss., u. a. div. Glossen in Neue Zürcher Ztg, Verse in Weltwoche. – **R:** kabarettist. Texte f. Radio Zürich u. Schweiz. Fs.; zahlr. Texte (z.T. auch Interpretationen) Radio (DSR) u. Fs. (SF). – **P:** Hörkassetten u. CDs.

Liepe, Hans-Ulrich, Dr. med. vet., Fachtierarzt; Danziger Str. 27, D-35415 Pohlheim, Tel. u. Fax (06 41) 4 67 10, *drliepe@web.de* (* Guben/Neiße 10. 10. 29). Erz. – V:er war alles nicht ganz so lustig ..., Erz. 03. – **MA:** Neue Literatur 02, 03; Ich habe es erlebt, Erzn. 04.

Liepold-Mosser, Bernd, Dr.; Friedelstr. 4, A-9020 Klagenfurt, Tel. (0 69 99) 10 41 24 24, Fax (04 63) 5 13 54 68, *Liepold.Mosser@aon.at* (* Griffen 14. 2. 68). Wiener Dramatikerstip. 07; Rom., Erz., Dramatik. – **V:** Phrasendresche, Prosa 97; Kärnten treu, Dramatik 99; Flutlicht. Fun. Figur, Dramatik 00; Der Kummer der Meerschweine 1 + 2 00. – **MA:** Der Rabe Nr.56 99. (Red.)

Lier, Johanna, Journalistin; Waffenplatzstr. 91, CH-8002 Zürich, *lier.johanna@bluemail.com* (* Wald 9. 12. 62). AdS; Kulturpr. d. Stadt Küsnacht, Lit.pr. d. Dienemann-Stift. u. Luzerner Musikfestwochen, Werkjahr d. Stadt Zürich, Kulturstip. d. Bdesamtes f. Kultur; Lyr. – **V:** Liebe und Tod im Tiergarten 92; Engel kommen von vorne 94; Irrt irrt das Ohr 99; Wenn die Rose geht, siehst du keine Büsche 01; Lieb an Landschaften 01; ma's night's, Lyr. 04; „so what" in englischer sprache ich denke „so what", Lyr. 06; – Theater-

Lifka

st.: stoffe, UA 06; we are always bang bang. sorry for that, UA 07. (Red.)

Liere, Judith; c/o Agentur Literatur, Berlin (*26.9.79). Rom. – **V:** Hit-Single 06 (auch ital.); Probezeit, 1.u.2. Aufl. 08.

Liermann, Bodo, Lehrer f. Erwachsenenbildung, Schriftst., Kaufmann, Journalist; Peenstr. 1, D-17389 Anklam (*Stettin 21.2.27). SV-DDR 70, Lit.zentr. Neubrandenburg 91; Lit.förd.pr. d. Lit.inst. Leipzig u. d. Mitteldt. Verl. 70; Rom., Erz. – **V:** Italienisches Finale, Erz. 63; Ein Jahr ist wie ein Tag, Erz. 69, 3. Aufl. 71; Michels Reise in die Welt, R. 86, 88; Otto Lilienthal – Pommerscher Ikarus, Biogr. 96. – **MA:** Vorfrühlingslicht, in: Wie der Kraftfahrer Karli Birnbaum seinen Chef erkannte, Anth. 71; Andrej, in: Ehrlich fährt am schnellsten, Anth. 73; Heimat, deine Sterne, in: Bere grie, Anth. 01; Jb. f. d. neue Gedicht 03; zahlr. Beitr. seit 65 im: Heimatkalender Anklam.

Liersch, Hendrik, Autor, Verleger; Bölschestr. 59, D-12587 Berlin, Tel. (0173) 9 63 50 74, Fax (030) 64 48 85 71, *corvinus@snafu.de* (*Berlin 11.4.62). 2. Pl. b. Intern. Lit.wettbew. 'Das Abenteuer kommt von ganz allein ...', Krzeszyce/Polen 06; Lyr., Erz., Aphor. – **V:** schlag wört er 92; Ein freiwilliger Besuch 97, 2. Aufl. 03. – **MA:** Horch und Guck, 13. Jg./H.46. – **H:** Atmender Strom, Kredit 90; Erlebtes Leben 91; schräg geöffnet 95; Die mir nicht verliehenen Preise häufen sich, Festschr. f. Henryk Bereska 96; Festschrift für Aldona Gustas zum 70. Geburtstag 02; V.O. Stomps: Interview bei Ladislaus Kapovitch. (Red.)

Liersch, Siggi, Schriftst., Red., Liedermacher, Werbetexter; Vinsonstr. 60, D-64546 Mörfelden-Walldorf, Tel. (06105) 4 51 88 (*54). – **V:** Eine andere Sicht der Welt, Kurzprosa u. Collagen 97. – **MA:** Wörter sind Wind in Wolken, Anth. 00; NordWestSüdOst 03. – **MH:** Holunderground, m. Hadayatullah Hübsch, Zs. – **P:** Verwandlungen, m. Manuel Campos, CD 01. (Red.)

Liersch, Werner, Dipl.-Germanist, Schriftst., Lektor, Jury d. Ingeborg-Bachmann-Pr. 1987–90, Chefred. ndl 1990–92, Vors. Hans-Fallada-Ges. 1991–93, Sprecher d. Intern. Fallada-Forums 2007 (m. Prof. Gansel, Gießen); Neue Krugallee 120, D-12437 Berlin, Tel. (030) 5 32 75 39, *werner.liersch@t-online.de, www.wernerliersch.de* (*Berlin 23.9.32). SV-DDR 63, P.E.N.-Zentr. DDR 82, VS 90, P.E.N.-Zentr. Dtld 98; Heinrich-Mann-Pr. 82, Alfred-Kerr-Pr. 93; Rom., Erz., Ess., Funkfeat. – **V:** Hans Fallada. Sein großes kleines Leben, Biogr. 81, erw. Neuausg. 93; Die Liedermacher und die Niedermacher. Etwas Umgang mit Literatur, Ess. 82; Dichters Ort, lit. Reiseführer 85, 2. Aufl. 87; Eine Tötung im Angesicht des Herrn Goethe, Reise-R. 89; Eine schöne Liebe, R. 91; Ein gewisses Quantum Mumpitz, Fontane-Anekdn. 98; Goethes Doppelgänger. Die geheime Geschichte d. Dr. Riemer 99; Lange Sekunde der Erinnerung, m., Erz. 99; Das romantische Gebirge. Auf alten Wegen durch d. Sächsische Schweiz 01, 02; Geschichten aus dem Antiquariat, Erz. 04; Dichterland Brandenburg. Literarische Streifzüge zw. Havel u. Oder 04; Fallada. Der Büchersammler. Der Literaturkritiker. Der Photographierte. Der Mißbrauchte, Ess. 05. – **B:** Alexandre Dumas: Tausend u. ein Gespenst, Erz. 91. – **MA:** Geschichte, Erz. in: Zeitgenossen. DDR-Schriftsteller erzählen 86; Späterer Besuch möglich, Erz. in: Mein Vater – meine Mutter 86; Erfahrung Nazideutschland 87; ndl 90–92 (Chefred.); Mein Thüringen. Impressionen u. Erinn. 02; Von Abraham bis Zwerenz, Anth. 95; Berlin – ein Ort zum Schreiben, Portr. u. Texte 96; Unsere schönsten Burgen und Schlösser. Ein sächs. Bilderbuch 04; Gedächtnis u. Literatur in d. „geschlossenen Gesellschaften" d. Real-

Sozialismus zw. 1945 u. 1989 07; – zahlr. Ess. in lit. Zss. – **H:** Erkundungen, 19 westdt. Erzähler 65; Was zählt, ist die Wahrheit, Briefe v. Schriftstellern d. DDR 75; Erkundungen, 24 Erzähler aus d. BRD u. Westberlin 75, 2. Aufl. 76; Stücke aus der BRD 76, alles Anth.; Günter de Bruyn: Im Querschnitt, Prosa, Ess., Biogr. 79; Fisch mit Parmesan. Rezepte aus d. Goethehaus 90, 3., erw.Aufl. 00; Hexen, Räuber und Magister. Ein preuß. Pitaval 97; Die Kraft der Empfindlichkeit. Essays d. DDR 1949–1990 98. – **MH:** Rezensionen z. DDR-Literatur, m. E. Günther u. K. Walther, Jahresbände 1975–87; Berlin. Ein Reiseverführer 80, 2. Aufl. 87; Zeit vergessen – Zeit erinnern. Hans Fallada u. d. kulturelle Gedächtnis 08. – **R:** Hans Fallada. Ein Leben in Deutschland, Fsf. 65; Quer durch die Zeit strolchen die elenden Dichter – zu Manfred Streubel, Hfk-Feat. 95; Klaus Richter – Leben u. Weiterleben eines IM, Funkdok. 96; Ottilie in Weimar; Max Brod in Leipzig; Der Pastor im Fels, alles Fk-Ess. 00; Wenn unsere Töne zusammenschmelzen wie unsere Herzen. Die Liebesbriefe d. Pastor Grötzinger, Hfk-Feat. 02; Der Mann, der sich verschwinden ließ. Harry Domela, Funkess. 03. – *Lit:* Eberhard Panitz: Rede z. Verleihung d. Heinrich-Mann-Pr. an W.L., in: ndl 6/82; Detlef Stapf: Der reisende Lit.verführer, in: Nordkurier v. 22./23.9.07.

Liese, Regina s. Bladt, Regina

Liesfeld, Joluel (eigtl. Johanna Höfel), Dipl.-Konflikt- u. Familienberaterin; Bierstadter Str. 42, D-65189 Wiesbaden, Tel. (0611) 9 10 23 46, Fax 3 60 37 81, *info@en-balance.com, www.en-balance.com* (*Mainz 1.4.53). – **V:** Rien ne va plus. Ein bisserl was geht immer...! 05. – *Lit:* versch. Rezensionen, u. a.: Manfred Knispel in: Rhein Main Presse v. 25.8.06.

Lieske, Matthias (Matti Lieske), Dipl.-Volkswirt, Journalist; Dunckerstr. 72, D-10437 Berlin, Tel. (030) 4 47 88 58 (*Leipzig 14.4.52). – **V:** Die Katarakte von Iguaçu, Thr. 95; Bei Anstoß Mord, Krim.-Geschn. 04. – **MV:** Ciao Lodda. Das Buch Matthäus, m. Bernd Müllender, Sat. 00. – **MA:** Oben tag der Apennin, Lyr. 98; Die verhinderten Weltmeister 06. (Red.)

Lietzmann, Günter, Dipl.-Päd., Lehrer; Moltkeplatz 8, D-30163 Hannover, Tel. (0511) 39 19 89, *Guenter. Lietzmann@t-online.de* (*Hannover 14.11.44). VS 79; Kurzprosa, Erz., Sat., Rom., Drehb. – **V:** Glück – Versuche gegen die Gleichgültigkeit, Kurzprosa 84. – **MA:** 5 Beitr. in Prosa-Anth. – **R:** Kein Geschäftsmann 84; In Südamerika ist heute nichts besser ... 84; Fische streicheln 85, alles Lit.-Sdgn.

Lieven, Nina von s. Petrick, Nina

Lieverscheidt, Rosel; Kreuzstr. 71A, D-53474 Bad Neuenahr, Tel. (02641) 20 18 80, Fax 20 60 06 (*Wiesbaden 30.5.39). Lyr., Erz. – **V:** Reinhard der Wanderbursche im Ahrtal 00; Auf meinen Spuren 01; Nahaufnahmen, Kurzgeschn. u. G. 02. (Red.)

Lieverscheidt, Dieter, Dr., LBeauftr., ObStudR.; Bleichgrabenstr. 46, D-41063 Mönchengladbach, Tel. (02161) 89 59 85, *DrDieterLieverscheidt@gmx.de, www.lieverscheidt.de* (*Hannover 20.11.44). Lyr. – **V:** Provisorische Gedichte 1966–1977 79; Vormittags an der Macht, G. 82; Blank wie Hohn, G. 94; 3 lit.wiss. Veröffentlichungen. – **MA:** zahlr. Aufsätze in lit.wiss. Zss. seit 76, u. a. in: Wirkendes Wort; literatur f. leser; Goethe-Jahrbuch. – *Lit:* s. auch 2. Jg. SK. (Red.)

Liffers, Jennifer, Romantiserikerin; c/o Engelsdorfer Verl., Leipzig, *www.wortkreis.de* (*Unna 29.5.71). – **V:** Tiefe Sinne, Lyr. 06; Rosenduft und Schmetterlinge, R. 07.

Lifka, Richard (gemeins. Ps. mit Joachim Biehl: Elka Vrowenstein); Kärntner Str. 10, D-65187 Wiesba-

Liggesmeyer

den, Tel. (06 11) 1 74 88 43, *www.lifka.de* (* Wiesbaden 22. 1. 55). – **V:** Letzte Tage, Erzn. 03. – **MV:** Wiesbadener Turnier 00; Wiesbadener Theater 01; Die blaue Kapelle, Krim.-Geschn. 03; Wiesbadener Roulette 05; Formel Blau 05, alles Krimis. (Red.)

Liggesmeyer, Walter, Schriftst., Maler; Sonnenstr. 44, D-44139 Dortmund, Tel. (02 31) 12 15 51 (* Paderborn 15. 5. 38). VS; Lyr., Rom. – **V:** Meine Erde 82; Eisenmond 84; Liebe und Tod 86; Schwarze Zeit 89; Mein Kind trägt Locken 92; Erzähl mir von Libellen 00, alles Lyr.; Im Fadenkreuz der schwarzen Sonne, Prosa 03. – *Lit:* s. auch Kürschners Handbuch der Bildenden Künstler, 1. Aufl. 2005. (Red.)

Lightsword, Richard s. Durm, Felix R.

Ligneth-Dahm, Oliver (Oliver Martin Dahm, Oliver Martin Ligneth-Dahm), Dipl.-Psych., freier Schriftst.; c/o Ubooks, z.H. Andreas Reichardt, Dieselstr. 1, D-86420 Augsburg (* Leverkusen 13. 4. 74). VS Bad.-Württ., Lit.gruppe „Schreibhaus" Bochum, Vorst.-mitgl.; Lyr., Prosa, Aphor. – **V:** Musik aus Heimatland, G. 98; Die Gerufenen & Die anderen Lichtmenschen, Aphor. 99; Notizen 92–97, G. u. Kurzprosa 99; Elektrische Tage – Schriften zum Film, G. u. Aphor. 00; Eine Dichtung der letzten Worte, G. u. Aphor. 00; Aus namenlosen Straßen, G. 02; Hinter jedem Morgen, Erz. 02; Der Bart – Ein Deutscher Hirtenbrief, G., Kurzprosa, Aphor. u. Bü.arb. 03; Nach dem roten Regen, Erz. 04; Im Auge der Sonne, G. 05; Die Gedichte. E. Ausw. u. Unveröffentlichtes 06. – **MA:** zahlr. Veröff. in Zss., u. a. in: Orkus; gotHeart; Libus; art-IRR; SENSU-AL, u. Anth., u. a. in: Nationalbibliothek d. dt.sprachigen Gedichts, Bd. IV–VII 01–04; Frankf. Bibliothek d. zeitgenöss. Gedichts. – **P:** Heimatland, vertonte G. 99; VOIX '96/'01, vertonte G., CD-ROM 02; zahlr. Tonträger-Prod. m. div. Bands seit 90. – *Lit:* Dt. Schriftst.Lex. (Red.)

Lilienthal, Ralf; Rosenstr. 24, D-58300 Wetter, Tel. (0 23 35) 84 89 38, *ralf-lilienthal@t-online.de* (* Duisburg 30. 10. 61). Kinderb., Ess. – **V:** Oskar und der grosse Och 04; Oskar und der Grosse Och im Löwenhaus 05; Oskar und der grosse Och und der Wächter der goldenen Nuß 06; Leo und Dix. Spurensuche im Hotel Atlantic 06; Leo und Dix. Tierdieben auf der Spur 07, alles Kdb.

Lilke s. Keller-Strittmatter, Lili-Lioba

Lille, Roger, Theaterpäd. u. Autor; Herzbergstr. 4, CH-5000 Aarau, Tel. (0 62) 8 24 65 85, *roger.lille@ag.ch* (* Zofingen 17. 8. 56). Gruppe Olten; Kuratorium Kt. Aargau 88, 91, 96, 99, Pr. d. Schweizer. Schillerstift. 95, Pro Helvetia 97; Erz., Dramatik. Ue: frz. – **V:** Wunschvorstellung. Szenen z. Thema Wünsche 84; Geflatter, Gekrabbel, Gehusch ... 91; Fundstücke, Erzn. 95; – Stücke: Himmel auf Erden, UA 92; Schuhwerk, UA 94; Nocturne, UA 97; Schattengänge, UA 99; südwärts, UA 00. – **MA:** Aargauer Neujahrsblatt 97; Spuren – Literarisches Zofingen 01. (Red.)

Limacher, Markus; Bluemattstr. 135b, CH-6370 Stans, Tel. (0 41) 6 10 74 65, *limacher135@bluewin.ch* (* Littau b. Luzern 6. 7. 60). ISSV, Vorst.mitgl. seit 97; Jugendrom., Kurzgesch., Religionspädagogik. – **V:** Hey Gott, streich mich aus deinem Buch 94; Krieg im Kopf 94; Gott, das bin ich 96; Ich lass dich nicht hängen 97; Himmel, Herrgott und Seline 98; Hilfe, meine Familie nervt 00. (Red.)

Limacher, Roland, Werbetexter, Schriftst.; Heideggstr., CH-6284 Gelfingen, Tel. (0 41) 9 17 38 07 (* Lichtensteig 3. 3. 58). Eidgenöss. Stip. f. angewandte Kunst 94. – **V:** Oelchen, Kdb. 94; Juliluft, Jgd.-Erz. 95; Meines Vaters Haus, Erz. 00. (Red.)

Limanel s. Fehmer, Hans

Limpach, Hannelene s. Johann, Anna

Lin-Vers s. Linvers, Edith

Lind, Bärbel s. Lindt, Sybille B.

Lind, Hera (eigtl. Herlind Wartenberg); lebt in Salzburg, c/o Ullstein Verl., Berlin (* Bielefeld 2. 11. 57). – **V:** Ein Mann für jede Tonart 89; Frau zu sein bedarf es wenig 92; Das Superweib 94; O wie so trügerisch ..., 95; Die Zauberfrau 95; Der Tag, an dem ich Papa war, Kdb. 97; Das Weibernest 97; Der gemietete Mann 99; Mord an Bord, Krimi 00; Hochglanzweiber 01; Der doppelte Lothar 02; Greta will's wissen, Kdb. 05; Karlas Umweg 05; Die Champagner-Diät 06; Fürstenroman 06; Schleuderprogramm 07; Voll im Leben, Geschn. 07; (Übers. insges. in zahlr. Spr.). (Red.)

†**Lind,** Jakov (eigtl. Heinz Landwirth), Schriftst., Maler; lebte in London (* Wien 10. 2. 27, † London 17. 2. 07). VG Wort, P.E.N.-Intern. Soc. for authors London, IGAA; Pr. d. Lit.-Initiative d. Girozentr. Wien 83, Theodor-Kramer-Pr. 07; Rom., Nov., Drama, Hörsp., Film. – **V:** Seele aus Holz, Erzn. 62, Neuausg. 84; Landschaft in Beton, R. 63, Tb. 84; Die Heiden, Bü. 65; Anna Laub, Hsp. 65; Eine bessere Welt, R. 66; Angst. Hunger, Hörspiele 68; Selbstporträt 70, Neubearb. 97; Der Ofen, Erzn. 70, 77; Israel – Rückkehr für 28 Tage 72; Nahaufnahme, Autobiogr. 73, Neubearb. 97; Reisen zu den Enu, R. 83; Im Gegenwind, Autobiogr. 97; zahlr. Veröff. in engl. Spr. u. eigene Übers. ins Dt.; – THEATER/UA: Die Heiden 64; Ergo 68 (England), 97 (Dtld). – **F:** Die Öse 64. – **R:** Anna Laub 64; Das Sterben d. Silberfüchse 65; Hunger 67; Angst 68; Stimmen 70; Safe 74; Die Nachricht 75; Auferstehung 85; Perfekte Partner 97, alles Hsp.; Thema u. Variationen, Fsp. 77. – *Lit:* Judith Veichtlbauer/Stephan Steiner in: KLG 95; LDGL 97; Metzler Lex. d. dt.-jüd. Lit. 00; A. Hammel/S. Hassler/E. Timms (Hrsg.): Writing after Hitler. The work of J.L., Cardiff 01.

Lind, Sybille s. Lindt, Sybille B.

Lindau, Agnes (eigtl. Antje Lange) *

Lindberg, Cara (Ps. f. Cathrin Geissler), Tierärztin u. Autorin; Pinneberger Str. 15a, D-22457 Hamburg, Tel. u. Fax (0 40) 5 50 37 39, *caralindberg@aol.com* (* Hamburg 21. 7. 67). Literatenr.e.V. 04; Rom., Erz., Sachb. – **V:** Ringelpiez in Stolperstein, R. 02; Von Hund und Katz, Schaf und Hase 02; Giovanni, R. 03; Unterwelten, Anth. 06. (Red.)

Linde, Stefan, Dipl.-Geograph, Schriftst., Trader, Berater, Waldökosystemforsch., Altlastensanierung; *entschleuniger@aol.com* (* Berleburg 11. 2. 64). Kurzgesch., Rom. – **V:** Gefühlsdiskordanzen, Kurzgeschn. 04. (Red.)

Linde, Winfried Werner (Ps. Alexander Werner, Ed Neal), freier Schriftst. u. Journalist, Red. d. Tagesztg „Kurier"; Innsbruck, *werner.linde@kurier.at, mitglied.lycos.de/wwlinde* (* Innsbruck 7. 6. 43). IGAA, GAV, Vorst.mitgl. Presseclub Innsbruck-Tirol; Pr. b. Wettbew. d. Arbeiterkammer Tirol 75, Pr. d. Stadt Innsbruck f. Dichtung 84, Theodor-Körner-Förd.pr. f. Lit. 86, Silb. E.zeichen d. Landesverb. d. Tiroler Volksbühnen, E.zeichen f. Kunst u. Kultur d. Stadt Innsbruck 07; Rom., Lyr., Erz., Dramatik, Hörsp., Fernsehsp. – **V:** Die Walder-Saga 86, 00; Letzten Endes, Lyr. 87; Totentanz 1938 88; Aufbruch, Erzn. 90; Marilyn, Erzn. 96; Trilogie der Trauer 00; Merkbemerkungen zu Profitopolis, Lyr. 00; Die Exl – Theater gegen Tod und Teufel 01; Kubanische Lieder, G. 05; Die Walder-Saga, Erz. 05; – STÜCKE/UA: Schattenlicht 88; Der Ausweg 89; Die letzte Nacht 90; Charlies Angst 91 (auch TV-Aufzeichn.); Stimmenfang 91; Die Wand (Kaiser Max und die Wand) 95; Die Begegnung 95; Wunderberg 96; Der Berg (Serles) 96; Wasser 97; Die Salzprinzessin 98; Die letzte Stunde – Otto Neururer Nr. 4757 97, als CD 99; Die letzte Nacht 99; Feuer-Berg 00. – **MA:** Neue Weihnachtserzählungen, Anth. 98. (Red.)

Lindemann, Karin s. Lorenz-Lindemann, Karin

Lindemann, Till, Sänger u. Texter d. Gruppe Rammstein; c/o Rammstein GbR, Postfach 540 101, D-10042 Berlin, *www.rammstein.de* (* Leipzig 4.1.63). – **V:** Messer, G. u. Fotos 02, Neuaufl. 05. – *Lit:* Gert Hof: Rammstein 01. (Red.)

Lindenberg, Udo, Musiker; c/o Hotel Atlantic, An der Alster 72–79, D-20099 Hamburg, *www.udolindenberg.de* (* Gronau/Westf. 17.5.46). zahlr. Auszeichn. als Musiker u. Ehrungen als Kulturvermittler, u. a. BVK am Bande 89, Kulturpr. u. E.bürger d. Stadt Gronau 89, Kultur- u. Friedenspr. d. Villa Ichon, Bremen 05, Carl-Zuckmayer-Med. 07. – **V:** Hinter all den Postern 79; Rock'n Roll und Rebellion 81, Neuausg. 07; Das Textbuch 81; Highlige Schriften, Textb. 1946–84, 84; Alle Songs, Textb. 1946–89, 89; Lindianer, Bildbd 96; Hinterm Horizont geht's weiter, Texte 1946–96 96; Udo Lindenberg in eigenen Worten 98; Der Pakt, Bildbd 99; Zeitreise 02; Panikpräsident, Autobiogr. 04; Das Lindenwerk 05, Neuausg. 08; Panikperlen, ausgew. Songs 06; Was hat die Zeit mit uns gemacht, ausgew. Texte 08. – **MV:** El Panico oder: wie werde ich Popstar?, m. Gerd Augustin 89. – **H:** Mein Hermann Hesse. Ein Leseb. 07. – **P:** zahlr. Schallpl. u. CDs seit 71, u. a.: Lindenberg 71; Daumen im Wind 72; Alles klar auf der Andrea Doria 73; Ball Pompös 74; Votan Wahnwitz 75; Galaxo Gang 76; Panische Nächte 77; No Panic 77; Sister King Kong 77; Lindenbergs Rock Revue 78; Dröhnland Symphonie 78; Der Detektiv 79; Panische Zeiten 80; Udopia 81; Keule 82; Odyssee 83; Lindstärke 10 83; Götterhämmerung 84; Alles klar 84; Sündenknall 85; Radio Eriwahn 85; Phönix 86; Feuerland 87; Hermine 88; Lieder statt Briefe, m. Alla Pugatschowa 88; Casa Nova 88; Bunte Republik Deutschland 89; Ich will Dich haben 91; Gustav 91; Panik Panther 92; Benjamin 93; Kosmos 95; Und ewig rauscht die Linde 96; Unter die Haut 96; Belcanto 97; Zeitmaschine 98; Der Exzessor 00; Ich schwöre! – Das volle Programm 01; Atlantic Affairs 02; Stark wie Zwei 08. – *Lit:* Jürgen Stark: Udos Odyssee 96 (m. CD); Holger Zürich: Panik pur – 35 Jahre U.L. 07. (Red.)

Linder, Gisela (eig. Gisela Müller(-Gögler)), Dr. phil., bis 92 Feuill. red., ab 92 freie Kulturjournalistin, Autorin, Hrsg., Lektorin; Bergstr. 58, D-88250 Weingarten, Tel. u. Fax (0751) 41376 (* Ravensburg 3.8.32). Literar. Forum Oberschwaben, Journalisten-Verb.; Kurzgesch., Ess., Künstlermonogr., Kulturgesch. Herausgabe, Journalist. Arbeit (Kunst-, Theater- u. Lit.kritik, Glosse). – **V:** Der Maler Erwin Henning 81; Berthold Müller-Oerlinghausen. Der Bildhauer (Kunst am See 9) 83; Georg Muche. Die Jahrzehnte am Bodensee 83, alles Künstlermonogr.; Das Roggenfeld, Erzn. 85; Friedrich Hechelmann. Wandlungen, Künstlermonogr. 89, 3., erw. Aufl. 94; Zur Freude geboren, Geschn. (Nachw. v. Martin Walser) 98; Bäuerliches Leben in Bildern bewahrt 92; Weingartener Blutritt 93; Martin Arnold. Ein Weingartener Maler (1906–1967) 06. – **MV:** Jan Balet, Kat. 83; Georg Muche. Das malerische Werk 1928–1982 83; Georg Muche. Leise sagen 86; Ein Himmel voller Geigen 90; Wilhelm Geyer 90; Hermann Waibel. Lichtstrukturen, Lichtinstrumente, Lichtfarben 90; Jakob Bräckle (1897–1987), Monogr. 97; 50 Jahre Oberschwäbische Kunstpreis 1950–2001 05. – **B:** Bernd Ulrich: Herzverpflanzung, e. Tageb. 85. – **MA:** Maria Beig, Festschr. z. 70. Geb. 90; Spiel-

wiese für Dichter 93; He, Patron!, Festschr. f. Martin Walser 97; – Reihe Kunst am See, Bde 2, 6 u. 11; Heilige Kunst, Jb.; Leben am See, Jb. – Zss., u. a.: Schönes Schwaben. – **H:** Seewege. Bilder u. Klänge, e. Bodenseebuch 86, 2. Aufl. 88; Seesonntag, Bilder u. Tageb.bll. 88; Peter Hamm: Den Traum bewahren (auch Vorw.) 89; Ernst Jünger: Über Kunst u. Künstler 90, erw. Aufl. 95 (auch Vorw.); Josef W. Janker: Meine Freunde die Kollegen 94; Wasser ist Leben (auch Nachw.), 1.u.2. Aufl. 97, 5. Aufl. 03; Leise rieselt der Schnee (auch Ausw., Nachw.) 97; Roter Mohn, Texte u. Bilder (auch Ausw., Nachw.) 98, 3. Aufl. 03; Maria Müller-Gögler: Weihnachtszeit damals in Oberschwaben 99, 2. Aufl. 00; Blau, die himmlische Farbe, Texte u. Bilder 01, 3. Aufl. 03; Ernst Jünger. Die Jahrzehnte in Oberschwaben 02; Rot, Farbe der Liebe, Texte u. Bilder (auch Ausw. u. Nachw.) 03, 2. Aufl. 05; Die Farbe Grün (auch Ausw. u. Nachw.) 08. – **MH:** Maria Müller-Gögler: Werkausgabe 80; dies.: Gegen die Zeit zu singen, e. Leseb. 90, beide m. Winfried Wild u. Jan Thorbecke; Edition Maurach, m. Martin Walser, Prosatexte, Bd 1–8 91–97. – **R:** Kulturberichte Südwestfunk Tübingen, u. a.; Mitwirkung im SWR-Film v. Jürgen Lösselt über d. Ravensburger Sänger Karl Erb. – *Lit:* Gisela gibt's doppeltönig (Nachw. zu „Zur Freude geboren"), in: Martin Walser: Winterblume. Über Bücher 1951–2000 07.

Lindisfarne, Ashley s. Zietsch-Jambor, Uschi

Lindlau, Dagobert, Fernsehjournalist u. Moderator, bis 92 Chefreporter ARD/FS/BR; lebt in Vaterstetten, *www.dagobert-lindlau.com* (* München 11.10.30). BJV; Adolf-Grimme-Pr. 67 u. 70, Besondere Ehrung d. Adolf-Grimme-Pr. 86, u. a.; Rep., Rom., Ess. – **V:** Der Mob. Recherchen z. Organisierten Verbrechen 87; Rakket, R. 90; Der Lohnkiller. Eine Figur a. d. Organisierten Verbrechen 92; Straglers Woche, R. 97, als Bühnenst. u. d. T.: Sin Pauli Saga, UA 97; Reporter. Eine Art Beruf, Erinn. 06. – *Lit:* DLL, Erg.Bd V 98. (Red.)

Lindmar, Claus; Brenneik 7 A, D-21220 Seevetal, Tel. (04185) 2662, Fax 2523 (* München 9.3.36). Rom., Erz., Theaterst. – **V:** Chancen der Macht, R. 00; 4 Laiensp. f. d. Gottesdienst, UA 82–98. (Red.)

Lindner, David, Künstler, Musiker, Autor; Im Langgarten 24, D-66484 Battweiler, Tel. (06337) 209 03 99, Fax 209 03 98, *info@traumzeit-verlag.de*, *www.traumzeit-verlag.de* (* Rheda 4.8.69). Lyr., Sachb. – **V:** Für Träumer und Liebende, Lyr. 96, 4. Aufl. 02; Das Lied des Lebens, G. u. Texte 99, 3. Aufl. 02; Der Paradiesmacher, Lyr. 01; mehrere Sachb. – **P:** Art of Didge 00, 2. Aufl. 02; Ceremony 00, 2. Aufl. 02; Weltenklänge 01; Gong-Geschichten 02; The Song-Experience 03; The Sound + The Silence 03; Sensuality 03; The Sound of the Light 03, alles CDs. – *Lit:* s. auch SK.

Lindner, Irmgard *

Lindner, Joachim, Lektor; Tschaikowskistr. 3, D-15732 Eichwalde, Tel. (030) 6755320 (* Gleiwitz 25.4.24). Prosa. Ue: mhd. – **V:** Mordfall W., Erz. üb. den Mord an J.J. Winckelmann 78, 81; Annettes späte Liebe, Erz. v. Leben u. Dichten d. Annette v. Droste-Hülshoff 82, 3. Aufl. 89; Die Frucht der bitteren Jahre, Erz. üb. E.T.A. Hoffmann 90. – **MV:** Wo die Götter wohnen. Johann Gottfried Schadows Weg zur Kunst, m. Ernst Keienburg, biogr. Erz. 74, 3. Aufl. 82. – **B:** Klaus Herrmann: Die goldene Maske, Berlin-R. 76, 3. Aufl. 82. – **H:** Ludwig Tieck: Der Geheimnisvolle und andere historische Novellen 63, 3. Aufl. 67; ders.: Vittoria Accorombona, histor. R. 63, 3. Aufl. 71; Der Hexensabbat, N. 77; Shakespeare-Novellen 81; Carl Schurz: Sturm-

Lindner

jahre. Lebenserinn. 1829–1852 73, 82; ders.: Unter dem Sternenbanner. Lebenserinn. 1852–1869 77, 81; Meine schönen, rotwangigen Träume. Jugenderlebn. von Nettelbeck bis Barlach 83; Joseph v. Eichendorff: Das Marmorbild, Erz. u. G. 84; Wilhelm v. Humboldt: Briefe an eine Freundin 86; Joseph v. Eichendorff: Eine Meerfahrt, N. 88. – **Ue:** Kudrun – Ein mittelalterliches Heldenepos 71, 2. Aufl. 72. (Red.)

Lindner, Katharina (Katharina Hoffmann), Industriekauffrau, Studentin, wiss. Mitarb. e. Landtagsabgeordneten; Bulder-Berg-Weg 12, D-26209 Hatten, Tel. (0 44 82) 9 80 90 87, mobil: (01 60) 94 72 41 90, *elodia1980@web.de, www.lindner-katharina.de* (* Eisenach 6. 4. 80). Rom. – **V:** Die Zeit mit ihr 04; Zeugnis einer Liebe 06.

Lindner, Michael s. Lipok, Erich

Lindow, Rainer, Schriftsetzer, Regisseur, Maler; Lennéstr. 1, D-14471 Potsdam, Tel. u. Fax (03 31) 90 36 96 (* Berlin 23. 4. 42). SV-DDR 80, VS 91; Stip. Casa Baldi/Olevano 91, Hans-Fallada-Hsp.pr. 93, Lit.pr. d. Stadt Wolfen 94; Rom., Hörsp., Film, Drama. – **V:** Unterm Hut in der Sonne, R. 80, 85; Rumpelstilz, Bü. 83; Hof ohne Zaun, Theaterst. 89; Trauergesellschaft, R. 91. – **MA:** Die Anti-Geisterbahn, Erzn. 73; Die Tarnkappe, Erzn. 78; Michel ohne Mütze, Erz. 91. – **F:** Einfach eine Probe 69; Wer die Erde liebt 72; Auskunft über Pludra 76; Hausbesetzer-Innenansichten 94; Wer ist hier eigentlich verrückt 97; Insel-Leben 01, alles Dok.-F. – **R:** Mögen Sie Stiefmütterchen? 74; Die erste Brücke 77; Die Laubhütte 82; Katschelap 83; Der Botschafter 90; Biografien in Wax 91; Bring es nach Hause, Baby 94; Der Prinz, die Fee und der Traum vom Leben 95, Tonkass. 97, u. a. Hsp.; zahlr. Mag.-beitr. f. Fs.-Sdgn seit 93. (Red.)

†**Lindstedt,** Hans Dietrich (Ps. Hans Weiler), Journalist, Schriftst.; lebte in Chemnitz (* Schönebeck/Elbe 21. 4. 29, † Chemnitz 10. 4. 08). Arb.gem. Junger Autoren im SV-DDR 66–76, FDA 83 (Präs.mitgl. 91–96), FDA Sa. (Vors. seit 97), ver.di 48–05; Nov., Erz., Hörsp., Ess., Reiseber. – **V:** Mein Land, das ferne leuchtet, Prosa u. Lyr. 83, 2. Aufl. 86; Märkischer Bericht, Ess. 84, 2. Aufl. 86; Jeder zweite Herzschlag, Erinn. 90; Heinrich Heine auf der Reise nach Mainz, Erz. 94, 97; Das 13. Römerschiff, Erz. 99; On the road. Amerikan. Tagebuch 02; Nachtfahrt, R. 03; Man selbst. 2 Dutzend freche Gesch. 06; Eine Jugend am Rhein, Erz. 06. – **B:** Kleiner Planet Erfordia 94. – **MA:** Rhein. Geschichte, Erz. in: Voranmeldung 68; Zeitzeichen, Erz. in e. Anth. 68/69; Wie sie uns sehen 70; 3 Beitr. in: Gauke-Jb. 82; Mainzer Kulturtelefon 85; Ankunft 88; Aufbruch 91, alles Anth.; – Beitr. in Ztgn; Art. u. Ess. im „literat" 85–06; Ostragehege, H.25/02. – **H:** Wartburg-Dokumentationen I u. II 94, 95; Zauber Zeit 01. – **MH:** Vor dem Tor, Anth. 05; Pro arte Saxoniae, Anth. 06, beide m. W. Ballarin. – **R:** Und ruhig fließt der Rhein, Fsp. f. d. Fs. d. DDR 67 (verboten); Rhein. Geschichte in: Dichtung heute, Rdfk-Sdg 68; Das Rathaus brennt, Hsp. 84; Garnisonskirche m. Potsdam, Hsp. 85; Das 13. Römerschiff, Radio-Feat. m. Interview 02.

Lindström, Alf s. Lundholm, Anja

Lindström, Henning s. Reupricht, Jürgen M.

Lindt, Nicolas, schweiz. u. Erzähler; CH-8636 Wald, Tel. u. Fax (0 55) 2 46 68 88, *mail@nicolaslindt.ch, www.nicolaslindt.ch* (* Zürich 29. 3. 54). SSV; Werkbeitr. Kt. Zürich 89, Pr.träger b. „Fest der 4 Kulturen" d. Schweiz 91; Erz., Rom., Literar. Rep., Kurzgesch., Ess. – **V:** Nur tote Fische schwimmen mit dem Strom, Portraits 81; Der Asphalt ist nicht die Erde, Gesch. e. Quartiers 84; Aus menschlichen Gründen, wahre Gesch. 85; Beobachtungen aus dem Hinterhalt,

Kurzgeschn. u. Betrachtn. 87, 2. Aufl. 91; Der Blitzschlag, Erzn. 89; Die Freiheit der Sternenberger, Reiseber. u. Erzn. 91, 2. Aufl. 98; Der Spieler von Zürich, Ber. 92; Die Befreiung, Ess. 95; Aus heiterem Himmel, Erzn. 97; Familienglück, R. 97 (auch Hf.); Das Verschwinden der Glocke vom Hof Weissbad, Erz. 98; Vollmond über Weissbad, Erzn. 99; Wie mein Sohn und ich die Berge bezwangen, Tageb. 02; Captain Cook oder die Schule des Lebens, Geschn. 02, u. a. – **MA:** mehrere Beitr. in Prosa-Anth., zahlr. Ess. in Zss. u. Ztgn. (Red.)

Lindt, Sybille B. (auch Bärbel Lind, Sybille Lind, eigtl. Sybille Bludau-Ebelt), Maurerin, Bibliothekarin, Journalistin, Übers., Autorin, Dipl.-Kultur- u. Kunstwiss.; Tel. (02 21) 5 50 44 72, *nc-ebeltsy2@netcologne.de* (* Neuhardenberg/Brandenburg 27. 2. 48). VdÜ 91, VS 92, Autorenforum Köln 03; Dt. Vorlesepreis (Förd.pr.) 07; Kurzprosa, Lyr., Übers., Kinderlit. Ue: schw. – **V:** Frauen-Reisen 09; Ankunft in Köln 09. – **MV:** Spurensuche. Frauen in Pankow, m. Doris Baath u. Ulla Jung, lit. Porträts 96, 98; Ungleiche Schwestern, m. Herta Emge u. Sylvia Schönhof, Erz. 00, Neuausfl. 05/06. – **B:** Wolfgang Hasenbein: Mach's gut, kleiner Federbettpirat 04. – **MA:** Lyrik u. Kurzprosa u. a. in: Reisegepäck 2, 92, 03; Annäherungen 93; Begegnungen, die Hoffnung machen 93; Stadt, Stätte, Denkmal 97; ZugBrücke – Neun Kölner Autorinnen 97, 99; Weihnachtsgeschichten mit Kamin 97, 00; Wollsteiner Hefte 2, 01. – **H:** Wir sind Kinder vom Prenzlauer Berg 94. – **P:** Der schüchterne Hase, Erz. f. Kinder, veröff. im Lit.portal www.roman-online.de 07. – **Ue:** Valdemar Lindholm: Märchen u. Sagen aus Lappland 89. – *Lit:* Schriftst. in Meckl./Vorpomm. 94.

Lindten, Sarah s. Hinkelmann, Astrid

Lingenfelser, Ruth W.; c/o medialogik GmbH, Im Husarenlager 6a, D-76187 Karlsruhe, *lingenfelser@ dieverleger.de, lingenfelser.dieverleger.de* (* Karlsruhe 3. 5. 52). Kunstver. Neureut; Pr. b. Mda.-Wettbew. d. Reg.präs. Karlsruhe 05; Lyr. – **V:** Schmetterlinge im Bauch 90, 2. Aufl. 92; Deinetwegen 91, 3. Aufl. 93; Pflück dir Blumen in den Tag 93, 3. Aufl. 02; Im Grunde doch ... 95, 2. Aufl. 98, alles Lyr.; Himmelhochtief, 1.u.2. Aufl. 97; Wen wundert's noch 99; Glück ist haltlos 01; Dem Leben auf den Versen 03; Engele, Engele, Zuckerstängele 06, alles Lyr. u. Prosa. (Red.)

Lingnau, Frank, Lehrer, Lit.kritiker; Rudolfstr. 8, D-48145 Münster, Tel. (02 51) 3 66 64, *frank.lingnau@ versanet.de* (* Krefeld 2. 11. 60). VS; Nettetaler Lit.pr. 86, 91, Förd.pr. d. Ldes NRW 89; Lyr., Prosa, Hörsp. – **V:** Da hing der Wind in den Seilen, G. 88; Der Gesang der Stadt, G. 94. – **MA:** Brüche und Übergänge, Lyr. u. Prosa 97; Bei Anruf Poesie 99; zahlr. Beitr. in Lit.zss. seit 83, u. a.: Lit. am Niederrhein; Am Erker; Litfaß. – **H:** Der erste Schrei, Anth. 92. – **MH:** Sechskommanull 99; Aus den Augen verlieren 03; Aus heiterem Himmel 01; Aus freien Stücken 03; Aus dem Vollen schöpfen 04; Aus der Reihe tanzen 05; Nachtpost 06; Dorfkirchen 07, alles Anth. m. Alfons Huckebrink; Am Erker, Lit.zss. – **F:** Vorwärts Rückwärts, Kurzfilm 03; Gute Jahre 05. – **P:** Der Gesang der Stadt, Lyr. u. Jazz 93.

Linhart, Gundel, Dr. phil.; Wolkenburgstr. 12, D-53604 Bad Honnef (* Verden/Aller 16. 1. 39). Literaturatelier, Frauenmuseum Bonn 01, Gedok Bonn 04; Lyr., Erz., Dramatik. – **V:** Emma in Schilda, Theaterst. 83; Der böse Räuber Bombo, Theaterst. f. Kinder 84; Vernetzt mit dir, Lyr. 06; – Theateraufführungen: Herbergssuche 82, e. Weihnachtsspiel 82; Das Zaubertelefon, Theaterst. f. Kinder 95; – Uraufführung v. 40 Bibelspielen in Bad Honnef 1993–2006. – **MA:** Auf dem Weg nach Bethlehem 05. (Red.)

Link, Charlotte, Schriftst.; lebt in Wiesbaden, c/o AVA – Autoren- u. Verlags-Agentur GmbH (* Frankfurt/Main 5.10.63). Gold. Feder d. Verlagsgruppe Bauer 07; Rom., Erz., Fernsehsp., Drehb. – **V:** Cromwells Traum oder Die schöne Helena 85; Wenn die Liebe nicht endet 86; Verbotene Wege 86; Die Sterne von Marmalon 87; Sturmzeit 89; Schattenspiel 91; Wilde Lupinen 92; Die Stunde der Erben 94; Die Sünde der Engel 96; Das Haus der Schwestern 97; Der Verehrer 98; Die Rosenzüchterin 00; Die Täuschung 02; Am Ende des Schweigens 03; Der fremde Gast 05; Die Insel 06; Das Echo der Schuld 06; Die letzte Spur 08; – in d. Jgdb.-Reihe „Reiterhof Eulenburg": Die geheimnisvolle Spionin 90; Die Diamanten der schönen Johanna 90; In der Falle der Tiermafia 90; Schnee aus heiterem Himmel 91. – **H:** Frauensache(n), Anth. 95. (Red.)

Link, Claus-Volker, Dipl.-Sozialarb.; Kleinhegesdorferstr. 25, D-31552 Apelern, Tel. (05723) 7998 19, *claus-volker.link@t-online.de* (* Hannover 6.12.52). Erz., Rom. – **V:** Der blaue Horizont, Erzn. 06. – **MA:** Die Menschen am Fluss, Anth. 08.

Link, Karl-Heinz, Verlagskfm.; i. R.; Liebfrauenstr. 24, D-55430 Oberwesel, Tel. (06744) 7148986, Fax (06744) 7451, *info@link-karl-heinz.de*, *www.link-karl-heinz.de* (* Oberwesel 24.7.34). – **V:** Loreley-Geflüster, Lyr. 76; Johannes Ruchrat. Rebell von Oberwesel, Sch. 77; Götterdämmerung auf dem Olymp, Stück 78; Goldrausch an der Loreley, Krim.erz. 06; 07:13 Uhr – Zug des Todes, Krimi 07; Die frivolen Taten des Glöckners, N. 07; Flammendes Bubenstück, Krimi 08; Bibeln, Bonzen, Bomben, Erzn. 08.

Link, Lara s. Kieffer, Rosi

Linke, André (eigtl. Carina Linke), Online-Red., Mediengestalter, Korrektor; Marienburger Allee 70, D-22175 Hamburg, *webmaster@andrelinke.de*, *andrelinke.de* (* Neumünster 27.9.84). Netzwerk Im Namen Junger Autoren NINJA 03; 2 Nominierungen f. d. Dt. Phantastik-Pr. 07; Rom. – **V:** Angriff der Flukes 06, 07; Krieg um Nichts 08.

Linke, Carina s. Linke, André

Linke, Hellmuth *

Linke, Wolfgang, ObStudR. a. D., Chorleiter, Kabarettist; Starenweg 14, D-23611 Bad Schwartau, Tel. (0451) 24580 (* Berlin 13.11.23). Anerkenn. d. Literar. Arb.gemeinsch. in d. Meister-Akad. f. Künste u. Wiss. zu Husum 05. – **V:** Für ein menschenwürdiges Dasein. Der literarische Rundumschlag eines besorgten Ruheständlers, Lyr. u. Sat. 06.

Linker, Christian, Dipl.-Theol.; Petersbergstr. 93, D-50939 Köln, *www.christianlinker.de* (* Leverkusen 12.2.75). Nominierung f. d. Dt. Jgd.lit.pr. 03. – **V:** Ritter für eine Nacht, Kdb. 99; Die Stadt und den Feen, Kdb. 00; RaumZeit, Jgdb. 02; Das Heldenprojekt, Jgdb. 05; Doppelpass, Jgdb. 07. (Red.)

Linnenbrink, Ulrike (geb. Ulrike Hartlieb), freie Autorin, Lehrerin i. R.; Hasenhügel 16, D-48485 Neuenkirchen, Tel. (05973) 96536, Fax 96537, *ulrike. linnenbrink@42erAutoren.de*, *www.tage-wie-diese.de* (* Holzwickede 27.6.47). 42erAutoren – Verein z. Förd. d. Lit., Gründ.- u. Vorst.mitgl. 99; Rom., Lyr., Sachlit. – **V:** Hinten am Horizont, R. 93; Fühl mal, Schätzchen, R. 94; Stephan, Erlebnisber. 94, 95; Mylopa, R. 99; Vom Leben und Sterben lassen, Geschn. 00. – **MA:** Südlich liegt die Sanftmut 96. (Red.)

Linner, Rosalie (geb. Rosalie Wagner), Hebamme a. D.; Trostberger Str. 22, D-84559 Kraiburg/Inn, Tel. (08638) 7782 (* Tittling/Passau 14.5.18). Rom. – **V:** Tagebuch einer Landhebamme 89; Immer unterwegs 00, beides R.; Heimatsuche 99; Die Leute aus mir

Brunngasse 96; Als Landhebamme unterwegs, R. 99; Mein Leben als Landhebamme 01, 02; Erlebnisse einer Landhebamme, R. 02; Meine Zeit als Landhebamme 03; (versch. Titel auch als Tonkass.). (Red.)

Linneweber-Lammerskitten, Helmut (geb. Helmut Linneweber), Dr. phil., Prof.; Vogelsang 55, CH-2502 Biel, Tel. (032) 3235115, *helmut.linneweber@ hispeed.ch* (* Köln 7.11.51). Lyr. – **V:** Deine Pizza ist ein Gedicht!, Pfifferverse f. Kinder 99.

Lins, Bernhard, Lehrer, Autor, Liedermacher; Luegerstr. 25, A-6800 Feldkirch, Tel. u. Fax (05522) 38098, *bernhard.lins@gmx.at*, *www.kleiner-riese.at* (* Feldkirch 8.9.45). IGAA; Lyr., Prosa, Hörsp., Lied, Kinder- u. Jugendb. – **V:** Was der Winter alles macht, G. 89; Kindergedichte, Lieder u. Musik 89; Originelle Verse fürs Poesiealbum 91; Was der Sommer alles macht, G. u. Spaß 91; Der kleine Riese will gesunde Zähne, Kdb. m. Liedern 92; Als es doch noch Weihnachten wurde, Geschn. 93; Der kleine Riese im Straßenverkehr 94; Halb so schlimm, Herr Lehrer! 94, 02 (Mini); Kleine Riesen werden groß, Bilder-Lieder-B. 94; Neue Verse für das Gästebuch 94; Wer fürchtet sich vorm Schwarzen Mann? 95; Das Jahr lacht unterm Regenschirm, G. 95; Aus die Maus und ab ins Bett 96; Der kleine Riese geht in die Schule 96, 98; Der kleine Riese feiert Geburtstag 97; Die schönste Zeit im Jahr 97; Der kleine Riese im Kindergarten 98; Kinderliteratur für Weihnachtszeit, Rollensp. 99; Klassische und neue Verse fürs Poesiealbum 00; Guten Flug, Herr Lehrer 00; Gute Nacht, kleiner Riese 00; Hör mir zu, lieber Gott 01; Der kleine Riese und sein Computer 02; Frohe Weihnachten, kleiner Riese 02; Gute Nacht, lieber Kuschelbär 02; Jetzt hol ich meinen Schlitten raus 03; Willi wünscht sich einen Bruder 04; Hallo, lieber Gott, Gebete für Kinder ... 05; Ich hab dich lieb, so wie du bist 05; Kindertheater zur Winterzeit 05; Wenn ich das Christkind wär 05; Lass uns wieder Freunde sein 06; Ich schenk sie was zur Erstkommunion 06; Kindertheater aus der Märchenwelt 06; Sagen aus Vorarlberg 06; Keine Angst, kleiner Biber 07; Kindertheater fürs ganze Jahr 08; (Übers. in ital., korean.). – **MA:** versch. Anth. – **P:** Bernhard Lins, Schallpl. u. Tonkass. 75; Komm wieder gut nach Haus, Schallpl. u. Tonkass. 81; Du zeigst uns voraus. Lieder zu Meßfeiern 81; Augen auf, mein kleiner Freund!, Schallpl. u. Tonkass. 82; Von Weibsbildern ... Moritaten aus Vorarlberg, Tonkass. 83; Kinder werden bald groß, Schallpl. u. Tonkass. 84; Hurra, die Schule brennt!, Schallpl. u. Tonkass. 87; Der kleine Riese. 9 Hsp.-F. auf CD u. Tonkass. 90–02; Lieder zur Winter- und Weihnachtszeit, Tonkass. u. CD 91; Sommer, Sonne, Ferienzeit, Tonkass. 93; Kinderträume – Kinderwünsche, CD 94; Vorarlberger Sagen, CD 06.

Lins, Gabriele, ehem. Sekr. im Fachbuchhandel, heute freie Schriftst.; Königsberger Str. 3, D-41539 Dormagen, Tel. (02133) 470837, *Gabriele-Lins@gmx.de* (* Münster 10.8.37). VS; Völklinger Senioren-Lit.pr. (2. Pr. Kurzgeschichte) 07; Lyr., Erz., Fernsehsp. – **V:** Leben in einer Kleinstadt, Erzn. u. G. 84; Bitte, behalten Sie Platz 85; Luftblasen, G. 86; Keine Speise wird gar ohne Feuer 91; Anders behandeln – warum? 94; Ich wünsch' mir vom Leben Siebenmeilenstiefel, Erzn. u. G. 07; Doppelt heilt besser, Erzn. u. G. 07; Und spöttisch lacht die Möwe, G. 08. – **MA:** Kurzgeschn., Gedichte, Glossen, Satiren in: Anth., Jahrb., Sammelbden, Kalendern, Ztgn, Zss., Schulb., auch in Dänemark, Schweiz u. Öst. – **R:** Co-Autorin d. Fs.-Serie „Die Fischer von Moorhöft" 81. – *Lit:* Facharb. v. A. Pscheidl (Neuss) üb. G.L. als Schriftst. d. Region.

Linschinger, Maria (Ps. Maria Eliskases), Lehrerin i. R.; Uferstr. 93, A-4801 Traunkirchen, Tel. u.

Linsi

Fax (0 76 17) 29 77, *maelis@gmx.net* (* Jenbach/Tirol 31. 12. 46). Intern. Inst. f. Kd.- u. Jgd.lit. Wien; Mira-Lobe-Stip. d. BKA 03; Rom., Lyr. – **V:** Annemaries Tagebuch, R. 98; Yolanda, R. 99; Stragula, Erz. 01; Winterkind, R. 04; Rache ist rot 06; Quellenweg, Erz. 08. – **MA:** Rampe, Lit.zs. 95, 99, 01; Facetten, Jb. 98, 00; Ed. Philosoph.-Literar. Reihe 00; Landstrich 03, 04, 07, 08; Das Sternenbuch 06; Prinzessin gesucht 07; Geschichtenkoffer f. Glückskinder 07.

Linsi, Karin, Autorin, Korrektorin, Musikerin; Elfenaustr. 24, CH-6005 Luzern, Tel. (0 41) 3 60 93 28, *karinlinsi@bluewin.ch*, *www.karinlinsi.ch* (* Basel 17. 1. 67). – **V:** Tasten auf dünnem Eis, R. 04, 2. Aufl. 06.

Linßen, Gregor; Gladbacher Str. 280 F, D-41462 Neuss, Tel. (0 21 31) 22 86 42, Fax 22 86 43, *email@edition-gl.de*, *www.edition-gl.de* (* Neuss 66). Christl. Text, Liedtext. – **V:** Lied vom Licht, UA 91, 5. Aufl. 02; Spuren der Einen Welt 94, 2., überarb. Aufl. 02; Vermächtnis eines Freundes 98; Die Spur von morgen, NGL-Oratorium, UA 98, 2. Aufl. 01; Tausend Jahre wie ein Tag 00; Die Dauer des Augenblicks 01; Adam – Die Suche nach dem Menschen, UA 02, alles Lieder u. Texte. (Red.)

Lintfert, Marita, M. A., Lehrerin; Albert-Einstein_Str. 25, D-14473 Potsdam, Tel. (03 31) 5 81 77 74, *lintfert@yahoo.de*, *www.lintfert.de* (* Suedlohn/NRW 28. 5. 67). – **V:** Der Bosporus, die Schaukel und das Lächeln, R. 01. – *Lit:* s. auch 2. Jg. SK. (Red.)

Linvers, Edith (Ps. Lin-Vers, geb. Edith Strehl), freie Schriftst.; Maybachstr. 52, D-45659 Recklinghausen, Tel. (0 23 61) 1 61 02, *elinvers@freenet.de*, *www.lin-vers.kulturserver-nrw.de* (* Rosenberg/Ostpr. 15. 10. 40). VS, NLG Recklinghausen; Alfred-Müller-Felsenburg-Pr. 02; Lyr., Aphor., Kurzgesch. – **V:** Nicht nur Erlebtes, G. 84; Dornenernte, G. 87; Lin-Verse, G., Aphor. 91; Berührungen, G. 92; Aphorismen 96; Ehrlich gesagt ..., Aphor. 99; Schatten länger als wir 02; Mit Rückenwind 05; Wenn Gedanken rebellieren 08, alles G. u. Aphor. – **MA:** Vestischer Kal. 86–09; ai-Kal. 91; Brigitte-Kal. 93; Anth.: Augenblicke unterm Regenbogen 86; Gedankengänge 87; Tränen ersatzlos gestrichen 88; Nähe, ganz nahe Nähe 89; Veränderung macht Leben 89; Wir selbst sind d. Preis 90; Schweigen brennt unter d. Haut 91; Fällt e. kleines Blau vom Himmel 94; Pflücke d. Sterne Sultanim 96; In d. Gärten d. Phantasie 97; Jb. Westfalen 98; Kamingeflüster 98; Jeder Tag ist ein Berg, Erzn. 98; Gedankenflug 05; Gedankenspiel 07; weitere Veröff. in Schulb., Zss., Ztgn, Kal. sowie auf G.-Postkarten. – **R:** Mittwochs in ..., Fs.-Sdg; Beitr. in Hfk-Progr. v. Radio FiV Recklinghausen, WDR u. Schweiz. Rdfk, u. a.: Lyr. in NRW 91, 94. – **P:** In bester Gesellschaft, m. Wilfried Besser u. Helmut Peters, CD. – *Lit:* Gr. Kultur- u. Freizeitführer Ruhrgebiet/ Recklinghausen u. a.

Linz, Olga s. Bührmann, Traude

Lipinski, Katja (auch Katja Zender-Lipinski, eigtl. Käte Zender), Techn. Zeichnerin (* Tangerhütte 25. 3. 20). FDA Saarl. 84; Buchpr. d. Erwachsenenbildung St. Ingbert/Saar 87, Ausz. d. Gem. Überherrn/Saar 87, E.urk. f. bes. kulturelle Leist. verl. v. Bdeskanzler 89, 1. Pr. b. Autoren-Wettbew. „Pegasus" d. Saarbrücker Ztg 92; Lyr., Kinderb. – **V:** Umweltbuch für Kinder 83; Corvus der Rabe, Kdb. 85, Neuaufl. 93; Gedichte 87; Knospen-Geschichten 89; Zur letzten Träne, Krim.-Gesch. 91; Ruf der Eule, Krim.-R. 92; Wehe den Lebenden, Autobiogr. 94, Neuaufl. 97; Mord in Klasse B 95; Giftfässer im Wald 96, beides Krim.-Gesch. u. Kindern; Frauen an die Front, Autobiogr. 98; Mord im Grenzland, Krim.-Gesch. 98; Die rote Katze,

Krim.-Geschn. 02. – **MA:** Anth. Buchwelt 90, 91; Gedanken über Deutschland 91; Über Krieg und Frieden 91. – **R:** Nach Anruf Mord, Krim.-Hsp. 95; Ein Besuch in der DDR, Hsp. m. Kindern 95; monatl. Beitr. (Lyr., Erzn.) im „Offenen Kanal" d. SR. (Red.)

Lipinski, Thorsten, Grafiker, Steinrestaurateur, Fahrradhändler; Anderlechtsesteenweg 79/16, B-1000 Brüssel, Tel. (02) 5 12 02 68, *thorsten@velodroom.net* (* Unna 3. 8. 69). Fantasy. – **V:** Im Schatten des Hexenmeisters, R. 98; Die Schwerter der Propheceiung, R. 99; Die Zeit des Träumers, Fantasy-Jgdb. 02. (Red.)

†**Lipok, Erich** (Ps. Michael Lindner), Dr. med., prakt. Arzt (* Cosel/OS 10. 8. 09, † lt. PV). Freundeskr. Dichterstein Offenhausen 73, Wilhelm-Kotzde-Kottenrodt-Gem. 74, EM Kr. d. Dichter d. Dt. Kulturwerks Europ. Geistes 76, Arb.kr. f. dt. Dicht. 78, Ostdt. Lit.kr.; Schles. Kulturpr. d. Jgd. 78, Dr.-Rose-Eller-Pr. 89, Dichterstein-Schild Offenhausen 89, EM Kulturwerk Kärnten 99; Lyr., Prosa, Hörsp., Ess. – **V:** Unverlierbare Heimat. Oderlieder, G. 74; Die Saat des Bauern Jacobus Michael Drefs, Versdicht. (Hsp.) 75; An der Quer zu Hause, Erz. 78, erw.Neuaufl. 82; Die Legende vom Adler, G. 81; Erwarteter Morgen, N. 89, 90; Und in dem Schneegebirge, Lyr. 93. – **MV:** Im Lufttransport an Brennpunkte d. Ostfront 71. – **MA:** Aber das Herz hängt daran 55; Wort um den Stein 74; Herzhafter Hauskal., Salzburg-Wien 79–83; Dt. Alm. 80–87; Dt. Monatshefte 86; So weit d. dt. Zunge klingt, Anth. 87; Staatsbriefe 90–98; Alm. Dt. Schriftsteller Ärzte 92; Ostdt. Lit.kr.: Jahresschr. 93–97. – **H:** Ostdt. Presse-Dienst (auch Red.) seit 72. – *Lit:* Tb.-Lex. Bayer. Gegenwartslit. 86; Alm. Dt. Schriftsteller Ärzte 92.

Lipold, Brigitta, Mag.; Burgstiege 4, A-3500 Krems, *office@lipold.at*, *www.lipold.at* (* 61). – **V:** Wenn die Zungen flammen 92. (Red.)

Lippe, Jürgen von der (eigtl. Hans-Jürgen Dohrenkamp), Fernsehmoderator, Showmaster, Liedermacher; c/o PRIMA Künstlermanagement, Bundesallee 141, D-12161 Berlin, Tel. (0 30) 8 51 40 06, Fax 8 51 85 80, *kuenstlermanagement@prima-5.de*, *www. juergenvonderlippe.de* (* Bad Salzuflen 8. 6. 48). Liederpfennig 82, Gold. Schallplatte 87, Gold. Löwe v. RTL 87, Bronz. Kamera, Publ.pr. Kategorie Comedy 88, Telestar 92, Gold. Kamera 93, Adolf-Grimme-Pr. 94, Bambi f. TV-Moderation 96, Echo 99. – **V:** In diesem Sinne, Ihr Hubert Lippenblüter 87; Geld oder Liebe. Hausschatz. Voll die Augenweide 97. – **MV:** Wie rede ich mich um Kopf und Kragen, m. Klaus de Rottwinkel 96; SieundEr, m. Monika Cleves 06. – **H:** WWF-Witzparade 84; Witzparade 87. – **P:** Nich' mit Leo, Drehb. 94. – **P:** Dümmer als du denkst 76; Bla-Bla-Blattschuss 77, beide m. Gebr. Blattschuss; Sing was Süßes 77; Nicht am Bär packen 78; Extra Drei 79; Zwischen allen Stühlen 80; Kenn' Se' den? 82; Ein-Mann-Show 83; Teuflisch gut 85; Guten Morgen, liebe Sorgen 87; Is was? 89; Humor ist Humor 90; König der City 92; Der Blumenmann 95; Seine 20 stärksten Songs 97; Männer. Frauen. Vegetarier 98; Die andere Seite 99; Ja uff erst mal ... – Winnetou unter Comedy-Geiern, Hörb. 00, 02; So bin ich 01; Gute Stunde 03; Alles was ich liebe 04, alles CDs/Schallpl./Tonkass., z.T. Videos; Männer, Frauen, Vegetarier & Blumenmann, DVD 01. – *Lit:* So isser er, Fs.-Sdg 98. (Red.)

Lippelt, Christoph, Dr. med., Hautarzt; Masurenstraße 11, D-70374 Stuttgart, Tel. (07 11) 5 28 34 34 (* Braunschweig 25. 11. 38). VS 76; Anerkenn.pr. b. Lyr.wettbew. Bildgedichte d. Zs. das Boot 74, Pr. b. Lyr.wettbew. Dome im Gedicht d. Zs. das Boot 75, Lit.pr. d. Bdesärztekammer 83, Lit.pr. d. Ldeshauptstadt Stuttgart 86, Pr. „Die IGA u. d. Wort" 92; Lyr.,

Erz., Rom., Ess., Buchkritik. – **V:** Aufbruch in ein Niemandsland, G. 74; Herausforderung der Träume, G. 75; Landschaft mit Engeln, Lyrische Prosa 76; Winterjasmin, G. 77; Die Verurteilung der Gaukler 78; Armins Eroberung, Erzn. 79; Summa, G. 79; Wo du nicht hinsiehst, geschieht es, G. 81; Grußworte, G. 83; Der Lindholdertraum, R. 84; Engel und Steine, Kurzprosa 85; Gärten im Gehirn, G. 86; Zufluchten, G. 90; Das Jahr der Liebe, G. 91; Kannibalentanz, R. 92; Garlabans Lachen, G. 94; Der Berber-Engel, G. 95; Schlangenfest, R. 99; Lenaus letzte Reise, G. 99; Zerebrellis Fehler, Erzn. 03; Nachtschlag, Erzn. 03; La Fornarina, G. 03; Grenzenlose Räume, G. 03; Banjo, Prosa 04; Vogelwind und Flammenzungen, G. 06; Masurenblut, Erz. 07; Engelsbühl, R. 08. – **MV:** Lanzarote – Bilder einer Insel, m. K. Hummel, G. 81.

Lippelt, Helga, Schriftst.; Rütgerstr. 24, D-40229 Düsseldorf, Tel. (02 11) 22 69 67, *Helga.Lippelt@t-online.de* (* Insterburg 26. 9. 43). VS 84; Pr. b. 2. NRW-Autorentreffen 82, Hsp.- u. Erzählerpr. d. Ostdt. Kulturrats 83, Kulturpr. d. Stadt Bocholt m. Berufung 2. Stadtliteratin 84–86, Lit.förd.pr. d. Ldeshauptstadt Düsseldorf 84, Andreas-Gryphius-Förd.pr. 87, Stip. Künstlerdorf Schöppingen 89, Stip. d. Stuttgarter Schriftstellerhauses 89, Würzburger Lit.pr. 89, Grenzschreiberin im Kreis Hersfeld-Rotenburg 90, Stadtschreiberin v. Otterndorf 92, Aufenthaltsstip. Künstlerhaus Kloster Cismar 93, Ostpreuß. Kulturpr. f. Lit. 94; Rom., Erz. – **V:** Jeans für einen Gliedermann, R. 84; Good bye, Leipzig, R. 85; Ohne Turm und Elfenbein. Erfahrungen einer Stadtschreiberin 86; Popelken, R. 88; Embryo, Erz. 88; Trabbi, Salz und freies Grün. An der Grenze zu einem Land, das es nicht mehr gibt 90; Der Geschmack der Freiheit, R. 91; Abschied von Popelken oder ein Atemzug der Zeit, R. 94; Iß oder kehre, R. 96; Und ewig lockt der Mann, R. 98; Fern von Popelken, R. 03.

Lippert, Maik, Export-Sachbearbeiter, Lehrkraft, Autor; Berlin, Tel. (0 30) 4 22 38 03, *maiklippert @hotmail.com*, *www.poetenladen.de/maik-lippert.htm* (* Erfurt 28. 1. 66). Pr. d. Zs. „Das Magazin" z. MDR-Lit.pr. 00, Wolfgang-Weyrauch-Förd.pr. 01, Stip. d. Klagenfurter Lit.kurses 01. 2. Pl. b. Debütpr. d. Lyrik-Poetenladen 06, Stadtschreiber in Weimar 07; Lyr., Kurzprosa. – **V:** fahrten ins sediment, G. 03; Der Tag beginnt mit Kohlendreck (Schöner lesen 58) 06; im rauchglas des himmels überm gewerbegebiet, G. 07. – **MV:** Suizid wird nicht länger strafrechtlich verfolgt, m. Ekkehard Schulreich 95.

Lippert, Sabine; Hochgericht 18, D-38640 Goslar, Tel. (0 53 21) 2 03 45, *SabiLipp@web.de*. Rom. – **V:** Bois-Guilbert, der Templer 00.

Lippet, Johann, M. A., Deutschlehrer, Dramaturg, freischaff. Schriftst.; c/o Verlag Das Wunderhorn, Heidelberg (* Wels 12. 1. 51). VS 84–08, Rum. S.V. 91; Debütpr. d. Rum. S.V. 80, Adam-Müller-Guttenbrunn-Förd.pr. f. Prosa 80, Adam-Müller-Guttenbrunn-Pr. f. Lyr. 83, Pr. d. Henning-Kaufmann-Stift. 89, Stip. d. Förd.kr. dt. Schiftsteller in Bad.-Württ. 91, 98, Stip. Künstlerhaus Edenkoben 98, Stip. d. Konrad-Adenauer-Stift. 01, Stip. d. Kunststift. Bad.-Württ. 03; Lyr., Erz., Rom. Ue: rum. – **V:** biographie. ein muster, Poem 80; so war's im mai so ist es, G. 84; Protokoll eines Abschieds und eine Einreise oder Die Angst vor dem Schwinden der Einzelheiten, R. 90; Die Falten im Gesicht, Erzn. 91; Abschied, Laut und Wahrnehmung, G. 94; Der Totengräber, Erz. 97; Die Tür zur hinteren Küche, R., Bd 1: 00, Bd 2: Das Feld räumen 05; Banater Alphabet, G. 01; Anrufung der Kindheit, Poem 03; Kapana, im Labyrinth, Reiseaufzeichn. 04; Vom Hören von Sehen vom Finden der Sprache, G. 06. – **MA:** zahlr. Beitr. in

Lit.-Zss. seit 74, u. a. in: Neue Lit.; Akzente; ndl; Lettre International; Wespennest; die horen; Veröff. in Anth., u. a. in: Vorläufige Protokolle 76; The Pied Poets (London u. Boston) 90; Ein Pronomen ist verhaftet worden 92; Das Land am Nebentisch 93; Das verlorene Alphabet 98. – **Ue:** Stoica Petre: Aus der Chronik des Alten, G. 04. – *Lit:* Thomas Kraft (Hrsg.): Lex. d. dt.spr. Gegenwartslit. seit 1945 03; Univ. Timişoara (Hrsg.): Lex. d. Banater Schriftsteller 05.

Lippke, Mila, Fernsehautorin; Gotenring 58, D-50679 Köln, Tel. (02 21) 88 54 47, *mail@mila-lippke. de*, *www.mila-lippke.de* (* Düsseldorf 13. 3. 72). Sisters in Crime (jetzt: Mörderische Schwestern) 03, Das Syndikat 04. – **V:** Mehr zu fürchten als den Tod, hist. Krim.-R. 04; Die Zärtlichkeit des Mörders, hist. Krim.-R. 06, Tb. u. a. T.: Der Puppensammler 07. (Red.)

†**Lippmann,** Lothar, Verwaltungsangest.; lebte in Nürnberg (* Frankenberg/Sachs. 25. 10. 17, † 2. 1. 07). IGdA 80, RSGI 82, Pegnes. Blumenorden 88; Lyr. – **V:** Außerhalb der Zeit, G. 67, 2. Aufl. 81; Auch dieser Tag ist nur ein Tropfen Zeit, G. 77; Augen der Zeit, G. 79; Skorpione, Aphor. 79; Auskunft über meine Zeit, G. 81; Auf den Straßen der Zeit, G. 82; Aus dem Hauptbuch meiner Zeit, G. 87; Skorpione II 87, III 00; Asyl auf schwebid 00; Brot und Spiele 02.

Lisa Witasek s. Kishon, Lisa

Lischka, Regine (geb. Regine Schumacher), Doz. f. Sprachen, Autorin, Kunsthandwerk, Schmuck u. Zeichnungen; Brentanostr. 21/1, D-72770 Reutlingen, Tel. u. Fax (0 71 21) 50 95 81 (* Solingen 1. 12. 40). FDA, Dt. Ges. f. Lyr.; 2. Pr. f. Lyr. Tübingen 87, 1. Pr. f. Lyr. Freudenstadt 93; Lyr., Kurzgesch., Märchen, Kinderlied, Kinderb., Journalist. Arbeit (Hörgeschädigtenpädagogik). – **V:** Spring über die Angst 83; Unruhe in den Händen 85; Laß' mich leben, Sommer 87, alles Lyr.; Mama fährt nach England, Kdb. 87; Ein paar müssen bleiben, Lyr. 93. – **MA:** Lyrik für die Westentasche 92; Nacht, lichter als der Tag 92; Krippe 2000 93; Lyrik heute 93, 99; Unterm Fuß zerrinnen euch die Orte 93; Das Gedicht 94; Heimkehr 94; Antologia di Poesie 95; Und redete ich mit Engelzungen 98; Allein mit meinem Zauberwort 99; Hörst du wie die Brunnen rauschen? 99; Das Gedicht 2000, alles Anth. – **R:** 8 Rdfk-Sdgn; Poesie-Tel. Stuttgart. – **P:** Ich leihe dir meinen Mund, Lyr. m. Musik, CD 99. (Red.)

Lischke-Naumann, Gabriele, Dipl. Psych., M. A.; Waldschluchtpfad 4B, D-14089 Berlin, Tel. (0 30) 3 65 30 11 (* Detmold 16. 8. 44). Lyr. – **V:** Belladonna 81; Von Leuchtsplittern durchtaucht 06. (Red.)

Lisiak, Joanna; c/o Nimrod-Verl., Zürich (* Polen 26. 4. 71). Dt.schweizer. P.E.N. 00, AdS 00, ZSV 00, Femscript 00, GZL; Lyr., Erz., Kurzprosa, Dramatik, Hörsp., Ess. – **V:** Cocktails zum Lesen, Lyr. 00; Beeren sind kleiner als Bären, Lyr. 03; Silben Transfer; Von Paul B. und anderen rein zufällig lebenden Personen 04; Ich streue Puderzucker, Lyr. 08. – **MA:** regelmäß. Veröff. in: Nebelspalter, Sat.-Zs., seit 01; Beitr. in Lit.zss. u. Anth.

List, Anneliese (Ps. Alice Pervin, geb. Anneliese Pfenninger), Operetten-Soubrette u. Schriftst.; Fünfbronn 27, D-91174 Spalt, Tel. (0 91 75) 3 95. Ritter-von-Schuh-Platz 15, D-90459 Nürnberg (* Heroldsberg 6. 1. 22). Mitgl. von: World Literary Acad./GB, Intern. Biograph. Centre/GB, American Biograph. Inst./USA, World Univ./USA; u. a. Commemorative Med. of Honor in Gold 88, Cultural Doctorate of Lit. 88, World Decoration of Excellence Medallion 89, Intern. Order of Merit d. Intern. Biogr. Inst. 90, Women of the Year 90, 98 u. 00, Most Admired Women of the Decade 92, Med. and Award, Millenium Hall of Fame 97, The

List

20th Cent. Award for Achievement 97, Gold Record of Achievement 97, 500 Leaders of Influence 97, Millenium-Med. of Honor 00, Lifetime Achievement Award d. Intern. Biograph. Centre 01, Vertreten auf zahlr. Ehrenlisten; Nov., Lyr., Erz. – **V:** Das Glück hinter den Bergen, Erzn. 78; Ein Künstlerleben in schwerer Zeit, Erinn. 02, 04; Träume, die wahr wurden, Erinn. 04; Im Paradies, Erinn. 05. – **MA:** zahlr. Beitr. in Zss. u. Mag. seit 73, u. a. in: Frau Aktuell 32/74; 7-Tage Mag. 22/75, 2/95; Wahre Geschichten 5/75, 14/75, 9/77; Die aktuelle Illustrierte Frau 35/75; Zenit 6/77, 9/77; Geburtstagsfreuden 86, 88; Herzlicher Segenswunsch 111/87, 113/89, 114/90, 116/92, 121/98, 122/99; Das Goldene Blatt 19/87; Im Weihnachtslicht 137/91, 138/92; Kraft und Trost 92; Der Antrag 93; Krieg und Frieden, Anth. 03. – *Lit:* The World Who's Who of Women 86, 88, 01; Dict. of. Intern. Biography 87, 97; World Biograph. Hall of Fame 90; Book of Dedications 90; Das Goldene Buch d. Kunst u. Kultur 2. Aufl. 90; Who's Who – Namenstexte d. Prominenz... 96; Who's Who in Germany 97; Foremost Women of the 20th Cent. 98; 2000 Outstanding Writers of the 20th Cent. 00; Millenium Time Capsule Commemorative Reg. 2001–2101; Who's Who of Intellectuals; 5000 Personalities of the World; Living Legends, u. v. a.; – zahlr. Porträts in Ztgn, u. a. in: BILD Nürnberg 4.1.02; Nürnberger Nachrichten 4.1.02; Roth-Hilpoltsteiner Volksztg 4.1.02; Altmühl-Bote 5./6.1.02; Nürnberger Ztg 5./6.1.02; Spalter Monatsspiegel Febr.02. (Red.)

List, Berndt, freier Autor u. Regisseur; c/o Alexander Unverzagt, Rothenbaumchaussee 43, D-20418 Hamburg, *hamburg@unverzagtvonhave.com, www. dergoldmacher.de* (* Hamburg). – **V:** Der Goldmacher, hist. R. 03; Das Gold von Gotland, Abenteuer-R. 06. (Red.)

Literaturweltmeister s. Ehrnsberger, Jörg

Lith, Fabian s. Gutmann, Hermann

Litschauer, Maja; *maja-li@a1.net, www. engeltraeume.ag.vu.* – **V:** Sie nannte sich Mutter 06.

Littau, Monika (Monika Strohmeyer, geb. Monika Spiekermann), Assessorin; Am Mühlenweg 17, D-53424 Remagen, Tel. (0 26 42) 99 46 41, *LittauMM @aol.com, www.monika-littau.de* (* Dorsten 8. 6. 55). VS, Ver. f. Lit. Dortmund, Dortmunder Kulturrat, Sekt. Lit.; Förd.pr. f. Junge Künstler d. Ldes NRW 88, Stip. d. Ldes NRW 99; Lyr., Prosa, Hörsp., Theaterst. – **V:** stoß ins ein horn, Lyr. 77; Wo du die Welt von unten sehen kannst, Lyr. u. Prosa 83; Nachts fällt mir so viel ein ..., Geschn. 89; Paare pur und Plagiate, Lyr. u. Prosa 92; Himmelhunger – Höllenbrot, Erz. 00; Alphabetta in Alphabettanien, Kdb. 07 (auch Spielebegleitheft). – **MA:** Büroklammer, Zs., H. 21–34 91–94; Kreuz und quer den Hellweg 99; A45. Längs der Autobahn u. anderswo 00; Hic, haec, hoc. Der Lehrer hat 'nen Stock 07. – **R:** Immer schön hinten anstell'n, Madame, Hsp. 88; Paula Jagemann, Feat. 91, beides m. G. Koch. – **P:** Der Goldfisch, Lit.-Video 88. – *Lit:* Levent Aktoprak: Portrait M.L., Lit. Abendjournal, Hfk-Sdg 87; Ich will alles: Kunst u. Kind, Rdfk-Sdg 89; Autoren in NRW 91.

Liu, Luise s. Küsters, Heide

Livera, Viola (eigtl. Viola Fischer-Livera), Schauspielerin; c/o Kontrast-Verl., Pfalzfeld (* Wittenberg 7. 8. 56). Lyr. – **V:** Guten Morgen, meine Liebe! 01; Das Meer ist blau, so blau, Postkarten u. Lyr. 04. (Red.)

Lix, Jorg s. Müller, Ewald

Ljubić, Nicol, freier Journalist u. Autor; lebt in Berlin, c/o Deutsche Verlags-Anstalt, München (* Zagreb 15. 11. 71). Hansel-Mieth-Pr. 99, Theodor-Wolff-Pr. 05. – **V:** Mathildas Himmel, R. 02; Genosse Nach-

wuchs. Wie ich die Welt verändern wollte, Erfahrungsber. 04; Heimatroman oder Wie mein Vater ein Deutscher wurde, Erfahrungsber. 06. – **MA:** Feuer, Lebenslust!, Anth. 03. (Red.)

Loacker, Norbert, Gymnasiallehrer; Stammheimerstr. 8, CH-8259 Kaltenbach, Tel. u. Fax (0 52) 7 41 58 07, *n.loacker@bluewin.ch* (* Altach/Öst. 22. 7. 39). Öst. P.E.N., Schweiz. P.E.N., Vorarlberger Autorenverb., Gruppe Olten bis 00, Präs. d. Carl-Seelig-Stift.; Lit. E.gabe d. Stadt Zürich 84, 95, E.gabe f. Kunst u. Wiss. d. Ldes Vorarlberg 85; Rom., Lyr., Erz., Dramatik, Hörsp., Ess. – **V:** Aipotu, R. 80; Die Vertreibung der Dämonen, R. 84; Idealismus. Analyse einer Verhaltensstörung, Ess. 93; Maddalenas Musik, R. 95. – **MA:** Schriften z. Symbolforschung, Bd 11. – **H:** Kindlers Enzyklopädie „Der Mensch", Bde V–IX; V 8, Ess.bd d. Vorarlberger Autorenverb. – **R:** Harry Mosers Friede 84; Kognak zum Frühstück 85; Come back Dracula 86; Die Baumeister 88; Der Klub 90, alles Hsp. – *Lit:* s. auch 2. Jg. SK. (Red.)

Lobe, Jochen, StudDir. i. R.; Habichtweg 9, D-95445 Bayreuth, Tel. (09 21) 4 15 44 (* Ratibor/OS 14. 8. 37). Förd.pr. d. Sudermann-Ges. Berlin 64, Förd.pr. d. Stadt Nürnberg 78, Förd.pr. d. Kulturpr. Schlesien 82, Kulturpr. d. Stadt Bayreuth 84; Lyr., Ess., Prosa. – **V:** Textaufgaben 70; Verzettelung vor Denkgesteinen, Texte 70; Spiegelungen des politischen Bewußtseins in Gedichten des geteilten Deutschland 72; Augenaudienz, G. 1970–77 78; ham sa gsoochd/soong sa, Mda.-Lyr. 82; wennsd maansd, G. in Bayreuther Mda. 83; Ausläufer, Prosa 87; Deutschlandschaften, G. 92. – **MA:** Anth., u. a.: Alphabet 62; Antipiugiu 66; Aussichten j. eng Lyriker d. dt. Sprachraums 66; Texte aus Franken 67; Thema Frieden 67; Gnu Soup, Fiddlehead Poetry Books 69; Fränkische Städte 70; Ohne Denkmalschutz 70; Fränkische Klassiker, fränk. Lit.gesch. 71; Poetisches Franken 71; Zweizeiler 71; Arbeitsbuch Literatur Nr. 9 72; Revier heute 72; Grenzüberschreitungen 73; Lit.- u. zeitkritische Parodien 73; Bundesdeutsch 74; Kontakte europäisch 74; Die eine Welt 75; Mein Land ist eine feste Burg 76; Das große Rabenbuch 77; Wagnis d. Unzeitgemäßen 77; Dt. Unsinnspoesie 78; In diesem Lande leben wir 78; Das große dt. Balladenbuch 79, 2. Aufl. 95; Jb. f. Lyrik 1 79; Fränkisches Mosaik 80; Weil mir aa wern blos 80; Oder 5 81; Erlangen 1950–1980, lit. Leseb. 82; Komm, süßer Tod 82; Freibeuter 13 82; Das Rowohlt Leseb. d. Poesie 83; Europäische Begegnungen 84; Gedichte f. E.T.A. Hoffmann 84; Bayer. Mundartenbuch 85; Dichten im Dialekt 85; Fußnote extra 85; Texte von Freunden u. Poeten 85; Luftschiffer u. Wegelagerer 86; Das fränkische Dialektb. 87; Oberschlesisches Jb., Bd 3 87; Zeitenwechsel 87; Bei Gott eine schöne Stadt 88; Irdisches u. Himmlisches 90; Forever young 91; Deutsch reden 92; Kindheit im Gedicht 92; Ich sehe mich im Verfielfältigungsglas, Texte 93; Möcherlesversli, fränk. Liebes-G. 93; Noch einmal der Bachmann begegnen, G. 93; Du mußt deine Unruh erden 95; Fränkische Dialekt-Lit. 95; Hasen im Pfeffer, Kurzprosatexte 95; Bayreuth, e. lit. Portr. 96; GoldRauschEngel 96; Lit. in d. Universität 96; Selbstporträt. Lit. in Franken 99; Ich Du Wir, Paargedichte 02; Fränkische Weinlese 03; Da liegt der Himmel näher an der Erde 03; Juden in Bayreuth 1933–2003 07; – Zss.: Kursbuch 4 66; Radar 66; Tamarack Review 66; Fränkische Schweiz 70; Bayreuth 76; L 76 77; Akzente 78; Freibeuter 82; Stadtmag. Bayreuth 93. – **H:** Richard Wagner Stunden Lekker 70; Ortstermin Bayreuth 71; einatmen, ausatmen 75. – **R:** Städtebilder u. Ess. zu lit. Themen im BR seit d. 60er J., zuletzt: Goethe in Böhmen 98; Gedichte im HR, zuletzt: Bayreuther Entelechie (als lyr. Zykl. zu d. Festspielen) 02. – *Lit:* Perspektiven Dt. Dichtung, 3. u. 4. F. 69/70; Th. Pelster: Das Motiv d. Sprachnot in d. modernen Lyr. in: Der Dt.unterricht 22 70; Reinhard Düßel: Zeitgenöss. Lit. aus Franken in: Frankenland 71; Schles. Lit.gesch. III 74; G. Frank: Unbehagen an dieser Stadt (J.L. u. Bayreuth) in: Festspielnachrichten 75; Paul Konrad Kurz: Überläufer ins Lager d. Kreatur in: Über moderne Lit. VI 79; Jochen Hoffbauer: J.L.: kein Schriftsteller f. d. Bücherschrank in: Kulturwarte 1 83; Karl Müssel, Ratiborsky, d. hist. Urbild v. J.L.s „Doppelgänger" in: Fränk. Heimatbote 1/85; Karl Corino: Laudatio, Bayreuther Kulturpr. f. J.L. in: Kulturwarte 1 85; Taschenlex. zur Bayer. Gegenwartslit. 86; Portr. J.L. in: Fränk. Profile I 87; Walther Killy (Hrsg.): Literaturlex., Bd 7 90; Oberfranken im 19. u. 20. Jh., Lit. u. Geistesleben 90; Wulf Rüskamp in: Lit. in Bayern 26, 91; Frankenland, Doppelh. 9 92; Oberschles. Lit.lex., T. 2 93; R. Trübsbach: Gesch. d. Stadt Bayreuth 93; K. Müssel: Bayreuth in acht Jh. 93; Susanne Raab: Dichter zwischen Mda. u. Hochdeutschem 95; Ernst Josef Krzywon in: Oberschles. Jb., Bd 12 96.

Lobenstein, Walter; Rodenberger Str. 13, D-30459 Hannover, Tel. (05 11) 42 49 63 (*Hannover 6. 8. 30). GZL, Dt.-Griech. Ges. Hannover, Ver. deutsche Sprache; Lyr., Rom., Kurzgesch., Ess., Reiseprosa. – **V:** Kleine Kadenz, G. u. lyr. Prosa 59; Instrumente, G.-Zykl. (Wandkal.) 71; Verwandlung, Lyr. 99; Theaterbilder, Lyr. 00; 70 Jahre Walter Lobenstein, G. 00; Angst, Lyr. 01; Der Silbermann, Kurzgeschn. 05; Die 1. Elegie, Lyr. 07. – **MA:** Schlagzeug und Flöte, Anth. 61; Große Niedersachsen, Sammelbd 61; Die Königlichen Gärten. Herrenhausen 63; Porträts. Die fränkische Kette 70; Brennpunkte. Schrifttum d. Gegenw. 71; Haiku Nr. 2, Distelstern 71; Anstöße, Anth. 87; Hugo Ernst Käufer – Bibliothekar, Autor, Herausgeber, Anth. 87; Vor dem Auftritt, Lyr. (Postkarte in d. Postkarten-Serie d. „Gruppe Poesie") 96; Wegwarten-Ausst. im Stadtarchiv Hannover anläßl. d. Erscheinens d. 150. Heftes im 40. Jg. 00; Der Dreischneuß 00–05; Zirkular am Zeitstrand 00–02; Decision 02, 03; InselSPRACHE/SprachINSEL 03; Schreibwetter 03; Harass 03–06; Marienkalender 05; Nachbarn fern und nah 06; in vino veritas 06; Vertrauen. Ein Jahresbegleiter 06. – **H:** Wegwarten, lit. Zs. seit 61. – **MH:** die horen, Lit.zs. 55–61; Schlagzeug und Flöte, Anth. 61; Texte, G. 71. – **R:** Würzburg-Kaleidoskop 78; GEO – Das Tor zum Steigerwald 78; Schatten füllt mein Glas. Erinn. an Friedrich Schnack 78; Exkursionen (2 Sdgn) 78; Gestatten, mein Name ist Main 79; Der vergoldete Pegasus 79; Frauenaufstand 79; Ein Dia-Vortrag zum Hören eingerichtet 80; Auf Tonband gesprochen, Festsp. zu einem 1200jähr. Stadtjub. 80, alles Rdfk-Sdgn. – *Lit:* Godehard Schramm in: Poetisches Franken 71; Veröff. üb. W.L. in: Dialogi 72; Hans-Jörg Modlmayr in: diascope 3 75; Eberhard Thieme in: Buchhändler heute 4/75 u. 9/86; Friedrich Heller in: Blätter f. Kunst u. Sprache 3 77; Gerhard Rademacher in: Europ. Hochschulschr. 81; Heimatland 95; Niedersachsen 95; Kulturring 96, 98; Waldemar R. Röhrbein in: Kulturring 00; Bruno Oetterli-Hohlenbaum in: Signathur-Harass 01; Volkhard App in: NDR Kulturspiegel 01; Hans-Jörg Modlmayr in: WDR Mosaik 07; H.-W. Mühlroth in: Der Dreischneuß 07; Karl-Heinz Schreiber in: Kult 07; Hans Eisel in: Am Zeitstrand 08; Eckhart Pohl in: NDR 08.

Lobert, Ursula (geb. Ursula Frischknecht), Werbetexterin, Lehrerin; Mittlerer Schafhofweg 33, D-60598 Frankfurt/Main, Tel. (0 69) 63 15 39 06, *ulobert@ya hoo.de* (*Frankfurt/Main 18. 7. 59). Erz. – **V:** Cheers, Erzn. 07.

Lobin, Gerd, Journalist, Schriftst.; Röderstr. 1, D-63450 Hanau, Tel. (0 61 81) 3 00 51 21 (*Berlinchen 22. 8. 25). Friedrich-Bödecker-Kr. 80; August-Gaul-Plakette d. Stadt Hanau; Jugendb. – **V:** Die Klassenfit will Meister werden 58, 66; Abenteuer mit Floß Tigerhai 60, 62; Jürgen rettet die Meisterstaffel 61, 64; Rolf wird Leichtathlet 62 (auch dän., schw., holl.); Die siegreiche Mannschaft 63, 65; Mittelstürmer Thomas Bruckner 65 (auch isl.); Neubearb. u. d. T.: Thomas ist große Klasse 75; Bob ist in Gefahr 76, Tb. 79; Robin Hood 79, Tb. 79; Der Sohn des Seekönigs 81; Drachen aus Drontheim 82; Der Fluß erzählt 84; Timmi und die alte Lokomotive 86; Drachenboote in Sicht, Jgd.-R., Sammelbd 88, 96; Mit Kolumbus nach Amerika, Jgd.-R. 91, 97. – **MV:** Meine Kämpfe – meine Siege, m. Werner Graf von Moltke 63, 65.

Lockenvitz, Hannes; Schillerstr. 58, D-79312 Emmendingen, *h.lockenvitz@gmx.de*. – **V:** Vogel, friß – oder stirb, Verse 93; Goldne Flügel möcht ich ..., Geschn. 94; Unterwegs-Gedanken, G. 94; Berührungen, G. 95; Licht hinter den Schatten, G. 97; Das war seine Zeit, Verse 98; Das wissen nur Du und ich, G. 00.

Locker, Liane, Dr., Mag., Lehrerin; *liane.locker@ t-online.at* (*Linz 11. 5. 60). Kunstford.stip. f. Lit. d. Stadt Linz 95. – **V:** Christina oder über die alltägliche Gewalt gegen Kinder, Musical f. Kinder 95; Im Zeichen des Wahnsinns, R. 96; Der Panikmacher, Theaterst. 96; Die Steinigung, Theaterst. 98; Cash-Box, Theaterst. f. Jgdl. 02. (Red.)

Lockwood, Thomas s. Brandhorst, Andreas

Lodemann, Jürgen, Dr. phil., Filmemacher, Schriftst., Prof. d. Ldes NRW; Vaubanallee 55, D-79100 Freiburg/Br., Tel. u. Fax (07 61) 2 90 73 84, *lodemann.freiburg@web.de*, *juergen-lodemann.de* (*Essen 28. 3. 36). VS 75, Vors. 07, P.E.N.-Zentr. Dtld; Alfred-Kerr-Pr. 77, Dramatikerpr. d. Stadt Essen 86, Lit.pr. Ruhrgebiet 87, Phantastik-Pr. d. Stadt Wetzlar 02, Lit.pr. d. Ldeshauptstadt Stuttgart 02, poet in residence an d. Univ. Duisburg-Essen 08; Erz., Rom., Hörsp., Theater, Sachb., Journalistik, Ess. – **V:** Erinnerungen in der zornigen Ameise an Geburt, Leben, Ansichten und Ende der Anita Drögemöller und Die Ruhe an der Ruhr, R. 75, rev. Fass. 97; Lynch und das Glück im Mittelalter, R. 76; Phantastisches Plastikland und Rollendes Familienhaus. Ein amerikan. Tageb. 77; Im deutschen Urwald, Erzn. 78; Der Gemüsekrieg, Erz. 79; Ahnsberch, Volksst. üb. Räuber an der Ruhr 80; Der Solljunge oder Ich unter den anderen, autobiogr. R. 82, rev. Fass. 97; Der Jahrtausendflug, Ber. 83; Essen, Viehofer Platz oder Langensiepens Ende, R. 85, rev. Fass. 97; Siegfried. Die Dt. Gesch. im 1500. Jahr d. Ermordung ihres Helden [...] erzählt 86; Der Beistrich oder Katharina Boticelli in Gelsenkirchen-Bulmke, Bü. 87; Mit der Bagdadbahn durch unbekannte Türkei, Tageb. 90; Alles wird gut, R. 91; Amerika überm Abgrund, Reiseber. 92; Der Mord. Das wahre Volksb. von d. Deutschen 95; Meine Medien-Memoiren, Autobiogr. 96; Muttermord, R. 98; Lortzing. Der Spielopernweltmeister, Biogr. 00; Siegfried und Krimhild, R. 02; Nora und die Gewalt- und Liebessachen 06; Paradies, irisch, R. 08. – **MA:** Begegnung mit dem Ruhrgebiet, Bild-Text-Bd 66; Das Tintenfaß, 25. Folge 75; Das Dt. Tintenfaß, 27. Folge 77; Literar. Werkstatt Nr.1 77; Aus Liebe zu Deutschland 80; Hier ist das dt. Fernsehen 87. – **H:** Die besten Bücher der „Bestenliste" d. SWF-Lit.mag. 81; Das sollten Sie lesen 82; Handbuch des Schwindels 86; Geschichten aus dem Schwarzwald 91; Die besten Bücher. 20 Jahre Empfehlung d. dt.spr. Lit.kritik 95; Schwarzwaldgeschichten

Löb

07. – **R:** Der Krimi oder Die Lust am Labyrinth, Fsf. 70; Heimatromane, Fsf. 71; Literaturmagazin, Fs. 72–82; Im Steintal. Auf Spuren von Oberlin, Lenz, Büchner, Fsf. 83; Die Hauptstraße, Fsf. 83; Café Größenwahn. Ein Literaten-Stammtisch, Fs.-Live 83; Borbecker Jungens 86; Der Mann mit dem Tanzschritt. Heyme in Essen 87; Die Bagdadbahn 87; Columbus: Wir haben in Galway Bemerkenswertes gesehen 88; Überm Abgrund. Erdbebenland Kaliforniens 89; Samothrake, die Insel am Anfang von Europa 90; Alexandria 91; Desert Wind. Per Bahn über die Rocky Mountains 93; Rheinfahrt 93; Eroica Place Kléber Strasbourg 94, alles Fsf. – *Lit:* Erhard Schütz in: KLG 91; LDGL 97.

Löb, Arno s. Garski, Peter

†**Löbel,** Bruni (Geb.name v./Ps. f. Brunhilde Melitta Hagen), Schauspielerin; lebte in München u. Rattenkirchen/Mühldorf am Inn (* Chemnitz 20.12.20, † Mühldorf am Inn 27.9.06). BVK 98; Rom., Hörsp. – **V:** Kleine unbekannte Größe, R. 62, 63; Meine Portion vom Glück, Autobiogr. 95, 3. Aufl. 03. – **MA:** Sachsen unter sich über sich 78; Kinder, wie die Zeit vergeht, Anth. 03; Auf einmal war ich berühmt ..., Anth. 04; Wider den Haß; Prominente erzählen für Kinder; Der Kaßberg. – **R:** Fanta und Tasie, Hsp. 54.

Löber, Axel, M.A.; *www.erlesenunderlogen.de.vu* (* Laubach/Hess. 79). – **V:** Erlesen und Erlogen, m. Michael Kühne, Prosa, Lyr., Dr. 05. – **MA:** Der rote Sessel 2, Erzn. 05. – **F:** Wintertage, Kurzf. 00. (Red.)

Loechler, Franz s. Mattheus, Bernd

Löchner, Friedrich Erich (Ps. Erich Ellinger), Realschulrektor a.D.; Forchenweg 1, D-74080 Heilbronn, Tel. (07131) 48 16 16 (* Heilbronn 12.9.15). BdF Bund dt. Fernschachfreunde 54, Dt. Shakespeare-Ges. 99, Gottlob-Frick-Ges. 99; BVK am Bande 76, Landesehrennadel Bad.-Württ. 88, EM Heilbr. Sinfonieorchester 88, Gold. E.nadel BdF; Lyr., Drama, Aphor. Ue: engl. – **V:** Leitungsprobe, Fsp./Ms. 52; Wandlung im Wetter, G. 78, 3. Aufl. 90; Blätter am Wege, Aphor. 80, 3. Aufl. 90; Splitter und Balken, Aphor. 81, 2. Aufl. 91; Lebenssummen, G. 95; Das spricht Bände, G. 98; KORA-Kalender 2000, Aphor. 2003, 2004, 2005, Aphor., 99ff.; CANTUS FIRMUS – Sämtliche Sonette 02; Demetrius oder der Narr, Tragikom. 04; Wo die Oasen deiner Seele sind, 6 Kontemplationen 06; Spreu und Weizen, Aphor. 06. – **MA:** KORA-Kalender 2006, Haiku. – **P:** Fürchtet euch nicht, Krippensp. 51 (mehrere Aufführ.); Werke von Friedrich Löchner, CD (Denke es, o Seele / Gebet / Wach auf, o Mensch / Fröhlicher Abschied, musikal. Bearb.: Hans-Peter Geßler). – **Ue:** Alfred Lord Tennyson: Enoch Arden 50, 07; W. Shakespeare: Ausgew. Sonette, neu übertr. 06. – *Lit:* Chronik d. Stadt Heilbronn, Bd 6, 7 u. 10.

Löchner, Ulrich Friedrich (Ps. Attilaohm, Attila Ohm), Dr., Wissenschaftler; Alsenstr. 55, D-44789 Bochum, Tel. u. Fax (0234) 31 26 80, *Ulrich.Loechner @alumni.uni-karlsruhe.de* (* Heilbronn 21.11.48). IG Duisburger Autoren 81–85, Surwolder Lit.gespräche 83–87, Segeberger Kr. 85–87, Lit.post Hamburg 81–90, Dt. Shakespeare-Ges. 99; Scheffel-Pr. 67; Textcollage/Visuelle Poesie, Ess., Satire/Glosse, Erotika, Haiku, Hypertext. Ue: engl, am. – **V:** Der gute Stern, Hsp. 83; Jetzt kommts dick, erot. Liebesgedichte 86; Die Lache des Herrn Steinenbronn, Ms. 93; Empty Hall of Fame, G. 02/04. – **MA:** Gesichtspunkte – Lit. in Duisburg 82; Dichter/innen-Auflauf 82; Literatur im Moor 1 (Surwolder Gespräche) 84; Nicht Direkt, Oldenburger Lit.zs. 84/85; Segeberger Briefe, Zs. 85/86; Der Mond ein Ei 86; Lyrik '87; KORA-Kalender 2006 Haiku, KORA-Kalender 2007 Haiku. – **H:** Lit.post Rhein-Ruhr, Zs., 83–87; M. Meinicke: Junge Autoren in der DDR

1975–1980 86, Neuaufl. 91; Chr. Hussel/M. Meinicke: Junges Theater in der DDR 1968–1990 98; Demetrius oder der Narr – Schillers Drama u. d. Folgen 04; Tennysons „Enoch Arden" vermittelt durch dt. Übersetzer u. Bearbeiter, m. CD 05. – **MH:** Literatur im Moor 2 (Surwolder Gespräche) 86; KORA-Kalender, Aphor. u. Haiku 99–07. – **R:** Studiogast d. Sdg „Budengasse" WDR 2 82; Straßenkunst in NRW, m. B. Morgenrath, Feat. 84; Lit. in Nds. 86, u. weitere Wortbeitr. – **P:** Straßentexte, Plakatwände, Wortaktionen im öffentl. Raum 82–87; Mehrdimensionale/vernetzte Texte/Hypertext. – **Ue:** Lyrik, u.a. von: Conrad Aiken, E.A. Housman, H.L. Mencken, P.K. Page, W. Shakespeare, James Tate, W.C. Williams. – *Lit:* Autorenportraits, Köln 92.

Löffel, Hartmut, Lehrer; Unterer Talfeldweg 1, D-88400 Biberach a.d. Riß, Tel. (07351) 69 21, *Talfeldverlag@t-online.de,* *www.Talfeldverlag.de* (* Stuttgart 17.11.37). VS 94, Kg. 99; Bayerisch-Schwäbischer Literaturpr. 05, Lit.pr. d. Akad. Ländl. Raum Bad.-Württ. 07; Lyr., Erz., Schausp. Ue: russ. – **V:** Lebenswaage, G. 83; Solisten, Erzn. 92; Zeit und Endzeit, Lyr. 89; Ein Biberacher Märchen und andere zauberhafte Geschichten, Erzn. 94; Der listige Lazarus, Sch. 96, Neufass. 02 (auch russ.); Kunstgriffe, Folgs Werke. Unglaubliche Geschn. 98; Wechselnde Beleuchtung, G. 98; Der Sportler des Jahres und andere Satiren 00; Die Anfälligkeit für Fallen, Erzn. 04; Witz und Wahn. I: Wartezimmergedichte mit Kräutersegen 07. – **MA:** Allmende, 32/33 92, 40/41 94, 52/53 97, 68/69 01; Neue Literatur, Anth. 99, u.a. – **H:** Kraut und Rüaba, G., Szenen 96; Oberschwaben als Landschaft des Fliegens, Anth. 07. – **MUe:** Nikolaj Rubcov: Komm, Erde, russ./dt. G., m. R. Dittrich u. T. Kudrjawzewa 04.

Löffel-Schröder, Bärbel s. Schröder, Bärbel

Löffelholz, Franz s. Mon, Franz

Löffelholz, Karl Georg von s. Abraham, Peter

Löffler, Günter, Lehrer, Fachberater, Dolmetscher; Akazienallee 44/2, D-14050 Berlin, Tel. (0 30) 3 04 45 99 (* Thale/Harz 6.8.21). SV-DDR/VS 63–93; Verd.med. d. DDR 81, Studienrat 86; Rom. u.a. Prosa. Ue: engl, russ. – **V:** Der Mann von damals, R. 63; Kreppsohlen, R. 65; Die Puppenstube, R. 67; Pfannkuchen, Kinderbuch, Kgb. 85, 88; Das Mondpferd, M. 89; Folgenreicher Tapetenwechsel, R. 97; Finale in Texas, R. 98; Tappen im Dunkeln, Biogr. 00; Weschke junior in der Klemme, Krim.-Erz. 01; Weschke junior und der rote Rocky, Krim.-R. 03; Treuwitz, R. 05. – **B:** W. W. Collins: Der Mondstein, R. 63, 91. – **MA:** Schritt über die Schwelle 61; Mag. Neues Leben 11/62, u.a. – **Ue:** Wassiljew/Guschtschew: Reportage aus dem 21. Jahrhundert 59; A. Grin: Rote Segel, Erzn. 61; S. Sorjan: Sterne hinter den Bergen, R. 62; J. Sbanazki: Der Möwe, Erz. 63; A. Lukin/D. Poljanowski: Der Graue, R. 63; J. Piljar: In Wahrheit war ich siebzehn, R. 64; J. Tomin: Die Geschichte von Atlantis, Erz. 64; E. Zjurupa: Drei Iljas, Erz. 65; N. Hikmet: Die verliebte Wolke, M. 66, 73; J. Tomin: Der Unsichtbare, Erz. 67; J.F. Cooper: Lederstrumpf-Zyklus, 5 R. 69, 76; J. London: Weißzahn, R. 69, 96; ders.: Der Ruf der Wildnis, R. 70, 96; S. Lwow: Das Feuer des Prometheus, Skizzen 70; R.L. Stevenson: In der Südsee, Erzn. 73; W. Tendrjakow: Der Fund, N. 73, 87; M. Benson: In einem Augenblick der Stille, R. 74, u.d.T.: Silvester in Johannesburg 89; W. Tendrjakow: Drei Sack Abfallweizen, N. 75, 87; A. Bitow: Armenische Lektionen, Reiseber. 75, 89; R.L. Stevenson: Die verkehrte Kiste, R. 75; Besuglow/Klarow: Der Intrigant, R. 76; J. London: Barleycorn, R. 76, 87; ders.: Die Perlen des alten Parlay, Erzn. 76, 80; W. Bogomolow: August 44, R. 77; W.

Bykau: Sein Bataillon, N. 77; J. F. Cooper: Wildtöter 77, 79; O. Henry: Kohlköpfe und Caballeros, R. 79; W. Tendrjakow: Drei – Sieben – As, N. 79, 87; J. London: Die Fischereipatrouille, Erzn. 80, 85; A. Adamow: Ein Uhr nachts, Krim.-R. 81, 83; G. Baklanow: Sie bleiben ewig neunzehn, N. 81; J. Conrad: Der schwarze Steuermann, Erzn. 81, 89; L. Hall: Ich setze auf Danza, R. 83, 91; C. L. R. James: Die schwarzen Jakobiner, Rep. 84; V. Grossman: Der Weg über die Grenze, Autobiogr. 85; R. L. Stevenson: Der Flaschenteufel, Erz. 86, 90; H. A. Jacobs: Sklavenmädchen, Autobiogr. 89; M. Ryan: Flüstern im Wind, R. 93, 05. – **MUe:** Prinzessin Quakfrosch, M. 65, 79; K. Simonow: Kriegstagebücher 79, 82.

Löffler, Hans; c/o Carl Hanser Verl., München (* Berlin 46). – **V:** Wege, G. u. Geschn. 79; Die scheinbaren Verwandlungen eines Bürgers 88; Der Philosoph 91; Die Stille unter dem Meer, Erz. 93, 95 (auch frz.); Nach dem Krieg, G. 96; Letzte Stunde des Nachmittags, R. 01. (Red.)

Löffler, Irma s. Volta, Irma

Löffler, Karl-H. *

Löffler, Kay (geb. Kay Müller); Tel. (0 22 74) 90 50 52, *kayloeffler@gmx.de, people.freenet.de/ kayloeffler/* (* Heide 20. 11. 58). Autorenkr. Rhein-Erft, VS; Prosa, Sat., Erz., Lyr., Science-Fiction, Rom. – **V:** Ermittlungsdienst Chorweiler, R. 99, 04; Dorf der Wolkenmacher, Erz. 01, 04. – **MA:** Beitr. in mehreren Anth., Ztgn, Zss. u. Mag., u. a. in: Orte. Ansichten; c't. – **H:** Kay Löfflers kleines Frauenhasserbuch, Anth. 06. (Red.)

Löffler, Robert (Ps. Telemax), Schriftst., Journalist; Vorgartenstr. 160/5, A-1020 Wien, Tel. (01) 7 28 02 60 (* Wien 8. 5. 31). Johann-Nestroy-Ring d. Stadt Wien 82; Ess., Feuill. – **V:** Fernsehfibel, Feuill. 64; Warnung vor einseitigem Gebrauch des Kopfes, Feuill. 83; Liebe Leute 89; Geschüttelte Sammelreime 93; Telemax-Tagebuch 93; Liebe Leute. 83 neue gefällige Bemerkungen 02. (Red.)

Löffler, Sigrid, Mag. phil., Publizistin, Kulturjournalistin, Feuill. red. DIE ZEIT 96–99, Red. d. Zs. „Literaturen" bis Ende 08; c/o Literaturen, Reinhardtstr. 29, D-10117 Berlin, Tel. (0 30) 25 44 95 80, Fax 25 44 95 81, *loeffler@literaturen-online.de* (* Aussig 26. 6. 42). Dr.-Karl-Renner-Publizistikpr. 74, Alfred-Kerr-Pr. 83, Öst. Staatspr. f. Kulturpublizistik 93, Pr. d. Stadt Wien f. Publizistik 01, Journalistenpr. d. Dt. Anglistenverb. 03, u. a. – **V:** Kritiken, Portraits, Glossen 95; Gedruckte Videoclips. Vom Einfluß d. Zeitungssprache auf d. Zeitungskultur, Vortr. 97; Gebrauchsanweisung für Österreich 01. – **MV:** ... und alle Fragen offen. Das Beste aus dem Literarischen Quartett, m. M. Reich-Ranicki u. H. Karasek 00. – **MA:** Ztgn/Zss.: Die Presse; profil; Die Woche; Theater heute; Basler Ztg; Süddt. Ztg.; DIE ZEIT; LITERATUREN. (Red.)

Löhr, Ingrid; Im Dahl 20, D-48165 Münster, Tel. (0 25 01) 76 36, *ingrid.loehr@t-online.de* (* W-Elberfeld 17. 6. 35). Europ. Märchenges. 88, Die Bunte Feder, Autorinnengemeinsch. Münster 94, GEDOK Rhein-Main-Taunus 96–02; Hafiz-Pr. (Kurzgesch.) 91; Lyr., Kurzgesch., Märchen. – **V:** Bommenberend und die Brochterbecker Hexe. Münsterländer Sagen 90; Fremde Augen, Geschn. 97; Anker und Segel. Frauen in Goethes Leben 99; Schritte ins Ungewisse, Geschn. 00; Zuckerkind, M. 02; Geschichten zur Weihnachtszeit 07; Lächeln bitte! Heitere Geschn. 08.

Löhr, Joraine, freie Regisseurin b. Film u. Fernsehen, Autorin, Therapeutin; Langerijp 3, NL-9901 TL Appingedam, Tel. (05 96) 56 72 30, *joraineloehr@gmail.com,*

www.jorainelohr.nl (* Mülheim 14. 10. 49). Auswahlliste 'Silberne Feder' 82; Lyr., Film. – **V:** Felix und die Eule, Lyr. 81 (auch ndl.); Der Junge mit der rote Mütze 90; Ananda 92; Die Kunst ein Mensch zu sein 97; Zauberworte vom Meer, Lyr. 02; Zauberworte zur Weihnacht, Lyr. 03. – **MA:** Wenn ich ein Pferd hätte 88; Der Kobold der die Angst wegmalte 90; Träum was Schönes 95; Für Dich, mein Freund, G. 96; Das Kopfkissenbuch der Liebe, G. 05, alles Anth. – **R:** Kinderkurzgeschn. im Rdfk; Drehbücher.

Löhr, Robert; *www.robert-loehr.de* (* Berlin 17. 1. 73). VDD 98; Rom., Bühnenst., Film- u. Fernsehdrehb. – **V:** Alle deutschen Dramen an einem Abend, Bü. 03; Die deutsche Geschichte an einem Abend, Bü. 05; Der Schachautomat, R., 1.–3. Aufl. 05 (Übers. ins Engl., Amerik., Frz., Ndl., Ital., Schw., Nor., Isl., Dän., Finn., Slowen., Gr., Bras., Port., Span., Poln., Slowak., Tsch., Hebr., Ung., Chin., Rum.); Das Erlkönig-Manöver, R., 1.–4. Aufl. 07, 5.–7. Aufl. 08 (Übers. ins Ndl., Ital., Span., Bras.); Die Ilias und die Odyssee an einem Abend, Bü. 07. – **F:** Mitfahrer 04; Ritter Reginald 07; Kein Bund fürs Leben 07. – **R:** Held der Gladiatoren 02; Klassenfahrt 04.

Löpelt, Peter; Richterweg 4A, D-09125 Chemnitz, Tel. (03 71) 36 24 87, *P.v.Normann@t-online.de* (* Prag 12. 10. 37). SV-DDR 80; Prosa, Dramatik, Rom., Drama, Hörsp. – **V:** Die Rosen heb für später auf 79, 81. – **F:** Startfieber 85. – **R:** Waldstraße 7, Hsp.-Serie, 21 F. 82–87. (Red.)

Löschburg, Winfried, Dr. phil.; Dietzgenstr. 64, D-13156 Berlin (* Leipzig 29. 3. 32). Goethe-Pr. d. Hauptstadt d. DDR 77. – **V:** Unter den Linden 72, 6. Aufl. 91; Ohne Glanz und Gloria. Die Gesch. d. Hauptmanns von Köpenick 78, 6. Aufl. 96; Als das Lustschiff endlich am Schiffbauerdamm eintraf, Jgdb. 84, 2. Aufl. 86; Im Gasthof zu den drei Lilien. Geschichten rund um die Berliner Nikolaikirche 86; Spreegöttin mit Berliner Bär, hist. Miniaturen 87; Und Goethe war nie in Griechenland. Kleine Kulturgesch. des Reisens 97, 2. Aufl. 04 (auch türk., jap., korean.); Leere Bilderrahmen, geköpfte Tempelgötter. Kunstdiebstähle d. letzten Jahrzehnte 00. – **MV:** 3 Sachbücher. – **MA:** zahlr. Beitr. in Jb. seit 1991, u. a. in: Der Bär von Berlin, Jb. d. Stift. Preuß. Kulturbesitz, Philhellenische Studien. – **H:** Die Stadt Berlin im Jahre 1690, gezeichnet v. Johann Stridbeck d. Jüngeren, Faks.-Ausg. 81; Panorama der Straße Unter den Linden, Faks.-Ausg. 86, 3. Aufl. 97.

Löschner, Irmgard, Dr. phil., freischaff. Künstlerin; Vegagasse 6/2, A-1190 Wien, Tel. (01) 3 68 05 95 (* Wels 29. 7. 52). IGAA; 3 Arb.stip. d. BMfUK; Lyr. – **V:** Lichtvergieser zieht alle bunten Farben heran 93; Ein Vogel aus Flügel, Bilder u. G. 94; Entwunschen 96; Wunschen von Blau, Texte u. Graf. 06. – *Lit:* s. auch Kürschners Handbuch der Bildenden Künstler, 1. Aufl. 2005.

Löschner, Johanna s. Amthor, Johanna

Loest, Erich (Ps. Hans Walldorf, Waldemar Naß), Dr. h. c., Schriftst.; Kasseler Str. 23, D-04155 Leipzig, Tel. (03 41) 5 90 55 32, Fax 5 90 55 33 (* Mittweida/ Sa. 24. 2. 26). VS, P.E.N.-Zentr. Dtld; Hans-Fallada-Pr. 81, Jakob-Kaiser-Pr. 83, 87, Marburger Lit.pr. 84, Karl-Hermann-Flach-Pr. 91, BVK I. Kl. 92, E.bürger v. Mittweida u. Leipzig 92/96, Kommandeurskreuz d. Rep. Polen 97, Stadtschreiber-Lit.pr. Mainz 98, Gr. BVK 99, Dr. h.c. TU Chemnitz 01, Karl-Preusker-Med. 02; Rom., Nov., Hörsp., Biogr., Film. – **V:** Jungen die übrig blieben, R. 50; Die Westmark fällt weiter 52, 56; Das Jahr der Prüfung 54; Der Mörder saß im Wembley-Stadion 67, 06; Öl für Malta 68; Der Abhang 68; Der elfte Mann 69, 06; Schattenboxen 73; Oakins macht Karrie-

Lösto

re 75; Etappe Rom 75; Die Oma im Schlauchboot 76; Es geht seinen Gang oder Mühen in unserer Ebene 78; Pistole mit sechzehn, Erzn. 79; Swallow, mein wackerer Mustang, Karl-May-R. 80; Durch die Erde ein Riß 81; Völkerschlachtdenkmal, R. 84, 98; Zwiebelmuster 85; Froschkonzert, R. 87; Fallhöhe, R. 89; Der Zorn des Schafes, Biogr. 90; Die Stasi war mein Eckermann, Biogr. 91; Katerfrühstück, R. 92; Zwiebeln für den Landesvater, Ess. 94; Nikolaikirche, R. 95; Als wir in den Westen kamen, Ess. 97; Gute Genossen 99; Die Mäuse des Dr. Ley, R. 00; Reichsgericht, R. 01; Träumereien eines Grenzgängers, Ess. 01; Der vierte Zensor. Der Roman „Es geht seinen Gang" u. die Dunkelmänner 03; Sommergewitter, R. 05; Prozesskosten, Autobiogr. 07; Einmal Exil und zurück, Ess. 08. – **B:** Cooper: Lederstrumpferzählungen, Neufass. u. d. T.: Wildtöter und Große Schlange 72. – **F:** Nikolaikirche 95; Karl May reist zu den lieben Haddedihn 98. – **R:** Dienstfahrt eines Lektors 75; Ein Herr aus Berlin 76; Eine ganz alte Geschichte 79; Messerstecher 81; Ein Freund weniger 92. – *Lit:* Sabine Brandt: Vom Schwarzmarkt nach St. Nikolai. E.L. u. seine Romane 98; Leonore Brandt: Ein dt. Rebell, Fs.-Portr. 01. (Red.)

Lösto, Angelika (Ps. f. Gerda Storch, geb. Gerda Löffler), Miedernäherin, Sekretärin, Autorin, Malerin; Dudenstr. 2, D-65232 Taunusstein, Tel. (0 61 28) 93 46 70 (* Darmstadt 14. 2. 42). FDA 96–06; Lyr., Erz., Prosa, Kinder- u. Jugendprosa. – **V:** Beneidenswert, wer nicht betroffen ist, Erz. 94, 03; Bewegende Augenblicke, Lyr. 96; Potpourri für blaue Stunden, Kurzgeschn. 99; Bunte Kinderwelt, Kurzgeschn. f. Kinder 00; Wenn Küken flügge werden, Jgdb. 00; Farbig wie ein Regenbogen, Kinderreime 00. – **MA:** Gedicht u. Gesellschaft 01; Auf den Weg schreiben 03; Nocturno 03; Jb. f. d. neue Gedicht 04; Augsburger Friedensamen 04; Festtagsgeschichten 04; Die Besten 2006 06; Lyrik und Prosa unserer Zeit 07, alles Anth.

Loetscher, Hugo, Dr. phil., Publizist, Schriftst.; Storchengasse 6, CH-8001 Zürich, Tel. u. Fax (01) 2 11 50 61, hugo_loetscher@freesurf.ch (* Zürich 22. 12. 29). SSV 75, Dt. Akad. f. Spr. u. Dicht. 84; E.gabe d. Stadt Zürich 63, 69, Charles-Veillon-Pr. 64, Conrad-Ferdinand-Meyer-Pr. 67, E.gabe d. Kt. Zürich 68, 99, Lit.pr. d. Stadt Zürich 72, E.gabe d. Schweiz. Schillerstift., Mozart-Pr. d. Goethe-Stift. Basel 83, Lit.pr. d. Zürcher Kantonalbank 85, Pr. d. Luzerner Förd.-Komm. 86, E.gabe d. Stadt Zürich 89, Gr. Pr. d. Schweizer. Schillerstift. 92, „Kreuz d. Südens", Orden f. Verd. um d. brasilian. Kultur 94, Prix littéraire Lipp 96, Werkbeitr. d. Kt. Zürich 00, E.bürger v. Escholzmatt 04; Rom., Drama, Ess., Lyr. Ue: frz, engl, port. – **V:** Schichtwechsel, UA 60; Abwässer. Ein Gutachten, R. 63, 89 (auch frz., ital.); Die Kranzflechterin, R. 64, 94 (auch frz., holl., span.); Noah – Roman einer Konjunktur 67 (auch engl., schw., russ., poln.); Zehn Jahre Fidel Castro – Reportage u. Analyse 69; Der Immune, R. 75, überarb. Neuausg. 85 (auch frz., span.); Kulinaritäten, m. Alice Vollenweider 76; Wunderwelt. Eine brasilian. Begegnung, R. 79, 93 (auch span., port.); Herbst in der Großen Orange, R. 82, 93 (auch frz.); Portugal – Geschichte am Rande Europas 83; Der Waschküchenschlüssel und andere Helvetica, Erzn. 83 (auch frz.); Die Papiere des Immunen, R. 86, 92 (auch frz., span.); Vom Erzählen erzählen. Münchner Poetikvorlesungen 88; Die Fliege und die Suppe und 33 andere Tiere in 33 anderen Situationen, Fbn. 89, 95 (auch frz.); Der predigende Hahn 92 (auch frz.); Saison, R. 95, 98 (auch frz., ung.); Die Launen des Glücks oder Parterre und Bel Etage, UA 97; Der Waschküchenschlüssel oder Was – wenn Gott Schweizer wäre 98, 01 (auch frz.);

Die Augen des Mandarin, R. 99 (auch tsch.); Was man sich in den Tälern erzählt, Geschn. 01; Durchs Bild zur Welt gekommen, Ess. u. Repn. 01; Der Buckel, Geschn. 02; Lesen statt klettern, Aufss. 03; Es war einmal die Welt, G. 04; Bacchus, Ess. u. Repn. 04. – **MA:** Gut zum Druck, Anth. 72; Züricher Geschichten, Anth. 72; Über Friedrich Dürrenmatt 80; Begegnung mit vier Zürcher Autoren 81; Friedrich Dürrenmatt. Schriftst. u. Maler 94; Play Dürrenmatt 96. – **H:** Manuel Gasser: Welt vor Augen 64; Antonio Vieira: Predigt an die Fische 66; Varlin – Porträt eines Malers 69; Adrian Turel: Bilanz eines erfolglosen Lebens 76; Willy Spiller: Bilder eines Lokalreporters 77; Hanny Fries: Theateraufzeichnungen 78; José Guadelupe: Posada. Ein Bänkelsänger fürs Auge 79; Friedrich Glauser: Wachtmeister Studer 89. – **MH:** Brasilien 69, 82; Zürich – Aspekte eines Kantons 70; Spanien 72; Photographie in der Schweiz 1840 bis heute 73; Zürich zurückgeblättert 79; Hans Falk: Circus 82; Das Tessin und seine Photographen 87; Werner Bischof: Leben und Werk 90; Hans Finsler: Neue Wege der Photographie 91; Brasilien. Entdeckung u. Selbstentdeckung 92. – **R:** Ach Herr Salazar, Fsp. 65. – *Lit:* Rosemarie Zeller: Der neue Roman in der Schweiz 92; Christoph Siegrist in: Poetik der Autoren 94; Romey Sabalius: Die Romane H.L.s im Spannungsfeld von Fremde und Vertrautheit 95; LDGL 97; Anton Krättli in: KLG 98; Jeroen Dewulf: H.L. u. d. „portugiesischsprachige" Welt 99; In alle Richtungen gehen, Sachb. 05.

Loettel, Gerhard, Dr. Ing., Chemiker, Theologe; Seepark 1, D-39116 Magdeburg, Tel. u. Fax (03 91) 6 31 37 82, gloettel@t-online.de, www.oeko-loettel.de (* Merseburg 14. 7. 34). Religiöse Lit., Erz. Ue: tsch, slowak. – **V:** Unbalancen und Wege, Kurzprosa 00; Frage nach Gott, daß er wahr wird, Dialog-Erz. 07; Kehrt um und ändert euch von Herzen 07; Einmischung I–III, Dok. (2 Bde) 07; mehrere Sachbücher. – **MV:** Anspruch und Dialogue, m. Erich Trocker, Dialog-Erz. 08. – **MA:** Mistr dialogu – Milan Machovec, Gedenkbd 05. – **Ue:** Milan Machovec: Der Sinn menschlicher Existenz, Ess. 04; ders.: Heimat Indoeuropa (auch mithrsg.). – *Lit:* s. auch SK.

Löw, Peter G. A., Fernmeldebaumonteur, Red., Pressesprecher; Schulstr. 5, D-09648 Mittweida/Sa., Tel. u. Fax (0 37 27) 39 49 (* Mittweida 27. 1. 41). Kandidat SV-DDR 77, FDA Sa. 98; Kurzhsp.wettbew. Radio DDR (3. Pr.) 72; Rom., Erz. – **V:** Der schwarze Jäger aus Sachsen, hist. R. 83, 4. Aufl. 00; Krell – im Sog der Nacht 01; Der Zug der Blinden 05. – **MA:** Fahrtunterbrechung, Kurzgesch. in: Temperamente 1 81; Heimatjahrbuch Landkreis Bad-Dürkheim 92–02; Leipziger Blätter 41/02; Vor dem Tor, Anth. 05. – **F:** Bilanz im Kneipenkeller, Amateurkurzf. 76; 1 Dokfilm 86. – **R:** Das Duell 72; Lehmann kontra Risiko 73; Bilanz im Keller 75; Junge Frau, alleinstehend, ein Sohn ... 77, alles Hsp. – **P:** Das Duell, Hsp. auf: Die Nußtorte, Schallpl. 76.

Loewe, Elke; Rönndeich 18, D-21706 Drochtersen-Hüll, Tel. (0 47 75) 4 50 (* Gifhorn). – **V:** Teufelsmoor 02; Die Rosenbowle 02; Herbstprinz 03; Der Salzhändler 04; Simon, der Ziegler 04, alles R. – **MV:** Piggeldy und Frederick, m. Dieter Loewe 96; Jonni Hecht, m. Jo du Bosque 00; Neue Abenteuer mit Piggeldy und Frederick, m. Diete Loewe 01; Der Schatz unter der Kastanie, m. Susanne Wechdorn 02, alles Kdb. – **R:** 150 Folgen v. „Piggeldy u. Frederick" (Red.)

Loewenrosen, Mike; Mayerhofgasse 4/3, A-1040 Wien, mike.loewenrosen@gmx.net, mdl.heim.at (* Zürich). Lit.förd.pr. d. Stadt Wien; Rom., Theaterst. – **V:** Gebot des Schnees, R. 01; Pascal und Maxime,

R. 06; – Theaterst.: Auf der Suche nach der verlorenen Weihnacht, UA 01; Wind im Mund. Das Leben François Villons, UA 04; Die Kirschblüten, UA 06; Der Klang des Regens, UA 08.

Loewenstein, Helmut; Nordenholzer Weg 11, D-27777 Ganderkesee, Tel. (0 42 23) 16 03, 38 12 90 (* Dingstede/Oldenburg 23. 5. 49). Verdener Arb.kr. ndt. Theaterautoren e.V. 91. – **V:** Krieg spielen 94; Eenmal na Mallorca 97; Füerwehrspöök 98; De Autodeef 98; Füerwehrball 99; Krusen Kraam 00; Dat brennt! 01; Brummis, Biller und Bedreger 02, alles pldt. Lsp.; – Kurzspiele: Afslept; Footballsünndag; De plünnerige Tackeldraht; Füeralarm. (Red.)

Löwenstein-Wertheim-Freudenberg, F. Barbara Prinzessin zu s. Wertheim, Barbara zu

Löwenstein-Wertheim-Freudenberg-Mondfeld, Wolfram Prinz zu s. Mondfeld, Wolfram zu

Löwinger, Paul, Theaterdramaturg, Fernsehregisseur; c/o Löwinger Bühne GesmbH, Hauptplatz 64, A-3040 Neulengbach, Tel. (0 27 72) 5 40 01 (* Wien 28. 6. 49). Rom. – **V:** Das Lied des Troubadours 00; Das Siegel der Liebe 03; Der Schwur des Normannen 06. (Red.)

Loewit, Günther, Dr. med., Arzt; Bahnstr. 7, A-2294 Marchegg, *mail@guenther-loweit.at*, *www. guentherloewit.at* (* Innsbruck 30. 9. 58). – **V:** Kosinsky und die Unsterblichkeit, R. 04; Krippler, R. 06; Mürrig 08. – **MA:** Innseits 07. (Red.)

Logan, Kate s. Melzer, Brigitte

Loges, Gabriele (geb. Gabriele Steinhart), Bibliothekarin; Inneringer Str. 10, D-72513 Hettingen, Tel. (0 75 74) 39 50 (* Horb-Dettingen 4. 10. 57). VS 03; Lyr., Erz. – **V:** Die Handtasche, Bst., UA 01; Innenräume, Monolog, UA 01; Wortfugen und Innenräume. Texte u. Bilder, Lyr., Erzn. 02; Der Tisch des Dichters, Erzn. u. G. 04, 08; Hier wie anderswo, Geschn. 07. – **MA:** Einfalt – Vielfalt 03; Albgeschichten 08.

Lohbeck, Rainer, Dr. med., Ph. D., Arzt f. Allgemeinmedizin, Betriebsmedizin u. Geriatrie; Auf dem Hagen 9a, D-58332 Schwelm, Tel. (0 23 36) 65 05, Fax 8 35 25, *praxis-klinik-berlin@tmo.de* (* Wuppertal 25. 11. 66). Medizin. Ratgeber, Philosophie. – **V:** Gesunde Wege für Körper und Geist 05. – **MA:** wöchentl. medizin. Kolumne seit 00 in: Stadt-Anzeiger (f. EN u. Wuppertal); Dt. Ärztebl. Nr. 96 u. 102.

Lohbeck, Rolf, Dr. phil., Lehrer, Schriftst., Unternehmer; Landhaus Auf dem Hagen 9, D-58332 Schwelm, Tel. (0 23 36) 8 29 29, Fax 8 29 59 (* Essen 30. 3. 40). Sachb., Reisesachb., Jugendrom. – **V:** Selbstvernichtung durch Zivilisation 66, 2., erw. Aufl. 89; Marokko. Entdeckungsreise zwischen Atlas u. Atlantik 71; Tarzanbande contra Schwarze Drossel, Jgdb. 91. – **MA:** Ministrantenpost 1984/85. (Red.)

Loher, Dea; lebt in Berlin, c/o Verl. der Autoren, Frankfurt/M. (* Traunstein 64). Akad. d. Darst. Künste 05; Dramatikerpr. d. Hamburger Volksbühne, Gr. Pr. d. Frankfurter Autorenstift. 93, Förd.gabe d. Schiller-Gedächtnispr. 95, Gerrit-Engelke-Lit.pr. 97, J.-M.-R.-Lenz-Pr. f. Dramatik 97, Mülheimer Dramatikerpr. 98 u. 08, Else-Lasker-Schüler-Dramatikerpr. 05, Bertolt-Brecht-Pr. 06. – **V:** THEATER/UA: Tätowierung 92; Olgas Raum 92; Leviathan 93; Fremdes Haus 95; Blaubart – Hoffnung der Frauen 97; Adam Geist 98; Manhattan Medea 99; Klaras Verhältnisse 00; Berliner Geschichte 00; Die Schere 01; Der dritte Sektor 01; Magazin des Glücks 02; Unschuld 03; Das Leben auf der Praça Roosevelt 04; Quixote in der Stadt 05; Land ohne Worte 07; Das letzte Feuer 08; (alle in zahlr. Sprachen übers.); – BÜCHER: Hundskopf, Erzn. 05. – **R:** Hör-

sp.: Tätowierung 94; Blaubart – Hoffnung der Frauen 00; War Zone 02; Samurai. Licht. Die Schere 05. – *Lit:* Brigitta Weber (Hrsg.): D.L. u. d. Schauspiel Hannover 98; J. Gleichauf: Was für ein Schauspiel! 03; M. Börgerding in: Theater Heute 10/03; Birgit Haas: Das Theater d. D.L.. Brecht u. (k)ein Ende 06.

Lohfink, Ingeborg (geb. Ingeborg Möller), Großhandelskauffrau, Röntgenass., Schriftst., freie Publizistin, Stifterin d. Ingeborg-Lohfink-Ordens für Kranken- u. Altenpflege; PSF 3339, Hauptpostamt, D-17463 Greifswald, Tel. (0 38 34) 82 36 34 (* Greifswald 26. 4. 31). E.-M.-Arndt-Ges. e.V. Groß Schoritz/Bonn 93, Pommerscher Künstlerbund 01, VS Meckl.-Vorpomm. 02, Stiftung Schwedisches Kulturerbe in Pommern 03; Johann-Heinrich-Voß-Med. d. Stadt Penzlin in Gold 86, Eintragung in d. Goldene Buch d. Hansestadt Greifswald 00 u. 01, Ehrung durch Namensgebung „Ingeborg-Lohfink-Haus" für Begegnungsstätte mit Tierheim in Miltzow/Nordvorpomm. 95, Ernst-Moritz-Arndt Med. 01, Greifswald-Med. 01, E.-Mitgl. Lit.-Salon Greifswald 02, E.-Mitgl. Pommerscher Künstlerbund 04, Storchen-Pr. f. Umwelt u. Kultur 04; Rom., Erz., Märchen, Ess., Rep., Hörsp., Lyr. – **V:** Mein Pommernbuch 91, 2., verb. Auflage 01; Vorpommern. Begegnung m. d. Land am Meer. Mein großes Reportagenbuch 91; Mein treuer Arndt, mein tapferer Schill, pommersche Schicksale 92; Malven. Geschichten aus Pommern und von anderswo, 25 Erzn. 93; Gisi Süd und die Gläserne Blume, R. 95; Karl Rodbertus-Jagetzow – ein berühmter pommerscher Nationalökonom 96; Die Greifswalderin. R. 97; Ernst Theodor Johann Brückner – Das Recht der Menschheit heilig wie die Ehre Jesu 98; durch die Nacht gehen, Gedichte und Fotos 00; Die Tierschützerin streitet mit der Geologin, dokumentarischer R. 01; Rügen, du liebliche Insel – neue Pommern Lyrik, G. 04, 3. Aufl. 07; Faszination Märkte. Die wundersamen Abenteuer e. Gerlinde Eixen, drei Erzn. 07; Das Bäumchen aus Kamminke, Kdb. 08. – **MA:** DIE UHR DES BALTUS KERN 79; Christlicher Kinderkalender 80; Christlicher Kinderkalender 81; Es geht um Silentia 81; Christlicher Kinderkalender 82; Neue Abenteuer mit Tieren, Erzn. 83; Das Holz für morgen, Erzn. 85; Heiterkeit trägt himmelwärts, Erzn. 89; TÜRKLINKEN ZUM LEBEN 90; Heimatkalender Anklam 96; Heimatkalender Anklam 98; Usedom. Ein Lesebuch 98; Die Mecklenburger 99; Usedom. Ein Lesebuch 00; 50 berühmte Deutsche aus Pommern, e. biogr. Überblick 00; Das Gedicht der Gegenwart 00, 01, 02; Die Vorpommern 00; alles Anth.; Das neue Gedicht, Jb. 02; Greifswalder Almanach 03, Anth.; HEMAG 8/03; Rudolf Petershagen und die kampflose Übergabe der Stadt Greifswald, Anth. 05; Ingrid Klöting: Der kleine Uhu und die Kinder (Vorw.) 06; zahlr. Art. in Zss. u. Ztgn. – *Lit:* BILD Juli 90, Sept. 90; Vorpommersche Rdsch. 1/90, 2/90, 3/90; Kurzinformation (Bln) 44/90, 45/91, 46/91, 49/97; Fs.-Portr. in N3 90, 91, 94, 96; Stuttgarter Wochenbl. 232/91; Pommern Kultur u. Geschichte 2/91, 2/92, 3/93, 2/94, 2/95, 4/96, 1/98, 2/99, 2/00, 3/00; Stern 11/93; Kanada Kurier 8/93, 24/93; LEX. MECKLENBURG-VORPOMMERN KULTUR, KUNST, LITERATUR DER GEGENWART 93; Schriftsteller in Mecklenburg-Vorpommern 94; Der Dt. Dermatologe 2/94, 7/95, 1/98, 5/99, 7/02; tassso, Apr. 95; dialog, Sept. 97; Vorpommern-Spiegel 1/97, 5/97; Kulturspiegel (Bln), Juli 97; Schwerin-Mag., Sept. 97; Greifswalder Stadtbl. 6/97, 3/99; Greifswalder Stadtmag. 3/99, 1/00; 8/00; Greifswalderinnen in Licht u. Schatten, Broschüre 99; Kirchen-, Wochen- u. Tagesztgn; Norddt. Fs.: 90, 91, 94, 96; Norddt. Rdfk: 90, 91, 93, 95, 97; 02; Persönlichkeiten aus Mecklenburg und Pommern 01; Deutsches Schrift-

Lohmann

stellerlexikon 02, 03; Geboren in Greifswald – literarische Protokolle 02; Nachrichten aus LÜLO – H.15/04, H.16/04, H.20/06, H.22/07; Kultur Buch Greifswald 05, 06, 07; Jutta Wendland: Ich lad' mein Leben zum Frühstück ein 08.

Lohmann, Harald, Mag., Dr. jur., Hofrat; Auerspergstr. 10, A-5020 Salzburg, Tel. (06 62) 87 52 77 (* Hamburg 31. 1. 26). Gr. E.zeichen d. Rep. Öst.; Ess., Nov. – **V:** Ausklarieren – Geschichten vom Mittelmeer 80; Zu Ehren der Malariamücke 85; Menschen und Landschaften 87; Das Schloß in der Toskana und andere Geschichten 89; Meine 145 Väter und Mütter, Inventur einer Familie 96; Mäßig begabt, aber nicht hoffnungslos 00, alles Ess. (Red.)

Lohmann, Ingrid, Lehrerin i. R.; Bergheimer Str. 90, D-69115 Heidelberg, Tel. (0 62 21) 16 24 41 (* Berlin 9. 6. 40). Rom., Kindertheater. – **V:** Aus Frau Kerns Sicht. R. 05. (Red.)

Lohmeier, Georg (* Loh/Landkr. Erding 9. 7. 26). IGdA, EPräs. d. Königstreuen in Bayern, VS; Bayer. Poetentaler 72, Bayer. Verd.orden 97; Drama, Nov., Ess., Hörsp., Fernsehsp. – **V:** (Ausw.:) Der Pfarrer von Gilbach, Bü. 64; Wer Knecht ist, soll Knecht bleiben, Bü.; Königlich Bayerisches Amtsgericht, Nn. 69, Sonderausg. 77, 79, 88; Liberalitas Baveriae, Ess. z. Bay. Gesch. 71, 78; Der Weihnachter, Erzn. 71, 3. Aufl. 77; Franconia Benedictina, hist. Ess. 69; Geschichten für den Komödienstadl 74, 77; Joseph Baumgartner. Biogr. e. Bayer. Patrioten aus Sulzemoos 74; Gespenstergeschichten, Samml. 76; Immobilien, R. 79; Der mich erfreut von Jugend auf 82, 02; Auf den Spuren der Väter 87; Der Zorn eines Christenmenschen 99; Der mich erfreut von Jugend auf 82; Königlich Bayerisches Amtsgericht. Der Bierkrawall 03; Gedichte, Geschichten, Erinnerungen 05, u. a. – **MV:** Unbekanntes Bayern, mehrere Bde 57–67; Bayrische Symphonie 68 II; Bayerns goldenes Zeitalter 69, alles hist. Ess.; Szenerien des Rokoko, hist. u. kunsthist. Ess. 70. – **B:** Ludwig Thoma: Witwen, Lsp. 58; Mathias Klotz 81; Die Witwe unterm grünen Baum 83, u. a. – **H:** Kgl. Bayer. 4-Wbl. bis 94; Bayer von der Steinzeit bis Stoiber 96; Der Weg zum Herzen 97; Spukgeschichten 96. – **F:** Die 42 Heiligen 62; Blut und Boden 63. – **R:** Die Überführung und Gebt euch nicht der Trauer hin! Die Tochter des Bombardon 63; Der Pfarrer von Gillbach 64; Die Stadterhebung 64; Boni 65; Meine Frau, die Philosophin 66; Der Ehrengast 70, alles Fsp.; Wer Knecht ist, soll Knecht bleiben, Hsp. u. Fsp.; Königlich Bayerisches Amtsgericht, 52tlg. Fsp.; Und die Tuba bläst der Huber, 26tlg. Fsp.; Der Chorausflug, Fsp.-Ser.; Der Pfandlbräu 87; Ora et labora, m. J. Meinrad, Fs.-Ser. 93; Die Überführung, Fs.; Max Reger, Hb.; Liebesgeschichten, Hfk-Erzn. – **P:** Weihnachten in den Bergen 63; Freuet euch, 's Christkind kommt bald 64; Bayerisch ist es guat 73. (Red.)

Lohmeyer, Till R., M. A., literar. Übers., Lektor, Autor; Burg 12, D-83373 Taching a. See, Tel. (0 86 87) 98 59 70, Fax 98 59 72, Till.R.Lohmeyer@t-online.de (* Mainz 11. 6. 50). VS. – **V:** Des Himmels Blau in uns, R. 88; Unter Zoologen, R. 02; mehrere Sachb. – **Ue:** Helen VanSlyke: Familientag im Herbst 81; Isaac Asimow: Doktor Schapirows Gehirn 88; Pat Conroy: Der große Santini 89; Ken Follett: Die Pfeiler der Macht 94; Robert Rosenberg: Im Namen des Herrn 95; James A. Michener: Die Welt ist mein Zuhause 95; Madeleine Saint John: Ein Sommer in Sydney 01, u. a.; zahlr. Sachbücher. – **Lit:** s. auch SK. (Red.)

Lohmeyer, Wolfgang (Ps. Robert Eyvind), Romanautor, Lyriker, Dramatiker, Journalist; Burg 5, D-83373 Taching a. See, Tel. (0 86 87) 3 08, Fax 98 59 72 (* Berlin-Wilmersdorf 15. 11. 19). VS Bayern 72; Dra-

ma, Lyr., Rom., Hörsp., Fernsehsp. – **V:** Erste Gedichte 48; Die Liebe siegt am Jüngsten Tag, Sch. 49; Bänkelsang der Zeit, Lyr. 49; Alarm um Rolf, Jgd.-R. 57; Cautio Criminalis, Sch. 66; Die Hexe, R. 76, 94 auch u. d. T.: Die Hexe von Köln; Der Hexenanwalt, R. 79, 84; Das Kölner Tribunal, R. 81, 84; Nie kehrst du wieder, gold'ne Zeit, R. 85, 88; Das Glück der Lina Morgenstern, R. 87, 89; Bruce Highway, R. 94; Das Filmkind, autobiogr. Erz. 98; Entscheidung am Nil, R. 01; Gedichte aus 60 Jahren 03. – **MA:** Die Pflugschar. Samml. neuer dt. Dichtung 47; Bänkelsang der Zeit Bd X 48. – **R:** Hsp.: Mörder – so oder so 50; Arzt wider das Gesetz; Die dritte Macht; Schicksalslenkung; Fsp.: In Lemgo 89 66; Abseits 70; Der Hexenanwalt, Sch. 88; Die Hexe von Köln 89. – **Lit:** Dt. Dichterlex. 88; Der Romanführer, Bd XIX 88; Hildesheimer Lit.-Lex. 96. (Red.)

Lohmüller, Otto (OTOLO, Zeus), Maler, Autor; Hansjakobstr. 10, D-77723 Gengenbach, Tel. (0 78 03) 36 87, otolo@gmx.de, www.otolo.de (* Gengenbach 4. 2. 43). Erz. – **V:** Tempelritter auf Fahrt 92; Der Junge und die Tempelritter 95; Fahrtenchronik der Tempelritter 99; Tempelritter auf der Flucht 04; mehrere Kunstbände; Illustration/Gestaltung zahlr. Veröff. anderer Autoren. – **Lit:** s. auch Kürschners Handbuch der Bildenden Künstler, 1. Aufl. 2005. (Red.)

Lohner, Alexander, Prof. Dr. phil., Dr. theol.; Blumenthalstr. 5, D-50670 Köln, Tel. (02 21) 1 30 88 93, Fax (02 41) 44 25 70, alexander_lohner@web.de (* München 8. 12. 61). Europ. Akad. d. Wiss. u. Künste zu Salzburg 87, Karin-Struck-Stift. 07 (Gründ.mitgl.); HonProf. U.Kassel 06; Rom. – **V:** Die Jüdin von Trient, R. 04; Das Jesustuch, R. 05; zahlr. wiss. Veröff. – **Lit:** Julia Graven: Mit theolog. Ehrgeiz, in: Münchner Uni-Mag. 3/05; Mareike Knoke: Von der leichten Muse geküsst, in: Das unabhängige HS-Mag. DUZ 10/06; Anne Goebel: Der Prosa-Prof., in: SZ v. 21.2.07; s. auch GK.

Lohner, Rolf s. Huhn, Klaus

Lohr, Dieter, Dr. phil., freiberufl. Doz., Lit.-Wiss., Autor; Obermünsterstr. 2, D-93047 Regensburg, Tel. (09 41) 7 08 16 16, mail@dieterlohr.de, www. dieterlohr.de (* Kempten 11. 4. 65). VS 01; C.-S.-Lewis-Pr. 06, Kulturförd.pr. d. Stadt Regensburg 06, Stip. d. Oberpfälzer Künstlerhauses Schwandorf 07; Erz., Kurzgesch., Wiss. Lit., Rezension. – **V:** Der chinesische Sommer. Eine Reiseerzählung 99; 'Dreharbeit' und andere Schlüsselszenen, Erzn. 01; Blicke vom Brückenscheitel, Erzn. 04; Die Rebellion im Wasserglas, R. 07. – **MA:** zahlr. Beitr. in Lit.zss. seit 87, u. a. in: Wandler; Titel; Macondo; Rez. im Internet, u. a.: Titel: carpe librum.

Lohse, Karen, Doktorandin d. Lit. wiss.; lebt in Leipzig, c/o Plöttner Verl., Leipzig, karen-lohse@web.de (* Borna 26. 7. 77). Stip. d. Stift. Bildung u. Wiss. 06, Pr.trägerin im Wettbew. „Lit.- u. Zeitkritik" d. Zs. „Glanz u. Elend" 08. – **V:** Wolfgang Hilbig. Eine motivische Biografie 08. – **MA:** Essays u. Rez. in: Kunststoff 7/07; Leipziger Stadtmag. 'Kreuzer', Juli 08; literatur-kritik.de (online) 08; Zs. f. Germanistik, Herbst 08.

†**Loidl,** Elfriede; lebte in Linz (* Passau 22. 9. 34, † lt. PV). – **V:** Die Liebe einer Mutter und andere Geschichten 84; Die Erinnerung lebt, R. 92.

Loidolt, Gabriel (eigtl. Burkhard Gabriel Loidolt), Dr. phil.; Koßgasse 11a, A-8010 Graz, Tel. (06 76) 3 84 51 82. Florianigasse 38, A-1080 Wien (* Eibiswald 4. 10. 53). Öst. Staatsstip. f. Lit. 99/00 u. 03/04; Rom., Erz., Ess., Lit.kritik. – **V:** Der Leuchtturm, R. 88, 94 (auch frz. u. kroat.); Levys neue Beschwerde, R. 89, 91 (auch frz.); Hurensohn, R. 98 (auch frz. u. als Tonkass.);

Die irische Geliebte, R. 05; Begegnung um Mitternacht. 10 Geschichten über die Liebe, Erz. 06; Yakuza, R. 08. – **MH:** Blindmann's Ball 96; Die siebte Kunst auf dem Pulverfass, Filmb. 96. – **F:** Hurensohn 03.

Lojewski, Wolf von, Journalist; c/o ZDF, Abenteuer Wissen, Postfach 4040, D-55100 Mainz, Tel. (0 61 31) 70 54 18, *lojewski.w@zdf.de* (* Berlin 4. 7. 37). Gold. Gong 95, Hans-Joachim-Friedrichs-Pr. 99, Carl-Zuckmayer-Med. 03, u. a. – **V:** Noahs Club, R. 98, 04; mehrere Sachbücher. – *Lit:* s. auch SK. (Red.)

Loko, Edoh Lucien (Ps. El Loko) *

Lomba, Sameja s. Schmitz, Ingrid

Lombron de Valle, Eduardo s. Stirn, Rudolf

Lonski, Günter von, Schriftst.; Moulineauxplatz 11, D-30966 Hemmingen, Tel. 07 00–8 66 56 67 54, *vonlonski@email.de*, *www.vonlonski.net* (* Duisburg 18. 8. 43). VS 86; Kinderb. u. -funk, Sat., Glosse, Kurzgesch. – **V:** Der Geburtstagsfelix, Kdb. 84; Schnitzeljagd, Kdb. 84, 91; Jungejunge – so ein Mädchen 84; Ein Küßchen für Gitta, Kdb. 85; Floppies haben keine Flügel 85, 2. Aufl. 85; Wer hat die Chips versalzen 85, 2. Aufl. 85; Piraten am Keyboard 85; Ran an den Fahrradklau 85; Mutprobe 91; Westwärts bis Schillerplatz 92; Gespenstische Weihnachtsgeschichten am Kamin 99; Kindheitsbilder 99; Lukullische Weihnachtsgeschichten am Kamin 00; Wie Moby Dick zum Pott-Wal wurde, R. 01; Bescherung am Kamin 01; Kath@rina Birkenbach. Heidelbeersommer, Jgdb. 03; Blauer Federfalter, Jgdb. 06. – **R:** Beitr. zu: Fernweh 83; Die Rias-Illustrierte 83; Der Lampenputzer 83. (Red.)

Loohs, Johannes Klaus s. Soyener, Johannes K.

Looks-Theile, Christel (geb. Christel Theile), Journalistin, Schriftst.; Markenweg 2, D-26188 Edewecht, Tel. u. Fax (0 44 05) 43 92 (* Höxter 3. 1. 30). Kindererz., Jugendb., Chronik. – **V:** Der erste Preis für Gaby, Mädchenb. 55, Neuaufl. u. d. T.: Inge und Gabriele, m. Schmidt-Eller 67; Hallo, hallo Christine, Kdb. 57, Neuaufl. u. d. T.: Kitabu 68; Warst du es, Steffi? 62, 71; Steffi, wohin gehst du die Fahrt? 63, 72; Nicht alles dreht sich um Steffi 64, 73, alles Mädchenb.; dj 3 ph euft Kopenhagen ..., Jungenb. 65, 76; Ein neuer Weg, f. junge Erwachsene 65; Wer ist der Funkenmann? 67; Vergiß das Danken nicht 67, 69; 20 Gramm Federgewicht, Kdb. 76; Das ging noch einmal gut 79; Flucht über die grüne Grenze 79; Edewechter Weihnachtshefte I–IV 93–96; Käpt'n Kuper – Der Australienfahrer 95. – **MA:** Mitarb. an versch. laufenden Zss. – **R:** Steffi, Hsp. – *Lit:* Edewechter Blick, Jan. 08; Nordwest Ztg 4/08; Who's Who.

López, Detlef R. s. Opitz, Detlef

Lord, Valerie s. Schuster, Gaby

Lordick, Friedl, Vors. Richter am OLG a. D.; Herzog-Arnulf-Str. 17, D-85604 Zorneding, Tel. (0 81 06) 2 01 22 (* Bottrop 6. 8. 29). Lyr. – **V:** Zwiefacher, G. 02. – **MA:** zahlr. Beitr. in Lit.zss. u. Anth. seit 81, u. a.: Akzente; ensemble; L'80; Die Erde will ein freies Geleit, Anth.; Das Gedicht.

Lorek, Christel (jetziger Name Christel Lorek-Kindschus), Apothekerin; Hasselbusch 8, D-24220 Flintbek, Tel. (0 43 47) 36 17, Fax 71 36 81, *Dieter.Kindschus@t-online.de* (* Kiel 24. 2. 37). Schriftst. in Schlesw.-Holst. (m. Eutiner Kr. Johann Heinrich Voss u. FDA); Lyr., Erz. – **V:** Die Glieder einer Kette, Dreizeiler 77; Einstimmen, G. 82; Die Burg Wo-auch-immer, Lyr. 88; Allerlei Tiere zwischen A und Z, Verse f. Kinder 86, 2. Aufl. 94; Allerlei Pflanzen zwischen A und Z 00. – **MA:** Reiseber., Erzn. u. G. f. div. Zss., Ztgn.; sowie botanische, pharmaziehist. Art.

Lorenc, Kito (sorb. Autorenname f. Christoph Lorenz), Dr. phil. h. c., Lehrer (nicht ausgeübt), Lit.wissenschaftler 61–73, Dramaturg 73–79, freier Schriftst. seit 79; c/o Domowina-Verlag, Tuchmacherstr. 27, D-02625 Bautzen (* Schleife, Kr. Weißwasser 4. 3. 38). P.E.N.-Zentr. Dtld, Sächs. Akad. d. Künste; Lit.pr. d. Domowina 62, Heinrich-Heine-Pr. 74, Ćišinski-Pr. 90, Heinrich-Mann-Pr. 91 (m. Peter Gosse), Förd.pr. Lit. d. Kunstpr. Berlin 92, E.gast Villa Massimo Rom 93, Stip. d. Sächs. Staatsmin. f. Wiss. u. Kunst 94, E.gabe d. Dt. Schillerstift. 94, Calwer Hermann-Hesse-Stip. 97, Dr. phil. h.c. TU Dresden 08, Lessing-Pr. d. Ldes Sa. 09; Lyr., Dramatik, Ess., Herausgabe, Nachdichtung. Ue: sorb., dt. – **V:** Struga. Wobrazy näseje krajiny – Bilder einer Landschaft, G. sorb.-dt. 67; Nový letopis, G.-Ausw. tsch. 72; Flurbereinigung, G. 73, 2., leicht veränd. Aufl. 88; Poesiealbum 143 79; Die Rasselbande im Schlamassellande, G. f. Kinder 83, 3. Aufl. 85; Hlboké k'lúče, G.-Ausw. slowak. 84; Wortland. Gedichte aus 20 Jahren 84; kleiner weggefährte durch den winter (...), Gestrauchelte (...), G.-Zyklus 88/89 (Typoskript unter d. Decknamen Peter Schode z. Jahreswechsel 88/89 in 50 Ex. illegal verbreitet); Strohbär und Wipfelkönig, Verse f. Kinder 89; Gegen den großen Popanz, G. 90; An einem schönbemalten Sonntag. Gedichte zu Gedichten, m. Orig.-Holzschn. v. Christian Thanhäuser 00; Wiersze łużyckie 01; Die Unerheblichkeit Berlins. Texte a. d. Neunzigern 00, 02; Zungenblätter, G. 02; Achtzehn Gedichte. Der Jahre 1990–2002 03; Kepsy-barby – Fehlfarben, G. sorb.-dt. 04; Die wendische Schiffahrt. Zwei Dramen 04; mehrere Werke in sorb. Sprache; – THEATER/UA: Die wendische Schiffahrt, Tragigroteske 94; Kim Broiler, Tierstück 96. – **MA:** Bikulturalität u. Selbstverständnis, in: Theater d. Zeit H.1/95; Lichtblick, autobiogr. Ess. in: Rudolf Hartmetz: terra budissinensis 97; Die Insel schluckt das Meer, in: Zs. f. slav. Philologie, Bd.58/H.2 99, u. a. – **H:** Serbska poezija, sorb. Lyrikreihe seit 73 (53 Hefte bis 07), darunter u. Hrsg. zusammengest. u. kommentiert: Nr. 1: Mina Witkojc 73 (4., erw. Aufl. 04), Nr. 7: Kito Lorenc 79 (3., verb. u. erw. Aufl. 08), Nr. 22: Jurij Chĕžka 87 (2., erw. Aufl. 02), Nr. 45: Jan Wałtar 00, Nr. 49: Handrij Dučman 03; Serbska čitanka – Sorbisches Lesebuch, Anth. sorb.-dt. 81; Das Meer, Die Insel, Das Schiff. Sorbische Dicht. von d. Anfängen bis z. Gegenwart (auch mitübers.) 04. – **MH:** Aus jenseitigen Dörfern. Zeitgenössische sorb. Lit. (Edition die horen 12 / Poesie vis-a-vis 2), m. Johann P. Tammen 92. – **F:** Struga – Bilder einer Landschaft, Szenarium z. Filmess. 72. – **Ue:** aus d. Sorb. u. a.: Handrij Zejler: Unvergessen bleibt das Lied, G.-Ausw. 64; ders.: Der betreßte Esel, sorb. Fbn. 69, 04; Jurij Chĕžka: Poesie der kleinen Kammer 71; Ryma ryma rej, sorb. Volkslieder 74; Der Krieg des Wolfes u. des Fuchses, sorb. M. 81, 2. Aufl. 82; Die Freundschaft zwischen Fuchs u. Wolf, sorb. M. 82, 2. Aufl. 83; Die Himmelsziege, sorb. Volksreime u. Tiermärchen 82; Der goldene Apfel, sorb. M. 88; Michał Nawka: Spannt vier Ziegen aus der Wolf 91; Wudowa z Ephesosa / Die Liebenden von Ephesos, musikal. Kom. 02; Jurij Chĕžka: Die Erde aus dem Traum, G. 02. – *Lit:* Silvia Schlenstedt in: Lit. u. Lit.theorie in d. DDR 76; Kito Lorenc (Serbska poezija 7) 79; Michael Franz in: Lit. d. DDR in Einzeldarst., Bd 3 87; Adolf Endler in: Walther Killy (Hrsg.): Literaturlex, Bd 7 90; ders. in: Manfred Behn (Hrsg.): Den Tiger reiten. Aufss., Polemiken u. Notizen z. Lyrik a. DDR 90; Ewout van der Knaap in: Perspektiven sorb. Lit. 93; Adolf Endler: Tarzan am Prenzlauer Berg 94 (u. a. über K.L.); Walter Koschmal in: N. Franz/H. Schmidt (Hrsg.): Bühne u. Öffentlichkeit. Drama u. Theater im Spät- u. Post-

Lorentz

sozialismus (1983–1993) 02; ders.: Schauspielerei aus dem Sprachurei, Nachw. zu „Die wendische Schiffahrt" 04; Günter Hartung: Werkanalysen u. -kritiken 07, darin: Handreichungen z. „Wendischen Schiffahrt"; Ewout van der Knaap in: KLG.

Lorentz, Iny (Diana Wohlrath, Mara Volkers, Volker Maron, Nicole Marni, Anni Lechner, alles Ps. für d. Autorenpaar Iny Klocke, Elmar Wohlrath), Schriftst.; c/o Agentur Lianne Kolf, München, *www.iny-lorentz. de* (* Iny Klocke: 24. 6. 49, Elmar Wohlrath: 23. 5. 52). Quo vadis – Autorenkr. Hist. Roman, DeLiA; Hist. Rom., Fantasy-Rom., Thriller. – **V:** Paul und Strubbel, Kdb. 86; – Bücher zu Fernsehserien: Forsthaus Falkenau: Irrwege und neues Glück 99, Streifzüge durchs Revier 02; Medicopter 117: Jedes Leben zählt 99; – Hist. Romane unter Iny Lorentz: Die Kastratin 03; Die Goldhändlerin 04; Die Wanderhure 04 (auch span., russ., tsch., bras., ital., frz., poln.); Die Kastellanin 05 (auch span., tsch., russ.); Die Tatarin 05 (auch russ.); Das Vermächtnis der Wanderhure 06 (auch tsch.); Die Löwin 06; Die Pilgerin 07; Die Feuerbraut 07; Die Tochter der Wanderhure 08; – Hist. Romane unter Eric Maron: Die Fürstin 05; Die Rebellinnen von Mallorca 06; (zahlr. Sonderausg. u. Lizenzen d. bisher genannten Titel); – Hist.-phant. Romane unter Mara Volkers: Die Reliquie 05; Die Braut des Magiers 06; Die Tochter der Apothekerin 08; – Jugendfantasy unter Diana Wohlrath: Der Feuerthron 08; – Heimatromane unter Anni Lechner: Neues Glück im Kreiental 06; Hotel Edelweiß 06; Die Berghebamme 07. – **MA:** Ashtaru der Schreckliche 82; Formalhaut 83; Fantasy Foliant II 83 u. III 84; Vergiss nicht den Wind 83; Ganymed 83; Halley 83; Io 85; Die spannendsten Weltraumgeschichten 85; Jupiter 85; Die Anderen sind wir 89; Der Geist in der Flasche 90; Wagnis 21 01; Alter, Konkursbuch 40 03; Lust am Lesen 05; Mitten durch's Herz 05; Die Feuerprobe 05; Weihnachtsstern, Lichterglanz 07; Das Fest der Zwerge 07, alles Anth.

Lorenz, Angela s. Stachels, Angela

Lorenz, Barbara (Ps. BaLo, Rebekka Goldbach-Venetian, geb. Barbara Pfotenhauer), Freiberuflerin, Gourmetblattgoldhändlerin, Zimmerwirtin; Penzendorfer Str. 98 A, D-91126 Schwabach, Tel. (09 1 22) 63 84 43, Fax 63 84 05, *balodiba@yahoo.de, www.balo-kreativ. de, www.blatt-gold.com* (* Schwabach 17. 3. 60). Else-Lasker-Schüler-Ges., IGdA, Burgschreiber-Ges. Internat. Zenting, V.S.u.K., GEDOK 01–03, VKSÖ, Ges. f. Lyr.-freunde; Förd.pr. d. IGdA 05; Lyr., Prosa, Ges., Illustration, freie Gestaltung. Ue: engl. – V: Abrarbarbara!, Lyr., poet. Texte u. Zeichn. 99; Wenn Peperoni tanzen, erot. Lyr. u. Texte m. Ill. 02/03. – **MV:** Komm und entdecke ..., m. Helga Hochmann, Nele Mint u. Heike Reiter, Lyr., Prosa u. Fotos 01. – **MA:** zahlr. Beitr. in Lit.zss. u. Anth. d. In- u. Auslandes; Lesungen. – **H:** Rhabarbera!, Zs. 97–99.

Lorenz, Christoph s. Lorenc, Kito

Lorenz, Günter W. (Ps. Wolfgang Gewel), Journalist, Leiter d. Lateinamerika-Referats im Inst. f. Auslandsbeziehungen Stuttgart 1 P., Red.; Hanauer Str. 9, D-77855 Achern-Wagshurst, Tel. (0 78 43) 3 78 (* Nejdec/ČSR 19. 9. 32). DJV 54, P.E.N.-Zentr. Dtld 73, Humboldt-Ges. 93; Lateinamerika-Lit.pr. 70, Gold. E.nadel d. DJV 08; Ess., Lit.kritik, Kulturber.erstattung, Funkrep. Ue: span, port. – V: Federico García Lorca, Biogr. u. Werkanalyse 61 (poln. 62, span., engl. 63); García Lorca in Selbstzeugnissen u. Bilddokumenten 63; Miguel Angel Asturias, Biogr. u. Werkanalyse 67; Dialog mit Lateinamerika. Panorama e. Literatur d. Zukunft 70 (span. 72, port. 74); Die zeitgenössische Literatur in Lateinamerika. Chronik e. Wirklichkeit, 2

tive u. Strukturen 71. – **MA:** Lateinamerikan. Lit. im 20. Jh. (Kindlers Enzyklopädie) 78; Zwei Generationen d. span. Lit.: 1898 u. 1927 78; Ernesto Sábato u. seine Stellung in d. zeitgenöss. Lit. Lateinamerikas 80 (span. 82); Brasilidade u. magischer Realismus in d. Lit. d. Sertão von Euclides da Cunha bis Guimarães Rosa 80; Guimarães Rosa, Fortuna Crítica 83; Die zerbrochene Feder. Schriftsteller im Exil 84, u. a. – **H:** Lit. in Lateinamerika, Anth. 64; Lit. in Lateinamerika, Anth., Bibliogr., Autorenportr., Kommentar 67; Miguel Angel Asturias, Portr. u. Poesie 67; Lateinamerika – Stimmen eines Kontinents, Anth. u. Präsentation 74; Die dt.-lateinamerikan. Kulturbeziehungen in Vergangenheit u. Gegenwart 74 (auch span.); Lit. u. Gesellschaft in Lateinamerika 77 (auch span.); Deutschlandbild in Lateinamerika – Lateinamerikabild in Dtld 80 (auch span.); Türken in Dtld. Aspekte einer Völkerwanderung 81; Mythen – Märchen – Moritaten. Orale u. traditionelle Lit. in Brasilien 83; ... aber die Fremde ist in mir. Migrationserfahrung u. Deutschlandbild in d. türk. Lit. d. Gegenwart 85. – **R:** Exemplarische Lebensläufe: Miguel de Unamuno 65; ... Miguel Angel Asturias 67; Literatur u. Gesellschaft in Lateinamerika 68; Literatur in Lateinamerika 75/76; Ariel u. der Todesengel am Rio de la Plata 82; Grosse Stimme u. Grosser Gesang. Musik u. Lit. in Lateinamerika 82; Mil años de poesía hispánica 83, alles Radioess. – **Ue:** Miguel Angel Asturias: Obra Poética, Poesie 67; ca. 100 Autoren in Anth. – *Lit:* John Goreman: The Reception of García Lorca in Germany, Diss. 65; Wolfgang A. Luchting: Pasos-Retrato de un enamorado 68; Francisco Lopez/Cecilie Beuchat: La obra latinoamericanista de G.W.L. 69; Julio de La Cruz: Cartas de la Selva Negra, in: Aspectos 71; Guillermo Frank: El crítico como mediador, in: Revista 76; Julio Ricci: G.W.L. y la literatura latinoamericana, in: Foro Literario 78; Fernando Crespi: Un hombre que se llama Gunter, in: Cuaderno de Letras 80; Regina Célia Colônia: G.L., o Vaqueiro dos Gerais na Alemanha, in: O Estado de São Paulo 83.

Lorenz, Lena s. Mayer-Zach, Ilona

Lorenz, Lothar *

Lorenz, Tobias, Selbständiger; Nußallee 14, D-64560 Riedstadt, Tel. (0 61 58) 7 47 30 95, Fax 7 47 30 98, *lorenz@beforesunrise.de, www. schreibzimmer.de* (* Groß-Gerau 11. 5. 76). – **V:** Das Schweigen weißer Rosen, G. 01. (Red.)

Lorenz, Ursula (Ps. Lorenz Stahl, geb. Ursula Stahl), Dr., freie Schriftst., Journalistin, Malerin, Fachsportlehrerin; Otto-Huber-Str. 41, I-39012 Meran, Tel. (04 73) 44 36 83, Fax 27 69 80 (* Heidelberg 17. 3. 36). Rom., Erz., Reiseber., Lyr. – V: Am Ende der Zeit, Erzn. 97; Fahneneid, Erz. 98; Mord in Meran, Krim.-R. 00; Drogen kennen keine Grenzen, R. 04; Ein Koffer auf Abwegen, Krim.-R. 06. – **MA:** on the road, Anth. 97; Das Gedicht lebt 02–07; Kindheit im Gedicht 02; Das neue Gedicht, Jb. 03, 04; Ich habe es erlebt 04/05; Dokumente erlebter Zeitgeschichte, Bd 1 05, Bd 2 06.

Lorenz, Wiebke, Journalistin, Schriftst., Drehb.autorin; Hamburg, Tel. u. Fax (0040) 85 37 22 16, *wiebkelorenz@aol.com, www.wiebke-lorenz.de* (* Düsseldorf 16. 2. 72). Hamburger Autorenvereinig. 97; Pr.trägerin d. Kurzgeschn.wettbew. d. Fischer-Taschenbuch-Verl. 97, Stip. d. Int. Filmschule Köln 98–99; Rom., Fernsehsp., Kurzgesch., Journalist. Text. Ue: engl. – V: Männer bevorzugt, R., 3. Aufl. 03; Liebe, Lügen, Leitartikel, R., 00, 3. Aufl. 02; Was? Wäre? Wenn?, R. 03. – **MV:** Das Hexenkochbuch, m. Frauke Lorenz 01. – **MA:** zahlr. Beitr. in versch. Anth. seit 98, u. a. d. Verlage Rowohlt, Piper, Kabel, Knaur, Ullstein, Langen-Müller, Fischer, Schneekluth, sowie in versch.

Zss. seit 96, u. a. in: Yoyo; Maxi; Für Sie; Petra; Amica; Cinema; Fit for Fun. – **R:** Welcher Mann sagt schon die Wahrheit?, Fsf. 01. (Red.)

Lorenz-Lindemann, Karin (Karin Lindemann), Dr. phil., LBeauftr. 77–02, freie Autorin seit 1979; Turnerstr. 30, D-66292 Riegelsberg, Tel. (0 68 06) 27 52, *klorenz@rz.uni-saarland.de* (* Fürth/Bay. 5. 2. 38). Dt. Schiller-Ges. 05; Stip. Atelierhaus Worpswede 81, 84; Lyr., Nov., Rom. Ue: engl. – **V:** Sie verschwanden im erleuchteten Torbogen, R. 82; Irrgänger, Geschn. 84; Wege heimwärts, R. 90, 92 (hebr.); Der Schlüssel zur verlorenen Tür, R. 97; Studien zum Werk jüdischer Autoren des 20. Jh.s, Ess. 09. – **MA:** Anstöße 25/4 79, 31/4 84, 34/3 87; Hermannstraße 14, H. 2 79, H. 4 80; Wissenschaftstheorie, Wissenschaft u. Gesellschaft 83; Vergangenheit und Erinnern 85; DAPPIM 87; Datum u. Zitat bei Paul Celan 87; Welt der Mythen 87; AURORA, Jb. 89; Perspektiven des Todes 90; Schöpferisches Handeln 91; Abschiedlich leben 91; In diesem fernen Land 93; Orientierung, seit 91, zuletzt: 08; Jüdischer Alm. 95; Max Zweig. Krit. Betrachtungen 95; Conditio Judaica 15 96; Jb. f. Biblische Theologie 16 01; Misere und Rettung 07; Von Kaunas bis Klaipeda 07, u. a. – **H:** Hilde Huppert: Hand in Hand mit Tommy, autobiogr. Ber. (auch m. e. Nachw. vers.) 88, 4. Aufl. 05; Widerstehen im Wort. Studien zu den Dicht. Gertrud Kolmars (auch Mitarb.) 96. – **R:** Aller Bindungen ledig? 97; Wie der Mond, gegen den man sich dreimal verbeugen soll 97; Ich bin ganz Auge. Ich bleibe wach. Über den hebräischen Dichter Dan Pagis 04. – **MUe:** Abraham Jehoschua: Exil der Juden, m. Kuno Kramer (auch m. e. Geleitw. vers.) 86.

Lorenzen, Rudolf; Nürnberger Str. 17, D-10789 Berlin, Tel. (0 30) 2 18 67 78. c/o Herbach & Haase Literarische Agentur, Müllenhoffstr. 14, D-10967 Berlin (* Lübeck 5. 2. 22). VS 56, IG Druck 73, RFFU 80; Aufenthaltsstip. d. Berliner Senats 82, Filmförd. München 83; Rom., Erz., Sat., Hörsp., Fernsehsp. u. -dokumentation. – **V:** Der junge Mohwinkel, Erz. 58; Alles andere als ein Held, R. 59, 02 (auch engl., u.a.); Die Expedition, Erz. 60; Die Beutelschneider, R. 62; Die Arche, Erz. 63; In Frieden und Freiheit, Kab. Sat. 65; Don Felipe von den Glücklichen Inseln 68; Dämmerstunde oder Kallisto 70; An einem Nachmittag um 4 70; Kopal ruft 71; Nur noch einer der Emil heißt 71; Die Hochzeit von Jalta 73; Im Räderwerk 76, alles Erz.; Wildererszenen, Buchkass. 78; Grüße aus Bad Walden, R. 80, 86 (auch ung.); Cake Walk oder Eine Reise in die Anarchie, R. 99. – **MA:** Possen, Pfeife und Posaunen, Sachb. 87. – **F:** Mauerblume am Ballhaus Paradox 68; Und fühle nochmals deinen Tod 73; Alles andere als ein Held 87, alles Spielf. – **R:** Die Inseln der Seligen, Fsp. 65; Sonntags stirbt der kleine Bob, Hsp. 66; Die Torte, Fsp. 69; Bundesstraße 4, Hsp. 69; Unterwegs nach Kathmandu, Fsp. 71; Das deutsche Familienalbum, Filmess. 73; Grüße aus Bad Walden, Spielf. 80; Klingling tschingtsching und Paukenkrach 79; Mi noche triste 82; Einst ein bacchantischer Wahnsinn 84, alles musik. Hsp.; Der tolle Jakob 85; Abschied vom Bunten Rock 86; Cake Walk 89, alles Hsp.; Rhythmen, die die Welt bewegten, Hfk-Revue 89; Rosinante will nach Amerika, Hsp. 94; Ich bin die Marie von der Haller-Revue, musik. Hfk-Dok. 96. (Red.)

Loretz, Susanna s. Tepperberg, Eva-Maria

Loriot (eigtl. Vicco von Bülow), Dr. phil. h. c., Cartoonist, Autor, Regisseur, Schauspieler, Prof. UDK Berlin; Höhenweg 19, D-82541 Münsing/Starnb. See, Tel. (0 81 77) 2 03, Fax 12 17 (* Brandenburg 12. 11. 23). P.E.N.-Zentr. Dtld, Bayer. Akad. d. Schönen Künste 93, Akad. d. Künste Berlin 97; Adolf-Grimme-Pr. 68, Gold.

Kamera 69, 78, Gold. Schallplatte 73, Gr. BVK 74, Dt. Schallplattenpr. 76 u. 82, Bayer. Verd.orden 80, Erich-Kästner-Pr. 84, Lit.pr. d. Stadt Kassel 85, Telestar 86, Bayer. Filmpr. 88, Bambi 88, Ernst-Lubitsch-Pr. 89, Dt. Filmpr. 89, Verd.orden d. Ldes Berlin 91, Bayer. Maximiliansorden 95, Gr. BVK m. Stern 98, Weilheimer Lit.pr. 99, Dr. h.c. U.Wuppertal 01, Till-Eulenspiegel-Pr., Bremen 02, E.pr. d. Bayer. Filmpr. 02, E.pr. d. Gold. Kamera 03, Jacob-Grimm-Pr. Dt. Sprache 04, Wilhelm-Busch-Pr. (f. d. Lebenswerk) 07, Kultureller E.pr. d. Stadt München 08, E.bürger d. Stadt Brandenburg u. d. Gem. Münsing; Sat., Film. – **V:** Auf den Hund gekommen 54; Unentbehrlicher Ratgeber 55; Der gute Ton 57; Der Weg zum Erfolg 58; Wahre Geschichten 59; Für den Fall 60; Umgang mit Tieren 62; Nimm's leicht 62; Der gute Geschmack 64; Neue Lebenskunst 66; Großer Ratgeber 68; Loriots Tagebuch 70; Kleiner Ratgeber 71; Kleine Prosa 71; Heile Welt 73; Kommentare 78; Dramatische Werke 81; Grosses Tagebuch 83; Möpse und Menschen 83; Menschen, Tiere, Katastrophen, Samml. 92; Loriot 93; Sehr verehrte Damen und Herren ..., Reden u. Ähnliches 93; Loriot. Biographisches u. Zeichn. 98; Loriot's Kleiner Opernführer 03; Männer und Frauen passen einfach nicht zusammen 04; Gesammelte Prosa 06. – **MA:** Reinhold das Nashorn 54; Cherchez la femme 54; Cartoon 1956–1963; Lob der Faulheit, Anth. 56; Buch der guten Wünsche 56; Wie wird man reich, schlank und prominent, Ess. 56; Der Deutsche in seiner Karikatur 64; Kinder für Anfänger 68, 70; Die erste Liebe 68, u. a. – **F:** Ödipussi, UA gleichzeitig in Berlin (West) u. Berlin (Ost) 88; Pappa ante portas 91. – **R:** Cartoon, Fs.-Reihe 69–72; Telecabinet, Fs. 74; Sauberer Bildschirm, Fs. 76; Teleskizzen, Fs. 76; Loriot I–VI, Fs. 76–79; Polit. Satire f. „Report", Fs.-Sdg 80; Fs.-Sdg z. 60. Geb. 83, u.v.a. – **P:** Wum Carneval der Tiere Heile Welt 80; Dramat. Werke 81; Festreden 82; Peter und der Wolf 83; Liebesbriefe 83, alles Schallpl./Tonkass.; Der Ring zu einem Abend. Loriot erzählt Richard Wagner, CD 94, u. a. – *Lit:* Daniel Keel (Hrsg.): Loriot u. d. Künste. Eine Chronik unerhörter Begebenheiten ... zu seinem 80. Geb. 03. (Red.)

Lorleberg, Petra, Dipl.-Theol.; Bodelschwinghstr. 35, D-72250 Freudenstadt, Tel. (0 74 41) 8 42 51, Fax 90 57 13, *lorleberg@t-online.de* (* Bühl 6. 10. 62). Jugendb., Jagdbelletr. – **V:** Ricci. Bd 1: Ein Reitertraum wird wahr 00; Bd 2: Sattelfest ins Ziel 01; Pferdeliebe mit Volltreffer 03. – **MA:** Mit grüner Feder. Jäger von heute erzählen 98; Jb. 2002 Ldkr. Freudenstadt 01. (Red.)

Lornsen, Dirk; Greinbergweg 51, D-97204 Höchberg, Tel. (09 31) 40 78 60, Fax 4 04 39 51, *Dirk. Lornsen@gmx.de.* Gurtig 35, D-25980 Keitum/Sylt (* Brunsbüttelkoog 19. 3. 57). Hebbel-Pr. 97; Jugendb. – **V:** Rokal, der Steinzeitjäger 87, 94; Tirkan, Kdb. 94; Die Raubgräber 95. – **MA:** Oder die Entdeckung der Welt 97; Von Gestern und Morgen 00. (Red.)

Lorz, Gunther, Verleger; Löherstr. 23, D-36037 Fulda, Tel. (06 61) 9 01 99 60, Fax 2 91 95 40, *info@ herzbergverlag.de, www.herzbergverlag.de* (* Hünfeld/ Fulda 2. 11. 67). Lyr. – **V:** Wahnfurt, Lyr. 03. – **P:** Johan Unbenimm, Lyr., CD 95. (Red.)

Loschütz, Gert, freier Schriftst.; Bonhoefferufer 12, D-10589 Berlin, Tel. (0 30) 34 50 33 19 (* Genthin 9. 10. 46). Akad. d. Darst. Künste Frankfurt 79, P.E.N.-Zentr. Dtld; Villa-Massimo-Stip. 73/74, Georg-Mackensen-Lit.pr. 85, Oldenburger Kd.- u. Jgdb.pr. 87, Ernst-Reuter-Pr. 88, Stip. d. Dt. Lit.fonds 88, 91, New-York-Stip. u. d. Dt. Lit.fonds 91, Burgschreiber zu Beeskow 93, Stadtschreiber v. Minden 96, Eugen-Viehof-

Lose

E.gabe d. Dt. Schillerstift. 00, Stip. d. Stift. Kulturfonds 02, Rheingau-Lit.pr. 05, Calwer Hermann-Hesse-Stip. 06, Phantastik-Pr. d. Stadt Wetzlar 06; Lyr.,
Prosa, Hörsp., Drama, Film. Ue: engl, span. – V: Gegenstände, G. u. Prosa 71; Sofern die Verhältnisse es
zulassen, 3 Rollensp. 72; Lokalzeit 74; Die Verwandten 75; Chicago spielen 76, 80, alles Theaterst.; Diese
schöne Anstrengung, G. 80; Eine wahnsinnige Liebe,
N. 84, 87; Das Pfennig-Mal, Erz. 86, 99; Flucht, R. 90;
Lassen Sie mich, bevor ich weiter muß, von drei Frau-
en erzählen, Geschn. 90; Der Sammler des Schreckens,
Theaterst. 93; Unterwegs zu den Geschichten, Prosa 98;
Ortswechsel 02; Dunkle Gesellschaft, R. 05; Die Bedrohung, R. 06; Das erleuchtete Fenster, Erzn. 07. –
MA: zahlr. Anth., u. a.: Aussichten 65; Thema Frieden
67; Supergarde 69; Dein Leib ist mein Gedicht 70; Wir
Kinder von Marx und Coca-Cola 71; Luchterhands Loseblatt Lyrik 67, 70; Aller Lüste Anfang 71; Hörspiele für Kinder 77. – H: Von Buch zu Buch. Günther
Grass in der Kritik 68; Das Einhorn sagt zum Zweihorn. 42 Schriftsteller schreiben für Kinder 74, 82; War
da was?, Dok. 80; Von deutscher Art 82. – R: HÖR-
SPIELE: Kinder spielen Familie 70; Damit ein besserer
Mensch aus ihm wird, sofern die Verhältnisse es zulassen 71; Ihr Verhalten hat zu keinem Anstoß Anlaß gegeben 72; Anika auf dem Flugplatz 75; Die Hausbewohner 75; Die Verwandtschaft 75; Johannes, der Seefahrer 76; Hörmal, Klaus 76; Der Anruf 77; Das sprechende Bild 79; Die Bedrohung 80; Ortswechsel 80; Ludwigs Meise 82; Ballade vom Tag, der nicht vorüber ist
88; Der Mann im Käfig 94; Die Kamera, der Traum,
dann die Stimmen 95; Besichtigung eines Unglücks 01;
– FERNSEHSPIELE: Der Tote bin ich 79; Wanda 85;
Der Kampfschwimmer 85. – P: Das sprechende Bild,
Tonkass. 95; Tom Courteys Zirkuswelt, Tonkass. 97. –
Ue: Etienne Delessert: Dann fiel der Maus ein Stein
auf den Kopf – so fing sie an, die Welt zu entdecken
72. – MUe: Wie ich zuhaus einmarschiert bin, kuban.
Erzn. 73; Sergio Ramirez: Die Spur de Caballeros, R.
81, 85; G. García Márquez: Hören wie die Hähne krä-
hen 03. – Lit: Heidrun Kerstein/Michael Töteberg in:
KLG. (Red.)

Lose, Annette; Franz-Andres-Str. 2, D-06108 Hal-
le (Saale), Tel. (03 45) 8 06 28 28, *annettelose@web.de*
(* Dingelstädt/Eichsfeld 6. 6. 65). Friedrich-Bödecker-
Kr. 02, Förd.kr. d. Schriftst. in Sa.-Anh. 03; 2. Pr. b.
Jgd.lit.wettbew. Berlin 91; Lyr., Erz., Kinderb. – V: Der
Löwenzahn hat Karies, Kdb. 03. – MA: Beitr. in Lit.-
zss. u. Anth. seit 84, u. a. in: Ort der Augen; Das neue
Gedicht 02; ndl 03.

Loskill, Hans-Jörg, Kulturred.; Am Dornbusch 54A,
D-46244 Bottrop, Tel. (0 20 45) 65 81 (* Fürstenwalde/
Spree 24. 7. 44). Lyr., Ess., Sachb. – V: Raureifzeit, G.
77; Zeitpunkt, G. 80; Kalendersprüche, G. 80; 3 Sachb.
73–86. – H: Nur wer die Sehnsucht kennt 03; Revier-
Atelier: 1. W. Thiel 04, 2. R. Glasmeier 05, 3. Th. Gro-
chowiak 06, 4. B. Wiegmann 06, 5. P. Liedtke 07; Junge
Kunst auf alter Scholle 06, alles Kunst-Sachb. – MH:
Sie schreiben in Gelsenkirchen, Anth. 77; Jeder kann
nicht alles wissen, Lyrikanth. 79; Bottrop, Sachb. 81;
Das Rassepferd, Lyrikanth. 82; 3 Sachb. 78–85.

Lossau, Jens; c/o Societäts-Verl., Frankfurt/Main.,
www.jenslossau.de (* Mainz 8. 3. 74). VG Wort; SFCD-
Pr. (7. Pr.) 97. – V: Kanon der Melancholie, Erzn. 96,
2. Aufl. 98; Die Schlafwandler 00 – MV: Entitäten,
Geschn. 97; Der Schädeltypograph, Krim.-R. 02, Tb.
04 (auch Hörb.); Der Luzifer-Plan, Thr. 03; Das Mahn-
kopffprinzip, R. 03; Die Menschenscheuche, Krim. 04; Der
Rebenwolf, R. 07, alle m. Jens Schumacher.

Lossau, Manfred Joachim, Prof. Dr. phil., Sprach-
u. Lit. wiss.; Am Weidengraben 83, D-54296 Trier,
Tel. (06 51) 2 67 82, *Manfred.Lossau@t-online.de*
(* Königsberg/Ostpr. 3. 8. 34). Prix des auteurs français;
Rom. – V: Das Opfer oder die lange Nacht des Agamemnon 02; Immanuel Kant. Roman eines Lebens 04;
... und sie dienen der Wissenschaft, Sat. 04; Licht aus
dem Osten. Eine Reise ums Überleben, R. 05; Königs-
wege verschüttet, R. 08/09. – Lit: s. auch GK.

Loßmann, Andreas, Altenpfleger; *kontakt@avinus.
de, www.avinus.de* (* Elsterwerda 30. 4. 79). Erz. – V:
Sieben Wochen im Dezember 03. (Red.)

LOT s. Ostendorf-Terfloth, Leonhard

Lothar, Felix (eigtl. Michael Itschert), M. A., Verleger, Schriftst. u. Sachbuchautor; c/o Gardez! Verlag, Richthofenstr. 14, D-42899 Remscheid, Tel.
(0 21 91) 4 61 26 11, Fax 4 61 22 09, *info@gardez.de,
www.gardez.de* (* Bad Honnef 4. 12. 65). Rom., Kurzgesch. – V: Dazwischen. Gedichte 1986–1987 88; Als
sechs neun war, Kurzgeschn. 90; Angst und Schrecken
in Sankt Jakobus, Krim.-R. 07; zwei Sachbücher. – Lit:
s. auch SK.

Lott, Bernhard Heinrich, Realschullehrer; Bahnhofstr. 30, D-76137 Karlsruhe, Tel. (07 21) 38 78 21, *post@
bernhard-lott.de, www.Bernhard-Lott.de.* Gartenstr. 16,
D-74861 Neudenau (* Neudenau 17. 4. 50). zahlr. Pr.
b. Kurzgeschn.-Wettbew.; Mundart-Gesch., Mundart-
Ged., Heimatb., Lyr., Ess. – V: Geschichten aus dem
Jagsttal 94, 97; Es gibt mer zu denke, G. in Mda. 96,
Neuaufl. 00; Malerisches Neudenau 96; Lustige Ge-
schichten aus dem Jagsttal 98; Worte für die Seele 99;
Die Jagst von der Quelle bis zur Mündung 00, 2. Aufl.
01; Die Kocher von der Quelle bis zur Mündung 02;
Du und ich und die Liebe, Lyr. 03; Schule am Abgrund,
Ess. 04. – MA: Ein gutes Dutzend, Geschn. u. G. in
Mda. 00. – P: Worte für die Seele, CD 01. (Red.)

Lott, Doris (geb. Doris Cunz), Realschullehrerin; Bahnhofstr. 30, D-76137 Karlsruhe, Tel. (07 21)
38 78 21 (* Karlsruhe 4. 4. 40). Kurzgeschn.wettbew. b.
SDR, Förd. v. VS; Kurzgesch., Funkerz., Feuill., Journalist. Arbeit. – V: Mein liebes Karlsruhe 85; Mein
blau-weiss-rotes Herz 88, 93; Vom Glück in Karlsruhe
zu leben I 89, II 95; Anton, der Eisbär 97; Mein Karlsruhe, Geschn. 00, 2. Aufl. 02. (Red.)

Lott, Martin (Ps. Martin Lanzelot), Dr. paed., Lehrer; Scheibenackerweg 3, D-76593 Gernsbach, Tel.
u. Fax (0 72 24) 6 95 98. Postr. 10, D-76547 Rastatt (* Ottersdorf/Rastatt 7. 4. 52). – V: Ameisenstraße, R. 96; Kurzgeschichten 96; Lyrik 96; Horst Haller,
Portr. 97; Strömungen, R. 97; Blatt- und Blütensamm-
lung, Aphor. 98; Liebe, Lob und Leidenschaften, Bst.
98; Montagsperspektiven, Journalauszüge 98; mehrere
wiss. Veröff. seit 95. – P: Lago di bagga 85; Wäsch
noch? 95; Manchmal ... 96; Was bleibt? 96; Geh'n wir
Kaffee trinken? 98; Hildegard 98. (Red.)

Lotter, Johann Christian, Dipl.-Physiker; Birkenstr. 25, D-63549 Ronneburg, *mike@morbius.de, www.
morbius.de* (* Kassel 7. 12. 57). – V: Game Studio 96;
Meister des Feuers 99. – MV: Downtown, m. Reinhard
Rael Wissdorf 02. (Red.)

Lottmann, Joachim, Journalist, Schriftst.; c/o
Spiegel, Ressort Kultur, Brandstwiete 19, D-20457
Hamburg (* Hamburg 6. 10. 56). – V: Mai, Juni, Juli,
R. 87; Deutsche Einheit, R. 99; Verliebt, R. 00; Die Ju-
gend von heute, R. 04; Zombie Nation, R. 06. – MA:
Beiträge für: Jungle World; Freitag; taz; De:Bug; Neu-
es Deutschland; ak (Analyse u. Kritik); Der Spiegel. –
H: Kanaksta. Von deutschen u. a. Ausländern 99. (Red.)

Lotz-Albach, Regine; Garbenteicherstr. 20, D-35423 Lich, Tel. (0 64 04) 29 05 (* Lich 23. 2. 37). IGdA; Lit.-förd.pr. d. Ldes Hessen 94, Förd.pr. f. Lit. d. IGdA 95, Rudolf-Descher-Feder 01; Lyr., Prosa. – **V:** Wechselzeiten 84; Gegenlicht 86; ... und ganz leise die Hand aufhalten 86; Augenblicke der Berührung 89; Kriegskinder, Prosa u. Lyr. 90; Muschelrauschen, Erz. 92; Alles atmet dich Erde 93; Pflugspur der Hoffnung, Lyr. u. Prosa 94; Alles was zählt, Lyr. u. Prosa 96; Ein Tropfen Zeit, Lyr. u. Prosa 97, 2. Aufl. 98; Orte wie diese ..., Lyr. u. Prosa 01; Die zweite Saat 02; jährl. Lyrikkal. m. eigenen Photos seit 88. – **MA:** Beitr. in versch. Anth. u. Zss., u.a.: Gießener Anzeiger; Gießener Allg. Ztg. (Red.)

Louven, Astrid, Doz. in d. Erwachsenenbildung, Autorin, Geschichtsforscherin; Tel. (0 40) 38 23 66, *www.astrid-louven.de.* c/o Fischer Taschenbuch Verl., Frankfurt/M. (* Hamburg 49). VG Wort; Rom., Erz., Doku-Drama, Biogr. – **V:** Gefährliche Wanderung, Krim.-R. 92, 96. – *Lit:* s. auch 2. Jg. SK.

Low, Bär B. s. Werbelow, Wulf

Lozynski, Horst s. Heigl, Horst

Lubgast, Degenhardt von, MMag, Übers., Ghostwriter; c/o Karl Memnitz, Ligistberg 39, A-8563 Ligist, *arebour@gmx.at, www.myspace.com/a_rebours_verlag.* Rom., Erz., Nov., Ess. Ue: engl, ital, nor, ung. – **V:** In den Tiefen der Wälder, Erzn. 05; Abattoir, Geschn. 06.

Lubinetzki, Raja, Schriftsetzerin, Lyrikerin; c/o Gerhard Wolf – Janus Press, Berlin (* Magdeburg 62). Stip. d. Stift. Kulturfonds 02. – **V:** Innen hör ich Schall, m. Graphiken v. Petra Schramm 89; Der Tag ein Funke, G. 01. – **MA:** zahlr. Beitr. in Lit.zss. (Red.)

Lubinger, Eva (verh. Eva Mieß), Schriftst., Journalistin, Hausfrau; Lindenbühelweg 16, A-6020 Innsbruck, Tel. (05 12) 28 60 48 (* Steyr 3. 2. 30). Humboldt-Ges. f. Wiss., Kunst u. Bildung, IGAA, Öst. P.E.N.-Club; Kunstförd.pr. d. Stadt Innsbruck f. Lyr. 63, f. Dramatik 70; Lyr., Rom., Nov., Ess., Hörsp. – **V:** Paradies mit kleinen Fehlern, R. 75; Gespenster in Sir Edwards Haus, R. 75; Verlieb dich nicht in Marc Aurel, R. 76; Ein Körnchen Salz, zwei Löffel Liebe, Ess. 79; Paradies, bewölkt bis heiter, R. 80; Pflücke den Wind, G. 82; Der Hund, der Nonnen frißt, Nn. 83; Zeig mir Lamorna, R. 85; Arche Noah exklusiv, Ess. 86; Flieg mit nach Samarkand, Nn. 87; Zwischen Himmel und Erde, lyr. Texte 89; Annas Fest 90; Dem Licht auf der Spur, Erz. 91; Tag wird Abend – Nacht wird Traum 91; Draußen ruht die Zeit 92; Advent 93; Wege. Bilder u. poet. Verse 93; Eine Handvoll Leben, R. 94; Leihe mir Flügel 99; Der unzerstörbare Traum, lyr. Ess. 02; Eine Handvoll Lebenstage, Erinn. 07. – **R:** Tamar 79; Der Sessel der Contessa, Hsp. 82. (Red.)

Lubk, Matthias, freiberufl. Künstler (* Bad Liebenwerda 19. 7. 66). Lyr., Dramatik. – **V:** am Tage des grünen Morgenrots, Lyr. 96. – **MV:** Mitternachtssonne, Lyr., Kurzgeschn. 95; Beim Zwiebelschälen, Kurzgeschn. 95, beides m. Paul Martin Nauhaus. – **P:** Nur Mut! Auf den Lippen ein Lied, vertonte Lyr., CD 99. (Red.)

Lubkowitz, Annemarie, Realschullehrerin i. R.; c/o Altius Verl., Erkelenz (* Heinrichsort/Sa. 17. 6. 34). Rom., Erz., Kurzprosa, Lyr. – **V:** Ein Hauch von Gold, R. 93; Beben in Thorn, N. 98; Bratkartoffelverhältnis u. a. Geschichten, Erz. 02. – **MA:** Janus, Zs., 2/94; Frischer Wind, T. 3, Anth. 95.

Lubojatzki, Cäcilia, Verlegerin; Hermannstr. 10, D-45891 Gelsenkirchen, Tel. (02 09) 7 43 70 (* Gelsenkirchen 11. 2. 31). Lyr., Kinderb. – **V:** Moderne Dichtung, Lyr. 82; Robby vom Planeten Danos, Kdb. 83; Zu Besuch in Flockland, Kdb. 83. – **MA:** Moderne Dichtung, Lyr. 76–80 V; Gedichte von Dir u. Mir 87, 88, 90, 93, 94; Perlenkette der Erinnerung Bd 1 98, Bd 2 00. (Red.)

Lubomirski, Karl; Edilnord Fontana, Via Volturno, 80, I-20047 Brugherio (Milano), Tel. u. Fax (0 39) 87 03 69, *lubom@libero.it, www.lubomirski.at.* c/o Giampieri, Via Pasteur 12, I-20127 Milano (* Hall/ Tirol 8. 9. 39). P.E.N.-Club Liechtenstein, Vizepräs., Öst. P.E.N., Accad. del Mediterraneo 81, Accad. Universale umanesimo nuovo, Rom 82, Humboldt-Ges.; Tiroler Adler-Orden in Gold 90, 3° Premio Nazionale Alpe Apuane 95, Ada-Negri-Pr. d. Jury 97, Öst. E.kreuz f. Wiss. u. Kunst I. Kl. 99, E.zeichen f. Kunst u. Kultur d. Stadt Innsbruck 02, Primo Premio alla Poesia Intern. 3, Ed. Castrovillari-Pollino 07; Lyr., Prosa, Drama, Übers., Ess., Schausp., Oratorium. Ue: ital. – **V:** Stille ist das Mass der Weite, G. 73; Untermieter des Lebens, G. 76; Anni Kraus: Dichterleben – Lebensdichtung. Eine krit. Erläut. d. Mundartgedichte u. e. biogr. Skizze 77; La mia arpa di sole, G. 78; Meridiane der Hoffnung, G. 79; Blick und Traum, G. 82; Vernissage, Sch. 82; La Zolla di Luce / Scholle Lichts, Lyr. dt./ital. 84; Licht und Asche, G. 87, 98; Löwen werde nicht rot, Dr.; Karussell, Dr.; Bagatellen, Erzn. 90; I petali del tempo, Lyr. ital./dt. 90; Wiersze, G.-Ausw. aus „Licht u. Asche" poln./dt. 92; Das Ausbleiben, Lyr. 93; Tahira und Schahidi, Prosa 94 (biblioph. Ausg.); Poesie, Lyr. dt./ital. 95; Menschen Opfer, Prosa 96; Gegenstunde, Lyr. 98; Propyläen der Nacht. Lyrik 1960–1999, 00, 2., erw. Gesamtausg. 03; Bruder Orient, Erz. 04; Links rechts oder Mensch. Mailänder Reflexionen 05; Tempo naufragato – Gekenterte Zeit, Lyr. dt./ital. 05; Sturm und Geist, Bst., UA 05; Gefangene des Himmels, Reiseber. 06; Die Erler Passion, Sch. 08; Palinuro, Lyr. 08; Raumfremde, Lyr. 08; (Übers. d. Lyr. ins Engl., Frz., Ital., Russ., Poln., Lit., Bulg., Türk., Ukr., Hebr.; Georg., Tsch., Aserbaidsch.). – **B:** Joseph Maurer: Italienische Lyrik aus sieben Jahrhunderten 97. – **MA:** Aufss., Kritiken, Gedichte in: Lit. u. Kritik 112/77, 124/78; Austriaca (Rouen) 17/83, 25/87; Neue Dt. Hefte 192/86, 196/87; Herder Initiative 66/86, 74/88; Philosophie d. Kunst, Bd.11 89; Das Fenster 50–51/91, 55/93; Antologia Pergamena (Mailand) 92; Si scrive (Cremona) 5–6/90, 94; Spazio Umano (Mailand) 3/90, 4/90, 1/91; La Cultura nel mondo (Rom) 1/94, 4/94, 2/95; Sistematica (Mailand) 100/95; Inostrannya Literatura (Moskau) 8/95; Muschelhaufen, Nr. 33–36 95–97; Mod. Austrian Lit. (Univ. California), Vol. 28, 29, 32 95–96; Iskenderiye Yazilari (Istanbul) 96; Mod. öst. Lyrik (Krakau) 97; Stanczyk (Wrocław) 1/97; Delos (Univ. Florida) 19–20/97; Pas un jour pour rien (Namur) 98; Fliegende Lit.blätter 99; Allemagne d'aujourd'hui (Paris) 121/00; Profile d. öst. Lit. im XX. Jh. 00; Mozna im (Tel Aviv) 00; Iton 77 (Jerusalem), Nr.22 00; Trans literature (Paris), Tl.21 01; Zs. d. P.E.N. Club Liech 1/07, 2/08. – **R:** Karussell, Hsp.; Michael Pacher, Oratorium 81/82; Die Richter; Löwen werde nicht rot; Der Guru, alles Dram. – **Ue:** G. v.: Enzo Fabiani, Dina Campana, Sandro Penna, Giorgio Caproni, Carlo Betocchi, Clemente Rebora; Paolo Froscicchi (Auswahl). Zahlreiche Einzelgedichte; Lyrik-Bd. m. Gedichten v. G. 95. – *Lit:* Lit. u. Kritik, März 77; Öst. Lyriker v. Trakl bis Lubomirski; Jacques Legrand: L'Austriaca 85; Evi Moser: Die Lyrik K.L.s, Diss. Univ. Verona 86; Robert Weigel: Mod. Austrian Lit. (USA), Vol.32 99; Joseph Peter Strelka: Vergessen u. Verkannt 06; FAZ; NZZ; Israel. Nachrichten; Wiener Journ., u. a.

†**Lubos,** Arno, Dr. phil., StudDir. i. R.; lebte in Coburg (* Beuthen/OS 9. 2. 28, † Schweinfurt 14. 11. 06).

Luburić

Luburić, P.E.N.-Zentr. Dtld; Oberschles. Kulturpr. (Förd.pr.) 66; Kurzgesch., Skizze, Ess., Erz., Rom. – **V:** Reichenstein, Skizzen 58; Gesch. d. Lit. Schlesiens, 4 Bde 60/67/74/95; Die schles. Dichtung im 20. Jh. Ein kleines Lex. 61; Valentin Trozendorf, Monogr. 62; Kleinstadtgeschichten 63; Linien und Deutungen, Ess. 63; Horst Lange, Monogr. 67; Der humane Aufstand, Erzn. 67; Erinnerungen an Schlesien, Skizzen 68; Sieben Parabeln 69; Deutsche und Slawen, Ess. 74; Hermann Stehr, Monogr. 77; Von Bezruč bis Bienek, Ess. 77; Gerhart Hauptmann, Monogr. 78; Jochen Klepper, Monogr. 78; Schles. Schrifttum d. Romantik u. Popularromantik 78; Schwiebus, R. 80; Die Geschichte des August Maltsam, R. 92. – **MV:** Wege der deutschen Literatur. Eine geschichtl. Darst. 61, Neuausg. 97. – **MA:** Ohne Denkmalschutz, Anth. 70; Grenzüberschreitungen, Anth. 73. – **H:** Friedrich von Logau: Sinngedichte 60; Die ganze Welt ist dumm. Blütenlese aus dem vorigen Jh. 87. – **MH:** Wege der deutschen Literatur. Ein Leseb. 62, Neuausg. 97. – **Lit:** s. auch GK.

Luburić, Zdravko, Schriftst., Übers., Leiter d. Remscheider Intern. Lit.abends seit 92; Rue Désiré Thomas 7, B-6120 Jamioulx (* Pakrac/Kroatien 26. 10. 42). VS, FDA, Vorst.mitgl., The Croatian Writers Assoc., Assoc. „Grenier Jean Tony" Belgien; Reisestip. d. Auswärt. Amtes 02, 03; Lyr., Ess., Erz. – **V:** Kalt und zart zugleich 97 (auch vertont); Liline 00 (auch kroat.); Unzerstörbare Lettern; Weh' den Besiegten; Glanz ohne Spuren; Requiem; Erniedrigt und beleidigt; Unsichtbarer Ruf; Ferne Gespräche; Das leere Haus; Im Namen des Staates, alles Lyr.; 3 Gedichtbände in kroatisch 91, 92, 98 (teilw. auch frz., türk., amerikan., mazedon.). – **MA:** Anth.: Feuer in der Nacht 91; Sonnenreiter Anth. 95; Sonnenschrift und weiße Wege 97; Le Paln de l'enfance 97; Mehrstimmig 03, u. a.; – **Zss.:** Der Literat 1/93, 7/8/93; Heimkehr in die Fremde, Sondernr. d. Ostragehege 02; Dichter Verkehr 2/03. – **MH:** Le Grenier Jean Tony, Anth. 99. – **Ue:** Ursprüngliche Modernität und außerordentliche Stimme, Ess. 97; Übers. v. Gedichten a.d. Frz. ins Kroat. von: Anette v. Droste-Hülshoff, Jean Dumortier, Emile Kesteman, Juliette Decreus; a.d. Dt. ins Kroat. von: Heike Hoppe, alles 00. – **Lit:** Lex. kroat. Schriftsteller 1900–2000 (Vinkovci/Kroat.) 99; Dt. Schriftst.lex. 02. (Red.)

Luce, Rainer, Autor, Verleger; Am Fronhof 27, D-53639 Königswinter, Tel. (0 22 44) 87 55 70, Fax 87 55 71, *RainerLuce@t-online.de*, www.editionwolkenstein.de (* Hamburg 2. 5. 38). Lit.café Troisdorf 91, Cantando-parlando e.V., Sankt Augustin 05–08; Rom., Erz., Lyr., Ess. – **V:** Odysseus. Stationen eines Wegs, Lyr. 94; Marathon. Der Lauf, R. u. Ess. 01; Odysseus. An der Zeitenwende, Dialog-R. 03; Merkwürdige Begegnung, Erzn. 04; Kürze des Glücks, Lyr. 05; Wie lange noch 08; Gedichte 03. – **MA:** Autorentage '90 in Konstanz 90; Edition L, Lyrik heute 07; Tiefenschärfe 95. – **H:** Rheinischer Literaturkalender, Zs. (auch Mitautor) 92–02; Rheinische Literatur-Hefte, Zs. (auch Mitautor) 03–06 (Mithrsg. 07–08).

Luchsinger-Licht, Christa s. Walch, Christine

Lucht, Marko, Film- und Fernsehautor; Friedrich-Rosengarth-Str. 7, D-51429 Bergisch Gladbach, *mlucht @gmx.de* (* Kleve 1. 3. 68). Dt. Fernsehpr. 03, 05, Dt. Comedy-Pr. 03, 05; Sat., Fernsehen, Film. – **MV:** 101 Gründe ohne Fußball zu leben, Sat. 00. – **R:** Nikola, 4 Staffeln 02–05; Alles Atze, 4 Staffeln 03–06. (Red.)

Luciani, Brigitte, MA, freie Autorin; *bluciani@ club-internet.fr* (* Hannover 10. 4. 66). Prix mousse 00, Prix JDI 07, Prix Bull'gomme 08; Rom., Erz., Kindergesch., Bildergesch. – **V:** Die Marquise de Brinvilliers und das Erbschaftspulver 97; Die Spielerin, R. 98; Wer

fährt mit ans Meer?, Kdb. 00 (auch am., engl., ndl., frz., ital., gr., port., slowen., span., korean.), Neuaufl. 06; Die Hempels räumen auf!, Kdb. 04 (auch frz., am., engl., dän., ndl.); Aufstehen, kleines Morgenmonster, Kdb. 05; Ich packe meinen Koffer, Kdb. 06; Roxy Fuchs und die Dachsbrüder. Bd 1 07 (Übers. in 10 Sprachen), Bd 2 08, beides Kdb. – **MA:** Wilde Weiber küssen besser 99; Ferienlesebuch 00; Killing him softly 00; Der Macho-Guide 00; Pur, Anth. 01.

Luck, Georg, UProf.; 1108 Bryn Mawr Road, Baltimore, MD 21210/USA, Tel. (4 10) 3 23–82 66, Fax 5 16–48 48, *luckhluck@yahoo.com*. Lilienweg 18, CH-3007 Bern (* Bern 17. 2. 26). Mommsen-Ges.; Guggenheim Fellowship 58, Stip. d. Schweiz. Nat.fonds 76; Rom., Ess., Hist. Lit. Ue: engl, gr, lat. – **V:** Arcana Mundi 85, 2. Aufl. 05 (auch engl., span., ital.); Der Dichter in der Kutsche. Die Schweizer Reise des Herrn Samuel Rogers, R. 86; Albii Tibulli aliorumque carmina 88, 98; Die Weisheit der Hunde 97; Opuscula 00; Ancient Pathways, Hidden Pursuits 01; Opera Minora Selecta 02. – **Ue:** Ovid: Tristia, Bd I 67, Bd II 69–75; Properz und Tibull, Liebeselegien 96. – **Lit:** Festschr. F.G. Mayer 93; Lieber Herr u. Freund 98.

Luck, Harry A., Dipl. sc. pol. Univ., Red.; Starnberger Str. 26, D-82131 Gauting, *mail@harryluck.de*, *www.harryluck.de* (* Remscheid 11. 9. 72). DJV 93, Das Syndikat 03; Sat., Humor, Rom. – **V:** CDU – Das schwarze Parteibuch 98; Fit for Computer 99; Handy-Buch 99, beides Satire/Humor; Fröhliches Wörterbuch Internet, Humor 00; Isarbulle, Krim.-R. 03; Schwarzgeld, Krim.-R. 04; Wiesn-Feuer, Krim.-R. 05; Absolution 07; Das Lächeln der Landrätin, Krim.-R. 08. – **MV:** Der Dicke – Eine seltsame Familie, m. Georg Wurth, Krim.-R. 95. – **MA:** Tatort Bayern 05.

Lucke, Hans, Schauspieler u. Schriftst.; Ernst-Thälmann-Str. 3, D-99441 Mellingen, Tel. (03 64 53) 8 05 79 (* Dresden 25. 4. 27). SV-DDR 76; Lessing-Pr. d. DDR 58, Theodor-Körner-Pr. d. DDR 86; Drama, Szenarium, Nov., Rom. – **V:** Fanal, Sch. 53; Taillenweite 48, Lsp. 53; Kaution, Krim.-St. 55; Der Keller, Sch. 57; Glatteis, Kom. 58; Pechmühle, Lsp. 63; Mäßigung ist aller Laster Anfang, Kom. 68; Die eigene Haut, Sch. 74; Stadelmann, Kom. 84; Der doppelte Otto oder Schmierentheater, Kom. 86; Trick-Charly, R. 89; Ein Toter mit den Füßen in Berlin, Krim.-R. 93; Weimar, oh Weimar, oh wei 95; Jud Goethe 97; Großherzog Carl Alexander von Sachsen-Weimar, Biogr. 99; Der Narr von Weimar, szen. Feature, UA 99. – **MV:** Goethes Weimar, Reiseb. 91; Thüringen, Bildbd 93; Klassisches Weimar, Bildbd 93. – **MA:** Der Minister u. d. Muschkoh, Ess. (ndl). – **R:** Kapitän Segebarth, Hsp. 84; Stadelmann, Hsp.-Fass. d. Kom. 85; Die Leute von Zuderow, 6tlg. Fs.-Serie 85; Dunkler Balkon 89; Steckkontakte 89; Eine Madonna 91; Schwester, lieb Ophelia 00, alles Hsp.; ca. 12 Szenarien f. Fs.-Produktionen. – **Lit:** Walther Killy (Hrsg.): Literaturlex., Bd 7 90. (Red.)

Lucklum, Alice (geb. Alice Siebert); Alten-Buseck, Kleegarten 9, D-35418 Buseck, Tel. (0 64 08) 54 74 73, Fax 92 46 21, *Alice.Lucklum@t-online.de* (* Gießen 22. 2. 57). – **V:** Sehnsucht im Meer nach tausend Kleinigkeiten, G. 01. (Red.)

Luckow, Lena s. Hausin, Manfred

Luczak-Wild, Jeannine, Dr. phil., Slavistin, Übers., Konferenzdolmetscherin; Peter-Ochs-Str. 47, CH-4059 Basel, Tel. u. Fax (0 61) 3 61 91 05 (* Basel 3. 7. 38). Übers.pr. d. Poln. Autorenverb. ZAIKS 96. Ue: poln, frz, engl. – **V:** Schweigegeld als Landeswährung, Aphor. 84. – **MA:** Lit.kritik u. Ess. in versch. Zss. – **H:** Paul Häberlin – Ludwig Binswanger Briefwechsel 1908–1960 97; Häberlin für heute. Ausgewählte Stellen aus d. Gesamtwerk v. Paul Häberlin 04. – Ue: Czeslaw Milosz: Ziemia Ulro u. d. T.: Das Land Ulro 82; poln. Poesie u. Prosa in versch. Anth. u. Zss. (Red.)

Luderwicht, Ossip s. Schmidt, Sigurd-Herbert

Ludewig, Brunhilde, Verwaltungsangest.; Jahnstr. 2, D-87534 Oberstaufen, Tel. (0 83 86) 25 08 (* Oberstaufen 17. 6. 39). – **V:** Alle meine Quellen sind in dir, G. 69; Raunen der Natur, G. 70, 01; Sieben kleine Freunde und andere Kids, Kdb. 02; Lichtquellen und Fußspuren gibt es auch für Dich 02. – **H:** Zwiegespräche der Kranken mit Gott 71; Gottes Möglichkeiten sind unbegrenzt 73; Eine Getröstete 74; Christ sein heißt Licht sein 74; Gottes Wirken ist unermeßlich 76; Für besinnliche und trübe Stunden 76. (Red.)

Ludewig, Peter, Softwareentwickler, Verleger; Riederinger Str. 19, D-85614 Kirchseeon, Tel. (0 80 91) 5 37 69 70, *peter@ludewig-muenchen.de* (* Dresden 28. 9. 54). Ue: russ. – **V:** Gedichte (Ed. Blei) 94. – **H:** Schrei in die Welt. Expressionismus in Dresden 88; Vitezslav Nezval: Depesche auf Rädern 01. – **Ue:** Alexej Remisow: Gewagtes Schicksal 88; Vladimir Reisel: Die unwirkliche Stadt 99. – **MUe:** Konstantin Biebl: Böhmisches Paradies 98.

Ludikar, Lucy (geb. Lucia Steidl), Prof., Opernsängerin, Sekretärin, Red.; Weilburggasse 13 a, A-2500 Baden, Tel. (0 22 52) 43 30 70, 25 45 75 (* Wien 28. 11. 16). Öst. Autorenverb., Präs. 82, V.S.u.K., V.G.S. 53, Präs. seit 99, NdÖst. Bildungs- u. Heimatwerk, VKSÖ; Prof.titel 88, Gold. Verd.zeichen d. Ldes Wien 99; Lyr., Nov., Ess., Rom., Drama, Kabarett, Zeitungsartikel. – **V:** In eigener Sache, G. 67; Der Weg ist lang, G. 85; Einblicke – Ausblicke – Rückblicke, G. 94; Mit gehobener Bissigkeit, G. 01. – **MA:** Beitr. in Lyr.- u. Prosa-Anth. sowie in lit. Zss. – **H:** „Werte und Worte", Verbandsorg. d. V.G.S. 46–00; 16 Anth. bis 04. (Red.)

Ludmann, Olaf, M. A. phil., freischaff. Autor u. Philosoph; c/o Wiesenburg Verlag, Schweinfurt (* Leipzig 19. 5. 57). VS 97–05; Aufenthaltsstip. d. Kulturstift. d. Bundesaußenmin. f. England 01, DAAD-Stip. f. d. „writer-in-residence"-Progr. 02; Rom., Lyr., Erz., Ess. – **V:** La Novella, R. 04. – **MA:** Goethe Jb. d. Intern. Goethe-Ges. 80, 81; Anth. d. Palette-Verl. Bamberg 91; zahlr. Erzn. u. G. in Lit.zss. seit 99. – **P:** Die Intuition in der Ästhetik Benedetto Croces, CD-ROM 02. (Red.)

Ludolph, Harald, Päd. Leiter i. R.; Am Brink 11, D-34329 Nieste, Tel. (0 56 05) 92 76 93 (* Werdau 1. 11. 25). Autorentreff Meißner 81, Vors., FDA Hessen; Rom., Lyr., Erz. – **V:** Der Lehrer ist immer ein Anfänger 91, 2. Aufl. 93; Treibe Sport, oder du bleibst gesund! 94; Gott mit uns!, Antikriegsb. 95; Im Meer ist das Leben geboren, sat. G. 97; Der Café-Krieg, sat. Erzn. 98; Der Petzer, sat. R. 00 (auch Tb.); Der Amokfahrer 02. – **MA:** versch. Anth. (Red.)

Ludwig, Barbara; Guardinistr. 96, D-81375 München, Tel. (0 89) 7 14 00 92, *barbaraludwigmun@hotmail.com, www.barbaraludwig.de* (* Bad Landeck 9. 5. 44). Vors. d. Pegasus Ver. f. kreatives Schreiben e.V., München, Autorengr. Seitenspinner, München. – **V:** Zum Weinen ist die Zeit zu schade 05; Tatort Kalabrien – ein mörderischer Urlaub 07; Tatort Mallorca. Die Tote in der Mönchsbucht 08. – **R:** Fürs zweite Glück ist es nie zu spät, i. d. Reihe „Lebenslinien" d. BR 07. – **P:** Geschichten am Piano, CD 03.

Ludwig, Christa, Schriftst.; Am Josenberg 9, D-78355 Hohenfels, Tel. (0 75 57) 12 91, *christaludwig@firemail.de* (* Wolfhagen/Hessen 1. 11. 49). VS; Arb.stip. d. Förd.kr. dt. Schriftst. 98, 3. Pr. b. Ellwanger Jgd.-lit.pr. 99; Jugendb., Kinderb., Rom., Hörsp. – **V:** Für ei-

serne Heinrich 89, Tb. 00; Die Kastanienallee oder Das Loch in der Sackgasse, Kdb. 90; Ein Lied für Daphnes Fohlen, Jgdb. 94, 01; Links neben Cori, Kdb. 95; Kaiser, König, Bettelkind, Bilderb. 96; Die Federtoten, Jgdb. 97; Blitz ohne Donner, Jgdb. 03; Carlos in der Nacht, Jgdb. 05; Die Siebte Sage 07. – **R:** Pendelblut, Hsp. 01. (Red.)

Ludwig, Christian s. Attersee, Christian Ludwig

†**Ludwig,** Erika, Ehefrau eines Pfarrers; lebte in Weiden/Obpf. (* Marienberg 6. 7. 14, † lt. PV). Erz., Seelsorge, Ged. – **V:** Ein Herz, das mich versteht, Erz. 73, 7. Aufl. 86; Kleine Wohltaten, Betracht. u. Krankengrüße 73; Alles Gute 74, 77; Des laßt uns alle fröhlich zum Jahreslauf 76, 79; Nicht weit von Himmelpforte. Gesch. um Kloster Drübeck 77, 79; Gott hat Gutes nur im Sinn 90; Das Kindertal 94; Die Rosen der Zufriedenheit, Kurzgeschn. 95. – **MA:** Versch. Erzn. in Anth.

Ludwig, Gerda s. Lang, Gerda

Ludwig, Gerhard; c/o Fabuloso Verlag Gudrun Strüber, Fabrikstr. 20, D-37434 Bilshausen. – **V:** Bodennebel. Ende einer Zukunft 05; Reise nach Sadovoje, Psychothr. 07.

Ludwig, Johannes (Ps. Micha Ulsen), Prof., Dr. phil.; Keplerstr. 13, D-15831 Mahlow-Waldblick, *mail@johannesludwig.de, www.johannesludwig.de.* Bergedorferstr. 105, D-21029 Hamburg (* Baden-Baden 31. 1. 49). Tatsachenrom., Sachb., Wiss. Sachb., Fernsehfeat. – **V:** Boykott – Enteignung – Mord. Die Entjudung d. dt. Wirtschaft, Tats.-R. 89, 3. Aufl. 92; Anleitung zum Betrug, Tats.-R. 90, 2. Aufl. 92 u. d. T.: Wirtschaftskriminalität; 6 Sachb. 91–98. – **MV:** Das Abschreibungs-Dschungelbuch, m. Susanne Claassen, Sach-Comic, 1.u.2. Aufl. 81. – **F:** Spurensuche: Der Glienicker Park 89; Kaiser, Göring und Politbüro 90; Das war alles schrecklich normal 92. (Red.)

Ludwig, Michael, Journalist; Gerstenstr. 2, D-85276 Pfaffenhofen a.d. Ilm, Tel. (0 84 41) 8 43 38 (* Bremen 13. 3. 48). Rom., Erz., Ess. – **V:** Bilder einer Insel, G. 89; Flucht nach Ibiza 89. – **H:** Gegengift, kulturpolit. Zs. (Red.)

Ludwig, Sabine, Autorin; D-12159 Berlin, Tel. (0 30) 8 53 88 54, *sabine.ludwig@berlin.de* (* Berlin 26. 6. 54). IG Medien 89; Pr. d. LCB 83, Bettina-von-Arnim-Pr. (3. Pr.) 93, Hansjörg-Martin-Pr. 05; Kinderu. Jugendb., Hörsp., Übers. Ue: engl, frz. – **V:** Frieda Frosch 89 (auch ndl.); Frech wie Frieda Frosch 91; Ida Grün – fünf Jahre alt 92, 99 (Tonkass. u. CD); 21 lustige Geschichten von Frieda Frosch 93; Frieda Frosch, die frechste Göre der Stadt 95; Bei Tag sind alle Löwen grau 97; Die besten Rabeneltern der Welt 97, 98; Die Schatztaucherin 98; Juli und Augustus 98; Fische haben keinen Po 99; Die große Suppenverschwörung 00; Mops und Molly Mendelssohn 00; Viermal Pizza Napoli 00; Ein Haufen Ärger 01; Serafina und der große Hexenzauber 02; Weihnachtsmänner küsst man nicht 02; Serafina, hex doch mal! 02; Immer wieder Frieda 03; Der Mädchentausch 03; Für alle Fälle Frieda 04; Tatzenrabatz 04; Die Nacht, in der Mr Singh verschwand 04; Serafina und der große Weihnachtswirbel 04. – **R:** Kentucky Star, Kinderhsp. 04. – **Ue:** Das Geheimnis von Bahnsteig 13 99; Eva Ibbotson: Das Geheimnis der verborgenen Insel 01; Kate DiCamillo: Winn Dixie 01; Eva Ibbotson: Das Geheimnis der siebten Hexe 02; Kate DiCamillo: Kentucky Star 02; Eva Ibbotson: Maia oder als Miss Minton ihr Korsett in den Amazonas warf 03; Kate DiCamillo: Despereaux, von einem auszog das Fürchten zu verlernen 04. (Red.)

Ludwig

Ludwig, Volker (Ps. f. Eckart Hachfeld jr.), Theaterleiter; Landhausstr. 44, D-10717 Berlin, Tel. (0 30) 8 61 54 46, Fax (0 30) 86 20 89 49. c/o GRIPS Theater, Altonaer Str. 22, D-10557 Berlin, *info@grips-theater. de*, *www.grips-theater.de* (* Ludwigshafen 13. 6. 37). P.E.N.-Zentr. Dtld 79, Intern. Theater-Inst. (ITI) 83, Akad. d. Darst. Künste Frankfurt 85; Brüder-Grimm-Pr. 69, 71, 75, 93, Kritikerpr. f. Theater 82, Mülheimer Dramatikerpr. 87, Publikumspr. d. Theatergemeinde Berlin 87, 91, Heinz-Bolten-Baeckers-Pr. d. GEMA 89, Carl-v.-Ossietzky-Med. 94, Silb. Blatt d. D.U. 95, Pr. d. ITI z. Welttheatertag 99, BVK 00, ASSITEJ-Pr. 03, Verd.-orden d. Ldes Berlin 07, Dt. Theaterpr. „Der Faust" f. d. Lebenswerk 08; Drama, Kindertheater, Musical, Oper, Chanson, Kabarett, Sat. Ue: engl. – **V:** Trummi kaputt, Kinderst. 71; GRIPS Liederbuch 78, 99; Max und Milli, Kinderst. 78, 85; Linie 1, Musical 86, 90; Goldelse, Opernlibr. 87; Himmel Erde Luft und Meer, Kinderst. 90; Die Moskitos sind da, Jgd.-St. 94; Bella, Boß und Bulli, Kinderst. 95, 96; Café Mitte, Theaterst. 97, 98; Melodys Ring, Musical 00; Kannst du pfeifen, Johanna, Kinderst. 02; Julius und die Geister, Kinderst. 02; Schöne Neue Welt, Musical 06. – **MV:** Stokkerlok und Millipilli, m. R. Hachfeld 69, 90; Maximilian Pfeiferling, m. C. Krüger 69; Balle Malle Hupe und Artur 71; Mannomann!, m. R. Lücker 72, 78; Doof bleibt Doof 73; Ein Fest bei Papadakis 73, 85, alles Kinderst.; Kabarett mit K 73, 89; Die Geschichte von Trummi kaputt, m. U. Friesel, Erz. 73, 77; Nashörner schießen nicht, m. J. Friedrich, Kinderst. 74; Das hältste ja im Kopf nicht aus, m. D. Michel, Jgd.-St. 75, 85; 3 mal Kindertheater, Bd I–III, VI 71–77; Vatermutterkind, m. R. Lücker, Kinderst. 77; Die schönste Zeit im Leben, Jgd.-St. 78, 85; Eine linke Geschichte, Theaterst. 80, 92, beide m. D. Michel; Heile meile Segen, m. C. Veit, Kinderst. 80, 88; Alles Plastik, m. D. Michel, Jgd.-St. 81; Dicke Luft, m. R. Lücker, Kinderst. 82, 88; Der Spinner, m. H. Spangenberg, Kinderst. 83; Ab heute heißt du Sara, m. D. Michel, Theaterst. 89; Auf der Mauer auf der Lauer, m. R. Lücker, Jgd.-St. 90, 97; Baden gehn, m. F. Steiof, Musical 03; ROSA, m. dems., Theaterst. 08. – **MA:** Hallo Nachbarn, Televisionen schwarz auf weiß 66; Vorsicht, die Mandoline ist geladen. Dt. Kabarett seit 1964 70, 71; Baggerführer Willibald, Kinderlieder 73; Sing Sang Song, Kinderlieder 76; Kritische Lieder d. 70er Jahre 78, 81; Mutig sein 81; Das Kinder-Lieder-Buch 81, 87; Songbuch I 85, 97; Freche Lieder – liebe Lieder 87, 96; Knackfrosch Kinderlieder 92, 98; Neue Kinderlieder 92, 94; Momente d. Lernens 96; Das Buch d. Kinderlieder 97, u.v. a. – **MH:** Das Grips Theater 79, 83. – **F:** Linie 1, Drehb. 88. – **P:** Hab Bildung im Herzen 67; Der Guerilla läßt grüßen 68; Alles hat seine Grenzen 70; Balle Malle Hupe u. Artur 72; Die große Grips-Parade, I 73, II 78, III 82; Mannomann! 73; Ein Fest bei Papadakis 74; Doof bleibt doof 75; Nashörner schießen nicht 75; Das hältste ja im Kopf nicht aus 77; Die schönste Zeit im Leben 79; Alles Plastik 82, alles Schallpl.; – Linie 1 86; Ab heute heißt du Sara 89; Die Moskitos sind da 94; Wir werden immer größer 97; Café Mitte 98; Melodys Ring 01; Baden gehn, Songs 03; Julius u. die Geister, Songs 03; Max u. Milli, Hsp. 03; Bella Boss u. Bulli, Hsp. 05, alles CDs/Tonkass.; – Bella Boss u. Bulli 97; Himmel Erde Luft u. Meer 97; Max u. Milli 01; Auf der Mauer, auf der Lauer 01; Café Mitte 04, alles Videos; – Julius u. die Geister 04; Baden geh'n 06; Café Mitte 06; Liniel 06, alles DVDs. – **Ue:** George Tabori: Songs zu Pinkville 71, 94; Roy Kift: Stärker als Superman, Kinderst. 80, 93; Patrick Barlow: Der Messias 87; ders.: Wahrlich, ich sage euch 94; Chandrashekhar Phansalkar: Indian Curry, 3 Einakter 97. – *Lit:*

M. Schedler: Mannomann! 6 x exemplar. Kindertheater 73; H. Kotschenreuther u. a.: Kabarett mit K 73, 89; Jack Zipes: Political Plays for Children 76; Christel Hoffmann: Theater f. junge Zuschauer 76; Rainer Otto/Walter Röseler: Kabarettgesch. 77; Karl W. Bauer: Emanzipator. Kindertheater 80; Klaus Budzinski: Pfeffer ins Getriebe 82; Raimund Hoghe: Zeitportraits 93; Reclams Kindertheaterführer 94; Metzler Kabarett Lex. 96; Stefan Fischer-Fels (Hrsg.): Der Schriftst. V.L. 98; Gerhard Fischer: GRIPS – Gesch. e. populären Theaters 02.

Lübbe, Alexander F. (Alexander Lübbe); Dorfstr. 46, D-17179 Boddin, Tel. (03 99 71) 1 46 00, Fax 1 46 01, *info@kunsthaus-verlag.de* (* Pinneberg 4. 4. 52). Lyr., Erz. – **V:** Erst wenn Füße streicheln 91; Das Kunsthaus-Märchenbuch 91; Als man dem Kreis die Mitte nahm, G., Texte u. Aphor. 97; Nichts los. Ansichten e. Weltreisenden, Prosa 97; Knut in originaal regionaal 03; Spiegel meiner Seele, Texte u. Aphor. 04.

Lübben, Gerd Hergen, M. A., Schriftst.; Europastr. 21, D-53175 Bonn, Tel. (02 28) 3 72 88 43, *gerd.hergen. luebben@t-online.de*, *www.lübben-web.de/ghl-Lit.htm* (* Sillenstede/Friesland 31. 5. 37). VS, DU.; Stück, Ged., Prosa. – **V:** Sieben verschriebene Lieder und Texte 66; Aus Bruch Versuche, Logorhythmen, Versionen 84; Grüsse aus Lübben, G. 91; Feuerfuss meinetwegen oder Die Zebattu-Pentade, Stücke 93; Ydby – Zeit Nächte zu wachen, G. 93; Jahr um Jahr – Logorhythmen – Verlies, G. 98. – **MA:** div. Beitr. in Zss. u. Anth. seit 65, u. a.: Nea Estia; StreitZeitSchrift; Schreibheft; Tasten; Das dt. Gedicht; Die Brücke. – **MH:** Ihr aber tragt das Risiko, Repn. 71; Ernst Marcus: Ausgewählte Schriften, 2 Bde 69, 81, u. a. – **F:** Flucht 61; Morgengrauen 63, alles Kurzf., u. a. – **P:** Sieben verschriebene Lieder 61; Jahr um Jahr, Kantate 97, u. a. – *Lit:* Wer ist Wer?; www.vsbonn.de/luebben.html.

Luechinger, Sonja *

Lück, Edgar, Dipl.-Journalist, Autor, Bildender Künstler; Viersener Str. 6, D-50733 Köln, Tel. u. Fax (02 21) 72 22 76, *tiergeist@aol.com* (* Gelsenkirchen 10. 4. 54). IG Medien 80, VS 01; Hörsp. f. Kinder, Rom., Lyr., Erz. – **R:** Klangwelten für Kinder, 45 F. 93–96; Lea ist los!, 25 F. 94–97; Die Tiergeister von Labrador, 5-tlg. Musical. 1: Superkau u. Schlup-Vogel, 2: Schnarchkäse u. Sternenstaub, 3: Krok liebt Rock, 4: Das Magische Meer, 5: Die Tiergeister von Labrador, alle 94; Das Königreich der Kinder. 1: Ein nettes Skelett, 2: Die Hexe Namenlos, beide 95; – 2 Drehbücher f. „Die Sendung mit d. Maus" 99. – *Lit:* s. auch Kürschners Handbuch der Bildenden Künstler, 1. Aufl. 2005. (Red.)

Lückert, Julia, Auszubildende; Moorkamp 1, D-24106 Kiel, Tel. (01 75) 9 59 36 14, *elf-tear@web. de*, *www.elftear.de.vu* (* Eckernförde 12. 9. 87). Lyr., Rom., Erz., Prosa, Ged. – **V:** Arina – die Kriegerin des Königs, R. 04; Wolken haben Zeit, R. 04. – **MA:** Fantasie im Elfenreich, Erz. u. Lyr. 04. (Red.)

Lüddecke, Reinhart Kurt s. Fabian, Steinhart Reinhart

Lüddecke, Sabine (Sabine Lüddecke-Neusch), Verwaltungsangest.; Im Tölletal, D-38685 Langelsheim, Tel. (0 53 21) 55 93 03 (* Goslar 2. 4. 62). 1. Pr. b. Aufsatzwettbew. d. Schneider-Buch Verl. 76; Rom., Kurzgesch. – **V:** Eine Frau, eine Katze und ... was sonst?, R. 98. – **MA:** Weihnachtsgeschichten am Kamin, Bd 5 90. (Red.)

Lüddemann, Steffen, Schriftst. u. Drehb.autor; Körnerstr. 28, D-04107 Leipzig, Tel. u. Fax (03 41) 3 03 26 39, *steffen.lueddemann@t-online.de* (* Leipzig

29.9.62). Rom., Lyr., Erz., Hörsp. – **V:** Damals in der DDR, Hörb. 04; Kokain, Libr. (n. Walter Rheiner, Musik: Steffen Schleiermacher), UA 05; 50 Hertz gegen Stalin, Jgdb. 07.

Lüdecke, Frank, M.A., Kabarettist, Autor; *frank @frank-luedecke.de, www.frank-luedecke.de.* c/o Hartmann und Stauffacher, Köln (* Berlin 11.3.61). Dt. Kabarett-Pr. (Förd.pr.) 94, AZ-Stern d. Jahres 94, Mindener Stichling 94, Salzburger Stier 99, u.a.; Kabarettst., Fernsehsp. u. -serie. – **V:** Faire Verlierer, sat. Theaterst., UA 95, gedr. 96; Frank Lüdeckes Verteidigung der Sittsamkeit 97; Kopfüber – Bunter Abend für Selbstmörder, Kabarettst., UA 03; Zwischen den Polen, sat. Theaterst., UA 05; zahlr. ungedr. Kabarett-Texte sowie mehrere Solo-Programme, zuletzt: Bilanz 02. – **R:** Zebralla, 12tlg. Fs.-Serie 00. – **P:** Frank Lüdeckes Verteidigung der Sittsamkeit 97; Der Nullblicker 00; Bilanz 02; Elite für alle! 05, alles Kabarett-CDs. (Red.)

Lüdemann, Hans-Ulrich (Ps. John U. Brownman), Lehrer, Red., Kameramann; Markulfweg 15, D-12524 Berlin, Tel. (0 30) 6 73 61 27, Fax 67 89 98 93, *hull96@ t-online.de, www.hans-ulrichluedemann.de* (* Greifswald 4.10.43). SV-DDR 74, VS 90; Kunstpr. d. DTSB d. DDR in Silber 77, Ernst-Thälmann-Med. in Silber 76, Dipl. f. Kdb. v. Min. f. Kultur d. DDR 76, 3. Pr. Min. f. Kultur d. DDR 80; Rom., Hörsp., Fernsehfilm. – **V:** Doppelzweier, Kdb. 72; Der Eselstritt, Kdb. 74; Keine Samba für die Toten, R. 74; Tödliches Alibi, Krim.-R. 74; Patenjäger, Kdb. 75, 76; Ich – dann eine Weile nichts, R. 76; Das letzte Kabinettstück, Krim.-R. 76; Plumpsack geht um 79; Um Himmelswillen keine Farbe 83; Das verflixte Rollenspiel 87; Zwei Handvoll Geschichten 88, alles Kdb.; Der weiße Stuhl 90; Happy Rolliday 94; Alfred Jude Dreyfus 99; Detektei Rote Socke und andere Stories 99; Ein mörderischer Dreh 01; Amandla!, Ess. 03; San Francisco and so on, Ess. 04; Kapstadt und so weiter, Ess. 04; Operation Chess, Krim.-R. 04; Florida and so on, Ess. 05; Dubai-Sydney-Singapur, Ess. 05. – **MV:** Tödliche Jagd, Kdb. 88; Deckname Condor 89; Mecklenburgisch-Vorpommersches Schimpfwörterbuch 93; Mördermord, Report, m. G. Fuchs 02. – **MA:** Kurzgeschn. in Anth. – **F:** Dann steig ich eben aus, Filmszen. nach Doppelzweier; Ich – dann eine Weile nichts 80. – **R:** 20 Hsp. f. Kinder u. Erwachsene, u.a.: Prozeß ohne Urteil 72; Unterwegs nach San José 73; Blümlein ist gegangen 74; Überlebe das GRAB 75; Das Datum 76; Schwanenlegende 83; Zwei Handvoll Geschichten, Fs.-Serie 87; Die Hundeleine 94; *Lit:* Bestandsaufnahme 76; Beitr. z. Kinderlit., H.73 84; Lex. d. Krimi-Autoren 05. (Red.)

Lüder, Gustav, Kaufmann; Klingenbergstr. 98, D-31139 Hildesheim, Tel. (0 51 21) 4 28 79 (* Binder 8.7.30). LU 76, DAV 78; E.gabe d. LU f. Prosa 76; Lyr., Rom. – **V:** Wie der Wind sich dreht, Lyr. 75; Scheibenwischer, Lyr. 76; Yvonne, R. 77; Die Tüncher, Lyr. u. Kurzprosa 78; Von Hennen und Hähnen, Satn. 79; Alle Tage kein Wahl-Sonntag, Hsp., M., Sketches 80; Schlaue Füchse, stolze Hähne, Kurzprosa 86; Spurensuche, G. 97. – **MA:** Lyrik u. Prosa vom Hohen Ufer 79, 82, 85; Al'Leu-Anth. 80; Einkreisung 82; Verweht im frühen Nebel, Kleinst-Renga-Anth. 82; Im klirrenden Frost, Ketten-G. zu dritt 83; Tränen im Schweigen, Mehrfach-Renga 88; Der Wald steht schwarz u. schweiget 89; Das große Buch d. Senku-Dicht. 90; Der Gedicht 92; Lyrik für die Westentasche 92; Die Götter halten die Waage 93; Lyrik heute 93; Uns ist ein Kind geboren 93; Ungleich der Mensch – Ungleich sind die Stunden 96. (Red.)

Lüders, Michael, Dr., langjähr. Nahostkorrespondent d. ZEIT, Politik- u. Wirtsch.berater, Publizist u. Autor; Joachim-Karnatz-Allee 41, D-10557 Berlin, Tel. (0 30) 20 05 89 70, *nahost@michael-lueders.de, www. michael-lueders.de* (* Bremen 59). – **V:** Gold am Gilf Kebir, R. 01; Der Verrat, R. 05; Aminas Restaurant. Ein modernes Märchen 06; – Sachbücher: PLO: Geschichte, Strategie, aktuelle Interviews 82; Das Lächeln des Propheten 96; „Wir hungern nach dem Tod" 01; Tee im Garten Timurs 03; Im Herzen Arabiens 04; Allahs langer Schatten 07. (Red.)

Lüeg, Kaspar von der s. Schibler, Peter

Lühn, Sebastian, M.A. d. Theater- u. Medienwiss. u-Pädagogik, freier Journalist und Autor; Ostlandstr. 25, D-49584 Fürstenau, Tel. (01 76) 23 18 23 28, *sluehn@ web.de* (* Ankum 13.12.79). VG Wort 01; Erz., Rom. – **V:** Ra(s)tlos 01; Alles ist leise 05. (Red.)

Lührs, Manfred; *m-luehrs@t-online.de* (* Hamburg 10.6.59). Prosa, Rom. – **V:** Alligatorjagd. Zwei Kolportagen, Erzn. 83; Im Dunkel Berlins, R. 00. – **Ue:** Stephen Dixon: Zu spät 87. (Red.)

Lüke, Bermhard s. Gallus, Peter

Lükemann, Ingo (Ps. Esther Peacock), ObStudR.; Misdroyer Str. 7, D-23669 Timmendorfer Strand, Tel. (0 45 03) 53 39, *ingo.luekemann@t-online.de* (* Berlin 7.3.31). Lübecker Autorenkr. 90–08, Euterpe Lit.kr. 93–08, Schriftst. in Schlesw.-Holst. 94–08, Kulturkr. u. VHS Timmendorfer Strand; Gewinner b. Schreibwettbew. d. Lübecker Nachrichten 98; Lyr., Erz., Ess. Hörsp. Ue: engl. – **V:** Treibholz ... barfuss in ein Hemd gesammelt 01; Die Zeitbombe 01; Glasflügel im Gegenwind 05; Lesbare Lyrik. Ein poetisches Credo 06; Humoresken vom Timmendorfer Strand 06, Übers. einiger G. ins Poln., Engl., Dän., Gr., Frz. u. Russ. sowie Vertonung von G. (2 UA 03). – **MA:** zahlr. Beitr. in Lit.zss. u.a. in: Literatur in Wissenschaft und Unterricht; Agora; Die Brücke; Rabenflug, Zirkular am Zeitstrand; Decision; Wortwahl, seit 68. – *Lit:* Jadwiga Kita in: Przekladamiec, poln. Zs.

Lüng s. Rühmkorf, Peter

Lüninghöner, Gert, Pfarrer; Bunsenstr. 6, D-76135 Karlsruhe, Tel. (07 21) 85 48 26 (* Mülheim/Ruhr 17.9.48). – **MV:** Abraham & Co., m. Christa Spilling-Nöker, Geschn. 91 (auch ndl. u. poln.). (Red.)

Lüpke-Greiff, Irmgard (auch Irmgard Greiff, eigtl. Irmgard Lüpke); Friedrich-Wegener-Str. 16, D-26316 Varel, Tel. (0 44 51) 28 68 (* Varel 29.7.20). Rom., Kurzgesch., Lyr., Sat. – **V:** Mann mit Vergangenheit, R. 60; Und dazwischen wir, G. 63; German Songs of Love, G. 65; Unsere Jahre, G. 97. – **MA:** Anth. u. Samml.: Musen-Almanach 60–61; Das Boot 59–60; In Neddersassen bün ick tohuus 97; Morgen kümmt de Wiehnachtsmann 97, 00; Dat hest di dacht 98; Sommer, Sonne, Strand und mehr... 00; Weihnachtsgeschichten aus Norddeutschland 00; Vergnögte Wiehnachten 01; Erzn. u. Kurzgeschn. in: Voß un Haas-Kalenner, Jg. 97–03. – **R:** Inbrekers, Hsp. 59; Features und Kurzgeschn. 59–77. – *Lit:* Gerd Lüpke in: Unsere Jahre 97. (Red.)

Lüpkes, Sandra, Werbegestalterin, freie Autorin u. Red.; c/o copywrite Literaturagentur, Woogstr. 43, D-60431 Frankfurt/M., *post@copywrite.de, www. sandraluepkes.de* (* Göttingen 9.3.71). Das Syndikat, Sisters in Crime (jetzt: Mörderische Schwestern); 2. Pl. b. Ostfries. Krimpr. 03; Rom., Liedtext, Jugendbuch. – **V:** Die Sanddornkönigin 01, Tb. 05 (auch als Hörb.); Der Brombeerpirat 02; Fischer, wie tief ist das Wasser 03; Das Hagebuttenmädchen 04; Wellengang, Kurzkrimis 04, 06; Halbmast 05; Die Wacholderteufel

Lüscher

06; Das Sonnentau-Kind 07; Die Blütenfrau 08, alles Krimis; Die Inselvogtin, hist. R. 09; Hermanns Schatten, Kurzkrimis 09; – Wigand Wattwurm und die geheimnisvolle Flaschenpost, Musical f. Kinder, UA 04. – **H:** Wer tötete Fischers Fritz?, Anth. 08. – **P:** Strandgut – alles gut 99; Strandgut – gefunden auf Juist 02; Strandgut – Wigand Wattwurm 04, alles CDs. (Red.)

Lüscher, Ingeborg, Künstlerin; Strada Cantonale, CH-6652 Tegna, Tel. (0 91) 7 96 17 17, Fax 7 96 31 28 (* Freiberg/Sa. 22. 6. 36). Pro Litteris; Eidgenöss. Stip. 72, Oumanski-Pr. 74. – **V:** Dokumentation über A.S. – Der grösste Vogel kann nicht fliegen 72; Erlebtes und Erdäumeltes einander zugeordnet 75; Die Angst des Ikarus oder Hülsenfrüchte sind Schmetterlingsblütler 82; Jeder Winter hat seinen hellsten Tag 84; Der unerhörte Tourist – Laurence Pfautz 85. – **MV:** Das Weinen um dich, m. Heinrich Wallnöfer 95; Conversation avec Yvonne Resseler/Ingeborg Lüscher 96; Japanische Glückszettel, m. Adolf Muschg u. Öba Minako 96. – **MA:** zahlr. Beitr. in Kat., Ztgn u. Zss. seit 71, u. a.: Kunst-Praxis heute 72; Die Löwin, Nr. 6 75; Contemporary Artists 77; Eva Wipf – Die neue Sprache 80; Die Frau über 30 80; Protokolle, Nr. 2 80; Der blaue Berg 9/81, 10/82; Carl Haenlein. Momentbild-Künstlerphotographie 82; De Sculptura, Kat. 86; Träume – Suchbilder der Seele 19/88; Hommage an Angelika Kauffmann, Kat. 92; Der Bund v. 4.8.94; Marie Claire, Mai 95; Spiel – in Natur u. Geschichte (Poiesis Nr. 9) 96; Dix-Preis, Kat. 96; Balthasar Burkhard. Lob des Schattens, Kat. 97; du, Nr. 713 01. – *Lit:* Alchemie des Seins, Kat. 85; Krit. Lex. d. Gegenwartskunst 97; Biogr. Lex d. Schweiz, CD-ROM 98; Manuale 00; zahlr. Auss.-Kat.; Rez. u. Beitr. in Ztgn u. Zss., zuletzt u. a. in: NZZ 96; Badener Tgbl. 96; Basler Ztg 96; Neue Luzerner Ztg 96; Kunst-Bulletin 96; Corriere del Ticino 96; Gazette de Lausanne 96; Pagine d'Arte 96; Berner Ztg 97; El Pais 98; Solothurner Ztg 96; Die Weltwoche; 96; Südwestpresse Ulm 97; Mittelbadische Presse 98; Delo 98; Titolo, Nr. 30 99; Artfolio inside, Jan./Febr. 00; Kunstforum international, Bd 156 01; Journal. Mag. d. National Gruppe, März 04; NZZ, Lit.-Beil. Nr. 298 07; s. auch Kürschners Handbuch der Bildenden Künstler, 1. Aufl. 2005.

Lüthi, Heinz, Autor, Kabarettist; Bürgliweg 15b, CH-8805 Richterswil, *h_luethi@bluewin.ch*, *www.rotstift.ch/luethi.html* (* 19. 10. 41). – **V:** Das Doppelbett, Geschn. 88; Rosa Schibli, Portr. 90; Der Mutsprung, Geschn. 92; Cabaret Rotstift, Story, Texte, Anekdn. 94; Der Schiffsuntergang, Geschn. 94; Limmattaler Chronik 1903–1999 99; Vater, die Stadt und ich 02. (Red.)

Lüthi, Martin s. Gartentor, Heinrich

Lüthje, Dirk; Morewoodstr. 58, D-22041 Hamburg, *dirkluethje@web.de*, *members.tripod.de/dirkluethje*, *www.dirk-luethje.de* (* Hamburg 69). Rom. – **V:** Großstadtromeos, R. 99; Grüner Samt, R. 00.

Lüthje, Verena (Ps. Verena von Tank); Lofotenweg 62, D-24109 Kiel, Tel. (04 31) 52 92 42, Fax 52 92 32, *autorin-kiel@web.de* (* Kiel 23. 5. 63). Lit.förd.ver. NordBuch, Vorst.mitgl. 97–01, Lit.haus Schlesw.-Holst. 98, Else-Lasker-Schüler-Ges. 98, Schiller-Ges. 98, Euterpe Lit.kr. 02, VS, Dt.-Schwed. Ges., Ltg. Lit.zirkel, Elisabeth-von-Ulmann-Ges. 05 (Ltg.), Lit.-theater-Kiel 05 (Ltg.); Lyr., Prosa, Kurzprosa, Belletr., Drehb., Kinderb. Ue: engl. – **V:** Schattengeister, Lyr. 95; Träume gesammelt im Order, G. 98, 3., überarb. Aufl. 00; Geburtstagsgäste, Sachb. 98; Später, die Sehnsucht mich himmelwärts treibt, Lyr.-Prosa 00. – **MV:** Ki(e)loweise Geld 04; Stoller Grund 04; Tod im Laboer Ehrenmal 04, alles Drehb. m. Wolfgang Weber. –

B: Hellmuth von Ulmann: Die veruntreute Handschrift, Romanbearb. zum Bühnenst. – **MA:** Prosa-Beitr. in: Wundersame Weihnachten, Anth. 98; Täglich lauert das Verbrechen – überall 00; ... mir graut vor Dir 00; ... der grausige Stammtisch 00; Fundstücke, Jb. 01 (auch mithrsg.), 02–04; Poetische Portraits 08; Poetische Gärten 08.

Lütje, Susanne, Autorin; c/o Montasser & Montasser, München (* Kiel 2. 7. 70). Aufenthaltsstip. Künstlerhaus Kloster Cismar 02; Rom., Theaterst., Fernsehsp. Ue: engl. – **V:** Die Suche nach der zehnten Frau 01, Tb. 02; Hamletta, Kdb. 07. – **MV:** Aschenputtel, Theaterst. nach d. Brüdern Grimm, UA 04; Hänsel und Gretel, Theaterst. nach d. Brüdern Grimm, UA 05, beide m. Corinna Schildt. – **R:** Siebenstein – Rudis großer Fund, Fs.-Serienfolge 02. – **P:** Aschenputtel -Die Lieder, CD 04; Hänsel und Gretel – Die Lieder, CD 05. – **Ue:** Greg Banks: Zu viele Köche, Theaterst.

Lütkehaus, Ludger, Prof. Dr.phil., Publizist; Reichsgrafenstr. 4, D-79102 Freiburg/Br. (* Cloppenburg 17. 12. 43). P.E.N.-Zentr. Dtld, Hebbel-Ges., Schopenhauer-Ges.; Sonderpr. d. Schopenhauer-Ges. 79, Pr. f. „Buch u. Kultur" 96, Max Kade Disting. Prof. Univ. Madison/Wisconsin 91, Theorie-Pr. d. Robert-Mächler-Stift. Zürich 07; Erz., Aphoristik, Lyr., Libr., Feat. – **V:** zahlr. Veröff. zur Lit., Philos. u. Psychologie d. 18.–20. Jh.s, u.a.: Hebbel. Gegenwartsdarst. – Verdinglichungsproblematik – Gesellschaftskritik 76; Schopenhauer. Metaphys. Pessimismus u. „soziale Frage" 80; Friedrich Hebbel: „Maria Magdalena" 83; Dialektik d. Aufklärung: Hebbels „Gyges u. sein Ring" 83; Opfer d. Zeit. Hebbels „Judith" u. „Genoveva" 85; O Wollust, o Hölle. Die Onanie – Stationen e. Inquisition 92 (auch ital.), Neuausg. 03; Philosophieren nach Hiroshima. Über Günther Anders 92; Hegel in Las Vegas. Amerikan. Glossen 92; Kindheitsvergiftung 94; Unfröhliche Wissenschaft 94; Schöner Meditieren. Der esoterisch verschärfte Buddhismus 95; Tiefenphilosophie 95; Psychoanalyse ohne Zukunft? 96; Go west. Ein amerikan. Stichwörterbuch 98; Mein anticomputeristisches Manifest 99; Hannah Arendt – Martin Heidegger. Eine Liebe in Deutschland 99; Nichts. Abschied vom Sein, Ende der Angst 99, 8. Aufl. 08; Mythos Medea 01; Ein heiliger Immoralist. Paul Rée 01; Dingpsychologie 02; Schwarze Ontologie. Über Günther Anders 02; Nirwana in Deutschland 04; K.F. Rumohrs „Geist der Kochkunst" und der Geist der Goethezeit 04; Der Ekel vor dem Zuviel. Mein antikonsumistisches Manifest 06; Natalität. Eine Philosophie d. Geburt 06; Das nie erreichte Ende der Welt, Erzn. 07; Vom Anfang und vom Ende 08. – **H:** Arthur Schopenhauers Werke in fünf Bänden 94; Fritz Mauthner. Das philosophische Werk 97ff.; Friedrich Nietzsche zum Vergnügen 00; Arthur Schopenhauer zum Vergnügen 02; Günther Anders. Stenogramme, Glossen, Aphor. 02; Hannah Arendt: Der Liebesbegriff bei Augustin 03; Freud zum Vergnügen 06; Friedrich Nietzsche: Briefe an die Mutter. – **R:** Die Schopenhauers 00; Das Buch als Wille u. Vorstellung 00; Alexandra David-Néel 00; Eine Liebe in Deutschland 00; Paul Rée 01; Zarathustra am Notschrei 01; Koreanische Literatur 03; Goethe u. Schopenhauer 04; Der Marat von Straßburg 05; Jenseits des Frustprinzips 05; Der Poet der Canyons 05; Vom Enden und vom Ende 05, alles Feat. – *Lit:* Friedhelm Decher in: Marburger Forum, Jg.2/H.5 01; ders. in: Schopenhauer-Jb. 02; P.E.N. Autorenlex.

Lütkemeyer, Ilona (geb. Ilona Maleck), M. A., Schriftst., Sprachdoz.; Steinhagener Str. 13, D-33334 Gütersloh, *ilona.luetkemeyer@luetkemeyer.de* (* Bielefeld 60). Rom., Lyr., Erz. – **V:** Blüten für die

Sinne, Lyr. 03; Der Sprung ins grüne Licht, Lyr. 03, 06; Das Reisespiel, Geschn. 06; Mit 80 Seiten um die Welt, Ratgeber 07.

Lüttgen, Christian, Dipl.-Bildhauer, Dipl.-Soz.päd.; Ellerstr. 17, D-40721 Hilden (* Hilden 64). Dramatik, Erz., Rom., Lyr., Hörsp. – **V:** Wesensstände, Lyr. 04; Schwemmholz im Mund, Dr. 05; Im Linienwerk, R. 05. – **MA:** Jb. d. Ver. Psychoanalyse u. Philosophie, Ess., 9. Jg. 08.

Lüttjohann, Stine s. Sufka, Christina

Lützeler, Paul Michael, Prof., Dir. d. Max Kade Zentr. f. dt.-spr. Gegenwartslit. St. Louis/USA; 7260 Balson Ave., St. Louis, MO 63130/USA, Tel. (3 14) 7 21–47 21, Fax 8 63–67 21, 9 35–72 55, *jahrbuch @artsci.wustl.edu* (* Doveren/Rhld. 4. 11. 43). P.E.N.-Zentr. Dtld, Akad. d. Wiss. u. d. Lit. Mainz (korresp. Mitgl.), Akad. d. Wiss. Düsseldorf (korresp. Mitgl.), Intern. Arb.kr. Hermann Broch (Vors.); Öst. E.kreuz f. Wiss. u. Kunst I. Kl., BVK I. Kl., Forsch.pr. d. Humboldt-Stift., Goethe-Med., EM American Assoc. of Teachers of German, Dist. Mentor Award d. Univ. Washington; Ess. – **V:** Hermann Broch. Ethik u. Politik 73; Hermann Broch, Biogr. 85; Zeitgeschichte in Geschichten der Zeit. Deutschsprachige Romane im 20.Jh. 86; Geschichte in der Literatur, St. 87; Die Schriftsteller und Europa. Von d. Romantik bis z. Gegenwart 92, 98; Europäische Identität und Multikultur 97; Klio oder Kalliope? Lit. u. Geschichte 97; Der Schriftsteller als Politiker. Zur Europa-Essayistik Vergangenheit u. Gegenwart 97; Die Entropie des Menschen. Studien z. Werk H. Brochs 00; Kulturbruch und Religionskrise. Brochs „Schlafwandler" u. Gruenewalds „Isenheimer Altar" 01; Hermann Broch. Eine Chronik 01; Postmoderne und postkoloniale deutschsprachige Literatur 05; Kontinentalisierung. Das Europa d. Schriftsteller 07. – **H:** Materialien zu H. Broch „Der Tod des Vergil" 76; Romane u. Erzählungen d. dt. Romantik. Neue Interpretationen 81; Europa. Analysen u. Visionen d. Romantiker 83, 93; Brochs „Verzauberung" 83; Romane u. Erzählungen zwischen Romantik u. Realismus. Neue Interpretationen 83; H. Broch: Briefe über Deutschland. 1945–1949. Die Korrespondenz m. V. v. Zühlsdorff 86; Hermann Broch 86; H. Broch: Die Schlafwandler, R.-Trilogie 87; Zeitgenossenschaft. Festschr. für Egon Schwarz zum 65. Geb. 87; Plädoyers für Europa. Stellungnahmen dt.-spr. Schriftsteller 1915–1949 87; Spätmoderne u. Postmoderne. Beiträge z. dt.sprachigen Gegenwartslit. 91; Poetik d. Autoren. Beiträge z. dt.sprachigen Gegenwartslit. 94; Hoffnung Europa. Deutsche Essays v. Novalis b. Enzensberger 94; H. Broch: Das Teesdorfer Tagebuch für Ea von Allesch 95; Schreiben zwischen den Kulturen. Beiträge z. dt.spr. Gegenwartslit. 96; Hannah Arendt: Briefwechsel 1946–1951 96; Der postkoloniale Blick. Dt. Schriftsteller berichten aus d. Dritten Welt 97; Schriftsteller und „Dritte Welt". Studien z. postkolonialen Blick 98; H. Broch. Psychische Selbstbiogr. 99; Räume d. literarischen Postmoderne 00; Der Tod im Exil. H. Broch u. Annemarie Maier-Graefe, Briefwechsel 1950/51 01; Freundschaft im Exil. Th. Mann u. H. Broch 04; H. Broch und Ruth Norden. Transatlantische Korrespondenz 05; H. Broch: Frauengeschichten. Die Briefe an Paul Federn 07. – **MH:** Dt. Lit. in d. Bundesrepublik seit 1965, m. Egon Schwarz 80; Goethes Erzählwerk, m. James E. McLeod 85; Brochs theoretisches Werk, m. Michael Kessler 88; Margarita Pazi: Staub und Sterne, m. Sigrid Bauschinger 01; Kleists Erzählungen und Dramen, m. David Pan 01; Gegenwartsliteratur. Ein germanist. Jb. 02ff.; H. Broch. Visionary in Exile. The 2001 Yale Symposium 03; Intra-National Comparisons m. H. Broch: Politik,

Menschenrechte – und Literatur? 05; H. Brochs literarische Freundschaften 08.

Lützenbürger, Johanna (Ps. Hanna Ernst), Red.; Adolf-Wurmbach-Str. 36, D-57078 Siegen, Tel. (02 71) 8 75 99 (* Hagen-Haspe 22. 11. 24). Jugendb., Rom., Hörsp. – **V:** Bei Feldmanns ist was los 55; Mit dem Zeugnis fing es an 65; Die Kinder vom Roten Haus 66, alles Jgdb.; Abends um sechs, R. 68; Die weiße Fahne, R. 69; Das Geheimnis der Roten Pupille 69, 88; Schließfach 36 70, beides Jgdb.; Der die Sperlinge liebt 73, 97; Irren ist menschlich 75; Das Mädchen aus San Francisco 75; ... aber Gottes Wort ist nicht gebunden 77; Der Schatz im Mühlbach, Jgdb. 77; Paulinchen Vauweh, Jgdb. 78; Die schwarzen Vögel, Erzn. 83; Unterwegs mit Jesus, bibl. Erz. 87; Regenbogen im November 89; Cellina, Biogr. 95, 97; Lustige Tage mit Tante Lilla 95; Morgen kommt ein neuer Tag, Biogr. 99. – **R:** Rote Kastanien; Das Geheimnis; Ordnung; Was ist Glück; Die Verjährung findet nicht statt; Der Rufer, u. a. Hb. üb. Männer aus Kirche u. Mission.

Luft, Edmund; Pestalozzistr. 18, D-60385 Frankfurt/ Main, Tel. (0 69) 45 47 24, Fax 46 99 97 97, *LuftEL@t-online.de* (* Frankfurt/Main 5. 9. 38). – **V:** Weihnachtliche Märchen 96. (Red.)

Luft-Kornel, Katharina (Katharina Luft, geb. Katharina Krug, Ps. Alba Junis), Psycholog. Verhaltenstherapeutin, Lebensberaterin, Doz.; Saarbrückenstr. 17, D-04318 Leipzig, Tel. (03 41) 2 30 06 53, *kati.luft@gmx. net* (* Hasselfelde/Harz 20. 8. 60). HKL-Brigade 00; Lyr., Prosa. – **V:** Samhain, Lyr. u. Texte 96, 2., erw. Aufl. 97; Picknick im Rosental, Lyr. m. Graph. v. Andreas Hanske 00; Hekate, G. 01. – **MV:** Kleines Lexikon der Elbenkunde, m. Lutz Nitzsche-Kornel 04. – **MA:** zwischen idylle und detonation 90; Ostragehege II 95; Der heimliche Grund. 69 Stimmen aus Sachsen 96; wueste scheuer, Lyr., CD 99; Zeit. Wort 03. – **F:** Haus des Ostens 99, 2.Fass. für USA 07; Regisseurin von: S.V.K. 07 – Die Spontane Volkskunst ist wieder im Lande, Musikfilm üb. Lutz Nitzsche-Kornel 07. – **R:** Gibt es noch Hexen?, Rdfk-Beitr. 94. – *Lit:* Lit.landschaft Sachsen, Hdb. 07.

Luginbühl, Andreas *

Luhn, Usch, M. A., Autorin, Dramaturgin; Akazienstr. 20, D-10823 Berlin, Tel. (01 71) 5 47 62 75, Fax u. Tel. (0 30) 7 82 88 42, *uluhn@aol.com, www.usch-luhn. de* (* Kronau/Öst. 9. 10. 59). Stip. d. Drehb.werkstatt im LCB; Kinderb., Rom., Erz., Drehb. – **V:** Svantje, ganz schön cool 99; Sommer, Eis und Hundefänger 02; Küsse regen nicht vom Himmel 02; Sissy, das Teufelsmädchen, 4 Bde 03–04; Die Prinzessin, die aus dem Bild hüpfte 04; Komm mit mir nicht vor Liebe 04, alles Kdb. – **MA:** zahlr. Veröff. u. a.: Rechtsherum, verlett euch 01; Weihnachten, ganz wunderbar 01; Von Strebern und Pausenclowns 02. (Red.)

Luidl, Philipp, Doz. f. Schriftgeschichte u. Typografie; Am Martinsfeld 9, D-86911 Diessen am Ammersee, Tel. (0 88 07) 9 15 61 (* Diessen am Ammersee 11. 12. 30). VG Wort 03; Lyr., Ess., Aphor., Erz. – **V:** Gedichte 00; Weitere Gedichte 01; Andere Gedichte 05; Ankunft der Worte, Lyr. 08. – **MA:** Tagebuch eines Landlebens 90, 2. Aufl. 98; Idylle mit Schattenseite 98; Akzente 1/82, 1/87, 3/94, 6/00, 08; Jb. d. Lyrik 1987/88, 88/89, 00, 01, 04–07; Pique Dame, Programmheft d. Bayer. Staatsoper 01; Il ritorno d'Ulisse in patria, Programmheft d. Bayer. Staatsoper 02; Von Fliegen und Menschen 03; Akzente 5/04 u. a.; – mehrere Lesungen. – **R:** Lyrik nach Wunsch (BR 2) 02; Radiokultur / Lyrik (BR 2) 05. – **P:** Neue Dichter Lieben (BR 2) 03.

Lukas

Lukas, Elisabeth (geb. Elisabeth Höss), Dr., Klin. Psychologin, Psychotherapeutin (Approb.); Iglseegasse 13, A-2380 Perchtoldsdorf (* Wien 12. 11. 42). E.med. d. Santa Clara-Univ. Kalif. – **V:** Sinn-Zeilen, Lyr. 85, 93 (auch port.); Sinn-Bilder 89; Sinn-Sprüche 98; – zahlr. logotherapeut. Fachb. u. Ratgeber seit 80. – **MV:** Von heiteren Tagen, Erz. 87. – *Lit:* s. auch SK. (Red.)

Lukas, Leo; c/o Know Me Promotions, Wolfgang Preissl, Esterházygasse 19, A-1060 Wien, *ll @appleonline.net, www.leolukas.kultur.at* (* Köflach 8. 1. 59). IGAA; Salzburger Stier 88, Öst. Kabarettpr. Karl 05; Drama, Hörsp., Kabarett, Lied, Fernsehsp./Drehb. – **V:** Das ultimative Geschenk 83; Der Lukas haut zurück 85; Totem 86; Glück auf Glas, UA 89; Otto Blumes fatale Reisen 92; Spuuk!, Kindermusical, UA 92; Der Bär ist loos! Kindermusical, UA 94; Wiener Blei, R. 98; Wie man Frauen glücklich macht, Kabarett-Progr. UA 99; Der Hexer von Havanna, R. 01; Was Männer wirklich brauchen, Kabarett-Progr., UA 02; All inclusive, Satn. 03; Der geheime Krieg 03; Wohin die kleine Kinder kommen, Kabarett-Progr., UA 05. – **MV:** Jörgi, der Drachentöter, m. Gerhard Haderer, Bilderb. 00. (Red.)

Lukas, Manfred s. Klaus, Michael

Lunacek, Ulrike, Mag., Abgeordnete zum Nationalrat; c/o Grüner Klub im Parlament, Dr.-Karl-Renner-Ring 3, A-1017 Wien, Tel. (01) 4 01 10 67 16, Fax 4 01 10 66 75, *ulrike.lunacek@gruene.at, www.gruene. at* (* Krems a.d. Donau 26. 5. 57). – **V:** Zwischenrufe. Kolumnen, Kommentare, Interviews 06.

†**Lunaris,** Olaf (eigtl. Olaf Siegfried Holzapfel), Filmdramaturg, Hörspielautor, Bibliothekar; lebte in Berlin (* 1. 8. 15, † Berlin 15. 1. 08). Arb.kr. Spandauer Künstler (ASK) 88, Sophie-Charlotte-Club+Klopstock-Ver. Berlin 36–63; Lyr., Hörsp. Ue: frz, engl. – **V:** Heimat, Lyr. 98. – **MA:** Lyr. in: Börsenzeitung Berlin 36; Katze, Lyr. in: Der Tagesspiegel Berlin 56; Abschied, Lyr. in: ebda 88. – **R:** Reise Klopstocks in die Schweiz, Hsp. (RIAS) 50.

Lundberg, Kai s. Potthoff, Margot

Lundberg, Robert s. Blunder, Robert

†**Lundholm,** Anja (Ps. Ann Berkeley, f. Übers. Alf Lindström, geb. Helga Erdtmann), Schriftst.; lebte in Frankfurt/Main (* Düsseldorf 28. 4. 18, † Frankfurt/Main 4. 8. 07). VS; Kulturpr. d. Auswärt. Amtes Bonn f. „Morgengrauen" 70, Buch d. Monats, Stockholm, f. „Der Grüne" 74, Förd.pr. Svensk Lit. Förbandet 76, Förd.pr. Dt. Akad. Darmstadt 86, Stip. d. Dt. Lit.fonds 86, 89, Johanna-Kirchner-Med. d. Stadt Frankfurt/M. 93, Erich-Maria-Remarque-Friedenspr. (Sonderpr.) 91, Hans-Sahl-Pr. 97, Lit.pr. d. BdS 98, Goethe-Plakette d. Stadt Frankfurt 98, Wilhelm-Leuschner-Med. d. Ldes Hessen 98, Ndrhein. Lit.pr. d. Stadt Krefeld 03; Rom. Ue: engl. – **V:** Halb und Halb 66, Neuausg. 02; Via Tasso 68; Morgengrauen 70; Ich liebe mich, liebst Du mich auch? 71, Tb. u. d. T.: Bluff. Dr. Körbers Weg in den Abgrund 82; Der Grüne 72, Tb. u. d. T.: Ein ehrenhafter Bürger 94; Zerreißprobe 74; Nesthocker 77; Mit Ausblick zum See 79; Jene Tage in Rom 82; Geordnete Verhältnisse 83, Neuausg. 01, Tb. 03; Nazzß postlagernd 85; Die äußerste Grenze 88; Das Höllentor 88, Neuaufl. 07; Im Netz 91, alles R.; (zahlr. Nachaufl. u. Übers.). – **MA:** Komm, süßer Tod 82; Auf dem Wind 83; Der Tod für Sie? Prominente antworten 83; Unglaubliche Geschichten, alles Anth. – **R:** Zerreißprobe, Fs.; Mit Ausblick zum See, Hsp. – **P:** Morgengrauen; Ich liebe mich; Zerreißprobe, alles Blindenhörb. – **Ue:** Thomas Morgan-Witts: The day the world ended u. d. T.: Die Feuerwolke, R. 70; Peter Barker: Casino u. d. T.: Das große Spiel, R. 70; Antibodies u. d. T.: Pri-

vatklinik Valetudo 71; Richard Beilby: No medals for Aphrodite u. d. T.: Keine Orden für Aphrodite 73; Mala Rubinstein: Schön u. charmant m. Mala Rubinstein 75. – *Lit:* Desider Stern: Werke jüd. Autoren dt. Sprache 69; Spektrum d. Geistes 76; Fs.-Portr. 85; Ursula Atkinson: Befreiung aus den Fesseln d. Vergangenheit 00; Uta Beth in: KLG 02; Die zwei Leben der A.L., Dok.film (ARD) 07.

Lungershausen, Helmut, Dr. univ., Berufsschulleiter; Bürgermeister-Fink-Str. 37, D-30169 Hannover (* Kassel 21. 2. 47). Lyr., Kurzgesch., Sat. – **V:** Am Anfang war das w, Geschn. u. G., illustr. Spinnereien, Spruch- u. Sprachsalat 81; meine achillesverse, Lyr. 82. – **MA:** Satirerubrik in: Erziehung u. Wissenschaft (Nds.) 81–90; Beitr. in Lyr.-Anth. u. Satire-Kal. – *Lit:* Kurt Morawietz in: Heimatland 2/88; s. auch 2. Jg. SK. (Red.)

Lunikorn s. Nitzsche-Kornel, Lutz

Lup Lupus s. Cropp, Wolf-Ulrich

Lurvink, Jan, Musiker, Organist; Bernerstr. 25a, CH-4143 Dornach (* Wallbach/Aargau 14. 10. 65). AdS 06; Lit.förd.pr. d. Ponto-Stift. 98, Pr. d. Schweiz. Schillerstift. 99; Rom. – **V:** Windladen, R. 98; Lichtung, R. 05.

Luserke, Peter-Michael, Kapitän auf großer Fahrt a. D.; Ratjendorf 4, D-24217 Krummbek, Tel. u. Fax (0 43 44) 24 82, *luserke@web.de, www.luserke. info* (* Weißenfels 14. 2. 44). maritime Kurzgesch. – **V:** Dreizehn Weihnachten auf See 03; Dreizehn Geschichten aus der Seekiste 04, überarb. Neuaufl. 05; Dreizehn tierische Geschichten 05. – **MV:** Dreizehn Kapitänsgeschichten 06. (Red.)

Lustiger, Gila, Journalistin, Lektorin, Übers.; lebt in Paris, c/o Berlin-Verl., Berlin (* Frankfurt/Main 27. 4. 63). Ue: hebr. – **V:** Die Bestandsaufnahme, R. 95; Aus einer sicheren Welt, R. 97; So sind wir, R. 05; Herr Grinberg & Co, Kdb. 08. – **MUe:** T. Carmi: An den Granatapfel 91. – *Lit:* Metzler Lex. d. dt.-jüd. Lit. 00. (Red.)

Lustkandl, Michael, Dipl. Krankenpfleger (Pension); c/o JBL-Literaturverlag, A-4572 St. Pankraz, *www.jbl-verlag.com* (* Ober-Grafendorf/Österr. 6. 3. 61). Literar-Mechana 02; Ballade, Lyr. – **V:** Das Leben der Kugeln 02. (Red.)

Luthardt, Ernst Otto, Dr. phil., Lit. wiss.; Prölsdorf, Am Mühlbach 8, D-96181 Rauhenebrach, Tel. (0 95 54) 92 50 97, Fax 82 95 (* Steinach/Thür. 13. 12. 48). SV-DDR 83; Horst-Salomon-Pr. d. Stadt Gera (Kollektiv) 86; Science-Fiction-Nov., Ess., Reisebild. – **V:** Die klingenden Bäume 82, 2. Aufl. 86; Die Unsterblichen 84, 88, beides phantast. Erzn.; Die Hora nimmt kein Ende. Rumän. Reisen 87; Die Wiederkehr des Einhorns, Erzn. 88; Das große Thüringer Weihnachtsbuch 92; Es blüht ums Haus 94, 01; Das kleine Buch vom Minnesang 95; Schicksals- und Orakeltage 95; St. Petersburg, Reisebild 96, 03; Weihnachten in Franken 98; Reise durch Island 98, 04 (engl.); Reise durch Norwegen 01, 04 (engl.); Reise durch Bayern 03 (auch engl.); Reise durch Oberbayern 04; Reise durch Schlesien 04; Reise durch Masuren 04; 14 weitere Reisebücher bis 07. – **MV:** Utop. u. phantast. Geschichten, m. Heiner Hüfner 81, 2. Aufl. 84. – **MA:** Zither u. Glasharmonika, Ess. in: Das Gras hält meinen Schatten 82; Sehnsucht nach Realität, Ess. in: Science-fiction 87; 3 Beitr. in Prosa-Anth.; regelm. Kritiken in ndl seit 78. – **H:** Robert Walser: Der Gehülfe, R. 80; Ludwig Tieck: Der Runenberg, M. u. Nn. 83, 2. Aufl. 85; Otto Flake: Wilder Byk, Erzn. 84; Bauern- und Wetterregeln aus Franken 98, 02; Im fränkischen Bauerngarten 99; Die alte fränkische

Weihnacht in den schönsten Geschn., Gedichten, Liedern u. Sprüchen 00; Frühlings- und Osterbräuche 00; Das fränkische Hochzeitsbüchlein 01; Ein gutes Wort zum Trost 02; Ein gutes Wort der Freundschaft 02; Ein gutes Wort der Hoffnung 02; Ein gutes Wort der Liebe 02; Die fränkische Weihnacht 02; Sagen aus Ostpreußen 05; Sagen aus Schwaben 05; Sagen aus Franken 06; Sagen aus Schlesien 06. (Red.)

Luthardt, Thomas, Arzt; Bölschestr. 11, D-12587 Berlin, Tel. (0 30) 6 45 70 84 (* Potsdam 15. 8. 50). Lyr., Kinderb., Kurzprosa. – V: Assistenz, Lyr. 82; Marie und Maxel im Krankenhaus 84, 3. Aufl. 88; In der Kaufhalle 85; Mein Vater ist Tänzer 86, 2. Aufl. 88; Der Elefant mit den blauen Augen 87, 2. Aufl. 88, alles Kdb.; Die Anderen sind immer wir, Lyr. u. Prosa 88, 2. Aufl. 90; Ein Tag bei der Feuerwehr 88, 2. Aufl. 89; Wie das Känguruh zu seinem Beutel kam 90; Gegenüber: Ich, Lyr. 91; Alleinstehende und andere Freunde, Prosa 93; Alltagehaut 93; Kreise 93, beide Lyr.-Grafik-Ed.; LebensWandel, Lyr. 95; Schweigen. Dieses seltsame Grün, Lyr. 99; Schatten. Träume, Lyr. 01; Insel und Meer, Lyr.-Grafik-Mappe 02; Bei. Nahe Weltstadt, Lyr. 03; Lyrik-Grafik-Mappe, m. Grafiken v. Roland Berger 06. – MA: Spuren im Spiegellicht, Lyr. 82; Vogelbühne, Lyr. 82; Der grüne Harz, Lyr. in russ. Spr. 86; Und ist der Ort, wo wir leben 87; Ich komm von weit, Lyr. 87; Berlin, 100 Gedichte aus 100 Jahren 87; Bestandsaufnahme 3 87; Schublade 3 88; Kinderjb., Folge M 89; Selbstbildnis zwei Uhr nachts 89; Anderssein 89; Schaufenster 90; Slovo o mieri, Lyr. in slow. Spr. 90; Spuren auf meiner Seele 94; Schauen über Raum u. Zeit 95; Ach Kerl, ich krieg dich nicht aus meinem Kopf 97, 2. Aufl. 02; Laßt uns eine Brücke bauen 97, alles Anth.; Mein heimliches Auge, Bd XIII, Jb. 98; 10 Jahre Mauerfall – Die neue Dimension, Anth. 99; Lyrik 2000, Jb. 99; Kurze Geschn., Anth. 00; Wieder schlägt man ins Kreuz die Haken, Lyr. 01; Lyrik 2002, Jb. 02; Kriegszeit/Friedenszeit, Lyr. 02; Festschr. 250 Jahre Friedrichshagen, Anth. 03; G. in Schulbüchern; Zs.: Theater der Zeit, bis 90. – P: Lied auf: die neue noch 00; Aufrecht gegen die Zeit ..., Liederzyklus 01; Liedtexte/Lyr. auf: Songs vom anderen Ufer 05, alles CDs.

Luthe, Tina (Martina Luthe), Dolmetscherin, Politologin, Lehrerin; Über den Höfen 2, D-37136 Waake, *www.tinaluthe.de.* – V: Irish Coffee, R. 07.

Luther, Renate K. s. Kraack, Renate

Luther-Zahn, Dagmar (geb. Dagmar Luther), Dr. rer. nat., Dipl.-Geologin; Am Niederhahn 96, D-33014 Bad Driburg, Tel. (0 52 53) 75 31, Fax 97 56 02. Obernfelde 9, D-32312 Lübbecke (* Dortmund 10. 6. 54). Lyr., Erz. – V: Am Kamin bei Kerzenlicht, Kurzgeschn. u. G. 04; Zwischen Licht und Schatten, Erzn. 05; Das alte Bild von Weißensande, Erz. 06. (Red.)

Lutsch, Hans, Journalist u. Schriftst.; Lanserhostr. 20, A-5020 Salzburg, Tel. (06 62) 82 52 14, (06 50) 9 31 67 10, *H.Lutsch@lks.at* (* Munderfing 8. 8. 61). Georg-Trakl-Förd.pr. 99, Pr. Freies Lesen, mehrere Arb.stip. d. BMfUK. – V: Landlose Gehversuche 04. (Red.)

Lutter, Rebecca (Rebecca Garbe); Auf der Steige 6, D-53129 Bonn, Tel. (02 28) 23 17 22 (* Stolp/Pommern 30). Pr. d. Stift. Ostdt. Kulturrat 85; Rom., Lyr., Erz. – V: Die Taube ruft morgens den Regen, G. 84; Sommerwege unterm Schnee. Eine Kindheit in Pommern 89; Bernsteinwege. Erinnerungen an Mecklenburg 96; In Staubgefäßen aufbewahrt, G. 98; Von hellen und von dunklen Tagen. Abschied von Pommern 06.

Lutterotti, Anton von, Dr. med., Prof., Chefarzt; Goldgasse 15, I-39052 Kaltern, Tel. u. Fax (04 71)

96 20 00, *anton.von.lutterotti@dnet.it* (* Kaltern 13. 10. 19). IGdA, Ges. d. Lyr.freunde; Leserpr. d. Ges. d. Lyr.freunde 87; Lyr., Ess., Rom. Ue: ital, frz, engl, russ. – V: Spaziergänge im Nonstal 72, 2.erw.Aufl. 95; Gedichte der Hoffnung 82, 2. Aufl. 84; Südliches Licht 83; Wanderschaft, Lyr. 88; Das Trentino 97 (auch ital.); Hinter den Dingen, Lyr. u. Bilder 99; Südtirol – Landeskunde 00 (auch ital.). – MA: Südtirol erzählt 79; Der Schlern, Zs.; Begegnung, Zs. (Red.)

Lutz, Berthold (Ps. Thomas Burger), Medienreferent der Diözese i. R.; c/o KBA, Kard.-Döpfner-Pl. 5, D-97070 Würzburg, Tel. (09 31) 38 61 16 00, Fax 38 61 16 59. Spessartstr. 32, D-97082 Würzburg (* Würzburg 3. 1. 23). BVK I. Kl.; Erz., Ess. – V: Die leuchtende Straße, Jgdb. 50, 61; Das heimliche Königreich, Jgdb. 51, 65; Das Krokodil im Freiballon, Jgd.-Erz. 51, 57; Der Dohlenhof brennt, Jgd.-Gesch. 52, 54; Briefe an Ursula, Jgdb. 53, 56; Der 13. war Jim, Jgd.-Erz. 53; Frechdachs hat nie Langeweile 53, 59; Christel rudert ums Leben, Jgd.-Erz. 53, 54; Frechdachs sorgt für Fröhlichkeit 54, 59; Peter legt die Latte höher 54, 66; Wagnis und Gnade 54, 60; Bei Ho Ridschin in der Zauberschule 55; Das Gespenstergespenst, Erzn. 55, 82; U-Zet hat einen blinden Passagier an Bord, Jgd.- Erz. 55; Herrin und Mutter 55, 61; Wirbelwind trainiert auf Haltung 56, 60; Wirbelwind verzaubert sich 56, 61; Der Feuerregen 57; Der Oberfrechdachs 57, 60; Noch viel schöner Ursula 57; Alter Rosenkranz modern 77; Guten-Tag-Geschichten für Sie. Und durch Sie vielleicht für andere, Erzn. 84. – MV: Sorgen eines „Altgläubigen" 75. – MA: Die Großen der Welt, Biogr. 55; Die Großen der Kirche, Biogr. 56; Mit der Bibel durch das Jahr... 92, 94, 96ff.; Glaube und Gemeinschaft 00.

Lutz, Hermann, Dipl.-Verwaltungswirt a. D.; Otto-Richter-Str. 7, D-97074 Würzburg, Tel. (09 31) 8 44 72 (* Würzburg 5. 1. 31). Lyr., Erz., Rom. – V: Zwischen Traum und Morgen. G. 04. – MA: Liboriusblatt, Jg.98/99, Nr. 15/24 97.

Lutz, Ingeborg s. Raus, Ingeborg

Lutz, Michael, Autor; *webmaster@gromek.de,* *www.gromek.de* (* Waiblingen 11. 5. 64). Das Syndikat; Krimi, Thriller. – V: Gromek – Die Moral des Tötens 00. (Red.)

Lutz, Stephan s. Tobatzsch, Stephan-Lutz

Lutz, Sylvia, lic. phil. I, Theologin, Schriftst.; Wanderstr. 63, CH-4054 Basel, Tel. u. Fax (061) 3 01 65 80, *syrelu@hotmail.com* (* Basel 10. 3. 53). Lyr., Erz. – V: Gebete zu Psalmen 91; Nur wenige Worte sind Wegweiser 95; Jerusalem, Lyr. dt./hebr. 97; Ich träume vom roten Schiff, Lyr. 00; Tautropfen am Rande der Zeit 03; Tautropfen am Grashalm hängengeblieben 03; Perlt vom Morgensaum über die Ufer leicht 07.

Lutz, Werner, Schriftst. u. Maler; St. Alban-Rheinweg 82, CH-4052 Basel, Tel. (061) 2 72 73 53 (* Heiden/Appenzell AR 25. 10. 30). Werkbeitr. d. Pro Helvetia 89 u. 97, Pr. d. Schweiz. Schillerstift. 92, Auszeichn. d. Kulturstift. d. Kt. Appenzell Ausserrhoden 96, Basler Lit.pr. 96, E.gabe d. UBS 04; Lyr., Erz. – V: Rainer Brambach, Werner Lutz, Hans Werthmüller (Basler Texte Nr. 3) 70; Ich brauche dieses Leben 79; Flussatge 92; Die Mauern sind unterwegs 96; Doar Linistea ierbii 99; Nelkendutterkel 99, alles Lyr.; Hügelzeiten, Erz. 00; Schattenhangschreiten 02; Farbengetuschel 04, beides Lyr.; Bleistiftgespinste, Prosa 06. – MA: Junge Lyrik 1956; Transit 56; Jahresring 63/64 63; Panorama mod. Lyrik 65; Quer um Druck 72; Lyrik aus d. Schweiz 73; Vándorkö Schweizer Lyrik d. 20. Jh. 77; Gegengewichte 78; Literatur aus d. Schweiz 78; Dimension 80; Moderne dt. Naturlyrik 80; Moderne dt. Liebesgedichte 80; Die Paradiese in unseren Köpfen 83; Poètes de Suis-

Lutz

se alémanique 84; Svetova literatura 84; Die skeptische Landschaft 88; Zwischen den Zeilen 95; Entwürfe 96; Poesia suiza alemana 97; Die schönsten Gedichte der Schweiz 02. – *Lit:* s. auch Kürschners Handbuch der Bildenden Künstler, 1. Aufl. 2005.

Lutz, Werner; Nägelsbachstr. 63, D-91052 Erlangen, Tel. (0 91 31) 40 46 71, *einheiztext@online.de, www. einheiztext.de* (* Erlangen 31. 5. 54). NGL Erlangen, Werkkr. Lit. d. Arb.welt; Sat., Kurzprosa, Lied. – **V:** Fränkisches Liederlesebuch 84; Gute Besserung Deutschland 99; Reformparadies Deutschland, Satn. 05. – **MA:** Anth. d. Werkkr. Lit. d. Arbeitswelt u. NGL Erlangen; Satire-Jb. u. Satire-Kal. d. edition treves (Trier); regelm. Beitr. in: Neues Deutschland; UZ; Eulenspiegel, u. a.; Was waren das für Zeiten?, Anth. – **H:** Deutscher Einheit(z)-Textdienst. – **P:** Des Land is unser Land 84; Kauf Dir 'nen Minister, Tonkass. 92; Wegschaun, CD 01; Kollateral, CD 03. (Red.)

Lutz, Wilfrid, M. A., Lit.wissenschaftler, Autor, Herausgeber u. Verleger; Thüngersheimer Str. 92b, D-97261 Güntersleben, Tel. (0 93 65) 54 65, Fax 88 13 58, *wl@wilfrid-lutz.de.* (0 93 65) 88 13 57, Fax 88 13 58, *info@contessa-verlag.de, www. contessa-verlag.de* (* Würzburg 11. 8. 62). Lyr., Anthologie, Biogr., Sachb. – **V:** Kalenderlaub, G. 02; Glücksspur, G. 08; Ludwig Röder. Im Strudel d. Zeit, Biogr. 08. – **H:** Joseph von Eichendorff: Liebesgedichte 00, Sonderedition 02; Nikolaus Lenau: Liebesgedichte 02; Heinrich Heine: Liebe hab ich nie erfleht. Liebesgedichte 1817–1830 02; Ludwig Röder: Kein Tag vergeht umsonst, G. 03; Eduard Mörike: Liebesgedichte 04; Voller Liebe sei dein Herz 05; Eberhard Münch: Mitten im Licht, G. u. Aquarelle 08.

Lutze, Hans-Jörg, Architekt, Dipl.-Ing. (in Ruhestand), jetzt schriftsteller. Tätigkeit; Kolhagenstr. 36, D-40593 Düsseldorf, Tel. (02 11) 71 97 18, *hans-joerg. lutze@arcor.de* (* Leipzig 5. 5. 43). Kurzgesch., Ged., Erz., Rom. – **V:** Holzers Wende, R. 03. – *Lit:* Rez. in: NDR 1 Radio MV, Jan. 04. (Red.)

Lutzke, Leonhardt, Tischler i. R.; Am Rosengarten 91, D-06132 Halle/Saale, Tel. (03 45) 7 70 22 70 (* Grunwald/Schlesien 30. 11. 28). – **V:** Verliebt in Holz und Lyrik 07.

Lutzmann, Reinhold, Dipl.-Ing. Elektrotechnik; c/o Argo Verl., Marktoberdorf (* Berlin 27. 7. 35). Rom., Kurzgesch. Ue: engl. – **V:** Energiequelle Tesla. Leben u. Werk des Nikola Tesla, biogr. R. 03; Schlaf' schön, Liebling, Kurzgeschn. 03. (Red.)

Lux s. Toussaint, HEL

Lux, Andre; Kelternstr. 16, D-72070 Tübingen, *autobot@web.de, www.autobot.de.md* (* Nagold). Kolumne, Kritik, Kurzgesch. – **V:** Willkommen an der Furchtbar, Sat. 06. – **MA:** Kopfhörer. Kritik d. ungehörten Platten (unter Ps. Autobot) 08. – **P:** Kenner der Materie – versetzungsgefährdet, CD 03; Autobot – Tafeldienst, CD 07; Autobot – und die Schmuggler von d. Geisterbucht, CD 08.

Luxe, Carlo de, Politikwiss.; c/o Militzke Verlag, Leipzig (* Kirchheimbolanden 65). – **V:** Latex letal 97; Tödliches Tarot 98; Mord in Mitte 00; Die Stoffhändlerin 04, alles Krim.-R. – **MV:** Affaire provocante, m. Dagmar Fedderke u. Sonja Rudorf 03. – **MA:** Rheinland-pfälz. Bu. f. Lit., Bd 8 01. (Red.)

Luy s. Neckermann, Gabriele Maria

Lylett, Britt s. Endres, Brigitte

Lymiru, El Cimah s. Runkewitz, Michael

Lyne, Charlotte, Übers., Lektorin u. Autorin; lebt in London, *www.charlotte-lyne.com* (* Berlin 65). De-LiA-Pr. f. d. besten dt.spr. Liebesroman (3. Pr.) 08. –

V: Die Glocken von Vineta, hist. R. 07; Dangerous Words – Gefährliche Worte, dt.-engl. Historien-R. 08; Die zwölfte Nacht, hist. R. 08. – **H:** Paradiese, e. Leseb. 03. – **MH:** Schattenwelten: Wahn, Gewalt und Tod, m. Andreas Gößling, Prosa-Anth. 01. (Red.)

Lyng/Lynkeus s. Rühmkorf, Peter

Lynn, Robert (eigtl. Klaus Kempe); Goetheallee 17, D-22765 Hamburg (* Chemnitz 18. 8. 49). Marlowe-Pr. 02; Rom., Thriller. – **V:** Die Falle der Freundschaft 93; Cerny schweigt 96; Die Meute im Nacken 98, alles Thr.; Der Kurier, Krim.-Erz. 99; Im Netz, Krimi 00; Der Samurai im Elbberg, Krimi 01; Herzstiche, Krimi 02; David Hongs kleiner Finger, Krimi 03. (Red.)

m.j.slater s. Schlatter, Bruno

M.P. s. Pflagner, Margit

Maack, Benjamin, Red. u. Autor; c/o Minimal Trash Art, St. Georgstr. 6, D-20099 Hamburg (* Winsen/Luhe 78). – **V:** Du bist es nicht, Coca Cola ist es, Lyr. 04; Die Welt ist ein Parkplatz und endet vor Disneyland, Erzn. 07. – **MA:** Macht – Organisierte Literatur 02; Hamburger Ziegel 02; Jan Billhardt (Hrsg.): Streulicht 03, u. a. (Red.)

Maag, Elsbeth (geb. Elsbeth Lippuner), Verwaltungsangest.; Äulistr. 25, CH-9470 Buchs, Tel. (0 81) 7 56 31 03 (* Buchs 8. 1. 44). Ges. f. dt. Sprache u. Lit. GdSL, AdS; Anerkenn.pr. d. Arb.gem. Rheintal-Werdenberg/Abt. Kultur 01, Feldkircher Lyr.pr. 04; Lyr. – **V:** Die Steine seien gleichzusetzen den Wellen 96; Blaues Gras 98; Unter der Steinhaut 00; Flügel und Gedanken ordnen 03; Das Brombeerblau ist zurück 05. – **MA:** Texte zu Bildern f. Kunstmappen 97, 00; 200 St. Gallerinnen, Sachb. 03. – **R:** Beitr. im Lokalradio, Radio DRS u. ORF. – **P:** Novembrig, vertonter G.-Zykl., CD 98. (Red.)

Maag, Josephine; Wattstr. 11, CH-8050 Zürich (* Kufstein 9. 3. 40). – **V:** Der Nordwind erzählt 89; Jerinas Reise durch die Zeit 90; Der König von Akaschanien und andere Märchen 94; Ich bin mit den Sternen verwandt 96, alles Erzn. (Red.)

Maar, Anne; Alter Schlossweg 11, D-97488 Wetzhausen, Tel. (0 97 24) 14 73, Fax 14 60, *anne.maar@t-online.de, www.anne-maar.de* (* 15. 12. 65). Kinderb., Bilderb. – **V:** Das Geheimzimmer 93, 96; Arno und der Zauberer 94, 96; Findetti knackt die Nuss 95; Jan leiht sich sein Hund 98; Die schräge Freundin 98; David zieht um 99; Der Sprung ins Wasser 00; Die andere Freundin 01; BILDERBÜCHER: Der Käfer Fred 97 (auch ndl.); Die Biberburgenbaumeister 98 (auch dän., jap.); Die Wolfsjungen 99; Pozor 00; Käfers Reise 00; Mäuseschmaus 01; Alles falsch, Tante Hanna! 01; Lotte u. Lena im Buchstabenland 04. (Red.)

Maar, Michael, Dr. phil., Gastprof. in Stanford/USA 02; Sentastr. 4, D-12159 Berlin, *michael.maar@snafu. de* (* Stuttgart 17. 7. 60). Dt. Akad. f. Spr. u. Dicht. 02; Stip. d. Th.-Mann-Ges. 92, Ernst-Robert-Curtius-Förd.pr. 95, Johann-Heinrich-Merck-Pr. 95, Autorenförd. d Stift. Nds. 98, Förd.pr. d. Lessing-Pr. f. Kritik d. Akad. Wolfenbüttel 00, Stip. d. Kultusmin. Bad.-Württ. 00; Ess. – **V:** Geister und Kunst. Neuigkeiten aus d. Zauberberg 95; Die Feuer- und die Wasserprobe. Essays z. Lit. 97; Die falsche Madeleine, Ess. 99; Das Blaubartzimmer. Thomas Mann u. d. Schuld 00; Warum Nabokov Harry Potter gemocht hätte 02; Die Glühbirne der Etrusker, Ess. u. Marginalien 03; Lolita und der deutsche Leutnant 05; Solus Rex. Die schöne böse Welt d. Vladimir Nabokov 07; Hilfe für die Hufflepuffs. Kleines Handbuch zu Harry Potter 08. – **MV:** Marcel Proust. Zwischen Belle Epoque u. Moderne, m. Rainer Speck, Kat. 01. – **MA:** Literatursms, Zs.; – zahlr. Beitr. in Ztgn

828

seit 87, u. a. in: FAZ; Merkur; Die Zeit; New Left Review. – **MH:** Das Schreibheft 50/97, m. Norbert Wehr. – **R:** zahlr. Features in versch. Sendern seit 98. (Red.)

Maar, Paul; Zinkenwörth 7, D-96047 Bamberg, Tel. (09 51) 2 15 01, *www.wunschpunkte.de* (* Schweinfurt 13. 12. 37). VS 76, P.E.N.-Zentr. Dtld; Brüder-Grimm-Pr. 81, Öst. Kd.- u. Jgdb.pr. 85, E.liste z. Europ. Kdb.pr. Premio Europeo 85, Gr. Pr. d. Dt. Akad. f. Kd.- u. Jgd.-lit. 87, Dt. Jgd.lit.pr. 88, 96 (Sonderpr. f.d. Ges.werk), Kalbacher Klapperschlange 92, Harzburger Jgd.lit.pr. 93, Voerder Jgdb.pr. 95, Med. Pro Meritis 97, BVK I. Kl. 98, Friedrich-Rückert-Pr. d. Stadt Schweinfurt 00, E.T.A.-Hoffmann-Pr. d. Stadt Bamberg 00, Wildweibchen-Pr. d. Reichelsheimer Märchen- u. Sagentage 01, Dt. Filmpr. in Gold 02, Deutscher Bücherpr. 03, Bayer. Filmpr. 04, Poetik-Professur d. U.Oldenburg WS 04/05; Jugendb., Kindertheater, Hörsp., Kinderoper, Drehb. f. Film u. Fernsehen. Ue: engl, am. – **V:** KINDER- u. JUGENDBÜCHER: Der tätowierte Hund 68; Der verhexte Hund: Der König in der Kiste, Bü. 71; Summelsarium 73; Eine Woche voller Samstage 73; Andere Kinder wohnen auch bei ihren Eltern 74; Lauter Streifen 75; Onkel Florians fliegender Flohmarkt 77; Am Samstag kam das Sams zurück 80; Die Eisenbahn-Oma 81; Anne will ein Zwilling werden 82; Die vergessene Tür 82; Tier-ABC 83; Kindertheaterstücke 84; Lippels Traum 84; Robert und Trebor 85; Paul Maars kleiner Flohmarkt 85; Der Tag, an dem Tante Marga verschwand 86; Konrad Knifflichs Knobelkoffer 87; Türme 87; Kartoffelkäferzeiten 90; Neue Punkte für das Sams 92; Neue Kindertheaterstücke 93; Jakob und der große Junge 93; Tina und Timmi kennen sich nicht 95; Ein Sams für Martin Taschenbier 96; Der Buchstabenfresser 96; Der Elefant im Kühlschrank 96; Der gelbe Pulli 96; Tina und Timmi machen einen Ausflug 97; Das kleine Känguru in Gefahr 98; Das kleine Känguru und seine Freunde 98; In einem tiefen, dunklen Wald ... 99; Tierische Freundschaften 01; Das Sams wird Filmstar 01; Das kleine Känguru ivent fliegen 01; Die Kuh Gloria 02; Der Aufzug 02; Sams in Gefahr 02; Alles vom kleinen Käguru 02; Alles vom Sams 03; Hase und Bär 03; Sams in Gefahr – Das Drehbuch zum Film 03; Große Schwester, fremder Bruder 04; Kreuz und Rüben, Kraut und quer. Das gr. Paul-Maar-Buch 04; Herr Bello u. das blaue Wunder 05, u. a.; (zahlr. Nachaufl. u. Neuausg., Übers. insges. ins Amerikan., Chin., Dän., Frz., Finn., Griech., Ital., Jap., Lett., Ndl., Norw., Poln., Russ., Span., Ukrain.); – THEATERSTÜCKE: Kikerikiste 73; Maschimaschine 78; Mützenwexel 81; Das Spielhaus 81; Freunderfinder 82; Die Reise durch das Schweigen (Der stumme Prinz) 83; Das Wasser des Lebens 86; Eine Woche voller Samstage 86, als Musical 90; Am Samstag kam das Sams zurück 87, als Musical 97; Die vergessene Tür, Oper 91; Papa wohnt jetzt in der Heinrichstraße, UA 92; Neue Punkte für das Sams, UA 93; Lippels Traum, UA 95; Start to move, Musical 98 (auch CD); FAusT – Furiose Abenteuer u. sonderbare Träume, UA 99, u. a. – **MA:** Der Mönch, Theaterst. 83; Die Opodeldoks, Kdb. 85; Lesezauber, Fibel f. Kl.1 97; Lese-Ecke 2, Fibel f. Kl.2 d. GS 98, u.v. a. – **F:** Drehbücher: Das Sams 01; Sams in Gefahr 03. – **R:** Der Turm im See, Hsp. 68; – zahlr. Drehb. f. Frs.-Sdgn, z.b.: Geschichten vom kleinen Känguruh; Siebenstein; Einzelbeitr. z. „Sendung m. d. Maus" – **P:** zahlr. CDs u. Tonkass. f. Kinder. – *Lit:* H. ten Doornkaat in: Jgd.lit. (CH) 87; H.-H. Ewers: P.M., d. Geschn.erzähler, Oetinger-Lesb. 88; H. Brunner: P.M.s „Eine Woche voller Samstage auf d. Bühne", Mag.-Arb. Univ. Eichstätt; S. Hammelbacher: P.M. als Autor d. Kindertheaters, Jul.

Max.-Univ. Würzburg; G. Wenke in: Eselsohr 97; Malte Dahrendorf in: KLG. (Red.)

Maasch, Erik, Realschullehrer u. -rektor i. R., komm. Schulrat i. R.; Poschingerstr. 34, D-12157 Berlin, Tel. u. Fax (0 30) 7 91 92 74 (* Berlin 28. 9. 25). Berliner Autorenverb. 95–98; Rom. – **V:** Los, gieß die Palmen 83, Tb. 86; Dahlien pflanzt man nicht im März 85, 88; Schattenspiele auf Rezept 85, 90, alles heit. R.; Schleuderspur, Krim.-R. 90; Duell mit dem nassen Tod, R. 98, 99; Tauchklar im Atlantik, R. 99; Auf Seeeohrtiefe vor Rockall Island, R. 00; Die U-Boot-Falle, R. 00, 04; U 112 auf Feindfahrt mit geheimer Order, R. 01; Im Fadenkreuz von U 112, R. 01; U-Boote vor Torbruk, R. 02; U 115. Jagd unter der Polarsonne, R. 02; U 115. Operation Eisbär, R. 03; Letzte Chance. U-112 03. (Red.)

Maase, Mira, Dipl.-Soziologin; Rablstr. 18, D-81669 München, Tel. (0 89) 48 15 41, Fax 54 21 25 34, *alkulturzentrum@t-online.de* (* Düsseldorf 20. 12. 48). Anna-Seghers-Ges., VS; Ess., Prosa. Ue: frz, engl. – **V:** Liebesverbot. Vaterbild-Miniaturen, Erz. 07. – **MV:** Personalplanung zw. Wachstum u. Stagnation 80. – **MA:** Heribert Losert. E. Maler d. Moderne 94. – **P:** Ein Frauenleben gegen die Norm. Akust. Portr. d. Milena Jesenská, Hörb.-Kass. 96. (Red.)

Maaser, Eva, freie Autorin; lebt in Burgsteinfurt, c/o Aufbau Verl., Berlin (* Reken/Westf. 23. 11. 48). VS 99, Das Syndikat 01; Stip. d. Ldes NRW 01; Hist. Rom., Krim.rom. – **V:** Der Moorkönig, R. 99; Das Puppenkind, Krim.-R. 00; Der Paradiesgarten, hist. R. 01; Tango Finale, Krim.-R. 02; Kleine Schwäne 02; Die Astronomin, hist. R. 04; Die Nacht des Zorns, Krim.-R. 05; Der Clan der Giovese, Krim.-R. 06; – Kinder-/Jugendbücher: Kim und die Verschwörung am Königshof 07; Kim und die Seefahrt ins Ungewisse 08; Leon und der falsche Abt 08; Leon und die Geisel 08. (Red.)

Maass, Angelika, Dr. phil., Feuill. red., Publizistin, Übers.; Alte Landstr. 1, CH-8802 Kilchberg (* Sonneberg/Thür. 22. 11. 52). E.gabe d. Martin-Bodmer-Stift. 94, E.gabe d. Kt. Zürich 05. Ue: kat. – **V:** Am Abend geht dir die Nacht auf 04. – **H:** Lieber Engel, ich bin ganz dein. Goethes schönste Briefe an Frauen 99. – Ue: Werke von Mercè Rodoreda, u. a. (Red.)

Maass, Jan; Käferstieg 22, D-21614 Buxtehude (* Stade 26. 2. 83). – **V:** Lost Frontier. Eine Patrouille in die Unendlichkeit 02. (Red.)

Maaß, Siegfried, Dramaturg, Schriftst.; Zur Ziegelei 24, D-39444 Hecklingen, Tel. (0 39 25) 28 12 87, *siegfried.maass@gmx.de* (* Magdeburg 6. 10. 36). VS 74, Friedrich-Bödecker-Kr. 91; Kunstpr. d. Bez. Magdeburg 89; Rom., Erz., Kinder- u. Jugendlit. – **V:** Ich will einen Turm besteigen 74, 80; Ins Paradies kommt nie ein Karussell 76, 83; Abschied. 28 80, 88; Keine Flügel für Reggi 84, 89; Abschied von der Lindenstraße 86, 87; Vier Wochen eines Sommers 89; „Du bist auch in der Fremde nicht für mich verloren ...", Geschn. 94; Und hinter mir ein Loch aus Stille, R. 00; Zeit der Schneeschmelze, R. 01; Peggy Vollmilchschokolade 02; Der Handschuhbaum, Geschn. 03; Schulschreiber, Tageb. 03; Der Mann im Haus bin ich 03; Sonntagspredigt oder Heimkehr auf die Insel 04; Adolfchen und der doofe Arm 05; Sternie, Spinni und das kleine Gespenst Kugelrund 06; Das Versteck im Wald 07. – **MA:** zahlr. Beitr. in Ausw.bänden u. Anth., u. a. in: Wie am Himmel 95; Und morgen reden wir weiter 99; Das Kind im Schrank; Wir schwimmen Himmel u. Erde; Auf dem Rücken der Schwalben. – **H:** Ich wär' so gern ein Elefant 99; Zehn Jahre danach 01; Sternenzauber 01; Pfefferminzmelancholie – Helden, Ideale, Idole 02; atme tief die Sonne ein 02; Fragen auf Antworten 03;

Maassen

Schnee im August 04; Phase Phönix 04; Die Gelassenheit des Alters 04; Bereit zum Flug 05; Als ich mit den Vögeln zog 06; Zeig mir die Welt 07. (Red.)

Maassen, Renate, Justizbeamtin, Schriftst.; Turmstr. 51c, D-53175 Bonn, Tel. (02 28) 3 77 95 35, *geschichte-im-wort@renate-maassen.de, www.renate-maassen.de* (* Düsseldorf 3. 12. 1858). Nebraska State Hist. Soc. 94–04, Assoc. des amis du Centre Jeanne d'Arc, Orléans 01; Nov., Rom., Ess., Biogr. Ue: engl. – **V:** Heloise. Peter Abaelard u. die Irrtümer seiner Zeit 04; Karl VII. und Jeanne d'Arc. Rehabilitation e. Königs 04; Chlodwig. Eine Fränkische Geschichte 04, alles Nn. m. Sachtext; Echnaton. Ein Königsspiel, hist. R. 04; Monte Carmelo. Ungeliebte Geliebte. Teresa v. Àvila, N. m. Sachtext 05; Die Schlacht am Little Bighorn 05; Yoshitsune. Tausend Kirschblüten 06, beides hist. R.; – Lesungen (Multimediashow): Karl VII. und Jeanne d'Arc, UA 04; Monte Carmelo, UA 05; Die Schlacht am Little Bighorn, UA 06; Heloise, UA 06.

Mac s. Martin, Erik

Macchietto della Rossa, Elle; lebt in Wien, c/o Picus Verl., Wien, *ellemacchiettodr@aon.at, pro.fotoserver. at/elle* (* Tamsweg/Öst. 28. 8. 66). Erz., Rom. – **V:** Frühlingsrollen auf dem Ahnenaltar. Vietnamesiche Aufbrüche, Dok./Rep./Erz. 06. – *Lit:* Irene Mayer in: Ich wollte immer schon mal weg! 07.

Machalke, Joseph A. P., theolog. Staatsexamen, Pfarrer em.; A.-v.-Droste-Hülshoff-Str. 4, D-33014 Bad Driburg, Tel. (0 52 53) 97 56 51 (* Paderborn 5. 12. 30). Friedrich-Spee-Ges., Düsseldorf u. Trier, Peter-Hille-Ges., Nieheim. – **V:** Die Feier der Erstkommunion 60; Die Abteikirche Marienmünster 68, 10. Aufl. 08; Du verläßt mich nicht. Worte u. Gedanken in kranken Tagen 79. – **MV:** Gottesdienste mit Kindern 72, 3. Aufl. 76; Du bist bei mir. Kinder beten u. fragen 74, 3. Aufl. 84; Ein Kind ist ein Glück. Zur Geburt e. Kindes 79, 9. Aufl. 93; Wir feiern Jesus. Das Kirchenjahr m. Kindern 79, 3. Aufl. 85 (auch frz. u. ital.); Gute Besserung 83, 9. Aufl. 92; Mein Fest Erstkommunion 83, 7. Aufl. 96; Jesus kommt auf die Welt den Kindern erzählt 85; Jesus muß leiden und sterben den Kindern erzählt 85; Gott ist mit Josef den Kindern erzählt 86; Grundgebete durchs Leben 86, 7. Aufl. 03; Jesus und seine Freunde den Kindern erzählt 86; Vieles müßte anders sein. Gebete f. junge Menschen 86; Das Vaterunser den Kindern erzählt 87, 14. Aufl. 04 (auch ndl.); Gott hat alles gemacht den Kindern erzählt 87; Ich bleibe bei dir, wenn du krank bist 87; Jesus hilft den Menschen den Kindern erzählt 87; Gott macht David zum König den Kindern erzählt 88; Gott ruft Abraham den Kindern erzählt 88; Die Feier der Kindertaufe 90, 03; Meine Konfirmation 91; Auf dem Weg ins Leben 92; Gottes Liebe ist so wunderbar. Kinder sprechen m. Gott 93; Alle Kinder gehen zur Krippe, 11. Aufl. 93; Weihnachten den Kindern erzählt, 4. Aufl. 98, alle m. Dietmar Rost; – Gott hölpe jou, Gott laune. Nachbarschaft in Clarholz, m. B. Assmann 84; Da ist meine Heimat – da bin ich zu Haus. Bilder aus Clarholz u. Lette, m. B. Kösters, I. Hombrink u. J. Meier 92, u. a. – **MA:** Alste u. neue Kunst, Bd 17/18 69/70; Marienmünster 1128–1978 78; Clarholz u. Lette in Geschichte u. Gegenwart 1133–1983 83; P.P. Kaspar (Hrsg.): Wie wir heute beten 85, u. a. – **H:** Grundgebete zu Maria 88, 3. Aufl. 95. – **MH:** Unterwegs. Texte u. Gebete f. junge Menschen 77, 7. Aufl. 87 (auch serbokroat.); Zukunft wagen. Neue Texte u. Gebete f. junge Menschen 79, 4. Aufl. 84; Freude an jedem Tag 81; Miteinander unterwegs. Ein Buch f. junge Menschen 81, 2. Aufl. 85; Liebe verändert die Welt. Seligpreisungen heute 82; Wir wollen leben. Texte d. Hoffnung f. junge Menschen 82, 3. Aufl.

84; Auf der Durchreise. Geschichten zum Weitersagen 83, 3. Aufl. 89; Ich will bei dir sein. Von Liebe u. Zärtlichkeit 85; Midden in'n kaollen Winter. En Bok üöwer de Tied tüsken Sünte Klaos un Lechtmiss 85 (2 Aufl.); Mein Herz will ich dir schenken. Die schönsten Lieder v. Friedrich Spee 85; Das Leben wagen. Ein Buch f. junge Menschen 86; Mein Herz für Westfalen. Bilder e. Landschaft 86, 2. Aufl. 89; In de gröne Fröhjaorstied. En Bok üöwer de Tied tüsken Niejaohr un Mittsummer 87; Juliglaut un Häärwstgold. En Bok üöwer de Tied tüsken Mittsummer un Wiehnachten 87; Stell dir vor ... Geschichten z. Ausdenken 89; Wir haben einen Traum. Texte u. Gebete f. junge Menschen 89, 3. Aufl. 91; Paderborner Weihnachtsbuch. Geschichten u. Gedichte aus Stadt u. Land, 2. Aufl. 93; Kommt herbei, singt dem Herrn, 7. Aufl. 94; Zeit zum Leben. Neue Texte f. junge Menschen 95, 3. Aufl. 01; Meine Firmung, 3. Aufl. 96; Mein Traum vom Leben. Texte d. Hoffnung 98, 3. Aufl. 01, alle m. Dietmar Rost. – **R:** Gottesdienst-Übertragung m. Ansprache aus d. St. Laurentius-Pfarrkirche Clarholz, 28.9.86 (WDR, NDR, SFB). – *Lit:* Lippische Bibliogr., Bd 2 82, 87ff.; D. Rost: Sauerländer Schriftsteller 90; Sowinski 97; Westfäl. Autorenlex., Bd 4 02; Dt. Bibliothek; Datensamml. d. Inst. f. niederdt. Sprache, Bremen.

Macharski, Christian (Mahoni), Autor u. Kabarettist; Neumühle 3, D-41812 Erkelenz, Tel. (0 24 31) 7 75 11, Fax 79 53 73, *info@rurtal-produktion.de, www. rurtal-produktion.de* (* Wegberg 3. 6. 69). Dt. Journalistenverb. 99; Rom., Drehb., Kolumne. – **V:** Irgendwo da draußen. Erlesenes aus d. Provinz, Glossen 01; 25 km/h. Erlesenes aus d. Provinz, Glossen 03; mehrere Kabarettprogr. – **MA:** regelm. Glossen in: Erkelenzer Nachrichten; Rur-Wurm-Nachrichten. (Red.)

Machauer, Herbert, Lehrer GHS a. D.; Hölderlinstr. 7/1, D-75038 Oberderdingen, Tel. (0 70 45) 35 99, *hmach@aol.com* (* Karlsruhe 10. 10. 37). Ess. – **V:** Schreibschrift, Rechtschreiben und erwachsene Analphabeten 97; Variationen zum Thema „Schwabenstreiche" oder das „große Sonatenform" in Prosa 00. – *Lit:* s. auch 2. Jg. SK. (Red.)

Macheiner, Dorothea (geb. Dorothea Hummelbrunner), Mag.; Thumeggerstr. 29a, A-5020 Salzburg, Tel. (06 62) 82 22 95, *dorothea.macheiner@inode.at* (* Linz 21. 3. 43). GAV 81, IGAA, Podium; Öst. Staatsstip. f. Lit. 78/79, 89/90, Stip. d. Literar-Mechana 85/86, Öst. Rom-Stip. 89, Buchprämie 90, 94, Förd.stip. f. Lit. d. Stadt Salzburg 90, Stip. d. Literar-Mechana 06/07; Drama, Lyr., Rom., Ess., Hörsp. – **V:** Splitter, G. 81; Puppenspiele, R. 82; Das Jahr der weisen Affen, R. 88; Sonnen-Skarabäus, R. 93; Nixenfall, R. 96; YVONNE eine Recherche 01; Ravenna, Rom, Damaskus ... vom Reisen, Ess. 04; Stimmen, G. u. Prosa-Miniatn. 06; Sinai, Ess. 09. – **MA:** Prosa u. Essays in Lit.zss. u. Anth., u. a. in: Lit. u. Kritik 94/75, 126–127/78, 405/06; Das Fenster 38/85; Morgen 52–54/87; SALZ 48/86, 86/96, 94/99, 125/06; Kälte frißt mich auf 90; Keine Aussicht auf Landschaft 91; Antworten auf Georg Trakl 92; Salzburger Wortwechsel 92; Unke 16/94; Schriftstellerinnen sehen ihr Land 95. – **H:** Werke d. Osttiroler Schriftstellers Gerold Foidl: Scheinbare Nähe, R.-Fragment 85, Neuaufl. 02; Der Richtsaal, R. 98; Standhalten, Texte u. Nachl. u. verstreute Prosa 99. – **R:** Hörspiele: Meine Freundin und ich 78; Grünes Land 79; Reviere 79; Rein in die Wüste 80; Kind, mein Kind 81; Die Selbstmörderin 82; Grüner Vogel Sehnsucht. Versuch über Gerold Foidl 84; Traumzeit 85; Unter den Türmen 85; Scirocco 89; – Hörfunk-Bearb.: Lady Mary Montagu 'Briefe aus dem Orient' 87; D. Satyal: Schatten über dem Potala 87/88; – Prosa u. Essays im Radio,

u. a.: Alghero, Stadt am Meer 89; Carneval in Rom 91; Mozarts Begräbnis 93; Mein kleiner Schreibteufel 95; Die Infektion 99; Ravenna, Rom, Damaskus. Vom Reisen 05; Höre, LEANDER, Sprechtext 06; Selbstlaute 07 (Beiträge v. a. im ORF u. SFB). – **P:** Scheinbare Nähe. Ein Abgang ... f. Gerold Foidl, Filmporträt m. Michael Kolnberger 02. – *Lit:* Frank Tichy in: Salzburger Nachrichten 22.3.03; Renate Langer in: SALZ, H.111/03.

Macherius, Barbara (geb. Barbara Lier), freie Autorin; Göbelbastei 19, D-31832 Springe, Tel. u. Fax (0 50 41) 30 53, *barbara@macherius.de*. Kriegerstr. 25, D-30161 Hannover, Tel. (05 11) 3 88 01 60 (* Gräfenhainichen 26. 2. 45). Künstlerver. Hannover 97, Bobrowski-Ges. 99–06, VS 00, Gruppe Poesie, Vors. 04; Lyr., Erz. – **V:** Ich schenke dir ein Meer 83; Italien – Das andere Land 88; Im Gegenlicht 95; Windspur 96; Vom Eigensinn der Gesichter, Lyr. 03; Wechselweise, Lyr. 03. – **MV:** Wegfindung, Spurensuche, Wegsuche, Spurenfindung, Lyr. 00. – **MA:** Unterwegs – 24 Schritte, Lyr. u. Kurzprosa 02; Du bist im Wort 05.

Macho, Margit, Mag., Gymnasialprof.; Seestr. 1, A-9141 Gösselsdorf/Kärnten, Tel. (0 42 36) 30 30, (06 64) 1 42 94 25 (* Gösselsdorf/Kärnten 7. 7. 55). Lyr., Prosa, Sat., Ess. – **V:** Dein Erbe, Montaigne, G. 84; Königinnenflug, G. – **B:** Zehn Gerechte. Erinn. aus Polen 97; J. Jycinski: Die Zeichen der Hoffnung entdecken. – **P:** Faust – Ein Film, m. Michael Dolinsek, Video. (Red.)

Machold, Werner s. Schütte, Wolfgang U.

Macht, Siegfried, Prof. Dr. phil., Doz. in d. Erwachsenenbildung, freier Schriftst. u. Komponist, seit 2002 Prof. an d. HS f. ev. Kirchenmusik Bayreuth; Kopernikusring 41, D-95447 Bayreuth, Tel. (09 21) 1 50 67 94, *siegfried.macht@gmx.de* (* Nienburg 13. 10. 56). VS 86, Gruppe Poesie; Lyr., Kurzprosa, Experiment. Poesie, Märchen. – **V:** Dein Name ist DuBistBeiMir, Lyr. 85; Jeder schweigt anders. Geschichten von Liebe u. Leid, Reichtum u. Armut ... 94, 2., veränd. Aufl. 95; Wie Abraham das Lachen lernte ... u. a. gleichnishafte Geschichten 01; mehrere Sachb. – **MA:** zahlr. Beitr. in Lyr.-Anth., Schul- u. Liederbüchern; konkrete poesie. die sprache zur sprache gebracht, Themenh. d. Zs. „deutsch betrifft uns" 12, 86; Wege und Zeichen, Photo-Lyr.-Kal. – **P:** Noch lange nicht ausgedient, CD 97. – *Lit:* Niedersachsen literarisch; s. auch SK. (Red.)

Mackensen, Helga (geb. Helga Zimmermann), ehem. Chefsekretärin, Verwaltungsangest., Geschäftsfrau, freie Journalistin; Pommernweg 14, D-29549 Bad Bevensen, Tel. (0 58 21) 35 95 (* Kattowitz 8. 3. 43). Künstlergr. Hinz u. Kunz(t), Peine 83–86; Lyr., Kurzgesch., Illustration. – **MA:** ... wolkig – gebietsweise heiter, Anth. 83; Hannoversche Allg. Ztg 83; Literanover 83; Allg. Ztg Uelzen 89–93; Allg. Ztg d. Lüneburger Heide 92; Gedicht u. Gesellschaft 01; Kindheit im Gedicht 02; Weihnachten 03. – **P:** Lyr.-Telefon Hannover, seit 83. – *Lit:* G. Beuershausen in: Allg. Ztg d. Lüneburger Heide v. 7.10.82; Helmut Spatz in: Landesztg Lüneburg v. 15.12.82; Kai Schlüter in: Hannoversche Allg. Ztg 83; Braunschweiger Ztg 84, 85; GAZ v. 4.7.01; Ines Bräutigam in: Allg. Ztg d. Lüneburger Heide, u. a.

Mackowski, Katrin; Einsiedlergasse 8/19, A-1050 Wien, Tel. (01) 5 44 28 90 (* Ebstorf/Dtld 7. 12. 64). – **V:** Rosa spielen, R. 98; Die falsche Frau, Krim.-R. 05. (Red.)

Macnoise, Glen s. Rech, Hans Joachim

Macoun, Liselotte, Dr. phil.; Grünbergweg 5a, A-4810 Gmunden, Tel. (0 76 12) 6 37 87 (* Gmunden 12. 2. 15). Rom., Lyr., Erz., Märchen. – **V:** Das Silber-

glöckchen, M. 56; Im Netz der Zeit, R. 72; Gedankenbilder, Lyr. 85; Wanderwege mit Michael, Erz. 94; Fühlen – Denken – Glauben, Lyr. 00. – **MA:** Gedichte in Lyrik-Anth. u. Zss., kleinere Erzn. u. Ess. in Ztgn u. Zss. – **MH:** Betriebszeitung (20 Jahre); Kameradschaftszeitung Gymnasium (25 Jahre), u. a. (Red.)

Madauß, Karl-Heinz; Am Bostenberg 17, D-19370 Parchim, Tel. (0 38 71) 44 36 63, *www.heinmadauss@compuserve.de* (* Marnitz, Kr. Parchim 31. 1. 35). VS 95–02; Wilhelmine-Siefkes-Pr. 94, Johannes-Gillhoff-Pr. 08; Rom., Lyr., vorw. in ndt. Mda. – **V:** Oll Hinning vertellt. Geschichten ut Kaisers Tieden 91; Hinnings Geschichte(n). Wer weit, wo dit noch kamen ward 95; Hinning, Trilogie, Episodenroman 02 (auch Tonkass. u. auf CD). – **MA:** Quickborn, Zs. 01. (Red.)

Mader, Ernst T., Dr. phil.; An der Säge 2, D-87654 Friesenried (* Obergünzburg 13. 8. 53). VS; Siplinger Nadel 92, Kulturpr. d. Stadt Kaufbeuren 95, Irseer Pegasus 99; Lyr., Erz., Dokumentation, Feat. – **V:** Nach der Zerstörung der Laube, Lyr. u. Prosa 81; Das Geheimnis der Quelle und andere Allgäuer Sagen, Kdb. 81, 6. Aufl. 95; Allgäuer Ansichten, Lyr. 82, 2. Aufl. 83; Das erzwungene Sterben, Dok. 82, 4. Aufl. 92; Braune Flecken auf der schwarzen Seele, Dorfgesch. 83; Die Holznase, Kdb. 86; Allgäuer WundeRn, Lyr. 90; Literar. Landschaft bayerisches Allgäu 92; Karl Nauer oder Wie die Südsee ins Allgäu kam, biogr. Erz. 08. – **MV:** Das Lächeln des Esels, m. Jakob Knab, Dok. 86, 3. Aufl. 88. – **MA:** Beitr. in zahlr. Anth. u. Schulb. – **R:** Geschn. f. Kinder, Lyr. u. Hörbilder im Bayer. Rdfk seit 77.

Mader, Paula Bettina; c/o Autorenhaus Verlag GmbH, Karmeliterweg 116, D-13465 Berlin. Dramatik. – **V:** Sonne, Mond & Sterne 93; Fibels Traum 97; Kleiner König Oedipus 01; Krieg der Knöpfe 02, alles Theaterst. f. Kinder; Vorsprechen 05. – **MA:** Spielplatz, Anth., Bd 13 u. 15 00. (Red.)

Madlinger, Magdalena, ehem. Bankkauffrau, Malerin, Autorin, Dichterin; Postfach 214, CH-4437 Waldenburg, Tel. (0 76) 5 71 40 07, *musicart@bluemail.ch*, *www.mmadlinger.ch* (* Waldenburg 00). femscript 02; Lyr., Kinderb., Erz., Rom. – **V:** Die Mohnblumenkinder 99; Ein Schneehase in Australien 03; Eine Welt in Frieden 04, alles Erzn.; Eisblumen & Zaubersterne, Lyr. 04; Outback, Erz. 04; Schneeflockentanz, Lyr. 04; Universum-Sternenhimmel, Erz. 04; Sternenflüstern 05; Silberstreifen 05; Sternschnuppen 05, alles Lyr.; Rosenduft 05; Pantanal; Springbrunnen; Alpenrosen; Stasta, alles Lyr. 05; Mondscheinzauber; Morgenrot; Kristallleuchter; Schneelawine, alles Lyr. 06; Schneegestöber; Schlüsselblümchen; Schwanentanz; Marienkäfer; Pfauenauge; Segelschiffe; Musik, alles Lyr. 07. – **MA:** Frankfurter Bibliothek d. zeitgenöss. Gedichts 04; Neue Literatur 05, 06; Ly-La-Lyrik 06–08.

Madlmayr, Anna, Pensionistin; Waldsiedlung 184, A-3184 Türnitz, Tel. (0 27 69) 82 97 (* Türnitz 13. 7. 39). – **V:** „... und trotzdem war es eine schöne Zeit", Erinn. 97, 2. Aufl. 00. (Red.)

Madritsch Marin, Florica, freie Schriftst.; Kendlerstr. 43/1/16, A-1160 Wien, Tel. (01) 7 89 35 69. Cringasi Nr. 9, Bloc 5, Et. 5, Ap. 24, Sector 6, Bukarest (* Braila/Rum. 26. 9. 51). GAV, Ö.S.V., Rum. S.V.; div. Stip. u. Preise; Lyr., Prosa. Ue: rum. – **V:** Die Porzellanfrau, zweispr., G. 93; Leda, Erzähl-G. 99; Farbe des Mohns, G. 00; mehrere Lyr.-Veröff. in rum. Sprache. (Red.)

Mäckler, Andreas, Dr., Kunsthistoriker, geschäftsf. Gesellschafter e. Medienproduktionsfirma; Wehner 18, D-86925 Fuchstal, Tel. (0 82 43) 99 38 45, Fax 99 38 47, *andreas@maeckler.com*, *www.maeckler.com* (* Karlsruhe 11. 10. 58). VS, BJV; Pr. d. Paul-Dierichs-Stift. 77; Kunst- u. Kulturb., Krim.rom. – **V:** Tödlich kreativ,

Mäde

Krim.-R. 99; zahlr. Sachbücher seit 87. – *Lit:* s. auch SK. (Red.)

Mäde, Michael, Dramaturg; Greifswalder Str. 203, D-10405 Berlin, *michaelmaede@gmx.net* (* Karl-Marx-Stadt 62). VS 02; Rom., Lyr., Erz. – **V:** Merkliche Veränderung, G. 00; Spiel mit Maurice, R. 01; Bomben & Landnahme, Notate & Targets 03; Wider die Ruhe, G. 04; Balance am Rand, Lyr. 04; Periodische Fluchten, Lyr. 05. (Red.)

Mäder, Helen, Schriftst., Verlegerin; Rue de l'Est 28, CH-2740 Moutier, Tel. (0 32) 4 97 91 81, *helenmaeder @freesurf.ch* (* Rapperswil 21. 5. 25). Kinderb. – **V:** Die Säuniggel oder die verflixte Sauberkeit 81; Der krumme Spiegel oder das lustige Haus 82; Spuk um Mitternacht 83. (Red.)

Mäder, Rolf, Dr. phil.I; Heckenweg 2, CH-3007 Bern, Tel. (0 31) 9 72 08 18, *carosello@freesurf.ch* (* Mühleberg/Kt. Bern 3. 10. 39). Be.S.V. 81; Kurzgesch., Lyr., Übers. Ue: ital. – **V:** Mit eignen u. mit fremden Federn, G. u. Übertrag. 78; Der Dinosaurier im Liebefeld, Kurzgeschn. 79; Meine klassischen Spaziergänge, Ess. 01; zahlr. Lehr- u. Sachb. – **B:** Danilo Dolci: Zusammenhänge werden lebendig, Ess. u. Lyr. 01. – **H:** Erika von Gunten: Basilikum und Zikaden, Kurzgeschn. 01. – **Ue:** Antonino Mangano: Danilo Dolcis Erziehung zur positiven Freiheit 98. (Red.)

Mägerle, Christian, Primarlehrer; Schmiedgasse 18, Postfach 310, CH-9004 St. Gallen, Tel. (0 71) 2 23 65 91 (* St. Gallen 16. 10. 46). Ges. f. dt. Sprache u. Lit., St. Gallen; Förd.pr. d. Stadt St. Gallen 85; Lyr. – **V:** Augenblick des Weinsterns 77; Irgendwogeläut 78; Das Rotweinblatt 81; Lippenkinder 83; Augen im Kopf. Ein Rad Gedichte 96, alles G. – **MH:** SchreibwerkStadt St. Gallen. Momentaufnahme Lyrik 86; Bäuchlings auf Grün, m. Adrian Riklin, Liv Sonderegger u. Doris Überschlag 05; Christine Fischer: Von Wind und Wellen, Haut und Haar, Lyr. u. Kurzprosa, 04; Fred Kurer: Darüberschreiben – dröber schriibe. Neuere u. neueste Gedichte in Schriftdt. & uf Sanggaller mundart, m. Rainer Stöckli 06, alle auch m. Richard Butz; – zus. m. Peter Wegelin: Karl Schölly: 85 Rätsel 87; Georg Thürer: Zusammenspiel, G. 88; Karl Schölly: Schein und Schicksal, G. 92; Frida Hilty-Gröbli: Ein Glanz ischt oberal, G. u. Prosa 93; Georg Thürer: Härrgott, wie freut mi das, CD 93; ders.: Wundersaum des Lebens 98, Em Juuchzer törfsch es glaube 08, beides G.

Mähr, Christian, Dr. d. Chemie, Bienenzüchter, Autor; Frauenfeld 7, A-6850 Dornbirn (* Feldkirch-Nofels 6. 2. 52). Kurd-Laßwitz-Pr. 92; Prosa, Rom., Übers. – **V:** Magister Dorn, SF-R. 87; Fatous Staub, R. 91; Simon fliegt, R. 98; Die letzte Insel, R. 01; Semmlers Deal, R. 08. – **Ue:** Michael Bishop: Das Herz eines Helden, R. 98. (Red.)

Mäker, Friedhelm, Red. b. „Hamburger Abendblatt", Krankenpfleger; Hamburg, Tel. (0 40) 6 30 55 45 (* Wismar 55). Hamburger Lit.pr. f. Kurzprosa 88, Andreas-Gryphius-Pr. 90. – **V:** Geübte Verdunkelung, G. 89; Palmage, G. 00; Den Rosen rate ich Bosheit, G. 03. (Red.)

Maelck, Stefan, freier Publizist u. Radiomoderator; Halle/Saale, *kontakt@osthighway.de, www. osthighway.de* (* Wismar 63). – **V:** Ost Highway, Krim.-R. 03; pop essen mauer auf 06; Tödliche Zugabe, Krim.-R. 07. (Red.)

Märchenfee Pomperipossa s. Margreiter, Elfriede

Märtens, Anneliese (geb. Anneliese Merten); Paul-Engelhard-Weg 6, D-48167 Münster, Tel. (02 51) 61 69 24 (* Drensteinfurt-Rinkerode 14. 2. 37). Plattdütsken Krink, FDA NRW; Lyr. (pldt. u. hochdt.), Kurz-

gesch., Erz., Lied. – **MV:** Effata – öffne Dich, m. Petra Märtens 87. – **MA:** Nachlese – Dichterstrippe Münster; Wi staoht fast; Gremmendorf im Wandel der Zeiten; Liebe Stadt im Lindenkranze; Kal. d. Heimatver. Drensteinfurt-Rinkerode '97 (pldt. Beitr.); Unter die Schulbank geschaut; Licht & Schatten; Geschichten, die das Leben schrieb (pldt.-hochdt. Beitr.) Gauke's Jb. 94; Frühlingserwachen & Herbststurm; Gauke's Lyr.-Kal. 94; Gauke's Immerwährender Kal. ab 98; Ich liebe Dich; Ztgn: Münster am Mittwoch; Sonntags-Rundblick; Münster am Sonntag; Münstersche Ztg. – **R:** 26 pldt. Hfk-Beitr. in Antenne Münster. – **P:** Lit.-Tel. Münster 87–98; Umwelt-Litanei im Internet. – *Lit:* Künstlerinnen in Münster 97. (Red.)

März, Michael, Historiker M. A., Promovend; Bebelstr. 34, D-08451 Crimmitschau, *maerzl@freenet.de, www.michaelmaerz.de.vu* (* Crimmitschau 14. 12. 81). Stig Dagermansällskapet 08; Rom., Erz. – **V:** Stilles Finale, R. 05; Die Machtprobe 1975, Sachb. 07; Revolte gegen die Zeit, Erzn. 08.

Maeß, Dagmar, Hausfrau, Med.-Techn. Assistentin, Gemeindehelferin; Binswanger Str. 18, D-07747 Jena, Tel. (0 36 41) 33 58 18, *dagmar.maess@t-online.de* (* Gera 12. 5. 28). Erz., Anthologie, Meditation. – **V:** Lachen, Weinen und Vertrauen, Erzn. 72, 5. Aufl. 76; Gott hat die Welt so schön gemacht, Kinder-G. 73, 74; Salto ohne Netz, Erzn. 76, 4. Aufl. 80; Gottes ABC, Kdb. 80, 87; Briefe an diesen und jenen, Briefe 85, 3. Aufl. 89; Michels dickes Heft 89. – **MA:** Kal. Licht u. Kraft 89–97; Arbeit u. Stille 90–99; Glaube u. Heimat; Christl. Hauskal.; Christl. Kinderkal. – **H:** Die große Hoffnung 73, 76; Der Ernstfall vorwiegend heiter betrachtet 74, 76; Geliebtes kleines Angesicht 72, 5. Aufl. 83; Bäume des Lebens 84, 86; Lebendiges Wasser 87, alles Anth.

Magall, Miriam (Ps. Rachel Kochawi), Übers., Konferenzdolmetscherin, Publizistin; St. Wolfgangplatz 9e, D-81669 München, Tel. (0 89) 44 45 28 50, Fax 44 45 28 51, *m.magall@t-online.de* (* Treuburg 7. 12. 42). VS; Scheffel-Pr. 94; Rom., Erz. Ue: engl, hebr, frz, span, dt. – **V:** Kleine Geschichte der jüdischen Kunst 05; Ein Rundgang durch das jüdische Heidelberg 06; Die Blut-Braut, R. 08, u. a. – **MA:** zahlr. Beiträge über jüd. Kultur u. Kunst. – **Ue:** u. a. Titel von Pierre Seel, Jonathan Ben Nachum.

Magellan, Magus s. Finn, Thomas

Magenau, Jörg, Journalist, Lit.kritiker; Karl-Kunger-Str. 13, D-12435 Berlin, Tel. (0 30) 53 21 82 88, *magenau@t-online.de* (* Ludwigsburg 25. 8. 61). Alfred-Kerr-Pr. als Lit.-Red. der Ztg 'Freitag' 95, Journalistenpr. 'Bahnhof', Bln. 05. – **V:** Christa Wolf. Eine Biographie, 1.u.2. Aufl. 02, Tb. 03; Martin Walser. Eine Biographie 05, Tb. 08; Die taz. Eine Ztg als Lebensform 07. – **MA:** Freitag; taz; Wochenpost; FAZ, u. a.

Magerfleisch, Jochen, Dipl. Ing. (FH), Ing., Verleger; Kochstr. 17, D-90441 Nürnberg, Tel. (09 11) 42 67 89, *einbuch-verlag@t-online.de, j.magerfleisch@ einbuch-verlag.de* (* Peckatel b. Schwerin 3. 6. 30). – **V:** Adam, Eva und Co., Sachroman 01. (Red.)

Magg, Wolfgang (Ps. WOTAN), ObStudR., Gymnasiallehrer f. Deutsch, Russ., Ital. u. Sozialkunde, Schriftst.; Josef-Priller-Str. 19, D-86159 Augsburg, Tel. u. Fax (08 21) 58 37 48, *wotano@12move.de* (* Augsburg 7. 5. 46). VS Bayern 72; Lyr., Erz., Dialekttext. Ue: russ, ital, serbokroat. – **V:** Hasch mi?, G. 76; WOTANS zusammengewürfelte MINI-HASCHMI für den dynamischen Leser, G. (o. J.); Kaschdamobele, Dr., Lyr., Prosa (o. J.); Hasch mi noch net?, G. 82; s luschdige Römerle, G. (o. J.); Augschburg – Moskau, Sprichwörter (o. J.); Augschburg – Dublin, Sprichwörter (o. J.); Fleischküchle ABC, G. 91; Augsburg – Budapest, Sprichwörter 91; Augsburg – Accra, Sprichwörter 94; Augsburg – Roma, Redensarten u. Sentenzen 95; Augsburg – Istanbul, Sprichwörter 95; 500 Gedichte in 100 Tagen 96; M. Luther jagt Augsburger Sprichwörter 97; zum brunnen mit dem Krug! 98; Augschburger B.B. und seine Lyrik 98; Franz Kafkas Augschburger Intermezzo 99; aufmmoond liggdsganze geldherumm. Fritzy Käsch – e. Vertreter d. schwäb. Dadaismus 99; Werthers Grete wg. Gethe, Prosa 99; Däddi und Muddi sinn aus Pfennedig / Detti e Motti di Venezia, Sprichwörter u. Redewendungen 00. (Red.)

Magnus, Jake s. Zuber, Christoph

Magnusson, Kristof, Ausbildung z. Kirchenmusiker, Studium am DLL u. an d. Univ. Reykjavík, Autor u. Übers.; Berlin, *k@kristofmagnusson.de, www. kristofmagnusson.de.* c/o Verl. Antje Kunstmann, München (* Hamburg 76). Lit.förd.pr. d. Stadt Hamburg 03, Stip. d. Lydia-Eymann-Stift. Langenthal 05/06, Rauriser Lit.pr. 06. Ue: isl. – **V:** Der totale Kick, Stück 00; Männerhort, Kom. 02 (u. a. auch schw., frz., bulg., estn.); Zuhause, R. 05 (auch frz. u. in Indien); Sushie für alle, Kom. 08; – THEATER/UA: Enge im Haus und im Sarg (Autorenprojekt m. d. Obdachlosenensemble Ratten 07, Berlin) 00; Der totale Kick 01; Männerhort 03. – **MA:** Erzn., Repn. u. Ess. in Ztgn u. Zss., u. a.: Gewandhausmag.; Sprache im techn. Zeitalter; SZ; Berliner Ztg; – Vom Fisch bespuckt, Anth. 02. – **R:** Zuhause, Hsp. (WDR) 07. – **Ue:** Einar Kárason: Sturmerprobt, R. 07, u. a.

Magometschnigg, Walter, Dr., Notar; Wiener Gasse 10/2, A-9020 Klagenfurt, Tel. (04 63) 56 46 00, Fax 5 46 41, *notar.magometschnigg@netway.at.* Krobathen, Birkenweg 5, A-9064 Pischeldorf (* Hofamt Fronleiten/Stmk 14. 2. 40). Rom., Erz. – **V:** Es muß nicht immer Großwild sein, Kurzgeschn. 84; Anthea. Jägerin, Ärztin, Priesterin vor 13000 Jahren 96; Was gleicht wohl auf Erden..., Geschn. 97; In Herrgotts Extrastüberl, Geschn. 00. – **MA:** Das große Hirschbach 97; Alles Jagd 97; Der Falkner 97ff.; Jagern 98; Der rote Bock 99; zahlr. Beitr. in: Der Anblick, Zs.; St. Hubertus, Zs.; Die Jagd, das große Erlebnis; Fischparadies Kärnten. (Red.)

Magro der Minutendichter s. Große, Manfred

Magulski, André (Andreas Magulski); Lindenstr. 35, D-35781 Weilburg. – **V:** Sende Liebe, Lyr. 06.

Magyari, Kriemhild (Ps. Martina Magyari, geb. Kriemhild Hildebrandt), Journalistin, freie Autorin, Red.; Esperantostr. 3, D-77704 Oberkirch, Tel. (0 78 02) 98 27 41 (* Rathenow/Havel 28. 5. 39). DJV 64–73, Schriftst. in Schlesw.-Holst. 73; Kurzgesch.pr. d. Recklinghäuser Ztg 60, Reisestip. VS 74, Pr. b. 8. Hsp.- u. Erzählerwettbew. d. Ostdt. Kulturrats 76, Anerkenn.pr. d. ZDF-Red. Mosaik 83, Pr. im WDR-Erzählerwettbew. 95; Erz., Rom., Funkerz., Feat., Glosse, Journalist. Arbeit, Haiku, Kurzgesch., Kolumne. – **V:** Ohne Visum und Visier, Erzn. 78; 10 Heftromane 81–87; Sandteppich und der Duft von Gras, R. 92, 5. Aufl. 98, Tb. 95; Mit Mann, Kind und Maus, R. 98; Auf Samtpfoten mitten ins Herz, R. 08. – **MA:** Geschn. u. G. in Anth.: Ums liebe Geld 66; Deutschland – Das harte Paradies 77; Schriftsteller in Schlesw.-Holst. – heute 80; Die letzten 48 Stunden 83; Du bist mein Leben 87; Berlin u. ich 87; Lebendige Literatur in Schlesw.-Holst. 87; Von Till u. a. Tieren 88; Wie im Baum, der gefällt wird 88; Kleiner Fratz 89; Immer wieder Herzklopfen 89; Die Zeit der Weihnachtsmaus 89; Zeugnistag 89; Herbstgewitter 89; Wenn das Ende nicht mehr weit ist 90; Es kann doch kein Zufall sein 90; Weit hinter dem Regenbogen 90; Erinnerungen an eine Heimat 90; Es schneit in mei-

nen Gedanken 90; Schwalben ziehen über das Land 90; Ich such dich in jedem Gesicht 91; Wie Seifenblasen, die zerplatzen 92; Heimliche Liebe 92; Menschenjunges 92; Hab Dank für Deine Zeit 93; Mitternachtsgeflüster 93; Nie mehr als Du gingst, ein Schritt so tief 93; Katzen sind doch die besseren Menschen 93; Meine ersten Jahre im Westen 95; Der Mensch, der mir geholfen hat 95; Eine Brücke für den Frieden 96; Katzenweihnacht 97; Europa – Erfahrene Gefährtin aller Hoffnung 98; Mit leichtem Gepäck 99; In Gedanken bin ich bei Dir 00; Die schönsten Katzengeschn. 00; Wie Schnee von gestern 01; Weihnachtstraum 01; Heimat ist Zukunft 01; Träume, Albträume, Tagträume 01; Graupen u. Dörrobst 01; Ein Koffer voller Träume 02; Siebzehn Silben 02; Fundstücke, Bib. f. zeitgenöss. Lit., seit 03; Auf der Weg schreiben 03; Ich träume deinen Rhythmus 03; Glück 04; Das Gewicht des Glücks 04; Dass ich nicht lache 05; ... und Kronach blüht auf 05; Ein Buch voller Märchen u. Tiergeschn. 06; ... vergeht im Fluge 07; Augenblickstraum – die Flucht in Trance 07; ... auch ohne Flügel 08; 30 Jahre Zwiebelzwerg-Verlag 08; – zahlr. Erzn. in: Kulturpolit. Korrespondenz, Bonn, seit 69; Tierkolumnen im Mag. d. Rheinischen Post, Düsseldorf, seit 00. – **R:** Das gekaufte Weihnachtsfest 76; Das geschenkte Lächeln 77; Katze im Schnee 95; Die mit leeren Händen kamen 96; Heimat ist Zukunft 01, alles Hfk-Erzn. – *Lit:* DLL, Bd X/Spalte 236; AiBW 91; Birk Kemper (Hrsg.): Hildesheimer Lit.lex. von 1800 bis heute 98.

Mahal, Günther, Dr. phil. habil., PDoz., wiss. Leiter d. Faust-Mus. Knittlingen; Schafhof 14, D-75433 Maulbronn, Tel. (0 91 42) 77 33, Fax (0 70 43) 92 08 12. c/o Faust-Museum u. Faust-Archiv, Kirchplatz 2, D-75438 Knittlingen, Tel. (0 70 43) 3 73 70, Fax 3 73 71 (* Trebnitz/Sudetenld 28. 7. 44). Fachb., Sat., Ess. – **V:** Lehren ziehen, Sat. 84; Texte f. d. „Neue Museumsgesellschaft" (Schwäb. Lit. Kabarett) 86ff; Sehr verehrt 93; zahlr. lit.wiss. Veröff., insbes. z. Thema „Faust" – **MA:** Faust-Blätter seit 69; Auf Teufel komm raus. Fsf. üb. den histor. Faust (wiss. Beratung) 79; Dieter Huthmacher: Schmus' nie an einem woll'nen Busen (Vor- u. Nachw.) 84; Metzler Lit.-Lex. 84, 2.überarb.Aufl. 90; Hansjörg Ziegler: Ich gebe voran und erwarte Dich (Nachw.) 90; Harald Grieb u. a.: Alter Schuh und neue Mär (Nachw.) 91; Hansjörg Ziegler: Gedichter, schwäb. u. nach d. Schrift (Nachw.) 94 u. v. a. (Red.)

Mahlberg, Renate, Lehrerin; Kommern, Oberes Rothenfeld 1, D-53894 Mechernich, Tel. (0 24 43) 31 59 42, Fax 31 59 41, *hgh.rm@t-online.de* (* Münstereifel 17. 3. 49). VG Wort 01; Lyr., Rom. Ue: engl, frz, span. – **V:** Die Stille durchbrechen, Lyr. 00; Zwischen Zeiten, R. 02. – **MA:** 52 G. in: Bad Bernecker Stadtanzeiger 92; zahlr. G. in: Dauner Heimatjahrbuch, seit 95; Weihnachtszeit 1 u. 2, 98, 99; Eifelsommer, Anth. 00. (Red.)

Mahler, Enrico, Diplomand (Physikalische Technik/Lasertechnik); Heinrich-Schütz-Str. 76, D-09130 Chemnitz, Tel. (01 74) 9 83 14 60, *MKerstinGabriele@ aol.com* (* Karl-Marx-Stadt 10. 9. 84). Rom., Lyr. – **V:** Andara: Der Wanderkrieger, Fantasy-R., Bd 1: Der Sternenthron 06, Bd 2: Vishnu, der Herrscher der Meere 07.

Mahler, Hiltrud-Maria, Dipl.-Mathematikerin, instrumentalleh rerin, z. Zt. freiberufl. Künstlerin u. Musiktherapeutin/-pädagogin; Dalbergsweg 16, D-99084 Erfurt, Tel. (03 61) 2 22 87 53, 2 18 82 44, Fax 2 18 73 56, *hiltrudmariamahler@gmx.de, www. hiltrudmariamahler.de.vu* (* Heiligenstadt 28. 4. 57). FDA 03; Lyr., Reisebeschreibung, Erz. – **V:** Wegkreuzungen 01; Beweggründe 05; Gewitterfrische, m. Aquarellen v. Stephan Geburek 07, alles Lyr. u. Prosa; Unter-

Mahler

wegs ins Ungewisse, Reiseber. 08/09. – **P:** Geh mit dem Wind, Medit. 02; Baumgeflüster, Improvisation 05, beides Musik-CDs.

Mahler, Theo s. Bender, Helmut

Mahlknecht, Selma, Studium Drehb. u. Dramaturgie; lebt in Plaus/Südtirol, c/o Edition Raetia, Bozen (* Meran 21. 3. 79). – **V:** Ausgebrochen, Erzn. 03; rosa leben, Prosa 04; EX, Kom., UA 04; Im Kokon, Erz. 07. – **MV:** Schlarapfelland, m. Kurt Gritsch u. Hans Perting 07. – **R:** Von hier bis zum Mond, m. Karl Prossliner, Drehb. z. Spielf.-Ser. (RAI Bozen). (Red.)

Mahlmeister, Josef (Ps. Palabros de Cologne), Autor, Übers., Erzieher, Schriftsetzer, Kleinverleger; Stolzestr. 8, D-50674 Köln, Tel. u. Fax (02 21) 41 90 02, *palabros@netcologne.de, www.zaubergeschichten.de, www.palabros.de* (* Bad Kissingen/Unterfr. 26. 6. 59). L'Assoc. les amis de Pierre Gripari 95; Erste finanz. Würdigung d. Stadt Köln 99, 05; Lyr., Erz., Dramatik, Märchen, Theaterst., Puppensp. Ue: frz, engl. – **V:** Zaubergeschichten 92; G'schichtles 94; Die Kinderlieder-Kompanie 99, 00; Kölner Gedichtles aus der kunterbunten Reihe 99; ABC mit Plätzle und Kaffee 01; Beiss mir nur mein Flöckchen nicht 01; Die Zaubergeschichten des Meister Jobs 04; Liebe, Bauchweh, Teddybär, G. 02. – **B:** Pierre Gripari: Wachtmeister Waldi, Theaterst. (auch übers.) 99; Cheryl Chapman: Dracko Drachenfresser (auch übers. u. hrgs.) 05. – **MA:** Deutschlands neue Dichter & Denker 94; Kölner Vahren Bahn 98; Sichelspuren 98; KopfReisen 99; Liebe, Lust & Leichen 99. (Red.)

Mahmud, Ahmad; c/o Glaré Verl., Frankfurt/M., *www.glareverlag.de* (* Ahwas/Iran 30). – **V:** Die Rückkehr, R. 97. – **MA:** Erzn. in: Ein Bild zum Andenken, Anth. 97; Östliche Brise, Anth. 98. (Red.)

Mahnke, Wolfgang, Dipl.-Biologe; Pawlowstr. 18, D-18059 Rostock, Tel. (03 81) 4 00 38 22, *w-mahnke @t-online.de* (* Malchin 22. 2. 37). Bund Ndt. Autoren f. Meckl.-Vorpomm. u. Uckermark 98, Vors. seit 00, Fritz-Reuter-Ges. 04; Fritz-Reuter-Lit.pr. d. Stadt Stavenhagen 03; Erz., Reimschwänke, Lyr. (in Ndt.). – **V:** Fischerie, Fischera, Fischerallala 01; Kiek eins! Sowat giwt in Meckelborg! 03, 3. Aufl. 07; Von mall'n Kram un schnurrig Lüd 04; In jed'ein Mand bläuhn anner Blaumen 06; Von Aap bet Zapp 07.

Mahnken, Helmut, Maurer, Rentner, Mundartautor; Moorkuhlenweg 35, D-28357 Bremen, Tel. (04 21) 27 47 97 (* Bremen 3. 9. 35). Lyr. u. Prosa (pldt.). – **V:** Wi snakt platt – Ji ok? 97, 02; Half goor – un denn noch afbackt! 98; Dat harrn ji nich vun mi dacht? 99; Dreemaal – is Bremer Recht, veermal is ok nich slecht! 00; Man ward' jümmer to lat klook – un to froh oolt! 02. – **MA:** Bremer Texte 1 04, 2 05. (Red.)

Mahoni s. Macharski, Christian

Mai, Anton s. Kutsch, Axel

Mai, Gottfried, Dr. phil., Dr. theol., Dr. rer. pol., Pfarrer; Nusser Str. 4, D-23898 Kühsen, Tel. (0 45 43) 76 38 (* Finsterwalde 11. 5. 40). AWMM-Buchpr. 88. E.kreuz d. Bundeswehr in Gold 89; Nov., Ess., Film, Reisebeschreibung, Erz. – **V:** Die Geschichte der Stadt Finsterwalde und ihrer Sänger 78; Der Überfall des Tigers, Erzn. f. Kinder 82; Buddha. Die Illusion der Selbsterlösung 85, 3. Aufl. 95; Napoleon. Die Versuchung der Macht 86; Lenin. Die Pervertierung der Moral 87, 88; Zwischen Polar- und Wendekreis 87; Backen und Banken 92; Der Fluch des Konquista 96; Fluß ohne Wiederkehr 96; Welt aus Wald und Wasser 97, u. a. – **MA:** Veröff. in zahlr. Anth., u. a.: Auswanderermission in Bremen u. Nordamerika, Aufs. 73; Der Prozeß gegen Petrus Friedrich Detry, Aufs. 76; Jb. d. Hermannsburger Mission, Ess. 76, 77/78, 79; Gustav-Adolf-Kinderkal. 78; Gottes Volk in vielen Ländern, Leseb. 81; Energie zum Einschränken 81; Die Bundeswehr 82/83; Ethos, Zs. 82/83; Factum, Zs. 82/83; Die Marine 82/83; Ad memoriam Karl Hustedt, Ess. 83; Soldatenjb. 83–87; Gustav-Adolf-Jb. 86; Seereisen Magazin, Erz, Reiseberichte 04–08; Der Speicher 9/08. – **H:** 3 Uniformkal. 82–84; Johnsen Gnanabaranam: Gefühle sind zart wie Blumen. Christliche Weisheiten aus Indien, Lyr. 97; u. mehrere Anth. – **F:** Nachstellung der Göhrdeschlacht 1813 07. – **R:** Der Mil-Geist, Fsp. 82; Amazonas – Geschichten über den Fluß, Fs.-Rep. 97.

Mai, Manfred, Schriftst.; Otto-Butz-Str. 12, D-72474 Winterlingen, Tel. (0 74 34) 39 49, Fax 30 23, *www.mmmai.de* (* Winterlingen 15. 5. 49). VS 82, Förd.kr. dt. Schriftst. 85, Arb.kr. f. Jgd.lit. 87; Förd.stip. d. Förd.kr. Dt. Schriftst. 83, 86, Hans-im-Glück-Pr. 87, Stip. d. SWF 87, Stip. d. Ldes Bad.-Württ. 89, Bad Wildbader Kd.- u. Jgd.lit.pr. 98, Ragazzi Award Non Fiction 00, Nominierung f. d. Dt. Jgd.lit.pr. 03; Die besten 7 Bücher f. junge Leser, Febr., März u. Sept. 04; Rom., Hörsp., Erz., Kinderb., Lyr., Sachb., Mundart-Lyr. – **V:** ... und brennt wie Feuer, Jgd.-R. 80; Suchmeldung – Gedichte z. Anfassen 80, 18. Aufl. 86; Do kaasch nemme, G. in schwäb. Mda. 80, 9. Aufl. 86; Ohne Garantie, G. für später 83, 8. Aufl. 86; Tausend Wünsche, G. 85; Mut zum Atmen, R. 85; Mutmachgeschichten 85; Heute ist dein Tag 86; Leselöwen-Weihnachtsgedichte 87, 97; Monis Freund, Erz. 87; Nur für einen Tag, Kdb. 87; Zwischen den Türen, G. 87; Jetz langts, G. in schwäb. Mda. 88; Das kleine Buch z. Weihnacht 88; Mama hat heut frei 88; Anna, Sonntag u. so weiter 89; Leselöwen-Adventsgeschichten 89, 94; Das neue Adventskalenderbuch 89; Eine tolle Familie 89; Endlich fängt die Schule an 90; Tobi sagt, was Sache ist 90; Wenn Oma plötzlich fehlt 90, Tb. 97; Anna u. das Baby 91; Du gehörst dazu, Patricia 91; Mein Kinder-ABC 91; 111 Minutengeschichten 91; Warum-Geschichten 91ff. (bisher 12); Daheim, G. in schwäb. Mda. 92; Max trifft Semmel 92; Scheene Bescherung, Gesch. in schwäb. Mda. 92; Und alles wegen Marius 92; Endlich sind Ferien 93; Lena u. der Wunschring 93; Leselöwen-Fußballgeschichten 93; Moni mag Murat 93; Von morgens acht bis abends acht 93; Was ist bloß mit Jakob los? 93; 1, 2, 3 – Zahlenspielerei 93; Hinter der Wolke, R. 94; Lena u. der Kater Leo 94; Matchball 94; Ein Pferd für Theresa 94; Warum gerade Andreas? 94; Wir werden Meister 94; Große Pause 95; Leselöwen-Schulhofgeschichten 95; Leselöwen-Tennisgeschichten 95; Noch 24 Tage bis Weihnachten 95; Das rätselhafte Hausgespenst u. a. Geheimnisgeschn. 95; Die Tigerbande 95; Wenn das Rumpelstilzchen kommt 95; Zweimal zwei Zwillinge 95; 44 Zweiminutengeschichten 95; Das Bären-ABC 96; Hilfe, bald ist Weihnachten 96; Lena macht ein Fest 96; Martins größter Wunsch 96; Nenas großer Wettkampf 96; Nur Fußball im Kopf 96; Zweimal zwei Zwillinge u. ihre Freunde 96; Dreiminutengeschichten 96; Als der Osterhase verschlafen hatte 97; Ene mene muh, was denkst du? 97; Ein Fußball z. Geburtstag 97; Ein ganz besonderer Osterhase 97; Die Kicker vom Bolzplatz 97; Lena in der neuen Schule 97; Leonie ist verknallt 97; Leselöwen-Schulgeschichten 97; Lisa u. Paul auf dem Schulweg 97; 1–2-3 Minutengeschichten 97. Kuscheln 97; Amerika, Brasilien, China. Eine ABC-Weltreise 98; Bildergeschichten m. Freddi Flitzer 98; Das Geheimnis der schwarzen Höhle 98; Leselöwen-Detektivgeschichten 98; Leselöwen-Quatschgeschichten 98; Mein erstes Mutmach-Bilderbuch 98; Ein tierischer Schultag 98; Tigerbande ahoi! 98; Trau dich, Oli! u. a. Schulhofgeschn. 98; Wir holen den Pokal 98; Deutsche Geschichte 99, erw. Neuausg. 03; Gruselgeschichten 99; 1–2-3 Minutengeschichten z. Schmunzeln 99; Das unheimliche U 00; Laura, du schaffst das! 00; Mein erster Schultag 00; Volltreffer für Felix 00; Leselöwen-Mutgeschichten 01; Philipp darf nicht petzen 01; Du kannst reiten, Annika! 01; Ein Monster im Klassenzimmer 01; Vanessa hat's nicht leicht 01; Mein erstes Freundschafts-Bilderbuch 01; Geschichten vom Freuen, Streiten u. Liebhaben 01; Die schönsten 1–2-3 Minuten-Geschichten 01; Geschichte d. deutschen Literatur 01; Ich will! sagt der kleine Fuchs 01; Alle meine Kuscheltiere 02; Meine besten Freunde 02; Lieblingsschwester – Superbruder 02; Flori läßt sich nicht verlieben 02; Meine liebsten 1–2-3 Minuten-Geschichten 02; Dann hau ich dich! sagt der kleine Fuchs 02; Husch ins Bett, kleiner Lukas! 02; Weltgeschichte 02; Tobias u. der starke Ritter 02; Abenteuergeschichten 03; Freundschaftsgeschichten 03; Die geheimnisvolle Kiste 03; Gute Nacht u. schöne Träume 03; Lena in der neuen Schule 03; Mit dir spiel ich nicht! sagt der kleine Fuchs 03; Die schönsten Erstlesegeschichten 03; Nichts als die Freiheit. Der dt. Bauernkrieg 04; Eine Klasse im Fußballfieber 04; Die 100 besten 1–2-3 Minuten-Geschichten 04; In den Kindergarten geh ich gern 04; Geschichten vom Freuen, Ärgern u. Kuscheln 04; Meine ersten 1–2-3 Minuten-Geschichten 04; Mein lustiges Bären-ABC 04; Mein Geschichtenbuch für das 1. Schuljahr 04; Wer viel fragt, wird schlau 04; Was macht den Mensch zum Menschen? Das Leben Friedrich Schillers 04; Biblische Geschichten 05; Klassenfahrt z. Ritterburg 05; Leonie, der Jungenschreck 05; Das große Adventskalenderbuch 05; Mein Geschichtenbuch für das 2. Schuljahr 05; Bitte! Danke! sagt der kleine Fuchs 05; Manfred Mai erzählt von Schulgespenstern, Fußballfreunden u. a. Helden 05; Eins zu null für Leon 06; Mein Freund, der Fußball-Profi 06; Die Bambini-Kicker 06; Eine Klasse im Pokalfieber 06; Leselöwen-Bolzplatzgeschichten 06; Kunterbunte 1–2-3 Minutengeschichten 06; Mach ich aber nicht! sagt der kleine Fuchs 06; Mein Geschichtenbuch für das 3. u. 4. Schuljahr 06; Anna-Lena traut sich was 06; Europäische Geschichten, Sachb. 07; Eine Klasse im Fußballcamp 07; Leonie im Zickenstress 07; Das Zornickel 07; 1–2-3 Minutengeschichten f. kleine Träumer 07; Ich räum nicht auf! sagt der kleine Fuchs 07; Deutschland von oben 07; Familie Fröhlich u. das turbulente 1. Schuljahr 07; Eine Sommernacht im Zelt 07; Leselöwen-Schulausfluggeschichten 07; Winterjahre. Roman von d. Schwäb. Alb 07; Amelie lernt hexen 08; Zoff u. Zank um Leonie 08; Rund um die Weltreligionen 08; Der Traum vom besseren Leben, Sachb. 09. – **MV:** Das große Geburtstagsbuch, m. Dagmar Binder, Anth. f. Kinder 99; Das Zauberalphabet, m. M. Fritz, F. Schmitt, Redding-Korn, Kdb.-Fibel 99. – **H:** Keine Angst vor der Angst, Kurzgeschn. 80; Geschenk-Geschichten 83; Das Land der Kinder, 2. Aufl. 85; Zärtlichkeit läßt Flügel wachsen 85; Ergriffen vom Wunder des Lebens 87; Lesebuch zur deutschen Geschichte 01; Coole Kicks – tolle Tore 02; Unsere Schule ist einfach cool 03; Spürnasen im Einsatz 04; Das Literatur-Lesebuch 05; Lesebuch zur Weltgeschichte 05; Nebelgrauer Gruselschauer 05; Wir sind Freunde – Freundschaftsgeschichten 06; Fußballgeschichten 06; Das große Lesebuch z. Weltlit. 07. – **R:** Umgehungsstraße; Die Fahrgemeinschaft, beides Hsp. in schwäb. Mda.; Papa geht zur Schule, Anna ins Büro, Hsp. f. Kinder. – **P:** 1–2-3 Minuten-Geschichten z. Kuscheln 99; 1–2-3 Minuten-Geschichten z. Weihnachtszeit 99; Deutsche Geschichte 00; Geschichte d. dt. Literatur 02; Weltgeschichte 04; Leselöwen Fußballgeschichten 04, Schulgeschichten 04, Detektivgeschichten 05, Adventsgeschichten 05, Schul-

hofgeschichten 05; Manfred Mai erzählt von Schulgespenstern, Fußballfreunden u. a. Helden 06, u. v. a.

Maibaum, Hans s. Grunert, Horst

Maier, Andreas, Dr.; c/o Suhrkamp Verl., Frankfurt/M. (* Bad Nauheim 1. 9. 67). Ernst-Willner-Pr. im Bachmann-Lit.wettbew. 00, Lit.förd.pr. d. Ponto-Stift. 00, aspekte-Lit.pr. 00, Kulturpr. d. Wetteraukr. 01, Clemens-Brentano-Pr. 03, Stip. Künstlerhof Schreyahn 03/04, Stip. Künstlerdorf Schöppingen 04, Candide-Pr. (1. Preisträger) 04, Villa-Massimo-Stip. 06, Frankfurter Poetik-Vorlesungen SS 06, Stip. d. Dt. Lit.fonds 07, Stip. Schloß Wiepersdorf 08, Stip. Herrenhaus Edenkoben 08, u. a. – **V:** Wäldchestag, R. 00, Tb. 02; Klausen, R. 02 (auch als Hörb.); Die Verführung. Die Prosa Thomas Bernhards 04; Kirillow, R. 05; Ich. Frankfurter Poetikvorlesungen 06. – **MV:** Bullau. Versuch über Natur, m. Christine Büchner 06. (Red.)

Maier, Erich Joseph (Dichtername: Ericus Josephus Monacensis), Dr. phil., Doz., Schriftst., Dichter; Karneidstr. 21, D-81545 München. Tel. (0 89) 64 43 31 (* München 22. 2. 27). Große Eminenz d. Esoter. Gemeinschaft „Golden Esoteric Soc."; Forsch.stip. d. Univ. München, 2. Pr. d. BILD-Ztg „Schönste Frühl.-gedichte", Verdienst-Urk. um „Ein Lied f. München" 79, Pr.träger d. Lese- u. Lit.-Förder-Ver. e.V. Neusäß 02; Lyr., Ess., Dramat. Schulsp. – **V:** Goethes Lebensphilosophie, Ess. 99; Poetische Impulse, Ideen, Impressionen 99; Fest und Feier im Heilskreis, G.-Zykl. 00; Liebe und Sein. Kommunikation u. Komplementarität. Das Neue Paradigma d. Philosophie 00; Metaphysische Gedichte 01; Mystik. Die verborgene Sinnchance. Mit Interpret. d. „Cherubinischen Wandersmanns" v. A. Silesius, Ess. 02; Phänomenologie des Bösen. Von d. Banalität z. Brutalität; Expeditionen zu GOTT. Erweise des Ersten Seins 02; Urphänomen Liebe. Vielfalt d. Weisen – Einheit d. Wesens 03; Lyrik – Echolot der Seele 03; Friedenspotentiale – Friedensprozesse u. Friedensstrukturen 05; Freiheitshorizonte 05. – **MA:** Zs. Seele 57; Zs. Anregung, H.2 u. 3/59; Wirkendes Wort, Bd IV 62; Salzburger Jb. f. Philosophie, Bd VII 63; Reisemag. Worms 80; G.-Zykl. in: Neue Literatur, Anth. 04. (Red.)

Maier, Gerd, AOK-Dir. a. D.; Riedenburger Str. 11, D-93309 Kelheim, Tel. (0 94 41) 49 06, *gemaken@t-online.de* (* Rohr/Ndb. 7. 7. 45). Schmeller-Med. 91; Ged., Erz. – **V:** Wos wirklich zäiht, G. u. Erzn. 93, 2. Aufl. 95; A weng a Zeit 03. – **MA:** Land ohne Wein und Nachtigallen; In dene Tag...; Sagst was'd magst; Bairisch Herz; Mitarb. b. „Baierischen Wörterbuch" d. Kommission f. Mda.forsch. d. Bayer. Akad. d. Wiss. München. – **P:** Wos wirklich zäiht, CD 94. (Red.)

Maier, Gösta (Ps. Karem v. Zaumklink), Schriftst.; Oleanderweg 8, A-9241 Wernberg, Tel. (0 42 52) 22 56, *goestamaier.rtb-ed@netway.at* (* Neufelden/ObÖst. 29. 1. 26). GAV, IGAA, ÖDV; Wilhelm-Rudnigger-Pr. d. ORF Kärnten (m. Heimo Toeffer) 89; Lyr., Rom., Drama. – **V:** Die früheren Gedichte 82; Rosa Tagebuch 82; Abgesänge, Lyr. 82; Harlekins Prologe 83; Die Arbeitslosengedichte 84; Die späteren Gedichte 88; Der elektrifizierte k.u.k. Hofoptiker, R. 90; Schwarze Fahne 91; Ein Selbstmord in Wien, kom. Trag. 92; Die kleine Belladonna oder die Beherrscher der Wartesäle 93; Anarchist, Brotherr und Hofrat 97; Die Mitzi war anders 97; Silberblicke, ausgew. G. 02. – **B:** Anna M. Michenthaler: Texte für besondere Menschen 03 (Einl.). (Red.)

Maier, Hans, Dr. phil., Dr. jur. h. c., UProf.; Meichelbeckstr. 6, D-81545 München. Tel. u. Fax (0 89) 64 82 49, *h.h.maier@gmx.de, www.hhmaier.de* (* Freiburg/Br. 18. 6. 31). Dt. Akad. f. Spr. u. Dicht. 76; Jacob-Burckhardt-Pr. d. Goethe-Stift. Basel 85, Wil-

Maier

helm-Hausenstein-Ehrung 87, Bayer. Maximiliansorden 93, Romano-Guardini-Pr. 99, Cicero-Rednerpr. 99, Bayer. Kunstpr. 05, EM Bayer. Akad. d. Schönen Künste 06; Ess. – **V:** Streiflichter zur Zeit 80; Hilfe, ich bin normal! 81, 3. Aufl. 83; Wenn Mozart heute zur Schule ginge 83, 2. Aufl. 84, Neuausg. 06; Nachruf auf die Tinte 85; Verteidigung der Politik 90; Die christliche Zeitrechnung 91, 5. Aufl. 00; Begegnungen mit Schriftstellern 1944–1991 93; Eine Kultur oder viele?, polit. Ess. 95; Cäcilia unter den Deutschen u. a. Essays zur Musik 98, erw. Neuausg. 05; Welt ohne Christentum – was wäre anders? 99, 3. Aufl. 02; Das Doppelgesicht des Religiösen. Religion – Gewalt – Politik 04; Die Kirchen und die Künste 08. – **MA:** über 100 Essays u. a. in: Hochland; Wort u. Wahrheit; Merkur; Intern. Kath. Zs.; Herder-Korrespondenz; Ev. Kommentare; Mitarb. an lit. u. lit.wiss. Zss., u. a.: Kleist-Jb., Th.-Mann-Jb. – **R:** Freiburg, Fsf.; Die Schattenlinie, n. J. Conrad, Hsp.; zahlr. Radioess. f. BR, SWF, SWR, SFB, DLR. – *Lit:* Dino Larese: Begegnung m. H.M. 82; T.Stammen/H.Oberreuter/P.Mikat (Hrsg.): Politik – Bildung – Religion. H.M. z. 65. Geb. 96; s. auch 2. Jg. SK.

Maier, Winfried s. Maier-Revoredo, Winfried

Maier-Revoredo, Winfried (geb. Winfried Maier), Pfarrer; Pfarramt, Schloßstr. 21, D-71364 Winnenden, Tel. (0 71 95) 17 80 50, *www.maier-revoredo.de* (* Tübingen 12. 11. 55). VS; Sat., Gesch., Parabel, Ged., Bühnenst., Rom., Journalist. Arbeit. – **V:** Plastikherz, Erzn. u. Lyr. 83; Peruanisches Mosaik 90; Dreigschwätzt 94; Bloß daß 'rs wisset 98; Im Bann der Stiere, R. 01; Zwei Stunden bis Jorge Chavez, Gesch. 03; Don Kurt vom Neckar. Machtkampf in e. schwäb. Kleinstadt 03. – **MA:** Steck' dir einen Vers ... 83; Südliche Waage 86, II 90; Raumbilder 92; Im Aufwind 07, alles Anth.

†**Maier-Solgk,** Wilhelm, Kunsterzieher, freier Maler u. Grafiker, Illustrator; lebte in München (* Marxgrün/Ofr. 5. 10. 19, † München 9. 9. 07). Sat. – **V:** Potz Blitz. Wie erlange ich e. optimales Passfoto? E. Anleitung f. richtiges Verhalten in d. Foto-Box 93; ferner zahlr. illustrierte Bücher. – **H:** Ansichten und Wahnsichten aus dem Englischen Garten zu München 95.

Mainka, Martina, Red.; c/o Badische Zeitung, BZ Extra, Basler Str. 88, D-79115 FReiburg/Br. (* 1. 59). – **V:** Angelika ist tot, Krim.-R. 99; Satanszeichen, Krim.-R. 05. – **MV:** Zwischen Himmel und Erde, m. Ernst Weißer 06. (Red.)

Mair, Andrea, Heilpäd.; Ludwigstr. 29, D-87600 Kaufbeuren, Tel. (0 83 41) 9 08 34 07, Fax 9 08 38 07 (* Kaufbeuren 6. 2. 67). Lyr. – **V:** Selbstgemachtes, G. 06.

Mairhofer, Till; Haagerstr. 14, A-4400 Steyr, Tel. u. Fax (0 72 52) 8 41 28 (* Steyr 29. 5. 58). Lyr., Prosa, Rom., Ess. – **V:** Suum cuique, Kom. 74; Turmbau zu Babel, Libr. 78; Esmajam oder Das andere Ich, R. 79; Die Elfen, Sch. 82; Aschacher Messe 84; Standorte, R. 87; influß 90; kopfgehen, G. u. Texte 91; Homo degener ludens, Ess. 93; Linzeröd, G. 94; Von Kaff zu Kaff, Ess. 95; influß – Zehn BewußtSeinsStröme 95; moses oder ein echo für vögel, Liebes-G. 97; Der Bomber, R. 98; Ich verstehe immer nur Bahnhof, Ess. 99; Die Veranstalter, R. 03; prae:positionen, ausgew. G. 1997–2003 04. – **MA:** Junge Lyrik aus Oberösterreich 80; Puchberger Anthologien, seit 83; Die Rampe, seit 83; Stimmen von Heute, seit 87; M.H. Versuch einer Visualisierung 00. – **H:** Dora Dunkl: Ein Haus aus Stein, ges. Werke 92. – **R:** Erzn. im Rdfk: objektiviert; Optik 90; (H)Ausgeburt, Hsp. 92; Was raschelt der Baum, Fs.-Sdg 93. (Red.)

Mairinger, Hans Dieter, Mag., Dr. rer. soc. et oec., Prof.; Am Damm 20, A-4222 St. Georgen a.d. Gusen, Tel. (0 7 32) 77 22 99 (* Linz/D. 12. 4. 43). Club d. Begegnung, IDI, IGAA, ÖDV, Stelzhamerbund, Zylow-Gruppe; Publikums-Juryp. Lit.wettbew. d. oböst. Arbeiterkammer Linz 76, Dr.-Ernst-Koref-Pr. (3. Pr.) 79, Mda.prosapr. d. Stelzhamerbundes 82, Maurus-Lindemayr-Volksstückpr. 86, Hauptpr. b. 1. Öst. Haiku-Wettbew. 92, 1. Pr. b. Leopold-Wandl-Lit.wettbew. 94, E.pr. d. Rose-Eller-Lit.pr. 95, Kulturpr. d. Gemeinde Lungitz/Sankt Georgen/Gusen 95, Kulturmed. d. Ldes ObÖst. 02; Drama, Lyr., Sat., Hörsp., Fernsehsp., Liedtext, Kinder- u. Jugendmusical. – **V:** Waunn ih so schau, Dialekttexte 76; Herrgott, Meditn. in d. Umgangssprache 79; Es is a Gfrett, Dialekttexte 79; Demnächst in diesem Theater, Sat. Texte 80; So wie bei Sonnenuhren ..., Lyr. 80; Wehrgraben, Dialekttexte 81; In Bethlehem im Stall, Dialekttexte 82; Onkel Ferdinand, Monodram 82; Langschläfer leben länger, Satn. 85; Gschrappn, Gfrießer, Gfraßter, Dialekttexte 87; Ein Engel kam nach Bethlehem, Texte, Sp. u. Lieder 88; Mir san mir, Dialekttexte 90; Prost Mahlzeit, Dialekttexte 90; In da neintn Stund 91; Stern der Hoffnung 92; Wie man Elefanten preßt, Satn. 93; Z' Weihnachtn, Dialekttexte u. Lieder 94; Ischlakrapfal u. Zaunakipfal 95; Liebe, Lust und Kaisaschmarrn 99; Fröhliche Weihnacht überall ...!? 00; www.hoamatland.at. Stelzhamerbiogr. 01; Nix, Dialekttext 02; Da kloane Prinz, Dialektübertrag. 02; Die Weihnachtsgeschichte auf oberösterreichisch, Dialektübertragung 02; 's Mühlviertla Christkindl, Dialekt-Lyr. 02, 2. Aufl. 03; Heiteres Arboretum, Lyr. 03; Der oberösterreichische Struwwipeda, Dialektübertragung 04; St. Georgener Totentanz, Sch. 04; Oberösterreichisches Adventskalenderbuch, Lyr., Spiel u. Erz. 04; Heiteres Bestiarium, Lyr. 04; Der Weihnachtsfridolin, Satn. 04; Heiters Librarium, Lyr. 05; Brauchst di net fiachtn, Dialektübertrag. 06; Waßt üwahaupt, wia gern i di hab?, Dialektübertrag. 06; Paradies u. Paradas, Lyr. 06; Feste feiern, Lyr. 07; Am Weg zum Liacht, Lyr. 07; Speck muass weg, Lyr. 08; – Stücke: Landflucht. Die Zeitfresser. Alles umsonst; – Kinderstücke/Musicals: Alle guten Menschen; Stachelfroh und Langes Ohr; Der verzauberte Prinz; Das Paradies. König Nase und der Räuber. Wo ist Weihnachten; Euromusical 95; Max und Moritz 08. – **MV:** Alle guten Wünsche, m. Anneliese Ratzenböck 92. – **MA:** Max und Moritz, Dialektübertrag. 82; Allerhand so Gschichten für d'Ofenbänk, Dialektprosa 83; Alle Guten Wünsche 92; Es leuchtet uns ein Stern 95; Mundart lebt 95; Advent 98; Hirtenspiele 02; Die Weihnachtsgeschichte in dt. Dialekten; Die Litanei; Grenzenlos; Mostalgie, alles Anth.; regelm. essayist. Beitr. in: Stelzhamerbund Mitt. – **R:** Der Bauer kommt, Fsf. 77; Zeitfresser, Hsp. 85. – **P:** Ein Engel kam nach Bethlehem 88; Gschrappn, Gfrießer, Gfraßter 88; Onkel Ferdinand 88; Kindermesse 89; Freut euch und singt ein Lied, Weihnachtskantate 90, alles Tonkass.; Linzer Messe 91; Memento, Kantate 95; Passion 95; Die Zeit, sie läuft, wir laufen mit, Kindermusical 00; Max und Moritz 08, alles CD.

Mairitsch, Karin, Dr., Dipl.-Ing., Journalistin, Wissenschaftlerin; Franz-Breitenecker-Str. 15, A-2380 Perchtoldsdorf, Tel. (06 76) 3 34 14 49, Fax (0 28 57) 2 50 08, *k.mai@textundbild.at*, *www.textundbild.at* (* Mödling b. Wien 11. 11. 67). Rom. – **MV:** Rosarot & Himmelblau, m. Edwin Prochaska 03.

Maiwald, Peter, Schriftst.; Jordanstr. 12, D-40477 Düsseldorf, Tel. (02 11) 46 12 40, *PetMaiw@aol.com* (* Grötzingen/jetzt Aichtal 8. 11. 46). VS 75; Arb.stip. d. Ldes NRW 86, 91, 94, 98, Berliner Kritikerpr. 86, Rhein. Lit.pr. Siegburg 97; Lyr., Erz., Ess. – **V:** Geschichten vom Arbeiter B. 75; Antwort hierzulande 76; Die Leute von der Annostraße 79; Balladen von Samstag auf Sonntag 84, 91; Guter Dinge 87, 92; Zugänge – Ausgänge 89, alles G.; Das Gutenbergsche Völkchen, Geschn. 90, 93; Springinsfeld, G. 92, 94; Wortkino, Not. zur Poesie 93; Lebenszeichen, G. 97; Pauls Zauberland heißt Samarkand 98. – **MA:** zahlr. Beitr. in Kulturzss. sei 72, u. a.: Kürbiskern; noll; Ossietzky; Anth., u. a.: Frankfurter Anth.; Das große dt. Gedichtbuch. – **MH:** Düsseldorfer Debatte, m. Thomas Neumann u. Michael Beu, Mzs. 9/84–7/88. – **R:** Der Detektiv, Hsp. 90; Die Glasharfe, Hsp. 92; Goldener Sonntag, m. Gerd Wollschon, Fsf. Folge 10–18, 78; seit Jahrzehnten regelm. Mitarb. u. a. von: Kritisches Tagebuch, WDR; Abendgeschichte, SWR; Sonntags-Wecker, BR. – **P:** Peter, Paul und Barmbek 75 75; Fasia 76; Der Fuchs 76; Die Steinstadt-Suite 78; Die Leute von der Annostraße 79; N.A. Huber: Lieder 79; Rauchzeichen 79; Feuerball 79; Koslowsky 80; Manchmal wächst aus der Tag 81; Das Lied von der Erde 82; Faaterland 83. – *Lit:* Manfred Bosch/Klaus Konjetzky: Für wen schreibt der eigentlich? 73; Peter Langemeyer: in KLG 96; LDGL 97. (Red.)

Major, Heike (Heike M. Major), Lehrerin; Merschkamp 21, D-48155 Münster, Tel. (02 51) 31 19 79, *heikemajor@aol.com.* Am Oberhof 10, D-59065 Hamm (* Hamm 14. 3. 56). Rom., Lyr. – **V:** Menschliche Momente, lyr. Texte, Aphor., Kurzgeschn. 96; Eine Reise in den Süden, R. 98; Nur eine Lungenentzündung – Begegnung m. d. Tod 01; Elfchen und der Menschenmann, Gesch. 06. – **MA:** Das Hohelied der Liebe 98; Gedicht und Gesellschaft 01; Kindheit im Gedicht 02; Wind der Liebe 05; Ich lasse dich meine Faust spüren 07; Freude schöner Götterfunken 07; Die Leere des Herzens 07; Unser Jahr zieht vorbei 07; Zeitgenossen. Dichtung im Wandel 08.

Makowsky, Jutta (geb. Jutta Behrle-Zöllner), freie Journalistin; Perhamerstr. 74a, D-80687 München, Tel. u. Fax (0 89) 56 44 17 (* Freiburg/Br. 26. 8. 28). Turmschreiber München; Bayer. Poetentaler 04; Glosse, Sat., Kurzprosa, Hörsp., Rom. – **V:** Mamas Lieblinge 87; Mit Luft und Liebe 89; Statt Schoklad 90; Morgensonne, R. 92; Mo-de 92; Endlich Oma! 95; Geht es Ihnen auch so? 95; Von Weihnachtsmenschen, Engeln und Tannenbäumen 96; Geliebte Tante 98; Früher war alles besser 99; Immer schön fröhlich bleiben 01; Nikolaus und Weihnachtsmann 02; Tierisch 05; Ab morgen wird abgespeckt 08. – **MA:** lfd Beitr. in Ztgn u. Anth., u. a.: Süddt. Ztg. – **R:** Hörszenen u. Kurzprosa im BR u. SDR.

Mala, Matthias, Schriftst. u. Illustrator; Jahnstr. 21a, D-80469 München. Tel. (0 89) 26 77 57, Fax 23 07 74 78, *epost@matthias-mala.de, matthias-mala. de* (* München 27. 12. 50). VS 88, P.E.N.-Zentr. Dtld 08; Feuill., Lyr., Hörsp., Theater, Sachb. – **V:** Rache ist Blutwurst 97; Rosafee macht Rabatz, Theater 02; Stundenbuch der weißen Magie, Meditn. 04; Nimm Dir Zeit für Deine Seele, Meditn. 08 (auch als Hörb.); – ca. 70 Sachbücher seit 86. – **MA:** ... mit leichtem Gepäck 99; Groschen gefallen ... 00; Wie Schnee von gestern ... 01; Fluchtzeiten 02; Auf dem Weg schreiben 03; Ich träume meinen Rhythmus ... 03; Auf Cranachs Spuren 04; Das Gewicht des Glücks 04; Dass ich nicht lache 05; ... und Kronach blüht auf 05; ... vergeht im Fluge 07; ... auch ohne Flügel 08, alles Lyr.-Anth. – **R:** Taxi nach Elba 92; Vatermörder 95; Jungbrunnen 98, alles Hsp. – **P:** Gegenüber, Internet-Tageb. 00/01. – *Lit:* s. auch SK; s. auch Kürschners Handbuch der Bildenden Künstler, 1. Aufl. 2005.

Malakov, Despina, Dolmetscherin, freischaff. Autorin u. Künstlerin, Doz.; *webmaster@despina-malakov. de, www.despina-malakov.de* (* Bulgarien). Lit.gr. 39 (Bulg., verboten bis 90), BVJA, Vorst.-Mitgl. seit 00; 2. Pr. f. Lyr. d. Literaturpunkt e.V. Unna 00. – **V:** Rot, Lust und andere Augenblicke, G. 01. – **MA:** Bulgarische Dichterinnen 93 II; Insel der Sicherheit 98; Rind und Schlegel, Zs. 00; zahlr. Veröff. in bulg. Lit.ztgn u. -zss. 79–90. (Red.)

Malang, Mustji s. Finke, Frank M.

Malborn, Peter J. E., Dr. phil., freiberufl. Übers. u. Journalist; Postfach 1473, D-53404 Remagen, *malborn @gmx.de, www.peters-inforadio.tk* (* Köln 66). Rom. Ue: engl, span. – **V:** Sherlock Holmes. Historizität von Exotik u. Alltäglichkeit, Mag.arb. 99; Die volkswirtschaftliche Realität und ihre Wahrnehmung durch Daniel Defoe, Diss. 99; Fluchtpunkt Bernina, R. 02; Wilde Bergorchideen, R. 03. – **MA:** Neidenburger Heimatbrief 113/99; Ostdt. Familienkunde, Bd 15, H. 1/00; Opposition 5/01; Dt. Stimme 10/03, 7/06, 07–08. – **P:** Rassistisch motivierte, polnische Verbrechen an Deutschen von 1681–1939, Dok.film, DVD 05 (auch span.).

Malek, Dieter, Pensionist; Santnergasse 6, A-8280 Fürstenfeld, Tel. (0 33 82) 5 57 00 (* Graz 15. 1. 39). Campus-F-Kulturvereinig., Fürstenfeld 91; Lyr. – **V:** Flußgeflüster, G. 93; Leben am Wasser, G. 93; Gesammelte Gedichte 01. – **MA:** zahlr. Beitr. in Lit.zss. seit 91, u. a.: Campus f; Brucker Literaturturm; Grenzlandecho; Post-Telegraphie. – **P:** Liederabend in Fürstenfeld, Lyr., CD 97. – *Lit:* Max J. Hiti in: Fürstenfeld. Die Stadtgesch., Chronik 00. (Red.)

Maler, Gisela (Gisela Maler-Sieber), M. A., Ethnologin; Reinsbek, Eichenweg 8, D-23820 Pronstorf, Tel. (0 45 06) 6 17, Fax 2 39, *g.maler@web.de* (* Zittau 14. 7. 43). Lyr., Ess. – **V:** Wortflucht 82; Traumzeit 84; Unter dem Hundsstern 85; Langsame Entfernung 89; November 93; Vogelsee 99, alles Lyr. m. Linolschnitten v. Axel Hertenstein; Gezähmte Angst, Ess. 00; mehrere Sachbücher 1976–82. (Red.)

Malessa, Andreas, Hörfunkjournalist, TV-Moderator; Alte Zimmerei 1, D-73269 Hochdorf, Tel. (0 71 53) 5 85 45, Fax 5 37 70. c/o SWR, Redaktion Religion, D-76522 Baden-Baden (* Augsburg 10. 7. 55). Humor, Sat. Ue: engl. – **V:** Lieder wie Bilder, Lyr. 84; Typische Touristen 87; Freudigkeit und Glaubensfrucht, Sat. 92; Wir jungen Alten, Sat. 00, 3. Aufl. 02; Rente sicht wer kann, Sat. 01, 2. Aufl. 02, u. d. T.: Rette sich, wer Rente kriegt 05; Das frommdeutsche Wörterbuch 02; Babylon ist überall, Erz. 04; Kleines Lexikon religiöser Irrtümer 06; Warum sie so reich, Herr Deichmann? 06. – **MV:** Weihnachts-Wunder-Geschichten 03. – **MA:** Weihnachts-Wunder-Geschichten 03. – **R:** mehrere 100 essayist. Glossen seit 82 im DLF, HR, DLR, SWR. – **P:** Weder noch 77, 85; Die Platte 80, 90; Langarbeit 83, 90; Hören & Handeln 85, 90, alles LP/CD mit d. Duo Arno & Andreas; Andreas Malessa, gesungen von ... 04. – **Ue:** Bill Butterworth: Bill kriegt es auf die Reihe 97. (Red.)

Maletzke, Elsemarie, Journalistin, Autorin; Schwarzburgstr. 20, D-60318 Frankfurt/Main, Tel. (0 69) 55 48 24 (* Schotten/Oberhessen 17. 3. 47). P.E.N.-Zentr. Dtld; Biogr., Sat., Rep., Kurzgesch., Rom. Ue: engl. – **V:** Dublin, Städtef. 80; Nach Irland reisen, Reisef. 87; Das Leben der Brontës, Biogr. 88, 98; George Eliot – ihr Leben, Biogr. 93; Very British 95; Irish Times 96, beides Reisefeuill.; Jane Austen, Biogr. 97; Miss Burney trägt Grün, R. 01; Mond über Murzuq, Reisefeuill. 02; Elizabeth Bowen, Biogr. 08. – **MA:** Dummdeutsch, Sat. 85, 95; Bäume – Trees, Bildbd 05; Kurzgeschn. in Anth.: Der Rabe; Von Büchern und

Maletzke

Menschen; Merian; FAZ-Mag. – **H:** Alltag – Knalltag, Sat. 85; Dublin, lit. Portr. 85, 96; Einfach mal raus hier 86; Angria & Gondal, Brontë-Jugendschrr. 87; Charlotte Brontë: Über die Liebe, Briefe 88; Der Weiber-Rabe, Anth. 89; Der Hotel-Rabe, Anth. 92; Der literarische Reisekalender 01–08; Literarische Gartenlust, Anth. 05, 07, 08; Neue literarische Gartenlust, Anth. 06. – **MH:** Die Schwestern Brontë. Leben u. Werk 86, 00. – **Ue:** Reginald Arkell: Pinnegars Garten, R. 08. – *Lit:* Im Mittelpunkt die Autoren. 10 Jahre Schöffling & Co, Chronik u. Bibliogr. 04.

Maletzke, Erich, Journalist, Schriftst.; Zur Eider 18, D-25767 Osterrade, Tel. (0 48 02) 4 79, Fax 75 13 94, *erich.maletzke@web.de, www.maletzke. com* (* Tempelburg 14. 3. 40). Federkiel, Lit.förd.kr. f. Schlesw.-Holst.; Rom., Märchen, Humoreske, Sachb. – **V:** Heiter bis wollig, Hum. 84, 90; Ich kannte Felix K., R. 87; Der Tod des Kammerherrn 91; Siegfried Lenz. Eine biogr. Annäherung 06; Nun aber mal hopp ... , Erinn. 07; Die Zeitungsmacher, Erinn. 08.

Maletzke, Helmut, Maler, Grafiker, Schriftst.; Johann-Stelling-Str. 41, D-17489 Greifswald, Tel. u. Fax (0 38 34) 50 47 05, *pommernhus-info@t-online.de.* c/o Pommernhus, Knopfstr. 1, D-17489 Greifswald (* Neustettin 8. 10. 20). Pommerscher Künstlerbund 95, EM in Dt. Schriftstellerverb. 05; Pommerscher Kulturpr. 96, Pr.träger b. 10 künstler. Wettbew.; Rom., Erz., Porträt, Reiseber., Lyr. – **V:** Reiseskizzen, Erzn. 84; Signum B. T., autobiogr. R. 97; Styx, Erzn. 97; Schmierskizzen, Bilder u. Text 98; Bilder von der Küste, Kal. 99ff.; Aus dem Dunkel, Lyr. 00; Grypsgeschichten, Erzn. 04; Meine art des Reisens, Erz. 05; Wege eines Malers, Autobiogr. 06; Malerfibel, Erzn. 07. – **MA:** Greifswalder Almanach 03; Reiseerzn. in: Ostseeztg 60–02; Künstlerportr. in: Pommersche Ztg 00–01. – **H:** Manchmal, Lyr. 04. – *Lit:* Lutz Mohr: H.M. – ein Maler d. Gegenwart 80; K. H. Lütt in: H.M. – Zeit- u. Sinnbilder 92; H. Graumann: Persönlichkeiten aus Mecklenburg-Vorpommern 02; s. auch Kürschners Handbuch der Bildenden Künstler, 1. Aufl. 05.

Mall, Sepp (Josef Mall), Dr. phil., Mittelschullehrer; Fluggigasse 14, I-39012 Meran, Tel. u. Fax (04 73) 21 19 84, *free15741@dnet.it, users.south-tyrolean.net/ kultur/sav/* (* Graun/Vinschgau 31. 12. 55). SAV, GAV, IGAA; 1. Pr. (Lyr.) b. Wettbew. d. Kr. d. Autoren im Südtiroler Künstlerbund 77, 3. Pr. (Lyr.) 81, Stip. d. Südtiroler Ldesreg. 90, Wien-Stip. d. BMfUK 94/95, Lyr.pr. Meran 96, Öst. Staatsstip. f. Lit. 96/97; Lyr., Erz., Hörsp., Rom., Dramatik. – **V:** Läufer im Park, G. 92; Verwachsene Wege, Erz. 93; Brüder, Erz. 96; Landschaft mit Tieren, unter Sträuchern hingeduckt, G. 98; Mannsteufel, Bst. 01; Inferno Solitario. Drei Hörstücke u. ein Theatertext 02; Wundränder, R. 04; Wo ist dein Haus, G. 07. – **MV:** Espresso mortale, m. A. Pichler, S. Gruber, K. Lonthaler u. J. Oberhollenzer, Krim.-R. 00. – **MA:** zahlr. Beitr. in Lit.zss. u. Anth. seit 80, u. a.: Sturzflüge; das fenster; wespennest; Inn. – **MH:** Leteratura Literatur Letteratura, m. R. Bernardi u. E. Locher, Anth. 99. – **R:** Nacht in Izmir, Nacht in Innsbruck 95 (auch auf CD); Inferno Solitario 97; Silence please 01, alles Hsp. – **P:** Partitour, Hörstücke für Akkordeon, Saxophon u. Stimmen, CD. – *Lit:* Anna Wieland: Zur Südtiroler Prosalit. 1969–95, Dipl.arb., Innsbruck 95; Anton Bernhart in: Schlern, H.8 96; Sieglinde Kletterhammer in: Zagreber germanist. Beitr., Beiheft 3/96; Sonia Sulzer: „Sentiere intricati" die Sepp Mall, Diss., Univ. Triest 97/98; Doris Schwienbacher: D. Südtiroler Autor S.M., Dipl.arb., Innsbruck 98. (Red.)

Mallmann, Berthold, Dipl.-Ing.; In der Laach 69, D-56072 Koblenz, Tel. u. Fax (02 61) 4 42 44, *bmallmann@kunstklause.de, www.kunstklausekoblenz. de* (* Koblenz 5. 6. 38). Lyr., Erz. – **V:** Ausnahmezustand – kleine Lyrik 83; Venedig – Impressionen in Wort u. Bild, Lyr. u. Zeichn. 84; Abfälle. Kindheitserinn. 1945–1949 01. – **MV:** Ewig sein in Stille, m. Rainar Nitzsche 06. – *Lit:* Kaiserslautern schreibt 79. (Red.)

Malorny, Hartmuth, ehem. Straßenbahnfahrer u. a. Tätigkeiten; Auf der Kluse 11, D-44263 Dortmund, Tel. (02 31) 57 32 11, Fax (0 32 22) 1 19 60 63, *hmalorny @arcor.de, www.h-malorny.de* (* Wuppertal 10. 5. 59). BVJA 85, Dt. Fachjournalistenverb. DFJV 07; Kultur- u. Reiseb., Rom., Lyr., Erz. – **V:** Kronkorken für den Nachlass, G. 94; Bewegungen im Untergrund, G. 96; Was übrig bleibt, G. 01; Die schwarze Ledertasche, R. 03; Noch ein Bier, Harry?, R. 04; Wendekreis der U-Bahn, R. 06. – **MA:** Social Beat SLAM! Poetry 97; Abgezockt & Zugenäht 99; Weihnachtszauber 01; Der dunkle Keller 02; Scheitern 2002 02; Der goldene Zahn, Anth. 05; Begegnungen aus der Tintenwelt, Anth. 05; Armut, Anth. 06; – Beitr. in Zss.: dO!PEN; Lesestoff; Comma-Mag. u. in d. Publikationen d. BVJA.

Malwe (eigtl. Malwine Markel, geb. Malwine Binder; Märchenerzählerin, Lyrikerin; Amselweg 3, D-91126 Schwabach, Tel. (0 91 22) 63 44 68 (* Reps, Siebenbürgen/Rumänien 64). Lyr. – **V:** Stürmische Lüfte 07. – **MA:** Augsburger Friedensamen, Anth. 04.

Maly, Beate; Rallenweg 6/Haus 3, A-1220 Wien, Tel. (01) 2 80 80 17 (* Wien 24. 5. 70). IGAA 90; Wiener Autorenstip. 07. – **V:** Das Jahr im Kindergarten erleben, Praxisb. 98; Der Allerschlimmste Tag oder Timo will auswandern, Bilderb. 99; Inlineskates für Timo, Bilderb. 00; Feste feiern, wie sie fallen, m. Ill. v. Monika Laimgruber 00; Wir entdecken den Garten, Praxisb. 01; Darf ich bei euch schlafen, Bilderb. 02; Lina macht Winterurlaub, Bilderb. 04; Das Versprechen der Hebamme, hist. R. 09. – **MA:** Geschichten für kleine Prinzen & Prinzessinnen 97; Coppenraths kunterbuntes Geschichtenbuch 02; Träum schön mein Kind, Geschn. 02; Kerzenschein und Weihnachtszauber, Geschn. 04 (m. CD); Sprechen und Verstehen 04; Fußball ist klasse! 06; Im Mondlicht segeln wir davon 06; Abrakadabra und Ahoi! 07. – *Lit:* Literar. Leben in Öst. 01; Hdb. üb. öst. Kinder- u. Jugendbuchautorinnen 04.

Malyalam, Kim s. Sprenger, Werner

Mamat, Herbert, Rektor; Hinseler Hof 39, D-45277 Essen, Tel. (02 01) 58 12 08 (* Essen 5. 7. 38). Rom., Sachb. – **V:** Das Prinzip Erziehung, Ess. 96; Die Türen hinter der Tür, Erzn. 97; Die Suche nach dem brennenden Dornbusch, R. 99; Seneca und Minestrone, R. 02; Es ist der gesagt, Mensch, Texte 03; Splitter im Kopf, Aphor. u. Reflexionen 04; Machiavell und Pastasciutta, R. 08. – *Lit:* s. auch 2. Jg. SK.

Mamleew, Medina s. Coenegrachts, Medina

Mand, Andreas, Schriftst.; *andreasmand@teleos web.de.* c/o Maro-Verlag, Augsburg (* Duisburg 12. 12. 59). Rom., Erz. – **V:** Haut ab 82, Tb. 84; Innere Unruhen 84; Grovers Erfindung 90, Tb. 92; Grover am See 92; Der Traum des Konditors 92, alles R.; Peng, Erz. 94; Das rote Schiff 94, Tb. 97; Kleinstadthelden 96, Tb. 98; Das große Grover-Buch, R.-Samml. 98, veränd.Tb.-Ausg. u. d. T.: Grovers Erfindung 00; Vaterland, R. 01; Schlechtenachtgeschichte, R. 04; Paul und die Beatmaschine, R. 06. – **P:** eine kleine feile. Demos 84–89, CD 07.

Mandel, Doris Claudia, Chemikantin, Dipl.-Philologin, Chefred., Verlegerin, Chorleiterin; Dessauer Str. 164, D-06118 Halle, Tel. (03 45) 52 50 99 52, Fax 2 39 77 77, *doris_mandel@arcor.de*, *www.doris-claudia-mandel.de* (* Merseburg 24. 11. 51). Förd.kr. d. Schriftst. in Sa.-Anh. 98, VS 05; Stip. d. Stift. Kulturfonds 99, Stadtschreiberstip. Halle/Saale 02/03, Stip. Schloß Wiepersdorf 04; Rom., Lyr., Erz., Ess. – **V:** Brutus, der Höllenhund, Kdb. 98; Die Zähmung des Chaos', Ess. 99; SteinZeit, Erzn. 00; Mein Feind, die Finsternis, G. 02; Laura unter den Wipfeln und der Prinzipal Tod 07; Brautschau zu Lauchstädt, zwei Stücke 07; – THEATER/UA: Opern-Treff 78; Die Katze läßt das Mausen nicht 79; Das kleine Spiel von der großen Zeit 95. – **MA:** Basar am Roten Turm 79; ndl, Lit.zs. 81; Hallesche Studien z. Wirkung von Sprache u. Lit. 83; Hinter einem Mäuerlein sitzt ein dickes Bäuerlein 84; Wendepunkte 99; Der Turmspringer 99; Hallesche Autorenhefte 02. – **Ue:** Jannis Ritsos, Poesiealbum 195 83; Mikis Theodorakis: 2. Sinfonie. Das Lied der Erde, dt. EA 82; M.T./Odiseas Elites: To Axion Esti, dt. EA 82; M.T./Michalis Katsaros: Die Sadduzäer-Passion, UA 83; M.T./Tasos Livadhitis: Liturgie Nr.2. Den Kindern, getötet in Kriegen, dt. EA 83. (Red.)

Mandel, George s. Eser, Willibald Georg

Mander, Matthias (eigtl. Harald Mandl), kfm. Angest.; Karl-Suschitz-Gasse 3, A-2201 Gerasdorf, Tel. u. Fax (0 22 46) 33 27 (* Graz 2. 8. 33). P.E.N.-Club Wien 80, Podium, IGAA; 1. Pr. f. Lit. Jugendkulturwoche Öst. Innsbruck 63, Peter-Rosegger-Pr. (Förd.pr.) 64, Buchprämie d. BMfUK 79, Anton-Wildgans-Pr. 79, Pr. d. Lit.-Initiative d. Girozentr. Wien 85, Förd.pr. d. Ldes NdÖst. f. Lit. 86, Lit.pr. d. Ldes Stmk 89, Würdig.pr. d. Ldes NdÖst. f. Lit. 91, Stefan-Andres-Pr. 95; Rom., Nov., Ess. – **V:** Summa Bachzelt, Erzn. 66; Der Kasuar, R. 79; Das Tuch der Geiger, Erzn. 80; Wüstungen, R. 85; Der Sog, R. 89; Cilia oder der Irrgast 93; Garanas oder die Litanei, R. 01; Der Brückenfall Oder das Drehherz, R. 05. – **MA:** Das Buch von der Steiermark 68. (Red.)

Manderscheid, Roger, Schriftst.; 3 Rue Albert Philippe, L-2331 Luxemburg, Tel. (0 03 52) 44 05 30, Fax 26 25 85 85, *mandersc@pt.lu* (* Itzig/Luxemb. 1. 3. 33). P.E.N.-Zentr. Dtld, EPräs. Lëtzebuerger S.V.; Nat. Lit.pr. Batty Weber 90, Lit.pr. d. Fond. Servais 92, 1. Pr. im Nat. Lit.wettbew. 95, Gustav-Regler-Lit.pr. 05; Rom., Kurzprosa, Lyr., Theater, Hörsp. in Dt. u. Lux. – **V:** Der taube Johannes, Erzn. 63; Die Glaswand, Hsp. 66; Statisten, Hsp. 70; Die Dromedare, R. 73, Neuaufl. 96; Rote Nelken für Herkul Grün 74, 83; Stille Tage in Luxemburg, Drehb. 75; Schrott, Hsp. 78; Leerläufe, Prosa 78; Ananas, Hsp. 83; Ikarus, sat. Epos 83; Mam Velo bei d'gëlle Fra, G. u. Prosa 86; Schacko klak, R. (lëtzeburg.) 88, 4. Aufl. 92; Hannerwëtz mat Bireschnëtz 91; De Papagei um Käschtebam, R. 91; Mein Name ist Nase, Geschn. 93; Feier a Flam, R. 95; Tschako klack, R. 97; Papier libre, G. 98; Der Papagei auf dem Kastanienbaum, R. 99; Summa summarum, G. 00; Schwarze Engel, Geschn. 01; Polaroid, Kurzprosa 02; Der Aufstand der Luxemburger Allliteraten, Essais 03; Der sechste Himmel, R. 06; Herkules Kasch, R. 07. – **MH:** Lëtzebuerg Luxembourg Luxemburg, Anth. 89. – **F:** Schacko Klak, Verfilm. d. gleichnam. R.s 90. – **R:** Die Glaswand 66; Ananas 71; Schrott 72; Der Horizont platzt 85; Intercity, Antwerpen Zoo 95; Penalty 95, alles Hsp.; Stille Tage in Luxemburg, Fsf. 73. – *Lit:* Anne Weis: D. literar. Technik bei R.M., lit. Diss. 71; Robert Steffen: Der Schriftsteller in Luxemburg am Bsp. R.M., lit. Diss. 80; Georges Hausemer in: KLG 85.

Mandl, Harald s. Mander, Matthias

†**Mandl,** Herbert Thomas, PhDr. Univ. Brno; lebte in Meerbusch (* Preßburg 18. 8. 26,

† Meerbusch 21. 2. 07). FDA; Philosophie-Pr. d. Univ. Olomouc/CZ 00; Rom., Erz., Dramatik. Ue: engl, tsch. – **V:** Das Ziel der Verschollenen 79; Musik aus der Finsternis. Ein Lebensbericht aus Auschwitz u. Dachau 1944/45 83; Der Held und sein Geheimnis, Erzn. 91; Das absolut perfekte Verschwinden 94; Der Schiffbrüchige aus der Transzendenz 95; Durst, Musik, Geheime Dienste, Autobiogr. 95; Die Wette des Philosophen oder der Anfang des definiten Todes, R. 96; Liebe und Verderb bei Phantomen, R. 06, u. a.; – THEATER/UA: Die Reise ins Zentrum der Wirklichkeit 97; Der dreifache Traum von der Maschine 04; Der vertagte Heldentod 05; Das Ziel der Verschollenen 06. – **MA:** Kontinent 79–91. – **Ue:** Lubomír Peduzzi: Pavel Haas. Leben u. Werk d. Komponisten.

Mandok, Barbara s. Ming, Barbara

Manegold, Thomas, freier Journalist, Veranstalter, DJ, Künstler u. Autor; c/o subKULTUR, Postfach 580664, D-10415 Berlin, Tel. (0 30) 44 67 80 86, *manegold@subkultur.com*, *www.subkultur.com*, *www.manegold.de* (* 68). – **V:** Drudenfuß 96; Sonnentod 99; Ich war ein Grufti 06; Himmelsthor 07. (Red.)

Manekeller, Wolfgang, Red., Werbefachmann, Autor; An der Wallburg 28, D-51427 Bergisch Gladbach, Tel. (0 22 04) 6 39 67, Fax 6 47 62 (* Hameln 23. 9. 30). Lyr., Aphor., Sachb. – **V:** Winteräpfel 91; Aus dem Dämmergrund abgelegener Jahre, Lyr., Aphor., Gedanken 97; Als finge alles erst an, Lyr. u. Aphor. 99; Zwischen Himmel und Handy, Lyr. 01; Scheues Wild Wahrheit, G., Aphor., Prosa 02; zahlr. Ratgeber zu Bewerbung, Korrespondenz u. a. – *Lit:* s. auch SK. (Red.)

Mang, Ullrich s. Huhn, Klaus

Manhenke, Hanno (Ps. Hermann Henke), Dr. med., Allgemeinarzt i. R.; Kuhlenstr. 3a, D-32427 Minden, Tel. u. Fax (05 71) 2 92 80, *hanno.manhenke@t-online.de* (* Wilhelmshaven 8. 8. 31). – **V:** Tennis-Gedichte 00; Gelegenheits-Gedichte 01; Privatsprechstunde, Anekdn. 03. (Red.)

Manikowsky, Cornelia, Schriftst.; Kirchentwiete 29 D, D-22765 Hamburg, Tel. (0 40) 38 44 91, Fax 4 22 70 44, *cornelia@manikowsky.de* (* Hamburg 3. 12. 61). LIT Hamburg 97; Lit.förd.pr. d. Stadt Hamburg 88, 95, Stip. d. Kärntner Inst. im Bachmann-Lit.wettbew. 90, Solitude-Stip., Aufenthaltsstip. d. Berliner Senats, Stip. Künstlerhof Schreyahn, Aufenthaltsstip. Maison des Ecrivains Etrangers St. Nazaire/Frankr., Ahrenshoop-Stip. Stift. Kulturfonds, Künstlerinnenhof „Die Höge“; Rom., Erz., Kurzprosa, Kinderb., Ess. – **V:** Eine Frau und der Junge, Erzn. 91; Rosa Rosa, Erz. 96; Sommergeräusche, Prosa 02; Glückswolke geschrumpft, Kdb. 07 (auch korean.). – **MV:** Marguerite Duras: Der Schmerz. Die Liebe, m. D. Deuring 97. – **MA:** zahlr. Beitr. in Anth., Lit.-Zss., Ztgn u. Zss., u. a. in: Manuskripte; ndl; Frauen i. d. Lit.wissenschaft, seit 88. – **MUe:** Lilian Giraudon: Retuschierte Gedichte, m. U. Bokelmann, Lyr. 01; Jean-Jacques Viton: Die Sommerreise, m. Sabine Günther, Lyr. 01; S. Macher: Kurzprosa 02.

Manke, Olaf Otto, Dipl.-Des., Grafiker, Illustrator; Neuhillen 28, D-45665 Recklinghausen. Tel. (0 23 61) 37 38 13, *litera@manke-online.de*, *www.manke-online.de* (* Recklinghausen 13. 3. 58). Erz., Humor. – **V:** Boffski – Storris aussen Revier – Voll in Ährlich 03; 2 lokalgeschichtl. Bild-Text-Bde. – **MA:** div. Feuilletons, Lyr., Texte, Comics u. Cartoons in: Holzwurm, Zs. 79–83. (Red.)

Mann, Franz Josef; Fritz-Konzert-Str. 6/4/1, A-6020 Innsbruck, Tel. (05 12) 56 22 41. – **V:** Im Lidschatten des Adson von Melk, R. 07.

Mann

Mann, Frido (Fridolin Mann), Dr. theol., Dr. phil., UProf.; lebt in Pfäffikon u. Göttingen, *www.fridomann. de* (* Monterey/California 31. 7. 40). Dt.schweizer. P.E.N.-Zentr.; Lit. Ausz. d. Stadt Zürich 94; Rom., Ess., Drama. – **V:** Professor Parsifal, autobiogr. R. 85; Der Infant 92; Terezín oder der Führer schenkt den Juden eine Stadt, Parabel 94; Brasa, R. 99; Hexenkinder, R. 00; Nachthorn, R. 02; Babylon, R. 07; Achterbahn. Ein Lebensweg 08. – **H:** Fliege nicht eher, als bis Dir Federn gewachsen sind... 93. (Red.)

Mann, H. G. s. Hagemann, Friedrich

Mann, Hans-Georg s. Hagemann, Friedrich

Mann, Hans-Joachim, Dr. rer. nat.; c/o Karin Fischer Verl., Aachen (* Offenbach/M. 3. 4. 22). Autobiogr., Erlebnisbericht. – **V:** Sechs verlorene Jugendjahre. 1940–1946 06; Das Leben gedieht 06; Essay über meine Dampfmaschine 07; Hano mag nicht mehr 07, alles Autobiogr. – **MV:** Gewagt und gewonnen, m. Emmy Mann, Erlebnisber. 08.

Mann, Jindrich (Jindřich Mann), Filmemacher; Fregestr. 33, D-12161 Berlin, Tel. (0 30) 8 51 50 98. Nerudova 16, CZ-11800 Prag 1 (* Prag 48). Dt. Film- u. Fernsehakad. – **V:** Prag, poste restante 07. – **R:** Berlino, amore mio; Brüssel – Eine wunderliche Reise; Reihe „Peter Strohm": Der schwarze Schwan 91; Familienbande 95. (Red.)

Mannel, Beatrix (auch Jana Goldberg, Tamara Kelly, Beatrix Gurian), freie Autorin; D-80339 München, Fax (0 89) 50 00 99 87, *info@beatrix-mannel.de*, *www.beatrix-mannel.de* (* Darmstadt 61). Das Syndikat; Auswahlliste d. besten Bücher f. junge Leser 01, Stip. d. Winterakad. Stift. „Goldener Spatz" 03/04; Krimi, Thriller, Kinder- u. Jugendb., Drehb., Hist. Rom. – **V:** Voll ins Schwarze, R. 00; Der Brautmörder, R. 00; Schön, schlank und tot, R. 02; Zärtlich küsst der Tod 07; PrinzenTod 08; – KINDER-/JUGENDBÜCHER: Jule, filmreif 01; Jule, kussecht 01; Jule, schwindelfrei 02; Jule, zartbitter 02 (alle auch tsch. u. slowen.); Zauberherz 03 (auch lett.); Lesepiraten-Eisbärengeschichten 03 (auch nor.); Lesepiraten-Feuerwehrgeschichten 04 (auch nor.), Neuaufl. 08; Ein Oberarzt macht Zicken 04; Willkommen bei den Chaos-Schwestern! 04; Flunkern, Flirt und Liebesfieber 04; Mittsommertraum 04, Tb. 07 (auch lett. u. litau.); Leselöwen-Reitschulgeschichten 04 (auch auf CD u. Kass.); Rettender Engel hilflos verliebt 05; Penpan, Popstars, Wohnheimpartys 05; Korallenkuss 05 (auch lett.); Lesekönig – Die Spur führt ins Schlangenhaus 05; Leselöwen-Herzklopfgeschichten 05; Die Tochter des Henkers, hist. R. 07; Herzklopfen und Sommersprossen 07 (auch ung.); Lesepiraten-Seehundgeschichten 08; Traumtänzer gesucht 08; Die Wunschzauberer 08. – **MA:** Ich bin aber noch gar nicht müde 04; Leise rieselt der Schnee 05, Neuaufl. 08; Herzklopfen 06; Ein Stern strahlt um die Welt 06; Leise scheppert die Tür 06; Liebe und andere Gründe zu morden 07. – **H:** Die schönsten Kindergedichte für Familienfeiern 99; Die schönsten Gedichte und Zitate für festliche Anlässe 00.

Mannhart, Urs, Fahrradkurier; Bern. c/o Bilgerverlag, Zürich (* Rohrbach/Bern 19. 8. 75). AdS 05; Preisträger Lit.wettbew. d. Dienemann-Stift. 03 u. 05, Aufenthaltsstip. d. Berliner Senats im LCB 06, Buchpr. d. Kt. Bern 07. – **V:** Luchs, R. 04; Die Anomalie des geomagnetischen Feldes südöstlich von Domodossola, R. 06. (Red.)

Mannheimer, Max (Ps. als Maler: ben jakov), Dr. phil. h. c., Autor u. Maler; Hubertusweg 32, D-85540 Haar b. München, Tel. (0 89) 4 60 42 43 (* Neutitschein/Mähren 6. 2. 20). Herzog-Heinrich-Med. 90, Ritter d. Franz. E.legion 93, Waldemar-v.-

---

Knoeringen-Pr. d. SPD 94, Bayer. Verd.orden 94, St.-Benno-Med. d. Bdes d. kath. Jugend 95, Bayer. Verfassungsmed. 96, Auschwitz-Kreuz d. Rep. Polen 97, Ehrenoffizier d. Kompanie 4/Fernmelderegiment 220 99, BVK I. Kl. 00, Georg-Kerschensteiner-Med. 00, Dr. h.c. Ludwig-Maximilians-Univ. München 00, Gr. E.zeichen d. Rep. Öst. 01, Georg-v.-Vollmar-Med. d. SPD 05. – **V:** Spätes Tagebuch 00 (auch poln., slowen.). – **MA:** Dachauer Hefte, Nr. 1 85, Tb. 94 (auch engl., frz., ivrith, tsch.); Lesebuch z. Geschichte d. Münchner Alltags, Geschichtswettbew. 1989/90; Susann Heenen-Wolf: Im Haus des Henkers 92; dies.: Im Land der Täter 93; Jb. d. Vereins „Gegen Vergessen – für Demokratie", Bd.1 97; Hefte von Auschwitz, Nr.20 97; Ingrid Wiltmann (Hrsg.): Jüdisches Leben in Dtld 99. – **P:** Überleben in Auschwitz, Lesung auf Video; Dr. h.c. Max Mannheimer (Gespräche mit Zeitzeugen), Doppel-DVD 05. – *Lit:* Angelika Pisarski: ... um nicht schweigend zu sterben 89. (Red.)

Mannsdorff, Peter, Autor; Sollmannweg 11, D-12353 Berlin, Tel. u. Fax (0 30) 7 74 10 19, *mannsdorff @gmx.de*, *www.shift-selbstverlag.de*. Charlottenstr. 11a, D-12247 Berlin (* Berlin 13. 5. 57). NGL Berlin 90–96, Autorenforum Berlin 04; 3 Werkverträge d. soz. Künstlerförd. Berlin in den 1990er Jahren; Rom., Jugendrom., Kinderb., Kurzprosa. – **V:** Das verrückte Wohnen, Erlebnisber. 92, 94; Von der Zukunft umzingelt, R. 94, 95; Kind ohne Meinung, R. 97. – **MA:** Veröff. in Ztgn u. Anth.

Mansion, Barbara; Rosenstr. 4, D-66701 Beckingen, *barbaramansion@onlinehome.de* (* Saarfels 4. 8. 61). – **V:** Mord auf der Siersburg, hist. Krim.-R. 03, 4 Aufl.; Mörderische Wallfahrt, R. 07. – **MA:** Hochwälder Geschichten und Gedichte – frisch aus der Feder, Kurzkrimi 06; Letzte Grüße vom der Saar, hist. Krim. 07. – *Lit:* zahlr. Beitr. im Internet u. in d. regionalen Presse.

Mantel, Felix s. Kusche, Lothar

Mantese, Mario; c/o Renate Schmidlin, Grafschaftsstr. 2, CH-8154 Oberglatt, *mariomantese@globeall. de, www.mariomantese.com*. – **V:** Das Geheimnis vom weissen Stein 88; Aufbruch in die Ewigkeit 93; Im Land der Stille. Meine Lehrzeit bei d. Meistern im Himalaja 98; Vision des Todes – Meine Reise durch das Jenseits. (Red.)

Manthey, Jürgen, Dr. habil., freier Publizist, Lit.kritiker, Rundfunkred., Verlagslektor; Mondstr. 15 B, D-48155 Münster, Tel. (02 51) 93 83 33 09 (* Forst/Lausitz 17. 10. 32). P.E.N.-Zentr. Dtld. – **V:** Hans Fallada, Monogr. 63, 12. Aufl. 02; In Deutschland und um Deutschland herum, Glossar 95; Die Unsterblichkeit Achills. Vom Ursprung d. Erzählens 97; Königsberg. Geschichte e. Weltbürgerrepublik 05. – **H:** Wilhelm Raabe: Im Siegeskranze 94; In einer Abend..., für die Reise..., als ein Geschenk 97, u. weitere lit.gesch. Veröff. (Red.)

Mantovan-Verdi, Felice s. Grün, Gerd

Manusch s. Steger, Manuela

Manz, Hans, Lehrer; Hardturmstr. 316, CH-8005 Zürich, Tel. (01) 2 72 97 76, *www.lyrikline.org*. I-56040 Casale Marittimo (* Wila, Kt. Zürich 16. 7. 31). Gruppe Olten 73, Autilus 97; Werkjahr d. Kt. Zürich 70, d. Schweiz. Schillerstift., Auswahlliste z. Dt. Jgd.lit.pr. 71, 74, 76, 79, Werkjahr d. Pro Helvetia 78, E.gabe d. Stadt Zürich 81, Schweiz. Jgdb.pr. 91, Öst. Staatspr. f. Kinderlyr. 93, Lyrikpr. der Schweiz. Schillerstift. 94, Anerkenn.gabe d. Stadt Zürich 94, E.med. d. Stadt Livorno 95, Auswahlliste z. Schweizer Jgd.lit.pr. 99; Lyr., Nov., Film, Rom., Märchen. Ue: engl, frz. – **V:** Lügenverse, Lyr. f. Kinder 67; Dreißig Hüte, Lyr. f. Kinder 68; Konrad, Kinder-Erz. 70; Eins, zwei, drei, Kinder-Erz. 72; Worte kann man drehen, Sprachsp. 74; Ess- u. Trinkgeschichten, Fbn. 75; Adam hinter dem Mond, Erzn. 76; Helen Oxenburys ABC, Kinderreime 77; Kopfstehen macht stark, Sprachsp. 78; Grund zur Freude, R. 81; Ueberall und niene, Mda.-Lyr. 83; Schöne Träume 92; Die Wachsamkeit des Schläfers 94; Mit Wörtern fliegen 95; Pantoffeln für den Esel, M. 96; Um drei Ecken herum, e. Wunsch-Leseb. 98; Da kichert der Elefant 98; Ein kleines o steht vor dem Zoo 00; Nichts ist so, wie es ist, Erzn. 02; Maremma, Erzn. 04. – MA: Kinderballaden 68. – H: Der schwarze Wasserbutz, Schweizer Sagen. – R: Das fliegende Haus, Fs.-Trickf. 77. – Ue: Sendak: Die Nachtküche; Die Minibibliothek; Ungerer: Monsieur Racine; Der Zauberlehrling; Gorey: Er war da und sass im Garten; Samuel und Emma.

Mar s. Pelinka-Marková, Marta

Mara, Ulrike, Lehrerin, Autorin; Anton-Bruckner-Str. 14, A-4820 Bad Ischl, Tel. (06 13 2) 2 68 02, Fax 26 80 24, *ulrike.mara@t-online.de* (* Bad Ischl 10. 4. 46). IGAA, GAV. – V: Randgänge, G. 93; Ein Ton ist in der Stille 95; Und Kreise zieht mein Dohlenherz, G. 95; Die Kunst zu fliegen, G. 96; Niemandsfrau, R. 98; Mit roten Seelen, mit schwarzem Mund, G. 99; Regenfische/Vihmakalad, G. dt./estn. 00; Bitterkraut/Pelin, G. dt./slowen. 01; Ischler Triologie: Salzfeuer 01, Schneetanz 03, Traunreiter 04; Höllenbrüder, hist. R. 06. (Red.)

Marc, Ursula s. Dennenmoser, Margarete

Marchart, Patricia Josefine; Alter Markt 2, A-4020 Linz, Tel. (07 32) 77 95 07, *patricia@funtastic.net* (* Linz 17. 7. 71). – V: Wilde. Geschichten von Frauen 02; Jemand, R. 05. – F: Himmelblau, Dok.film. (Red.)

Marczik, Edeltrud (Ps. Trude Marzik), Angest. i. R.; Theobaldgasse 5, A-1060 Wien, Tel. u. Fax (01) 5 81 31 67 (* Wien 6. 6. 23). P.E.N.-Club 88, IGAA; Silb. E.zeichen d. Stadt Wien 86, Johann-Nestroy-Ring 87, Buchpr. d. Wiener Wirtschaft 08; Lyr., Prosa, Rom. – V: Aus der Kuchlkredenz, G. 71, 96; A bissl Schwarz A bissl Weiss 72; Parallelgedichte 73; Trude Marziks Wunschbüchl 74; Zimmer Kuchl Kabinett, G. u. Prosa 76; Das g'wisse Alter, Lyr. 79; A Jahr is bald um, G. 81; Die Zeit ändert viel, Prosa 83; Hochzeitsreise '45, Prosa 84; Hin und wieder, G. 85; Mizzi, R. 87; Ehrlich gestanden ... 88; Wiener Melange, G. 90, 97; Kultur mit Schlag, G. u. Prosa 92; Weihnachten um Trude Marzik 92; Was ist schon dabei, wenn man älter wird 93; So lustig wie's geht, G. 95; Romeo Spätlese, R. 98; Am Anfang war die Kuchlkredenz, G. u. Prosa 00; Schlichte Gedichte 03; Mütter und Großmütter, G. und Prosa 05; Meine Lieblingsgedichte 08. – MV: Wenn Sie mich fragen, m. Fritz Muliar 72. – P: zahlr. Texte für Lieder u. Chansons.

Marduk, Baphomet; c/o Grenzstein Literatur & Medien Verlag, In der Rheinau 8, D-53639 Königswinter, *www.baphomet-marduk.de* (* Siegburg). Rom., Erz., Lyr. – V: Schwarzer Horizont, Erzn. 05; Wenn die Schlange ihren Schwanz verschluckt, R. 06. – MA: Mein schwules Auge 2 04; Gay Universum, 1 04, 2 05; Skat 06; Denkanstöße 06; Art of Mind/Gedankenkunst 06; Scherben der Seele 06; Art of Mystery 07; Am Ast hängt eine Leiche 07.

Marei, Peter s. Reiter, Martin Peter

Marelli, Silvia (geb. Silvia Fassbinder), Sekretärin; Hintergasse 3, D-61203 Heuchelheim, Tel. (0 60 35) 91 76 71, *Silvia.Marelli@freenet.de* (* Frankfurt/M.-Höchst 8. 1. 62). Rom., Lyr. – V: Reisen in die Tiefe, G. 04. – MA: Erz. in: Neue Literatur 97; G. in: Frankfurter Bibliothek.

Maren, Maximilian s. Tobien, Hubertus von

Margesin, Veronika, Besuch d. Lehranstalt f. kfm. Berufe 79–81; St. Agathaweg 21, I-39011 Lana, Tel. (04 73) 55 06 78, Fax 56 39 91, *margesin.veronika@rolmail.net* (* Tscherms b. Meran/Südtirol 12. 5. 63). Biogr., Rom. – V: Mutterliebe, R. 93, 95; Und doch bin ich getragen, Autobiogr. 02, 03; Edel Mary Quinn – Aus der Kraft der Liebe, relig. Biogr. 06; mehrere unveröff. Manuskripte. – MA: mehrere Artikel f. interne Informationsblätter u. religiöse Zss.

†**Marginter,** Peter, Dr. jur. et rer. pol.; lebte in Bad Fischau (* Wien 26. 10. 34, † Wien 10. 2. 08). P.E.N. 68, Podium; Theodor-Körner-Förd.pr. 67, Förd.pr. d. Stadt Wien 68, Förd.beitr. d. Kunstfonds d. Zentralsparkasse d. Stadt Wien 68, Anton-Wildgans-Pr. 70, Würdig.pr. d. Ldes NdÖst. f. Lit. 73, Pr. d. Inklings-Ges. f. Lit. u. Ästhetik 85, Übers.prämie d. BMfUK 86, Öst. E.kreuz f. Wiss. u. Kunst 96; Rom., Kurzprosa, Film, Übers., Kinder- u. Jugendb. Ue: engl. – V: Der Baron u. die Fische, R. 66; Der tote Onkel, R. 67, 81; Leichenschmaus, Erzn. 69; Der Sammlersammler, Erz. 71; Die göttliche Rosl, Erz. 72; Königrufen, R. 73, 88; Pim, Jgdb. 73; Wolkenreiter & Sohn, Jgdb. 75; Zu den schönsten Aussichten, R. 78, Tb. 81; Die drei Botschafter, M. 80; Das Rettungslos, R. 83; Der Kopfstand des Antipoden, R. 85; Die Maschine, Erz. 00; Das Röhren der Hirsche, Erz. 01; Des Kaisers neue Maus, Erz. 02; Ein Heiligenbild. Fein ausgemalt, Erz. 04. – MA: Von fliegenden und sprechenden Bäumen, M. 94; Goldblatt und Silberwurzel, M. 98; Österreich, Europa, die Zeit und die Welt, Ess. 98; The Best of Austrian Science Fiction, Anth. 01. – R: Die Mäusefrage 72; Olympische Spiele 72; Schallaburg 81; Konkurrenz 97, alles Hsp. – Der tote Onkel, Fsf. 82; Das Rettungslos, Fsf. 84. – Ue: John Kennedy Toole: Ignaz oder Die Verschwörung der Idioten 82; Robert Graves: Seven Days in New Crete u. d. T.: Sieben Tage Milch und Honig 83; Thomas Hardy: Far from the Madding Crowd u. d. T.: Am grünen Rand der Welt 85; V.S. Pritchett: Die Launen der Natur 87; I. Compton-Burnett: Diener und Bediente, R. 88; ders.: Ein Gott und seine Gaben, R. 89; ders.: Hoch und heilig, R. 91. – *Lit:* Walther Killy (Hrsg.): Literaturlex., Bd 7 90.

Margraf, Miriam (Ps. f. Hannah-Miriam Lewin), Schriftst., Übers.; Schustehrusstr. 16, D-10585 Berlin, Tel. (0 30) 30 64 98 53, *home@miriammargraf.de*, *www.miriammargraf.de* (* Halle/S. 23. 8. 64). SV-DDR, VS 90; Sally-Bleistift-Pr. 84; Rom., Biogr., Erz., Lyr., Hörsp., Fernsehsp. Ue: ital, engl. – V: Reitstunde bei Robita, Erzn. 84, 2. Aufl. 86; Neue Freunde, Erzn. 86; Antonio oder Karneval mit Soutane, R. 88; Der Noten und des Glückes Lauf, Geschn. 88; Heimweh nach der Fremde, Reiseber. 91; Der Mönch und die Hexe, Jgdb. 04; Ein magischer Pferdesommer, Jgdb. 07. – MV: Georg Friedrich Händel, Biogr. 85, 96; Märchen aus dem Hügeln, Fantasy-Geschn. 86; Die Zaubermenagerie, Novellenkranz 87; Hunde in der Stadt, Geschn. 96; Jochanaan in der Zisterne, Krim.-R. 96; Kleiner Fisch frißt großen Fisch, Krim.-R. 98; Wolfsbande, hist. Krim.-Reihe, 1: Heinrich, 2: Lorenz 00, 3: Das Mädchen, 4: Der Bote, 5: Die Hexe 01, 6: Das Turnier 02; Weiberwirtschaft, Krim.-R. 04, alle m. Waltraud Lewin. – MA: Berlin? Berlin!, Anth. 01; mehrere Beitr. in Lyr.-Anth. – R: Der Orakelspruch, Hsp. 88; Der Unfall, Hsp. 92; Zielfahnder – Familienurlaub, Fsf. 00. – Ue: Lauren Brooke: Heartland Farm – Paradies für Pferde, Bde 3–22; dies.: Rose Hill, Bde 1–8; Melissa de la Cruz: Blue Bloods, Bde 1–3 02–08, alles Jgdb.

Margreiter, Armin, Landesbediensteter; Perlachweg 525, A-6073 Sistrans, Tel. (05 12) 37 60 21,

Margreiter

armin.margreiter@gmx.at, www.margreiter.gmxhome. de (* Hall/Tirol 27. 4. 66). Turmbund, Ges. f. Lit. u. Kunst Innsbruck, Kulturver. 'Commerc im Park' d. Handelsakad. Hall, Gründ.mitgl.; Lyr., Belletr., Reiseber., Haiku-Kurzged. – **V:** Morgendämmerung, Lyr. 94; Die Meister des Schweigens, R. 96; Die Lebenseiche, Gedanken üb. d. Leben 98; Filius Fisch träumt vom Fliegen, Kdb. 00. – **MV:** Vom Radausflug zur Weltreise, m. Ben Kienast 95; Gräser tanzen, m. Ernst Ferstl, Kurz-G. 97. (Red.)

Margreiter, Elfriede (Ps. Märchenfee Pomperipossa); Am Mesnergraben 3, D-91367 Weissenohe, Tel. (0 91 92) 62 55 (* Lühe b. Magdeburg 15. 10. 15). IGdA, RSGI, Ges. d. Lyr.freunde, AKM, DMG; Leserpr. d. Ges. d. Lyr.freunde 96. – **V:** Das Storchennest, M. 96; Die Märchenfee erzählt, M. 99. – **MA:** Lyr., Art., Kurzgeschn. in Zss. u. Alm. (Red.)

Margwelaschwili, Giwi; Behmstr. 42, D-13357 Berlin, Tel. (0 30) 4 94 29 39 (* Berlin-Charlottenburg 14. 12. 27). P.E.N.-Zentr. Dtld; Stip. d. Heinrich-Böll-Stift., Stip. d. DAAD, Stadtschreiber v. Saarbrücken 90, Stadtschreiber zu Rheinsberg 95, Brandenburg. Lit.pr. (E.pr.) 95, Förd.pr. Lit. d. Kunstpr. Berlin 97, Dr. h.c. U.Tbilissi 98, Gustav-Regler-Lit.pr. 02, Goethe-Med. d. Goethe-Inst. 06; Rom., Kurzprosa, Philosophie, Ontotextologie. – **V:** Muzal. Ein georg. Roman 91; Die große Korrektur. 1: Das böse Kapitel 91; Zuschauerräume 91 (auch georg.); Kapitän Wakusch, autobiogr. Roman. 1. Buch: Im Deuxiland 91, 2. Buch: Sachsenhäuschen 92; Der ungeworfene Handschuh 92; Leben im Ontotext 93; Gedichtwelten – Realwelten 94; Ein Stadtschreiber hinter Schloß und Riegel 96; Ich bin eine Buch-Person 98 (russ.); Officer Pembry, R. 07; Zuschauerräume. Ein hist. Märchen 08; Vom Tod eines alten Lesers, R. 08. – **MA:** Gantiadi Nr.5 86; Ariadnefabrik III 88; Lettre international 6/89; Litfass 50/90; CONstruktiv 12/91; Mit dem Fremden leben? 94; Sinn und Form 4/95; die horen 1/96; Festschr. f. Henryk Bereska 96; Was über dich erzählt wird 98; Karlsruher Päd. Beiträge 49/99; Neue Sirene, H.12 00, u. a. – **Lit:** Holger Kulick in: Kennzeichen D, Fs.-Sdg 89; Petra Tschörtner: Herr Giwi u. die umgekehrte Emigration, Film 96; Irene Langemann: Zwischen hier u. dort, Filmportr. 97; Beate Laudenberg in: KLG 99. (Red.)

Marheinecke, Reinhard, Bankkfm., Kabarettist, Schriftst.; Allerskehre 34, D-22309 Hamburg, Tel. (0 40) 6 31 40 44, Fax 63 31 14 08, mail@marheinecke-verlag.de, www.marheinecke-verlag.de (* Hamburg 12. 5. 55). VG Wort 01; Rom., Sat., Musical. – **V:** Närrische Zeilen, 3. Aufl. 94; Kneifertourismus 96, beides Sketche u. Sat.; Der Eisenbahnbaron, R. 98; War's das?, Biogr. 99; Das zerbrochene Kalumet 00; Der Mestize und der Skalpjäger, 2. Aufl. 00; An den Ufern des Missouri, 2. Aufl. 00; Flucht nach Kalifornien 01; Winnetou und der alte Richter, 2. Aufl. 01; Das Kleeblatt 02; Der Goldschatz der Badlands, 2. Aufl. 02; Unter Sklavenhändlern 03 II; What is life? 04; Siedlertreck nach Arizona 04 II; Die Jagd des Old Shatterhand, 4. Aufl. 05; Am Lagerfeuer 05, alles R.; Wanja Wundertüte, Kdb. 05, Musical UA 05; Wüstenräuber, R. 06; s. auch SK. – **MV:** Roman-Reihe „Winnetous Testament". Bd 1: Winnetous Kindheit 99, Bd 2: Blutsbruder 00, Bd 3: Der Häuptling der Apachen 01, Bd 4: Unruhige Jahre 02, Bd 5: Die Farbe des Blutes 03, Bd 6: Rot und Weiß 04, Bd 7: Brennendes Wasser 05, Bd 8: Dem Abschied entgegen 06; Erinnerungen an Winnetou. Heinz Ingo Hilgers, Biogr. 05, alle m. Jutta Laroche. – **MA:** Stern über Bethlehem, Krippensp. u. Geschn. 01; Winnetou-Anth., 2. Aufl. 02; Scharlih 04; Effendi 05. (Red.)

Marheinike, Eberhard s. Stirn, Rudolf

Marin, Herman s. Schulze-Berndt, Hermann

Marin, Nina s. Durben, Maria-Magdalena

Marinić, Jagoda; lebt in Heidelberg, www. jagodamarinic.de (* Waiblingen 20. 9. 77). Förd.pr. d. Hermann-Lenz-Stift. 99, Peter-Suhrkamp-Stip. 02, Stip. d. Kunststift. Bad.-Württ. 03/04, Grimmelshausen-Förd.pr. 05, u. a. – **V:** Eigentlich ein Heiratsantrag, Geschn. 01; Russische Bücher, Erzn. 05; Therapie. Ein Spiel 06; Die Namenlose, R. 07; Zalina, UA 07. (Red.)

Maritschnik, Konrad, Mag., Lehrer; Hauptstr. 152, A-8301 Lassnitzhöhe, Tel. (0 31 33) 32 61 (* Aibl/ Eibiswald 18. 2. 29). B.St.H. – **V:** Wohin der Wind mich weht, R. 98; Holzknechte und Studierte 03; mehrere Sachbücher. – **Lit:** s. auch SK. (Red.)

mark s. Echner-Klingmann, Marliese

Mark, Martin, Rektor, Heimatforscher u. Schriftst.; Hüttigweiler, Provinzialstr. 83, D-66557 Illingen, Tel. u. Fax (0 68 25) 23 33 (* Illingen-Hüttigweiler 11. 11. 29). Lyr., Erz. – **V:** Geschichte und Geschichten von Hüttigweiler, 2. Aufl. 00; Erzählungen aus der Heimat 00; Ein Blumenstrauß der Poesie, G. 01; Rückblicke in die Hüttigweiler Vergangenheit 01; Hüttigweiler Schulgeschichte 02; Die Zeit, ein Stück der Ewigkeit 03; Historische Hüttigweiler Begebenheiten, Erz. 05; Altes Herz und junge Lyrik 06; Historische Leckerbissen, Erzn. 07; Kinder und Heimat, Lese- u. Vorleseb. f. Kinder 08; Land, Leute und Bräuche 08; Novellenbuch, Nn. u. Kurzgeschn. 09.

Mark, Paul J.; Buchholzstr. 119, CH-8053 Zürich, Fax (01) 3 81 95 45 (* Sur/Kt. Graubünden 11. 10. 31). Dt.schweizer. P.E.N., SSV; Unsterbl. Rose 81; Lyr., Nov., Erz. Ue: engl, frz, span. – **V:** Rauschg. G. 68; Amethyst, G. 78; Obsidan, G. 81; Ofenrauch, Erzn. 83; Flugsand, G. 84; Roter Wind, G. 88. – **H:** Ondra Lysohorsky: Der Tag des Lebens, G. 71; Sybille Petersen: Wahre Geschichten aus Elba, Erzn. 99; Edith Kammer: Schwarzes Gold, G. 00. – **MH:** Die Familie Pasternak, Biogr. 75 (auch engl, frz.), Neufass. dt. 97; Boris Pasternak: Lyrik aus acht Büchern 77. – **Ue:** Im Land des weissen Raben. Fabeln u. Sagen aus Alaska 02. (Red.)

Markart, Mike, freier Autor; Grazer Str. 19, A-8510 Stainz, mike.markart@aon.at, www.markart.net (* Graz 25. 8. 61). Theodor-Körner-Förd.pr. 90, Lit.-förd.pr. d. Stadt Graz 91, Öst. Dramatikerstip. 92, 96, Öst. Rom-Stip. 97, Stip. d. Filmstift. NRW, Düsseldorf 98, Würth-Lit.pr. 00, Karlsruher Hörspielpr. 01. – **V:** Belsize Park, Lyr. 86; Die Einzelteile des Lebens, R. 91; Das Tier in meinem Kopf, Prosa 93; Die windstillen Vogelscheuchen, Lyr. 97. – **B:** Grillparzer: Die Ahnfrau, Neufass., UA 95. – **MA:** Unstimmig 88; Lauter Lärm 94; Schundroman 94; Siebenzehntel 94; Film ab 96; Menschen. Fresser 96; 15 96; titel_2001 01; Wenn die Katze ein Pferd wäre ... 01; Verwandtenhasserbuch 01; Quer.Sampler 03, u. a.; – div. Zss.: Literatur u. Kritik; podium; Die Rampe; perspektive; Limes. – **R:** Die Anstalt 94; Mein linker Hund ist ein begrenzt in peinem Papiersack, welcher mit Roßkastanien gefüllt war und welchen er durch den Park zu tragen hatte, sogar zweimal 95; Hilfe, Monika 95; Köller 95; Krammer 95; Levomepromazin 97; Alles grau ... 97; Harrer 97; Ich bin ein Mahnmal und ein immerwährender Kalender 97; Wasserkörpfe, flaches Denken 98; Margritte 00; Ich weiß nicht, wer ich bin, sagte er dann immer wieder in mein Glas hinein 02, alles Hsp., u. a. – **Lit:** KLÖ 95. (Red.)

Markees, Marina (verh. Marina von Laer), Dr. med., Kinderradiologin; Burgstr. 12, CH-4125 Riehen, Tel. u. Fax (0 61) 6 41 54 30, marina@markees.ch,

home.datacomm.ch/mvlm, www.marina-markees.com
(* Basel 11. 8. 46). – **V:** Küchenliebe, eine Biographie al dente 03.

Markel, Malwine s. Malwe

Markert, Joy (eigtl. Hans-Günter Markert), Autor; Grunewaldstr.14, D-10823 Berlin, Tel. (0 30) 2 15 20 31, *mail@joymarkert.de, www.joymarkert.de* (* Tuttlingen/Württ. 8. 5. 42). VS 76, Verb. Dt. Drehb.-autoren 95–01, Das Syndikat; Drehb.prämie BMI 75, Drehb.stip. BMI 77, Filmstip. Senat Berlin 78, Lit.-stip. 82, 84, Arb.stip. f. Berliner Schriftst. 86, 89, 91, Stip. d. Käthe-Dorsch-Stift. 97, Lit.stip. d. Stift. Preuss. Seehandlung 98; Film, Hörsp., Prosa, Lyr., Fernsehen. Ue: engl. – **V:** Salmakis, Verszykl. 83; Asyl 85; Erichs Tag, Bü. 87; Malta – Reisen eines Ahnungslosen in die Steinzeit, Prosa 89, 2. Aufl. 90. – **MV:** Nachtcafé Schroffenstein, m. Sibylle Nägele, Krim.-R. 94; Die Potsdamer Straße, m. ders., Prosa 06. – **MA:** Die Hälfte d. Stadt 82; Gesichtskontrolle 87; Der gute Gott von Manhattan, Hsp. 90; Haushören, Hsp. 90; Crime Time 95, u. a. – **F:** Hochzeit der Einzelkämpfer, Kurzf. 70; Henriette Suffragette, Kurzf. 71; Küss mich, Fremder 72; Harlis 73; Der letzte Schrei 75; Belcanto 77; Das andere Lächeln 78; Auch der Herbst hat schöne Tage, m. Helga Krauss 79; Ich fühle was, was du nicht fühlst, m. ders. 82. – **R:** Der Goldmacher 76; Venedig – ein Traum 76; Vielleicht wird er Bürgermeister 77; Geschnetzelte Freitage 77; Reglement für eine Witwe 77; Exekution eines Handkusses 77; Das Dinosauriermädchen 78; Ein Mädchen oder Weibchen, m. Helga Krauss 79; Ultimo 79; Der Hippiebeamte 79; Etwas Hitler, Stuyvesant u. Hollywood 79/80; Eingeflippt 79/80; Kinderleben 79/80; Die Frau aus besseren Kreisen 79/80; Der Hofnarr, m. Monika Jung 80; Sterilisation 80; Das Hasardspiel 80; Der Sonntag ist unaufhaltsam 82; Die Sonne errötet am Morgen 82; Der Azteke 82; Einzelkämpfer 83; Salmakis 83; Abschied, Berührung, m. Monika Jung 83; Asyl 84; Menschenkette 85; Hannes 86; Schneckenhaussyndrom 86; Titisee 87; Malta 87, alles Hsp.; 2 Kd.-Hsp., 20 Rdfk-Erzn., 12 Erzn. f. Kd., 5 Krim.-Hsp. u. 28 Hsp. seit 88, zuletzt: Café Finsternis 97; Carlotta, 3 Krim.-Hsp. f. DLR 98, 99, 00; Gecko träumt 01; Die Hochstaplerin 01; Hurenkind, n. Christine Grän 02; Timbuktu, n. Paul Auster 02; Salammbô, n. Gustave Flaubert, 3-tlg. 03; Witwe Zürns Katze 03; Pfarrer Kerns Koffer 04; Bauer Pärts Geige 05; Die Malteser Bescherung 05; Heimerans Höhle 06; Dorffmaiers Double 07; Die Hechinger Madonna 08; Hölderlinturm 09; – die Göttin von Malta, Fsp. 96. – **P:** Timbuktu; Carlotta fängt Schlangen; Hurenkind; Der weiße Luftballon; Salambo, n. Flaubert, 2-tlg. Fass., alles Hsp. auf CD.

Marketz, Christa; Birkenweg 9, A-9754 Steinfeld, Tel. (0 47 17) 61 11 (* Lind a.d. Drau 2. 11. 46). – **V:** Wo mei Herz daham is 94; Vurgspielt und aufgsågg, G. 96; Lebensmosaik 00. (Red.)

Markiefka, Georg A. (eigtl. Georg A. Pape), Dipl.-Religionspäd.; Untere Bergstr. 14, D-90562 Heroldsberg, Tel. (09 11) 5 69 28 78, Fax 5 18 66 93. Kurlandstr. 79, D-90453 Nürnberg (* Ostropa/Gliwice 6. 7. 49). Rom., Lyr. Ue: ital. – **V:** Liebe siegt!, R. 99; Gedichte 1970–2004 06.

Markl, Sigrid, Autorin, Projektleiterin Multimedia, Presse-/PR-Betreuerin; c/o Dt. Taschenbuch Verl., München (* Wien 16. 11. 65). Literar-Mechana 01, LVG 01; Rom., Kurzgesch. – **V:** Chérubin oder Die Krone der Schöpfung, R. 01. – **MA:** netzspannung.-org – Digitale Transformationen 04.

Markmann Kawinski, Waltraud, freie Malerin u. Schriftst.; c/o Hegarda-Verlag, Galerie + Atelier, Gut

Ziegenbusch 11, D-53545 Linz am Rhein, Tel. (0 26 44) 18 18, *www.markmann-kawinski.de*. c/o Ronald Schröder Antelmann, Schinkelstr. 73, D-40211 Düsseldorf, Tel. (02 11) 48 24 33 (* Düsseldorf 3. 8. 31). BBK Rh.-Pf.; Rom., Lyr., Erz., Märchen. – **V:** Sehnsucht nach dem höchsten Blatt, Lyr. 95; Schwarz-Weiß, R. 96; Märchen für Kinder von 8 bis 88, 2 Bde 04; Die weiße Ratte / Die Heinzelmänner, Nn.; Die Katze, R. 08; Erste Malreise in das Licht des Südens, Erzn. 08.

Marko, Rudolf, Schriftst.; c/o Wolfgang Krüger Verl., Frankfurt (* 37). – **V:** Erntemond, R. 97, 98; Die Bilderkammer, R. 99; Die Kinder von Bom Jardim 04. (Red.)

Marková, Marta s. Pelinka-Marková, Marta

Markovicova, Michaela (Erik Prochnow), Dipl.-Betriebswirtin, Dipl.-Volkswirt, Journalist; Lägestenstr. 15, D-51702 Bergneustadt, Tel. (0 22 61) 81 81 71, Fax 81 81 72, *michaela.markovicova@online.de*. – **V:** ... und weil wir Menschen sind ... 96. (Red.)

†**Markstein,** Heinz (Ps. Josef Heimar, Jan Melnik), Schriftst., freiberufl. Journalist; lebte in Wien (* Wien 9. 4. 24, † Wien 22. 6. 08). Literar-Mechana 75, LVG 75, IGAA 82; UNDA-Pr. 81, Hsp.pr. d. ORF 82, Kd.- u. Jgdb.pr. d. Stadt Wien 82; Rom., Nov., Erz., Hörsp., Sat., Kinder- u. Jugendb. – **V:** Also gut, sagte Anna, Kdb. 73; Salud, Pampa mía, Jgd.-R. 78; Heißer Boden Mittelamerika, Rep. 80; Der sanfte Konquistador, Gesch. 91, 94 (auch span.); Der zweite Moses 95; Jenseits von 2002, R. 00. – **MA:** Mädchen dürfen pfeifen, Buben dürfen weinen, Kdb. 81. – **R:** Meister Torrelli, Fs.-Puppensp. 73; Sonntagmorgen mit Frühstück, Hsp. 73; Das kalte Dorf, Fs.-Bilderb. 74; Solo mit Finale con Brio, Hsp. 82.

Markt, Claudia, Lehrerin; Farchat 13, A-6432 Sautens, Tel. (0 52 52) 22 11, *claudia.markt@a1.net* (* Innsbruck 13. 4. 63). Rom., Erz., Lyr. – **V:** Auch würdeltiger werden größer, R. 05. (Red.)

Markus, Gabriele (geb. Gabriele Storch), Schriftst., Gesangspädagogin; Morgentalstr. 37, CH-8038 Zürich, Tel. u. Fax (01) 4 82 56 30, *markuszrh@sunrise.ch, www.a-d-s.ch* (* Bern 30. 8. 39). SSV 87, jetzt AdS, Dt.schweizer. P.E.N.-Zentr. 88, Pro Litteris 01; Pr. f. Christl. Lit. (Lyr.) Graz/Wien 84, E.gabe d. Stadt Zürich 89, Werkhalbjahr d. Stadt Zürich 97; Lyr., Erz., Kurzprosa. – **V:** Unverzichtbar – der Traum vom gelebten Leben, Lyr. 86; Das verlorene Gesicht, Lyr. 97 (bibl ioph. Druck); Ohr am Boden, G. 97; Vertonung mehrerer Gedichtzyklen durch versch. Komponisten. – **MV:** Urlandschaften, G. zu Aquarellen v. Wolfgang Heuwinkel 85, 2. Aufl. 85/86. – **MA:** Beitr. in Anth. seit 84, u. a. Wem gehört die Erde 84; Verdichtetes Wort 94; annäherungen 95; Alpenkrokodile 96; Ich bin so vielfach in den Nächten 99; Zweifache Eigenheit. Neuere jüd. Lit. in d. Schweiz 01; Die schönsten Schweizer Liebesgedichte 04; Nacht 07; Völkerfrei. 25 Jahre Krautgarten 07; Lyrik heute 07; Denn unsichtbare Wurzeln wachsen 08; zahlr. Beitr. in Ztgn u. Lit.-Zss. seit 84, u. a. in: Die Furche; Podium; NZZ; Orte; Entwürfe; Noisma; Macondo; Escapade; Drehpunkt; Hirschberg; Midrasz 5/06 (poln.); orte 08. – **P:** andersno, jetzt, Lyr. m. Musik, CD 00; Schreibende Frauen lesen, Interview, Lesung m. Musik, CD 06.

Markus, Georg, Prof., Schriftst., Kolumnist d. Tagesztg „Kurier"; Weihburggasse 9, A-1010 Wien, Tel. (01) 5 12 20 20, Fax 5 12 20 30, *georg.markus@chello.at, www.georgmarkus.at* (* Wien 2. 2. 51). Öst. P.E.N.-Club 02, Ö.S.V. 04; Dr.-Heinrich-Drimmel-Pr. 85, Silver Screen Award b. Intern. Filmfestival Chicago 01, Gold Globe u. World Media Festivals Hamburg 02, Gold. Verd.zeichen d. Stadt Wien 03; Prosa, Ess.,

Markus

Drehb., Sat. – **V:** G'schichten aus Österreich 87; Schuld ist nur das Publikum, Ess. 94; Tausend Jahre Kaiserschmarrn, Satn. 95; Das kommt nicht wieder, Ess. 97; Sie werden lachen, es ist ernst, Ess. 99; Die ganz Großen, Erinn. 00; Die Enkel der Tante Jolesch, Ess. 01; Meine Reisen in die Vergangenheit, Ess. 02; Neues von Gestern, Ess. 04; Adressen mit Geschichten, Ess. 05; Die Hörbigers. Biografie e. Familie 06; Wie war es wirklich?, Satn. 07; Unter uns gesagt, Erinn. 08; zahlr. Biogr. / Sachb. – *Lit:* Marcel Prawy in: Heimspiel (ORF) 99; s. auch SK.

Markus, Klaus s. Martens, Klaus

Markus, Ursula s. Bedners, Ursula

Markwart, Leslie s. Zwerenz, Gerhard

Marlin, Sonja; Timmendorfer Stieg 34B, D-22147 Hamburg, Tel. (0 40) 6 47 49 16 (* Magdeburg 15. 5. 42). Lyr., Kurzgesch. – **V:** Märchenprinz und Gummibär, G. 91; Mit zärtlicher Gewalt, G. 92; Lieber Gott, du alter Schlingel ..., G. 93; Das Glück ist wie ein Schmetterling 94; Von Menschen, Schweinen und dem lieben Gott, G. 96; Liebe, Gott und grüne Männchen, G. 00; Der Bücherwurm u. a. Geschichten 07.

Marlowe, Emma, freie Autorin, Red., Texterin; c/o Topfmaler – Thomas Langner Mediengestaltung, Jägerstr. 29, D-40231 Düsseldorf, *info@emma-marlowe. de, www.emma-marlowe.de* (* bei Düsseldorf 4. 3. 63). Rom., Erz. – **V:** Lippenspiele, Erzn., 1.u.Aufl. 05 (auch engl., slowak.); Küche der Lust, R. 06 (auch engl., russ.); Lustspiele, Erzn. 07 (auch engl.); Sinnesrausch, Erzn. 08.

Marmet-Champion, Cécile, Lyrikerin, Malerin, Astrologin; Holeeholzweg 52, CH-4102 Binningen, Tel. (0 61) 4 23 16 70, Fax 4 23 16 71, *cecile.m@vtxfree. ch.* Les Noies Jean, F-70270 Ecromagny (* Seewen/SO 15. 5. 41). Pro Litteris 94; Lyr. – **V:** Bilder und Gedichte aus der Seele, G. u. Bilder 94; Gedichte aus der Seele 03; Lyrische Seelenbilder, G. 08. – **B:** Anneliese Schnidrig: Louisa sag, warum 94. – **MA:** Frankfurter Bibliothek 03–06; Beitr. in zahlr. Zss., u. a. in: Schweizer Familie; Das gelbe Heft; Sonntag; Bewusster leben, sowie in: Dr Schwarzbueb, Kal.; Wassermann-Zeitalter; Vita Sana/Sonnseitig Leben; Pro Senectute; Glückspost, u. a. – *Lit:* s. auch Kürschners Handbuch der Bildenden Künstler, 1. Aufl. 2005.

Marni, Nicole s. Lorentz, Iny

Maroch, Hans-Georg (Ps. Roland Choram), Kunstglaser; Am Wiesenhang 4, D-18147 Rostock, Tel. (01 70) 2 84 22 17, Fax (03 81) 69 53 58, *RChoram@ freenet.de* (* Graal-Müritz 3. 3. 44). Rom., Erz. – **V:** Scherben – Glück? Verderben!, R. 04; Das Geld lag auf der Straße, Erz. 04; Die Rose, Krim.-R. 05. (Red.)

Maron, Monika, Dipl.-Theaterwiss.; lebt in Berlin, c/o S. Fischer Verl., Frankfurt/M. (* Berlin 3. 6. 41). P.E.N.-Zentr. Dtld; Lit.pr. d. Irmgard-Heilmann-Stift. 90, Brüder-Grimm-Pr. d. Stadt Hanau 91, Kleist-Pr. 92, Roswitha-Pr. 94, Solothurner Lit.pr. 94, Evang. Buchpr. 95, Carl-Zuckmayer-Med. 03, Friedrich-Hölderlin-Pr. d. Stadt Homburg 03, Frankfurter Poetik-Vorlesungen WS 05; Rom., Erz., Drama. – **V:** Flugasche, R. 81; Herr Aurich, Erz. 82, Neuausg. 01; Das Mißverständnis, Erzn. u. Stück 82; Ada und Evald, Theaterst., UA 83; Die Überläuferin, R. 86; Stille Zeile sechs, R. 91 (in mehrere Spr. übers.); Nach Maßgabe meiner Begreifungskraft, Art. u. Ess. 93; Animal triste, R. 96 (auch jap.); Pawels Briefe 99; Quer über die Gleise. Essays, Artikel, Zwischenrufe 00; Endmoränen, R. 02; Geburtsort Berlin 03; Wie ich ein Buch nicht schreiben kann und es trotzdem versuche 05; Ach, Glück, R. 07; (Übersetzungen insges. in 10 Spr.). – **MV:** Trotzdem herzliche Grüße. Ein dt.-dt. Briefwechsel m. Joseph v. Westphalen 88; Was weiß die Katze vom Sonntag?, m. Katja Lange-Müller 02. – *Lit:* Kiwus 96; LDGL 97; Elke Gilson: Wie Literatur hilft, „übers Leben nachzudenken". Das Oevre M.M.s 99; Katharina Boll: Erinnerung u. Reflexion 02; Elke Gilson (Hrsg.): „Doch das Paradies ist verriegelt ..." Zum Werk v. M.M. 06; Eckhard Franke in: KLG. (Red.)

Maron, Volker s. Lorentz, Iny

Marou, Sarina s. John, Heide

Marquardt, Axel (Axel Maria Marquardt, Ps. Reiner Geist); c/o Verlag Antje Kunstmann, München (* Insterburg 43). Arb.stip. f. Berliner Schriftst. 87, Arb.stip. d. Ldes NRW 89, Arb.stip. d. Ldes Schlesw.-Holst. 90, Kulturförd.pr. d. Kr. Steinburg 91, Hebbel-Pr. 92. – **V:** Sämtliche Werke. Bd I: Die frühe Prosa, Erzn. 88; Standbein, Spielbein, G. 89, 92; Der Betriebsdichter u. a. Geschichten, Erzn. 92; Die Reisenden, Erzn. 92; Die Marschmenschen, liter. Wiss.-Sat. 97 (5 Aufl.); Die Welt ist ein weiß lackiertes Türblatt, Erzn. 97; Anselm im Glück, R. 03; Rosebrock, R. 04. – **H:** Geister, Hexen und Dämonen, Anth. 90; 100 Jahre Lyrik! Dt. Gedichte aus zehn Jahrzehnten, Anth. 92; Günter Kunert entdeckt Nikolaus Lenau 00; Robert Gernhardt entdeckt Heinrich Heine 00; Sarah Kirsch entdeckt Christoph Wilhelm Aigner 01; Paul Auster entdeckt Charles Reznikoff 01; Thomas Kling entdeckt Sabine Scho 01; Oskar Pastior entdeckt Gellu Naum 01. (Red.)

Marquardt, Günther; c/o edition ost, Berlin. – **V:** Jonathans Liebe, R. 06. – **MA:** Niddaer Geschichtsblätter 98, 02. (Red.)

Marquardt, Sylvia. Lübecker Autorenkr. 92, BVJA 01–05; Wettbew. junger Autoren Berlin 94, Ndt. Schreibwettbew. d. NDR 04; Prosa. Ue: dän. – **V:** Das Kreuz aus Salz. Ein Roman aus der Zeit der Inquisition 00. – **B:** Liebschaften und Greuelmärchen. Die unbekannten Zeichnungen v. Thomas Mann, Sachb. 01; Walter Haug: Die Wahrheit der Fiktion, Studien z. weltl. u. geistl. Lit. d. frühen Neuzeit, Sachb. 03. – **MA:** Ünnerwegens, Anth. 04.

Marquart, Bernd Peter, M. A. (Lit. wiss., Soziologie, Politikwiss.), Biologielaborant; Erlenweg 14, D-88525 Dürmentingen, Tel. (0 73 71) 47 94, *bpm@on linehome.de, www.sag-kabarett.de, www.theaternetz. org/bernd-marquart* (* Uttenweiler 22. 8. 65). Dramatik, Hörsp., Lyr. – **V:** Roman und Drama. u. UA 01; Der zerdepperte Krug 02, UA 03; Nikolaus K. – aus dem Leben eines Träumers 02, alles kabarettist. Theaterst.; Nachbars Lumpi oder Trautes Heim, Glück allein?, Sat., 04, UA 05; Die Büchsenmann-Mischpoke, Kom. gedr. u. UA 06; Kommissar Kleinhans und der Tod im Theater, Kom. (Red.)

Marrak, Michael, Autor, Grafiker, Werbetexter; *mail @marrak.de, www.michaelmarrak.de* (* Weikersheim a.d. Tauber 5. 11. 65). European SF Soc. Award 98, SFCD-Lit.pr. 99 u. 00, Dt. Phantastik-Pr. (in 2 Kategorien) 99, 03, Kurd-Laßwitz-Pr. 01, 04. Ue: engl. – **V:** Monafyhr, Zeichn. u. Kurzgeschn. 94; Grabwelt, Kurzgeschn. 1983–1986 96; Das Stück der Klage, phant. R. 97; Die Stille nach dem Ton, Nn. 98; Lord Gamma, R. 00 (auch frz.); Imagon, R. 02; Morphogenesis 05. – **MV:** Am Ende der Beißzeit, m. Gerhard Junker 97; Der Weg der Engel, m. Agus Chuadar 98, beides Theatergrotn. – **MA:** Erzählungen d. Phantastischen Literatur 90; Augenweiten 91; Denebola 10 91; Das Herz des Sonnenaufgangs 96; Pfade ins Phantastische 96; Ablaufdatum 31.12.2000 99; 2000, Phant. Anth. 00; Von kommenden Schrecken 00; Eine Trillion Euro 04, alles Anth., u. a. – **MH:** Der agnostische Saal 1–3, m. Malte S. Sembten, Horror-Anth. (auch Mitarb., teilw. Mitübers.) 98, 99, 01, u. a. (Red.)

Marschner, Rosemarie; Südallee 30, D-40593 Düsseldorf, Tel. (02 11) 7 00 80 06, Fax 7 00 80 13, *marschner@ish.de* (* Wels 21. 1. 44). Rom., Hörsp. – **V:** Melly 89, 92; Im Glanz der Siege 94; Der Sohn der Italienerin 96; Nacht der Engel 98, 00 (auch estn., griech.); Die Insel am Rande der Welt 00; Das Bücherzimmer 04; Das Jagdhaus 05, alles R. (Red.)

Marsilio, Marina, Schriftst., Philosophin, Musikerin; c/o Blackbetty Verlag, Marktstr. 13, A-2162 Falkenstein, *m.marsilio@blackbetty.at* (* Novi Vinodolski/ Kroatien 29. 10. 56). Ö.S.V. 06; Rom., Erz., Lyr. Ue: kroat. – **V:** Frank & Anastasia, R. 05; Terrigenum, R. 06. – **P:** Kunstleder, Kurzgesch., Mobilebook unter: www.mobilebooks.at 06. (Red.)

Marske, Hanne-Lore; Holbeinweg 10, D-45659 Recklinghausen, Tel. (0 23 61) 2 75 64 (* Herten 29. 9. 25). Kurzgesch. – **V:** Besinnliches im Spiegel der Jahreszeiten 87; Erlebtes Erdachtes Erträumtes 88; Herzgewächse 90; Mosaik 92; Menschlichkeiten 93; Lichtblicke 94; Episoden 95; Episteln 96; Impressionen 97; Der Fächer 98; RE-cherchen 99; Alles Seide 00; In memoriam 02; Kuriositäten 03; Das Dreimäderlhaus 04. – **MA:** Kleine Bettlektüre für feinsinnige Recklinghäuser; Senioren erinnern sich, Bde 1 u. 2; Ludwigslust. Ein Lesebuch; zahlr. Kurzgeschn. in: Recklinghauser Ztg 86–00; Vestischer Kal. – **Lit:** Lit.atlas NRW 92ff.; Westfäl. Autorenlex. 02. (Red.)

Martens, Bernd Hans, Ing.; Hellkamp 1, D-20255 Hamburg, Tel. (0 40) 49 73 14, *bernd.hans.martens @gmx.net*, *www.berndhansmartens.de* (* Hamburg 2. 4. 44). VS 89; Lit.förd.pr. d. Stadt Hamburg 94, MDR-Lit.pr. (2. Pr.) 08; Rom., Erz., Hörgesch. – **V:** Ich schrubb von unten, G. 82; Luftschloß aus Stein, Jgd.-R. 88; Land, das zum Meer gehört, Lit. Logbuch 91; Die Heringsbraut, R. 99. – **MA:** Seit du weg bist 82; Erste unvermeidliche Hamburger Annäherung 82; Wo liegt Euer Lächeln begraben 83; Nicht mit dir... 83; Wir haben lange genug geliebt 84; Strandgut 85; Mach Dich größer 86; Abstellgleise 87; Ziegel 96, 98, 02, 08; ndl 6/00. – **R:** Trümmerfrau 85; Auge um Auge 85; Nie wieder 85; Schraubenwasser... 86; Dunkle Flecken 86; Mutprobe 86; Auf dem Küchenstuhl 86; Aus Mahagony vielleicht 86; Lebenslärm 86; Kurze Stille 87, alles Kurzerzn. im Rdfk.

Martens, Brigitte (geb. Brigitte Stark); Winkelförth's Heide 18, D-29361 Höfer, *Hundetraeume@t-online.de*, *www.brigitte-martens.de* (* Großfedderwarden 5. 10. 48). – **V:** Hundeträume. Ein Zuhause für immer, Geschn. 07; Easten. Als eine Sternschnuppe vom Himmel fiel, Geschn. 09.

Martens, Frank, Autor, Shiatsu-Praktiker, Aikido-Lehrer; Wetterseestr. 14, D-13189 Berlin, Tel. (0 30) 34 66 00 95, *mail@wuwei-martens.de*, *www. wuwei-martens.de* (* Brandenburg 22. 1. 64). VS 02; Lyr., Prosa, Märchen. – **V:** Entsprechen, G. u. Prosa 95; Ort: Starre, Prosast. 96; Mitlesebuch Nr. 35, G. 97; Der Bleistift und die Giraffe, Gesch. 98; Kiesel, Notate 01; Jetzt ein Rabe sein, Haiku 01; Glasnarbe, G. 02; Katzenliebe, G. 05; Altweibersommer, G. 05; Geste aus Schnee, G. 05; Asslah Amir, G. 07; Weiße Aster, Prosa 08. – **MV:** Einen Winter lang, m. Ralf Zühlke, Haiku 00. – **MA:** Beitr. in Zss., Anth., Almanachen sowie Ausstellungen seit 90.

Martens, Joachim, Journalist; Rönkoppel 6, D-24161 Altenholz, Tel. (04 31) 32 24 10 (* Schwerin/M. 19. 9. 27). Rom., Erz. – **V:** Die Therapie des Dr. Tiefenbach 96; Schnee bis in die Niederungen 98; Ein unge-

betener Gast 99; Kursabweichung, R. 99; Kurskorrektur oder das Ende einer Euphorie 00. (Red.)

Martens, Klaus (Ps. Klaus Markus), Prof. Dr. phil. habil.; Waldstr. 3, D-66121 Saarbrücken, Tel. (06 81) 89 44 07, Fax 3 02 27 10, *martens@mx. uni-saarland.de*, *www.klausmartens.com* (* Kirchdorf/ Nds. 7. 9. 44). VS/VdÜ, P.E.N.-Zentr. Dtld; Lyr., Ess., Übers., Erz., Rom. Ue: engl, am. – **V:** Heimliche Zeiten, G. 84; Angehaltenes Schweigen, G. 85; Im Wendekreis des Fragezeichens, G. 87, u. a. – **MA:** Jahresring 84–85; Akzente 1/85, 5/85, 4/86, 1/95; KLfG 85; Lettre international, u. a. – **Ue:** Wallace Stevens: Die Gedichte unseres Klimas 87; Derek Walcott: Das Königreich des Sternapfels 89; ders.: Erzählungen von den Inseln 93; ders.: Der Traum auf dem Affenberg 93; Dylan Thomas: Ausgewählte Werke in Einzelausgaben, 4 Bde 91–96; Charles Simic: Medici Groschengrab. Die Kunst d. Joseph Cornell 99. (Red.)

Martenstein, Harald, Journalist u. Autor; Holtzendorffstr. 18, D-14057 Berlin, Tel. (0 30) 32 70 63 15, *hmarten@aol.com* (* Mainz 9. 9. 53). Egon-Erwin-Kisch-Pr. 04, Internat. Buchpr. 'Corine' 07, Henri-Nannen-Pr. 08. – **V:** Rügen – Hiddensee – Stralsund 91; Die Mönchsrepublik. Erotik in der dt. Politik von Adenauer bis Scharping 94, ... von Adenauer bis Claudia Nolte 97; Das hat Folgen. Deutschland u. seine Fernseherinen 96; Wachsen Ananas auf Bäumen? Wie ich meinen Kindern die Welt erkläre 01, alles Sachb.; Vom Leben gezeichnet, Kolumnen 04; Männer sind wie Pfirsiche, Betrachtungen 07; Heimweg, R. 07; Der Titel ist die halbe Miete, Kolumnen 08. – **MV:** Spot aus! Licht an!, m. Ilja Richter 99. – **MA:** Engagement und Skandal, m. J. Bierbichler, Ch. Schlingensief u. A. Wewerka 98; – Kolumnen in: Die Zeit; GEO. (Red.)

Marthens, Jan s. Hense, Karl-Heinz

Marti, Kurt, Dr. theol. h. c., reformierter Pfarrer i. R.; Kuhnweg 2, CH-3006 Bern, Tel. (0 31) 3 52 46 17. Elfenauweg 52, CH-3006 Bern (* Bern 31. 1. 21). Be.S.V. 61, Gruppe Olten 70–02; Lit.pr. d. Kt. Bern 59, 62, 70, 75, 90, Lit.pr. d. Stadt Bern 67, 79, 81, Pr. d. Schweiz. Schillerstift. 67, Johann-Peter-Hebel-Pr. 72, Gr. Lit.pr. d. Kt. Bern 72, Dr. h.c. U.Bern 77, Lyr.pr. d. Dt. Verb. Ev. Büchereien 82, Kurt-Tucholsky-Pr. 97, Karl-Barth-Pr. d. Ev. Kirchen-Union 02, Buchpr. d. Stadt Bern 04; Lyr., Prosa, Ess. – **V:** Boulevard Bikini, G. 59; republikanische gedichte 59; Dorfgeschichten 1960 60; gedichte am rand 63, 87 (port.); Wohnen zeitaus. Geschichten zwischen Dorf u. Stadt 65; Die Schweiz und ihre Schriftsteller – Die Schriftsteller und ihre Schweiz 66; Gedichte, Alfabeete und Cymbalklang, G. 66; Trainingstexte 67; Rosa Loui, G. 67; Das Markus-Evangelium 67; Leichenreden, G. 69, 01 (auch holl., span., rum., ital.); Das Aufgebot zum Frieden 69; Heil-Vetia, G. 71; Abratzky oder Die kleine Brockhütte 71; Paraburi – eine Sprachtraube 72, 91; Bundesgenosse Gott 72, 98 (ital.); Zum Beispiel: Bern 1972, 73; Undereinisch, G. 73; Die Riesin 75, 90 (auch schw.); Meergedichte Alpengedichte 75; Nancy Neujahr & Co., G. 76; Grenzverkehr – ein Christ im Umgang mit Kultur, Literatur u. Kunst 76; Zärtlichkeit und Schmerz, Not. 79; abendland, G. 80; Bürgerliche Geschichten 81; Widerspruch für Gott und Menschen 82; Gottesbefragung 82; Schöpfungsglaube 83; Ruhe und Ordnung 84; Tagebuch mit Bäumen 85, 88; Lachen, Weinen, Lieben 85; O Gott! 86; Mein barfüssig Lob, G. 87, 89; Nachtgeschichten 94 (frz.); Die geselligе Gottheit, Lyr. 89; Ungrund Liebe 89; Högerland. Ein Fußgängerbuch, Prosa 90; Wen meinte der Mann?, G. u. Prosa 90, 98; Da geht Dasein, Lyr. 93, 98 (frz.); Erinnerung an die DDR, Prosa 94; Fromme Geschichten, Prosa 94; Im

Marti

Sternzeichen des Esels, Prosa 95; gott gerneklein, G. 95; Werkauswahl in 5 Bden, Prosa u. Lyr. 96; Von der Weltleidenschaft Gottes, Ess. 98; kleine zeitrevue. Erzähl-Gedichte 99; Der Heilige Geist ist keine Zimmerlinde 00; Das Lachen des Delphins, Ess. 01; Der cherubinische Velofahrer, Prosa u. G. 01; Prediger Salomo 02; Der Traum, geboren zu sein, ausgew. G. 03; Zoé Zebra. Neue Gedichte 04; Gott im Diesseits, Ess. 05; DU. Eine Rühmung, Prosa 07, 08; Ein Topf voll Zeit, Erzn. 08; G. und Prosa in Ausw. in franz., bulg., tsch., litau. – **MV:** Moderne Literatur, Malerei und Musik – drei Entwürfe zu einer Begegnung zwischen Glauben und Kunst, m. Kurt Lüthi u. Kurt v. Fischer 63; Tschechoslowakei 1968, m. P. Bichsel, F. Dürrenmatt, M. Frisch u. G. Grass 68; Theologie im Angriff 69; Der Mensch ist nicht für das Christentum da. Streitgespr. m. Robert Mächler 77; Woher eine Ethik nehmen? Streitgespr. m. Robert Mächler 02. – **MA:** regelm. Kolumnen in: ZeitSchrift; Reformatio (Bern). – **H:** Stimmen vor Tag. Anth. moderner religiöser Lyr. 65; Alm. f. Literatur und Theologie 67–70; Der du bist im Exil. Gedichte zw. Revolution u. Christentum aus 16 lateinamerikan. Ländern 69; Hans Morgenthaler: Totenjodel 70; Politische Gottesdienste in der Schweiz 71; Natur ist häufig eine Ansichtskarte. Stimmen z. Schweiz 76; Wort und Antwort, Meditn.-Texte 77; Festgabe für Walter Jens z. 65. Geburtstag 88. – **P:** Rosa Loui 71. – *Lit:* Horst Schwebel: Glaubwürdig. Fünf Gespräche m. J. Beuys, H. Böll, H. Falken, K.M., D. Wellershoff 79; Elsbeth Pulver in: KLG 80; Ernst Rudolf Rinke: Der Weg kommt, indem wir gehen 90; Christof Mauch: K.M. – Texte, Daten, Bilder 91; ders.: Poesie-Theologie 92.

Marti, Lotti, Lehrerin f. Englisch; Oberwohlenstr. 38, CH-3033 Wohlen b. Bern, Tel. (0 31) 8 29 12 67, *emarti@swissonline.ch* (* Bern 18. 6. 43). Pro Litteris 04; Erz. – **V:** Perlen aus einer Kette 04; Tapeten(-Wechsel) 06.

Marti, René, freier Schriftst. u. Journalist; Haldenstr. 5, CH-8500 Frauenfeld, Tel. (0 52) 7 21 43 74, *www.culturactif.ch/ecrivains/marti.htm* (* Frauenfeld 7. 11. 26). ZSV 67, 8 Jahre Vorst.mitgl., IGdA 67, Gründ.mitgl., stellv. Vors., 1. Vors., EVors. seit 94, SSV 71, Ver. d. Schweizer Presse 72, RSGI 72, Dt.schweizer. P.E.N.-Zentr. 80, 7 Jahre Vorst.mitgl., Turmbund 81, Bodensee-Club 82, Präs.mitgl., KöLA 84, FDA 85, Dt. Haiku-Ges. 85, P.E.N.-Zentr. dt.spr. Autoren im Ausland 88, Pro Lyrica 88, Be.S.V. 89, Kg. 89, VKSÖ 90, GZL 92, Signat(h)ur 97; AWMM-Lyr.pr. 85, div. Druckkostenzuschüsse 84–96 u. 01; Lyr., Nov., Ess., Erz., phil.-theol. Betrachtung. – **V:** Das unauslöschliche Licht, N. 54 (frz. 75); Dom des Herzens, Lyr. 67; Der unsichtbare Kreis, Erzn. 75; Weg an Weg, Lyr. 79; Stationen, Erzn. 86; Die verbrannten Schreie, Lyr. 89 (daraus 9 Verton. v. Thomas Lehmann auf Schallpl./Kass.); Rückblicke, G.-Ausw. dt.-engl. 96 (Übertr. ins Engl. v. Charles Stünzi); (Übers. ins: Frz., Engl., Poln., Pers., Span., Gr., Alban.; Vertonung v. 28 G. durch 8 versch. Komponisten). – **MV:** Die fünf Unbekannten, Erzn. u. Lyr. 70; Besuche dich in der Natur, m. Lili Keller, Lyr. 83; Gedichte zum Verschenken, m. ders., G. 84, 2. Aufl. 85; Gib allem ein bisschen Zeit, m. Brigitta Weiss, Renga 93; Spatenstich für die Rose, m. Magdalena Obergfell, Renga 01. – **MA:** Beitr. in über 200 Anth. in Dtld, Österr., Schweiz. – **H:** u. MA: Der Idealist, Zs. 50 (dt., frz., engl.); Neue Presse Agentur (NPA) 50; Pressedienste: Leben u. Umwelt; Schweizer Frauen-Korrespondenz; Schweizer Erziehungs-Korrespondenz 58–86; 4 Jahre Mitred. d. Zs. Publikation (Bremen/München). – **R:** lit. Sdgn, Lyrik u. Prosa in ORF u. Schweizer Telefonrundspruch 47–55; lit. Sdgn

u. Lyr. in DRS I 86; lit. Sdgn, Lyrik u. Prosa in Radio Thurgau 86, 87, 89, 90. – *Lit:* Material in: DLA Marbach u. Thurgauer Kantonsbibl. Frauenfeld; Dt. Schriftst.lex. 00ff.; Who's Who in German 01; Schriftstellerinnen u. Schriftst. d. Gegenw. (Aarau) 02; Wer ist Wer; Intern. Authors and Writers Who's Who. (Red.)

Marti, Werner, Dr. phil., Dialektologe; Lindenweg 40, CH-2503 Biel, Tel. (0 32) 3 65 16 84 (* Rapperswil/ Kt. Bern 5. 9. 20). Be.S.V. 85, Pro Litteris 96, Ver. Schweizerdt.; Buchpr. d. Kt. Bern 95, Pr. d. Stift. Kreatives Alter, Zürich 03; Rom., Erz. – **V:** RESLI, Erz. 89; Ds Johr uus, Mda.-Kurzgesch. 89; Niklaus und Anna, Mda.-R. 95, 2. Aufl. 96; Dä nid weis, was Liebi heisst, Mda.-R., 1.u.2. Aufl. 01; Chlepfe uf der Geisle, Erz. 05.

Martignoni, Werner, Dr., a. Reg.rat; Thunstr. 71, CH-3074 Muri b. Bern, Tel. (0 31) 9 51 17 47, *werner @martignoni.com* (* Muri b. Bern 28. 5. 27). Lyr., Dramatik. Ue: frz, nor. – **V:** Ungereimte Zeitgeschichten 95; Alpenhorn-Kalender, Ausg. 97ff.; Die Besen Gottes – oder tödliche Arglist, Erz. 03. – **MV:** Der gekrönte Aussenseiter – Jeremias Gotthelf, Zunftbuch Metzgern, m. D. Schläppi u. P. Studer 06. – **Ue:** Henrik Ibsen: Peer Gynt, Dialekt-Übers. 90; J. W. Goethe: Faust, 1.T. 01.

Martin, Adrian Wolfgang; Oberdorfstr.67, CH-9100 Herisau, Tel. u. Fax (0 71) 3 51 41 11, *awmartin@ bluewin.ch.* Via Roma 8, I-98050 Santa Marina Salina, *aw.martin@tin.it* (* St. Gallen 29. 4. 29). Be.S.V. 50, P.E.N.-Club Liechtenstein 25, Univ. Popolare San Filippese 80; Lit.pr.d. Stadt Bern 54, Lit.pr. d. Stadt St. Gallen 62, Anerkenn.pr. d. Stadt St. Gallen 75, Premio Sicilia 80, EM Accad. Tiburina Rom, Premio Pestalozzi Zürich 90; Lyr., Nov., Rom., Drama, Ess. – **V:** Apollinische Sonette 50; Sänge der Liebenden 52, 53; Die Apokalyptischen Reiter, G. 52; Zwischen zwei Welten, G. 53; Phoenix, G. 55; Requiem für den Verlorenen Sohn, R. 60, 63; Janus von Neapel, Erz. 66, 05 (auch ital.); Gedichte 1957–1966 67; Salina, R. 77, 00 (ital.); Der Zwillingsberg, Erz. 04. – **MV:** Traumwelten. St. Gallen 1930, m. Paul Hugger, Fotobd 07. – **MA:** Berner Lyr. 56; Der goldene Griffel 57; Bestand u. Versuch 64; Handschrift 86; Schreibwerkstatt St. Gallen 86, 87; Liechtensteiner Alm. 87, alles Anth.; Zifferblatt 81, 91. – **H:** Hermann Kopf: Gedichte 54; Lieder aus grünen Gärten 55; Vera Bodmer: Wiegendes Wort, G. 54; Peter Lehner: rot grün, G. 55; Peter Hegg: Gedichte aus d. Nachl. 56; Jörg Steiner: Episoden aus Rabenland, G. 56; Emanuel Stickelberger, Festgabe z. 75. Geb. 59; Zifferblatt 81, 91. – *Lit:* J.U. Marbach: Lyr. v. A.W.M. 62; Dominik Jost: A.W.M. Gedichte 1957–1966 68; Iso Baumer: Tradition im Wandel 66; Elena Croce: Napoli vista da uno Svizzero 67; Tindaro Gatani: I rapporti Italo-Svizzeri attraverso i secoli V 95; ders.: Il Giano di Napoli di A.W.M. 06.

Martin, E. s. Rosenbach, Detlev

Martin, Elisabeth (geb. Elisabeth Gussmann), Lehrerin a.D.; 6, Rue Paul Guiton, F-74000 Annecy, Tel. 4 50 09 82 52, Fax 4 50 09 92 44, *elisabeth.martin@ noos.fr* (* Hennef/Sieg 5. 6. 50). Erz., Rom. – **V:** Coq au vin. Zwei Rheinländer gehen nach Frankreich 01; Pot au Feu, Geschn. 02. (Red.)

Martin, Erik (Ps. Mac), Hrsg.; Hospitalstr. 101, D-41751 Viersen, Tel. (0 21 62) 5 25 61, *info@ muschelhaufen.de, www.muschelhaufen.de* (* Neuß 12. 1. 36). Klaus-Gundelach-Pr. d. Schutzgemeinsch. Dt. Wald 97. – **V:** Mac's Fahrtenbuch 71; Waldläuferheft für Nordlandfahrer und Liederfreunde 82; Lieder von Mac 84, 2., veränd. Aufl. 00; Fjellwanderung 86; Die schwierigen Jahre 95. – **H:** Muschelhaufen, Lit.zs., seit 69; Etwas andere Geschichten zum Vorlesen 96. –

P: Wenn der Abend naht. Lieder von Mac, CD 96; Heut wird die Hexe verbrannt, CD 06. (Red.)

Martin, Franziska s. Sivkovich, Gisela

Martin, Gunther, Prof., Schriftst. u. Übers.; Altmannsdorferstr. 164/12/17, A-1230 Wien, Tel. (01) 6 67 54 70. Höglwörthweg 55, A-5020 Salzburg, Tel. (06 62) 82 20 29 (* Rodaun b. Wien 12. 12. 28). LVG 62, Ö.S.V. 00; Öst. Med. f. Verd. um d. Denkmalschutz 77, Titel Prof. 84, Gold. E.zeichen d. Ldes NdÖst. 85, Silb. E.zeichen Wien 98, Öst. E.kreuz f. Wiss. u. Kunst 00; Sachb., Ess., Kulturkritik, Übers. Ue: engl, holl, frz. – **V:** Wien – Gesichter einer Stadt, Ess. 84; Hietzinger Geschichten 89; Damals in Währing, Ess. 92; Damals in Döbling, Ess. 93; – Sachbücher: Das Silberne Vlies. Die österr. Krupps in Berndorf 71, 78; Wo Scharfes sich und Mildes paaren oder Brevier von den edlen Schnäpsen 71; Werkstatt Niederösterreich 78; Zu Gast in Wien 80; Das ist Österreichs Militärmusik 82; Als Victorianer in Wien 84; Hietzinger Geschichten 89; Lodenbrevier 93; Prominent in Salzburg 98, Tb. 00; Boeing, Chanel & Co. 00. – **MV:** Du Dampfross mit rauchendem Schlote oder Eisenbahnbrevier, m. Alfred Niel 75, 87 (auch ndl.); In den Jagdrevieren auf den Spuren der Habsburger, m. Rüdiger Martin 94. – **B:** J.B. Priestley: Theater, 4 Bühnenstücke 64; Otfried v. Hanstein: Im Reiche des Goldenen Drachen, Jgdb. 79. – **MA:** Geliebtes Land, Alm. 55; Das Salzburger Jahr 1964/65 u. 1975/76; Das Buch von Niederösterreich 70; Niederösterreich neu entdeckt 78, 83, 91; Das größere Österreich 82; Zeit-Bild 76–82; Musik auf dem See 86; Stadtchronik Wien 86; Ludwig Hesshaimer: Miniaturen aus der Monarchie, Autobiogr. 86. – **H:** Peter Altenberg: Reporter der Seele 60; Franz Karl Ginzkey: Laute und stille Gassen 62; Gottfried v. Banfield: Der Adler von Triest 84 (auch ital.); Ludwig Hevesi: Das Große Keinmalkeins, Feuill. 90. – **MH:** Ferdinand Sauter: ... und das Glück lag in der Mitten, Anth. 58. – **R:** ca. 700 Hörfunk-Manuskripte f. d. Österr. Rdfk, seit 54. – **P:** Schönbrunn, CD 93. – **Ue:** ca. 40 Übers. (Sachb., Biogr., Roman), u. a.: David Ewen: George Gershwin 54; J.B. Priestley: Das Turnier 65; J. Pope-Hennessy: Geschäft mit schwarzer Haut 67; M. Page: Die großen Expresszüge 76; T. Wise: Flaggen u. Standarten 76; Richard Rickett: Die Großen der Wiener Musik 77; D. McGuigan: Metternich, Napoleon u. die Herzogin von Sagan 79; G. Rudé: Europa im Umbruch 81; O. Hufton: Aufstand u. Reaktion 82; G. Brook-Shepherd: Monarchien im Abendrot 88; D. Wilson: Die Rothschild-Dynastie 89; G. Brook-Shepherd: Zita 93; Washington Irving: Meistererzählungen 93; C. Dolmetsch: Unser berühmter Gast 94.

Martin, Ines s. Neckermann, Gabriele Maria

Martin, Marko, freier Schriftst.; Brienzer Str. 46, D-13407 Berlin, Tel. u. Fax (0 30) 4 56 35 01, *bigsikpa@hotmail.com* (* Burgstädt/Sachs. 17. 9. 70). P.E.N.-Zentr. dt.spr. Autoren im Ausland 02; Amsterdam-Stip. Senat Bln 01, Stip. d. Stift. Kulturfonds 01; Rom., Lyr., Erz., Hörsp. – **V:** Mit dem Taxi nach Karthago, Reiseprosa, Ess. u. G. 94; Orwell, Koestler und all die anderen 98; Der Prinz von Berlin, R. 00; Sommer 1990, lit. Tagebuch 04; Sonderzone. Nahaufnahmen zw. Teheran u. Saigon, Repn. 08. – **MV:** Noch immer im Exil? 95; Akten, Fakten, Politiker, Spione oder: Die Feigheit des Westens 00. – **MA:** zahlr. Beitr. in Anth., Ztgn u. Zss., u. a. in: Das Welt; Kursbuch; La Règle du Jeu (Paris); Lettre International; Kommune. – **H:** Ein Fenster zur Welt. Die Zeitschrift „Der Monat" 00.

Martin, Matthias s. Fröba, Klaus

Martin, Stefan (eigtl. Hermann Ameling); Lorich 19, D-54309 Newel, Tel. (06 51) 6 26 67, *Lioba.Hermann@*

t-online.de (* Trier 4. 2. 51). – **V:** Die Farbe der Sonne, Erz. 96. (Red.)

Martin, Ursula, Künstler. Mitarb. in Kulturhäusern, Mitarb. am Stadtmus. Jena; Dorothea-Veit-Str. 5, D-07747 Jena, Tel. (0 36 41) 37 39 11 (* Gera 6. 1. 44). Lit. Ges. Thür. 08; Stipendien d. Kultusmin. Thür.; Erz., Rom. – **V:** Der Hochstapler Hans Wilhelm Stein, Krim.-Erzn. 05; Das schwache Geschlecht. Zwei Geschn. über die Liebe 07; Der Verleger. Ein Roman über Eugen Diederichs 08. – **MA:** Don Juan überm Sund. Liebesg. 75; Vor meinen Augen, hinter sieben Bergen. G. vom Reisen, Anth. 77; Eintragung ins Grundbuch 96; – Beitr. in: ndl; Palmbaum; Auswahl 80 u. 82. – **R:** Im Bewußtsein weiblicher Art leben und arbeiten, Radio-Ess. (MDR) 98. – *Lit:* Kai Agthe in: Palmbaum, 1/06; Jens-Fietje Dwars, ebd., 1/08.

Martin, Uwe, Dr.; Puppenweg 22, D-81739 München, Tel. (0 89) 6 09 99 09, *martin.bohrer@web.de*, *www.atriden.de* (* Hamburg 17. 4. 27). Rom., Erz. Ue: neugr. – **V:** Von jenseits der Grenzen, Erzn. 95; Helenas Schwester, R. 02, 03. – **MA:** Text+Kritik Bd 53/54, erw. 2. Aufl. 84; Studien z. Musikgeschichte. Fs. f. L. Finscher 95; Daphnis, Zs. 97; Germanisch-Romanische Monatsschrift 98. – **H:** Zs. f. Kulturaustausch. Jg. 82. – **MH:** Deutsche Erzählungen, m. Linde Klier, Bd 1 64, 76, Bd 2 65, 91.

Martin, Willfried C. s. Seitz, Helmut

Martin, Wolf (eigtl. Wolfgang Martinek), freier Schriftst.; Franklinstr. 20/12/7, A-1210 Wien, Tel. u. Fax (01) 2 78 19 11 (* Wien 31. 7. 48). Lyr. – **V:** In den Wind gereimt 91; Den Nagel am Kopf getroffen 96; Diabolische Verse 01, alles Lyr. – **MV:** Compact-Minihoroskop 87. (Red.)

Martin, Wolfram, Schriftst., freier Publizist; Ostpreußenstr. 8, D-57319 Bad Berleburg, Tel. u. Fax (0 27 51) 5 12 89, *Martin.Wolfram@t-online.de*, *www.wolfram-martin-naturbuecher.de* (* Lindenthal/Leipzig 30. 3. 45). Forum lebendige Jagdkultur 97. – **V:** Abschied von Elan, Erz. 94; Wege, Wechsel, Widergänge, Jagderzn. 98; Das Staunen des Jägers, Erzn. u. Kurzgeschn. 00; Jäger-Blues, R. 00; Der mit den Füchsen spricht 02. – **MA:** Waidmannsheil, Anth. 95; Mit grüner Feder, Anth. 98; – üb. 300 Beitr. seit 75 in: Wild u. Hund; Die Pirsch; Der Anblick. – *Lit:* s. auch SK. (Red.)

Martinek, Wolfgang s. Martin, Wolf

Martinez, Susanna s. Schwöbel, Gertrud

Martini, Astrid s. Hinkelmann, Astrid

Martini, Christiane, Dipl.-Musiklehrerin (* Frankfurt/M. 21. 3. 67). Das Syndikat 06, Sisters in Crime (jetzt: Mörderische Schwestern) 06, A.I.E.P. e.V.; Förd.pr. f. Musik d. Stadt Dreieich 84, Stip. d. Stadt Dreieich 90; Rom. – **V:** Maximilian. Der Vagabund, Bilderb. 96; Carusos erster Fall. Meisterdetektiv auf leisen Pfoten, R., 1 u.2. Aufl. 05; Carusos zweiter Fall. Venezianischer Mord, R. 06. (Red.)

Martini, Mischa, Journalist; D-54289 Aach, Fax (06 51) 9 96 01 41, *info@mischamartini.de*, *www.mischamartini.de* (* Trier 30. 1. 56). Das Syndikat, DJV; Nominierung f. d. Krimi-Stadtschreiberpr. Flensburg; Rom. – **V:** Akte Mosel 99; Soko Mosel 00; Endstation Mosel 01; Tatort Mosel 02; Inkasso Mosel 03; Marathon Mosel 04; Codex Mosel 05, alles Krim.-R. (Red.)

Martini, Peter s. Stephani, Claus

Martins, Toby (Ps. Brian Abercrombie), Journalist, Autor; Hamburger Str. 8, D-28205 Bremen, Tel. (04 21) 4 37 78 60, *geskellermann@compuserve.de*, *kunst-und-kulturkontor.de* (* Kapstadt/Südafrika 53). Das Syn-

Martinu

dikat; Rom., Lyr., Dramatik. – **V:** Hoffmann 90, 91 (russ.); Barthelos 92; Brown 94; Die Trachtenpuppe 00; Tod einer Wahrsagerin 01. (Red.)

Martinu, Angelos Angeloi s. Gratz, Franz Martin

Marwig, Peter s. Grün, Wolfgang G.

Marwitz, Christa von der (geb. Christa Zeiss), Hausfrau, Dolmetscherin; Seitersweg 21, D-64287 Darmstadt, Tel. (0 61 51) 7 51 93 (* Frankfurt/Main 23. 12. 18). Europa-Union, Vizepräs. Steuben-Schurz-Ges., Assoc. Franco-Allemande Darmstadt, Dfr. Christl.-Jüd. Ges., Women's International Zionist Organization (WIZO), Freies Deutsches Hochstift; Ess. Ue: engl, frz. – **V:** Spielzeug aus Frankfurter Familienbesitz 65; Der kleinen Kinder Zeitvertreib 67; Eine Krippe aus dem Münsterland 79; Das Gontard'sche Puppenhaus im Hist. Museum Frankfurt/Main 87, 90 (frz.); Offenbacher Puppenhaus von 1757 95. – **H:** Darmstädter Kinder- u. Märchen-Buch, 30 neue Erz. u. Märchen f. d. Jugend, Neuhrsg, nach d. Erstausg. bei Alexander Koch Darmstadt 1907 78. – **MH:** Georgina Freiin von Rotsmann: Es war einmal 83. – **Ue:** Mary Hillier: Puppen und Puppenmacher 71. (Red.)

Marx, Bernhard, Dr.; Westendallee 55, D-14052 Berlin, Tel. u. Fax (0 30) 88 70 19 90, *bernhard.marx@berlin.de*. – **V:** In der Zeit sein, Lyr. 92; Wortlichter, G. 02. – **MH:** Im Zwischenreich der Bilder, m. R.-M. E. Jacobi u. G. Strohmaier-Wiederanders, Tagungsbd 04. (Red.)

Marx, Christoph Andreas, Dr. phil.; c/o Verlag Josef Knecht, Hermann-Herder-Str. 4, D-79104 Freiburg (* Minden 14. 10. 60). Rom., Lyr., Erz. – **V:** Das Leben ist ein rätselhafter Hauch, R. 04; Das Vermächtnis des Templers, hist. R. 07.

Marx, Eduardo, Dr., Werbetexter, Schriftst., Philosoph, Pianist; Humboldtstr. 7, D-40237 Düsseldorf (* Málaga/Spanien 25. 11. 66). – **V:** Heidegger und der Ort der Musik 98; Der letzte Engel, R. 98; Das Tor zum dunklen Licht, R. 99. – **MA:** Heinz Schmitz. Grund, Zeichen, Natur 00; Gutenbergs Folgen 02; Kommunikation in der Praxis 03; üb. 100 Musik-Rez. in: Westdt. Ztg; Neuss-Grevenbroicher Ztg; Rhein. Post 95–98. (Red.)

Marx, Karl s. Cornelsen, Claudia

Marx, Michael (Ps. Max Michel), Dr. jur., Schriftst.; 7, Place St. Vincent, F-66300 Terrats, Tel. u. Fax: 04 68 53 54 22 (* Trier 6. 3. 40). Rom., Erz., Lyr., Hörsp. Ue: frz. – **V:** Tag- und Nachtlieder, G. 61; Wer früher stirbt, ist länger tot, R. 84; Das Fest geht weiter, Erz. 91. – **MA:** Çira 66; Chansons de rien, 3 G. in: Bakschisch 4 85; Papier sauberes weißes Rechteck, G. in: Lyrik 1984/85, Anth. 86; Scriptum 90, 95; Gezählte Stunden 92; Immerhin: Ein guter Tag 93; Strafgerechtigkeit, Festschr. 93; Nimm das Wort und lebe 94; Am fallenden Wasser 95; Das Recht und die andere Künste, Festschr. 98; rd 1950 Krim.geschn. in div. Illustrierten u. Ztgn 74–87. – **R:** Taxi zum Tod, Krim.-Hsp. 86, Tonkass. 96. – **Ue:** Marie-France Hirigoyen: Die Masken der Niedertracht, Ess. 99, 4. Aufl. 01.

Marx, Udo; Moselstr. 45, D-56814 Ernst, Tel. u. Fax (0 26 71) 55 51 (* Cochem 2. 3. 61). VS Rh.-Pf.; Förd.-stip. d. Ldes Rh.-Pf. 91; Rom., Kurzprosa, Lyr. – **V:** Kleiner Sohn des Lichts, Lyr. 89; Linksrheinische Auswürfe, Kurzprosa 91; Landeinwärts nach Süden, R. 95; Das Katzenhaus, R. 99; Squash, G. 00. – **MA:** zahlr. Beitr. in Anth., Tagesztgn u. Lit.-Zss. in Dtld, Belgien u. Frankr. – **R:** Beitr. im SWR: Unerledigte Meldungen, Lyr. 91; Auftrieb, Prosa 94; Herbstzeitloses Rondo, Prosa 98; sowie im SR: Holografien für Louise Brown,

Prosa 99. – *Lit:* K. Wiegerling in: Passagen 31/1995; Josef Zierden: Lit.lex. Rh.-Pf. 98. (Red.)

Marx, Wolfgang, Prof., Dr. phil., Dipl.-Psych.; Carmenstr. 2, CH-8032 Zürich, Tel. (0 44) 2 52 99 41, *w.marx@psychologie.uzh.ch* (* Weidenau/Siegen 20. 6. 43). Rom., Lyr., Erz., Ess. – **V:** Megastar, R. 95; Die Essverwandtschaften, R. 00; Theorie der Wirklichkeit, Ess. 04, 5.,erw.Aufl. 07; Wehrlos vor einem Kirschbaum, Lyr. 05; Die Rückkehr des Grüns, Erzn. 07. – **MA:** zahlr. Beitr. in Zss. seit 81, u. a.: Merkur; Schweizer Monatshefte; Der Monat; die horen; L'80; Litfass.

Marya, Sabine (Ps.); *sabine@marya.de, www.marya.de.* – **V:** Wie ein Schrei in der Stille, Thr. 93; Tote schweigen, Krimi 06; Schmetterlingsflügel, Erz. 06; Eis-Zeit, Fantasy-R. 07; mehrere Selbsthilfebücher. – **MA:** Veröff. in Anth. – **H:** Lebenslänglich!, Anth.

Marzik, Trude s. Marczik, Edeltrud

Masanke, Judith (geb. Judith Kämpgen), Fremdspr.-kauffrau; *HH511689@t-online.de* (* Mülheim/Ruhr 5. 5. 58). Werkkr. Lit. d. Arb.welt 96; Erz., Dramatik. – **V:** Auszeit – zwischen jetzt und dann, Erz. 02. (Red.)

Masannek, Joachim, freier Drehb- u. Kinderbuchautor; c/o TSV Grünwald e.V., Geschäftsstelle, Dr.-Max-Str. 20, D-82031 Grünwald, Tel. (0 89) 6 49 37 48 (* Hamm/Westf. 60). VGF-Pr. im Rahmen d. Bayer. Filmpr. 03, Medienpr. „Der weiße Elefant" 03, Nomin. f. d. besten Kinder- u. Jugendf. b. Dt. Filmpr. 04, „Golden Gryphon" d. europ. Giffoni-Filmfestivals 04. – **V:** Kdb.-Reihe „Die wilden Fußballkerle". 1: Leon, der Slalomdribbler, 2: Felix, der Wirbelwind, 3: Vanessa, die Unerschrockene, 4: Juli, die Viererkette, 5: Deniz, die Lokomotive, 6: Raban, der Held, 7: Maxi „Tippkick" Maximilian, 8: Fabi, der schnellste Rechtsaußen der Welt, 9: Joschka, die siebte Kavallerie, 10: Marlon, die Nummer 10, 11: Jojo, der mit der Sonne tanzt, 12: Rocce, der Zauberer, 13: Markus, der Unbezwingbare, 14: Der dicke Michi 02–05, u. a. – **F:** Drehb. u. Regie: Die wilden Kerle 03, II 05. (Red.)

Masch, Karsten, Musiker u. Schriftst.; c/o Mashburn Music, Sredzkistr. 27, D-10435 Berlin, *www.mashburn.de* (* Bad Oeynhausen 65). Rom. – **V:** Im Zweifel aller Dinge, R. 03. (Red.)

Maschler, Elisabeth (geb. Elisabeth Rotermund), ehem. Sekretärin; Hörnlishofstr. 7a, D-78126 Königsfeld, Tel. (0 77 25) 79 15 (* São Leopoldo/Brasilien 26. 7. 20). Literar. Werkstatt Villingen-Schwenningen 94; Erz., Lyr. Ue: port. – **V:** Lyrische Gedanken und Haikus 01; Im Gürtel des Orion 03, 04 (bras.). – **MA:** Weihnachtsgeschichten am Kamin 96, 97, 98; Verwandeltes 97; Auszeit 04; Lyrik heute 05; Autoren stellen sich vor 05; Ich lebe aus meinem Herzen 06; Die Lerche singt die Sonne nach, Lyr.-Anth. 07; Denn unsichtbare Wurzeln wachsen, Lyr.-Anth. 08. – **MH:** Eule, Zss. d. Seniorenstudiums d. Pädagog. HS Freiburg, seit 94 (Red.-Mitgl.). – *Lit:* Frank Schüttig in: Globus 4/05.

Masciadri, Virgilio, PD Dr., Lektor im ehem. Verlag; Zelglstir. 60, CH-5000 Aarau, *virgilio.masciadri@hispeed.ch* (* Aarau 23. 11. 63). AdS 03; Förd.stip. d. Aargauischen Kuratoriums 90 u. 00; Lyr., Dramatik, Krim.rom. Ue: ital. – **V:** Heimatveränderung, Gedichte in: Zeitzünder 6 92; Gespräche zu Fuss, G. 00; Wegen Marianne, G. 02; Schnitzeljagd in Monastero, Krim.-R. 03; Das Lied vom räuberischen Parkett, G. 08; – THEATER/UA: Mozopera 04; Roberts Luftschiff 07; Die musikalische Menagerie 08. – **MA:** Texte aus dem Aargau 5 98. – **MH:** orte, Schweizer Lit.zs.

Maser-Friedrich, Maria s. Friedrich, Maria

Maset, Pierangelo, Dr. phil. habil., Prof. U.Lüneburg; lebt in Lüneburg, c/o Kookbooks Verlag (* Kassel 18. 9. 54). Hyde-Kartell 91; Rom., Lyr., Erz. – **V:** Klangwesen, R. 05; Laura oder die Tücken der Kunst, R. 07. – **MA:** Erzn. in: Das Plateau 91, 92, 96; Radius-Almanach 91; Kulturrisse 01. – **P:** Fakten sind Terror, CD 04. (Red.)

maske s. Kehle, Matthias

Massari, Franco; Myrtenstr. 12, D-80689 München, Tel. u. Fax (0 89) 1 57 28 78 (* Venedig). – **V:** Die Nibelungen von Schwabing 02; mehrere Romane in ital. Sprache. (Red.)

Massenbach, Udo Freiherr von, Dipl.-Volkswirt, Dipl.-Handelslehrer; Seepromenade 32 A, D-14612 Falkensee, Tel. u. Fax (0 33 22) 24 25 37, *udovonmassenbach@t-online.de*, *www. massenbach-world.de*. c/o Verlag Neue Literatur, Jena (* Oberhausen 22. 1. 48). Lyr., Biogr. – **V:** Die Runen sind 04. – **MH:** Berlin-American-Reporter, m. Thomas G. Blake.

Masson, René s. Stecher, Reinhold G.

Mastero Storyteller s. Saher, Purvezji J.

Masuhr, Dieter (Albrecht Dieter Masuhr), Übers., Maler, Schriftst.; Bismarckallee 35, D-14193 Berlin, Tel. (0 30) 89 72 84 25, *masuhr@sensuous-painting.com*, *www.sinnliche-malerei.de* (* Rosenberg/ Westpreussen 11. 3. 38). VG Wort, VG Bild-Kunst; Projektstip. d. Ed. Mariannenpresse 86/87; Rom., Lyr., Erz. Ue: span. – **V:** Die Augen der Guerrilleros 79, 89 (auch span., jap.); Fidibus und Übermut, Vorleseb. f. Kinder 92, 93; Eine Reise nach Bihać, Erz. 94; Zille oder Das Geheimnis der blauen Frau, Kdb. 05. – **MV:** Menschen in Palästina. Von der Intifada gezeichnet, m. Johannes Zang, Erz. 05. – **B:** Johann Peter Hebel: Ein Wort gibt das andere, Erzn., illustr. 82; Theodor Fontane: Der Stechlin, R., illustr. 98. – **MA:** Litfass 54, 92; 56, 92; tranvía 97; die horen, u. a. – **H:** Johann Peter Hebel: Ein Wort gibt das andere. – **Ue:** Gioconda Belli: Feuerlinie (auch hrsg.) 81; Gonzalo Rojas: Am Grund von alledem schläft ein Pferd 93. – **MUe:** Nicanor Parra: Und Chile ist eine Wüste, m. Peter Schultze u. a. 74; Sergio Ramírez: Vom Vergnügen des Präsidenten, m. Peter Schultze Kraft, Anneliese Schwarzer de Ruiz 81; Hören wie die Hennen krähen. Erzn. aus Kolumbien 03. (Red.)

Matenaer, Ursula (geb. Ursula Maria Mahr); Königsmühlenweg 26, D-46397 Bocholt, Tel. (0 28 71) 18 20 58, Fax 2 19 14 46, *u.matenaer@web.de* (* Fulda 3. 11. 28). FDA, GEDOK; Lyr., Erz., Feuill. – **V:** Mit Schwanz und Pfote, Kdb. 79 (auch dt.-ndl., dt.-poln., dt.-ital., dt.-tsch.); Eine Tagreise weit Richtung Licht 86, 4., veränd. u. erw. Aufl. u. d. T.: Leg einfach Rosen dazu 95; Möchtest du lieber ein kaltes Herz haben 89, 2. Aufl. 94; Auf Schalom warten wir immer noch 96, alles Lyr. (Vertonung v. 10 G.); Ich greife in meine Traum-Saiten 05. – **MA:** zahlr. Veröff. in Zss., u. a. in: Unser Bocholt, regelm. seit 81; G. in zahlr. Anth. sowie Schul- u. Gesangbüchern. – **R:** Anfrage zur Nacht, Solokantate; mehrere G. im WDR u. SWF. – **P:** Friede auf Erden, CD (Mitarb.) 97. (Red.)

Materni, Undine (geb. Undine Ehrenpfordt), Dipl.-Chemikerin, Gestaltungstherapeutin, Autorin, Publizistin; Altpieschen 17, D-01127 Dresden, Tel. (03 51) 8 48 78 63, *materni.undine@gmx.de*, *www. undine-materni.de*, *www.lektorat-korrektorat-materni. de* (* Sangerhausen 9. 9. 63). ASSO Unabhängige Schriftst. Assoz. Dresden, Autorenverb. Berlin; Arb.-stip. d. Ldes Sa. 98, 00 u. 06, MDR-Lit.prp. 00, Lit.-förd.pr. d. Ldes Sa. 08; Lyr., Prosa, Ess., Nachdichtung,

Kinderb. Ue: poln. – **V:** Irr-Land, G. 96; Das beharrliche Unglück der Dinge, G. u. Prosa 00; Friedas Himmelfahrt 03; Landgang im November, G. 04; Nachdicht., insbes. aus d. Poln. u. Tsch. – **MV:** Amaterasu oder die Gunst der Göttin, m. Katharina Fimmel u. Kazuya Nakagawa, Theaterst., UA 99, gleichnam. Kdb. 00; Friedas Himmelfahrt, m. Petra Kasten, Künstlerb. 03; stadtbild – unstatthaft, m. Claudia Reh, Ausst.kat. 06; Die Tage kommen über den Fluss, G. dt.-poln. (Nachdicht.: Marek Sniecinski) 06; Teufelshuf und Himbeerbrause, m. G. Bretschneider, Kdb. 07; zwischen den monden, Lyr., Künstlerb. m. Leonore Adler 07. – **MA:** ANTH. u. a.: Die unter dreißig 90; Dresdner Material 90; Monolog des Sandes 92; Fortgesetztes Wagnis 92; Freies Gehege, Alm. 94; Warteräume im Klee 95; Der heimliche Grund 96; Schokoladenbruch, e. Neustadtlesebuch 95; Schwarze Schuhe, e. Frauenlesebuch 96; Es ist Zeit, wechsle die Kleider, G. (Sonderh. d. Zs. Ostragehege) 98; Landschaft mit Leuchtspuren 99; Grüner Mond u. a. Erzählungen 99; Zum anderern Ufer 3 99; Lubliner Lift, dt.-poln. Lyr. 99; Der Garten meines Vaters 99; Ofra, Lyr. 03; Mit einem Reh kommt Ilka ins Merkur 05; best german underground lyriks 05; Künstler in Dresden im 20. Jh. 05; Jb. d. Lyrik 2007 06; – KÜNSTLERBÜCHER u. a.: Spinne 90–95; common sense 92; Herzattacke 93–95; erata 00; – ZSS. u. a.: reiterIn 91–93; Perspektive 92; Ostragehege 92–05; Sinn u. Form 93, 94, 96–98; sdl 95, 99, 02; pomosty (Wroclaw) 96; Lit. u. Kritik 2/98; ZPG Zs. f. Gottesdienst 01; – ZTGN u. a.: SAX, seit 94; Der Literat, seit 95; Sächs. Ztg, seit 95; Zitadelle, seit 97; dtv-Magazin, seit 98; Kolumnistin d. Sächs. Ztg seit 10/02. – **MH:** reiterIn, Kunst-Zs. 91–93. – **P:** Hellerau. Das Fest, Video 92; Der Obelisk, Video 93.

Matheis, Jörg; lebt in Ingelheim, c/o C.H. Beck Verl., München (* Altenglan/Pf. 70). Förd.pr. z. Georg-K.-Glaser-Pr. 98, Martha-Saalfeld-Förd.pr. 00, Eifel-Lit.pr. (Förd.pr.) 01, Stip. d. Hermann-Lenz-Stift. 03, Bremer Lit.förd.pr. 04, Autorenförd. d. Stift. Nds. 05, Förd.gabe z. Pfalzpr. f. Lit. 05. – **V:** Mono, Erzn. 03; Ein Foto von Mila, R. 08. (Red.)

Mathes, Brigitta; SEEminarhaus, Nr. 92, A-3052 Innermanzing, Tel. (0 27 74) 7 67 63, *www.lesezimmer.at* (* Mödling 23. 5. 61). Hans-Weigel-Lit.stip. 01/02. – **V:** Luftzeichen, R. 99; Erdapfel, Krauthapl & G'spritzter 00; Die Dorfmatratze, R. 01; Die Kirschenfrau, erot. 02; Aquabella, R. 04; Die Telefonnummer, Moritat 07. (Red.)

Mathew, Mark; Maschstr. 6, D-49078 Osnabrück, *markmathewos@surfeu.de* (* London 16. 7. 62). – **V:** Cosmopolitan Blues, R. 01; Europa-Express, R. 04. (Red.)

Mathews, Peter, Dipl.-Volkswirt, Autor; *peter. mathews@t-online.de* (* Bremerhaven 22. 10. 51). Dt. Krimipr. 86; Rom., Story, Drehb. – **MV:** Beule oder Wie man einen Tresor knackt 84, 88; Ein Kommissar für alle Fälle 85, 3. Aufl. 87; Flieg, Adler Kühn 85, 2. Aufl. 87; Die Schädiger 86, 2. Aufl. 87; Die Scheidungsparty 92; Eine schöne Bescherung 95, 5. Aufl. 00; Vorübergehend verstorben 96, 98; Fürchtet euch nicht ... 98; Land in Sicht 99, alles m. Norbert Klugmann. – **H:** Das Geschenk. Ein lit. Adventskal. u. a. mit M. Atwood, Peter Esterházy, Ingo Schulze 01. – **MH:** Schwarze Beute, Thrillermag. 1/86 – 6/92. (Red.)

Mathioudakis, Zacharias G., Dipl.-Landwirt, Dr. sc. agr., Schriftst.; Brunner Str. 26, D-70563 Stuttgart, Tel. (07 11) 6 87 56 01. Klima/Kreta (* Klima/ Kreta 3. 3. 32). VS Bad.-Württ., GZL; Kurzgesch., Erz., Ess., Ged., Märchen, Märchenerz. Ue: gr, dt. – **V:** Unter der Platane von Gortyna. Kretische Prosa u.

Mathis

Lyr. 89, 5. Aufl. 07; Das Wasser der Unsterblichkeit. Märchen, Fbn. u. Geschn. aus meinem Dorf 00, 3., erw. Aufl. 05; Wäre Hades schön. Gedichte, Fbn. u. Erzn. aus meinem Dorf, dt.-griech. 02, 3. Aufl. 05; Wohin der Stier Europa brachte 05 (griech. 06); Omas letzter Tanz u. a. Erzählungen 06; Ein Junge, eine Schlange, ein Hund und eine Katze 07; Nikos Katsarakis: Ein kretischer Odysseus. Straße und Kreuzwege seines Lebens und seines geistugen Schaffens 08. – **MA:** Rep. über d. Leben d. Griechen in Dtld in: Waiblinger Kreisztg, Herbst 67; G. (griech.-dt.) in: Stimmen der Völker, Bad.-Württ. Lit.tage 85; Kassandras Rufe, in: Kalimerhaba, griech.-dt.-türk. Leseb. 92; Deutschland, deine Griechen..., Anth. 98. – **H:** Gute Reise, meine Augen, Anth. (auch Mitarb.) 92, 93; Taddhäus Troll: Wir Söhne des Zeus u. a. Erzählungen, dt.-gr. (übers. u. m. e. Vorw. hrsg.) 04; Martin Riekli: Eine Frühjahrsfahrt nach Kreta. Ein historischer Reisebericht von Martin Riekli aus dem Jahre 1914 07. – **H:** / Ue: Johannes Pöthen: Das Spiel mit dem Stiergott, 07 (griechisch). – *Lit:* Lampros Mygdalis in: Wiss. Jb. d. Philos. Fak. d. U.Thessaloniki 93/94.

Mathis, Claudia s. Paganini, Claudia

Mathis, Franz s. Suter, Alfred

Matl, Erwin, Lehrer; Landstr. 72, A-2410 Hainburg/NdÖst., Tel. (0 21 65) 6 28 17, (06 99) 11 01 83 98, *erwin.matl@wbn.wien.at* (* Wien 30. 4. 53). Hainburger Autorenrunde, IGAA; Lyr., Prosa. – **V:** traurig heiter, Lyr. 90. – **MV:** Von Station zu Station, m. Richard Zdrahal 87. – **MA:** Hainburger Geschichten, Bd. 1–4 92–95; Perle der Heimat 97; Zeitenwege 00; Hainburger Kirchenführer 02; Für Leser zugelassen 06. – **P:** woHrte. best of hainburger autorenrunde & friends, CD 03; Ave Maria, Mariazeller Muttergottes, CD 03. (Red.)

Matouš, Kryštof s. Slabý, Zdeněk Karel

†**Matré,** Hero (Ps. f. Hildegard Mayer-Trees), Dolmetscherin; lebte in Bocholt (* Frankfurt/Main 21. 1. 18, † lt. PV). FDA 80, VS 82, Neue Avantgarde d. Surrealismus; Lyr.pr. b. Wettbew. 'Soli Deo Gloria' 85; Lyr., Rom., Nov., Drama. Ue: frz, engl. – **V:** Augen auf blühende Erde, Lyr. 78; Sternsystem NCC 4565, SF-R. 80; Papst & Pudel, Lyr. 81; Bitterer Sekt, R. 81; Der Tag nach dem Tode, Bü. n. Gisela Bulla, UA 81; Anubis, die Wüstenkatze, R.-Trilogie 83. – **MA:** Frau u. Politik 63; Kritiken f. Theater u. Kunstausst.; Lesungen im Rdfk, Tonkass., CDs u. Videos. – **MH:** Frau u. Politik 86. – *Lit:* FDA, Ldesverb. NRW: Mitglieder stellen sich vor.

Matscho s. Kubasta, Wolfgang

Matsubara, Hisako, B. A., M. A., Dr. phil.; 986 Leonello Ave., Los Altos, CA 94024–4911/USA, Tel. (6 50) 9 69–97 80, Fax (6 50) 9 69–03 80 (* Kyoto/Japan 21. 5. 35). P.E.N.-Zentr. Dtld 71, American Artists Dir. Club 85; Merit Award 82, Bester übers. Roman d. Jahres, Madrid 83, 86, New York Critics Pr. 85, Writer in Residence, East-West Center, Hawaii 87; Rom., Ess. Ue: jap, engl. – **V:** Blick aus Mandelaugen, Ess. 68, 80; Kleine Weltausstellung, Kurzerzn. 70; Brokatrausch, R. 78 (auch engl., frz., dän., holl., poln., schw., nor., fin., span.); Ost-Westliche Miniaturen, Ess. 80, 90; Glückspforte, R. 80; Abendkranich, R. 81 (auch engl., span.); Weg zu Japan, hist. Ess. 83 (auch holl., dän.); Nihon no Chie – Europa no Chie, hist. Ess. 85; Brückenbogen, R. 86; Wakon no Jidai, hist. Ess. 87; Raumschiff Japan, hist. Ess. 89; Karpfentanz, R. 94; Himmelszeichen, R. 98, Tb. 00; Kotoage seyo Nihon, hist. Ess. 00; Bilderrolle, R. 03; Sakoku, hist. Ess. 04; Jokyoku, R. 06; Tenshu, R. 08. – **MA:** Blickpunkt Deutschland 70; Ansichten über Deutschland 72; Wir wissen daß wir sterben müssen 75; Wie war das mit dem Lieben Gott

76; GEO 3/79, 8/80, 12/82, 6/85; Nachtexpress 82; So kam ich unter die Deutschen 88; NZZ Folio 9/98; zahlr. Ber. u. Ess. in: Die Zeit; Die Welt; Der Monat; Der Spiegel; Westermanns Monatshefte; Merian. – **R:** Blick aus Mandelaugen, Fsp. 69; Pilgrims in white, Fsf. 82; Glückspforte, Fsp. 86. – **Ue:** Geschichte vom Bambussammler, N. 68. – *Lit:* Munzinger Archiv, Lex. 70.

Matt, Peter von, Dr. phil., o. UProf. em., Lit. wiss., Kritiker, Essayist; Hermikonstr. 50, CH-8600 Dübendorf, Tel. (0 44) 8 20 03 38, Fax (0 44) 8 20 12 42, *von.matt.peter@swissonline.ch* (* Luzern 20. 5. 37). Dt. Akad. f. Spr. u. Dicht. 91, Bayer. Akad. d. Schönen Künste 01, Akad. d. Künste Berlin 07; Johann-Heinrich-Merck-Pr. 91, Johann-Peter-Hebel-Pr. 94, Lit.pr. d. Innerschweiz (m. Beatrice v. Matt-Albrecht) 94, Mitgl. d. Ordens „Pour le mérite" 97, Pr. d. Frankfurter Anthologie 98, Kunstpr. f. Lit. d. Stadt Zürich 00, E.gabe d. Kt. Zürich 01, Friedrich-Märker-Essaypr. 01, Charles-Veillon-Pr. 02, Dt. Sprachpr. 04, Gr. BVK d. Bundesrep. Dtld 05, Heinrich-Mann-Pr. 06, Brüder-Grimm-Pr. d. Univ. Marburg 07. – **V:** Der Grundriss von Grillparzers Bühnenkunst 65; Die Augen der Automaten. E.T.A. Hoffmanns Imaginationslehre als Prinzip seiner Erzählkunst 71; Literaturwissenschaft u. Psychoanalyse, e. Einf. 72 (jap. 82), Neuausg. 01; ... fertig ist das Angesicht. Zur. Lit.gesch. d. menschl. Gesichts 83, Tb. 89, Neuausg. 01; Liebesverrat. Die Treulosen in d. Lit. 89, Tb. 91; Der Zwiespalt der Wortmächtigen, Ess. 91; Das Schicksal der Phantasie. Studien zur dt. Lit. 94, Tb. 96; Verkommene Söhne, missratene Töchter. Familiendesaster in d. Lit. 95, Tb. 97 (frz. 98); Die verdächtige Pracht. Über Dichter u. Gedichte 98, Tb. 01; Die tintenblauen Eidgenossen. Über die literar. u. polit. Schweiz 01, Tb. 04 (frz. 05, ital. 08); Öffentliche Verehrung der Luftgeister. Reden z. Lit. 03, Tb. 06; Die Intrige. Theorie u. Praxis d. Hinterlist 06; Das Wilde und die Ordnung. Zur dt. Lit. 07; Der Entflammte. Über Elias Canetti 07. – **H:** Kompetenz der Sprach- u. Literaturwiss. 73–79; Goethe erzählt 83, Neufass. 96; Schöne Geschichten, Anth. 92; H. Heine: Die Bäder von Lucca 94; Reihe „Kollektion Nagel & Kimche": Gottfried Keller: Martin Salander 03; Adelheid Duvanel: Beim Hute meiner Mutter, Erzn. 04; Jakob Schaffner: Johannes, R. 05; Arnold Kübler: Der verhinderte Schauspieler, R. 06; Regina Ullmann: Die Landstrasse, Erzn. 07; Philippe Jaccottet: Die Lyrik der Romandie 08; Otto F. Walter: Herr Tourel, R. 08. – *Lit:* Iso Carmatin in: Jb. d. Dt. Akad. f. Sprache u. Dichtung 91; Marcel Reich-Ranicki: Der doppelte Boden. Ein Gespräch mit P.v.M. 92; Ingeborg Harms in: Merkur, H.8 95; Hans-Peter Kunisch in: DIE ZEIT Nr.42 98; Heinrich Detering in: Sinn u. Form 1/08.

Matten, Sven J., Inhaber d. Fa. Paradigma Entertainment, Filmproduzent u. -regisseur, Doz. f. Marketing & Medienwirtschaft; Paradigma Entertainment, c/o Bavaria Film Studio, Bavariafilmplatz 7, D-82031 Geiselgasteig, Tel. (0 89) 64 99 23 73, Fax 64 99 34 22, *sjm@paradigma-entertainment.com*, *www.paradigma-entertainment.com*, *www.sven-matten.regieguide.de* (* München 14. 6. 74). Bdesverb. Regie (BVR), Produzentenverband VFF, Mitgl. d. Auswahl- u. Bewertungs-Jury d. Filmfestes Schüler-Film-Gipfel, Oberstdorf; BMW Kulturförd.pr. 93, SCHOOL-Award category plays of mutual understanding and tolerance, Berlin 94, Comenius Inst. Kurzfilmpr., Berlin 00. – **V:** Sophisticated, R. 06; Survivor, Ratg. 08. – **F:** Leben, Dok.film 95; Warum? 95; WIR 96; Gas-Station 00, alles Kurzf.; Jump 04; Out Now 05, beides Spielf.

Mattes, Daniela, Dipl.-Verwaltungswirtin (FH); *www.daniela-mattes.de* (* VS-Schwenningen). Kinderb. – **V:** Fine – die kleine Blumenelfe, M. 05; Elfentausch, Gesch. 06; Der FUMPP des Königs 06; Marvin und die Wibbels 07; Tarot für Eilige 08; FUMPP reloaded 08; Die Lenormandkarten. E. Crashkurs 08.

Matthée, Ruth, Pädagogin; Eschenstr. 50, D-12621 Berlin, Tel. (0 30) 5 67 80 30 (* Berlin 16. 11. 32). Gesch., Lyr. – **V:** Mit Zorn im Erpetal 94, 5. Aufl. 96; Bourbonin und Bäuerin, Bürgerin und Berlinerin oder: sich selbst auf den Grund gegangen 96. (Red.)

Matthes, Otmar, Mag. phil., Gymnasiallehrer i. R.; Südtirolerstr. 13a, A-8600 Bruck a.d. Mur, Tel. (0 38 62) 8 11 16 (* Bruck a.d. Mur 1. 12. 48). ARGE Literatur 93, Lit.kr. Kapfenberg 94–04, Lit.kr. Bruck/ Mur 94, IGAA 97, Dt. Haiku-Ges. 98; Lyr., Prosa, Ess. – **V:** Ablandig, Lyr. 95; Apfeluhr, G. 96; Sinai, Fotogr. u. Senryus, dt.-tsch., Ausstellungskat. 96; Der Silbenbaum, G. 97. – **MA:** Haiku-Senryu 95; Blitzlicht 01; Ein Koffer voller Träume 02; Städte. Verse 02; Schreib ich in taumelnder Lust 02; Zeit. Wort 03; Auf den Weg schreiben 03; Ich träume deinen Rhythmus 03; Das große steirische Adventbuch 03; Haiku-Kalender 04, 05; Vom Weglichtern und Lichtwegen 05; Sinfonie der Farben 05; Das Gewicht des Glücks 04; ... vergeht im Fluge 07; Alles fließt, Haiku-Kal. 07; Haiku 2007 07; Versnetze 08, alles Anth.; zahlr. Beitr. in Lit.-Zss., u. a. in Lit. aus Österreich, seit 93; Reibeisen, seit 94; Brucker Literaturturm, seit 94.

Mattheus, Bernd (Ps. Elena Kapralik, Eike Hühnermann, Franz Loechler); c/o Matthes u. Seitz Verlagsgesellschaft mbH, Gründerstr. 7, D-10437 Berlin, *b.mattheus@qmail.com* (* Eisenach 8. 3. 53). Ess., Aphor., Biogr., Erz., Übers. Ue: frz. – **V:** Jede wahre Sprache ist unverständlich. Über Antonin Artaud u. andere Texte zur Sprache veränderten Bewußtseins, Ess. 77; Antonin Artaud. Leben u. Werk des Schauspielers, Dichters u. Regisseurs 77, aktual. Neuaufl. 02; Die Augen öffnen sich im Unklaren und schließen sich im Verdunkelten, Aphor. 80; Georges Bataille. Eine Thanatographie, Bd I 84, Bd II 88, Bd III 97; Heftige Stille, Aphor. 86; Cioran. Porträt e. radikalen Skeptikers, Biogr. 07. – **MV:** Briefe über die Sprache, m. Karl Kollmann, Korresp., Ess., Aphor. 78. – **MA:** Jb. Der Pfahl, I–IV 87–90, VIII–IX 94–95; Georges Bataille: Abbé C. 90; ders.: Das Blau des Himmels 90; D.A.F. de Sade: Justine und Juliette, Bd I 90, Bd IX 00; Das Echo der Bilder 90; André Breton: Arkanum 17 93; A. Artaud: Das Theater und sein Double 96; Lettre international 49/00, 52/01. – **H:** A. Artaud: Mexiko. Die Tarahumaras. Revolutionäre Botschaften. Briefe 92; ders.: Das Alfred-Jarry-Theater, Ess. (auch übers.) 00. – **MH:** Ich gestatte mir die Revolte 85; Über Antonin Artaud, Ess. 02. – **R:** Die Tränen der Liebenden. Laure u. G. Bataille, Rdfk-Ess. 00; Man kann für das Unendliche leben. Artauds Odyssee durch die Psychiatrie, Feat. (WDR3) 01. – **Ue:** Antonin Artaud: Van Gogh, der Selbstmörder durch die Gesellschaft 77; ders.: Briefe aus Rodez 79; ders.: Schluß mit dem Gottesgericht. Das Theater der Grausamkeit. Letzte Schrr. zum Theater 80; Laure: Schriften 80; E.M. Cioran: Gevierteilt 82; A. Artaud: Frühe Schriften 83; Surrealistische Texte 85; Briefe an Génica Athanasiou 90; Catherine Clément/Julia Kristeva: Das Versprechen, Briefwechsel 00; A. Artaud: Die Cenci. Briefe u. Materialien, Stück 02 (auch hrsg.). – **MUe:** Georges Bataille: Wiedergutmachung an Nietzsche, m. Gerd Bergfleth, Ess. 99; Denis de Rougemont: Der Anteil des Teufels, m. Ziwutschka, Ess. 99. – *Lit:* DLL, Bd 10 85; Authors and Writers Who's Who 85/86; Wer ist Wer?, seit 88/89. (Red.)

Matthias, Margot, Schriftst.; Felix-Dahn-Str. 39, D-70597 Stuttgart, Tel. (07 11) 7 65 53 93 (* Leipzig 16. 6. 21). Lyr., Erz. – **V:** Lebensmitte, G. 93. (Red.)

Matthies, Frank-Wolf (FWM), freischaff. Schriftst.; Birkenstr. 14, D-16515 Oranienburg, OT Friedrichsthal, Tel. (0 33 01) 80 78 79, *Fwmatthies@aol.com, www. frankwolfmatthies.de* (* Berlin 4. 10. 51). Villa-Massimo-Stip. 83–84, Karl-Kraus-Pr. 96, Stip. Schloß Wiepersdorf 98; Lyr., Nov., Ess., Publizistik, Nachdichtung, Rom. Ue: russ, litau, frz, nor. – **V:** Morgen, Lyr. u. Prosa 79; Unbewohnter Raum mit Möbeln, Prosa 80; Für Patricia in Winter, Lyr. u. Manifeste 81; Tagebuch Fortunes, Prosa 85; Stadt, Prosa u. Graphik 86; Das Märchen v. F. Lövenhertz, Prosa 87; Geländer, Prosa 87; Der Andere, Prosa 88; Inventar der Irrtümer 88; Die Labyrinthe des Glücks 90; Du bist der Ort vor dem Ende der Welt 92; Poets Corner 10 92; Adressen aus den Heften für Patricia 93; Omerus Volkmund 94; Aeneis, R. 97; Die Manifeste du DaDaeRismus 98; Ein Lügner muß ein gutes Gedächtnis haben 98; UBU-Romane 00; Von der Erotik des Zeiten vernichten 02; UBU-Romane. Bd 2 03; UBU-Romane. Apokryphen 03; Geisterbahn 1–13, Ess. u. Miniatn. 04–07. – **MV:** Exil, Briefwechsel m. Werner Lansburgh 83. – **Ue:** Ch. Dobzynski, M. Deguy, B. Noel in: Franz. Lyr. d. Gegenw., Anth. 79. – *Lit:* Franz Fühmann: Neues von Sneewittchen, in: Sinn u. Form 76; Gerhard Bolaender in: KLG 85; Detlef Böhnki: Dada-Rezeption i. d. DDR-Lit. 89; Uwe Kolbe: Die Situation 94; Gerrit-Jan Berendse: F.W.M. – Dichtung u. Wahrheit d. Prenzlauer Bergs, in: Grenz-Fallstudien 99; Adolf Endler: Von der Erotik des Zeiten vernichten 02.

Matthies, Horst, Bergmann; Moidentiner Weg 3, D-23996 Hohen Viecheln, Tel. (0 38 44 23) 5 48 44, Fax 5 06 08, *horst.matthies@gmx.net* (* Radebeul 4. 3. 39). SV-DDR 74, VS 90, Friedrich-Bödecker-Kr. Meckl.-Vorpomm. 90; Hsp.pr. d. Rdfks d. DDR 79, Förd.pr. d. Mitteldt. Verl. u. d. Inst. f. Lit. Joh. R. Becher 80; Drama, Hörsp., Erz., Kinderb., Lyr. – **V:** Plädoyer für Julia, Bü. 73; Das goldene Fisch, Erzn. 80, 3. Aufl. 81; Boruschka, Kdb. 81, 3. Aufl. 86; Die kleine Fee Hinkeminkinke, Kdb. 86, 00 (auch lett.); Tümpelkinder, Kdb. 93; Der Lümmelriese 98; Oma Lina 98; Oma Linas MOTOLO 98; Olis Ausflug 98, alles Kdb.; Coitus interruptus, Erzn. 98; Einmischung in innere Angelegenheiten, Erzn. 01; Die Weisheit der Worte, Lyr. 01; Anna am Bach, Lyr. 03; Ohne Hoffnung ist kein Leben, R. 06; Peter Schwarzer. Ein Lebensbericht, R. 08. – **MV:** Abenteuer Trasse, Repn. 78. – **MA:** Flaschenpost aus Nordanth. 04. – **R:** Traumposten 78; Wölfe im Lager 78; Männer-Rock und tanzende Kamele oder Das Gesetz der Kausalität 80; Filmriß 85; Standortüberschreitung 86; Einen Fuß drin haben, Hsp. 93.

Matthiesen, Carola; Kämpchen 10, D-59872 Meschede (* Eslohe/Sauerland). Dt. Haiku-Ges., Haiku Intern. Assoc., Humboldt-Ges. f. Wiss., Kunst u. Bild., GZL, Ges. d. Lyr.freunde, Westfäl. Lit.büro, Christine-Koch-Ges., Gründ.mitgl., Christine-Lavant-Ges., Lit. Förd.ver. Brilon; 2. Pr. Lyr.wettbew. 'Die Rose' 80/81, 1. Pr. Lyr.wettbew. 'Soli Deo Gloria' 84/85, Auszeichn. d. Ges. d. Lyr.freunde 90; Pr. b. Lyr.wettbew. d. Ges. d. Lyr.freunde 91–95, Leserpr. d. Ges. d. Lyr.freunde 92, 2. Pr. 99, 1. Pr. b. Haiku-Wettbew. 95, Haiku-Pr. Zum Eulenwinkel 01 (insges. 15 intern. Preise). – **V:** Dunkler Wein in meinem Krug 83, 3. Aufl. 94; Licht von Sternenfeldern 87, 2. Aufl. 94, Neuausg. 03; Dämmergrün vor meinem Fenster 89, alles Lyr.; Spinnwebentage, Haiku, Tanka, Senryu 93; Mit leisem Atem, Haiku, Tanka, Senryu 01; (Übers. v. G. in Jap., Engl., Belg./Ndl., Kroat., Jug. u. Rußl.). – **MA:** Veröff. in über

Matthiesen

180 Anth., u. a. in: Doch d. Rose ist mehr 80; Spuren d. Zeit 80; Soli deo Gloria 85; Sauerländer Leseb. 86; Das dritte Buch d. Rengadicht. 89; Im Tanz d. Jahreszeiten 89, 91; Am Keltischen Stein 90; Das Buch d. Tanka-Dicht. 90; Das große Buch d. Haiku-Dicht. 90; In d. Eulenflucht 90; In's Licht geschrieben 90; Die Lieder d. Quelle 90; Meine kleine Lyrikreihe 90, 95; Sauerländer Weihnachtsb. 90; Die Tage sind mein 90; Das Tor bleibt offen 90; Golden im Blatt steht d. Gingko 91; Hinter herbstlichen Schleiern 91; Unterm Tränenbaum 91; Von d. Launen d. Windes 91; Das große Buch d. Senku-Dicht. 92; Das dritte Buch d. Senku-Dicht. 93; Getröstet bleiben 93; Weil du mir Heimat bist 94; Wohnrecht einer Landschaft 94; Haiku 1995 95; Vuursteen. Haiku aus 9 Ländern 95; Korallenperlen 96; So spätschön das Jahr 96; Logbuch ins Abseits 97; Auf den Spuren d. Zeit 99; sowie G. u. Prosa in Jb., Kal. u. Lit.zss., u. a. in: Haiku-Kal. '90, '91; Jb. Hochsauerlandkreis 94, 96; Das Boot; Tintentaucher; Vjschr. d. Dt. Haiku-Ges.; Begegnung; Pegasus; IGdA aktuell; Feierabend; Haiku-Ztg; Japan aktuell; Das Lesezeichen; Sonnenaufgang; Weihnachtsbotschaft. – **R:** Interview u. Lesung im Rdfk 93–95. – **P:** div. Texte in Öst. u. Dtld zu Chormusik vertont u. aufgeführt, z.T. CD u. Tonkass. – *Lit:* Sauerländer Schriftsteller 90; E.G. Kandina: Eine vgl. Analyse lyr. Gedichte im Kontext interkultureller Erziehung am Bsp. d. Werke v. C.M./Dtld u. Mati Tawara/Jap., Dipl.arb. Univ. Krasnojarsk 96; M.M. Arkadjewna: Das Bild d. Rose in Verszykl. „Unsterbliche Rose“ v. C.M., Dipl.arb. ebda 98; Leute. Menschen im Sauerland 97. (Red.)

Matthiesen, Hinrich, Schriftst.; Uasterjen 41, D-25980 Morsum/Sylt, Tel. (0 46 51) 89 06 10, Fax 89 17 43 (* Westerland/Sylt 29. 1. 28). Schriftst. in Schlesw.-Holst. 80; Rom., Erz., Rep., Fernsehdrehb. – **V:** Minou 69; Blinde Schuld 70; Tage, die aus dem Kalender fallen 72; Der Skorpion 74 (auch span.); Acapulco Royal 76; Tombola 77; Die Variante 78 (auch holl.); Der Mestize 79; Verschlungene Pfade 79, alles R.; Reifezeit, Erz. 81; Brandspuren 81 (auch holl.); Die Ibiza-Spur 81; Mit dem Herzen einer Löwin 83; Die Barcelona-Affäre 83, alles R.; Unter dem Mond von Veracruz, Erz. 83; In den Fängen der Nacht 84 (auch Blindenhörb., auch holl.); Der Málaga-Mann 85 (auch poln.); Der Canasta-Trick 85 (auch poln.); Das Gift 86 (als Hörb. 07); Das Córdoba-Testament 86; Vabanque 87 (auch poln.); Fluchtpunkt Yucatán 87; VX 88; Nacht der Erinnerung 89; Fleck auf weißer Weste 90, alles R.; Mein Sylt, Erz. 90; Atlantik-Transfer 91; Ein Sieg zuviel 91; Das Theunissen-Testament 92; Die Spur der Katze 92; Jagdzeit in Deutschland 93; Die Falle 95; Der Kapitän 98, alles R.; Erzählungen aus Norddeutschland 99; Eine Liebe auf Sylt, R. 02; Auch Du wirst weinen, Tupamara, R. 07; Moses im Sylter Watt, Erzn. 08. – **MA:** Reise ans Ende der Angst 80; Die Enkel 89; Michel ohne Mütze, Geschn. 91; Der schönste Platz der Welt, Anth. 00. – **R:** Fotos aus Ibiza (Reihe „Großstadtrevier“) 86; Das Chaos (Reihe „Tiere und Menschen“) 87. – *Lit:* Wer ist Wer?; Brockhaus Lit.-Lex.; Das große Sylt-Buch; Lebendige Lit. in Schlesw.-Holst.; Wer?Was?Wo?

Matthis, Veronika s. Weigand, Karla

Mattich, Katharina Magdalena (* Iwanda/Rumänien 29. 8. 29). Lit. Ver. d. Pfalz 91, Kultur- u. Heimatverein Harthausen 94, Schreiberwerkstatt Wachenheim 95, Kultur- u. Heimatverein Göllheim 98, Kulturverein Edenkoben 00; Auszeichn. d. Stadt Dannstadt-Schauernheim 97. – **V:** Gedanken im Schlepptau, G. 88; Hoffnung meine Stärke, G. 95; Wege hinter dem Horizont 97. – **MA:** zahlr. Beitr. in Anth., Zss.

u. Mag. seit 84, u. a.: Lyr. Annalen; Tagespost; Die Brücke; Donauschwabe; Kutscherexpress; Pegasus; Rabenflug; Donautal Mag.; Rhabarba-a; Headline. – **P:** Veröff. unter: www.Leselupe.de; www.kehricht.de; privat.schlund.de/L/Literaturkneipe. – *Lit:* J. Zierden: Lit.-Lex. Rh.-Pf. 98. (Red.)

Mattijs, Alice, Schulleiterin; Casimirring 12, D-67663 Kaiserslautern, Tel. (06 31) 2 62 33, Fax 9 34 35. Fackelstr. 29, D-67655 Kaiserslautern (* Merzig). Lyr., Erz. – **V:** Nicht die Norm 88; Zwei Hälften 90; Rote Freude 91, alles Lyr.; Entscheidung der Nacht, Erz. 96. – **MV:** Briefe an die Seele, m. Norbert Kaiser, Lyr., 1.u.2. Aufl. 87. – **MA:** Faszination 88; Kehrwasser, 15 Ausg. seit 96. (Red.)

Mattke, Helmut, Dipl.-Forsting., Forstmeister i.R.; Gartenstr. 9a, D-18209 Heiligendamm, Tel. (03 82 03) 6 28 60, *www.mattke-helmut.de*. c/o WAGE-Verlag, Tessin (* Forsthaus Plauen, Krs. Wehlau/Ostpr. 15. 3. 24). Erz. – **V:** Ostpreußische Forst- und Jagdgeschichten 96; Mecklenburgische Forst- und Jagdgeschichten 98; Norddeutsche Forst- und Jagdgeschichten 00; Duell im dunklen Tann 02; Schmölau, ein Dorf an der innerdeutschen Grenze, Erz. 04; Kalle Banolt, ein Förster mit Humor, Erz. 05. (Red.)

Matuschek, Oliver, Politologe u. Historiker, Mus. mitarb., Kurator; c/o S. Fischer Verl., Frankfurt/M. (* 71). – **V:** Stefan Zweig. Drei Leben – eine Biographie 06, Tb. 08; Burg Dankwarderode Braunschweig, Sachb. 07; Das Salzburg des Stefan Zweig, Sachb. 08. – **B:** Ich kenne den Zauber der Schrift, Ausst.kat. 05; W.A. Mozart: Das Entsetzen aller seiner Biografen, Brief 06. – **MA:** Aus dem Antiquariat 2/04; Jüdischer Buchbesitz als Raubgut 05; Kosmos Österreich 18/06. – **H:** August Vasel, Ausst.kat. 99; August Vasel: Reisetagebücher und Briefe 1874 – 1893 01. – **F:** Mitautor mehrerer Dok.filme zu hist. u. polit. Themen. (Red.)

Matussek, Matthias, Essayist, Reporter, Ressortleiter Kultur d. SPIEGEL; Averhoffstr. 89, D-22085 Hamburg, Tel. (0 40) 22 69 11 33 (* Münster 9. 3. 54). Egon-Erwin-Kisch-Pr. 90. – **V:** Palais Abgrund, Porträts u. Repn. 90; Palasthotel Zimmer 6101 91, erw. u. überarb. Ausg. u. d. T.: Palasthotel oder Wie die Einheit über Deutschland hereinbrach 02; Das Selbstmord-Tabu 92; Showdown, Geschn. 94; Fifth Avenue, Stories 95; Rupert oder die Kunst des Verlierens, R. 96; Die vaterlose Gesellschaft 98; Götzendämmerung, Porträts 99; Eintracht Deutschland, Repn. u. Glossen 99; Geliebte zwischen Strand und Dschungel. Hitzeschübe aus Rio de Janeiro 04; Im magischen Dickicht des Regenwaldes 05; Wir Deutschen 06. (Red.)

Matz, Wolfgang, Dr.phil., Lektor, Übers., Autor; c/o Carl Hanser Verl., München (* Berlin 7. 2. 55). Dt. Schiller-Ges., Rudolf-Borchardt-Ges.; Paul-Celan-Pr. 92, Petrarca-Pr. 94, Werkbeitr. d. Pro Helvetia 02; Ess., Übers., Lit.wiss. Ue: frz., ital. – **V:** Musica humana 88; Adalbert Stifter oder Diese fürchterliche Wendung der Dinge, Biogr. 95; Julien Green. Das Jahrhundert u. sein Schatten 97 (auch frz.); Gewalt des Gewordenen. Zum Werk Adalbert Stifters, Ess. 05; 1857. Flaubert, Baudelaire, Stifter, Monogr. 07. – **H:** Simone Weil: Cahiers / Aufzeichnungen 91–98 IV (auch mitübers.); Adalbert Stifter: Sämtliche Erzählungen nach den Erstdrucken 05; ders.: Dalla foresta bavarese 05 (ital.). – **MUe:** Julien Green: Tagebücher 95; Philippe Jaccottet: Nach so vielen Jahren 98, Antworten am Wegrand 01, Der Unwissende 03, Der Pilger und seine Schale 05, Truinas 05, Die Lyrik der Romandie 08, alle m. Elisabeth Edl.

Matzen, Raymond, Maître de Conférences agrégé, Akad. Rat, Doz., ehem. Leiter dialektol. Inst. Univ.; 4, rue d'Oslo, F-67000 Strasbourg, Tel. u. Fax 03 88 61 51 97 (*Straßburg 21. 2. 22). Inst. f. Volkskunst u. Brauchtum im Elsaß, Elsäß.-Lothring. S.V., Soc. des Gens de Lettres de France, Acad. d'Alsace, Acad. des Marches de l'Est, Soc. Goethe de France; Med. d'argent des Sciences, Arts et Lettres Paris 58, Pr. d. elsäß.-lothring. S.V. 62, Joseph-Lefftz-Pr. U.Innsbruck 65, Officier des Palmes Acad. Paris 69, Hebel-Dank, Lörrach 80, René-Schickele-Pr., Strasbourg 81, BVK am Bande 89, Prix Maurice Betz, Colmar 91, Pr. d. besten elsäss. Dichters dt. Zunge, Marlenheim 95; Lyr., Ess., Anthologie, Übers., Lexikographie. Ue: frz, dt. – **V:** Hansens Witzbüchlein 62; Dichte isch bichte, G. in Straßburger Mda. 80, 2. Aufl. 82, Ausw. 87; Bilder u. Klänge aus Sesenheim, G. 82; Goethe, Friederike u. Sesenheim 82; Bilder u. Klänge aus Sesenheim. Meißenheim 87; René Schickele (1883–1940), ein Europäer aus d. Elsaß, Vortr. 89; Hebb din Ländel fescht am Bändel!, Mda.-G. 91; Goethe, Friederike u. Salome – „Olivie", G. 93; Mondträume ..., Mondschäume ..., Verse 94; O scheeni Wihnàchtszit, Mda.-G. 94; Feschtdäg 95; Friedäij 97, beides Verse in Straßburger Mda.; Liebespein ... Mondenschein ..., lyr. G. 97; E.T.S.-T.A.S. 1898–1998. Les cent ans du Théatre Alsacien de Strasbourg 98; Dictionnaire trilingue des gros mots alsaciens, Lex. 00; Petit dictionnaire des injures alsaciennes, Lex. 01; Jèsüs isch siner Nàmme 03; – Sprachl. Lehrbücher: Proverbes et dictons d'Alsace 87; Anthologie des expressions d'Alsace 89; Wie geht's? Wie steht's?, m. L. Daul 00, erw. Aufl. 03. – **MV:** D'Güet Noochricht. Les quatre évangiles en dialècte alsacien, m. D. Steiner 07; Triphonie liturgique en Alsace. Cent psaumes bibliques, frz.-dt.-elsäss., m. dems. 08; Les Jeux de la Passion. 's Passionsspiel uf Elsässisch, m. R. Bitsch 08. – **MA:** Petite Anth. de la Poésie Alsacienne II 64; Anth. Elsäß-Lothringischer Dichter d. Gegenw. II 72, III 74, IV 78, V 80; Dem Elsaß ins Herz geschaut, 20 elsäss. Dichter d. Gegenw. 75; Nachrichten aus d. Elsaß, dt.spr. Lit. im Elsaß 76; Nachrichten aus d. Elsaß 2, Mda. u. Protest 78; Poètes et prosateurs d'Alsace/Unsere Dichter u. Erzähler, Anth. 78; Poésie-Dichtung, Anth. trilingue de la poésie contemporaine en Alsace 79; Revue Alsacienne de Littérature No.8 84; Neue Nachrichten aus d. Elsaß 85; Alemannisch dunkt üs guet, H. I/II 03. – **H:** Lebende elsässische Mundartdichter u. Sänger 75; Sebastian Brant: Das Narrenschiff 77; Georges Zink: Sichelte 78; Adrien Finck: Mülmüsik, G. in elsass. Mda. 80; Karl Kurrus: Vu Gott un d'r Welt, alemann. G. 81; Marguerite Haeusser: Klänge aus de Hääimet. Gedichte u. Gschichtle uf Weißeburcher Deitsch 82; Gerhard Jung: Loset, wie wär's?, G. u. Geschn. in d. Mda. d. oberen Wiesentals 83; Georg Thürer: Froh u. fry, G. in Glarner Mda. 85; Nathan Katz: Mi Sundgäu, alemann. G. in Sundgauer Mda. 85; Carl Knapp: D'r „Schiller" in d'r Krütenau. Parodien bekannter Balln. in Straßburger Mda. 87; Louis Egloff: Alsatia mea. Deutsche Gedichte, elsässischi Gedichter, poèmes francais, dichter. Nachl. 92; Georges Zink: Haiet, Arn un Ahmtet. Dichter. Ges.werk in oberelsäss. Mda. 92; Charles-Marie Caspar: Dichten u. Malen. Verse u. Bilder e. Strassburger Künstlers, nachgelass. Werk 93; Fritz Stephan: Schnirichle, Ausw. 99. – **MH:** Nachrichten aus dem Alemannischen. Neue Mda.dicht. aus Baden, d. Elsaß, d. Schweiz u. Vorarlberg 79; 1 Fachb. 69. – **R:** zahlr. Sdgn üb. Sprachverhältnisse u. Schrifttum im Elsaß in Frs. u. Hörfunk. – **Ue:** (in Bearbeitung:) Johann Peter Hebel: Alemannische Gedichte (1803) (Übers. ins

Frz., m. Kommentar). – *Lit:* Ed. Burgin: R.M., in: Les Vosges 1 64; Jacques Dieterlen: Le poète alsacien R.M., in: Saisons d'Alsace No.16 65; Jos.-L. Huck: R.M., un poète de chez nous, in: Les Vosges 4 68; Jean Hurstel: R.M., poète, dialectologue et pédagogue alsacien, in: Objectif Alsace 5–6 87; Prof. Adrien Finck: In alemann. Freundschaft, Festg. R.M. z. 65. Geb. 87; G.W. Baur in: Badische Heimat, Bez. 92; Bernard Bach: Matzen Raymond. Veröff., Vorträge u. Reden, Literatur, in: Bibliogr. d. dt.sprachigen Gegenwartslit. im Elsass 92; Dominique Huck: Pour les 80 ans du poète alsacien R.M. (TAS-105e Saison) 02/03; Adrien Finck: R.M., Présentation, Anth., Hommages, Bibliogr., in: Revue Alsacienne de Litt. No.81 03; A. Finck/Maryse Staiber: R.M., Biogr., Poèmes/Gedichte, Bibliogr., in: La litt. dialectale alsacienne T.5 03.

Matzerath, Christian, LBeauftr. d. H.-Heine-Univ. Düsseldorf Vop u. 00, Drehb.autor; D-40223 Düsseldorf, Tel. (02 21) 3 98 33 13, *matze@bimmbamm.de* (*Düsseldorf 31. 3. 65). Filmförd. d. Ldes NRW; Rom., Erz., Hörsp., Fernsehsp., Dokumentation. Ue: engl. – **V:** Urmel macht Geschichten 96; Urmel allein auf hoher See 96; Urmel & das Geheimnis der Blume 96; Urmel hat Geburtstag 96; Urmel auf dem Piratenschiff 96; Renaade 99; Gerd Hahns Renaade lässt die Puppen tanzen 99; Geniale Ganoven klauen den Pokal 06; Geniale Ganoven entführen Billys Bären 06, alles Kinder- u. Jugendb.; mehrere Sachb. – **R:** Beim nächsten Coup wird alles anders, 5-tlg. Fsf. 01. – *Lit:* s. auch SK. (Red.)

Mau, Ingrid Amelie, freie Schriftst. (*Rheinfelden 1. 1. 50). FDA 86, GEDOK Rhein-Main-Taunus 91; Lyr., Ess. – **V:** Ich habe es aufgeschrieben, G. 79, 3. Aufl. 88; Im Wechsel des Lichtes, G. 82, 3. Aufl. 90; Darum aber ist es, daß es sei ..., G. 85; Leucht-Spuren, G. 88; Der Schlichtheit Gewicht ergründen, Aphor. 95; Ich teile mein Wort mit dem Wind, literar. Querschnitt d. dichterischen Schaffens, Bü., UA 96. – **MA:** zahlr. Veröff. in versch. Anth. u. Zss., u. a.: Gauke's Jb. 86; Hab gelernt durch Wände zu gehen, G. 93; Heimkehr, G. 94; Das Gedicht 94. – **R:** zahlr. Veröff. im Rdfk. – **P:** BeWEGung, CD/Tonkass. 97. (Red.)

Maué, Cornelia, Online-Red., Web- u. Print-Design, Schriftst.; *www.cornelia-maue.de* (*Kaiserslautern 21. 11. 53). Rom., Lyr. – **V:** Beiderseits der Nabelschnur, R. 00 II. – **MV:** Wir sind keine Wunderkinder, Kinderst. m. Suzanne Andres u. Markus Delz, UA 84. – **MA:** Durch die kalte Küche 00; Herrin verbrannter Steine 00.

Maue, Reiner, Dr. phil., Dipl.-Psych., Dipl.-Ing., Dipl.-Kriminologe; Tilsiter Str. 3, D-24944 Flensburg, Tel. (04 61) 3 13 39 74 (*Berlin 26. 8. 39). BDS 98; Rom. – **V:** Irgendwie immer daneben, R. 99; mehrere Sachbücher. – *Lit:* Der Spiegel 15/86; s. auch 2.Jg. SK. (Red.)

Mauersberger, Uta, Schriftst.; lebt in Leipzig (*Bernburg 15. 5. 52). VS 91; Sally-Bleistift-Pr. 83, Kunstpr. d. FDJ 84, Stip. Schloß Wiepersdorf Min. Sa. 96; Lyr., Kinderb. – **V:** Poesiealbum 153, G. 80; Balladen, Lieder, Gedichte 83, 2. Aufl. 85; Geschichte vom Plumpser und zwei andere, Bilderb. 84, 2. Aufl. 86; Kleine Hexe Annabell, Kdb. 87, 88; Rattenschwanz, G. 89; Wer glaubt an den Osterhasen?, Kdb. 90; Karolins Nachtrunde, Kdb. 91, 00; Vorfreude, schönste Freude, Weihnachtsgesch. 91, 98 (Tonkass.). – **MA:** Herzflattern 96; Oder die Entdeckung der Welt 97; Poesiealbum 99, alles Anth. – **Ue:** M. Krawcec/M. Cycec: Herr Frost und Frau Winter, aus d. Sorb. 89. – *Lit:* D. v. Törne: Lebensintensität – sinnl. Nähe zu Menschen u. Dingen in d. Stadtgedichten v. U.M., in: DDR-Literatur '83 im

Gespräch 84; Walther Killy (Hrsg.): Literaturlex., Bd 8 90. (Red.)

Maufrais, Catherine s. Wirth, Catherine

Maul, Werner, Lehrer f. Englisch u. Geografie; Breslauer Str. 37, D-91207 Lauf, Tel. u. Fax (0 91 23) 1 24 12, *WMaul@aol.com* (* Rothenburg o.T. 25. 4. 45). – **V:** Das war der alte Balkan, Szenen u. Geschn. 05. (Red.)

Maulinger, Hubert s. Pfeiffer, Herbert

Maura s. Schneider, Antonie

Maurenbrecher, Manfred, Dr. phil., Texter, Musiker; Laubenheimer Str. 1, D-14197 Berlin, Tel. u. Fax (0 30) 8 21 08 97, *mauren@snafu.de, www. maurenbrecher.com* (* Berlin-Lichterfelde 2. 5. 50). P.E.N.-Zentr. Dtld; Dt. Kleinkunstpr. 91, Arb.stip. f. Berliner Schriftst. 92, Liederpr. d. SWF 98, Kleinkunst-Gral 00 (Dr. Seltsams Frühschoppen), Programmpr. d. Dt. Kabarett-Pr. 02; Lied, Prosa, Rundfunkess. – **V:** Fast so was wie Liebe, Kurz-R. 89; Tür zu. Stimmen!, Prosa u. Sketche 90; Ballade vom kleinen Doppelleben, Geschn. 00. – **R:** zahlr. Beitr. f.d. Sdg „Ohrenweide" im WDR 5; Funk-Ess. über Hans Henny Jahnn, Günter Eich, u. a. – **P:** Manfred Maurenbrecher 82; Feueralarm 83; Viel zu schön 85; Schneller leben 86; Nichts wird sein wie vorher 89, alles Schallpl.; Das Duo Live, CD 91; Kakerlaken, Schallpl./CD 95; Pflichtgefühl gegen Unbekannt 97; Lieblingsspiele 97; Weisse Glut 99; Hey Du – Nö! 01; Gegengift 02, alles CDs. (Red.)

Maurenbrecher, Thomas, Dr., freier Schriftst.; Maybachufer 1, D-12047 Berlin, Tel. (0 30) 61 20 38 61, *tho.mau@web.de, www.thomas-maurenbrecher.de* (* Krefeld 12. 12. 40). VS, Kogge. – **V:** Die Erfahrung der externen Migration, Diss. 85; Songül, die letzte Rose, und was sonst noch so blüht, Prosa 92; Im Freundeskreis. Außer sich, R. 01; Zwei Nasen im Wind, R. 01; Balussa, Erz. 06; Mecklenburg forever, R. 07. – **MA:** Das Fremde und das Andere 83; impressum 15/99; erostepost 22/99; Glück – ein verirrter Moment 99; Hausbewohner 00; Segeberger Biefe 62/00, 64/01, u. a. – **R:** Große Gesten, Hsp. 06.

Maurer, Christian, Schauspieler, Regisseur, Schriftst.; Am Säumerberg 18 e, D-94136 Thyrnau, Tel. (0 85 01) 91 56 52 (* Hermannstadt/Siebenbürgen 24. 5. 39). Rum. S.V. 73; 1. Pr. f. Lyrik d. 'Neuer Weg'-Pr., Bukarest 56, Debüt-Pr. d. Rumän. S.V. 74; Lyr., Kurzprosa, Dramatik. Ue: rum. – **V:** Die Hände, Lyr. 64; Chronik unter Kulissen, Skizzen 70; Rememoriͨnd Fȋ̂ntȋ̂na, Lyr. 76; Bussardland und Nebenher, Lyr. 75; Schöpf Sieb um Sieb vom Regen, Lyr. 02; – STÜCKE/UA: Die Heiligen von Belleschdorf, Schwank 69; Das kalte Herz, Msp. 70 (auch rum. u. ung.); Ein spätes „La Paloma", Kom. 73; Ein Ausflug auf die Berge 75. – **MV:** Das lustige ABC der Siebenbürger Sachsen, m. Wolfg. Untch, Comic 05. – **Ue:** zahlr. dramat. Werke aus dem Rumänischen. – *Lit:* St. Sienerth in: Lex. d. Siebenbürger Sachsen 93.

Maurer, Herbert, Dichter; Wien, *maurer@oebv.com* (* Wien 12. 5. 65). Rheingau-Lit.pr. 96, Aufenthaltsstip. d. Berliner Senats 97; Rom., Nov., Lyr., Ess. Ue: lat, ital, arm. – **V:** Gnädige Frau! oder Die Kunst des Tiefschlafs, Prosa 96; Ein Rabenflug, R. 97; Venetia, Erzn. 97; Beata, Beatae, Beatae, Beatam, Beata, Beata 98; Pannonias Zunge, R. 99; Im Schatten der Hirschin, Erzn. 06. – **MA:** Querlandein, G. 95. – **R:** Beitr. im ORF. (Red.)

Maurer, Jörg, Musikkabarettist, Autor, Betreiber d. Privattheaters „Unterton" in München; c/o Büro Jörg Maurer, Kurfürststr. 8, D-80799 München, Tel. (0 89) 34 23 81, *ms@joergmaurer.de, ww.joergmaurer.*

de, www.unterton.de (* Garmisch-Partenkirchen 53). Kabarettpr. d. Stadt München 05, Agatha-Christie-Krimipr. 06 (Sonderpr.) u. 07, Dt. Kurzkrimi-Pr. 07, Lit.pr. d. Landkr. Dillingen 07. – **V:** Gibt es ein Kabarett nach dem Tod?, Lieder u. Texte 96; Föhnlage, R. 09. (Red.)

Maurer, Maria Luise (geb. Maria Luise Zagler), Lehrerin; Villa Aglaja 39, I-39022 Algund d. Meran, Tel. (04 73) 4 86 07 (* Meran 12. 1. 33). Socio dell'Accad. Culturale d'Europa di Bassano Romano, Intern. Burckhardt-Akad. St. Gallen u. Rom, Accad. dei Bronzi, Catanzaro 83, Accad. degli Accesi, Trento 87; ENAL-Provinzial-Wettbew. Bozen 60, 61, 62, Lit.pr. La Mole, Turin 81, Lit.pr. Mede 81, Lit.pr. La Montagna 81, Lit.pr. Aischylos-Akad. Gela, Siz. 82, Lit.pr. Prometeo, Bassano Romano 82, Giovanni-Prati-Pr., Séstola (Modena) 83, Giosue-Carducci-Pr., Ischia 86, Pr. Bauzanum, Bozen 87; Erz., Nov., Mundart, Rom., Ladin. Idiom, Übers., Lyr., Prosa, Hörsp., Sat. Ue: engl, frz, ital, ndl, lat, slowen. – **V:** Erzählungen aus Südtirol 79, 6., erw. Aufl. 84 (auch ital., frz., engl., holl., ladin.); Wenn der Berg zum Schicksal wird, N. 79; Du bist in meinem Herzen, G. 83 (dch inser Länd 85; Erzählungen aus Südtirol 85; Der Krautwäsche, R. 87; Die Törggelepartie, Lsp. 87; Der schwarze Hut, Krim.-R. 89; Die Frauen von Bagdad, zweispr. G. 91; Spätzn und Nachtigålln 91; Wetterleuchten am Schlern, Erzn. 06. – **MA:** Luzio und Zingarella 81; Alt-Grödner Geschichten 81; Liebeslied aus Meran 82; Die Thurnwalder Mutter 86; Die Wahrheit über Südtirol 86. – **Ue:** Marco Dibona; Pepe Richebuono; Giuvani Pescollderungg. (Red.)

Maurer, Monika (Ps. Myong Ja); Alpenstr. 103, A-5081 Anif, Tel. u. Fax (0 62 46) 7 59 55 (* Offenbach 48). Anifer Kulturkr.; Lyr. – **V:** Gedichte 78; Wetterhahn, Lyr. 79; Pegasus, Lyr. 81. – **MA:** Anth. u. versch. Zss., u. a.: Gauke's Jb., Gauke's Lyr.-Kal. – **R:** Lyrik in versch. Rdfk-Sdgn. (Red.)

Maurer, Thomas, Kabarettist, Schauspieler u. Autor; lebt in Wien, *www.thomasmaurer.at* (* Wien 27. 6. 67). Salzburger Stier 91, Dt. Kabarettpr. 97, Förd.pr. d. Stadt Mainz im Dt. Kleinkunstpr. 01, Öst. Kabarettpr. Karl 03, Nestroy-Pr. (Spezialpr.) 03. – **V:** Das Hirn muß einen Saumagen haben, Kolumnen 00; Im Wendekreis der Wende, Kolumnen 07; – bisher 11 Kabarett-Soloprogramme. (Red.)

Maurer, Ursel, Schriftst.; Annastr. 9, D-70327 Stuttgart, Tel. u. Fax (07 11) 33 37 53 (* Wischern, Kr. Kosten 6. 12. 44). Lyr., Kurzprosa, Sachb., Lebenshilfe. – **V:** Kleiner Vogel flieg, G. 84; Lichtblicke, G. 86; Wenn Worte fliegen, G. 87; Blütenblätter, G. 89; Wenn Familie kostbar wird, G. u. Kurzprosa 94; Halt mich ganz fest, daß ich deine Liebe spüre, Erzn. 97; Leg Deine Träume nicht in Ketten, G. u. Kurzprosa 99. – **MA:** Die vaterlose Gesellschaft, Sachb. 99; zahlr. Texte in Anth., Zss., Kal. u. a. (Red.)

Mauritz, Hartwig, Lehrer am Berufskolleg; Selzerbeeklaan 44, NL-6291 HX Vaals, Tel. (0 43) 3 06 06 61, *hmauritz@cuci.nl* (* Eckernförde 27. 3. 64). Lit.büro d. Euregio Maas-Rhein 97, Autorenkr. Rhein-Erft 03; Finalist im Lyr.pr. Meran 06, Irseer Pegasus (3. Pr.) 07, u. a.; Lyr. – **V:** Echogramme, Lyr. 06; biotope, Lyr. 08. – **MA:** zahlr. Beitr. in Lit.zss. seit 1998, u. a.: Dreischneuß; Faltblatt; Federwelt; Krautgarten; Muschelhaufen; Signum; Zeichen u. Wunder; – Anth.: Ort-Ansichten 97; Das große Buch der kleinen Gedichte 98; Blitzlicht 01; Städte.Verse 02; Zeit.Wort 03; NordWestSüdOst 03; Schwerkraft der Sinne 04; Spurensicherung 05; Dt. Lyrikkalender 08. – *Lit:* Wulf Segebrecht in: FAZ 08.

Maurus, Mike. – **V:** Fantasy-Trilogie „Fantasmania": 1. Mittelsturm 06, 2. Jenseitsfalle 07, 3. Teamgeister 08 (alle auch als Hörb.). – **MV:** Operation Odin, Comic 91; Die wilden Fußballkerle. Das Rennen, Comic 04. – **R:** Storyboards zu: Traffix; Hexe Lilly 07, beides Fs.-Serien.

Maus, Andreas *

Maus, Sandra; c/o Buchverlag Peter Hellmund, Rosengasse 10, D-97070 Würzburg, *Sandra.Maus@gmx. net* (* Kevelaer 27.7.76). Autorenkr. Würzburg 05; Erz. – **V:** Vielleicht war es nur der Wind und andere Begegnungen 06. – **MA:** Noch eine Leiche im Keller, Krim.-Geschn. 07.

Maus, Stephan, freier Autor; *stephan.maus@gmx. net, www.stephanmaus.de* (* Berlin 16.8.68). Stip. Ledig House Intern. Writer's Colony, N.Y. 01; Rom., Hörsp., Kritik. Ue: frz. – **V:** Hajo Löwenzahn, R. 98; Alles Mafia!, R. 00; Zitatsalat, Collagen 02; Zitatsalat II, Collagen 04; Handbuch des massiven Unsinns 04. – **MA:** Die Außenseite des Elementes; zahlr. Beiträge/Rez. u. a. für: Eulenspiegel; FAZ; FR; junge welt; Literaturen; mare; NZZ; SZ; Tagesspiegel; taz; Titanic; HR; SFB; WDR; – Hans-Jürgen Drescher, Bert Scharpenberg (Hrsg.): Werner Fritsch. Hieroglyphen des Jetzt 02; Thomas Kraft (Hrsg.): Neues Handbuch d. deutschspr. Gegenwartslit. 03; Thomas Steinfeld (Hrsg.): Deutsche Landschaften 03; Dirk Hallenberger (Hrsg.): Heimspiele u. Stippvisiten, Repn. über das Ruhrgebiet 05; Uwe Neumann (Hrsg.): Johnson-Jahre 05. – **R:** Hörspiele: Der Auftrag oder Die Sache mit Frazer 98; Elmores Apokalypse 01; Alles Mafia! + Klangmusicaine = Diskurs / Ende / Leben, m. Marcus S. Kleiner u. Marvin Chlada 02; Die Elixiere des Trivialen (SWR 2) 06. – *Lit:* N. Wehr in: LDGL 03. (Red.)

Mauz, Christoph (eigtl. Hubert Christoph Hladej), freier Schriftst., gepr. Sprecher; Ennsgasse 18, A-1020 Wien, Tel. (01) 2 18 98 87, *mauz@aon.at, www. christophmauz.at.* Avastr. 7, A-3511 Kleinwien, Tel. (0 27 36) 75 60 (* Wien 29.4.71). E.liste z. Öst. Kd.- u. Jgdb.pr. 98, Mira-Lobe-Stip. d. BKA 02; Kinderb., Rom., Lyr., Sachb., Kabarett. – **V:** 1:1 für Tscho 98; Aber nicht mit Tscho 99; Klappe! Action! Tscho! 00; Die Abenteuer des Raumschiffs Enzian 00; Lilly träumt 01; Küß mich, Tscho! 02; Schieß los, Tscho 03; Schule beißt nicht! 03; Bunte Mauzmischung, Sammelbd 03; Reihe „Die glorreichen Rüben": Park-Sheriffs 03, Rache-Bengel 04, Hunderl-Tage 05; Emma -Ein Girl wie Dynamit 06, alles Kdb., u. a. – **MV:** Von Gutenberg zum World Wide Web 00. – **MA:** Der neue Wünschelbaum 99; Engelshaar und Wunderkerzen 99. – **H:** Karl Bruckner: Die Spatzenelf. (Red.)

Mawatani, Nanata s. Alten-Bleier, Ingrid

Maxian, Beate, Autorin, freie Journalistin, Selbständige im Medien- u. Eventbereich; Edisonstr. 7, A-4840 Vöcklabruck, *beate@maxian.at, www.maxian.at/ beatemaxian* (* München 22.8.67). IGAA, AIEP, Sisters in Crime (jetzt: Mörderische Schwestern) Dtld, Das Syndikat; Rom., Krimi, Kinder- u. Jugendb., Sachb. – **V:** Tote lächeln nicht 05; Tote morden nicht 06, beides Krimis; 2010 und noch mehr Nächte, Kdb. 06; Tödliche SMS 07; Mord mit Seeblick 08. (Red.)

Maximilian, Viktor s. Schmige, Georg

Maximovič, Gerd, Dipl.-Handelslehrer; Am Wall 183, D-28195 Bremen, Tel. (04 21) 32 58 80 (* Langenau/Tschechien 29.8.44). VS 75; Europ. SF-Pr. 80; Kurzgesch., Erz., Hörsp., Sachb. – **V:** Die Erforschung des Omega-Planeten 79, 80; Das Spinnenloch u. a. SF-Erzählungen 84; Phantasten und Philosophen 96; Moschus No. 1, Erzn. 01; Alpha Station 02; Die

neuen Menschen, Erzn. 04; Botschaften von den Sternen, SF-Erzn. 04; mehrere Sachbücher. – **MA:** Science Fiction Times. – *Lit:* s. auch SK.

May, Christian Albrecht, Prof. Dr. med. (* Erlangen 10.9.66). Rom., Lyr. – **V:** Die überzähligen Präparate 03. – **MA:** Das gelbe Buch der Spitzenschreiber 03, 04; Das Andere anders sehn 03; Missbrauch, Anth. 04; Nationalbibliothek d. dt.sprachigen Gedichtes. Ausgew. Werke VI 03, VII 04. (Red.)

May, Hermann, Dipl.-Ing., StudR.; Bokeloher Str. 74, D-49716 Meppen, Tel. (0 59 31) 8 53 44 (* Werlte 3. 5. 54). VS, Arb.kr. ostfries. Autor/inn/en; Lyr., Erz. – **V:** Finntling, Lyr. u. Prosa 97. – **MA:** zahlr. Beitr. in Anth., Zss. u. Jbb., u. a.: Leningrad Sommer '92 99. (Red.)

May, Michael, Selbstständiger in d. Sicherheits- u. Metalldesignbranche; Gruibinger Str. 31/5, D-73087 Bad Boll, Tel. (01 71) 8 05 28 92, *info@my-vip-service. de, www.my-vip-service.de* (* Freiberg/Sa. 7.11.72). Lyr., Aphor. – **V:** Ansichten, Lyr. 08.

May, Sibylle (Geb.name von u. Ps. f. Sibylle Lang), Journalistin, Dipl.-Volkswirt; Fichtestr. 16, D-70193 Stuttgart, Tel. (07 11) 6 36 60 48, Fax 63 99 64 (* Hamburg 26.6.42). Erz., Rep. – **V:** Das geheimnisvolle Hufeisen 84 (auch ndl., frz.); Eine verhexte Reise 86; Rocco ist die Nummer 1 91; Ich bin ich 93, 95; Paris – der Dusche wegen 96; Mörderischer Sommer 98, alles Kd.- u. Jgdb. (Red.)

May-Allen, Mirjam J. S., Übers., Lektorin, Doz., Psychologin; *MayAllenMJS@aol.com* (* München 31. 10. 63). Lyr. Ue: dt, engl, span. – **V:** Liebes Leben, liebes Leid oder Vom Sinn der Höhen und Tiefen 06; Sehnsuche 07; Wege Kd. (Red.)

Mayall, Felicitas s. Veit, Barbara

Maybaum, K. (eigtl. Kerstin Maybaum-Mörs), Verlagskauffrau; Augustinusstr. 3, D-53123 Bonn, Tel. (02 28) 6 88 39 89, *k19maybaum@aol.com* (* Bonn 28.3.77). – **V:** Dust in the wind ... irgendwann wird alles einen Sinn ergeben 00. (Red.)

Maydal, H. s. Wittek, Dorothea

Mayenburg, Marius von, Autor u. Dramaturg; c/o Schaubühne am Lehniner Platz, Kurfürstendamm 153, D-10709 Berlin, Tel. Dramaturgiesekretariat Sabine Ganz: (0 30) 89 00 21 29, Fax 89 00 21 95, *sganz@ schaubuehne.de* (* München 21.2.72). Kleist-Förd.pr. 97, Pr. d. Frankfurter Autorenstift. 98, Autorenpr. d. Heidelberger Stückemarkts 98, Übers.förd.pr. d. Goethe-Inst. 99. – **V:** Feuergesicht / Gestank 00; Das kalte Kind 02; Feuergesicht / Parasiten 03; Eldorado / Turista / Augenlicht / Der Häßliche 07; – THEATER/UA: Feuergesicht 98; Parasiten« 00; Haarmann 01; Das kalte Kind 02; Eldorado 04; Turista 05; Augenlicht 06; Der Häßliche07; Der Hund, die Nacht und das Messer 08; (Übers. in mehrere Sprachen). (Red.)

Mayer, Bruno; Andersengasse 23/29/1, A-1120 Wien, *MayerBruno40@netscape.net, www. wanderer.jump.to.* Hauptstr. 16, A-8762 Oberzeiring (* Oberzeiring/Stmk 15.10.40). Lit.kr. Schwarzatal; Fuchs- u. Grogger-Taler in Silber; Lyr., Prosa, Sat., Ess., Lied. – **V:** u. H: GBA Gipfel Buch Allgemein; GBB Gipfel Buch Bruno; GBG Gipfel Buch Grimming; GBÖL Gipfel Buch Ödstein Lied; WGB Wander Gedenk Buch; KB Kapellen Buch. – **B:** G. Fishta: Die Laute des Hochlandes; Dante: Die Göttliche Komödie. N. Lenau; F. Hölderlin; T. Bernhard. – **MA:** Beitr. in 3 Anth. d. Lit.kr. Schwarzatal. – **H:** Der Wanderer, Poesiezs., seit 84. – **P:** Tondokumente v. Gipfellesungen u. 4 Lieder. – *Lit:* Literar. Leben in Öst.; Da schau her, Kulturschrift; Art. in div. Regionalztgn u. Alpinmag.

Mayer

Mayer, Curt (Ps. Curt Trebory), Dr. jur., Rechtsanwalt; Freigasse 9, D-73479 Ellwangen, Tel. (0 79 61) 9 00 70, Fax 90 07 27, *info@dr-mayer-coll.de, www.dr-mayer-coll.de* (* Stuttgart 28. 12. 21). Rom., Märchen. –
V: Münzen und Medaillen der Fürstpropstei Ellwangen 80; Die Rote Galeere 88; Im Schatten des Bösen 92; Flug zum Planeten der Dinos, M. 95. (Red.)

Mayer, Doris, Schauspielerin u. Autorin; Antonigasse 4, A-1180 Wien, Tel. (01) 4 06 08 04 (* Eisenstadt 58). Öst. P.E.N.-Club, Vorst.mitgl. – **V:** Machalan, R. 00; VaterMorgana, R. 01; Revolution der Steine, R. 03. (Red.)

Mayer, Eckehard, Komponist; Radeberger Str. 17, D-01099 Dresden, Tel. (03 51) 8 04 11 18 (* Hainsberg, jetzt: Freital 20. 6. 46). Lyr. – **V:** Immer wieder, G. 03; Mein anderes Tagebuch, G. 05; Passage, Opernlibretto n. Christoph Hein, UA 06; Und immer so weiter, je nach Bedarf, G. 07.

Mayer, Elisabeth s. Petuchowski, Elizabeth

Mayer, Gina; c/o Autoren- und Verlagsagentur Dr. Harry Olechnowitz, Niebuhrstr. 74, D-10629 Berlin, *www.ginamayer.de* (* Ellwangen/Jagst 65). Quo vadis – Autorenkr. Hist. Roman; Rom., Jugendb. – **V:** Das Mädchen ohne Gedächtnis, Jgdb. 06, 2. Aufl. 07; Die Protestantin, hist. R. 06; Schattenjünger, Jgdb. 07; Das Medaillon, hist. R. 07; Die falsche Schwester, Jgdb. 08.

Mayer, Hedi (Ps. Doro v. Waldeck); Alexander-Pachmann-Str. 2a, D-85716 Unterschleißheim-Lohhof, Tel. (0 89) 3 10 93 39. – **V:** Der Weg nach Afrika ist weit, R. 99. (Red.)

Mayer, Lisa, Logopädin; Mühlbachsiedlung 568, A-5412 Puch, Tel. (0 62 45) 8 63 59 (* Nassereith 27. 7. 54). Salzburger Lyrikpr. 98, Feldkircher Lyr.pr. (3. Pl.) 04, Jahresstip. d. Ldes Salzburg 06, Georg-Trakl-Förd.pr. 07. – **V:** Auf den Dächern wird wieder getrommelt, Lyr. 99; Du allein beschenkst die Diebe, Lyr. 05. (Red.)

Mayer, Michael, Mag., Doktorand; Ammerseestr. 10, D-95445 Bayreuth, Tel. (09 21) 3 08 19, (01 70) 8 34 14 41, *deichwind@web.de.* Schützenring 39, D-25899 Niebüll (* Niebüll/Nordfriesland 22. 5. 78). Lyr., Rom., Erz. – **V:** Lichterschwank und Zeitenhalt, Lyr. 02; Hechtwetter, Lyr. 03. – **MA:** Frankfurter Bibliothek I/2, I/3, II/1 02, 03; Lyrik u. Prosa unserer Zeit 14 03. (Red.)

Mayer, Norbert, Dipl. Pädagoge, Schriftst.; Linzenberg 103, A-6858 Schwarzach, Tel. (0 64 46) 5 05 93 36 (* Egg/Vbg 30. 9. 58). Vorarlberger Autorenverb., jetzt Lit. Vorarlberg, IGAA; Lit.stip. d. Ldes Vbg 00, Feldkircher Lyr.pr. (2. Pr.) 03; Lyr., Prosa, Hörsp., Kinder- u. Jugendb. – **V:** die rossquelle, G. 96; wortungen, G. 04. – **MV:** simultan stimulation, m. Harald Gfader, Bildbd 90; Kreuzungen, m. A. Rupprechter, Bildbd 06. – **R:** schaffo, Kurz-Hsp. 95. (Red.)

Mayer, Norbert J., Dr.; Seestr. 3, D-82340 Feldafing, Tel. (0 81 51) 26 89 60, Fax 36 87 24, *mail@metafor.de, www.metafor.de* (* Freiwaldau 2. 12. 38). Lyr., Sachb. – **V:** Mutter Erde, meine Liebe, G. u. Lieder 91; Gespräche mit mir und dir, Sprüche u. Gesänge 92; In den Wind gesungen 94; Lebenswege, G. 94; Der Kain-Komplex 98; Wegbegleitung – Stundenbuch der Lieder 99; Ways of Life 00; Die Seinserfahrung als mystisches Erleben 01; Zwischen Politik, Krieg und Mitgefühl. Friedvolle Wege d. Wandlung 02; Der endlose Weg der Liebe des tapferen Don José 03; Herzensgebete, Lyr. 07, 3. Aufl. 08. – **MV:** Rituale der Seele, Lyr., Sachb. 08. – **MA:** Der Brunnen der Erinnerung 94; Schamanische Wissenschaften 98; u. weitere Beitr. in fachwiss. Zss. – **P:** Spieglein Spieglein an der Wand

66; Ich rieche rieche Menschenfleisch 67, beides sozialkrit. Lieder auf Schallpl.

Mayer, Rupert, Industriekfm. / Prokurist; Akazienweg 2, D-50126 Bergheim/Erft, Tel. (0 22 71) 4 16 18, *RupertMayer@aol.com* (* Sprottau/Schles. 18. 12. 27). Scheffel-Pr. 48; Lyr. – **V:** Gewisse Menschen, G. 84; Entlaubte Zeit, G. 86. (Red.)

†**Mayer,** Ruth, Spracharbeiterin, Bücherherausgeberin; lebte in Zürich (* St. Gallen 24. 3. 43, † 7. 10. 07). P.E.N.; E.gabe d. Kt. Zürich 77; Aphor., Text. Ue: engl, frz. – **V:** Die Winkel, G. 65; Endloses Wandern, G. 68; Wohn-Porträts, Texte 75 (auch engl., frz.); Ansichtsseiten, Aphor. 76, 3., veränd. u. erw. Aufl. 95. – **MV:** Die fünf Unbekannten, G. u. Kurzprosa 70. – **B:** div. Kunstbücher seit 69. – **MA:** u. a.: Das unzerreissbare Netz, Lyr.-Anth. 68; drehpunkt 68–79; Gott im Gedicht, Anth. 72, 76; Nichts und doch alles haben, Lyr.-Anth. 77; Diagonalen, Kurzprosa-Anth. 77; Neue treffende Pointen. Sat. Geistesblitze d. 20. Jh. 78; 11 Jahre Schweizer Literatur, Anth. 80; Der Mensch und sein Arzt. 3000 treffende Zitate, Aphor., Meinungen, Definitionen, Fragen u. Antworten 80; Erotische Gedichte von Frauen 85; Bäuchlings auf Grün, Lyr. 05. – **H:** Bewegte Frauen, Lyr. u. Prosa zeitgenöss. Autorinnen 77; Anfällig sein, Texte v. Frauen 78; Im Beunruhigenden, Frauentextsamml. 80; Frauen erfahren Frauen 82; S. Kestenholz: Sie will wissen wie weit ihre Kühnheit sie forträgt, Beitr. zu Biogr. frz. Revolutionärinnen 84; Rosemarie Egger: Ein Inselsommer, Erzn. u. G. 88; Das Weite wählen, Textsamml. v. Frauen 99. – *Lit:* Ingeborg Drewitz in: Ansichtsseiten 76, 79; Laure Wyss in: Ansichtsseiten, 3. Aufl. 95.

Mayer-König, Wolfgang, UProf. d. Rep. Öst., vorm. pers. Referent im Kabinett d. öst. Bundeskanzlers, stellv. Gen. Dir. d. Intern. Biographical Centre, Cambridge, Vorstandsdir. i. R.; Hernalser Gürtel 41, A-1170 Wien, Tel. u. Fax (06 64) 3 57 03 61, Fax (01) 3 70 76 20, *univprofmayerkoenig@a1.net, www.penclub.at/litglieder/mayerkoenig.html.* Haubenbiglstr. 1A, A-1190 Wien (* Wien 28. 3. 46). Ö.S.V. 76, Vorst.mitgl. 99–01, Accad. Tiberina Rom 81, Burckhardt Akad. St. Gallen-Rom, korr. Mitgl. d. Akad. d. Wiss. u. Künste Cosentina Cosenza 84, GZL, P.E.N.-Zentr. Öst. 00, Begründer d. Öst. Hochschullit.forum „Literar. Situation", Gründ.mitgl. u. Obmann-Stellv. Robert-Musil-Archiv Klagenf., Beiratsmitgl. Intern. Biograph. Centre Cambridge sowie Americ. Biograph. Inst., Europa-Lit.Kr. Kapfenberg, Lit. Ges. St. Pölten; Theodor-Körner-Pr. f. Lit. 73, E.zeichen d. Verd.ordens d. arab. Rep. Ägypten f. kulturelle Verdienste 73, Förd.pr. d. Wiener Kunstfonds 75, Öst. E.kreuz f. Wiss. u. Kunst f. hervorrag. Leistungen auf schriftstell. Gebiet 76, E.zeichen d. Ldes NdÖst. 81, Commendatore della Repubblica di San Marino per alti meriti culturali 81, Premio Prometeo d'aureo de la Regione di Lazio 83, Chevalier des Arts et des Lettres de la Rép. Française 87, Adlerorden d. Ldes Tirol in Gold 88, Gr. E.zeichen d. Ldes Kärnten 93, New Century Award, USA 01, Intern. Peace Prize 05, The Plato Award, Oxford 06, Öst. E.kreuz f. Wiss. u. Kunst I. Klasse 06, Gr. E.zeichen d. Ldes Steiermark 06, Kulturmed. d. Ldes Oberöst. 06, E.med. d. Bdeshauptstadt Wien 07; Lyr., Erz., Ess., Rom., Aphor., Sat., Hörsp., Fernsehsp., -dok. u. -ess., Libr., Lied. – **V:** Sichtbare Pavillons, G. 69; Stichmarken, long poems 69; Zur Psychologie der Literatursprache 74; Texte u. Bilder 76; Sprache – Politik – Aggression 78; Karl Kraus als Theaterkritiker 78; Johann Caspar Goethes „Viaggio per l'Italia" u. Johann Wolfgang Goethes „Italienische Reise", Ein Vergleich 78; Robert Musils Möglichkeitsstil 78; In den Armen unseres Wärters 79; Schreibverantwortung 85; Vorläufige Versagung 85; Chagrin non dechiffré 86; Colloqui nella stanza 86; Ein komplizierter Engel 89; Raumgespräche 89; A hatalom bonyolult angyala 89; Verzögerung des Vertrauens, Texte 95; Verkannte Tiefe 97; Behind desires deficits 99; Vom Himmel abgekommen 00; Bekenntnisse eines zornig liebenden Europäers 00; Die Wandlungsfähigkeit des Gesichtes 02; Ein anderer Siegesplatz 02; Das Gondelfenster 03; Geh, Angst vor dem Schmerz 04; Grammatik der Seele 05; Widersacher 06; Der notwendige Zweifel 06; Die vaterlose Gesellschaft 06; Vaterentbehrung – schutzloses Kind 07; Runkelsteiner Elegien 07; Die Überwinterung 07; Die Empörung 07; Das Entstehen der Dinge im Kopf 07; Der Koffer der Adele Kurzweil 07. – **MA:** Zeit und Ewigkeit, 1000 Jahre österr. Lyr. 78; Claasen Jb. d. Lyrik 1–3 79–81; Verlassener Horizont, Anth. 83; Einkreisung, Ausw. neuer dt. Lyr. 82; Under the Icing 87; Poetcrit; Parnassus of World Poets; Lit. u. Kritik; Limes; Freibord; Das Pult; Freiheit u. Gewissen; Die Zukunft; Humboldt; Colloquia Germanica; Modern Austrian Literature, J.; Vom Wort zum Buch; Dialogi Marburg; Die Presse; Die Zeit; Basler Nachrichten; Yage (Kuba); Schreibwetter 03; Dolomiten 05; etcetera 06; Tiroler Tagesztg 06, OÖ Nachrichten 06; Kleine Ztg 06; Reibeisen 07; Podium; Sassafras; Kölnische Rundschau; Meanjin Quarterly Melbourne; La Republique du Centre; L'Indépendant; Börsenbl.; Börsenkurier; Magyar Hírlap; Il Tempo; 24 Ore; Wiener Ztg; Gente money Milano; Der neue Tag; Poesiealbum II; Kulturelemente. – **H:** LOG, Intern. Lit.zs., seit 79; LOG-Buchreihe, seit 79; Bibliothek I. Zs. LOG (Veröff. von 1000 Autoren aus 100 Nationen). – **MH:** Feuer und Eis. Autoren in Entw.ländern 88; Der Spiegel, in dem wir uns sehen, Anth. 89; Malte Olschewski: Krieg als Show 92; Geschichten, die mir mein Großvater erzählte, rum. Jgd.lit. 97; Neue rumänische Literatur 98; Eintragungen in LOG Buch. Eintausend Autoren vorgestellt in e. Vierteljh. 04; Lev Detela: Die Merkmale der Nase – für Mayer-König, den literar. Mitstreiter u. Freund. – *Lit:* Hilde Spiel in: Kindlers Lit.gesch. d. Gegenw. – Öst. Lit. 76; Kurt Adel: Aufbruch u. Tradition. Einf. in d. öst. Lit. seit 1945 82; Intern. Author's and writers Who's Who, 11. Aufl. 89; Öst. Lit.Lex. 94; Who's Who in the World, 16. Aufl. 99; Wer ist wer? 99/00; The Global 500 Leaders for the new Century 00; Who's Who in Literature 01; Dt. Schriftst.Lex. 02; Intern. Who's Who in Poetry 06; Tiroler Tagesztg v. 6.8.05; Kleine Ztg v. 14.1.06; Christian Schacherreiter in: OÖ Nachrichten v. 1.3.06; Doris Kloimstein in: etcetera 23/06; – weiterhin Veröff. von: Karl Krolow: Sprachbaumeister; Peter Henisch: Mit seltener Konsequenz f. d. long poem; Lev Detela: Sprachlich virtuos u. lit.theoret. gekonnt; Karl-Heinz Schreiber in: Kult; Heinz Gerstinger, Hans Erich Nossack, Horst Bienek, Sture Allén, Herbert Rosendorfer, H.E. Holthusen, Horst Krüger, Michel Cullin, Peter Jokostra, Emile Zuckerkandl, Fritz Zuckerkandl, Friedrich Torberg, Bernhard Nußbaumer, Allan Levy, Olga Obry, Othmar Parschalk, Alexander Giese, Hugo Huppert, Cornelius Schnauber, Walter Kohn, Gerhard Fritsch, Armin Torggler, Helmut Rizzoli, Marta Feuchtwanger, Karl Corino, Tandori Deszö.

Mayer-Proidl, Josefa; Scholzstr. 27, A-3580 Horn, Tel. (0 29 82) 29 52, *josefa-mayerproidl@aon.at*, *members.aon.at/mayerproidl/*. – **V:** Stimmen aus Österreich, Lyr. 96; Im Trubel meiner Gefühle, Lyr. 98; Ameisenzerschneider, R. 06. – **MA:** Beitr. in 40 Anth.

Mayer-Skumanz, Lene (geb. Magdalena Skumanz), freie Schriftst.; Lampigasse 15/12, A-1020 Wien, Tel. u. Fax (01) 3 32 74 23, *lenewien@yahoo.de* (* Wien

7. 11. 39). IGAA, Ö.S.V.; Öst. Kd.- u. Jgdb.pr. 65, 81, 82, 88, 90, 94, E.liste z. Pr. d. Stadt Wien 65, 67, E.liste z. öst. Staatspr. 67, Förd.pr. d. Öst. Bundesverl. 67, Dt. Kath. Kinderb.pr. 81, Kd.- u. Jgdb.pr. d. Stadt Wien 81, 82, 83, 90, 93, 94, E.liste z. Hans-Christian-Andersen-Pr. 82, BüBü-Kdb.pr. d. ORF 94, Öst. Würdig.pr. f. Kd.- u. Jgd.lit. 95; Lyr., Hörsp., Kinder- u. Jugendb. – **V:** Ein Engel für Monika 65; Mein Onkel, der Zauberer 67; Die Wette 70, alles Kdb.; Der Stern, Geschn. 71; Der kleine Pater, sämtl. Abenteuer 76; Märchenreise um die Welt 76; Der himmelblaue Karpfen 77; ... weil sie mich nicht lassen 78; Anatol der Theaterkater 78; Geschichten vom Bruder Franz 80; Gibt Florian auf? 80; Jakob und Katharina, Geschn. 81; Der Bernsteinmond oder Das geheimnisvolle Mädchen 82; Der Unheimliche auf Zimmer 3 84; Katze geht spazieren 86; Herr Markus 87; Maria Magdalena 87; Hanniel kommt in die Stadt 89; So gut möcht' ich hören können, G. 89; Wer wirft die Sterntaler?, Geschn. 89; ... dann könnte das Wort in mir wachsen 90; Ein Kuchen für den lieben Gott 91; Der Turm 91; Wolfgang Amadé Mozart, Geschn. 91; Der Spion des Königs, Gesch. 92; Der kleine Faun, Gesch. 93; Das Lügennetz 93; Glockenspiel und Schneckenhäuser, Geschn. 94; Johannes der Wegbereiter, Kdb. 94; Ein Löffel Honig 94, 96; Der Adlergroschen, Erz. 95; Fabian wartet auf Weihnachten. 95, 96; Das Familienweihnachtsbuch 97; Fabian geht zur Erstkommunion, Gesch. 98; Sisi, Kdb. 98; Die kleine Eule, Kdb. 98; Geschichten von Tino und Tina 99; Hände weg vom Abendschatten!, Krim.-Erzn. 99; Julie, Martin und der Mond, Erz. 99; Hallo Partner, Erz. 00; Von Montag bis Alltag, Erz. 00; Frau Ava 02; Josef von Nazaret, Erz. 02; Anna und Sebastian 03; Ich will bei dir sein 03; Die Schätze des Doktor Batthány 03; ... und die Spatzen pfeifen lassen 03; Florian – Die letzten Tage eines Heiligen 04, u. a. – **MV:** Das Sprachbastelbuch; Damals war ich vierzehn; Das Kindernest 79; Der König der Antilopen 82; Die Weihnachtstrommel, m. Salvatore Sciascia 96. – **MA:** Weißt du, daß die Bäume reden 90, 96 (auch ital.); Begeisterung kennt keine Grenzen 03. – **H:** Hoffentlich bald 83; Die Mutwurzel 85. – **P:** Gespenster gehen nicht verloren, CD 00; Geschichten für Kinder, CD 00. (Red.)

Mayer-Teegen, Steffi; Mühlenberger Weg 55, D-22587 Hamburg, Tel. (0 40) 86 66 22 22, Fax 86 66 22 24, *Steffi.Mayer-Teegen@blankenese.de*, *www.mayer-teegen.de* (* Düren 13. 7. 66). Rom., Erz., Meditation. – **V:** Auris verflixte Flüche, Jgd.-R. 04; Cyberia. Ein virtuelles Abenteuer, Jgd.-R. 06; Geschichten fürs Gemüt 08; Ein Hoffnungsweg, Meditation 08.

Mayer-Trees, Hildegard s. Matré, Hero

Mayer-Zach, Ilona (Ps. Lena Lorenz), Mag. phil., Autorin; *mayer@imnetzwerk.at*, *www.imnetzwerk. at* (* Graz 63). IGAA 03, A.I.E.P. – Öst. Krimiautoren 06, Öst. Krimiautorinnen 06, Das Syndikat 07; Mörderische Schwestern 06. Rom., Jugendrom., Kurzgesch., Theaterst. – **V:** Schlammgrube 02; Schuldspruch 02; Schmutzwäsche 02, alles Krim.-R.; Schweigerecht / Quadrille, Krim.-Geschn. 06; Schärfentiefe, Krim.-R. 08.

Mayerhofer, Claudia (Ps. f. Claudia Seelich-Mayerhofer), Lehrerin, Kulturvermittlung, Dr. phil. (Europ. Ethnologie); Jacquingasse 2/23, A-1030 Wien, Tel. (01) 7 96 43 44 (* Villach 15. 3. 49). P.E.N.-Club, Club Romano Centro, Club Kulturvermittlerinnen, Kulturservice (ÖKS); Drehb.förd. d. BMfUK u. ORF, div. Preise d. Stadt Wien f. Roma-Projekte an Schulen u. f. Ausstellungen; Hörsp., Drehb., Erz., Dokumentation, Oral-History. Ue: frz, engl. – **V:** Dorfzigeuner, Dok. 87; Hanna in Klimts Sommerfrische, Gesch. – **MA:**

Mayerhofer

Die Frauen Wiens 92. – **F:** Rom das heißt ein Mensch, Drehb. – **R:** Skopjes Zigeuner am Heiligen Georgstag, Feat. 84; Gondelbauer, Hsp. 85. (Red.)

Mayerhofer, Friederike (geb. Friederike Tomek); Zeillergasse 43/1/13, A-1170 Wien, Tel. (01) 4 85 86 57, *friederike.mayerhofer@chello.at*, *www. aquarellius.8m.com* (* Wien 8. 4. 36). AKM 00, IGAA 94, Literar-Mechana 94; Kinder- u. Jugendb. – **V:** AQUArellius und ÄRAlinde 94, 01; AQUArellia et Buldert 97 (frz.); Das Musical – AQUArellius, Kinder-Musical 00 (auch CD); Was „Frieden" braucht, Bst. f. Kinder 05 (auch CD). – **MA:** Frankfurter Bibliothek, G.-Sammelbd. 01, 02. (Red.)

Mayr, Thomas Maria, Dr. med., M. A., Arzt, Ethnologe, Schriftst.; Donnersbergkreis, *thyr@web.de*, *www. thyr.eu* (* Köln 55). Literar. Verein d. Pfalz 01, VS Rh.-Pf. 04; Lyr., Kurzgesch. – **V:** Zwischentöne, Lyr., 1.u.2. Aufl. 04. – **MA:** zahlr. Beitr. in Anth. u. Zss., u. a.: Alm. dtspr. Schriftst.-Ärzte, seit 01; Edition L 03; Neue literar. Pfalz 34/35 04. (Red.)

Mayr-Gruber, Sigrid, Wirtschaftsschullehrerin, freie Schriftst.; Hauptstraße 46a, D-91710 Gunzenhausen, Tel. (0 98 31) 5 01 90, Fax 8 96 47, *sigrid@mayr-gruber.de*, *www.mayr-gruber.de* (* Engelbach b. Marburg 13. 12. 43). Kulturver. Speckdrumm, Autoren 97, Collegium Poeticum 95–03; Rom., Lyr., Erz., gereimte Fabel. Ue: engl. – **V:** Die anonyme Liebe, Gesch., G., Fbn. 94; Lucias neue Welt, R. 04; Ausgesprochen angesprochen, G. 04; Spiegelbild der Impressionen, G. u. Fbn. 04; Bei euch menschelt's wohl, G. u. Fbn. 04; Jeder Tag ist ein Gedicht, Tageskal. 07–09; Der Ruf des Uhus, M. u. phantast. Gesch. 08. – **MA:** Lyr. Annalen 95, 98, 00, 03; Ungefragte Frauen antworten 96; Kreuzwege 98; Lyrik 2000 99; Nur ein paar Schritte zum Glück 99; Reisegepäck 5 99; Weißt du noch das Zauberwort 00; Das Traumkleid 01; Wieder schlägt man ins Kreuz die Haken 01; Kriegszeit – Friedenszeit 02; Ruhe-Stand 07. – **Ue:** Daniel Mebrahtu Hadera: Fessehation, Erz. (engl./dt.) 06.

Mayröcker, Friederike, Dr. h. c., Dichterin; Zentagasse 16/40, A-1050 Wien, Tel. u. Fax (01) 5 45 66 60 (* Wien 20. 12. 24). F.St.Graz 70, Arb.kr. öst. Lit.produzenten 71, GAV 72, Akad. d. Künste Berlin, Öst. Kunstsenat 82, Dt. Akad. f. Spr. u. Dicht. 86, Lit. Ges. Lüneburg; Theodor-Körner-Förd.pr. 63, Ludwig-Ficker-Stip. 64, Hsp.pr. d. Kriegsblinden (m. E. Jandl) 69, Öst. Würdig.pr. f. Lit. 75, Pr. d. Stadt Wien 76, Georg-Trakl-Pr. 77, Anton-Wildgans-Pr. 82, Gr. Öst. Staatspr. f. Lit. 82, Roswitha-Gedenkmed. 82, Lit.pr. d. SWF 85, E.med. d. Bdeshauptstadt Wien in Gold 85, Öst. E.zeichen f. Wiss. u. Kunst 87, Hans-Erich-Nossack-Pr. 89, Friedrich-Hölderlin-Pr. d. Stadt Homburg 93, manuskripte-Pr. 93, Else-Lasker-Schüler-Lyr.pr. 96, Meersburger Droste-Pr. 97, America-Awards-Pr. 97, Gold. Verd.zeichen d. Ldes Wien 00, Christian-Wagner-Pr. 00, Dr. h. c. U.Bielefeld 01, Karl-Sczuka-Pr. 01, Georg-Büchner-Pr. 01; Lyr., Kurzprosa, Drama, Film, Hörsp., Erz., Kinderb., Rom. Ue: engl. – **V:** Larifari, Prosa 56; Metaphorisch, G. 65; Texte, G. 66; Tod durch Musen, G. 66; Sägespäne für mein Herzbluten, G. 67, 73; Minimonsters Traumlexikon, Prosa 68; Fantom Fan, Prosa 71; Sinclair Sofokles der Babysaurier, Kdb. 71; Arie auf tönernen Füßen, Prosa 72; Blaue Erleuchtungen, G. 72; je ein umwölkter gipfel, Erz. 73; In langsamen Blitzen, G. 74; Augen wie Schaljapin bevor er starb, Prosa 74; meine träume ein flügelkleid, Kdb. 74; Das Licht in der Landschaft, Prosa 75, 94; schriftungen oder gerüchte aus dem jenseits, Prosa 75; Drei Hörspiele 75; Fast ein Frühling des Markus M., Prosa 76; heiße hunde, Prosa 77; rot ist unten, Prosa 77; Heiligenanstalt, Prosa

78; Schwarzgesang, Hsp. 78; jardin pour F.M., Mat.-B. 78; Tochter der Bahn, Prosa 79; Ausgewählte Gedichte 1944–1978 79, Tb. 87; Ein Lesebuch (Reader), G., Prosa, Hsp., Zeichn. 79; Pegas das Pferd, Kdb. 80; Die Abschiede, Prosa 80, Tb. 87; schwarze Romanzen, G. 81; Treppen/Akt, eine Treppe hinabsteigend – nach Duchamp, Prosa 81; ich, der Rabe und der Mond, Kdb. 81; Gute Nacht, guten Morgen, G. 82; Magische Blätter, Prosa 83; Das Anheben der Arme bei Feuersglut, G., Prosa, Hsp. 83; Reise durch die Nacht, Prosa 84; Rosengarten, Prosa 85; Configurationen, Prosa 85; Das Herzzerreißende der Dinge, Prosa 85, 90; Das Jahr Schnee, Prosa, G., Hsp., Zeichn. 85; Winterglück, G. 86; Der Donner des Stillhaltens, Prosa 86; Magische Blätter II, Prosa, Hsp. 87; Mein Herz, mein Zimmer, mein Name, Erz. 88; Gesammelte Prosa 1949–1975 89; Umbra, die Schatten 89; Variantenverzeichnis oder Abendempfindung an Laura 89; Zittergaul, G. 89; Magische Blätter III 91; Nada, Nichts, Stück 91; Stilleben 91; Als es ist, Texte 92; Das besessene Alter, G. 92; Blaue Erleuchtungen, G. 92; Blumenwerk 92; Phobie der Wäsche 92; Proëm auf den Änderungsschneider Aslan Gültekin 92; Lyrik und Prosa 1950–1992 93; Bildlegende zu einem absurden Puppentheater 94; Lection, R. 94; Reise durch die Nacht 94; Die Abschiede 95; Magische Blätter IV 96; Meine Träume ein Flügelkleid 96; Notizen auf einem Kamel, G. 1991–1996 96; Benachbarte Metalle, G.-Ausw. 98; brütt oder die seufzenden Gärten 98; Magische Blätter V 99; Werkausgabe (Prosa) in 5 Bänden 00; Requiem für Ernst Jandl 01; Magische Blätter I–V 01; mein Arbeitstirol, G. 02; Die kommunizierenden Gefäße 03; Gesammelte Gedichte 04; Und ich schüttelte einen Liebling 05; Magische Blätter VI 07; Paloma 08, u. a. – **MA:** zahlr. Beitr. in Anth. u. Zss. – **R:** Traube, Fsf. (WDR), m. Heinz von Cramer u. Ernst Jandl 71; – Hörspiele: Mövenpink 68; Arie auf tönernen Füßen 69; Botschaften von Pitt 69; Land Art 70; Die Hymnen 70; Für vier 71; Tischordnung 71; Gefälle 71; Fünf Mann Menschen 71; Der Gigant 67; Spaltungen 69; Gemeins. Kindheit 69; Schwarmgesang 72; Ein Schatten am Weg zur Erde 74; Der Tod und das Mädchen 76; Bocca della Verita 77; So ein Schatten ist der Mensch 82/83; Die Umarmung nach Picasso 86; das zu Sehende, das zu Hörende 96/97; Dein Wort ist meines Fußes Leuchte 99; Das Couvert der Vögel 00; Die Kantate oder Gottes Augenstern, Hsp. m. Musik v. Wolfgang v. Schweinitz 03. – **P:** Fünf Mann Menschen, m. E. Jandl, Sprechklavier, Schallpl. 75; Pick mich mir mein Flügel, Tonkass. 79, 98; Bocca della Veritá, Tonkass. 81; Umarmungen, 2 CDs 95; brütt oder die seufzenden Gärten, 2 CDs 99. – **Ue:** Maude Hutchins: Der Lift 62. – **Lit:** Andreas Okopenko: Wort in d. Zeit 65; E. Gomringer: Vorw. z. 'Tod durch Musen' 66; M. Bense: Nachw. z. 'Minimonsters Traumlex.' 68; Gisela Lindemann: Vorw. z. 'Ein Lesebuch' 78; Siegfried J. Schmidt: F.M. Materialb. 84; Marcel Beyer u. Gisela Lindemann: in KLG; – sowie Veröff. von: K. Kastberger, M. Beyer, B. v. Matt, H.F. Schafroth, B. Hell, J. Drews, K. Reichert, Ch. Kühnhold, K. Ramm, E. Jandl, Sara Barni, L. Reitani, W. Schmidt-Dengler, A. Kolleritsch, B. Fetz, E. Borchers, u. a. (Red.)

Mazenauer, Regula s. Kupper, Regula

McCormack, R. W. B. (Ps. f. Gert Raeithel), Dr. phil., em. Prof. f. Amerikanistik U.München; lebt in Geratskirchen, Tel. (0 87 28) 5 27 (* München 9. 4. 40). – **V:** Tief in Bayern. Eine Ethnographie 91, 6., erw. u. aktualis. Aufl. 08; Unter Deutschen. Porträt e. rätselhaften Volkes 94; Travel overland. Eine anglophone Weltreise 99; Mitten in Berlin. Feldstudien in der Hauptstadt 00, alles Satiren; Back Home. Wiedersehen mit Amerika 04; Die Deutschen und ihr Humor 05; – zahlr. wiss. Veröff. – *Lit:* s. auch SK u. GK. (Red.)

McFadden, Megan s. Müller, Hilke

McGregor, Julian s. Röhrig, Volkmar

McGrey, Amanda s. Bruns, Frank

McKay, Charles s. Werner, Helmut

McMahon, George s. Haensel, Hubert

McNeal, Timothy; Peterspforte 4, D-55232 Alzey, *T.mcNeal@gmx.de* (* Gussew/Rußland 15. 9. 44). Featured Poet, Sparrowgrass Poetry Newsletter 95, Freiburger Geschn.pr. 97, Featured Intern. Writer, Verses 97, Anth.-Lyrik-Pr., literature.de 00, The Poet's Award, Dragonfly Press 02, Intern. Poet of Merit Award, Intern. Soc. of Poets; Lyr., Kurzgesch., Rom. Ue: engl. – **V:** Von Erewhon nach Xanadu, G. 81; Saisonale Einwürfe, G. 91; Albedo, G.-Poems 93; Twilight, Poems 96; Die Farbe des Schwefels, R. 97; Der Tod der Physiker, R. 98; Das Grab des Fürsten, R. 99; Die ChronosChronik, R. 00; Equinox, R. 01; Timeless Without Time, Poems 02; Die VorholzFürstin, R. 02; Das PointZero-Experiment, N. 03; RheinhessenKelten, R. 04; Millenium-Monster, R. 05; Versuch 5, R. 06; RheinhessenRequiem, R. 08. – **P:** Bensons Nachlass, CD-ROM 97; Zwischen zwei Zügen, e-Book 00; ParaLyrics, e-Book 00.

Mead, Marga Ruth; Unschlittplatz 1, D-90403 Nürnberg, Tel. (09 11) 22 60 67, Fax 20 29 6 48, *mrm@t-online.de* (* Latdorf, Kr. Bernburg 14. 2. 34). VS 99–05; Rom., Lyr., Erz., Märchen. Ue: engl. – **V:** Im Herzen noch immer Australien 98; Das Sparmännchen u. a. Geschichten 00, 01; Die schneeweiße Gans, M. u. Gesch. 03; Wenn's draußen schneit und drinnen duftet, Gesch. u. Rezepte 04; Im Bann der Blumenfeen, M. u. Gesch. 05; Der verwunschene Esel, Gesch. 06; Leben und essen mit den Neuseeländern, Gesch. u. Rezepte 07. – **MA:** Beitr. in Anth. d. Schreibwerkstatt Wendelstein, seit 93; Weihnachten am Kamin, Bd 18/03, 21/06; Weihnachten fern vor daheim 07; Weihnachten, wie es früher war 07.

Mebes, Gilles, Autor; *gilles@mebes.de, www.mebes. de* (* Zürich 21. 10. 58). Lit.förd.pr. d. Ponto-Stift. 94, Stip. d. Ldes Bad.-Württ. 95, Stip. d. Kunststift. Bad.-Württ. 96, Scheffel-Pr. 96, 98. – **V:** SURAZO, G. 87; Material, Erz. 94; Frei, R. 95; Krieger 01, R. 98; Der SC Freiburg und der Ernst des Lebens, Prosa, 1.u.2. Aufl. 99; Tatort Baden-Württemberg, Prosa 00; Nacht auf der Haid, R. 02; Mi'Mami, Dr.; The Groupies; Goalgetter Soulgetter, beides Musicals. – **R:** Hsp. f. SWF/SWR, u. a.: Der arme Lienhardt 86; Amadeus von Rheinfelden 86; WYHL oder Der tiefe Fall vor dem Aufstand 87; Stillstand 88; Des Engels Kopfball 93; Mi'Mami 97; Krieger 98.

Mebs, Gudrun, ausgebildete Schauspielerin; Poggio Banzi, I-57028 Suvereto, Tel. u. Fax (05 65) 82 92 69, *mebs@infol.it.* Schleißheimer Str. 64, D-80797 München (* Bad Mergentheim 8. 1. 44). Zürcher Kinderb.pr. 82 (2. Pr.), 84, Eule d. Monats, Bull. Jgd. u. Lit. 82, Stip. d. Dt. Lit.fonds 82/83, Dt. Jgd.lit.pr. 84, Janusz-Korczcak-Med. 84, Öst. Kd.- u. Jgdb.pr. 86, BVK 96, Bayer. Verd.orden 02, u. a.; Kinderb., Rom., Hörsp., Erz., Fernsehdrehb. – **V:** Geh nur, vielleicht triffst Du einen Bären 81; Birgit – eine Geschichte vom Sterben 82; Sonntagskind 83; „Oma!" schreit der Frieder 84; Eine Tasse, rot mit weissen Punkten 84; Wie werd' ich bloß Daniela los? 84; Und wieder schreit der Frieder „Oma!" 85; Meistens geht's mir gut mit dir, Geschn. 85; Zwei Angsthasen 85; Kasper spielt mehr mit 85; Baby kocht Pudding 85; Ich weiß ja, wo der Schlüssel hängt 87; Mariemoritz 88; Tim und Pia: ganz allein! 88; Die

Sara, die zum Circus will 90; Der Mond wird dick und wieder dünn 91; Oma und Frieder – jetzt schreien sie wieder 92; Schokolade im Regen 92; Petersilie Katzenkind 96; Katze, Katzen, Katzenglück 97; Ohne Suse ist das nix! 98; Opa Hans – der ist mein Freund 00; Von Matze, von der Bella und von Schokoküssen 01; Herr Leo und sein Michael 02; Sie hat mich einfach mitgenommen, R. 04; (Übers. insges. in über 20 Spr., zahlr. Nachaufl., mehrere Titel auch auf Tonträger). – **R:** Alles für die Katz, Hsp. 83; Nur eine Postkarte, Hsp. 88, u. a., sowie mehrere Kurz-Hsp. u. Drehb. (Red.)

Mechtel, Hartmut (Ps. Mike Jaeger, Roger Penrose, gem. Ps. m. Otto Emersleben: Dirck van Belden), Dipl.-Journalist; Danziger Str. 106, D-10405 Berlin, Tel. (0 30) 44 05 33 14, Fax (0 30) 26 39 17 30 24 06, *www. hartmut-mechtel.de* (* Potsdam 5. 3. 49). Das Syndikat 90; Pr. d. SF-Fans „Traumfabrikant" 90, GLAUSER 97, Berliner Krimifuchs 01; Krim.rom., Erz., Funkfeat., Dramatik. Ue: engl. – **V:** Auf offener Straße, Krim.-R. 86, 88; Das geomantische Orakel, Krim.-R. 87; Gesucht: Jo Böttger, Krim.-Erz. 87; Unter der Yacht 91; Tod in Grau 92; Der Todesstrudel 93; Der blanke Wahn 94, alles Krim.-R.; Ende einer Romanze, Krim.-Erz. 95; Der unsichtbare Zweite 96; Das Netz der Schatten 96; Die Spitze des Kreises 98; Gefährliches Spiel 99; Höllenhunde 99, alles Krim.-R.; Die Abrafaxe – Unter schwarzer Flagge, R. n. d. gleichnam. Film 01; Die Gier-Community, Krim.-R. 01; Kapitäne sterben vor Mitternacht, hist. Krim.-R. 02; Der Tod lauert in Danzig, Krim.-R. 03; – THEATER: Die Jäger des verlorenen Verstandes, UA 82; Reineke Fuchs, UA 96; Der dritte Bruder Grimm, UA 04. – **MV:** Strandrecht, m. Otto Emersleben, hist. R. 88. – **B:** Coopers Lederstrumpferzählungen, m. O. Emersleben, hist. R. 90. – **MA:** SF-Erzn. in: Aus dem Tagebuch einer Ameise 86; Lichtjahr 6 89; Geschichten vom Trödelmond 90; Zeitspiele 92; Krim.-Erzn. in: Im Namen des Guten 93; Bei Ankunft Mord 90; Mord im Grünen 01; Mord am Hellweg 02; Mord zum Dessert 03. – **H:** Piraten vor den Azoren, Seeräubergeschn. 87; Naturgewalten, Anth. 88. – **R:** VEB Utopia, Feat. 90; Der Einheits-Krimi, Feat. 91; Tödliche Fragen, Hsp. 91; Mit weißen Handschuhen 92; Der S-Bahn-Mörder 93; Die Mords-Chance 94; Störung der Volksfeste verhindert 94, alles Fk-Feat.; Auf der Schattenseite, Hsp. 95; Blumenkinder für zehn Tage, Feat. 98. – **Ue:** Mark Twain: Im Schneesturm 88. – **MUe:** Bernie Bookbinder: Das Baseball-Outing, m. O. Emersleben 97. (Red.)

Mechtel, Manuela, Puppenspielerin, Autorin, Musikerin; c/o Manuelas Puppentheater, Körterstr. 16, D-10967 Berlin, Tel. u. Fax (0 30) 8 62 35 76, *manuela@mechtel.de, www.manuelas-puppentheater. de* (* München 15. 6. 51). Lied, Kindertheater, Kinderb. Ue: engl, frz, span, türk. – **V:** Es lebt ein Krokodil am Nil, Neue Kinderlieder z. Singen u. Spielen 80; Kasperl Querkopf. Neue Kasperlst. z. Spielen, Lesen u. Zuschauen 83, 92; Das musikalische Krokodil u. a. Kasperltheaterstücke 86; Als der Weihnachtsmann aus dem Schlitten fiel, Theaterst. f. Kinder 95; Trolle Weihnachten!, Theaterst. f. Kinder, UA 98; Lilli und der Traumwundertütenverkäufer 02; Die Eisprinzessin 02; Ist Vincent wasserscheu? 02 (auch als CD); zahlr. weitere Kinderbilderbücher; 3 Puppentheaterstücke f. Erwachsene u. 15 f. Kinder, seit 79. – **MA:** Die schönsten Betthupferlgeschichten 04; Liederkork. – **R:** 9 Kinderlieder im Rdfk 78; Klara in der Wüste, Hsp. 89; i. d. Sdg „Betthupferl" im BR I u. II: Vincent und Aurora, 42 Gute-Nacht-Geschn. 98–99, Prinzessin Zimtstern, 7 Geschn. 99, Lilli und der Traumwundertütenverkäufer, 104 Geschn. 00–06; i. d. Sdg „Jetzt geht's los!" im

Meckel

BR I: Malles Fahrrad 00, Ein Krokodil in der Badewanne 02; Sketche für Fs.-Sdg. „moskito" im SFB-Fs.,
u. a. – **P:** Der Walfisch Jonathan, Kinderlieder, Tonkass.
96; Tierischgutelaunelieder, Kinderlieder, Tonkass. 98.
(Red.)

Meckel, Christoph, Graphiker, Schriftst.; Kulmbacher Str. 3, D-10777 Berlin (* Berlin 12. 6. 35). VS, Be-
rufsverb. bild. Künstler BBK, NGL Erlangen, P.E.N.-
Zentr. Dtld 73–97, Akad. d. Wiss. u. d. Lit. Mainz,
Dt. Akad. f. Spr. u. Dicht. 80; Förd.pr. z. Immermann-
Pr. 59, Förd.pr. z. Julius-Campe-Pr. 61, Villa-Massimo-
Stip. 61, Rilke-Pr. 78, Bremer Lit.pr. 81, Ernst-Meister-
Pr. 81, Georg-Trakl-Pr. 82, Frankfurter Poetik-Vorlesungen WS 88/89, Kasseler Lit.pr. f. grotesken Humor
93, E.gabe d. Dt. Schillerstift. 98, Joseph-Breitbach-Pr.
03, Schillerring d. Dt. Schillerstift. Weimar 05, u. a.;
Lyr., Erz., Prosa, Hörsp., Rom. Ue: hebr. – **V:** Tarnkappe, G. 56; Hotel für Schlafwandler, G. 58, 71; Nebelhör-
ner, G. 59; Manifest der Toten 60, 71; Im Land der Um-
bramauten 60; Wildnisse, G. 62; Gedichtbilderbuch 64;
Gwili und Punk 65, 92; Tullipan, Erz. 65, 80; Bockshorn, R. 73, 94; 30 Radierungen zu: Allgemeine Erklärung der Menschenrechte 74, 96; Nachtessen, G. 76; Erinnerung an Johannes Bobrowski 78, 89; Licht, Erz. 78,
96 (auch span.); Säure, G. 79; Das Dings da 80, 95;
Suchbild, Erz. 80; Nachricht für Baratynski, Erz. 81;
Der wahre Muftoni, Erz. 82; Ein roter Faden, ges. Erzn.
83; Anabasis, Graphiken 83; Zeichnungen u. Bilder 83;
Jahreszeiten 84; Souterrain, G. 84; Bericht zur Entstehung einer Weltkomödie, Autobiogr. 85, 92; Plunder
86, 89; Anzahlung auf ein Glas Wasser, G. 87; Die
Kirschbäume, G. 88; Hundert Gedichte 88; Pferdefuß,
G. 88; Das Buch Shiralee, G. 89; Von den Luftgeschäf-
ten der Poesie, Frankfurter Vorlesungen 89; Vakuum, G.
90; Container, Poem 91; Hans in Glück, G. 91; Jemel,
M. 91; Die Messingstadt, R. 91, 93; Shalamuns Papiere, R. 92, 96; Schlammfang, Erz. 93; Archipel, Erz. 94;
Eine Hängematte voll Schnee, Erzn. 95; Gesang vom
unterbrochenen Satz, Poeme 95; Immer wieder träume
ich Bücher, G. 95; Sidus scalae, Poem 95; Nachtmantel,
Erz. 96; Merkmalminiaturen 97; Trümmer des Schmetterlings 97; Ein unbekannter Mensch, Ber. 97, 99; Dichter und andere Gesellen, Portr. 98; Jul Miller 98; Komm
in das Haus, Bilderb. 98; Zähne, Lyr. 00; Sieben Blätter
für Monsieur Bernstein 00; Die Ruine des Präsidenten-
palastes 00; Blut im Schuh, G. 01; Nacht bleibt draußen
und trinkt Regen 02; Suchbild. Meine Mutter 02; Ungefähr ohne Tod im Schatten der Bäume, ausgew. G. 03;
Einer bleibt übrig, damit er berichte. Sieben Erzn. u. ein
Epilog 05; Seele des Messers, G. 06. – **H:** Georg Heym:
Gedichte 68. – **MH:** Vier Tage im Mai 89; Tuvia Rübner: Wüstenginster (auch Mitübers.) 90; Alles andere
steht geschrieben 93; Avram Ben Yitzhak: Es entfernen
sich die Dinge (auch Mitübers. u. Nachw.) 94; Der Vogel fährt empor als kleiner Rauch 95, alles m. Efrat Gal-
Ed. – **P:** Manifest der Toten. C.M.
liest Auszüge, Schallpl. 71; C.M. liest 'Manifest der Toten', Schallpl. 73; Ich suche Glück auf leeren Straßen,
CD 03. – **MUe:** Asher Reich: Arbeiten auf Papier, G.
(auch Nachw.) 92. – *Lit:* Manfred Loquai (Hrsg.): C.M.
93; Herbert Glossner in: KLG 96; Kiwus 96; LDGL 97.
(Red.)

Meder, Cornel, Dir. d. Luxemburg. Nationalar-
chivs a. D.; Prinzenbergstr. 69, L-4650 Niederkorn,
Tel. (0 03 52) 58 70 45, Fax (0 03 52) 58 02 95, *cornel.
meder@ci.culture.lu* (* Esch/Alzette 23. 9. 38). L.S.V.
86; Chevalier des Arts et des Lettres 94, Rheinlandtaler 99; Erz., Spruchlyr., Kurzprosa. – **V:** Renzo Pon-

tevias Briefe, Erz. 62; Nicolas Pletschette, Bio-Bibliogr. 65; Der Aufstand. Spielologische Notizen u. Sprüche 70; Vergebliche Streitschriften, Ess. 70; Lesebüch-
lein, Erzn. 72; Sprüche auch von und mit Kindern 72;
Dossier C.M. Spoo 74; Schumann, Erz. 76; ... in kleinen Dosen, Glossen 80; Spieldose, Aufzeichn. 86–88;
Stadtschreiber, Aufzeichn. 88; Hoffnungen, Vortr. 94;
Anatol, Glossen 95; Das Luxemburger Literaturarchiv,
Chronik 95; Ein kleines Feld, Aufzeichn. 96; Wort-
wenden, Prosa 04; Reisiger, Aufzeichn. 07. – **MA:**
Beitr. in Prosa-Anth., Ess. in versch. lit. Zss. – **H:** Gesamtwerk Michel Rodange 74; Impuls, 7 Hefte 65–69;
Mol, 34 Hefte 78–83; Doppelpunkt 67/68–68/69; Galerie, seit 82/83; René Engelmann (1880–1915). Leben – Werk – Zeit 90. – **MH:** Tony Bourg. Gesamtwerk
94; Aline Mayrisch/Jean Schlumberger: Briefwechsel
00; André Gide/Aline Mayrisch: Briefwechsel 03; Aline Mayrisch/Jacques Rivière: Briefwechsel 07; Marie
Delcourt/Aline Mayrisch: Briefwechsel 08. – *Lit:* Who
is who in the World; Josiane Kartheiser: C.M. Ein Porträt 04.

Meder, Milan, Dr., Arzt; *milanmeder@hotmail.com*
(* Überlingen 4. 1. 74). – **V:** Die Sternenprinzessin 02;
Die unerträgliche Leichtigkeit des Träumens 04. (Red.)

Meding, Manfred *

Meding, Sabine (eigtl. Sabine Juhra); Max-Her-
mann-Str. 4, D-12687 Berlin, Tel. (0 30) 9 35 53 78, *s-
juhra@arcor.de* (* Nerchau b. Leipzig 21. 9. 53). – **V:**
Die Tochter der Schattenfrau, R. 05; Zwei zum Preis
von einem, Krim.-R. 07.

Medusa, Mieze (eigtl. Doris Mitterbacher), Autorin, Spoken Word Poetin u. Rapperin; Wien,
miezemedusa_@_backlab.at, www.miezemedusa.com
(* Schwetzingen 75). – **V:** Freischnorcheln, R. 08. –
MA: Anth.: Wortlaut. Die FM4 Literaturwettbew. 05;
17 Jahre ohne Sex 05; Slam 2005 – Die Anthologie 05;
textstrom 06; Solysombra – Bewegung wurde Gestalt
06; Ö-Slam 07; – Zss. u. a.: the gap 043, Sept./Okt.
02; Volltext 3/02; DUM 26/03, 27/03, 38/06, 43/07;
die rampe 04/05; Wienzeile 46/Sept. 05; FLIM – Zs.
f. Filmkultur, Ausg. 0, 1 u. 2 06, 3 u. 4 07; etcetera
24–25/06; &radieschen 00/06, 1/06, 4/08. – **P:** Sprechknoten, m. Markus Köhle, Hörb.-CD 07. (Red.)

Meeker, Jason s. Kurowski, Franz

Meerwald, Istrid von (eigtl. Gerlind Schlorke), Kindergärtnerin, Lehrerin; Zinzendorfplatz 7, D-78126 Kö-
nigsfeld/Schwarzw. (* Chemnitz 9. 5. 31). 3. Pr. f. Prosa b. Lit.wettbew. d. FDA Bad.-Württ. 98; Lyr., Ge-
dankenlyr., Haiku, Erz., Kurzgesch., Bilderb., Märchen,
Fabel. – **V:** Morgendämmerung, G. 83; Blumenkörb-
chen, G. 84; Lebenstrost, G. 85; Eile, weile, Meilen-
stein, Bilderb. m. Versen 85; Sturm auf die Waldau,
hist. Erz. 91; Sonnenfunken, Lyr. 92; Rebenranke, Lyr.
02. – **MA:** Lyr. u. Prosa in versch. Ztgn u. Zss., u. a.:
Badisches Tagbl.; Königsfelder Mitteilungsbl.; Kasseler Sonntagsbl.; Kultur und Freizeit; Senior s Ill.; apropos; Das Kleeblatt; Haiku, Sammelbd 80; sowie einige
Anth. 83. – **H:** Kräht der Hahn auf dem Mist ..., Bau-
ernregeln-Samml. u. 12 Haiku 82.

Meetschen, Stefan, Journalist; c/o Verl. Königs-
hausen & Neumann, Würzburg (* Duisburg 7. 1. 69).
Rom. – **V:** Requiem für einen Freund, R. 04. – **MA:**
Amerikan. Short Stories d. 20. Jh. 98; Beitr. in Lit.zss. –
R: Gabriels Message, Hsp. 95. (Red.)

Meffert-Nuber, Helga (Helga Meffert), Dipl.-
Pianistin, Klavierpädagogin; Rechbergstr. 80, D-
73529 Schwäbisch Gmünd, Tel. (0 71 71) 6 11 18
(* Schwäbisch Gmünd 11. 1. 59). Erz., Märchen,

Rom. – **V:** An der Straße, Erzn. u. M. 84; Orang-Utan oder Die Wurzeln des Glücks, Erz. 93.

Mehdi-Irai, Ulrike (eigtl. Ulrike Noltenius), Doz. f. „Deutsch als Fremdspr."; Goebenstr. 16, D-49076 Osnabrück, Tel. (05 41) 4 20 70 (* Hildesheim 22. 6. 42). Lit. Gruppe Osnabrück 82, Kr. d. Freunde 83–97; Erz., Lyr., Kurzdrama, Sat. – **V:** Die Sache mit Benno, Kurzgeschn. 88; Es läuft querbeet mein Herz, G. 89; In den bunten Trüffeltorten 90. – **MA:** Spuren der Zeit, Bd 5 80; Treffpunkt 86; Wittlager Lesebuch 90; Wortlandschaften 96, alles Anth.; Veröff. in Zss., im Rdfk u. im Lit.-Tel. Osnabrück jährl. seit 83. (Red.)

Mehler, Jutta, freie Autorin; lebt in Bernried/ Niederbayern (* 49). – **V:** Moldaukind, R. 06; Am seidenen Faden, R. 07. (Red.)

Mehlhorn, Frank, Dipl.-Kfm.; Hauptstr. 2, D-39606 Krevese, *mehlhorn-magdeburg@t-online.de,* www. *frank-mehlhorn-versand.de* (* Magdeburg 30. 8. 70). Erz., Rom. – **V:** Dialog mit Lydia, Erz. 02. (Red.)

Mehlhorn, Nikola Anne *

Mehmann-Schafer, Regine s. Schafer-Mehmann, Regi Malka

Mehne, Sabine (geb. Sabine Rothgang), Physio- u. Familientherapeutin; An der Steinkaute 5a, D-64367 Mühltal b. Darmstadt, Tel. (0 61 51) 14 58 51, *sysmehne @t-online.de,* www.wiesenburgverlag.de (* Nürnberg 3. 6. 57). Lit.pr. d. Sparkassenstift. Groß-Gerau 06; Rom. – **V:** Winterfell, R. 05. – **MV:** Nebenwechsel, m. Mara Ettengruber, Lyr. 00. – *Lit:* V. Beck in: Dr. med. Mabuse, Nr. 160 06. (Red.)

Mehnert, Achim, freier Autor; Mauritiussteinweg 1, D-50676 Köln, *achimmehnert@yahoo.de,* www. *achimmehnert.info* (* Köln 14. 11. 61). Rom., Erz. – **V:** Huck-Huck, der kleine Drache 92; Rückkehr nach Derogwanien 97; Drei rote Tränen 97; Totentanz in Köln 97; Altenwelt, Erzn. 02; Domstadt-Blues 02; Das Virtuversum 03; Die Macht der Ewigen 04; Gisol, der Jäger 04; Gisol und der Rächer 04; Gisol, der Schlächter 04; Söldner der Goch'Dschiach 04; Sturm auf den Feuerwall 04; Gigant im All 04; Der goldene Planet 05; Nogk in Gefahr 05; Transmitterüberfall 05; Attila 05; Projekt Downfall 06; Drachenkrieg 06; Das Kugelschalenuniversum 06, alles R. – **MV:** Das Haus des Krieges, m. Konrad Schaef 98; Entscheidung auf Toschawa, m. Wilfried Hary 98; Das Tribunal der Häuser, m. Konrad Schaef 98; Die Stunde der Verräter, m. Konrad Schaef 99; Invasion der Biomechs, m. Susan Schwartz 99; Planet der Propheten, m. Konrad Schaef 00; Helfer aus der Zukunft, m. Werner K. Giesa u. Uwe Helmut Grave, R. 02; Meister der Materie, m. Claudia Kern u. Werner K. Giesa, R. 03. – **MA:** diverse Erzn. in Zss. u. Anth., u. a.: Links vom Dom, rechts vom Dom; Atlan – im Zentrum der Macht. – **H:** Denebola 10 91. – *Lit:* Enno Stahl in: Kölner Autorenlex., Bd 2 02. (Red.)

Mehr, Jo s. Parsa-Nejad, Bouzard

Mehr, Mariella, Schriftst., Publizistin; Loc. Casa Rossa 67, I-52046 Lucignano, Tel. u. Fax (05 75) 81 98 28, *MARIELLA@TOSCANET.IT,* www. *mariellamehr.com.* Saegenstr. 76, CH-7001 Chur (* Zürich 27. 12. 47). Be.S.V., Gruppe Olten, P.E.N.-Zentr. Schweiz; mehrere Werkbeitr. u. Werkjahre, u. a.: Werkjahr d. Stift. Pro Helvetia 80, Lit.pr. d. Kt. Zürich 81, Lit.pr. d. Kt. Bern 81, Ida-Somazzi-Pr., Pr. d. Kt. Graubünden, Pr. d. Schweizer. Schillerstift. 96, Buchpr. d. Kt. Bern 02, Werkbeitr. d. Kt. Zürich 02, Dr. h. c. U.Basel; Rom., Lyr., Kurzprosa, Publizist. Arbeit, Sozialpolit. Vortrag, Ess. – **V:** Steinzeit, R. 81, 3. Aufl. 83 (auch frz., fin., ital.); In diesen Traum wandert ein roter Findling, G. 83; Das Licht der Frau, Ber. 84; Kinder der

Landstrasse, Dr., UA 86, Dok. 87; Silvia Z., Dr., UA 86; Rückblitze, Texte 1976–1990 90; Zeus oder der Zwillingston, R. 94; Daskind, R. 95 (auch frz.); Brandzauber, R. 98 (auch ital., frz.); Nachrichten aus dem Exil, G. dt.-Romanès 98; Widerwelten, G. dt.-Romanès 01; Angeklagt, R. 02; Das Sternbild des Wolfes, G. 03. – **MA:** Urs Walder: Nomaden in der Schweiz 99; publizist. Beitr. f. Ztgn seit 74, u. a.: Tagesanzeiger Mag.; WOZ; Berner Ztg. – **F:** Kinder der Landstrasse, Spielf. (Mitarb.). (Red.)

Mehren, Günther (Ps. Peter Pesel), lic. phil., Schriftst., Psychoanalytiker; Seewiesenäckerweg 21, D-76199 Karlsruhe, Tel. (07 21) 88 88 22, Fax 88 88 65, *guenthermehren@aol.com* (* Stuttgart 26. 3. 28). VS Bad.-Württ. 58; Ess., Lyr., Kurzgesch. – **V:** Angst vertreiben, G. 77. – **MA:** Zyklen beispielsweise 57; Lyrik aus dieser Zeit 63, 65. – **R:** Der gute Mensch von Assisi 82; Das grässliche Lachen des Golds 87.

Mehren, Margarethe (Sighilde Mehren), Lehrerin an Gymnasien in Dtld u. Südafrika, Meditationskurse, Seminare; Kloster Sießen, D-88348 Bad Saulgau, Tel. (0 75 81) 8 02 11, *margaret.mehren@web.de, sr.margarethe@klostersiessen.de* (* Stuttgart 21. 5. 33). Erz., Lyr. (dt. u. engl.). Ue: engl. – **V:** An der Grenze zum Wortlosen, Lyr. 04, 2., erw. Aufl. 07. – **MA:** Die Christengemeinschaft, Zs., 67. Jg. 4; 72. Jg. 3; 74. Jg. 6, 9; 76. Jg. 3; 77. Jg. 1, 2; 80. Jg. 1, 4–6; engl. G. in: Mount Carmel, Zs. (Oxford), Vol.50 2; Vol.51 2, 3; Vol.54 1, 4; Gesang der Stille, Lyr. 04.

Mehrtens, Bernd; Zwoller Str. 14, D-28259 Bremen, Tel. (04 12) 58 22 63 (* Bremen). Rom., Lyr., Erz. – **V:** Marianne oder Psychologie, Erz. 98; Bis ins Unaussprechliche, G. u. lyr. Experimente 99; Das kleine Geheimschriftenbuch 99; Limericks 99; Neue Gedichte und lyrische Experimente 99. (Red.)

Meichsner, Dieter, Hauptabt.leiter Fsp. NDR (bis 1991); Grmmersbergstr. 5B, D-83661 Lenggries, Tel. (0 80 42) 97 35 12, *mail@dieter-meichsner.de* (* Berlin 14. 2. 28). Hamburger Autorenvereinig., Freie Akad. d. Künste Hamburg; Schiller-Gedächtnispr. 59, Ernst-Reuter-Pr. 60, Jakob-Kaiser-Pr. 66, 68, DAG-Fs.pr. in Silber 67, 75, 78, in Gold 69, Adolf-Grimme-Pr. mit Silber 67, Alexander-Zinn-Pr. 70, Ernst-Schneider-Pr. 75, 91, 93, Goldene Kamera 81, Telestar 91, BVK am Bande 93, Adolf-Grimme-Pr. 94; Rom., Hörsp., Fernsehsp. – **V:** Versucht's noch mal mit uns!, Ber. 48; Weißt Du, warum?, R. 52; Die Studenten von Berlin, R. 54, Neuaufl. 03; Besuch aus der Zone, Thr. 58; Abrechnung, R. 98. – **MA:** Fehlmeldung, in: 1945. Ein Jahr in Dichtung u. Bericht 65; Theodor Fontane u. Berlin, v. Duvenstedter Brook aus betrachtet, in: Theodor Fontane u. Berlin 1969 70. – **R:** Besuch aus der Zone 56; Ein Leben 58; der Besuche nach D. 58; Das Riekchen aus Preetz 59; Arbeitsgruppe: Der Mensch 60; Morgengebet 62; Variationen über e. Thema 64; Die Hatz v. Vodúbíce oder Wenn Bären sprechen könnten 67, alles Hsp.; Besuch aus der Zone 58; Nachruf auf Jürgen Trahnke 61; Nach Ladenschluß 64; Preis d. Freiheit 66; Das Arrangement 67; Wie ein Hirschberger Dänisch lernte 68; Novemberverbrecher 68; Der große Tag d. Berta Laube 69; Alma Mater 69; Kennen Sie Georg Linke 71; Eintausend Milliarden 74; Rentenspiel 76; Schwarz Rot Gold: Unser Land 82; Alles in Butter 82; Kaltes Fleisch 82; Bergpredigt 83; Blauer Dunst 84; Um Knopf und Kragen 84; Nicht schießen 85; Schwarzer Kaffee 88; Zucker, Zucker 88; Wiener Blut 90; Hammelsprung 90; Schmutziges Gold 91; Stoff 92; Der Rubel rollt 93; Made in Germany 93; Mafia Polska 94; Geld stinkt 94; Imken, Anna und Maria, 3 T. 95; Mission in Hongkong 95;

Meidinger-Geise

Im Sumpf 96; Gespensterjagd 01; Das Toskana-Karussell 03, alles Fsp. – *Lit:* Brigitte Domurath: Das faktograph. Fsp. D.M.s 88. (Red.)

†**Meidinger-Geise,** Ingeborg (geb. Ingeborg Geise), Dr. phil., freie Schriftst.; lebte in Halle/Westf., später in Erlangen (* Berlin 16. 3. 23, † Erlangen 10. 10. 07). Kogge 57, P.E.N.-Zentr. Dtld 71, NGL Erlangen 00; Willibald-Pirckheimer-Med. 56, Kunstpr. d. Stadt Erlangen 72, Kogge-E.ring 73, Hans-Sachs-Pr. d. Städt. Bühnen Nürnberg 76, Max-Dauthendey-Plakette 79, Intern. Mölle-Lit.pr. (Schweden) 79, Hugo-Carl-Jüngst-Med. 82, BVK 85, Wolfram-v.-Eschenbach-Pr. 88, Graphikum-Lit.pr. 90, E.kreuz d. Pegnes. Blumenordens 93, Kogge-E.ring d. Stadt Minden 93, Prof. Eduard-Rühl-Med. d. Kunstver. Erlangen 93, EM Dt. Verb. Frau u. Kultur 98, EM Pegnes. Blumenorden 98, BVK I. Kl. 99; Lyr., Rom., Nov., Ess., Hörsp., Bühnendichtung. – **V:** Helle Nacht, G. 55; Welterlebnis in dt. Gegenwartsdichtung 56; Kath. Dicht. in Deutschland 58; Die Freilassung, R. 58; Das Amt schließt um fünf, Erzn. 60; Saat im Sand, G. 63; Der Mond v. gestern, R. 63; Nie-Land, Erzn. 64; Gegenstimme, G. 70; Nouvel Âge, G. dt.-frz. 71; Die Fallgrube 71; Nichts ist geschehen 73; Menschen u. Feste 75, alles Erzn.; Quersumme, G. 75; Erlanger Topographien, Ess. 76; Ordentliche Leute, Erzn. 76; Kleinkost u. Gemischtfarben, Sat. 78; Framtidskrönika/Zukunftschronik, G. schw.-dt. 78; Europa/Kontrapunkte, G. 78; Letzte Notizen für K., G. 79; Zwischen Stein u. Licht, G. 79; Ich schenke mir e. Jahr, Prosa 80; Ich bin geblieben wo du warst, G. 81; Heimkehr zu uns beiden, G. 81; Jenseits d. Wortmarken, G. 82; Tee im Partere, Erzn. 82; Alle Katzen sind nicht grau, Erzn. 82; Erlanger Kal.blätter, Prosa 83; Was sich abspielt, G. 83; Zweimal Ortwin, Erzn. 83; Eine Minute Vergänglichkeit, Erzn. 85; Zählbares – Unzählbares, G. 85; Mauros Partner, Erzn. 88; Menschen-mögliches, Geschn. 88; Zwischenzeiten, Lyr. 88; Gutgebaute Häuser, Erzn. 88; Meine Katzen, Lyr. 89; Nichts in Sicht, Lit.-Collage, UA 89, gedr. 90; Menuett in schwarz, Geschn. 90; Mut d. Tauben, Lyr. 91; Mit durchsichtigen Worten, Lyr. 92; Bodenpreise, R. 93; Siebzig u. mehr. Ausgew. u. neue G. 93; Die Hand d. Zigeuners, Geschn. 94; Zeitsand, G. 97; Feuernester, G. 98; 75 Jahre Inge Meidinger-Geise, G.-Ausw. 98; Katzenbesuch u. Von Franken gesagt, Lyr. 99; Rückflug, neue Prosa 99; Linien-Poeme, Lyr. 00; End-Rede, Lyr. 05; Erlangen u. ich, Prosa 05. – **MA:** D. Frau in unserer Zeit 54; D. Gedicht, Jb. zeitgen. Lyr. 56; Mitten im Strom, Lyr. 57; D. Buch d. Kogge 58; Sehet dies Wunder 59; Keine Zeit f. Liebe, Lyr. 64; Dt. Teilung 66; D. unzerreißbare Netz 68; Auch Deutsche lachen 69; Fränk. Städte 70; Fränk. Klassiker 71; Grenzüberschreitungen 73; bundes deutsch 74; Stimmen z. Schweiz; Fränk. Dichter erzählen; Wie war das mit d. lieben Gott 76; Nichts u. doch alles haben 77; In d. Weihnachtsstadt, Prosa; 20 Annäherungsversuche um Glück, Lyr.; Psalmen v. Expr. bis z. Gegenwart, Lyr. 78; Östlich v. Insterburg, Prosa 79; Rufe, Lyr.-Anth. I 79, II 81; Fränk. Mosaik 80; Plädoyer f. d. Hymnus 81; Ihr werdet finden, Lyr. 82; Sag nicht morgen wirst du weinen ... 82; Wo liegt euer Lächeln begraben 83; Was bedeutet d. Tod für Sie 83; Juist – Ein Leseb. 84, Tb. 94; Wem gehört d. Erde 84; Erot. Gedichte v. Frauen 85; Du bist schön, meine Erde 86; Schön wie d. Mond; D. Loreley; Dokumentation; Aber d. Schleichenden, d. mag Gott nicht; KLG, 30. Nachliefg; Fried. Rückerts Bedeutung f.d. dt. Geisteswelt 88; Manchmal setzt d. Himmel Zeichen; V. Leben schreiben; D. gr. Buch d. Renga-Dicht.; Prominenz in Kinderschuhen; Weihnachtsgeschn. aus Franken; Melancholie; Oberpfälzer Bilderbücherl; 200 Jahre Friedr. Rückert; Sprachbrücke – Dt. als Fremdsprache; Lebt Rückert? 89; D. selbstgestrickte Katzenb. 1–4 89–95; Es neigt sich d. Himmel z. Erde; D. gr. Buch d. Haiku-Dicht.; Liber Amicorum; Neues Hdb. d. dt.sprach. Dicht. seit 1945; Unterwegs im Dekanat Erlangen; Flucht-Vertreibung-Exil-Asyl (Vorw.) 90; D. Kind, in dem ich stak; Frauen beten ... mit eigener Zunge; Blütenlese; Unterwegs triffst du d. Ziel; Literar. Portr. 163 Autoren aus NRW 91; D. gr. Buch d. Senku-Dicht.; Facing America, e. Mosaik; Die Dt. Lit., Lex., Reihe VI Bd 1; Erlangen, Bildbd; G.C. Kohlstädt: Lyr. u. Skulptur; Stein u. Lavendel (Vorw.); H. Blaise: Agopunture (Vorw.) 92; Vater u. ich; Liebe Stadt im Lindenkranz; Stimmen in d. Stille; Im Reichswald 93; Eines weißen Tages weiß ich warum; Kirchweih in Röthenbach b. St. Wolfg.; Dt. Weihnachtsbuch; Pegnes. Blumenorden in Nürnberg, Festschr.; einwärts : auswärts; St.R. Senge: ER dazwischen (Ausw. u. Beiw.) 94; E. Lichterschein aus Bethlehem; Komm, Christkind, flieg über mein Haus; Nach Bethlehem – wohin denn sonst?; Gärten u. Gärtla in u. um Nürnberg; Sachen z. Lachen; Sommerbilder v. Main z. Donau 95; GoldRauschEngel; Blaues Katzenb.; Hinter unzerstörten Fassaden: Erlangen 1945–1955 96; Nach Golgatha der Hoffnung willen; Oberschles. Jb. 1996; Auf d. fränk. Eisenbahn 97; Fränk. Stimmen; Den Glanz abklopfen (Beiw.) 98; Marktplatz Franken; 10 Jahre Mauerfall; Wir reden leise von d. Hoffnung; Selbstporträt – Lit. in Franken; Weihnachtsgeschn. aus Franken 99; Women's Future – World's future 00; Das Licht d. Welt; Erlebnisse m. Georg Kempff; Festschrift f. Alois Vogel; Wieder schlägt man ins Kreuz die Haken; Hier ist mein mail Art monument; Wie Schnee von gestern? 01; Kindheit im Gedicht; ... da liegt d. Himmel näher an d. Erde?; Ein Koffer voller Träume; An Wolken angelegt 02; Weihnachten 03; – Beiträge in Kat. – **H:** M. Windthorst: Erde, d. uns trägt, R. 64; D. Krähenbusch, Erzn. 71; Wege u. Wanderungen, Naturstudien 75, alles a.d. Nachl.; G. Nickel-Forst: Mit e. Mund voll Zukunft 76; Wer ist mein Nächster 77; Prisma Minden 78; Humor unterm Brennglas 78; M. Windthorst: Doch daß dann alles weitergeht (Briefe) 78; Komm, süßer Tod 82; E. Engelhardt: Zwischen 6 u. 6 83; D. verfolgte Wort, Kogge-Anth. 88; – H: u. MA: Texte aus Franken 68, 70; Ohne Denkmalschutz 70; Generationen 71; Erlangen 1950–1980, Lit.Leseb. 82; Jakob u.d. Andere 82; Europ. Begegnungen in Lyrik u. Prosa 84; Frauengestalten in Franken 85; Erlangen 1686–1986 86; M. Windthorst: Erde u. Menschen. Vier Nachlaß-Erzn. u. e. Monogr. v. I.M.-G. 88. – **MH:** Signaturen-Prosa 70; Kurznachrichten 73; Hiob kommt nach Himmerod 74; Kontakte europäisch 74; Reihe "texte z. zeit" seit 85; m. W.P. Schnetz: R. Strahl: Krisenmanagement 89; K. Hildenbrand: Brief an d. Herrn Bruder 90; W. Kuprianow: Denkmal für e. Feigling 90; J. Lobe: Deutschlandschaften, G. 92. – **R:** Die Schlucht v. Savojeda, Hsp. 65; Von Wand zu Wand, Hsp. 66; Adam Scharrer – Chron. d. Arbeiterstaates, Fk-Ess. 90; Die blasse Idylle, Fk-Ess. 90; Lyrik nach Wunsch, m.a. 99. – **P:** Auch ein Credo, Tonkass. 99. – *Lit:* Georg Kempff, Festschr., heute 75; Sie schreiben zw. Paderborn u. Münster 77; C.H. Kurz: Quersummen 77; G. Kranz: Lex. christl. Weltlit. 78; F. Lennartz: Dt. Schriftsteller d. Gegenwart 1., erw. Aufl. 78; F.K. Kurz: Über mod. Lit. VII 80; Hdb. d. alternativen dt.spr. Lit. 80/81; Frauen im Blickpunkt 85; Taschenlex. 2. Bayer. Gegenwartslit. 86; P.E.N. BRD, Autorenlex. 88ff.; W.P. Schnetz: Zum 65. Geb. v. I.M.-G. 88; G. v. Wilpert: Dt. Dichterlex., 3., erw. Aufl. 88; D. Goldene Buch d. Kunst u. Kultur 92; Who's Who in Germany 92; Wer ist Wer 94, 98, 03; LDGL 97; H.E. Käufer: Lesezeichen 01; B.

Meier

Grießhammer: 300 Jahre Frauenalltag in e. Provinzstadt 01; Schriftst. in Franken 02; Intern. Who's Who in Poetry 04; St.R. Senge: Ein Lächeln so etwa um sechs 04; H.E. Käufer in: KLG.

Meier, Billy s. Meier, Eduard Albert

Meier, C. M.; c/o Aleph Verlag, Herterichstr. 89, D-81477 München, Tel. (01 73) 9 86 07 11, *cmmeier@ gmx.de, www.c-m-meier.de* (* Wien 57). Lyr., Erz. – **V:** Hömmelli 03.

Meier, Carlo, Autor; *info@carlomeier.ch, www. carlomeier.ch.* c/o Brunnen Verl., Basel (* Zürich 7.4.61). SSV, Pro Litteris, Suissimage; Werkpr. Pro Helvetia 93, Schweiz. Pressepr. AT 94, Drehb.förd.pr. Europ. Script Fund, London 95, 1.Pr. Filmfestival Alpinale, Öst. 98, Förd.pr. d. Kt. Zug 99, Förd.pr. Migros-Kulturprozent 99, Förd.pr. d. Kt. Solothurn 99, Förd.pr. SSV 00, Werkpr. SRG idée suisse 01, u.a.; Rom., Drehb., Kinderb. – **V:** Keine Leiche in Damaskus, R. 92; Horu, R. 95; Das Buch Müller, R. 97; Jgdb.-Reihe „Die Kaminski-Kids". Bd 1: Übergabe drei Uhr morgens 99, Bd 2: Mega Zoff! 00, Bd 3: Hart auf hart 01, Bd 4: Unter Verdacht 02, Bd 5: Auf der Flucht 03. (Red.)

Meier, Eduard Albert (Billy Meier); Hinterschmidrüti, CH-8495 Schmidrüti, Tel. (0 52) 3 85 27 01, Fax 3 85 42 89, *info@figu.org, www.figu.org* (* Bülach 3.2.37). Sachb., Rom., Ged. – **V:** Der rosarote Kristall, M. 77; Atlanta, R. 99; zahlr. Sachb. – *Lit:* s. auch SK. (Red.)

†**Meier,** Gerhard, Schriftst.; lebte in Niederbipp (* Niederbipp 20.6.17, † Langenthal 22.6.08). Lit.pr. d. Kt. Bern 64, 68 u. 71, Pr. d. Schweiz. Schillerstift. 70 u. 76, Gr. Lit.pr. d. Stadt Bern 78, Peter Handke gibt d. Hälfte d. Kafka-Pr. an G.M. weiter 79, Gr. Lit.pr. d. Kt. Bern 81, Petrarca-Pr. 83, Hermann-Hesse-Lit.pr. 91, Fontane-Pr. (Kunstpr. Berlin) 91, Solothurner Kunstpr. 92, Gottfried-Keller-Pr. 94, Heinrich-Böll-Pr. 99, E.bürger d. Gem. Niederbipp; Lyr., Text, Prosa. – **V:** Das Gras grünt, G. 64; Im Schatten der Sonnenblumen, G. 67; Kübelpalmen träumen von Oasen, Skizzen 69; Es regnet in meinem Dorf, Texte 71; Einige Häuser nebenan, ausgew. G. 73; Der andere Tag, Prosa 74; Papierrosen, ges. Prosaskizzen 76; Der Besuch, R. 76; Der schnurgerade Kanal, R. 77; Toteninsel, R. 79; Borodino, R. 82 (auch frz.); Die Ballade vom Schneien, R. 85 (auch frz.), alle 3 u. d. T.: Baur und Bindschädler, R.-Trilog. 87 (auch frz.); Werkausgabe in drei Bänden 87; Signale und Windstöße, G. u. Prosa 89; Land der Winde, R. 90 (auch frz.); Ob die Granatbäume blühen 05. – **MV:** Das dunkle Fest des Lebens. Amrainer Gespräche, m. Werner Morlang 95, aktual. Ausg. 01; Ein Spaziergang durch Olten mit Gerhard Meier, m. André Bloch, Bildbd 97. – **MA:** Schweiz heute 65; Gut zum Druck 72; Fortschreiben 77; Schweizer Lyrik d. 20. Jh. 77; Klagenfurter Texte 77; Belege 78; Gegengewichte 78; Ich hab im Traum die Schweiz gesehn 84. – *Lit:* Werner Weber: Forderungen 70; Dieter Fringeli: Von Spitteler zu Muschg 75; Gerda Zeltner: Das Ich ohne Gewähr 80; Fernand Hoffmann: Heimkehr ins Reich d. Wörter, Versuch üb. d. Schweizer Schriftst. G.M. 82; Corinna Jäger-Trees in: KLG 89; LDGL 97; Dorota Sosnicka: Wie handgewobene Teppiche. Die Prosawerke G.M.s 99.

Meier, Hansruedi; Heitligstr. 35, CH-8173 Neerach, Tel. (01) 8 58 10 79 (* Winterthur 30. 8. 34). Gruppe Olten; Lyr., Erz. – **V:** Meier mit Dampf 95; Ein altes Haus bauen 99; Unbekannte Bilder – Lob der Namenlosen 99. – **MA:** Der Populist 95; Kulturmag. 96/97; Mag. f. Schule + Kindergarten, Feb. 98. (Red.)

Meier, Helen; Bergweg 1, CH-9043 Trogen, Tel. (0 71) 3 44 36 02, *helen.meier@swissonline.ch* (* Mels/

Schweiz 17.4.29). AdS 04; Ernst-Willner-Pr. 84, Rauriser Lit.pr. 85, Pr. d. Schweiz. Schillerstift. 85, Meersburger Droste-Pr. 00, Pr. d. Schweizer. Schillerstift. f. d. Gesamtwerk 00, St. Galler Kulturpr. d. St. Gallischen Kulturstift. 01; Lyr., Erz., Rom. – **V:** Trockenwiese, Geschn. 84, 93 (auch frz.); Das einzige Objekt in Farbe, Geschn. 85, 88; Das Haus am See, Geschn. 87; Lebenleben, R. 89; Nachtbuch, Geschn. 92; Die Novizin, R. 95, 98; Letzte Warnung, Geschn. 96, 02; Die gegessene Rose, Theaterst. 96; Liebe Stimme, Geschn. 00; Adieu, Herr Landammann, Gespräche 01; Die Vereinbarung, Theaterst. 02; Janus, Theaterst. 05; Schlafwandel, Erzn. 06. – **MA:** Beitr. in: Zs. f. Kultur, Politik u. Kirche; Drehpunkt, Lit.zs.; Mein Bodensee. Liebeserklärung an e. Landschaft 93; Die Amme hatte die Schuld 97; Der Mann im Nu 05; Mitarb. an versch. Photobüchern über d. Schweiz. – *Lit:* Werner Morlang in: Antworten. Die Lit. d. dt.spr. Schweiz in d. achtziger Jahren 91; Klaus Petzold in: Gesch. d. dt.spr. Schweizer Lit. im 20. Jh. 91; P.-O. Walzer (Hrsg.): Lex. d. Schweizer Literaturen 91; Beatrice v. Matt: Frauen schreiben die Schweiz 98; Heidy M. Müller in: KLG. (Red.)

Meier, Herbert, Dr. phil. I, freier Schriftst., Übers.; Appenzellerstr. 73, CH-8049 Zürich, Tel. u. Fax (0 44) 3 41 59 18 (* Solothurn 29. 8. 28). SSV, P.E.N.-Club; Bremer Lit.pr. 55, Pr. d. Schweiz. Schillerstift. 64, Conrad-Ferdinand-Meyer-Pr. 64, Welti-Pr. 67, Solothurner Kunstpr. 75, Schiller-Pr. d. Zürcher Kantonalbank 97; Lyr., Prosa, Drama, Ess. Ue: frz, ital, span, agr. – **V:** Die Barke von Gawdos, Stück 54; Siebengestirn, G. 56; Dem unbekannten Gott, Orat. 56; Ende September, R. 59; Jonas und der Nerz, Stück 62; Der verborgene Gott, Studien 63; Verwandtschaften, R. 63; Der neue Mensch steht weder rechts noch links – er geht 68; Sequenzen, e. Gedichtbuch 69; Stiefelchen. Ein Fall, R. 70; Wohin geht es denn jetzt? 71; Von der Kultur, e. Rede 73; Anatomische Geschichten 74; Stauffer-Bern, e. Stück 75; Verwandtschaften/Rabenspiele 76; Dunant. Teildruck 76, 77; Bräker, Kom. 78; Die Göttlichen, Theaterst. 81; Die fröhliche Wissenschaftler 86; Bei Manesse, e. Stück 88; Der Fähnrich von S..., Kom. 91; Leben ein Traum nach Calderon 91; Mythenspiel. Landschaftstheater m. Musik 91; Theater I–III, Werkausg. d. Theaterst. 93; Über Tugenden, e. Vortrag 94; Theater, theologisch, e. Vortrag 95; Winterball, R. 96; Aufbrüche. Reisen von dorther, G. u. Erzn. 98; Gesammelte Gedichte 02; Denk an Siena. Eine Liebesgesch., R. 04; Morgen vor fünf Jahren, Bühnen-Ms. 05; Dieser eine Tag, Bühnen-Ms. 05; Elisabeth. Der Freikauf, Stück 07; (Werke übers. ins Frz., Engl., Ital., Rum., Ung., Jap., Holl.). – **MH:** Federico García Lorca: Bilder und Texte m. Pedro Ramírez 86. – **R:** Die randlose Brille, Fk-Ball. 62; Skorpione, Fs.-St. 64 (auch frz.); Buchausgabe 64; Salsomaggiore, Hsp. 84; Huldrych Zwingli. Reformator 84; Filmbuch 84; Mythenhörspiel, Hsp. 98. – **Ue:** Georges Schéhadé: Georges vom Vasco 57; Paul Claudel: Das Mädchen Violaine 59; Jean Giraudoux: Elektra 61; Euripides: Medea 81; Andri Peer: Poesias – Gedichte 88; Paul Claudel: Der seidene Schuh 03; ders.: Der Tausch 05. – **MUe:** Georges Schéhadé: Die Reise 61; ders.: Der Auswanderer 65; C.F. Ramuz: Aline. Jean-Luc, der Verfolgte. Samuel Belet 72; P. Claudel: Mittagswende 05; ders.: Das harte Brot 04; ders.: Der Erniedrigte 04; ders.: Der Bürge 05, alle m. Yvonne Meier-Haas; F. García Lorca: Tragikomödie des Don Cristóbal und der Dona Rosita, m. Pedro Ramírez 92. – *Lit:* Werner Bucher/Georges Ammann: Schweizer Schriftst. im Gespräch, Bd I 70; D. Schriftsteller u. d. Sprache 71; Sabine Doering in: KLG 78ff.; Joseph Bättig/Stephan Leimgruber: Grenzfall Lit. 75.

Meier, Jürg s. Jürgmeier

Meier, Leslie s. Rühmkorf, Peter

Meier, Martina; c/o Redaktions- u. Literaturbüro Martina Meier, Am Tobel 6, D-88368 Bergatreute, Tel. (01 79) 2 07 14 04, *info@papierfresserchen.de, www. papierfresserchen.de*. – **V:** Bruder Jakob, Krimi 07; Leben und Arbeiten in Österreich, Sachb. 07; Tysja. Die kleine Hexe mit den roten Haaren, Kdb. 08. – **B:** Noah Schwarz: Kleine Freunde – große Abenteuer 08; Tanja Bern: Die Sidhe des Kristalls. Das Tal im Nebel 08, beides Fantasy. – **H:** Es war einmal. Kinder schreiben Märchen 07; Tierisch gute Kindergeschichten 07; Und was ich dir noch sagen wollte 07; Fantastisch gute Kindergeschichten 08, alles Kdb. – **MH:** Lese-Drehscheibe, Mag., seit 9/07.

Meier, Pirmin, Dr. phil., Gymnasiallehrer, Schriftst. u. Publizist; Fabrikweg 10, CH-6221 Rickenbach, Tel. (041) 9 30 38 14, *pirminmeier@bluewin.ch* (* Würenlingen/Kt. Aargau 21. 2. 47). Vizepräs. Reinhold-Schneider-Ges. Freiburg/Br., Vorst.mitgl. Intern. Paracelsus-Ges. Salzburg, Vorst.mitgl. Schweizer. Paracelsus-Ges. Einsiedeln, ISSV, AdS; Bodensee-Lit.pr. 93, Werkjahr d. Kurat. f. d. Förderung d. kulturellen Lebens Kt. Aargau 94, Jahrespr. d. Stift. f. Abendländ. Besinnung 00, Werkbeitr. d. Zentralschweizer Lit.förd. 02, Aargauer Lit.pr. 02, Lit.pr. d. Innerschweiz 08. – **V:** Reinhold Schneider. Kurzer Führer durch Leben u. Werk 72; Form und Dissonanz. Reinhold Schneider als historiograph. Schriftsteller 78; Gsottniger Werwolf. Literaten-Gedichte z. Erbauung sowie z. Unterbrechung d. Erbauung 84; Schwaz. Geheimnisvolle Landschaft im Schatten d. Alpen 93; Paracelsus. Arzt u. Prophet, Biogr. 93 (auch ital., russ.); Ich Bruder Klaus von Flüe, Biogr. 97; Die Einsamkeit des Staatsgefangenen Micheli du Crest 99; Mord, Philosophie und die Liebe der Männer 01; Der Fall Federer 02; Landschaft der Pilger 05. – **MA:** Camillo Paravicini: Das Leben der Chorherren im Stift Beromünster, Bildbd 05. – **H:** Reinhold Schneider, Gesammelte Werke, Bd 1 72; ders.: Macht und Gnade 77; Lektüre für Minuten – Reinhold Schneider 80; Karl Kloter: Irrwege und Heimwege. Prosa, Lyr., Dokumente 95. (Red.)

Meier, Raeto Bernhard, Gemüsegärtner; Bernstr. 64, CH-3324 Hindelbank, Tel. (0 34) 4 11 21 44 (* Zürich 15. 2. 54). Gruppe Olten, Be.S.V.; Lit.förd.pr. d. Stadt Bern 97. – **V:** Clean CH, G. 90; Mein Leben als Versager, Kurzgeschn. 96; Ein anständiger Mensch hat einen Briefkasten, R. 05. – **MA:** G. u. Prosa in: WoZ; Zündschrift; ZeitSchrift; Kuckucksnest Nr.4/02; Maskenball, Jan. 02. – **H:** Gassenwinkel, Lyr.-Mag. 81. – *Lit:* Fredi Lerch: Mit beiden Beinen im Boden 95. (Red.)

Meier, Robert, Dr. phil., Archivar; Rosengasse 17, D-97070 Würzburg (* 66). – **V:** Der Bauch ist rund und Schluss ist, wenn die Hebamme abpfeift, 1.–3. Aufl. 05, 5. Aufl. 06; Hohenlohe in alten Zeiten, Geschn. 04; Im Alten Reich, Geschn. 08. – **R:** Dieses elende Leben. Astrid Litfaß, Hsp. 05.

Meier, Ruth, Buchhändlerin; c/o Ferber u. Partner, Köln (* Brühl/Rhl. 14. 4. 56). Lyr. – **V:** Laute kleine Worte, Lyr. 01. – **MA:** zahlr. Beitr. in Anth., u. a.: Orte, Ansichten 97; Das große Buch der kleinen Gedichte 98; Von Traum- und anderen Männern 00; Fantasie mit Schneegestöber 00; Blitzlicht 01; Grün pflanzen 05; Lass uns herzen 05. (Red.)

Meier, Simone, Redaktorin; c/o Graf & Graf Literatur- und Medienagentur, Mommsenstr. 11, D-10629 Berlin (* Lausanne 5. 3. 70). E.gabe d. Kt. Zürich 00, Förd.gabe d. Intern. Bodenseekonferenz 01; Rom., Erz., Dramatik. – **V:** Mein Lieb, mein Lieb, mein Leben, R. 00. – **H:** Domino, Anth. 98. (Red.)

Meier, Walter s. Meier-Bunk, Walter

Meier, Werner; Ritterland 1, D-85570 Ottenhofen, Tel. (0 81 21) 16 04, Fax 36 29, *kabarett@wernermeier. de, www.wernermeier.de*. Erdinger Str. 9, D-85570 Ottenhofen (* Reichertsheim/Obb. 24. 5. 53). Liedtext, Ged. – **V:** Die Computerdetektive und der Fall Lucretia 85; Die Computerdetektive und die unheimliche Bohrerbande 85; Die Computerdetektive und die verschwundenen Luxuslimousinen 85; Nix dagegen, Lieder, G. u. Betrachtn. 85; Mino, der kleine Gebirgsjäger, n. Motiven d. R. „Il piccolo alpino" v. Salvatore Gotta 86; Frankensteins Tante 87; Politik aus dem Geldkoffer, Politsatire 00. – **MV:** Das unheimliche Testament, m. Karlotta Kriss 87; Gaudi, m. Rolf Zuckowski u. Margit Sarholz 03. – **MH:** Schlawuzi, m. Margit Sarholz 03. (Red.)

Meier-Barkhausen, Dagmar (Ps. Tina Österreich), Berufsschullehrerin; D-26160 Bad Zwischenahn, *Tina-Oesterreich@aol.com, dameier6@gmx.de, www.Tina-Oesterreich.de* (* Bautzen 44). Fiale Kulturpr. 78, Kunstpr. d. DDR 90; Prosa, Rom. – **V:** Ich war RF 77; Gleichheit, Gleichheit oder alles 78; Luftwurzeln. Ein Umzug v. Dtld nach Dtld 87; 11 Tage 99; Von Mädchen zu Mädchen 06. – **MA:** Was ist deutsch 80, 88; Gesicht zur Wand 93, 3. Aufl. 96. (Red.)

Meier-Böhme, Bodo, Pfarrer; Zum Laurenburger Hof 46, D-60594 Frankfurt/Main, Tel. (0 69) 48 00 39 59, *meier-boehme@web.de* (* Darmstadt 16. 9. 56). Jugendlit., Schulb. – **V:** Die Spur führt nach Samos 98; Der doppelte Philipp 98; Fania u. ihre Fragen 98; Fania u. die Liebe 98; Fania u. der Nikolaus 98; Fania u. das Vertrauen 98; Felix u. die Angst 98; Felix u. der Schulanfang 98; Der verlorene Sonntag 99; Zeitreisen in die Bibel 99; Vertretungsstunden Religion 99; Das Dich-mich-um-Konfirmationstagebuch 01; Die Falle des Teufels 02, alles Kdb. – **H:** ... für den Kick, für den Augenblick 99. (Red.)

Meier-Bunk, Walter (Walter Meier), Bauer, Poet; Wirzwil, CH-8344 Bäretswil (* Bäretswil 16. 2. 22). ZSV. – **V:** Durch Jahr und Leben, G. 83; De Samichlaus chunnt ..., Klaus-G. 93, 3. Aufl. 97; Liebe zum Leben und Natur 99; Glaube muss wachsen 02; Weihnachten – Fest der Hoffnung und der Liebe 03; Zuckerets und Gsalzes, Mda. 05; Auf guten Spuren, Geschn. 06; Die Jahruhr, G. 07. – **MA:** Veröff. in zahlr. Ztgn u. Zss. seit 52. – **R:** Morgenbetrachtungen b. Radio Basel 55–58; Essays b. Radio Zürich 56. (Red.)

Meier-Lenz, Dieter P., StudR. a. D., Rektor a. D., Schriftst., Red., Hrsg.; 6 Rue du Bac Petit, F-66230 Serralongue, Tel. (00 33) 4 68 39 60 19, Fax 4 68 39 63 88 (* Magdeburg 24. 1. 30). Gruppe Poesie 83, P.E.N.-Zentr. Dtld 87; Nds. Kunstpr. f. Lit. (Förd.pr.) 68, Auslandsreisestip. d. Außenmin. d. BRD 66, Kurzgeschn.pr. d. Jungen Stimme 71, Alfred-Kerr-Pr. 80 u. 88 (zus. m. d. horen-Redaktionsteam), Künstlerstip. f. Lit. d. Ldes Nds. 85, Arb.stip. d. Ldes Nds. 96, Bestenliste „Das neue Buch in Nds." 96 u. 97, Dipl. di merito b. V. concorso internazionale di poesia, Benevento 99, Liste d. 100 wichtigsten dt.spr. Lyriker d. 20.Jh. lt. „Das Gedicht" 7/99, 1. Pr. „Das politische Gedicht" 04; Lyr., Kurzgesch., Rom., Ess., lit.wiss. Beitrag (auch in frz. Spr.). – **V:** Heinrich Heine, Wolf Biermann. Deutschland. Zwei Wintermärchen. Ein Werkvergleich 77; Gefälle in Oktaven, Lyr. 68; Kleine nackte Männer im Gehirn, Kurzgesch. 68; Fischgründe 72; Erlaubte und unerlaubte Lieder 75; Der Tatort ist in meinem Kopf 83; Spiegelung 95; Die Aura zwischen zwei Mündern 90; Apollinaire tritt aus der Wand, dt.-frz. 96; Die Schönheit einer Fledermaus 96; Frau Luna liebt den Mann im Mond 98, alles Lyr.; Der Sonntagsmörder, Lyr. u. Prosa 96; Meine Waffe ist ein Sonnenuntergang 02; Die

Zeitlupe des Salamanders 04; Warten auf Wasser 08; La Nature: dans le Sang, frz. 08; Mit dem Pegasus über eine Eselbrücke fliegen 08, alles Lyr. – **MA:** Die Trash-Piloten 97; Mythos Narziß 99; A 45 – längs der Autobahn u. anderswo 00; Conrady: Das große dt. Gedichtbuch 00; Eine Laus im Uhrgehäuse 01; Wörter kommen zu Wort 02; Zwischen den Orten 03; Feuer, Wasser, Luft & Erde 03; Tentations, frz. 03; Ein Poet... 04; Wortschlingen 04; Dazwischen 04; Du bist im Wort 05; Lass uns herzen! 05; Versnetze 07; – Zss., u. a.: die horen (Red.); Sinn u. Form; ndl; Drehpunkt; Freibord; Podium; Das Gedicht; Ossietzky; Der Literat; Park; Gegenwind; Gegengift; Neue Sirene; Zeitriss; Laufschrift; Wortwahl; Sterz; Cahiers d'Etudes Germaniques; Rabenflug; Brèves (Frankr.); Ostragehege 11/98; Signum 1/00; Die Rampe 3/00; Wegwarten 150/00; Kult 14/01; Libus 3/01; Zeichen u. Wunder 44/04; Revue Alsacienne de Litt. 86/04; Ort der Augen 1/04; Matrix 1/08, u. a. – **H:** Wolf Biermann und die Tradition. Von der Bibel bis Ernst Bloch 81; Ein Bild wie Milch und Blut sozusagen, Krim.-Geschn. 91; die horen (Bände z. Kriminallit.) Nr. 144, 148, 154, 165, 182, 204, seit 86. – **MH:** Niedersachsen literarisch 77; 100 Autorenporträts Niedersachsen 81; 25 Jahre Schriftstellerverband in Nds. 83. – **P:** Matze 83; Pcetera, CD-ROM 96. – *Lit:* Friedrich Rasche: Kleine nackte Männer im Gehirn 64; Claus Harms: Begegnung mit D.P.M.-L. 64; E. Jürgens: Unheimliches mit e. Augenzwinkern 64; W.C. Schmidt: Zu Besuch bei D.P.M.-L. 69; Wilhelm Beuermann: Lit. in Hannover; Kurt Morawietz: niedersachsen literarisch 81; Thomas Krüger in: ndl 2/97; Karl Riha in: die horen 189/98; Ludwig Harig in: die horen 197/00; Christoph Leisten in: die horen 217/05; Theo Breuer in: Aus d. Hinterland 05; Thomas Krüger in: die horen 221/06; P.E.N.-Zentrum Deutschland, Autorenlex. 2006/07; Theo Breuer in: Kiesel & Kastanie 08; s. auch SK.

Meier-Nobs, Ursula, Verkäuferin, Hausfrau, Autorin, Lebensberaterin; Jupiterstr. 9/105, CH-3015 Bern, Tel. (0 31) 9 41 25 21, *ursula.meier-nobs@bluewin. ch, www.lebensberatung-bern.ch* (* Bern 31. 8. 39). Be.S.V. 88, autillus, Ver. Kd.- u. Jgdb.schaff. d. Schweiz 96, AdS 98; Rom., Kinderb. – V: Ds Müüsli Surimuri mit em Örgeli 80; Hasefritz u Matten-Edi 81; Wunderfitzes Aabetüür 84; Ds Fählertüüfeli 87; D Mathiude mit em guudige Bei 90, alles Kdb. (mehrere Aufl., auch Tonkass.); Die Musche, Tochter des Scharfrichters 98, 3. Aufl. 08 (auch Tb.); Der Galeerensträfling 03; Der Sakralfleck 07, alles hist. R. – **MA:** Best Selection, Sammelbd 04.

Meilcke, Andreas J.; Postfach 1170, D-73643 Winterbach, Tel. (0 71 81) 7 26 09, Fax 4 62 17. Lindenstr. 27/1, D-73650 Winterbach. – **V:** Der Sinn im Suchen nach dem Sinn 91; Die Seele im Geist des Menschen 92. (Red.)

Meincke, Freya (geb. Freya Berdel); Viktor-Schnitzler-Str. 14, D-53179 Bonn, Tel. (02 28) 34 69 60, Fax 34 69 80 (* Berlin 15. 3. 41). Rom., Lyr., Erz. – **V:** Anna Lissa, Erz. 06.

Meindl, Georg, Aikidolehrer; Steingasse 1, A-4020 Linz, Tel. (07 32) 79 77 35 (* Linz 29. 11. 57). – **V:** Der Tabakkrieg, Erz. 07.

Meinecke, Thomas, Schriftst. u. Musiker; c/o Suhrkamp Verl., Frankfurt/M. (* Hamburg 25. 8. 55). P.E.N.-Zentr. Dtld 07; Aufenthaltsstip. d. Berliner Senats 87, Rheingau-Lit.pr. 97, Heimito-v.-Doderer-Förd.pr. 97, Kranichsteiner Lit.pr. 98, d.lit. – Lit.pr. d. Stadtsparkasse Düsseldorf 03, Tukan-Pr. 04, Stip. d. niedersächs. Lit.büros 05, Karl-Sczuka-Pr. 08. – **V:** Mit der Kirche ums Dorf, Erzn. 86; Holz, Erz. 88, Tb. 99; The Church

of John F. Kennedy, R. 96; Tomboy, R. 98, Tb. 00; Hellblau, R. 01, Tb. 03; Musik, R. 04, Tb. 07; Feldforschung, Erzn. 06; Lob der Kybernetik. Songtexte 1980 – 2007 07; Meinecke hört 07; Jungfrau, R. 08. – **MH:** Mode und Verzweiflung, 8 Ausg. 78–86, als Tb. 98. – **P:** Schallplatten m. d. Gruppe 'Freiwillige Selbstkontrolle', seit 80. – *Lit:* LDGL 97.

Meiners, Hergen, Bibliothekar im Vorruhestand; Rodenberger Allee 36, D-31542 Bad Nenndorf, Tel. (0 57 23) 91 35 98, *Hergen.Meiners@gmx.net* (* Brake/Unterweser 24. 8. 48). Club Forum Lit., Ludwigsburg 02; Lyr., Kurzgesch., Theaterst., Kinderb. – **V:** Schwanengesang, Lyr. u. Kurzgeschn. 05; Requiem für einen Schaukelstuhl, Theaterst. 06; Bücherwurm Nelle (Arb.titel), Kdb. 08/09; Hanslincks Herberge (Arb.titel), Erz. 08/09. – **MA:** Eremitage, ab Bd 6 03; Die Literareon Lyrik-Bibliothek, ab Bd 2 04.

Meinert, Ebbo, Lehrer; Rhinhörn 1, D-25348 Glückstadt (* Glückstadt 6. 6. 53). Lyr. – **V:** Schütteleien eines Spötters. Lästerliches zwischen A & O, Lyr. 00; Nette Garstigkeiten – Garstige Nettigkeiten, Lyr. 03. (Red.)

Meinhardt, Birk, Journalist, Schriftst.; lebt in Ravenstein b. Berlin, c/o Eichborn Verl., Frankfurt/M., *birkmeinhardt@aol.com* (* Berlin 59). Egon-Erwin-Kisch-Pr. 99, 2. Pr. 01; Rom. – **V:** Boxen in Deutschland 02; Die seltsamen Wege zum Glück, Repn. u. Porträts 02; Der blaue Kristall, R. 04; Im Schatten der Diva, R. 07.

Meinhardt, Katrin s. Stachels, Angela

Meinhof, Marius, Student; Zum Berg 6, D-91094 Langensendelbach, *marius.meinhof@gmx.net* (* Nürnberg 7. 7. 83). Rom. – **V:** Die Berge von Kallon, Fantasy-R. 06; Die lange Straße, R. 07.

Meinhold, Gottfried, Dr. phil. habil., UProf.; Lützeroder Weg 19, D-07751 Cospeda/Jena (* Erfurt 28. 6. 36). Rom., Lyr., Erz., Ess. – **V:** Molt oder der Untergang der Meltaker 82, 86; Weltbesteigung, R. 84, 92; Kilidone und andere Merkwürdigkeiten, phantast. Erzn. 86; Mit Rätseln leben, R. 88, 89; Sein und Bleiben, R. 89; Lach-Verbot 92; Frei-Sprüche, G. 99; Die Grenze 00; Edermann, R. 01; Prag Mitte Transit, R. 08. – *Lit:* E. Kratschmer (Hrsg.): Gottfried Meinhold – Poesie 96. (Red.)

Meinhold, Philip, freier Journalist, Radioprogramm-Manager; c/o Radio FRITZ, Rundfunk Berlin-Brandenburg (RBB), Marlene-Dietrich-Allee 20, D-14482 Potsdam-Babelsberg, *philip.meinhold@rbb-online.de* (* Berlin 15. 4. 71). Walter-Serner-Preis 03, Lichtenberg-Pr. f. Lit. 03, Stip. d. Kulturstift. Sachsen 05, Stip. d. Stuttgarter Schriftstellerhauses 06, Alfred-Döblin-Stip. 07, MDR-Lit.pr. (3. Pr.) 07. – **V:** Apachenfreiheit, R. 02. – **MA:** Irgendwie, irgendwo, irgendwann 99; Tippgemeinschaft 04; Die grünen Hügel Afrikas 04; Alles wird sich ändern, wenn wir groß sind – die 90er 04; Legizigbuch 05; Hauptstadtbuch 05, u. a. – **MH:** An, laut, stark, Anth. 03. (Red.)

Meinicke, Michael, Germanist; Otratring 1, D-34590 Wabern (* Berlin 17. 3. 48). FDA Berlin 93-00, VS 00, Lit.ges. Hessen 00, Werkkr. Lit. d. Arb.welt 06; Aufenthaltsstip. Visby/Schwed. 94, Ahrenshoop-Stip. Stift. Kulturfonds 94, Stip. House of Writers Rhodos 99, Stip. Seewald-Stift. Ronco/Schweiz 00, Stip. Denkmalschmiede Höfgen 01, Arb.stip. d. Ldes Hessen 01, Stip. Künstlerwohnung Soltau 02, Stip. Egon-Schiele-Zentr. Česky Krumlov/ČR 02 u. 06, Pr. im Wettbew. d. Suchtprävention, Zürich 05, Werkstip. d. Ldes Hessen 07, Stip. d. Hermann-Sudermann-Stift. 07, House of Writers, Lettland 08; Rom., Kurzprosa, Sachb., Hörsp. – **V:** Revolution der Einsamkeit, Erz. 85, Neuaufl.

93; Berliner Tunnel, Kurzprosa 94; Ostkreuz, R. 00, 4. Aufl. 03; Dazwischen das Letzte, Geschn. 01; Liebe, Strand & Steine, R. 05; Bonsoir Bonbon, R. 08; – Sachbücher: Junge Autoren der DDR 86, Neuaufl. 91; Hetze 05. – **MV:** Junges Theater in der DDR 1968–1990, m. Christian Hussel 98, 00. – **MA:** zahlr. Beitr. in Anth., u. a.: Geh doch rüber 86; Sekt oder Selter 87; Stadt-Stätte-Denk-mal 97; Komma 97; Aktionskunst DDR 97; Alberndorfer Anthologie Nr.1 07; Horch & Guck, Juni 08; zahlr. Beitr. in Lit.zss., u.a.: Sklaven; Unicum; Flugasche; Paloma (Dänemark). – **H:** Alberndorfer Anthologie Nr.1 07. – **MH:** Ber!in, Textsamml. (auch Mitarb.) 83 (Santa Barbara/USA); Sprache ist Sehnsucht, Textsamml. 97. – **R:** Faust & Oberton, Hsp. (Radio Blau, Leipzig) 07. – **P:** Ostkreuz, Romanauszüge, CD 06. – *Lit:* Roland Berbig (Hrsg.): Der Lyrikclub Pankow 00.

Meinke, Frithjof; *frithjofmeinke@web.de, www. fasala.com* (* Neustrelitz 77). – **V:** Die Sulma, R. 02. (Red.)

Meinwerk, Christian s. Strätling, Barthold

Meir, Gerhard, Starfriseur; c/o Le Coup Friseur, Promenadeplatz 12, D-80333 München, Tel. (0 89) 22 23 27, 2 42 07 70, Fax 24 20 77 74 (* 4. 8. 55). – **V:** Meine schöne Warenwelt 03. – **MV:** Schönes Haar, m. Maria Reidelbach 00; – zus. m. Christine Eichel: Der Salon, R. 02; Erzähl mir alles, R. 03; Es war einmal, R. 05. – **MA:** Kolumnen f.: SZ-Magazin; Welt am Sonntag; Le Coup. Gerhard Meirs Magazin. (Red.)

Meischer, Janna s. Kastendieck, Johanna

Meisel, Eduard (Ps. 1966–1996 Edoardo Ricoza) *

Meisenberg, Peter, freier Autor; Lütticher Str. 38, D-50674 Köln (* 48). – **V:** Freitags kommt der Klüttenmann, Repn. 86; Geh mal zur Seite, Kleiner, Geschn. 88; Schmahl 91; Haie, Krim.-R. 95; Klüttenmann, ges. Geschn. 98; Leidenschaft 98; Schwarze Kassen 00; Löhr und das OB-Patt 01; Pappnasen 02; Müllgeld 03; Toskana Kölsch 04, alles Krim.-R. – **R:** Hsp.: Happy End 95; Reality 95; Laura 97; Drehb. zu Fs.-Ser.: Vogel und Osiander 90; Marienhof 92–98; Jede Menge Leben 94–96; Der Fahnder 97–98. (Red.)

Meisenberger, Brigitte, Trainerin; Kaiserwaldweg 28, A-8010 Graz, Tel. (03 16) 38 47 98, *swabidu @swabidu.com, www.swabidu.com* (* Graz 11. 9. 60). AKM, Literar-Mechana; Hörsp., Kinder- u. Jugendb., Lied. – **MV:** Das große Wuschlfest 85; Der Kobold Klappatappa 86; Die kleine Getigans 87; Wo die Sterne wachsen 88; Die Reise über den Regenbogen 89; So ein Mist in Swabidu 90; Swabidu-Kinderparty 91; Das letzte Mondröschen 92; Getigans im Hexenwald 94; Der große Preis von Swabidu 97, alle m. Otto Meisenberger, Bettina Stangl u. Heinz-Dieter Stangl (alle Titel als Hsp.). (Red.)

Meisenberger, Otto, Dr. Mag.; Kaiserwaldweg 28, A-8010 Graz, Tel. (03 16) 38 47 98 (* Graz 30. 1. 53). AKM, Literar-Mechana; Hörsp., Lied, Kinder- u. Jugendb. – **MV:** Das große Wuschlfest 85; Der Kobold Klappatappa 86; Die kleine Getigans 87; Wo die Sterne wachsen 88; Die Reise über den Regenbogen 89; So ein Mist in Swabidu 90; Swabidu-Kinderparty 91; Das letzte Mondröschen 92; Getigans im Hexenwald 94; Der große Preis von Swabidu 97, alle m. Brigitte Meisenberger, Bettina Stangl u. Heinz-Dieter Stangl (alle Titel auch als Hsp.). (Red.)

Meising, Heinz, Schriftst.; Schillerstr. 16, D-12207 Berlin, Tel. (0 30) 7 72 82 30 (* Berlin 20. 4. 20). Theater, Hörsp., Fernsehsp. – **V:** Theaterst.: Unser Sohn, der Doktor; Dreihunnertachtzig Mark warm. – **R:** Hsp.: Suchkind 2314; Metternich; Schach dem Kaiser; Im

Namen des Glückes von Morgen; Der Hengst Lorbaß; Rembrandt; Ein Haus an der Grenze; Die Asche aller Träume; Rückkehr aus Gleiwitz; La Peccadille; Fsp.: Das Großstadtpony; Die Promotionsfeier; Villa zu vermieten. (Red.)

Meisinger, Ursula; Nymphenburgerstr. 21a, D-80335 München, Tel. (0 89) 5 48 84 00, Fax 54 88 40 40, *ursula.meisinger@gmx.de* (* Erlangen 47). – **V:** Die Löwin und der Fisch, M. 04, Hörb. 06. (Red.)

Meissel, Wilhelm, Prof., Bibliothekar, Verleger, Schriftst.; Hadikgasse 102, A-1140 Wien, Tel. u. Fax (01) 8 94 63 75, *b.w.meissel@aon.at.* Flugplatzstr. 44, A-7061 Trausdorf/Bgld. (* Wien 21. 2. 22). Ö.S.V. 54, P.E.N.-Club 73–01; Förd.pr. d. Öst. Staatspr. f. Lit., Theodor-Körner-Pr. 60, E.liste z. Öst. Kd.- u. Jgdb.pr. 63, 72, 84 u. 86, E.liste z. Kd.- u. Jgdb.pr. d. Stadt Wien 63, 71–73 u. 76, Kd.- u. Jgdb.pr. d. Stadt Wien 69, Öst. Staatspr./Kd.- u. Jgdb.pr. 70, E.liste z. Hans-Christian-Andersen-Pr., VIII. Premio Europeo di Letteratura Giovanile 'Provincia di Trento', Öst. E.kreuz f. Wiss. u. Kunst; Rom., Lyr., Hörsp., Kinder- u. Jugendb. Ue: engl. – **V:** Die Hochloderwand 54; Der große Kiongozi, Biogr. H.M. Stanley 62; Querpaß – Schuß – Tor!, R. 64; Held ohne Gewalt, Nansen-Biogr. 66, 89; Der Waggon auf Gleis 7, Jgdb. 66; Träume auf der Zugbrücke, G. 68; Die Spur führt in die Höhle, R. 69 (auch dän., ital., holl., afr.); Der Weg über die Grenze, R. 71; Der Überhang, R. 72 (auch afr.); Tante Tintengrün greift ein, Jgdb. 73; Besondere Kennzeichen: keine, R. 76 (auch chin., tsch.); Onkel Seidelstroh, Jgdb. 77; Stefan, R. 79; Der namenlose Klub, Erz. 82; Das Geheimnis des blauen Hauses, R. 82; Das steinerne Echo, G. 82; Die Klette, R. 83; Gespenster im Haus Waldfrieden, Jgdb. 83; Afrika – wie kannst du überleben?, R. 85; Blech ist der Spur auf der Spur, Erz. 86; Schlubbergeschichten, Jgdb. 87; Sereti soll weinen. Begegnungen in Ostafrika, Erz. 88; Großer Geist und kleiner Kreuzschnabel, M. 89; Das Ungeheuer von Koslep, Erz. 92; Mit Simon und Anna durch das Kirchenjahr, Erz. 93; Die verlorenen Tiere. Die mündl. Erzählungen der El Molo 03; Das Mädchen aus dem Straußenei, M. 06. – **MA:** Lyr., Kunstkritik, Kurzgeschn. in: Neue Wege 1950–60; Welt von A-Z, Jgd.lex. 52; Wien von A-Z, Geschn. 53; Stimmen der Gegenwart, Nn., Lyr. 53, 56; Die Barke, Lehrer-Jb. 57; Zeitbilder, sozialist. Beitr. z. Dicht. d. Gegenwart 58; Widewau, Sp. f. Kinder 62; Die Propellerkinder, Jgdb. 71; Der Eisstoß, N. 72; Podium 77, 79; Im Fliederbusch, Jgdb. 77; Weisheit der Heiterkeit. Für Ernst Schönwiese, Lit. Gobelin 78; Damals war ich vierzehn, Ber. u. Erinn. 78; Weite Welt, ges. Geschn. 81, 88; Ich kenne da jemanden, Ber. u. Erinn. 81; Ihr seid groß und wir sind klein, Erzn. 83; Hoffentlich bald, Erzn. 83; Macht die Erde nicht kaputt, Erzn. 84; Frieden fängt zu Hause an, Erzn. 85; Brücken bauen, Erzn. 87; Die Mutwurzel, Erzn. 87; Es gibt so wunderweiße Nächte, Geschn. 89; Fernweh, Reiserz. (auch hrsg.) 89; Gemeinsam sind wir unausstehlich, Geschn. 89; Das Loch im Verstand, Geschn. (auch hrsg.) 90; Warum nicht gleich ein Kamel?, Tiergeschn. 91; Geschichten von Advent und Weihnachten 92. – **MH:** Wiener Bücherbriefe, Kulturzs. u. krit. Bücherschau d. städt. Büchereien; Literarisches Österr., Mitt. d. Ö.S.V. – **R:** Wir sind die Jugend; Der Schrei 56; Die Bürger von El M'Duo 59; Henry Dunant 60. – Ue: Mark Twain: Tom Sawyers Abenteuer 56. – *Lit:* Ulf.schriftsteller dt. Sprache – BRD, Öst., Schweiz; Schrr. z. Jugendlektüre, Bd 29; Estelle Sausy: Wirklichkeit u. Phantasie in W.M.s Jugendbüchern d. 1980er Jahre, Mag.arb. Univ. Metz 01/02; Emmerich Mazakarini: Topograph d. Seelenlandschaften. W.M. als Kinder- u. Jugendbuchautor, in: libri liberorum Nr.16 04. (Red.)

Meißner, Burghard; Chemnitzer Str. 24, D-51067 Köln, Tel. (02 21) 69 16 70, *b.meissner@planet-interkom.de, www.krimi-mit-blut.de* (* Bergisch Gladbach 8. 4. 50). – **V:** Im Zeichen der Rache 96; Der Mörder und sein Schatten 97; Tod im Schatten; Der Todesengel 98; Tod im Abseits 01; Tod hinter der Maske 03; Tod in bester Gesellschaft 06; Tod auf Teneriffa 07, alles Krimis; Ne Halve Hahn ist kein Tier 04; Zwischen Himmel un Äd 07, beides Satn.

Meissner, Frauke (eigtl. Ingrid Steffen, geb. Ingrid Hameyer), Wiss.-Techn. Assistentin, Schriftst.; Nadistr. 135, D-80809 München (* Hannover 26. 4. 29). Pegasus, München 03, FDA 05; Rom., Lyr., Erz. Ue: poln, ital, engl. – **V:** Gauklers Nabelschnur, R. 05; – wiss. Veröff. 91 u. 92. – **MA:** Pegasus schlägt Funken 03; Literareon Lyrik-Bibliothek, Bd. V 06; Bibliothek dt.-sprachiger Gedichte, Bde IV–VI 01–03; – zahlr. Veröff. in d. Lit.-Zss.: Zeitnah; Pegasus.

Meißner, Martin, Schriftst.; An der Bahn 3, D-38486 Lockstedt, Tel. (0 39 09) 4 13 17, *MartinMeissner@t-online.de* (* Lockstedt 4. 8. 43). SV-DDR 80, VS Sa.-Anh. 91; Kinderb., Kurzprosa. – **V:** Die Pferdediebe von Seberitz 72, 75; Die Schlacht auf dem Kapaunsee 74, 77; Die Feuerfontäne 77; Allein über den Fluß 82, 88; Manuel und der Waschbär 83, Neuausg. 95; Flammenvogel 84; Die Flöte mit dem Wunderton 87; Blitzard 89, 90; Quasselzwerg Luise 95, alles Kdb.; Was Nonnemann in der Hose hat, Satn. 01; Lena oder: Einen Bullen beißt man nicht, Jgdb. 02; Eine Cola für ein Kaiserreich, Jgdb. 03. (Red.)

Meissner, Peter, Dipl.-Ing., Moderator, Liedermacher, Autor, Kabarettist; Johann-Hösl-Gasse 21, A-2511 Pfaffstätten, *p.meissner@kabsi.at, www.petermeissner.at* (* Baden 53). – **V:** Is net so 00; Lachen Sie nur! 02; Der Un-Ernst des Lebens 04; Auch Engel lachen gerne 06; Meissner für alle Fälle 07. – **P:** zahlr. Schallplatten/CDs seit 75. (Red.)

Meißner, Tobias O., M. A., Kommunikationswiss.; Berlin, *www.scherbenmund.de.* c/o Eichborn-Verl., Frankfurt/M. (* Oberndorf/Neckar 4. 8. 67). Arb.stip. f. Berliner Schriftst. 92. – **V:** Starfish rules, R. 97; HalbEngel, R. 99; Todestag, R. 00, Bühnenfass. 01; Neverwake, R. 01; Hiobs Spiel Erstes Buch: Frauenmörder, R. 02; Rakuen, R. 03; Das Paradies der Schwerter 04; Hiobs Spiel Zweites Buch: Traumtänzer, R. 06; Das vergessene Zepter 06; Das letzte Wort des Wolfs 06. – **MV:** Wir waren Space Invaders, m. Mathias Mertens, Ess. 02; Berlinnoir, m. Reinhard Kleist, Comic Bd 1 03, Bd 2 04. – **MA:** Countdown läuft, Anth. 00. – **R:** Momente des Lichts, Kurzhsp. 01. – *Lit:* Mathias Mertens (Hrsg.): Gott ist tot, es wäre doch schön, wenn jemand e. Plan hätte 98; Kurt Bracharz in: Das Science Fiction Jahr 1998 97. (Red.)

Meißner-Johannknecht, Doris, M. A., Gymnasiallehrerin, Referentin u. Rezensentin f. Kinder-/Jugendlit. u. -theater, seit 90 freie Schriftst.; Bozener Str. 3, D-44229 Dortmund, Tel. (02 31) 85 31 85, Fax 80 70 38, *fram-do@t-online.de, www.meissner-johannknecht.de* (* Dortmund 17. 11. 47). Westfäl. Lit.büro, VG Wort, FBK Nds.; Lit.pr. Ruhrgebiet f. d. Gesamtwerk 98, – Bestenliste d. JuBuCrew Göttingen 94, Focus-Bestenliste 96 u. 98 (2 Bücher); Auswahllisten: zum Zürcher Kinderb.pr. 96, des Südwestfunks SWF 97, zum Heinrich-Wolgast-Pr. 04, zum Dt. Jgdb.pr. 99, zum Friedrich-Gerstäcker-Pr. 01, Empfehlungslisten: des Landes Steiermark 01 u. 06, des Öst. Buchclubs BOB 02, des Saarländ. Rdfks u. Radio Bremen 03, des Öst. Buchhandels 07, Die besten 7 Bücher f. junge Leser 07, Stipen-

diatin d. Centre National de Litt., Luxemburg; Rom. f. Kinder, Jugendliche u. Erwachsene, Hörfunk-, Fernseh-u. Theatertext. – **V:** Kassandra muß weg 88; Schön, daß du bleibst, Kalle! 88; Super-Max oder Die Reise ins Paradies 92; Mein Papa ist ein Ritter 92; Amor kam in Leinenschuhen 93 (auch holl.); Leanders Traum 94; ULURU – Platz der Wunder 94; Ninas Geheimnis 94 (auch als Blindendr.); Die Badewannenralley 95; Traumtänzer 95 (auch dän.); Vollkornsocken 96; Tuchfühlung 96; Verliebt 96; Vollkornsteine bringen Glück 97; Die Geschichte vom Hasen 97 (auch korean.); Kleine Fahrradgeschichten 97; Die Puppe oder bloß keine Schwester 98 (auch korean.); Vollkornträume 98; Nordseedschungel 98; Malte am Meer 98; Rattenflug 99 (auch dän.); Jagdfieber 99; Konkurrenz für 007 99; Die Fährte des Bären 00; Roadmovie 01; Cool am Pool 01; Email in der Nacht, 1.u.2. Aufl. 02; Pink Chocolate 02; Greeneyes 02; Vogelfrei 03; Der Sommer, in dem alles anders war 03; Die große Chance. Das neue Leben d. Jonny W. 03; Leas neues Kuscheltier 03; Paradise Lost 03; Vollkornsocken forever, Sammelbd 04; Eddy – Der Himmel in Dir 06; Ein Geburtstag 07; Geisterhaus oder Das Grauen lauert hinter der Tür 07; Glück gehabt? 07; Nix wie weg 08; (zahlr. Titel auch als Tb.). – **MA:** Nachwehen 82; Komm, Weihnachtsstern! 92; Zwischen nicht mehr u. noch nicht 94; Schule muß nicht ätzend sein 95; Das große Buch d. Fußballgeschichten 98; Küss mich 99; Von Gestern u. Morgen 00; Mut im Bauch 00 (auch rätoroman.); Mädchen sind stärker 00; Rechtsherum-wehrt-euch. Geschichten vom Wegsehen u. Hinsehen 01; Der sprechende Weihnachtsbaum 01; Von Strebern u. Pausenclowns 02; Seitenwege Ferien 02; Anfangs tut es noch weh 02; Weihnachtsalarm 02; Angst, Mut u. echte Freunde 03; Fiese Weihnachten 03; Schlaf ein u. träum schön 03; Warten auf Weihnachten 03; Ich bin aber noch gar nicht müde! 04; Jetzt geht's los! 04, alles Anth.; – Friedrich Dieckmann (Hrsg.): Die Geltung der Literatur. Ansichten u. Erörterungen 99. – **R:** Vollkornsocken, 2-tlg. Fsf. f. Kinder (ZDF) 96/97; Amor kam in Leinenschuhen, Hsp.; Die Geschichte vom Hasen, Hsp. – **P:** Eddy – Der Himmel in Dir 07; Der Engel von Berlin 07. – *Lit:* Börsenbl. d. Dt. Buchhandels 74/96; Eselsohr 7/97; Katrin Heiming: D.M.-J. – Leben u. Werk, Examensarbeit, Dortmund 04; Lena Labriga: Geistige Behinderung in Kinder- u. Jugendbüchern u. deren Einsatz im Unterricht 07/08, u. a.

Meister Konrad s. Ayren, Armin

Meister, Derek, freier Autor; Mergelweg 5, D-31547 Rehburg-Loccum, Tel. (0 50 37) 96 68 18, *kontakt@derekmeister.com, www.derekmeister.com* (* Hannover 29. 8. 73). Krim.rom., Kinderb. – **V:** Rungholts Ehre 06; Rungholts Sünde 07; Knochenwald 08; Todfracht 09. – **MV:** Kinderbücher m. Marion Meister: Das große Drachenrennen 07; Der magische Drachenstein 07; Der Fluch des Drachenvolks 07; Die Macht der Drachenmönche 08. (Red.)

Meister, Reinhard, Kunstpäd. u. Töpfer; Peyinghausen 3 a, D-58339 Breckerfeld, Tel. (0 23 38) 7 77, Fax 14 33, *Reinhard.Meister@t-online.de* (* Hagen/Westf. 1. 4. 49). VS 99; Rom., Lyr., Erz., Ess., Sat. – **V:** Geheimnis Faszination Jagd. Reflexionen über Jagd, Mensch u. Natur, Erzn., Ess. 99; Tage am Kap, R. 06.

Mejcher, Annemarie (auch Annemarie Mejcher-Neef, Annemarie Neef, geb. Wilhelmine Annemarie Neef), Autorin, StudR., Verlegerin, Kritikerin; Hilgendorfweg 1, D-22587 Hamburg, Tel. u. Fax (0 40) 87 58 19, *webmaster@elbufer-verlag.de, www.elbufer-verlag.de* (* Viersen 10. 8. 43). LIT, VS; Bad Wildbader Kd.- u. Jgd.lit.pr. 99. – **V:** Sigmund Freud &

Mejstrik

Heinrich Heine, Ess. 97; Nie entpuppte Kokons, Lyr. 97; Das Traumbuch der Minni Ferrar, R. 98; Katzensteins Kronleuchter, Lyr. 98; Rosa Luxemburg 00; Hadern mit Deutschland. Heinrich Heines Bekenntnis zu Frankreich u. Europa, Bd 1+2 03; Heines schöner Islam, Ess. 04; Startbahn. Mühlenberger Loch, Lyr. 05; Edvard Munch und das gelbe i, Ess. 06. – MA: Auf der Ballustrade schwebend 82; Wenn das Eis geht 83; Hundert Hamburger Gedichte 85; Literatur & Kunst 92; Texte dagegen 93; Lit.kritik in: Frauen in der Lit.wiss; Skript. – R: Lyrik um zehn vor elf, Hfk-Sdg 82. (Red.)

Mejstrik, Kurt; Gellertstr. 6, D-90409 Nürnberg, Tel. (09 11) 33 12 77 (* Wien 14. 10. 29). Lyr.-Förd.pr. d. DKEG 92; Lyr., Rom., Erz., Einakter. – V: Flaschenzug. Fröhliche Strophen u. freche Lieder 00. – MA: M. Koeppel/K.M. Rarisch: Um die Wurst. Sonette zur Lage 06; Veröff. von G. u. Ess. in div. Zss., u. a. in: SZ; Castrum Peregrini; Tasten; Die Brücke; Zirkular am Zeitstrand; Eurojournal.

Melach, Anna, ehem. HS-Lehrerin, freie Schriftst. u. Übers.; Dörfles 41, A-2115 Ernstbrunn, Tel. (0 25 76) 35 32. Paradisgasse 71–13–6, A-1190 Wien (* Wien 24. 7. 55). IGAA, LSVG 99, Literar-Mechana 99; E.liste z. öst. Staatspr. 98; Prosa, Übers., Kinder- u. Jugendb. Ue: engl, span. – V: Fanny und das Schönste auf der Welt, Bilderb. 94; Märchen der Indianer 97. – MV: Katzenbettgemisch, Geschn. u. G. 93; Was der Papagei Lorenzo erzählt 98; Donausagen 02/03, alle m. Friedl Hofbauer; Spielen wir ein Krippenspiel 03, m. Friedl Hofbauer u. Alexander Melach. – MA: Engelshaar und Wunderkerzen 99; Kürbisfest 01, beides Anth. f. Kinder. – Ue: Sarah Withrow: Fledermaussommer, Jgd.-R. 99; Deborah Elles: Die Sonne im Gesicht, Jgd.-R., 1.–4. Aufl. 01. – MUe: D. Wynne Jones: Zauberstreit in Caprona, R. f. Kinder 01, 2. Aufl. 02; dies.: Sieben Tage Hexerei, R. f. Kinder 01, beide m. Friedl Hofbauer. (Red.)

Melcher, Monika s. Kunze, Monika

Melchert, Günther, Beamter, Industrieangest., Personalleiter, Arbeitnehmerberater, Mitarb. GEW; Schachtstr. 10, D-50735 Köln-Riehl, Tel. (02 21) 7 60 49 29 (* Köln 19. 4. 36). VS, Gründ.mitgl. d. Kölner Lit.gruppe 78, früher im Werkkr. Lit. d. Arbeitswelt, Vorst.mitgl. d. „Förderzentr. Jugend schreibt", Litfaß; Preisträger b. Schreibwettbew. „Leben in Köln" 78; Rom., Erz., Dramatik, Hörsp., Fernsehsp., Gleichnis. Ue: engl. – V: Die Uhr mit dem Tick, Erzn. 87. – MA: Veröff. v. Erzn., Kurzgeschn., Szenen in Zss. u. Anth. im In- u. Ausland, u. a. A wie arbeitslos 84; Kölner Weihnachtsbuch 89; Autoren in Köln 92; literarischer Comic, Univ.-Zss. „Kommunikator" (Amsterdam); Kunstbuch – Thema Tod 02; – seit 03 bis incl. 09 über 50 Texte/Erzn. in 30 Anth./Jahrb./Zss. d. Verlage: Alheimer Verlag Alheim; Edition Wendepunkt Weiden/Oberpf.; Wortspiegel, Zs. d. Bürgerver. Berolina e.V. Berlin; Frieling Verlag Berlin; Arnim Otto Verlag Offenbach. – MH: Leben in Köln, Anth. 77; Unsere Zukunft, Anth. 80. – R: Die älteste Briefmarke der Welt, Hsp.; Las Casas vor Karl V., Hsp. (beide in d. 50er Jahren). – MUe: Dion Fortune: Die Seepriesterin 89; dies.: Mondmagie 90, beide m. Regine Hellwig.

Melchert, Rulo, Dipl.-Germanist; Bölschestr. 76, D-12587 Berlin, Tel. (0 30) 64 09 38 02 (* Labuhn 15. 2. 34). VS, Johannes-Bobrowski-Ges.; Lyr., Prosa, Ess., Lit.kritik. Ue: frz. – V: Ein Tag in Dichters Leben, Miniatn. z. dt. Lit. 82; Auf dem stierhörnigen Mondkahn, G. 88; Der Dichter im Büro, Texte, G. 96; Unter den Augen der Sieger, Texttteile z. e. Biogr., G. 96; Einladung in mein Eigentum, Texte, G. 00; Flugversuch des Vogels Phönix. Dichtungen aus 10 Jahren 01;

Sommer einer Liebe, G. 02; Mönch am Meer, G. 06; Abschied vom Häuserkampf, G. 08; Texte ohne Überschriften. Ein Stundenb., G. 08; Odysseus landet am Müggelsee, G. 09. – MA: Zss.: ndl; Sinn u. Form; Zs. f. Kd.- u. Jgd.lit. – H: Temperamente, Bll. f. junge Lit., Nr. 1/77–1/78. – MH: Hugo Huppert: Narbengesichtige Zeit, G. 75. – Ue: Jean-Joseph Rabearivelo: Presque-Songes, dreispr. 97; ders.: Werke. Bd 1: Presque-Songes/Die Traumstücke, zweispr. 02.

Meles, Canis Vulpes s. Jähne, Robin

Melk, A. von s. Fehler, Andreas

Melle, Thomas; lebt in Berlin, c/o Suhrkamp Verl., Frankfurt/M. (* Bonn 75). Stip. d. Studienstift. d. dt. Volkes 97–00, Peter-Suhrkamp-Stip. 06, Nominierung f. d. Leipziger Buchpr. (Übers.) 06, Nomin. z. Bachmann-Pr. 06, Bremer Lit.förd.pr. 08. Ue: am. – V: Raumforderung, Erzn. 07; – THEATER/UA: Vier Millionen Türen, m. Martin Heckmanns 04 (auch als Hsp.); Haus zur Sonne 06; Licht frei Haus 07. – Ue: William T. Vollmann: Huren für Gloria 99; ders.: Hobo Blues 08. (Red.)

Mellina, Gloria s. Kurowski, Franz

Melneczuk, Stefan, M. A., Journalist, Schriftst.; Im Dassberge 43, D-45527 Hattingen, Tel. (02 02) 7 47 66 87, info@melneczuk.de, www.darkthoughts.de. Domagkweg 42, D-42109 Wuppertal (* Hattingen 31. 10. 70). BVJA; Hattinger Förd.pr. 93, Lit.pr. d. Univ. Bochum 97; Rom., Erz., Lyr. – V: Elaine, R. 99; Schattenland. Unheimliche Geschn. 98; Absurd. Unheimliche Geschn. 02. (Red.)

Melody s. Heine, Carola

Melter, Adolf A., Schriftst.; Niehlerstr. 340, D-50735 Köln, Tel. (02 21) 9 71 19 37, Fax 9 71 19 38 (* Köln 17. 10. 32). IGdA; Rom., Drama, Lyr. – V: Godot läßt bitten, Dr. 77; Eine mögliche Wahrheit, Dr. 78; Entfernungen an der Menschlichkeit, R. 85, 3. Aufl. 87; Begegnung, R. 86; Gerafftes Zeitgeschehen, Lyr. 87; Mutmassungen 88; Lobby 89; Exodus 90; Deutschland – einig Vaterland 91, 93, alles Lyr. – MA: Beitr. in: 106 Lyr.-Anth., 10 Prosa-Anth. seit 90. – H: LIB-LIT 78–82; ZAF (auch Chefred.).

Melusine s. Wolff, Anke

Melzer, Alex (Alexander Melzer), Dr. rer. pol., Ökonom, Sozialwiss.; Münzgässchen 8, CH-5080 Laufenburg, Tel. (0 62) 8 74 24 85, Fax (0 62) 8 74 27 85, melzer@bluewin.ch, alexmelzer.com. Horbach, Auf der Breite 7, D-79875 Dachsberg (* 42). AdS 04; Werkbeitr. d. Aargauer Kuratoriums 04. – V: Blindekuh in der Vehfreude, Ess. 94; Über eine beachtenswerte Methode, Pyramiden von oben nach unten zu bauen, Ess. 97, 2. Aufl. 99; Die Konkurrenz-Chaussée, R. 04; Gulliver bei Voltaire, Lang-G. 06. – MA: Ein Volk schreibt Geschichten 84.

Melzer, Brigitte (Ps. Morgan Grey, Kate Logan), Autorin; brigitte.melzer@gmx.de, www.brigitte-melzer.de (* München 8. 8. 71). Rom. – V: Whisper. Königin der Diebe 04, Tb. 07; Im Schatten des Dämons 05; Der Schwur des MacKenzie-Clans 06; Vampyr 06; Das Erbe der MacDougals 07; Der Geist, der mich liebte 07; Vampyr. Die Jägerin 07; Das Vermächtnis der MacLeods 08; Elyria. Im Visier der Hexenjäger 08; Vampyr. Die Wiedergeburt 08; Kein Kuss für Finn 08. – MA: Wolfgang Hohlbeins Phantastische Weihnachten 06.

Melzer, Gerhard, Dr. phil., UProf., Autor; Elisabethstr. 3, A-8010 Graz, Tel. (03 16) 33 74 33, Fax 33 70 43 (* Graz 17. 1. 50). Forum Stadtpark; Kritikerpr. d. Ldes Steiermark, Sandoz-Pr. f. Lit.; Lit.wiss., Ess. – V: Der Nörgler und die Anderen 73; Das Phänomen des Tra-

868

gikkomischen 76; Wolfgang Bauer. Eine Einführung in das Gesamtwerk 81; Der verschwiegene Engel, Aufss. 98. – **H:** Wolfgang Bauer. Gesammelte Werke, 8 Bde 86–97; Stadtkultur – Kulturstadt 94. – **MH:** Alfred Kolleritsch 91; Ilse Aichinger 93; Peter Handke 93; Wolfgang Bauer 94; Josef Winkler 98; Friederike Mayröcker 99, u. a. (Red.)

Melzer, Wolfgang, Dr. rer. nat.; Dortmunder Str. 20, D-28199 Bremen, Tel. (04 21) 51 00 24, Fax (04 21) 51 16 56, *mail@labor-melzer.de*, *www.labor-melzer.de* (* Bremen 19. 2. 38). FDA, P.E.N.-Club; Rom., Lyr. – **V:** Übergänge, Lyr. 05; Restlichtzone, Lyr. 07; Der Erfinder, R. 07; Wenn Maulwürfe mit den Köpfen zusammenstoßen, R. 08.

Melzer-Geissler, Elisabeth (geb. Elisabeth Geissler), Chemiefacharbeiterin, Lehrerin, Freiberuflerin u. a. an VHS u. Musikschulen; Kiebitzreiher Chaussee 68, D-25358 Horst, Tel. (0 41 21) 56 36, *elisabethmelzergeissler@yahoo.de*, *www.schriftstellerin-sh.de* (* Zwickau 30. 3. 50). Schriftst. in Schlesw.-Holst. 04, Vors. seit 05, Nordbuch e.V. 04, Lit.zentr. Hamburg 04; Pr.trägerin d. Realis-Verl. GmbH b. Lyr.-wettbew. 03; Erz., Aphor., Lyr., Autobiogr. – **V:** Wenn der Wind unsere Seele streift, Lyr. 03; Schweigen ist Silber, G. 08. – **MA:** Die CG, Zs., seit 88; National-bibliothek d. dt.sprachigen Gedichtes. Ausgew. Werke V/02, VI/03, VII/04; Ökumen. FrauenKirchenKalender 04; Lyrik-Kalender (aktuell Verl.) 04; Zs. Schleswig-Hilstein 04–07; Lyrik-Bibliothek Bd II 04; Auszeit, Anth. 04; Zeit der dunklen Frühe, Anth. 04; Fundstücke. Jb. f. zeitgenöss. Lit. 05, 06/07; Lyrik heute 05; Wir träumen uns 05; Das Gedicht 06. – **P:** ... dass niemand das Träumen vergessen soll ..., Lyr. u. Erz. m. Musik, CD 06. (Red.)

Mena s. Ledig-Schön, Käte

Menasse, Eva, Journalistin, Schriftst.; lebt in Berlin, c/o Verl. Kiepenheuer & Witsch, Köln (* Wien 11. 5. 70). Stip. d. Lit.fonds Darmstadt 03, Internat. Buchpr. 'Corine' 05; Rom., Erz. – **V:** Vienna, R. 05, 8. Aufl. 07 (auch ndl., engl., slowen., ital., span., hebr. u. als Hörb.). – **MV:** Die letzte Märchenprinzessin, Kdb. 97 (auch ndl., slowen.); Der mächtigste Mann, Kdb. 98, beide m. Robert u. Elisabeth Menasse.

Menasse, Robert (Ps. Leopold Joachim Singer), Dr.phil., Stifter d. Jean-Amery-Pr. f. Essayistik 1999; Girardigasse 10/20, A-1060 Wien, Tel. (06 50) 4 14 10 02. Am Teich 173, A-3873 Brand, Tel. (0 28 59) 66 48, *mail@menasse.at* (* Wien 21. 6. 54). Dt. Akad. f. Spr. u. Dicht.; Heimito-v.-Doderer-Pr. 91, Förd.pr. z. Hans-Erich-Nossack-Pr. 92, Stip. d. Dt. Lit.fonds 94, Lit.pr. d. Stadt Wien, Öst. Förd.pr. f. Lit. 94, Marburger Lit.pr. 94, Alexander-Sacher-Masoch-Pr. 95, New-York-Stip. d. Dt. Lit.fonds 96, Grimmelshausen-Pr. 99, Öst. Staatspr. f. Kulturpublizistik 99, Writer in Residence, Amsterdam 99, Stip. d. Dt. Lit.fonds 00, Marie-Luise-Kaschnitz-Pr. 02, Friedrich-Hölderlin-Pr. d. Stadt Homburg 02, Lion-Feuchtwanger-Pr. 02, Joseph-Breitbach-Pr. 02, Erich-Fried-Pr. 03, Frankfurter Poetik-Vorlesungen SS 05, Chevalier de l'Ordre des Arts et des Lettres 06, u. a.; Prosa, Rom., Übers., Ess., Dramatik. Ue: port. – **V:** Sinnliche Gewißheit, R. 88, Neuausg. 96; Die sozialpartnerschaftliche Ästhetik, Ess. 90, Neuausg. u. d. T.: Überbau und Underground 97; Selige Zeiten, brüchige Welt, R. 91, Neuausg. 94; Das Land ohne Eigenschaften, Ess. 92; Phänomenologie der Entgeisterung 95; Schubumkehr, R. 95; Hysterien und andere historische Irrtümer, Ess. 96; Dummheit ist machbar, Ess. 99; Erklär mir Österreich 00; Die Vertreibung aus der Hölle, R. 01; Das war Österreich 05; Die Zerstörung der Welt als Wille und Vorstellung. Frankfur-

ter Poetikvorlesungen 06; Das Paradies der Ungeliebten, Sch. 06, UA 06; Don Juan de la Mancha oder Die Erziehung der Lust, R. 07; Faust III, Trag. 09. – **MV:** Die letzte Märchenprinzessin. M. 97; Der mächtigste Mann 98, beide m. Elisabeth u. Eva Menasse. – **MA:** Beitr. in zahlr. Anth. u. Zss. – **Ue:** Ivan Angelo: Das Fest 92. – *Lit:* D. Stolz (Hrsg.): Die Welt scheint unverbesserlich. Mat. z. R.M.s „Trilogie d. Entgeisterung" 97; Metzler Lex. d. dt.-jüd. Lit. 00; Friedbert Aspetsberger (Hrsg.): Schnitzler – Bernhard – Menasse 03; Kurt Bartsch (Hrsg.): R.M. (Dossier 22) 04; Dieter Bandhauer (Hrsg.): Basic Menasse 05; Eva Schönhuber (Hrsg.): Was einmal wirklich war. Zum Werk v. R.M. 07; Wolfgang Strehlow/Michael Rölcke in: KLG.

Mende, Gertrud Sybille, Schriftst.; Zotzenmühl 8, D-82449 Uffing, Tel. (0 88 46) 6 52 (* Linz 18. 4. 24). P.E.N. Club 86; Rom., Nov., Lyr. – **V:** Sandgasse 7, autobiogr. R. 86; Murnauer Moos 89; Kindersommer, Erzn. 91; Zeitzeichen, Lyr. 93; Die Rückkehrerin, R. 97. (Red.)

Mendiola, Norbert, freier Journalist u. Autor; Holstenplatz 14, D-22765 Hamburg, *mendensurprises@aol.com*, *www.mendiola-ensurprises.de* (* Kempen 54). Kinderb., Sat. – **V:** Palle Puzzlebüx Multikulti, Kdb. 03, Neuaufl. u. d. T.: Palle Puzzlebüx und die Kinder der offenen Stadt 05; Helmut Lichtergang erklärt Deutschland, Sat. 05. (Red.)

Mendl s. Mitterlehner, Manfred

Mendling, Gabriele s. Endlich, Luise

Meng, Weiyan, Dr. phil.; 35–31 78th St #41, Jackson Heights, NY 11372/USA, Tel. u. Fax (7 18) 4 57–52 42, *WM138@columbia.edu*, *wm138@yahoo.com* (* Shanghai 11. 3. 47). Intern. Ges. f. German. Sprach- u. Lit.wiss. (IVG) 88; DAAD-Stip.; Rom., Ess., Lyr. Ue: dt, engl, chin. – **V:** Die Familie Meng 99. (Red.)

Menge, Wolfgang, Schriftst., Film- u. Fernsehautor; Klopstockstr. 19, D-14163 Berlin, Tel. (0 30) 8 01 60 62, *womenge@aol.com* (* Berlin 10. 4. 24). VS 59, Akad. d. Bild. Künste München 73, P.E.N.-Zentr. Dtld; Prix Italia, Drehb.prämien d. Bdesmin. d. Innern 64, 65, Jakob-Kaiser-Pr. 68, 70, Adolf-Grimme-Pr. 70, 87, Gold. Bildschirm 73, Bambi 74, DAG-Fs.pr. 74, Prix Futura 76, Ernst-Schneider-Pr. 79, Schiller-Pr. d. Stadt Mannheim 00, Dt. Fernsehpr. 02; Drehb., Sachb., Hörsp. – **V:** i. d. Reihe „Stahlnetz": 1: Das gußeiserne Alibi, 2: Die Tote im Hafenbecken, 3: Zeugin im grünen Rock, 4: Verbrannte Spuren, alle 60; Die Chinaküche, Sachb. 60; Zeitvertreib, Theaterst., Ms. 61; Der Engel aus Quedlinburg, Kom., Ms. 63; Ganz einfach – chinesisch, Kochb. 68; Der verkaufte Verkäufer, Ratg. 71; Ein Herz und eine Seele. 1: Frühjahrsputz, 2: Rosenmontagszug / Besuch aus der Ostzone, 3: Der Ofen ist aus, alle 74; So lebten sie alle Tage. Bericht a. d. alten Preußen 84; Meine Ahnen – deine Ahnen, R. 90; Alltag in Preußen 91; Das Ende der Unschuld, Buch z. Film 91. – **MV:** Reichshauptstadt privat, m. Klaus Behnken 87. – **F:** Der rote Kreis 59; Strafbataillon 999 59; Unser Wunderland bei Nacht 59; Der Frosch mit d. Maske 60; Der grüne Bogenschütze 60; Der Mann im Schatten 61; Polizeirevier Davidswache 62; Der Partyphotograph 68; Ich bin ein Elefant, Madame 69; Das Traumhaus 80. – **R:** Fsp./Fsf.: Zeitvertreib; Eines schönen Tages; Der Mitbürger; Verhör am Nachmittag; Siedlung Arkadien; Der Deutsche Meister; Die Dubrow-Krise; Sessel zwischen Stühlen; Begründung e. Urteils; Rebellion d. Verlorenen; Das Millionenspiel; Fragestunde; i. d. Reihe „Tatort": Kressin u. der tote Mann im Fleet, Kressin u. der Laster nach Lüttich, Kressin stoppt den Nordexpress, Kressin u. der Mann mit dem gelben Koffer, u. a.; Vier

Menges

gegen die Bank; Was wären wir ohne uns; Grüß Gott, ich komm' von drüben; Der Mann von gestern; Reichshauptstadt privat; Unternehmen Köpenick; Adrian u. Alexander; Hallo Nachbar; Das Ende d. Unschuld; Negerküsse; Spreebogen, u. a.; – Fs.-Serien: Stahlnetz (seit 58); Ein Herz u. eine Seele, 25 T. 73–76; Zimmer frei, 12 T. 79; Liebe ist doof, 9 T. 80; Baldur Blauzahn, 13 T. 90; Motzki, 13 T. 93. (Red.)

Menges, Renate, Dr. phil., Sonderschulkonrektorin; Wagnerberg 5, D-86576 Schiltberg, Tel. u. Fax (0 82 59) 12 43, *Dr.R.Menges@t-online.de* (* Altomünster 20. 2. 55). – **V:** Der Hund der reichen Fugger u. a. Geschichten von gestern bis heute 99; Gedanken zum Ausbau des bestehenden Förderschulwesens in Bayern 99. (Red.)

Menke, Franz s. Schwikart, Georg

Menn, Wolf-Dieter, techn. Kfm., z. Zt. selbständig; Hainallee 51, D-44139 Dortmund, Tel. (02 31) 1 06 06 61, Fax 1 06 06 99, *M26145@aol.com* (* Bad Landeck 26. 1. 45). – **V:** Deutsch-deutsches Intermezzo. Wie gehen wir miteinander um? 01. (Red.)

Menne, Else; PF 1222, D-64630 Heppenheim. – **V:** Öffne dich dem Augenblick 87; Noch einmal wird die Rose mir geschenkt 89; Liebeslieder dir auf die Haut geschrieben 91, alles lyr. Texte.

Menne, Klaus H., Buchhändler, Versandarbeiter; Postfach 2424, D-33254 Gütersloh (* Elleringhausen 31. 7. 51). Lyr. – **V:** Suomi und andere Gedichte 94. – **MA:** Brückenschlag, Zs. f. Sozialpsychiatrie, Lit. u. Kunst 90–96, 04, 07; Palette 90; Der Minden Ravensberger 00/01; Gebrochene Träume 01; Jb. f. d. neue Gedicht 04–06; Doortje Kal: Gastfreundschaft 06; Die besten Gedichte 2007. – **R:** Gedichte in Radio Sauerland 91. – **P:** Lit.-Tel. Bielefeld, April 00. – *Lit:* Ulrich Künsebeck: Psyche u. Kunst.

†**Mennel,** Othmar; lebte in Dornbirn (* Alberschwende/Vbg 1. 8. 23, † 26. 9. 07). Franz-Michael-Felder-Ver., Gründ.mitgl. 69, IGAA 02, EM „Fasnatzunft Dornbirn"; Lyr., Erz. (hdt. u. Mda.). – **V:** Durs Burajohr 89; Zwüschad Aah und Subers 93; Zämmagfürbt 98; Zu dir gsejt 01 (alle auch hrsg.). – **MA:** Vorarlberger Lesebuch 53, 55; In der Sprache der Heimat 56; O Hoamatle! – O Hoamatle? 85; Österreich-Lesebuch, Vbg. 86; Am Rhii 96, Beitr. in Ztgn u. a. – **R:** Berücksichtigung in ungezählten Hfk-Sendungen u. Veranst. d. ORF-Hfk, Auftritte in ORF-Fs. seit 69. – *Lit:* Arthur Schwarz in: Mitt. d. Mda.-Freunde Österr. 79.

Mennel, Wolfgang, Autor, Illustrator, Maler; Drosselweg 8, D-86381 Krumbach, Tel. (0 82 82) 8 17 50, Fax 82 82 47, *wolfgang.mennel@t-online.de* (* Quedlinburg 25. 11. 55). Brüder-Grimm-Pr. d. Ldes Berlin 99; Kinder- u. Jugendlit., Dramatik. – **V:** Nachbar Froschkönig 92; Vorsicht Schnappsack 92; Rot, blau, schwarz, grau 93; Schwein im Schuh 96; Has & Igel 96; Pinocchio (Ms.) 98; Wohin die Reise geht 98; Nix los nirgends 98; Platz!da 99; Der Neue 99; unter strom 00; eins2drei4fünf6sieben 00, alles Theaterst. f. Kinder u. Jugendl.; mehrere Bilderb. – **MA:** Was für ein Glück, Jb. 93; Oder die Entdeckung der Welt 97; Großer Ozean 00. – *Lit:* H. Fangauf in: Schreibwerkstatt Kindertheater 96; M. Jahnke in: Stück-Werk 2 98. (Red.)

Mennemeier, Franz Norbert, Prof. em., Dr. phil., Schriftst.; Bettelpfad 56, D-55130 Mainz, Tel. (0 61 31) 83 26 32, *mennemei@uni-mainz.de* (* Beckum/Westf. 1. 10. 24). Intern. P.E.N.; Förd.pr. z. Großen Kunstpr. NRW 61; Rom., Erz. – **V:** Eine Jugend in den Nazi- und

Trümmerjahren, Erinn. 04; Der Schatten Mishimas, R. 07; Die Makkabäerin, Erz. 08.

Mennen, Felix; Oranienburger Str. 89, D-10178 Berlin, *felixmennen.de* (* Bonn 1. 4. 71). VS. – **V:** Du lebst ganz und gar über mir, R. 99, 2. Aufl. 01; Just the Way you are, R. 01; Von Moritz. Berlin Trilogie 03. – **MA:** Duplikat 96; Der Literat 96; Maultrommel 98; Härter 98; Kabeljau 98; Lima 98; literaturcafe.de 00; stadtpool.de 00; texwelt.at 00; aurora-magazin.at 01; 160 Zeichen Liebe, Anth. 01; 160 Zeichen Literatur, Anth. 01; Der Storch 02; textgalerie.de 02. (Red.)

Mensching, Katharina s. Sander, Kathrin

Mensching, Steffen, Kulturwiss.; Metzer Str. 30, D-10405 Berlin, Tel. (0 30) 44 04 94 15, *info@steffen-mensching.de, www.steffen-mensching.de* (* Berlin 27. 12. 58). SV-DDR 83, P.E.N.-Zentr. Ost 91; Dt. Kleinkunstpr. 91, Lit.stip. d. Stift. Preuss. Seehandlung 99, Stip. d. Stift. Kulturfonds 01, Stip. d. Dt. Lit.fonds 07, u. a.; Lyr., Prosa, Ess., Übers., Lied, Theatertext. Ue: gr, frz, russ. – **V:** Poesiealbum, Lyr. 79; Erinnerung an eine Milchglasscheibe, Lyr. 84, 2. Aufl. 85; Tuchfühlung, Lyr. 86, 2. Aufl. 87; Pygmalion, R. 90; Das Ballhaus, Bü., 93, UA 99; Der Struwwelpeter neu erzählt, Kdb. 94; Berliner Elegien, Lyr. 95; Show Down 99; Der Abschied der Matrosen vom Kommunismus, Texte u. Szenen 99; Jacobs Leiter, R. 03; Lustigs Flucht, R. 06; Mit Haar und Haut. Xenien für X, Lyr. 06; Ohne Theo nach Łodz u. a. Reisegeschichten 07. – **MV:** Letztes aus der DaDaeR, m. Hans-Eckardt Wenzel, Textb. 91. – **MA:** zahlr. Beitr. in Lyr.-Anth. u. Zss., u. a. in: ndl; Sinn u. Form. – **H:** Rudolf Leonhard: In derselben Nacht. Das Traumbuch d. Exils 01. – **F:** Letztes aus der DaDaeR 90. – **P:** Der Abschied der Matrosen vom Kommunismus, CD 93; Hammer-Rehwü, CD 95; Armer kleiner Händi-Mann, CD 96. – **MUe:** Poesiealbum Jannis Ritsos, G. 85; Jannis Ritsos: Die Mondscheinsonate, m. Asteris Kutulas 88. – *Lit:* Hans-Eckardt Wenzel in: Lyriker im Zwiegespräch 81; Dieter Schlenstedt in: DDR-Lit. '83 im Gespräch 84; David Robb: Zwei Clowns im Land d. verlorenen Lachens 98; Joachim Wittkowski in: KLG.

Mensching-Oppenheimer, Angelika (Angelika Oppenheimer, Ps. Angélique Omani), Dipl.-Übers.; Isestr. 67, D-20149 Hamburg, Tel. u. Fax (0 40) 4 80 80 77, *a-m-o@t-online.de* (* Frankfurt/Main 5. 11. 46). VS/ VdÜ, ADÜ Nord, Inst. of Linguists, Varnhagen Ges. Ue: frz, engl. – **V:** Venedig – ein Traum, Lyr. 96; Eine romantische Geschichte, N. 98. – **MA:** Jacques Moutaux/Olivier Bloch (Hrsg.): Traduire les Philosophes (Paris) 00; Augsburger Friedenssamen, Anth. 04. – **Ue:** Das Testament des Abbé Meslier 76; Voltaire: Recht u. Politik, Schriften I 78; Voltaire: Republikanische Ideen, Schriften II 79; Tuvia Tenenbom: Adolf Eichmanns Tagebuch, UA Hamburg 01; 2 Gedichte v. Antonin Artaud in: Zs. f. psychoanalyt. Theorie u. Praxis 1/03; Etienne Bonnot de Condillac: Versuch über den Ursprung der menschlichen Erkenntnis (Übers., hrsg. u. Einf.) 06; Jamyang Norbu: Drachensaat (Tibet-Themen, 4) 07.

Mensing, Hermann, Schriftst.; Dorffeldstr. 19, D-48161 Münster, Tel. (0 25 34) 78 80, *hermann-mensing @t-online.de, www.hermann-mensing.de* (* Gronau/ Westf. 6. 3. 49). VS 90; Förd. durch d. Kultusmin. NRW 03/04; Rom., Lyr., Kinderlit., Theater. Ue: holl, engl. – **V:** ... und Silbermond und ..., G. 82; Der radikale Träumer – Ein elektronisches Märchen, R. 84; König Hühnerschulte, Theaterst., UA 97; Grosse Liebe Nr. 1 01; Sackgasse 13, R. 01, 05; Flanken, Fouls und fiese Tricks 02; Der heilige Bimbam 02; Voll die Meise 02; Abends am Meer 03; Der zehnte Mond 03, 05; Das Vampir Programm 04; Mein Prinz 05; Das Soap Ding, UA 06. –

MA: Kurzgeschn. in Anth. d. Rowohlt-Verl. 91 sowie d. Ueberreuter Verl. seit 98. – **R:** SFB-Ohrenbär, seit 92; Freiflug nach Pampalonien 94; Cash-Money Brothers 95; Hölscher der Herzensbrecher 95; Manni und die große Welt 95; König Kleinbein und die Märchenkutsche 97; König Hühnerschulte, das Kalt und Ritter Hiphop 96; Schinkenbaums Zoo 96; Riese Schmalhans, Kapitän Silberbacke und der verschwundenen Donner 97; Klabautschke & Listig 97; Die Hühner von Münster 99; Professor Siebenlist 99; Der Mohr von Roxel 01, alles Hsp. – **P:** König Kleinbein und die Märchenkutsche, Hsp., CD/Tonkass. 97; Die Hühner von Münster. Ein musikal. Spektakel, CD/Tonkass. 00. (Red.)

Mensing, Kolja, Journalist u. Lit.kritiker, Kulturred. bei d. 'taz'; c/o taz, die Tageszeitung, Kochstr. 18, D-10969 Berlin, *kolja.mensing@gmx.de* (* Westerstede 71). Lit.pr. Prenzlauer Berg (3. Pr.) 05. – **V:** Wie komme ich hier raus? Aufwachsen in der Provinz 02. (Red.)

Menze, Arndt H., Pfarrer d. Ev. Kirche v. Westfalen; c/o Brendow-Verl., Moers (* 69). Lyr. – **V:** Lebensräume, Kal. 02; Kartenserie Lebensräume 02; Ein Engel geht an Deiner Seite 03; Du bist behütet und geborgen 04, u. a. (Red.)

Menzel, Marianne (Ps. s' Kätherle, geb. Marianne Buck), Hausfrau; Hohenstaufenstr. 38, D-73312 Geislingen a.d. Steige, Tel. (0 73 31) 6 19 89 (* Geislingen a.d. Steige 23. 2. 25). Arb.kr. f. dt. Dicht., Mda.ges. Württ. e.V.; 1. Pr. d. SWR „Es funkt – meine Heimat im Radio" 99; Mundart-Lyr., Erz., Märchen, Rom. – **V:** s' Kätherle läßt d' Katz aus em Sack, schwäb. Erz. 86; Kätherles Schternschtonda, Erzn. 90; A Maulvoll schwäbischer Humor 92; Die Mondprinzessin Janina 95; Das Gelübde oder die Rebe des Giovanni 98; Wenns bei de Weiber pressiert 99; hätt ich da je geliebt?, Lyr. 02. – **MA:** Beitr. in: Schwäb. Heimatkal. 83; Bl. d. Schwäb. Albver. 2 84. (Red.)

Menzel, Walter, Verwaltungsangest. i. R.; Rübezahlweg 20, D-41065 Mönchengladbach, Tel. (0 21 61) 60 26 43, *wa0menzel@aol.com* (* Bolkenhain/Schles. 15. 8. 19). Ged., Lied. – **V:** Die Nacht vor dem hl. Abend, UA 55; Das Suchengel-Lied, UA 57; Das Dichterengelein, UA 59, alles Weihnachtsm.; „Wenn der Graf Balderich ..." Mönchengladbacher u. a. Lieder u. G. 99.

Menzel-Severing, Hans, Dr. phil. (Kunstgeschichte), Kunsterzieher; Pfarrer-Martini-Str. 39, D-53121 Bonn, Tel. u. Fax (02 28) 9 25 18 46, *menzel-severing @netcologne.de* u. Bielefeld 23. 5. 46). Erz., Dramatik, Kabarett. – **V:** Astrheinisch, Erz. 92, 2. Aufl. 94; Wenn überhaup' ..., Erz. 95; Gigi Lichterloh, Jgd.-Theaterst. 98; Anno & Co. Siegburger Sagen, Erz. 99; Das Geschenk, Jgd.-Theaterst. 00; Jo, is et dann mööchlisch?!, Kabarett 02; Lieber Vater! Lieber Sohn!, Sat. 03; Der Baum brennt!, Geschn. 08. – R: regelmäß. Glossen u. Sketche im SWR 4. – **P:** Astrheinisch 94; Steernche-Steernche 95; Wenn überhaup' 95, alles Kabarett auf Tonkass.; Jo, is et dann mööchlisch?!, Kabarett, CD 03.

Menzinger, Stefanie (verh. Stefanie Straub), Autorin; Peter-Winter-Str. IIa, D-80997 München, Tel. (0 89) 89 28 66 83, *stestraub@hotmail.com* (* Gießen 24. 3. 65). Ernst-Willner-Pr. im Bachmann-Wettb. 94, Rheingau-Lit.pr. 94, Gratwanderpr. f. erot. Lit. 95, Förd.pr. z. Hans-Erich-Nossack-Pr. 95, Stip. d. Dt. Lit.fonds 95, 04, Bremer Lit.förd.pr. 97, Aufenthaltsstip. d. Berliner Senats 97, Anna-Seghers-Pr. 99; Rom., Erz. – **V:** Schlangenbaden, Erzn. 94; Wanderungen im Inneren des Häftlings, R. 96, 98. (Red.)

Menzner, Ute-Dorothea *

Mer, Marc, Prof., Schriftst., bildender Künstler, Architekt; Tannenhofallee 20, D-48155 Münster, Tel. (02 51) 38 34 93 64, Fax 38 34 93 65, *marcmeroppc@ t-online.de*, *www.marcmer.eu* (* Innsbruck 20. 3. 61). Szenische Textcollage, Literar. Stadtrauminstallation, Poet.-theoret. Ess., Kunst- u. Architekturtheorie, Prosa, Lyr. – **V:** (Kunst(Museum(Stadt))), Ess. 97; BOX-SEX. Installation und Instanz. Stellungen im Stall, Ess. 00; !merry go(es) round – architecture stand(s) by!, szen. Textcoll., UA Köln 99, gedr. 02; das geheime liebesleben des dali ernst musil wittgenstein, szen. Textcoll., UA Köln 00, gedr. 02; Zur Architektur des Raumes. Eine philosoph. Szenerie, Ess. 04; hund und schnur nur oder das architektonische i, Ess. 08; mundmilch, Lyr. 09. – **MA:** Ess. in: Architektur der Ideen. Gedankengebäude in d. Kunst 94; Katalog z. 2. Intern. Biennale f. Film u. Architektur, Graz 95; Jetzt oder nie. 5 Jahre Kunsthalle Wien 97; Kunst & Kultur, kulturpolit. Zs. d. IG Medien, H.8/9 97; Kat. z. Ausst. „Eine Architektur für das Museum für werdende Kunst", Kassel 00; Macondo, Lit.zs. 03; Archplus, H. 168 04; Anth. Neue Lit. 04; Stadt und Raum 04; www.poetenladen.de 06, 07; Macondo, Lit.zs. 06–08. – **H:** Translokation. Der ver-rückte Ort. Kunst zw. Architektur 94; Intermediale Ästhetik der Künste und des Alltags, Reihe, seit 04. – **P:** Lit. Stadtrauminstallationen: local talks / ortsgespräche, Köln 99; come to be / sightseeing talks, Kassel 00; gebrauchsanweisung für orte / user's manual, Bochum 02; The Urban Apple-Tree Series. pollockdegas girl.car dance.things, Lüdenscheid 05; weißer text und wortgetreues mädchen/white writing's textual girl, DVD 07. – *Lit:* Ludwig Seyfarth: M.M. – scene/obscene. Schachtel, Spiegel, Bild u. Schirm 00; Reinhard Braun in: Unschärferelationen 02; Ulrike Schuster in: www.portalkunstgeschichte.de 04; s. auch Kürschners Handbuch der Bildenden Künstler, 1. Aufl. 2005.

Meran, Philipp, Reg.Rat a. D., Mus. dir. a. D., Prof.; Elisabethstr. 41, A-8010 Graz (* Csákberény/Ungarn 12. 12. 26). CIC-Lit.pr. 77, Intern. Jagdrat, Paris, Kulturpr. d. Dt. Jagdschutzverb. 89, „Pro merito" in Gold CIC 91, Kulturpr. d. Internat. Jagdrates 03; Jagdprosa, Nov., Sachb. – **V:** Zwischen Weckruf und Strecke 74, 2. Aufl. 96; Und übrig blieb die Jagd ... 76, 3. Aufl. 96; Das Abendlicht kennt kein Verweilen 79; Die Zeit wirft keine Schatten 82; Das Blatt weiß nicht, wohin es fällt 85; Das Morgenrot kam unverhofft 89; Wenn die Wolken weiterziehen 92; Ein Jägerherz bleibt ewig jung 95; Spätsommerabend 99; Wenn die Stille spricht ... 02; Wenn der Morgennebel ziehen 04; Im Zauber des Herbstes 06; Fährten im Schnee 08; mehrere jagdl. Sachbücher u. 6 ungar. Bücher. – **MA:** Erzherzog Johann von Österreich 82; Waidmannsheil 95; Der Rote Bock 99; Jägerlatein 01; – seit 1941 über 600 Beitr. in öst., dt., schweizer. u. ungar. Zss., u. a. 212 große Art. im „Anblick" – *Lit:* s. auch SK.

Merbt, Martin s. Selber, Martin

Mercier, Pascal (Ps. f. Peter Bieri), Prof., Philosoph; Landshuter Str. 6, D-12309 Berlin, Tel. (0 30) 76 40 39 07, Fax 76 40 51 15, *pbieri@t-online.de* (* Bern 23. 6. 44). P.E.N.-Club Schweiz 98; Werkbeitr. d. Pro Helvetia 02, Marie-Luise-Kaschnitz-Pr. 06, Poetik-Dozentur d. Univ. Heidelberg 08; Rom. – **V:** Perlmanns Schweigen, R. 95; Der Klavierstimmer, R. 98; Nachtzug nach Lissabon, R. 04; Lea, N. 07. (Red.)

Mergel, Manfred, Pfarrer; Bohnenbergerstr. 9, D-75397 Simmozheim, Tel. (0 70 33) 73 79, Fax 69 18 19, *evkg.simmozheim@freenet.de, www.evkg.simmozheim. de* (* Göppingen 31. 7. 59). Predigt, Ess., Aphor., Ged., Kurzgesch., vorw. schwäb. Mda. Ue: frz, agr, engl. – **V:** Das schwäbische Amen. Gärtringer Mda.-Predigten 97

Merget

(auch Tonkass.); Der gewölbte Himmel, Lyr. u. Prosa in Mda. 98; Schwäbisch von Gott reden. D. Gärtringer Mda.-Gottesdienst 00; Schwäbisches Adventskalenderbuch, Geschn. u. G. 05. – **MV:** u. **MH:** Des kannst dr net vorstella!, m. Doris Gerstmair, Geschn. 08. – **B:** Antoine de Saint-Exupéry: Dr kleine Prinz 99; Die Weihnachtsgeschichte auf schwäbisch 99; D Ostergschicht auf schwäbisch. Die Auferstehung Jesu 01; Ja, Virginia, s gibt en Weihnachtsmann! 03. – **MA:** Schwäb. Heimatkal. 98; Gäubote, Tagesztg. – **R:** Rdfk-Andachten u. G. in schwäb. Mda. im SDR; Fs.-Andacht in schwäb. Mda. im R.TV Böblingen. – **P:** In unsrer Kirch wird schwäbisch gschwätzt 00.

Merget, Verena, Groß- u. Außenhandelskauffrau; c/o TRIGA-Verl., Gelnhausen, Tel. privat: (0 15 77) 3 96 19 76, *verena.merget@gmx.de* (* Hanau 25. 3. 80). – **V:** Blutrausch. Verliebt in einen Vampir, Erz. 00, 07. – **MA:** Weihnachten von A bis Z, Anth. 03.

Merian, Svende, freie Schriftst.; Chrysanderstr. 132, D-21029 Hamburg, *svende.merian@gmx.de*. *kinderliteraturcafé@gmx.de* (* Hamburg 25. 5. 55). VS 80, LIT 80, Friedrich-Bödecker-Kr. 03; Rom., Nov., Kurzprosa, Lyr., Märchen. – **V:** Der Tod des Märchenprinzen, R. 80; Von Frauen und anderen Menschen, Kurzprosa, Lyr. 82, 4. Aufl. 87; Eine etwas andere Frau, N. 83, 97; Mutterkreuz, N. 83, 3. Aufl. 84; Der Mann aus Zucker, M. 85, 2. Aufl. 98; Sehnsucht hat lange Beine, R. 94; Ach hätt' ich genommen den König Drosselbart, R. 99; Second Hand, N. 03; Kafka und Computerspiele, Erz. 07 (auch als Hörb.). – **MA:** Beitr. in Lyrik- u. Prosa-Anth., Ess. in lit. Zss.; Rez. im „Buchjournal" u. a. Medien. – **H:** Ein Lied, das jeder kennt, Anth. 85; Scheidungspredigten 86, 95. – **MH:** Laßt mich bloß in Frieden 81; Nicht mit dir ... und nicht ohne dich, m. N. Ney, Anth. 85.

Mering, Klaus von, Inselpfarrer auf Langeoog 1978–2001; Hauptstr. 13, D-26465 Langeoog, Tel. (0 49 72) 92 24 49, Fax 92 24 42, *Klaus.vonMering@evlka.de* (* Marburg 13. 1. 40). Kurzgesch., Gebrauchslyr. – **V:** Charly und der liebe Gott – Gespräche zwischen Vater und Tochter 81; Daß der Sommer des Lebens gelingt, Erzn. u. Predigten 81; Vom Hören-sagen. Predigten üb. Lutherlieder 83; Deine Güte reicht, so weit der Himmel ist, Psalm-Meditn. u. Gebete 89, 2. Aufl. 90; Hausputz für die Seele, Predigten 93; Weihnachtsgebote 95; Wenn Nähe aus Licht kommt – Langeooger Texte 95. – **MA:** Worte zum Tage 73; Erzählende Predigten I 77; II 81; Gottesdienst 82; Biblische Geschichten – weiter erzählt 82; Denk ich an Weihnacht 84; Stille, scheinheilige Nacht. Satirisch-Besinnliches zur Weihnachtszeit; Gottesdienstpraxis Reihe A u. B.; Zs. f. Gottesdienst u. Predigt; zahlr. Beitr. in rel. Sachb. – **H:** Kirche für junge Leute, Lex. 79; Uns Inselkark, Ber. a.d. Langeooger Chronik. (Red.)

Merke, Andreas s. Kasprzak, Andreas

Merkel, Andreas, M. A., freier Autor; *andmerkel @aol.com*, *www.andreasmerkel.de* (* Rendsberg 21. 8. 70). – **V:** Grosse Ferien, R. 00; Das perfekte Ende, R. 02. (Red.)

Merkel, Anneliese, Buchhändlerin; Erminger Weg 76, D-89077 Ulm (* Duisburg 14. 1. 49). GEDOK Stuttgart, Kg., Exil-P.E.N.-Club, Ulmer Autoren 81; Lyr.pr. Aschaffenburger Büchertage 90, Pr. d. Filderstädter Buchhandels f. Kurzprosa 93, Inge-Czernik-Förd.pr. 94, Lit.pr. d. Kg. f. Lyr. 97, f. Prosa 98 u. 02; Lyr., Erz. – **V:** Ich will verwundbar sein, G. 88; Ich streue Wortsamen aus, G. 90; Aller Wurzeln Grund, G. 00; Zeugin Zunge, G. 01. – **MA:** zahlr. Beitr. in Lit.-Zss. u. Anth. seit 90. – **P:** Zwischen den Zeilen, G., CD 95. (Red.)

Merkel, Günter B.; Johann-Wilhelm-Str. 61a, D-69259 Wilhelmsfeld, Tel. (0 62 20) 63 10, 13 07, Fax 14 01, *info@swp-musikverlage.de*, *www.merkel-gedichte.de*. Angelhofweg 37, D-69259 Wilhelmsfeld (* Stuttgart 24. 7. 41). Lyr. – **V:** Die Antwort auf die Dichtkunst der vergangenen 200 Jahre 02–05 III; Die Antwort auf die „letzten Tänze" des Literatur-Nobel-Preis-Träger Günter Grass 04; Haupt-Sache Liebe 05; Glanz-Lichter 06; Große Sprüche vom gnadenlosen Dichter 07; Goethe ungeschminkt 08, alles Lyr. – **MA:** August Klüber. Der Maler; 600 Jahre Altenbach, Bd 2; FC Germania; Ich schenk Dir ein Gedicht; Das Leben – ein Geschenk; Jb. f. d. neue Gedicht; Chaussée. – **P:** Poesie und Musik, CD 04.

Merkel, Gunter, Lehrer i. R.; Hohe Str. 3, D-08140 Reinsdorf, Tel. (03 75) 29 38 74 (* Reinsdorf 1. 1. 43). Lyr., Erz., Kurzgesch., Anekdote. – **V:** Lebenszeichen 03; Eselsbrücken 04; Jahresringe 06, alles Lyr. u. Erzn. (Red.)

Merkel, Hans Mathes s. Merkel, Johannes

Merkel, Johannes (Ps. Hans Mathes Merkel), Dr., Prof. U.Bremen; Römerstr. 26, D-28203 Bremen, Tel. (04 21) 7 16 37, *j.merkel@uni-bremen.de*, *www.stories.uni-bremen.de* (* Beerbach/Lauf 13. 9. 42). Auswahlliste z. Dt. Jgd.lit.pr. 79; Drama, Rom., Mündl. Erz. – **V:** Oma Stingl auf Safari 76; Oma Stingl schwimmt in Geld 77, beides Kinderst.; Das gute Recht des Räubers Angelo Duca 77, u. d. T.: Das wilde Leben des Räuberhauptmanns Angelo Duca 84; Das Märchen vom starken Hans 77; Oma Stingl macht krumme Touren, Kinderst. 79; Ich kann euch was erzählen, Geschn. 81; Ein Nashorn dreht durch, Geschn. 82; Die verrückten Klamotten, Geschn. 82; Der Kasten, Jgdb. 82; Die Geschichte vom Däumling, Kinderst. 83; Das Krokodil an der Ampel 88; Merkels Erzählkabinett. Geschichten. Weitererzählen u. Vorlesen unter www.stories.uni-bremen.de; – mehrere Sachbücher u. wiss. Veröff. – **H:** Orientalische Frauenmärchen. Bd 1: Löwenstark und mondenschön 85, Bd 2: Die Mädchen als König 86; Eine aus tausend Nächten, M. 87; Die Liebe der Füchsin, Geistergeschn. 88; Die Braut im Brunnen, Krim.-Geschn. 89. – **R:** Käse und die schöne Peter, Fsp. 73; Bonbons umsonst, Fsp. 74. – *Lit:* s. auch SK. (Red.)

Merkel, Rainer; lebt in Berlin, c/o S. Fischer Verl., Frankfurt/Main (* Köln 26. 5. 64). Liter. Colloquium Berlin 99, Lit.förd.pr. d. Ponto-Stift. 01, Aufenthaltsstip. Villa Concordia Bamberg 02/03, Villa Aurora-Stip. Los Angeles 03, Stip. Herrenhaus Edenkoben 06, u. a. – **V:** Das Jahr der Wunder, R. 01; Beim Herausschauen, Prosa u. G. 03; Das Gefühl am Morgen, R. 05. – **MH:** Wahlverwandtschaften, m. David Wagner u. Jörg Paulus 02. (Red.)

Merker, Gernot H.; Gstaigkircherl 22, D-93309 Kelheim, Tel. (0 94 41) 33 55, Fax 1 28 15, *kynast-verlag@hotmail.de* (* Grünberg/Schles. 28. 12. 34). – **V:** Wolfsglas 05; Papageiglas 06; Immenglas 07, alles Erzn.; mehrere Ausst.-Kat. seit 87.

Merkl, Hildebrand F., Dr., Chorherr d. Stiftes Klosterneuburg; c/o Stift Klosterneuburg, Stiftsplatz 1, A-3400 Klosterneuburg, Tel. (0 22 43) 4 11 (* Wien 6. 5. 27). – **V:** Die Füße fest auf dem Fels, Autobiogr. 06. – **H:** Die Liebe hört niemals auf. Leben u. Schrr. d. Katharina Felder 08.

Merkle, Bernd, Rektor a. D., Mundartautor; Gemeindeländerweg 27, D-73095 Albershausen, Tel. (0 71 61) 38 95 60, Fax 38 95 61, *famoso3@web.de*, *www.bernd-merkle.de* (* Esslingen/Neckar 1. 1. 43). schwäb. mund.art e.V.; Erz., Hörsp. – **V:** So semmer hald 86, 5., erw. Aufl.; Drhoim rom 89; Au no dees 90; So ain Lebdag 93; Do war doch no äbbas 96; Mr sodds et glauba 02 (2 Aufl.); Isch des schee 04 (2 Aufl.); Gibts ebbes Neis 07 (2 Aufl.), alles Erzn. – **MA:** Mol schwäbisch – mol badisch 90; Morgenlehre – Abenddichte 92; Satire in Schwaben 94. – **P:** Bildergeschichten (Klett Verl.); Renovierung, Mda.-Gesch., Kass.

Merks-Krahforst, Martina, Schriftst., Doz., Verlegerin; c/o ETAINA-Verlag, Varuswaldstr. 17, D-66636 Tholey, *info@etaina.net, www.etaina.net* (* Düsseldorf 60). Accad. di Lettere, Scienze ed Arte Neapel, IGdA, CEPAL Thionville/Frkr., Literar. Ges. Saar-Lor-Lux-Elsaß-Wallonie; FDA-Lit.pr. 91, Diploma di Merito Speciale, Benevento/Italien 95, 1. Pr. Poesia Singola b. Grand Prix Méditérranée Des Etats Unis d'Europe, Neapel 98, 3. Pr. „Francophonie" d. CEPAL 03, Goethe-Pr. d. CEPAL 03, Trophée Européen d. CEPAL 04, 05, Pr. „Francophonie" d. CEPAL 04, 2. Pr. „Allemand" d. CEPAL 04; Lyr., Märchen. Ue: frz. – **V:** Der unartige Wichtel, Theaterst. f. Kinder, UA 90; Demaskerade 90; Nachtsilben – Syllabes de Nuit 92; Zornige, zärtliche Zeit 98; Wasserwesen – Feuerfrau 02; Flirrende Sinne – Sens scintillants 05, alles G. – **MV:** Abenteuerlust – Mut d. Verzweiflung?, m. Michael Landau, Begleith. z. Ausstell. 95. – **MA:** Anth. u.a.: Glashaus 91; Saarland im Text 91; Kein schöner Land 92; Nacht lichter als der Tag 92; Unterm Fuß zerrinnen euch die Worte 93; Heimkehr 94; Antologia di Poesie Italo-Tedesche 95; Dein Himmel is in Dir 95; Gauke's Jb. 95; Schlagzeilen 96; Alle Dinge sind verkleidet 97; Umbruchzeit 98; Antologia del'Accademia d'Europa di Napoli 98; Hörst du, wie die Brunnen rauschen 99; Literamus Trier, Bd 15 99; Rast-Stätte 01; Dahemm 02; Nationalbibliothek d. dt.sprachigen Gedichtes 03, 04; Tanz der Grenzen 04; Am Liebesrand 05; Staubkorn und Steine 05; Doch die Zeiten sind nicht so ... 06; Weißlicht und Blaupausen 06; Zss. u. a.: IGdA-Aktuell; Pegasus Ötigheim, Nrn 8–15. – **H:** Erinnerungskonfetti 05; Maria Th. Backes/Ursula Straß: Träumende Worte, G. 06. – **R:** Lit. in: Seelenpflaster 90; Lyrik u. Musik 91, beides Hfk-Sdgn. – **P:** Mitarb. auf: Orlando & die Unerlösten: Icetales 05, Nightspace 06, beides CDs. (Red.)

Merkt, Hartmut, Dr. phil., wiss. Angest., Schriftst.; Stormstr. 3, D-71691 Freiberg/Neckar, Tel. u. Fax (0 71 41) 7 62 46, *DrHMerkt@hotmail.com* (* Stuttgart 8. 9. 53). Autorengr. Literateam, VS Bad.-Württ., IG Medien; Intern. Lyr.pr. d. Invandrarnas Kulturcentr. Schweden 78, Endauswahl z. Leonce-u.-Lena-Pr. 87, Stip. d. Förd.kr. dt. Schriftst. in Bad.-Württ. 88, 91; Lyr., Erz., Hörsp., Theaterst., Lit.wiss., Übers. Ue: frz, finn, engl, lat. – **V:** Finnische Stunden, Lyr. 79; Verseschmiede, Lyr. 86, 97; Philemon und Baukis 81, Dr., UA 8.2.87; Für alle Fälle verlier ich Gedächtnis und Zweifel, Lyr. dt.-frz. 95; Poesie in der Isolation, Lit.-wiss. 99. – **MH:** Bisbala, Lit.zs. 70/71; Ich will Wolken und Sterne. Jeden Tag, Lyr.-Anth. 85. – **R:** Augenrollen zum Beispiel, Fk-Erz. 88. – **P:** Verfilmung von Gedichten, Video 85. – *Lit:* AiBW 91, u. a. (Red.)

Merl, Dorothea, Vordiplom Chemie; Goethestr. 13, A-6020 Innsbruck, Tel. u. Fax (05 12) 58 90 72 (* Innsbruck 19. 7. 20). Turmbund 53, Autorenkr. im Südtiroler Künstlerbund, IGAA, Innsbrucker Ges. z. Pflege d. Geisteswiss.; Pr. d. Öst. College/Collegegemeinsch. 53, 57; Lyr., Kurzgesch., Ess., Prosa, Aphor. Ue: engl. – **V:** Der Paradiesvogel, Lyr. u. Prosa o. J. (71); Bis an die Rosenwolke, G. 73; Weiße Segel – schwarze Segel, G. 77; Am Schlehdornhag, G. 80; Gleißender See, G. u. kurze Prosa 83; Mondstaub und Rosmarin, G. (Literar. Zeugnisse aus Tirol, Bd 5) 87; Torcello, G., Gereimtes f. Kinder 90; – Vertonungen v. G. durch: Prof. Peter Suitner, Hermann Hawel, Dr. Karl Scheidle. – **MA:** Uns leuchtet ein Stern/Tiroler

Krippenbuch, G. 54; Musenalm., G. 60; Schöpferisches Tirol III, G. u. Prosa 63; Spuren der Zeit II 64, III 68; Brennpunkte I 65, VII 71; Erdachtes – Geschautes, Prosa-Anth. öst. Frauen 75; Quer, Lyr. 77; ensemble 9, Jb. f. Internat. Lit. 78; Bergpoesie 81; Südtirol für Kenner 81; Der Mensch spricht mit Gott, Lyr.- u. Prosa-Anth. 82; Mödlinger Anth. 82; Südtirol im deutschen Gedicht 85; Nachrichten aus Südtirol – Dt.spr. Lit. in Italien 89; Innsbruck Stadtbuch 90; Stadtmenschen 91; fünf vor zwölf 92; Texttürme 2/94, 4/98, 5/03, 6/06; Donau-Kärnten-Adria-Reihe: Begegnungen 99, Jahreszeiten in Moll u. Dur 01; Das Gedicht der Gegenwart 00; Österreich im Gedicht 02; Südtirol im deutschen Gedicht 03; – Veröff. in Zss., u. a.: Brennpunkte; Das Boot; Heimatland; Hortulus; Lyrik – Stimmen von heute; publikation; Jetzt; Impulse; Wort in d. Zeit; 5 vor 12; Der Schlern 49–89; Südtirol in Wort u. Bild 89–01; Mitt. ÖAV 54, 74; ÖAV-Akad.Sektion 95–01; Innsbruck Alpin 02, 04; sowie in: Tiroler Tagesztg.; Dolomiten, u. a. – **MH:** Luftjuwelen – Steingeröll. Südtirol erzählt, in: Anita Gräfin v. Lippe, Anth. 79; Nebensonnen, G. 83; Zeit verbrennt, G. 89; Fliehende Ziele, G. 95. – **R:** zahlr. Lesungen im öst. u. ital. Rdfk. – **Ue:** Der Berg Su'mal, Sage aus Guatemala 94. – *Lit:* O. Sailer: Schöpferisches Tirol I 53; Volkmar Parschalk in: Kulturberichte aus Tirol 72; J. Jonas-Lichtenwallner: Heimatland, Schriftt.um d. öst. 18/21 73; W. Bortenschlager: Brennpunkte XIV, Schriftt.um d. Gegenw. 75; P. Wimmer: Wegweiser durch d. Lit. Tirols 1945–1975; Who is who, seit 78/79; Buchlandschaft Südtirol. Wegweiser z. lit. Buch 1970–1980; Elisabeth Senn in: Kulturberichte aus Tirol 80; W. Bortenschlager: in: Der Donauschwabe v. 17.1.1988; Traute Foresti in: Kulturberichte aus Tirol 88; L. Dormer in: News of the UC 90; 40 Jahre Turmbund 1951–1991; Hans Georg Grüning in: Die zeitgenöss. Lit. Südtirols 92; Helmut Wlasak in: Kat. d. VHS Tirol 98/99; Stimmen aus Österreich (Donau-Kärnten-Adria-Reihe) 04 (S. 186/187), u. a.

Merl, Waltraud, Angest.; Hintereggen 8, A-9572 Deutsch-Griffen, Tel. u. Fax (0 42 79) 72 66 (* Deutsch-Griffen 6. 11. 46). Lyr., Hörsp. – **V:** A Lebn, kurz wia a Jåhr, G. in Kärntner Mda. 99, 2. Aufl. 00; Herberg suachn 02; Passion nach Lukas 04. (Red.)

Merlak, Milena s. Detela, Milena

Merlau, Hans Günther s. Schmidt, G.

Merritt, Anja s. Schröder, Angelika

Merschmeier, Michael, Dr. phil., M. A., Theaterkritiker, Verlagsleiter, Autor; Nestorstr. 14, D-10709 Berlin, Tel. (0 30) 8 91 11 08, Fax 8 91 11 09, *merschmeier @theaterheute.de* (* Münster 17. 12. 53). – **V:** Aufklärung – Theaterkritik – Öffentlichkeit 85; Berliner Blut, R. 97, 98; Frölichs Träume, R. 01; Frölichs freier Fall 05. (Red.)

Merten, C. S. (Ps. f. Christian Straimer); Florastr. 15, D-53125 Bonn, Tel. (02 28) 69 69 06, Fax 9 25 01 84, *csmerten@csmerten.de, www.csmerten.de* (* München 13. 9. 47). Rom. – **V:** Belgisch Kongo 90; Der unsichtbare Kanzler 93; Gestehen Sie, Dr. Thoma 94; Der Todesvogel 00; Der Pelikan 03, alles R. (Red.)

Merten, Hans-Rüdiger, Dipl.-Historiker; Michaelkirchstr. 26, D-10179 Berlin, Tel. u. Fax (0 30) 23 45 71 72, *merten@ipn.de* (* Berlin 25. 6. 44). Friedrich-Bödecker-Kr. Sa.-Anh. 03; Erz. – **V:** Kloster Zinna 87, 92; Louis Ferdinand, Prinz von Preußen 00; Heinrich von Kleist, Hörst., UA 02; Prinz Ferdinand von Preußen 03; Prinz August Wilhelm von Preußen. Ostpreußische Wandlungen 03; Recherchen zu Theodor Fontane, Leopold von Goeckingk, Friedrich von Matthisson und Franz Freiherr von Gaudy 03, 05; Spruchbeutelweisheiten 04; Rückblicke 05; Abenteuer auf

Mertens

der Überraschungswiese. Kleine Ziege Ahnungslos 05;
Vergessene Theater im alten Berlin 06. – **MA:** 1953.
Ein Jahr in Politik und Alltag 03. (Red.)

Mertens, Dieter s. Korthals, Werner P.H.

Mertens, Friedrich s. Rüggeberg, Uwe

Merz, Christine (geb. Christine Möller), Sozialpäd.,
Autorin; Unter Heubelstein 4, D-72459 Albstadt, Tel.
(0 74 31) 9 07 73 (* Stuttgart 18. 9. 50). Erz., Kinderb.,
Bilderb., Sachb., Journalist. Arbeit. – **V:** Nimm mich
mal mit 86; Was Kinder bewegt, Geschn. 86/87 IV;
Komm, ich zeig Dir meine Schule 87; Komm mit zum
Zahnarzt 88; Komm mit mir ins Krankenhaus 89; Flix,
die Maus im Klassenzimmer 90; Fabian und der Zau-
berdrache 92; Kiki und Dassi erleben das Kindergar-
tenjahr, Geschn. 92/93; Lara wünscht sich eine Zwil-
lingsschwester 94; Abends, wenn der Schlafzug kommt
96; Lea Wirbelwind 97; Ein Schwein für Lea 98; Lea
und Marie, Geschn. 00; Das Mädchen an der Krippe 00;
Lea bekommt ein Geschwisterchen 01; Das große Buch
von Lea Wirbelwind 02; Die Osterüberraschung 02; Lea
Wirbelwind und der Streit im Kindergarten 03. – **MA:**
zahlr. Beitr. in „Kindergarten heute", seit 75. – **H:** Mit
dem Wetterhahn durch das Jahr, Geschn. 95; Und wieder kräht der Wetterhahn, Geschn. 01. – *Lit:* s. auch SK.
(Red.)

Merz, Klaus, Schriftst.; Neudorfstr. 41, CH-5726
Unterkulm, Tel. u. Fax (0 62) 7 76 24 29, *www.
haymonverlag.at/merz.html* (* Aarau 3. 10. 45). Gruppe
Olten 76, Dt.schweizer. P.E.N.; Förd.beitr. d. Aargauer
Kuratoriums 76, 81 u. 01 Pr. d. Schweiz. Schillerstift.
79, 97, Werkjahr d. Pro Helvetia 87, 95, Aargauer Lit.pr.
92, Zürcher Buchpr. 92, 94, 97, Parisstip. d. Kt. Aargau
93, Solothurner Lit.pr. 96, Londoner Atelieraufenthalt
d. Kulturstift. Landis u. Gyr 96, Hermann-Hesse-Lit.pr.
97, Prix littéraire Lipp 99, E.gabe d. Stadt Zürich 01,
Gottfried-Keller-Pr. 04, Pr. d. Schweizer. Schillerstift.
05, Aargauer Kulturpr. 05; Lyr., Erz., Hörsp., Theater. –
V: Mit gesammelter Blindheit, G. 67; Geschiebe, mein
Land, G. 69; Vier Vorwände ergeben kein Haus, G. 72;
Obligatorische Übung, Geschn. 75; Zschokke-Kal., Po-
lit-Volksst. 76; Latentes Material, Erzn. 78; Landleben,
G. 82; Der Entwurf, Erz. 82; Bootsvermietung, G. u.
Prosa 85; Tremolo Trümmer, Erzn. 88; Die Schonung,
Schausp. 89; Nachricht vom aufrechten Gang, Prosa u.
G. 91; Am Fuß des Kamels, Geschn. 94, 99; Kurze
Durchsage, Prosa u. G. 95; Jakob schläft, R. 97, 5. Aufl.
98 (auch ital., frz.); Kommen Sie mit mir ans Meer,
Fräulein ?, R. 98; Garn, Prosa u. G. 00; Adams Ko-
stüm, Erzn. 01; Das Turnier der Bleistiftritter 03; Lö-
wen, Löwen. Venezianische Spiegelungen 04; Los, Erz.
05; Priskas Miniaturen, Erzn. 05; Der gestillte Blick,
Sehstücke 07. – **F:** Motel, Fsp.-Ser. 84, 00 (7 von 40
Folgen). – **R:** Motel, Rundfunkmontgolfier, Hsp. 77;
S'Füdli schwänke im Tote Meer, Hsp. in schweiz. Mda. 82. –
P: Wenn die Wirklichkeit selber, CD 99; Jakob schläft,
CD 03. – *Lit:* Elsbeth Pulver in: KLG 01; Markus Bun-
di: Die Schwerkraft im Gleichgewicht, Ess. 05; Werner
Morlag, Nachwort in: Priskas Miniaturen 05; Peter von
Matt, Nachwort in: Jakob schläft 05, u. a.

Merz, Veronika, Übers.; Freiheitsgasse 12, CH-9320
Arbon, Tel. u. Fax (0 71) 4 40 11 60, *pandoramerz@
bluewin.ch* (* Affoltern a. Albis 16. 3. 47). femscript;
Autobiogr., Biogr., Lyr. Ue: engl. – **V:** Feuerspur. Durch
das Labyrinth meines Lebens 95; Das Universum des
Unsichtbaren, Biogr. Nelly Sachs 01. – *Lit:* s. auch
2. Jg. SK. (Red.)

mesalina s. Reichelt, Bettine

Mesch, Herbert, Dipl.-Landwirt (Univ.) u. Dipl.-
Ing. (FH) i. R.; Würzburger Str. 28, D-98529 Suhl,
Tel. (0 36 81) 30 17 27 (* Eisfeld/Kr. Hildburghausen

29. 9. 35). VS Thür.; Erz. – **V:** Mein Name ist Maulwurf,
Sachb. 95; Eisfelder G'schichten 98, 00; Gäbe es die
DDR noch ... 99, 5. Aufl. 05; Die unglaublich wahren
Tiergeschichten 00; Dingslebener Bier, Gramss-Weck
und Kuba-Orangen 02; Liebesgruß an Eisfeld 03, alles
Erzn.; Krebs – und ich lebe, Tageb. 04; Streng geheim,
Sachb. 05; Suhl. Diamant in Thüringens Bergen, Erz.
06; Suhl. Rubin im Grün der Wälder, Erz. 08; mehrere
populärwiss. Veröff. – **MV:** Ein Narr ist, wer sich für
jede Maus eine Katz hält, m. Karin Mesch, Erz. 94. –
MA: Meine Werra 97.

Mesenhol, Gerd, Gymnasiallehrer; Hollenha-
gen 11, D-44869 Bochum, Tel. (0 23 27) 7 11 43
(* Wattenscheid 22. 4. 47). VS 85; Rom. – **V:** Als die
Nebel Feuer fingen, R. 85/87; Ein Tod kommt geflogen,
R. 86; Im Schatten der Zypressen, R. 90; Oftmals auch
auf rauhen Pfaden. Das Leben d. Theodor Fontane,
R. 94.

Meserle, Hans, Hauptschullehrer i. P. u. Konrektor
a. D.; Blumenstr. 24, D-63785 Obernburg, Tel. (0 60 22)
43 10 (* Reichenau/Mährisch Trübau 30. 7. 44). Lyr. –
V: Zeiten 02; Bilder 06.

Messmer, Franzpeter, Dr. phil., Festivalleiter, Autor; Hanfgarten 6, D-88499 Riedlingen, Tel. (0 73 71)
1 39 13, Fax 1 39 15, *parlando.music@t-online.de*,
www.Franzpeter-Messmer.de. Schulstr. 8, D-80634
München (* Geislingen a. d. Steige 16. 2. 54). Rom.,
Lyr., Erz., Dramatik. – **V:** Der Venusmann, R. 97, Tb.
01; Das Traumelexier, R. 00. – *Lit:* s. auch 2. Jg. SK.
(Red.)

Messner, Janko (Ps. Ivan Petrov, Luka Pokržnikov,
Matjaž Kropivnik, Rejsna Snemok), Mag., Prof. i. R.;
Zwanzgerberg/Sojnica 46, A-9065 Ebenthal/Žrelec,
Tel. (0 4 63) 33 01 00 (* Dob/Aich b. Bleiburg/Pliberk
13. 12. 21). DSPA – Verb. slowen. Schriftst. in Öst.
74, GAV 79, DSÖ. P.E.N.-Club, Slowen. DSP Ljublja-
na, Kärntner S.V. 08; Pr. „Goldenes Prag" b. 14. Intern.
Fsp.-Festival 77, Pr. d. France-Prešeren-Stift. Ljublja-
na 78, Prežihov-Voranc-Pr. 87, Osterpr. Vstajenje Trst/
Triest 89, Öst. E.kreuz f. Wiss. u. Kunst 92, Goldmed.
ARITAS (Sat.) Ljubljana 95, Pergamino de Honor, La
Casa de los tres Mundos Ernesto Cardenal, Granada/
Nicaragua 97, Öst. E.kreuz f. Wiss. u. Kunst I. Kl. 02,
zurückgegeben 06; Nov., Ess., Drehb., Lyr., Dramatik,
Film, Übers. Ue: slowen., dt. – **V:** Morišče Dravograd
46; Ansichtskarten von Kärnten, Prosatexte 70; Skurne
storije, Prosa 71, Neuaufl. 75 u. 00; Iz dnevnika Pokržnikovega Lukana 74; Zasramovanci ... združite se! 74;
Buteljni pa Tabu 75; Rugobne priče 76; Fičafjake grejo
v hajke 80; Kärntner Heimatbuch 80, erw. Neuaufl. 86;
Kritike in polemike 81; Naša lepa beseda 84; Vprašanja
koroškega otroka 85; Psalmi / Nikaragva moja ljubljena 86; Gorše storije 88; Živela nemčija! 88; Nicaragua
mein geliebtes – Nikaragva moja ljubljena 88; Kärntner
Tryptichon – Koroški triptih Trittico Carinziano 90; Li-
pa in hrast 90; Der Meldezettel. Kärntner Tryptichon II
91; Pesmi in puščice 91; Gedichte – Pesmi – Canti, dt.-
slowen.-ital. 95 (auch tsch., engl., frz., ung., türk., vietnam., mazedon., span.); Schwarz-weiße Geschichten
95; Hinrichtungsstätte Dravograd, Dok. 97; Kadar nam
Drava nazaj poteče, dramat. Texte 1973–1995 97; Aus
dem Tagebuch des Pokržnikov Luka 98; Zbornik Janko
Messner Almanach, Symposium 1996 z. 75. Geb.
98; Hiob – Job – Giobbe, dreispr. N. 00; Skurne storije 00; Aforizmi & bliskavice, dt.-slowen. 01; Who-
se is this our land? 02; Kako sem postal gospod 02;
Grüß Gott, Slowenenschwein 03; Mein Korotan moj –
Moj Kregistan mein 04; Politisch Lied – ein garstig
Lied 07; Gesamtwerk (dt. u. slowen.) in 10–12 Bden
08/09; – STÜCKE/UA: Ekstremist Matija Gubec 73;

Pogovor v maternici koroške Slovenke 74; Obračun – Eine Abrechnung 92; xy-ungelöst, Monodram 95; Die Schülereinschreibung / Vpisovanje 00. – **MA:** Beitr. in Anth.: Ta hiša je moja, Kärntner slowen. Lit.; Kärnten im Wort; Aufzeichn. aus Kärnten; Monologi in dialogi z resničnostjo 95. – **MH:** Mladje, Lit.zs. d. Kärntner Slowenen. – **F:** Kärntner Heimatfilm – Film koroške domovine, Drehb. m. Peter Turrini, Regie: Rudi Palla 83. – **R:** Vrnitev – Rückkehr, Fs.-Dr. 77. – **P:** Koroška unerwünscht!!!, Tonkass. 80; Iz dnevnika Pokržnikovega Lukana 90; Koroška – Kärnten – Carinzia, CD 98. – **Ue:** F. Dürrenmatt: Das Versprechen u. d. T.: Obljuba 61; Mörčin Nowak-Njechorński: Mojster Krabat 63; Prežihov Voranc: Wildwüchslinge, Erzn. 63, 83; Edvard Kardelj: Die Vierteilung 71; Saška Innerwinkler: Heimatlieder u. andere Bosheiten 00; Sloven. Lyrik von 10 Autoren d. DSP Ljubljana. – *Lit:* Kindlers Lit.-gesch. d. Gegenw.; Das slowen. Wort in Kärnten 80; Die slowen. Lit. in Kärnten, Lex. 91; KLÖ 95; Monologi in dialogi z resničnostjo, Anth. 95.

Messner, Katharina, Dr., Juristin, Journalistin; Fabriksteig 12/8, A-9500 Villach, *katharina.messner@aon.at* (* Gröbing). – **V:** Nur der Kaktus hört mir zu 99; Nur der Kater folgt mir noch 02. (Red.)

Messner, Reinhold, Grenzgänger, Autor, Vortragsredner; Schloß Juval, I-39020 Staben/Vinschgau, *mail @reinhold-messner.de, www.reinhold-messner.de.* c/o Büro Reinhold Messner, Europaallee 2, I-39012 Meran, Tel. u. Fax (04 73) 22 18 52 (* Brixen 17. 9. 44). Primi Monti 68, Ordine del Cardo 70, Premio ITAS 75, Sachb.pr. d. DAV 76, 79, Donauland-Sachb.pr. 95, CONI 98, Bambi – Lifetime Award 00, Royal Geograph. Society's Gold Medal 01, Award Pangea, Tschech. Rep. 02; Erz.; Bildbericht, Alpine Lit., Film. – **V:** Zurück in die Berge 70, 77 (auch ital.); Die rote Rakete am Nanga Parbat 71; Aufbruch ins Abenteuer, Erzn. 72, 78; Sturm am Manaslu 72, (beide auch ital., jap.); Der 7. Grad 73, 81 (auch ital., frz., span., engl., jap.); Die Extremen 74; Klettersteige I – Dolomiten 74; Bergvölker der Erde 75, 80 (auch ital.); Arena der Einsamkeit 76, 80 (auch ital.); Die Herausforderung 76, u. d. T.: GI und GII. Herausforderung Gasherbrum 98; Die großen Wände 77, (beide auch ital., jap., frz., engl., span.); Grenzbereich Todeszone 78; Everest – Expedition zum Endpunkt 78 (ital., jap., frz., engl., span., schw., dän., fin., nor., holl., jug.); Klettersteige II – Ostalpen 78; Alleingang Nanga Parbat 79, 80 (auch ital., jap., frz., engl., span.); Die Alpen (dreispr.) 79; K2 – Berg der Berge 80; Der gläserne Horizont 82; Mein Weg 82; Alle meine Gipfel 82; 3 × 8000 – Mein gr. Himalaya-Jahr 83 (auch ital.); Reinhold Messner Leseb. 85; Wettlauf zum Gipfel 86 (auch ital.); Freiklettern mit Paul Preuss 86; Überlebt – Alle 14 Achttausender 87 (auch ital.); Göttin des Türkis 88; Die Freiheit aufzubrechen wohin ich will 89; Meine Dolomiten 89; Die schönsten Gipfel der Welt 89; Antarktis – Himmel u. Hölle zugleich 90; Bis ans Ende der Welt 90; Rund um Südtirol 92; Alle meine Gipfel II 93; Berge versetzen 93; 13 Spiegel meiner Seele 94; Nie zurück 96; Berg heil – Heile Berge? 97; Yeti, Leg. u. Wirklichkeit 98; Gasherbrum I+II 98; Mallorys zweiter Tod 99; Annapurna 00; Everest Solo – Der gläserne Horizont 00; Die großen Wände 00; Bergvölker 01; Der nackte Berg 02; Vertical 02; Die weiße Einsamkeit 03; K2 Chogori 04; Reinhold Messner – Mein Leben am Limit 04. – **MA:** Bergsteiger werden 84. – **H:** Die Option 89; Paul Preuss 95. – **MH:** Hermann Buhl 97; Eugen Guido Lammer 99, beide m. Horst Höfler. – **R:** Zurück in die Berge 71 (auch ital.); Zwei und ein Achttausender, Fs. 75; Everest unmasked, Fs. 80 (auch dt., frz.); Der Handstreich am K2, Fs. 80; Der heilige Berg 80; Ti-

bet 82 II; Bergsteigen mit Reinhold Messner, 6tlg. Fs.-Ser.; Wohnungen der Götter, Fs.-Serie. – *Lit:* La Montagna, Anth. 76; Michael Albus: D. Grenzen d. Seele wirst du nicht finden 96; Reinhold Messners Philosophie 01. (Red.)

Methfessel, Inge; Gerhart-Hauptmann-Str. 4, D-58456 Witten, Tel. (0 23 02) 7 38 57, Fax 7 94 56 (* Kreibitz/Tschechien 22. 9. 24). Künstlergilde Essl., Literar. Ges. Bochum, Wittener Autoren; Kurzgeschn.-wettbew. d. Allg. Dt. Sonntagsbl. 84, Erzählerpr. d. Stift. Ostdt. Kulturrat 86, 90, Lyr.pr. d. Kg. 86, 88, 89, 90, 98, Lit.pr. Umwelt d. Ldes NRW 89, Lit.pr. Ruhrgebiet (Förd.pz.) 92, Sudetendt. Kulturpr. f. Schrifttum 93, Wilhelm-Busch-Pr. (3. Pr.) 99; Lyr., Hörsp., Erz., Ess., Theaterst. Ue: engl. – **V:** Küstenlandschaft, Lyr. 80; Kein Verlaß auf Liebe?, Jgd.-R. 89; Kein Job für schwache Nerven, Jgd.-R. 90; Abzählreime, Lyr. 91; Freundschaft nicht ausgeschlossen, Jgd.-R. 91; Ein Jahr wie keins zuvor, Jgd.-R. 92; Die Nazis in der Hölle, Theaterst. 93; Das Mädchen aus dem Nachbarhaus, Jgd.-R. 94; Der Herr Geheimrat läßt bitten!, Theaterst. 95; Alles Alexander, Jgd.-R. 96; Die Zukunft hat schon begonnen, Theaterst. 99; Wie werden wir Schneewittchen los, Theaterst. 00; Strukturen 00; Turmbewohner 01, beides Lyr. m. Photogr. v. Erika Kochinke. – **MA:** G., Kurzgeschn. u. Ess. in Zss. u. Anth. – **R:** Hsp.: Die Rede des Generals 82; Warten auf den Briefträger 86; Über die Mauer, über den Abgrund 88. – **Ue:** v. Emily Dickinson. (Red.)

Mettbach, Barbara, Dipl.-Oecotrophologin, Journalistin, Autorin; Sonnenstr. 8a, D-90513 Zirndorf, Tel. (09 11) 6 53 76 45, Fax 6 53 76 46, *autorin@barbara-mettbach.de, www.barbara-mettbach.de* (* bei Münster/Westf. 30. 8. 59). – **V:** Die Diät-Queen, R. 04; Die Sterne-Köchin, R. 05; Die Luxus-Braut, R. 07.

Mettler, Adriana; 10360 Tuxford Drive, Alpharetta, GA 30022/USA, *adrianamettler@mindspring.com, www.adrianamettler.com* (* 12. 9. 61). – **V:** Verschobene Grenzen, R. 06.

Mettler, Clemens, Schriftst.; Stettbachstr. 43/6, CH-8600 Zürich, Tel. (01) 3 22 86 75 (* Ibach/Schwyz 1. 9. 36). ISSV 98, 03; Förd.pr. d. Stadt Bremen 83, Luzerner Gastpr. 83, Anerkenn.pr. d. Kt. Schwyz 86, u. a.; Rom., Lyr., Drama, Erz. – **V:** Der Glasberg, R. 68; Greller früher Mittagsbrand, Kindheitsgeschn. 71; Kehrdruck, Erzn. 74; Gleich einem Standbild, so unbewegt, Erzn. 82; Findelbuch, Textcollage 93; Symmetrie oder wie ich zu zwei Kommunionsgespanen kam, Erz. 98. (Red.)

Mettner, Martina, Dr. phil., Autorin; Wilhelm-Passavant-Str. 6, D-65326 Aarbergen, Tel. (0 61 20) 97 91 14, Fax (0 69) 67 35 24, *martinamettner@web.de* (* Wuppertal 56). Rom. – **V:** Karriere in Aspik, R. 96, Tb. 97; Das Blaue vom Himmel, R. 97, 00, auch Tb.; Fiasko für Fortgeschrittene, R. 99, Tb. 01. – *Lit:* s. nächst. 2. Jg. SK. (Red.)

Metz, Jutta (geb. Jutta Lindner), Dr. phil., MA, Lektorin; Sarasatestr. 27, D-81247 München (* Seekirchen b. Salzburg 22. 7. 44). – **V:** Getrost in Gottes Hand 92; Manchmal werden Wünsche wahr 99; Ich denk' an Dich 98; Dich muss man einfach gern haben! 99; Freude auf dich so selten 00; Alles Gute zum ... Geburtstag 00. Geburtstag 02, ... 70. Geburtstag 02, ... 80. Geburtstag 02; Bleib so, wie du bist 02; Danke 03; Lebe glücklich, jetzt! 04; Freude verzaubert den Tag 05. – **H:** Miteinander wachsen in Partnerschaft und Familie 92; Erinnern heißt Gutes bewahren 93; Zuversicht schenkt neuen Mut 93; In der Stille wächst die Kraft 94; Liebe baut Brücken 95; Die wichtigste Stunde ist die Gegenwart 95; Eine Freude vertreibt hundert Sorgen 97;

Metzenthin

Glück ist immer ein Geschenk 98; Jede Veränderung eröffnet neue Chancen 00; Verträumte Stunden 01; Es wird wieder gut 02; Gute Gedanken ... aus aller Welt 02, ... für stille Stunden 02, ... über die Lebenskunst 02; Ein frohes Fest 03; Rosen für dich 03; Zur Kommunion 06; Zur Konfirmation 06; Zu deiner Taufe 06. (Red.)

Metzenthin, Rosmarie; Justrain 50, CH-8706 Meilen, Tel. (0 44) 9 23 26 96, *r.metzenthin@bluewin.ch*, *www.metzenthin.ch*. – **V:** Schöpferisch spielen und bewegen, Sachb. 84, 94; Wir standen unter den Pappeln, Autobiogr. 06. – **MV:** Spielzeit, m. Susanna Heimgartner, Erinn. 03.

Metzger, Erika (geb. Erika Alma Hirt), Ph. D., Prof. d. Germanistik Univ. Buffalo; 54 Niagara Falls Blvd., Buffalo, NY 14214–1215/USA, Tel. (7 16) 6 45–21 91, Fax 8 31–95 69, *eam3@acsu.buffalo.edu*. c/o RLL, State University of New York at Buffalo, 910 Clemens Hall, Buffalo, NY 14260/USA (* Berlin 8. 4. 33). Modern Language Assoc. 60, American Assoc. of Teachers of German 60, Intern. Vereinig. f. German. Sprach- u. Lit.wiss. (IVG) 71, Assoc. of German Writers in America 72, Intern. Arb.kr. f. dt. Barocklit. Wolfenbüttel 72, Soc. for German Renaissance and Baroque Literature, Präs. 86–87; Goethe-Essay-Pr. Cornell U. 59, Chancellor's Award for Excellence in Teaching 83, Robert-L.-Kahn-Lyr.pr. 97; Lyr., Anthologie, Textb., Ess. Ue: engl. – **V:** diatonisch-doppelt-erfahrenes, Lyr. 77; lichtbilder 80; im bezirk des Schnees 85; unter grund 92. – **MV:** Paul Klee 67; Clara und Robert Schumann 67; Stefan George 72; Reading Andreas Gryphius 94; A Companion to the Works of Rainer Maria Rilke 01, 2. Aufl. 04, alle m. Michael M. Metzger. – **MA:** Encyclopedia of German Literature 00; zahlr. Beitr. u. Rez., u. a. in: TRANS-LIT, seit 95; Monatshefte; German Quarterly; Germanistik. – **H:** Hans Aßmann Freiherr v. Abschatz, poet. Übers. u. G. 70; Hans Aßmann von Abschatz, G. 73; Walther Killy (Hrsg.): Literaturlexikon 89ff.; TRANS-LIT, Lit.zss.; Studies in German Literature, Language and Culture; Dictionary of Literary Biography, u. a. – **MH:** Lyrik u. Prosa 72–76; Klingsor, seit 76; Herrn von Hoffmannswaldau und andrer Deutschen auserlesener und bißher ungedruckter Gedichte ..., m. Michael M. Metzger, III 70, IV 75, V 81, VII 91; Aegidius Albertinus Hof-Schul 79; Sprachgesellschaften – Galante Poetinnen, m. R.E. Schade 89.

Metzger, Herbert, Zahnarzt i. R., Schriftst.; Am Stangenacker 5, D-75173 Pforzheim, Tel. (0 72 31) 2 22 15, Fax 4 24 35 23 (* Eppingen/Baden 22. 1. 24). BDSÄ; Pr. 'Ältere Menschen schreiben' d. Ldes Bad.-Württ.; Lyr., Ess., Aufsatz, Rom., Bericht. – **V:** Rund um den Zahn 80, 3. Aufl. 88; Poetisches Tagebuch 1945–1976 81; Poetisches Tagebuch II, Auswahl aus d. Jahren 1977/78 84, 2. Aufl. 86; Von Mensch zu Mensch 81; Zeitklänge, poet. Betracht. 86; Anthroposophie als Weg zur Verwirklichung des Christentums 90/91; Vom Menschen und seinem Engel 92; Herbstsaat und Lebenshoffnung, Lyr. 95, erw. Aufl. 03; Unterwegs im Schicksalsraum Erde, biogr. R. 00; Lehrstücke meines Lebens, biogr. Reflexionen 01/02; Helia, Erz. 05. – **MA:** versch. Beitr. in Anth., Zss. u. Ztgn, u. a. in: Alm. dt. Schriftstellerärzte seit 84; Kreuz der Rosen 86; Zs. Merkur (Schweden) 91–93. – *Lit:* Carl Gibson in: Wege, Zs. 04. (Red.)

Metzger, Iris Caren s. Württemberg, Iris Caren Herzogin von

Metzger, Kai; Herderstr. 17, D-40237 Düsseldorf, Tel. (02 11) 6 79 08 74, *post@prosaprosa.de*, *prosaprosa.de* (* Düsseldorf 2. 11. 60). Lit.förd.pr. d. Ldeshauptstadt Düsseldorf 92, Förd.pr. d. Ldes NRW 92, Würth-Lit.pr. 07. – **V:** Die Ey, Opernlibr., UA 91; Keine Geschichten, Kurzprosa 93; Alfred Andersch

„Sansibar oder der letzte Grund" (Lektüre easy) 01. – **R:** Solo in Fuga 94. (Red.)

Metzger, Michael M. (Michael Moses Metzger), Prof. Dr., Prof. d. Germanistik, U.Buffalo; 54 Niagara Falls Blvd., Buffalo, NY 14214–1215/USA, Tel. (7 16) 6 45–21 91, Fax 8 31–95 69, *mmetzger@acsu. buffalo.edu*. c/o RLL, State University of NY at Buffalo, 910 Clemens Hall, Buffalo, NY 14260/USA, *mmetzger @acsu.buffalo.edu* (* Frankfurt/Main 2. 6. 35). Modern Language Assoc., American Assoc. of Teachers of German, Lessing Society, Lessing-Akad. Wolfenbüttel, Schiller-Ges., Goethe Society of North America; Fulbright Fellowship 56–57; Kritik, Lit.gesch. Ue: engl. – **V:** Lessing and the Language of Comedy 66. – **MV:** Stefan George 72; Reading Andreas Gryphius 94. – **MA:** A Companion to the Works of Stefan George 05; zahlr. Beitr. u. Rez. in lit. Zss. u. Lexika, u. a.: Stefan George Jb.; Germanistik; German Studies Review; Monatshefte; Zs. f. Hist. Sozialforschung. – **MH:** Der Hofmeister und die Gouvernante 69; Aegidius Albertinus: Hof-Schul 78; Herrn v. Hoffmannswaldau und andrer Deutschen ... Gedichte. Benjamin Neukirchs Anthologie, Bde 5–7 81, 88, 91; A companion to the Works of Rainer Maria Rilke 01, 2. Aufl. 04; Lessing Yearbook (wiss. Berater); Germanistische Werke (wiss. Berater). – Ue: / MUe: zahlr. wiss. Aufss. (Germanistik) in Sammelbdn u. a. für Camsen House, Rochester/N.Y.

Metzger-Althaus, Elke, Rechtsänwältin, Notarin; Alte Warte 15, D-57319 Bad Berleburg, Tel. u. Fax (0 27 51) 77 07. Kühhude 2, D-57319 Bad Berleburg (* München 21. 3. 47). Rom., Erinnerung. – **V:** Eisblumen im August, R. 90; Kindertage im jüdischen Haus, Erinn. 01. (Red.)

Metzker, Helmut; Freudenstädter Str. 47, D-72202 Nagold, Tel. (0 74 52) 6 59 10 (* Frankfurt am Main 4. 12. 20). Lyr. – **V:** Gereimtes und Ungereimtes aus meinem Leben 02, 2., erw. Aufl. 04 (mit G. von Otto Metzker). – **MA:** Lyrik und Prosa unserer Zeit, N.F. Bd 6 u. 7 07/08.

Metzler, Ralf, freischaff. Komponist; Industriestr. 5, A-6430 Ötztal-Bahnhof, *ralfmetzler.info@telfs. com*, *www.ralfmetzler.com*, *www.composingcompany. com* (* Hanau 14. 6. 66). Lyr. – **V:** zeitlos lang, Lyr. 03. (Red.)

Meura, Bernd s. Freise, Eberhard

Meussling, Gisela, Verlegerin; Dixstr. 29, D-53225 Bonn, Tel. u. Fax (02 28) 46 63 47 (* Bergen/Rügen 24. 8. 35). Liedtext, Ess., Kurzgesch., Recherche. – **V:** dornröschen ist glatt abgehau'n, Lyr. 78; Hexenlieder 80. – **MV:** Die singende Gummibaum 81. – **H:** Josefine Schreier: Göttinnen – Ihr Einfluß von der Urzeit bis zur Gegenwart 78, 2. Aufl. 82; Alte Hexenlieder 82; Veröff. z. Nommologie v. Gisela v. Frankenberg. (Red.)

Meves, Christa (geb. Christa Mittelstaedt), Kinderu. Jugendlichen-Psychotherapeutin, Vorst. mitgl. VFA 'Verantwortung f. d. Familie e. V.'; Albertstr. 14, D-29525 Uelzen, Tel. u. Fax (05 81) 23 66, Fax 9 71 25 39, *email@christa-meves.de*, *www.christa-meves.de* (* Neumünster 4. 3. 25). Christl. Autorinnengr.; Wilhelm-Bölsche-Med. 74, Prix-AMADE 76, Goldmed. d. Herder-Verl. 77, Verd.orden d. Landes Nds. 78, Konrad-Adenauer-Pr. 79, Sonnenscheinmed. d. Aktion Sorgenkind 82, Medal of Merit 84, BVK I. Kl. 85, Pr. d. Stift. f. Abendländ. Besinnung 95, Pr. f. wiss. Publizistik 96, Gold. Rosine d. Ver. „Bürger fragen Journalisten" 00, E.med. d. Bistums Hildesheim 00, Dt. Schulbuchpr. 01, Gr. Verd.kreuz d. Niedersächs. Verd.orden 05, Komturkreuz d. Gregoriusordens 05, Pr. d. Stift. Ja zum Leben 07; Ess., Sachb., Erz. – **V:** bisher 113 Buchtitel, u. a.: Ich reise für die Zukunft. Vortragserfahrungen u. Erlebnisse e. Psychagogin 73, 4. Aufl. 82; Ich will leben. Briefe an Martina 74, 23. Aufl. 96; Ermutigung zum Leben 74, 8. Aufl. 81; Lange Schatten – helles Licht. Aus meinem Tagebuch 76, 5. Aufl. 83; Zeitloses Maß in maßloser Zeit 76, 2. Aufl. 92; So ihr nicht werdet wie die Kinder 79; Ich will mich ändern, R. 81, 4. Aufl. 97; Bist Du David? 83; Kraft, aus der Du leben kannst 84, 5. Aufl. 98; Ermutigung zur Freude 87, 3. Aufl. 89; Damit ihr Frucht bringt 88; Im Schutzmantel geborgen 89 (auch ital.); Glücklich ist, wer anders lebt 3. Aufl. 89; Positiv gesehen 3. Aufl. 91; Die Bibel hilft heilen 2. Aufl. 92; Europa darf nicht untergehen 92; Kurswechsel 92; Alte Narben, neue Nöte 94; Aber ich will mich verstehen 96; In den Ferien fing es an 96; Danke, mit einem lieben Gruß 97; Ein jeder Tag hat Sinn für dich 97; Freude für die glücklichen Eltern 97; Glückwünsche zum neuen Lebensjahr 97; Ohne Liebe geht es nicht 97; Trost in Zeiten der Trauer 97; Mein Leben. Herausgefordert vom Zeitgeist, Autobiogr. 99; Trotzdem Mut zur Zukunft 99; Liebe und Aggression 00; Wie das Gestern das Heute bestimmt 01; Charaktertypen 02; Verführt, Manipuliert, Pervertiert 04; Geheimnis Gehirn 06; zahlr. Sachb.; Übers. in 13 Sprachen. – **MV:** Anima, m. Jutta Schmidt 76; Macht Gleichheit glücklich, m. Heinz-Dietrich Ortlieb 78; Denen im Dunkeln Trost, m. E. von Buddenbrock, Lyr. 79; Unterwegs, m. Joachim Illies 80, 3. Aufl. 83; Dienstanweisungen für Oberteufel, m. dems. 81, 5. Aufl. 86; Die ruinierte Generation, m. Heinz-Dietrich Ortlieb 82; Aber ich will dich verstehen, m. Andrea Dillon 97; Mara und Mum, m. Donata von Heydebreck 06. – **MA:** ca. 2500 Aufss. in Ztgn u. Zss. d. gesamten dt. Sprachraums, u. a. in: Theologisches; Dt. Tagespost; Münchner Merkur; Weltbild; ferment; Das Zeichen; Der Dreizehnte; 17, Zs. f. junge Christen; Der Fels; Vision 2000; Medizin u. Ideologie; Kirche heute; Welt am Sonntag; Die Furche; Verbandsztg KKF; Die Welt; Sexualethik u. Seelsorge; Meine schönste Bibelstelle 88; Die Freiheit, die sie meinen ... 89; Meine Mutter 89; Und plötzlich sind die Enkel da 89; Akzente Alm. 93; Starke Frauen 94; Das Schärfste war mein Turndress ... 95; Das große Buch v. Weihnachten 96, u.v.a.; ca. 3000 gehaltene öff. Vorträge im dt. Sprachraum. – **MH:** Rheinischer Merkur; Christ u. Welt, 78–06. – **R:** Das große Fragezeichen; Die Affen und wir, m.a., Fs.; zahlr. Beitr. f. div. Fs.-/Rdfk-Sender. – **P:** Lob des Alters. – *Lit:* Unser Leben muß anders werden. Porträt C.M., Video 95; s. auch SK.

Mewes, Eike, Regisseur, Doz. f. Lit.- u. Theaterwiss.; Tannenweg 24, D-15834 Rangsdorf, Tel. (0 33 70 8) 9 06 19, *eike@mewes-autor.de*, *www.mewes-autor.de* (* Berlin 30. 9. 40). Erz., Hörsp., Fernsehsp., Filmgeschn. – **V:** Auf ein Wort, ill. Wortklaubereien A-Z 06; Der Tag ist nur der weiße Schatten der Nacht, drei Filmgeschn. 06; 1906 Teekesselchen, ill. Wörter-Ratespiel 08; Einer trage das anderen List, (un)moralische Geschn. 08.

Mews, Sibylle, Kunstpäd. (* Clausthal-Zellerfeld 17. 5. 27). Friedrich-Bödecker-Kr.; Kinderb., Kinderhörsp. – **V:** Wer spielt mit mir 67; Flüsterkuchen 67; Toni geht verloren 67; Apfel im Schlafrock 68; Das glückliche Schwein 69; Das kluge Schweinchen 69; Das Haus mit den vielen Fenstern 72; Was das Gurkenfaß nachts macht 73, 75; Kennst du Dominikus Munk 75; Otto kommt mit allem klar 77; Das Schwein, das radeln konnte 79; Ein Daheim für Tiere 80; Zwitsch 81; Verrückte Ferien mit Fräulein Spargel 81; Du bist zu dick, Isabella 82; Tschilp – eine Spatzengeschichte 82; Der sanfte Riese 86; Willis Sonntage 87; Chrysobal,

der Zauberer ohne Gesicht 91; Die laufende Nase, Bilderb. 98; Das Mädchen und die Zwillinge 00; Traumkönigs Mäntel 01, alles Kdb. – **MA:** zahlr. Anth. seit 70. – **R:** Der Pavillon im Mond, Hsp. 68; 10 Schweinegeschichten, Fsp. 68; Der Schatz des Sultans, Hsp. 69; 10 Bärengeschichten, Fsp. 69; Die Abenteuer des Robin O'Connor, Hsp. 70; 10 Giraffengeschichten, Fsp. 70; Die Drachen im Brunnen 71; Die Geister im Mangobaum 71; Der Bambuswald 72; Die Antilopenmädchen 73; Abdullahs Pantoffeln 73; Das Geschenk der Trollhexen 74; Im Garten der Orangen 75; Hiawathas Zaubersack, alles Hsp. (Red.)

Meyer zu Küingdorf, Arno, freier Autor; c/o Webdox-Portal GmbH, Friedrich-Wilhelm-Platz 13, D-12161 Berlin (* Oeynhausen 17. 8. 60). Rom. – **V:** Die Generalprobe 99; Kreis des Schweigens 99; Der Selbstmörder-Klub 99; Stürmische Tage 00; Die Richterin 01; Was nützt die Liebe in Gedanken 04. (Red.)

Meyer, Claus Heinrich (Ps. Germaine Seeliger, Cloe Hilgunde Muerbig, c.h.m.), Essayist u. Photograph; Zentnerstr. 19, D-80798 München, Tel. (0 89) 21 83 87 75, Fax 2 18 33 75. Elberfelder Str. 18, D-10555 Berlin, Tel. (0 30) 3 92 91 04 (* Essen 17. 4. 31). DGPh; Theodor-Wolff-Pr., Med. 'München leuchtet'; Ess., Dramatik, Erz. – **V:** Die begehbare Frau, Fabeln, Legn., Bilder 92; Kleines Deutschland. Photographien 1954–1999 01. – **MA:** Dies schöner Land 90; zahlr. Aufss. u. a. in: Der Monat; Kursbuch; Merian. – **MH:** Das Streiflichtbuch, iron. Feuill. 95; Das neue Streiflichtbuch, iron. Feuill. 00. – **P:** Lernt rheinisch mit Konrad Adenauer, m. K.H. Wocker, sat. Sprachkurs, Schallpl. 63, CD 99; Mit Erhard leben, m. dems., lit. Kabarett, Schallpl. 65. (Red.)

Meyer, Clemens; Leipzig, *dermeyer@gmx.net* (* Halle/Saale 77). MDR-Lit.pr. 01 u. 03, Lit.stip. d. Ldes Sa. 02, Rheingau-Lit.pr. 06, Mara-Cassens-Pr. 06, Förd.pr. z. Lessing-Pr. d. Ldes Sa. 07, Märk. Stip. F. Lit. 07, Clemens-Brentano-Pr. 07, Pr. d. Leipziger Buchmesse 08. – **V:** Als wir träumten, R. 06; Die Nacht, die Lichter, Stories 08. – **MA:** Nikita 00; Der wilde Osten. Neueste dt. Literatur 02; Die grünen Hügel Afrikas 04; Zornesrot 07, u. a. – *Lit:* Frankfurter Allg. Sonntagsztg (FASZ) 2.4.06. (Red.)

Meyer, Conny Hannes, Regisseur, Theaterleiter, Schriftst.; Spiegelgasse 4/5, A-1010 Wien, Tel. (01) 5 13 41 96, Fax 5 81 84 07, *c.h.meyer@gmx.at*. Stiegengasse 7, A-1060 Wien, Tel. (01) 5 81 84 07 (* Wien 18. 6. 31). P.E.N. Öst.; Kainz-Med. d. Stadt Wien 69, Pr. f. Wiss. u. Kunst 79, Auszeichn. f. Verdienste um d. öst. Theater v. Kulturamt d. Stadt Wien; Drama, Lyr., Nov., Hörsp., Sat., Ess., Lied, Fernsehsp. – **V:** Die Sache mit Dornröschen; Jahre des Schweigens; Aus der Matratzengruft (auch Fsf.); Des Kaisers treue Jakobiner (auch Fsf.); Der Alptraum ein Leben (auch Fsf.); Angelo Soliman oder die schwarze Bekanntschaft (auch hrsg.); Karl ist krank – Szenen aus der I. Republik; Der Traumtänzer; Franzi & Franzi; Der Fall Bettauer; Till unterwegs, alles Stücke; den mund von schlehen bitter, Lyr. 60; abseits der wunder, lyr. Prosa 63; Jakob Taubers langer Brief, Prosa 63; Die Blutsäule, n. d. Roman v. Soma Morgenstern, UA 00; Hamlet in Mauthausen, Sch. 02; „Ab heute singst du mir nicht". Aufzeichnungen e. Kindheit 06. – **B:** Rose Berndt (auch übers.); Schiller: Fiesco; Morgenstern: Galgenlieder; Kempner: Schlesische Nachtigall; Trakl: Blaubart, alles Sch. – **MA:** morgen, Zs.: Das jüdische Echo; Wort in der Zeit; manuskripte; mitbestimmung. – **R:** Rebell – der keiner war; Leonce + Lena; Gesang vom West-Strand; Pioniere in Ingolstadt; Die Ausnahme und die Regel; Volksfeinde; Die Fladmitzer (auch Hsp.); Rose Berndt; Heute Abend

Meyer

Lola Blau; Komödianten, alles Fsf.; – Pali; Spiel aus; Angelo Solimann; Beth-Hachajim; Hamlet in Mauthausen; Blutsäule, alles Hsp.; ständiger Autor bei „morgen", N.Ö. Kultur (Wien). – **Ue:** Temilla. – *Lit:* Walter Schlögl: C.H.M. u. seine Komödianten, Diss. U.Wien 94. (Red.)

Meyer, E. Y. (eigtl. Peter Meyer), freier Schriftst.; Brünnen-Gut, Brünnenstr. 4, CH-3027 Bern, *e.y.meyer @freesurf.ch, www.eymeyer.ch* (* Liestal 11.10.46). Gruppe Olten 73, SSV 87, AdS; Buchpr. d. Stadt u. d. Kt. Bern, Lit.pr. d. Kt. Baselland 76, Gerhart-Hauptmann-Pr. 83, Pr. d. Schweiz. Schillerstift. 'f. d. bisherige Gesamtwerk' 84, Welti-Pr. f. d. Drama 85, Buchpr. d. Kt. Bern 05; Rom., Erz., Ess., Hörsp., Fernsehsp., Drama, Lyr. – **V:** Ein Reisender in Sachen Umsturz, Erzn. 72; Spitzberg, Hsp. 72; In Trubschachen, R. 73, 89 (frz.); Eine entfernte Ähnlichkeit, Erzn. 75, 06, Hsp. 75; Herabsetzung des Personalbestandes, Fsp. 76; Die Rückfahrt, R. 77; Die Hälfte der Erfahrung, Ess. u. Reden 80; Plädoyer. Für die Erhaltung d. Vielfalt d. Natur bzw. für deren Verteidigung gegen d. ihr drohende Vernichtung durch d. Einfalt d. Menschen 82; Sunday Morning, Theaterst. 84, UA 87; Wilde Beeren, Texte zu Bildern 92; Das System des Doktor Maillard oder Die Welt der Maschinen, R. 94; Wintergeschichten, Erzn. 95; Venezianisches Zwischenspiel, N. 97, 99 (norw.); Der Trubschachen Komplex, R. u. Nachgesch. 98; Der Ritt, R. üb. Jeremias Gotthelf 04; Eine entfernte Ähnlichkeit. Eine Robert-Walser-Erz. 06. – **H:** (u. Nachwort): Edgar Allan Poe: Der Rabe. The Raven 81, 12. Aufl. 07; Geräusche. Eine Schweizer Anth. 82; Jeremias Gotthelf: Geld und Geist 90. – **P:** Wo Gott hockt. Emmentaler u. andere Gedichte, CD 07. – **Ue:** Gerhard Aberle: Ich heiße Podrazek, u. d. T.: I heiße Bärger, Übers. u. Bearb. f. Schweizer Verhältn., Hsp. 77. – *Lit:* Beatrice v. Matt (Hrsg.): E.Y. Meyer, Materialienbd 82; Barbara Mahlmann-Bauer in: Dt. Bücher/Forum f. Lit., H. 2 05; Barbara Traber in: orte 144 06; Anton Krättli in: KLG, u. a.

Meyer, Elke; Bachstr. 41, D-31157 Sarstedt, *elke. meyer2@gmx.de, www.autorin-meyer.de.* – **V:** Das Versprechen aus der Vergangenheit, R. 05; Kassandras Träume, R. 07; Im Feuer der Sterne, R. 08.

Meyer, Eva, Dr. phil., M. A., Autorin, Prof., Filmemacherin; Goethestr. 61, D-10625 Berlin, Tel. u. Fax (0 30) 3 13 51 57, *evameyer5@hotmail.com* (* Freiburg/ Br. 16.6.50). Ess., Hörsp., Film. – **V:** Zählen und Erzählen. Für eine Semiotik des Weiblichen 83; versprechen. Ein Versuch ins Unreine, Ess. 84; Architekturen, Ess. 86; Briefe oder die Autobiographie der Schrift, Ess. 89; Der Unterschied der eine Umgebung schafft 90; Trieb und Feder 93; Tischgesellschaft 95; Faltsache 96; Glückliche Hochzeiten 99; Von jetzt an werde ich mehrere sein 03. – **MV:** Gedächtnis zu zweit, Hsp. u. Filmtexte 00; Sie könnte zu Ihnen gehören 07; Mein Gedächtnis beobachtet mich 08, alle m. Eran Schaerf. – **F:** Wie gewohnt 99; Documentary Credit 98; Europa von weitem 99; Flashforward 04, alle m. Eran Schaerf.

Meyer, Gerd, Maurer, Lehrer; König-Heinrich-Str. 9 A, D-06217 Merseburg, *meyernotizen@aol.com* (* Friedrichroda/Thür. 7.11.38). Lyr., Erz. – **V:** Die Kammer 05; Nur ein paar Worte noch 06; Rosenau 12 06; Von Zeiten und D. da sein 07; Rückblicke 07; Melancholie 08; Vor der Haustür 08.

Meyer, Helga, Dipl.-Journalistin (* Chemnitz 30.9.29). SV-DDR 64, Sächs. Schriftst.ver. 91; Kdb.pr. d. Min. f. Kultur d. DDR (m. Hansgeorg Meyer) 66, 71, Kunstpr. d. FDGB 72, 84, Kuba-Pr. d. Bez. Karl-Marx-Stadt 76, Theodor-Neubauer-Med. 79; Erz., Kinderb. – **V:** Katja und der Regen 71; Brot fällt nicht von Him-

mel 73, 91; Ein Kater geht an Bord 74, 77; Katja aus der Pappelallee 75, 79; Der Streit um den Wald 75, 76; Ein Kater auf großer Fahrt 78; Ein Kater in den Wolken 85; Besuch bei Robert 90, alles Kdb. – **MV:** Jettchen und die Verschwörer, Kdb. 62; Dachs und Dufte, m. Karl Sattler, Kdb. 63, 64; Der Sperling mit dem Fußball, Erzn. 66, 79; Keine Blumen für die Helden 71, 76; MZ-Geschichten, Kdb. 72, 88; Straßen, Plätze, große Namen, Kdb. 73, 87; Kartoffelpuffer, Kdb. 73, 77; Vom Bärchen und der schönen Angara, Kdb. 77, 89; Was kostet die Sonne 79; Fritz Heckert, Biogr. 84, 87; Forscher, Streiter, Wegbereiter 88; Prinz Lieschens Berge 88, 94; Das schwebende Fräulein, Sagen aus d. Erzgebirge 92, 00; Berggeschrei im Weihnachtsland, Erzn. 03, alle m. Hansgeorg Meyer. – **MA:** Fahren in ein neues Land 71; Der Märchensputnik 72, 75; Das Gesetz d. Partisanen 72, 74; Die Räuber gehen baden 77, alles Kdb.; Der Franz mit d. roten Schlips, Erzn. 79; Mit Kirschen nach Afrika 82; Ich leb so gern, E. Friedensbuch f. Kinder 82; Der gestohlene Regen 82. – **F:** Drei Wünsche, Trickf. 66. – **R:** MV: Ser. v. Funkerzn.: Kommt herbei, gebt alle acht, was Ingrid für euch ausgedacht 60–63; Kommt her und hört euch allemann vom Knollnie in Märchen an 60–63; Das Verhör, m. Hansgeorg M., Fsp. 67; Neumann – zweimal klingeln, Hsp.reihe 70–71.

Meyer, Inez s. Herzfeld, Franca

Meyer, Kai (Ps. Alexander Nix), Autor, Journalist; Zülpich, *www.kai-meyer.de, www.kaimeyer.com* (* Lübeck 23.7.69). Internat. Buchpr. 'Corine' 05. – **V:** Der Kreuzworträtsel-Mörder 93; Schweigenetz, Thr. 94; Die Geisterseher, hist.-phant. R. 95; Der Rattenzauber, hist.-phant. R. 95; Doktor Faustus Trilogie: Der Engelspakt 96, Der Traumvater 96, Die Engelskrieger 00; Der Schattenesser, hist.-phant. R. 96; Hex, phant. R. 97; Die Nibelungen. Bd 1: Der Rabengott 97, Bd 2: Das Drachenlied 97, Bd 6: Die Hexenkönigin 97, Bd 9: Der Zwergenkrieg 97; Die Winterprinzessin, hist.-phant. R. 97; Die Alchimistin, hist.-phant. R. 98; Das Gelübde, hist.-phant. R. 98; Giebelschatten, 2. Euw. 98; Loreley, hist. Fantasy 98; Göttin d. Wüste, hist.-phant. R. 99; Sieben Siegel, Bd 1–10: Die Rückkehr d. Hexenmeisters, Der schwarze Storch, Die Katakomben d. Damiano, Der Dornenmann, Schattenengel, Die Nacht der lebenden Scheuchen, Dämonen d. Tiefe, Teuflisches Halloween, Tor zwischen d. Welten, Mondwanderer, 99–02; Das Haus d. Daedalus, hist.-phant. R. 00; Die Unsterbliche, hist.-phant. R. 01; Merle-Trilogie: Die Fließende Königin 01, Das Steinerne Licht 02, Das Gläserne Wort 02; Das zweite Gesicht, R. 02; Wellenläufer-Trilogie: Die Wellenläufer 03, Die Muschelmagier 04, Die Wasserweber 04; Das Buch von Eden, hist. R. 04; Frostfeuer, phant. R. 05; Wolkenvolk-Trilogie: Seide u. Schwert 06, Lanze u. Licht 07, Drache u. Diamant 07, u. a.; (Übers. insges. in über 20 Spr.). – **R:** Drehb. zu: Schrei, denn ich kann dich töten 99; Das Mädcheninternat – Deine Schreie kann niemand hören 01. (Red.)

Meyer, Karen s. Meyer-Rebentisch, Karen

Meyer, Klaus, freier Schriftst.; Groten Enn 27, D-18109 Rostock, Tel. (03 81) 1 20 01 95, Fax 1 20 26 62, *MommeKnudsen@t-online.de* (* Berlin 19.2.37). – **V:** Weiße Wolke Carolin 80, 98; Zuckerkauken um Koem 82, 88; Petroleum-Jonny 82, 85; Hör-mal'n-beten-to-Geschichten 89; Nützt je nix – dor möten wi dörch, Geschn. 90; Pußti, mien Pußti 91; Het all sien Kunst 92; Pußti bi de Aapen 96; Bordello di Bello, Geschn. 99; Momme Knudsen wird Klabautermann, Geschn. 99; Warnemünde. Ein Spaziergang 02. – **MV:** Versprochen ist versprochen, Kdb. 85; Land unterm Möwenschrei, Kdb. 89; Und nachts rollern die Hunde, Kdb. 96; Leine los für Jonas! 02, Tb. 03, alle m. Elisabeth Meyer. – **B:** 3 Heimatb. 81–86. – **F:** Weiße Wolke Carolin, Kinderf. 85. – **R:** Prost Molli, Fs.-Feat. 86. (Red.)

Meyer, Max, Dr. iur., Rechtsanwalt; Bottigenstr. 2A, CH-3018 Bern, Tel. (0 31) 3 10 00 10, Fax 3 10 00 20, *mail@lawbern.ch.* Speichergasse 5, CH-3000 Bern (* Bern 18. 8. 46). – **V:** Zeitsprünge, utop. Erzn. 98. (Red.)

Meyer, Otti; Meißnerstr. 18, D-34298 Helsa, Tel. u. Fax (0 56 02) 7 04 96 (* Meißner-Vockerode 13. 2. 37). – **V:** Der Ruf der Eule, Kdb. 97. – **R:** Ruf der Eule, Rdfk-Sdg 00. (Red.)

Meyer, Peter s. Meyer, E. Y.

Meyer, Piri; Groten Enn 27, D-18109 Rostock, Tel. (03 81) 1 20 01 95, Fax 1 20 26 62 (* 37). Friedrich-Bödecker-Kr. Meckl.-Vorpomm. – **MV:** Versprochen ist versprochen 85; Land untenm Möwenschrei 89; Und nachts rollern die Hunde 96; Leine los für Jonas! 02, alle m. Klaus Meyer. (Red.)

Meyer, Ralf, M. A., Dramaturg, Autor, Theaterregisseur; c/o Kulturinsel Halle, Große Ulrichstr. 50/51, D-06108 Halle/S., *ralfmeyer2004@web.de* (* Lutherstadt Eisleben 21. 11. 70). 1. Pr. d. Zs. „Ort der Augen" 98; Lyr., Erz., Dramatik. – **V:** Die Innenwände des Horns, G. 96; Die Schöne und das Biest, Stück, UA 02; Wiederstedter Elegien, G. 03. – **MA:** Nachw. in: Werner Makowski: Aus Charons Kahn, G. 1970–1997 97; André Schinkel: Die Spur der Vogelmenschen, G. 98; Ronald W. Gruner: Die Sprache der Bäcker, Lyr. 00 (auch hrsg.); Undine Materni: Das beharrliche Unglück der Dinge, Lyr. 00 (auch hrsg.). – **MH:** Blaue Schrift, Lit.-Zs. 98, 99. (Red.)

Meyer, Reinhard; Schwarzer Weg 14, D-26349 Jade, Tel. (0 44 55) 3 09, Fax 94 84 73, *ReinhardMeyer1 @gmx.de* (* Varel 20. 7. 49). Rüstringer Schrieverkring 05. – **V:** Hebbt wu lacht, pldt. Briefe, 1.–3. Aufl. 05; Dor lachst' di weg, pldt. Kurzgeschn. 06.

†**Meyer,** Theo, Dr. phil. habil., UProf.; lebte in Würzburg (* Solingen 8. 11. 32, † Würzburg 18. 11. 07). Rom., Lyr. – **V:** Kunstproblematik und Wortkombinatorik bei Gottfried Benn, 71 (Diss. Köln); Der Gelähmte, R. 80; Nietzsche. Kunstauffassung und Lebensbegriff 91; Nietzsche und die Kunst 93; Requiem und Morgenröte, G. 00. – **MA:** u. in: Neue Dt. Hefte 1/86, 2/87. – **H:** Theorie des Naturalismus 73, bibliogr. erg. Ausg. 97. – *Lit:* K.M. Rarisch in: Die Bücherkommentare 6/80; J. Günther in: Neue Dt. Hefte 2/81.

Meyer, Ulla K., Realschullehrerin, Doz. f. Autorenseminare; c/o Studio ASKI, Koppelweg 11, D-30655 Hannover (* Wunstorf/Luthe 7. 12. 55). Gruppe Poesie; Lit.pr. d. Dt. Autorenverb. Ue: engl. – **V:** Namaste, lit. Reisetageb. 84; Vergiß nicht, den Göttern zu danken, lit. Reisetageb. 93; Leila – eine traumhafte Erz. 95; Der weiße Rabe, R. 96; Der Hochzeitsstein, M. 97; Verena, Sat. 00; Der Spiegelfisch u. a. Erzählungen 01. – **MV:** Woher – wozu – wohin?, Jugend-Katechismus 02. – **MA:** zahlr. Beitr. in Anth., u. a. in: Der Mensch, die Zeit, die Phantasie 92; Seitenblicke 95. – **R:** Die Reise eines Wassertropfens in das Innere des Ohres, Hsp. 00. – *Lit:* StadtAnsichten, Hannover-Buch 95; Literatur@tlasNiedersachsen.de 00. (Red.)

Meyer, Ursel (Ursel Meyer-Wolf, geb. Ursel Wolf), Autorin, Liedermacherin; Melchiorshausen, Grenzweg 34, D-28844 Weyhe, Tel. u. Fax (0 42 1) 8 98 46 64, *u.meyer.weyhe@t-online.de* (* Bremen 27. 4. 44). VG Wort 79, GEMA 81, GVL 81; Hans-Henning-Holm-Pr. 88, 05, Kulturpr. d. Ldes Diepholz 90, 1. Pr. (Regionales Hsp.) d. Zonser Hsp.-Tage 07; Lyr., Erz., Hörsp., Lied. – **V:** Över't platte Land, Lieder 87; Met de Tiet, Hsp. 07. –

MA: De Vagelfänger 90; Voss un Haas, Heimat-Kal. 96–99; Wenn de Pappelbööm singt 98. – **R:** 11 Hsp. f. RB, NDR, WDT, SWF 78–05. – **P:** Heh, du 79; op'n Lannen 84, beides niederdt. Lieder auf Schallpl. – *Lit:* Die plattdt. Autoren u. ihre Werke 08.

Meyer, Ursula (geb. Ursula Krüger), Dr. phil.; Kugelfanggasse 68, A-1210 Wien, Tel. (01) 2 63 23 16, *u_meyer_2000@yahoo.de.* Schmüllingstr. 18, D-48159 Münster (* Königstein/Ts. 22. 7. 47). VG Wort; Rom., Erz. – **V:** Endstation Aasee 98, 04; Münster – Weimar und zurück 99, 06; Rosen aus Münster 02, 05; Auf der Promenade wartet der Tod 02, 05; Das Haus am Maikottenweg 03; ... Brenne auf mein Licht 04; Der Tod kennt keinen Stundenplan 06, alles Krim.-R. (Red.)

Meyer, Uwe s. Winter, Lars

Meyer-Bernitz, Klaus; Vollmersstr. 17, D-28219 Bremen, *kontakt@werkplatz.de, www.mondlied.de* (* Hannover 12. 11. 50). – **V:** freitagnacht 97; haut 98; Drölf – Märchenhaftes und Sonderbares 98, alles Lyr.; Jupp & Flynn 03. (Red.)

Meyer-Clason, Curt, freier Schriftst., Übers.; Lucile-Grahn-Str. 48/4, D-81675 München, Tel. u. Fax (0 89) 47 29 31 (* Ludwigsburg 19. 9. 10). VS München 70, P.E.N.-Zentr. Dtld, korr. Mitgl. Acad. Brasileira de Letras, Rio de Janeiro; Goldmed. Machado de Assis, Offizier d. Cruzeiro do Sul 65, Übers.pr. d. Dt. Akad. f. Spr. u. Dicht. 72, Übers.pr. d. Kulturkr. im BDI 78, Übers.pr. d. Nat.bibliothek Rio de Janeiro 82, Übers.pr. d. Portug. Schriftst.ges. Lissabon 86, Silbergriffel 88, BVK I. Kl., Wilhelm-Hausenstein-Ehrung 96; Rom., Reisetageb., Übers., Ess., Erz., Hörsp. Ue: engl, frz, port, span, ital. – **V:** Erstens die Freiheit, Tageb. e. Reise durch Argentinien u. Brasilien 78; Portugiesische Tagebücher 79; Äquator, R. 86; Unterwegs, Erz. 89; Ilha Grande, Ess. 98; Der Unbekannte, Erz. 99; Bin gleich wieder da, Erz. 00. – **H:** u. Ue: Meistererzählungen des Machado de Assis 64; Carlos Drummond de Andrade: Poesie 65; Die Reiher u. a. brasilian. Erzn. 67; Der schwarze Sturm u. a. argentin. Erzn. 69; João Cabral de Melo Neto: Ausgew. G. 69; Robert Lowell: Für die Toten der Union, G. 69; Der Hund ohne Federn, G. 70; Der Gott und der Seefahrer u. a. portug. Erzn. 72; Gabriel García Márquez: Das Leichenbegräbnis der Großen Mama, Erzn. 74; Brasilianische Poesie des 20. Jh. 75; Lateinamerikanische Lyrik der Gegenwart 88; Y agora José?, G. 96; Die Lehre der Fremde – die Leere des Fremden, Anth. 97; Modernismo Brasileiro u. die brasilian. Lyrik d. Gegenwart, Anth. 97; Portugiesische Erzn. d. zwanzigsten Jahrhunderts 97. – **R:** Das Morgengrauen, Fsf. 64; Jorge Luis Borges in Buenos Aires, Fsf. 72. – **Ue:** AUS DEM ENGL.: W. Bedell Smith: General Eisenhowers 6 große Entscheidungen 56; J. Pieterkiewicz: Soll u. Beute 57; G. Buschnell: Peru 57; A. Chester: Meine Augen können ihn sehen 57; G. Mattingly: D. Armada 58; A. Harrington: D. Leben im Glaspalast 59; I. Berlin: Karl Marx 59; O. Ruhen: Nacht unterm Wendekreis 59; R. Traver: Anatomie e. Mordes 59; A. West: Der Erbe 59; S. Selvon: Kehr um Tiger 60; V. Nabokov: Pnin 60; C. Seltman: Geliebte d. Götter 62; H. Roth: Nenn es Schlaf 62; B. Behan: Borstal Boy 63; M. Buber: Werkkritik v. Philosophen 65; R. Lowell: Für die Toten d. Union 69; ders.: E. Fischnetz 76; D. Thomas: Gedichte (Mitübers.) 92; E. Blau: D. Bettelbecher 94; – AUS DEM FRZ.: S.G. Fanti: Ich habe Angst 55; J. Soustelle: So lebten d. Azteken 56; W. Weidlé: Russland. Weg u. Abweg 56; L. Baudin: So lebten d. Inkas 57; G. de Golish: Vom Nil zum Ganges 57; B. Gorsky: Moana 57; J. Descola: Gold Seelen Königreiche 59; L. Estang: D. Glück u. d. Heil 61; A. David Neel: D. Dalai Lama 61; E. Wiesel: D. Nacht zu be-

Meyer-Dietrich

graben, Elischa 62; ders.: Gezeiten d. Schweigens 62; ders.: D. Pforten d. Waldes 64; A. Boudard: D. Metamorphose d. Kellerasseln 78; – AUS DEM ITAL.: A. Moravia: Indienreise 63; – AUS DEM PORT.: F. Sabino: Schwarzer Mittag 62; F. Namora: Spreu u. Weizen 63; E. de Queirós: Stadt u. Gebirg 63; G. Mello Mourão: Pikbube 63; J. Amado: D. Abenteuer d. Kapitäns Vasco Moscoso 64; C. Lispector: D. Apfel im Dunkeln 64; J. Guimarães Rosa: Grande Sertão 64; J. Amado: Nächte in Bahia 65; C. Drummond de Andrade: Poesie 65; A. Filho: Corpo Vivo 66; C. Lispector: D. Nachahmung d. Rose 66; J. Guimarães Rosa: Marginalien zu Grande Sertão 67; ders.: Corpo de Baile 67; ders.: Sagarana 67; A. Faria: Passionstag 68; J. Amado: Dona Flor u. ihre zwei Ehemänner 68; J. Guimarães Rosa: D. dritte Ufer d. Flusses 68; A. Filho: Das Fort 69; J. Guimarães Rosa: Nach langer Sehnsucht u. langer Zeit 69; J. Guimarães Rosa: Miguelins Kindheit 70; M. de Assis: D. Geheime Grund 70; J. Guimarães Rosa: Hinterland 71; J. Cardoso Pires: Der Dauphin 73; J.C. de Melo Néto: Gedichte 75; ders.: D. Hund ohne Federn 76; M. de Assis: D. Irrenarzt 78; I. de Loyola Brandão: Null 79; J.C. de Carvalho: D. Oberst u. d. Werwolf 79; J.C. de Melo Néto: Ausgew. Gedichte 79; ders.: Tod u. Leben d. Severino 79; A. Faria: Fragmente e. Biographie 80; J.U. Ribeiro: Sergeant Getúlio 80; J. Guimarães Rosa: Doralda, d. weiße Lilie 81; ders.: Mein Onkel d. Jaguar 81; M. de Andrade: Macunaíma 82; J. Amado: D. drei Tode d. Jochen Wasserbrüller 84; C. Lispector: D. Sternstunde 85; J. Sarnay: D. Söhne d. alten Antão 85; F. Gullar: Schmutziges Gedicht 85; M. Fraga: D. Stadt 85; A. Dourado: Oper der Toten 86; F. Gullar: Faule Bananen 86; J. Amado: Vom Wunder d. Vögel 87; M. de Assis: Meistererzählungen 87; C. de Oliveira: E. Biene im Regen 88; C. Castelo Branco: D. Verhängnis d. Liebe 88; J.U. Ribeiro: Brasilien Brasilien 88; J.C. de Melo Néto: D. Weg d. Mönchs 88; C. de Oliveira: Haus auf d. Düne 89; J. de Sena: D. wundertätige Physicus 89; J.C. de Melo Néto: Erziehung durch d. Stein 89; J. Cardoso Pires: D. Ballade u. Hundestrand 90; D. Ribeiro: Mulo 90; P. Tierra: Zeit d. Widrigkeiten 90; C. de Oliveira: Kleinbürger 91; M. Torga: D. Erschaffung d. Welt 91; J. Guimarães Rosa: D. Geschichte v. Lélio u. Lina 91; F. Gullar: D. grüne Glanz d. Tage 91; F. Namora: Landarzt in Portugal 92; M. Torga: Senhor Ventura 92; ders.: Tiere 92; M. Torga: Findlinge 93; J.C. de Melo Néto: D. Fluss 93; M. Torga: O Brasil 94; J. Guimarães Rosa: Tutaméia 94; D. Ribeiro: Migo 94; M. Torga: Neue Erzählungen aus d. Gebirge 95; M. de Barros: Gedichte 96; C. Drummond de Andrade/J.C. de Melo Neto: Und nun, José? 96; E. de Andrade: Gedichte 97; zahlr. Mitübers.; – AUS DEM SPAN.: M. Denevi: Rosaura kam um zehn 61; G. García Márquez: D. Oberst hat niemand der ihm schreibt 61; A. Roa Bastos: Menschensohn 61; L.S. Granel: Miguel de Unamuno. E. Lebensbild 62; H.A. Murena: Gesetze d. Nacht 66; A. di Benedetto: Stille 68; N. Parra: Gedichte 70; G. García Márquez: Hundert Jahre Einsamkeit 70; ders.: Bericht e. Schiffbrüchigen 70; M.R. Esteo: Pontificale 71; J.L. Borges: Lob d. Schattens 71; ders.: Gedichte 71; G. García Márquez: D. böse Stunde 71; ders.: D. unglaubliche Geschichte ... 72; P. Neruda: Ich bekenne ich habe gelebt 74; G. García Márquez: D. Erzählungen 74; ders.: D. Leichenbegängnis d. Großen Mama 74; P. Neruda: Liebesbriefe an Albertina Rosa 75; G. García Márquez: Laubsturm 75; J.C. Onetti: D. Werft 76; ders.: D. kurze Leben 78; G. García Márquez: D. Herbst d. Patriarchen 78; J. Lezama Lima: Paradiso 79; J.L. Borges: Borges über Borges 80; G. García Márquez: Augen e. blauen Hundes 80; ders.: D. Nacht d. Rohrdommeln 80;

J.L. Borges: David Brodies Bericht 81; ders.: Buch d. Träume 81; ders.: Erzählungen 1949/1970 81; G. García Márquez: Chronik e. angekündigten Todes 81; J.L. Borges: Essays 1932/1936 82; ders.: Essays 1952/1979 82; R. Darío: Gedichte 83; J.L. Borges: Geschichte d. Nacht 84; R. Alberti: Zwischen Nelke u. Schwert 86; M. Giardinelli: Heißer Mond 86; ders.: Lebwohl Mariano lebwohl 87; M. Delibes: D. heiligen Narren 87; ders.: D. Ratten 92; A. Skarmeta: Sophies Matchball 92; J. Lezama Lima: Fragmente d. Nacht 94; C. Vallejo: Trilce 98; ders.: Menschliche Gedichte 98; ders.: Spanien nimm diesen Kelch von mir 98; J.L. Borges: D. blaue Himmel ist blau u. ist blau 99; J. Gorostiza: Bootesgesänge 99; C. Vallejo: D. schwarzen Boten 00; zahlr. Mitübers. (Red.)

Meyer-Dietrich, Inge; Tel. (02 09) 9 33 27 32, *ingemeyerdietrich@gelsennet.de*, *www. ingemeyerdietrich.de* (* Dahle/Altena 27. 12. 44). VS; Auswahlliste z. Dt. Jgd.lit.pr. 89, Gustav-Heinemann-Friedenspr. 89, Hans-im-Glück-Pr. 89, Öst. Kd.- u. Jgdb.pr. 89, Zürcher Kinderb.pr. 89, Lit.pr. Ruhrgebiet (Förd.pr.) 91, Lit.pr. Ruhrgebiet 95, E.liste z. Zürcher Kinderb.pr. 95, 96 u. 98, E.liste z. Öst. Kd.- u. Jgdb.pr. 00, Bestenliste Radio Saarbrücken u. Radio Bremen 00 u. 03; Kinder- u. Jugendb. – **V:** KINDERBÜCHER: Mein blauer Ballon 86, 97; Rote Kirschen 90; Das Nashorn geht ganz leise..., G. 92; Morgens, wenn der Wecker kräht 95; Flieg zu den Sternen 96, 08 (auch korean., frz.); Wenn Fuega Feuer spuckt 96; Christina – Freunde gibt es überall 97, 04; Der Sommer steht Kopf 97, 06 (auch frz.); Und das nennt ihr Mut 97, 07 (auch mazedon.); Tina und der Glückskäfer 98, 08; Ein Kuss von Karfunkel 99; Traumgeschichten 04; Schulfreundegeschichten 06; Der kleine Drache will nicht zur Schule 07; Der kleine Drache u. der Monsterhund 07; Karfunkelkuss 07; – JUGENDBÜCHER: Plascha oder Von kleinen Leuten und großen Träumen 88, 03 (auch als Blindendr.); Ich will ihn – ich will nicht 95, 07 (auch korean.); Immer das Blaue vom Himmel 99; Warum, Leon? 00, 08; He, Kleiner! 03, 06 (auch korean.); Genug geschluckt 04, 07; Bin noch unterwegs 08; – f. ERWACHSENE: Bruch-Stücke, Erzn. 06; (zahlr. Titel auch als Tb.). – **MA:** zahlr. Anthologien seit 83, zuletzt: Das neue rabenstarke Lesebilderbuch 08.

Meyer-Hü, Margaretha (geb. Margaretha Hünnekens), Bibliothekarin; Auwaldstr. 7 III, D-79110 Freiburg/Br., Tel. (07 61) 13 26 65, *Roswitha_Methulina@ web.de* (* Goch 21. 11. 24). Erz., Ess. – **V:** Ich wurde und gehorche, Ess. 68. – **MA:** Deutsches Literatur-Lexikon, Bd II–IV 69–71. (Red.)

Meyer-Pabst, Ursula; Mathildenstr. 18, D-28203 Bremen, Tel. (04 21) 7 57 74 (* Bremen 23. 11. 57). Lyr., Erz. Ue: frz. – **V:** Anagramme 88; Haiku, Anagramme 92. – **MA:** Akzente 88; Sinn und Form 00; Bunte Blätter 01, 02. (Red.)

Meyer-Paysan, Dieter (Ps. Michael Tesch), Dipl.-Ing.; Hermann-Löns-Str. 14, D-66125 Saarbrücken, Tel. (0 68 97) 7 33 42 (* Gießen 12. 1. 30). Erz. – **V:** Als Wiggel verschwand 86; Feuerprobe 87; Im Schatten des roten Mondes 90 (auch dän.); Die Weissagung der Wölwa 93; Das Lied des Spielmanns 06; Dan-jel 08, alles Erzn. – **MA:** Geschichten aus der Geschichte.

Meyer-Pyritz, Martin, Berufsfeuerwehrmann, Lehrrettungsassistent, Dienstgruppenleiter e. Feuerwache; Am Hohen Schoppen 10, D-40882 Ratingen, Tel. (02 102) 8 18 73, *meyer-pyritz@ish.de*, *www. RMPVerlag.de* (* Ratingen 30. 3. 50). – **V:** Der Feuerwehrmann, R. 98 (auch als Hörb., 4 CDs); Brandgefährlich, R. 1/01, 2/03; Löschzug 7 03; Im Einsatz mit der Deutschen Flug-Ambulanz, R. 05; Feuer und Rauch, R. 05.

Meyer-Rebentisch, Karen (Karen Meyer), M. A.; Prießstr. 16, D-23558 Lübeck (* Neuss 16. 11. 63). VS 90, Das Syndikat 93; 1. Pr. d. Lübecker Frauenlit.tage 96, Arb.stip. d. Ldes Schlesw.-Holst. 96/97; Krim.-rom., Krim.erz. – **V:** Schmetterlingstod, R. 95; mehrere Sachb. – **MA:** Beitr. in Krim.-Anth. seit 93, zuletzt in: Mordsgewichte 00. – **H:** Deutschland einig Mörderland, Krim.-Erzn. 95; Mord light oder es muß nicht immer Totschlag sein, Krim.-Erzn. 96. – *Lit:* s. auch SK. (Red.)

Meyer-Senn, Elisabeth, Hotelfachfrau; Mittelstr. 53, D-52379 Langerwehe, Tel. u. Fax (0 24 23) 58 71 (* Eschweiler 14. 9. 31). FDA Bad.-Württ. 94; Pr. b. e. Wettbew. d. FDA Bad.-Württ. 98; Rom. – **V:** Weil wir im Winde treiben 89; Am Anfang waren sie achtzehn 97; Die Tochter der Hure 00; Bromelien aus Stein 03, alles R.

Meyer-Wehlack, Benno, Schriftst.; Mommsenstr. 56, D-10629 Berlin, Tel. (0 30) 3 24 59 55 (* Stettin 17. 1. 28). VS 56, P.E.N.-Zentr. Dtld; Hsp.pr. d. Kriegsblinden 57, Förd.gabe d. Schiller-Gedächtnispr. 59; Hörsp., Fernsehsp., Kurzgesch., Erz. – **V:** Die Versuchung, 2 Hsp. 58; Zwei Hörszenen 58; Modderkrebse, Stück 71; Die Sonne des fremden Himmels. Ihre Pauline Golisch, 2 Hsp. 78; Pflastermusik, Erz. 82; Das Theaterkind 84; Ernestine geht, R. 03. – **MV:** Die Sonne des fremden Himmels, m. Irena Vrkljan 82 (m. Tonkass.). – **R:** Nachbarskinder; Stück für Stück; Randbezirk; Im Kreis; Ein Vogel bin ich nicht; Herlemanns Traum; Artur, Peter und der Eskimo; Ulla oder die Flucht; Regina, alles Fsp.; Kreidestriche ins Ungewisse; Die Grenze; Das Goldene Rad; Die Versuchung; Der Aufbruch; Neun Monate; In diesem Augenblick; Das Bild; Die Sonne des fremden Himmels; Der Johannisbrotbaum; Jörg Ratgeb; Die Frau in Blau; Pony singt; Das fliehende Kind, alles Hsp. – **MUe:** Bora Cosic: Bel tempo, m. Irena Vrkljan 98. – *Lit:* Heinz Schwitzke: Das Hörspiel 63; Reclams Hörspielführer 69. (Red.)

Meyer-Wolf, Ursel s. Meyer, Ursel

Meyerdierks, Herzlinde s. Schmietwech, Jan

Meyerhold, Peter s. Grohmann, Peter

Meyerhuber, Kathrin, Dipl.-Restauratorin (Gemälde), Pflanzenfärberin u. Handspinnerin, Dichterin u. Märchenerzählerin; *kathrin.meyerhuber@arcor.de* (* Kühlungsborn 10. 12. 67). Lyr., Märchen. – **V:** Blaubeermond, G. 01. – **MA:** Dulzinea 1/02; Ofra, Lyr.-Anth. 04; Die Fähre 4/04; Bibliothek dt.sprachiger Gedichte, Ausgew. Werke VII/04, VIII/05; best german underground lyriks 05, 06. (Red.)

Meyfarth, Anja *

Meylan, Elisabeth, Dr. phil.; Leimenstr. 57, CH-4051 Basel, Tel. u. Fax (0 61) 2 81 35 84, *e-meylan@bluewin.ch* (* Basel 14. 6. 37). Gruppe Olten 73, jetzt AdS; Werkaufst. d. Stift. Pro Helvetia 73, Werkjahr d. Stadt Zürich 75, Pr. d. Schweiz. Schillerstift. 76; Lyr., Rom., Nov. – **V:** Räume, unmöbliert, Erzn. 72; Entwurf zu einer Ebene, G. 73; Die Dauer der Fassaden, R. 75, 79 (auch poln.); Im Verlauf eines einzigen Tages, G. 78; Bis zum Anbruch des Morgens, R. 80; Zwischen Himmel und Hügel, Erzn. 89; Die Unruhe im Innern des Denkmals, G. 91; Das Ende von Weinbergs Schweigen, R. 92; Die allernächsten Dinge, G. 94; Zimmerflucht, Erzn. 97. – **MV:** Mäder Heft 2, Lyr. m. Lithogr. v. Franco Müller 05. – **MA:** Schweizer Erzählungen, Prosa 90; Schweizer Lesebuch 94; Die schönsten Gedichte der Schweiz 02. – *Lit:* Elisabeth Pulver: Leben als Zuschauen. Zu E.M. (Schweizer Mh. 4) 76.

Meyner, Ernst A., Handelsschullehrer, Redakteur, Journalist; Landvogt-Waser-Str. 48, CH-8405 Winterthur, Tel. (0 52) 3 37 12 03, *ernst.meyner@bluewin.ch* (* Winterthur 18. 2. 37). Lyr. – **V:** Aus Staub und Zeit, G. u. Grafiken 72; Unterwegs, G. 80; Pulsschläge, G. u. Skizzen 06. – **MA:** Beginn den Tag mit Poesie 00; zahlr. Beitr. in Anth., Zss. u. Ztgn.

Mezgolich, Margit, Regisseurin, Autorin; Grünentorgasse 14, A-1090 Wien, Tel. (06 76) 5 92 94 39, Fax (01) 3 17 38 54, *m.mezgolich@gmx.at* (* Wien 12. 2. 71). Dramatik. – **V:** Weibsbilder, UA 97; Liebe Macht Blind, UA 98 (auch gedr.); Vor lauter Freiheit kein Erbarmen, UA 99; Paniertes, UA 00 (auch gedr.); Jorinde und Joringel, UA 01; Die kleine Meerjungfrau, UA 01 (auch gedr.). (Red.)

Michael, D. s. Rosenbach, Detlev

Michael, Gerhard P.; Rheinbabenstr. 106, D-47809 Krefeld, Tel. (0 21 66) 13 01 11, Fax 13 01 12, *Gerhard Michael@t-online.de* (* Düsseldorf 10. 12. 35). FDA 05, Ges. d. Lyrikfreunde, Innsbruck 07; Lyr., Prosa. – **V:** Blühende Scherben, G. 05; Nachtgedanken, Lyr. 05; Nur ein paar Worte, Kurz-G. 06; Nichts Unumstößliches, Kurz-Prosa 07; Die unvermeidlichen Impromptus, G.-Zyklus 07. – **MV:** Hundert Jahre Christlicher Sängerbund 1879–1979 79. – **MA:** Ich komme in das Haus (zahlr. Liedtexte bzw. -bearb.) 90; zahlr. G. in: Das Gedicht lebt, Bd 4 03; mehrere G. in: Spuren der Zeit, Bd 11 03; Das Boot, H.163 03; Ich lebe aus meinem Herzen 06, u. a. – **H:** Der Gemeindechor, Zs. d. Christl. Sängerbundes, Jgg. 1960–80; Gemeindelieder 73; Unter dem Schutz deiner Hände 87; Das ewig Licht geht da herein 87; Chortaschenbuch 03 III; Gott ist gegenwärtig 97. – **MH:** Psalmen, m. Otto Imhof 91.

Michael, Irmgard A. s. Aurich, Irmgard

Michael, Rolf W., Schriftst., Beamter; Burgstr. 9, D-34582 Nassenerfurth, Tel. (01 73) 5 95 37 51, *rw.michael@t-online.de, www.rwmichael.de* (* Kassel 25. 8. 48). Rom. – **V:** Der Drachenlord 86; Der Wunderwald 87; Götterkrieg 88; Mord in der Eissporthalle 98; Tod auf dem Rolandsfest 98; Der Todeskuss des Gänseliesels 98; Die Chatten-Saga 02, alles R.; Das Mittelalter – Geschichten aus Nordhessen 03; Wölfe des Nordens. 1: Die Flammen von Lindisfarne, R. 05. (Red.)

Michaelis, Jan, Schriftst., Journalist, Teilzeitbriefträger; Lessingstr. 28, D-40227 Düsseldorf, *info@autor-michaelis.de, www.autor-michaelis.de* (* Heilbronn 12. 8. 68). Westdt. Autorenverb. 02, Freundeskr. Düsseldorfer Buch '75 08; Otto-Rombach-Stip. 99, Lit.pr. d. Fortbildungsakad. d. Wirtschaft 08; Rom., Lyr., Erz. – **V:** Die Fabel vom Fluß 07; Ekarte vom Kopf 06; Das Meer am Tor, Erzn. 07; Altweibermorde, Erzn. 07; Ernest Flatter. Ein Vampir in Prag 08, Ein Vampir in St. Petersburg 09, beides Kdb.; Petersburger Begegnungen 08/09. – **MA:** Vision und Wahn-Witz, Erzn. 07; Frauen – Mörder – Mörderinnen, Krimis 08; zahlr. Beitr. in Lit.zss. seit 97, u. a.: Der Federkiel. – **H:** Anne-G. Michaelis: Die Welt der Poesie für neugierige Leser, Biogr. 06ff. IV. – **MH:** Eine literarische Visitenkarte, m. Alice Töller u. Otmar Weber, Lyr., Erzn., Rep. (auch Mitarb.) 07. – **R:** zahlr. Beitr. im Hfk seit 07; auch unter: www.hoerrhein.de. – **Ue:** Lyr. v. Leo Litz 07. – Der Federkiel 2/07.

Michaelis, Josef (eigtl. József Michelisz), Lehrer, Stellv. Dir., Lehrplanexperte; Deák F. u 48, H-7773 Villány, Tel. (72) 4 92 50 01, 49 24 70, Fax 49 27 60, *josefmichaelis@freemail.hu.* Dózsa Gy. u. 10, H-7728 Somberek (* Somberek/Ungarn 1. 12. 55). Verb. Ungarndt. Autoren u. Künstler (VUdAK) Budapest 91, Kg. 93, GEDOK Rhein-Main-Taunus 97–03; Auszeichn.

Michaels

„Für hervorragende Arbeit" d. Bildungsmin. Ungarns 89, Nikolaus-Lenau-Kulturpr. d. Kulturver. Pécs 00, Vilány-Pr. d. Stadt Eislingen/Fils 05, Donauschwäb. Kulturpr. d. Ldes Bad.-Württ. (Hauptpr. f. Lit.) 07; Lyr., Erz. Ue: ung. – **V:** Zauberhut, G., M. f. Kinder 91, 3. Aufl. 01, 4. Aufl. u. d. T.: Varázscilinder / Zauberhut, dt./ung. 05, 5. Aufl. 08; Sturmvolle Zeiten, G. 1976–1990 92; Treibsand, G. 1976–2001 04; Der verlorene Schatz / Tz elveszett kincs, M. u. Sagen f. Kinder, dt./ung. 08. – **MA:** Jahresringe, ungarndt. Anth., 1.u.2. Aufl. 84; Útban a csönd felé, ung. Anth. 88; Das Zweiglein 89, 91; Tie Sproch wiedergfune, Mda. 89; Bekenntnisse eines Birkenbaumes 90; Texte ungarndt. Gegenwartsautoren 94, alles ungarndt. Anth.; In meinem Gedächtnis wohnst du, Anth. 97; „... wovon man ausgeht", dt. Anth. 98; Kinderstimmen, ungarndt. Anth. 99; Prometheus húga 99; Künstler zwischen Macht u. Vernunft 1/00, 3/00; Lit. aus Öst., H. 261 00; Schreiben = Aussage – Aussage = Schreiben, Anth. 02; Erkenntnisse (ung.-dt.) 00, 05; zahlr. G. seit 76 in: Neue Ztg; Dt. Kalender (Budapest); Signale. – *Lit:* Ungarndt. Lit. d. 70er u. 80er Jahre 91; Anton Treszl: Wer ist wer? 1. ungarndt. Biogr.lex. 93; Dt. Schriftst.lex. 00.

Michaels, Gödeke s. Puvogel, Ehlert

Michaels, Rober s. Erb, Roland

Michel, Beatrice, Dr. phil., Schriftst., Filmemacherin; Konradstr. 81, CH-8005 Zürich, Tel. u. Fax (01) 2 72 07 06. c/o Mavroidis, Akrogiali-Avias, GR-24100 Kalamata (* Biel 19. 9. 44). Gruppe Olten, Netzwerk schreibender Frauen, P.E.N.-Club Schweiz, Verb. Filmregie u. Drehb. Schweiz. – **V:** Mutterraben, Erz. in Briefen 80; Der Kelim, R. 95; Tom und Tina, Erz. 00. – **MV:** Chiara und der Bahnhof, m. Irene Schoch 01. – **MA:** Kulturmag. 114 96/97; entwürfe für literatur, März 97; text 2/98; P.E.N.-Anth. 98; Das Weite wählen 99; Herzschrittmacherin 00. – **F:** Lieber Herr Doktor, Dok.film 77; Gossliwil, 5 filmische Ess. 85; Sertschawan, e. filmische Erz. 92; Kaddisch, e. filmische Erz. 97. (Red.)

Michel, Detlef, Dr. phil., Schriftst.; Am Friedrichshain 15, D-10407 Berlin, Tel. u. Fax (0 30) 42 02 06 08, *DetlefMichel@gmx.net* (* Turckheim/Elsass 26. 5. 44). VS 73–91, Verb. Dt. Drehb.autoren 88–98, P.E.N.-Zentr. Ost 97, P.E.N.-Zentr. Dtld 97, Dt. Filmakad. 03; Publikumspr. d. Theatergemeinde Berlin 89, Dt. Drehbuchpr. 02, Dt. Fernsehpr. 04, Bayer. Fernsehpr. 08; Drama, Ess., Film. – **V:** Der letzte Wähler 89. – **MV:** Das hältste ja im Kopf nicht aus 77; Die schönste Zeit im Leben 79; Eine linke Geschichte 80; Alles Plastik 82; Ab heute heißt du Sara 89, alle m. Volker Ludwig. – **MA:** Spectaculum 25/76; Ein anderes Deutschland 78; Tintenfisch 20/80; Kursbuch 63/81, 70/82; CheSchahShit 86; Freibeuter 57/93; ndl 9/93; Minidramen 97; Jenseits von Hollywood 00. – **MH:** Berliner Hefte, m. Walter Aschmoneit 76–82 (auch Mitarb.), u. a. – **F:** Drehb. zu: Der unanständige Profit 77; Fifty-Fifty 88; Die Denunziantin 92. – **R:** Drehb. zu: Der unanständige Profit 77; Ein fliegender Berge 81; Ein kurzes Leben lang 82; Ordnung ist das halbe Sterben 85; Hart an der Grenze 85; Tod macht erfinderisch 85; Vom Kaltwerden des Essens im Hause des Staatsanwalts 87; Solo für Georg 88; Der andere Wolanski 96; Ende der Fahnenstange 96; Reise in die Dunkelheit 97; Der Rosenmörder 98; Tödliches Alibi 98; Die Quittung 04; Kunstfehler, m. Kornelia Kronetz 06; Schuld und Rache 06; Eine folgenschwere Affäre 07; Mordgeständnis 08, alles Fsp.

Michel, Markus, Schriftst.; Chutzenstr. 27, CH-3007 Bern, Tel. u. Fax (0 31) 3 72 00 77, *markus.michel@ xwing.ch* (* Liebefeld/Bern 18. 9. 50). Gruppe Olten 75, jetzt AdS, Be.SV. 85; 1. Pr. (geteilt) b. Dr. ausschreib. d. Stadttheaters St.Gallen f. „Tanz der Krähen" 80, Prix

Suisse 80, Schweiz. Radio-Pr. f. Hsp. 81, Pr. d. SSA 03; Drama, Hörsp., Kurzgesch., Rom., Lyr. Ue: berndt. – **V:** und Sein, Theaterst. 72; Abgestürzt, Erzn. 72; Der Narr und das Ei 72; Die Nacht 72; Schwyzerpsalm 78; Tanz der Krähen 82, 97 (litau.); Hilde Brienz 84; Münsterglockes Spiegelbruch 84; Frost 91; Das Ohr am Abflussrohr 91, alles Theaterst.; Käthis Zähmig, Kom. (n. Shakespeare) 91; Reise nach Amerika, R. 91; D' Badwanne, Krim.-Kom. 93; Familienglück, Kom. 93; Adam und Eva 94; Elsi, die seltsame Magd, Tragikkom. (n. Gotthelf) 97; Die Käserei in der Vehfreude, Kom. (n. Gotthelf) 97; Don Quijote oder Füür im Stedtli, Kom. (n. Cervantes) 97; Nötli, Lsp. 99; Elisabetha, die schöne Schifferin vom Brienzersee, Theaterst. 04; Dr Chutz, Jahrhundertspiel 04; Pfirsich im Kopf, Aufz. u. G. über Sterben und Tod 05; Dällébach Kari – E chlyni Bärner Oper, Theaterst. 06. – **MA:** Alpenkrokodile, Kurzgeschn. 96; Lieber Franz! Mein lieber Sohn! 96; Zwischentöne, Erzn. 97; Werk 1000 Oeuvres 99; Berner Alm., Bd 3 00; Berner Texte 02. – **R:** Am Strassenrand abgelegte Träume 77; Immer nur lächeln 79; Das grosse Haus 80; Aus den Eingängen schauen Köpfe von Schäferhunden 80; Jean und die Andern 81; Hilde Brienz 82; Die Büglerin 83; Bürgertherapie 84; Altpapier oder die Katze des Dichters frißt den Vogel der Hausmeisterin 86; Cartacce 87; Frost 87; Hotel Wildbach 88; Wachtmeister Studer 88; Matto regiert 89; Der Chinese 90; Die Fieberkurve 90; Der kleine Tod 90; Krock & Co. 90; Winter ohne Schnee 90; Intercity 91 91; Die Geschichte vom Fischhändler 93; Auf dem Weg nach Mailand 96; Dr Houzängu oder Dr Chöchi vom Dokter en Güggu 98, alles Hsp.; Stoub u Aesche; Museum; Hundefriedhof; Hörnligödu, alles Kurz-Hsp. 00. – **Ue:** W. Shakespeare: Der Sommernachtstraum 00; W. Shakespeare: Der Sturm 03; J. Schwarz: Der Drache 06, alles berndt. (Red.)

Michel, Max s. Marx, Michael

Michel, Peter, Dr. phil.; Voglherd 1, D-85567 Grafing b. München (* Dresden 25. 6. 53). Erz., Sachb. Ue: engl. – **V:** Der verzauberte Aquamarin 82, 94 (auch span.); Das Sirianische Sonnenschloß 83; Die Sternenbruderschaft 95; Der Sternenengel 98; Seelenlicht 02; zahlr. Sachb. – **MV:** Die Geschichte des Zauberers Sirolam, m. Petra Michel 85. – **Ue:** Flower A. Newhouse: Das Weihnachtsmysterium in geistiger Schau 2. Aufl. 81; The Way of the Servant u. d. T.: Das Ziel ist der Weg 87. – /: auch SK. (Red.)

Michéle, Rebecca (Ps. f. Ursula Schreiber); Autorin; Fasanenweg 33, D-73230 Kirchheim, *rmichele@arcor. de, www.rebecca-michele.de* (* Rottweil 11. 6. 63). VS 01, GEDOK bis 02, Quo vadis – Autorenkr. Hist. Roman 02, DeLiA 03; Rom., Belletr. – **V:** Das Erbe der Lady Marian, R. 96; Das Ebenbild der Königin, R. 98; Das Geheimnis von Longwell House 01; Kapriolen des Schicksals 02; Der Schatz in den Highlands 04; Rückkehr nach Cornwall 06; Königin für neun Tage 06; Die Treue des Highlanders 07. (Red.)

Michelers, Detlef, freiberufl. Autor; Dammweg 21–22, D-28211 Bremen, Tel. (04 21) 3 49 18 43, *Michelers @t-online.de*. Savignyplatz 5, D-10623 Berlin, Tel. (0 30) 3 12 47 54 (* Berlin 25. 4. 42). VS 75, Johannes-Bobrowski-Ges. 05; Premio Ondas, Barcelona 01, ARD-Nomin. f. d. Prix Italia 03, Nomin. f. d. Dt. Hörbuchpr. 05; Erz., Hörsp., Dokumentar. Lit. – **V:** Gar wunderliche Notizen und überraschende Abbildungen zur weiteren Erkenntnis des Goethe'schen Lebens. Aus d. Tageb. d. Malers Wilhelm Tischbein 74; Ischa umzu, Satn. 76; Buten und Kluten, Satn. 77; Sepp Lutz, ein deutsches Leben 81; Sepp Lutz – du hast ja nix gehabt 84; Heinz Lang. Zauberkünstler, Tänzer, Komödiant – wie 'ne Sucht war das 86; le boudin – deutsche fremdenlegionäre in der nachkriegszeit 90; Draufhauen, draufhauen, nachsetzen!, Dok. 02; Rüsselschmuck und Katzenjammer, Satn. 06. – **MV:** Das wirklich Neue Testament, m. Heiner H. Hoier, Comix 71; Berlin zwei Mal, m. Kurt Jonas 84; Kinder des Olymp, m. Jörn-Peter Dirx u. J.C. Kraemer, Dok. 98; Dick Dice, m. Boris Matas, Comix 98. – **MA:** Tatort Wort 83; Menschen am Fluß 85; Scenen in Bremen 86; Das große Buch des bremischen Humors 87; Mit Fischen leben 89; Michel ohne Mütze. Dtld in Geschn. 91; Bremer Jb. f. Musikkultur 94, 95; Mordlichter, Krim.-Anth. 01; Erinnerungen an Boleslaw Fac 02; Fiese Friesen, Krim.-Anth. 05; Und dann und wann auch mal galant 07; Städtebilder Bremen – Danzig – Riga 08; – Beitr. in div. lit. Zss., zul.: Ort der Augen 4/95, 4/98; Stint 20/96, 21/97. – **H:** pflugblatt, lit. Plakat; schöngeist – bel esprit, lit. Zs.; eintopf, satir. Ztg; Land in Sicht, Anth.; Heute Tanz, Anth. – **MH:** gruppe glockengang vier, m. Ulrich Gleibs, lit. Zs.; kulturplatz, m. Ingo Golembiewski u. a.; Bremer Autoren, Anth. 78; Berufsverbote – Made in Germany 80; Jugendalltag 80; Väter – Deutsche Kurzprosa 80, alle m. Helmut Hornig. – **R:** 87 Hsp. u. Feat., 7 Radio-Portr. sowie 14 Erzn. seit 76, zul.: Die „Bremen" brennt! Oder: Das kurze Leben des Decksjungen Schmidt 08; Friedrich Engels. Die Bremer Jahre 08; Romy Schneider. Eine europäische Schauspielerin 08 (auch als CD); Die Synagoge brennt bereits. Progromnacht 1938 08; Stillgelegt. Atomausstieg 09. – **P:** Charles Lindbergh, Flieger 02; Claus Graf Stauffenberg. Widerstand in Uniform 04; In Freiheit leben. Jean-Paul Sartre u. seine Zeit, m. Brigitte Röttgers 05; „Glaubt einem Gebrannten!". Herbert Wehner 06; DER SPIEGEL, m. Walter Weber 07; Das Dschungelbuch, n. R. Kipling 07; Wiedergeburt. Das Leben nach d. Tod 07, beide m. Brigitte Röttgers; König Artus. Die Wahrheit hinter der Legende 07; Supervulkane. Die tickende Magmabombe unter uns 07, alles CDs; Vom Flaggschiff zum eisernen Sarg. Die Geschichte d. „Wilhelm Gustloff", DVD 08; Helmut Schmidt. Ein Portrait, CD 08; Der Seewolf, n. Jack London, CD 09. – *Lit:* Weser Kurier/Bremer Nachrichten v. 1.6.93.

Michelisz, József s. Michaelis, Josef

Michels, Tilde, Schriftst.; Weizenfeldstr. 3, D-80805 München, Tel. (0 89) 3 61 25 36, Fax 30 76 29 68 (* Frankfurt/Main 3. 2. 20). Friedrich-Bödecker-Kr. 73, Arb.kr. f. Jgd.lit. 84, Inst. f. Jgdb.forsch. Frankfurt/M. 86, Intern. Bibliothek 86; Auswahlliste z. Dt. Jgd.lit.pr. 86, 90, Gustav-Heinemann-Friedenspr. 86, E.liste z. Hans-Christian-Andersens-Pr. 86, Das wachsame Hähnchen 90, Auswahlliste z. Öst. Jgdb.pr. 90, Zürcher Kinderbuch.pr. 92, 95, E.pr. d. Schwabinger Kunstpr. 01, Heidelberger Leander 05; Kinderb., Hörsp. Ue: engl, frz. – **V:** Karlines Ente 60, 86 (auch engl., span.), Neuausg. 08; Ohne Mumba geht es nicht 61, alles Bilderb.; Mit Herrn Lämmlein ist was los, Erz. 61, u. d. T.: Herr Zwickel greift ein 83 (auch jap.); Ein Zirkuspferd für Isabell, Bilderb. 63; Die Jagd nach dem Zauberglas, Sch. 64, u. d. T.: Gerris Freunde als Detektive, Erz. 80; Versteck in den Bergen, Erz. 66, 78; Die Storchenmühle 66; Neun Zahlen suchen die Null 67, beides Bilderb.; Die Jonaskinder 67; Ferien mit den Jonaskindern 68; Pitt auf der Rakete 68; Spurensuche im König Kalle Wirsch 69, 03 (auch holl., afr.), alles Erz.; Ein Traum – ein Traum, Bilderb. 70; Von zwei bis vier auf Sumatra, Erz. 71, u. d. T.: Halim von der fernen Insel 89; Anja unterm Regenbogen, Erz. 71, 76; Ich und der Garraga, Erz. 72; Wenn die Bärenkinder groß sind, Bilderb. 73 (auch frz., nor., holl.); Das alles ist Weihnachten, Erz. u. Sachgeschn. 74, 95; Xandi und das Ungeheuer 74, 86 (auch

engl., frz.); Sieben suchen sieben Sachen 74, 85, beides Bilderb.; Gespenster zu kaufen gesucht. Erz. 75; Kalle Wirsch und die Wilden Utze, Erz. 75, 95 (auch holl.); Gustav Bär erzählt Gute-Nacht-Geschichten 80, 95 (auch jap., afr., ung.); Als Gustav Bär klein war 81, 95; Hereinspaziert, Bilderb. 82; Frühlingszeit, Osterzeit, Erzn. u. Sachgeschn. 83, 95; Gustav Bär auf Wanderschaft 83, u. d. T.: Abenteuer mit Gustav Bär 96; Geschwistergeschichten 84; So war der Ritter Eisenkorn 84; Ich wünsch mir einen Zauberhut, Erz. 84; Hilferuf von Galamax, Erz. 84, 93 (auch frz.); Es klopft bei Wanja in der Nacht, Gesch. in Versen 85, 05 (auch engl., am., frz., holl., schw., dän., fin., span., jap., hebr.); Kleine Hasen werden groß, Erz. 86, 00 (auch engl., frz., schw., kat., span., holl., am., dän.); Igel komm ich nehm dich mit 86, 05; Der rote Handschuh 86 (auch am.), beides Bilderb.; Die Königin von Pukuluk, Erz. 87; Gustav Bär (Gesamtausg.) u. d. T.: 3 x Gustav Bär, Erz. 87, 98; Freundschaft für immer und ewig?, R. f. Kinder 89, 97 (auch holl., nor.); Lena vom Wolfsgraben, Erz. 91, 97; Gustav Bär geht in die Schule, Kdb. 92, 95 (auch span. jap.); Der heimliche Hund, Kdb. 94, 96 (auch span., gr.); Sei mein Freund und friß mich nicht 95 (auch frz.); Die Kellermaus, Kdb. 96, 98; Abenteuerferien mit Mario 97, 00; Ausgerechnet Pommes, Kdb. 98; Kleiner König Kalle Wirsch. Gesamtausgabe 01, 06; Das Falkenschloss, Erz. 02, Tb. 05; Im Frühling und zur Osterzeit, Erzn. 02; Im Winter und zur Weihnachtszeit, Erzn. 02; Patricks Papagei, Geschn. 03. – **MV:** Das verhexte Federkissen 76; Die Sonne, der Wind und der Mann im roten Mantel 76; Gockelhahn und Wasserhahn 77, alles Bilderb.; Am Froschweiher, m. Reinhard Michl 87, 90 (auch engl., frz., schw.); Komm, Igel, komm, m. Sara Ball 92; Luna und die kleine Kater 08. – **B:** Arnold Lobel: Das große Buch von Frosch und Kröte, Kdb. 98. – **R:** Kleiner König Kalle Wirsch, Fsp.; Die Jagd nach dem Zauberglas, Hsp.; Ich und der Garraga, Fsp.; Hilferuf von Galamax; Halim von der fernen Insel; Die Königin von Pukuluk; So war der Ritter Eisenkorn; Freundschaft für immer und ewig; Lena vom Wolfsgraben, alles Lesungen; Wolfgang aus dem Heim, Hsp., u. d. T.: Tenderlok 01. – **P:** Kleiner König Kalle Wirsch, Video/Tonkass. 70, 92; Kalle Wirsch und die Wilden Utze 74; Kalle Wirsch und die Uralte Meerfrau 75; Das alles ist Weihnachten, Tonkass. 79; Gustav Bär erzählt Gute-Nacht-Geschichten, Tonkass.; Kleine Hasen werden groß, Tonkass./CD 98. – **Ue:** Tomi Ungerer: Die drei Räuber 61, 63; Beatrice Schenk de Regniers: Pasteten im Schnee 61, 74; Edward Ardizzone: Johnny der Uhrmacher 61; E. Luzzati: Ali Baba und die vierzig Räuber 70; St. Kellog: Martin wünscht sich einen Freund, Bilderb. 73; Abenteuer mit den Schwarzen Büffel, erz. Sachb. 78; Sir Conrad, Bilderb. 84, 86; Sir Conrad und die Räuber 87; Rosie und die Cowboys, Bilderb. 89; Karni und Nacki 91; Frosch und Kröte, 4 Bilderb. 95, 05. – *Lit:* Lex. d. Kd.- u. Jgd.lit.; Das gute Jgdb. 4 78.

Michelsberg, Hans s. Stephani, Claus

Michelsen, Jakob s. Arjouni, Jakob

Michler, Elli, Dipl.-Volkswirtin; Georg-Speyer-Str. 4, D-61348 Bad Homburg, Tel. (0 61 72) 2 37 47 (* Würzburg 12. 2. 23). FDA Hessen 87, Steinbach Ensemble 87; Intern. Pr. d. Religiösen Poesie 99; Lyr. – **V:** Ein Kästchen in Seidenpapier 86; Die Jahre wie die Wolken gehn 87, 9. Aufl. 06; Wie Blätter im Wind 88, 4. Aufl. 98; Dir zugedacht 89, 18. Aufl. 02; Im Vertrauen zu dir 90, 4. Aufl. 99; Vom Glück des Schenkens 90, 3. Aufl. 97; Dein ist der Tag 92, 4. Aufl. 02; Erinnerst du dich? 93, 2. Aufl. 97; Für leisere Stunden 94, 4. Aufl. 99; Ich wünsche dir ein frohes Fest 94, 6. Aufl. 03; Von der Kostbarkeit der Zeit 95, 4. Aufl. 01; Laß der See-

Micieli

le ihre Träume 96, 2. Aufl. 02; Jeder Tag ist Brückenschlag 98; Meine Wünsche begleiten dich 98, 4. Aufl. 04; Danke für die Zeit zum Leben 00; Alles wandelt die Zeit 02; Ich wünsche dir Zeit 03, 2. Aufl. 04; Die Liebe wird bleiben 04. – **MA:** Beitr. in Lyr.-Anth., u. a. in: Das Leben lieben 96; „De proprietate sincera anni" oder Vom wahren Wesen des Jahres 97. – **H:** Ich geh mit dir durchs Jahr 95; Sterne leuchten auf dem Weg 96. – **P:** Dir zugedacht 91; Ich wünsche dir Mut 91, beides Tonkass. (Red.)

Micieli, Francesco, Lic. Phil. Hist. I; Waaghausgasse 2, CH-3011 Bern, *francescomicieli@freesurf.ch* (* Santa Sofia d'Epiro/Ital. 21. 6. 56). Gruppe Olten, AdS 03; Buchpr. d. Stadt Bern 89, Werkpr. d. Kt. Solothurn 90, Kristal Velenica, Slowenien 93, Werkauftr. d. Stift. Pro Helvetia 97, Adelbert-v.-Chamisso-Pr. (Förd.pr.) 02, Anerkenn.pr. d. UBS-Kulturstift. 03, Werkstip. d. Bosch-Stift. 05; Prosa, Dramatik. – **V:** Ich weiss nur, dass mein Vater grosse Hände hat. Tagebuch e. Kindes 86 (auch türk., frz.); Das Lachen der Schafe 89; Meine italienische Reise 96; Blues. Himmel. Ein Album, R. 00; Am Strand ein Buch, Erz. 06; Mein Vater geht jeden Tag vier Mal die Treppe hinauf und herunter 07; – THEATER/UA: Das Lachen der Schafe 91; Winterreise, Libr. f. Musiktheater 94; Trilogie der Sommerfrische, Libr. f. Musiktheater 00; Lamenti, Libr. f. Musiktheater 04. – **MA:** Küsse und eilige Rosen 98; Ich habe eine fremde Sprache gewählt 98; Döner in Walhalla 00; Stehplatz, Kulturzs.

Mick, Jürgen (Jürgen Walter Günter Mick), Schriftst., Komponist, Architekt; Erlkönigweg 138, D-86199 Augsburg, Tel. (08 21) 54 18 74, *j.mick@t-online.de, www.jetzt-zeichnen-ag.de* (* Augsburg 3. 6. 64). Lyr., Erz., Drama, Ess. – **V:** Schneeschmelze, G. 05; Das Lob der Schizophrenie, Bst. 06; Die Gesunden, Bst. 08.

Micke, Oliver, Dr. med., Arzt, Verleger; *omicke @diplodocus-verlag.de, www.diplodocus-verlag.de* (* Hamm 5. 3. 67). – **V:** Osmanische Gedichte. Sieben Gedichte von der türkischen Westküste 00. (Red.)

Mickisch, Dieter, Sparkassenbetriebswirt, Autor; *dietermickisch@t-online.de, www.dietermickisch.de* (* Ruhrgebiet 23. 4. 53). Kurzgeschn. – **V:** Ein(e)sicht, Kurzgeschn. 99. – **MA:** Der Emscherbrücher 97; Mehr als Romantik 99. (Red.)

Micovich, Jo (Ps. f. Jo Mitzkéwitz), Schriftst.; PF 250308, D-42239 Wuppertal (* Wuppertal 9. 5. 26). VS NRW 75; Förd.pr. d. Hauni-Stift. Hamburg 77, Arb.-stip. d. Ldes NRW 76, 80, 91, Bertelsmann-Stip. 86, Lit.pr. Ruhrgebiet (Förd.pr.) 88, Walter-Hasenclever-Pr. (Förd.pr.) 90, Heinz-Risse-Pr. (3. Pr.) 98; Drama, Lyr., Rom., Nov., Ess., Hörsp. – **V:** Lücke in d. Schallwand, G. 79; Schaschlik holt Wespe, Einakter, UA 79; Die Spinne, Einakter, UA 80; Die unsichere Schweiz, Prosa 80; An den Absturz gelehnt, G. zum 50. Todestag v. Federico García Lorca 85; 1 Hdb. f. Pädagogen 77. – **MA:** Almanach 5, 7–10 71–76; beundsdeutsch 74; Werkbuch Angst 75; Stimmen zur Schweiz 76; die hören 111/78, 113/79, 116/79; Kürbiskern 3 78; Kaktus 9 79, 11 80, 12 80; Jb. f. Lyrik 79; Die Kribbe 17/18 80; Lesebuch 80; Café der Poeten 80; Stolberger Matineen, Lit.büro Aachen 81; Politische Lyrik 81; Laßt mich bloß in Frieden 81; Literatur in Wuppertal 81; Schreiben vom Schreiben, Lyr.-Werkstatt Düsseldorf 81; Karussell, Zs. 82; Wellenküsser, Zs. 12 81; Das Wagnis Liebe, G. (auch Hrsg.) 84; Nicht mit Dir und nicht ohne Dich 83; Neben dem achten Längengrad, G. (auch Hrsg.) 83; Sind es noch die alten Farben 87; Geschichten aus d. bergischen Land 99; Versfluß, Anth. 02. – **H:** Friederike Zelesko: Wolkenbruch, Lyr. 82; Dorothea

Müller: Netz über dem Abgrund 83; Ingrid Stracke: Es dürstet mich nach den Hungerjahren, G. 83. – **MH:** Lesebuch 80; Karussel, Zs. 2 81. – **R:** Zugfahrt, Hsp. 86; Breidenbach; Die Gedanken sind frei; Cranger Kirmes; Katalonien, 1925; Tigermann. – *Lit:* Stolberger Matineen 81; Lit. im Tal 81. (Red.)

Middendorf, Ille (eigtl. Brunhilde Middendorf), Bildhauerin; c/o Herbert-Utz-Verlag, Zieblandstr. 7, D-80799 München (* Altena/Westf. 9. 1. 16). Rom. – **V:** Weil wir alle Menschen sind, R. 01. (Red.)

Middendorf, Ingeborg (Ps. Irene Moret), Schriftst.; Fuggerstr. 30, D-10777 Berlin, Tel. (0 30) 2 13 31 59, Fax 21 96 96 06, *ingeborgmiddendorf@gmx.de, www. ingeborgmiddendorf.de* (* Oldenburg 19. 11. 42). VS; Förd.pr. d. Ldes NRW 78, Arb.stip. f. Berliner Schriftst. 82, 89, Stip. Casa Baldi/Olevano 87; Lyr., Kurzgesch., Hörsp., Ess. – **V:** Die Fehlgeburt/Der Abgang, G. 78; Etwas zwischen ihm und mir, Kurzgeschn. 85; Ein heißer Sommer, R., unter Ps. 92, Tb. 96; Die Mißachtung 95; Perfect Silent Blue, engl. richt. Erzn. 06; Mißbrauch im Inn: Wir Kinder von Marx u. Coca Cola 72; Wo die Nacht den Tag umarmt 79; Nicht mit Dir und nicht ohne Dich 83; Das erotische Rowohlt Leseb. 84; Intime Intrigen 85; Thank you Good Night 85; Passionsspieler 87; Die Engel 88; Blackbox 88; Eiswasser 94; Für Dich, mein Freund 94; Too much 94. – **R:** Der Besuch, Hsp. 84; Zeit haben, Feat. 87. – **P:** Performances.

Middendorf, Klaus, Lektor, Lit.agent, Autor; c/o LKM-Literaturbetreuung, Auerbergweg 8, D-86836 Graben a. Lech, Tel. (0 82 32) 7 84 63, Fax 7 84 68, *LKMcorp@t-online.de, www.LKMcorp.com* (* Iserlohn 28. 6. 44). VS, VFLL; Rom., Dramatik, Hörsp. – **V:** Wer ist Patrick?, R. 02; Big Dablju, Thr. 98; Nichtschwimmer in 14 Tagen, R. 04; Im Spiegelsaal des Todes, R. 05. – *Lit:* Christian Döring: Dt.spr. Gegenwartslit., Sachb. 96. (Red.)

Mieder, Eckhard; Jakob-Heller-Str. 17, D-60320 Frankfurt/M., Tel. (0 69) 94 59 86 67, (01 71) 5 34 21 91 (* Dessau 9. 5. 53). Stip. Künstlerdorf Schöppingen 92, Autorenstip. d. Stift. Preuss. Seehandlung 94, Hsp.wettbew. d. ORB 95. – **V:** Auf den Dächern traben Pferde, Erz. 91; Luise Indiewelt 97; Papier geht um, Erzn. 97; Die kichernde Kuh, Kdb. 98; Willis Erwachen, Kdb. 99; Eisbärengeschichten 99; Seeräubergeschichten 00; Die Geschichte Deutschlands nach 1945 02; Khalil kehrt heim, Kdb. 02; Ein Fest für Benjamin 02. – **R:** Phantom der Fabrik 95; Dreckfresser 96; Was der Fall ist 99, u. a. (Red.)

Miehe, Elisabeth, M. A. Dt. Lit. wiss., Buchhändlerin; Grillparzerstr. 14A, D-12163 Berlin, Tel. (0 30) 83 22 27 44 (* Goslar 4. 1. 56). Lyr. – **V:** Ausgewählte Gedichte. 1991–1999 07.

Miehe, Ludwig, Übers., Dolmetscher; Frankfurter Str. 141, D-63263 Neu-Isenburg, Tel. (0 61 02) 2 61 41, *l.miehe@t-online.de.* Pferdestr. 1, D-37574 Einbeck-Vardeilsen (* Einbeck 16. 1. 39). VS, Werkkr. Lit. d. Arb.welt; Rom., Erz. Ue: span. – **V:** Im Glaskasten, Büro-Story 89; Blatt-Schüsse, Büro-Geschn. 97; Der König von Borntal 02; Dorfkrimi 04/05. – **MH:** Auf Eis gelegt, m. A. Rummler 87; Im Hinnerkopp, m. M. Lesch 08. (Red.)

Mielck, Christiane (Christiane Muhs), Dipl.-Finanzwirtin; Schäferkampsweg 35, D-24558 Henstedt-Ulzburg, Tel. (0 41 93) 7 76 94, Fax 75 98 47, *c.a.mielck@t-online.de* (* Hamburg 14. 12. 56). Rom., Lyr. – **V:** Fußstapfen auf meiner Seele, Lyr. 85; Der tolle Typ und der häßliche Vogel, Kurzgeschn. 00. – **MA:** premiere 7 99; Reisegepäck 5 99.

Mielke, Franz s. Fabian, Franz

Mielke, Germund, Dipl.-Designer, Illustrator; Essener Str. 68, D-38108 Braunschweig, Tel. (05 31) 37 43 28 (* Helmstedt 53). – **V:** Die verflixten Fälle aus Pompeji 99; Die verflixten Fälle aus Ägypten 01; Die verflixten Fälle aus Rom 01; Die verflixten Fälle aus Griechenland 02, alles Rätselkrimis. (Red.)

Mielke, Thomas R. P., Werbefachmann; Seegefelder Str. 59, D-13583 Berlin, *trpmielke@aol.com, www.trpm.de, www.orlando-furioso.net* (* Detmold 12. 3. 40). World SF – The Intern. Science Fiction Assoc. of Professionals; Rom., Kurzgesch. – **V:** Grand Orientale 3001 80; Der Pflanzen Heiland 81; Das Sakriversum 83, 94 (auch russ., poln.), alles SF-R.; Der Tag, an dem die Mauer brach, Polit-Thr. 85; Die Entführung des Serails, R. 86, 98; Gilgamesch, König von Uruk, R. 88, 98 (auch russ., türk.); Inanna, R. 90, 99 (auch ndl., türk.); Mingo, SF-R. 91; Karl der Große, R. 92, 96; Mythen der Zukunft, SF-R. 92; Befehl aus dem Jenseits, R. 94, 97; Das Geheimnis des ersten Planeten, R. 95, 97; Attila, König der Hunnen, R. 98 (auch poln., tsch., türk.); Karl Martell – der erste Karolinger, R. 99; Die Kaiserin, R. 00; Coelln. Stadt – Dom – Fluß, R. 00, Tb. u. d. T.: Colonia. Der Roman e. Stadt 03, 10., erw. Aufl. 08; Orlando furioso, R. 02, Tb. 04; Gold für den Kaiser, R. 04, Tb. 06; Trilogie: Die Brücke von Avignon 04, Die Rose von Avignon 05, Der Palast von Avignon 06 (auch poln., span.); Die Varus-Legende 08.

Mielke, Wolfgang s. Fabian, Wolfgang

Mielsch, Hans-Ulrich, Konzert- u. Opernsänger, freier Schriftst.; villa Tous-Vents, CH-1183 Bursins, Tel. (0 21) 8 24 13 97 (* Essen 35). – **V:** Das Lächeln der Athene, R. 00; Wiedersehen in Luxor, R. 00; Vivaldis Annina, R. 01; Die Alpengalerie, R. 05; – Sachbücher: Die Schweizer Jahre berühmter Komponisten 92; Die Schweizer Jahre berühmter Dichter 94; Sommer 1816. Lord Byron u. die Shelleys am Genfer See 98. (Red.)

Mierau, Fritz (Ps. Boris Tscherski), Übers., Autor; Metzer Str. 36, D-10405 Berlin (* Breslau 15. 5. 34). Akad. d. Künste Berlin-Brandenbg 08; Heinrich-Mann-Pr. 88, E.gast Villa Massimo Rom (m. Sieglinde Mierau) 89/90, Arb.stip. f. Berliner Schriftst. 90, Lit.pr. z. dt.-sowjet. Verständigung d. Präses d. Ev. Kirche im Rheinland 91, E.gabe d. Dt. Schillerstift. 92, Stip. d. Dt. Lit.fonds 93, 96, Leipziger Buchpr. (Anerkenn.pr.) 96, Karl-Otten-Pr. d. Dt. Lit.archivs Marbach 99; Ess. Ue: russ. – **V:** Maxim Gorki, Bildbiogr. 66; Revolution u. Lyrik 72, 73; Erfindung u. Korrektur. Tretjakows Ästhetik d. Operativität 76; Konzepte. Zur Herausgabe sowjet. Literatur 79; Leben u. Schriften des Franz Jung 80; Zwölf Arten die Welt zu beschreiben, Ess. 88; Sergej Jessenin, Biogr. 92; Das Verschwinden von Franz Jung, biogr. R. 98; Mein russisches Jahrhundert, Autobiogr. 02; Russische Dichter. Poesie u. Person 03. – **MV:** Russische sowjetische Literatur im Überblick 70. – **MA:** Geschichte der russischen Sowjetliteratur 73; zahlr. Nachworte; ständiger Mitarbeiter von „Sinn u. Form" – **H:** W. Majakowski: Vorwärts die Zeit! 64; S. Jessenin: Gedichte, russ.-dt. 65, 88; Mitternachtstrolleybus. Neue sowjet. Lyrik 65; I. Babel: Die Reiterarmee 68; ders.: Ein Abend bei der Kaiserin 69; A. Blok: Schneegesicht 70; Sprache u. Stil Lenins 70; Links! Links! Links! Eine Chronik in Vers u. Plakat 1917–1921 70; S. Tretjakow: Lyrik, Dramatik, Prosa 72; I. Babel: Werke in zwei Bänden 73; A. Blok: Ausgew. Werke in drei Bänden 78; Frühe sowjetische Prosa 78 II; J. Sosulja: Der Mann, der allen Briefe schrieb (auch Nachw.) 81; Die großen Brände, R. 81, 97; I. Ehrenburg: Visum der Zeit 82; S. Tretjakow: Gesichter der Avantgarde, Portr., Ess., Briefe 85, 91; M.A. Kusmin: Das Abenteuer des Aimé Leboeuf 86; M.

Zwetajewa: Vogelbeerbaum, ausgew. G. 86, 99; dies.: Gedichte, Prosa, russ.-dt. 87; Die Erweckung des Wortes, Ess. 87, 91; Nadjuscha, mein Leben, Briefe 1917–1922 87; Russen in Berlin 87, 91; Russische Stücke 1913–1933 88; A. Achmatowa: Poem ohne Held, G. russ.-dt. 89, 93; A.M. Sobol: Die Fürstin (auch Nachw.) 89; M.A. Kusmin: Florus u. der Räuber (auch Nachw.) 89; ders.: Das wundersame Leben des Joseph Balsamo, Graf Cagliostro 91; B. Pasternak: Ges. Werke in Einzelbänden 91 ff.; Adam 93; O. Mandelstam: Hufeisenfinder, G. russ.-dt. 93; Kauderwelsch des Lebens. Prosa d. russ. Moderne 03; W. Iwanow/M. Gerschenson: Briefwechsel zwischen zwei Zimmerwinkeln 08, u. a. – **MH:** Sternenflug u. Apfelblüte, russ. Lyr. 1917–1962 63; Franz Jung: Der tolle Nikolaus, m. Cläre M. Jung 80; ders.: Briefe u. Prospekte 88; An den Wasserscheiden des Denkens, P. Florenski Leseb. 91, 94; Franz Jung: Briefe 1913–1963 96; Almanach für Einzelgänger 01; Arthur Pfeifer: Briefe aus Waldheim 1960–1976 04; – Werke v. Pawel Florenski: Meinen Kindern, Erinn. 93; Denken u. Sprache 93; Namen 94; ... nicht anders als über die Seele des anderen. Briefwechsel Andrej Bely – P. Florenski 94; Leben u. Denken, I 95, 2 96; Eis u. Algen. Briefe a. d. Lager (1933–1937) 01; Konkrete Metaphysik, ausgew. Texte 06, alle m. Sieglinde Mierau. – **Ue:** W. Sacharow: Aufstand in Mauthausen 61; I. Babel: Maria, Sch. 67; ders.: Sonnenuntergang, Sch. 67; S. Tretjakow: Ich will ein Kind haben!; Brülle, China!, Sch. 76; A. Puschkin: Mozart und Salieri (auch Hrsg.) 86; A. Marienhof: Die Verschwörung d. Narren; L. Lunz: Die Stadt d. Gerechtigkeit; A. Platonow: Leierkasten, alles Sch. 88; P. Florenski: Schriften u. Briefe 91ff.; A. Puschkin: Der geizige Ritter; Der steinerne Gast; Das Gelage während der Pest; Russalka, alles Sch. – **MUe:** A. Puschkin: Aufsätze u. Tagebücher, m. Michael Pfeiffer 65, 84; ders.: Briefe, m. Klaus Taubert 65, 84; Ilja Ehrenburg: Menschen Paare Leben, m. Harry Burck 78; A. Achmatowa: Vor den Fenstern Frost, m. Barbara Honigmann, G. u. Prosa 88. – *Lit:* Walther Killy (Hrsg.): Literaturlex., Bd 8 90; Kiwus 96; Leipziger Buchpr. 2. Europäischen Verständigung 99; Wer war Wer in der DDR 00.

Miersch, Alfred; Klingelholl 53, D-42281 Wuppertal, Tel. (02 02) 51 10 89, Fax 8 99 89 59, *miersch@ nordpark-verlag.de, www.nordpark-verlag.de/miersch* (* Köln-Nippes 15. 12. 51). VS 81; Kulturpr. Wuppertaler Bürger 81, Hungertuch 82, 1. Lyr.pr. b. 4. NRW-Autorentreffen 84, Förd.pr. f. Lit. d. Ldes NRW 84, Arb.stip. d. Ldes NRW 85, 91, Ehren-GLAUSER 04; Lyr., Prosa. – **V:** Lauter Helden, G. 81; Afrika liegt weiter südlich, Geschn. 85; Falscher Hase, Geschn. 91; Städte Büros Zimmer, G. 92; Kölscher Kaviar, G. 99. – **MA:** Beitr. in zahlr. Anth. u. Leseb., u. a.: Café der Poeten 80; Anders als die Blumenkinder 80; Amok Koma 80; Heimatkunde 81; Heilig Abend zusammen 82; Berlin! 83; Nicht mit Dir und nicht ohne Dich 83; Das Rowohlt-Panther-Leseb. 83; Seewärts 83; Wo liegt euer Lächeln begraben? 83; 39 Grad 83; Benzin im Blut 84; Geschlitztes Ohr im Himmel 84; In Italien 84; Ein Parkplatz für Johnny Weismuller 84; Wir haben lang genug geliebt und wollen endlich hassen 84; Alles Paletti 85; Der Container verändert die Landschaft 85; Oh, schon Mittag? 85; Von Dichtersesseln, Eselsohren, Schusterjungen und Leseratten 85; Aus. Mordstories 86; Don Juan 86; Traumatanz 86; Man müßte nochmal 20 sein 87; Oh Schreck 88; und hätte der Liebe nicht ... 90; sowie Veröff. in zahlr. Lit.zss. – **H:** TJA, Lit.mag. 75–79; Omnibus, Lit.zs. 80; www.alligatorpapiere.de, Krimi-Portal 01. – **R:** zahlr. Veröff. im Rdfk u. Fs., u. a.: Helden in Niemandsland, Rdfk-Sdg 82. – **P:** Grüße bis

Miersch

der Tod eintritt, Tonkass. 81; One World Poetry, Schallpl. 83; Die Gruppe + Alfred Miersch, Tonkass. 86; Veröff. im Lit.-Tel. – *Lit:* Lit. im Wuppertal 81; Förd.pr. d. Ldes NRW f. junge Künstler 84; Lit. hat ihren Pr. 89.

Miersch, Martin; Isländische Str. 10, D-10439 Berlin, Tel. (0 30) 4 44 13 29, *m.miersch@gmx.de* (* Coswig/Anhalt 16. 11. 55). Surwolder Lit.gespräche, Gruppe diesseits im jenseits; Erz., Kurzgesch., Lyr. – **V:** Another Robin Hood. Short storys 02; inflagranti und andere makabere Geschichten 04; Jenseits des Rock'n'Roll, Kurzgeschn. 07. – **MA:** Einmischung d. Enkel, Anth. 89; Baggersee-Geschn., Anth. 02. – **P:** John Silver – Die Grube ruft 97; Tanzwut – Eiserne Hochzeit 00; Die Vocaliesen – sieben himmel 02; Union United! – Best of Eisern Union 06, alles CDs; Silver Crew, Schallpl. 05; Frauen-Power Rot-Weiß, CD 08.

Miersch, Stefan, Dr. iur., Richter am Oberlandesgericht Braunschweig; Alte Krugstr. 1, D-38154 Königslutter, Tel. (0 53 53) 9 65 47, *drstefan.miersch@arcor.de, stefan-miersch.de* (* Helmstedt 1. 2. 69). Rom., Erz. – **V:** Zetus und die grauen Schatten, R. 07; Der weiße Legionär, Erz. 07; Der Übergang, R. 08; Zetus und die verschwundenen Federbolde, R. 09.

Miesen, Conrad, M. A., kfm. Angest.; Amselweg 21, D-56584 Anhausen, Tel. (0 26 39) 13 18 (* Neuwied 9. 4. 52). Dt. Haiku-Ges.; Haiku-Pr. Zum Eulenwinkel 99; Lyr., Ess., Hörsp., Erz. – **V:** Wo der Himmel die Erde berührt, G. 84; Den Mond im Brunnen suchen, G. 87; Geborgte Landschaft 91; Wind auf der Wasserhaut, G. 99; Auf Bashôs Spuren, Lyr. 02. – **MA:** 520 Beiträge in Anth., lit. Jbb. wie: Jahresring, religiösen Monatsbzw. Vjschr. wie: Das Zeichen, Ferment, Ballon u. in: Halbe-Bogen-Reihe sowie d. Vjschr. d. Dt. Haiku-Ges.

Miesen, Georg; Zum Rott 15, D-53947 Marmagen, Tel. (0 24 86) 77 38, *georg.miesen@freenet.de* (* Lissendorf 15. 5. 62). FDA 04; Rom., Erz., Lyr. – **V:** Hexensommer in der Eifel, R. 02; Der Weihnachtsdrache 03; Wolfs Herbst, R. 04; Dämonenwinter 06. – **MV:** Was ist eigentlich Zümiesmus?, m. A. Züll u. E. Czarnowski, G. u. Kurzgeschn. 05; Zeitreise mit Jonas, m. D. Gemünd u. G. Stache 06. (Red.)

Mieß, Eva s. Lubinger, Eva

†**Milan** (eigtl. Milan Vukotic), Kinderbuchautor, Theaterregisseur, Maler u. Kinderverzauberer; lebte in Mürzsteg/Öst. (* Belgrad 46, † Mürzsteg 23. 2. 07). Kinderb. – **V:** Die Geschichte über die Geschichte, die Geschichte heißt 94; Der Traum aus dem unordentlichen Zimmer 98; Der Schattenprinz 99; Traumfänger und Prinzessin Jojo 00; Das Geheimnis der 13. Sprache 01; Der geheimnisvolle Meister 02; Das rätselhafte Iksilon 03; Die Buchstabenfresserin Matschukata 04; Silberquann und der verrückte Bus 05. – **P:** Der Traum aus dem unordentlichen Zimmer, Hsp., CD 00.

Milan, Franz (* bei Halle/S. 1. 58). – **V:** Sterne, G. 1975–1993 97. (Red.)

Milautzcki, Frank; Trennfurter Str. 14, D-63911 Klingenberg/Main, Tel. (0 93 72) 1 26 42, *wuestenschiff@t-online.de* (* Miltenberg 29. 6. 61). VS 04; Lyr. – **V:** Silberfische, Lyr. 02; Naß einander nicht fremd 05; Im Bauch der Orgel kribbelt jeder Klang auf meiner Haut, Lyr. 05; Ich träumte der Welt ein Zuhause, Lyr. u. Grafik 05; Die Gegenden unweit der Mitte, Lyr. u. Grafik 06; Eine Weile lang & sehe Rauch, Lyr. 06; Und Chrys fragt wieviel Stück, G. 06; Reinhard Goering. Ein Unbekannter auf d. Berg d. Wahrheit, Ess. 07. – **MA:** zahlr. Veröff. in Zss., u. a.: Akzente 4 96; Muschelhaufen 37 98; in Anth., u. a. u.: Jahrhundertwende 96; Wörter sind Wind in Wolken 00; Blitzlicht 01; NordWestSüdOst 03. – **H:** Das zweite Bein, Zs., seit 97; Cardmaker, Zs., seit 04;

Vom Rinnstein in die Nasenquetsche, Lyr. 05; Gusto Gräser: Gedichte des Wanderers 06; Reinhard Goering: Gedichte 08. – **P:** Home Recordings, Tonkass. 01.

Milbrath, Arthur; c/o Vertigo Verlag, Metzstr. 25, D-81667 München (* Herne 11. 2. 67). Krim.rom. – **V:** Schwarzer Samstag 08. – **MA:** Das dunkle Mal, Anth. 04.

Milbrath, Juliane, Schülerin; Bachstr. 26, D-18546 Saßnitz, Tel. (03 83 92) 3 45 72, *honmei_coco@web.de* (* Bergen auf Rügen 1. 5. 87). Rom., Comic. – **V:** Nah und fern 02. (Red.)

Milbret, Lisa; Neue Reihe 2a, D-18059 Rostock, Tel. (03 81) 4 00 33 23 (* Parchim 30.). Fritz-Reuter-Lit.pr. d. Stadt Stavenhagen 06. – **V:** Ünner de Stadtmuer 88; Da kandidel Gnidelfidel 98; Johrestieden 04; Ein Leben für das Niederdeutsche, Bibliogr. 04. (Red.)

Milde, Hans-Manfred; Unterer Markt 8, D-92281 Königstein, Tel. (0 96 65) 16 69, *www.fragmenteliteratur.de* (* Waldenburg/Schlesien 18. 7. 30). Rom., Nov., Lyr., Drama. – **V:** Ich möchte Dir in Deine Hände schreiben, G. 86; Die Grüne Rose 95; Der Lockruf des „Kumm ocke" 00; Der Perlentaucher 03; Die Ehrenwortgeschichten 07; Die Stellvertreterin 07; Trilogie Der Lockruf des Kumm ocke: 1. Brennender Himmel, 2. Der Schattenprinz, 3. Maria Marischka 08, alles R.; Schlesisches Tagebuch, Tge. 06. – **MA:** Begegnungen im Wort, Anth. 86.

Milde, Michael; Postfach 1002, D-96111 Hirschaid, *www.mirage-literatur.de* (* Nürnberg 59). Rom. – **V:** Das Fragment 06; Der immerwährende Augenblick 07; Die wundersame Quintessenz 08.

Militz, Ekkehard, StudDir. i.R.; Mühlenberg 12, D-51545 Waldbröl, Tel. u. Fax (0 22 91) 48 59, *emilitz@aol.com* (* Greifenberg 22. 7. 29). Erz. – **V:** Der russische General. Merkwürdiges von der Insel Härskiä, Erzn. 99. (Red.)

Millberg, T. s. Schimansky, Gerd

Miller, Brünhild s. Aydt, Brünhild

Miller, Jutta s. Miller-Waldner, Jutta

Miller, Marion s. Hartung, Marie-Antoinette

Miller, Roswitha; Johannagasse 15–17/3/33, A-1050 Wien, Tel. u. Fax (01) 5 48 94 23 (* Wien 3. 8. 46). Luitpold-Stern-Förd.pr. 86; Lyr., Prosa, Märchen, Kinder-u. Jugendb. – **V:** Dickicht 85; Merk-würdig 87; ungereimtheiten 90; un-erhört 96; merk-würdiges 00; i man i tram, Mda.-G. 07.

Miller, Stefan, Physiker; Stefansberg 1a, D-55116 Mainz, *info@stefanmiller.de, www.stefanmiller.de* (* Stuttgart 27. 3. 74). Lyr. – **V:** Verderbnis, G. 01. (Red.)

Miller-Waldner, Jutta (Jutta Miller), Lektorin, Autorin; Müllerstr. 22 a, D-12207 Berlin, Tel. (0 30) 7 12 74 77, *schreibschule@yahoo.de, miller-waldner.kulturserver.de, user.aol.com/hutschi/jutta.htm* (* Berlin 23. 11. 42). IGdA, Ges. d. Lyr.freunde, Dt. Haiku-Ges.; Bad Wildbader Kd.- u. Jgd.lit.pr. 02; Lyr., Prosa, Kindergesch., Sachb. – **V:** Der Traum eines Schmetterlings, G. 96. – **MA:** zahlr. Beitr. in Lit.zss. u. Anth. seit 86; IGdA-aktuell (ltd. Redakteurin). – **H:** Begegnung, Zs. 95–98. (Red.)

Millesi, Hanno, Dr. phil., Kunsthistoriker, freier Schriftst.; Lindengasse 7/10, A-1070 Wien, Tel. u. Fax (01) 5 22 01 44, *hanno.millesi@utanet.at, www.ignorama.at* (* Wien 15. 5. 66). IGAA, GAV; Stip. d. Stadt Wien, Stip. d. Literar-Mechana 00, Öst. Staatsstip. f. Lit. 01/02, 03/04; Prosa, Rom., Kurzgesch. – **V:** Disappearing. Rückzugsvarianten 98; Primavera, R. 01; Traumatologie 02; Im Museum der Augenblicke, Erz. 03; Kalte Ektasen, Erz. 04; Mythenmacher 05; Wände

886

aus Papier 06; Im Museum der Augenblicke 07. – **MV:** Ballverlust, m. Stefan Lux 05. – **MA:** Ersatzlos gestrichen 01. (Red.)

Milletich, Helmut Stefan, Prof. Mag. Dr. h. c.; Franz-Liszt-Str. 16, A-7092 Winden a. See, Tel. u. Fax (0 21 60) 86 77, *helmut.milletich@gmx.at* (* Winden a. See 21. 11. 43). Öst. P.E.N.-Club 73, Gen.sekr. seit 01, Burgenländ. P.E.N.-Club 74, Gen.sekr. bis 91, Präs. seit 91; Lit.pr. d. Ldes Burgenland 77, Pr. d. Burgenländ. Karall-Stift. 80, Dr. h.c. Univ. Arad/Rumänien (f. Verdienste um d. rumän. Lit. im dt.spr. Raum) 05, Gr. Würdig.pr. d. Ldes Burgenld f. Lit. 08; Rom., Erz., Hörsp., Lyr., Libr., Drama, Übers. Ue: lat, ung. – **V:** Protokolle zur Steinigung, G. 72; Träume steten Wachens, G. 74; Dorfmeister, R. 80; Fehringer Messe, Textb. 82; Sankt Margarethner Messe, Textb. 82; Morf auf DIN A 4, R. 86; Die goldene Gans, Kinderoper-Textb. 87; Appollonia Purbacherin u. a. Erzählungen 93; Tod in Eisenstadt, R. 96; Landschaft in Koordinaten, Lyr. 01; Die Textbücher für Otto Strobl, Libretti 01; Üble Nachrede und Epilogue pathologique, R. 03; Das Elend der Männer, R. (1. Bd d. Romanreihe „Zeit- u. Raumverschränkung") 06. – **H:** Kreise, Reihen, Protokolle 72; Der alte Mann im Dorf 86; Volk und Heimat (Chefred.) 90–93; Adalbert Winkler: Die Zisterzienser am Neusiedlersee 93. – **MH:** Dichtung aus dem Burgenland, Anth. 70. – **R:** Die Heimkehr des Ignatius Aurelius 71; Die Reise in den Tod 72; Niemand will sie jetzt 72; Das Turiner Oratorium 73; Der Trinker 74; Die späte Erkenntnis oder Totschlag des Adam Urban 79; Feindberührung 84. – **P:** Die Oberwarter Messe 71; Libr. zu: Franziskus, Orat., CD; Du bist der Herr der Zeiten, Messe, CD. – **MUe:** Magister Rogerius: Carmen miserabile 79; Franz Faludi: Gedichte 79.

Miloradovic-Weber, Christa s. Weber, Christa

Milow-Rembe, Minnie s. Rembe, Minnie Maria

Milton, Karl (Karl Milton Halbow), Gastwirt und Hotellier; Im Sperber 24, D-60388 Frankfurt/Main, Tel. (0 61 09) 5 04 70, Fax 5 04 73 29, *halbow@t-online. de* (* Frankfurt/M. 7. 5. 24). Rom., Lebensgesch. Ue: engl. – **V:** Gustav im Himmel und anderswo 99; Mein Leben 99 (auch engl.); Robin, R. 00; Die Liebe der Kommissarin 02; Kyi-o, Science Fiction, Die Bo Strahlen, Das Dritte Jahrtausend 03. (Red.)

Milzner, Georg, Dipl.-Psych., appr. Psychotherapeut, Schriftst., Doz., Performer; c/o Neuro-Atelier, Kirchstr. 45, D-48145 Münster, Tel. (01 73) 5 32 14 90, Fax (02 11) 3 85 72 02, *g.milzner@web.de* (* Münster 1. 4. 62). 2 x Nominierung f. Leonce-u.-Lena-Pr.; Lyr., Theater, Ess., Erz. Ue: engl, frz. – **V:** Klassizismus und der Abschied davon, G. 92; liebeshändel, G. 02; tango mit mir, G. 05. – **MA:** literar. Beitr. u. a. in: Am Erker; Zs. f. angewandtes Alphabet & Kunst; Trompete; Beitr. in div. Anth. u. Fachzss. – **P:** Kunstschmerztherapie, m. Annette Hollywood 03. – *Lit:* s. auch SK.

Mimberg, Annelie *

Minck, Doris, Hausfrau; Sandstr. 43, D-45964 Gladbeck, Tel. u. Fax (0 20 43) 2 51 88 (* Gelsenkirchen-Horst 16. 3. 43). Lyr. – **V:** Der Alltag, ein Gedicht 99; Gesellschaft por Vers 99. (Red.)

Ming, Barbara (Barbara Mandok, Barbara Neuss), freie Journalistin u. Autorin; Dr.-Kessel-Str. 10, D-40878 Ratingen, Tel. (0 21 02) 70 84 48, Fax 70 84 49, *barbara@barbara-ming.de,* *www.barbara-ming.de* (* Düsseldorf 18. 5. 46). VS 75, ERA e.V. 88 (1. Vors.); Förd.pr. f. Lit. d. Stadt Düsseldorf 74, Hafiz-Pr. 91, Lyr.pr. d. Freundeskr. Düsseldorfer Buch 00, Frauenkulturpr. d. Stadt Ratingen 03; Lyr., Erz. – **V:** Symbol 74; Umkleiden zur Schicht, G. 91; Para dies oder das,

Lyr. 00; Kaffeesätze, Lyr. 06; BernSteinBeißer, Erz. 08. – **MA:** Dt. Ärzteblatt 11/92; jederart, Lit.zs., seit 94; fiftyfifty 12/00; Im Gegendlicht 03; Beitr. in Anth. u. in d. Tagespresse.

Mingels, Annette, Dr., Journalistin u. Autorin; Zürich, *info@annettemingels.ch, www.annettemingels.ch* (* Köln 18. 8. 71). AdS 04; Siegerin b. Kurzgeschn.-Wettbew. v. P.E.N.-Schweiz u. „Entwürfe" 01, Werkbeitr. d. Kt. Zürich 03, Teiln. am Klagenfurter Lit.kurs 04, Esslinger Bahnwärter 05, Werkjahr d. Stadt Zürich 06, Aufenthaltsstip. d. Berliner Senats im LCB 06, Auszeichn. d. Kt. Zürich 07, u. a.; Rom., Erz. – **V:** Dürrenmatt und Kierkegaard. Die Kategorie d. Einzelnen als gemeinsame Denkform, Diss. 03; Puppenglück, R. 03; Die Liebe der Matrosen, R. 05; Der aufrechte Gang, R. 06; Romantiker, Erzn. 07. – **MA:** Beiträge f.: FAZ; GEO; Tages-Anzeiger; DAS MAGAZIN; Radio DRS 2. – **MH:** Dürrenmatt im Zentrum (7. Internat. Neuenburger Kolloq.), m. Jürgen Söring 00. (Red.)

Minke, Ingrid; Berliner Ring 31, D-50170 Kerpen, Tel. (0 22 73) 5 48 17 (* Gelsenkirchen 20. 5. 54). – **V:** Die Scheidung, UA 93; Malerische Stellungswechsel, UA 98; Sind Sie schon bedient?!, UA 99; Ein Mann in jeder Beziehung, UA 04; Geist-Reich, Kom. 04. (Red.)

Minkels, Dorothea (geb. Dorothea Becker), Lehrerin; Oranienburger Chaussee 40b, D-13465 Berlin, Tel. u. Fax (0 30) 4 06 17 14, *dminkels@t-online.de, www. 1848berlin.de* (* Bitburg 17. 1. 50). Geschichte, Biogr., Tatsachenrom. – **V:** 1848 ein Barrikadenheld, hist. R. 98, erw. Aufl. 00; Zwischen Schloss und Alexanderplatz, Tatsachen-R. 01, 02; 1848 gezeichnet. Der Berliner Polizeipräsident Julius von Minutoli, Biogr. 03, 05; Im Keimzeit der Demokratie. Julius von Minutoli z. 200. Geb., Ausst.-Kat. 04; Königin in der Zeit des Ausmärzens. Elisabeth von Preußen, Biogr. 07. – **MA:** Berlinische Monatsschrift, H. 3 u. 9 99; Humanismus aktuell, H. 4 99; Berlin in Geschichte u. Gegenwart. Jb. d. Ldesarchivs Berlin 01; Akteure eines Umbruchs. Männer u. Frauen d. Revolution 1848/49, Bd 1 03, Bd 2 07; 140. Bericht des hist. Vereins Bamberg 04; Jb. des Stadtmuseums Berlin 2004/2005. – *Lit:* Meike Eggert in: Mitt. d. Vereins f. d. Gesch. Berlins 03; Walter Schmidt in: Zs. f. Geschichtswissenschaft 9/04.

Minker, Margaret, Journalistin, Übers., Autorin, Hrsg.; Via della Croce 15, Montegrazie, I-18100 Imperia, Tel. u. Fax (01 83) 6 92 53, *margaret.minker@uno. it.* Sudetenstr. 1, D-84453 Mühlendorf/Inn (* England 4. 3. 48). Ess., Rom., Übers. Ue: engl, ital. – **V:** Umziehen, umräumen, umbauen (Kleine Philosophie d. Passionen) 98, 03 (taiwan.); Das Wasserhaus, R. 01; zahlr. Sachb. zum Thema Gesundheit u. Sexualität d. Frau. – **Ue:** Joan Barfoot: Tanz im Dunkeln, R. 88, 91. – **MUe:** Shere Hite/Kate Colleran: Keinen Mann um jeden Preis, Ess. 89, 3. Aufl. 92. – *Lit:* s. auch SK. (Red.)

Minnameyer, Roswitha (geb. Roswitha Kirchenwitz); Dr.-Regelsberger-Str. 13, D-91710 Gunzenhausen, Tel. u. Fax (0 98 31) 81 89 (* Langenloh/Ansbach 17. 3. 51). Speckdrumm Kulturverein Ansbach e.V. 06; Rom. – **V:** Kunamädchen 06; Almas achter Sinn 07.

Minnemann, Joachim, StudR.; Eulenstr. 81, D-22763 Hamburg, Tel. (0 40) 39 90 34 08, Fax 39 90 34 09, *minn@freenet.de* (* Hamburg 30. 7. 49). VS 75, LIT 78; Reisestip. d. Dt. Lit.fonds 89; Lyr., Ess., Prosa, Kinderb. – **V:** Gute aussicht aus meinem fenster, G. 76; Der friede ist eine frau, G. 78; Kleines Handbuch 78; Sehnsüchte stark wie Gewißheit, G. 79; Der tagtägliche Tag, Poem 81; Ich unterhalte mich gern über den Frieden, G. 82; Weiße wiese, Liebes-G. 1965–1983 83. – **MV:** Der atlas, m. Roland Hunger, G. 80. – **MA:** Veröff. v. Texten in Leseb., u. a. in: Für Portugal,

Mint

G., Lieder, Dok. 75; z.B. Chile. Literatur u. intern. Solidarität, Ess. 75; Wir kommen, Lyr. 76; Berufsverbot. Ein bundesdt. Leseb. 76; Frieden & Abrüstung. Ein bundesdt. Leseb. 77; ... und ruhig fließet der Rhein, Lyr. 79; Friedenserklärung, Lyr. 82; Frieden: Mehr als ein Wort, Lyr. 81, 2. Aufl. 82; Nur ich bin für die Jahreszeit zu kühl, Lyr. 81; Seit du weg bist, Lyr. 82; Sammlung 3; – seit 80 Beitr. in Zss., u. a. in: Norddt. Beiträge; das pult; zahlr. Regiearbeiten seit 86. – **H:** Lebenswelten – Texte v. Abiturienten u. Abiturientinnen 99. – *Lit:* s. auch 2. Jg. SK. (Red.)

Mint, Nele, Juristin; Eisenbartstr. 6, D-91154 Roth, *www.nele-mint.de* (* Weißwasser 8. 7. 61). Autorenverb. Franken 97; Rom., Lyr., Erz. – **V:** Schwarzer Kater, Krim.-R. 96; Liebe online, R. 02; Margania, R. 08. – **MV:** Komm und entdecke ..., m. Helga Hochmann, Barbara Lorenz u. Heike Reiter, Lyr. u. Prosa 01; KriminalTango – um die Kokosnuss, m. Fritz Kerler, Krimi-Kurzgeschn. 04.

Minte-König, Bianka, Prof., Dr. phil.; c/o Kindermedieninstitut, Klostergang 60, D-38104 Braunschweig, Tel. (05 31) 2 37 13 44/45, Fax 2 37 13 46, *b.mintekoenig@fh-wolfenbuettel.de, autorin@biankamintekoenig.de, www.biankaminte-koenig.de* (* Berlin 28. 7. 47). VG Wort, Friedrich-Bödecker-Kr.; Kinder- u. Jugendlit. – **V:** Generalprobe 98, 6. Aufl. 03 (auch slowen., dän.); Theaterfieber 99, 7. Aufl. 04 (auch slowen., frz., kat.); Kittys Bande 99, Tb. 02 (auch span., kat.); Herzgeflimmer 00, 7. Aufl. 03 (auch slowen., kat.), Leseheft/Schulausg. 01, 3. Aufl. 02; Handy-Liebe 00, 9. Aufl. 04 (auch frz., griech., ital., littau., slowen., dän., chin., kat.); Geheimagent Lukas. Gefangen im Gehmgang 00; Luzie Luzifer stoppt den fiesen Freddy 00; Luzie Luzifer u. die verteufelte Geburtstagsfeier 00; Liebesquiz & Pferdekuss 01, 3. Aufl. 02; Hexentricks & Liebeszauber 01, 7. Aufl. 04 (auch frz., kat., slowen.); Schulhof-Flirt & Laufstegträume 02; Liebe & Geheimnis: Esmeraldas Fluch 02, 2. Aufl. 03 (auch slowen.); SMS aus dem Jenseits, 1.u.2. Aufl. 03 (auch slowen.); Knutschverbot & Herzensdiebe 03, 4. Aufl. 04; Liebestrank & Schokokuss 03, 3. Aufl. 04; Superstars & Liebesstress, 1.–3. Aufl. 04; Schule der dunklen Träumen 04; Liebesstress & Musenkuss 04; Liebestraum & Zärtlichkeit 05; Tödliche Küste 05; Regenguss & Ferienkuss 05. – **MV:** 17 Titel in der Reihe "Komm mit ...", m. Hans-Günter Döring 96–05; Abenteuer Autowerk, m. S. Bräunig u. H. Vorbrügg 00; Im Strassenverkehr, m. Irmtraud Guhe 01; Zehn kleine Müdlinge, m. Johanna Seipelt 04, alles Bilderb. – **MA:** Das neue große Vorlesebuch 02; Das Weihnachts-Vorlesebuch 02; Das Tiergeschichten-Vorlesebuch 03; Sommer, Sonne, Ferienliebe 04; Freche Mädchen – freche Weihnachten 05. – **P:** Handy-Liebe 03; Hexentricks & Liebeszauber 03; Liebesquiz & Pferdekuss 04, alles CDs. (Red.)

minu s. Hammel, Hanspeter

Minwegen, Hiltrud, Dr. phil.; Eschenweg 19, D-53177 Bonn, Tel. (02 28) 32 22 54 (* Essen 2. 6. 29). Jugendb., Rom. – **V:** Die Macht der schwarzen Bande 68; Der Ritter mit der Angst 74; Im Netz der Schmuggler 79; Tschau Roma 81; Sizilianischer Sommer 83; Mario 83, 90; Hinter Spiegeln 85. – **MA:** Besuch in Rom, u. a. Gesche. 66; Wohin, Herr?, Gebete in die Zukunft 71. (Red.)

Mirwald, Anita (geb. Anita Werner), EWD-Wachdienst; Mitisgasse 5, A-1140 Wien, Tel. (06 76) 9 50 92 71, *AnitaMirwald@drei.at* (* Wien 22. 1. 83). Krim.rom. – **V:** Perfektes Team 07. – **MA:** Frühling-Sommer 2008, Anth. 08.

Mirwald, Margareta (Margareta Divjak-Mirwald), Mag., AHS-Lehrerin; Römergasse 7/2, A-2345

Brunn am Gebirge, Tel. u. Fax (0 22 36) 2 33 15, *Margareta1751@hotmail.com* (* Wien 1. 7. 51). Lit. Ges. Mödling 81, Lit.werkstatt Mödling, Gründerin u. Leiterin 97; Förd.pr. d. Ldes NdÖst. 83, Buchprämie d. BMfUK 83, Anerkenn.pr. d. Ldes NdÖst. 05; Erz., Hörtext, Drama. Ue: frz. – **V:** Die Werdung, Erz. 83; Brautwacht, Dr., UA 98; Woher kommst du, dass du meinen Namen weißt, Erz. 08. – **MV:** Die Frau als Wirtschaftsfaktor im Altertum, Ess. 94; Zwischenräume, Erz. 95. – **MA:** Traumpfade und Zeitinseln 99; Neue Literatur 02. – **MH:** Immer wenn der Kuckuck schrie, m. Theo Tichat u. Karlheinz Pilcz, Dok. 05. – Ue: Handbuch der lateinischen Literatur der Antike 89.

Misch, Jürgen, M. A.; Talstr. 12, D-65599 Dornburg/Westerw., Tel. (0 64 36) 73 18 (* Stettin 17. 5. 37). Hist. Buch. – **V:** Der letzte Kriegspfad. Der Schicksalskampf d. Sioux u. Apachen 70, 84, Tb. 76; Die Langobarden. Das große Finale d. Völkerwanderung 77, Tb. 79 (ital. 79); Die Elite Gottes. Heilige zwischen Wahn u. Heldentum 78; Die Gefiederte Schlange. Das Rätsel d. weißen Götter Amerikas 86; Jesus Ben Pantera, hist. Sachb. 08.

Misch, Rochus; lebt in Berlin, c/o Pendo Verl., München (* Oppeln 29. 7. 17). – **V:** Der letzte Zeuge. Ich war Hitlers Telefonist, Kurier u. Leibwächter 08. – *Lit:* Der letzte Zeuge – R.M., Fs.-Dokumentation (MDR) 06. (Red.)

Mischke, Susanne (geb. Susanne Schleicher), Schriftst.; D-30974 Wennigsen-Holtensen, *write @susannemischke.de, www.susannemischke.de* (* Kempten/Allg. 15. 8. 60). Sisters in Crime (jetzt: Mörderische Schwestern), Präs.; Lichtenberg-Pr. f. Lit. 95, FrauenKrimiPreis 01; Krim.rom. – **V:** Stadtluft 94; Freeway 95, Tb. u. d. T.: Schneeköniginnen 01; Mordskind 96; Die Eisheilige 98; Der Mondscheinliebhaber 99; Wer nicht hören will, muß fühlen 00; Schwarz ist die Nacht 01; Die Mörder, die ich rief 02; Das dunkle Haus am Meer 03; Wölfe und Lämmer 05; Lieslänglich 06; Sau tot 07; Karriere mit Hindernissen 07; Nixenjagd, Jgdb. 07. – **MA:** Kurzgeschn. in d. Anth.: Mordsgewicht 00; Alter schützt vor Morden nicht 00; Geschichten zum Rotwerden 00; Teuflische Nachbarn 01; Mord zwischen Messer & Gabel 01; Die vielen Tode des Herrn S. 02; Mords-Lüste 03; Weiberweihnacht 03; Mörderische Mitarbeiter 03; Leise riecht der Schnee 03. – **R:** Die Witwen, Hsp. 96; – Drehbücher für: Alarm für Cobra 11: Verschwunden im Nebel 98, Tulpen aus Amsterdam 99. (Red.)

Mischkulnig, Lydia, Mag., Gastprofessur f. intern. studies in Nagoya/Japan; *l.mischkulnig@netway.at, www.tinternational.net* (* Klagenfurt 2. 8. 63). IGAA; manuskripte-lit.förd.pr. 93, Öst. Dramatikerstip. 95, Gr. Öst. Staatsstip. f. Lit. 96, Bertelsmann-Lit.pr. im Bachmann-Lit.wettbew. 96, Lit.förd.pr. d. Ldes Kärnten 96; manuskripte-Pr. 02; Lit.pr. Floriana (3. Pr.) 06, Elias-Canetti-Stip. 07; Rom., Erz., Ess., Hörsp. – **V:** Halbes Leben, R. 94; Hollywood im Winter, R. 96; Sieben Samurane, Erz.-Zykl. 98; Umarmung, R. 02. – **MV:** Der Geschmack der Fremde 04; Beckett Pause 07; Die böhmische Bibel. 1. Buch Fiona, 2. Buch Libuse, Prosa m. Sabine Scholl 08. – **MA:** zahlr. Beitr. in: KOLIK; manuskripte; Feuill. in: Spectrum/die Presse. – Der Lärm der Stille 95; Erich bei Erich 97; Hineinhören 02, alles Hsp.

Mischkulnig, Marija, M. A. Psychologin, Diplompraktikerin d. Grinberg-Methode, in freier Praxis tätig; Boerhaavegasse 3/28, A-1030 Wien, Tel. (01) 2 31 06 00, *marija@mischkulnig.info, www.mischkulnig.info* (* bei Klagenfurt 22. 3. 66). Lyrik,

Lyrische Prosa. – **V:** Der verbotene Genuss des Vergessens, autobiogr. Essay 03. (Red.)

Mischwitzky, Holger s. Praunheim, Rosa von

Mishal, Hannelore, Hausfrau; Bobendörp 30, D-17111 Meesiger, Tel. (03 99 94) 7 91 72 (* Mülheim 9. 10. 24). Kinderb. – **V:** Wir vom Fasanenflug 81; Fritzchen und die Flaschengeister 82, 94; Thyras, du mein guter Hund 83, 92; Bärbel und die Nächstenliebe 86; Himmel, das Gespensterbuch 86; Wurzelmax weiss Rat 89; Spürnase Strolchi 90; Ich singe leis' ein Liebeslied; Das Rauschen der Bäume, beides Lyr. – **MA:** Was für ein Glück, Jahrb. 93; Inge, Dawid und die anderen, Sammelbd 95; Bücherwurm, mein Lesebuch 4 99; Kindheit im Gedicht, Lyr.-Anth. 01.

Mißbach, Heike (geb. Heike Rothe), gelernter Wirtschaftskfm.; Birkenweg 6, D-06922 Axien, Tel. (03 53 86) 2 41 73, (01 62) 5 47 09 02, *dietmar.missbach @arcor.de* (* Lutherstadt Wittenberg 28. 1. 61). Rom., Lyr. – **V:** Das Geheimnis der alten Ruine, R. 05. – **MA:** Federlicht, Lyr.-Anth. 04. (Red.)

Missfeldt, Jochen, freier Schriftst.; Barderuper Str. 15, D-24988 Oeversee, Tel. (0 46 30) 93 76 82, Fax 96 92 47, *j-missfeldt@foni.net* (* Satrup 26. 1. 41). VS 80–03, P.E.N.-Zentr. Dtld 07; Förd.pr. d. Friedr.-Hebbel-Stift. 80, Stip. Künstlerhof Schreyahn 98, Aufenthaltsstip. Villa Concordia Bamberg 99/00, Wilhelm-Raabe-Lit.pr. 02, Hugo-Junkers-Pr. 02, Kunstpr. d. Ldes Schlesw.-Holst. 06; Lyr., Prosa, Rep. – **V:** Gesammelte Ängste, Lyr. 75; Mein Vater war Schneevogt, Lyr. 79; Zwischen Oben, zwischen Unten, Prosa 82; Capo Frasca und andere Erzn. 84; Solsbüll, R. 89; Der Rapskönig, Kdb. 90 (Ill. v. Christine Schübel), 05 (Ill. v. Hans-Ruprecht Leiß); Supermarkt, Erz. 90; Hans und Grete, Libretto 93; Zwölf neue Gedichte 96; Deckname Orpheus, Opernsp. 97; Gespiegelter Himmel, R. 01; Seid gut zum Unkraut, Repn. u. Erzn. 02; Zwischen Oben und Capo Frasca, Erzn. 04; Steilküste, R. 05. – **R:** Überflug, Fsf. 77. – *Lit:* Hubert Winkels (Hrsg.): J.M. trifft Wilhelm Raabe. Ein Lit.pr. u. seine Folgen 03. (Red.)

Missfits s. Jahnke, Gerburg

Missfits s. Überall, Stephanie

Mitgutsch, Anna, Dr. phil., Schriftst.; Renzingerweg 1, A-4020 Linz, Tel. u. Fax (07 32) 79 02 71 (* Linz 2. 10. 48). GAV, IGAA, Vizepräs., P.E.N. bis 00; Brüder-Grimm-Pr. d. Stadt Hanau 85, Claassen-Rose 86, Kulturpr. d. Ldes ObÖst. f. Lit. 86, Anton-Wildgans-Pr. 93, Öst. Förd.pr. f. Lit. 96, Öst. Würdig.pr. f. Lit. 00, Solothurner Lit.pr. 01, Kunstwürdig.pr. d. Stadt Linz 02, Adalbert-Stifter-Stip. d. Ldes ObÖst. 05, Heinrich-Gleißner-Pr. 07; Rom., Übers., Ess., Kulturjournalist. Arbeit. Ue: engl. – **V:** Die Züchtigung, R. 85 (auch holl., frz., span., schw., fin., ital., nor., engl., jap.); Das andere Gesicht, R. 86; Ausgrenzung, R. 89 (auch holl., span., schw., nor., engl.); In fremden Städten, R. 92 (auch holl., ital., engl.); Abschied von Jerusalem, R. 95 (auch holl., engl., ital.); Erinnern und Erfinden. Grazer Poetikvorlesungen 99; Haus der Kindheit, R. 00 (auch am., ital.); Familienfest, R. 03; Zwei Leben und ein Tag, R. 07. – **MA:** zahlr. Prosabeitr. in Anth. u. lit. Zss. sowie wiss. Beitr. in Zss. u. lit.wiss. Anth.; – Der Standard 89–03; Lit. u. Kritik, seit 89; Zwischenwelt. Vjschr. d. Kramer-Ges. Wien; – **Ue:** John Gallaghue: The Jesuit u. d. T.: Auf Befehl Seiner Heiligkeit 75; Philip Larkin: Lyrik, Ausw. u. Gesammelt 87. – *Lit:* Kristin Teuchtmann: „Wir suchen Verlorenes immer am falschen Ort". Zum Werk v. A.M., Diss., Univ. Salzburg 02; Die Rampe (Porträt) 04.

Mitsch, Werner, Schriftsetzer, Fotosetzer; c/o Christa Moll, Quadenweg 46, D-46485 Wesel, Tel.

(02 81) 8 11 05 70, Fax 2 06 38 40, *wernermitsch@ wernermitsch.de, www.wernermitsch.de.* Mimosenweg 68, D-70374 Stuttgart (* Stuttgart 23. 2. 36). Aphor., Spruch. – **V:** Spinnen, die nicht spinnen, spinnen 78, 5. Aufl. 84; Fische, die bellen, beißen nicht 79, 4. Aufl. 86; Pferde, die arbeiten, nennt man Esel 80, 3. Aufl. 83; Hunde, die schielen, beißen daneben 81, 3. Aufl. 85; Bienen, die nur wohnen, heißen Drohnen 82; Das Schwarze unterm Fingernagel 83, 2. Aufl. 84; Gulasch & Boden-Sätze 84, 2. Aufl. 86; Hin- und Widersprüche 86, Sammelausg. 01; Neue Hin- und Widersprüche 88; Leben ... wie es in den Strumpf passt, Postkartenb. m. Sprüchen 96. – **MA:** Aphor. u. Sprüche in Anth., u. a. in: Das treffende Zitat zu Politik, Recht u. Wirtschaft 84; Geld, Aphor. u. Zitate aus drei Jahrtausenden 88; Heitere Weisheit 92; Duden – Zitate u. Aussprüche 93; Das große Handbuch d. Zitate v. A-Z 93; Zitatenlex. f. Chefs u. Führungskräfte 94; Unser Geisteserbe 95; Zimmermanns Zitatenlex. f. Juristen 98; Die allerschönsten Geistesblitze 99; Geistesblitze, Hobelspäne 00; Zitate ohne Tabus 00; Kurzzitate f. Führungskräfte 01; Der Wechsel allein ist d. Beständige 02; Duden – Das überzeugende Zitat 04.

Mittelstädt, Hanna, Lektorin; c/o Edition Nautilus, Alte Holstenstr. 22, D-21031 Hamburg, *hannamittelstaedt@edition-nautilus.de* (* Hamburg 26. 8. 51). Ess. Ue: frz. – **V:** Die Hacienda muß gebaut werden 94; Mit den Augen hören 95; Reise in die Wirklichkeit des mexikanischen Südens 96; Augenblicke 98. – **MV:** Liebe Hanna – Deine Anna, m. Anna Rheinsberg 99.

Mittelsteiner-Ruttkowski, Heidel (geb. Adelheid Pyschny), Hausfrau; Am Brautmorgen 28, D-59469 Ense, Tel. (0 29 38) 34 69 (* Thorn/Westpr. 9. 7. 12). ADA 92; Lyr., Erz., Hörsp., Fernsehsp. – **V:** Rosen und Dornen, Erinn. 90; Mosaik, Lyr. 90; Liebeserklärungen an Mitgeschöpfe, Erlebnisse 90; und über uns leuchten die Sterne, Erinn. 95. – **MA:** adagio; Das Fenster; Spätlese, alles Zss. (Red.)

Mittenhuber, Karl-Heinz, Rektor (Lehrerausbildung); Hagenstr. 1, D-64407 Fränkisch-Crumbach, Tel. u. Fax (0 61 64) 16 86 (* Kulm/Kr. Aussig 7. 8. 42). Erz., Sachber. – **V:** Junker Hans III. zu Rodenstein 88; Die Türkentrommel in Fränk.-Crumbach 89; Wo der Rodensteiner durch die Lüfte braust, 1.u.2. Aufl. 92, 00; Altes Brauchtum im Odenwald, an der Bergstraße u. im Ried 93; Das wilde Heer hat viele Gesichter 98; Siegfried und die Niebelungen 05. – **MV:** Die evangelische Kirche in Fränkisch-Crumbach, m. Walter Hotz 82, 96; Die Rodensteiner – Gesch. u. Sagen 83; Die evangelische Kirche in Fränkisch-Crumbach-Chor 1485–1985 85, neue m. Rudhart Knodt; Die Schattentrommel, m. Albert Völkl 01. – **MA:** Beiträge aus dem Rodensteiner Land 93; Der Odenwald, H.3 94; Gelurt, Odenwälder Jb., seit 97; Die Dorflinde, H.3 06.

Mittenzwei, Johannes, Dr. phil., Oberschullehrer, Red., Lit.wissenschaftler; Holzmarktstr. 69, D-10179 Berlin, Tel. (0 30) 2 49 21 23 (* Greiz 12. 7. 20). Lyr., Erz. – **V:** Der Maler und der Dichter, Erz. 97; Wendejahre, G. 97; Preußen-Zyklus, G. u. Betrachtn. 98; Goethe trifft Clara Wieck, G. 00; Erkenntnisse, G. 03; Pflicht zu denken, G. 05; Soldatenjahre, Erinn. 07. – **MA:** Der Aufstand der Musik, Erz. in: Wochenpost 37/81; Jb. f. das neue Gedicht 03.

Mittenzwei, Werner, Prof., Dr. habil., Germanist; Andromedastr. 13, D-16321 Bernau b. Berlin, Tel. (0 33 38) 76 43 01 (* Limbach/Sa. 7. 8. 27). Akad. d. Wiss. zu Berlin 71, Akad. d. Künste zu Berlin 83–90; Rom., Lit.- u. Theaterwiss. – **V:** Das Leben des Bertolt Brecht oder Der Umgang mit den Welträtseln, 2

Mitterbacher

Bde 86, 3. Aufl. 88, Tb. 97; Der Untergang einer Akademie oder Die Mentalität des ewigen Deutschen 92, 2. Aufl. 03; Die Intellektuellen. Literatur u. Politik in Ostdeutschland 1945–2000 01; Zwielicht. Auf d. Suche nach dem Sinn e. vergangenen Zeit, Autobiogr. 04; Die Brocken-Legende, R. 07; zahlr. lit.wiss. Veröff. – **H:** Bertolt Brecht: Werke in fünf Bänden 73, u. a. – **MH:** Bertolt Brecht: Große kommentierte Berliner und Frankfurter Ausgabe 89 XXX; Handbuch d. dt.sprachigen Exiltheaters 1933–1945, 3 Bde 99, u. a. – *Lit:* Th. Grimm: Was von den Träumen blieb 93; S. Barck/I. Münz-Koenen (Hrsg.): Im Dialog m. W.M. – Beiträge u. Mat. zu e. Kulturgesch. d. DDR 02; P. Boden/D. Böck (Hrsg.): Modernisierung ohne Moderne 04; A. Engelberg: Wo aber endet Europa? 08; s. auch GK.

Mitterbacher, Doris s. Medusa, Mieze

Mitterecker, Ingrid, Schauspielerin; c/o Amal Theater, Aichholzgasse 34/2/2, A-1120 Wien, Tel. (01) 23 67 8 99, *mitterecker@amal.at, www.amal.at* (* Grieskirchen 28. 8. 63). E.liste z. Öst. Kd.- u. Jgdb.pr. 01. – **V:** Alles aus Liebe zu Jesus und Maria, Dramolett, UA 00; Heilige Eutonia bitte für uns, Kom., UA 02; Aus der Bahn, im Schnee, mit David und Erna ... 02. – **MV:** Yoram schlägt sich durch, m. E.L. Edelstein u. Christian Mitterecker 01. – **MA:** Gemischte Klasse 00. – **MH:** Fremde unter Fremden, m. Christian Mitterecker 00. (Red.)

Mitterecker, Wolfgang, Offizier i. P., Brigadier i. R.; Nikolaus-Kronser-Str. 1A, A-5020 Salzburg, Tel. (06 62) 82 64 42, *wolfgangmitterecker@hotmail. com* (* Salzburg 19. 8. 38). Rom. – **V:** Lorbeer für Horatius, Sat. 07.

Mitterer, Felix; c/o Haymon Verl., Innsbruck (* Achenkirch/T. 6. 2. 48). GAV, IGAA; Dramatikerstip. d. BMfUK 77, 80 u. 84, 1. Pr. d. Ldeshauptstadt Innsbruck f. dramat. Dicht. 78, Förd.pr. d. Lit.pr. d. Walter-Buchebner-Ges. 80, Buchprämie d. BMfUK 81, 88, 90, 94, Peter-Altenberg-Förd.pr. (2. Pr.) 83, Förd.pr. d. BMf UK 84, Peter-Rosegger-Lit.pr. 87, Fs.pr. d. öst. Volksbildung 87, 89, Kunstpr. d. Ldes Tirol 88, Stip. d. Dt. Lit.fonds 88, Pr. d. „Festival Internazionale Film della Montagna" 90, Telestar 90, Öst. Würdig.pr. f. Lit. 91, Adolf-Grimme-Pr. 92, Ernst-Toller-Pr. 01, Hörspiel d. Jahres 03, Prix Italia 04; Erz., Drama, Rom., Ess., Kinder- u. Jugendb. – **V:** Superhenne Hanna, Kdb. 77; Jakob und der Hund Patrick, Kdb. 79; Kein Platz für Idioten 79; An den Rand des Dorfes, Erzn. u. Hörspiele 81; Der Narr von Wien. Aus d. Leben d. Dichters Peter Altenberg, Drehb. 81; Stigma. Eine Passion 83; Besuchszeit, vier Einakter 85; Die wilde Frau, Theaterst. u. Drehb. 86; Kein schöner Land 87; Die Kinder des Teufels 89; Sibirien, e. Monolog 89; Verkaufte Heimat. Eine Südtiroler Familiensaga 1938–1945 89; Munde, Stück u. Tageb. 90; 10 Jahre Tiroler Volksschauspiel in Telfs, Chron. 91; Ein Jedermann 91; Die Piefke-Saga, Drehb. 91; Stücke 1 u. 2 92; Die Wildnis, Filmb. 92; Das wunderbare Schicksal 92; Abraham 93; Krach im Hause Gott 94; Verkaufte Heimat – Bombenjahre. Eine Südtiroler Familiensaga 1959–1969 94; Alle für die Mafia, Drehb. 97; In der Löwengrube 97; Die Frau im Auto, Theaterst. 98; Tödliche Sünden, sieben Einakter 99; Gaismair 01; Stücke 3 01; Johanna oder Die Erfindung der Nation, Theaterst. 02; Die Beichte, Theaterst. 04; Superhenne Hanna gibt nicht auf, Kdb. 04; Stücke 4 07; Der Panther, Theaterst. 08; – THEATER/UA: Kein Platz für Idioten 77; Verlorene Heimat 80; Stigma. Eine Passion 82; Karnerleut '83, 83 (später u. d. T.: Null Bock); Besuchszeit 85; Die wilde Frau 86; Drachendurst oder Der rostige Ritter 86; Heim 87; Kein schöner Land 87; Verlorene Heimat 87; Die Kinder des Teu-

fels 89; Sibirien 89; Munde. Das Stück auf dem Gipfel 90; Ein Jedermann 91; Das Spiel im Berg. Eine Reise durch die Unterwelt 92; Das wunderbare Schicksal. Aus dem Leben d. Hoftirolers Peter Prosch 92; Abraham. Ein Stück über die Liebe 93; Die Geierwally 93; Das Fest der Krokodile, Stück f. Kinder 94; Krach im Hause Gott 94; In der Löwengrube 97; Die Frau im Auto 98; Tödliche Sünden 99; Mein Ungeheuer 00; Gaismair 01; Johanna oder Die Erfindung der Nation 02; Die Beichte 04; Die Weberischen, Musical 06; Der Panther 07, u. a. – **MV:** Fremdsein, m. Angelica Schütz 92. – **H:** Texte aus der Innenwelt 01. – **R:** zahlr. Drehbücher f. Fernsehfilme/-serien, u. a.: Schießen 77; Egon Schiele 80; Die fünfte Jahreszeit, 9-tlg. 80/81; Der Narr von Wien. Peter Altenberg 82; Erdsegen 84; Das rauhe Leben 85; Die Wilde Frau 87; Sattmanns Reisen, 3-tlg. 89; Die Piefke-Saga, 4-tlg. 89–92; Verkaufte Heimat, 4-tlg. 89–94; Requiem für Dominic 90; Besuchszeit 91; Der Sprachtest 91; Die Wildnis 93; Kein Platz für Idioten 94; Alle für die Mafia, 2-tlg. 97; Krambambuli 98; Passion 99; Andreas Hofer – Die Freiheit des Adlers 02; – zahlr. Hörspiele seit 76. – *Lit:* F.M. – Ein Platz f. e. Idioten, Fs.-Portr. 90; F.M. – Materialien zu Person u. Werk 95; Nicholas J. Meyer/Karl E. Webb (Hrsg.): F.M., a critical introduction 95; LDGL 97; Hans-Peter Kunisch in: KLG. (Red.)

Mitterhuber, Willy, Geschf. i. R.; Tulpenweg 20, D-92718 Schirmitz, Tel. (09 61) 41 90 69 (* Kraiburg/ Inn 10. 3. 27). RSGI bis 01; Nordgau-Pr. f. Dicht. 88, Förd.pr. Lyrischer Oktober 94; Lyr., Kurzprosa. – **V:** Die Stille tönt, G. 57; Reif und Blüte, G. 65; Begegnungen, Erzn. 65; Beglänzte Spur, G. 75; Puls der Steine 82; Die Sanduhr 88; Wege aus Licht 91; Jenseits der Paßhöhe 95, alles G.; Wurfseil zum Du, Briefe 95; Worte im Fallwind, G. 97; Lebenslinien, G. 01. – *Lit:* LDGL 97. (Red.)

Mitterlehner, Manfred (Ps. Mendl), Umweltberater; Kirchenstr. 25, A-4053 Haid b. Ansfelden, Tel. (06 99) 11 33 19 18, *mendl@onemail.at* (* Wels/ObÖst. 18. 10. 67). Rom. – **V:** Wahnsinnsstory 01; Kloflüchter 05, beide autobiogr. Entwickl.-R.; Macht des Glaubens, Traktat 05. (Red.)

Mitterndorfer, Kurt; Dornacher Str. 15, A-4040 Linz, Tel. (07 32) 24 71 10, *kurt@mitterndorfer.at, www.mitterndorfer.at* (* Linz 24. 2. 51). GAV, IGAA, Begründer Linzer Frühling, Initiator Posthof Linz; Lyr., Prosa, Rom., Film. – **V:** in tiefste nacht – in hellstes licht, Kurzprosa u. Lyr. 90; Nur wir zwei, Lyr. 92; Mein Griechenland 99, 01 (auch gr.); Von wegen Stille Nacht 00, beides Lyr. u. Kurzprosa; Schon pervers?, erot. Texte 03; Venedig-Polaroids 07. – **F:** Experimentalf.: Plastikmensch; Südafrika; Anna Sonnleitner; Fürchterlich. – **P:** da ist so viel in mir, Tonkass. 93; Auf & Ab, 2 Tonkass. 94; Von wegen Stille Nacht, CD 99, alles Kurzprosa u. Lyr.

Mittich, Waltraud, Lehrerin; lebt in Bruneck, c/o Skarabäus Verl., Innsbruck (* Bad Ischl 46). – **V:** Mannsbilder, Prosa 02; Berühren sie jedes 04; Grandhotel, Erz. 08. – **MA:** Veröff. in den Lit.zss. Distel, Sturzflüge u. Manuskripte. (Red.)

Mittl, Rainer Martin; Silbergasse 9, D-67069 Ludwigshafen, Tel. (06 21) 66 65 03, *miol@arcor.de* (* Stuttgart 12. 4. 60). – **V:** Mannheimer Dreck 06; Brüderchen komm stirb mit mir 07; Der Fröhlichmann 08, alles Krimis.

Mittler, Jasna, Kulturpäd., Autorin; c/o Literar. Agentur Piper & Poppenhusen, Postfach 311627, D-10653 Berlin, *jasna@jasnamittler.de, www. jasnamittler.de* (* Neuwied/Rhein 18. 3. 75). Mörderische Schwestern 06; Martha-Saalfeld-Förd.pr. 04, Agatha-Christie-Krimipr. (2. Pl.) 06, Rolf-Dieter-Brink-mann-Stip. 06, Stip. Villa Decius Krakau 07; Erz., Rom., Hörsp. – **V:** Der heilige Erwin, Erz. 05, Tb. 06, 3. Aufl. 07. – **MA:** Zeitfenster, Anth. 05; Gefährliche Gefühle, Anth. 06. – **P:** Entdeckungen 1. Neue Autoren stellen sich vor, CD-ROM 04; Der heilige Erwin. Gelesen v. Hugo Erwin Balder, CD 06.

Mittlinger, Karl, Mag. theol., Dir. d. Bildungshauses Mariatrost; Tannhofweg 4, A-8044 Graz, Tel. (03 16) 39 11 31, Fax 39 11 31 30, *mittlinger@mariatrost.at* (* Hartl/Stmk. 16. 3. 47). Lyr., Prosa, Ess., Lied. – **V:** Du bist eine von uns, neue Marien-G. 87; Unter dem Eis überleben die Fische 89. (Red.)

Mittnacht, Michael s. Kiesen, Michael

Mitzkéwitz, Jo s. Micovich, Jo

Mlasowsky, Joachim, Dipl.-Lehrer f. Französisch/ Russisch; Bahnhofstr. 32, D-39326 Wolmirstedt, Tel. (03 92 01) 2 25 27 (* Wolmirstedt 6. 4. 42). Erz. – **V:** Der Mensch ist schlecht und der Lehrer erst recht, Erz. 04, 3. Aufl. 05. (Red.)

Mlynski, Daniel, Student d. Ev. Theol.; Carl-Semler-Weg 1, D-25524 Itzehoe (* Itzehoe 7. 8. 81). Rom. – **V:** Das Maß der Träume 00. (Red.)

Mnatsakanjan, Elisabeth s. Netzkowa, Elisabeth

Mo MariaLa s. Laakes, Monika

Moar, Mario; Gaisbergstr. 9, D-83362 Lauter. – **V:** Die sieben Bücher Moahs 95. (Red.)

Moc, Norbert, Dr. oec., Journalist, Volkswirt i. R.; Am Rosengarten 35, D-15566 Schöneiche, Tel. (0 30) 64 38 93 90 (* Maffersdorf 23. 12. 33). – **MV:** Das Richtschwert traf den falschen Hals 79, 3. Aufl. 84; Gehenkt auf des Königs Befehl 79; Das Loch im Hut der Königin 80, 3. Aufl. 85; Der Henker in der Staatskarosse 81, 2. Aufl. 83; Ein Computer sucht den Täter 81; Mord auf Befehl 81; Der Rädelsführer 82; Der Mörder war sein bester Mann 83, 2. Aufl. 84; Nach Spandow bis zur Besserung 83, 2. Aufl. 84; Mord in Nowawes 84; Das Gift der Agrippina 84, Liz.ausg. 00; Attentat auf den König 85; Mord im Elsengrund 85; Schüsse auf den deutschen Kaiser 86; Ein schöner Sarg und keine Leiche 87, 2. Aufl. 90; Blumen für die Fahrt ins Jenseits 88; Schüsse in Dallas 88; Am Fallbeil führt kein Weg vorbei 91; Das Gastmahl der Mörderin 97; Eine tödliche Verleumdung 97; Heiße Ware 97. – **R:** Doppeltes Spiel 84, alles m. Peter Kaiser u. Heinz-Peter Zierholz. (Red.)

Mock, Wolfgang, Dr., Journalist; Schumannstr. 78, D-40237 Düsseldorf, Tel. (02 11) 67 87 16, *wmock@ wmock.com, www.wmock.com* (* Kassel 2. 1. 49). Sir Walter Scott-Lit.pr. f. hist. Romane 08; Rom., Erz. – **V:** Diesseits der Angst, R. 96; Der Flug der Seraphim, R. 03; Simplon, R. 06. – **MA:** Heiß u. innig 99; Feuer u. Flamme 02; Rendezvous érotique 03; Tierische Liebe 05, u. a. (Red.)

Mockart, Hannes s. Lienhard, Fredy

Model, Madlen s. Lieb, Helga

Moder, Gerlinde Susanna s. Bäck-Moder, Gerlinde Susanna

Modick, Klaus, Dr. phil., Schriftst.; Roggemannstr. 18a, D-26122 Oldenburg (* Oldenburg 3. 5. 51). P.E.N.-Zentr. Dtld, Niedersächs. Lit.kommission; Pr. d. Lit.-förd. Hamburg 86, Großes Niedersächs. Künstlerstip. 89, Arb.stip. d. Ldes Nds. 90, Villa-Massimo-Stip. 90/91, Writer in residence Keio-Univ. Tokio 92, Stip. Cité Intern. des Arts Paris 93/94, Stadtschreiber-Pr. 94, Writer in residence Allegheny College, Pennsylvania 96, Écrivain Présent, Univ. de Poitiers, Frankr. 96, Jahresstip. d. Ldes Nds. 98, Märkischer Autorenpr. 00, Nicolas-Born-Pr. d. Ldes Nds. 05, Elba-Stip. d. Thyll-

Dürr-Stift. 06, Gastprof. an in- u. ausländ. Univ.; Rom., Nov., Erz., Ess., Lyr., Übers. Ue: engl, am. – **V:** Autonomie u. Sachlichkeit. Lion Feuchtwanger im Kontext d. 20er Jahre 81; Meine Bäume sind die Häuser, Lyr. 83; Mehr als Augenblicke, Ess. 83; Moos, N. 84, Tb. 87, Neuausg. 96 (auch als Hsp.); Ins Blaue, R. 85, Tb. 87 (auch dän. u. als Fsf.); Das Grau der Karolinen, R. 86, Liz.ausg. 87, Tb. 91, Neuausg. 98 (auch frz., ital., slowak.); Das Graue Tagebuch, Ber. 86; Das Stellen der Schrift, Ess. 88; Weg war weg, R. 88, Tb. 91, Neuausg. 98; Privatvorstellung, Erzn. 89, Tb. 93; Die Schrift vom Speicher, R. 91, Tb. 94; Der Schatten den die Hand wirft, Son. 91 (auch jap.); Das Licht in den Steinen, R. 92, Tb. 95; Der Flügel, R. 94, Tb. 96, Neuausg. 02; Das·Kliff, R. 95; Behelf, Ersatz & Prickelpit 96; Der Mann im Mast, R. 97, Tb. 98, Neuausg. 06; Geglückte Lektüren, Ess. 97; Erste Lieben & andere Peinlichkeiten, Erzn. 97; Pauker, Schwarten, Blaue Briefe 98; Herr Tigger 99; Milder Rausch, Ess. u. Portr. 99; Wo die Sonne schlafen geht, Verserz. 00 (auch korean. u. als Hsp.); Vierundzwanzig Türen, R. 00, Tb. 02 (auch litau. u. als Hörb.); Sommerschauer, Verserz. 02; September Song, R. 02, Sonderausg. 03, Tb. 05; Säuische Sonette 03; Der kretische Gast, R. 03, Liz.ausg. 04, Tb. 05 (auch gr.); Zuckmayers Schatten 04; Vatertagebuch 05; Bestseller, R. 06; Die Schatten der Ideen, R. 08. – **MV:** Lion Feuchtwangers Roman „Erfolg". Leistung u. Problematik schriftsteller. Aufklärung in d. Endphase d. Weimarer Rep., m. Egon Brückener 78. – **MA:** Lit.kritiken, lit.wiss. Arb., Lex.-Art.; Beitr. in Ausst.kat.; zahlr. Ess. u. Feuill. in Ztgn u. Zss., u. a. in: Die Zeit; Der Spiegel; Spiegel-Online; Die Woche; Frankfurter Rundschau; taz; NZZ; Park; Rhein. Merkur; Dt. Allg. Sonntagsbl.; Neue Rundschau; Frankfurter Hefte; Neue Dt. Hefte; Sonntagsztg Zürich; Tagesanzeiger Zürich; Text + Kritik; Publizistik; Der Deutschunterricht; Wirkendes Wort; Gegenwart; Konzepte; Brigitte; Merkur; Merian; art; Lit. f. Leser; Literatures; Volltext; Zeno. – **H:** Allerneueste Vergangenheit. Walter Benjamins Passagenwerk 84; Traumtanz, Anth. 86; Die Axt im Haus, Anth. 99. – **MH:** Kabelhafte Perspektiven, m. Matthias-Johannes Fischer, Anth. 84; Man müßte nochmal 20 sein ..., m. Bernhard Lassahn, Anth. 87; Humus. Hommage à Helmut Salzinger, m. Michael Kellner u. Mo Salzinger, Anth. 96; Helmut Salzinger: Moor, m. Mo Salzinger 96; Von Lust und Last literarischer Schreibens, m. Helmut Mörchen 01. – **R:** zahlr. Ess. u. Feat. f. d. Rdfk. – **Ue:** Kenneth White: Das Buch der Goldenen Wurzel 87; Robert Olmstead: Jagdsaison 91; Karen Osbourne: Elizabeth von Arnim 94; Robert Louis Stevenson: Mein erstes Buch 94; Sebastian Faulks: Gesang vom großen Feuer 97; Steven Moore: Die Fakten hinter der Fälschung 98; Robert Louis Stevenson: Die Ebbe 98; Tim Junkin: Im Sog der Gezeiten 00; Robert Louis Stevenson: Mein Bett ist ein Boot 02; William Goldman: Als die Gondolieri schwiegen 03; Charles Simmons: Belles Lettres 03; Victor La Valle: Monster 04; Charles Simmons: Bekenntnisse eines liebenden Sünders 05; Jeffrey Moore: Die Gedächtniskünstler 06; John O'Hara: Der Tod in Samarra 07. – **MUe:** William Gaddis: Die Erlöser, m. M. Hielscher 88; ders.: J R, m. M. Ingendaay 96. – **Lit:** Bernhard Lassahn/Helmut Salzinger: Autorenportr. K.M., in: Das Nachtcafé 26 26; Ulrich Baron: KLG, seit 87. (Red.)

Modoi, Juliana, Schriftst. Str. Eftimie Murgu 3, BL.D3, SC.A, AP. 17, RO-500271 Braşov, Tel. (09 21) 31 17 65 (* Braşov/Kronstadt 8. 7. 62). RSG 76, Kr. d. Freunde 80, Rum. S.V. 90, Kogge 93, VKSÖ 99, IGdA 06; Lit.pr. RSG 80, Erich-u.-Maria-Biberger-Pr. 94, Pr. d. Rum. S.V. 94, Lit.förd.pr. d. Kogge-Förd.pr. 99;

Modritsch

Lyr. – **V:** Entscheidendes Spiel, G. 89. – **MA:** Anth. 3 79; Efeuranken, rum.-dt. Frauenlyr. 79; Heimat 80; Anth. 3 d. RSG 80; Dietrichsblatt 23, Dietrichskarte 3 81; An den Ufern der Hippokrene 82; Kleine Anth. z. 24. Bayer. Nordgautag 82; Bild-Lexikon 82; World Poetry 2 82; Im Wind wiegt sich die Rose 84; Anth. z. 25. Bayer. Nordgautag 84; Nach Spuren suchen 84; Im Schatten der Ulme 86; Der zweite Horizont, Anth. 98. – **H:** Meinen Schutzengel suchend, G. 85. (Red.)

Modritsch, Willibald; St. Nikolai 39, A-9560 Feldkirch, Tel. (0 42 76) 80 78 (* St. Nikolai 21. 12. 49). Lyr., Erz. – **V:** Was pleappart da Brunn 97. (Red.)

Möbius, Regine; Hellerstr. 10, D-04179 Leipzig, Tel. (03 41) 4 51 29 84 (* Chemnitz 23. 6. 43). VS, stellv. Bundesvors. – **V:** Käferhain. Chronik eines Dorfes 83; Autoren in den neuen Bundesländern 95; Panzer gegen die Freiheit 03. – **MA:** Lyrik, Ess., Kurzprosa u. publizist. Beitr. in Zss. u. Anth., u. a.: Börsenblatt f. d. Dt. Buchhandel. – **H:** Auf dem endlosen Weg zum Hause des Nachbarn 00. (Red.)

Möbius, Viola, Moderatorin, Model, Buchautorin, Designerin; www.violamoebius.com (* Oschersleben). Rom. – **V:** Die Rache ist mein 06.

Moeck, Tim, Student HS f. Film u. Fernsehen München; Zenettistr. 42, D-80337 München, Tel. (0 89) 52 35 09 73, timmoeck@gmx.de (* Hannover 31. 12. 78). Drehb. – **V:** Sommersturm, R., 1.u.2. Aufl. 04. (Red.)

Möckel, Brigitte (Brigitte Berweger), Laienhistorikerin, Autorin; Segantinistr. 175, CH-8049 Zürich, Tel. (0 44) 34 11 39 (* Flöha/Sa. 11. 9. 39). Hist. Rom. – **V:** Ewige Völkerwanderung – Kampf um die Saumwege, hist. R. 04, 05. (Red.)

Möckel, Klaus, Dr. phil., Schriftst., Hrsg.; Andersenstr. 4, D-10439 Berlin, Tel. u. Fax (0 30) 4 45 74 10 (* Kirchberg/Sachs. 4. 8. 34). VS 90; Autorenstip. d. Stift. Preuss. Seehandlung 92; Rom., Erz., Ess., Lyr. Ue: frz, span, ital. – **V:** Ohne Lizenz des Königs, hist. R. 73, 84 (auch slow.); Die Einladung, Erz. 76, 81; Drei Flaschen Tokaier, Krim.-R. 76, 90 (auch tsch., slow.); Die gläserne Stadt, phant. Erzn. 80, 89; Die nackende Ursula, sat. G. 80; Tischlein deck Dich, M.-Sat. 80, 82; Haß, Krim.-R. 81; Kopfstand der Farben, sat. G. 82; Hoffnung für Dan, R. 83, Tb. 93; Die seltsame Verwandlung des Lenny Frick, phant. Erzn. 85; Auf seinem Baum sitzt Meister Zäpfel, Kdb. 86; Der undankbare Herr Kerbel, Krim.-Erzn. 87; Das Märchen von den Porinden, Kdb. 88, 90; Geschichte eines knorrigen Lebens, R. 89; Bennys Bluff, Kdb. 91; Eine dicke Dame, Krim.-R. 91; Flußpferde eingetroffen, humorist. Erzn. u. G. 91; Auftrag für eine Nacht, Krim.-R. 92; Kasse knacken, Kdb. 93, 01; Wer zu Mörders essen geht ..., sat. Sprüche u. G. 93; Bleib cool, Franzi, Kdb. 95; Gespensterschach, Krim.-R. 95; Steffys Party, Kdb. 97; Der Löwe aus dem Ei, Kdb. 00; Der Löwe und die Inselbande, Kdb. 00; Trug-Schuss, Krim.-Gesch. 00; Der Sohn des Gestiefelten Katers, Kdb. 00; Ein Hund mit Namen Dracula, Kdb. 03. – **MA:** G. u. Erz. in Anth., u. a. in: Hab ich dir heute schon gesagt 05; Ein bißchen Alibi hat jeder 06. – **H:** Paul Éluard: Tod Liebe Leben, G. 62; Französische Erkundungen, Erz. 68; Französische Dramen 68; Jean Cocteau: I Gedichte, Stücke 71, II Prosa 71; Blaise Cendrars: Gold, Erzn. 74; André Stil: Versehentlich auch Blumen, Erzn. 76; Ein Verlangen nach Unschuld, H. u. Sat. aus Frankreich 80; Der Alabastergarten, phant. Erzn. aus Frankreich, Spanien, Italien 80; Das Zimmer der Träume, wundersame Geschn. aus Frankreich 89, Nachaufl. 89; René Char: Gedichte 88. – **MH:** Französische Erzähler aus sieben Jahrzehnten, Erzn. 83 II. – **Ue:** Pablo Neruda: Glanz und Tod des Joaquin Mu-

rieta, Dr. 74; Bernard B. Dadié: Légendes et Poèmes u. d. T.: Das Krokodil und der Königsfischer 75; Marcel Marceau: Bip träumt, G. 81; Jorge Diaz: Glanz und Tod des Pablo Neruda, Dr. 85; Nachdicht. v. Éluard; Aragon; Apollinaire; Cocteau; Prévert; Rimbaud; Quasimodo; Jewtuschenko; Seifert; Desnos; Char, u. a. in Sammelbden. – **MUe:** Jewgeni Jewtuschenko: Mutter und die Neutronenbombe, Poem 83; Fuku, Poem 87; Henry Coulonges: Das verschwundene Gesicht, R. 94, 99; Nikolai Bachnow: In den Fängen des Seemonsters, Kdb. 96; Die Schlange mit den Bernsteinaugen, Kdb. 97; Der Schatz der Smaragdenbienen, Kdb. 98; Der Fluch des Drachenkönigs, Kdb. 99; Die falsche Fee, Kdb. 00; Die unsichtbaren Fürsten, Kdb. 01; Der Hexer aus dem Kupferwald, Kdb. 02; Das gestohlene Tierreich, Kdb. 03, alle m. Aljonna Möckel. – *Lit:* Ulrike Bresch in: Das Magazin 6/89.

Möddel-Große-Berg, Marlene s. Große Berg, Marlene

Mödder, Gynter, Dr. med., Prof., Arzt f. Nuklearmed., Dir. d. MAUSEUMS in Glessen; Sommerhaus 41, D-50129 Bergheim-Glessen, Tel. (0 22 38) 4 22 77, Gynter.Moedder@t-online.de (* Obereip/Eitorf 15. 9. 42). VS Köln, Autorenkr. Rhein-Erft, Sprecher, BDSÄ, P.E.N.-Freundeskr. 92, P.E.N.-Zentr. Dtld 07; Rom., Ess., Erz. – **V:** Ich will leben! Eine nicht alltägliche Reise auf die Welt, Embryonal-R. 81, Neuaufl. u. d. T.: Laßt mich leben! 96; Tiefgang, der Mäusephilosoph, Märchenroman f. Erwachsene 82; Gullivers fünfte Reise, R. 05; zahlr. wiss. u. mehrere populärwiss. Veröff. – **MV:** Landschaften – Ansichten, Bildbd 82; Was Sie schon immer von der Schilddrüse wissen wollten, aber nicht zu fragen wagten ..., m. Werner Schützler, Karikaturen-Ess.-Bd 85; Engel und Gleiter, Bildbd 91. – **MA:** zahlr. Beitr. in Anth. – **H:** Blumenbilder und Gedichte 94. – *Lit:* s. auch SK. (Red.)

Mödl, Werner, Bundesbahnamtsrat a. D.; Rappenbergstr. 10, D-91757 Treuchtlingen, Tel. (0 91 42) 44 06, w.moedl@online.de (* Treuchtlingen 22. 3. 37). Mundart-Dichtung, Erz. – **V:** Der Weg nach Bethlehem durchs fränkische Land 00; Deutsch gredt, Fränkisch gsacht 06.

Mögele, Motte (eigtl. Renate Mögele, geb. Renate Schuhler); Greith 6, D-87448 Waltenhofen, Tel. (0 83 79) 6 39, Fax 77 01 (* Wittlich 1. 1. 59). ADA 86–96; Lyr., Kurzgesch. Ue: port. – **V:** Mondperle, G. 97. – **MA:** Veröff. in Lit.-Zss, u. a. in: Adagio 88, 89; Das Boot. (Red.)

Möhle, Almut D.; Walsroder Ring 3d, D-21079 Hamburg, Tel. (0 40) 7 63 29 61, almut_moehle@gmx.de (* Hamburg 26. 5. 60). VG Wort; Rom., Kurzgesch. – **V:** Der Märchenmörder, Krim.-R. 02 (auch Hörb.). (Red.)

Möhle, Carl Heinz, StudDir. a. D.; c/o Fouqué, Frankfurt/M. (* Hamburg 23. 9. 26). Erz., Rom. – **V:** Mäuse um den Tisch, Erzn. 61; Ein Mann, wie er nicht im Buche steht, Erzn. 89; Flügelspitzen der Jahre, R. 91; Grüne Heimat, R. 93; Arme Wege des Soldaten, R. 94; Was sind das alles für herrliche Tage, Erzn. 96; Zwischen den Menschen fliegt es sich leicht, Erz. 97; Kleine Schritte in der Komödie gehen, R. 98; Margots schöne Reise, Stück 98; Die Wirklichkeit des Tages, Erzn. 99; Ein längerer Aufenthalt auf Straßen und in roten Wäldern, R. 00; Später gebar meine Mutter ein Mädchen, Erzn. 01; Besucher, die auf ein Wort vorbeischauen, Aphor. 02. (Red.)

Möhn, Andreas, Dipl.-Ing. (FH), Techn. Red.; Mühlborngasse 1, D-65199 Wiesbaden, Tel. u. Fax (06 11) 4 28 03 56, andreas.moehn@wiesbaden.netsurf.de (* Limburg/Lahn 13. 10. 64). 1. Pr. d. Ess.-Wettbew.

„Technik u. Ich", BMFT Bonn 83, 1. Pr. d. Ess.-Wettbew. „Wie kann Technik unser Leben verbessern" d. Zs. Hobby, Hamburg 86, 3. Pr. b. SF-Storywettbew. d. Verl. Arthur Moewig 86, 2. Pr. b. SF-Storywettbew. d. VPM Verl.gr. 99, Pr. b. Wettbew. „Science Fiction" d. Lit.werkstatt Berlin 00, Nominierung f. d. Kurd-Laßwitz-Pr. 00; Rom., Erz. (SF u. hist.). Ue: engl. – **V:** Die Reiter des Mars 00; Corpus Sacrum, hist. R. 06. – **MA:** Die Einhörner von Soun Laroún, SF-Erzn. 86, 87; Perry Rhodan. Das Con-Buch z. Welt-Con 2000, SF-Erzn. 99. (Red.)

Möhring, Gerda; J.-S.-Bach-Weg 19, D-31552 Rodenberg, Tel. (0 57 23) 34 51 (* Berlin 18. 8. 32). Akad. freier Autoren e.V., Hamburg; Rom. – **V:** Willkommen in Preusuposien, R. 00; Disteln im Kornfeld, R. 01; Der 13. Apostel, R. 03. (Red.)

Möhring, Hilde, Fotografin, Malerin (* Berlin 5. 8. 17). GEDOK 65, EM seit 03; Lyr., Text. – **V:** Standorte, G. 94; Ansichten. 60 Gedichte 2002–2004 u. 12 eigene Federzeichn. 05. – **MV:** Die Melusine vom Jungfernstieg, m. Reiner Schrader, Texte, G. u. Zeichn. 96. – **MA:** zahlr. Beitr. in Zss. u. Anth., u. a. in: Die Welt 72, 82, 99; Beitr. in 10 GEDOK-Anth. 95–05. (Red.)

Möllenbruck, Wolfgang, Rentner; Mozartstr. 5, D-74219 Möckmühl, Tel. (0 62 98) 22 68 (* Tönisvorst 29. 9. 27). VG Wort 83. – **V:** Verrückte Sprache 99; Stilfragen zur Muttersprache. Einfachheit – Verständlichkeit – gegen Wichtigtun 05. (Red.)

Möllenkamp, Friedrich-Werner (Werner Möllenkamp), Dr.-Ing., Beratender Ing.; c/o C.A. Starke Verlag, Zeppelinstr. 2, D-65549 Limburg (* Düsseldorf 24. 5. 21). Rom., Hist. Erz., Kurzrom., Kurzgesch., Schausp. – **V:** Die letzte Nacht muß man wachen, hist. Erz. 57, überarb. u. erg. Neuausg. 97; Wanderer – Wohin?, Lyr., Prosa 59; Regen über Gerechte und Ungerechte, R. 70; Die Cassassa-Story, R. 77; Hackers Traum, R. 86, Tb. 90; Endzeit oder Le Temps final, Sch. 88; Gegen den Strom, R. 89; Eine Liebe in Iffezheim, R. 90; Der Chip, R. 92; Die schöne Medusa, R. 02; Gerechte und Ungerechte, hist. Erz., überarb. u. erw. Neuausg. 02; Polizeiromane (TV-Projekte): Mit einem Fuß im Sumpf 91; Russische Schokolade 92; Schwedische Diamanten 94; Das Duell der Paten 95; Tödlicher Tango 95; Tod in der Börse 98; Die Ostpreußen-Trilogie. 3. Teil: Die Flucht 05. (Red.)

Möller, Christine s. Merz, Christine

Möller, Erich P. (Ps. Franz Reyôme), Industrie- u. Exportkfm., Schriftst.; Hofangerstr. 11, D-85386 Eching, Tel. (0 89) 37 93 99 62, Fax 37 93 99 63. Apartado 17, E-18690 Almuñécar (* Hamburg 20. 7. 17). Rom., Lyr., Erz., Dramatik. – **V:** Der Brunnen des Paradieses u. a. Erzählungen 98; Eduard und sein Jahr der Frauen, R. 98; Mephisto oder die verrückten Wirklichkeiten, R. 98; Umweg über Spanien, R. 99; Domenico und der Meister, R. 00. (Red.)

Möller, Gustav, Dr. med.; Hauptstr. 37f, D-26789 Leer, Tel. (04 91) 75 14, *gustavmoeller@gmx.de* (* Holzminden 23. 4. 38). Lyr., Erz. – **V:** Leuchtspuren 03; Schreie gegen die Zeit 06; Erfasste Zeit 08, alles Lyr. – **MA:** Blick-punkt 89; Das Gedicht lebt, Bd 2–6 00–06.

Möller, Hannelore, Rektorin; Am Kleyberg 1a, D-51465 Bergisch Gladbach, Tel. (0 22 02) 3 73 61 (* Wetter/Ruhr 3. 1.). Bühnensp., Schulsp., Märchen, Sketch, Spielwitz. – **V:** Schulspiele u. Märchen: Der kleine Hund 75, 3. Aufl. 86; Sei kein Esel, Ossi 77, 2. Aufl. 83; König Klaus sucht eine Frau 77, 2. Aufl. 79; Hans im Glück kommt in die Schule 78, 2. Aufl.

83; Verdacht auf Claudia 78; Ele-mele-mule 79, 2. Aufl. 81; Bitte nicht stören 79, 7. Aufl. 99; Wünsch dir was, beim Ratespaß 80; Zündet die Laternen an 80; Das teure Gold von Hameln 81; Des Kaisers neue Kleider 82, 2. Aufl. 89; Wie du mir – so ich dir 82; Wer geht uns an den Leim 83, 3. Aufl. 89; Das faulste Kind im ganzen Land 84; Kunibert, der Schlimme 84, 3. Aufl. 96; Der Ärger mit den Hausaufgaben 85, 4. Aufl. 96; Lauf, Schlaufuchs, lauf 85; Bethlehem in unsrer Mitte 85, 2. Aufl. 89; Das tolle Weihnachtsgeschenk 85; Der kleine Schneemann 86; Laßt uns gemeinsam 86; Das Abschiedsgedicht 87, 3. Aufl. 99; Kasper u. Co auf Weltraumfahrt 87; Wer bringt dem Fuchs das Singen bei 87, 2. Aufl. 89; Der Schweinehirt 88; Dusselpitter u. der kluge Hans 89; Null Bock angesagt 90; Knubbel & Co 91; – Texte f. junge Spieler: Heinzelmännchen, nein danke! 93; Wenn sich die Tiere wehren könnten 96; Hacke Superstar 97; Der Wolf u. die sieben Geißlein 98; Schneewittchen u. die sieben Zwerge 98; Tschüss! Auf Wiedersehen u. Dankeschön 00; Das Hexenspektakel 01; Dornröschen 03; Frau Holle 04; Der Teufel mit den drei goldenen Haaren 04; Pechvogel u. Glückskind 04; Die goldene Gans 06; Schneeweißchen und Rosenrot 06; – Kurzspiele u. Sketche: Die Prüfung 75, 3. Aufl. 83; Kinder, Katzen, Konfusionen 76, 2. Aufl. 79; Unterricht, ganz modern 76, 7. Aufl. 99; Die gelungene Weihnachtsüberraschung 81; Mini-Rock u. Oma-Look 82, 4. Aufl. 99; Der Bernina Paß 82; Die Braut von Messina 82; Der Großeinkauf 82; Dümmer als der dumme August 82; Das Zeugnis 82, 2. Aufl. 89; Liebling, zieh Pantoffeln an 84; Laßt Blumen sprechen 86; Wer die Wahl hat 86; Tierfreunde 87; Kluger Kopf u. leere Taschen 87; Irrtum eingeschlossen 88; – Spielwitze: Das darf doch nicht wahr sein 80, 2. Aufl. 88; Auch das noch 84, 2. Aufl. 92; – Bühnenspiele: Schule gestern, Schule morgen 77, 7. Aufl. 98; Eintritt für Lehrer verboten 81, 2. Aufl. 85; Der Bluffer dreht ein Ding 82; Das tolle Weihnachtsgeschenk 85, 2. Aufl. 91; Alles bleibt beim Alten 87; Die Geburtstagsüberraschung 96. – **MA:** 19 Prosa-Beitr. in versch. Zss.

Möller, Hilde s. Möller-Meyer, Hildegard

Möller, Ingrid (geb. Ingrid Krambeer), Dr. phil., Kunsthistorikerin, freischaff. Schriftst.; Dorfstr. 14, D-19069 Seehof, Tel. (03 85) 56 44 93 (* Rostock 12. 10. 34). SV-DDR 82, VS 90, Friedrich-Bödecker-Kr. 92, bis 07; Franz-Bunke-Pr. 91, Peter-Härtling-Pr. 94; Rom., Ess. Erz., Filmszenarium. – **V:** Der Bauer in der Kunst, Ess. 73; Das Haus an der Voldersgracht, e. Vermeer-R. 77, 3. Aufl. 80 (ung. 83, estn. 88, jap. 98); Meister Bertram, Künstler-R. 81, 2. Aufl. 82; Meister Bertram, Ess. 83; Kate Diehn-Bitt, Ess. 87; Die Woge, e. Hokusai-R. 88, 90; Das Reutergeld von 1921, Ess. 94; Ein Schmetterling aus Surinam, R. 95, Tb. 06; Schwerin, Ess. 98; Mecklenburg-Vorpommern, Ess. 99, 04; Wetterleuchten über Isenheim, e. Grünewald-R. 02; Reisefieber – Fieberreisen, Erz. 04; Quintessenzen – Gedichte 06; zahlr. kunsthistor. Veröff. / Kataloge. – **MV:** Schwerin, m. Horst Ende u. Ludwig Seyfarth, Reisehandb. 95ff. – **B:** Der kluge und rechtsverständige Hausvater. Ratschläge, Lehren u. Betracht. d. Franciscus Philippus Florinus (modernisierte Kurzfass. d. Vor- u. Nachw., auch Hrsg.) 88. – **MA:** Neue Kindergeschichten 95 (auch engl.); zahlr. Beiträge v. a. in Zss. – **R:** Szen. zu Beitr. d. Reihe „Kostbarkeiten aus Dresdner Sammlungen" 89/90. – *Lit:* Autoren, Bücher, Autoren and Writers Who is Who, Cambridge 89; Lex. Meckl.-Vorpomm. 93; Schriftsteller in Meckl.-Vorpomm. 94; VS-Rundbrief 4/95; Peter-Härtling-Pr. f. Kd.lit., Weinheimer Reden 95; Einblicke, Kulturat. d. Ldkr. Nordwestmeckl. 98; Who's Who in Germany 00;

Moeller

Dt. Schriftst.lex. 00; H. Graumann (Hrsg.): Persönlichkeiten aus M+V 01; Who's Who in German 01; s. auch 2. Jg. SK.

Moeller, Joachim s. Kraneis, Michael

Möller, Lara, Schiffahrtskauffrau; c/o Fantasy Productions, Ludenberger Str. 14, D-40699 Erkrath (* Hamburg 31. 10. 78). Rom., Lyr., Kurzgesch. – **V:** Shadowrun. Ash, R. 01, 2. Aufl. 04, Bd 2 04; Shadowrun. Flynns Weg, R. 03. (Red.)

Möller, Marion s. Kiefl, Walter

Möller, Thomas s. Bodden, Tom

Möller-Meyer, Hildegard (Hilde Möller); Große Bleiche 44, Mundus, Whg 623, D-55116 Mainz, Tel. (0 61 31) 2 16 66 23, *hillaseven@aol.com*, *www. hillaseven.de* (* Stuttgart 24. 4. 36). GEDOK Wiesbaden 96; Rom. – **V:** ... den Himmel mit Händen fassen, R., 1.u.2. Aufl. 00; Schatten umarmen, R. 02; Und die Zeit stand still, R. 04; leben, autobiogr. R. 08.

Mölzer, Andreas, Publizist, Politik-Berater; Seeuferstr. 8, A-9520 Annenheim, Tel. (0 42 48) 21 41, Fax 2 14 14, *a.moelzer@europarl.europa.eu*, *www.andreasmoelzer.at* (* Leoben 2. 12. 52). Hist. Ver. f. Steiermark, Hist. Ver. f. Kärnten, Steir. Studentenhistoriker-ver., Journalistengewerkschaft. – **V:** Der Graue – eine apokalyptische Erzählung, R. 91; Lob der Kälte, Lyr. 93; zahlr. Veröff. u. Hrsg. v. Sachb. – **MA:** Jb. f. Politik 01, 03. – *Lit:* s. auch 2. Jg. SK.

Mönke, Günther, Prof., Dipl.-Ing., Architekt, Hochschullehrer em.; Birkenkopfweg 24, D-66386 St. Ingbert-Sengscheid, Tel. (0 68 94) 66 64, Fax 88 72 42, *moenke@aol.com* (* Nauen 4. 6. 23). Erz. – **V:** Wie in einer Rumpelkammer, Erinn. 06.

Mönkemeier, Regine (geb. Regine Starke), freie Schriftst., Journalistin; Braunstr. 12, D-23552 Lübeck, Tel. (04 51) 7 02 02 77, 7 00 02, Fax 7 07 21 99, *marienblatt@gmx.net*, *www.dreischneuss.de*, *www. marien-blattverlag.de*, *www.bleisatzwerkstatt.de* (* Prenzlau 7. 11. 38). GEDOK Schlesw.-Holst., Lübecker Autorenkr., VS Nord bis 04; Lyr., Erz., Rezension. – **V:** Wirkstoff Glas 96; Kettenware Zeit 97; schwarz 97; Blauer Tisch 98, alles G.; Hasen grasen, Dichter duschen, G. u. Geschn. 98; Die Stadt – das Haus 98; Rosgart, G. 99; Nachts, G. 99; Wind aus Nørre Vinkel, G. 99; Licht vom Licht, G. 00; Kunstblätter u. Mappen 01, 02; Leporelli u. Kunstblätter 03, 04; Rot sagen, Lyr. 07. – **MA:** zahlr. Beitr. in Lit.-Zss. seit 93, u. a. in: Zeichen & Wunder; Macondo; Wegwarte; Sterz; spatien 3/07; Anth. aus Wettbew.; Hab gelernt durch Wände zu gehen 93; Treffunkt 3 93; Zähl mich dazu 96; In meinem Gedächtnis wohnst du 97; Schattenspiegel 97; Kinder – was für ein Leben 03; NordWestSüdOst 03; Wilde Männer 04; aber das meer 05; Die Schallmauer im Lesegasnetm 05; Poetische Porträts 05; Und dann und wann 07; Poetische Gärten 08. – **H:** Der Dreischneuß, Lit.zs. seit 96; Zaza Schröder: Giftgrün und Libidorot, G. u. Bilder 01; Klára Hůrková: Ausflüge u. Aufenthalte, G. 03; Hartwig Mauritz: Echogramme, G. 04.

Mönnich, Horst; Wolfsbergerstr. 25, D-83254 Breitbrunn a. Chiemsee, Tel. u. Fax (0 80 54) 3 09, *www.horst-moennich.de* (* Senftenberg 8. 11. 18). VS, P.E.N.-Zentr. Dtld, Gruppe 47, VG Wort München; Hsp.pr. d. NDR, Ernst-Reuter-Pr. 67; Rom., Rep., Erz., Hör- u. Fernsehsp., Sachb. – **V:** Die Autostadt, R. 51, Tb. 55, 69 (auch schw., jap.); Der Kuckucksruf, Erzn. 51; Das Land ohne Träume. Reise durch d. dt. Wirklichkeit 54, 84; Von Menschen und Städten, Reiseber. 55; Erst die Toten haben ausgelernt, R. 56; Reise durch Rußland. Ohne Plan im Land d. Pläne 61, Neu-

aufl. in: Land ohne Träume 84; Der vierte Platz, Chronik e. westpreuß. Fam. 62, 73, Tb. 82; Einreisegenehmigung. E. Deutscher fährt nach Dtld 67, Tb. 69, Neuaufl. 84 in: Land ohne Träume; Hiob im Moor 68; Aufbruch ins Revier – Aufbruch nach Europa 71; Quarantäne im Niemandsland 72; Ein Dortmunder Agent. Der Mann, den Karlchen Richter hieß 74; Labyrinthe der Macht. Stinnes, Thyssen, Flick 75; Reise in eine neue Welt. E. pädag. Idee verändert unser Leben, Rep. 78, Neuaufl. u. d. T.: Jugenddorf. Reise in e. neue Welt 84; Am Ende des Regenbogens, Hsp. 82; BMW. Eine deutsche Geschichte. Bd 1 u. 2 83, 04; Geboren Neunzehnhundertachtzehn 93; Führungslinien. Eberhard v. Kuenheim und seine Zeit 08. – **MA:** Das Zeitbuch 48; Unvergängliches Abendland 54; Taten u. Träume 56; Jahresgabe Bleibende Freunde 57; Merian 7/58, 4/60, 4/68, 5/74, 3/77, 11/78, 7/84, 12/88; Die schönsten Städte Bayerns 62; Sechzehn dt. Hörspiele 62; In Gemeinschaft alt werden 64; Die Zeit v. 14.1.66; Die Gruppe 47 67; Alm. d. Gruppe 47 (o. J.); Jahr u. Jg. 1918 68; Die Glocke 6/69; Land und Leut ... 69; Warum bleibe ich in d. Kirche? 71; Begegnung mit Henry Goverts 72; Begegnung mit Regensburg 72; Peine, Bildbd 73; gehört gelesen 2/74; Türen nach innen 74; Wer ist mein Nächster? 77; Rückblick in d. Zukunft 79; Neue Dt. Hefte 83; Prominenz in Kinderschuhen 89; Aktuell u. interessant 90; Kern Teutschland 92. – **H:** Nur die Liebe, Texte aus zwei Jahrtausenden 82. – **R:** Hsp.: Herr Boltenhof kann nicht kommen 48; Gobsch 53; Hiob im Moor 53; Kaprun 55; Die Furcht hat große Augen 56; Prozeßakte Vampir, 5tlg. Hsp.-R. 56/57; Erst die Toten haben ausgelernt 57; Schulausflug 57; Kopfgeld 58; Die Jubiläumsschrift 59; Der vierte Platz, 4tlg. 62; Am Ende des Regenbogens 63; Einreisegenehmigung oder Ein Deutscher fährt nach Deutschland 67; Quarantäne 69; Labyrinthe der Macht, 3tlg. 70; Fsf.: Kopfgeld 59; Ahnenerbe, e. szen. Dok. 69; Der vierte Platz 69; Drei Tage im Elsaß 72. – *Lit:* Reclams Hsp.-Führer 69; Heinz Schwitzke: Am Ende d. Regenbogens 80; Michel Rau in: d'Letzteburger Land 85; H. Schwitzke in: Hiob im Moor.

Mönter, Petra (geb. Petra Calles), Dipl.-Päd.; Klottener Str. 86, D-50259 Pulheim, Tel. (0 22 34) 98 69 08, *petra@petra-moenter.de*, *www.petra-moenter.de* (* Bensberg 30. 12. 62). Friedrich-Bödecker-Kr. 03, KiBuLi 03; Buch d. Monats Juli d. Dt. Akad. f. Kinder- u. Jgd.lit. 99, 2. Pl. bei d. 7. Ulmer Bilderbuchtagen; Bilderb., Kinder- u. Jugendb. – **V:** Küssen nicht erlaubt 99 (2 Aufl., auch fläm., korean., chin.); Geh mit niemandem mit, Lena! 01 (5 Aufl., auch korean.); Vimala gehört zu uns 02; Sophie wehrt sich gegen Gewalt 04. – **MA:** Textauszüge in: Tipi-Lesebuch 2; Das Deutschbuch Tintenklecks 3. (Red.)

Mörla s. Landahl, Klaus

Moers, Hermann; Tel. (0 94 23) 23 23 (* Köln 31. 1. 30). Förd.pr. d. Ldes NRW 58, Gerhart-Hauptmann-Pr. 59; Kinderlit. – **V:** Zur Zeit der Distelblüte, Dr., UA 58, 62; Liebesläufe, R. 63; Ein richtiger Kerl, Kdb. 84; Eleisa auf der Fensterbank, Kdb. 85; Die Reise nach Unisonien, Kdb. 85; Herr Hase, Kdb. 86; Kamillas weiter Weg, Kdb. 87; Kaka-o der Lumpenkerl 87; Katrinchen in der Kiste, Kdb. 88; Fidi, König über alles 90; Fidi und Wolf 90; Kein Anschluss unter dieser Nummer, Erz. 90; Rollo Tagträumer 90; Tonio auf dem Hochseil 90, 92 (auch dän., nor.); Berni will schnell gross werden 91 (auch dän., nor., fin.); Hugo und sein kleiner Bruder 91; Annis Traumtanz 92 (auch dän., nor.); 13 Glückspilz- und Pechvogel-Geschichten 92; Nick und Nack in der grossen Welt 92; Tanz, Anni, tanz, Gesch. 92; Hansi Müller, Sheriff 93; Luckis Lügentagebuch, Erz. 93; Einmal Abenteuer täglich, Kdb. 94, 96; Tinas Traumauto 94, 95 (auch frz., engl., fin., ndl.); Hugo, der Babylöwe 95 (auch slowen.); Hugo und sein kleiner Bruder 92, 95 (auch dän., nor.); Tierzirkus Mondo 94; Schmitt und Schmitti, Kdb. 95; Holpeltolpel 95, 96 (auch engl., ndl.); Evi fliegt nach Afrika 97; Timo fährt nach Ganzwoanders, Kdb. 02; Axel und Bibi bauen ein Schloß, Kdb. 03. – **MV:** Das allererste Weihnachtslied, m. Jozef Wilkon, Kdb. 91; Der alte Ludwig und sein kleiner Kasperl, m. Milada Krautmann 94. – **R:** zahlr. Hsp., u. a.: Sprachkursus 63; Fsp., u. a.: Am Ziel aller Träume 69. – *Lit:* Walther Killy (Hrsg.): Literaturlex., Bd 8 90.

Moers, Walter, Comic-Zeichner u. Autor; c/o Piper Verl., München u. Eichborn Verlag, Frankfurt/M., *www.kleines-arschloch.de, www.zamonien.de* (* Mönchengladbach 24. 5. 57). Max-u.-Moritz-Pr. f.d. beste dt. Comic-Album 93, Adolf-Grimme-Pr. 94, Kinopr. Die gold. Leinwand 97, Dt. Filmpr. 99, Phantastik-Pr. d. Stadt Wetzlar 05, Sonderpr. d. „Jury der Jungen Leser", Wien 05. – **V:** KINDERBÜCHER: Die Schimauski-Methode 87; Käpt'n Blaubär – Der Film 99; ROMANE: Die 13 1/2 Leben des Käpt'n Blaubär 99; Ensel und Krete 00; Wilde Reise durch die Nacht 01; Rumo & Die Wunder im Dunkeln 03; Die Stadt der Träumenden Bücher 04; Der Schreckensmeister 07; COMICS u. a.: Die Klerikalen 85; Aha! 85; Herzlichen Glückwunsch 85; Hey! 86; Schweinewelt 87; Das Tier. Eine wahre Gesch, Bilderb. 1987; Von ganzem Herzen 89; Kleines Arschloch 90; Schöne Geschichten 91; Das kleine Arschloch kehrt zurück 91; Schöner leben mit dem kleinen Arschloch 92; Es ist ein Arschloch, Maria! 92; Der alte Sack, ein kleines Arschloch u. a. Höhepunkte d. Kapitalismus 93; Arschloch in Öl 93; Du bist ein Arschloch, mein Sohn 95; Sex und Gewalt 95; Wenn der Pinguin zweimal klopft 97; Adolf 98; Feuchte Träume 99; Adolf, T.2 99; Schamlos! 01; Der Fönig 02; Adolf – Die lätzte Flasche 02; Adolf – Der Bonker 06. (Red.)

Mörsch, Christian, wiss. Mitarb., Autor; *autor@christian-moersch.de* (* 11. 1. 70). Märchen f. Erwachsene u. Kinder, Ged., Erz. – **V:** Windgeflüster 97, 3. Aufl. 99; Schlummernde Träume 98; Das Auge des Mondsees 99; Zwei Märchen 99; Wassermärchen 00; Als der Mond die Sonne stahl und andere Kindermärchen 00; Sternenmärchen 02; Schmetterlingsregen 03, alles M. – **MV:** Das Feuergeheimnis, m. Kerstin Surra 03. (Red.)

Mörsch, Gabriele, Sekretärin, Hausfrau; c/o Alhulia, Plaza Rafael Alberti 1, E-18680 Salobreña (* Köln 25. 4. 52). – **V:** Protokoll eines Verhängnisses, Erz. 98; Meine Kinder wollten leben 00. (Red.)

Mörtel, Sieglinde, Autorin, Journalistin; in der Welke 41, D-07768 Hummelshain, Tel. (03 64 24) 5 35 83, Fax 5 49 40, *Sieglinde.Moertel@t-online.de, www.moertel-texte.de* (* Kahla/Thür. 21. 5. 60). DJV 90; Autorenstip. d. Freistaates Thür. 07. – **V:** Hummelshain – Erzähl mal von früher, Geschn. 06, 2. Aufl. 08; Kahla – Erzähl mal von früher, Geschn. 07, 3. Aufl. 09. – **MV:** Hummelshainer Dorfkalender 2008 07; Aufgewachsen in der DDR – Wir vom Jahrgang 1936 08.

Moewes, Manfred, Dr. med., Arzt i. R.; Biebersteiner Str. 27, D-51580 Reichshof, Tel. (0 22 96) 9 02 42, Fax 90 82 43, *manfred.moewes@web.de* (* Leipzig 18. 10. 36). Lyr. – **V:** Erreimtes und Erdachtes 95; Parabolische Verse, 2. Aufl. 06; Die Erde dreht ne eigne Runde 08, alles Lyr. – **MA:** Zurück zu den Flossen, Anth. 08.

Mohafez, Sudabeh, Erziehungswissenschaftlerin; *s. mohafez@gmx.net, www.sudabehmohafez.de.* c/o Ar-

che Verl., Hamburg (* Teheran 16. 8. 63). Arb.stip. f. Berliner Schriftst., Adelbert-v.-Chamisso-Pr. (Förd.pr.) 06, Poetik-Dozentur an der FH Wiesbaden, SS 07, Stip. d. Stuttgarter Schriftstellerhauses 07, Isla-Volante-Lit.pr. 08, MDR-Lit.pr. 08, u. a. – **V:** Wüstenhimmel, Sternenland, Erzn. 04; Gespräch in Meeresnähe, R. 05. – **MA:** tip, Berlin-Mag., Nr.21 04; Entwürfe, Nr.43 05; Kanzlerinnen schwindelfrei 06; Bastard – Choose My Identity 06. (Red.)

Mohelsky, Margarete; Maxquellstr. 2e/134, A-4820 Bad Ischl, Tel. (0 61 32) 2 70 90 (* Langwies b. Bad Ischl 26. 6. 16). Kurzgesch., Erz. – **V:** Gute Taten, Kurzgeschn. 06.

Mohl, Ulrich s. Holm, Louis

Mohnnau, Ralph Günther s. Philipps, Günther

Mohr, Hubert, Prof. Dr.; Schopenhauerstr. 42/35, D-14471 Potsdam, Tel. (03 31) 96 38 57 (* 3. 5. 14). Ue: russ. – **V:** Herz, du sollst von vorn beginnen, Lyr. 03; Russische Lyrik als Offenbarung der russischen Seele 04; – Verfasser, Bearbeiter u. Herausgeber zahlr. religionsgesch. Veröff. – *Lit:* Kürschners Dt. Gelehrten-Kal. 72–96; G. Denzler (Hrsg.): Lebensbilder verheirateter Priester 89; J. Krause: Menschen d. Heimat, T. III 89; Volkskundler in d. DDR 90; Religion – Kirche – Gesellschaft. Ehrenkoll. f. H.M. 90, u. a. (Red.)

Mohr, Ingrid, Sekretärin; lebt in Düsseldorf (* Hamburg 8. 5. 39). VS 85; Kurgastdichter in Hörste 96; Rom. – V: ... hungrige Poren, Erz. 84; Wundschorf 92; ... bitte zum Diktat!, R. 96; Julchens Irrfahrt, R. 97; Wutspur, R. 97; Zwei Teufelsweiber, Krim.-Erz. 99; Helenes letzter Coup 05; Helenes dritter Mann 05; Helene verzweifelt gesucht 06; Pupillen extrem 06. – **P:** Lit.telefon Düsseldorf 87. (Red.)

Mohr, Rudolf, Pfarrer, Dr.; Max-Born-Str. 9, D-40591 Düsseldorf, Tel. (02 11) 75 21 28 (* Wetzlar 15. 2. 33). – **V:** Dein getreues Opfer von heute, hist. Krim.-R. 00; Zu spät, Krim.-R. 02. (Red.)

Mohr, Steffen, Dipl.-Theaterwiss., Schriftst., Kabarettist, Liedermacher; Zehmischstr. 1, D-04279 Leipzig, Tel. u. Fax (03 41) 3 38 76 70, *Krimimohr@web. de, www.literatur-leipzig.de* (* Leipzig 24. 7. 42). Förderkr. Freie Lit.ges. e.V. Leipzig, 1. Vors., Friedrich-Bödecker-Kr. 08; Rom., Erz., Hörsp., Feat., Film, Lied, Kinderb., Kabarettprogramm. – **V:** Am Anfang dieser Reise, R. 75; Andi, gib den Ton uns an, Kdb. 75; Ein Tag voll Musik, Kdb. 76, 86; Die merkwürdigen Fälle des Hauptmann Merks, Krim.-Erzn. 80; Ich morde heute 10 nach 12, Krim.-Erz. 80, 88; Blumen von der Himmelswiese 83, 88; Die Leiche im Affenbrotbaum 92; Mord im Wunderland 95, alles Krim.-R.; Mo(h)ritaten – Lieder eines Galgenvogels 96; Ich und die Frauen, Erz. 00; Der ermordete Zwilling, Bü. 00; Leselöwen-Rätselkrimis 2, Kdb. 02; Klammerfrosch 08; Mörderischer Wirrwarr 09, beides Krim.-Erz.; zahlr. Kabarettprogr. u. Lieder. – **MV:** Schau nicht hin, schau nicht her, m. -ky, Krim.-R. 89, 95. – **MA:** Der Sonntagskrimi (bisher 500 F.) in: SachsenSonntag, seit 99. – **F:** 5 Trickf. d. Ser.: Vater und Sohn; Mäxchen Pfiffig 69–73. – **R:** Frauen mit und ohne, Fsf. 86; Schau nicht hin, schau nicht her, m. -ky, Hsp. 90; Durchgeschlängelt, Hsp. 91; Sprengstoff für die Unikirche, Hb. 92; Blaue Blusen – an die Laterne!, Hb. 96; Reif für's Museum?, m. Wolfram Klieme, Fsf. 96.

Mohr, Volker; Schlatterstr. 21, CH-8253 Diessenhofen, Tel. (0 52) 6 25 24 83, *mose.sh@gmx.ch* (* 62). Förd.beitr. d. Dienemannstift. Luzern 98, Druckkostenbeitr. d. Ulrico-Hoeppli-Stift. u. d. Stift. d. Schweiz. Landesausstllg. Zürich 01; Erz., Ess. – **V:** Das künstliche Dasein, Ess. 98; Gedenktage 99; Über das Gan-

Mohr

ze, das Geteilte und die Wirklichkeit, Ess. 00; Mythen und Märchen / Der Zirkel, Ess. 01; Schwemmholz I, Tageb. 02; Heimleuchtung, Erz. 03; Der Kongress, R. 05; Polarlichter – Geheimnisse der Sprache, Ess. 07; Der Schlüssel, R. 08. – **H:** bzw. MH: Max Picard: Ist Freiheit heute überhaupt möglich? 05; Die Atomisierung der Person 05; Die Atomisierung der modernen Kunst 07; Der alte Fluss 07. – *Lit:* s. auch 2. Jg. SK.

Mohr, Wilhelm *

mola s. Laakes, Monika

Moldaschl, Caroline Anna s. Moll, Anna

Molden, Ernst, Schriftst., Musiker; c/o Franz Deuticke, Wien (* Wien 67). Dramatikerstip. d. BMfUK 92, Staatsstip. d. BMfWFK 95, Öst. Förd.pr. f. Lit. 00. – **V:** Der Basilisk, UA 91; Weißer Frühling. Dubrovnik nach dem Krieg, Bildbd 94; Die Krokodilsdame, R. 97; Biedermeier, R. 98; Austreiben, R. 99; Doktor Paranoiski, R. 01; Christbaum kaufen, baden gehen. Traditionen zum Richtigmachen 03. – **P:** mehrere CDs, u. a.: Hört! Teufel u. der Rest d. Götter; Ernst Molden u. der Nachtbus; Haus d. Meeres. (Red.)

Molden, Fritz P., Verleger, freier Journalist, Schriftst., Professor; Stadiongasse 6–8, A-1010 Wien, Tel. (01) 4 03 94 09, Fax 4 02 17 55, *moldenwien@yahoo.de* (* Wien 8. 4. 24). Öst. P.E.N.-Club 80; US-Medal of Freedom 47, Kavalierskreuz d. Christus Ordens 54, E.zeichen f. Verdienste um d. Befreiung Österreichs 75, Gr. Tiroler Adlerorden 79, Gr. Silb. E.zeichen f. Verd. um d. Rep. Öst. 79, Gr. E.zeichen d. Ldes Steiermark 86, Ernest-Hemingway-Pr. f. Publ. 87, Gr. E.zeichen d. Ldes Burgenland 92, Gr. Gold. E.zeichen f. Verd. um d. Land Wien 99, Acad. of Peace Price (Siemens Stift.) 00; Prosa, Ess., Sachb. – **V:** Austria. A summary in facts and figures, New York 49; Ungarns Freiheitskampf 56; Fepolinski & Waschlapski. Bericht e. unruhigen Jugend 76, Tb. 80; Besetzer, Toren, Biedermänner. Österreich 1945–62 80, Tb. 82; Der Konkurs 84; Die Österreicher od. Die Macht d. Geschichte 86; Die Feuer in der Nacht. Opfer u. Sinn d. österreich. Widerstandes 1938–1945 88; Vielgeprüftes Österreich 07, alles Sachbücher; – Aufgewachsen hinter grünen Jalousien, Erzn. 96. – **MA:** Der Standard, Tagesztg 88–95. – **H:** Presse, ab 53 (auch Chefred.); Gründer d. 1. öst. Nachrichtenmag. „Wochenpresse" 54; Gründer u. Hrsg. d. Boulevard-Zs. „Express" 58 (Verleger: Molden-Verl. 63–82 u. 92–04). – **R:** Auf rotweiß-roten Spuren, Fs.-Serie, 48 F. 82–95. – *Lit:* Karl Schwarzenberg: Fepolinski revisited 99.

Molden, Hanna, Dr., Übers., Journalistin, Autorin; Schreiberhäusl 277, A-6236 Alpbach, Tel. (0 53 36) 52 49, Fax 50 80, *hanna.molden@aon.at* (* Wien 18. 9. 40). – **V:** Man nennt es Pubertät, Erfahrungs-R. 92; Kurakin, R. 96, 03; Geschichten vom Dorf, Miniatn. 98; Greif und Rose, Biogr. 98; Ein Hauch von Glück 98; Bloß nicht stören! 99; Der Tarzan-Effekt 02; Amelie – und die Liebe unterm Regenschirm 05, 06, alles R.

Moll, Alrun s. Förtig, Alrun

Moll, Anna (Ps. f. Caroline Anna Moldaschl), Cellistin; Schrannengasse 14/42, A-5020 Salzburg, Tel. (06 62) 88 23 28, *bellini@annamoll.com*, *www. annamoll.com* (* Nürnberg 77). Stip. d. Alban-Berg-Stift., Wien. – **V:** Bellini, Bellini! Mord an der Scala, R. 01. (Red.)

Moll, Manfred, M. A., Theologe; Bundesallee 76, D-12161 Berlin, Tel. (0 30) 8 52 60 61, Fax 70 71 04 12 (* Kassel 26. 12. 51). GZl; Gedicht d. Monats b. Wettbew. d. GZL 98, Lit.pr. d. Kg. f. Lyr. 98; Lyr. – **V:** Quadrille, Sarabande oder Garotte, G. 81. – **MA:** Coitus Koitus 3/99; Schreibwetter 02. (Red.)

Molle, Cornelia (geb. Cornelia Meinecke), Dipl.-Germanistin, Autorin; Hardenbergstr. 26a, D-04275 Leipzig, Tel. u. Fax (03 41) 3 01 54 80 (* Magdeburg 18. 4. 54). IG Medien, VG Wort; Hauptpr. d. Sächs. Satirewettbew. 94, 95; Kabarett, Sat. – **V:** Flucht nach vorn, kabarettist. Nummernprogr. 91; Brutal normal, Kabarettprogr. 93; Kabarett „Academixer", Texte 93; Genial daneben, Satiretheater 94; Der letzte Walzer 95; Game over, Soloprogr. 97; Glück im eigenen Saft 98; Alles geht im Stehn 99, alles Kabarettprogr. – **MA:** Volker Kühn: Hierzulande. Kabarett in dieser Zeit 94. – **H:** Lied vom Anderssein, G. 1945–1960 84. – **MH:** Stasi intern. Macht und Banalität 94. – **R:** Die blaue Stunde, MDR-Fs.-Sdg 93, 95, u. a. – **P:** Game over, CD. – *Lit:* Leipziger Blätter 5/84, 9/86, 15/89. (Red.)

Mollet, Li, lic. phil., LBeauftr.; c/o Edition Howeg, Am Waffenplatz, Ch-8002 Zürich (* Aarberg 3. 8. 47). Holozän 5, Zürich 99, Werkbeitr. d. Stadt u. d. Kt. Bern 99, Solothurner Lit.-Tage 02; Experiment. Prosa, Lyr., Ess. – **V:** Vom Umgang der Pädagogik mit der Kunst 97; nichts leichter als das 03. – **MV:** Nicht zu reden vom Begehren, m. Frank Seethaler, Priska Furrer u. Ueli Zingg. (Red.)

Molnar, Sandor s. Bischoff, Gustav

Molsner, Michael, freier Autor; *m.molsner@t-online.de*, *www.michaelmolsner.de* (* Stuttgart 23. 4. 39). VS, Das Syndikat; Dt. Krimipr. 87, 88, 2 × 89, Ehren-GLAUSER 98; Rom., Ess., Film, Hörsp. – **V:** Und dann habi ich geschossen 68, 79; Harakiri einer Führungskraft 69, 82; Rote Messe 73, 80; Das zweite Geständnis des Leo Koczyk 79, alles Krim.-R.; Eine kleine Kraft, R. 80; Tote brauchen keine Wohnung, Krim.-R. 80; Wie eine reißende Bestie, Krim.-Erzn. 81; Die Schattenrose 82, 00; Ausstieg eines Dealers 83; Mit unvorstellbarer Brutalität 84; Der Castillo-Coup 85; Gefährliche Texte 85; Der ermordete Engel 86, alles Krim.-R.; Unternehmen Counter Force, R. 87; Disco Love, Jgd.-R. 87; Die Ehre einer Offiziersfrau, Krim.-R. 88, 93; Die Eroberung der Villa Hammerschmidt, Thr. 89, 92; Rettet den Fleck 89; Schrei des toten Kämpfers, R. 90; Der trojanische Maulwurf, Thr. 90; Die verbrannte Quelle 90; Der entgleiste Zug 91, 92; Das Gesetz der Rache, Krim.-R. 91; Die Option des Schäfers, R. 91; Verschollen in der Honigfalle 91; Die Strategie des Beraters, Thr. 92; Der schwarze Faktor 94; Der Sohn der Zeugin 95, alles Krim.-R.; Wege der Vorsehung, R. 96; Hetzjagd nach Eilat 97; Spot auf den Tod oder wie man sich bettet, so lügt man 97, alles Krim.-R.; Um alles in der Welt, R. 01; Starker Zauber 04. – **MV:** Prominente im Alltag, Kultourführer 98. – **MA:** Bommi ist tot ... 76; VS vertraulich 79; Krimi-Jahresbd 81, 83; Klassenlektüre 82; Der Pott kocht 00. – **R:** Gold unterm Sakko; Wie eine reißende Bestie; Ein bißchen Spaß; Der weiße Kittel; Das zweite Geständnis des Leo Koczyk; Mit unvorstellbarer Brutalität; Etwas ganz Schlimmes; Straßen des Geldes; Schwarze Hochzeit; Jeder auf eigenes Risiko, alles Hsp.; Das zweite Geständnis; Tote brauchen keine Wohnung, beides Tatort-Fsf. – **P:** Eine Falle für den Profi 86; Straßen des Geldes, Tonkass. 94; Schwarze Hochzeit, Tonkass. 95. – *Lit:* Politische Didaktik, Zs. f. Theorie u. Praxis d. Unterr. 80.

Molzberger, Hermann, Dipl.-Sozialarb.; Erlenweg 4, D-51570 Windeck-Dattenfeld, Tel. (0 22 92) 38 60, Fax 92 14 05 (* Strick/Morsbach 4. 12. 41). Rom. – **V:** Unbewachte Grenzen, Kurzgeschn. 97; Bergzeitlos, M. 99. (Red.)

Momos s. Jens, Walter

Mon, Franz (Ps. f. Franz Löffelholz), Dr. phil., Lektor; Reinhardtstr. 12, D-60433 Frankfurt/Main, Tel.

(0 69) 52 39 06 (* Frankfurt/Main 6. 5. 26). Dt. Akad. f. Spr. u. Dicht. 85; Karl-Sczuka-Pr. 71, 82, 96, Kunstpr. Berlin, Förd.pr. f. Lit., Akad. d. Künste 77, Prix Futura, Sonderpr. d. Senats Berlin 79, Goethe-Plakette d. Stadt Frankfurt 03; Lyr., Prosa, Drama, Ess., Hörtext, Visueller Text. – **V:** artikulationen, G. u. Ess. 59; sehgesänge, G. 64; ainmal nur das alphabet gebrauchen, G. 67; Lesebuch, Lyr., Prosa, Dr. 67; herzzero, Prosa 68; das gras wies wächst 69; blaiberg funeral 69; bringen um zu kommen 70, alles Hsp.; Texte über Texte, Ess. 70; ich bin der ich bin die 71; pinco pallino in verletzlicher umwelt 72; da du der bist 73; hören und sehen vergehen 76/77, alles Hsp.; fallen stellen, G. u. Prosa 81; wenn zum beispiel nur einer in einem raum ist, Hsp. 82; hören ohne aufzuhören, G., Prosa, Ess. 82; Es liegt noch näher, Prosa 84; lachst du wie ein hund, Hsp. 85; Nach Omega undsoweiter, Prosa 92; Gesammelte Texte. Poetische Texte, 4 Bde 94–97; Von den Fahrplänen braucht man nicht zu reden, Hsp. 96; Visuelle Texte 97; Wörter voller Worte, G. u. Prosa 99; Freiflug für Fangfragen, Lyr. 04. – **MV:** ausgeartetes auspunkten, m. Hans D. Schrader, Prosa 97. – **MA:** protokoll an der kette, G. 60/61; verläufe 62; rückblick auf isaac newton, Prosa 65. – **MH:** movens dokumente u. analysen z. dichtung, bild. kunst, musik, architektur 60; Antianthologie, Lyr., m. Helmut Heißenbüttel 73. – **R:** Käm' ein Vogel geflogen, Hsp. (ORF Kunstradio) 04; ausgeartetes auspunkten, Hsp. (HR) 07; Poetik der Wörter, Radioess. (SWR) 07. – *Lit:* H. Vormweg: Eine andere Lesart 72; K. Schöning: Hörspielmacher 83; Ch. Weiss: Seh-Texte 84; Ch. Scholz: Untersuchungen z. Geschichte u. Typologie d. Lautpoesie, Teil 1 89; P.M. Meyer: Die Stimme u. ihre Schrift 89; M. Maurach: Das experimentelle Hsp. 95; Ch. Weiss: Stadt ist Bühne 99; M. Lentz: Lautpoesie Lautmusik 00; O. Kutzmutz, O. Lorenz, R. Gerlach u. H.-Ch. Kosler: KLG.

Monacensis, Ericus Josephus s. Maier, Erich Joseph

mondam baddibadd s. Pfaffenberger, Wolfgang

Mondaugen, Kurt, Journalist, Philosoph; Erdmannstr. 8, D-04229 Leipzig, Tel. u. Fax (03 41) 4 24 52 38, *info@kurt-mondaugen.de*, *www.kurt-mondaugen.de* (* Haldensleben 24. 9. 66). VS 08; Aufenthaltsstip. d. Kulturstift. Sachsen in Šamorín, Slowakei; Rom., Lyr., Erz. – **V:** Grenzerfahrungen – Lost Files, Geschn. u. Lyr. 07; Moon over Plagwitz, m. Fotogr. v. Sabine Wild, Bild-R. 08 (auch als Hörb.).

Mondfeld, Wolfram zu (Ps. f. Wolfram Prinz zu Löwenstein-Wertheim-Freudenberg-Mondfeld), Schriftst., Historiker, Graphiker; Stockacker 3, D-86978 Hohenfurch, Tel. (0 88 61) 9 30 73 88, Fax 9 30 74 82 (* Berlin-Tempelhof 21. 10. 41). Jugendsachbuchpr. d. FDA 76, Heinrich-Pleticha-Sachbuchpr. 76, Dipl. di Merito Univ. delle Arti Salsomaggiore 82, BVK (f. d. wiss. u. künstler. Leistungen) 03; Hist. Rom., Jugendb., Sach- u. Fachb. – **V:** Der sinkende Halbmond 73; Drachenschiffe gegen England 74; Ruder hart backbord! 74; Piraten und Schmuggler von Saint Malo 75; Entscheidung bei Salamis 76; Wallenstein 78; Der Pirat Napoleons 87, alles Jgdb.; Mose, Sohn der Verheißung, hist. R. 99, 4. Aufl. 06; – Sachbücher: Das große Piratenbuch 76, 4. Aufl. 78; Alles Gold gehört Venedig 78; Blut, Gold u. Ehre 81; Schicksale berühmter Segelschiffe 84; Das Piratenkochbuch 84, 4. Aufl. 00; Wikingfahrt Dänemark, Norwegen, Schleswig-Holstein 85; Wikingfahrt Schweden, Gotland, Öland 85; Die exquisite Bordküche 87, 2. Aufl. 92, Liz.ausg. u. d. T.: Transatlantik-Küche 01; Schiffsbaukunst im 17. Jh. 87; Das Piratenbuch 88; Knochenschiffe 91; – Fachbücher: Die Galeere vom Mittelalter bis zur Neuzeit 72; Die Schebecke u. a. Schiffstypen d. Mit-

telmeerraumes 74; Hist. Schiffsmodelle 77, 23. Aufl. 08; Die arab. Dau 79; Hist. Modellschiffe 80; Wasa 81; Mein Hobby: Schiffsmodelle 84; Schiffsmodelle 84, 6. Aufl. 88; Schiffsgeschütze 1350–1870 88; Die Schiffe d. Cristoforo Colombo 1492 91; Enzyklopädie d. hist. Schiffsmodellbaus, 12 Bde 06ff. (bisher 6 Bde); (Übers. insges. ins Engl., Frz., Amerikan., Ndl., Span., Port., Tschech., Rumän.). – **MV:** Der Meister des siebten Siegels, m. Joh. K. Soyener 94, 10. Aufl. 08; Die Schule der Gladiatoren, m. Barbara zu Wertheim, hist. R. 05, 4. Aufl. 07; Piraten, Schrecken der Weltmeere, m. ders., Sachb. 07. – **MA:** H. Pleticha: Drachensegel am Horizont 76; L. Bühnau: Schwarze Flaggen am Mast 76; V. Melegari: Die Geschichte d. Piraten 77; E. zu Freudenberg: Elisabeth I. Königin von England 78; H.-J. Maus: Barbarossa. Kaiser d. Abendlands 79; Karl May: Kleine Hausschatz-Erzn. 82; H.-D. Birr, J. Schödler: Die Entdecker Amerikas 91, u. a.; – Beitr. in div. Fachzss. – **H:** Architectura Navalis 81–83; Constructio Navalis 85–92.

Mondschein, Helga; Ottostr. 39, D-99092 Erfurt, Tel. (03 61) 2 11 21 45 (* 12. 3. 33). Erz. – **V:** Du hast uns lieb 79, 6. Aufl. 91; Martinstag früher und heute 80; Pater Fridolin und seine Rasselbande, Kdb. 83, 7. Aufl. 97 (auch tsch.); ... Viele Grüße Monika 86, 2. Aufl. 89 (auch tsch.); Beten mit Christoph und Barbara, 1.u.2. Aufl. 88; Träum dich ins Winzel-Wunder-Land, Geschn. 89, Neuaufl. 01; St. Martin 93; Bischof Hugo Aufderbeck. Lebenszeugnis 96; Neues von Pater Fridolin, Geschn. 99; Ottostraße – meine Heimat 00; 01; Fröhlich durch das Kirchenjahr, Ministrantenkal. 04 u. 05; mehrere Veröff. zu Glaube und Religion. – **MA:** Beitr. u. a. in: Die Bibel – das Buch der Jahrtausende 85; Im Land der heiligen Elisabeth 85; Lieber Bischof Hugo 88; weitere Beiträge u. a. in zahlr. kirchl. Zss., v. a. Veröff. zu Themen wie Erziehung, Religionsunterricht, Gemeindearbeit. (Red.)

Monhardt, Stefan, freier Schriftst., Übers. u. Regisseur; Nachodstr. 25, D-10779 Berlin, Tel. (0 30) 2 17 75 12. Gabelsbergerstr. 25, D-89264 Weißenhorn (* Calw 13. 12. 63). VS; Förd.pr. d. Stadt Ulm 94, Irseer Pegasus 00, Stip. d. Stuttgarter Schriftstellerhauses 01, Jahresstip. d. Ldes Bad.-Württ. 07; Lyr., Ess., Lit.-u. Kulturwiss. Ue: ital. – **V:** hübsch wund bleiben 82; flugtag 87; das buch ohne bilder/lichtenthymeme 95; una logica in stretta vicinanza ai corpi, ital./dt. 01; kinderleicht 04; augenblicksgötter 07, alles G. – **MV:** umkehrungen, m. Johannes Traub 05. – **MA:** Jb. d. Lyr. 06; Anke Zeisler (Hrsg.): Annelise Hoge 06; Lyr. in: Allmende; Neue Rundschau; Noisma; Passauer Pegasus; Sinn u. Form; Spektrum, u. a. – *Lit:* Dietrich Harth (Hrsg.): Die Dichtung ist tot! Es lebe d. Lyr.! 96; Rolf Spinnler in: Stuttgarter Ztg v. 7.1.02; Andreas Nohl in: Das Handwerk des Schreibens 04.

Monheim, Heinz; Am Wäldchen 4 d, D-51469 Bergisch Gladbach, Tel. (0 22 02) 4 17 96 (* Köln 9. 5. 36). VS NRW; Rom. – **V:** Trümmerblumen oder „Frebels Karl" 95, 3. Aufl. 01; „Frebels Karl" und neue Freunde 98; Die Autospringer 01; Spezialeinsatz für Arnold 12 03, alles R.; Bomben, Kaugummi und Swing 05. (Red.)

Monioudis, Perikles, Red.; *perikles@monioudis.ch*, *www.monioudis.ch* (* Glarus 8. 9. 66). Buchpr. d. Stadt Zürich 93, Werkjahr d. Kt. Zürich 95, Pr. d. Schweiz. Schillerstift. 95, Aufenthaltsstip. d. Berliner Senats 95, Pr. f. Prosa d. Stadt Ancona/Ital. 95, Stip. d. Stuttgarter Schriftstellerhauses 96, Hermann-Ganz-Pr. d. SSV 97, Conrad-Ferdinand-Meyer-Pr. 98, Solitude-Stip. 98/99, Werkjahr d. Kt. Glarus 04, Anerkenn.pr. d. UBS-Kulturstift. 06, u. a. – **V:** Der Günstling der Gegenstände,

Monk

Erz. 91; Die Verwechslung, R. 93; Das Passagierschiff, R. 95; Die Forstarbeiter, die Lichtung, Erzn. 96; So weit das Auge reicht, Erz. 96; Eis, R. 97; Deutschlandflug. Ein Traum 98; Die Trüffelsucherin, Erzn. 99; Palladium, R. 00; In New York 03; Die Engel im Himmel. Vom Boxen, Erzn. 03; Die Stadt an den Golfen. Thessaloniki, Berlin, Zürich, Alexandria 04; Im Äther. In the Ether, Ess. 05; Das blaue Telegramm 05; Freulers Rückkehr, Krim.-R. 05; Land, R. 07; (Übers. insges. in über 10 Spr.). – **H:** Schraffur der Welt 00. – *Lit:* Um die dreißig (Drehpunkt Nr.84) 92; Heinz Hug in: KLG. (Red.)

Monk, Egon, Regisseur; Mittelweg 47, D-20149 Hamburg, Tel. u. Fax (0 40) 44 73 99 (* Berlin 18. 5. 27). Akad. d. Künste Berlin 84, Freie Akad. d. Künste Hamburg 99; Gold. Kamera 66, DAG-Fs.pr. 66, Adolf-Grimme-Pr. 66, 67, 84, Jakob-Kaiser-Pr. 66, Fs.pr. d. Akad. d. Darst. Künste 66, 73, Gold Award Intern. Film u. TV-Festival N.Y. 83, Prof. h.c. Hamburg 87 u. a. – **V:** Industrielandschaft mit Einzelhändlern, Drehb., in: Fernsehstücke 72; Die Geschwister Oppermann, Drehb. (n. L. Feuchtwanger) 82; Die Bertinis, Drehb. (n. R. Giordano) 88; Auf dem Platz neben Brecht. Erinn. an d. ersten Jahre d. Berliner Ensembles 00. – **R:** Die Gewehre der Frau Carrar 53 u. 75; Leben des Galilei; Anfrage 62; Schlachtvieh; Wassa Schelesnowa; Mauern 63; Wilhelmsburger Freitag 64; Ein Tag; Der Augenblick des Friedens 65; Preis der Freiheit 66; Goldene Städte 69; Industrielandschaft mit Einzelhändlern 70; Bauern, Bonzen u. Bomben 73; Die Geschwister Oppermann 83 u. a., alles Fs.-Arb. – *Lit:* Bernd Mahl: Brechts u. Monks „Urfaust"-Inszenierung m. d. Berliner Ensemble 1952/53 86; Dt. Schauspieler. E.M. – Autor, Dramaturg, Regisseur 95. (Red.)

Monk, Radjo (eigtl. Christian Heckel), Schriftst., Videokünstler (Dipl. Videokunst HGB Leipzig 04); Turmweg 11, D-04277 Leipzig, Tel. u. Fax (03 41) 8 77 32 57, *monk.tar@gmx.de, www.atelier-tar-monk. de* (* Hainichen 17. 1. 59). IG Medien, ASSO Unabhängige Schriftst. Assoz. Dresden, Autorenkr. d. Bdesrep. Dtld/ Stip. d. Stadt München 93 u. 04, Arb.stip. d. Freistaates Sachsen 94, Arb.stip. d. Freistaates Thüringen 96, 99; Rom., Lyr., Erz. Ue: poln. – **V:** Orte & Worte, Lyr. 92; Amenti vierspurig, Lyr. 98; König im wüsten Land 98; Blende 89, 05. – **MV:** Die Spur des Anderen 91; last minute 00, beides Foto-Text-Bde m. Edith Tar. – **MA:** Lyrik in zahlr. sächs. u. thür. Anth. u. Lit.-Zss. – **R:** Die Tischgesellschaft 94; Der Pilgerpfad – Heinrich Harrers Heimkehr 95; Letzter Parkplatz 97; In Winnetous Heimat 97, alles Feat. – **Ue:** Nachdicht. poln. Lyr. (Red.)

Monnerat, Roger, Redaktor, Journalist; Wattstr. 12, CH-4056 Basel, Tel. (0 61) 3 22 73 32 (* Basel 7. 3. 49). – **V:** Lanze Langbub, R. 96; Die Schule der Scham, R. 99; Der Sänger, R. 02; Konturen des Unglücks und eine schöne Geschichte, Erzn. 06. (Red.)

Monser, Catia, Dipl.-Soz.päd., Verlegerin; c/o Eggcup-Verlag, Werstener Feld 235, D-40591 Düsseldorf, Tel. u. Fax (02 11) 21 51 22, *CMonserEV@aol.com, www.rodobby.de/eggcup/index2.html* (* Düsseldorf 29. 6. 61). Wiss. Fachlit. – **V:** Contergan/Thalidomid: Ein Unglück kommt selten allein, Fachb. 93. (Red.)

Mont, Saskia s. Kieffer, Rosi

Montag, Andreas, Journalist u. Schriftst.; c/o Mitteldt. Verl., Halle (* Gotha 4. 3. 56). Kandidat SV-DDR 86, Mitgl. 87; Förd.pr. d. Mitteldt. Verl. u. d. Inst. f. Lit. Johannes R. Becher 86; Rom., Kurzprosa, Film. – **V:** Karl der Große oder Die Suche nach Julie, R. 85, 87; Die weitere Verwandlung des Blicks, Erzn. 07; Männertreu, R. 08. – **MA:** zahlr. Beitr. in Lyrikanth., Lyr. u.

Prosa in Zss. – *Lit:* Christel Berger: Die Sinnlichkeit hat ihn dahin gebracht?, in: ndl 8/86.

Montag, Holger (Jota), Schriftst.; Am Neuhauser Weg 80, D-66125 Saarbrücken, Tel. (0 68 97) 77 88 54, Fax (0 12 12) 5 84 37 15 84, *info@mandarin-verlag.de, www.holger-montag.de* (* Saarbrücken 7. 4. 70). Rom., Erz., Drehb. – **V:** Reisen mit Pippo, R. 03; Liebe oder so, R. 07; Schwarzer Wald, R. 08.

Montasser, Thomas, Jurist, Lit.agent; c/o Montasser Media, Döbereinerstr. 19, D-81247 München, *montassermedia@t-online.de* (* München 15. 3. 66). – **V:** Die verbotenen Gärten, R. 01; – zahlr. Veröff. zu Wirtschaft u. Recht. – **MH:** Die schönsten Liebesgedichte aus 7 Jahrhunderten 99; Der große Hausschatz der schönsten Gedichte und Balladen 99, beide m. Mariam Montasser. – *Lit:* s. auch SK. (Red.)

Montblanc, Julie s. Weissberg, Marianne

Monte, Axel, Dr., Übers., Ethnologe, Autor; c/o Heinz Wohlers Verlag, Herzogschlag 3, D-91154 Harrlach, *axelmonte@t-online.de* (* 62). Ue: engl. – **MV:** Sprache ist ein Virus, m. Jürgen Ploog 03, Asphalt Derwisch, m. Hadayatullah Hübsch. – **MA:** Kaltland Beat 99; Der Sanitäter 9/02, 10/06; Shamanic Warriors Now Poets 03; Tanger Telegramm 04; Ploog Tanker 04. – **Ue:** D. H. Lawrence: Die Apokalypse 00; Rabindranath Tagore: Meine Kindheit in Indien 04; D. H. Lawrence: Lady Chatterleys Liebhaber 04; John Updike: Nachwort zu Kierkegaards „Tagebuch des Verführers" 04; Robert Louis Stevenson: Emigrant aus Leidenschaft 05; Rabindranath Tagore in: Das goldene Boot 05; ders.: Indische Weisheiten 06; ders.: Briefe aus Deutschland 06; Flora Annie Steel: Prinzessin Aubergine. Märchen aus dem Pandschab 06; Akshar-Projekt d. Goethe-Institutes, www.goethe.de/akshar 06. – **MUe:** Jack Black: Du kommst nicht durch, m. Thomas Stemmer 98; Shahab Sohrawardi: Der Trost der Liebenden, m. J. Sohrabi 03; Kaschukul. Geschichten aus Persien, m. J. Sohrabi u. K.D. Azar 05; Cornelia Zetsche: Zwischen den Welten. Geschn. aus dem modernen Indien, m. div. Übersetzern 06. (Red.)

Monte, Nicola di, Schriftst.; Wittenberger Str. 2, D-30179 Hannover (* Graz 4. 1. 54). Lyr. – **V:** Begegnung u. Abschied 86; Tage im Sturm 88; Sommermond 93, alles Lyr. (Red.)

†**Montigel,** Bigna, Sprachlehrerin; lebte in Chur (* Chur 11. 10. 22, † 13. 10. 06). SSV; Rom., Erz. – **V:** Schicksal im Süden, R. 65, 2. Aufl. 97; Giorgio und das Igelchen, R. 80, 2. Aufl. 87; Il retuorn da Mrs. Harvey. Il signur svizzer, Erzn. 82; Wassertropfen der Liebe 83; Samen im Wind oder das Rothärchen 86; Brücken wie im Regenbogen 89; Die kleinen Lichter oder fünf Brote und zwei Fische 92; Wenn Lebenswege sich kreuzen 95, alles R. – **MA:** zahlr. Veröff. in Ztgn u. Zss.

Montjoye, Irene, Dr., freischaff. Autorin; Landstraßer Hauptstr. 148/3/12, A-1030 Wien, Tel. (01) 7 13 61 63, *irene.montjoye@chello.at* (* Wien 25. 11. 35). Ges. z. Erforsch. d. 18. Jh., Gründ.mitgl. – **V:** Maria Theresias Türkenkind 00. – **H:** Oscar Wildes Vater über Metternichs Österreich 89. (Red.)

Monzer, Anton *

Moog, Christa, Schriftst.; Fregestr. 68, D-12159 Berlin (* Schmalkalden 30. 1. 52). P.E.N.-Zentr. Dtld; Rauriser Lit.pr. 85, Marburger Lit.pr. (Förd.pr.) 86, aspekte-Lit.pr. 88, Stip. d. Dt. Lit.fonds 89, Villa-Massimo-Stip. 91, 93/94; Prosa, Hörsp. – **V:** Die Fans von Union, Geschn. 85, 87; Aus tausend grünen Spiegeln, R. 88, 92 (auch Blindendr.). – **MA:** Beitr. in Prosa-Anth. u. Lit.-zss; Berührung ist nur e. Randerscheinung, G. 85. – **R:** Meine Kollegin Marianne, Hsp. 86; Wir müssen doch alle, Hsp. 87. – *Lit:* Walther Killy (Hrsg.): Literaturlex., Bd 8 90; LDGL 97. (Red.)

Moon, Sarah s. Weinland, Manfred

†Moor, Ernestine (Ps. f. Erna Morkepütz-Roos); lebte in Mönchengladbach (* Rheydt 26. 2. 24, † 16. 12. 05). FDA 75; Rom., Sachb. – **V:** Das Papierschiff, R. 57. – **MA:** Der Augenblick der Brombeeren, in: Auf den Spuren der Zeit, Anth. 59.

Moor, Markus; Habich-Dietschy-Str. 20, CH-4310 Rheinfelden, Tel. (0 61) 8 31 11 79. Gruppe Olten; Lit.pr. d. Kuratoriums f. d. Förd. d. kulturellen Lebens, Kt. Aargau; Rom., Erz., Dramatik. – **V:** Hans-Jakob lügt, Erz. 96; Museumsbesuch, Theaterst., UA 97; Anatol F., Erz. 98; Notizen über einen beiläufigen Mord 00; Sisyphos oder Vom Besteigen hoher Höhn 00. (Red.)

Moore, Herbert s. Szuszkiewicz, Hans

Moos, Beatrix, Dipl.-Theol.; Eppishoferstr. 18, D-86450 Altenmünster, Tel. (0 82 95) 8 54, Fax 90 95 52, *mwhaus@web.de* (* Augsburg 1. 9. 30). Kinder- u. Jugendb., Fachlit. – **V:** Meine Erstkommunion, Kinderlit. 77, 7. Aufl. 82; Die bunte Bibel für Kinder 05; Gott schenkt uns seine Welt 05; Jesus kommt zu uns 05; Kleine Bibel für Kinder + Hörbibel 06; Chagall-Bibel für Kinder 07; Das Ostergeheimnis Kindern erklärt 08; Die Bibel für Kinder entdeckt 08. – **MV:** Maria – Der Glaube hat viele Gesichter 76, 78; Gewissen – Anruf u. Antw. haben viele Gesichter 77; Das Glück hat viele Gesichter 80; Auf den zweiten Blick. Chagall u. die Bibel 07, alle m. Köninger; Meine große Bilder-Buch-Bibel, m. Emil Maier-F 07.

Moos-Heindrichs, Hildegard; Obermühle, D-56761 Urmersbach, Tel. (0 26 53) 16 82. Friedrich-Breuer-Str. 32, D-53225 Bonn, Tel. (02 28) 47 73 63 (* Köln 6. 4. 35). GEDOK 83–05, VS 96; Nominierung f.d Rhein. Lit.pr., Sparte Satn. u. Humn. 00, Sparte Kurzgeschn. 07; Kurz- u. Kleinvers, Kurzprosa, Rom. – **V:** Knöpfe im Dutzend 83, 4. Aufl. 95; Kurzwaren 86; Alle Tassen im Schrank 89, 2. Aufl. 95; Ich kriege die Motten 92; Über Tische und Bänke 94; Sticheleien 95, alles Kurz- u. Kleinverse; Geschichten vom Beueler Maria, Satn. 99; Das Mühlrad ist zerbrochen, R.-Fragm. 00; Es ist ein Moos entsprungen, Parodien, Limericks, Geschn. 04; Heimspiele, Kurz- u. Kleinverse 08. – **MA:** zahlr. Veröff. in Anth., Jb. u. Sammelbden u. Zss. sowie im Rdfk.

Moosbach, Carola, Juristin; Herbert-Lewin-Str. 4, D-50931 Köln, Tel. (02 21) 52 65 90, *carola-moosbach @gmx.de,* *www.carola-moosbach.de* (* Detmold 29. 6. 57). VS 99; Lyr., Kurzprosa. – **V:** Gottesflamme Du Schöne, Lob- u. Klagegebete 97; Lobet die Eine, Schweige- u. Schreigebete 00; Himmelsspuren, Gebete durch Jahr u. Tag 01 (auch engl.). (Red.)

Moosmann, Agnes; Bei der Ochsenweide 18, D-72076 Tübingen, Tel. (0 70 71) 6 31 94, *Agnes. Moosmann@t-online.de* (* Kofeld, Kr. Ravensburg 20. 7. 25). Erz. – **V:** Barfuß – aber nicht arm, Erz./Biogr. 85, 5. Aufl. 00; In den Schuhen der Ehefrau, Erz./Biogr. 97; Mach mi it schalu!, Verse in schwäb. Mda. 05; Die Bagatelle – als Arbeitsmaid im Reichsarbeitsdienst, Erz. 01. – **MA:** Höhere Töchterschule Ravensburg. Festschr. z. Hundertjahrfeier 87; Integrata 1964–1989. Festschr. z. Jahrfeier, Firmenportr. 89. (Red.)

Moosmann, Sepp (Josef Moosmann), em. UProf.; Barawitzkagasse 13a, A-1190 Wien, Tel. (01) 3 69 57 56 (* Dornbirn 26. 12. 28). Podium, IGAA, Öst. P.E.N.-Club; Lyr., Prosa. – **V:** Nur eine Taube, R. 83. (Red.)

Moost, Nele, Lektorin, Autorin, Übers.; c/o Esslinger Verl., Esslingen (* Berlin 1. 7. 52). VS; Kinderb.,

Dramatik. – **V:** zahlr. Kdb./Bilderb., u. a.: Das Rotkehlchennest 92; Wenn die Ziege schwimmen lernt 95; Geschichten vom kleinen Raben, Bilderb.-Reihe, seit 97; Mein Pony Pit 97; Hannibal der Hasenfuß 97; Baumeister Buntspecht 97; Welcher Po paßt auf dieses Klo? 97; Nein, nein, nein – das kann ich ganz allein! 97; Timotarzan traut sich was 98; Die Schnullerverschwörung 99; Macht ja nix! Oder das kann jedem mal passieren! 99; Der Mondhund 00; Mini Maulwurf hat Geburtstag 00; Mini Maulwurf will nicht schlafen gehen 00; Der kleine Frosch und der böse Zauberer 00; Schwein gehabt! 00; Mini Maulwurf fährt ans Meer 01; Mini Maulwurf wartet auf den Weihnachtsmann 01; Ein Traumstern für dich 01; Molli Mogel – kleine Zauberin ganz groß 01; Knuffel wächst in Mamas Bauch 01; Ich hab dich und du hast mich 01; Lukas trödelt nie 02; Von wegen schüchtern 02; Ein Tag mit dir ist immer schön 02; Die kleine Raupe und die großen Wünsche 02; Ohne Krümel geht es nicht 02; Krümel und die Weihnachtskiste 03; Molli Mogel – Verrate nichts, kleine Zauberin! 03; Wo die Schaluppen glitzern 03; Molli Mogel – Du schaffst es, kleine Zauberin! 04; – Villa Alzheim, Kom. 98; Hör nicht auf die Wolkenheinis!, Kom. 07.

Mora, Terézia; Berlin, *webmaster@tereziamora.de, www.tereziamora.de* (* Sopron 5. 2. 71). Würth-Lit.pr. 97, OPEN MIKE-Preisträgerin 97, Ingeborg-Bachmann-Pr. 99, Adelbert-v.-Chamisso-Pr. (Förd.pr.) 00, Jane-Scatcherd-Pr. 02, Mara-Cassens-Pr. 04, Pr. d. Leipziger Buchmesse 05, Pr. d. LiteraTour Nord 05, Franz-Nabl-Pr. 07, zahlr. Stipendien, u. a.: New-York-Stip. d. Dt. Lit.fonds 00, Stip. d. Lit.haus Basel 01, Lit.-stip. Sylt-Quelle Inselschreiber 01, Solitude-Stip. 04, London-Stip. d. Dt. Lit.fonds 05, Villa-Massimo-Stip. 06; Rom., Erz., Dramatik, Hörsp., Fernsehsp. Ue: ung. – **V:** Seltsame Materie, Erzn. 99, Tb. 00 (auch ung., frz.); Alle Tage, R. 04; – THEATER/UA: Sowas in der Art 03; Wildschweinsaison 04. – **MA:** NULL, Anth. im Internet 99; West-östliche Diven 00; Beste Deutsche Erzähler 2000, 2003; Der wilde Osten 02; Vom Fisch bespuckt 02. – **R:** Drehb.: Die Wege des Wassers in Erzincan 98; Boomtown/Am Ende der Stadt (SFB) 99; Das Alibi (ZDF) 00; – Hörsp.: Miss June Ruby (NDR) 06. – **Ue:** Péter Esterházy: Harmonia caelestis, R. 00; István Örkény: Minutennovellen 02; Péter Zilahy: Die letzte Fenstergiraffe 04; Lajos Parti Nagy: Meines Helden Platz, R. 05. – **MUe:** Péter Zilahy: Drei, m. Agnes Relle 03; Péter Esterházy: Einführung in die schöne Literatur 05. (Red.)

Morales, Luis de s. Gosewitz, Ludwig

Moralić, Roswitha (geb. Roswitha Angelika Backmann), Künstlerin (Malen, Schreiben, Komponieren) u. Verlegerin; Dettweiler Str. 3, D-61462 Königstein, Tel. (0 61 74) 20 97 70, Fax 20 97 71, *panmoralic@web. de, www.RoswithaMoralic.de, www.Verlag-Pandora.de* (* Stuttgart 28. 4. 41). Rom., Lyr., Dramatik. Ue: serbokroat. – **V:** Wenn der Schatten das Licht bewegt, Lyr. 94; 24 Pfauenaugenblicke, Lyr. 03; Das Brunnenhaus, Dramatik (13tlg.) 04, Hörb. 05; Traumwandel, Tageb. in Versen 04; Vom Winde zugeweht, Lyr. 05; ... auf deutsch gesagt, Lyr. m. Noten 05; Vorsicht Gift!, R. 06; Verwandtschaften 06; Könige 06; Fischers Fritz 06; Annikas Himmel 07, alles Bilderb. in Versen; Kurz und Fündig, Lyr. 07; April! April!, Theaterb. f. Kinder 08; Wenn die Stimme bricht, N. 08. – **MA:** Lass dich von meinen Worten tragen 94; Lyrik heute 96, 05; Alle Dinge sind verkleidet 97; Bibliothek dt.sprachiger Gedichte. Ausgew. Werke I–IX 99–06. Ergebnisband 06.

Moran, Hubert M.; Kadöll 11, A-9555 Glanegg, Tel. (06 76) 6 44 61 03, *artlyrika@gmx.net, www.moran. at.tf* (* Kadöll 14. 7. 46). IGAA 06, Dichtersteinge-

Moran

meinsch. Zammelsberg 08; Lyr., Prosa, Erz. – **V:** Lyrische Lebensreise I, G. u. Balln. 06; Das Leben – ein Traum, Mda.-G. 08. – **MA:** Querschnitte Frühjahr 2008, Bd. 2.

Moran, Lara s. Bónya, Melissa

Morandell, Maria, Hausfrau; Untere Seestr. 54, D-88085 Langenargen, Tel. (0 75 43) 21 88 (* Friedrichshafen 21. 9. 30). Autorenrunde Lindau 92, Signatur e. V. Lindau 93; 7. Pl. b. SWR4-Mda.-Wettbewerb 01; Lyr., Erz., Hörsp., Mundart (Schwäbisch). – **V:** Buachschtaba-Supp, Lyr. u. Erzn. 96; Schwäbisch gschwätzt und Deutsch geredet, Lyr. u. Erzn. 00. (Red.)

Morath, Stephanie (geb. Stephanie Rupp), Lehrerin; Hans-Schnitzer-Weg 14, D-88239 Wangen/Allgäu, Tel. (0 75 22) 98 69 60, *csmorath@web.de* (* Wangen/Allgäu 24. 7. 77). Scheffelbund 97; Scheffel-Pr. 97; Lyr., Kurzgesch. – **V:** Flugversuche, Lyr. 05. – **P:** Wenn ich fliege. Poesiepostkarte Nr. 63 02. (Red.)

Morawek, Daniel; *info@danielmorawek.de, www. danielmorawek.de* (* Mannheim). – **V:** Caffè della Vita, R. 07; Die Partie, R. 08. – **MA:** Mannheimer Morde, Anth. 07.

Morche, Hildegard; Steilshooper Str. 258, D-22309 Hamburg, Tel. u. Fax (0 40) 6 30 05 58 (* Hamburg 23. 11. 34). Erz. – **V:** Seemanns Braut ist die See, Erz. 97, 98. – **MV:** Seemanns Braut war die See, m. Robert Kühn, Erz. 00. (Red.)

Moré, Gustav, Red.; Grüntenweg 50, D-89231 Neu-Ulm, Tel. (07 31) 8 36 31 (* Villingen 22. 11. 25). BVK am Bande. – **V:** Die Fackel, hist. R. 98; Verfluchte Uniform, Episoden-R. 02.

Moré, Ted, Maler, Schriftst., Filmemacher, Puppenspieler; Hans-Lambert-Str. 11, D-74653 Künzelsau, Tel. (01 75) 20 32 56 93, (0 79 40) 28 05, Fax (0 79 40) 98 44 49 (* Witten 27. 10. 30). VS 78; Marionettenst., Film, Buch. – **V:** Das große, bitterböse, lustige Kasperlbuch 02; zahlr. Marionettenstücke u. Drehbücher. (Red.)

Morea, Robert s. Eichler, Norbert Arik

Moreike, Hartmut (Hartmut Eberhard Martin Moreike, Ps. Genadij Neshin), Dipl.-Journalist, Dipl.-Politologe, freiberufl. Journalist, Medienberater u. Autor, Hon. doz.; Tucholskystr. 3, D-16356 Ahrensfelde, Tel. (0 30) 81 30 13 91, *hartmut.moreike@kabelmail.de* (* Berlin 10. 1. 42). Rom., Erz. Ue: russ. – **V:** Impressionen an der Oder, Reiserepn. 77; Sibirischer Sommer, Reiserep. 78; Duschenka 98; Tanjusha 98; Moskauer Roulette 04, alles romanhafte Erzn.; Moskauer Venus, Kurzgeschn. 06. – **MA:** Notiert aus Freundesland, Anth. 74; Reifezeit – Geschichten auf Zeitungspapier, Anth. 85; Culinaria Russia 06; – zahlr. Rep.-Serien üb. d. Sowjetunion 72–79, v. a. in: Wochenpost. – *Lit:* s. auch 2. Jg. SK.

Morell, Marie-Jo s. Gercke, Doris

Moreno, Jan J. s. Haensel, Hubert

Moret, Irene s. Middendorf, Ingeborg

Morgan, Henry s. Schwyn, Gérard

Morgen, Felizitas s. Spettnagel-Schneider, Marianne

Morgen, Jörg/Jürgen s. Decker-Voigt, Hans-Helmut

Morgenroth, Peter, Theologe; Kiefernweg 2d, D-82319 Starnberg, Tel. (0 81 51) 66 54 79, Fax 3 68 48 84, *pmorgenroth@gmx.de* (* Wien 44). Erz. – **V:** Willst Du mein Freund sein?, Kdb. 95; Das Glücksfelsenhaus, Kdb. 96; Der Brückenmann, Fachb. 97; Das Eisblumenfenster, Kdb. 98; Als wir Nora versteckten mußten 06. (Red.)

Morgenstern, Beate, Schriftst.; Schmöckwitzer Str. 5, D-15732 Eichwalde, Tel. (0 30) 6 75 45 10, *beatemorgenstern@online.de* (* Cuxhaven 15. 4. 46). SV-DDR 80, P.E.N.-Zentr. Ost 91, P.E.N.-Zentr. Dtld 98, VS 91; Lit.pr. d. Stadt Berlin 89; Prosa, Drama. – **V:** Jenseits der Allee, Erzn. 79, 81; Nest im Kopf 89; Huckepack 95; Küsse für Butzemännchen 95, Neuaufl. 08; Nachrichten aus dem Garten Eden 07; Lieber Liebe 07; Tarantella 07; Burleske mit dem Gewaltigen, Herrn Natasjan 08; Blaues Gras 08, alles R. – **MA:** Veröff. in div. Anth. – **R:** Pellkartoffel, m. S. Hentschel, Hsp. u. Theatervi.; Naschkatze, 8-tlg, Bibelgeschn., Hsp.

Morgenstern, Ulrike, Erzieherin; Lortzingstr. 18, D-58097 Hagen, Tel. (0 23 31) 87 09 24 (* Hagen 7. 3. 60). Erz. – **V:** Herzsprünge oder der Klotz an meinem Bein 98, 00. (Red.)

Morgental, Michael, Geschichtenerfinder, Erzähler; PF 1112, D-90701 Fürth, Tel. (09 11) 79 14 23, Fax 79 49 76, *inaba@odn.de* (* Neisse 30. 5. 43). VS 80, VFS 80, ao. Mitgl. Japan P.E.N.-Club 82; Lyr., Rom., Nov., Ess., Übers. Ue: jap, engl, am, esp, Chongono, schott (gälisch). – **V:** Kolektitaj metodoj de s-ro Kanguruo: Kiel (mal) venkigi Esperanton, Sat. auf Esperanto seit 68 mehrere Aufl., auch in USA u. Jap.; Bibliothek des Wendelin Bramlitzer, Erzn. 80; Garten zwischen Lebensbäumen, phantast. Erzn. 83; Grassamen, Senfkörner, Staub, G. 83; Späte Latène-Zeit, Erz.; Yashor, der Hirte aus Harkin 00. – **MA:** Heyne SF-Jbd 1993 93; Wolfgang Jeschke: Die Zeitbraut 93; ders.: Gogols Frau 94. – **H:** Paul Dorninger: Die Erzählungen des alten Gorfud, M. u. Gleichn. 80; Auch im dunklen Raum ..., Haiku-Anth. 82; Das Senfkorn, Zs. 80–85. – **Ue:** Shinichi Hoshi: Ein hinterlistiger Planet, SF-Kurzgeschn. 82; Taku Mayumura: Der lange Weg zurück zur Erde, SF-Erzn. (auch Hrsg.) 83; Sakyo Komatsu: Der Tag der Auferstehung, SF-R. 87; A.A. Attanasio: Der Drache und das Einhorn 95, Tb. 97; ders.: König Arthur 96; Lois McMaster Bujold: Barrayar 93, 95; Der Prinz und der Söldner 94; Scherben der Ehre 94; Ethan von Athos 95; Die Quaddies von Cay-Habitat 95; Grenzen der Unendlichkeit 96; Waffenbrüder 96; Fiamettas Ring 97; Spiegeltanz 97; Cetaganda 98; Doris Egan: Das Elfenbeintor 94; Der Schuldspruch 94; Schäbige Helden 94; William Horwood: Die Wölfe der Zeit, Bd 1: Die Reise ins Herzland 96, Tb. 98; Gordon R. Dickson: Wolf und Eisen 97; Christopher Priest: Das Kabinett des Magiers 97; Katherine Kurtz/Deborah Turner Harris: Der Adept 98; Die Loge der Luchse 98; Der Schatz der Templer 98; Patricia A. McKillip: Königin der Träume 98; Margaret Wander Bonanno: Die Inseln der Anderen 98; Paula Volsky: Die Pforten der Dämmerung 99, alles R. – *Lit:* Friedrich Quiel: Das Morgental 79. (Red.)

Morgner, Leonore (geb. Leonore Seidel) *

Morgner, Martin, Dipl.-Theaterwiss., Dramaturg; Am Rahmen 27/411, D-07743 Jena (* Stollberg/ Sa. 13. 2. 48). Lyr., Dramatik, Dokumentation. – **V:** Deckname 'Maske'. Die Künstlergemeinschaft Meckl. 1980/81, Dok. 95; Zersetzte Zeit. Lied der Marionette, Autobiogr./Chron. 04; Die unbekannte Schöne, drei Stücke 04; – THEATER: Die Schneekönigin, n. H.C. Andersen, UA 95; HOPF- Legende eines Holzbildhauers, UA 96; Herr Novak und die Mausfrau, n. Stefan Slupetzky, UA 01. – **MA:** Eintragung ins Grundbuch, Lyr. 96. (Red.)

Moritz, Rainer, Dr., Leiter d. Lit.hauses Hamburg; Eppendorfer Landstr. 112, D-20249 Hamburg, Tel. (0 40) 22 71 78 43, *rmz.moritz@t-online.de* (* Heilbronn 26. 6. 61). Lyr., Erzähltheorie 87, Erna-Jauer-Herholz-Pr. 89, PONS PONS – Pr. f. kreative Wortschöpfer 04 – **V:** Der ganze Zauber dieser Gegend. Eine schwäb. Dichterreise m. Goethe, Heuss, Hölderlin u. a.

89; Schreiben, wie man ist. Hermann Lenz: Grundlinien seines Werkes 89; Immer auf Ballhöhe. Ein ABC d. Befreiungsschläge 97; Robert Schneider: Schlafes Bruder. Erläuterungen u. Dokumente 99; Das FrauenMänner-UnterscheidungsBuch 99; Schlager. Kleine Philosophie d. Passionen 00; Vorne fallen die Tore 02; Das Buch zum Buch. Ein ABC d. Leselust 02; Schöne erste Sätze. H. Lenz u. die Kunst d. Anfangs 03; Und das Meer singt sein Lied 04; Lieber an Cleversulzbach denken. H. Lenz u. Eduard Mörike, Vortr. 04; Mit Proust durch Paris 04; Flirten 05; Der kleine Fernbeziehungsberater 06; Abseits. Das letzte Geheimnis d. Fußballs 06; Die Überlebensbibliothek. Bücher f. alle Lebenslagen 06; Ich Wirtschaftswunderkind, Erinn. 08. – **H:** Einladung, Hermann Lenz zu lesen 88; Ludwig Pfau: Ausgewählte Werke 93; Doppelpaß und Abseitsfalle. Ein Fußball-Leseb. 95; Begegnung mit Hermann Lenz. Künzelsauer Sympos. 96; Über „Schlafes Bruder". Materialien zu Robert Schneiders Roman 96, 4. Aufl. 01; Hermann Lenz: Die Schlangen haben samstags frei, ges. Erzn. 02; Hanne Lenz: Das Nachtkarussell 05. – **MH:** Literaturwiss. Lexikon. Grundbegriffe d. Germanistik, m. Horst Brunner 97, 2., bearb. u. erw. Aufl. 06; Schlager, die wir nie vergessen. Verständige Interpretationen, m. Rainer Max 97; Deutsche Literatur, Jahresrückblick (Reclam), m. Volker Hage u. Hubert Winkels 97, 98; Maulhelden und Königskinder, m. Andrea Köhler 98.

Moritzen, Reinhart; c/o Aquinarte presse, Friedrich-Naumann-Str. 9, D-34131 Kassel (* Hamburg). Dt. Puschkin-Ges. 87; Lyr., Dramatik, Ess. – **V:** Der Engel ohne Kopf, lyr. Szenen 98; Poem von der Eklipse 01; Kind der Winde und des Kornes, lyr. Szenen 01; Ode an eine unsterbliche Strömung 04. – **MV:** Am Ort der hingerichteten Poesie, m. Albert Vinzens, Dr./Ess. 02; Der Mann aus der Dunkelheit, m. Stefan Weishaupt, Dr./Erz. 03; Der Engel ohne Kopf, m. Helmut Gehrke, Dr./Ess. 03; Das Mysterium am Ende der Moderne, m. Michael Evers, Dr./Ess. 04; Narziss und Cosmos, m. St. Weishaupt, Erz./Lyr. 04; Die Suche nach dem Schönen, m. Günter Kohfeldt, Ess./Lyr. 05; Die unterbrochene Moderne, m. Johannes Thiele u. Christian Steffen, Ess. 07; Die Reise nach Babylon, m. René Weiland, Dr./Ess. 08. – **MA:** Ess. in: Jb. f. Schöne Wissenschaften 06; Rundbrief Nr.1 d. Sektion f. Schöne Wiss. 07/08.

Morkepütz-Roos, Erna s. Moor, Ernestine

Morland, A. F. s. Tenkrat, Friedrich

Morlang, Werner, Dr. phil., Lit.kritiker, Lit. wiss.) Übers.; Lindenbachstr. 11, CH-8006 Zürich, Tel. (01) 3 64 32 36 (* Olten 19. 5. 49). Buchprämie d. Stadt Zürich 85 u. 00, E.gabe d. Kt. Zürich 91, Goldmed. d. Vereinig. Pro Olten 91, Werkjahr d. Stadt Zürich 95, Ausz. d. STEO-Stift. 98. Ue: engl. – **V:** Die Problematik d. Wirklichkeitsdarstellung in d. Literaturessays v. Arno Schmidt, Diss. 82; Ich bengoije mich, innerhalb der Grenzen unserer Stadt zu nomadisieren... R. Walser in Bern 95; So schön beiseit. Sonderlinge u. Sonderfälle d. Weltliteratur 01. – **MV:** Das dunkle Fest des Lebens. Amrainer Gespräche, m. Gerhard Meier 95, aktual. Ausg. 01. – **MA:** Robert Walser, Pro Helvetia Dossier 84; Über Arno Schmidt 84; Immer dicht vor dem Sturze... Zum Werk R. Walsers 87; Materialienband zu R. Walser 91; Antworten. Die Lit. d. dt.sprachigen Schweiz in d. achtziger Jahren 91; runa (Lissabon) 94; Wärmende Fremde. R. Walser u. seine Uebersetzer im Gespräch 94; Robert Walser and the Visual Arts 96; Kaspar Toggenburger: Bilderfolgen 96; – Nachworte zu: Thomas Love Peacock: Nachtmahr-Abtei 89; Klaus Merz: Kurze Durchsage 95; W. Wilkie Collins: Die gelbe Maske 98; A. Conan Doyle: Der blaue Karfunkel 99; Christine Trüb: Das schwimmende Wort 99; – monatl.

Lit.kolumne „So schön beiseit" in: du 96–00; regelm. Rez. in: drehpunkt. – **H:** John Cowper Powys: 100 beste Bücher 86; Robert Mächler: Robert Walser, der Unenträtselte 99; Die verlässlichste meiner Freuden. Hanny Fries u. Ludwig Hohl: Gespräche, Briefe, Zeichnungen u. Dokumente 03; Canetti in Zürich. Erinnerungen u. Gespräche 05. – **MH:** Robert Walser: Aus dem Bleistiftgebiet / Mikrogramme 1924–1932, 6 Bde 85–00; „Räuber"-Roman, Faks. u. Transkription 86, beide m. Bernhard Echte. – **Ue:** Frank Budgen: James Joyce u. die Entstehung d. Ulysses 77; Arthur Power: Gespräche mit James Joyce 78; Robert H. Billigmeier: Land u. Volk d. Rätoromanen 83; John Cowper Powys: 100 beste Bücher 86. – **MUe:** Eric Ambler: Ungewöhnliche Gefahr, m. Walter Hertenstein 79. (Red.)

Morris, Claude s. Ilmer, Walther

Morris, Dean s. Tenkrat, Friedrich

Morsbach, Petra, Dr. phil., Autorin; c/o Piper Verl., München, *morsbach-poecking@t-online.de* (* Zürich 1. 6. 56). P.E.N.-Zentr. Dtld 99, Bayer. Akad. d. Schönen Künste 04, VG Wort; Stip. d. Ldeshauptstadt München 92, Stip. Künstlerdorf Schöppingen 95, Calwer Hermann-Hesse-Stip. 00, Stip. Schloß Wiepersdorf 01, Marieluise-Fleißer-Pr. 01, Aufenthaltsstip. Villa Concordia Bamberg 04, Johann-Friedrich-v.-Cotta-Lit.pr. Stuttg. 05, Stip. Herrenhaus Edenkoben 06, Stip. Centro tedesco Venezia 06, Stip. Casa Baldi/Olevano 07, Lit.pr. d. Adenauer-Stift. 07; Rom., Erz., Fernsehsp. – **V:** Plötzlich ist es Abend, R. 95, Tb. 97, 99 (auch dän., ndl., ital.); Das Bildnis des Dorian Gray, Musical-Libr. 96, gedr. 99; Opernroman 98, 99, Tb. 00; Geschichte mit Pferden, R. 01, Tb. 03; Gottesdiener, R. 04; Warum Fräulein Laura freundlich war. Über die Wahrheit d. Erzählens, Ess. 06; Der Cembalospieler, R. 08. – **MA:** Beitr. in Anth. u. Lit.-Zss. – **R:** Albumblätter, Fsp. 93. – *Lit:* Julia Vorrath in: KLG.

Morshäuser, Bodo; c/o Suhrkamp Verl., Frankfurt/M. (* Berlin 28. 2. 53). P.E.N.-Zentr. Dtld; Ernst-Willner-Pr. im Bachmann-Lit.wettbew. 83, Bremer Lit.-förd.pr. 84, Arb.stip. f. Berliner Schriftst. 87, Alfred-Döblin-Stip. 88, Stip. d. Dt. Lit.fonds 90; Lyr., Erz., Rom., Ess. – **V:** Alle Tage, G. 79; Die Berliner Simulation, Erz. 83; Blende, Erz. 85; Nervöse Leser, Erz. 87; Revolver, 4 Erzn. 88; Hauptsache Deutsch 92; Warten auf den Führer 93; Der weiße Wannsee 93; Gezielte Blicke 94; Tod in New York City, R. 95; Liebeserklärung an eine häßliche Stadt 98; In seinem Armen das Kind, R. 06; Beute machen, R. 06. – **MA:** Lyrik-Katalog Bundesrepublik 78. – **H:** Thank You Good Night 85. – **MH:** Die Ungeduld auf dem Papier und andere Lebenszeichen, m. Jürgen Wellbrock 78. – **R:** Flugzeuggespräch 85; Nur die Liebe 85; Mit 30 wechselst du den Regenmantel 86; Spätes Aufwachen 86; Die Spur des Trockenrads 86; Der Verfolger 90; Die letzten Tage Westberlins 91; Schuld ist Ansichtssache (SWR) 03. – *Lit:* Walther Killy (Hrsg.): Literaturlex., Bd 8 90; KLG 94; LDGL 97.

Morstein, Manfred s. Ackermann, Rolf

Morten, Antonio, Autor u. Übers. (* Prag 6. 2. 52). VS 00; Premio esi 82. Ue: ital. – **V:** Migropolis, UA 94, gedr. 02/03. – **MA:** Ausländer – die verfemten Gäste 83; FORUM 2/86; Hören sie Stimmen? – Ja, ich höre sie sehr gut! 87; Vom heimatlosen Seelenleben 88; curare, Vol.11 3/88, Vol.15 92; Antropologia Medica 4/88 (Triest); Leben in de. multikulturelle Gesellschaft, Bd 3/89; Miteinander – Was sonst? 90; Was macht Migranten in Deutschland krank? 92; Migration, Bd 4 93; MISCHT EUCH EIN! 93; Allein auf der Flucht 93; Abschied von Babylon 95; Strafverteidiger Forum 3/95; Familienbildung heute 95. – **H:** Hören Sie

Morten

Stimmen? – Ja, ich höre Sie sehr gut! 87; Vom heimatlosen Seelenleben 88. – **MH:** Familienbildung heute – Prävention od. Luxus 95; Zs. f. Polit. Psychologie 1+2/99. – **MUe:** Heinrich Böll – Leben & Werk, Ausst.-Kat. 04/05; versch. Titel ins Ital. – *Lit:* Ralph Giorano: Sizilien, Sizilien! 02; „Aber: Wir sind ja nicht aus Zucker!". Ralph Giordano z. Achtzigsten 03. (Red.)

Morten, Liv s. Burmeister, Brigitte

Mortimer, A. F. s. Tenkrat, Friedrich

Morweiser, Fanny; Sperberweg 6, D-74821 Mosbach, Tel. (0 62 61) 52 61 (* Ludwigshafen 11. 3. 40). Turmschreiber v. Deidesheim 03; Erz., Rom. – **V:** Lalu, Lalula, arme kleine Ophelia, Liebesgesch. 71; La Vie en rose, R. 73; Indianer Leo, Erzn. 77; Ein Sommer in Davids Haus, R. 78; Die Kürbisdame, Erzn. 80; O Rosa, R. 83; Ein Winter ohne Schnee, R. 85; Voodoo-Emmi, Erzn. 87; Das Medium, R. 91; Der Taxitänzer, Erzn. 96; Schwarze Tulpe, R. 99; Un joli garçon, R. 03. – **R:** Das Frettchen, Fsp. (BR) 81; Das Königsstechen, Fsp. (ZDF) 86. – *Lit:* Walther Killy (Hrsg.): Literaturlex., Bd 8 90; Manfred Lauffs in: KLG. (Red.)

Mosberger, Cathérine (eigtl. Katharina Mosberger), Schriftst., Dr. phil. h. c.; Apdo. 153, E-07180 Santa Ponsa, Mallorca, Tel. 9 71 69 14 30 (* Muttenz b. Basel/Schweiz 1. 1. 40). Lyr., Rom., Nov., Erz. – **V:** Die Schatten folgen, G. 67; Wie Jakobli unmoralisch wurde, Erzn. 68; Die Nachtäugigen, R. 68, 84; Mit Dir und mir, G. 71; Die Bewährung, N. 84; Die Nebelweber, G. 86; Die Bestimmung, R. 87; Rahmenspiele, G. 87; Ab igne ignem 88; Hic et nunc 89; Das Paradies 90; Der Kandidat, Gesch. 91; Gabriele 92; Schattenfieber 93, 01; Himmelsgeschichten 00; Licht- und Schattenspiele 05, 06.

Mosebach, Martin, Schriftst.; Beethovenstr. 50, D-60325 Frankfurt/Main, Tel. (0 69) 75 29 22 (* Frankfurt/Main 31. 7. 51). P.E.N.-Zentr. Dtld, Dt. Akad. f. Sprache u. Dicht.; Stip. d. Jürgen-Ponto-Stift. 80, Pr. d. Neuen Lit. Ges. Hamburg 84, Stip. d. Dt. Lit.fonds 89 u. 90, Heimito-v.-Doderer-Lit.pr. 99, Kleist-Pr. 02, Spycher: Lit.pr. Leuk 03, Blauer-Salon-Pr. 04, Kranichsteiner Lit.pr. 05, Gr. Lit.pr. d. Bayer. Akad. d. Schönen Künste 06, Georg-Büchner-Pr. 07; Rom., Lyr., Erz., Dramatik, Hörsp., Ess. – **V:** Das Bett, R. 83, überarb. Fass. 03; Ruppertshain, R. 85, überarb. Fass. 04; Rotkäppchen und der Wolf, dramat. G. 88; Westend, R. 92; Album Raffaello, G. u. Zeichn. 95; Das Kissenbuch, G. 95; Oberon, n. C.M. v. Weber, Libr., UA 95; Stilleben mit wildem Tier, Erzn. 95; Das Grab der Pulcinellen, Erzn. 96; Die schöne Gewohnheit zu leben 97, Sonderausg. 98; Die Türkin, R. 99; Eine lange Nacht, R. 00; Der Nebelfürst, R. 01; Mein Frankfurt 02; Häresie der Formlosigkeit 02; Das Beben, R. 05; Du sollst Dir ein Bild machen. Über alte u. neue Meister, Ess. 05; Schöne Literatur, Ess. 06; Der Mond und das Mädchen, R. 07; Ultima ratio regis. Rede z. Verleihung d. Georg-Büchner-Preises 07; Stadt der wilden Hunde 08. – **MA:** FAZ u. Feuill. – **H:** Schermuly. Gegenstände 89; Schermuly. Abstrakte Strukturen eines neuen Realismus 91. – **F:** Busters Bedroom 90; Isfahan 00, beides Drehb. m. Rebecca Horn. – **R:** Der Schacht, Hsp. 95; Das Wasser in Capri, Hsp. 00. (Red.)

Mosenthin, Elfriede (Elfriede Mosenthin Brunnhuber), Altenpflegerin; Luitpoldstr. 45, D-84034 Landshut, Tel. (0871) 6 16 77 (* Posen 18. 11. 29). Erz. – **V:** Tagebuch einer Nachtschwester 88, 5. Aufl. 06; Erlebnisse einer Nachtschwester 03, 2. Aufl. 06; Schicksal einer Nachtschwester 06. (Red.)

Moser, Annemarie (Annemarie E. Moser), Schriftst.; Babenbergerring 9a/II/22, A-2700 Wiener Neustadt, Tel. (06 76) 4 99 74 75, *annemarie.moser1@chello.*

at, www.annemarie-moser.com (* Wiener Neustadt 17. 8. 41). Literar-Mechana, Podium 74, Öst. P.E.N., IGAA, Ö.S.V.; 1. Pr. b. Profil-Autorenwettbew. 80, Förd.pr. d. Ldes NdÖst. 80, Otto-Stoessl-Pr. 82, Förd.pr. d. Theodor-Körner-Stift. 85, Förd.pr. f. Lyr. d. BMfUK 86, Anerkenn.pr. d. Stadt Wiener Neustadt 87, Kulturpr. d. Stadt Wiener Neustadt 91, Würdig.pr. d. Ldes NdÖst. f. Lit. 96; Lyr., Rom., Hörsp. – **V:** Anreden, G. 79; Türme, R. 81; Vergitterte Zuflucht, R. 82; Das eingeholte Leben, R. 86; Umbruch des Herzens, G. 84; Andeutungen eines lebendigen Menschen, R. 91; Credo mit Zubehör, G. 98; Spurenlegen, Erzn. 00; Reise über den Gipfel der See, Prosa 05; Ausgewählte Gedichte 06. – **MA:** zahlr. Beitr. in Lit.-Zss., Ztgn u. Anth., u. a. in: Schriftstellerinnen sehen ihr Land; Podium Portrait, Bd. 25 06. – **R:** Die Nova aus der Kindheit, Hsp. 81; eigene Lit. in Lit.-Sdgn. – *Lit:* Birgit Langer: Auswege, Dipl.arb. Univ. Wien 96; Hilde Schmölzer: Frau sein & schreiben; Herbert Zeman (Hrsg.): Literatur-Landschaft; B. Neuwirth (Hrsg.): Podium Portrait, Bd. 25 06.

Moser, Armin, Mag.; Innsbrucker Str. 34, A-6176 Völs, Tel. (05 12) 30 36 53, *moserarmin@hotmail. com* (* Innsbruck 24. 9. 71). IGAA; Stadtschreiber v. Schwaz 95; Lyr., Erz., Dramatik, Hörsp. – **V:** Ruinen, Lyr. 90. – **MV:** Regentanz, m. Herbert Edenhauser u. Martin Rusch, G. 93; Feuerprobe, m. Herbert Edenhauser, Lyr. 96 (tw. auch engl., bulg.). – **MA:** TAK-Anth. 93, 97; Hintertexte/Vorderköpfe 96; Menschenkörperaufzeichnungen 97; Hartwig Karl Unterberger 99; Literatur Hauskalender 99; Hören Sehen Staunen 01; zahlr. Beitr. in Lit.-Zss. seit 93, u. a.: das Fenster; INN; Freibord; DUM; Decision; Zenit; MajA; Zeitriss; Zeitzoo; Amtsblatt. – **P:** Ne Diva/Anna sah Lava, Hsp., CD 99. (Red.)

Moser, Erwin, Schriftsetzer, Schriftst., Illustrator; Praterstr. 49/17, A-1020 Wien, Tel. (01) 2 12 26 08 (* Wien 23. 1. 54). IGAA; Auswahlliste z. Dt. Jgd.lit.pr. u. 82, Kd.- u. Jgdb.pr. d. Stadt Wien (Ill.) 84, (Kleinkinderb.) 85, E.liste z. Öst. Kd.- u. Jgdb.pr. 85, Owl-Prize Japan 87, Rattenfänger-Lit.pr. 92, Steir. Leseeule 93; Rom., Erz., Kinder- u. Jugendb. – **V:** Jenseits der großen Sümpfe, Kd.-R. 80; Großvaters Geschichten oder das Bett mit den fliegenden Bäumen, Kd.-R. 81; Das Haus auf dem fliegenden Felsen, Geschn. 81; Die Geschichte von Philip Schnauze, Bilderb. 82; Ein Käfer wie ich, Kd.-R. 82; Der Mond hinter den Scheunen, R. 82; Ich und der Wassermann, Erzn. 83; Der glückliche Biber 83; Eisbär, Erdbär und Mausbär 83; Mein Baumhaus 83, alles Bilderb.; Der einsame Frosch, Fbn. 84; Die drei kleinen Eulen, Fbn. 84; Das verzauberte Bilderbuch 84; Geschichten aus der Flasche im Meer, Bilderb. 85; Kalendergeschichten 85ff.; Das Katzen-ABC 85; Das kleine Mäusealbum 85, beides Mini-Bilderb.; Winzig der Elefant, Bilderb. 85; Paulis Traumreise, Kd.-Erz. m. Bildern 86; Der Bärenschatz, Bilderb. 86; Katzenkönig Mauzenberger, Kd.-R. 86; Der Rabe im Schnee, Bilderb. Gute-Nacht-Gesch. 86; Der Dachs schreibt hier bei Kerzenlicht, Mini-Bilderb. m. Reimen 87; Reihe: Manuel & Didi: ... und der fliegende Hut; ... und der große Pilz; ... und die Baumhütte; ... und der Schneemensch, u. a. 87ff.; Der Tintenfisch sitzt in der Tinte, Mini-Bilderb. 87; Winzig geht in die Wüste, Bilderb. 87; Edi Nußknacker und Lili Weißwieschnee, Gesch. 88; Ein seltsamer Gast, Bilder u. Geschn. 88; Ein aufregender Tag im Leben von Franz Feldmaus 89; Fabulierbuch, Geschn. 89; Sultan Mudschi, Geschn. 89; König Löwe, Geschn. 90; Der Rabe Alfons, Gesch. 90; Der Siebenschläfer, Geschn. 90; Die Wüstenmäuse. Ein Mäusemelodram 90; Die Geschichten von der Maus,

902

vom Frosch und vom Schwein 91; Hallo Eichhörnchen! 92; Der karierte Uhu, Geschn. 92; Reihe: Koko 92ff.; Schlaf gut Murmeltier 92; Wunderbare Bärenzeit 93; Das Findelkind, Geschn. 94; Das große Fabulierbuch, Geschn. u. Bilder 95; Erwin Moser's Traumboot 97; Die geheimnisvolle Eule 97; Erwin Moser's Mondballon, Geschn. 98; Mario der Bär 00; Der sanfte Drache 01, u. a. Kdb./Bilderb. – **P:** Erwin Moser, 2 Tonkass. 97. (Red.)

Moser, Gerhard, Altenpfleger; Machabäerstr. 65, D-50668 Köln, Tel. (02 21) 1 39 39 88, *moserkurtz@nexgo.de* (* Offenburg 4. 4. 55). – **V:** Der Fisch in der Heizung. – **MV:** Meine Weihnachtsgeschichte, 2 Teile. (Red.)

Moser, Jonny, Prof. Dr. phil., Historiker; Schottenring 28, A-1010 Wien, Tel. (01) 5 35 04 56 (* Parndorf 10. 12. 25). Berufstitel Prof. 83. – **V:** Wallenbergs Laufbursche, Erinn. 06. – **MA:** Zwischenwelt 07. – *Lit:* A. Lang, B. Tobler, G. Tschögl: Vertrieben 04; F. Fellner, A. Corradini: Österr. Geschichtswiss. im 20. Jh. 06.

Moser, Milena; CH-5103 Möriken, *info@milenamoser.com, www.milenamoser.com* (* Zürich 13. 7. 63). SSV. – **V:** Gebrochene Herzen oder Mein erster bis elfter Mord 90; Die Putzfraueninsel, R. 91; Das Schlampenbuch, Erzn. 92; Blondinenträume 94; Das Faxenbuch 96; Der junge Mann von gegenüber, Erzn. 96; Mein Vater und andere Betrüger, R. 96; Mörderische Erzählungen 96; Das Leben der Matrosen, Ztgs-R. 98; Artischockenherz, R. 99; Die Schlampenstories 99; Bananenfüße 01; Sofa, Yoga, Mord 03; Schlampenyoga oder Wo geht's hier zur Erleuchtung? 05; Stutenbiss, R. 07. – **MA:** Schweizer Lesebuch 94, 98; Bloody Mummy. Jeder Tag ist Muttertag 97; Große Gefühle, Kleine Katastrophen 99; Muttermilch auf seinem Laptop 99; Für den Tag feuerrot 99; Kinderprogramm 00; Trittst im Morgenrot daher 01. (Red.)

Moser, Susanne (Susanne Zweymüller), Diplom. Textildesignerin, Chefsekretärin; c/o Czernik-Verlag / Edition L, Hockenheim (* Wien 1. 3. 39). Ö.S.V., Intern. P.E.N.-Club, GEDOK Rhein-Main-Taunus, V.S.u.K.; Franz-Karl-Ginzkey-Ring 99; Lyr., Prosa. Ue: engl. – **V:** Die Zeit ist ein Fluß ohne Ufer 70; Morgen such ich die Wege von neuem 84; Einmal werd ich Sonne sein 97; erkommen auf einem helleren Stern 04, alles Lyr. – **MA:** Wortweben – Webs of Words, österr. P.E.N.-Lyriker 91; Bileams Esel 92; Hab gelernt durch Wände zu gehen 93; Zwischen deiner u. meiner Einsamkeit 93; Dein Himmel ist in dir, Lyr. 95; Ein spanischer Hund 95; Die Zeit des Näherkommens, Anth. 95; Selbst die Schatten tragen ihre Glut 95; Anth. Prosa u. Lyr. d. „Zs. f. Lit. u. Kommunikation" 96; In vino suavitas 96; Lyrik heute 96; Schlagzeilen, Lyr.-Anth. 96; Vom Wort zum Buch, Lyr.-Anth. 99. – **MH:** Der Pflug, lit. Jb. 62–71. – *Lit:* NdÖst. Kulturberichte; Döblinger Museumsbll.; Lit. aus Öst.; Literar. Kostproben, u. a. (Red.)

Moser, Thomas, Schriftst.; Merkurstr. 27, CH-8032 Zürich, Tel. u. Fax 0 12 62 39 14, *mosert@gmx.ch, info@eingeboren.ch, www.eingeboren.ch* (* 56). – **V:** Lebensfalle 94 (auch Hörb.); Blutverwandt, R. 97, Neuaufl. 03; Das Meer macht blau 99; Afrikafieber, neu überarb. Aufl. 00; Zweite Klasse durch die Schweiz, Texte u. Fotos 02 (auch Hörb.); Das Manuskript, R. 03. (Red.)

Moser-Rohrer, Hermine, Mag., AHS-Lehrerin; Leopoldskronstr. 13A, A-5020 Salzburg, *hermine.moserrohrer@salzburg.at* (* Tamsweg 10. 2. 58). Salzburger Autorengr.; Rom., Erz. – **V:** Der Wolf von Gubbio, R. 02; Zimzum, R. 06.

Moshagen, Ilse (geb. Ilse Plathner), Lehrerin; Schützenwall 40, D-38350 Helmstedt (* Wriezen/Oder

22. 12. 14). Lyr., Sachb. – **V:** Gedichte 85; Hausinschriften in der Helmstedter Altstadt 87; Gedichte aus Jahrzehnten 98. (Red.)

Mothes, Ulla, Mag. theol., Dipl.-Medienberaterin; Markgraf-Albrecht-Str. 13, D-10711 Berlin, Tel. (0 30) 3 23 86 33, *ullamothes@freenet.de, www.lektorate.de/ulla-mothes* (* Halle/Saale 29. 7. 64). Kinderb., Drehb., Feat. – **V:** Dramaturgie für Spielfilm, Hörspiel und Feature 01; Der rote Flitzer, Kdb. 05; Kreatives Schreiben, Sachb. 07; Die Falle der Zeichnerin, Jgdb. 08. – **MA:** Wir sind die Klasse 1 06. – **F:** 1971 – Traumtänze, Drehb. 03. – **R:** Haste was – biste was 92; Miss Marples moderne Geschwister 97, beides Hfk-Feat.

Motiramani, Mahesh, Dr.; Kürnbergstr. 32a, D-81369 München, *moti.ma@gmx.de* (* Bombay 19. 2. 54). Rom., Erz., Kurzprosa. – **V:** Wie der Mond verschwand, Kurzprosa, Erz. 87; Reise nach Watschenland, Sat. 98; Nur eine Affäre, R. 99; Seelenflucht, Kurzprosa 03; Die Blumenbombe, Kurzprosa 04; An-nas Suche, R. 06. (Red.)

Motschenbacher, Rettl s. Schmidt, Margarete

Motschmann, Alexandra, B. A.; Alte Kaltenbrunner Str. 12, D-83703 Gmund, *alexandra_motschmann@yahoo.com, www.designerpark.de* (* München). Lyr., Rom. – **V:** Menschliche Gedichte 02; Unendlich irdische Gedichte 04; Sinn und I(h)rrsinn, SF-Nov. 06. – **MA:** MargarethenHof Golf Mag. 97/98; Hochschule Mag. Mayer 00; Nettuner (Online-Zs.) 01.

Motz, Jutta, Dr. phil., Ma.; Schäracher 10, CH-8053 Zürich, Tel. (01) 3 80 39 60, Fax 3 80 39 63, *motz@jetnet.ch* (* Halle/S. 2. 9. 43). Rom. – **V:** Drei Frauen und das Kapital, R., 1.–3. Aufl. 98, 00; Drei Frauen auf der Jagd, R. 00; Drei Frauen und die Kunst, R. 01. – **MA:** Geschichten zum Rotwerden 00. – **R:** Ein toter Hahn wird selten fett, 2tlg. Hsp. 06. (Red.)

Motzan, Peter, Dr. phil., Lit. wiss. u. -kritiker, wiss. Mitarb. am Inst. f. dt. Kultur u. Gesch. Südosteuropas; Schrannenstr. 4, D-86150 Augsburg, Tel. (08 21) 15 55 50. c/o Inst. f. dt. Kultur u. Geschichte Südosteuropas, Halskestr. 15, D-81379 München, Tel. (0 89) 78 06 09–0, *Peter.Motzan@ikgs.de* (* Hermannstadt 7. 7. 46). Ess., Rezension, Übers. Ue: rum. – **V:** Die rumäniendt. Lyrik nach 1944 80; Lesezeichen. Aufss. u. Buchkritiken 86. – **MV:** Studien zur deutschen Literatur, Bd 3, m. M. Markel u. P. Forna 87. – **MA:** Reflexe I 77, II 84; Adolf Meschendörfer: Die Stadt im Osten (Nachw.) 84; Alfred Kittner: Schattenschrift (Nachw.) 88; Kulturlandschaft Bukowina 92; Herkunft Rumänien. „Freunde, wundert euch schleunigst!" 93; Hans Bergel: Zuwendung und Beunruhigung (Vorw.) 94; Ana Blandiana: EngelErnte, G. (Nachw.) 94; Am Abgrund aller Fernen. Sechs rum. Lyriker d. 20. Jh.s (bio-bibliogr. Anh.) 96; Lex. d. dt.spr. Gegenwartslit., 3.,erw.Aufl. 03; zahlr. Beitr. in lit.wiss. Sammelbänden, in Lit.-Zss. u. Rdfk. – **H:** Hans Liebhardt: Alles, was nötig war 72; R.M. Rilke: Lyrik und Prosa 76; Vorläufige Protokolle, Lyr.-Anth. 76; Ein halbes Semester Sommer, Prosa-Anth. 81; Der Herbst stöbert in den Blättern, Lyr.-Anth. 84; Klassische Zitate und Verse 91; Alfred Margul-Sperber: Ins Leere gesprochen 92; Oscar Walter Cisek: Das entfallenen Gesicht, Erzn. 02. – **MH:** Worte als Gefahr und Gefährdung, m. Stefan Sienerth 93; Die Turmuhr läßt der Zeit den Lauf, m. Krista Zach 95; Die deutsche Regionallit. in Rumänien (1918–1944), m. St. Sienerth 97; Schriftsteller zwischen (zwei) Sprachen und Kulturen, m. A. Mádl 99; Karl Kurt Klein. Leben – Werk – Wirkung, m. St. Sienerth u. A. Schwob 01; Deutsche Literatur in Rumänien und das „Dritte Reich", m. Michael Markel 03. – **Ue:** Nicolae Prelipceanu: Was tatest du in der Bartholo-

Motzki

mäusnacht?, Lyr. 86; zahlr. Übers. in Anth. rum. Literatur u. in Lit.-Zss. (Red.)

Motzki, Boris Christian (auch Boris C. Motzki), M.A. d. Theaterwiss., Regieass. am Nationaltheater Mannheim, Regisseur; R 7, 40, D-68161 Mannheim, Tel. (01 78) 8 24 04 64, *boris.motzki@ gmx.de, www.nationaltheater-mannheim.de* (* Worms/ Rhein 31. 8. 80). Lyr., Hörsp., Erz., Drehb., Dramatik. Ue: engl, frz. – **V:** Barbara oder: Sind Träume Wirklichkeit?, Lyr. 03. – **MV:** Pericle der Schwarze, Theaterst. n. d. Roman v. Giuseppe Ferrandino, m. Ingoh Brux 08. – **MA:** Rudis Märchenbuch 98; eindruck 02–05. – **R:** Der Korse & Le Grudge, Kurzf. 06. – **P:** Kein Fall für Burbage, Hsp. unter: www.e-i-n-d-r-u-c-k.de 05; B.C.M. liest Lyrik, Hörb. 07.

Mrak, Bianca; *bianca.mrak@bktv.at* (* Klagenfurt 7. 11. 73). Rom., Erz. – **V:** hiJACKed. Mein Leben mit einem Mörder, Biogr. 04. (Red.)

Mrázek, Edith (Ps. Edith Sommer, geb. Edith Schwab), Dr. phil.; Garnisongasse 3/6A, A-1090 Wien, Tel. u. Fax (01) 4 05 66 12, *emrazek@eunet.at.* Fellnergasse 22, A-1220 Wien, Tel. (01) 7 74 59 65 (* Wien 28. 1. 27). IGAA 82, Ö.S.V. 83, AKM, Literar-Mechana 84, ARGE Literatur, GenSekr. 91–97, P.E.N.-Club 92; Lyr.pr. d. Jgd.kulturwochen Innsbruck 51, 53, 54, Anerkenn.pr. f. Radiophone Werke d. 6. Jgd.kulturwoche 55, Gold. Verd.zeichen d. Rep. Öst. 95; Lyr., Rom., Kurzprosa, Hörsp., Buchrezension, Lied, Kinder- u. Jugendb., Libr. Ue: engl, frz, ital. – **V:** Immer noch Hoffnung, G. 83; Ein Sommer ohne Wiederkehr, Jgdb. 85; Grasnarben unter deinem Fuß, Lyr. 88; Erdefunkstelle bitte melden!, Jgdb. 88; In meinem Traum fliege ich, Haiku 91; Schritte im Sand, Lyr. 93; Dennoch bricht ein Zweig, Haiku 94; Ich bin ein Kind aus Österreich, Kurzgeschn. 96; Paris ist eine Reise wert, Libr., UA 98; Standpunkte – Standpoints, Lyr. dt.-engl. 99; barfuss über das stoppelfeld, G. 99; Wind weht – Wolken ziehn, Haiku, Senryu, Tanka 00; War es still damals in Bethlehem?, G. 01; Rollende Kiesel oder die Feuerwehr wird abbestellt, G. 02; Begegnung – rencontre, G. dt./frz. 04; wiener walzer – valse de vienne, G. dt./frz. 05; das meer – il mare, G. dt./ital. 05; traumtänzer – danseur de rêve, G. dt./frz. 06; – Liedtexte f. Hanspeter Nowak, UA 92, u. a. – **MV:** Neonlicht u. Kerzenschimmer, m. Johanna Jonas-Lichtenwallner, N. Mußbacher, Judith Thoma, G. 85. – **MA:** Aufschreiben 81; Mutter u. ich 84; Das österr. kath. Wort 84; Stimmen von heute 84; IGdA-Alm. seit 85/86; Don Quichotes gesammelte Satn. 86; Lyrische Annalen 86; Mit Mystikern ins 3. Jahrtausend 89; Nicht alles kann man streicheln 89; Durch kahle Alleen 90; Einfach Mensch sein 90; Das große Buch d. Haiku-Dicht. 2. Aufl. 90, 92; Im Wechsel d. Jahre 2. Aufl. 90; Im Ablauf d. Jahreszeiten 91; Das Licht ... 91; Märchen – heute? 91; Vom Jungbleiben u. Überleben 91; Wort u. Bild im Zeitgeschehen 91; Es – Du u. Ich in unserer Umwelt 92; Fünf vor Zwölf 92; Glaube Liebe Hoffnung 92; Das Haiku in Öst. 92; Lachen, auch wenn Tränen rollen 92; Im Lichte gereift 92; Haiku 1995; Jenseits des Flusses, Haiku u. Essay 95; Rund um d. Kreis 96; Auf weichen Pfoten 97; Literatur Landschaft 97; PEN-International London Vol.47, Nr.1 97 u. Vol.48, Nr.2 98; Mit leichtem Gepäck, u. a.; Lyr., Kurzprosa u. Rez. in: Heimatland; IGdA-aktuell; Lit. aus Öst.; Biblos; Lit. u. Kritik; LOG, u. a. – **H:** Begegnung im Wort, Anth. 84. – **R:** Der Dichter 52; Hokuspokus oder Cembyrek u. d. Familienglück 53; Der Tag der Tage 53, alles Hsp.; Das Klavier, Hfk-Kurzgesch. 95; G. u. Kurzprosa im Rdfk. – **P:** G. u. Kurzprosa im Kultur-Tel.; Paris ist eine Reise wert, CD 98. – *Lit:* Wil-

helm Bortenschlager in: Dt. Literaturgeschichte, Bd 4 01; Autorenporträt d. NdÖst. PEN-Clubs, Video. (Red.)

Mrazek, Timo; Brunnenbühlstr. 3, D-73105 Dürnau, *gott@gorilladelphia.com, www.gorilladelphia. com* (* Göppingen 3. 6. 75). – **V:** GorillaDelphia 02; GorillaDelphia II 05, beides humorist. Fantasy-R. (Red.)

MRM s. Schönauer, Michael

Mrotzek, Horst, Freischaff. Journalist u. Schriftst.; Mühlenweg 3a, D-26789 Leer (* Neidenburg/ Ostpreußen 17. 9. 26). Kg. – **V:** Nur noch einen Sommer lang 83; Wo Thomas Mann drei Sommer lang schrieb 92; Reisewege – Begegnung mit der Vergangenheit 02, alles Erzn. – **MA:** Lyrik und Prosa von Hohen Ufer 82, 85, 88; Buchwelt, Anth. 94, 96, 97, 99, 00, 01. (Red.)

Mucke, Dieter, Schriftst.; Albert-Roth-Str. 7, D-06132 Halle/S., Tel. (03 45) 7 75 99 73. Bismarckstr. 1, D-04249 Leipzig (* Leipzig 14. 1. 36). P.E.N.-Zentr. Dtld, VS, Vorst.mitgl. 91–94; Friedrich-Bödecker-Kr., u. a.; Kunstpr. d. Stadt Halle, Öst. Staatspr. f. Kinderlyr. 03, u. a.; Lyr., Erz., Kinderb., Sat., Ess. – **V:** Poesiealbum Nr. 19, Lyr. 69; Wetterhahn und Nachtigall, Lyr. 74, 76; Laterna magica – Bilder einer Kindheit, Prosa 75, 89; Freche Vögel, Lyr. 77, 87; Der Kuckuck und die Katze, M. 77, 86; Ich blase an dem Kamm, Lyr. 77, 84 (auch tsch.); Die Sorgen des Teufels, satir. M. u. Geschn. 79, 87; Die Erfindung 82, 90; Gute Zähne 82, 85; Das Nilpferd und das Heupferd und das Seepferd 83, 87, alles Kdb.; Kammwanderung, Lyr. 83, 86; Die Lichtmühle, Lyr. 85; Wie aus dem Winter Frühling wird 85, 89; Der Dunkelmunkel 88; Von Affenstall bis Ziege 91, alles Kdb.; Panik im Olymp, Lyr. 95; Was flüstert der Wind mit dem Baum, Lyr. 01; Das Lied der Katze; Tiergemeinschaft, Lyr. (Leporellos) 02. – **MA:** zahlr. Beitr. in Anth. d. In- u. Auslandes, u. a. in: Nichts ist versprochen, G. 89, 03; Die Wundertüte, G. 89, 05; Bleib ich, wer bin ich? 98; Der neue Conrady 00; Mein erstes Manuskript, Bd 27 01; Sehnsucht nach dem Anderswo, G. 04; Herz, was soll das geben, G. 05; Mit einem Reh kommt Ilka ins Merkur, G. 05, 06; Ach, du liebe Zeit, G. 07; Lauter Lyrik – der neue Conrady 08; Der Hör-Conrady, G., CD 08; Der Große Conrady, G. 08. – *Lit:* Dr. K. Richter in: Grundschule 10/91; Dr. P. D. Bartsch in: Weimarer Beiträge 10/90; ders. in: Wiss. Zs. d. Martin-Luther-Univ. Halle-Wittenberg, H. 2/91; H. Witt in: Panik im Olymp 95; ders. in: Was flüstert der Wind mit dem Baum 01; Dr. Steffen Peltsch in: Beitr. Jugendlit. u. Medien 3/03; H. Witt in: angezettelt 1/06.

Muckenstruntz u. Bamschabl s. Traxler, Peter

Mucker, Gerda (Gerda Mucker-Frimmel, geb. Gerda Frimmel), Diplomkaufmann; Grillparzergasse 11, A-2620 Neunkirchen/NdÖst., Tel. (0 26 35) 6 45 18 (* Wien 15. 10. 36). Lit. Zirkel Ternitz 64, Rosegger-Ges. 89, Ges. d. Lyr.freunde 03, VKSÖ 08; Pr.trägerin d. Elisabeth-Kraus-Kassegg-Lit.wettbew., Lunz, Luitpold-Stern-Pr. 01, Leserpr. d. Ges. d. Lyr.freunde 02; Rom., Lyr. Ue: frz. – **V:** Spuren ins Licht, Erz. 88; Kinderflucht, R. 03; Briefe aus dem Elsass 04; Weitergehen, G. u. Kurzgeschn. 05. – **MA:** Veröff. in 20 Anth., Ztgn u. Broschüren seit 64.

Mücke, Gertrud (geb. Gertrud Maier, verw. Gertrud Rossner), Handwebmeisterin, Schriftst.; Ellmauthaler Str. 10, A-5500 Bischofshofen, Tel. (0 64 62) 52 94, *www.pongowe.at, www.roseggergesellschaft.at* (* Zürich 10. 6. 15). Kulturverein Pongowe, Gründ.-mitgl. 79; Kulturpr. Bischofshofen 90, Verd.med. d. Ldes Salzburg 93; Lyr., Erz., Dramatik, Hörsp., Fernsehsp. – **V:** Aus meinem Fenster 83; Hinter meinem Vorhang 91; Fröhliches Altsein 95, alles G. u. Erzn.; Gewebtes Leben, Biogr. 02; – Theaterst., u. a.: Die

Protestantenvertreibung von Goldegg; Die Entstehung der Maximilianszelle; Der Blutwidderdienst; Die Bochburg; Die Niederingerin; Übergossene Alm; Ein neues Spiel vom Jedermann; Der Gamsbart; Kurschatten und die Folgen; Der Dorfbader; Der pfiffige Roßknecht; Ein heimlicher Besuch; Sommerbefreiung; Johannesfeuer. – **MA:** Inner Gebirg, Anth. 95; Salzburger Dialektmosaik, Anth. 02. – **R:** Die Feldpostehe: 4 mal Urlaub, Dok. 80; Der Umgeh, Drehb. f. Fsf.; zahlr. Lesungen im Radio, in Schulen u. Dichtertreffem. – *Lit:* Salzburger Lit.hdb. 90.

Mühe, Ralf, Referent im Außendienst; Weberweg 2, D-58566 Kierspe, Tel. (0 23 59) 22 10, *muehe@ngi.de* (* Neustadt/Weinstr. 10. 10. 54). – **V:** Der Denkzettel, Jgdb. 83; Bibellesen für Einsteiger, Sachb. 89, 2., überarb. Aufl. 01; Sei kein Frosch, Quicki, Jgd.-R. 90; Gib nicht auf, Quicki, Jgd.-R. 92; Das Buch der Offenbarung – Die Zeitung von morgen, Sachb. 98. (Red.)

Mühl, Karl Otto (Simon Weinzierl), ehem. Exportleiter; Konrad-Adenauer-Str. 275, D-42111 Wuppertal, Tel. (02 02) 70 17 04, 70 82 99, Fax (02 02) 2 57 19 14, *KOM@buchkultur.de, www.nrw-autoren-im-netz.de.* Am Deckershäuschen 74, D-42111 Wuppertal (* Nürnberg 16. 2. 23). TURM 47, VS 77, P.E.N.-Zentr. Dtld 00; Eduard-von-der-Heydt-Pr. 76, Lit.pr. d. Enno-u.-Christa-Springmann-Stift. 06; Drama, Rom., Fernsehfilm, Hörsp., Lyr. – **V:** Siebenschläfer, R. 75, Tb. 77, Neuausg. 02; Trumpeners Irrtum, R. 81 (auch ung.); Fernlicht, R. 97; Jakobs seltsame Uhren, Erz. 99; Inmitten der Rätsel, G. 01; Das Privileg, G. u. Lieder 01; Die nackten Hunde, R. 05; Hungrige Könige, R. 05; Lass uns nie erwachen, G. 08; Geklopfte Sprüche, Aphor. 08; Sandsturm, R. 08; Die alten Soldaten, Erz. 08; Weinzierls hemmungslose Verse 08/09; – STÜCKE: Rheinpromenade 73 (auch ndl., frz., engl., dän., tsch., Schwyzerdütsch, Mda.-Übers.); Rosenmontag 74; Kur in Bad Wiessee 76; Wanderlust 77; Hoffmanns Geschenke 78; Die Reise der alten Männer 80; Kellermanns Prozeß 82; Die Weber, n. Gerhart Hauptmann (Bearb.) 86; Am Abend kommt Crispin 88; Verbindlichen Dank 92; Fremder Gast 95; Ein Neger zum Tee 95; – THEATER/UA: Rheinpromenade 73; Rosenmontag 75; Kur in Bad Wiessee 76; Wanderlust 77; Hoffmanns Geschenke 78; Die Reise der alten Männer 80; Kellermanns Prozeß 82; Die Weber, n. Gerhart Hauptmann (Bearb.) 89; Am Abend kommt Crispin 88; Verbindlichen Dank 94; Fremder Gast 94; Ein Neger zum Tee 95. – **MA:** zahlr. Beitr. in Anth. u. Zss., u. a. in: Literar. Revue, H.4 48; Ruhrtangente. NRW-Jb. 72/73; Moderne Dramaturgie 74; Komm, süßer Tod 75; Sie schreiben zwischen Goch u. Bonn 75; Spiegelbild 78; Karussell. Wuppertaler Hefte f. Lit. 82; Menschen im Büro 84; Weihnachten 84; Neues Rheinland 86; Zeitstimmen 86; Wuppertaler Lesebuch 88; Literarische Portraits 91; Wo wir uns finden. Bergisches Leseb. 91; Ein anderes Wuppertal 98; Protestantismus u. Kultur 01; Sieben Schritte Leben, G. 01. – **R:** HÖRSPIELE: Rosenmontag; Rheinpromenade; Kur in Bad Wiessee; Hoffmanns Geschenke; Wanderlust; Morgenluft; Geh aus mein Herz; Grabrede auf Siephacke; Tanzstunde; Die Reise der alten Männer; Kellermanns Prozeß; Zu kurz die Zeit auf Kreta; Am Abend kommt Crispin; Fremder Gast; – FERNSEHSPIELE: Rosenmontag; Rheinpromenade; Kur in Travemünde; Wanderlust (Bühnenauff.); Hoffmanns Geschenke (Bühnenauff.); Kellermanns Prozeß; Trumpeners Irrtum. – *Lit:* Michael Töteberg in: KLG 83; Henning Rischbieter (Hrsg.): Theaterlex. 83; F. Lennartz: Dt. Schriftst. 84; M. Brauneck (Hrsg.): Autorenlex. 84; W. Killy: Lit.-lex., Bd 8 84; D.-R. Moser (Hrsg.): Neues Hdb. d. dt.

Gegenw.lit. seit 1945 90; P.K. Kirchhof (Hrsg.): Literar. Portr. 91; Lit.-Atlas NRW 92; K. Böttcher (Hrsg.): Lex. dt.spr. Schriftst. 93; K.H. Berger (Hrsg.): Schauspielführer; S. Kienzle: Schauspielführer d. Gegenwart; Who is Who; Wer ist wer, u.v. a.

Mühl, Otto, Maler; c/o Danièle Roussel, 55 rue Lepic, F-75018 Paris 18, Tel. u. Fax 1 42 54 46 36, *djroussel@free.fr* (* Grodnau/Bgld 12. 6. 25). – **V:** Blutorgel 62; Zock. Aspekte einer Totalrevolution 71; Weg aus dem Sumpf 77; Aus dem Gefängnis 1991–1997 97 (auch frz.). (Red.)

Mühldorfer, Albert, Seminarrektor; Kleiststr. 23, D-93083 Obertraubling, Tel. (0 94 01) 5 06 59 (* Regensburg 14. 10. 52). Lyr., Erz., Drama, Kurzhörszene, Glosse, Schulbuchbearbeitung. – **V:** Ned blos Indiana, Lyr. 78; Vaheirat, Szenen u. Lyr. 81; Mir samma aa wer, Texte u. Bilder 85; Rund um Weihnachten 91; Wie ich mir's denk, Geschn. 01; Ganz schee daschrogga, Lyr. 02, alles in Mda. – **MV:** Sommertheater, m. Wolfgang Folger 90. – **MA:** Oberpf. Leseb., vom Barock bis z. Gegenwart 77; Zammglaabt, Oberpf. Mda.dicht. heute 77; Oberpf. Weihnacht, e. Hausbuch v. Kathrein bis Drei Kine 78; Für d' Muadda, Bair. G. 79; Regensburger Leseb., Anth. Regensburger Autoren d. Gegenwart 79; Physik-Chemie. Hauptschule 6 mit 9 86; Lit. in Bayern, Zs. 87. – **H:** Erziehung in der Schule – ein Theater 91; Heimatabend 91; Friede, Freude, Weihnachtszeit 91; Hamlet mal 10[7] 92; Umwelttheater 93; Kasperl, Tapsi, Lumenix 93; Puppentheater 93; Oberpfälzer Mda.-Hörszenen u. Glossen seit 81. – **P:** Oberpfälzer Mundartdichtung – Junge Autoren stellen sich vor, Mda.-Lyr. 79. (Red.)

Mühlemann, Heidi s. Brain, Brenda

Mühlenfels, Hanns von, Jurist, Rechtsanwalt; c/o Mitteldeutscher Verl., Halle/S. (* Mannheim 29. 9. 48). Dt.-Poln. Ges. Thüringen e. V.; Collegium Europaeum Jenense an d. Univ. Jena, Kurator f. Theaterwiss., Musik- u. Sprechtheater; Dramatik, Lyr., Erz. Ue: Poln. – **V:** Polnische Elegie 97, UA Theater Wrocław 99; Das Karma der Andromeda, lyr. Erz. 98; Orlamünde, Stück 98; Die Augurin, Stück 98; Execution Limited 98, UA Dt. Nationaltheater Weimar 02; Der Mann aus dem Olivenbaum, Erz. 01; Schöne Aussicht Nr. 17, Stück 05; Aphaia, lyr. Erz. 07.

Mühlethaler, Hans, Lehrer; 9 rue Poteau, F-75018 Paris, Tel. 01 42 51 59 45, *www.hansmuehlethaler.com* (* Zollbrück/Schweiz 9. 7. 30). Gruppe Olten 71, AdS 03; Lit.pr. d. Kt. Bern 68; Drama, Lyr., Nov., Hörsp., Roman. – **V:** An der Grenze, UA 63, Neufass. 07; Zutreffendes ankreuzen, G. 67; Außer Amseln gibt es noch andere Vögel, 10 Geschn. 69; Die Fowlersche Lösung, R. 78; Die Gruppe Olten, Sachb. 89; Abschied von Burgund, R. 91; Der leere Sockel, R. 00; Das Bewusstsein. Ursache und Überwindung der Todesangst, Sachb. 06; Frühe Gedichte und Prosatexte 08. – **R:** Osterpredigt, Hsp.

Mühlhäusser, Hans (Ps. Hans Emm); Schloß-Prunn-Str. 13, D-81375 München, Tel. (089) 7 14 12 85 (* München 15. 3. 38). – **V:** Schicksalhaft – ein Vater berichtet 95. (Red.)

Mühlmann, Monika, Geistl. Liederdichterin; Untere Parkstr. 36c, D-85540 Haar, Tel. (0 89) 46 20 55 72, *info@daswundervonhaar.de, www.daswundervonhaar.de* (* München 25. 6. 61). Dichtung, Kurzgesch., Komposition. – **V:** In seiner Nähe, G. 06, sowie zahlr. selbst produzierte CDs.

Mühlhaus, Sigrid (geb. Sigrid Schlieder), Lehrerin, Journalistin, Sachbearbeiterin; Döbelner Str. 52, D-01129 Dresden, Tel. (03 51) 8 48 71 17 (* Linda, Kr.

Mühlherr

Lauban 25. 9. 32). Trägerin d. Who is Who-Insignien d. Biograph. Forschungsges. Wien seit 07; Lyr., Prosa. – **V:** Frühstück mit dem Wind 93; Ich bin ein Grübelkind 94; Verliererin, Gewinnerin 95; Mein Gedicht ist eine Brücke 97; Im Gipfelwind 97; Küsse, Rittersporn und Hummeln 98; Sprung ins Liebesfeuer 99; Lyrikfrüchte aus meinem Schreibgarten 01; Herbstblond 01; Die fliegende Maus und vielerlei anderes Getier. Gedichte f. Klein u. Groß 02; Niemals wunschlos. Gedichte aus drei Jahrzehnten 03; Was in der Luft liegt. Lyrikauswahl 1982–2004 05; Grußsätze 05; Meine private Lyrik-Galerie 06; Sonne Rapunzel. Gedichte f. Klein u. Groß 06; Der Mond beneidet eine Straßenlaterne. Gedichte f. Klein u. Groß 07; Benno in der Badewanne, G. f. Kinder 08, alles Lyr. – **MA:** G. u. Geschn. f. Kinder in: Bummi 13, 18, 23/74; ABC-Ztg. 16/89; Lyr. in: ndl 8/70; Das Magazin 3/81, 1/82; ar 7/86, 11/88, 12/89; – Lyr. u. Prosa in zahlr. Anth. u. Jb. d. Frieling Verl. Berlin seit 92, in Anth. d. Arnim Otto Verl. Offenbach/Main seit 04.

Mühlherr, Lilli, Lic. phil. I; Rietstr. 29, CH-8702 Zollikon, Tel. (01) 3 91 56 12, *lillimuehlherr@hotmail. com* (* St. Gallen 7. 6. 54). Lyr., Rom., Erz. – **V:** Irrgarten 82; Zeitflocken, 1.u.2. Aufl. 84; Traumspuren 85; Atemgrenzen 87; Wahrsein ist leise 89; gezeiten 96, alles Lyr.; Späte Antwort, R. 98. – **MV:** Stuhlgang 81. – **MA:** offene Lyrikschublade 74, 78; Lyrische Annalen 1 85; Handschrift 86; Das Gedicht lebt, Bd 2, Lyr.-Anth. 01; Deutsche Erzähler der Gegenwart, Erzn. 02. (Red.)

Mühringer, Doris, freischaff. Schriftst.; Goldeggasse 1/15, A-1040 Wien, Tel. (01) 5 04 40 06 (* Graz 18. 9. 20). P.E.N. 69, Ö.S.V. 70, Podium; Georg-Trakl-Pr. 54, Lyr.pr. d. Neuen Dt. Hefte 56, Förd.pr. d. Stadt Wien 61, Gerhard-Fritsch-Stip. 71, Lit.förd.pr. d. Ldes Stmk 73, Öst. Staatsstip. f. Lit. 76/77, Silb. E.med. d. Stadt Wien 81, Lit.pr. d. Ldes Stmk 85, Verleih. d. Prof.-titels 91, Öst. Kd.- u. Jgdb.pr. 01; Lyr., Kurzprosa, Prosa, Übers., Ess., Kinder- u. Jugendb. Ue: engl. – **V:** Gedichte 57; Gedichte II 69; Staub öffnet das Auge, G. III 76; Dorf und Stadt, G. f. Kinder 60; Wald und Wiese, G. f. Kinder 60; Das Märchen von den Sandmännlein, Bilderb. 61, 65; Ein Schwan auf dem See, Spielbilderb. 80; Vögel, die ohne Schlaf sind, G. IV 84; Tanzen unter dem Netz, Kurzprosa 85; Das hatten die Ratten vom Schatten, e. Lachb. 89, 92; Reisen wir, ausgew. G. 95; Aber jetzt zögerst du, G. 99; Achtzig für achtzig, G. 00; Auf der Wiese liegend, G. f. Kinder 00. – **MV:** Mein Tag – mein Jahr, m. H. Valencak, Lyrik-Photob. 83. – **MA:** zahlr. engl. u. dt.spr. Anth. u. Zss. – **MH:** Schulleseb. 86–95. – **Ue:** Jade Snow Wong: Fifth chinese daughter u. d. T.: Ein Chinesenmädchen in Frisco 54; George Bruce: Ein Haus voller Kinder 62; Walt Disney Productions: Die Aristocats 71; Carl Sandburg: Rootabaga Stories u. d. T.: Zwei Hüte für Schnu Fu 74; Vivian Pulle: Sie nannten ihn Jesusmann 75; Alison Uttley: Little Grey Rabbit's Storybook u. d. T.: Häschens Geschichtenbuch 78. – *Lit:* Adalbert Schmidt: Zur Lyr. v. D.M. 59; Roman Rocek in: Lit. u. Krit. 52, 71; Karl H. Van D'Elden in: Podium 22, 76; Koppensteiner-Bjorklund: Dunkel ist Licht genug, Zur Lyr. v. D.M. (Modern Austrian Lit.) 79; B. Bjorklund: The Face Behind the Face, Interview with D.M., in: The Literary Review 82; Christian Loidl: Wege im Dunkel, Möglichkeiten z. Analyse v. D.M.s poet. Werk, Diss. U.Wien 83; B. Bjorklund in: Encyclop. of Contin. Women Writers 91; M.L. Maputo-Mayr in: Library of Congress 97; s. Archiv d. Öst. Dok.stelle f. Neuere Lit., Wien. (Red.)

Mülbaier, Georg, Groß- u. Außenhandelskaufmann, Berufssoldat, freier Journalist; St. Ilgener Str. 32, D-69190 Walldorf, Tel. u. Fax (0 62 27) 17 76

(* Heidelberg 2. 6. 41). Erz., Sachb. – **V:** Menschliches zwischen Grün und Weiß 81; Grün-Weißer Anekdotenspiegel 88; Kleine grün-weiße Episoden 95; Weitere grün-weiße Episoden 02, alles Erzn. – **B:** Oskar Herrmann: Schützen-Lebensgeschichte eines Idealisten, Erz. 87; Walter Schaeffer: Was Du nicht weißt, Lyr. u. Erzn. 01. – *Lit:* s. auch 2. Jg. SK. (Red.)

Mülder, Friedrich (Friedrich M. Solla), Dipl.-Designer, Schriftst.; Hochfeldstr. 31, D-94169 Thurmansbang/Solla, Tel. (0 85 54) 94 25 77, Fax (0 85 54) 94 35 47, *friedrichmuelder@t-online.de* (* Gildehaus, Kr. Grafschaft Bentheim 2. 7. 32). EVors. Lit.haus Schlesw.-Holst., VS, Kogge 97, Passauer Lit.kr. 08; BVK 92; Lyr., Kurzgesch., Nov., Kritik, Biogr., Ess., Hörb. – **V:** In Antennenwäldern hausen, Lyr. 78; Wo liegt Sigma Bruch, Lyr. 83; Le Corbusier war nicht in Schneidemühl, Erz. 85; Versprechungen der Morgensonne, G. 89; Überfahrt, Erzn. 94; In jüngster Zeit, Lyr. 95; Heinrich Seidel – wie er ein Poet und Ingenieur gewesen ..., Biogr. 97; In die Zeit gesprochen, Reden u. Ess. 00; Johannes Trojan 1837–1915, Biogr. 03; Die Basis aller Kultur ist die Arbeit, Essays 09. – **MV:** Bild und Gedanke, m. Priscilla Metscher, Gemälde u. Ess. 08. – **MA:** Euterpe, Jb. f. Lit. 84–91; Franz Mehring (1846–1919) 97; Die Dt. Revolution 1848/49 u. Norddeutschland, Ess. 99; Gottes ist der Orient! Gottes ist der Occident!, Dok. 00. – **MH:** Poetische Landschaften, m. Therese Chromik u. Bodo Heimann 01; Eine Gesellschaft der Freiheit, der Gleichheit, der Brüderlichkeit, m. Wolfg. Beutin u. Holger Malterer, Dok. 01; 125 Jahre Sozialistengesetz, m. dens. u. Heidi Beutin, Dok. 04; Poetische Porträts, m. Th. Chromik u. B. Heimann 05. – **P:** Sturmmöwe, Hörb.-CD m. Gedichten, gesprochen v. Fiona Metscher 07.

Mülich, Jutta; Mühlenstr. 25, D-27616 Lunestedt, Tel. u. Fax (0 47 48) 18 34, *Jutta_Muelich@yahoo.de* (* Bremerhaven 27. 3. 53). VS 00; Rom., Erz. – **V:** Mein Mittwochsmann 89; Pauls versammelte Bräute 99; Alice oder die Sintflut. Ein Dorfroman 07. – **MA:** Der Mann im Mond ist eine Frau 98; Bella Italia 99; Walpurgisnacht 00; Killing him softly 00; Dolce Vita. Schlemmergeschichten aus Italien 01; Pur. Die Bar-Anthologie 01, alles Anth.

Müllegger, Armin, diplom. Gesundheits- u. Krankenpfleger (DGKP); Wirling 42, A-5351 Aigen-Voglhub, *a.t.m@networld.at, autormuellegger.pageonpage. eu* (* Bad Ischl 2. 4. 65). Rom. – **V:** Verfluchter Salzburger Gebetskreis 07; Der Matratzenstaat 07.

Müller jr., Wilko, Dipl.-Päd., Marketingreferent, Verlagsmitarbeiter; Hordorfer Str. 6a, D-06112 Halle, Tel. (03 45) 5 12 64 55, Fax 1 20 22 38, *wilkomueller @web.de, www.wilkomueller.de* (* Halle/S. 14. 3. 62). SF-Club Andromeda Halle, Gründer 89, Förd.kr. d. Schriftst. in Sa.-Anh. 06, Friedrich-Bödecker-Kr. 07; Rom., Lyr., Erz., Science-Fiction, Fantasy. Ue: engl. – **V:** Zauberer des Alls, R. 90; Operation Asfaras, R. 91, 03; Faszination der Finsternis, Lyr. 93; Feuer und Glut 94; Mandragora 95; Schwarze Glut 97; Feuerzone 98; Inferno 99; Der Ypsilon-Faktor 04, alles Erzn.; Das Tor der Dunkelheit, R. 96; Mandragora, R. 06; Jenseits der Dimensionen, R. 07; Finsternisse und Sonnen, Lyr. 08. – **MV:** Stronbart Har, m. Philipp D. Laner, R. 94, 05; Die Zeitläufer, m. R. Mienert, R. 94, 05. – **MA:** Geschichten vom Trödelmond 90; Deus ex Machina 04; Das schwerste Gewicht 05; Fur Fiction 05; Entdeckungen 06; Die Jenseitssprache 06; Das Mirakel 07. – **H:** SF-Fanzine SOLAR-X 89–06; SF-Fanzine SOLAR Tales 00–05. – **R:** Musik aus einem Mittelalter, das es nie gab, Hfk-Feat. 01. – **Ue:** Es geschah morgen, Erzn. 06; Das Mondmetall, Erzn. 06; Tal Laufer: Bigfoot, R. 08;

Viken Tavitian: 382 Tage im Exil, R. 08; zahlr. Kurz-geschn. seit 89. – **MUe:** Frank Roger:Allein gegn das universum, m. Berit Neumann, Erzn. 07. – *Lit:* W.P. Neumann in: D. große illustrierte Bibliogr. d. SF in d. DDR 02.

†**Müller,** Amei-Angelika (geb. Amei-Angelika Las-sahn), Hausfrau; lebte in Stuttgart u. zuletzt bei Rot-tenburg am Neckar (* Neutomischel/Polen 6. 2. 30, † Herrenberg 6. 5. 07). Rom. – **V:** Wilhelm Busch das Fernsehen und ich 74, 11. Aufl. 88; Pfarrers Kinder, Müllers Vieh, Mem. e. unvollkommenen Pfarrfrau, R. 78, 90, Tb. 82; Ich und du, Müllers Kuh. Die unvoll-kommene Pfarrfrau in d. Stadt 80, Tb. 88; Sieben auf einen Streich 82, 98, Tb. 92; Ein Drache kommt selten allein, R. 88, Tb. u. d. T.: Veilchen im Winter 90; Und nach der Andacht Mohrenküsse, R. 91, Tb. 94; Mit Hu-mor geht alles besser, Kurzgeschn. 95, 3. Aufl. 01; Ach Gott, wenn das die Tante wüßte, R. 96, Tb. 98. – **H:** In seinem Garten freudevoll ... durchs Gartenjahr mit Wil-helm Busch 83. – **Fs:** Fs.-Sdg nach d. Buch „Pfarrers Kinder, Müllers Vieh"

Müller, André (eigtl. Willi Fetz), Schriftst., Thea-terkritiker; *mueller-fetz@t-online.de* (* Köln 8. 3. 25). P.E.N. 65, VS; Drama, Ess., Kritik, Rom., Erz., Kin-derb. – **V:** Kreuzzug gegen Brecht 62; Der Regisseur Benno Besson 67; Lesarten zu Shakespeare 69; Anek-dotisches Spectakulum 70; Der Schauspieler Fred Dü-ren 72; Das letzte Paradies, Kom. 73; Halten Sie den Kopf hin, Marx-Anekdn. 77; Über das Unglück, geist-reich zu sein, Anekdn. 78; Dalli, der Haifisch, Kdb. 78; Felix, der Pinguin, Kdb. 79; Shakespeare ohne Geheim-nis 80, Neuaufl. 06; Den ganzen Fortschritt, den ich sehe ..., Hacks-Anekdn. 83 (Privatdr.); Die Partei der Knoblauchfreunde, Erz. 85; Die Rosenschule, Kdb. 87; Am Rubikon, R. 87; Shakespeare verstehen. Das Ge-heimnis seiner späten Tragödien 04; Anne Willing. Die Wende vor der Wende, R. 07; – DRAMEN (als Büh-nen-Ms.): Das letzte Paradies, Kom. 70; Der Spiegel-fechter, Kom. 71; Friedrich Ludwig Jahn, Festsp. 73; 1945. Eine Szenenfolge 84; Daphnis und Chloe, nach d. Libr. v. Clairville/Cordier u. d. Musik v. J. Offenbach 85, UA 85; Mobuto, Kom. 91; Felix, der Pinguin, M. f. Kinder 92; Die Epikuräer von Köln, Lustsp. 94. – **MV:** Geschichten vom Herrn B., 99 Brecht-Anekdn. 67; Ge-schichten vom Herrn B., 100 neue Brecht-Anekdn. 68; Geschichten vom Herrn B., 111 Brecht-Anekdn. 68, 80 (auch tsch.); Geschichten vom Herrn B., ges. Brecht-Anekdn. 77, Neuaufl. 06, alle m. Gerd Semmer; Nur daß wir ein bischen klärer sind. Der Briefwechsel m. Peter Hacks 1989/1990 02; Gespräche mit Peter Hacks. 1963–2003 08. – **B:** Doktor Ox, Libr. 80.

Müller, André, Journalist, Schriftst.; Nigerstr. 4, D-81675 München, Fax (0 89) 4 70 62 61, *mullerandr@ aol.com* (* Michendorf 25. 2. 46). Ben-Witter-Pr. 00; Prosa. – **V:** Gedankenvernichtung 84, Neuaufl. 92; Zweite Liebe, Kurzgeschn. 91; Ich riskiere den Wahn-sinn 97; Man lebt, weil man geboren ist, Theaterst., UA 97; Simering, Erz. 98; Über die Fragen hinaus 98. (Red.)

Müller, Andreas, ev. Pfarrer, Superintendent; c/o Su-perintendentur Bad Salzungen-Dermach, Entleich 4, D-36433 Bad Salzungen (* Eisenach 15. 2. 58). Rom., Erz. – **V:** Seth der Rächer oder Der weite Weg zu Kain 92; Der Listige oder die Geschichte von Jakobs Un-geduld, Jgdb. 93; Die Legende von Christopherus den Kindern erzählt 96; Bocksfuß. Sagen aus der Rhön 01; Das Geheimnis der Rhön, phantast. Erz. 03; Der Blitz, die Braut und das Gespenst 03; Der Gefangene auf der Wartburg. Fritz Erbe, Ess. 05. (Red.)

Müller, Bea (eigtl. Beate Müller, geb. Sturm), Diät-köchin, Angest.; Gartenstr. 7, D-07607 Eisenberg, Tel. u. Fax (03 66 91) 5 24 71 (* Schleiz 3. 2. 63). Belletr. – **V:** Ein Freund mit Stammbaum. Die Tagebuchgeheim-nisse meines Hundes, Erz. 00, 2. Aufl. 02; Gismo, der Lebenskünstler, Erz. 01, 02; Gismo, der Seelentröster, Erz. 03; Deine Augen können lügen, R. 04; Gismo, der Diplomat, Erz. 04. (Red.)

Müller, Beni, M. A., Lic. phil. I, Drehb.autor, Film-gestalter; c/o Beni Müller Filmproduktion, Hein-richstr. 177, CH-8005 Zürich, Tel. (0 44) 2 71 20 77, Fax 2 73 43 34, *bmf@swissonline.ch*, *www.beni.ch* (* Solothurn 25. 7. 50). Verb. schweizer. Filmgestalter 75, Suissimage 84, Schweizer. Ges. f. Theaterkultur 86; Werkjahre d. Kuratoriums d. Kt. Aargau 79, 84, Eid-genöss. Qualitätsprämie 87; Ess., Drehb. Ue: engl, ital, frz. – **V:** Kinematurgie. Schlaglichter auf die Filmäs-thetik, Ess. 77, 2. Aufl. 85. – **MA:** Beitr. in: Zoom. – **H:** Morgarten findet statt, Anth. 79. – **F:** Morgarten findet statt 78; Smara 80; Die Gummikönigin 84; Photo 85; Meine Freunde in der DDR 86; Levante 87.

Müller, Benno, Dipl.-Ing. agr.; Hellborn 05, D-07646 Renthendorf, Tel. (03 64 26) 2 13 22 (* Gera 30. 5. 66). – **V:** Merlin und die Mutter der Naturgewal-ten, Kindergesch. 08.

Müller, Burghard s. Borgsmüller, Horst

Müller, Burkhard, Dr., Doz. f. Latein TU Chemnitz, freier Lit.kritiker; Rosmarinstr. 15, D-09117 Chemnitz, Tel. (03 71) 8 10 23 43 (* Schweinfurt 59). Alfred-Kerr-Pr. 08; Ess. – **V:** Karl Kraus. Mimesis u. Kritik d. Me-diums 95; Schlußstrich. Kritik d. Christentums 95; Step-hen King. Das Wunder, das Böse u. der Tod 98; Ver-schollene Länder. Eine Weltgeschichte in Briefmarken 98; Das Glück der Tiere. Einspruch gegen d. Evoluti-onstheorie 00; Der König hat geweint. Schiller u. d. Drama d. Weltgeschichte 05; Die Tränen des Xerxes. Von d. Geschichte d. Lebendigen u. d. Toten 06. – **MA:** regelm. Lit.kritiken in d. Süddt. Ztg (SZ). (Red.)

Müller, Christa, Schriftst., Buchbinderin, Filmdra-maturgin, Szenaristin; Lennéstr. 13, D-14469 Potsdam, Tel. (03 31) 97 21 79, Fax 9 79 12 17, *Christa@hufblitz. de*, *www.hufblitz.de* (* Leipzig 8. 3. 36). SV-DDR 80–90, VS 90–01, Verb. d. Film- u. Fernsehschaff. d. DDR 77–90, Lit.kollegium Brandenburg 01; Gast d. Lit.bü-ros Ostwestfalen-Lippe 92, Stip. d. Stift. Kulturfonds 91, 92, Arb.stip. d. Ldes Brandenbg. 91, 93, 98; Lyr., Erz., Rom., Filmszenarium, Hörsp. – **V:** Teufel im Kuh-stall, Erzn. 78; Vertreibung aus dem Paradies, Erzn. 79, 81 (tw. auch russ., dän., am., bulg., jap.); Die Verwand-lung der Liebe, Erz. 90; Tango ohne Männer, R. 98. – **MV:** Der Heilige See am Neuen Garten in Potsdam, m. Monika Schulz-Fieguth u. Michael Seiler, Lyr. u. Fotos 07. – **B:** Herbert Otto: Der Traum vom Elch, Szenari-um 88 (auch Film). – **MA:** Don Juan überm Sund 75; Kieselsteine 75; Vor meinen Augen hinter sieben Ber-gen 77, alles Lyr.; Angst vor der Liebe, Erzn. 84; Der Holzwurm und der König, Erzn. 85; Die Schublade II, Erzn. 85; III, Lyr. 88; Der neue Zwiebelmarkt, Lyr. 88; Labyrinthe, Erzn. 91; Septembermond, Erzn. 93; Und hab kein Gewehr, Lyr. 00; Silberdistel 6 02; Schriftzüge 1/02, 1/04, 1/07; Märkischer Alm. 03, 2 06. – **R:** Schritt aus dem Paradies; Winternacht-Traum; Tapfer leben, alles Hsp. – *Lit:* Wer schreibt? 98.

Müller, Christian, Metallblasinstrumentenbauer; Ro-senheimer Str. 74, D-83098 Brannenburg, *kirismueller @hotmail.com* (* Rosenheim 72). Autorenkr. Linz; Stadtschreiber von Schwaz 99. – **V:** Ohrmuscheltau-chen, G. 01; Die Klippen des Grasmeeres, Reiseber. 03. (Red.)

Müller

Müller, Claus Jürgen, Journalist, Autor, Verleger; Altenhofstr. 42, D-67105 Schifferstadt, Tel. (0 62 35) 9 85 96, Fax 8 24 93 (* Waldsee/Speyer 20. 6. 56). Lit. Ver. d. Pfalz. – **V:** Ich steh im Wald, G. 80; Die ewige Kippe, Not. u. G. 82; Wenn unter Druck etwas wird 83; Du die Weck weg!, Geschn. 84; Etappen-Happen 85; Eine Feder fing Gedanken, G. 85; Das Klo von Gozo 86; Die Kohlgripp, Geschn. 86; De Deiwel im Ranze, Geschn. 87; Natur-Registratur, Betrachtn. 87; Längs des Querschnitts 88; Halt die Gosch 90; Zirbitz-Zauber 91; Du lieber Liebling, Lyr. 93; Immer hoch die Gellerieb! 96; Schreibmaschinen-Liebe, G. 97, u. a. – **H:** De Druggemuusel. Witz uff Kurpälzisch 02. (Red.)

Müller, Dagmar *

Müller, Delia, Musik-Managerin, Studentin, Taxifahrerin, Autorin; c/o Morphologia Verl., Schweder Str. 263, D-10119 Berlin, Tel. (0 30) 48 49 63 79, *delia@freygangband.de, haus@morphologia.de, www.morphologia.de* (* Wismar 29. 8. 64). Erz., Lyr. – **V:** Rock'n'Roll der Maskenzeit, Kurzgeschn. u. Lyr. 00. (Red.)

Müller, Detlef, Schriftst.; Berg 12, D-83623 Dietramszell, Tel. (0 81 76) 71 76 (* Halberstadt 1. 5. 29). Verb. Dt. Drehb.autoren; DAG-Fs.pr. in Gold 92, in Silber 98; Hörsp., Kabarett, Fernsehsp., Drama. – **V:** Moral im Gehäuse, Lsp. 55. – **MV:** Schieß mich, Tell, Musical 56; Völker, hört die Skandale 63; Kleiner Mann, was tun! 64; Bonn Quichote 64, alles Kabarett. – **R:** Das Merkwürdige in Herrn Huber; Ich, die Hauptperson; Der bürgerliche Kaiser; Der Geist von Nummer 17; Räuber und Prinzessin Amphitryon 61; Autogramm aus dem Kittchen; Otto oder Der Dank des Vaterlandes ist ihm gewiß; Bericht über Zyskar; Klicke-Klacke; Ein Seehund geht durchs Nadelöhr, alles Hsp.; Unser Pauker, 20 F.; Die Hupe, 6 F.; Schlagzeilen über Mord; Drei Tage bis Allerseelen; Herr Soldan hat keine Vergangenheit; Euro-Gang, 5 F.; Pfarrer in Kreuzberg, 6 F.; Diamantenparty; Der Tod aus dem Computer; Geschichten zwischen Kiez und Kudamm I, II; Heinrich Zille; Myriam und der Lord vom Rummelplatz, 6 F.; Wo die Liebe hinfällt; Die geschiedene Frau, 2 F.; Der Eindringling; Unser Haus; Tödliches Erbe; Glück im Grünen; Ausweglos; Angeschlagen; Eiskalte Liebe; Zwischen den Feuern; Gestern ist nie vorbei; Opferlamm, alles Fsp.; Krimi-Reihen: Der Alte, 24 F.; Ein Fall für zwei, 21 F.; Tatort, 4 F.; Siska, zahlr. F.; sowie weitere Fs.-Ser. u. Specials. (Red.)

Müller, Dieter Alpheo; Eschenburgstr. 27 C, D-23568 Lübeck, Tel. u. Fax (04 51) 3 18 79 (* Ladelund 4. 7. 40). Rom., Erz., Lyr., Hörsp. – **V:** Das Ich im Wir, Lyr. 80; Und Gott wird trocknen alle Tränen, R. 83; Ich such' mir meinen eigenen Schatten, Lyr. 85; Paradiesdorf, Erzn. 96; Maria d'Arc. Zwangsarbeit macht nicht frei 01. (Red.)

Müller, Dorothee s. Dhan, Dorothee

Müller, Edzard (Ps. Edzard Müller-Delmenhorst), ObStudR.; Edgar-Roß-Str. 11, D-20251 Hamburg, Tel. (0 40) 47 63 30 (* Delmenhorst 25. 11. 37). Gesch. – **V:** Ein Pfarrer boxt fürs Federvieh, Gesch. 81; An unserer Schule ist was los! 95. (Red.)

Müller, Egbert-Hans (Ps. Reinhard Gröper), Leitender MinR a. D.; Werfmershalde 6, D-70190 Stuttgart, Tel. u. Fax (07 11) 26 47 52 (* Bunzlau 23. 2. 29). VS, Künstlergilde Essl., P.E.N., u. a.; Scheffel-Pr. 50, Mörike-Nadel d. Verb. d. Buchhandlg. u. Verl. Bad.-Württ. 93, Lit.pr. d. Ldebshauptstadt Stuttgart 94, BVK am Bande 94; Rom., Erz., Zss., Lyr., Fachaufs. – **V:** Limfjordmuscheln, R. 79, Tb. 84; Neunflächer, G. 87; Schöne Tage in Ratswyl, R. 88; Hans Christian Andersen in Stuttgart, Ess. 90; Herrn Arnolds Garten, R. 90; Eu-

Berthal, Erz. 92; Erhoffter Jubel über den Endsieg. Tageb. e. Hitlerjungen 1943–1945 96, 00; Nachkriegshäutung. Tageb. e. dt. Pubertät 98; Nach Venedig, N. 02; Von Igran nach Egran und über Wladiwostok zurück. Nachrede auf ein Theater, Erz. 05; Vom Glück bei grossen Gärten zu wohnen, Erinn. 06; Mein literarischer Salon, Ess., Tageb. 07. – **MA:** Stuttgart 1945. Anfang nach dem Ende 95; Beitr. in Anth., Jbb. u. Zss., u. a. in: Linien 85; Spielwiese f. Dichter 93; He, Patron. Martin Walser zum Siebzigsten 97; Schwimmen 99; Abends wenn wir essen fehlt uns immer einer 00; Rottweiler Begegnungen 00; Traumvermesser 02; Tod am Bodensee, 1.u.2. Aufl. 07, alles Anth.; Alm. Stuttgarter Schriftstellerhaus 1–5; Anderseniana 95; Dt. Schillerstift. v. 1859, Dok. 97–03, alles Jbb.; Allmende 13, 16/17, 18/19, 32/33, 52/53, 60/61; exempla 1/84, 2/86, 2/89, 2/92, 1/94, 04/05; Muschelhaufen 27/28, 35; Schlesien 3/93; Wandler 15, 25; Progranica 4/97; Tygiel Kultury 1–3/00; DYGREJE 2; Pro Libris. Zielona Góra 4/05 Die Künstlergilde 2/03, alles Zss. – **Lit:** Thomas Knubben: Gröpers Tage in Ratswyl 94; Wolfgang Heidenreich in: Peter-Huchel-Pr. E. Jb. 98.

Müller, Elfriede (Elfriede Müller-Mauz); c/o Verl. der Autoren, Frankfurt/M. (* Düppenweiler/Saarld 22. 3. 56). Stip. d. Dt. Lit.fonds 90, Gr. Pr. d. Frankfurter Autorenstift. 90; Dramatik. – **V:** Die Bergarbeiterinnen. Goldener Oktober, zwei Stücke 92; – THEATER: Die Bergarbeiterinnen, UA 88; Damenbrise, UA 89; Glas, UA 90; Goldener Oktober, UA 91; Herrendeck, UA 92; Brautbitter, UA 93; Lovekicks, UA 96; Die Touristen, UA 97. – **MA:** Gol 6/90. – *Lit:* Anke Röder (Hrsg.): Autorinnen – Herausforderungen an d. Theater 89; Eva Pfister: Junge Dramatikerinnen, Bd 40. (Red.)

Müller, Ernst Dietrich s. Gordian, Robert

Müller, Ernst Wilhelm, Kaufmann; Karlstr. 3, D-73312 Geislingen a.d. Steige, Tel. (0 73 31) 4 36 26, Fax 43 45 45 (* Schaas/Siebenbürgen 24. 7. 21). Erz., Rom., Lyr., Theaterst. – **V:** Lustiges und Besinnliches über Hunde, Jagd und Jäger 86; Ein Hundertjähriger erzählt 96; Im Rachen Luzifers, R. 96; Das Rehessen, Theaterst. 99. (Red.)

Müller, Eva Anna s. Welles, Eva Anna

Müller, Ewald (Ps. Jorg Lix), Dr., Chefred. a. D.; Auf dem Klemberg 19, D-50999 Köln, Tel. u. Fax (02 23) 6 66 68 (* Bauerwitz 20. 12. 33). Lyr., Prosa. – **V:** Elegien aus dem Büro, Lyr. 78, 2. Aufl. 89; ich hab' mein Tagebuch verloren, Lyr. 97; Raubdruck, Prosa 98. – **H:** Konrad Lorenz. Worte meiner Tiere, Prosa 93; Friedrich Schorlemmer: Einschärfungen. Zum Menschsein heute, Aufs.samml. 96, 2.Aufl. 97; Anthony de Mello: Der Dieb im Wahrheitsladen, Geschn.samml. 97, 2. Aufl. 98. (Red.)

Müller, Fanny, Hotelfachangestellte, Lehrerin; Mistralstr. 9, D-22767 Hamburg, Tel. (0 40) 4 39 49 18, *fanny.sein@gmx.net* (* Helmste/Stade 17. 7. 41). Ben-Witter-Pr. 05; Kolumne, Sat., Erz. – **V:** Geschichten von Frau K. 94, Tb. 00; Mein Keks gehört mir 95, Tb. 99; Das fehlte noch! 97, Tb. 02; Alte und neue Geschichten von Frau K. 03; Für Katastrophen ist man nie zu alt 03. – **MV:** Stadt Land Mord, m. Susanne Fischer 96, 99, Tb. 98. – **MA:** zahlr. Beitr. in Anth., u. a. in: Der Rabe 51/97, 53/98, 56/99. (Red.)

Müller, Fedja (Ps. f. Friedrich Georg Müller), Dr.jur., Prof., Hochschullehrer, Schriftst.; Von der Tann-Str. 15, D-89126 Heidenheim, Tel. (0 62 21) 39 31 99, Fax 7 26 91 79, *muellerfedja@arcor.de, www. recht-und-sprache.de* (* Eggenfelden 22. 1. 38). GZL 94; Lyr., Prosaged., Prosa, Wiss. Monographie, Ess. Ue: frz, port (bras.), engl. – **V:** Lieder aus dem Thermidor

84, Neuaufl. 92; Gedichte vom Engel des Herrn 84, Neuaufl. 92; Lieder aus Nanous Zeitrechnung 86; Gedichte aus dem Papierkorb unsrer Junta 87; Gedichte vom Boulevard der Grimassen 88; Gedichte vom Zustand 91; Prosa von Zweiundfünfzig Vorfällen 94; écritures 00; Verse aus den Händen von Nana Escalier, Lyr. 07; sowie zahlr. wiss. Ess. seit 70. – **MA:** Lyr. u. Prosa in: Van Goghs Ohr 90–94, 96, 97, 98; Fragmente 91; Allmende 92, 02; Afinidades Eletivas 98 (port.); Sprache und Lit. 98; Povo 99 (port.); Schreibwetter 02; Übers. in: Trauben aus Elfenbein, Festschr. f. Alokeranjan Dasgupta 04; Brishtidin 07 (bengal.). – **MH:** Van Goghs Ohr, lit. Zs., seit 90. – **Ue:** Hélène Bezençon: Entre autres, Prosa, in: Van Goghs Ohr 90; ders.: Silence on tourne, Prosa, in: ebda 94; Catherine Dacenko: Vier Geschichten, Prosa-G., in: ebda 93. – *Lit:* M. Müller in: Communale 87; K. Rohrbacher in: Mitt. d. Ernst-Bloch-Ges. 91; Quem é o Povo?, Dok.film 00 (port.); Mandakranta Sen in: Brishtidin, Kalkutta 07; F. Schneider in: Rhein-Neckar-Ztg, Ess. 07.

Müller, Friedrich Georg s. Müller, Fedja

Müller, Gerhard Kassian s. Müller, Gert

Müller, Gert (Gerhard Kassian Müller), Prof.; Kravoglstr. 4, A-6020 Innsbruck, Tel. u. Fax (05 12) 39 90 87 (*Innsbruck 16. 12. 31). Turmbund, Bruder Willrambund 52, IGAA, Kulturges. Tiroler Impulse, Präs. seit 84, Öst. P.E.N.-Club; Verd.zeichen f. Erw.bildung 87, Verd.zeichen d. Ldes Tirol 92, Prof.titel 95, E.zeichen d. Stadt Innsbruck 04; Lyr., Prosa, Ess., Hörsp., Film. Ue: engl, ital, frz. – **V:** Und der Wind, den ich überall mitnehmen muß, Reiseerz. 67; Von Menschen und Steinen, Erzn. u. Kurzgeschn. 75; Die Beichte des Orazio, Erzn. u. Kurzgeschn. 82; In Liebe weise sein, Lyr. zu Kreuzwegreliefs v. Martin Gundolf 86; Gargano, Erz. dt.-ital. 96; Planet der Automenschen, Geschn. 97; Wie Sand im Licht des Mondes. Dichtung d. Tuareg 97; Gold, das vom Himmel fällt, Lyr. Texte 98; Das Geschenk des Targi u. a. Saharageschichten 99; Die Glut des Götterbaumes, Kurzprosa 99; Der verlorene Garten, Kurzgeschn. 01; Diesseits der Wüste. Aus d. tunesischen Tagebüchern 02; Willram – Am Anfang stand ein Liebeslied 04; Wo die Steine blühen. Saharalyrik u. a. Gedichte 06. – **MA:** Sepp Weidacher: Das Auge des Pan (Portr. u. Einf.) 68; Brennpunkte 73; Neues Lesen, Leseb. f. Hauptschulen 80; Götzener Heimatbuch 88; Mit Mystikern ins dritte Jahrtausend 89; DER INN: Die Krippen von Thaur 89; Tiroler Gegenwart 90; Innsbrucker Stadtbuch 90; TEXTTÜRME: Das Wunder von Orvieto 94; Neue Weihnachtserzählungen 96; Ansichtssachen. 61 Gründe, Innsbruck zu verlassen oder dazubleiben 96; Die Tuareg. Frauenbilder a. d. Sahara, Ausst.kat. 00; Dassin ist schön u. lieblich klingt ihr Lied 00; Das Salz der Sahara, Festschr. Rudolf Palme 02; Schwarzes Silber in der Sahara? 04; Die Allelujastaude 04; Die Rucksacknomaden 07; H. Schinagl (Hrsg.): Lyrik in Tirol nach 1945; – ZSS./PERIODIKA u. a.: Jungösterreich 3/51, 8/52, 6/53, 2/57; Yama to keikoku, jap. Bergmagazin 66–68; Tiroler Almanach / Almanacco Tirolese, seit 70; Das Fenster, Lit.zs. Nr.20 77, 31 82; Ärztl. Reise- u. Kultur Journal (Werne/Dtld) 6/79, 7/80, 6/82, 7/82, 8/83, 5/84, 2/85, 5/86, 8/90; Tirol, Reise- u. Kulturmag. 80, 81, Nr. 57 00/01; Südtirol in Wort u. Bild 84, 86, 89; Begegnung, Zs. f. Lyrikfreunde 85, 86, 87; World and I Magazine (Washington/USA) 7/87, 3/88; Tiroler Impulse, Kulturmag. 87–07; tours magazin 1/93; – für die VHS Innsbruck: über 50 Kurzporträts f. Atelierbesuche u. Tiroler Künstlern; Besprechung wiss. u. med. Vorträge. – **H:** P. Leonhard Hütter: Geliebtes Leben 98; Erfülltes Leben 00. – **MH:** Tiroler Impulse 84–01. – **F:** Videofilme über d. öst.

Landschaftsmaler Günther Frohmann (Maler aus Leidenschaft) u. d. Tiroler Porträtmaler Wolfgang Schuler (Menschen, Farben, Impressionen); – Filmtexte f. Filme über Innsbruck, Seefeld, Bad Gastein u. die Zugspitze. – **R:** Lit.sendungen im Rundfunk (ORF u. RAI Bozen): Ignazio ist kein Räuber 66; In den Gassen d. Medina 67; Indische Feigen 68; Zwei Geschichten 69; Padrone Gustavo 70; Heißer Granit 71; Vernissage 72; Die Sandrose 73; Traum von der Lotosblüte 74; Planet der Automenschen 75; Das Osterlicht 75; Die Beichte d. Orazio; Eine Fiesta in Cargèse 77; D-Zug, Erste Klasse 78; Wie Sand im Licht d. Mondes 79; Die alte Frau u. d. Garten u. a. Texte 79; Alaska-Impressionen 81; Das Volk, das aus der Wüste kam 81; Zwischen Euphrat u. Tigris 82; Denis Brook u. die Geschworene 82; Kimiko 83; Notizen am Kamelmistfeuer 85; Das Buch d. Jonas Herdubreid 86; Prosa u. Lyrik 87; Lyrik d. Tuareg 91; Insel aus Feuer u. Wasser 93; Poeten d. Wüste 93; Geister, Gräber u. Gravuren 93. – *Lit:* W. Bortenschlager: Gesch. d. Spirituellen Poesie 76; Das Fenster Nr.20 77; Südtirol in Wort u. Bild I/84 u. I/92; Tiroler Bauernztg 50/91 u. 25/95; Tiroler Tagesztg v. 30.12.91, 27.12.95, 14./15.12.96, 15./16.12.01, 6./7.4.02; Tiroler Alm. Nr.21 91/92 u. 31 02; Tiroler Impulse 4/91; W. Bortenschlager: Dt. Lit.gesch., Bd 3 92; Who is Who in Öst.; Dt. Schriftst.lex. 00; Kurier v. 19.1.02, u. a.; – mehrere Rundfunksdgn, zuletzt u. a.: G.M. Fünfundsiebzig (ORF-Radio Tirol) 26.12.06.

Müller, Günter; Davenstedter Holz 57, D-30455 Hannover, Tel. (05 11) 40 68 67, *g.mueller@htp-tel.de* (*Bad Gandersheim 13. 7. 44). VS Nds. 67; USA-Stip. 76, Georg-Mackensen-Lit.pr. (Förd.gabe) 79, Nds. Nachwuchsstip. 80; Prosa, Lyr., Hörsp., Theater, Rom. – **V:** Impressionen und Ganzkurzgeschichten, Lyr. 69; Am schwarzen Brett, Lyr. u. Prosa 77; Die toten Fische und die Vorboten des stummen Frühlings, Prosa 79; VON WEGEN – von wegen ..., Aphor. 96; Bericht von einer historischen Reise aus dem November des Jahres 1963, N. 97; Unvollständige Rückkehr an vergangene Orte, Gesch. 02. – **MA:** Das unzerreißbare Netz, Lyr. 68; Schaden spenden, Prosa 72; Stories für uns, Prosa 73; Geht dir da nicht ein Auge auf, Lyr. 74; bundesdeutsch, Lyr. 74; Der rote Großvater erzählt, Prosa 74; Göttinger Musenalmanach 75; Epigramme Volksausgabe 75; Tagtäglich 76, alles Lyr.; Leseladen, Prosa 77; Tintenfisch 12 77; Der fliegende Robert 77; Niedersachsen literarisch 78, 81, alles Lyr. u. Prosa; Kindheitsgeschichten, Prosa 79; Die Reise ans Ende der Angst, Lyr. u. Prosa 80; Bilder der Hoffnung, Prosa 80; Poesiekiste, Lyr. 81; Friedenszeichen/Lebenszeichen 82; Die Horen 126 82, beides Lyr. u. Prosa; Hannover – Portrait e. Landeshauptst., Prosa 88; Die Erde ist mein Haus, Lyr. 88; Tandem, Prosa 91; Was für ein Glück, Lyr. 93; Der Boden, das Wasser, die Menschen, Prosa 96; GROSSER OZEAN, Lyr. 00; Werkstattberichte 1 (nibis) 01. – **R:** morgen, MORGEN 73; Es geht ums Köpfchen 74; Die toten Fische sind die Vorboten des stummen Frühlings 75; Wehe dem der sich seitlich in die Büsche schlägt 76; Nicht alle verlieren ihren Arbeitsplatz 77; Die einfachste Sache von der Welt oder ein Fachmann kommt 80; Von der Notwendigkeit zu leben 81; Die Schwimmer 83; Alle in einem Boot 84; Eine Affäre am Nachmittag 86; Eine Begegnung im Dunkeln 90, alles Hsp. – **P:** Ein deutsches Datum – 9.11.1918–23–38–89, lit.-musikal. Performance, UA 05. – *Lit:* Heiko Postma in: Profile, Impulse 81; Lit.atlas Nds. 00; R. Tegtmeyer-Blank in: Werkstattberichte 1.

Müller, Günter Werner, freischaff. Schriftst.; Brummerforth 11a, D-26160 Bad Zwischenahn, Tel. u.

Müller

Fax (0 44 03) 93 94 88, *guenter_w_mueller@gmx.de* (* Kleinbiesnitz b. Görlitz 17. 4. 29). Rom., Erz., Kurzgesch. – **V:** Gib Du mir einen Namen, R. 99; Der Gürtel des Verräters, R. 01; Tod auf der Loipe und andere Erzählungen aus den Alpen 02; Zwielicht über dem See 03; Gratwanderungen, Krim.-Geschn. 04; Liebesbriefe. Dreizehn Geschn. von Adam u. Eva 05; Im Schatten der Landeskrone, R. 07. – **MA:** Treffpunkt Schreiben, Anth. 02.

Müller, Gunther H. (Gunther Müller), Dr. med. habil., Elektriker, Arzt; Bergmannsweg 5, D-31199 Diekholzen, Tel. u. Fax (0 51 21) 26 21 82 (* Sonnenburg 24. 12. 37). Lyr., Biograph. Arbeit. – **V:** Mein Kunterbunt, Lyr. 06. – **MA:** H. Dressler (Hrsg.): Ärzte um Karl Marx 70; mehrere Lyrikbeitr. in: nobilis, Zs. 06; Neue Presse, Ztg 06; Beitr. in: Gedicht u. Gesellschaft, Anth. 07. – **R:** mehrere Lyrikbeitr. in: Tonkuhle, Lokalradio Hildesheim 06.

Müller, Hanns Christian, Autor, Regisseur, Komponist; Seeuferstr. 26–28, D-82211 Herrsching-Breitbrunn, Tel. (0 81 52) 4 03 55, Fax 39 87 21, *hcmcw@ t-online.de, www.h-c-mueller.de* (* München 14. 4. 49). Ernst-Hoferichter-Pr. 87, 2 x Adolf-Grimme-Pr., Bdesfilmpr., Gildepr. d. Kinobesitzer, Gold. Maske v. Nizza, 2 x Gold. Gong, 7 gold. u. 2 Platin-Schallplatten, div. AZ-Sterne u. TZ-Rosen. – **V:** Die deutsche Gründlichkeit 90; – THEATER: Daheim, im Wirtshaus und im Amt 94; Eldorado 98; Second Help Show 99. – **MV:** – THEATER: Nachtrevue 74; Da schau her 78; Kehraus 79; München leuchtet 83; Die Exoten 85; DiriDari 87; Vor Ort, am ... 90; Tschurangrati 93, alle m. Gerhard Polt; – Öha. Und hinterher heisst dann mit der Dankbarkeit, daß man sich erkundigen soll, 3. Aufl. 79; Fast wia im richtigen Leben. Sketche, Monologe, Lieder u. Einakter I 82, II 83; Kehraus, m. Carlo Fedier, Drehb. 83, 2. Aufl. 84; Unser Rhein-Main-Donau-Kanal, m. Dieter Hildebrandt 83; Krieger Denk Mal!, m. dems. 84; Da schau her. Alle alltägl. Geschn. 84; Die Exoten, Sch. 85; Wirtshausgespräche oder die schweigende Mehrheit erzählt 85; Faria Faria Ho. Der Deutsche u. sein „Zigeuner", m. Dieter Hildebrandt 85; Ja mei ... 87, Tb. 96; Der Bürgermeister von Moskau 99; Tschurangrati 93; Menschenfresser 97; Da fahren wir nimmer hin 03, alle m. Gerhard Polt; – Die letzte Orgie, m. Jan Gulbransson 91. – **F:** Kinofilme – Buch/Regie/Musik: Kehraus 83; Man spricht deutsch 87; Langer Samstag 92; Germanikus 02. – **R:** Fs.-Arbeiten: Da schau her 78; Satire ist wenn ... 81; Einwürfe an der Kulisse 82; Ein Schmarrn halt 83; Second Help Show 84; Heimatabend 85; Die Exoten 86; Theodore & Cie 87; Schweig Bub 91; Tatort: Und die Musi spielt dazu 94; Tschurangrati 95; Willkommen in Kronstadt 96; Ultimo 97; – Sende-Reihen: Fast wia im richtigen Leben, 1–13 79–89; Scheibenwischer 83–92; Scheibnerweise 95–97; – zahlr. Kurzhsp. u. Radio-Sketche seit 75, u. a.: Kehraus, Hsp. – **P:** Prod., Text u. Musik Ca. 25 Schallpl., u. a.: 6 x Gerhard Polt, 8 x Biermösslblosn, 3 eigene, 2 Wellküren, 2 Well-Buam, Maria Peschek; div. Videoclips f.: Biermösslblosn, Gerhard Polt, Konstantin Wecker, Die Toten Hosen, Maria Peschek, u. a. (Red.)

Müller, Hans (Ps. Volksschullehrer), Pensionist; Rennweg 77, A-9863 Rennweg a. Katschberg, Tel. (0 47 34) 81 48 (* Rennweg/Kärnten 23. 4. 45). P.E.N.-Club Kärnten, Kärntner S.V.; Lit.förd.pr. d. Ldes Kärnten 76, Jgdb.pr. d. Ldes Kärnten 79, 83, 87; Lyr., Hörsp., Mundart-Erz., Jugendrom., Theaterst. – **V:** Tschiko 77; Kujanguak fand heim, R. 84; Nicole 85; Wås im Herzen trågst ..., Mda.-Erzn. 86; Koma 88; Yeti 88; Eine kleine Fee 92; ... und wia geahts da sunst?, Mda.-Geschn. 93; Maos Bildungslücke 97; Geburtstag am Nordpol,

Trilogie 00; Mundart-„Fidibus" 01; Wo die Stille singt, lyr. Prosa 03; Da Gontålwichtl, Heimatb. 05; Polarbären with Churchill in Love, Jgdb., dt.-engl. 06. – **R:** Regenwürmer, Hsp. 76; Tschiko, Hsp. 78; ca. 20 weitere Hsp. 76–86. (Red.)

Müller, Harald, Dr. phil. habil.; Zeppelinstr. 12, D-14471 Potsdam, Tel. (03 31) 97 28 52 (* Berlin 28. 6. 28). – **V:** Der Freiheit eine Gasse 75; Von Rastatt bis Versailles 77; Angeklagt und freigesprochen 78; Es begann auf dem Montmartre 82; Ein Tag Friedrichs des Großen in Sanssouci, erz. Sachb. 93, 2. Aufl. 94. – **MV:** 250 Jahre Sanssouci, m. H.J. Giersberg, Anth. 94. (Red.)

Mueller, Harald Waldemar, Schriftst., Dramaturg; Sodener Str. 15, D-14197 Berlin, Tel. (0 30) 89 72 67 92 (* Memel 18. 5. 34). VS 72, P.E.N.-Zentr. Dtld; Gerhart-Hauptmann-Pr. (Förd.pr.) 69, Suhrkamp-Dramatikerstip. 69/70, Bochumer Figurentheaterpr. 87; Drama, Film, Hörsp. Ue: engl. – **V:** Großer Wolf. Halbdeutsch 70; Stille Nacht 74; Strandgut 74; Rosel 75; Winterreise 76; Henkersnachtmahl 77; Frankfurter Kreuz 78; Die Trasse 80; Kohlhaas 81; Der tolle Bomberg 82; Totenfloß 84; Bolero 86; Bonndeutsch 89; Das bunte Leben und der schwarze Tod von Waldorf 90; Doppeldeutsch 91; Kanzlersturz: Deutschdeutsches Geschäft 94; Luther rufen 95; Die Magdeburger Hochzeit 95; Freund Melanchthon 97, alles Stücke. – **F:** Der plötzliche Reichtum der armen Leute von Kombach; Die Moral der Ruth Halbfass, beide m. Volker Schlöndorff. – **R:** Ein seltsamer Kampf um die Stadt Samarkand; Rosel; Stille Nacht; Strandgut; Winterreise; Der Zögling; Henkersnachtmahl; Das bunte Leben und der schwarze Tod von Walddorf; Der tolle Bomberg; Kohlhaas; Totenfloß; Bolero, alles Hsp.; Stille Nacht, Fsp. – **Ue:** Shaw: Pygmalion; Overruled u. d. T.: Es hat nicht sollen sein; Ländliche Werbung; Widower's Houses u. d. T.: Die Häuser des Herrn Sartorius; Androkulus und der Löwe; Der Mann des Schicksals; Seabrook/O'Neill: Life Price u. d. T.: Preisgegeben; Shaw: Man kann nie wissen; Bond: Die See; Modisane: Sitting Duck u. d. T.: Die Schießbudenfigur; Leave well alone u. d. T.: Immer schön in Ruhe lassen; Modisane: The Quarter Million Boys u. d. T.: Die Viertelmillionäre; Somebody u. d. T.: Jemand; Burgess: Clockwork Orange, u. a. – *Lit:* KLG 90; Walther Killy (Hrsg.): Literaturlex., Bd 8 90; Kiwus 96; Wer ist Wer 97/98. (Red.)

Müller, Herbert, Dr.; Feuerbachstr. 4B, D-01219 Dresden, Tel. (03 51) 2 81 55 13 (* Kirchberg/Sa. 22. 7. 33). Förd.kr. f. Lit. in Sachsen 98; Erz. – **V:** Das Interview mit dem Teufel 97; Die Wiederauferstehung des Till Eulenspiegels 02. (Red.)

Müller, Herbert W., Mittel- u. Oberstufenlehrer f. Deutsch u. Geschichte; Am Sonnenhang 32, D-32549 Bad Oeynhausen, Tel. (0 57 34) 39 74 (* Magdeburg 20. 6. 19). VS 98; Rom. – **V:** Havelsommer, R. 92; Manfred. Ein Lümmel aus unserer Klasse 96; Schule in Aufruhr. Erinnerungen u. DDR-Landschullehrors 99; Der deutsche Satz und sein Komma 01; Didaktik zum deutschen Satz 03, beides Lehrb. (Red.)

Müller, Herta, Lehrerin, freischaff. Schriftst.; c/o Carl Hanser Verl., München (* Nitzkydorf/Rumänien 17. 8. 53). P.E.N.-Zentr. Dtld bis 98, Dt. Akad. f. Spr. u. Dicht. 95; aspekte-Lit.pr. 84, Rauriser Lit.pr. 85, Bremer Lit.förd.pr. 85, Ricarda-Huch-Pr. 87, Stip. d. Dt. Lit.fonds 88, 94, Villa-Massimo-Stip. 88, Marieluise-Fleißer-Pr. 89, Pr. d. Henning-Kaufmann-Stift. 89, Roswitha-Pr. 90, Kranichsteiner Lit.pr. 91, Kritikerpr. f. Lit. 92, Kleist-Pr. 94, Europ. Lit.pr. Aristeion 95, Stadtschreiber v. Bergen-Enkheim 95, Franz-Nabl-Pr. 97, Ida-Dehmel-Lit.pr. d. GEDOK 98, Intern. IM-

PAC-Lit.pr. 98, BVK 98, Franz-Kafka-Lit.pr. 99, Cicero-Rednerpr. 01, Carl-Zuckmayer-Med. 02, Joseph-Breitbach-Pr. 03, Lit.pr. d. Adenauer-Stift. 04, Berliner Lit.pr./Heiner-Müller-Gastprofessur FU Berlin 05, Walter-Hasenclever-Pr. 06, Würth-Pr. f. Europ. Lit. 06, Aufenthaltsstip. Villa Concordia Bamberg 07. – **V:** Niederungen, Prosa 82, 93 (Übers. in 8 Spr.); Drückender Tango 84, 96; Der Mensch ist ein großer Fasan auf der Welt, Erz. 86, 95 (Übers. in 9 Spr.); Barfüßiger Februar, Prosa 87, 90 (auch ndl., schwed.); Reisende auf einem Bein, R. 89, 95 (Übers. in 5 Spr.); Der Teufel sitzt im Spiegel 91; Eine warme Kartoffel ist ein warmes Bett, Prosa 92; Der Fuchs war damals schon der Jäger, R. 92, 97 (Übers. in 11 Spr.); Der Wächter nimmt seinen Kamm, lyr. Montagen 92; Herztier, R. 94, 96 (Übers. in 13 Spr.); Hunger und Seide, Ess. 95, 97; In der Falle 96; Heimat wär ich mir lieber nicht begegnet, R. 97, 99 (Übers. in 5 Spr.); Der Fremde Blick, Ess. 99 (auch engl.); Im Haarknoten wohnt eine Dame, Collagen 00; Heimat ist das, was gesprochen wird 01; Der König verneigt sich und tötet 03 (Übers. in 4 Spr.); Die blassen Herren mit den Mokkatassen 05; (Übers. insges. in 23 Spr.). – **MA:** Rumäniendeutsche Gedichte und Prosa 94. – **H:** Theodor Kramer: Die Wahrheit ist, man hat mir nichts getan, G. 99; Die Handtasche, Prosa, Lyr., Szenen u. Ess. 01. – **F:** Der Fuchs der Jäger, m. Harry Merkle 92. – **Lit:** Norbert Otto Eke (Hrsg.): Die erfundene Wahrnehmung 91; Sinn u. Form 1/95; Herta Haupt-Cucuiu: Eine Poesie d. Sinne 96; Kiwus 96; Ralph Kohnen (Hrsg.): Der Druck d. Erfahrung treibt d. Sprache in d. Dichtung 97; LDGL 97; Text + Kritik 155 02; Josef Zierden in: KLG. (Red.)

Müller, Hilke (Ps. Nora Brahms, Patricia Amber, Cathérine du Parc, Megan McFadden, Geb.name u. Ps. Hilke Sellnick), Gymnasiallehrerin; Reichenberger Str. 36 A, D-65510 Idstein, Tel. (0 61 26) 99 08 34, *www.hilke-sellnick.de* (* Hannover 28. 11. 50). DeLiA; Pr.trägerin b. Roman-Wettbew. d. Rosenheimer Verl.-hauses 98, Pr.trägerin b. Kurzgeschn.-Wettbew. d. Weltbild-Verl. 00; Rom., Erz., Sat., Dramatik, Fernsehkrimi, Sachb. – **V:** Balduin, der edle Spender, Kom. 94; Skurrile Töne, Kurzgeschn. 97; Frauen über 40, Kurzgeschn. 98; Hexen, Heuchler, Herzensbrecher, R. 99; Liebe, Lärm und Seitensprünge, R. 01; Liebe Mama!, Kurzgeschn. 02; Waffen der Leidenschaft 06; Kosakensklavin 07; Die Sklavin des Wikingers 08; Der Graf und die Diebin 08; Die Liebe des Kosaken 08/09; Die Gefangene des Highlanders 08/09, alles R. – **MV:** Den Hexen auf der Spur, m. G. Flothmann, I. Schollmeyer u. M. Stoltefaut 86. – **MA:** Erzn. in: Zeichen und Wunder 94; Der Literaturbote 96; Rabenflug 96; Pizza Mafiosa 99.

Müller, Ingrid s. Müller-Schelodetz, Ingrid

Müller, Isabel, Schülerin; lebt im Main-Kinzig-Kr., Hessen, *Isabelmueller90@web.de* (* Gelnhausen 2. 8. 90). Jugendrom., Tierratgeber. – **V:** Schatten, Fantasy-R. f. Jugendl. 06.

Müller, Jörg, Pater, Dr. phil., Dipl. theol.; Pallottinerstr. 2, D-85317 Freising, Tel. (0 81 61) 9 68 99 39, Fax 96 89 20, *mueller.js@gmx.de, www.pallottiner-freising. de* (* Bernkastel-Kues 21. 2. 43). Sach- u. Lebensberatung. – **V:** Ein Christ ..., heitere G. 90, 5. Aufl. 00; Noch ein Christ ..., heitere G. 93, 3. Aufl. 99; Schon wieder ein Christ ..., heitere G. 95, 2. Aufl. 00; Don Camillo spricht mit Jesus 97, 5. Aufl. 04 (auch ung.); Und immer noch ... ein Christ, heitere G. 98, 2. Aufl. 00; Don Camillo, Jesus und der kleine Pedro, Kdb. 98, 2. Aufl. 01; Pedro und sein Freund Ali, Kdb. 99, 02; Ich habe dich gerufen, Autobiogr., 5. Aufl. 00 (auch russ.); Haben wir noch Bier im Keller?, Aufss. 03; Ich hab dir was zu sagen, Herr, Gebete, 7. Aufl. 04; Es muss wohl ein

Engel gewesen sein, Erzn. 06; Ich muss mit dir reden, Herr, Gebete 08; zahlr. Sachb. – **MV:** Verrückt – Ein Christ hat Humor, m. Alexander Diensberg 91, 4. Aufl. 00; Ganz nah am Herzen, m. Konrad Steiniger, Geschn. 01. – **P:** zahlr. Vortragsmitschnitte auf CD. – **Lit:** J. Müller in: Men of Achievement 98; H. Schotte: Glaube, der heil macht. Christl. Therapie nach J.M., Video 98; H. Skudlik: Mein Ziel, mein Weg, Video 02; s. auch SK.

Müller, Jürgen, Elektromonteur, z. Z. Autor u. Korrekturleser; Str. des Friedens 11, D-09509 Pockau, *sf.mueller@mek-computer.de, people.freenet.de/ manfan/sfm* (* Marienberg 21. 8. 60). – **V:** Galaxistor/ Raumschiffkommandant Golldock, SF-Kurzgeschn. 01; In den Tiefen des Raums, SF-R. 03; Der Fluch des Gnomen, Fantasy-R. 04; Gedanken sind frei, SF-Kurzgeschn. 04; Vier Milliarden Jahre nach Christus, SF-Erzn. 05. (Red.)

Müller, Karin, M. A., Red., Übers., Autorin, Tierkommunikatorin; Fax (0 51 39) 89 67 29, *tierkommunikation@karin-mueller.com, www.karin-mueller.com* (* Kitzingen/Main 8. 9. 67). VS 99; Rom., Kinderb., Sachb. Ue: engl., schw. – **V:** Der Änderling 98; Merle und das freche Pony 03; – Reihe „Abenteuer Pferd". 1: In letzter Sekunde 98, 2: Riskanter Einsatz 99, 3: Auf eigene Faust 99, 4: Gefährliches Spiel 00, 5: Heißer Verdacht 00; Reihe „Die Ponys vom Käuzchenhof". 1: Sunny bleibt bei uns 00, 2: Geheimnis im Stall 00, 3: Tabea sieht Gespenster 01, 4: Rätsel um Rosa 01, 5: Sommerfest mit Überraschungen 01, 6: Hilfe für Laika 02, 7: Spuk in der Heide 02, 8: Spuren im Nebel 03; Reihe „Jule und die Geisteroma". 1: Spuken verboten 00, 2: Der Zaubertrank 01, 3: Ein zauberhafter Gewinn 01, 4: Das verhexte Klassenzimmer 01, 5: Der Überraschungsgast 02, 6: Ausflug zur Geisterstunde 02; Reihe „Die Pferdebande und ...". 1: ... das geheimnisvolle Pony 02, 2: ... das Verbrechen auf der Rennbahn 02, 3: ... das Rätsel um Amarillo 02, 4: ... die Entführung auf Gut Hohenhain 02, 5: ... die Jagd auf die Satteldiebe 02, 6: ... der Betrug auf Schloss Rosenberg 03, 7: ... das Geheimnis um Zirkus Lombardi 03; Reihe „Allys Clique". 1: Falsche Liebe – echte Diebe 03, 2: Kleine Schwester – große Krise 03; mehrere Sachb. z. Thema Pferd/Reiten. – **Ue:** Ginny Elliott: Um jeden Preis 98; K.M. Peyton: Saras Traumpony 02. – **Lit:** s. auch SK. (Red.)

Müller, Kay s. Löffler, Kay

Müller, Kurt; Jahnstr. 19, D-32105 Bad Salzuflen, Tel. (0 52 22) 36 44 11, *mueller-badsalzuflen@gmx.de* (* Bad Salzuflen 4. 8. 33). VS 86, Grabbe-Ges. 90; 4. Pr. b. Preisausschr. f. Kurzgeschn., Dessau 64. – **V:** Mit Traven auf einer Bank 84; Die Liebe hat bunte Flügel 86; Holprige Wege geht das Leben 89; Das Kuckucksei 93; Der Ochse am Schlepiener See 96; Der Birkenbaum am Hellweg 98; Emmerichs Erben 00; Der Reiseantrag 07, 08, alles Erzn.; Die Mörder sitzen in der Oper, Erz. u. Kurzgeschn. 04. – **MV:** Im Wald bei Kleinenberg, m. Frank Dieckbreder, Erz. u. Dr. 02.

Müller, Ludwig Wolfgang, Mag., Kabarettist; Payergasse 3, A-1160 Wien, *lieber@ludwig-mueller.at, www.ludwigmueller.at* (* Innsbruck 11. 8. 66). Österr. Kabarettförd. 00, Scharfrichterbeil 00, Salzburger Stier 08. – **V:** Tang Fung. Unbesiegbar in Ehe, Alltag u. Beruf 06; Unfassbares Österreich. 50 Sehenswürdigkeiten, die dem Land noch gefehlt haben 08. (Red.)

Müller, Margarete (Ps. Margarete Müller-Henning), Dipl.-Dolmetscherin; Boessnerstr. 33, D-93049 Regensburg, Tel. (09 41) 2 32 87 (* Kiew 8. 7. 24). RSGI 75, FDA 86; Nordgaupr. f. Dicht. 92; Lyr., Kurzprosa, Übers., Autobiogr. Rom. Ue: russ, engl, ukr. – **V:** Am Hang, G., Prosa, Übers. 74; Anfang des Kreises, G.

Müller

80; Siehst du den Säntis?, Kurzprosa 84; So viel Himmel, Reiseskizzen 84; Das Jahr macht seinen Weg, Kdb. in Versen 85; Gläserne Brücken, Lyr. 91; Wege in der Oberpfalz, Lyr. 92; Grüne Dome, Lyr. 94; Zwischen Riga und Taschkent, R. dt.-russ. 95; Einander zugewandt, Lyr. 97; Sonette (1 + 99), Lyr. 99. – **B:** V. Solouchin: Sonettenkranz, dt. Nachdicht. 90. (Red.)

Müller, Mario M., Dipl. ges. wiss.; Tel. (01 72) 3 80 39 31, semlows_mario@t-online.de, www.mario-m-mueller.de (* Burg b. Magdeburg 64). – **V:** Lebenszeit, Kurzgeschn. 06; Traumschiff in Not, R. 08. – **MA:** Lesen oder leben 08.

Müller, Mimi *

Müller, Nicole, Schriftst., Publizistin; Traubenweg 29, CH-8700 Küsnacht, Tel. (0 44) 9 12 23 21 (* Basel 4. 9. 62). Stip. d. Lydia-Eymann-Stift. Langenthal 96, Vilenica-Lit.pr., Slowenien 97, Kulturpr. d. Kt. Solothurn 98, Zürcher Journalistenpr. 00, versch. Werkbeiträge. – **V:** Denn das ist das Schreckliche an der Liebe, 1.–4. Aufl. 92 (in mehrere Spr. übers.); Mehr am 15. September 95; Kaufen. Ein Warenhausroman 05. – **MV:** Der untröstliche Engel. Das ruhelose Leben d. Annemarie Schwarzenbach, m. Dominique Grante 95. (Red.)

Müller, Norbert; Kulmbacher Str. 6, D-10777 Berlin, norbertomueller@compuserve.com (* Aachen 63). Stip. Künstlerhof Schreyahn 08; Rom., Erz., Dramatik. – **V:** Kafkas Kern, Farce, UA 97; Lettermanns Fall, R. 99; Der Sorgengenerator, R. 04; Feierabend, R. 05; Easy Deutschland, R. 07. – **MA:** Gemischte Klasse 00; EDIT 26/02. (Red.)

Müller, Olaf; c/o Berlin Verl., Berlin (* Leipzig 9. 2. 62). Stip. d. Stift. Kulturfonds, Stip. d. LCB, Arb.-stip. f. Berliner Schriftst.; Rom., Erz., Dramatik. – **V:** Tintenpalast, R. 00, Tb. 03; Schlesisches Wetter, R. 03. – **MA:** Beitr. in: RISSE, Lit.zs.; Erzn. in versch. Anth. (Red.)

Müller, Paul Jean; Buechlenweg 6a, CH-8805 Richterswil, Tel. (01) 7 84 62 97. – **V:** Langdahlen, Erz. 97. (Red.)

Müller, Peter, Fernsehtechniker a. D.; D-16547 Birkenwerder, Tel. (0 33 03) 50 16 03, Fax (0 40) 36 03 15 07 05, pwmb@aol.com, scien99@freenet.de (* Posen 21. 12. 42). Science-Fiction. – **V:** Die Silikaten 87; Nach der Havarie 89 (beide in d. Reihe: Das neue Abenteuer]; Phantastische Geschichten, Erzn. 99; Leila, am Rande des Universums, SF-R. 99; Schwarzes Loch, im Kern der Galaxis, SF-R. 99; Phantastische Geschichten 2, Erzn. 99; Fomicinus, SF-R. 99. (Red.)

Müller, Phoebe, Schriftst.; Uhlandstr. 31, D-76135 Karlsruhe, phoebe@denk.de (* Karlsruhe 14. 3. 64). Förd.kr. Dt. Schriftst. Bad.-Württ., VS; Stip. d. Kunststift. Bad.-Württ. 00; Rom., Erz. – **V:** Fernes Feuer, R. 91; Schlachthof der Lüste 93; Sommer der Ratten 94; Sommer im Pelz 97, alles Erzn.; Red light, R. 01; Rudel, R. 03. (Red.)

Müller, Ray, Autor, Regisseur; Pfaffenkammerweg 5, D-82541 Münsing, Tel. (0 81 77) 7 79, Ray.Mueller @googlemail.com, www.raymueller.com (* 22. 3. 48). VDD, Dt. Filmakad.; zahlr. Filmpr.; Drehb., Theaterst., Rom. – **V:** Traum von Afrika, R. 07.

Müller, Richard *

Müller, Roland (Ps. Alexander Tyl), Autor, Journalist, Dipl.-Kulturwiss.; Dorfstr. 18a, D-15566 Schöneiche, Tel. u. Fax (0 30) 6 49 39 53, RolandCompi@aol.com, liare@arcor.de (* Leipzig 12. 8. 41). VS 96; Publizistik, Lyr., Kurzprosa, Dramatik. – **V:** Wo schlägt das Herz von Europa? 92; Marcel Reif. Ist der Ball rund?, Portr. 94; Eine ungewöhnliche Frau. Regine Hildebrandt, Portr. 94, 2.,erw. Aufl. 03; Agata. E. Versuch

ins Polnische, Epigramme 96 (auch poln.); Morgendliche Rede an mein Arbeitsamt. Dt. Parodien u. Satn. auf Texte v. Luther, Goethe, Heine u. Brecht 96; Ein Märker in der Pfalz, Lyr. u. Kurzprosa 98; Felix' wundersame Reise in die Vergangenheit, Bst. 00; Adieu, mein kleiner Zauberer, R. 01; Die Holsteinreise, Lyr., Kurzprosa u. Federzeichn. 03; Gräfin Cosel und August der Starke, szen. Biogr. 03; Man lebt nur zweimal, Parodie, UA 04; Luise. Königin von Preußen, UA 05; Prinz Albrecht oder Männer brauchen Liebe, Posse m. Musik, UA 05; Der Kniefall von Verona, Nn. 05; Malstunden, Geschn. u. Poesie 05; Paulinas neues Zuhause. Eine Weihnachtsgesch. aus Polen (dt.-poln.) 05; Der Dichter auf dem Dachboden, N. 06. – **MV:** Schöneicher Impressionen, m. Wolfgang Cajar 00. – **B:** Hamlet, n. Shakespeare, UA 07; Das Feuerzeug, n. H.C. Andersen, Bühnenm., UA 08. – **MA:** Börsenbl. f. d. Dt. Buchhandel (Korrespondent d. Ldes Brandenburg) 93–96; Zeit.Wort 03. – **P:** Diseuse goes opera, Chansons, Opernparodien, CD 99, 00. – **Lit:** Wer schreibt? 98; Karlheinz Schauder in: Im Herzen d. Pfälzerwaldes 03.

Müller, Siegfried F. (Ps. Felix Ponti); CH-7214 Grüsch, Tel. (0 81) 3 25 17 05, limache@iname.com (* Zürich 29. 4. 32). – **V:** Begegnung im Schatten 76; Die Holosophische Gesellschaft 77; Spiralig einwärts 80; Der Jüngling mit dem blauen Haar 97; Zwick, Zwock und Heini 97. – **MA:** Schulblatt d. Kt. Zürich 9/80; Streiflichter 84, 2. Aufl. 87; Wie ein Baum, gepflanzt an Wasserbächen 88. – **Lit:** s. auch SK. (Red.)

Müller, Simone s. Leppert, Simone

Müller, Solvejg, Dr. phil.; Herderstr. 94, D-40237 Düsseldorf, Tel. (02 11) 68 10 31, solvejg.mueller@aol.com (* Innsbruck 25. 3. 52). Literar. Reiserep. – **V:** Literarische Wege durch Düsseldorf 06.

Müller, Susanne (geb. Susanne Schäfer), Erzieherin m. Montessori-Dipl., Seminarleiterin; Am Buschhorn 1a, D-56477 Rennerod, Tel. (0 26 64) 99 05 94, Fax 99 10 98, susanne-m-m@web.de, www.autorin-susanne-mueller.de (* Elsoff 30. 9. 64). Lyr., Lebenshilfe, Rom., Erz. – **V:** Ich finde meinen Platz 06; Auf den Spuren des Todes 06; Verbundensein mit allem was ist 09; ... und einmal geht (in) mir ein Licht auf ... 09. – **MV:** Mom and Dad. Eine Adoptionsgesch., m. Sabine Evelyne Amesreiter 09.

Müller, Titus; mail@titusmueller.de, www.titusmueller.de (* Leipzig 15. 10. 77). BVJA 99–06, VS 01, Quo vadis – Autorenkr. Hist. Roman 02; C.-S.-Lewis-Pr. 05, Würth-Lit.pr. 05, Sir Walter Scott-Lit.pr. f. hist. Romane 08; Hist. Rom., Erz., Lyr. – **V:** Sturmtag 00; Der Kalligraph des Bischofs, hist. R. 02; Die Priestertochter, hist. R. 03; Die Brillenmacherin, hist. R. 05; Die Todgeweihte, hist. R. 05; Die Siedler von Vulgata, R. 06; Vom Glück zu leben, Ess. 06; Das Mysterium, hist. R. 07. – **MA:** Weihnachtszauber 01; Unverhofft streift uns das Glück 02; Ein Schnitter namens Tod 02; – zahlr. Beitr. z. Thema Literatur für: Online-Portal Clickfish.com; Beitr. z. Thema Mittelalter in: Karfunkel, Zs.; zahlr. Beitr. in: Adventecho, Zs.; Beitr. z. Thema Bibel in d. Zss.: Checkpoint; dran; Youngsta; Neues Leben. – **H:** Federwelt, Die Autorenzs., 98–01; Gedichte schreiben und veröffentlichen 01. – **MH:** Die sieben Häupter 04; Der zwölfte Tag 05, beides hist. R. m. anderen Autoren. – **R:** Literaturtalk-Sdg "Auserlesen" (rheinmaintv), seit 07. – **P:** Wie man gute Gedichte schreibt, CD-ROM 99. – Lit: M. Bregel in: Die Welt 16.3.01; K. Huhn in: Idea Spektrum Nr.15 v. 7.4.04.

Müller, Ulrich, Dr., Lehrer, geisteswiss. Autor; Krefelder Str. 21, D-10555 Berlin, Tel. (0 30) 39 90 54 09, Muellermozart@web.de (* Löhne/Westf. 1. 7. 56).

Rom. – **V:** Kopfsonate. Roman e. Obsession 01. – *Lit:* s. auch 2. Jg. SK.

Müller, Ursula (Ursula Heumann), Buchbinderin, Schriftst.; Wiehbergstr. 39, D-30519 Hannover, Tel. u. Fax (05 11) 87 27 52, *muellerzuhause@infocity. de, www.muellerzuhause.de* (* Obernkirchen 13. 5. 48). Erz. – **V:** Das Haus der Vorweihnachtskinder 06; Ich möchte gerne eine Schneeflocke sein, Erz. u. Kindertheaterst. 08; ... nach Gedanken denken 08; Schutzengel. Geschn. aus d. Leben d. Marie Rose 09.

Müller, Uta, Lehrerin i. R.; Brüder-Grimm-Str. 4, D-34466 Wolfhagen, *utawho@yahoo.de* (* Friedberg/ Hess. 1. 1. 44). Erz., Lyr. – **V:** Teilchen im Mosaik, Erzn. 06; SelbstVERsuche, Lyr. 08.

Müller, Volker, Dipl.-Lehrer, freier Journalist; Oberes Schloß 5, D-07973 Greiz, Tel. u. Fax (0 36 61) 45 26 49 (* Plauen 5. 1. 52). Stip. d. Ldes Thür. 01, 04; Erz., Dramatik, Ess. – **V:** Der Weg nach Sanssouci 01; Null Bock auf Entenjagd, Feuill. u. Betrachtn., 01; Prominente Pilzvergiftungen, Portraits 02; Tausend und eine Leidenschaft – Feuill., Szenen, Reisebilder, Ess. aus Dtld z. Tschechow-Jahr 04; Der Zauberflöte zweyter Theil. Thüringen u. Mozart 06; Das Galakonzert, Miniatn. 08.

Müller, W. s. Körner, Heinz

Müller, Walter, Journalist, Dramaturg, freier Schriftst.; Auerspergstr. 14, A-5020 Salzburg, Tel. (06 62) 87 15 96 (* Salzburg 13. 4. 50). IGAA, Salzburger Autorengr.; Joseph-August-Lux-Förd.pr. f. Lit. 75, Stip. d. Ingeborg-Bachmann-Pr. 79, Lit.förd.pr. d. Kulturfonds Salzburg 81, Georg-Trakl-Arb.stip., Rauriser Förd.pr. (m. Roswitha Hamadani u. Gerhard Lacroix) 85 u. 86, Dramatikerstip. d. BMfUK 92, Rauriser Marktschreiber 90–97, Jahresstip. d. Ldes Salzburg 04. – **V:** Die Rache der Komantschen, Jgd.-R. 75; Ein Tag in Salzburg 83; Alice im Nachtzug 86; Friedlbrunn, Lyr. 93; Ich schau dir in die Seiten, Kleines 93; Der Bügelmann, R. 95; Engel, Engel, scharenweise, Geschn. u. G. 02; Die Häuser meines Vaters, R. 03; Schräge Vögel, R. 07; – THEATER/UA: Eine linke Geschichte 83; Popkorn und Haferbrei, Kindertheater 87; Sprechprobe 91; Ach Oma 92; Frösche, Kindermusical 92; Später Nachmittag im Paradies 92; Die versunkene Welt 93; Ein Parzival 94; Jederboy 94; Ausgelacht – das letzte Abenteuer des Hanswurst 05; Kaktus des Jahres 06, u. a. (Red.)

Müller, Wolfgang (Úlfur Hróðólfsson), Künstler, Musiker, Autor, LBeauftr. versch. HS in Dtld, Öst., Schweiz u. Island, Kurator; lebt in Berlin u. zuweilen in Reykjavík, *www.wolfgangmueller.net* (* Wolfsburg 24. 10. 57). Arb.stip. d. Berliner Senats f. Kunst 93, f. Lit. 96, Stip. d. Berliner Hörspielautoren-Werkstatt im LCB 98, Efeu-Pr., MÄRZ-Verl. 07, u. a. – **V:** Die Tödliche Doris: Die Gesamtheit allen Lebens u. alles darüber Hinausgehende 87; Die allerschönsten Interviews 88; Die Tödliche Doris Bd I (Hrsg.) 91; Weißer Burgunder aus Schweigen 94; BLUE TIT – das deutsch-isländ. Blaumeisenbuch 97; Hulidhjálmsteinn 00; Hausmusik. Die Stare von Hjertøya singen Kurt Schwitters, CD u. Kat. 00; Die Elfe im Schlafsack 01; Die Nixen von Minsk 01; Die Neue Nordwelt 05; Den første offisielle fortegnelse over alle ulovlige hasjplantasjer i Norge 05; Om erotikk i det norske tegnspråket 05; Walther von Goethe og Sibirnattfiolen 05; Festschrift 25 Jahre Geniale Dilletanten, Kat. 06; Neues von der Elfenfront – Die Wahrheit über Island 07. – **MV:** Wollita. Vom Wollknäuel z. Superstar, m. Françoise Cactus 06. – **MA:** als Autor Texte für: taz; Frankfurter Rundschau; Tagesspiegel; mare; Merian; Die Zeit; Financial Times; Das Magazin, u.v. a.; Die Tödliche Doris in ge-

bärdensprachlicher Gestaltung 07; Ausst.führer (Max & Wolfgang Müller), Kunstver. Wolfsburg 07. – **H:** Geniale Dilletanten 82; Die Hormone des Mannes 94; Die Tödliche Doris – Kunst 99; J.W. v. Goethe: Der Versuch die Metamorphose der Pflanzen zu erklären in isländ. Erstübersetzung 02; Die Tödliche Doris – Kino 03. – **R:** Hörspiel, m. Holger Hiller 94; Thrymlied – Island-Noten von Úlfur Hróðólfsson 96; Das Echo ist der Zwerge Sprache, 4-tlg. 96; Das Dieter Roth Orchester spielt kleine Wolken, typische Scheiße und nie gehörte Musik, hrsg. m. Barbara Schäfer 06, alles Hsp. im BR. – **P:** Die Tödliche Doris 88; Chöre & Soli 83; Naturkatastrophenkonzert, 84; Unser Debut 84; sechs 85; LIVEPLAYBACKS 87; BAT 87, alles Schallpl.; Die unsichtbare LP Nr.5 93; Ich hab' sie gesehn! 00; Hausmusik. Die Stare von Hjertøya singen Kurt Schwitters 00; 2 Lieder auf: 2:3 – Oswald Wiener z. 65. Geburtstag 00; Es lebt der Elf 01; Nursery Rhymes for true fools of the grail 02; Islandhörspiele 02; Mit Wittgenstein in Krisuvik 03, alles CDs; Strudelsölle, 6 LPs mit Die Tödliche Doris, DTD 04; Welten – Worlds, DTD 07, u. a.

Müller, Wolfram (Ps. Wolfram Ursprung), Dr., Geologe; Lothringerstr. 56, D-30559 Hannover, Tel. (05 11) 52 76 16 (* Wuppertal-Barmen 7. 10. 21). VS 71; Jugendb. – **V:** Allahs Sonne ist heiß 57; Abenteuer unter Hellas' Sonne 59; Tamtam im Urwald 62; Der Tod segelt mit, Abenteuer-R. 96; ... und der Weg war so weit 02; Lieschen Müller, Schelmen-R. 05.

Müller, Wunibald, Dr. theol.; Helmuth-Zimmerer-Str. 81, D-97076 Würzburg, Tel. (09 31) 27 39 52, Fax (09 93 24) 2 04 06, *w.mueller@recollectio-haus.de.* c/o Recollectio-Haus, D-97359 Münsterschwarzach-Abtei (* Buchen 21. 9. 50). – **V:** Als Bischof Benno anfing zu leben, Erz. 96; – zahlr. Sachbücher im Bereich Spiritualität u. Seelsorge, Psychologie u. Psychotherapie. – *Lit:* s. auch SK.

Müller-Abels, Susanne, Dr., Lehrerin; Auenweg 10, D-77880 Sasbach, Tel. (0 78 41) 2 74 36, Fax 66 58 19, *mueller-sasbach@t-online.de* (* Goch 18. 5. 59). Rom., Erz. – **V:** Bunte Fäden, Erz. 99. – **MA:** Heilige Unruh, spirituelle Texte 00. (Red.)

Müller-Belau, Margot s. Seidel, Margot

Müller-Bernhardt, Jürgen (Ps. als Komponist: Jean-Marie Bernard), ObStudR. a. D.; c/o Drucken und Binden, Schellingstr. 23, D-80799 München (* Nürnberg 6. 8. 37). Rom., Lyr., Erz. – **V:** Im Rückspiegel, Bd 1 u. 2 90/91, 3 u. 4 93/94; Breizh Kilhan, Son. u. Bilder 91; Ich sehe in die Zeit, Son. 92; Verborgene Welt, Erzn. 95; Die Aufgabe des Traumes 00; Wie war's? Episoden aus d. Leben e. Schulmusikers 01; Evocation – Provocation, G. 01; Zerstörung, G. 02; Liebe, Abschied, Tod, G. 02; Don Carlos. Eine Opernpremiere, R. 03; Wandlungen 03 (dt.+frz.); Meine blaue Seele, G. 03; Gedankensplitter 04; Wein, G. 04; Zeit des Herbstes, G. 05; Vogelschrei + Flügelschlag, G. 05; Im Sternbild des Hundes, G. 05. (Red.)

Müller-Bohn, Jost, Schriftst.; Charlottenstr. 111, D-72764 Reutlingen, Tel. (0 71 21) 49 26 08 (* Berlin-Charlottenburg 23. 5. 32). Rom., Erz., Sachb., Filmdreh. – **V:** Stunde der Weltversuchung, R. 68; Ein neues Herz – besiegter Tod, Biogr. 69; Die aus dem Osten kamen, Biogr. 70, 80; Das Wunder von Lengede, Erz. 75; Der König und sein General, hist. Erz. 76; Rettendes Ufer, R. 76; SOS – Sturmflut, R. 78; Spurgeon – ein Mensch von Gott gesandt, Biogr. 78; Von Ihm getröstet, geistl. Erz. 79; Bleib du im ew'gen Leben, R. 80; Aus dem Feuer gerissen, geistl. Erz. 80; Mein guter Kamerad, R. 81; Der Mensch Martin Luther, Biogr. 82; Auf dem Lamm ruht meine Seele, geistl. Erz. 82; Das geistliche Leben eines deutschen Malers, Ludwig

Müller-Dechent

Richter 83; Denn ihrer ist das Himmelreich, Kdb. I, II 83; III, IV 84; Die Flügel sind stark, R. 84; J.S. Bach – Musiker im Dienste Gottes, Biogr. 84; Jerusalem – Du Ewige, R. 86; SOS – Titanic, hist. R. 86, 93 (auch ung.); Paul Gerhardts Lieder im Wandel der Jahrhunderte, Biogr. 87; Adolf Hitler, die Magie eines Antichristen, Biogr. 87; Geheimkommando zwischen Himmel und Erde, R. 91; Im Blitzkrieg zwischen Hakenkreuz und Sowjetstern, R. 91; Christusbotschaft unter Stasiterror, Zeitdokumente 92; Gerhard Tersteegen – Leben und Botschaft, Biogr. 93; Preußen-Saga: Die Rebellion des Herzens 94; Der Choral von Leuthen 95; Des großen Königs Adjutant 95; Wenn die Liebe König wird 97, alles hist. R.; Siehe, ich sehe den Himmel offen 00; Wie war das mit Jesus?, Erz. 01. (Red.)

Müller-Dechent, Gustl (Kürzel: gmd, geb. Gustl Müller), Red., Journalist; Lerchenkamp 3, D-38259 Salzgitter-Ringelheim, *gustl@mueller-dechent.de*, *www.mueller-dechent.de* (* München 15). Dr.-Joseph-E.-Drexel-Pr. 65, Photokina-Obelisk 71; Lyr., Rom., Polit. Dokumentation, Erz. Ue: engl. – **V:** Wenn die Toaka ruft, Erz. 46; Die Marktbärbel, Erz. 48; 3 Foto-Fachbücher 61–76; Freude und Kraft zum Leben 03; Widerstand in München 04; Viorica – schenk den Wolken deine Träume 04; Mein Herz ist rein ... 05. – *Lit:* Wer ist Wer? Das dt. Who's Who 79.

Müller-Delmenhorst, Edzard s. Müller, Edzard

Müller-Dietz, Heinz, Dr.jur., Prof., UProf.; Neubergweg 21, D-79295 Sulzburg, Tel. (0 76 34) 86 25, Fax 6 91 36, *Mueller-Dietz-Sulzburg@t-online.de* (* Bretten 2.11.31). VS 78–01; Aphor., Glosse, Ess., Lyr. – **V:** Alles was recht ist, Aphor. u. Glossen zu Recht, Staat u. Ges. 83; Recht sprechen & rechtsprechen, neue Aphor. u. Glossen 87; Grenzüberschreitungen, Ess. 90; Recht und Kriminalität im literarischen Widerschein, ges. Aufss. 99; Recht und Kriminalität in literarischen Spiegelungen 07. – **MA:** Beitr. in: Alm. '73 74; 1974/75 75; VS-Saar Alm. 1976/77 77; 1978 78; 1980 80; Begegnung mit Gustav Regler 78; Zwölf. Saarländ. Autoren 81; Formation, Rheinl.pfälz. Zs. f. Lit. 10 82; Giftgrün, G. 84; West-östlicher Divan zum utopischen Kakanien 99; Goethe: Ungewohnte Ansichten 01; Juristen als Dichter 02; Recht, Staat u. Politik im Bild d. Dichtung 03; Reale u. fiktive Kriminalfälle als Gegenstand d. Lit. 03; Kraus: Sittlichkeit und Kriminalität 04; Recht und Juristen im Bild der Literatur 05; Musil an der Schwelle z. 21. Jh. 05; Dostojewski: Aufzeich. aus einem Totenhaus 05; Schiller: Verbrecher aus Infamie 06. – *Lit:* Heike Jung (Hrsg.): D. Recht u. d. schönen Künste. H.M.-D. z. 65. Geb. 98.

Müller-Enßlin, Guntrun, Pfarrerin, Autorin; Hermelinweg 1, D-70499 Stuttgart (* Stuttgart 24.9.58). VS. – **V:** Grüne Oliven und andere köstliche Geschn. 95; Amen, Segen, Türen weit, R. 97, Tb. 99; Picknick in der Provence, R. 00. – **MA:** Urlaubslesebuch 98. (Red.)

†**Müller-Felsenburg,** Alfred (Ps. Lester Counge, Meunier Bourg de la Roche), Schriftst., Lehrer i.R. (* Bochum 26.12.26, † Mechernich 29.12.07). Verb. Bild. u. Erzieh. Dortmund 54, Autorenkr. Ruhr-Mark 62–93, VS 66, Arb.kr. Das gute Jgdb. Essen 63–95, Inklings-Ges. 84–99, Christine-Koch-Ges. 00; Vorschlagsliste d. Intern. Büros BICE, Paris 63/64, 3. Lyr.pr. zu Plastiken K. Urbans u. Das Boot 74, 2. Lyr.pr. b. Wettbew. „Dome im Gedicht" d. Dr. G. Kranz 75, 2. Lyr.pr. b. Wettbew. „Zwei Menschen" v. K. Urban u. „Das Boot" 76, Hugo-Carl-Jüngst-Med. d. Galerie u. d. Verl. Gey, Hagen 79, Arb.stip. d. Ldes NRW 79, 2. Lyr.pr. b. Wettbew. „Unsterbliche Rose" v. K. Urban 81, Stifter d. Alfred-Müller-Felsenburg-Pr. f. aufrechte Lit. durch U. Schödlbauer u. H.-W. Gey 88, Das

wachsame Hähnchen 95, Westfäl. Lit.pr., Hagen 95, Alfred-Müller-Felsenburg-Pr. f. aufrechte Lit. (f. d. Lebenswerk) 07; Rom., Lyr., Ess., Erz., Kurzgesch., Jugendb., Lit.kritik, Kurzsp., Wiss. Bericht, Biogr., Seriendarstellung, Science-Fiction, Religiöse Lit., Liedtext, Vortrag, Lesung, Reisetageb., Rep. – **V:** Witt-Witt u. d. Knallbonbons, Kdb. 58; D. Verfolgten, Jgdb. 59, 61, 84, Nachdr. in Serienform 70, 86/87, 04 (Blindendr. 63, 85); D. Abenteuer d. Heiligen, Biogr. 64; Einmal noch nach Babylon, R. 65, 84 (auch finn.); Gott & Co. Gebete e. renitenten Laien, rel. Lyr. 66, 86 (auch fläm., ital., span.); Sie verändern d. Welt, biogr. Ber. u. Erzn. 67; Ihr Erbe lebt, biogr. Ber. 68 (Blindenschr. 74, 84); Du hast mich lieb – Mein erstes Gebetbuch 67 (ökumen. Ausg. 69, z.T. vertont 71, frz. 80), 10. Aufl. 95; Menschen in roten Netz, Jgd.-R. 69; Aus d. Ärmel geschüttelt. Notizen e. dicken Mannes, d. nicht Hamlet heißt, Ess. 69; Herr Seewind u. Fräulein Regenwolke, Kdb. 70; Mündige Kinder – mündige Kirche, wiss. Arb. 71; Rauchen nicht gestattet! SF-Story 75; Kämpfer f. d. Menschlichkeit, Biogr. 77; Wasserdichtes Alibi, Short-Stories 77; Geheimbund d. Drei, Jgdb. 78; Im Netz d. Gewalt, Jgd.-Krimi 80; Große Christen, Biogr. I 80, II, III 81, IV 82, 94; Fröhliche Legende v. Christkind, d. Maus u. d. Hirtenknaben, Erz. 80 (Blindendr. 82); Römische Bilder, Versuch e. lyr. Bogens od. Impressionen e. Sightseeing-Tour, G. 81; Querfeldein, Texte d. ErFAHRung u. GeFÄHRdung, G. u. Kurztexte 81; Sand blüht auf, Lieder u. G. 82; D. Tagebuch d. Fabian Molitor, Jgdb. 82; Gefährlicher Wind – Oder: 1984 u. kein Ende, SF-Story 83; Klasse IV in Aufruhr, Kdb. 84, 03; D. Kupferesser, Jgdb. 84; Morgen ist Vergangenheit, SF-Stories 84; Guten Tag. Texte z. Nachdenken, Bild-Meditn. 85; Architekt Gottes. Leben u. Werk d. Bruders Johannes Hopfer SVD (1856–1936), Steyler Missionar u. Baumeister in Togo/Afrika, Biogr. 85; Zyankali u. frommer Zuspruch. Not., Ansichten, Stories u. Randbemerk. e. typischen Mitteleuropäers, dessen Halbbildung u. Hinterhältigkeit nicht zu übersehen sind, Ess. 85; Wie e. Sonnenstrahl, Bild-Medit. 86; Polonius Popokappewitscho. Lauter kleine Zwergengeschn., M. 86; Ich will, daß bunte Blumen blühen. D. Tageb. d. Ines Molitor, Jgd.-R. 87; Dir kann ich alles sagen, Gebete 89; Sprache: Instrument d. Verständigung od. Vehikel d. Distanz, wiss. Ess. 89; Narrensong, G. 90; D. großen Beschwichtiger u. a. utop. Stories 91; Garibaldi gibt nicht auf, G. u. Geschn. dt.-türk. 92; Oma auf d. heißen Blechdach, Erinn. u. Geschn. 92; Hinter d. Nichts ist e. Blümchenwiese, R. 94 (Blindenb. 87); Mutter Marie Therese, bibliogr. Text 95 (auch poln.); Mutter Marie Therese. Trägerin d. Alfred-Müller-Felsenburg-Pr. f. aufrechte Lit. 1995, Dok. 95; Unterwegs nach Polen. Reisetageb. 96; Kirchplatz, Episoden-R. 97; Über d. Grenzen hinaus. Reisetageb. II 98; Im Orbit d. Vergängnis, G. 99; Winter-Sprengsel, Erinn. u. Geschn. e. alten Mannes 00 (auch Blindendr.); Werkverzeichnis 2001; Hirsch-Geist. stichfest: Stories A bis Z, Ess. 02; Auf Teufel komm' raus, Forts.-R. 03; Was die Frau will, will Gott. Große Frauen d. Gesch., Kunst, Religion 06; Abenddämmerung. Meditn. u. G. zum Ausklang d. Lebens 07; Selbstbezichtigung Mord! Oder d. konfus-schizophrenen Träume des Zeno Hanuman 07. – **MA:** bis 1999 s. Kürschners Dt. Lit.kal. 2002/03; Wer kennt den Weg – wer weiß d. Ziel? 00; Wie's früher in d. Schule war 00; Das Gedicht in d. Gegenw. 00; Unsere Werke – Unser Leben/Der Weg z. Verwirklichung d. II. Vatikan. Konzils 00–04; Heimatb. Hagen + Mark 00–05; Das habe ich im Krieg erlebt 01; 100 Jahre Schule Kückelhausen 02; Konturen – Poesie u. Prosa, Bd 9 02; Jb. f. d. neue Gedicht: Literar. Na-

914

tionalatlas, Dichterhandschriften d. 3. Jahrtausends 02; Im Brennglas d. Worte 02; Christl. Hausbuch 2004 03; Deutsch heute, Lehrb. 04; Franziskus v. Assisi im Gedicht 04; Fundgrube: Zeichen d. Hoffnung 04; Im Zeichen d. Liebe 04; – Zss.: Kath. Kirchenbl. f.d. Dekanat Hagen; 17, Mschr.; Der Dom; Allg. Anz. Halver; Westfäl. Rdsch.; Dt. Tagespost; Unsere Werke – unser Leben; Rhein. Merkur; Liboriusblatt; Schule heute; Christ in d. Gegenw.; PÄD Forum; Inklings Rundbriefe; KAB-Impuls. – **H:** bzw. MH: Geschichten I 74; Bis z. Ende d. Welt II, III 75; Advents- u. Weihnachtsspiele 78; Jeder Tag e. neuer Anfang, Spr., G., Lieder 89, 3. Aufl. 02; Goethe f. jeden Tag, ausgew. Texte 90, 2. Aufl. 91; Mit Sokrates durch d. Jahr, ausgew. Texte 90; Mit Lichtenberg durch d. Jahr, ausgew. Texte 93; E. Frau mischt sich ein, Dok. 95, 2. Aufl. 96. – **R:** Lesungen u. Gespräche. – **P:** Warum versteht ihr mich nicht, Hb./Erz. 79; Gespräch mit Gott; Gott gibt Kraft; Überall ist Golgatha (alle aus: Gott & Co, Tonkass.) 81; Dichterlesung v. A.M.-F. u. Hermann Multhaupt, Tonkass./CD 02; Hinter dem Nichts ist eine Blümchenwiese, 3 Tonkass. 03; Auf Teufel komm' raus/Fast wahre Geschn., 2 Tonkass. 03. – *Lit:* Dr. W. Holzhauer: E. Kompagnon Gottes – A.M.-F. u. d. Engagement d. Schriftst. 66; Lex. d. Jgdschriftst. in dt. Sprache 68; Hefte 1, Westf. Lit.-Archiv 68; S. Prinz: Strahlen d. Läuterung durcheilen d. All. Zu d. Gedichten v. A.M.-F. 69; R. Althaus: D. Engagement d. Schriftst. A.M.-F. 69; H. Multhaupt: A.M.-F. 72; Friedr.-Bödecker-Kr.: Schriftst.· lesen vor Schülern 75; Dr. W.M. Wegener: E. Autor sucht d. Auseinandersetzung 76; „Die Schülerbücherei": A.M.-F. erhielt dritten Preis 75; G. Kranz: Christl. Dicht. heute 75; Hagen-Impuls: A.M.-F. 79; K. Bottländer in Magazin R.: Sie schreiben im Pott, A.M.-F. 82; H. K. Wehren: A.M.-F. wird 60 Jahre 86; M. Weldner: D. Hagener Schriftst. A.M.-F. wird 60 Jahre 86; G. Burgeleit: Spröde u. Charme dicht beieinander 86; C. Fieker: Stoßgebete e. renitenten Laien 86; Dr. W. M. Wegener: Durch Menschlichkeit überzeugen 86; A.M.-F., Werkverz. 86; Wer ist wer? 89, 90, 93, 97ff.; Who's Who in Europe 89–00; Munzinger-Archiv 89; Diction. Biographique Europeen 90; Lit.-Atlas NRW 92; Europ. Biograph. Directory 93; Westf. Autorenverz. 93; Westf. Autorentreffen Hamm 93; C. Bimberg in: Heimatb. Hagen u. Mark 00; Westfäl. Autorenlex. 00; H. Steinacker in: Schule heute, Dez. 01; Westfäl. Autorenlex. 1900–1950 02; Hagener Profile 03; Sauerländ. Lit.archiv, Dok 1993–2003; NRW-Autoren im Netz, online-Verz. 03, u. a.

Müller-Garnn, Ruth (geb. Ruth Geflitter), Hausfrau; Biberweg 9, D-89346 Bibertal, Tel. (0 82 26) 3 09, *ruth. h-g@t-online.de* (* Neisse 10. 12. 27). BVK am Bande; Autobiogr. Aufzeichnung. – **V:** ... und halte dich an meiner Hand 77, 8. Aufl. 81 (ital. 80); Das Morgenrot ist weit 80, 2. Aufl. 82; Wie man durchs Leben stolpert 82; Ich wär' so gern ein Friedensengel 84, 2. Aufl. 86; Guten Morgen Lebensabend 00. – **MA:** zahlr. Veröff. in Fachzss.; Christ in der Gegenwart, Zs. (besonders z. Thema geistige Behinderung).

Müller-Gerbes, Geert, Journalist, Fernsehmoderator; Saynstr. 11, D-53229 Bonn, Tel. (02 28) 9 48 31 30, Fax 9 48 31 31, *g.mueller-gerbes@kuttig.net* (* Jena 18. 9. 37). Kinderb., Sachb. – **V:** Opa, wer hat den Mond geklaut, Kdb. 02, 3. Aufl. 03; Opa, kann die Sonne schwimmen, Kdb. 04; mehrere Sachbücher. (Red.)

Müller-Härlin, Wolfgang s. Thomas, Manuel

Müller-Henning, Margarete s. Müller, Margarete

Müller-Klug, Till, Dr. phil., Autor; c/o Verlag Der gesunde Menschenversand – Matthias Burki, Habsburgerstr. 11, CH-6003 Luzern, *info@menschenversand. ch, www.menschenversand.ch* (* Berlin 3. 6. 67). Stip.

d. Dt. Lit.fonds 00. – **V:** Die sprechende Droge, Slam Poetry 00 (m. CD); November 3D, R. 01; Die Gedankensenderin, Monolog 02. – **MV:** Mai 3D, m. Alexa Hennig von Lange u. Daniel Haaksman, Tageb.-R. 00. – **R:** Die Gedankensenderin 03; Phantomarbeit 04; Die Liebespopulistin 04; Die Neue Freundlichkeit 06, alles Hsp. – **P:** Wortsalat, m. and., CD 99. (Red.)

Müller-Luckmann, Elisabeth, Dr. rer. nat., UProf., Dipl.-Psych.; Theaterwall 19, D-38100 Braunschweig, Tel. (05 31) 4 31 44 (* Braunschweig 16. 10. 20). – **V:** Die große Kränkung, Erz. 85, 98; Männer um 50, Erz. 86, 88; Mrs. Chiver's Tod, R. 88, 90; Sei doch kein Frosch, Erz. 89, 91; Ich habe ihn getötet, R. 92; Lügen haben viele Beine, Erz. 98, 00. – **MA:** Mein Vater 79; Meine Mutter 89; Frankfurter Bibliothek 05. – *Lit:* i. d. Reihe „Lebenslinien": Nach bestem Wissen und Gewissen, Fsf. 92. (Red.)

Müller-Mauz, Elfriede s. Müller, Elfriede

Müller-Mees, Elke (verh. Elke Stawowy, Ps. Thea/ Torsten Conrad), Dr. phil., Autorin; Föhrenkamp 31 a, D-45481 Mülheim/Ruhr, Tel. (02 08) 48 93 31, *mueller. mees@cityweb.de, www.mueller-mees.de* (* Berlin 24. 1. 42). Pr. b. Landesjugendverb. Schleswig 54, Pr. f. Kinderlit. b. NRW-Autorentreffen 81; Prosa, Lyr., Kinder- u. Jugendb. – **V:** Rätsel um Philipp 79; Die schottische Distel 80; Irischer Klee 84; Lauch für Wales 87; Rosen aus England 89; Reihe: Wir Vier, 6 Bde 87–88; Andrea und Andrea, 2 Bde 88; Reihe: Reitertreff Schleusenhof, 7 Bde 91–93, u. d. T.: Ulrikes Sprung nach vorn 96, u. d. T.: Andi reitet seinen Weg 01, alles Jgdb.; Der neue Versandhandel für Hobbydichter 01; Es fragt die bunte Kuh: wer bist denn ...? 02, 2. Aufl. 03; Neue Weihnachtsgedichte für Kinder 02, 2. Aufl. 03; Kindersketche für Familienfeste 03; Kinderspiele für alle Sinne 03; Kindertheater in der Weihnachtszeit 03; Wortsalat und Silberschlange 04; Kinder tragen vor 05; zahlr. weitere Sachb. – **MA:** Kurzgeschn. in: Der Kobold, der die Angst wegmalte 90; Gaby Dohm erzählt Gute-Nacht-Geschichten 93 (als Tonkass. 94); Goldschwanz und Silbermähne 94; Pummels Träume 97. – *Lit:* s. auch SK. (Red.)

Müller-Römer, Karin (geb. Karin Schuler), Kinder- u. Jugendlichentherapeutin; Tannenstr. 26, D-85579 Neubiberg, Tel. (0 89) 6 01 60 52, Fax 60 66 95 96 (* Berlin 41). Lyr. – **V:** Ich frag die Krähen, G. 91; Grüne Wasser im Blick, G. 97; Am Ende der Sprache, G. 02; Eine Stimme rief mich im Schnee, G. 06. (Red.)

Müller-Schelodetz, Ingrid (eigtl. Ingrid Müller, geb. Ingrid Schelodetz), Lehrerin, Archivarin; Margaretengürtel 100/2/4, A-1050 Wien, Tel. (01) 5 47 13 11 (* Klagenfurt 2. 7. 49). V.S.u.K. 98; Arb.stip. d. Bdeskanzleramtes 97, 98, 99; Lyr., Prosa. – **V:** Leer tönt eine Pfeife im Wirbelsturm, G. u. lyr. Texte 96; Ich bin die Göttin, die den Frieden bringt, Prosa 01. – **MA:** Das Gedicht lebt, Bd 2, 01; Liebesgedichte 00; Auf den Spuren der Zeit, Anth. 02; In Deinem Zeichen 02; Kostbarkeiten 02; Aus meiner Feder 04; Veröff. in mehreren Orten u. dt. Lit.zss. (Red.)

Mueller-Stahl, Armin, Schauspieler, Schriftst., Künstler; c/o ZBF-Agentur, Friedrichstr. 39, D-10969 Berlin, c/o William Morris Agency (* Tilsit 17. 12. 30). Bundesfilmpr. 82, Pr. b. Filmfestival Montreal 85, Carl-Zuckmayer-Med. 06, mehrere Oscar-Nominierungen; Rom., Lyr. – **V:** Verordneter Sonntag 81, Tb. 90; Drehtage „Music Box" und „Avalon", Tageb. 91; Unterwegs nach Hause, Erinn. 97, überarb. Neuausg. 05; Die Gedanken an Marie Louise, R. 98; Rollenspiel. Ein Tageb. während d. Dreharbeiten für den Film 'Die Manns' 01; Hannah, Erz. 04, Tb. 06; Venice. Ein amerikan. Tagebuch, Jubiläumsed. 05; Kettenkarussell, Erzn. 06;

Müller-Wagner

Portraits, Bildbd 06. – **F:** Regie, Drehb. (m. Tom Abrams): Gespräch mit dem Biest 96. – **P:** Hannah, Autorenlesung 04; Kettenkarussell, Autorenlesung 06. – *Lit:* Gabriele Michel: A.M.-S. – Die Biografie. Ein intimes Porträt d. großen Charakterdarstellers 00; Volker Skierka: A.M.-S. Begegnungen. Eine Biogr. in Bildern 02. (Red.)

Müller-Wagner, Martina, freie Schriftst.; Hauptbahnhofstr. 20, D-97424 Schweinfurt, Tel. (0 97 21) 8 47 42 (* Würzburg 11. 1. 35). VFS, Vorst.mitgl., Vereinig. d. Freunde Bayer. Lit., Schweinfurter-Autoren-Gr. (SAG); Pr. d. Volkshochschule Oberhausen 74, Dipl. di Merito Univ. delle Arti Salsomaggiore 82, FDA-Lyr.pr. 93; Lyr., Prosa, Sozialkrit. Text. – **V:** Flüsterdeutsch, Lyr. 76; Ein krankes Wort, Prosa 81; Nathan, Erz. 87; Nach aussen geranienrot, Lyr. 00. – **MA:** Beitr. in versch. Anth. u. Lit.zss. zuletzt in: Ausschließlich Liebe 03; Literatur in Bayern 71/03. (Red.)

Müller-Wieland, Birgit (geb. Birgit Feusthuber), Dr. phil., freie Schriftst.; Brunnbergstr. 13, A-4863 Seewalchen, *mueller-wieland@web.de* (* Schwanenstadt/ObÖst. 13. 9. 62). IGAA, GAV, Intern. Peter-Weiss-Ges. 89, VS 01; Arb.stip. d. Ldes Salzburg 92/94, Talentförd.prämie d. Ldes ObÖst. 95–97, Rauriser Förd.pr. 96, Arb.stip. d. BMfUK 96, Jahresstip. d. Ldes Salzburg 97, Arb.stip. d. BKA 98–01 u. 03–06, Einladung z. Ingeborg-Bachmann-Wettbewerb 00, Harder Lit.pr. 00, Würth-Lit.pr. 01, Adalbert-Stifter-Stip. d. Ldes ObÖst. 02, Stip. d. Berliner Senats 02, Reisestip. d. BKA 02, Reinhard-Priessnitz-Pr. 02, Stip. in d. Villa Stonborough-Wittgenstein, Gmunden 07, Öst. Staatsstip. 07/08, u. mehrere Einladungen z. Lit.festivals; Lyr., Prosa, Libr., Rom. – **V:** Die Farbensucherin, Prosa 97; Das Märchen der 672. Nacht, Libr. n. Hofmannsthal v. Jan Müller-Wieland, UA 00; Ruhig Blut, G. 02; Das neapolitanische Bett, R. 05; Teilung am Fluß, Text 05; Aventure Faust, Libr. f. 3 Traumszenen n. Goethe u. Heine v. Jan Müller-Wieland, UA 08. – **MA:** Lyr., Prosa, Ess. u. Kindergeschn. in dt.spr. u. ukr. (Lit.-) Zss. u. im Rdfk, u. a. in: Rampe; Facetten; Lit. u. Kritik; Lichtungen, Sterz; V; Signum; EDIT; Risse; Konzepte; Das Gedicht; Die Presse; FAZ; Die Zeit; ORF, RBB; NDR; WDR sowie in Anth., zuletzt u. a. in: Himmelhochjauchzend – zu Tode betrübt 04; Herz, was soll das geben? 05; Kobold der Träume 06; Der dt. Lyrikkalender 2008 07; Luft unter den Flügeln 08 05. – **R:** Beitr. f. „Passagen" (SFB).

Müllgusenbauer, Herbert s. Schön, Wilhelm Hagen

Müllhofer, Bruno; Stemplingeranger 13, D-81737 München, Tel. (0 89) 1 43 57 38, (0170) 4 10 96 47, Fax 12 39 26 86, *bmuellhofer@t-online.de, www.in-wuerdesterben.de* (* Lindau 20. 1. 62). – **V:** Angie – ein Liebestagebuch, R. 06; Träumereien, G. u. Gedanken 07.

Münchberg, Conrad s. Bergauer, Conrad

Müncheberg, Hans, Dramaturg, Szenarist, Autor, Medienhistoriker; Kantstr. 19, D-15566 Schöneiche, Tel. u. Fax (030) 6 49 61 87, *archiv-muencheberg @t-online.de, www.archiv-muencheberg.de* (* Templin 9. 8. 29). VS; Erich-Weinert-Med. 60, Kunstpr. d. FDGB 73, Ernst-Moritz-Arndt-Med. 64, Heinrich-Greif-Pr. 84, div. Silb. u. Gold. Lorbeeren d. Dt. Fs.funks; Rom., Erz., Drehb. f. Fernsehsp./-film, Hörsp. – **V:** Der Tod von La Morgaine, Erz. 60; Project Mercury, R. 63, 64; Skandal auf Cape Canaveral, Erz. 67; Gelobt sei, was hart macht, R. 91, 02; Blaues Wunder aus Adlershof, Erinn. 00. – **MV:** Ich bin schuldig, m. Peter Wipp, Erz. 59. – **MA:** Beitr. in Zss., u. a.: ndl 6/57; Film u. Fernsehen 71–95; Kunst u. Kultur 92–97; Mit uns zieht d. neue Zeit, Ausstell.kat. 93; Arb.hefte Bildschirmmedien 71 97; Wendeliteratur 97; Flimmer-

kiste. Ein nostalg. Rückblick 99; Patzer und Spratzer, 19 Edisoden 02. – **H:** Experiment Fernsehen – Die Entwicklung fernsehkünstlerischer Sendeformen zwischen 1952 und 1961 in Selbstzeugnissen von Fernsehmitarbeitern 84. – **R:** div. Song-Texte u. Sketche f. d. Sendereihe „Dorf- u. Betriebsabende" d. Berliner Rdfk u. Dtldsender 50; Der Brief, sat. Kurz-Fsp. 54; Die Todeswolke, Fsp. 54; Der Tod von La Morgaine, m. W. Luderer, Fsp. 55; Der verschenkte Leutnant, n. F. Wolf, Fsf. 55; Wer kennt Schütze Dahms?, n. Waldner 56; Ich bin schuldig, m. W. Luderer 57; Intrigen 57; Abgeordneter Willi Jung, m. R. Förster 58; Radarstation 58; Aufruhr im Kollegium 60; Projekt Merkur 60; Geheime Fäden 62, alles Fsp.; Lucie und der Angler von Paris, n. F. Wolf, Fsf. 63; Nante Junior, szen. Feuill. 67; Die große Reise der Agathe Schweigert, n. A. Seghers, m. J. Kunert, 2tlg. Fsf. 72; Das Schilfrohr, n. ders., Fsf. 74; Eine Frau am Telefon, Fs.-Monodram 77; Fernruf, Hsp. 80; Ich will nach Hause, Fsf. 80; Alleinstehend, Fsf. 83; Richter in eigener Sache, Fsp. 86; Fs.fass. v. zahlr. Bü. u. Mitarb. an Drehb. – *Lit:* Art. in div. Ztgn d. DDR 60–89; Beitr. in mehreren Fachb. z. Fs.-künstler. Arb. in d. DDR 53–91; Schriftsteller d. DDR 75; Drehb.autoren-Scriptguide 92/93; Wer schreibt? 98. (Red.)

Münchow, Elvira (Ps. f. Elvira Klinck), Modefachfrau; Heiderader Weg 10, D-24357 Güby (* Mersin, Kr. Köslin/Pommern 30. 10. 44). Schriftst. in Schlesw.-Holst. 00; Lyr., Rom. – **V:** Leise und bedacht I 99, II 00. (Red.)

Mündlein, Emil, Lehrer, früher in d. Schiffahrt, dann Abendgymnasium u. Studium; Maingasse 1, D-97286 Sommerhausen, Tel. u. Fax (0 93 33) 90 36 99 (* Würzburg 15. 8. 40). VFS, Leonhard-Frank-Ges., VS Bayern; Förd.pr. d. Bez. Unterfranken 88; Prosa, Hörsp., Schausp., Lyr. u. Stück (teilw. in fränk. Mundart). – **V:** Horch, wie die Zeit vergeht, Lyr. u. Prosa 94; Der Weg nach Aitupo, Kdb. 00; Gassenleben, Erz. 01; Am Ort. Inmitten 04; In Franken. Inmitten, Erzn. 07. – **MA:** Lyr., Kurzprosa u. Erzn. in Ztgn, Zss. u. Anth.; – Frankenland, Zs. 03, 04; nummer, Zs. 05. – **R:** Einstellungssache 77; Kaum ein Wölkchen am Himmel 80; Wer hat Angst vor dem Hakenmann? 81; Hart auf dem Wasser 83; Ausgerechnet Tango 90; Am Hof des Kurfürsten 91, alles Hsp.

Mündlein, Karl, Reallehrer; Kirchhaldenrain 9, D-74535 Mainhardt, Tel. (0 79 03) 24 27, *karlmuendlein @t-online.de* (* Weikersheim 25. 12. 42). – **V:** Mouschd und Brood, Mda.-Lyr. 04. (Red.)

Münscher, Alice, Dr.; Isabellastr. 43, D-80796 München, *www.isabella43.de* (* München 8. 1. 47). Stip. d. Ldeshauptstadt München 94; Rom., Erz. – **V:** In ex exquisiter Leichnam, R. 99. – **MA:** Neue Sirene Nr. 6/97; cet – Literatur im Internet 7/99, 8/01, 11/02; SZ, SZ am Wochenende, seit 01.

Münster s. Schilgen, Wolf von

Münster, Gudrun, freie Schriftst.; Eggerstedtsberg 42, D-25436 Uetersen, Tel. (0 41 22) 20 31 (* Uetersen 30. 1. 28). Freudenthal-Pr. 70, Förd.pr. d. Friedr.-Hebbel-Stift. 72; Lyr., Erz., Hörsp., Kurzprosa (teilw. u. hochdt.). – **V:** Ünner de Wega, ndt. G. 71; Nöt sammeln, ndt. Prosa 73; Vun'n Lannen na de Stadt, ndt. Erzn. 77; Wiehnachtsmann seen Huus, ndt. Geschn. 80; Becka, Anni un ick, ndt. Geschn. 83; Land, dein Lied, Erinnerungen m. Zeichn. 87; Up de Wind-Ies-Schalmei, G. 06. – **MA:** Eutiner Kleener seit 55; Uns' Moderspraak seit 56; Minschen ut uns' Tiet 64; Niederdt. Lyrik 1945–1968 68; Dar is keen Antwort 70; Spraak, du singst, Lyr.-Anth. 70; Wiehnachtstiet is Wunnertiet 71; Fruenstimmen 74; Vun Lüd, de plattdütsch snackt

78; Niederdt. Tage in Hamburg 1979; Musik, Leseb. schlesw.-holst. Autoren 80; In de Wiehnachtstied 83; Snacken un Verstahn II 84; Plattdüütsch Bökerschapp 92; Mien plattdüütsch Wiehnachtsbook 93; Dat du mien Lewsten büst 93; Keen Tied för den Maand 93; Wind un solten See 93; Vun Gott un de Welt 95; Wiehnachtsmann, kiek mi an 95; Dat groote plattdüütsche Wiehnachtsbook 96; Wenn't Abend ward 99; Platt för Land un Lüüd 99, alles Anth.; Beitr. in den Zss.: Böhme-Ztg; Bauernbl.; Schleswig-Holstein, Mschr.; De Kennung; in den Jb. f. Schleswig-Holstein; f. d. Kreis Pinneberg; f. Nordfriesland; d. Klaus-Groth-Ges. – **R:** Hsp.: Lütte Reis na Hogenäs 58; Üm Gott sien Gaav 60; De blaue Bloom 73; Glückstadt 78; Na günt Siet 80; Bishorst 81; De Jäger un sien Hund 85; Dat Luftlock 87; Ut de Ahuser Watermöhl 90; Sommerstorm 93; – ndt. Rdfk-Sdgn: Dat Slott in'n Bullensee; Meerwief un Klabauermann; Bi'n Buern; De Harbarg; Theoterspeelen; Bi'n Buern in Deenst; Besöök up Island; Dat letzte Fest up Haselhoff; Witt as de Snee; Landwirtschaftshilfe 1945; Antje Peters' Weg; Lüttje-Buer sien Droom; Die Lachswassertal-Saga auf pldt.; – Erzn., G., Plaudereien, Kommentare i. d. Reihe 'Wi snackt platt', Fs.-Sdg 55–63. – **P:** Die Karfreitagsflut 1745, Hsp., Tonkass. 80; Vun Lüüd, der plattdütsch snackt, Tonkass. 80; Niederdeutsche Chorlieder (Mitarb.), CD 97; 10 Vertonungen v. Gedichten 70–90 (alle aufgeführt). – *Lit:* Günter Harte: Platt m. spitzer Feder 78; Pr.träger d. Jahre 1969–1978 – Freudenthal-Ges. 78; Musik, Leseb. schlesw.-holst. Autoren 80; Dietrich Bellmann: Keen Tied för den Maand.

Münster, Marinus (Ps.), freiberufl. Softwareentwickler; c/o K. Kerscher, Schönbergstr. 11, D-83646 Bad Tölz, *info@marinus-muenster.de, www.marinus-muenster.de* (* 28. 12. 53). Werkkr. Lit. d. Arb.welt 04; Rom., Erz. – **V:** Dilldöppchen, R. 04; Die Seuche, Erzn. 06. – **MA:** Rote Lilo trifft Wolfsmann, Anth. 08.

Müntefering, Mirjam, Mag. d. Theater-, Film- u. Fernsehwiss., Journalistin, Hundetrainerin in eigener Hundeschule; Buchholzer Str. 50, D-45527 Hattingen, *mirjam@mirjam-muentefering.de, www.mirjam-muentefering.de* (* Arnsberg/Sauerland 29. 1. 69). WomenPride Medien Award 06, DeLiA-Pr. f. d. besten dt.spr. Liebesroman (2. Pr.) 08; Rom., Kurzgesch., Theaterst. – **V:** macht Eva, R. 98; Das Experiment, Theaterst., UA 98; Flug ins Apricot, R. 99; Katta@Frauenknast.de, R. 00; Hund ist in, Jgdsachb. 00; Die schönen Mütter anderer Töchter, R. 01; Ein Stück meines Herzens, Jgdb. 01; Apricot im Herzen, R. 01; Das Gegenteil von Schokolade, R. 02; Grubenhunde, Kinderkrimi 02; Wenn es dunkel ist, gibt es uns nicht, R. 04; Verknallt in Camilla, R. 04; Luna und Martje, R. 05; Emmas Story, R. 06; Unversehrt, R. 07; Tochter und viel mehr. Eine autobiogr. Reise 08. (Red.)

Münzberg, Olav (Ps. Detlev Punt), Schriftst., Hon. prof., Dr. phil., Religions-, Philosophie-, Kunst- u. Kulturwiss., jur. Ass.; Wilmersdorfer Str. 106, D-10629 Berlin, Tel. u. Fax (0 30) 3 24 23 41, *olav.muenzberg@ teatrstudio.de* (* Gleiwitz 25. 10. 38). VS 84, NGL 84, Lit.haus Berlin 93, WIR, Dt.-poln. Lit. e.V. 96–98, Internat. Theater-Werkstatt Berlin 99; Stip. d. Hermann-Sudermann-Stift. 88, Arb.stip. f. Berliner Schriftst. 89, Reisestip. d. Berliner Senats f. Bosnien 99; Lyr., Prosa, Ess., Rezension, Ästhet. Theorie, Philosophie. Ue: engl. – **V:** Rezeptivität und Spontaneität 74; Eingänge – Ausgänge. 1962 u. zehn Jahre danach, G. u. Kommentier., e. Experiment 75; Ich schließe die Tür und fange so leben an, Lyr. u. Prosa 83; Step human into this world, G. 91 (London); Berlinski Pesni, G. 94 (Skopje); Morene – Partenz da Berlino Ovest, G. 97 (Palermo); BücherStädte – und verbleiben wollen und nicht dürfen,

G. 98; Moreny – Moränen – Pozegnanie z Berlinem Zachodnim, G. dt.-poln. 00/01. – **MA:** Frankfurter Hefte 72–83; Kunst und Gesellschaft 77; Die Neue Gesellschaft/Frankfurter Hefte 83–86; Berliner Lesebuch 86; Aufenthalt. Collagen e. Stadt 88; Moderne arabische Literatur 88; „... Verbrennt man auch am Ende Menschen" 93; Nach den Gewittern. Poln.-dt. Leseb. 95; Verfeindete Einzelgänger. Schriftsteller streiten üb. Politik u. Moral 97; Wendeliteratur – Literatur der Wende 97; Die Brücke – Weltbilder Kosmopolitania 02; Fährmann grenzenlos. Dt. u. Polen im heutigen Europa 08 (poln. 06). – **H:** Elisabeth Münzberg: Gewalt ist Armut, G. 82; Vom Alten Westen zum Kulturforum. D. Berliner Tiergartenviertel 88. – **MH:** Ästhetik u. Kommunikation, Zs. 74–92; Aufmerksamkeit. Klaus Heinrich z. 50. Geb. 79; Malet, Lit. aus Malta (auch mitübers.) 89; Was ist des Deutschen Vaterland. Ein dt.-dt. Leseb. 93; Die Biermann-Ausbürgerung. Ein dt.-dt. Fall 94; Ins Gestern tauche ich ein. Russlanddt. Lit. 94; Sovremena. Zeitgenöss. dt. Poesie 94; Literatur vor Ort. Eine lit.-dokumentar. Anth. üb. die NGL Berlin 95; WIR, Zs. f. dt.-poln. Lit. 96–99; Brüche und Übergänge – Zwischen den Kulturen 97; Ich bin ein Berliner 97; Hundert Vorschläge zu Bertolt Brecht. B.B. z. 100. Geb. 98; Im Zwiespalt – Zwischen den Kulturen, m. E. de Roos, A. Gustas u. D. Straub 99. – **R:** Bemalte Wände – Wandmalerei in Berlin-West u. d. Bundesrep., Fsf. 87; zahlr. Rdfk-Sdgn. – **P:** Im Dunkel liegt das Land, Schallpl. 82. – *Lit:* Takis Antoniou: Hexi Germanoi Lyrikoi syn machen, Athen 81; Zeitenwechsel. Von konkreter Gestalt z. konkreten Utopie, Notate z. zeitgenöss. Dicht. in Dtld 84; Ingrid Pohl in: Neue Dt. Hefte 3 86; Waldemar Fromm in: Walther Killy (Hrsg.): Lit.lex., Bd 8 90; Franz Heiduk in: Oberschles. Lit.lex. 93, u. a.

Muenzer, Paul, Dipl.-Ing., Entzifferungsexperte; Erzgiessereistr. 26/R, D-80335 München, Tel. (0 89) 5 23 27 49 (* Kehl 18. 12. 28). Prosapr. d. Alemann. Gesprächskr. Freiburg 76; Lyr., Ess., Sachb. Ue: engl. – **V:** Dichten u. Denken. Blitze als heiterem Himmel, G. 80; Die keltischen Viereckschanzen in Baden-Württemberg u. Bayern 80, 2.,erw. u. verb. Aufl. 92; Spiralförmige Inschriften auf Scheiben u. Schalen v. König Minos bis Knut dem Großen 81, 2.,erw. u. verb. Aufl. 92; Total versext. 324mal Lust u. Limerick, engl.-dt. 92; Torques, die Wunderwelt d. keltischen Halsringe 96; Die bildhaften Schriftzeichen d. Diskos v. Phaistos 99; Friedrich von Schiller. Ein Mord und tausend Lügen 06. – **MA:** rd. 100 Beitr. in: Der Scheinwerfer, Zs. seit 92.

Münzner, Andreas, Dipl. en Trad. ETI, freiberufl. Übers.; Friedensallee 3, D-22765 Hamburg, Tel. (0 40) 39 90 76 14/15, *andreasmuenzner@aol.com* (* Mount Kisco/USA 26. 9. 67). Forum Hamburger Autoren, AdS; Lit.förd.pr. d. Stadt Hamburg 00, Lyr.pr. Lyrik 2oooS 00, Hermann-Ganz-Pr. d. SSV 01, Lit.förd.pr. d. Ponto-Stift. 02, Anerkenn. d. Stadt Zürich 02; Ue: d. Schweizer. Schillerstift. 03, Lit.pr. d. Irmgard-Heilmann-Stift. 03, Ernst-Meister-Pr. (Förd.pr.) 05, Förd.pr. literar. Übers. Hambg 06, Preisträger Lit.wettbew. d. Dienemann-Stift. 07. – **V:** Die Höhe der Alpen, R. 02; Die Ordnung des Schnees, G. 05; Geographien, Prosaskizzen 05; Stehle, R. 08. – **MA:** Hamburger Ziegel 03. – **Ue:** Noëlle Revaz: Von wegen den Tieren, R. 04; Hamid Skif: Exile der Frühe/Briefe eines Abwesenden, G./Prosa 05; ders.: Geografie der Angst, R. 07.

Muerbig, Cloe Hilgunde s. Meyer, Claus Heinrich

Müschner, Gerhard, Dr. med., Arzt f. Allgemeinmed.; Wilhelminenstr. 24, D-65193 Wiesbaden, Tel. (06 11) 59 04 16 (* Tranitz, Kr. Cottbus 17. 11. 19). BDSÄ; Heitere Lyr. – **V:** Lebenswahrheiten, G. 79; Alltägliches heiter verpackt, G. 91; Die Kehrseite der Medail-

Muggenthaler

le, Verse 98. – **MA:** Jb. dt. Dichtung 80, 81; Schauen über Raum und Zeit 95; Die Welt so groß und so weit 96; Dichterhandschriften unserer Zeit. (Red.)

Muggenthaler, Johannes, Fotograf, Schriftst.; Akademiestr.3, D-80799 München, Tel. (0 89) 34 54 13 (* Bühl 55). – **V:** Normal und sterblich, Kom. u. Nn. 84; Hin und zurück, Erz. 88; Liebe und Schulden, R. 89; Der Mann, der nicht nach Hause wollte, Theaterst. 94; Wie man sich glücklich verirrt, Geschn. 95; Regen und andere Niederschläge oder Die falsche Inderin, R. 02; Der Idiotenhügel, R. 04. (Red.)

Muhr, Peter s. Fendl, Josef

Muhrer, David, Student; Ressnig 9, A-9170 Ferlach, Tel. (0 42 27) 24 55, *davidmuhrer@hotmail.com* (* Klagenfurt 24. 10. 77). Wolfgangpr. f. Lit. (Förd.pr.) 93; Rom., Kurzgesch., Erz., Ged. – **V:** inneres Erleben, G. u. Kurzgeschn. 96. – **MA:** Heimat bist Du? 96. (Red.)

Muhs, Christiane s. Mielck, Christiane

Muliar, Fritz, Prof., Kammerschauspieler; Roseggerstr. 16, A-2301 Groß-Enzersdorf (* Wien 12. 12. 19). Öst. P.E.N. 81; Josef-Kainz-Med. d. Stadt Wien 77, Johann-Nestroy-Ring 84, „Lieber Augustin" d. Wiener Faschingsgilde 84, BVK I. Kl., Öst. E.kreuz f. Wiss. u. Kunst I. Kl., E.bürger v. Groß-Enzersdorf 99, E.ring d. Stadt Wien 00; Rom., Nov., Ess., Sat. – **V:** Damit ich nicht vergesse, Ihnen zu erzählen 67; Streng indiskret! 70; Wenn Sie mich fragen 72; Die Reise nach Tripstrill und zurück 78; Österreich, wohin man schaut 83; Liebesbriefe an Österreich 86; Von A bis Z. Unaussprechliches ausgesprochen 89; Fritz Muliar – das ist mein Kaffee 94; War's wirklich so schlimm?, Erinn. 94; Strich drunter. Bevor es wieder zu spät ist, Autobiogr., mehrere Aufl. 96; Das muß noch gesagt werden!, Autobiogr. 99, 01. – **MV:** Ab da schau ich aber, m. Volkmar Parschalk, Biogr. 02. – **MA:** Das große Buch des jüdischen Humors 86; ständige Kolumne in: Die Furche; Unsere Generation. – **R:** (MA:) 5 Muliar-Schows f. Fs.; 30 Sdgn Jidd. Geschichte; Schwejk, 13 Folgen; Karl der Gerechte, 10 Folgen (beides Bearb.); Seinerzeit, Fs.-Serie. – **P:** F.M. erzählt jüdische Witze; F.M. erzählt wieder jüdische Witze; Damit ich nicht vergeß, Phonogr.; F.M. – Ein Porträt; F.M. – Peter Wehle, eine Reise; 6 Kleinplatten. (Red.)

Muller-Hornick, Fernand, Beamter; 38, Montée Willy Goergen, L-7322 Steinsel, Tel. (0 03 52) 33 95 45, *muller_hornick@yahoo.de* (* Luxemburg 12. 10. 47). VS Rh.-Pf. 86–92; 2 Preise f. Kindergeschn., Kulturmin. Lux. 82, Pr. d. Erziehungsmin. Lux. f. Texte f. e. Schulleseb. 92; Rom., Erz. – **V:** Luxembargo, Forts.-R. im Letzeburger Journal 80; Knecht oder die Liebe zu den Sternen, R. 85; Sag nicht immer Mama zu meiner Mama, Erz. f. Kinder 89. – **MA:** Anth. u. a.: Nachrichten aus Luxemburg 79; Händedruck 81; Luxemburger Autoren, Orte Nr.53 85; Poesia Liuksburgesa 88 (Moskau); Ich denk, ich denk, was du nicht denkst ..., Anth. f. Kinder 91; Wenn ich zaubern könnte 93; Le Luxembourg 00 (Moskau); – Zss. u. a.: Alternativ Presse, 70er Jahre; Matern Dienst Graberg & Görg (Frankfurt/M.); Protokolle (Wien); Die Märchenzeitung (Hrsg.: Hans Christian Kirsch, BRD) 07; Maulkorb (Dresden) 07. – **H:** Luxemburger Quartal, Lit.zs., 73–77. – **R:** Texte f. Kinder bei: RM; Radio Bremen; SDR; SWF; NDR.

Mulot, Sibylle, Dr.phil., Schriftst. u. Übers.; c/o Diogenes Verl. AG, Zürich (* Reutlingen 3. 5. 50). Jahresstip. d. Ldes Bad.-Württ. 95. Ue: ndl. – **V:** Sir Galahad 88; Einen Mann für sich allein, R. 91; Liebeserklärungen, R. 93; Nachbarn, R. 95; Baby Eurydike, Erz. 97; Das Horoskop, Erz. 97; Die unschuldigen Jahre, R. 99; Das ganze Glück, R. 01; Die Fabrikanten, R.

05. – **MH:** Großer Himmel, flaches Land. Niederländisches Leseb., m. Ronald Junkers 93. – **Ue:** Leon de Winter: SuperTex, R. 93; Hoffmans Hunger, R. 94; Sokolows Universum, R. 99; – F.B. Hotz: Die Chaussee, R. 03, u. a. (Red.)

Multhaupt, Hermann, Schriftst.; Württemberger Weg 27, D-33102 Paderborn, Tel. u. Fax (0 52 51) 4 81 24. Friedhofsweg 3, D-37688 Beverungen (* Beverungen 7. 4. 37). JV 65; 2. Pr. b. Lyr.-Wettbew. d. Lit.zs. Das Boot 76, 1. Pr. 81, Förd.stip. d. Ldes NRW 78, Hugo-Carl-Jüngst-Med. d. Galerie u. d. Verl. Gey, Hagen 80, Kath. Journalistenpr. 81, 3. Pr. b. Lyr.-Wettbew. 'Soli Deo Gloria' 84, Alfred-Müller-Felsenburg-Pr. 06; Erz., Rom., Nov., Lyr., Schausp. – **V:** Bilder im Brunnen, G. 68; Der Floh im Zoo, G. 69; Pavel Pock und die Wunderschreibmaschine, Erz. 72; Feueralarm, Jgdb. 73; Kreisel ich bin, G. 73; Singst du noch einmal, Orpheus?, G. 73; Die Entscheidung des Konstantin O. Masurek, Erzn. 73; Der Fall Rotlicht 74; Das Gespenst im Schottenrock 74; Wer kennt Kunterbuntien? 74; Schnaufpauline spielt verrückt 74/75, alles Jgdb.; Das muntere Kleeblatt, Jgdb. 75; Der geplatzte Coup, Dr. 75; Napoleon – oder die Schlacht bei Waterloo, Dr. 75; Weg ins Zwielicht, R. 75; Es war Heidelbeerzeit, R. 76; 13 unbeliebte Balladen 77; Menschen in meiner Straße, Tageb. 78; Das Gespenst von Helimoor, Jgdb. 78; Die silbernen Ballschuhe, Jgdb. 78; Meine Hand streicht über den Globus, Zeitbilder 79; Zeitweise recht freundlich, Erzn. 79; Glaubensspuren, Meditn. 80; Zwischenfall in der Bucht, Jgdb. 80; Die gezähmte Löwe 81; Für alle Fälle Herz 81; Füreinander – miteinander, Behinderungen in unserer Zeit 81; Es gibt einen Schlüssel – Liebe, Kreuzwegmedit. 81; Portugiesische Palette, G. 81; Advents- und Weihnachtsspiele 82; Unterwegs nach Weihnachten, Weihnachtssp. 82; Argentinisches Tagebuch 83; Begrenzung auf meine Zeit, Kunstbetracht., Bild-Textbd zu Arb. v. A. Hesse 83; Kleine Blüte Hoffnung, Medit. 83; Der Landgräfin Elisabeth Reise nach Rimbeck, Erz. 84; Die Kundschafter am Lough Gill, Erzn. 84; Die Stimme in der Christnacht, Erzn. 84; Viele nennen dich Vater, Medit. 84; Der Barbarazweig, Spiele 84; Sehnsucht nach dem verheißenen Land, R. 85; Bereitet den Weg des Herrn, Medit. 85; Ein Leben für die Armen, Spiel 85; Die Freiheit des Gewissens, Spiel 85; Apostel der Sklaven 85; Mutter Pauline, Spiel 85; Monsieur Vincent, Spiel 85; Ihm begegnen, Medit. 86; St. Liborius, Hsp. 86; Jeder Grashalm hat einen Engel, R. 86; ... und mein Versprechen in deine Hand, R. 88; Die Muschelbrüder 89; Wie unsere Weihnachtslieder entstanden 89; Neue Advents- und Weihnachtsspiele 91; Das schwarze Gesicht der Freiheit 92; Wie Sankt Nikolaus seine Stiefel verlor, Kdb. 93; Der Service der Weihnachtsmänner, Lsp. 94, 99 (ndl.); Zachäus, komm vom Baum herunter 94, 01 (span.); Die grüne Wallfahrt 95; Lieber Gott, pass auf mich auf 96, 98 (auch Blindendr.); Möge die Straße dir entgegeneilen 96, 2. Aufl. 98; Sie knüpften ihre Träume an den Stern ..., Legn. 96; Als Kleopas nach Emmaus ging, Spiele 97; Herstelle an der Weser. E. Dorf im Wandel 97; Heute kommt das Licht, Weihnachtsspiele 97; Lazarus aus dem Eis 97; Meine Berufung ist die Liebe, Sch. 97; Der Abend wirft sanfte Schatten, Gebete 98; Der begnadete Ruf, R. 98; Die Frucht der Liebe 98; Der Mäusefrieden, Erzn. 98; Gunloda, Erz. 99; Ein historisches Porträt: Die Oberweser 99; Möge dein Glück rund wie der Vollmond sein. Alte ir. Segenswünsche 99; Mögen alle Deine Himmel blau sein. Ir. Segenswünsche 99; Möge Gott deine Pfeife immer mit Tabak füllen 00; Die Hochstift-Dichterstraße 00; Mirjam tanzt und schlägt die Pauke 01; Mögest du viele

Murr

schöne Tage haben, Kal. 01; Wenn sich die Stunden mit Leben füllen, Gebete 01; Der Engel an meiner Seite, R. 02; Möge ein blauer Himmel über dir lächeln 02; Mögest du mit allen Heiligen im Himmel tanzen 02; Tritt dem Engel nicht aufs Kleid, Geschn., G. 02; Möge ein Engel deinen Weg begleiten 03; Ihr sollt ein Segen sein 03; Die ihr Herz den Menschen schenkt, Bst. 03, 04; Das Geheimnis der Muschelbrüder, R. 04; Die Kunst, das Glück zu finden, Meditn. 04; Gott ist mit uns an jedem neuen Tag, Meditn. 04. – MV: Weil du das sagst, m. Bungert, Erzn. 74; Die aus dem Dunkeln kommen, Interviews mit Spätaussiedlern, m. Kewitsch 76; Mein Glück ist am Stehplatz im Paradies, m. Nolden 79; Daß Ihr uns erkennt, m. Dinota, Zeitbilder 80; Kreuzweg, m. H.G. Bücker 82; Wir buckligen Verwandten, m. E. Arning 99. – MA: zahlr. Beitr. in Anth. d. Matthias Grünewald Verl. – H: Wenn leis der Schnee vom Himmel fällt, Geschn. 94; Zerrissen ist das Netz 95; Das Gartenstück 96; Mögest du immer ein Kissen für deinen Kopf haben. Ir. Segenswünsche 98; Wie's früher Heiligabend war 98; Bratäpfel-Geschichten 99; Möge das Jahr dich mit seinen Geschenken beglücken. Ir. Segenswüsche 99; In allen Häusern brennen Lichter, Geschn. u. G. 00; Wie's früher in der Schule war 00; Möge dein Haus voller Lachen sein 00; Irische Weisheiten und Segenssprüche 01; Das habe ich im Krieg erlebt 01; Mögen eure Pfade von tausend Engeln begleitet sein 03; Irische Segenswünsche für jeden Tag des Jahres 03; Ich bin eine Feder am hellen Himmel, Gebete 03; Mein weißer Sonntag 03; Mögest du so viel Glück haben, wie dein Herz festhalten kann 03; Mögen deine Pfade von tausend Engeln begleitet sein 03; Möge dein Herz voller Freude sein 04; Alle Tage möge die Sonne für dich scheinen 04; Mein liebstes Gebet; Mein liebstes Gedicht; Mein liebstes Lied, alles Anth. – MH: Bücher der Vier (insges. 10 Bde). (Red.)

Mummendey, Hans Dieter (Ps. Walter Barnhausen), Prof. Dr. phil.; Goldstr. 15, D-48147 Münster, *neues-literaturkontor@t-online.de, www.neues-literaturkontor.de.* c/o Universität Bielefeld, PF 10013, D-33501 Bielefeld (* Schwiebus 21. 6. 40). Rom., Lyr. – **V:** De Vampyris 82, 93; Der weiße Laptop, G. 91; Bielefeld – Burano & retour, Krim.-R. 91, 93; Die Bauchtänzerin, R. 91; Claudia, anständig und ich, Krim.-R. 92; Die Terroristen von Bethanien 93; Verliebt, verlobt, verschieden, Krim.-R. 94; Die Senioren-Ode, Lyr. 97; Moralische Gesänge 05. – *Lit:* s. auch GK.

Munck, Hedwig, Malerin, Erzählerin, Filmemacherin; c/o Andreas + Hedwig Munck, Imediat GbR, Oberbaumstr. 5, D-10997 Berlin, *info@derkleinekoenig.de, www.derkleinekoenig.de* (* Mircovac/Jug. 12. 3. 55). Pr. b. Prix Leonardo, Emil u. a.; Kinderb., Zeichentrickfilm, Hörsp. – **V:** Die Sandmann-Gute-Nacht-Geschichten vom kleinen König 99 (6 Aufl.); Bilderbuch-Reihe „Der kleine König": ... zählt seinen Schatz; ... und die kleine Prinzessin; ... und der große Bär; Abenteuerhose; Badetag; Teddy ist weg; Gerettet; Picknick; Babyspiel, u. a.; Der kleine König. Neue Geschichten vom kleinen Prinzessin 02; Plätzchen für den kleinen König, Revue 02. – **R:** Prinzessin Lu, 6 F. 97; „Der kleine König"-Geschn. i. d. Reihe „Unser Sandmännchen", 52 F. seit 98; Geschn. f. Kinder in: Sesamstraße; Die Sendung mit der Maus; Siebenstein. – **P:** Der kleine König, Tonkass. 1–3 02, Videokass. F. 1–8 01–02. (Red.)

Mundstock, Karl, Metallfräser; Wolfshagener Str. 64, D-13187 Berlin, Tel. (0 30) 47 53 90 63 (* Berlin 26. 3. 15). SDA 46, SV-DDR 53, Dt. P.E.N.-Zentr. 65, VS 90; 1. Pr. d. Min. f. Kultur d. DDR 57, Lit.pr. d. FDGB 83, Goethe-Pr. d. Hauptstadt d. DDR 84, Nationalpr. d. DDR 85; Rom., Nov., Rep., Erz., Lyr. – **V:**

Der Messerkopf, Erz. 50; Tod in der Wüste, N. 51; Helle Nächte, R. 52, 61; Ali und die Bande vom Lauseplatz 55, 12. Aufl. 83 (ung. 60, bulg. 61, poln. 66); Bis zum letzten Mann, Erzn. 56, 60 (ukr., ung. bulg. 58, chin. 59, tsch. 61, poln., am. 64, slow. 72, jap. 74, russ. 75); Die Stunde des Dietrich Conradi, N. 58; Sonne in der Mitternacht, N. 59, 60; Die alten Karten stimmen nicht mehr, Rep. 59; Gespenster-Edes Tod und Auferstehung 62, 10. Aufl. 88; Tod an der Grenze, Erzn. 69; Wo der Regenbogen steigt, Skizzen 70; Poesiealbum 29 70; Frech & frei, G. 70, 74; Meine tausend Jahre Jugend I 81; Zeit der Zauberin 85; Der Tod des Millionen-Jägers 00; Die unsterbliche Macke. Verse aus d. Stiefel, Lyr. 01; Bis zum letzten Mann, Erzn. 03 (erste vollständ. Ausg. von: Tod an der Grenze, Erzn. 69); Raus aus dem Dilemma, Ess. 03. – **MV:** Brief nach Bayern 99. – **MA:** Menschen und Werke, Anth. 52; Hammer und Feder, autobiogr. Samml. 55; Deutsche Stimmen 1956, Anth. 56; Auch dort erzählt Deutschland 60; Neue Literatur, Anth., Frühjahr u. Herbst 01; Das Gedicht lebt, Anth. 01; Satn. in: Junge Welt, Zs. 99/00; Lyrik in: Junge Welt. (Red.)

Mundus s. Schilgen, Wolf von

Munz, Alfred, Reg.schuldirektor a. D.; Matthias-Grünewald-Str. 35, D-72461 Albstadt, Tel. (0 74 32) 2 26 88 (* St. Johann-Upfingen 1. 7. 24). Bürgermed. d. Stadt Albstadt, Staufermed.; Lyr., Erz., Biogr. – **V:** Die Onstmettinger Schule 1602–1973 73; Philipp Matthäus Hahn, Biogr. 77, 2. Aufl. 87; Philipp Matthäus Hahn. Pfarrer u. Mechanikus, Biogr. 90; Wacholderbeeren 92; Mein Blumenbuch 94; Schule im Wüstenwind 97; Schwäbisches Kaleidoskop 99; Silberdisteln 99; Der Prediger von O., Erz. 01; Kraft und Zuversicht auf allen Wegen, Biogr. 03. – **B:** Zollernalb-Profile, Prosa u. G. 99. – **MA:** Erzn. Dt. Lehrer d. Gegenwart 67; Lehrerautoren d. Gegenwart, Bd 5 69; So war es in Onstmettingen, F. 1–23 83–05; Mesner, Glocken, Episoden 87; Morgenlehre – Abenddichte 92; Heimatkundlicher Werkdruck 95–05; Damals war's, Ausg. 00, 01; Alles unter einem Hut 02; Albgeschichten, Anth. 08.

Munz, Erwin, Dipl.-Hdl., ObStudDir.; Duramstr. 3, D-94436 Simbach (* Burgrieden 15. 4. 30). Anekdote, Witz. – **V:** Allgemein heiter, Anekdn. u. Witze 94. (Red.)

Munz, Heinz s. Huhn, Klaus

Murad, Pit s. Wollenhaupt, Gabriella

Murat, Rolf s. Grasmück, Jürgen

Murauer, Michael, Dr. med.; Lucas-Cranach-Str. 39, D-94469 Deggendorf, Tel. (09 91) 55 22, Fax 55 80, *michael.murauer@dgn.de, www.murauer.info* (* München 27. 12. 55). – **V:** Curioso, Sapientia und ihr Fiat Lux 05; Gott und die chinesische Teekanne oder Diogenes wusch seinen Kohl 06, dazugehöriger Kommentarband 08.

†**Murr,** Stefan (Ps. f. Bernhard Horstmann), Dr. jur., Schriftst., Assessor; lebte in Tutzing (* München 4. 9. 19, † Tutzing 22. 1. 08). Förd.kr. Phantastik; Rom., Erz., Film, Hörsp., Fernsehsp. – **V:** 110 – hier Mordkommission 60; 2 Uhr 30 – Mord am Kai 61; Tödlicher Sand 63; Kork aus Tanger 64; Nummer fünf – so leid es mir tut 65; Der Dicke und der Seltsame 66; Mord im September 68; Der Tod war falsch verbunden 69; Ein Toter stoppt den 6 Uhr 10 70; Vorsicht – Jaczek schießt sofort 75; Ringfahndung 80; Blutiger Ernst 81; Und der Tag genau 82, alles Krim.-R.; Affäre Nachtfrost, R. 82; Der Josephson Coup 84; Die Toten der Nefud, R. 84; Die Nacht vor Barbarossa, R. 86; Fünf Minuten Verspätung, R. u. Hsp. 87; Bis aller Glanz erlosch, R. 89; Das späte Geständnis, R. 92; So

919

Muschg

leid es mir tut..., Krim.-R. 93; Die heimlichen Schwestern, R. 94; Prinz Albrecht Str. 8, authent. Ber. 97; Das Herz dieser Stadt, R. 99; Der Hochzeitsmörder, Krim.-Erz.; (Übers. insges. in mehrere Spr.) – Hitler in Pasewalk, Sachb., 1.u.2. Aufl. 04. – **B:** Neubearb. d. Werke v. Ludwig Ganghofer: Der Mann im Salz; Das brennende Tal (früher: Der Ochsenkrieg); Schloss Hubertus; Das Schweigen im Walde; Der Klosterjäger; Der Jäger von Fall; Edelweißkönig; Der versunkene See (früher: Der laufende Berg); Die Martinsklause; Das Gotteslehen; Gewitter im Mai; Das große Jagen; Das neue Wesen; Der Herrgottschnitzer von Ammergau; Der Besondere; Der Unfried. – **R:** HÖRSPIELE: Ein Taxi zum Sterben; Mitternachtsüberraschung; Fünf Minuten Verspätung; Was die Toten erzählen; – FERNSEHFILME: 110 – hier Mordkommission, 2-tlg., 67; Mordgedanken 72; Ein Toter stoppt den 6 Uhr 10 72; Flieder für Jaczek; Auf den Tag genau; Ringfahndung; Affäre Nachtfrost 86. – **P:** Das Geheimnis der englischen Silberschalen; Tödlicher Sand, Krim.-Hsp., Tonkass.

Muschg, Adolf, Dr. phil., o. Prof. ETH Zürich, ao. Prof., Dr. h. c. Humbold-Univ. Berlin; Hasenackerstr. 24, CH-8708 Männedorf, Tel. (01) 9 20 48 38, Fax 9 20 47 78, *adolfmuschg@bluewin.ch*. Knesebeckstr. 76, D-10623 Berlin (* Zollikon 13. 5. 34). VS, Gruppe Olten 70, jetzt AdS, Akad. d. Künste Berlin, Präs. 03–12.05 (Rücktritt), Akad. d. Wiss. u. d. Lit. Mainz, Dt. Akad. f. Spr. u. Dicht., Freie Akad. d. Künste Hamburg, Bayer. Akad. d. Schönen Künste; Lit.pr. d. Stadt u. d. Kt. Zürich 65, Pr. d. Schweiz. Schillerstift. 65, Förd.pr. d. Ldes Nds. 66, Georg-Westermann-Pr. 67, Hamburger Leserpr. 67, Georg-Mackensen-Lit.pr. 67, Conrad-Ferdinand-Meyer-Pr. 68, Hermann-Hesse-Pr. 74, Förd.aktion f. zeitgenöss. Autoren d. Bertelsmann Verl. 76/77, Gr. Lit.pr. d. Stadt Zürich 84, Carl-Zuckmayer-Med. 90, Ricarda-Huch-Pr. 93, Georg-Büchner-Pr. 94, Chianti Ruffino-Antico Fattore 95, E.gabe d. Kt. Zürich 01, Grimmelshausen-Pr. 01, Poetik-Gastprofessur d. U.Bamberg 03, BVK 04, u. a.; Rom., Drama, Ess., Erz., Hör- u. Fernsehsp. Ue: am. – **V:** Im Sommer des Hasen, R. 65; Gegenzauber, R. 67; Rumpelstilz. Eine kleinbürgerl. Tr. 68; Fremdkörper, Erzn. 68; Mitgespielt, R. 69; Papierwände, Ess. 70; Die Aufgeregten von Goethe, Dr. 71; Liebesgeschichten, Erzn. 72; Der blaue Mann, Erzn. 74; Albissers Grund, R. 74; Kellers Abend, Dr. 75; Entfernte Bekannte, Erzn. 76; Gottfried Keller, Monogr. 77; Besuch in der Schweiz, Erzn. 78; Noch ein Wunsch, Erz. 78; Besprechungen 1961–1979, Ess. 80; Baiyun oder die Freundschaftsgesellschaft, R. 80; Übersee, 3 Hsp. 82; Leib und Leben, Erzn. 82; Ausgewählte Erzählungen 83; Unterlassene Anwesenheit, Erzn. 81; Das Licht und der Schlüssel. Erziehungs-R. u. Vampirs 84; Empörung durch Landschaften. Vernünftige Drohreden 85; Dreizehn Briefe Mijnheers 86; Goethe als Emigrant 86; Der Turmhahn u. a. Liebesgeschichten 87; Die Schweiz am Ende – Am Ende die Schweiz. Aufsätze, Vorträge u. Zeitungsbeitr. 90; Ein ungetreuer Prokurist u. a. Erzählungen 91; Zeichenverschiebung 91; Der Rote Ritter, R. 93; Herr, was fehlt Euch?, Prosa 94; Die Insel, die Kolumbus nicht gefunden hat 95; Nur ausziehen wollte sie sich nicht 95; Liebe, Literatur und Leidenschaft, Gespräche 95; O mein Heimatland! 98; Sutters Glück, R. 01; Das gefangene Lächeln, Erz. 02; Gehen kann ich allein u. a. Liebesgeschichten 03; Der Schein trügt auch. Über Goethe, Ess. 04; Eikan, du bist spät, R. 05; Wenn es ein Glück ist, Liebesgeschn. 08; Kinderhochzeit, R. 08; (viele der Titel in zahlr. Nachaufl. u. Übers.); – THEATER/UA: Rumpelstilz, e. kleinbürgerl. Trauerspiel 68; Die Aufgeregten von Goethe, polit. Drama 70; Kellers Abend. Ein Stück aus d. 19. Jh.

75; Watussi od. Ein Stück für zwei Botschafter 77. – **H:** Fritz Zorn: Mars, Erz. 77. – **F:** Deshima, Drehb. m. Beat Kuert 86/87. – **R:** Wüthrich im Studio, Hsp. 62; Rumpelstilz, Fsp. 63; Das Kerbelgericht, Hsp. 69; Verkauft 71; High Fidelity od. Ein Silberblick, Fsp. 73; Watussi. Ein Stück für zwei Botschafter, Fsp. 73; Why, Arizona, Hsp. 77; Watussi od. Ein Stück für zwei Botschafter, Hsp. 78; Goddy Haemels Abenteuerreise, Hsp. 81. – **MUe:** Donald Barthelme: Unsägliche Praktiken, unnatürliche Akte, m. Hanna Margarete Muschg 69. – *Lit:* J. Ricker-Abderhalden: Über A.M. 79; Renate Voris: A.M. 84; Manfred Dierks: Über A.M. II 87; Walther Killy (Hrsg.): Literaturlex. Bd 8 90; LDGL 97; Heinz F. Schafroth in: KLG. (Red.)

Muschg, Hanna Margarete s. Johansen, Hanna

Muschka, Ilse (geb. Ilse Possienke) *

Muser, Martin; Mittenwalder Str. 10, D-10961 Berlin, *Martin.Muser@t-online.de*, *www.martin-muser.de* (* 65). – **V:** Granitfresse, Krim.-R. 97; Das Ohmsche Gesetz, Krim.-R. 00. (Red.)

Musil, Robert s. Cornelsen, Claudia

Mussak, Karl, Mag. Dr., Dir. e. Pädagog. Akad. i. R.; Kaisheimerstr. 1, A-6422 Stams, Tel. (0 52 63) 64 77 (* St.Anton am Arlberg/T 26. 4. 38). Prosa, Kurzprosa, Lyr. – **V:** Auf kargem Boden viel Farbe 88. – **MA:** Lyr. in zahlr. Anth. (Red.)

†**Muster,** Tatjana (eigtl. Tanja Muster), Lyrikerin, Grafikdesignerin; lebte zuletzt in Leipzig (* Lörrach 27. 7. 68, † 4. 04). 2. Pr. b. Bremer Lit.wettbew. d. Lit.werkstatt Westend 97, Scheffel-Pr.; Lyr. – **V:** Vom Rollen und anderen Dingen, Lyr. 01; Spurensuche, biogr. Erz. 03. – **MA:** zahlr. Veröff. u. a. in: Die Randschau. Zs.f. Behindertenpolitik 97–00; Fraueninfo 2/00, 3/00; Leipziger allerlei 6/00; Eventuell 12/00ff.; AKB-Bladl 1/01, 2/01; VdS (Fachverb. f. Behindertenpäd.) 4/01; gr@swurzel 4/00. – **P:** regelm. Lyr.-Beitr. seit 11/01 in: Kultur und Freizeit, Hörzs., Tonkass. – *Lit:* Akima Beerlage in: Virginia 00; Gunda Schröder in: Das Zeichen 01; Johanna Pätzold in: Eventuell 01; Rikarda Wank in: AKB-Bladl 01; Monika Rohde in: Die Querele 01.

Muszer, Dariusz, versch. Tätigkeiten, u. a. Musikant, Journalist, Regisseur, Schauspieler; lebt in Hannover, *info@dariusz-muszer.de*, *www.dariusz-muszer.de* (* Górzyca 29. 3. 59). VS 89; Arb.stip. d. Ldes Nds. 95, Reisestip. d. Auswär. Amtes f. Norwegen 97, 'Das neue Buch' d. VS Nds.-Bremen 99; Rom., Lyr. Ue: poln. – **V:** Die Geliebten aus R. u. a. Gedichte 90; Die Freiheit riecht nach Vanille, R. 99; Der Eschsemann, R. 01; Gottes Homepage, R. 07. – **MA:** junge lyrik dieser jahre 93; Torso, Frühj. 95; die horen, 1.Quartal 96; Pcetera 7/96; Zwischen den Linien 96; Listen, H.56. (Red.)

Muth, Ursula, Bildhauerin; Tel. (0 89) 3 22 79 08 (* Berlin 24). Lyr., Erz. – **V:** Hallo Hellas, Erz. 01; Bis der Stein spricht, Nn. 03; Gedichte 04/05. (Red.)

Muthmann, Robert, Rechtsanwalt, Landrat a. D.; Ludwig-Weinzierl-Str. 9, D-94121 Salzweg, Tel. (08 51) 4 18 15 (* Barmen 10. 5. 22). RSGI; Gold. E.ring d. Ldkr. Passau 93; Lyr., Aphor., Ess. – **V:** Blattwerk, Gedanken u. G. 83; Pusteblumen, G. 85; Dialoge. Worte u. Bilder 85; Kattes Tod, Erzn., Ber., Ess. 88; Im Gespräch: Kunst von Passau bis New York, Aphor., Aufzeichn., G. 90; Manchmal mag man Morgenstern, G. 01, u. a. – **MA:** G., Aphor. u. Aufss. in Anth. u. Zss., u. a.: Wortkristall 85; Regenbalken 86; Hj.schr. d. Kunstver. Passau. – **H:** Alwin Stützer, Monogr. über den Maler 77. (Red.)

Mutius, Dagmar von (Ps. Eleonora Haugwitz), Schriftst., Buchhändlerin; Klingelhüttenweg 10, D-

69118 Heidelberg, Tel. (0 62 21) 80 43 60 (* Oslo/ Norwegen 17. 10. 19). Kg. 53, VS 70, GEDOK, Wangener Kr. 63; Eichendorff-Lit.pr. 63, E.gabe z. Andreas-Gryphius-Pr. 65, Pr. d. Hermann-Sudermann-Stift. 67, Hsp.- u. Erzählerpr. d. ostdt. Kulturrats 73, BVK am Dankenstein 87, Sonderpr. d. Kulturpr. Schlesien d. Ldes Nds. 88; Erz., Rom., Ess., Funkess. – V: Wetterleuchten, R. 61, 88; Grenzwege, Erz. 64; Wandel des Spiels, R. 67; Versteck ohne Anschlag 75; Einladung in ein altes Haus 80; Verwandlungen 81; Draußen der Nachtwind 85, Neuaufl. 00, alles Erzn.; Besuche am Rande der Tage, Erzn. u. Ess. 94. – MA: Nun geht ein Freuen durch d. Welt 54; Was lieben heißt 54; Aber d. Herz hängt daran 55; Ziel u. Bleibe 68; Schöpferisches Schlesien 70; So gingen sie fort 70; Grenzüberschreitungen 73; Auf meiner Straße 75; Daheim in e. anderen Welt 75; Lachen, das nie verweht 76, alles Erzn.; Letzte Tage in Schlesien 81; Rhein-Neckar-Leseb. 83; Spiegellose Räume 83; Jede Krise ist e. neuer Anfang 84; Leichtes Lob 85; Liebe Maria, lieber Petrus 87; Mein Kapitel Josef Mühlberger, Anth. 99. – MH: Schriftzeichen, Anth. 75. – R: Das Schattenrad Tradition – Freiheit oder Fessel 68; Herrgottsländchen; Lob der kleinen Stadt; Schicksale ostdeutscher Landbevölkerung; Heimat in der veränderten Welt; Versteck ohne Anschlag 70; Heimat als Bild 70; G. v. Mutius 72; Querköpfe 72; Einladung in ein altes Haus 74; Kubischewskis Ende zur rechten Zeit 76; Büchergespräche 72, 74, 75, 77, 79; vicia villosa 81; So glimmt in der Zukunft die Vergangenheit nach 95.

Mutschler, Ernst, Prof. Dr. Dr. Dres. h. c.; c/o Wiss. Verlagsges., Stuttgart (* Isny 24. 5. 31). zahlr. wiss. Preise, E.mitgl.schaften, E.doktortitel; Erz., Lyr. – V: GedankenSplitter, Erz., Lyr. 01. (Red.)

Mutzenbecher, Geert-Ulrich, Verlag Mutzenbecher, Kaufmann, Schriftst.; Brandorffweg 30, D-22609 Hamburg, Tel. (0 40) 82 92 75, *monika.bessler@t-online.de.* c/o Monika Bessler, Oberstr. 114, D-20149 Hamburg (* Hamburg 19. 3. 22). GEMA 81, VG Wort 89; 2. Hamburger Lit.pr. f. Kurzprosa 83; Rom., Kurzprosa, Lyr. – V: Unterwegs, G. 82; Zwischendurch, G. 83; Gestern ist morgen, Erzn. 84; Nur mal so 88; Ich liebe das Licht 89; Na Du 92; Die Versicher, Sachb. 93; Mutzel will auf Reisen geh'n..., Geschn. 94; Mittendrin 95; Jetzt bin ich dran 97; Die Mutzenbechers, R. 00; Kindermund und Dichterstund, Lyr. 01; Dem Teufel von der Schippe ..., R. 04; Überleben ist alles, R. 05. – MA: Sonntagskinder kratzen die Kurve in: Ansprüche 85; Glück, Kurzgesch. in: bewußter leben, Mschr. 11 84 u. Michaelskal.

Mylo, Ingrid, Journalistin, Übers., Schriftst.; c/o MICROMEGAS, Achenbachstr. 9, D-34119 Kassel, *micromegas.de* (* Frankfurt/Main 11. 55). – V: Der magische Schal 86; Der Prinz und die Blume 89; Die kleinen Leute und die Riesenerfindung 92; Fridolin und Jonathan 97, alles Bilderb.; – Kaffeeblüten 94; Das Treppenhaus und andere Landschaften 04. – MA: seit 84 essayist./lit. Texte für d. Funk sowie u. a. für: Medium; Pflasterstrand; Fotogeschichte; NZZ; Wochenpost. – R: zahlr. Kurzhörspiele 76–88. (Red.)

Mylonas, Mira (Ps. Mira Steffan), Journalistin; Kurt-Schumacher-Str. 51, D-53773 Hennef/Sieg, Tel. (0 22 42) 90 11 55, Fax 90 11 53 (* Oberhausen 17. 5. 61). Rom., Lyr. – V: Flammenmeer, G. 95. – MA: Lieb Vaterland, Anth. 90; Tiefenschärfe, Anth. 95. (Red.)

Mylow, Daniel, M. A., Lehrer; Hauptstr. 18, D-95028 Hof, *daniel-mylow@web.de* (* Stuttgart 19. 8. 64). BVJA; Stellwerkpr. Marburg 03, Wiener Werkstattpr. 04, Kurzkrimipr. Buch Habel 04, Wettbew. d. LiLi-Forums, Feldkirch (Tirol) 07, Bonner Migrationspr. 07,

Lyr.pr. Lyrik 2oooS 08; Rom., Kurzgesch., Lyr. – V: i. d. Reihe „Exkurs": Daniel Mylow Kurzprosa 97; Im Garten des Zauberers, Erzn. 04; Öffne meine Augen; Dr., UA 06. – MA: zahlr. Beitr. (ca. 150) in Lit.-Zss. u. Anth. seit 90, u. a. in: Neue Sirene; Zeitriss; Scriptum; Zenit; Maskenball; Lima; Macondo.

Myong Ja s. Maurer, Monika

Myrakis, Sandro s. Slark, Dittker

Myrdin s. Grün, Gerd

Naber, Sabina, Red., Schauspielerin, Regisseurin, Drehb.autorin, Schriftst.; *info@sabinanaber.at*, *www. sabinanaber.at* (* Tulln 17. 12. 65). Das Syndikat, Mörderische Schwestern, AIEP – Intern. Vereinig. d. Krim.-schriftst.; Kurzkrimi-GLAUSER 07; Rom., Drehb., Kurzgesch. – V: Die Namensvetterin, R. 02; Der Kreis, R. 03; Die Debütantin, R. 05; Der letzte Engel springt, R. 07. – MA: Obsession Bizarre, Krim.-Geschn. 03; Tatort Wien 04; Bisse + Küsse III 04; Tatort Bayern 05; Fest Essen 05; Mörderisch unterwegs 06; Schöne Leich in Wien 08; Wer tötete Fischers Fritz? 08; Messerspitz + Hackebeil 08; Mord am Hellweg IV 08; Liebe, Lust + Lösegeld 08. – H: Tödliche Elf, Prosa-Anth. 08. – P: Gretes Sieg, Kurzgesch., in: www.jokers.de 08.

Naderer, Klaus, M. A.; Rolshover Str. 166, D-51105 Köln, *klaus_naderer@web.de* (* Moers 25. 9. 62). Dramatik, Erz. – V: Oskar Walzels Ansatz einer neuen Literaturwissenschaft 92; Nietzsches Poetologie 93; Vom Wesen des Theaters 94; Dramatische Außenseiter. Kleine Gesch. d. deutschsprachigen Theaters, T. 1 95.

Nadj Abonji, Melinda, Lic. phil. I, Autorin, Musikerin, Textperformerin, Doz.; Idastr. 48, CH-8003 Zürich, Tel. (0 44) 4 61 85 91, *mel@masterplanet.ch, www. masterplanet.ch* (* Becsej/Vojvodina 22. 6. 68). AdS 03, SUISA 06; Kulturelle Auszeichn. d. Kt. Zürich 98, Werkbeitr. d. Bdesamtes f. Kultur 98, Werkjahr d. Dienemann-Stift. 98, Aufenthaltsstip. d. Berliner Senats im LCB 00, Hermann-Ganz-Pr. d. SSV 01, E.gabe d. Stadt Zürich 04, Werkbeitr. d. Pro Helvetia 06, Werkbeitr. d. Kt. Zürich 07; Rom., Lyr., Erz., Dramatik. – V: Mensch über Mensch, Erz. 01; Im Schaufenster im Frühling, R. 04. – MA: Sprung auf die Plattform 98; Drehpunkt 117, 03; manuskripte 168 05. – P: Voice Beatbox Violin, CD 06. – Lit: Martin Prinz in: Volltext 03. (Red.)

Nadler, Margarethe s. Kirnbauer, Margit

Nadolny, Sten, Dr. phil.; c/o Agence Hoffman, Bechsteinstr. 2, D-80804 München (* Zehdenick 29. 7. 42). Ingeborg-Bachmann-Pr. 80, Hans-Fallada-Pr. 85, Premio Vallombrosa 86, Ernst-Hoferichter-Pr. 95, Jakob-Wassermann-Pr. d. Stadt Fürth 04, Stadtschreiber-Lit.pr. Mainz 05; Rom., Ess. – V: Netzkarte, R. 81, 96, Tb. 99 (auch ital., jap.); Die Entdeckung der Langsamkeit, R. 83, Tb. 98 (auch engl., ital., türk., isl., span., gr. korean., chin., frz., holl., dän., schw., finn., poln., tsch., port., hebr.); Das Erzählen und die guten Absichten, Münchner Poetik-Vorlesungen 90; Selim oder die Gabe der Rede, R. 90, 97 (auch frz., span., ital., türk., gr.); Ein Gott der Frechheit, R. 94, 96 (auch frz., schw., span., ital., gr., hebr., ndl.); Er oder ich, R. 99, 00 (auch frz., ital.); Ullsteinroman 03. (Red.)

Nadolny, Susanne, Romanistin, Germanistin, Übers.; Lindemannstr. 22, D-44137 Dortmund, Tel. (02 31) 9 12 80 11, Fax 9 12 80 19, *mail@susanne-nadolny.de, www.susanne-nadolny.de* (* Castrop-Rauxel 1. 4. 59). Lit.gesch., Übers. v. Erzn. Ue: frz. – V: Elsa Triolet. Il n'y a pas d'amour heureux. Eine biogr. u. literar. Collage 00; Claire Goll. Ich lebe nicht. Eine biogr. u. literar. Collage 02. – Ue: Else Triolet: Die Frau mit den Diamanten 99; dies.: Colliers de Paris 99. (Red.)

Nadolski

Nadolski, Dieter, Prof., Dr.; Eilenburger Str. 2, D-04425 Taucha, Tel. (03 42 98) 6 93 20, Fax 6 67 60, *Kontakt@Tauchaer-Verlag.de,   Tauchaer-Verlag.de* (* Rathenow 3. 11. 39). Erz. – **V:** Die Affären August des Starken 94; Die Frauenkirche zu Dresden 94; Die Ehetragödie Augusts des Starken 96; Die miserable Gräfin Cosel 97; August der Starke. Sein Leben in Bildern 97; Augusts des Starken Erzrivale auf Mildenstein 98; – Reihe: Wahre Geschichten – um August den Starken 91, – um Gräfin Cosel 92, – um den Dresdner Fürstenzug 93, – um Sachsens letzten König 93, – von der Augustusburg 95, – um sächsische Schlösser 02, – um sächsische Burgen 03, – um Weihnachtliches aus Thüringen 06, – um die Gedächtniskirche 07; August der Starke. Wie er wirklich war 07. – **MV:** Wahre Geschichten aus dem Erzgebirge, m. Jost Nadolski 08. – *Lit:* s. auch 2. Jg. SK.

Nääggi s. Räber, Hans

Naef, Sabina, Schriftst.; *sabina.naef@gmx.net* (* Luzern 5. 4. 74). SSV 99, jetzt AdS, ISSV; RSGI-Jungautorenpr. 98, Werkbeitr. d. Kt. Zürich 99 u. 02, 2. Pr. d. Lit.wettbew. d. Dienemann-Stift. 01, Werkbeitr. d. Zentralschweizer Lit.förd. 01, Aufenthaltsstip. im LCB 04, Werkbeitr. d. Pro Helvetia 07; Lyr. – **V:** Zeitkippe, G. 98, 2. Aufl. 00; tagelang möchte ich um diese Ecke biegen, G. 01; leichter Schwindel, G. 05. – **MA:** entwürfe 20/99, 30/02; das Wort – ein Flügelschlag, Lyr. 00; Warenmuster, blühend, Lyr. 00; Allmende 70/71 01; art.21 6/01; Natürlich die Schweizer 02; Jb. d. Lyrik 2004 03; Days of Poetry and Wine 03; Poetische Begegnungen. Die Schweiz in St. Petersburg 03; Hochzeit d. Elemente (G.-Übers.) 04; Ars Poetica 04; Druskininkai Poetic Fall 05; drehpunkt 124 u. 125/06; Made in Heft 7, Kurzprosa 07; Lyrik von Jetzt 2 08; Gedichte für Nachtmenschen 08. – **P:** trois fois rien, CD 06/07. – *Lit:* Werner Morlang in: drehpunkt 112/02 u. 123/05; www.korrespondenzen.at.

Naegele, Robert, Schauspieler; Asamstr. 25, D-81541 München, Tel. (0 89) 65 25 28 (* Nattenhausen/ Schwaben 23. 6. 25). Turmschreiber; Wilhelmine-Lübke-Pr. 79, Bayer. Poetentaler 98; Hörsp. – **V:** Schwäbische Lausbubengeschichten 74; Damals in unserem schwäbischen Dorf 78; Schwäbische Weihnachtsgeschichten 81, 94; Vakanz beim Opa 84; Schwäbisch g'schnauft 87; Nägele mit Köpf 93; Vom Lausbub zum Gottvater 00. – **R:** Wer hilft Frau Schräubele, Hsp. 74; Eigene Wände, Hsp. 77; Alt und Jung, Hsp. 79; Der Mamaler, Hsp. 80; Geschäft und Zauberflöten 82; Wer hilft Frau Schräubele oder Herzversagen, Fsp. 82; Vakanz beim Opa, Hfk-Serie 84; Ferien beim Opa, Fs-Serie 85; Auf's Land zur Probe, Hsp. 86; Bäsla und Vetterla, Rdfk.-Geschn. 89; Das vergeßliche Christkindle, Hsp. 90. – **P:** Abenteuer der sieben Schwaben, Volksb. 82. (Red.)

Naeher, Gerhard, Journalist; Terrassenstr. 15, D-14129 Berlin, Tel. u. Fax (0 30) 8 02 60 98, *g.naeher@gmx.net* (* Göppingen 9. 5. 37). Rom., Lyr. – **V:** Spuren von Freiheit, G. 88; Freiheit bis Timbuktu, R. 88; Land unter. Eine gesamtdeutsche Geschichte, R. 07; Trallala. Leichen bei TV Royal, Kr. 09; – Sachbücher: Stirbt das gedruckte Wort? 82; Der Medienhändler. Der Fall Leo Kirch 89; Axel Springer. Mensch, Macht, Mythos 91; Mega-schrill und super-flach. Der unaufhaltsame Aufstieg d. Fernsehens in Dtld 93.

Näther, Ursula (Ps. Elisabeth Maria Hesselmann), med.-techn. Assist. i. R.; Frankenwaldstr. 22, D-13598 Berlin, Tel. (0 30) 3 71 27 18 (* Halberstadt 27. 3. 35). Arb.kr. Spandauer Künstler 92; Lyr., Erz. – **V:** Findlinge, G. 96; Mitteilungen vom See, G. 97; Meine Reise nach Indien, G. 98; Schwarzer Sand und Feuerberge 99;

Mitlesebuch Nr. 44 00. – **MV:** Am Anfang war Beziehung, m. G. Wiedemann, Sachb. 96. – **MA:** Herzattacke I/97. – **MH:** Bei uns vor der Tür, G. 97. (Red.)

Nagel, Elke (verh./gesch. Elke Willkomm); Koblenzer Str. 19, D-02999 Lohsa/Mortka, Tel. u. Fax (03 57 24) 5 01 53, *ENANagel@web.de* (* Rerik 21. 7. 38). Ue: sorb. – **V:** Mit Feuer und Schwert, Erz. 73; Das Mirakel von Bernsdorf, histor. R. 77; Der fingerkleine Kobold, Kdb. 78; Hexensommer, R. 84; Kreuz am Waldrand, N. 07. – **Ue:** Mina Witkojs: Echo aus dem Spreewald, Lyr. 01.

Nagel, Eva-Maria (eigtl. Eva-Maria Friedrich), Rettungsassistentin; c/o Haag + Heerchen Verl., Frankfurt am Main (* Neustadt am Rübenberge 17. 3. 84). Pr. b. Schreibwettbew. v. FiFa – Fiction&Fantasy e.V.; Rom. – **V:** Saskia, R. 06.

Nagel, Gerhard, Betriebswirt, Unternehmensberater, Doz.; c/o Carl Hanser Verl., München (* 54). – **V:** Wagnis Führung, R. 99; Die Rivalen, R. 01; mehrere Fachb. z. Thema Unternehmensführung. (Red.)

Nagel, Ivan, Prof., UProf. i. R.; Keithstr. 10, D-10787 Berlin, Tel. u. Fax (0 30) 2 11 47 10, *ivannagel@gmx.de* (* Budapest 28. 6. 31). P.E.N.-Zentr. Dtld, Dt. Akad. f. Spr. u. Dicht., Akad. d. Künste Berlin, EM Intern. Theaterinst.; Johann-Heinrich-Merck-Pr. 88, Fritz-Kortner-Pr. 99, Moses-Mendelssohn-Pr. 00, BVK 03, Ernst-Bloch-Pr. 03, Heinrich-Mann-Pr. 05; Abhandlung, Ess., Kritik. – **V:** Autonomie und Gnade. Über Mozarts Opern 85, 3., erw. Aufl. 88; Gedankengänge als Lebensläufe. Versuche über d. 18. Jh. 87; Kortner, Zadek, Stein 89; Ariadne auf dem Panther. Zur Lage d. Frau um 1800 93; Der Künstler als Kuppler. Goyas Nackte u. Bekleidete Maja 97; Streitschriften – Politik, Kulturpolitik, Theaterpolitik 01; Das Falschwörterbuch. Krieg u. Lüge am Jh.beginn 04; Drama und Theater. Von Shakespeare bis Jelinek 06. – **MV:** Liebe, Liebe ist die Seele des Genies. Vier Regisseure d. Welttheaters, m. Benjamin Henrichs 96. – **Ue:** Tibor Déry: Niki 57; ders.: Die portugiesische Königstochter 59.

Nagel, Muska (Melanie von Nagel Mussayassul, Mother Jerome O.S.B.); Abbey of Regina Laudis, Bethlehem, CT 06751/USA, Tel. (2 03) 2 66–77 27, Fax 2 66–54 39 (* Berlin-Charlottenburg 12. 5. 08). Kurzprosa, Lyr., Übers. – **V:** Das gelbe Haus, Erzn. 46; Things that surround us, G. engl., dt., frz. 87 (teilw. ins Russ. übers.); Letters to the Interior, G. engl. u. dt. 96. – **MA:** Der Sommer, Erz. in: Die Jahreszeiten 42; Buchbespr. in d. Zs. „Neue Rundschau" in d. 30er Jahren. – **Ue:** Elements, Poems in Translation (dt., frz., ital. G.) 90; The white mirror, G.-Ausw. Johannes Bobrowski 93; A voice, G. u. Prosa v. Paul Celan 98. – *Lit:* Uwe Poerksen: Porträt Muska Nagel in: Neue Rundschau 2/94. (Red.)

Nagel, Sonja, Anthroposophin, Germanistin, Anglistin, Pädagogin; Bielefeld, *Sonja.Nagel@uni-bielefeld.de* (* Lippstadt 31. 12. 53). Lyr., Tageb. – **V:** Sprung in den Spiegel, Lyr. 82.

Nagenkögel, Petra, Mag.; Mertensstr. 19, A-5020 Salzburg, Tel. (06 76) 6 34 03 12, Fax (06 62) 42 24 11 13, *pnagenkoegel@gmx.at, prolit@ literaturhaus-salzburg.at* (* Linz 1. 8. 68). IGAA; Kulturförd.stip. d. Stadt Linz, Talentförd.stip. d. Ldes ObÖst. 97, Jahresstip. d. Ldes Salzburg 99, Lit.pr. Floriana (3. Pr.) 02, Georg-Trakl-Förd.pr. 04; Prosa, Lyr. – **V:** Dahinter der Osten, R. 02; Pablo Picasso: Frauen – P.N.: Anagramme, Gedichte 05. – **MA:** SALZ 102/02; Von Sinnen, Leseb. 04, u. a. (Red.)

Nager, Franz-Xaver, Musikwiss., Theaterautor; c/o Haus der Volksmusik, Lehnplatz 22, CH-6460 Altdorf (* Altdorf/Kt. Uri 23. 1. 51). Hauptpr. im Wettbew. d. Innerschweiz. Kulturbeauftr.-Konferenz z. Förd. v. Theatertexten 97, Anerkenn.beitr. d. UBS Kulturstift. 99, Urner Werkjahr d. Kunst- u. Kulturstift. Heinrich Danioth 00, Werksemester London d. Kulturstift. Landy u. Gyr 00/01; Dramatik, Hörsp., Rom. – **V:** Ds Gräis, Sprechoper, UA 96 (auch CD); Ds Chrischchintli, Kom., UA 99; Hinter den sieben Bergen, Musik-Theater, UA 99; Dr Samichläus und diä dryy Büäbä, Spiel f. Kinder, UA 01. – **MV:** Attinghausen, m. Chr. Baumann u. G. Gianotti, Sprechoper 93. (Red.)

Nagora, Mirelle, Schriftst., Illustratorin; Zuschka 14, D-03044 Cottbus (* Cottbus 1. 1. 64). IG Medien 94; Märchen, Lyr., Kurzgesch., Erz. – **V:** Im Tal der roten Kleeblüten, Kdb. 99. – **MV:** Das durstige Mäuschen, m. Gerhard Nagora, Kdb. 02. – **MA:** seit 93 zahlr. Veröff. in versch. Tagesztgn bundesweit, u. a. in: Reutlinger Generalanzeiger; Saarbrücker Ztg; Augsburger Allg.; Lausitzer Rundschau; Beitr. in: Serbske Nowiny, sorb. Tagesztg; Plomjo, sorb. Kinder-Zs.; Serbska Pratyja, Jahreskal., seit 95; 2 Beitr. in: Wildschweinjagd, Anth. 97; Sorbisches Lesebuch f. 3. Klassen 01/02 u. 02/03. (Red.)

Nagual, Arabella s. Oswald, Susanne

Nahkurth, Hans s. Hahn, Kurt

Nahlik, Michelle, Dipl. bio. med. Analytikerin; Pré-Henry 8, CH-1752 Villars-sur-Glâne, Tel. (0 26) 4 18 03 17, michelle.nahlik@sunrise.ch (* Thun 1. 2. 71). Lyr., Erz., Rom. – **V:** Tropfen der Erkenntnis. Gedichte und Kurzgeschichten 07. – **MA:** Jb. f. d. neue Gedicht 07; Bibliothek dt.sprachiger Gedichte. Ausgew. Werke X 07.

Nahrgang, Frauke; Bärenweg 5, D-35260 Stadtallendorf, Tel. (0 64 28) 92 19 76 (* Stadtallendorf 25. 7. 51). – **V:** Schwalben im Klassenzimmer 89; Die Kuh Rosalinde 90; Tine und die Eisenbahn 90; 52 Zaubertage, Geschn. 90; Jetzt bauen wir ein Haus 91; Katja und die Buchstaben 91; Mit dem Auto unterwegs 91; Charly bei der Feuerwehr 92; Drei Räuber mit Schwein 93; Emelies allerbester Freund 93; Haustikausti 93; Kinderzimmerkrach 93; Die Maus geht zum Markt 93; Mit Opa in der Stadt 93; Steffi 93; Was ein Tag alles bringt 93; Küssen verboten 94; Lene und Peter packen aus 94; Oma Karlson hat Geburtstag 94; Ein Supertag für Maus 94; Aligator Alfred 95; Andy Bärchen Eisenmann 95; Aus für Tobias 95; Der Ferienfeind 95; Komm mit in die Schule 95; Papa in Panik 95; Rita und Till 95; Ein Turbofahrrad für Tintin 96; Warum der kleine Waschbär so gerne Seife mag u. a. Geschichten 96; 1, 2, 3 ... Piraten kommt herbei 96; Schneewittchen und der Power-Prinz 97; Verliebt? So'n Quatsch 97; Fußballgeschichten 98; Jan ist kaum zu schlagen 98; Ein Tor in letzter Minute 98; Nur Mut, Lena 99; Alles ganz geheim 00; Doppelpaß und Limonade 00; Luno und der blaue Planet 00; Anne heckt was aus 00; Ein Geschenk für Mama Dachs 00; Alles klar in der Schule 01; Geschichtenspaß für 3 Minuten 01; Kleiner Ritter Drachenschreck 01; Mehr Spaß in der Schule! 01; So ein Tag, so wunderschön ... 01; Benni macht sein Spiel 02; Detektiv Flitz und die rätselhaften Briefe 02; Zwei Mädchen auf heisser Spur 02; Florian fliegt zum Nordpol 03; Florian fliegt ins Abenteuer 03; Kleine Geschwister-Geschichten zum Vorlesen 03, u. a. – **MV:** Luzy und ihre Freunde, m. Sibylle Wanders u. Michael Schober 98. (Red.)

Nandi, Ines (geb. Ines Bourauel, Ps. Agnes Auen), Lehrerin, Autorin; Kurt-Schumacher-Str. 15, D-88471 Laupheim, Tel. (0 73 92) 64 70, ines.nandi @gmx.net, www.autorin-ines-nandi.de (* Eitorf/Sieg 10. 2. 49). Rom., Lyr., Biogr., Erz. – **V:** Zeiten-Sprung,

R. 04; Die Jungfrau, die heiraten wollte, Autobiogr. 06. – **MA:** Autoren fallen nicht vom Himmel 06; Abserviert! 06.

Nané (Ps. f. Elke Hey). Lyr. – **V:** Was hast du erlebt, G. 02. (Red.)

Nanine s. Fend, Karin

Naoum, Jusuf, freier Schriftst., Kaffeehausgeschn.-erzähler; Kreuzweg 2D, D-65527 Niedernhausen, Tel. u. Fax (0 61 27) 71 26, info@jusuf-naoum.de, www. jusuf-naoum.de (* Tripoli/Libanon 25. 2. 41). VS 75, PoLiKunst 81; Kulturpr. d. Rheingau-Taunus-Kr., Stip. d. Stuttgarter Schriftstellerhauses 95; Lyr., Rom., Erz., Hörsp., Märchen, Gesch. Ue: arab. – **V:** Der rote Hahn, Erz. 74, 79; Der Scharfschütze 83, 2. Aufl. 90; Karakus und andere orientalische Märchen 86, 95; Die Kaffeehausgeschichten des Abu Al Abed 88; Kaktusfeigen 89; Sand, Steine und Blumen, G. 91; Nacht der Phantasie 93, 04; Das Ultimatum des Bey 95; Nura 96; Guten Tag Alemania 07. – **MA:** Angst 74; Liebe und Revolution 74; Die Stadt, alles Prosa u. Lyrik, u. a. Anth. – **MH:** Südwind – gastarbeiterdeutsch, Reihe. – **R:** Erzählung des Fischers Sidaoui; So einen Chef mußt du haben; Sindbads letzte Reise, alles Hsp.; Karfunkel, Drehb. f. Kinderfs.-R.; mehrere Beitr. f. versch. Rdfk-Sender. – **P:** Al Hakawati, m. Limes X, CD. – **Lit:** German Quarterly Vol.67, No.4 94.

Napf, Karl s. Jandl, Ralf

Narwada, Taja s. Gut, Taja

Nasemann, Theodor Rudolf Karl, Prof. Dr., Klinikdir. i. R.; Buchenstr. 3, D-82347 Bernried, Tel. (0 81 58) 64 85 (* Hamburg 30. 6. 23). BDSÄ; Marchionini-Med. in Gold; Lyr., Ess. Ue: engl. – **V:** Nostalgie in Zinn, Sachb. 79; Im Schatten und Licht, Verse u. Ess. 88; Brevier der lebendigen Natur 90; Immergrüner Diwan 90; Deutsche Dichterärzte 92; Deutschsprachige Dichterärzte 93; Die Sonne auf unseren Wegen 93; Lesevergnügen für freie Minuten, Lyr. u. Prosa 99; Spiel und Pflicht, Autobiogr. 99; Almanach zum Achtzigsten 83; zahlr. weis. Veröff. – **Lit:** s. auch GK. (Red.)

Nasenbaer s. Behr, Sophie

Naß, Waldemar s. Loest, Erich

Nastali, Wolfgang, Dipl.-Soziologe; Glacisweg 19, D-55252 Mainz-Kastel, Tel. (0 61 34) 6 35 44, wolednas @web.de (* Mainz 29. 4. 51). Lyr., Kurzprosa, Nov., Ess., Sachb. – **V:** Die Trauer der Dolmetscher, Lyr. 80; Heraklit auf einer Brücke, Lyr. 97; Lichtlippen des Schattenmundes, Lyr. u. Ess. 98; Ursein – Urlicht – Urwort, Sachb. 99, 00 (auch bulg.). – **MA:** Die Ungeduld auf dem Papier und andere Lebenszeichen 78; Die Tiefe der Haut 84, beides Lyr.-Anth.; Mainzer Kulturtelefon, Lyr. u. Kurzprosa 84; Gnostika, Zs. 23, 24/03.

Nastasi, Alexander; Waldstr. 25/1, D-69207 Sandhausen, Tel. (0 62 24) 92 42 55, info@alexandernastasi. de, www.alexandernastasi.de (* Heidelberg 16. 5. 70). Lyr. – **V:** Sei dein eigenes Wunder, Ratgeber 07; Seelenbaumeln, Lyr. 07 II. – **P:** Tageslyrik, unter: weblog.-alexandernastasi.de, seit 07.

Naters, Elke; lebt in Hermanus/Südafrika, c/o Kiepenheuer & Witsch, Köln (* Rosenheim 63). Rom. – **V:** Königinnen 98; Lügen 99; G.L.A.M. 01; Mau Mau 02; Justyna 06. – **MV:** die Buch – leben am pool 01; Durst Hunger Müde 04; Was wir von der Liebe verstehen 08, alle m. Sven Lager. (Red.)

Natmeßnig, Kriemhilde (Kriemhilde Theresia Maria Natmeßnig), HSL i. R.; www.kunstforum.at/kriemhilde.natmessnig/ (* Villach 22. 6. 27). Mitgl. in 4 lit. Verb.; Auszeichn. b. Intern. Lyr.wettbew. in Tricesimo, Ital. 72, Pr. b. Intern. Lyr.wettbew. d. Club d'Art-Intern. 97, Hon.

Natus

VÖAV, EM VKSÖ 00, Kärntner Lorbeer in Silber 04, Berufstitel Prof. 05; Lyr., Aphor., Monolog f. Lesetheater, Ess., Erz., Psycholog. Ged. – **V:** Traumlieder, Lyr. 61; Im Bannkreis des Du, Lyr. Bd 1 89, Bd 2 90; Denkergebnisse, Aphor. 91; Psychologische Gedichte und Monologe, Bd 1 92; Friedensappell. Psycholog. G. u. Monologe, Bd 2 93; Psychologische Gedichte, Monologe u. Prosa, Bd 3 95; Schattenbilder und Texte 97; Schattenbilder I 98; Schattenbilder 99; Identifikationskarussell oder Im Bannkreis des Du, bis Sammelbd Nr. 12 06–08. – **MA:** zahlr. Beitr. in Anth. u. Jbb. v. Fachverb. seit 90 sowie Lit.zss., zuletzt: Collection dt. Erzähler, Bde 2–5; Frankfurter Bibliothek 03, 05. – **H:** Konstruktionen und Schattenbilder (exper. Fotogr.), Schnappschußporträts, Objektfotos.

Natus, Uwe Maria *

Nau, Hans F., Prof. Dr. sc.; Bahnhofstr. 4, D-14797 Lehnin, Tel. (0 33 82) 3 85, *Hans.Nau@t-online. de* (* Stettin 18. 3. 29). Havelländer Autorengr. im Brandenburg. KB e.V. 97; Erz. – **V:** Der Tod des Mädchens u.a. Erzählungen 03. – **MH:** Grenzgänge zwischen Herz und Verstand, Anth. 02, 05. (Red.)

Nauer, Jörg s. Willnauer, Jörg-Martin

Nauer, Nadine s. Cueni, Claude

Nauhaus, Paul Martin, freiberufl. Schriftst. u. Graphiker, Verleger; Hochheimer Str. 55, D-99869 Westhausen, Tel. (03 62 55) 8 85 55, *info@nauhaus.de* (* Erfurt 2. 7. 66). Verein Deutsche Sprache e.V. 00; Erz., Lyr., Drehb. – **V:** Fiona, Erz. 00. – **MV:** Mitternachtssonne, Lyr., Kurzgeschn. 95; Beim Zwiebelschälen, Kurzgeschn. 95; Manifest des hypersensualistisch-kritischen Realismus 95 (Sonderausg.). (Red.)

Naujoks, Verena s. Rabe, Verena

Naumann, Gerhard, Dipl. Ge. Wi.; Schneeberger Str. 2, D-12619 Berlin, Tel. (0 30) 9 98 37 08 (* Wermsdorf 3. 7. 31). – **V:** Da haben wir den Salat 07; Was für eine Welt 08. – **MA:** Ernst u. heiter von gestern u. heute, Schrr.reihe, seit 1/98.

Naumann, Jürgen, StudDir.; Horemansstr. 24a, D-80636 München, Tel. (0 89) 12 39 11 45, *jot.naumann @t-online.de* (* Erfurt 19. 5. 47). VS 79, NGL Erlangen 76; Lit.förd.pr. d. Stadt Erlangen 76; Lyr., Rom., Nov., Ess., Kindergesch., Hörsp. – **V:** Physiognomien, Lyr. 75; Der Schulterklopfer, Lyr. u. Kurzprosa 76; Kreislauf und Ausbruch, Lyr. 83. – **MA:** regelm. Veröff. in d. Anth. d. NGL Erlangen seit 78, zuletzt in: Find im Sand 00; – Bilden Sie mal einen Satz mit..., Anth. 07. – **R:** Die Ballade vom langen, glücklichen Tod des Michael W., Hsp. 96; Betthupferlgeschichten, Hfk-Kindergesch. 96/97; regelm. Beitr. in: Fränkische Geschichten, seit 96 (u.a.: Sophies Rad, Im Bierkeller, Meine erste Schallplatte).

Naumann, Kati, Autorin; c/o Keil & Keil Literatur-Agentur, Hamburg, *mail@katinaumann.de, www. katinaumann.de* (* Leipzig 12. 5. 63). VS Sachsen; Rom., Lyr., Dramatik, Hörsp., Drehb. – **V:** Elixier, Musical (Musik: Tobias Künzel), UA 98; Was denkst du?, R. 01, Tb. 03 (auch Hörb.); Alte Liebe, R. 04 (auch korean.). – **P:** Elixier, CD 97, 08.

Naumann, Meino, Dr.; Zanderweg 14, D-26127 Oldenburg, Tel. (0 4 41) 60 23 26, *meino.naumann@ ewetel.net* (* Hannover 26. 6. 38). Kogge; Europ. Umweltpr. f. 92, 'Das neue Buch' d. VS Nds.-Bremen 04; Lyr., Prosa. – **V:** Das Reich der Schwestern, R. 92; Odysseus landet am friesischen Strand, G. 98; Werpeloh – Werpeloh, G. 98; Werthers Wilhelm, Erz. 04; Dohlenjude – Kaajööd, R. 05; ... o Oldenburg!, G. 08. – **H:** Aber am Abend laden wir uns ein. Ein Mosaik f. Wolfgang Hempel..., Festschr. 01.

Naumann, Uwe, Dr. phil., Lektor, Schriftst., Hrsg.; Fischers Allee 71, D-22763 Hamburg, Tel. (0 40) 39 90 31 86, *uwe.naumann@rowohlt.de* (* Hamburg 17. 6. 51). Feat., Biogr., Anthologie. – **V:** Faschismus als Groteske. Heinrich Manns Roman „Lidice" 80; Zwischen Tränen und Gelächter. Satirische Faschismuskritik 1933–45 83; Klaus Mann, Biogr. 84, 11. Aufl. 06. – **MV:** In der Sache Heinar Kipphardt, m. Michael Töteberg 92; 100 Jahre Rowohlt, m. H. Gieselbusch, D. Moldenhauer u. M. Töteberg 08. – **H:** Sammlung. Jb. f. antifaschist. Lit. u. Kunst 78–82; Lidice. Ein böhmisches Dorf 83; Robert Lucas: Teure Amalia, vielgeliebtes Weib 84, erw. Neuausg. 94; Heinar Kipphardt: Gesammelte Werke in Einzelausgaben, 10 Bde 86–90; Bruno Adler: Frau Wernicke 90; „Ruhe gibt es nicht, bis zum Schluß". Klaus Mann (1906–1949) 99; Mannoh-Mann, Satn. u. Parodien 03; Verführung zum Lesen 03; Peter Hacks/Heinar Kipphardt: Du tust mir wirklich fehlen, Briefwechsel 04; Die Kinder der Manns 05; Klaus Mann Werkausg., 10 Bde. – **MH:** Ulrich Becher/George Grosz: Flaschenpost, m. Michael Töteberg 89; Erika Mann: Mein Vater, der Zauberer 96, Blitze überm Ozean 00, beide m. Irmela von der Lühe.

Nausner, Ulrich, M. A.; c/o Atelier, Reichsapfelgasse 1, A-1150 Wien, Tel. (06 50) 9 26 62 96, *atelier@ulrichnausner.com, www.ulrichnausner.com* (* Oberndorf b. Salzburg 28. 4. 80). Kunstb., Lyr. – **V:** free poetry, Lyr. 06.

Navis, Jens s. Rech, Hans Joachim

Nawothnig, Helga; Zum Hohen Stein 13, D-58300 Wetter, Tel. (0 23 35) 6 02 07 (* Wetter/Ruhr 6. 1. 29). – **V:** Die neue Schrift, Erz. 06.

Neal, Ed s. Linde, Winfried Werner

Nebe, Volkmar, Drehb.autor; lebt in Hamburg-Fuhlsbüttel, c/o Rowohlt Verl., Reinbek (* Kiel 60). – **V:** Tatort Schleswig-Holstein, Krim.-Stories 91; Unter Wasser spielt keiner Cello!, Krim.-R. 92; Allein unter Spielplatzmüttern, R. 07, als Theaterst. UA 08; Der Mann mit dem Bobby-Car, R. 08. – **R:** Drehb. f. div. Fs.-R. u. Fsf., u.a. f.:; Das Glück wohnt hinterm Deich (Arte) 99; Die Rote Meile (Sat 1), 6 F. 99–00; SK Kölsch (Sat 1), 3 F. 00–02; Lastrumer Mischung (NDR) in d. Reihe „Tatort" 02; Das Geheimnis meines Vaters (ARD) 07; überwiegend m. Frank Hemjeoltmanns. (Red.)

Nebel, Caspar s. Orthofer, Peter

Nebel, Hans-Joachim, Frührentner; Cautiusstr. 9, D-13587 Berlin, Tel. (0 30) 33 30 81 23, *eichendorffachim @web.de, www.dichternebel.qu.am* (* 14. 8. 52). Goethe-Ges. Weimar 03; Lyr. – **V:** Die Quelle des Verderbens, Erlebnisber. 00, erw. Fass. u.d. T.: Geboren – verdammt – gerettet 02; Gedanken ohne Ende ... 01; Quellen der Geborgenheit 03; Romantische Abendgedanken 03; Der Seele freudig Tränen lauschen ... 03; Der Nächte leisen Tönen lauschen ... 03, alles Lyr.; Blicke die berühren, Medit. 03; Blattgeflüster 04; Blühende Erinnerung 04; Vom Kind zum Trinker, Autobiogr.; Blicke der Sehnsucht; Waldeinsamkeit, die mein Verlangen; Gedanken der Sehnsucht; Träume der Sehnsucht; Tränen der Sehnsucht 07; Der Wälder leisen Tönen lauschen; Träume die berühren; Ich träumte so treulich; Trost der Stille Gedanken im Licht 08.

Nebel, Philipp, Schriftst.; c/o Latentverlag, Postfach 1780, CH-8032 Zürich (* Zürich 72). Kurzprosa, Ged., Rom. – **V:** Schübe, Prosalyrik 04; Die unheilbare Wunde, Prosa 07; Rausch Himmel Untergang, G. 07.

Nebenführ, Christa, Mag.; Treustr.16/8, A-1200 Wien, Tel. u. Fax (01) 3 30 13 66 (* Wien 6. 8. 60). Podium, GAV, IGAA; Anerkenn.pr. d. Arbeiterkammer Kärnten 93, Theodor-Körner-Förd.pr. 96; Lyr., Prosa,

Ess., Rom., Hörsp. – **V:** Erst bin ich laut ... 95; Inzwischen der Zeit 97, beides Lyr.; Sexualität zwischen Liebe und Gewalt, Ess. 97; Blutsbrüderinnen, R. 06. – **MA:** wöchentl. Kolumne f. Kinder im Kurier, m. Dominik Hillisch (eingestellt 05); Ess. in den Presse-Beilagen „Spektrum" u. „Feuilleton" – **H:** Liebe ist die Antwort, aber was war die Frage? 94; Die Möse. Frauen üb. ihr Geschlecht 98. – **R:** Intelglation, Kurz-Hsp. 97; Performance (Ö1, Reihe „Neue Texte") 07; zahlr. Radio-Features.

Neckermann, Gabriele Maria (Ps. Luy, Ines Martin), Dr. phil., ObStudR. a. D. (* Baden-Baden 28. 3. 22). Scheffel-Pr.; Lyr., Erz. – **V:** Der Bettler von Pont-Neuf, Kurzgeschn. 95; Lieder aus Griechenland, G. 95; Igelbesuch, Kurzgeschn. 99; Selbstbiographie eines Zwergpudels, Geschn. 99; Der Katzen-Clan u. a. Tiergeschichten 06. – *Lit:* Dandelion Nr.6 96. (Red.)

Nedela, Karin, Dipl.-Designerin, Photographin, Übers.; Herrnstr. 14, D-63065 Offenbach/Main, Tel. u. Fax (0 69) 88 12 22, *nedela@global.nacamar.de, www.karin-nedela.de* (* Auburn/Australien 19. 7. 55). Erz., Rom., Reiselit. Ue: engl. – **V:** Herzkönigin im Wunderland, Erz. 95. – **MA:** dies & daß 95. (Red.)

Nedum, Franz s. Neven DuMont, Alfred

Nedwed, Inge, Verkehrsing.; Kleine Angergasse 9, D-99198 Erfurt-Kerspleben, Tel. (03 62 03) 5 13 85, *Inge.Nedwed@t-online.de* (* Nordhausen 20. 10. 59). Friedrich-Bödecker-Kr. Sa.-Anh. 05, Friedrich-Bödecker-Kr. Thür. 07, VS Thür. 07; Erz. – **V:** Ausländer. Reise zum Munde des Brunnens, Erz. 05; Zwangsbremsung, Erzn. 06; Stine (Arb.titel), Erz. 09. – **MA:** Herz über Kopf 05; Wagnisse 05, beides Anth.

Nedzit, Rudolf; *info@rudolf-nedzit.de, www.rudolf-nedzit.de.* – **V:** Wantlek. Briefe an einen Freund 07.

Neef, Annemarie s. Mejcher, Annemarie

Neef, Martin W., CAD-Fachkraft-3D, Konstrukteur, EDV; Lindenstr. 1, D-75203 Königsbach-Stein, Tel. u. Fax (0 72 32) 42 74, *m.w.neef@gmx.de, galerie-neef.come.to* (* Wolfach/Schwarzw. 6. 1. 60). – **V:** Licht, am Ende der Surrealität 04; Ausfahrt Schicksal, Hoffnung auf ein Wiedersehen 05. – **MA:** G. u. Ess., u. a. in: Heimatbuch Königsbach 86; Şiirler. Poesie 97 Pforzheim, G. 97; Pforzheimer Ztg; Brettener Woche. – *Lit:* Hasan Erkek: Şiirler. Poesie 97 Pforzheim 97.

Nees, Isolde; Dornheimer Weg 68A, D-64293 Darmstadt, Tel. (0 61 51) 89 17 71, *www.weststadt-verlag.de.* Rom., Erz. – **V:** Das Vermächtnis des Zeichners, R. 07; Der Schlangenkreis, R. 08. – **MA:** Oh Tannenbaum. Darmstädter Weihnachtsgeschn. 07.

Neese, Carlpeter, Rentner; Katzenwiesenring 113, D-38259 Salzgitter, Tel. u. Fax (0 53 41) 3 12 31 (* Berlin 12. 10. 20). Rom., Erz. – **V:** Kein Hexenmeister im fremden Leben, R. 96; Die Papageienbriefe, Erz. 96; Die Kinder von Troyes 00; Die seltsame Heimkehr des Herrn Fürdeleben, Erzn. 02. (Red.)

Neeser, Andreas, lic. phil. I, Gymnasiallehrer, Schriftst., Intendant d. Lit.- u. Sprachhauses „Müllerhaus", Lenzburg; Neugutstr. 4, CH-5000 Aarau, Tel. u. Fax (0 62) 8 22 65 36, *andreas.neeser@bluewin.ch* (* Aarau 25. 1. 64). SSV 95, P.E.N. 95; Förd.pr. d. Kt. Aargau 91 u. 92, Werkjahr d. Kt. Aargau 98, Stip. f. d. 3. Klagenfurter Lit.kurs 99, Atelierstip. d. Kt. Aargau f. Berlin 01, Lyr.pr. Meran (Förd.pr.) 06; Rom., Lyr., Erz., Dramatik, Feuill. – **V:** Schattensprünge. Erz. 95; Treibholz, G. 97, erw. Neuausg. 04; Tote Winkel, Erzn. 03; Geträumt hab ich jede Nacht von dir, Opernlibr. 03; Gras wächst nach innen, G. 04. – **MA:** zahlr. Beitr. in Anth., Zss. u. Ztgn, u. a.: Deutsche Lyriker der Gegenwart 91; Lyrik d. deutschsprachigen Schweiz,

Bd III 97; Aargauer Ztg (Kolumnen) seit 99; Entwürfe; ndl; NZZ. – **P:** Wortferner, hautnah daheim, G. u. lyr. Kurzprosa, CD 99. (Red.)

Nef, Ernst, Dr. phil., Red., Schriftst.; Augwilerstr. 71, CH-8426 Lufingen, Tel. u. Fax (01) 8 13 68 20, *nef.augwil@freesurf.ch* (* Basel 4. 8. 31). P.E.N.-Zentr. Schweiz 81, SSV 83, jetzt AdS; Lyrikpr. Concorso Intern. Lettario „Citta di Ancona" 95, E.gabe d. Kt. Zürich 00; Lyr., Erz., Hörsp. – **V:** Das Werk Gottfried Benns 58; Der Zufall in der Erzählkunst 70; Alex oder die Organisation des Alltags, Erzn. 93; Mach die Linsen scharf, G. 99; Sei's drum, G. 03. – **H:** Carl Einstein. Ges. Werke 62. – **R:** Gerhard Meier, Fsf. 84; Wolfgang Hildesheimer, Fsf. 85. (Red.)

Neffe, Franz Josef, Dipl.-Päd., Volks- u. Sonderschullehrer a. D., Verleger, Autor, Referent; Webergasse 10, D-89284 Pfaffenhofen a.d. Roth, Tel. (0 73 02) 55 80, Fax 92 03 27, *fjneffe@online.de, www.coue.org* (* Linding/Bay. 7. 6. 49). VG Wort 92; Sachb., Lyr. – **V:** Die Henne hat ein Ei gelegt 81; Rogglfinger Schulgeschichten 86; Lichtblicke 88; Lebens-Lieder 92; Neue Lebens-Lieder 93; Durchblicke 93; mehrere Sachb. – **MA:** zahlr. Beitr. seit 70 in Ztgn, päd., psychol., lit. u. populären Zss., Kongressber. u.ä. – **H:** L'ART HUGO, 3 heitere Kunstkartenblocks v. Hugo Nefe 87; Ein Ermutigungsbuch und seine Geschichte 90; Johann Kucharsch: Ich bin der liebe Niemand 97. – *Lit:* s. auch SK.

Negwer, Georg, Dr. phil., Botschafter a. D.; Katteweg 11d, D-14129 Berlin, Tel. (0 30) 8 03 47 69, Fax 80 49 89 88, *g_negwer2@hotmail.com* (* Waldenburg/Schlesien 12. 4. 26). Gr. Verd.kr. d. Verd.ordens d. BRD, mehrere ausländ. Orden; Lyr., Erz. – **V:** Die Krümmung der Weltlinie, G. 95; Ost-westliche Wanderjahre 01; Montaignes Ansichten 01; Minkowskis Traum, G. 04; Formen des Denkens – Über den Essay 04. (Red.)

Nehm, Günter, Dipl.-Ing.; c/o Verlag Gerhard Winter, Hafenstr. 27, D-45894 Gelsenkirchen-Buer, Tel. u. Fax (02 09) 39 91 22 (* Wattenscheid 12. 6. 26). NLG Recklinghausen; Belletr., Heitere Lyr. – **V:** ... oder ich freß dich 75; Pfusch und fauler Zauber 87; Gedichte für Kinder 90; Reden in Reimen 92, 98; Gedanken und Erkenntnisse des Dichters Reimund, Prosa 93, 02–03; Max und Moritz im Schüttelreim 93; Wilhelm Busch im Schüttelreim 95; Laura und Leopold liebten sich lüstern 96; Wilhelm Busch im Schüttelreim: Knopp-Trilogie 98. – **MA:** Da lacht der Waschbär, 5 Bde 63–85, Sammelbd 85; Staub d. Alltags 98 (m. CD-Beigabe); Kinder-G. in Schulb. 94; Nebelspalter, Mag. (Red.)

Neid, Cornelia Christina; Simmershausen, Bergstr. 14, D-34233 Fuldatal, Tel. (05 61) 8 15 02 22, Fax 8 15 02 62. Ged., Kinderb. – **V:** Eine Spur von mir, G. 99; Mehr als eine Spur von mir 00; Vier Pfoten suchen einen Freund 00. (Red.)

Neidhart, Kristel (geb. Kristel Konrad, Ps. Kristel Kondrataviciene), Red., Lektorin, Journalistin; c/o Fischer Taschenbuch Verl., Frankfurt/M. (* Tilsit, heute Sovetsk 12. 3. 33). VS bis 03; Wilhelmine-Lübke-Pr. 83, Förd.pr. d. Künstlerb., Arb.stip. 87, Stip. Atelierhaus Worpswede 88/89; Lyr., Prosa, Hörsp., Theaterst., Journalistik. – **V:** Niemand sucht mehr seinen 83; Scherbenlachen 87, 2. Aufl. 89; Vier Wände gaukeln mir Heimat vor 89; Er ist jünger – na und?, Prot. 90, 5. Aufl. 96; Im Winter singen keine Amseln 97. – **MA:** versch. Zss. u. Ztgn, u. a.: Basler Ztg; FR.; Der Alltag; The German Tribune; Tribuna Alemana. – **R:** Feat. u. Glossen, u. a. im finn. Fs. u. Hfk. – *Lit:* Hermann Kinder in: Atelierhaus Worpswede.

Neidinger, Günter, Rektor; Burg-Wehrstein-Str. 9, D-72172 Sulz am Neckar, Tel. (0 74 54) 81 77,

Neißer

Fax 20 68 38, *guenterneidinger@online.de* (* Bühl 1. 12. 43). VS, Steinbach Ensemble; Erz., Nov., Parabel, Lyr., Bilderbuchgesch. Ue: engl, frz. – **V:** Die glückliche kleine Tanne, Bilderb. 86; Tiere probieren den Frieden, Parabel 86; Auch ein Vater war mal jung, Erz. 88, 3. Aufl. 90; Ein Freund für Alma, Bilderb. 88; Das Weihnachtseselchen, Bilderb. 88, 5. Aufl. 99; Ach du liebe Zeit, Erz. 91; Piep und Matz in der Stadt 91, 3. Aufl. 92; Piep und Matz im Wald 91, 3. Aufl. 92; Piep und Matz am See 91, 2. Aufl. 92; Der kleine König Malibu 92; Die kleine Hexe Teresa 92; Engelbert, der Weihnachtshase 93; Wanja entdeckt ihre Welt 94, 2. Aufl. 03; Die Prinzessin und der Geisterspuk 94; Der Zauberer und der magische Stein 94; Na dann frohe Ostern 94, 2. Aufl. 99; Terrys Weihnachten 95, 2. Aufl. 97; Das Abenteuer mit dem Floß 97; Das Abenteuer mit dem Schatz 99; Ich bin der Luchs, Bilderb. 00; Der kleine Pinguin mit dem roten Schal, Bilderb. 01; Willi Maus lernt gutes Benehmen, Bilderb. 01; 50 Gute-Nacht-Geschichten, 2 Bde 02; Meine erste Bibel, Bilderb. 02; Karlchen ohne Schnuller, Bilderb. 02; Karlchen bekommt ein Schwesterchen, Bilderb. 02; Max 003, Detektivgesch., 2 Titel 03; Junior PISA Test, Sachb. 05; Starter PISA Test, Sachb. 08; Sarah und der neue König, Marionettentheater 08. – **B:** Jack Challoner: Wissen wollen, Sachb. 97 VIII. – **MA:** ... reingelegt, Erz. 83; Mein Lesebend 87; Morgenlehre – Abenddichte 92; H-Ausblicke 96; Das Leben lieben 96, 4. Aufl. 00; Freude am Leben 99, 01; Das Leben – ein Geschenk, Lyr. 04. – **Ue:** Melinda Julietta: Wir sind die Wölfe 99, 2. Aufl. 00; Molly Grooms: Wir sind die Bären 00; Sue Hall: Bibo seine Freunde; Hier kommt Bibo; Bibo in Schwierigkeiten; Eine Überraschung für Bibo 01; Molly Grooms: Wir sind die Delfine 02; Sue Hall: Die Zwillingsbärchen, 4 Titel 02; Molly Grooms: Wir sind die Hunde 03; Isabella Misso: Die kleine Hexe Martina 05; dies.: Das Schäfchen und die Wolke 05, alles Bilderb. – *Lit:* www.autoren-bw.de.

Neißer, Horst, Dr. phil., Bibliotheksdir.; c/o Stadtbibliothek Köln, Josef-Haubrich-Hof 1, D-50676 Köln, *neisser@centratur.de, www.centratur.de.* Katharinental 13, D-51467 Bergisch Gladbach, Tel. (0 22 02) 28 26 36, Fax 22 12 39 33 (* Nürnberg 30. 7. 43). VS 76; Rom., Erz. – **V:** Traumzeiten, Erzn. 84; Der Gott der Ameise, Erzn. 93 (auch Hörb.); Centratur. Kampf um Hispoltai, R. 96 (auch Hörb.); Centratur. Die Macht der Zeitenwanderer, R. 97; mehrere Sachb. – **MA:** Das Lyoner Buch 85; Saarland im Text 91, u. a. (Red.)

Neitzel, Renate, Sekretärin, Kleinkunstdarstellerin, Genealogin; Grünewaldstr. 37, D-72622 Nürtingen, Tel. (0 70 22) 4 25 67, Fax 47 18 43, *Lothar-Renate-Neitzel@t-online.de* (* Reutlingen 3. 2. 47). Mundart-Lyr., Aufsatz, Lyr., Erz., Sketch, Dialog. – **V:** ed schempfa – blooß bruddla 80, 2. Aufl. 83; Auf den Spuren des Kroatenähna, Erz. 94. – **MA:** Horch, edds pfeifd a andrar Weed, Anth. 80; Nürtinger Jb., Bd 1 97.

Nekut, Ilse, Mag., Gymnasiallehrerin i. R.; Hauptstr. 57, A-3270 Scheibbs, Tel. (0 74 82) 4 34 51, *ilse.nekut @aon.at* (* Wien 11. 4. 47). Rom., Erz., Feat., Dramatik. – **V:** Geliebter Osiris, R. 98, 99; Der Sprung, Erz. 99; Svens Nacht, Erz. 99; J. grüßt Joe, Kurzgesch. 00; ZehnEins, Erzn. 02; THEATER/UA: Zugverspätung 05; Die achte Probe 06; Die Parkbank 08.

Nekvedavičius, Kristijonas (Ps. K. Wydmond), Übers., Lexikograph, Enzyklopädist, Journalist; Wilhelmstr. 26, D-48149 Münster, Tel. (02 51) 2 70 54 57, Fax 2 70 54 58, *krisnek@citycom.net* (* Herford 25. 12. 46). VS 90; Lyr., Literar. Übers. Ue: engl, litau. – **V:** Echos aus dem Schattenreich, G. 98; Illustrierte Enzyklopädie des Okkultismus, 2 Bde. 07; zahlr. Sachb. –

B: PONS Kompaktwörterbuch Englisch, T. Dt.-Engl. 82, 00; PONS Großwörterbuch Französisch, T. Dt.-Frz. 96, 00. – **MA:** Faszination Weltgeschichte, zahlr. Beitr. in 4 Bden., Anth. 04. – **P:** Das Grosse Lex. 2000, CD-ROM u. DVD 99, 00 (engl. u. frz.). – **Ue:** John Donne: Songs and Sonnets 81; ders.: Elegies 85; John Wilmot Earl of Rochester: Poems 00; ders.: Lascivious Poems – Laszive Gedichte 05. – *Lit:* Bernhard Fabian in: Die englische Literatur, Bd. 2 91, 3. Aufl. 97. (Red.)

Nelböck-Hochstetter, Barbara (geb. Barbara Kaimbacher), Kindergartenpädagogin; Kirchenweg 2, A-9583 Faak a. See, Tel. (06 76) 6 13 88 99 (* Villach 9. 10. 58). Förd.pr. Ldes Kärnten f. Kd.- u. Jgd.lit 93; Kinder- u. Jugendb. – **V:** Maximilian, Kdb. 93. (Red.)

Nellessen, Bernhard, Journalist, Fernsehdir. d. Südwestrundfunks; Tel. (0 72 21) 9 29 29 11, Fax 9 29 20 21, *bernhard.nellessen@swr.de.* c/o Südwestrundfunk, Hans-Bredow-Str., D-76530 Baden-Baden (* Bad Ems 13. 12. 58). Aufenthaltsstip. d. Berliner Senats im LCB 81, Förd.pr. d. Ldes Rh.-Pf. 85; Lyr., Ess. – **V:** An den Wassern von Rhein und Ruhr, G. 81; Neu leuchten die Zäune, G. 84. – **MA:** ensemble 10, intern. Jb. f. Lit. 79; Jb. f. Lyrik 2 80; Junge deutsche Lyrik 84; Wem gehört die Erde? Neue religiöse G. 84; Damals, damals und jetzt 85; Was sind das für Zeiten. Dt.spr. Gedichte d. 80er Jahre 88; Mainz. Ein lit. Portr. 89; Vom Verschwinden der Gegenwart, Anth. 92; Zeitvergleich, Anth. 93. – **H:** Sätze sind Fenster. Zur Lyrik u. Prosa v. Walter Helmut Fritz 89. – **MH:** Münchner Edition. Prosa, Lyrik, Essay 84–86. – *Lit:* Literar. Rh.-Pf., Autorenlex. 88; J. Zierden: Lit.lex. Rh.-Pf. 98; Die Bibel in d. dt.sprachigen Lit. d. 20. Jh. 99.

Nemitz, Torsten, Historiker; August-Schmidt-Str. 12, D-58456 Witten, Tel. (0 23 02) 7 51 50 (* Bochum 27. 1. 63). – **V:** Verschieden lange Stories 02. (Red.)

Nendza, Jürgen, Dr. phil., Schriftst., Publizist; Charles-de-Coster-Str. 6, D-52074 Aachen, Tel. (02 41) 7 29 56 (* Essen 28. 7. 57). Lit.pr. Umwelt 89, Lit.stip. d. Ldes NRW 93, 98, Lyr.pr. Meran 98, Stip. d. Stift. Kunst u. Kultur 02, Amsterdam-Stip. 03; Lyr., Erz., Hörsp., Feat., Kritik. – **V:** Glaszeit, G. 92; Finistère, G. dt./frz. 93; Landschaft mit Freizeichen, G. 96; Und am Satzende das Weiß, Lyr. 99, 2. Aufl. 04; Die kleine Frau Marie, Erz. f. Kinder 00; Eine andere, eine Nacht, Erz. 02; Haut und Serpentine, G. 04. – **MV:** Vom Spielkaiser zu Bertis Buben, m. Eduard Hoffmann 99. – **H:** Paricutin, Poesie ndl./frz./dt. 93. – **MH:** Gib mich die Kirche, Deutschland!, m. Bernd Müllender 92, 93. – **R:** Erzn. f. Kinderfunk: Der Wunschdieb 92; Das Traumtänzerchen 93; Der Strandräuber von Ookekoog 94; Die kleine Frau Marie 95; Der Drache mit dem Schmusekissen 96; Felix, Bernstein und das Fernrohr 97; Kurzhsp.: Open Art 91; Gedächtnisprotokoll 95; Pfänderspiel 95. – ndl 9/91; 3. NRW Autoren Reader 94; Franz Norbert Mennemeier in: neues rheinland 5/00; Dieter P. Meier-Lenz in: die horen 197/00; Beatrice Joch Matt in: NZZ v. 12.8.00; Joachim Sartorius: Sprache im techn. Zeitalter, Juli 01. (Red.)

Nenntwich, Danielle *

Nentwig, Brigitte, Schriftst., Malerin; Unterm Gallenlöh 6, D-57489 Drolshagen, Tel. (0 27 61) 7 15 74, *Nentwig-Drolshagen@t-online.de* (* Coesfeld 5. 3. 54). Lyr., Kurzgesch., Prosa. – **V:** Der kosmische Mensch 05; Das Heil-werden 06, beides Esoterik; Leben im göttlichen Sein, Lyr. 07. – **MA:** Lichtspuren, Mag. 5/06. – *Lit:* Rezension in Magazin 2000 plus 248/07; Live Radio-Interview auf osradio v. 19.3.08.

Neon Ästhet s. Reisner, Arnold

Neppert, Herbert s. Born, Will

Nerev, Adelaide s. Harksen, Verena C.

Nerl, Tim Natan, Student; c/o Edith Littmann, Ulmenweg 20, D-23758 Oldenburg/Holst. – **V:** Eins, Erz. 96. (Red.)

Nerth, Hans (Ps. f. Ottokar Fritze), Dipl.-Ing., Rundfunk-Regisseur; Schlüterstr. 71, D-10625 Berlin, Tel. u. Fax (0 30) 3 22 47 81. 1, Promenade Reine-Astrid, F-06500 Menton (* Lübben/Spreewald 18. 2. 31). Bundesverb. Dt. Autoren e. V. (B.A.); Feature-Pr. 62, Ernst-Schneider-Pr. 78, Stifter d. jährl. Hans Nerth Radio-Stip., erstmalige Ausschr. 02 unter Federführung d. SFB-Feature-Red. (s. auch Anhang: Literar. Preise); Rom., Erz., Feuill., Ess., Funkfeat., Hörsp. – **V:** Hurra General, R. 63; Polfahrt, R. 65; Himmelbett und Hängematte 93; Im Menschenlabor – eine andere Liebesgeschichte 01; Als am Bettelgraben die Elster schrie, Geschn. 02; Die Absage, R. 06. – **R:** seit 1960 über 100 Hörfunkfeat. u. ca. 30 Hsp., u. a.: Fremdes Land; Das Kind; Flug nach Barisal; Jo und Joe; Hunger; Nachtschicht; Guevara ist tot; Ich suche Amerika; Manaus ist kein Paradies; Europatrip; Hinter der Maske; Sprechen Sie Manx?; Ohne Netz; Lübbener Reflexionen; Unser gutes Geld; Das andere Leben – zwei Frauen in Deutschland; Katzenkrieg; Spurensuche od. Die Skeptische Generation tritt ab; Versöhnung am Kap?; Ratlos in Guangdong – südchines. Notizen; Fs.-Repn., u. a.: Technik heute – Welt von morgen; Die Rückkehrer. – **P:** Krimi-Tonkass., u. a.: Capos Ehre; Plädoyer für Martina. (Red.)

Neserke, Dorothee, Autorin, Übers.; *dor.n@t-online.de* (* Berlin 6. 7. 44). Lyr., Prosa. Ue: frz, engl. – **V:** zartbitter, Lyr. u. Prosa (vierspr.) 95; zartbitter II, Lyr. (zweispr.) 96, u. a. – **Ue:** Bernard Nöel: Annas Zunge; Eugène Labiche: Die Grammatik, u. a. (Red.)

Neshin, Genadij s. Moreike, Hartmut

Nessler, Bernhard; c/o Diaphanes-Verl., Berlin. Lyr., Erz., Dramatik. Ue: frz. – **V:** Liebeswendung 96; durchwirkt von der nacht 97; trägt verlassen getürmt 01, alles Lyr. – **MA:** Neue Literatur 97. (Red.)

Nestler, Maria, ehem. Journalistin; Etztalbreite 3, D-82335 Berg, Starnb. See, Tel. (0 81 51) 58 47 (* Klagenfurt 14. 4. 20). Kärntner S.V. 70; Lyr. – **V:** Lichtspur 67; Gedichte 68; Zeit worte wort zeiten 69; Die Mauer 70; Erde kalter Stern 87; Was darunter schläft 91; Agnes, U. – **MA:** Script, Zs.; Lyrik aus dieser Zeit 68/69; Lyrischer Oktober 85; Lyrik heute 1 u. 2; Autoren stellen sich vor 2/85. – **R:** Lesungen im Rdfk 96–97. – **P:** Lyr.-Tel. München 97, 98. (Red.)

Nestmann, Rico, Fotograf u. Journalist; An den Windflüchtern 10, D-18556 Dranske, Tel. (03 83 91) 7 80 91, *rico.nestmann@t-online.de* (* Bergen/Rügen 17. 12. 69). – **V:** Inseln der Adler, Bild-Text-Bd 99; Leander der Robbenkönig, M. 01; Abenteuer auf Möwenort, Kd.- u. Jgdb. 04; Herrscher des Himmels, Bild-Text-Bd 05. (Red.)

Neter, Eugen s. Wolf, Hans

Netzkowa, Elisabeth (Elisabeth Netzkowa Mnatsakanjan, geb. Elisabeth Mnatsakanjan, auch: Elisabeth Mnatsakanowa), Univ.-Lektorin, Dichterin, Malerin u. Graphikerin (zahlr. Ausst.); Johann-Strauß-Gasse 35/7, A-1040 Wien, Tel. (01) 9 13 57 57, Fax (01) 42 77 94 28, *elisabeth.mnatsakanjan@univie.ac.at, elisabeth.netzkowa@chello.at* (* Baku 31. 5. 22). GAV, IGAA, Übersetzergemeinschaft, Öst. Lektorenverb.; Wystan-Hugh-Auden-Anerkenn.pr. 85, Öst. Staatspr. f. literar. Übers. 87, Andrej-Belyi-Lit.pr. f. d. Lebenswerk, St. Petersburg 04; Lyr., Kurzprosa, Übers., Ess., Visuelle Poesie u. Ged.; Bildpoesie, Hörb. Ue: russ, dt. – **V:** beim tode gast, visuelle G. 84 (dt.-russ.);

Das Buch Sabeth, Gedichtbd in 5 Teilen 88; Das Hohelied, Bilderzykl. 89 (dt.-russ.), 97; Metamorphosen, G. 90; Vita breve, ausgew. G. 1965–1994, 94 (russ.); Aus der österr. Lyrik, ausgew. Übersetzungen 94; Arcadia 04 (auch russ.); Herbst im Hospiz der Unschuldigen Schwestern, Requiem 1971–2004, 04. – **MA:** zahlr. Beiträge in russ., dt. u. frz. Zss. u. Publ. seit 77, u. a. in: NRL. Neue Russ. Lit.; Echo; Mulete; Syntax, russ. Lit.zs.; Berichte u. Informationen (Wien); Apollon (Paris) 77; Die Zeit u. wir (Tel Aviv) 79; Wiener Slawist. Alm. 3 79, Sonderbände 6 82 u. 16 85; Freibord 26, 30, 36 82–84; The blue Lagoon, Anth. (USA) 83, 84; Lesezirkel 2 84; Anth. Russ. Dichter d. XX. Jh. (Berlin) 90; Lyrik übersetzen (Berlin) 97; Rot-Weiss-Rot-Buch, Anth. d. Wiener Dichter; NLO, lit. Mag. (Moskau) 03; Neue Russ. Rundschau, Nr.62 03, u. a. – **F:** Die Zeit, autobiogr. Film (Wien). – **R:** Radio-Interviews m. BBC u. ORF; zahlr. literar. Sdgn u. Lesungen in BBC u. Radio Free Europe 89–95 (auch CDs); Radio-Lesungen eigener Werke 92–06. – **P:** Tonkass., CDs (CD-ROM), Videofilme, u. a.: „Die Zeit wird kommen", CD; Herbst im Hospiz der Unschuldigen Schwestern, Requiem in 7 Teilen, CD 04–08 (Musik jeweils v. Wolfgang Musil). – **Ue:** ins Russ.: Aus der österr. Lyrik, ausgew. Übers. 94; H.C. Artmann, Ingeborg Bachmann, Paul Celan, Gerhard Rühm, Georg Trakl, Ernst Herbeck, u. a.; – aus d. Russ.: Werke von versch. russ. Dichtern, u. a. von Velimir Chlebnikov, Nikolai Gumilev, zwei Fragm. von Anton Čechov (Manuskripte, meistens unveröff.). – *Lit:* Who is Who in d. BRD 87–99; Who is Who in d. Öst. u. Schweiz; S. Birjukow: Russische Avantgarde 98; Sight and Sound Entwined. Studies of the New Russian Poetry 02; Symposium a. Harvard-Univ. über E.N. 04; Kürschners Handbuch d. Bildenden Künstler 05, 07; Annette Gilbert: Bewegung im Stillstand. Erkundungen des Skripturalen b. Carlfriedrich Claus, Elizaveta Mnatsakanjan, Valeri Scherstjanoi u. Cy Twombly 07; weiterhin Ess., Rez. u. Biogr. in der dt., russ. amerikan. Presse sowie in Lexika; im Internet u. a.: ru.wikipedia.org, lists.univie.ac.at/pipermail/slawistik/2007-February/ 001466.html, www.dfw.at/2/01.htm, www.topos.ru/article/33/5.

†Neubacher, Hedwig (Ps. Hedwig Neubacher-Klaus) (* Wien 21. 8. 24, † Tulln 2. 9. 05). Ö.S.V. 47, AKM 48, LVG 48, SÖS 60, V.S.u.K., V.G.S., Wiener Frauenclub; Drama, Lyr., Film, Hörsp., Fernsehsp. – **V:** Märchentraum im Wienerwald, M. 46; Kasperle und Kasperle, M. 51; Das klagende Lied, Festsp. Besiegter Schnee 57; Der Rosenstock, Orat. 70; Vielleicht bist du der glücklichste Mensch, G. 73; Ein Strahl fällt ein, Lyr. 81; Besinnlicher Advent 82; Weg ins Licht 85; Ein Strahl fällt ein, Lyr. 90; Laßt Bäume sprechen, Lyr. 93; Ich bin in Dir, Lyr. 94; Briefe: An Dich 95. – **R:** Nachtnebel und Morgentau, Hsp.; Lerne lachen, Hsp.; Der Igel und die kleine Maus, Fsp.

Neubauer, Beate (Ps. Beate Romotzki), Historikerin; Krausnickstr. 8, D-10115 Berlin, Tel. u. Fax (0 30) 27 59 27 09, *beateneubauer@yahoo.de, www. frauentouren.de* (* Saalfeld 14. 12. 47). – **V:** Schönheit, Grazie & Geist. Die Frauen d. Familie von Humboldt, hist.-biogr. Erz. 07. – **MV:** Loben Sie mich als Frau ... 01; Kurfürstin, Köchin, Karrierefrau 05; Hexen, Salonièren, Girls 08, alles hist.-biogr. Erzn. m. Claudia Gélieu. – **MA:** FrauenOrte. Frauengeschichte in Sachsen-Anhalt 01, 08.

Neubauer, Gerold H., Fachoberlehrer a. D.; Murkenbachweg 103, D-71032 Böblingen, Tel. (0 70 31) 27 35 49, Fax 28 12 65 (* Brünn 22. 7. 44). VS, Goethe-Ges. Weimar, Mundartges. Württ.; Pr. b. Wettbew. 'Unsere Welt – Gesunde Umwelt' d. FDA 90, 3. Pr.

Neubaur

b. Mundartdichterwettbew. d. Bürgerver. Zuffenhausen 00; Sat., Prosa, Lyr., Short-Story, Mundart, Neue Schwäbische Romantik. – **V:** Der Computerwitz, Cartoons 88; ... iatzt freu di heut ..., Mda.-G. u. -Geschn. 89; – THEATER: Prinzessin Neubaur, UA 88; Genetik-Tak, UA 89; RADIO PVC 3*, UA 89. – **MA:** Autoren-Werkstatt 14, 15, 18–29, 31, 32, 34, 38, 47/3; Bücher u. Anth. d. R.G. Fischer Verl. – **R:** div. Radio- u. Fs.-Arb. 84–95, u. a.: Weihnachtsgeschichten. (Red.)

Neubaur, Jürgen (Jürgen Walter Karl Neubaur), Prof. Dr. med., apl. Prof. Med. Fakultät U.Göttingen, Facharzt f. Innere Medizin-Kardiologie-Rettungsmedizin, Roman-Autor; Wiesental 17, D-38112 Braunschweig, Tel. (05 31) 31 42 52, Fax 3 15 29, *NEUBAUR. STOLTE@t-online.de* (* Breslau 1. 8. 35). Mitgl. in mehreren med. Fachverbänden/-vereinigungen; Hist. Rom., Erz. – **V:** zahlr. med. Publikationen in Fachzss. u. Lehrbüchern. – **MV:** zus. m. Angelika Neubaur-Stolte 'Neubaur.Neubaur': Balzer Niebuhr, hist. R. 03; Begebenheiten am Rande der Medizin, Erzn. 04; Der Fluch des unsichtbaren Lichts, hist. R. 05; Das Gift der Toskana, hist. R. 07; Das Staatsgeheimnis – oder die verbrannte Identität, hist. R. (voraussichtl.) 09. – *Lit:* Kürschners Dt. Gelehrten-Kal. 01 (Bd II: S. 2239).

Neubaur-Stolte, Angelika, Dr. med., Fachärztin f. Innere Medizin-Rettungsmedizin, Stud. Hist. Semi- nar U.Braunschweig, Ko-Autorin; Wiesental 17, D-38112 Braunschweig, Tel. (05 31) 31 42 52, Fax 3 15 29, *NEUBAUR.STOLTE@t-online.de* (* Salzgitter 23. 7. 47). Mitgl. in mehreren med. Fachverbänden/-vereinigungen; Hist. Rom., Erz. – **MV:** zus. m. Jürgen Neubaur 'Neubaur.Neubaur': Balzer Niebuhr, hist. R. 03; Begebenheiten am Rande der Medizin, Erzn. 04; Der Fluch des unsichtbaren Lichts, hist. R. 05; Das Gift der Toskana, hist. R. 07; Das Staatsgeheimnis – oder die verbrannte Identität, hist. R., voraussichtl. 09.

Neubeck, Rüdiger Freiherr von, ObStudR.; Cronthalstr. 6b, D-97074 Würzburg, Tel. (09 31) 7 84 70 24, *vonNeubeckR@online.de* (* Würzburg 8. 4. 47). Rom., Lyr., Erz. Ue: frz. – **V:** Traumes Mitte, autobiogr. R. 02; Zu den Hügeln der Nacht, Lyr. 02; Auf Walthers Spuren, Lyr. 05.

Neuber, Hermann *

Neubohn, Ralf, Buchantiquar, Autor, Hrsg.; Zwerchgasse 6, D-71332 Waiblingen, Tel. (0 71 51) 1 82 11, *www.antiquariat-noeck.de* (* Stuttgart 65). Sisters in Crime (jetzt: Mörderische Schwestern), Das literar. Kleeblatt; Rom., Lyr., Krimi, Kurzgesch., Geschichte, Humor. – **V:** Hier und Jetzt, Lyr. 98; Erinnerungen eines vergesslichen Analphabeten, Autobiogr. 99; Die zauberhaften Altbohns und ihre Freunde, Kurzgeschn. u. Lyr. 99; Kriminelle Energie, Krimis 00; Terry – ein Schotte in Schwaben, R. 00; Abschied ist nicht nur ein bisschen wie sterben, Krimis 00; SamSpace u. a. weltbewegende Abenteuer 02; Auf der Suche nach dem verlorenen Gedicht 03; Neubohns Krimihäppchen 04. – **MV:** Lyrik – muss das sein?, m. Thomas Bauer, Lyr. 00. – **MA:** Stachel im Fleisch 98; Unendliche Sehnsucht nach dir 98; Glück – ein verirrter Moment 99; Hab keine Angst 99; Liebesgedichte 00. – **H:** Heißes Pflaster Waiblingen 99; Kriminelle Grüße aus Waiblingen 00; Frisch gewagt 00; Mörderisch gut 00, alles Anth. (Red.)

Neubrunn, Otto s. Brückner, Klaus

Neudecker, Christiane, Regisseurin; c/o phase7 performing.arts, Veteranenstr. 10, D-10119 Berlin, Tel. (0 30) 3 23 92 99, *Neudecker@phase7.de, www.phase7. de* (* Erlangen 16. 3. 74). Alfred-Gesswein-Lit.pr. 03, Stip. d. 7. Klagenfurter Lit.kurses 03, Förd.pr. d. Wolfram-von-Eschenbach-Kulturpr. 06. – **V:** In der Stille ein

Klang, Erzn. 05; Nirgendwo sonst, R. 08; C – the Speed of Light, Libretto, UA 05. – **MA:** edit Nr.33 03; Engelsgeschichten am Kamin 05; Revisting Memory 07.

Neudert, Cornelia, M. A., Journalistin; Schneggstr. 3, D-85354 Freising, Tel. (0 81 61) 49 86 61, *cneudert @web.de, home.arcor.de/drachenstein* (* Eichstätt 11. 12. 76). Kinderb., Hörsp., Kindertheater. – **V:** Rotkäppchen und der Drache, Kindertheaterst. 00; Der geheimnisvolle Drachenstein 02 (auch auf CD und Kass. 05); Ein Herz für Vampire 03; Die Weihnachtskatze, Bilderb. 04; Das geheimnisvolle Drachentreffen, Kdr. 04; Das große Sandmännchen Geschichtenbuch 05; Freundschaftsgeschichten 05; Ponygeschichten 05; Tierfreundegeschichten 06; Rätselgeschichten 07; Sandmännchens Weltreise 07; Toms geheime Monsterfotos, Bilderb. 07. – **MV:** Laura kommt in die Schule 03; Das große Lauras Stern-Buch 04; Lauras erste Übernachtung 05; Laura sucht den Weihnachtsmann 05; Lauras Ferien 06 (alle auch engl.); Laura und das Pony 07; Laura und der Freundschaftsbaum 08, alle m. Klaus Baumgart. – **MA:** Völlig abgefahren, Anth. 05; Der große Weihnachtsknall, Anth. 06. – **R:** div. Staffeln i. d. Reihe: Betthupferl, Lesungen f. Kinder; div. Folgen i. d. Reihe: Sonntagshuhn, Kinderhsp.; 2 Folgen i. d. Reihe: Wer ist der Täter?, Hsp.; Zuckerbäckerei Grimm, Hsp.serie 04; Die Sternstaubsauger, Hsp.serie 06, alles im BR.

Neudorfer, Franz, Hochschuldir.; Graben 37, A-4870 Pfaffing, Tel. (0 76 82) 62 64 (* Attnang-Puchheim 4. 2. 27). Mundart-Lyr. – **V:** Beim Hoangarten 78; Auf da Hoangartenbänk 79; Um d' Weihnachtn 81, 85; Nach da Arbeit 82, alles Mda.-G.; Unta an blüahadn Bam 84; Durch Grönland stapft ein Elefant, G. 87; Wappenlandschaft, Sachb. 87; Landlarisch g'redt 91; Ein helles Licht, G. u. Texte 94, 96; Hoangartn-Zeit, G. u. Gesch. 98; Den Pöschlianer 98. – **MV:** 1 Gemeinde-Chronik 75; 1 heimatkdl. Publ. 81. – **B:** Das Frankenburger Würfelspiel, Festsp. 55. (Red.)

Neuenahr, Elke s. Langstein-Jäger, Elke

Neuenfels, Hans; Bleibtreustr. 15, D-10623 Berlin, Fax (0 30) 8 83 75 02 (* Krefeld 31. 5. 41). – **V:** Ovar und Opium, G. 59; Mundmündig, G. 63; Isaakaros, R. 91; Frau Schlemihl und ihre Schatten, Theaterst., gedr. u. UA 00; Giuseppe e Sylvia, Opernlibr. 00; Neapel oder die Reise nach Stuttgart, Erz. 01; Die Schnecke, Opernlibr., UA 04; mehrere Bü.bearb./Drehb. – **B:** Der Clarisse-Komplex, n. Robert Musil, Theaterst. 96. – **R:** Giuseppe e Sylvia, Hsp. 94. – **P:** Gedichte, Schallpl. 60. (Red.)

Neuer, Rut (eigtl. Ruth Neuer), Hausfrau, Galerieassistentin; Dorfstr. 17, D-79597 Schallbach, Tel. (0 76 21) 57 87 93, *Neuer.Rut@web.de* (* Müllheim/ Baden 14. 2. 58). Lyr. – **V:** Seine Wurzeln in den Himmel schlagen, Lyr. 06; Markgräfler Kulturführer 08.

Neuert, Marcus, Reiseverkehrskfm., Schriftst.; Rechbergstr. 3, D-73655 Plüderhausen, Tel. (0 71 81) 88 04 03, *marcus.neuert@kabelbw.de* (* Frankfurt/ Main 22. 1. 63). IGdA 02, Stuttgarter Schriftst.haus 06, Club Forum Lit., Ludwigsburg 08; Lyr.wettbew. d. FDA Hamburg 05, Lyr.pr. d. Internetforums Literaturpodium.de 07, Förd.pr. d. Zs. Dulzinea 07; Lyr., Kurzprosa, Ess. – **V:** Windparkaktionäre 03; Abendlandkonserve 06. – **MA:** zahlr. Beitr. in Lit.-Zss. u. Anth., u. a. in: Orte; Dulzinea; Verlag Landpresse.

Neufang, Johannes, Student; Ziegelhütterweg 32, D-66440 Blieskastel, Tel. (0 68 42) 56 40, Fax 50 74 48, *Arno.Neufang@t-online.de* (* 22. 5. 80). Lyr., Dramatik. – **V:** Telos, G. 01. (Red.)

Neuffer, Susanne; Willersweg 7, D-22415 Hamburg, *susanneneuffer@web.de, www.susanne-neuffer.de* (* Nürnberg 19. 5. 51). VS 98; Lit.förd.pr. d. Stadt Hamburg 96, Bettina-von-Arnim-Pr. (2. Pr.) 98, Walter-Serner-Pr. 07; Lyr., Kurzprosa, Rom. – **V:** Männer in Sils-Maria, G. 99; Frau Welt setzt einen Hut auf und andere Geschichten 06. – **MA:** Lyrik u. Kurzprosa in Lit.-Zss. u. Anth. seit 1995, u. a. in: ndl; Manuskripte; Hamburger Ziegel; A 45; Jb. d. Lyrik.

Neugebauer, Jörg; Neue Gasse 2, D-89231 Neu-Ulm, Tel. (07 31) 7 57 77, *amphitryon23@aol.com, www.railroadverlag.de* (* Braunschweig 23. 9. 49). FDA Bayern, VS; Irseer Pegasus (Sonderpr.) 07; Lyr., Lyr. Prosa, Erz., Rom., Ess. – **V:** Über den Zeppelinen, Lyr. 02; Brüllende Apparate, Lyr. 04; Kopf und Körper, R. 04; Dionysos – der immerzu kommende Gott, Versdicht. 05, Hörb. 06 (mit and.); Die langen Ruder, Lyr. 07; denksagung, Lyr. 07. – **MA:** Jb. d. Lyrik 04, 05, 07, 08; Das Gedicht 12/04, 13/05; Marburger Forum, H. 3 u. 5 07.

Neuhaus, Dietrich; Adalbert-Stifter-Str. 1, D-82031 Grünwald, *kontakt@dietrichneuhaus.de, www.dietrichneuhaus.de.* – **V:** Schwarzrosa Prosa, Kurzgeschn. 04; Vorsicht Gedichte!, Lyr. 04; Stück-Arbeit, 1–3, Bühnentexte 05–06. (Red.)

Neuhaus, Jochen, Lehrer, Autor; Rebhuhnweg 26A, D-32427 Minden, Tel. (0571) 2 77 94, Fax 2 77 98, *jn.minden@online.de, www.jn-minden.de* (* Erlangen 9. 4. 44). Kogge, VS 06; Stip. d. Ver. z. Förd. d. 1200j. Minden 99; Lyr., Erz., Visuelle Poesie, Szenische Stücke. – **V:** Mondgesang, G. u. Prosa 97; Brot und Rosen, G., Erzn. u. Pln. 98; Ophelias Lächeln, Lyr., Prosa u. visuelle Poesie 99; Unvollendet, Mysteriensp. 01; Im Lande des Rotmilans, G. 03; Erdbeeren, R. 06. – **MV:** An der Weser Ufer saßen wir ..., m. Mebo O'Neli, G. dt./georg. 02. – **MH:** Süß das Leben, bitter auch ..., m. Irene Imnadze, G. georg./dt. (auch mitübers.).

Neuhaus, Nele; Fasanenstr. 11, D-65779 Kelkheim, Fax (0 61 69) 88 89 42, *Nele.Neuhaus@gmx.de, www.neleneuhaus.de* (* Münster/Westf. 20. 6. 67). Rom. – **V:** Unter Haien, R. 05, 6. Aufl. 07; Eine unbeliebte Frau, Krim.-R. 06, 08; Das Pferd aus Frankreich, R. 06; Mordsfreunde, Krim.-R. 07, 08.

Neuhaus, Sybille, freie Lektorin, Übers. u. Dramaturgin; Dorfstr. 20, D-86981 Kimsau (* München 67). Münchner Jugend-Dramatiker-Pr. 00. – **V:** Thomastag, Theaterst. f. Kinder, gedr. 00, UA 01; Europa am Strand, Theaterst. f. Jgdl., UA 01, gedr. 02. – **MV:** Leo und Zoe oder die Begegnung von Tag und Nacht, m. Toni Matheis, Theaterst. f. Kinder 01. (Red.)

Neuhausen, Susanne s. Keinke, Margot

Neuhoff, Volker, Dr. med., Prof. em.; Wilhelmstr. 11, D-31582 Nienburg, Tel. (0 50 21) 34 29 (* Hamburg 14. 1. 28). Oppermann-Ges., Nienburg 97; Lyr., Erz. – **V:** An den Ufern des Vergessens, Lyr. 92; Der Wurm im Finger Gottes, Erz. 98. – **MV:** Widukind und Karl der Große, m. J. Fleckenstein u. W. Monselewski, Erz. 92.

Neuhold, Uwe, freischaff. Künstler; Kudlichgasse 66/20, A-9020 Klagenfurt, Tel. (04 63) 91 45 76, *uwe.neuhold@wonderworks.at* (* Bregenz 24. 5. 71). IGAA, Ver. z. Förd. zeitgenöss. Kunst Kärnten; Hsp.pr. d. ORF (Lidesstudio Kärnten) 89, Ess.pr. Leonardo da Vinci d. IBM Öst. 94, Pr. d. Ldes Kärnten 95, Kurzgeschn.pr. d. Zs. PC-Franz 97, Trinity-story-Pr., Kaiserslautern 98, Ess.pr. d. Zs. Furche 99, Lit.pr. d. Stadt Villach 99, Drehbuchpr. d. ORF 00, Öl–1-Essay-Pr. 00, ARTE-TV-Kurzgeschn.pr. 01; Lyr., Prosa, Rom., Drama, Hörsp., Sat., Ess., Fernsehsp./Drehb. – **V:** Gruben, R. 98; Technostalgia, m. and. Erzn. 03. – **MA:** Vä-

ter, Ess.-Anth. 95; Dann bist du mit deinem Mörder allein 95; Heimat Bist Du 96; Paßwort Irrenhaus 96; Kuhstall & Cyberspace 97; Paßwort Insel 97; Flach, Violett, Vergiftet – Vision 2500 98; Paßwort Auferstehung 98; Hausbewohner 00, alles Kurzgeschn.-Anth.; Zss.: Inside; Furche; @cetera; V; erostepost; Volksfest; Zenit. – **F:** Hemmaland – Reise durch Zeit & Raum, Kurzf. 01. – **R:** Das Erwachen, Hsp. 89; Feature üb. Pavel Kohout 90. – **P:** Veröff. d. Kurzgesch. „Fragmente der Edlen zu Cybersdorf" im Internet unter: http://www.intermedia.at/cybersdorf (Stand Frühj. 98). (Red.)

Neukirchen, Dorothea s. Fremder, Dorothea

Neuman, Ronnith (eigtl. Ronnith Hagedorn), freie Schriftst. u. Künstlerin, Kunstfotografin; Villa Sterneri, Afionas, GR-49100 Corfu, Tel. u. Fax (00 30–2 66 30) 5 19 25, *hagedorn@otenet.gr, www.kirart.de.* c/o Kothy, Gadderbaumerstr. 17, D-33602 Bielefeld (* Haifa/Israel 29. 2. 48). VS, Hamburger Autorenvereinig., Das Syndikat; Hamburger Lit.pr. f. Kurzprosa 86, Pr. d. NRW-Autorentreffens Düsseldorf (Prosa) 87, Gladbecker Satirepr. 89, Lesereise nach St. Petersburg z. Baltischen Kulturwochen 93, Herforder Kulturpr. 95, Ausw. z. NRW-Theatertreffen 95, Stip. d. Ldes Schlesw.-Holst. 97, Lit.pr. „Zerrissen und doch ganz" 00; Rom., Lyr., Erz., Dramatik. – **V:** ... und sind doch alles nur Worte, Lyr. 81; Lebenstraumkette. Trilogie, Lyr. u. Prosa 82; Heimkehr in die Fremde, R. 85; Nirs Stadt, Erz. 91; Die Tür, Erzn. 92; Ein stürmischer Sonntag, Geschn. 96; Tod auf Korfu, Krim.-R. 07; – THEATER UA: Eingekreist 93; Mordspiel 97/98; Ein stürmischer Sonntag 00. – **MA:** 3. Autoren-Reader NRW 94; 300 Jahre Sankt Petersburg und die Deutschen 03; German and Austrian Jewish Writings after the Shoah 04; zahlr. Beitr. in Anth., Ztgn, Zss. u. Hfk-Sdgn, u. a.: Orte hinterlassen Spuren; Die Phantasie ist eine Frau; FAZ (literar. Beilage); Allg. Dt. Sonntagsbl. – **F:** Filmdrehbuch üb. d. Stadt Ulm 78. – *Lit:* Ich schreibe, weil ich schreibe 90; new german critique nr.50 90; Hamburg literarisch 91; Lit.atlas NRW 92; 3. Autoren-Reader NRW 94; Der jüdische Kalender 97/98; German and Austrian Jewish Writings after the Shoah 04.

Neumann, C. F. s. Franck-Neumann, Anne

Neumann, Dieter, Polizei-Oberkommissar i. R.; Breslauer Str. 49, D-35576 Wetzlar, Tel. (0 64 41) 58 00, Fax 95 13 22, *dieter-neumann@email.de, www.angriffder-killerschnecken.de* (* Konin/Warthegau 6. 7. 43). E.brief d. Ldes Hessen 96, BVK am Bande 01. – **V:** Das Auge des Gesetzes lacht, Humor 89; Angriff der Killerschnecken, R. 08. – **MA:** Querschnitte Frühjahr 07, Frühjahr 08 (novum-Verl.).

Neumann, Gert (eigtl. Gert Härtl), Schlosser, freischaff. Schriftst. (* Heilsberg/Ostpr. 2. 7. 42). Förd.pr. Lit. d. Kunstpr. Berlin 82, E.gabe d. Dt. Schillerstift. 92, Intern. Schriftstellerstip. d. Bosch-Stift. 92/93, Stip. d. Käthe-Dorsch-Stift. 98, Stip. d. Dt. Lit.fonds 99, Uwe-Johnson-Pr. 99; Prosa. – **V:** Die Schuld der Worte, Prosa 79; Elf Uhr – ein Lesetextbuch, novum zu Erzn., R. 81; Die Klandestinität des Kesselreinigers, R. 89; Übungen jenseits der Möglichkeit 91; Feindselig 93; Produktionsgewässer 93; Rauch 93; Sprechen in Deutschland 93; Das nabeloonische Chaos 94; Dschamp 95; Tunnelrede 96; Dichte 98; Anschlag 99; Dresdner Vorlesungen 99; Verhaftet 99; Mucht 01; Berührt, G. 03; Innenmauer, G. 03. – **MH:** Das Gespräch im Osten, m. Volker Mehner u. Maximilian Barck 00. – *Lit:* Walther Killy (Hrsg.): Literaturlex., Bd 8 90; Kiwus 96; Albert Meier in: KLG. (Red.)

Neumann, Helmut, Dr. iur., Unternehmensberater; Koschatgasse 4, A-1190 Wien, Tel. (06 76) 6 48 94 10, *h.neumann@neumannpartners.com* (* Wien 8. 3. 39).

Neumann

Rom., Dramatik, Epik. – **V:** Kommissar Laglers Fälle. Bd 1: Die Bruderschaft, Krim.-R. 00, Bd 2: Unausweichlich, Krim.-R. 01. – **P:** Kreis der Magier, E-Book, R. (Red.)

Neumann, Käte, Dipl.-Bibliothekarin i.R.; Borstr. 27, D-01445 Radebeul, Tel. (03 51) 8 38 70 81 (* Chemnitz 3. 8. 23). Radebeuler Autorenkr. schreibender Senioren 96; Kurzprosa, Erz., Lyr. – **V:** Von Katzen und anderen Naturwundern, Geschn. u. G. 03; Zwischen Trollstigen und Abu Simbel. Unterwegs Erfahrenes u. Erlebtes, Erz., G. 06. – **MA:** Radebeuler Mosaik, H. 1–10 98–07; Jahreszeiten. Gedichte, Anth. 03; Radebeul. Ein LeseBuch, Erz. 04, 3. Aufl. 08.

Neumann, Kurt, Dr. med. univ.; Große Schiffgasse 19, A-1020 Wien, Tel. (01) 5 12 44 46, Fax 51 31 96 29. Feursteinstr. 16, A-4810 Gmunden (* Gmunden/ObÖst. 8. 11. 50). IGAA; Manuskripte-Lit.pr. f. Form u. Fiktion 84, Pr. d. Stadt Wien f. Publizistik 07; Lyr., Prosa, Hörsp. – **V:** Gegen Weinen Gegen Klagen Gegen Hoffen Gegen Zagen, Orat. 86; Aus dem Übungsheft zur Unterhaltungsliteratur, Prosa 92; Ein Dutzend. Gedichte 04. – **MA:** zahlr. Veröff. in Lit.-Zss. u. Anth. seit 82, u. a. in: Neue Rundschau; manuskripte; Wespennest; protokolle, alles Zss.; Ablagerungen 89; Fuszspuren. Füsze 94; Österreich lesen. Texte von Artmann bis Zeman 95, alles Anth.; Grond. Absolut Homer, Kollektivroman 95; Österreich, Europa, die Zeit und die Welt, beobachtet von Schriftstellerinnen u. Schriftstellern aus Österr., Anth. 98. – **H:** Lesungsbilder. Österr. Schriftstellerinnen u. Schriftsteller lesen vor 95; Die Welt an der ich schreibe. Ein offenes Arb.journal 05. – **MH:** Grundbücher der österr. Lit. seit 1945. 1. Lief., m. Klaus Kastberger, Ess. 07. – *Lit:* Christiane Zintzen (Hrsg.): Öffentlichkeit u. Charakter. Für K.N., Essays 00.

Neumann, Lonny (geb. Lonny Henning), Lehrerin; Hans-Sachs-Str. 10c, D-14471 Potsdam, Tel. (03 31) 2 70 02 65, *lonny.neumann@web.de* (* Prenzlau 27. 6. 34). SV-DDR, VS, Friedrich-Bödecker-Kr.; Ahrenshoop-Stip. Stift. Kulturfonds 90, Arb.stip. d. Ldes Brandenbg 96, Stip. Schloß Wiepersdorf; Rom., Hörsp., Kinderb. – **V:** Vier Stationen hinter der Stadt 76; Tina entdeckt das Meer 80; Hexen gibt es nicht 84; Hermann Kasack in Potsdam 93, 03; Der ander Lehrer 93; Der Sturm, R. 99; Grüne Glasscherben, R. 06. – **MV:** u. MH: Hermann Kasack – Leben und Werk, m. Helmut John 93; Literatur in Potsdam nach 45, m. M. Iven 95. – **MA:** Zeitzeilen; Rose f. Katharina; Begegnung; Alfons auf dem Dach 82; Kirschen für Afrika, alles Anth.; Ort der Augen 92, 94, 95; Lit. in Brandenburg seit 1945 98. – **R:** Aufenthalt in Strasburg oder Sprung üb. die Hofmauer aus Kindheitstagen, Feat.; Der Wald; Briefe aus Leipzig; Orgelbauer-Feat.; Ich gründe jetzt mein eigenes Leben; Brunnengeschichte, Kd.-Hsp.; Wer nur an seine Träume glaubt ... (Red.)

Neumann, Marlotte, Psychotherapeutin, Schriftst., Verlegerin, Malerin; Prinzregentenstr. 91, D-10717 Berlin, Tel. (0 30) 2 11 21 58, Fax 8 85 47 28, *marloneu @aol.com*, *www.marlos-kulturbeutel.de* (* Bochum 5. 3. 52). BücherFrauen 07; Rom., Lyr. – **V:** Kulturbeutel, G. 05; Unter Tage, R. 06.

Neumann, Nina, Dipl.-Ing., freie Schriftst.; Rotleitenweg 5, D-89345 Bibertal, Tel. (0 82 26) 86 82 15, *waltneumann@t-online.de* (* Jandoby/Russland 28. 1. 46). Meersburger Autorenrunde 96; Lit.pr. d. Künstlergilde Essl. 06; Lyr., Prosa. Ue: lett, russ. – **V:** Im Brunnen der Erinnerung, G. u. Erz. 02; Föhn, G. 08. – **MA:** Nationalbibliothek d. dt.sprachigen Gedichtes. Ausgew. Werke II 99; Landmarken, Seezeichen 01; Frauen und Männer 05.

Neumann, Oliver s. Bottini, Oliver

Neumann, Peter Horst, em. o. Prof. f. Neuere dt. Lit., Dr. phil., Schriftst., Dir. d. Bayer. Akad. d. Schönen Künste seit 2004; Ligusterweg 39, D-90480 Nürnberg, Tel. u. Fax (09 11) 5 44 14 19, *PeterHNeumann @t-online.de*, *www.peterhorstneumann.de*, *www.phil. uni-erlangen.de/~p2gerlig/neumann/neumhome.html* (* Neiße/Schlesien 23. 4. 36). Eichendorff-Ges. 84, Präs. 86–02, Goethe-Ges. Erlangen 98, Vors. seit 00; Eichendorff-Lit.pr. 96, Lenau-Pr. 98, Kulturpr. Schlesien d. Ldes Nds. 01, August-Graf-v.-Platen-Pr. d. Stadt Ansbach 05; Lyr., Ess. Ue: poln, rum, russ, Thai, chin. – **V:** Jean Pauls „Flegeljahre" 66; Zur Lyrik Paul Celans, Ess. 68, 2.,erw.Aufl. 90; Der Weise und der Elefant. Zwei Brecht-Studien, Ess. 70; Der Preis der Mündigkeit. Üb. Lessings Dramen, Ess. 77; Die Rettung der Poesie im Unsinn. Üb. Günter Eich, Ess. 81, 2. Aufl. 07; Gedichte. Sprüche. Zeitansagen 94; Pfingsten in Babylon, G. 96, 2. Aufl. 05; Die Erfindung der Schere, G. 99, 2. Aufl. 05; Auf der Wasserscheide, G. 03; Kreidequartiere, G. 03; Erschriebene Welt. Essays u. Lobreden von Lessing bis Eichendorff 04; Erlesene Wirklichkeit. Essays u. Lobreden von Rilke bis Ilse Aichinger 05; Was gestern morgen war, G. 06; Die allegorische Spinne. Kleine Lesereise zum eigenen Gedicht 07; Gustav Mahler und Friedrich Rückert – eine Mesalliance?, Ess. 07. – **MA:** G. u. Kritik in: Merkur; Akzente; ndl; die horen; Manuskripte; Der Griffel, seit 75. – **H:** Franz Schubert: Goethe-Lieder 87, 6. Aufl. 97; Joseph v. Eichendorff: Gedichte 97. – **MH:** Aurora, Jb., 84–02. – *Lit:* H. Helbig/B. Knauer/G. Och: Hermenautik – Hermeneutik 96; Manfred Riedel in: ndl 512/97; Erwin Messmer in: Orte 152/07.

Neumann, Ria, Techn. Angest.; *rianeumann@gmx. de* (* Lemwerder 27. 3. 41). Autorenstip. d. Bremer Senats 96, Irseer Pegasus 05. – **V:** Schwarze Johannisbeeren zum Trost, Erz. 98; Die Lücke, Erz. 04. (Red.)

Neumann, Rolf *

Neumann, Sabine, Autorin, Übers.; c/o Suhrkamp Verl., Frankfurt/M. (* Regensburg 25. 7. 61). OPEN MIKE-Preisträgerin 95, Berliner Autorenstip. 96, 04, Esslinger Bahnwärter 98, Stip. Kunstlerdorf Schöppingen 00, Alfred-Döblin-Stip. 02, Käthe-Dorsch-Stip. 03, u. a.; Rom., Erz. Ue: schw. – **V:** Streit, drei Erzn. 00; Das Mädchen Franz, R. 03. – **MA:** zahlr. Beitr. in Lit.-Zss. u. Anth., seit 94. (Red.)

Neumann, Ute; Niederlehmerstr. 21, D-15537 Ziegenhals, *HanthunThar@aol.com* (* Dresden). Fantasy-Rom. – **V:** Hanthun-Thar, der Völkersammelplanet. I: Die Reise nach Engolahn-Rogh 07, II: Die Flucht aus Engol-Falehn 08.

Neumann, Walter, Dipl. Bibl.-Lektor, freier Schriftst.; Rotleitenweg 5, D-89346 Bibertal, Tel. (0 82 26) 86 82 15, *waltneumann@t-online.de* (* Riga 23. 6. 26). VS 64–05, P.E.N.-Zentr. Dtld 73, Ernst-Meister-Ges., Georg-Herwegh-Ges., Int. Bodensee-Club 91, Meersburger Autorenrunde 92, GZL 93; Auslandsreisestip. 68, 75, Andreas-Gryphius-Förd.pr. 81, Eichendorff-Lit.pr. 89; Lyr., Erz., Hörsp., Ess., Bibliographie, Kritik. Ue: lett. – **V:** Biographie in Bilderschrift, G. 63; Kikes Wasser, G. 70; 10 J. Autorenlesungen im Bunker Ulmenwall, Ess. u. Bibl. v. 87 Aut. 71; Grenzen 72; Schlüsselnacht, dt./frz. 73; Jenseits der Worte 76; Lehrgedicht zur Geschichte 77; Mitten im Frieden 84; Ein Tag in Riga, dt./lett. 94; Der Flug der Möwen 96; Wintergespräch, dt./poln. 96; Helle Tage 97, alles G.; Eine Handbreit über den Wogen. Baltische Gesänge 99; Die Bewegung der Erde, G. 01; Botschaften der Liebe, dt./poln. 01; Die Ankunft des Frühlings, G. 04; In den Gedächtnisfächern, Frühe Gedichte 06. – **MV:** Deutsche Literatur im 20. Jh., Bibliogr. 61; Die deutsch-baltische Literatur, Ess. 74; Stadtplan, Erz. 74. – **MA:** Ohne Visum 64; Panorama moderner Lyr. 65; Tuchfühlung 65; Thema Frieden 67; Jahresring 68/69, 73/74, 75/76, 77/78, 88/89; Dt. Gedichte seit 1960 72; Neue Expeditionen 75; Jb. f. Lyrik 1 79, 2 80; Wenn d. Eis geht 83; Spiegelungen – Übergänge 84; Über Celan u. Pasolini 86; Literarische Porträts 91; Paarweise 93; Wir träumen ins Herz d. Zukunft 95; Jahrhundertwende 96; He, Patron 97; Höre Gott 97; Orte, Ansichten 97; Wie Salomo nach Leipzig kam 97; Die Wahrheit umkreisen 00, sowie weitere 50 dt. u. 10 ausländ. Anth.; Beitr. in Zss.: Merkur; die horen; ndl; Allmende. – **H:** Im Bunker 74, II 79; Grenzüberschreitungen 82; Landmarken, Seezeichen 01, alles Anth. – **MH:** Sie schreiben zwischen Paderborn und Münster, Anth. 77. – **R:** Das Spiel des Jahres, Fk-Sz. 69; Ein Fußbreit Leben, Hsp. 70; Schreien, Fk-Erz. 74; Sieben Briefe über die Heimat, Fk-Erz. 84; Ein Weihnachtsfest 85; Ein kleines, todesgezeichnetes Land 99. – **P:** Der Tag, seit dem alles anders ist, Schallpl. 76. – **Ue:** Jānis Rainis: Der Sonnenthron, G. 90.

Neumann, Walter, Dr. phil., Philosoph, Sozialwiss.; Raabestr. 18, D-30177 Hannover. c/o Verlag Anares Nord, PF 107510, D-28075 Bremen (* Hildesheim 11. 10. 47). Utop. Rom., Erz., Ess., Wiss. Ue: engl. – **V:** Revonnah. Liebe u. Gesellschaft im Jahre 2020, utop. Erz. 86; ca. 50 Buchveröff. in versch. Verl. – **H:** Zs. f. Gesellschaftsphilosophie 97; Zs. 'Das Wesen' 98. (Red.)

Neumayer, Elisabeth (Elisabeth Katinger), Lehrerin; Loiserstr. 52a, A-3494 Brun/Felde, Tel. (0 27 35) 89 68, *nefrec@utanet.at* (* Krems 21. 1. 58). Lit.forum Krems 95; Lyr., Erz. – **V:** Herz und Sterz 97; Aufbruch nach Fantasurien 02. (Red.)

Neumayer, Gabi (Ps. Bato), Autorin, Lektorin, Red.; *info@gabineumayer.de, bato@bato-schreibt.de, www. gabineumayer.de, www.bato-schreibt.de* (* Hilden 22. 10. 62). autorenforum.de 97, Sisters in Crime (jetzt: Mörderische Schwestern) 99, Das Syndikat 00; Kurzgesch., Kinderb. – **V:** Fred und Marie, Bilderb. 98 (auch taiwan.); Im Gemüsedschungel, Kdb. 99; Viele Grüße, dein Löwe, Bilderb. 02 (auch korean.); Schulgeschichten, Kdb. 03; Nikolausgeschichten, Kdb. 04; Und wann schläfst du?, Bilderb. 05 (auch korean.); Piratengeschichten, Kdb. 05; Delfingeschichten, Kdb. 05; Die Spur führt zum Fußballplatz, Kdb. 06; Dinosauriergeschichten, Kdb. 06. – **MV:** Fantasygeschichten, Kdb. , m. M. Borlik 04. – **MA:** Alter schützt vor Morden nicht 00; Rheinleichen 00; Teuflische Nachbarn 01, alles Krim.-Anth.; Vorsicht: bissig! 02; Meine ersten Abenteuergeschichten, Kdb. 03; Liebestöter 03; Mords-Appetit 03; Tödliche Touren 03; Leise rieselt der Schnee ... 03, alles Krim.-Anth.; – Schmökerbären: Ritterburggeschichten 04, Schulhofgeschichten 04, Mädchengeschichten 04, Freundschaftsgeschichten 04,; Komm, Sankt Martin, bring uns Licht! 05. – *Lit:* s. auch 2. Jg. SK. (Red.)

Neumayer, Silke, Drehb.autorin; Donnersbergerstr. 44, D-80634 München, Tel. (0 89) 13 03 88 88, Fax 13 03 88 89, *silke.neumayer@gmx.de* (* Zweibrücken 17. 2. 62). Rom., Fernsehsp., Drehb. – **V:** Küss mich, Baby!, R. 03; Liebe Liebe, R. 04. – **F:** Mondscheintarif, m. Ralph Hüttner, Drehb. nach R. v. Ildikó von Kürthy. – **R:** Jacks Baby, Fsf. 00; Kein Mann für eine Nummer, Fsf. 02, u. a. (Red.)

Neumeier, Monika Gabriele; Lindenhofweg 50, D-88131 Lindau/Bodensee, Tel. (0 83 82) 2 11 12, Fax 2 43 32, *Prolgel@t-online.de* (* Stuttgart 24. 7. 43). – **V:** Meine bunte Arche Noah, Geschn. 89; mehrere Sachb. zum Thema Igel. – *Lit:* s. auch SK. (Red.)

Neumeister, Andreas; lebt in München, c/o Suhrkamp Verl., Frankfurt/M. (* Starnberg 16. 9. 59). Aufenthaltsstip. d. Berliner Senats 90, Alfred-Döblin-Pr. (Förd.pr.) 93, Förd.pr. d. Freistaates Bayern 96. – **V:** Äpfel vom Baum im Kies, R. 88; Salz im Blut, R. 90; Ausdeutschen, R. 94; Gut laut, R. 98; Gut laut, Version 2.0, R. 01; Angela Davis löscht ihre Website, Collage 02; Könnte Köln sein, R. 08. – **MH:** Poetry! Slam!, m. Marcel Hartges 96. (Red.)

Neumeister, Brigitte, Schauspielerin u. Autorin; Wien, *Brigitte.Neumeister@chello.at, www.brigitteneumeister.at.* c/o Management Daniele Stibitz, Springsiedelgasse 27, A-1190 Wien, *office@stibitzmanagement.at* (* Perchtoldsdorf b. Wien 12. 1. 44). Öst. E.kreuz f. Wiss. u. Kunst, Gold. E.zeichen d. Ldes Wien, Prof.titel; Rom., Erz. – **V:** Rampenlicht-Blues 98 (m. CD); Professionisten-Blues 00; Der Feueropal, R. 04, 3. Aufl. (Red.)

Neumüller, Marion (geb. Marion Altweger), freie Autorin, Sprechstundenhilfe (* Passau 2. 6. 71). 2×1. Pl. b. Kurzgesch.wettbew. d. Zs. AMICA; Rom., Kinder- u. Jugendb., Bilderb. – **V:** Fridolin Fischotter, Bilderb. 03; Auf der Suche nach den Kristallen, Jgdb. 04. – **MA:** Rieder Rundschau 03/04; Passauer Woche 04. (Red.)

Neundlinger, Elisabeth M. (geb. Elisabeth M. Matzke), Heilpäd.; Ödwiesenstr. 9, A-4040 Linz, Tel. (07 32) 75 09 14 (* Wien 21. 6. 50). Ö.S.V. 05; Kulturförderung v. Land Ob.Öst.; Lyr., Kurzprosa, Märchen, Rom., Haiku, Senryu. – **V:** Ich horche in die Stille, G. 01; Libellenflug, G. 01; Begegnungen, Kurzprosa 03; Weil ich doch deine Freundin bin, G. 03; Märchen 05; Lass alles hinter dir, G. 06. – **MA:** ... auch ohne Flügel, Haiku u. Senryu 08; Lyr. in: Kirchenztg Linz; Kupfermuckn, Obdachlosenztg.

Neuner, Florian, Journalist, Publizist, Schriftst.; Kastanienallee 38, D-10119 Berlin, Tel. u. Fax (0 30) 44 05 17 00, *florian.neuner@snafu.de* (* Wels/ObÖst. 29. 4. 72). Künstlervereinig. MAERZ 05, GAV 05; Talentförd.prämie d. Ldes ObÖst. 05, Lit.förd.stip. d. Stadt Linz 00, Aufenthaltsstip. Thomas-Bernhard-Archiv, Gmunden 05, Aufenthaltsstip. Domus Artium, Paliano/Ital. 06, Stip. Künstlerdorf Schöppingen 06/07; Prosa, Ess. – **V:** und kam schwarzer Sturm gerauscht 01; Jena Paradies 04; China Daily, Prosa 06; Zitat Ende, Prosa 07. – **MA:** zahlr. Veröff. in Lit.zss. u. Anth., u. a.: perspektive, Die Rampe; Facetten. – **MH:** Josef Németh. 1940–1998, m. Stefan Neuner 00; perspektive. hefte f. zeitgenöss. lit., m. R.B. Korte, H. Schranz u. R. Steinle, seit 03; Porträt Elfriede Czurda (Die Rampe), m. Christian Steinbacher 06. (Red.)

Neunert, Waltraud, Dipl.-Psych.; *w.h.neunert@t-online.de* (* Schweidnitz/Schles. 3. 5. 35). Hauptpr. b. Bad Lauterberger Lit.wettbew. 99, 8. Pr. b. Völklinger Senioren-Lit.pr. 04. – **V:** Am Abend zünde eine Lampe an 00; Helle Lichter im Advent 03; Ein Engel in der Fremde 05, alles Kurzerzn. – **MA:** Es begab sich aber zu der Zeit 99; Wie soll ich dich empfangen 01; Die Weihnachtsfrau 01; Das ungewöhnliche Weihnachtsfest 02, alles Anth. (Red.)

Neunhäuser, Ingeborg; Bamberger Str. 52, D-10777 Berlin, Tel. (0 30) 2 13 79 11, *ingeborg@neunhaeuser.de.* Platenkamper Str. 3, D-29643 Tewel (* Braunschweig). Herrigsche Ges., Berlin 04; Rom., Lyr., Erz. – **V:** Lehrer-Los 02; Krokolores, Krokodil-Limericks 07. – **MA:** ... lesen, wie krass schön du bist konkret (Shakespeares Sonett 18) 03; Harass 19/04.

Neunzig, Hans A., Publizist; Landsberger Str. 9, D-86919 Utting a. Ammersee, Tel. (0 88 06) 77 98 (* Meißen 18. 3. 32). Ess., Biogr. Ue: frz. – **V:** Johannes Brahms in Selbstzeugnissen und Bilddokumenten, Ess. 72, überarb. Neuausg. 97; Johannes Brahms. D. Komponist des deutschen Bürgertums, Biogr. 76; Lebensläufe der deutschen Romantik. I: Komponisten 84, II: Schriftsteller 86; Dietrich Fischer-Dieskau. E. Biogr. 95; Genius trifft Genius, Ess. 02; Dietrich Fischer-Dieskau. Bildbiogr. 05. – **MA:** Progr.-Bücher d. Bayer. Staatsoper. – **H:** Pegasus lächelt. Heitere u. heiter-melancholische Geschn. dt. Sprache aus drei Jh. 66, 78; Pegasus pichelt. Gesch. v. Trinken a.d. Probierstube dt.spr. Dicht. 68; Das illustrierte Moritaten-Leseb. 79; Theodor Storm. Ges. Werke 81; Die besten Kurzgeschn. der Welt 82; Leseb. der Gruppe 47 83, Neuausg. 97; Hermann Löns. Ausgew. Werke 86; Joseph von Eichendorff. Ausgew. Werke 87; Meilensteine der Musik (auch Mitarb.) 91; Hilde Spiel: Die Dämonie der Gemütlichkeit, Glossen u. Ess. 91; Das Haus des Dichters, Ess. 92; Hilde Spiel. Briefwechsel 95. – **MH:** Frühlingssinfonie, Clara Wieck – Robert Schumann. Die Geschichte einer Leidenschaft in Dok. 83. – **F:** Frühlingssinfonie. E. Schumann-Film, m.a. 83; Caspar David Friedrich. Die Grenzen der Zeit, m.a. 86. – **R:** Der sinnliche Schiller. Portr. im Gegenlicht 81; Der religiöse Wagner. 100 J. Parsifal, Ess. 82; Wie der Teufel in die deutsche Geschichte kam. Thomas Mann u. Elisabeth Langgässer, Ess. 97; „So verstand ich erst meinen Wotan". Wagners Schopenhauererlebnis. 98; Rückkehr eines Ungeliebten. Th. Manns erster Besuch in Dtld 1949 99; Genius trifft Genius, Ess.-Reihe 00; Was sind denn das für Götter? D. griech. Mythologie in Wagners „Ring" 00; „Welche Welt ist meine Welt?" D. Schriftstellerin Hilde Spiel, Ess. 04; sowie weitere Hfk-Beitr. f. BR, HR, SDR. – **Ue:** Bernard Avenel: La Valeur absolue u. d. T.: Die Abgestürzten 61; André Maurois: Don Juan oder Das Leben Byrons 69.

Neuro s. Rödler, Gerald Albin

Neuschäfer, Stefan Julián, Autor u. Übers.; Wolframstr. 2, D-12105 Berlin, Tel. u. Fax (0 30) 7 52 63 20 (* Heidelberg 59). Verb. Dt. Drehb.autoren 91; Spezialpr. Plovdiv. Ue: span. – **V:** Die Emil Bulls, Erz. 93. – **R:** Rio de Oro – Der goldene Fluß 88; Der Apfel 89; Onkel Fred 90; Die Probe 90; Der Junge, der vom Himmel fiel 91; Emil Bulls 92; Die Schlafwandlerin 93; Schwarzeneggers Koffer 94; Mattis Baum 95; Mozart auf dem Dach 96, alles Filme f. Kinder. (Red.)

Neuschäfer-Carlón, Mercedes (geb. Mercedes Carlón), U.Lektorin, Lehrerin, Autorin; Fasanenweg 6, D-66133 Saarbrücken, Tel. (06 81) 81 85 81, Fax 3 02 37 22, carlon@hispana.de, hispana.de (* Oviedo 12.7.31). Colegio de Escritores, Madrid, IBBY, Madrid; Premio AMADE 70, Lista de honor C.C.E.I., mehrmals Ausw.liste „White Ravens". d. Intern. Jgd.bibliothek München; Kinder- u. Jugendlit. Ue: span. – **V:** Das Geheimnis der verlassenen Hütte 79; Mein bester Freund ist ein Gespenst 97; Der blaue Umhang 98; Die verlorene Mama 98; Violine und Gitarre 99; Piraten haben keinen Schnuller 00; 20 span. Titel (tw. auch in and. Spr. übers.). – **MA:** Unter Europäern 91; zahlr. Art. in Fachzss. u. Lex. – **MH:** Anthologie der spanischen Literatur, m. Hans-Jörg Neuschäfer 05. – **R:** Rio de oro, Fsf. 89; Der Apfel, Fsf. 90.

Neuscheler, Emil; Nürtinger Str. 56, D-72666 Neckartailfingen, Tel. (0 71 27) 3 58 34 (* Neckartailfingen 24.3.24). schwäb. mund.art e.V. 00. – **V:** Vom Näcker ond saine Leit, Lyr. in Mda. 96; Der Stutenschänder, R. 00. – **MA:** Neue Literatur: Stärker als Hass, Anth. 03. (Red.)

Neuss, Barbara s. Ming, Barbara

Neuthaler, Heinrich s. Wallnöfer, Heinrich

Neutsch, Erik, Dipl.-Journalist, Schriftst.; Ellen-Weber-Str. 113, D-06120 Halle/S., Tel. (03 45) 5 51 03 55 (* Schönebeck/Elbe 21.6.31). SV-DDR 60–91, Akad. d. Künste d. DDR 74–91, Goethe-Ges. Weimar 74–91, VS 90, Anna-Seghers-Ges. Berlin/Mainz 91–06; Lit.pr. d. FDGB 61, 62 u. 74, Nationalpr. d. DDR 64 u. 81, Verd.med. d. DDR 69, Heinrich-Mann-Pr. 71, Kunstpr. d. Stadt Halle 71, Händel-Pr. d. Stadt Halle 73, Vaterländ. Verd.orden in Gold 74; Rom., Erz., Lyr., Drama, Musiktheater, Film, Ess. – **V:** Die Regengeschichte, Erz. 60, 69; Die zweite Begegnung, Erz. 61; Bitterfelder Geschichten, Erzn. 61, 76; Spur der Steine, R. 64, 34. Aufl. 08; Die Prüfung, F. 67; Die anderen und ich, Nn. 70, 76; Haut oder Hemd, Sch. 71, 72; Karin Lenz, Opernlibr. 71; Olaf und der gelbe Vogel, Kdb. 72, 75; Tage unseres Lebens, Erzn. 73, 85; Auf der Suche nach Gatt, R. 73, 14. Aufl. 08; Der Friede im Osten, R.: 1.Buch 74, 83, 2.Buch 78, 86, 3.Buch 85, 89, 4.Buch 87, 90 (insges. 29 Aufl.); Heldenberichte, Erzn. u. Nn. 76, 81; Der Hirt, Erz. 78, 83; Fast die Wahrheit, Ess. 79; Akte Nora S. und Drei Tage unseres Lebens, Erzn. 78; Zwei leere Stühle, N. 79, 9. Aufl. 85; Forster in Paris, Erz. 81, 94; Da sah ich den Menschen, dramat. Werke u. G. 83; Claus und Claudia 89, 4. Aufl. 90; Totschlag, R., 1.u.2. Aufl. 94; Forster in Halle oder Wie fern sind sich im Geiste die Deutschen?, Ess. 94; Vom Gänslein, das nicht fliegen lernen wollte, Erz. f. Kd. 95; Gothardt-Nithardt, ein Maler, Ess. über Grünewald 96; Der Hirt / Stockheim kommt, zwei Erzn. 98; Die Liebe und der Tod, Lyr. 99; Verdämmerung, essayist. Erz., 1.u.2. Aufl. 03; Nach dem großen Aufstand. Ein Mathias-Grünewald-R. 03; (Übers. insges. in über 20 Spr.). – **MA:** Uns bläst der Wind nicht ins Gesicht, Erzn. u. Nn. 60; An den Tag gebracht, Erzn. 61; Die zweite Begegnung u. a. Geschichten 61; Arnold Zweig, Alm. 62; A Pair of Mittens, Short Stories 62; Auftakt 63, Lyr. 63; Erkenntnisse u. Bekenntnisse, Ess. 64; Liebe – Menschgewordenes Licht 64; Im Licht d. Jahrhunderts, Erzn. 64, 65; Nachrichten aus Dtld 67; Licht d. großen Oktober 67; Welt u. Wirkung e. Romans 67; Das Windrad, G. f. Kd. 67; Vietnam in dieser Stunde 68; Manuskripte 69; Erfahrungen 69; Die d. Träume verbinden 69; DDR-Repn. 69; Kritik in d. Zeit 70; Der erste Augenblick d. Freiheit 70; Dreimal Himmel 70; Fahrt mit d. S-Bahn, Erzn. 71, 75; 19 Erzähler d. DDR 71; Das Paar, Erzn. 72; Fünfzig Erzähler d. DDR 73, 76; Erzähler aus d. DDR 73; Menschen in diesem Land, Portr. 74; DDR-Porträts 74; Wir Enkel fechten's besser aus, Lyr. u. Prosa 75; Die Werkzeugliebe, Erzn. 75; Über Anna Seghers, Alm. 75; Meine Landschaft, Prosa u. Lyr. 76; Frauen in d. DDR, Erzn. 76; Zeitgeschehen. 1900–1970 in dt.sprachiger Lit. 76, u. a. bis 08. – **H:** Vietnam in dieser Stunde, Dokumente u. Dichtn. 68; Chile – Gesang u. Bericht, Dokumente u. Dichtn. 75. – **F:** Spur der Steine 66; Die Prüfung 67; Akte Nora S. 75; Auf der Suche nach Gatt 76; Zwei leere Stühle 86. – **R:** Haut oder Hemd, Hsp. 71; Wo es keine leeren Flächen gibt, Fk-Portr. über d. Maler Willi Sitte 73; Der Neue, Hsp. 75. – **Lit:** Junge Prosa d. DDR 64; Mitteldt. Erzähler 65; Lit. im Blickpunkt 65; Liebes- u. a. Erklärungen, Schriftst. über Schriftst. 72; Lit. d. DDR in Einzeldarst. 74; Auskünfte. Werkstattgespr. m. DDR-Autoren 74, 76; Künstlerisches Schaffen im Sozialismus 75; Die dt. Lit. – Gegenwart 75; Dialektische Dynamik, Kulturpolitik u. Ästhetik im Gegenwart.roman d. DDR 76; Gesch. dt. Lit., Bd 11, 76; Lebensläufe – auf der Spur d. Steine, Fs.-Porträt 01; Klaus-Detlef Haas (Hrsg.): Wie Spuren im Stein – das lit. Werk v. E.N., Kolloquium z. 75. Geb. 07; Joachim Wittkowski in: KLG.

Neutzling, Rainer, Soziologe, Autor; Sachsenring 2–4, D-50677 Köln, Tel. (02 21) 3 10 15 44, *neutzling@netcologne.de* (* Bendorf 27. 2. 59). Rom. – **V:** Herzkasper. Eine Gesch. über Liebe u. Sexualität 95, 96; Das Steinchenspiel oder Die Liebe wird nicht erwachsen, R. 00. – **MV:** mehrere Sachbücher m. Dieter Schnack. – *Lit:* s. auch SK. (Red.)

Neuwald, Alfred, Dipl.-Designer; Weißhausstr. 37, D-52066 Aachen, Tel. (02 41) 60 26 85, *sternhagel13@aol.com* (* Hamburg 12. 1. 62). Kinderb., Comic. – **V:** Kapitän Sternhagel auf Schatzsuche 95; Kapitän Sternhagels schönster Winter 95; Kapitän Sternhagel auf großer Fahrt 96; Kapitän Sternhagel räumt auf 97; Uri das Burggespenst 96; Kapitän Sternhagels Geburtstagstorte 02, 03; Der kleine Kapitän Sternhagel Kalender 03; Der wilde Klaus 04; Kapitän Sternhagels Weihnachtsüberraschung 04. – **MV:** Die Weltenbummler. 1: Leinen los 93, 2: Karneval 93, beides Comics m. Heiner Lünsted. – **MA:** Weite Welt, Zs. f. Kinder, seit 97. (Red.)

Neuwirth, Barbara; Josefstädter Str. 29/3/54, A-1080 Wien, *neuwirth.friedl@chello.at, www.barbaraneuwirth.com* (* Eggenburg/NdÖst. 13. 11. 58). Podium, IGAA; Theodor-Körner-Förd.pr. 86, 93, Anerkenn.pr. d. Ldes NdÖst. f. Lit. 87, Förd.pr. f. Lit. d. Adolf-Schärf-Fonds 90, Förd.pr. d. Ldes Ndöst. f. Lit. 94, Hans-Weigel-Lit.stip. 93/94, Max-Kade-Writer-in-Residence at Oberlin, Ohio, Lit.förd.pr. d. Stadt Wien 98, Writer in residence in Taos, Univ. of New Mexico/USA 01, 03, Stip. Schloß Wiepersdorf 01, Wiener Autorenstip. 02, Anton-Wildgans-Pr. 05; Prosa, Dramatik. – **V:** In den Gärten die Nacht, phantast. Erzn. 90; Dunkler Fluß des Lebens, Erzn. 92; Blumen der Peripherie, Erz. 94; Im Haus der Schneekönigin, N. 94, 2. Aufl. 95; Über die Thaya, Erz. 96, 2. Aufl. 00; Empedokles' Turm, N. 98; Das gestohlene Herz, Erz. 98; Wien Stadt Bilder 98; Ein Abschied von Drosendorf, Erz. 00; Eurydike, Stück, UA 04. – **MV:** Die Liebe ist ein grüner Waschtrog, m. Sylvia Treudl 95; Tarot Suite, m. Harald Friedl, Margit Hahn, Heinz Janisch, Norbert Silberbauer 01; Antigone. Und wer spielt die Amme?, m. Erhard Pauer, UA 03; Magie der Worte II, m. Harald Friedl u. Elisabeth Schawerda 06. – **H:** Eisfeuer, erot. G. 86, 93; Im kleinen Kreis, Krim.-Geschn. 87; Blass sei mein Gesicht, Vampirgeschn. 88, 91; ... sah aus, als wüsste sie die Welt ..., Alm. 90; Die fremden Länder mein eigenes Leben, Lyr.-Zyklen 91; Ich trage das Land 95; Schriftstellerinnen sehen ihr Land 95; Schreibfluß 1980–2000. Eine literar. Anth. u. Dok. 00; Female Science Faction 01; Escaping Expectations 01; Zeit, Anth. 03; – Podium 117/118 00, 121/122 01, 123/124 02, 131/132 04, 137/138 05, 139/140 06. – **MH:** Frust der Lust, m. Sylvia Treudl 96; Frauen sehen Europa. Ein literar. Leseb., m. Marianne Gruber 00.

Neuwirth, Isolde, Hausfrau, Autorin; Premersdorf 11, A-9813 Möllbrücke, Tel. (0 47 69) 21 89 (* Spittal a.d. Drau 3. 12. 41). Kärntner Kdb.pr. 86, Lit.pr. Ebenthal f. Dialektlyr. 88; Rom., Lyr., Erz. – **V:** Aufn Weg zu mir 86; Kater Wastl läuft nach China 87; Mondstrahl und Goldfisch 97; Bartab und die Kirchenmäuse 02. – **MA:** mehrere Beitr. in Anth. u. Zss., u. a.: Geschichten aus der Arbeitswelt 89; Hälbzeit, Mda.-Texte 97; Welt der Frau, Zs. – **R:** Rdfk-Lesungen im ORF Kärnten. (Red.)

Neven DuMont, Alfred (Ps. Franz Nedum), Prof. h. c., Verleger u. Hrsg.; c/o Neven DuMont Haus, Amsterdamer Str. 192, D-50735 Köln (* Köln 29. 3. 27). Gr. BVK m. Stern, E.bürger d. Stadt Köln. – **V:** Abels Traum, R. 94; Die verschlossene Tür, Erzn. 03. – **H:**

Jahrgang 1926/27. Erinnerungen an die Jahre unter dem Hakenkreuz 07.

Nevis, Ben (Ps.), Journalist; c/o Franckh-Kosmos Verl., Stuttgart. – **V:** i. d. Reihe „Die drei ???": Pistenteufel 97; Verdeckte Fouls 98; Feuerturm 99; Todesflug 00; Tal des Schreckens 01; Gift per E-Mail 02; Gefährliches Spiel, m. André Marx 03; Die Höhle des Grauens 03. (Red.)

Neyer, Klaus; Burggasse 121/17, A-1070 Wien. PF 352, A-1015 Wien (* Feldkirch 2. 6. 66). IGAA 97. – **V:** Wahrheit und Dichtung in der Autobiographie, G. 97; Soter, N. 97; Ahnung und Gegenwart/Nichts bösartig Satanisches, G. u. Gesch. 99; Mantra. E. Kunstobjekt 99; Ahnung und Gegenwart 99.

Neyer, Leonie, Schriftst., Übers.; Herrengasse 26, A-6700 Bludenz, Tel. u. Fax (0 55 52) 6 30 73 (* Hohenems 13. 7. 30). Vorarlberger Autorenverb.; IGAA; Rom., Lyr., Erz., Hörsp. – **V:** Bi sis daham 74; Glosnat und gluagat 78; So sim-mr halt 94; Alltägliches – heiter betrachtet 96; Frünar 97; A agne Sproch 99; Lebertran und Fegefeuer 02; So isch-as halt 03. – **R:** Zahnschmerzen am Ostersonntag, Hsp. 01. (Red.)

Nguyen, Lienus (eigtl. Nguyen Ngoc Lien), M. A., Doktorand d. Human- u. Sozialgeographie; Innere Uferstr. 8, D-86153 Augsburg, Tel. (01 76) 28 18 60 27, *freitaenzer@googlemail.com, www.lienus.de* (* Di Linh/Südvietnam 7. 5. 71). Lyr., Kurzprosa, Ess. – **V:** Das Herz der Sprache. G. u. lyr. Prosa 06.

Nhaca, Sigrid, Dipl.-Agraring.; c/o Projekte-Verl., Halle (Saale) (* Gröbern 24. 9. 53). Belletr. – **V:** Schwarze Sinnlichkeit, Erz. 06. – **MA:** Autoren-Werkstatt 88, Anth. 03. – *Lit:* www.projekte-verlag.de.

Nick, Dagmar, Schriftst.; Kuglmüllerstr. 22, D-80638 München, Tel. (0 89) 17 34 32 (* Breslau 30. 5. 26). VS 46, P.E.N.-Zentr. Dtld 65, Bayer. Akad. d. Schönen Künste 05; Liliencron-Pr. d. Stadt Hamburg 48, E.gabe d. Stift. z. Förd. d. Schrifttums 51, Lit.pr. d. Landsmannsch. Schles. 63, Eichendorff-Lit.pr. 66, E.gabe z. Andreas-Gryphius-Pr. 70, Roswitha-Gedenkmed. 77, Tukan-Pr. 81, Kulturpr. Schlesien d. Ldes Nds. 86, Schwabinger Kunstpr. f. Lit. d. Stadt München 87, Andreas-Gryphius-Pr. 93, Med. „München leuchtet" 01, Jakob-Wassermann-Pr. d. Stadt Fürth 02, Ernst-Hoferichter-Pr. 06, Bayer. Verd.orden 06; Lyr., Ess., Hörsp., Erz. Ue: engl. – **V:** Märtyrer, G. 47, 48; Das Buch Holofernes, G. 55; In den Ellipsen des Mondes, G. 59; Einladung nach Israel, G. u. Prosa 63, 70; Rhodos, Prosa 67, 75; Israel – gestern u. heute, Dok. 68; Zeugnis und Zeichen, G. 69; Sizilien, Prosa 76, 02; Fluchtlinien, G. 78; Götterinseln der Ägäis, Prosa 81; Gezählte Tage, G. 86; Medea, e. Monolog, Prosa 88, 91; Im Stillstand der Stunden, G. 91; Lilith, eine Metamorphose, Prosa 92, 98; Sternfährten. Gefährten, G. 93; Gewendete Masken, G. 96; Jüdisches Wirken in Breslau, Prosa 98; Trauer ohne Tabu, G. 99; Penelope, eine Erfahrung, Erz. 00; Wegmarken, G. 01; Liebesgedichte 01; Momentaufnahmen, Prosa 06; Die Flucht, 3 Hsp. 06; Schattengespräche, G. 08. – **MA:** De profundis, G. 46; Die Pflugschar, G. 47; Glück d. Mutter, G. 49; Hände 52; Dt. Wort in dieser Zeit 55; Transit, G. 56; Unter den sapphischen Mond, G. 57; Und d. Welt hebt an zu singen, G. 58; Lyrische Kardiogramme, G. 61; Botschaften d. Liebe, G. 60; Erbe u. Auftrag 60; Spektrum d. Geistes 60; Nie wieder Hiroshima 60; Irdene Schale 60; Schlagzeug u. Flöte, G. 61; Tau im Drahtgeflecht, G. 61; Der leuchtende Bogen 61; Lyr. d. Gegenwart 62; Ein Licht auf Erden 63; Als flöge sie nach Haus 63; 20. Century German Verse 63; Zeitgedichte 63; Gegen den Tod 64; Keine Zeit f. Liebe?, G. 64; Kadenz d. Zeit, G. 64; Stimmen vor Tag, G. 65; Schlesisches Weihnachtslo. 65; Spiege-

Nick

lungen unserer Zeit 65; Straßen u. Plätze 65; Dt. Teilung 66; Federlese 67; Panorama moderner Lyr. 67; Thema Frieden 67; Lyr. aus dieser Zeit 68; Welch Wort in die Kälte gerufen 68; Ziel u. Bleibe 68; Jahresring 69/70; Thema Weihnachten 70; Politische Gedichte 70; Nachkrieg u. Unfrieden 70; Zur Nacht 70; PEN 71; Windbericht, G. 72; Dt. Großstadtlyrik v. Naturalismus bis z. Gegenwart, G. 73; D. Schlesische Balladenh., G. 73; Im Bunker, G. 74; Liebe, Prosa 74; Dt. Bildwerke im dt. Gedicht, G. 75; Die Kehrseite d. Mondes, Prosa 75; Gedichte auf Bilder 75; Neue Expeditionen, G. 75; Schriftzeichen, Prosa 75; Auf meiner Straße, G. 75; Quer, G. 75; Dome im Gedicht 75; Intern. Poetry Rev., G. 76; Zueinander, Prosa 76; Als das Gestern Heute war, G. 77; Das gr. dt. Gedichtbuch 77, 92; Viele von uns denken noch sie kämen durch, G. 78; Liebe will Liebe sein, G. 78; Dt. Dichterinnen v. 16. Jh. bis z. Gegw., G. 78; Alle Mütter dieser Welt, G. 78; Schnittlinien, G. 79; Jb. f. Lyr. 79, 80; Dt. Sonette 79; Dt. G. v. 1900 bis z. Gegwart 79, 87; Der Tod ist e. Meister aus Dtld, G. 79; Ich sah d. Dunkel schon v. ferne kommen, G. 79; Ich erzähle euch alles 80; Moderne dt. Naturlyr. 80; Liebe 80; Die Wunde namens Dtld 81; Im Gewitter der Geraden 81; Das Bildgedicht 81; Fürchtet euch nicht 81; Auf den Wegen d. Verheißung 82; Zuviel Frieden! 82; Doch d. Rose ist mehr 82; Begegnungen u. Erkundungen 82; Dt. Liebeslyr. 82; Redet von d. Menschen Rettung 82; Seit du weg bist 82; Dt. Gedichte v. 1930–1969 83; Dt. verstehen, sprechen, schreiben 83; Gratwanderungen, Lyr. 83; Widerbild 83; Europe, Bibliotheque nationale 84; Rheinblick 84; Zum Leben gerufen, G. 84; Arzt u. Patient in d. mod. Lyr. 85; Erot. Gedichte v. Frauen 85; D. schönsten Liebesgedichte 85; Spiegelungen – Übergänge 85; Weihnachtsgedichte 85; Die Botschaft hör ich wohl 86; Inseln im Alltag, G. 86; D. nicht erloschenen Wörter, Lyr. seit 1945 86; Landschaften, Prosa 86; Vertriebene 86; Leben im Atomzeitalter 87; Tag- u. Nachtgedanken 87; Vom Gestern zum Heute 87; Erklär mir, Liebe 87; Vom Abschied 87; Frankfurter Anth. 11 87, 12 89; Schön wie d. Mond 88; Thesenanschläge 88; Wodurch ich anders bin 88; Griechenland, e. Reiseb. 89; Laßt den Kindern d. Träume 89; Melancholie 89; Von einer, die auszog 89; Tageszeiten 89; Wir sprechen v. Europa 89; Zwischen Gestern u. Morgen 89; Erneuert euch in eurem Denken 89; Ein wenig von Verschwörung 90; Woher kommt d. Hoffnung 90; Eremiten-Alphabet 90, 91; Es geht mir verdammt durch Kopf u. Herz 90; Das Kind in dem ich stak 91; Schlesien, e. Leseb. 91; D. gr. dt. Gedichtbuch 91; Da war e. Engel am Himmel 91; Zeit, die vergeht u. bleibt 92; Dt. Lyr. unseres Jh. 92; Stechäpfel 93; Blumen auf d. Weg gestreut 93; Von Eichendorff bis Bienek 93; Hab gelernt durch Wände zu gehen 93; Spuren d. Lebens 94; Könige 94; 1000 dt. Gedichte u. ihre Interpretationen 94; Wo deine Bilder wachsen 95; Drei Zeilen trage ich mit mir 95; Die Schönen u. die Biester 95; Nach Bethlehem, wohin denn sonst 95; Geteilte Himmel 97; Melodie d. Meere 97; Identität im Wandel 98; Frauen dichten anders 98; Die dt. Literatur seit 1945 98; Finale! Das kl. Buch v. Weltuntergang 99; Meine Dt. Gedichte 99; Lyrik d. neunziger Jahre 00; München. Spaziergang durch d. Geschichte e. Stadt 01; Ich bin wo du bist 01; Mythos Medea 01; Plötzlich u. sanft 01; Dt. Lyrik 1961–2000 01; Atempausen 02; Menschen sind Menschen – überall 02; Mythos Pandora 02; Weihnachtsbasar 02; Ich höre das Herz d. Himmels 03; Wundernacht 03; Mythos Europa 03; Der Engel neben dir 03; In einem Wort 04; Venedig 04; Sternengedichte 04; Heimwärts schlägt mein Herz 05; In höchsten Höhen 05; Himmlische Boten 05; Das dt. Gedicht vom MA bis zur Gegenwart 05; Der ewige Brunnen 05; Bodensee-Gedichte aus 12 Jh. 05; Dieses Suchen und dies Finden 06; Ein Ringen mit dem Engel 08. – **H:** Das literarische Kabarett „Die Schaubude" 1945–1948 04. – **R:** Die Flucht 59, 60; Das Verhör 60; Requiem für zwei Sprecher und Chor 70, 72. – **MUe:** Robert Frost: Gesammelte Gedichte 52. – *Lit:* S. Friedrich: Traditionsbewußtsein als Lebensbewältigung 90.

Nick, Désirée, Kabarettistin, Autorin; c/o connex management, Detlev Rutzke, Hohenzollerndamm 2, D-10717 Berlin, *desireeNick@connexberlin.de, www. desiree-nick.de* (* Berlin 30. 9. 56). – **V:** Gibt es ein Leben nach vierzig? 05; Was unsere Mütter uns verschwiegen haben 06; Eva go home. Eine Streitschrift 07; Liebling, ich komme später 08; – Bühnenprogramme: Eine Frau wird erst schön durch die Liebe 93; Hollywud ist nirgendwo 94; Bratenshow. Der schnelle Abend in d. Bahnhofsmission 94; Was bleibt ist die Schande 96; Bestseller einer Diva. Die Show z. Buch 97; VollklimaKtisiert 98; Alles Libris. Literarischer Salon 99; Hängetitten Deluxe. Ein Abend f. d. ganze Familie 00/01; Das Schlimmste. Ein Singspiel in fünf Aufzügen 01; The Joy of Aging – and how to avoid it 04; Désirée - Superstar. Sturzgeburt e. Legende 05. – **MV:** Bestseller einer Diva. Seit Jahren vergriffen, m. Volker Ludewig 97. (Red.)

Nickel, Ingrid (geb. Ingrid Kähler), Hausfrau; Buschblick 84, D-24159 Kiel, Tel. (04 31) 39 14 87, *ingridnickel@gmx.d, freenet-homepage.de/ingridsgedichte* (* Kiel 22. 7. 35). Federkiel; Lyr., Kurzgesch. – **V:** Fenster an Fenster, gestapelt gereiht, Lyr. 82; Keine lächelt umsonst, Lyr. 83. – **MA:** Kieler Schreibheft I u. II 83; Ich zerbreche den Kreis 84; mehrere Prosa-Veröff. in: Kieler Nachrichten. – **P:** Lyrik-Lesungen im Kultur-Tel. Kiel u. im Rdfk; Lesungen in div. Städten 82 – ca. 86.

Nickel, Kurt, Heilpäd.; Motzfeldstr. 195, D-47574 Goch, Tel. (0 28 23) 22 35, Fax 8 79 08 96, *knurti@web. de* (* Hildesheim 7. 8. 54). Rom. – **V:** Schizophren, R. 06; Der Fluch einer Behinderung 08.

Nickel, Marcus; *www.marcusnickel.de* (* Pforzheim 15. 9. 76). Lyr., Kurzprosa. – **V:** 4, Lyr. 05. – **MA:** zahlr. Beitr. in Anth. u. Lit.zss. u. a. in: best german underground lyriks 2004 05; Macando Ed. 14 05. (Red.)

Nickolay, Eleonore, M. A.; 78, Av. du Général Leclerc, F-77360 Vaires sur Marne (* Koblenz 24. 4. 57). Christine-Koch-Ges.; Erz., Dramatik, Hörsp. Ue: frz. – **V:** Glück ist auch ein Schmerz, Erzn. 97, 2., erw. Aufl. 98. – **MA:** Vistiten 98; Engel sind immer woanders 96, beides Poesie u. Prosa. (Red.)

Nicol-Burmeister, Achim (geb. Joachim Burmeister), Architekt BDB, Dipl.-Ing.; c/o Home Made Books, 3/9–11 Pinedale Street, East Victoria Park WA 6101/AUS, Tel. (08) 93 62 36 40, Fax 93 62 47 83, *treffwa@iinet.net.au, www.iinet.net.au/~treffwa* (* Eutin 21. 5. 46). Lirpa-Lirpa 00; Rom., Reiseführer. – **V:** Nun denn ..., R. 92; Hans Dampf auf der Suche nach Weihnachten, R. 93; Seelchen, R. 93; Achims Westaustralien, Reisef. 94; Wir Einwanderer, Reisef. 95; Tabularasa, R. 97; Achims Westaustralien 2000, Reisef. 00; Lose Blätter, R. u. Kurzgeschn. 00. – **MA:** Treffpunkt WA, Mag. seit 89; The German Connection, Mag. seit 00. (Red.)

Nicolai, Matthias s. Boccarius, Peter

Nicolet, Danièle; in den Reben 138, CH-4574 Nennigkofen, Tel. (0 32) 6 22 38 24, Fax 6 22 59 34. – **V:** Verbrannte Flügel, Autobiogr. 96; Was macht, dass du so schön bist?, G. 01. – **MV:** Vom Mann, der ein Büchlein im Bauch hatte, Bilderb., m. Samuel Widmer 94;

Vom Leben überwältigt, m. Christoph Hofer 01; Sag mir Liebste, was ist das Leben? Und sag mir Liebster, was ist der Tod?, Briefe 03; Heute wurde uns eine Tochter geboren, Tageb. 06, beide m. Samuel Widmer.

Nicolet, Paul s. Widmer, Samuel

Nicolin, Nicolas s. Everwyn, Klas Ewert

Nidel s. Seiberth, Jürg

Niebisch, Jackie, Germanist, Musiker, Comiczeichner; c/o Dt. Taschenbuch Verl., München. – **V**: Tramper forever 82; Die kleine Schule der Vampire 86; Zwei Ameisen reisen nach Australien 86; Advent, Advent, ein Plätzchen brennt ... 98; Happy Birthday Jesus! 98; Der kleene Punker aus Berlin 98; Die kleenen Weihnachtspunker 98; Die kleine Fußballmannschaft 98; Kdb.-Reihe „Die Schule der kleinen Vampire". Der falsche Vampir 98, Die Prüfung 98, Der Monsterwettbewerb 99; Deutschland, ein Bundespunkermärchen 00; Die kleinen Wilden 04. – **MV**: Boomer, m. Antje Niebisch, Erz. 98. (Red.)

Niebling, Jürgen, Dr., Rechtsanwalt; Waldstr. 22, D-82049 Pullach, Tel. (0 89) 79 36 75 70, Fax 79 36 75 71, *Kanzlei@Anwalt-Niebling.de*, *anwalt-niebling.de* (* Frankfurt/Main 12. 6. 56). Rom., Lyr., Fachb. – **V**: Das Salz Deiner Lippen, G. 98; Frauensuche, R. 00; Vater singt den Blues, R. 02. (Red.)

Niebuhr, Arnold, Dipl.-Päd.; D-32791 Lage, *info @arnold-niebuhr.de*, *www.arnold-niebuhr.de*, *www. sven-und-der-magier-der-freundschaft.de* (* Detmold 2. 3. 68). Rom. – **V**: Sven und der Magier der Freundschaft, R. 04. (Red.)

Niedecken, Wolfgang, Musiker, Maler, Gründer d. Rockgruppe BAP; c/o Travelling Tunes Productions, Postfach 190347, D-50500 Köln, *www.bap.de* (* Köln 30. 3. 51). – **V**: Auskunft, Autobiogr. 90; Verdamp lang her. Die Stories hinter d. BAP-Songs 99; In eigenen Worten (m. BAP) 99. – **MV**: Alles im Eimer, alles im Lot. E. Gespräch, m. Christoph Dieckmann 94; Leopardefellbooch, m. Bruno Zimmermann 95; Noh und noh, m. Eusebius Wirdeier, Texte u. Fotos 96. – **MA**: Köln Merian-Heft 90; Fritz W. Haver: Rock & Roots (Vorw.) 97. – **P**: BAP rockt andere kölsche Lieder 79; Affjetaut 80; für uszezschnigge 81; Vun drinne noh drusse 82; Bess demnähx 83; Zwesche Salzjebäck un Bier 84; Ahl Männer aalglatt 85/86; Schlagzeiten 87; Da Capo 88; X für 'e U 89; Affrocke 90; Pik Sibbe 93; Leopardefell 95, alles Schallpl. (Red.)

Niederhauser, Rolf, lic. rer. pol.; Hegenheimerstr. 96, CH-4055 Basel, *rolfniederhauser@compuserve. com* (* Zürich 25. 10. 51). Gruppe Olten 77; Werkjahr d. Kt. Solothurn 77, Lit.pr. Der erste Roman 89, Pr. d. Literar. Ges. d. Stadt Hamburg 89, Buchpr. d. Kt. Bern 89; Drama, Lyr., Rom. – **V**: Mann im Überkleid, ein Rapport 76; Das Ende der blossen Vermutung 78; Kältere Tage 80; Alles Gute – Fussnoten zum Lauf der Dinge 80–85, 87; Nada oder die Frage eines Augenblicks, R. 88; Requiem für eine Revolution, Tageb. 90. – **H**: Max Frisch : „Ich stelle mir vor", e. Leseb. 95. – **MH**: Schweiz. Geschn. aus d. Gesch., m. Martin Zingg 91. – **R**: Spielraum, Telearena zum Jahr des Kindes, Fs.-theater 79; Der Kindernarr, Hsp. 91. (Red.)

Niederhauser, Trix, Buchhändlerin; c/o Bücher Langlois, Kronenplatz, CH-3402 Burgdorf, Tel. (0 34) 4 22 21 75, *buecher@langlois.ch* (* Kernenried 11. 8. 69). Rom., Songtext. – **V**: Halt mich fest, R. 06.

Niederkofler Ilmer, Anni, Hausfrau; Griessfeld 16, St. Johann, I-39030 Ahrntal, *anni.ilmer@dnet.it* (* Ahrntal). – **V**: Das Spinnradl, Gesch. 06; Der geheimnisvolle Gartenbaum, fantast. Erz. 07. – **MA**: Am Tor 99; Hochzeitsgedichte, Anth. o. J. (04).

Niederle, Helmuth A., Dr. phil., Schriftst., Journalist, Übers.; Stuckgasse 13/9, A-1070 Wien, Tel. (01) 5 24 39 36, *office.han@utanet.at* (* Wien 16. 11. 49). P.E.N.-Club 84, Ö.S.V. 84, PODIUM 84, Öst. Ges. f. Lit., stellv. Leiter; Förd.pr. d. Theodor-Körner-Stift. 74, Arb.stip. d. Gemeinde Wien 83, Anerkenn.pr. d. Ldes NdÖst. 85, Staatsstip. 89/90, Buchprämie 97; Kurzgesch., Rom., Ess., Lyr., Hörsp. Ue: engl. – **V**: Etüden 73; Verwandlungen, Prosa 74; Aufbruch, Lyr. 81; Tier-Leben 81; Lainz. Ein Platz zum Sterben?, Protokoll 82; Lügenland und Pastitschi aus dem bewußten Land, Fbn. 83; Der Zug der Einhörner, Fbn. 87; Es war sehr schön, es hat mich sehr gefreut. Kaiser Franz Joseph u. seine Untertanen 87; the land is ons land, Repn. 90; Schreiber. Eine Fuge u. andere Capritschi 97; Nicht nach Ithaka, Erzn. 03; Im Treibhaus der Nacht. Zehn Notturni 03; Die dritte Halbzeit, Erzn. 04; Wie es mir gefällt. Ein Confabulatorium 04; Erwin Steinhauer, Biogr. 07. – **MV**: Magie der Worte, Bd 3, m. Marianne Gruber 07. – **MA**: Veröff. in Lit.-Zss., Tagesztgen u. Mag.; 30 Ess. zu Themen d. bild. Kunst in Büchern, Kat. u. Zss. – **H**: Ernst Fischer. Ein marxist. Aristoteles?, Anth. 80; Materialienbd Milo Dor 88; Café Plem Plem. 15 J. Kabarett Erwin Steinhauer 89; Wien, Anth. 97; Berlin 98; Prag 98; Weihnachten 98; Die Fremde in mir 99; Rom 99; München 99; Die letzte Reise 99; Eros 00; Frühjahr 01; Sommer 01; Herbst 01; Winter 02, alles Anth.; Weltliteratur – Literaturen der Welt, Leseb. 02; Doris Mühringer: Es verirrt sich die Zeit, ges. Werk 05; Heinrich Eggerth: Wer bleibt, hat keine Ankunft, ges. Lyr. u. Aphor. 06; Ernst David: im fließenden, ges. G. (auch Nachw.) 07; Hermann Jandl: schau daß du weiterkommst, ges. G. 1995–2006 (auch Nachw.) 07; Literatur und Migration – Indien 07; Heinz Stangl. Ölbilder 08. – **MH**: Dschungelkrieg oder Glashaus?, m. Simon Krauss u. Klaus Sandler 80; In anderer Augen. Die Staaten d. Europ. Union in d. öster. Lit., m. Marianne Gruber u. Manfred Müller, Anth. 98; Wir und die Anderen. Islam, Lit. u. Migration. m. Walter Dostal u. Karl R. Wernhart 99; Früchte der Zeit. Afrika, Diaspora, Lit. u. Migration, m. Ulrike Davis-Sulikowski u. Thomas Fillitz 00; Die Wahrheit reicht weiter als der Mond. Europa – Lateinamerika: Lit., Migration u. Identität, m. Elke Mader 04; Literature and migration – South Africa, m. Catharina Loader 04; Michael Guttenbrunner. Texte u. Materialien, m. Manfred Müller 05. – **R**: Einhorn weiblich, Hsp. 85; Beitr. im ORF. – **Ue**: Ben Okri: Afrikanische Elegie, Lyr. 99; ders.: Vögel des Himmels. Wege zur Freiheit, Ess. 00; ders.: Der Unsichtbare, R. 00; Abdulrazak Gurnah: Donnernde Ruhe, R. 00; Jackie Kay: Die Adoptionspapiere, G. 01; Ben Okri: Maskeraden und andere Erzählungen 01. – **MUe**: Sonia Solarte: Mundo Papel / Papierwelt, Nachdicht. 06. – **Lit**: Ugo Rubini: Fragmente aus Österreich 89; Kurt Adel: Die Lit. Österreichs d. Jahrtausendwende 01.

Niedermaier, Renate (Ps. Petra Sela); Kerschbaumgasse 1/4, A-1100 Wien, *renate.niedermaier@ doppelpunkt.at* (* Wien 15. 6. 47). Ö.S.V., IGAA, Autorengemeinsch. Doppelpunkt, Obfrau, VKSÖ, Vorst., Kunstkr. 24, Vorst.; Theodor-Körner-Förd.pr. 99; Lyr., Prosa, Drama, Kabarett, Sat., Ess., Kinder- u. Jugendb., Mundart. – **V**: Umflut, Lyr. 94; Verwoben, Haiku jap.-dt. 96; der kämmerer und die glutäugige, experiment. Prosa 96; A braada Weg waun s schneibt, Mda.-Lyr. 99; Zögernd das Sonnenlicht, Haiku u. Senryu 00; Waun i dauchn Brooda geh, Mda.-Lyr. 00. – **MA**: Chefred. d. Lit.zs. 'Zenit' 89–93; Winterreise. damals-heute, Lyr. 97; WORT + BILD, H. 1–3 (auch Red.). – **H**: Lippenmale, Lyr. u. Prosa 93; Flechten am Zaun, Haiku 98. – **MH**: Auf den Spuren der Menschlichkeit 91. (Red.)

Niedermair

Niedermair, Nadja; Tiefer Graben 7/21, A-1010 Wien, Tel. u. Fax (01) 5 32 40 70 (* Linz). Rom. – **V:** Du bist so herrlich skrupellos, Bianca!, R. 97; Flieder blüht, R. 01. (Red.)

Niedermann, Andreas; c/o Songdog Verlag, Viktorgasse 12A/6, A-1040 Wien, Tel. (01) 5 04 68 07, *andreasniedermann@hotmail.com, www.songdog.at* (* Basel 56). – **V:** Sauser, R. 87, überarb. Aufl. 07; Stern, R. 89; Die Stümper, R. 96; Verflucht schön, R. 05; Das Flackern der Flamme bei auffrischendem Westwind, Stories, Berichte, Skizzen 06. (Red.)

Niederwieser, Stephan (Ps. Gerke van Leiden), Heilpraktiker, Psychotherapeut, Journalist, Red., Autor; *stephan@stephan-niederwieser.de, www.stephan-niederwieser.de* (* 62). – **V:** An einem Mittwoch im Dezember, R. 98; Das einzige, was zählt, R. 99; Eine Wohnung mitten in der Stadt, R. 01; Das Weißwurstfrühstück und andere Sauereien, Erzn. 02; Denn ich wache über deinen Schlaf 03; Nur fliegen ist schöner 03; mehrere Sachbücher. – **MA:** Beitr. in mehreren Anth. – *Lit:* s. auch SK. (Red.)

Niehaus-Osterloh, Monika, Dr. rer. nat., Autorin, wiss. Übers.; Auf der Reide 20 B, D-40468 Düsseldorf, Tel. (02 11) 4 79 29 32, 42 07 02, Fax 4 79 20 64, *MNiehausO@aol.com* (* Hinsbeck/NRW 5. 9. 51). Sheckley-Pr. 83, Thriller d. Jahres 98; Rom., Erz. – **V:** Die Mission der Päpstin Johanna, R. 90, 2. Aufl. 01; Spiel des Affen, Thr. 98. – **MA:** SF-Stories in zahlr. in- u. ausländ. Anth. – *Lit:* Bibliogr. Lex. d. utop.-phantast. Lit. 03. (Red.)

Niehörster, Thomas, Buchhändler, Geschf., Inhaber e. Marketingservices, Inhaber URSUS Verl.; Jochstr. 8, D-87541 Bad Hindelang, Tel. (0 83 24) 95 32 84, Fax 95 36 56, *tniehoerster@aol.com, www.ursusverlag.de* (* Recklinghausen 21. 12. 47). Lyr., Erz., Sachb. – **V:** Fragile 70; Ein guter Tag fängt morgens an 00; Wilde Frauen, Sachb. 08. – **MA:** Beitr. in zahlr. Anth., u. a. in: Frühwerk 69; Sammelsurium 69; Ich lebe in Dortmund 69; Streiflichter 70; Drucksache 70; The Yellow Book 71; HARASS – Die Sammelkiste d. Gegenwartslit. aus d. Sängerland, H.10/00, 11/12/01, 19/20/04; Sagenhafte Märchen 04; Wintermärchen aus dem Allgäu 05, (beide auch hrsg). – **H:** im Verlag „junge presse d": Bronikowska (d.i. Rosemarie v. Oppeln-Bronikowski): Der Fallschirm öffnet sich nicht, G. 70; Jürgen-Peter Stössel: Todesursachen sind Wirkungen des Lebens, Kurzprosa 71; Manfred Hausin: Harndgedichte 72 (später u. d. T.: Vorsicht an der Bahnsteigkante); Ulrich Zimmermann: Über allen Gräbern ist Ruh' 72; Vostell-Antwortpaperwork 73; Kurze Geschichten von starken Frauen 05; Neue Geschichten von Allgäuer Frauen 06; Allgäuer Mannsbilder 07; Weihnachten wie es früher war 07; Die Pfarrei Hindelang, hist. Erzn. 08. – *Lit:* Bücher, die man sonst nicht findet, Kat. Buchhandlg Wittwer, Stuttg. 70; dito, Kat. z. Wanderausst. 71; dito, Kat. d. Minipressen 1974/75; P. Engel/W.Ch. Schmitt: Klitzekleine Bertelsmänner 74.

Niehues, Anna-Maria s. Bern, Maria

Nielk, Konrad s. Klein, Kurt

Niels, Oliver s. Keppner, Gerhard

Nielsen, Maiken, Linguistin, Fernsehjournalistin, Autorin, Übers.; c/o N3 Fernsehen, Gazellenkamp 57, D-22405 Hamburg, *maiken-nielsen@t-online.de, www.maiken-nielsen.info* (* Hamburg 4. 3. 65). Kinder- u. Jugendb. Ue: engl, frz, ital. – **V:** Zaubernase 96; Mia will mehr 97; Das Haus des Kapitäns, R. 03, 2.u.3. Aufl. Tb. 05; Die Tochter des Kapitäns, R. 05; 4x Herz und Caffe Latte, Jgdb. 06; 4x Herz und Croque Monsieur, Jgdb. 07; Die Freimaurerin, R. 07. – **MA:** Wenn die Ritter

schlafen gehen 98; Möhren zum Fest, Kurzgeschn. 05. – **R:** zahlr. kurze Fs.-Beitr. seit 94; zahlr. kurze Fs.-Repn. zu hist. Themen seit 00. – **Ue:** Agnieszka Taborska: Der Fischer auf dem Meeresgrund, Kdb. 97; div. Liebesromane seit 89. (Red.)

Niemann, Norbert, Red., Schriftst.; c/o Carl Hanser Verl., München (* Landau/Ndb. 20. 5. 61). VS 00; Ingeborg-Bachmann-Pr. 97, Förd.pr. d. Freistaates Bayern 98, AZ-Stern d. Jahres 98, Clemens-Brentano-Pr. 99, Stip. Schloß Wiepersdorf 04; Rom., Prosa, Ess. – **V:** Wie man's nimmt, R. 98, Tb. 00, 05; Schule der Gewalt, R. 01, Tb. 03 (auch russ.); Willkommen neue Träume, R. 08. – **MV:** Inventur. Dt. Lesebuch 1945–2003, m. Eberhard Rathgeb 03. – **MA:** Schraffur der Welt, Anth. 00; Einsam sind alle Brücken. Autoren schreiben über Ingeborg Bachmann 01; Das Phänomen Houellebecq 01; Beste Deutsche Erzähler 02; Big Business Literatur 02; Deutsche Landschaften 03; Auf kurze Distanz: Die Autorenlesung 03; zahlr. Beitr. in Lit.zss. seit 81, u. a. in: Konzepte; Neue Rundschau; edit; Akzente. – **MH:** Akzente 2/99, 3/01, 4/02, 3/05, 6/06, 3/08 (Mithrsg.: Wolfgang Matz, Georg M. Oswald, Michael Lentz).

Nienstedt, Marni-Maren s. Schönfeld, Maren

Niers, Gert, Ph. D., Prof. of Humanities and Fine Arts am Ocean County Coll., Toms River/NJ 92–06; 1201 Sleepy Hollow Road, Point Pleasant, NJ 08742/USA, Tel. (7 32) 2 95–84 89, *gertniers@comcast.net* (* Dresden 9. 10. 43). P.E.N. 79; Lyr., Prosa. Ue: engl, frz, dt. – **V:** Frauen schreiben im Exil. Zum Werk d. nach Amerika emigrierten Lyrikerinnen Margarete Kollisch, Ilse Blumenthal-Weiss, Vera Lachmann 88; Wortgrund noch, Lyr. u. Prosa 92; Landing Attempts / Selected Poems 00. – **MA:** versch. Aufss. in Sammelbänden sowie zahlr. Buchrezensionen in Zss., u. a. in: American Jewish Archives; Aufbau; dpa Lit.dienst; German Life; Modern Austrian Lit.; New Yorker Staats-Ztg u. Herold; Schatzkammer d. dt. Sprache, Dichtung u. Gesch.; World Lit. Today; Yearbook of German-American Studies; German Quarterly; French Review.

Nies, Annemarie, Lektorin; Hofmattstr. 2, D-79725 Laufenburg, Tel. (0 77 63) 14 99, Fax 17 01 (* Nürtingen 27. 5. 20). Rom., Nov., Lyr. – **V:** demaskiert, N. 61; Der andere Partner, R. 63; Wintertexte, G. 81; Ein anderer Himmel, G. 87; Dunkellicht, G. 90; Annäherungen, G. 97. (Red.)

Niessen, Patrick s. Giordano, Mario

Niethammer, Gert Roman (Ps. Roman RomanoW), Prof., Maler, Illustrator, Autor, Doz. an d. Elbe-Weser-Akad.; Tel. (01 73) 7 39 42 58, *kunst@sinnchron.de, www.art-de-moor.de* (* Stuttgart). FDA 94; Erz., Sat., Rom. – **V:** Sempi, der Zwerg, Kinderm., 3 Bde 72–74; Wanderer durch Deutschland, ein homerisches Gelächter, Satn 76; Gedichte 76 76; Als der Regenbogen das Land küßte, Erz. 92; Wingis Land und Ostetal, Bildbd m. Fotos v. Elke Knoll 01; Die Kinder des Zauberers, R. 02; Erinnerung, Kurzgeschn. 04/05; Schmerz laß nach!, Kurzgeschn. 04/05; Der Untergang der Stadt Balk, Kurzgeschn. 04/05; Miteinander, R. 04/05; Pipinelli, Kdb. 04/05; Knisternde Berührungen, erot. Erzn. 08; Tintenkleckse, Erzn. 09; – Handausg. m. Original-Ill.: Sommer ist nicht jeden Tag 08; Hallo Emma 08; Der gestohlene Engel 09; Warum Timm den Weihnachtsmann erschoß 09, jeweils eine Erz. – **MA:** Worte wachsen durch die Wand, Alm. 97; 25 Jahre FDA Niedersachsen 01; regelm. Erzn. in e. Apotheken-Ztg d. IPA-Verl. 91–01. – **P:** Feuer unter der Haut, Hörb. 09.

Niethammer, Roswitha; Lindenstr. 11, D-56651 Oberzissen, Tel. (0 26 36) 78 29 (* Dresden 18. 12. 27). Liter.„AHR"ische Ges. 90–96, Lit.kr. Bad Breisig 97;

Erz., Lyr. – **V:** Innenspiegel, G. 89, 2., erw. Aufl. 95; Wechselbäder 94; Dem Teufel vor die Schmiede, Autobiogr. 95; Kaleidoskop, Erzn. 96. – **MA:** Heimat-Jb. Mayen-Koblenz 90; Gaukes Jb. 90–95; Heimat-Jb. Kr. Ahrweiler 92, 97; Paulanus, Zs. 96; Lesezeichen, Anth., Bd 2–6; VfA Reisegepäck-Anth., Bd 1–3; VfA Premier-Anth., Bd. 3, 4. – **R:** 9 Beitr. f. d. BR in: Sonntagsbeilage 93–97. (Red.)

Nikel, Johannes Hans A. (Hans A. Nikel, geb. Johannes Alfons Nickel), Dr. phil., Publizist, Verleger, Bildhauer u. Maler; Galeriehaus Am Zollstock 36, D-61352 Bad Homburg, Tel. (0 61 72) 48 88 84, Fax 48 88 85, *nikel-art@gmx.de, www.nikel-art.de* (* Bielitz/OS 23. 2. 30). Mitgl. u. Präs. versch. Grafik- u. Cartoon-Biennalen; Gold.med. Art Directors Club; Prosa. – **V:** Kunst will erzählen! 98, 3. Aufl. 04; Mondschaukeln 99; Sag mir, wie lange wirst du mich lieben? 02; Vom Glück und Glanz der Goldnasen 03; Sylte, die einig wahre Geschichte ..., Erz. 08; Wie ein Weihnachtsmann und ein Engel die Welt in Ordnung bringen, Erz. 08. – **MV:** Fliegen mit dir, m. Konstantin Wecker, Lyr. u. Graphik 07. – **H:** Pardon, literar.-satir. Mschr. 62–68. – *Lit:* s. auch 2. Jg. SK.

Niklas, Angelo s. Keil, Alfred

Nikola, Marion (eigtl. Marion Sibille Sczesny, geb. Marion Sibille Rösgen), Autorin, Red.; *MarionNikola @aol.com, www.spitze-feder.de* (* Troisdorf-Sieglar 2. 3. 56). Rom. – **V:** Das entführte Herz, R. 97, Tb. 99; Im Bann des Roten Drachen, R. 98, 99; Sternenhimmel über Malaysia, R. 99, Tb. 02. (Red.)

Nikolai-Trischka, Rosemarie, Schriftst.; Sulzkirchener Str. 9, D-92342 Freystadt, Tel. (0 91 79) 17 36, 23 21 (* Bamberg 28. 1. 52). Rom., Fantastische Erz. – **V:** Kabuko 93; Das Geheimnis von Château Castellani, R. 94; Die Geister von Carmenia, R. 95; Lena, der kleine Dorfgeist, Erinn. 96; Die Aura des Geheimnisvollen 99. (Red.)

Nikolaus, Georg s. Poche, Klaus

Niksch, Jo, Erzieher; Spessartring 31, D-64287 Darmstadt, Tel. (0 61 51) 71 69 20 (* Flörsheim/Main 25. 5. 61). – **V:** Jenseits der dunklen Wolke, Erz. 00; 69, Erz. 04. (Red.)

Nippert, Erwin, Dr. phil., Dramaturg; Finkensteg 25, D-15366 Neuenhagen/Berlin, Tel. (0 33 42) 20 11 14 (* Breslau/Schlesien 12. 8. 32). VS Brandenbg. – **V:** Die letzten sechsundzwanzig Tage 84; Die Maske des Kunsthändlers, 2. Aufl. 85; Die Spur der Grauen Wölfe 85; Prinz-Albrecht-Straße 8, Erlebnisber., 1.u.2. Aufl. 90; Die Schorfheide 93; Das Oderbruch 05; Die Uckermark 96, alles Sachb. (Red.)

Niquet, Bernd, Dr. rer. pol., Volkswirt, Publizist, Schriftst.; Berlin, Tel. (0 30) 8 85 43 37, *berndniquet@ t-online.de, www.instock.de* (* Berlin 31. 5. 56). Rom., Erz. – **V:** Das Universum des Kokons, R. 94; Herr Gonzales macht Urlaub im Paradies, Erz. 99; Der Zauberberg des Geldes, R. 02; Das Orwell-Haus, R. 03; Klabautermannzeit, R. 03; Die Romantik der Finanzmärkte, R. 06; Finale Senkrechte, R. 07; Kant für Manager. Eine Begegnung m. d. großen Philosophen 07; mehrere Sachb.

Nischik, Otmar; c/o Sozialtherapeutisches Wohnheim Seitersbach, Frankensperlandstr. 15, D-09648 Dreiwerden, Tel. (0 37 27) 9 29 97, 62 27 42 (* 2. 2. 62). – **V:** Mein Leben, Meine Hoffnung, Meine Zuversicht 93; Aus dem Herzen 97. (Red.)

Niscosi, Francesco s. Züsli, Franz Felix

Nitsch, Ingrid s. Frödert, Ingrid

Nitsche, Alexander *

Nitsche, Centaureo C., Dipl.-Ing.; Ringstr. 101, D-56077 Koblenz, Tel. u. Fax (02 61) 6 14 62 (* Celle 43. 4. 41). Lyr., Erz., Dramatik, Fernsehsp. – **V:** Alma olorosa, G. 94; Meine Zeit in Wallenhorst, Erz. 00; Wanderer und der Herr des Nehmens 00. – **R:** Das Glück liegt auf dem Weg, Fsp. 00.

Nitsche, Wolfgang, Dipl.-Ing., Doz.; Roseggerstr. 5, D-99867 Gotha, Tel. u. Fax (0 36 21) 40 33 69, *wonigo @web.de* (* Breslau 31. 7. 27). 2. Pr. b. Lit.wettbew. d. VDS u. DGB Thüringen 97, Lit.pr. d. Bdesregierung z. Europ. Jahr d. Behinderten 03; Erz., Lyr. – **V:** Das Horoskop und andere Gemeinheiten 96; Die geheimnisvolle Wolke, Jgdb. 07. – **MA:** Beitr. in Anth.: Wege zur Unmöglichkeit 83; Die Goldpumpe 97; Wendezeiten 97; Nationalbibliothek d. dt.sprachigen Gedichtes III/00, V/03, VII/05; Einfalt – Vielfalt 03; Nehmt mich beim Wort 03; Mein Jahr fünfundvierzig 03; best german underground lyriks 04, 05; Liebestrauer 05; fünf 05; am Ufer der Träume; Erinnerungen; Zs.: mdr Triangel 3/02.

Nitschke, Gundela (geb. Gundela Dannekat, gen. Gundela Tännigkeit), ObStudR., Doz.; Kapellenstr. 20, D-66507 Reifenberg, Tel. (0 63 75) 57 61, Fax 99 38 36, *gundelanitschke@web.de* (* Warburg/Westf. 5. 6. 44). Lit. Ver. d. Pfalz 89, Autorengr. Zweibrücken 93; Lyr., Kurzprosa, Dramatik. – **V:** Gegengewicht, Texte 95. – **MA:** Beitr. in: Die Neue Literar. Pfalz, seit Anfang d. 90er; Der Tag ist unbeschrieben, Anth. 97; Südpfälzische Kunstgilde 98; Literatur-Kal. Rh.-Pf. 99; Parzival oder die Suche nach dem Wort, Texte 00; Der guten Mär bring ich so viel 04; Von Wegen, Anth. 05; Ill. u. Umschlaggestaltung seit 90. (Red.)

Nitschke, Robert; Alt-Praunheim 41, D-60488 Frankfurt/Main, *www.channar.de* (* Dieburg 26. 4. 72). Rom. – **V:** Kinder des Lichts. Bd 1: Emerald 05. (Red.)

Nitzberg, Alexander, Dichter, Lektor, Übers.; Lindenstr. 69, D-40233 Düsseldorf, Tel. (02 11) 6 80 21 07, *alexander@nitzberg.de, www.nitzberg.de* (* Moskau 29. 9. 69). P.E.N.-Zentr. Dtld 00; 1. Düsseldorfer Lyr.pr. 96, Förd.pr. d. Ldes NRW 98, Lit.förd.pr. d. Ldeshauptstadt Düsseldorf 98, Residenzgast b. „Winterpoesie Hochsauerland", Arb.stip. d. Stift. Kunst, Kultur NRW 99, Joachim-Ringelnatz-Pr. (Nachwuchspr.) 02, Hugo-Ball-Förd.pr. d. Stadt Pirmasens 08; Lyr., Prosa, Theater/Musiktheater, Lyrik-Übertragung, Ess. Ue: russ. – **V:** Getrocknete Ohren, G. 96; Im Anfang war mein Wort, G. 98; Na also! sprach Zarathustra, G. 00; Lyrik Baukasten. Wie man ein Gedicht macht 06. – **H:** u. Ue: Reihe „Chamäleon", seit 97. – **Ue:** Alexander Puschkin: Im Blute lodert das Verlangen 95; Igor Sewerjanin: Ananas in Champagner 96; Oleg Grigorjew: Ich hatte viele Bonbons mit ... 97; Michail Senkewitsch: Wilder Purpur 97; Abram Efros: 25 erotische Sonette 97; David Burliuk/Wladimir Majakowskij: Cityfrau 98; Türspalt an der Kette, russ. Lyrik d. „Arion"-Kr. 98; Boris Poplawski: Unter den Sternenfahne 98; A. Puschkin: Mozart und Salieri / Szene aus dem „Faust" 98; Anna Achmatowa: Ich lebe aus dem Mond, du aus der Sonne 00; Wladimir Majakowski: Tragödie Wladimir Majakowski / Wölkchen in Hosen 02; Selbstmörder-Zirkus. Russische Gedichte d. Moderne 03, u.v. a. (Red.)

Nitzsche, Klaus (Ps. Ralph Nitzsche); Dresden (* Wehrsdorf 27. 1. 35). – **V:** Dornen für Asklepios, R. 68, 70; Gift im Blut, Kdb. 70, 85; Cola di Rienzi, hist. R. 75, 4. Aufl. 82; Eine Prise für Oranien, Jgd.-R. 78, 2. Aufl. 79; u. d. T.: Treffpunkt schwarzen Drache 80, 83 (auch schw.); Im Schatten des Towers, hist. R. 90; Des Königs Alchimist, hist. Krim.-R. 05. – **MV:** Kämpfer gegen Tod und Teufel, m. Wolfram Fritsche 65. (Red.)

Nitzsche

Nitzsche, Rainar (Ramona Redlair, früheres Ps. Olaf Olsen), Dr. rer. nat., Dipl.-Biologe, früher Biologe u. Buchhändler, jetzt Verleger u. Schriftst.; Gasstr. 34, D-67655 Kaiserslautern, Tel. u. Fax (06 31) 6 13 05, *DrRainarNitzsche@web.de, info@nitzscheverlag.de, www.nitzscheverlag.de* (* Berlin 27. 12. 55). Erz., Rom., Lyr., Fantasy, Sachb. – **V:** wir ... menschen der erde, Lyr. 82; Ruf der Mondin. Lieder d. Nacht, Kürzestgeschn. 92; Die Zeit der Bäume. ki no sei, Lyr. 92; OM oder das Rauschen der scheinbaren Leere, Lyr. 94; Im Licht der Vollen Mondin, Kürzestgeschn. 96; Klang über die Meere der Zeit, Lyr. 96; Der Leuchtende Pfad des Magiers, Fantasy-R. 98; Spiegelwelten deiner Seele 01; Mondin – Schein und Sein 01; Still riefen uns die Sterne 01; Aton – Vater Sonn 01, alles Erzn.; Wandlungen der Drei, Fantasy-R. 03; Wüsten-Berges-Himmels-Weiten, Fantasy-R. 04; Die Meere des Wahnsinns, Kürzestgeschn. 05; Höllen-Fahrten-Leben-Träume, Kürzestgeschn. 05; Es bricht hervor aus dir, Kürzestgeschn. 06; Spinnen-Traum-Gespinste, Erz. 06, 2., überarb. Aufl. u. d. T.: Spinnentraumgespinste 08; Ins All – Im Eins, SF-R. 08. – **MV:** zwölf + neun + zwanzig + zwölf = 53, m. Manfred Dechert, Christof Graf u. Wolfgang Marschall, Texte 85; Ewig sein in Stille, m. Berthold Mallmann, Lyr./Graf. 06; Von Engeln, Erleuchtung und Ewigkeit, Erz. m. Grafik v. Harald Fuchs 06, 2., überarb. Aufl. 07. – **MA:** Autoren stellen sich vor 6 83; Gauke's Jb. 83–87; Hinter den Tränen ein Lächeln 84; Tippsel 1 85; Über den Tag hinaus II, G. 86; Das große Buch der Senku-Dichtung 92; Märchens Geschichte 94; Phantastik-Anth. 00; – Zss.: Wampf; adagio; vis-à-vis, blätter f. alltagsdichtung; dietrichsblatt; lyrik-mappe; philodendron; silhouette. – **H:** Das Ende des Tunnels, Anth. 90; Märchens Geschichte 94; alle Titel in Reihen: Natur; Lyrik; Phantastik; Arbeitswelten. – *Lit:* seit 89 versch. Zss.artikel über Verlagsaktivitäten, u. a.: R.N. – Verleger, Lektor u. Autor, Verlagsporträt in: Der Herold 25, Febr. 95; Phantast. Welten in d. Pfalz, Fs.-Sdg 97; s. auch 2. Jg. SK.

Nitzsche, Ralph s. Nitzsche, Klaus

Nitzsche-Kornel, Lutz (Lutz Kornel, Lunikorn), Lehrer, Programmgestalter, Verhaltenstherapeut u. a.; Saarbrückenstr. 17, D-04318 Leipzig, Tel. (03 41) 2 30 06 53, *Lunikorn@t-online.de* (* Altenburg/Thür. 3. 3. 55). Autorenkr. Rhein-Erft, HKL-Brigade 99; Kulturpr. d. Erftkr. (als Mitgl. d. Autorenkr.) 92; Lyr., Prosa, Rep., Libr., Liedtext, Kurzdrama. Ue: engl, poln, russ. – **V:** Auszug I 93; Auszug II 94; Zu-Fluss 97; Ips-Typographies oder Neues aus dem teutschen Wald 99, alles Texte; Synapsenreise, Lyr. 99; An-Sichten, Lyr. 04. – **MV:** Übergangszeit, m. Paul Alfred Kleinert u. David Pfannek am Brunnen, G. 91/; Kleines Lexikon der Elbenkunde, m. Katharina Luft 04. – **B:** Joachim Gittelbauer: Vor meinem Vaterhaus stand keine Linde 1925–1945, Erinn., m. Volker Hanisch 97; David Pfannek am Brunnen: Silberdiesteln, Lyr. 04; ders.: Der Deserteur, Erzn. 04. – **MA:** Anschlag 87; Kohlepapier 89–97; Wortnetze III 91; potztausend 92; Zehn 93; Zacken im Gemüt 94; Der heimliche Grund 96; akcent, poln. Ausg. 3–4 95; Orte. Ansichten 97; Lubliner Lift, Anth. 99; Zeit. Wort 03; Gugge ma, Kulturzs. d. Altenburger Landes 2/08, 3/08, 4/08, u. a.; div. Kunstbücher; – Haus des Ostens, Episodenfilm 99, 2. Fass. f. USA 07; S.V.K. 07 – Die Spontane Volkskunst ist wieder in Lande, Musikfilm üb. Lutz Nitzsche-Kornel 07. – **R:** Kunst-u. Kulturfeat. in DLF, WDR 89–97. – **P:** Einigkeit und Rechts und Freiheiterkeit, Tonkass. 90; Aus'm Wosten, Tonkass. 93; Zeichen – Ansicht – Ein – & – Aus – Druck, Video 98; Synapsenreise, Tonkass. u. CD 00;

Heiterer (Ab- & Zu-) Gesang, CD 08. – **Ue:** Lyrik u. a. in: Ostragehege. – *Lit:* Autoren im Erftkreis 92; Literaturatlas 92; Die Einübung d. Außenspur 96; Boheme u. Diktatur in d. DDR 97; Lit.landschaft Sachsen, Hdb. 07.

Nix, Alexander s. Meyer, Kai

Nizon, Paul, Dr. phil., Kunsthistoriker; 8 bis, rue Campagne Première, F-75014 Paris, Tel. 1 42 60 40 55 (* Bern 19. 12. 29). Dt.schweizer. P.E.N.-Zentr. 80; Conrad-Ferdinand-Meyer-Pr. 72, Lit.pr. d. Stadt Bremen 76, Dt. Kritikerpr. f. Lit. 82, Chevalier de l'Ordre des Arts et des Lettres 88, Prix France Culture 88, Marie-Luise-Kaschnitz-Pr. 90, Kunstpr. f. Lit. d. Stadt Zürich 92, Stadtschreiber v. Bergen-Enkheim 93, Gr. Lit.pr. d. Kt. Bern 94, Erich-Fried-Pr. 96, Kranichsteiner Lit.pr. 07, u. a.; Rom., Ess., Prosa. – **V:** Die gleitenden Plätze, Prosa 59, 90; Canto, R. 63; Diskurs in der Enge. Verweigerers Steckbrief 70, 90; Im Hause enden die Geschichten, Prosa 71; Swiss made, Portr., Hommages, Curricula, Ess. 71; Untertauchen, Erz. 72; Stolz, R. 75; Das Jahr der Liebe, R. 81; Aber wo ist das Leben, Prosa 83; Am Schreiben gehen, Frankfurter Vorlesung 85; Im Bauch des Wals, Caprichos 89; Über den Tag und durch die Jahre, Ess., Nachr., Depeschen 91; Das Auge des Kuriers, Prosa 94; Die Innenseite des Mantels, Journal 95; Hund. Beichte am Mittag, R. 98 (auch frz.); Taubenfraß, Gespräche u. Aufss. 99; Gesammelte Werke, 7 Bde 99; Die Erstausgaben der Gefühle. Journal 1961–72 02; Abschied von Europa 03; Das Drehbuch der Liebe. Journal 1973–1979 04; Das Fell der Forelle, R. 05; Die Zettel des Kuriers. Journal 1990–1999 08; (Übers. d. Werke ins: Frz., Engl., Ital., Span., Ung., Kroat., Russ., Port., Poln.). – **H:** Van Gogh im Wort, Ausw. aus seinen Briefen m. Einl. 58; Van Gogh in seinen Briefen, kommentierte Briefausw. m. Ess. 77; Zürcher Alm. I 68, II 71. – **Lit:** Texte. Prosa junger Schweizer Autoren 64; Schweizer Schriftst. im Gespräch 71; D. Fringeli: Von Spitteler bis Muschg 75; Elsbeth Pulver: Die dt.spr. Lit. d. Schweiz seit 1945, in: Kalbers Lit.-Gesch. 80; Martin Kilchmann: P.N. (suhrkamp taschenbuch materialien) 85; Text + Kritik, H.110 91; Daniel de Vin: Begegnungen. Dt.spr. Gegenwartslit. im Porträt 91; Akzente 2/94; Rolf Günter Renner in: P.M. Lützeler (Hrsg.): Poetik d. Autoren 94; Philippe Derivière: Das Leben am Werk, Ess. 02; Doris Krockauer: P.N. Auf der Jagd nach dem eigenen Ich 03; Die Republik Nizon. Eine Biogr. in Gesprächen 05; Hans-Jürgen Heinrichs: P.N. Schreiben wie Atmen oder Am Schreiben gehen, in: Schreiben ist das bessere Leben 06; Dieter Fringeli in: KLG; Wend Kässens in: KLG.

Noack, Barbara (Ps. f. Barbara Wieners-Noack), Schriftst.; Seestr. 8, D-82335 Berg/Starnberger See, Tel. u. Fax (0 81 51) 9 58 02 (* Berlin 28. 9. 24). VS 69, P.E.N.-Zentr. Dtld; BVK 99; Rom., Nov., Film, Fernsehen. – **V:** Die Zürcher Verlobung, R. 55, 96; Valentine heißt man nicht, R. 56, 96; Italienreise – Liebe inbegriffen, R. 57, 96; Ein gewisser Herr Ypsilon, R. 61, 97; Geliebtes Scheusal, R. 63, 96; Danziger Liebesgeschichte, N. 64, 96; Was halten Sie vom Mondschein?, N. 66, 96; ... und flogen achtzig aus dem Paradies, R. 69, 96; Eines Knaben Phantasie hat meistens schwarze Knie 71, 96; Der Bastian, R. 74, 00; Ferien sind schöner, Geschn. 74, 96; Das kommt davon, wenn man verreist 77, 96; Auf einmal sind sie keine Kinder mehr oder die Zeit am See 78, 91; Flöhe hüten ist leichter, Kurzgeschn. 80, 97; Eine Handvoll Glück, R. 82, 97; Drei sind einer zuviel, R. 82, 99; Ein Stück vom Leben, R. 84, 96; Täglich dasselbe Theater, Geschn. 88, 96; Der Zwillingsbruder, R. 88, 98; Brombeerzeit, R. 92, 03; Glück und was noch mehr zählt 93, 95; Ein Platz an der Sonne, Geschn. 97; Liebesgeschichten 97; Jennys

Geschichte, R. 99, 00 (auch Tonkass.); Die schönsten Gesichten 01. – **F:** Die Zürcher Verlobung. – **R:** Drei sind einer zuviel, Fs.-Kom.; Kann ich noch ein bißchen bleiben, Fs.-Kom.; Der Bastian, Fs.-Serie. – **P:** Eines Knaben Phantasie hat meistens schwarze Knie, gelesen v. B.N., 2 Tonkass. 98; Flöhe hüten ist leichter, 2 Tonkass. 98. (Red.)

Noack, Christian, Dr., Physiker, Spiel- und Theaterpäd.; c/o Wilfried Noll Verl., Frankfurt/Main, *ch.noack @udk-berlin.de* (* Glauchau 28. 4. 37). UNIMA; Dramatik, Hörsp. – **V:** Sechse kommen durch die ganze Welt, Theaterst., UA 73, gedr. 92; Stücke für Figurentheater 06. – **MA:** Theater der Zeit 11/80, 6/81, 8/84; Alma fliegt 88. – **R:** Die Argonautensage 81; Die Höhle von Steenfoll 84; Der Golem 86, alles Hsp.

Noack, Gisela s. Gordon, Gila

NODSI s. Fleck, Annelise

Nöldeke, Eva, Journalistin; Ludwig-Jahn-Weg 6, D-75305 Neuenbürg, Tel. u. Fax (0 70 82) 26 43 (* Plön/ Holst. 26. 5. 29). Rom. – **V:** Im Namen des Herzogs, Erz. 97; Die Uhrmacherin 99; Die mit Tränen säen 01; Martha. Die Mission entlässt ihre Kinder 02. (Red.)

Nölke, Ulla s. Schenk, Ursula

Noelle, Wilhelm, Filmschaffender (Kameramann) i. R., Hadernmaler u. Autor; Auf der Sulz 92/6, A-3001 Mauerbach, Tel. (01) 9 79 46 86, (06 76) 4 07 96 33, *noelle.wilhelm@chello.at, members.chello.at/about. noelle.* Hauptstr. 10/12, A-6973 Höchst (* Wien 22. 6. 47). – **V:** Die geborgte Wirklichkeit, Prosa 08. – **MA:** Beitr. in Prosa- u. Lyr.-Anth.; Kurzgeschn. u. G. in: Quacksalber; Art.-Serie in: Der Dt. Kameramann. – **P:** Musiklyrik-CD 04.

Nöllenheidt, Gerda s. Jaekel, Gerda

Nörder-Hülsebus, Hilde (geb. Hilde Nörder); Eintrachtweg 14, D-26721 Emden, Tel. (0 49 21) 4 38 62 (* Riepe/Ostfriesl. 15. 6. 28). Arb.kr. ostfries. Autor/ inn/en; Herbstpr. d. Arb.kr. ostfries. Autor/inn/en 99; Lyr., Erz. (hochdt. u. Mundart). – **V:** De Maiboom 81. – **MA:** zahlr. Beitr. in Anth., Dok., Ztgn u. Zss. seit 81. (Red.)

Noeske, Britta s. Clotofski-Avgerinos, Britta

Nösner, Uwe, Red., Redenschreiber; Blochmannstr. 12, D-01069 Dresden, Tel. (03 51) 4 41 26 38, *Uwe. Noesner@slt.sachsen.de* (* Dresden 3. 7. 60). Lyr., Prosa, Ess. – **V:** Pergamon, G. 89; Geschichte der theosophischen Ideen. Eine Einf. 98; Auf der schlaflosen Seite des Mondes, G. 01; Die gekreuzigte Zeit, G. 06; Reise ans Ende des Traums, Prosastücke 07. – **MA:** ndl 2/84; Ostragehege, seit H. 14/99; Heimkehr in die Fremde. Stimmen aus der Mitte Europas 02; Zauberort. Dresden im Gedicht 04; Orpheus versammelt die Geister, o. J. (05). – *Lit:* M. Streubel in: ndl 2/84; A. Helbig in: Ostragehege 22/01.

Nössler, Regina, M. A., Autorin u. Lektorin; c/o Konkursbuchverl., Tübingen (* Altenhundem/Sauerland 15. 8. 64). VS; Rom., Erz. – **V:** Strafe muss sein, R. 94; Wie Elvira ihre Sexkrise verlor, Erzn. 96; Wahrheit oder Pflicht, R. 98; Eifersüchtig durch den Winter, R. 01; Alltag tötet, Geschn. 03; Dienstagsgefühle, R. 05; Tiefe Liebe, freier Fall, R. 06; Morgen ohne Gestern, R. 07; Die Kerzenschein-Phobie, R. 08. – **MV:** Liebe hoch drei, m. Corinna Waffender, R. 07. – **MH:** Konkursbuch Blut, m. Petra Flocke 97, ... Haare, m. ders. u. Imken Leibrock 99, ... Haut, m. Christine Hanke 03, ... Schreiben, m. Claudia Gehrke 06; ... Angst, m. Claudia Waffenender 07; Mein lesbisches Auge, Bde 1–5 98ff.; Bisse und Küsse, m. Anna Maria Heller 02. (Red.)

Nöstlinger, Christine (Ps. Wawa Weisenberg, geb. Christine Draxler); Teybergasse 10, A-1140 Wien

(* Wien 13. 10. 36). Friedrich-Bödecker-Pr. 72, Dt. Jgd.lit.pr. 73, Öst. Staatspr. 74, 79, 84, 87, Kd.- u. Jgdb.pr. d. Stadt Wien 81, 82, 87, 90, 91, 92, Hans-Christian-Andersen-Pr. 84, Johann-Nestroy-Ring 86, Pr. d. Leseratten 86, 91, Dt. Jgdb.pr. 88, Öst. Würdig.pr. f. Kd.- u. Jgd.lit. 89, Zürcher Kinderb.pr. 90, Steir. Leseeule 93, 99, Hans-Czermak-Pr. (Sonderpr.) 94, E.pr. d. öst. Buchhandels 98, Wildweibchen-Pr. d. Reichelsheimer Märchen- u. Sagentage 02, Astrid-Lindgren-Gedächtnispr., Schweden 00, u. a.; Kinder- u. Jugendb. – **V:** Die feuerrote Friederike 70; Die drei Posträuber 71; Die Kinder aus dem Kinderkeller 71; Mr. Bats Meisterstück oder die total verjüngte Oma 71; Ein Mann für Mama 72; Pit u. Anna entdecken das Jahr 72; Wir pfeifen auf den Gurkenkönig 72; Der kleine Herr greift ein 73; Maikäfer, flieg!, R. 73; Der schwarze Mann u. der große Hund 73; Sim-Sala-Bim 73; Achtung! Vranek sieht ganz harmlos aus 74; Gugerells Hund 74; Iba de gaunz oama Kinda, G. 74; Ilse Janda, 14, 74, u. d. T.: Die Ilse ist weg 91; Das Leben der Tomanis 74; Der Spatz in der Hand, Erz. 74; Konrad oder das Kind aus der Konservenbüchse 75; Der liebe Herr Teufel 75; Rüb-rüb-hurra! 75; Stundenplan, R. 75; Pelinka und Satlasch 76, u. d. T.: Die verliebten Riesen 89; Der kleine Jo 77; Lollipop 77; Das will Jenny haben 77; Die Geschichten von der Geschichte vom Pinguin 78; Luki-Live 78; Die unteren sieben Achtel des Eisbergs, R. 78, u. d. T.: Andreas oder d. unteren sieben Achtel des Eisbergs 79; Rosa Riedl, Schutzgespenst 79; Dschi-Dschei Dschunior 80, u. d. T.: Liebe Freunde u. Kollegen! 81; Einer, Erz. 80; Gestapo ruft Moskau 80; Pfui Spinne!, R. 80; Der Denker greift ein 81; Gretchen Sackmeier 81; Rosalinde hat Gedanken im Kopf 81; Zwei Wochen im Mai, R. 81; Das Austauschkind 82; Dicke Didi, fetter Felix 82; Iba de gaunz oaman Fraun, G. 82; Ein Kater ist kein Sofakissen 82; Das kleine Glück 82; Anatol u. die Wurschtelfrau 83; Gretchen hat Hänschen-Kummer 83; Hugo, das Kind in den besten Jahren 83; Jokel, Jula u. Jericho, Erz. 83; Am Montag ist alles ganz anders 84; Geschichten von Franz 84; Die grüne Warzenbraut 84; Jakob auf der Bohnenleiter 84; Liebe Susi, lieber Paul! 84; Olfi Obermeier u. der Ödipus 84; Prinz Ring 84; Haushaltsschnecken leben länger 85; Liebe Oma, Deine Susi 85; Neues vom Franz 85; Der Wauga 85; Der Bohnen-Jim, Bilderb. 85; Der geheime Großvater 86; Geschichten für Kinder in den besten Jahren 86; Man nennt mich Ameisenbär 86; Oh, du Hölle! 86; Susis u. Pauls geheimes Tagebuch 86; Der Hund kommt 87; Iba de gaunz oaman Mauna, G. 87; Der neue Pinocchio 87; Schulgeschichten vom Franz 87; Wetti u. Babs 87; Echt Susi 88; Gretchen, mein Mädchen 88; Neue Schulgeschichten vom Franz 88; Die nie geschriebenen Briefe der Emma K., 75, T.1: Werter Nachwuchs! 88; Feriengeschichten vom Franz 89; Einen Löffel für den Papa 89; Mein Tagebuch 89; Der Zwerg im Kopf 89; Anna und die Wut 90; Der gefrorene Prinz 90; Klicketick 90; Krankengeschichten vom Franz 90; Manchmal möchte ich ein Single sein 90; Nagle einen Pudding an die Wand! 90; Allerhand vom Franz 91; Liebesgeschichten vom Franz 91; Eine mächtige Liebe 91; Ein und Alles 92; Salut für Mama 92; Sowieso und überhaupt 92; Spürnase Jakob, Nachbarkind 92; Wie ein Ei dem anderen 92; Reihe „Mini" 92ff.; Weihnachtsgeschichten vom Franz 93; Die nie geschriebenen Briefe der Emma K., 75, T.2: Liebe Tochter, werter Sohn! 94; Fernsehgeschichten vom Franz 94; Management by Mama 94; Einen Vater hab ich auch 94; Mama mia! 95; Der TV-Karl 95; Vom weißen Elefanten u. den roten Luftballons 95; Villa Henriette 96; Bonsai, Jgd.-R. 97; Fröhliche Weihnachten, liebes Christkind! 97; Ba-

Nöstlinger

bygeschichten vom Franz 98; Emm an Ops, Jgdb. 98; ABC für Großmütter 99; Willi u. die Angst 99; Opageschichten vom Franz 00; Rudi sammelt 00; Mehr vom Mama, ausgew. Geschn. 01; Franz u. allerhand mehr 01; Dani Dachs will sich wehren 01; ... will eine rote Kappe 01; ... holt Blumen für Mama 02; ... hat Angst vor dem Monster 02; Die schönsten Geschichten vom Franz 02; Pferdegeschichten vom Franz 03; Fussballgeschichten vom Franz 03; Ilse Jand, 14, oder Die Ilse ist weg 06, u. a.; (zahlr. Übers. u. Nachaufl.). – **MV:** Otto Ratz u. Nanni – Leseratten, m. H. u. F. Hollenstein 83; Vogelscheuchen, m. G. Trumler 84; Madisou, m. Frank Abu Sidibe 95, u. a. – **F:** Villa Henriette 04. – **P:** zahlr. Geschn. auch als Tonkass./CDs. – *Lit:* Oetinger-Alm. 19 81; Walther Killy (Hrsg.): Literaturlex., Bd 8 90; KLÖ 95; LDGL 97; Ursula Pirker: C.N., Die Buchstabenfabrikantin 07. (Red.)

Nöstlinger, Klaus (Ps. Big Daddy KLN), Mag. phil., Medienkünstler, Kultursoziologe, Autor; Zur Spinnerin 35/2, A-1100 Wien, Tel. u. Fax (01) 6 02 08 23, *klaus.noestlinger@gmx.at.* c/o A 2 S-ratio, Inzersdorfer Str. 101/36, A-1100 Wien, Tel. (01) 6 06 37 08 (* Graz 30. 4. 61). IGAA, ÖDV; Prosa, Drama, Hörsp., Ess. – **V:** Gummi, Gummi, Microdr., UA 84; Electronic dub poetry 95. – **MA:** 20 Jahre Steirischer Herbst, Dok. 88; Eine Zeile für den Frieden 92; Ford Journal 95/96, 96. – **H:** Projekt Robert Walser: Schneewittchen 89; Projekt My Friend Martin: Tode 90; Welcome to element dawn prod. word up in Vienna 97. (Red.)

Nöthlich, Frank, Dipl.-Fachlehrer Biologie/Chemie, Pharmaberater; Schwanenteichallee 49, D-99974 Mühlhausen, Tel. (0 36 01) 81 23 15, 75 87 00, Fax 75 87 00, *noethlich@uumail.de, www.wir-sind-der-Mensch.de* (* Neustadt/Orla 26. 9. 51). Ess., Sachb. – **V:** Wir sind der Mensch. Die Manifestierte Menschlichkeit 05; Wir sind der Mensch. Zur Wirklichkeit des Menschen 05; Wir sind der Mensch. Über die Bestimmung des Menschen 06, alles Ess./Sachb. (Red.)

Noetzel, Joachim David, Germanist; Marburger Str. 5, D-10789 Berlin, Tel. u. Fax (0 30) 2 13 57 36 (* Berlin 13. 8. 44). FDA Berlin 73–76, Berliner Autorenvereinig. im B.A. 76; E.gabe d. Hermann-Sudermann-Stift. 73, 85; Lyr., Ess., Rundfunk, Erz., Nov. Ue: russ. – **V:** Die Geschichten vom Schneemann Naserot und dem Dackel Naseweiß, Kdb. 67; Feldwege, G. 91; Inka, Erz. 91; Sie geht um Liebe, N. 93; Nachtboot, G. 93; Wohin, m. Liebe. N. 95; Glücklose Wege, Ess. 97; In jedem Fenster seh ich Dich, G. 97; Mensch bleiben ist unser Ziel, Ess. 97; Draheim – ein Malerleben, Biogr. 02. – **MA:** Himmel meiner Welt, Lyr.-Anth. 66; Siegburger Pegasus, Jb. 82, 83; Lyr. u. Prosa dt.sprachiger Autoren 82; Beschriebene Blätter, Lyr.-Reihe 83; Geborgenheit d. Farbe, Lyr. zu Bildern v. Rudolf Draheim 96; – zahlr. Beiträge in Anth. seit 81, in Lit.zss. seit 88. – **H:** Kuno Felchner: Der Hof in Masuren, R. 76; Carmina Domestica, G. 77; Ilse Molzahn. Spuren u. Strukturen e. literar. Lebens, Gedenkschr. 82; 1 zeitgesch. Sachb. 87; S. Brandys: Die Tage in Berlin 06; – Festschrr. f.: Manfred Viernich 91; Dieter Busche 92; Wolf-Dieter Stolze; Hans Brockmann 94; – Lyrik (m. Vor- bzw. Nachw.) von: Rüdiger Knacke 91; Norbert Braun 92; Peter Stock 92; Christian Lutz 93; Karlheinz Jannssen 95; Horst Kobow 96; Tom Kuppinger; Karl Plenge 97; Thomas Grünebaum 98. – **MH:** Paul Joecks: Gedichte aus d. Nachlaß 80; Verpflichtung des Gewissens. Festschr. z. 80. Geb. v. Kuno Felchner 80; Landschaft – Liebe – Leben. Gedenkschr. f. Dennies Shields (1952–2003) 03. – **F:** Gräber sind Wunden der Erde, Filmdok. 89. – **R:** Lebensbilder versch. Maler u. Komponisten sowie div. Funkporträts u. Feat. üb. Künstler

seit 86; Werner von Neetzow – Sammler u. Mäzen, Fs.-Dok. 91; Aja Wreege – Wege einer jüd. Schauspielerin 93; Claus Clauberg – Komponist d. meckl. Landschaft 93; Sonntag – Aus d. Leben e. Labradors im Dienste d. Blinden, Fsf. 01; Grete von Zieritz – Ein Komponistinnenleben, Fsf. 02; Alice Samter – Mein Leben f. die Musik 04; Süße im Dasein, Fsf. 04; Milde der ersten Begegnung, Rilke-Fs.-Dok. 05; Tage in B., Fsf. 05.

Noetzel, Lilian, LBeauftr. U.Tübingen; lebt in Tübingen, c/o Piper Verlag (* Bad Kreuznach 63). – **V:** Belishs Garten, R. 04, Tb. 05 (auch als Hörb.). (Red.)

Noga, Andreas; Sonnenberg 7, D-56237 Alsbach, Tel. (0 26 01) 91 30 61, *Andreas1Noga@aol.com* (* Koblenz 7. 7. 68). BVJA 98, VS 07; Autor d. Monats März d. Lit.büros Rh.-Pf. 08; Lyr., Kurzprosa, Rezension, Ess. – **V:** Hinter den Schläfen, Lyr. 00; Nacht Schicht, Lyr. 04; Bernsteinäugiges Fellchen, Lyr. 07; Orakelraum, Lyr. 08. – **MA:** Beitr. in Anth.: Wörter sind Wind in Wolken 00; Blitzlicht 01; Wortrakete 02; Städte. Verse 02; Zeit. Wort 03; NordWestSüdOst 03; Poesie Agenda 04, 05, 06; Zwischen Estland und Malta 04; Spurensicherung 05; Trugbild des Himmels 05; Konkursbuch 43 05; Poesie Agenda 2007 06 u. 2008 07; Der dt. Lyrikkalender 2008 07; Autoren Kalender 2008 07; Versnetze 08; Kiesel und Kastanie 08; zahlr. Beitr. in Lit.-Zss. in Dtld, Österr., d. Schweiz u. d. USA, u. a. in: Faltblatt; Muschelhaufen; Wortwahl; Rabenflug; Federwelt; Zettel; Der Zettel; Libus; Freie Zeit art; Titel; Kult; Artefact; Das Zweite Bein; Muse Apprentice Guild; mare; Matrix; orte; Signum; die horen; Lima; Dichtungsring; Minima; Spielen und Lernen, seit 98; Lyr., vis. Poesie, Fotos u. Zeichnungen in: Mail-Art-Kunstbox YE; Macondo; Bildstörung; El Mail Tao; Cardmaker. – **MH:** Federwelt, Lyr.-Red. seit 03. – **P:** Kulturtelefon Mainz 14.4.–25.4.06. – *Lit:* Aus dem Hinterland – Lyr. nach 2000, 05.

Noggler, Güni (Günther Noggler); Freundsberg 10a, A-6130 Schwaz, Tel. (0 52 42) 7 41 68, *g.noggler@aon.at, www.xn--gni-noggler-thb.com* (* Schwaz/Tirol 27. 7. 62). Prosa, Rom., Drama, Sat. – **V:** Schnappschuß, R. 94; Eigenbrot, R. 97; Mixed pickels 98; Abortus Alpinum, Dr., UA 00. – **MA:** Menschenkörperaufzeichnungen, Anth. 97; Das „Eigene" und das „Fremde", Anth. 98. (Red.)

Nohl, Andreas, Schriftst.; Nibelungenstr. 19, D-86152 Augsburg, Tel. (08 21) 31 24 70, Fax 5 08 01 54, *anohl@aol.com* (* Mülheim 26. 8. 54). VS; Lit.förd.pr. d. Ponto-Stift. 79, Förd.pr. d. Ruhrpr. f. Kunst u. Wiss. 84, Förd.pr. d. Freistaates Bayern 87; Erz., Rom. – **V:** Verfolgung des Bartholomé, Erzn. 78; Amazone und Sattelmacher, Erzn. 85; Hieronymus 93; Das Handwerk des Schreibens, Ess. 04 (auch Video). – **H:** A big book of classic detectives 95; A big book of ghost and mystery stories 95; Sailors 96. – **F:** Robert Sheckley: Endlich allein 82 (auch übers.). – **Ue:** J.D. Christilian: Nebel über Manhattan 98; Marion Zimmer Bradley: Geisterlicht, R. 98; dies.: Dämonenlicht, R. 99; dies.: Magier der Nacht, R. 00. (Red.)

Nohr, Andreas, Autor; c/o MKH Medienkontor Hamburg, P.F. 760701, D-22057 Hamburg, *info @andreas-nohr.de, www.andreas-nohr.de* (* Hamburg 21. 4. 52). VS 07; Rom., Sachb. – **V:** Riemenschneider, R. 98; Stumpf. Oder von Städten und Räumen, R. 99; Lusamgärtlein, Geschn. 00; Mitternacht. Die Gesch. d. Nicolaus Bruhns, R. 00; Meyenbrinck, Kurzroman 02; Hunger. Störtebekers letzte Nacht, R. 04; Die weiße Stadt, Kurzroman 04; Vom Umgang mit Kirchen, Ess. 06; Der Fassdoktor, R. 08. – **MV:** Orgelhandbuch Paris, m. Barbara Kraus, Ess. 06, 07. – **MH:** Kirchliche Präsenz im öffentlichen Raum, m. R. Bürgel 00; Sehn-

940

sucht nach heiligen Räumen, m. H. Adolphsen 03; Spuren hinterlassen, m. R. Bürgel 05; Glauben sichtbar machen, m. H. Adolphsen 06.

Noiret, Celine s. Weigand, Jörg

Noiret, Celine s. Weigand, Karla

Nolan, Frederick s. Werner, Helmut

Noldren, Marc s. Renold, Martin

Noll, Andreas A., Schriftst.; Am Bach/ Niedermuhren, CH-1714 Heitenried, Tel. (0 26) 4 95 23 68, *abn@bluewin.ch*, *www.andreas-noll.ch* (* Muzzano/Schweiz 21. 2. 65). SBVV 01; Rom. Ue: dt, engl, frz, ital, span. – V: Sibillitis 00; Psychogen ... 01; www.nur-unter-16.com 02; www.schattenprofile.net 04; DruidenLand 07. (Red.)

Noll, Chaim, Doz. Ben Gurion Univ. Ber Sheva; POB 178, IL-84990 Ben Gurion-College, Sde Boker, Fax (07) 6 53 21 94, *www.exilpen.de/HTML/Mitglieder/ noll.html* (* Berlin 13. 7. 54). P.E.N.-Zentr. dt.spr. Autoren im Ausland; Ess., Rom., Nov., Ged. Ue: engl, ital, hebr. – V: Der Abschied. Journal meiner Ausreise aus der DDR 85; Rußland, Sommer, Loreley. Ein Deutscher in der Sowjetunion 86; Berliner Scharade 87; Der goldene Löffel, R. 89; Nachtgedanken über Deutschland, Ess. 92, 93; Taube und Stern. Roma Hebraica, e. Spurensuche 94; Leben ohne Deutschland, Ess. 95; Die Wüste lächelt, G. 01. – MV: Meine Sprache wohnt woanders, m. Lea Fleischmann 06. – MA: Offene Fragen. 70 Jahre P.E.N. Zentrum dt.sprachiger Autoren im Ausland 06. (Red.)

†**Noll,** Dieter; lebte in Ziegenhals (* Riesa 31. 12. 27, † Zeuthen 6. 2. 08). SV-DDR 54, Akad. d. Künste d. DDR 69; Lit.pr. d. FDGB 55, Heinrich-Mann-Pr. 61, Nationalpr. d. DDR 63, 79; Rep., Rom. – V: Neues vom lieben närrischen Nest, Rep. 52; Die Dame Perlon u. a. Rep. 53; Sonne über den Seen 54; Mutter der Tauben, Erz. 55; Die Abenteuer des Werner Holt, R., I 59, Tb. 94, II 63, 25. Aufl. 87 (beide auch frz., engl., holl., nor., jap., russ., finn., ukr., armen., poln., tsch., rum., ung., bulg.); Kippenberg, R. 79, 5. Aufl. 82; In Liebe leben, G. 1962–1982 85, 2. Aufl. 87. – MH: Kisch-Kalender 55. – F: Alter Kahn und junge Liebe, m. and. 56.

Noll, Ingrid; c/o Diogenes Verl. AG, Zürich (* Shanghai 29. 9. 35). Das Syndikat, Sisters in Crime (jetzt: Mörderische Schwestern); GLAUSER 94, Verd.-med. d. Ldes Bad.-Württ. 02, Ehren-GLAUSER 05; Rom. – V: Der Hahn ist tot, R. 91, Tb. 00 (Übers. in 18 Spr.); Die Häupter meiner Lieben, R. 93, Tb. 00 (Übers. in 15 Spr.); Die Apothekerin, R. 94, Tb. 00 (Übers. in 19 Spr.); Der Schweinepascha, Bilderb. 96; Kalt ist der Abendhauch, R. 96, Tb. 00 (Übers. in 6 Spr.); Stich für Stich, Kurzgeschn. 97, Tb. 00; Röslein rot, R. 98, Tb. 00 (Übers in 9 Spr.); Die Sekretärin, Kurzgeschn. 00; Selige Witwen, R. 01 (Übers. in 4 Spr.); Rabenbrüder 03 (Übers. in 2 Spr.); Falsche Zungen, Kurzgeschn. 04 (auch span.); Ladylike 06 (auch span.); Kuckuckskind, R. 08; (Übers. insges. in 26 Spr.). – F: Die Apothekerin 97; Die Häupter meiner Lieben 99; Kalt ist der Abendhauch 00. – R: Der Hahn ist tot, Fsf. 00.

Noll, Wulf, Dr. phil., freier Schriftst., Publizist, Lektor f. dt. Sprache u. Lit. an d. Univ. Tsukuba/Jap. 1986–90 sowie an d. Univ. Okayama/Jap. 1993–97; Becherstr. 2, D-40476 Düsseldorf, Tel. u. Fax (02 11) 46 78 35, *Wulf.Noll@web.de* (* Kassel 1. 9. 44). VS 84, Heinrich-Heine-Ges., Dt. Ges. f. Ästhetik; Arb.stip. d. Ldes Berlin 78, Arb.stip. d. Stadt Düsseldorf 82, Projektförd. d. Kunststift. NRW 02, 06, Teiln. am Japan-EU-Jahr d. Begegnung 05 u. Dtld in Japan 05/06; Lyr., Prosa, Ess., Kritik. – V: Subkultur-Sublimpoeme, G. 78; Des Rheinturms feine Spitze sticht den Himmel, Lyr. 86;

Besuch im Sanyatal 89 (auch jap.); Woanders Pachinko!, R. 94, 95/96 (Auszüge jap.); Freundliche Grüße aus dem Yenseits. G. aus Japan 99; Momotarostraße. Erzn. aus Japan 03 (auch jap., ung.); Kennst du nur das Zauberwort, N. 04; Crazy in Japan, R. 05; Reise nach Indien, R. 06; Den zuckenden Kugelfisch überlebt, Erz. 07. – MV: Ein bißchen Macht für die Nacht, m. Dieter Fohr, Lyr. 84. – MA: Berichte der Jap.-Dt. Ges. Okayama/Jap. 96, 97; die horen 196/99; neues rheinland 1/00; Lit. am Niederrhein, Zs. 45/00; Zeitzeugen, Anth. 01; Blick aus dem Fenster, Anth. 06; weitere Beitr. u. a. in: Litfass; Schreibheft; die horen; L'80; Die Neue Ges./Frankfurter Hefte; sowie in Anth., u. a. in: Nahaufnahmen; Bombenstimmung; Mauerechos; Teil meiner Selbst; auch Beitr. f. jap. Periodika. – H: Lyr.- u. Flugbl.bogen d. Aktionspoeten Düsseldorf. – R: Beschreibung eines Zimmers 72; Subkulturell, G. 72; Subkultur u. Neue Lit. 77; Dt.-jap. Zwiegespräch 89; Blick auf den Ganges, Fs.-Lesung 90; Armes Japan? Neue Japanlit. 91. – Lit: Dieter Meier-Lenz: Vorw. z. „Rheinturmspitze" 86; Franz Norbert Mennemeier: Gegenkulturelles aus Düsseldorf 87; ders. in: neues rheinland 11/95; Michael Serrer: Vorw. z. „Zauberwort" 04; Eckhardt Momber: Nachw. z. „Crazy in Japan" 05; Wolfgang Cziesla: Nachw. z. „Reise nach Indien" 06; Franz Hintereder-Emde: Das Paradox des reisenden Flaneurs 07.

Nolte, Dorothee, Dr.; Konstanzer Str. 57, D-10707 Berlin, Tel. (0 30) 8 81 88 60, Fax 8 83 57 16, *doronolte @aol.com* (* Bonn 2. 6. 63). Journalistenverb. Berlin (JVB) 00; Rom., Erz. – V: Die Intrige, R. 98, Tb. 01; Wie eine Mutter entsteht, Geschn. 01; Wie eine Mutter laufen lernt, Erzn. 05. (Red.)

Nolte, Jost, Publizist; Reinbeker Weg 75a, D-21029 Hamburg, Tel. (0 40) 7 21 59 60, Fax 7 21 58 16, *jostnolte@aol.com* (* Kiel 29. 8. 27). P.E.N.-Zentr. Dtld; Theodor-Wolff-Pr. 68; Drama, Rom., Ess. – V: Grenzgänge. Berichte über Lit. 72; Kulturpolitik 75; Eva Krohn oder Erkundigungen nach einem Modell, R. 76; Schädliche Neigungen, R. 78; Es ist Dein Leben, Anna. Ein Vater schreibt seiner Tochter 83; Kollaps der Moderne. Traktat über d. letzten Bilder 89; Kulturpolitik als Flickenteppich oder Die Revolution als Schelmenstück 89; Koba, Charakterfarce in 3 Partien u. e. Nachspiel, UA 96; Der Feigling, R. 03. (Red.)

Nolte, Margarete, Rektorin i. R.; Jägerzeile 70, D-95028 Hof/Saale, Tel. (0 92 81) 4 18 39 (* Stettin 1. 2. 14). Rosenthal-Lyr.-Pr. 79, Joh.-Christ.-Reinhart-Plakette d. Stadt Hof 95; Rom., Ess., Lyr. – V: Pan. Die Einsamkeit eines jungen Mannes 82; Der Magnetberg. Eine Naturschutzgesch. 84; In der Nähe der Träume, G. 86, 87; Mordgeschichten 93; Ein Kopf wird bestellt, Texte 95; Lautlos sah'n wir dich stürzen, Gesch. 96; Ein Ort im Stein, G. 01. – MA: 5 G. in: Kirschen ohne Steine, auch oberfränk. Autoren; zahlr. G. u. Kurzgeschn. in: Kulturwarte, Nordostoberfränk. Mschr. f. Kunst u. Kultur. – R: Dr. Johann Georg August Wirth – ein Vorkämpfer für die Freiheit d. Deutschen 83. (Red.)

Nolte, Margarethe, Chemielaborantin, kfm. Angest., Altenpflegerin, Erzieherin, Dipl.-Literatin; Bundehammrich 155, D-26831 Dollart, Tel. (0 49 59) 91 20 13 (* Voßwinkel, Kr. Arnsberg 27. 7. 34). Humboldt-Ges. 93; Dipl. di Merito d. Univ. delle arti Salsomaggiore 82, La Musa dell'Arte, Skulptur 89; Drama, Filmdrehb., Theaterst., Erz., Kinderb., Prähist. Rom., Märchen, Ged. – V: Der Sohn des Mörders meines Vaters, Dr. 67; Atlanta, die letzte Königin von Atlantis, prähist. R. 87; Die Ansiedlung der Indianer in Amerika 92. – B: Die Atlanten erobern den Mittelmeerraum 98. – MA: Beitr. in Zss., Ztgn 67/68; L'espace culturel franco-allemand 81; Alltagstheorien 84; ÜTV-Magazin

90; Autorenporträts 91; Anth. d. R.G. Fischer Verl. 95, 96; Kindheit im Gedicht, Anth. 01; Weihnachten 02; Autorenhandschriften 02. – *Lit:* Intern. Lit.gesch. 82; The World Who's Who of Women 79; Who's Who 81; Who's Who in the Arts and Lit. 81; Intern. Lit.gesch. 82; Wer ist Wer? 85; Marion Schulz: Biogr. Dt. Schriftstellerinnen 87; Lit. Atlas NRW 92; Frauenkulturbüro NRW 93; Lit.büro NRW 93.

Nolte, Mathias, Schriftst., Journalist; *www. mathiasnolte.de* (* Reinbek 12. 10. 52). Rom. – **V:** Großkotz, R. 84; Roula Rouge, R. 07. (Red.)

Nolte, Ulrike, Dr. phil., Schriftst. u. Übers.; Heinskamp 20, D-22081 Hamburg, *kontakt@ulrike-nolte.de*, *www.ulrike-nolte.de* (* Essen 6. 8. 73). Kunst- u. Kulturpr. d. Kr. Bad Segeberg 00, Förd.pr. literar. Übers. Hambg 03, SFCD-Lit.pr. 07; Rom., Sachb. Ue: schw, engl. – **V:** Jägerwelten, SF-R. 00; Schwedische „social fiction" 02; Die fünf Seelen des Ahnen, SF-R. 06. – **Ue:** Lars Bill Lundholm: Der weiße Drache, Krimi 05; Gabrielle Zevin: Anderswo, Jgdb. 05; Chloe Rayban: Drama Queen, Jgdb. 06. (Red.)

Noltenius, Ulrike s. Mehdi-Irai, Ulrike

Nomis, Ilko s. Hartwig, Hansi

Nonhoff, Björn Ludger Fredrik (Björn Fredrik), Dipl.-Informatiker; Einholz 10a, D-83550 Emmering, *art@zeitreich.de*, *www.zeitreich.de* (* München 12. 6. 69). Augsburger Kleinkunstpr. 00, Poetry Slam München, Gewinner; Lyr., Märchen, Bühnenst. – **V:** Liebend gerne liebend, Poesie u. Märchen 01. – **P:** A star ist Björn, DVD 02. (Red.)

Nonhoff, Sky *

Nor, Radu s. Rudel, Josef Norbert

Nordmann, Gisela (geb. Gisela Mühlenberg), Dr. rer. nat., Dipl.-Biologin; Birkwitzer Weg 3, D-01257 Dresden, Tel. (03 51) 2 00 18 04 (* Aschersleben 28. 5. 36). Lyr., Erz. – **V:** Vertraute Stadt. Begegnung m. Dresden, Lyr. u. Kurzgeschn. 06. – **MA:** Lyrik- u. Prosabeitr. in Anth., Zss. u. Ztgn: Wir sind ein Volk! – Sind wir ein Volk?, Anth. 94; Spätsommer, Mag. 2/94, 2/95, 6/95 Einander begegnen, Anth. 97; Wortspiegel 6/98, 12/99, 16/00, 21/01; Du baust mir eine Brücke 00; Herbsttage, Anth. 00; Weihnachtsbeilage d. Sächs. Ztg 00, 03, 04; Brückenschlag. Entdeckungen entlang d. Elbe Bd 2 01; Lebensbilder 1/01; Senioren Ratgeber 8/03; 17. Juni, Anth. 03; Augenblicke, Anth. 03; Bibliothek dt.sprachiger Gedichte. Ausgew. Werke VII 04, VIII 05, X 07.

Nordmar-Bellebaum, Sigrid, ObStudRätin, Lyrikerin; Zunftwiese 81, D-44805 Bochum, Tel. (02 34) 33 14 31 (* Danzig 26. 6. 41). Anthroposoph. Ges. 80, Christengem. 80, Peter-Hille-Ges. 95; Lyr. – **V:** Farnblätter, G. 84; Atemland 88; Bachlenicht 92; Ein Haus durch das der Fluß geht 95; Im Garten der blauen Gedanken 97, alles G.-Zykl.; Auf den Dächern gegenüber Schnee, G. 99; Rosengeschnitzt der Tag 01; In der Wortfolge sein 04; Regenkalligraphie 05; Unter dem hohen Hoffnungsbogen 07, alles G.-Zykl. – **MA:** Zss.: Lazarus 86ff., 01ff.; Impressum 90ff.; Das Goetheanum 95ff., 02ff.; Die Drei 95ff. – **H:** Kreuz der Rosen. Moderne anthroposoph. Lyr. 86; Wort sei mein Flügel – Wort sei mein Schuh. Ein Lyrikkr. stellt sich vor 99; Wortfelder steigend. Ein Lyrikkr. stellt sich vor 04. – *Lit:* Lit.atlas NRW 92; Winfried Paarmann in: Das Goetheanum 01; Michael Starcke in: Lazarus 03ff.

Noreia, Edda s. Steinwender, Edda

Normann, Gerd; Lychener Str. 73, D-10437 Berlin, Tel. (0 30) 44 71 49 44, *gerdnormann@web.de*, *www. gerdnormann.de*. – **V:** Kalter Schlag, R. 06, 07; Warmer Segen, R. 08. – **P:** Sauerlanddialoge, Comedy, CD 08.

Normann, Hartmut, Dr., Natur- u. Grenzwiss., Publizist; Am Feldrain 13, D-69469 Weinheim, Tel. (0 62 01) 59 25 86, Fax 59 25 87, *HartmutNormann@online.de* (* Stuttgart 27. 10. 37). – **V:** Schicksal, Schuld und Chance. Lebenshilfe in neuer Dimension, Sachb. 87; Ansturm des Lichts, R. 00, 3. Aufl. 03. – **H:** Helen Greaves: Zeugnis des Lichts 82; Ephides – ein Dichter des Transzendenten, Anth. 84; Licht in Nacht und Not, Anth. 87; Donald Walters: Affirmationen zur Selbstentfaltung 91. (Red.)

Northoff, Gerda J. (geb. Gerda J. König), Journalistin; Otto-Hahn-Str. 27, D-24211 Preetz, Tel. (0 43 42) 8 08 33 (* Düsseldorf 15. 1. 32). Lyr., Sat., Erz. – **V:** Zeitweisen, G. 95; Heiteres & Weiteres, G. 97; Goldenes Kalb und lila Kuh, G. 00. (Red.)

Northoff, Thomas, Mag. Phil.; Fischerstiege 1–7/1/6, A-1010 Wien, Tel. (01) 5 32 12 00, *a6702809 @unet.univie.ac.at* (* Wien 18. 11. 47). Podium, GAV, IGAA; Öst. Staatsstip. f. Lit. 98/99; Lyr., Prosa, Rom., Hörsp., Interdisziplinäre Arbeit m. Text u. Fotografie. – **V:** Stets ein leichtes Hungergefühl 81; Schmutz und Schund. Geschn. üb. Gott u. die Welt 83; Die Ohnmacht vor dem Ganzen der Welt 91; In dem Lande sogar Jubel und Trauer befohlen wurden 93; StadtLeseBruch. D. Sprache an den Wänden 93; Vergebliche Versuche 96; LUST.IG-VERLIEREN 04. – **MV:** Stichwort Stadt, m. Bodo Hell u. Hil de Gard 89; Hirnsand 92. – **MA:** Veröff. in Anth. u. Lit.zss. – **R:** 1 Hsp. u. mehrere Prosatexte. (Red.)

Noske, Edgar; c/o Emons Verl., Köln, *www.edgarnoske.de* (* Leverkusen 31. 1. 57). Das Syndikat 99; Krim.rom., Krimikurzgesch. – **V:** Nacht über Nippes 94; Bitte ein Mord 96; Rittermord 97; Tote Rosen 97; Der Bastard von Berg 98 (auch als Hörb.); Der Fall Hildegard von Bingen 99; Lohengrins Grabgesang 00; Mitten im Herz 01; Kölsches Roulette 02; Die Eifel ist kälter als der Tod 03; Endstation Eifel 04; Der sechste Tag 05; Im Dunkel der Eifel 07; Himmel über Köln 08, alles Krim.-R. – **MV:** Über die Wupper, m. Klaus Mombrei, Krim.-R. 95. – **MA:** Rattenpack, Kurzkrimi-Samml. 97; Mord am Hellweg 02; Mordseifel 04 (auch als Hörb.); Böse Nacht Geschichten 06 (auch als Hörb.), alles Anth.

Noth, Claudia (geb. Claudia Schnarr), wiss. Mitarb., Buchhalterin, Lektorin; c/o glotzi verlag, Lothar Glotzbach, Chamissostr. 47, D-60431 Frankfurt/M., *Claudia. Noth@glotzi-verlag.de* (* Borsch/Eisenach 17. 2. 45). Rom., Erz., Ess., Märchen. – **V:** Blühendes Wolfskraut, Thr. 00; Am Katzenbuckel 10, M. 09. – **B:** Ludwig Tieck: Prinz Zerbino, Sch. 03. – **MA:** Jb. d. Droste-Ges., Bd V 72; Dt.sprachige Exillit. seit 1933 94. – **H:** Ernst Erich Noth: Die Tragödie der deutschen Jugend, Ess. 02, Straße gesperrt, R. 06, Deutsche Schriftsteller im Exil. 1933–1979 08, beides neuere deutschen, Mem. 09; Ludwig Tieck: Der gestiefelte Kater & Prinz Zerbino, Sch. 03. – **MH:** Ernst Erich Noth: Jup und Adolf, Sat. in Versen 03; ders.: Das Tagebuch des Paul Krantz 1926–1927. Die Steglitzer Schülertragödie. Mein Prozeß, Dok./Autobiogr. 09, beide m. Lothar Glotzbach.

Nottelmann, Nicole, Dr. phil.; Mommsenstr. 18, D-10629 Berlin, Tel. (0 30) 30 83 15 56. Förd.stip. d. Kunststift. d. Ldes NRW 03. – **V:** Die Karrieren der Vicki Baum, Biogr. 07.

Novak, Helga M. (verh. Maria Karlsdottir), freie Schriftst.; Lasek 6, PL-89-504 Legbad (* Berlin 8. 9. 35). P.E.N.-Zentr. Dtld, VS 72; Bremer Lit.pr. 68, Stadtschreiberin v. Bergen-Enkheim 79/80, Kranichsteiner Lit.pr. 85, Stip. d. Dt. Lit.fonds 86, 93, Alfred-Döblin-Stip. 88, Ernst-Reuter-Pr. 89, Roswitha-Pr. 89,

Hans-Erich-Nossack-Pr. 91, Marburger Lit.pr. 90, Gerrit-Engelke-Lit.pr. 93, E.gabe d. Dt. Schillerstift. 94, Brandenburg. Lit.pr. 97, Ida-Dehmel-Lit.pr. d. GEDOK 01; Lyr., Prosa, Hörsp. Ue: isl. – **V:** Ballade von der reisenden Anna, G. 65; Colloquium mit vier Häuten, G. u. Balln. 67; Geselliges Beisammensein, Prosa 68; Aufenthalt in einem irren Haus, Erzn. 71; Seltsamer Bericht aus einer alten Stadt, Kdb. 73; Balladen vom kurzen Prozeß 75; Die Ballade von der kastrierten Puppe 75; Die Landnahme von Torre Bela, Prosa 76; Margarete mit dem Schrank, G. 78; Die Eisheiligen, R. 79; Palisaden, Erzn. 1967–1975 80; Vogel federlos, R. 82; Grünheide, Grünheide, G. 1955–1980 83; Legende Transsib, G. 85; Märkische Feemorgana, G. 89; Silvatica, G. 97; Solange noch Liebesbriefe eintreffen, ges. G. 99; Wo ich jetzt bin, G.- Ausw. 05. – **MV:** Wohnhaft im Westend, m. Horst Karasek 70. – **MH:** Eines Tages hat sich die Sprechpuppe nicht mehr ausziehen lassen. Texte zur Emanzipation zur Mündigkeit, m. Horst Karasek, Leseb. 3 72. – **R:** Übern Berg; Ausflug, Kopfgleis; Ringbahn; Fibelfabel aus Bibelbabel; Berenke ist weg; Hammelsprung; Palisaden; Heimsuchungen, alles Hsp. – **P:** Fibelfabel aus Bibelbabel, Hsp. 73. – *Lit:* Walther Killy (Hrsg.): Literaturlex., Bd 8 90; Kiwus 96; Helga Bessen in: KLG. (Red.)

Nowack, Nicolas (Nicolas-Jan de Nowack, Nicolas Nowack-Duchamp, Nicolas Nowack-Stein), Dr. med., leitender Arzt, Psychiater/Psychotherapeut, Schauspieler, Autor; Walderseestr. 53, D-22605 Hamburg, *info@Nicolas-Nowack.de, www.Nicolas-Nowack. de.* D-29410 Salzwedel (* Hamburg 26. 10. 61). PENG Autorengr. 86; 2. Pr. d. GangArt-Festivals Krefeld 91, Auszeichn. b. 1. Dulzinea-Lyr.-Wettbew. 02; experiment. Lyr. u. Prosa, journalist. Arbeit, Rom., Theater, Film. Ue: engl. – **V:** x Geschichten über Geschichten 91; ab-sonderl-ich, Lyr. 02; Hier entsteht demnächst ein Sinn, optische Poesie 06. – **MV:** Frauenfreunde, m. Frank Buecheler, R. 89; Gebete für Claudia Schiffer, m. Gunter Gerlach, Lou A. Probsthayn u. Reimer Eilers, Lyr. u. Kurzprosa 95; Elbleuchten, m. Brigitte Kronauer, Siegfried Lenz u. Katrin Wehmeyer, Lyr. u. Prosa 05. – **MA:** Hundert Hamburger Gedichte 83; Liebesgeschichten aus dem Alltag 89; Der Dreischneuß 4/98, 5/98, 12/02, 4/03, 8/04; Jb. der Lyrik 2000–2005; Dulzinea, April 02; Dichtungsring, Nr. 33 04; Freibergar Lesehefte 8/05; comma, Sonderausg. Sept. 05; Erinnerung an Licht, Anth. 05; Hinter der Tür, Anth. 05; Cognac & Biskotten, Nr. 22 05; Ziegel 10 06; Das Dosierte Leben, Nr. 45 06; Zeichen & Wunder, Nr. 48 06; Sbírka Klíčů/Schlüsselsammlung, dt.-tsch. Anth. 07; Volksstimme v. 22.12.07; Muschelhaufen, Nr. 47/48 07/08; Federwelt, Nr. 68 08. – **H:** Nordsee ist Wortsee, Lyr. 06. – **F:** Die Hamburger Wochenschau, Kinokurzfilme m. a. 84. – **R:** Frauenfreunde 90; Bei Anruf – Wort 92, beides Hsp.-Ser. – **P:** Tellus # 7 The Word, Tellus # 8 USA/Germany, beides Tonkass. 85; Music from Utopia, Schallpl. 85. – *Lit:* Susanne Thommes in: Dreischneuß 10/03; Petra Schellen in: taz v. 9.8.06; N. Marnau in: Maskenball, Nr. 70 06; Tobias Enkelmann in: TV Sylt, Nr. 19 06; A. Blütling in: Elbe-Jeetzel-Ztg v. 16.12.06; Christoph Meichsner in: Volksstimme v. 20.10.07; s. auch 2. Jg. SK.

Nowak, Ernst, Dr. phil.; Lagergasse 2/II/10, A-1030 Wien, Tel. (01) 7 18 06 09 (* Wien 13. 3. 44). IGAA; Amstettner Kulturpr. 75, Förd.pr. d. Ldes NdÖst. f. Lit. 75, Staatsstip. d. BMfUK 76, Theodor-Körner-Förd.pr. 76, Förd.pr. d. Stadt Wien 77, Förd.beitr. d. Wiener Kunstfonds 77, Kurzgeschn.pr. d. Stadt Arnsberg 77, Buchprämie d. BMfUK 87, Öst. Projektstip. f. Lit. 00/01; Lyr., Rom., Nov., Hörsp. – **V:** Kopflicht,

Erzn. 74; Die Unterkunft, R. 75; Entzifferung der Bilderschrift, G. 77; Das Versteck, R. 78 (auch frz.); Addio, Kafka, R. 87; Hasenjagd. La chasse au liévre, Erzn. dt./frz. 94; Schubert spielen 96. – **MV:** Stützen, Erz., m. Johann Kräftner 81; Steine Felder, m. Franz Rosei 03. – **R:** hören spielen, Hsp. 72; Notizen aus einer Kleinstadt, Dreh. 76; Entwurf einer Aufführung, Hsp. 79. – *Lit:* Walther Killy (Hrsg.): Literaturlex., Bd 8 90. (Red.)

Nowak, Johanna (geb. Johanna Seelig), ehem. Sonderschullehrerin f. Gehörlose u. sehbehinderte Kinder; Seegasse 11/708, A-1090 Wien, Tel. (01) 3 19 26 86 (* Wien 11. 12. 21). IGdA, AG Autorinnen (AGA); Pr. d. Leseedition „Ad Acta" 91, Pr. bei e. Shortstory-Wettbew. v. „Journal f. d. Frau" (Dtld) 99, Pr. d. Kärntner Montanindustrie 04; Prosa, Rom., Erz. – **V:** Gehorsam, R. 94; Das Geheimnis der Höhle, Fantasy-Geschn. 03; Die Wildsteinklamm, Krim.-Geschn. 04. – **MH:** Zs. „Entladungen", m. Barbara Neuwirth, Ilse Krüger, Irene Neuwerth, u. a.

Nowiasz, Birgit s. Otten, Birgit

Nowicki, Stefan, Schriftst. u. Hausmann; Salzstr. 50, D-87534 Oberstaufen, Tel. (0 83 25) 92 74 51, *magnificat@freenet.de, www.stefannowicki. de* (* Würzburg 22. 4. 63). Rom., Lyr., Erz., Dramatik. – **V:** Schnecken queren, Erz., Lyr. 01. – **MA:** Erz. in: Neue Literatur 97. (Red.)

Nowotny, Joachim; Pösnaerstr. 5, D-04299 Leipzig (* Rietschen/OL 16. 6. 33). VS 90; Pr. d. Min. f. Kultur d. DDR z. Förd. d. soz. Kd.- u. Jgd.lit. 64, Kunstpr. d. Stadt Leipzig, Alex-Wedding-Pr. 71, Heinrich-Mann-Pr. 77, Nationalpr. 79, Pr. d. FDGB 86; Erz., Kurzgesch., Rom., Hörsp., Fernsehfilm. – **V:** Hochwasser im Dorf 63, 72; Jagd in Kaupitz 64, 74; Jakob läßt mich sitzen 65, 76; Hexenfeuer 65, 74; Labyrinth ohne Schrecken 67, 68 (auch engl.); Der Riese im Paradies, R. 69, 76 (auch russ., armen.); Sonntag unter Leuten 70, 72; Ein gewisser Robel, R. 76, 84 (auch russ., ung., tsch.); Die Gudrunsage, Nacherz. 76; Ein seltener Fall von Liebe 78, 87; Abschiedsdisco 81, 82; Letzter Auftritt der Komparsen, N. 81; Der erfundene Traum 84, 86; Schäfers Stunde 85, 87; Adebar und Kunigunde, Kdb. 90; Als ich Gundas Löwe war 01. – **MA:** Was ist das Bleibende ? 99; Erdmann Graeser: Leipzig wie ich es sah (Vorw.) 04. – **F:** Verdammt ich bin erwachsen, Jgd.film 74; Abschiedsdisco, Szenarium z. Jgd.film 89. – **R:** Abstecher mit Rührung 68; Fünf Frauen eines Sonntags 71; Kuglers Birken 73, alles Hsp.; Galgenbergstory, Fsp. 74; Das alte Modell, Hsp. 75; Ein altes Modell, m. U. Thein, Fsf. 76; Brot und Salz 77; xy Anett 81; Sonderziehung 85; Adebar und Kunigunde 86, alles Hsp.; Das Erscheinen einer Göttin in der Minderheit, Hfk-Ess. 79. – *Lit:* Martin Straub: J. N. (Schriftsteller d. Gegenwart 27) 89.

Nowotny, Peter, Dr.; Am Hohenbühl 13, D-87549 Rettenberg, Tel. (0 83 27) 3 61, Fax 7 32 89, *nowotny. peter@gmx.de, nowotny-allgaeu.de* (* Komotau/ Sudetenld 23. 2. 36). Rom. – **V:** Zwei Allgäuer auf Hawaii, R. 01, 02; Grüntenmord 04, 07; Klausentreiben 05, 08; Mörderische Rätsel 06, 07; alles Krim.-R. – **MA:** Das schöne Allgäu, Zs., seit 72; Allgäu Inside, Vj.-Zs., seit 03.

Noxius, Fried s. Schädlich, Gottfried

Noy, Gisela (Ps. f. Gisela Pispers), M. A.; c/o Psychiatrie-Verl., Bonn (* Prüm/Eifel 7. 11. 46). VS 01–02; Kurzgeschn.pr. d. Psychiatrie-Verl. Bonn 91; Lyr., Prosa. Ue: engl, am. – **V:** Zerstörungen 86, Tb. 94; Atemsäule, G. 97; Grauzeit, Erfahrungsber. 00, 2. Aufl. 02. – **MA:** G. in Anth., u. a. in: Orte; Der Mond ist aufgegangen, wenn in Lit.-Zss., u. a. in: die hören. – **Ue:** A.E.

Noyer

Hotchner: Hotel Avalon; Teresa Carpenter: Sie war ihnen hörig, u. a. (Red.)

Noyer, Candy De la s. Orzechowski, Harry

Nuber, Claudia (geb. Claudia Maria Pröbstle), Industriekauffrau, Hausfrau; Manzen 25, D-88161 Lindenberg, Tel. (0 83 81) 67 19, *claudiamarianuber@web.de* (* Günzburg a.d. Donau 15. 11. 60). – **V:** ... eine etwas andere Welt ..., Erinn. 06; Daheim 07; Nachricht für Dich 07; Durchsichtige Elemente 08; Grüner wird's nicht, weißer geht's nicht 08; Ich hab dir nur was sagen gewollt 08.

Nucke, Siegfried, Autor, Lehrer; Auestr. 7, D-99891 Tabarz, Tel. u. Fax (03 62 59) 5 83 88, *Siegfried.Nucke @t-online.de* (* Nordhausen 22. 5. 55). VS, Literar. Ges. Thür., Friedrich-Bödecker-Kr.; Tuttlinger Lit.pr. f. unveröff. Prosa (Publikumspr., 3. Pr. d. Jury) 91, Hsp.-wettbew. d. ORB 93, MDR-Kinderhsp.pr. (3. Pr.) 94, Pr. d. Arbeiterkammer Kärnten 95, 2. Pr. „Gestern-Heute-Morgen" 95, Hans-im-Glück-Pr. (3. Pl.) 00; Hörsp., Prosa, Lyr., Sachlit. – **V:** Zeitreise durch Thüringen 97. – **MV:** ZeitSprung, m. Ulrich Kneise 94. – **MA:** Wie kommt es, daß du glaubst 85; Kurz u. mündig, Aphor. 89; Ein thüringisch-sächsisch-anhaltinisches Reisebuch in drei Geschwindigkeiten 90; Der Morgen nach d. Geisterfahrt 93; Kunstführer Thüringen 95; Wendezeiten 95; Eintragung ins Grundbuch, Thür. im G. 96, u. a.; Zss.: Temperamente 3/82, 1/84, 2/85; Sonntag; Freitag; Palmbaum 3/96. – **R:** Kd.-Hsp.: Zu Hause wartet Sven 83; Die Zauberer von Mohonia 89; Hsp.: Elche auf dem Müll 93; Nur gereimt. Nicht gelogen. 96. – *Lit:* Dietmar Goltschnigg (Hrsg.): Georg Büchner u. die Moderne, Bd 3 04.

Nüchtern, Klaus, Mag., Kulturred. u. stellv. Chefred. „Falter", Wien; c/o Falter Verlag GmbH, Marc-Aurel-Str. 9, A-1011 Wien (* Linz 20. 11. 61). – **V:** Rain On My Crazy Bärenfellmütze 01; Kleines Gulasch in St. Pölten 03; Hier kommt der Antipastidepp 07. (Red.)

Nührig, Klaus; Siekgraben 35, D-38124 Braunschweig, Tel. (05 31) 61 07 12, *KNuehrig@aol.com, www.klaus-nuehrig.de* (* Wrestedt 31. 10. 58). VS, Förd.kr. dt. Schriftst. in Nds. u. Bremen (Vors. 01–05), Das Syndikat, GZL; Paul-Maar-Stip. 01; Hörsp., Rom., Lyr. – **V:** Auge 02; Rosensammlerin, G. 06; Penny Lane, R. 09. – **R:** Weggenossen, Hsp. 80; Schwanensee, Hsp. 86.

Nüms, Enno s. Schuster, Theo

Nünlist, Jos (Josef Nünlist), Maler u. Schriftst.; c/o Verlag Im Waldgut, Frauenfeld (* Niedererlinsbach/ Solothurn 17. 5. 36). Förd.pr. d. Kt. Solothurn 72, Werkbeitr. d. Kt. Solothurn 93, 99, Werkbeitr. d. Kt. Aargau 93, 99, Werkbeitr. d. Hans-u.-Lina-Blattner-Stift. Aarau 99, u. a.; Lyr., Kurzprosa. – **V:** Zeitlaub, Kurzprosa, G. u. Zeichn. 94; Schlüsselblume, G. u. Holzschnitte 99, 2. Aufl. 05; Zittergras, Prosa u. Zeichn. 00; Tränenstein Sonnenstern, G. u. Holzschnitte 06; Man baut sich mit dem Fundgut Wände vor das Licht, Kurzprosa u. Zeichn. 07. – **MA:** Jugend. Ein Lesebuch von 22 Solothurner Autoren, Anth. 85. – *Lit:* Madeleine Schüpfer in: Oltner Neujahrsblätter 80; Annelise Zwez in: Aarauer Neujahrsblätter 96.

Nünninghoff, Rolf, Dr. med., Arzt f. Allgemeinmedizin; Gildemeisterstr. 10, D-27568 Bremerhaven, Tel. (04 71) 41 39 29 (* Brandenburg 24. 6. 17). FDA, BD-SÄ; Lyr., Erz. – **V:** So gern es mir leid tut; Wer liest schon heut noch Lyrik; Wo das Chaos noch in Ordnung ist; Aphorismen, Aphrodismen u. a. Ungereimtheiten 99. (Red.)

Nürnberg, Dorothea, Mag. phil., Schriftst.; Haubenbiglstr. 8, A-1190 Wien, Tel. u. Fax (01) 3 70 58 77,

(06 64) 4 15 00 39, *dorothea.nuernberg@aon.at* (* Graz 29. 11. 64). IGAA, Intern. P.E.N., EM Intern. Film and Television Club, New Delhi; Lyr., Rom., Theater, Prosa. Ue: frz, engl. – **V:** Bewußtsein im Werden, Lyr. 96; Penelope, lyr. Musiktheater 98; Auf dem Weg nach Eden, R. 00; In 18 Touren um die Welt. Ein literar. Reiseverführer, Erzn. 01; ... heimgekehrt unter das kreuz des südens, Lyr. 02 (auch port.); quellwärts – brücken zwischen nord u. süd 03; Onda, Text u. Fotogr. 04; Tochter der Sonne, R. 04; Kurzweiliges und Eiliges. Eine Gedankenversammlung 05; Spiegelbilder, Erzn. 06 (auch engl.); Gestern vielleicht, R. 08. – **MV:** Tanz-Spiralen des Lebens, Lyr. m. Kunstfotogr. v. Claudia Prieler 02; Schattenmond/Moonshadow, m. Umesh Mehra, Drehb. 08.

Nürnberger, Jürgen, Schriftst., Dipl.-Bibliothekar; Philipp-Scheidemann-Str. 133, D-67071 Ludwigshafen, Tel. (06 21) 67 68 00, *jnvogg@web.de* (* Ludwigshafen 9. 11. 56). Lit.wiss., Biogr., Bibliographie. – **V:** Alte Bücher und Verlage einer großen Stadt 96; Ein Londoner Pfälzer: Arno Reinfrank 08; versch. Arb. zur Ldeskunde d. Pfalz u. Beitr. zur Gesch. d. Stadt Ludwigshafen am Rhein. – **H:** Städtebibliographie Ludwigshafen am Rhein 93–05 IV; Arbeiten zur Landeskunde der Pfalz (ALP), Serie; Gestalter der Arbeitsmarktpolitik, Serie.

Nuhr, Dieter, Kabarettist; c/o Agentur Die Kulturagenten GbR, Im Johannisgarten 3, D-55291 Saulheim, *agentur@kulturagenten.de, www.nuhr.de* (* Wesel 29. 10. 60). Dt. Kleinkunstpr. 98, Bayer. Kabarettpr. 00, Hennenhovener Lupe 00, Dt. Comedy-Pr. als „Bester Live-Act" 03, Zeck Internet-Kabarettpr. 06, NRW Kleinkunstpr. Bocholter Pepperoni 07, Chemnitzer Biene 07, Dt. IQ-Pr. d. Mensa e.V. 08. – **V:** PROGRAMME: Nuhr am nörgeln! 94; Nuhr weiter so 96; Nuhr nach vorn 98; www.nuhr.de 01; Ich bin's Nuhr 04; Nuhr die Wahrheit 07; – **BÜCHER:** Nuhr nach vorn 98; Gibt es intelligentes Leben? 07; Wer's glaubt, wird selig 07; Nuhr unterwegs 08. – **P:** CDs: Nuhr am Nörgeln 95; Nuhr weiter so 96; Nuhr nach vorn 98; www.nuhr.de 00; www.nuhr.de/2 02; Ich bin's Nuhr 04; Nuhr die Wahrheit 07; – DVDs: Nuhr vom Feinsten 04; Ich bin's Nuhr 06; Nuhr die Wahrheit 07, alles Live-Aufzeichn.

Nunnenmacher, Paul, Reg. schuldir.; Im Rondell 2, D-79219 Staufen, Tel. u. Fax (0 76 33) 65 80 (* Sulzburg 28. 6. 29). Muettersproch-Gsellschaft, Bad. Heimat, Gesch.ver. Kr. Markgräflerland; Johann-Peter-Hebel-Med., BVK am Bande, EM Bund 'Heimat u. Volksleben'; Lyr., Prosa, Hörsp., Laientheater, Landeskunde, Landesgesch. – **V:** Us de Schuel gschwätzt 90; Gälle si... 94; Kumm, gang mr eweg! 94; Über kurz oder lang 94, alles G., Erzn. u. Spielszenen in alemann. Mda. – **R:** regelmäß. Moderation v. Mda.-Sdgn im SWR-4. (Red.)

Nussbaum, Hannelore, Schriftst.; Hermann-Hesse-Str. 8, D-88427 Bad Schussenried, Tel. (0 75 83) 22 23, Fax 30 98, *hannelore-nussbaum@web.de*. Postfach 131, D-88423 Bad Schussenried (* Konstanz 31. 12. 33). VS, Kg.; Hafiz-Pr. (Prosa) 92, Lit.pr. d. Kg. f. Prosa 97, 03. – **V:** Zieh' einen Kreis, Lyr. 91; Zwischen Zeilen ein Ort, Prosa 97; Kastanientage, Prosa u. Lyr. 98; Die offene Tür. Begegnungen mit der Dichterin Maria Menz 02; Mein Südwort heißt Venedig, Erzn. 06. – **MA:** Beitr. in Lit.zss. u. ca. 20 Anth., zuletzt in: Allmende 68–69/01. – **R:** Lyr. u. Prosa im SWF. – *Lit:* Gerhard Reischmann in: Menschenkinder 07.

Nussbaumer-Moser, Jeanette; Kesselbachstr. 22, CH-9450 Altstätten, Tel. (071) 7 55 54 45, *br.nussbaumer@bluewin.ch* (* Thusis/Graubünden 2. 5. 47). Erz. – **V:** Die Kellerkinder von Nivagl 95,

4. Aufl. 06; Vom Kinderkrätzli zum Trekkerrucksack 99, 2.,erw.Aufl. 08; Geheimnisvolles Nivagl und andere rätselhafte Geschichten 06; Meine Puppenkinder und ihre Geschichten 08, alles Erzn.

Nußbücker, Frank, M. A. (Germanistik u. Theaterwiss.), Schauspieler u. Hörspiel-Sprecher, Ghostwriter; c/o STORYAPULPA Verlag, Oderberger Str. 45, D-10435 Berlin, Tel. (0 30) 4 48 32 01, *verlag @storyatella.de, www.storyatella.de* (* Jena 23. 3. 67). ASSO Unabhängige Schrifts. Assoz. Dresden; Erz., Rom. – **V:** Kuchenmüllers Abflug, Geschn. 99; Die Voll-und-Ganz-Versicherung, R. 03; Eine halbe Million Gründe, online-R. 05–07. – **MA:** Ex. Trennungsgeschichten 97; Das Magazin 12/98; Zum anderen Ufer 99; zahlr. Beitr. in: Freitag; Junge Welt; get shorties. – **H:** STORYATELLA, Zs. 08. – **P:** Gottes Gericht, CD 97; Glatze mit Fasson, Kurzgeschn., CD 05; Eine halbe Million Gründe, online-R. (www.pratzke.de) 05–07.

Nussink, Gerda von s. Bornemann, Winfried

Nyáry, Josef; Sierichstr. 68, D-22301 Hamburg, Tel. (0 40) 2 80 78 43, Fax 2 80 79 42 (* Teupitz 27. 6. 44). Rom. – **V:** Ich, Aras, habe erlebt ... 82; Die Gladiatoren, Sachb. 82; Nimrods letzte Jagd 84; Das Haupt des Täufers 85; Die Vinland-Saga 86; Und sie schufen ein Reich 90; Lugal 91; Amazonien 94; Die Psychonauten, R. 99, Tb. 01. (Red.)

Nygaard, Hannes (eigtl. Rainer Dissars-Nygaard), Unternehmensberater; *www.hannes-nygaard.de* (* Hamburg 49). Krim.lit. – **V:** Tod in der Marsch 04; Vom Himmel hoch 05; Mordlicht 06; Tod an der Förde 06; Todeshaus am Deich 07; Küstenfilz 07; Todesküste 08; Tod am Kanal 08.

Nyhus, Jutta s. Inden, Jutta

Nyncke, Gerlinde, Dr. med.; Im Fasanengarten 2, D-61462 Königstein/Ts., Tel. (0 61 74) 50 66 (* Berlin 9. 10. 25). BDSÄ 76, Bdesvorst.mitgl., FDA 82; AWMM-Lyr.pr. 81; Lyr., Aphor. – **V:** Kalenderblätter, G. 77; Geh' nicht zu nahe ans Glashaus 85; Wenn Zaunpfähle noch so schwer wären 87; Weggefährten, 2. Aufl. 90, 3. Aufl. 95, alles Aphor.; Im Wechselspiel des Lebens 96; Eines weiten Weges Widerhall 98, beides Aphor. u. G. – **MV:** Liebe Last 79. – **MA:** Anth., u. a.: Heilende Worte 78; Alm. Dt. Schriftstellerärzte 78; Heile Gedanken 79. (Red.)

Nyssen, Ernst Wilhelm s. Hellwig, Ernst

O.V.N. s. Buhmann, Horst

Obalski-Hüfner, Elisabeth; Alpenblickstr. 6, D-82067 Ebenhausen/Isartal, Tel. (0 81 78) 39 59 (* Ebenhausen 14. 9. 28). – **V:** Zuageh duads, G. 78, 5. Aufl. 03; Ihr werdts es no dalebn, G. 80, 4. Aufl. 94; Kalte Jahre, Prosa 85; Amselliad, G. u. Geschn. 87; Pfüad is God, scheene Gegend, G. u. Geschn. 89; Wos i no sogn woit, G. u. Geschn. 92; Obsd as glaubst oder ned, G. u. Geschn. 94; Dorftheater, Prosa 96; Bleamerl am Weg, G. u. Geschn. 98; I bin so frei, G. u. Geschn. 01; Ma redt ja bloss, G. u. Geschn. 03; Struppi & Co., G. u. Geschn. 06, alles in bair. Mda. – **P:** Hoagartn im Isartal, G. u. Geschn., CD 99.

Obenland, Kristine, Chem.-Techn. Assistentin, Verlegerin; Mythos-Verlag, Burgunderstr. 15, D-71717 Beilstein, Tel. (0 70 62) 58 94, Fax 6 74 97 06, *Mythos-Verlag@t-online.de,* (* Heilbronn-Sontheim 21. 5. 59). – **V:** Die Seelen gehen spielen ..., Texte 97, 3., erw. Aufl. 00. – **B:** Food & Science, wiss. Arb.tagung 98. – **P:** Umarmung mit Licht, Meditation, CD 03; Aktivierung der Biofelder, Meditation, CD 03.

Oberdörfer, Peter, Autor u. Schauspieler; Wolkensteinstr. 57, I-39012 Meran, Tel. (04 73) 44 20 98

(* Schlanders/Südtirol 19. 9. 61). SAV (Vors. seit 01). – **V:** Das Wunder – Grotesk, Bü. 91; Don Röschen, Bü. 93; Gischt, R. 05; Mauss, R. 08. (Red.)

Oberender, Thomas, Dr., Theaterwiss., seit Okt. 06 Leiter d. Schauspielprogramms d. Salzburger Festspiele; c/o Salzburger Festspiele, Postfach 140, A-5010 Salzburg, Tel. (06 62) 8 04 53 00, Fax 8 04 54 43, *t.oberender@salzburgfestival.at, www. thomas-oberender.de* (* Jena 11. 5. 66). Theater neuen Typs TNT 97, Internat. Theaterinst. ITI, Vorst.mitgl.; Gr. Pr. d. Frankfurter Autorenstift. 93, Dt. Jgd.theaterpr. 00; Dramatik, Ess. – **V:** Steinwald's, Dr. 93; Die Rechnung, Stück 96; Das kalte Herz, M. 97; Der sekundäre Diskurs im Werk von Botho Strauß, Diss. 99; – THEATER/UA: Steinwald's 95; Das kalte Herz 96; Engel und Dämonen 98; Nachtschwärmer 00; Selbstportraits. 48 Details 01; 100 Fragen an Heiner Müller. Eine Séance, m. Moritz von Uslar 05; Das Treffen / the other side, m. Sebastian Orlac, 05. – **MA:** Beitr. in Lit.zss. seit 01, u. a. in: Sinn u. Form; Kalkfeld II. – **H:** Botho Strauß: Der Gebärdensammler 99; Handbuch der Gefühle, Leseb. 02; Unüberwindliche Nähe. Texte über Botho Strauß 04. – **MH:** Gott gegen Geld. Zur Zukunft d. Politischen 02; Krieg der Propheten. Zur Zukunft d. Politischen II, m. Ulrike Haß 04; Kriegstheater. Zur Zukunft d. Politischen III, m. Wim Peeters u. Peter Risthaus 06. – **Ue:** Joe Orten: Entertaining Mr Sloane, Stück (auch bearb.), 96; Tim Etchells: Quizoola! 99; David Greig: Timeless 06. (Red.)

Oberer, Gisela s. Hemau, Gisela

Oberfeld-Berger, Ruth (Ps. Ruth Berger-Oberfeld), dipl. Kindergärtnerin, Hausfrau; Eichenstr. 20, CH-6015 Reussbühl, Tel. u. Fax (04) 2 60 16 72, *woberfeld @hotmail.com* (* Zürich 28. 2. 36). Club Hrotsvit/ Kunst u. Frau 83–01; Drama, Engl. u. dt. Lyr., Aphor., Kurzgesch. – **V:** Notvorrat. Texte zum menschenwürdigen Überleben 85. (Red.)

Oberhof, Isolde, Dipl.-Soziologin; *isoldeoberhof @aol.com, www.isoldeoberhof.de* (* Rosenheim/Obb.). Rom., Erz. – **V:** Wie die Dinge laufen, Erz. 03. (Red.)

Oberhollenzer, Josef, Mittelschullehrer; Außerragen 1, I-39031 Bruneck, Tel. (04 74) 4 11 36 84, *josef.josef@ dnet.it, www.provinz.bz.it/sav/oberhollenzer.html* (* St. Peter im Ahrntal 22. 11. 55). SAV, Gründ.mitgl., 2.Vors. 98–00, GAV; Lyr.pr. f. Hochschüler v. Kr. Südtiroler Autoren; Lyr., Drama, Prosa. Ue: ital. – **V:** in der tasse gegenüber, G. u. Kurzprosa 94; heinrichsTag, Dr. 95; orpheus. nachtgesang, UA 96; fliegen & falln. Monodram e. glücklichen menschen 97; Was auf der erd da ist, Prosa 99; Großmuttermorgenland, Erz. 07. – **MA:** Literatur in Südtirol, Anth. 83; Nachrichten aus Südtirol, Anth. 89; 50 Jahre Realgymnasium J. Ph. Fallmerayer Brixen, Festschr. 96; Sprich, lies u. schreib. Notburga Wolf z. 60. Geb., Festschr. 96; sylvie riant: les tétines, Kat. 96; Schriftzüge, Anth. 97; Leteratura. Literatur. Letteratura, Anth. 98; Jb. d. Lyrik 1999/2000 u. 2001; Zeitenwende, Anth. 99; Am Tor, Anth. 99; RAMSART, Kat. 99; Symphonic Art, Kat. 00; Spannung, Bewegung, Widerstand, Kat. 00; – seit 78 zahlr. Beitr. in Ztgn u. Zss., u. a.: Arunda; Distel; Kulturelemente; Wespennest; Sturzflüge; InN; das Fenster; Graugans; Rotes Dachl; Gaismair-Kal.; Gangan-Jb.; Südtiroler Volksztg; Südtirol Profil; FF; Die neue Südtiroler Tagesztg. – **R:** zahlr. Hörfunkbeitr. b. RAI/Bozen, Ö2/Tirol u. Ö3. – **P:** still blind: traum:sturz 96; Reinhold Giovanett: kaspar hauser 99; Reinhold Giovanett: hinter den bergen ist die erde rund 00, alles CDs. (Red.)

Oberholzer, René, Sekundarlehrer phil. I, Autor, Performer; Unterer Rebweg 29, CH-9500 Wil, Tel. (0 71) 9 11 21 74, *rene.oberholzer@bluewin.ch,*

Oberkofler

www.reneoberholzer.ch (* St. Gallen 12. 4. 63). SSV, Dt.schweizer. P.E.N., IGdA, BVJA; Anerkenn.pr. d. Stadt Wil; Prosa, Lyr. – **V:** Wenn sein Herz nicht mehr geht, dann repariert man es und gibt es den Kühen weiter, Gesch. 00; Ich drehe den Hals um – Genickstarre, G. 02; Die Liebe wurde an einem Dienstag erfunden, Geschn. 06. – **MA:** üb. 500 G. u. Kurzgeschn. in Anth., Ztgn u. Lit.zss. (Red.)

Oberkofler, Elmar, Dipl.-Bibl.; Bahnhofstr. 33, D-93087 Alteglofsheim (* St. Johann im Ahrntal/Südtirol 6. 10. 31). Verd.kreuz d. Landes Tirol; Lyr., Ess., Biogr. – **V:** J.B. Oberkofler (1895–1969). Leben und Werk 87; Joseph Georg Oberkofler. Leben und Werk 87; Wegbegleiter, G. u. Verse 88; Begegnungen 91; Johann Baptist Oberkofler 1895–1995 95; Hoffnung durch die Zeit, G. 00. – **MV:** Südtirol. Wo der Himmel die Erde küßt, m. Hans-Georg Wöhle 04. – **MA:** Regensburger Almanach; Der Schlern; mehrere Beitr. in Ztgn, Zss. u. Sammelwerken; – Albert von Trentini: Aus seinem Werk 78; Jb. d. Coburger Landesstift. 81; Josef Wenter: Leise, leise liebe Quelle 81; Ahrntal – Tauferertal 93; Von Südtirol geprägt 97; Ahrntal. Natur, Mensch, Geschichte, Kultur 98. – **R:** Rundfunk-Sdgn v. a. über Tiroler Autoren bzw. Tiroler Themen.

Oberländer, Christa, Lehrerin; Steinäcker 5, D-86500 Rommelsried, Tel. (0 82 94) 28 83 (* Augsburg 5. 9. 44). Lyr., Erz. – **V:** Auf dem Meer der Zeit, Lyr. 94, 2., erw. Aufl. 96; Daß etwas in mir aufgeht und lebt, Erzn. u. Lyr. 01. – **MV:** Traumlicht, m. Achim Kindel, Erz. 04; Im Banne der Provence, m. Günther Pohlus, Erzn. 91, 2., erw. Aufl. 94. – **MA:** Die Welt der Frau 7/73; Hauptschulmag. 2/84, 5/85; Sternstunden 92; Wasser und Salz 04.

Oberländer, Harry, Dipl.-Soziologe; c/o Hessisches Literaturforum im Mousonturm e.V., Waldschmidtstr. 4, D-60316 Frankfurt/M., *literaturbuero@gmx.de* (* Bad Karlshafen 9. 11. 50). VS; Leonce-u.-Lena-Pr. 73; Lyr., Ess., Feat. – **V:** Luzifers Lightshow, G. 96. – **H:** Der Literatur-Bote, Zs. – **R:** Fundstücke des Jahrhunderts, m.a. 99. – **P:** Fundstücke des Jahrhunderts, m.a., CD 00. (Red.)

†**Oberlin,** Urs, Dr. med. dent., Zahnarzt; lebte zuletzt Greifensee/Kt. Zürich (* Bern 30. 3. 19, † 25. 6. 08). SSV 63; Lit.pr. d. Kt. Bern f. Lyr. 52, f. R. 70, Lit.pr. d. Kt. Zürich 69; Lyr., Rom., Drama, Fernsehsp. Ue: frz, ital, rät. – **V:** Tagmond über Sizilien, Reiseerlebnis 50; Eos, G. 51; Feuererde, R. 52; Gedichte 56; AEA, dt. u. frz. G. 58; Gedichte 61; Zuwürfe, G. 64; Kalibaba oder die Elternlosen, R. 69; Alle sind niemand, G. 72. – **MV:** B: Die Tempel Agrigents', m. Antonio Arancio 61. – **MA:** Zürcher Lyr. 55; Sieben mal Sieben, G. 55. – **Ue:** A. Peer: Gedichte u. d. T.: Sgrafiti 59; C. Pavese: Gedichte 62.

Oberlindober, Hannes; Westring 47, D-44787 Bochum, Tel. (02 34) 89 39 11, Fax 89 39 28, *h2o@tekomedia.de,* *www.hannes-oberlindober.de* (* Dortmund 16. 12. 62). – **V:** Die glühende Warteschleife – Call Center: Kunden und Beschäftigte in der Service-Falle, Ess. 01; Das Mandat des Kammerjägers, R. 07.

Obermayer, Inge, Journalistin; Niendorfstr. 25, D-91054 Erlangen, Tel. (0 91 31) 5 51 06 (* Berlin 10. 11. 28). NGL Erlangen 81, VS 83; Lyr., Jugendrom., Erz., Schulsp. – **V:** Wortschatten, G. 76; Eine Brennessel auf Deiner Haut, G. 80; Auguste Siebzehnrübels Nachmittagsmondspaziergang, Kdb. 84; Du Fremder bist Nachbar geworden, Schulsp. 86; Georgie, Jgd.-R. 89, Tb. 91 (auch frz.); Der verschenkte Traum, Jgd.-R. 90, Tb. u. d.T.: Ich schenk Dir einen Traum 92; Der Stein in meiner Hand, Lyr. 94; Gwendolyn, R. 96;

Manhattan Stakkato, Lyr. u. Prosa 00. – **MA:** Erlangen 1950–1980 82; Wie viele Wohnungen besitzt das Haus 82; Lust auf Literatur 86; Zu Gast in Moskau und Wladimir. Birken, Wermutssträucher und Malachit 87; Geharnischte Rede 88; Yessir, das Leben geht weiter 91; Inspiralation 96; Fränkische Stimmen, russ. Anth. 97; Wie Salomo nach Leipzig kam, G. 97; Spuren im Sand 00; 30 07; ein Haus aus Sternsteinen bauen 08, alles Anth. – **Lit:** Ulf Abraham: Übergänge 98.

Obermayr, Richard; Simon-Denk-Gasse 11, A-1090 Wien, Tel. (01) 3 17 09 17 (* Ried im Innkreis 22. 8. 70). GAV; Adalbert-Stifter-Stip. d. Ldes ObÖst. 99, Stip. d. Hermann-Lenz-Stift. 00, Robert-Musil-Stip. 02–05, Lit.pr. Floriana 06; Rom., Erz. – **V:** Der gefälschte Himmel, R. 98. – **MA:** Zum Glück gibt's Österreich 03; Die Welt an der ich schreibe 05. (Red.)

Obermeier, Marion s. Kemmerzell, Marion

Obermeier, Siegfried; Hirschplanallee 7, D-85764 Oberschleißheim, Tel. (0 89) 3 15 10 01, *www.siegfried-obermeier.de* (* München 21. 1. 36). VS; LITTERA-Med. (extern) 85, Schleißheimer Kulturpr. 86, Dr. div. h.c. d. ULC, Modesto/Calif. 98; Rom., Biogr., Erz., Ess. – **V:** Lago Maggiore, Comer See, Luganer See 72, 2. Aufl. 78; Kärnten 75, 2. Aufl. 80; Münchens Goldene Jahre 76; Kreuz und Adler, R. 78, Tb. u. d. T.: Die Geschichte Judas 02 (auch tsch.); Walther v.d. Vogelweide – Der Spielmann des Reiches, Biogr. 80; Richard Löwenherz, Biogr. 82 (auch tsch., poln.); Starb Jesus in Kaschmir? 83, 5. Aufl. 96 (auch span., türk., tsch.); München leuchtet übers Jahr, R. 85; Mein Kaiser – mein Herr, R. 86, 02; Die Muse von Rom. Leben u. Zeit d. Angelika Kauffmann, Biogr. 87; ... und baute ihr einen Tempel, R. 87, 02 (auch tsch.); Im Schatten des Feuerbergs, R. 89, 95; Kaiser Ludwig der Bayer, Biogr. 89; Caligula. Der grausame Gott, R. 90 (auch span., tsch., poln., russ.); Würd' ich mein Herz der Liebe weihn, R. 91 (auch tsch., poln.); Torquemada, R. 92, Tb. 00 (auch span.); Magie und Geheimnis der alten Religionen 93; Im Zeichen der Lilie, R. 94, 97 (estn.); Die unheiligen Väter, Gesch. 95 (auch tsch.); Kleopatra, hist. R. 96, 98 (auch russ., tsch., slowak.); Die Hexenwaage, Krim.-R. 97, 99; Echnaton, R. 98 (auch tsch.); Die schwarze Lucretia, hist. Krim.-R. 98 (auch tsch.); Don Juan – der Mann, den die Frauen liebten, R. 00 (auch tsch., span.); Sappho, R. 01, 03 (auch port., tsch., korean., poln.); Messalina, R. 02 (auch tsch., poln.); Die Geschichte des Judas, R. 02 (auch tsch.); Salomo und die Königin von Saba, R. 04; Um Liebe und Tod, R. 05; Verlorene Kindheit, Autobiogr. 06; Das Spiel der Kurtisanen, R. 08. – **MV:** Der Dolch des Kaisers, m. P. Oelker, Charlotte Zink u. a., Episoden-R. 99. – **MA:** Die Kunst 72; Meyers enzyklopäd. Lex. in 25 Bden; zahlr. Beitr. f. Zss. u. Ztgn, Fs. u. Rdfk; – Anthologien: Kürbiskern 85; Weiberlust – Mannerleut 88; Michel ohne Mütze 91; Von Mönchen, Mägden und Gesindel 95; Götter, Sklaven und Orakel 96; Im Namen Goethes 99. – **H:** Das geheime Tagebuch König Ludwig II. v. Bayern 86 (frz. 87). – **Lit:** Helmut Protze in: Zs. f. Germanistik 85.

Obermüller, Hermann, Mag., Mittelschulprof.; Meisenweg 4, A-4702 Wallern, Tel. (0 72 49) 4 29 82 (* Öpping/ObÖst. 17. 12. 46). Künstlervereinig. MAERZ 75, GAV, IGAA; Theodor-Körner-Pr. 77, Staatsstip. d. BMfUK 78, Buchprämie d. BMfUK 79, Romanpr. d. Ldes NdÖst. 81, Walter-Buchebner-Pr. 81, Gr. Kulturpr. d. Ldes ObÖst. 82, Harder Lit.pr. (Förd.pr.) 87, Kulturpr. d. Marktgem. Rohrbach/ObÖst. 91; Rom., Nov., Erz., Lyr. – **V:** Ameisen, Erzn. 79; Ein verlorener Sohn, R. 82. – **MA:** zahlr. Beitr. in: Die Rampe, zw. 76 u. 82; Lit. u. Kritik, 77 u. 79. – **R:**

Schallauerstraße/Ödgasse, Hörtext 78; Beitr. im WDR u. Radio ObÖst., zw. 77 u. 82.

Obermüller, Klara, Dr. phil., Publizistin; Mythenquai 26, CH-8002 Zürich, Tel. u. Fax (01) 2 02 10 85, *stub@swix.ch* (* St. Gallen 11. 4. 40)). Jugendb., Hörsp., Übers., Biogr. Ue: frz. – **V:** Gehn wir. Der Tag beginnt 76; Nebel über dem Ried 78; Gaby S. 79, alles Jgd.-R.; 18 und schon am Ende 82; Dem Leben recht geben. K.O. im Gespräch m. Jean Rudolf von Salis 93; Schweizer auf Bewährung. K.O. im Gespräch m. Sigi Feigel 98. – **H:** Silja Walter: Die Fähre legt sich hin am Strand, Leseb. 99; Walter Matthias Diggelmann: Werkausgabe, 6 Bde 00ff.; Wir sind eigenartig, ohne Zweifel. Die krit. Texte v. Schweizer Autoren üb. ihr Land 03. – **R:** Für Glück gibt es keine Garantie, Hsp. 78; Ganz nah und weit weg, Hsp. 82. – **Ue:** Christine de Rivoyre: Boy 75; Jean Ziegler: Eine Schweiz – über jeden Verdacht erhaben 76; Etienne Barilier: Le chien Tristan u. d. T.: Nachtgespräche 79. (Red.)

Obernosterer, Engelbert, Hauptschullehrer i. R., Schriftst.; Mitschig 4, A-9620 Hermagor, Tel. (0 42 82) 37 51 (* St. Lorenzen im Lesachtal/Kärnten 28. 12. 36). Kärntner S.V. 75, GAV 80; Lit.förd.pr. d. Ldes Kärnten, Pr. d. Arbeit, 2 x Öst. Staatsstip. f. Lit., Theodor-Körner-Förd.pr. 92, Kunstpr. f. Lit. d. Club Carinthia 96, Würdig.pr. d. Ldes Kärnten f. Lit. 04; Prosa, Erz. – **V:** Ortsbestimmung, R. 75; Der senkrechte Kilometer, Prosa 80; Am Zaun der Welt, Prosa 89, 2. Aufl. 91; Die Bewirtschaftung des Herrn R 90; Verlandungen, Prosa 93; Vom Ende der Steinhocker, Sat. 98; Grün. Eine Verstrickung 01; Paolo Santonino, Bühnenst. 04; Mythos Lesachtal, m. Fotogr. v. Wolfgang Schuh 05; Nach Tanzenberg. Eine Lossprechung, R. 07; – Werke, Bd 1: Die Mäher und die Grasausreißer. Eine Bilanz 02; Bd 2: Bodenproben (Miniaturen I) 03; Bd 3: Misstraut den Floristen (Miniaturen II) 06. – **Lit:** Eugenie Kain in: Text + Kritik, Mai 02. (Red.)

Obers, Ursula (Ursula Obers-Kraft), Wikingerstr. 5, D-81549 München (* Mönchengladbach 21. 1. 58). Dramatik. – **MV:** – THEATER: Feuerzauber, UA 90; Der Traum ist aus, UA 92; Geliebt – gelobt – verlassen, UA 93; Daidalos oder Die Kunst zu bleiben, UA 96, alle m. Claus Martin Kraft. – **F:** Erpressung und Schweigen, m. Claus Martin Kraft u. Mechthild Gaßner, Drehb. 99. (Red.)

Obert, Michael, Journalist; Josetti-Höfe, Rungestr. 22–24, D-10179 Berlin, *michael@obert.de, www.obert. de* (* Breisach 66). Rom., Erz. – **V:** Regenzauber. Auf dem Fluss d. Götter, R. 04. – **MA:** zahlr. literar. Repn. in: Frankfurter Allg. Sonntagsztg 03; Die Zeit 04; Sonntags Zeitung 04. (Red.)

Oberthanner, Ewald, Mag. phil., Lehrer, Journalist; Klammstr. 9A, A-6020 Innsbruck, Tel. (06 76) 4 62 21 74, *ewald@oberthanner.at* (* Innsbruck 10. 2. 50). Rom., Erz. – **V:** Amalfi oder der Irrtum der Wirklichkeit, R. 01; Weich wie Watte, R. 02; Die Schwäne des St. James's Park, Erzn. 04. – **H:** Die Allelujastaude, Weihnachtserzählungen, Anth. 04.

Oberthür, Irene, Schriftst. (* Halberstadt 6. 6. 41). SV-DDR 85–01; Erz., Rom. – **V:** Mein fremdes Gesicht, R. 84, 93; leben mit Schuld, R. 91, 95. (Red.)

Obexer, Margareth (auch Maxi Obexer), M. A., freie Autorin; Skalitzer Str. 78, D-10997 Berlin, Tel. (0 30) 62 40 94 38, *maxi.obexer@gmx.de, www.m-obexer.de* (* Brixen/Italien 13. 8. 70). IGAA, SAV, P.E.N.; Alfred-Döblin-Stip. 97, Stip. d. Liter. Colloquium Berlin 94, 2-fache Auszeichn. d. intern. Autoren/Hsp.tagung Rust/ Burgenld 99, Stadtschreiber in St. Johann/Tirol 00, Lit.-stip. d. Stift. Preuss. Seehandlung 01, Solitude-Stip. 04, Stip. Schloß Wiepersdorf 06; Erz., Dramatik, Hörsp.

Ue: ital. – **V:** Gelbsucht, Theaterst. 99; Offene Türen, Einakter 00; Das Herz eines Bastards, Erzn. 01; THEATER/UA: F.O.B. 02; Decapitation Strike 03; Das Risiko 03; Die Störung 03; Drei Monologe 04; Die Liebenden 04; Von Kopf bis Fuß 04; Der Zwilling 06; Das Geisterschiff 07; Gletscher 08; Lotzer. Eine Revolution 08. – **B:** Michel Tournier: Kaspar, Melchior und Balthasar, Hsp. 01; Marinella Fiume: Celeste Aida, R.; Ludovico Ariosto: Orlando Furioso, Epos; Massimo Carlotto: Arrividerci amore ciao (WDR/SWR) 07; Euclides da Cunha: Krieg im Sertao (WDR) 07, beides Hsp.bearbeitungen. – **MA:** Falsche Helden, Anth. 94; Sehnsucht Berlin, Anth. 01; Euro-Vision, Hsp. 02; Aus der Neuen Welt, Erzn. 03. – **R:** Die Liebenden, Hsp. 99; Hiddensee, Hsp. (WDR) 05; Das Geisterschiff, Hsp. (WDR) 06; Liberté toujours (RAI) 07; F.O.B. – free on board (NDR) 08. – **Ue:** Dacia Mariani: Buio, Hsp. – *Lit:* Nina Schröder: Jetzt bin ich mein eigener Grenzposten, Portrait üb. M.O. 01; Edith Eisenstecken/Evi Oberkofler: M.O., Filmportr. (RAI) 04; Martin Wigger in: Stückwerk 5 08.

Obier, Marlies (Marlies Heide-Koch, Marlies Heide), Dr. phil., Lit. wiss., Autorin, Sprach-Künstlerin; Am Weiher 1, D-57234 Wilnsdorf, *marliesobier @aol.com, members.aol.com/marliesobier* (* Siegen 17. 3. 60). Ess., Hörsp., Sprachinstallation. – **V:** Sie brachten ihren Zauber mit, literar. Portr. 97; Literarische Orte 00; In diesem Meer von Zeiten meine Zeit, literar. Portr. 02; Reise zu den Worten 03; Dlageto leben wir 04; ins Weite gehen 04; Mit Schritten der Sonne gehen 05; reisende Worte 06; Die wahre Geschichte der Poesie 07. – **MA:** zahlr. Ess. in Kunstkat. seit 75; u. a. in: Nordwestpassage 99; Erforschung des Horizonts 01; Gabriele Münter Preis 04; Die Töchter der Loreley 04; Zahlr. Beitr. in Zss. u. a. in: script 00; entwerter/oder 02. (Red.)

Obrecht, Andreas Johannes, Mag., Dr., UProf. f. Soziologie u. Kulturanthropologie; Garnisongasse 18, A-1090 Wien, Tel. (06 76) 5 11 95 99, Fax u. Tel. (01) 4 07 80 32, *andreas.obrecht@univie.ac.at, www.iez.jku. at* (* Wien 10. 10. 61). IGAA; Öst. Staatsstip. f. Lit. 93/94; Lyr., Kurzgesch., Erz., Ess., Rom., Libr. – **V:** Die Wichtigkeit der Vorstellung, poet. Betracht. 83; Wintergedichte 85; Sommergedichte 87; Solange Du Flügel Hast Flieg 88; Kunst als symbolische Wirklichkeitskonstruktion 90; Diese und andere Orte, G. 91; Chimurenga. Eine afrikan. Reise 92; Papua Neuguinea 95; Das Chaos der Unsterblichkeit, Erz. 99; Das Staunen des Ezechiel, Opernlibr. 02; Zeitreichtum – Zeitarmut, lit. Sachb. 03; Lieder aus Weiß, Lyr. 04; Geschichten aus anderen Welten, Erz. 06; Der König von Ozeanien, R. 06. – **MV:** Kultur des Reisens. Notizen, Berichte, Reflexionen, m. M. Prinz u. A. Svoboba 92. – **MA:** Kunststoff I, Kunst- u. Kulturzs. 83, L'art de vivre, Ess.; Literatur und Kritik, Lyr. 87; literatur-technik-zeit, Erz. 02. – **R:** Das Erwachen der Moderne, Rep. 92; Von den Quellen des Sepik bis zum Südpazifik, Reisetageb. 92, beide m. Joachim Schwendenwein; Sansibar. Tausendundeine Nacht in Afrika, m. Angelika Svoboda 93; Am Kap zwischen Hoffnung und Angst 94; Zwischen Serengeti und Lake Victoria 95; Beobachtungen auf einem blauen Planeten 96; Goldrausch im Südpazifik, m. Sigrid Awart 97; Paradies is elsewhere, m. Sigrid Awart u. Diego Donhofer, Dok.film 97; Die Welt der Geistheiler 99; Das andere Nepal 01; Grenada 02; König, Götter, Maoisten 04; Switi Sranan. Schönes Suriname 06; Geschichten aus anderen Welten 06 (auch auf CD), alles Hfk.-Dok. – *Lit:* Entdecker, Forscher, Abenteurer: Einmal ans Ende d. Welt u. zurück, 1-stündige Fs.-Sdg (ORF/Ö1) 98; s. auch SK. (Red.)

947

Obrecht

Obrecht, Bettina, freie Autorin u. Übers.; Krodorfer Str. 41b, D-35398 Giessen, Fax (06 41) 9 72 28 64, *cee.obrecht@t-online.de.* Gartenstr. 2 D, D-79576 Weil am Rhein (* Lörrach 64). Solitude-Stip. 90/91, Stip. d. Ldes Bad.-Württ. 01; Kinderb., Prosa, Hörsp. Ue: engl, span. – **V:** Meeraugen, Prosa 92; Manons Oma 94; Anna wünscht sich einen Hund 95; Jonas läßt sich scheiden 95; Briefe nach Amerika 96; Hier wohnt Gustav 96; Ende der Regenzeit, Jgdb. 97; Julian und das Mamapapa 97; Lina und die Spinner 97; Die Teddybärmaschine 97; Maja und Lena sind Flüsterweltmeister 98; Die Angeberpille 99; Der Hase im Mond 00; Ein Tigermini für Pia 00; Keine Angst vor Schlossgespenstern 01; Keine Angst vor grünen Leuten 01, alles Kdb.; Wüstenfreunde 02; Von wegen süß!, Kdb. 02; Nick und sein Lieblingstier, Kdb. 03; Designer-Baby 03; Marlene, Räuberhauptfrau 04. (Red.)

Obrist, Jürg, Illustrator; Lyrenweg 37, CH-8047 Zürich, Tel. u. Fax (01) 4 92 83 15, *juobrist@dplanet.ch* (* Zürich 20. 12. 47). Schönste Schweizer Bücher d. Jahres, Schweiz. Jgdb.pr., Liste z. Schweiz. Jgdb.pr., Liste z. Dt. Jgdb.pr., u. a. Ue: engl. – **V:** Klarer Fall. 40 Minikrimis z. Mitraten 99, 4. Aufl. 01 (auch korean., frz., ital., engl.); Max und Molly. Grossvater u. d. Honigdieb, Erstleseb. 00 (auch korean., frz., engl., ital.); Alles klar. Neue Minikrimis z. Mitraten 00, 3. Aufl. 02 (auch korean., frz., engl., ital.); Klare Sache. Mehr Krimis z. Mitraten 02; Ill. zu mehreren Erstleseb. u. Kinderb. seit 87. (Red.)

Obrist-Streng, Sibylle s. Severus, Sibylle

Ochmann, Albert (Ps. Ernst Uhlmann), Dr. med., Arzt f. Staatsmedizin; Fürbringerstr. 18, D-26721 Emden, Tel. (0 49 21) 3 35 32 (* Dresden 7. 2. 22). Kurzgesch. – **V:** Über die divertikulären Neurome des Magen-Darmschlauches, wiss. Abhandl. 52; Diebstahldelikte von Frauen u. ihre Ursachen, halbwiss. Abhandl. 65; Auch das noch!, Geschn. u. G. 02. – **MA:** mehrere Beitr. in Zss. 60–80, u. a.: Das öffentl. Gesundheitswesen; Neue Weltschau.

Ochmann, Margret, Malerin; Mühlenstr. 9, D-26683 Saterland, Tel. u. Fax (0 44 92) 73 99 (* Gelsenkirchen-Buer 24. 8. 34). Ostfries. Landschaft, Autoren-Verein. Aurich; Lyr., Kinderb., Rom. – **V:** Der Besuch bei der Schneekönigin, Gesch. 04; Schweigen ist eine Wüste 04; Von der Margerite zur Distel 05. – **MA:** Verschlungene Pfade, Anth. 06.

Ochs, Dieter Christian, Altenpfleger; Weitzscher Garten 14, D-34369 Hofgeismar, Tel. (0 56 71) 92 02 45, Fax 92 02 46, *AH-DO@t-online. de* (* Lauterbach/Hess. 17. 2. 50). Sachlyr. – **V:** Hörst du meine Hände, Sachlyr. 91, 95. – **MA:** Begegnungen, Sachlyr. 94. (Red.)

Ochs, Gerhard, Privatlehrer; Hammerfester Str. 4, D-28719 Bremen, Tel. (04 21) 63 01 60 (* Ettlingen 23. 3. 44). Lit.stip. d. Stadt Bremen 79; Lyr., Prosa. – **V:** Lebendes, G. 77; Bis zur Bestimmung, G. 79; Der Deutsche Krieg, Erzn. 90; Auf tausend Lichtnadeln ein Schrei, G. 98; Wenn die Sonne die Lieblingsfarbe der Kinder hat, Geschn. 01. – **MA:** zahlr. Beitr. in Anth. u. Zss., u. a.: Akzente; Manuskripte; Literaturmagazin; Jahresring; Merkur; die horen; Stint. – **P:** Im Schatten hat sich noch nicht herumgesprochen, daß die Sonne wieder scheint, Tonkass. 89. (Red.)

Ochwadt, Curd, Schriftst., wiss. Hrsg., Verleger, Übers.; Tessenow-Weg 11, D-30559 Hannover, Tel. u. Fax (05 11) 52 37 49 (* Hannover 27. 3. 23). Lyr., Erz., Ess., Übers., Sachb. Ue: frz. – **V:** Voltaire und die Grafen zu Schaumburg-Lippe 77; Ernst Barlach, Hugo Körtzinger u. Hermann Reemtsma, Ess., Briefe 88; Die „Kristallnacht" in Hannover, Erz. 88; Hugo Körtzinger

(1892–1967), Biogr. m. Schriften u. Lyr. 91. – **MA:** G. u. Aufss. in: Die Gegenwart Nr.264 56; Hochland, H.2 69; Neue Deutsche Hefte, H.4 71; Niedersachsen, H.5 78; aut aut, Nr.235 90; Kunst u. Technik 89; Polyphonies, Nr.17–18 93; L'Enseignement par exellence 00; La fête de la pensée 01; zahlr. Beitr. z. niedersächs. Landesgesch. u. z. dt. Lit.gesch. in Büchern u. Zss. – **H:** Wilhelm Graf zu Schaumburg-Lippe, Schriften u. Briefe, I 76, II 77, III 83; Martin Heidegger: Hölderlins Hymne „Andenken" 82, 92 (auch ital.), Seminare 86, 05 (auch ital.), Zu Hölderlin. Griechenlandreisen 00 (auch jap.); Johann Friedrich Jugler: Wie ich mich beym Brunnentrinken habe ärgern müssen, Moralsatire 02. – **MH:** Das Maß des Verborgenen. Heinrich Ochsner z. Gedächtnis, m. Erwin Tecklenborg, Vortr., Aufss., Erinn., Briefe, G. 81; Werner Kraft: Briefe an Curd Ochwadt, m. Ulrich Breden 04. – **Ue:** Arthur Rimbaud: Briefe u. Dokumente 61, Tb. 64; Isabelle Rimbaud: Rimbauds letzte Reise, Erz. 64; Martin Heidegger: Vier Seminare 77, 3. Aufl. 05 (auch jap., engl.); René Char: Die Sonne der Wasser, Sch. 94. – **MUe:** René Char: Einen Blitz bewohnen, Lyr. 95. – *Lit:* s. auch 2. Jg. SK.

Odörfer, Gerhard, Pensionist; Tel. (06 64) 2 31 19 49, Fax u. Tel. (06 62) 45 37 30, *gerhard. odoerfer@gmx.at* (* Wagna 3. 5. 56). – **V:** In Deinen Augen, Lyr. 91, 2., durchges. Aufl. 93; Unterwegs. Lyr. 99. – **MA:** Franz H. Böhmer (Hrsg.): Lesebuch f. Kultur, Literatur u. Sprache 94. (Red.)

Oechsle, Hanns-Otto, Lehrer; c/o Bücherstube Oechsle, Küfergasse 6, D-71720 Oberstenfeld, Tel. (0 70 62) 2 10 29 (* Stuttgart 3. 12. 43). Mundart, Lyr., Prosa, Kinderb. – **V:** Hier wird Mda. gschriibe 00; Wenn's Wendor wird 97; Warom d'Gosch vorbiaga 98; So isch's bei ons 00; Halba denkd, G. u. Geschn. 02; Komm, gang mor weg! 04; Oms Omgugga, G. u. Geschn. 06, alles Mda. Lyr. u. Erz.; – Wo ist Jonas?, Kdb. 99. (Red.)

Oechsner, Ida Katharina (Ida Katherina Oechsner), Industriekauffrau, Dir. Sekretärin, Autorin u. Malerin; Im Weiher 47, D-69121 Heidelberg, Tel. (0 62 21) 47 21 31 (* Lauda 8. 5. 46). ADA Fulda 83–88, Ges. d. Lyr.freunde Innsbruck 88, FDA Bad.-Württ. 88, GEDOK Rhein-Main-Taunus 97–03; Anerkenn.urkunde f. Lyrik b. Lit.wettbew. d. Stadt Heidelberg 90, FDA-Lyr.pr. 'Die Würde d. Menschen ist unantastbar', Baden-Baden 98, FDA-Lyr.pr. b. Wettbew. Stuttgart 04; Lyr., Kurzprosa, Erz., Referat. – **V:** Geschichten und Gedichte zur Weihnachtszeit 02. – **MA:** Frieden (Gauke-Verl.) 83; Saalburger Bogendrucke, 2/3 87, 4 88; topographia lyrica 87; Lyrische Annalen 3–5 87–89; Autorentage '87 in Fellbach 87; Lyrik-Kal. d. Gauke-Verl. 88–91 u. 93–97; Spuren der Zeit, Bde 6–10 89–98; Autorentage '89 in Fellbach 89; Hab gelernt durch Wände zu gehen 93; Lass dich von meinen Worten tragen 94; Heimkehr (Ed. L) 94; Autorentage '95 in Baden-Baden 95; In meinem Gedächtnis wohnst du 97; Lyrik-Kal. d. aktuell-Verl. 00, 02, 04-06; Almanach 2000 (aktuell-Verl.) 00; Almanach 2002 'Neues Jahrtausend' (aktuell-Verl.) 02; Unser Land, Heimat-Kal., seit 04; Das neue Gedicht, Jb. 06; Poeten-Anthologie 06; – **R:** Lyrischer Beitr. z. Weihnachtssendung d. Weinheimer Rundfunkes. 91. – *Lit:* Stadtkurier Heidelberg 8/00; Schreiben = Aussage, Autorendok. d. GEDOK Rh.M.T. 02; Autoren u. ihre Bücher in Bad.-Württ. 03/04.

Oelemann

Öhlberger, Camillo, Wiener Philharmoniker, o. HS-Prof. a. d. Musikhochschule Wien; Pettenkofengasse 1/1/25, A-1030 Wien, Tel. (01) 7 99 21 33. Stollberg 34, A-3053 Laaben/NdÖst. (* St. Pölten 28. 5. 21). IGAA, ARGE Literatur, Lit. Ges. St. Pölten, Josef-Weinheber-Ges.; Lyr., Kinderb., Musikeranekdote. – **V:** Wien, Vienna, Weanarisch od. Philharmonische Seitensprünge 72; Sonnenuhr und Wetterhahn, G. u. Balln. 73; Hinter der Oper. Neue philharmonische Seitensprünge 75; Kulimulis Bilderfibel, Kdb. 79; Philharmonische Capriolen 92, erw.Neuaufl. 93; Neue philharmonische Capriolen 93; Philharmonische Eskapaden 96. – **R:** Lesungen im Rdfk seit 72. – **P:** Wien, Vienna, Weanarisch, Schallpl. 73; Philharmonische Capriolen, m. Michael Heltau, CD 92, 93. – *Lit:* Otto Biba: C.Ö. – der philharmonische Barde, in: Musikbll. d. Wiener Philharmonie, F.5, 93/94. (Red.)

Oehler, Erika (geb. Erika Schmalhusen), kfm. Angest. im Außendienst; Bremer Str. 211, D-21073 Hamburg, Tel. u. Fax (0 40) 7 60 41 10 (* Hamburg). Jugendb. – **V:** Libellenflügel werfen Schatten, Jgd.-R. 93. – **MA:** Dt. Staatsbibliothek, Anth. (Red.)

Oehler, Ilva, Dr. med.; Leigruebstr. 21, CH-8624 Grüt/Zürich, Tel. (0 44) 9 32 39 96 (* Essen 21. 6. 19). SSV 74, jetzt AdS, ZSV 75–98, Kappe 77–00; Lyr., Ess., Rom. – **V:** In den Wind gesprochen 74; Vor dem Erblinden des Spiegel 77; Eisvogeltage 79, alles Lyr.; Des Lebens bessere Hälfte, Ess. 79, 81 (ital.); Liebe ist hart wie ein Diamant, R. 06. – **MA:** Herder Initiative Nr. 23, 26, 31, 45, 46, 48, 64 77–86; Gegengewichte 78; Lyrik 1 79. (Red.)

Oehlschlägel, Brian s. Brian O.

Oehlschläger, Christian, Förster; Erdbrandweg 96, D-30938 Burgwedel, Tel. (0 51 39) 89 54 37, Fax 72 40, *info@ch-oehlschlaeger.de, www.christian-oehlschlaeger.de* (* Hannover 3. 12. 54). Jagdbuch des Jahres, 3. Pl. 05 u. 1. Pl. 06; Krim.rom., Kurzgesch., Nov. – **V:** Seltene Beute, Erzn. 90; Wildwechsel, Nn. 98; Der Schwanenhals, Krim.-R., 1.u.2. Aufl. 05, 3. Aufl. 07 (auch als Hörb.); Der Kohlfuchs, Krim.-R. 06, 07; Draußen vom Walde, Erzn. 07; Die Wolfsfeder, Krim.-R. 08. – **MA:** seit 83 mehrere Erzn. in: Niedersächs. Jäger; Wild u. Hund; Die Pirsch; Der Jäger.

Oehme, Peter, Prof., Dr. med. habil., Arzt; Hubertusstr. 45, D-16567 Mühlenbeck-Summt, Tel. (03 30 56) 7 44 50, Fax 7 58 66, *peter.oehme-summt@t-online.de* (* Leipzig 5. 6. 37). Leibniz-Med., Nat.pr. d. DDR. – **V:** Fünf Jahrzehnte Forschung und Lehre in der Pharmakologie, Erinn. 06; mehrere mitverf. populärwiss. Publ.

Oehme, Ralph, freiberufl. Dramatiker u. Regisseur; Simsonstr. 5, D-04107 Leipzig, Tel. (03 41) 2 13 13 28, *ralphoehme@web.de* (* Geithain 28. 8. 54). VS Sachsen; Hsp.pr. d. Kriegsblinden 90/91, Leipziger Lit.stip. 97, Arb.stip. d. Ldes Sa. 97 u. 00; Theaterst., Libr., Hörsp., Drehb. – **V:** THEATER/UA: Krischans Ende, Opernlibr. 86; Marsyas oder Der Preis sei nichts Drittes 86; Abenteuer Esperanza, Bü. f. Kinder 87; Kunz von Kauffungen. Der sächs. Prinzenraub 94; Volksstück von Johannes Karasek, dem Schrecken der Oberlausitz 96; Die spanische Lunte 98; Das Leinölkomplott 99; Bier für Wallenstein 99; Der sagenhafte Krabat 01; Das Krokodil 01; Der Wurzner Klagefreitag 04. – **MV:** Ich war kein Held. Leben in der DDR – Protokolle 93; Das Ding vorm DM-Day, Drehb. 94, beide m. Karl-Heinz Schmidt-Lauzemis. – **R:** Stille Helden leben selten, m. K.-H. Schmidt-Lauzemis (HR) 90; Das Römische Bad (DLR) 07. (Red.)

Oehmen, Bettina, Musikerin u. Schriftst.; Am Sandbach 14, D-46397 Bocholt, Tel. (0 28 71) 1 60 26, Fax 22 89 66, *c.b.oehmen@t-online.de, www.oehmen-art.de* (* Dortmund 19. 11. 59). Lyr., Kinderb., Rom., Krimi. – **V:** Im Sonnengeflecht der Hirnfinsternis, Lyr. 98; Julius sieht mehr, Kdb. 01; Zwei Leichen zuviel, Krimi 02; Der Tod malt in Acryl, Krimi 02; Mordsgedanken, Krimi 03; Spaghetti im Badezimmer, Kdb. 03; Variationen über die Liebe, R. 04; Solé oder der Weg zum Glück, R. 05; Solé oder der Weg zum Selbst, R. 06; Was gibt es Dolleres als Julias Großmutter?, Kdb. 07; Sternenblut, Krimi 07; Shalom Chaverim. Drei Jahre im Heiligen Land, Erzn., Biogr., Dok. 08. – **MA:** Wo wir dennoch keine Götter sind 03.

Oehmichen, Inge (geb. Inge Wicher), Lyrikerin, Kinderbuchautorin, Märchenerzählerin; Am Burghang 6, D-53945 Blankenheim, Tel. u. Fax (0 24 49) 20 68 40, *ingeoehmichen@tiscali.de, home.tiscali.de/eifelfee* (* Duisburg 24. 9. 47). Künstler am Regenbogen 96–99, VS 97, GEDOK 02–05; 2. Pr. b. Lit.wettbew. „Zuhause ... in der Fremde" 01; Lyr., Märchen, Gesch. f. Kinder, Lesung f. Erwachsene u. Kinder. – **V:** Vicki, Jgdb. 96; Sehnsucht, so heißt meine zärtliche Schlange, Lyr. 97; Jonathan, unser Lieblingsgespenst, Kdb. 97; Küsse, Kummer und ein Kätzchen, Jgdb. 03; Eifelsüchtig, Leseb. 03; Violett fliegt, Jgdb. 06. – **MA:** Anth.: Generationen; Dein Himmel ist in Dir; Jubiläumsbd: 20 J. R.G. Fischer; Lese-Zeichen 98; Der Kreis Kleve im Jahr 2000; Das neue Gedicht 00; Kindheit im Gedicht 01; Zuhause ... in der Fremde, 2 Bde 01; Nationalbibliothek d. dt.sprachigen Gedichtes / Bibliothek dt.sprachiger Gedichte 98–07; Frankfurter Bibliothek 02–07; Literar. Nationalatlas Babylon 02; sowie: Heimatkalender f. d. Kreis Kleve 96–99; Jb. d. Kreises Wesel 96–08; Spatz, Kinderzs. Mai 96, Okt. 03; Jb. d. Kreises Euskirchen 02–05; Literaturborten 08. – **R:** Über den Schatten gesprungen, Kurzgesch. im Rdfk 96; Weihnachten 98, Interview u. Lesung im Rdfk. – *Lit:* Schriftstellerinnen in Deutschland 1945ff., Datenbank; www.nrw-literatur-im-netz.de, u. a.

Oehninger, Robert Heinrich, ref. Pfarrer; Geiselweidstr. 6/2, CH-8400 Winterthur, Tel. (0 52) 2 42 89 00 (* Zürich 27. 2. 20). SSV 71; Pr. d. städt. Lit.komm. Zürich 66, Pr. d. Kt. Zürich 82, Pr. d. Stadt Winterthur 82, Pr. d. Carl-Heinrich-Ernst-Kunststift. Winterthur 86; Drama, Rom., Nov., Hörsp. – **V:** Die Bestattung des Oskar Lieberherr, R. 66; Kriechspur, R. 82; Vom Paradystor zur Stalltür, Weihnachtssp. 77; EKG. Nichtwissenschaftl. Bericht über e. Herzinfarkt 84; Das Zwingliportal am Grossmünster in Zürich 84, 3. Aufl. 04; Winterthur, m. Fotos v. Andreas Wolfensberger 88; Aids-Schweigen, Monolog 90; Kardio. Bericht v. meinem Weg über fünf Bypässe u. darüber hinaus 99; Der Schleier der Prinzessin, n. d. Text v. Schwester Elsbeth Stagel 00; Wir hatten eine selige Schwester. 33 Lebensber. üb. Dominikanerinnen aus d. Kloster Töss 03 II. – **R:** Wir haben seinen Stern gesehen, Fsp. 58, Hsp. 59; Barabbas 60; Die Heimkehr des Aksjonow 61; Hiob geht es gut 62, alles Hsp.; Die Bestattung des Oskar Lieberherr, Fsp. 70. – *Lit:* Martin Gmür in: Tages Anzeiger Winterthur v. 3.4.99. (Red.)

Öhring, Jutta s. Beyrichen, Jutta

Oelemann, Christian, Jazzmusiker, Buchhändler; c/o Ronsdorfer Bücherstube, Staasstr. 11, D-42369 Wuppertal, Tel. (02 02) 2 46 16 03, *coe@wtal.de, www.buchkultur.de* (* Wuppertal 7. 10. 58). – **V:** Erich und die Fahrraddiebe 96; Erich und die Posträuber 97; Totmann 97; Erich und der Rollergangster 98; Die Klimperzwillinge 99; Bingo, Ingo! 00; Echt stark, Mark! 01; Nur Mut, Knut! 01; Drei Fälle für Erich 01; Erbarmen, Carmen! 02; Verdammt, sie liebt mich! 03; Sponki – Der Schüler aus dem All 03, alles Kdb. (Red.)

949

Oelfke

Oelfke, Heinz (Ps. Holger Olsen), Industriekfm., Journalist; Dürerstr. 13, D-42119 Wuppertal, Tel. (0202) 43 38 90, *oelfke@planet-wuppertal.de* (* Wuppertal 9.5.35). VS 80–87, ADA 87–88, IGdA 88; Rom.-Report, Nov., Ess., Lyr., Biograph. Erz. Ue: ndl. – **V:** Sterntaler, Lyr. 67; Amboß, Eichen, Wupperwasser. Kaleidoskop e. Stadt, Rep. 75; Keine Stille Nacht, N. 77; Tintenfische und Musik, R.-Report 78; Im Gegenwind, Lyr. u. Prosa 85; Hauptsache wir leben, biogr. R. 87, 2. Aufl. 89; Tanz mit den Geschicken, Kurzgesch., G. 94; Weiß der Teufel, Erz. 00; Berlin, Berlin, ick erinnere mir, Rep. 00, 2. Aufl. 01; Ich sah so viele Blumen blühen, Lyr. 02/03; Warum sind Barmer nicht wie Elberfelder? (oder umgekehrt) 03; Wir Wuppertaler, Erz. 04; Wenn der Hahn kräht, Sat. 05; Wuppertaler Türme, Fotobd 06; Schwarze Tulpen vom Lago Maggiore, R. 07. – **MV:** Puzzle der Schicksale, m. Luise Hasenkamp u. Petra Lecher, Erzn. 91; Verführst du mich?, m. Tom Westen, biogr. R. 05; Was die Welt von Frauen hält, m. Hans-Helmut Borg u. Josef Bayerl, Zitatensamml. 07. – **MA:** Ess., Prosa u. Lyr. in zahlr. Anth. u. Zss. seit 86, u.a.: empire; Bergische Blätter; Der Alte, den wirklich keiner kannte 94; Theo laß das! 95; Alte Hasen, junges Herz 96; Weißes Blut 99; ZEITschrift, Jb. 08. – **Ue:** Victor Servatius: Costa Brava 67; Cor Huisman: Javanische Legende, R.

Oelker, Petra, Autorin; Fax (040) 2 79 27 17, *oelkerhh@freenet.de*, *www.petra-oelker.de*. c/o Rowohlt Verl., Reinbek (* Cloppenburg 18.8.47). dju, VS; Stip. Ledig House Intern. Writer's Colony, N.Y. 99; Rom., Biogr. – **V:** Nichts als eine Komödiantin, Biogr. Friederike Caroline Neuber 93, überarb. Neuausg. u.d.T.: Die Neuberin 04; Tod am Zollhaus 97, 02 (auch estn., litau., dän. sowie als Hörb.); Eigentlich sind wir uns ganz ähnlich, Sachb. 98; Lorettas letzter Vorhang 98, 02; Der Sommer des Kometen 98, 02 (auch dän. sowie als Hörb.); Die zerbrochene Uhr 99, 02; Die ungehorsame Tochter 01, alles hist. Krim.-R.; Das Bild der alten Dame, R. 01, 03 (auch jap.); Der Klosterwald, R. 01, 03; Nebelmond und die seltsame Mitgift, Geschn. 02; Die englische Episode, hist. Krim.-R. 03; Die kleine Madonna, R. 04; Der Tote im Eiskeller, hist. Krim.-R. 05; „Ich küsse Sie tausendmal". Das Leben d. Eva Lessing, Biogr. 05; Nebelmond, Krim.-R. f. Jgdl. 06; Mit dem Teufel im Bunde, hist. Krim.-R. 06; Tod auf dem Jakobsweg, Krim.-R. 07, 4. Aufl. 08; Die Schwestern vom Roten Haus, hist. Krim.-R. 09. – **MA:** div. Kurzgeschn. u. Erzn. in Anth., u.a. in: Der Tod hat 24 Türchen ... 08. – **H:** Eine starke Verbindung. Mütter, Töchter u. andere Weibergeschichten.

Oeller, Ingrid (Athena) (* Berlin 27.10.42). Lyr. – **V:** Von der Ewigkeit des Seins, G. 84. (Red.)

Oertel, Heinz Florian, Dr. rer. pol., Sportreporter, Moderator; c/o Verlag Das Neue Berlin, Berlin (* Cottbus 11.12.27). U.a. 17 x DDR-Fernsehliebling, IOC-Medaillen, Heinrich-Greif-Pr. – **V:** Mit dem Sportmikrofon um die Welt 58; Immer wieder unterwegs 66; Untersuchungen zu den für die Tätigkeit als sprechender Sportreporter im Rundfunk u. Fernsehen der DDR notwendigen speziellen Tätigkeitsqualitäten u. Persönlichkeitseigenschaften, Diss. U.Leipzig 82; 30 Jahre wie im Sprint 84; Höchste Zeit, Erinn. 97; Nachspielzeit, Bemerkungen 99; Gott sei Dank. Schluß mit der Schwatzgesellschaft, 1.–7. Aufl. 07. – **MV:** Bildbände von d. Olymp. Spielen: Sidney 2000; Salt Lake City 2002; Athen 2004; Turin 2006, m. Kristin Otto bzw. Katarina Witt. – **P:** Reportagen, Schallpl. 66, 98; Gott sei Dank, CD 08.

Oertel, Holger, Seemann, Autor, Journalist; Stauffenbergallee 9K, D-01099 Dresden, Tel. u. Fax (03 51) 8 02 57 54, *ho-neustadt@t-online.de* (* Dresden 19.8.64). FDA-Lit.pr. 92. – **V:** Das Treffen in C. 94; Kartenspiel 95; Die Reise nach A., Roman-Rondo 04.

Oertel, Joachim, Chemiker; Waldsassener Str. 54, D-12279 Berlin, Tel. (0 30) 7 11 15 85 (* Berlin 12.5.48). VS 85, Berliner Autorenvereinig. 85; Arb.stip. f. Berliner Schriftst. 91; Erz., Polit. Sat., Lyr. – **V:** Liebesgrüße an Erich M., Erzn. 84; Die DDR-Mafia, Gangster, Maoisten und Neonazis im SED-Staat 88; Feindberührung – D. Ministerium für Satire (MFS) schlägt zurück... 95; Operativer Vorgang Ochsenkrieg, Realsatire 07. – **MA:** Wie es uns gefällt, Anth. I 83; Erlebnisber. in: Criticon, DDR – heute 86; sowie in Zss.: DDR – heute; Europa vorn; Signal; Staatsbriefe; Nation Europa.

Oertgen-Twiehaus, Elke, Assessorin d. höheren Lehramts; Nahestr. 24, D-47051 Duisburg, Tel. (02 03) 34 32 23 (* Koblenz 18.1.36). VS 79, Kogge 86, GEDOK 89; Arb.stip. d. Ldes NRW 93, Kogge-Förd.pr. 95; Lyr., Erz. – **V:** Vogelstunden, G. 75; Rutengänge, G. u. lyr. Prosa 78; Erdberührung, G. 85; Steine haben Gedächtnis, G. 88; Wörter im Grünen, G. 94; Schwärme über der Stadt, Erzn. 96. (Red.)

†**Oertzen,** Jaspar von, Schauspieler, Autor, Regisseur, Synchronsprecher, Politiker, Gründungsmitgl. d. Partei „Die Grünen" u. d. „Ökolog.-Demokrat. Partei" (ödp); lebte in München u. Bayrischzell (* Schwerin 2.1.12, † München 22.4.08). – **V:** Der unsichtbare Rucksack. Erlebte Geschichte in bewegter Zeit von 1914 bis 1945 91; Lerne das Glück zu greifen. Über die Kunst zu leben 97; Möwenschreie. Eine Familie im Sturm der Nazizeit, R. 03; Wodurch sind wir in die ökologische Bedrohung gekommen? 04; Ihr Lächeln verändert die Welt, Madame!, Kurzgeschn. 05; Wunderland. Gereimtes u. Ungereimtes für Erwachsene u. Kinder u. solche, die's werden wollen 07. – **F:** Regie: Sommerliebe am Bodensee, Spielf. 57. – **R:** Buch u. Regie: Rembrandt zeichnet das Evangelium, 30 min (ZDF) 68.

Oesterle, Kurt, Dr., freier Autor u. Journalist; Philosophenweg 14, D-72076 Tübingen, Tel. (0 70 71) 65 06 60, *droesterle@aol.com*, *www.kurt-oesterle.de* (* Oberrot 17.5.55). Theodor-Wolff-Pr. 97, Berthold-Auerbach-Lit.pr. d. Stadt Horb 02; Rom., Rep., Ess. – **V:** Nordwand und Todeskurve, Geschn. 95; Der Fernsehgast oder Wie ich lernte die Nerv. R. 02; Stammheim. Die Geschichte d. Vollzugsbeamten Horst Bubeck, literar. Rep. 03. – **MA:** zahlr. Beitr. in Ztgn u. Zss., u.a. in: Schwäb. Tagblatt; SZ; Allmende; Rowohlts Lit.mag.; FAZ (Frankfurter Anth.). – **H:** Traum, Texte u. Bilder 86. (Red.)

Oesterlin, Hans Georg, Dr. rer. nat.; Walter-Kollo-Str. 41, D-65812 Bad Soden, Tel. (0 61 96) 2 11 85 (* Frankfurt/M. 19.11.33). Ue: ital. – **V:** Die Frauen von Pallanza, G. 03. (Red.)

Österreich, Tina s. Meier-Barkhausen, Dagmar

Oestreicher, Michael, Dr. rer. nat., Physiker u. Astronom; Herzog-Otto-Str. 3, D-83022 Rosenheim, Tel. (0 80 31) 79 84 34, *michael280766@t-online.de*, *www.michael-oestreicher.de* (* Werneck 28.7.66). Ue: Erz. – **V:** Das große Gebirge, Lyr. 02; Das Licht des Berggeistes, Erz. 06. – **MV:** Zwischen Anpassung und Widerstand, m. Ralph Müller u. Ursula Heumann, Erz. 03. – **MA:** mehrere G. in: La Frontera, Ztg (Venezuela) 99, 00.

Oetjen, Egon, Heimat- u. Buchautor; Peterstr. 7, D-26160 Bad Zwischenahn, Tel. (0 44 03) 5 89 32, Fax 62 73 07, *buchautor@egonoetjen.de*, *www.egonoetjen.de* (* Bad Zwischenahn 4.5.48). Erz. – **V:** Friedebert oder die Erlebnisse eines Hasen 98; Faustdick u. und weitere abstehende Ohren, Erz. 00; Oh, watt'n Gedicht, Lyr. 00; Datt Schlitzohr 01; Piefkes Rache 02; „... aber schön war's doch!" 02/03, alles Erzn. – **H:** Rudy Kleinfeld: Weg ohne Gnade, Tatsachen-R. 03. (Red.)

Oetterli Hohlenbaum, Bruno (Bruno Oetterli), Sekundarlehrer, Editor; Lehmwiesen 2, CH-8582 Dozwil/ TG, Tel. u. Fax (071) 4 11 00 91, *oetterlihb@gmx.ch, www.signathur-schweiz.org* (* Schaffhausen 10. 4. 43). Signathur Schweiz, Pro Lyrica, Signatur e.V. Lindau-Tettnang; 2. Pr. im Erzählerwettbew. Thurgau 98; Lyr., Epische Kurzform, Herausgabe. – **V:** Aufschriebe D(eutschland), Lyr. 99. – **MA:** Beitr. in: HARASS, Bde 1–14 97–02; Bündner Jb. 99; Thurgauer Jb. 00. – **H:** HARASS. Die Sammelkiste d. Gegenwartslit. aus d. Sängerland, Lyr., Prosa, Diverses, 21 Ausg. seit 97; Walter Kern: schön ist alles lebendige, Gesamtwerk, Lyr. u. Prosa 98; Hans Peter Gansner: Sonne, Mond und Sternheim, Theater 01; Felix Schwemmer: Der Storch fliegt zum Kürbis – morgenhell in Marokko, Lyr. 01; Ernst Herhaus: Meine Masken, Lyr./Prosa 02; Ludwig Bernays: Sonette von Shakespeare in deutscher Übertragung 02; Vic Hendry: Miu plaid scol suer digl izun/ Mein Wort mit Waldbeerengeschmack, G. u. Ess. 05; die kleine signathur, Reihe, 5 Ausg. seit 05; Hedwig Trinkler: Geheimnis im Bild 06; Hanna Bernhard: Im Garten meines Lebens 07; Kleine Welt und grosse Welt um ein Thurgauer Dorfschulhaus, Leseb. 07; Frankfurter Reihe, 3 Ausg. seit 07. – **MH:** „... lesen, wie krass schön du bist konkret". William Shakespeare, Sonett 18 03; Blätter aus den Hintergasse, 5 Ausg. seit 03; Eugen Gomringer: Kommandier(t) die Poesie. Biograf. Berichte, m. Nortrud Gomringer 06.

Özdamar, Emine Sevgi, Schriftst., Schauspielerin, Regisseurin; lebt in Berlin, c/o Verl. Kiepenheuer & Witsch, Köln (* Malatya/Türkei 10. 8. 46). Dt. Akad. f. Spr. u. Dicht. 07; Ingeborg-Bachmann-Pr. 91, Walter-Hasenclever-Pr. 92, Stip. d. Dt. Lit.fonds 92, New-York-Stip. d. Dt. Lit.fonds 95, Adelbert-v.-Chamisso-Pr. 99, Pr. d. LiteraTour Nord 99, Künstlerinnenpr. d. Ldes NRW 01, Stadtschreiber v. Bergen-Enkheim 03/04, Kleist-Pr. 04. – **V:** Karagöz in Alamania, Bü.-Ms. 82, UA 86; Mutterzunge, Erzn. 90; Das Leben ist eine Karawanserei, hat zwei Türen, aus einer kam ich rein, aus der anderen ging ich raus, R. 92 (in mehrere Spr. übers., auch als Hörb.); Die Brücke vom Goldenen Horn, R. 98; Der Hof im Spiegel, Erzn. 01; Seltsame Sterne starren zur Erde 03; Sonne auf halbem Weg 06. – *Lit:* LDGL 97; Ingrid Ackermann in: KLG. (Red.)

Özdemir, Hasan; Ludwigshafen, *hasan.oezdemir@gmx.de* (* Sorgun/Türkei 1. 7. 63). Stip. d. Stuttgarter Schriftstellerhauses 94, Förd.gabe z. Pfalzpr. f. Lit. 02; Lyr. – **V:** Was soll es sein? 89; zur schwarzen nacht flüstere ich deinen namen 94; Das trockene Wasser 98; Vogeltreppe zum Tellerrand 00; Argonauten, Künstlerb. 04; 7 Gedichte 04; Windzweig 05; Lis Blunier – Wo der Himmel die Erde berührt 05. – **MA:** ... aus dem Inneren der Sprache 95; Kopfüber am Himmel 02; Chaussée H.7 u. 9/02, 22/08; Poesie/Poésie 05; Les Passeurs/ Passagen (Strasbourg) 04; Kopfgefäße 07; Einsichten und Ausblicke 08. – *Lit:* Peter Barker in: Jim Jordan (Hrsg.): Migrants in German-Speaking Countries 00.

Özdogan, Selim; Liebigstr. 108, D-50823 Köln, Fax (02 21) 5 50 60 61, *info@selimoezdogan.de, www. selimoezdogan.de* (* Adana/Türkei 71). Förd.pr. d. Ldes NRW 96, Adelbert-v.-Chamisso-Pr. (Förd.pr.) 99; Rom., Kurzgesch. – **V:** Es ist so einsam im Sattel, seit das Pferd tot ist, R. 95; Nirgendwo und Hormone, R. 96; Ein gutes Leben ist die beste Rache, Kurzgeschn. 98; Mehr, R. 99; Im Juli, R. 00; Ein Spiel, das die Götter sich leisten, R. 02; Trinkgeld vom Schicksal, Geschn.

03; Die Tochter des Schmieds, R. 05; Tourtagebuch. Alle Lesungen 2005 06; Zwischen zwei Träumen, R. 09. – **P:** Traumland, CD 00; Tüten & Blasen, 2 CDs 03. (Red.)

Öztanil, Guido Erol (Ps. Cosmo Schweighäuser), M. A., Red., Lit. wiss.; Bürgermeister-Droese-Str. 4, D-31789 Hameln (* Stuttgart 27. 2. 65). VS, Ges. d. Arno-Schmidt-Leser, E.T.A.-Hoffmann-Ges. Bamberg; Stip. d. Arno-Schmidt-Stift. 93, Lokaljournalistenpr. d. Konrad-Adenauer-Stift. (m. and.) 99; Ess., Rep., Kurzgesch. – **V:** All dies gleicht sehr einem Roman ... 94. – **MV:** Solche ungeheuren empfindsamen Naturen wie Schmidt, Eberhard Schlotter im Gespräch m. G.E.Ö. 95. – **MA:** Bargfelder Bote 92ff.; „Z." Zs. f. Kultur- u. Geisteswiss. (auch Mithrsg.) 92–95; Schauerfeld 2/93, 1/95; Zettelkasten 13/94, 15/96, 24/05, 25/06; LiLi H. 99, 95; Heinrich Albert Oppermann. Unruhestifter u. trotziger Demokrat, Leseb. 96. – **H:** Zettelkasten 24. Aufsätze u. Arbeiten z. Werk Arno Schmidts, Jb. d. Ges. d. Arno-Schmidt-Leser 05; Komplizierte Gefilde. Beitr. zu Arno Schmidt 07. – **MH:** Bilderkacheln. Ein Bildbd zu Arno Schmidts Roman „Das steinerne Herz" 04.

Ofaire, Charles s. Hofer, Hermann

Off, Jan (Sir Jan Off); c/o Ventil Verl., Mainz, *www. jan-off.org* (* Braunschweig 31. 5. 67). German National Poetry Slam Champion 00; Rom., Lyr., Erz. – **V:** Getrockneter Samen im Haar eurer Mütter, Erzn. 96, 3., erw. Aufl. 97; Affenjagd mit Kim Il Sung, Social-Beat-Stories 97, 2., überarb. Aufl. 98; Kreuzigungs-Patrouille Karasek, Erzn. 97, 2. Aufl. 98; KÖFTE, Erzn. 98, 2., überarb. Aufl. 99; Hanoi-Hooligans, Kurzgeschn., 1.u.2. Aufl. 01; Vorkriegsjugend 03, 4. Aufl. 07 (auch als Hörb.); Ausschuss, R. 03, Neuaufl. 09; Weißwasser, Doppelroman m. Antje Herden 06; Angsterhaltende Maßnahmen, Homestories 06; 200 Gramm Punkrock 09. – **P:** Don't mess around with Harald Juhnke, Erzn. u. Lyr., CD 99; Im Kessel der Enthusiasten, Kurzgeschn. u. Lyr., CD 01.

Offenbach, Judith s. Pusch, Luise F.

Ofner, Dirk, Schriftst.; c/o erostepost im Literaturhaus, Strubergasse 23, A-5020 Salzburg, *erostepost@literaturhaus-salzburg.at, www.erostepost. at* (* Oberkaufungen 30. 7. 63). Prosapr. Brixen-Hall (2. Pr.) 97, Rauriser Förd.pr. 02; Prosa, Rom., Sat. – **V:** Einfach leben, R. 01. – **MH:** erostepost, Lit.zs. (Red.)

Ofner, Werner *

Ogrissek, Anja (geb. Anja Schmitt), 1. Staatsexamen Lehramt Deutsch u. ev. Religion, Nachhilfelehrerin, Reittherapeutin; Paracelsusstr. 59d, D-42549 Velbert, Tel. (0 20 51) 8 47 45, *anja@ogrissek.de* (* Aachen 17. 6. 63). Kinder- u. Jugendlit., Erz. – **V:** Tula auf Illum, Erz. f. Kinder 00.

Ohl, Michael, Gärtner, Arbeitstherapeut, Sozialpäd., Entwicklungshelfer; Wortstr. 5 A, D-33397 Rietberg, Tel. (0 52 44) 90 51 84, *michohl@gmx.de, www.michael-ohl.kulturserver-nrw.de* (* Wuppertal 13. 6. 66). Rom., Lyr. – **V:** Schwimm nicht mit Jean-Baptiste 06.

Ohlandt, Christa, Erzieherin; Vorlöhnhorsterweg 77, D-28790 Schwanewede, Tel. (04 21) 62 48 82 (* Hannover 21. 12. 25). Bentlager Kreis 02; Lyr., Erz. – **V:** Das Kind unter der Gewitterwolke, Erz. 00, 02; Leben unterm Regenbogen, Erzn. u. G. 02. – **MA:** Volksfest, Bde 1–5 99–00; Nationalbibliothek d. dt.sprachigen Gegenwartslit. 02; Jb. Lyrik 00; Jb. f. dt. Gedicht, Weihnachtsgedichte 02; Windsänger, Bd 1 03; Die literarische Venus 03. (Red.)

Ohlenbusch, Hartwig, Dipl.-Ing., Bauoberamtsrat a. D.; Herrenesch 4, D-26340 Zetel-Neuenburg, Tel.

Ohler

(0 44 52) 84 27 (* Oldenburg/i.O. 15. 5. 39). Land-
schaftsmed. d. Oldenburgischen Landschaft; Erz.
(ndt.). – V: Geschichtliches und Sagenhaftes von den
Ohlenbüschen, Ber. u. Erzn. 96; Mit Hexenpulver,
Kraasch un Tovertroon, Erz. 00 (auch engl.); Den
Grootherzog sien lesden Hirsch, Erz. 06. – MV: 75
Jahre Heimatverein Neuenburg, m. Enno Hegenscheid,
Chronik 88. – MA: De plattdüütsch Klenner 06. –
MH: Wilhelm Röben: Neuenburgische Chronik (Erst-
ausg. 1878) 84; H. Otto Thyen: Sloß Steenfeld (Erst-
ausg. 1895) 87. – Lit: Die Preisträger d. Oldenburgi-
schen Landschaft 1961–1991 91.

Ohler, Norman, Autor, Journalist; c/o Rowohlt Berlin Verl., Berlin (* Zweibrücken 4. 2. 70). VS, Lit. Ver.
d. Pfalz; Förd.gabe z. Pfalzpr. f. Lit. 98, Martha-Saal-
feld-Förd.pr. 99, Ahrenshoop-Stip. Stift. Kulturfonds
01. – V: Die Quotenmaschine, R. 96; Mitte, R. 01; Stadt
des Goldes, R. 02. – MA: Beitr. f. mehrere Mag., u. a.:
GEO; Stern; Spiegel. (Red.)

Ohler, Wolfgang, Dr. iur.; Landauer Str. 108, D-
66482 Zweibrücken, Tel. u. Fax (0 63 32) 4 02 25
(* Zweibrücken 30. 3. 43). Lit. Ver. d. Pfalz 86, VS
94; Pfälzer Mundarttheaterpr. (2. Pr.) 01 u. 03; Rom.,
Ess., Schausp. – V: Das Auge der Amsel, R. 90, 91;
Der Schönbildseher 92; Der blaue Hut 94; Der König von Laputa, Geschn. 94; Doppelkopf, Krim.-Erz.
96; Der rote Fiedler auf dem Zauberberg, Reiseber.
96; De schenschde Daa im Lewe, Geschn. 98; Herzöge und andere Narren, hist. Kom. 99; Magermilch und
Rock'n Roll, Erlebnisber. 99; Carlemanns Gold oder
der Schnittpunkt der Parallelen, R. 00. – MH: Der Tag
ist unbeschrieben, Leseb. 97; Parzival oder die Suche
nach dem Wort, Anth. 00, beide m. Michael Dillinger.
(Red.)

Ohlig, Christian s. Kettenbach, Hans Werner

Ohloff, Frauke (Ps. f. Frauke Bareiss); Juraweg 17,
CH-3053 Münchenbuchsee, Tel. (0 31) 8 69 46 45. Lin-
denmattstr. 6, CH-3065 Bolligen (* Kassel 11. 10. 40).
Be.S.V. 85, SSV 85; 1. Pr. b. Lyr.wettbew. anläßl. 4. Ittinger Lit.tage 85; Lyr., Prosa. – V: Liebe LIEBE, Lyr.
u. Prosa 84; Aus dem Nichts, G. 97; Lisaland, R. 01. –
MV: Ingeborg Bachmann. Eine Bibl., m. Otto Bareiss
78. – MA: regelm. G. u. Kurzprosa in: Der Bund seit
79; vereinz. in: Neue Zürcher Ztg; Stuttgarter Ztg u. a.,
lit. Zss. u. Anth.; aussen und innen, Anth. 97. (Red.)

Ohm, Attila s. Löchner, Ulrich Friedrich

Ohm-Dening, Irmela (Ps. Irmela Dening), Lehrerin i. R.; Gniddenborg 16, D-28870 Ottersberg, Tel.
(0 42 93) 14 37 (* Bremen 12. 6. 25). Lyr. – V: Sondern
ein Atemzug 80; Zwischen Ahnung und Gegenwart 91;
Wahrnehmung der Augenblicke 92; Immer ist heute 00;
Unterwegs im Zwielicht 05; In dieser Stunde 08. – MA:
Nationalbibliothek d. dt.sprachigen Gedichts, Bd 1 u. 2
99; Lyrik und Prosa unserer Zeit, N.F. Bd 6 07.

Ohms, Wilfried, Schriftst.; c/o Leykam Verl., Graz
(* Graz 18. 5. 60). Rom., Erz., Drama. – V: Der
Brückenwärter, R. 93 (auch kroat.); Kaltenberg. Ein
Abstieg, R. 99; Abschied vom Spiegelbild, Erz. 00;
Mononoke, Theaterst. 02 (auch korean.); Chimären, R.
07. – MA: Putovanje na granice 95; Die deutsche Li-
teratur seit 1945. Flatterzungen 1996–1999 00; Kleine
Fibel des Alltags 02.

Ohnemus, Günter, Verleger, Übers.; Korbinianstr. 9,
D-85354 Freising (* Passau 29. 1. 46). Marburger Lit.pr.
(Übers.pr.) 94, Alfred-Kerr-Pr. 98, Tukan-Pr. 98. Ue:
engl. – V: Zähneputzen in Helsinki, Erzn. 82; Die letzten großen Ferien, Erzn. 93; Siebenundsechzig Ansichten einer Frau, Erzn. 95; Der Tiger auf Deiner Schulter, R. 98; Reise in die Angst, R. 02; Ein Macho auf

der Suche nach dem Stuntman, Ess. 03. – MH: Ein
Parkplatz für Johnny Weissmüller, Kinogeschn. 83. –
Ue: mehrere Werke Richard Brautigans, u. a.: Die Rache des Rasens, Geschn. 1962–1970 78; Die Pille gegen
das Grubenunglück von Springhill 85; Forellenfischen
in Amerika 87; Sombrero vom Himmel 90. – MUe:
mehrere Werke Richard Brautigans, u. a.: Die Abtreibung. Eine hist. Romanze 1966 78; Ein konföderierter
General aus Big Sur 79; Willard und seine Bowlingtro-
phäen 81; Träume von Babylon. Ein Detektiv-R. 1942
83; Gailyn Saroyan: Strawberry, Strawberry 79, u. a.
(Red.)

Ohngemach, Gundula Leni (Ps. Ellen Beck), M. A.;
mail@LeniOhngemach.com, *www.LeniOhngemach.*
com (* Stuttgart). VDD; Nomin. f. d. Grimme-Pr.,
Goldene Nymphe f. d. besten Film b. intern. TV-Festival
Monte Carlo, Goldener Gong f. d. beste Drehb., u. a.;
Rom., Drehb. f. Film u. Fernsehen. Ue: engl. – V: Schöne Witwen küssen besser – oder: wer zahlt hat keine
Phantasie, R. 04 (auch als Drehb. f. 2-tlg. Fsf.); Jung
und jünger, R. 07. – H: George Tabori (Regie im Theater) 89. – F: Das Superweib, n. Hera Lind, Drehb. 95;
Die Schweigende Mehrheit, Drehb. 09. – R: Champagner und Kamillentee, n. Franziska Stalmann, Drehb.
97; Opernball, n. Josef Haslinger, Drehb., 2-tlg. 98.

†**Ohrenschall,** Alice (geb. Alice Beuckert, verw.
Alice Kummer), Journalistin; lebte in Kronshagen
(* Berlin 7. 9. 19, † 23. 4. 07). Sachb. – V: Helgoland,
Sachb. 89, 94; Einhorn & Pferdefuß, G. 96. – MV: Gu-
tes Deutsch kann jeder lernen, m. Joachim Böttcher 81;
Hamburg 83 m. Barbara Beuys, 89 m. Bernd Allenstein,
94 m. Matthias Wegner; Gute Briefe leicht gemacht, m.
Joachim Böttcher 84; Steiermark 84; Münsterland 95;
Der Romantische Rhein 95, alle m. Esther Knorr-An-
ders. – MA: Schwert mit Schwingen 43; Junges Berlin
48; Die Brigantine 57, 58.

Ohrt, Martin, Schriftst., Leiter d. Jugend-Lit.-Werk-
statt Graz; Goethestr. 21, A-8010 Graz, Tel. (06 64)
4 94 90 18, (03 16) 31 89 06, *martin.ohrt@utanet.at,*
martin@literaturwerkstatt.at, *www.literaturwerkstatt.*
at/ohrt, *www.jugendschreibt.com* (* Graz 24. 3. 62).
IGAA 87, Lit.gruppe perspektive Graz 84, Ver. Jgd.-
Lit.-Werkstatt Graz, Gründer u. Leiter 92; Teiln. b. End-
ausscheid. d. 30 Besten b. Intern. Jungautorenwettbew.
Regensburg 86, Lit.pr. d. Marktgemeinde Hard 97, Lit.-
stip. d. Ldes Stmk 00, Öst. Rom-Stip. 01, Paul-Maar-
Stip. 05, Stip. d. Werkstatt „schreibzeit" von Dschungel
Wien 05/06, Nomin. f. d. erostepost-Lit.pr. 06, mehrere Arb.stip. d. BMfUK, u. a.; Lyr., Nov., Prosa, Drama. – V: Ein Tag nimmt Land in mir, G. 86; Mitro-
pamorgendämmerung, Stück 93; Hausverstand, Stück
94; Hänsels Kieselsteine, G. 95; Überall Ausland, Stück
96; :\>Error\Kids, Jgd.-St. 99; Sichtvermerke. reise.gra-
fik.buch, Lyr. mit Lithogr. v. Bent Grunewald 02; Das
Lächeln der Pekingente, Lyr. – STÜCKE/UA: Ein Tag
nimmt Land in mir, Tanztheater 88; Überall Ausland
94; Wachstum. Ein Endkampf, szen. Lesung 97; Zero, szen. Lesung 03; Die Macht der blauen Schuhe,
szen. Lesung 07; Die Geschichte vom kleinen Drachen,
szen. Lesung 08. – MA: Kleine Ztg, Graz 85–89; Common Sense, Alm. 90, 92; Against the Grain, Anth. 97;
Die Beschleunigung des Lebens!, Anth. 97; Ich. Stadtschreiberin, Anth. 07. – Beitr. in versch. Lit.zss., u. a.:
Lynkeus 34/85; Text Nr. 7a/85; Forum 15–25 d. RSGI
17 u. 19/87; Lichtungen 29 u. 31/87, 39/89, 77/99; Lit.
aus Öst. 199/89, 220/92; Der Stift 3/90; Die Rampe
2/92; Lit- u. Kritik 269–270/92; Scriptum 13/93; Ort der
Augen 4/02, 4/04; Luaga & Losna Leseheft 5/04, 8/07;
erostepost 33/06; DUM 41/07. – H: Veröff. d. Jugend-
Lit.-Werkstatt: Ich träume von morgen ...; WerkStatt

'93, '94; Grenzen los schreiben '95; Ed. ERSTdruck, seit 96. – **MH:** u. MA: Perspektive, seit H.11/84. – **R:** Sieben nach Sieben, Jgd.-Sdg 84; G. in: Steirisches Lit. Mag., Rdfk-Sdg 89, 90, 92, 97, 01; Lit. aus der Steiermark 05. – **P:** Berliner Tüte Nr.3, G. 06.

Oiseau, Frédéric s. Vogel, Manfred

O'Kiep, Thomas s. Postma, Heiko

Okonnek, Evelyne, Autorin; *evelyneokonnek@ evanjo.de, www.evanjo.de* (* Bietigheim). Dt. Tolkien Ges. 03, VS Bad.-Württ. 07; Wolfgang-Hohlbein-Pr. 06; Rom., Erz., Kurzprosa, Lyr. – **V:** Die Tochter der Schlange, R., 1.u.2. Aufl. 06; Das Rätsel der Drachen, R. 07. – **MA:** Das Geschenk der Zeit 03.

Okopenko, Andreas, Schriftst.; Autokaderstr. 3/3/7, A-1210 Wien, Tel. u. Fax (01) 2 71 93 00, *okopenko@ utanet.at* (* Košice/Slowakei 15. 3. 30). IGAA 79, Intern. Erich-Fried-Ges. 91, Öst. Kunstsenat 99; Anton-Wildgans-Pr. 65, Berlin-Stip. d. DAAD 73, Öst. Staatspr. f. Lit. (Würd.pr.) 77, Pr. d. Stadt Wien f. Lit. 83, Hertha-Kräftner-Lit.pr. 93, E.med. d. Bdeshauptstadt Wien in Gold 95, Gr. Öst. Staatspr. f. Lit. 98, Georg-Trakl-Pr. 02; Lyr., Erz., Ess., Rom., Hörsp., Feat., Prosa, Lied. – **V:** Grüner November, G. 57; Seltsame Tage, G. 63; Die Belege des Michael Cetus, Erzn. 67, Neuaufl. 02; Warum sind die Latrinen so traurig?, Spleengesänge 69; Lexikon-Roman 70, u. d. T.: Lexikon einer sentimentalen Reise zum Exporteurtreffen in Druden 96, 08 (als CD-ROM 98); Orte wechselnden Unbehagens, G. 71; Der Akazienfresser 73; Warnung vor Ypsilon, Geschn. 74; Meteoriten, R. 76, 2. Aufl. 98; Vier Aufsätze, Ortsbestimmung einer Einsamkeit 79; Graben Sie nicht eigenmächtig!, 3 Hsp. 80; Gesammelte Lyrik 80; Johanna, Hsp. 82; Lockergedichte 83; Kindernazi, R. 84, 99; Noch einen Sketch!, UA 90; Schwänzellieder 91; Immer wenn ich heftig regne, G. 92; Traumberichte 98; Affenzucker, G. 99; Gesammelte Aufsätze u. a. Meinungsausbrüche aus fünf Jahrzehnten, Bd l u. 2 00/01; Streichelchaos, G. 04; Erinnerung an die Hoffnung, ges. autobiogr. Aufsätze 08. – **MA:** Lit.zs. „Protokolle", seit 88, u.v. a. – **H:** publikationen einer wiener gruppe junger autoren, Lit.zs. 51–53; Ernst Kein: Straße des Odysseus, Lyr. 94. – **MH:** Hertha Kräftner: Warum hier? Warum heute?, m. Otto Breicha, G., Skizzen, Tageb. 63, Neuausg. u. d. T.: Das Werk 77, Ausw. u. d. T.: Das blaue Licht 81. – **R:** Hörspiele: Johanna 69; Der Kaiser kommt 69; Der Programmierer u. der Affe/Bericht für einen Aufsichtsrat, m. Bernd Grashoff 69/74; Kafkagasse 4 70; Der Tisch ist rund 72; Das Folterspiel 73; Das Mädchen von Mt. Palomar 75; Der Kindergarten 77; Die Überlebenden 78; Ein Erwachen 83; Noch einen Sketch! 89; 7. Mai 92; 8 O-Ton-Features, mehrere Hörbilder u. featureähnl. Sdgn seit 71; 'Lexikon-Roman' als interaktiver Roman in Forts. nach Höreranrufen; – Der Meister, Fsp. 79. – **P:** Johanna, Hsp., Tonkass. 82; ELEX – Elektronischer Lexikon-Roman, CD-ROM 98. – *Lit:* Klaus Kastberger (Hrsg.): A.O., Texte u. Materialien 98; Konstanze Fliedl/Christa Gürtler (Hrsg.): Dossier A.O. 04; Ulrich Janetzki u. Jens Dirksen in: KLG. (Red.)

Olbrich, Hiltraud, Religionspäd., freiberufl. Autorin; Karl-Wagenfeld-Str. 41, D-48565 Steinfurt, Tel. u. Fax (0 25 51) 75 27, *hiltraud-olbrich@t-online.de* (* Herten/Westf. 29. 3. 37). VS 72; Kinderbuchpr. d. Stadt Wien 82, E.liste z. Öst. Kd.- u. Jgdb.pr. 82; Kinder- u. Jugendb. – **V:** Solche Strolche 72; SOS für Nic 72; Trixi führt die Clique an 72; alarm für Trixis Clique 73; Trixis Clique und die Fahrraddiebe 74; Trixis Clique und das große Abenteuer 74; Die Clique braucht Trixi; Ein Freund für Pfiffi 75; Im Netz der bösen Freunde 75; Trixi setzt sich durch 79; Eins zu null für

Bert, Anth. 81; Treffpunkt Ponyhof 88; Viel Verwirrung um vier Hufe 88; Abschied von Tante Sofia, Bilderb. 98; Was der alte Nils von Gott weiß 01; Wie Micha die Angst verliert 03. – **MV:** Was gut tut. Spiele u. Stille im Religionsunterr., m. Andreas Stonis 99. – **MA:** Hand in Hand, Lehrer-Hdb. 95–98; Hand in Hand, Schulb. 95–99. (Red.)

Oldenburg, Birgit, Autorin, Kindertheaterpädagogin; Möllers Kamp 12, D-32469 Petershagen-Friedewalde, Tel. (0 57 04) 16 79 01, Fax 16 79 03, *birgitoldenburg@onlinehome.de, www.birgit-oldenburg.de* (* Witten 16. 6. 55). Wolfgang-A.-Windecker-Lyr.pr. (2. Platz) 04; Rom., Lyr., Erz., Dramatik, Kinderb. – **V:** Eislichter, M., Lyr. u. Erzn. 01; Die Abenteuer des kleinen Sonnenstrahls, Kdb. 03. – **MA:** Nationalbibliothek d. dt.sprachigen Gedichtes, Bde II–IV 99ff.; Textdiebe 00; Warten auf eine Taube 00; Tränen 00; Angsthasen 01; Gestorben ist tot 02; Augsburger Friedenssamen 04. – **H:** Sonnensprung, Anth. 02. (Red.)

Oldenburg, Julika, Journalistin, Schriftst.; Hugo-Preuß-Str. 47, D-34131 Kassel-Wilhelmshöhe, Tel. (05 61) 31 13 69 (* Nossin/Ostpomm. 15. 5. 40). Vereinig. d. Med. Fach- u. Standespress 84, FDA 85; Bismarck-Med. in Silber 90; Autobiogr. Rom. – **V:** ... über alles in der Welt, autobiogr. R. 81, Tb. 85; mehrere Sachb. – **P:** ... über alles in der Welt, 12 Tonkass. 82. – *Lit:* Wer ist Wer 86/87; s. auch SK. (Red.)

Oldenburg, Ralf, Dr. phil., Germanist, Autor; Haverlandweg 95b, D-48249 Dülmen, Tel. (0 25 94) 8 9 29 4 01, *ralf_oldenburg@yahoo.de, www.ralf-oldenburg.com* (* Dülmen 19. 2. 69). Pr. im Lyrik-Schreib-Wettbew. NRW 87, Stip. d. Hölderlin-Ges. Tübingen 03. – **V:** Wilhelm Waiblinger. Literatur u. bürgerliche Existenz 02; Martin Walser. Eine Biographie. Szenen 03; Der verstörte Trommler, Krimi 06. – **MA:** Reutlinger Geschichtsbll., NF, Nr.37 98; Dülmener Heimatbll., H.1/2 99, H.1/05; Heimatpflege in Westfalen, H.4 00; Momente – Beiträge z. Landeskunde v. Bad.-Württ., H.3 01; Fausto Cercignani (Hrsg.): Studia theodisca IX (Milano) 02; B.I.T. Online, H.5 02; Tübinger Bll., 89. Jg. 02/03; Bad Homburger Hölderlin-Vorträge 2001–2004; Moskauer Dt. Ztg, Nr.23 04, Nr.3 05; German as a foreign language 2/05; Mitteldt. Jb. f. Kultur u. Gesch. 14/07. – **H:** Max von Spiessen. Leseausgabe – Schollinsen 03.

Oldenettel, Johannes, Realschullehrer i. R.; Amselring 14, D-38159 Vechelde, Tel. (0 53 02) 36 44 (* Wiesedermeer/Ostfriesland 6. 11. 26). FDA; Lyr., Erz., Drama. – **V:** Tiden, G. 84; Fly or die. Johannes der Glücksrabe 04. (Red.)

Olejko, André, Software-Entwickler; Pritzwalker Str. 71, D-19348 Perleberg, Tel. (0 38 76) 78 83 91, *andre@olejko.de, olejko.de* (* Perleberg 27. 12. 62). Erz. – **V:** E-Mail aus der Zukunft, Erz. 00; Mordsteine, Erz. 02.

Oleschinski, Brigitte, Dr. phil., Zeithistorikerin, Mitbegründerin d. Dokumentations- u. Informationszentrums Torgau; Berlin, Tel. (0 30) 6 87 24 21, Fax 6 82 01 62, *oleski@snafu.de, www.brigitte-oleschinski. de* (* Köln 10. 8. 55). P.E.N.-Zentr. Dtld 98; Autorenförd. d. Stift. Nds. 94, Bremer Lit.förd.pr. 98, Peter-Huchel-Pr. 98, Stip. Herrenhaus Edenkoben 00, Ernst-Meister-Pr. 01, Erich-Fried-Pr. 04, Kieler Liliencron-Dozentur f. Lyrik 07, u. a.; Lyr., Ess., Prosa, Intermediales Projekt. – **V:** Mental heat control, G. 90; Your passport is not guilty, G. 97; Reizstrom in Aspik. Wie Gedichte denken 02; Argo Cargo, G. 03; Geisterströmung, G. 04, u. a. – **MV:** Die Schweizer Korrektur, m.

Oliv

Durs Grünbein u. Peter Waterhouse 95 (als CD u. d. T.: Mehr ein Hören als ein Gebäude 97). (Red.)

Oliv, Freia, M. A.; Johann-Biersack-Str. 33, D-82340 Feldafing, Tel. u. Fax (0 81 57) 13 89, *freia.oliv@web.de, www.rede-und-text.de* (* Starnberg 6. 11. 65). DJV. – **V:** Sagen vom Ammersee 02. (Red.)

Olivares Cañas, Carolin, M. A., Ethnologin, Pädagogin; Hauptstr. 80c, D-65843 Sulzbach, Tel. (0 61 96) 76 73 91, *carolin@olivares-canas.com* (* Mainz 6. 3. 60). Kinderb., Erz. – **V:** Anna im verborgenen Königreich 06.

Oliver, José F. A. (José Francisco Agüera Oliver), Lyriker; Brunnenstr. 1, D-77756 Hausach, Tel. (0 78 31) 74 35, Fax 76 46, *j.f.a.oliver@t-online.de* (* Hausach 20. 7. 61). VS, VG Wort; Stip. d. Stuttgarter Schriftstellerhauses 88, Stip. d. Kunststift. Bad.-Württ. 89, Aufenthaltsstip. d. Berliner Senats 94, Aufenthaltsstip. d. Kulturstift. NL-Dtld 96, Stip. d. Kurt-Tucholsky-Stift. Hamburg 96/97, Adelbert-v.-Chamisso-Pr. 97, Dresdner Stadtschreiber 01, Stadtschreiber in Kairo 04, Kulturpr. Baden-Württ. f. Lit. 07; Lyr., Kurzprosa, Ess., Hörsp., Sachprosa. Ue: span, dt. – **V:** Auf-Bruch 87, 4. Aufl.; Heimatt und andere Fossile Träume 89, 2. Aufl. 93; Vater unser in Lima 91; Weil ich dieses Land liebe 91; Gastling 93; Los caminos son Yollardir, türk.-dt. 94; austernfischer marinero vogelfrau 97; Duende, dt.-alemann.-span. 97; fernlautmetz 00; nachtrandspuren 02; finnischer wintervorrat 05; unterschlupf 06, alles Lyrik; – Hausnacher Narren Codex 98; Mein andalusisches Schwarzwalddorf, Ess. 07. – **H:** Hasan Özdemir: zur schwarzen nacht flüstere ich deinen namen, Lyr. 94; Verse in Madrid, dt.-span. 99. – **R:** Heinrich Heine, Zigeuner ohne Sippe, Hsp. 97. – **P:** Auf-Bruch, Lyr. u. Saxophon, Tonkass. 97; Lyrik oder Gesang!, CD 97. – **Ue:** Luís Sepúlveda: Vida y pasión del Gordo y del Flaco, Hsp. – *Lit:* Carmine Chiellino: Die Reise hält an 88; Ulrike Reeg: Schreiben in der Fremde 88; Johannes Röhrig: Romanisch-Germanisch, Aufss. u. Gespräche 99; Heidi Rösch: Interkulturell unterrichten mit Gedichten 95; Irmgard Ackermann (Hrsg.): Fremde AugenBlicke 96; BMfUK: Culture Codes Interactive Media, Mit anderen Augen, CD-ROM 96; S. Fischer/M. McGowan (Hrsg.): Denn Du tanzt auf einem Seil 97. (Red.)

Olle, Torsten, Lehrer; Zum Sauren Tal 26, D-39130 Magdeburg, Tel. u. Fax (03 91) 7 22 27 91, *Torsten.Olle@t-online.de* (* Oschersleben 5. 4. 65). VS 94, Förd.ver. d. Schriftst. 94; Arb.stip. d. Ldes Sa.-Anh. 94, 99, Georg-Kaiser-Förd.pr. d. Ldes Sa.-Anh. 02; Lyr., Erz., Kritik. – **V:** Abgebrochenes Spiel 94; Halbes Herz, G. 00; Von Frauen und Katzen, Lyr.-Kal. 02; Einfache Sache 07. – **MA:** zahlr. G. in Zss. u. Anth., u. a. in: Der Mongole wartet; Ort der Augen; Muschelhaufen. (Red.)

Olma, Karl (Ps. Michael Zöllner) *

Olsen, Andrea s. Liebert, Andreas

Olsen, Holger s. Oelfke, Heinz

Olsen, Olaf s. Nitzsche, Rainar

Oltmann-Steil, Mathilde (geb. Mathilde Steil), Sekretärin, Chorleiterin, Kirchl. Arbeit, Schriftst., Komponistin v. Kinder- u. Jgd.liedern; Lesumbroker Landstr. 8B, D-28719 Bremen, Tel. (04 21) 60 55 27 (* Bremen 4. 2. 25). Urkunden f. Beitr. in Pldt.; Lyr., Erz. – **V:** Till Eulenspiegel, Kinderkantate 68; Puustblomen, G. u. Erz. (z.T. pldt) 92/93; Ich liebe den Regenbogen, G. u. Erz. 93; Ökumenische Kinder- u. Jugendmesse 93; Rhythmus des Lebens, G. u. Erz. 95; Heimat ist nicht nur ein Wort, G. u. Erz. 96; Wie schön ist doch ein Jahr, G., Geschn. u. Sprüche (z.T. pldt) 97; Jede Zeit hat ihren Wert 02. – **R:** Till Eulenspiegel, Hsp. im RB

68; Till Eulenspiegel, Fsp. im SFB 74. – **P:** Schenk dir ein bißchen Zeit 95; Bremer Stadtmusikanten 96, beides Tonkass. – *Lit:* Jürgen Dierking: Bremer Autoren. (Red.)

Oltmanns, Jutta (eigtl. Jutta Heiten), Verwaltungsbeamtin; Emsstr. 15, D-26802 Moormerland, *jutta.oltmanns@web.de, www.jutta-oltmanns.de* (* Leer 2. 11. 64). Rom., Lyr., Erz. Ue: ndt. – **V:** Die Schattensucherin, R. 02, Neuaufl. u. d. T.: Durch das Meer der Zeit 03; Die Rückkehr des Kreuzfahrers, R. 04, Tb. 06. – **MA:** zahlr. Beitr. in: Diesel, pldt. Zs.

Olvedi, Ulli, Journalistin, Schriftst.; Ammerseestr. 5, D-86919 Utting, Tel. (0 88 06) 95 73 29, Fax 95 73 30; *ulli.olvedi@gmx.de, www.ulli-olvedi.de.* c/o Ka Nying Shedrup Ling, P.O. Box 1200, Kathmandu/Nepal (* Lindau 1. 10. 42). Rom. – **V:** Wie in einem Traum 98, 6. Aufl. 01 (auch span., ndl., korean. u. als Tb.), Neuaufl. 08; Die Stimme des Zwielichts 00, 4. Aufl. 02 (auch korean. u. als Tb.); Der Schrei des Garuda 04 (auch Tb.); Tibet hinter dem Spiegel 06, Tb. 07; Über den Rand der Welt 08, alles R.; zahlr. Sachbücher. – *Lit:* s. auch SK.

Olwitz-Titze, Evelyn (Ps. Evelyn Hagen), Handelskauffrau; Marschweg 1, D-24568 Kaltenkirchen, Tel. (0 41 91) 44 24, *evelynolwitz-titze@freenet.de* (* Hamburg 14. 7. 47). 1. Pr. b. ALFA-Multi-Media-Lit.wettbew. 07; Gesch. f. Kinder, Erz., Lyr. – **V:** Das fängt ja gut an! oder: Ein Hund für Bobby, Erz. f. Kinder 83, 91; Richie Löwenzahn oder: Das kostet nicht die Welt!, Erz. f. Kinder 85. – **MA:** Im Regenbogenland, M., Jb. 91; Erzn. u. Kurzgeschn. in versch. Zss. u. Anth., u. a. in: Buchwelt 92, 94, 95, 96, 01, 03, 04; Auslese zum Jahreswechsel 00/01; Themen unserer Zeit 02; Blaue Gärten 08; Lyr. in: Buchwelt 90, 91, 00; Gedicht und Gesellschaft 00; Kindheit im Gedicht 01; Weihnachten im Gedicht 02, Glaubensfrage 04; Jahreszeiten 05; Frankfurter Edition 07. – *Lit:* Das goldene Buch d. Kunst u. Kultur 93; Dt. Schriftst.Lex. 02, 04.

Omani, Angélique s. Mensching-Oppenheimer, Angelika

Ondracek, Claudia, M. A., Germanistin, freie Autorin u. Lektorin; c/o Loewe Verl., Bindlach (* 66). – **V:** Die Hexe Rosinetta 02; Ferdinand Fuchs auf heißer Spur 00; Hexe Peperina und das Kinderfest 00; Hexe Peperina und ihr Traumhaus 00; Hexe Peperina und der Weihnachtszauber 00; Hexe Peperina rettet den Zauberer 01; Kleine Lesetiger-Katzengeschichten 01; Kleine Lesetiger-Freundschaftsgeschichten 01; Hexe Peperina und die große Überraschung 01; Das kleine Burggespenst in der Schule 02; Kunterbunte Schulgeschichten 02; Gespenstergeschichten 02; Der kleine Ritter lernt lesen 02; Vorlesebären-Delfingeschichten 02; Auf in die Piratenschule! 03; Kunterbunte Adventsgeschichten 03; Kunterbunte Detektivgeschichten 03; Komm, wir gehen zur Feuerwehr 03; Das kleine Burggespenst beim Ritterfest 03. – **MA:** Das große bunte Bildwörterbuch (Red.) 02. (Red.)

Ondu-Schuster, Paulo (Petit-Papa), freiberufl. Dolmetscher, Schriftst. u. Selbständiger; c/o Palanca-Verlag, Badstr. 1, D-01465 Dresden-Langebrück (* Uige/Maquela do Zombo 28. 10. 76). Rom., Lyr., Erz., Dramatik. – **V:** Meine Tochter geht mit einem Neger. Das Gehirn eines Schwarzen Vogels ist nicht schwarz!, 1.u.2. Aufl. 00; Der erste afrikanische Weihnachtsmann in Deutschland, Kdb. 01; Verlorene Liebe im fremden Land 02. (Red.)

One s. Brückner, Klaus

Onkel Max s. Goldt, Max

Onnecken, Herbert s. Erb, Roland

Onovoh, Paul Oyema, Dr., Fremdspr.lehrer, Lehrer; c/o Norbert Aas, Adolf-von-Gross-Str. 8, D-95445 Bayreuth, Tel. (09 21) 2 27 81, *onovoh127@hotmail.com.* 2651 Favor Road, Apt. E7, Marietta, GA 30060/USA (* Abakaliki 15. 5. 62). Stip. d. DAAD 85/86, 93/98; Rom., Lyr., Dramatik. Ue: Igbo, engl, frz, dt. – **V:** Chibeze, 96, 2., erw. Aufl. 96; Bayreuth am Roten Main, G. 98. (Red.)

Ooyen, Hans van, freier Schriftst., Fotokünstler; König-Ludwig-Str. 99, D-45663 Recklinghausen, Tel. (0 23 61) 65 75 79, *hans@van-ooyen.de, www. van-ooyen.de, www.himmelskoerper.com* (* Duisburg 23. 2. 54). VS 80, dort langjähr. Mitgl. d. Ldesvorst. NRW sowie langjähr. stellv. Mitgl. d. WDR-Rundfunkrates; Pr. d. Kunstver. f. Rhld u. Westf. 67, 69, Auszeichn. d. Werkkr. Lit. d. Arb.welt 74, Auszeichn. im Georg-Weerth-Pr. 78, 1. Pr. d. Bulgar. Rdfk Sofia 80, Arb.stip. d. Kultusmin. NRW 80, Auszeichn. im Jugendtheaterpr. d. Bad. Landesbühnen 81, Nominierung z. Kulturpr. d. Stadt Bocholt, Gr. Pr. d. Rdfk d. ČSSR 84, Auszeichn. im Lyr.pr. d. Kommunalverb. Ruhrgeb. 84, Empf.liste „Der bunte Hund", Alfred-Kitzig-Förd.pr. 86, Lit.pr. d. Stadt Aachen 87, Dt. Kurzgeschn.pr. Arnsberg, Gr. Pr. v. Cremona La Musa dell' Arte, Auszeichn. d. Stadt Landshut f. „Sultanim", 4. Pl. b. Pr. d. Lit.büros München, Lyr.pr. d. Nationalbibl. d. dt. Lyrik, Menantes-Pr. f. erot. Lit. 08; Hörsp., Prosa, Lyr., Sachb., Reiseführer, Fotografie, Sachb. – **V:** Die Schrift an der Wand, Satn. u. Kurzgeschn. 81; Der Reagan-Report, Biogr. 82; Heute gehört uns Deutschland. Die lange Gesch. d. faschist. Machtergreifung 83; Ende der Bescheidenheit, G. 84; Auch die Worte verfärben sich, wenn sie einander berühren, erot. G. 87; Leben vorm Pütt, Portr. 88; Fangschuß, Kurzprosa 89; Wahre Geschichte aus meiner Stadt, Kurzprosa; Der Zollernhof, Portr. 98; Das Bild auf ihrer Haut, Erzn. 02; Close to You, Bildbd 03; Liebesflüstern, Lyr. 04; Citylights, Bildbd 04; Erotic Colours, Bildbd 04; kunst:werk:natur, Fotokunstkal. 05; (Übers. ins Engl., Frz., Ital., Span., Russ., Chin., Urdu, Ndl., Serbokroat., Bulg., Tsch., Schw., Türk., Poln.). – **MV:** Kuba, Reiseführer 07. – **MA:** zahlr. Beitr. in ca. 150 Anth., Lit.zss. u. Schulbüchern, u. a. in: Die Stunde des Vaters 00; Mensch. Emscher!, Reiseführer 06; Bericht aus der Zukunft des Ruhrgebiets, Ess. 06. – **H:** Wer früh stirbt, ist länger tot 82; Über den Haß hinaus 85; Besetz deinen Platz auf der Erde, G. u. Kurzprosa 85; Atemzüge, G. u. Kurzprosa 85; Lebensgefühl, G. u. Kurzprosa 86; Wer soll etwas verändern, wenn nicht wir? 87; 8 Minuten noch zu leben?, Texte 87; Meine zärtlich Insel, Texte; ohne titel, Anth. 96; Strip Sessions, Bildbd 03. – **R:** Der letzte Fall 79; Die blutige Erika 80; Der freie Tod 81; Wölfe 82; Hinter dem Zaun 83; Gastod 85, alles Hsp. (SWF, WDR, Tsch., Ital., Frz., Bulg. Rdfk). – **P:** Sultanim 97; Die Reform 98; Der Schmetterling 99, alles Kurzf. auf Video; Glück ist ein verhexter Ort, Musikvideo 02. – **MUe:** L. Otero: General zu Pferde 85; ders.: Stadt im Feuer 86; J. Matthews: Schattentage 85; ders.: Die Träume des David Patterson 86 (Ausw.), u. a – *Lit:* s. auch Kürschners Handbuch der Bildenden Künstler, 1. Aufl. 2005.

Opalka, Melanie; *melanieopalka.de.* – **V:** Fühl Mich, Lyr. 04; Denk Mich, Lyr. 05. – **MA:** Mauerbruch Nr. 4 04; Erinnerung an Licht II 05; Bibliothek dt.sprachiger Gedichte. Ausgew. Werke VIII 05. (Red.)

Opel, Adolf, Prof., Schriftst., Regisseur; Seidengasse 43/7, A-1070 Wien, Tel. (01) 7 89 93 31, *danielopel @gmx.de.* Alliogasse 21/2/17, A-1150 Wien (* Wien 12. 6. 35). P.E.N., Verb. d. Filmregisseure Öst.; Gold. Nike b. 7. Intern. Filmfestival Thessaloniki 78, Sonderpr. d. 3. Intern. Kurzfilmfestival Linz 78, 1. Pr. Ras-

segna Int. del Film didattico Rom 79, 'Danzante de Bronze' VII. Intern. Filmfestival Huesca 79, Filmpr. d. Wiener Kunstfonds 79, Theodor-Körner-Förd.pr. 81, 87, 93; Prosa, Theater, Musical, Film, Ess. Ue: engl, span, port. – **V:** Durst dem Vorm Kampf, Dr. 55, 70 (auch engl., frz., span., port., ital., holl., pers.); Hochzeit in Chicago, Dr. 56 (auch engl., frz., holl.); Auf dem Wege der Besserung, Dr. 56 (auch engl., frz., holl.); Die glücklichen Begegnungen, Dr. 60; Wilhelm Voigt, genannt Hauptmann von Köpenick, Musical 77; Roaring Twenties, Musical 79, 89; Landschaft, für die Augen gemacht sind. M. Ingeborg Bachmann in Ägypten 96; Wanda und Leopold v. Sacher-Masoch, Biogr. 96; Wo mir das Lachen zurückgekommen ist. Reisen m. Ingeborg Bachmann 01. – **MV:** The sacred spring, m. Nicolas Powell, kunstgesch. Sachb. 74. – **H:** An Anthology of Modern Austrian Literature, Intern. P.E.N. Books 80; Adolf Loos: Ins Leere gesprochen 81, 97; Trotzdem 82, 97; Die Potemkin'sche Stadt 83, 97; Konfrontationen. Schrr. von u. über A. Loos 88; Adolf Loos: The Chicago Tribune Column 89; Escritos I u. II 93; Über Architektur 95; Ornament and Crime 98; Ornament und Verbrechen 00; Elsie Altmann-Loos: Mein Leben mit Adolf Loos 84, 86; Claire Loos: Adolf Loos privat 85; Lina Loos: Das Buch ohne Titel 86, 96; Wie man wird, was man ist 94; Leopold v. Sacher-Masoch: Der Judenraphael 89; Anth.: Relationships 91; Wer an der goldenen Brücke das Wort noch weiß ... 95; Against the Grain 97; Adolf Loos, der Mensch 01; Lina Loos. Gesammelte Schriften 03. – **MH:** Alle Architekten sind Verbrecher 90; Else Feldmann: Der Leib der Mutter 93; dies.: Löwenzahn 93; dies.: Martha und Antonia 97, alle m. Marino Valdez. – **F:** Todesfuge 77; Auferstehung der Worte 78; Arielse 79; Ewigjung bleibt nur die Phantasie (Elisabeth Bergner) 81; Die Macht des Geistes über den Stoff 83. – **P:** Lebendes Wort – bleibendes Werk, 14tlg Film-Ser., Video, u. a.: Albert Drach gibt zu Protokoll; Aufschreiben, wie es gewesen ist; Ich bin 2000 Jahre alt ...; Gegen die meßbare Zeit; Das Suchen nach dem gestrigen Tag 90–93. – **Ue:** Griselda Gambaro: El Campo, Dr. 77; Tulio Carella: Intermedio, G. 77; Miles Tredinnick: Und morgen fliegen wir nach Miami, Dr. 87. – **MUe:** João Bethencourt: O padre assaltante; ders.: O sigilo bancario; Roberto Athayde: O homem cordial, alle m. Daniel Opel, Theaterst. (Red.)

Opfer, Gerhard, Verwaltungsbeamter i. R.; c/o Karin Fischer Verlag, Aachen (* Frankfurt/Main 1. 11. 48). VG Wort 06; Rom., Erz. – **V:** Zornige Schatten, Krim.-R. 06; Schönen Urlaub und andere Träume, Erzn. 08. – **MA:** Weihnachtsanth. 06, 07 sowie Jubiläumsanth. d. R.G. Fischer Verl. 08.

Opfermann, Rohland; Schuhstr. 45, D-91052 Erlangen, Tel. (01 75) 4 47 17 89 (* Erlangen 25. 5. 50). Lyr., Rom. Ue: engl. – **V:** Teutsch oder die Häßlichkeit einer Sprache in diesem Roman, R. 79, 01. – **MA:** Der Mann schreibt mit den zarten, feinen Händen, in: März Mammut 84. – **R:** Synchronisationen 85; Minigolf 86. – *Lit:* Opfermann's Leiden, in: Merkur 80; Le culte du Laid, in: Sprachspiegel 83. (Red.)

Ophoven, Wolfgang, Lehrer; Faggenwinkel 20, D-52159 Roetgen-Rott, Tel. (0 24 71) 43 98, *www. ophoven-buch.de* (* Baesweiler 10. 3. 56). Erz. – **V:** ... und Katja lebt!, Erz. 02, 2. Aufl. 05; Jule ... so manches Mal gespürt, Erz. 05; Shirja, der Junge von Sirius, Erz. 05. – *Lit:* Doris Forster in: Die andere Realität 03; Gerd Kirrel in: Jenseits des Irdischen 03; Ismene Schmidt in: Sein 03. (Red.)

Opitz, Christian Nikolaus, Student; Franz-Liszt-Gasse 23, A-7123 Mönchhof (* Eisenstadt 12. 2. 79). Jugend-Kunstförd.pr. d. Ldes Burgenld (3. Pl.) 99; Lyr. –

Opitz

V: zu mittag heut' nacht, Lyr. 00. – **MA:** Alle Herrlichkeit der Welt 02. (Red.)

Opitz, Detlef (Ps. u. a.: Abel Abteuff, Detlef R. López); c/o Eichborn Verlag, Frankfurt/M. (* Steinheidel/ Erlabrunn 8. 11. 59). Stip. d. Dt. Lit.fonds 90/91, Stip. d. Stift. Kulturfonds 94, 98, F.-C.-Weiskopf-Pr. 97, Stip. Schloß Wiepersdorf 97, Stip. Dt. Lit.-Archiv d. Dt. Schillerges. Marbach 97/98, E.gabe d. Dt. Schillerstift. 98, New-York-Stip. d. Dt. Lit.fonds 98/99, Aufenthaltsstip. Villa Concordia Bamberg 08/09; Prosa. – **V:** Idyll, Erzn. u. a. 90; Klio, ein Wirbel um L., R. 96; Das dritte Foto, Erz. 97; Die Nachtt, die Nachtt – der solituderten Herrtzen!, Erz. 97; Wenn die Blüten blühen grünt mir Schwanes, Erz. 98; Der Tod & der Philologe 00; Der Büchermörder, R. 05. – **MV:** Leibhaft Lesen / Andersdenken anders denken, m. Elke Erb 99. – **MA:** Beitr. in Anth., u.a in: Berührung ist nur eine Randerscheinung 85; Schöne Aussichten 90; Diva in grau, Anth. 91; Aus der Hand oder Was mit den Büchern geschieht 99. – *Lit:* Wilhelm Bartsch (Hrsg.): Zwischen Staatsmacht und Selbstverwirklichung; Munzinger-Archiv; Wer ist Wer, Ausg. 2000/2001; Sieglinde Geisel in: Theater der Zeit, Recherchen 6. (Red.)

Opitz, Erich/Fritz s. Friedrich, Gernot

Opitz, Hellmuth, Creative Director; Dornberger Str. 30, D-33615 Bielefeld, Tel. (05 21) 13 22 96, Fax 13 32 96, *isa.hell.opitz@owl-online.de* (* Bielefeld 6. 1. 59). VS 83; Münsteraner Literaturmeisterschaft 00; Lyr., Short-Story, Kurzprosa. – **V:** An unseren Lippengrenzen, Lyr. 82, 83; Entfernungen, Entfernungen, G. 84; Die Städte leuchten, Zyklus 86; Metro, m. Fotogr. v. Hermann Pautsch 87; Lonsky, Short Story 88; Die elektrische Nacht, erot. G. 90; Engel im Herbst mit Orangen, G. 96, 06; Gebrauchte Gedichte 03; Die Sekunden vor Augenaufschlag, G. 06. – **MA:** zahlr. Beitr. in Lit.zss., u. a.: Das Gedicht; Jb. der Lyrik; Sprache im techn. Zeitalter. – **MH:** Das Schrumpfkopf-Mobile, Erz., m. Karl Riha 98. – **P:** Unbehandelte Sehnsucht 03; Gebrauchte Gedichte 04; Frauen. Naja. Schwierig, m. M. Dolitschen, S. Jacobs 05, alles CDs. (Red.)

Oppeln-Bronikowski, Rosemarie von (Ps. Rosemarie Bronikowski), Schriftst.; St. Gallenstr. 9, D-79285 Ebringen, Tel. (07 6 64) 76 93, *rbronikowski@aol.com*, *www.rosemarie-bronikowski.de* (* Sande b. Hamburg 2. 5. 22). VS 77, Lit. Forum Südwest; Oberrhein. Rollwagen 83, BVK am Bande 03; Lyr., Kurzprosa, Hörsp., Erfahrungsbericht, Erz. – **V:** Der Fallschirm öffnet sich nicht, Gedichte u. einen Text 70; Notsignale aus Orten mit gesunder Luft, G. 76; Sicherungsversuche in einer Schießbude, G. 80; Turmbesteigung, Kurzgeschn. 80; Der Schirm überm Kopf, G. 88; Bomben und Zuckerstückchen, Erz. 89; Tödlich schöner Sommer, G. 91; Das Mädchen Rosali, Jgdb. 94, 95; Wetterumschwung, Kurzgeschn. 94; Das verlorene Lachen, G. 97; Das Ende der Ewigkeit, Erz. 99, 01; Ein Schiff in der Wüste, Kurzprosa 00 (dt.-poln.); Irgendwann wird man mich zu Ende denken, Dok. 03; Kopfstand auf schwarzem Roß, Lyr. 05; Wand aus Wind, Lyr. 07. – **MA:** exempla 24/2, 25/2, 26/2; Allmende 19, 62/63, 73. – **R:** Die abgeschobene Generation, Feat. 71; Der wächst euch zurück, Funkerz. 89; Wetterumschwung, Funkerz. 89. – **P:** Kooperative Wort u. Jazz 80.

Oppelt, Andrea s. Andersson, Lea

Oppenheimer, Angelika s. Mensching-Oppenheimer, Angelika

Oppermann, Hermann A., Betriebswirt, Industriemanager; Bärleshof 7, D-71540 Murrhardt, Tel. (0 71 92) 93 02 62, *hermann.oppermann@t-online.de*, *www.h-a-oppermann.de* (* Hannover 11. 5. 37). VS 97; Belletr., Fantasy. – **V:** Kopalka 98; Die Atlantoiden 99;

Der Zwerg Ingelbur 02; Vampire 03, alles Fantasy-R. (Red.)

Oppermann, Norbert (Ps. Gustav Lemke), Schriftst.; Bermestr. 20, D-48167 Münster, Tel. (0 25 06) 12 98 (* Berlin 28. 10. 23). Komödie, Sketch, Gesch. in Gedichtform, Kurzgesch. – **V:** Wie eiskalt ist's im Hemdchen. Ein Berliner kiekt Theater, G. 86. (Red.)

Oppitz, Ines Edith, Dipl.-Lit.pädagogin in d. literar. Erwachsenenbildung; Kalvarienberggasse 10h, A-4600 Wels, Tel. (0 72 42) 6 73 97, *ines.oppitz@liwest. at* (* Wels 22. 10. 46). IGAA, GAV, Lit.ver. Skriptum Wels; Lyr. pr. d. Stadt Wels; Lyr., Prosa, Ess., Hörsp., Lit.theoret. Arb. z. Gespr.linguistik. Ue: engl. – **V:** Nachtfenster, Lyr. 79; Landsuche, Lyr. 91; Nach innen auben nach, Lyr. u. Prosa 94; Patchwork 00. – **MA:** Anth.: Facetten; Literatour, Wels; Rampe; LANDSTRICH; poet[mag] 06. – **H:** Nachschlag, Puchberger Anth. 94. – **MH:** Meridiane, Anth. 95. – **P:** Bericht einer Irritation in 8 Aufzügen, Pantomime, Video.

Oppitz, Karsten; Gustav-Schickedanz-Str. 10, D-90762 Fürth, Tel. (09 11) 77 85 78, *KMOppitz@web.de*, *www.oppitz.kar.ms*. – **V:** Sprüche, heitere Lyr. 06.

Oppler, Wolfgang; An der Mühle 2, D-85716 Unterschleißheim, Tel. (0 89) 31 77 09 01 (* Rosenheim 18. 1. 56). Mundart-Lyr. – **V:** Vaschdeggsdal 76; Fangamandl 79; Ochsenschwanz und Eselsohren, Geschn. 00. (Red.)

Opunzius s. Knaak, Lothar

Orlamünde, Hermann, Lehrer i. R.; Meisterstr. 27, D-39326 Colbitz, Tel. (03 92 07) 8 03 68 (* Barleben 36). Pr.träger b. Deuregio-Lit.wettbew. – **V:** Kommste mit?, R. 99; Bei den Pyramiden und anderswo, Kurzgesch. 00, beide auch hrsg.; De Kiwitt un andere fidele Vorrtelljen, pldt. Kurzgesch. 00. – **MA:** Kinner, Kinner 96; Liebe, Liebe 97; Miene Sprake – diene Sprake 98; Von Eten un Drinken 99; Von sowecke un sonne 00; Herbsttage 01, alles Anth.; Über Stock und Stein 03. (Red.)

Orloff, Till s. Sprenger, Werner

Orloff, Wolf s. Buresch, Wolfgang

Ortag, Andreas, Mag., freischaff. Künstler; Kaunitzgasse 16/13, A-1010 Wien, Tel. (01) 5 87 50 11, *andreas@ortag.at*, *www.ortag.at*. Parkstr. 5, A-3822 Karlstein a.d. Thaya, Tel. (0 28 44) 70 01, Fax 7 00 14 (* Karlstein/Thaya 23. 1. 55). – **V:** Feuer, Glut und Asche, Tageb. 88; Sencha Fujiyama und grüner Veltliner 00. (Red.)

Ortbauer, Welf (W 11), Dr. jur., Jurist; Stiblerweg 9, A-4020 Linz, Tel. (07 32) 34 50 35, *fzd-treff.text@i-one. at*, *www.abendrast.com* (* Linz 1. 6. 47). Freunde zeitgenöss. Dichtung Linz, Leiter 99; Lyr., Erz., Jugendb., Liedtext. – **V:** Vulponien 95. – **MV:** Abendrast, m. Fotos v. Christian Wakolbinger, Lichtwortbilderbuch 93; Tiefes Blau, m. Fotos v. dems. u. Bernhard Kittel 94. (Red.)

Orth, Peggy, Juristin; Hasenbergsteige 19, D-70178 Stuttgart, Tel. (07 11) 66 48 10 96 (* München 25. 3. 50). Oberrhein. Rollwagen 85; Rom., Erz., Feat. – **V:** Hundstage, R. 86, 89. – **MA:** Der Aufstand der Radfahrer u. a. Erzählungen 87.

Ortheil, Hanns-Josef, Dr. phil., freier Schriftst., Prof. f. Kreatives Schreiben u. Kulturjournalismus U.Hildesheim; c/o Luchterhand Literaturverl., München (* Köln 5. 11. 51). P.E.N.-Zentr. Dtld, Bayer. Akad. d. Schönen Künste; aspekte-Lit.pr. 79, Förd.pr. d. Ldes NRW 82, Jahresstip. d. Ldes Bad.-Württ. 85, 96, Lit.pr. d. Ldeshauptstadt Stuttgart 88, Villa-Massimo-Stip. 88, Poetik-Dozentur d. Univ. Heidelberg 98, Stadtschreiber-Lit.pr. Mainz 00–01, Brandenburg. Lit.pr. 00, Verd.orden d. Ldes Bad.-Württ. 01, Thomas-Mann-Pr. 02, Georg-K.-Glaser-Pr. 04, Koblenzer Lit.pr. 06, Nicolas-Born-Pr. d. Ldes Nds. 07; Rom., Erz., Ess., Journalistik. – V: Fermer, R. 79, 83; Wilhelm Klemm, Monogr. 79; Mozart – Im Innern seiner Sprachen, Ess. 82; Hecke, R. 83; Jean Paul, Monogr. 84; Köder, Beute und Schatten – Suchbewegungen 85; Schwerenöter, R. 87; Agenten, R. 89; Schauprozesse, Ess. 90; Abschied von den Kriegsteilnehmern, R. 92; Römische Sequenz, Reiseber. 93; Das Element des Elephanten, autobiogr. Prosa 94; Blauer Weg 96; Faustinas Küsse, R. 98; Im Licht der Lagune, R. 99; Die Nacht des Don Juan, R. 00, Tb. 02; Beschreibung. Erwin Wortelkamps Tal bei Hasselbach im Westerwald 00; Lo und Lu. Roman e. Vaters 01, Tb. 03; Der Stadtschreiber, UA 02; Die große Liebe, R. 03; Die weißen Inseln der Zeit 04; Die geheimen Stunden der Nacht, R. 05; Das Glück der Musik. Vom Vergnügen, Mozart zu hören 06; Das Verlangen nach Liebe, R. 07. – MV: Wie Romane entstehen, m. Klaus Siblewski 08. – R: Schauplätze meiner Fantasien – Rom, Venedig, Prag, Fsf. 00; Schrecken der Heimat – Westerwald, Fsf. 01. – Lit: Manfred Durzak/ Hartmut Steinecke (Hrsg.): H.-J.O. – Im Innern seiner Texte 95; Helmut Schmitz: Der Landvermesser auf d. Suche nach d. poet. Heimat. H.-J.O.s Romanzyklus 97.

†**Orthofer,** Peter (Ps. Jan Hagel, Caspar Nebel, Dragobert Dack), Schriftst., Kabarettexter; lebte in Wien (* Berlin 17. 6. 40, † Wien 13. 2. 08). G.dr.S., Vereinig. hauptberufl. Schriftst., I.A.K.V., P.E.N., IGAA, ARGE Drehbuch; Berufstitel Prof., Gold. E.zeichen d. Ldes Wien. Ue: engl, frz, ital. – V: Österreich hat immer Saison 66; Lieben und Liebenlassen, Lyr. 66; Als wär's ein Stück von ihm, Parod. 67; James Bond 006, Parod. 67; Das Wandern ist des Deutschen Lust 68; Liebe unter sex Augen, Sat. 68, Tb. 83; Make Love, Sat. 69; Mensch ärgere dich doch, Kurzgesch. 71; Flügeljahre, Theaterst. 78; Kleiner Ratgeber für gesellige Singles 79; Kleiner Ratgeber für efrauzipierte Männer 79; Uns bleibt auch nichts erspart. Eine respektlose Chronik österr. Geschichte 79, Neuausg. 96; Peter Orthofers Universal-Parteibuch für jede Überzeugung! 85; Curioser Computer-Club 86; Rauchschwadronen 86; Highlife für Jedermann, Sat. 87; Die Wahrheit über Österreich, Sat. 89; Die Geschichten des O., Satn. 90; Lex Minister, Sat. 90 (auch als Film); Peter Orthofers Sexkoffer, Sat. 91; Österreich hat immer Saison 96; Urlaubsgelächter 96; Heinzl Highlights, Satn. 97; Money mag man eben 99; Glück, Erfolg, Reichtum, Macht ... und andere Kleinigkeiten des täglichen Bedarfs 02; So schaut's aus in Österreich 04; – Kabarettprogramme: Das fängt ja gut an 76; Vorsicht, bissiger Mund! 84; Spott sei Dank 85; Watsch-List 87; Zeitenblicke 88; Und er bewegt sich doch 88; Retten was? 93; Hurra, wir leben noch 94. – MV: Wigl-Wogl 64; Humor am Rand der Notenlinie; Die Liebesuniversität. – MA: Beitr. in versch. Anth. u. dt.spr. Zss. – R: Fs.-Sdgn, u. a.: Und er bewegt sich doch!; Idioten an die Macht; 999 Jahre – Die österr. Seele auf der Couch; Zeit am Spieß; – zahlr. Rdfk-Serien. – P: zahlr. Videos u. CDs. – Ue: John White: Veronica; Eviva Amico 77; Mayflower 78, alles Musicals.

Orths, Markus, freier Autor; c/o Schöffling & Co. Verlagsbuchhandlung, Kaiserstr. 79, D-60329 Frankfurt/M., *morths@gmx.de* (* Viersen 21. 6. 69). Nettetaler Lit.pr. 99, OPEN MIKE-Preisträger 00, Moerser Lit.pr. 00, Stadtschreiber 02, Irseer Pegasus 02, Stip. d. Stuttgarter Schriftstellerhauses 02, Aufenthaltsstip. d. Berliner Senats im LCB 02, Stip. d. Kunststift. Bad.-Württ. 02, Marburger Lit.pr. (Förd.pr.) 02, Limburg-Pr. 03, Förd.pr. d. Ldes NRW 03, Lit.pr.

Floriana (2. Pr.) 04, Heinrich-Heine-Stip. 06, Sir Walter Scott-Lit.pr. f. hist. Romane in Gold 06, Telekom-Austria-Pr. im Bachmann-Lit.wettbew. 08. – V: Wer geht wo hinterm Sarg?, Erzn. 01; Corpus, R. 02; Lehrerzimmer, R. 03; Catalina, R. 05; Fluchtversuche. Rom. 06; Das Zimmermädchen, R. 08. – MH: Konzepte 99–03.

Ortinau, Gerhard; Sredzkistr. 43, D-10435 Berlin, Tel. (0 30) 48 49 49 68 (* Borcea/Rum. 18. 3. 53). Stip. d. Dt. Lit.fonds 83, Stip. Schloß Wiepersdorf 93, Arb.-stip. f. Berliner Schriftst. 97, Alfred-Döblin-Stip. 99, Würth-Lit.pr. 05; Lyr., Nov., Kurzgesch., Übers., Theater, Hörsp. – V: Verteidigung des Kugelblitzes, Erzn. 76; Ein leichter Tod, Erzn. 96; Käfer. Eine dt. Komödie, Theaterst. 97 (auch Hsp.). – MA: Ein Pronomen ist verhaftet worden 92; Das Land am Nebentisch, Anth. 93; Drucksache 16 95; Theater d. Zeit 6/97; Lit.zss., u. a.: die horen; Akzente. – R: Beitr. f. d. Rdfk. (Red.)

Ortlepp, Harald M., Dipl.-Betriebswirt, Journalist; Ginsterweg 5, D-61239 Ober-Mörlen, Tel. u. Fax (0 60 02) 78 31, *Harald.Ortlepp@who-magazine.com* (* Dresden 13. 3. 41). Rom. – V: Der Flugunfall, R. 96. – H: Humor über den Wolken, Anth. 97. (Red.)

Ortmann, Edwin, Schriftst., Journalist, Übers.; Steinsdorfstr. 4/V, D-80538 München, Tel. (0 89) 29 61 76, Fax 29 16 94 79. Lista Correros, E-07870 San Francisco/Formentera (* München 5. 3. 41). Stip. d. Dt. Lit.fonds 81/82, Stadtschreiber v. Semur-en-Auxois 93; Rom., Erz., Ess., Hörsp., Lyr., Übers. Ue: engl, frz, span. – V: Phönix, Erzn. 81, Tb. 83; Die Wunde kehrt ins Messer zurück, Erzn. 84; Ein Wahnwitz von Liebe, R. 88; Nie wieder Mozart, R. 92. – MA: Die stillenden Väter 83. – R: zahlr. Hsp. f. NDR, DLR, SDR, u. a.: Die rundeste Geschichte von der Welt 84; Blinde Kuh 85; Alaska. Land unter der Haut 85; Klaus Störtebeker oder Nur der Lügner gelangt in den Besitz der Wahrheit 86; Aus dem Augenleidenbuch 87; Das Reifen zum Biedermann 98; Die Clowns, die Liebe, der Tod 00; Die ersehnte Umarmung 01; Der letzte Leuchtturmwärter 03. – Ue: Regis Debray: Der Einzelgänger 76; Lawrence Durrell: Griechische Inseln 78; Alphonse Boudard: Helden auf gut Glück, u. a., z.T. auch bearb. (Red.)

Ortmann, Sabrina, PR-Managerin, Red. u. Hrsg.; Berlin, *ortmann@berlinerzimmer.de*, *www. berlinerzimmer.de/ortmann* (* 72). Weddinger Lit.pr 96/97, Innovationspr. d. ARTE them@Lit.wettbew. 00. – V: netz literatur projekt 01. – MA: zahlr. Art., Repn. u. Interviews in Ztgn, Mag. u. Online-Medien seit 94; Konzeption, Realisierung u. Red. d. Online-Mag. „Berliner Zimmer" seit 97. – MH: tage-bau.de, m. Enno E. Peter 01. (Red.)

Ortner, Irene s. Tschermak, Irene M.

Ortner, Josef Peter, Dr. phil.; Hauptplatz 3, A-2103 Langenzersdorf, Tel. u. Fax (0 22 44) 3 48 21, *jp.ortner@gmx.at* (* Gmunden 5. 5. 35). Ö.S.V. 03, VKSÖ 03, P.E.N.-Club Öst. 07; Lyrikpr. d. VKSÖ 03; Erz., Lyr., Ess. – V: Otto Edler von M. 87; Das Glück mit dem Christbaum 92; Himmelseiten, die die Welt a Weiten!, Geschn. 97; Auf dem Weg zu Goethes Gartenhaus 99; Bist du jetzt ein Donaufisch? 07; Meine 17 Frauen, R. 08. – MA: Beitr. in Anth. u. literar. Zss.

Ortner, Otto Ludwig, Dr. iur., Rechtsanwalt em.; Iglaseegasse 44, A-1190 Wien, Tel. (01) 3 20 33 71, Fax 3 28 95 10, *ottolortner@utanet.at* (* Wien 12. 2. 36). Fulbright-Stip. Princeton Univ./USA, Regierungsstip. Univ. de Paris; Lyr., Dramatik. Ue: engl, frz, tsch. – V: Sonnenaufgang über Österreich 89; Stalingrad – Princeton'sche Bekenntnisse. Ein Testament für Österreich 99. (Red.)

Orzechowski, Christel (Christy Orzechowski), Dr. h. c. Theologie, Sozialpäd., Laien-Missionarin; Apdo 93, Obisado Puno/Peru (* Lyck/Ostpr. 4. 9. 43). Dr. h. c. d. Theologie, U.Freiburg 97; Tageb., Lyr. – **V:** Mache meine Augen hell, Bolivientageb. 76, 3. Aufl. 81; Wohin Du uns führst, Lyr. 87; Hoffnungstränen, Lyr. 88; An den Tischen der Armen, Tageb. 89; Mit gebückter Feder, Lyr. 89; Unausweichliche Nähe, Tageb. 92; Flügellos weint mein Volk, Lyr. 92; Steh auf, Hirtenkind! 01. – **MV:** Komm ich zeige Dir, wo wir leben, m. Bernhardine Schulte, Kdb. 77, 2. Aufl. 81. – **R:** Mache meine Augen hell; Komm ich zeige Dir, wo wir leben, beides Tonbild-Ser. (Red.)

Orzechowski, Harry (Ps. Candy De la Noyer, Der Bohrwurm), freier Schriftst., Kunstmaler, Illustrator; Vor den Toren 34 A, D-31553 Auhagen, Tel. (0 57 25) 75 91 (* Rastenburg/Ostpr. 2. 5. 39). Pr. b. Autoren-Wettbew. f. dt. Kurzgesch. Brunnen-Verl. Gießen 84, Hafiziyeh-Lit.pr. (Sat.) 87; Hist. Sagen u. Märchen, Rom., Nov., Kurzgesch., Erz., Lyr., Prosaged., Fantasy, Sat., Kinder- u. Jugendb. – **V:** Der Z'ler, Einakter, UA 71; Wechselbad der Gefühle 87; Unsere Welt – Umwelt/Unwelt, Leseb. 87; Kapitän Tobby, Kd.- u. Jgdb. 88; Erich Nußberger, Erz. 89; Am Sonnenstrand, erot. N. 90; Die Steine des Mechantas, Sagen als Parabeln 90; Geheimnisvoller Harem, hist. Krimi 92; Wie die Schildbürger nach Ostpreußen kamen, Legn. u. Sagen 95. – **MA:** Schubladentexte 82; ... es lohnt sich 83; ... wolkig, gebietsweise heiter 84; Lyrik u. Prosa vom Hohen Ufer III 85; Gauke's Jb. '86, '87, '88 85–87; Vergraben d. Mondes Licht; Sag ja zu mir 86; Tippsel 3 – Begegnungen; Du bist mein Leben; Blühende Winterkirsche; Premiere, Bd 1 u. 2; Zwischen d. Zeilen; D. gr. Buch d. Renga-Dicht. 87; Von Till u. a. Tieren; Schade, daß du gehen mußt; Wie e. Baum, der gefällt wird; Zeichen d. Wiederkehr; Auf silberner Sichel; Es muß wohl Liebe sein 88; Lautlose Flocken; Lange Schatten überm Land; Rauh wehen Winde; An moosgesäumten Ufern; Mitten im Schweigen; Fröhlich knistern d. Scheite; Herbstgewitter; Häm u. Tücke; In kalten Nächten; Auf leisen Sohlen; Im kalten Herbstwind; Lang entbehrt ich dein Gesicht; Kleiner Fratz; D. dritte Buch d. Renga-Dicht.; D. sind d. Starken im Leben; D. Zeit d. Weihnachtsmaus; Von d. Hexe u. d. Zwerg 89; D. Buch d. Tanka-Dicht.; Zeugnistag; Durch kahle Alleen; Im Wechsel d. Jahre; Ich lieb mich verrückt; D. Lieder d. Quelle; In d. Eulenflucht; D. gr. Buch d. Haiku-Dicht.; Gauke's Lyr.-Kal.'90; Es schneit in meinen Gedanken; Erinnerungen an e. Heimat; Weit hinter d. Regenbogen 90; D. Kuß v. Cambrai; D. große Buch d. Senku-Dicht.; E. Zeile f. d. Frieden 92; Im schimmernden Mondlicht; Gauke's Lyr.-Kal.'94; Unser Wald darf nicht sterben; D. dritte Buch d. Senku-Dicht. 93; Am Rande d. Realität; Du sollst dir kein Bildnis machen; Texttürme 2 94; Die Frau; E. Brücke f. d. Frieden 95; Pflücke d. Sterne, Sultanim; Antworten bauen Brücken; Eisblumen; Dichter u. Schriftsteller Dtld '96 96; 30 Kilo Fieber; E. Zeichen d. Hoffnung; Im Schatten d. Leidenschaft 97; zahlr. Beitr. in in- u. ausländ. Ztgn u. Zss., u. a. in: Helfende Hände; Die Brücke 80–99. – **H:** u. B: Mitten im Schweigen, Kasen 88. – **MH:** ... es lohnt sich, Leseb. 83. – **MF:** Lyr.-Tel. Hannover 84–93. – *Lit:* s. auch Kürschners Handbuch der Bildenden Künstler, 1. Aufl. 2005. (Red.)

Orzessek, Arno, Schriftst., Journalist; Sanderstr. 13, D-12047 Berlin, Tel. (0 30) 61 30 30 06, *a.orzessek@web.de* (* Osnabrück 12. 8. 66). Uwe-Johnson-Förd.pr. 06; Rom. – **V:** Schattauers Tochter, R. 05, Neuaufl. 07; Drei Schritte von der Herrlichkeit, R. 08. – **MH:** Zerstreute Öffentlichkeiten, m. Jürgen Fohrmann 02.

Osang, Alexander, Journalist, bis 06 USA-Reporter f. „Der Spiegel"; Berlin, *aosang@mindspring.com.* c/o S. Fischer Verl., Frankfurt/M. (* Berlin 30. 4. 62). Egon-Erwin-Kisch-Pr. 93, 99 u. 01, Theodor-Wolff-Pr. 95; Literar. Publizistik, Rep., Rom., Erz. – **V:** die nachrichten, R. 00; 89, Helden-Geschn. 02; Lunkebergs Fest, Erzn. 03; Lennon ist tot, R. 07; – REPORTAGEN/PORTRÄTS/KOLUMNEN: Das Jahr Eins. Berichte aus d. neuen Welt d. Deutschen 92; Aufsteiger – Absteiger. Karrieren in Deutschland 92; Die stumpfe Ecke. Alltag in Deutschland 94; Das Buch der Versuchungen. 20 Porträts u. eine Selbstbezichtigung 96; Tamara Danz. Legenden 97; Hannelore auf Kaffeefahrt 98; Ankunft in der neuen Mitte 99; Schöne neue Welt. 50 Kolumnen aus Berlin u. New York 01; Berlin – New York 04; Den Damen muß man Guten Tag sagen 08. (Red.)

Osenger, Herbert, Bankkfm. u. Sparkassenbetriebswirt; Am Römerweg 36, D-41470 Neuss (* Neuss 1. 12. 58). VG Wort; Kinder- u. Jugendb.liste v. RB u. SR 4/05. – **V:** Das Geheimnis des Herbstlandes. Bd 1: Das Haus der Türen 03, Bd 2: Adragars Rache 04, Bd 3: Der goldene Tunnel 05; Expedition Nachtland 07.

Osiries (Ps. f. Sanaa Baghdadi Biank); Bielenbergstr. 10, D-24143 Kiel, Tel. u. Fax (04 31) 73 33 03, *osiries52@arcor.de, osiries.cabanova.de* (* Alexandria/Ägypten 5. 5. 52). VG Wort 89, VS Schlesw.-Holst. 08. Uc: arab, engl. – **V:** Kulturmißverständnisse oder Vorurteile 89; Als der Hahn krähte 07; Der Lastträger, G. 08.

Oskamp, Katja, Autorin; c/o Ammann Verl., Zürich (* Leipzig 20. 2. 70). MDR-Lit.pr. (2. Pr.) 00; Buch d. 'Literaturladen Potsdam' 04, Rauriser Lit.pr. 04, Anna-Seghers-Pr. 07; Erz., Rom. – **V:** Halbschwimmer, Erzn. 03, Tb. 05; Die Staubfängerin, R. 07.

Osmers, Nicola *

Ossau, Uwe Horst, Physiotherapeut, Rentner (* Friedberg/Hess. 19. 2. 45). – **V:** Du sagtest zu mir ... denke, Lyr. 95; Du stelltest mir die Frage Was ist..., Lyr. 95. (Red.)

Ossowski, Leonie (Ps. f. Jolanthe von Brandenstein), Autorin; Hubertusallee 46, D-14193 Berlin, Tel. (0 30) 8 91 15 98 (* Röhrsdorf/Niederschles. 15. 8. 25). P.E.N.-Zentr. Dtld; Jgdb.pr. d. Stadt Oldenburg 77, Buxtehuder Bulle 78, Adolf-Grimme-Pr. in Silber 80, Kulturpr. Schlesien d. Ldes Nds. 81, Schiller-Pr. d. Stadt Mannheim 82, Hermann-Kesten-Med. 06, Auszeichn. „Verdient um die polnische Kultur" 07; Drama, Rom., Film, Hörsp. – **V:** Stern ohne Himmel, R. 56 (als Bü. 58), 78; Wer fürchtet sich vorm schwarzen Mann, R. 67; Zur Bewährung ausgesetzt, sozialpolit. Dok. 72; Mannheimer Erzählungen, Kurzgeschn. 74; Weichselkirschen, R. 76, 00; Die große Flatter, Jgd.-R. 77, 99; Blumen für Magritte, Erzn. 78; Liebe ist kein Argument, R. 81; Wilhelm Meisters Abschied, Jgd.-R. 82; Voll auf der Rolle, Bü. 84; Neben der Zärtlichkeit, R. 84; Wolfsbeeren, R. 87, 02; Das Zinnparadies, Erz. 88; Holunderzeit, R. 91, 02; Von Gewalt keine Rede, Erzn. 92; Die Maklerin, R. 94, 04; Herrn Rudolfs Vermächtnis, R. 97, 98; Das Dienerzimmer, R. 99, 00; Die schöne Gegenwart, R. 01; Espenlaub, R. 03; Der Löwe im Zinnparadies. Eine Wiederbegegnung, Erz. 03; Der einarmige Engel, R. 04. – **F:** Zwei Mütter, Spielf. 56; Stern ohne Himmel 80. – **R:** Autoknacker, Hsp. 71; Auf offner Straße, Fsp. 71; Zur Bewährung ausgesetzt, Dok.film 72; Die große Flatter, 3-tlg. Fsf. 79; Weichselkirschen, Fsf. 80; Voll auf der Rolle, Fsp. 85; Von Gewalt keine Rede, Fsf. 90. – *Lit:* Herbert Glossner in: KLG. (Red.)

Ost, Heinrich; Griegstr. 31, D-80807 München, Tel. (0 89) 3 59 20 73 (* Oelde/Westf. 11. 3. 35). VS 64; Drama, Lyr., Ess., Rom. – **V:** Wind wäre angenehm, G. 60; Zwischen den großen Straßen, Ess. 69; Bevölkerte Schatten – Zaludnione cienie, G. dt.-poln. 75; Santuperanos!, Libr. 77; Der Anachoret oder Die Vergeßlichkeit der Regierung, R. 94; Pestalozzi der Unbrauchbare, Ess. 99; Westfäl. Autorenlex., Bd IV 02. – **MA:** Lotblei 62; Aussichten 66; Tamarack Review 67; Ensemble 5 77; Das große Rabenbuch 77; Merkur 222, 235 Zwischen Ems u. Lippe 71–83; S!A!U! 1–9 78–80; 1945–1995. E. Fortsetzungsgesch.? 96; Lieber Franz! Mein lieber Sohn! 97; Hans von Savigny: Die Invasion der Schnecken (Nachw.) 00; Zss.: Ethica 3/95, 4/96; Paedagogica historica 3/94. – **R:** Der unwürdige Liebhaber, m.a., Fsp. 80. – **MUe:** Joseph Brodsky: Ausgewählte Gedichte 66, 87; Alexander Twardowski: Heimat und Fremde 72, beide m. Alexander Kaempfe; Joseph Brodsky: Haltestelle in der Wüste 97; ders.: Brief in die Oase 06.

Ostara, Uli s. Lenz, Ulrich Maria

Osten, Manfred, Dr., Gen.-Sekr. d. Alexander von Humboldt-Stift. a.D., Vortragender Legationsrat 1.Kl. a.D.; Weißdornweg 23, D-53177 Bonn, Tel. (01 75) 2 61 41 20, (02 28) 32 83 01, Fax 32 83 00, *Manfred. Osten@t-online.de* (* Ludwigslust 19. 1. 38). Mainzer Akad. d. Wiss. u. Lit.; Order of the Rising Sun, Japan 93, Marin-Drinov-Med. d. Bulg. Akad. d. Wiss. 97, E.med. d. Univ. Tacna/Peru 98, Silbermed. d. Karls-Univ. Prag 98, Med. z. Förd. d. Wiss. d. Slovak. Akad. d. Wiss. 98, Dr. h.c. Univ. Bukarest 01, Univ. Pécs 02, Techn. Univ. Cluj 03, Bulg. Akad. d. Wiss. 03, Verd.-med. d. Jagellonen Univ. Krakau 06; Ess., Lyr. – **V:** Der Baum der Reisenden, G. m. Ill. v. Horst Janssen 93; Die Erotik des Pfirsichs, literar. Portr. 96; Alles veloziferisch oder Goethes Entdeckung der Langsamkeit 03 (auch russ., korean., bulg., poln., serb.); Das geraubte Gedächtnis 04 (auch span., poln.); Die Kunst, Fehler zu machen 06. – **MA:** Lyr. in: Akzente, Zs.; Aufss. u. Rez. in Ztgn u. Zss., u. a.: FAZ; Die Zeit; Süddt. Ztg; NZZ; Die Welt; Wochenpost seit 85; Veröff. zu geisteswiss. Themen in dtspr. u. jap. Zss. u. im „UNESCO-Kurier"; freie Mitarb. b. „Tokyo Shimbun" – **H:** Alexander von Humboldt: Über die Freiheit des Menschen 99. – **R:** Rdfk-Beitr. u. Fs.-Gespr. zu versch. Themen, u. a.: jap. Literatur u. Kultur, nat. u. intern. Persönlichkeiten aus Gesch., Lit. u. Musik; üb. 30 Fs.-Gespräche m. Alexander Kluge zu div. geisteswiss. Themen.

Ostendorf-Terfloth, Leonhard (Ps. LOT); Kleimannstr. 2–3, D-48149 Münster, Tel. (02 51) 29 80 30 (* Heilsberg/Ostpr. 3. 11. 33). VS NRW 94; Walter-Serner-Pr. (2. Tspr.) 86, 87, Satirepr. d. WDR 94; Drama. – **V:** Das geschenkte Jahr 2 sat. Miniatn. 94; Der Theaterkritiker, Einakter 05; Der Nobelpreis, Drama 07. – **P:** Der Phantomgeiger, Hsp. (WDR) 03. – *Lit:* Westfäl. Nachrichten 4.2.87, 31.12.87. (Red.)

Ostendorff, Gertrud s. Thoma-Auerbach, Kathleen

Oster, Heinz-Hermann; Weidstr. 34a, D-52134 Herzogenrath, Tel. (0 24 06) 35 17, Fax 65 98 60 (* Aachen 1. 2. 59). – **MV:** Das Medaillon der Zauberin. Eine phantast. Reise in d. Zeit d. Bockreiter, m. Marianne Oster 01. (Red.)

Oster, Marianne; Weidstr. 34a, D-52134 Herzogenrath, Tel. (0 24 06) 35 17 (* Würselen 13. 4. 60). – **MV:** Das Medaillon der Zauberin. Eine phantast. Reise in d. Zeit d. Bockreiter, m. Heinz-Hermann Oster 01. (Red.)

Oster, Martin s. Bungert, Alfons

Osterburg, Ruth, Lehrerin a. D.; Husarenstr. 8, D-38102 Braunschweig, Tel. (05 31) 33 40 33 (* Holzen/Kr. Holzminden 19. 5. 32). – **V:** Orchesterprobe 93; Sechse ziehen in die Welt 93; Wer bringt uns Krips-

Kraps zurück? 95; Die sechsundzwanzig lauten Leute 99, alles Kindertheaterst. (Red.)

Osterhoff, Alexander, versch. Arbeiter- u. Angest.-berufe; Am Sommerberg 29, D-51503 Rösrath, Tel. (0 22 05) 8 18 49 (* Weidenau 13. 2. 12). Lit. Ges. Köln, Freunde d. Stadtbibliothek e.V.; Drama, Lyr., Rom., Kurzgesch. – **V:** insges. 14 Bücher, u. a.: Unter uns, G. 53, 2. Aufl. 85; Caracalla 71; Admet 76; Jeanine 77; Harald Torquist 77, 95; Henning Moormann 77, 92, alles Trauersp.; Der blaue Himmel, G. 77; Von Mitternacht bis 6, G. 85; Die vergessene Straße, R. III. – **R:** Filme sind Bilder von Menschen, Theaterstücke werden nicht von Bildern, sondern von Menschen dargestellt. (Red.)

Ostermaier, Albert, Schriftst., Künstler. Leiter d. intern. Brechtfestivals „abc – AugsburgBrecht-Connected" seit 06; Ottostr. 3, D-80333 München, Tel. (0 89) 54 83 02 90, Fax 54 83 02 92, *info @albert-ostermaier.com*, *www.albert-ostermaier.com* (* München 30. 11. 67). Stip. d. Ldeshauptstadt München 90, Liechtenstein-Pr. 96, Ernst-Toller-Pr. 97, Aufenthaltsstip. d. Berliner Senats 97, Übers.pr. d. Goethe-Inst. im Rahmen d. Mülheimer Theatertage 98, Hubert-von-Herkomer-Pr. Landsberg/Lech 98, Ernst-Hoferichter-Pr. 00, Autorenpr. d. Heidelberger Stückemarkts 00, Schwabinger Kunstpr. 01, Writer in residence New York Univ. 01, Kleist-Pr. 03, Land d. Ideen – 100 Köpfe 06; Rom., Lyr., Drama, Hörsp., Erz., Ess., Drehb., Libr. Ue: engl. – **V:** LYRIK: Verweigerung der Himmelsrichtung 88; umWaelZTon 89; Herz Vers Sagen 95 (auch frz.); fremdkörper hautnah 97; Heartcore 99 (m. CD, auch frz. u. poln.); Autokino 01 (m. CD); Solarplexus 04 (m. CD); Polar 06; Für den Anfang der Nacht, Liebesgedichte 07; – PROSA: Der Torwart ist immer dort, wo es weh tut 06; Zephyr, R. 08; – STÜCKE: Zwischen zwei Feuern. Tollertopographie 99; Tatar Titus 99; The Making Of. Radio Noir 99; Death Valley Junction 00; Erreger / Es ist Zeit. Abriss 02; Letzter Aufruf / 99 Grad 02; Vatersprache 03; Katakomben / Auf Sand 03; Schwarze Minuten 07; – THEATER/UA: Zwischen zwei Feuern 95; Zuckersüß & Leichenbitter oder: vom kaffee-satz im zucker-stück 97; Radio Noir 98; The Making Of 99; Tatar Titus 99; Death Valley Junction 00; Erreger / Es ist Zeit. Abriss 01; Fliegenfänger, Monolog 01; Fingerkuppen, Libr. 01; Letzter Aufruf 02; 99 Grad 02; Vatersprache 02; Katakomben 03; Auf Sand 03; Solarplexus/Bewegungsmelder 04; Nächte unter Tage, szen. Install. 05; Nach den Klippen 05; Crushrooms, Libr. 05; Ersatzbank 06; Schwarze Minuten 07. – **MV:** Nicht in Venedig, m. Aleksandar Kolenc, Gert Heidenreich u. Gerald Strasser, Monotypien 91. – **MA:** zahlr. Lyrikveröff. u. Artikel in Lit.zss. u. Tageszgn, u. a. in: lettre, ndl, Akzente, Weltwoche (Suppl.), Zwischen den Zeilen, NZZ, FAZ, Tagesspiegel, Spiegel, Die Zeit, SZ. – **MH:** Die Göttin und ihr Sozialist, m. Werner Fuld 02; Titelkampf, m. Ralf Bönt u. Moritz Rinke 08. – **P:** HÖRSPIELE: Zwischen zwei Feuern. Tollertopographie 94 (DLR); Zuckersüß & Leichenbitter 97 (SWF); Radio Noir 99 (BR); Heartcore Theater 99 (BR); Calcuttaphonie 00 (BR); Erreger 01 (BR); Vatersprache 03 (BR); Bewegungsmelder 04 (BR); Polar 06 (HR). – **Ue:** Edward Albee: Die Ziege oder Wer ist Sylvia?, UA 04; W. Shakespeare: Die Rosenkriege – Heinrich VI., UA 08.

Ostermann, Irmgard Maria, Fotokauffrau, Ausbilderin; Kaltmühlstr. 4, D-60439 Frankfurt a.M., Fax (0 69) 52 53 23, *mariaostermann@gmx.de* (* Reil/Mosel 1. 9. 53). VS 98; Stip. d. Kd.-u. Jgd.theaterzentrums in Dtld 97, A.-u.-A.-Launhardt-Gedächtnispr. (3. Pl.) 98, Stip. d. Intern. Writers and Translators Centre of Rhodos 00, 01, 03; Lyr., Erz., Dramatik. – **V:** Nie-

Ostermayer

mand sonst, Erzn. 00; Herzsprung, Theaterst. 00; Die Formation fliehender Tage, Lyr. 02; Rias Verlangen, R. 07. – **MA:** Mitarb. an Lit.zss., Ztgn u. Anth.

Ostermayer, Fritz, Journalist, Radiomacher, Autor; Porzellangasse 38, A-1090 Wien, Tel. (01) 9 42 67 11 (* 56). Radiopr. d. Erwachsenenbildung (Sparte Kultur) 00. – **V:** Gott ist ein Tod aus der Steckdose 94; Hermes Phettberg räumt seine Wohnung zsamm 95. – **MV:** Die Sumpfprotokolle 98; Die Gutmenschenprotokolle 00, beide m. Thomas Edlinger. – **H:** Dead & Gone. 1. Trauermärsche, 2. Totenlieder, CD (auch Begleittext) 97. – **R:** zahlr. Hfk-Arb., u. a.: With the eyes shut 88; Konzert der Dinge, Ess. 88; The Art of Sampling, Betrachtung 88; Hfk-Sdg „Im Sumpf" (FM4), m. T. Edlinger. (Red.)

Osterwald, Egbert, Dr. phil., StudR.; Bartold-Knaust-Str. 65, D-30459 Hannover, Tel. (05 11) 41 56 68, Fax 2 34 89 41, *e.osterwald@osterwald.eu, www.osterwald.eu* (* Barsinghausen 7. 8. 52). VG Wort, Das Syndikat; Stip. d. Studienstift. d. dt. Volkes; Rom. – **V:** Eisvogel, flieg 96; Sieben Frauen & ein Mord 96; Tod eines Schweins 96; Schwarz-Rot-Blond 08, alles Krim.-R.; Leinen los!, Kdb. 99; Liebe, Kitsch und Bücherwürmer, R. 00; Schneeschmelze 01; Herzblut 01; Trübe Wasser 02, alles Thr.

Osthushenrich, Andrea, Studentin, freie Mitarb. d. Dattelner Morgenpost; Franz-Ludwig-Weg 3, D-48149 Münster, Tel. (02 51) 9 32 56 88, *andrea.osthushenrich @t-online.de* (* Datteln 14. 7. 81). – **V:** Schmunzelhorror am Kamin, m. Theo Gremme u. Robin Jähne, Kurzgeschn. 02. (Red.)

Oswald, Doris, Humoristin, Autorin, Rentnerin; Öschweg 43, D-72555 Metzingen, Tel. (0 71 23) 1 45 69 (* Metzingen 9. 1. 36). Mundartges. Württ. 86; Sebastian-Blau-Pr. 02; Lyr., auch in schwäb. Mundart, Erz., Hörsp. – **V:** D' Wonder kriagt ma g'schenkt 97, 3. Aufl. 08; Wenn d Sonn rauskommt 05, beides Mda.-G. – **MV:** Zwei kleine Negerlein, Bilderb. 72; Do lieg i ond träum, Lyr. 86, 2. Aufl. 90; Klärle, ons lauft d Zeit drvo, Mda.-G. 90, 2. Aufl. 93, alles m. Rosemarie Bauer. – **B:** Der Wettlauf zw. Hase u. Igel, m.a., Bilderb. 70. – **MA:** Kleines Reutlinger Leseb., Anth. 85; Anth. Landes-Lyrikwettbew. d. Lkr. Reutlingen 99.

Oswald, Georg M., Jurist, Schriftst.; Reismühlenstr. 3, D-81477 München, Tel. (0 89) 77 95 03 (* München 2. 8. 63). Stip. d. Ldeshauptstadt München 93, Förd.pr. d. Freistaates Bayern 95, Arno-Schmidt-Stip. 00, International Prize 00. – **V:** Das Loch. Neun Romane a. d. Nachbarschaft 95; Lichtenbergs Fall, Erz. 97; Party-Boy – Eine Karriere, Erz. 98; Alles, was zählt, R. 00 (in mehrere Spr. übers.); Im Himmel, R. 03; Vom Geist der Gesetze, R. 07. – **MA:** zahlr. Beitr. in Rdfk (BR), Ztgn u. Zss., u. a. in: SZ; Die Zeit; Literar. Welt; Akzente; – Anth.: Poetry Slam 96; Wenn der Kater kommt 96; Trash Piloten 98; Die Schraffur der Welt 00; NULL 00, u. a.; – Mitarb. an versch. Internetprojekten. (Red.)

Oswald, Jani (Johann Oswald), Dr., Jurist; Matrasgasse 13, A-1130 Wien, Tel. u. Fax (01) 8 76 03 47 (* Klagenfurt 12. 7. 57). Lit.förd.pr. d. Ldes Kärnten 95; Lyr. – **V:** Verhacktes) 85; Babylon/Babilon, dt./slowen. 92; Pes Marica 94; Achilleverse. Kein Heldenepos 96; Frakturen 07 (m. CD). – **MA:** Guten Abend, Nachbar!, Anth. dt./slowen. 00. – **H:** in d. 80er Jahren Chefred. d. slowen. Lit.zs. „Mladje" (Red.)

Oswald, Susanne (Ps. Arabella Nagual); Im Stigler 44, CH-4312 Magden (* Rorschach 3. 9. 42). AdS 94, Dt. P.E.N.-Zentr. 95, Pro Litteris 95; Kartause Ittingen 95, Stip. d. Annemarie-Schindler-u.-Elisabeth-Farberg-Stift.; Rom., Sachb. – **V:** Auf den Schwingen des Pendels, R. 93; Die Königin der Feuersalamander, R. 95; Liebe überlebt, R. 94; Im Labyrinth der Kraft, R. 95;

Landkarten der Psyche – Die Hand als Weg zum Selbst. Ein Grundkurs d. Chirologie in 12 Schritten 97. (Red.)

OTOLO s. Lohmüller, Otto

Ott, Elfriede, Schauspielerin, Diseuse; c/o Verl. Styria, Graz (* Wien 11. 6. 28). Prosa, Chanson. – **V:** Phantasie in Ö-Dur, Autobiogr., Arb.ber. 75, 76; Wenn man in Wien zur Welt kommt, Feuill. 77, 81; Unterwegs zu meinen Bildern 84; Hans Weigel quergelesen 94; Ein Hoch dem Tief, Texte 00. – **H:** Das 1000jährige Kind. Hans Weigel und sein Österreich 96; Und was ist über den Sternen, Anth. 96; Auf weichen Pfoten, Anth. 97; Gestatten, mein Name ist Hund, Anth. 98; Was hinter dem Vorhang passiert, Geschn. 99; Der dritte Akt 02. (Red.)

Ott, Ingeborg (Ingeborg Zenz), Kindergartenleiterin; Ponauerstr. 35/1, A-9800 Spittal, Tel. (0 47 62) 4 53 72 (* St. Veit an der Glan 29. 4. 39). Kärtner Lit.pr., Ebental 86; Lyr., Erz. – **V:** Laft schnell die Zeit 76; Die lange Strasse 77; Schattn und Blüah 81; A Bruggn zu' dir 87; Geaht a Stern übern Berg 92; Krawuzi, Kdb. 97. – **P:** Ume übers Land, Tonkass.; Oberkärtner Advent, Schallpl. u. Tonkass. – *Lit:* Spittal an der Drau 80. (Red.)

Ott, Karl-Heinz, Autor; c/o Hoffmann u. Campe Verl., Hamburg (* Ehingen b. Ulm 14. 9. 57). Akad. d. Wiss. u. d. Lit. Mainz; Märk. Stip. f. Lit. 98, Friedrich-Hölderlin-Pr. d. Stadt Homburg (Förd.pr.) 99, Thaddäus-Troll-Pr. 99, Alemann. Lit.pr. 05, Jahresstip. d. Ldes Bad.-Württ. 05, Pr. d. LiteraTour Nord 06, Candide-Pr. 06, Stip. d. Dt. Lit.fonds 07; Rom., Dramatik, Ess., Feat. – **V:** Ins Offene, R. 98; Endlich Gäste, St. 02; Endlich Stille, R. 05, Hörb. 07; Heimatkunde Baden, Sachb. 07; Ob wir wollen oder nicht, R. 08; Tumult und Grazie. Über Georg Friedrich Händel 08.

Ott, Paul (Ps. Paul Lascaux), Lic. phil.I Germ./Kunstgesch.; Gymnasiallehrer; Kasernenstr. 39, CH-3013 Bern, Tel. 03 13 33 15 64, *paulott @datacomm.ch, www.literatur.li* (* Romanshorn 16. 5. 55). Gruppe Olten, jetzt AdS, Be.S.V., Das Syndikat, AIEP – Intern. Vereinig. d. Krim.schriftst.; Krim.-rom., Kriminelle Gesch., Sachb., Theater. – **V:** Arbeit am Skelett, Krim.-R. 87; Der Teufelstrommler, Krim.-R. 90; Totentanz, Krim.-Erzn. 96; Kelten-Blues, Krim.-R. 98; Der Lückenbüßer, Krim.-R. 00; Europa stirbt, Krimi-Erz. 01; Die Gemeindepräsidentin, UA 02; Mord im Alpenglühen. Der Schweizer Kriminalroman 05; Salzтränen, Krim.-R. 08; Wursthimmel, Krim.-R. 08. – **MA:** Eurorock 81; Deutsch, Lb. 02, 2., erw. Aufl. 04; Beitr. im Lex. d. Krim.-Lit.; zahlr. „kriminelle Geschn." in div. Anth. u. Jb. – **H:** Im Morgenrot. Die besten Krim.-Geschn. aus d. Schweiz 01; Mords-Lüste, erot. Krim.-Geschn. 03; Tatort Schweiz I 05, II 07. – **MH:** Wir waren Helden für einen Tag, m. Hollow Skai 83; Gotthelf lesen. Auf d. Weg zum Original, m. Fritz v. Gunten 04.

Ott-Kluge, Heidelore s. Kluge, Heidelore

Otte, Carsten, Radiomoderator b. SWR2 u. NDR Kultur; lebt in Baden-Baden, c/o Eichborn Verl., Frankfurt/M., *www.carsten-otte.com* (* Bonn-Bad Godesberg 29. 7. 72). Stip. d. Kunststift. Bad.-Württ. 06; Rom., Ess. – **V:** Schweineöde, R. 04; Sanfte Illusionen, R. 07. – **MA:** lauter niemand; Edit; Häuptling eigener Herd.

Otte, Patrick, Bürokfm., Juniormanager; Langobardenstr. 4, D-39576 Stendal, *grosse-feder@web.de* (* Osterburg 12. 12. 74). Lyr. – **V:** Der Liebe letzter Worte 05; Kalokagathia 06; Zeitenwende 07, alles Lyr.

Otten, Annelie, Lehrerin, Autorin; Pasinger Str. 20A, D-12309 Berlin, Tel. (0 30) 7 44 61 46 (* Bad Bentheim

24. 11. 48). NGL Berlin 89; Kinderb. – **V:** Daniel greift ein 88; Timmi macht Quatsch 88; Kopf hoch, Nora 89; Das Wunder von Waldhausen 89; Familie mit Tochter gesucht 91; Kleiner Benjamin ganz groß 91; Die kleine Lügenhexe 91; Mein buntes Märchenrätselbuch 92; Stop – Danger 92; Stolpersteine 93; Ein Hund, warum nicht? 95; Der einmalige Kater Ambrosius 02. – **MA:** Kurzgeschn. in: Mord im Wettbewerb... u. a. Kurzgeschichten 96; Neue Studia, Intern. Lit.-Zs. 98. (Red.)

Otten, Birgit (geb. Birgit Nowiasz), Kommunalbeamtin; In den Weiden 9, D-44629 Herne, Tel. (0 23 23) 46 03 82, *birgit.otten@web.de* (* Castrop-Rauxel 9. 4. 64). Westfäl. Lit.büro Unna; Hans-im-Glück-Pr. 84, Herner Förd.pr. f. sat. Lit. 96, 2. Pr. b. Wettbew. „Lyrik 2000 S" 02; Kurzgesch., Märchen, Lyr., Kinder- u. Jugendlit. – **V:** Winterlied, Fantasy-R. 92; Als der Pinguin einmal fischen ging, Geschn. f. Kinder 97. – **MA:** Kurzgeschn., M. u. Lyr. in zahlr. Anth. u. Lit.zss., u. a. in: Zwei Koffer voller Sehnsucht 93; Regenbogen der Gefühle 95.

Otten, Rudolf s. Braun, Otto Rudolf

Ottenberg, Stephan; Geinsheim, Am Mittelpfad 86, D-65468 Trebur, Tel. (0 61 47) 93 66 33, *kontakt@die-waechter-arimonts.de*, *www.die-waechter-arimonts.de* (* Rüsselsheim 79). – **V:** Die Wächter Arimonts. Bd 1: Der Ruf des Schicksals 04, Bd 2: Am Abgrund des Schicksals 06. (Red.)

Ottendorf, Gert von s. Zenker, Gert Rudolf

Ottenhof, Marinus s. Schulze-Berndt, Hermann

Ottenthal, Johannes, Dipl.-Betriebswirt (FH), Dipl.-Soziologe, Autor u. Maler; Sandfeld 18, D-86497 Horgau (* Csátalja/Ung. 3. 8. 45). – **V:** Altmutter Maria 93. – **MA:** Beitr. in: Unser Hauskalender. Das Jb. d. Deutschen in Ungarn, seit 91; Donau-Schwaben-Kal., seit 99. – **Lit:** Gunter Held (Hrsg.): V.I.P. 85; Wer ist wer? 85ff.; Who's who in Germany 91; Wer ist wer? Erstes ungarndt. Biogr.lex. 93; Dt. Schriftst.lex. 03ff.; s. auch Kürschners Handbuch der Bildenden Künstler 05ff.

Ottersleben, Ossip s. Kühne, Norbert

Ottmann, Anton, Dr.phil.; Breitenbachstr. 25, D-69234 Dielheim, Tel. (0 62 22) 7 05 01, Fax 77 24 46, *anton.ottmann@gmx.de*, *www.anton-ottmann.de* (* Heidelberg 20. 7. 45). Erz. – **V:** Weihnachten – heute, Erzn 96; Die Pariserin, Geschn. 04; Weihnachten ist jedes Jahr, Geschn. 07.

Otto, Albert s. Holz, Harald

†**Otto,** Arnim (Ps. Ahron Schönweiß), Schriftst., Journalist, seit 94 Verleger; lebte in Offenbach/Main (* Dresden 21. 4. 24, † Offenbach/Main 7. 8. 08). VS, Journalisten Union (Aida), Lit.ges. Hessen, Ges. f. Christl.-Jüd. Zus.arbeit e.V. Offenbach u. Frankfurt/M.; Pr. d. Dt. Künstlerhilfe 87, Die Goldene Feder 94; Rom., Erz. – **V:** Liebstöckels Entscheidung, R. 86; Josuas Traum, Geschn. 93 (4 Aufl.); Alexander, Jgd.-R. 94; Freddy, der riesengroße Regenwurm, Kdb. 96; Juden im Frankfurter Osten 1796–1945, Ber. u. Erzn. 97 (4 Aufl.). – **MH:** Gesicht zeigen gegen rechts!, m. Günther Stahl 01 (2 Aufl.). – *Lit:* Hommage v. A.A.S. Otto z. 65. Geb. durch G. Stahl, in: G. Stahl (Hrsg.): Blätter um d. Freudenberger Begegnung, Bde 5 u. 6; Handbuch hess. Autoren 93; DLL, Erg.bd VI 99; Who's Who in Germany 00; Who's Who in German 99/00, 01; G. Stahl (Hrsg.): Abschiedss als Hommage an Arnim Otto, Schriftsteller u. Verleger anlässl. d. Vollendung d. 80. Lebensjahres am 21. April 2004 03; ders.: Freude u. Dankbarkeit, Jub.-Anth. 10 Jahre Arnim-Otto-Verl. 04; Dt. Schriftst.Lex. 07/08.

Otto, Bertram (Ps. Bert Baladin), Verleger; Hardtweg 33, D-53639 Königswinter, Tel. u. Fax (0 22 23) 2 46 38 (* Halle/S. 15. 10. 24). Lyr., Film, Sat., Laiensp., Hörsp., Belletr., Geschichte. – **V:** Der Falschspieler, Laisp. 46; Die Hexe von Brassenheim, Laisp. 46; sie hängten uns ihn während vor die Schnauzen, zeitkrit. Satn. 52; Peter im Panoptikum, Laiensp. 56; Der Teufel und das Glücksrad, Sp. 56; Überall bist Du zu Hause 58; Knigge für die Demokraten, Sat. 59; Sie leben anders 59; Herr Pastor hat auch Humor, Sat. 60; Vor dem Nichts und dem Morgen, G. 60; Das Fenster zur Welt 61; Hitler marschiert in der Sowjetzone 61; Sie leben anders 62; Zwischen Deutschland und Deutschland, G. 63; Die Welt aber soll erkennen 63; Konrad Adenauer und seine Zeit 63; Kennen Sie eigentlich den? 63; Ewald Bucher 64; Kurt Schmücker 65; Die Nachricht kam über die Alpen 67; 100 Jahre Nacht und Tag 68; Kirche am Spieß 70; Der Rest für die Gottlosen 72; Unterwegs zur Weltkirche 82; Gott kennt die Brüder alle, Sat. 84; Du liebes Bißchen, Sat. 86; Ausgerechnet Bonn... 89; Ausgeschlafen. Muntermacher für junge Alte, Sat. 98; Wußten wir auch nicht, wohin es geht 00. – **F:** Sie bewegt uns alle; Der Groschen mit Familiensinn. – **R:** Die Kunde aus dem Land Nirgendwo; Hier Bonn – alles aussteigen; Baladins Wunderlampe; Herr B. aus Bonn; Plötzlich war die Erde anders; Die zweiten Augen. – **P:** Kommt nicht unter die Räder 58; Es braust ein Ruf wie Donnerschall 64; Unser Mann in Bonn 65; Ludwig-Erhard-Marsch 65. (Red.)

Otto, Bettina, Hebamme, psycholog. Beraterin; c/o Verlag Dr. Thomas Balistier, Egartstr. 19, D-72127 Mähringen, *B-J-O@t-online.de* (* Ulm/Donau 56). Rom. – **V:** Der Heros von Phaistos, hist. R. 07.

Otto, Hans-Werner; Eschenbeeder Str. 43, D-42109 Wuppertal, Fax (02 02) 75 51 48 (* Wuppertal 13. 5. 54). Heinz-Risse-Pr. 98. – **V:** Mediterraner Heuschnupfen 86; (K)ein anderes Wuppertal 98; Barfußgang 99; Mit dem Kofferradio in der Mählersbeek 05; Westkotten oder Hitler ist kein feiner Mann, Erz. 06; Rappoport oder Hier unten leuchten wir, Erz. 07.

Otto, Hermann (Ps. Hermann O. Lauterbach), Doz.; Blumenweg 22, D-14482 Potsdam, Tel. (03 31) 7 48 07 57, *lauterba@ipn.de* (* Lauterbach/Hess. 11. 11. 26). SV-DDR 60, VS, Lit.-Kollegium Brandenbg; 2. Pr. u. Silbermed. Weltfestspiele d. Jgd. u. Studenten Warschau 55; Rom., Lyr., Film. Ue: engl, russ. – **V:** Der Stein rollt, R. 58, 61; Zeuge Robert Wedemann, R. 62, 65; Ein gewisser Herr D., Erz. 70; Die schöne Marion, R. 75, 78; 1866 – ein Preussenjahr, R. 01; Der Zeitplan / Ein Dienstag im August, Erzn. 05; Lebens/Momente. Gedichte 1957–2007 07. – **MA:** Du, unsere Liebe 69; Vor meinen Augen, hinter sieben Bergen 77; Sieh, das ist unsere Zeit 77, 79; Lichtschatten/Svetoten, dt. u. russ. Lyrik u. Prosa 05, alles Anth. – **F:** Der Frühling braucht Zeit 65.

Otto, Iris Anna, Dr. phil., freie Autorin; lebt in Bremen, *iris.anna.otto@t-online.de*, *www.iris-anna-otto.de* (* Herne 24. 5. 53). Lichtenberg-Pr. f. Lit. 91, Förd.pr. f. Lit. d. Stadt Herne 92, Kulturpr. d. Stadt Pfungstadt 94, Arb.stip. d. Hess. Min. f. Wiss. u. Kunst 95 u. 02, Die besten 7 Bücher f. junge Leser, März 02, Aufnahme in d. Autoren-Reader Jgd.-Lit. d. Kultursekretariats NRW 03, Bremer Autorenstip. 07. – **V:** Der Traum als religiöse Erfahrung 82; Falken Computer Lexikon 88; Salute, amore, Pesetas, Satn., Grotn., Phantasmagorien, Psychedelica 94, 98; Tango für die Mäuse 96; Schepper 98, Tb. 02, beides Kdb.; Die Luschinskis 01, Tb. 06; Liebe, Lügen, die Luschinskis 02, Tb. 06; Kinder, Kinder, die Luschinskis 03, alles Jgdb.; – **MA:** Beitr. in Anth.: Literarischer März 87; Gedich-

Otto

te über Leben 87; Ich lebe mit den Nadeln des Regens 87; Herzlichen Glückwunsch 88; Eiszeit – Heisszeit 88; Die Welt des Körpers 90; Das große Buch der Feriengeschichten 92, 99, 03; Die schönsten Hundegeschichten 93, 96; Wir sind Freunde 95; Die Welt in der Tasche 96; Draußen gibt's ein Schneegestöber 00; Leise scheppert die Tür 06; üb. 100 Beitr. in regionalen u. überregionalen Ztgn u. Zss., u. a. in: Süddt. Ztg; FAZ; NZZ. – **R:** Drehb. f. RTL: Im Nebel verschwunden 98; Tulpen aus Amsterdam 99, beide m. Susanne Mischke; Hsp.: An morgen war nicht zu denken (BR, RB, SDR) 93; Feat.: Dream guessing (DLR, BR) 92; In geraden Reihen efeudichtbedeckt (SDR) 93; Fk-Erzn.: Wie ich den Kopf verlor (WDR) 87; Hanna in Kulissen; Ein dickes Fell; Die Feindseligkeit der Dinge; Ein Steckenpferd; Paradise is half as nice, alle im WDR 88; Das Unmögliche, die kleinen Leute und der Hund; Anfang einer Reise; Die Suche nach dem Wesentlichen; Flüchtige Bekanntschaft mit einer landläufigen Dame, alle im WDR 89; In deines Gottes Garten; Keine Elegie; Besuch am Wochenende, alle im WDR 90; Vom Menschen wunderbar geboren (SR) 90; Fang, Timmy, fang den Ball!; England und zurück; Die Jurysitzung; Im Mantel am Fenster; An morgen war nicht zu denken; Die Dinosaurier sind wieder da, alle im WDR 91; Geh aus, mein Herz (NDR) 92; Kleine Brötchen (HR) 92; Tristan, Isolde und der Polizeischoßhund (BR) 92; Moritz, Oskar und das Meer (BR) 93; Ein echter Muck (BR) 93; Im Zeitfluß (WDR) 93; Schlechte Zeiten (WDR) 94; Die Gedanken sind frei (WDR) 94; Vögel müssen fliegen (BR) 94; Tango für die Mäuse (BR) 94; Ich geh mal eben Zigaretten holen (WDR) 94; Wie die Gänse; Alle Wunden heilt die Zeit; Willkür; Das Herz; Altweibersommer 1999; Lebe wohl, Nero; Was im Busch ist; Alles geben die Götter, alle im WDR 96; Wasser überall (DLR) 97; Lauras Blockflöte (DLR) 01; außerdem Lyr.-Sdgn in RB 88 u. im DLF 91. – **P:** Der Dybuk, Nachdicht. e. jüd. Leg., CD 98, 99; Die Luschinskis, 3 CDs 06; Liebe, Lügen, die Luschinskis, 3 CDs 06; Kinder, Kinder, die Luschinskis, 4 CDs 08; Tango für die Mäuse, CD 08; Schepper, 3 CDs 08, alles Hörb.

Otto, Jens-Frederik, Drehb.autor, Regisseur; Gudvanger Str. 12, D-10439 Berlin (* Berlin 12. 6. 75). Verb. Dt. Drehb.autoren 98; Zuschauerpr. b. Dramatikerwettbew. d. Oldenburger Universitäts Theaters „Knock OUT" 98; Rom., Dramatik, Film- u. Fernsehdrehb. – **V:** Das Bild – Ein Spiel für eine Sommernacht, UA 95; Schweine vor Troja, UA 97; Marvins Pfirsiche oder Mächtig gewaltig, Hamlet!, UA 98; Liebe deine Nächste!, R. z. Film 98. – **F:** Liebe Deine Nächste!, m. D. Buck 97; Soloalbum 02. – *Lit:* Oliver Schütte in: Die bewegte Stadt 98. (Red.)

Otto, Karl-Heinz (Ps. Carlotto), Dr., Dipl.-Ing., freier Schriftst.; Paetowstr. 17, D-14473 Potsdam, Tel. u. Fax (03 31) 2 70 17 87, *dr.otto.maerk.reisebilder@t-online. de*, *www.carlotto.de* (* Grimma/Sachsen 16. 10. 37). FdAB 91; Rom., Erz., Märchen. – **V:** Probezeit, R. 85, 2. Aufl. 88; Silberfäden, Erzn. 95; Die Riesenkuh Agathe, M. 95; Kamerad Parkinson, R. 99; Im Schatten der Flämingburg, R. 03; Der herbe Duft der Chrysantheme, R. 06. (Red.)

Otto, Regina s. Rusch, Regina

Otto, Wolfgang, Dr.; c/o Ingo Koch Verlag, Rostock, Tel. (0 38 34) 50 73 98, *Wolfgang.Otto1942@ web.de* (* Hildburghausen/Thür. 7. 7. 42). Erz. – **V:** Ich bin immer wieder aufgetaucht 06.

Otto, Wolfram, Dipl.-Agrar-Ing., Journalist; Heideweg 5, D-17291 Prenzlau, Tel. (0 39 84) 80 26 61, (01 70) 2 34 15 04, Fax 48 24 85, *w.ottoumpz@arcor.de* (* Burg b. Magdeburg 6. 2. 49). Adolf-Stahr-Pr. 96 (m. Kurt Hanjohr) u. 07. – **V:** Jedermann gedient, doch niemandem gehorcht – Jakob Philipp Hackert 97; Leben und Teilnahme an den Dingen ist das einzige Reele. Leben und Wirken des Schriftstellers Adolf Stahr, Biogr. 05. – **MV:** Kurt Hanjohr – Ein Mensch nach „ihrem" Muster sollte ich werden 95. – **B:** Alwine Beutel/Johanna Beutel: Deutsche Odyssee 1995 – Flucht u. Heimkehr e. uckermärkischen Familie, Tageb.aufzeichn. u. Erinn. 95. – **MH:** Uckermärkische Literaturbll. seit 93; Uckermärker Kulturspiegel 94. – **R:** Mitarb. an Beitr. f. „Rügen-TV" 98; Redakteur f. TVAL – Fernsehen f. d. Uckermark, Lokalfs. 01–05.

Ouillon, Martina (Ps. Tinta Thurau, Tina Bielen), freie Autorin, Schriftst.; Mittelstr. 71, D-47877 Willich, Tel. (0 21 54) 95 46 90, *der_textladen@t-online.de* (* Krefeld 14. 7. 66). Rom., Lyr., Erz., Hörsp., Fernsehsp. – **V:** Das Glück, der Wahn und ich, R. 07; Zoff auf Chilinox, Theaterst. 08. – **MV:** Facettenreich sucht Gegenstück, m. Marc Lieben, Gesch. 06. – **MA:** zahlr. Beitr. in Zss. u. Anth., u. a.: Erdbeerküsse, Anth. 00, 07; Tierische Geschichten, Anth. 03; Mag. d. RP: Vertical-Mag., Mag. d. Rhein. Post. – **F:** Wahre Helden. Oder: 100 Gründe, warum man sie lieben muss, Drehb. m. Jörg Wüstkamp 09. – **P:** Warum manche Fische Flügel haben, Hsp. 04.

Overath, Angelika, Dr. phil., Reporterin, Lit.kritikerin, Essayistin, Erzählerin; CH-7554 Sent, Tel. (0 81) 8 60 36 41 (* Karlsruhe 17. 7. 57). DJV Bad.-Württ.; Egon-Erwin-Kisch-Pr. 96, Stip. d. Kunststift. Bad.-Württ. 99, Jahresstip. d. Ldes Bad.-Württ. 00, Thaddäus-Troll-Pr. 05, Ernst-Willner-Pr. im Bachmann-Lit.wettbew. 06, London-Stip. d. Dt. Lit.fonds 07; Rep., Feat., Ess., Erz. – **V:** Das andere Blau. Zur Poetik e. Farbe im modernen Gedicht 86; Händler der verlorenen Farben, wahre Geschn. 98; Vom Sekundenglück brennender Papierchen, wahre Geschn. 00; Spatzenweisheit, m. Photogr. v. Horst Munzig 01; Das halbe Brot der Vögel, Portr. u. Passagen 04; Nahe Tage, R. 05; Generationen-Bilder 05. – **MV:** Toleranz. Drei Lesarten zu Lessings Märchen vom Ring im Jahre 2003, m. Navid Kermani u. Robert Schindel 03; Genies und ihre Geheimnisse. 100 biogr. Rätsel, m. Silvia Overath u. Manfred Koch 06. – **MH:** Das blaue Buch. Lesarten e. Farbe, m. Angelika Lochmann 88; Von der Realität des Lebens. Hat das Blatt. Nachrichten a. d. Alltag m. Friedrich Hölderlin mitgeteilt v. Lotte Zimmer 97; Die Kunst des Einfachen, m. Manfred Koch 00; Schlimme Ehen. Ein Hochzeitsbuch, m. dems. 00; Schlaflos: das Buch der hellen Nächte, m. dems. 02; Hunde mitzubringen ist erlaubt, m. dems. 08. (Red.)

Overhoff, Frank; Kuhstr. 79a, D-42555 Velbert, Tel. (0 20 52) 96 28 55, Fax 96 28 57, *Overhoff-Langenberg @t-online.de* (* Düsseldorf 19. 10. 51). Lyr. – **V:** Ein Platz in L., Lyr. 99; blattnervennetzlupen, Lyr. 00; Stadtfühlung, G. 01; Das Stundenbuch, Lyr. 04. – **H:** Langenberger Texte 1 00 (m. Dorothea Buck), 2 01, 3 02, 4 04.

Wolfgang Rasch
■ Theodor Fontane Bibliographie
Werk und Forschung

Hrsg. v. Ernst Osterkamp, Hanna Delf von Wolzogen

2006. 3 Bde. Zus. LXVI, 2.747 Seiten. Gebunden.
ISBN 978-3-11-018456-3

„Das monumentale dreibändige Werk ist nicht mehr und nicht weniger als ein neues, unverzichtbares Standardwerk der Fontane-Forschung."
Horst Schmidt in: www.literaturkritik.de

„[...] besteht kein Zweifel daran, daß es sich bei der Theodor-Fontane-Bibilographie, die alle bisherigen kleinen, meist unzureichenden oder ganz speziellen Bibliographien ersetzt, um eine mustergültige Personalbibliographie handelt, mit der „eine der letzten großen Lücken unter den Personalbibliographien kanonisierter Schriftsteller des 19. Jahrhunderts geschlossen wird" (S. XL). Ihr besonderer Verdienst liegt auch darin, daß sie nicht bloß (was ja auch nicht wenig wäre) bereits Bekanntes übersichtlich und bequem zugänglich macht, sondern Neues, bisher Unbekanntes aufgespürt hat."
Klaus Schreiber in: IFB 14/2006

Christian M. Hanna
■ Gottfried Benn Bibliographie
Sekundärliteratur 1957-2003

Unter Mitarb. v. Ruth Winkler

2006. XXXI, 299 Seiten. Gebunden.
ISBN 978-3-11-018666-6

„versorgt [...] die Süchtigen mit allen verfügbaren Sekundärquellen."
Florian Illies in: Frankfurter Allgemeine Sonntagszeitung, 23. April 2006

„Diese Publikation ist eine hervorragend organisierte Bibliografie die sowohl der Fachkraft als auch dem interessierten Laien ein taugliches, gut funktionierendes Instrument zur Hand reicht."
Heimo L. Handl in: http://www.kultur-online.net

„[...] eine unverzichtbare Anschaffung für jeden Gottfried-Benn-Leser."
Michael Fisch in: Die Berliner Literaturkritik, Juli 2006

de Gruyter
Berlin · New York

www.degruyter.de

Deutsche Literatur des 18. Jahrhunderts Online

Erstausgaben und Werkausgaben von der Frühaufklärung bis zur Spätaufklärung
Herausgegeben von Paul Raabe · Bearbeitet von Axel Frey

Deutsche Literatur des 18. Jahrhunderts Online **macht die Erstausgaben und ersten veröffentlichten Gesamtausgaben von mehr als 600 deutschsprachigen Autoren des 18. Jahrhunderts online zugänglich. Die rund 2.700 Werke mit annähernd 4.500 Bänden spiegeln das breite literarische Spektrum der deutschsprachigen Aufklärung wider.**

■ Die Autoren und ihre Werke

Die Online-Datenbank enthält die Erstausgaben und historischen Gesamtausgaben führender Vertreter der Aufklärung wie **Bürger, Gleim, Gellert, Gottsched, Herder, Kant, Klopstock, Lessing, Mendelssohn, Moritz, Nicolai** und **Wieland**. Dazu gehören auch die Schriften des **Göttinger Hainbunds** mit **Hölty** und den **Grafen von Stolberg** als den bekanntesten Autoren sowie Werke der **Schweizer Aufklärung** um **Bodmer** und **Lavater**. Vor allem aber stehen zahlreiche Schriften heute kaum bekannter Schriftstellerinnen und Schriftsteller zur Verfügung, die mit ihren lyrischen, dramatischen und epischen Werken zur literarischen Aufklärung in Deutschland beigetragen haben.

Deutsche Literatur des 18. Jahrhunderts Online gibt die literarische Produktion der Aufklärung umfassend wieder und stellt die ganze Bandbreite literarischen Schaffens von der Dramatik, Epik und Lyrik bis zur Literaturtheorie bereit, außerdem auch Opernlibretti, Märchen, die frühe Kinderliteratur oder literarische Übersetzungen.

■ Die Datenbank

Jedes Werk wird als digitales Faksimile präsentiert und kann wie ein Buch durchblättert werden. Dank einer ausgereiften Fraktur-Texterkennung können sämtliche Werke im Volltext durchsucht werden. Daneben stellt die Datenbank eine Reihe weiterer Suchmöglichkeiten zur Verfügung. Vollständige bibliographische Titelaufnahmen jedes einzelnen Werks ermöglichen den gezielten Zugriff auf einzelne Autoren, Herausgeber, Titel oder Verlagsproduktionen. Indexlisten erleichtern die Auswahl der Suchbegriffe. Dem Benutzer stehen elektronische Inhaltsverzeichnisse zur Verfügung, über die er bequem einzelne Kapitelanfänge aufrufen kann. Jedes Werk wird durch Gattungsbegriffe erschlossen. Das eröffnet einen systematischen Zugriff auf die enthaltenen Werke. Zu jedem Autor kann ein kurzer biobibliographischer Artikel abgerufen werden, der entweder aus einem einschlägigen Literaturlexikon übernommen oder eigens für die Datenbank verfasst wurde. Der Datenbank ist eine Übersicht verschiedener Frakturschriften als Lesehilfe beigegeben. Die vollständige Autorenliste und einen Testzugang finden Sie unter **www.saur.de/dl18**.

Der literarische Expressionismus Online

Zeitschriften, Jahrbücher, Sammelwerke, Anthologien
Herausgegeben von Paul Raabe

Die neue Forschungsdatenbank *Der literarische Expressionismus Online* stellt 149 Zeitschriften, Jahrbücher, Sammelwerke und Anthologien aus dem frühen 20. Jahrhundert mit insgesamt 2.404 Ausgaben im Volltext zur Verfügung: insgesamt 39.183 Artikel mit 70.783 Seiten von 5.479 Autoren.

Nicht zuletzt durch die besondere Rolle seiner Zeitschriften unterscheidet sich der Expressionismus von anderen literarhistorischen Epochen. Das Medium Zeitschrift war für die Autoren des Expressionismus das wichtigste Forum im literarischen, künstlerischen, geistigen und politischen Diskurs.

Die Zeitschriften ermöglichen auch Studien zur Geschichte der Kunst, des Theaters, des Films und der Musik zwischen 1910 und 1930 sowie zum europäischen Kulturtransfer und zur Rezeptionsgeschichte der deutschen Klassik und Romantik. Sie sind ein einzigartiges Zeugnis der Zeitgeschichte.

■ Die Autoren und ihre Werke

Viele der bedeutendsten Literaten des 20. Jahrhunderts traten so erstmals an die Öffentlichkeit. Zu nennen wären **Hugo Ball, Johannes R. Becher, Gottfried Benn, Georg Heym, Klabund, Else Lasker-Schüler, Georg Trakl** oder **Franz Werfel.** Auch nicht zum engeren Kreis der expressionistischen Bewegung zählende Autoren, Philosophen, Theologen, Politiker, Historiker, Kunsthistoriker, Psychologen schrieben für die neuen Zeitschriften, etwa **Martin Buber, Gerhart Hauptmann, Theodor Heuss, Hugo von Hofmannsthal, Gustav Landauer, Rainer Maria Rilke** oder **Arthur Schnitzler.**

■ Die Datenbank

Der literarische Expressionismus Online macht dieses umfangreiche und komplexe Material nun erstmals umfassend zugänglich. Die einzelnen Zeitschriften werden online als digitale Faksimiles präsentiert, unterschiedliche Suchzugänge ermöglichen einen einfachen und bequemen Zugang zu den einzelnen Ausgaben. Die Artikel sind durch verschiedene Suchkriterien sowie mittels Volltextsuche auffindbar und ermöglichen auf diesem Wege eine effektive Arbeit mit den Texten.

Hier erhalten Sie Ihren kostenlosen Testzugang:
www.saur.de/expressionismus-online

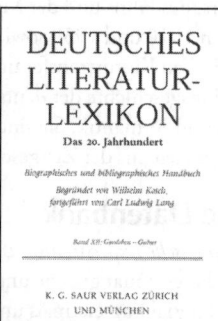

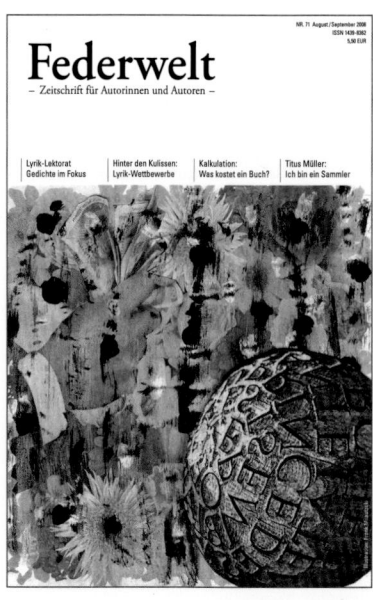